工程建设标准年册 (2012)

（上）

住房和城乡建设部标准定额研究所　编

中 国 建 筑 工 业 出 版 社

中 国 计 划 出 版 社

图书在版编目（CIP）数据

工程建设标准年册（2012）/住房和城乡建设部标准
定额研究所编. —北京：中国建筑工业出版社，2014.3
ISBN 978-7-112-16322-9

Ⅰ.①工… Ⅱ.①住… Ⅲ.①建筑工程-标准-汇
编-中国- 2012 Ⅳ.①TU－65

中国版本图书馆 CIP 数据核字（2014）第 012949 号

责任编辑：向建国
责任校对：刘 钰 党 蕾

工程建设标准年册（2012）
住房和城乡建设部标准定额研究所 编

*

中国建筑工业出版社
中 国 计 划 出 版 社 出版（北京西郊百万庄）
各地新华书店、建筑书店经销
北京红光制版公司制版
北京圣夫亚美印刷有限公司印刷

*

开本：787×1092毫米 1/16 印张：408½ 插页：13 字数：14400千字
2014 年 7 月第一版 2014 年 7 月第一次印刷
定价：**1180.00**元（上、中、下共 3 册）
ISBN 978-7-112-16322-9
（24997）

前　　言

建设工程，百年大计。认真贯彻执行工程建设标准，对保证建设工程质量和安全，推动技术进步，规范建设市场，加快建设速度，节约与合理利用资源，保障人民生命财产安全，改善与提高人民群众生活和工作环境质量，全面发挥投资效益，促进我国经济建设事业健康发展，具有十分重要的作用。当前，全国上下对认真贯彻执行标准已形成共识，企业执行标准的自觉性进一步增强，极大地推动了工程建设标准化工作的发展。

为了全面地配合工程建设标准的贯彻实施，适应各种不同用户的需要，更好地为大家服务，我们将 2012 年全年住房和城乡建设部批准发布并出版发行的工程建设国家标准 90 项，行业标准 74 项，共计 164 项，汇编成年册出版。

近年来，工程建设标准通过清理整顿、加快制修订速度等，使每年的有效标准发生很大变化，为使大家全面掌握标准的最新情况，我们将截止到 2013 年 10 月的工程建设国家标准和住房城乡建设部行业标准最新目录一并出版，以便广大用户查阅。同时大家在使用中有何建议与意见，请与住房和城乡建设部标准定额研究所联系。

联系电话：（010）58934084

住房和城乡建设部标准定额研究所

2013 年 10 月

目 录

上

一、工程建设国家标准

下

二、住房和城乡建设部行业标准

三、附录　工程建设国家标准与住房和城乡建设部行业标准目录

一、工程建设国家标准

2012

中华人民共和国国家标准

建筑结构荷载规范

Load code for the design of building structures

GB 50009—2012

主编部门：中华人民共和国住房和城乡建设部
批准部门：中华人民共和国住房和城乡建设部
施行日期：２０１２年１０月１日

中华人民共和国住房和城乡建设部
公 告

第 1405 号

关于发布国家标准《建筑结构
荷载规范》的公告

现批准《建筑结构荷载规范》为国家标准，编号为 GB 50009－2012，自 2012 年 10 月 1 日起实施。其中，第 3.1.2、3.1.3、3.2.3、3.2.4、5.1.1、5.1.2、5.3.1、5.5.1、5.5.2、7.1.1、7.1.2、8.1.1、8.1.2 条为强制性条文，必须严格执行。原《建筑结构荷载规范》GB 50009－2001（2006 年版）同时废止。

本规范由我部标准定额研究所组织中国建筑工业出版社出版发行。

中华人民共和国住房和城乡建设部

2012 年 5 月 28 日

前 言

根据住房和城乡建设部《关于印发〈2009 年工程建设标准规范制订、修订计划〉的通知》（建标[2009] 88 号文）的要求，本规范由中国建筑科学研究院会同各有关单位在国家标准《建筑结构荷载规范》GB 50009－2001（2006 年版）的基础上进行修订而成。修订过程中，编制组认真总结了近年来的设计经验，参考了国外规范和国际标准的有关内容，开展了多项专题研究，在全国范围内广泛征求了建设主管部门以及设计、科研和教学单位的意见，经反复讨论、修改和试设计，最后经审查定稿。

本规范共分 10 章和 9 个附录，主要技术内容是：总则、术语和符号、荷载分类和荷载组合、永久荷载、楼面和屋面活荷载、吊车荷载、雪荷载、风荷载、温度作用、偶然荷载。

本规范修订的主要技术内容是：1. 增加可变荷载考虑设计使用年限的调整系数的规定；2. 增加偶然荷载组合表达式；3. 增加第 4 章"永久荷载"；4. 调整和补充了部分民用建筑楼面、屋面均布活荷载标准值，修改了设计墙、柱和基础时消防车活荷载取值的规定，修改和补充了栏杆活荷载；5. 补充了部分屋面积雪不均匀分布的情况；6. 调整了风荷载高度变化系数和山峰地形修正系数；7. 补充完善了风荷载体型系数和局部体型系数，补充了高层建筑群干扰效应系数的取值范围，增加对风洞试验设备和方法要求的规定；8. 修改了顺风向风振系数的计算表达式和计算参数，增加大跨屋盖结构风振计算的原则规定；9. 增加了横风向和扭转风振等效风荷载计算的规定，增加了顺风向风荷载、横风向及扭转风振等效风荷载组合工况的规定；10. 修改了阵风系数的计算公式与表格；11. 增加了第 9 章"温度作用"；12. 增加了第 10 章"偶然荷载"；13. 增加了附录 B"消防车活荷载考虑覆土厚度影响的折减系数"；14. 根据新的观测资料，重新统计全国各气象台站的雪压和风压，调整了部分城市的基本雪压和基本风压值，绘制了新的全国基本雪压和基本风压图；15. 根据历年月平均最高和月平均最低气温资料，经统计给出全国各气象台站的基本气温，增加了全国基本气温分布图；16. 增加了附录 H"横风向及扭转风振的等效风荷载"；17. 增加附录 J"高层建筑顺风向和横风向风振加速度计算"。

本规范中以黑体字标志的条文为强制性条文，必须严格执行。

本规范由住房和城乡建设部负责管理和对强制性条文的解释，由中国建筑科学研究院负责具体技术内容的解释。在执行中如有意见和建议，请寄送中国建筑科学研究院国家标准《建筑结构荷载规范》管理组（地址：北京市北三环东路 30 号，邮编 100013）。

本 规 范 主 编 单 位：中国建筑科学研究院

本 规 范 参 编 单 位：同济大学

中国建筑设计研究院

中国建筑标准设计研究院

北京市建筑设计研究院

中国气象局公共气象服务中心

哈尔滨工业大学
大连理工大学
中国航空规划建设发展有限公司
华东建筑设计研究院有限公司
中国建筑西南设计研究院有限公司
中南建筑设计院股份有限公司
深圳市建筑设计研究总院有限公司
浙江省建筑设计研究院

本规范主要起草人员：金新阳（以下按姓氏笔画排列）

王 建　王国砚　冯 远
朱 丹　贡金鑫　李 霆
杨振斌　杨蔚彪　束伟农
陈 凯　范 重　范 峰
林 政　顾 明　唐 意
韩纪升

本规范主要审查人员：程懋堃　汪大绥　徐永基
陈基发　薛 桁　任庆英
娄 宇　袁金西　左 江
吴一红　莫 庸　郑文忠
方小丹　章一萍　樊小卿

目　次

Contents

1 总 则

1.0.1 为了适应建筑结构设计的需要，符合安全适用、经济合理的要求，制定本规范。

1.0.2 本规范适用于建筑工程的结构设计。

1.0.3 本规范依据国家标准《工程结构可靠性设计统一标准》GB 50153-2008 规定的基本准则制订。

1.0.4 建筑结构设计中涉及的作用应包括直接作用（荷载）和间接作用。本规范仅对荷载和温度作用作出规定，有关可变荷载的规定同样适用于温度作用。

1.0.5 建筑结构设计中涉及的荷载，除应符合本规范的规定外，尚应符合国家现行有关标准的规定。

2 术语和符号

2.1 术 语

2.1.1 永久荷载 permanent load

在结构使用期间，其值不随时间变化，或其变化与平均值相比可以忽略不计，或其变化是单调的并能趋于限值的荷载。

2.1.2 可变荷载 variable load

在结构使用期间，其值随时间变化，且其变化与平均值相比不可以忽略不计的荷载。

2.1.3 偶然荷载 accidental load

在结构设计使用年限内不一定出现，而一旦出现其量值很大，且持续时间很短的荷载。

2.1.4 荷载代表值 representative values of a load

设计中用以验算极限状态所采用的荷载量值，例如标准值、组合值、频遇值和准永久值。

2.1.5 设计基准期 design reference period

为确定可变荷载代表值而选用的时间参数。

2.1.6 标准值 characteristic value/nominal value

荷载的基本代表值，为设计基准期内最大荷载统计分布的特征值（例如均值、众值、中值或某个分位值）。

2.1.7 组合值 combination value

对可变荷载，使组合后的荷载效应在设计基准期内的超越概率，能与该荷载单独出现时的相应概率趋于一致的荷载值；或使组合后的结构具有统一规定的可靠指标的荷载值。

2.1.8 频遇值 frequent value

对可变荷载，在设计基准期内，其超越的总时间为规定的较小比率或超越频率为规定频率的荷载值。

2.1.9 准永久值 quasi-permanent value

对可变荷载，在设计基准期内，其超越的总时间约为设计基准期一半的荷载值。

2.1.10 荷载设计值 design value of a load

荷载代表值与荷载分项系数的乘积。

2.1.11 荷载效应 load effect

由荷载引起结构或结构构件的反应，例如内力、变形和裂缝等。

2.1.12 荷载组合 load combination

按极限状态设计时，为保证结构的可靠性而对同时出现的各种荷载设计值的规定。

2.1.13 基本组合 fundamental combination

承载能力极限状态计算时，永久荷载和可变荷载的组合。

2.1.14 偶然组合 accidental combination

承载能力极限状态计算时永久荷载、可变荷载和一个偶然荷载的组合，以及偶然事件发生后受损结构整体稳固性验算时永久荷载与可变荷载的组合。

2.1.15 标准组合 characteristic/nominal combination

正常使用极限状态计算时，采用标准值或组合值为荷载代表值的组合。

2.1.16 频遇组合 frequent combination

正常使用极限状态计算时，对可变荷载采用频遇值或准永久值为荷载代表值的组合。

2.1.17 准永久组合 quasi-permanent combination

正常使用极限状态计算时，对可变荷载采用准永久值为荷载代表值的组合。

2.1.18 等效均布荷载 equivalent uniform live load

结构设计时，楼面上不连续分布的实际荷载，一般采用均布荷载代替；等效均布荷载系指其在结构上所得的荷载效应能与实际的荷载效应保持一致的均布荷载。

2.1.19 从属面积 tributary area

考虑梁、柱等构件均布荷载折减所采用的计算构件负荷的楼面面积。

2.1.20 动力系数 dynamic coefficient

承受动力荷载的结构或构件，当按静力设计时采用的等效系数，其值为结构或构件的最大动力效应与相应的静力效应的比值。

2.1.21 基本雪压 reference snow pressure

雪荷载的基准压力，一般按当地空旷平坦地面上积雪自重的观测数据，经概率统计得出 50 年一遇最大值确定。

2.1.22 基本风压 reference wind pressure

风荷载的基准压力，一般按当地空旷平坦地面上 10m 高度处 10min 平均的风速观测数据，经概率统计得出 50 年一遇最大值确定的风速，再考虑相应的空气密度，按贝努利（Bernoulli）公式（E.2.4）确定的风压。

2.1.23 地面粗糙度 terrain roughness

风在到达结构物以前吹越过 2km 范围内的地面时，描述该地面上不规则障碍物分布状况的等级。

2.1.24 温度作用 thermal action

结构或结构构件中由于温度变化所引起的作用。

2.1.25 气温 shade air temperature

在标准百叶箱内测量所得按小时定时记录的温度。

2.1.26 基本气温 reference air temperature

气温的基准值，取 50 年一遇月平均最高气温和月平均最低气温，根据历年最高温度月内最高气温的平均值和最低温度月内最低气温的平均值经统计确定。

2.1.27 均匀温度 uniform temperature

在结构构件的整个截面中为常数且主导结构构件膨胀或收缩的温度。

2.1.28 初始温度 initial temperature

结构在施工某个特定阶段形成整体约束的结构系统时的温度，也称合拢温度。

2.2 符 号

2.2.1 荷载代表值及荷载组合

A_d ——偶然荷载的标准值；

C ——结构或构件达到正常使用要求的规定限值；

G_k ——永久荷载的标准值；

Q_k ——可变荷载的标准值；

R_d ——结构构件抗力的设计值；

S_{A_d} ——偶然荷载效应的标准值；

S_{Gk} ——永久荷载效应的标准值；

S_{Qk} ——可变荷载效应的标准值；

S_d ——荷载效应组合设计值；

γ_0 ——结构重要性系数；

γ_G ——永久荷载的分项系数；

γ_Q ——可变荷载的分项系数；

γ_{L_j} ——可变荷载考虑设计使用年限的调整系数；

ψ_c ——可变荷载的组合值系数；

ψ_f ——可变荷载的频遇值系数；

ψ_q ——可变荷载的准永久值系数。

2.2.2 雪荷载及风荷载

$a_{D,z}$ ——高层建筑 z 高度顺风向风振加速度（m/s²）；

$a_{L,z}$ ——高层建筑 z 高度横风向风振加速度（m/s²）；

B ——结构迎风面宽度；

B_z ——脉动风荷载的背景分量因子；

C'_L ——横风向风力系数；

C'_T ——风致扭矩系数；

C_m ——横风向风力的角沿修正系数；

C_{sm} ——横风向风力功率谱的角沿修正系数；

D ——结构平面进深（顺风向尺寸）或直径；

f_1 ——结构第 1 阶自振频率；

f_{T1} ——结构第 1 阶扭转自振频率；

f_1^* ——折算频率；

f_{T1}^* ——扭转折算频率；

F_{Dk} ——顺风向单位高度风力标准值；

F_{Lk} ——横风向单位高度风力标准值；

T_{Tk} ——单位高度风致扭矩标准值；

g ——重力加速度，或峰值因子；

H ——结构或山峰顶部高度；

I_{10} ——10m 高度处风的名义湍流强度；

K_L ——横风向振型修正系数；

K_T ——扭转振型修正系数；

R ——脉动风荷载的共振分量因子；

R_L ——横风向风振共振因子；

R_T ——扭转风振共振因子；

Re ——雷诺数；

St ——斯脱罗哈数；

S_k ——雪荷载标准值；

S_0 ——基本雪压；

T_1 ——结构第 1 阶自振周期；

T_{L1} ——结构横风向第 1 阶自振周期；

T_{T1} ——结构扭转第 1 阶自振周期；

w_0 ——基本风压；

w_k ——风荷载标准值；

w_{Lk} ——横风向风振等效风荷载标准值；

w_{Tk} ——扭转风振等效风荷载标准值；

α ——坡度角，或风速剖面指数；

β_z ——高度 z 处的风振系数；

β_{gz} ——阵风系数；

v_{cr} ——横风向共振的临界风速；

v_H ——结构顶部风速；

μ_r ——屋面积雪分布系数；

μ_z ——风压高度变化系数；

μ_s ——风荷载体型系数；

μ_{sl} ——风荷载局部体型系数；

η ——风荷载地形地貌修正系数；

η_a ——顺风向风振加速度的脉动系数；

ρ ——空气密度，或积雪密度；

ρ_x、ρ_z ——水平方向和竖直方向脉动风荷载相关系数；

φ_z ——结构振型系数；

ζ ——结构阻尼比；

ζ_a ——横风向气动阻尼比。

2.2.3 温度作用

T_{max}、T_{min} ——月平均最高气温，月平均最低气温；

$T_{s,max}$、$T_{s,min}$ ——结构最高平均温度，结构最低平均温度；

$T_{0,max}$、$T_{0,min}$ ——结构最高初始温度，结构最低初始温度；

ΔT_k ——均匀温度作用标准值；

α_T ——材料的线膨胀系数。

2.2.4 偶然荷载

A_V ——通口板面积（m^2）；

K_{dc} ——计算爆炸等效均布静力荷载的动力系数；

m ——汽车或直升机的质量；

P_k ——撞击荷载标准值；

p_c ——爆炸均布动荷载最大压力；

p_V ——通口板的核定破坏压力；

q_{ce} ——爆炸等效均布静力荷载标准值；

t ——撞击时间；

v ——汽车速度（m/s）；

V ——爆炸空间的体积。

3 荷载分类和荷载组合

3.1 荷载分类和荷载代表值

3.1.1 建筑结构的荷载可分为下列三类：

   1 永久荷载，包括结构自重、土压力、预应力等。

   2 可变荷载，包括楼面活荷载、屋面活荷载和积灰荷载、吊车荷载、风荷载、雪荷载、温度作用等。

   3 偶然荷载，包括爆炸力、撞击力等。

3.1.2 建筑结构设计时，应按下列规定对不同荷载采用不同的代表值：

   1 对永久荷载应采用标准值作为代表值；

   2 对可变荷载应根据设计要求采用标准值、组合值、频遇值或准永久值作为代表值；

   3 对偶然荷载应按建筑结构使用的特点确定其代表值。

3.1.3 确定可变荷载代表值时应采用 50 年设计基准期。

3.1.4 荷载的标准值，应按本规范各章的规定采用。

3.1.5 承载能力极限状态设计或正常使用极限状态按标准组合设计时，对可变荷载应按规定的荷载组合采用荷载的组合值或标准值作为其荷载代表值。可变荷载的组合值，应为可变荷载的标准值乘以荷载组合值系数。

3.1.6 正常使用极限状态按频遇组合设计时，应采用可变荷载的频遇值或准永久值作为其荷载代表值；按准永久组合设计时，应采用可变荷载的准永久值作为其荷载代表值。可变荷载的频遇值，应为可变荷载标准值乘以频遇值系数。可变荷载准永久值，应为可变荷载标准值乘以准永久值系数。

3.2 荷 载 组 合

3.2.1 建筑结构设计应根据使用过程中在结构上可能同时出现的荷载，按承载能力极限状态和正常使用极限状态分别进行荷载组合，并应取各自的最不利的组合进行设计。

3.2.2 对于承载能力极限状态，应按荷载的基本组合或偶然组合计算荷载组合的效应设计值，并应采用下列设计表达式进行设计：

$$\gamma_0 S_d \leqslant R_d \qquad (3.2.2)$$

式中：γ_0 ——结构重要性系数，应按各有关建筑结构设计规范的规定采用；

    S_d ——荷载组合的效应设计值；

    R_d ——结构构件抗力的设计值，应按各有关建筑结构设计规范的规定确定。

3.2.3 荷载基本组合的效应设计值 S_d，应从下列荷载组合值中取用最不利的效应设计值确定：

   1 由可变荷载控制的效应设计值，应按下式进行计算：

$$S_d = \sum_{j=1}^{m} \gamma_{G_j} S_{G_j k} + \gamma_{Q_1} \gamma_{L_1} S_{Q_1 k} + \sum_{i=2}^{n} \gamma_{Q_i} \gamma_{L_i} \psi_{c_i} S_{Q_i k}$$

(3.2.3-1)

式中：γ_{G_j} ——第 j 个永久荷载的分项系数，应按本规范第 3.2.4 条采用；

    γ_{Q_i} ——第 i 个可变荷载的分项系数，其中 γ_{Q_1} 为主导可变荷载 Q_1 的分项系数，应按本规范第 3.2.4 条采用；

    γ_{L_i} ——第 i 个可变荷载考虑设计使用年限的调整系数，其中 γ_{L_1} 为主导可变荷载 Q_1 考虑设计使用年限的调整系数；

    $S_{G_j k}$ ——按第 j 个永久荷载标准值 G_{jk} 计算的荷载效应值；

    $S_{Q_i k}$ ——按第 i 个可变荷载标准值 Q_{ik} 计算的荷载效应值，其中 $S_{Q_1 k}$ 为诸可变荷载效应中起控制作用者；

    ψ_{c_i} ——第 i 个可变荷载 Q_i 的组合值系数；

    m ——参与组合的永久荷载数；

    n ——参与组合的可变荷载数。

   2 由永久荷载控制的效应设计值，应按下式进行计算：

$$S_d = \sum_{j=1}^{m} \gamma_{G_j} S_{G_j k} + \sum_{i=1}^{n} \gamma_{Q_i} \gamma_{L_i} \psi_{c_i} S_{Q_i k}$$

(3.2.3-2)

注：1 基本组合中的效应设计值仅适用于荷载与荷载效应为线性的情况；

    2 当对 $S_{Q_1 k}$ 无法明显判断时，应轮次以各可变荷载效应作为 $S_{Q_1 k}$，并选取其中最不利的荷载组合的效应设计值。

3.2.4 基本组合的荷载分项系数，应按下列规定采用：

1 永久荷载的分项系数应符合下列规定：

    1） 当永久荷载效应对结构不利时，对由可变荷载效应控制的组合应取1.2，对由永久荷载效应控制的组合应取1.35；

    2） 当永久荷载效应对结构有利时，不应大于1.0。

2 可变荷载的分项系数应符合下列规定：

    1） 对标准值大于4kN/m² 的工业房屋楼面结构的活荷载，应取1.3；

    2） 其他情况，应取1.4。

3 对结构的倾覆、滑移或漂浮验算，荷载的分项系数应满足有关的建筑结构设计规范的规定。

3.2.5 可变荷载考虑设计使用年限的调整系数 γ_L 应按下列规定采用：

1 楼面和屋面活荷载考虑设计使用年限的调整系数 γ_L 应按表3.2.5采用。

表 3.2.5　楼面和屋面活荷载考虑设计使用年限的调整系数 γ_L

结构设计使用年限（年）	5	50	100
γ_L	0.9	1.0	1.1

注：1　当设计使用年限不为表中数值时，调整系数 γ_L 可按线性内插确定；

    2　对于荷载标准值可控制的活荷载，设计使用年限调整系数 γ_L 取1.0。

2 对雪荷载和风荷载，应取重现期为设计使用年限，按本规范第E.3.3条的规定确定基本雪压和基本风压，或按有关规范的规定采用。

3.2.6 荷载偶然组合的效应设计值 S_d 可按下列规定采用：

1 用于承载能力极限状态计算的效应设计值，应按下式进行计算：

$$S_d = \sum_{j=1}^{m} S_{G_j k} + S_{A_d} + \psi_{f_1} S_{Q_1 k} + \sum_{i=2}^{n} \psi_{q_i} S_{Q_i k}$$

$$(3.2.6\text{-}1)$$

式中：S_{A_d}——按偶然荷载标准值 A_d 计算的荷载效应值；

    ψ_{f_1}——第1个可变荷载的频遇值系数；

    ψ_{q_i}——第 i 个可变荷载的准永久值系数。

2 用于偶然事件发生后受损结构整体稳固性验算的效应设计值，应按下式进行计算：

$$S_d = \sum_{j=1}^{m} S_{G_j k} + \psi_{f_1} S_{Q_1 k} + \sum_{i=2}^{n} \psi_{q_i} S_{Q_i k}$$

$$(3.2.6\text{-}2)$$

注：组合中的设计值仅适用于荷载与荷载效应为线性的情况。

3.2.7 对于正常使用极限状态，应根据不同的设计要求，采用荷载的标准组合、频遇组合或准永久组合，并应按下列设计表达式进行设计：

$$S_d \leqslant C \qquad (3.2.7)$$

式中：C——结构或结构构件达到正常使用要求的规定限值，例如变形、裂缝、振幅、加速度、应力等的限值，应按各有关建筑结构设计规范的规定采用。

3.2.8 荷载标准组合的效应设计值 S_d 应按下式进行计算：

$$S_d = \sum_{j=1}^{m} S_{G_j k} + S_{Q_1 k} + \sum_{i=2}^{n} \psi_{c_i} S_{Q_i k} \quad (3.2.8)$$

注：组合中的设计值仅适用于荷载与荷载效应为线性的情况。

3.2.9 荷载频遇组合的效应设计值 S_d 应按下式进行计算：

$$S_d = \sum_{j=1}^{m} S_{G_j k} + \psi_{f_1} S_{Q_1 k} + \sum_{i=2}^{n} \psi_{q_i} S_{Q_i k}$$

$$(3.2.9)$$

注：组合中的设计值仅适用于荷载与荷载效应为线性的情况。

3.2.10 荷载准永久组合的效应设计值 S_d 应按下式进行计算：

$$S_d = \sum_{j=1}^{m} S_{G_j k} + \sum_{i=1}^{n} \psi_{q_i} S_{Q_i k} \quad (3.2.10)$$

注：组合中的设计值仅适用于荷载与荷载效应为线性的情况。

4　永久荷载

4.0.1 永久荷载应包括结构构件、围护构件、面层及装饰、固定设备、长期储物的自重，土压力、水压力，以及其他需要按永久荷载考虑的荷载。

4.0.2 结构自重的标准值可按结构构件的设计尺寸与材料单位体积的自重计算确定。

4.0.3 一般材料和构件的单位自重可取其平均值，对于自重变异较大的材料和构件，自重的标准值应根据对结构的不利或有利状态，分别取上限值或下限值。常用材料和构件单位体积的自重可按本规范附录A采用。

4.0.4 固定隔墙的自重可按永久荷载考虑，位置可灵活布置的隔墙自重应按可变荷载考虑。

5　楼面和屋面活荷载

5.1　民用建筑楼面均布活荷载

5.1.1 民用建筑楼面均布活荷载的标准值及其组合值系数、频遇值系数和准永久值系数的取值，不

应小于表 **5.1.1** 的规定。

表 5.1.1　民用建筑楼面均布活荷载标准值及
其组合值、频遇值和准永久值系数

项次		类　别	标准值(kN/m²)	组合值系数 ψ_c	频遇值系数 ψ_f	准永久值系数 ψ_q
1	(1)	住宅、宿舍、旅馆、办公楼、医院病房、托儿所、幼儿园	2.0	0.7	0.5	0.4
	(2)	试验室、阅览室、会议室、医院门诊室	2.0	0.7	0.6	0.5
2		教室、食堂、餐厅、一般资料档案室	2.5	0.7	0.6	0.5
3	(1)	礼堂、剧场、影院、有固定座位的看台	3.0	0.7	0.5	0.3
	(2)	公共洗衣房	3.0	0.7	0.6	0.5
4	(1)	商店、展览厅、车站、港口、机场大厅及其旅客等候室	3.5	0.7	0.6	0.5
	(2)	无固定座位的看台	3.5	0.7	0.5	0.3
5	(1)	健身房、演出舞台	4.0	0.7	0.6	0.5
	(2)	运动场、舞厅	4.0	0.7	0.6	0.3
6	(1)	书库、档案库、贮藏室	5.0	0.9	0.9	0.8
	(2)	密集柜书库	12.0	0.9	0.9	0.8
7		通风机房、电梯机房	7.0	0.9	0.9	0.8
8	(1) 单向板楼盖(板跨不小于2m)和双向板楼盖(板跨不小于3m×3m)	客车	4.0	0.7	0.7	0.6
		消防车	35.0	0.7	0.5	0.0
	(2) 双向板楼盖(板跨不小于6m×6m)和无梁楼盖(柱网不小于6m×6m)	客车	2.5	0.7	0.7	0.6
		消防车	20.0	0.7	0.5	0.0
9	(1)	餐厅	4.0	0.7	0.7	0.7
	(2)	其他	2.0	0.7	0.6	0.5
10		浴室、卫生间、盥洗室	2.5	0.7	0.6	0.5
11	(1)	宿舍、旅馆、医院病房、托儿所、幼儿园、住宅	2.0	0.7	0.5	0.4
	(2)	办公楼、餐厅、医院门诊部	2.5	0.7	0.6	0.5
	(3)	教学楼及其他可能出现人员密集的情况	3.5	0.7	0.5	0.3

备注栏目：
- 项8第一行类别为"汽车通道及客车停车库"
- 项9类别为"厨房"
- 项11类别为"走廊、门厅"

续表 5.1.1

项次		类别	标准值(kN/m²)	组合值系数 ψ_c	频遇值系数 ψ_f	准永久值系数 ψ_q
12	(1)	多层住宅	2.0	0.7	0.5	0.4
楼梯	(2)	其他	3.5	0.7	0.5	0.3
13	(1)	可能出现人员密集的情况	3.5	0.7	0.6	0.5
阳台	(2)	其他	2.5	0.7	0.6	0.5

注：1　本表所给各项荷载适用于一般使用条件，当使用荷载较大、情况特殊或有专门要求时，应按实际情况采用；

　2　第6项书库活荷载当书架高度大于2m时，书库活荷载尚应按每米书架高度不小于2.5kN/m²确定；

　3　第8项中的客车活荷载仅适用于停放载人少于9人的客车；消防车活荷载适用于满载总重为300kN的大型车辆；当不符合本表的要求时，应将车轮的局部荷载按结构效应的等效原则，换算为等效均布荷载；

　4　第8项消防车活荷载，当双向板楼盖板跨介于3m×3m～6m×6m之间时，应按跨度线性插值确定；

　5　第12项楼梯活荷载，对预制楼梯踏步平板，尚应按1.5kN集中荷载验算；

　6　本表各项荷载不包括隔墙自重和二次装修荷载；对固定隔墙的自重应按永久荷载考虑，当隔墙位置可灵活自由布置时，非固定隔墙的自重应取不小于1/3的每延米长墙重（kN/m）作为楼面活荷载的附加值（kN/m²）计入，且附加值不小于1.0kN/m²。

5.1.2　设计楼面梁、墙、柱及基础时，本规范表 5.1.1 中楼面活荷载标准值的折减系数取值不应小于下列规定：

　1　设计楼面梁时：

　　1）第 1（1）项当楼面梁从属面积超过 25m² 时，应取 0.9；

　　2）第 1（2）～7 项当楼面梁从属面积超过 50m² 时，应取 0.9；

　　3）第 8 项对单向板楼盖的次梁和槽形板的纵肋应取 0.8，对单向板楼盖的主梁应取 0.6，对双向板楼盖的梁应取 0.8；

　　4）第 9～13 项应采用与所属房屋类别相同的折减系数。

　2　设计墙、柱和基础时：

　　1）第 1（1）项应按表 5.1.2 规定采用；

　　2）第 1（2）～7 项应采用与其楼面梁相同的折减系数；

　　3）第 8 项的客车，对单向板楼盖应取 0.5，对双向板楼盖和无梁楼盖应取 0.8；

　　4）第 9～13 项应采用与所属房屋类别相同的折减系数。

　注：楼面梁的从属面积应按梁两侧各延伸二分之一梁间距的范围内的实际面积确定。

5.1.3　设计墙、柱时，本规范表 5.1.1 中第 8 项的消防车活荷载可按实际情况考虑；设计基础时可不考虑消防车荷载。常用板跨的消防车活荷载按覆土厚度的折减系数可按附录B规定采用。

表 5.1.2　活荷载按楼层的折减系数

墙、柱、基础计算截面以上的层数	1	2~3	4~5	6~8	9~20	>20
计算截面以上各楼层活荷载总和的折减系数	1.00 (0.90)	0.85	0.70	0.65	0.60	0.55

注：当楼面梁的从属面积超过25m²时，应采用括号内的系数。

5.1.4　楼面结构上的局部荷载可按本规范附录C的规定，换算为等效均布活荷载。

5.2　工业建筑楼面活荷载

5.2.1　工业建筑楼面在生产使用或安装检修时，由设备、管道、运输工具及可能拆移的隔墙产生的局部荷载，均应按实际情况考虑，可采用等效均布活荷载代替。对设备位置固定的情况，可直接按固定位置对结构进行计算，但应考虑因设备安装和维修过程中的位置变化可能出现的最不利效应。工业建筑楼面堆放原料或成品较多、较重的区域，应按实际情况考虑；一般的堆放情况可按均布活荷载或等效均布活荷载考虑。

注：1　楼面等效均布活荷载，包括计算次梁、主梁和基础时的楼面活荷载，可分别按本规范附录C的规定确定；

2　对于一般金工车间、仪器仪表生产车间、半导体器件车间、棉纺织车间、轮胎准备车间和粮食加工车间，当缺乏资料时，可按本规范附录D采用。

5.2.2　工业建筑楼面（包括工作平台）上无设备区域的操作荷载，包括操作人员、一般工具、零星原料和成品的自重，可按均布活荷载2.0kN/m²考虑。在设备所占区域内可不考虑操作荷载和堆料荷载。生产车间的楼梯活荷载，可按实际情况采用，但不宜小于3.5kN/m²。生产车间的参观走廊活荷载，可采用3.5kN/m²。

5.2.3　工业建筑楼面活荷载的组合值系数、频遇值系数和准永久值系数除本规范附录D中给出的以外，应按实际情况采用；但在任何情况下，组合值和频遇值系数不应小于0.7，准永久值系数不应小于0.6。

5.3　屋面活荷载

5.3.1　房屋建筑的屋面，其水平投影面上的屋面均布活荷载的标准值及其组合值系数、频遇值系数和准永久值系数的取值，不应小于表5.3.1的规定。

5.3.2　屋面直升机停机坪荷载应按下列规定采用：

1　屋面直升机停机坪荷载应按局部荷载考虑，或根据局部荷载换算为等效均布荷载考虑。局部荷载标准值应按直升机实际最大起飞重量确定，当没有机型技术资料时，可按表5.3.2的规定选用局部荷载标

准值及作用面积。

表 5.3.1　屋面均布活荷载标准值及其组合值系数、频遇值系数和准永久值系数

项次	类　别	标准值 (kN/m²)	组合值系数 ψ_c	频遇值系数 ψ_f	准永久值系数 ψ_q
1	不上人的屋面	0.5	0.7	0.5	0.0
2	上人的屋面	2.0	0.7	0.5	0.4
3	屋顶花园	3.0	0.7	0.6	0.5
4	屋顶运动场地	3.0	0.7	0.6	0.4

注：1　不上人的屋面，当施工或维修荷载较大时，应按实际情况采用；对不同类型的结构应按有关设计规范的规定采用，但不得低于0.3kN/m²；

2　当上人的屋面兼作其他用途时，应按相应楼面活荷载采用；

3　对于因屋面排水不畅、堵塞等引起的积水荷载，应采取构造措施加以防止；必要时，应按积水的可能深度确定屋面活荷载；

4　屋顶花园活荷载不应包括花圃土石等材料自重。

表 5.3.2　屋面直升机停机坪局部荷载标准值及作用面积

类型	最大起飞重量（t）	局部荷载标准值（kN）	作用面积
轻型	2	20	0.20m×0.20m
中型	4	40	0.25m×0.25m
重型	6	60	0.30m×0.30m

2　屋面直升机停机坪的等效均布荷载标准值不应低于5.0kN/m²。

3　屋面直升机停机坪荷载的组合值系数应取0.7，频遇值系数应取0.6，准永久值系数应取0。

5.3.3　不上人的屋面均布活荷载，可不与雪荷载和风荷载同时组合。

5.4　屋面积灰荷载

5.4.1　设计生产中有大量排灰的厂房及其邻近建筑时，对于具有一定除尘设施和保证清灰制度的机械、冶金、水泥等的厂房屋面，其水平投影面上的屋面积灰荷载标准值及其组合值系数、频遇值系数和准永久值系数，应分别按表5.4.1-1和表5.4.1-2采用。

表 5.4.1-1　屋面积灰荷载标准值及其组合值系数、频遇值系数和准永久值系数

项次	类　别	标准值（kN/m²） 屋面无挡风板	屋面有挡风板 挡风板内	挡风板外	组合值系数 ψ_c	频遇值系数 ψ_f	准永久值系数 ψ_q
1	机械厂铸造车间（冲天炉）	0.50	0.75	0.30	0.9	0.9	0.8

项次	类别	标准值 (kN/m²) 屋面无挡风板	标准值 (kN/m²) 屋面有挡风板 挡风板内	标准值 (kN/m²) 屋面有挡风板 挡风板外	组合值系数 ψ_c	频遇值系数 ψ_f	准永久值系数 ψ_q
2	炼钢车间(氧气转炉)	—	0.75	0.30			
3	锰、铬铁合金车间	0.75	1.00	0.30			
4	硅、钨铁合金车间	0.30	0.50	0.30			
5	烧结室、一次混合室	0.50	1.00	0.20	0.9	0.9	0.8
6	烧结厂通廊及其他车间	0.30	—	—			
7	水泥厂有灰源车间(窑房、磨房、联合贮库、烘干房、破碎房)	1.00	—	—			
8	水泥厂无灰源车间(空气压缩机站、机修间、材料库、配电站)	0.50	—	—			

注: 1 表中的积灰均布荷载,仅应用于屋面坡度 α 不大于25°时;当 α 大于45°时,可不考虑积灰荷载;当 α 在25°~45°范围内时,可按插值法取值;

2 清灰设施的荷载另行考虑;

3 对第1~4项的积灰荷载,仅应用于距烟囱中心20m半径范围内的屋面;当邻近建筑在该范围内时,其积灰荷载对第1、3、4项应按车间屋面无挡风板的采用,对第2项应按车间屋面挡风板外的采用。

表 5.4.1-2 高炉邻近建筑的屋面积灰荷载标准值及其组合值系数、频遇值系数和准永久值系数

高炉容积 (m³)	标准值 (kN/m²) 屋面离高炉距离 (m) ≤50	标准值 (kN/m²) 屋面离高炉距离 (m) 100	标准值 (kN/m²) 屋面离高炉距离 (m) 200	组合值系数 ψ_c	频遇值系数 ψ_f	准永久值系数 ψ_q
<255	0.50	—	—			
255~620	0.75	0.30	—	1.0	1.0	1.0
>620	1.00	0.50	0.30			

注: 1 表5.4.1-1中的注1和注2也适用本表;

2 当邻近建筑屋面离高炉距离为表内中间值时,可按插入法取值。

5.4.2 对于屋面上易形成灰堆处,当设计屋面板、檩条时,积灰荷载标准值宜乘以下列规定的增大系数:

1 在高低跨处两倍于屋面高差但不大于6.0m的分布宽度内取2.0;

2 在天沟处不大于3.0m的分布宽度内取1.4。

5.4.3 积灰荷载应与雪荷载或不上人的屋面均布活荷载两者中的较大值同时考虑。

5.5 施工和检修荷载及栏杆荷载

5.5.1 施工和检修荷载应按下列规定采用:

1 设计屋面板、檩条、钢筋混凝土挑檐、悬挑雨篷和预制小梁时,施工或检修集中荷载标准值不应小于1.0kN,并应在最不利位置处进行验算;

2 对于轻型构件或较宽的构件,应按实际情况验算,或应加垫板、支撑等临时设施;

3 计算挑檐、悬挑雨篷的承载力时,应沿板宽每隔1.0m取一个集中荷载;在验算挑檐、悬挑雨篷的倾覆时,应沿板宽每隔2.5m~3.0m取一个集中荷载。

5.5.2 楼梯、看台、阳台和上人屋面等的栏杆活荷载标准值,不应小于下列规定:

1 住宅、宿舍、办公楼、旅馆、医院、托儿所、幼儿园,栏杆顶部的水平荷载应取1.0 kN/m;

2 学校、食堂、剧场、电影院、车站、礼堂、展览馆或体育场,栏杆顶部的水平荷载应取1.0 kN/m,竖向荷载应取1.2kN/m,水平荷载与竖向荷载应分别考虑。

5.5.3 施工荷载、检修荷载及栏杆荷载的组合值系数应取0.7,频遇值系数应取0.5,准永久值系数应取0。

5.6 动 力 系 数

5.6.1 建筑结构设计的动力计算,在有充分依据时,可将重物或设备的自重乘以动力系数后,按静力计算方法设计。

5.6.2 搬运和装卸重物以及车辆启动和刹车的动力系数,可采用1.1~1.3;其动力荷载只传至楼板和梁。

5.6.3 直升机在屋面上的荷载,也应乘以动力系数,对具有液压轮胎起落架的直升机可取1.4;其动力荷载只传至楼板和梁。

6 吊 车 荷 载

6.1 吊车竖向和水平荷载

6.1.1 吊车竖向荷载标准值,应采用吊车的最大轮压或最小轮压。

6.1.2 吊车纵向和横向水平荷载,应按下列规定采用:

1 吊车纵向水平荷载标准值,应按作用在一边轨道上所有刹车轮的最大轮压之和的10%采用;该项荷载的作用点位于刹车轮与轨道的接触点,其方向与轨道方向一致;

2 吊车横向水平荷载标准值,应取横行小车重量与额定起重量之和的百分数,并应乘以重力加速度,吊车横向水平荷载标准值的百分数应按表6.1.2采用;

3 吊车横向水平荷载应等分于桥架的两端,分别由轨道上的车轮平均传至轨道,其方向与轨道垂直,并应考虑正反两个方向的刹车情况。

表 6.1.2　吊车横向水平荷载标准值的百分数

吊车类型	额定起重量（t）	百分数（%）
软钩吊车	≤10	12
	16～50	10
	≥75	8
硬钩吊车	—	20

注：1　悬挂吊车的水平荷载应由支撑系统承受；设计该支撑系统时，尚应考虑风荷载与悬挂吊车水平荷载的组合；
　　2　手动吊车及电动葫芦可不考虑水平荷载。

6.2　多台吊车的组合

6.2.1　计算排架考虑多台吊车竖向荷载时，对单层吊车的单跨厂房的每个排架，参与组合的吊车台数不宜多于 2 台；对单层吊车的多跨厂房的每个排架，不宜多于 4 台；对双层吊车的单跨厂房宜按上层和下层吊车分别不多于 2 台进行组合；对双层吊车的多跨厂房宜按上层和下层吊车分别不多于 4 台进行组合，且当下层吊车满载时，上层吊车应按空载计算；上层吊车满载时，下层吊车不应计入。考虑多台吊车水平荷载时，对单跨或多跨厂房的每个排架，参与组合的吊车台数不应多于 2 台。

注：当情况特殊时，应按实际情况考虑。

6.2.2　计算排架时，多台吊车的竖向荷载和水平荷载的标准值，应乘以表 6.2.2 中规定的折减系数。

表 6.2.2　多台吊车的荷载折减系数

参与组合的吊车台数	吊车工作级别	
	A1～A5	A6～A8
2	0.90	0.95
3	0.85	0.90
4	0.80	0.85

6.3　吊车荷载的动力系数

6.3.1　当计算吊车梁及其连接的承载力时，吊车竖向荷载应乘以动力系数。对悬挂吊车（包括电动葫芦）及工作级别 A1～A5 的软钩吊车，动力系数可取 1.05；对工作级别为 A6～A8 的软钩吊车、硬钩吊车和其他特种吊车，动力系数可取 1.1。

6.4　吊车荷载的组合值、频遇值及准永久值

6.4.1　吊车荷载的组合值系数、频遇值系数及准永久值系数可按表 6.4.1 中的规定采用。

6.4.2　厂房排架设计时，在荷载准永久组合中可不

考虑吊车荷载；但在吊车梁按正常使用极限状态设计时，宜采用吊车荷载的准永久值。

表 6.4.1　吊车荷载的组合值系数、频遇值系数及准永久值系数

吊车工作级别		组合值系数 ψ_c	频遇值系数 ψ_f	准永久值系数 ψ_q
软钩吊车	工作级别 A1～A3	0.70	0.60	0.50
	工作级别 A4、A5	0.70	0.70	0.60
	工作级别 A6、A7	0.70	0.70	0.70
硬钩吊车及工作级别 A8 的软钩吊车		0.95	0.95	0.95

7　雪荷载

7.1　雪荷载标准值及基本雪压

7.1.1　屋面水平投影面上的雪荷载标准值应按下式计算：

$$s_k = \mu_r s_0 \qquad (7.1.1)$$

式中：s_k——雪荷载标准值（kN/m²）；
　　　μ_r——屋面积雪分布系数；
　　　s_0——基本雪压（kN/m²）。

7.1.2　基本雪压应采用按本规范规定的方法确定的 50 年重现期的雪压；对雪荷载敏感的结构，应采用 100 年重现期的雪压。

7.1.3　全国各城市的基本雪压值应按本规范附录 E 中表 E.5 重现期 R 为 50 年的值采用。当城市或建设地点的基本雪压值在本规范表 E.5 中没有给出时，基本雪压值应按本规范附录 E 规定的方法，根据当地年最大雪压或雪深资料，按基本雪压定义，通过统计分析确定，分析时应考虑样本数量的影响。当地没有雪压和雪深资料时，可根据附近地区规定的基本雪压或长期资料，通过气象和地形条件的对比分析确定；也可比照本规范附录 E 中附图 E.6.1 全国基本雪压分布图近似确定。

7.1.4　山区的雪荷载应通过实际调查后确定。当无实测资料时，可按当地邻近空旷平坦地面的雪荷载值乘以系数 1.2 采用。

7.1.5　雪荷载的组合值系数可取 0.7；频遇值系数可取 0.6；准永久值系数应按雪荷载分区Ⅰ、Ⅱ和Ⅲ的不同，分别取 0.5、0.2 和 0；雪荷载分区应按本规范附录 E.5 或附图 E.6.2 的规定采用。

7.2　屋面积雪分布系数

7.2.1　屋面积雪分布系数应根据不同类别的屋面形式，按表 7.2.1 采用。

表 7.2.1 屋面积雪分布系数

项次	类别	屋面形式及积雪分布系数 μ_r	备注
1	单跨单坡屋面	μ_r 图 α 角图 表: α ≤25° 30° 35° 40° 45° 50° 55° ≥60° μ_r 1.0 0.85 0.7 0.55 0.4 0.25 0.1 0	—
2	单跨双坡屋面	均匀分布的情况 μ_r 不均匀分布的情况 $0.75\mu_r$ / $1.25\mu_r$	μ_r 按第1项规定采用
3	拱形屋面	均匀分布的情况 μ_r 不均匀分布的情况 $0.5\mu_{r,m}$ / $\mu_{r,m}$ $l/4$ $l/4$ l_e $l/4$ $l/4$ $\mu_r = l/(8f)$ $(0.4 \le \mu_r \le 1.0)$ 60° f l $\mu_{r,m} = 0.2 + 10f/l$ $(\mu_{r,m} \le 2.0)$	—
4	带天窗的坡屋面	均匀分布的情况 1.0 不均匀分布的情况 1.1 0.8 1.1	—
5	带天窗有挡风板的坡屋面	均匀分布的情况 1.0 不均匀分布的情况 1.0 1.4 0.8 1.4 1.0	—
6	多跨单坡屋面（锯齿形屋面）	均匀分布的情况 1.0 不均匀分布的情况1 0.6 1.4 0.6 1.4 0.6 1.4 $l/2$ $l/2$ 不均匀分布的情况2 μ_r 2.0 μ_r 2.0 μ_r $l/2$ $l/2$ α l l	μ_r 按第1项规定采用
7	双跨双坡或拱形屋面	均匀分布的情况 1.0 不均匀分布的情况1 1.4 μ_r 不均匀分布的情况2 2.0 α f	μ_r 按第1或3项规定采用

续表 7.2.1

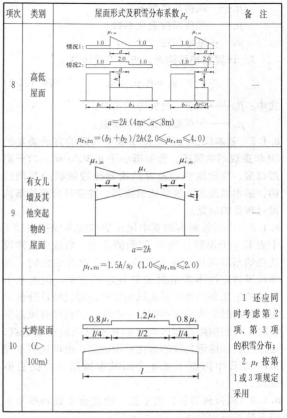

项次	类别	屋面形式及积雪分布系数 μ_r	备注
8	高低屋面	情况1: 1.0 $\mu_{r,m}$ 1.0 / 1.0 $\mu_{r,m}$ 1.0 情况2: 1.0 2.0 1.0 h a / 1.0 2.0 1.0 h a b_1 b_2 / b_1 b_2 $a = 2h$ $(4m < a < 8m)$ $\mu_{r,m} = (b_1 + b_2)/2h \ (2.0 \le \mu_{r,m} \le 4.0)$	—
9	有女儿墙及其他突起物的屋面	$\mu_{r,m}$ μ_r $\mu_{r,m}$ a a h $a = 2h$ $\mu_{r,m} = 1.5h/s_0 \ (1.0 \le \mu_{r,m} \le 2.0)$	—
10	大跨屋面（$l >$ 100m）	$0.8\mu_r$ $1.2\mu_r$ $0.8\mu_r$ $l/4$ $l/2$ $l/4$ l	1 还应同时考虑第2项、第3项的积雪分布； 2 μ_r 按第1或3项规定采用

注：1 第2项单跨双坡屋面仅当坡度 α 在 20°～30° 范围时，可采用不均匀分布情况；

　　2 第4、5项只适用于坡度 α 不大于 25° 的一般工业厂房屋面；

　　3 第7项双跨双坡或拱形屋面，当 α 不大于 25° 或 f/l 不大于 0.1 时，只采用均匀分布情况；

　　4 多跨屋面的积雪分布系数，可参照第7项的规定采用。

7.2.2 设计建筑结构及屋面的承重构件时，应按下列规定采用积雪的分布情况：

1 屋面板和檩条按积雪不均匀分布的最不利情况采用；

2 屋架和拱壳应分别按全跨积雪的均匀分布、不均匀分布和半跨积雪的均匀分布按最不利情况采用；

3 框架和柱可按全跨积雪的均匀分布情况采用。

8 风 荷 载

8.1 风荷载标准值及基本风压

8.1.1 垂直于建筑物表面上的风荷载标准值，应按下列规定确定：

1 计算主要受力结构时，应按下式计算：

$$w_k = \beta_z \mu_s \mu_z w_0 \qquad (8.1.1-1)$$

式中：w_k——风荷载标准值（kN/m^2）；

β_z——高度 z 处的风振系数；

μ_s——风荷载体型系数；

μ_z——风压高度变化系数；

w_0——基本风压（kN/m²）。

2 计算围护结构时，应按下式计算：

$$w_k = \beta_{gz}\mu_{sl}\mu_z w_0 \qquad (8.1.1-2)$$

式中：β_{gz}——高度 z 处的阵风系数；

μ_{sl}——风荷载局部体型系数。

8.1.2 基本风压应采用按本规范规定的方法确定的 50 年重现期的风压，但不得小于 0.3kN/m²。对于高层建筑、高耸结构以及对风荷载比较敏感的其他结构，基本风压的取值应适当提高，并应符合有关结构设计规范的规定。

8.1.3 全国各城市的基本风压值应按本规范附录 E 中表 E.5 重现期 R 为 50 年的值采用。当城市或建设地点的基本风压值在本规范表 E.5 没有给出时，基本风压值应按本规范附录 E 规定的方法，根据基本风压的定义和当地年最大风速资料，通过统计分析确定，分析时应考虑样本数量的影响。当地没有风速资料时，可根据附近地区规定的基本风压或长期资料，通过气象和地形条件的对比分析确定；也可比照本规范附录 E 中附图 E.6.3 全国基本风压分布图近似确定。

8.1.4 风荷载的组合值系数、频遇值系数和准永久值系数可分别取 0.6、0.4 和 0.0。

8.2 风压高度变化系数

8.2.1 对于平坦或稍有起伏的地形，风压高度变化系数应根据地面粗糙度类别按表 8.2.1 确定。地面粗糙度可分为 A、B、C、D 四类：A 类指近海海面和海岛、海岸、湖岸及沙漠地区；B 类指田野、乡村、丛林、丘陵以及房屋比较稀疏的乡镇；C 类指有密集建筑群的城市市区；D 类指有密集建筑群且房屋较高的城市市区。

表 8.2.1 风压高度变化系数 μ_z

离地面或海平面高度 (m)	地面粗糙度类别			
	A	B	C	D
5	1.09	1.00	0.65	0.51
10	1.28	1.00	0.65	0.51
15	1.42	1.13	0.65	0.51
20	1.52	1.23	0.74	0.51
30	1.67	1.39	0.88	0.51
40	1.79	1.52	1.00	0.60
50	1.89	1.62	1.10	0.69
60	1.97	1.71	1.20	0.77
70	2.05	1.79	1.28	0.84

续表 8.2.1

离地面或海平面高度 (m)	地面粗糙度类别			
	A	B	C	D
80	2.12	1.87	1.36	0.91
90	2.18	1.93	1.43	0.98
100	2.23	2.00	1.50	1.04
150	2.46	2.25	1.79	1.33
200	2.64	2.46	2.03	1.58
250	2.78	2.63	2.24	1.81
300	2.91	2.77	2.43	2.02
350	2.91	2.91	2.60	2.22
400	2.91	2.91	2.76	2.40
450	2.91	2.91	2.91	2.58
500	2.91	2.91	2.91	2.74
≥550	2.91	2.91	2.91	2.91

8.2.2 对于山区的建筑物，风压高度变化系数除可按平坦地面的粗糙度类别由本规范表 8.2.1 确定外，还应考虑地形条件的修正，修正系数 η 应按下列规定采用：

1 对于山峰和山坡，修正系数应按下列规定采用：

1）顶部 B 处的修正系数可按下式计算：

$$\eta_B = \left[1 + \kappa\tan\alpha\left(1 - \frac{z}{2.5H}\right)\right]^2 \qquad (8.2.2)$$

式中：$\tan\alpha$——山峰或山坡在迎风面一侧的坡度；当 $\tan\alpha$ 大于 0.3 时，取 0.3；

κ——系数，对山峰取 2.2，对山坡取 1.4；

H——山顶或山坡全高（m）；

z——建筑物计算位置离建筑物地面的高度（m）；当 $z > 2.5H$ 时，取 $z = 2.5H$。

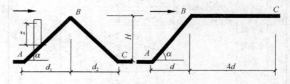

图 8.2.2 山峰和山坡的示意

2）其他部位的修正系数，可按图 8.2.2 所示，取 A、C 处的修正系数 η_A、η_C 为 1，AB 间和 BC 间的修正系数按 η 的线性插值确定。

2 对于山间盆地、谷地等闭塞地形，η 可在 0.75～0.85 选取。

3 对于与风向一致的谷口、山口，η 可在 1.20～1.50 选取。

8.2.3 对于远海海面和海岛的建筑物或构筑物，风压高度变化系数除可按 A 类粗糙度类别由本规范表 8.2.1 确定外，还应考虑表 8.2.3 中给出的修正系数。

表 8.2.3　远海海面和海岛的修正系数 η

距海岸距离（km）	η
<40	1.0
40~60	1.0~1.1
60~100	1.1~1.2

8.3　风荷载体型系数

8.3.1　房屋和构筑物的风荷载体型系数，可按下列

规定采用：

　　1　房屋和构筑物与表 8.3.1 中的体型类同时，可按表 8.3.1 的规定采用；

　　2　房屋和构筑物与表 8.3.1 中的体型不同时，可按有关资料采用；当无资料时，宜由风洞试验确定；

　　3　对于重要且体型复杂的房屋和构筑物，应由风洞试验确定。

表 8.3.1　风荷载体型系数

项次	类　别	体型及体型系数 μ_s	备　注
1	封闭式落地双坡屋面	〔α: 0° → μs: 0.0；30° → +0.2；≥60° → +0.8〕	中间值按线性插值法计算
2	封闭式双坡屋面	〔α: ≤15° → μs: −0.6；30° → 0.0；≥60° → +0.8〕	1　中间值按线性插值法计算； 2　μ_s 的绝对值不小于 0.1
3	封闭式落地拱形屋面	〔f/l: 0.1 → μs: +0.1；0.2 → +0.2；0.5 → +0.6〕	中间值按线性插值法计算
4	封闭式拱形屋面	〔f/l: 0.1 → μs: −0.8；0.2 → 0.0；0.5 → +0.6〕	1　中间值按线性插值法计算； 2　μ_s 的绝对值不小于 0.1
5	封闭式单坡屋面		迎风坡面的 μ_s 按第 2 项采用
6	封闭式高低双坡屋面		迎风坡面的 μ_s 按第 2 项采用
7	封闭式带天窗双坡屋面		带天窗的拱形屋面可按照本图采用

项次	类　别	体型及体型系数 μ_s	备　注
8	封闭式双跨双坡屋面		迎风坡面的 μ_s 按第 2 项采用
9	封闭式不等高不等跨的双跨双坡屋面		迎风坡面的 μ_s 按第 2 项采用
10	封闭式不等高不等跨的三跨双坡屋面		1　迎风坡面的 μ_s 按第 2 项采用; 2　中跨上部迎风墙面的 μ_{s1} 按下式采用: $\mu_{s1}=0.6(1-2h_1/h)$ 当 $h_1=h$,取 $\mu_{s1}=-0.6$
11	封闭式带天窗带坡的双坡屋面		—
12	封闭式带天窗带双坡的双坡屋面		—
13	封闭式不等高不等跨且中跨带天窗的三跨双坡屋面		1　迎风坡面的 μ_s 按第 2 项采用; 2　中跨上部迎风墙面的 μ_{s1} 按下式采用: $\mu_{s1}=0.6(1-2h_1/h)$ 当 $h_1=h$,取 $\mu_{s1}=-0.6$
14	封闭式带天窗的双跨双坡屋面		迎风面第 2 跨的天窗面的 μ_s 下列规定采用: 1　当 $a\leqslant4h$,取 $\mu_s=0.2$; 2　当 $a>4h$,取 $\mu_s=0.6$

项次	类　别	体型及体型系数 μ_s	备　注
15	封闭式带女儿墙的双坡屋面	+1.3　0　+0.8　−0.5	当屋面坡度不大于 15°时，屋面上的体型系数可按无女儿墙的屋面采用
16	封闭式带雨篷的双坡屋面	(a) μ_s α −0.6 −0.3 +0.8 −0.5　(b) −1.4 −0.9 −0.5 +0.8 −0.5	迎风坡面的 μ_s 按第 2 项采用
17	封闭式对立两个带雨篷的双坡屋面	μ_s α −0.4 −0.3 +0.8 −0.4　−0.2 −0.4 −0.5 +0.2 −0.3　s	1　本图适用于 s 为 8m～20m 范围内；2　迎风坡面的 μ_s 按第 2 项采用
18	封闭式带下沉天窗的双坡屋面或拱形屋面	−0.8 −0.5 [−1.2] +0.8 −0.5	—
19	封闭式带下沉天窗的双跨双坡或拱形屋面	−0.8 −0.5 −0.4 [−1.2] [−1.2] +0.8 −0.4	—
20	封闭式带天窗挡风板的坡屋面	+1.4 −0.7 +0.6 +0.3 0 −0.6 +0.8 −0.8 −0.6 −0.5	—
21	封闭式带天窗挡风板的双跨坡屋面	+1.4 −0.8 −0.7 −0.6 0.4 +0.3 0 −0.1 0 −0.4 +0.8 −0.8 −0.6 −0.6 −0.5 −0.4 −0.4	—
22	封闭式锯齿形屋面	μ_s α −0.6 −0.5 −0.5 −0.4 0.4 +0.8　−0.6 −0.6 −0.5 0.5 −0.4 0.4 0.4 −0.4 (1) (2) (3)　(1) (2) (3)	1　迎风坡面的 μ_s 按第 2 项采用；2　齿面增多或减少时，可均匀地在 (1)、(2)、(3) 三个区段内调节
23	封闭式复杂多跨屋面	a a −0.6 −0.7 −0.5 +0.6 −0.6 μ_s 0.6 0.5 −0.5 −0.4 h +0.6 −0.7 μ_s −0.2 −0.5 μ_s −0.5 +0.8 −0.2 −0.6 −0.6 −0.5 −0.5 −0.4 −0.4	天窗面的 μ_s 按下列规定采用：1　当 $a \leqslant 4h$ 时，取 $\mu_s = 0.2$；2　当 $a > 4h$ 时，取 $\mu_s = 0.6$

项次	类别	体型及体型系数 μ_s	备注
24	靠山封闭式双坡屋面	 本图适用于 $H_m/H \geqslant 2$ 及 $s/H = 0.2\sim0.4$ 的情况	—
24	靠山封闭式双坡屋面	体型系数 μ_s 按下表采用： 体型系数 μ_s 按下表采用：	—

体型系数 μ_s 按下表采用：

β	α	A	B	C	D	E
30°	15°	+0.9	−0.4	0.0	+0.2	−0.2
	30°	+0.9	+0.2	−0.2	−0.2	−0.3
	60°	+1.0	+0.7	−0.4	−0.2	−0.5
60°	15°	+1.0	+0.3	+0.4	+0.5	+0.4
	30°	+1.0	+0.4	+0.3	+0.4	+0.2
	60°	+1.0	+0.8	−0.3	0.0	−0.5
90°	15°	+1.0	+0.5	+0.7	+0.8	+0.6
	30°	+1.0	+0.6	+0.8	+0.9	+0.7
	60°	+1.0	+0.9	−0.1	+0.2	−0.4

(b)

体型系数 μ_s 按下表采用：

β	ABCD	E	A′B′C′D′	F
15°	−0.8	+0.9	−0.2	−0.2
30°	−0.9	+0.9	−0.2	−0.2
60°	−0.9	+0.9	−0.2	−0.2

| 25 | 靠山封闭式带天窗的双坡屋面 |
本图适用于 $H_m/H \geqslant 2$ 及 $s/H = 0.2\sim0.4$ 的情况 | — |

体型系数 μ_s 按下表采用：

β	A	B	C	D	D′	C′	B′	A′	E
30°	+0.9	+0.2	−0.6	−0.4	−0.3	−0.3	−0.3	−0.2	−0.5
60°	+0.9	+0.6	+0.1	+0.1	+0.2	+0.2	+0.2	+0.4	+0.1
90°	+1.0	+0.8	+0.6	+0.2	+0.6	+0.6	+0.6	+0.8	+0.6

| 26 | 单面开敞式双坡屋面 | | 迎风坡面的 μ_s 按第 2 项采用 |

项次	类 别	体型及体型系数 μ_s	备 注
27	双面开敞及四面开敞式双坡屋面	(a) 两端有山墙 　　(b) 四面开敞 体系系数 μ_s 	α	μ_{s1}	μ_{s2}	 |----|----|----|
$\leqslant10°$	-1.3	-0.7
$30°$	$+1.6$	$+0.4$		1 中间值按线性插值法计算; 2 本图屋面对风作用敏感,风压时正时负,设计时应考虑 μ_s 值变号的情况; 3 纵向风荷载对屋面所引起的总水平力,当 $\alpha\geqslant30°$ 时,为 $0.05Aw_h$;当 $\alpha<30°$ 时,为 $0.10Aw_h$;其中,A 为屋面的水平投影面积,w_h 为屋面高度 h 处的风压; 4 当室内堆放物品或房屋处于山坡时,屋面吸力应增大,可按第 26 项(a)采用
28	前后纵墙半开敞双坡屋面	μ_s -0.3 　 -0.8 $+0.5$ α -0.8	1 迎风坡面的 μ_s 按第 2 项采用; 2 本图适用于墙的上部集中开敞面积 $\geqslant10\%$ 且 $<50\%$ 的房屋; 3 当开敞面积达 50% 时,背风墙面的系数改为 -1.1
29	单坡及双坡顶盖	(a) μ_{s1} μ_{s2} 　 μ_{s3} μ_{s4} | α	μ_{s1}	μ_{s2}	μ_{s3}	μ_{s4} | |----|----|----|----|----|
$\leqslant10°$	-1.3	-0.5	$+1.3$	$+0.5$
$30°$	-1.4	-0.6	$+1.4$	$+0.6$		1 中间值按线性插值法计算; 2 (b)项体型系数按第 27 项采用; 3 (b)、(c)应考虑第 27 项注 2 和注 3

项次	类 别	体型及体型系数 μ_s	备 注
29	单坡及双坡顶盖	(b) (c) <table><tr><td>α</td><td>μ_{s1}</td><td>μ_{s2}</td></tr><tr><td>$\leqslant 10°$ $30°$</td><td>$+1.0$ -1.6</td><td>$+0.7$ -0.4</td></tr></table>	1 中间值按线性插值法计算； 2 (b)项体型系数按第 27 项采用； 3 (b)、(c)应考虑第 27 项注 2 和注 3
30	封闭式房屋和构筑物	(a) 正多边形（包括矩形）平面	—
30	封闭式房屋和构筑物	(b) Y形平面 (c) L形平面　(d) Π形平面 (e) 十字形平面　(f) 截角三边形平面	—
31	高度超过 45m 的矩形截面高层建筑	<table><tr><td>D/B</td><td>$\leqslant 1$</td><td>1.2</td><td>2</td><td>$\geqslant 4$</td></tr><tr><td>μ_{s1}</td><td>-0.6</td><td>-0.5</td><td>-0.4</td><td>-0.3</td></tr><tr><td>μ_{s2}</td><td colspan="4">-0.7</td></tr></table>	—

项次	类 别	体型及体型系数 μ_s	备 注
32	各种截面的杆件	$\mu=+1.3$	—
33	桁架	(a) 单榀桁架的体型系数 $$\mu_{st} = \phi \mu_s$$	
33	桁架	式中：μ_s 为桁架构件的体型系数，对型钢杆件按第 32 项采用，对圆管杆件按第 37（b）项采用； 　　$\phi = A_n/A$ 为桁架的挡风系数； 　　A_n 为桁架杆件和节点挡风的净投影面积； 　　$A = hl$ 为桁架的轮廓面积。 (b) n 榀平行桁架的整体体型系数 $$\mu_{stw} = \mu_{st} \frac{1-\eta^n}{1-\eta}$$ 式中：μ_{st} 为单榀桁架的体型系数； 　　η 系数按下表采用。 表 η系数 | ϕ ╲ b/h	≤1	2	4	6
---	---	---	---	---
≤0.1	1.00	1.00	1.00	1.00
0.2	0.85	0.90	0.93	0.97
0.3	0.66	0.75	0.80	0.85
0.4	0.50	0.60	0.67	0.73
0.5	0.33	0.45	0.53	0.62
0.6	0.15	0.30	0.40	0.50		
34	独立墙壁及围墙	$+1.3$	—
35	塔架	 （a）角钢塔架整体计算时的体型系数 μ_s 按下表采用。 | 挡风系数 ϕ	方形			三角形 风向 ③④⑤
---	---	---	---	---
	风向①	风向②		
		单角钢	组合角钢	
≤0.1	2.6	2.9	3.1	2.4
0.2	2.4	2.7	2.9	2.2
0.3	2.2	2.4	2.7	2.0
0.4	2.0	2.2	2.4	1.8
0.5	1.9	1.9	2.0	1.6	 （b）管子及圆钢塔架整体计算时的体型系数 μ_s： 当 $\mu_z w_0 d^2$ 不大于 0.002 时，μ_s 按角钢塔架的 μ_s 值乘以 0.8 采用； 当 $\mu_z w_0 d^2$ 不小于 0.015 时，μ_s 按角钢塔架的 μ_s 值乘以 0.6 采用。	中间值按线性插值法计算

项次	类别	体型及体型系数 μ_s	备注
36	旋转壳顶	(a) $f/l > \dfrac{1}{4}$ (b) $f/l \leqslant \dfrac{1}{4}$ $\mu_s = -\cos^2\phi$ $\mu_s = 0.5\sin^2\phi\sin\psi - \cos^2\phi$ 式中：ψ 为平面角，ϕ 为仰角。	—
37	圆截面构筑物（包括烟囱、塔桅等）	(a) 局部计算时表面分布的体型系数	1 (a) 项局部计算用表中的值适用于 $\mu_z w_0 d^2$ 大于 0.015 的表面光滑情况，其中 w_0 以 kN/m^2 计，d 以 m 计。 2 (b) 项整体计算用表中的中间值按线性插值法计算；Δ 为表面凸出高度
37	圆截面构筑物（包括烟囱、塔桅等）	(见下表及图)	1 (a) 项局部计算用表中的值适用于 $\mu_z w_0 d^2$ 大于 0.015 的表面光滑情况，其中 w_0 以 kN/m^2 计，d 以 m 计。 2 (b) 项整体计算用表中的中间值按线性插值法计算；Δ 为表面凸出高度

(a) 局部计算时表面分布的体型系数

α	$H/d \geqslant 25$	$H/d = 7$	$H/d = 1$
0°	+1.0	+1.0	+1.0
15°	+0.8	+0.8	+0.8
30°	+0.1	+0.1	+0.1
45°	−0.9	−0.8	−0.7
60°	−1.9	−1.7	−1.2
75°	−2.5	−2.2	−1.5
90°	−2.6	−2.2	−1.7
105°	−1.9	−1.7	−1.2
120°	−0.9	−0.8	−0.7
135°	−0.7	−0.6	−0.5
150°	−0.6	−0.5	−0.4
165°	−0.6	−0.5	−0.4
180°	−0.6	−0.5	−0.4

(b) 整体计算时的体型系数

$\mu_z w_0 d^2$	表面情况	$H/d \geqslant 25$	$H/d = 7$	$H/d = 1$
$\geqslant 0.015$	$\Delta \approx 0$	0.6	0.5	0.5
	$\Delta = 0.02d$	0.9	0.8	0.7
	$\Delta = 0.08d$	1.2	1.0	0.8
$\leqslant 0.002$		1.2	0.8	0.7

项次	类别	体型及体型系数 μ_s	备注
38	架空管道	(a) 上下双管 _表:_ s/d: ≤0.25, 0.5, 0.75, 1.0, 1.5, 2.0, ≥3.0 μ_s: +1.20, +0.90, +0.75, +0.70, +0.65, +0.63, +0.60 (b) 前后双管 s/d: ≤0.25, 0.5, 1.5, 3.0, 4.0, 6.0, 8.0, ≥10.0 μ_s: +0.68, +0.86, +0.94, +0.99, +1.08, +1.11, +1.14, +1.20 (c) 密排多管 $\mu_s = +1.4$	1 本图适用于 $\mu_z w_0 d^2 \geqslant 0.015$ 的情况; 2 (b)项前后双管的 μ_s 值为前后两管之和，其中前管为 0.6; 3 (c)项密排多管的 μ_s 值为各管之总和

(a) 上下双管

s/d	≤0.25	0.5	0.75	1.0	1.5	2.0	≥3.0
μ_s	+1.20	+0.90	+0.75	+0.70	+0.65	+0.63	+0.60

(b) 前后双管

s/d	≤0.25	0.5	1.5	3.0	4.0	6.0	8.0	≥10.0
μ_s	+0.68	+0.86	+0.94	+0.99	+1.08	+1.11	+1.14	+1.20

(c) 密排多管

$$\mu_s = +1.4$$

项次	类别	体型及体型系数 μ_s	备注
39	拉索	风荷载水平分量 w_x 的体型系数 μ_{sx} 及垂直分量 w_y 的体型系数 μ_{sy} 按下表采用:	—

α	μ_{sx}	μ_{sy}	α	μ_{sx}	μ_{sy}
0°	0.00	0.00	50°	0.60	0.40
10°	0.05	0.05	60°	0.85	0.40
20°	0.10	0.10	70°	1.10	0.30
30°	0.20	0.25	80°	1.20	0.20
40°	0.35	0.40	90°	1.25	0.00

8.3.2 当多个建筑物，特别是群集的高层建筑，相互间距较近时，宜考虑风力相互干扰的群体效应；一般可将单独建筑物的体型系数 μ_s 乘以相互干扰系数。相互干扰系数可按下列规定确定：

1 对矩形平面高层建筑，当单个施扰建筑与受扰建筑高度相近时，根据施扰建筑的位置，对顺风向风荷载可在 1.00～1.10 范围内选取，对横风向风荷载可在 1.00～1.20 范围内选取；

2 其他情况可比照类似条件的风洞试验资料确定，必要时宜通过风洞试验确定。

8.3.3 计算围护构件及其连接的风荷载时，可按下列规定采用局部体型系数 μ_{sl}：

1 封闭式矩形平面房屋的墙面及屋面可按表 8.3.3 的规定采用；

2 檐口、雨篷、遮阳板、边棱处的装饰条等突出构件，取 −2.0；

3 其他房屋和构筑物可按本规范第 8.3.1 条规定体型系数的 1.25 倍取值。

表 8.3.3　封闭式矩形平面房屋的局部体型系数　　　　　　　　　　续表 8.3.3

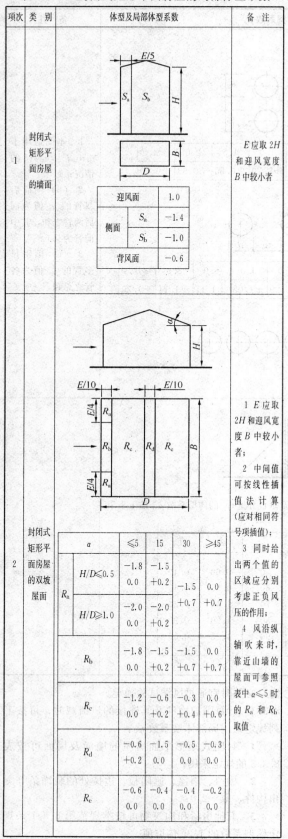

项次 1　封闭式矩形平面房屋的墙面

迎风面		1.0
侧面	S_a	-1.4
	S_b	-1.0
背风面		-0.6

备注：E 应取 2H 和迎风宽度 B 中较小者

项次 2　封闭式矩形平面房屋的双坡屋面

α	≤5	15	30	≥45
R_a　H/D≤0.5	-1.8 0.0	-1.5 +0.2	-1.5 0.0	
R_a　H/D≥1.0	-2.0 0.0	-2.0 +0.2	+0.7	+0.7
R_b	-1.8 0.0	-1.5 +0.2	-1.5 +0.7	0.0 +0.7
R_c	-1.2 0.0	-0.6 +0.2	-0.3 +0.4	0.0 +0.6
R_d	-0.6 +0.2	-1.5 0.0	-0.5 0.0	-0.3 0.0
R_c	-0.6 0.0	-0.4 0.0	-0.4 0.0	-0.2 0.0

备注：
1 E 应取 2H 和迎风宽度 B 中较小者；
2 中间值可按线性插值法计算（应对相同符号项插值）；
3 同时给出两个值的区域应分别考虑正负风压的作用；
4 风沿纵轴吹来时，靠近山墙的屋面可参照表中 α≤5 时的 R_a 和 R_b 取值

项次 3　封闭式矩形平面房屋的单坡屋面

α	≤5	15	30	≥45
R_a	-2.0	-2.5	-2.3	-1.2
R_b	-2.0	-2.0	-1.5	-0.5
R_c	-1.2	-1.2	-0.8	-0.5

备注：
1 E 应取 2H 和迎风宽度 B 中的较小者；
2 中间值可按线性插值法计算；
3 迎风坡面可参考第 2 项取值

8.3.4　计算非直接承受风荷载的围护构件风荷载时，局部体型系数 μ_{sl} 可按构件的从属面积折减，折减系数按下列规定采用：

1　当从属面积不大于 1m² 时，折减系数取 1.0；

2　当从属面积大于或等于 25m² 时，对墙面折减系数取 0.8，对局部体型系数绝对值大于 1.0 的屋面区域折减系数取 0.6，对其他屋面区域折减系数取 1.0；

3　当从属面积大于 1m² 小于 25m² 时，墙面和绝对值大于 1.0 的屋面局部体型系数可采用对数插值，即按下式计算局部体型系数：

$$\mu_{sl}(A) = \mu_{sl}(1) + [\mu_{sl}(25) - \mu_{sl}(1)]\log A / 1.4$$
$$(8.3.4)$$

8.3.5　计算围护构件风荷载时，建筑物内部压力的局部体型系数可按下列规定采用：

1　封闭式建筑物，按其外表面风压的正负情况取 -0.2 或 0.2；

2　仅一面墙有主导洞口的建筑物，按下列规定采用：

1）当开洞率大于 0.02 且小于或等于 0.10 时，取 $0.4\mu_{sl}$；

2）当开洞率大于 0.10 且小于或等于 0.30 时，取 $0.6\mu_{sl}$；

3）当开洞率大于 0.30 时，取 $0.8\mu_{sl}$。

3　其他情况，应按开放式建筑物的 μ_{sl} 取值。

注：1　主导洞口的开洞率是指单个主导洞口面积与该墙面全部面积之比；

2 μ_{sl}应取主导洞口对应位置的值。

8.3.6 建筑结构的风洞试验，其试验设备、试验方法和数据处理应符合相关规范的规定。

8.4 顺风向风振和风振系数

8.4.1 对于高度大于30m且高宽比大于1.5的房屋，以及基本自振周期T_1大于0.25s的各种高耸结构，应考虑风压脉动对结构产生顺风向风振的影响。顺风向风振响应计算应按结构随机振动理论进行。对于符合本规范第8.4.3条规定的结构，可采用风振系数法计算其顺风向风荷载。

> 注：1 结构的自振周期应按结构动力学计算；近似的基本自振周期T_1可按附录F计算；
> 2 高层建筑顺风向风振加速度可按本规范附录J计算。

8.4.2 对于风敏感的或跨度大于36m的柔性屋盖结构，应考虑风压脉动对结构产生风振的影响。屋盖结构的风振响应，宜依据风洞试验结果按随机振动理论计算确定。

8.4.3 对于一般竖向悬臂型结构，例如高层建筑和构架、塔架、烟囱等高耸结构，均可仅考虑结构第一振型的影响，结构的顺风向风荷载可按公式（8.1.1-1）计算。z高度处的风振系数β_z可按下式计算：

$$\beta_z = 1 + 2gI_{10}B_z\sqrt{1+R^2} \qquad (8.4.3)$$

式中：g——峰值因子，可取2.5；

I_{10}——10m高度名义湍流强度，对应A、B、C和D类地面粗糙度，可分别取0.12、0.14、0.23和0.39；

R——脉动风荷载的共振分量因子；

B_z——脉动风荷载的背景分量因子。

8.4.4 脉动风荷载的共振分量因子可按下列公式计算：

$$R = \sqrt{\frac{\pi}{6\zeta_1}\frac{x_1^2}{(1+x_1^2)^{4/3}}} \qquad (8.4.4-1)$$

$$x_1 = \frac{30f_1}{\sqrt{k_w w_0}},\ x_1 > 5 \qquad (8.4.4-2)$$

式中：f_1——结构第1阶自振频率（Hz）；

k_w——地面粗糙度修正系数，对A类、B类、C类和D类地面粗糙度分别取1.28、1.0、0.54和0.26；

ζ——结构阻尼比，对钢结构可取0.01，对有填充墙的钢结构房屋可取0.02，对钢筋混凝土及砌体结构可取0.05，对其他结构可根据工程经验确定。

8.4.5 脉动风荷载的背景分量因子可按下列规定确定：

1 对体型和质量沿高度均匀分布的高层建筑和高耸结构，可按下式计算：

$$B_z = kH^{a_1}\rho_x\rho_z\frac{\phi_1(z)}{\mu_z} \qquad (8.4.5)$$

式中：$\phi_1(z)$——结构第1阶振型系数；

H——结构总高度（m），对A、B、C和D类地面粗糙度，H的取值分别不应大于300m、350m、450m和550m；

ρ_x——脉动风荷载水平方向相关系数；

ρ_z——脉动风荷载竖直方向相关系数；

k、a_1——系数，按表8.4.5-1取值。

表8.4.5-1 系数k和a_1

粗糙度类别		A	B	C	D
高层建筑	k	0.944	0.670	0.295	0.112
	a_1	0.155	0.187	0.261	0.346
高耸结构	k	1.276	0.910	0.404	0.155
	a_1	0.186	0.218	0.292	0.376

2 对迎风面和侧风面的宽度沿高度按直线或接近直线变化，而质量沿高度按连续规律变化的高耸结构，式（8.4.5）计算的背景分量因子B_z应乘以修正系数θ_B和θ_v。θ_B为构筑物在z高度处的迎风面宽度$B(z)$与底部宽度$B(0)$的比值；θ_v可按表8.4.5-2确定。

表8.4.5-2 修正系数θ_v

$B(H)/B(0)$	1	0.9	0.8	0.7	0.6	0.5	0.4	0.3	0.2	$\leqslant$0.1
θ_v	1.00	1.10	1.20	1.32	1.50	1.75	2.08	2.53	3.30	5.60

8.4.6 脉动风荷载的空间相关系数可按下列规定确定：

1 竖直方向的相关系数可按下式计算：

$$\rho_z = \frac{10\sqrt{H+60e^{-H/60}-60}}{H} \qquad (8.4.6-1)$$

式中：H——结构总高度（m）；对A、B、C和D类地面粗糙度，H的取值分别不应大于300m、350m、450m和550m。

2 水平方向相关系数可按下式计算：

$$\rho_x = \frac{10\sqrt{B+50e^{-B/50}-50}}{B} \qquad (8.4.6-2)$$

式中：B——结构迎风面宽度（m），$B\leqslant 2H$。

3 对迎风面宽度较小的高耸结构，水平方向相关系数可取$\rho_x = 1$。

8.4.7 振型系数应根据结构动力计算确定。对外形、质量、刚度沿高度按连续规律变化的竖向悬臂型高耸结构及沿高度比较均匀的高层建筑，振型系数$\phi_1(z)$也可根据相对高度z/H按本规范附录G确定。

8.5 横风向和扭转风振

8.5.1 对于横风向风振作用效应明显的高层建筑以

及细长圆形截面构筑物，宜考虑横风向风振的影响。

8.5.2 横风向风振的等效风荷载可按下列规定采用：

1 对于平面或立面体型较复杂的高层建筑和高耸结构，横风向风振的等效风荷载 w_{Lk} 宜通过风洞试验确定，也可比照有关资料确定；

2 对于圆形截面高层建筑及构筑物，其由跨临界强风共振（旋涡脱落）引起的横风向风振等效风荷载 w_{Lk} 可按本规范附录 H.1 确定；

3 对于矩形截面及凹角或削角矩形截面的高层建筑，其横风向风振等效风荷载 w_{Lk} 可按本规范附录 H.2 确定。

注：高层建筑横风向风振加速度可按本规范附录 J 计算。

8.5.3 对圆形截面的结构，应按下列规定对不同雷诺数 Re 的情况进行横风向风振（旋涡脱落）的校核：

1 当 $Re < 3 \times 10^5$ 且结构顶部风速 v_H 大于 v_{cr} 时，可发生亚临界的微风共振。此时，可在构造上采取防振措施，或控制结构的临界风速 v_{cr} 不小于 15m/s。

2 当 $Re \geqslant 3.5 \times 10^6$ 且结构顶部风速 v_H 的 1.2 倍大于 v_{cr} 时，可发生跨临界的强风共振，此时应考虑横风向风振的等效风荷载。

3 当雷诺数为 $3 \times 10^5 \leqslant Re < 3.5 \times 10^6$ 时，则发生超临界范围的风振，可不作处理。

4 雷诺数 Re 可按下列公式确定：

$$Re = 69000vD \tag{8.5.3-1}$$

式中：v——计算所用风速，可取临界风速值 v_{cr}；

D——结构截面的直径（m），当结构的截面沿高度缩小时（倾斜度不大于 0.02），可近似取 2/3 结构高度处的直径。

5 临界风速 v_{cr} 和结构顶部风速 v_H 可按下列公式确定：

$$v_{cr} = \frac{D}{T_i St} \tag{8.5.3-2}$$

$$v_H = \sqrt{\frac{2000\mu_H w_0}{\rho}} \tag{8.5.3-3}$$

式中：T_i——结构第 i 振型的自振周期，验算亚临界微风共振时取基本自振周期 T_1；

St——斯脱罗哈数，对圆截面结构取 0.2；

μ_H——结构顶部风压高度变化系数；

w_0——基本风压（kN/m²）；

ρ——空气密度（kg/m³）。

8.5.4 对于扭转风振作用效应明显的高层建筑及高耸结构，宜考虑扭转风振的影响。

8.5.5 扭转风振等效风荷载可按下列规定采用：

1 对于体型较复杂以及质量或刚度有显著偏心的高层建筑，扭转风振等效风荷载 w_{Tk} 宜通过风洞试验确定，也可比照有关资料确定；

2 对于质量和刚度较对称的矩形截面高层建筑，其扭转风振等效风荷载 w_{Tk} 可按本规范附录 H.3 确定。

8.5.6 顺风向风荷载、横风向风振及扭转风振等效风荷载宜按表 8.5.6 考虑风荷载组合工况。表 8.5.6 中的单位高度风力 F_{Dk}、F_{Lk} 及扭矩 T_{Tk} 标准值应按下列公式计算：

$$F_{Dk} = (w_{k1} - w_{k2})B \tag{8.5.6-1}$$

$$F_{Lk} = w_{Lk}B \tag{8.5.6-2}$$

$$T_{Tk} = w_{Tk}B^2 \tag{8.5.6-3}$$

式中：F_{Dk}——顺风向单位高度风力标准值（kN/m）；

F_{Lk}——横风向单位高度风力标准值（kN/m）；

T_{Tk}——单位高度风致扭矩标准值（kN·m/m）；

w_{k1}、w_{k2}——迎风面、背风面风荷载标准值（kN/m²）；

w_{Lk}、w_{Tk}——横风向风振和扭转风振等效风荷载标准值（kN/m²）；

B——迎风面宽度（m）。

表 8.5.6　风荷载组合工况

工况	顺风向风荷载	横风向风振等效风荷载	扭转风振等效风荷载
1	F_{Dk}	—	—
2	$0.6F_{Dk}$	F_{Lk}	—
3	—	—	T_{Tk}

8.6 阵 风 系 数

8.6.1 计算围护结构（包括门窗）风荷载时的阵风系数应按表 8.6.1 确定。

表 8.6.1　阵风系数 β_{gz}

离地面高度（m）	地面粗糙度类别			
	A	B	C	D
5	1.65	1.70	2.05	2.40
10	1.60	1.70	2.05	2.40
15	1.57	1.66	2.05	2.40
20	1.55	1.63	1.99	2.40
30	1.53	1.59	1.90	2.40
40	1.51	1.57	1.85	2.29
50	1.49	1.55	1.81	2.20
60	1.48	1.54	1.78	2.14
70	1.48	1.52	1.75	2.09
80	1.47	1.51	1.73	2.04
90	1.46	1.50	1.71	2.01
100	1.46	1.50	1.69	1.98
150	1.43	1.47	1.63	1.87

续表 8.6.1

离地面高度（m）	地面粗糙度类别			
	A	B	C	D
200	1.42	1.45	1.59	1.79
250	1.41	1.43	1.57	1.74
300	1.40	1.42	1.54	1.70
350	1.40	1.41	1.53	1.67
400	1.40	1.41	1.51	1.64
450	1.40	1.41	1.50	1.62
500	1.40	1.41	1.50	1.60
550	1.40	1.41	1.50	1.59

9 温度作用

9.1 一般规定

9.1.1 温度作用应考虑气温变化、太阳辐射及使用热源等因素，作用在结构或构件上的温度作用应采用其温度的变化来表示。

9.1.2 计算结构或构件的温度作用效应时，应采用材料的线膨胀系数 α_T。常用材料的线膨胀系数可按表 9.1.2 采用。

表 9.1.2 常用材料的线膨胀系数 α_T

材料	线膨胀系数 α_T（$\times 10^{-6}/℃$）
轻骨料混凝土	7
普通混凝土	10
砌体	6～10
钢，锻铁，铸铁	12
不锈钢	16
铝，铝合金	24

9.1.3 温度作用的组合值系数、频遇值系数和准永久值系数可分别取 0.6、0.5 和 0.4。

9.2 基本气温

9.2.1 基本气温可采用按本规范附录 E 规定的方法确定的 50 年重现期的月平均最高气温 T_{max} 和月平均最低气温 T_{min}。全国各城市的基本气温值可按本规范附录 E 中表 E.5 采用。当城市或建设地点的基本气温值在本规范附录 E 中没有给出时，基本气温值可根据当地气象台站记录的气温资料，按附录 E 规定的方法通过统计分析确定。当地没有气温资料时，可根据附近地区规定的基本气温，通过气象和地形条件的对比分析确定；也可比照本规范附录 E 中图 E.6.4 和图 E.6.5 近似确定。

9.2.2 对金属结构等对气温变化较敏感的结构，宜考虑极端气温的影响，基本气温 T_{max} 和 T_{min} 可根据当地气候条件适当增加或降低。

9.3 均匀温度作用

9.3.1 均匀温度作用的标准值应按下列规定确定：

1 对结构最大温升的工况，均匀温度作用标准值按下式计算：

$$\Delta T_k = T_{s,max} - T_{0,min} \tag{9.3.1-1}$$

式中：ΔT_k——均匀温度作用标准值（℃）；

$T_{s,max}$——结构最高平均温度（℃）；

$T_{0,min}$——结构最低初始平均温度（℃）。

2 对结构最大温降的工况，均匀温度作用标准值按下式计算：

$$\Delta T_k = T_{s,min} - T_{0,max} \tag{9.3.1-2}$$

式中：$T_{s,min}$——结构最低平均温度（℃）；

$T_{0,max}$——结构最高初始平均温度（℃）。

9.3.2 结构最高平均温度 $T_{s,max}$ 和最低平均温度 $T_{s,min}$ 宜分别根据基本气温 T_{max} 和 T_{min} 按热工学的原理确定。对于有围护的室内结构，结构平均温度应考虑室内外温差的影响；对于暴露于室外的结构或施工期间的结构，宜依据结构的朝向和表面吸热性质考虑太阳辐射的影响。

9.3.3 结构的最高初始平均温度 $T_{0,max}$ 和最低初始平均温度 $T_{0,min}$ 应根据结构的合拢或形成约束的时间确定，或根据施工时结构可能出现的温度按不利情况确定。

10 偶然荷载

10.1 一般规定

10.1.1 偶然荷载应包括爆炸、撞击、火灾及其他偶然出现的灾害引起的荷载。本章规定仅适用于爆炸和撞击荷载。

10.1.2 当采用偶然荷载作为结构设计的主导荷载时，在允许结构出现局部构件破坏的情况下，应保证结构不致因偶然荷载引起连续倒塌。

10.1.3 偶然荷载的荷载设计值可直接取用按本章规定的方法确定的偶然荷载标准值。

10.2 爆炸

10.2.1 由炸药、燃气、粉尘等引起的爆炸荷载宜按等效静力荷载采用。

10.2.2 在常规炸药爆炸动荷载作用下，结构构件的等效均布静力荷载标准值，可按下式计算：

$$q_{ce} = K_{dc} p_c \tag{10.2.2}$$

式中：q_{ce}——作用在结构构件上的等效均布静力荷载标准值；

p_c——作用在结构构件上的均布动荷载最大压力，可按国家标准《人民防空地下室设计规范》GB 50038-2005 中第4.3.2条和第4.3.3条的有关规定采用；

K_{dc}——动力系数，根据构件在均布动荷载作用下的动力分析结果，按最大内力等效的原则确定。

注：其他原因引起的爆炸，可根据其等效 TNT 装药量，参考本条方法确定等效均布静力荷载。

10.2.3 对于具有通口板的房屋结构，当通口板面积 A_V 与爆炸空间体积 V 之比在 0.05～0.15 之间且体积 V 小于 1000m³ 时，燃气爆炸的等效均布静力荷载 p_k 可按下列公式计算并取其较大值：

$$p_k = 3 + p_V \tag{10.2.3-1}$$

$$p_k = 3 + 0.5p_V + 0.04\left(\frac{A_V}{V}\right)^2 \tag{10.2.3-2}$$

式中：p_V——通口板（一般指窗口的平板玻璃）的额定破坏压力（kN/m²）；

A_V——通口板面积（m²）；

V——爆炸空间的体积（m³）。

10.3 撞　击

10.3.1 电梯竖向撞击荷载标准值可在电梯总重力荷载的(4～6)倍范围内选取。

10.3.2 汽车的撞击荷载可按下列规定采用：

1 顺行方向的汽车撞击力标准值 P_k(kN) 可按下式计算：

$$P_k = \frac{mv}{t} \tag{10.3.2}$$

式中：m——汽车质量（t），包括车自重和载重；

v——车速（m/s）；

t——撞击时间（s）。

2 撞击力计算参数 m、v、t 和荷载作用点位置宜按照实际情况采用；当无数据时，汽车质量可取 15t，车速可取 22.2m/s，撞击时间可取 1.0s，小型车和大型车的撞击力荷载作用点位置可分别取位于路面以上 0.5m 和 1.5m 处。

3 垂直行车方向的撞击力标准值可取顺行方向撞击力标准值的 0.5 倍，二者可不考虑同时作用。

10.3.3 直升飞机非正常着陆的撞击荷载可按下列规定采用：

1 竖向等效静力撞击力标准值 P_k(kN) 可按下式计算：

$$P_k = C\sqrt{m} \tag{10.3.3}$$

式中：C——系数，取 3kN·kg$^{-0.5}$；

m——直升飞机的质量（kg）。

2 竖向撞击力的作用范围宜包括停机坪内任何区域以及停机坪边缘线 7m 之内的屋顶结构。

3 竖向撞击力的作用区域宜取 2m×2m。

附录 A　常用材料和构件的自重

表 A　常用材料和构件的自重表

项次	名　称	自重	备　注
1	**木　材** （kN/m³）　杉木	4.0	随含水率而不同
	冷杉、云杉、红松、华山松、樟子松、铁杉、拟赤杨、红椿、杨木、枫杨	4.0～5.0	随含水率而不同
	马尾松、云南松、油松、赤松、广东松、桤木、枫香、柳木、檫木、秦岭落叶松、新疆落叶松	5.0～6.0	随含水率而不同
	东北落叶松、陆均松、榆木、桦木、水曲柳、苦楝、木荷、臭椿	6.0～7.0	随含水率而不同
	锥木（栲木）、石栎、槐木、乌墨	7.0～8.0	随含水率而不同
	青冈栎（槠木）、栎木（柞木）、桉树、木麻黄	8.0～9.0	随含水率而不同
	普通木板条、椽檩木料	5.0	随含水率而不同
	锯末	2.0～2.5	加防腐剂时为 3kN/m³
	木丝板	4.0～5.0	
	软木板	2.5	
	刨花板	6.0	
2	**胶合板材** （kN/m²）　胶合三夹板(杨木)	0.019	
	胶合三夹板(椴木)	0.022	
	胶合三夹板(水曲柳)	0.028	
	胶合五夹板(杨木)	0.030	
	胶合五夹板(椴木)	0.034	
	胶合五夹板(水曲柳)	0.040	
	甘蔗板（按10mm厚计）	0.030	常用厚度为 13mm、15mm、19mm、25mm
	隔声板（按10mm厚计）	0.030	常用厚度为 13mm、20mm
	木屑板（按10mm厚计）	0.120	常用厚度为 6mm、10mm
3	**金属矿产** （kN/m³）　锻铁	77.5	—
	铁矿渣	27.6	—
	赤铁矿	25.0～30.0	—
	钢	78.5	—
	紫铜、赤铜	89.0	—
	黄铜、青铜	85.0	—
	硫化铜矿	42.0	—

项次	名称		自重	备注
3	金属矿产 (kN/m³)	铝	27.0	—
		铝合金	28.0	—
		锌	70.5	—
		亚锌矿	40.5	—
		铅	114.0	—
		方铅矿	74.5	—
		金	193.0	—
		白金	213.0	—
		银	105.0	—
		锡	73.5	—
		镍	89.0	—
		水银	136.0	—
		钨	189.0	—
		镁	18.5	—
		锑	66.6	—
		水晶	29.5	—
		硼砂	17.5	—
		硫矿	20.5	—
		石棉矿	24.6	—
		石棉	10.0	压实
		石棉	4.0	松散，含水量不大于15%
		石亜(高岭土)	22.0	—
		石膏矿	25.5	—
		石膏	13.0~14.5	粗块堆放φ=30°；细块堆放φ=40°
		石膏粉	9.0	
4	土、砂、砂砾、岩石 (kN/m³)	腐殖土	15.0~16.0	干，φ=40°；湿，φ=35°；很湿，φ=25°
		黏土	13.5	干，松，空隙比为1.0
		黏土	16.0	干，φ=40°，压实
		黏土	18.0	湿，φ=35°，压实
		黏土	20.0	很湿，φ=25°，压实
		砂土	12.2	干，松
		砂土	16.0	干，φ=35°，压实
		砂土	18.0	湿，φ=35°，压实
		砂土	20.0	很湿，φ=25°，压实
		砂土	14.0	干，细砂
		砂土	17.0	干，粗砂
		卵石	16.0~18.0	干
		黏土夹卵石	17.0~18.0	干，松
		砂夹卵石	15.0~17.0	干，松
		砂夹卵石	16.0~19.2	干，压实

项次	名称		自重	备注
4	土、砂、砂砾、岩石 (kN/m³)	砂夹卵石	18.9~19.2	湿
		浮石	6.0~8.0	干
		浮石填充料	4.0~6.0	—
		砂岩	23.6	—
		页岩	28.0	—
		页岩	14.8	片石堆置
		泥灰石	14.0	φ=40°
		花岗岩、大理石	28.0	—
		花岗岩	15.4	片石堆置
		石灰石	26.4	—
		石灰石	15.2	片石堆置
		贝壳石灰岩	14.0	—
		白云石	16.0	片石堆置 φ=48°
		滑石	27.1	—
		火石(燧石)	35.2	—
		云斑石	27.6	—
		玄武岩	29.5	—
		长石	25.5	—
		角闪石、绿石	30.0	—
		角闪石、绿石	17.1	片石堆置
		碎石子	14.0~15.0	堆置
4	土、砂、砂砾、岩石 (kN/m³)	岩粉	16.0	黏土质或石灰质的
		多孔黏土	5.0~8.0	作填充料用，φ=35°
		硅藻土填充料	4.0~6.0	—
		辉绿岩板	29.5	—
5	砖及砌块 (kN/m³)	普通砖	18.0	240mm×115mm×53mm(684块/m³)
		普通砖	19.0	机器制
		缸砖	21.0~21.5	230mm×110mm×65mm(609块/m³)
		红缸砖	20.4	
		耐火砖	19.0~22.0	230mm×110mm×65mm(609块/m³)
		耐酸瓷砖	23.0~25.0	230mm×113mm×65mm(590块/m³)
		灰砂砖	18.0	砂:白灰=92:8
		煤渣砖	17.0~18.5	
		矿渣砖	18.5	硬矿渣:烟灰:石灰=75:15:10

项次	名　称	自重	备　注
5	焦渣砖	12.0～14.0	—
砖及砌块 (kN/m³)	烟灰砖	14.0～15.0	炉渣：电石渣：烟灰＝30：40：30
	黏土坯	12.0～15.0	—
	锯末砖	9.0	—
	焦渣空心砖	10.0	290mm×290mm×140mm(85 块/m³)
	水泥空心砖	9.8	290mm×290mm×140mm(85 块/m³)
	水泥空心砖	10.3	300mm×250mm×110mm(121 块/m³)
	水泥空心砖	9.6	300mm×250mm×160mm(83 块/m³)
	蒸压粉煤灰砖	14.0～16.0	干重度
	陶粒空心砌块	5.0	长 600mm、400mm，宽 150mm、250mm，高 250mm、200mm
		6.0	390mm×290mm×190mm
	粉煤灰轻渣空心砌块	7.0～8.0	390mm×190mm×190mm，390mm×240mm×190mm
	蒸压粉煤灰加气混凝土砌块	5.5	—
	混凝土空心小砌块	11.8	390mm×190mm×190mm
	碎砖	12.0	堆置
	水泥花砖	19.8	200mm×200mm×24mm(1042 块/m³)
	瓷面砖	17.8	150mm×150mm×8mm(5556 块/m³)
	陶瓷马赛克	0.12kN/m²	厚 5mm
6	生石灰块	11.0	堆置，$\varphi=30°$
石灰、水泥、灰浆及混凝土 (kN/m³)	生石灰粉	12.0	堆置，$\varphi=35°$
	熟石灰膏	13.5	—
	石灰砂浆、混合砂浆	17.0	—
	水泥石灰焦渣砂浆	14.0	—
	石灰炉渣	10.0～12.0	—
	水泥炉渣	12.0～14.0	—
	石灰焦渣砂浆	13.0	—
	灰土	17.5	石灰：土＝3：7，夯实
	稻草石灰泥	16.0	—

项次	名　称	自重	备　注
6	纸筋石灰泥	16.0	—
石灰、水泥、灰浆及混凝土 (kN/m³)	石灰锯末	3.4	石灰：锯末＝1：3
	石灰三合土	17.5	石灰、砂子、卵石
	水泥	12.5	轻质松散，$\varphi=20°$
	水泥	14.5	散装，$\varphi=30°$
	水泥	16.0	袋装压实，$\varphi=40°$
	矿渣水泥	14.5	—
	水泥砂浆	20.0	—
	水泥蛭石砂浆	5.0～8.0	—
	石棉水泥浆	19.0	—
	膨胀珍珠岩砂浆	7.0～15.0	—
	石膏砂浆	12.0	—
	碎砖混凝土	18.5	—
	素混凝土	22.0～24.0	振捣或不振捣
	矿渣混凝土	20.0	—
	焦渣混凝土	16.0～17.0	承重用
	焦渣混凝土	10.0～14.0	填充用
	铁屑混凝土	28.0～65.0	—
	浮石混凝土	9.0～14.0	—
	沥青混凝土	20.0	—
	无砂大孔性混凝土	16.0～19.0	—
	泡沫混凝土	4.0～6.0	—
	加气混凝土	5.5～7.5	单块
	石灰粉煤灰加气混凝土	6.0～6.5	—
6	钢筋混凝土	24.0～25.0	—
石灰、水泥、灰浆及混凝土 (kN/m³)	碎砖钢筋混凝土	20.0	—
	钢丝网水泥	25.0	用于承重结构
	水玻璃耐酸混凝土	20.0～23.5	—
	粉煤灰陶砾混凝土	19.5	—
7	石油沥青	10.0～11.0	根据相对密度
沥青、煤灰、油料 (kN/m³)	柏油	12.0	—
	煤沥青	13.4	—
	煤焦油	10.0	—
	无烟煤	15.5	整体
	无烟煤	9.5	块状堆放，$\varphi=30°$
	无烟煤	8.0	碎状堆放，$\varphi=35°$
	煤末	7.0	堆放，$\varphi=15°$
	煤球	10.0	堆放
	褐煤	12.5	—

项次	名 称		自重	备 注
7	沥青、煤灰、油料（kN/m³）	褐煤	7.0～8.0	堆放
		泥炭	7.5	—
		泥炭	3.2～3.4	堆放
		木炭	3.0～5.0	—
		煤焦	12.0	—
		煤焦	7.0	堆放，$\varphi=45°$
		焦渣	10.0	—
		煤灰	6.5	—
		煤灰	8.0	压实
		石墨	20.8	—
		煤蜡	9.0	—
		油蜡	9.6	—
		原油	8.8	—
		煤油	8.0	—
		煤油	7.2	桶装，相对密度 0.82～0.89
		润滑油	7.4	—
		汽油	6.7	—
		汽油	6.4	桶装，相对密度 0.72～0.76
		动物油、植物油	9.3	—
		豆油	8.0	大铁桶装，每桶360kg
8	杂项（kN/m³）	普通玻璃	25.6	—
		钢丝玻璃	26.0	—
		泡沫玻璃	3.0～5.0	—
		玻璃棉	0.5～1.0	作绝缘层填充料用
		岩棉	0.5～2.5	—
		沥青玻璃棉	0.8～1.0	导热系数 0.035～0.047[W/(m·K)]
		玻璃棉板（管套）	1.0～1.5	
		玻璃钢	14.0～22.0	—
		矿渣棉	1.2～1.5	松散，导热系数0.031～0.044[W/(m·K)]
		矿渣棉制品（板、砖、管）	3.5～4.0	导热系数 0.047～0.07[W/(m·K)]
		沥青矿渣棉	1.2～1.6	导热系数 0.041～0.052[W/(m·K)]
		膨胀珍珠岩粉料	0.8～2.5	干，松散，导热系数 0.052～0.076[W/(m·K)]

项次	名 称		自重	备 注
8	杂项（kN/m³）	水泥珍珠岩制品、憎水珍珠岩制品	3.5～4.0	强度 1N/m²；导热系数 0.058～0.081[W/(m·K)]
		膨胀蛭石	0.8～2.0	导热系数 0.052～0.07[W/(m·K)]
		沥青蛭石制品	3.5～4.5	导热系数 0.81～0.105[W/(m·K)]
		水泥蛭石制品	4.0～6.0	导热系数 0.093～0.14[W/(m·K)]
		聚氯乙烯板（管）	13.6～16.0	—
		聚苯乙烯泡沫塑料	0.5	导热系数不大于 0.035[W/(m·K)]
		石棉板	13.0	含水率不大于 3%
		乳化沥青	9.8～10.5	—
		软性橡胶	9.30	—
		白磷	18.30	—
		松香	10.70	—
		磁	24.00	—
		酒精	7.85	100%纯
		酒精	6.60	桶装，相对密度 0.79～0.82
		盐酸	12.00	浓度 40%
		硝酸	15.10	浓度 91%
		硫酸	17.90	浓度 87%
		火碱	17.00	浓度 60%
		氯化铵	7.50	袋装堆放
		尿素	7.50	袋装堆放
		碳酸氢铵	8.00	袋装堆放
8	杂项（kN/m³）	水	10.00	温度 4℃ 密度最大时
		冰	8.96	
		书籍	5.00	书架藏置
		道林纸	10.00	
		报纸	7.00	
		宣纸类	4.00	
		棉花、棉纱	4.00	压紧平均重量
		稻草	1.20	
		建筑碎料（建筑垃圾）	15.00	
9	食品（kN/m³）	稻谷	6.00	$\varphi=35°$
		大米	8.50	散放
		豆类	7.50～8.00	$\varphi=20°$

项次	名　称		自重	备　注
9	食品 (kN/m³)	豆类	6.80	袋装
		小麦	8.00	$\varphi=25°$
		面粉	7.00	—
		玉米	7.80	$\varphi=28°$
		小米、高粱	7.00	散装
		小米、高粱	6.00	袋装
		芝麻	4.50	袋装
		鲜果	3.50	散装
		鲜果	3.00	箱装
		花生	2.00	袋装带壳
		罐头	4.50	箱装
		酒、酱、油、醋	4.00	成瓶箱装
		豆饼	9.00	圆饼放置，每块 28kg
		矿盐	10.0	成块
		盐	8.60	细粒散放
		盐	8.10	袋装
		砂糖	7.50	散装
		砂糖	7.00	袋装
10	砌体 (kN/m³)	浆砌细方石	26.4	花岗石，方整石块
		浆砌细方石	25.6	石灰石
		浆砌细方石	22.4	砂岩
		浆砌毛方石	24.8	花岗石，上下面大致平整
		浆砌毛方石	24.0	石灰石
		浆砌毛方石	20.8	砂岩
		干砌毛石	20.8	花岗石，上下面大致平整
		干砌毛石	20.0	石灰石
		干砌毛石	17.6	砂岩
		浆砌普通砖	18.0	—
		浆砌机砖	19.0	—
		浆砌缸砖	21.0	—
		浆砌耐火砖	22.0	—
		浆砌矿渣砖	21.0	—
		浆砌焦渣砖	12.5~14.0	—
		土坯砖砌体	16.0	—
		黏土砖空斗砌体	17.0	中填碎瓦砾，一眠一斗
		黏土砖空斗砌体	13.0	全斗
		黏土砖空斗砌体	12.5	不能承重
		黏土砖空斗砌体	15.0	能承重
		粉煤灰泡沫砌块砌体	8.0~8.5	粉煤灰:电石渣:废石膏=74:22:4
		三合土	17.0	灰:砂:土=1:1:9~1:1:4

项次	名　称		自重	备　注
11	隔墙与墙面 (kN/m²)	双面抹灰板条隔墙	0.9	每面抹灰厚 16~24mm，龙骨在内
		单面抹灰板条隔墙	0.5	灰厚 16~24mm，龙骨在内
		C形轻钢龙骨隔墙	0.27	两层 12mm 纸面石膏板，无保温层
			0.32	两层 12mm 纸面石膏板，中填岩棉保温板 50mm
			0.38	三层 12mm 纸面石膏板，无保温层
			0.43	三层 12mm 纸面石膏板，中填岩棉保温板 50mm
			0.49	四层 12mm 纸面石膏板，无保温层
			0.54	四层 12mm 纸面石膏板，中填岩棉保温板 50mm
		贴瓷砖墙面	0.50	包括水泥砂浆打底，共厚 25mm
		水泥粉刷墙面	0.36	20mm 厚，水泥粗砂
		水磨石墙面	0.55	25mm 厚，包括打底
		水刷石墙面	0.50	25mm 厚，包括打底
		石灰粗砂粉刷	0.34	20mm 厚
		剁假石墙面	0.50	25mm 厚，包括打底
		外墙拉毛墙面	0.70	包括 25mm 水泥砂浆打底
12	屋架、门窗 (kN/m²)	木屋架	0.07+0.007 l	按屋面水平投影面积计算，跨度 l 以 m 计算
		钢屋架	0.12+0.011 l	无天窗，包括支撑，按屋面水平投影面积计算，跨度 l 以 m 计算
		木框玻璃窗	0.20~0.30	—
		钢框玻璃窗	0.40~0.45	—
		木门	0.10~0.20	—
		钢铁门	0.40~0.45	—
13	屋顶 (kN/m²)	黏土平瓦屋面	0.55	按实际面积计算，下同
		水泥平瓦屋面	0.50~0.55	—
		小青瓦屋面	0.90~1.10	—
		冷摊瓦屋面	0.50	—
		石板瓦屋面	0.46	厚 6.3mm
		石板瓦屋面	0.71	厚 9.5mm
		石板瓦屋面	0.96	厚 12.1mm

项次	名 称		自重	备 注
13	屋顶 (kN/m²)	麦秸泥灰顶	0.16	以10mm厚计
		石棉板瓦	0.18	仅瓦自重
		波形石棉瓦	0.20	1820mm×725mm ×8mm
		镀锌薄钢板	0.05	24号
		瓦楞铁	0.05	26号
		彩色钢板波形瓦	0.12~0.13	0.6mm厚彩色钢板
		拱形彩色钢板屋面	0.30	包括保温及灯具重 0.15kN/m²
		有机玻璃屋面	0.06	厚1.0mm
		玻璃屋顶	0.30	9.5mm夹丝玻璃， 框架自重在内
		玻璃砖顶	0.65	框架自重在内
		油毡防水层(包括改性沥青防水卷材)	0.05	一层油毡刷油两遍
			0.25~0.30	四层做法，一毡二 油上铺小石子
			0.30~0.35	六层做法，二毡三 油上铺小石子
			0.35~0.40	八层做法，三毡四 油上铺小石子
		捷罗克防水层	0.10	厚8mm
		屋顶天窗	0.35~0.40	9.5mm夹丝玻璃， 框架自重在内
14	顶棚 (kN/m²)	钢丝网抹灰吊顶	0.45	—
		麻刀灰板条顶棚	0.45	吊木在内，平均灰 厚20mm
		砂子灰板条顶棚	0.55	吊木在内，平均灰 厚25mm
		苇箔抹灰顶棚	0.48	吊木龙骨在内
		松木板顶棚	0.25	吊木在内
		三夹板顶棚	0.18	吊木在内
		马粪纸顶棚	0.15	吊木及盖缝条在内
		木丝板吊顶棚	0.26	厚25mm，吊木及 盖缝条在内
		木丝板吊顶棚	0.29	厚30mm，吊木及 盖缝条在内
		隔声纸板顶棚	0.17	厚10mm，吊木及 盖缝条在内
		隔声纸板顶棚	0.18	厚13mm，吊木及 盖缝条在内
		隔声纸板顶棚	0.20	厚20mm，吊木及 盖缝条在内
		V形轻钢龙骨吊顶	0.12	一层9mm纸面石膏 板，无保温层
			0.17	二层9mm纸面石膏 板，有厚50mm的岩棉 板保温层
			0.20	二层9mm纸面石膏 板，无保温层
			0.25	二层9mm纸面石膏 板，有厚50mm的岩棉 板保温层

项次	名 称		自重	备 注
14	顶棚 (kN/m²)	V形轻钢龙骨及铝合金龙骨吊顶	0.10~0.12	一层矿棉吸声板厚 15mm，无保温层
		顶棚上铺焦渣锯末绝缘层	0.20	厚50mm焦渣、锯 末按1:5混合
15	地面 (kN/m²)	地板格栅	0.20	仅格栅自重
		硬木地板	0.20	厚25mm，剪刀撑、 钉子等自重在内，不包 括格栅自重
		松木地板	0.18	
		小瓷砖地面	0.55	包括水泥粗砂打底
		水泥花砖地面	0.60	砖厚25mm，包括 水泥粗砂打底
		水磨石地面	0.65	10mm面层，20mm 水泥砂浆打底
		油地毡	0.02~0.03	油地纸，地板表 面用
		木块地面	0.70	加防腐油膏铺砌 厚76mm
		菱苦土地面	0.28	厚20mm
		铸铁地面	4.00~5.00	60mm碎石垫层， 60mm面层
		缸砖地面	1.70~2.10	60mm砂垫层， 53mm棉层，平铺
		缸砖地面	3.30	60mm砂垫层， 115mm棉层，侧铺
		黑砖地面	1.50	砂垫层，平铺
16	建筑用压型钢板 (kN/m²)	单波型 V-300(S-30)	0.120	波高173mm，板 厚0.8mm
		双波型 W-500	0.110	波高130mm，板 厚0.8mm
		三波型 V-200	0.135	波高70mm，板 厚1mm
		多波型 V-125	0.065	波高35mm，板 厚0.6mm
		多波型 V-115	0.079	波高35mm，板 厚0.6mm
17	建筑墙板 (kN/m²)	彩色钢板金属幕墙板	0.11	两层，彩色钢板厚 0.6mm，聚苯乙烯芯 材厚25mm
		金属绝热材料(聚氨酯)复合板	0.14	板厚40mm，钢板 厚0.6mm
			0.15	板厚60mm，钢板 厚0.6mm
			0.16	板厚80mm，钢板 厚0.6mm

续表 A

项次	名 称			自重	备 注
17	建筑墙板（kN/m²）	彩色钢板夹聚苯乙烯保温板		0.12~0.15	两层，彩色钢板厚0.6mm，聚苯乙烯芯材板厚（50~250）mm
		彩色钢板岩棉夹心板		0.24	板厚100mm，两层彩色钢板，Z型龙骨岩棉芯材
				0.25	板厚120mm，两层彩色钢板，Z型龙骨岩棉芯材
		GRC增强水泥聚苯复合保温板		1.13	—
		GRC空心隔墙板		0.30	长（2400~2800）mm，宽600mm，厚60mm
		GRC内隔墙板		0.35	长（2400~2800）mm，宽600mm，厚60mm
		轻质GRC保温板		0.14	3000mm×600mm×60mm
		轻质GRC空心隔墙板		0.17	3000mm×600mm×60mm
		轻质大型墙板（太空板系列）		0.70~0.90	6000mm×1500mm×120mm，高强水泥发泡芯材
17	建筑墙板（kN/m²）	轻质条型墙板（太空板系列）	厚度80mm	0.40	标准规格3000mm×1000（1200、1500）mm高强水泥发泡
			厚度100mm	0.45	芯材，按不同檩距及荷载配有不同钢骨架及冷拔钢丝网
			厚度120mm	0.50	
		GRC墙板		0.11	厚10mm
		钢丝网岩棉夹芯复合板（GY板）		1.10	岩棉芯材厚50mm，双面钢丝网水泥砂浆各厚25mm
		硅酸钙板		0.08	板厚6mm
				0.10	板厚8mm
				0.12	板厚10mm
		泰柏板		0.95	板厚10mm，钢丝网片夹聚苯乙烯保温层，每面抹水泥砂浆层20mm
		蜂窝复合板		0.14	厚75mm
		石膏珍珠岩空心条板		0.45	长（2500~3000）mm，宽600mm，厚60mm
		加强型水泥石膏聚苯保温板		0.17	3000mm×600mm×60mm
		玻璃幕墙		1.00~1.50	一般可按单位面积玻璃自重增大20%～30%采用

附录 B 消防车活荷载考虑覆土厚度影响的折减系数

B.0.1 当考虑覆土对楼面消防车活荷载的影响时，可对楼面消防车活荷载标准值进行折减，折减系数可按表 B.0.1、表 B.0.2 采用。

表 B.0.1 单向板楼盖楼面消防车活荷载折减系数

折算覆土厚度 $\bar{s}$(m)	楼板跨度（m）		
	2	3	4
0	1.00	1.00	1.00
0.5	0.94	0.94	0.94
1.0	0.88	0.88	0.88
1.5	0.82	0.80	0.81
2.0	0.70	0.70	0.71
2.5	0.56	0.56	0.62
3.0	0.46	0.51	0.54

表 B.0.2 双向板楼盖楼面消防车活荷载折减系数

折算覆土厚度 $\bar{s}$(m)	楼板跨度（m）			
	3×3	4×4	5×5	6×6
0	1.00	1.00	1.00	1.00
0.5	0.95	0.96	0.99	1.00
1.0	0.88	0.93	0.98	1.00
1.5	0.79	0.83	0.93	1.00
2.0	0.67	0.72	0.81	0.92
2.5	0.57	0.62	0.70	0.81
3.0	0.48	0.54	0.61	0.71

B.0.2 板顶折算覆土厚度 $\bar{s}$ 应按下式计算：

$$\bar{s} = 1.43 s \tan\theta \qquad (B.0.2)$$

式中：s——覆土厚度（m）；

θ——覆土应力扩散角，不大于45°。

附录 C 楼面等效均布活荷载的确定方法

C.0.1 楼面（板、次梁及主梁）的等效均布活荷载，应在其设计控制部位上，根据需要按内力、变形及裂缝的等值要求来确定。在一般情况下，可仅按内力的等值来确定。

C.0.2 连续梁、板的等效均布活荷载，可按单跨简支计算。但计算内力时，仍应按连续考虑。

C.0.3 由于生产、检修、安装工艺以及结构布置的不同，楼面活荷载差别较大时，应划分区域分别确定等效均布活荷载。

C.0.4 单向板上局部荷载（包括集中荷载）的等效均布活荷载可按下列规定计算：

1 等效均布活荷载 q_e 可按下式计算：

$$q_e = \frac{8M_{max}}{bl^2} \qquad (C.0.4-1)$$

式中：l——板的跨度；

b——板上荷载的有效分布宽度，按本附录 C.0.5 确定；

M_{max}——简支单向板的绝对最大弯矩，按设备的最不利布置确定。

2 计算 M_{max} 时，设备荷载应乘以动力系数，并扣去设备在该板跨内所占面积上由操作荷载引起的弯矩。

C.0.5 单向板上局部荷载的有效分布宽度 b，可按下列规定计算：

1 当局部荷载作用面的长边平行于板跨时，简支板上荷载的有效分布宽度 b 为（图 C.0.5-1）：

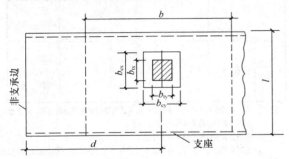

图 C.0.5-1 简支板上局部荷载的有效分布宽度
（荷载作用面的长边平行于板跨）

当 $b_{cx} \geq b_{cy}$，$b_{cy} \leq 0.6l$，$b_{cx} \leq l$ 时：

$$b = b_{cy} + 0.7l \qquad (C.0.5-1)$$

当 $b_{cx} \geq b_{cy}$，$0.6l < b_{cy} \leq l$，$b_{cx} \leq l$ 时：

$$b = 0.6b_{cy} + 0.94l \qquad (C.0.5-2)$$

2 当荷载作用面的长边垂直于板跨时，简支板上荷载的有效分布宽度 b 按下列规定确定（图 C.0.5-2）：

1) 当 $b_{cx} < b_{cy}$，$b_{cy} \leq 2.2l$，$b_{cx} \leq l$ 时：

$$b = \frac{2}{3}b_{cy} + 0.73l \qquad (C.0.5-3)$$

2) 当 $b_{cx} < b_{cy}$，$b_{cy} > 2.2l$，$b_{cx} \leq l$ 时：

$$b = b_{cy} \qquad (C.0.5-4)$$

式中：l——板的跨度；

b_{cx}、b_{cy}——荷载作用面平行和垂直于板跨的计算宽度，分别取 $b_{cx} = b_{tx} + 2s + h$，$b_{cy} = b_{ty} + 2s + h$。其中 b_{tx} 为荷载作用面平行于板跨的宽度，b_{ty} 为荷载作用面垂直于板跨的宽度，s 为垫层厚度，h 为板的厚度。

3 当局部荷载作用在板的非支承边附近，即 d

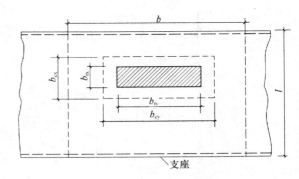

图 C.0.5-2 简支板上局部荷载的有效分布宽度
（荷载作用面的长边垂直于板跨）

$< \dfrac{b}{2}$ 时（图 C.0.5-1），荷载的有效分布宽度应予折减，可按下式计算：

$$b' = \frac{b}{2} + d \qquad (C.0.5-5)$$

式中：b'——折减后的有效分布宽度；

d——荷载作用面中心至非支承边的距离。

4 当两个局部荷载相邻且 $e < b$ 时（图 C.0.5-3），荷载的有效分布宽度应予折减，可按下式计算：

$$b' = \frac{b}{2} + \frac{e}{2} \qquad (C.0.5-6)$$

式中：e——相邻两个局部荷载的中心间距。

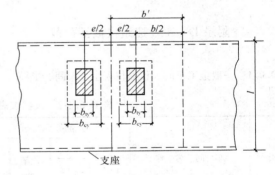

图 C.0.5-3 相邻两个局部荷载的有效分布宽度

5 悬臂板上局部荷载的有效分布宽度（图 C.0.5-4）按下式计算：

$$b = b_{cy} + 2x \qquad (C.0.5-7)$$

式中：x——局部荷载作用面中心至支座的距离。

C.0.6 双向板的等效均布荷载可按与单向板相同的原则，按四边简支板的绝对最大弯矩等值来确定。

C.0.7 次梁（包括槽形板的纵肋）上的局部荷载应按下列规定确定等效均布活荷载：

1 等效均布活荷载应取按弯矩和剪力等效的均布活荷载中的较大者，按弯矩和剪力等效的均布活荷载分别按下列公式计算：

$$q_{eM} = \frac{8M_{max}}{sl^2} \qquad (C.0.7-1)$$

$$q_{eV} = \frac{2V_{max}}{sl} \qquad (C.0.7-2)$$

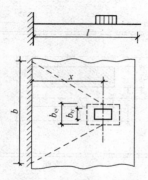

图 C.0.5-4 悬臂板上局部荷载的有效分布宽度

式中： s ——次梁间距；

$\quad\quad l$ ——次梁跨度；

M_{max}、V_{max} ——简支次梁的绝对最大弯矩与最大剪力，按设备的最不利布置确定。

2 按简支梁计算 M_{max} 与 V_{max} 时，除了直接传给次梁的局部荷载外，还应考虑邻近板面传来的活荷载（其中设备荷载应考虑动力影响，并扣除设备所占面积上的操作荷载），以及两侧相邻次梁卸荷作用。

C.0.8 当荷载分布比较均匀时，主梁上的等效均布活荷载可由全部荷载总和除以全部受荷面积求得。

C.0.9 柱、基础上的等效均布活荷载，在一般情况下，可取与主梁相同。

附录 D 工业建筑楼面活荷载

D.0.1 一般金工车间、仪器仪表生产车间、半导体器件车间、棉纺织车间、轮胎厂准备车间和粮食加工车间的楼面等效均布活荷载，可按表 D.0.1-1～表 D.0.1-6 采用。

表 D.0.1-1 金工车间楼面均布活荷载

| 序号 | 项目 | 标准值（kN/m²） | | | | | 组合值系数 ψ_c | 频遇值系数 ψ_f | 准永久值系数 ψ_q | 代表性机床型号 |
| | | 板 | | 次梁（肋） | | 主梁 | | | | |
		板跨 ≥1.2m	板跨 ≥2.0m	梁间距 ≥1.2m	梁间距 ≥2.0m					
1	一类金工	22.0	14.0	14.0	10.0	9.0	1.00	0.95	0.85	CW6180、X53K、X63W、B690、M1080、Z35A
2	二类金工	18.0	12.0	12.0	9.0	8.0	1.00	0.95	0.85	C6163、X52K、X62W、B6090、M1050A、Z3040
3	三类金工	16.0	10.0	10.0	8.0	7.0	1.00	0.95	0.85	C6140、X51K、X61W、B6050、M1040、Z3025
4	四类金工	12.0	8.0	8.0	6.0	5.0	1.00	0.95	0.85	C6132、X50A、X60W、B635-1、M1010、Z32K

注：1 表列荷载适用于单向支承的现浇梁板及预制槽形板等楼面结构，对于槽形板，表列板跨系指槽形板纵肋间距。

2 表列荷载不包括隔墙和吊顶自重。

3 表列荷载考虑了安装、检修和正常使用情况下的设备（包括动力影响）和操作荷载。

4 设计墙、柱、基础时，表列楼面活荷载可采用与设计主梁相同的荷载。

表 D.0.1-2 仪器仪表生产车间楼面均布活荷载

| 序号 | 车间名称 | | 标准值（kN/m²） | | | | 组合值系数 ψ_c | 频遇值系数 ψ_f | 准永久值系数 ψ_q | 附注 |
| | | | 板 | | 次梁（肋） | 主梁 | | | | |
			板跨 ≥1.2m	板跨 ≥2.0m						
1	光学车间	光学加工	7.0	5.0	5.0	4.0	0.80	0.80	0.70	代表性设备 H015 研磨机、ZD-450 型及 GZD300 型镀膜机、Q8312 型透镜抛光机
2		较大型光学仪器装配	7.0	5.0	5.0	4.0	0.80	0.80	0.70	代表性设备 C0502A 精整车床，万能工具显微镜
3		一般光学仪器装配	4.0	4.0	4.0	3.0	0.70	0.70	0.60	产品在桌面上装配
4		较大型光学仪器装配	7.0	5.0	5.0	4.0	0.70	0.70	0.60	产品在楼面上装配
5		一般光学仪器装配	4.0	4.0	4.0	3.0	0.70	0.70	0.60	产品在桌面上装配
6		小模数齿轮加工，晶体元件（宝石）加工	7.0	5.0	5.0	4.0	0.70	0.70	0.60	代表性设备 YM3680 滚齿机，宝石平面磨床
7	车间仓库	一般仪器仓库	4.0	4.0	4.0	3.0	1.0	0.95	0.85	
		较大型仪器仓库	7.0	7.0	7.0	6.0	1.0	0.95	0.85	

注：见表 D.0.1-1 注。

表 D. 0. 1-3　半导体器件车间楼面均布活荷载

序号	车间名称	标准值（kN/m²）					组合值系数 ψ_c	频遇值系数 ψ_f	准永久值系数 ψ_q	代表性设备单件自重（kN）
		板		次梁（肋）		主梁				
		板跨≥1.2m	板跨≥2.0m	梁间距≥1.2m	梁间距≥2.0m					
1	半导体器件车间	10.0	8.0	8.0	6.0	5.0	1.0	0.95	0.85	14.0～18.0
2		8.0	6.0	6.0	5.0	4.0	1.0	0.95	0.85	9.0～12.0
3		6.0	5.0	5.0	4.0	3.0	1.0	0.95	0.85	4.0～8.0
4		4.0	4.0	3.0	3.0	3.0	1.0	0.95	0.85	≤3.0

注：见表 D.0.1-1 注。

表 D. 0. 1-4　棉纺织造车间楼面均布活荷载

序号	车间名称	标准值（kN/m²）					组合值系数 ψ_c	频遇值系数 ψ_f	准永久值系数 ψ_q	代表性设备
		板		次梁（肋）		主梁				
		板跨≥1.2m	板跨≥2.0m	梁间距≥1.2m	梁间距≥2.0m					
1	梳棉间	12.0	8.0	10.0	7.0	5.0	0.8	0.8	0.7	FA201，203
		15.0	10.0	12.0	8.0					FA221A
2	粗纱间	8.0 (15.0)	6.0 (10.0)	6.0 (8.0)	5.0	4.0				FA401，415A，421TJEA458A
3	细纱间络筒间	6.0 (10.0)	5.0	5.0	5.0	4.0				FA705，506，507A GA013，015ESPERO
4	捻线间整经间	8.0	6.0	5.0	5.0	4.0	0.8	0.8	0.7	FAT05，721，762 ZC-L-180 D3-1000-180
5	织布间	有梭织机 12.5	6.5	6.5	5.5	4.4				GA615-150 GA615-180
		剑杆织机 18.0	9.0	10.0	6	4.5				GA731-190，733-190 TP600-200 SOMET-190

注：括号内的数值仅用于粗纱机机头部位局部楼面。

表 D. 0. 1-5　轮胎厂准备车间楼面均布活荷载

序号	车间名称	标准值（kN/m²）		次梁（肋）	主梁	组合值系数 ψ_c	频遇值系数 ψ_f	准永久值系数 ψ_q	代表性设备
		板							
		板跨≥1.2m	板跨≥2.0m						
1	准备车间	14.0	14.0	12.0	10.0	1.0	0.95	0.85	炭黑加工投料
2		10.0	8.0	8.0	6.0	1.0	0.95	0.85	化工原料加工配合、密炼机炼胶

注：1　密炼机检修用的电葫芦荷载未计入，设计时应另行考虑。
2　炭黑加工投料活荷载系考虑兼作炭黑仓库使用的情况，若不兼作仓库时，上述荷载应予降低。
3　见表 D.0.1-1 注。

表 D. 0. 1-6　粮食加工车间楼面均布活荷载

序号	车间名称	标准值（kN/m²）						主梁	组合值系数 ψ_c	频遇值系数 ψ_f	准永久值系数 ψ_q	代表性设备
		板			次梁							
		板跨≥2.0m	板跨≥2.5m	板跨≥3.0m	梁间距≥2.0m	梁间距≥2.5m	梁间距≥3.0m					
1	面粉厂 磨子间	14.0	12.0	12.0	12.0	12.0	12.0	12.0	1.0	0.95	0.85	JMN10 拉丝机

序号	车间名称		标准值（kN/m²）						主梁	组合值系数 ψ_c	频遇值系数 ψ_f	准永久值系数 ψ_q	代表性设备
			板			次梁							
			板跨 ≥2.0m	板跨 ≥2.5m	板跨 ≥3.0m	梁间距 ≥2.0m	梁间距 ≥2.5m	梁间距 ≥3.0m					
2	面粉厂	磨子间	12.0	10.0	9.0	10.0	9.0	8.0	9.0				MF011 磨粉机
3		麦间及制粉车间	5.0	5.0	4.0	5.0	4.0	4.0	4.0				SX011 振动筛 GF031 擦麦机 GF011 打麦机
4		吊平筛的顶层	2.0	2.0	2.0	6.0	6.0	6.0	6.0	1.0	0.95	0.85	SL011 平筛
5		洗麦车间	14.0	12.0	10.0	10.0	9.0	9.0	9.0				洗麦机
6	米厂	砻谷机及碾米车间	7.0	6.0	5.0	5.0	4.0	4.0	4.0				LG309 胶辊砻谷机
7		清理车间	4.0	3.0	3.0	4.0	3.0	3.0	3.0				组合清理筛

注：1 当拉丝车间不可能满布磨辊时，主梁活荷载可按 10kN/m² 采用。
  2 吊平筛的顶层荷载系按设备吊在梁下考虑的。
  3 米厂清理车间采用 SX011 振动筛时，等效均布活荷载可按面粉厂麦间的规定采用。
  4 见表 D. 0. 1-1 注。

附录 E　基本雪压、风压和温度的确定方法

E.1　基　本　雪　压

E.1.1 在确定雪压时，观察场地应符合下列规定：

1 观察场地周围的地形为空旷平坦；

2 积雪的分布保持均匀；

3 设计项目地点应在观察场地的地形范围内，或它们具有相同的地形；

4 对于积雪局部变异特别大的地区，以及高原地形的山区，应予以专门调查和特殊处理。

E.1.2 雪压样本数据应符合下列规定：

1 雪压样本数据应采用单位水平面积上的雪重（kN/m²）；

2 当气象台站有雪压记录时，应直接采用雪压数据计算基本雪压；当无雪压记录时，可采用积雪深度和密度按下式计算雪压 s：

$$s = h\rho g \qquad (E.1.2)$$

式中：h——积雪深度，指从积雪表面到地面的垂直深度（m）；

ρ——积雪密度（t/m³）；

g——重力加速度，9.8m/s²。

3 雪密度随积雪深度、积雪时间和当地的地理气候条件等因素的变化有较大幅度的变异，对于无雪压直接记录的台站，可按地区的平均雪密度计算雪压。

E.1.3 历年最大雪压数据按每年 7 月份到次年 6 月份间的最大雪压采用。

E.1.4 基本雪压按 E.3 中规定的方法进行统计计算，重现期应取 50 年。

E.2　基　本　风　压

E.2.1 在确定风压时，观察场地应符合下列规定：

1 观测场地及周围应为空旷平坦的地形；

2 能反映本地区较大范围内的气象特点，避免局部地形和环境的影响。

E.2.2 风速观测数据资料应符合下述要求：

1 应采用自记式风速仪记录的 10min 平均风速资料，对于以往非自记的定时观测资料，应通过适当修正后加以采用。

2 风速仪标准高度应为 10m；当观测的风速仪高度与标准高度相差较大时，可按下式换算到标准高度的风速 v：

$$v = v_z \left(\frac{10}{z}\right)^\alpha \qquad (E.2.2)$$

式中：z——风速仪实际高度（m）；

v_z——风速仪观测风速（m/s）；

α——空旷平坦地区地面粗糙度指数，取 0.15。

3 使用风杯式测风仪时，必须考虑空气密度受温度、气压影响的修正。

E.2.3 选取年最大风速数据时，一般应有 25 年以上

的风速资料；当无法满足时，风速资料不宜少于 10 年。观测数据应考虑其均一性，对不均一数据应结合周边气象站状况等作合理性订正。

E.2.4 基本风压应按下列规定确定：

1 基本风压 w_0 应根据基本风速按下式计算：

$$w_0 = \frac{1}{2}\rho v_0^2 \qquad (E.2.4-1)$$

式中：v_0——基本风速；

ρ——空气密度（t/m^3）。

2 基本风速 v_0 应按本规范附录 E.3 中规定的方法进行统计计算，重现期取应取 50 年。

3 空气密度 ρ 可按下列规定采用：

1）空气密度 ρ 可按下式计算：

$$\rho = \frac{0.001276}{1+0.00366t}\left(\frac{p-0.378p_{vap}}{100000}\right)$$

$$(E.2.4-2)$$

式中：t——空气温度（℃）；

p——气压（Pa）；

p_{vap}——水汽压（Pa）。

2）空气密度 ρ 也可根据所在地的海拔高度按下式近似估算：

$$\rho = 0.00125e^{-0.0001z} \qquad (E.2.4-3)$$

式中　z——海拔高度（m）。

E.3　雪压和风速的统计计算

E.3.1 雪压和风速的统计样本均应采用年最大值，并采用极值 I 型的概率分布，其分布函数应为：

$$F(x) = \exp\{-\exp[-\alpha(x-u)]\}$$

$$(E.3.1-1)$$

$$\alpha = \frac{1.28255}{\sigma} \qquad (E.3.1-2)$$

$$u = \mu - \frac{0.57722}{\alpha} \qquad (E.3.1-3)$$

式中：x——年最大雪压或年最大风速样本；

u——分布的位置参数，即其分布的众值；

α——分布的尺度参数；

σ——样本的标准差；

μ——样本的平均值。

E.3.2 当由有限样本 n 的均值 $\bar{x}$ 和标准差 σ_1 作为 μ 和 σ 的近似估计时，分布参数 u 和 α 应按下列公式计算：

$$\alpha = \frac{C_1}{\sigma_1} \qquad (E.3.2-1)$$

$$u = \bar{x} - \frac{C_2}{\alpha} \qquad (E.3.2-2)$$

式中：C_1、C_2——系数，按表 E.3.2 采用。

表 E.3.2　系数 C_1 和 C_2

n	C_1	C_2	n	C_1	C_2
10	0.9497	0.4952	60	1.17465	0.55208
15	1.02057	0.5182	70	1.18536	0.55477
20	1.06283	0.52355	80	1.19385	0.55688
25	1.09145	0.53086	90	1.20649	0.5586
30	1.11238	0.53622	100	1.20649	0.56002
35	1.12847	0.54034	250	1.24292	0.56878
40	1.14132	0.54362	500	1.2588	0.57240
45	1.15185	0.54630	1000	1.26851	0.57450
50	1.16066	0.54853	∞	1.28255	0.57722

E.3.3 重现期为 R 的最大雪压和最大风速 x_R 可按下式确定：

$$x_R = u - \frac{1}{\alpha}\ln\left[\ln\left(\frac{R}{R-1}\right)\right] \qquad (E.3.3)$$

E.3.4 全国各城市重现期为 10 年、50 年和 100 年的雪压和风压值可按表 E.5 采用，其他重现期 R 的相应值可根据 10 年和 100 年的雪压和风压值按下式确定：

$$x_R = x_{10} + (x_{100} - x_{10})(\ln R/\ln 10 - 1)$$

$$(E.3.4)$$

E.4　基　本　气　温

E.4.1 气温是指在气象台站标准百叶箱内测量所得按小时定时记录的温度。

E.4.2 基本气温根据当地气象台站历年记录所得的最高温度月的月平均最高气温值和最低温度月的月平均最低气温值资料，经统计分析确定。月平均最高气温和月平均最低气温可假定其服从极值 I 型分布，基本气温取极值分布中平均重现期为 50 年的值。

E.4.3 统计分析基本气温时，选取的月平均最高气温和月平均最低气温资料一般应取最近 30 年的数据；当无法满足时，不宜少于 10 年的资料。

E.5　全国各城市的雪压、风压和基本气温

表 E.5　全国各城市的雪压、风压和基本气温

省市名	城 市 名	海拔高度（m）	风压(kN/m²)			雪压(kN/m²)			基本气温(℃)		雪荷载准永久值系数分区
			R=10	R=50	R=100	R=10	R=50	R=100	最低	最高	
北京	北京市	54.0	0.30	0.45	0.50	0.25	0.40	0.45	−13	36	Ⅱ
天津	天津市	3.3	0.30	0.50	0.60	0.25	0.40	0.45	−12	35	Ⅱ
	塘沽	3.2	0.40	0.55	0.65	0.20	0.35	0.40	−12	35	Ⅱ
上海	上海市	2.8	0.40	0.55	0.60	0.10	0.20	0.25	−4	36	Ⅲ
重庆	重庆市	259.1	0.25	0.40	0.45	—	—	—	1	37	—
	奉节	607.3	0.25	0.35	0.45	0.20	0.35	0.40	−1	35	Ⅲ
	梁平	454.6	0.20	0.30	0.35	—	—	—	−1	36	—
	万州	186.7	0.20	0.35	0.45	—	—	—	0	38	—
	涪陵	273.5	0.20	0.30	0.35	—	—	—	1	37	—
	金佛山	1905.9	—	—	—	0.35	0.50	0.60	−10	25	Ⅱ
河北	石家庄市	80.5	0.25	0.35	0.40	0.20	0.30	0.35	−11	36	Ⅱ
	蔚县	909.5	0.20	0.30	0.35	0.20	0.30	0.35	−24	33	Ⅱ
	邢台市	76.8	0.20	0.30	0.35	0.25	0.35	0.40	−10	36	Ⅱ
	丰宁	659.7	0.30	0.40	0.45	0.15	0.25	0.30	−22	33	Ⅱ
	围场	842.8	0.35	0.45	0.50	0.20	0.30	0.35	−23	32	Ⅱ
	张家口市	724.2	0.35	0.55	0.60	0.15	0.25	0.30	−18	34	Ⅱ
	怀来	536.8	0.25	0.35	0.40	0.15	0.20	0.25	−17	35	Ⅱ
	承德市	377.2	0.30	0.40	0.45	0.20	0.30	0.35	−19	35	Ⅱ
	遵化	54.9	0.30	0.40	0.45	0.25	0.40	0.50	−18	35	Ⅱ
	青龙	227.2	0.25	0.30	0.35	0.25	0.40	0.45	−19	34	Ⅱ
	秦皇岛市	2.1	0.35	0.45	0.50	0.15	0.25	0.30	−15	33	Ⅱ
	霸县	9.0	0.25	0.40	0.45	0.20	0.30	0.35	−14	36	Ⅱ
	唐山市	27.8	0.30	0.40	0.45	0.20	0.35	0.40	−15	35	Ⅱ
	乐亭	10.5	0.30	0.40	0.45	0.25	0.40	0.45	−16	34	Ⅱ
河北	保定市	17.2	0.30	0.40	0.45	0.20	0.35	0.40	−12	36	Ⅱ
	饶阳	18.9	0.30	0.35	0.40	0.20	0.30	0.35	−14	36	Ⅱ
	沧州市	9.6	0.30	0.40	0.45	0.20	0.30	0.35			Ⅱ
	黄骅	6.6	0.30	0.40	0.45	0.20	0.30	0.35	−13	36	Ⅱ
	南宫市	27.4	0.25	0.35	0.40	0.15	0.25	0.30	−13	37	Ⅱ
山西	太原市	778.3	0.30	0.40	0.45	0.25	0.35	0.40	−16	34	Ⅱ
	右玉	1345.8	—	—	—	0.20	0.30	0.35	−29	31	Ⅱ
	大同市	1067.2	0.35	0.55	0.65	0.15	0.25	0.30	−22	32	Ⅱ
	河曲	861.5	0.30	0.50	0.60	0.20	0.30	0.35	−24	35	Ⅱ
	五寨	1401.0	0.30	0.40	0.45	0.20	0.25	0.30	−25	31	Ⅱ
	兴县	1012.6	0.25	0.45	0.55	0.20	0.25	0.30	−19	34	Ⅱ
	原平	828.2	0.30	0.50	0.60	0.20	0.30	0.35	−19	34	Ⅱ
	离石	950.8	0.30	0.45	0.50	0.20	0.30	0.35	−19	34	Ⅱ
	阳泉市	741.9	0.30	0.40	0.45	0.20	0.35	0.40	−13	34	Ⅱ

省市名	城 市 名	海拔高度 (m)	风压(kN/m²)			雪压(kN/m²)			基本气温(℃)		雪荷载准永久值系数分区
			R=10	R=50	R=100	R=10	R=50	R=100	最低	最高	
山西	榆社	1041.4	0.20	0.30	0.35	0.20	0.30	0.35	−17	33	Ⅱ
	隰县	1052.7	0.25	0.35	0.40	0.20	0.30	0.35	−16	34	Ⅱ
	介休	743.9	0.25	0.40	0.45	0.20	0.30	0.35	−15	35	Ⅱ
	临汾市	449.5	0.25	0.40	0.45	0.15	0.25	0.30	−14	37	Ⅱ
	长治县	991.8	0.30	0.50	0.60	—	—	—	−15	32	
	运城市	376.0	0.30	0.45	0.50	0.15	0.25	0.30	−11	38	Ⅱ
	阳城	659.5	0.30	0.45	0.50	0.20	0.30	0.35	−12	34	Ⅱ
内蒙古	呼和浩特市	1063.0	0.35	0.55	0.60	0.25	0.40	0.45	−23	33	Ⅱ
	额右旗拉布达林	581.4	0.35	0.50	0.60	0.35	0.45	0.50	−41	30	Ⅰ
	牙克石市图里河	732.6	0.30	0.40	0.45	0.40	0.60	0.70	−42	28	Ⅰ
	满洲里市	661.7	0.50	0.65	0.70	0.20	0.30	0.35	−35	30	Ⅰ
	海拉尔市	610.2	0.45	0.65	0.75	0.35	0.45	0.50	−38	30	Ⅰ
	鄂伦春小二沟	286.1	0.30	0.40	0.45	0.50	0.50	0.55	−40	31	Ⅰ
	新巴尔虎右旗	554.2	0.45	0.60	0.65	0.25	0.40	0.45	−32	32	Ⅰ
内蒙古	新巴尔虎左旗阿木古朗	642.0	0.40	0.55	0.60	0.25	0.35	0.40	−34	31	Ⅰ
	牙克石市博克图	739.7	0.40	0.55	0.60	0.35	0.55	0.65	−31	28	Ⅰ
	扎兰屯市	306.5	0.30	0.40	0.45	0.35	0.55	0.65	−28	32	Ⅰ
	科右翼前旗阿尔山	1027.4	0.35	0.50	0.55	0.45	0.60	0.70	−37	27	Ⅰ
	科右翼前旗索伦	501.8	0.45	0.55	0.60	0.25	0.35	0.40	−30	31	Ⅰ
	乌兰浩特市	274.7	0.40	0.55	0.60	0.20	0.30	0.35	−27	32	Ⅰ
	东乌珠穆沁旗	838.7	0.35	0.55	0.65	0.20	0.30	0.35	−33	32	Ⅰ
	额济纳旗	940.5	0.40	0.60	0.70	0.05	0.10	0.15	−23	39	Ⅱ
	额济纳旗拐子湖	960.0	0.45	0.55	0.60	0.05	0.10	0.10	−23	39	Ⅱ
	阿左旗巴彦毛道	1328.1	0.40	0.55	0.60	0.10	0.15	0.20	−23	35	Ⅱ
	阿拉善右旗	1510.1	0.45	0.55	0.60	0.05	0.10	0.10	−20	35	Ⅱ
	二连浩特市	964.7	0.55	0.65	0.70	0.15	0.25	0.30	−30	34	Ⅱ
	那仁宝力格	1181.6	0.40	0.55	0.60	0.20	0.30	0.35	−33	31	Ⅰ
	达茂旗满都拉	1225.2	0.50	0.75	0.85	0.15	0.20	0.25	−25	34	Ⅰ
	阿巴嘎旗	1126.1	0.35	0.50	0.55	0.30	0.45	0.50	−33	31	Ⅰ
	苏尼特左旗	1111.4	0.40	0.50	0.55	0.25	0.35	0.40	−32	33	Ⅱ
	乌拉特后旗海力素	1509.6	0.45	0.50	0.55	0.10	0.15	0.20	−25	33	Ⅱ
	苏尼特右旗朱日和	1150.8	0.50	0.65	0.75	0.15	0.20	0.25	−26	33	Ⅱ
	乌拉特中旗海流图	1288.0	0.45	0.60	0.65	0.20	0.30	0.35	−26	33	Ⅱ
	百灵庙	1376.6	0.50	0.75	0.85	0.25	0.35	0.40	−27	32	Ⅱ
	四子王旗	1490.1	0.40	0.60	0.70	0.30	0.45	0.55	−26	30	Ⅱ
	化德	1482.7	0.45	0.75	0.85	0.15	0.25	0.30	−26	29	Ⅱ
	杭锦后旗陕坝	1056.7	0.30	0.45	0.50	0.15	0.20	0.25	—	—	Ⅱ
	包头市	1067.2	0.35	0.55	0.60	0.25	0.25	0.30	−23	34	Ⅱ
	集宁市	1419.3	0.40	0.60	0.70	0.25	0.35	0.40	−25	30	Ⅱ
	阿拉善左旗吉兰泰	1031.8	0.35	0.50	0.55	0.05	0.10	0.10	−23	37	Ⅱ
	临河市	1039.3	0.30	0.50	0.60	0.15	0.25	0.30	−21	35	Ⅱ

省市名	城 市 名	海拔高度(m)	风压(kN/m²)			雪压(kN/m²)			基本气温(℃)		雪荷载准永久值系数分区
			R=10	R=50	R=100	R=10	R=50	R=100	最低	最高	
内蒙古	鄂托克旗	1380.3	0.35	0.55	0.65	0.15	0.20	0.20	−23	33	Ⅱ
	东胜市	1460.4	0.30	0.50	0.60	0.25	0.35	0.40	−21	31	Ⅱ
	阿腾席连	1329.3	0.40	0.50	0.55	0.20	0.30	0.35	—	—	Ⅱ
	巴彦浩特	1561.4	0.40	0.60	0.70	0.15	0.20	0.25	−19	33	Ⅱ
	西乌珠穆沁旗	995.9	0.45	0.55	0.60	0.30	0.40	0.45	−30	30	Ⅰ
	扎鲁特鲁北	265.0	0.40	0.55	0.60	0.20	0.30	0.35	−23	34	Ⅱ
	巴林左旗林东	484.4	0.40	0.55	0.60	0.20	0.30	0.35	−26	32	Ⅱ
	锡林浩特市	989.5	0.40	0.55	0.60	0.30	0.40	0.45	−30	31	Ⅰ
	林西	799.0	0.45	0.55	0.70	0.30	0.40	0.45	−25	33	Ⅰ
	开鲁	241.0	0.40	0.55	0.60	0.20	0.30	0.35	−25	34	Ⅱ
	通辽	178.5	0.40	0.55	0.60	0.20	0.30	0.35	−25	33	Ⅱ
	多伦	1245.4	0.40	0.55	0.60	0.20	0.30	0.35	−28	30	Ⅰ
	翁牛特旗乌丹	631.8	—	—	—	0.20	0.30	0.35	−23	32	Ⅱ
	赤峰市	571.1	0.30	0.55	0.65	0.20	0.30	0.35	−23	33	Ⅱ
内蒙古	敖汉旗宝国图	400.5	0.40	0.50	0.55	0.25	0.40	0.45	−23	33	Ⅱ
辽宁	沈阳市	42.8	0.40	0.55	0.60	0.30	0.50	0.55	−24	33	Ⅰ
	彰武	79.4	0.35	0.45	0.50	0.20	0.30	0.35	−22	33	Ⅱ
	阜新市	144.0	0.40	0.60	0.70	0.25	0.40	0.45	−23	33	Ⅱ
	开原	98.2	0.30	0.45	0.50	0.35	0.45	0.55	−27	33	Ⅰ
	清原	234.1	0.25	0.40	0.45	0.45	0.70	0.80	−27	33	Ⅰ
	朝阳市	169.2	0.40	0.55	0.60	0.30	0.45	0.55	−23	35	Ⅱ
	建平县叶柏寿	421.7	0.30	0.35	0.40	0.25	0.35	0.40	−22	35	Ⅱ
	黑山	37.5	0.45	0.65	0.75	0.30	0.45	0.50	−21	33	Ⅱ
	锦州市	65.9	0.40	0.60	0.70	0.30	0.40	0.45	−18	33	Ⅱ
	鞍山市	77.3	0.30	0.50	0.60	0.30	0.45	0.55	−18	34	Ⅱ
	本溪市	185.2	0.35	0.45	0.50	0.40	0.55	0.60	−24	33	Ⅰ
	抚顺市章党	118.5	0.30	0.45	0.50	0.35	0.45	0.50	−28	33	Ⅰ
辽宁	桓仁	240.3	0.25	0.30	0.35	0.35	0.50	0.55	−25	32	Ⅰ
	绥中	15.3	0.25	0.40	0.45	0.25	0.35	0.40	−19	33	Ⅱ
	兴城市	8.8	0.35	0.45	0.50	0.20	0.30	0.35	−19	32	Ⅱ
	营口市	3.3	0.40	0.65	0.75	0.30	0.40	0.45	−20	33	Ⅱ
	盖县熊岳	20.4	0.30	0.40	0.45	0.25	0.40	0.45	−22	33	Ⅱ
	本溪县草河口	233.4	0.25	0.45	0.55	0.35	0.55	0.60	—	—	Ⅰ
	岫岩	79.3	0.30	0.45	0.50	0.35	0.50	0.55	−22	33	Ⅱ
	宽甸	260.1	0.30	0.50	0.60	0.40	0.60	0.70	−26	32	Ⅱ
	丹东市	15.1	0.35	0.55	0.65	0.30	0.40	0.45	−18	32	Ⅱ
	瓦房店市	29.3	0.35	0.50	0.55	0.20	0.30	0.35	−17	32	Ⅱ
	新金县皮口	43.2	0.35	0.50	0.55	0.20	0.30	0.35	—	—	Ⅱ
	庄河	34.8	0.35	0.50	0.55	0.25	0.35	0.40	−19	32	Ⅱ
	大连市	91.5	0.40	0.65	0.75	0.25	0.40	0.45	−13	32	Ⅱ

省市名	城 市 名	海拔高度 (m)	风压(kN/m²)			雪压(kN/m²)			基本气温(℃)		雪荷载准永久值系数分区
			R=10	R=50	R=100	R=10	R=50	R=100	最低	最高	
吉林	长春市	236.8	0.45	0.65	0.75	0.30	0.45	0.50	−26	32	I
	白城市	155.4	0.45	0.65	0.75	0.15	0.20	0.25	−29	33	II
	乾安	146.3	0.35	0.45	0.55	0.15	0.20	0.23	−28	33	II
	前郭尔罗斯	134.7	0.30	0.45	0.50	0.15	0.25	0.30	−28	33	II
	通榆	149.5	0.35	0.50	0.55	0.15	0.25	0.30	−28	33	II
	长岭	189.3	0.30	0.45	0.50	0.15	0.20	0.25	−27	32	II
	扶余市三岔河	196.6	0.40	0.60	0.70	0.25	0.35	0.40	−29	32	II
	双辽	114.9	0.35	0.50	0.55	0.20	0.30	0.35	−27	33	I
	四平市	164.2	0.40	0.55	0.60	0.20	0.35	0.40	−24	33	II
	磐石县烟筒山	271.6	0.30	0.40	0.45	0.25	0.40	0.45	−31	31	I
	吉林市	183.4	0.40	0.50	0.55	0.30	0.45	0.50	−31	32	I
	蛟河	295.0	0.30	0.45	0.50	0.50	0.75	0.85	−31	32	I
	敦化市	523.7	0.30	0.45	0.50	0.30	0.50	0.60	−29	30	I
	梅河口市	339.9	0.30	0.40	0.45	0.30	0.45	0.50	−27	32	I
	桦甸	263.8	0.30	0.40	0.45	0.40	0.65	0.75	−33	32	I
	靖宇	549.2	0.25	0.35	0.40	0.40	0.60	0.70	−32	31	I
	扶松县东岗	774.2	0.30	0.45	0.55	0.80	1.15	1.30	−27	30	I
	延吉市	176.8	0.35	0.50	0.55	0.35	0.55	0.65	−26	32	I
	通化市	402.9	0.30	0.50	0.60	0.50	0.80	0.90	−27	32	I
	浑江市临江	332.7	0.20	0.30	0.35	0.45	0.70	0.80	−27	33	I
	集安市	177.7	0.20	0.30	0.35	0.45	0.70	0.80	−26	33	I
	长白	1016.7	0.35	0.45	0.50	0.40	0.60	0.70	−28	29	I
黑龙江	哈尔滨市	142.3	0.35	0.55	0.70	0.30	0.45	0.50	−31	32	I
	漠河	296.0	0.25	0.35	0.40	0.60	0.75	0.85	−42	30	I
	塔河	357.4	0.25	0.35	0.40	0.50	0.65	0.75	−38	30	I
	新林	494.6	0.25	0.35	0.40	0.50	0.65	0.75	−40	29	I
	呼玛	177.4	0.30	0.50	0.60	0.45	0.60	0.70	−40	31	I
	加格达奇	371.7	0.25	0.35	0.40	0.45	0.65	0.70	−38	30	I
	黑河市	166.4	0.35	0.50	0.55	0.60	0.75	0.85	−35	31	I
	嫩江	242.2	0.40	0.55	0.60	0.40	0.55	0.60	−39	31	I
	孙吴	234.5	0.40	0.60	0.70	0.45	0.60	0.70	−40	31	I
	北安市	269.7	0.30	0.45	0.50	0.40	0.55	0.60	−36	31	I
	克山	234.6	0.30	0.45	0.50	0.30	0.50	0.55	−34	31	I
	富裕	162.4	0.30	0.40	0.45	0.25	0.35	0.40	−34	32	I
	齐齐哈尔市	145.9	0.35	0.45	0.50	0.25	0.40	0.45	−30	32	I
	海伦	239.2	0.35	0.55	0.65	0.30	0.40	0.45	−32	31	I
	明水	249.2	0.35	0.45	0.50	0.25	0.40	0.45	−30	31	I
	伊春市	240.9	0.25	0.35	0.40	0.50	0.65	0.75	−36	31	I
	鹤岗市	227.9	0.30	0.40	0.45	0.45	0.65	0.70	−27	31	I

省市名	城市名	海拔高度(m)	风压(kN/m²)			雪压(kN/m²)			基本气温(℃)		雪荷载准永久值系数分区
			$R=10$	$R=50$	$R=100$	$R=10$	$R=50$	$R=100$	最低	最高	
黑龙江	富锦	64.2	0.30	0.45	0.50	0.40	0.55	0.60	−30	31	Ⅰ
	泰来	149.5	0.30	0.45	0.50	0.20	0.30	0.35	−28	33	Ⅰ
	绥化市	179.6	0.35	0.55	0.65	0.35	0.50	0.60	−32	31	Ⅰ
	安达市	149.3	0.35	0.55	0.65	0.20	0.30	0.35	−31	32	Ⅰ
	铁力	210.5	0.25	0.35	0.40	0.50	0.75	0.85	−34	31	Ⅰ
	佳木斯市	81.2	0.40	0.65	0.75	0.60	0.85	0.95	−30	32	Ⅰ
	依兰	100.1	0.45	0.65	0.75	0.30	0.45	0.50	−29	32	Ⅰ
	宝清	83.0	0.30	0.40	0.45	0.55	0.85	1.00	−30	31	Ⅰ
	通河	108.6	0.35	0.50	0.55	0.50	0.75	0.85	−33	32	Ⅰ
	尚志	189.7	0.35	0.55	0.60	0.40	0.55	0.60	−32	32	Ⅰ
	鸡西市	233.6	0.40	0.55	0.65	0.45	0.65	0.75	−27	32	Ⅰ
	虎林	100.2	0.35	0.45	0.50	0.95	1.40	1.60	−29	31	Ⅰ
	牡丹江市	241.4	0.35	0.50	0.55	0.50	0.75	0.85	−28	32	Ⅰ
	绥芬河市	496.7	0.40	0.60	0.70	0.60	0.75	0.85	−30	29	Ⅰ
山东	济南市	51.6	0.30	0.45	0.50	0.20	0.30	0.35	−9	36	Ⅱ
	德州市	21.2	0.30	0.45	0.50	0.20	0.35	0.40	−11	36	Ⅱ
	惠民	11.3	0.40	0.50	0.55	0.25	0.35	0.40	−13	36	Ⅱ
	寿光县羊角沟	4.4	0.30	0.45	0.50	0.15	0.25	0.30	−11	36	Ⅱ
	龙口市	4.8	0.45	0.60	0.65	0.30	0.35	0.40	−11	35	Ⅱ
	烟台市	46.7	0.40	0.55	0.60	0.30	0.40	0.45	−8	32	Ⅱ
	威海市	46.6	0.45	0.65	0.75	0.30	0.50	0.60	−8	32	Ⅱ
	荣成市成山头	47.7	0.60	0.70	0.75	0.25	0.40	0.45	−7	30	Ⅱ
	莘县朝城	42.7	0.35	0.45	0.50	0.25	0.35	0.40	−12	36	Ⅱ
	泰安市泰山	1533.7	0.65	0.85	0.95	0.40	0.55	0.60	−16	25	Ⅱ
	泰安市	128.8	0.30	0.45	0.50	0.20	0.35	0.40	−12	33	Ⅱ
	淄博市张店	34.0	0.30	0.40	0.45	0.30	0.45	0.50	−12	36	Ⅱ
	沂源	304.5	0.30	0.35	0.40	0.20	0.30	0.35	−13	36	Ⅱ
	潍坊市	44.1	0.30	0.40	0.45	0.25	0.35	0.40	−12	36	Ⅱ
	莱阳市	30.5	0.30	0.40	0.45	0.15	0.25	0.30	−13	35	Ⅱ
	青岛市	76.0	0.45	0.60	0.70	0.15	0.20	0.25	−9	33	Ⅱ
	海阳	65.2	0.40	0.55	0.60	0.10	0.15	0.15	−10	33	Ⅱ
	荣成市石岛	33.7	0.40	0.55	0.65	0.10	0.15	0.15	−8	31	Ⅱ
	菏泽市	49.7	0.25	0.40	0.45	0.20	0.30	0.35	−10	36	Ⅱ
	兖州	51.7	0.25	0.40	0.45	0.25	0.35	0.45	−11	36	Ⅱ
	营县	107.4	0.25	0.35	0.40	0.25	0.35	0.40	−11	35	Ⅱ
	临沂	87.9	0.30	0.40	0.45	0.25	0.40	0.45	−10	35	Ⅱ
	日照市	16.1	0.30	0.40	0.45	—	—	—	−8	33	—

省市名	城市名	海拔高度(m)	风压(kN/m²)			雪压(kN/m²)			基本气温(℃)		雪荷载准永久值系数分区
			R=10	R=50	R=100	R=10	R=50	R=100	最低	最高	
江苏	南京市	8.9	0.25	0.40	0.45	0.40	0.65	0.75	−6	37	Ⅱ
	徐州市	41.0	0.25	0.35	0.40	0.25	0.35	0.40	−8	35	Ⅱ
	赣榆	2.1	0.30	0.45	0.50	0.25	0.35	0.40	−8	35	Ⅱ
	盱眙	34.5	0.25	0.35	0.40	0.20	0.30	0.35	−7	36	Ⅱ
	淮阴市	17.5	0.25	0.40	0.45	0.25	0.40	0.45	−7	35	Ⅱ
	射阳	2.0	0.30	0.40	0.45	0.15	0.20	0.25	−7	35	Ⅲ
	镇江	26.5	0.30	0.40	0.45	0.25	0.35	0.40	—	—	Ⅲ
	无锡	6.7	0.30	0.45	0.50	0.30	0.40	0.45	—	—	Ⅲ
	泰州	6.6	0.25	0.40	0.45	0.25	0.35	0.40	—	—	Ⅱ
	连云港	3.7	0.35	0.55	0.65	0.25	0.40	0.45	—	—	Ⅱ
	盐城	3.6	0.25	0.45	0.55	0.20	0.35	0.40	—	—	Ⅲ
	高邮	5.4	0.25	0.40	0.45	0.20	0.35	0.40	−6	36	Ⅲ
	东台市	4.3	0.30	0.40	0.45	0.20	0.30	0.35	−6	36	Ⅲ
	南通市	5.3	0.30	0.45	0.50	0.15	0.25	0.30	−4	36	Ⅲ
	启东县吕泗	5.5	0.35	0.50	0.55	0.15	0.20	0.25	−4	35	Ⅲ
	常州市	4.9	0.25	0.40	0.45	0.20	0.35	0.40	−4	37	Ⅲ
	溧阳	7.2	0.25	0.40	0.45	0.30	0.50	0.55	−5	37	Ⅲ
	吴县东山	17.5	0.30	0.45	0.50	0.25	0.40	0.45	−5	36	Ⅲ
浙江	杭州市	41.7	0.30	0.45	0.50	0.30	0.45	0.50	−4	38	Ⅲ
	临安县天目山	1505.9	0.55	0.75	0.85	1.00	1.60	1.85	−11	28	Ⅱ
	平湖县乍浦	5.4	0.35	0.45	0.50	0.25	0.35	0.40	−5	36	Ⅲ
	慈溪市	7.1	0.30	0.45	0.50	0.25	0.35	0.40	−4	37	Ⅲ
	嵊泗	79.6	0.85	1.30	1.55	—	—	—	−2	34	—
	嵊泗县嵊山	124.6	1.00	1.65	1.95	—	—	—	0	30	—
	舟山市	35.7	0.50	0.85	1.00	0.30	0.50	0.60	−2	35	Ⅲ
	金华市	62.6	0.25	0.35	0.40	0.35	0.55	0.65	−3	39	Ⅲ
	嵊县	104.3	0.25	0.40	0.50	0.35	0.55	0.65	−3	39	Ⅲ
	宁波市	4.2	0.30	0.50	0.60	0.20	0.30	0.35	−3	37	Ⅲ
	象山县石浦	128.4	0.75	1.20	1.45	0.20	0.30	0.35	−2	35	Ⅲ
	衢州市	66.9	0.25	0.35	0.40	0.30	0.50	0.60	−3	38	Ⅲ
	丽水市	60.8	0.20	0.30	0.35	0.30	0.45	0.50	−3	39	Ⅲ
	龙泉	198.4	0.20	0.30	0.35	0.35	0.55	0.65	−2	38	Ⅲ
	临海市括苍山	1383.1	0.60	0.90	1.05	0.45	0.65	0.75	−8	29	Ⅲ
	温州市	6.0	0.35	0.60	0.70	0.35	0.35	0.40	0	36	Ⅲ
	椒江市洪家	1.3	0.35	0.55	0.65	0.20	0.30	0.35	−2	36	Ⅲ
	椒江市下大陈	86.2	0.95	1.45	1.75	0.25	0.35	0.40	−1	33	Ⅲ
	玉环县坎门	95.9	0.70	1.20	1.45	0.20	0.35	0.40	0	34	Ⅲ
	瑞安市北麂	42.3	1.00	1.80	2.20	—	—	—	2	33	—

省市名	城 市 名	海拔高度（m）	风压(kN/m²)			雪压(kN/m²)			基本气温(℃)		雪荷载准永久值系数分区
			$R=10$	$R=50$	$R=100$	$R=10$	$R=50$	$R=100$	最低	最高	
安徽	合肥市	27.9	0.25	0.35	0.40	0.40	0.60	0.70	−6	37	Ⅱ
	砀山	43.2	0.25	0.35	0.40	0.25	0.40	0.45	−9	36	Ⅱ
	亳州市	37.7	0.25	0.45	0.55	0.25	0.40	0.45	−8	37	Ⅱ
	宿县	25.9	0.25	0.40	0.50	0.25	0.40	0.45	−8	36	Ⅱ
	寿县	22.7	0.25	0.35	0.40	0.30	0.50	0.55	−7	35	Ⅱ
	蚌埠市	18.7	0.25	0.35	0.40	0.30	0.45	0.55	−6	36	Ⅱ
	滁县	25.3	0.25	0.35	0.40	0.30	0.50	0.60	−6	36	Ⅱ
	六安市	60.5	0.20	0.35	0.40	0.35	0.55	0.60	−5	37	Ⅱ
	霍山	68.1	0.20	0.35	0.40	0.45	0.65	0.75	−6	37	Ⅱ
	巢湖	22.4	0.25	0.35	0.40	0.30	0.45	0.50	−5	37	Ⅱ
	安庆市	19.8	0.25	0.40	0.45	0.20	0.35	0.40	−3	36	Ⅲ
	宁国	89.4	0.25	0.35	0.40	0.30	0.50	0.55	−6	38	Ⅲ
	黄山	1840.4	0.50	0.70	0.80	0.35	0.45	0.50	−11	24	Ⅲ
	黄山市	142.7	0.25	0.35	0.40	0.30	0.45	0.50	−3	38	Ⅲ
	阜阳市	30.6	—	—	—	0.35	0.55	0.60	−7	36	Ⅱ
江西	南昌市	46.7	0.30	0.45	0.55	0.30	0.45	0.55	−3	38	Ⅲ
	修水	146.8	0.20	0.30	0.35	0.25	0.40	0.50	−4	37	Ⅲ
	宜春市	131.3	0.20	0.30	0.35	0.25	0.40	0.45	−3	38	Ⅲ
	吉安	76.4	0.25	0.30	0.35	0.25	0.35	0.45	−2	38	Ⅲ
	宁冈	263.1	0.20	0.30	0.35	0.30	0.45	0.50	−3	38	Ⅲ
	遂川	126.1	0.20	0.30	0.35	0.30	0.45	0.55	−1	38	Ⅲ
	赣州市	123.8	0.20	0.30	0.35	0.35	0.40		0	38	Ⅲ
	九江	36.1	0.25	0.35	0.40	0.30	0.40	0.45	−2	38	Ⅲ
	庐山	1164.5	0.40	0.55	0.60	0.60	0.95	1.05	−9	29	Ⅲ
	波阳	40.1	0.25	0.40	0.45	0.35	0.60	0.70	−3	38	Ⅲ
	景德镇市	61.5	0.25	0.35	0.40	0.25	0.35	0.40	−3	38	Ⅲ
	樟树市	30.4	0.20	0.30	0.35	0.25	0.40	0.45	−3	38	Ⅲ
	贵溪	51.2	0.20	0.30	0.35	0.35	0.50	0.60	−2	38	Ⅲ
	玉山	116.3	0.20	0.30	0.35	0.35	0.55	0.65	−3	38	Ⅲ
	南城	80.8	0.25	0.30	0.35	0.20	0.35	0.40	−3	37	Ⅲ
	广昌	143.8	0.20	0.30	0.35	0.30	0.45	0.50	−2	38	Ⅲ
	寻乌	303.9	0.25	0.30	0.35	—	—	—	−0.3	37	—
福建	福州市	83.8	0.40	0.70	0.85	—	—	—	3	37	
	邵武市	191.5	0.20	0.30	0.35	0.25	0.35	0.40	−1	37	Ⅲ
	崇安县七仙山	1401.9	0.55	0.70	0.80	0.40	0.60	0.70	−5	28	Ⅲ
	浦城	276.9	0.20	0.30	0.35	0.35	0.55	0.65	−2	37	Ⅲ
	建阳	196.9	0.25	0.35	0.40	0.35	0.50	0.55	−2	38	Ⅲ

省市名	城 市 名	海拔高度(m)	风压(kN/m²)			雪压(kN/m²)			基本气温(℃)		雪荷载准永久值系数分区
			R=10	R=50	R=100	R=10	R=50	R=100	最低	最高	
福建	建瓯	154.9	0.25	0.35	0.40	0.25	0.35	0.40	0	38	Ⅲ
	福鼎	36.2	0.35	0.70	0.90	—	—	—	1	37	—
	泰宁	342.9	0.20	0.30	0.35	0.30	0.50	0.60	−2	37	Ⅲ
	南平市	125.6	0.20	0.35	0.45	—	—	—	2	38	
	福鼎县台山	106.6	0.75	1.00	1.10	—	—	—	4	30	
	长汀	310.0	0.20	0.35	0.40	0.15	0.25	0.30	0	36	Ⅲ
	上杭	197.9	0.25	0.30	0.35	—	—	—	2	36	
	永安市	206.0	0.25	0.40	0.45	—	—	—	2	38	
	龙岩市	342.3	0.20	0.35	0.45	—	—	—	3	36	
	德化县九仙山	1653.5	0.60	0.80	0.90	0.25	0.40	0.50	−3	25	Ⅲ
	屏南	896.5	0.20	0.30	0.35	0.25	0.45	0.50	−2	32	Ⅲ
	平潭	32.4	0.75	1.30	1.60	—	—	—	4	34	
	崇武	21.8	0.55	0.85	1.05	—	—	—	5	33	
	厦门市	139.4	0.50	0.80	0.95	—	—	—	5	35	
	东山	53.3	0.80	1.25	1.45	—	—	—	7	34	
陕西	西安市	397.5	0.25	0.35	0.40	0.20	0.25	0.30	−9	37	Ⅱ
	榆林市	1057.5	0.25	0.40	0.45	0.20	0.25	0.30	−22	35	Ⅱ
	吴旗	1272.6	0.25	0.40	0.50	0.15	0.20	0.20	−20	33	Ⅱ
	横山	1111.0	0.30	0.40	0.45	0.15	0.25	0.30	−21	35	Ⅱ
	绥德	929.7	0.30	0.40	0.45	0.20	0.35	0.40	−19	35	Ⅱ
	延安市	957.8	0.25	0.35	0.40	0.15	0.25	0.30	−17	34	Ⅱ
	长武	1206.5	0.20	0.30	0.35	0.20	0.30	0.35	−15	32	Ⅱ
	洛川	1158.3	0.25	0.35	0.40	0.25	0.35	0.40	−15	32	Ⅱ
	铜川市	978.9	0.20	0.35	0.40	0.15	0.20	0.25	−12	33	Ⅱ
	宝鸡市	612.4	0.20	0.35	0.40	0.15	0.20	0.25	−8	37	Ⅱ
	武功	447.8	0.20	0.35	0.40	0.20	0.25	0.30	−9	37	Ⅱ
	华阴县华山	2064.9	0.40	0.50	0.55	0.50	0.70	0.75	−15	25	Ⅱ
	略阳	794.2	0.25	0.35	0.40	0.10	0.15	0.15	−6	34	Ⅲ
	汉中市	508.4	0.20	0.30	0.35	0.15	0.20	0.25	−5	34	Ⅲ
	佛坪	1087.7	0.25	0.35	0.45	0.15	0.25	0.30	−8	33	Ⅲ
	商州市	742.2	0.25	0.30	0.35	0.20	0.30	0.35	−8	35	Ⅱ
	镇安	693.7	0.20	0.35	0.40	0.20	0.30	0.35	−7	36	Ⅲ
	石泉	484.9	0.20	0.30	0.35	0.20	0.30	0.35	−5	35	Ⅲ
	安康市	290.8	0.30	0.45	0.50	0.10	0.15	0.20	−4	37	Ⅲ
甘肃	兰州	1517.2	0.20	0.30	0.35	0.10	0.15	0.20	−15	34	Ⅱ
	吉诃德	966.5	0.45	0.55	0.60	—	—	—	—	—	
	安西	1170.8	0.40	0.55	0.60	0.10	0.20	0.25	−22	37	Ⅱ

续表 E.5

省市名	城市名	海拔高度(m)	风压(kN/m²)			雪压(kN/m²)			基本气温(℃)		雪荷载准永久值系数分区
			R=10	R=50	R=100	R=10	R=50	R=100	最低	最高	
甘肃	酒泉市	1477.2	0.40	0.55	0.60	0.20	0.30	0.35	−21	33	Ⅱ
	张掖市	1482.7	0.30	0.50	0.60	0.05	0.10	0.15	−22	34	Ⅱ
	武威市	1530.9	0.35	0.55	0.65	0.15	0.20	0.25	−20	33	Ⅱ
	民勤	1367.0	0.40	0.50	0.55	0.05	0.10	0.10	−21	35	Ⅱ
	乌鞘岭	3045.1	0.35	0.40	0.45	0.35	0.55	0.60	−22	21	Ⅱ
	景泰	1630.5	0.25	0.40	0.45	0.10	0.15	0.20	−18	33	Ⅱ
	靖远	1398.2	0.20	0.30	0.35	0.15	0.20	0.25	−18	33	Ⅱ
	临夏市	1917.0	0.20	0.30	0.35	0.15	0.25	0.30	−18	30	Ⅱ
	临洮	1886.6	0.20	0.30	0.35	0.30	0.50	0.55	−19	30	Ⅱ
	华家岭	2450.6	0.30	0.40	0.45	0.25	0.40	0.45	−17	24	Ⅱ
	环县	1255.6	0.20	0.30	0.35	0.15	0.25	0.30	−18	33	Ⅱ
	平凉市	1346.6	0.25	0.30	0.35	0.15	0.25	0.30	−14	32	Ⅱ
	西峰镇	1421.0	0.20	0.30	0.35	0.25	0.40	0.45	−14	31	Ⅱ
	玛曲	3471.4	0.25	0.30	0.35	0.15	0.20	0.25	−23	21	Ⅱ
	夏河县合作	2910.0	0.25	0.30	0.35	0.25	0.40	0.45	−23	24	Ⅱ
	武都	1079.1	0.25	0.35	0.40	0.05	0.10	0.15	−5	35	Ⅲ
	天水市	1141.7	0.20	0.35	0.40	0.15	0.20	0.25	−11	34	Ⅱ
	马宗山	1962.7	—	—	—	0.10	0.15	0.20	−25	32	Ⅱ
	敦煌	1139.0	—	—	—	0.10	0.15	0.20	−20	37	Ⅱ
	玉门市	1526.0	—	—	—	0.15	0.20	0.25	−21	33	Ⅱ
	金塔县鼎新	1177.4	—	—	—	0.05	0.10	0.15	−21	36	Ⅱ
	高台	1332.2	—	—	—	0.10	0.15	0.20	−21	34	Ⅱ
	山丹	1764.6	—	—	—	0.15	0.20	0.25	−21	32	Ⅱ
	永昌	1976.1	—	—	—	0.10	0.15	0.20	−22	29	Ⅱ
	榆中	1874.1	—	—	—	0.15	0.20	0.25	−19	30	Ⅱ
	会宁	2012.2	—	—	—	0.20	0.30	0.35	—	—	Ⅱ
	岷县	2315.0	—	—	—	0.10	0.15	0.20	−19	27	Ⅱ
宁夏	银川	1111.4	0.40	0.65	0.75	0.15	0.20	0.25	−19	34	Ⅱ
	惠农	1091.0	0.45	0.65	0.70	0.05	0.10	0.10	−20	35	Ⅱ
	陶乐	1101.6	—	—	—	0.05	0.10	0.10	−20	35	Ⅱ
	中卫	1225.7	0.30	0.45	0.50	0.05	0.10	0.15	−18	33	Ⅱ
	中宁	1183.3	0.30	0.35	0.40	0.10	0.15	0.20	−18	34	Ⅱ
	盐池	1347.8	0.30	0.40	0.45	0.20	0.30	0.35	−20	34	Ⅱ
	海源	1854.2	0.25	0.35	0.40	0.25	0.40	0.45	−17	30	Ⅱ
	同心	1343.9	0.20	0.30	0.35	0.10	0.15	0.15	−18	34	Ⅱ
	固原	1753.0	0.25	0.35	0.40	0.30	0.40	0.45	−20	29	Ⅱ
	西吉	1916.5	0.20	0.30	0.35	0.15	0.20	0.20	−20	29	Ⅱ
青海	西宁	2261.2	0.25	0.35	0.40	0.15	0.20	0.25	−19	29	Ⅱ

省市名	城 市 名	海拔高度(m)	风压(kN/m²) R=10	风压(kN/m²) R=50	风压(kN/m²) R=100	雪压(kN/m²) R=10	雪压(kN/m²) R=50	雪压(kN/m²) R=100	基本气温(℃) 最低	基本气温(℃) 最高	雪荷载准永久值系数分区
	茫崖	3138.5	0.30	0.40	0.45	0.05	0.10	0.10	—	—	Ⅱ
	冷湖	2733.0	0.40	0.55	0.60	0.05	0.10	0.10	−26	29	Ⅱ
	祁连县托勒	3367.0	0.30	0.40	0.45	0.20	0.25	0.30	−32	22	Ⅱ
	祁连县野牛沟	3180.0	0.30	0.40	0.45	0.15	0.20	0.20	−31	21	Ⅱ
	祁连县	2787.4	0.30	0.35	0.40	0.10	0.15	0.15	−25	25	Ⅱ
	格尔木市小灶火	2767.0	0.30	0.40	0.45	0.05	0.10	0.10	−25	30	Ⅱ
	大柴旦	3173.2	0.30	0.40	0.45	0.10	0.15	0.15	−27	26	Ⅱ
	德令哈市	2981.5	0.25	0.35	0.40	0.10	0.15	0.20	−22	28	Ⅱ
	刚察	3301.5	0.25	0.35	0.40	0.20	0.25	0.30	−26	21	Ⅱ
	门源	2850.0	0.25	0.35	0.40	0.20	0.30	0.30	−27	24	Ⅱ
	格尔木市	2807.6	0.30	0.40	0.45	0.10	0.20	0.25	−21	29	Ⅱ
	都兰县诺木洪	2790.4	0.35	0.50	0.60	0.05	0.10	0.10	−22	30	Ⅱ
	都兰	3191.1	0.30	0.45	0.55	0.20	0.25	0.30	−21	26	Ⅱ
	乌兰县茶卡	3087.6	0.25	0.35	0.40	0.15	0.20	0.25	−25	25	Ⅱ
	共和县恰卜恰	2835.0	0.25	0.35	0.40	0.15	0.20	0.20	−22	26	Ⅱ
	贵德	2237.1	0.25	0.30	0.35	0.10	0.10	0.10	−18	30	Ⅱ
	民和	1813.9	0.20	0.30	0.35	0.10	0.10	0.15	−17	31	Ⅱ
青海	唐古拉山五道梁	4612.2	0.35	0.45	0.50	0.20	0.25	0.30	−29	17	Ⅰ
	兴海	3323.2	0.25	0.35	0.40	0.15	0.20	0.20	−25	23	Ⅱ
	同德	3289.4	0.25	0.35	0.40	0.20	0.30	0.35	−28	23	Ⅱ
	泽库	3662.8	0.25	0.30	0.35	0.20	0.40	0.45	—	—	Ⅱ
	格尔木市托托河	4533.1	0.40	0.50	0.55	0.25	0.35	0.40	−33	19	Ⅰ
	治多	4179.0	0.25	0.30	0.35	0.15	0.20	0.25	—	—	Ⅰ
	杂多	4066.4	0.25	0.35	0.40	0.20	0.25	0.30	−25	22	Ⅱ
	曲麻菜	4231.2	0.25	0.35	0.40	0.20	0.25	0.30	−28	20	Ⅰ
	玉树	3681.2	0.20	0.30	0.35	0.15	0.20	0.25	−20	24.4	Ⅱ
	玛多	4272.3	0.30	0.40	0.45	0.25	0.35	0.40	−33	18	Ⅰ
	称多县清水河	4415.4	0.25	0.30	0.35	0.25	0.30	0.35	−33	17	Ⅰ
	玛沁县仁峡姆	4211.1	0.30	0.35	0.40	0.20	0.25	0.30	−33	18	Ⅰ
	达日县吉迈	3967.5	0.25	0.35	0.40	0.20	0.25	0.30	−27	20	Ⅰ
	河南	3500.0	0.25	0.40	0.45	0.20	0.25	0.30	−29	21	Ⅱ
	久治	3628.5	0.20	0.30	0.35	0.20	0.25	0.30	−24	21	Ⅱ
	昂欠	3643.7	0.25	0.30	0.35	0.10	0.20	0.25	−18	25	Ⅱ
	班玛	3750.0	0.20	0.30	0.35	0.15	0.20	0.25	−20	22	Ⅱ
	乌鲁木齐市	917.9	0.40	0.60	0.70	0.65	0.90	1.00	−23	34	Ⅰ
新疆	阿勒泰市	735.3	0.40	0.70	0.85	1.20	1.65	1.85	−28	32	Ⅰ
	阿拉山口	284.8	0.95	1.35	1.55	0.20	0.25	0.25	−25	39	Ⅰ

省市名	城 市 名	海拔高度 (m)	风压(kN/m²)			雪压(kN/m²)			基本气温(℃)		雪荷载准永久值系数分区
			$R=10$	$R=50$	$R=100$	$R=10$	$R=50$	$R=100$	最低	最高	
新疆	克拉玛依市	427.3	0.65	0.90	1.00	0.20	0.30	0.35	−27	38	Ⅰ
	伊宁市	662.5	0.40	0.60	0.70	1.00	1.40	1.55	−23	35	Ⅰ
	昭苏	1851.0	0.25	0.40	0.45	0.65	0.85	0.95	−23	26	Ⅰ
	达坂城	1103.5	0.55	0.80	0.90	0.15	0.20	0.20	−21	32	Ⅰ
	巴音布鲁克	2458.0	0.25	0.35	0.40	0.55	0.75	0.85	−40	22	Ⅰ
	吐鲁番市	34.5	0.50	0.85	1.00	0.15	0.20	0.25	−20	44	Ⅱ
	阿克苏市	1103.8	0.30	0.45	0.50	0.15	0.25	0.30	−20	36	Ⅱ
	库车	1099.0	0.35	0.50	0.60	0.15	0.20	0.30	−19	36	Ⅱ
	库尔勒	931.5	0.30	0.45	0.50	0.15	0.20	0.30	−18	37	Ⅱ
	乌恰	2175.7	0.25	0.35	0.40	0.35	0.50	0.60	−20	31	Ⅱ
	喀什	1288.7	0.35	0.55	0.65	0.30	0.45	0.50	−17	36	Ⅱ
	阿合奇	1984.9	0.25	0.35	0.40	0.25	0.35	0.40	−21	31	Ⅱ
	皮山	1375.4	0.20	0.30	0.35	0.15	0.20	0.25	−18	37	Ⅱ
	和田	1374.6	0.25	0.40	0.45	0.10	0.20	0.25	−15	37	Ⅱ
	民丰	1409.3	0.20	0.30	0.35	0.10	0.15	0.15	−19	37	Ⅱ
	安德河	1262.8	0.20	0.30	0.35	0.05	0.05	0.05	−23	39	Ⅱ
	于田	1422.0	0.20	0.30	0.35	0.10	0.15	0.15	−17	36	Ⅱ
	哈密	737.2	0.40	0.60	0.70	0.15	0.25	0.30	−23	38	Ⅱ
	哈巴河	532.6	—	—	—	0.70	1.00	1.15	−26	33.6	Ⅰ
	吉木乃	984.1	—	—	—	0.85	1.15	1.35	−24	31	Ⅰ
	福海	500.9	—	—	—	0.30	0.45	0.50	−31	34	Ⅰ
	富蕴	807.5	—	—	—	0.95	1.35	1.50	−33	34	Ⅰ
	塔城	534.9	—	—	—	1.10	1.55	1.75	−23	35	Ⅰ
	和布克赛尔	1291.6	—	—	—	0.25	0.40	0.45	−23	30	Ⅰ
	青河	1218.2	—	—	—	0.90	1.30	1.45	−35	31	Ⅰ
	托里	1077.8	—	—	—	0.55	0.75	0.85	−24	32	Ⅰ
	北塔山	1653.7	—	—	—	0.55	0.65	0.70	−25	28	Ⅰ
	温泉	1354.6	—	—	—	0.35	0.45	0.50	−25	30	Ⅰ
	精河	320.1	—	—	—	0.20	0.30	0.35	−27	38	Ⅰ
	乌苏	478.7	—	—	—	0.40	0.55	0.60	−26	37	Ⅰ
	石河子	442.9	—	—	—	0.50	0.70	0.80	−28	37	Ⅰ
	蔡家湖	440.5	—	—	—	0.40	0.50	0.55	−32	38	Ⅰ
	奇台	793.5	—	—	—	0.55	0.75	0.85	−31	34	Ⅰ
	巴仑台	1752.5	—	—	—	0.20	0.30	0.35	−20	30	Ⅱ
	七角井	873.2	—	—	—	0.05	0.10	0.15	−23	38	Ⅱ
	库米什	922.4	—	—	—	0.10	0.15	0.15	−25	38	Ⅱ
	焉耆	1055.8	—	—	—	0.15	0.20	0.25	−24	35	Ⅱ

省市名	城 市 名	海拔高度(m)	风压(kN/m²)			雪压(kN/m²)			基本气温(℃)		雪荷载准永久值系数分区
			$R=10$	$R=50$	$R=100$	$R=10$	$R=50$	$R=100$	最低	最高	
新疆	拜城	1229.2	—	—	—	0.20	0.30	0.35	−26	34	Ⅱ
	轮台	976.1	—	—	—	0.15	0.20	0.30	−19	38	Ⅱ
	吐尔格特	3504.4	—	—	—	0.40	0.55	0.65	−27	18	Ⅱ
	巴楚	1116.5	—	—	—	0.10	0.15	0.20	−19	38	Ⅱ
	柯坪	1161.8	—	—	—	0.05	0.10	0.15	−20	37	Ⅱ
	阿拉尔	1012.2	—	—	—	0.05	0.10	0.10	−20	36	Ⅱ
	铁干里克	846.0	—	—	—	0.10	0.15	0.15	−20	39	Ⅱ
	若羌	888.3	—	—	—	0.10	0.15	0.20	−18	40	Ⅱ
	塔吉克	3090.9	—	—	—	0.15	0.25	0.30	−28	28	Ⅱ
	莎车	1231.2	—	—	—	0.15	0.20	0.25	−17	37	Ⅱ
	且末	1247.5	—	—	—	0.10	0.15	0.20	−20	37	Ⅱ
	红柳河	1700.0	—	—	—	0.10	0.15	0.15	−25	35	Ⅱ
河南	郑州市	110.4	0.30	0.45	0.50	0.25	0.40	0.45	−8	36	Ⅱ
	安阳市	75.5	0.25	0.45	0.55	0.25	0.40	0.45	−8	36	Ⅱ
	新乡市	72.7	0.30	0.40	0.45	0.20	0.30	0.35	−8	36	Ⅱ
	三门峡市	410.1	0.25	0.40	0.45	0.15	0.20	0.25	−8	36	Ⅱ
	卢氏	568.8	0.20	0.30	0.35	0.20	0.30	0.35	−10	35	Ⅱ
	孟津	323.3	0.30	0.45	0.50	0.30	0.40	0.50	−8	35	Ⅱ
	洛阳市	137.1	0.25	0.40	0.45	0.25	0.35	0.40	−6	36	Ⅱ
	栾川	750.1	0.20	0.30	0.35	0.25	0.40	0.45	−9	34	Ⅱ
	许昌市	66.8	0.30	0.40	0.45	0.30	0.40	0.45	−8	36	Ⅱ
	开封市	72.5	0.30	0.45	0.50	0.20	0.30	0.35	−8	36	Ⅱ
	西峡	250.3	0.25	0.35	0.40	0.20	0.30	0.35	−6	36	Ⅱ
	南阳市	129.2	0.25	0.35	0.40	0.30	0.45	0.50	−7	36	Ⅱ
	宝丰	136.4	0.25	0.35	0.40	0.20	0.30	0.35	−8	36	Ⅱ
	西华	52.6	0.25	0.45	0.55	0.30	0.45	0.50	−8	37	Ⅱ
	驻马店市	82.7	0.25	0.40	0.45	0.30	0.45	0.50	−8	36	Ⅱ
	信阳市	114.5	0.25	0.35	0.40	0.35	0.55	0.65	−6	36	Ⅱ
	商丘市	50.1	0.20	0.35	0.45	0.30	0.45	0.50	−8	36	Ⅱ
	固始	57.1	0.20	0.35	0.45	0.35	0.55	0.65	−6	36	Ⅱ
湖北	武汉市	23.3	0.25	0.35	0.40	0.30	0.50	0.60	−5	37	Ⅱ
	郧县	201.9	0.20	0.30	0.35	0.25	0.40	0.45	−3	37	Ⅱ
	房县	434.4	0.20	0.30	0.35	0.20	0.30	0.35	−7	35	Ⅲ
	老河口市	90.0	0.20	0.30	0.35	0.25	0.35	0.40	−6	36	Ⅱ
	枣阳	125.5	0.25	0.40	0.45	0.25	0.40	0.45	−6	36	Ⅱ
	巴东	294.5	0.15	0.30	0.35	0.15	0.20	0.25	−2	38	Ⅲ
	钟祥	65.8	0.20	0.30	0.35	0.25	0.35	0.40	−4	36	Ⅱ
	麻城市	59.3	0.20	0.35	0.45	0.35	0.55	0.65	−4	37	Ⅱ
	恩施市	457.1	0.20	0.30	0.35	0.15	0.20	0.25	−2	36	Ⅲ

省市名	城市名	海拔高度(m)	风压(kN/m²)			雪压(kN/m²)			基本气温(℃)		雪荷载准永久值系数分区
			$R=10$	$R=50$	$R=100$	$R=10$	$R=50$	$R=100$	最低	最高	
湖北	巴东县绿葱坡	1819.3	0.30	0.35	0.40	0.65	0.95	1.10	−10	26	Ⅲ
	五峰县	908.4	0.20	0.30	0.35	0.25	0.35	0.40	−5	34	Ⅲ
	宜昌市	133.1	0.20	0.30	0.35	0.20	0.30	0.35	−3	37	Ⅲ
	荆州	32.6	0.20	0.30	0.35	0.25	0.40	0.45	−4	36	Ⅱ
	天门市	34.1	0.20	0.30	0.35	0.25	0.35	0.45	−5	36	Ⅱ
	来凤	459.5	0.20	0.30	0.35	0.15	0.20	0.25	−3	35	Ⅲ
	嘉鱼	36.0	0.20	0.35	0.45	0.25	0.35	0.40	−3	37	Ⅲ
	英山	123.8	0.20	0.30	0.35	0.25	0.40	0.45	−5	37	Ⅲ
	黄石市	19.6	0.25	0.35	0.40	0.25	0.35	0.40	−3	38	Ⅲ
湖南	长沙市	44.9	0.25	0.35	0.40	0.30	0.45	0.50	−3	38	Ⅲ
	桑植	322.2	0.20	0.30	0.35	0.25	0.35	0.40	−3	36	Ⅲ
	石门	116.9	0.20	0.30	0.35	0.25	0.35	0.40	−3	36	Ⅲ
	南县	36.0	0.25	0.40	0.50	0.30	0.45	0.50	−3	36	Ⅲ
	岳阳市	53.0	0.25	0.40	0.45	0.35	0.55	0.65	−2	36	Ⅲ
	吉首市	206.6	0.20	0.30	0.35	0.20	0.30	0.35	−2	36	Ⅲ
	沅陵	151.6	0.20	0.30	0.35	0.20	0.35	0.40	−3	37	Ⅲ
	常德市	35.0	0.25	0.40	0.50	0.30	0.50	0.60	−3	36	Ⅱ
	安化	128.3	0.20	0.30	0.35	0.30	0.45	0.50	−3	38	Ⅱ
	沅江市	36.0	0.25	0.40	0.45	0.35	0.55	0.65	−3	37	Ⅲ
	平江	106.3	0.20	0.30	0.35	0.25	0.40	0.45	−4	37	Ⅲ
	芷江	272.2	0.20	0.30	0.35	0.25	0.35	0.45	−3	36	Ⅲ
	雪峰山	1404.9	—	—	—	0.50	0.75	0.85	−8	27	Ⅱ
	邵阳市	248.6	0.20	0.30	0.35	0.20	0.30	0.35	−3	37	Ⅲ
	双峰	100.0	0.20	0.30	0.35	0.25	0.40	0.45	−4	38	Ⅲ
	南岳	1265.9	0.60	0.75	0.85	0.50	0.75	0.85	−8	28	Ⅲ
	通道	397.5	0.25	0.30	0.35	0.15	0.25	0.30	−3	35	Ⅲ
	武岗	341.0	0.20	0.30	0.35	0.20	0.30	0.35	−3	36	Ⅲ
	零陵	172.6	0.25	0.40	0.45	0.15	0.25	0.30	−2	37	Ⅲ
	衡阳市	103.2	0.25	0.40	0.45	0.20	0.35	0.40	−2	38	Ⅲ
	道县	192.2	0.25	0.35	0.40	0.15	0.20	0.25	−1	37	Ⅲ
	郴州市	184.9	0.20	0.30	0.35	0.20	0.30	0.35	−2	38	Ⅲ
广东	广州市	6.6	0.30	0.50	0.60	—	—	—	6	36	—
	南雄	133.8	0.20	0.30	0.35	—	—	—	1	37	—
	连县	97.6	0.20	0.30	0.35	—	—	—	2	37	—
	韶关	69.3	0.20	0.35	0.45	—	—	—	2	37	—
	佛岗	67.8	0.20	0.30	0.35	—	—	—	4	36	—
	连平	214.5	0.20	0.30	0.35	—	—	—	2	36	—

省市名	城市名	海拔高度(m)	风压(kN/m²)			雪压(kN/m²)			基本气温(℃)		雪荷载准永久值系数分区
			R=10	R=50	R=100	R=10	R=50	R=100	最低	最高	
广东	梅县	87.8	0.20	0.30	0.35	—	—	—	4	37	—
	广宁	56.8	0.20	0.30	0.35	—	—	—	4	36	—
	高要	7.1	0.30	0.50	0.60	—	—	—	6	36	—
	河源	40.6	0.20	0.30	0.35	—	—	—	5	36	—
	惠阳	22.4	0.35	0.55	0.60	—	—	—	6	36	—
	五华	120.9	0.20	0.30	0.35	—	—	—	4	36	—
	汕头市	1.1	0.50	0.80	0.95	—	—	—	6	35	—
	惠来	12.9	0.45	0.75	0.90	—	—	—	7	35	—
	南澳	7.2	0.50	0.80	0.95	—	—	—	9	32	—
	信宜	84.6	0.35	0.60	0.70	—	—	—	7	36	—
	罗定	53.3	0.20	0.30	0.35	—	—	—	6	37	—
	台山	32.7	0.35	0.55	0.65	—	—	—	6	35	—
	深圳市	18.2	0.45	0.75	0.90	—	—	—	8	35	—
	汕尾	4.6	0.50	0.85	1.00	—	—	—	7	34	—
	湛江市	25.3	0.50	0.80	0.95	—	—	—	9	36	—
	阳江	23.3	0.45	0.75	0.90	—	—	—	7	35	—
	电白	11.8	0.45	0.70	0.80	—	—	—	8	35	—
	台山县上川岛	21.5	0.75	1.05	1.20	—	—	—	8	35	—
	徐闻	67.9	0.45	0.75	0.90	—	—	—	10	36	—
广西	南宁市	73.1	0.25	0.35	0.40	—	—	—	6	36	—
	桂林市	164.4	0.20	0.30	0.35	—	—	—	1	36	—
	柳州市	96.8	0.20	0.30	0.35	—	—	—	3	36	—
	蒙山	145.7	0.20	0.30	0.35	—	—	—	2	36	—
	贺山	108.8	0.20	0.30	0.35	—	—	—	2	36	—
	百色市	173.5	0.25	0.45	0.55	—	—	—	5	37	—
	靖西	739.4	0.20	0.30	0.35	—	—	—	4	32	—
	桂平	42.5	0.20	0.30	0.35	—	—	—	5	36	—
	梧州市	114.8	0.20	0.30	0.35	—	—	—	4	36	—
	龙舟	128.8	0.20	0.30	0.35	—	—	—	7	36	—
	灵山	66.0	0.20	0.30	0.35	—	—	—	5	35	—
	玉林	81.8	0.20	0.30	0.35	—	—	—	5	36	—
	东兴	18.2	0.45	0.75	0.90	—	—	—	8	34	—
	北海市	15.3	0.45	0.75	0.90	—	—	—	7	35	—
	涠洲岛	55.2	0.70	1.10	1.30	—	—	—	9	34	—
海南	海口市	14.1	0.45	0.75	0.90	—	—	—	10	37	—
	东方	8.4	0.55	0.85	1.00	—	—	—	10	37	—
	儋县	168.7	0.40	0.70	0.85	—	—	—	9	37	—

省市名	城 市 名	海拔高度（m）	风压（kN/m²）			雪压（kN/m²）			基本气温（℃）		雪荷载准永久值系数分区
			$R=10$	$R=50$	$R=100$	$R=10$	$R=50$	$R=100$	最低	最高	
海南	琼中	250.9	0.30	0.45	0.55	—	—	—	8	36	—
	琼海	24.0	0.50	0.85	1.05	—	—	—	10	37	—
	三亚市	5.5	0.50	0.85	1.05	—	—	—	14	36	—
	陵水	13.9	0.50	0.85	1.05	—	—	—	12	36	—
	西沙岛	4.7	1.05	1.80	2.20	—	—	—	18	35	—
	珊瑚岛	4.0	0.70	1.10	1.30	—	—	—	16	36	—
四川	成都市	506.1	0.20	0.30	0.35	0.10	0.10	0.15	−1	34	Ⅲ
	石渠	4200.0	0.25	0.30	0.35	0.35	0.50	0.60	−28	19	Ⅱ
	若尔盖	3439.6	0.25	0.30	0.35	0.30	0.40	0.45	−24	21	Ⅱ
	甘孜	3393.5	0.35	0.45	0.50	0.30	0.50	0.55	−17	25	Ⅱ
	都江堰市	706.7	0.20	0.30	0.35	0.15	0.25	0.30	—	—	Ⅲ
	绵阳市	470.8	0.20	0.30	0.35	—	—	—	−3	35	—
	雅安市	627.6	0.20	0.30	0.35	0.10	0.20	0.20	0	34	Ⅲ
	资阳	357.0	0.20	0.30	0.35	—	—	—	1	33	—
	康定	2615.7	0.30	0.35	0.40	0.30	0.50	0.55	−10	23	Ⅱ
	汉源	795.9	0.20	0.30	0.35	—	—	—	2	34	—
	九龙	2987.3	0.20	0.30	0.35	0.15	0.20	0.20	−10	25	Ⅲ
	越西	1659.0	0.25	0.30	0.35	0.15	0.25	0.30	−4	31	Ⅲ
	昭觉	2132.4	0.25	0.30	0.35	0.25	0.35	0.40	−6	28	Ⅲ
	雷波	1474.9	0.20	0.30	0.40	0.20	0.30	0.35	−4	29	Ⅲ
	宜宾市	340.8	0.20	0.30	0.35	—	—	—	2	35	—
	盐源	2545.0	0.20	0.30	0.35	0.20	0.30	0.35	−6	27	Ⅲ
	西昌市	1590.9	0.20	0.30	0.35	0.20	0.30	0.35	−1	32	Ⅲ
	会理	1787.1	0.20	0.30	0.35	—	—	—	−4	30	—
	万源	674.0	0.20	0.30	0.35	0.05	0.10	0.15	−3	35	Ⅲ
	阆中	382.6	0.20	0.30	0.35	—	—	—	−1	36	—
	巴中	358.9	0.20	0.30	0.35	—	—	—	−1	36	—
	达县市	310.4	0.20	0.35	0.45	—	—	—	0	37	—
	遂宁市	278.2	0.20	0.30	0.35	—	—	—	0	36	—
	南充市	309.3	0.20	0.30	0.35	—	—	—	0	36	—
	内江市	347.1	0.25	0.40	0.50	—	—	—	0	36	—
	泸州市	334.8	0.20	0.30	0.35	—	—	—	1	36	—
	叙永	377.5	0.20	0.30	0.35	—	—	—	1	36	—
	德格	3201.2	—	—	—	0.15	0.20	0.25	−15	26	Ⅲ
	色达	3893.9	—	—	—	0.30	0.40	0.45	−24	21	Ⅲ
	道孚	2957.2	—	—	—	0.15	0.20	0.25	−16	28	Ⅲ
	阿坝	3275.1	—	—	—	0.25	0.40	0.45	−19	22	Ⅲ
	马尔康	2664.4	—	—	—	0.15	0.25	0.30	−12	29	Ⅲ

省市名	城市名	海拔高度(m)	风压(kN/m²) R=10	风压(kN/m²) R=50	风压(kN/m²) R=100	雪压(kN/m²) R=10	雪压(kN/m²) R=50	雪压(kN/m²) R=100	基本气温(℃) 最低	基本气温(℃) 最高	雪荷载准永久值系数分区
四川	红原	3491.6	—	—	—	0.25	0.40	0.45	−26	22	Ⅱ
	小金	2369.2	—	—	—	0.10	0.15	0.15	−8	31	Ⅱ
	松潘	2850.7	—	—	—	0.20	0.30	0.35	−16	26	Ⅱ
	新龙	3000.0	—	—	—	0.10	0.15	0.15	−16	27	Ⅱ
	理唐	3948.9	—	—	—	0.35	0.50	0.60	−19	21	Ⅱ
	稻城	3727.7	—	—	—	0.20	0.30	0.30	−19	23	Ⅲ
	峨眉山	3047.4	—	—	—	0.40	0.55	0.60	−15	19	Ⅱ
贵州	贵阳市	1074.3	0.20	0.30	0.35	0.10	0.20	0.25	−3	32	Ⅲ
	威宁	2237.5	0.25	0.35	0.40	0.25	0.35	0.40	−6	26	Ⅲ
	盘县	1515.2	0.25	0.35	0.40	0.25	0.35	0.45	−3	30	Ⅲ
	桐梓	972.0	0.20	0.30	0.35	0.10	0.15	0.20	−4	33	Ⅲ
	习水	1180.2	0.20	0.30	0.35	0.15	0.20	0.25	−5	31	Ⅲ
	毕节	1510.6	0.20	0.30	0.35	0.15	0.25	0.30	−4	30	Ⅲ
	遵义市	843.9	0.20	0.30	0.35	0.15	0.20	0.25	−2	34	Ⅲ
	湄潭	791.8	—	—	—	0.15	0.20	0.25	−3	34	Ⅲ
	思南	416.3	0.20	0.30	0.35	0.10	0.20	0.25	−1	36	Ⅲ
	铜仁	279.7	0.20	0.30	0.35	0.20	0.30	0.35	−2	37	Ⅲ
	黔西	1251.8	—	—	—	0.15	0.20	0.25	−4	32	Ⅲ
	安顺市	1392.9	0.20	0.30	0.35	0.20	0.30	0.35	−3	30	Ⅲ
	凯里市	720.3	0.20	0.30	0.35	0.15	0.20	0.25	−3	34	Ⅲ
	三穗	610.5	—	—	—	0.20	0.30	0.35	−4	34	Ⅲ
	兴仁	1378.5	0.20	0.30	0.35	0.20	0.35	0.40	−2	30	Ⅲ
	罗甸	440.3	0.20	0.30	0.35	—	—	—	1	37	
	独山	1013.3	—	—	—	0.20	0.30	0.35	−3	32	Ⅲ
	榕江	285.7	—	—	—	0.10	0.15	0.20	−1	37	Ⅲ
云南	昆明市	1891.4	0.20	0.30	0.35	0.20	0.30	0.35	−1	28	Ⅲ
	德钦	3485.0	0.25	0.35	0.40	0.60	0.90	1.05	−12	22	Ⅱ
	贡山	1591.3	0.20	0.30	0.35	0.45	0.75	0.90	−3	30	Ⅱ
	中甸	3276.1	0.20	0.30	0.35	0.50	0.80	0.90	−15	22	Ⅱ
	维西	2325.6	0.20	0.30	0.35	0.45	0.65	0.75	−6	28	Ⅲ
	昭通市	1949.5	0.25	0.35	0.40	0.15	0.25	0.30	−6	28	Ⅲ
	丽江	2393.2	0.25	0.30	0.35	0.20	0.30	0.35	−5	27	Ⅲ
	华坪	1244.8	0.30	0.45	0.55	—	—	—	−1	35	
	会泽	2109.5	0.25	0.35	0.40	0.25	0.35	0.40	−4	26	Ⅲ
	腾冲	1654.6	0.20	0.30	0.35	—	—	—	−3	27	
	泸水	1804.9	0.20	0.30	0.35	—	—	—	1	26	—
	保山市	1653.5	0.20	0.30	0.35	—	—	—	−2	29	

省市名	城市名	海拔高度(m)	风压(kN/m²)			雪压(kN/m²)			基本气温(℃)		雪荷载准永久值系数分区
			R=10	R=50	R=100	R=10	R=50	R=100	最低	最高	
云南	大理市	1990.5	0.45	0.65	0.75	—	—	—	−2	28	—
	元谋	1120.2	0.25	0.35	0.40	—	—	—	2	35	—
	楚雄市	1772.0	0.20	0.35	0.40	—	—	—	−2	29	—
	曲靖市沾益	1898.7	0.25	0.30	0.35	0.25	0.40	0.45	−1	28	Ⅲ
	瑞丽	776.6	0.20	0.30	0.35	—	—	—	3	32	—
	景东	1162.3	0.20	0.30	0.35	—	—	—	1	32	—
	玉溪	1636.7	0.20	0.30	0.35	—	—	—	−1	30	—
	宜良	1532.1	0.25	0.45	0.55	—	—	—	1	28	—
	泸西	1704.3	0.20	0.30	0.35	—	—	—	−2	29	—
	孟定	511.4	0.25	0.40	0.45	—	—	—	−5	32	—
	临沧	1502.4	0.20	0.30	0.35	—	—	—	0	29	—
	澜沧	1054.8	0.20	0.30	0.35	—	—	—	1	32	—
	景洪	552.7	0.20	0.40	0.50	—	—	—	7	35	—
	思茅	1302.1	0.25	0.45	0.50	—	—	—	3	30	—
	元江	400.9	0.25	0.30	0.35	—	—	—	7	37	—
	勐腊	631.9	0.20	0.30	0.35	—	—	—	7	34	—
	江城	1119.5	0.20	0.40	0.50	—	—	—	4	30	—
	蒙自	1300.7	0.25	0.35	0.45	—	—	—	3	31	—
	屏边	1414.1	0.20	0.40	0.35	—	—	—	2	28	—
	文山	1271.6	0.20	0.30	0.35	—	—	—	3	31	—
	广南	1249.6	0.25	0.35	0.40	—	—	—	0	31	—
西藏	拉萨市	3658.0	0.20	0.30	0.35	0.10	0.15	0.20	−13	27	Ⅲ
	班戈	4700.0	0.35	0.55	0.65	0.20	0.25	0.30	−22	18	Ⅰ
	安多	4800.0	0.45	0.75	0.90	0.25	0.40	0.45	−28	17	Ⅰ
	那曲	4507.0	0.30	0.45	0.50	0.30	0.40	0.45	−25	19	Ⅰ
	日喀则市	3836.0	0.20	0.30	0.35	0.10	0.15	0.15	−17	25	Ⅲ
	乃东县泽当	3551.7	0.20	0.30	0.35	0.10	0.15	0.15	−12	26	Ⅲ
	隆子	3860.0	0.30	0.45	0.50	0.10	0.15	0.20	−18	24	Ⅲ
	索县	4022.8	0.30	0.40	0.50	0.20	0.25	0.30	−23	22	Ⅰ
	昌都	3306.0	0.20	0.30	0.35	0.15	0.20	0.20	−15	27	Ⅱ
	林芝	3000.0	0.25	0.35	0.45	0.10	0.15	0.15	−9	25	Ⅲ
	葛尔	4278.0	—	—	—	0.10	0.15	0.15	−27	25	Ⅰ
	改则	4414.9	—	—	—	0.20	0.30	0.35	−29	23	Ⅰ
	普兰	3900.0	—	—	—	0.50	0.70	0.80	−21	25	Ⅰ
	申扎	4672.0	—	—	—	0.15	0.20	0.20	−22	19	Ⅰ
	当雄	4200.0	—	—	—	0.30	0.45	0.50	−23	21	Ⅱ
	尼木	3809.4	—	—	—	0.15	0.20	0.25	−17	26	Ⅲ
	聂拉木	3810.0	—	—	—	2.00	3.30	3.75	−13	18	Ⅰ

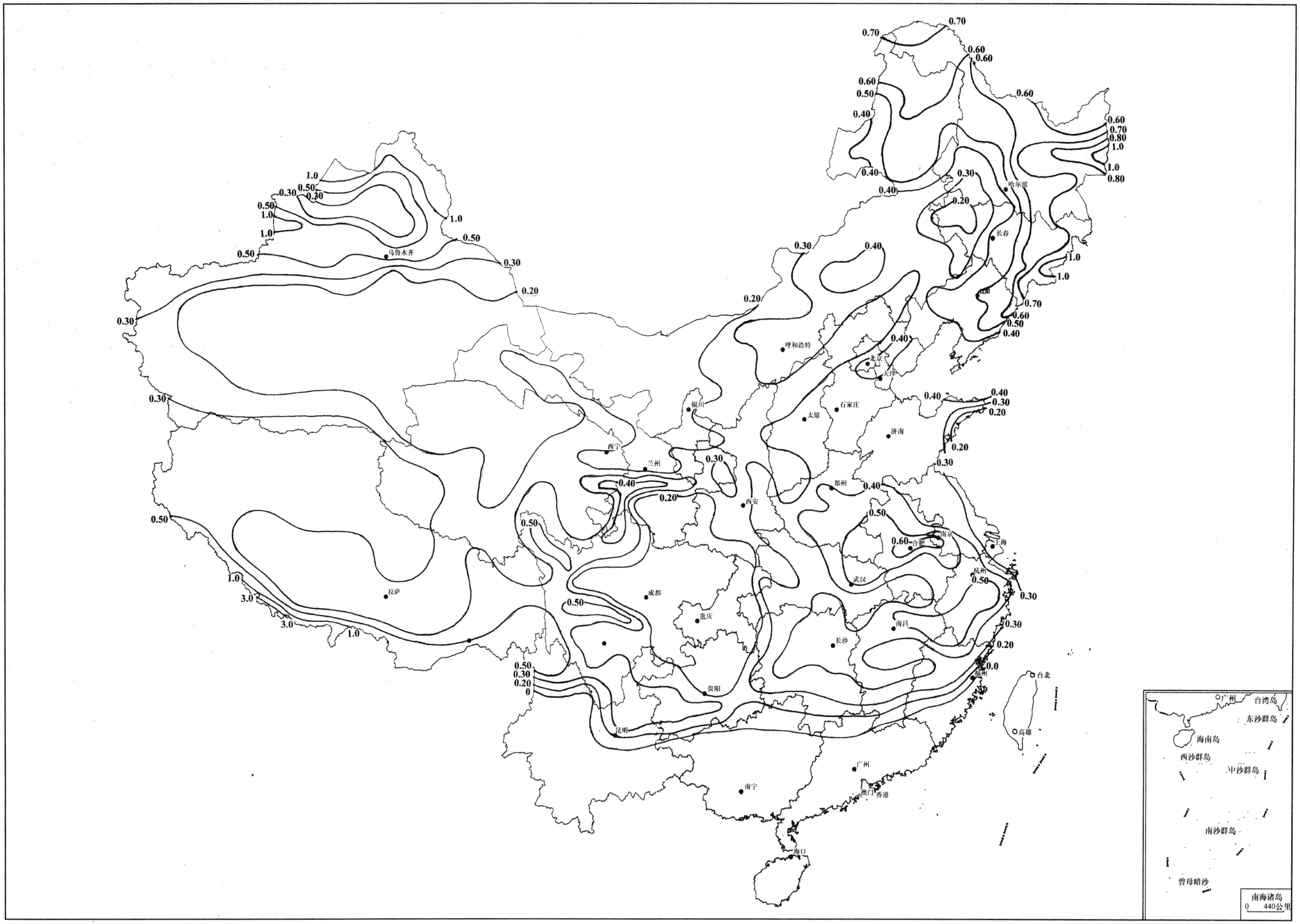

图 E.6.1　全国基本雪压分布图（kN/m²）

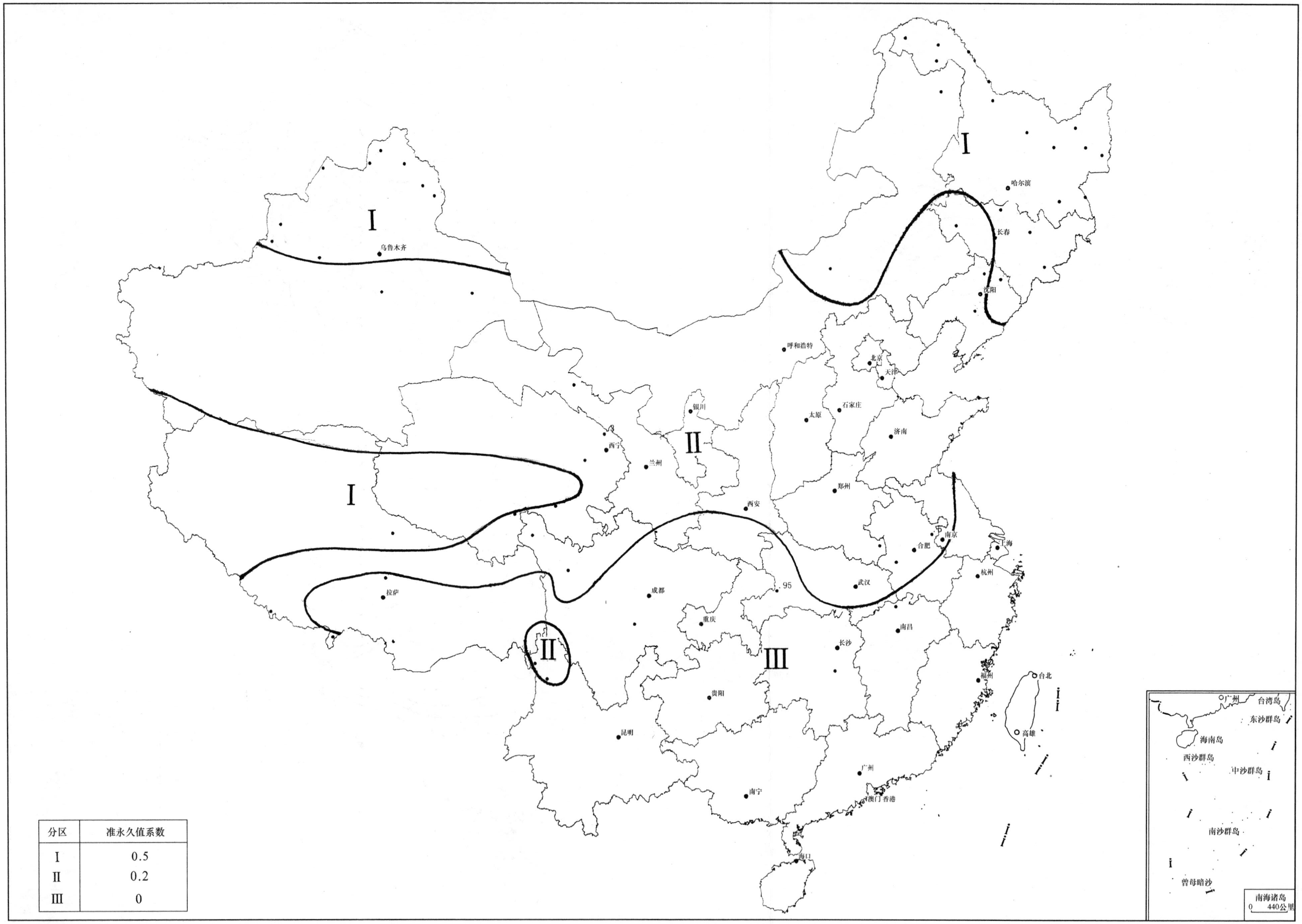

图 E.6.2 雪荷载准永久值系数分区图

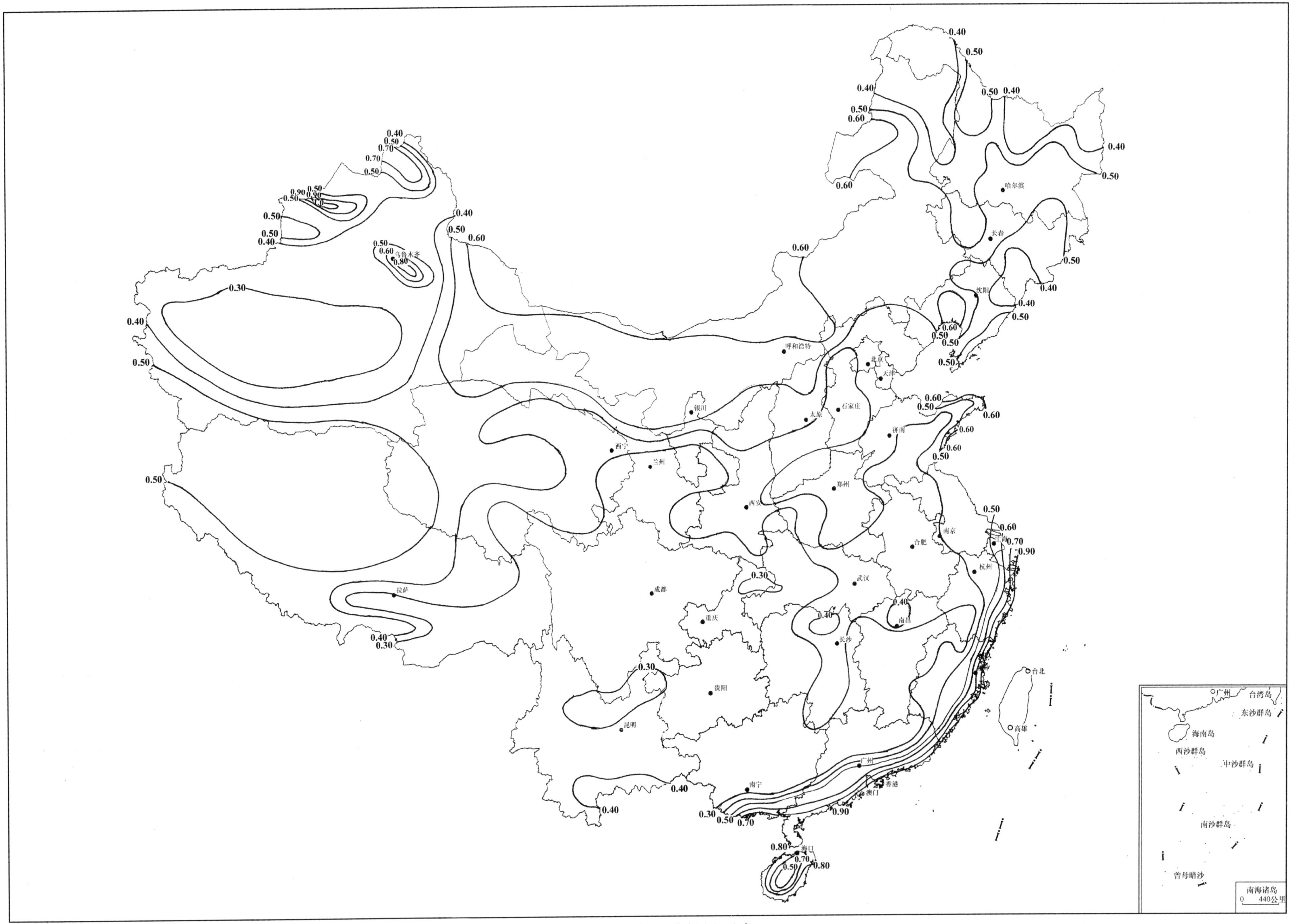

图 E.6.3　全国基本风压分布图(kN/m²)

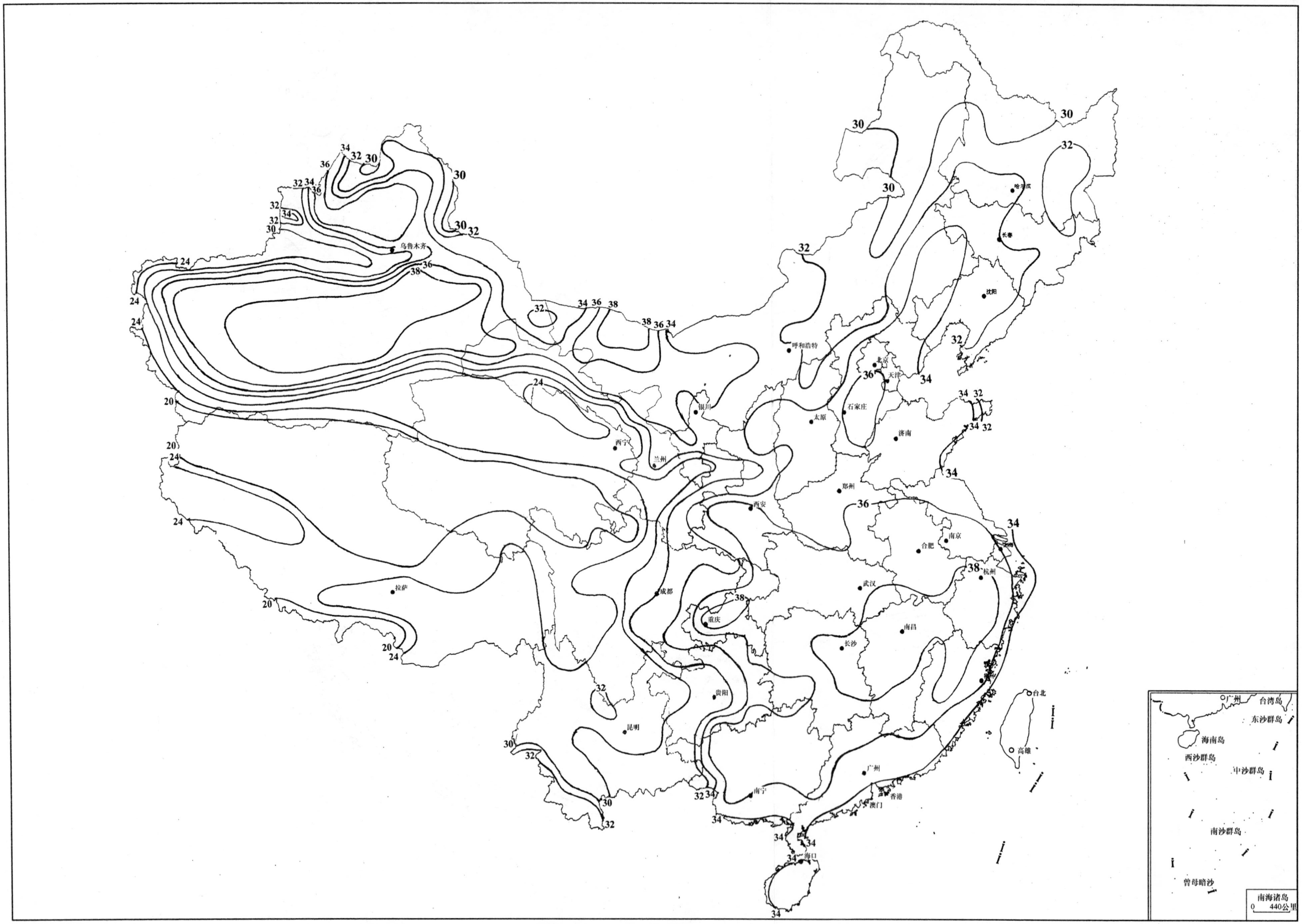

图 E.6.4　全国基本气温（最高气温）分布图

图 E. 6. 5　全国基本气温（最低气温）分布图

省市名	城市名	海拔高度(m)	风压(kN/m²) R=10	风压 R=50	风压 R=100	雪压(kN/m²) R=10	雪压 R=50	雪压 R=100	基本气温(℃) 最低	基本气温 最高	雪荷载准永久值系数分区
西藏	定日	4300.0	—	—	—	0.15	0.25	0.30	−22	23	Ⅱ
	江孜	4040.0	—	—	—	0.10	0.10	0.15	−19	24	Ⅲ
	错那	4280.0	—	—	—	0.60	0.90	1.00	−24	16	Ⅲ
	帕里	4300.0	—	—	—	0.95	1.50	1.75	−23	16	Ⅱ
	丁青	3873.1	—	—	—	0.25	0.35	0.40	−17	22	Ⅱ
	波密	2736.0	—	—	—	0.25	0.35	0.40	−9	27	Ⅲ
	察隅	2327.6	—	—	—	0.35	0.55	0.65	−4	29	Ⅲ
台湾	台北	8.0	0.40	0.70	0.85	—	—	—	—	—	
	新竹	8.0	0.50	0.80	0.95	—	—	—	—	—	
	宜兰	9.0	1.10	1.85	2.30	—	—	—	—	—	
	台中	78.0	0.50	0.80	0.90	—	—	—	—	—	
	花莲	14.0	0.40	0.70	0.85	—	—	—	—	—	
	嘉义	20.0	0.50	0.80	0.95	—	—	—	—	—	
	马公	22.0	0.85	1.30	1.55	—	—	—	—	—	
	台东	10.0	0.65	0.90	1.05	—	—	—	—	—	
	冈山	10.0	0.55	0.80	0.95	—	—	—	—	—	
	恒春	24.0	0.70	1.05	1.20	—	—	—	—	—	
	阿里山	2406.0	0.25	0.35	0.40	—	—	—	—	—	
	台南	14.0	0.60	0.85	1.00	—	—	—	—	—	
香港	香港	50.0	0.80	0.90	0.95	—	—	—	—	—	
	横澜岛	55.0	0.95	1.25	1.40	—	—	—	—	—	
澳门	澳门	57.0	0.75	0.85	0.90	—	—	—	—	—	

注：表中"—"表示该城市没有统计数据。

E.6 全国基本雪压、风压及基本气温分布图

E.6.1 全国基本雪压分布图见图 E.6.1。

E.6.2 雪荷载准永久值系数分区图见图 E.6.2。

E.6.3 全国基本风压分布图见图 E.6.3。

E.6.4 全国基本气温（最高气温）分布图见图 E.6.4。

E.6.5 全国基本气温（最低气温）分布图见图 E.6.5。

附录 F 结构基本自振周期的经验公式

F.1 高耸结构

F.1.1 一般高耸结构的基本自振周期，钢结构可取下式计算的较大值，钢筋混凝土结构可取下式计算的较小值：

$$T_1 = (0.007 \sim 0.013)H \qquad (F.1.1)$$

式中：H——结构的高度（m）。

F.1.2 烟囱和塔架等具体结构的基本自振周期可按下列规定采用：

1 烟囱的基本自振周期可按下列规定计算：

1）高度不超过 60m 的砖烟囱的基本自振周期按下式计算：

$$T_1 = 0.23 + 0.22 \times 10^{-2} \frac{H^2}{d} \qquad (F.1.2-1)$$

2）高度不超过 150m 的钢筋混凝土烟囱的基本自振周期按下式计算：

$$T_1 = 0.41 + 0.10 \times 10^{-2} \frac{H^2}{d} \qquad (F.1.2-2)$$

3）高度超过 150m，但低于 210m 的钢筋混凝土烟囱的基本自振周期按下式计算：

$$T_1 = 0.53 + 0.08 \times 10^{-2} \frac{H^2}{d} \qquad (F.1.2-3)$$

式中：H——烟囱高度（m）；

d——烟囱 1/2 高度处的外径（m）。

2 石油化工塔架（图 F.1.2）的基本自振周期可按下列规定计算：

1）圆柱（筒）基础塔（塔壁厚不大于 30mm）的基本自振周期按下列公式计算：

当 $H^2/D_0 < 700$ 时

$$T_1 = 0.35 + 0.85 \times 10^{-3} \frac{H^2}{D_0}$$ （F.1.2-4）

当 $H^2/D_0 \geqslant 700$ 时

$$T_1 = 0.25 + 0.99 \times 10^{-3} \frac{H^2}{D_0}$$ （F.1.2-5）

式中：H——从基础底板或柱基顶面至设备塔顶面的总高度（m）；

D_0——设备塔的外径（m）；对变直径塔，可按各段高度为权，取外径的加权平均值。

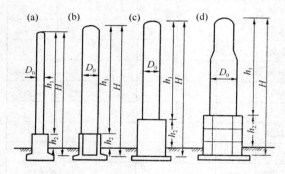

图 F.1.2 设备塔架的基础形式

(a) 圆柱基础塔；(b) 圆筒基础塔；(c) 方形（板式）框架基础塔；(d) 环形框架基础塔

2）框架基础塔（塔壁厚不大于 30mm）的基本自振周期按下式计算：

$$T_1 = 0.56 + 0.40 \times 10^{-3} \frac{H^2}{D_0}$$ （F.1.2-6）

3）塔壁厚大于 30mm 的各类设备塔架的基本自振周期应按有关理论公式计算。

4）当若干塔由平台连成一排时，垂直于排列方向的各塔基本自振周期 T_1 可采用主塔（即周期最长的塔）的基本自振周期值；平行于排列方向的各塔基本自振周期 T_1 可采用主塔基本自振周期乘以折减系数 0.9。

F.2 高层建筑

F.2.1 一般情况下，高层建筑的基本自振周期可根据建筑总层数近似地按下列规定采用：

1 钢结构的基本自振周期按下式计算：

$$T_1 = (0.10 \sim 0.15)n$$ （F.2.1-1）

式中：n——建筑总层数。

2 钢筋混凝土结构的基本自振周期按下式计算：

$$T_1 = (0.05 \sim 0.10)n$$ （F.2.1-2）

F.2.2 钢筋混凝土框架、框剪和剪力墙结构的基本自振周期可按下列规定采用：

1 钢筋混凝土框架和框剪结构的基本自振周期按下式计算：

$$T_1 = 0.25 + 0.53 \times 10^{-3} \frac{H^2}{\sqrt[3]{B}}$$ （F.2.2-1）

2 钢筋混凝土剪力墙结构的基本自振周期按下式计算：

$$T_1 = 0.03 + 0.03 \frac{H}{\sqrt[3]{B}}$$ （F.2.2-2）

式中：H——房屋总高度（m）；

B——房屋宽度（m）。

附录G 结构振型系数的近似值

G.0.1 结构振型系数应按实际工程由结构动力学计算得出。一般情况下，对顺风向响应可仅考虑第 1 振型的影响，对圆截面高层建筑及构筑物横风向的共振响应，应验算第 1 至第 4 振型的响应。本附录列出相应的前 4 个振型系数。

G.0.2 迎风面宽度远小于其高度的高耸结构，其振型系数可按表 G.0.2 采用。

表 G.0.2 高耸结构的振型系数

相对高度 z/H	振型序号 1	2	3	4
0.1	0.02	−0.09	0.23	−0.39
0.2	0.06	−0.30	0.61	−0.75
0.3	0.14	−0.53	0.76	−0.43
0.4	0.23	−0.68	0.53	0.32
0.5	0.34	−0.71	0.02	0.71
0.6	0.46	−0.59	−0.48	0.33
0.7	0.59	−0.32	−0.66	−0.40
0.8	0.79	0.07	−0.40	−0.64
0.9	0.86	0.52	0.23	−0.05
1.0	1.00	1.00	1.00	1.00

G.0.3 迎风面宽度较大的高层建筑，当剪力墙和框架均起主要作用时，其振型系数可按表 G.0.3 采用。

表 G.0.3 高层建筑的振型系数

相对高度 z/H	振型序号 1	2	3	4
0.1	0.02	−0.09	0.22	−0.38
0.2	0.08	−0.30	0.58	−0.73
z/H	1	2	3	4
0.3	0.17	−0.50	0.70	−0.40
0.4	0.27	−0.68	0.46	0.33
0.5	0.38	−0.63	−0.03	0.68
0.6	0.45	−0.48	−0.49	0.29
0.7	0.67	−0.18	−0.63	−0.47
0.8	0.74	0.17	−0.34	−0.62
0.9	0.86	0.58	0.27	−0.02
1.0	1.00	1.00	1.00	1.00

G. 0. 4 对截面沿高度规律变化的高耸结构，其第 1 振型系数可按表 G.0.4 采用。

表 G. 0. 4　高耸结构的第 1 振型系数

相对高度 z/H	高　耸　结　构				
	$B_H/B_0=1.0$	0.8	0.6	0.4	0.2
0.1	0.02	0.02	0.01	0.01	0.01
0.2	0.06	0.06	0.05	0.04	0.03
0.3	0.14	0.12	0.11	0.09	0.07
0.4	0.23	0.21	0.19	0.16	0.13
0.5	0.34	0.32	0.29	0.26	0.21
0.6	0.46	0.44	0.41	0.37	0.31
0.7	0.59	0.57	0.55	0.51	0.45
0.8	0.79	0.71	0.69	0.66	0.61
0.9	0.86	0.86	0.85	0.83	0.80
1.0	1.00	1.00	1.00	1.00	1.00

注：表中 B_H、B_0 分别为结构顶部和底部的宽度。

附录 H　横风向及扭转风振的等效风荷载

H. 1　圆形截面结构横风向风振等效风荷载

H. 1. 1 跨临界强风共振引起在 z 高度处振型 j 的等效风荷载标准值可按下列规定确定：

1 等效风荷载标准值 $w_{Lk,j}$（kN/m²）可按下式计算：

$$w_{Lk,j} = |\lambda_j| v_{cr}^2 \phi_j(z)/12800\zeta_j \qquad (H.1.1-1)$$

式中：λ_j——计算系数；

v_{cr}——临界风速，按本规范公式（8.5.3-2）计算；

$\phi_j(z)$——结构的第 j 振型系数，由计算确定或按本规范附录 G 确定；

ζ_j——结构第 j 振型的阻尼比；对第 1 振型，钢结构取 0.01，房屋钢结构取 0.02，混凝土结构取 0.05；对高阶振型的阻尼比，若无相关资料，可近似按第 1 振型的值取用。

2 临界风速起始点高度 H_1 可按下式计算：

$$H_1 = H \times \left(\frac{v_{cr}}{1.2v_H}\right)^{1/\alpha} \qquad (H.1.1-2)$$

式中：α——地面粗糙度指数，对 A、B、C 和 D 四类地面粗糙度分别取 0.12、0.15、0.22 和 0.30；

v_H——结构顶部风速（m/s），按本规范公式（8.5.3-3）计算。

注：横风向风振等效风荷载所考虑的高阶振型序号不大于 4，对一般悬臂型结构，可只取第 1 或第 2 阶振型。

3 计算系数 λ_j 可按表 H.1.1 采用。

表 H. 1. 1　λ_j 计算用表

结构类型	振型序号	H_1/H										
		0	0.1	0.2	0.3	0.4	0.5	0.6	0.7	0.8	0.9	1.0
高耸结构	1	1.56	1.55	1.54	1.49	1.42	1.31	1.15	0.94	0.68	0.37	0
	2	0.83	0.82	0.76	0.60	0.37	0.09	-0.16	-0.33	-0.38	-0.27	0
	3	0.52	0.48	0.32	0.06	-0.19	-0.30	-0.21	0.00	0.20	0.23	0
	4	0.30	0.22	0.02	-0.20	-0.23	0.03	0.16	0.15	-0.05	-0.18	0
高层建筑	1	1.56	1.56	1.54	1.49	1.41	1.28	1.12	0.91	0.65	0.35	0
	2	0.73	0.72	0.63	0.45	0.19	-0.11	-0.36	-0.52	-0.53	-0.36	0

H. 2　矩形截面结构横风向风振等效风荷载

H. 2. 1 矩形截面高层建筑当满足下列条件时，可按本节的规定确定其横风向风振等效风荷载：

1 建筑的平面形状和质量在整个高度范围内基本相同；

2 高宽比 $H/\sqrt{BD}$ 在 4～8 之间，深宽比 D/B 在 0.5～2 之间，其中 B 为结构的迎风面宽度，D 为结构平面的进深（顺风向尺寸）；

3 $v_H T_{L1}/\sqrt{BD} \leqslant 10$，$T_{L1}$ 为结构横风向第 1 阶自振周期，v_H 为结构顶部风速。

H. 2. 2 矩形截面高层建筑横风向风振等效风荷载标准值可按下式计算：

$$w_{Lk} = gw_0\mu_z C'_L\sqrt{1+R_L^2} \qquad (H.2.2)$$

式中：w_{Lk}——横风向风振等效风荷载标准值（kN/m²），计算横风向风力时应乘以迎风面的面积；

g——峰值因子，可取 2.5；

C'_L——横风向风力系数；

R_L——横风向共振因子。

H. 2. 3 横风向风力系数可按下列公式计算：

$$C'_L = (2+2\alpha)C_m\gamma_{CM} \qquad (H.2.3-1)$$

$$\gamma_{CM} = C_R - 0.019\left(\frac{D}{B}\right)^{-2.54} \qquad (H.2.3-2)$$

式中：C_m——横风向风力角沿修正系数，可按本附录第 H.2.5 条的规定采用；

α——风速剖面指数，对应 A、B、C 和 D 类粗糙度分别取 0.12、0.15、0.22 和 0.30；

C_R——地面粗糙度系数，对应 A、B、C 和 D 类粗糙度分别取 0.236、0.211、0.202 和 0.197。

H. 2. 4 横风向共振因子可按下列规定确定：

1 横风向共振因子 R_L 可按下列公式计算：

$$R_L = K_L \sqrt{\frac{\pi S_{F_L} C_{sm}/\gamma_{CM}^2}{4(\zeta_1 + \zeta_{a1})}} \quad \text{(H.2.4-1)}$$

$$K_L = \frac{1.4}{(\alpha + 0.95)C_m} \cdot \left(\frac{z}{H}\right)^{-2\alpha + 0.9}$$

$$\text{(H.2.4-2)}$$

$$\zeta_{a1} = \frac{0.0025(1 - T_{L1}^{*2})T_{L1}^* + 0.000125T_{L1}^{*2}}{(1 - T_{L1}^{*2})^2 + 0.0291T_{L1}^{*2}}$$

$$\text{(H.2.4-3)}$$

$$T_{L1}^* = \frac{v_H T_{L1}}{9.8B} \quad \text{(H.2.4-4)}$$

式中：S_{F_L}——无量纲横风向广义风力功率谱；

C_{sm}——横风向风力功率谱的角沿修正系数，可按本附录第 H.2.5 条的规定采用；

ζ_1——结构第 1 阶振型阻尼比；

K_L——振型修正系数；

ζ_{a1}——结构横风向第 1 阶振型气动阻尼比；

T_{L1}^*——折算周期。

2 无量纲横风向广义风力功率谱 S_{F_L}，可根据深宽比 D/B 和折算频率 f_{L1}^* 按图 H.2.4 确定。折算频率 f_{L1}^* 按下式计算：

$$f_{L1}^* = f_{L1} B / v_H \quad \text{(H.2.4-5)}$$

式中：f_{L1}——结构横风向第 1 阶振型的频率（Hz）。

H.2.5 角沿修正系数 C_m 和 C_{sm} 可按下列规定确定：

1 对于横截面为标准方形或矩形的高层建筑，C_m 和 C_{sm} 取 1.0；

2 对于图 H.2.5 所示的削角或凹角矩形截面，横风向风力系数的角沿修正系数 C_m 可按下式计算：

$$C_m = \begin{cases} 1.00 - 81.6\left(\dfrac{b}{B}\right)^{1.5} + 301\left(\dfrac{b}{B}\right)^2 - 290\left(\dfrac{b}{B}\right)^{2.5} \\ \qquad 0.05 \leqslant b/B \leqslant 0.2 \quad \text{凹角} \\ 1.00 - 2.05\left(\dfrac{b}{B}\right)^{0.5} + 24\left(\dfrac{b}{B}\right)^{1.5} - 36.8\left(\dfrac{b}{B}\right)^2 \\ \qquad 0.05 \leqslant b/B \leqslant 0.2 \quad \text{削角} \end{cases}$$

$$\text{(H.2.5)}$$

式中：b——削角或凹角修正尺寸（m）（图 H.2.5）。

3 对于图 H.2.5 所示的削角或凹角矩形截面，横风向广义风力功率谱的角沿修正系数 C_{sm} 可按表 H.2.5 取值。

表 H.2.5 横风向广义风力功率谱的角沿修正系数 C_{sm}

角沿情况	地面粗糙度类别	b/B	折减频率（f_{L1}^*）						
			0.100	0.125	0.150	0.175	0.200	0.225	0.250
削角	B类	5%	0.183	0.905	1.2	1.2	1.2	1.2	1.1
		10%	0.070	0.349	0.568	0.653	0.684	0.670	0.653
		20%	0.106	0.902	0.953	0.819	0.743	0.667	0.626

续表 H.2.5

角沿情况	地面粗糙度类别	b/B	折减频率（f_{L1}^*）						
			0.100	0.125	0.150	0.175	0.200	0.225	0.250
削角	D类	5%	0.368	0.749	0.922	0.955	0.943	0.917	0.897
		10%	0.256	0.504	0.659	0.706	0.713	0.697	0.686
		20%	0.339	0.974	0.977	0.894	0.841	0.805	0.790
凹角	B类	5%	0.106	0.595	0.980	1.0	1.0	1.0	1.0
		10%	0.033	0.228	0.450	0.565	0.610	0.604	0.594
		20%	0.042	0.842	0.563	0.451	0.421	0.400	0.400
	D类	5%	0.267	0.586	0.839	0.955	0.987	0.991	0.984
		10%	0.091	0.261	0.452	0.567	0.613	0.633	0.628
		20%	0.169	0.954	0.659	0.527	0.475	0.447	0.453

注：1 A类地面粗糙度的 C_{sm} 可按 B类取值；
　　2 C类地面粗糙度的 C_{sm} 可按 B类和 D类插值取用。

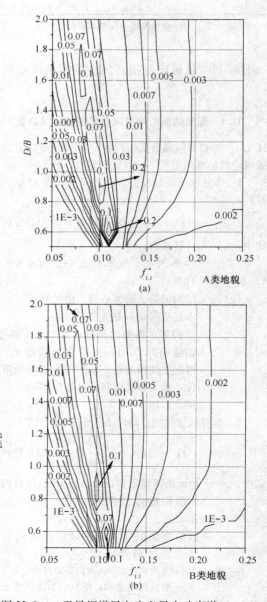

图 H.2.4 无量纲横风向广义风力功率谱（一）

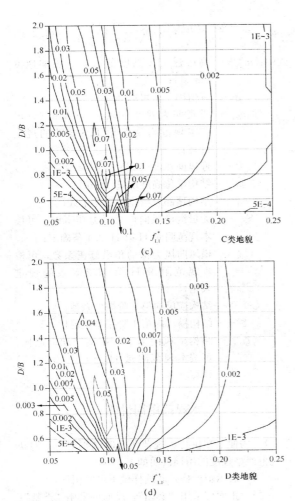

图 H.2.4 无量纲横风向广义风力功率谱（二）

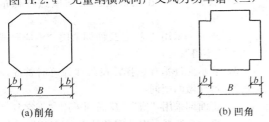

(a) 削角　　　　　　(b) 凹角

图 H.2.5 截面削角和凹角示意图

H.3 矩形截面结构扭转风振等效风荷载

H.3.1 矩形截面高层建筑当满足下列条件时，可按本节的规定确定其扭转风振等效风荷载：

  1 建筑的平面形状在整个高度范围内基本相同；

  2 刚度及质量的偏心率（偏心距/回转半径）小于 0.2；

  3 $\dfrac{H}{\sqrt{BD}} \leqslant 6$，$D/B$ 在 $1.5 \sim 5$ 范围内，$\dfrac{T_{T1}v_H}{\sqrt{BD}} \leqslant$

10，其中 T_{T1} 为结构第 1 阶扭转振型的周期（s），应按结构动力计算确定。

H.3.2 矩形截面高层建筑扭转风振等效风荷载标准

值可按下式计算：

$$w_{Tk} = 1.8 g w_0 \mu_H C'_T \left(\frac{z}{H}\right)^{0.9} \sqrt{1 + R_T^2}$$

$$\text{(H.3.2)}$$

式中：w_{Tk}——扭转风振等效风荷载标准值（kN/ m²），扭矩计算应乘以迎风面面积和宽度；

  μ_H——结构顶部风压高度变化系数；

  g——峰值因子，可取 2.5；

  C'_T——风致扭矩系数；

  R_T——扭转共振因子。

H.3.3 风致扭矩系数可按下式计算：

$$C'_T = \{0.0066 + 0.015 (D/B)^2\}^{0.78} \quad \text{(H.3.3)}$$

H.3.4 扭转共振因子可按下列规定确定：

  1 扭转共振因子可按下列公式计算：

$$R_T = K_T \sqrt{\frac{\pi F_T}{4 \zeta_1}} \quad \text{(H.3.4-1)}$$

$$K_T = \frac{(B^2 + D^2)}{20 r^2} \left(\frac{z}{H}\right)^{-0.1} \quad \text{(H.3.4-2)}$$

式中：F_T——扭矩谱能量因子；

  K_T——扭转振型修正系数；

  r——结构的回转半径（m）。

  2 扭矩谱能量因子 F_T 可根据深宽比 D/B 和扭转折算频率 f^*_{T1} 按图 H.3.4 确定。扭转折算频率 f^*_{T1} 按下式计算：

$$f^*_{T1} = \frac{f_{T1} \sqrt{BD}}{v_H} \quad \text{(H.3.4-3)}$$

式中：f_{T1}——结构第 1 阶扭转自振频率（Hz）。

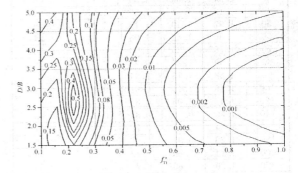

图 H.3.4 扭矩谱能量因子

附录 J 高层建筑顺风向和横风向 风振加速度计算

J.1 顺风向风振加速度计算

J.1.1 体型和质量沿高度均匀分布的高层建筑，顺风向风振加速度可按下式计算：

$$a_{D,z} = \frac{2gI_{10}w_R\mu_s\mu_zB_z\eta_aB}{m} \tag{J.1.1}$$

式中，$a_{D,z}$——高层建筑 z 高度顺风向风振加速度
（m/s^2）；

g——峰值因子，可取 2.5；

I_{10}——10m 高度名义湍流度，对应 A、B、C
和 D 类地面粗糙度，可分别取 0.12、
0.14、0.23 和 0.39；

w_R——重现期为 R 年的风压（kN/m^2），可
按本规范附录 E 公式（E.3.3）计算；

B——迎风面宽度（m）；

m——结构单位高度质量（t/m）；

μ_z——风压高度变化系数；

μ_s——风荷载体型系数；

B_z——脉动风荷载的背景分量因子，按本规
范公式（8.4.5）计算；

η_a——顺风向风振加速度的脉动系数。

J.1.2 顺风向风振加速度的脉动系数 η_a 可根据结构阻
尼比 ζ_1 和系数 x_1，按表 J.1.2 确定。系数 x_1 按本规范
公式（8.4.4-2）计算。

表 J.1.2 顺风向风振加速度的脉动系数 η_a

x_1	$\zeta_1=0.01$	$\zeta_1=0.02$	$\zeta_1=0.03$	$\zeta_1=0.04$	$\zeta_1=0.05$
5	4.14	2.94	2.41	2.10	1.88
6	3.93	2.79	2.28	1.99	1.78
7	3.75	2.66	2.18	1.90	1.70
8	3.59	2.55	2.09	1.82	1.63
9	3.46	2.46	2.02	1.75	1.57
10	3.35	2.38	1.95	1.69	1.52
20	2.67	1.90	1.55	1.35	1.21
30	2.34	1.66	1.36	1.18	1.06
40	2.12	1.51	1.23	1.07	0.96
50	1.97	1.40	1.15	1.00	0.89
60	1.86	1.32	1.08	0.94	0.84
70	1.76	1.25	1.03	0.89	0.80
80	1.69	1.20	0.98	0.85	0.76
90	1.62	1.15	0.94	0.82	0.74
100	1.56	1.11	0.91	0.79	0.71
120	1.47	1.05	0.86	0.74	0.67
140	1.40	0.99	0.81	0.71	0.63
160	1.34	0.95	0.78	0.68	0.61
180	1.29	0.91	0.75	0.65	0.58
200	1.24	0.88	0.72	0.63	0.56
220	1.20	0.85	0.70	0.61	0.55
240	1.17	0.83	0.68	0.59	0.53
260	1.14	0.81	0.66	0.58	0.52
280	1.11	0.79	0.65	0.56	0.50
300	1.09	0.77	0.63	0.55	0.49

J.2 横风向风振加速度计算

J.2.1 体型和质量沿高度均匀分布的矩形截面高层
建筑，横风向风振加速度可按下式计算：

$$a_{L,z} = \frac{2.8gw_R\mu_HB}{m}\phi_{L1}(z)\sqrt{\frac{\pi S_{F_L}C_{sm}}{4(\zeta_1+\zeta_{a1})}} \tag{J.2.1}$$

式中：$a_{L,z}$——高层建筑 z 高度横风向风振加速度
（m/s^2）；

g——峰值因子，可取 2.5；

w_R——重现期为 R 年的风压（kN/m^2），可
按本规范附录 E 第 E.3.3 条的规定
计算；

B——迎风面宽度（m）；

m——结构单位高度质量（t/m）；

μ_H——结构顶部风压高度变化系数；

S_{F_L}——无量纲横风向广义风力功率谱，可按
本规范附录 H 第 H.2.4 条确定；

C_{sm}——横风向风力谱的角沿修正系数，可按
本规范附录 H 第 H.2.5 条的规定
采用；

$\phi_{L1}(z)$——结构横风向第 1 阶振型系数；

ζ_1——结构横风向第 1 阶振型阻尼比；

ζ_{a1}——结构横风向第 1 阶振型气动阻尼比，
可按本规范附录 H 公式（H.2.4-3）
计算。

本规范用词说明

1 为便于在执行本规范条文时区别对待，对执
行规范严格程度的用词说明如下：

　　1）表示很严格，非这样做不可的用词：
　　　　正面词采用"必须"，反面词采用"严禁"；

　　2）表示严格，在正常情况下均应这样做的
　　　　用词：
　　　　正面词采用"应"，反面词采用"不应"或
　　　　"不得"；

　　3）表示允许稍有选择，在条件许可时首先应
　　　　这样做的用词：
　　　　正面词采用"宜"，反面词采用"不宜"；

　　4）表示有选择，在一定条件下可以这样做的，
　　　　采用"可"。

2 条文中指明应按其他有关标准执行的写法为：
"应符合……的规定"或"应按……执行"。

引用标准名录

1 《人民防空地下室设计规范》GB 50038

2 《工程结构可靠性设计统一标准》GB 50153

中华人民共和国国家标准

建筑结构荷载规范

GB 50009—2012

条 文 说 明

修 订 说 明

《建筑结构荷载规范》GB 50009-2012，经住房和城乡建设部 2012 年 5 月 28 日以第 1405 号公告批准、发布。

本规范是在《建筑结构荷载规范》GB 50009-2001（2006 年版）的基础上修订而成。上一版的主编单位是中国建筑科学研究院，参编单位是同济大学、建设部建筑设计院、中国轻工国际工程设计院、中国建筑标准设计研究所、北京市建筑设计研究院、中国气象科学研究院。主要起草人是陈基发、胡德炘、金新阳、张相庭、顾子聪、魏才昂、蔡益燕、关桂学、薛桁。本次修订中，上一版主要起草人陈基发、张相庭、魏才昂、薛桁等作为顾问专家参与修订工作，发挥了重要作用。

本规范修订过程中，编制组开展了设计使用年限可变荷载调整系数与偶然荷载组合、雪荷载灾害与屋面积雪分布、风荷载局部体型系数与内压系数、高层建筑群体干扰效应、高层建筑结构顺风向风振响应计算、高层建筑横风向与扭转风振响应计算、国内外温度作用规范与应用、国内外偶然作用规范与应用等多项专题研究，收集了自上一版发布以来反馈的意见和建议，认真总结了工程设计经验，参考了国内外规范和国际标准的有关内容，在全国范围内广泛征求了建设主管部门和设计院等有关使用单位的意见，并对反馈意见进行了汇总和处理。

本次修订增加了第 4 章、第 9 章和第 10 章，增加了附录 B、附录 H 和附录 J，规范的涵盖范围和技术内容有较大的扩充和修订。

为了便于设计、审图、科研和学校等单位的有关人员在使用本规范时能正确理解和执行条文规定，《建筑结构荷载规范》编制组按章、节、条顺序编写了本规范的条文说明，对条文规定的目的、编制依据以及执行中需注意的有关事项进行了说明，部分条文还列出了可提供进一步参考的文献。但是，本条文说明不具备与规范正文同等的法律效力，仅供使用者作为理解和把握条文内容的参考。

目　次

1 总 则

1.0.1 制定本规范的目的首先是要保证建筑结构设计的安全可靠，同时兼顾经济合理。

1.0.2 本规范的适用范围限于工业与民用建筑的主结构及其围护结构的设计，其中也包括附属于该类建筑的一般构筑物在内，例如烟囱、水塔等。在设计其他土木工程结构或特殊的工业构筑物时，本规范中规定的风、雪荷载也可作为设计的依据。此外，对建筑结构的地基基础设计，其上部传来的荷载也应以本规范为依据。

1.0.3 本标准在可靠性理论基础、基本原则以及设计方法等方面遵循《工程结构可靠性设计统一标准》GB 50153 - 2008 的有关规定。

1.0.4 结构上的作用是指能使结构产生效应（结构或构件的内力、应力、位移、应变、裂缝等）的各种原因的总称。直接作用是指作用在结构上的力集（包括集中力和分布力），习惯上统称为荷载，如永久荷载、活荷载、吊车荷载、雪荷载、风荷载以及偶然荷载等。间接作用是指那些不是直接以力集的形式出现的作用，如地基变形、混凝土收缩和徐变、焊接变形、温度变化以及地震等引起的作用等。

本次修订增加了温度作用的规定，因此本规范涉及的内容范围也由直接作用（荷载）扩充到间接作用。考虑到设计人员的习惯和使用方便，在规范条文中规定对于可变荷载的规定同样适用于温度作用，这样，在后面的条文的用词中涉及温度作用有关内容时不再区分作用与荷载，统一以荷载来表述。

对于其他间接作用，目前尚不具备条件列入本规范。尽管在本规范中没有给出各类间接作用的规定，但在设计中仍应根据实际可能出现的情况加以考虑。

对于位于地震设防地区的建筑结构，地震作用是必须考虑的主要作用之一。由于《建筑抗震设计规范》GB 50011 已经对地震作用作了相应规定，本规范不再涉及。

1.0.5 除本规范中给出的荷载外，在某些工程中仍有一些其他性质的荷载需要考虑，例如塔桅结构上结构构件、架空线、拉绳表面的裹冰荷载，由《高耸结构设计规范》GB 50135 规定，储存散料的储仓荷载由《钢筋混凝土筒仓设计规范》GB 50077 规定，地下构筑物的水压力和土压力由《给水排水工程构筑物结构设计规范》GB 50069 规定，烟囱结构的温差作用由《烟囱设计规范》GB 50051 规定，设计中应按相应的规范执行。

2 术语和符号

术语和符号是根据现行国家标准《工程结构设计基本术语和通用符号》GBJ 132、《建筑结构设计术语和符号标准》GB/T 50083 的规定，并结合本规范的具体情况给出的。

本次修订在保持原有术语符号基本不变的情况下，增加了与温度作用相关的术语，如温度作用、气温、基本气温、均匀温度以及初始温度等，增加了横风向与扭转风振、温度作用以及偶然荷载相关的符号。

3 荷载分类和荷载组合

3.1 荷载分类和荷载代表值

3.1.1 《工程结构可靠性设计统一标准》GB 50153 指出，结构上的作用可按随时间或空间的变异分类，还可按结构的反应性质分类，其中最基本的是按随时间的变异分类。在分析结构可靠度时，它关系到概率模型的选择；在按各类极限状态设计时，它还关系到荷载代表值及其效应组合形式的选择。

本规范中的永久荷载和可变荷载，类同于以往所谓的恒荷载和活荷载；而偶然荷载也相当于 50 年代规范中的特殊荷载。

土压力和预应力作为永久荷载是因为它们都是随时间单调变化而能趋于限值的荷载，其标准值都是依其可能出现的最大值来确定。在建筑结构设计中，有时也会遇到有水压力作用的情况，对水位不变的水压力可按永久荷载考虑，而水位变化的水压力应按可变荷载考虑。

地震作用（包括地震力和地震加速度等）由《建筑抗震设计规范》GB 50011 具体规定。

偶然荷载，如撞击、爆炸等是由各部门以其专业本身特点，一般按经验确定采用。本次修订增加了偶然荷载一章，偶然荷载的标准值可按该章规定的方法确定采用。

3.1.2 结构设计中采用何种荷载代表将直接影响到荷载的取值和大小，关系结构设计的安全，要以强制性条文给以规定。

虽然任何荷载都具有不同性质的变异性，但在设计中，不可能直接引用反映荷载变异性的各种统计参数，通过复杂的概率运算进行具体设计。因此，在设计时，除了采用能便于设计者使用的设计表达式外，对荷载仍应赋予一个规定的量值，称为荷载代表值。荷载可根据不同的设计要求，规定不同的代表值，以使之能更确切地反映它在设计中的特点。本规范给出荷载的四种代表值：标准值、组合值、频遇值和准永久值。荷载标准值是荷载的基本代表值，而其他代表值都可在标准值的基础上乘以相应的系数后得出。

荷载标准值是指其在结构的使用期间可能出现的最大荷载值。由于荷载本身的随机性，因而使用期间的最大荷载也是随机变量，原则上也可用它的统计分布来描述。按《工程结构可靠性设计统一标准》GB 50153 的规定，荷载标准值统一由设计基准期最大荷载概率分布的某个分位值来确定，设计基准期统一规定为 50 年，而对该分位值的百分位未作统一规定。

因此，对某类荷载，当有足够资料而有可能对其统计分布作出合理估计时，则在其设计基准期最大荷载的分布上，可根据协议的百分位，取其分位值作为该荷载的代表值，原则上可取分布的特征值（例如均值、众值或中值），国际上习惯称之为荷载的特征值（Characteristic value）。实际上，对于大部分自然荷载，包括风雪荷载，习惯上都以其规定的平均重现期来定义标准值，也即相当于以其重现期内最大荷载的分布的众值为标准值。

目前，并非对所有荷载都能取得充分的资料，为此，不得不从实际出发，根据已有的工程实践经验，通过分析判断后，协议一个公称值（Nominal value）作为代表值。在本规范中，对按这两种方式规定的代表值统称为荷载标准值。

3.1.3 在确定各类可变荷载的标准值时，会涉及出现荷载最大值的时域问题，本规范统一采用一般结构的设计使用年限 50 年作为规定荷载最大值的时域，在此也称之为设计基准期。采用不同的设计基准期，会得到不同的可变荷载代表值，因而也会直接影响结构的安全，必须以强制性条文予以确定。设计人员在按本规范的原则和方法确定其他可变荷载时，也应采用 50 年设计基准期，以便与本规范规定的分项系数、组合值系数等参数相匹配。

3.1.4 本规范所涉及的荷载，其标准值的取值应按本规范各章的规定采用。本规范提供的荷载标准值，若属于强制性条款，在设计中必须作为荷载最小值采用；若不属于强制性条款，则应由业主认可后采用，并在设计文件中注明。

3.1.5 当有两种或两种以上的可变荷载在结构上要求同时考虑时，由于所有可变荷载同时达到其单独出现时可能达到的最大值的概率极小，因此，除主导荷载（产生最大效应的荷载）仍可以其标准值为代表值外，其他伴随荷载均应采用相应时段内的最大荷载，也即以小于其标准值的组合值为荷载代表值，而组合值原则上可按相应时段最大荷载分布中的协议分位值（可取与标准值相同的分位值）来确定。

国际标准对组合值的确定方法另有规定，它出于可靠指标一致性的目的，并采用经简化后的敏感系数 α，给出两种不同方法的组合值系数表达式。在概念上这种方式比分位值的表达方式更为合理，但在研究中发现，采用不同方法所得的结果对实际应用来说，并没有明显的差异，考虑到目前实际荷载取样的局限性，因此本规范暂时不明确组合值的确定方法，主要还是在工程设计的经验范围内，偏保守地加以确定。

3.1.6 荷载的标准值是在规定的设计基准期内最大荷载的意义上确定的，它没有反映荷载作为随机过程而具有随时间变异的特性。当结构按正常使用极限状态的要求进行设计时，例如要求控制房屋的变形、裂缝、局部损坏以及引起不舒适的振动时，就应从不同的要求出发，来选择荷载的代表值。

在可变荷载 Q 的随机过程中，荷载超过某水平 Q_x 的表示方式，国际标准对此建议有两种：

1 用超过 Q_x 的总持续时间 $T_x = \Sigma t_i$，或其与设计基准期 T 的比值 $\mu_x = T_x / T$ 来表示，见图 1（a）。图 1（b）给出的是可变荷载 Q 在非零时域内任意时点荷载 Q^* 的概率分布函数 $F_{Q^*}(Q)$，超越 Q_x 的概率为 p^* 可按下式确定：

$$p^* = 1 - F_{Q^*}(Q_x)$$

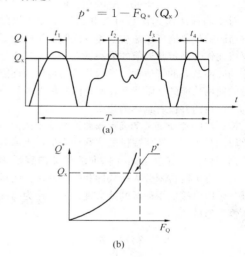

图 1 可变荷载按持续时间确定代表值示意图

对于各态历经的随机过程，μ_x 可按下式确定：

$$\mu_x = \frac{T_x}{T} = p^* q$$

式中，q 为荷载 Q 的非零概率。

当 μ_x 为规定时，则相应的荷载水平 Q_x 按下式确定：

$$Q_x = F_{Q^*}^{-1}\left(1 - \frac{\mu_x}{q}\right)$$

对于与时间有关联的正常使用极限状态，荷载的代表值均可考虑按上述方式取值。例如允许某些极限状态在一个较短的持续时间内被超过，或在总体上不长的时间内被超过，可以采用较小的 μ_x 值（建议不大于 0.1）计算荷载频遇值 Q_f 作为荷载的代表值，它相当于在结构上时而出现的较大荷载值，但总是小于荷载的标准值。对于在结构上经常作用的可变荷载，应以准永久值为代表值，相应的 μ_x 值建议取 0.5，相当于可变荷载在整个变化过程中的中间值。

2 用超越 Q_x 的次数 n_x 或单位时间内的平均超越次数 $\nu_x = n_x / T$（跨阈率）来表示（图 2）。

跨阈率可通过直接观察确定，一般也可应用随机过程的某些特性（例如其谱密度函数）间接确定。当其任意时点荷载的均值 μ_{Q*} 及其跨阈率 ν_{m} 为已知，而且荷载是高斯平稳各态历经的随机过程，则对应于跨阈率 ν_{x} 的荷载水平 Q_{x} 可按下式确定：

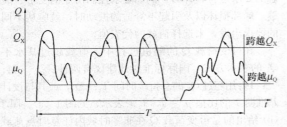

图 2 可变荷载按跨阈率确定代表值示意图

$$Q_{x} = \mu_{Q*} + \sigma_{Q*} \sqrt{\ln (\nu_{m}/\nu_{x})^{2}}$$

对于与荷载超越次数有关联的正常使用极限状态，荷载的代表值可考虑按上述方式取值，国际标准建议将此作为确定频遇值的另一种方式，尤其是当结构振动时涉及人的舒适性、影响非结构构件的性能和设备的使用功能的极限状态，但是国际标准关于跨阈率的取值目前并没有具体的建议。

按严格的统计定义来确定频遇值和准永久值目前还比较困难，本规范所提供的这些代表值，大部分还是根据工程经验并参考国外标准的相关内容后确定的。对于有可能再划分为持久性和临时性两类的可变荷载，可以直接引用荷载的持久性部分，作为荷载准永久值取值的依据。

3.2 荷 载 组 合

3.2.1、3.2.2 当整个结构或结构的一部分超过某一特定状态，而不能满足设计规定的某一功能要求时，则称此特定状态为结构对该功能的极限状态。设计中的极限状态往往以结构的某种荷载效应，如内力、应力、变形、裂缝等超过相应规定的标志为依据。根据设计中要求考虑的结构功能，结构的极限状态在总体上可分为两大类，即承载能力极限状态和正常使用极限状态。对承载能力极限状态，一般是以结构的内力超过其承载能力为依据；对正常使用极限状态，一般是以结构的变形、裂缝、振动参数超过设计允许的限值为依据。在当前的设计中，有时也通过结构应力的控制来保证结构满足正常使用的要求，例如地基承载应力的控制。

对所考虑的极限状态，在确定其荷载效应时，应对所有可能同时出现的诸荷载作用加以组合，求得组合后在结构中的总效应。考虑荷载出现的变化性质，包括出现与否和不同的作用方向，这种组合可以多种多样，因此还必须在所有可能组合中，取其中最不利的一组作为该极限状态的设计依据。

3.2.3 对于承载能力极限状态的荷载组合，可按

《工程结构可靠性设计统一标准》GB 50153－2008 的规定，根据所考虑的设计状况，选用不同的组合；对持久和短暂设计状况，应采用基本组合，对偶然设计状况，应采用偶然组合。

在承载能力极限状态的基本组合中，公式（3.2.3-1）和公式（3.2.3-2）给出了荷载效应组合设计值的表达式，由于直接涉及结构的安全性，故要以强制性条文规定。建立表达式的目的是保证在各种可能出现的荷载组合情况下，通过设计都能使结构维持在相同的可靠度水平上。必须注意，规范给出的表达式都是以荷载与荷载效应有线性关系为前提，对于明显不符合该条件的情况，应在各本结构设计规范中对此作出相应的补充规定。这个原则同样适用于正常使用极限状态的各个组合的表达式。

在应用公式（3.2.3-1）时，式中的 $S_{Q_{1}K}$ 为诸可变荷载效应中其设计值为控制其组合为最不利者，当设计者无法判断时，可轮次以各可变荷载效应 $S_{Q_{i}K}$ 为 $S_{Q_{1}K}$，选其中最不利的荷载效应组合为设计依据，这个过程建议由计算机程序的运算来完成。

GB 50009－2001 修订时，增加了结构的自重占主要荷载时，由公式（3.2.3-2）给出由永久荷载效应控制的组合设计值。考虑这个组合式后可以避免可靠度可能偏低的后果；虽然过去在有些结构设计规范中，也曾为此专门给出某些补充规定，例如对某些以自重为主的构件采用提高重要性系数、提高屋面活载的设计规定，但在实际应用中，总不免有挂一漏万的顾虑。采用公式（3.2.3-2）后，可在结构设计规范中撤销这些补充的规定，同时也避免了永久荷载为主的结构安全度可能不足的后果。

在应用公式（3.2.3-2）的组合式时，对可变荷载，出于简化的目的，也可仅考虑与结构自重方向一致的竖向荷载，而忽略影响不大的横向荷载。此外，对某些材料的结构，可考虑自身的特点，由各结构设计规范自行规定，可不采用该组合式进行校核。

考虑到简化规则缺乏理论依据，现在结构分析及荷载组合基本由计算机软件完成，简化规则已经用得很少，本次修订取消原规范第 3.2.4 条关于一般排架、框架结构基本组合的简化规则。在方案设计阶段，当需要用手算初步进行荷载效应组合计算时，仍允许采用对所有参与组合的可变荷载的效应设计值乘以一个统一的组合系数 0.9 的简化方法。

必须指出，条文中给出的荷载效应组合值的表达式是采用各项可变荷载效应叠加的形式，这在理论上仅适用于各项可变荷载的效应与荷载为线性关系的情况。当涉及非线性问题时，应根据问题性质，或按有关设计规范的规定采用其他不同的方法。

GB 50009－2001 修订时，摒弃了原规范"遇风组合"的惯例，即只有在可变荷载包含风荷载时才考虑组合值系数的方法，而要求基本组合中所有可变荷

载在作为伴随荷载时，都必须以其组合值为代表值。对组合值系数，除风荷载取 $\psi_c=0.6$ 外，对其他可变荷载，目前建议统一取 $\psi_c=0.7$。但为避免与以往设计结果有过大差别，在任何情况下，暂时建议不低于频遇值系数。

参照《工程结构可靠性设计统一标准》GB 50153-2008，本次修订引入了可变荷载考虑结构设计使用年限的调整系数 γ_L。引入可变荷载考虑结构设计使用年限调整系数的目的，是为解决设计使用年限与设计基准期不同时对可变荷载标准值的调整问题。当设计使用年限与设计基准期不同时，采用调整系数 γ_L 对可变荷载的标准值进行调整。

设计基准期是为统一确定荷载和材料的标准值而规定的年限，它通常是一个固定值。可变荷载是一个随机过程，其标准值是指在结构设计基准期内可能出现的最大值，由设计基准期最大荷载概率分布的某个分位值来确定。

设计使用年限是指设计规定的结构或结构构件不需要进行大修即可按其预定目的使用的时期，它不是一个固定值，与结构的用途和重要性有关。设计使用年限长短对结构设计的影响要从荷载和耐久性两个方面考虑。设计使用年限越长，结构使用中荷载出现"大值"的可能性越大，所以设计中应提高荷载标准值；相反，设计使用年限越短，结构使用中荷载出现"大值"的可能性越小，设计中可降低荷载标准值，以保持结构安全和经济的一致性。耐久性是决定结构设计使用年限的主要因素，这方面应在结构设计规范中考虑。

3.2.4 荷载效应组合的设计值中，荷载分项系数应根据荷载不同的变异系数和荷载的具体组合情况（包括不同荷载的效应比），以及与抗力有关的分项系数的取值水平等因素确定，以使在不同设计情况下的结构可靠度能趋于一致。但为了设计上的方便，将荷载分成永久荷载和可变荷载两类，相应给出两个规定的系数 γ_G 和 γ_Q。这两个分项系数是在荷载标准值已给定的前提下，使按极限状态设计表达式设计所得的各类结构构件的可靠指标，与规定的目标可靠指标之间，在总体上误差最小为原则，经优化后选定的。

《建筑结构设计统一标准》GBJ 68-84 编制组曾选择了 14 种有代表性的结构构件；针对永久荷载与办公楼活荷载、永久荷载与住宅楼荷载以及永久荷载与风荷载三种简单组合情况进行分析，并在 $\gamma_G=$ 1.1、1.2、1.3 和 $\gamma_Q=$ 1.1、1.2、1.3、1.4、1.5、1.6 共 3×6 组方案中，选得一组最优方案为 $\gamma_G=1.2$ 和 $\gamma_Q=1.4$。但考虑到前提条件的局限性，允许在特殊的情况下作合理的调整，例如对于标准值大于 $4kN/m^2$ 的工业楼面活荷载，其变异系数一般较小，此时从经济上考虑，可取 $\gamma_Q=1.3$。

分析表明，当永久荷载效应与可变荷载效应相比很大时，若仍采用 $\gamma_G=1.2$，则结构的可靠度就不能达到目标值的要求，因此，在本规范公式(3.2.3-2)给出的由永久荷载效应控制的设计组合值中，相应取 $\gamma_G=1.35$。

分析还表明，当永久荷载效应与可变荷载效应异号时，若仍采用 $\gamma_G=1.2$，则结构的可靠度会随永久荷载效应所占比重的增大而严重降低，此时，γ_G 宜取小于 1.0 的系数。但考虑到经济效果和应用方便的因素，建议取 $\gamma_G=1.0$。地下水压力作为永久荷载考虑时，由于受地表水位的限制，其分项系数一般建议取 1.0。

在倾覆、滑移或漂浮等有关结构整体稳定性的验算中，永久荷载效应一般对结构是有利的，荷载分项系数一般应取小于 1.0 的值。虽然各结构标准已经广泛采用分项系数表达方式，但对永久荷载分项系数的取值，如地下水荷载的分项系数，各地有差异，目前还不可能采用统一的系数。因此，在本规范中原则上不规定与此有关的分项系数的取值，以免发生矛盾。当在其他结构设计规范中对结构倾覆、滑移或漂浮的验算有具体规定时，应按结构设计规范的规定执行，当没有具体规定时，对永久荷载分项系数应按工程经验采用不大于 1.0 的值。

3.2.5 本条为本次修订增加的内容，规定了可变荷载设计使用年限调整系数的具体取值。

《工程结构可靠性设计统一标准》GB 50153-2008 附录 A1 给出了设计使用年限为 5、50 和 100 年时考虑设计使用年限的可变荷载调整系数 γ_L。确定 γ_L 可采用两种方法：(1) 使结构在设计使用年限 T_L 内的可靠指标与在设计基准期 T 的可靠指标相同；(2) 使可变荷载按设计使用年限 T_L 定义的标准值 Q_{kL} 与按设计基准期 T（50 年）定义的标准值 Q_k 具有相同的概率分位值。按第二种方法进行分析比较简单，当可变荷载服从极值 I 型分布时，可以得到下面 γ_L 的表达式：

$$\gamma_L = 1 + 0.78k_Q\delta_Q\ln\left(\frac{T_L}{T}\right)$$

式中，k_Q 为可变荷载设计基准期内最大值的平均值与标准值之比；δ_Q 为可变荷载设计基准期最大值的变异系数。表 1 给出了部分可变荷载对应不同设计使用年限时的调整系数，比较可知规范的取值基本偏于保守。

表 1　考虑设计使用年限的可变荷载调整系数 γ_L 计算值

设计使用年限（年）	5	10	20	30	50	75	100
办公楼活荷载	0.839	0.858	0.919	0.955	1.000	1.036	1.061

设计使用年限（年）	5	10	20	30	50	75	100
住宅活荷载	0.798	0.859	0.920	0.955	1.000	1.036	1.061
风荷载	0.651	0.756	0.861	0.923	1.000	1.061	1.105
雪荷载	0.713	0.799	0.886	0.936	1.000	1.051	1.087

对于风、雪荷载，可通过选择不同重现期的值来考虑设计使用年限的变化。本规范在附录 E 除了给出重现期为 50 年（设计基准期）的基本风压和基本雪压外，也给出了重现期为 10 年和 100 年的风压和雪压值，可供选用。对于吊车荷载，由于其有效荷载是核定的，与使用时间没有太大关系。对温度作用，由于是本次规范修订新增内容，还没有太多设计经验，考虑设计使用年限的调整尚不成熟。因此，本规范引入的《工程结构可靠性设计统一标准》GB 50153-2008 表 A.1.9 可变荷载调整系数 γ_L 的具体数据，仅限于楼面和屋面活荷载。

根据表 1 计算结果，对表 3.2.5 中所列以外的其他设计使用年限对应的 γ_L 值，按线性内插计算是可行的。

荷载标准值可控制的活荷载是指那些不会随时间明显变化的荷载，如楼面均布活荷载中的书库、储藏室、机房、停车库，以及工业楼面均布活荷载等。

3.2.6 本次修订针对结构承载能力计算和偶然事件发生后受损结构整体稳固性验算分别给出了偶然组合效应设计值的计算公式。

对于偶然设计状况（包括撞击、爆炸、火灾事故的发生），均应采用偶然组合进行设计。偶然荷载的特点是出现的概率很小，而一旦出现，量值大，往往具有很大的破坏作用，甚至引起结构与起因不成比例的连续倒塌。我国近年因撞击或爆炸导致建筑物倒塌的事件时有发生，加强建筑物的抗连续倒塌设计刻不容缓。目前美国、欧洲、加拿大、澳大利亚等有关规范都有关于建筑结构抗连续倒塌设计的规定。原规范只是规定了偶然荷载效应的组合原则，本规范分别给出了承载能力计算和整体稳定验算偶然荷载效应组合的设计值的表达式。

偶然荷载效应组合的表达式主要考虑到：（1）由于偶然荷载标准值的确定往往带有主观和经验的因素，因而设计表达式中不再考虑荷载分项系数，而直接采用规定的标准值为设计值；（2）对偶然设计状况，偶然事件本身属于小概率事件，两种不相关的偶然事件同时发生的概率更小，所以不必同时考虑两种或两种以上偶然荷载；（3）偶然事件的发生是一个强不确定性事件，偶然荷载的大小也是不确定的，所以实际情况下偶然荷载值超过规定设计值的可能性是存在的，按规定设计值设计的结构仍然存在破坏的可能

性；但为保证人的生命安全，设计还要保证偶然事件发生后受损的结构能够承担对应于偶然设计状况的永久荷载和可变荷载。所以，表达式分别给出了偶然事件发生时承载能力计算和发生后整体稳固性验算两种不同的情况。

设计人员和业主首先要控制偶然荷载发生的概率或减小偶然荷载的强度，其次才是进行抗连续倒塌设计。抗连续倒塌设计有多种方法，如直接设计法和间接设计法等。无论采用直接方法还是间接方法，均需要验算偶然荷载下结构的局部强度及偶然荷载发生后结构的整体稳固性，不同的情况采用不同的荷载组合。

3.2.7～3.2.10 对于结构的正常使用极限状态设计，过去主要是验算结构在正常使用条件下的变形和裂缝，并控制它们不超过限值。其中，与之有关的荷载效应都是根据荷载的标准值确定的。实际上，在正常使用的极限状态设计时，与状态有关的荷载水平，不一定非以设计基准期内的最大荷载为准，应根据所考虑的正常使用具体条件来考虑。参照国际标准，对正常使用极限状态的设计，当考虑短期效应时，可根据不同的设计要求，分别采用荷载的标准组合或频遇组合，当考虑长期效应时，可采用准永久组合。频遇组合系指永久荷载标准值、主导可变荷载的频遇值与伴随可变荷载的准永久值的效应组合。

可变荷载的准永久值系数仍按原规范的规定采用；频遇值系数原则上应按本规范第 3.1.6 条的条文说明中的规定，但由于大部分可变荷载的统计参数并不掌握，规范中采用的系数目前是按工程经验经判断后给出。

此外，正常使用极限状态要求控制的极限标志也不一定仅限于变形、裂缝等常见现象，也可延伸到其他特定的状态，如地基承载应力的设计控制，实质上是控制地基的沉陷，因此也可归入这一类。

与基本组合中的规定相同，对于标准、频遇及准永久组合，其荷载效应组合的设计值也仅适用于各项可变荷载效应与荷载为线性关系的情况。

4 永久荷载

4.0.1 本章为本次修订新增的内容，主要是为了完善规范的章节划分，并与国外标准保持一致。本章内容主要由原规范第 3.1.3 条扩充而来。

民用建筑二次装修很普遍，而且增加的荷载较大，在计算面层及装饰自重时必须考虑二次装修的自重。

固定设备主要包括：电梯及自动扶梯，采暖、空调及给排水设备，电器设备，管道、电缆及其支架等。

4.0.2、4.0.3 结构或非承重构件的自重是建筑结构

的主要永久荷载，由于其变异性不大，而且多为正态分布，一般以其分布的均值作为荷载标准值，由此，即可按结构设计规定的尺寸和材料或结构构件单位体积的自重（或单位面积的自重）平均值确定。对于自重变异性较大的材料，如现场制作的保温材料、混凝土薄壁构件等，尤其是制作屋面的轻质材料，考虑到结构的可靠性，在设计中应根据该荷载对结构有利或不利，分别取其自重的下限值或上限值。在附录A中，对某些变异性较大的材料，都分别给出其自重的上限和下限值。

对于在附录A中未列出的材料或构件的自重，应根据生产厂家提供的资料或设计经验确定。

4.0.4 可灵活布置的隔墙自重按可变荷载考虑时，可换算为等效均布荷载，换算原则在本规范表5.1.1注6中规定。

5 楼面和屋面活荷载

5.1 民用建筑楼面均布活荷载

5.1.1 作为强制性条文，本次修订明确规定表5.1.1中列入的民用建筑楼面均布活荷载的标准值及其组合值系数、频遇值系数和准永久值系数为设计时必须遵守的最低要求。如设计中有特殊需要，荷载标准值及其组合值、频遇值和准永久值系数的取值可以适当提高。

本次修订，对不同类别的楼面均布活荷载，除调整和增加个别项目外，大部分的标准值仍保持原有水平。主要修订内容为：

1）提高教室活荷载标准值。原规范教室活荷载取值偏小，目前教室除传统的讲台、课桌椅外，投影仪、计算机、音响设备、控制柜等多媒体教学设备显著增加；班级学生人数可能出现超员情况。本次修订将教室活荷载取值由 2.0kN/m² 提高至 2.5kN/m²。

2）增加运动场的活荷载标准值。现行规范中尚未包括体育馆中运动场的活荷载标准值。运动场除应考虑举办运动会、开闭幕式、大型集会等密集人流的活动外，还应考虑跑步、跳跃等冲击力的影响。本次修订运动场活荷载标准值取为 4.0kN/m²。

3）第8项的类别修改为汽车通道及"客车"停车库，明确本项荷载不适用于消防车的停车库；增加了板跨为3m×3m的双向板楼盖停车库活荷载标准值。在原规范中，对板跨小于6m×6m的双向板楼盖和柱网小于6m×6m的无梁楼盖的消防车活荷载未作出具体规定。由于消防车活荷载本身较大，对结构构件截面尺寸、层高与经济性影响显著，设计人员使用不方便，故在本次修订中予以增加。

根据研究与大量试算，在表注4中明确规定板跨在 3m×3m 至 6m×6m 之间的双向板，可以按线性插

值方法确定活荷载标准值。

对板上有覆土的消防车活荷载，明确规定可以考虑覆土的影响，一般可在原消防车轮压作用范围的基础上，取扩散角为 35°，以扩散后的作用范围按等效均布方法确定活荷载标准值。新增加附录B，给出常用板跨消防车活荷载覆土厚度折减系数。

4）提高原规范第 10 项第 1 款浴室和卫生间的活荷载标准值。近年来，在浴室、卫生间中安装浴缸、坐便器等卫生设备的情况越来越普遍，故在本次修订中，将浴室和卫生间的活荷载统一规定为 2.5kN/m²。

5）楼梯单列一项，提高除多层住宅外其他建筑楼梯的活荷载标准值。在发生特殊情况时，楼梯对于人员疏散与逃生的安全性具有重要意义。汶川地震后，楼梯的抗震构造措施已经大大加强。在本次修订中，除使用人数较少的多层住宅楼梯荷载仍按 2.0kN/m² 取值外，其余楼梯活荷载取值均改为 3.5kN/m²。

在《荷载暂行规范》规结1—58中，民用建筑楼面活荷载取值是参照当时的苏联荷载规范并结合我国具体情况，按经验判断的方法来确定的。《工业与民用建筑结构荷载规范》TJ 9-74 修订前，在全国一定范围内对办公室和住宅的楼面活荷载进行了调查。当时曾对 4 个城市（北京、兰州、成都和广州）的 606 间住宅和 3 个城市（北京、兰州和广州）的 258 间办公室的实际荷载作了测定。按楼板内弯矩等效的原则，将实际荷载换算为等效均布荷载，经统计计算，分别得出其平均值为 1.051kN/m² 和 1.402kN/m²，标准差为 0.23kN/m² 和 0.219kN/m²；按平均值加两倍标准差的标准荷载定义，得出住宅和办公室的标准活荷载分别为 1.513kN/m² 和 1.84kN/m²。但在规结1—58 中对办公楼允许按不同情况可取 1.5kN/m² 或 2kN/m² 进行设计，而且较多单位根据当时的设计实践经验取 1.5kN/m²，而只对兼作会议室的办公楼可提高到 2kN/m²。对其他用途的民用楼面，由于缺乏足够数据，一般仍按实际荷载的具体分析，并考虑当时的设计经验，在原规范的基础上适当调整后确定。

《建筑结构荷载规范》GBJ 9-87 根据《建筑结构统一设计标准》GBJ 68-84 对荷载标准值的定义，重新对住宅、办公室和商店的楼面活荷载作了调查和统计，并考虑荷载随空间和时间的变异性，采用了适当的概率统计模型。模型中直接采用房间面积平均荷载来代替等效均布荷载，这在理论上虽然不很严格，但对结果估计不会有严重影响，而调查和统计工作却可得到很大的简化。

楼面活荷载按其随时间变异的特点，可分持久性和临时性两部分。持久性活荷载是指楼面上在某个时段内基本保持不变的荷载，例如住宅内的家具、物品，工业房屋内的机器、设备和堆料，还包括常住人

员自重。这些荷载，除非发生一次搬迁，一般变化不大。临时性活荷载是指楼面上偶尔出现短期荷载，例如聚会的人群、维修时工具和材料的堆积、室内扫除时家具的集聚等。

对持续性活荷载 L_i 的概率统计模型，可根据调查给出荷载变动的平均时间间隔 τ 及荷载的统计分布，采用等时段的二项平稳随机过程（图3）。

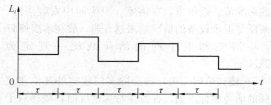

图3　持续性活荷载随时间变化示意图

对临时性活荷载 L_r 由于持续时间很短，要通过调查确定荷载在单位时间内出现次数的平均率及其荷载值的统计分布，实际上是有困难的。为此，提出一个勉强可以代替的方法，就是通过对用户的查询，了解到最近若干年内一次最大的临时性荷载值，以此作为时段内的最大荷载 L_{rs}，并作为荷载统计的基础。对 L_r 也采用与持久性活荷载相同的概率模型（图4）。

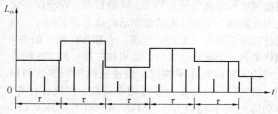

图4　临时性活荷载随时间变化示意图

出于分析上的方便，对各类活荷载的分布类型采用了极值Ⅰ型。根据 L_r 和 L_{rs} 的统计参数，分别求出50年最大荷载值 L_{iT} 和 L_{rT} 的统计分布和参数。再根据 Tukstra 的组合原则，得出50年内总荷载最大值 L_T 的统计参数。在1977年以后的三年里，曾对全国某些城市的办公室、住宅和商店的活荷载情况进行了调查，其中：在全国25个城市实测了133栋办公楼共2201间办公室，总面积为63700m²，同时调查了317栋用户的搬迁情况；对全国10个城市的住宅实测了556间，总为7000m²，同时调查了229户的搬迁情况；在全国10个城市实测了21家百货商店共214个柜台，总面积为23700m²。

表2中的 L_K 系指《建筑结构荷载规范》GBJ 9-87中给出的活荷载的标准值。按《建筑结构可靠度设计统一标准》GB 50068的规定，标准值应为设计基准期50年内荷载最大值分布的某一个分位值。虽然没有对分位值的百分数作具体规定，但对性质类同的可变荷载，应尽量使其取值在保证率上保持相同的水平。从表5.1.1中可见，若对办公室而言，$L_K=$

1.5kN/m²，它相当于 L_T 的均值 μ_{L_T} 加1.5倍的标准差 σ_{L_T}，其中1.5系数指保证率系数 α。若假设 L_T 的分布仍为极值Ⅰ型，则与 α 对应的保证率为92.1%，也即 L_K 取92.1%的分位值。以此为标准，则住宅的活荷载标准值就偏低较多。鉴于当时调查时的住宅荷载还是偏高的实际情况，因此原规范仍保持以往的取值。但考虑到工程界普遍的意见，认为对于建设工程量比较大的住宅和办公楼来说，其荷载标准值与国外相比显然偏低，又鉴于民用建筑的楼面活荷载今后的变化趋势也难以预测，因此，在《建筑结构荷载规范》GB 50009—2001修订时，楼面活荷载的最小值规定为2.0kN/m²。

表2　全国部分城市建筑楼面活荷载统计分析表

	办公室			住宅			商店		
	μ	σ	τ	μ	σ	τ	μ	σ	τ
L_i	0.386	0.178	10年	0.504	0.162	10年	0.580	0.351	10年
L_{rs}	0.355	0.244		0.468	0.252		0.955	0.428	
L_{iT}	0.610	0.178		0.707	0.162		4.650	0.351	
L_{rT}	0.661	0.244		0.784	0.252		2.261	0.428	
L_T	1.047	0.302		1.288	0.300		2.841	0.553	
L_K	1.5			1.5			3.5		
α	1.5			0.7			1.2		
p (%)	92.1			79.1			88.5		

关于其他类别的荷载，由于缺乏系统的统计资料，仍按以往的设计经验，并参考国际标准化组织1986年颁布的《居住和公共建筑的使用和占用荷载》ISO 2103而加以确定。

对藏书库和档案库，根据70年代初期的调查，其荷载一般为3.5kN/m²左右，个别超过4kN/m²，而最重的可达5.5kN/m²（按书架高2.3m，净距0.6m，放7层精装书籍估计）。GBJ 9-87修订时参照ISO 2103的规定采用为5kN/m²，并在表注中又给出按书架每米高度不少于2.5kN/m²的补充规定。对于采用密集柜的无过道书库规定荷载标准值为12kN/m²。

客车停车库及车道的活荷载仅考虑由小轿车、吉普车、小型旅行车（载人少于9人）的车轮局部荷载以及其他必要的维修设备荷载。在ISO 2103中，停车库活荷载标准值取2.5kN/m²。按荷载最不利布置核算其等效均布荷载后，表明该荷载值只适用于板跨不小于6m的双向板或无梁楼盖。对国内目前常用的单向板楼盖，当板跨不小于2m时，应取4.0kN/m²比较合适。当结构情况不符合上述条件时，可直接按车轮局部荷载计算楼板内力，局部荷载取4.5kN，分布在0.2m×0.2m的局部面积上。该局部荷载也可作为验算结构局部效应的依据（如抗冲切等）。对其车的车库和车道，应按车辆最大轮压作为局部荷载确定。

目前常见的中型消防车总质量小于 15t，重型消防车总质量一般在（20～30）t。对于住宅、宾馆等建筑物，灭火时以中型消防车为主，当建筑物总高在 30m 以上或建筑物面积较大时，应考虑重型消防车。消防车楼面活荷载按等效均布活荷载确定，本次修订对消防车活荷载进行了更加广泛的研究和计算，扩大了楼板跨度的取值范围，考虑了覆土厚度影响。计算中选用的消防车为重型消防车，全车总重 300kN，前轴重为 60kN，后轴重为 2×120kN，有 2 个前轮与 4 个后轮，轮压作用尺寸均为 0.2m$\times 0.6$m。选择的楼板跨度为 2m～4m 的单向板和跨度为 3m～6m 的双向板。计算中综合考虑了消防车台数、楼板跨度、板长宽比以及覆土厚度等因素的影响，按照荷载最不利布置原则确定消防车位置，采用有限元软件分析了在消防车轮压作用下不同板跨单向板和双向板的等效均布活荷载值。

根据单向板和双向板的等效均布活荷载值计算结果，本次修订规定板跨在 3m 至 6m 之间的双向板，活荷载可根据板跨按线性插值确定。当单向板楼盖板跨介于 2m～4m 之间时，活荷载可按跨度在（35～25）kN/m^2 范围内线性插值确定。

当板顶有覆土时，可根据覆土厚度对活荷载进行折减，在新增的附录 B 中，给出了不同板跨、不同覆土厚度的活荷载折减系数。

在计算折算覆土厚度的公式（B.0.2）中，假定覆土应力扩散角为 35°，常数 1.43 为 tan35° 的倒数。使用者可以根据具体情况采用实际的覆土应力扩散角 θ，按此式计算折算覆土厚度。

对于消防车不经常通行的车道，也即除消防站以外的车道，适当降低了其荷载的频遇值和准永久值系数。

对民用建筑楼面可根据在楼面上活动的人和设施的不同状况，可以粗略将其标准值分成以下七个档次：

（1）活动的人很少 $L_K = 2.0$kN/m^2；

（2）活动的人较多且有设备 $L_K = 2.5$kN/m^2；

（3）活动的人很多且有较重的设备 $L_K = 3.0$kN/m^2；

（4）活动的人很集中，有时很挤或有较重的设备 $L_K = 3.5$kN/m^2；

（5）活动的性质比较剧烈 $L_K = 4.0$kN/m^2；

（6）储存物品的仓库 $L_K = 5.0$kN/m^2；

（7）有大型的机械设备 $L_K = (6 \sim 7.5)$kN/m^2。

对于在表 5.1.1 中没有列出的项目可对照上述类别和档次选用，但当有特别重的设备时应另行考虑。

作为办公楼的荷载还应考虑会议室、档案室和资料室等的不同要求，一般应在（2.0～2.5）kN/m^2

范围内采用。

对于洗衣房、通风机房以及非固定隔墙的楼面均布活荷载，均系参照国内设计经验和国外规范的有关内容酌情增添的。其中非固定隔墙的荷载应按活荷载考虑，可采用每延米长度的墙重（kN/m）的 1/3 作为楼面活荷载的附加值（kN/m^2），该附加值建议不小于 1.0kN/m^2，但对于楼面活荷载大于 4.0kN/m^2 的情况，不小于 0.5kN/m^2。

走廊、门厅和楼梯的活荷载标准值一般应按相连通房屋的活荷载标准值采用，但对有可能出现密集人流的情况，活荷载标准值不应低于 3.5kN/m^2。可能出现密集人流的建筑主要是指学校、公共建筑和高层建筑的消防楼梯等。

5.1.2 作为强制性条文，本次修订明确规定本条列入的设计楼面梁、墙、柱及基础时的楼面均布活荷载的折减系数，为设计时必须遵守的最低要求。

作用在楼面上的活荷载，不可能以标准值的大小同时布满在所有的楼面上，因此在设计梁、墙、柱和基础时，还要考虑实际荷载沿楼面分布的变异情况，也即在确定梁、墙、柱和基础的荷载标准值时，允许按楼面活荷载标准值乘以折减系数。

折减系数的确定实际上是比较复杂的，采用简化的概率统计模型来解决这个问题还不够成熟。目前除美国规范是按结构部位的影响面积来考虑外，其他国家均按传统方法，通过从属面积来考虑荷载折减系数。对于支撑单向板的梁，其从属面积为梁两侧各延伸二分之一的梁间距范围内的面积；对于支撑双向板的梁，其从属面积由板面的剪力零线围成。对于支撑梁的柱，其从属面积为所支撑梁的从属面积的总和；对于多层房屋，柱的从属面积为其上部所有柱从属面积的总和。

在 ISO 2103 中，建议按下述不同情况对荷载标准值乘以折减系数 λ。

当计算梁时：

1 对住宅、办公楼等房屋或其房间按下式计算：

$$\lambda = 0.3 + \frac{3}{\sqrt{A}} \quad (A > 18\text{m}^2)$$

2 对公共建筑或其房间按下式计算：

$$\lambda = 0.5 + \frac{3}{\sqrt{A}} \quad (A > 36\text{m}^2)$$

式中：A——所计算梁的从属面积，指向梁两侧各延伸 1/2 梁间距范围内的实际楼面面积。

当计算多层房屋的柱、墙和基础时：

1 对住宅、办公楼等房屋按下式计算：

$$\lambda = 0.3 + \frac{0.6}{\sqrt{n}}$$

2 对公共建筑按下式计算：

$$\lambda = 0.5 + \frac{0.6}{\sqrt{n}}$$

式中：n——所计算截面以上的楼层数，$n \geqslant 2$。

为了设计方便，而又不明显影响经济效果，本条文的规定作了一些合理的简化。在设计柱、墙和基础时，对第 1（1）建筑类别采用的折减系数改用 $\lambda = 0.4 + \dfrac{0.6}{\sqrt{n}}$。对第 1（2）～8 项的建筑类别，直接按楼面梁的折减系数，而不另考虑按楼层的折减。这与 ISO 2103 相比略为保守，但与以往的设计经验比较接近。

停车库及车道的楼面活荷载是根据荷载最不利布置下的等效均布荷载确定的，因此本条文给出的折减系数，实际上也是根据次梁、主梁或柱上的等效均布荷载与楼面等效均布荷载的比值确定的。

本次修订，设计墙、柱和基础时针对消防车的活荷载的折减不再包含在本强制性条文中，单独列为第 5.1.3 条，便于设计人员灵活掌握。

5.1.3 消防车荷载标准值很大，但出现概率小，作用时间短。在墙、柱设计时应容许作较大的折减，由设计人员根据经验确定折减系数。在基础设计时，根据经验和习惯，同时为减少平时使用时产生的不均匀沉降，允许不考虑消防车通道的消防车活荷载。

5.2 工业建筑楼面活荷载

5.2.1 本规范附录 C 的方法主要是为确定楼面等效均布活荷载而制订的。为了简化，在方法上作了一些假设：计算等效均布荷载时统一假定结构的支承条件都为简支，并按弹性阶段分析内力。这对实际上为非简支的结构以及考虑材料处于弹塑性阶段的设计会有一定的设计误差。

计算板面等效均布荷载时，还必须明确板面局部荷载实际作用面的尺寸。作用面一般按矩形考虑，从而可确定荷载传递到板轴心处的计算宽度，此时假定荷载按 45°扩散线传递。

板面等效均布荷载按板内分布弯矩等效的原则确定，也即在实际的局部荷载作用下在简支板内引起的绝对最大的分布弯矩，使其等于在等效均布荷载作用下在该简支板内引起的最大分布弯矩作为条件。所谓绝对最大是指在设计时假定实际荷载的作用位置是在对板最不利的位置上。

在局部荷载作用下，板内分布弯矩的计算比较复杂，一般可参考有关的计算手册。对于边长比大于 2 的单向板，本规范附录 C 中给出更为具体的方法。在均布荷载作用下，单向板内分布弯矩沿板宽方向是均匀分布的，因此可按单位宽度的简支板来计算其分布弯矩；在局部荷载作用下，单向板内分布弯矩沿板宽方向不再是均匀分布，而是在局部荷载处具有最大值，并逐渐向宽度两侧减小，形成一个分布宽度。现以均布荷载代替，为使板内分布弯矩等效，可相应确定板的有效分布宽度。在本规范附录 C 中，根据计算结果，给出了五种局

部荷载情况下有效分布宽度的近似公式，从而可直接按公式（C.0.4-1）确定单向板的等效均布活荷载。

不同用途的工业建筑，其工艺设备的动力性质不尽相同。对一般情况，荷载中应考虑动力系数 1.05～1.1；对特殊的专用设备和机器，可提高到 1.2～1.3。

本次修订增加固定设备荷载计算原则，增加原料、成品堆放荷载计算原则。

5.2.2 操作荷载对板面一般取 $2kN/m^2$。对堆料较多的车间，如金工车间，操作荷载取 $2.5kN/m^2$。有的车间，例如仪器仪表装配车间，由于生产的不均衡性，某个时期的成品、半成品堆放特别严重，这时可定为 $4kN/m^2$。还有些车间，其荷载基本上由堆料所控制，例如粮食加工厂的拉丝车间、轮胎厂的准备车间、纺织车间的齿轮室等。

操作荷载在设备所占的楼面面积内不予考虑。

本次修订增加设备区域内可不考虑操作荷载和堆料荷载的规定，增加参观走廊活荷载。

5.3 屋面活荷载

5.3.1 作为强制性条文，本次修订明确规定表 5.3.1 中列入的屋面均布活荷载的标准值及其组合值系数、频遇值系数和准永久值系数为设计时必须遵守的最低要求。

对不上人的屋面均布活荷载，以往规范的规定是考虑在使用阶段作为维修时所必需的荷载，因而取值较低，统一规定为 $0.3kN/m^2$。后来在屋面结构上，尤其是钢筋混凝土屋面上，出现了较多的事故，原因无非是屋面超重、超载或施工质量偏低。特别对无雪地区，按过低的屋面活荷载设计，就更容易发生质量事故。因此，为了进一步提高屋面结构的可靠度，在 GBJ 9-87 中将不上人的钢筋混凝土屋面活荷载提高到 $0.5kN/m^2$。根据原颁布的 GBJ 68-84，对永久荷载和可变荷载分别采用不同的荷载分项系数以后，荷载以自重为主的屋面结构可靠度相对又有所下降。为此，GBJ 9-87 有区别地适当提高其屋面活荷载的值为 $0.7kN/m^2$。

GB 50009-2001 修订时，补充了以恒载控制的不利组合式，而屋面活荷载中主要考虑的仅是施工或维修荷载，故将原规范项次 1 中对重屋盖结构附加的荷载值 $0.2kN/m^2$ 取消，也不再区分屋面性质，统一取为 $0.5kN/m^2$。但在不同材料的结构设计规范中，尤其对于轻质屋面结构，当出于设计方面的历史经验而有必要改变屋面荷载的取值时，可由该结构设计规范自行规定，但不得低于 $0.3kN/m^2$。

关于屋顶花园和直升机停机坪的荷载是参照国内设计经验和国外规范有关内容确定的。

本次修订增加了屋顶运动场地的活荷载标准值。随着城市建设的发展，人民的物质文化生活水平不断提高，受到土地资源的限制，出现了屋面作为运动场

地的情况，故在本次修订中新增屋顶运动场活荷载的内容。参照体育馆的运动场，屋顶运动场地的活荷载值为4.0kN/m²。

5.4 屋面积灰荷载

5.4.1 屋面积灰荷载是冶金、铸造、水泥等行业的建筑所特有的问题。我国早已注意到这个问题，各设计、生产单位也积累了一定的经验和数据。在制订TJ 9-74前，曾对全国15个冶金企业的25个车间，13个机械工厂的18个铸造车间及10个水泥厂的27个车间进行了一次全面系统的实际调查。调查了各车间设计时所依据的积灰荷载、现场的除尘装置和实际清灰制度，实测了屋面不同部位、不同灰源距离、不同风向下的积灰厚度，并计算其平均日积灰量，对灰的性质及其重度也作了研究。

调查结果表明，这些工业建筑的积灰问题比较严重，而且其性质也比较复杂。影响积灰的主要因素是：除尘装置的使用维修情况、清灰制度执行情况、风向和风速、烟囱高度、屋面坡度和屋面挡风板等。对积灰特别严重或情况特殊的工业厂房屋面积灰荷载应根据实际情况确定。

确定积灰荷载只有在工厂设有一般的除尘装置，且能坚持正常的清灰制度的前提下才有意义。对一般厂房，可以做到（3～6）个月清灰一次。对铸造车间的冲天炉附近，因积灰速度较快，积灰范围不大，可以做到按月清灰一次。

调查中所得的实测平均日积灰量列于表3中。

表 3 实测平均日积灰量

车 间 名 称		平均日积灰量（cm）
贮矿槽、出铁场		0.08
炼钢车间	有化铁炉	0.06
	无化铁炉	0.065
铁合金车间		0.067～0.12
烧结车间	无挡风板	0.035
	有挡风板（挡风板内）	0.046
铸造车间		0.18
水泥厂	窑房	0.044
	磨房	0.028
生、熟料库和联合贮库		0.045

对积灰取样测定了灰的天然重度和饱和重度，以其平均值作为灰的实际重度，用以计算积灰周期内的最大积灰荷载。按灰源类别不同，分别得出其计算重度（表4）。

5.4.2 易于形成灰堆的屋面处，其积灰荷载的增大系数可参照雪荷载的屋面积雪分布系数的规定来确定。

表 4 积 灰 重 度

车间名称	灰源类别	重度（kN/m³）			备 注
		天然	饱和	计算	
炼铁车间	高炉	13.2	17.9	15.55	
炼钢车间	转炉	9.4	15.5	12.45	
铁合金车间	电炉	8.1	16.6	12.35	—
烧结车间	烧结炉	7.8	15.8	11.80	
铸造车间	冲天炉	11.2	15.6	13.40	
水泥厂	生料库	8.1	12.6	10.35	建议按熟料库采用
	熟料库			15.00	

5.4.3 对有雪地区，积灰荷载应与雪荷载同时考虑。此外，考虑到雨季的积灰有可能接近饱和，此时的积灰荷载的增值为偏于安全，可通过不上人屋面活荷载来补偿。

5.5 施工和检修荷载及栏杆荷载

5.5.1 设计屋面板、檩条、钢筋混凝土挑檐、雨篷和预制小梁时，除了按第5.3.1条单独考虑屋面均布活荷载外，还应另外验算在施工、检修时可能出现在最不利位置上，由人和工具自重形成的集中荷载。对于宽度较大的挑檐和雨篷，在验算其承载力时，为偏于安全，可沿其宽度每隔1.0m考虑一个集中荷载；在验算其倾覆时，可根据实际可能的情况，增大集中荷载的间距，一般可取（2.5～3.0）m。

地下室顶板等部位在建造施工和使用维修时，往往需要运输、堆放大量建筑材料与施工机具，因施工超载引起建筑物楼板开裂甚至破坏时有发生，应该引起设计与施工人员的重视。在进行首层地下室顶板设计时，施工活荷载一般不小于4.0kN/m²，但可以根据情况扣除尚未施工的建筑地面做法与隔墙的自重，并在设计文件中给出相应的详细规定。

5.5.2 作为强制性条文，本次修订明确规定栏杆活荷载的标准值为设计时必须遵守的最低要求。

本次修订时，考虑到楼梯、看台、阳台和上人屋面等的栏杆在紧急情况下对人身安全保护的重要作用，将住宅、宿舍、办公楼、旅馆、医院、托儿所、幼儿园等的栏杆顶部水平荷载从0.5kN/m提高至1.0kN/m。对学校、食堂、剧场、电影院、车站、礼堂、展览馆或体育场等的栏杆，除了将顶部水平荷载提高至1.0kN/m外，还增加竖向荷载1.2kN/m。参照《城市桥梁设计荷载标准》CJJ 77-98对桥上人行道栏杆的规定，计算桥上人行道栏杆时，作用在栏杆扶手上的竖向活荷载采用1.2kN/m，水平向外活荷载采用1.0kN/m。两者应分别考虑，不应同时作用。

6 吊车荷载

6.1 吊车竖向和水平荷载

6.1.1 按吊车荷载设计结构时,有关吊车的技术资料(包括吊车的最大或最小轮压)都应由工艺提供。多年实践表明,由各工厂设计的起重机械,其参数和尺寸不太可能完全与该标准保持一致。因此,设计时仍应直接参照制造厂当时的产品规格作为设计依据。

选用的吊车是按其工作的繁重程度来分级的,这不仅对吊车本身的设计有直接的意义,也和厂房结构的设计有关。国家标准《起重机设计规范》GB 3811-83 是参照国际标准《起重设备分级》ISO 4301-1980 的原则,重新划分了起重机的工作级别。在考虑吊车繁重程度时,它区分了吊车的利用次数和荷载大小两种因素。按吊车在使用期内要求的总工作循环次数分成 10 个利用等级,又按吊车荷载达到其额定值的频繁程度分成 4 个载荷状态(轻、中、重、特重)。根据要求的利用等级和载荷状态,确定吊车的工作级别,共分 8 个级别作为吊车设计的依据。

这样的工作级别划分在原则上也适用于厂房的结构设计,虽然根据过去的设计经验,在按吊车荷载设计结构时,仅参照吊车的载荷状态将其划分为轻、中、重和超重 4 级工作制,而不考虑吊车的利用因素,这样做实际上也并不会影响到厂房的结构设计,但是,在执行国家标准《起重机设计规范》GB 3811-83 以来,所有吊车的生产和定货,项目的工艺设计以及土建原始资料的提供,都以吊车的工作级别为依据,因此在吊车荷载的规定中也相应改用按工作级别划分。采用的工作级别是按表 5 与过去的工作制等级相对应的。

表5 吊车的工作制等级与工作级别的对应关系

工作制等级	轻级	中级	重级	超重级
工作级别	A1~A3	A4, A5	A6, A7	A8

6.1.2 吊车的水平荷载分纵向和横向两种,分别由吊车的大车和小车的运行机构在启动或制动时引起的惯性产生。惯性力为运行重量与运行加速度的乘积,但必须通过制动轮与钢轨间的摩擦传递给厂房结构。因此,吊车的水平荷载取决于制动轮的轮压和它与钢轨间的滑动摩擦系数,摩擦系数一般可取 0.14。

在规范 TJ 9-74 中,吊车纵向水平荷载取作用在一边轨道上所有刹车轮最大轮压之和的 10%,虽比理论值为低,但经长期使用检验,尚未发现有问题。太原重机学院曾对 1 台 300t 中级工作制的桥式吊车进行了纵向水平荷载的测试,得出大车制动力系数为 0.084~0.091,与规范规定值比较接近。因此,

纵向水平荷载的取值仍保持不变。

吊车的横向水平荷载可按下式取值:

$$T = \alpha(Q + Q_1)g$$

式中:Q——吊车的额定起重量;

Q_1——横行小车重量;

g——重力加速度;

α——横向水平荷载系数(或称小车制动力系数)。

如考虑小车制动轮数占总轮数之半,则理论上 α 应取 0.07,但 TJ 9-74 当年对软钩吊车取 α 不小于 0.05,对硬钩吊车取 α 为 0.10,并规定该荷载仅由一边轨道上各车轮平均传递到轨顶,方向与轨道垂直,同时考虑正反两个方向。

经浙江大学、太原重机学院及原第一机械工业部第一设计院等单位,在 3 个地区对 5 个厂房及 12 个露天栈桥的额定起重量为 5t~75t 的中级工作制桥式吊车进行了实测。实测结果表明:小车制动力的上限均超过规范的规定值,而且横向水平荷载系数 α 往往随吊车起重量的减小而增大,这可能是由于司机对起重量大的吊车能控制以较低的运行速度所致。根据实测资料分别给出 5t~75t 吊车上小车制动力的统计参数,见表 6。若对小车制动力的标准值按保证率 99.9% 取值,则 $T_k = \mu_T + 3\sigma_T$,由此得出系数 α,除 5t 吊车明显偏大外,其他约在 0.08~0.11 之间。经综合分析比较,将吊车额定起重量按大小分成 3 个组别,分别规定了软钩吊车的横向水平荷载系数为 0.12,0.10 和 0.08。

对于夹钳、料耙、脱锭等硬钩吊车,由于使用频繁,运行速度高,小车附设的悬臂结构使起吊的重物不能自由摆动等原因,以致制动时产生较大的惯性力。TJ 9-74 规范规定它的横向水平荷载虽已比软钩吊车大一倍,但与实测相比还是偏低,曾对 10t 夹钳吊车进行实测,实测的制动力为规范规定值的 1.44 倍。此外,硬钩吊车的另一个问题是卡轨现象严重。综合上述情况,GBJ 9-87 已将硬钩吊车的横向水平荷载系数 α 提高为 0.2。

表6 吊车制动力统计参数

吊车额定起重量 (t)	制动力 T (kN) 均值 μ_T	制动力 T (kN) 标准差 σ_T	标准值 T_k (kN)	$\alpha = \dfrac{T_k}{(Q+Q_1)g}$
5	0.056	0.020	0.116	0.175
10	0.074	0.022	0.140	0.108
20	0.121	0.040	0.247	0.079
30	0.181	0.048	0.325	0.081
75	0.405	0.141		0.080

经对 13 个车间和露天栈桥的小车制动力实测数据进行分析,表明吊车制动轮与轨道之间的摩擦力足以传递小车制动时产生的制动力。小车制动力是由支

承吊车的两边相应的承重结构共同承受，并不是 TJ 9-74 规范中所认为的仅由一边轨道传递横向水平荷载。经对实测资料的统计分析，当两边柱的刚度相等时，小车制动力的横向分配系数多数为 0.45/0.55，少数为 0.4/0.6，个别为 0.3/0.7，平均为 0.474/0.526。为了计算方便，GBJ 9-87 规范已建议吊车的横向水平荷载在两边轨道上平等分配，这个规定与欧美的规范也是一致的。

6.2　多台吊车的组合

6.2.1　设计厂房的吊车梁和排架时，考虑参与组合的吊车台数是根据所计算的结构构件能同时产生效应的吊车台数确定。它主要取决于柱距大小和厂房跨间的数量，其次是各吊车同时集聚在同一柱距范围内的可能性。根据实际观察，在同一跨度内，2 台吊车以邻接距离运行的情况还是常见的，但 3 台吊车相邻运行却很罕见，即使发生，由于柱距所限，能产生影响的也只是 2 台。因此，对单跨厂房设计时最多考虑 2 台吊车。

对多跨厂房，在同一柱距内同时出现超过 2 台吊车的机会增加。但考虑隔跨吊车对结构的影响减弱，为了计算上的方便，容许在计算吊车竖向荷载时，最多只考虑 4 台吊车。而在计算吊车水平荷载时，由于同时制动的机会很小，容许最多只考虑 2 台吊车。

本次修订增加了双层吊车组合的规定：当下层吊车满载时，上层吊车只考虑空载的工况；当上层吊车满载时，下层吊车不应同时作业，不予考虑。

6.2.2　TJ 9-74 规范对吊车荷载，无论是由 2 台还是 4 台吊车引起的，都按同时满载，且其小车位置都按同时处于最不利的极限工作位置上考虑。根据北京、上海、沈阳、鞍山、大连等地的实际观察调查，实际上这种最不利的情况是不可能出现的。对不同工作制的吊车，其吊车载荷有所不同，即不同吊车有各自的满载概率，而 2 台或 4 台同时满载，且小车又同时处于最不利位置的概率就更小。因此，本条文给出的折减系数是从概率的观点考虑多台吊车共同作用时的吊车荷载效应组合相对于最不利效应的折减。

为了探讨多台吊车组合后的折减系数，在编制 GBJ 68-84 时，曾在全国 3 个地区 9 个机械工厂的机械加工、冲压、装配和铸造车间，对额定起重量为 2t～50t 的轻、中、重级工作制的 57 台吊车做了吊车竖向荷载的实测调查工作。根据所得资料，经整理并通过统计分析，根据分析结果表明，吊车荷载的折减系数与吊车工作的载荷状态有关，随吊车工作载荷状态由轻级到重级而增大；随额定起重量的增大而减小；同跨 2 台和相邻跨 2 台的差别不大。在对竖向吊车荷载分析结果的基础上，并参考国外规范的规定，本条文给出的折减系数值还是偏于保守的；并将此规定直接引用到横向水平荷载的折减。GB 50009-2001 修

订时，在参与组合的吊车数量上，插入了台数为 3 的可能情况。

双层吊车的吊车荷载折减系数可以参照单层吊车的规定采用。

6.3　吊车荷载的动力系数

6.3.1　吊车竖向荷载的动力系数，主要是考虑吊车在运行时对吊车梁及其连接的动力影响。根据调查了解，产生动力的主要因素是吊车轨道接头的高低不平和工件翻转时的振动。从少量实测资料来看，其量值都在 1.2 以内。TJ 9-74 规范对钢吊车梁取 1.1，对钢筋混凝土吊车梁按工作制级别分别取 1.1，1.2 和 1.3。在前苏联荷载规范 CHИΠ6-74 中，不分材料，仅对重级工作制的吊车梁取动力系数 1.1。GBJ 9-87 修订时，主要考虑到吊车荷载分项系数统一按可变荷载分项系数 1.4 取值后，相对于以往的设计而言偏高，会影响吊车梁的材料用量。在当时对吊车梁的实际动力特性不甚清楚的前提下，暂时采用略为降低的值 1.05 和 1.1，以弥补偏高的荷载分项系数。

TJ 9-74 规范当时对横向水平荷载还规定了动力系数，以计算重级工作制的吊车梁上翼缘及其制动结构的强度和稳定性以及连接的强度，这主要是考虑在这类厂房中，吊车在实际运行过程中产生的水平卡轨力。产生卡轨力的原因主要在于吊车轨道不直或吊车行驶时的歪斜，其大小与吊车的制造、安装、调试和使用期间的维护等管理因素有关。在下沉的条件下，不应出现严重的卡轨现象，但实际上由于生产中难以控制的因素，尤其是硬钩吊车，经常产生较大的卡轨力，使轨道被严重啃蚀，有时还会造成吊车梁与柱连接的破坏。假如采用按吊车的横向制动力乘以所谓动力系数的方式来规定卡轨力，在概念上是不够清楚的。鉴于目前对卡轨力的产生机理、传递方式以及在正常条件下的统计规律还缺乏足够的认识，因此在取得更为系统的实测资料以前，还无法建立合理的计算模型，给出明确的设计规定。TJ 9-74 规范中关于这个问题的规定，已从本规范中撤销，由各结构设计规范和技术标准根据自身特点分别自行规定。

6.4　吊车荷载的组合值、频遇值及准永久值

6.4.2　处于工作状态的吊车，一般很少会持续地停留在某一个位置上，所以在正常条件下，吊车荷载的作用都是短时间的。但当空载吊车经常被安置在指定的某个位置时，计算吊车梁的长期荷载效应可按本条文规定的准永久值采用。

7　雪　荷　载

7.1　雪荷载标准值及基本雪压

7.1.1　影响结构雪荷载大小的主要因素是当地的地

面积雪自重和结构上的积雪分布，它们直接关系到雪荷载的取值和结构安全，要以强制性条文规定雪荷载标准值的确定方法。

7.1.2 基本雪压的确定方法和重现期直接关系到当地基本雪压值的大小，因而也直接关系到建筑结构在雪荷载作用下的安全，必须以强制性条文作规定。确定基本雪压的方法包括对雪压观测场地、观测数据以及统计方法的规定，重现期为50年的雪压即为传统意义上的50年一遇的最大雪压，详细方法见本规范附录E。对雪荷载敏感的结构主要是指大跨、轻质屋盖结构，此类结构的雪荷载经常是控制荷载，极端雪荷载作用下的容易造成结构整体破坏，后果特别严重，应此基本雪压要适当提高，采用100年重现期的雪压。

本规范附录E表E.5中提供的50年重现期的基本雪压值是根据全国672个地点的基本气象台（站）的最大雪压或雪深资料，按附录E规定的方法经统计得到的雪压。本次修订在原规范数据的基础上，补充了全国各台站自1995年至2008年的年极值雪压数据，进行了基本雪压的重新统计。根据统计结果，新疆和东北部分地区的基本雪压变化较大，如新疆的阿勒泰基本雪压由1.25增加到1.65，伊宁由1.0增加到1.4，黑龙江的虎林由0.7增加到1.4。近几年西北、东北及华北地区出现了历史少见的大雪天气，大跨轻质屋盖结构工程因雪灾遭受破坏的事件时有发生，应引起设计人员的足够重视。

我国大部分气象台（站）收集的都是雪深数据，而相应的积雪密度数据又不齐全。在统计中，当缺乏平行观测的积雪密度时，均以当地的平均密度来估算雪压值。

各地区的积雪的平均密度按下述取用：东北及新疆北部地区的平均密度取 $150kg/m^3$；华北及西北地区取 $130kg/m^3$，其中青海取 $120kg/m^3$；淮河、秦岭以南地区一般取 $150kg/m^3$，其中江西、浙江取 $200kg/m^3$。

年最大雪压的概率分布统一按极值I型考虑，具体计算可按本规范附录E的规定。我国基本雪压分布图具有如下特点：

1) 新疆北部是我国突出的雪压高值区。该区由于冬季受北冰洋南侵的冷湿气流影响，雪量丰富，且阿尔泰山、天山等山脉对气流有阻滞和抬升作用，更利于降雪。加上温度低，积雪可以保持整个冬季不融化，新雪覆老雪，形成了特大雪压。在阿尔泰山区域雪压值达 $1.65kN/m^2$。

2) 东北地区由于气旋活动频繁，并有山脉对气流的抬升作用，冬季多降雪天气，同时因气温低，更有利于积雪。因此大兴安岭及长白山区是我国又一个雪压高值区。黑龙江省北部和吉林省东部的广泛地区，雪压值可达 $0.7kN/m^2$ 以上。但是吉林西部和辽宁北部地区，因地处大兴安岭的东南背风坡，气流有下沉作用，不易降雪，积雪不多，雪压不大。

3) 长江中下游及淮河流域是我国稍南地区的一个雪压高值区。该地区冬季积雪情况不很稳定，有些年份一冬无积雪，而有些年份在某种天气条件下，例如寒潮南下，到此区后冷暖空气僵持，加上水汽充足，遇较低温度，即降下大雪，积雪很深，也带来雪灾。1955年元旦，江淮一带降大雪，南京雪深达51cm，正阳关达52cm，合肥达40cm。1961年元旦，浙江中部降大雪，东阳雪深达55cm，金华达45cm。江西北部以及湖南一些地点也会出现（40~50）cm以上的雪深。因此，这一地区不少地点雪压达（0.40~0.50）kN/m^2。但是这里的积雪期是较短的，短则1、2天，长则10来天。

4) 川西、滇北山区的雪压也较高。因该区海拔高，温度低，湿度大，降雪较多而不易融化。但该区的河谷内，由于落差大，高度相对低和气流下沉增温作用，积雪就不多。

5) 华北及西北大部地区，冬季温度虽低，但水汽不足，降水量较少，雪压也相应较小，一般为（0.2~0.3）kN/m^2。西北干旱地区，雪压在 $0.2kN/m^2$ 以下。该区内的燕山、太行山、祁连山等山脉，因有地形的影响，降雪稍多，雪压可在 $0.3kN/m^2$ 以上。

6) 南岭、武夷山脉以南，冬季气温高，很少降雪，基本无积雪。

对雪荷载敏感的结构，例如轻型屋盖，考虑到雪荷载有时会远超过结构自重，此时仍采用雪荷载分项系数为1.40，屋盖结构的可靠度可能不够，因此对这种情况，建议将基本雪压适当提高，但这应由有关规范或标准作具体规定。

7.1.4 对山区雪压未开展实测研究仍按原规范作一般性的分析估计。在无实测资料的情况下，规范建议比附近空旷地面的基本雪压增大20%采用。

7.2　屋面积雪分布系数

7.2.1 屋面积雪分布系数就是屋面水平投影面积上的雪荷载 s_h 与基本雪压 s_0 的比值，实际也就是地面基本雪压换算为屋面雪荷载的换算系数。它与屋面形式、朝向及风力等有关。

我国与前苏联、加拿大、北欧等国相比，积雪情况不甚严重，积雪期也较短。因此本规范根据以往的设计经验，参考国际标准 ISO 4355 及国外有关资料，对屋面积雪分布仅概括地规定了典型屋面积雪分布系数，现就这些图形作以下几点说明：

1　坡屋面

我国南部气候转暖，屋面积雪容易融化，北部寒潮风较大，屋面积雪容易吹掉。

本次修订根据屋面积雪的实际情况，并参考欧洲规范的规定，将第 1 项中屋面积雪为 0 的最大坡度 α 由原规范的 50° 修改为 60°，规定当 $\alpha \geqslant 60°$ 时 $\mu_r = 0$；规定当 $\alpha \leqslant 25°$ 时 $\mu_r = 1$；屋面积雪分布系数 μ_r 的值也作相应修改。

2 拱形屋面

原规范只给出了均匀分布的情况，所给积雪系数与矢跨比有关，即 $\mu_r = l/8f$（l 为跨度，f 为矢高），规定 μ_r 不大于 1.0 及不小于 0.4。

本次修订增加了一种不均匀分布情况，考虑拱形屋面积雪的飘移效应。通过对拱形屋面实际积雪分布的调查观测，这类屋面由于飘积作用往往存在不均匀分布的情况，积雪在屋脊两侧的迎风面和背风面都有分布，峰值出现在有积雪范围内（屋面切线角小于等于 60°）的中间处，迎风面的峰值大约是背风面峰值的 50%。增加的不均匀积雪分布系数与欧洲规范相当。

3 带天窗屋面及带天窗有挡风板的屋面

天窗顶上的数据 0.8 是考虑了滑雪的影响，挡风板内的数据 1.4 是考虑了堆雪的影响。

4 多跨单坡及双跨（多跨）双坡或拱形屋面

其系数 1.4 及 0.6 则是考虑了屋面凹处范围内，局部堆雪影响及局部滑雪影响。

本次修订对双坡屋面和锯齿形屋面都增加了一种不均匀分布情况（不均匀分布情况 2），双坡屋面增加了一种两个屋脊间不均匀积雪的分布情况，而锯齿形屋面增加的不均匀情况则考虑了类似高低跨衔接处的积雪效应。

5 高低屋面

前苏联根据西伯里亚地区的屋面雪荷载的调查，规定屋面积雪分布系数 $\mu_r = \dfrac{2h}{s_0}$，但不大于 4.0，其中 h 为屋面高低差，以 "m" 计，s_0 为基本雪压，以 "kN/m²" 计；又规定积雪分布宽度 $a_1 = 2h$，但不小于 5m，不大于 10m；积雪按三角形状分布，见图 5。

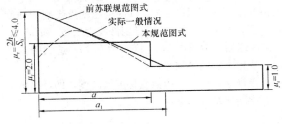

图 5　高低屋面处雪堆分布图示

我国高雪地区的基本雪压 $s_0 = (0.5 \sim 0.8)$ kN/m²，当屋面高低差达 2m 以上时，则 μ_r 通常均取 4.0。根据我国积雪情况调查，高低屋面堆雪集中程度远次于西伯里亚地区，形成三角形分布的情况较少，一般高低屋面处存在风涡作用，雪堆多形成曲线图形的堆积情况。本规范将它简化为矩形分布的雪堆，μ_r 取平均值为 2.0，雪堆长度为 $2h$，但不小于

4m，不大于 8m。

本次修订增加了一种不均匀分布情况，考虑高跨墙体对低跨屋面积雪的遮挡作用，使得计算的积雪分布更接近于实际，同时还增加了低跨屋面跨度较小时的处理。$\mu_{r,m}$ 的取值主要参考欧洲规范。

这种积雪情况同样适用于雨篷的设计。

6 有女儿墙及其他突起物的屋面

本次修订新增加的内容，目的是要规范和完善女儿墙及其他突起物屋面积雪分布系数的取值。

7 大跨屋面

本次修订针对大跨屋面增加一种不均匀分布情况。大跨屋面结构对雪荷载比较敏感，因雪破坏的情况时有发生，设计时增加一类不均匀分布情况是必要的。由于屋面积雪在风作用下的飘移效应，屋面积雪会呈现中部大边缘小的情况，但对于不均匀积雪分布的范围以及屋面积雪系数具体的取值，目前尚没有足够的调查研究作依据，规范提供的数值供酌情使用。

8 其他屋面形式

对规范典型屋面图形以外的情况，设计人员可根据上述说明推断酌定，例如天沟处及下沉式天窗内建议 $\mu_r = 1.4$，其长度可取女儿墙高度的 $(1.2 \sim 2)$ 倍。

7.2.2 设计建筑结构及屋面的承重构件时，原则上应按表 7.2.1 中给出的两种积雪分布情况，分别计算结构构件的效应值，并按最不利的情况确定结构构件的截面，但这样的设计计算工作量较大。根据长期以来积累的设计经验，出于简化的目的，规范允许设计人员按本条文的规定进行设计。

8 风 荷 载

8.1 风荷载标准值及基本风压

8.1.1 影响结构风荷载因素较多，计算方法也可以有多种多样，但是它们将直接关系到风荷载的取值和结构安全，要以强制性条文分别规定主体结构和围护结构风荷载标准值的确定方法，以达到保证结构安全的最低要求。

对于主要受力结构，风荷载标准值的表达可有两种形式，其一为平均风压加上由脉动风引起结构风振的等效风压；另一种为平均风压乘以风振系数。由于在高层建筑和高耸结构等悬臂型结构的风振计算中，往往是第 1 振型起主要作用，因而我国与大多数国家相同，采用后一种表达形式，即采用平均风压乘以风振系数 β_z，它综合考虑了结构在风荷载作用下的动力响应，其中包括风速随时间、空间的变异性和结构的阻尼特性等因素。对非悬臂型的结构，如大跨空间结构，计算公式（8.1.1-1）中风荷载标准值也可理解为结构的静力等效风荷载。

对于围护结构，由于其刚性一般较大，在结构效

应中可不必考虑其共振分量,此时可仅在平均风压的基础上,近似考虑脉动风瞬间的增大因素,可通过局部风压体型系数 μ_{sl} 和阵风系数 β_{gz} 来计算其风荷载。

8.1.2 基本风压的确定方法和重现期直接关系到当地基本风压值的大小,因而也直接关系到建筑结构在风荷载作用下的安全,必须以强制性条文作规定。确定基本风压的方法包括对观测场地、风速仪的类型和高度以及统计方法的规定,重现期为 50 年的风压即为传统意义上的 50 年一遇的最大风压。

基本风压 w_0 是根据当地气象台站历年来的最大风速记录,按基本风速的标准要求,将不同风速仪高度和时次时距的年最大风速,统一换算为离地 10m 高、自记 10min 平均年最大风速数据,经统计分析确定重现期为 50 年的最大风速,作为当地的基本风速 v_0,再按以下贝努利公式计算得到:

$$w_0 = \frac{1}{2}\rho v_0^2$$

详细方法见本规范附录 E。

对风荷载比较敏感的高层建筑和高耸结构,以及自重较轻的钢木主体结构,这类结构风荷载很重要,计算风荷载的各种因素和方法还不十分确定,因此基本风压应适当提高。如何提高基本风压值,仍可由各结构设计规范,根据结构的自身特点作出规定,没有规定的可以考虑适当提高其重现期来确定基本风压。对于此类结构物中的围护结构,其重要性与主体结构相比要低些,可仍取 50 年重现期的基本风压。对于其他设计情况,其重现期也可由有关的设计规范另行规定,或由设计人员自行选用,附录 E 给出了不同重现期风压的换算公式。

本规范附录 E 表 E.5 中提供的 50 年重现期的基本风压值是根据全国 672 个地点的基本气象台(站)的最大风速资料,按附录 E 规定的方法经统计和换算得到的风压。本次修订在原规范数据的基础上,补充了全国各台站自 1995 年至 2008 年的年极值风速数据,进行了基本风压的重新统计。虽然部分城市在采用新的极值风速数据统计后,得到的基本风压比原规范小,但考虑到近年来气象台站地形地貌的变化等因素,在没有可靠依据情况下一般保持原值不变。少量城市在补充新的气象资料重新统计后,基本风压有所提高。

20 世纪 60 年代前,国内的风速记录大多数根据风压板的观测结果,刻度所反映的风速,实际上是统一根据标准的空气密度 $\rho = 1.25\text{kg/m}^3$ 按上述公式反算而得,因此在按该风速确定风压时,可统一按公式 $w_0 = v_0^2/1600$(kN/m²)计算。

鉴于通过风压板的观测,人为的观测误差较大,再加上时次时距换算中的误差,其结果就不太可靠。当前各气象台站已累积了较多的根据风杯式自记风速仪记录的 10min 平均年最大风速数据,现在的基本风

速统计基本上都是以自记的数据为依据。因此在确定风压时,必须考虑各台站观测当时的空气密度,当缺乏资料时,也可参考附录 E 的规定采用。

8.2 风压高度变化系数

8.2.1 在大气边界层内,风速随离地面高度增加而增大。当气压场随高度不变时,风速随高度增大的规律,主要取决于地面粗糙度和温度垂直梯度。通常认为在离地面高度为 300m~550m 时,风速不再受地面粗糙度的影响,也即达到所谓"梯度风速",该高度称之梯度风高度 H_G。地面粗糙度等级低的地区,其梯度风高度比等级高的地区为低。

风速剖面主要与地面粗糙度和风气候有关。根据气象观测和研究,不同的风气候和风结构对应的风速剖面是不同的。建筑结构要承受多种风气候条件下的风荷载的作用,从工程应用的角度出发,采用统一的风速剖面表达式是可行和合适的。因此规范在规定风剖面和统计各地基本风压时,对风的性质并不加以区分。主导我国设计风荷载的极端风气候为台风或冷锋风,在建筑结构关注的近地面范围,风速剖面基本符合指数律。自 GBJ 9-87 以来,本规范一直采用如下的指数律作为风速剖面的表达式:

$$v_z = v_{10}\left(\frac{z}{10}\right)^\alpha$$

GBJ 9-87 将地面粗糙度类别划分为海上、乡村和城市 3 类,GB 50009-2001 修订时将地面粗糙度类别规定为海上、乡村、城市和大城市中心 4 类,指数分别取 0.12、0.16、0.22 和 0.30,梯度高度分别取 300m、350m、400m 和 450m,基本上适应了各类工程建设的需要。

但随着国内城市发展,尤其是诸如北京、上海、广州等超大型城市群的发展,城市涵盖的范围越来越大,使得城市地貌下的大气边界层厚度与原来相比有显著增加。本次修订在保持划分 4 类粗糙度类别不变的情况下,适当提高了 C、D 两类粗糙度类别的梯度风高度,由 400m 和 450m 分别修改为 450m 和 550m。B 类风速剖面指数由 0.16 修改为 0.15,适当降低了标准场地类别的平均风荷载。

根据地面粗糙度指数及梯度风高度,即可得出风压高度变化系数如下:

$$\mu_z^{\text{A}} = 1.284\left(\frac{z}{10}\right)^{0.24}$$

$$\mu_z^{\text{B}} = 1.000\left(\frac{z}{10}\right)^{0.30}$$

$$\mu_z^{\text{C}} = 0.544\left(\frac{z}{10}\right)^{0.44}$$

$$\mu_z^{\text{D}} = 0.262\left(\frac{z}{10}\right)^{0.60}$$

针对 4 类地貌,风压高度变化系数分别规定了各自的截断高度,对应 A、B、C、D 类分别取为 5m、

10m、15m 和 30m，即高度变化系数取值分别不小于 1.09、1.00、0.65 和 0.51。

在确定城区的地面粗糙度类别时，若无 α 的实测可按下述原则近似确定：

1 以拟建房 2km 为半径的迎风半圆影响范围内的房屋高度和密集度来区分粗糙度类别，风向原则上应以该地区最大风的风向为准，但也可取其主导风；

2 以半圆影响范围内建筑物的平均高度 $\bar{h}$ 来划分地面粗糙度类别，当 $\bar{h} \geqslant 18m$，为 D 类，$9m < \bar{h} < 18m$，为 C 类，$\bar{h} \leqslant 9m$，为 B 类；

3 影响范围内不同高度的面域可按下述原则确定，即每座建筑物向外延伸距离为其高度的面域内均为该高度，当不同高度的面域相交时，交叠部分的高度取大者；

4 平均高度 $\bar{h}$ 取各面域面积为权数计算。

8.2.2 地形对风荷载的影响较为复杂。原规范参考加拿大、澳大利亚和英国的相关规范，以及欧洲钢结构协会 ECCS 的规定，针对较为简单的地形条件，给出了风压高度变化系数的修正系数，在计算时应注意公式的使用条件。更为复杂的情形可根据相关资料或专门研究取值。

本次修订将山峰修正系数计算公式中的系数 κ 由 3.2 修改为 2.2，原因是原规范规定的修正系数在 z/H 值较小的情况下，与日本、欧洲等国外规范相比偏大，修正结果偏于保守。

8.3 风荷载体型系数

8.3.1 风荷载体型系数是指风作用在建筑物表面一定面积范围内所引起的平均压力（或吸力）与来流风的速度压的比值，它主要与建筑物的体型和尺度有关，也与周围环境和地面粗糙度有关。由于它涉及的是关于固体与流体相互作用的流体动力学问题，对于不规则形状的固体，问题尤为复杂，无法给出理论上的结果，一般均应由试验确定。鉴于原型实测的方法对结构设计的不现实性，目前只能根据相似性原理，在边界层风洞内对拟建的建筑物模型进行测试。

表 8.3.1 列出 39 项不同类型的建筑物和各类结构体型及其体型系数，这些都是根据国内外的试验资料和国外规范中的建议性规定整理而成，当建筑物与表中列出的体型类同时可参考应用。

本次修订增加了第 31 项矩形截面高层建筑，考虑深宽比 D/B 对背风面体型系数的影响。当平面深宽比 $D/B \leqslant 1.0$ 时，背风面的体型系数由 -0.5 增加到 -0.6，矩形高层建筑的风力系数也由 1.3 增加到 1.4。

必须指出，表 8.3.1 中的系数是有局限性的，风洞试验仍应作为抗风设计重要的辅助工具，尤其是对于体型复杂而且重要的房屋结构。

8.3.2 当建筑群，尤其是高层建筑群，房屋相互间距较近时，由于旋涡的相互干扰，房屋某些部位的局部风压会显著增大，设计时应予注意。对比较重要的高层建筑，建议在风洞试验中考虑周围建筑物的干扰因素。

本条文增加的矩形平面高层建筑的相互干扰系数取值是根据国内大量风洞试验研究结果给出的。试验研究直接以基底弯矩响应作为目标，采用基于基底弯矩的相互干扰系数来描述基底弯矩由于干扰所引起的静力和动力干扰作用。相互干扰系数定义为受扰后的结构风荷载和单体结构风荷载的比值。在没有充分依据的情况下，相互干扰系数的取值一般不小于 1.0。

建筑高度相同的单个施扰建筑的顺风向和横风向风荷载相互干扰系数的研究结果分别见图 6 和图 7。图中假定风向是由左向右吹，b 为受扰建筑的迎风面宽度，x 和 y 分别为施扰建筑离受扰建筑的纵向和横向距离。

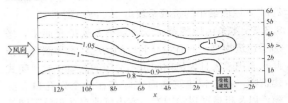

图 6 单个施扰建筑作用的顺风向风荷载相互干扰系数

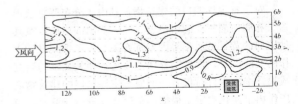

图 7 单个施扰建筑作用的横风向风荷载相互干扰系数

建筑高度相同的两个干扰建筑的顺风向荷载相互干扰系数见图 8。图中 l 为两个施扰建筑 A 和 B 的中心连线，取值时 l 不能和 l_1 和 l_2 相交。图中给出的是两个施扰建筑联合作用时的最不利情况，当这两个

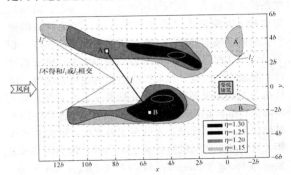

图 8 两个施扰建筑作用的顺风向风荷载相互干扰系数

建筑都不在图中所示区域时，应按单个施扰建筑情况处理并依照图 6 选取较大的数值。

8.3.3 通常情况下，作用于建筑物表面的风压分布并不均匀，在角隅、檐口、边棱处和在附属结构的部位（如阳台、雨篷等外挑构件），局部风压会超过按本规范表 8.3.1 所得的平均风压。局部风压体型系数是考虑建筑物表面风压分布不均匀而导致局部部位的风压超过全表面平均风压的实际情况作出的调整。

本次修订细化了原规范对局部体型系数的规定，补充了封闭式矩形平面房屋墙面及屋面的分区域局部体型系数，反映了建筑物高宽比和屋面坡度对局部体型系数的影响。

8.3.4 本条由原规范 7.3.3 条注扩充而来，考虑了从属面积对局部体型系数的影响，并将折减系数的应用限于验算非直接承受风荷载的围护构件，如檩条、幕墙骨架等，最大的折减从属面积由 10m² 增加到 25m²，屋面最小的折减系数由 0.8 减小到 0.6。

8.3.5 本条由原规范 7.3.3 条第 2 款扩充而来，增加了建筑物某一面有主导洞口的情况，主导洞口是指开孔面积较大且大风期间也不关闭的洞口。对封闭式建筑物，考虑到建筑物内实际存在的个别孔口和缝隙，以及机械通风等因素，室内可能存在正负不同的气压，参照国外规范，大多取±（0.18～0.25）的压力系数，本次修订仍取±0.2。

对于有主导洞口的建筑物，其内压分布要复杂得多，和洞口面积、洞口位置、建筑物内部格局以及其他墙面的背景透风率等因素都有关。考虑到设计工作的实际需要，参考国外规范规定和相关文献的研究成果，本次修订对仅有一面墙有主导洞口的建筑物内压作出了简化规定。根据本条第 2 款进行计算时，应注意考虑不同风向下内部压力的不同取值。本条第 3 款所称的开放式建筑是指主导洞口面积过大或不止一面墙存在大洞口的建筑物（例如本规范表 8.3.1 的 26 项）。

8.3.6 风洞试验虽然是抗风设计的重要研究手段，但必须满足一定的条件才能得出合理可靠的结果。这些条件主要包括：风洞风速范围、静压梯度、流场均匀度和气流偏角等设备的基本性能；测试设备的量程、精度、频响特性等；平均风速剖面、湍流度、积分尺度、功率谱等大气边界层的模拟要求；模型缩尺比、阻塞率、刚度；风洞试验数据的处理方法等。由住房与城乡建设部立项的行业标准《建筑工程风洞试验方法标准》正在制订中，该标准将对上述条件作出具体规定。在该标准尚未颁布实施之前，可参考国外相关资料确定风洞试验应满足的条件，如美国 ASCE 编制的 Wind Tunnel Studies of Buildings and Structures、日本建筑中心出版的《建筑风洞实验指南》（中国建筑工业出版社，2011，北京）等。

8.4 顺风向风振和风振系数

8.4.1 参考国外规范及我国建筑工程抗风设计和理论研究的实践情况，当结构基本自振周期 $T \geqslant 0.25s$ 时，以及对于高度超过 30m 且高宽比大于 1.5 的高柔房屋，由风引起的结构振动比较明显，而且随着结构自振周期的增长，风振也随之增强。因此在设计中应考虑风振的影响，而且原则上还应考虑多个振型的影响；对于前几阶频率比较密集的结构，例如桅杆、屋盖等结构，需要考虑的振型可多达 10 个及以上。应按随机振动理论对结构的响应进行计算。

对于 $T<0.25s$ 的结构和高度小于 30m 或高宽比小于 1.5 的房屋，原则上也应考虑风振影响。但已有研究表明，对这类结构，往往按构造要求进行结构设计，结构已有足够的刚度，所以这类结构的风振响应一般不大。一般来说，不考虑风振响应不会影响这类结构的抗风安全性。

8.4.2 对如何考虑屋盖结构的风振问题过去没有提及，这次修订予以补充。需考虑风振的屋盖结构指的是跨度大于 36m 的柔性屋盖结构以及质量轻刚度小的索膜结构。

屋盖结构风振响应和等效静力风荷载计算是一个复杂的问题，国内外规范均没有给出一般性计算方法。目前比较一致的观点是，屋盖结构不宜采用与高层建筑和高耸结构相同的风振系数计算方法。这是因为，高层及高耸结构的顺风向风振系数方法，本质上是直接采用风速谱估计风压谱（准定常方法），然后计算结构的顺风向振动响应。对于高层（耸）结构的顺风向风振，这种方法是合适的。但屋盖结构的脉动风压除了和风速脉动有关外，还和流动分离、再附、旋涡脱落等复杂流动现象有关，所以风压谱不能直接用风速谱来表示。此外，屋盖结构多阶模态及模态耦合效应比较明显，难以简单采用风振系数方法。

悬挑型大跨屋盖结构与一般悬臂型结构类似，第 1 阶振型对风振响应的贡献最大。另有研究表明，单侧独立悬挑型大跨屋盖结构可按照准定常方法计算风振响应。比如澳洲规范（AS/NZS 1170.2：2002）基于准定常方法给出悬挑型大跨屋盖的设计风荷载。但需要注意的是，当存在另一侧看台挑篷或其他建筑物干扰时，准定常方法有可能也不适用。

8.4.3～8.4.6 对于一般悬臂型结构，例如框架、塔架、烟囱等高耸结构，高度大于 30m 且高宽比大于 1.5 的高柔房屋，由于频谱比较稀疏，第一振型起到绝对的作用，此时可以仅考虑结构的第一振型，并通过下式的风振系数来表达：

$$\beta(z) = \frac{\overline{F}_{Dk}(z) + \hat{F}_{Dk}(z)}{\overline{F}_{Dk}(z)} \qquad (1)$$

式中：$\overline{F}_{Dk}(z)$ 为顺风向单位高度平均风力（kN/m），可按下式计算：

$$\overline{F}_{Dk}(z) = w_0 \mu_s \mu_z(z) B \quad (2)$$

$\hat{F}_{Dk}(z)$ 为顺风向单位高度第 1 阶风振惯性力峰值 (kN/m)，对于重量沿高度无变化的等截面结构，采用下式计算：

$$\hat{F}_{Dk}(z) = g\omega_1^2 m\phi_1(z)\sigma_{q_1} \quad (3)$$

式中：ω_1 为结构顺风向第 1 阶自振圆频率；g 为峰值因子，取为 2.5，与原规范取值 2.2 相比有适当提高；σ_{q_1} 为顺风向一阶广义位移均方根，当假定相干函数与频率无关时，σ_{q_1} 可按下式计算：

$$\sigma_{q_1} = \frac{2w_0 I_{10}}{m} \frac{\sqrt{\int_0^B \int_0^B ah_x(x_1,x_2)dx_1dx_2 \int_0^H \int_0^H [\mu_z(z_1)\phi_1(z_1)\overline{I}_z(z_1)][\mu_z(z_2)\phi_1(z_2)\overline{I}_z(z_2)]ah_z(z_1,z_2)dz_1dz_2}}{\int_0^H \phi_1^2(z)dz}$$
$$\times \sqrt{\int_{-\infty}^{\infty} \omega_1^4 |H_{q_1}(i\omega)|^2 S_f(\omega)d\omega} \quad (4)$$

将风振响应近似取为准静态的背景分量及窄带共振响应分量之和。则式（4）与频率有关的积分项可近似表示为：

$$\left[\omega_1^4 \int_{-\infty}^{\infty} |H_{q_1}(i\omega)|^2 S_f(\omega) \cdot d\omega\right]^{1/2} \approx \sqrt{1+R^2} \quad (5)$$

而式（4）中与频率无关的积分项乘以 $\phi_1(z)/\mu_z(z)$ 后以背景分量因子表达：

$$B_z = \frac{\sqrt{\int_0^B \int_0^B ah_x(x_1,x_2)dx_1dx_2 \int_0^H \int_0^H [\mu_z(z_1)\phi_1(z_1)\overline{I}_z(z_1)][\mu_z(z_2)\phi_1(z_2)\overline{I}_z(z_2)]ah_x(z_1,z_2)dz_1dz_2}}{\int_0^H \phi_1^2(z)dz}$$
$$\frac{\phi_1(z)}{\mu_z(z)} \quad (6)$$

将式（2）～式（6）代入式（1），就得到规范规定的风振系数计算式（8.4.3）。

共振因子 R 的一般计算式为：

$$R = \sqrt{\frac{\pi f_1 S_f(f_1)}{4\zeta_1}} \quad (7)$$

S_f 为归一化风速谱，若采用 Davenport 建议的风速谱密度经验公式，则：

$$S_f(f) = \frac{2x^2}{3f(1+x^2)^{4/3}} \quad (8)$$

利用式（7）和式（8）可得到规范的共振因子计算公式（8.4.4-1）。

在背景因子计算中，可采用 Shiotani 提出的与频率无关的竖向和水平向相干函数：

$$coh_z(z_1,z_2) = e^{-\frac{|z_1-z_2|}{60}} \quad (9)$$

$$coh_x(x_1,x_2) = e^{-\frac{|x_1-x_2|}{50}} \quad (10)$$

湍流度沿高度的分布可按下式计算：

$$I_z(z) = I_{10}\overline{I}_z(z) \quad (11)$$

$$\overline{I}_z(z) = \left(\frac{z}{10}\right)^{-\alpha} \quad (12)$$

式中 α 为地面粗糙度指数，对应于 A、B、C 和 D 类地貌，分别取为 0.12、0.15、0.22 和 0.30。I_{10} 为 10m 高名义湍流度，对应 A、B、C 和 D 类地面粗糙度，可分别取 0.12、0.14、0.23 和 0.39，取值比原规范有适当提高。

式（6）为多重积分式，为方便使用，经过大量

试算及回归分析，采用非线性最小二乘法拟合得到简化经验公式（8.4.5）。拟合计算过程中，考虑了迎风面和背风面的风压相关性，同时结合工程经验乘以 0.7 的折减系数。

对于体型或质量沿高度变化的高耸结构，在应用公式（8.4.5）时应注意如下问题：对于进深尺寸比较均匀的构筑物，即使迎风面宽度沿高度有变化，计算结果也和按等截面计算的结果十分接近，故对这种情况仍可采用公式（8.4.5）计算背景分量因子；对于进深尺寸和宽度沿高度按线性或近似于线性变化、而重量沿高度按连续规律变化的构筑物，例如截面为正方形或三角形的高耸塔架及圆形截面的烟囱，计算结果表明，必须考虑外形的影响，对背景分量因子予以修正。

本次修订在附录 J 中增加了顺风向风振加速度计算的内容。顺风向风振加速度计算的理论与上述风振系数计算所采用的相同，在仅考虑第一振型情况下，加速度响应峰值可按下式计算：

$$a_D(z) = g\phi_1(z)\sqrt{\int_{-\infty}^{\infty} \omega^4 S_{q_1}(\omega)d\omega}$$

式中，$S_{q_1}(\omega)$ 为顺风向第 1 阶广义位移响应功率谱。

采用 Davenport 风速谱和 Shiotani 空间相关性公式，上式可表示为：

$$a_D(z) = \frac{2gI_{10}w_R\mu_s\mu_zB_zB}{m}\sqrt{\int_{-\infty}^{\infty} \omega^4 |H_{q_1}(i\omega)|^2 S_f(\omega)d\omega}$$

为便于使用，上式中的根号项用顺风向风振加速度的脉动系数 η_a 表示，则可得到本规范附录 J 的公式（J.1.1）。经计算整理得到 η_a 的计算用表，即本规范表 J.1.2。

8.4.7 结构振型系数按理应通过结构动力分析确定。为了简化，在确定风荷载时，可采用近似公式。按结构变形特点，对高耸构筑物可按弯曲型考虑，采用下述近似公式：

$$\phi_1 = \frac{6z^2H^2 - 4z^3H + z^4}{3H^4}$$

对高层建筑，当以剪力墙的工作为主时，可按弯剪型考虑，采用下述近似公式：

$$\phi_1 = \tan\left[\frac{\pi}{4}\left(\frac{z}{H}\right)^{0.7}\right]$$

对高层建筑也可进一步考虑框架和剪力墙各自的弯曲和剪切刚度，根据不同的综合刚度参数 λ，给出不同的振型系数。附录 G 对高层建筑给出前四个振型系数，它是假设框架和剪力墙均起主要作用时的情况，即取 $\lambda=3$。综合刚度参数 λ 可按下式确定：

$$\lambda = \frac{C}{\eta}\left(\frac{1}{EI_w} + \frac{1}{EI_N}\right)H^2$$

式中：C——建筑物的剪切刚度；

EI_w——剪力墙的弯曲刚度；

EI_N——考虑墙柱轴向变形的等效刚度；

$$\eta = 1 + \frac{C_f}{C_w}$$

C_f——框架剪切刚度；

C_w——剪力墙剪切刚度；

H——房屋总高。

8.5 横风向和扭转风振

8.5.1 判断高层建筑是否需要考虑横风向风振的影响这一问题比较复杂，一般要考虑建筑的高度、高宽比、结构自振频率及阻尼比等多种因素，并要借鉴工程经验及有关资料来判断。一般而言，建筑高度超过150m或高宽比大于5的高层建筑可出现较为明显的横风向风振效应，并且效应随着建筑高度或建筑高宽比增加而增加。细长圆形截面构筑物一般指高度超过30m且高宽比大于4的构筑物。

8.5.2、8.5.3 当建筑物受到风力作用时，不但顺风向可能发生风振，而且在一定条件下也能发生横风向的风振。导致建筑横风向风振的主要激励有：尾流激励（旋涡脱落激励）、横风向紊流激励以及气动弹性激励（建筑振动和风之间的耦合效应），其激励特性远比顺风向要复杂。

对于圆截面柱体结构，若旋涡脱落频率与结构自振频率相近，可能出现共振。大量试验表明，旋涡脱落频率 f_s 与平均风速 v 成正比，与截面的直径 D 成反比，这些变量之间满足如下关系：$St = \frac{f_s D}{v}$，其中，St 是斯脱罗哈数，其值仅决定于结构断面形状和雷诺数。

雷诺数 $Re = \frac{vD}{\nu}$（可用近似公式 $Re = 69000 vD$ 计算，其中，分母中 ν 为空气运动黏性系数，约为 1.45×10^{-5} m²/s；分子中 v 是平均风速；D 是圆柱结构的直径）将影响圆截面柱体结构的横风向风力和振动响应。当风速较低，即 $Re \leqslant 3 \times 10^5$ 时，$St \approx 0.2$。一旦 f_s 与结构频率相等，即发生亚临界的微风共振。当风速增大而处于超临界范围，即 $3 \times 10^5 \leqslant Re < 3.5 \times 10^6$ 时，旋涡脱落没有明显的周期，结构的横向振动也呈随机性。当风更大，$Re \geqslant 3.5 \times 10^6$，即进入跨临界范围，重新出现规则的周期性旋涡脱落。一旦与结构自振频率接近，结构将发生强风共振。

一般情况下，当风速在亚临界或超临界范围内时，只要采取适当构造措施，结构不会在短时间内出现严重问题。也就是说，即使发生亚临界微风共振或超临界随机振动，结构的正常使用可能受到影响，但不至于造成结构破坏。当风速进入跨临界范围内时，结构有可能出现严重的振动，甚至于破坏，国内外都曾发生过很多这类损坏和破坏的事例，对此必须引起注意。

规范附录 H.1 给出了发生跨临界强风共振时的

圆形截面横风向风振等效风荷载计算方法。公式（H.1.1-1）中的计算系数 λ_j 是对 j 振型情况下考虑与共振区分布有关的折算系数。此外，应注意公式中的临界风速 v_{cr} 与结构自振周期有关，也即对同一结构不同振型的强风共振，v_{cr} 是不同的。

附录 H.2 的横风向风振等效风荷载计算方法是依据大量典型建筑模型的风洞试验结果给出的。这些典型建筑的截面为均匀矩形，高宽比（$H/\sqrt{BD}$）和截面深宽比（D/B）分别为 $4 \sim 8$ 和 $0.5 \sim 2$。试验结果的适用折算风速范围为 $v_H T_{L1}/\sqrt{BD} \leqslant 10$。

大量研究结果表明，当建筑截面深宽比大于2时，分离气流将在侧面发生再附，横风向风力的基本特征变化较大；当设计折算风速大于10或高宽比大于8，可能发生不利并且难以准确估算的气动弹性现象，不宜采用附录 H.2 计算方法，建议进行专门的风洞试验研究。

高宽比 $H/\sqrt{BD}$ 在 $4 \sim 8$ 之间以及截面深宽比 D/B 在 $0.5 \sim 2$ 之间的矩形截面高层建筑的横风向广义力功率谱可按下列公式计算得到：

$$S_{FL} = \frac{S_p \beta_k (f_{L1}^*/f_p)^\gamma}{\{1-(f_{L1}^*/f_p)^2\}^2 + \beta_k (f_{L1}^*/f_p)^2}$$

$$f_p = 10^{-5} \left(191 - 9.48 N_R + \frac{1.28H}{\sqrt{DB}} + \frac{N_R H}{DB} \right) \left[68 - 21 \left(\frac{D}{B} \right) + 3 \left(\frac{D}{B} \right)^2 \right]$$

$$S_p = (0.1 N_R^{0.4} - 0.0004 e^N N_R) \left[\frac{0.84H}{\sqrt{DB}} - 2.12 - 0.05 \left(\frac{H}{\sqrt{DB}} \right)^2 \right] \times$$
$$\left[0.422 + \left(\frac{D}{B} \right)^{-1} - 0.08 \left(\frac{D}{B} \right)^{-2} \right]$$

$$\beta_k = (1 + 0.00473 e^{1.7 N_R})(0.065 + e^{1.26 - \frac{0.63H}{\sqrt{DB}}}) e^{1.7 - \frac{3.44B}{D}}$$

$$\gamma = (-0.8 + 0.06 N_R + 0.0007 e^N N_R) \left[- \left(\frac{H}{\sqrt{DB}} \right)^{0.34} + 0.00006 e^{\frac{H}{\sqrt{DB}}} \right] \times$$
$$\left[\frac{0.414D}{B} + 1.67 \left(\frac{D}{B} \right)^{-1.23} \right]$$

式中：f_p——横风向风力谱的谱峰频率系数；

N_R——地面粗糙度类别的序号，对应 A、B、C 和 D 类地貌分别取 1、2、3 和 4；

S_p——横风向风力谱的谱峰系数；

β_k——横风向风力谱的带宽系数；

γ——横风向风力谱的偏态系数。

图 H.2.4 给出的是将 $H/\sqrt{BD} = 6.0$ 代入该公式计算得到的结果，供设计人员手算时用。此时，因取高宽比为固定值，忽略了其影响，对大多数矩形截面高层建筑，计算误差是可以接受的。

本次修订在附录 J 中增加了横风向风振加速度计算的内容。横风向风振加速度计算的依据和方法与横风向风振等效风荷载相似，也是基于大量的风洞试验结果。大量风洞试验结果表明，高层建筑横向风力以旋涡脱落激励为主，相对于顺风向风力谱，横风向风力谱的峰值比较突出，谱峰的宽度较小。根据横风向风力谱的特点，并参考相关研究成果，横风向加速度响应可只考虑共振分量的贡献，由此推导可得到本规范附录 J 横风向加速度计算公式（J.2.1）。

8.5.4、8.5.5 扭转风荷载是由于建筑各个立面风压的非对称作用产生的，受截面形状和湍流度等因素的影响较大。判断高层建筑是否需要考虑扭转风振的影响，主要考虑建筑的高度、高宽比、深宽比、结构自振频率、结构刚度与质量的偏心等因素。

建筑高度超过 150m，同时满足 $H/\sqrt{BD} \geqslant 3$、$D/B \geqslant 1.5$、$\dfrac{T_{T1} v_H}{\sqrt{BD}} \geqslant 0.4$ 的高层建筑［T_{T1} 为第 1 阶扭转周期（s）］，扭转风振效应明显，宜考虑扭转风振的影响。

截面尺寸和质量沿高度基本相同的矩形截面高层建筑，当其刚度或质量的偏心率（偏心距/回转半径）不大于 0.2，且同时满足 $\dfrac{H}{\sqrt{BD}} \leqslant 6$，$D/B$ 在 1.5～5 范围，$\dfrac{T_{T1} v_H}{\sqrt{BD}} \leqslant 10$，可按附录 H.3 计算扭转风振等效风荷载。

当偏心率大于 0.2 时，高层建筑的弯扭耦合风振效应显著，结构风振响应规律非常复杂，不能直接采用附录 H.3 给出的方法计算扭转风振等效风荷载；大量风洞试验结果表明，风致扭矩与横风向风力具有较强相关性，当 $\dfrac{H}{\sqrt{BD}} > 6$ 或 $\dfrac{T_{T1} v_H}{\sqrt{BD}} > 10$ 时，两者的耦合作用易发生不稳定的气动弹性现象。对于符合上述情况的高层建筑，建议在风洞试验基础上，有针对性地进行专门研究。

8.5.6 高层建筑结构在脉动风荷载作用下，其顺风向风荷载、横风向风振等效风荷载和扭转风振等效风荷载一般是同时存在的，但三种风荷载的最大值并不一定同时出现，因此在设计中应当按表 8.5.6 考虑三种风荷载的组合工况。

表 8.5.6 主要参考日本规范方法并结合我国的实际情况和工程经验给出。一般情况下顺风向风振响应与横风向风振响应的相关性较小，对于顺风向风荷载为主的情况，横风向风荷载不参与组合；对于横风向风荷载为主的情况，顺风向风荷载仅静力部分参与组合，简化为在顺风向风荷载标准值前乘以 0.6 的折减系数。

虽然扭转风振与顺风向及横风向风振响应之间存在相关性，但由于影响因素较多，在目前研究尚不成熟情况下，暂不考虑扭转风振等效风荷载与另外两个方向的风荷载的组合。

8.6 阵 风 系 数

8.6.1 计算围护结构的阵风系数，不再区分幕墙和其他构件，统一按下式计算：

$$\beta_{zg} = 1 + 2gI_{10}\left(\dfrac{z}{10}\right)^{-\alpha}$$

其中 A、B、C、D 四类地面粗糙度类别的截断高度分别为 5m，10m，15m 和 30m，即对应的阵风系数

不大于 1.65，1.70，2.05 和 2.40。调整后的阵风系数与原规范相比系数有变化，来流风的极值速度压（阵风系数乘以高度变化系数）与原规范相比降低了约 5% 到 10%。对幕墙以外的其他围护结构，由于原规范不考虑阵风系数，因此风荷载标准值会有明显提高，这是考虑到近几年来轻型屋面围护结构发生风灾破坏的事件较多的情况而作出的修订。但对低矮房屋非直接承受风荷载的围护结构，如檩条等，由于其最小局部体型系数由 −2.2 修改为 −1.8，按面积的最小折减系数由 0.8 减小到 0.6，因此风荷载的整体取值与原规范相当。

9 温 度 作 用

9.1 一 般 规 定

9.1.1 引起温度作用的因素很多，本规范仅涉及气温变化及太阳辐射等由气候因素产生的温度作用。有使用热源的结构一般是指有散热设备的厂房、烟囱、储存热物的筒仓、冷库等，其温度作用应由专门规范作规定，或根据建设方和设备供应商提供的指标确定温度作用。

温度作用是指结构或构件内温度的变化。在结构构件任意截面上的温度分布，一般认为可由三个分量叠加组成：① 均匀分布的温度分量 ΔT_u（图 9a）；② 沿截面线性变化的温度分量（梯度温差）ΔT_{My}、ΔT_{Mz}（图 9b、c），一般采用截面边缘的温度差表示；③ 非线性变化的温度分量 ΔT_E（图 9d）。

结构和构件的温度作用即指上述分量的变化，对超大型结构、由不同材料部件组成的结构等特殊情况，尚需考虑不同结构部件之间的温度变化。对大体积结构，尚需考虑整个温度场的变化。

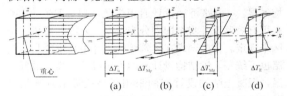

图 9 结构构件任意截面上的温度分布

建筑结构设计时，应首先采取有效构造措施来减少或消除温度作用效应，如设置结构的活动支座或节点、设置温度缝、采用隔热保温措施等。当结构或构件在温度作用和其他可能组合的荷载共同作用下产生的效应（应力或变形）可能超过承载能力极限状态或正常使用极限状态时，比如结构某一方向平面尺寸超过伸缩缝最大间距或温度区段长度、结构约束较大、房屋高度较高等，结构设计中一般应考虑温度作用。是否需要考虑温度作用效应的具体条件由《混凝土结构设计规范》GB 50010、《钢结构设计规范》GB

50017 等结构设计规范作出规定。

9.1.2 常用材料的线膨胀系数表主要参考欧洲规范的数据确定。

9.1.3 温度作用属于可变的间接作用，考虑到结构可靠指标及设计表达式的统一，其荷载分项系数取值与其他可变荷载相同，取 1.4。该值与美国混凝土设计规范 ACI 318 的取值相当。

作为结构可变荷载之一，温度作用应根据结构施工和使用期间可能同时出现的情况考虑其与其他可变荷载的组合。规范规定的组合值系数、频遇值系数及准永久值系数主要依据设计经验及参考欧洲规范确定。

混凝土结构在进行温度作用效应分析时，可考虑混凝土开裂等因素引起的结构刚度的降低。混凝土材料的徐变和收缩效应，可根据经验将其等效为温度作用。具体方法可参考有关资料和文献。如在行业标准《水工混凝土结构设计规范》SL 191－2008 中规定，初估混凝土干缩变形时可将其影响折算为（10～15）℃的温降。在《铁路桥涵设计基本规范》TB 10002.1－2005 中规定混凝土收缩的影响可按降低温度的方法来计算，对整体浇筑的混凝土和钢筋混凝土结构分别相当于降低温度 20℃和 15℃。

9.2 基本气温

9.2.1 基本气温是气温的基准值，是确定温度作用所需最主要的气象参数。基本气温一般是以气象台站记录所得的某一年极值气温数据为样本，经统计得到的具有一定年超越概率的最高和最低气温。采用什么气温参数作为年极值气温样本数据，目前还没有统一模式。欧洲规范 EN 1991－1－5∶－2003 采用小时最高和最低气温；我国行业标准《铁路桥涵设计基本规范》TB 10002.1－2005 采用七月份和一月份的月平均气温，《公路桥涵设计通用规范》JTG D60－2004 采用有效温度并将全国划分为严寒、寒冷和温热三个区来规定。目前国内在建筑结构设计中采用的基本气温也不统一，钢结构设计有的采用极端最高、最低气温，混凝土结构设计有的采用最高或最低月平均气温，这种情况带来的后果是难以用统一尺度评判温度作用下结构的可靠性水准，温度作用分项系数及其他各系数的取值也很难统一。作为结构设计的基本气象参数，有必要加以规范和统一。

根据国内的设计现状并参考国外规范，本规范将基本气温定义为 50 年一遇的月平均最高和月平均最低气温。分别根据全国各基本气象台站最近 30 年历年最高温度月的月平均最高和最低温度月的月平均最低气温为样本，经统计（假定其服从极值 I 型分布）得到。

对于热传导速率较慢且体积较大的混凝土及砌体结构，结构温度接近当地月平均气温，可直接采用月平均最高气温和月平均最低气温作为基本气温。

对于热传导速率较快的金属结构或体积较小的混凝土结构，它们对气温的变化比较敏感，这些结构要考虑昼夜气温变化的影响，必要时应对基本气温进行修正。气温修正的幅度大小与地理位置相关，可根据工程经验及当地极值气温与月平均最高和月平均最低气温的差值以及保温隔热性能的情确定。

9.3 均匀温度作用

9.3.1 均匀温度作用对结构影响最大，也是设计时最常考虑的，温度作用的取值及结构分析方法较为成熟。对室内外温差较大且没有保温隔热面层的结构，或太阳辐射较强的金属结构等，应考虑结构或构件的梯度温度作用，对体积较大或约束较强的结构，必要时应考虑非线性温度作用。对梯度和非线性温度作用的取值及结构分析目前尚没有较为成熟统一的方法，因此，本规范仅对均匀温度作用作出规定，其他情况设计人员可参考有关文献或根据设计经验酌情处理。

以结构的初始温度（合拢温度）为基准，结构的温度作用效应要考虑温升和温降两种工况。这两种工况产生的效应和可能出现的控制应力或位移是不同的，温升工况会使构件产生膨胀，而温降则会使构件产生收缩，一般情况两者都应校核。

气温和结构温度的单位采用摄氏度（℃），零上为正，零下为负。温度作用标准值的单位也是摄氏度（℃），温升为正，温降为负。

9.3.2 影响结构平均温度的因素较多，应根据工程施工期间和正常使用期间的实际情况确定。

对暴露于环境气温下的室外结构，最高平均温度和最低平均温度一般可依据基本气温 T_{max} 和 T_{min} 确定。

对有围护的室内结构，结构最高平均温度和最低平均温度一般可依据室内和室外的环境温度按热工学的原理确定，当仅考虑单层结构材料且室内外环境温度类似时，结构平均温度可近似地取室内外环境温度的平均值。

在同一种材料内，结构的梯度温度可近似假定为线性分布。

室内环境温度应根据建筑设计资料的规定采用，当没有规定时，应考虑夏季空调条件和冬季采暖条件下可能出现的最低温度和最高温度的不利情况。

室外环境温度一般可取基本气温，对温度敏感的金属结构，尚应根据结构表面的颜色深浅及朝向考虑太阳辐射的影响，对结构表面温度予以增大。夏季太阳辐射对外表面最高温度的影响，与当地纬度、结构方位、表面材料色调等因素有关，不宜简单近似。参考早期的国际标准化组织文件《结构设计依据—温度气候作用》技术报告 ISO TR 9492 中相关的内容，经过计算发现，影响辐射量的主要因素是结构所处的方位，在我国不同纬度的地方（北纬20度～50度）虽然有差别，但不显著。

结构外表面的材料及其色调的影响肯定是明显的。表7为经过计算归纳近似给出围护结构表面温度的增大值。当没有可靠资料时，可参考表7确定。

表7 考虑太阳辐射的围护结构表面温度增加

朝向	表面颜色	温度增加值（℃）
平屋面	浅亮	6
	浅色	11
	深暗	15
东向、南向和西向的垂直墙面	浅亮	3
	浅色	5
	深暗	7
北向、东北和西北向的垂直墙面	浅亮	2
	浅色	4
	深暗	6

对地下室与地下结构的室外温度，一般应考虑离地表面深度的影响。当离地表面深度超过10m时，土体基本为恒温，等于年平均气温。

9.3.3 混凝土结构的合拢温度一般可取后浇带封闭时的月平均气温。钢结构的合拢温度一般可取合拢时的日平均温度，但当合拢时有日照时，应考虑日照的影响。结构设计时，往往不能准确确定施工工期，因此，结构合拢温度通常是一个区间值。这个区间值应包括施工可能出现的合拢温度，即应考虑施工的可行性和工期的不可预见性。

10 偶 然 荷 载

10.1 一 般 规 定

10.1.1 产生偶然荷载的因素很多，如由炸药、燃气、粉尘、压力容器等引起的爆炸，机动车、飞行器、电梯等运动物体引起的撞击，罕遇出现的风、雪、洪水等自然灾害及地震灾害等等。随着我国社会经济的发展和全球反恐面临的新形势，人们使用燃气、汽车、电梯、直升机等先进设施和交通工具的比例大大提高，恐怖袭击的威胁仍然严峻。在建筑结构设计中偶然荷载越来越重要，为此本次修订专门增加偶然荷载这一章。

限于目前对偶然荷载的研究和认知水平以及设计经验，本次修订仅对炸药及燃气爆炸、电梯及汽车撞击等较为常见且有一定研究资料和设计经验的偶然荷载作出规定，对其他偶然荷载，设计人员可以根据本规范规定的原则，结合实际情况或参考有关资料确定。

依据ISO 2394，在设计中所取的偶然荷载代表值是由有关权威机构或主管工程人员根据经济和社会政策、结构设计和使用经验按一般性的原则确定的，其值是唯一的。欧洲规范进一步规定偶然荷载的确定应从三个方面来考虑：①荷载的机理，包括形成的原因、短暂时间内结构的动力响应、计算模型等；②从概率的观点对荷载发生的后果进行分析；③针对不同后果采取的措施从经济上考虑优化设计的问题。从上述三方面综合确定偶然荷载代表值相当复杂，因此欧洲规范提出当缺乏后果定量分析及经济优化设计数据时，对偶然荷载可以按年失效概率万分之一确定，相当于偶然荷载万年一遇。其思路大致如此：假设在偶然荷载设计状况下结构的可靠指标为$\beta=3.8$（稍高于一般的3.7），则其取值的超越概率为：

$$\Phi(-\alpha\beta) = \Phi(-0.7 \times 3.8) = \Phi(-2.66) = 0.003$$

这是对设计基准期是50年而言，对1年的超越概率则为万分之零点六，近似取万分之一。由于偶然荷载的有效统计数据在很多情况下不够充分，此时只能根据工程经验来确定。

10.1.2 偶然荷载的设计原则，与《工程结构可靠性设计统一标准》GB 50153-2008一致。建筑结构设计中，主要依靠优化结构方案、增加结构冗余度、强化结构构造等措施，避免因偶然荷载作用引起结构发生连续倒塌。在结构分析和构件设计中是否需要考虑偶然荷载作用，要视结构的重要性、结构类型及复杂程度等因素，由设计人员根据经验决定。

结构设计中应考虑偶然荷载发生时和偶然荷载发生后两种设计状况。首先，在偶然事件发生时应保证某些特殊部位的构件具备一定的抵抗偶然荷载的承载能力，结构构件受损可控。此时结构在承受偶然荷载的同时，还要承担永久荷载、活荷载或其他荷载，应采用结构承载能力设计的偶然荷载效应组合。其次，要保证在偶然事件发生后，受损结构能够承担对应于偶然设计状况的永久荷载和可变荷载，保证结构有足够的整体稳固性，不致因偶然荷载引起结构连续倒塌，此时应采用结构整体稳固验算的偶然荷载效应组合。

10.1.3 与其他可变荷载根据设计基准期通过统计确定荷载标准值的方法不同，在设计中所取的偶然荷载代表值是由有关的权威机构或主管工程人员根据经济和社会政策、结构设计和使用经验按一般性的原则来确定的，因此不考虑荷载分项系数，设计值与标准值取相同的值。

10.2 爆 炸

10.2.1 爆炸一般是指在极短时间内，释放出大量能量，产生高温，并放出大量气体，在周围介质中造成高压的化学反应或状态变化。爆炸的类型很多，例如炸药爆炸（常规武器爆炸、核爆炸）、煤气爆炸、粉尘爆炸、锅炉爆炸、矿井下瓦斯爆炸、汽车等物体燃烧时引起的爆炸等。爆炸对建筑物的破坏程度与爆炸类型、爆炸源能量大小、爆炸距离及周围环境、建筑物本身的振动特性等有关，精确度量爆炸荷载的大小较为困难。本规范首次加入爆炸荷载的内容，对目前工程中较为常用且有一定研究和应用经验的炸药爆炸和燃气爆炸荷载进行规定。

10.2.2 爆炸荷载的大小主要取决于爆炸当量和结构离爆炸源的距离，本条主要依据《人民防空地下室设计规范》GB 50038－2005 中有关常规武器爆炸荷载的计算方法制定。

确定等效均布静力荷载的基本步骤为：

1）确定爆炸冲击波波形参数，即等效动荷载。

常规武器地面爆炸空气冲击波波形可取按等冲量简化的无升压时间的三角形，见图 10。

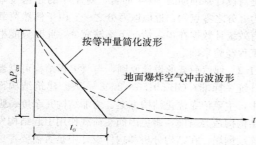

图 10　常规武器地面爆炸空气冲击波简化波形

常规武器地面爆炸冲击波最大超压（N/mm²）ΔP_{cm} 可按下式计算：

$$\Delta P_{cm} = 1.316\left(\frac{\sqrt[3]{C}}{R}\right)^3 + 0.369\left(\frac{\sqrt[3]{C}}{R}\right)^{1.5}$$

式中：C——等效 TNT 装药量（kg），应按国家现行有关规定取值；

R——爆心至作用点的距离（m），爆心至外墙外侧水平距离应按国家现行有关规定取值。

地面爆炸空气冲击波按等冲量简化的等效作用时间 t_0（s），可按下式计算：

$$t_0 = 4.0 \times 10^{-4} \Delta P_{cm}^{-0.5} \sqrt[3]{C}$$

2）按单自由度体系强迫振动的方法分析得到构件的内力。

从结构设计所需精度和尽可能简化设计的角度考虑，在常规武器爆炸动荷载或核武器爆炸动荷载作用下，结构动力分析一般采用等效静荷载法。试验结果与理论分析表明，对于一般防空地下室结构在动力分析中采用等效静荷载法除了剪力（支座反力）误差相对较大外，不会造成设计上明显不合理。

研究表明，在动荷载作用下，结构构件振型与相应静荷载作用下挠曲线很相近，且动荷载作用下结构构件的破坏规律与相应静荷载作用下破坏规律基本一

致，所以在动力分析时，可将结构构件简化为单自由度体系。运用结构动力学中对单自由度集中质量等效体系分析的结果，可获得相应的动力系数。

等效静载法一般适用于单个构件。实际结构是个多构件体系，如有顶板、底板、墙、梁、柱等构件，其中顶板、底板与外墙直接受到不同峰值的外加动荷载，内墙、柱、梁等承受上部构件传来的动荷载。由于动荷载作用的时间有先后，动荷载的变化规律也不一致，因此对结构体系进行综合的精确分析是较为困难的，故一般均采用近似方法，将它拆成单个构件，每一个构件都按单独的等效体系进行动力分析。各构件的支座条件应按实际支承情况来选取。例如对钢筋混凝土结构，顶板与外墙的刚度接近，其连接处可近似按弹性支座（介于固端与铰支之间）考虑。而底板与外墙的刚度相差较大，在计算外墙时可将二者连接处视作固定端。对通道或其他简单、规则的结构，也可近似作为一个整体构件按等效静荷载法进行动力计算。

对于特殊结构也可按有限自由度体系采用结构动力学方法，直接求出结构内力。

3）根据构件最大内力（弯矩、剪力或轴力）等效的原则确定等效均布静力荷载。

等效静力荷载法规定结构构件在等效静力荷载作用下的各项内力（如弯矩、剪力、轴力）等与动荷载作用下相应内力最大值相等，这样即可把动荷载视为静荷载。

10.2.3 当前在房屋设计中考虑燃气爆炸的偶然荷载是有实际意义的。本条主要参照欧洲规范《由撞击和爆炸引起的偶然作用》EN 1991－1－7 中的有关规定。设计的主要思想是通过通口板破坏后的泄压过程，提供爆炸空间内的等效静力荷载公式，以此确定关键构件的偶然荷载。

爆炸过程是十分短暂的，可以考虑构件设计抗力的提高，爆炸持续时间可近似取 $t = 0.2s$。

EN 1991 Part 1.7 给出的抗力提高系数的公式为：

$$\varphi_d = 1 + \sqrt{\frac{p_{SW}}{p_{Rd}}} \sqrt{\frac{2u_{max}}{g\,(\Delta t)^2}}$$

式中：p_{SW}——关键构件的自重；

p_{Rd}——关键构件的在正常情况下的抗力设计值；

u_{max}——关键构件破坏时的最大位移；

g——重力加速度。

10.3　撞　击

10.3.1 当电梯运行超过正常速度一定比例后，安全钳首先作用，将轿厢（对重）卡在导轨上。安全钳作用瞬间，将轿厢（对重）传来的冲击荷载作用给导轨，再由导轨传至底坑（悬空导轨除外）。在安全钳

失效的情况下，轿厢（对重）才有可能撞击缓冲器，缓冲器将吸收轿厢（对重）的动能，提供最后的保护。因此偶然情况下，作用于底坑的撞击力存在四种情况：轿厢或对重的安全钳通过导轨传至底坑；轿厢或对重通过缓冲器传至底坑。由于这四种情况不可能同时发生，表10中的撞击力取值为这四种情况下的最大值。根据部分电梯厂家提供的样本，计算出不同的电梯品牌、类型的撞击力与电梯总重力荷载的比值（表8）。

根据表8结果，并参考了美国 IBC 96 规范以及我国《电梯制造与安装安全规范》GB 7588-2003，确定撞击荷载标准值。规范值适用于电力驱动的拽引式或强制式乘客电梯、病床电梯及载货电梯，不适用于杂物电梯和液压电梯。电梯总重力荷载为电梯核定载重和轿厢自重之和，忽略了电梯装饰荷载的影响。额定速度较大的电梯，相应的撞击荷载也较大，高速电梯（额定速度不小于2.5m/s）宜取上限值。

表 8　撞击力与电梯总重力荷载比值计算结果

电梯类型		品牌 1	品牌 2	品牌 3
无机房	低速客梯	3.7～4.4	4.1～5.0	3.7～4.7
有机房	低速客梯	3.7～3.8	4.1～4.3	4.0～4.8
	低速观光梯	3.7	4.9～5.6	4.9～5.4
	低速医梯	4.2～4.7	5.2	4.0～4.5
	低速货梯	3.5～4.1	3.9～7.4	3.6～5.2
	高速客梯	4.7～5.4	5.9～7.0	6.5～7.1

10.3.2　本条借鉴了《公路桥涵设计通用规范》JTG D60-2004 和《城市人行天桥与人行地道技术规范》CJJ 69-95 的有关规定，基于动量定理给出了撞击力的一般公式，概念较为明确。按上述公式计算的撞击力，与欧洲规范相当。

我国公路上 10t 以下中、小型汽车约占总数的 80%，10t 以上大型汽车占 20%。因此，该规范规定计算撞击力时撞击车质量取 10t。而《城市人行天桥与人行地道技术规范》CJJ 69-95 则建议取 15t。本规范建议撞击车质量按照实际情况采用，当无数据时可取为 15t。又据《城市人行天桥与人行地道技术规范》CJJ 69-95，撞击车速建议取国产车平均最高车速的 80%。目前高速公路、一级公路、二级公路的最高设计车速分别为 120km/h、100km/h 和 80km/h，综合考虑取车速为 80km/h（22.2m/s）。

在没有试验资料时，撞击时间按《公路桥涵设计通用规范》JTG D60-2004 的建议，取值 1s。

参照《城市人行天桥与人行地道技术规范》CJJ 69-95 和欧洲规范 EN 1991-1-7，垂直行车方向撞击力取顺行方向撞击力的 50%，二者不同时作用。

建筑结构可能承担的车辆撞击主要包括地下车库及通道的车辆撞击、路边建筑物车辆撞击等，由于所处环境不同，车辆质量、车速等变化较大，因此在给出一般值的基础上，设计人员可根据实际情况调整。

10.3.3　本条主要参考欧洲规范 EN 1991-1-7 的有关规定。

中华人民共和国国家标准

Ⅲ、Ⅳ级铁路设计规范

Code for design of class Ⅲ、Ⅳ railway

GB 50012—2012

主编部门：中 华 人 民 共 和 国 铁 道 部
批准部门：中华人民共和国住房和城乡建设部
施行日期：２０１２ 年 １２ 月 １ 日

中华人民共和国住房和城乡建设部
公 告

第 1487 号

关于发布国家标准《Ⅲ、Ⅳ级铁路
设计规范》的公告

现批准《Ⅲ、Ⅳ级铁路设计规范》为国家标准，编号为 GB 50012—2012，自 2012 年 12 月 1 日起实施。其中，第 1.0.15、3.4.2、3.4.3、3.4.6、7.8.1、7.8.2、9.3.9、9.3.16、9.4.6、9.4.9、10.2.1、10.3.1（3、4）、12.2.28、14.1.1、14.3.3、14.3.9、14.4.2、15.2.5（1）条（款）为强制性条文，必须严格执行。原国家标准《工业企业标准轨距铁路设计规范》GBJ 12—87 同时废止。

中华人民共和国住房和城乡建设部
2012 年 10 月 11 日

前 言

本规范是根据住房和城乡建设部《关于印发〈2008 年工程建设标准规范制订、修订计划（第二批）的通知》（建标〔2008〕105 号）的要求，由中铁第四勘察设计院集团有限公司，在原国家标准《工业企业标准轨距铁路设计规范》GBJ 12—87 的基础上修订完成的。

在本规范修订过程中，修订组吸取了近年来我国铁路设计、施工、运营等方面的成功经验，充分体现了Ⅲ、Ⅳ级铁路的特点，最后经审查定稿。

本规范共分 15 章，主要内容包括：总则、术语与符号、线路、轨道、路基、桥梁和涵洞、隧道、站场及客货运设备、电力牵引供电、电力、机务和车辆设备、给水排水、通信与信息、信号、房屋建筑及暖通空调卫生设备等。

本次修订的主要内容如下：

1. 与国家铁路网划分的Ⅰ、Ⅱ、Ⅲ、Ⅳ级铁路相统一，将原铁路网中的Ⅲ级铁路、地方铁路、工业企业铁路统一划分为Ⅲ、Ⅳ级铁路。

2. 铁路等级按Ⅲ级铁路运量小于 10Mt 且大于或等于 5Mt，Ⅳ级铁路运量小于 5Mt 进行划分。

3. 修订了铁路设计年度标准，近、远期分别为交付运营后第 10 年和第 20 年。

4. 速度目标值按铁路等级和列车种类划分，旅客列车设计行车速度：Ⅲ级铁路为 120、100、80、60km/h，Ⅳ级铁路为 100、80、60、40km/h。货物列车设计行车速度：Ⅲ、Ⅳ级铁路等于或小于 80km/h。

5. 取消了蒸汽机车牵引的有关内容。

6. 正线轨道、站线轨道设计中取消了 43kg/m、38kg/m、33kg/m 钢轨的有关内容。

7. 增加了路基填料及压实的有关技术标准，提高了挡土墙整体稳定系数和软土路堤稳定性系数等参数标准。

8. 桥梁设计中修改了荷载分类和组合、梁式桥跨结构竖向挠度限制、桥跨结构横向刚度等规定，增加了离心力计算、列车横向摇摆力、墩台及工后沉降量限值、设置避车台等规定。

9. 增加了隧道长度分类、洞门与衬砌建筑材料等方面的规定，提高了部分建筑材料等级。

10. 站场及客货运设备中对线路接轨、交接方式、站线数量、站线路基及排水设计、安全线及避难线、站场客运设备和货运设备等提出了具体要求。

11. 电力牵引供电中增加了远动系统、变电所综合自动化或微机保护、安全监视系统、远动光纤通道进变电所等方面的内容。

12. 修改了电力负荷等级及供电方式，增加了电力电缆、继电保护、电力远动、微机保护、箱式变电站等技术要求。

13. 增加了信息系统、数据通信网设计、应急通信系统等内容。

14. 增加了遮断信号机、轨道电路设计、自动站间闭塞、道岔转辙及锁闭、调度集中、站内电码化设计、计算机监测设计、电（光）缆防护措施等要求。

本规范中以黑体字标志的条文为强制性条文，必须严格执行。

本规范由住房和城乡建设部负责管理和对强制性

条文的解释，由铁道部负责日常管理，由中铁第四勘察设计院集团有限公司负责具体技术内容的解释。本规范在执行过程中，希望各单位结合工程实践，认真总结经验，积累资料。如发现需要修改和补充之处，请将意见及有关资料寄交中铁第四勘察设计院集团有限公司（湖北省武汉市武昌和平大道745号，邮政编码430063），以供今后修订时参考。

本规范主编单位：中铁第四勘察设计院集团有限公司

本规范主要起草人：刘正洲　郭志勇　宋建恩
　　　　　　　　　　苏　枚　蔡玉端　方国星
　　　　　　　　　　黄远清　崔庆生　王华成
　　　　　　　　　　许克亮　赵子俊　熊林敦
　　　　　　　　　　张文侠　李学文　田四明
　　　　　　　　　　颜志伟　刘守忠　曾菊青

　　　　　　　　　　周宇冠　黄足平　孙立金
　　　　　　　　　　李丽雅　郑青松　盛志洪
　　　　　　　　　　王　峻　马朝辉　柯　宁
　　　　　　　　　　张　健　沈志凌　石先明
　　　　　　　　　　欧阳志源　张明军　董乃进
　　　　　　　　　　郭占一　黄　鹰

本规范主要审查人：尹福康　薛吉岗　夏建中
　　　　　　　　　　朱飞雄　刘　华　肖　苹
　　　　　　　　　　杜寅堂　单圣熊　崔庆生
　　　　　　　　　　孙连起　孟水忠　张　勤
　　　　　　　　　　王伟民　曾树谷　黄建莳
　　　　　　　　　　王　南　张　强　李海光
　　　　　　　　　　郭振勇　周四思　聂　影
　　　　　　　　　　张东明　苏新民　张立国
　　　　　　　　　　王正瑛　韩文雷

目　　次

Contents

1 总 则

1.0.1 为统一客货共线Ⅲ、Ⅳ级铁路设计技术标准，使Ⅲ、Ⅳ级铁路设计符合安全适用、技术先进、经济合理的要求，制定本规范。

1.0.2 本规范适用于新建、改建Ⅲ、Ⅳ级标准轨距铁路的设计。

1.0.3 新建和改建Ⅲ、Ⅳ级铁路的等级，应根据其作用、性质、列车设计行车速度和客货运量，按下列规定确定：

    1 为某一地区或企业服务的铁路，近期年客货运量小于10Mt且大于或等于5Mt者，应为Ⅲ级铁路。

    2 为某一地区或企业服务的铁路，近期年客货运量小于5Mt者，应为Ⅳ级铁路。

    3 近期年货运量大于或等于10Mt服务于地区或企业的铁路，可根据其性质和作用按相应标准设计。

    注：年客货运量应为重车方向的货运量与由客车对数折算的货运量之和。1对/d旅客列车应按1.0Mt年货运量折算。

1.0.4 Ⅲ、Ⅳ级铁路应与Ⅰ、Ⅱ级铁路网接轨，并应形成国家统一的客货共线铁路网。

1.0.5 铁路的设计年度应分为近期和远期。近期应为交付运营后第10年，远期应为交付运营后第20年。近、远期运量均应采用预测运量。

    不易改建、扩建的建筑物和设备，应按远期运量和运输性质设计。可逐步改建、扩建的建筑物和设备，应按近期运量和运输性质设计，并应预留远期发展条件。

    随运输需求变化增减的机车、车辆等运输设备，可按交付运营后第5年的运量进行设计。

1.0.6 铁路设计应高度重视环境保护、水土保持、文物保护和节约用地，并应与城市建设总体规划和工业企业规划相协调，应加强地质勘察工作，并应绕避重大不良地质地段，无法绕避时，应采取安全可靠的治理措施。同时，还应认真执行国家节约能源、节约用水、节约材料等有关方针政策，并应根据所在地区的能源条件，充分利用太阳能、风能、地热能等可再生能源。

1.0.7 改建既有线或增建第二线时，应在满足设计年度的输送能力和设计行车速度的前提下，充分利用既有建筑物和设备。

1.0.8 区间通过能力应预留单线20％、双线15％的储备能力，并应计算客货运量的波动性。

1.0.9 货物列车到发线有效长度应根据运输需求和货物列车长度确定，且宜与邻接线路的到发线有效长度相匹配。

1.0.10 接轨站的站址方案、接轨铁路的管理，以及运输交接方式，应经技术经济比较并与有关部门协商确定。

    新建Ⅲ、Ⅳ级铁路与接轨铁路可不设交接站，既有Ⅲ、Ⅳ级铁路改建、扩建时，宜取消交接站。

    为企业服务的铁路与路网接轨时，应采用整列装卸、直通运输的运输组织方式。

1.0.11 专用铁路的设备配置，应根据工业企业的特点、生产流程和铁路技术作业规定等因素确定。

1.0.12 铁路设计行车速度应根据运输需求、铁路等级、地形条件、远期发展等因素综合确定。旅客列车设计行车速度，Ⅲ级铁路应按120、100、80、60km/h划分选用，Ⅳ级应按100、80、60、40km/h划分选用；Ⅲ、Ⅳ级铁路（含货运专线）货物列车设计行车速度，应等于或小于80km/h。

1.0.13 各级铁路的下列主要技术标准，应根据远期客货运量和确定的铁路等级，经综合比选确定：

    1 正线数目。

    2 限制坡度。

    3 最小曲线半径。

    4 牵引种类。

    5 牵引质量。

    6 机车类型。

    7 机车交路。

    8 到发线有效长度。

    9 闭塞类型。

    10 调度指挥方式。

1.0.14 用于计算路基宽度、桥隧和其他永久性建筑物净空的轨道高度，应按远期运量和运营条件确定。

1.0.15 铁路建筑物和设备的限界应符合现行国家标准《标准轨距铁路机车车辆限界》GB 146.1和《标准轨距铁路建筑限界》GB 146.2的有关规定。开行或接发双层集装箱列车的线路设计，应满足双层集装箱限界的要求。

1.0.16 Ⅲ、Ⅳ级铁路用地可按新建铁路工程项目建设用地指标进行设计。

1.0.17 Ⅲ、Ⅳ级铁路的抗震设计应根据线路性质和作用，按铁路抗震设防烈度为6度、7度、8度、9度地区，进行铁路线路、路基、挡土墙、桥梁、隧道等工程的抗震设计。

1.0.18 铁路大型临时工程和过渡工程应结合施工组织设计进行统筹设计。

1.0.19 过渡工程便线速度目标值宜与被改建线路速度目标值相同，困难地段可根据运输需要经技术经济比选确定。过渡便线的基础设施、设备，应按相应速度目标值铁路技术标准设计。

1.0.20 Ⅲ、Ⅳ级铁路设计除应符合本规范外，尚应符合国家现行有关标准的规定。

2 术语与符号

2.1 术　语

2.1.1 地方铁路　local railway

以地方为主筹建，由地方独自或联合经营管理，承担社会运输的铁路。

2.1.2 专用铁路　special railway

专为本企业或本单位内部提供运输服务的铁路。

2.1.3 铁路专用线　industrial siding

由企业或其他单位管理的与国家铁路或其他铁路线路接轨的岔线。

2.2 符　号

Δi_r——曲线阻力引起的坡度减缓值；
R——曲线半径；
l——坡段长度；
h——外轨超高；
$V_{\max}$——路段设计最高行车速度；
V_j——均方根速度；
N_i——各类列车次数；
Q_i——各类列车质量；
V_i——实测各类列车速度；
Δl——曲线内股缩短长度；
α——曲线偏角；
S——曲线两钢轨中心距，按 1435mm 计；
e——天然孔隙比；
I_P——土的塑性指数；
w_L——土的液限含水率；
D_r——相对密度；
K_h——压实系数；
K_{30}——地基系数。

3 线　路

3.1 线路平面与纵断面

3.1.1 设计线路平面的圆曲线半径应结合工程条件、路段设计行车速度、运营养护条件等因素，因地制宜、合理选用。

曲线半径宜采用 8000、7000、6000、5000、4500、4000、3500、3000、2800、2500、2000、1800、1600、1400、1200、1000、800、700、600、550、500、450、400、350、300m 系列值。在特别困难条件下，可采用上列半径间 10m 整倍数的曲线半径。

改建既有线困难条件下，曲线半径可设计为 1m 的整倍数。

3.1.2 最小曲线半径应根据工程条件和设计行车速度比选确定，但不得小于表 3.1.2 的规定。

表 3.1.2　最小曲线半径（m）

路段设计行车速度（km/h）		120	100	80	60、40
最小曲线半径	一般地段	1200	800	600	500
	困难地段	800	600	500	300

注：行车速度低于 40km/h 时，按调车办理。

在特殊困难条件下，列车进出站需减速、加速或长大上坡地段，有充分技术经济依据时，可采用与行车速度相匹配的曲线半径。

改建既有线最小曲线半径应结合既有铁路标准比选确定，在困难条件下，改建将引起巨大工程时，个别小半径曲线可保留。

3.1.3 新建铁路不应采用复曲线。改建既有线困难条件下，可经比选保留复曲线。

增建第二线时，两线间距相同的并行地段平面曲线，宜设计为与既有线经过校正的同心圆曲线。

3.1.4 直线与圆曲线间应以缓和曲线连接，缓和曲线的设计应符合下列规定：

1 缓和曲线长度应根据曲线半径，并结合路段设计行车速度和地形条件，按表 3.1.4-1 选用。有条件时，宜采用较长的缓和曲线。

表 3.1.4-1　缓和曲线长度（m）

路段列车设计行车速度（km/h）		120		100		80		60	40
工程条件		一般	困难	一般	困难	一般	困难		
曲线半径（m）	8000	30	20	20	20	—	—	—	—
	7000	30	20	20	20	—	—	—	—
	6000	30	20	20	20	20	20	—	—
	5000	40	30	20	20	20	20	—	—
	4500	40	30	30	20	20	20	—	—
	4000	50	30	30	20	20	20	—	—
	3500	50	40	40	20	20	20	—	—
	3000	50	40	40	30	20	20	—	—
	2800	60	40	40	30	20	20	—	—
	2500	60	40	40	30	30	20	20	—
	2000	60	50	50	30	30	20	20	—
	1800	70	50	50	40	30	20	20	—
	1600	70	50	50	40	40	20	20	—
	1400	80	70	60	40	40	20	20	—
	1200	90	80	60	50	40	30	20	20
	1000	120	100	70	60	40	30	20	20
	800	150	130	80	70	50	40	20	20
	700	—	—	100	90	50	40	20	20
	600	—	—	120	100	60	50	30	20
	550	—	—	—	—	60	50	30	20
	500	—	—	—	—	60	60	30	20
	450	—	—	—	—	—	—	40	20
	400	—	—	—	—	—	—	40	20
	350	—	—	—	—	—	—	40	20
	300	—	—	—	—	—	—	50	30

注：当采用表列数值间的曲线半径时，其相应的缓和曲线长度可采用线性内插值，并进整至 10m。

2 改建既有线采用表 3.1.4-1 的规定将引起较大工程时，可采用较短的缓和曲线，其长度应按实设曲线超高和不大于表 3.1.4-2 规定的数值确定，并应取 10m 的整倍数，特殊困难条件下可取整至 1m，但不应小于 20m。

表 3.1.4-2　缓和曲线最大超高顺坡率

路段列车设计行车速度 (km/h)	120	100	80	60	40
最大超高顺坡率（‰）	1.2	1.4	1.8	2.0	2.0

3 采用反向曲线变更线间距，且受最小圆曲线长度限制时，可不设缓和曲线，但最小圆曲线半径不得小于表 3.1.4-3 规定的数值。

表 3.1.4-3　采用反向曲线变更线间距时不设缓和曲线的最小圆曲线半径

路段设计行车速度 (km/h)	120	100	80	60	40
可不设缓和曲线的最小圆曲线半径（m）	5000	4000	3000	2000	1000

4 设计行车速度小于 30km/h 的路段，其曲线半径大于或等于 700m 时，可不设缓和曲线；小于 700m 时，应设 20m 的缓和曲线，但外轨超高不足 10mm 时，亦可不设。

5 保留既有复曲线，且两个复曲线的曲率差大于表 3.1.4-4 规定的数值时，应设置中间缓和曲线，中间缓和曲线应满足超高顺坡的要求，其长度应根据计算确定。

表 3.1.4-4　复曲线不设中间缓和曲线的两圆曲线最大曲率差

路段列车设计行车速度 (km/h)	120	100	80 及以下
两圆曲线的最大曲率差	1/4000	1/2000	1/1000

3.1.5 圆曲线和夹直线的最小长度不应小于表 3.1.5 的规定。

改建既有线或增建第二线，在特殊困难条件下，按表 3.1.5 设置圆曲线或夹直线将引起大量工程时，经技术经济比较后，可不受表 3.1.5 的规定限制。但圆曲线和夹直线长度，当行车速度大于或等于 80km/h 时，不得小于 20m；行车速度小于 80km/h 时，不得小于 14m。

表 3.1.5　圆曲线和夹直线的最小长度

路段列车设计行车速度 (km/h)		120	100	80	60	40
圆曲线或夹直线最小长度（m）	一般	80	60	50	40	25
	困难	50	40	30	25	20

3.1.6 增建二线宜设在既有线路一侧，需换侧时，宜在曲线上或车站附近进行。

车站两端和桥隧地段线路的线间距变更，宜在附近曲线上完成。条件不具备时，可在第二线直线地段用较大半径的反向曲线完成。

第一线与第二线区间直线并行地段的线间距不应小于 4m；第二线与第三线区间直线并行地段的线间距不应小于 5m，两线间设高柱信号机时，不应小于 5.3m；区间直线地段为最小线间距时，曲线地段的线间距加宽应符合表 3.1.6 的规定。有双层集装箱运输需求的线路，曲线加宽尚应根据双层集装箱运输限界计算确定。

3.1.7 特大桥和大桥宜设在直线上；困难条件下设在曲线上时，宜采用较大曲线半径。跨度大于 40m 或桥长大于 100m 的明桥面桥和无砟桥面桥，桥上的曲线半径小于 1000m 时，应进行充分的技术经济比较。

表 3.1.6　曲线地段线间距加宽值（mm）

线别间		第一线与第二线间					第二线与第三线间			
内、外侧线路曲线超高设置情况		外侧线路曲线超高大于内侧线路曲线超高时				其他情况				
路段旅客列车设计速度（km/h）		120	100	80	60		120	100	80	60
曲线半径（m）	8000	35	25	15	—	—	50	30	20	—
	7000	50	30	20	—	—	65	45	35	—
	6000	50	35	25	—	—	65	45	35	—
	5000	55	40	35	—	—	75	55	45	—
	4500	70	45	40	—	—	90	60	45	—
	4000	85	55	40	35	20	100	70	50	45
	3500	90	65	40	40	25	115	85	65	55

线别间	第一线与第二线间					第二线与第三线间			
内、外侧线路曲线超高设置情况	外侧线路曲线超高大于内侧线路曲线超高时				其他情况				
路段旅客列车设计速度（km/h）	120	100	80	60		120	100	80	60
曲线半径（m）　3000	90	80	65	45	30	120	100	80	60
2800	95	85	65	45	35	130	115	85	70
2500	100	100	70	50	35	135	125	95	75
2000	115	105	95	65	40	150	140	110	95
1800	125	110	100	70	45	165	145	125	100
1600	135	125	115	80	55	185	165	145	105
1400	150	135	125	95	60	200	180	160	120
1200	165	155	135	110	70	220	200	170	140
1000	220	175	155	130	85	295	225	195	175
800	265	210	190	160	105	355	265	235	215
700	—	260	210	185	120	—	340	260	240
600	—	295	235	215	140	—	380	290	270
550	—	315	255	235	155	—	405	315	285
500	—	—	280	260	170	—	—	340	310
450	—	—	335	290	190	—	—	420	340
400	—	—	365	325	210	—	—	450	375
350	—	—	410	370	240	—	—	500	415
300	—	—	—	430	280	—	—	—	475

3.1.8 隧道宜设在直线上；受地形、地质等条件限制必须设在曲线上时，曲线宜设在洞口附近并采用较大的曲线半径，但不宜设在反向曲线上。

3.1.9 车站的站坪长度应根据远期的车站布置形式、种类和到发线有效长度确定，并不应小于表3.1.9规定的数值。改建车站困难条件下，站坪长度可按实际需要计算确定。

表 3.1.9　站坪长度（m）

车站种类	车站布置形式	远期到发线有效长度					
		1050	850	750	650	550	450
		单线	单线	单线	单线	单线	单线
会让站	横列式	1350	1150	1050	950	850	750
中间站	横列式	1500	1300	1200	1100	1000	900
区段站	横列式	1850	1650	1550	1450	1350	1250
	纵列式	3000	2600	2400	2200	2000	1800

注：1　站坪长度未包括两端平面曲线和竖曲线长度。

　　2　多机牵引时，站坪长度应根据机车数量及长度计算确定。

　　3　会让站和中间站站坪长度系按正线上全部采用12号道岔确定；区段站站坪长度系按旅客列车进路采用12号道岔，正线其他进路采用9号道岔确定。条件不同时，站坪长度应按实际需要计算确定。

　　4　复杂中间站、区段站的站坪长度可按实际需要计算确定。

3.1.10 车站正线的平面设计应符合下列规定：

　1　车站宜设在直线上；困难条件下必须设在曲线上时，车站平面最小圆曲线半径不应小于表3.1.10的规定。

　2　改建车站有充分技术经济依据时，可保留小于表3.1.10的曲线半径。

　3　横列式车站不应设在反向曲线上；纵列式车站设在反向曲线上时，每一运行方向的线路有效长度范围内不应有反向曲线。

　4　车站咽喉区范围内的正线应设在直线上。

表 3.1.10　车站平面最小圆曲线半径

路段设计行车速度（km/h）			120	100	80	60	40
最小曲线半径（m）	区段站		800			—	—
	中间、会让、越行站	一般	1200	800	600	500	400
		工程困难情况	800	600		400	

3.1.11 线路的限制坡度应根据铁路等级、地形条件、牵引种类和运输要求比选确定，并应与邻接铁路的牵引质量相协调，但不得大于表3.1.11-1规定的数值。

表 3.1.11-1　限制坡度最大值（‰）

铁路等级	牵引种类	
	内燃	电力
Ⅲ	18	25
Ⅳ	30	30

在采用限制坡度将引起巨大工程的地段，经比选可采用加力牵引坡度。加力牵引坡度的设计应符合下列规定：

1 加力牵引坡度应集中使用。加力牵引区段宜与区段站或其他有机务设备的车站邻接。

2 加力牵引坡度应根据牵引质量、机车类型、机车台数及加力牵引方式，按下式计算确定：

$$i_{j1} = \frac{\sum_{k=1}^{n}\lambda_y\lambda_k F_{jk} - \left(\sum_{k=1}^{n}P_k\omega'_{0k} + Q\omega''_0\right)}{\left(\sum_{k=1}^{n}P_k + Q\right)\cdot g} \tag{3.1.11}$$

式中：i_{j1}——加力牵引坡度（‰），以 0.5‰ 为单位取值；

$\sum$——求和函数；

n——机车台数；

λ_y——机车牵引力使用系数，取 $\lambda_y = 0.9$；

λ_k——第 k 台机车的牵引力取值系数，根据加力牵引方式和操纵方法按现行行业标准《列车牵引计算规程》TB/T 1407 的有关规定取值；

F_{jk}——第 k 台机车在本务机车计算速度时的牵引力（N）；

P_k——第 k 台机车的质量（t）；

Q——牵引质量（t）；

ω'_{0k}——第 k 台机车在本务机车计算速度时的单位基本阻力（N/t）；

ω''_0——车辆在本务机车计算速度时的单位基本阻力（N/t）；

g——重力加速度，取 9.81m/s^2。

3 采用相同类型的机车加力牵引时，各种限制坡度相应的加力牵引坡度，可采用表 3.1.11-2 规定的数值。

表 3.1.11-2 电力和内燃牵引的加力牵引坡度 （‰）

限制坡度	双机牵引坡度		三机牵引坡度	
	电力	内燃	电力	内燃
4.0	9.0	8.5	14.0	13.0
5.0	11.0	10.5	16.5	15.5
6.0	13.0	12.5	19.0	18.5
7.0	14.5	14.5	21.5	21.0
8.0	16.5	16.0	24.0	23.5

续表 3.1.11-2

限制坡度	双机牵引坡度		三机牵引坡度	
	电力	内燃	电力	内燃
9.0	18.5	18.0	26.5	25.0
10.0	20.0	20.0	29.0	
11.0	22.0	21.5	30.0	
12.0	24.0	23.5		
13.0	25.5	25.0		
14.0	27.5			
15.0	29.0			
16.0	30.0			

注：内燃牵引的加力牵引坡度值是按机车牵引力未进行海拔与气温修正计算，条件不同时应按公式（3.1.11）计算确定。

3.1.12 轻、重车方向货流显著不平衡，将来也不致发生巨大变化，且分方向采用不同的限制坡度有显著经济价值时，可分方向选择限制坡度，并应符合下列规定：

1 列车制动应安全。

2 在轻车方向列车运行速度不应低于机车计算速度。

3 应满足区间通过能力和输送能力的需要。

4 改建既有线时，对局部超过限制坡度地段，如因降坡将引起大量工程，且经运营实践和牵引计算证明可利用动能以不低于机车计算速度通过的坡度，可保留。

5 增建第二线时，对既有线超过限制坡度地段，可作为行车方向的下坡线。

3.1.13 最大坡度应按下列规定进行减缓或折减：

1 平面曲线范围内应进行曲线阻力所引起的坡度减缓，其减缓值应按下列公式计算确定：

1）当曲线长度大于或等于货物列车长度时：

$$\Delta i_r = \frac{600}{R} \tag{3.1.13-1}$$

2）当曲线长度小于货物列车长度时：

$$\Delta i_r = \frac{10.5\sum\alpha}{l} \tag{3.1.13-2}$$

式中：Δi_r——曲线阻力引起的坡度减缓值（‰）；

R——曲线半径（m）；

l——坡段长度，当其大于货物列车长度时采用货物列车长度（m）；

α——减缓坡段长度或货物列车长度内平面曲线偏角（°）。

2 电力牵引铁路，在长大坡道上小半径曲线范围内，机车粘着系数降低时，应进行坡度减缓，其减缓值应采用表 3.1.13-1 规定的数值。

表 3.1.13-1 电力牵引铁路小半径曲线粘降坡度减缓值（‰）

机车类型	最大坡度		4	6	9	12	15	20	25	30
SS₃	曲线半径	350	0.15	0.20	0.29	0.37	0.45	0.59	0.73	0.86
		300	0.32	0.44	0.61	0.79	0.97	1.26	1.56	1.85
SS₄	曲线半径	400	0.11	0.15	0.21	0.27	0.32	0.42	0.52	0.62
		350	0.28	0.38	0.53	0.68	0.83	1.08	1.33	1.59
		300	0.45	0.61	0.85	1.09	1.34	1.74	2.15	2.55
SS₇	曲线半径	550	0.07	0.10	0.14	0.18	0.22	0.29	0.35	0.42
		500	0.22	0.31	0.43	0.56	0.68	0.89	1.09	1.30
		450	0.38	0.52	0.72	0.93	1.14	1.49	1.83	2.18
		400	0.53	0.72	1.02	1.31	1.60	2.09	2.57	3.06
		350	0.68	0.93	1.31	1.68	2.06	2.69	3.28	3.94
		300	0.83	1.14	1.60	2.06	2.52	3.29	4.06	4.82
SS₆B	曲线半径	450	0.16	0.21	0.30	0.39	0.47	0.61	0.76	0.90
		400	0.32	0.43	0.61	0.78	0.95	1.24	1.53	1.82
		350	0.48	0.65	0.91	1.18	1.44	1.87	2.31	2.75
		300	0.64	0.87	1.22	1.57	1.92	2.50	3.09	3.67
6K	曲线半径	450	0.09	0.12	0.17	0.21	0.26	0.34	0.42	0.50
		400	0.25	0.34	0.48	0.61	0.75	0.98	1.21	1.44
		350	0.41	0.56	0.79	1.02	1.24	1.62	2.00	2.38
		300	0.57	0.78	1.10	1.42	1.73	2.26	2.79	3.32
8G	曲线半径	500	0.11	0.15	0.21	0.27	0.33	0.43	0.53	0.63
		450	0.27	0.37	0.51	0.66	0.81	1.05	1.29	1.54
		400	0.43	0.58	0.81	1.04	1.28	1.67	2.06	2.44
		350	0.58	0.80	1.11	1.43	1.75	2.29	2.82	3.35
		300	0.74	1.01	1.42	1.82	2.23	2.90	3.58	4.26

3 长度大于 400m 的隧道线路坡度，应按表 3.1.13-2 的规定折减。位于曲线地段的隧道，应先进行隧道坡度折减，再进行曲线坡度减缓。

内燃机车牵引列车通过长度小于或等于 1000m 的隧道时，最低运行速度不得小于机车的最低计算速度（V_{jmin}），隧道长度大于 1000m 时不得小于 V_{jmin}+

5km/h；无法满足最低运行速度要求时，应在隧道外设计加速缓坡。

4 改建既有线按表 3.1.13-1 和表 3.1.13-2 规定的数值进行减缓或折减将引起巨大工程时，经技术经济比较可保留原标准。

表 3.1.13-2 电力和内燃牵引铁路的隧道线路限制坡度折减系数

隧道长度（m）	电力牵引	内燃牵引
400<L≤1000	0.95	0.90
1000<L≤4000	0.90	0.80
L>4000	0.85	0.75

3.1.14 纵断面坡段的长度及连接应符合下列规定：

1 纵断面的最小坡段长度不宜小于表 3.1.14-1 的规定。因坡度减缓或折减而形成的坡段、缓和坡段、两端货物列车以接近计算速度运行的凸型纵断面的分坡平段和路堑内代替分坡平段的人字坡段，Ⅲ级铁路可缩短至 200m，Ⅳ级铁路及临时铁路可缩短至 100m。

表 3.1.14-1 最小坡段长度

远期到发线有效长度（m）	1050	850	750	650	≤550
最小坡段长度（m）	400	350	300	250	200

改建既有线和增建第二线时，在困难条件下，可采用 100m 的坡段长度。

最小坡段长度应满足设置竖曲线的要求。

2 相邻坡段宜设计为较小的坡度差，最大不得超过表 3.1.14-2 的规定。改建既有线及增建第二线，有充分依据时，其相邻坡段的坡度差可保留。

表 3.1.14-2 相邻坡段的最大坡度差（‰）

铁路等级	远期到发线有效长度（m）					
	1050	850	750	650	550	450
一般情况下						
Ⅲ	10	12	15	18	20	25
Ⅳ			18	25	25	
困难条件下						
Ⅲ	12	15	18	20	25	30
Ⅳ	—	—	20	25	30	30

3 竖曲线应采用圆曲线形竖曲线。竖曲线的设置应符合下列规定：

1）当设计行车速度为 120km/h～100km/h，相邻坡段的坡度差大于 3‰ 时，竖曲线半径应采用 10000m；

2）当设计行车速度为80km/h～60km/h，相邻坡段的坡度差大于4‰时，竖曲线半径应采用5000m；

3）当设计行车速度为40km/h，相邻坡段的坡度差大于5‰时，竖曲线半径应采用3000m。

4　下列地段不得设置圆曲线形竖曲线：

1）缓和曲线地段；

2）明桥面桥上；

3）正线道岔范围内。

5　改建既有线和增建第二线，且既有坡段采用抛物线形竖曲线连接时，可保留不低于本条第3款要求的竖曲线与既有线连接。困难条件下，竖曲线可不受缓和曲线的限制。

3.1.15　限制坡度小于或等于6‰的内燃牵引铁路上的编组站、区段站和接轨站，进站信号机前的线路坡度不能保证货物列车顺利启动时，应设置起动缓坡。除地形困难者外，其他车站也可设置。

3.1.16　增建第二线与既有线在共同路基上，线间距不大于5m时，两线轨面高程宜为等高。在困难条件下，个别地段可有不大于30cm的轨面高程差，但易受雪埋地段的轨面高差不应大于15cm。

道口处两线不宜有轨面高程差。在困难条件下，两线轨面高程差不应大于10cm。线间距大于5m的并肩道口，相邻两线轨面高程差形成的坡度不应大于2%。

3.1.17　改建既有线利用道砟起道时，起道高度不宜超过50cm。需挖切道床以降低高程时，个别地点道床厚度可较规定减薄5cm，但最小道床厚度土质路基不得小于25cm，石质路基不得小于20cm。

降低轨面高程不宜采用挖切路基的措施。挖切路基应在受建筑限界、建筑物构造限制及消除路基病害地段时采用。

3.1.18　明桥面桥宜设在平道上。当跨度大于40m或桥长大于100m的明桥面桥必须设在坡道上时，Ⅲ级铁路不宜设在大于4‰的坡道上，Ⅳ级铁路、联络线以及其他线路不宜设在大于6‰的坡道上。在特别困难条件下，当有充分依据并确保线路能锁定时，也可采用较大的坡度。

3.1.19　隧道内的坡道宜设置为人字坡，地下水特别发育的长隧道应采用人字坡。隧道内坡度不应小于3‰，在寒冷及严寒地区地下水发育的隧道宜适当加大坡度。

3.2　站线平面与纵断面

3.2.1　进出站线路的平面应符合相邻路段正线的规定。在困难条件下，有旅客列车通行的疏解线路的最小曲线半径不应小于400m，其他疏解线路的最小曲线半径不应小于300m。

3.2.2　车站平面设计应符合本规范第3.1.10条的规定。位于旅客高站台旁的线路应设在直线上；困难条件下，可设在半径不小于1000m的曲线上；特别困难条件下，曲线半径不宜小于600m。位于旅客普通站台及低站台旁的线路，困难条件下，可设在半径不小于600m的曲线上；特别困难条件下，曲线半径不应小于500m。

3.2.3　站线的曲线可不设缓和曲线。到发线的曲线地段和连接曲线宜设曲线超高，曲线地段超高值可采用20mm，连接曲线超高值可采用15mm。其余站线可不设曲线超高。

3.2.4　通行列车的站线，两曲线间应设置不小于20m的直线段。不通行列车的站线，两曲线间应设置不小于15m的直线段，在困难条件下，可不小于10m。

3.2.5　在正线和站线下，道岔至曲线间的直线段长度应符合下列规定：

1　位于正线上的车站内每一咽喉区两端最外道岔及其他单独道岔直向至曲线超高顺坡终点之间的长度，不应小于20m；专用铁路不应小于14m，在困难条件下，且曲线设有缓和曲线时，可不插入直线段。

2　站线上的道岔前后至曲线的直线段长度，应根据曲线半径、道岔结构、曲线轨距加宽和曲线超高等因素，按表3.2.5的规定选用。

3　当道岔采用混凝土枕时，道岔后直线长度应为道岔跟端至末根岔枕的距离与表3.2.5所列最小直线段长度之和；道岔后曲线半径大于或等于350m时，道岔后直线长度可为道岔跟端至末根岔枕的距离。与道岔前后连接的曲线设有缓和曲线时，可不插入直线段。

表3.2.5　道岔前后至圆曲线最小直线段长度

序号	道岔前后圆曲线半径 R（m）	轨距加宽（mm）	最小直线段长度（m）							
			一般			困难			
			轨距加宽或曲线超高递减率2‰			曲线超高递减率2‰轨距加宽递减率3‰			
			岔前	岔后		岔前	岔后		
			木、混凝土岔枕	木岔枕	混凝土岔枕	木、混凝土岔枕	木岔枕	混凝土岔枕	
1	$R \geqslant 350$	0	2	2	2	0	2	2	
2	$350 > R \geqslant 300$	5	2.5	4.5	2.5	2	4	2	
3	$R < 300$	15	7.5	9.5	7.5	5	7	5	

4　道岔后的连接曲线半径应与相邻道岔规定的侧向通过速度相匹配。

3.2.6　牵出线应设在直线上。在困难条件下可设在半径不小于1000m的曲线上，地方铁路及专用铁路可设在半径不小于 600m 的曲线上；在特别困难条件下可分别设在半径不小于 600m、500m 的曲线上；仅办理摘挂、取送作业的货场或厂、段的牵出线，在特别困难条件下，曲线半径不应小于 300m。

牵出线不应设在反向曲线上。改建车站特别困难条件下，调车作业量较小时，可保留牵出线的反向曲线及既有曲线半径。

3.2.7 货物装卸线应设在直线上。在困难条件下可设在半径不小于 600m 的曲线上，在特别困难条件下可设在半径不小于 500m 的曲线上。

3.2.8 进出站线路的纵断面应符合相邻路段正线的规定。仅为列车单方向运行的疏解线路，可设在大于限制坡度的下坡道上，其最大坡度不应大于各级铁路规定的限制坡度最大值。相邻坡段的坡度差应符合本规范表 3.1.14-2 的规定。

当需利用该线作反向运行时，应经牵引检算以不低于列车计算速度通过该线。

3.2.9 办理解编作业的牵出线，宜设在不大于 2.5‰ 的面向调车线的下坡道或平道上，但坡度牵出线的坡度应按计算确定。平面调车的牵出线，在咽喉区范围内应设在面向调车场的下坡道上，但坡度不应大于 4‰。办理其他作业的牵出线，宜设在不大于 1‰ 的坡道上，在困难条件下，可设在不大于 6‰ 的坡道上。

3.2.10 货物装卸线宜设在平道上，在困难条件下可设在不大于 1‰ 的坡道上。液体货物、危险货物装卸线和漏斗仓线应设在平道上。货物装卸线起讫点距凸形竖曲线起终点不宜小于 15m。

3.2.11 维修基地和维修工区内的线路宜设在平道上，在困难条件下可设在不大于 1‰ 的坡道上。维修基地咽喉区可设在不大于 2.5‰ 的坡道上，在困难条件下可设在不大于 6‰ 的坡道上。维修工区咽喉区坡度宜采用与维修基地咽喉区相同的标准，在特别困难条件下，可设在不大于 10‰ 的坡道上。

3.2.12 进出站线路和站线的坡段长度及连接，应符合下列规定：

  1 进出站线路的坡段长度应符合相邻路段正线的规定，在困难条件下，疏解线路的坡段长度不应小于 200m。

  2 到发线的坡段长度宜符合本规范第 3.1.14 条的规定。通行列车的站线，其坡段长度不应小于 200m，不通行列车的站线和段管线，可采用不小于 50m 的坡段长度，但应保证竖曲线不相互重叠。

  3 进出站线路坡段连接应符合相邻路段正线的规定。到发线和通行列车的站线，相邻坡段的坡度差大于 4‰ 时，可采用 5000m 半径的竖曲线，在困难条件下，其竖曲线半径不应小于 3000m；不通行列车的站线，当坡度差大于 5‰ 时，竖曲线半径不应小于 3000m。

设立交的机车走行线，在困难条件下，其坡度不应大于 30‰，且可采用 1500m 半径的竖曲线。

3.2.13 车站道岔不应布置在竖曲线范围内。在困难条件下必须布置时，对行车速度不大于 80km/h 的线路，其竖曲线半径不应小于 5000m。

3.3 车站分布

3.3.1 新建铁路车站分布应符合下列规定：

  1 应满足铁路远景规划要求的年输送能力和客车对数。

  2 办理客货运业务的中间站应根据日均客货运量，结合该地区其他运输工具的发展情况，并与城市或地区规划相协调，合理分布。有技术作业的中间站应满足技术作业要求。会让站和越行站应按通过能力要求的货物列车走行时分标准进行分布。

  3 专用铁路应根据工业企业总布置，结合其矿场、车间、仓库及企业建设与生产特点和生产流程分布车站，并适应企业远期生产发展和运输能力的需要，以及与其他工业企业协作以及岔线接轨的要求。

  4 应结合地形、地质、水文和铁路运营条件。

  5 应满足区间通过能力的均衡性。

3.3.2 新建铁路的站间距离，单线不宜小于 8km，双线不宜小于 15km，枢纽内不宜小于 5km。

新建铁路各设计年度开设的车站，应按各设计年度客货运量要求的通过能力和地方运输需要分别确定。

3.3.3 改建既有线或增建第二线时，在通过能力允许的情况下，宜关闭作业量较小的车站。

3.4 铁路与道路交叉

3.4.1 铁路与道路交叉，应设置立体交叉。立体交叉的形式应根据铁路与道路的性质、等级、交通量、地形条件、安全要求以及经济、社会效益等因素确定。

3.4.2 铁路与高速公路、一级公路和城市中的快速路交叉时，必须设置立体交叉。铁路与其他道路交叉时，符合下列条件之一者应设置立体交叉：

  1 铁路与二级公路交叉。

  2 铁路旅客列车设计行车速度等于 120km/h 的地段。

  3 结合地形或桥涵构筑物情况，有设置立体交叉条件者。

3.4.3 铁路与道路立体交叉的建筑限界应符合下列规定：

  1 公路、厂外道路、城市道路的建筑限界应分别符合国家现行标准《标准轨距铁路建筑限界》GB 146.2 和《公路工程技术标准》JTG B01 的有关规定。

  2 铁路下为乡村道路设置的立交桥、涵的净宽、净高，不得小于表 3.4.3 的规定。

表 3.4.3　为乡村道路设置的立交桥、涵的净宽、净高

通道种类	汽车及大型农机通道	机耕和畜力车通道	人力车和人行车通道
净宽（m）	5.0	4.0	2.0
净高（m）	4.5	3.0	2.5

注：1　通行汽车及大型农机通道的乡村道路，特殊困难条件下净高不应小于 3.5m。

　　2　特殊困难条件下仅供人行的道路，净高应按不小于 2.2m 设计。

3.4.4　通行机动车的道路下穿铁路桥梁涵洞时，铁路桥跨布置应满足相应道路对停车视距的要求，并应设置车辆通过限高标志及限高防护架。

3.4.5　立体交叉范围应设置排水系统。

3.4.6　铁路与道路立交设置的铁路桥或道路桥的桥上两侧应设置安全防护设施。

3.4.7　当铁路与道路交叉设置道口时，应符合下列规定：

　　1　道口应设在瞭望视距不小于表 3.4.7-1 规定的位置。道口不得设在车站内，也不宜设在曲线地段以及道岔、桥头和隧道口附近。

　　工矿企业其他线路上道口的视距，可根据列车或调车运行速度，结合具体情况计算确定，但应符合有关部门安全的规定。

　　当道口交通量较大时，应设看守。

表 3.4.7-1　火车司机最小瞭望视距和机动车驾驶员侧向最小瞭望视距（m）

路段设计行车速度（km/h）		火车司机最小瞭望视距	机动车驾驶员侧向最小瞭望视距
100		850	340
80		850	270
60		800	230
40		400	180
办理调车的联络线	30	300	150
	20	150	100

注：机动车驾驶员侧向最小瞭望视距为机动车在距道口相当于该级道路停车视距并不小于 50m 处，应能看到两侧铁路火车的范围。

　　2　铁路与道路交叉时，宜设计为正交，必须斜交时，交叉角不应小于 45°。Ⅳ级铁路受地形限制时，交叉角可适当减小。

　　3　通过道口的道路平面线形应为直线。从最外侧钢轨算起的道路最小直线长度不应小于 50m，困难条件下不应小于表 3.4.7-2 的规定。

表 3.4.7-2　道口每侧道路的最小直线长度

道路种类	道路计算行车速度（km/h）		
	80	60	≤50
公路、厂外道路、城市道路（m）	40	40	30
乡村道路（m）	20		

　　4　道口平台的最小长度（从钢轨外侧算起）应符合表 3.4.7-3 的规定。

表 3.4.7-3　道口平台的最小长度（m）

道路种类	城市道路	公路三、四级	乡村道路	
			通行机动车辆	通行非机动车辆
平台长度	20	16	13	10

注：1　困难地段的 4 级公路平台长度可采用 13m。

　　2　道口平台长度不包括竖曲线在内。

　　5　连接平台道路的最大纵坡应符合表 3.4.7-4 的规定。

表 3.4.7-4　连接平台道路的最大纵坡（%）

道路种类 \ 工程难易程度	一般	困难
城市道路	2.5	3.5
3、4 级公路	3.0	5.0
乡村道路	3.0	6.0

　　6　铁路钢轨头部外侧 50mm 范围内，道口铺面应低于轨面 5mm。

3.4.8　平交道口应设置下列防护、通信和信号设备：

　　1　道口警标、司机鸣笛标及护桩，并根据需要设置栅栏。

　　2　有人看守道口应设置看守房和电力照明，以及栏木、通信（有线和无线）、道口自动通知、道口自动信号、遮断信号等安全预警设备。

　　3　电气化铁路道口应设置限界架。

　　4　根据道路交通管理有关规定设置交通标志、路面标线和立面标志。

3.4.9　城市道路的道口铺面宽度应与路面同宽；各级公路应与路基面同宽；乡村道路通行机动车辆时不应小于 4.5m，通行非机动车辆时宜为 1.5m～3.0m。

3.4.10　道口铺面板应选用坚固耐用且易于翻修的材料。铺面板的计算荷载和验算荷载不应低于Ⅱ级公路设计标准。

3.4.11　道口范围的道路路面设计标准不得低于该道路路段标准，且在最外侧钢轨外 20m 范围内不得低于中级路面。

3.4.12　道口轮缘槽宽度应为 70mm～100mm，曲线内股应为 90mm～100mm；轮缘槽深度不得小于 45mm，且不得大于 60mm。

3.4.13 道口铺面范围内不应有钢轨普通接头，不能避免时应将钢轨焊接或冻结。

3.4.14 改建既有道口困难条件下，经运营实践能保证安全时，可保留原状。

4 轨 道

4.1 一 般 规 定

4.1.1 直线地段两股钢轨头部顶面下 16mm 处内侧间距应为 1435mm。曲线半径小于 350m 地段的轨距，应按表 4.1.1 规定的数值将内轨向内侧加宽，并应在缓和曲线内递减完成。轨距误差不得超过 +6mm、-2mm。轨距变化率正线不应大于 2‰，站线不得大于 3‰。

表 4.1.1 曲线轨距加宽值（mm）

曲线半径（m）	加宽值（mm）	轨距（mm）
$R \geqslant 350$	0	1435
$300 \leqslant R < 350$	5	1440
$R < 300$	15	1450

4.1.2 直线地段两股钢轨顶面应水平。曲线地段外轨应设超高，最大超高不应大于 150mm，单线铁路上下行行车速度相差悬殊时，不应超过 125mm。曲线地段外轨超高应按下列公式计算，并应根据道床结构进行设置：

1 新建铁路：

$$h = \frac{7.6 V_{\max}^2}{R} \quad (4.1.2\text{-}1)$$

2 改建铁路：

$$h = \frac{11.8 V_j^2}{R} \quad (4.1.2\text{-}2)$$

$$V_j = \sqrt{\frac{\sum N_i Q_i V_i^2}{\sum N_i Q_i}} \quad (4.1.2\text{-}3)$$

式中：h——外轨超高（mm）；

R——曲线半径（m）；

$V_{\max}$——路段设计最高行车速度（km/h）；

V_j——均方根速度（km/h）；

N_i——一昼夜各类列车次数（列）；

Q_i——各类列车质量（t）；

V_i——实测各类列车速度（km/h）。

4.1.3 曲线超高顺坡率的设计应符合下列规定：

1 新建铁路外轨超高应在缓和曲线全长范围内完成顺坡，未设缓和曲线时，可按不大于 2‰ 的递减率在直线段顺坡。

2 改建铁路困难的条件下，反向曲线超高可延伸至圆曲线，但圆曲线始终点的未被平衡超高，不得超过本规范第 4.1.4 条的规定。改建铁路顺坡可延伸

至直线上或在直线上顺坡；顺坡率不应大于 $\frac{1}{9 V_{\max}}$，困难条件下不应大于 $\frac{1}{7 V_{\max}}$，当 $\frac{1}{7 V_{\max}}$ 大于 2‰ 时应按 2‰ 设置。

3 改建铁路在特别困难条件下保留的复曲线，应在正矢顺坡范围内，并应从较大超高向较小超高均匀递减。

4.1.4 曲线欠超高与过超高允许值应符合表 4.1.4 的规定。

表 4.1.4 曲线欠超高与过超高允许值（mm）

工程难易程度	欠超高允许值 h_q	过超高允许值 h_g
一般	≤75	≤30
困难	≤90	≤50

注：过超高允许值不宜超过欠超高允许值。

4.1.5 线路有砟轨道静态平顺度应符合表 4.1.5 的规定。

表 4.1.5 线路有砟轨道静态平顺度（mm）

项　　目	高低	轨向	水平	扭曲（基长6.25m）	轨距
100km/h≤V≤120km/h	4	4	4	4	+6 -2
V≤100km/h 及到发线	4	4	4	4	+6 -2
其他站线	5	5	5	5	+6 -2
测量弦长	10m				—

注：1 轨距偏差不含曲线上按规定设置的轨距加宽值，但最大轨距（含加宽值和偏差）不得超过 1456mm。

2 轨向偏差和高低偏差为 10m 弦测量的最大矢度值。

3 三角坑偏差不含曲线超高顺坡造成的扭曲量，检查三角坑时基长为 6.25m。

4.1.6 道岔有砟轨道静态平顺度应符合表 4.1.6 的规定。

表 4.1.6 道岔有砟轨道静态平顺度（mm）

项　　目	高低	轨向		水平	轨距	
		直线	支距		尖轨尖端	其他
100km/h≤V≤120km/h	4	4	2	4	±1	+3 -2

项目	高低	轨向		水平	轨距	
		直线	支距		尖轨尖端	其他
V≤100km/h 及到发线	4	4	2	4	±1	+3 −2
其他站线	6	6	2	6	±1	+3 −2
测量弦长	10m				—	

4.1.7 有砟轨道曲线静态圆顺度应符合表 4.1.7 的规定。

表 4.1.7 有砟轨道曲线静态圆顺度（mm）

曲线半径（m）	实测正矢与计算正矢差		圆曲线正矢连续差	圆曲线最大最小正矢差
	缓和曲线	圆曲线		
800＜R≤1600	3	4	4	7
1600＜R≤2800	2	3	4	6
2800＜R≤3500	2	3	4	5
R＞3500	1	2	3	4
测量弦长	20m			
测量位置	钢轨头部内侧面下 16mm 处			

4.1.8 轨道动态平顺度应符合表 4.1.8 的规定。

表 4.1.8 轨道动态平顺度

项目	平顺度	超限等级		
		Ⅰ级	Ⅱ级	Ⅲ级
高低（mm）	7	8	12	20
轨向（mm）	7	8	10	16
轨距（mm）	+7 −5	+8 −6	+12 −8	+20 −10
水平（mm）	7	8	12	18
扭曲（mm）（基长 2.4m）	7	8	10	14
车体垂向加速度（g）	0.10	0.10	0.15	0.20
车体横向加速度（g）	0.06	0.06	0.10	0.15

注：1 表中轨道不平顺偏差限值为轨道不平顺实际幅值的半峰值。

2 道岔直股轨道不平顺按表评判。

3 平顺度为轨道结构的标准值。

4 超限等级为轨道动态评定标准，Ⅰ级每处扣 1 分，Ⅱ级每处扣 5 分，Ⅲ级每处扣 100 分，其轨道每千米扣分总数为各级、各项扣分总和；扣分总和在 300 分以内为合格，扣分总和在 301 分以上为不合格。

4.1.9 有砟轨道道床状态主要参数不应低于表 4.1.9 的规定。

表 4.1.9 有砟轨道道床状态主要参数

速度	80km/h＜V ≤120km/h
轨道类型	Ⅱ型
指标 道床横向阻力（kN/枕）	9（6.5）
道床纵向阻力（kN/枕）	10（9）
道床支承刚度（kN/mm）	70（60）
道床密度（g/cm³）	1.7

注：表中括号内数字为开通速度 80km/h 的参数指标。

4.1.10 曲线地段短轨配置应符合下列规定：

1 曲线缩短长度应按下式计算：

$$\Delta l = \frac{\alpha \pi S}{180} \qquad (4.1.10\text{-}1)$$

式中：Δl——曲线内股缩短长度（mm）；

α——曲线偏角（°）；

S——曲线两钢轨中心距，按 1500mm 计。

2 短轨根数应按下式计算：

$$N = \frac{\Delta l}{K} \qquad (4.1.10\text{-}2)$$

式中：N——需用缩短轨根数（小数取整）；

K——采用单根短轨的缩短量（mm）。

3 曲线地段内轨应按表 4.1.10 配置短轨。

表 4.1.10 短轨配置标准（m）

曲线半径	短轨长度		
	25m 钢轨		12.5m 钢轨
4000～1000	24.960	24.920	12.460	—
800～500	24.920	24.840	12.460	12.420
450～250	24.840		12.420	12.380
200			12.380	

注：1 宜选用缩短量较小的短轨。

2 在曲线尾按实际需要插入个别相应短轨。

4.1.11 钢轨的轨底坡应采用 1:40。

4.2 轨道类型

4.2.1 正线轨道类型应根据铁路的性质和特点、近期预测运量，按表 4.2.1 的规定选用。

4.2.2 站线轨道类型应根据用途并配合正线标准按表 4.2.2-1 选用。

表 4.2.1 正线轨道类型

选用条件	项　目		单位	次重型	中型	轻型	
						A	B
	年通过总质量		Mt	>15	15～8	8～4	<4
轨道结构	钢轨		kg/m	50	50	50	50
	轨枕数量	混凝土枕	根/km	1667 或 1760	1600 或 1680	1520 或 1600	1440 或 1520
	道床厚度（cm）	土质路基双层道砟　表层道砟	cm	25	20	20	15
		土质路基双层道砟　底层道砟	cm	20	20	15	15
		土质路基单层道砟	cm	30	25	25	25

注：1　计算年通过总质量应包括净载、机车和车辆的质量，并计入旅客列车的质量；单线按往复总质量计算，双线按每一条线的通过总质量计算。
2　利用再用旧轨头部总磨耗或侧面磨耗不应大于本规范附录 A 的规定。
3　限期使用的铁路的轨道类型，应按运量、机车车辆的轴重等条件确定。

表 4.2.2-1 站线轨道类型

线　别			到发线		驼峰溜放部分线路	其他站线	次要站线
			Ⅲ级	Ⅳ级			
轨道	钢轨（kg/m）		50				
	轨枕（根/km）	混凝土枕	1520	1440	1520	1440	1440
		木枕	1600	1520	1600	1440	1440
	道床厚度（cm）	土质路基　单层道砟	30	25	35	25	20
		土质路基　双层　表层道砟	20	15	20	—	—
		土质路基　双层　底层道砟	15	15	20	—	—
		硬质岩石路基、级配碎石或级配砂砾石基床单层道砟	25	20	30	20	20

注：1　表中铁路等级指正线选用的轨道类型所属的等级标准。
2　站线可采用单层道床。在路基土质不良地段或多雨地区的到发线，宜采用双层道床。
3　Ⅳ级铁路轨道的调车线、牵出线、机车走行线的轨枕数量，如行驶轴重为 16t 以下的机车时，除木枕轨道仍采用 1440 根/km 外，均采用 1360 根/km 混凝土。
4　位于到发场内的机车走行线轨道类型，应采用相应铁路等级轨道到发线的标准；机务段或整备场内的机车走行线可采用其他站线的轨道类型。
5　驼峰推送线在经常有摘钩作业一侧的道床宽度应为 2m，另一侧应为 1.5m。
6　其他站线指调车线、牵出线、机车走行线及站内联络线，次要站线指除到发线及其他站线外的站线。

4.3 钢轨及配件

4.3.1 正线轨道上使用的钢轨应按本规范表 4.2.1 的规定选用，Ⅳ级铁路可采用再用轨。

同一线路宜铺设同一类型钢轨，困难时可采用不低于该线路标准的不同类型钢轨，但应集中使用。调车线上采用铁鞋制动范围内，不得铺设不同类型钢轨。

正线轨道不同类型的钢轨应采用异型钢轨连接。

4.3.2 长度为 1000m 以上隧道范围内，宜采用比隧道外重一级的钢轨。

4.3.3 各级铁路及各种线路均应铺设 25m 和 12.5m 标准长度的钢轨，接头应采用对接，曲线内轨应采用

缩短轨调整钢轨接头的位置。

铺设再用轨或铺设非标准长度的新轨时，正线、到发线、调车运行联络线钢轨的长度不得小于 9m，其他线路不得小于 7m。每种同长度同类型的钢轨应集中连续铺设。

当铺设再用轨或非标准长度的新轨采用对接有困难时，可采用错接。曲线上两轨缝相错应大于 3m，绝缘接头处的两轨缝相错不应大于 2.5m。

绝缘接头的轨缝不应小于 6mm，不同类型钢轨的连接处不得设置轨道电路的绝缘接头。

4.3.4 轨道上个别插入短轨时，正线及调车运行联络线上，插入短轨不得小于 6m；其他线路不得小于 4.5m。

4.3.5 下列位置不应有钢轨接头，不可避免时，应将其焊接或胶接：

　　1 明桥面小桥的全桥范围内。

　　2 桥梁端部、拱桥温度伸缩缝和拱顶等处前后2m范围内。

　　3 设有钢轨伸缩调节器钢梁的温度跨度范围内。

　　4 钢梁的横梁顶上。

　　5 道口范围内。

4.4 轨枕及扣件

4.4.1 新建、改建铁路应采用混凝土枕。以下地段铺设混凝土枕应符合下列规定：

　　1 正线上半径为300m以下的曲线地段，应铺设小半径曲线用混凝土枕。

　　2 设护轨的桥或路肩挡土墙，应铺设与线路轨枕同类型的混凝土桥枕。

　　3 道岔区应根据道岔的类型选用配套的混凝土岔枕。

4.4.2 铺设木枕应符合下列规定：

　　1 钢桥明桥面桥台挡砟墙范围内及两端各15根轨枕，有护轮轨时应延至梭头外不少于5根轨枕。

　　2 正线铺设木岔枕的道岔及其前后两端线路各50根轨枕，站线铺设木岔枕的道岔前后两端各15根轨枕（均包括辙叉跟端以后的岔枕）。

　　3 脱轨器及铁鞋制动地段。

　　4 位于容易损坏混凝土枕的生产作业环境下的线路。

　　5 铺设木枕间的长度短于50m的地段。

4.4.3 正线采用木枕时，Ⅲ级铁路轨道应采用Ⅰ类木枕，Ⅳ级铁路可采用Ⅱ类木枕。木枕应经注油防腐。

　　调车运行联络线，各级铁路的到发线、Ⅲ级铁路的调车线、牵出线、机车走行线、通行轴重16t～21t的机车或轴重20t～25t车辆的连接线及其他线铺设木枕时，应采用Ⅱ类木枕；Ⅳ级铁路的调车线、牵出线、机车走行线、通行轴重16t以下的机车或轴重20t以下车辆的连接线及其他线铺设木枕时，应采用Ⅲ类木枕。

4.4.4 同种类型的轨枕应集中连续铺设，混凝土枕与木枕分界处，遇有钢轨接头时，应保持木枕或混凝土枕延至钢轨接头外5根及以上。

4.4.5 正线轨枕加强地段及增加轨枕的铺设数量，应符合下列规定：

　　1 下列地段应增加轨枕铺设数量，重叠时只可增加一次：

　　　　1）混凝土枕轨道，在电力牵引铁路半径为600m及以下或内燃牵引铁路在半径400m及以下的曲线地段（含两端缓和曲线全长）；

　　　　2）木枕轨道在半径为600m及以下的曲线地段（含两端缓和曲线全长）；

　　　　3）大于15‰的下坡制动地段；

　　　　4）长度为300m及以上且铺设木枕的隧道内。

　　2 正线混凝土枕每千米应增加80根，木枕每千米应增加160根。每千米最多铺设混凝土枕应为1760根，木枕应为1840根。铺设Ⅲ型混凝土枕的线路不应增加轨枕铺设根数。

　　站线、联络线及其他线半径小于200m的曲线地段，可按相应直线地段铺设的数量，每千米应增加80根。

4.4.6 铺设混凝土宽枕、整体道床及其他新型轨下基础，其铺设条件应符合下列规定：

　　1 曲线半径不应小于300m。

　　2 路基应坚实、稳定，排水应良好。

　　3 木枕线路与新型轨下基础道床连接时，宜用混凝土枕过渡（含道床过渡），其长度不宜小于10m，困难条件下可适当缩短。

4.4.7 混凝土枕宜采用弹性扣件。混凝土宽枕或整体道床直线部分可选用调高量较大的弹性扣件，整体道床应选用弹性扣件。

　　混凝土枕轨道，正线半径为600m及以下和站线、调车运行的联络线、其他线路等半径为400m及以下的曲线（包括两端缓和曲线全长）地段，在钢轨外侧采用70型扣板式扣件时，应使用加宽铁座。

　　混凝土枕轨道的轨下橡胶垫板应与扣件配套使用。

4.4.8 木枕轨道宜采用分开式扣件。

4.5 道　床

4.5.1 碎石道床材料应符合现行行业标准《铁路碎石道砟》TB/T 2140的有关规定。

4.5.2 道床顶面宽度应符合下列规定：

　　1 单线铁路正线道床顶面宽度应采用表4.5.2中的数值。

表4.5.2　正线道床顶面宽度

铁路等级	直线或半径为400m以上的曲线地段（m）	半径为400m及以下的曲线地段（m）
Ⅲ级	3.00	3.10
Ⅳ级	2.90	3.00

　　2 调车运行联络线、到发线及其他站线的道床宽度应为2.9m，曲线外侧不应加宽。

4.5.3 Ⅲ级铁路道床边坡应采用1：1.75，Ⅳ级铁路道床边坡应采用1：1.5。底层道砟边坡坡脚距道床边坡坡脚应为0.15m。底层道砟顶宽应为2.3m。

4.5.4 双线铁路正线及站场内线路的道床，均应分别按单线设计。下列地段应采用渗水材料填平：

1 经常有调车作业和列车检修作业的线路间。

2 扳道作业较繁忙的道岔群范围内。

4.5.5 土质路基的到发线、驼峰溜放线路轨道道床应采用双层道砟，在少雨地区可采用单层道砟；其余站线轨道道床宜采用单层道砟。硬质岩石、级配碎（砾）石或级配砂砾石基床路基应采用单层道砟。

4.5.6 混凝土枕地段的道床顶面应与轨枕中部顶面平齐。木枕轨道的道床顶面应低于承轨面3cm。

4.5.7 混凝土宽枕轨道的道床应由碎石道床和面砟带组成。面砟带宽应为95cm，厚度应为5cm。面砟带下应采用与混凝土枕道床相同的道床结构和道床厚度。

区间正线混凝土宽枕的道床顶面宽度应为2.9m，枕端埋入深度应为8cm。隧道内以及有砟桥面上的道床顶面宽度，可根据具体情况设计。

4.5.8 桥梁上道砟槽内应采用单层道床，从轨枕底至防水层分水点道床厚度不宜小于25cm，在困难条件下，可减至20cm。

桥梁两端各30m引线上的道床厚度应与邻接的轨道相同。

4.5.9 隧道内道床厚度应按表4.2.1的规定选用。道床砟肩至边墙或高侧水沟间应以道砟填平。

4.5.10 隧道内采用整体道床或其他新型轨下基础时，应符合下列规定：

1 整体道床或其他新型轨下基础设计，应符合轨道扣件调高量和保持轨距能力的要求。

2 整体道床的结构形式应根据地质及水文地质条件并结合具体情况，选用钢筋混凝土支承块式、整体灌筑式或其他结构形式。

3 整体道床应结合隧道工程做好综合排水设计。

4 整体道床与碎石道床之间应铺设道床弹性逐渐变化过渡段。

5 整体道床的轨下支撑块数量，可按表4.5.10规定铺设。

表 4.5.10 整体道床轨下支撑块铺设数量（对/km）

钢轨类型	线路平面	
	直线	曲线（包括缓和曲线）
50kg/m	1680	1760

4.6 道 岔

4.6.1 正线上的道岔，其轨型应与正线轨型一致。站线上的道岔，其轨型不应低于该站线的轨型，当其高于该线路轨型时，应在道岔前后各铺长度过不小于6.25m与道岔同类型的钢轨或异型轨，在困难条件下不应小于4.5m，并不应连续铺设。

4.6.2 道岔号数选择应符合下列规定：

1 正线道岔的列车直向通过速度不应小于路段设计速度。

2 客货共线铁路上的道岔尚应符合下列规定：

　1）列车直向通过速度为100km/h及以上的路段内，正线道岔不应小于12号。困难条件下，改建区段站可采用9号。

　2）列车直向通过速度小于100km/h的路段内，侧向接发列车的会让站、越行站、中间站的正线道岔不应小于12号，其他车站及线路可采用9号。

　3）侧向接发旅客列车的道岔不应小于12号。

　4）其他线路的单开道岔或交分道岔不应小于9号。

3 列车侧向通过速度大于50km/h但不大于80km/h的单开道岔，应采用18号。

4 列车侧向通过速度不大于50km/h的单开道岔不应小于12号。

5 正线不宜采用复式交分道岔，困难条件下需要采用时，不应小于12号。

6 专用铁路的站内正线和站线上的单开道岔不应小于9号。

7 驼峰溜放部分应采用6号对称道岔和7号对称三开道岔，改建困难时，可保留6.5号对称道岔。必要时调车场尾部、货场及段管线等站线上，可采用6号对称道岔。

4.6.3 新建铁路应采用混凝土岔枕道岔。改建铁路除正线和到发线上均应采用混凝土岔枕道岔外，其他线路可保留或利用既有木枕道岔。

4.6.4 道岔的扣件类型应与连接线路的扣件相同。

4.6.5 相邻单开道岔间插入钢轨的最小长度，应符合表4.6.5-1和表4.6.5-2的规定。

4.6.5-1 两对向单开道岔间插入钢轨的最小长度 f（m）

道岔布置	线别	有列车同时通过两侧线时		无列车同时通过两侧线时
		一般情况	特殊情况	
正线	客货共线铁路	12.5	6.25	6.25
	专用铁路	6.25	6.25	6.25
到发线	客货共线铁路	6.25	6.25	0
	专用铁路	4.5	4.5	0
其他站线和次要站线				0

**表 4.6.5-2 两顺向单开道岔间插入钢轨的
最小长度 f (m)**

道岔布置	线别	木岔枕道岔	混凝土岔枕道岔
	正线	6.25	8.0
	到发线	4.5	
	其他站线和次要站线	0	
	到发线	4.5	
	其他站线和次要站线	0	

注：1 正线上两对向单开道岔有列车同时通过两侧线时，18 号单开道岔插入钢轨长度不应小于 25m。

2 两顺向单开道岔间插入钢轨的最小长度除应符合本规范表 4.6.5-2 中混凝土岔枕单开道岔的一般规定外，尚应按道岔结构的要求适当调整。

3 相邻两道岔轨型不同时，插入钢轨宜采用异型轨。

4 在其余站线上，木岔枕与木岔枕相接，且一组道岔后顺向并连两组 9 号单开或 6 号对称道岔时，其中至少一个分路的前后两组道岔间应插入不小于 4.5m 长的钢轨。

5 两道岔连接，在正线上应采用同种类岔枕，站线上宜采用同种类岔枕。当站线上采用不同种类岔枕时，对向连接插入钢轨长度不应小于 6.25m，顺向连接插入钢轨长度不应小于 12.5m。

4.7 轨道附属设备

4.7.1 曲线地段设置轨距杆或轨撑，应符合下列规定：

1 铺设木枕时，Ⅲ级铁路正线曲线半径在 600m 及以下、Ⅳ级铁路正线曲线半径在 400m 及以下的圆曲线和缓和曲线地段，应按表 4.7.1 设置轨距杆或轨撑；Ⅲ级铁路站线曲线半径在 400m 及以下、Ⅳ级铁路站线曲线半径在 300m 及以下、连接线和其他曲线半径在 200m 及以下的地段，应按表 4.7.1 设置轨距杆或轨撑。

联络线可根据行车量按同等级铁路正线设置轨距杆或轨撑。

2 铺设混凝土枕时，正线轨道可不设置轨距杆或轨撑。在行驶电力机车的区段，曲线半径在 350m 及以下的地段可按表 4.7.1 的规定设置轨距杆或轨撑。

站线、调车运行的联络线、连接线及其他线，铺设混凝土枕时，可不设轨距杆或轨撑，但曲线半径为 200m 及以下的地段应设置直径不小于 28mm 的轨距杆，可不设轨撑，其数量应按表 4.7.1 规定的加倍。

表 4.7.1 轨距杆或轨撑安装数量

曲线半径 (m)	轨距杆（根）		轨撑（对）	
	25m 轨	12.5m 轨	25m 轨	12.5m 轨
R≤350	10	5	14	7
350<R≤450	10	5	10	5
450<R≤600	6~10	3~5	6~10	3~5

注：非标准长度钢轨地段轨距杆或轨撑安装数量可按本表数值增减。

3 装设轨道电路的轨道，应设置绝缘轨距杆。

4.7.2 导曲线上未设轨撑的既有道岔，改建时宜在导曲线上补设轨撑或轨距杆。

4.7.3 轨道地段防爬设备的设置应符合下列规定：

1 木枕轨道，正线应按表 4.7.3 的规定设置防爬器。

到发线、调车线、牵出线、机车走行线的全长上以及道岔范围内应设置防爬设备，其他线可不设置。联络线及连接线的防爬设备数量应按表 4.7.3 的规定设置。

2 混凝土枕轨道，采用弹性扣件时，可不设置防爬设备；采用非弹性扣件且线路坡度在 6‰ 及以下时，也可不设置防爬设备；坡度大于 6‰ 及制动地段，应根据牵引种类、线路及轨道条件，按木枕轨道设置防爬设备。

3 正线、到发线、调车运行联络线及驼峰头部线路上的道岔、绝缘接头、桥梁（明桥面）前后各 75m 范围内，均应设置防爬设备，但在厂区内为内部运输服务的道岔、绝缘接头、桥梁（明桥面）等地点，设置防爬设备的前后长度可各采用 25m。防爬设备的设置应根据其特点和线路条件按表 4.7.3 确定。

**表 4.7.3 木枕轨道正线穿销式防爬器
设置数量（对）**

线路特征		非制动地段		制动地段			
				25m 轨		12.5m 轨	
		25m 轨	12.5m 轨	制动方向	反方向	制动方向	反方向
双线区间单方向运行的线路	重车方向	4	2	6	2	3	1
	轻车方向	2	1				
单线线路两方向运量大致相等地段		4	2	6	2	3	1

线路特征	非制动地段		制动地段			
			25m轨		12.5m轨	
	25m轨	12.5m轨	制动方向	反方向	制动方向	反方向
单线线路两方向运量显著不同地段 · 重车方向	4	2	6	2	3	1
单线线路两方向运量显著不同地段 · 轻车方向	2	1	4	4	2	2

注：1 表中非制动地段未分列方向者为每个方向的数量。

2 碎石道床每对防爬器配 6 个防爬支撑，砂和卵石道床每对防爬器配 8 个防爬支撑，如为双方向销定地段，则每组防爬设备由 2 对防爬器和 6 个或 8 个防爬支撑组成。

4.7.4 护轮轨设置应符合下列规定：

1 护轮轨应采用旧轨，正线铺设的护轮轨应采用较正线轨道低一级的旧轨。护轮轨接头应采用相同的轨型夹板连接。护轨顶面不得高于基本轨顶面 5mm，也不得低于基本轨顶面 25mm。

2 符合下列条件的地段，应在基本轨内侧铺设护轮轨：

1) 长度大于 50m 的桥；

2) 位于列车速度 120km/h 以下区段的中桥；

3) 跨越铁路、重要公路、城市交通要道的立交桥；

4) 多线框架桥的两外侧线路；

5) 立交桥下的轨道中心至立交桥支柱的距离小于 3m 时；

6) 墙顶高出地面 2m 且连续长度大于 10m，墙趾下为悬崖陡坎或地面横坡陡于 1∶1，连续长度大于 20m 的山坡，以上路基地段及其两端各 5m 的范围内，应在靠山一侧铺设单侧护轨；

7) 道口铺面宽度范围内。

4.7.5 线路、信号标志的设置应符合下列规定：

1 公里标、半公里标、曲线标、圆曲线和缓和曲线始终点标、桥号标、坡度标、用地界标及铁路局或公司、工务段、领工区、养路工区、供电段、电力段的界标等线路标志。

2 警冲标、站界标、预告标、引导员接车地点标、放置响墩地点标、司机鸣笛标、作业标、减速地点标、补机终止推进标、机车停车位置标、电气化区段断电标预告标、合电预告标、接触网终点标、准备降下受电弓标、降下受电弓标和升起受电弓标，以及除雪机用的临时信号标志等信号标志。

4.7.6 线路、信号标志的设置位置，应符合下列规定：

1 线路标志应设置在线路计算里程方向左侧，双线区段须另设线路标志时，应设置在列车运行方向左侧。

2 信号标志应设置在列车运行方向左侧。

3 线路标志（用地界标除外）、信号标志（警冲标除外）应设置在距钢轨头部外侧不小于 2m 处；不超过钢轨顶面的标志，可设置在距钢轨头部外侧不小于 1.35m 处。

4 用地界标应设置在铁路两侧用地界上，直线每 200m、曲线上每 50m 及地界转角外，均应设置地界标。

5 警冲标应设置在两会合线路线间距为 4m 的中间，有曲线时应按限界加宽办法加宽。设有轨道电路的线路，警冲标应设置在距信号机外侧 3.5m～4.0m 处。

6 线路及信号标志应采用反光标志，并应符合现行行业标准《线路及信号标志》TB/T 2493 的有关规定。

5 路 基

5.1 一般规定

5.1.1 路基工程应按土工结构物进行设计，应具有足够的强度、稳定性和耐久性。

5.1.2 铁路列车竖向活载应采用铁路标准活载。轨道和列车荷载应采用换算土柱代替，换算土柱高度及分布宽度应符合本规范附录 B 的规定。

5.1.3 路基工程应通过工程地质勘察，查明路基工程地质条件、填料性质和分布，在取得可靠的地质资料的基础上开展设计。

5.1.4 路基工程使用的混凝土、石料及其砌筑用水泥砂浆的最低强度等级及适用范围，应符合本规范附录 C 的规定。

5.1.5 路基设计应重视环境保护和水土保持，边坡应积极采用绿色防护。

5.1.6 路基工程应避免高填深挖和复杂的重大不良地质地段。困难地段应综合考虑施工、运营、环境保护等各方面，经与修建桥梁、隧道等方案进行技术经济比较确定。

5.1.7 路基土石方调配应保证填料符合路基各部位的填筑标准，并应节约用地。设计时应合理规划，对移挖作填、集中取（弃）土等方案应进行技术经济比较。

5.1.8 路基排水工程应全面系统地规划，应具有足够的防水、排水能力。路基排水应与桥涵、隧道、站场排水和农田水利灌溉形成衔接良好的排水系统。

5.1.9 电缆沟槽应从路堤坡脚外或路堑侧沟平台上通过。必须从路肩或路堤边坡上通过时，应进行结构设计。

5.1.10 区间路基应每隔 500m 左右设置一处养路机械作业平台，平台应设计为长 5m、宽 3m，平台顶面同枕底标高，可在一侧或两侧交错设置。

5.1.11 铁路路基支挡结构及特殊路基设计除应符合本规范的规定外，未涉及部分应按现行行业标准《铁路路基支挡结构设计规范》TB 10025 和《铁路特殊路基设计规范》TB 10035 等的有关规定执行。

5.2 路肩高程

5.2.1 当路肩高程受洪水位或潮水位控制时，应计算其设计水位，设计洪水频率标准Ⅲ级铁路应采用 1/100，Ⅳ级铁路应采用 1/50。

当观测洪水或调查洪水频率小于设计洪水频率时，应按观测或调查洪水频率设计，但Ⅲ级铁路不应小于 1/300，Ⅳ级铁路不应小于 1/100。临时使用的铁路应按调查洪水频率设计。

5.2.2 地下水位和地面积水较高地段的路基，其路肩高程应高出最高地下水位或最高地面积水水位加毛细水强烈上升高度，再加 0.5m。

5.2.3 改建既有线与增建第二线的路肩高程，可根据多年运营和水害情况在可行性研究阶段确定。

5.2.4 滨河、河滩路堤的路肩高程，应高出设计水位加壅水高，加波浪侵袭高或斜水流局部冲高，加河床淤积影响高度，再加 0.5m。其中波浪侵袭高和斜水流局部冲高应取其中较大值。

5.2.5 水库路基的路肩高程，应高出设计水位加波浪侵袭高，加包括水库回水及边岸壅水高，再加 0.5m。当按规定洪水频率计算的设计水位低于水库正常高水位时，应采用水库正常高水位作为设计水位。

5.2.6 季节冻土地区路基的路肩高程应高出冻前地下水水位或冻前地面积水水位，加毛细水强烈上升高度加有害冻胀深度，再加 0.5m。

5.2.7 盐渍土路基的路肩高程应高出最高地下水水位或地面积水水位，加毛细水强烈上升高度加蒸发强烈影响深度，再加 0.5m。

5.2.8 在困难条件下，当路基采取降低水位、设置毛细水隔断层等措施时，路肩高程可不受本规范第 5.2.2 条、第 5.2.6 条和第 5.2.7 条规定的限制。

5.3 路基面形状和宽度

5.3.1 路基面形状应设计为三角形路拱，自线路中心向两侧应设 4% 的横向排水坡。曲线地段的路基按标准加宽时，路基面应保持三角形。

基床表层应为渗水土的路基或硬质岩石路堑，其路肩高程应高于土质路基，高出尺寸 Δh 应按下式计算：

$$\Delta h = (h - h') + \frac{B - B'}{2} \times 0.04 \quad (5.3.1)$$

式中：h——土质路基直线地段的标准道床厚度（m）；

B——土质路基直线地段的标准路基面宽度（m）；

h'——渗水土路基、硬质岩石路堑直线地段的标准道床厚度（m）；

B'——渗水土路基、硬质岩石路堑直线地段的标准路基面宽度（m）；

Δh——路肩高差（m）。

5.3.2 不同填料的基床表层衔接时，应设长度不小于 10m 的渐变段。渐变段应在路肩设计高程较高的段落内逐渐顺坡至路肩设计高程较低处。渐变段的基床表层应采用相邻填料中较好的填料填筑。

5.3.3 新建铁路的路肩宽度，Ⅲ级铁路的路堤不应小于 0.8m，路堑不应小于 0.6m；Ⅳ级铁路的路堤不应小于 0.7m，路堑不应小于 0.5m。区间直线地段路基面宽度应按表 5.3.3 采用。

表 5.3.3 区间直线地段路基面宽度（m）

铁路等级		单线					双线				
		土质路基			岩石、渗水土路基			土质路基			岩石、渗水土路基		
		道床厚度	路基面宽度		道床厚度	路基面宽度		道床厚度	路基面宽度		道床厚度	路基面宽度	
			路堤	路堑		路堤	路堑		路堤	路堑		路堤	路堑
Ⅲ级	次重型	0.45	7.0	6.6	0.3	6.4	6.0	0.45	11.0	10.6	0.30	10.4	10.0
	中型	0.40	6.8	6.4	0.25	6.2	5.8	0.40	10.8	10.4	0.25	10.2	9.8
Ⅳ级	轻型 A	0.35	6.0	5.6	0.25	5.6	5.4	—					
	轻型 B	0.30	5.8	5.4	0.25	5.6	5.4	—					

注：1 路堑自线路中心沿轨枕底面水平至路堑边坡的距离，一边不应小于 3.5m（曲线地段系指曲线外侧）。

2 年平均降水量大于 400mm 地区的易风化泥质岩石应采用土质路基标准。

3 土质路基系指由细粒土和粉土、粉砂以及含量大于或等于 15% 的碎石类土、砂类土等的细粒土组成的路基。

5.3.4 区间正线曲线地段的路基面宽度应在曲线外侧加宽，其加宽值应符合表 5.3.4 的规定，并应在缓和曲线范围内递减；不设缓和曲线时应在直线超高顺坡范围内递减。

表 5.3.4 曲线地段路基外侧加宽值

铁路等级	曲线半径 R（m）	加宽值（m）
Ⅲ级	$R \leqslant 600$	0.6
	$600 < R \leqslant 800$	0.5
	$800 < R \leqslant 1000$	0.4
	$1000 < R \leqslant 2000$	0.3
	$2000 < R \leqslant 5000$	0.2
	$5000 < R \leqslant 8000$	0.1
Ⅳ级	$300 < R \leqslant 400$	0.5
	$400 < R \leqslant 600$	0.4
	$600 < R \leqslant 800$	0.3
	$800 < R \leqslant 1000$	0.2
	$1000 < R \leqslant 2000$	0.1

5.4 路基填料

5.4.1 路基填料的选取应符合下列规定：

1 路基填料应通过地质调查测绘和勘探试验，查明填料性质和分布，确定填料类别，并应开展填料设计。

2 填料选择应移挖作填，并应合理调配使用。

3 应重视取料场的环境保护和生态环境的恢复。

5.4.2 路基填料的分类应符合下列规定：

1 普通填料应按颗粒粒径大小分为巨粒土、粗粒土和细粒土。

2 巨粒土、粗粒土填料应根据颗粒组成及形状、细粒含量、颗粒级配、抗风化能力等，按表 5.4.2-1 分组。

3 细粒土填料应按表 5.4.2-2 分为粉土、黏性土和有机土。粉土、黏性土应采用液限含水率 w_L 进行填料分组，当 $w_L < 40\%$ 时应为 C 组；当 $w_L \geqslant 40\%$ 时应为 D 组；有机土应为 E 组。

表 5.4.2-1 巨粒土、粗粒土填料分组

一级定名				二级定名			填料分组
类别	名称		说明	细粒含量	颗粒级配	名称	
巨粒土	碎石类土	块石类 硬块石土	粒径大于 200mm 颗粒的质量超过总质量的 50%（不易风化，尖棱状为主）	—	—	硬块石	A
		块石土 软块石土	粒径大于 200mm 颗粒的质量超过总质量的 50%（易风化，尖棱状为主）	—	—	$R_c > 15$MPa 的不易风化软块石	A
				—	—	$R_c \leqslant 15$MPa 的不易风化软块石	B
				—	—	易风化的软块石	C
				—	—	风化的软块石	D
		漂石土	粒径大于 200mm 颗粒的质量超过总质量的 50%（浑圆或圆棱状为主）	<5%	良好	级配好的漂石	A
				<5%	不良	级配不好的漂石	B
				5%～15%	良好	级配好的含土漂石	A
				5%～15%	不良	级配不好的含土漂石	B
				15%～30%	—	土质漂石	B
				>30%	—	土质漂石	C

一级定名				二级定名			填料分组
类别			名称	说明	细粒含量	颗粒级配	名称	
巨粒土	碎石类土	碎石类	卵石土	粒径大于60mm颗粒的质量超过总质量的50%（浑圆或圆棱状为主）	<5%	良好	级配好的卵石	A
						不良	级配不好的卵石	B
					5%～15%	良好	级配好的含土卵石	A
						不良	级配不好的含土卵石	B
					15%～30%	—	土质卵石	B
					>30%	—	土质卵石	C
			碎石土	粒径大于60mm颗粒的质量超过总质量的50%（尖棱状为主）	<5%	良好	级配好的碎石	A
						不良	级配不好的碎石	B
					5%～15%	良好	级配好的含土碎石	A
						不良	级配不好的含土碎石	B
					15%～30%	—	土质碎石	B
					>30%	—	土质碎石	C
粗粒土	碎石类土	砾石类	粗圆砾土	粒径大于20mm颗粒的质量超过总质量的50%（浑圆或圆棱状为主）	<5%	良好	级配好的粗圆砾	A
						不良	级配不好的粗圆砾	B
					5%～15%	良好	级配好的含土粗圆砾	A
						不良	级配不好的含土粗圆砾	B
					15%～30%	—	土质粗圆砾	B
					>30%	—	土质粗圆砾	C
			粗角砾土	粒径大于20mm颗粒的质量超过总质量的50%（尖棱状为主）	<5%	良好	级配好的粗角砾	A
						不良	级配不好的粗角砾	B
					5%～15%	良好	级配好的含土粗角砾	A
						不良	级配不好的含土粗角砾	B
					15%～30%	—	土质粗角砾	B
					>30%	—	土质粗角砾	C

一级定名				二级定名			填料分组
类别	名称		说明	细粒含量	颗粒级配	名称	
碎石类土 粗粒土	砾石类	细砾土 细圆砾土	粒径大于 2mm 颗粒的质量超过总质量的 50%（浑圆或圆棱状为主）	<5%	良好	级配好的细圆砾	A
					不良	级配不好的细圆砾	B
				5%～15%	良好	级配好的含土细圆砾	A
					不良	级配不好的含土细圆砾	B
				15%～30%	—	土质细圆砾	B
				>30%	—	土质细圆砾	C
		细角砾土	粒径大于 2mm 颗粒的质量超过总质量的 50%（尖棱状为主）	<5%	良好	级配好的细角砾	A
					不良	级配不好的细角砾	B
				5%～15%	良好	级配好的含土细角砾	A
					不良	级配不好的含土细角砾	B
				15%～30%	—	土质细角砾	B
				>30%	—	土质细角砾	C
	砂类土	砾砂	粒径大于 2mm 颗粒的质量占总质量的 25%～50%	<5%	良好	级配好的砾砂	A
					不良	级配不好的砾砂	B
				5%～15%	良好	级配好的含土砾砂	A
					不良	级配不好的含土砾砂	B
				>15%	—	土质砾砂	B
		粗砂	粒径大于 0.5mm 颗粒的质量超过总质量的 50%	<5%	良好	级配好的粗砂	A
					不良	级配不好的粗砂	B
				5%～15%	良好	级配好的含土粗砂	A
					不良	级配不好的含土粗砂	B
				>15%	—	土质粗砂	B

一级定名			二级定名			填料分组
类别	名称	说明	细粒含量	颗粒级配	名称	
粗粒土	砂类土	中砂 粒径大于 0.25mm 颗粒的质量超过总质量的 50%	<5%	良好	级配好的中砂	A
				不良	级配不好的中砂	B
			5%～15%	良好	级配好的含土中砂	A
				不良	级配不好的含土中砂	B
			>15%	—	土质中砂	B
		细砂 粒径大于 0.075mm 颗粒的质量超过总质量的 85%	<5%	良好	级配好的细砂	B
				不良	级配不好的细砂	C
			5%～15%	—	含土的细砂	C
		粉砂 粒径大于 0.075mm 颗粒的质量超过总质量的 50%			粉砂	C

注：1 颗粒级配分为：良好：$C_u \geqslant 5$，并且 $C_c = 1 \sim 3$；不良：$C_u < 5$，或 $C_c \neq 1 \sim 3$。其中，不均匀系数 $C_u = \dfrac{d_{60}}{d_{10}}$；曲率系数 $C_c = \dfrac{d_{30}^2}{d_{10} \times d_{60}}$；$d_{10}$、$d_{30}$、$d_{60}$ 分别为颗粒级配曲线上相应于 10%、30%、60% 含量的粒径。

2 硬块石的单轴饱和抗压强度 $R_c > 30MPa$，软块石的单轴抗压强度 $R_c \leqslant 30MPa$。

3 细粒含量指细粒（$d \leqslant 0.075mm$）的质量占总质量的百分数。

表 5.4.2-2　细粒土填料分组

一级定名			二级定名			填料分组
土名			液限含水率 w_L	土名	塑性图	
细细粒土	粉土	$I_p \leqslant 10$，且粒径大于 0.075mm 颗粒的质量不超过全部质量 50% 的土	$w_L < 40\%$	低液限粉土	 CL、ML、CH、MH 分别是低液限黏土、低液限粉土、高液限黏土、高液限粉土的记号	C
			$w_L \geqslant 40\%$	高液限粉土		D
	黏性土	粉质黏土 $10 < I_p \leqslant 17$	$w_L < 40\%$	低液限粉质黏土		C
			$w_L \geqslant 40\%$	高液限粉质黏土		D
		黏土 $I_p > 17$	$w_L < 40\%$	低液限黏土		C
			$w_L \geqslant 40\%$	高液限黏土		D
有机土			有机质含量大于 5%			E

注：1 液限含水率试验采用圆锥仪法，圆锥仪总质量为 76g，入土深度 10mm。

2 A 线方程中的 w_L 按去掉 % 后的数值进行计算。

4 填料可根据土质类型和渗水性分为渗水土、非渗水土。A、B组填料中，细粒土含量应小于10％、渗透系数大于10^{-3}cm/s的巨粒土、粗粒土（细砂除外）应为渗水土，其余应为非渗水土。

5.5 基 床

5.5.1 基床结构应符合表5.5.1的规定。

表5.5.1 基床结构

铁路等级	基床厚度（m）	基床表层（m）	基床底层（m）
Ⅲ级	1.5	0.5	1.0
Ⅳ级	1.2	0.5	0.7

5.5.2 基床土的压实标准应符合表5.5.2的规定。

表5.5.2 基床土的压实标准

层位	压实指标	细粒土、粉砂、改良土		细砂、中砂、粗砂、砾砂		碎石类土	
	铁路等级	Ⅲ级	Ⅳ级	Ⅲ级	Ⅳ级	Ⅲ级	Ⅳ级
表层	压实系数 K_h	0.91	0.91	—	—	—	—
	地基系数 K_{30}（MPa/m）	90	90	100	100	120	120
	相对密度 D_r	—	—	0.75	0.75	—	—
底层	压实系数 K_h	0.89	0.86	—	—	—	—
	地基系数 K_{30}（MPa/m）	80	70	80	80	100	100
	相对密度 D_r	—	—	0.7	0.7	—	—

注：1 K_h 为重型击实试验的压实系数，在年平均降水量小于400mm地区，K_h 值可按表列数值减小0.05。

2 K_{30} 为30cm直径荷载板试验得出的地基系数，取下沉量为1.25mm的荷载强度。

5.5.3 路堤基床填料应符合下列规定：

1 路堤基床表层宜选用A组填料，其次应为B组填料，但颗粒粒径不应大于150mm。对不符合要求的填料，应采取土质改良或加固措施。

2 路堤基床底层可选用A、B、C组填料。当使用C组填料中的细粒土含量大于30％的卵石土、碎石土、圆砾土和细粒土中的粉土、粉质黏土时，在年平均降水量大于500mm地区，其塑性指数 I_P 不应大于12，液限含水率 w_L 不应大于32％；不满足要求时，应采取土质改良或加固措施。

3 高度小于基床厚度的低路堤，基床厚度范围内天然地基的土质应符合本条第1、2款的规定，其密实度应符合表5.5.2的规定。基床底层厚度范围内天然地基的静力触探比贯入阻力 P_s 值不得小于1.0MPa，或天然地基基本承载力 σ_0 不应小于0.12MPa，不满足要求时应进行换填、改良或加固处理。

4 当基床表层换填渗水土时，基床底层顶部应设4％向外的人字形横向排水坡。

陡坡地段的半填半挖路基，路基面以下1.0m范围内应挖除并换填符合基床要求的填料，挖方顶面应设4％向外排水坡。

5.5.4 路堑基床表层土的密实度应符合表5.5.2的规定。在年平均降水量大于500mm地区，对易风化的泥质岩石及塑性指数 I_P 应大于12，液限含水率 w_L 应大于32％的黏性土，基床表层应全深度采取换填、土质改良等措施。

路堑基床底层厚度范围内天然地基的静力触探比贯入阻力 P_s 值不得小于1.0MPa，或天然地基基本承载力 σ_0 不应小于0.12MPa。不满足要求时，应进行加固处理。

5.5.5 基床加固措施应根据基床土质、填料性质、地下水埋深等，采取就地碾压、换土或土质改良、铺设土工合成材料等基床加固和加强排水的措施。

5.6 路 堤

5.6.1 路堤填料应符合下列规定：

1 路堤基床以下部位填料宜选用A、B、C组，采用D组填料时应采取加固或改良措施。

2 路堤基床以下部位填料不得采用E组填料。

3 路堤浸水部位的填料宜选用渗水土填料。当采用细砂、粉砂作填料时，应采取防止振动液化措施。

4 采用不同填料填筑路堤时，每一水平层全宽应用同一种填料填筑，当渗水土填在非渗水土上时，非渗水土表面应向两侧设2％～4％的人字坡；非渗水土填在渗水土上时，接触面可做成平面。但当上下两层填料的颗粒大小相差悬殊时，应在分界面上铺设垫层，垫层厚度不宜小于20cm。

5.6.2 路堤基床以下部位填料的压实标准应符合表5.6.2的规定。

表5.6.2 基床以下部位填料的压实标准

填筑部位	压实指标	细粒土、细粒改良土、粉砂		细砂、中砂、粗砂、砾砂		碎石类土	
	铁路等级	Ⅲ级	Ⅳ级	Ⅲ级	Ⅳ级	Ⅲ级	Ⅳ级
不浸水部分	压实系数 K_h	0.86	0.81	—	—	—	—
	地基系数 K_{30}（MPa/m）	70	60	70	70	80	80
	相对密度 D_r	—	—	0.65	0.65	—	—
浸水部分及桥涵缺口	压实系数 K_h	0.89	0.86	—	—	—	—
	地基系数 K_{30}（MPa/m）	80	70	80	80	100	100
	相对密度 D_r	—	—	0.7	0.7	—	—

注：1 在年平均降水量小于400mm地区，压实系数可按表列数值减小0.05。

2 桥梁缺口指桥台背后上方长度不小于桥台高度加2m的范围，涵管缺口指涵管两侧每边不小于涵管孔径2倍的范围。

5.6.3 路堤边坡坡率应根据荷载、填料的物理力学性质、边坡高度和地基工程地质条件等确定。当地基条件良好时，路堤边坡坡率可按表5.6.3采用。

表 5.6.3 路堤边坡坡率

填料种类	边坡高度（m）			边坡坡率		
	全部高度	上部高度	下部高度	全部坡率	上部坡率	下部坡率
一般细粒土	20	8	12	—	1:1.5	1:1.75
漂石、卵石土碎石、粗粒土（细砂、粉砂、粉土除外）	20	12	8	—	1:1.5	1:1.75
硬块石	8	—	—	1:1.3	—	—
	20	—	—	1:1.5	—	—

注：1 当有可靠的资料和经验时，可不受本表限制。
　　2 当填料用大于25cm的不易风化的块石，边坡采用干砌时，其边坡坡率根据具体情况确定。
　　3 软块石的边坡坡率应根据其胶结物质成分、风化程度等确定。

路堤坡脚应设置不小于2.0m宽的天然护道。在经济作物区，高产田地段及城镇，当能保证路堤稳定时，天然护道宽度可减小到1.0m。

当路堤边坡高度大于表5.6.3所列数值时，设计应根据地基、填料等情况另行加宽路基面，其每侧加宽值Δb应按下式计算：

$$\Delta b = C \cdot H \cdot m \qquad (5.6.3)$$

式中：C——沉降比，细粒土取$0.01 \sim 0.02$，粗粒土取$0.005 \sim 0.015$，硬块石为$0.005 \sim 0.01$，软块石为$0.015 \sim 0.025$；

　　　　H——路堤边坡高度（m）；

　　　　m——道床边坡坡率。

5.6.4 在松软地基上填筑路基时应进行工后沉降分析。沉降量应符合下列规定：

　1 Ⅲ级铁路路基的工后沉降量不应大于30cm，Ⅳ级铁路不应大于40cm。

　2 当路基的工后沉降不满足要求时，应进行地基处理。

5.6.5 稳定斜坡上地基表层的处理应符合下列规定：

　1 地面横坡缓于1:10时，路堤可直接填筑在天然地面上。但路堤高度小于基床厚度的地段，应清除地表草皮。

　2 地面横坡为1:10～1:5时，应清除草皮。

　3 地面横坡为1:5～1:2.5时，原地面应挖台阶，台阶宽度不应小于2m。当基岩面上的覆盖层较薄时，宜先清除覆盖层再挖台阶。当覆盖层较厚且稳定时可保留，还应在原地面挖台阶后填筑路堤。

　4 地面横坡陡于1:2.5时，应检算路堤沿基底或基底下软弱层滑动的稳定性。抗滑稳定安全系数不得小于1.25。当符合要求时，应在原地面挖台阶；不满足要求时，应采取改善基底条件或设置支挡结构等防滑措施。

　5 半填半挖和陡坡地段路堤，靠山侧应设排水沟，并应根据情况采取防渗加固措施。

　6 当地基表层松土厚度不大于0.3m时，应将地面碾压密实；松土厚度大于0.3m时，应翻挖松土并分层回填压实。碾压后的压实质量应满足本规范表5.6.2的规定。

　7 地基表层为软弱土层，其静力触探比贯入阻力P_s值小于1.0MPa，或天然地基基本承载力σ_0小于0.12MPa时，应根据软弱土层的性质、厚度、含水率、地表积水深度等，采取排水疏干、挖除换填、抛填片石或填砂砾石等地基加固措施。

5.6.6 取土场（坑）的设置，应根据各地段所需取土性质、数量，并结合路基排水、地形、土质、施工方法、节约用地、环保要求等，作出统一规划，并应符合下列规定：

　1 取土场（坑）的土质应符合路基填料要求。

　2 地形平坦地段，宜设在路堤一侧。当地面横坡陡于1:10时，宜设在路堤上侧。

　3 桥头河滩路堤，取土坑应设在下游侧。

　4 兼作排水的取土坑，应确保水流通畅排出，其深度不宜超过该地区地下水水位，并应与桥涵进口高程相衔接；其纵坡不应小于2‰，平坦地段亦不应小于1‰。

　5 当取土坑较深时，边坡坡脚至取土坑距离应保证路堤边坡稳定，取土坑内侧壁应采取防护措施。

　6 良田地段，当路堤填方数量大而集中时，可远运或集中取土。

5.7 路　　堑

5.7.1 土质路堑应符合下列规定：

　1 土质路堑边坡形式及坡率应根据土的性质、工程地质、水文地质条件、施工方法、边坡高度、自然山坡和人工边坡状况，结合力学分析等综合确定。边坡高度小于20m时，边坡坡率可按表5.7.1设计。

表 5.7.1 土质路堑边坡坡率

土 的 类 别		边坡坡率
黏土、粉质黏土、塑性指数大于3的粉土		1:1～1:1.5
中密以上的中砂、粗砂、砾砂		1:1.5～1:1.75
卵石土、块石土、碎石土、圆砾土、角砾土	胶结和密实	1:0.5～1:1.25
	中密	1:1～1:1.5

注：1 黄土、膨胀土等路堑边坡形式及坡率应符合现行行业标准《铁路特殊路基设计规范》TB 10035的有关规定。
　　2 当有可靠的资料和经验时，可不受本表限制。

　2 路堑边坡高度大于20m时，其边坡坡率应结合边坡稳定性分析计算确定，最小稳定安全系数应为 1.15～1.25。

3 在碎石类土、砂类土及其他土质路堑中，应在侧沟外侧设置平台，其宽度应根据边坡高度和土的性质确定，但不宜小于 1m。当边坡设防护加固工程时，可不设平台。

4 由不同地层组成的较深路堑，宜在边坡中部或不同地层分界处设置平台，并应在平台上设置截水沟或挡水墙，平台宽度不宜小于 1.5m。在年平均降水量小于 400mm 的地区，边坡平台上可不设截水沟，平台宽度可不小于 1.0m，但应设置向坡脚方向不小于 4% 的排水横坡。

5.7.2 岩石路堑应符合下列规定：

1 岩石路堑边坡形式及坡率应根据工程地质、水文地质条件、岩性、边坡高度、施工方法，并结合岩体结构、结构面产状、风化程度，自然稳定边坡和人工边坡的调查综合确定。边坡高度小于 20m 时，边坡坡率可按表 5.7.2 设计。

表 5.7.2 岩石路堑边坡坡率

岩石类别	风化程度	边坡坡率
硬质岩	未风化、微风化	1：0.1～1：0.3
	弱风化、强风化	1：0.3～1：0.75
	全风化	1：0.75～1：1.25
软质岩	未风化、微风化	1：0.3～1：0.75
	弱风化、强风化	1：0.5～1：1
	全风化	1：0.75～1：1.5

注：当有可靠的资料和经验时，可不受本表限制。

2 软质岩、强风化或全风化的岩石路堑，可按本规范第 5.7.1 条的规定设置平台和排水设施。

3 边坡高度大于 20m 的硬质岩石路堑，可根据岩体结构、结构面产状、岩性，并结合施工影响范围内既有建筑物的安全性要求，采用光面、预裂爆破技术。

4 边坡高度大于 20m 的软弱松散岩质路堑，当岩层风化破碎、节理发育时，宜根据边坡工程地质条件、结合机械化施工的工艺特点，采用分层开挖、分层稳定和坡脚预加固技术。

5.7.3 弃土场（堆）设置应符合下列规定：

1 弃土场（堆）设置不应影响山体或边坡稳定。

2 陡坡路基和深路堑地段的弃土场（堆）应置于山坡下侧，并应间断堆填。

3 桥头弃土不得挤压桥墩台。

4 对弃土场应采取挡护措施。

5.8 路基排水

5.8.1 路基排水应完整通畅和有足够的过水能力，并应与桥涵、隧道排水衔接配合，综合利用农田水利。对路基有危害的地面水和地下水，应采取拦截、引排等措施。

地面横坡明显地段，路堤的排水沟或路堑天沟可在上方一侧设置。地面横坡不明显时，路堑天沟及高度小于 2.0m 的路堤的排水沟宜在两侧设置。

路堑顶部无弃土堆时，天沟边缘至堑顶距离不宜小于 5.0m，土质良好、堑坡不高或天沟采取铺砌措施时，不应小于 2.0m。

5.8.2 地面排水设施的纵坡不宜小于 2‰。在地面平坦或反坡排水困难条件下，纵坡可减至 1‰。

5.8.3 天沟不宜向路堑侧沟排水。在困难条件下必须排入侧沟时，应采取消能、防冲刷等措施。

路堑侧沟的水流不应流经隧道排出。在特别困难条件下，当隧道长度小于 300m 且洞外路堑的水量较小、含泥量少时，可经隧道引排。

5.8.4 侧沟、天沟和排水沟的横断面，底宽可采用 0.4m，深度可采用 0.5m～0.6m。在年平均降水量小于 400mm 的地区或岩石路堑中，深度可减至 0.4m。位于反坡排水地段或小于 2‰ 坡道的侧沟，其分水点的沟深可减至 0.2m。边坡平台截水沟底宽可采用 0.4m，深度可采用 0.2m～0.4m。

侧沟的边坡坡率，靠线路一侧宜为 1：1，外侧应与路堑边坡相同；有侧沟平台时外侧应为 1：1；在砂类土中两侧均可为 1：1～1：1.5。天沟、排水沟的边坡坡率，应根据土质及边坡高度确定，黏性土可采用 1：1～1：1.5。

需按流量设计的侧沟、天沟、排水沟，其横断面应按 1/25 洪水频率的流量计算，沟顶应高出 1/25 洪水频率流量水位 0.15m。

5.8.5 下列情况的侧沟、天沟和排水沟，应采取防止冲刷或渗漏的加固措施：

1 位于松软土层影响路基稳定的地段。

2 流速较大，可能引起冲刷的地段。

3 易产生基床病害地段的侧沟。

4 湿陷性黄土路堑的侧沟、天沟及边坡平台截水沟。

5 有集中水流引入天沟、排水沟的地段。

6 水田地区土质路堤高度小于 0.5m 地段的排水沟。

5.8.6 排除地下水的渗水暗沟，渗水隧洞的纵坡，不宜小于 5‰，条件困难时不应小于 2‰。

渗水暗沟、渗水隧洞的横断面，应根据埋置深度、施工和维修条件确定。宽度不宜小于 1.2m。边墙或衬砌的厚度应计算确定。

渗水暗沟的排水孔，应设在冻结深度以下不小于 0.25m。截水的渗水暗沟基底宜埋入隔水层内不小于 0.5m，边坡渗沟、支撑渗沟的基底宜设在含水层以下较坚实的土层上。

在严寒地区，渗水暗沟、渗水隧洞的出口应采取防冻措施。

5.8.7 渗水暗沟、渗水隧洞的反滤层材料可采用砂砾石、土工合成材料、无砂混凝土等，其颗粒级配要求、层数、厚度等应根据坑壁土质、反滤层材料确定。

5.8.8 渗水暗沟每隔 30m～50m、渗水隧洞每隔 120m，以及平面转折、纵坡变坡点处，宜设置检查井。检查井内应设置检查梯，井口应设置井盖，当井深大于 20m 时应增设护栏等安全设施。

5.9 路基防护及加固

5.9.1 坡面防护应符合下列规定：

  1 对受自然因素作用易产生破坏的边坡坡面，应根据边坡的土质、岩性、水文地质条件、边坡坡率与高度、环境保护、水土保持要求等，选用适宜的防护措施。

  2 路基边坡坡面防护工程类型及其适用条件，宜按表5.9.1的规定选用。当坡面适宜进行植物防护，且能保证边坡的稳定时，应采用植物防护。

表 5.9.1　坡面防护工程类型及适用条件

防护类型	结 构 形 式	适 用 条 件
植物防护	种草或喷播植草	土质边坡，坡率缓于 1∶1.25。当边坡较高时，可用土工网、土工网垫与种草相结合进行防护
	铺草皮	土质和强风化、全风化的岩石边坡，坡率不陡于 1∶1.25
	种植灌木	土质、软质岩和全风化的硬质岩石边坡，坡率不陡于 1∶1.5
喷护	喷掺砂水泥土，厚度 6cm～10cm，材料为砂、水泥、黏性土	易受冲刷的土质堑坡，坡率不陡于1∶0.75
	喷浆，厚度不小于 5cm，材料为砂、水泥、石灰	易风化但未遭强风化、全风化的岩石堑坡，坡率不陡于 1∶0.5
	喷混凝土，厚度不小于 8cm，材料为砂、水泥、砾石	易风化但未遭强风化、全风化的岩石堑坡，坡率不陡于 1∶0.5
挂网喷护	锚杆铁丝网（或土工格栅）喷混凝土或喷浆。锚固深度 10cm～20cm，网距 20cm～25cm，其他同喷护	喷混凝土或喷浆防护的岩石边坡，当坡面岩体较破碎时采用
干砌片石护坡	厚度 30cm，其下设不小于 10cm 厚砂砾石垫层	土质路堤边坡；有少量地下水渗出的局部堑坡；局部土质堑坡嵌补，坡率不陡于1∶1.25
浆砌片石护坡	厚度 30cm～40cm，水泥砂浆砌筑	易风化的岩石边坡和土质边坡，坡率不陡于1∶1
浆砌片石或混凝土骨架护坡	骨架可采用人字形、方格型及拱形，骨架内铺草皮、喷播植草、干砌片石或空心砖内客土植草等	土质和全风化的岩石边坡，当坡面受雨水冲刷严重或潮湿时。坡率不陡于1∶1。多雨地区采用带排水槽的拱形骨架
浆砌片石护墙	等截面厚度为 50cm，变截面顶宽 40cm；底宽视墙高而定	土质和易风化剥落的岩石边坡，坡率不陡于1∶0.5。等截面护墙高不宜超过 6m，当坡率较缓时，不宜超过 10m；变截面护墙，单级不宜超过 12m，超过时宜设平台，分级砌筑

5.9.2 冲刷防护应符合下列规定：

  1 沿河地段路基，当受水流冲刷时，应根据河流特性、水流性质、河道地貌、地质等因素，结合路基位置，选用适宜的坡面防护、导流或改河工程。

  2 路堤边坡与河岸岸坡的冲刷防护工程类型及适用条件，宜按表5.9.2的规定选用。

表 5.9.2　冲刷防护工程类型及适用条件

防护类型	结构形式	适用条件		注意事项
		容许流速（m/s）	水流方向、河道地貌等	
植物防护	喷播植草	1.2～1.8	水流方向与线路近乎平行；不受各种洪水主流冲刷的浅滩地段路堤边坡防护	—
	种植防护林、挂柳		有浅滩地段的河岸冲刷防护	
干砌片石护坡	单层厚 0.25m～0.35m；双层厚：上层 0.25m～0.35m，下层 0.25m	2～3	水流方向较平顺的河岸滩地边缘；不受主流冲刷的路堤边坡；无漂浮物和滚石的河段	应设置垫层
浆砌片石护坡	厚 0.3m～0.6m	4～8	主流冲刷及波浪作用强烈处的路堤边坡	有冻胀变形的边坡上应设置垫层；有流木、流冰、滚石时，应适当加厚
混凝土（板）护坡	厚 0.08m～0.2m			
抛石	石块尺寸根据流速、波浪大小计算，不宜小于 0.3m	3	水流方向较平顺，无严重局部冲刷的河段；已浸水的路堤边坡与河岸	抛石厚度及防护顶宽不应小于石块尺寸的两倍
石笼	镀锌铁丝制成箱形或圆形，笼内装石块	4～5	受洪水冲刷但无滚石河段和大石料缺少地区	
大型砌块	2m×2m×2m 3m×3m×2m	5～8	受主流冲刷严重的河段	常与脚墙配合使用
浸水挡土墙	—	5～8	峡谷急流和水流冲刷严重的河段	—

3 冲刷防护工程的顶面高程应为设计水位加波浪侵袭高加壅水高加 0.5m；桥头的河滩路堤，当水流纵坡较大、河滩较宽阔时，还应计入桥前水面横坡所形成的附加高度。基底埋设在冲刷深度以下不应小于 1m 或嵌入基岩内。当冲刷深度较深、水下施工困难时，可采用桩基、沉井基础或适宜的平面防护。

4 设置导流建筑物时，应根据河道的地貌、地质、水流性质、河道演变规律和防护要求等规划导治线，并应避免冲刷农田、村庄、道路和下游路基。在山区河谷地段，不宜设置挑水导流建筑物。

5 挑水坝坝长不宜大于河床宽的 1/4，坝的间距宜为坝长的 1 倍～2.5 倍。当水流较平顺时，间距可增至 3 倍～5 倍。

6 遇有水流直冲威胁路基安全时，除应做好冲刷防护外，必要时可局部改移河道。改移河道应根据河流特性及其演变规律进行。改河的起点和终点应与原河床顺接，并宜在改河入口处加陡纵坡并设置拦河坝或顺坝。新河槽断面应按设计洪水频率的流量计算。

5.10　路基支挡

5.10.1 路基支挡结构设计时，应查明山体和地基的工程地质、水文地质条件，取得必要的岩土物理力学参数，并应根据地形、地质条件，选用适宜的支挡结构类型和设置位置。

5.10.2 路基支挡结构设计，宜采用新型、轻型支挡结构。

5.10.3 下列地段宜设置路基支挡结构：

1 为避免路堑边坡薄层开挖，路堤边坡薄层填土影响边坡稳定的陡坡路基地段。

2 为避免高边坡大量挖方，降低边坡高度，减少天然植被破坏或加强边坡稳定性的路堑地段。

3 不良地质条件下，为防止边坡坍滑、山体失稳或为整治滑坡、泥石流、崩塌落石等路基病害地段。

4 水流冲刷影响路堤稳定的沿河、滨海路堤地段。

5 为保护生态环境、节约用地、少占农田或为保护重要的既有建筑物地段。

5.10.4 路基支挡结构设计应符合下列规定：

1 在各种设计荷载组合下，应满足稳定性、坚固性和耐久性的要求。

2 结构类型及设置位置，应安全可靠、经济合理、便于施工养护。

3 支挡结构与桥台、隧道洞门、既有支挡结构连接时，应协调配合、衔接平顺。

4 城市风景区的支挡结构形式及墙面，宜与其他相邻建筑物协调、美观。

5 挡土墙墙身材料应符合本规范附录 C 的规定。

6 应符合环保及其他特殊要求。

5.10.5 挡土墙设计应符合下列规定：

1 挡土墙的计算荷载，可只计算主要力系的影响；在浸水和地震等特殊情况下，尚应计算附加力和特殊力的作用。设计时可按表 5.10.5-1 所列荷载力系可能的组合进行计算。

表 5.10.5-1　挡土墙荷载

荷载类别	荷　载　名　称
主力	墙身自重力及位于墙顶上的恒载； 墙背岩土主动土压力； 轨道和列车荷载及其产生的侧压力； 基底的法向反力及摩擦力； 常水位时静水压力及浮力
附加力	设计洪水位时的静水压力和浮力； 水位退落时的动水压力； 波浪压力； 冻胀力和冰压力
特殊力	地震力； 施工临时荷载

注：1　常水位系指每年大部分时间保持的水位。
　　2　冻胀力和冰压力不与波浪压力同时计算。
　　3　洪水和地震不同时计算。

2 作用在墙背上的土压力，可按库仑土压力理论计算。陡坡或顺层地段挡土墙，应根据沿层面滑动和用库仑公式分别计算土压力，并应取其最大值作为墙背荷载。

3 挡土墙的稳定性与强度要求应符合表 5.10.5-2 的规定。挡土墙基底下持力层范围内存在软弱层或挡土墙位于斜坡上时，应检算其整体稳定性。挡土墙整体稳定系数不得小于 1.25，沉降变形应满足控制要求。

表 5.10.5-2　挡土墙的稳定性与强度要求

全墙	滑动稳定系数 K_c 主力	≥1.3
	主力＋附加力	≥1.2
	倾覆稳定系数 K_0 主力	≥1.6
	主力＋附加力	≥1.4
	基底的合力偏心距 e 土质地基	≤B/6
	岩质地基	≤B/4
	基底压应力 σ 主力	≤[σ]
	主力＋附加力	≤1.2×[σ]
墙身截面	压应力 σ 主力	≤[σ]
	主力＋附加力	≤1.3×[σ]
	剪应力 τ 主力	—
	主力＋附加力	≤[τ]
	合力偏心距 |e'| 主力	≤0.3B'
	主力＋附加力	≤0.35B'

注：1　表中 B 为墙底宽度，B' 为计算截面处的宽度。
　　2　墙身截面当计算的最小应力为负值时，应小于容许抗弯曲拉应力值，并应检算无圬工承受拉力时受压区重分布的最大压应力，使其不超过容许值。

4 挡土墙基础的埋置深度应符合下列规定：

1）埋置深度不应小于 1.0m，路堑挡土墙基底低于侧沟砌体底面时不应小于 0.2m。

2）受水流冲刷时，在冲刷线以下不小于 1.0m。

3）当冻结深度小于或等于 1.0m 时，埋置深度不应小于冻结深度线以下 0.25m，且不应小于 1.0m。当冻结深度大于 1.0m 时，不小于 1.25m，还应将基底至冻结线下 0.25m 深度范围内的地基土换填为非冻胀土。

4）基础在稳定斜坡地面时，其趾部埋入深度和距地面的水平距离应符合表 5.10.5-3 的规定。

表 5.10.5-3　斜坡地面墙趾埋入深度和距地面的水平距离

地层类别	埋入深度 （m）	距斜坡地面的 水平距离 （m）
硬质岩层	0.6	1.50
软质岩层	1.0	2.00
土层	≥1.0	2.50

5 下列地段的路肩挡土墙，应设置防护栏杆：

1）墙顶高出地面 2m 且连续长度大于 10m 时。

2）墙趾以下为悬崖陡坎或地面横坡陡于 1：

1，连续长度大于 20m 的山坡时。

3）车站有调车作业地段。

6 对符合本条第 5 款第 1）、2）项条件地段，两端各延长 5m 的范围内，应在靠山侧铺设单侧护轨。当挡土墙较高时，应根据需要设置台阶或检查梯。

7 挡土墙沿墙长每隔 10m～20m 应设置伸缩缝。在地基的地层变化处应设沉降缝。伸缩缝和沉降缝可合并设置。

8 挡土墙上应设置向墙外坡度不小于 4% 的泄水孔，并应按上下左右每隔 2m～3m 交错设置。泄水孔应采用管材，其进水侧应设置反滤层，在最低排泄水孔的下部，应设置隔水层。

5.10.6 支挡结构与路堤可采用锥体填土连接。挡土墙端部伸入路堤内不应小于 0.75m。

路堤、路肩挡土墙端部嵌入原地层的深度，土质不应小于 1.5m，弱风化的岩层不应小于 1.0m，微风化的岩层不应小于 0.5m。

路堑挡土墙应向两端顺延逐渐降低高度，并应与路堑坡面平顺相接。

其他挡土墙应直接与路堤、路堑连接，困难条件下，可在其端部采用重力式挡土墙过渡或用其他端墙形式过渡。

5.11 特 殊 路 基

5.11.1 特殊路基应包括位于软土、膨胀土（岩）、黄土、盐渍土等地段的特殊土（岩）路基和不良地质地段的滑坡、崩塌、岩堆、泥石流、岩溶等特殊地质路基。

5.11.2 软土路基设计应符合下列规定：

1 软土路基宜采用路堤形式，其高度不宜小于基床厚度。路基设计应根据填土和列车荷载共同作用，按力学分析法或填筑试验确定设计临界高度，并应通过滑动稳定检算、沉降计算或地基承载力验算分析进行相应的地基加固设计。稳定性检算及沉降计算应符合现行行业标准《铁路特殊路基设计规范》TB 10035 的有关规定。

软土地基加固处理应满足路堤稳定和工后沉降要求；路堑及高度小于基床厚度的低路堤，地基加固措施应满足基床承载力要求；饱和粉土及粉细砂地基，加固深度及密度应满足防止振动液化的要求。

2 软土路堤稳定性检算，不计入轨道及列车荷载作用时，稳定安全系数不应小于 1.20；计算轨道及列车荷载作用时不应小于 1.10。有架桥机作业的桥头路堤，应检算在架桥机作业条件下的路堤稳定性，其稳定安全系数不得小于 1.05。

软土地基上路堤的滑动稳定性，可采用圆弧法分析检算，软土层较薄或软土底部存在斜坡时，应检算路堤沿软土底部滑动的稳定性。

3 软土地基的总沉降量可根据路基条件选用分层总和法或地基压缩模量法公式进行计算确定。路基工后沉降控制应符合本规范第 5.6.4 条的规定。

软土地段的路基面宽度应进行沉降加宽。路基面每侧加宽值应根据路基工后沉降量与道床边坡率由计算确定。

4 软土地基加固应根据软土埋深及成层情况、软土底面横坡、路堤高度、施工期限、机具设备、填料及地基土的物理力学性质等因素，选用换填、碾压片石、反压护道、砂垫层、砂井、塑料排水板、铺设土工合成材料、强夯置换、堆载预压、复合地基等加固措施进行经济、技术比较确定。

5 软土地基上的路堤在施工过程中应进行稳定和沉降观测。

6 当软土厚度大、路堤较高时应与设桥方案做技术经济比较。

5.11.3 膨胀土（岩）路基设计应符合下列规定：

1 膨胀土（岩）边坡设计，应遵循缓坡率、宽平台、加固坡脚和适宜的坡面防护相结合的原则。膨胀土（岩）地区路基应严格控制边坡高度、加强稳定边坡措施。

2 膨胀土（岩）地段路基边坡应按土的性质、软弱层和裂隙的组合、气象、水文地质条件，以及自然土坡或既有的膨胀土路基稳定边坡坡率等确定。边坡高度不超过 10m 时，边坡坡率及平台宽度可根据边坡的高度和土质按表 5.11.3 设计。边坡高度大于 10m 时，边坡坡率及形式应结合稳定性分析计算进行设计。稳定检算宜采用圆弧法，安全系数不应小于 1.25。

表 5.11.3 膨胀土（岩）路基边坡坡率及平台宽度

边坡高度（m）	路 堑			路 堤	
	边坡坡率	边坡平台（m）	侧沟平台（m）	边坡坡率	边坡平台（m）
<6	1:1.5～1:2	可不设	1.0～2.0	1:1.5～1:1.75	可不设
6～10	1:1.75～1:2.5	1.5～3.0	1.5～3.0	1:1.75～1:2	≥2

3 膨胀土（岩）路基设计，应根据膨胀土吸水膨胀软化、失水收缩开裂、反复变形及强度衰减等特性以及其结构面产状、地面横坡、路基边坡高度、降水量等，通过边坡稳定分析确定采用土工植被网护坡、拱形截水骨架、浆砌片石护坡、支撑渗沟、锚杆框架、抗滑挡土墙、抗滑桩（桩板墙）等加固措施。

4 膨胀岩体存在不利的结构面或软弱夹层时，线路宜垂直或大角度与其相交通过，路基边坡应采取防止顺层滑动的措施。

5 路堤、路堑边坡应及时防护，并应做好地表、地下排水；可设置边坡支撑渗沟，以及仰斜排水孔、盲沟等加强引排地下水。

路堤及地下水发育的路堑基床，采用土工合成材料防渗、加固时，应全断面铺设。地下水发育的路堑基床应采取加深侧沟以及纵横向排水渗沟、渗管等防排地下水措施。

6 采用膨胀土（岩）作路堤填料时，可采取土质改良或加强边坡加固及防排水措施。用膨胀土作填料时，土块应击碎，基床以下填土的压实系数 K_h 不应小于 0.89。

5.11.4 黄土路基设计应符合下列规定：

1 黄土地区路基，应按黄土的成因时代及其工程性质特点，控制边坡高度。路堤边坡高度不宜超过 15m，新黄土路堑边坡高度不宜大于 20m，老黄土路堑边坡高度不宜大于 25m。

2 黄土路基应避开有滑坡、崩塌、陷穴群、冲沟发育、地下水出露的塬梁边缘和斜坡地段。位于湿陷性黄土地段的路基，宜设在湿陷性轻微、湿陷土层较薄、排水条件较好的地段。

3 黄土路堑，应根据黄土类别、均匀性及边坡高度选用直线形、折线形、阶梯形等边坡形式，边坡率可根据工程地质类比法结合边坡稳定性检算确定，宜采用 1:0.5～1:1.25。

4 路堤的断面形式及边坡坡率可按表 5.11.4 选用。

表 5.11.4 路堤断面形式及边坡坡率

断面形式	路基面以下边坡分段坡率	
	$0 < H \leqslant 8m$	$8 < H \leqslant 15m$
折线形	1:1.5	1:1.75
阶梯形	1:1.5	1:1.75

注：阶梯形断面适用于年平均降水量大于 500mm 的地区，在边坡高 8m 处设宽为 2m 的边坡平台，边坡平台宜设截水沟。

5 黄土路基边坡防护，应根据土质、降水量、边坡高度及坡率、材料来源等，选用立体植被网、空心砖植物、骨架植物、浆砌片石或混凝土块护坡、护墙、坡脚墙等措施。黄土路堤宜在两侧边坡内分层水平铺设土工格栅。

6 湿陷性黄土地基，应根据地基特性、地下水位、处理深度、施工设备、材料来源和对周围环境的影响等因素进行分析，选择换填垫层法、强夯法、挤密法、预浸水法等处理措施。

7 黄土陷穴处理，应根据其分布位置、形状、深度、大小和发展趋势等，采取开挖回填夯实、灌（压）土浆、灌砂等措施。

5.11.5 盐渍土路基设计应符合下列规定：

1 盐渍土路基应选在地势较高、地下水位较低、排水条件好、土中易溶盐含量低、地下水矿化度低、

盐渍土分布范围小的地段，并应以路堤通过。

2 路堤基床不得采用盐渍土作填料，基床以下采用盐渍土作填料时，其易溶盐含量（$\overline{DT}$）不应大于表 5.11.5 的规定。

表 5.11.5 路基工程对土层容许易溶盐含量的要求

盐渍土类型	地基或填料的容许含盐量（$\overline{DT}$）	说 明
氯盐渍土	$5\% \leqslant \overline{DT} \leqslant 8\%$	一般为 5%，如加大夯实密度，可提高其含盐量，但最高不得大于 8%；其中硫酸钠含量不得大于 2%
亚氯盐渍土	$\overline{DT} < 5\%$	其中硫酸钠含量不得大于 2%
亚硫酸盐渍土	$\overline{DT} < 5\%$	其中硫酸钠含量不得大于 2%
硫酸盐渍土	$\overline{DT} < 2.5\%$	其中硫酸钠含量不得大于 2%
碱性盐渍土	$\overline{DT} < 2\%$	其中易溶的碳酸盐含量不得大于 0.5%

注：在干燥度大于 50、年平均降水量小于 60mm、相对湿度小于 40% 的西北内陆盆地地区，当无地表水浸泡时，路堤填料和地基土均不受氯盐含量的限制。

3 在地下水位较高地段，应抬高路堤，并应采取渗水土、复合土工膜设置毛细水隔断层或降低地下水位的措施。

4 地基和天然护道的表土含盐量大于本规范表 5.11.5 规定的容许值时，应铲除；设隔断层时，可不铲除。

5 地基表层土松散时应碾压密实或翻挖分层回填压实。松散土层较厚时，可采取换填、强夯或其他处理措施。

6 路基应加宽，边坡应采取骨架植物护坡、空心砖植物护坡、M10 水泥砂浆块板护坡、干砌片石及浆砌片石护坡等防护措施。

5.11.6 冻土地区路基设计应符合下列规定：

1 多年冻土地区路基宜填筑路堤通过。在少冰冻土、多冰冻土地段，可按路基标准断面设计。

2 富冰冻土、饱冰冻土或含土冰层地段，应采取保护多年冻土的措施。保护冻土的路堤最小高度，东北地区应采用 1.5m～2.0m，西北地区应采用 1.0m～1.5m。路堤两侧坡脚外一定范围内的地表覆盖层不得破坏，并应做好地表排水设施、基底铺设保温层及设置保温护道。

3 在冻胀性土或地下冰地段的低填浅挖和不填不挖的路基，应根据基底季节冻融层和多年冻土的性质，采用全部或部分挖除，换填渗水土或当地的弱冻

胀土。在填筑冻胀土时，宜在其底部设置毛细水隔断层或在其上部填 0.5m～1.0m 的渗水土。

4 填筑在地面横坡陡于 1：2.5 或天然上限以上土质松软的斜坡上的路堤，应按路堤沿山坡表面及冻融交界带滑动的稳定性分析，并应采取相应的支挡加固措施。

5 多年冻土区的防护建筑物不得采用浆砌片石结构。挡土墙宜采用预制拼装化的轻型、柔性结构，基础宜采用混凝土拼装基础或桩基础。

6 多年冻土区排水沟至路堤坡脚或保温护道坡脚的距离，对富冰冻土、饱冰冻土地段不应小于 5m；地下冰冻地段不应小于 10m。天沟至堑顶距离不应小于 10m。

7 取土坑的设置应贯彻"适当远离线路，分段集中取土"的原则，并应符合环境保护的要求。取土坑的位置应在坡脚 20m 以外。

5.11.7 风沙地区路基设计应符合下列规定：

1 风沙地区路基应根据风沙范围、沙源、风向、风速、沙丘移动规律、植被覆盖程度、水文地质条件等因素，确定路基断面形式和采取防护措施。

2 风沙地区宜以路堤通过，路堤高度不宜小于 1.0m。浅短路堑地段，应根据沙源、风向及一次最大积沙量情况，在路堑坡脚处设置宽度不小于 3m 的积沙平台。当风向与线路的交角较大时，宜采用展开式路堑。路基可不设护拱和排水设施。

3 粉、细砂路基边坡应采用一坡到顶的形式。边坡高度小于或等于 6m 时，边坡坡率应采用 1：1.75；边坡高度大于 6m 时，应采用 1：2。

4 路基边坡应采取植物防护措施，也可采用碎石类土、黏性土或土工网（垫）植草、坡面栽砌卵石方格、铺砌水泥砂浆块板等防护。

5 路基两侧的防护带，应结合当地的治沙经验，依据因地制宜、就地取材、综合治理的原则，采取固沙、阻沙、输沙和封沙育草、保护天然植被等多种防护措施。

6 弃土堆和取土坑应设在背风侧。取土坑距路堤坡脚不应小于 5m，弃土堆距路堑顶不应小于 10m。取土坑和弃土堆必要时应采取防护措施。线路两侧各 500m 范围内的地表原有植被和地表硬壳均不得破坏。

5.11.8 雪害地区路基设计应符合下列规定：

1 雪害路基应避免低填浅挖，路堤高度宜大于平均积雪深度的 3 倍，且不得小于 1.5m，路堑深度不得小于 2.0m。当不可避免时，应采取适宜的防护措施。

2 雪害地区路基，应根据地形、地貌、植被、气候、风向、积雪厚度，并结合线路位置、路基高度等因素，在路基一侧或两侧设置防护林带。

3 林带宜采用乔、灌混合林型。应根据当地土壤和气候条件，选用适合当地生长、易于成活、快长

成林的树种。防护林带宽度不宜小于 10m。林带内侧距堑顶或路堤坡脚不应小于 20m。在林区应符合防火距离的要求。

4 在不宜种植防护林地段和防护林未能起作用前，可设置固定式或移动式防雪栅栏、防雪堤、防雪沟等设施。对经常发生掩埋线路的严重雪害地段或有雪崩情况，可采用明洞方案。

5 固定式防雪栅栏的高度不应小于 3m，移动式的高度不应小于 1.5m，其设置位置可距堑顶或路堤坡脚外 30m～50m。

5.11.9 滑坡地段路基设计应符合下列规定：

1 滑坡地段路基应根据滑坡的类型、规模、滑坡体岩土性质、水文地质条件、滑坡形成与发展条件，分析其对工程的危害程度，并应采取整治措施。

对大型和地质复杂的滑坡应以绕避为主；对规模较大、性质较复杂的滑坡，可全面规划、分期整治，并应做好监测工作。

2 滑坡整治应按下列规定采取综合措施：

1）加强滑坡地表排水。滑坡体以外的地面水宜设置环状截水沟，拦截引排；滑坡体上的地面水应结合地形条件疏通自然沟、设置树枝状排水沟尽快排出，并做好防渗处理。

积水洼地应整平夯实，对出露的泉水，应设置引水渗沟或排水沟。对滑坡体裂缝、松散坡面应整平夯实。

2）对滑带中有大量地下水的滑坡，应加强截排、疏干或降低地下水措施，可设置支撑渗沟、仰斜排水孔及泄水洞等。

3）对失去前部支撑的滑坡，宜设抗滑挡墙、抗滑桩、锚索抗滑桩等支挡结构物或采取刷方减载与支挡相结合的措施。

4）对土质滑坡或松散土体滑坡，可采取高压旋喷桩、微型桩等措施。

3 滑坡稳定性可根据工程地质类比法和力学平衡计算综合分析确定。安全系数可采用 1.10～1.25，当计入临时荷载时，可适当降低，但不应小于 1.05。

4 抗滑挡墙应具有足够的抗剪强度和稳定性。墙背应采取疏干和防止水浸湿地基的措施。墙的高度与基础埋深应结合防止滑体从墙顶滑出和从基底以下土层滑移等因素确定。

5 抗滑桩或预应力锚索桩应根据滑体厚度、滑坡分段推力、滑移方向设置一至数排，桩的间距宜为 6m～10m。当滑坡体为黏性土且较潮湿、桩间土体易于坍塌时，宜在桩间增设防止坍塌的支挡工程。

6 滑坡前沿受河水冲刷时，应采取防冲刷措施。

5.11.10 崩塌落石、错落与岩堆地段路基设计，应符合下列规定：

1 崩塌、落石地段距线路较近、规模较大时，

应采用明洞、棚洞等遮挡建筑物处理，遮挡建筑物应有足够的长度，防止危岩、落石和崩塌岩块落入路基。

崩塌、落石规模较小或距线路较远，影响路基安全时，可采用清坡、支挡、挂网锚喷或设落石平台、落石槽、拦石堤、拦石墙、柔性防护系统等措施处理。

2 对路基有危害的山坡危石或危岩，应根据危石数量、大小及其分布情况，采用应清除或采用支撑、锚固等措施加固；有局部凹槽部分应进行嵌补，危岩与母岩间的裂隙可进行灌浆或注浆处理。

3 对路基范围内可能发生坍塌的破碎岩体，应根据斜坡土体岩性、破碎程度等，采取刷坡、边坡防护或用挡土墙加固等措施。当有地下水出露时，应设置疏干土体及引排水工程设施。

4 错落地段，应根据错落体的规模、完整程度、错落体底部错落带的陡度、组成物质和水的活动等情况，采取设置支挡建筑物、上部减重等措施。当错落体较松散、地下水发育时，应采取截排地面水和地下水措施。

5 岩堆地段，应根据岩堆的规模和物质组成、下伏岩土的性质和陡度、地下水的活动情况等，分析判断岩堆的稳定性。对不稳定岩堆地段路基，应采取相应的抗滑支挡等综合措施。

路堤通过岩堆地段，应分析岩堆在路堤加载后的稳定程度，沟谷中的岩堆应加强防排水措施，必要时应采取支挡加固措施。路堑通过岩堆地段，应根据岩堆的水文地质条件和稳定情况，采取截排地面水和地下水、设置支挡建筑物等措施。对于临河的岩堆应做好冲刷防护。

5.11.11 岩溶与人为坑洞地段路基设计应符合下列规定：

1 岩溶地段路基，应根据岩溶地表形态、地表径流、地下水动态、隐伏岩溶的分布及其大小，以及引起地面塌陷的因素，分析判断其对路基的危害程度，采取相应措施。

2 对影响路基稳定的岩溶水可采取疏导引排措施。遇上升泉时，应截流引排至路基以外。岩溶水有多处出水口而需堵塞部分出水口时，应有充分依据并保证所留出水口能满足排水通畅的要求。对由于地下水升降而引起岩溶及上部土层产生空洞或塌陷时，可采取控制水位升降或采用灌浆、注浆填塞溶洞和裂隙等措施。

3 路基位于封闭的溶蚀洼地时，应做好地面排水设施，并应将地面水引入邻近沟谷或对路基无危害的落水洞中。有积水不能排泄时，应采用岩块或粗粒土填筑，并应高出积水位 0.5m。

4 对危及路基稳定的隐伏岩溶，应根据顶板厚度及其坚固完整程度，溶洞的走向、位置、形状、大小和溶洞的充填物及其密实程度等，采取填塞、注浆加固或用桥梁跨越等措施。

5 对矿洞、墓穴、枯井、掏砂坑、坎儿井（地下渠道）等人为坑洞，应根据情况采取开挖回填、夯实或灌浆等防止坍塌的措施。

6 采矿区的路基，应根据矿区规划和调查资料，采取防止坍陷、预留足够的沉降量及加宽路基等措施。

7 在采空区或人工洞穴地段，不宜采取引排地下水的措施。

5.11.12 河滩、滨河路基及水库地段路基设计，应符合下列规定：

1 河滩、滨河路基设计应符合下列规定：

1）设计防护高程以上路基边坡坡率与非浸水路基相同，以下相应放缓一级。防护高程处应根据浸水深度及时间、基底地层情况等因素设置边坡平台，宽度不宜小于 1.5m。

2）路堤为不同填料时，填料分界处不应低于防护高程，且应设宽度不小于 0.5m 的平台。当两种材料粒径相差较大时，平台顶面应设隔离垫层，其厚度为 0.3m～0.5m。

3）路基坡面受水流冲刷时，可根据路堤高度、填料性质、流向、流速、水深、地基等，按表 5.9.2 的规定选用，也可采用当地行之有效的边坡防护加固措施。

2 水库路基设计应符合下列规定：

1）水库路基设计时，应根据水库的特点和要求及水库对路基的影响，结合岸坡岩（土）体的物理力学性质、库水位变化、波浪侵袭、水流冲刷、坍岸淤积等因素，进行路基和库岸稳定性分析，确定相应的防护加固措施。

2）水库路基的防护加固设计包括路基的防护加固和水库坍岸的防护加固。

3）路基边坡防护类型应根据水库类型、波浪力大小、路基所处位置等因素确定，可采用干砌片石、混凝土板护坡，并应做好反滤层。路基受浸水、冲刷影响时，可采用抛石、浆砌片石坡脚、石笼、片石垛、土工织物沉枕、挡土墙、防淘建筑物等加固防护。

4）水库坍岸危及铁路路基的稳定时，应根据线路的位置、库岸岩土性质、库岸高度和坡率、浸水深度、水库淤积等情况，对库岸采取相应的防护措施。

5.12 改建与增建第二线路基

5.12.1 改建既有线路路基，应根据路基现状、既有路基病害类型、施工对运营的干扰等，采取合理措施。

对既有铁路路基存在严重病害的地段，应结合工程一并进行整治，必要时应进行病害整治与局部改线的方案比较。

5.12.2 改建既有线路路肩高程应符合本规范对新建铁路的规定。困难时，可按既有线多年运营情况确定；对水害影响较小的地段，可按既有线路肩高程设计；受水害影响较大的地段，应按新线标准设计。

5.12.3 改建既有线的路肩宽度应符合新建铁路的要求。不足时可将既有路肩加宽，加宽困难时，可设置挡砟墙或补角墙等。

5.12.4 加宽既有路堤时，帮填土顶宽不宜小于0.5m，底宽不应小于顶部帮宽值。填筑前应拆除既有的边坡防护工程，并应将既有路堤坡面挖成宽度不小于1.0m的台阶。用非渗水土加宽既有路肩时，应设置向外侧倾斜为2%～4%的排水坡。

5.12.5 路堑边坡率可按既有路堑的稳定边坡坡率设计。当两线不等高时，两线间的边坡坡率应计及上线列车荷载的影响。必要时应增大线间距，也可设置挡土建筑物。

路堤边坡坡率可采用本规范表5.6.3的规定。

5.12.6 增建第二线时，应保证两线路基面及线间排水通畅。并行等高地段，应自既有路肩或以下设置向外倾斜的4%排水横坡，其上部换填A组填料；不等高地段路基，两线间应设置排水设备。

5.12.7 防护工程较复杂地段，当既有挡护设备使用良好且能保证新线路基的稳定和行车安全时，宜保留。如需拆除既有的排水设施、坡面防护及防雪、防风沙等建筑物时，应根据情况重建、恢复或用其他建筑物代替。

5.12.8 改建既有线时，应根据病害类型、成因及危害程度、气象条件、土质、岩性等因素，综合整治基床病害。冻害地段，也可采取抬高路堤、降低地下水位和铺设矿砟保温层等措施。

5.12.9 改建与增建的并行路基，对施工、运营有严重干扰的地段，应采取保证运营安全和方便施工的措施，必要时可采用便线通车的过渡措施。

6 桥梁和涵洞

6.1 一般规定

6.1.1 桥梁的分类应符合下列规定：

1 桥长500m以上应为特大桥。

2 桥长100m以上至500m应为大桥。

3 桥长20m以上至100m应为中桥。

4 桥长20m及以下应为小桥。

6.1.2 桥涵结构在设计、制造、运输、安装和运营过程中，应具有规定的强度、刚度、稳定性和耐久性。桥涵结构设计时，还应进行长大货物列车限速通过的检算。

6.1.3 桥涵应按表6.1.3的规定进行设计或检算。

表6.1.3　桥涵洪水频率标准

铁路等级	设计洪水频率		检算洪水频率
	桥梁	涵洞	特大桥（或大桥）属于技术复杂、修复困难或重要者
Ⅲ级	1/100	1/50	1/300
Ⅳ级	1/50	1/50	1/100

注：1 观测洪水（包括调查洪水）频率小于表列标准的洪水频率时，应按观测洪水频率设计，但当观测洪水频率小于下列频率时，应按下列频率设计：Ⅲ级铁路的特大及大中桥为1/300，Ⅳ级铁路的特大及大中桥为1/100，小桥及涵洞为1/100。

2 当水位不随流量而定，如逆风、冰塞、潮汐、倒灌、河床变迁、水库蓄水及其他水工建筑物的壅水等，则流量与水位应分别确定。

3 设在水库淹没范围内的桥涵，应采用表列洪水频率标准。设在水坝下游的桥涵，若水库设计洪水频率标准高于桥涵洪水频率标准，则按表列标准的水库泄洪量加坝址之间的汇水量作为桥涵设计及检算流量；若水库校核洪水频率标准低于桥涵洪水频率标准，应与有关部门协商，提高水坝校核洪水频率标准，使之与铁路桥涵洪水频率标准相同。若有困难，除按河流天然状况设计外，还应计及破坝对桥涵造成的不利影响。

4 在水坝上下游影响范围内的桥涵，如遇水库淤积严重等情况对桥涵造成不利影响时，桥涵的设计洪水频率标准应酌量提高。

5 有压和半有压涵洞的孔径应按设计路堤高度的洪水频率检算。

6 改建既有线或增建第二线应根据多年运营情况和水害的具体情况确定洪水频率。

6.1.4 跨越一条河流时，宜以设置一座桥为原则。

当桥址处有两个及两个以上的稳定河槽，或滩地流量占设计流量比例较大，且水流不易引入同一桥时，可在主河槽和支岔或滩地上分别设桥，不应用长大导流堤强行集中水流。

6.1.5 同一区段内桥涵的孔径与式样应力求简化。桥跨结构的类型，除通航和特殊需要外，同一座桥宜采用等跨及相同类型的桥跨结构。

桥梁结构设计应结合环境考虑造型美观。

6.1.6 桥台与路基连接处应符合下列规定：

1 台尾上部伸入路肩不应小于0.75m。

2 锥体坡面距支承垫石顶面后缘不应小于0.3m。

3 埋式桥台锥体坡面与台身前缘相交处高出设计洪水频率水位，不应少于0.25m。

4 锥体顺线路方向的坡度，路肩下 0～6m 不应陡于 1：1，6m～12m 不应陡于 1：1.25，大于 12m 不应陡于 1：1.5。

5 钢筋混凝土刚架桥的锥体坡面顺线路方向的坡度不应陡于 1：1.5。

6.1.7 改建的桥涵，当原来的中线、位置无明显缺陷，且与两端线路的平面及纵断面上的配合也合理时，应保持原来的中线及位置。

当有足够依据并经使用部门同意后，可在既有线上封闭或增设桥涵。

6.1.8 道砟桥面的道砟槽顶面外缘宽不应小于 4.2m，道砟桥面枕底应高出挡砟墙顶不小于 0.02m。桥上应铺设碎石道砟，轨下枕底道砟厚度不应小于 0.25m，改建铁路困难条件下亦不应小于 0.20m。

6.1.9 涵洞顶至轨底的填方厚度不应小于 1.2m。困难条件下，涵洞顶不得高出路肩。

6.1.10 墩台类型应根据桥址地形、地质、水文、线路、上部结构、施工条件、刚度要求和经济等因素综合选定，可采用实体墩台及厚壁空心墩。

当桥墩受车、船、筏、漂流物撞击、磨损或受冰压力等作用时，在外力作用高度以下部分，不得采用空心墩身。

6.1.11 铁路桥涵应进行安全保护标志、警示标志、防护设施的设计。

6.2 孔径及净空

6.2.1 桥梁孔径设计应符合下列规定：

1 设计桥梁孔径时，应注意河床变迁，不宜改变水流天然状态。

2 当河床有被冲刷的可能时，其容许冲刷系数不宜大于表 6.2.1 的规定。

表 6.2.1 河床容许冲刷系数

河流类型		冲刷系数	附注
山区	峡谷区	≤1.2	无滩
	开阔区	≤1.4	有滩
	平原区	≤1.4	—
山前区	稳定河段	≤1.4	—
	变迁性河段	按地区经验确定	—

3 平原地区桥孔按冲刷系数计算后，应检算桥前壅水对上游村镇与农田的影响。当有危害时，应放大桥孔。

4 人工渠道上的桥孔不宜压缩，并应减少中墩。

5 泥石流地区的桥孔应按沟谷通过地段的基本河宽设计，不宜压缩和过分扩大，宜以单孔或多孔的较大跨度桥梁跨过，并不得在桥下开挖。

6 位于水库影响范围的桥孔设计，除应满足河流的天然状况外，尚应满足水库所引起的河流状况变

化的要求。

6.2.2 铁路与道路立体交叉应符合下列规定：

1 铁路与道路立体交叉的建筑限界及铁路立交桥下的乡村道路净空，应符合本规范第 3.4.3 条的规定，并应满足桥下铁路或道路抬高量和立交桥涵沉降量的要求。

2 通行机动车的道路下穿铁路立体交叉，且铁路为桥跨布置时，道路视线长度应满足停车视距的要求。

3 下穿铁路桥梁、涵洞的道路，应设置车辆通过限高标志及限高防护设施。

4 跨越铁路的道路桥梁应设置防止车辆及其他物体坠入铁路线路的安全防护设施。

5 有条件时，季节性的排洪桥涵可兼作立交桥涵使用。

6.2.3 不通航亦无流筏的桥孔，其桥下净空高度不应小于表 6.2.3 的规定。

表 6.2.3 桥下净空高度

序号	桥梁部位	高出设计洪水频率水位加 Δh 后的最小高度（m）	高出检算洪水频率水位加 Δh 后的最小高度（m）
1	梁底（洪水期无大漂流物时）	0.50	0.25
2	梁底（洪水期有大漂流物时）	1.50	1.00
3	梁底（有泥石流时）	1.00	—
4	支承垫石顶	0.25	—
5	拱肋和拱圈的拱脚	0.25	—

注：1 表中的"设计（或检算）洪水频率水位"系指相应于表 6.1.3 中的设计（或检算）洪水频率的水位；"Δh"系表示根据河流具体情况，分别计入壅水、浪高、河弯超高、河床淤积、局部股流涌高等影响的高度。

2 洪水期无大漂流物通过的河流，实腹式无铰拱桥的拱脚，允许被设计洪水频率水位加 Δh 后的水位淹没，但此水位不应超过矢高的 1/2，且距拱顶的净高不应少于 1.0m。

3 有严重泥石流或钢梁下在洪水期有大漂流物通过时，应根据具体情况，采用大于表列的净空高度。

6.2.4 通航与流筏的桥孔，其桥下净空和设计通航水位均应与航运及筏运部门协商确定。布置通航和筏运的桥孔时，应计入河流变迁和不同水位时水流方向变化的影响。

在有流冰或流木的河流上，宜按实际调查的流冰或流木的大小酌留富余量，作为确定桥下净空的

依据。

6.2.5 过水涵洞宜设计为无压。无压涵洞洞内顶点高出洞内设计频率水位的净空高度应按表 6.2.5 确定。

表 6.2.5 涵洞净空高度

涵洞净高 H（m） ＼ 涵洞类型	圆涵	拱涵	矩形涵
≤3	≥H/4	≥H/4	≥H/6
>3	≥0.75m	≥0.75m	≥0.5m

6.2.6 排洪涵洞的孔径不应小于 1.25m。各式涵洞的长度应根据其净高或内径 h 确定，并应符合下列规定：

1 h 为 1.25m 时，长度不宜超过 25m；$h \geq$ 1.5m 时，长度可不受限制。

2 当采用 0.75m 孔径，且 $h<1.0$m 时，长度不宜超过 10m；当 $h\geq1.0$m 时，长度不宜超过 15m。

3 位于城市或车站范围内有污水流入或易淤积的涵洞，可根据需要酌量加大孔径。为路基或站场排水而设的无天然沟槽的涵洞孔径，可根据具体情况确定。

6.2.7 桥上人行道及栏杆的设置应符合下列规定：

1 桥面应设置双侧带栏杆的人行道。

2 桥上线路中心至人行道栏杆内侧的最小净距应按表 6.2.7 确定。个别情况下，当桥上允许非养护人员通过时，线路中心至人行道栏杆内侧净距应根据具体需要确定，并应在人行道与线路之间采取可靠的安全分隔措施。

表 6.2.7 桥上线路中心至人行道栏杆
内侧的最小净距

类别	线路中心至人行道栏杆内侧的净距（m）	
	直线上的桥和 R>3000m 曲线上的桥	R≤3000m 曲线上的桥
区间及车站内的桥	3.25	3.50
牵出线和梯线上的桥	3.50	3.50

注：表内 R 为曲线半径。

3 有砟桥面人行道宜采用整体桥面，并应根据桥位具体情况和养护维修不同要求设置维修通道。

4 在采用机械化养路的桥上，养路机械可由避车台存放，人行道可不加宽。特大桥桥上无电源时，避车台除存放养路机械外，尚应结合养路机械发电机

组作业的需要，每隔 500m 距离宜加大一处避车台。

6.2.8 在两台尾之间，单线桥应在两侧人行道上按 30m 左右间隔交错设置避车台。双线及多线桥，应在每一侧人行道上各相距 30m 左右设置避车台。

6.2.9 改建既有线或增建第二线时，增建路段桥涵净空应采用新建标准，改建路段宜采用新建标准。

6.3 结 构

6.3.1 桥涵应根据结构的特性，按表 6.3.1 所列的荷载，就其可能的最不利荷载组合情况进行计算。

表 6.3.1 桥涵荷载

荷载分类		荷 载 名 称
主力	恒载	结构构件及附属设备自重 预加力 混凝土收缩和徐变的影响 土压力 静水压力及水浮力 基础变位的影响
	活载	列车竖向静活载 公路活载（需要时采用） 列车竖向动力作用 离心力 横向摇摆力 活载土压力 人行道人行荷载
附加力		制动力或牵引力 风力 流水压力 冰压力 温度变化的影响 冻胀力
特殊荷载		船只或排筏的撞击力 汽车撞击力 施工临时荷载 地震力

注：1 如杆件的主要用途为承受某种附加力，则在计算此杆件时，该附加力应为主力。

2 流水压力不与冰压力组合，两者也不与制动力或牵引力组合。

3 船只或排筏的撞击力、汽车撞击力，只计算其中的一种荷载与主力相组合，不与其他附加力组合。

4 地震力与其他荷载的组合应符合现行国家标准《铁路工程抗震设计规范》GB 50111 的规定。

6.3.2 铁路列车竖向静活载应采用"中—活载"，其

计算图式见图 6.3.2。设计中采用"中一活载"加载时，可对计算图示进行截取。桥跨结构和墩台尚应按其所使用的架桥机加以检算。

图 6.3.2　中一活载图式（距离以 m 计）

6.3.3　曲线上的桥梁，列车离心力作用于轨顶以上 2m 处，其大小等于列车竖向静活载乘以离心力率 C。C 值应按下式计算，但不应大于 15%。

$$C=\frac{V^2}{127R} \qquad (6.3.3)$$

式中：V——设计行车速度（km/h）；
　　　R——曲线半径（m）。

6.3.4　横向摇摆力取 100kN，并应以水平方向垂直线路中心线作用于钢轨顶面的最不利位置进行选取。

多线桥梁应只计算任一线上的横向摇摆力。空车时不应计算横向摇摆力。

6.3.5　梁式桥跨结构在计算荷载最不利组合作用下，横向倾覆稳定系数不应小于 1.3。

钢筋混凝土悬臂梁式桥跨结构在相应于应力超过容许值 30% 时的竖向活载作用下，其纵向倾覆稳定系数不应小于 1.3。

6.3.6　梁式桥跨结构由于列车竖向静活载所引起的竖向挠度，不应超过表 6.3.6 的规定。计算钢梁的挠度时，不应计及平联及桥面系共同作用的影响。

表 6.3.6　**梁式桥跨结构竖向挠度容许值**

桥 跨 结 构		挠度容许值
简支钢桁梁		$L/900$
连续钢桁梁	边跨	$L/900$
	中跨	$L/750$
简支钢板梁		$L/900$
简支钢筋混凝土和预应力混凝土梁		$L/800$
连续钢筋混凝土和预应力混凝土梁	边跨	$L/800$
	中跨	$L/700$

注：L 为简支梁或连续梁检算跨的跨度。

6.3.7　梁体的横向刚度应按梁体的横向自振频率和梁体的水平挠度进行控制，并应符合下列规定：

　1　不同结构类型桥梁的横向自振频率 f 应符合表 6.3.7 的规定。

表 6.3.7　**不同结构类型桥梁的横向自振频率 f 容许值**

结构类型	适用跨度 L（m）	横向自振频率 f 容许值（Hz）
上承式钢板梁	24～40	$>60/L^{0.8}$
下承式钢板梁	24～32	$>55/L^{0.8}$
半穿式钢桁梁	40～48	$>60/L^{0.8}$
下承式钢桁梁	48～80	$>65/L^{0.8}$
预应力混凝土梁	24～40	$>55/L^{0.8}$

　2　在列车横向摇摆力、离心力和风力的作用下，梁体的水平挠度应小于或等于梁体计算跨度的 1/4000。对温度变形敏感的结构，尚应根据实际情况计算温度作用的影响。

6.3.8　钢梁的横向刚度除应符合第 6.3.7 条的规定外，梁的宽跨比（宽度为主桁或主梁的中心距）下承式简支和连续桁梁边跨不应小于 1/20；连续桁梁除边跨外其余各跨不应小于 1/25；简支板梁宽跨比不应小于 1/15，横向宽度不应小于 2.2m。

新建铁路不得采用上承式钢桁梁，慎用上承式钢板梁和半穿式钢桁梁。

板拱拱圈的宽度不宜小于计算跨度的 1/20，且不宜小于 3m。肋拱两外肋中心线之间的最小距离不宜小于计算跨度的 1/20，其外缘的距离也不宜小于 3m；否则，应检算其在拱平面外的稳定性。

采用纵向悬砌修建拱桥时，其基肋应满足在低龄期处于裸拱状态时的稳定性和强度要求。

6.3.9　墩台身应检算强度、整体纵向弯曲稳定、墩台顶弹性水平位移，基底应检算压应力、合力偏心、基底倾覆稳定和滑动稳定等。

6.3.10　墩台基础变位及刚度限值应符合下列规定：

　1　墩台基础的沉降应按恒载计算。对于外静定结构，有砟桥面工后沉降量不得超过 80mm，相邻墩台均匀沉降量之差不得超过 40mm；明桥面工后沉降量不得超过 40mm，相邻墩台均匀沉降量之差不得超过 20mm。

对于外超静定结构，其相邻墩台均匀沉降量之差的容许值，应根据沉降对结构产生的附加应力的影响确定。

　2　墩台的纵向及横向水平刚度应满足列车行车安全性和旅客乘车舒适性的要求，对最不利荷载作用下墩台顶的横向及纵向计算弹性水平位移的控制应符合下列规定：

　1）由墩台横向水平位移差引起的相邻结构物桥面处轴线间的水平折角（图 6.3.10），当桥跨小于 40m 时，不得超过 1.5‰；当桥跨等于或大于 40m 时，不得超过 1.0‰。

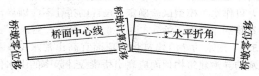

图 6.3.10　水平折角示意图

荷载组合为：竖向静荷载；曲线上列车的离心力；列车的横向摇摆力；列车、梁及墩身风荷载或 0.4 倍的风荷载与 0.5 倍的桥墩温差组合作用，取较大者；水中墩的水流压力作用；地基基础弹性变形引起的墩顶水平位移。

墩台横向水平位移限值，当桥梁跨度小于 20m 时，采用桥梁跨度 20m 的墩台横向水平位移限值。

2）计算混凝土、石砌及钢筋混凝土墩台水平变位时，截面惯性矩 I 按全截面计算，混凝土和石砌墩台的抗弯刚度取为 E_0I，钢筋混凝土墩台的抗弯刚度取为 $0.8E_0I$，E_0 为墩台身的受压弹性模量。

墩台顶帽面顺桥方向的弹性水平位移应按下式计算：

$$\Delta \leqslant 5\sqrt{L} \qquad (6.3.10)$$

式中：L——桥梁跨度（m）；当 $L<24$m 时，L 按 24m 计算；当为不等跨时，L 采用相邻中较小跨的跨度；

Δ——墩台顶帽面处的水平位移（mm），包括由于墩台身和基础的弹性变形，以及基底土弹性变形的影响。

6.3.11　桥涵钢筋混凝土结构、预应力混凝土结构设计应符合现行行业标准《铁路桥涵钢筋混凝土和预应力混凝土结构设计规范》TB 10002.3 的有关规定。

钢筋的混凝土保护层厚度应符合现行行业标准《铁路混凝土结构耐久性设计规范》TB 10005 的有关规定。

6.3.12　支座计算应符合现行行业标准《铁路桥涵钢筋混凝土和预应力混凝土结构设计规范》TB 10002.3 的有关规定。

6.3.13　涵洞基础的工后沉降量不应超过 100mm。涵洞的工后沉降量不满足要求时，应进行地基处理。

6.3.14　墩台明挖基础和沉井基础的基底埋置深度应满足承载与防护安全的要求，其最小值应符合下列规定：

1　除不冻胀土外，对于冻胀、强冻胀和特强冻胀土应在冻结线以下不小于 0.25m；对于弱冻胀土，不应小于冻结深度。

2　在无冲刷处或设有铺砌防冲时，不应小于地面以下 2.0m，特殊困难情况下不应小于 1.0m。

3　在有冲刷处，基底应在墩台附近最大冲刷线下不小于下列安全值，对于一般桥梁，安全值应为 2m 加冲刷总深度的 10%；对于特大桥（或大桥）属于技术复杂、修复困难或重要者，安全值应为 3m 加冲刷总深度的 10%，应符合表 6.3.14 的规定。

表 6.3.14　基底埋置安全值

冲刷总深度（m）			0	5	10	15	20
安全值（m）	一般桥梁		2.0	2.5	3.0	3.5	4.0
	特大桥（或大桥）属于技术复杂、修复困难或重要者	设计频率流量	3.0	3.5	4.0	4.5	5.0
		检算频率流量	1.5	1.8	2.0	2.3	2.5

注：冲刷总深度为自河床面算起的一般冲刷深度与局部冲刷深度之和。

建于抗冲性能强的岩石上的基础，基底埋置可不满足安全值加冲刷总深度的 10% 的规定。对于抗冲性能较差的岩石，应根据冲刷的具体情况确定基底埋置深度。

4　处于天然河道上的特大桥、大桥不宜采用明挖基础。

6.3.15　涵洞基础除设置在不冻胀地基土上者外，出入口和自两端洞口向内各 2m 范围内的涵身基底埋深，应符合下列规定：

1　对于冻胀、强冻胀和特强冻胀土应在冻结线以下 0.25m；对于弱冻胀土，不应小于冻结深度。涵洞中间部分的基底埋深可根据地区经验确定。

2　严寒地区，当涵洞中间部分的埋深与洞口埋深相差较大时，其连接处应设置过渡段。

3　冻结较深的地区，也可将基底至冻结线以下 0.25m 处的地基土换填为粗颗粒土，粗颗粒土可包括碎石类土、砾砂、粗砂、中砂，但其中粉黏粒含量应小于或等于 15%，或粒径小于 0.1mm 的颗粒应小于或等于 25%。

6.3.16　运营荷载作用下，墩台基底的倾覆稳定系数不得小于 1.5，滑动稳定系数不得小于 1.3；施工荷载作用下墩台基底的倾覆稳定系数和滑动稳定系数均不得小于 1.2。

当墩台位于较陡的土坡上，或桥台建于软土上且台后填土较高时，还应检算墩台连同土坡或路基沿滑动弧面滑动的稳定性。

6.4　材　　料

6.4.1　桥涵结构混凝土和砌体结构应根据水文、地质、地形、上部结构、荷载、材料供应和施工条件等选用。

6.4.2　混凝土强度等级可采用 C30、C35、C40、

C45、C50、C55、C60。

6.4.3 混凝土和钢筋混凝土结构的混凝土强度等级不得低于 C30。预应力混凝土结构的混凝土强度等级不得低于 C40。

6.4.4 桥涵结构的混凝土设计强度等级，应同时满足承载力和耐久性的要求，并应取其中的较大者。

6.4.5 桥涵混凝土结构采用的普通钢筋和预应力钢筋类型应符合下列规定：

1 普通钢筋宜采用 Q235 和未经高压穿水处理过的 HRB335 钢筋，其技术条件应符合现行国家标准《钢筋混凝土用热轧光圆钢筋》GB 13013 和《钢筋混凝土用热轧带肋钢筋》GB 1499 的有关规定。承受疲劳荷载的桥涵结构（$\rho \leqslant 0.5$），HRB335 钢筋的化学成分 $C + \frac{1}{6}Mn$ 应小于或等于 0.5%。

2 预应力钢丝应符合现行国家标准《预应力混凝土用钢丝》GB 5223 的有关规定。

3 预应力钢绞线应符合现行国家标准《预应力混凝土用钢绞线》GB 5224 的有关规定。

4 预应力混凝土用螺纹钢筋应符合现行国家标准《预应力混凝土用螺纹钢筋》GB/T 20065 的有关规定。

6.4.6 桥涵结构中的砌体用材料的最低强度等级和适用范围应符合表 6.4.6 的规定。

表 6.4.6 砌体用材料的最低强度等级和适用范围

砌体种类	材料最低强度等级		适用范围
	水泥砂浆	石料	
片石砌体	M10	MU50	涵洞的翼墙及其基础
	M10	MU30	沉井填心、拱桥填腹及铺砌防护工程
块石砌体	M10	MU50	涵洞的拱圈
粗料石砌体	M10	MU60	拱桥和拱涵的拱圈

6.4.7 石砌体应采用不易风化的石料。处于浸水和潮湿地区的石砌体，主体工程用石料的软化系数不应低于 0.8。

6.5 导治建筑物及防护工程

6.5.1 桥址附近河段上，经论证有必要时，可布设导治建筑物。

6.5.2 河流上导治建筑物的布设应结合河段特性、水文、地形和地质等自然条件，桥头河滩路堤位置，通航要求，水利设施等因素，根据导治的目的，兼顾左右岸、上下游、洪中枯水位，进行总体布设。必要时，可作水工模型试验确定。设计的桥孔不应因导治建筑物的布设而压缩。

6.5.3 没水的导治建筑物的顶面宜高出常水位。不没水的导治建筑物顶面应高出桥梁设计频率的洪水位（考虑水面坡度）至少 0.25m，必要时尚应计及壅水高、波浪侵袭高、局部股流涌高、斜水流局部冲高、河湾超高、河床淤积等影响。

各种导治建筑物的防护标准应根据可能遭受水流、波浪、流冰、流木、漂流物等的冲击确定。坡脚的设计应计及冲刷的影响。

6.6 养护及安全设施

6.6.1 梁跨大于 10m、墩台顶帽面至地面的高度大于 4m 或经常有水的河流，墩台顶应设置围栏、吊篮（桥墩设双侧），桥面下至墩台顶应设置梯子，检查墩台侧面可设置移动的梯子或小船。

梁、拱等应根据结构形式和需要，分别安装吊篮、检查板、活动检查小车、栏杆和梯子等。

长大与重要的桥梁应根据构造特点和需要设置专门的检查设备。

当桥涵处路堤高度超过 3.0m 时，应在路堤边坡上设置简易台阶。

6.6.2 技术复杂、修复困难的特大桥和明桥面的大桥及其他重要的桥梁，应设桥梁巡守工值班室并装设电话，并应设置电力照明。桥梁应根据需要设置营房。

6.6.3 明桥面钢桥应按表 6.6.3 的规定设置防火桶或砂箱。

长大与重要的桥梁，还应根据实际情况配备化学灭火器、水枪、抽水机等防火用具。

表 6.6.3 明桥面钢桥防火桶或砂箱的设置

桥梁全长（m）	水桶或砂箱数量及安装位置
30~60（不含）	桥头设置一个
60~120（不含）	桥两头各设置一个
120 及以上	除桥两头各设置一个外，每隔约 60m 交错设置一个

注：桥梁全长指两桥台尾之间的长度。

6.6.4 全长大于 500m 的钢梁桥和多线并行总长大于 500m 的钢梁桥，应在桥头设动力设备，并应在桥上安装风管、水管、电力动力线以及相应的设备，必要时应配置船只。

6.6.5 通航桥梁应与航运部门协商，设置必要的航标等设施。

6.6.6 桥上护轨的设置应符合现行行业标准《铁路桥涵设计基本规范》TB 10002.1 的有关规定。

7 隧　道

7.1 一般规定

7.1.1 隧道可按下列规定分类：

1 全长 10000m 以上应为特长隧道；

2 全长 3000m 以上至 10000m 应为长隧道；

3 全长 500m 以上至 3000m 应为中长隧道；

4 全长 500m 及以下应为短隧道。

7.1.2 隧道设计应依据地形、地质条件和生态环境特征，结合运营和施工条件，进行技术、经济比较和分析，隧道设计方案和建筑结构应符合安全适用、经济合理和环境保护的要求。

7.1.3 新建和改建Ⅲ、Ⅳ级铁路隧道的位置选择、平纵断面设计、围岩级别、衬砌和洞门结构、建筑材料规格、结构计算和荷载、避车洞设置要求、防水和排水、辅助坑道，以及隧道穿越特殊岩土和不良地质地段等，在本规范中未作规定时，可按现行行业标准《铁路隧道设计规范》TB 10003 的有关规定办理。

7.1.4 隧道内轮廓应符合现行国家标准《标准轨距铁路建筑限界》GB 146.2 及远期轨道类型的有关规定。

位于车站内隧道地内轮廓尚应符合站场设计的规定。

对于开行双层集装箱列车的线路，隧道内轮廓应满足双层集装箱限界的要求。

7.1.5 隧道衬砌结构应具有规定的强度、稳定性和耐久性，应能适应长期运营和方便维修的需要，并应具有必要的安全防护和养护设施。

7.1.6 隧道设计应根据地质调查、测绘和勘探、试验的成果，对隧道围岩体作出评价和划分围岩级别。围岩级别的划分应按现行行业标准《铁路隧道设计规范》TB 10003 的有关规定办理。

7.1.7 隧道改建方案应根据技术标准、运输要求，结合地形、地质、线路条件、运营情况和既有隧道现状，通过技术经济比较确定。隧道改建标准可采用新建铁路有关规定；当改建条件困难时，可根据具体情况，采用满足运输要求、符合技术条件的改建标准。

7.1.8 隧道施工应根据工程地质、水文地质条件，以及隧道跨度、结构形式，采用合适的施工方法。隧道弃砟应注意节约用地，并应保护农田水利和自然环境，满足环保、水保要求。

7.2 洞门与衬砌建筑材料

7.2.1 隧道衬砌及洞门建筑材料的强度等级应不低于表 7.2.1-1 和 7.2.1-2 的规定。

表 7.2.1-1　衬砌建筑材料的强度等级

材料种类 工程部位	混凝土	钢筋混凝土	喷射混凝土	
			喷锚衬砌	喷锚支护
拱圈	C25	C25	C25	C20
边墙	C25	C25	C25	C20
仰拱	C25	C25	C25	C20
底板	—	C25		
仰拱填充	C20	—		
水沟、电缆槽	C25			
水沟、电缆槽盖板	—	C25		

表 7.2.1-2　洞门建筑材料的强度等级

材料种类 工程部位	混凝土	钢筋混凝土	砌　体
端墙	C20	C25	M10 水泥砂浆砌块石或 C20 片石混凝土
顶帽	C20	C25	M10 水泥砂浆砌细凿石
翼墙和洞口挡土墙	C20	C25	M10 水泥砂浆砌块石
侧沟、截水沟	C15		M7.5 水泥砂浆砌片石
护坡	C15		M7.5 水泥砂浆砌片石

注：1　护坡材料也可采用 C20 喷射混凝土。

2　最冷月平均气温低于 −15℃ 的地区，表列水泥砂浆强度应提高一级。

7.2.2 建筑材料的选用应符合下列规定：

1 建筑材料应符合结构强度和耐久性的要求，并应满足抗冻、抗渗和抗侵蚀的需要。

2 混凝土宜选用低水化热、低 C_3A 含量、低碱含量的水泥和矿物掺和料、引气剂等。

3 当有侵蚀性水经常作用时，所用混凝土和水泥砂浆均应具有相应的抗侵蚀性能。

4 最冷月平均气温低于 −15℃ 的地区和受冻害影响的隧道，混凝土强度等级应适当提高。

7.2.3 隧道混凝土的碱含量应符合现行行业标准《铁路混凝土工程预防碱-骨料反应技术条件》TB / T 3054 的有关规定。混凝土和砌体所用的材料应符合下列规定：

1 混凝土不应使用碱活性骨料。

2 钢筋混凝土构件中的钢筋应符合现行国家标准《钢筋混凝土用热轧带肋钢筋》GB 1499 和《钢筋混凝土用热轧光圆钢筋》GB 13013的有关规定。

7.2.4 喷锚支护采用的材料除应符合本规范的有关规定外，尚应符合下列规定：

1 喷射混凝土应采用硅酸盐水泥或普通硅酸盐水泥，粗骨料应采用坚硬耐久的碎石或卵石，不得使用碱活性骨料。

2 锚杆杆体的直径宜为 16mm～32mm，杆体材料宜采用 HRB335 钢；锚杆端头应设垫板，垫板可采用 HPB235 钢板；砂浆锚杆用的水泥砂浆强度不应低于 M20。

3 钢筋网材料可采用 HPB235 钢，直径宜为 4mm～12mm。

7.3 洞门与洞口段

7.3.1 隧道洞口位置应根据地形、地质、水文等条件，结合隧道仰坡和边坡的稳定性，同时应综合洞外相关工程、施工条件、便线引入、妥善处理弃砟及施工干扰等因素，经分析研究确定。隧道宜早进洞晚出洞。

洞口应避开不良地质、排水困难的沟谷低洼处，当不能避开时，应采取有效的工程措施。

7.3.2 洞口应设置洞门。洞门及洞门墙基础设计应符合现行行业标准《铁路隧道设计规范》TB 10003 的有关规定。

7.3.3 洞门构造应符合下列规定：

1 洞门端墙顶墙背至仰坡坡脚的水平距离不宜小于 1.5m，端墙顶宜高出仰坡坡脚 0.5m，端墙顶水沟沟底至衬砌拱顶外缘的高度不宜小于 1m。

2 洞口路堑线路中线沿轨枕底面水平至翼墙或挡土墙的距离不应小于 3.5m。

7.3.4 洞门端墙、翼墙、挡土墙的基础应置于稳固的地基上，并应埋入地面下一定深度。土质地基埋入深度不应小于 1m；在冻胀性土上设置基础时，基底应置于冻结线以下 0.25m，或采取其他处理措施。

7.4 隧道衬砌和明洞

7.4.1 隧道衬砌的结构形式及尺寸可根据围岩级别、水文地质条件、埋置深度、结构工作特点，结合施工条件等，通过工程类比和结构计算确定。衬砌计算应符合现行行业标准《铁路隧道设计规范》TB 10003 的有关规定。

7.4.2 隧道应设衬砌，并宜采用复合式衬砌。复合式衬砌初期支护及二次衬砌的设计参数可采用工程类比并经理论分析验算确定。

Ⅰ、Ⅱ 级围岩地下水发育的中短隧道可采用喷锚衬砌。当采用喷锚衬砌时，内部轮廓应比复合式衬砌适当放大，除应计算施工误差和位移量外，应预留 100mm 作必要时补强。

Ⅲ、Ⅵ 级围岩地段应采用曲墙式带仰拱衬砌。

不设仰拱的地段应设底板，底板厚度不应小于 25cm，底板内钢筋保护层厚度不应小于 30mm。

7.4.3 隧道洞口段衬砌应加强，加强长度应根据地质、地形等条件确定，不宜小于 5m；洞身围岩较差地段的衬砌应向围岩较好地段延伸 5m ～10m。

7.4.4 位于曲线地段的隧道断面，在圆曲线地段应按圆曲线加宽断面进行加宽；缓和曲线自圆缓点至缓和曲线中点并沿直线方向延长 13m 地段，应采用圆曲线加宽断面进行加宽；其余缓和曲线及自直缓点并沿直线段延长 22m 地段，应采用缓和曲线加宽断面进行加宽，缓和曲线断面加宽值应取圆曲线加宽值的 1/2（图 7.4.4）。

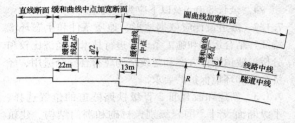

图 7.4.4 曲线地段隧道加宽示意

d—圆曲线地段隧道中线偏移距离；*R*—圆曲线半径

改建曲线单线隧道的断面，在圆曲线地段应按圆曲线加宽断面进行加宽；缓和曲线自圆缓点向缓和曲线方向延伸 13m 地段，应采用圆曲线加宽断面进行加宽；自缓和曲线中点向直线方向延伸 13m 地段，应采用圆曲线加宽断面值的 1/2；自缓直点向直线方向延伸 22m 为开始加宽的起点，其余部分的加宽值，可按直线变化进行插入。

7.4.5 隧道衬砌背后的空隙应回填密实，拱部范围与墙脚以上 1m 范围内的超挖，应用同级混凝土回填；其余部位的空隙，可根据围岩稳定情况和空隙大小，采用混凝土、片石混凝土回填。

当采用构件支护时，各级围岩地段的拱部衬砌背后宜压注水泥砂浆。不良地质地段和偏压衬砌地段，衬砌背后应全断面压注水泥砂浆或其他浆液。

7.4.6 复合式衬砌应由外层的初期支护和内层的二次衬砌组成。初期支护应采用锚杆、喷混凝土、钢筋网和钢架等的单一支护或组合支护形式，二次衬砌应采用模筑混凝土。

确定软弱围岩隧道开挖断面尺寸时，应满足隧道净空要求并预留变形量，变形量可选用表 7.4.6 的数值。

表 7.4.6 预留变形量（cm）

围岩级别	单线隧道	双线隧道
Ⅱ	—	1～3
Ⅲ	1～3	3～5
Ⅳ	3～5	5～8
Ⅴ	5～8	8～12
Ⅵ	特殊设计	特殊设计

注：1 深埋、软岩隧道取大值，浅埋、硬岩隧道取小值。

2 有明显流变、原岩应力较大和膨胀性围岩应根据量测数据反馈分析确定。

7.4.7 明洞可用于洞顶覆盖层薄和受坍方、落石、泥石流等威胁的地段以及有立交等特殊需要的地段。

7.4.8 明洞的结构类型应结合地形、地质、安全、经济及施工条件等因素，经综合比较确定。

明洞顶回填土的厚度和坡度，应根据明洞的用途和要求确定。为防御落石、崩坍的需要而设的明洞，填土的厚度不宜小于 1.5m。设计填土坡度宜为 1 : 1.5～1 : 5。

山坡有严重的危石、崩塌威胁时，应予以清除或加固处理。

7.4.9 当隧道通过松散堆积层、流沙层及软弱、膨胀性围岩、黄土地层、岩溶、洞穴及含瓦斯等特殊地层时，隧道衬砌均应采取相应的特殊处理措施。

7.5 轨 道

7.5.1 隧道内的轨道类型应与隧道外线路的轨道标准一致。在长度大于 1000m 的隧道内，应采用与隧道外轨道同级的耐腐蚀钢轨。

7.5.2 隧道内铺设有砟道床应符合下列规定：

  1 采用单层道床时，其厚度应按隧道外石质、渗水土路基的标准铺设。

  2 道床砟肩至边墙（或高式水沟）间应用道砟铺平。

  3 轨枕端头至侧沟、电缆槽间的道砟宽度不应小于 20cm，靠近道床一侧的侧沟墙身应增设构造钢筋。

7.6 附属构筑物

7.6.1 在隧道两侧边墙上应交错设置避车洞，大避车洞之间应设置小避车洞，其间距和尺寸应按表7.6.1 的规定执行，并应符合下列规定：

表 7.6.1 避车洞的间距和尺寸（m）

名称	一侧间距	尺 寸		
		宽度	深度	中心高度
大避车洞	300	4.0	2.5	2.8
小避车洞	60	2.0	1.0	2.2

注：双线隧道小避车洞每侧间距按 30m 设置。

  1 隧道长度为 300m～400m 时，可在隧道中部设置一个大避车洞；长度小于 300m 时，可不设置大避车洞。

  2 洞口紧接桥或路堑，当桥上无避车台、路堑侧沟无平台时，避车洞应一并布置。

  3 避车洞不应设置在衬砌断面变化处或变形缝处。

  4 避车洞应采用与隧道衬砌类型相同的衬砌类型，其底面应与道床、人行道或侧沟盖板顶面平齐。

7.6.2 当通信、信号和电力电缆等通过隧道时，应设置电缆槽。电缆槽应设盖板，盖板顶面应与避车洞底面或道床顶面平齐。特殊情况下，电力电缆也可沿隧道墙壁架设，但应有必要的防护措施。

当隧道长度大于 500m 时，应在电缆槽同侧的大避车洞内设置余长电缆箱，其间距可采用 420m 或 600m。

7.7 防水与排水

7.7.1 隧道防水、排水设计应以"防、堵、截、排相结合，因地制宜、综合治理"为原则，做到隧道衬砌不漏水、安装设备的孔眼不渗水、道床不积水、电力牵引的隧道拱部不渗水、冻害地段隧道的拱部和边墙不渗水、衬砌背后不积水、排水沟不冻结等。

7.7.2 隧道衬砌混凝土的抗渗等级不应低于 P6，防水混凝土的抗渗等级不应低于 P8。衬砌的施工缝、变形缝应采取可靠的复合防水措施。围岩破碎渗水易坍塌地段宜采用注浆防水。地下水发育地段，复合式衬砌初期支护与二次衬砌之间应铺设防水板，并应设系统盲管（沟）。

7.7.3 隧道内应设纵向排水沟，横向应设排水坡。纵向排水沟坡度应与线路坡度一致。位于分坡平坡段和车站内的隧道，纵向排水沟坡度不应小于 1‰。隧底横向排水坡宜为 2%，但不应小于 1%。

7.7.4 隧道内宜设置双侧纵向排水沟，当地下水量小、隧道较短时，可设置单侧纵向排水沟。单侧纵向排水沟应设在地下水来源一侧，若地下水来源不明时，曲线隧道宜设在曲线内侧。纵向排水沟的侧面应设置足够的进水孔。水沟过水断面应根据水量大小确定。

7.7.5 明洞顶应设置必要的截、排水系统；靠山侧边墙顶和边墙后应设置纵向和竖向盲沟，并应将水引至边墙泄水孔排出；衬砌外缘应铺设外贴式防水层。明洞与暗洞交界处应做好防水处理。明洞结构回填土表面均应铺设隔水层，隔水层宜选用黏土，当黏土取材困难时，可选用复合隔水层，隔水层应与边坡搭接良好。

7.7.6 隧道洞口应设置截、排水沟。洞外路堑的水不宜流入隧道，当出洞方向为路堑为上坡时，宜将洞外侧沟做成与线路坡度相反的反坡排水，其坡度不应小于 2‰。

7.8 运营通风

7.8.1 运营隧道内空气的卫生标准应符合下列规定：

  1 列车通过隧道后 15min 以内，空气中一氧化碳浓度应小于 30mg/m³，氮氧化物浓度应小于 10mg/m³。

  2 电气化运营隧道内，隧道湿度应小于 80%，温度应低于 28℃，臭氧浓度应小于 0.3mg/m³，含有10% 以下游离二氧化硅的粉尘浓度应小于 10mg/m³。

  3 瓦斯隧道运营期间，必须进行瓦斯检测。在任何时间、任何地点，隧道内的瓦斯浓度均不应大于 0.5%。

7.8.2 瓦斯隧道运营期间的机械通风应在列车进入隧道前或在列车出隧道后进行，列车在隧道内运行时不应进行通风。瓦斯隧道运营通风的最小风速不应小于 1.0m/s。当隧道内瓦斯浓度达到 0.4% 时，必须启动风机进行通风。

7.8.3 运营隧道机械通风的设置，应根据牵引种类、隧道长度、隧道平面与纵断面、道床类型、行车速度和密度、气象条件及两端洞口地形条件等因素综合确定。内燃机车牵引的长度在 2km 以上的单线隧道宜设置机械通风。

7.8.4 隧道运营机械通风宜采用射流通风或洞口风道式通风。当采用射流通风时，宜采用洞口集中布置式。通风机供给的洞内风速不应大于 8m/s。

7.8.5 隧道通风设备的配置应按现行行业标准《铁路隧道设计规范》TB 10003 的有关规定执行。

7.9 辅 助 坑 道

7.9.1 横洞、平行导坑、斜井、竖井、泄水洞等隧道辅助坑道的选择，应根据隧道长度、施工期限、地形、地质、水文等条件，结合施工和运营期间通风、排水、防灾救援、疏散及弃砟等的需要，通过技术经济比较确定，并应符合下列规定：

1 傍山、沿河隧道需设辅助坑道时，宜采用横洞，其位置应根据施工需要和施工主攻方向确定。横洞与隧道中线连接处的平面交角宜为 40°~45°，并应有向洞外不小于 3‰ 的下坡。

2 4000m 以上的隧道，当不宜采用横洞时，可采用斜井或竖井，瓦斯隧道应优先采用平行导坑。

3 斜井和竖井井口不得设在可能被洪水淹没处，井口应高出洪水频率为 1/100 的水位至少 0.5m；线铁应在设于山沟低洼处时，应采取防洪措施。

4 斜井和竖井在建井和使用期间，应有相应的安全措施，并在适当位置设严防溜车的挡车设备。倾角在 15° 以上的斜井应有轨道防滑措施，竖井还应设置可靠的防坠器。

7.9.2 辅助坑道的断面尺寸应根据用途、运输要求、地质条件、支护类型、设备外形尺寸及技术条件、人行安全及管路布置等因素综合确定。

7.9.3 需要利用的辅助坑道应设永久支护。在选用支护类型时，宜采用喷锚支护。

洞口、辅助坑道岔洞处及与正洞连接处应加强。有特殊用途的辅助坑道应按要求设计内净空和衬砌；不予利用时，应妥善处理。

8 站场及客货运设备

8.1 一般规定

8.1.1 铁路车站线路的直线地段，主要建筑物和设备至线路中心线的距离应符合表 8.1.1 的规定。

表 8.1.1 主要建筑物和设备至线路中心线距离（mm）

序号	建筑物和设备名称			高出轨面的距离	至线路中心线的距离
1	跨线桥柱、天桥柱、接触网支柱、照明杆、皮带通廊柱、管道支架柱、桥式起重机柱、渡槽柱等边缘	位于正线或站线一侧		≥1100	≥2440
		位于站场最外站线一侧		≥1100	≥3000
		位于最外梯线或牵出线一侧		≥1100	≥3500
2	高柱信号机边缘	位于正线或通行超限货物列车的到发线一侧	一般	≥1100	≥2400
			改建困难	≥1100	2100（保留）
		位于不通行超限货物列车到发线一侧	一般	≥1100	≥2150
			改建困难	≥1100	1950（保留）
3	货物站台边缘	普通站台		1100	1750
		高站台		≤4800	1850
4	旅客站台边缘	高站台		1250	1750
		普通站台		500	1750
		低站台	位于正线或通行超限货物列车到发线一侧	300	1750

序号	建筑物和设备名称		高出轨面的距离	至线路中心线的距离
5	车库门、转车盘、洗车架、洗罐线、加冰线、机车走行线上的建筑物边缘		≥1120	≥2000
6	清扫房、扳道房、围墙边缘	一般	≥1100	3500
		改建困难	≥1100	3000（保留）
7	起吊机械固定杆柱或走行部分附属设备边缘至装卸线		≥1100	≥2440

注：1 表列序号 1，当有大型养路机械作业时，各类建筑物至正线中心线的距离不应小于 3100mm。
　　2 表列以外的其他建筑物和设备至相邻线路中心线的距离不应小于现行国家标准《标准轨距铁路建筑限界》GB 146.2 的有关规定。
　　3 有敞车在货物站台上进行装卸作业的地区，货物站台边缘顶面可高出轨面 0.9m～1.0m。

8.1.2 车站线路的直线地段，站内两相邻线路中心线的线间距应符合表 8.1.2 的规定。

表 8.1.2　车站线间距（mm）

序号	名　称			线间距
1	正线与到发线间	正线间		5000
		无列检作业		5000
		有列检作业	一般	5500
			改建特别困难	5000（保留）
2	到发线间、调车线间	一般		5000
		改建特别困难		4600（保留）
		铺设列检小车通道		5500
3	次要站线间			4600
4	装有高柱信号机线间	相邻两线均通行超限货物列车		5300
		相邻两线只一线通行超限货物列车		5000
5	客车车底停留线间、备用客车存放线间	一般		5000
		改建特别困难		4600
6	货物直接换装的线路间			3600
7	牵出线与其相邻线间	区段站、编组站及其他调车作业频繁者		6500
		中间站及其他仅办理摘挂取送作业者		5000
8	调车场各线束间、相邻车场间最多每隔 8 条线路间			6500
9	调车场设有制动员室的线束间			7000
10	梯线与其相邻线间			5000
11	中间有或预留有电力机车接触网支柱的线间			6500

注：标准轨距铁路与 762mm 窄轨铁路直接换装（超限货物除外）时，两车辆底板等高或虽不等高，采用人工换装时，换装线间中心线距离应为 3.2m，采用起重机吊装时，换装线间中心线距离应为 3.6m。

8.1.3 车站线路的曲线地段，各类建筑物和设备至线路中心线的距离及线间距，应按现行国家标准《标准轨距铁路建筑限界》GB 146.2 的有关规定加宽。位于曲线内侧的旅客站台，当线路有外轨超高时，应降低站台高度，降低值应为外轨超高的 0.6 倍。

8.1.4 车站宜采用横列式布置。规模较大的区段站、工业站、企业编组站（含集配站）、换装站等，应根据运量、作业性质和当地条件采用横列式、纵列式或混合式布置。

办理大宗货物作业的车站，应为组织直达列车创造条件，并应满足整列装卸、整列到发要求。

装卸场及设备应根据地形条件、工业企业设备布置和作业要求，与车场纵列或横列布置。

8.1.5 车站站线数量应根据近期运量和运输性质确定，并应根据远期运量预留发展，同时应符合下列规定：

　　1 单线铁路中间站到发线宜设 1 条，作业量较大或有技术作业时，宜设 2 条。设有 1 条到发线的车站，连续布置不应超过 2 个。

　　2 客运站和区段站、工业站、企业站等大站的到发线和调车线的数量应计算确定。

8.1.6 牵出线设计应符合下列规定：

　　1 在中间站上，当单线铁路平行运行图列车对数大于 24 对且调车作业量较大，或平行运行图列车对数不大于 24 对且调车作业量很大时，应设置牵出线。其他情况可利用正线或其他线调车。

　　2 各类牵出线（含利用正线或其他线）的平面、纵断面标准，应符合本规范第 3.2.6 和 3.2.9 条的有关规定。

8.1.7 新建Ⅲ级、Ⅳ级铁路宜与路网铁路实现直通运输，不应设交接场站。既有地方铁路、专用铁路和铁路专用线改扩建时，应逐步取消交接站。

8.1.8 机务和车辆设备的设置应满足作业方便、交叉干扰小、走行距离短、与邻近车场的协调发展等要求。

8.1.9 各类站线的有效长度应符合下列规定：

1 车站货物列车的到发线有效长度应根据输送能力要求、机车类型及列车长度、地形条件、与相邻铁路到发线有效长度的配合等因素确定，并预留远期发展条件。在有直达列车到发的企业站上，应有部分到发线的有效长度与衔接的路网铁路一致。

2 在办理补机或加力牵引地段的车站上，到发线有效长度应增加相应台数的机车长度。

3 调车线和其他线的有效长度应根据作业量和作业要求确定。尽头线应在线路终端车挡前增加 10m 的附加距离。

4 区段站、工业站、企业站等车站的主要牵出线有效长度不应小于到发线有效长度。当调车作业量较小时，次要牵出线的有效长度可按到发线有效长度的 1/2 设计。

中间站的牵出线有效长度不宜小于该区段运行的货物列车长度的 1/2，困难条件下或作业量较小时，不应小于 200m。

5 安全线的有效长度不应小于 50m，其纵坡应为平道或面向车挡的上坡道。避难线的长度应根据计算确定。

8.1.10 线路接轨应符合下列规定：

1 新建路网铁路宜在路网铁路的区段站及以上大站接轨；困难条件下，可在大站相邻的车站接轨；当条件适合时，也可在其他车站接轨。

2 新建地方铁路、专用铁路和铁路专用线应直接与路网车站接轨。专用铁路、铁路专用线与路网铁路的接轨站应设在一处；特殊情况下也不应超过两处。

3 新建线路、岔线、段管线与站内正线或到发线接轨，均应设置安全线；新建线路、岔线与站内到发线接轨，当站内有平行进路及隔开道岔并有联锁装置时，可不设安全线；机务段和客车整备所与到发线接轨时，也可不设安全线。

4 各级铁路与Ⅰ级铁路车站接轨时，新增的正线上的道岔应避开路堤与桥梁的过渡段。

5 繁忙干线和时速 200km 及以上的客货共线，不应新建专用铁路、铁路专用线。当必需新建专用铁路、铁路专用线时，应采用与正线立交疏解的接轨方案。

8.1.11 在客货共线的单线铁路上，当平行运行图列车对数 18 对～24 对及 24 对以上时，应分别每隔 4 个～3 个及 3 个～2 个区间，选定 1 个车站设置同时接入或接发客货列车的隔开设备。

8.1.12 当进站信号机外制动距离内进站方向为超过 6‰（换算坡度）的下坡道时，车站接车线末端应设置安全线。

8.1.13 站场路基设计应符合下列规定：

1 站线中心线至路基边缘的宽度应符合下列规定：

　　1）车场最外侧线路不应小于 3m；

　　2）有列检作业的车场最外侧线路不应小于 4m，困难条件下，采用挡砟墙时不应小于 3m；

　　3）最外侧梯线和平面调车牵出线有调车人员上、下车作业的一侧，不应小于 3.5m；

　　4）驼峰推送线的车辆摘钩地段，有摘钩作业的一侧不应小于 4.5m，另一侧不应小于 4m。

2 站内联络线、机车走行线和三角线等单线的路基面宽度，土质路基不应小于 5.6m，硬质岩石路基不应小于 5m。

3 站内正线或进出站线路路基标准应与区间正线相同。站线路基的路基填料和压实度应按Ⅱ级铁路路基标准设计，路基基床表层厚度应为 0.3m，基床底层厚度应为 0.9m，基床总厚度应为 1.2m。

4 当站线与相邻正线间无纵向排水槽或渗管、旅客站台等设施时，站线路基应采用与站内正线相同标准，正线路基面应采用三角形，其坡率宜为 3%。

5 当站线与相邻正线间设有纵向排水槽或渗管、旅客站台等设施，且到发线数量较多时，自正线中心向外宽度为 2m 处、路基面以下 1:1 边坡范围内，到发线路基应按正线路基标准设计，正线路基面应采用三角形，其坡率不应小于 3%。其余站线的路基应按站线标准设计。

8.1.14 站场排水设计应符合下列规定：

1 车站路基面应设有倾向排水系统的横向坡度，可设计为一面坡、两面坡或锯齿形坡。路基面的横向坡度不宜倾向正线，外包车场的正线应按单独路基设计。

2 路基面横向坡度及一个坡面的最大线路数量可按表 8.1.14 确定。

表 8.1.14 路基面横向坡度及一个坡面的最大线路数量

序号	基床表层岩土种类	地区年平均降水量（mm）	横向坡度（%）	一个坡面的最大线路数量（条）
1	块石类、碎石类、砾石类、砂类土（粉砂除外）等	<600	2	4
		≥600	2	3
2	细粒土、粉砂、改良土等	<600	2	3
		≥600	2～3	2

3 侧沟、天沟、排水沟的横断面底宽应为 0.4m，深度应为 0.6m，干旱少雨地区或硬质岩石地段深度可减少至 0.4m，位于分水点处深度可减少至

0.2m。纵横向排水槽底宽不应小于0.4m；深度大于1.2m时，其底宽应适当加宽。当排水沟、槽位于调车、列检、装卸等作业区和人员通行地段时，应加设盖板。

4 需按流量设计的侧沟、天沟、排水沟的横断面，应按1/50洪水频率流量进行计算，沟顶应高出设计水位0.2m。

5 排水沟、槽的纵坡不应小于2‰，困难条件下不应小于1‰。穿越线路的横向排水槽纵坡不应小于5‰，特别困难条件下可根据具体情况确定。

8.1.15 车站内应设置道路系统，区段站、编组站及其他大站应设置外包车场的道路，并应与城镇或地方道路有方便的联系。

线路跨越站内主要道路的跨线桥，其净空应满足消防和运输车辆通行的要求。

当站内道路与正线并行时，其路肩低于铁路路肩不应小于0.5m，困难条件下需抬高道路时，应在其间设置排水和安全防护设施。

8.2 客 运 设 备

8.2.1 办理客运业务的车站应按初期、近期客流量设置旅客服务设施。

8.2.2 旅客站台长度应根据旅客列车长度和客流量确定，不宜小于300m，客流量较小的车站和乘降所的站台长度可适当缩短。

8.2.3 旅客站台的宽度应根据客流密度、行包搬运工具和站台上的建筑物等确定，并应符合下列规定：

1 中间站的旅客基本站台宽度，旅客站房和其他较大建筑物等房屋突出部分的边缘至站台边缘的距离，不应小于12m；困难条件下不应小于6m；其他地段不应小于4m。

2 旅客中间站台的宽度不应小于4m，设于最外到发线外侧时可为3m。设有雨棚的站台宽度不应小于6m；设地道或天桥时，应根据其出入口斜道宽度及斜道外缘至站台边缘的最小距离确定。

3 旅客乘降所的站台宽度不应小于3m。

8.2.4 旅客站台高度应符合下列规定：

1 客运站及客流量较大的中间站，可高出轨面1250mm。

2 其他中间站，当站台邻靠正线或位于通过超限货物列车的到发线一侧时，应高出轨面300mm；邻靠其他到发线时，可高出轨面500mm。

8.2.5 单线铁路中间站，当客流量较大且客车对数较多时，应设置中间站台，其位置宜设于站房对侧的到发线与正线之间；必要时也可设在最外到发线的外侧。

8.2.6 中间站连接旅客基本站台与中间站台的平过道宽度不应小于2.5m。

8.3 货 运 设 备

8.3.1 货场应根据货运量、货物品类和作业性质，结合地形条件，设置铁路线路、仓库、站台、货棚和堆货场地等设施。

8.3.2 货物堆积场、站台及仓库的长度和宽度，应根据货运量、各类货物车辆平均净载重、单位面积堆货量、货物占用货位时间、货位和通道布置、装卸机械类型及日取送车次数等确定。

8.3.3 普通货物站台边缘顶面靠铁路一侧应高出轨面1.1m。有敞车在货物站台上进行装卸作业的地区，货物站台边缘顶面可高出轨面0.9m~1.0m，靠场地一侧宜高出地面1.1m~1.3m。

8.3.4 有大量散堆装货物装卸的货场宜根据需要设置装卸机械，也可根据货场发展情况和地形条件，设置高出轨面1.1m以上的高站台、跨线漏斗仓等装车设备或栈桥式卸车线、路堤式卸车线。路堤式卸车线的路基面高度宜采用1.5m~2.5m，路基面的宽度宜采用3.2m~3.6m。

8.3.5 货场内的道路、货物站台、散堆装货物装卸区的货位和搬运车辆停车场，应根据货物品类和搬运工具等情况，采用不同标准的硬面处理。

8.3.6 有大量货物装卸或交接的装卸地点或车站，应根据需要设置轨道衡或超偏载检测装置。轨道衡或超偏载检测装置宜设在装卸地点出入口或车站咽喉区外方，并宜设在平道和直线上，采用贯通式布置。

8.3.7 涉及危险货物运输的设备应符合国家现行有关铁路危险货物办理站、专用线（专用铁路）货运安全设备设施标准的规定。

9 电力牵引供电

9.1 一 般 规 定

9.1.1 本章适用于单相工频（50Hz）交流制、接触网标称电压为25kV的Ⅲ、Ⅳ级铁路电力牵引供电工程的设计。

9.1.2 电力牵引负荷等级应根据主要设计原则，结合用户需求及铁路在路网中的地位综合确定。负荷等级宜按二级负荷设计。

9.2 牵引供电系统

9.2.1 牵引供电系统外部电源电压等级应因地制宜，并结合运输需求特点，通过经济技术比较确定，宜采用110kV电压。

9.2.2 牵引网的供电方式宜采用直接供电方式或带回流线的直接供电方式，当铁路线路、牵引供电方案与电力系统电源点结合适宜时，经技术经济比较可采用其他供电方式或混合供电方式。

9.2.3 接触网额定电压应为 25kV，牵引侧母线额定电压应为 27.5kV，短时最高电压应为 29kV，最低工作电压应为 20kV，非正常情况下不应低于 19kV。

9.2.4 牵引变压器容量应根据交付运营后第 5 年需要的通过能力、机车类型、列车牵引重量、追踪间隔时分等条件计算，并应按列车紧密运行校验，应充分利用变压器的过负荷能力。

9.2.5 牵引变电所的分布应根据供电计算确定，并应符合下列规定：

1 布点应按远期需要一次规划，并应根据铁路线路的发展具体情况分步实施或一次实施。

2 牵引变电所不应跨铁路局或公司的分界供电；困难情况下，必须跨分界供电时，应取得相关铁路局或公司的同意。

9.2.6 牵引变压器应与有关电力部门协商确定，可采用下列接线形式：

1 单相接线。

2 三相-二相平衡结线（包括斯柯特结线、阻抗匹配平衡接线等）。

3 三相接线（包括 YN，d11 及 YN，d11，d1 十字交叉结线）。

4 三相 V-v 接线。

5 其他能满足供电要求的接线。

9.2.7 牵引供电系统外部电源和牵引变压器设置方式应符合下列规定：

1 采用固定备用方式时，牵引变电所宜设两路独立电源、两台牵引变压器，并应互为备用。每路电源和每台变压器容量均应具有承担最大负荷的能力。经技术经济比较也可采用单路外部电源和单台牵引变压器方式。

2 采用双台牵引变压器同时投入方式时，牵引变电所应设两台牵引变压器。两台牵引变压器同时工作时，应具有承担最大负荷的能力，当一台牵引变压器解列时，牵引变电所应降级运行。

9.2.8 当改变牵引供电系统的功率因数时，宜装设无功补偿装置，并宜对高次谐波进行校验。

9.3 牵引变电所

9.3.1 当牵引变电所有两路电源时，进线侧可采用线路变压器组接线方式或分支接线方式。27.5kV 及 2×27.5kV 母线宜采用单母线隔离开关分段。

9.3.2 牵引变电所可不设铁路岔线，但应设道路与外部公路或车站衔接。道路宽度不应小于 4m。

9.3.3 配电装置的布置和导体、电器的选择应满足正常运行、检修、短路和过电压情况下的要求，并不应危及人身和周围设备的安全。

9.3.4 室内配电装置各种通道的最小宽度应符合表 9.3.4 的规定。

表 9.3.4　室内配电装置各种通道的最小宽度（mm）

通道种类 布置方式	维护通道	操作通道	
		固定式	手车式
设备单列布置	800	1500	单车长＋1200
设备双列布置	1000	2000	单车长＋1200

注：1 通道宽度在建筑物的墙柱个别突出处，允许缩小 200mm。

2 手车式开关柜不需进行就地检修时，其通道宽度可适当减小。

3 固定式开关柜靠墙布置时，柜背宜离墙 50mm。

9.3.5 配电装置中电气设备的栅栏高度不应小于 1200mm，最低栏杆至地面的净距和栅条间的净距不应大于 200mm，遮栏高度不应小于 1700mm，遮栏网孔不应大于 40mm×40mm。围栏门应装锁。

9.3.6 主控制室及远动室的最高温度不宜大于 35℃，最低温度不宜小于 5℃；电力电容器室、电源室、配电装置室的最高温度不宜大于 40℃；油浸变压器室的最高温度不宜大于 45℃；电抗器室的最高温度不宜大于 55℃。当自然温度不满足要求时，应装设温度调节装置。

9.3.7 牵引变电所、开闭所、分区所和自耦变压器所的采暖通风及空调设计，应符合现行国家标准《采暖通风与空气调节设计规范》GB 50019 的有关规定。

9.3.8 配电装置室的长度大于 7m 时，应有两个出口；位于楼上的配电装置室，其中一个出口可通向楼梯的平台。

9.3.9 油量为 2.5t 及以上的室外油浸变压器之间无防火墙时，其最小防火净距应符合表 9.3.9 的规定。

表 9.3.9　油浸变压器其最小防火净距

电压等级（kV）	最小防火净距（m）
27.5（35）	5
55（66）	6
110	8
220	10

9.3.10 当室外油浸变压器之间需设置防火墙时，防火墙的高度不宜低于变压器油枕的顶端高度，防火墙的两端应大于变压器贮油池两侧各 1.0m。

9.3.11 配电装置的抗震设计应符合现行国家标准《电力设施抗震设计规范》GB 50260 的有关规定。

9.3.12 牵引变电所架构及其基础宜根据实际受力条件，并结合远期可能发生的不利情况，按终端架构、中间架构或转角架构设计。架构的结构形式应按实际受力，并结合运行、安装、检修、地震时四种荷载组合计算确定。架构设计应符合现行国家标准《钢结构设计规范》GB 50017、《混凝土结构设计规范》GB

50010 和《建筑结构荷载规范》GB 50009 的有关规定。

9.3.13 所内宜装设一台所用变压器。

9.3.14 变电所、开闭所、分区所宜采用 110V 或 220V 盘（屏）式蓄电池组的直流系统作为操作及控制保护电源，自耦变压器所宜采用 220V 单相交流系统作为操作及控制电源。

9.3.15 直流系统的蓄电池组宜装设一组，其容量应满足全所事故停电 2h 的放电容量和事故放电末期最大冲击负荷容量的要求。

9.3.16 牵引供电系统中的设备和馈电线路应装设短路故障和异常运行的保护装置。

9.3.17 牵引供电系统的短路故障保护应有主保护和后备保护，必要时可增设辅助保护。

9.3.18 继电保护装置应满足可靠性、选择性、灵敏性和速动性的要求。

9.3.19 牵引变电所、开闭所、分区所和自耦变压器所的继电保护和自动装置，可采用微机型保护装置或综合自动化系统。

9.3.20 在无人值班、无人值守的牵引变电所、分区所、开闭所、自耦变压器所内，宜设置安全监视系统，并应实现所在运营管理单位的远程集中监视，主要配置功能宜包括视频图像监视和防盗报警等功能。

9.3.21 牵引变电所、开闭所、分区所、自耦变压器所等牵引供电设施电力调度的设置和隶属关系，宜与行车调度一致，设计时应根据运输需求确定。

9.3.22 牵引变电所、开闭所、分区所、自耦变压器所，宜设置远动装置，引入以上牵引变电所、开闭所、分区所、自耦变压器所及供电调度所的远动通道，可采用通信系统提供的光纤数据传输通道。

9.3.23 引入牵引变电所、开闭所、分区所、自耦变压器所和远程监视终端的视频通道，宜采用通信系统提供的光纤数据传输通道。

9.3.24 牵引变电所、开闭所、分区所、自耦变压器所的运营维护管理单位宜设置远动复示终端，并宜通过专用通道与供电调度所的复示发送机相连形成独立的远动复示系统。

9.3.25 牵引变电所、开闭所、分区所、自耦变压器所室外电气设备应设置直击雷过电压保护装置，但开闭所、分区所和自耦变压器所的电气设备布置在室内时，可不装设直击雷保护装置。

9.3.26 牵引变电所、开闭所和分区所的每组母线上宜装设避雷器，所有避雷器应以最短的接地线与配电装置的主接地网连接，同时应在其附近装设集中接地装置。

9.3.27 各所馈线段的雷电侵入波的过电压保护，应在馈电线的首端装设避雷器，高雷区宜在馈电线首端加设抗雷圈。

9.3.28 自耦变压器应在其两条出线上装设避雷器。

9.3.29 牵引变电所、开闭所、分区所、自耦变压器所宜采用无人值班、有人值守的运营方式；在生活及交通条件特别困难地区，可采用无人值班、无人值守的运营方式。

9.4 接 触 网

9.4.1 接触网的悬挂类型应采用全补偿简单链形悬挂，接触悬挂允许的行车速度不应小于线路的最高行车速度。

9.4.2 接触线的材质宜采用铜或铜合金接触线，同一机车交路的接触线宜采用相同材质，并应根据载流量、张力、经济寿命综合选取铜当量截面不小于 $85mm^2$ 的接触线。

9.4.3 承力索宜与接触线材质一致；张力的选取应适应接触网系统的整体稳定性要求，不应小于 10kN；载流量应满足接触悬挂配置的需要。

9.4.4 接触线距轨面的最高高度不应大于 6500mm，最低高度应符合下列规定：

　　1 站场和区间（含隧道）接触线距轨面的高度宜一致，其最低高度不应小于 5700mm；有调车作业的线路及车站不应小于 6200mm，困难时不应小于 5700mm。

　　2 既有隧道内（包括按规定降低高度的隧道口外及跨线建筑物范围内），正常情况不应小于 5700mm；困难情况不应小于 5650mm；特殊情况不应小于 5330mm。

　　3 允许开行双层集装箱的线路不应小于 6330mm。

9.4.5 接触线工作支悬挂点高度变化时，其坡度不宜大于 2‰，困难时不宜大于 4‰。在变坡区段的始末跨，接触线坡度变化不宜大于变坡区段最大坡度之半。

9.4.6 接触网设计的强度安全系数应符合下列规定：

　　1 当磨耗面积不大于 25% 时，接触线的强度安全系数不应小于 2.0。

　　2 各种绞线的强度安全系数应符合下列规定：

　　　　1）软横跨横承力索不应小于 4.0，定位索不应小于 3.0。

　　　　2）承力索、钢绞线不应小于 3.0，铜或铜合金绞线不应小于 2.0，铜包钢绞线、钢芯铝绞线、铝包钢芯铝绞线不应小于 2.5。

　　　　3）附加导线不应小于 2.5。

9.4.7 有关风速、风压的选取与计算应符合现行国家标准《建筑结构荷载规范》GB 50009 的有关规定。

9.4.8 接触网设计的温度、覆冰厚度等气象条件应根据最近记录年限不低于 20 年的沿线气象资料计算，并应结合既有电气化铁路或高压架空线路的运行经验综合确定。

9.4.9 支柱侧面限界应符合下列规定：

1 直线区段，接触网支柱内缘至邻近线路中心线在轨面高度处的距离，通行超级超限货物列车的线路，不应小于 2440mm；不通行超限货物列车的线路不应小于 2150mm。

曲线区段，接触网支柱内缘至邻近线路中心线在轨面高度处的距离，应按现行国家标准《标准轨距铁路建筑限界》GB 146.2 的有关规定加宽。

2 采用大型养路机械作业的路基地段不应小于 3100m。

3 牵出线处支柱侧面限界不应小于 3500mm。

9.4.10 接触网平面跨距设计应符合下列规定：

1 接触网设计跨距应根据悬挂类型、曲线半径、导线最大风偏值和运行条件综合确定。

2 最大运行风速条件下，最大风偏应按 500mm 控制。

9.4.11 接触网与接入的干线、支线或枢纽的接触网在电气上应进行隔离，并应按实际情况设置电分段或电分相。

9.4.12 锚段长度的选取应根据补偿的接触线和承力索的张力差确定，接触线的张力差不应大于额定张力的 15%，承力索的张力差不应大于额定张力的 10%。

9.4.13 接触网零部件应标准化、系列化，并应做到耐腐蚀、耐疲劳、强度高，紧固件应有效、可靠。

9.4.14 接触网抢修、检修机具的选择和配置应满足运输生产对接触网日常检修和事故抢修的要求。

10 电 力

10.1 一般规定

10.1.1 本章适用于Ⅲ、Ⅳ级铁路 35kV 及以下电力供应设计。

10.1.2 铁路车站、厂、段、机械化装卸设备及装设机械通风的隧道应供电，为铁路配套的生产生活房屋也应供电，有人看守的桥梁、隧道也应纳入供电范围。

10.1.3 铁路电力供应应就近采用公共电网电源，专用铁路采用本企业电源；当取得电源有困难时，经技术经济比较，可采用柴油发电机组等其他独立电源。

10.1.4 电力工程应根据工程特点、规模和发展规划分期建设，并预留远期扩建的条件。变、配电所的房屋规模应按远期确定，高压电缆、高压架空线路的导线截面宜按近期确定，其他电力工程均应按交付运营后第 5 年设计。

10.1.5 新建工程宜推广微机保护、电力监控、电力远动等技术。

10.1.6 大站联锁设备、通信站设备等用电设施应属一级负荷；机车、车辆检修及整备设备、给水所，中

小站联锁设备、通信设备以及通信信号设备配置的空调等用电设备应属二级负荷；不属于一级和二级负荷者应为三级负荷。

10.1.7 各级负荷的供电方式应符合下列规定：

1 一级负荷应由两路相对独立电源分别供电至用电设备或低压双电源切换装置处，并宜采用双电源自动切换方式，当一路电源发生故障时，另一路电源不应同时受到损坏。

2 二级负荷的 6kV 及以上供电系统宜由两回线路供电。在负荷较小或地区供电条件困难时，二级负荷可由一回 6kV 及以上专用的电力线路供电。当专用电力线路采用架空线路时，可为一回架空线路供电；当采用电缆线路时，应采用两根电缆组成的线路供电，每根电缆应能承受 100% 的二级负荷。

3 三级负荷可由一路电源供电。

10.1.8 铁路长度大于 40km 时，经过经济技术比较可设置 10kV 电力贯通线。

10.1.9 编组站、大型货场等大型站场，可根据负荷情况设置 10(6)kV 及以上变、配电所；设有 10(6)kV 电力贯通线时，应设置 10(6)kV 及以上变、配电所。

10.1.10 地方铁路在路网铁路的接轨站接取电源时，应符合下列规定：

1 由地方铁路自行管理的站（场）或建筑物，应设置独立的高压或低压计费装置。

2 由地方铁路自行管理的 10kV 贯通线在接轨站的 10kV 配电所接取电源时，应设置独立的高压计费装置，并应在配电所的第一基出线杆设隔离开关。

10.2 变、配电设备

10.2.1 变、配电所的所址应靠近负荷中心，并应便于电力线路引入引出；所区地坪高程应高于洪水频率为 1/50 的高水位，并不应设在地势低洼和积水的场所。

10.2.2 变、配电设备的电气主接线应根据负荷及电源情况采用简单可靠的接线。

引入两路电源的 35kV 变电所宜采用桥型接线。引入两路电源的 10(6)kV 变、配电所，宜采用单母线分段接线。

10.2.3 35kV、10(6)kV 室外变电所的设置，应根据用电负荷状况和周围环境选择杆架式变电台、落地式变电台、箱式变电站等形式。当变压器容量在 10kV·A 及以下时，可按单杆变电台设置；变压器容量在 200kV·A 及以上时，宜设于室内；出线回路较少、对环境美化要求较高的场所，经技术经济比较可采用箱式变电站。

变、配电设施应做到占地小、操作简便。

10.2.4 在 TN 及 TT 接地系统的低压电网中，10(6)/0.4kV 变压器及接线组别宜选用 D，yn11 接线

组别的三相变压器。

10.2.5 变压器室和电容器室应有良好通风。电容器室、配电装置室的室内温度不宜大于40℃，油浸变压器室的室内温度不宜大于45℃；当自然通风不能满足要求时，应采取降温措施。控制室冬季室内温度宜为16℃～18℃；当室内温度大于30℃时，应采取降温措施，同时应符合现行国家标准《采暖通风与空气调节设计规范》GB 50019 的有关规定。

10.3 架 空 线 路

10.3.1 架空线路路径选择应符合下列规定：

1 路径选择应综合运行、施工、交通条件和路径长度等因素确定，并应做到经济合理、安全适用。

2 路径选择应与铁路总体规划相结合，并应与各种管线和公用设施相协调，线路杆塔位置应与城镇环境相适应。

3 路径应避开生产和储存易燃易爆的建筑物和仓库区域及危险品站台。与火灾危险性生产厂房、库房、易燃易爆材料场以及可燃或易燃易爆液（气）体储罐的防火间距，不应小于杆塔高度的1.5倍。

4 35kV 及以下架空电力线路严禁跨越火灾危险区域。

5 路径选择不应占或少占农田。

6 路径选择应避开低洼地、河流、易冲刷地带、易被车辆碰撞和影响线路安全运行的其他地段。

7 通过城镇及规划区域应配合建设单位取得有关部门同意。

8 路径选择不应妨碍信号瞭望或调车作业。

10.3.2 架空线路的导线截面应按电流载流量、电压损失及机械强度中最不利因素确定，电源线路应按经济电流密度校验。

导线按机械强度选择截面时，不应小于表10.3.2规定的导线最小允许截面的规定。

表 10.3.2 导线最小允许截面（mm²）

导线种类	架空电力线路电压（kV）				
	贯通线路 10（6）	0.38	10（6）		35
			居民区	非居民区	
铝绞线	—	25	35	25	35
钢芯铝绞线	50	25	25	16	35

注：1 架空地线的钢绞线截面不宜小于25mm²。
    2 交叉跨越处的导线最小允许截面应符合本规范第10.3.3条的规定。
    3 居民区指厂矿地区、港口、码头、火车站、城镇等人口密集地区。
    4 非居民区指居民区以外的其他地区；时常有车辆、行人或农业机械通行但未建房屋或房屋稀少的地区，也属于非居民区。
    5 居民区及非居民区的10（6）kV电力线路不包括贯通线路。

10.3.3 架空电力线路与铁路、道路、河流、管道、索道及各种架空电力线路交叉、接近时，应符合表10.3.3的规定。

表 10.3.3 架空电力线路与铁路、道路、河流、管道、索道及各种架空线路交叉或接近的规定

序号	项目	一 铁路			二 道路		三 电车道	四 河流		五 弱电线路		六 电力线路			七 易燃易爆管道	八 一般管道索道
		标准轨距	窄轨	电气化	一、二级公路及城市一、二级道路	三、四级公路及城市三级道路	有轨及无轨	通航河流	不通航河流	一、二级	三级	0.38(kV)及以下	10(6)(kV)	35(kV)		
1	交叉档导线最小截面	35kV采用钢芯铝绞线35mm²，10(6)kV、0.38kV采用钢芯铝绞线25mm²，0.38kV及以下采用铝绞线35mm²														
2	导线在交叉档内接头	不允许	不限制	不允许	不允许	不限制	不允许	不允许	不限制	不允许	不限制	不限制			不允许	不允许
3	交叉档导线支持方式（针式绝缘子或瓷横担）	双固定			单固定		双固定		单固定	双固定	单固定	单固定			双固定	
4	导线最大弧垂时最小垂直距离（m）	线路电压（kV）	至轨顶	至电气化最上部导线	至路面		至承力索或接触线 至路面	至常年最高洪水位	至最高航行水位的最高船桅顶 至最高航行水位的最高船桅顶	至水面 至冰面		至交叉处导线	至交叉处导线		至管道任何部分（导线在上面）	至索道任何部分（导线在上面）

续表10.3.3

序号	项目	一 铁路			二 道路		三 电车道	四 河流		五 弱电线路		六 电力线路			七	八
		标准轨距	窄轨	电气化	一、二级公路及城市一、二级道路	三、四级公路及城市三级道路	有轨及无轨	通航河流	不通航河流	一、二级	三级	0.38(kV)及以下	10(6)(kV)	35(kV)	易燃易爆管道	一般管道索道
4	导线最大弧垂时最小垂直距离(m)	7.5	6.0	不允许	6.0		3.0 / 9.0	6.0	1.0	3.0	5.0	1.0	1.0	2.0	3.0	1.5
	0.38及以下															
	10(6)	7.5	6.0	不允许	7.0		3.0 / 9.0	6.0	1.5	3.0	5.0	2.0	2.0	2.0	3.0	3.0	2.0
	35～110	7.5	7.5	3.0	7.0		3.0 / 10.0	6.0	2.0	3.0	6.0	3.0	3.0	3.0	3.0	4.0	3.0
	154～220	8.5	7.5	4.0	8.0		4.0 / 11.0	7.0	3.0	4.0	6.5	4.0	4.0	4.0	4.0	5.0	4.0
	330	9.5	8.5	5.0	9.0		5.0 / 12.0	8.0	4.0	5.0	7.5	5.0	5.0	5.0	5.0	6.0	5.0
	500	14	13	6.0	14.0		6.5 / 16.0	9.0	6.0	6.0	11	8.5	6.0	6.0	6.0	7.5	6.5
5	最小水平距离(m)	线路电压(kV)	杆塔外缘至轨道中心		电杆外缘至路面边缘(不分等级)		电杆外缘至路面边缘 / 电杆外缘至轨道中心	边导线至斜坡上线(线路与拉纤小路平行)		两线路边导线间路径受限制地区	两线路边导线间路径受限制地区				边导线管索道任何部分	
			开阔地区	路径受限制地区	开阔地区	路径受限制地区									开阔地区	路径受限制地区在最大风偏情况下
	0.38及以下		路内：3.1m；路外：杆高加3.1m	路内：10m；路外：杆塔高加3.1m且不小于10m	0.5		0.5 / 3.0			1.0	2.5	2.5	5.0		1.5	
	10(6)				0.5		0.5 / 3.0	最高电杆高度		2.0	2.5	2.5	5.0		最高电杆高度	2.0

续表10.3.3

序号	项目	铁路 标准轨距	铁路 窄轨	铁路 电气化	道路 一、二级公路及城市一、二级道路	道路 三、四级公路及城市三级道路	电车道 有轨及无轨	河流 通航河流	河流 不通航河流	弱电线路 一、二级	弱电线路 三级	电力线路 0.38(kV)及以下	电力线路 10(6)(kV)	电力线路 35(kV)	易燃易爆管道	一般管道索道
5	最小水平距离(m) 35	平行：杆塔高加3.1m（铁塔高度超过27m时取30m）；交叉：30m		路内：10m；路外：杆塔高加3.1m且不小于10m	交叉：8.0m 平行：最高电杆高度	5.0	交叉：8.0m 平行：最高电杆高度	最高电杆高度	5.0	4.0	4.0	5.0	5.0	5.0	最高电杆高度	4.0
	66～110					5.0			5.0	4.0	4.0	5.0	5.0	5.0		4.0
	154～220	平行：杆塔高加3.1m(铁塔高度超过27m时取30m)；交叉：30m		5.0	5.0	5.0	—		5.0	5.0	5.0	7.0	7.0	7.0		5.0
	330			6.0	6.0	6.0	—		6.0	6.0	6.0	9.0	9.0	9.0		6.0
	500			8.0	8.0	8.0	—		8.0	8.0	8.0	13.0	13.0	13.0		7.5
6	其他要求	1. 架空线路与铁路平行时，导线最大风偏时至扩大货物限界的距离，10(6)kV不应小于1.5m，0.38V不应小于1m；2. 35kV及以上架空线路不宜在出站信号机内跨越；3. 电力线路与铁路交叉时，交叉档两端的电杆应有加强措施							不通航河流在枯水期导线下面有露出地面并有行人通过时，也应符合导线对地面的最小允许距离的规定	1. 开阔地区两线路边导线间应为最高电杆高度；2. 电力线路长距离与弱电线路平行时，应考虑对弱电线路的干扰影响					1. 在开阔地区边导线至一般管道间距离应为最高电杆高度；2. 交叉点不应选在管道的检查井（孔）处	

注： 1 跨越杆的悬垂线夹（跨越河流除外）应采用固定型。

2 架空线路与弱电线路交叉，交叉点至最近一电杆的距离宜靠近，但不应小于7m（城市的线路除外）。

3 管、索道上的附属设施，均应视为管、索道的一部分。

4 架空线路相互交叉时，电压高者在上面。交叉档导线支持方式是指对上方导线的要求。

5 导线在跨越货场、煤场时，对货场、煤场的移动设备的外部应保持安全距离，35kV为3m，10(6)kV为2m，0.38kV及以下为1.5m。

6 表中电力线路相互交叉距离按设接地装置确定，接地装置的设置应符合本规范第10.5.2条的规定。

7 500kV电力线路跨越其他电力线路杆（塔）时，导线最大弧垂时距杆（塔）顶的垂直距离不小于8.5m。

10.3.4 架空电力线路导线至地面的距离在最大弧垂下，不应小于表 10.3.4 规定的导线对地面的最小距离。

表 10.3.4　导线对地面的最小距离 （m）

线路经过地区	架空电力线路电压 （kV）		
	0.38 （0.22）	10 （6）	35
居民区	6.0	6.5	7.0
非居民区	5.0	5.5	6.0
交通困难地区（车辆、农业机械不能通达）	4.0	4.5	5.0

10.4　电缆线路

10.4.1 电缆径路的选择应符合下列规定：

1 电缆径路应避免电缆受机械外力、腐蚀、热源、虫害、水浸泡、地中电流和经常性震动等损害。

2 在满足安全的前提下，应使电缆较短、便于敷设和维修。

3 应避开建筑工程、各种管线工程等需要挖掘的地点。

4 地形复杂的桥隧区段、大桥、特大桥可在铁路桥梁或铁路隧道内敷设。

5 车站站台内的电力电缆可与通信电缆、信号电缆同沟敷设；当不满足平行接近的距离要求时，应采取隔离措施。

6 电缆径路应避开路基；必须敷设在路基上时，应采用电缆沟、槽管等防护，并应填平夯实。

10.4.2 电缆敷设方式应根据电缆形式、数量、工程条件等因素，并应满足长期运行的可靠性、便于维修、减少投资等综合要求进行选择。

10.4.3 直埋敷设的电力电缆间及与其他电缆或管、沟等的接近距离不应小于表 10.4.3 的规定。

表 10.4.3　电缆与电缆、管道、道路、构筑物等之间容许最小距离 （m）

电缆直埋敷设时的配置情况		平行	交叉
控制电缆之间		—	0.5*
电力电缆之间或与控制电缆之间	10kV 及以下	0.1	0.5*
	35kV	0.25**	0.5*
不同部门使用的电缆		0.5**	0.5*
电缆与地下管道	热力管道	2***	0.5*
	油管或易（可）燃气管道	1	0.5*
	其他管道	0.5	0.5*

续表 10.4.3

电缆直埋敷设时的配置情况		平行	交叉
电缆与铁路	非直流电气化铁路路轨	3	1.0
	直流电气化铁路路轨	10	1.0
电缆与建筑物基础边沿		0.6***	—
电缆与公路边		1.0***	—
电缆与排水沟（平行时与沟边，交叉时与沟底）		1.0***	—
电缆与树木的主干		0.7	—
电缆与 1kV 以下架空线电杆		1.0***	—
电缆与 1kV 以上架空线杆塔基础		4.0***	—

注：* 用隔板分隔或电缆穿管时不得小于 0.25m；
　　** 用隔板分隔或电缆穿管时不得小于 0.1m；
　　*** 特殊情况时，减小值不得大于 50%。

10.5　防雷及接地

10.5.1 杆架式或落地式变压器的防雷保护，应符合下列规定：

1 10（6）kV 变压器应在高压侧装设避雷器保护，多雷区或双星形接线的变压器宜在低压侧装设一组避雷器。

2 避雷器应靠近变压器装设，其接地线应与变压器低压侧中性点及金属外壳连在一起接地。

10.5.2 10（6）kV 架空线路的防雷保护应符合下列规定：

1 在 10（6）kV 及以上架空线路中，每段电缆长度大于 50m 时，应在两端装设避雷器；小于或等于 50m 时，可在任一端装设，其接地端应与电缆金属外皮连接。

2 同级电压电力线路相互交叉或与较低电压线路、通信线路交叉时，应将交叉档两端的钢筋混凝土电杆（上、下方线路共 4 根）不论有无架空地线均接地，其接地电阻不宜大于表 10.5.2-1 所列数值。

表 10.5.2-1　杆塔的最大工频接地电阻

土壤电阻率 ρ（$\Omega \cdot m$）	$\rho < 100$	$100 \leqslant \rho < 500$	$500 \leqslant \rho < 1000$	$1000 \leqslant \rho < 2000$	$\rho \geqslant 2000$
工频接地电阻（Ω）	10	15	20	25	30

注：土壤电阻率超过 2000Ω·m，且接地电阻很难降低到 30Ω 时，可采用 6 根～8 根总长度不超过 500m 的放射形接地体，或采用连续伸长接地体，接地电阻不受限制。

交叉线路导线间或上方线路与下方线路避雷线之间的垂直距离大于表 10.5.2-2 所列数值时，交叉档两端电杆可不接地。

表 10.5.2-2　架空线路交叉时的交叉距离（m）

额定电压 （kV）	1 以下和 通信线路	6～10	20～110	220	330	550
35	5	5	5	6	7	8
6～10	4	4	5	6	7	8
1 以下	3	4	5	6	7	8

交叉点至最近电杆的距离大于 40m 时，可不在此线路交叉档的另一电杆上装设交叉保护用的接地装置。

3　10（6）kV 柱上断路器或负荷开关应在电源侧装设避雷器保护，其接地线应与柱上断路器或负荷开关的金属外壳连接，其接地电阻不应大于 10Ω。

4　380V/220V 低压架空线路接户线的绝缘子铁脚宜接地，接地电阻不宜超过 30Ω；年平均雷暴日数不超过 30 的地区、低压线路被建筑物等屏蔽的地区，以及接户线距低压线路接地点不超过 50m 的地方，接户线绝缘子铁脚可不接地。

土壤电阻率在 200Ω·m 及以下地区的钢筋混凝土电杆铁横担线路可不另设接地装置。

屋内有电气设备接地装置的建筑物，在入口处宜将绝缘子铁脚与该接地装置相连，可不另设接地装置。

10.5.3　电力设施接地装置的工频接地电阻不应大于表 10.5.3 规定的电力装置接地电阻值。

表 10.5.3　电力装置接地电阻值

类　　型		工频接地 电阻值 （Ω）
架空 线路	需设接地的架空线路杆塔	30
	安装于杆塔上的高压电器及构架、箱盒，电缆头的保护接地	10
电气 设备	需设重复接地的架空线路干线、分支终端，建筑物引入处	10
	有效接地和低电阻接地系统中变、配电所电气装置	$R \leqslant \dfrac{2000}{I}$
	有效接地和低电阻接地系统中变、配电所电气装置	$R \leqslant \dfrac{250}{I}$
	不接地、消弧线圈接地和高电阻接地系统中高压与变、配电所低压电气装置共用	$R \leqslant \dfrac{50}{I}$

注：1　R 为最大接地电阻值（Ω），但不宜大于 10Ω。

2　I 为计算用接地故障电流（A）。

3　电气设备接地的电阻值除按计算公式确定外，均不应大于 4Ω。

11　机务和车辆设备

11.1　一般规定

11.1.1　机务、车辆设备应结合相邻路网机务、车辆设备的分布情况、运输组织方式等因素综合分析确定。

11.1.2　机车、车辆的定期检修可采用委外修理或自行修理方式。其中，机车大、中修及客、货车辆厂修应采用委外修理方式，机车小修及车辆段修宜采用委外修理方式。

11.1.3　新建机车、车辆检修设施宜联合设置。机车检修台位达 3 台位及以上或车辆检修台位数达 6 台位以上时，可设机辆段。当机车检修达 6 台位及以上或车辆检修台位数达 12 台位及以上时，经技术经济比较，可将机车、车辆检修设施分开设置。

11.1.4　机车、车辆检修设施分开设置时，应按现行行业标准《铁路机务设备设计规范》TB 10004、《铁路货车车辆设备设计规范》TB 10031 等的有关规定设计。

11.1.5　机辆段（所）的废气、废水、废渣和噪声应进行综合治理，并应符合国家和地方现行的排放标准。

11.1.6　机务、车辆设备设计应贯彻节约能源的方针，机具、设备应采用国家标准系列产品，专用设备应采用标准设计。

金属加工、化验、计量设备可利用社会资源委外协作。

11.1.7　机车交路应根据近、远期的牵引种类、机车类型、编组站分工、车流性质、线路条件，结合路网规划、既有机务设备的利用、机车乘务组连续工作时间，以及职工生活条件等因素，经技术经济比选确定。

11.1.8　机辆段（所）宜配属牵引种类单一的机车。机型不宜多于 3 种，内燃机车传动型式宜为 1 种。

11.1.9　当地方铁路或专用铁路采用租用机车担当作业时，宜根据需要设置整备设备，可不设机车检修设备。

11.1.10　救援设备宜根据路网规划合理配置。

11.2　机　辆　段

11.2.1　机辆段段址选择应符合下列规定：

1　机辆段应设在装卸工作量大、有编组作业且便于扣车的车站上，站段配置应有利于行车，并应使机车、车辆出入段对车站作业的交叉干扰最小。

2　机辆段应避开不良地段和排水困难的低洼地，并应符合城镇规划。

11.2.2　机辆段总平面布置应符合下列规定：

1　机辆段的总平面布置应满足生产工艺、防火、卫生、安全、通风、采光、环境保护等要求，力求布置紧凑、节约用地，并应预留发展条件。

2 产生噪声、震动的车间应避免影响其他车间；机车整备场及产生粉尘有害物质的车间宜布置在全年最小频率风向的上风侧。

3 段内线路、道路及厂房的布置应便于机车车辆的进出、作业顺畅。

4 段内房屋布置应按功能分区布置。

5 段内应根据需要铺设通往各车间及生产、生活办公房屋的道路，并应与段外公路连通。

6 动力车间应邻近负荷中心，其房屋建筑宜单独设置。

7 检修厂房及转车盘、油罐基础等大型建筑物，应设在地形、地质较好的位置，并应避免高填土。

8 机辆段高程应基本一致。生产、办公房屋的室内地坪高程不宜低于近邻线路的轨面高程。

11.2.3 机辆段检修设施应符合下列规定：

1 机车和车辆定期检修台位应按一班制设计，并应根据所担当机车交路区段行车量及规定的检修周期和检修占用库线时间计算确定。

2 机车、车辆检修台位共库时，机车、车辆检修线宜分线设置。

3 机车、车辆检修库前应设一段平直线路，其中，机车小修库前不应小于 8m 加 1 台大型机车的检查坑长度再加检查坑外 6.5m，库前无检查坑时，不应小于 8m 加 1 台大型机车长度；机车其他检修库前不应小于 16m；车辆检修库前停留客车时不应小于 35m，停留货车时不应小于 25m。检修库前平直线路范围内应设置混凝土地面和排水设施。

4 机辆段内应设修车线、存车线和装卸线，并应根据需要设牵出线和机车走行线。

5 存车线总长度应按 2.5 倍～3.0 倍日修车辆数乘以主型车辆长度计算确定，其数量不宜少于 2 条。牵出线长度可根据检修台位数、主型车辆长度、调车机长度和安全距离确定。当条件许可时，可利用出入段线兼作段内牵出线。

6 机辆段应设置机车、车辆检修库及辅助生产车间、配件材料库、变（配）电所、压缩空气站及办公生活房屋等。

7 机车、车辆检修库可根据检修工作量并结合地形条件采用贯通式或尽头式布置，并应符合下列规定：

1）检修库跨度及起重机走行轨面至库内线路高度，应符合表 11.2.3 的规定。

表 11.2.3　检修库跨度及高度（m）

项　目 库　型	跨　度	高　度
三线库	24（27）	7.8～8.4
二线库	18	7.8～8.4

注：括号内数字用于客车。

2）机车车辆检修库的起重机吨位应根据需要吊装最大部件的重量确定。

3）车库长度应根据机型及机车车辆检修工艺流程确定。

4）检修库内应设架车及机车落轮设备。

11.3　机车、车辆运用设施

11.3.1 机车运用整备规模应根据机车整备工作量计算确定。

11.3.2 机车整备应根据需要设置燃油、润滑油脂、冷却水、砂及转向、检查等设备。

11.3.3 机车整备台位和待班台位宜设于同一线路，并应根据具体情况合并设置。台位数量应根据每日整备机车台次、整备作业时间、机车整备不平衡等因素计算确定。

机车整备待班线线间距宜为 6m，整备待班线检查坑应设在平直道上，长度应按大型机车长度加 4m 计算，检查坑排水应通畅，两侧应设混凝土地坪，地坪高程应与轨面平齐。

机车整备台位宜设置整备棚或库，寒冷及大风沙地区应设置机车停留库，其台位数应按运用机车的 5%～10% 计算。

11.3.4 燃油库容量宜按 30d 运营需要量设计，燃油库的油罐数辆不得少于 2 个。

11.3.5 内燃机车整备场应根据需要设卸油线，其有效长及卸油台位数应按油罐储量确定，卸油线上的卸油部分应为平直线。

11.3.6 多雨雪地区和用砂量大的机辆段（所）应设置机械干砂设备。

干砂库贮量，采用自然干砂时，应能贮存不少于 2 个月的机车用砂量；采用机械干砂时，应能贮存不少于 10d 的机车用砂量。

湿砂场应能贮存不少于 3 个月的机车用砂量。

11.3.7 机车所用主要润滑油的贮存量应按 30d 的用油量设计，寒冷地区应设加热设备。

11.3.8 机辆段（所）可根据需要设置机车转向设备。配属单司机室机车并担当本务机车牵引的机辆段（所）应设机车转向设备，配属双司机室机车的机辆段（所）可不设转向设备。

11.3.9 机辆段应设置机车车辆运用管理系统。

11.3.10 交接站应设车辆技术交接作业场，解编作业较大的车站可设列检作业场及车辆临修设施。

11.3.11 地方铁路、专用铁路与国家铁路的接轨站，应设车号自动识别系统及车辆轴温探测设备。

11.3.12 Ⅲ、Ⅳ级铁路宜设置车辆轴温智能探测系统、车辆运行品质轨边动态监测系统、车辆滚动轴承故障轨边声学诊断系统、货车故障轨边图像检测系统及客车运行安全监控系统等铁路车辆运行安全监控系统。

11.3.13 装卸作业达 100 辆及以上的车站应设装卸检修作业场。

11.3.14 开行旅客列车的Ⅲ、Ⅳ级铁路，可根据需要设旅客列车技术整备设施，并应根据需要配置必要的房屋及设备。

12 给水排水

12.1 一般规定

12.1.1 铁路给水排水工程设计应结合城镇建设和工农业发展规划，合理选择水源方案及污水排放方案。专用铁路给排水工程还应结合工业企业给水排水系统情况统一规划。

12.1.2 铁路站、段、所宜利用当地市政或工业企业的给排水设施。改建工程应充分利用既有设施和设备。

12.1.3 给水站的给水设备能力应满足运输、生产、生活和消防等用水的要求；生活供水站、点的用水，应根据其用水人数、水源、地形及电力供应等情况因地制宜解决。

12.1.4 铁路站、段、所生产用水水质，应符合国家现行有关标准的规定。供旅客运输和生活用水的水质应符合现行国家标准《生活饮用水卫生标准》GB 5749 的有关规定。生产和生活污水的排放应符合现行国家标准《污水综合排放标准》GB 8978 的有关规定。污水治理工程应与铁路主体工程同时设计。

12.1.5 给水排水工程设计应在不断总结生产实践经验的基础上推广采用技术先进、经济合理、节约能源、符合国家环境保护要求的新技术、新工艺、新材料和新设备。

12.2 给 水

12.2.1 下列车站应按给水站设计：

1 铁路区段站和县级及以上城市的车站。

2 旅客列车上水的车站。

3 牲畜、鱼苗等鲜活货物列车需要上水的车站。

4 工业站、港湾站及货运站。

5 昼夜最大用水量大于 300m³（不含消防用水）的车站。

12.2.2 旅客列车给水站应设在有客车列检或有始发终到旅客列车作业以及其他规模较大的车站，两个旅客列车给水站间距离宜为 150km～250km。

12.2.3 生活供水站应采用机械供水，生活供水点宜采用机械供水。铁路沿线生活供水点的供水方式可根据所在地条件因地制宜解决。

12.2.4 设计用水量计算应包括下列内容：

1 旅客运输用水。

2 生产用水。

3 生活用水。

4 绿化用水（包括浇洒道路用水）。

5 服务性行业用水（县及以上的车站）。

6 基建和未预见水量（包括管网漏失水量）。

7 消防用水量。

12.2.5 当按建筑层数确定生活饮用水管网的最小服务水头时，应符合现行国家标准《室外给水设计规范》GB 50013 的有关规定。

12.2.6 铁路主要用水点最小服务水头应符合表 12.2.6 的规定。

表 12.2.6 铁路主要用水点最小服务水头

序号	用 水 地 点		服务水头（m）	备注
1	室外公用给水栓		3	从地面算起
2	机务段、车辆段库线		10	从轨顶算起
3	牲畜给水栓		10	
4	客车给水栓	区段内客车给水站	20	
		尽端式客车给水站	15～20	
		客车整备所（库）	15	

12.2.7 消防用水量、水压及延续时间等的确定应符合国家现行标准《建筑设计防火规范》GB 50016、《高层民用建筑设计防火规范》GB 50045 和《铁路工程设计防火规范》TB 10063 的有关规定。

12.2.8 旅客列车给水站和区段以上的车站，其水源应有确保不间断供水的措施，当无法满足时，应根据需要设贮水和加压设备。

12.2.9 铁路水源、水塔等构筑物距站场最外线路中心线的距离不宜小于 50m。

12.2.10 地下水水源井的产水量不应小于设计最大日用水量的 1.3 倍。地表水源的取水能力，给水站不应小于设计最大日用水量的 1.5 倍，生活供水站、点可采用 1.3 倍。

12.2.11 采用管井取水的给水站应设备用井，备用井的数量可按生产井数的 20% 确定，但不应少于 1 座，其能力不应小于运用井中能力最大的一座。生活供水站、点可不设备用井。

12.2.12 给水机械的选择应符合节能要求。选择水泵型号及台数时，应根据供水量、水质和水压要求、贮配水构筑物容量、机械效能等因素综合确定。同一管辖范围内给水机械的种类和型号宜统一。

12.2.13 给水站的给水机械应设备用机组，其能力不应小于运用机组中最大的一台。生活供水站、点的给水机械应仅设运用机组，并应按管段内同一类型机械总数的 20% 配置备用机组，但不应少于 1 台。

12.2.14 旅客列车给水站宜设二路可靠电源，生活供水站、点可不设备用动力。专用铁路尚应符合工业企业给水排水系统电力负荷标准。

12.2.15 给水机械作业采用三班制时不宜超过20h，采用二班制时不宜超过14h，采用一班制时不宜超过7h。生活供水站、点宜采用一班制。给水机械宜采用自动化装置或集中控制。

12.2.16 旅客列车给水站输水干管宜设2条，并应保证在管道任何一处发生故障时，通过水量不少于车站远期最高日用水量的70%。当车站有充足的贮水设施或有其他安全供水措施时，可设1条输水干管。其他车站的输水干管均应按1条设计。

12.2.17 旅客列车给水站应设专供客车给水用的给水干管。每排栓管宜按两端进水或环状布置，也可从中部与给水干管连接成"T"形，每排栓管均应设控制闸阀和计量装置。旅客列车给水宜采用集中控制。

12.2.18 旅客列车给水站的给水设备能力应满足旅客列车最大交会时同时给水的需要。客车技术整备所（库）应根据同时整备的旅客列车列数，每列应按50%同时给水计算。

12.2.19 客车到发线的一侧应设置客车给水栓及栓井，栓井的间距宜为25m，每排栓井的数量不应少于旅客列车的最大编组辆数，并宜增设1座～2座栓井。增设的栓井不应计算设计流量。客车技术整备所（库）的栓井间距宜为25m。

12.2.20 客车给水栓宜按一井双栓口设置，栓口管径应为32mm。上水管应采用φ32mm软管，其长度不应大于15m。

客车技术整备所（库）的上水软管管径宜采用φ32mm，其长度不应大于15m。

12.2.21 客车给水栓的设计流量应符合下列规定：

　　1 通过式旅客列车给水站的每座客车给水栓，当使用一个栓头时，其栓口的设计流量不宜小于2.5L/s。

　　当两线路间的双头栓需同时给两列客车上水时，每个栓口设计流量宜为2.0L/s，每座栓井总设计流量不宜小于4.0L/s。

　　2 尽端式旅客列车给水站的每座客车给水栓，当使用一个栓头时，其栓口的设计流量宜为1.5L/s～2.0L/s，当两线路间的双头栓需同时给两列客车上水时，每座栓井总设计流量不宜小于3.0L/s。

　　3 客车技术整备所（库）的客车给水栓，其栓口的设计流量不应小于1.5L/s。

12.2.22 管道穿越铁路时宜垂直通过，并应避免从车站咽喉区穿过。当必须从车站咽喉区、区间正线穿过时，应设防护涵洞，并应结合维护条件和排水措施，在防护涵洞两端设置检查井。

12.2.23 管道穿越站场范围内的线路时，宜设防护涵洞或采用防护套管，并应采用焊接或柔性接口，管道接口应设于两线路之间。

当与铁路平行铺设时，管道距离区间线路路堤坡脚的最小净距不应小于5.0m，距离区间线路路堑坡顶的最小净距不应小于10.0m。

12.2.24 管道管顶埋设深度宜在土壤冰冻线以下0.20m，除岩石地层外，管顶覆土厚度不应小于0.70m。

当管道穿越铁路时，其管道管顶和防护套管管顶至钢轨轨底的高度不得小于1.20m，至路基面的高度不得小于0.70m。

12.2.25 在配水管网中，各经济核算单位应设置总水表，车间设分水表。

12.2.26 给水站的水塔、高位水池的总有效容量应满足调节不均匀用水量及消防时备用水量的要求。水塔水柜和高位水池的底部高程应根据水力计算确定，并应预留2m～3m富余水头。

12.2.27 生活供水站、点的贮水设备容量不宜小于设计昼夜最大用水量。贮水设备可采用水塔或高位水池，当有较高楼房且水头能满足需要时，可采用屋顶水箱供水。

12.2.28 水塔和清水池的溢水管、泄水管严禁直接接入雨水和污水管道。清水池的溢水管和泄水管应设置防倒流装置。水塔和清水池的通气孔、检修孔应采取安全卫生防护措施。

12.2.29 饮用水消毒方式应根据原水水质、出水水质要求，用水量大小，以及当地条件和材料与药剂的来源等因素综合确定。

12.3 排　　水

12.3.1 新建铁路站、段、所的排水系统应采用分流制。当利用城镇或工业企业排水系统排水时，铁路排水系统应与其排水体制相一致。

12.3.2 生产污水的排水量应根据生产工艺确定。生活污水量计算应符合现行国家标准《室外排水设计规范》GB 50014 的有关规定。

12.3.3 管道穿越铁路时宜垂直通过。平行铁路铺设时，距铁路区间线路路堤坡脚或路堑坡顶的最小净距不应小于5.0m。

12.3.4 客车给水栓室应采取排水措施。当设专用排水管道时，管道坡度，管径150mm时不应小于1‰，管径200mm时不应小于0.5‰。

排放机车库、检查坑等生产废水的管道直径，应根据排水特点、清理条件等因素确定，但不应小于300mm。

12.3.5 检查坑及含有砂类等杂质的污水排出口外第一座检查井应设沉泥槽，其深度不应小于0.50m。

12.3.6 同一站区或地区的污水宜集中处理。污水经处理后宜回用，回用水水质应符合国家现行标准《生活杂用水水质标准》CJ 25.1和《铁路回用水水质标准》TB/T 3007 的有关规定。

12.3.7 污水处理厂、站的设计应符合现行行业标准《铁路给水排水设计规范》TB 10010 等的有关规定。

13 通信与信息

13.1 一般规定

13.1.1 通信网应为铁路运输生产和经营管理提供稳定、可靠、畅通的语音、数据和图像通信业务。

13.1.2 通信网可设置传输及接入、电话交换、数据通信、数字调度通信、无线通信及其他必要的业务系统,并应经技术经济比较,合理采用不同层次的技术和装备。

13.1.3 通信系统应与既有铁路通信网络互联互通,合理利用既有通信网络资源。

13.2 通信线路

13.2.1 通信线路可根据需要采用光缆、电缆或光缆+电缆的方式。长途光缆线路应设置光纤监测系统,地区光缆有条件时可纳入监测系统。

13.2.2 通信光电缆的容量应根据业务需求确定,并应预留发展的需要。

13.2.3 光电缆线路径路的选择、敷设及干扰防护应符合现行行业标准《铁路通信设计规范》TB 10006 的有关规定。

13.3 传输及接入

13.3.1 传输系统宜由光纤同步数字传输系统构成,其容量应根据各业务系统的需求确定,并应留有扩容升级的条件。

13.3.2 传输系统应采用 1+1 复用段保护方式或自愈环结构。

13.3.3 接入网宜采用多业务接入平台,用户接入应采用以光纤接入为主的多种接入方式。

13.4 电话交换

13.4.1 自动电话业务宜利用既有铁路电话网或公众电话网。

13.4.2 新设交换机时,近期容量应符合铁路运输的需要,并应与铁路电话交换网互联互通。

13.5 数据通信

13.5.1 数据通信网应采用 TCP/IP 网络协议。

13.5.2 数据通信网的设计应符合各种应用信息系统数据业务的交换及传输要求,并应符合现行行业标准《铁路数据通信网设计规范》TB 10087 的有关规定。

13.6 数字调度通信

13.6.1 数字调度通信系统应提供计划、列车、货运及牵引供电等调度电话业务,车站(场)电话业务,站间行车电话业务以及区间电话等其他专用电话业务。

13.6.2 有条件时,数字调度通信系统通道宜采用不同物理径路实现通道保护。

13.6.4 在设有电缆区段,应设 2 对~4 对区间电话回线和区间通话柱。区间通话柱设置间隔不宜大于 1.5km,宜装设在线路的同侧。

13.6.5 有人看守道口应设置电话。

13.6.7 地方铁路、专用铁路交接站与国家接轨站间应设站间行车电话。

13.7 无线通信

13.7.1 列车无线调度通信可采用 450MHz 无线调度通信系统,也可采用 GSM-R 数字移动通信系统。

13.7.2 无线通信应提供调度命令无线传送、无线车次号传送等数据终端业务。

13.7.3 无线通信系统的场强覆盖应符合现行行业标准《铁路数字调度通信系统及专用无线通信系统设计规范》TB 10086 的有关规定。

13.7.4 常规无线通信系统可为调车、车号、列检及公安无线等提供电话业务。

13.7.6 无线通信使用频率符合国家和铁路无线电管理的有关规定。

13.8 应急通信

13.8.1 Ⅲ、Ⅳ级铁路的应急通信系统应与铁路网中的应急通信系统统一确定。

13.8.2 应急通信设备的配置应符合现行行业标准《铁路通信设计规范》TB 10006 的有关规定。

13.9 信息

13.9.1 信息系统应根据铁路运输生产、客货运营销、经营管理的需求设置。

13.9.2 客运服务信息系统应设置客运广播、旅客引导系统、客票系统,系统设计应符合现行行业标准《铁路旅客车站客运信息系统设计规范》TB 10074 的有关规定。

13.9.3 分界站应设置车号自动识别系统及分界站管理信息系统。

13.9.4 系统设计应符合铁路信息系统有关技术标准的规定。

13.10 其他

13.10.1 通信系统应设置-48V 直流基础电源,并应根据供电负荷等级计算电池组的备用时间。

13.10.2 通信系统应设置设备房屋环境及电源监控系统,对通信电源设备,通信及信号等设备环境等进行集中监控和管理。

13.10.3 通信和信息设备防雷、接地设计应符合铁路防雷、电磁兼容及接地工程有关标准的规定。通信设备接地宜采用合设接地的方式。

13.10.4 通信和信息宜与相关用途的房屋合建，宜设置联合机械室。

14 信 号

14.1 一般规定

14.1.1 涉及行车安全的铁路信号系统及电路设计，必须满足故障导向安全的要求。

14.1.2 信号系统应与接轨铁路的制式兼容。

14.2 地面固定信号

14.2.1 信号机应采用色灯信号机，同一车站（场）应采用同一类型的信号机。

14.2.2 车站应设进站信号机、出站信号机。在有几个车场的车站，转场进路应设进路信号机。站内有调车作业时，应设调车信号机。

特殊情况下，车站可仅设调车信号机。

14.2.3 进站及接车进路信号机应装设引导信号。

14.2.4 设有分歧道岔的线路所应设通过信号机，其机构外形和显示方式应与进站信号机相同，引导灯光应予封闭。

14.2.5 半自动闭塞及自动站间闭塞区段的车站，进站信号机的外方应设预告信号机。

14.2.6 在有人看守的较大桥梁和隧道及可能危及行车安全的塌方落石地点，可根据需要设遮断信号机和遮断预告信号机。遮断信号机距防护地点不得少于50m。

14.2.7 出站信号机有两个及其以上的运行方向，而信号显示不能分别表示进路方向时，应在信号机上装设进路表示器。

发车进路兼出站信号机可装设进路表示器。

14.2.8 进站、出站、进路及线路所通过信号机其显示距离应符合现行《铁路技术管理规程》的规定。因受地形、地物影响达不到规定的显示距离时，应设复示信号机。

设在车站岔线入口处的调车信号机，达不到规定的显示距离时，可设调车复示信号机。

14.2.9 驼峰应装设驼峰色灯信号机。驼峰色灯信号机可装设驼峰色灯辅助信号机。驼峰色灯信号机或辅助信号机的显示距离不能满足推峰作业要求时，可再装设驼峰色灯复示信号机。

驼峰色灯辅助信号机可兼作出站或发车进路信号机，并应根据需要装设进路表示器。

14.2.10 信号机应设在列车运行方向的左侧或其所属线路的中心线上空，困难条件下需设于右侧时，应

报相关管理部门批准。

14.2.11 信号机应采用高柱信号机。色灯信号机设于下列处所时，可采用矮型：

　　1 无通过进路的到发线上的出站、发车进路信号机。

　　2 道岔区内的调车信号机及驼峰调车场内的线束调车信号机。

　　3 经主管部门批准的其他特殊处所。

14.2.12 除预告、遮断、复示信号机外，同方向相邻两架列车信号机之间的距离小于规定制动距离时，前架信号机应采取降级或重复显示的措施。

14.2.13 色灯信号机的机构、灯光配列方式及信号显示应符合现行《铁路技术管理规程》及现行行业标准《铁路信号设计规范》TB 10007的有关规定。

14.3 车站联锁

14.3.1 站内联锁应采用集中联锁。集中联锁应包括计算机联锁、继电联锁、平面调车区集中联锁。

14.3.2 凡与列车进路（集中联锁故障引导接车除外）有关的道岔均应与防护该进路的信号机联锁。

14.3.3 站内联锁设备中，敌对进路间必须相互照查，不得同时开通。

14.3.4 站内联锁设备应保证车站（场）值班人员对进路及信号机开放与关闭的控制。

14.3.5 进站、进路、出站信号机及调车信号机，在信号关闭后，不经再次办理，不得重复开放信号。

14.3.6 集中联锁车站的列车和调车进路均应设接近锁闭，列车接近锁闭区段的长度应根据列车运行速度确定。

14.3.7 集中联锁车站的列车进路和调车进路、车站接近区段应设轨道检查装置。

14.3.8 轨道检查装置可分为轨道电路和计轴轨道检查装置，轨道电路应采用闭路式。

14.3.9 相邻轨道电路之间应采取绝缘破损防护措施。

14.3.10 站内轨道电路的设置，应保证轨道电路可靠工作、排列平行进路的要求和便于车站作业。

14.3.11 进站信号机、出站信号机、进路信号机、通过信号机及调车信号机应与钢轨绝缘并列安装，当不能并列安装时，应符合下列规定：

　　1 进站、接车进路信号机处，钢轨绝缘可设在信号机前方1m或后方1m的范围内。

　　2 出站（包括出站兼调车）或发车进路信号机处，钢轨绝缘可设在信号机前方1m或后方6.5m的范围内。

　　3 调车信号机处的钢轨绝缘可设在其信号机前方或后方各1m的范围内，当该信号机设在到发线上时，应按本条第2款的规定执行。

14.3.12 转辙机及其安装装置应根据道岔类型进行

选择。

14.4 区间闭塞

14.4.1 区间宜采用半自动闭塞或自动站间闭塞。

14.4.2 **区间内正线上的道岔必须与信号机或闭塞设备联锁。**

14.4.3 自动站间闭塞区间列车占用检查装置可采用计轴轨道检查装置或轨道电路。

14.5 驼峰信号

14.5.1 驼峰信号控制系统应根据驼峰作业的需要选择相应的设备。

14.5.2 驼峰进路及速度控制应采用计算机系统控制。

14.5.3 装设集中联锁设备的驼峰头部道岔（除分路道岔外）联锁条件应符合集中联锁技术条件的有关规定。

14.6 运输调度指挥

14.6.1 纳入路网铁路的运输调度指挥应采用列车调度指挥系统或调度集中系统，其他铁路可根据需要采用。

14.6.2 地方铁路和专用铁路采用列车调度指挥系统或调度集中系统时，应与相邻铁路运输调度系统交换相邻车站的行车信息。

14.7 机车信号及电码化

14.7.1 半自动闭塞和自动站间闭塞区段应采用接近连续式机车信号。

14.7.2 下列轨道区段应提供机车信号信息：

　1 经道岔直向的接车进路中的所有区段采用预叠加发码方式。

　2 经道岔侧向的接车进路中的股道区段采用叠加发码方式。

　3 车站进站信号机前方或线路所通过信号机前方的接近区段采用与站内同制式轨道电路并叠加发码，或采用与站内发码同制式轨道电路。

　4 铁路接轨站防护信号机的外方接近区段采用叠加发码方式。

14.7.3 机车上应装设机车信号，机车信号的显示应符合现行《铁路技术管理规程》的规定，并应与线路上列车接近的地面信号机的显示含义相符。

14.7.4 站内电码化的设计应保证机车信号车载设备能可靠地接收地面信息。正线电码化主要设备宜采取冗余措施。

14.8 信号集中监测

14.8.1 车站应设信号集中监测系统。监测的对象应包括行车指挥、区间闭塞、车站联锁、道岔转辙机、轨道电路、电码化、电源等设备，以及信号机灯丝状态、熔断器状态、电缆对地绝缘等。

信号集中监测系统宜联网，并应将监测信息传送到有关维修及管理部门。

14.8.2 监督与故障报警设备应保证不因其本身故障而影响信号设备的正常工作。

14.9 其　　他

14.9.1 区间有人看守道口应根据交通繁忙程度设置道口自动通知或道口自动信号设备。

区间有人看守道口应采用列车接近一次通知方式。列车接近通知时间及接近区段长度应根据计算确定。

14.9.2 道口信号机应设于道路车辆驶向道口方向，便于车辆、行人确认的地点，距离最近钢轨不得小于5m。

14.9.3 信号传输线路应采用铜芯铠装信号电缆，也可采用光缆。

车站范围内的主干电缆应采用综合护套或铝护套信号电缆，有特殊要求的设备应采用专用电缆。

14.9.4 信号室内外设备及配线的防火应符合现行行业标准《铁路工程设计防火规范》TB 10063 的有关规定。室内可能产生干扰和易受干扰部分的配线应采用屏蔽电线，必要时应单独走线。

14.9.5 信号设备房屋的面积应根据设备制式、规模及远期发展等因素设计，并结合设备大修倒换和更新改造倒替的需要确定。

14.9.6 室内信号防雷设施应集中设置，与其他信号设备隔离，并应采用分级雷电防护措施，设置浪涌保护装置，合理布置信号设备和敷设线路，设置泄流通畅的等电位连接的接地系统。

14.9.7 室外信号设备可分散接地。分散接地的接地电阻应小于4Ω，困难时不应大于10Ω。

14.9.8 电力牵引供电区段，信号设备外缘距接触网带电部分的距离不应小于2m。距接触网带电部分5m范围内的金属结构物应接地。接触网对信号电缆的危险影响不应超过规定的允许标准。

电力牵引供电区段轨道电路应保证牵引电流回流畅通。

14.9.9 交流电力牵引区段，室外信号电缆钢带（金属护套）应采取分段单端接地方式，单端接地的电缆长度不得超过3000m。

15 房屋建筑及暖通空调卫生设备

15.1 房屋建筑

15.1.1 房屋建筑除应符合安全、适用、经济和卫生等要求外，还应合理确定建筑规模和建筑形式。

15.1.2 生产房屋的建筑规模应根据设计年度的运输业务量、技术装备等因素确定。办公和生活房屋规模应按近期设计年度确定。性质相近的房屋宜合建。

15.1.3 站区的站、段、所布局应合理，并应结合当地城镇规划按远期设计确定其规模。总体规划应远近期相结合。总平面布置、竖向设计、综合管线、道路、排水、绿化等应符合国家建设规划发展要求。

15.1.4 邻近线路设置的铁路生产房屋及构筑物，其限界和间距应符合国家现行标准《标准轨距铁路建筑限界》GB 146.2 和《铁路工程设计防火规范》TB 10063 的有关规定。

15.1.5 房屋建筑的抗震设计应符合现行国家标准《建筑抗震设计规范》GB 50011 和《铁路工程抗震设计规范》GB 50111 等的有关规定。

15.1.6 铁路房屋建筑节能设计除应符合现行国家标准和铁路行业标准《铁路工程节能设计规范》TB 10016 等的有关规定外，尚应符合所在地区的能源政策和充分利用当地的资源条件。

15.1.7 改建铁路应充分利用既有房屋建筑设施。

15.1.8 限期使用的铁路应根据其使用期限修建临时性、可移动型活动房屋。

15.1.9 铁路房屋选址应符合下列规定：

1 宜选择地势较高、平坦、排水通畅、有利发展、交通方便的地段。

2 不得设在泥石流、滑坡、断层等严重地质不良地段。

3 应避开产生大量粉尘、煤烟、散发有害物质等污染地段和储存危险化学品和放射性物品等不安全地段。

4 不得设在高压电力线路走廊和地下工程及管道上。

5 不宜大量拆迁既有建筑物。

15.1.10 采用分管方式的专用铁路，需设置联合办公室时，位置宜设在交接线附近，并宜与有关的生产办公房屋合建。

15.1.11 铁路编组站、区段站及沿线 50km～70km 的较大客、货运站，可设置公安派出所用房。在未设派出所的营业车站、大型编组场、货场及客车技术整备所，可设驻站（场）民警值班用房。民警值班用房宜设两间，并应与站房的其他铁路办公房屋合建，总使用面积宜为 20m²～25m²，其出入口宜单独设置。

15.1.12 生产办公房屋、生产附属房屋的配备以及平面布置应符合现行行业标准《铁路房屋建筑设计标准》TB 10011 的有关规定。

15.1.13 铁路旅客车站的建筑设计应符合现行国家标准《铁路旅客车站建筑设计规范》GB 50226 的有关规定。

15.1.14 铁路旅客车站无障碍设计应符合现行行业标准《铁路旅客车站无障碍设计规范》TB 10083 和《城市道路和建筑物无障碍设计规范》JGJ 50 的有关规定。

15.1.15 桥隧守护用房设置条件和建筑设计应符合铁路桥遂守护设施设计的有关规定。

15.1.16 铁路军运用房设置条件和建筑设计应符合铁路军运设施设计的有关规定。

15.1.17 铁路房屋建筑防火设计应符合国家现行标准《建筑设计防火规范》GB 50016、《铁路工程设计防火规范》TB 10063 等的有关规定。

15.2 暖通空调卫生设备

15.2.1 供暖设计应符合下列规定：

1 当生产房屋室温达不到生产工艺要求时，应设置供暖设施。

2 近十年最冷月平均气温小于或等于 8℃的月份在 3 个月及以上地区，应设置集中供暖设施。

3 近十年最冷月平均气温小于或等于 8℃的月份为 2 个月以下地区，应设置局部供暖设施。

4 集中供暖或区域供暖应采用热水作热媒。

5 小型、分散的房屋宜采用热泵供暖。

6 高大空间的生产房屋宜采用辐射供暖或局部供暖方式。

15.2.2 通风设计应符合下列规定：

1 生产过程中散发的余热和水蒸气应利用有组织的自然通风排除，当自然通风达不到要求时，应辅以机械通风。

2 生产过程中散发有害气体和粉尘应采用局部通风和净化处理设备。

15.2.3 空气调节设计应符合下列规定：

1 对生产工艺有温度、湿度、洁净度要求的车间和工作室及有特殊要求的场所，应设置空气调节设备。

2 夏热冬暖或夏热冬冷地区的乘务员公寓、候乘人员待班室应设置空气调节设备。

3 夏热冬暖或夏热冬冷地区的中型旅客车站候车室及售票厅宜设置空气调节设备。

15.2.4 采暖、通风、空气调节系统应采用高效、低噪声的节能技术和节能产品。

15.2.5 室内给水排水及卫生设备应符合下列规定：

1 给水系统应采取防止水质污染和变质的措施。

2 污水排放应采用雨水、污水分流制。

3 热水宜采用太阳能制备，经济合理时也可采用热泵辅助加热。

4 各用水点入口应设置计量设施。

15.2.6 采暖、通风、空调系统的设置应符合现行行业标准《铁路房屋暖通空调设计标准》TB 10056、《铁路房屋建筑设计标准》TB 10011 等的有关规定。

15.2.7 采暖、通风、空调、给排水系统宜采用自动控制或自动调节措施。

15.2.8 室内消防设施的设置应符合国家现行标准《建筑设计防火规范》GB 50016、《铁路工程设计防火规范》TB 10063等的有关规定。

附录A 旧轨总磨耗或侧面磨耗限度

表A 旧轨总磨耗或侧面磨耗限度（mm）

线　　别	钢轨类型(kg/m)	交料标准	交付运营标准
正线、到发线、有通行列车的联络线	50	8	9
	43	7	8
其他线路	43	10	12

附录B 标准轨距铁路列车和轨道荷载换算土柱高度及分布宽度

表B 标准轨距铁路列车和轨道荷载换算土柱高度及分布宽度

铁路等级	基床表层类型	设计轴载率(kN)	轨道条件				换算土柱			
			钢轨(kg/m)	轨枕(根/km)	道床厚度(m)	道床顶宽(m)	道床坡率	分布宽度(m)	计算强度(kPa)	重度(kN/m³)	计算高度(m)
Ⅲ-A	土质	220	50	1760	0.45	3.0	1:1.75	3.5	59.2	18	3.3
										19	3.2
	岩石、渗水土				0.30	3.0		3.2	59.7	18	3.4
										19	3.2
										20	3.0
Ⅲ-B	土质	220	50	1680	0.40	3.0	1:1.75	3.4	59.2	18	3.3
										19	3.2
	岩石、渗水土				0.25	3.0		3.1	59.7	18	3.4
										19	3.2
										20	3.0
Ⅳ-C	土质	220	50	1600	0.35	2.9	1:1.5	3.3	58.5	18	3.3
										19	3.1
	岩石、渗水土				0.25	2.9		3.1	59.2	18	3.3
										19	3.2
										20	3.0
Ⅳ-D	土质	220	50	1520	0.30	2.9	1:1.5	3.2	58.8	18	3.3
										19	3.1
	岩石、渗水土				0.25	2.9		3.1	59.2	18	3.3
										19	3.2
										20	3.0

注：1 表中换算土柱高度系按铺设钢筋混凝土枕计算。
　　2 活载分布于路基面上的宽度自轨枕底两端向下按45°扩散角计算。

附录C 路基工程混凝土与砌体强度等级及适用范围

表C 路基工程混凝土与砌体强度等级及适用范围

混凝土与砌体种类	材料最低强度等级			适用范围
	水泥砂浆	石料	混凝土	
片石砌体		MU20	—	侧沟、天沟、排水沟
	M7.5	MU30	—	坡面防护、边坡渗沟、护墙、渗水暗沟、急流槽、冲刷防护，严寒地区的侧沟、天沟、排水沟
	M10	MU30	—	渗水隧洞边墙、严寒地区护墙、高度不大于6m的支挡结构物
混凝土或片石混凝土	—	—	C15	检查井、渗水隧洞、冲刷防护、支挡结构物、基础垫层
	—	—	C20	严寒地区支挡结构物
混凝土块砌体	M7.5	—	C15	侧沟、天沟、排水沟、坡面防护
	M10	—	C15	渗水隧洞
钢筋混凝土	—	—	C20	检查井、冲刷防护、支挡结构物
	—	—	C25	严寒地区支挡结构物

注：1 最冷月的平均温度在-5℃～-15℃的地区为寒冷地区，-15℃以下的地区为严寒地区。
　　2 钢筋混凝土结构的混凝土强度等级应按下列规定选择：
　　1) 当采用HRB335级钢筋时，混凝土强度等级不宜低于C20。
　　2) 当采用HRB400或RRB400级钢筋以及承受重复荷载的构件，混凝土强度等级不得低于C20。
　　3) 预应力混凝土结构的混凝土强度等级不应低于C30；当采用钢绞线、钢丝、热处理钢筋作预应力钢筋时，混凝土强度等级不宜低于C40。

本规范用词说明

1 为便于在执行本规范条文时区别对待，对要求严格程度不同的用词说明如下：

1）表示很严格，非这样做不可的：

正面词采用"必须"；反面词采用"严禁"；

2）表示严格，在正常情况下均应这样做的：

正面词采用"应"；反面词采用"不应"或"不得"；

3）表示允许稍有选择，在条件许可时首先应这样做的：

正面词采用"宜"；反面词采用"不宜"；

4）表示有选择，在一定条件下可以这样做的，采用"可"。

2 条文中指明应按其他有关标准执行的写法为："应符合……的规定"或"应按……执行"。

引用标准名录

《建筑结构荷载规范》GB 50009

《混凝土结构设计规范》GB 50010

《室外给水设计规范 》GB 50013

《室外排水设计规范》GB 50014

《建筑设计防火规范》GB 50016

《钢结构设计规范》GB 50017

《采暖通风与空气调节设计规范》GB 50019

《高层民用建筑设计防火规范》GB 50045

《铁路工程抗震设计规范》GB 50111

《铁路旅客车站建筑设计规范》GB 50226

《电力设施抗震设计规范》GB 50260

《标准轨距铁路机车车辆限界》GB 146.1

《标准轨距铁路建筑限界》GB 146.2

《钢筋混凝土用热轧带肋钢筋》GB 1499

《预应力混凝土用钢丝》GB 5223

《预应力混凝土用钢绞线》GB 5224

《生活饮用水卫生标准》GB 5749

《污水综合排放标准》GB 8978

《钢筋混凝土用热轧光圆钢筋》GB 13013

《列车牵引计算规程》TB/T 1407

《铁路碎石道砟》TB/T 2140

《铁路回用水水质标准》TB/T 3007

《铁路混凝土工程预防碱－骨料反应技术条件》TB/T 3054

《铁路桥涵钢筋混凝土和预应力混凝土结构设计规范》TB 10002.3

《铁路隧道设计规范》TB 10003

《铁路混凝土结构耐久性设计规范》TB 10005

《铁路信号设计规范》TB 10007

《铁路给水排水设计规范》TB 10010

《铁路房屋建筑设计标准》TB 10011

《铁路路基支挡结构设计规范》TB 10025

《铁路特殊路基设计规范》TB 10035

《铁路房屋暖通空调设计标准》TB 10056

《铁路工程设计防火规范》TB 10063

《铁路旅客车站客运信息系统设计规范》TB 10074

《铁路旅客车站无障碍设计规范》TB 10083

《铁路数据通信网设计规范》TB 10087

《城市道路和建筑物无障碍设计规范》JGJ 50

《生活杂用水水质标准》CJ 25.1

中华人民共和国国家标准

Ⅲ、Ⅳ级铁路设计规范

GB 50012—2012

条 文 说 明

修 订 说 明

《Ⅲ、Ⅳ级铁路设计规范》GB 50012—2012，经住房和城乡建设部 2012 年 10 月 11 日以第 1487 号公告批准发布。

本规范是在《工业企业标准轨距铁路设计规范》GBJ 12—87 的基础上修订而成，上一版的主编单位是铁道部第三勘测设计院，参加单位是冶金工业部长沙黑色冶金矿山设计研究院、鞍山黑色冶金矿山设计研究院、国家机械工业委员会湘潭牵引电气设备研究所、煤炭工业部规划设计总院、广西壮族自治区煤矿设计院，主要起草人员是徐秀岚、常大涤、芦钧、张竞柱、胡人礼、刘祖培、黄柱邦、程锡麟、李振宗、李兴旺、李同禧、李树信、许志诚、田乐珊、李春琪、张仪和、戴凌云、于崇勋、方述世、陈木生、阎维恭、老林崑、李彦辉、张逎炎、沙福堂、程贻荪、叶景光。本次修订主要技术内容是：

1. 铁路等级按《铁路线路设计规范》GB 50090—2006 Ⅰ、Ⅱ、Ⅲ、Ⅳ级铁路划分的规定进行统一划分。

2. 铁路设计年度按照近、远两期划分，近期为交付运营后第 10 年，远期为交付运营后第 20 年。

3. 明确了Ⅲ、Ⅳ级铁路应与Ⅰ、Ⅱ级铁路网接轨，形成国家统一的客货共线铁路网。

4. 速度目标值按铁路等级和旅客列车与货物列车划分。

5. 界定了填料分类、细化了各部位的压实标准并且增加了压实指标 K_{30}，提高了挡土墙倾覆稳定系数等参数标准。

6. 修改了设计洪水频率，Ⅲ、Ⅳ级铁路桥梁的设计洪水频率分别为 1/100、1/50。

7. 增加了隧道长度分类、洞门与衬砌建筑材料等方面的规定，并提高了部分建筑材料等级。

8. 对线路接轨、交接方式、站线数量、线间距、站场客运设备和货运设备等提出了具体要求。

9. 明确了牵引网的供电方式宜采用直接供电方式或带回流线的直接供电方式，补充了牵引变压器容量及其接线型式。

10. 修改了电力负荷等级及供电方式，架空电力线路与铁路、道路、河流、管线的距离的规定；增加了继电保护、电力远动、箱式变电站等技术要求。

11. 补充了铁路建筑抗震和紧邻铁路房屋及构筑物与铁路中心线建筑限界和防火间距的要求。

本规范修订过程中，编制组进行了深入细致的调查研究，总结了我国铁路设计、施工、运营等方面的实践经验，体现出了Ⅲ、Ⅳ级铁路设计的特点。

为便于广大设计、施工、科研、学校等单位有关人员在使用本标准时能正确理解和执行条文规定，《Ⅲ、Ⅳ级铁路设计规范》编制组按章、节、条顺序编制了本标准的条文说明，对条文规定的目的、依据以及执行中需注意的有关事项进行了说明，并着重对强制性条文的强制性理由作了解释。但是，本条文说明不具备与标准正文同等的法律效力，仅供使用者作为理解和把握标准规定的参考。

目 次

1 总　则

1.0.2　客货共线铁路等级划分，将标准轨距铁路根据其在路网中的作用、地位、运营特性，统一划分为Ⅰ、Ⅱ、Ⅲ、Ⅳ级，将原等级划分中的Ⅲ级铁路、地方铁路、工业企业铁路统一规划为Ⅲ、Ⅳ级铁路，从而有利于铁路标准的统一，有利于铁路的建设和发展。

本规范规定铁路运量在 10Mt 以下，为地区或工业企业服务的新建、改建铁路设计标准。对于工业企业（包括工厂、矿山、港口、林场、盐场、仓库以及其他工业企业等）的特殊和具体情况而专设的铁路，如：

（1）在运营中经常移动的线路，如露天矿、采石场、弃砟场等，随采掘、堆弃而移动的线路，其轨道、路基、接触网等不能长期固定，只宜采用简单可移的构造。

（2）半固定线路，如轮渡码头适应水位涨落的线路，其构造和技术标准是专门规定的。

（3）生产过程有特殊要求的线路，如翻车机、装卸栈桥上的线路，需要与其他运输方式（工具）衔接配合；还有防强酸碱腐蚀的线路等，均有特殊要求，皆属非常用构造和标准。

（4）工业企业内建筑物和设备密集，改建、扩建铁路有时受既有设施限制，执行本规范确有困难，经有关单位批准，保留或沿用了符合特定条件的原技术标准。

在这些线路上往往规定容许通行的机车车辆类型和作业要求等。这些铁路的设计原则、技术标准均可按有关部门制定的专业标准办理，以满足特定条件下的要求。有些Ⅲ、Ⅳ级铁路的部分线段或全线位于Ⅰ、Ⅱ级铁路网规划的铁路位置上，为减少或避免将来改建困难和损失，不易改扩建的工程项目应采用路网Ⅰ、Ⅱ级铁路规定的标准设计。由于Ⅰ、Ⅱ级铁路与Ⅲ、Ⅳ级铁路两者技术标准的区别，工程造价差额较大，上述情况必须在设计任务书中明确规定，或经有关部门批准，方可按Ⅰ、Ⅱ级铁路的有关标准设计。对轨道及易于改变的建筑物和设备，仍按本规范设计，以节约投资。

由于Ⅲ、Ⅳ级铁路多为地方或工业企业服务的铁路，运量一般偏小，运量增长较慢，有的甚至长期稳定在一定水平上，加之近远期客货运量达到的时间容易受地方经济形式和其他交通方式的制约，因此Ⅲ、Ⅳ级铁路设计中要考虑先通后备、以路养路、逐步完善，达到推迟投资和充分发挥投资效益的目的。

1.0.3　铁路等级的划分与铁路的工程量、输送能力、经济效益直接相关。等级选用过高会造成投资增加、运能过剩，等级选用过低则满足不了输送能力的要求。

由于修建铁路所处地理位置不同，在铁路网的作用有所不同，加上服务的地区及企业性质不同，运量水平各不相同，所以有必要将铁路划分为若干等级，制定相应的技术标准和装备类型，以满足不同等级铁路的运输功能需要。

划分铁路等级因素，各国有所不同，大体上有货运量、旅客列车对数、旅客列车速度、轴重、线路意义等，我国铁路设计规范基本上是根据客货运量、线路意义来确定。这是因为修建铁路的主要目的是满足运输需要，将运量作为划分铁路等级的主要因素是理所当然的。按客货运量划分铁路等级，是当今世界各国广泛采用的分级方法。根据我国目前状况，划分铁路等级的原则应该使设计线路的运输能力在满足远期年客货运量或国家要求的年输送能力的前提下，既不可因储备过大而造成大量的投资积压，也不致因储备不足而引起频繁扩能改造。

《地方铁路设计准则》和《工业企业标准轨距铁路设计规范》GBJ 12—87 在铁路等级划分时都采用了Ⅰ、Ⅱ、Ⅲ级，并不与国家铁路等级交叉，是从国家铁路Ⅲ级规定的运量档次继续向下细分。本次Ⅲ、Ⅳ级铁路设计规范比地方铁路、工业企业铁路设计规范涵盖内容要广，将国家Ⅲ级铁路纳入本设计规范之中，将国家Ⅲ级铁路运量上限往下细分两级，成为Ⅲ级和Ⅳ级。Ⅲ级铁路为近期年客货运量小于 10Mt 且大于或等于 5Mt 者，Ⅳ级铁路为近期年客货运量小于 5Mt 者。

专供大型工矿企业服务的货运专线，其运量往往大于 10Mt，按运量套用有可能到Ⅱ级或Ⅰ级标准。这种铁路的特点是运量大，但其运行速度不一定很高，如按Ⅰ级或Ⅱ级铁路速度目标值标准设计将增加大量的投资。因此，本条规定中增加了专为大型工矿企业服务的铁路其货运量超过 10Mt 者，可根据其性质、作用等按相关标准进行设计的规定。

一条铁路的运量包括客运量和货运量两方面，为了统一量度标准，可以引用旅客列车占用通过能力的系数将客车对数换算成货运量。

1.0.8　铁路需要通过能力按运量计算时应保证一定的储备能力，主要满足下列需要：

（1）保证国民经济各部门、军运和专列的特殊运输需要；

（2）保证自然灾害、事故等发生时列车绕行的运输需要；

（3）保证列车晚点或车站堵塞时能及时调整运行图，尽快恢复运输需要；

（4）保证工务部门进行线路大、中修作业的需要，或进行技术改造施工时减少对运营干扰的需要。

以上第（1）、（2）两种情况只有国家铁路联网的标准轨距地方铁路才会出现上述情况，如目前的漯阜线。为保证上述需要，比照国家铁路规定的储备能力，单、双线储备能力分别采用20%、15%。

关于客、货运量的波动系数是由于生产与消费的不均衡，如节假日运输的不平衡性，新工矿企业的投产以及农业生产季节性等都影响铁路运输的均衡性。在设计中计算设计年度的需要通过能力时，还应考虑月波动的影响，常采用10%～20%的波动系数，以确保铁路设计的通过能力完成最大月运量的要求。

1.0.11 工业企业生产对铁路运送货物的品种、数量和时间等常有严格要求，运输和生产必须紧密配合，协同动作，要使铁路成为生产车间设备不可分割的部分，按照生产流程要求设置。

为了工业企业运输与路网运输协调衔接，双方必须遵守路、厂同一技术作业规定，简化交接程序，减少重复作业，防止设备庞杂，以降低工程造价，提高运营效率。

设备选型应贯彻节约能源、防止污染环境的原则。对水、电以及其他公用设施要与地方及企业内外有关单位配合共用，提高经济效益。

专用铁路建设往往占用大量的土地，设计时要千方百计节约用地，充分利用荒地、瘠地，少占农田，不占菜地、园地及经济效益高的土地。

工业企业类别繁多，性质各异，对铁路运输要求不一，设备配置必须结合具体情况，因地制宜，对于本规范规定的技术标准，设计时结合工业企业特点和当地具体条件合理选用，不可盲目追求高标准，也不可轻率迁就低标准，要兼顾生产运输、工程投资和养护维修。在困难情况下使用低标准时，也要集中在个别地段，不宜分散，避免形成处处受限制，以便对困难集中地段采取有效措施（如配备专用动力等）。

1.0.12 行车速度是铁路的综合性技术指标，标志着铁路技术装备的状况，技术标准和运营管理水平的高低也是铁路重大技术政策之一，关系到铁路的运输能力、机车车辆购置费用、运输成本、客货在途损失等一系列技术运营指标，对铁路设备水平的制定与发展起着主导作用。行车速度受机车功率、通信、信号设备、线路平纵断面、轨道标准、行车组织等一系列因素制约，关系到铁路工程费用等经济指标，故最高速度是确定线路平面最小半径、缓和曲线长度、夹直线长度和竖曲线半径的主要技术参数。

1.0.13 铁路的限制坡度、最小曲线半径、牵引种类、机车类型、机车交路、车站分布、到发线有效长度和闭塞类型等主要技术标准，因与铁路方案选择、运营效率、运行安全和经济效益关系较大，并影响到其他标准的确定，故条文规定应按远期年客货运量和铁路等级，并结合地形、地质条件，相邻线路的技术标准等，根据铁路的建设特点和要求，经技术经济比较确定。对其中部分标准，也可按设计年度分期确定，如机车类型、牵引种类、机车交路、到发线有效长度以及闭塞类型等均可按初、近期采用标准与远期

预留标准分列。

1.0.14 铁路建成后，线下工程改建的难度很大，引起后期工程大量投资，因此本条规定，对建成后不易改动的技术标准，如线路平面和纵断面，路基宽度、桥梁计算荷载和洪水频率等应根据远期标准确定。

1.0.15 现行国家标准《标准轨距铁路机车车辆限界和建筑限界》GB 146.1中规定的建筑限界是一个在直线线路中心垂直的极限横断面轮廓，除机车车辆外，其他设备或建筑物在任何情况下均不得侵入的限界，在曲线上还应根据"曲线上建筑限界加宽办法"予以加宽。对于由路网铁路运输的超限货物，只是在上述建筑限界范围内规定了运输条件（详见铁道部《铁路超限货物运输规则》），它的最大轮廓尺寸不是制定该建筑限界的依据。

工业企业如使用特殊种类机车、车辆或有其他特殊需要时，有关部门可根据其规定的轮廓尺寸与施工、运营方面的要求，制定特种建筑限界。

对于运行特高温的铁路，输送易燃、可燃液体、气体及液化石油等的管线跨越铁路时，除必须保持规定的建筑限界外，还要增加安全防护措施所需的尺寸。

本条为强制性条文，必须严格执行。

1.0.17 Ⅲ、Ⅳ级铁路的抗震设计可按铁路抗震设防度为6度、7度、8度、9度地区新建、改建标准轨距客货共线铁路工程的线路、路基、挡土墙、桥梁、隧道等工程的抗震设计。

设防烈度大于9度的地区或有特殊抗震要求的工程及新型结构，其抗震设计应专门研究。

对于做过专门地震研究的地区与按批复的设计地震参数或抗震设防烈度进行抗震设计。

对特别重要铁路工程，其场地所在位置应进行地震安全评价。

3 线 路

3.1 线路平面与纵断面

3.1.1 曲线半径数值系沿用原规定，从测量、养护维修，或对工程的影响方面来看，规定曲线半径的级差是比较合适的。特别困难条件下还可采用半径间10m的整倍数的曲线半径。改建既有线由于既有建筑物的限制，困难条件下还可采用1m整倍数的半径，以满足特殊情况下节约工程投资的需要。

3.1.2 最小曲线半径根据运输性质、行车速度、地形条件、工程经济、运营安全及养护等条件确定，与铁路等级没有直接的因果关系，因此本次修订取消了以"铁路等级"划分标准一栏。

1. 满足最高行车速度方面的要求。

Ⅲ、Ⅳ级铁路以货运为主，兼有少量客运，当

旅客列车行驶在最小曲线半径时，为了满足旅客乘坐舒适度的要求，列车通过曲线所产生的欠超高不大于允许值时，曲线半径应满足下列不等式：

$$R_K \geqslant 11.8 \frac{V_{max}^2}{h_{max} + h_{qy}} \tag{1}$$

式中：R_K——列车最高行车速度要求的曲线半径（m）；

V_{max}——列车最高行车速度（km/h），采用路段设计速度，分别为 120、100、80、60、40；

h_{max}——最大超高（mm），取 150mm；

h_{qy}——允许欠超高（mm），一般取 70mm，困难取 90mm。

按上式计算的 R_K 值如表 1。

表 1　最小曲线半径及计算参数

路段设计速度（km/h）		120	100	80	60	40
货车设计速度（km/h）		70	60	50	40	20
h_{qy}（mm）	一般	70	70	70	70	70
	困难	90	90	90	90	90
h_{gy}（mm）	一般	30	30	30	30	30
	困难	50	50	50	50	50
R_K（m）	一般	780	540	350	200	90
	困难	710	490	320	180	80
R_{sj}（m）	一般	1120	760	460	240	150
	困难	800	540	330	170	110
R_a（m）		680	510	340	200	100
R_{jj}（m）		800～1200	550～800	450～500	300～400	200～300
R_{min}（m）	一般	1200	800	500	400	300
	困难	800	600	500	300	200

注：R_{jj} 为经济半径，R_{min} 为最小曲线半径。

2. 内外钢轨均磨条件要求的最小曲线半径应满足下列不等式：

$$R_{sj} \geqslant 11.8 \times \frac{V_{max}^2 - V_h^2}{h_{qy} + h_{gy}} \tag{2}$$

式中：R_{sj}——舒适与均磨半径（m）；

V_h——货物列车低速经过曲线时的速度，与设计速度分别对应，取 60、50、40、20km/h；

h_{gy}——允许过超高值（mm），一般取 30mm，困难取 50mm。

按上式计算的 R_{sj} 值见表 1。

3. 保证运行在曲线上的列车具有一定的抗倾覆安全系数的最小半径。我国对列车在曲线上运行时的抗倾覆安全系数没有明确规定，参考国外资料取 3。保证此条件下的曲线半径满足下列不等式：

$$R_a \geqslant \frac{[2n(as + \Delta \phi h) - hs]V^2}{3.6^2 g[S^2 - 2ns(\Delta \phi \pm W_c \mu b \pm \varepsilon) - 2nah]} \tag{3}$$

或

$$R_a \geqslant \frac{11.8V^2}{h + \frac{S^2}{2na} - h_f - h_z} \tag{4}$$

式中：R_a——抗倾覆安全系数要求的最小曲线半径（m）；

n——抗倾覆安全系数，取 3。

V——行车速度（km/h）；

h——曲线超高（mm）；

S——内外股钢轨中心线距离（mm），取 1500mm；

g——重力加速度（9.81m/s²）；

ε——轮对中心点与轨距中点的偏距（mm），轮缘贴外轨时取正号；

Δ——簧上部分重心与轮对中点的偏距（mm）；

ϕ——簧上部分质量与全部质量之比；

W_c——风力（N/m²），按七级风计算；

μ——车辆侧面受风面积与车辆重心之比（m²/N）；

a——车辆重心高度（mm）；

b——风合力高度（mm）；

h_f——风力当量超高（mm）；

h_z——车辆横向振动当量超高（mm）。

上述参数根据列车速度、车辆类型、重车等条件，按铁科院 1981 年 1 月《时速 160km 铁路曲线最大允许超高的研究》及 1978 年 10 月《车辆静态临界倾覆超高实验报告》中的试验数据限值。

根据上式计算，其抗倾覆安全最小曲线半径 R_a 值如表 1。

4. 经济最小曲线半径。

Ⅲ、Ⅳ级铁路行车速度不高，运量也较小，在困难地段为了更好地适应地形，有条件采用小半径时可减少工程，根据铁二院对西南地区 3000km 干、支线试验定线分析，得出合理的经济曲线半径如表 2。

表 2　经济最小曲线半径

年运量（Mt）	平原丘陵	山区	附　注
3	500～300	300～200	货车 8 对，客车 3 对
6	550～350	300～200	货车 15 对，客车 4 对
8	550～350	300～250	货车 20 对，客车 4 对
10	600～400	300～250	货车 25 对，客车 4 对

本次修订同时结合铁一院对最小曲线半径进行工程经济性试验定线验证，确认最小曲线半径标准的安全舒适及工程经济性。各级铁路在不同路段设计速度下的经济最小曲线半径范围 R_{jj} 如表3，其中上限对应一般标准，下限对应困难标准并作了适当调整。

表3　最小曲线半径标准经济的定线验证结果

线段别	兰新线打柴沟至武威南段	岢岚瓦塘线	包兰线干塘至兰州段
线段全长（km）	78	58	227
最小曲线半径范围（m）	300～500	300～400	300～350
半径每减少50m可减少工程费（%）	0.85	1.2	0.8

5. 改建既有线及增建第二线时的最小曲线半径。

改建既有线路及增建第二线时，在满足铁路运输能力的情况下，为充分利用原有线路，避免大改大拆，本条规定：在困难条件下，按上述标准改建将引起巨大工程时，个别小曲线半径可予保留。

3.1.3 复曲线主要存在下列问题：

（1）曲线半径不同，其阻力也不同，列车在复曲线范围内短时改变受力状态，降低了运行的平稳性。

（2）不同半径的曲线产生不同的离心力，外轨超高值也不一致。在曲线半径变更时，改变了列车上的横向合力，即改变了横向加速度，引起列车横向振动。

（3）增加勘测设计、施工和养护维修的困难。

因此，设计新线时，不应采用复曲线。对于改建既有线、增建第二线以及限期使用的铁路，在困难条件下，有充分依据时，才可采用复曲线。

增建第二线时，两线间距不变的并行地段的平面曲线，采用与既有线经过校正的同心圆曲线有利于节约用地，减少工程量。

3.1.4 缓和曲线长度Ⅲ级铁路根据现行国家标准《铁路线路设计规范》GB 50090确定。Ⅳ级铁路依据以下因素考虑：

1. 缓和曲线长度的确定。

（1）与最小曲线半径所采用的最大外轨超高 h_{max} 不超过125mm的规定相适应。

（2）满足旅客列车外轮升高速度不致使旅客感到不适的要求，计算缓和曲线长度，如下式：

$$L_1 = \frac{hV_{max}}{3.6f} \qquad (5)$$

式中：L_1——缓和曲线长度（m）；

V_{max}——通过曲线的最大行车速度或该曲线的限制速度（km/h）；

h——曲线外轨超高（mm），其值按下式计

算（最大不超过125mm）：

$$h = \max\left(\frac{7.6V_{max}^2}{R}, \; \frac{11.8V_{max}^2}{R} - 90\right) \qquad (6)$$

f——允许的外轮升高速度值（mm/s），采用40mm/s；

R——曲线半径（m）。

（3）超高顺坡不致使车轮脱轨。满足不使车轮脱轨的缓和曲线长度为：

$$L_2 = \frac{h}{i} \times \frac{1}{1000} \qquad (7)$$

式中：L_2——缓和曲线长度；

h——圆曲线超高；

i——不使车轮脱轨的临界超高顺坡的坡度值。

（4）关于行车速度不超过30km/h的铁路缓和曲线问题。

根据检算，当 $V < 30$km/h、$R > 700$m 时，外轨超高小于10mm可不设缓和曲线，外轨超高大于10mm应设置缓和曲线。

2. 采用反向曲线变换线间距时，如受最小曲线长度限制，可不设缓和曲线，但所采用的曲线半径应根据圆曲线不设缓和曲线的条件确定。

3. 复曲线设置中间缓和曲线。

既有线在困难条件下保留复曲线时，应尽可能设置中间缓和曲线，以利于外轨超高的递减和轨距加宽的设置，并缓和离心加速度的骤变，改善运营条件。

复曲线不加设中间缓和曲线的曲率差是根据现行国家标准《铁路线路设计规范》GB 50090制定的。

3.1.5 确定圆曲线和夹直线长度的理论及计算方法无大的差别，考虑的因素如下：

1. 养护要求。

为保持曲线圆顺，圆曲线上至少应有两个正矢桩，以便绳正曲线，故不应小于20m。

为确保直线方向，夹直线长度不宜短于2根～3根钢轨，至少应有一节钢轨在直线上。现多采用25m标准轨，则长度以不小于50m为宜，在困难条件下也不宜小于20m。

2. 行车平稳要求。

（1）为减少车辆摇摆，使列车运行平稳，圆曲线和夹直线不宜短于2辆～3辆客车长度，22、25型客车长度分别为24m、25.5m，故圆曲线和夹直线长度应为48m～76.5m。

（2）车辆通过缓和曲线时，为避免车辆后轴在缓和曲线终点（指缓圆点或缓直点）产生的振动，与车辆前轴在另一缓和曲线起点（指圆缓点或直缓点）产生的振动相叠加，圆曲线或夹直线长度 L_j 应满足：

$$L_j \geqslant \frac{nTV_{max}}{3.6} + L_q \qquad (8)$$

式中：L_j——圆曲线或夹直线长度（m）；

n——振动消失所经历的振动周期数（次）；

T——车辆振动周期；

L_q——客车全轴距。

考虑到车辆并非刚体，可不考虑车辆全轴距的影响，即取$L_q=0$。n、T值与车辆构造及弹簧装置性能有关，由于国内外缺少研究资料，为了避开这一问题，通常将n、T及系数3.6一并考虑，取为一个具有时间量纲的量τ，$\tau=nT/3.6$，则式（8）可改写为：

$$L_j \geqslant \tau V_{max} \qquad (9)$$

本规范综合考虑我国铁路工程与运营实践的经验和教训以及国际联盟 UIC 的建议值，选取τ值并以此计算圆曲线或夹直线最小长度如表4。

表4 圆曲线或夹直线最小长度

V_{max}（km/h）		100		80		60		40	
工程条件		一般	困难	一般	困难	一般	困难	一般	困难
τ		0.6	0.4	0.6	0.4	0.6	0.4	0.6	0.4
L_j	计算值	60	40	48	32	36	24	24	16
	采用值	60	40	50	30	40	25	25	20

改建既有线如一律按上述标准势必引起大量的废弃工程，尤其是反向曲线地段，或受桥隧建筑物等限制的条件下，按上述标准引起巨大工程时，可采用较短的圆曲线或夹直线长度，但不得小于14m。

3.1.6 增建二线在区间换侧，除增加施工与行车干扰外，运营初期，在第一、二线上行驶的列车均需通过新老路基交接处的土层软硬变化段，对行车与养护均不利。

当线路受桥梁、隧道或其他限制必须换侧时，如在区间直线地段进行，需增加反向曲线，因而恶化了线路平面［图1（a）］；若在曲线上进行，就可避免这个缺点［图1（b）］。因此应选在曲线上换侧。如区间无合适的曲线可供换侧使用时，则可在车站附近

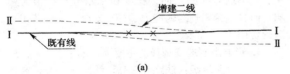

(a)

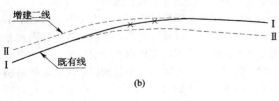

(b)

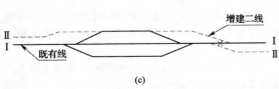

(c)

图1 增建二线位置换侧示意

结合车站线间距加宽，采用增设反向曲线的办法换侧［图1（c）］。其优点是比区间直线上换侧的平面直线好，对行车速度的影响也小。

区间直线第一、二线并行地段线间距不应小于4m，这是由于列车在一、二线上分别按上、下行单方向运行，两线间不需设信号设备和其他标志。按现行国家标准《标准轨距铁路机车车辆限界》GB 146.1规定，机车车辆限界半宽为1700mm，列车信号接近限界宽度为100mm，留400mm作为列车间的安全量，得：2×（1700＋100）＋400＝4000（mm）。

当有超限列车时，在一个区间内，两线上不能同时有车运行，只允许其中一线行驶超限列车，另一线暂停使用。

关于区间曲线第一、二线并行地段线间距，现行国家标准《标准轨距铁路建筑限界》GB 146.2中曲线上建筑限界加宽公式如下：

曲线内侧加宽值$W_1 = \dfrac{40500}{R} + \dfrac{H}{1500}h$（mm）

$$\qquad (10)$$

曲线外侧加宽值$W_2 = \dfrac{44000}{R}$（mm） $\qquad (11)$

式中：R——曲线半径（m）；

H——轨面至机车车辆限界计算点的高度（mm），取3850mm；

h——曲线外轨超高（mm）。

（1）外侧线路实设超高（h_w），等于或小于内侧线路实设超高（h_n）时，车体内倾不影响线间距，故曲线线间距加宽W为：

$$W = \frac{40500}{R} + \frac{44000}{R} = \frac{84500}{R} \text{（mm）} \qquad (12)$$

规范表3.1.6"其他情况"栏内数值即按此公式计算。

（2）外侧线路实设超高大于内侧线路实设超高时，外侧线路上车体内倾距离大于内侧线路上车体内倾距离，故曲线线间距加宽值W为：

$$W = \frac{40500}{R} + \frac{44000}{R} + (h_w - h_n)\frac{H}{1500}$$
$$= \frac{84500}{R} + 2.56(h_w - h_n) \text{（mm）}$$

$$\qquad (13)$$

式中：h_w——外侧线路曲线计算超高（mm）；

h_n——内侧线路曲线计算超高（mm）。

上式表明，曲线线间距加宽值除与R有关外，还与h_w、h_n有关。计算h_w和h_n时，应根据均方根速度，而内外两线的均方根速度又与线路平纵断面条件、机车车辆类型、客货列车数量和牵引定数等因素有关。有的因素在设计时不易准确确定，且根据内外曲线超高逐个计算加宽过于繁琐，为保证行车安全，考虑最不利情况，使线间距有足够的宽度，故本规范根据曲线超高允许设置范围，以超高上界作为外侧线

超高（h_{sup}），下界作为内侧线超高（h_{inf}），且若 h_{sup} $-h_{inf} \leqslant h_{sup}/2$，并令 $h_{sup}-h_{inf}=\frac{1}{2}h_{sup}$，则曲线线间距加宽值按下式计算：

$$W=\frac{84500}{R}+\max\{2.56\ (h_{sup}-h_{inf}),\ 1.28h_{sup}\}$$

（14）

4. 当两线间设置高柱信号机时，信号机最大宽度为 410mm，则 $2\times2440+410=5290$（mm），故规定不小于 5300mm。

3.1.7 桥梁位于直线上，对设计、施工、养护以及流水条件等方面最为有利。如设在曲线上，可能产生列车运行平稳性较差、线路容易变形、钢轨磨耗加剧等弊端，影响桥梁（包括墩台）受力状况，桥上整正曲线和更换钢轨、轨枕比较困难等。因此选择桥位时，应将桥梁，尤其是大中桥尽可能地布置在直线上。但在地形困难，地质不良，受隧、站其他设备限制，或其他困难情况，必须设在曲线上时，也应采用较大半径曲线。如用小半径曲线，除上述弊病加剧外，还可能影响选用合理的桥梁跨度，增加施工难度。

桥梁设在反向曲线上，列车由一曲线进入另一曲线时，摆动剧烈，线路养护不易正确到位，对桥梁受力不利，故除困难条件下的道砟桥面桥外，同一座桥应避免设在反向曲线上。

缓和曲线的曲率是渐变的，在明桥面和无砟桥面上设置困难，养护难以保持，应予避免。

桥头引线，特别是大桥的桥头引线，不应低于桥上线路平面的标准，在困难情况下，为了避免工程困难或工程过大，桥头曲线半径也应符合该段线路的最小曲线半径的规定。如桥头引线曲线外侧迎水流上游时，则宜将曲线推移到洪泛线之外，以免在桥头产生回流而形成水袋，危及路基稳定和安全。

3.1.8 隧道的施工、运营、养护及改建等工作条件不如明线，尤其小半径曲线隧道、曲线隧道群及长隧道更为突出。根据施工、运营、工务等部门反映，内燃牵引铁路的曲线隧道，有害气体难以排出，不利于养护人员身体健康，并增加轨道的锈蚀和污染。曲线隧道的维修作业量和难度均比直线隧道为大，2km～3km 以上的隧道，维修人员平均有 4～6 个月时间在洞内工作。从通风、采光、减小施工困难、改善乘务员和维修养护人员工作环境及瞭望条件等方面来看，直线隧道比曲线隧道优越，因此，隧道宜设在直线上。如因地形、地质条件限制必须设在曲线上时，宜采用较大的曲线半径。

根据运营经验，反向曲线的维修养护比同向曲线更为复杂，列车运营也不如同向曲线平稳，当夹直线较短时，这些缺点更为显著。因此规定：隧道不宜设在反向曲线上。

3.1.9 表 3.1.9 是按不同的车站布置形式和远期到发线有效长度，采用 9 号道岔和单机牵引的情况推算求得，不包括两端竖曲线长度和有其他铁路接轨或作业需要等情况。

改建车站如受两端桥、隧工程或线路条件等控制扩展站坪有困难时，为减少工程量，站坪长度可按实际需要确定。

3.1.10 车站平面设计需考虑以下因素：

1. 车站设在曲线上造成站内瞭望条件不良，给车站各项作业带来困难，影响作业安全，降低作业效率；此外，还增加列车启动阻力；对作业繁忙的车站尚需增加定员，因此车站宜设在直线上。

困难条件下，车站的最小曲线半径，主要从满足车站作业、行车速度、运营养护维修的要求和技术经济合理性等因素决定，对于技术作业和装卸作业较多的车站，应尽量减少曲线偏角和采用较大的曲线半径，以利于作业、保证安全。

改建车站如受既有设备和建筑物的控制，为充分利用既有设备，减少废弃工程和节省投资，困难时允许保留原有曲线半径。

2. 车站设在反向曲线上时将更加恶化瞭望条件，对车站的各项作业更感困难，不但作业效率降低而且容易酿成事故。因此横列式车站和纵列式车站每一运行方向的有效长度范围内均不应设反向曲线。

3. 减小车站曲线的偏角，可使车站曲线长度尽量缩短，有利于车站值班员对车站两端的瞭望。

4. 道岔设在曲线上有严重的缺点，可导致尖轨不密贴且磨耗严重，道岔导曲线和直线部分不好连接，轨距复杂不好养护，列车通过时摇摆厉害且易脱轨，道岔需要特别设计和制造，因此车站咽喉区范围内的正线，无论新建或改建均应设在直线上。

3.1.11 限制坡度是影响铁路全局的主要技术标准之一。它不仅对线路走向、长度和车站分布有很大影响，而且直接影响运输能力、行车安全、工程费用和运营费用。

1. 影响限制坡度选择的主要因素如下：

（1）铁路等级：铁路等级高，线路意义大，客货运量大，安全、舒适要求高，限制坡度宜小。

（2）牵引种类和机车类型：电力牵引比内燃牵引的计算牵引力大，计算速度高，牵引定数大，满足相同运能要求时的限制坡度比内燃牵引的大。大功率机车的牵引力、牵引定数大，满足相同运能要求的限制坡度比小功率机车的大。

（3）地形类别：限制坡度适应地形时，线路长度短，工程投资省。否则需额外增加展线，增大工程费和运营费。

（4）运输需求：其他条件相同时，客货运量大的线路要求较小的限制坡度。

（5）邻线的牵引定数：限制坡度选择应考虑使设

计线与邻接铁路的牵引定数相协调。统一牵引定数可避免列车换重作业，加速机车车辆周转，提高运营指标并增加运输的机动性。牵引定数统一、协调的方法可采用与邻接线路相同的限制坡度和机型，也可采用与邻接线路不同的限坡，用不同的机型来调整。

因为影响限制坡度选择的因素众多，不同决策的经济效益出入甚大，且限制坡度在线路建成后不易改动，故应根据铁路等级、地形类别、牵引种类和运输需求等比选确定。一条较长干线经行地区的地形类别差异较大时，可在地形困难地段采用加力牵引坡度，也可分若干区段选择不同的限制坡度，用调整机型的方法统一、协调全线的牵引定数。

2. 限制坡度最大值。本规范限制坡度最大值是根据以下条件确定的。

（1）与我国地形条件相适应。

我国是多山国家，山区占国土总面积的 65%。Ⅲ、Ⅳ级铁路运输能力要求小，Ⅲ级铁路电力和内燃牵引分别取 25‰ 和 18‰，Ⅳ级铁路电力和内燃均取

30‰。更大的限制坡度除不能满足运输能力外，也不安全、经济，此时采用加力牵引坡度更为有利。

（2）与要求的运能相适应。

设计线应满足需要的运输能力。线路的运输能力由牵引种类、机车类型、限制坡度、到发线有效长度和控制区间距离及闭塞方式决定。

本规范确定限制坡度最大值时是根据下列条件计算能力的。

1）牵引种类：采用电力和内燃。

2）机车类型：电力机车取 SS1、SS3、SS4、SS4B、SS6B 常用机型，内燃机车取 DF、DF4、DF4B、DF4C、DF8 等常用机型。

3）到发线有效长：根据计算确定，但不大于 1050m。

4）控制区间距离：本说明采用 10km、12km、14km 进行计算。

5）闭塞方式：新建单线半自动闭塞。

电力和内燃牵引的可能输送能力如表 5。

表 5 电力和内燃牵引可能输送能力（Mt/年）

I_x (‰)	机型 S_k (km)	电 力					内 燃				
		SS_1	SS_3	SS_4	SS_{4B}	SS_{6B}	DF	DF_4	DF_{4B}	DF_{4C}	DF_8
15	10	12	13.76	19.26	20.15	14.62	5.05	9.25	9.74	10.18	11.48
	12	10.75	11.85	15.92	16.66	12.99	4.3	7.96	8.41	8.7	10
	14	9.49	10.51	14.63	15.32	11.57	3.87	7.03	7.45	7.59	8.7
18	10	10	11.18	16.12	16.57	12.04	4.21	7.76	8.22	8.21	9.62
	12	8.96	9.62	13.33	13.7	10.7	3.58	6.67	7.09	7.02	8.38
	14	7.91	8.54	12.25	12.25	9.53	3.22	5.9	6.29	6.12	7.3
20	10	8.8	10.32	14.33	15.23	10.75	3.65	6.86	7.31	7.55	8.51
	12	7.88	8.88	11.84	12.59	9.55	3.1	5.91	6.31	6.45	7.41
	14	6.96	7.88	10.89	11.57	8.51	2.8	5.22	5.59	5.63	6.45
25	10	6.8	8.17	11.19	12.09	8.6	2.8	5.37	5.78	5.91	6.66
	12	6.09	7.03	9.25	10	7.64	2.39	4.62	4.99	5.05	5.8
	14	5.38	6.24	8.51	9.19	6.8	2.15	4.08	4.48	4.01	5.05
30	10	5.6	6.45	9.4	9.85	6.88	2.24	4.18	4.57	4.6	5.55
	12	5.01	5.55	7.77	8.14	6.11	1.91	3.6	3.6	3.93	4.84
	14	4.43	4.92	7.14	7.49	5.44	1.72	3.18	3.49	3.43	4.21

由表 5 可知：采用本规范表 3.1.11-1 所列的限制坡度最大值，可满足Ⅲ、Ⅳ级铁路的运量需求。

（3）保证行车安全。

列车在坡道上运行应满足上坡启动和运行时均不断钩，下坡有充分制动力的安全要求。

4. 加力牵引坡度最大值。

加力牵引坡度的计算。

同型机车的加力牵引坡度按下式计算：

$$Q = \frac{F_j - P(\omega_0' + i_x \cdot g)}{\omega_0'' + i_x \cdot g} \tag{15}$$

$$i_{jl} = \frac{\sum F_j - (\sum P\omega_0' + Q\omega_0'')}{(\sum P + Q) \cdot g} \tag{16}$$

式中：i_{jl}——加力牵引坡度（‰），以 0.5‰ 为单位取值；

F_j——机车计算牵引力（N），根据机车类型和加力牵引方式按《列车牵引计算规程》

取值：使用重联线操纵时，每台机车牵引力取全值，分别操纵时，第二台机车及以后的每台机车牵引力均取全值的0.98，推送补机均取全值的0.95；

P——机车质量（t）；

Q——牵引质量（t），取50t的整数倍；

ω'_0、ω''_0——机车计算速度时的机车、车辆单位基本阻力（N/t）；

i_x——限制坡度（‰）。

按式（15）式（16）计算的各种机车在不同限制坡度下双机、三机牵引的加力牵引坡度如表6和表7。

表6 电力和内燃双机牵引加力坡度（‰）

机型 \ i	电力						内燃					
	SS₁	SS₃	SS₄	SS₄B	SS₆B	取值	DF	DF₄	DF₄B	DF₄C	DF₈	取值
4	8.84~9.11	8.93~9.19	9.01~9.28	8.96~9.23	8.94~9.21	9	8.55~8.80	8.64~8.89	8.61~8.86	8.65~8.90	8.68~8.94	8.5
5	10.69~11.00	10.85~11.17	10.88~11.20	10.99~11.31	10.92~11.24	11	10.34~10.63	10.53~10.83	10.54~10.83	10.57~10.87	10.61~10.91	10.5
6	12.57~12.94	12.70~13.07	12.72~13.09	12.83~13.20	12.87~13.24	12.5	12.12~12.47	12.27~12.61	12.27~12.61	12.33~12.68	12.36~12.71	12.5
7	14.43~14.84	14.51~14.92	14.51~14.93	14.62~15.03	14.71~15.12	14.5	13.88~14.27	14.16~14.55	14.23~14.62	14.26~14.66	14.29~14.69	14.5
8	16.26~16.71	16.27~16.73	16.39~16.85	16.48~16.94	16.48~16.94	16.5	15.75~16.19	16.11~16.56	16.13~16.57	15.98~16.43	15.99~16.44	16
9	17.84~18.34	18.11~18.62	18.24~18.76	18.31~18.82	18.43~18.95	18	17.62~18.10	17.94~18.43	17.89~18.38	17.80~18.29	17.78~18.27	18
10	19.74~20.29	19.98~20.53	19.90~20.45	20.25~20.81	20.28~20.84	20	19.32~19.85	19.79~20.33	19.66~20.20	19.63~20.17	19.59~20.13	20
11	21.56~22.15	21.74~22.34	21.86~22.47	21.88~22.49	22.15~22.76	22	20.63~21.20	21.55~22.13	21.34~21.92	21.38~21.96	21.30~21.89	21.5
12	23.14~23.77	23.27~23.91	23.38~24.03	23.78~24.44	23.99~24.64	24	22.96~23.58	23.08~23.70	23.31~23.94	22.90~23.52	23.33~23.96	23.5
13	24.95~25.64	25.01~25.70	25.12~25.81	25.54~26.24	25.67~26.37	25	23.85~24.50	24.83~25.50	25.03~25.71	24.63~25.30	25.10~25.78	25
14	27.06~27.79	27.02~27.76	27.12~27.86	27.56~28.31	27.59~28.34	27.5	25.84~26.54	26.85~27.57	26.32~27.03	26.64~27.35	26.43~27.14	25
15	28.66~29.43	28.54~29.31	28.82~29.61	29.29~30.08	29.22~30.01	28.5	28.18~28.95	28.38~29.14	28.51~29.28	28.16~28.91	28.70~29.47	25
16	30.45~31.27	30.22~31.05	30.07~30.89	31.23~32.08	31.04~31.88	30	29.52~30.31	30.09~30.90	30.18~30.99	29.85~30.65	30.43~31.25	25

表7 电力和内燃三机牵引加力坡度（‰）

机型 \ i	电力						内燃					
	SS₁	SS₃	SS₄	SS₄B	SS₆B	取值	DF	DF₄	DF₄B	DF₄C	DF₈	取值
4	13.57~13.94	13.75~14.11	13.89~14.27	13.84~14.21	13.81~14.18	14	12.87~13.21	13.17~13.52	13.14~13.49	13.19~13.54	13.29~13.64	13
5	16.19~16.62	16.49~16.92	16.56~17.00	16.86~17.30	16.77~17.21	16.5	15.37~15.77	15.87~16.28	15.89~16.30	15.92~16.33	16.02~16.44	15.5
6	18.85~19.34	19.10~19.60	19.06~19.66	19.50~20.01	19.57~20.08	19	17.82~18.28	18.32~18.78	18.48~18.95	18.41~18.88	18.50~18.98	18.5
7	21.44~21.99	21.62~22.18	21.67~22.23	22.04~22.61	22.20~22.76	21.5	20.21~20.73	20.97~21.50	21.08~21.62	21.11~21.64	21.19~21.73	21
8	23.96~24.57	24.06~24.67	24.27~24.89	24.68~25.31	24.71~25.33	24	22.72~23.29	23.67~24.27	23.72~24.31	23.49~24.08	23.55~24.15	23.5
9	26.13~26.79	26.60~27.27	26.81~27.50	27.25~27.94	27.47~28.16	26.5	25.19~25.82	26.19~26.84	26.14~26.80	25.98~26.63	26.02~26.67	25
10	28.71~29.43	29.13~29.87	29.07~29.81	29.96~30.72	30.06~30.81	29	27.41~28.10	28.71~29.42	28.56~29.28	28.48~29.19	28.48~29.19	25

机型 / i	电力						内燃					
	SS$_1$	SS$_3$	SS$_4$	SS$_{4B}$	SS$_{6B}$	取值	DF	DF$_4$	DF$_{4B}$	DF$_{4C}$	DF$_8$	取值
11	31.15~31.93	31.52~32.31	31.73~32.54	32.23~33.04	32.67~33.49	30	29.00~29.84	31.08~31.86	30.83~31.60	30.83~31.60	30.79~31.56	25
12	33.26~34.09	33.56~34.41	33.78~34.63	34.86~35.73	35.21~36.09	30	32.08~32.89	33.13~33.95	33.48~34.31	32.86~33.68	33.50~34.33	30
13	35.65~36.55	35.88~36.79	36.09~37.00	37.27~38.20	37.53~38.47	30	33.21~34.04	35.46~36.34	35.77~36.65	35.16~36.03	35.85~36.74	30
14	38.41~39.37	38.53~39.50	38.72~39.70	40.03~41.02	40.16~41.16	30	35.71~36.60	38.12~39.07	37.47~38.40	37.79~38.73	37.60~38.53	30
15	40.49~41.50	40.52~41.53	40.96~41.98	42.36~43.42	42.38~43.43	30	38.59~39.56	40.13~41.12	40.34~41.34	39.78~40.76	40.56~41.57	30
16	42.80~43.86	42.71~43.77	42.59~43.65	44.98~46.10	44.85~45.96	30	40.22~41.22	42.35~43.39	42.50~43.56	41.97~43.01	42.80~43.86	30

规范中表 3.1.11-2 电力和内燃牵引的加力牵引坡度，综合了表 6 电力和内燃双机牵引加力坡度和表 7 电力和内燃三机牵引加力坡度制定。

3.1.13 坡度减缓考虑以下因素：

1. 在小半径曲线上机车粘着系数降低的坡度减缓。

本款与原规范相比有两个变动：一是取消关于蒸汽牵引的小半径曲线粘降坡度减缓的内容，二是采用内燃牵引可不考虑小半径曲线粘降所引起的坡度减缓。

（1）引起粘降坡度减缓的原因。

机车驶入圆曲线后，由于动轮踏面发生横向滑动，曲线外轨较内轨长，使车轮产生纵向滑动等原因而引起机车粘着系数降低。曲线半径愈小，这种现象愈显著。当机车牵引满轴货物列车，以接近或等于计算速度通过接近最大坡度上的小半径曲线时，由于粘着系数降低使机车粘着牵引力低于计算牵引力，从而产生动轮空转并降低行车速度，严重的会发生坡停事故。为此，需减缓坡度以弥补牵引力的降低。

但是，并不是所有的小半径曲线都需要进行坡度减缓，只有当降低后的计算粘着牵引力小于机车计算牵引力时，才需进行坡度减缓。当列车运行坡道的坡度不是接近最大坡度时，列车速度往往高于计算速度，机车牵引力相对较小，机车粘着牵引力有富余，就不需进行坡度减缓。

（2）本次修订的主要依据。

影响机车在小半径曲线上粘着系数降低引起的坡度减缓的主要因素是：机车的计算牵引力、机车的计算粘着牵引力、机车的计算粘着系数、机车在小半径曲线上的计算粘着系数。这些数据及计算公式都是在机车牵引试验成果的基础上，由现行行业标准《列车牵引计算规程》TB/T 1407 公布执行的。按照 1999 年 4 月 1 日开始实施的《列车牵引计算规程》TB/T 1407，现在的机车类型增加了许多，许多新型机车的牵引性能有了很大的提高，这都使本款所依据的计算参数发生了很大变化。

（3）机车粘着系数降低百分率。

根据《列车牵引计算规程》TB/T 1407 的规定，机车在小半径曲线上运行时，曲线上的计算粘着系数 μ_r 按下式计算：

电力机车：
$$\mu_r = \mu_j (0.67 + 0.00055R) \qquad (17)$$

其中：国产电力机车：
$$\mu_j = 0.24 + \frac{12}{100 + 8V} \qquad (18)$$

6K 电力机车：
$$\mu_j = 0.189 + \frac{8.86}{44 + V} \qquad (19)$$

8G 电力机车：
$$\mu_j = 0.28 + \frac{4}{50 + 6V} - 0.0006V \qquad (20)$$

内燃机车：
$$\mu_r = \mu_j (0.805 + 0.000355R) \qquad (21)$$

其中：国产内燃机车：
$$\mu_j = 0.248 + \frac{5.9}{75 + 20V} \qquad (22)$$

ND$_5$ 内燃机车：
$$\mu_j = 0.242 + \frac{72}{800 + 11V} \qquad (23)$$

式中：μ_r ——曲线上的计算粘着系数；

μ_j ——机车的计算粘着系数；

R ——曲线半径（m）；

V ——机车速度（km/h）。

由此可计算机车在曲线上的粘着系数降低百分率：

$$a_m = \left(1 - \frac{\mu_r}{\mu_j}\right) \times 100\% \qquad (24)$$

电力、内燃机车在不同半径曲线上的粘着系数降低百分率见表8。

表8 不同半径曲线上机车粘着系数降低的百分率（%）

曲线半径（m）	600	550	500	450	400	350	300
电力牵引	0	2.8	5.5	8.3	11	13.8	16.5
内燃牵引		0	1.8	3.5	5.3	5.3	8.9

（4）小半径曲线上机车粘着系数降低引起的坡度减缓值。

小半径曲线上机车粘着系数降低引起的坡度减缓值 Δi_m 可根据各类机车的计算粘着牵引力富余量百分率 r_n 考虑。机车的计算粘着牵引力富余量百分率 r_n 按下式计算：

$$r_n = \left(1 - \frac{F_j}{F_n}\right) \times 100\% \quad (25)$$

式中：F_n——机车的计算粘着牵引力（kN）；
F_j——机车的计算牵引力（kN）。

当 $r_n \geq a_m$ 时，一般不需计算小半径曲线粘降坡度减缓值 Δi_m；当 $r_n < a_m$ 时，即机车的粘着牵引力的富余率小于粘着系数降低百分率时，需进行坡度减缓，并计算小半径曲线粘降坡度减缓值。其值按下式计算：

$$\Delta i_m = \frac{(i_{max} + \omega_0)(a_m - r_n)}{1 - r_n} \quad (26)$$

式中：i_{max}——最大坡度（‰）；
ω_0——计算速度小的列车平均单位基本阻力（N/kN）。

1）小半径曲线粘降坡度减缓值计算及分析。

小半径曲线粘降坡度减缓值，根据《列车牵引计算规程》TB/T 1407提供的机车性能资料计算，各类机车的计算粘着牵引力富余百分率如表9。

表9 各类机车粘着牵引力富余百分率 r_n

牵引种类	机车类型	V_j (km/h)	F_j (kN)	F_n (kN)	r_n (%)
电力机车	SS₁	43	301.2	361.5	16.68
	SS₃	48	317.8	358.5	11.35
	SS₄	51.5	431.6	475.5	9.24
	SS₇	48	353.3	358.5	1.44
	SS₆B	50	337.5	357.4	5.57
	6K	48	360	386.2	6.79
	8G	50	455	471.9	3.58

续表9

牵引种类	机车类型	V_j (km/h)	F_j (kN)	F_n (kN)	r_n (%)
内燃机车	DF	18	190.3	318.2	40.19
	DF₄	20	302.1	344.9	12.41
	DF₄B	21.8	313	351.4	10.92
	DF₄C	24.5	301.5	349.9	13.83
	DF₈	31.2	307.3	347.2	11.48
	ND₇D	16	617.4	681	9.33
	ND₅	22.2	360	411.8	12.58

计算结果表明：

内燃机车的粘着牵引力富余百分率较大，在半径为300m及以上的曲线时，都大于粘着系数降低百分率，坡度均不需减缓。详见表10。

表10 各类型内燃机车 r_n 与 a_m 对照

机车类型	机车粘着牵引力富余百分率 r_n（%）	曲线半径为300m时，机车粘着系数降低百分率 a_m（%）
DF	40.19	8.9
DF₄	12.41	8.9
DF₄B	10.92	8.9
DF₄C	13.83	8.9
DF₈	11.48	8.9
DF₇D	9.33	8.9
ND₅	12.58	8.9

电力机车的粘着牵引力富余率较小，曲线半径为300m时可不进行坡度减缓的仅 SS₁ 型机车，其他机型均需减缓。各型机车需进行坡度减缓的曲线半径值见表11。

表11 各型电力机车粘降坡度减缓的曲线半径界值（m）

机车类型	粘降坡度减缓的曲线半径界值
SS₁	$R < 300$
SS₃	$R \leq 350$
SS₄	$R \leq 400$
SS₇	$R \leq 550$
SS₆B	$R \leq 450$
6K	$R \leq 450$
8G	$R \leq 500$

不同类型的电力机车在同一最大坡度上的粘降减缓值是不同的，这里将各类型电力机车在不同最大坡度上的粘降坡度减缓值列于表12。

表 12　各类型电力机车粘降坡度减缓值（%）

牵引种类	机车类型	最大坡度（‰）		4	6	9	12	15	20	25	30
电 力	SS₁	曲线半径（m）	550	—	—	—	—	—	—	—	—
			500	—	—	—	—	—	—	—	—
			450	—	—	—	—	—	—	—	—
			400	—	—	—	—	—	—	—	—
			350	—	—	—	—	—	—	—	—
			300	—	—	—	—	—	—	—	—
	SS₃	曲线半径（m）	550	—	—	—	—	—	—	—	—
			500	—	—	—	—	—	—	—	—
			450	—	—	—	—	—	—	—	—
			400	—	—	—	—	—	—	—	—
			350	0.15	0.20	0.29	0.37	0.45	0.59	0.73	0.86
			300	0.32	0.44	0.61	0.79	0.97	1.26	1.56	1.85
	SS₄	曲线半径（m）	550	—	—	—	—	—	—	—	—
			500	—	—	—	—	—	—	—	—
			450	—	—	—	—	—	—	—	—
			400	0.11	0.15	0.21	0.27	0.32	0.42	0.52	0.62
			350	0.28	0.38	0.53	0.68	0.83	1.08	1.33	1.59
			300	0.45	0.61	0.85	1.09	1.34	1.74	2.15	2.55
	SS₇	曲线半径（m）	550	0.07	0.10	0.14	0.18	0.22	0.29	0.35	0.42
			500	0.22	0.31	0.43	0.56	0.68	0.89	1.09	1.30
			450	0.38	0.52	0.72	0.93	1.14	1.49	1.83	2.18
			400	0.53	0.72	1.02	1.31	1.60	2.09	2.57	3.06
			350	0.68	0.93	1.31	1.68	2.06	2.69	3.32	3.94
			300	0.83	1.14	1.60	2.06	2.52	3.29	4.06	4.82
	SS₆B	曲线半径（m）	550	—	—	—	—	—	—	—	—
			500	—	—	—	—	—	—	—	—
			450	0.16	0.21	0.30	0.39	0.47	0.61	0.76	0.90
			400	0.32	0.43	0.61	0.78	0.95	1.24	1.53	1.82
			350	0.48	0.65	0.91	1.18	1.44	1.87	2.31	2.75
			300	0.64	0.87	1.22	1.57	1.92	2.50	3.09	3.67
	6K	曲线半径（m）	550	—	—	—	—	—	—	—	—
			500	—	—	—	—	—	—	—	—
			450	0.09	0.12	0.17	0.21	0.26	0.34	0.42	0.50
			400	0.25	0.34	0.48	0.61	0.75	0.98	1.21	1.44
			350	0.41	0.56	0.79	1.02	1.24	1.62	2.00	2.38
			300	0.57	0.78	1.10	1.42	1.73	2.26	2.79	3.32
	8K	曲线半径（m）	550	—	—	—	—	—	—	—	—
			500	0.11	0.15	0.21	0.27	0.33	0.43	0.53	0.63
			450	0.27	0.37	0.51	0.66	0.81	1.05	1.29	1.54
			400	0.42	0.58	0.81	1.05	1.28	1.67	2.06	2.44
			350	0.58	0.80	1.11	1.43	1.75	2.29	2.82	3.35
			300	0.74	1.01	1.42	1.82	2.23	2.90	3.58	4.26

2）对于小半径曲线粘降坡度减缓值的规定。

根据前面的计算和分析，电力牵引都需考虑小半径曲线粘降坡度的减缓。机车在小半径曲线上的计算粘着系数的计算公式是三轴转向架的，只适用于 SS₁ 和 SS₃ 两种电力机车，其余五种机型均为二轴转向架，由于缺乏二轴转向架机车的试验资料，本次是用三轴转向架机车的粘着系数进行计算的。

从表 12 中可以看出：

①当曲线半径为 550m 时，仅 SS_7 型电力机车需要进行粘降坡度减缓，其减缓值小，因此，$R=550m$ 时，电力机车可不考虑粘降坡度减缓。

②电力牵引铁路在同一最大坡度值、不同机型在同一个小半径曲线上的粘降坡度减缓值是不同的，坡度值愈大，曲线半径愈小，不同机型在曲线上的粘降坡度减缓值差别愈大，因此，本次修改的在小半径曲线上的粘降坡度减缓值按不同机型分别计算。

③根据表 10 计算结果可看出，各类型内燃机车的计算粘着牵引力富余百分率 r_n 都比较大，在曲线半径为 300m 及以上不需考虑小半径曲线粘降坡度减缓。

3.1.14 纵断面坡段长度与连接的影响因素如下：

1. 纵断面坡段长度。

列车经过变坡点时要产生附加力和附加速度，从行车平稳的要求出发，并考虑施工和养护的方便，宜设计较长的坡段或不小于列车长度的坡段。然而在一定的地形条件下，较短的坡段比较能适应地形的自然起伏而减少工作量。因此应综合考虑确定坡段长度。

（1）本规范参照《铁路线路设计规范》GB 50090—2006，将远期到发线减去 150m 后折半，作为一般情况下最小坡段长度不小于半个列车长度的标准列入条文（见规范表 3.1.14-1），这样适应性更广泛一些。

（2）200m 及 100m 短坡长度的确定。为了更好地适应地形条件节省工程量，在保证列车运行平稳的条件下，可以有限制地采用 200m、100m 的理由是保证相邻两竖曲线不互相重叠。按本规范最大坡度差和竖曲线半径的标准计算，Ⅲ、Ⅳ级铁路竖曲线长，分别为：$L=2T=2×2.5×2.5=125m$，$L=2T=2×1.5×30=90m$，与分别采用的 200m、100m 的短坡段长比较，竖曲线既不重叠，且相隔一定距离，有利于维修。

（3）200m 及 100m 最小坡段长度的限制条件如下：

1）因坡度减缓或折减形成的坡段，指曲线坡度减缓、小半径曲线"粘降"坡度减缓和隧道折减的坡度，以及为保证内燃机车进入隧道时须达到规定速度而设置的加速缓坡，并包括紧坡地段的坡段间所夹的中间坡段。这些坡段间的坡度差一般不大，坡段长度可以缩短。

2）缓和坡段，指为缓和坡度差和改善运营条件而设置在同向坡段间的坡度，不包括分坡平段。两端货物列车以接近计算速度运行的凸形纵断面的分坡平段（不完全是平道，包括为隔开两边大上坡而采用的小坡度的坡段），列车通过这种地段时，车钩为拉紧状态，附加力和附加加速度的变化较小，可以用较短的坡段长度。但不包括凹形纵断面的分坡平段和自由坡地段连续小起伏的凸形分坡平段，因这种地段列车通过时车钩受力情况较复杂，一般行车速度较高，为减少变坡点的个数及降低其影响，不能采用最短坡段。

3）为有利于排水，对长路堑内的分坡平段，可改用不小于 2‰ 坡度的向中间凸起的两个短坡段代替。

4）枢纽线路疏解区内的坡度，因行车速度较低，且一般因跨线需迅速升高（或降低）线路高程，可设计较小的坡段长度。

5）改建既有线和增建第二线的坡段，因受既有线路条件的限制，如按规定延长坡段长度引起大量改建工程或改建困难时，可采用不小于 100m 的坡度，但必须满足设置竖曲线的标准。第二线绕行时，因已远离既有线，则仍应按新线标准设计。

2. 相邻坡段的最大坡度差。

（1）变坡点对列车运行的影响：

1）由于列车运行在变坡点上，坡道力发生变化，使列车做非稳态运动。当坡道力与基本力（牵引力、阻力或制动力）同时发生变化时，将使车钩受力大幅度增加，其值大于车钩的容许强度时，就有断钩的可能。

2）由于坡道力的变化将产生附加加速度，此加速度超过一定限度时，将引起旅客不舒适感觉或使货物移位。

3）列车通过凸形变坡点时，由于惯性作用，机车将沿原来直线方向前进，在重心未过变坡点的瞬间，前轮呈悬空状态，当此悬空高度超过轮缘高度时，有脱轨的可能。

4）机车、车辆通过变坡点时，引起相邻车辆的车钩中心线纵向上下错动，当错动量超过限定数值时，有可能脱钩。

显然，相邻坡段的最大坡度差应保证不断钩、不脱轨、不脱钩及行车平稳的要求。但由于坡度差超过一定数值时，相邻坡道实际是用竖曲线来连接的，因此考虑 Δi_{max} 时，尚应综合考虑竖曲线的影响。实践与理论的分析说明，竖曲线对减少附加力的作用不明显，但对后三者有明显的改善，因此以不断钩的要求确定相邻坡段的最大坡度差；由行车平稳、不脱轨、不脱钩的要求确定竖曲线半径标准。

（2）按车钩强度确定的相邻坡段的最大坡度差 Δi_{max}。

按车钩强度确定的相邻坡段的最大坡度差考虑因素较多，计算复杂，可参见《铁路线路设计规范》GB 50090 相关内容。

3. 竖曲线半径标准。

（1）列车通过变坡点不脱轨要求。

相邻坡段成折线连接时，内燃、电力机车的前转向架中间轴未过变坡点前，机车前轮将呈悬空状态，其最大悬空值 y_{max} 不能超过轮缘高度 h。

我国使用的内燃、电力机型产生最大悬空值是 SS_4 型机车，其重心至前转向架第一轮的中心距离为 $L=5.60m$，磨耗型踏面轮缘高度为 25mm，则保证不脱轨的 Δi 为：$\Delta i \leqslant 0.025/5.6 = 4.5‰$。

以上没有考虑运行中的机车，重力作用下以重心所在的车轮为支点的回转作用和机车第一轮轮对的下落活动量，是留有余地的。竖曲线在纵距（y）为 10mm 左右而不设竖曲线时，在施工养护时变坡点处轨面也能自然形成竖曲线，因此纵距（y）数值依 10mm 为准。竖曲线最大 y 值按下式计算：

$$y = \frac{T^2}{2R} \tag{27}$$

$$T = \frac{1}{2}R\frac{i_1-i_2}{1000} = \frac{R\Delta i}{2000} \tag{28}$$

式中：T——切线长（m）；

i_1、i_2——两相邻坡段的坡度值；

Δi——两相邻坡段的坡度差；

R——曲线半径（m）。

本次修订是按行车速度规定竖曲线设置，当设计行车速度为 120km/h、竖曲线半径 R 为 10000m、$\Delta i = 3‰$ 时，$T = 5\times3 = 15m$，变坡点处的高差 $y = \frac{T^2}{2R} = \frac{15^2}{2\times10000} = 0.011m$；当设计行车速度为 100km/h、竖曲线半径 R 为 5000m、$\Delta i = 4‰$ 时，$T = 2.5\times4 = 10m$，变坡点处的高差 $y = \frac{T^2}{2R} = \frac{10^2}{2\times5000} = 0.01m$；当设计行车速度为 40km/h、竖曲线半径为 3000m、$\Delta i = 5‰$ 时，$T = 1.5\times5 = 7.5m$，变坡点处的高差 $y = \frac{T^2}{2R} = \frac{7.5^2}{2\times3000} = 0.009m$。

上例计算结果表明，行车速度分别为 120、100、40km/h 时，当坡度代数差分别为 $\Delta i \leqslant 3‰$、$\Delta i \leqslant 4‰$、$\Delta i \leqslant 5‰$ 时，变坡点处最大高程差分别为 1.1cm、1cm 和 0.9cm。在纵断面上设置竖曲线与否，对路基土石方和行车平顺影响甚小，故速度为 120km/h、相邻坡度差大于 3‰ 和速度为 100km/h、相邻坡度差大于 4‰ 时，应以竖曲线连接。速度为 40km/h 及限期使用的铁路因考虑行车速度较低，理论计算留有余地，并在实际运行中未出现问题，故仍沿用原标准，坡度差大于 5‰ 时才设置竖曲线。

（2）满足不脱钩要求。

列车在变坡点处，由于相邻车辆的相对斜倾，使相邻车钩的中心线上下错动，如超过限定的数值时，就容易引起上下脱钩。

《铁路技术管理规程》规定，车钩允许的上下活动量货车为 75mm。在该允许值中造成相邻车钩中心线上下错动的因素有：

1）空、重车相邻连接差 20mm。

2）车轮踏面的允许磨耗，货车不能大于 9mm。

3）轮对轴颈允许磨耗值 10mm。

4）轴瓦、轴瓦垫、转向架上下心盘允许磨耗 24mm。

5）轨道维修的水平差所引起上下位移，货车为 1mm。

综合以上最不利因素，即两相邻车体一为新的空车，另一为各方面都磨耗到限的旧车，且轨道水平养护误差也是最大时，相邻车钩中心线上下位移值为：

货车：$\sum f = 20+9+10+24+1 = 64$（mm）

则变坡点处相邻车辆相对倾斜引起的车钩中心线上下位移允许值为：

货车：$f_R = 75-64 = 11$（mm）

列车通过竖曲线时，由于相邻车辆相对斜倾引起的车钩中心线上下位移值，经过化简后，相应竖曲线半径近似公式得：

$$R_u = \frac{(L+d)\,d}{2f_R} \text{（m）} \tag{29}$$

式中：L——车辆两转向架中心距；

d——转向架中心至车钩中心距。

式（29）中代入车辆的最长 L 和 d 值，以及 f_R 的允许值，可计算出保证不脱钩条件的最小竖曲线半径，如表 13。

表 13　保证不脱钩条件的最小竖曲线半径（m）

车辆类型	L	d	f_R	R_V
P_{13}（60t 棚车）	11.50	2.471	0.011	1569
C_{50}（50t 敞车）	9.800	2.121	0.011	1149
K_4（60t 自翻车）	8.686	2.189	0.011	1087

根据以上分析，考虑原有竖曲线标准和运营养护实际情况，规定的竖曲线半径能够满足运输安全。

4. 竖曲线不应与缓和曲线重叠的问题。

缓和曲线范围内，外轨轨面高程一般以不大于 2‰ 的超高递减坡度逐渐升高，在竖曲线范围内的轨面按一定的变率圆顺地变化，若两者重叠时，将有如下影响：

（1）内轨轨面维持竖曲线的形状，而外轨轨面则由于超高改变了坡度，在一定程度上改变了竖曲线和缓和曲线在立面上的形状。

（2）给养护维修带来一定困难。外轨短坡变率因平、竖曲线重叠而有所变化。如果做成理论要求的形状，则对养护工作要求过高。目前养护以"目视圆顺"为准,不易做成理论要求的形状,且也难于保持。

鉴于上述情况,竖曲线不应与缓和曲线重叠。

5. 改建既有线和增建第二线的竖曲线标准。

改建既有线和增建第二线时,一般采用本条规定的标准,但考虑到既有铁路存在两种类型的竖曲线,因此,在不低于本规定相应标准的条件下,可保留原有竖曲线类型,主要指保留既有抛物线形竖曲线,以减少改建工程。在困难条件下,竖曲线可不受缓和曲线位置的限制,而与之重叠,目的也是为了减少改建工程。

3.1.15 设置进站缓坡主要是为了解决意外的站外停车。在特殊情况下,由于车站线路未腾空,列车进路被占用等原因,列车不能正常地接入站内,而暂停站外,要求这段线路坡度有列车启动条件,考虑运营发展,这段缓坡的长度不应短于远期到发线有效长度。

3.1.16 增建第二线与既有线在并行地段,轨面高程宜为等高,当不等高时易受下列因素影响:

1. 第二线与既有线的轨面高程差。

增建第二线与既有线在共同路基上时,其轨面高程如在同一水平面上,对运营、维修有利;而有一定高差时,则存在下列缺点:

(1) 下方线路被雪埋的可能性增加。

(2) 增加横向排水困难,易造成下方线路道床积水。

(3) 线路维修不便。

因此,增建第二线与既有线在共同路基上时,应将两线轨面高程设计为等高(曲线地段两线内轨轨面等高),并且轨面高程应按新建双线道床标准厚度规定设计。但由于增建第二线时,对既有线采取了削减动能坡度、延长坡段长度、整治道床和路基病害等改建措施,或因保留既有线建筑物等原因,难以避免增建的第二线与既有线在共同路基上没有高程差。因此,为了减少改建工程,允许在困难条件下,在个别地点,区间两线路中心线距不大于5m时,设计轨面高程差最大不超过30cm。

2. 易受雪埋地点两线轨面的高程差。

根据东北及内蒙古地区的雪害情况,路堑容易发生雪害,情况严重时清理很困难,且路堑越大越不好清理,曾发生过因雪害而造成停运的事故。为了减轻清理积雪的工作和避免发生停运事故,在增建的第二线与既有线在共同路基上易受雪埋的个别地段,允许有轨面高程差,但不应大于15cm。

3. 道口处两线轨面高程差。

(1) 道口处两线不宜有轨面差,以便各种车辆能迅速顺利地通过道口,避免由于道口有坡度而停车引发意外事故。

(2) 对于难以完全避免道口处有轨面高程差,以及其他原因又不能改移道口位置的,在线间距不大于

5m时,允许有不大于10cm的轨面高程差,以保证各种车辆顺利通过铁路。但线间距大于5m的并肩道口,在不增大平台坡度的条件下,允许按比例加大两线轨面高程差。

3.1.17 改建既有线纵断面的起、落道问题原则上应"多抬少挖"。在下列情况下才允许挖切路基:

(1) 抬道后将影响建筑限界,如隧道内、立交桥下和电力牵引受接触网高度控制的地段,不允许在隧道引线、立交桥下或其他受建筑限界控制的地段抬道。

(2) 受结构物构造限制,抬道将引起更大工程时,如大中桥的两端引线上,抬高线路将引起桥梁抬高。

(3) 在车站附近的线路上,因抬高线路将影响车站咽喉区改建。

(4) 结合路基或道床病害的整治,需要挖切路基的地段。

在采用道砟起道调整既有线轨面高程时,每次起道高度约在0.15m~0.20m为宜。这样,抬道高为0.5m时,在施工中抬道不超过三次即可满足。如抬道高度超过0.5m,应考虑进行个别设计。

在个别地段,为了避免桥、隧建筑物等工程改建,可采用挖切道床的方法降低高程,以避免挖切路基。在不致过多地降低线路强度的情况下,个别地点降低后的道床厚度允许较标准道床厚减薄5cm,其范围不宜超过200m,但在任何情况下,最小道床厚度土质路基不得小于25cm,石质路基不得小于20cm,以保证行车安全。

3.1.18 明桥面和无砟桥面桥如设在坡道上时,由于钢轨爬行的影响,难以完全锁定线路和维持标准轨距,容易产生病害,危及行车安全,故宜设在平道上;必须设在坡道上时,最大坡度以不超过4‰为宜。在地形特殊困难条件下,经过方案比选,提出充分依据时,方可将跨度大于40m或桥长大于100m的明桥面设在大于4‰的坡道上,但不宜大于12‰,同时对钢轨的爬行及支座受力情况应采取一定的措施。

明桥面和无砟桥面上不应设置变坡点,竖曲线也不应伸入桥面。明桥面上如有竖曲线时,其曲率要用木枕调整,每根木枕厚度不一,均需特制,并需固定位置顺序铺设,给施工、养护带来困难。如竖曲线用抛物线形则切线更长,调整曲率时木枕厚度不够的情况将更显著。故在一般情况下,应将明桥面和无砟桥面桥全桥设在一个坡度上,竖曲线不宜伸入桥面。

3.1.19 隧道的坡型应结合隧道所在地段的线路纵断面、隧道长度、牵引种类、地形、工程地质与水文地质、施工条件等具体情况考虑,设计为单面坡道或人字坡道。单面坡道有利于紧坡地段争取高度和长隧道的运营通风,人字坡道则有利于从隧道两端同时施工时排水出砟。位于紧坡地段的隧道,一般应设计为单

面坡度，紧坡地段的越岭隧道宜设计为自然纵坡陡的一侧为下坡的单面坡道，而位于自由坡度地段的隧道，可根据地形、地质条件及其他有关因素，设计为单面坡道或人字坡道。

内燃牵引列车通过的长隧道，洞内设人字坡后，由于双向上坡列车排出大量废气污染隧道，恶化运营和养护维修工作条件，给机车乘务人员和洞内养护维修人员带来长期危及身体健康的不良影响。尤其在需要设置双向通风的情况下，不仅增大工程设备投资和长期运营费用，而且会因双向通风时间较长，降低区间通过能力，导致难以满足输送能力要求而需要增设车站，加大工程投资。设人字坡，势必要加陡洞身坡度，降低洞内行车速度，也不利于运营。而在一些紧坡地段的越岭长隧道采用单面坡有可能减缓洞身坡度，对提高行车速度和运营通风有利。因此，对于此类长隧道内线路坡型的选择应以改善长期运营条件为主，优先考虑设单面坡。只有在隧道内地下水量特大，工期紧迫而双向运营通风尚不严重影响通过能力和线路高度损失影响不大的情况下，经比选可设计为人字坡。

电力牵引列车通过的长隧道，一般宜选用单面坡。在地下水发育，工期紧迫，且对于线路高度损失影响不大的情况下，可设计为人字坡。

由于隧道排水需要，洞身坡度不宜过缓，一般不宜小于3‰，严寒地区有水的隧道，在设置防寒水沟地段可适当加大线路纵坡，减少冬季排水冻害影响。

3.2 站线平面与纵断面

3.2.5 第1款对专用铁路系按货车固定轴距14m取值，困难时，当曲线设有缓和曲线，可不插入直线段。

3.2.8 对单方向下坡的最大坡度（不考虑曲线折减）及相邻坡段的坡度差，均不应大于本规范规定的最大值。当线路在综合维修期间需利用该线作反向运行时，则应作动能闯坡检算。

3.2.13 车站道岔在困难条件下需布置在竖曲线范围内时，对行车速度低、运量不大的正线和到发线，其竖曲线半径可不小于5000m。

3.3 车 站 分 布

3.3.1 影响车站分布的因素较多，主要有以下几点：

1. 车站分布必须满足该线的输送能力和客车对数。在铁路设计中，车站分布是保证铁路运输能力的重要环节。单线铁路在一定的线路平面纵断面、机型和信号联锁闭塞等条件下，站间距离决定着该线的区间通过能力和运输能力。双线铁路在半自动闭塞情况下，区间通过能力与单线铁路一样，受站间距离控制；在自动闭塞情况下，站间距离与平行运行图能力无关，但与非平行运行图能力有直接关系。因此，不论单线或双线，车站分布都影响着铁路的通过能力。满足对该线要求的输送能力和客车对数是车站分布的重要任务。

2. 在进行客、货运作业的车站，以满足地方客、货运量的要求为主。在布置这类车站时，其位置与当地的交通运输、经济发展和人民的生活息息相关。随着地方经济的迅速发展，公路及其他运输方式需要进行合理的分工，新建铁路办理客、货运业务的中间站站间距离不宜太短。在山区，公路、水运都不发达，地方客货运输主要靠铁路完成，办理客货运业务的中间站之间的距离不宜过长，以免给沿线人民生产和生活带来不便。因此，办理客、货运的中间站之间的距离，应根据线路所经地区经济发展情况和其他交通运输工具的发展情况采用不同的标准。

同时应结合城市或地区规划合理设置，方便地方客、货运输。

技术作业的中间站是指除办理列车会车、越行等作业外，还办理列车其他技术作业的车站。技术作业中间站应满足列车的技术作业要求。

根据铁道部"发展集中化运输"的精神，对客、货运量小而分散的线路，可根据沿线的公路、水运等情况采用集中运输，不必站站办理客、货运作业。仅办理列车会让和越行的车站在单线铁路称为会让站，双线铁路称为越行站。会让站按满足该线通过能力要求的时分标准进行分布，越行站按双线车站标准分布。

3. 为工业企业生产运输服务的车站分布应根据地方规划和工业企业特点按照生产流程、运输组织，使车站尽量靠近作业区，如采矿场装车点、车间、仓库、堆场等，还要与工业企业建设和生产发展相适应，也就是车站应按远期通过能力分布，根据近期需要开站。

专用铁路车站除服务于本企业外，尚应考虑附近其他企业生产运输要求。在分布车站时要结合这些企业的位置、生产特点、运输组织、接轨条件等研究确定。

4. 考虑区间通过能力的均衡性进行车站分布，有可能减少车站数目，减少不必要的列车等会时间，从而节约工程费用，提高运输效率，降低运输成本。但过分强调均衡性，有些车站将分布在地形、地质不良地段，增加工程投资，恶化运营条件，同时有可能形成多个连续的通过能力控制区间，给列车运行调整带来较大困难。因此应适当考虑均衡性，不能过分强调。

3.3.2 车站分布是铁路设计中的重要问题，要考虑长远发展的需要。客、货运量是随地方经济发展逐步增长的，为节省初期工程投资，对车站根据需要逐步开放，对暂时不需要的车站缓开。在设计中，近期开放或不开放的车站，需与有关单位及地方有关部门认真协商落实，在满足运输需要的前提下尽量少开车站。

铁路的站间距离与铁路的通过能力、工程造价、运营效益及沿线交通运输、人民生活有着密切的关系。一般来说，车站的站间距离越短，车站的数量越多，区间的通过能力越大，地方客货运输越方便。但车站数目过多，一是增加工程投资，二是增加列车启停次数而相应增加运营费。因此对过短的运营时分距离应作适当的限制。

根据现有调查情况分析，新建单线铁路站间距离不宜小于8km，新建双线铁路站间距离不宜小于15km。在枢纽内，由于铁路枢纽一般都位于几条干线的交会点，且在大城市附近，枢纽内的车站一般都具有作业量大、作业复杂、车站规模大等特点。根据研究，枢纽内双线铁路最小站间距离受自动闭塞信号机控制为5km，因此本条规定枢纽内站间距离不得小于5km。

3.3.3 改建既有线或增建第二线时，为提高铁路运输效率和经济效益，对作业量较小的车站，在不影响通过能力的条件下可关站。但既有车站运营多年，与地方的生产、群众生活、城镇交通、商业网布置及城市规划等有密切联系，且已配有相应的客货运设备和人员，故应结合当地经济发展及其他运营方式的情况，考虑铁路本身的运输效率和经济效益妥善处理。

3.4 铁路与道路的交叉

3.4.1 为减少意外人身事故、确保行车安全，规定铁路与道路交叉应当优先考虑设置立体交叉，减少平交道口的设置。

铁路与道路的交叉形式是多样的，有铁路上跨公路、公路上跨铁路和机动车辆上跨铁路、非机动车辆下穿铁路等多种形式，各种交叉形式的适用条件不尽相同，工程投资差别也很大，设计时应区别不同情况，根据铁路与道路的性质、等级、交通量、地形条件、安全要求以及经济效益和社会效益等因素确定。

3.4.2 国家现行有关标准规定，高速公路为具有特别重要的政治、经济意义，专供汽车分道高速行驶并全部控制出入的公路，一般能适应各种汽车（包括摩托车）折合成小客车的年均昼夜交通量25000辆；一级公路一般能适应各种汽车（包括摩托车）折合成小客车的年均昼夜交通量10000辆～25000辆，为连接重要政治、经济中心，通往重点工矿区、港口、机场，专供汽车分道行驶并部分控制出入的公路；快速路为城市大量、长距离、快速交通服务，其进出口采用全控制或部分控制。高速公路、一级公路和城市里的快速路都是交通功能强、服务水平高、交通量大的骨干道路，进出口执行全控制或部分控制。铁路和这些道路交叉采用平面交叉，当道口处于开放状态时，

汽车通过道口需限速行驶，影响道路的交通功能；当道口处于关闭状态时，会造成严重的交通堵塞。故规定铁路与高速公路、一级公路和城市快速路交叉时，必须设置立体交叉。

铁路与其他道路交叉，在下列情况设计为立体交叉：

1. 二级公路交通量虽没有一级公路大，但随着国民经济的发展也会很快增长，所以在正常情况下，铁路与二级公路交叉应设置立体交叉。

2. 1981年原国家建委《铁路、公路、城市道路设置立体交叉的暂行规定》〔(81)建发交字532号〕，对铁路、公路城市道路交叉时设置立体交叉的折算交通量标准和投资划分及固定资产划分、移交及维修管理等作出了明确规定，这个文件迄今为止仍是铁路、道路有关部门和单位共同协商铁路与道路交叉问题的重要依据。但是，近年来我国国民经济的发展，国力的增强，人民生活水平的提高，上述暂行规定中关于铁路、公路、城市道路交叉时设置立体交叉的交通量标准明显偏低，但因Ⅲ、Ⅳ级铁路速度低，运量相对较少，因此仍采用该文件的规定设置立交标准。

(1) 昼间12h内通过道口的列车次数与换算标准载重汽车辆数达到表14规定者。

表14 设置立交的行车量标准

昼间12h列车次数	20	25	30	35	40	50	60	70	80	90	100	110	120	130	140
昼间12h换算标准载重汽车数辆	4500	4300	4100	3900	3700	3500	3300	3100	2900	2700	2500	2300	2100	1900	1700

(2) 有调车作业的铁路，昼间12h内道口封闭累计时间与换算标准载重汽车辆数达到表15规定者。

表15 有调车作业的铁路设置立交的行车量标增

昼间12h封闭道口累计时间（h）	3.50	3.75	4.00	4.25	4.50	4.75	5.00
昼间12h换算标准载重汽车辆数	2500	2300	2100	1900	1700	1500	1300

注：表中标准载重汽车换算系数：
①标准载重汽车（包括重型载重汽车、胶轮拖拉机带挂车、大客车）=1。
②带挂车的载重汽车（包括太平板车、带铰接的大型公共汽车）=1.5。
③小汽车（包括吉普车、三轮摩托车、手扶拖拉机带挂车、小型旅行车）=0.5。
④畜力车=2。
⑤架子车、人力车=0.5。
⑥自行车=0.1。

3. 铁路与道路相交处在不同高程上，而且地形或桥涵构筑物设计适宜于设置立体交叉。

4. 铁路或道路受地形、建筑物和设备等限制，不符合设置平交道口的技术条件，采用平交危及行车安全的，应设置立交。

5. 对有重要意义不允许平交的道路和铁路，高速铁路和公路，受技术条件限制不能平交的（如电车路与电化铁路不能平交），能结合其他工程（如排洪等）一并完成立交而又不过分增大工程量的，应设置立交。

本条为强制性条文，必须严格执行。

3.4.3 铁路与道路立体交叉时，铁路和公路的建筑限界须满足国家现行标准《标准轨距铁路建筑限界》GB 146.2 和《公路工程技术标准》JTG B01 中对铁路和公路建筑限界的要求，满足建筑限界要求是保证运营安全的基础，因此必须严格执行。

表 3.4.3 铁路立交桥下乡村道路净空是根据《中华人民共和国道路交通管理条例》规定的车辆装载高度、宽度加适当安全间距制定的。汽车通道净高按大型货运汽车载物高度从地面起不准超过 4m，再加上安全间距 0.5m 共 4.5m；特殊困难条件下按大型货运汽车挂车和大型拖拉机挂车载物高度从地面起不超过 3m，加安全间距 0.5m 共 3.5m。机耕和畜力车通道净高按收割机和大型拖拉机高度 3m 或畜力车载物高度从地面起不超过 3m，加安全间距 0.5m 共 3.5m；人行通道按人力车载物高度从地面起不准超过 2m，加安全间距 0.5m 共 2.5m。通道净宽是按机动车辆装载宽度每侧加安全间距 1.0m～1.25m，非机动车辆装载宽度每侧加安全间距 0.5m～1.0m 确定。对于特殊情况下仅供人行的通道，净高可按 2.0m 加 0.2m 安全距离共 2.2m 设计。

有双层集装箱运输需求的铁路建筑限界，应按满足双层集装箱运输要求的有关规定执行。

本条为强制性条文，必须严格执行。

3.4.6 铁路与道路立交设置的铁路桥或道路桥，桥上两侧设置安全防护设施是十分必要的，因其涉及行车安全，所以必须严格执行。公路（或人行天桥）上跨铁路时，公路桥两侧铁路上方要设置防抛网；下穿铁路的公路桥需沿桥台前锥体外合适距离直角封闭；铁路上跨公路时，铁路桥上要设置混凝土栅栏等形式的防护设施。

本条为强制性条文，必须严格执行。

3.4.7 据统计，道口事故率与道口瞭望视距有关，当道口交通量相同时，瞭望视距不足的道口事故率偏高。为了提高道口的安全度，降低道口事故率，道口宜设在瞭望条件良好的地点。

1. 瞭望条件。

（1）平交道口处火车视距的确定。

确定火车司机对道口的视距取决于列车制动距

离。在各种坡道上列车制动距离随列车运行速度与牵引辆数而异。运行速度越低，制动距离越短，牵引辆数越少，空走距离越近。因此，火车司机最小瞭望视距取火车司机反应时间内列车的走行距离与列车的制动距离之和。根据《铁路技术管理规程》规定，列车制动距离为 800m，本次修订按不同的行车速度确定。

（2）道口处汽车侧向视距的确定。

道口处汽车侧向视距，主要考虑汽车司机发现列车运行接近道口前，汽车能安全通过铁路道口，其视距的长短取决于汽车通过道口时间及列车的运行速度。列车速度越高，要求汽车的视距越远。反之，列车运行速度越低，则汽车的视距越近。视距可按汽车的所在位置分两种情况进行分析计算：

第一种情况是汽车在道口安全距离外停车，发现火车后，低速启动安全通过道口，见图 2，计算如下：

$$t=3.6\frac{l_1+l_2+l_限+l_车}{v} \tag{30}$$

式中：l_1——接近道口安全距离一般为 5m；

l_2——离开道口安全距离一般为 2m；

$l_限$——铁路直线建筑接近限界为 4.88m；

$l_车$——按最长的车辆计算，汽车加挂斗采用 16m；

v——汽车平均运行速度采用 10km/h。

$$S=\frac{t}{3.6}V \tag{31}$$

式中：V——火车平均运行速度（km/h）。

$$t=3.6\frac{5+4.88+2+16}{10}=10\ （s）$$

$$S=\frac{10}{3.6}V\approx2.8V$$

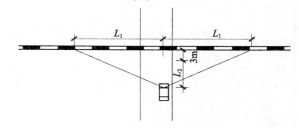

图 2　机动车驾驶员在道口前的瞭望视距示意

第二种情况是汽车位于 50m（国家现行标准规定）以外瞭望列车后，安全通过道口（见图 3）。汽车运行速度采用四级公路的经济速度 35km/h，则 $t=11.9s$，$S=3.3V$。

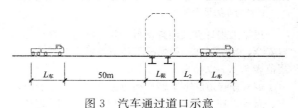

图 3　汽车通过道口示意

表 16　汽车侧向视距

线路等级及分类	列车运行速度（km/h）	汽车侧向视距计算值（m）		采用值（m）
		2.8V	3.3V	
Ⅲ	100	280	330	340
Ⅲ、Ⅳ级	80	224	264	270
Ⅳ级	60	168	198	230
Ⅳ级及限期使用的铁路	40	112	132	180
调车运行的联络线	30	84	99	150
	20	56	66	100

对于交通量较大的道口，虽视距符合规定，但为了提高道口通过能力，维护秩序，保障安全，应设看守。

2. 交叉角。

铁路与道路平面交叉时，尽量设计为正交或接近正交。但由于受建筑物、设备或地形限制，不得已斜交时，其交叉角不应小于 45°，以缩短道口长度，防止小型车辆的车轮或牲畜蹄部陷入轮缘槽内，引起事故。

3. 道口平台及连接纵坡。

（1）平台长度。

为了道口处车辆启、停安全，距铁路建筑限界以外的道路应设置一辆车辆长度的平台（不包括竖曲线）。

表 17　各种道路采用的设计车辆及
其基本外廓尺寸（m）

项目　　车辆种类　　道路种类	总长	总宽	总高	前悬	轴距	后悬
城市道路　铰接车	18	2.5	4	1.7	5.8+6.7	3.8
公路　半挂车	16	2.5	4	1.2	4+8.8	2
乡村道路包括四级公路　载重汽车	12	2.5	4	1.5	6.5	4
拖拉机	3.8	1.8	2.3	—	—	—
1.5t农用拖车	2.3	1.3	0.5	—	—	—
畜力车	4.1	1.7	2.5	—	—	—
板车	3.7	1.5	2.5	—	—	—

注：畜力车为最大参考尺寸。

根据上表计算及调查资料，并考虑道路性质和道口安全，规定了在一般情况下各道路的平台长度，如规范表 3.4.7-2。

（2）连接道路上车辆顺利通过道口，便于及时停车、启动，连接道口平台的道路纵坡，在可能条件

下，尽量放缓。规范表 3.4.7-3 是参照国内外各种车辆爬坡能力试验和调查资料制定的最大纵坡值。

4　轨　道

4.1　一　般　规　定

4.1.1　在曲线地段，机车车辆的走行部分由几个轮对组成一个转向架，这就构成一定长度的固定轴距。几个轮对固定在一个转向架上，这几个轮对的轴又始终保持平行不变。为了适应这种构造特点，使机车车辆能顺利通过小半径曲线，轨距就需要比直线地段加宽。轨距加宽数值根据曲线半径、机车车辆等因素确定：曲线半径越小，加宽值就越大；固定轴距越大，加宽值也越大。

1. 我国制定曲线轨距加宽时的原则如下：

（1）FD（菲德）型机车最大固定轴距为 6.5m 时，应保证最小运营半径条件；

（2）客货车辆转向架最大固定轴距为 2.7m 时，应满足动力自由内接条件；

（3）应保证车轮踏面在轨头上的覆盖量不小于 30mm，最大加宽量不应超过 20mm。

2. 通过动力试验和试铺表明：

（1）在内燃、电力机车牵引地段，按缩小轨距加宽可确保行车安全；

（2）旧的加宽值和新的缩小加宽值两种标准的钢轨磨耗无显著差异；

（3）轨距加宽缩小后，轨距检查和轨道评分均良好；

（4）轨距加宽缩小后，可减少行车摇晃，线路方向也易于保持，并可减少养护工作量（特别是改、拨道量）。

本规范规定的轨距加宽值标准与《铁路技术管理规程》一致。

4.1.4　允许欠超高反映旅客舒适度要求，也反映外轨钢轨磨耗，它与客车结构、转向架构造及悬挂方式有关。对于行车速度小于或等于 120km/h 的线路，一般地段采用 70mm、困难地段采用 90mm，长期运营经验表明对于 22Z 型客车是合适的，本次修订引用现行行业标准《铁路轨道设计规范》TB 10082，客车行车速度 120km/h 以下，一般地段采用 75mm、困难地段采用 90mm。

允许过超高反映内轨磨耗程度，与货车结构、转向架构造和悬挂方式及货运量有关，客货共线运行线路，且货运量较大时，欠超高不易过大。从最新的运营调研资料来看，平、丘地段过超高在 30mm 及以下时内外轨的磨耗均不明显。故允许过超高限值，即一般 30mm、困难 50mm。

4.1.7　对于半径小于或等于 800m 的曲线静态圆顺

度，可按《铁路线路修理规则》中的有关规定执行。

4.2 轨道类型

4.2.1、4.2.2 轨道类型一般按铁路等级或年通过总质量划分：铁路等级按Ⅰ、Ⅱ、Ⅲ、Ⅳ级标准划分，其等级标准划分按近期客货运量；年通过总质量是指包括净载、机车和车辆的质量，单线按往复总质量计算，双线按每一条线的通过总质量计算。

本规范适用于Ⅲ、Ⅳ级铁路，包含标准轨距地方铁路和专用铁路。如按铁路等级划分轨道类型，其运量跨幅较大，不适应实际的需要。本次修订将Ⅲ、Ⅳ级铁路年通过货运总质量分为15Mt以上次重型轨道、15Mt～8Mt中型轨道、8Mt～4Mt轻型A和4Mt以下轻型B轨道四档。从轨道类型划分来看，基本上沿用了原工业企业标准，同时与现行行业标准《铁路轨道设计规范》TB 10082相衔接。钢轨采用标准较原标准高，这是因为43kg/m、38kg/m、33kg/m钢轨已不再生产，只有43kg/m钢轨能找到少量旧轨，新轨需专门定做，成本更高，因此本次修订确定钢轨采用50kg/m钢轨，不分新旧轨。

另一方面，同属一个等级的铁路，其运量增长速度相差很大，有的在通车后能很快达到远期规模，按远期规模铁路等级建设就合理；有的逐步增长或在很长时期运量一直很小，按远期规模的铁路等级一次建成，投资过早，浪费资金、劳动力和材料。此外，还有一些铁路与运量无直接联系，但有工业企业生产运输、工艺设备配合的标准要求。所以，专用铁路的轨道类型按铁路等级划分与实际需要不完全相符。制定轨道类型既要满足输送能力要求，又要适应工业企业生产工艺需要，选用时，只按年通过总质量密度确定。也可根据分期建设铁路的原则，按近期年通过总质量选用类型，由轻到重，逐步加强。比如，某铁路远期运量换算年通过总质量密度为7Mt，正线轨道类型为轻型A级铁路标准，而近期调查运量换算年通过总质量密度为2Mt，则第一期工程正线轨道类型应采用4Mt以下的轻型B级铁路标准。有些铁路正线轨道类型按远期年通过总质量中型级铁路标准，虽近期调查换算年通过总质量密度可用轻型A级铁路标准，但由于运量增长较快，运营5年其年通过总质量密度能达到轨道中型级的标准，则该铁路第一期工程的正线轨道仍应按中型级铁路标准设计。还有一些工业企业设备安装等有严格要求，相应的铁路必须设在永久性位置上，则这段线路应按既定的铁路等级标准选用其轨道标准。

站线轨道类型主要考虑作业要求，按其用途配合相应正线标准确定。

其他线轨道类型，由于行车速度低，主要考虑所采用的机车车辆以及与毗邻设备的配合。为了简化标准，只规定了两档标准。

调车运行的联络线，在某种程度上具有正线性质，以调车方式运行。这类线路行车量大小悬殊，技术标准差别较大。故其轨道可采用相应行车量的等级铁路正线标准。限期使用铁路的轨道类型，按运量、机车车辆轴重选用相应的各种线路等级的标准。

凡不符合规范规定的轨道标准，均应检算其强度，或另行设计。

为了节约木材，提高轨道强度与稳定性，除在技术上有特殊要求必须铺设木枕外，均应铺设混凝土枕。

道床厚度系指直线或曲线内轨枕底面至路基面的道床高度，是根据机车车辆荷载、钢轨和轨枕类型、轨枕间距、道砟粒径和级配对压力传递的特征，以及路基间的容许承压力等条件确定的。由于道床内的应力分布比较复杂，因此，设计道床厚度只要使相邻轨枕的压力传递到路基面上相互重叠即可。

在正线、调车运行的联络线以及到发线的土质路基上应普遍采用双层道床。因垫层可以更均匀地分布荷载，防止面砟压入路基而引起翻浆冒泥，并具有反滤作用，防止面砟被路基土污染。只有在垫层材料供应困难的情况下，才可采用单层道床。其他行车速度低、相应的荷载较轻的线路上，应采用单层道床。对于特重线路道床应另行设计。

硬质岩石路基承载力强，较稳定，且能起到某些道床作用，故采用单层道床，并适当减薄厚度、抬高路基面保持轨面高程。

4.3 钢轨及配件

4.3.1 为保持行车平稳、方便施工和养护，规定同一线路应铺设同一类型钢轨。考虑到专用铁路轨源较复杂，常配有杂型钢轨和大量旧轨，困难时为节省轨料，在满足运输需要的原则下，可采用不低于该线标准的不同类型钢轨，但应集中铺设。

为便于调车作业时安放铁鞋及其滑行平顺，在调车线上采用铁鞋制动范围内应铺设同一类型钢轨。在特别困难时，应铺设轨头宽度相近的钢轨，并应保持轨面在设计的高程上。

4.3.2 长隧道内通风较差、空气潮湿，在饱和湿度下，容易腐蚀钢轨及扣件，是钢轨损伤的主要原因。尤其是地下水发育及排烟不良的隧道，钢轨的锈蚀更加严重，即使铺设比洞外重一级的钢轨，其使用寿命也远较洞外为短，故有条件时应采用同级的耐腐蚀钢轨。

4.3.3 钢轨接头采用对接，是为了便于机械铺轨，减少行车冲击次数，改善运营条件。

在曲线地段由于内轨接头较外轨接头超前，为保持接头对接，曲线内股应用缩短轨与标准长度轨配合使用，以调整钢轨接头位置。

在实际使用中，铺旧轨或非标准长度钢轨时，采用相应的缩短轨调整接头位置有困难的曲线地段，接头可用错接，如采用接头的两曲线间直线长度短于300m时，可连续采用错接。

采用错接时，为了减少额外的冲击作用，增加行车的平顺性，规定其错开距离大于3m（一般常用车辆轴距小于3m）。为防止车辆停于轨道电路的两钢轨绝缘接头的错开距离（死区段）出现错误信号显示或道岔转换而造成行车事故，要求该距离小于车辆最小固定轴距。目前客货车中二轴守车的固定轴最少为2.7m，所以规定绝缘接头两轨缝相错不应小于2.5m。

为了保证轨道强度和行车平稳，铺设旧轨或铺设非标准轨时，正线、到发线、调车运行的联络线等钢轨长度不得小于9m，并规定同长度的钢轨集中使用。

4.3.4 轨道插入短轨是薄弱环节，不可避免时，为保证轨道强度和行车平稳，对插入短轨应有所限制。考虑到合理使用12.5m标准长度钢轨，使锯下的剩余钢轨既能充分利用又不致因轨道缝过多而影响行车，所以规定轨道上个别插入短轨时，长度为正线及调车运行的联络线不得小于6m，其他线路不得小于4.5m。

4.4 轨枕及扣件

4.4.1 小半径曲线的混凝土枕，铺设护轮轨地段的混凝土桥枕及与道岔配套的混凝土岔枕均有生产，并在铁路建设中铺设应用，为保证线路的稳固及节省木材，应选用相配套的混凝土枕。

4.4.2 需铺设木枕的原因如下：

1. 转盘、脱轨器及铁鞋制动地段，因受设备结构和使用条件限制，暂不铺设混凝土枕。

2. 无砟桥的桥台挡砟墙范围内及其两端各15根轨枕暂铺木枕，是为了维持在这段范围内轨道的弹性一致。

3. 工业企业内某些线路，经常处于高温、碰砸的生产作业环境下，轨枕容易损坏，暂不铺设混凝土枕。

4. 使用木枕的道岔两端各15根轨枕暂不铺设混凝土枕，主要是使木枕与混凝土的过渡地段离开道岔，以保证道岔范围内轨道强度的稳定。道岔辙叉跟后一般均铺若干根长木枕，这些岔枕应包括在15根轨枕的数目内。我国已研制并试铺了一些使用混凝土岔枕的道岔，这些道岔不应受上述道岔两端各15根轨枕暂不铺设混凝土枕的限制，可以连续铺设混凝土枕。因此规定除铺设混凝土岔枕的道岔外，道岔及其两端各15根轨枕暂不铺设混凝土枕。

铺设木枕地段间的长度小于50m时也应设计成木枕，主要是为了方便施工及维修养护工作。

同种类的轨枕应连续铺设，是为了施工和养护方便。

钢轨接头处在不同弹性的轨枕上，加剧列车运行的冲击和振动，为改善这种状态，规定混凝土与木枕分界处，如遇有钢轨接头，应保持木枕或混凝土枕延至钢轨接头外5根以上。

4.4.5 增加轨枕数量的因素如下：

1. 曲线加强。列车通过曲线时，钢轨受水平力和垂直力偏心的作用，轨底和轨头边缘弯应力增大，其值与曲线半径大小成反比。实测资料表明，横向水平力系数 f 值（为均衡速度下轨底边缘纤维应力与轨底中心纤维应力之比），在 $R>600m$ 时与直线接近，在 $R<400m$ 递增率明显变大。钢轨磨耗指数曲线上，$R>600m$ 时较平缓，$R<400m$ 时较陡。养护工作中，曲线半径小，轨道方向不易保持，拨道工作量增加，$R>600m$ 与 $R<400m$ 有很大差别。此外，考虑到轨枕曲线轨道的横向刚度木枕比混凝土枕小，以及由于电力机车走行部分没有导轮和车辆没有横动量的特征，机车对钢轨的侧压力较蒸汽机车要大，曲线上外轨侧面磨耗，电力牵引铁路比内燃牵引铁路约大2.5倍。因此，曲线轨道加强半径定为：混凝土枕轨道，电力牵引铁路为600m及以下；内燃牵引铁路为400m及以下。木枕轨道，各种牵引类型的铁路均为600m及以下。

2. 大坡道加强。在大于15‰的下坡地段，为了增加轨道的抗爬力，需加密轨枕。因下坡制动地段很难控制，在现行行业标准《铁路轨道设计规范》TB 10082中也没有单独提出制动地段加强的说法，因此本次修订取消了"制动"的规定。

3. 隧道加强。长度在300m以下的隧道或明洞，通风流畅，不受洞外气候影响，容易保持干燥，维修工作量小，故不予加强。

4. 站线、连接线及其他线半径小于200m的曲线地段，机车车辆通过时，轨道承受的横向推力和纵向冲击力较大，故应增加轨枕数量以加强轨道，一般情况下，在半径小于200m的曲线地段行驶的机车车辆固定轴距一般小于4600mm，因此，不论轨道铺设的是木枕或混凝土枕，均按直线地段的标准，每公里增铺轨枕80根。

4.4.6 预应力混凝土宽枕，是一种新型轨下基础。运营实践表明，预应力混凝土宽枕轨道具有以下优点：

1. 支承面积大（约为混凝土枕的2倍），可减少轨道残余变形及道床污脏；

2. 提高轨道的横向稳定性；

3. 维修工作量小，可减轻劳动强度，减少作业次数；

4. 在隧道内铺设时，比整体道床减少施工干扰，缩短工期。

近年来，在一些路网干线线路、站场、隧道内推广使用混凝土宽枕，不但提高了线路质量，而且减少了养护维修工作量，尤其是对改建净空不符合限界的隧道，为满足电力牵引的需要时，采用混凝土宽枕有利于争取高度，减少改建投资。

混凝土宽枕虽具有上述优越性，但目前在路网铁路上铺设数量不多，主要是由于混凝土宽枕的结构有待进一步改进，而且造价较高。因此，规范规定新建和改建的铁路，长度为1000m及以上的隧道和隧道整体道床的过渡段或特大桥桥头引线的线路，有条件时宜铺设。站线及其他线规定在生产作业需要有充分依据时采用。

铺设混凝土宽枕地段曲线半径不应小于300m，是由于扣件尚未配套生产。

4.4.8 扣件是连接钢轨与轨枕、轨下基础的重要部件，不仅应有足够扣压力，保证连接可靠，阻止钢轨爬行，还应有良好弹性，减缓列车对轨枕及轨下基础的冲击振动。这对混凝土枕、轨下基础来说尤为重要，因此，需按轨道类型来合理选用扣件。

从目前所用的三种混凝土枕扣件主要技术性能比较（见表18）中可知，弹条Ⅰ型扣件扣压力大，弹性好，防爬能力强，宜用于50kg/m钢轨的轨道上。67型拱形桥弹片扣件，扣压力较差，今后不再发展，新建铁路不应采用。

表18　三种扣件主要性能比较

编号	项目		扣件类型		
			弹条Ⅰ型	70型	67型
1	无备件时扣件调整轨距能力		$-4mm\sim+12mm$	0	0
2	螺钉拧紧控制方式		第二点接触肉眼观察	测力扳手	测力扳手
3	一套（每对）扣件初始扣压力（kN）		14.9	15.6	12.6
4	扣件前端垂直弹性常数（kN/cm）（垫板压缩0~3mm）		11.7	—	15.8
5	一股钢轨爬行阻力（kN）	垫板压缩量（kN） 0	11.90	12.50	10.10
		1.5	10.30	3.60	6.50
		3.0	6.32	1.12	2.48
		5.0	4.32	≈0	0
6	机车通过时（23t轴重）扣压力损失实测结果（%）	7mm橡胶垫板 接头	5.4	29.8	27.6
		中间	4.8	28.0	15.0
		两块7mm橡胶垫板 接头	12.4	55.0	48.0
		中间	9.6	52.0	24.6

木枕仍采用道钉和垫板。

混凝土宽枕扣件，目前一般采用混凝土枕扣件。但弹条Ⅰ型、70型扣板式扣件等调高量均小于等于12mm。如要求调高量更大时，可采用调高量小于或等于25mm的不分开式大调量扣件。

整体道床扣件要调整线路高低、方向、曲线地段超高及弹性等。目前该扣件尚在试验研究中，在未定型前，可按下列原则选用：

1. 直线地段与衔接线路混凝土枕采用同一类型扣件。

2. 曲线地段（包括缓和曲线）采用弹型可调高扣件。

小半径曲线地段的扣件，弹条Ⅰ型扣件材料韧性好，挡板宽度大，适用于直线及各种不同半径的曲线地段。70型扣板式扣件及67型拱桥形弹片扣件有普通铁座（宽82mm）、轨距挡板（宽92mm）和加宽铁座。轨距挡板（均为150mm）有两种：普通的适用于直线及半径大于600m曲线地段上、下股钢轨的内外侧，半径小于或等于600m曲线地段上、下股钢轨的内侧；加宽铁座适用于半径为350m～600m曲线的地段上、下股钢轨的外侧（半径为350m及以下使用弹条Ⅰ型扣件），以增加混凝土枕挡肩承压面积，防止挡肩被挤损。

4.5　道　床

4.5.1 道床是轨枕的基础，有以道砟组成的弹性道床和混凝土灌注的刚性道床两种。目前我国铁路采用最多的是碎石道床。

碎石道砟应用坚韧的花岗岩、玄武岩、砂岩、石灰岩做成，其抗压强度约为天然级配卵石的1.7倍，其抵抗轨道移动的阻力为砂子道砟的1.5倍。碎石道砟还有排水性能好的特点。使用碎石道砟可以提高轨道的强度和稳定性，并可减少养护工作量。碎石道砟脏污的速度比其他道砟慢，清筛和更换道砟的周期长。虽然初期投资较高，但由于具有上述优点，故规定应采用碎石道砟。

4.5.2 道床顶面宽度主要取决于各种线路的行车速度。为了提高轨道的横向阻力，阻止道砟从枕端下面挤出，保证线路必要的轨道强度，以及考虑到今后以混凝土枕为主型轨枕，规定了正线、调车运行的联络线、站线及其他线的道床顶面宽度，经多年运营表明是可行的。

4.5.4 正线及站内各线路的道床应分别按单线设计，以节省道砟。在车站经常有调车作业和列检作业的线路间、驼峰推送线、牵出线与有人员上下作业一侧的邻线间，以及扳道作业较繁忙的道岔区，为了作业的安全和便利，又不影响排水，在上述有作业的地段应采用渗水性材料，将线路道床间洼陇填平。

4.5.6 道砟数量应充足，以增加横向阻力，稳定轨道，但为防止道床表面水分锈蚀钢轨和扣件，并避免传失轨道电路的电流，道床顶面应比轨枕顶面稍低，故规定木枕轨道道床顶面比轨枕顶面低3cm。

新的Ⅱ型、Ⅲ型混凝土枕在技术条件上有了大的改进，在铺设道砟时不需将轨枕中部道砟掏空。在采用原Ⅱ型混凝土枕时乃按原规定执行。

4.5.7 混凝土宽枕面积大，通过道床传到路基面的应力小而匀，其道床厚度可比混凝土枕轨道减薄，但混凝土宽枕刚性大，要求枕下道砟均匀支承。因此，混凝土宽枕道床应由面砟带和底层组成。

面砟带采用粒径20mm～40mm的小碎石，厚度为5cm，宽度为95cm，除均匀支承荷载外，还起到调整枕底高低作用，其材质要求具有良好的冲击韧性、耐磨硬度。

试验资料证明，混凝土宽枕的横向阻力受端部道砟影响很小，主要靠自重和枕底阻力，不必全部埋入道床，故规定其端部埋入深度为8cm。

4.5.8 桥梁上道床铺设说明如下：

1. 桥梁上道床厚度。

桥梁上道砟槽内轨枕下面道床厚度，要求有足够的弹性，一般是比照石质路基的道床厚度来考虑的，同时考虑逐渐发展养桥机械化对道床厚度的要求，故规定道床厚度不宜小于25cm，当梁部结构设计有困难时可减至20cm。

2. 桥梁引线道床厚度。

经调查，由于桥头路基的下沉，为保持整个轨面高程，经常用道砟来补充，造成桥头道砟比区间厚得多，有的甚至形成所谓道砟墙，因此，设计时不必加厚，以简化施工程序。故规定在桥梁两端各30m，引线上的道床厚度无论有无垫层，应与邻接轨道一致。

4.5.9 隧道内铺设碎石道床时按洞外轨道标准即可，并无特殊要求。但确定道床厚度应根据基础情况按规范表4.2.1和表4.2.2-1栏内选用。改建铁路的隧道，如按新建铁路所规定的道床厚度标准将引起大量工程改建时，采用木枕的道床厚度可减至20cm，主要考虑在改建工程中，有时隧道净高较规定高度相差甚小，如果采用较小的轨道高度，就有可能避免或减小改建工程。实践表明，采用木枕的道床，厚度可多争取高5cm～8cm，既节约投资，又能满足轨道强度的要求。

隧道内由于宽度有限，照明条件差，隧道技术检查和轨道的维修养护比较困难。为此道床两侧不做边坡，而将其砟肩至边墙（或高侧水沟）间以道砟填平，便于洞内维修养护人员工作和行走，以及待避列车时便于进入避车洞，确保列车运行和人身安全。

4.5.10 本条说明如下：

1. 隧道内铺设整体道床的线路条件。

（1）整体道床结构本身不受线路坡度的限制。

（2）铺设整体道床的最小曲线半径定为400m，

是由采用的扣件性能（调高量和保持轨距的能力）决定的。目前曲线上采用的TF—Y型扣件超高调整量仅有40mm，按计算只能满足半径$R \geqslant 400m$曲线的近远期的超高调整。另外，路网铁路曾对半径为350m、400m、450m、500m的曲线试铺了整体道床，经运营实践证明，铺在半径$R \geqslant 400m$地段的整体道床，运营情况良好，而在半径$R = 350m$的整体道床地段，轨距就难以保证。

2. 铺设整体道床的有关规定。

（1）整体道床的结构形式。

目前我国铺设的整体道床有预制钢筋混凝土支承块式和整体灌筑式两种类型。在隧道内铺设整体道床时，必须结合隧道结构的要求统一考虑。

（2）过渡段。

整体道床与碎石道床之间，应设置弹性逐渐变化的过渡段，以缓和列车的冲击作用，延长整体道床和扣件的使用寿命，保证行车安全。

（3）铺设数目及使用情况。

规范表4.5.10内规定的铺设支承块数目，从西南、华北地区多年运营实践结果表明，使用尚好，未发现异常现象。

4.6 道　岔

4.6.2 由于路网常用电力及内燃机车低速通过的最小曲线半径分别为125m及145m，且无客车，故规定专用铁路列车侧向进入道岔的辙叉号数不应小于9号，其导曲线半径为180m，侧向通过行车速度不应大于30km/h。

4.6.3 铁道部颁布的铁建设（2005）73号文中已废止使用木岔枕道岔。由于混凝土岔枕道岔能提高道岔的稳定性，能延长其使用寿命、减少养护维修工作量，故规定新建铁路应采用混凝土岔枕道岔。但考虑到现有木岔枕道岔并未全部下道，为节省投资和充分利用既有设备，故规定了保留或利用既有木岔枕道岔的使用条件。

4.6.4 道岔的扣件一般与连接线路的扣件相同，主要是保持轨道弹性的连续和养护维修的方便。

4.7 轨道附属设备

4.7.1 车轮作用在钢轨上的横向水平力有：①车辆通过曲线时的离心力和转向力；②车辆在直线地段由于蛇行运动产生的水平力；③由于轮缘急剧冲击钢轨而产生的水平冲击力。

其中以转向水平力最大，通常约为轮重的35%。为保证轨道在横向水平力作用下的稳定和行车安全，可设置轨距杆或轨撑予以加强。因此规定铺设木枕时，应按规范表4.7.1设置轨距杆或轨撑。

1. 电力机车作用轨道的横向水平力较大。

列车由直线进入曲线时，由于转换方向而产生的横向力，其大小除受曲线半径的影响外，还受车轴配置、轴距等影响，所以不同车辆在同一曲线上或同一车辆在不同曲线上所产生的横向力是不相同的。横向力的大小与曲线半径成反比，与行车速度、轴距等成正比。由于电力机车走行部分的构造与其他类型机车不同，在同样半径的曲线上，前者比后者的横向力显著增大。但考虑到木枕地段按规范表4.7.1铺设，对各级牵引已留了富余量，故电力牵引地段不再增加数量。

2. 混凝土枕抵抗横向能力较大。

轨道抵抗横向力的能力，视钢轨类型、轨枕根数以及中间扣件的类型而异。国外资料表明，木枕轨道用的道钉，根据木枕的材质、腐朽的程度，每个道钉支承力约为 6kN~7kN，使用垫板时一侧钢轨可按两个道钉考虑。混凝土枕用的扣件，一般按正常横向力 36kN，局部横向力 60kN 设计（我国 70 型扣件为 60kN，弹性扣件为 80kN）。可见，混凝土枕扣件抵抗横向力的能力比木枕约大 2.5 倍以上。根据国内外运营实践，在半径小于 600m 的曲线上，当列车通过时所产生的横向力，与曲率成正比。设 H 为横向力，P 为钢轨压力，η 为钢轨和轨枕的磨擦系数，S_h 为道钉的横向支承力，如果 $H-\eta \cdot P > S_h$，则道钉将被横向推出，造成轨距扩大，危及行车安全。

根据运营曲线养护经验，为增加小半径曲线地段轨道抵抗横向力的能力，减少养护工作量，减少钢轨磨耗以及混凝土枕挡肩的破坏，本条规定铺设混凝土枕时，可不设置轨距杆或轨撑。但在行驶电力机车的区段，当正线为半径 350m 及以下小曲线地段，可比照规范表 4.7.1 设置轨距杆或轨撑，或采用保持轨距能力强的弹性不分开式扣件。

站内线路铺设木枕的曲线地段，因普通道钉的支承力较小，为了加强轨道，保持轨距，规范规定在一定曲线半径及以下的不同铁路等级和线别的曲线地段应设置直径不小于 28mm 的轨距杆或轨撑。混凝土轨枕的扣件抵抗横向力的能力比木枕约大 2.5 倍，故一般在曲线地段无需设置轨距杆或轨撑。但对半径为 200m 及以下铺设混凝土枕的曲线地段，为了保证轨道强度，防止轨枕挡肩损坏，根据目前某些工业企业的经验，应设置直径不小于 28mm 的轨距杆（不用轨撑），其数量应按规范表 4.7.1 所列数量加倍。

4.7.2 目前已批准的道岔标准图一般在导曲线范围内均设置轨撑，这对加强轨道是必要的。但我国目前还在使用的既有道岔仍有一定数量在导曲线上未设轨撑，如 20 世纪 50 年代设计的道岔，改建站场时，宜在这些道岔的导曲线上补设轨撑或轨距杆，其数量可参照现行道岔标准图采用。

4.7.3 列车运行时，由于各种原因产生的纵向力，使轨道纵向移动，运营实践表明：

1. 轨道爬行与列车速度、机车和车辆轴重有关，

速度越高，轴重越大，爬行量越大；

2. 轨道爬行与列车的制动方式及坡道的大小、长度有关，电力机车采用电阻制动的地段比其他类型机车的爬行量大；

3. 轨道爬行与轨床采用的扣件类型及其设置间隔有关，扣件的爬行阻力和设置密度大，则爬行量小；

4. 双线地段，由于单方向行车，轨道的爬行方向与列车运动方向相同，而且在运行下坡道方向爬行量较大；

5. 单线区间，发生双方向爬行，在运量不等的情况下，重车方向的爬行量大，特别在重车下坡的方向爬行量更大。

鉴于影响轨道爬行纵向力的因素十分复杂，而我国目前又没有这方面的实测资料，木枕轨道设置防爬设备的数量是结合我国使用木枕轨道的经验确定的。

由于混凝土轨道的防爬能力大于设置防爬设备的木枕轨道（采用钩钉）的防爬力，故线路坡度不大的混凝土轨道，基本上能抑止钢轨的爬行。根据运营实践和观测资料，在混凝土枕轨道位于 8.8‰ 的坡道上未设置防爬设备，经多次观测，其最大爬行量较小，未超过有关规定，轨道基本上是稳定的。故规范规定，当线路坡度在 6‰ 及以下时，可以不设置防爬设备，这是针对非制动地段而言。

对于制动地段，由于制动过程中产生附加爬行力，当电力和内燃机车下坡时采用电阻制动，制动力集中在机车的动轴上，也就是集中在机车所运行的钢轨上，其爬行力相当大，这是最为不利的情况。轨道的防爬能力取决于扣件爬行阻力的大小，对于弹性扣件，其防爬阻力为刚性扣件的 3 倍~5 倍，其本身已具备足够的防爬阻力，无需设置防爬设备。刚性扣件其防爬阻力较木枕的钩头道钉大，但还不足以完全防止轨道爬行，仍应在某些不利条件下设置防爬设备。规范规定坡度大于 6‰ 及制动地段，可比照木枕轨道设置防爬设备，其数量可以根据牵引种类、线路条件及轨道条件作适当减少或调整。

驼峰头部线路纵断面坡度变化多，坡道短，其形状有严格要求，而且是一面坡。车辆溜放又经常向一个方向，容易引起轨道爬行，道岔是轨道的薄弱环节，绝缘接头也较脆弱。明桥面桥轨道直接固定在梁部，轨道爬行将影响杆件受力状态。因此，在上述地点前后各75m的范围内，应设置防爬设备。由于专为企业内部运输服务的线路行车速度较低，上述设置防爬设备范围可减为各25m。

4.7.4 为防止列车脱轨，规范规定应铺设护轮轨，设置时注意以下几点：

1. 单侧护轮轨，设于危险性大的方向的对侧。

2. 护轮轨采用比正线轨道低一级的旧轨，并用同类型的鱼尾板连接。主要依据为：

（1）护轮轨顶面不应低于基本轨面25mm。护轮轨与基本轨头部间的净距为200mm，容许增减10mm。

（2）护轮轨虽不承受列车荷载，但仍要有一定的强度。

3. 护轮轨应伸出桥台挡砟墙外，直轨部分长度一般不小于5m，但桥梁长度在直线上大于50m、曲线上大于30m时则为10m。弯轨部分的长度不小于5m，轨端超出台尾的长度不小于2m。跨线桥下及高陡路堤地段的护轮轨，其两端应伸出防护地段不小于5m后再弯曲，弯轨部分的长度及梭头同桥面护轮轨。

4.7.6 线路标志是用来表明铁路建筑物及设备的状态或位置的标志，信号标志是对机车车辆操纵人员起指示作用的标志。因机车司机的位置在左侧，为了司机瞭望便利，标志应设在列车运行方向的左侧。为不妨碍列车的顺利通过，标志应设在建筑限界以外。故规定线路、信号标志（警冲标除外）应设在距钢轨头部外侧不小于2m处。至于曲线标等不超过钢轨顶面的标志，为不妨碍某些特种车辆（如除雪车、底开门车等）在工作状态时顺利通过，可设在距钢轨头部外侧不小于1.35m处。

警冲标设在两会合线路线间距离为4m的中间。线间距离不足4m时，设在两线路中心线最大间距的起点处。位于曲线范围内应按曲线上建筑限界加宽办法增加。

5 路 基

5.1 一 般 规 定

5.1.1 路基是承托线路轨道的基础，为保证轨道保持在平顺的状态，使列车通过时能在容许的弹性变形范围内平稳、安全地运行。因此路基必须填筑密实，使其具有足够的强度。

路基要承受轨道和列车荷载以及各种自然因素的作用，还必须具有足够的稳定性，使其不致在路基本体或地基产生破坏和位移，以保证行车的安全畅通。

路基是在各种复杂条件下工作的土工建筑物，有各种自然因素影响其强度和稳定性，如风、雨、雪、大气温度变化、地震、水流等常会对路基造成破坏作用。因此，要采取适当措施，使路基具有在各种自然因素长期作用下的耐久性。

5.1.2 路基及挡土墙的计算活载均以中-活载为计算标准。在路基设计中一般采用静力法，把路基面上的轨道和列车荷载的合力换算成与路基重度相同的土柱来代替作用在路基面上的荷载。

5.1.4 附录B对路基工程中使用的混凝土、石料及其砌筑用的水泥砂浆等材料的最低强度等级作了统一规定。由于浆砌片石挡土墙，其砂浆质量及墙的整体

砌筑质量不易保证，高度大于6m的重力式挡墙施工不得使用浆砌片石。

5.1.7 路基设计在比选时，既要考虑工程量和施工方法等，又要考虑可能出现路基病害所增加的工程量，在经济比选造价差不多的情况下，宜优先采用桥隧工程，避免高路堤、深路堑和复杂的重大不良地质地段。

5.1.10 为适应养路机械化作业的需要，在区间路基设置养路平台，供存放发电机及其他机具使用。平台位置应因地制宜，在间距500m附近处找填挖量较小的地方设置，一般情况平台长5m宽3m足够，具体尺寸应根据养路机械类型确定。由于当前养路机械尚未定型化，因此平台的具体尺寸可由设计单位与有关铁路局商定。

5.2 路 肩 高 程

5.2.1 历史最高观测水位的重现性小，若按最高的观测水位进行设计，其工程投资过大。按铁路等级确定设计洪水频率或观测洪水频率较为合理。

5.2.2 毛细水强烈上升高度可根据试坑直接观测确定，在试坑挖好后观测坑壁潮湿变化情况，干湿明显变化的地方到地下水面的距离即为毛细水强烈上升高度（图4）。

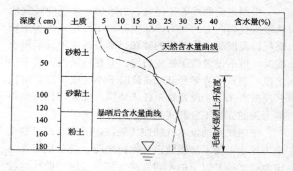

图4 毛细水强烈上升高度示意

5.2.3 改建既有线和增建第二线时，尽量利用既有设备，一般不采用新线洪水频率标准，而是结合既有线运营期间的水害情况在初步设计时确定设计洪水频率标准。

5.2.4 当同时具有斜水流局部冲高与波浪侵袭高时，由于两者相互干扰，不予叠加，取二者中较大值控制设计。

5.2.5 当铁路设计洪水频率低于水库设计洪水频率标准时，为避免路基长期被库水淹没，应采用水库正常高水位作为设计水位。

5.2.6 路肩高程高出冻前地下水位一定高度，使地下水沿毛细管上升时不至于在有害冻胀深度范围内聚集，避免产生有害冻胀及其他病害。

5.2.7 盐渍土地区，地下水或地面积水矿化度高，水中的盐分被毛细水带到路基土体中，水分蒸发后，

盐分积聚下来，容易使路堤土体次生盐渍化，进而产生盐胀等病害，因此盐渍土路基的路肩高程应高出最高地下水位或最高地面积水位一定高度。

5.3 路基面形状和宽度

5.3.1 路基面设路拱能使聚积在路基面上的水较快地排出，有利于保持基床的强度和稳定性。

5.3.2 路基面宽度（图5）应根据铁路等级、远期采用的轨道标准、道床厚度、路基面形状、路肩宽度等计算确定。

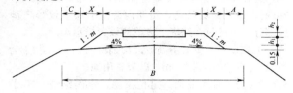

图 5　单线路基面宽度示意

B—标准路基面宽度；A—标准道床宽度；

C—路肩宽度；m—道床边坡坡率；

h_1—钢轨处轨枕下道床厚度；h_2—轨枕埋入道床厚度

区间直线地段单线标准路基面宽度及曲线加宽系参照现行行业标准《铁路路基设计规范》TB 10001计算方法确定。

5.4 路基填料

5.4.2 路基填料分类，主要参照现行行业标准《铁路路基设计规范》TB 10001划分。

5.5 基 床

5.5.1 基床是指路基上部受到列车动力作用和水文气候变化影响较大的一层，路基面以下 0.5m 影响深度，在我国南方地区一般都不大于 1.0m，东北个别地区其影响深度可达 3.0m 左右。根据调查资料，基床病害多发生在南方多雨地区。所以本条把路基面以下 1.2m～1.5m 范围定为基床。

5.5.3 为减少基床病害的发生，除改善排水条件、提高基床土的压实密度外，主要应选用渗水性较好的土质作为基床土的填料。

根据铁科院和南方各路局的调查资料，路基基床病害多发生在基床为细粒土及易风化泥质胶结的软石范围内。强风化至全风化的泥质胶结的软块石不应作为基床表层填料，塑性指数不大于12，液限不大于32%时，细粒土尚符合基床表层的要求，不易发生病害，否则应采取改良土质或换填砂砾石等措施。

路堤基床底层及以下部分选用 A、B、C 填料均可。限制使用 D 组土作填料，主要是由于这些土遇水易于崩解软化，强度急剧降低，膨胀土还具有吸水膨胀、失水收缩和反复变形的特性。如当地无 A、B、C 组填料时，除应做好排水防止地表水和地下水浸入堤

身外，还应根据 D 组填料的特性采取不同措施，如放缓边坡，加固坡面，土工格栅加固边坡，渗水土与黏土分层填筑，进行土质改良，或选用稳定性好的土填于坡面上等。

半填半挖和陡坡地段的路堤，常发生不均匀的下沉或填土部分坍塌，主要原因是由于水渗入填方的基底面，降低了基底摩擦力，增大了填土下滑力。为此除应将通过这些地段的侧沟、排水沟做必要的防渗加固措施外，还应考虑路基面下 1.0m 范围内，要求填料均一，强度一致。所以在岩石山坡上填土，或在土质山坡上填石时，路基面下 1.0m 内均应挖除换填适合基床土的填料，以消除由于土质不一而造成的不均匀下沉和基床病害。

5.5.4 本条主要说明对路堑基床表层土的要求，特别是浅路堑，地表土往往较松软，达不到基床密实度的要求，为了减少这些浅路堑基床病害的发生，对不符合基床表层密度要求的地段，应采取压实、换填、土质改良等措施。

5.5.5 基床加固措施主要包括：

1. 就地碾压——路堑基床表层和低路堤基床表层范围内天然地基土符合填料要求，当其压实标准不满足本规范表 5.5.2 的规定时，可采用重型碾压机械进行碾压。

2. 换土或土质改良——当基床土不能满足本规范第 5.5.3 条、第 5.5.4 条的规定时，基床可采用换土或在土中加入石灰、水泥、砂、粉煤灰等掺和料的土质改良或地基处理措施。

3. 加强排水——当基床受水影响时，应增设地面或地下排水设备，拦截、引排或降低、疏干基床范围内的水。

4. 设置土工合成材料——当降水量大，同时基床土为亲水性强的填料时，可在路基面铺设土工膜或复合土工膜。土工合成材料进行防渗处理时应全断面铺设。

5.6 路 堤

5.6.2 粗粒土（粉砂、粉土除外）的压实度按地基系数 K_{30} 或相对密度值确定其密实度。细粒改良土，即在土中加入石灰、水泥、砂、粉煤灰等掺和料的土，使其达到路基填料的要求。

5.6.3 路堤边坡坡度的确定，一方面通过力学检算满足稳定要求，另一方面还应考虑边坡受外界因素的作用情况，如雨水冲刷、人畜行走对边坡的影响。由于我国幅员辽阔，各地区的土质和气候条件各不相同，所得经验也不尽相同，因此如有可靠的资料和经验时，可不受表 5.6.3 限制。

填料用大于 25cm 的石块，边坡采用干砌者，干砌要求卧砌。

用易风化的石块填筑的路堤边坡，按风化后的土

质边坡设计，即风化成黏性土者按黏性土边坡设计，风化成砂者按砂的边坡设计，表中未作具体规定。

为避免排水沟或取土坑积水的浸润作用或在坡脚开垦农田而影响路堤的稳定性，规定路堤坡脚应设置天然护道。在经济作物区，高产田地段及城镇，土地珍贵，尽可能少占用田地，必要时可在路堤坡脚进行加固防护，设置坡脚墙。

路堤沉降的原因，除地基松软、承载力不足外，堤身施工时压实不够，路堤经常年累月的行车震动和自身压实等因素，也会产生一定的沉降，沉降量要根据土质类别、施工方法、施工期限、填土高度等综合考虑。现阶段主要依据以往一些实测资料和研究成果，经汇总分析提出根据不同填料类别所对应的沉降比。

5.6.4 从节省工程投资、便于路基维护两方面考虑，路基工后沉降控制应结合铁路等级、地质条件、施工条件等因素综合确定。

5.6.5 当地面横坡为 1：5～1：2.5 时，将原地面挖成台阶，以减少路堤沿地基面滑动的可能性。对常遇到的黏性土类斜坡来说，挖台阶的规定是完全适合的。但当斜坡为松散砂类土时，可以不挖台阶，只要将表层土翻松，就可达到目的。如基岩面向下倾斜，基岩面上覆盖层不厚且有滑动可能时，可以将覆盖层清除，再挖台阶；如倾斜的基岩为不易风化岩层，可将表层爆破成粗糙面后，再在地基码砌成 1m 宽的台阶，然后在其上进行填筑。

陡于 1：2.5 的陡坡上的路堤，应考虑个别设计，检算路堤顺地基滑动的稳定性；如地基下有软弱层，还得检算顺该软弱层滑动的可能性，当稳定系数小于 1.25 时，应采取稳固措施，如沿路堤边坡分层铺设土工格栅，或在路堤的下方设置挡土墙或副堤、干砌片石垛、加筑大台阶、加强排水等。

5.7 路　堑

5.7.1 表 5.7.1 路堑边坡坡率，只供土质比较均匀、无不良地质现象及地下水的路堑等一般情况下参照使用，由于我国幅员辽阔，气候、地质及其他自然因素变化较大，因此表中边坡坡度只列出上下界限值，具体设计时根据现场调查分析的结果，结合边坡高度，在表中的上下限界范围内选用。低边坡可选用较陡的数值，高边坡选用较缓的数值。

现场调查中，土和风化岩石两种地层组成的较深路堑，由于坡面水流较大，在土石交接处及坡脚部位易被冲刷淘空，形成边坡坍塌；另外养护中边坡较高，为方便作业，设置边坡平台很有必要。边坡高大于 15m 时宜设平台截水沟，并铺砌加固，以免渗漏。

5.7.3 路堑弃土堆一般应首先考虑堆在山坡下侧，这样可减少运土的升高距离，减少对路堑边坡稳定的影响。

5.8 路基排水

5.8.1 区间路基排水建筑物，应与桥涵、隧道、车站、农田水利等排水建筑物相衔接，以求水流通路畅通、互不影响，避免那种各行其是、互相矛盾、互相脱节的不良现象。

在地面横坡不明显的平坦地带，当路堤高度小于 1m 时，由于地面积水和局部地表径流，可能使路基基床受水浸泡或受毛细管水的作用而影响路基稳定性，宜在路基两侧均设置排水沟；当路堤高度大于 2m 时，由于路堤较高，短期内的浸泡还不致影响基床部分，也可只在路堤上方单侧设置排水沟。

土质良好、堑坡不高或天沟铺砌时，天沟边缘至堑顶距离可减小到 2.0m，以节省用地。

5.8.2 为了排水畅通、避免淤塞，水沟纵坡宜不小于 3‰～4‰，为了减少工程量，也不得小于 2‰。地面平坦或反坡排水地段为避免过多加大工程量，水沟纵坡可减至 1‰。

5.8.3 为防止因水流集中，增大流量造成漫溢，直接威胁线路安全，天沟不宜向路堑侧沟排水。

为保证隧道正常运营和安全，路堑侧沟的水流不得流经隧道排出。

5.8.4 一般情况下，标准水沟断面已满足流量要求，深长路堑侧沟及地表水来源丰富的排水沟等应根据流量计算确定水沟横断面，排水困难情况下，宜视地形条件增建桥涵建筑物。

5.8.5 根据目前调查情况，近年来铁路沿线修建的侧沟、天沟和排水沟，一般都采取了防渗加固措施。

5.8.6 渗水暗沟和渗水隧洞的纵坡，应根据地下水埋藏深度及纵坡、地层情况、出水口位置的高程等综合考虑确定。若流水不畅，引起沟底淤积，养护清淤困难，为了迅速排出地下水和防止淤积，渗水暗沟底部纵坡不宜小于 5‰。

5.8.7 渗水暗沟和渗水隧洞等地下排水设备皆为隐蔽工程，是否长期起到良好的排水作用，反滤层的设计和施工是关键。设计应正确选择反滤层的层数、颗粒大小及其级配，施工中应严格按设计要求，洗净砂石料，按颗粒大小的不同分层填筑。

土工织物作反滤层在国内铁路应用中有了一定的实践经验，取得了良好的效果，应推广使用。

5.8.8 深度大于 20m 的检查井，养护人员下井时较为费力，除应设置检查梯外，尚应考虑在检查梯的中段增设平台及护栏供养护人员中途休息。

5.9 路基防护及加固

5.9.1 坡面防护是防微杜渐、防患于未然的一种工程措施。有些严重的路基病害往往是由于路基边坡风化剥落逐渐发展造成的。如易风化的岩质路堑边坡任其风化剥落，可能引起大量的坍塌；易于冲蚀的土质堑坡若任其发展可能引起边坡的溜坍，同时剥落或冲蚀的屑物往往堵塞侧沟，使排水不畅，造成路基翻浆冒泥；土质路堤边坡受雨水冲蚀，产生大量冲沟，可能引起边坡溜坍失稳和路肩宽度不足。故必须采取相应的防护措施。

表 5.9.1 提出的坡面防护工程类型是当前常用而且效果较好的几种，其中铺草皮宜选用人工培植草皮，在选用防护类型时，除应考虑表中所列举的条件外，还应考虑环境保护及投资的经济性。

5.9.2 水流冲刷是影响沿河地区路基稳定的主要因素，应慎重选用适宜的坡面防护、导流、改河等防冲措施。

坡面防护是对河岸或路堤坡面予以直接加固，用以抵抗水流的冲刷和掏蚀。

导流是借助于沿河布置丁坝来迫使水流流向偏离线路，以减轻路基部分的冲刷，一般用于河床较宽、冲刷和淤积大致平衡、水流性质易改变的河段。

当路堤侵占河床较多或水流直冲威胁路基安全，在地形地质条件有可能时，方可采用局部改移河道的措施。但狭谷、泥石流、非稳定性的河段，不应轻易改移河道。

5.10 路基支挡

5.10.1 路基支挡结构主要包括重力式挡土墙、锚杆挡土墙、加筋土挡土墙、土钉墙、抗滑桩、桩板墙及预应力锚索等。

5.10.4 挡土墙在各种可能荷载组合作用下，各部构件应符合强度和稳定性的要求，确保路基稳定和列车的运营安全。

挡土墙类型、设置位置及其断面尺寸应经济合理，便于施工和养护维修。砌体材料的选用应考虑就地取材的原则，在缺乏天然石料或砂石料的地区，可选用钢筋混凝土结构、加筋土结构等新型支挡结构物。

5.10.5 考虑挡土墙在Ⅲ、Ⅳ级铁路中广泛使用，本条文重点阐述挡土墙设计基本要求。

挡土墙荷载分类系按荷载性质和发生机率划分为主力、附加力和特殊力。主力是经常作用的，附加力是偶然发生的或者其最大值发生机率很小，特殊力是暂时的或属于灾害性的，发生机率极小的。

路基及挡土墙稳定性检算时，均以"中-活载"为计算标准，不另加系数。

列车荷载通过轨枕在道床内的扩散角的确定，主要参考铁道部科学研究院在既有线上测试的结果，当道床厚度为 0.5m 时，动荷载分布在路基面上的宽度约为 3.5m，从而得出动荷载在道床内的扩散角约为 45°，故采用 45°。

在路基设计中一般都采用静力法，这种方法是把路基面上的轨道和列车荷载的合力，换成与路基容重相同的土柱来代替作用在路基面上的荷载。根据国内外工程实践、理论研究和有关规范，广泛采用库伦土压力理论。挡土墙检算时，一般情况可按库伦理论进行土压力计算。

5.11 特殊路基

5.11.2 软土路堤设计临界高度取决于软土性质和成层情况、硬壳的厚度和性质，以及填料的物理力学性质等，在计算时要考虑列车的荷载，以保证路堤的稳定性，当路基高度超过设计临界高度时，应根据不同情况采取不同的地基稳定措施，软土路堤加固原则：

(1) 当软土层厚度小于 3m 时，可采用换填、抛石挤淤等措施。

(2) 当路堤高度大于设计临界高度不多时，如软土层及其硬壳均较薄，可采用砂垫层；软土层较厚时，可采用反压护道、土工合成材料加固。

(3) 软土层较薄、下伏岩层平缓，路堤高度大于设计临界高度较多，且通车时间又较紧迫时，可采用碎石桩加固。

(4) 软土层很厚，路堤高度大于设计临界高度很多时，宜采用砂井、袋装砂井、塑料排水板等。

(5) 软土层虽较薄但底部横坡较大，路堤可能沿该层面滑动时，宜采用侧向粉体搅拌桩加固，或采用反压护道。

(6) 软土层上部土质极软时，可采用石灰桩进行浅层加固。

软土地基上填土的稳定性有随时间变化的规律。当填筑至设计高度的瞬间，稳定性是最低的，随着软土在荷载下的固结压密，稳定性又逐渐增高。为提高路堤施工期的稳定性和安全度，路堤的稳定安全系数不考虑列车荷载作用时最低值取 1.20。

列车荷载（包括上部建筑）对软土路基的稳定性是有影响的，对路基本体的应力水平影响比较大，有荷载以后路基的应力水平明显提高，对地基也有一定的影响，总之上部荷载降低路基的稳定性，因此，考虑列车荷载时稳定安全系数的最低值降至 1.10。考虑在架桥机作业条件下的路堤稳定性，其稳定安全系数不得小于 1.05。

在泥沼地区因填筑路堤，由于泥沼含水量大压缩性强，且强度低，为确保路堤的稳定，在填筑前应对地基进行处理，具体可参照软土地基处理办法处理。我国铁路上所遇到的泥沼范围小、深度浅，故一般采取换填、抛石挤淤、反压护道等措施。

在软土和泥沼地区地下水位较高，如以路堑通过，工程费用大，施工、养护困难，应尽量避免。

5.11.3 用膨胀性黏土填筑路堤时，破坏了膨胀土原有的裂隙性，经人工辗压，虽使其重塑而改变了部分性质，但干缩湿崩的性质并未彻底改变，久旱收缩裂隙发展，雨水深入路堤内仍会造成路堤变形。

路堤高度在 6m 以下者，边坡坡度可采用 1∶1.5；高度大于 6m 时应考虑个别设计，一般除放缓坡度外，可沿边坡分层铺设土工格栅加固或在边坡中间设置平台。

5.11.4 黄土路基设计是根据黄土沉积的时代和成因，选用相适应的设计原则及设计参数。

湿陷性黄土地基处理方法的说明如下：

1. 换填垫层法：有土垫层和灰土垫层。仅消除 1m～3m 湿陷性黄土的湿陷量时，宜采用土垫层进行处理，当同时要求提高垫层的承载力及增强水稳性时，宜采用灰土垫层进行处理。

2. 强夯法：夯击遍数一般为 2 遍～3 遍，最后一遍夯击后，再以低能量（落距 4m～6m）对表层松土满夯 2 击～3 击，也可将表层松土压实或清除，在强夯土表面宜设置 300mm～500mm 厚的灰土垫层。在城区或居民区，考虑振动的影响，建议不宜使用该方法。

3. 挤密法：当挤密处理深度不超过 12m 时，不宜采用预钻孔，其挤密孔直径宜为 0.35m～0.45m；当挤密处理深度超过 12m 时，可采用预钻孔，其直径宜为 0.25m～0.30m，其挤密填料孔直径宜为 0.50m～0.60m。

成孔挤密应间隔分批进行，孔成后应及时夯填。如为局部处理时，应由外向里施工。挤密地基在基底宜设置 0.50m 厚的灰土（或土）垫层。

当地基土的含水量 $\omega \geqslant 24\%$、饱和度 $S_r > 65\%$ 时，一般不宜直接选用挤密法。

5.11.5 在盐渍土地区防止路堤再盐渍化的措施有抬高路堤、设置毛细隔断层及降低地下水位等方法。

盐渍土的含盐程度和含盐性质是影响路堤质量的重要因素。当盐渍土路堤地基和天然护道的表层土大于填料的容许含盐量时，应予铲除，从而减少路堤填土的再盐渍化，增强地基的稳定性。但气候干旱、蒸发强烈的西北内陆盆地地区（年平均降水量小于60mm，干燥度大于 50，相对湿度小于 40%），当无地表水浸泡时，地基和天然护道可不受氯盐含量的控制。

5.11.6 在多年冻土地区，一般是用保护冻土的原则来保证路基的稳定。用路堤通过时，不但不会破坏地基冻层，而且路堤土体能起部分保温作用，有利于保护地基多年冻土的冻结状态。如用路堑通过，地层经开挖后，改变了多年冻土的原来状态，往往就会削弱路基的稳定性，增加处理的难度和费用。故多年冻土地区相比较而言，宜采用路堤。

5.11.7 在风沙地区宜以路堤通过为好，路堤顶面风速大，沙粒不易大量停留，且可借不同方向的风力吹散，人工清沙也较容易，因此，就防止积沙而言，路堤是一种较好的断面形式。

用沙填筑的路堤，其边坡坡度不应大于沙粒的天然休止角，考虑到机车车辆的震动影响及边坡的防护材料不致下滑，路基边坡坡度不宜大于 1∶1.75。

当路堤高度大于 6m 时，应适当提高其稳定系数，边坡坡度宜采用 1∶2，且应一坡到顶，因变坡不但使坡面易积砂，不易保持且施工困难。

风沙地区路基、弃土堆和取土坑，一般应在背风侧，以免被主导风吹蚀掩埋路基。路堑设计应考虑两侧有少量沙粒越过防护设施吹行路堑内，致使路堑道床积砂，所以应在边坡坡脚设置积砂平台。

5.11.8 防护林带不仅能起到防雪作用，而且有绿化造林的意义，因此它不仅对路基是一种永久性的防护措施，又能起到综合利用的效果。为使其既起到防雪作用，又不危及路基稳定和行车安全，防护林带距路堑顶或坡脚的距离宜为 20m，在路基一侧或两侧设置的防护林带的宽度不宜小于 10m。

5.11.9 线路通过滑坡地段时，必须查明和掌握滑坡的发生条件、发展趋势、滑坡性质和所属类型，对滑坡的稳定性作出正确的评价，进行绕行与整治方案的比较。

滑坡一经发现，应及早整治，争取主动。对滑坡的整治，原则上应一次根治，不留后患。对规模大、性质复杂、滑坡缓慢以及短期内难以查明其性质的滑坡，应在确保线路安全的前提下，采取全面规划、分期综合整治的原则。

滑坡推力计算中抗剪强度指标的选用是关键问题之一，应根据室内外试验结果、反算值、经验数据，并结合可能出现的最不利组合等综合分析确定。

推力计算中的安全系数 K 值一般采用 1.1～1.25，当考虑临时荷载时，不应小于 1.05。安全系数取值应根据滑坡规模的大小，变形的快慢及危害程度，所掌握资料的准确程度，控制滑坡发展的把握性，考虑附加力的多少，以及建筑物的重要性、永久性和修复的难易程度等选择。

5.11.10 崩塌落石、错落与岩堆等不良地质路基地段，应加强地质勘察与调查，查明病害类型、范围、规模及其发展，判明其稳定性以及对铁路危害程度，综合考虑防治措施。

5.11.11 岩溶地区溶洞及岩溶水对路基的危害，一般为溶洞顶板坍塌引起的路基下沉和破坏；岩溶地面坍塌对路基稳定的破坏，岩溶地下水渗流掏蚀浸泡路基的基底，引起路基沉陷，突发性的地下涌水冲毁路基等。应在查明岩溶发育规律的基础上，评价岩溶对路基的危害程度，慎重确定线路的走向和位置。视其岩溶发育特征有针对性地采取相应措施进行处理，如堵塞、疏导、截围、清爆、注浆加固等方法，以保证路基稳定。

5.11.12 河滩、滨河路基及水库地段路基。

1 被水浸泡的路基种类繁多、情况各异，只能择取常见的、对路基安全影响较大的河滩、滨河及滨海路基作一般规定。

2 水库蓄水后，随地下水壅升、水位升降变化、波浪的动力作用及库岸地层浸水后性质的变化，破坏了既有边坡的稳定，使库岸发生磨蚀、坍塌、滑坡等变形。

根据工程建筑物的具体位置，应对库岸作出稳定性评价。当危及建筑物安全时，则应对库岸或路基进行防护加固。坍岸主要是在第四系松散地层中发生，基岩除风化层和能被波浪磨蚀的软质岩层外一般不考虑坍岸问题。

5.12 改建与增建第二线路基

5.12.1 在改建既有线与增建第二线的路基设计中，对既有线路基病害的严重程度、发展趋势及其危害性应进行充分的调查分析，当既有线的路基病害较严重，而且危及改建与增建路基的坚固与稳定，或增建第二线后，可能促使病害扩大和发展，导致第二线路基同受其害，对这些病害应在设计中采取措施，一并整治。

5.12.2 根据多年来的实际情况，一般旧线路肩高程标准比较低，在改建与增建第二线时，既要尽量满足新建铁路标准，又要充分利用原有建筑物及设备，避免大拆大改，节约投资。

5.12.3、5.12.4 一般既有线建成标准低，且运营后路堤沉降，往往因道砟抬高路肩宽度更显不足，为了将既有路肩加宽，在取土困难的地方，可采用挡砟墙或补角墙方式以保持路肩要求的宽度，在取土不困难的地方，可采用填土帮宽的措施。加宽部分的边坡坡度应结合土质、高度等因素综合考虑确定。

5.12.5 路堑和路堤边坡坡度，在充分调查分析既有路基边坡稳定情况的基础上，结合改建路基土质、边坡高度等与既有线边坡相符时，可参照既有线边坡设计。

5.12.6 增建第二线并行等高地段，应注意设置排水横坡，使既有路基积水经二线路基，从横向迅速排出。在并行不等高或两线线间距较大地段，为防止产生路基病害，应于两线间设置纵向排水沟，以疏排两线间积水。

5.12.7 路基改建与增建第二线，在确保行车安全和既有设备使用状况良好的前提下，对可利用的既有建筑物应考虑尽量保留和加固利用。

5.12.8 整治基床病害在改建既有线路基工程中占有很重要的位置。对既有线的基床病害整治，要充分吸取运营部门的养护经验，采取设置纵、横向排水渗沟，换填渗水土，压注水泥砂浆，铺设砂垫层、土工织物或设封闭层等整治措施。

6 桥梁和涵洞

6.1 一般规定

6.1.2 铁路桥梁和涵洞属于重要土木工程结构物，必须具有规定的强度、稳定性、刚度和耐久性，以保证施工、运营安全，使用耐久。

6.1.3 鉴于过小频率标准对工程投资过大，且特大洪水重现可能性甚小，因此本条文对观测洪水作了一些限制，即对Ⅲ级铁路的特大桥及大中桥以不小于1/300、小桥不小于1/100、涵洞不小于1/50，Ⅳ级铁路的桥涵以不小于1/100的频率为最高标准。在采用历史洪水进行设计时，应作全面的调查研究，注意自然地理的变化和人类活动的影响，分析此项历史洪水位有无重现的可能性。

6.1.6 桥台与路基连接的规定，主要是为了：

1. 加强桥台与路堤的连接，使线路道砟不致由锥体顶部下滑；

2. 避免填土及雨雪从锥体坡面流至支承垫石平台上；

3. 埋式桥台锥体坡面与台身前缘相交处，是桥台与锥体填方连接的弱点，此处应避免被水流冲刷或渗入而引起锥体护坡坍塌；

4. 为维持钢筋混凝土刚架桥的锥体固着作用。

6.1.8 为了抽换枕木的方便，道砟桥面枕底高出边墙顶不应小于0.02m，道砟槽内的道床厚度应有足够的弹性，一般是比照石质路堤的道床来考虑。考虑机械化养路电镐插入道砟深度的要求和将来更换预应力混凝土轨枕的要求，规定轨下枕底道砟厚0.25m比较合适。在特殊情况下，如在坡道上，需要道砟厚度来调整坡度时可予减薄。又为在改建铁路困难条件下，可考虑减小桥上道砟厚度，但以不小于0.20m为宜。

为保持道床的弹性和排水通畅，道砟质量要坚硬耐冻，不易风化。桥上道砟限用碎石。

6.1.9 涵洞顶至轨底的填方厚度大于或等于1.2m时，竖向活载的冲击能量可被填方吸收，所以对涵洞可以不计列车活载的竖向动力作用。

6.1.10 常用桥梁墩台有混凝土实体墩台、混凝土或钢筋混凝土空心墩台、钢筋混凝土刚架墩台、钢塔架等，一般情况应考虑就地取材。钢塔架仅在特殊情况下或作为临时结构时选用。

柔性墩等轻型墩台，由于刚度较差，不应使用。

桥墩横截面的形式，对水流的压缩、冲刷深度都有显著影响。为提高桥孔的宣泄能力，减少冲刷、减少水流阻力，应采用流线形式。水流斜交不大，宜采用圆端形桥墩；对于水流方向不稳定的河流，素流河段以及水流河流处或斜交较大的情况，宜采用圆形桥墩。设计频率水位以上墩身部分以及不受水流影响的桥墩，可采用矩形或其他形状。

刚架墩和高桩承台等由于结构刚度较小，在通航、流筏、流冰或有静冰压力的河流中容易磨损，因此在这些情况下尽可能不采用。冰冻地区，在冻结影响范围内，倘采用空心墩台身，则可能因内外冰冻不均衡，使墩台受力很大，所以这些部位不得采用空心墩台。受撞击力作用高度以下部分，不得采用空心墩身。

在同一桥上，为简化施工，并使外观整齐，应减少墩台类型。

6.2 孔径及净空

6.2.2 道路在铁路下面通过的立交桥设置限高标志、限界防护架，跨越铁路的道路立交桥上设置安全防护设施的规定，均是从保障铁路结构物和行车安全方面考虑的。

铁路跨越公路立交桥当选择为框架式地道桥时，其桥下净宽应结合公路机动车道和非机动车道及人行道的布置，确定合理的净宽，其净空高度应符合现行行业标准《公路工程技术标准》JTGB 01 的规定外，同时还应考虑施工误差及公路路面厚度对净高的影响，必要时尚应与使用部门协商确定桥下净宽和净高。

6.2.3 表 6.2.3 所列的桥下净空高度主要考虑三方面的因素，即推算周期流量由于抽样误差引起的水位误差、天然水流受外力及受桥梁建筑物影响后的水面变化和水流挟带露出于水面的漂流物的高度。

在确定河湾处桥下水面已考虑水流离心力的影响时，其水面不必加上流水河湾超高。

浪高除以下三种情况，一般均应计算：(1) 洪峰历时短促、涨落迅速的季节性河流；(2) 浪程小于200m时；(3) 水深小于1.0m时。

局部股流涌高多存在于山区或山前区的河流上，由于洪水流多股奔放，集中股流所在处的水流较两侧为高，其成因很复杂，须在勘测时通过调查加以考虑。桥墩冲高仅在确定支承垫石高程时才予考虑，当水流平缓、桥前壅水起控制作用时可不考虑。桥墩冲高的数值不与浪高叠加（小桥可不考虑局部股流涌高和桥墩冲高）。在河床逐年淤积抬高的河流上，桥下净空高度尚需考虑淤积的可能性而适当提高。泥石流河流上，应考虑设计年限内淤积厚度的总和。在有严重的泥石流时，一次淤积厚度最大值有时竟达3m～5m，因此桥下净空高度应取设计年限内河床淤积厚度总和或一次淤积厚度的较大值，另按本规范条文中表 6.2.3 规定加安全值1.0m。若为黏性泥石流，泥石流常悬浮着直径达1m～2m的大孤石，考虑到孤石一般呈半浮半沉状态，遇此情况，桥下净空高度还应再加大孤石直径之半值。泥石流阵性波浪高的因素

也要适当考虑。

有些河流在洪水时往往夹带着大量漂流物，如净空不够，容易堵塞桥孔，甚至推走桥梁，挤倒墩台，造成水毁事故。一般说来，钢梁杆容易缠挂漂流物，再加上自重较轻，梁上的木枕又有浮力，钢梁被漂流物推落河中。而钢筋混凝土梁是自重较大的实体构筑物，即使桥孔不足，漂流物也能从梁下挤过，或从梁上跃过。故规范规定钢梁下在洪水期有大漂流物通过时，可根据具体情况，采用大于规范表 6.2.3 所列数值。

实腹无铰拱桥因其结构本身刚度较大，当洪水期无大漂流物时，拱脚允许被设计频率水位加有关影响高度"Δh"后的水位淹没，但不应超过矢高之半。由于拱桥较梁桥阻水影响要大，为维持拱桥与梁桥下大致具有相同的净空面积，故规定净空高度不应少于1.0m。

6.2.7 为确保人身安全及满足养护维修的需要，本条规定所有桥梁均应设置双侧带栏杆的人行道。栏杆间内侧净距应满足净空限界的要求。

我国桥梁限界宽度4.88m，故净距可定为4.9m。考虑到行人的方便、安全和道砟桥面的道砟堆放需要，以及车站内的桥应考虑调车作业的安全，对采取机械化养路的大中桥，还应考虑推行小车及存放机具等因素，故规范规定对于车站内的桥和区间内的桥线路中心至人行道栏杆内侧净距进行了调整。

车站内的桥宜在人行道栏杆上装设防护网，以保证调车作业安全。设于牵出线的人行道栏杆宜根据作业要求加高加密。位于城镇附近兼行人通行频繁的桥，其人行道宽度可根据具体情况确定，并增设分离的防护栅栏以保证行人安全。为简化构件类型，避免施工和运送过程中发生错误，一般情况下两侧人行道宜采用相同宽度。

目前，养路机械化的机械尚未定型，因此本条对养路机械化平台尺寸未作规定。

6.3 结　构

6.3.1 荷载按其性质和发生几率划分为主力、附加力和特殊荷载。

主力是经常作用的；附加力不是经常发生的，或者其最大值发生几率较小；特殊荷载是暂时的或者属于灾害性的，发生的几率是极小的。

条文中表 6.3.1 将混凝土收缩和徐变的影响列为恒载，因混凝土的收缩和徐变是必然产生的，其作用也是长期的，尤其对刚构、拱等静不定结构有显著影响。此外还将基础变位的影响也列为恒载。

条文中表 6.3.1 内公路活载包括车辆、行人在内，并应考虑公路桥面布满人群或车辆两种情况。

以往铁路桥涵规范中所采用的"冲击力"一词不太确切，1999 年之后已改为"列车竖向动力作用"，

其值与原来规定的值相同。

多年冻土地区的桥涵，由于季节融化层冻胀的影响，使基础产生冻胀力。此力的大小随地温变化而定，其最大值发生几率较小，故列为附加力。

船只或排筏撞击墩台发生的几率很小，地震力发生的几率更小，故将船只或排筏撞击力、地震力划为特殊荷载，规定不与其他附加力同时计算。施工荷载是暂时的，还可采取临时措施来保证安全，因而均列为特殊荷载，以免有过多的安全储备。新增的汽车撞击力荷载作为特殊荷载。

根据各种荷载同时发生的可能性，对荷载组合作了一些规定。

列车产生横向摇摆力的原因很多，其中以列车蛇行运动为主要原因。当风力或离心力较大时，风力和离心力将会阻碍列车横向摇摆，因此列车的横向摇摆力减为很小。所以规定列车横向摇摆力不与最大离心力、风力同时组合，也就是说按规范规定的摇摆力值不与离心力值、风力值同时计算。

在有流冰的河流上，流水压力比流冰压力小得多，因此流水压力一般可以忽略不计。检算桥墩受冰压力作用时，一般为桥上无车控制，而且与列车制动力同时发生的机会甚少，因此可不考虑与制动力或牵引力的组合。

6.3.3 位于曲线上的梁跨结构与墩台，当通过列车时，离心力的数值为：

$$C \cdot W = \frac{W}{g_n} \cdot \frac{V^2}{R} \tag{32}$$

式中：g_n——标准自由落体加速度，为 9.81m/s^2；

W——物体重力（kN）；

R——曲线半径（m）；

C——离心力率；

V——列车运动速度（m/s）；

倘 V 以 km/h 计，则得 $C = \frac{V^2}{9.80 \times 3.6^2 R} = \frac{V^2}{127R}$

上式对最大限制行车速度的数值不作具体规定，各条线路可按其各自的线路条件、牵引条件和将来可能发展来决定其最大限制行车速度。这样将更能符合实际，增加了灵活性。过去某些山区线路，由于坡度较大，半径较小，虽然考虑了发展，也远远达不到规定的行车速度，采用过高的速度限制会增加不必要的费用。

规范还规定了离心力率最大值的限制，这是因为外轨超高有其最大的限制，一般未能按照最大速度时离心力的需要来设置。由于在线路上行驶各种列车的实际行车速度不一致，列车速度又有上坡下坡的不同，在同一曲线上不能作出适应各种不同速度的超高，因此，当通过最大速度时，横向就有尚未被超高平衡的离心力。根据计算，本规范中统一采用 15% 的限值，是符合多数情况的。

关于离心力的计算方法，可以采用支点反力或换算均布活载的计算方法。其物理意义为相应于实际的各个竖向静活载（轴重或均布荷载）各有其相应的离心力（集中的或均布的）。"支点反力法"将梁部竖向静活载的支点反力乘以离心力率即为由梁部传至墩台的离心力，台顶部分按实有的竖向静活载乘离心力率得台顶部分的离心力，这符合上述物理意义，一般可采用此法。在某些情况下按跨中换算的均布活载来计算也是可以的。

离心力是作用在车辆的重心处，并由曲线中心向外的水平力，由于各种类型的车辆高度不尽相同，为偏于安全和统一计算，假定车辆重心位于钢轨面以上 2m 处。

6.3.4 由于列车蛇行运动，机车各部分产生的动力不对称作用，车轮轮缘存在损伤，轮轴不位于车轮中心处以及机车车辆振动作用及轨道不平顺的影响，致使列车在行进中发生左右摇摆，车轮产生作用于轨面的横向摇摆力。其中蛇行运动是引起列车横向摇摆力的主要因素。

研究表明，列车蛇行运动具有随机性，试验列车通过桥梁的任一时刻，有的车轮对轨面作用向左侧的集中摇摆力，有的车轮对轨面作用向右侧的集中摇摆力。对于桥梁，这些向左与向右的集中摇摆力会彼此抵消一部分。当列车中两辆车前车后转向架和后车前转向架同时向左或向右时，对桥梁的横向作用最大，特别对于中小跨度桥梁，这个作用规律比较明显。在大跨度桥上，由于同时作用车辆太多，每辆车的横向振动相应随机性大，彼此抵消作用非常复杂，但从局部不利的角度来考虑，对桥梁的整体横向作用也可采用以上作用模式。

欧盟通过大量的计算和试验研究得出，列车的横向摇摆力对桥梁的最大作用是：两辆车前车后转向架和后车前转向架同一方向达到最大，也就是 4 个轮轴的横向集中力各达到 25kN，因此德国《铁路桥梁及其他工程建筑物规范》DS 804 中的横向摇摆力按 $4 \times 25\text{kN} = 100\text{kN}$ 计算。这是一个集中力，在与线路成直角方向（向左或向右）水平作用于轨道顶面，作用位置以能对所在的构件中产生最大效应来考虑。在连续的道砟道床桥面上，横向摇摆力可沿线路方向均匀分布在 $L = 4.0\text{m}$ 的长度上。

对于大跨度桥梁横向摇摆力的取值，可另行考虑。

6.3.5 本条系对桥跨结构检算倾覆稳定性的规定。一般认为，支座属刚体，故稳定力矩及倾覆力矩沿横向指对支座边缘而言，沿纵向指对支座铰中心而言，计算公式如下：

$$K = \frac{\sum M_d}{\sum M_q} \geqslant 1.3 \tag{33}$$

式中：K——倾覆稳定系数；

M_d——抵抗力矩；

M_q——倾覆力矩。

对于钢筋混凝土悬臂梁结构系考虑悬臂部分及挂孔有超载的可能，超载的幅度最多可以超过悬臂应力容许值的30%，此时纵向倾覆稳定系数仍不应小于1.3，使稳定性与强度达到均衡设计。

6.3.6 对梁式桥跨结构容许挠度的规定，主要是为了适应列车安全平稳运行的要求，并考虑挠度对结构本身的影响。

当挠度较大时，支座转角也大，线路形成实变，不能维持连续平顺的曲线，致使此处受到冲击力，不利于养护。

考虑到既有铁路提速后简支钢板梁发生的问题最多，竖向挠度容许值 $L/800$ 应该有所提高，本次修订改为 $L/900$。

6.3.7 本条文参考铁三院、同济大学、铁专院和大桥设计院课题组的科研成果，是新增加的条文内容。

为了保证车辆以规定的速度安全地通过桥梁，既有铁路桥梁是用横向振幅行车安全限值为检验标准。当桥跨结构的横向振幅超过上述限值时，车辆过桥必须限速。为了提供一个限速程度的建议，在《铁路桥梁检定规范》中，提出"适应不同车速条件的桥跨结构横向自振频率值"表。本条文表6.3.7中不同结构类型桥梁的横向自振频率 f 容许值标准，引自《铁路桥梁检定规范》的规定。

对梁体横向变形进行控制，明确规定的有1995年欧盟试行标准及1976年的UIC标准。我国现行铁路规范或暂行规定中，都采用 $L/4000$ 作为梁体的横向变形限值，因此本规范也按此办理。

6.3.8 钢梁横向应有足够的刚度，如钢梁宽度太小，横向刚度不足，可能引起横向剧烈振动，导致列车脱轨或使旅客感觉不舒适；在列车荷载作用下，桥梁整体丧失稳定。

为了避免出现上述情况，尤其是为了确保列车不脱轨和桥梁整体不丧失稳定，桥梁必须具有足够的横向刚度。显然，桥梁横向刚度较大时，旅客的舒适感必定得到改善，但是想完全靠提高桥梁的横向刚度来改善旅客的舒适感往往是困难的，也是不经济的。旅客舒适感的改善除可采取增大桥梁横向刚度外，主要还需通过改进车辆的构造来解决。

单线上承式钢板梁、单线上承式钢桁梁和半穿式钢桁梁结构，由于其动力性不好，在新建Ⅲ级铁路钢桥设计中应谨慎采用。

6.3.9 墩台本身及其基础应具有足够的强度、抗裂性、稳定性与刚度。

检算实体墩台身截面的偏心、压应力是为了保证截面具有一定的抗裂性、稳定性与强度，但由于圬工塑性变形，即使合力作用在容许偏心之内，其实际应力状态还是比较复杂。为简化计算，可偏于安全地采

用应力重分布的办法，不计拉应力的影响。

检算基底的合力偏心及压应力是为了使基底应力分布均匀，并满足强度要求。石质地基当合力超出核心时，按应力重分布办法检算地基强度。

墩台身纵向弯曲稳定是按中心压杆或偏心压杆的稳定理论计算。

检算墩台顶的弹性水平位移是为了保证运营时线路平稳，较高的实体、空心等墩往往成为设计的控制因素。以往有按高低墩的划分作为是否需作此项检算的依据，实际上高、低墩的设计没有本质上的差别。

梁部对墩台有约束作用，但考虑梁的弹性约束作用比较复杂。另外，目前尚缺乏各种类型墩台与梁跨结构之间的约束参数，一般桥墩多采用下端固定的悬臂杆图式。计算稳定性时，其自由长度按悬臂杆考虑。

墩台计算中的活载一般按单跨活载、双跨活载、双跨空车等考虑，选其最不利情况切断布置。至于梁的挠曲力对墩台的影响，因涉及因素较多，目前工作做得还不够，所以未列入规范。

墩台位移一般由两部分组成，一是墩身和基础材料的弹性变形，二是地基的弹性变形，计算时应将它们叠加起来。

桩基、沉井以及明挖基础的位移及转角按现行行业标准《铁路桥涵地基和基础设计规范》TB 10002.5计算。明挖基础弹性转角的计算应取得实测土的弹性模量，当缺乏资料时可按附录D中各类土的 m_0 值，但是当埋深小于10m按10m计算这一点，对明挖基础未尽事宜，应用时按宜考虑浅埋的影响。

在薄壁空心墩台中，温度、日照、混凝土收缩等影响引起结构内力的变化比较复杂，温度应力的计算方法还不够完善，或不够成熟，只能作为定性分析的参考，重要的是在设计中应考虑到这些因素，结合实践经验，在构造上采取一些必要的措施。

混凝土空心墩削弱截面面积较多，外力作用下不应产生裂缝，因此除检算截面压应力外，尚应检算拉应力。

6.3.10 本条对墩台基础变位及刚度限值作了规定。

1 对墩台基础沉降量作出了比原规范更为严格的规定。

原规范规定：外静定结构墩台均匀沉降量不得大于 $20\sqrt{L}$（mm）；相邻墩台均匀沉降量之差不得大于 $10\sqrt{L}$（mm）。L 为相邻桥跨中较短跨的跨度（m），当 $L<24$m 时，按24m计算。假设：

$20\sqrt{L}=98$mm，$10\sqrt{L}=49$mm；

$L=32$m，$20\sqrt{L}=113$mm，$10\sqrt{L}=56$mm；

$L=64$m，$20\sqrt{L}=160$mm，$10\sqrt{L}=80$mm。显然在梁跨较大时沉降量容许值偏大。

对于桥梁基础沉降量给予一定的限制，是为了保

证墩台发生沉降后，桥头或桥上线路坡度的改变不致影响列车的正常运行，即使要进行线路高程调整，其调整工作量不致太大，不会引起梁上道砟槽边墙改建和桥梁结构加固。

桥涵由于恒载作用下的沉降变形，有些在施工期间已经产生，桥梁或涵顶填土的高度可以在施工中得到调整，因此仅计施工之后的沉降。由于活载作用下的沉降变形是瞬间的、弹性的，一般可以恢复，所以规范规定桥涵基础的沉降仅按恒载计算。

基础的沉降对于超静定结构除影响桥上坡度外，更重要的是会引起结构产生附加内力。因此，规范规定对于超静定结构的基础沉降容许值，应根据其沉降值对结构内力影响的大小而定。

2 关于桥墩台的横向及顺桥向水平刚度限值。

静力计算墩台顶水平位移值，是桥墩台刚度的直接体现，是对车桥耦合振动体系影响较大的一个因素，影响旅客列车安全性和旅客乘车舒适度的指标，故应参考有关规定予以限制。

墩台顶帽面水平位移容许值的确定，一直为设计人员所关心。但是由于制订该项容许值时需要考虑的问题相当多（如需要考虑列车运行安全、养护方便、结构经济、旅客舒适等），墩台顶帽面位移计算中碰到的困难不易解决（如墩台身弹性模量和截面惯性矩如何合理取值，喉桥轴方向上部结构对墩台顶帽面的约束作用如何考虑等），加上缺乏足够的试验和系统的理论研究，以致长期以来墩台顶帽面水平位移容许值的制定进展不大。

（1）关于桥墩横向水平位移限值。

原规范对于铁路桥梁桥墩墩顶横向位移的荷载组合、组合系数及温差引起墩顶横向变位的计算方法、取值范围等都没有明确的规定，铁三院和铁科院《铁路桥墩横向刚度荷载组合及计算研究》为本次修订提供了依据。本次规范修订时将横向摇摆力列入主力，因此在计算墩顶横向位移时，应将离心力和横向摇摆力列入主力组合，也应考虑日照温差的影响。

原规范对桥墩横向水平位移的限值相当于水平折角在 1‰～2.04‰，和国外规范限值水平是一致的。为了和国际接轨，本次修订采用水平折角的表达形式，对常用的中小跨度铁路桥梁桥墩横向水平位移限值更严格一些。

（2）关于墩台顶帽面处顺桥方向的弹性水平位移限值。

就目前使用规范的反映来看，尚未发现问题，其墩台顶帽面顺桥方向的弹性水平位移限值仍按原规范规定办理。

在计算混凝土、石砌墩台水平变位中，应考虑墩台身受弯时弹性模量较受压时有所降低，另外墩台身产生裂缝，致使墩台身的截面惯性矩减小，因此其抗弯刚度 EI 按受压弹性模量 E_0 和全截面惯性矩 I 计算

所得的值应予以降低，采用 $\alpha E_0 I$ 值。一般认为，α 值应根据墩台截面偏心的大小和施工质量的好坏而定。截面偏心较小和施工质量较好时，采用较大的 α 值，反之采用较小的 α 值，但要具体确定 α 值是相当困难的。根据分析，在当前采用墩台顶面为自由端、底面为固结端的计算图式情况下，即使考虑墩台身的抗弯刚度为 $E_0 I$，计算所得的墩台顶面垂直桥梁轴线方向的水平位移值往往大于实测值，究其原因，主要是计算图式不合理，至于采取什么样的计算图式才合理，有待研究。目前本条文暂采用 $\alpha = 1.0$。

6.3.13 本规范增列了对涵洞基础沉降量的规定。考虑到涵洞病害主要由于沉降引起，为了提高安全性，涵洞基础沉降量按不大于 100mm 考虑。

6.3.14、6.3.15 基础埋深主要考虑三个方面：

1. 地基冻胀的影响；

2. 无冲刷处或河床设有铺砌防冲；

3. 冲刷的影响。

桥墩台基础埋置深度的合理与否，不仅涉及结构本身与水文、地质的关系，有时还涉及其他很多条件，而有些条件无法包括在规范之内，如靠近城市的桥梁，桥下游捞取工业用砂，使桥下河床降低，又如上游不合标准的水库溃坝等。这些都对基础造成威胁，但这些因素不可能全部考虑到条文中表 6.3.14 所列数值之内，设计时应结合具体情况加强调查分析。

6.3.16 墩台基底的倾覆稳定系数 K_0 按下式计算：

$$K_0 = \frac{s\sum P_i}{\sum P_i e_i + \sum T_i h_i} = \frac{s}{e} \tag{34}$$

式中：K_0——墩台基础的倾覆稳定系数；

P_i——各垂直力（kN）；

e_i——各垂直力 P_i 对检算截面重心的力臂（m）；

T_i——各水平力（kN）；

h_i——各水平力 T_i 对检算截面的力臂（m）；

s——在沿截面重心与合力作用点的连接线上，自截面重心至检算倾覆轴的距离（m）；

e——所有外力合力的作用点至截面重心的距离（m）。

力矩 $P_i e_i T_i h_i$ 应视其绕检算截面重心的方向区别正负。

墩台基底滑动稳定系数 K_c 按下式计算：

$$K_c = \frac{f\sum P_i}{\sum T_i} \tag{35}$$

式中：K_c——墩台基础的滑动稳定系数；

f——基础底面与地基土间的摩擦系数。

6.4 材 料

6.4.3 过去结构设计混凝土强度等级的选择多是根

据强度需要确定的。近年来国内外工程界对混凝土结构的耐久性越来越重视，国内外研究资料和我国铁路工务部门对既有梁的检测情况都表明提高混凝土的强度等级可提高混凝土的密实性，对耐久性是有利的。本次规范修订从技术和经济两方面综合考虑结构设计混凝土强度等级的选择。

6.4.6 由于片石砌体、块石砌体本身匀质性较差，施工质量参差不齐，施工后，工程出现质量问题的比率远高于混凝土作为结构建筑材料的情况。故为了保证桥涵结构主体工程的施工质量和耐久性，本次规范修订调整了片石砌体、块石砌体的适用范围，即片石砌体、块石砌体均不再适用于桥梁墩台及基础，片石砌体也不再适用于涵洞的边墙、端墙及基础。

6.4.7 软化系数是用于检验石料受水影响及耐风化的重要指标，系指石料在饱和湿度状态下与干燥状态下试块极限抗压强度的比值。为了避免石料因水的影响而使强度降低过多，影响建筑物的耐久性，本条规定软化系数为选择材料的一个指标。

6.5 导治建筑物及防护工程

6.5.1~6.5.3 导治建筑物和防护工程有利于保证水流、流冰、漂流物等顺利从桥孔通过，使桥涵处和其附近河床冲刷不致危及桥涵建筑物的安全，防止和减轻桥下河床的不利变形，消除或避免由于修建桥梁、路基对农田村镇及其他建筑物的不良影响。

在水情复杂、导治工程规模较大时，修建费用较大。若设置不当反而加剧了水流对桥渡的危害，故宜通过水工模型试验并宜分期投资，逐步验证，不断加强完善。

河槽范围内不宜设导流堤束水过桥，这不但造价昂贵，且易遭水害，防护和维修费用常远远超过扩孔的费用。

7 隧 道

7.1 一般规定

7.1.1 隧道按长度分类的标准是参照国际隧道协会的有关资料规定的，以使不同长度的隧道概念明确，便于使用和国际交流。

关于隧道长度的计算方法，统一规定为进出口洞门端墙墙面之间的距离，即以端墙面或斜切式洞门的斜切面与设计内轨顶面的交线同线路中线的交点计算。双线隧道按下行线长度计算，位于车站上的隧道以正线长度计算。

7.1.2 铁路隧道是永久性的大型建筑物，工程大、投资多、建成后不易改建或扩建，不仅在勘测设计中受到地形、地质及其他环境条件影响，而且在施工中和竣工后，其耐久性等各方面仍将受到各种条件的影响，并且由于洞内工作条件差，给隧道施工及运营养护维修带来不利的影响。所以本条文提出了Ⅲ、Ⅳ级标准轨距铁路隧道设计的总的原则。

7.1.4 新建Ⅲ、Ⅳ级标准轨距铁路隧道的内部轮廓，本条文仅作了应符合现行的标准轨距铁路隧道建筑限界及远期轨道类型的原则规定。这是考虑到：（1）铁路电化或非电化问题，应在具体线路的设计任务书中予以规定；（2）隧道建筑限界标准未涉及轨面以下部分，而这一部分和线路轨道类型有关。

位于车站上的隧道，由于站场有其特殊的要求，如净空要求较区间的要大些，故文中提出车站上的隧道，还应满足站场设计要求。

7.1.5 隧道建筑物必须长期保持正常状态。从这一观点出发，要求隧道结构物应设计为永久性的，即洞口要设置洞门，洞内要设置衬砌等，而这些结构设计必须具有规定的强度、稳定性和耐久性。所谓耐久性，一般是指所使用的建筑材料具有必要的抗渗性、抗冻性和抗侵蚀性。

为达到运营安全适用的目的，隧道必须增建为安全和方便养护维修工作所必需的设施，如大小避车洞、通信、信号、供电、照明及防治有害气体的设施，洞门检查设备以及兼作人行使用的水沟盖板等。

7.1.6 铁路隧道围岩分级是在总结我国 30 多年来在修建铁路隧道经验的基础上，参考国内外有关围岩分级的成果，从围岩稳定性出发，以围岩结构特征和完整状态为主要分级指标而建立起来的分级法。现把铁路隧道围岩分级表附后，见表 19。

表 19 铁路隧道围岩级别判定

围岩级别	围岩主要工程地质条件		围岩开挖后的稳定状态（单线）	围岩弹性纵波速度 v_p （km/s）
	主要工程地质特征	结构特征和完整状态		
Ⅰ	硬质岩（单轴饱和抗压强度 $R_c > 60$MPa）：受地质构造影响轻微，节理不发育，无软弱面（或夹层）；层状岩层为厚层，层间结合良好	呈巨块状整体结构	围岩稳定，无坍塌，可能产生岩爆	>4.5

围岩级别	围岩主要工程地质条件		围岩开挖后的稳定状态（单线）	围岩弹性纵波速度 v_p（km/s）
	主要工程地质特征	结构特征和完整状态		
II	硬质岩（$R_C > 30MPa$）：受地质构造影响较重，节理较发育，有少量软弱面（或夹层）和贯通微张节理，但其产状及组合关系不致产生滑动；层状岩层为中层或厚层，层间结合一般，很少有分离现象，或为硬质岩偶夹软质岩	呈大块状砌体结构	暴露时间长，可能会出现局部小坍塌；侧壁稳定，层间结合差的平缓岩层，顶板易塌落	3.5～4.5
	软质岩（$R_C \approx 30MPa$）：受地质构造影响轻微，节理不发育，层状岩层为厚层，层间结合良好	呈巨块状整体结构		
III	硬质岩（$R_C > 30MPa$）：受地质构造影响严重，节理发育，有层状软弱面（或夹层），但其产状及组合关系尚不致产生滑动；层状岩层为薄层或中层，层间结合差，多有分离现象；或为硬、软质岩石互层	呈块（石）碎（石）状镶嵌结构	拱部无支护时可产生小坍塌，侧壁基本稳定，爆破震动过大易塌	2.5～4.0
	软质岩（$R_C = 5MPa～30MPa$）：受地质构造影响较严重，节理较发育；层状岩层为薄层、中层或厚层，层间结合一般	呈大块状砌体结构		
IV	硬质岩（$R_C > 30MPa$）：受地质构造影响很严重，节理很发育；层状软弱面（或夹层）已基本被破坏	呈碎石状压碎结构	拱部无支护时，可产生较大的坍塌，侧壁有时失去稳定	1.5～3.0
	软质岩（$R_C \approx 5MPa～30MPa$）：受地质构造影响严重，节理发育	呈块（石）碎（石）状镶嵌结构		
	土体： 1. 具压密或成岩作用的黏性土、粉土及砂类土； 2. 黄土（Q_1、Q_2）； 3. 一般钙质、铁质胶结的碎石土、卵石土、大块石土	1 和 2 呈大块状压密结构，3 呈巨块状整体结构		
V	岩体：软岩，岩体破碎至极破碎；全部极软岩及全部极破碎岩（包括受构造影响严重的破碎带）	呈角（砾）碎（石）状松散结构	围岩易坍塌，处理不当会出现大坍塌，侧壁经常小坍塌；浅埋时易出现地表下沉（陷）或塌至地表	1.0～2.0
	土体：一般第四系坚硬、硬塑黏性土，稍密及以上、稍湿或潮湿的碎石土、卵石土、圆砾土、角砾土、粉土及黄土（Q_3、Q_4）	非黏性土呈松散结构，黏性土及黄土呈松软结构		

围岩级别	围岩主要工程地质条件		围岩开挖后的稳定状态（单线）	围岩弹性纵波速度 v_p（km/s）
	主要工程地质特征	结构特征和完整状态		
Ⅵ	岩体：受构造影响很严重，呈碎石、角砾及粉末、泥土状的断层带	黏性土呈易蠕动的松软结构砂性土，呈潮湿松散结构	围岩极易坍塌变形，有水时土砂常与水一齐涌出；浅埋时易塌至地表	<1.0（饱和状态的土<1.5）
	土体：软塑状黏性土、饱和的粉土、砂类土等			

注： 1 "围岩级别"和"围岩主要工程地质条件"栏，不包括膨胀性围岩、多年冻土等特殊岩土。

2 关于隧道围岩分级的基本因素和围岩基本分级及其修正，可按现行行业标准《铁路隧道设计规范》TB 10003—2001 附录 A 的方法确定。

3 层状岩层的层厚划分：

巨厚层：厚度大于 1.0m；厚层：厚度大于 0.5m，且小于或等于 1.0m；中厚层：厚度为 0.1m～0.5m；薄层：厚度小于 0.1m。

4 风化作用对围岩分级的影响，可从以下两个方面考虑：

结构完整状态方面：当风化作用使岩石结构松散、破碎、软硬不一时，应结合因风化作用造成的各种状况，综合考虑确定围岩的结构完整状态；

岩石类别方面：当风化作用使岩石成分改变，强度降低时，应按风化后的强度确定岩石类别。

5 遇有地下水时，可按下列原则调整围岩的级别：

在Ⅲ级围岩或属于Ⅱ级的硬质岩石中，一般地下水对其稳定性影响不大，可不考虑降低；

在Ⅲ级围岩或属于Ⅱ级的软质岩石中，应根据地下水的类型、水量大小和危害程度调整围岩级别，当地下水影响围岩产生局部坍塌或软化软弱面时，可酌情降低 1 级；

Ⅳ级、Ⅴ级围岩已成碎石状松散结构，裂隙中并有黏性土充填物，地下水对围岩稳定性影响较大，可根据地下水的类型、水量大小、渗流条件、动水和静水压力等情况，判断其对围岩的危害程度，适当降低 1 级～2 级；

在Ⅵ级围岩中，分级已考虑了一般含水情况的影响，但在特殊含水地层（如处于饱水状态或具有较大承压水流时）需另作处理。

6 本表中"级别"和"围岩主要工程地质条件"栏，适用于单线、双线和多线隧道，但不适用于特殊地质条件的围岩（如膨胀性围岩、多年冻土等）。

对有弹性波（纵波）速度测试数据，也可按弹性波纵波速度划分围岩级别。

7.1.7 隧道改建内容包括调整线路平面、纵断面，扩大隧道净空，增设洞内建筑物或对隧道局部损坏地段的补强与修复。

隧道改建的目的是提高技术标准，适应列车速度的提高或客货运量的增加。改建中，在满足运输要求的前提下，尽量利用既有工程及设备，减少改建工程量。

7.1.8 隧道开挖的大量石砟，首先要考虑充分利用，对不能利用的弃砟，应规划弃砟场地，减小隧道工程对农业的不利影响，注意不占农田或少占农田，防止弃砟堵塞河道沟渠。当无法避免时，应采取补救措施。

7.2 洞门与衬砌建筑材料

7.2.1 根据铁道部建设〔2003〕76 号文精神，基于提高混凝土的耐久性并考虑到目前基本材料性能的提高及施工操作实际情况，隧道衬砌混凝土的强度等级要求不得低于 C25。

考虑洞门端墙为露天承重结构，混凝土的强度等级均采用 C20；钢筋混凝土的强度等级均选用 C25；若采用砌体时考虑到施工质量和结构强度与耐久性问题，选用 M10 水泥砂浆砌块石或 C20 片石混凝土。洞口段挡、翼墙混凝土的强度等级均选用 C20；钢筋混凝土的强度等级均选用 C25；若采用砌体时选用 M10 水泥砂浆砌体块石。

对于洞口侧沟、截水沟及护坡，当用砌体时，考虑到结构强度与耐久性，要求水泥砂浆强度等级不低于 M7.5。

关于严寒地区洞门材料要求水泥砂浆强度提高一级的规定，主要是考虑严寒地区气温低，昼夜温差大，经常与冰雪接触，受冰冻膨胀等特点，为了提高衬砌抗渗、抗冻性能，其建筑材料应具有较高的抗拉强度和早期强度。

7.2.2 本条说明如下：

1. "建筑材料应符合结构强度和耐久性的要求"是指在任何情况下使用的建筑材料必须具备的基本条件。当隧道修建于特殊地区或特定场合时，如严寒地区、煤系地层、含盐地层和地下水有侵蚀性等，所选用的材料，尚应具有适应于这些特殊条件要求的性能，故条文规定"并应满足抗冻、抗渗和抗侵蚀的需要"。为提高混凝土结构的安全性与耐久性，条文中提出"混凝土宜选用低水化热、低 C_3A 含量、低含碱量水泥和矿物掺和料、引气剂等"，使混凝土有良好的抗侵入性、体积稳定性和抗裂性。设计时可通过控制混凝土材料常规指标、组成和保护层厚度，如强化等级、水胶比、胶凝材料用量，必要时提出混凝土材料的耐久性指标，如抗冻等级、扩散系数、渗透系数等，以提高混凝土结构的耐久性。

2. 在有侵蚀性地下水的围岩中修建隧道，若对此忽视或处理不够完美时，衬砌混凝土会被腐蚀，严重影响衬砌的强度和安全，需要事后补救，故条文强调有侵蚀性水时，隧道衬砌的混凝土或砂浆应具有抗侵蚀性能。

含有侵蚀性水对混凝土损坏的原因，系由于混凝土材料中的某些成分被水所溶蚀，某些成分与水中的酸、碱、盐等起化学作用或生成有害物质，从而导致结构的破坏。水中含有侵蚀物质种类较多，对混凝土侵蚀的性质也各不相同，而且水对混凝土的侵蚀作用是一项复杂的物理化学反应过程，环境水的侵蚀特征是决定抗侵蚀措施的关键。

（3）在寒冷及严寒地区的隧道衬砌经常与冰冻接触，当气温低、昼夜温差大时，在冻融循环作用下，其表面剥蚀现象比一般地区严重。一般说来，整体式混凝土衬砌的抗冻、抗渗性能比较高，故条文提出对"最冷月平均气温低于−15℃的地区受冻害影响的隧道"，为了提高砌体和混凝土的强度，增强其抗冻、抗渗性能，以加强其抗侵蚀性和满足衬砌结构的耐久性要求，"混凝土强度等级应适当提高"。

7.2.3 根据铁建设〔2003〕76 号文的相关规定，隧道混凝土的碱含量应符合现行行业标准《铁路混凝土工程预防碱−骨料反应技术条件》TB/T 3054 的规定。

7.2.4 关于喷锚支护的材料说明如下：

1. 喷射混凝土优先选用普通硅酸盐水泥，是因为它含有较多的 C_3A 和 C_3S，凝结时间较短，特别是与速凝剂有良好的相容性。

2. 锚杆杆体的材料，按现行国家标准《钢筋混凝土用热轧带肋钢筋》GB 1499 采用 HRB335（20MnSi）或 HPB235（Q235）钢筋，杆体直径宜为18mm～32mm，最大杆体直径由原规范 22mm 改为32mm，主要是考虑目前隧道施工过程中尤其在高地应力、大变形地段、软弱围岩段，大量应用直径较大的新型锚杆，取得了较好的加固效果，同时与现行国家标准《锚杆喷射混凝土支护技术规范》GIS 50086相一致。

3. 钢筋网的钢筋不宜太粗，否则易使喷层产生裂纹，故采用钢筋直径不大于12mm。

7.3 洞门与洞口段

7.3.1 合理选择洞口位置，是保护环境和保证顺利施工、安全运营及节省工程造价的重要条件，如隧道洞口所处的地质条件较差，则洞口施工或路堑开挖时将山体原有的平衡状态破坏，极易产生坍塌、顺层滑动或古滑坡复活等现象。因此不能单纯强调经济或工期，不分地形、地质条件，不考虑安全片面地缩短隧道长度，增加仰坡开挖高度招致发生坍方事故，故条文提出"隧道宜早进洞晚出洞"、着重考虑"隧道仰坡和边坡的稳定"。

对洞口桥隧相连工程、洞口运料便道的引入、洞口弃砟处理、洞口拉沟等与进洞的施工干扰问题，应结合实际情况进行处理，避免影响洞口正常施工，甚至造成改移洞口，所以，洞口位置的选择应综合考虑。

洞口设在不良地质处时，不但施工困难，工程量大，而且很不安全。而沟谷低洼处往往是地质薄弱地方，不仅排水和施工非常困难，如果处理不好会遗留后患，甚至造成洪水灌入隧道，给运营带来危害。为此本条强调"洞口应避开不良地质、排水困难的沟谷低洼处，当不能避开时，应采取有效的工程措施"。

7.3.2 "洞口应设置洞门"，这是因为在一般情况下，洞口围岩多呈风化破碎状态，气温变化大，自然条件不利，地质条件较差，修建隧道时，开挖边仰坡又破坏了山体原有的平衡。洞门的作用在于支撑隧道边仰坡、拦截仰坡面的小量剥落、掉块，并将仰坡的水引离隧道，以稳固洞口，保证洞口的线路安全。

洞门的结构形式应适应洞口地形、地质要求，当洞口地形等高线与线路中线正交，岩层较差时可采用翼墙式洞门，岩层较好时宜采用端墙式、柱式洞门；当洞口地形等高线与线路中线斜交角小于45°，地面横坡较陡，一侧边仰坡刷方较高，有落石掉块威胁运营安全，而另一侧又难于采用暗挖法施工时，可采用明洞；当洞口地形等高线与线路中线斜交角度大于或等于65°，地面横坡稍陡或一侧地形突出时，可采用台阶式洞门；当洞口位于悬崖峭壁，仅有少量落石的地方，可设计为悬壁式洞门。

因斜交洞口地层压力和洞口段衬砌受力情况较为复杂，施工也比较麻烦，特别在软弱岩层情况下更为复杂，我国目前对在松软地层中修建斜交洞门的经验不多，又因斜交洞门的端墙与线路中线夹角较小，对洞口段衬砌受力及施工均不利，从目前我国建成的洞门来看，端墙与线路中线交角最小均在45°以上，即当地形条件困难时，单线隧道Ⅰ至Ⅲ级、双线隧道Ⅰ至Ⅱ级围岩可采用大于或等于45°的斜交洞门，松软地层不宜采用斜交洞门。

7.3.3 为了防止洞顶仰坡土石坍落危及轨道和衬砌的安全，条文中要求"洞门端墙顶墙背至仰坡坡脚的水平距离不宜小于 1.5m，端墙顶宜高出仰坡坡脚0.5m，端墙顶水沟沟底至衬砌拱顶外缘的高度不宜小于 1m"。

为了便于维修抽换轨枕，条文要求"洞口路堑线路中线沿轨枕底面水平至翼墙或挡土墙的距离不应小于3.5m"。

7.3.4 通常洞口的地形和地质比较复杂，有的全为松散堆积（坡积）所覆盖，有的半硬半软，有的地面倾斜陡峻，还可能有河岸冲刷等情况，为了保证建筑物的安全稳定，其基础必须置于稳固的地基上，洞门端墙基础及两端应嵌入地面一定的深度，基础埋深一般为 80cm～100cm（端翼墙），而端墙两端约为 30cm～50cm。

一般冻胀性土的特点是：冻胀时土壤隆起，膨胀力大。解冻时由于水溶性作用，土壤变软又沉陷，置于其上的建筑物基础易断裂或破损，因此，条文中要求基底置于冻结线以下 0.25m。

7.4 隧道衬砌和明洞

7.4.1 隧道衬砌结构类型和强度，必须能长期承受围岩压力等荷载作用，而围岩压力等作用又与围岩级别、水文地质、埋藏深度、结构工作特点等有关，因此在选定时，可根据以上情况考虑。因其结构计算和计算荷载内容较多，不便一一列出，所以按现行行业标准《铁路隧道设计规范》TB 10003 的有关规定办理。鉴于地下结构的工作状态极为复杂，影响因素又多，单凭理论计算还不能完全反映实际情况，为了使理论与实践相结合，使选用的衬砌更为合理，还要通过工程类比来最后确定结构类型和尺寸。

7.4.2 以往隧道衬砌一般都采用整体式衬砌、复合式衬砌和喷锚衬砌。

整体式衬砌是以往铁路隧道广泛采用的一种衬砌形式，而复合式衬砌是近年来普遍采用的一种隧道衬砌结构形式。所以条文规定"宜采用复合式衬砌"。

实践证明，喷锚衬砌是一种加固围岩、抑制围岩变形，积极利用围岩自承能力的衬砌形式，具有支护及时、柔性、密贴等特点，在受力条件上比整体式衬砌形式优越，对加快施工进度、节省劳力及原材料、降低工程成本等效果显著，也能保证行车安全，应予推广，但由于在Ⅲ～Ⅳ级围岩中实践经验还少，故条文规定"Ⅰ、Ⅱ级围岩地下水发育的中短隧道可采用喷锚衬砌"。

圆形衬砌断面形式受力好，是目前普遍采用的内轮廓形式，因此规定Ⅲ～Ⅵ级围岩应采用曲墙式带仰供的衬砌。不设仰拱的隧道，若又无底板，则地基在长期列车动载作用及地下水侵蚀的影响下，岩石易破碎松散，日趋泥化，往往产生地基沉陷，道床翻浆冒泥等病害，不但增加养护维修工作量，而且影响运营安全，严重的需进行翻修重作。因此不设仰拱的隧道，应做厚度不小于 25cm 的底板，且要求加设钢筋。

7.4.3 洞口地段一般埋藏较浅，地质条件较差，受雨水侵蚀、冰冻破坏及气候变化等影响，土壤较松散，岩石易风化，其稳定性较洞身差，衬砌受力情况也较洞内不利，因此洞口应设加强衬砌。至于条文中洞口应设置不小于 5m 加强衬砌，是一般地质条件下的最小长度，如遇地质条件较差、地形不利或为双线（多线）隧道时，尚需结合具体情况予以延伸。

在洞身地质条件变化地段，其围岩压力是不同的，为了避免强度不够，引起衬砌变形或破坏，所以围岩较差地段的衬砌适当向围岩较好地段延伸，以起过渡作用。

7.4.4 新建曲线隧道的缓和曲线部分分两段加宽，既可保证运营净空要求，又便于施工。但该段各点衬砌断面加宽值一般略大于限界要求，增加了工程量。

改建曲线隧道的缓和曲线部分，除圆缓点向直线方向延伸13m 按圆曲线断面加宽外，其余缓和曲线部分则为线型变化断面，以圆缓点向直线方向延伸13m、缓和曲线中点向直线方向延伸13m 及缓直点向直线方向延伸22m 三处为加宽的控制点，三点间的加宽值，可根据相邻两处的加宽值，按直线变化插入求得，也可采用台阶式多分段的加宽方式，但应满足上述要求。

7.4.5 隧道拱墙背后的空隙必须回填密实，主要是为了使衬砌顶紧围岩，防止因围岩松弛而导致地层压力的增长，保证衬砌结构的安全稳定。

拱部范围与墙脚以上1m 范围内的超挖，用同级混凝土回填可以增加围岩与衬砌的粘结力，并对墙脚的稳定有明显的效果。

关于回填材料，当地质条件一般而且空隙不大时，可用与衬砌同级混凝土回填，空隙较大时，可用片石混凝土回填，这里需要指出的是回填料的选用，应注意与衬砌设计条件相适应。

衬砌背后，尤其是拱圈顶部和围岩之间，由于混凝土收缩，一般会留有空隙，特别当采用支撑开挖法施工时，拱部衬砌背后不易回填密实，衬砌外甚至留有支撑，因而围岩和衬砌更不易密贴，地压不能均匀传布，也不能充分发挥围岩的弹性抗力，衬砌易变形，故规定"当采用构件支护时，各级围岩地段的拱部衬砌背后宜压注水泥砂浆"。当洞身通过不良地段或傍山有偏压时，一般地压较大，且不对称，衬砌更易产生变形，因此要求向衬砌背后进行全断面压注水泥砂浆或其他浆液，这样，既可填充空隙，改善衬砌受力状态，又可加固围岩，减少地压。这里要注意，决不能因为压浆而使必要的引排水设备失效。

7.4.6 复合式衬砌是采用新奥法理论进行设计和施工的，在我国的地下工程中已广泛采用，在这一施工方法中，监控量测是重要的一环。

隧道开挖后，净空变形量随围岩条件、隧道宽度、埋置深度、支护刚度、施工方法等影响而不同，一般Ⅰ～Ⅱ级围岩变形量小，并且开挖多有超挖，所以不预留变形量；而Ⅲ～Ⅵ级围岩及浅埋隧道则有不同程度的变形量，特别是软弱围岩的情况复杂，要确定标准的预留变形量是困难的，必须通过实地监控量测，得出结果加以分析研究才能确定。在设计中先设定预留变形量，再在施工过程中通过量测结果修正。

7.4.7 洞顶覆盖薄，难以用钻爆法修建隧道，是修建明洞的先决条件，但不是决定因素，有些地质情况较好的Ⅰ、Ⅱ级围岩，洞顶厚度仅1m，采用钻爆法施工而建成了隧道。但也有些地质情况较差，覆盖虽在10m以上，以钻爆法施工出现了坍方，也只有修建明洞。

明洞是防坍建筑物，对防御坍方、落石有明显的效果。

山区铁路常有泥石流的危害，其防治原则，一般是上游采取水土保持，中游设坝拦截，下游修建桥渡、导流堤、急流槽及渡槽等措施排泄。当上述方法修建有困难或不经济时，可采用明洞渡槽引渡，避免对线路的危害。

当公路、铁路、河沟、灌溉渠等跨越线路，由于受地形、地质以及线路条件的限制，修建立交桥或过水渡槽有困难，可以修建明洞，但应有技术经济比较，说明其合理性。

7.4.8 明洞的结构类型有两大类，即拱形明洞和棚洞。拱形明洞按路堑形式分为路堑式、偏压直墙式、偏压斜墙式及单压式四种，每种形式又按围岩级别分成几类。棚洞根据外墙形式分为墙式、柱式、刚架式、悬臂式等。在选用时，首先应根据地形、地质条件，其次还应结合运营安全、施工难易及经济与否等因素综合比较确定。一般来说，拱形明洞结构整体性好，能适应较大的山体压力，因此在一般情况下，一次坍方量较大，基础设置条件较好，宜采用拱形明洞；当线路外侧地形狭窄或外侧基岩埋藏较深的半路堑，设置拱形明洞有困难时，可采用棚洞。

明洞有为防御落石、坍塌而设的，也有因公路、铁路、沟渠必须在其上方通过而设的，还有受泥石流等危害而做明洞的。由于其用途不同，洞顶填土的厚度和坡度也不同。因此在确定明洞顶回填土的厚度和坡度时，应根据明洞的要求和用途来确定。

为防御落石、坍塌的需要而设的明洞，填土厚度不宜小于1.5m，是通过对166座明洞的落石坍方和落石冲击力对明洞结构的损坏情况调查而定的。至于横向填土坡度，是以能顺畅排除坡面水而定的，当然也应考虑山坡崩坠石块，受雨水冲刷的泥石以及坡面零星坍塌多积于坡脚的实际情况来确定设计坡度。因此条文中提出"设计填土坡度宜为1:1.5～1:5"。

7.4.9 隧道衬砌采取的特殊处理措施一般为：

1. 通过松散堆积层、流砂层及软弱、膨胀性围岩的隧道，由于围岩压力较大，开挖后易变形坍塌，甚至造成衬砌开裂、下沉等情况，衬砌不但受垂直压力，而且有较大的侧压力与底压力，因此衬砌应采用曲墙带仰拱的结构。同样，通过黄土地层的隧道，一般采用曲墙带仰拱的衬砌。

2. 穿越岩溶、洞穴的隧道，若空穴小且干燥，可采用浆砌片石或干砌片石堵塞封闭；若洞穴大且有水不宜采取封堵时，可采取梁、拱跨越；对与隧道周围接触的空穴岩壁，若强度不够或不稳定时，可采用填砌、支顶、锚固等措施。

3. 对通过瓦斯地层的隧道，一般宜采用有仰拱的封闭式衬砌或复合式衬砌，以及混凝土整体衬砌，并提高混凝土的密实性和抗渗性，以防止瓦斯逸出。同时，向衬砌背后压注水泥砂浆沥青及其他化学浆液，使衬砌背后形成一个帷幕，以隔绝瓦斯的通路。必要时可采用较大压力的深孔注浆，封堵死岩缝及节理，减少瓦斯的出路。此外，在衬砌表面敷设内贴式或外贴式防瓦斯层，也是一种行之有效的方法。防瓦斯层有沥青玻璃布、油毛毡环、氧化沥青、聚氯乙烯及喷抹防瓦斯层等。

4. 对溶洞水的处理应因地制宜，采取截、堵、排的治理措施进行。

7.6 附属构筑物

7.6.1 关于大小避车洞的间距，实践证明规范中所规定的距离是恰当的。大避车洞主要是存放施工小车、机具及材料，小避车洞是巡道工作人员避车用。

隧道内一般均有程度不同的地下水，而避车洞又要长期处于稳定状态，故避车洞应衬砌。

大小避车洞底面与道床、人行道或侧沟盖板顶面齐平，便于轻型小车和行人躲避列车，杜绝安全事故的发生。

7.6.2 通信、信号电缆同属弱电线路，相互无干扰影响，因此可敷设在一个电缆槽内，电力电缆为强电线路，与通信、信号电缆有干扰影响，必须分槽敷设。

为了减少圬工、节省投资，电力电缆可在基本建筑限界之外沿隧道墙壁架设，但为防止货车的篷布或捆绳甩挂在电力电缆上引起事故，应有必要的防护措施。

7.7 防水与排水

7.7.1 隧道的防水排水原则，是30多年来我国隧道防治水的经验总结。

防：要求隧道衬砌结构具有一定防水能力，防止地下水渗入。如采用防水混凝土或塑料板防水层等。

堵：在隧道施工过程中有渗漏时，可采用注浆、喷涂等方法堵住。运营后渗漏水地段也可采用注浆、喷涂，或用嵌填材料、防水抹面等方法堵水。

截：隧道顶部如有地表水易于渗漏处所或有坑洼地积水，应设置截、排水沟和采取清除积水的措施。

排：隧道应有排水设施并充分利用，以减少渗水压力和渗水量。但必须注意大量排水引起的后果，如围岩颗粒流失、降低围岩稳定性或造成当地农田灌溉和生活用水困难等，应事先采取妥善措施。

隧道防排水工作应结合水文地质条件、施工技术水平、工程防水级别、材料来源和成本等，因地制宜，选择适宜的方法，以达到防水可靠、经济合理的目的。

7.7.2 隧道的渗漏水现象，一方面发生于衬砌缝隙，另一方面产生于衬砌本身的薄弱部位（由于混凝土灌筑时捣固不好，引起衬砌蜂窝、麻面、洞穴和因混凝土级配或水灰比不当而产生的泌水通路），前者主要是加强"三缝"防水，后者主要是提高混凝土的密实性，对隧道混凝土衬砌不仅要有强度，而且应有抗渗要求。

考虑山岭隧道地下水主要为围岩裂隙水，衬砌与围岩间经常存在一定空隙，因隧道治水以排为主，而渗入衬砌的水压不大，结合现有隧道衬砌混凝土强度等级，在原有混凝土等级的基础上，只要掺附加剂或注意集料级配的选用，并在施工中严格要求，均可达到条文中所提出的抗渗要求。

缝隙是引起衬砌漏水的一个薄弱部位，因此，衬砌各类接缝时应有防水措施。根据地下水的出露情况分别采用L形施工缝、企口式施工缝、橡胶或塑料止水带、防水砂浆，或设暗槽引水或配制膨胀水泥封顶、封口混凝土等措施。当然注浆防水也是行之有效的方法之一。

7.7.3 隧道设纵向排水沟，把洞内水排出洞外，设横向排水坡是为了防止隧道积水，为了排除汇集衬砌背后的围岩地下水，可在围岩地下水出露处设置各种盲沟，或在衬砌外预埋排水管及在衬砌内预留排水槽引排。

隧道内线路坡度的规定考虑了洞内排水的需要，因此本条文提出"纵向排水沟坡度应与线路坡度一致"的要求。

隧道中分坡平道多设于隧道中间坡顶地段，长度不长，水的流量又小，结合减少坡顶水沟的深度，规定在隧道中分坡平道范围内排水沟底部应设不小于1‰的坡度（含车站内设在平道上的隧道）。

为了防止隧道底积水漫流，加快隧底水流的排水而规定"隧底横向排水坡宜为2%，不应小于1%"。

7.7.4 隧道内单侧水沟，可降低隧道工程造价，在无仰拱的隧道中，两侧边墙不等也不会有太大的影响，但在有仰拱的单线隧道中采用单侧水沟时，衬砌是不对称结构，在有水沟一侧，边墙与仰拱结合处是锐角，其结果在衬砌及围岩中引起应力集中，成为结构中薄弱环节。因此条文中规定"隧道内宜设置双侧纵向排水沟"。

为了拦截地下水，便于养护维修，保证建筑物的安全稳定，对侧沟位置规定"单侧纵向排水沟应设在地下水来源的一侧，如地下水来源不明时，曲线隧道水沟宜设在曲线内侧"。

条文中要求"纵向排水沟的侧面应设置足够的进水孔"，系指采用侧沟的水沟形式而言，目的是使衬砌外及隧底地下水尽快引入水沟排走。其中，靠边墙侧进水孔间距为4m～10m，靠道床侧进水孔间距为1m～3m。

在洞内水量不大的情况下，水沟通常按标准断面设置；但当洞内水量较大，标准断面不能满足需要时，一般可扩大水沟断面或设双侧水沟，故条文中提出"水沟过水断面应根据水量大小选定"。

7.7.5 明洞建筑于露天空旷地区，受地表径流的影响，如不设法截、拦、排走，容易引起冲刷坡面，产生坍塌，或流入回填土体内部，浸泡回填料，增加明洞负荷。为保障建筑物的安全稳定，条文中要求"明洞顶应设置必要的截、排水系统"。

对衬砌背后有地下水来源时，条文中提出"靠山侧墙顶或边墙后应设置纵向和竖向盲沟，并应将水引至边墙泄水孔排出"。

"衬砌外缘应铺设外贴式防水层"，外贴式防水层防水效果显著，对于明洞来说，更具有施工方便的特点。外贴式防水层一般分甲、乙、丙三类，如为钢筋混凝土结构，过水建筑物及水流有侵蚀性等情况时，标准要求高一些。

明洞与暗洞交接处往往是渗漏水的薄弱环节，因此条文中要求"明洞与暗洞交接处应做好防水处理"，明洞防水层往往暗洞延伸一定长度。

为防止洞顶地表水的渗透，条文规定回填土表面宜铺设黏性土隔水层或复合防水层，以减少或隔断水流的通路。回填土与边坡的搭接处往往是水流的良好通道，由于水流的渗透软化作用，易产生回填土体的滑移，故要求回填土与边坡搭接良好。

7.7.6 为了防止地表水冲刷洞口边仰坡和流入隧道，条文中提出"隧道洞口应设置截、排水沟"和洞外路堑反坡排水问题。

7.8 运营通风

7.8.1 卫生标准的制定是以《矿山安全条例》的第六节第五十一条的有关规定为依据，《矿山安全条例》由国务院1982年2月13日以国发〔1982〕30号文发布。

氮氧化合物（换算成NO_2）浓度的卫生标准是根据铁道部标准《铁路运营隧道空气中内燃机车废气容许浓度》TB 1912—87确定的。

本规定未包括地层中放出的有害气体的特殊处理。

鉴于卫生标准涉及列车和人身安全，因此，本条文作为强制性条文，必须严格执行。

7.8.2 瓦斯隧道运营期间的机械通风涉及列车和人身安全，因此，本条文作为强制性条文，必须严格执行。

7.8.3 隧道是否设置机械通风，不能单纯从其长度来考虑，对行车速度和密度、牵引种类有直接关系，根据有关通风试验和调查分析计算，隧道平面和纵断面也是影响列车速度的主要因素，所以隧道平面和纵断面宜设计为直线、缓坡，以提高列车的速度和通过能力。

道床类型与养护维修有关，碎石道床养护维修的工作量大，作业时间长，无砟道床可大大减少养护维修工作量，减少在洞内作业的时间。

所以，隧道是否设置通风，要对多种因素进行综合分析研究后决定。

7.8.4 射流式通风具有体积小、造价低、适应性强、宜于布置等特点，国内外隧道通风采用较多。

风机布置采用洞口集中式的主要优点是风量大，便于管理。所以，一般情况下，宜采用洞口集中式布置。洞内风速不应大于 8m/s，主要是根据人体感觉和适应能力而定。

7.9 辅 助 坑 道

7.9.1 傍山、沿河的隧道，如需设辅助坑道时，宜采用施工方便实用的横洞。斜井施工设备和施工技术较简单，而竖井施工需要专门的一套设施，施工进度慢、排水困难，造价高，安全性也差。实践证明，平行导坑对解决施工通风、排水、运输和减少施工干扰都能起到一定的作用，对加快施工进度有利，并能起探明地质的作用。但其成本较高，一般约占隧道造价的 30% 左右，因此无特殊要求时，采用平行导坑施工是不经济的。

7.9.3 近年来修建的长隧道，很多都采用了辅助坑道，完工后除少数利用外，多数废弃，仅做了洞口的封闭工程，到运营时，往往产生病害，以至于危及行车安全，运营单位还需进行全面维修、支护，故规定"需要利用的辅助坑道应设永久支护"。

对位于隧道轨面以下的洞室如斜井的砟仓、箕斗坑等，若影响正洞及行车安全时，均应密实回填，不留后患。

8 站场及客货运设备

8.1 一 般 规 定

8.1.1、8.1.2 根据现行国家标准《铁路车站及枢纽设计规范》GB 50091 和现行国家标准《标准轨距铁路建筑限界》GB 146.2 及站场作业要求制定。

8.1.4 车站采用横列式布置，具有站坪短、占地少、设备集中、管理方便等优点。对大站则应根据多种因

素采用其他合理布置，见图 6、图 7、图 8。

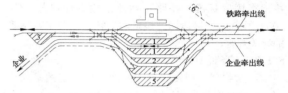

图 6　双方车站联设横列式图型
1—铁路到发场；2—铁路调车场；3—铁路机务段
4—企业到发场兼交接场；5—企业调车场；6—货场

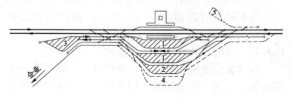

图 7　双方车站分设横列式图型
1—铁路到发场；2—铁路调车场；3—铁路
机务段；4—交接场；5—货场

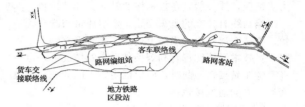

图 8　双方技术作业站交接示意
1—到达场；2—调车场；3—出发场；4—到发场；
5—机务段；6—客整所

办理大宗货物的车站，为加速货物周转、缩短车辆停留时间，应尽量组织直达列车，列车牵引质量及到发线有效长度应与衔接的路网铁路一致。

装卸场与车场的相互位置，可按条文所述条件采用不同的布置形式。

8.1.5 本条说明如下：

单线中间站到发线初期可设 1 条，货场运量较大或有技术作业（如补机站等）的可设 2 条。设 1 条到发线的车站，连续布置不应超过 2 个，是为了给列车运行调整留有灵活性。

8.1.6 本条说明如下：

1. 中间站牵出线的设置，是按平行运行图列车对数和调车作业量两种因素考虑的，前者决定区间正线平均空闲时间（尚应另加后续列车到站前停止调车的安全间隔时间），后者决定调车所需总时间（即以摘挂列车在站连续调车 2 钩为"简单"，4 钩为"较大"，6 钩及以上为"很大"），如调车作业时间大于正线空闲及附加时间，则需设置牵出线，否则就能利用正线调车。

2. 各类牵出线（含利用正线及其他线）平、剖面的规定是为了调车有较好的视线和作业安全。

8.1.8 机务和车辆设备的设置位置应满足的条件，按现行国家标准《铁路车站及枢纽设计规范》GB 50091中间站、区段站、编组站、客运站及工业站等的有关规定。

8.1.9 本条说明如下：

1. 货物列车到发线有效长度应按规定的系列选用。企业站有直达列车时，部分到发线有效长度与衔接的路网铁路一致，便于统一牵引和减少列车解编作业。

2. 调车线的有效长度参见现行国家标准《铁路车站及枢纽设计规范》GB 50091，其他线的有效长度则根据需要确定。

8.1.10 线路接轨需满足下列要求：

1. "新建路网铁路"是指由铁路管理机构统一管理的铁路。为了考虑新线与既有线机车交路衔接和共用机务设备，有利于压缩车辆集结停留时间，以及新线牵引质量小于（低等级铁路一般不会大于）接轨的路网铁路，由于欠轴运行而损失既有线的区间通过能力等情况，故一般宜在技术作业站或其邻站接轨。

当新线有独立的机车交路、牵引质量与既有线一致、直达车流较强，或按上述要求接轨引起巨大工程时，经技术经济比选有利等条件适合的情况下，也可在其他车站接轨，此时，应保证主要去向的列车不改变运行方向通过接轨站。

2. 新建地方铁路和运量较大的专用铁路（第2款所述专用铁路均为车辆交接方式），一般宜引入各自的车站或技术作业站，这是因为铁路的管理机构不同，而要进行列车和车辆交接所致，然后以联络线与路网车站或技术作业站衔接。此处所指地方铁路为独立运营模式，且地方铁路和路网铁路各设有技术作业站，货物列车或车组交接可在任一方技术作业站办理（一般宜在地方铁路站办理），旅客列车则可直接进出路网客运站（或客车场），以避免旅客换乘的麻烦。对运量较大的专用铁路与路网铁路的接轨方式，一般宜采用企方的企业站与路方的工业站联设（即两站横列或纵列）或分设（即两站相距至少一个区间），这是工业站与企业站组合的两种基本形式，并宜将车辆交接线设于企业站的到发场内（两站分设时，交接场也可设于工业站上），当工业站（或车场）位于路网铁路上的既有站（可为中间站、区段站或编组站）时，如企业有直达列车到发，则两站间（或交接场）的联络线应有通往路网铁路正线的进路，以便路用本务机车直接进出企业站；当运量很大时，还可在企业厂前采用两个技术作业站联设的双向二级混合式布置（必要时，出发方向可增设出发场）。

其他情况下，对地方铁路，可采取列车直通运输和财务清算模式，而直接在路网车站接轨，此时则应保证主要去向的列车不改变运行方向通过接轨站。对专用铁路，当线路不长、运量不大时，可直接引入路

网车站的交接场进行交接；当企业距路网铁路较远、运量较大、直达车流较强、且经由较长的路网铁路区段（或路段）时，则可在距企业较近的路网车站接轨后再修建联络线至企业厂前企业站（可为技术作业站），即成两站分设方式，其列车和零星车组的交接均在企业站办理，两站间的取送车方式有两种，如接轨站为技术作业站，可由路用调机担当，如接轨站为中间站，且企业自备有大型机车，也可由企业机车担当，如上述两种接轨站受各种条件限制，还可在企业厂前修建工业站与企业站联设的方案；当有多家专用铁路拟在路网车站接轨时，为减少分散接轨造成对路网车站运营的干扰，宜将运量较大、联络线较长、地域相对集中的几家企业另设工业站集中接轨，由路用调机统一取送车，并分别向各企业进行交接，或将工业站改为企业站，接轨站与企业站之间的取送车仍由路用调机担当，并办理交接，再由其中较大企业的调机担当各企业的取送车，如多家企业均邻靠路网车站，也宜在车站附近另建交接场集中接轨；根据具体情况，也可采用其他合理的方案，见图9。

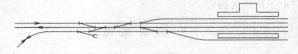

图9 接轨站示意

对大型工业企业的专用铁路与路网铁路的接轨应集中在一个车站上，使机务设备集中，有利于机车交路衔接，避免本务机车单机走行；列车解编作业集中，减少车辆集结时间；车辆交接集中，减少车辆设备和工作人员等优点。但有的大型企业（如钢铁厂）由于厂区总布置图分散，其进厂原材料区与出厂产品区纵向流水布置，或受厂区条件限制，各区分别自成流水布置等情况，希望路网铁路按厂区布置分别与企业铁路在多处车站接轨，则对路网铁路的运营造成多种不利影响。因此，特殊情况下，接轨站不应超过2个，使两接轨站尽量靠近，并宜将有解编作业的车流集中在一个站办理，必要时，单机和零星车流取送车走行，另修两站间的联络线。

对地方铁路和专用铁路，当日交接车200辆及以上的交接站（或场）内，还应设置车辆技术交接所，办理出入车辆的技术交接和爱车宣传工作。

3. 由于Ⅰ级铁路的路堤与桥梁连接处设有过渡段，要对过渡段进行加强处理，将严重影响既有线的运营，故规定道岔应避开过渡段。

8.1.15 关于"站内道路与正线并行时"的规定，主要是考虑铁路和道路的安全，也为了铁路正线路基床表层底部的水能排向道路路面，而不提高道路路基的标准。在困难条件下，当道路的路面高度高于条文规定值时，则应在铁路与道路之间设置排水沟（槽）和防护桩等安全防护措施。

8.2 客运设备

8.2.5 单线铁路中间站，当客流量较大、客车对数较多时，可能产生客车交会，故应设中间站台，其位置宜设于站房对侧的正线与到发线之间，使旅客少跨股道，在能节省较大工程等情况下，也可设于站房对侧最外到发线的外侧。

8.2.6 设有中间站台的中间站，应在车站中部设一处平过道，供旅客、车站工作人员及售货小车使用。

8.3 货运设备

8.3.6 有大量货物装卸或交接（含货物交接或车辆交接）的装卸地点或车站，可根据企业需要设置轨道衡。轨道衡的选型及线路的平、剖面条件及设备的设计，应符合相关轨道衡的技术说明书的要求。

9 电力牵引供电

9.1 一般规定

9.1.2 Ⅲ、Ⅳ级铁路涵盖范围大，具体应用起来要体现满足功能、强本简末、节约投资的设计思路。实际应用中，因实际线路及运输情况差异大，较难统一。但采用电力牵引的Ⅲ、Ⅳ级铁路一般重要性较Ⅰ、Ⅱ级铁路低，正常情况下宜按二级负荷考虑。

9.2 牵引供电系统

9.2.1 由于本规范Ⅲ、Ⅳ级铁路涵盖范围广，运量、线路长度、与铁路干线的接入方式等均差异较大，结合电力系统状况并考虑满足不同运输需求的牵引供电电压等级应是适应具体要求、不拘一格的。如某工厂的专用试车线就考虑采用 10kV 升压供电，类似情况在设计中也是经比较后确定的内容。但考虑目前电气化的主要标准，正常情况下按 110kV 考虑。

9.2.2 所列牵引变电所向接触网供电的方式是按照接触网结构的不同而区分的。

直接供电方式最简单，仅有接触线和承力索，以钢轨大地作为电流回路，投资省、检修维护方便，但对邻近的通信线路有较大的干扰。我国铁路电气化初期的几条电力牵引线路均采用直接供电方式。

带回流线的直接供电方式，在干扰防护要求不太严格的情况下，能够解决铁路内外防干扰问题。计算证明，单线区段单上回流线屏蔽系数可达 0.7～0.8。这种供电方式接触网电压水平较高，电能损失较小，在满足防干扰要求时宜采用。

AT 供电方式是我国 20 世纪 80 年代在京秦线开始采用的，对通信线路的干扰影响小，供电质量高，牵引变电所数量少，能减少电力系统的输变电工程，节省投资。但接触网结构复杂，每隔一定间隔必须接

入自耦变压器，增大了牵引供电系统的投资。

AT 供电方式在要求供电质量高的繁忙干线、高速线路及电力系统电源点较少区段，更显出其优越性，国外很多国家采用并大力发展。我国的京秦、大秦、郑武等主要干线采用此方式，充分证明了其优越性。

BT 供电方式是为了弥补直接供电方式对通信线路干扰影响大而设立的。它除接触线、承力索外，还增加了一条作为电流回路的回流线，并且每隔一定间距还需串入吸流变压器。"吸-回装置"对牵引供电系统有较大影响，一般使接触网电压损失增大 70%（比直供），电能损失增大 50%，增加了接触网事故点，给运营带来不便。另外，吸流变压器无保护设备，出现故障后不易发现，因此工程中宜少采用。

同轴电力电缆供电方式，由于造价较高，只有在特殊情况下，才被少量采用。但由于其特殊的屏蔽效果，在城市密集区仍有应用的空间。

9.2.4 牵引变压器容量的大小主要决定于机型、牵引定数、牵引方式、线路坡道、行车对数和线路通过能力，即主要由牵引计算结果和行车对数及线路通过能力等条件决定。有地区负荷时，还应包括地区负荷的用电量。因此，牵引变压器容量应根据设计任务书要求的条件计算。

由于现在电力牵引用电量的计费采用二部电价制，所以需要尽量减小变压器的安装容量。而Ⅲ、Ⅳ级铁路可能会出现计算容量与校核容量相差较大的情况，需要扩大变压器的过负荷标准，以满足经济运行。

9.2.7 由于Ⅲ、Ⅳ级铁路的范围较大，实际运营中可能出现一条线路仅一列车运行等情况，因此外部电源和牵引变压器设置方式需经技术经济比较或经业主认可。

9.2.8 电磁环境作为环保的内容之一，将越来越受到重视。本规范第 9.2.1 条规定的供电电压较广，因此对电力牵引进行针对性综合补偿是必需的。随着补偿技术的进步，技术上是能够得到保证的；选择合适的供电电压并辅以合适的补偿在经济上是合算的。

9.3 牵引变电所

9.3.1 变电所的接线方式有分支接线、桥形接线、分段单母线接线等形式。运行经验表明，分支接线基本能满足铁路供电安全可靠的要求，具有接线简单、设备较少、操作方便、维护简单、投资节省等优点；牵引变电所进线侧不设跨条的线路变压器组接线形式，是在牵引变电所两进线电源均为可靠主供的条件下采用，使主接线更加简捷明了，两路线路变压器组自投回路更加简单可靠。

9.3.2 所区内、外道路考虑消防通道，宽度采用 4m

是按现行国家标准《建筑设计防火规范》GB 50016的规定，并考虑消防车的一般宽度要求确定的。牵引变压器采用固定备用方式时，应设道路与外部公路或车站相连接，此道路应能通过载货汽车，满足设备检修的要求。

9.3.4 现行国家标准《3～110kV 高压配电装置设计规范》GB 50060 规定了室内各种通道的最小宽度。27.5kV（55kV）配电装置普遍采用网栅间隔结构，设备双列布置，考虑到 27.5kV 手车式真空断路器有专门的检修室，不需就地检修，其维护操作通道，不采用双车长加 900mm，而只需单车长加 1200mm 就足够了，在实际设计中一般用 2760mm 居多。

9.3.5 在 1.2m 高度时，人已不能弯腰深入栅栏内，当手臂误入栅栏内时，如不超过 750mm，不至于触电。对栅栏最低栏杆至地面的距离和栅条间的距离作明文规定是为了防止人误入栅栏内造成事故。

遮栏网孔的规定主要考虑人手不能伸入遮栏内。

9.3.9 本规定按现行国家标准《火力发电厂与变电所设计防火规范》GB 50229—2006 第 6.6.2 条制定。由于涉及消防安全，并且牵引变压器是直接影响列车运行的安全可靠性的关键设备，因此，本条为强制性条文，必须严格执行。

9.3.12 按现行国家标准《35～110kV 变电所设计规范》GB 50059 的规定并修改。架构设计的运行、安装及检修三种荷载情况的规定是多年来在这方面的经验总结。地震作用是按现行国家标准《建筑抗震设计规范》GB 50011 有关条文的原则制定的。

9.3.14 条文中推荐了盘（屏）式蓄电池组的直流系统。近 20 年来建设的电气化铁路采用了盘式碱性蓄电池组，国内的此项技术已经比较成熟，随着蓄电池技术的发展，免维护的酸性蓄电池组也在推广应用。因此，本条文未对蓄电池种类作出规定。

9.3.16 本条规定的原因，一是为确保列车安全可靠运行，二是如果牵引供电系统中的设备和馈电线路未装设短路故障和异常运行的保护装置，牵引供电系统中的设备和馈电线路故障时将严重影响公共电网的安全可靠运行。本条为强制性条文，必须严格执行。

9.3.17 主保护是满足系统稳定及设备安全要求，有选择地切除被保护设备和全线路故障的保护。后备保护是主保护或断路器拒绝动作时，用以切除故障的保护，辅助保护是指为补充主保护和后备保护的不足而增设的简单保护。

9.3.18 继电保护装置的可靠性是指保护该动作时应可靠动作，不该动作时应可靠不动作；选择性是指首先由故障设备或线路的保护切除故障，当故障设备或线路的保护或断路器拒绝动作时，应由相邻设备或线路的保护切除故障；灵敏性是指被保护设备或线路范围内发生故障时，保护装置应具有必要的灵敏系

数；速动性是指保护装置应能尽快地切除短路故障，以限制故障设备和线路的损坏程度，缩小故障的波及范围，从而提高系统的稳定性。

9.3.20 综合自动化系统自动化程度高、信息处理速度快、信息量大，为无人值班创造了条件。

9.3.21 牵引变电所、开闭所、分区所、自耦变压器所等牵引供电设施的运行调度设置和隶属关系一般与行车调度一致，主要考虑与行车调度管理配合的协调性。

9.3.22～9.3.24 由于微机保护装置，特别是综合自动化系统和安全监控系统的信息处理速度快、信息量大，所以牵引变电所、开闭所、分区所、自耦变压器所的远动通道和视频通道可采用光纤数据通道并进所。

9.3.25 牵引变电所、开闭所、分区所、自耦变压器所室外配电装置遭受雷击，可能引起严重的后果，造成设备损坏和长时间的停电。因此，应根据设备的具体情况，采取对直击雷保护，并应严格验算直击雷保护的范围，使以上设备都处在避雷针的保护范围之内。

9.3.26、9.3.27 各所每组母线上在一般情况下均装设金属氧化物避雷器或阀式避雷器。牵引变电所为加强主变保护在主变二次侧装设金属氧化物避雷器，在馈线出口也装设金属氧化物避雷器，其保护范围较大，此时，母线上可不装设避雷器。抗雷圈对削减雷电波的陡度还是有一定作用的。因此，认为在重雷区还是加装抗雷圈为好。

9.3.29 当牵引变电所、开闭所、分区所、自耦变压器所采用无人值班、无人值守方式时，需配置安全监控系统以提高牵引供电系统运行的安全可靠性。

9.4 接 触 网

9.4.1 全补偿链形悬挂是我国已开通电气化铁路中普遍采用的悬挂形式，具有十分成熟可靠的施工技术和运营维护管理经验，Ⅲ、Ⅳ级铁路采用与Ⅰ、Ⅱ级铁路相同的悬挂形式，不仅便于统一标准，增强接触网的整体稳定性，而且还为既有运营管理段的代管创造便利条件。

9.4.2 铜或铜合金接触线是我国最具成功运营经验，生产制造最成熟，配套金具最完整，与目前采用的碳滑板受电弓适配性最好的接触线，并为世界上大多数国家所采用，而且符合现行铁路主要技术标准和相关政策。

鉴于Ⅲ、Ⅳ级铁路的运行速度在 120km/h 以下，且牵引负荷较小，因此，在具体选定接触线截面时可根据载流量、张力、经济寿命综合选取，但其铜当量截面不应低于目前站线使用的标准（85mm² 接触线）。

9.4.3 为了减少施工、运营维护时的工作量，提高承力索的使用寿命，适当加强承力索的自身防腐性能

是十分必要的。

对于Ⅲ、Ⅳ级铁路而言，负荷差异大，载流量可按实际供电计算所得的最大电流密度选取；而张力的选取应适应接触网系统的整体稳定性要求，如考虑风、冰雪等影响时，在满足强度安全系数的前提下，适当加大承力索张力对提高系统的整体稳定性是有效的。

9.4.4 本条符合《铁路双层集装箱运输装卸限界（暂行）》铁科技函〔2004〕157号和《铁路电力牵引供电设计规范》TB 10009—2005的要求。

9.4.5 本条符合现行行业标准《铁路电力牵引供电设计规范》TB 10009—2005的要求。

9.4.6 本条参考IEC913第2.2.3条规定，即铜或铜合金接触线在任何条件下安全系数不得小于2.0，并依据《铁路电力牵引供电设计规范》TB 10009—2005的要求制定。接触网线索的强度安全系数关系到接触网的运行安全，因此该条作为强制性条文，必须严格执行。

9.4.7 接触网设计风速应分为基本风速和结构设计风速，基本风速为确定接触网风偏和跨距之用，结构设计风速为确定接触网构件结构强度之用。根据现行国家标准《建筑结构荷载规范》GB 50009—2012的规定，基本风速一般按当地空旷平坦地面上10m高度处10min平均的风速观测数据，经概率统计得出的50年一遇最大值，而结构设计风速需在基本风速的基础上，考虑高度变化系数、体型系数等因素后综合确定。

9.4.8 接触网设计主要在于确定接触网系统正常工作温度范围和腕臂、定位器、吊弦正常安装位置时的温度，对于接触网系统正常工作温度的上限值取决于最高环境温度、日照、载流量等因素，对于铜或铜合金导线可按70℃控制设计。

9.4.9 本条根据现行国家标准《标准轨距铁路建筑限界》GB 146.2的规定以及路基养护作业要求确定。本条为强制性条文，必须严格执行。

9.4.10 接触网设计跨距应根据基本风速，当基本风速高于列车运行允许的实际运行风速时，则按列车允许的实际运行风速确定。

最大运行风速条件下，考虑Ⅲ、Ⅳ级铁路运行速度较低且我国机车受电弓工作宽度1250mm，将最大风偏规定为500mm是合理的。

9.4.12 根据设计和运营经验，当线路等级较低、曲线半径较小时，锚段长度主要取决于接触线和承力索的张力差，以及对吊弦、定位器的偏转要求。运营经验表明，锚段长度过长，吊弦、定位器的偏转过大，不利于安全运营和减少维修量。

9.4.13 本条符合现行铁路技术政策，目的是为了提高接触网系统的整体可靠性，减少维修备品备件，统一规格类型，便于运营维护管理。

10 电 力

10.1 一 般 规 定

10.1.2 隧道供电分两种情况，一是对设有机械通风隧道的供电，二是对仅考虑照明隧道的供电。对前者的供电必要性并无争议，而后者则争议较大。

有的运营单位认为，隧道照明作用不大，特别是有的隧道因无人维护管理，时间一长就废弃不用了；有的则认为，为方便维修，应设照明。综合各种意见，对不设机械通风的隧道是否设置照明不能一概而论。距离短、不重要的隧道确实不必设置照明，但重要的隧道则应设置照明；重要与否的界限在于是否有人看守，有人看守的隧道应设置照明。

10.1.3 专用铁路与地方铁路在电源选择方面有所区别。专用铁路一般距离都较短，需供电的站、段较易取得本企业电源，故应优先选用本企业电源；地方铁路大多线路较长，需供电的新开站只能就近接取地方电网的电源。若远离地方电网电源（5km以上）时，经过经济技术比较，可设置柴油发电机组。

10.1.5 近年来，微机保护、电力监控、电力远动等新技术日益普及，工业企业及地方铁路的供电也应相应提高自动化水平。新建的10kV配电所、重要的10/0.4kV变电所、10kV电力贯通线、新建信号楼的信号电源等电力设施均宜推广这些新技术。

10.1.7 对不同负荷供电方式的规定，现将一、二级负荷的供电作如下说明：

1. 一级负荷应由两个独立电源供电，两个独立电源供电的可靠程度因其来源而异。例如由一个电源点的两段母线供电的独立电源，就不如由两个电源供电的独立电源可靠，故一级负荷供电可靠性的要求，应根据负荷的重要性区别对待。又如大站电气集中突然停电将直接影响行车，应由两个可靠程度高的独立电源供电，即由两路电源同时受电、母线分段运行的变、配电所的不同母线段引出两路电源供电，或由两个具有相互独立电源的变、配电所各引出一路电源供电，并供到用电设备处。

2. 二级负荷包括的范围较广，其供电方式应根据供电条件和供电系统停电几率以及所带来的停电损失等综合比较决定，并作为供电可靠性和方案选择的主要依据。当变、配电所只有一路受电电源时，可采用一回路供电；当变、配电所有两路受电电源时，宜采用环形供电。

10.1.8 专用铁路线路一般情况下较短，不必设贯通线；当地方铁路长度大于40km时，经过经济技术比较可设置10kV电力贯通线。

10.1.9 工业企业及地方铁路的一般车站仅设10(6)/0.4kV变电台（所）即可，但以下两种情况需设 10kV 及以上变、配电所：

　　1. 工业企业的大型货场、编组站若用电量在 2000kW 以上时，再简单地采用 10（6）/0.4kV 变电台（所）供电就不合理。应根据负荷情况设置 10kV 及以上变、配电所，先进行变电（或配电），再采用 10（6）/0.4kV 变电台（所）供电。

　　2. 地方铁路若线路较长，又设有 10kV 综合负荷电力贯通线，就应设 10（6）kV 及以上变、配电所，这是变电工程必不可少的环节。

10.1.10 地方铁路在路网铁路的接轨站接取电源时，有以下两种情况：

　　1. 若委托路网铁路代管，按委托代管的规定执行。

　　2. 由地方铁路自行管理时，应符合本条文的规定。

10.2　变、配电设备

10.2.1 接近负荷中心或主要用户，这是所址选择的基本要求。这一要求既符合经济技术合理的原则，又可避免所址远离负荷中心而带来的不利影响。变、配电所的运行安全直接关系到信号通信设备等用电可靠性，同样也关系到列车运行安全，因此，本条作为强制性条文，必须严格执行。

10.2.2 对电气主接线的规定说明如下：

　　1. 电气主接线应根据负荷情况及电源情况采用简单可靠的接线，并应满足运行可靠、操作方便、节约投资的要求。凡有两路电源的变、配电所，一般均有一级负荷，为达到可靠供电的目的，采用单母线分段运行的方式。此方式的优点是一路电源发生故障时不影响另一段母线，分段断路器可在一路电源消失后自动投入，由另一路电源带全所一、二级负荷。

　　2. 有两路进线的 35kV 变电所采用内桥接线，当一路电源发生故障时，故障回路断路器跳开，桥断路器自动投入，两台变压器仍可正常供电，对变电所影响较小。铁路变电所大多数为终端式，且无穿越功率，故规定一般采用内桥接线。

10.3　架空线路

10.3.1 本条规定如下：

　　第 3 款的规定依据国家现行标准《10kV 及以下架空配电线路设计技术规程》DL/T 5220—2005 第 5.0.5 条及《石油天然气工程设计防火规范》GB 50183—2004 第 4.0.4 条制定。

　　第 4 款的规定依据现行国家标准《爆炸和火灾危险环境电力装置设计规范》GB 50058—92 第 4.3.8 条第 7 款制定。

　　第 3 款及第 4 款规定是为了避免发生火灾等事故，关系到消防安全，因此，作为强制性条文，必须严格执行。

10.5　防雷及接地

10.5.1 对杆架式或落地式变压器的防雷保护措施的规定。现将部分内容说明如下：

　　1. 变压器是配电线路中的重要设备，为保证供电安全，每台变压器都应装设避雷器。

　　2. 为提高保护效果，要求避雷器尽量靠近变压器安装，一般应安装在高压熔断器的内侧。此外，避雷器的接地线还应和低压中性点以及变压器的金属外壳连在一起共同接地。这样，当高压侧落雷、避雷器放电时，变压器绝缘上所承受的电压则为避雷器的残压，而在接地装置上的电压降并没有作用在变压器的绝缘上，这对变压器的保护是有利的。

10.5.2 对 10（6）kV 架空线路防雷保护措施的规定，现将部分内容说明如下：

　　1. 钢筋混凝土电杆和铁塔应充分利用其自然接地作用。

　　2. 柱上断路器及负荷开关是配电线路上的重要设备，但其绝缘水平较低，相间距离也很小，容易遭受雷击发生闪络击穿的事故，造成长时间停电，因此必须加装避雷器进行保护。对经常开路运行且经常带有电压的柱上断路器、负荷开关，当任何一侧线路落雷时，将由于雷电波的反射作用使电压升高一倍，引起绝缘闪络击穿的事故。因此，应在其带电侧装避雷器进行保护，并要求其接地引下线与柱上断路器的金属外壳连在一起共同接地，以降低防雷保护装置放电时作用于柱上断路器上的电压。

11　机务和车辆设备

11.1　一般规定

11.1.1 机务、车辆设备为铁路运输服务，新建及改扩建机务车辆设备既要满足运输需要，也要考虑铁路投产后的运输效益。故在设计时应充分考虑相邻路网机务车辆设备分布情况，尽量减少机务车辆设备布点，最大限度发挥行业效率，降低铁路投资，提高整个铁路运输经济效益。

11.1.2 机车大、中修及车辆厂修涉及较高的技术含量及较大的投资成本，且Ⅲ、Ⅳ级铁路机车、车辆检修工作量不大，设备投产后利用率较低，故应委外修理。机车小修在附近国家铁路机车车辆检修能力富余、取送车及机车过轨方便时，也可采取委外修理。

11.1.3 机车、车辆检修设施联合设置有利于减少投资。条文规定的设置机辆段及分别设置机务、车辆检修设备的下限值，体现了铁路机务、车辆设备专业化集中修的发展趋势，有利于降低工程投资，提高运输效率。但当机车检修台位数达 6 台位及以上、车辆检修台位数 12 台位及以上时，由于规模较大，机车、车辆检修设施合设不便于管理和组织生产，可在技术经济比较后将机车、车辆检修设施分开设置。这里所说的机车检修台位数包含了小修及辅修台位。

11.1.5 防治污染、保护和改善环境，是关系到人民健康和为子孙后代造福的大事。铁路机务、车辆设备设计时要考虑废气及烟尘治理措施，噪声治理措施，废水、废油、废渣治理措施以及总图布置对环境保护的要求等。因此，机务、车辆设备的设计应按国家有关标准采取防治措施，以达到环境保护的要求。

11.1.6 为充分利用社会资源，提高设备的利用率及机辆设备投产后的效率，规定了金属加工、化验、计量设备等可利用社会资源委外协作。

11.1.7 机车交路受诸多条件影响，通过多方案比选，可选择其中较好的方案。机务段、折返段一般设于交接站或沿线较大城镇和有工矿企业的地区，主要考虑这些地区货源集散多，装卸工作量大，取送车频繁，设段后能减少短途运输，加速机车车辆周转，提高运用效率，也有利于工农业的发展，并方便职工生活。

对于将来发展为国家铁路网组成部分的线路，要考虑牵引种类，机车类型的改变，长交路、轮乘制、专业化、集中修原则的贯彻，统筹安排，合理确定，避免将来造成过多的废弃工程。

11.1.8 机辆段配属机车的牵引种类单一化，且配属机型少时，有利于提高机车检修质量和检修效率，方便管理，并可节约投资。

11.2 机 辆 段

11.2.1 关于机辆段段址选择，"机辆段应设在装卸工作量大、有编组作业且便于扣车的车站上"的规定，主要考虑有调空车多，扣车方便，能减少修车时间，提高车辆运用效率。机车、车辆出入段线与车站作业线要尽量减少交叉干扰，站段间距离不宜过长，可减少机车走行时分，提高机车、车辆出入段的能力。

11.2.2 机辆段的总平面布置涉及的因素较多，有关条款说明如下：

1 机辆段总平面布置是设计机辆段设计的重要环节，要根据生产工艺、防火、卫生、安全、施工等要求，结合地形、地质、气象等自然条件，满足生产流程和物料搬运的要求。同时，本款亦规定总平面布置应力求紧凑，技术经济合理，考虑城镇规划及预留远期发展等方面的设计原则。

2 条文中产生噪声、震动的车间系指锻工间、压缩空气站，产生粉尘及有害气体车间系指锅炉房、蓄电池检修间等。

4 段内房屋按功能分区布置的目的是减少生产车间对办公和辅助生产设施的干扰，有利于相同部门之间工作相互联系，便于管理。

6 条文中"动力车间"指压缩空气站、变（配）电所等。

8 机辆段内如高程相差较多，会影响段总平面布置，给机辆段内交通运输带来困难。

生产、办公房屋的室内地坪高程不宜低于近邻线路轨顶高程的规定，一般指布置在线路旁或线路间辅助生产房屋如机车调度、油脂发放、冷却水设备、干砂间等房屋，由于道床污物堆积，造成室内地面排水不畅。

11.2.3 机辆段检修设施说明如下：

1 机车、车辆定期检修所需的台位数，需要结合其机车、车辆的技术状态、检修技术水平、运用条件等情况确定的检修周期和检修库停时间计算确定。

3 机车检修库库前平直线长度引自现行行业标准《铁路机务设备设计规范》TB 10004—2008 的规定，车辆检修库库前平直线长度引自《铁路客车车辆设备设计规范》TB 100029—2009、《铁路货车车辆设备设计规范》TB 10031—2009 的规定。

检修库前设置混凝土地面可方便作业，并便于冲洗。

5 存车线是机辆段必需的线路，其数量应与检修工作量相适应，供待修车、残车、待报废车的存放。

规定存车线数量不宜少于 2 条是为了便于组织修车和调动车辆有较大的灵活性。但对规模较小或地形困难的机辆段可通过加强生产管理或采取其他措施，铺设一条存车线。

6 机辆段担当机车小辅修及车辆段修作业，本条文规定了设置机辆段时必需的检修车间。

11.3 机车、车辆运用设施

11.3.3 检查坑两侧设混凝土地坪，有利于整备作业进行，其范围一般为，纵向至检查坑端外 3m，横向至股道中心线两侧 3.0m~3.5m 的宽度。

机车整备作业台位设整备作业棚或库主要是考虑改善整备作业人员劳动条件，体现"以人为本"理念。

11.3.4 条文规定燃油库的油罐数量不少于 2 个，有利于倒罐和燃油有足够的沉淀杂质时间。

11.3.5 卸油线一般为尽头线，卸油线有效长及卸油台位一般根据油罐储量，按 3d~5d 来一趟油罐车进行计算。

11.3.6 多雨地区指连续两个月阴雨，多雪地区指两个月冰雪覆盖不宜采用自然干砂的地区，用砂量大的段指日耗砂 3m³ 及以上的段。

11.3.8 机车转向设备包括三角线和转车盘。单向操纵机车的转向设备在不占用农田或占用农田较少且土石方工程量不大时，可设三角线；若占用农田较多或地形条件确实困难时，可设转车盘。

双向操纵机车只是在需调整轮对偏磨及其他特殊需要时才转向，故规定了配属双司机室机车的机辆段（所）可不设转向设备。

11.3.10 本条是根据《铁路货车运用维修规程》铁运〔2010〕140号第57条规定编制的。在厂矿、港口、企业专用线内进行自装自卸，其装车量每日平均在200辆以上的地点设置厂（矿、港口、企业）车辆技术交接所，负责办理出入厂、矿、港口、企业车辆技术交接和爱车宣传工作。日装卸作业量100辆的有特殊需要的车站设装卸作业场。

11.3.12 本条文是为确保铁路运输安全而根据铁道部的有关要求规定的。

11.3.14 本条文主要考虑Ⅲ、Ⅳ级铁路开行旅客列车较少，以及目前地方铁路的实际情况，为确保旅客列车运输及人身安全而规定的。

12 给水排水

12.1 一般规定

12.1.1 近年来，随着国家颁布了《水法》、《城市规划法》、《环境保护法》、《土地管理法》、《水污染防治法》等各项法规，促进了给水排水工程规划和设计的发展。合理选择和使用水源，污水达标排放，积极节约土地资源，是推行可持续发展战略的重要组成部分。现代城市及工业企业，特别是大型联合企业，一般都有较为完善的给水排水系统，量小而分散的铁路给水排水工程纳入市政或工业企业给水排水系统统一规划，无论在经济或技术上都是合理的。

12.1.2 为保护水资源、节省工程投资，应充分利用当地市政或工业企业的给排水设施，并最大限度地利用铁路既有给排水设施。

12.1.3 给水站供水规模较大，重要性较高，供水正常与否直接影响着铁路运输生产的正常进行及广大铁路职工的日常生活。因此，本条规定给水站给水设备能力必须满足运输、生产、生活和消防等用水的要求。

生活供水站、点在重要性和供水规模上都比给水站小，故本条规定其用水应根据用水人数、水源、地形及电力供应等情况因地制宜解决。

12.1.4 "铁路站、段、所生产用水水质，应符合现行国家现行有关标准的规定"，是指铁路生产单位在生产中要根据生产工艺需要，采用符合现行国家标准《工业用水软化除盐设计规范》GB/T 50109、《工业循环冷却水处理设计规范》GB 50050、《工业锅炉水质》GB 1576或《城市污水再生利用　工业用水水质》GB/T 19923等规定的水质标准要求。

为保证生产、生活用水安全，本条中明确了其水质应符合现行国家标准《生活饮用水卫生标准》GB

5749的规定。

污水治理和达标排放是国家环境保护要求的重要组成内容，保护环境事关国家和谐社会和可持续发展战略。为此本条明确规定了铁路站、段、所的生产污水和生活污水应达标排放。

12.1.5 近年来，由于科学技术的迅速发展，在给水排水工程领域内研究人员开发出许多新工艺、新型管材、新型水处理设备。因此，在工程设计中应不断总结生产实践经验和吸收科研成果，积极推广和采用新技术、新工艺、新材料和新设备。

12.2 给水

12.2.1 给水站设置标准说明如下：

随着人民生活水平的提高，对供水品质提出了较高的要求，在铁路工程设计中，虽然有些县级站达不到设置给水站的标准，但考虑到其机构和人员设置比较集中，旅客及货物运量较大，所以设计时仍需按给水站标准对其供水设施进行加强配备。为了适应我国经济发展和体现以人为本的设计理念，本条规定给水站的设置标准为县级站及以上和昼夜最大用水量不小于300m³（不包括消防用水）的车站。

考虑到铁路生产运输的重要性，对旅客列车给水站、工业站、港湾站、货运站均按给水站标准设计。

考虑到Ⅲ、Ⅳ级铁路货运量较大，其中包括运输鲜活货物的列车，为了提高铁路运输质量，保证对鲜活货物列车的供水，对有鲜活货物列车供水的车站也按给水站规模设置。

12.2.2 旅客列车上水应该有比较充足的上水时间，以保证旅客列车基本上能够上满水。所以旅客列车给水站应设在规模较大、列车停靠时间较长的车站。

在旅行途中旅客列车水箱中的水被不断消耗，为保证列车的不间断供水，要求在适当的距离内对列车水箱进行补水。一般情况下，当设计行车速度小于或等于80km/h时，两个旅客列车给水站间距可以采用150km～200km；当设计行车速度大于80km/h时，两个旅客列车给水站间距可以采用250km。在设计时也可以根据实际情况合理设置旅客列车给水站的间距。

12.2.4 设计用水量的计算方法可以参照国家现行标准《铁路给水排水设计规范》TB 10010的有关规定。

12.2.8 考虑到旅客列车给水站和区段站以上车站的重要性，为不影响各项生产作业，当供水水源无法保证不间断供水时，应该设置贮水和加压设备，以满足运输、生产用水要求。

12.2.9 为适应站场线路和给水工程本身的发展，确保站场和给水工程的安全可靠性，本条规定新建铁路水源、水塔等构筑物距站场最外线路中心线不宜小于50m。

12.2.10 针对地下水水源目前普遍存在地下水位、

水量的逐年下降趋势，为保障供水的可靠性，设计取水量应根据当地水文地质情况确定。本条规定其设计取水能力不应小于设计最大日用水量的1.3倍。

对地表水水源，由于工矿企业、农田灌溉、水利建设等多种因素的影响，尤其是无水文记载的小河溪，所调查到的最枯水量也不准确，再加上河流、湖泊水量的变化，影响正常供水的现象时有发生，为了提高水源供水的保证率，本条规定给水站地表水源的取水能力不应小于设计最大日用水量的1.5倍，生活供水站、点为1.3倍。

12.2.11 给水站因其性质较为重要，且用水量较大，抽水机械工作时间较长，一旦水源井出现问题而无法供水则对铁路运输、生产及职工生活影响较大，故应设备用井。

生活供水站、点因用水量较小且抽水机械的工作时间也较短，故可不设备用井。

12.2.12 在同一管辖范围内给水机械的种类和型号尽量统一，目的在于减少零配件的种类，便于维修管理和减少占用资金。

12.2.13 为保证铁路运输、生产、生活正常供水，给水站及以上车站的给水机械应设备用机组，一旦运用机组发生故障时，备用机组即可投入运转。

生活供水站、点因其供水量较小，且贮水设备容量较大，给水机械一般都是一班制工作，有充足的时间进行正常维护和检修工作。故本条规定只设运用机组。

12.2.16 近年来，铁路建设中有很多新建或改扩建的水源工程，在选择水源时，为响应国家水资源保护政策、避开污染源及人口密集区，采用城镇自来水或远离城区开辟水源，这样输水管路就随之加长，中途发生事故的可能性也随之加大。为保证旅客列车给水站不间断供水，本条规定输水干管宜设两条。但考虑输水干管投资较大，所以当输水干管距离较长，而且在输水干管事故检修期间，车站有满足事故水量的贮水设施或其他措施时，输水干管也可以按一条设置。当车站有多个供水水源满足供水要求时，输水干管也可修建一条。

12.2.23 设计过程中给水管道不可避免地要穿越站场，为了行车及供水安全，应尽量利用涵洞通过，当无涵洞可利用时，应设涵洞或套管防护，并采用柔性接口。由于防护套管无法进人检修，一旦管道接口出现漏水，维修比较困难，故本条规定管道接口应设于两线路之间。

当给水管道与铁路平行铺设时，如果管道出现渗漏或爆管，有可能对铁路行车安全造成威胁，甚至发生行车事故。为避免此类情况的发生，本条对管道距铁路区间线路路堤坡脚外和路堑坡顶外的最小水平距离作出相应规定。

12.2.25 设置计量装置便于计量收费、进行成本核算，同时也有利于节约用水和节约能源。

12.2.26 水塔和高位水池为车站的贮、配水构筑物，对稳定管网压力、调节用水不均匀性和提高给水站供水安全等方面起着重要的作用。调节容积应该根据车站的规模、性质和用水量等因素，并结合供水量曲线、用水量曲线和消防时的备用水量来综合确定。

在确定水塔水柜和高位水池底部高程时，应考虑用水量的增长和管网发展，留有适当的富余水头是必要的。但在管网水力计算中若将水塔定得过高则浪费能源，所以，本条规定留有2m~3m的富余水头。

12.2.27 生活供水站、点无备用动力和机械设备，一旦停电或出现设备故障，会出现供水中断的情况。为此本条规定其贮配水设备的容量不宜小于每日最大用水量。

为了节省投资，当站内有楼房可以利用且高度满足供水水压要求时，可以采用屋顶水箱供水。

12.2.28 水塔和清水池的溢水管、泄水管严禁直接接入雨水和污水管道，其主要目的是防止雨水和污水管道内的有毒有害气体及雨水、污水通过溢水管、泄水管进入水塔和清水池，影响供水水质。

由于清水池高程比水塔低，池外雨水、污水更易倒灌入清水池污染水质，故条文规定清水池的溢水管和泄水管应设置防倒流装置。

水塔和清水池的通气孔应有安全卫生防护措施，是指通气孔的设置除满足防止蚊虫等爬入的要求外，还应有安全防护方面的措施。检修孔的安全卫生防护措施，是指除有保证检修人员安全的设施外，其密闭性、安全性应能防止有毒有害物质进入池内污染水质。

本条为强制性条文，必须严格执行。

12.2.29 为保证用水安全，生活饮用水必须消毒。铁路供水常用的消毒方法有氯、二氧化氯、臭氧、紫外线以及投加消毒药剂等，设计可以采用上述的一种方法或多种方法的组合。经消毒处理的水质不仅要满足生活饮用水卫生标准中有关的细菌学指标，还要满足相关的感官性状和毒理学指标，确保饮用安全。对于铁路沿线各个给水站和供水站、点而言，其地域条件相差较大，供水生产的人员配备和管理水平也不尽相同，结合当地条件以及获取制备消毒剂的材料和药剂的便利程度，选择合适的消毒方法或消毒方法组合，不但经济可靠，也更便于运营管理。

12.3 排　　水

12.3.4 对专设的客车给水栓排水管道，由于客车给水栓排出的基本是清水，且栓室间距也小，维护条件较其他污水管道好，不易堵塞。故本条规定管道铺设坡度较一般排污管道小。

由于机车库、检查坑等排出的生产废水中含有较多的油类及棉纱等杂质，若排水管道管径偏小则易堵塞，不便清理，故本条规定其管径不宜小于 300mm。

12.3.6 我国水资源短缺，保护水资源、节约用水已经成为全社会的共识。采用集中处理较之分散处理具有管理方便、处理单位水量费用低、占地面积小等特点。所以，本条规定对排放污水进行集中处理。在有利用条件的情况下应该对污水再生处理工艺进行认真比选，加强对再生水的利用，以达到节约水资源和保护环境的目的。

13 通信与信息

13.2 通 信 线 路

13.2.1 现行行业标准《铁路运输通信设计规范》TB 10006 中对光电缆沿铁路敷设方式等有明确的规定，可参照执行；长途光、电缆外护层一般根据敷设地段防雷、防蚀、防强电影响及敷设条件等方面要求进行综合比选确定。

13.4 电 话 交 换

13.4.1 自动电话业务与运营维护管理体制、定员密切相关。电话交换网设计时可进一步结合管理体制的确定，进行技术经济比较。

13.6 数字调度通信

13.6.3 列车无线调度通信系统及 GSM—R 数字移动通信系统均为铁路专用无线系统，铁道部制定了相应技术标准及设计规范，设计中可按其执行。

13.7 无 线 通 信

13.7.3 《铁路 GSM—R 数字移动通信系统工程设计暂行规定》（铁道部铁建设〔2007〕92 号）规定了 GSM—R 系统的场强覆盖标准。

13.9 信 息

13.9.1 各种应用系统的设置根据具体的应用需求并且与运营维护管理体制密切相关，铁路运输生产、客货运营销领域的应用系统要考虑与国家铁路相关系统的兼容，系统设置可以参考铁道部的相关规范。

13.10 其 他

13.10.3 《铁路防雷、电磁兼容及接地工程技术暂行规定》铁建设〔2007〕39 号等标准规定了防雷、接地要求。

14 信 号

14.1 一 般 规 定

14.1.1 信号设备发生故障要导向安全是设计电路的基本原则。故障后不允许出现进路错误解锁、道岔错误转换或错误表示、信号错误开放或升级显示。故障应能及时被发现或最迟于下一次使用过程中发现，否则应考虑按故障累积原则设计电路。同时，设计电路还需考虑最低限度能防止一次故障与一次错误办理同时存在情况下，可能产生危及行车安全的后果。

本条为强制性条文，必须严格执行。

14.2 地面固定信号

14.2.2 对仅有调车作业的车站（如专用线上的车站），可仅设调车信号机。

14.2.8、14.2.9 根据《铁路技术管理规程》规定，各种信号机及表示器在正常情况下的显示距离为：

1. 进站、通过、遮断信号机，不少于 1000m。

2. 高柱出站、高柱进路信号机，不少于 800m。

3. 预告、驼峰、驼峰辅助信号机，不少于 400m。

4. 调车、矮型进站、矮型出站、矮型进路、复示信号机，引导信号及各种表示器，不少于 200m。

在地形、地物影响视线的地方，进站、通过、预告、遮断信号机的显示距离，在最坏条件下，不少于 200m。

14.2.10 我国铁路为左侧行车制，机车正司机的座位统一设在左侧，为了便于司机瞭望信号，规定所有信号机均应设在行车方向线路的左侧。

14.3 车 站 联 锁

14.3.3 列车或调车进路建立前，必须检查敌对进路未建立、敌对信号未开放，以保证列车或调车在车站内的运行安全。敌对进路一般是指：同一到发线上对向的列车进路与列车进路、同一到发线上对向的列车进路与调车进路、同一咽喉区内对向重叠的列车进路、同一咽喉区内对向或顺向重叠的列车进路与调车进路、同一咽喉区内对向重叠的调车进路。

本条为强制性条文，必须严格执行。

14.3.9 "相邻轨道电路之间应采取绝缘破损防护措施"的规定，是为了防止因绝缘破损或失效使轨道电路受电端的接受设备受相邻轨道电路的影响而误动。目前轨道电路制式较多，采取的防护措施各不相同。例如：站内相邻区段的直流轨道电路采用不同的极性配置；交流 50Hz 轨道电路采用不同的极性配置；交流 25Hz 相敏轨道电路采用不同的相位交叉；ZPW—2000 系列无绝缘轨道电路采用不同的频率交叉。由于轨道电路直接涉及列车运行安全，因此，本条文作为强制性条文，必须严格执行。

14.3.11 信号机宜与钢轨绝缘节设于同一坐标处。为了避免和减少在安装信号机时造成工务方面的串轨、锯轨或换轨等工作，根据机车车辆的构造，在不影响行车的条件下，允许钢轨绝缘和信号机保持适当的距离。该距离取决于机车或车辆最外方车轮至车钩的间距，根据机车车辆型图资料，我国机车车辆最外方车轮至车钩的最短距离是1050mm，所以选定1m的范围是合适的。出站信号机要求距警冲标3.5m，而警冲标设置地点为两个交叉线路线间距为4m处，高柱信号机如果仅考虑距警冲标的距离往往会侵入限界，导致绝缘节和警冲标位置不合适而迁移，所以规定钢轨绝缘可装在出站信号机前方1m或后方6.5m（约为12.5m轨之半）的范围内，以减少工务的工作量，如图10所示。

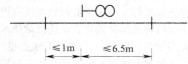

图10　钢轨绝缘至出站信号机安装距离

14.4　区间闭塞

14.4.1　本规范适用低速度低运量的铁路，一般采用半自动闭塞或自动站间闭塞即可满足其运营要求。当区间仅有一台机车在运用时，不存在列车迎面冲突的可能，为节省投资，该情况下也可采用电话闭塞的行车方式。

14.4.2　为保证列车在区间运行的安全，区间正线上道岔一般设置信号机进行防护，其防护信号的开放与站内联锁的列车信号开放条件类似，需检查道岔位置正确、所防护的区段空闲、敌对条件不构成、相关的闭塞条件具备；离车站较近的区间道岔可纳入邻近车站联锁。由于道岔与信号机或闭塞设备联锁关系直接涉及列车运行安全，因此，本条文作为强制性条文，必须严格执行。

14.7　机车信号及电码化

14.7.2　本条规定了车站机车信号的范围以及电码化发码方式，本规范未考虑自动闭塞区段情况。按照铁道部铁办〔2002〕89号文"关于印发《合资铁路地方铁路及专用铁道与国家铁路接轨站安全管理办法》的通知"的规定，地方铁路或专用铁路引入国铁接轨站防护信号机的外方接近区段应设置接近连续式机车信号的地面设备。当防护信号机为调车信号机时，接近区段长度不小于400m；调车信号机显示白色灯光时地面发送双黄码，此时规定机车速度不得超过25km/h；调车信号机显示红色灯光时，地面发送红黄码，此时禁止机车进入。

14.9　其　　他

14.9.3　对"有特殊要求的设备应采用专用电缆"，是指如计轴设备，采用计轴电缆。

信号设备正在向信息化发展，传输方式多样化，信息的传输媒体已不局限于电缆，根据信息的安全级别，可选用光缆等传输通道。

14.9.4　信号系统大多是频率、脉冲信号，相互干扰大，布线方式对设备工作的稳定性有很大的影响，因此在设计中要充分考虑布线的相互干扰问题。

14.9.5　根据我国铁路建设发展较快的特点，信号设备用房应预留一定的发展空间，对后续工程减少信号设备器材的废弃、节省工程投资具有明显的作用。

14.9.6　信号设备处于建筑物内空间的不同位置，雷电电磁场强度有很大差异，根据这一差异，将被防护空间按下列原则划分为若干防护区。

LPZ0$_A$区——建筑物（构筑物）直击雷防护装置保护范围之外的区域，即直击雷不设防区。本区内各类物体都可能遭到直接雷击，区内电磁场强度没有衰减。

LPZ0$_B$区——建筑物直击雷防护装置保护范围之内建筑物界面以外的区域，即直击雷防护区。本区内各类物体不可能遭到直接雷击，但区内电磁场强度没有衰减。

LPZ1区——信号设备本身所处建筑物内，靠近建筑物界面，该区内各物体不可能遭到直击雷，区内感应电磁场强度根据机房屏蔽程度有不同的衰减。

后续防雷区LPZ2——需进一步减少雷电电磁脉冲感应产生的雷电流或电磁场强度时，可设置后续防雷区，以保护敏感水平高的设备。

14.9.8　高柱信号机、高柱复示信号机、水鹤等与接触网的高度相近接近，为了防止维修人员发生触电，规定设于电力牵引区段的高柱信号机等导体部分外缘（指机构的挡板、梯子）距接触网带电部分的距离不小于2m。根据有关资料记载，2m的规定是考虑维修时人的手臂长加所携工具的长度而定。当小于2m时，以往曾采取在信号机机构外加装防护网的方式进行防护，装设防护网须有可靠的接地装置。

铁路的两根轨条，在交流电力牵引区段，是牵引电流回流通道，又是轨道电路中信号电流的传输通道。牵引电流回流不畅通，会影响轨道电路的正常工作，轨道电路是信号的基础设备，所以需要保证牵引电流回流畅通，为此需在轨道电路钢轨绝缘两端设双扼流变压器，并加上必要的连接线等。

15　房屋建筑及暖通空调卫生设备

15.1　房屋建筑

15.1.2　为贯彻国家节约土地、节约资源、节约能源的要求，同一地区的通信、信号、房建、工务、水电、装卸等段、所、工区以及公安等单位的房屋可以合并设置，修建综合建筑。此举有利于集中供水供暖，改善站容及工作条件。

15.1.3　本条明确规定在铁路生产房屋集中的站区应

该按设计规模做好总体规划，预留远期发展用地。总体规划设计内容中包括总平面布置、竖向设计、综合管线、道路、排水及绿化布置等。总体规划设计不但要满足铁路建设的要求，同时还应该符合城镇规划要求。

15.1.7、15.1.8 铁路设计应本着节约投资的原则。改建、扩建铁路现场有可利用房屋时，应充分利用既有房屋。限期使用的铁路可根据使用期限，确定修建临时性房屋或采用可移动型活动房屋。

15.2 暖通空调卫生设备

15.2.1 采暖设计说明如下：

近十年每年最冷月平均气温小于或等于8℃的月份在3个月及以上地区应设集中采暖设施和小于或等于8℃的月份为2个月及以下地区应设局部采暖设施

的规定，是根据《工业企业设计卫生标准》GBZ 1—2010确定的。

小型、分散的房屋采用热泵采暖时应注意地区气候差异的影响和局限性。

辐射采暖方式有启动快、室内温度梯度小、对维护结构封闭性要求低等优点，是高大空间采暖问题的较佳解决方案。

15.2.5 条文中规定"给水系统应采取防止水质污染和变质的措施"，是为了保证饮用水安全，也正因此将该规定作为强制性条文。

空气源热泵能把空气中的低温热能吸收进来，经过压缩机压缩后转化为高温热能，用以加热水温。此项技术具有高效节能的特点。当太阳辐射量不足时，采用空气源热泵辅助加热水温，比采用电热管直接加热约节约电能1/3～1/2。

中华人民共和国国家标准

混凝土结构试验方法标准

Standard for test method of concrete structures

GB/T 50152—2012

主编部门：中华人民共和国住房和城乡建设部
批准部门：中华人民共和国住房和城乡建设部
施行日期：2 0 1 2 年 8 月 1 日

中华人民共和国住房和城乡建设部
公 告

第 1268 号

关于发布国家标准
《混凝土结构试验方法标准》的公告

现批准《混凝土结构试验方法标准》为国家标准，编号为 GB/T 50152-2012，自 2012 年 8 月 1 日起实施。原《混凝土结构试验方法标准》GB 50152-92 同时废止。

本标准由我部标准定额研究所组织中国建筑工业

出版社出版发行。

中华人民共和国住房和城乡建设部
2012 年 1 月 21 日

前 言

本标准根据原建设部《关于印发〈2007 年工程建设标准规范制订、修订计划（第一批）〉的通知》（建标 ［2007］ 125 号）的要求，由中国建筑科学研究院会同有关单位，在原国家标准《混凝土结构试验方法标准》GB 50152-92 的基础上进行修订而成。

本标准在修订过程中，总结和吸收了我国多年积累的成熟有效经验和科技成果，在广泛征求意见的基础上，最后经审查定稿。

本标准共分 11 章和 2 个附录，主要技术内容有：总则、术语和符号、基本规定、材料性能、试验加载、试验量测、实验室试验、预制构件试验、原位加载试验、结构监测与动力测试和试验安全等。

本次修订采用了较严密的材料性能试验方法；增加了预制构件产品试验、原位加载试验、结构监测等内容；纳入了近年普遍应用的新型设备、仪器和仪表。同时总结已有的试验资料和工程实践经验，增加了结构现场加载和量测的方法，补充完善了构件的承载力标志及相应的加载系数，使试验判断更具可执行性。

本标准由住房和城乡建设部负责管理，由中国建筑科学研究院负责具体技术内容的解释。执行过程中如有意见或建议，请寄送中国建筑科学研究院国家标

准《混凝土结构试验方法标准》管理组（地址：北京市北三环东路 30 号；邮编：100013）。

本 标 准 主 编 单 位：中国建筑科学研究院
中建国际建设有限公司

本 标 准 参 编 单 位：国家建筑工程检测中心
清华大学
同济大学
重庆大学
中冶集团建筑研究总院
铁道科学研究院
北京工业大学
华侨大学

本标准主要起草人员：南建林　田春雨　徐有邻
刘　刚　顾祥林　张　川
郭子雄　闫维明　聂建国
刘小弟　王永焕　牛　斌
张彬彬　段向胜　陈　烈
刘　梅　沙　安　翟　斌

本标准主要审查人员：陈肇元　周炳章　康谷贻
李晓明　邸小坛　林松涛
陶梦兰　刘立新　郑文忠
薛伟辰　潘　毅

目 次

Contents

1 总 则

1.0.1 为确保混凝土结构试验的质量，研究和正确评价混凝土结构和构件的性能，统一混凝土结构的试验方法，制定本标准。

1.0.2 本标准适用于房屋和一般构筑物的钢筋混凝土结构、预应力混凝土结构的试验，包括：实验室试验、预制构件试验、结构原位加载试验、结构监测及动力特性测试。有特殊要求的试验，处于高温、负温、侵蚀性介质等环境条件下的结构试验，以及混凝土结构构件其他类型的试验，应符合国家现行相关标准的规定或专门的试验要求。

1.0.3 混凝土结构试验除应符合本标准的规定外，尚应符合国家现行相关标准的规定。

2 术语和符号

2.1 术 语

2.1.1 试件 specimen

结构试验的对象，试验时用于加载和量测的混凝土结构或构件。

2.1.2 探索性试验 exploratory test

为科学研究及开发新技术（材料、工艺、结构形式）等目的而进行的探讨结构性能和规律的试验。

2.1.3 验证性试验 verifying test

为证实科研假定和计算模型、核验新技术（材料、工艺、结构形式）的可靠性等目的而进行的试验。

2.1.4 实验室试验 laboratory test

在实验室条件下模拟结构或构件受力状态而进行的探索性试验或验证性试验。

2.1.5 预制构件试验 test of prefabricated members

为检验预制构件产品结构性能而进行的试验。

2.1.6 原位加载试验 field loading test

对既有工程结构现场进行加载和量测的试验。

2.1.7 结构监测 structural monitoring

对处于施工阶段或使用阶段的结构进行持续量测的试验。

2.1.8 动力性能测试 test for structural dynamic parameters

对结构的动力特性参数和动力荷载效应进行测试的试验。

2.1.9 等效加载 equivalent loading

模拟结构或构件的实际受力状态，使试件控制截面上主要内力相等或相近的加载方式。

2.1.10 加载模式 loading mode

试验荷载在试件上布置的形式，包括荷载类型、作用位置和加载方式等。

2.1.11 临界试验荷载值 critical load value of tests

试验中控制试件各个特定受力状态的荷载值，包括试件自重及加载设备重量。

2.1.12 使用状态试验荷载值 test load value for serviceability limit states

试验时对应于结构正常使用极限状态的荷载值，根据构件设计控制截面的内力计算值与试验加载模式经换算确定。

2.1.13 承载力状态荷载设计值 design load value for ultimate limited states

承载能力极限状态下，根据构件设计控制截面上的内力设计值与试验加载模式经换算确定的荷载值。

2.1.14 加载系数 coefficient of loading

承载力试验时，与不同承载力标志所对应的各临界试验荷载值相对于承载力状态荷载设计值的倍数。

2.1.15 承载力试验荷载值 test load value for load-bearing capacity

试验时对应于结构承载能力极限状态的荷载值，对验证性试验为承载力状态荷载设计值与加载系数、结构重要性系数的乘积。

2.1.16 试验加载值 additional test load value

试验时扣除试件自重及加载设备重量后实际对试件施加的荷载值。

2.1.17 试验标志 mark of inspection

试件达到确定的临界状态时观察到的试验现象或量测限值。

2.1.18 试验计算值 predicted value of tests

根据分析模型按材料实际指标计算确定的试件的试验预估值。

2.1.19 抗裂检验系数 coefficient of crack-resisting inspection

试件开裂检验荷载实测值与使用状态试验荷载值的比值。

2.1.20 承载力检验系数 coefficient of load-bearing inspection

试件承载力检验荷载实测值与承载力状态荷载设计值的比值。

2.2 符 号

2.2.1 材料性能

E_s^o ——钢筋的弹性模量实测值；

f_{cu}^o ——与试件同条件养护混凝土立方体试块抗压强度的实测值；

f_y^o、f_{st}^o ——钢筋的屈服强度、极限强度实测值；

δ_{gt}^o ——钢筋最大力下总伸长率（均匀伸长率）的实测值。

2.2.2 作用和作用效应

G ——试件自重；

W ——加载设备重量；

Q_{cr}^o、F_{cr}^o ——以均布荷载、集中荷载形式表达的试件开裂荷载实测值；

Q_{cr}^c、F_{cr}^c ——以均布荷载、集中荷载形式表达的试件开裂荷载计算值；

$[Q_{cr}]$、$[F_{cr}]$ ——以均布荷载、集中荷载形式表达的试件开裂荷载允许值；

Q_s、F_s ——以均布荷载、集中荷载形式表达的使用状态试验荷载值；

Q_d、F_d ——以均布荷载、集中荷载形式表达的承载力状态荷载设计值；

$Q_{u,i}^o$、$F_{u,i}^o$ ——以均布荷载、集中荷载形式表达的，试件出现第 i 类承载力标志时的承载力试验荷载实测值；

a_s^o、$[a_s]$ ——试件挠度检验的实测值、允许值；

a_s^c ——使用状态试验荷载作用下，按实配钢筋确定的试件短期挠度计算值；

$w_{s,max}^o$、$[w_{max}]$ ——使用状态试验荷载下，最大裂缝宽度的实测值、允许值。

2.2.3 计算系数及其他

ψ ——简支受弯构件等效加载时的挠度修正系数；

γ_{cr}^o、$[\gamma_{cr}]$ ——试件抗裂检验系数的实测值、允许值；

$\gamma_{u,i}^o$、$[\gamma_u]_i$ ——试件第 i 类承载力标志对应的承载力检验系数的实测值、允许值；

$\gamma_{u,i}$ ——第 i 类承载力标志对应的加载系数。

3 基本规定

3.0.1 混凝土结构试验前，应根据试验目的制定试验方案。试验方案宜包括下列内容：

1 试验目的：试验的背景及需要达到的目的；

2 试件方案：试验试件设计、预制构件试验中试件的选择、结构原位加载试验和结构监测中试件或试验区域的选取等；

3 加载方案：试件的支承及加载模式、荷载控制方法、荷载分级、加载限值、持荷时间、卸载程序等。对于结构监测应根据实际工程情况确定荷载作用的方式；

4 量测方案：确定试验所需的量测项目、测点布置、仪器选择、安装方式、量测精度、量程复核等；

5 判断准则：根据试验目的，确定试验达到不同临界状态时的试验标志，作为判断结构性能的标准；

6 安全措施：保证试验人员人身安全以及设备、仪表安全的措施。对结构进行原位加载试验和结构监测时，宜避免结构出现不可恢复的永久性损伤。

3.0.2 试验记录应在试验现场完成，关键性数据宜实时进行分析判断。现场试验记录的数据、文字、图表应真实、清晰、完整，不得任意涂改。结构试验的原始记录应由记录人签名，并宜包括下列内容：

1 钢筋和混凝土材料力学性能的检测结果；

2 试验试件形状、尺寸的量测与外观质量的观察检查记录；

3 试验加载过程的现象观察描述；

4 试验过程中仪表测读数据记录及裂缝草图；

5 试件变形、开裂、裂缝宽度、屈服、承载力极限等临界状态的描述；

6 试件破坏过程及破坏形态的描述；

7 试验影像记录。

3.0.3 试验记录的初步整理、分析宜包括下列内容：

1 荷载与位移或变形的关系曲线；

2 试件的变形或位移分布图；

3 试件的裂缝数量、裂缝宽度增长的表格或曲线；

4 试件的裂缝形态图及描述；

5 试件的破坏状态和性质；

6 对其他有关的试验参数的测读数据也应进行相应的整理和初步分析。

3.0.4 试验结束后应对试验结果进行下列分析：

1 试验现象描述应按照实测的加载过程，结合实测的钢筋、混凝土应变，对各级荷载作用下混凝土裂缝的产生和发展、钢筋受力、达到临界状态以及最终破坏的特征及形态等进行描述；

2 根据试验目的，应对试件的加载位移关系、加载应变关系等进行分析，求得试件开裂、屈服、极限承载力的荷载实测值及相应位移、延性指标等量值，并分析其他需要探讨和验证的内容；

3 对于探索性试验，应根据系列试件的试验结果，确定影响结构性能的主要参数，分析其受力机理及变化规律，结合已有的理论进行推导，引出新的理论或经验公式，用以指导更深入的科学研究或工程实践；

4 对于验证性试验，应根据试件的试验结果和初步分析，对已有的结构理论、计算方法和构造措施进行复核和验证，并提出改进、完善的建议。

3.0.5 试验报告应包括下列内容：

1 试验概况：试验背景、试验目的、构件名称、试验日期、试验单位、试验人员和记录编号等；

2 试验方案：试件设计、加载设备及加载方式、量测方案；

3 试验记录：记录加载程序、仪表读数、试验现象的数据、文字、图像及视频资料；

4 结果分析：试验数据的整理，试验现象及受力机理的初步分析；

5 试验结论：根据试验及分析结果得出的判断及结论。

3.0.6 试验报告应准确全面，并应符合下列规定：

1 试验报告应满足试验目的和试验方案的要求；

2 对于试验数据的数字修约应满足运算规则，计算精度应符合相应的要求；

3 试验报告中的图表应准确、清晰；

4 必要时还应进行试验参数与试验结果的误差分析。

3.0.7 试验记录及试验报告应分类整理，妥善存档保管。

4 材料性能

4.0.1 混凝土结构试验中用于计算和分析的有关材料性能的参数应通过实测确定。

4.0.2 实验室试验中试件的混凝土性能参数，当有可靠经验时可按下列方法确定：

1 同批浇筑试件的每一强度等级混凝土，应制作不少于 6 个立方体试块作为一组，并与试件同条件养护；试验周期较长时，宜适当增加试件组数；需要测定不同龄期混凝土强度或有其他特殊要求时，可根据试验需要适当增加试块的组数；

2 混凝土立方体抗压强度实测值应在每组立方体试块抗压强度实测值中，去掉最大值和最小值，取其余试块抗压强度实测值的平均值；

3 根据混凝土立方体抗压强度实测值 f_{cu}，按下列公式推算混凝土的轴心抗压强度 f_c^0、轴心抗拉强度 f_t^0 及弹性模量 E_c^0 等性能参数，并作为计算分析的依据。

$$f_c^0 = \alpha_{c1} f_{cu} \qquad (4.0.2\text{-}1)$$

$$f_t^0 = 0.395 (f_{cu})^{0.55} \qquad (4.0.2\text{-}2)$$

$$E_c^0 = \frac{10^5}{2.2 + \dfrac{34.7}{f_{cu}}} \quad (\text{N/mm}^2) \quad (4.0.2\text{-}3)$$

式中：f_{cu}——混凝土的立方体抗压强度实测值；

f_c^0——混凝土实际轴心抗压强度的推算值；

f_t^0——混凝土实际轴心抗拉强度的推算值；

α_{c1}——混凝土棱柱体与立方体的抗压强度比值，对 C50 及以下取 0.76，对 C80 取 0.82，中间线性取值；

E_c^0——混凝土实际弹性模量的推算值。

4 测定材料性能的混凝土试块试验方法应符合现行国家标准《普通混凝土力学性能试验方法标准》GB/T 50081 的有关规定。

4.0.3 试件的钢筋材料性能测试应符合下列规定：

1 钢筋试样应在制作试件的同批钢筋中抽取，每种规格的钢筋按有关标准取不少于 2 个试样；

2 应根据需要测定钢筋的屈服强度、极限强度、弹性模量和最大力下的总伸长率；

3 钢筋的材性实测值应取钢筋材性试样测试结果的平均值；

4 当试验有需要时，可测定钢筋的应力-应变曲线；

5 根据试验目的，还可进行冷弯、反复弯曲、冲击韧性及可焊性、机械连接性能等试验。

4.0.4 当需要进一步核实试件的材性参数时，可在试验完成后直接从试件受力较小的部位钻取混凝土芯样或截取钢筋试样，补充进行力学性能测试。

4.0.5 进行结构原位加载试验及结构监测时，宜根据现行国家标准《建筑结构检测技术标准》GB/T 50344 等规定的方法，对结构中的钢筋、混凝土材料性能进行检测、评估取值，并应符合下列规定：

1 当有条件时宜根据施工资料或已有的材料性能的试验资料，确定其性能参数；

2 结构实体材料的取样应有代表性；

3 材料样品的取样，应减少对既有结构的损伤；

4 混凝土材料实体强度宜根据不少于两种检测方法得到的结果，综合分析确定。

4.0.6 当其他材料、部件及钢筋焊接、机械连接、预应力筋的锚夹具和连接器、植筋、浆锚接头等对试验结果有明显影响时，也应对其进行性能测试。

5 试验加载

5.1 支承装置

5.1.1 试验试件的支承应满足下列要求：

1 支承装置应保证试验试件的边界约束条件和受力状态符合试验方案的计算简图；

2 支承试件的装置应有足够的刚度、承载力和稳定性；

3 试件的支承装置不应产生影响试件正常受力和测试精度的变形；

4 为保证支承面紧密接触，支承装置上下钢垫板宜预埋在试件或支墩内；也可采用砂浆或干砂将钢垫板与试件、支墩垫平。当试件承受较大支座反力时，应进行局部承压验算。

5.1.2 简支受弯试件的支座应符合下列规定：

1 简支支座应仅提供垂直于跨度方向的竖向反力；

2 单跨试件和多跨连续试件的支座，除一端应为固定铰支座外，其他应为滚动铰支座（图 5.1.2-1），铰支座的长度不宜小于试件在支承处的宽度；

3 固定铰支座应限制试件在跨度方向的位移，

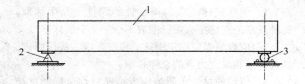

图 5.1.2-1 简支受弯试件的支承方式
1—试件；2—固定铰支座；3—滚动铰支座

但不应限制试件在支座处的转动；滚动铰支座不应影响试件在跨度方向的变形和位移，以及在支座处的转动（图 5.1.2-2）；

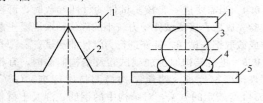

(a) 固定铰支座

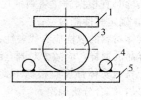

(b) 滚动铰支座

图 5.1.2-2 铰支座的形式
1—上垫板；2—带刀口的下垫板；3—钢滚轴；
4—限位钢筋；5—下垫板

　　4 各支座的轴线布置应符合计算简图的要求；当试件平面为矩形时，各支座的轴线应彼此平行，且垂直于试件的纵向轴线；各支座轴线间的距离应等于试件的试验跨度；

　　5 试件铰支座的长度不宜小于试件的宽度；上垫板的宽度宜与试件的设计支承宽度一致；垫板的厚宽比不宜小于 1/6；钢滚轴直径宜按表 5.1.2 取用；

表 5.1.2 钢滚轴的直径

支座单位长度上的荷载（kN/mm）	直径（mm）
<2.0	50
2.0～4.0	60～80
2.0～6.0	80～100

　　6 当无法满足上述理想简支条件时，应考虑支座处水平移动受阻引起的约束力或支座处转动受阻引起的约束弯矩等因素对试验的影响。

　　5.1.3 悬臂试件的支座应具有足够的承载力和刚度，并应满足对试件端部嵌固的要求。悬臂支座可采用图 5.1.3 所示的形式，上支座中心线和下支座

中心线至梁端的距离宜分别为设计嵌固长度 c 的 1/6 和 5/6，上、下支座的承载力和刚度应符合试验要求。

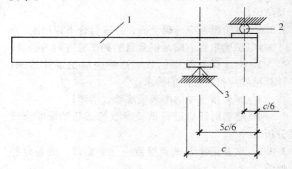

图 5.1.3 悬臂试件嵌固端支座设置
1—悬臂试件；2—上支座；3—下支座

　　5.1.4 四角简支及四边简支双向板试件的支座宜采用图 5.1.4 所示的形式，其他支承形式双向板试件的简支支座可按图 5.1.4 的原则设置。

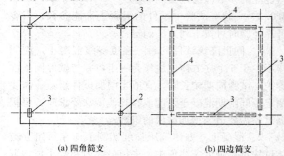

(a) 四角简支　　　　　(b) 四边简支

图 5.1.4 简支双向板的支承方式
1—钢球；2—半圆钢球；3—滚轴；4—角钢

　　5.1.5 受压试件的端支座应符合下列规定：

　　1 支座对试件只提供沿试件轴向的反力，无水平反力，也不应发生水平位移；试件端部能够自由转动，无约束弯矩；

　　2 受压试件支座可采用图 5.1.5-1 和图 5.1.5-2 所示的形式；轴心受压和双向偏心受压试件两端宜设置球形支座，单向偏心受压试件两端宜设置沿偏压方向的刀口支座，也可采用球形支座，刀口支座和球形支座中心应与加载点重合；

　　3 对于刀口支座，刀口的长度不应小于试件截面的宽度；安装时上下刀口应在同一平面内，刀口的中心线应垂直于试件发生纵向弯曲的平面，并应与试验机或荷载架的中心线重合；刀口中心线与试件截面形心间的距离应取为加载设定的偏心矩；

　　4 对于球形支座，轴心加载时支座中心正对试件截面形心；偏心加载时支座中心与试件截面形心间的距离应取为加载设定的偏心矩；当在压力试验机上作单向偏心受压试验时，若试验机的上、下压板之一布置球铰时，另一端也可以设置刀口支座；

　　5 如在试件端部进行加载，应进行局部承压验

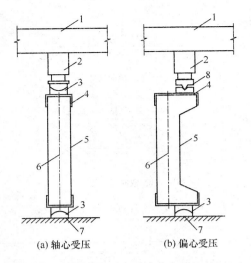

（a）轴心受压　　　　（b）偏心受压

图 5.1.5-1　受压构件的支座布置

1—门架；2—千斤顶；3—球形支座；4—柱头钢套；
5—试件；6—试件几何轴线；7—底座；8—刀口支座

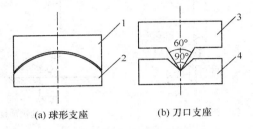

（a）球形支座　　　　（b）刀口支座

图 5.1.5-2　受压构件的支座

1—上半球；2—下半球；3—刀口；4—刀口座

算，必要时应设置柱头保护钢套或对柱端进行局部加
强，但不应改变柱头的受力状态（图 5.1.5-3）。

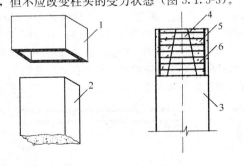

（a）柱头保护钢套　　　（b）榫接柱头的局部加强

图 5.1.5-3　受压试件的局部加强

1—保护钢套；2—柱头；3—预制柱；
4—榫头；5—后浇混凝土；6—加密箍筋

5.1.6　当对试件进行扭转加载试验时，试件支座的
转动平面应彼此平行，并均应垂直于试件的扭转轴
线。纯扭试验支座不应约束试件的轴向变形；针对自
由扭转、约束扭转、弯剪扭复合受力的试验，应根据
实际受力情况对支座作专门的设计。

5.1.7　当进行开口薄壁受弯试件的加载试验时，应

设置专门的薄壁试件定形架或卡具（图 5.1.7），以
固定截面形状，避免加载引起试件扭曲失稳破坏。

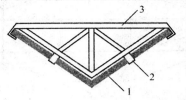

图 5.1.7　开口薄壁试件的定形架

1—薄壁构件；2—卡具；3—定形架

5.1.8　侧向稳定性较差的屋架、桁架、薄腹梁等受
弯试件进行加载试验时，应根据试件的实际情况设置
平面外支撑或加强顶部的侧向刚度，保持试件的侧向
稳定。平面外支撑及顶部的侧向加强设施的刚度和承
载力应符合试验要求，且不应影响试件在平面内的正
常受力和变形。不单独设置平面外支撑时，也可采用
构件拼装组合的形式进行加载试验（图 5.1.8）。

（a）设置平面外支撑

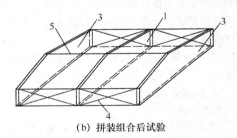

（b）拼装组合后试验

图 5.1.8　薄腹试件的试验

1—试件；2—侧向支撑；3—辅助构件；
4—横向支撑；5—上弦系杆

5.1.9　重型受弯构件进行足尺试验时，可采用水平
相背放置的两榀试件，两端用拉杆连接互为支座，采
用对顶加载的方式进行试验（图 5.1.9）。试件应水
平卧放，构件下部应设置滚轴，保证试件在受力平面
内的自由变形，拉杆的承载力和抗拉刚度应进行验
算，并应符合试验要求。

5.1.10　试验时试件支座下的支墩和地基应符合下列
规定：

　　1　支墩和地基在试验最大荷载作用下的总压缩
变形不应超过试件挠度值的 1/10；

　　2　连续梁、四角支承和四边支承双向板等试件
需要两个以上的支墩时，各支墩的刚度应相同；

　　3　单向试件两个铰支座的高差应符合支座设计

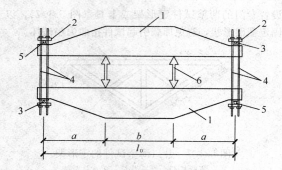

图 5.1.9　试件互为支座的对顶加载

1—试件；2—支座钢板；3—刀口支座；
4—拉杆；5—滚动铰支座；6—千斤顶

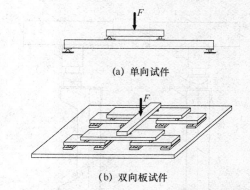

(a) 单向试件

(b) 双向板试件

图 5.2.4　千斤顶—分配梁加载

的要求，其允许偏差为试件跨度的 1/200；双向板试件支墩在两个跨度方向的高差和偏差均应满足上述要求；

4　多跨连续试件各中间支墩宜采用可调式支墩，并宜安装力值量测仪表，根据支座反力的要求调节支墩的高度。

5.2　加载方式

5.2.1　实验室试验加载所使用的各种试验机应符合本标准第 5.2.2 条规定的精度要求，并应定期检验校准、有处于有效期内的合格证书；非实验室条件进行的预制构件试验、原位加载试验等受场地、条件限制时，可采用满足试验要求的其他加载方式，加载量值的允许误差为 ±5%。

5.2.2　实验室加载用试验设备的精度、误差应符合下列规定：

1　万能试验机、拉力试验机、压力试验机的精度不应低于 1 级；

2　电液伺服结构试验系统的荷载量测允许误差为量程的 ±1.5%。

5.2.3　采用千斤顶进行加载时，宜采用本标准第 6.2.1 条规定的力值量测仪表直接测定加载量值。对非实验室条件进行的试验，也可采用油压表测定千斤顶的加载量。油压表的精度不应低于 1.5 级，并应与千斤顶配套进行标定，绘制标定的油压表读值—荷载曲线，曲线的重复性允许误差为 ±5.0%。同一油泵带动的各个千斤顶，其相对高差不应大于 5m。

5.2.4　对需在多处加载的试验，可采用分配梁系统进行多点加载（图 5.2.4）。采用分配梁进行试验加载时，分配比例不宜大于 4∶1；分配级数不应大于 3 级；加载点不应多于 8 点。分配梁的刚度应满足试验要求，其支座应采用单跨简支支座。

5.2.5　当通过滑轮组、捯链等机械装置悬挂重物或依托地锚进行集中力加载时（图 5.2.5），宜采用拉力传感器直接测定加载量，拉力传感器宜串联在靠近试件一端的拉索中；当悬挂重物加载时，也可通过称

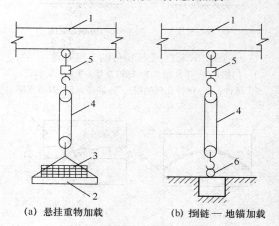

(a) 悬挂重物加载

(b) 捯链—地锚加载

图 5.2.5　悬挂重物集中力加载

1—试件；2—承载盘；3—重物；
4—滑轮组或捯链；5—拉力传感器；6—地锚

量加载物的重量控制加载值。

5.2.6　长期荷载宜采用杠杆—重物的方式对试件进行持续集中力加载（图 5.2.6）。杠杆、拉杆、地锚、吊索、承载盘的承载力、刚度和稳定性应符合试验要求；杠杆的三个支点应明确，并应在同一直线上，加载放大的比例不宜大于 5 倍。

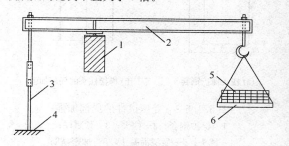

图 5.2.6　杠杆集中力加载示意

1—试件；2—杠杆；3—拉杆；4—地锚；
5—重物；6—承载盘

5.2.7　墙板试件上端长度方向的均布线荷载，宜用横梁将集中力分散，加载横梁应与试件紧密接触。当需要分段施加不同的线荷载时，横梁应分段设置。

5.2.8　同时进行竖向和侧向水平加载的试件，当发

生水平侧向位移时，施加竖向荷载的千斤顶应采用水平滑动装置保证作用位置不变（图5.2.8）。

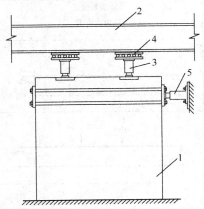

图 5.2.8　剪力墙试件的加载示意
1—剪力墙试件；2—竖向加载反力架；3—竖向加载
千斤顶；4—滑动小车；5—水平加载千斤顶

5.2.9　集中力加载作用处的试件表面应设置钢垫板，钢垫板的面积及厚度应由垫板刚度及混凝土局部受压承载力验算确定。钢垫板宜预埋在试件内，也可采用砂浆或干砂垫平，保持试件稳定支承及均匀受力。

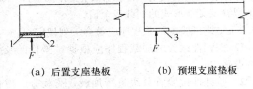

（a）后置支座垫板　　（b）预埋支座垫板

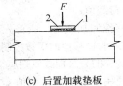

（c）后置加载垫板

图 5.2.9　集中力作用处的垫板
1—砂浆；2—垫板；3—预埋钢板

5.2.10　当采用重物进行加载时，应符合下列规定：

1　加载物应重量均匀一致，形状规则；

2　不宜采用有吸水性的加载物；

3　铁块、混凝土块、砖块等加载物重量应满足加载分级的要求，单块重量不宜大于 250N；

4　试验前应对加载物称重，求得其平均重量；

5　加载物应分堆码放，沿单向或双向受力试件跨度方向的堆积长度宜为 1m 左右，且不应大于试件跨度的 1/6～1/4；

6　堆与堆之间宜预留不小于 50mm 的间隙，避免试件变形后形成拱作用（图5.2.10）。

5.2.11　当采用散体材料进行均布加载时，应满足下列要求：

1　散体材料可装袋称量后计数加载，也可在构

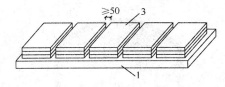

（a）单向板按区段分堆码放

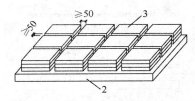

（b）双向板按区域分堆码放

图 5.2.10　重物均布加载
1—单向板试件；2—双向板试件；3—堆载

件上表面加载区域周围设置侧向围挡，逐级称量加载并均匀摊平（图5.2.11）；

2　加载时应避免加载散体外漏。

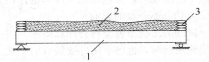

图 5.2.11　散体均布加载
1—试件；2—散体材料；3—围挡

5.2.12　当采用流体（水）进行均布加载时，应有水囊、围堰、隔水膜等有效防止渗漏的措施（图5.2.12）。加载可以用水的深度换算成荷载加以控制，也可通过流量计进行控制。

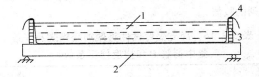

图 5.2.12　水压均布加载
1—水；2—试件；3—围堰；4—水囊或防水膜

5.2.13　对密封容器进行内压加载试验时，可采用气压或水压进行均布加载（图5.2.13a）；也可依托固定物利用气囊或水囊进行加载（图5.2.13b）；气压加载还可以施加任意方向的压力。加载应满足下列要求：

1　气囊或水囊加压状态下不应泄漏；

2　气囊或水囊应有依托，侧边不宜伸出试件的外边缘；

3　气压计或液压表的精度不应低于 1.0 级。

5.2.14　试验试件宜采用与其实际受力状态一致的正位加载。当需要采用卧位、反位或其他异位加载方式时，应防止试件在就位过程中产生裂缝、不可恢复的

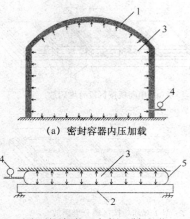

（a）密封容器内压加载

（b）利用气囊（水囊）进行加载

图 5.2.13　气压或水压均布加载

1—密封容器；2—试件；3—压缩空气或压力水；4—气压计或液压表；5—气囊或水囊

挠曲或其他附加变形，并应考虑试件自重作用方向与其实际受力状态不一致的影响。

5.2.15　试件的加载布置应符合计算简图。当试验加载条件受到限制时，也可采用等效加载的形式。等效加载应满足下列要求：

　　1　控制截面或部位上主要内力的数值相等；

　　2　其余截面或部位上主要内力和非主要内力的数值相近、内力图形相似；

　　3　内力等效对试验结果的影响可明确计算。

5.2.16　当采用集中力模拟均布荷载对简支受弯试件进行等效加载时，可按表 5.2.16 所示的方式进行加载。加载值 P 及挠度实测值的修正系数 ψ 应采用表中所列的数值。

表 5.2.16　简支受弯试件等效加载模式及等效集中荷载 P 和挠度修正系数 ψ

名　称	等效加载模式 及加载值 P	挠度修正系数 ψ
均布荷载	q l	1.00
四分点集中力加载	$ql/2$　　$ql/2$ $l/4$　$l/2$　$l/4$	0.91
三分点集中力加载	$3ql/8$　$3ql/8$ $l/3$　$l/3$　$l/3$	0.98

续表 5.2.16

名　称	等效加载模式 及加载值 P	挠度修正系数 ψ
剪跨 a 集中力加载	$ql/8a$　　$ql/8a$ a　$l-2a$　a	计算确定
八分点集中力加载	$ql/4$ $l/8$　$l/4 \times 3$　$l/8$	0.97
十六分点集中力加载	$ql/8$ $l/16$　$l/8 \times 7$　$l/16$	1.00

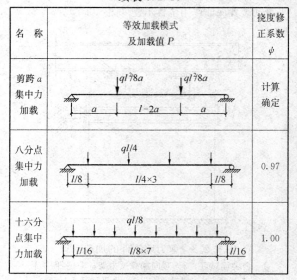

5.3　加　载　程　序

5.3.1　结构试验开始前应进行预加载，检验支座是否平稳，仪表及加载设备是否正常，并对仪表设备进行调零。预加载应控制试件在弹性范围内受力，不应产生裂缝及其他形式的加载残余值。

5.3.2　结构试验的加载程序应符合下列规定：

　　1　探索性试验的加载程序应根据试验目的及受力特点确定；

　　2　验证性试验宜分级进行加载，荷载分级应包括各级临界试验荷载值；

　　3　当以位移控制加载时，应首先确定试件的屈服位移值，再以屈服位移值的倍数控制加载等级。

5.3.3　验证性试验的分级加载原则应符合下列规定：

　　1　在达到使用状态试验荷载值 Q_s（F_s）以前，每级加载值不宜大于 $0.20Q_s$（$0.20F_s$）；超过 Q_s（F_s）以后，每级加载值不宜大于 $0.10Q_s$（$0.10F_s$）；

　　2　接近开裂荷载计算值 Q_{cr}（F_{cr}）时，每级加载值不宜大于 $0.05Q_s$（$0.05F_s$）；试件开裂后每级加载值可取 $0.10Q_s$（$0.10F_s$）；

　　3　加载到承载能力极限状态的试验阶段时，每级加载值不应大于承载力状态荷载设计值 Q_d（F_d）的 0.05 倍。

5.3.4　验证性试验每级加载的持荷时间应符合下列规定：

　　1　每级荷载加载完成后的持荷时间不应少于 5min～10min，且每级加载时间宜相等；

　　2　在使用状态试验荷载值 Q_s（F_s）作用下，持荷时间不应少于 15min；在开裂荷载计算值 Q_{cr}（F_{cr}）作用下，持荷时间不宜少于 15min；如荷载达到开裂荷载计算值前已经出现裂缝，则在开裂荷载计算值下的持荷时间不应少于 5min～10min；

3 跨度较大的屋架、桁架及薄腹梁等试件，当不再进行承载力试验时，使用状态试验荷载值 Q_s（F_s）作用下的持荷时间不宜少于 12h。

5.3.5 分级加载试验时，试验荷载的实测值应按下列原则确定：

1 在持荷时间完成后出现试验标志时，取该级荷载值作为试验荷载实测值；

2 在加载过程中出现试验标志时，取前一级荷载值作为试验荷载实测值；

3 在持荷过程中出现试验标志时，取该级荷载和前一级荷载的平均值作为试验荷载实测值。

5.3.6 当采用缓慢平稳的持续加载方式时，取出现试验标志时所达到的最大荷载值作为试验荷载实测值。

5.3.7 当要求获得试件的实际承载力和破坏形态时，在试件出现承载力标志后，宜进行后期加载。后期加载应加到荷载减退、试件断裂、结构解体等破坏状态，探讨试件的承载力裕量、破坏形态及实际的抗倒塌性能。后期加载的荷载等级及持荷时间应根据具体情况确定，可适当增大加载间隔，缩短持荷时间，也可进行连续慢速加载直至试件破坏。

5.3.8 对于需要研究试件恢复性能的试验，加载完成以后应按阶段分级卸载。卸载和量测应符合下列规定：

1 每级卸载值可取为承载力试验荷载值的 20%，也可按各级临界试验荷载逐级卸载；

2 卸载时，宜在各级临界试验荷载下持荷并量测各试验参数的残余值，直至卸载完毕；

3 全部卸载完成以后，宜经过一定的时间后重新量测残余变形、残余裂缝形态及最大裂缝宽度等，以检验试件的恢复性能。恢复性能的量测时间，对于一般结构构件取为 1h，对新型结构和跨度较大的试件取为 12h，也可根据需要确定时间。

5.3.9 试件的自重和作用在其上的加载设备的重量，应作为试验荷载的一部分，并经计算后从加载值中扣除。试件自重和加载设备的重量应经实测或计算取得，并根据加载模式进行换算，对验证性试验其数值不宜大于使用状态试验荷载值的 20%。

5.3.10 当试件承受多组荷载作用时，施加于试件不同部位上的各组荷载宜按同一个比例加载和卸载。当试验方案对各组荷载的加载制度有特别要求时，应按确定的试验方案进行加载。

6 试验量测

6.1 一般规定

6.1.1 结构试验的量测方案应符合下列原则：

1 应根据试验目的及探讨规律所需的参数，确定量测项目；

2 量测仪表布置的位置应有代表性，能够反映试件的结构性能；

3 应选择能够满足测量量程和精度要求的仪表及支架等附属设备；

4 除基本测点外，尚应布置一定数量的校核性测点；

5 在满足试验分析需要的条件下，宜简化量测方案，控制量测数量。

6.1.2 混凝土结构试验时，量测内容宜根据试验目的在下列项目中选择：

1 荷载：包括均布荷载、集中荷载或其他形式的荷载；

2 位移：试件的变形、挠度、转角或其他形式的位移；

3 裂缝：试件的开裂荷载、裂缝形态及裂缝宽度；

4 应变：混凝土及钢筋的应变；

5 根据试验需要确定的其他项目。

6.1.3 混凝土结构试验用的量测仪表，应符合有关精度等级的要求，并应定期检验校准、有处于有效期内的合格证书。人工读数的仪表应进行估读，读数应比所用量测仪表的最小分度值小一位。仪表的预估试验量程宜控制在量测仪表满量程的 30%～80% 范围之内。

6.1.4 为及时记录试验数据并对量测结果进行初步整理，宜选用具有自动数据采集和初步整理功能的配套仪器、仪表系统。

6.1.5 结构静力试验采用人工测读时，应符合下列规定：

1 应按一定的时间间隔进行测读，全部测点读数时间应基本相同；

2 分级加载时，宜在持荷开始时预读，持荷结束时正式测读；

3 环境温度、湿度对量测结果有明显影响时，宜同时记录环境的温度和湿度。

6.2 力值量测

6.2.1 结构试验中测量集中加载力值的仪表可选用荷载传感器、弹簧式测力仪等。各种力值量测仪表的测量应符合下列规定：

1 荷载传感器的精度不应低于 C 级；对于长期试验，精度不应低于 B 级；

荷载传感器仪表的最小分度值不宜大于被测力值总量的 1.0%，示值允许误差为量程的 1.0%；

2 弹簧式测力仪的最小分度值不应大于仪表量程的 2.0%，示值允许误差为量程的 1.5%；

3 当采用分配梁及其他加载设备进行加载时，

宜通过荷载传感器直接量测施加于试件的力值，利用试验机读数或其他间接量测方法计算力值时，应计入加载设备的重量；

4　当采用悬挂重物加载时，可通过直接称量加载物的重量计算加载力值，并应计入承载盘的重量；称量加载物及承载盘重量的仪器允许误差为量程的±1.0%。

6.2.2　均布加载时，应按下列规定确定施加在试件上的荷载：

1　重物加载时，以每堆加载物的数量乘以单重，再折算成区格内的均布加载值；称量加载物重量的衡器允许误差为量程的±1.0%；

2　散体装在容器内倾倒加载，称量容器内的散体重量，以加载次数计算重量，再折算成均布加载值；称量容器内散体重量的衡器允许误差为量程的±1.0%；

3　水加载以量测水的深度，再乘以水的重度计算均布加载值，或采用精度不低于1.0级的水表按水的流量计算加载量，再换算为荷载值；

4　气体加载以气压计量测加压气体的压力，均布加载量按气囊与试件表面实际接触的面积乘气压值计算确定；气压表的精度等级不应低于1.5级。

6.3　位移及变形的量测

6.3.1　位移量测的仪器、仪表可根据精度及数据采集的要求，选用电子位移计、百分表、千分表、水准仪、经纬仪、倾角仪、全站仪、激光测距仪、直尺等。

6.3.2　试验中应根据试件变形量测的需要布置位移量测仪表，并由量测的位移值计算试件的挠度、转角等变形参数。试件位移量测应符合下列规定：

1　应在试件最大位移处及支座处布置测点；对宽度较大的试件，尚应在试件的两侧布置测点，并取量测结果的平均值作为该处的实测值；

2　对具有边肋的单向板，除应量测边肋挠度外，还宜量测板宽中央的最大挠度；

3　位移量测应采用仪表测读。对于试验后期变形较大的情况，可拆除仪表改用水准仪—标尺量测或采用拉线—直尺等方法进行量测（图6.3.2）。

4　对屋架、桁架挠度测点应布置在下弦杆跨中或最大挠度的节点位置上，需要时也可在上弦杆节点处布置测点；

5　对屋架、桁架和具有侧向推力的结构构件，还应在跨度方向的支座两端布置水平测点，量测结构在荷载作用下沿跨度方向的水平位移。

6.3.3　量测试件挠度曲线时，测点布置应符合下列要求：

1　受弯及偏心受压构件量测挠度曲线的测点应沿构件跨度方向布置，包括量测支座沉降和变形的测

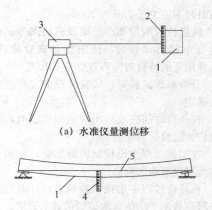

(a)　水准仪量测位移

(b)　拉线直尺量测挠度

图6.3.2　试验后期位移量测方法
1—试件；2—标尺；3—水准仪；
4—直尺；5—拉线

点在内，测点不应少于五点；对于跨度大于6m的构件，测点数量还宜适当增多；

2　对双向板、空间薄壳结构量测挠度曲线的测点应沿二个跨度或主曲率方向布置，且任一方向的测点数包括量测支座沉降和变形的测点在内不应少于五点；

3　屋架、桁架量测挠度曲线的测点应沿跨度方向各下弦节点处布置。

6.3.4　确定悬臂构件自由端的挠度实测值时，应消除支座转角和支座沉降的影响。

6.3.5　各种位移量测仪器、仪表的精度、误差应符合下列规定：

1　百分表、千分表和钢直尺的误差允许值应符合国家现行相关标准的规定；

2　水准仪和经纬仪的精度分别不应低于 DS_3 和 DJ_2；

3　位移传感器的准确度不应低于1.0级；位移传感器的指示仪表的最小分度值不宜大于所测总位移的1.0%，示值允许误差为量程的1.0%；

4　倾角仪的最小分度值不宜大于5″，电子倾角计的示值允许误差为量程的1.0%。

6.4　应变的量测

6.4.1　应变量测仪表应根据试验目的以及对试件混凝土和钢筋应变测量的要求进行选择。钢筋和混凝土的应变宜采用电阻应变计、振弦式应变计、光纤光栅应变计、引伸仪等进行量测。

6.4.2　当采用电阻应变计量测应变时，应有可靠的温度补偿措施。在温度变化较大的地方采用机械式应变仪量测应变时，应对温度影响进行修正。

6.4.3　量测结构构件应变时，测点布置应符合下列要求：

1 对受弯构件应在弯矩最大的截面上沿截面高度布置测点，每个截面不宜少于 2 个（图 6.4.3a）；当需要量测沿截面高度的应变分布规律时，布置测点数不宜少于 5 个（图 6.4.3b）；

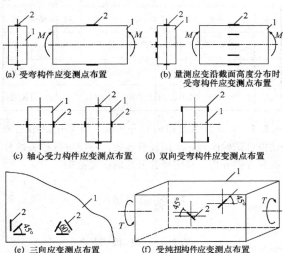

(a) 受弯构件应变测点布置　　(b) 量测应变沿截面高度分布时
　　　　　　　　　　　　　　　　受弯构件应变测点布置

(c) 轴心受力构件应变测点布置　(d) 双向受弯构件应变测点布置

(e) 三向应变测点布置　　(f) 受纯扭构件应变测点布置

图 6.4.3　构件应变测点布置
1—试件；2—应变计

2 对轴心受力构件，应在构件量测截面两侧或四侧沿轴线方向相对布置测点，每个截面不应少于 2 个（图 6.4.3c）；

3 对偏心受力构件，量测截面上测点不应少于 2 个（图 6.4.3c）；如需量测截面应变分布规律时，测点布置应与受弯构件相同（图 6.4.3b）；

4 对于双向受弯构件，在构件截面边缘布置的测点不应少于 4 个（图 6.4.3d）；

5 对同时受剪力和弯矩作用的构件，当需要量测主应力大小和方向及剪应力时，应布置 45°或 60°的平面三向应变测点（图 6.4.3e）；

6 对受扭构件，应在构件量测截面的两长边方向的侧面对应部位上布置与扭转轴线成 45°方向的测点（图 6.4.3f）；测点数量应根据研究目的确定。

6.4.4 各种应变量测仪表的精度及其他性能应符合下列规定：

1 金属粘贴式电阻应变计或电阻片的技术等级不应低于 C 级，其应变电阻、灵敏系数、蠕变和热输出等工作特性应符合相应等级的要求；量测混凝土应变的应变计或电阻片的长度不应小于 50mm 和 4 倍粗骨料粒径；

2 电阻应变仪的准确度不应低于 1.0 级，其示值误差、稳定度等技术指标应符合该级别的相应要求；

3 振弦式应变计的允许误差为量程的 ±1.5%；

4 光纤光栅应变计的允许误差为量程的 ±1.0%；

5 手持式引伸仪的准确度不应低于 1 级，分辨

率不宜大于标距的 0.5%，示值允许误差为量程的 1.0%；

6 当采用千分表或位移传感器等位移计构成的装置测量应变时，其标距允许误差为 ±1.0%，最小分度值不宜大于被测总应变的 1.0%，位移计的精度应符合本标准第 6.3.5 条的要求。

6.5　裂缝的量测

6.5.1 试件混凝土的开裂可采用下列方法进行判断：

1 直接观察法：在试件表面刷白，用放大镜或电子裂缝观测仪观察第一次出现的裂缝；

2 仪表动态判定法：当以重物加载时，荷载不变而量测位移变形的仪表读数持续增大；当以千斤顶加载时，在某变形下位移不变而荷载读数持续减小，则表明试件已经开裂；

3 挠度转折法：对大跨度试件，根据加载过程中试件的荷载—变形关系曲线转折判断开裂并确定开裂荷载；

4 应变量测判断法：在试件的最大主拉应力区，沿主拉应力方向连续布置应变计监测应变值的发展。当某应变计的应变增量有突变时，应取当时的荷载值作为开裂荷载实测值，且判断裂缝就出现在该应变计所跨的范围内。

6.5.2 裂缝出现以后应在试件上描绘裂缝的位置、分布、形态；记录裂缝宽度和对应的荷载值或荷载等级；并全过程观察记录裂缝形态和宽度的变化；绘制构件裂缝形态图；并判断裂缝的性质及类型。

6.5.3 裂缝宽度量测位置应按下列原则确定：

1 对梁、柱、墙等构件的受弯裂缝应在构件侧面受拉主筋处量测最大裂缝宽度；对上述构件的受剪裂缝应在构件侧面斜裂缝最宽处量测最大裂缝宽度；

2 板类构件可在板面或板底量测最大裂缝宽度；

3 其余试件应根据试验目的，量测预定区域的裂缝宽度。

6.5.4 试件裂缝的宽度可选用刻度放大镜、电子裂缝观测仪、振弦式测缝计、裂缝宽度检验卡等仪表进行测量，量测仪表应符合下列规定：

1 刻度放大镜最小分度不宜大于 0.05mm；

2 电子裂缝观察仪的测量精度不应低于 0.02mm；

3 振弦式测缝计的量程不大于 50mm，分辨率不应大于量程的 0.05%；

4 裂缝宽度检验卡最小分度值不应大于 0.05mm。

6.5.5 对试验加载前已存在的裂缝，应进行量测和标志，初步分析裂缝的原因和性质，并跨裂缝作石膏标记。试验加载后，应对已存在裂缝的发展进行观测和记录，并通过对石膏标记上裂缝的量测，确定裂缝宽度的变化。

6.6 试验结果的误差与统计分析

6.6.1 对试验结果宜进行误差分析，试验直接量测数据的末位数字所代表的计量单位应与所用仪表的最小分度值相对应。

6.6.2 一定数量的同类直接量测结果，统计特征值应按下列公式计算：

平均值

$$m_x = \frac{1}{n} \sum_{i=1}^{n} x_i \qquad (6.6.2\text{-}1)$$

标准差

$$s_x = \sqrt{\frac{\sum_{i=1}^{n} (x_i - m_x)^2}{n-1}} \qquad (6.6.2\text{-}2)$$

变异系数

$$\delta_x = \frac{s_x}{m_x} \qquad (6.6.2\text{-}3)$$

式中：x_i——第 i 个量测值；

n——量测数量。

6.6.3 直接量测参量 x_i 的结果误差，可取所用量测仪表的精度作为基本试验误差；对间接量测结果 y 的最大绝对误差 Δy、最大相对误差 δy 和标准差 s_y，应按误差传递法则按下列公式进行分析：

$$y = f(x_1, x_2, \cdots, x_n) \qquad (6.6.3\text{-}1)$$

$$\Delta y = \left| \frac{\partial f}{\partial x_1} \right| \Delta x_1 + \left| \frac{\partial f}{\partial x_2} \right| \Delta x_2 + \cdots + \left| \frac{\partial f}{\partial x_n} \right| \Delta x_n \qquad (6.6.3\text{-}2)$$

$$\delta y = \frac{\Delta y}{|y|} = \left| \frac{\partial f}{\partial x_1} \right| \frac{\Delta x_1}{|y|} + \left| \frac{\partial f}{\partial x_2} \right| \frac{\Delta x_2}{|y|} + \cdots + \left| \frac{\partial f}{\partial x_n} \right| \frac{\Delta x_n}{|y|} \qquad (6.6.3\text{-}3)$$

$$s_y = \sqrt{\left(\frac{\partial f}{\partial x_1} \right)^2 s_{x1}^2 + \left(\frac{\partial f}{\partial x_2} \right)^2 s_{x2}^2 + \cdots + \left(\frac{\partial f}{\partial x_n} \right)^2 s_{xn}^2} \qquad (6.6.3\text{-}4)$$

式中：x_i——直接量测参量；

y——间接测量结果；

Δx_i——直接量测参量 x_i 的基本试验误差；

Δy——间接量测结果 y 的最大绝对误差；

δy——间接量测结果 y 的最大相对误差；

s_y——间接量测结果 y 的标准差；

n——直接量测参量的数量。

6.6.4 对试验中多次量测系列数据中与其余量测值有明显差异的可疑数据 x_i，可按下式决定取舍：

$$\left| \frac{x_i - m_x}{s_x} \right| \leqslant d_n \qquad (6.6.4)$$

式中：n——量测数量；

d_n——合理的误差限值，按表 6.6.4 取值。

表 6.6.4 试验值舍弃标准

n	5	6	7	8	9	10	11	12	13	14
d_n	1.65	1.73	1.80	1.86	1.92	1.96	2.00	2.04	2.07	2.10
n	15	16	17	18	19	20	22	24	26	28
d_n	2.13	2.16	2.18	2.20	2.22	2.24	2.28	2.32	2.34	2.37
n	30	40	50	60	70	80	90	100	150	200
d_n	2.39	2.50	2.58	2.64	2.69	2.74	2.78	2.81	2.93	3.03

6.6.5 对试验数据作回归分析时，宜采用最小二乘法拟合试验曲线，求出经验公式，并应进行相关性分析和方差分析，确定经验公式的误差范围。

7 实验室试验

7.1 一般规定

7.1.1 实验室试验应按探索性试验或验证性试验，根据试验目的的不同采取相应的试验方法。

7.1.2 实验室试验应包括下列内容：

  1 试验方案设计；

  2 试件的制作、养护和安装；

  3 材料性能试验；

  4 试验加载、量测及试验现象的观测及记录；

  5 试验结果的整理及分析；

  6 试验报告及结论。

7.1.3 实验室试验应充分利用实验室的加载控制系统、量测和数据采集、分析系统等有利条件；当在室外进行试验时应采取必要的遮盖和屏蔽措施。

7.1.4 实验室进行的探索性试验和验证性试验，钢筋的主要力学性能指标和混凝土的立方体抗压强度值与设计要求值的允许偏差宜为 ±10%。

7.2 试验方案

7.2.1 探索性试验的试件设计宜符合下列原则：

  1 试件的几何形状、结构尺寸、截面配筋数量、配筋形式以及构造措施等参数，宜具有代表性；

  2 宜通过改变主要影响参数而形成系列试件，通过试验对比寻求该参数变化对结构性能影响的定量规律；

  3 当影响参数较多时，可采用正交设计方法对试件的多个参数进行组合；

  4 试件尺寸宜接近实际结构构件，减小尺寸效应的影响；

  5 试件与试验装置之间的连接、支承方式应合理、有效地模拟结构构件的受力状态。

7.2.2 验证性试验的试件设计宜符合下列原则：

1 试件的材料、几何形状、尺寸、配筋等参数的确定宜满足表7.2.2所示的结构模型与原型结构的相似关系；试件的配筋形式以及构造措施宜与原型结构相似；当表7.2.2所示的结构模型与原型结构的相似关系无法完全满足时，可按照等强度、等刚度的原则进行等效换算；

2 试件设计宜减小缩尺效应的影响，构造连接类的验证性试验宜采用足尺试件或大比例的模拟试件；

3 试件与加载设备、支承装置之间的连接方式及构造措施应能合理、有效地反映原型结构的边界约束条件。

表 7.2.2 混凝土结构试验模型与原型结构的相似关系

类型	物理量	量纲	一般模型	同材料缩尺模型
混凝土材料性能	应力 σ_c	$[FL^{-2}]$	S_σ	1
	应变 ε_c	—	1	1
	弹性模量 E_c	$[FL^{-2}]$	S_σ	1
	泊松比 μ_c	—	1	1
	质量密度 ρ_c	$[FL^{-3}]$	S_σ/S_L	$1/S_L$
钢筋材料性能	应力 σ_s	$[FL^{-2}]$	S_σ	1
	应变 ε_s	—	1	1
	弹性模量 E_s	$[FL^{-2}]$	S_σ	1
	粘结应力 ν	$[FL^{-2}]$	S_σ	1
几何特性	几何尺寸 L	$[L]$	S_L	S_L
	线位移 u	$[L]$	S_L	S_L
	角位移 θ	—	1	1
	钢筋面积 A_s	$[L^2]$	S_L^2	S_L^2
荷载	集中荷载 P	$[F]$	$S_\sigma S_L^2$	S_L^2
	线荷载 q_l	$[FL^{-1}]$	$S_\sigma S_L$	S_L
	面荷载 q	$[FL^{-2}]$	S_σ	1
	力矩 M	$[FL]$	$S_\sigma S_L^3$	S_L^3

注：表中 S_L、S_σ 分别为模型的几何尺寸和应力相似系数。

7.2.3 试件的材料宜采用与真实结构一致的钢筋和混凝土。缩尺模型中，当采用小直径的光圆钢筋模拟原结构中的大直径变形钢筋时，宜在光圆钢筋表面压痕，模拟变形钢筋的粘结作用。采用细石混凝土制作缩尺模型时，粗骨料的粒径不宜小于5mm。

7.2.4 试件的支座、加载区域以及与加载设备连接的设计应留有余量，确保其在试验过程中的承载力及刚度。承受集中荷载的部位，应采取预埋钢筋网片或钢垫板等局部加强措施。内埋量测元件的布置应合理，并应采取有效的保护措施。

7.2.5 方案设计时宜采用数值模拟方法或简化计算方法，分析试件内力、变形分布变化的规律，为确定试件的几何尺寸及相似比、主要参数的影响、量测方案、试验设备的容量等提供依据。

7.2.6 应根据试验目的计算下列荷载及变形参数：

1 试件自重及加载设备的重量；

2 试件在各种临界状态下相应的荷载及变形预估值，包括开裂荷载、屈服荷载、屈服变形、极限荷载及相应的变形等；

3 计算加载值应扣除试件自重及加载设备重量，加载设备的加载能力应留有余量。

7.2.7 实验室试验宜采用电子式的加载控制设备和数据采集系统，试验加载设备宜具有荷载控制和位移控制的能力，并可在试验过程中相互进行切换。

7.2.8 试验加载制度应根据试验研究目的及实验室的具体条件确定。当需要通过试验研究结构屈服后的力学性能时，宜采用屈服前由力值控制加载、屈服后由位移控制加载的加载制度。

7.2.9 对于验证性试验，可在一定条件下通过改变加载方式利用同一试件进行不同荷载工况下的多次试验。不同工况的试验应按照荷载效应由低到高的顺序进行。

7.2.10 对需要研究结构恢复性能的试验，应按本标准第5.3.7条的规定进行分级卸载，并在卸载后对残余值进行量测。

7.2.11 实验室试验的量测方案应符合下列规定：

1 应按本标准第7.2.6条的要求分析试件内力、变形分布变化的规律，从而确定内力和变形的重点量测部位，并按第6.2节～第6.5节的要求布置传感器；

2 应在试件的对称位置布置一定数量的校核性量测点，并通过测量值的对比复核，确认测量数据的可靠性；

3 当试件加载至可能发生破坏阶段时，位移计、应变计的布置应兼顾试验量测数据的有效性和仪器仪表的安全。

7.3 试验过程及结果

7.3.1 试验开始前应进行下列准备工作：

1 试验前应测试同条件养护的混凝土试块以及钢筋试样的性能，并确定材料的性能参数；

2 应按实测的材料参数，事先计算各级临界试验荷载值及量测指标的预估值，作为试验分级加载和现象观测的依据；

3 根据试验方案安装试件、加载设备和量测仪器、仪表；对试件进行预加载，并对测试设备进行调试；

4 将试件表面刷白并绘制方格，标示各个侧面所在的方位，并有利于在试验过程中观察、描绘裂缝及准确记录试验现象。

7.3.2 试验过程中应进行下列工作：

1 加载数值及数据采集应专人负责并及时记录；

2 应有专人负责观察裂缝，描绘和记录裂缝形态及发展趋势，测读最大裂缝宽度，并在裂缝边标注相应的荷载值（或荷载等级）及相应的裂缝宽度；

3 加载过程中应对比实测数据与预估值，判断试件是否达到预计的开裂、屈服、承载力标志等临界状态；在接近预估的临界状态时，可根据实际情况适当减小加载级差，以便更准确地量测、确定各临界状态的荷载、变形等试验参数；

4 当进行试验的后期加载时，应采取必要的措施预防加载设备倒塌、仪表损坏，保障实验人员的安全。

7.3.3 验证性试验当出现表 7.3.3 所列的标志之一时，即应判断该试件已达到承载能力极限状态。

表 7.3.3 承载力标志及加载系数 $\gamma_{u,i}$

受力类型	标志类型（i）	承载力标志	加载系数 $\gamma_{u,i}$
受拉、受压、受弯	1	弯曲挠度达到跨度的 1/50 或悬臂长度的 1/25	1.20(1.35)
	2	受拉主筋处裂缝宽度达到 1.50mm 或钢筋应变达到 0.01	1.20(1.35)
	3	构件的受拉主筋断裂	1.60
	4	弯曲受压区混凝土受压开裂、破碎	1.30(1.50)
	5	受压构件的混凝土受压破碎、压溃	1.60
受剪	6	构件腹部斜裂缝宽度达到 1.50mm	1.40
	7	斜裂缝端部出现混凝土剪压破坏	1.40
	8	沿构件斜截面斜拉裂缝，混凝土撕裂	1.45
	9	沿构件斜截面斜压裂缝，混凝土压碎	1.45
	10	沿构件叠合面、接槎面出现剪切裂缝	1.45
受扭	11	构件腹部斜裂缝宽度达到 1.50mm	1.25
受冲切	12	沿冲切锥面顶、底的环状裂缝	1.45
局部受压	13	混凝土压陷、劈裂	1.40
	14	边角混凝土剥裂	1.50
钢筋的锚固、连接	15	受拉主筋锚固失效，主筋端部滑移达到 0.2mm	1.50
	16	受拉主筋在搭接连接头处滑移，传力性能失效	1.50
	17	受拉主筋搭接脱离或在焊接、机械连接处断裂，传力中断	1.60

注：1 表中加载系数与承载力状态荷载设计值、结构重要性系数的乘积为相应承载力标志的临界试验荷载值；详见本标准第 9.3.6 条的有关规定。

2 当混凝土强度等级不低于 C60 时，或采用无明显屈服钢筋为受力主筋时，取用括号中的数值。

3 试验中当试验荷载不变而钢筋应变持续增长时，表示钢筋已经屈服，判断为标志 2。

7.3.4 实验室试验宜按本标准第 5.3.7 条的要求进行后期加载，直至出现下列破坏现象：

1 荷载达到最大值后自动减退；

2 水平构件弯折、断裂或构件解体；

3 竖向构件屈曲、压溃或构件倾覆；

4 根据研究目的确定的破坏状态。

7.3.5 试件的应力、应变可根据下列要求进行分析整理：

1 各级试验荷载作用下试件控制截面上的应力、应变分布；

2 试件控制截面上最大应力（应变）—荷载关系曲线；

3 试件内钢筋和混凝土的极限应变；

4 试件复杂应力区剪应力和主应力的大小以及主应力的方向。

7.3.6 当要求将试验结果与理论计算结果进行比较时，可绘制试件实测与理论的荷载—位移关系曲线，并计算试件开裂荷载、短期挠度、屈服荷载、承载力试验荷载等计算值与实测值的比值，以及这些比值的平均值、标准差或变异系数。

8 预制构件试验

8.1 一般规定

8.1.1 批量生产的预制混凝土构件宜进行型式检验，型式检验应符合下列规定：

1 应按本章及本标准第 7 章验证性试验的要求进行试件结构性能的试验研究；

2 检验各项结构性能是否符合要求，并留有一定的裕量；

3 根据试验检验结果的分析、复核，调整并确定有关预制构件的材料和工艺参数；

4 宜进行后期加载，探讨试件的承载力裕量及破坏形态；

5 宜卸载探讨试件挠度、裂缝等的恢复性能；

6 对有特殊要求的预制构件，还应对其性能设计的有关参数进行检测、复核。

8.1.2 批量生产的预制混凝土构件，生产单位在批量生产之前宜进行首件检验；当生产工艺、设备、原材料等有较大调整变化时，也宜进行首件检验。首件检验应符合下列规定：

1 应按标准设计要求及本标准第 7 章验证性试验的要求进行检验；

2 应进行正常使用极限状态及承载能力极限状态的各项性能检验；

3 宜在本条第 2 款的基础上进行加载直至试件破坏，检验预制构件承载力的裕量及破坏形态。

8.1.3 批量生产的预制混凝土构件，应根据现行国家标准《混凝土结构工程施工质量验收规范》GB 50204 的规定按产品检验批抽样进行合格性检验。预制构件的合格性检验应符合下列规定：

1 钢筋混凝土构件和允许出现裂缝的预应力混凝土构件，应进行承载力、挠度和裂缝宽度检验；

2 要求不出现裂缝的预应力混凝土构件，应进行承载力、挠度和抗裂检验；

3 预应力混凝土构件中的非预应力杆件，应按钢筋混凝土构件的要求进行检验。

8.1.4 叠合构件底部的预制构件，应在同条件养护的混凝土立方体试块抗压强度达到设计强度等级以后，在其上部浇筑后浇层混凝土，并在后浇层混凝土强度达到设计要求后进行结构性能检验。后浇层要求、叠合试件结构性能检验允许值及试验方法等，应由设计文件规定或根据《混凝土结构工程施工质量验收规范》GB 50204 的有关规定，按实配钢筋相应的检验要求确定。

8.1.5 对一般梁、板类叠合构件的结构性能检验，后浇层混凝土强度等级宜与底部预制构件相同，厚度宜取底部预制构件厚度的 1.5 倍；当预制底板为预应力板时，还应配置界面抗剪构造钢筋。

8.1.6 墙板、柱、桩等竖向预制构件宜按本标准第 5.1.5 条的方法，采用在两端对顶加载、同时施加横向荷载的方式加载。也可采用水平位按受弯构件进行加载试验，进行间接结构性能检验。当采用间接结构性能检验时，设计文件应根据预制构件的截面形状、尺寸、预应力状况及材料强度等，计算其在受弯条件下的效应，并给出相应的试验加载方案及挠度、裂缝控制、承载力等结构性能检验允许值。

8.1.7 对设计方法成熟、生产数量较少的大型预制构件，当采取加强材料和制作质量检验的措施时，可仅作挠度、抗裂或裂缝宽度检验；当采取上述措施并有可靠实践经验时，也可不作结构性能检验。

8.1.8 预制构件结构性能检验的检验指标及合格性判断方法，应根据现行国家标准《混凝土结构工程施工质量验收规范》GB 50204 的有关规定确定。

8.2 试验方案

8.2.1 混凝土预制构件应采用短期静力加载试验的方式进行结构性能检验。有特殊要求的预制构件，由设计文件对其试验方法作出专门规定。

8.2.2 试件的结构性能检验指标及其检验允许值，应根据构件的受力特点和混凝土强度等级由设计文件计算确定。结构性能检验应在同条件养护的混凝土立方体抗压强度达到设计要求后进行。当试件在混凝土尚未达到设计强度等级，或在超过规定的龄期后进行结构性能检验时，检验所需的结构性能试验参数和检验允许值宜作相应的调整。

8.2.3 试验用的加载设备及量测仪表应预先进行标定或校准。试验应在 0℃ 以上的温度中进行。蒸汽养护后的试件，应在出池冷却至常温后进行试验。

8.2.4 试件加载应根据设计文件规定的加载要求、试件类型及设备条件等，按荷载效应等效的原则选择下列方式：

1 荷重块加载适用于板类构件的均布加载；

2 千斤顶加载适用于集中加载，可采用分配梁系统实现多点加载，并用荷载传感器量测力值，也可采用油压表读数，并计算力值；

3 梁或桁架等大型受弯构件加载时应有侧向限位装置，也可并列拼装后在面板上加载；重型梁可采用对顶加载的方法。

8.2.5 试件的试验荷载布置应符合设计文件的规定。当试验荷载的布置不能完全与设计规定相符时，应按荷载效应等效的原则换算。换算应使试件试验的内力图形与设计的内力图形相似，并使控制截面上的主要内力值相等。但改变荷载布置形式对试件其他部位产生不利影响并可能影响试验结果时，应采取相应的措施。

8.2.6 预制构件试验应按阶段分级加载，加载等级、持荷时间等应符合本标准第 5.3 节的有关规定。型式检验加载到试件出现承载力标志后宜进行后期加载；首件检验应加载到试件出现承载力标志；合格性检验可加载至所有规定的项目通过检验，直接判为合格不再继续加载。

8.2.7 预制构件结构性能试验的检验记录应在现场完成，试验检验记录应真实，不得任意涂改。试验检验记录表可采用附录 A 的格式，并应包括下列内容：

1 试验检验背景：

  1）试件的生产单位、名称、型号、生产工艺类型、生产日期、所代表的验收批号；

  2）试验日期、试验检验报告编号、试验单位和试验人员。

2 试验检验方案：

  1）试件参数：试件的形状、尺寸、配筋、保护层厚度、混凝土强度等的设计值及实测值；

  2）试验参数：加载模式、加载方法、荷载代表值、仪表位置及编号等；

  3）结构性能检验允许值：挠度、最大裂缝宽度、抗裂、承载力等项目的检验允许值。

3 试验记录：

  1）加载程序：等级、数值、时间等；

  2）仪表记录：读数、量测参数变化等；

  3）裂缝观测：开裂荷载、裂缝发展、宽度变化、裂缝分布图等；

  4）现象描述：临界试验荷载下的现象观察、承载力标志及破坏特征的简单描述等。

4 检验结论：

1）挠度、裂缝宽度、抗裂、承载力等检验分项的判断；

2）结构性能检验结论。

8.3 试验过程及结果

8.3.1 试验开始前应进行下列准备工作：

1 量测试件的实际尺寸和变形情况，并检查试件的表面，在试件上标出已有的裂缝和缺陷；

2 根据试验方案安装试件、加载设备和量测仪器仪表，对试件进行预加载，并对测试设备进行调试；

3 计算各级临界试验荷载值及检验指标的预估值，作为试验分级加载和现象观测的依据。

8.3.2 使用状态试验应按本标准第 5.3.3 条、第 5.3.4 条的规定分级加载至各级临界试验荷载值，观察各种试验现象，并对比各检验指标的实测值、预估值及允许值，判断试件是否满足挠度检验、抗裂或裂缝宽度检验等性能要求。

8.3.3 预制构件进行挠度检验时，应在使用状态试验荷载值下持荷结束时量测试件的变形，将扣除支座沉降、试件自重和加载设备重量的影响，并按加载模式进行修正后的挠度作为挠度检验实测值 a_s^o。

8.3.4 预制构件的抗裂检验系数实测值应按下列公式进行计算：

采用均布加载时 $\quad \gamma_{cr}^o = \dfrac{Q_{cr}^o}{Q_s}$ （8.3.4-1）

采用集中力加载时 $\quad \gamma_{cr}^o = \dfrac{F_{cr}^o}{F_s}$ （8.3.4-2）

式中：γ_{cr}^o——试件的抗裂检验系数实测值；

Q_{cr}^o、F_{cr}^o——以均布荷载、集中荷载形式表达的试件开裂荷载实测值；

Q_s、F_s——以均布荷载、集中荷载形式表达的试件使用状态试验荷载值。

8.3.5 预制构件进行裂缝宽度检验时，应在使用状态试验荷载值下持荷结束时量测最大裂缝的宽度，并取量测结果的最大值作为最大裂缝宽度实测值 $w_{s,max}^o$。

8.3.6 对试件进行承载力检验时，应按本标准第 5.3.3 条的规定分级进行加载，当试件出现本标准表 7.3.3 所列的任一种承载力标志（第 i 种）时，即认为该试件已达到承载能力极限状态，应停止加载，并按本标准第 5.3.5 条的规定取相应的试验荷载值作为承载力检验荷载实测值 $Q_{u,i}^o$（$F_{u,i}^o$）。如加载至最大的临界试验荷载值，仍未出现任何承载力标志，则应停止加载并判定试件满足承载力要求。

8.3.7 试件的承载力检验系数实测值 $\gamma_{u,i}^o$ 应按下列公式进行计算：

当采用均布加载时 $\quad \gamma_{u,i}^o = \dfrac{Q_{u,i}^o}{Q_d}$ （8.3.7-1）

当采用集中力加载时 $\quad \gamma_{u,i}^o = \dfrac{F_{u,i}^o}{F_d}$ （8.3.7-2）

式中：$Q_{u,i}^o$、$F_{u,i}^o$——以均布荷载、集中荷载形式表达的，试件出现第 i 类承载力标志时的承载力试验荷载实测值；

Q_d、F_d——以均布荷载、集中荷载形式表达的承载力状态荷载设计值。

9 原位加载试验

9.1 一 般 规 定

9.1.1 对下列类型结构可进行原位加载试验：

1 对怀疑有质量问题的结构或构件进行结构性能检验；

2 改建、扩建再设计前，确定设计参数的系统检验；

3 对资料不全、情况复杂或存在明显缺陷的结构，进行结构性能评估；

4 采用新结构、新材料、新工艺的结构或难以进行理论分析的复杂结构，需通过试验对计算模型或设计参数进行复核、验证或研究其结构性能和设计方法；

5 需修复的受灾结构或事故受损结构。

9.1.2 原位加载试验分为下列类型，可根据具体情况选择进行：

1 使用状态试验，根据正常使用极限状态的检验项目验证或评估结构的使用功能；

2 承载力试验，根据承载能力极限状态的检验项目验证或评估结构的承载能力；

3 其他试验，对复杂结构或有特殊使用功能要求的结构进行的针对性试验。

9.1.3 结构原位试验的试验结果应能反映被检结构的基本性能。受检构件的选择应遵守下列原则：

1 受检构件应具有代表性，且宜处于荷载较大、抗力较弱或缺陷较多的部位；

2 受检构件的试验结果应能反映整体结构的主要受力特点；

3 受检构件不宜过多；

4 受检构件应能方便地实施加载和进行量测；

5 对处于正常服役期的结构，加载试验造成的构件损伤不应对结构的安全性和正常使用功能产生明显影响。

9.1.4 原位加载试验的试验荷载值当考虑后续使用年限的影响时，其可变荷载调整系数宜根据现行国家标准《工程结构可靠性设计统一标准》GB 50153、《建筑结构荷载规范》GB 50009 的相关规定，并结合受检构件的具体情况确定。

9.1.5 试验结构的自重，当有可靠检测数据时，可根据实测结果对其计算值作适当调整。

9.1.6 原位试验应根据结构特点和现场条件选择恰

当的加载方式，并根据不同试验目的确定最大加载限值和各临界试验荷载值。直接加载试验应严格控制加载量，避免超加载造成超出预期的永久性结构损伤或安全事故。计算加载值时应扣除构件自重及加载设备的重量。

9.1.7 根据原位加载试验的类型和目的，试验的最大加载限值应按下列原则确定：

1 仅检验构件在正常使用极限状态下的挠度、裂缝宽度时，试验的最大加载限值宜取使用状态试验荷载值，对钢筋混凝土结构构件取荷载的准永久组合，对预应力混凝土结构构件取荷载的标准组合；

2 当检验构件承载力时，试验的最大加载限值宜取承载力状态荷载设计值与结构重要性系数 γ_0 乘积的 1.60 倍；

3 当试验有特殊目的或要求时，试验的最大加载限值可取各临界试验荷载值中的最大值。

9.1.8 试验前应收集结构的各类相关信息，包括原设计文件、施工和验收资料、服役历史、后续使用年限内的荷载和使用功能、已有的缺陷以及可能存在的安全隐患等。还应对材料强度、结构损伤和变形等进行检测。

9.1.9 对装配式结构中的预制梁、板，若不考虑后浇面层的共同工作，应将板缝、板端或梁端的后浇面层断开，按单个构件进行加载试验。

9.2 试验方案

9.2.1 结构原位加载试验应采用短期静力加载试验的方式进行结构性能检验，并应根据检验目的和试验条件按下列原则确定加载方法：

1 加载形式应能模拟结构的内力，根据受检构件的内力包络图，通过荷载的调配使控制截面的主要内力等效；并在主要内力等效的同时，其他内力与实际受力的差异较小；

2 对超静定结构，荷载布置均应采用受检构件与邻近区域同步加载的方式；加载过程应能保证控制截面上的主要内力按比例逐级增加；

3 可采用多种手段组合的加载方式，避免加载重物堆积过多，增加试验工作量；

4 对预计出现裂缝或承载力标志等现象的重点观测部位，不应堆积加载物；

5 宜根据试验目的控制加载量，避免造成不可恢复的永久性损伤或局部破坏；

6 应考虑合理简捷的卸载方式，避免发生意外。

9.2.2 原位加载试验宜采用一次加载的模拟方式。应根据试验目的，通过计算调整荷载的布置，使受检构件各控制截面的主要内力同步受到检验。当一种加载模式不能同时使试验所要求的各控制截面的主要内力等效时，也可对受检构件的不同控制截面分别采用不同的荷载布置方式，通过多次加载使各控制截面的主要内力均受到检验。

9.2.3 原位加载试验的加载方式及程序应遵守本标准第 5.2 节～第 5.4 节的有关要求，根据实际条件选择下列加载方式：

1 楼板、屋盖宜采用上表面重物堆载；

2 梁类构件宜采用悬挂重物或捯链—地锚加载，或通过相邻板区域加载；

3 水平荷载宜采用捯链加载的形式；

4 可在内力等效的条件下综合应用上述加载方法。

9.2.4 加载过程中结构出现下列现象时应立即停止加载，分析原因后如认为需继续加载，宜增加荷载分级，并应采取相应的安全措施：

1 控制测点的变形、裂缝、应变等已达到或超过理论控制值；

2 结构的裂缝、变形急剧发展；

3 出现本标准表 7.3.3 所列的承载力标志；

4 发生其他形式的意外试验现象。

9.2.5 原位加载试验的测点数量不宜过多；但对荷载、挠度等重要检验参数宜布置可直接观测的仪表，并宜采用不同的量测方法对比、校核试验量测的结果。原位加载试验过程中宜进行下列观测：

1 荷载—变形关系；

2 控制截面上的混凝土应变；

3 试件的开裂、裂缝形态以及裂缝宽度的发展情况；

4 试件承载力标志的观测；

5 卸载过程中及卸载后，试件挠度及裂缝的恢复情况及残余值。

9.2.6 对采用新结构、新材料、新工艺的结构以及各类大型或复杂结构，当通过确定范围内的原位加载试验，验证计算模型或设计参数时，试验宜符合下列要求：

1 加载方式宜采用悬吊加载，荷载下部应采取保护措施，防止加载对结构造成损伤；

2 现场试验荷载不宜超过使用状态试验荷载值。

9.2.7 对结构进行破坏性的原位加载试验时，应根据结构特点和试验目的制定试验方案，研究其结构受力特点、残余承载能力、破坏模式、延性指标等性能。在结构进入塑性阶段后，加载宜采用变形控制的方式。荷载施加及结构变形均应在可控范围内，并应采取措施确保人员和设备的安全。

9.3 试验检验指标

9.3.1 受弯构件应按下列方式进行挠度检验：

1 当按现行国家标准《混凝土结构设计规范》GB 50010 规定的挠度允许值进行检验时，应符合下式要求：

$$a_s^o \leqslant [a_s] \qquad (9.3.1\text{-}1)$$

式中：a_s^o——在使用状态试验荷载值作用下，构件的挠度检验实测值；

$[a_s]$——挠度检验允许值，按本标准第9.3.2条的有关规定计算。

2 当设计要求按实配钢筋确定的构件挠度计算值进行检验，或仅检验构件的挠度、抗裂或裂缝宽度时，除应符合公式（9.3.1-1）的要求外，还应符合下式要求：

$$a_s^o \leqslant 1.2 a_s^c \qquad (9.3.1-2)$$

式中：a_s^c——在使用状态试验荷载值作用下，按实配钢筋确定的构件短期挠度计算值。

注：直接承受重复荷载的混凝土受弯构件，当进行短期静力加载试验时，a_s^c值应按使用状态下静力荷载短期效应组合相应的刚度值确定。

9.3.2 挠度检验允许值应按下列公式计算：

对钢筋混凝土受弯构件

$$[a_s] = [a_f]/\theta \qquad (9.3.2-1)$$

对预应力混凝土受弯构件

$$[a_s] = \frac{M_k}{M_q(\theta-1)+M_k}[a_f] \qquad (9.3.2-2)$$

式中：$[a_s]$——挠度检验允许值；

M_k——按荷载的标准组合计算所得的弯矩，取计算区段内的最大弯矩值；

M_q——按荷载的准永久组合计算所得的弯矩，取计算区段内的最大弯矩值；

θ——考虑荷载长期效应组合对挠度增大的影响系数，按现行国家标准《混凝土结构设计规范》GB 50010的有关规定取用；

$[a_f]$——构件挠度设计的限值，按现行国家标准《混凝土结构设计规范》GB 50010的有关规定取用。

9.3.3 构件裂缝宽度检验应符合下式要求：

$$w_{s,max}^o \leqslant [w_{max}] \qquad (9.3.3)$$

式中：$w_{s,max}^o$——在使用状态试验荷载值作用下，构件的最大裂缝宽度实测值；

$[w_{max}]$——构件的最大裂缝宽度检验允许值，按表9.3.3取用。

表9.3.3 构件的最大裂缝宽度检验允许值（mm）

设计规范的限值 w_{lim}	检验允许值 $[w_{max}]$
0.10	0.07
0.20	0.15
0.30	0.20
0.40	0.25

9.3.4 预应力混凝土构件应按下列方式进行抗裂检验：

1 按抗裂检验系数进行抗裂检验时，应符合下列公式要求：

$$\gamma_{cr} \geqslant [\gamma_{cr}] \qquad (9.3.4-1)$$

采用均布加载时 $\gamma_{cr} = \dfrac{Q_{cr}^o}{Q_s} \qquad (9.3.4-2)$

采用集中力加载时 $\gamma_{cr} = \dfrac{F_{cr}^o}{F_s} \qquad (9.3.4-3)$

式中：γ_{cr}——构件的抗裂检验系数实测值；

$[\gamma_{cr}]$——构件的抗裂检验系数允许值，按本标准第9.3.5条的有关规定计算；

Q_{cr}^o、F_{cr}^o——以均布荷载、集中荷载形式表达的构件开裂荷载实测值；

Q_s、F_s——以均布荷载、集中荷载形式表达的构件使用状态试验荷载值。

2 按开裂荷载值进行抗裂检验时，应符合下列公式的要求：

采用均布加载时 $Q_{cr}^o \geqslant [Q_{cr}] \qquad (9.3.4-4)$

$$[Q_{cr}] = [\gamma_{cr}]Q_s \qquad (9.3.4-5)$$

采用集中力加载时 $F_{cr}^o \geqslant [F_{cr}] \qquad (9.3.4-6)$

$$[F_{cr}] = [\gamma_{cr}]F_s \qquad (9.3.4-7)$$

式中：$[Q_{cr}]$、$[F_{cr}]$——以均布荷载、集中荷载形式表达的构件的开裂荷载允许值。

9.3.5 抗裂检验系数允许值应根据现行国家标准《混凝土结构设计规范》GB 50010有关构件抗裂验算边缘应力计算的有关规定，按下式进行计算：

$$[\gamma_{cr}] = 0.95\frac{\sigma_{pc}+\gamma f_{tk}}{\sigma_{sc}} \qquad (9.3.5)$$

式中：$[\gamma_{cr}]$——抗裂检验系数允许值；

σ_{sc}——使用状态试验荷载值作用下抗裂验算边缘混凝土的法向应力；

γ——混凝土构件截面抵抗矩塑性影响系数，按现行国家标准《混凝土结构设计规范》GB 50010计算确定；

f_{tk}——检验时的混凝土抗拉强度标准值，根据设计的混凝土强度等级，按现行国家标准《混凝土结构设计规范》GB 50010的有关规定取用；

σ_{pc}——检验时抗裂验算边缘的混凝土预压应力计算值，按现行国家标准《混凝土结构设计规范》GB 50010的有关规定确定。计算预压应力值时，混凝土的收缩、徐变引起的预应力损失值宜考虑时间因素的影响。

9.3.6 出现承载力标志的构件应按下列方式进行承载力检验：

1 当按现行国家标准《混凝土结构设计规范》GB 50010的要求进行检验时，应满足下列公式的要求：

$$\gamma_{u,i} \geqslant \gamma_0[\gamma_u]_i \qquad (9.3.6-1)$$

当采用均布加载时　　$\gamma_{u,i}^{o} = \dfrac{Q_{u,i}^{o}}{Q_d}$　(9.3.6-2)

当采用集中力加载时　　$\gamma_{u,i}^{o} = \dfrac{F_{u,i}^{o}}{F_d}$　(9.3.6-3)

式中：$[\gamma_u]_i$——构件的承载力检验系数允许值，根据试验中所出现的承载力标志类型 i，取用本标准表7.3.3中相应的加载系数值；

$\gamma_{u,i}^{o}$——构件的承载力检验系数实测值；

γ_0——构件重要性系数，按第9.3.7条第1款的有关规定取用；

$Q_{u,i}^{o}$、$F_{u,i}^{o}$——以均布荷载、集中荷载形式表达的承载力检验荷载实测值；

Q_d、F_d——以均布荷载、集中荷载形式表达的承载力状态荷载设计值。

2　当设计要求按构件实配钢筋的承载力进行检验时，应满足下式要求：

$$\gamma_{u,i}^{o} \geqslant \gamma_0 \eta [\gamma_u]_i \qquad (9.3.6-4)$$

式中：η——构件承载力检验修正系数，按本标准第9.3.7条第2款的有关规定计算。

9.3.7　承载力检验系数允许值计算中的重要性系数和修正系数按下列方法确定：

1　重要性系数 γ_0，构件重要性系数可根据其所在结构的安全等级按表9.3.7选用。一般情况取二级，当设计有专门要求时应予以说明。

表9.3.7　重要性系数 γ_0

所在结构的安全等级	构件重要性系数 γ_0
一级	1.1
二级	1.0
三级	0.9

2　承载力检验修正系数 η，当设计要求按构件实配钢筋的承载力进行检验时，构件承载力检验的修正系数应按下式计算：

$$\eta = \dfrac{R_i(f_c, f_s, A_s^o \cdots)}{\gamma_0 S_i} \qquad (9.3.7)$$

式中：η——构件承载力检验修正系数；

$R_i(\cdot)$——根据实配钢筋确定的构件第 i 类承载力标志所对应承载力的计算值，应按现行国家标准《混凝土结构设计规范》GB 50010中有关承载力计算公式的右边项计算；

S_i——构件第 i 类承载力标志对应的承载能力极限状态下的内力组合设计值。

9.4　试验结果的判断

9.4.1　使用状态试验结果的判断应包括下列检验项目：

1　挠度；

2　开裂荷载；

3　裂缝形态和最大裂缝宽度；

4　试验方案要求检验的其他变形。

9.4.2　使用状态试验应按本标准第5.3.3条、第5.3.4条的规定对结构分级加载至各级临界试验荷载值，并按第9.3节的要求检验结构的挠度、抗裂或裂缝宽度等指标是否满足正常使用极限状态的要求。

9.4.3　如使用状态试验结构性能的各检验指标全部满足要求，则应判断结构性能满足正常使用极限状态的要求。

9.4.4　混凝土结构需进行承载力试验时，应按本标准第5.3.3条的规定逐级对结构进行加载，当结构主要受力部位或控制截面出现本标准表7.3.3所列的任一种承载力标志时，即认为结构已达到承载能力极限状态，应按本标准第5.3.5条的规定确定承载力检验荷载实测值，并按第9.3.6条的规定进行承载力检验和判断。

9.4.5　如承载力试验直到最大加载限值，结构仍未出现任何承载力标志，则应判断结构满足承载能力极限状态的要求。

10　结构监测与动力测试

10.1　一般规定

10.1.1　结构监测包括施工阶段监测和使用阶段监测，监测方法和内容应根据结构所处阶段的特点和监测要求确定。对大跨、高耸等对振动敏感的混凝土结构，监测内容宜包括动力特性测试。

10.1.2　监测应选择结构的代表性或关键性部位，监测结果应能反映结构的整体受力状态或关键部位的结构性能。

10.1.3　结构监测系统宜根据监测目的，从量测仪器仪表系统、数据采集与传输系统、数据分析及损伤识别和定位系统、安全评估系统等基本功能模块中作合理的选择和组合。

10.1.4　结构监测可选择本标准第6.2节～第6.5节所列的各类量测仪表，也可根据监测项目及相关要求，合理选择本标准附录B所列的仪表和传感器。所选仪表和传感器的量测范围、量测精度等指标应符合测试的要求。

10.1.5　结构监测的仪器仪表系统应符合下列规定：

1　根据结构监测内容和分析的要求，选择合适的参数和适当的监测位置及安装方式，建立可靠的结构监测系统；

2　结构监测系统仪器仪表的选用应满足监测项目要求的量程、最大采样频率、线性度、灵敏度、分辨率、迟滞、重复性、漂移、供电方式和寿命；动力特性测试的传感器还要注意传感器的频响函数和动态校准；

3 结构监测系统的仪器仪表应安装稳定，有较强的抗干扰能力；设备、仪器均应有防风、防雨雪、防晒等保护措施；监测过程中应采取有效措施确保预埋传感器元件及导线不受损伤。

10.2 施工阶段监测

10.2.1 施工阶段监测应通过对施工过程中结构的状态进行实时识别、调整和预测，确保施工过程中受监测结构的物理和力学性能指标始终处于允许的安全范围内，确保结构能够符合设计的要求。对施工阶段内力变化复杂的结构，可通过结构监测验证分析模型和设计理论，或对施工中的不确定性问题进行研究。

10.2.2 下列类型结构宜进行施工阶段监测：

1 施工过程中工序交错、受力复杂、多工作面协同建设的结构；

2 大体积混凝土结构、超长结构、特殊截面等受温度变化、混凝土收缩、徐变、日照等环境因素影响显著的特殊结构；

3 受到邻近施工作业影响的重要结构，也宜在施工阶段进行有针对性的监测。

10.2.3 施工阶段结构监测内容应根据监测目的和结构的特点、施工方法、环境因素等确定，宜包括结构体形和构件变形的监测、结构重要部位钢筋、混凝土应变的监测以及结构振动的监测等。

10.2.4 施工阶段结构的监测，应根据测试项目、测试环境和施工周期，选择方便、可靠和耐久性较好的监测传感器和仪器仪表。如还需继续对结构进行使用阶段的监测，则应选择并布置满足使用阶段长期监测要求的仪器仪表。

10.2.5 在编制施工阶段结构监测方案时，应根据施工方案和监测、控制的要求，对结构进行分析，提供经计算确定的参数正常范围和预警值。监测参数应与正常范围及预警值进行实时分析比较和判断，并根据监测结果对施工状态进行判断。监测结果应及时反馈给设计、施工部门，以验证设计与施工方案，并在出现异常情况时及时指导调整设计与施工的方案。

10.3 使用阶段监测

10.3.1 使用阶段结构监测宜采用无损监测方式，从正在使用的结构中实时获取并处理数据，评估结构的工作状态和性能，识别可能发生的损伤和结构性能退化，对结构性能的变化趋势进行预测，并为采取针对性措施提供指导。对使用阶段受力复杂或所处环境特殊的结构，可通过结构监测验证分析模型和设计理论，为结构维护和其他类似工程的设计提供依据。

10.3.2 对新型、复杂、设计使用年限较长、使用环境特殊的重要结构，为保证其使用的可靠性，可进行使用阶段的结构监测。使用阶段结构监测根据结构重要性可分为实时的在线监测和适时的定期监测。

10.3.3 使用阶段结构监测结果应能评估结构的主要力学性能，并预测其变化趋势。监测内容应根据监测目的和结构特点、使用功能、环境条件，从下列项目中选择相关的内容：

1 环境条件：包括结构所处环境的温度、湿度、气压、风力、风向等参数；

2 结构的整体性能：包括特定环境和使用条件下，结构材料特性、整体静力状态和动力特性的变化情况，也包括结构在强风、强地面运动下的非线性特性等；

3 结构关键部位的局部性能：包括结构边界和连接条件，构件、节点及连接部分的疲劳问题，构件的应力状态、损伤、变形以及预应力损失等；

4 材料性能劣化：包括混凝土的碳化、疏松、粉化、破碎等损伤以及钢筋锈蚀等。

10.3.4 使用阶段监测应根据环境条件和监测期的要求选用技术成熟、性能稳定、耐久性能好、易于维护的仪器仪表。传感器及数据采集传输系统的精度、量程等应符合测试的要求。使用阶段监测的数据通信与传输系统在确保可靠的前提下，可根据实际情况选择有线网络或无线传输。

10.3.5 对进行使用阶段监测的结构，宜在施工阶段即进行相应参数的监测，并与使用阶段的监测相互衔接，使监测信息具有连续性、完整性和可靠性。

10.3.6 结构材料性能劣化的监测可根据需要选择下列方法：

1 观察法：直接观察构件表面混凝土的外观状态，根据裂缝、疏松、粉化、破碎以及顺筋开裂、褐色锈渍等现象加以判断；必要时可用水润法判断微小裂缝；

2 剔凿法：对怀疑有缺陷的部位，可将混凝土剔凿到一定深度，观察其内部的裂缝、破损情况，或钢筋表面的锈蚀程度，也可用钻芯法作更深的取样和观察；

3 碳化深度测定：配合剔凿，利用酚酞试液测定混凝土的碳化深度。

10.3.7 在编制使用阶段监测方案时，应分析结构可能出现的异常行为，明确监控参数的正常范围和预警值。使用阶段监测应根据当前监测结果并参考结构长期监测的数据，判断结构的实时工作状态和安全性，并预测结构性能的变化趋势。

10.4 结构动力特性测试

10.4.1 对大跨、超高、对振动有特殊要求的混凝土结构或当动力特性对结构的可靠性评估起重要作用时，宜进行结构动力特性测试。

10.4.2 动力特性测试系统应由激励系统、传感器和动态信号采集分析系统组成。测试仪器的灵敏度和频率响应等性能指标应满足测试要求，并应在使用前对其性能指标进行校准。

10.4.3 动力特性测试项目可包括结构自振频率、振型和阻尼比等动力特性的测试以及结构受振动源激励后的位移、速度、加速度以及动应变等动力响应的测试，测试时应根据需要选择不同的测量参数。

10.4.4 动力特性测试方案应明确测试目的、主要测试内容、测试仪器和设备、测试方法以及测点布置等。测试前应大致了解振动类型、幅值和结构固有的动力特性，并预估对结构起主导作用或危害最大的主要动荷载及其特性。

10.4.5 现场动力特性测试可按下列步骤进行：

1 根据测试方案准备仪器和设备，确定合适的量测范围；

2 根据场地情况、测试要求和结构特点布置测点；

3 在测点布置传感器，传感器的主轴方向应与测点主振动方向一致；

4 连接导线（包括屏蔽线和接地线），对整个测量系统进行调试；

5 合理设置测试参数；

6 采集数据并保存。

10.4.6 对结构自振频率、振型和阻尼比等动力特性参数的测试及动力响应测试应同步量测多通道的时域曲线，采样频率应满足采样定理的要求。

10.4.7 为计算结构动力特性参数，动力特性测试数据的分析处理可采用频域分析法或时域分析法。对环境激励下的非平稳随机过程，也可同时在时、频两域进行联合分析。

10.4.8 结构动力特性和动力响应影响的评价，应根据现场的调查状况、结构及人体的容许限值，通过分析论证，提出评价意见。

11 试 验 安 全

11.0.1 结构试验方案应包含保证试验过程中人身和设备仪表安全的措施及应急预案。试验前试验人员应学习、掌握试验方案中的安全措施及应急预案；试验中应设置熟悉试验工作的安全员，负责试验全过程的安全监督。

11.0.2 制定结构加载方案时，应采用安全性高、有可靠保护措施的加载方式，避免在加载过程中结构破坏或加载能量释放伤及试验人员或造成设备、仪表损坏。

11.0.3 在试验准备工作中，试验试件、加载设备、荷载架等的吊装，设备仪表、电气线路等的安装，试验后试件和试验装置的拆除，均应符合有关建筑安装工程安全技术规定的要求。吊车司机、起重工、焊工、电工等试验人员需经专业培训，且具有相应的资质。试验加载过程中，所有设备、仪表的使用均应严格遵守有关的操作规程。

11.0.4 试验用的荷载架、支座、支墩、脚手架等支承及加载装置均应有足够的安全储备，现场试验的地基应有足够的承载力和刚度。安装试件的固定连接件、螺栓等应经过验算，并保证发生破坏时不致弹出伤人。

11.0.5 试验过程中应确保人员安全，试验区域应设置明显的标志。试验过程中，试验人员测读仪表、观察裂缝和进行加载等操作均应有可靠的工作台或脚手架。工作台和脚手架不应妨碍试验结构的正常变形。

11.0.6 试验人员应与试验设施保持足够的安全距离，或设置专门的防护装置，将试件与人员和设备隔离，避免因试件、堆载或试验设备倒塌及倾覆造成伤害。对可能发生试件脆性破坏的试验，应采取屏蔽措施，防止试件突然破坏时碎片或者锚具等物体飞出危及人身、仪表和设备的安全。

11.0.7 对桁架、薄腹梁等容易倾覆的大型结构构件，以及可能发生断裂、坠落、倒塌、倾覆、平面外失稳的试验试件，应根据安全要求设置支架、撑杆或侧向安全架，防止试件倒塌危及人员及设备安全。支架、撑杆或侧向安全架与试验试件之间应保持较小间隙，且不应影响结构的正常变形；悬吊重物加载时，应在加载盘下设置可调整支垫，并保持较小间隙，防止因试件脆性破坏造成的坠落（图11.0.7）。

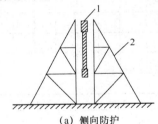

(a) 侧向防护

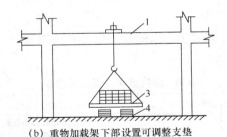

(b) 重物加载架下部设置可调整支垫

图 11.0.7 安全措施示意
1—试件；2—侧向防护；3—加载架；4—可调整支垫

11.0.8 试验用的千斤顶、分配梁、仪表等应采取防坠落措施。仪表宜采用防护罩加以保护。当加载至接近试件极限承载力时，宜拆除可能因结构破坏而损坏的仪表，改用其他量测方法；对需继续量测的仪表，应采取有效的保护措施。

附录A 预制构件结构性能试验检验记录表

表A 预制构件结构性能试验检验记录表

委托单位____ 构件名称型号____ 生产工艺____ 生产日期____ 编号____

项目	外形尺寸(mm)	主筋规格数量	保护层厚度(mm)	混凝土强度(kN/mm²)	构件自重(kN/m²)(kN)	标准荷载或准永久荷载(kN/m²)(kN)	设计荷载(kN/m²)(kN)	检验允许值			
								挠度(mm)$[a_s]$	最大裂缝宽度(mm)$[w_{max}]$	抗裂检验系数$[\gamma_{cr}]$	承载力检验系数$[\gamma_u]$
设计											
实测											

加载模式、仪表位置编号:	试验现象(裂缝情况、破坏特征等):

荷载Q(kN/m²)或F(kN)				量测记录						挠度(mm)	最大裂缝宽度(mm)		试验现象记录
				仪表编号							__侧	__侧	
等级	时间	加载	累计	A	B	C	D						
0													
1													
2													
3													
4													
...													
20													
结论													

负责____ 校核____ 记录____ 试验单位(公章) 试验日期____

附录B 结构监测仪表和传感器

表B 结构监测仪表和传感器

类型	监测项目		仪表、传感器名称
环境监测类	温度	接触式温度计	热电偶、热敏电阻、电阻温度监测器、半导体温度传感器、膨胀式温度计、光纤光栅温度计
		非接触式温度计	红外测温仪、光学温度计
	湿度		电子湿度计
	风速		热式风速仪、叶轮风速计、热线式风速计、光电型风速计
荷载监测类	荷载传感器		应变式压力传感器、压电式压力传感器、压阻式压力传感器、测定索力用压力传感器、压力环、磁通量索力计
	车载传感器		石英压电传感器、光纤称重传感器、压电薄膜传感器、弯板式称重系统、动态称重系统

续表B

类型	监测项目	仪表、传感器名称
变形监测类	位移、倾角	位移计、倾角仪、卫星定位系统、电子测距器、全站仪
结构效应监测类	应力、应变	磁弹性仪、电阻应变计、振弦应变计、光纤光栅应变计、手持式引伸仪
	位移	位移计、激光测距仪、有两次积分功能的综合型加速度计、微波干涉仪
	转角	倾角仪
	加速度	加速度计
	速度	磁电式速度计、有单次积分功能的综合型加速度计
材料特性监测类	锈蚀	钢筋锈蚀仪、埋入式钢筋混凝土腐蚀监测系统
	裂缝	裂缝数显显微镜、裂缝宽度测试仪、裂缝深度测试仪
	疲劳	混凝土疲劳计

本标准用词说明

1 为了便于在执行本标准条文时区别对待，对要求严格程度不同的用词说明如下：

1）表示很严格，非这样做不可的用词：

正面词采用"必须"，反面词采用"严禁"；

2）表示严格，在正常情况均应这样做的用词：

正面词采用"应"，反面词采用"不应"或"不得"；

3）表示允许稍有选择，在条件许可时首先应这样做的用词：

正面词采用"宜"，反面词采用"不宜"；

4）表示有选择，在一定条件下可以这样做的用词：采用"可"。

2 条文中指明应按其他有关标准执行的写法为："应符合……的规定"或"应按……执行"。

引用标准名录

1 《建筑结构荷载规范》GB 50009

2 《混凝土结构设计规范》GB 50010

3 《普通混凝土力学性能试验方法标准》GB/T 50081

4 《工程结构可靠性设计统一标准》GB 50153

5 《混凝土结构工程施工质量验收规范》GB 50204

6 《建筑结构检测技术标准》GB/T 50344

中华人民共和国国家标准

混凝土结构试验方法标准

GB/T 50152—2012

条 文 说 明

修 订 说 明

《混凝土结构试验方法标准》GB/T 50152 - 2012 经住房和城乡建设部 2012 年 1 月 21 日以第 1268 号公告批准、发布。

本标准是在《混凝土结构试验方法标准》GB 50152 - 92 的基础上修订而成的，上一版的主编单位是中国建筑科学研究院。

本标准修订过程中，修订组进行了广泛的调查研究，总结了我国科研、工程设计、施工、检验检测等领域的实践经验，同时参考了国外的先进科研成果和试验技术，许多单位和学者进行了卓有成效的试验和研究，为本次修订提供了极有价值的参考资料。

为便于广大科研院校、设计、施工、检测等单位和有关人员在使用本标准时能正确理解和执行条文规定，《混凝土结构试验方法标准》修订组按章、节、条顺序编制了本标准的条文说明。对条文规定的目的、依据以及执行中需要注意的有关事项进行了说明。但是条文说明不具备与标准正文同等的效力，仅供使用者作为理解和把握标准规定的参考。

目　次

1 总　　则

1.0.1 混凝土结构是我国主要的建筑结构形式，近年来随着科学研究和工程实践的发展，混凝土结构试验技术也取得了长足的进步。为适应新试验技术、新试验方法的变化，满足当前混凝土结构科学研究和工程应用的需要，制定本标准。

1.0.2 原标准主要适用于实验室试验，本次修订后标准的覆盖范围有了较大的扩展。

1.0.3 本标准编制所依据的主要规范以及应协调、配套使用的规范、标准主要包括：《建筑结构荷载规范》GB 50009、《混凝土结构设计规范》GB 50010、《混凝土结构工程施工规范》GB 50666、《混凝土结构工程施工质量验收规范》GB 50204、《建筑结构检测技术标准》GB/T 50344 等。

2　术语和符号

本标准的术语是根据现行国家标准《工程结构设计基本术语和通用符号》GBJ 132、《建筑结构设计术语和符号标准》GB/T 50083 等结合具体情况给出的。

本次修订对试验内容进行了补充和调整，根据试验特点和试验场所将试验分为：实验室试验、预制构件试验、原位加载试验和结构监测。

实验室试验多采用缩尺模型，研究内容和方法非常丰富，根据试验目的不同可分为探索性试验或验证性试验。

预制构件试验一般在预制厂进行，主要为生产服务，对象为预制构件产品，针对性很强，根据试验目的和要求的不同可分为型式检验、首件检验和合格性检验，均属于验证性试验。

原位加载试验在既有结构的现场进行。结构监测包括施工阶段和使用阶段的监测，也包括针对大跨、超高等复杂结构进行的动力特性测试。两类试验均属于验证性试验。

试验计算值、使用状态试验荷载值、承载力试验荷载值、试验加载值、试验标志以及检验系数等概念属于本标准特有的术语或具有特别含义的用词，在术语中单独列出以便于理解和应用。

术语中提及的计算应采用材料实测值或根据实测值推算得到的性能参数，而不应采用设计规范给出的材料标准值或设计值进行计算。

3　基本规定

3.0.1 试验前应根据试验目的制定详细的试验方案，以指导试验顺利进行。本条列举了试验方案应包括的基本内容。试验方案是试验进行全过程的指导性文件，需经过审核后执行。

对预制构件产品的合格性检验，试件方案是样品的抽样检验方案。对结构原位加载试验、结构监测及动力特性测试，则需根据试验目的以及实际情况，选择整体结构、代表性区域或局部构件进行试验。

试验方案中还应包括安全措施，以保护试验人员和试验设备的安全。尤其在进行原位加载试验时，应采取必要的支撑和防护措施，防止结构发生意外破坏，造成设备损坏或试验人员的伤害。

3.0.2 为真实反映试验情况，应在试验现场及时记录试验现象。而为准确掌握和控制试验状态，对力、位移等关键性数据宜实时进行采集、分析和判断。本条列举了结构试验的原始记录的主要内容。对实验室试验应基本满足上述要求，其他类型的试验，则可根据试验目的和具体条件适当简化。

3.0.3 记录整理与试验现象的初步分析宜在试验后及时进行，这对于得出正确的试验结论十分重要，本条提出了对试验的原始记录进行初步整理、分析的要求。试验记录中试件的位移或变形指对试验过程起控制作用的挠度、伸缩、倾角等，试件的破坏性质应区分延性破坏或脆性破坏。

3.0.4 对试验结果进行深入分析是由试验实践上升到结构理论的关键步骤。除应对试验资料的深入分析、计算、归纳、总结以外，探索性试验和验证性试验还有不同的侧重，本条作了简要的说明。

3.0.5 试验报告是试验过程的真实反映和试验成果的集中体现，应准确、清楚、全面地反映科研或工程背景、探讨目的、试验方案、详尽的试验过程和现象描述、量测结果等。报告应实事求是，并根据试验结果进行分析，得出试验结论。实验室试验的报告应基本满足上述要求，其他类型试验可根据实际情况作适当的简化。

3.0.6 本条提出了试验报告撰写和数据处理的要求。

3.0.7 试验的原始过程、数据记录和处理过程、试验报告等技术资料应完整保存，注释清楚，并分类存档。试验资料应可供长期查询、复核及追溯。

4　材料性能

4.0.1 由于混凝土结构试验研究的是结构或构件的实际性能，故应采用材料的实际性能参数进行计算和分析。材料的实际性能参数应通过材料试样的试验量测确定，并以此作为试验分析的依据。混凝土结构试验中，需测定实际性能参数的材料应包括钢筋和混凝土。钢板、钢筋焊接、机械连接、砂浆和结构胶等材料或部件的性能参数可根据相关标准或专门的规定确定。

4.0.2 实践表明，混凝土立方体试块的抗压试验最简单，结果最稳定，且能够推导其他的性能参数。棱柱体试样及轴拉试样测定混凝土强度和弹性模量的试验比较复杂且试验离散性相对较大，本条规定可只进行混凝土立方体抗压强度试验，并直接采用成熟的公式推算材料的其他参数。

公式（4.0.2-1）～公式（4.0.2-3）建立了混凝土各种性能参数与立方体抗压强度的对应关系。这些关系是根据大量试验统计分析结果，按照《混凝土结构设计规范》GB 50010 条文说明有关内容确定的，计算式中将材料标准值替换为实测值。由于采用同条件试块，参数换算时不考虑试验试件与混凝土试块之间的修正以及变异系数的影响。

对于有特殊要求的情况，如轻骨料混凝土或其他特种混凝土，则需要通过材料试验测量实际的性能参数而不能采用上述公式直接推算。

4.0.3 钢筋的性能参数测定应根据现行国家标准《钢筋混凝土用钢》GB 1499、《金属材料　拉伸试验　第 1 部分：室内试验方法》GB/T 228.1 等方法进行。钢筋的断口伸长率受到局部颈缩的影响，并不反映钢筋真正的变形性能（延性），故伸长率指标应采用最大力下的总伸长率（均匀伸长率）。

考虑钢筋基圆面积率、截面尺寸偏差等的影响，钢筋实际的弹性模量与理论弹性模量之间存在差异，试验分析时宜通过称重等方法确定钢筋的实际截面，并采用钢筋弹性模量的实测值。

4.0.4 当试验前未能测定材料性能或者对测得的数据有怀疑时，可在试验后，从试件上受力较小且混凝土未开裂的区域钻取芯样，测定混凝土材料性能参数；从钢筋未屈服部位截取出钢筋试样，测定钢筋的材料性能参数。

4.0.5 处于施工阶段且留有同条件养护试块的结构，混凝土实体强度由同条件养护试块确定，其他情况可采用钻芯强度及其他各间接测强方法确定的推定强度。由于回弹法、超声法等间接测强的方法误差较大，宜采用多种方法进行检测，并根据其结果经综合分析，确定混凝土的实体强度。也可采用钻芯法等直接测强方法对间接测强的结果进行必要的修正。

4.0.6 除钢筋、混凝土以外其他材料及部件的性能试验，按相关标准或专门规定执行。如钢筋焊接和机械连接试验分别按照《钢筋焊接接头试验方法标准》JGJ/T 27 和《钢筋机械连接技术规程》JGJ 107 进行，预应力筋的锚夹具、连接器试验按照《预应力筋用锚具、夹具和连接器》GB/T 14370 进行，植筋试验按照《混凝土结构后锚固技术规程》JGJ 145 进行。

5 试 验 加 载

5.1 支 承 装 置

5.1.1 本条为对试验支承装置的原则性要求。设置

试件的支承装置时，应使试件的受力状态符合试验方案的要求，避免因试验装置的刚度、承载力、稳定性不足而影响试验结果。同时支承装置在试验时的受力变形应不影响构件在加载过程的受力、变形。

5.1.2 本条为对简支梁以及单向简支板等简支受弯试件支座的规定。试验中也可采用其他形式的支座构造，但应满足本条的要求。对无法满足理想简支条件时，一般情况下水平移动受阻会在加载之初引起水平推力，而在加载后期引起水平拉力，而转动受阻会引起阻止正常受力变形的约束弯矩。

5.1.3 本条给出了悬臂试件嵌固端的支座形式，在受弯、受剪情况下支座应不产生水平力，不发生水平和竖向位移及转动，符合嵌固端支座受力状态的要求。试验也可采用其他构造形式的支座，但应满足上述要求。

5.1.4 本条给出了常用的两种简支双向板支座形式，支座只提供向上的竖向反力而无水平力和弯矩，允许有水平方向的位移和转动，但应保证不发生水平滑脱。其他支承形式的简支双向板，支座形式可参考图5.1.4的方式进行布置。支座应具有足够的承载力和刚度，钢球、滚轴及角钢与试件之间应设置垫板。

5.1.5 受压试件端支座的构造要求体现在下列 3 个方面：

　　1 在试件的竖向受力方向，支座提供轴向力并可随试件变形产生竖向位移；

　　2 水平方向不产生水平位移，也无水平力；

　　3 支座不约束试件端部的自由转动，无约束弯矩。

为此，受压试件的端支座应采用球形支座和刀口支座，并根据受力状态进行布置。为避免试件端部局压破坏影响整体试验结果，本条还提出了对试件端部进行加强的构造措施。

5.1.6 由于实际结构中受纯扭的构件很少，受扭试件试验时的实际受力工况往往比较复杂，难以对支座作统一的规定。应根据试验所模拟的具体受力状态，对支座进行设计。

5.1.7 在进行 V 形折板等开口薄壁试件的受弯、受剪承载力试验时，容易发生试件的屈曲失稳或局部破坏，为此应在支座或跨中设置定形架或卡具，保持截面形状，避免屈曲失稳。对于专门考察稳定性能的开口薄壁试件，则应按照实际情况设置支座。

5.1.8 薄腹试件平面外刚度较小，加载时容易侧向丧失稳定，发生侧弯，甚至翻倒，故应布置可靠的侧向支撑。侧向支撑的设置一般可利用现有结构、反力墙或在两侧设置撑杆或者三脚架，也可拼装组合成稳定的结构组件后进行加载试验。

5.1.9 吊车梁等重型结构构件所受的荷载和构件尺寸很大，一般试验机的加载能力已难以满足要求，故可以采用两榀试件互为支座的对顶加载方式。但拉杆

的刚度和承载力应满足试验要求，且平卧的加载试件下应设置滚轴以减少摩擦，使试件能够自由变形。

5.1.10 本条针对简支和连续受弯试件的受力状态，规定了对支墩和地基的要求。主要保证试件的水平状态并防止过大的支座沉降影响试验结果。对于其他受力条件复杂的试件，其支墩根据试验的要求确定。

5.2 加 载 方 式

5.2.1 对实验室试验的各种试验机、千斤顶等加载设备提出精度和定期检验合格证的要求，有利于保证试验结果的准确性。对结构现场的原位加载等试验，受各种客观因素的影响，要求加载设备具有很高的精度并进行定期校准往往存在较大困难，故允许适当放宽要求。根据工程经验和常规的误差要求，加载精度确定为±5%。

5.2.2 本条对实验室加载最常用的试验机提出了精度和误差要求，实验室可根据本身条件及试验要求采用更高精度的加载设备。

5.2.3 千斤顶是最常用的加载设备之一，对实验室试验千斤顶只作为加载设备，加载量值由压力传感器直接测定。对预制构件试验和原位加载试验，如不便采用压力传感器，允许通过油压表读数计算千斤顶的加载量，但精度较低，本条提出了保证量测力值精度的措施。

5.2.4 试验可采用分配梁进行多点加载，但一般不应超过三级，否则难以保证试验装置的精度和稳定性。分配梁应具有足够的刚度，避免发生过大的变形而影响力的分配、分配梁支座的稳定以及试件的变形。

5.2.5 现场进行的预制构件试验和原位加载试验可采用悬挂重物、捯链—地锚等方式进行加载。荷载值宜采用荷载传感器直接测定，对于原位加载试验，受条件限制或为简化荷载量测，也可采用称重的方法，但总荷载值应考虑试件自重及加载装置的重量。

5.2.6 长期荷载采用杠杆集中力加载的优点是加载装置简单、荷载值稳定，且不受徐变变形等因素的影响。通过杠杆的方式可以减少加载所需重物的数量，如加载量不大，也可采用重物直接加载。

5.2.7 为模拟墙体试件上端的受力状态，一般采用加载横梁将集中力转化成均布荷载。横梁应有较大的承载力和刚度，加载横梁和试件顶面之间宜采用水泥砂浆或干砂垫层，保证其接触紧密，否则易因竖向加载不均匀而在试件顶部产生竖向裂缝。当混凝土的强度较高时，也可以在试件顶部设计承载力和刚度较大的横梁，并与试件浇筑成一体。

5.2.8 剪力墙试件同时承受竖向和水平荷载，为避免水平位移对竖向加载装置和加载值的影响，竖向千斤顶与加载横梁之间可设置滑动装置。滑动装置应有足够的受压承载力，并应尽量减少摩擦。

5.2.9 集中荷载作用处的混凝土存在局部承压问题，故支座及加载点应采取预埋或后置钢板的构造措施。垫板的作用是垫稳试件并将集中力分散。采用砂浆找平，目的是保持试件支承的稳定性和试件均匀受力。

5.2.10 预制板类构件试验及结构现场原位试验常采用重物直接加载的形式，本条对重物加载提出了有关要求。在单块加载物重量均匀的前提下，可方便地通过加载物数量控制加载重量。如试验条件限制，采用吸水性强的加载物时，应有防止含水率变化的措施，并应在试验后抽检复核加载量是否有变化。要求加载物形状规则，主要是为便于堆积码放。分堆码放重物之间的空隙不宜过小，这是因为试件在加载后期弯曲变形较大，重物之间留有足够空隙可避免其互相接触形成拱作用卸载。

5.2.11 散体加载主要用于现场进行板类试件或者楼盖的原位加载试验。散体材料多为就地取用的砂或碎石，本条列出了对散体加载方式的要求。

5.2.12 流体加载主要用于现场进行板类试件或者楼盖的原位加载试验。一般利用水作为加载物，加载的均匀度好，但应有效地控制加载量并防止渗漏。为保证荷载的均匀，液体底部水平度应予以保证；加载后期构件挠度较大时，宜考虑跨中与支座处液体深度不均匀的影响。

5.2.13 气压（水压）加载一般用于密封容器的原位加载试验，如油库、水箱、气柜、安全壳等，也可用于普通构件的均布加载。本条提出了气压（水压）加载试验的一般要求，当采用水压加载时，应考虑水自重的影响。当容器密封性不满足试验要求时，可以设置气囊（水囊）以保持压力的稳定。

5.2.14 试件一般应正位加载，不具备正位加载的条件时，可采用卧位、反位等异位加载方式，但应考虑因此而引起的与正常受力状态差异的影响。如预应力构件采用反位试验时，很可能由于预应力与自重作用的叠加在预拉区域产生裂缝。

5.2.15 等效加载是指用局部加载模拟对结构或构件上的实际荷载效应，通常为用集中加载模拟均布加载。本条提出了等效加载的原则及注意事项，如受弯构件的均布加载试验采用等效集中力加载时，除应满足主要内力（弯矩）等效外，还应考虑次要内力（剪力等）相近。此外，计算挠度时需要考虑变形（挠度）差异的修正。

5.2.16 本条通过表格列出了简支受弯试件等效加载的具体做法。其中挠度修正系数是指试件在均布荷载下跨中挠度与等效加载时试件跨中挠度的比值。

5.3 加 载 程 序

5.3.1 试验预加载的主要目的是检验试验装置及仪表、设备，并对其进行相应的调整。同时也对垫层等进行压实，消除试件与装置之间的空隙，使试件支垫平稳。

5.3.2 对静力试验，应根据不同试验的目的确定加载程序。本条列举了探索性和验证性试验的不同加载原则，后者应对事先确定的各级临界试验荷载（挠度、裂缝、承载力等）加以检验。位移加载则以屈服位移值的倍数或分位值控制。

为便于加载控制和试验现象的观测，试验前应根据试验要求分别确定下列临界试验荷载值：

1）试件的挠度、裂缝宽度试验，应确定使用状态试验荷载值 Q_s（F_s）；

2）试件的抗裂试验应确定开裂荷载计算值 Q_{cr}（F_{cr}）；

3）试件的承载力试验应预估承载力试验荷载值，对验证性试验还应计算承载力状态荷载设计值 Q_d（F_d）。

1 验证性试验中使用状态试验荷载值 Q_s（F_s）应根据试件设计控制截面在正常使用极限状态下的内力计算值和试验加载模式经换算确定。正常使用极限状态下的内力计算值应根据现行国家标准《建筑结构荷载规范》GB 50009 计算确定，对钢筋混凝土构件、预应力混凝土构件应分别采用荷载（效应）的准永久组合和标准组合；正常使用极限状态下的内力计算值也可由设计文件提供；

2 试件的开裂荷载计算值 Q_{cr}（F_{cr}）应根据结构构件设计控制截面的开裂内力计算值和试验加载模式经换算确定。

1）验证性试验

正截面抗裂试验的开裂内力计算值应按下式计算：

$$S_{cr}^c = [\gamma_{cr}]S_s \tag{1}$$

式中：S_{cr}^c ——正截面抗裂试验的开裂内力计算值；

S_s ——正常使用极限状态下的内力计算值；

$[\gamma_{cr}]$ ——构件抗裂检验系数允许值，按公式（4）计算。

预应力构件采用均布加载或集中加载方式进行抗裂检验时，开裂荷载计算值 Q_{cr}、F_{cr} 也可直接按下列公式进行计算：

$$Q_{cr} = [\gamma_{cr}]Q_s \tag{2}$$

或

$$F_{cr} = [\gamma_{cr}]F_s \tag{3}$$

式中：Q_{cr}、F_{cr} ——以均布荷载、集中荷载形式表达的开裂荷载计算值；

$[\gamma_{cr}]$ ——抗裂检验系数允许值；

Q_s、F_s ——以均布荷载、集中荷载形式表达的使用状态试验荷载值。

抗裂检验系数允许值 $[\gamma_{cr}]$ 按下式计算：

$$[\gamma_{cr}] = 0.95 \frac{\sigma_{pc} + \gamma f_{tk}}{\sigma_{sc}} \tag{4}$$

式中：σ_{pc} ——试验时抗裂验算边缘的混凝土预压应力计算值，应按现行国家标准《混凝土结构设计规范》GB 50010 的有关规定确定。计算预压应力值时，混凝土的收缩、徐变引起的预应力损失值宜考虑时间因素的影响；

f_{tk} ——试验时的混凝土抗拉强度标准值，根据设计的混凝土强度等级，按现行国家标准《混凝土结构设计规范》GB 50010 的有关规定取用，当采用立方体抗压强度实测值时按内插取值；

γ ——混凝土构件的截面抵抗矩塑性影响系数，应按现行国家标准《混凝土结构设计规范》GB 50010 的有关规定取用；

σ_{sc} ——使用状态试验荷载值作用下抗裂验算边缘混凝土的法向应力。

2）探索性试验

正截面抗裂试验的开裂内力计算值应按下列公式计算：

轴心受拉构件

$$N_{cr}^c = (f_t^c + \sigma_{pc})A_0^c \tag{5}$$

受弯构件

$$M_{cr}^c = (\gamma f_t^c + \sigma_{pc})W_0^c \tag{6}$$

偏心受拉和偏心受压构件

$$N_{cr}^c = \frac{\gamma f_t^c + \sigma_{pc}}{\dfrac{e_0}{W_0^c} \pm \dfrac{1}{A_0^c}} \tag{7}$$

式中：N_{cr}^c ——轴心受拉、偏心受拉和偏心受压构件正截面开裂轴向力计算值；

M_{cr}^c ——受弯构件正截面开裂弯矩计算值；

A_0^c ——由实际几何尺寸计算的构件换算截面面积；

W_0^c ——由实际几何尺寸计算的换算截面受拉边缘的弹性抵抗矩；

e_0 ——轴向力对构件截面形心的偏心矩；

γ ——混凝土构件的截面抵抗矩塑性影响系数，应按现行国家标准《混凝土结构设计规范》GB 50010 的有关规定取用；

f_t^c ——混凝土的抗拉强度实测值。

注：公式（7）右边项中，当轴向力为拉力时取正号，为压力时取负号。

3 承载力试验荷载预估值应根据构件受力类型和本标准表 7.3.3 所列的承载力标志类型、设计控制截面相应的内力计算值 S_{u}^c 和试验加载模式经换算确定。当可能出现多种承载力标志时，应按多个承载力试验荷载预估值依次进行加载试验。

验证性试验承载力状态荷载设计值 Q_d（F_d），应根据承载能力极限状态下试件设计控制截面的内力组合设计值 S_i 和试验加载模式经换算确定。

试件达到承载能力极限状态时的内力计算值 $S_{u,i}^c$ 应按下列方法进行计算：

1）验证性试验

当按设计规范规定进行试验时，应按下式计算：

$$S_{u,i}^c = \gamma_0 \gamma_{u,i} S_i \tag{8}$$

式中：$S_{u,i}^c$——试件出现第 i 类承载力标志对应的承载能力极限状态的内力计算值；

γ_0——结构重要性系数；

$\gamma_{u,i}$——第 i 类承载力标志对应的加载系数，按本标准表 7.3.3 取用；

S_i——试件第 i 类承载力标志对应的承载能力极限状态下的内力组合设计值。

当设计要求按实配钢筋的构件承载力进行试验时应按下式计算：

$$S_{u,i}^c = \gamma_0 \eta \gamma_{u,i} S_i \tag{9}$$

式中：η——构件的承载力检验修正系数，按下式计算：

$$\eta = \frac{R_i \left(f_c, f_s, A_s^\circ \cdots \right)}{\gamma_0 S_i} \tag{10}$$

式中：$R_i(\cdot)$——根据实配钢筋 A_s° 确定的试件出现第 i 类承载力标志对应的承载力计算值，应按现行国家标准《混凝土结构设计规范》GB 50010 中有关承载力计算公式的右边项计算，材料强度应取设计值。

2）探索性试验

试件出现第 i 类承载力标志对应的承载能力极限状态的内力计算值，应根据其受力特点、材料的实测强度、构件的实际配筋和实测几何参数按下式进行计算：

$$S_{u,i}^c = R_i \left(f_c^\circ, f_s^\circ, A_s^\circ, a^\circ \cdots \right) \tag{11}$$

5.3.3 分级加载是按正常使用极限状态、承载能力极限状态的顺序按预定的步骤逐级进行加载。接近开裂荷载计算值时加密荷载步距以准确测得开裂荷载值，接近承载力试验荷载值时应加密荷载步距，以得到准确的承载力检验荷载实测值，并避免试件发生突然性的破坏。

5.3.4 探索性试验的持荷时间由研究需要确定；为提高试验效率并反映混凝土强度提高后塑性减小的趋势，验证性试验的持荷时间较原标准缩短。对新型结构、跨度较大的屋架、桁架及薄腹梁等试件试验，一般不作承载力阶段的试验，而只检验使用状态。为了充分检验其弹塑性能并确保安全，在使用状态试验荷载下宜持荷 12h。

5.3.5、5.3.6 为统一试验过程中荷载取值的方法，

本条明确规定了试验荷载实测值的确定方法。该方法简单实用、概念明确。经多年实践检验，证明切实可行。

5.3.7 为探讨混凝土结构构件的延性和抗倒塌性能，宜进行后期加载，即在结构完成承载能力极限状态检验后继续加载，直至出现本标准第 7.3.4 条所述的各种承载力破坏现象。后期加载可根据试验目的进行，一般采用油压千斤顶或伺服助动器进行加载。宜按位移控制，缓慢持续加载直至试验结束。

5.3.8 恢复性能是混凝土结构的重要性能，本条提出了加载试验后逐级卸载的规定，以及卸载后对恢复性能的检验内容。

5.3.9 试件及加载设备自重相对较大时，不可忽视其对试验结果的影响。通常应作为试件上的荷载考虑。加载设备重量不宜过大，以避免安装过程中试件产生较大的变形和应力，影响试验量测结果。

5.3.10 静力试验时，试件上的各组荷载之间应保持固定的比例，同步进行加载和卸载。对于有特殊要求的结构，应根据实际受力特点或试验方案的特殊要求进行加载和卸载。如剪力墙的试验，一般应保持竖向荷载不变，水平荷载逐级增加。

6 试 验 量 测

6.1 一 般 规 定

6.1.1 作用（加载控制等）和作用效应（应力、变形、位移等）的量测，是结构分析的定量依据，本条给出了试验量测方案应遵循的原则。

在制定试验方案时，宜预先对试件进行预估性的计算分析，根据分析结果确定最不利位置及关键部位，据此确定量测项目并布置测点。在满足量测要求的前提下，测点数量不宜过多，但为了避免偶然因素导致的仪表工作不正常或故障，应适当布置校核性测点以便于对数据的可靠性作出判断。

6.1.2 本条为一般混凝土结构试验所需测试的项目，应根据试验目的和具体情况从中选择，其中应变量测比较复杂，可根据具体情况决定取舍。

6.1.3 对量测仪表的有效性要求，体现在仪表具备定期经检验校准的合格证，并处于计量有效期内。

本条提出了仪表量程的要求。预计量程过大则测量误差增大；预计量程过小则试验过程中容易超出量程范围导致数据缺失或损坏仪表。因此，需要根据预计值选择合适的仪表量程。如果仪表在全量程范围内呈良好的线性，则预估量程也可低于满量程的 30%。

仪表精度的选用既要注意满足量测要求，也要避免盲目追求高精度。

6.1.4 近年来试验技术不断发展，具有自动量测、记录和初步整理功能的仪器、仪表大量出现。具备条

件时，宜优先选择能够自动连续进行数据采集和初步整理的仪表系统。这有利于保证数据测读、处理的速度和精度，并有助于现场试验分析和判断。

6.1.5 由于混凝土构件的变形在一定程度上与持荷时间有关，因此多个仪表的同一次测读应做到基本同时。对于分级加载的静力试验，为反映持荷期间作用和作用效应可能发生的变化，宜在加到某级荷载后，先进行一次预测读，持荷结束后再进行正式测读。

6.2 力值量测

6.2.1 本条提出了对集中加载力值量测仪表的要求，除量测精度的要求外，还强调了试验中应重视采用分配梁、悬挂重物等方式加载时设备重量的影响。

6.2.2 本条确定了均布加载时，各种加载形式加载值的计算方法。

6.3 位移及变形的量测

6.3.1 本条给出了常用的位移测量仪表。一般选用电子位移计、百分表、千分表、倾角仪等精度较高的仪表，原位加载试验或结构监测时也可根据试验要求，选用水准仪、经纬仪、全站仪、激光测距仪、直尺、挠度计、连通管等精度略低的仪器。除本条的建议以外，倾角、曲率、扭角等变形的量测，可以用基本仪表和各类转换元件，配以不同的附件及夹具，制作成曲率计、扭角计等各种适用的量测仪表。

6.3.2 本条对构件的弯曲变形测量方法进行了说明。加载后期挠度过大时往往已超出量程，为继续量测并保护仪表安全，可以拆除仪表，改用拉线—直尺或者水准仪—标尺等方法量测结构或构件的竖向变形。此类方法也经常在结构原位加载试验变形—位移的量测中应用。

　　试件自重和加载设备重量产生的挠度值一般在开始试验量测时已经产生，所以实测值未包含这部分变形，故分析试件总挠度时需要通过计算考虑试件在自重和加载设备重量作用下的挠度计算值。

6.3.3 为给出真实反映受弯及偏心受压构件挠度曲线特点的数据，本条对量测仪表布置的位置、间距及数量提出了要求。

6.3.4 悬臂构件自由端在各级试验荷载作用下直接量测得到的挠度实测值，包括了支座转角和沉降的影响，故试验中应同步量测支座的变形并在数据处理时进行修正以消除其影响。

6.3.5 本条列出了部分常见位移量测仪器、仪表的精度及误差要求。根据现行国家标准《指示表》GB/T 1219 和《金属直尺》GB/T 9056 的规定，百分表、千分表和钢直尺的误差允许值应符合表 1 的规定。

表 1　百分表、千分表和钢直尺的误差允许值

名称	量程S (mm)	最大允许误差 (μm)							回程误差 (μm)	重复性 (μm)
		任意0.05mm	任意0.1mm	任意0.2mm	任意0.5mm	任意1mm	任意2mm	全量程		
百分表(分度值0.01mm)	S≤3							±14	3	3
	3<S≤5	—	±5	±8	±10	±12		±16		
	5<S≤10							±20		
	10<S≤20	—					±15	±25	5	4
	20<S≤30							±35	7	
	30<S≤50							±40		5
	50<S≤100							±50		
千分表(分度值0.001mm)	S≤1	±2	—	±3					0.3	0.6
	1<S≤3	±2.5	—	±3.5	±5	±6		±8		
	3<S≤5	±2.5	—	±3.5	±5	±6		±9		
千分表(分度值0.002mm)	S≤1	±3	—	±4				±7	0.6	0.6
	1<S≤3	±3	—	±4	±5	±5		±9		
	3<S≤5	±3	—	±4	±5	±5		±11		
	5<S≤10	±3	—	±4	±5	±5		±12		
钢直尺	150,300,500							150		
	600、1000							200		

　　根据现行行业标准《水准仪检定规程》JJG 425 和《光学经纬仪检定规程》JJG 414 分别对水准仪和经纬仪的分级提出要求，其精度不应低于 DS_3 和 DJ_2。

6.4 应变的量测

6.4.1 本条中给出了常用的应变测量仪表，各种应变传感器需要配套相应的数据采集系统进行量测和记录。

6.4.2 为消除温度对量测结果的影响，电阻应变计可采用桥路补偿法，也可采用自补偿应变片等方法。

6.4.3 本条给出了量测各种试件应变时测点布置的有关要求。

6.4.4 本条提出对各种应变量测仪表的精度及性能的要求。根据现行国家标准《金属粘贴式电阻应变计》GB/T 13992 规定，电阻应变计的单项工作特性分为 A、B、C 三个等级，根据现行国家行业标准《电阻应变仪检定规程》JJG 623 对应变仪各项技术指标的有关规定，电阻应变仪的准确度级别应不低于 1.0 级。

6.5 裂缝的量测

6.5.1 对混凝土结构试验，尤其是抗裂性能检验，开裂判断是试验现象观测的重点。本条给出了判断试件混凝土开裂的各种方法。第 1 种方法最简单，适用于小型试件的试验；第2种方法也很有效，但须与直接观察配合；第3种方法适用于大跨度试件；第4种方法的成本较高，适用于对特定部位抗裂要求较高或难以直接观测开裂的特定部位，如对高腐蚀环境中的结构开裂的判断，也可用于结构监测。

6.5.2 本条提出对裂缝观察、量测的基本要求。裂缝形态图上一般应该包括：裂缝出现的顺序编号（宜以数字或字母标注）、每级荷载裂缝发展延伸的位置（可以在缝端标注荷载值，也可以标注荷载级别），并宜标出裂缝宽度测读的位置及宽度的数值。

6.5.3 本条规定了对不同构件观察、量测裂缝的位置，目的是为了更好地通过分析裂缝形态，反映试件的受力状态。

6.5.4 本条中给出了常用的裂缝宽度测量仪表及精度要求；也可选用其他的仪表测量裂缝宽度，但量测精度应符合试验要求。裂缝宽度检验卡可以简便地量测裂缝宽度，但须经校准后使用。

6.5.5 由于各种原因，试验试件往往在加载前就已具有裂缝。本条对试件既有裂缝的观测作出了规定，以区别加载后形成的受力裂缝。

6.6 试验结果的误差与统计分析

6.6.1 试验误差对试验结果的影响程度是不同的，如果试验误差对试验结果的精确性或正确性存在较明显的影响，应当进行试验结果的误差分析。通过误差分析可以判定试验结果的准确性和影响试验精度的主要方面，便于改进试验方案，提高试验质量。根据误差的性质和产生原因，可分为系统误差、偶然误差和过失误差。前两种误差可以根据误差分析采取针对性措施减少其影响；而过失误差由于无规律可循，应避免其产生。

6.6.2 对同一参数多次测量的误差可认为服从正态分布，统计特征值可以根据正态分布的规律计算。

6.6.3 本条按误差传递法则给出了分析间接量测结果最大绝对误差、最大相对误差和标准差的方法。

6.6.4 对同一参量的多次量测结果中，个别数据明显异常，且不能对其作出合理解释，应当将其从试验数据中剔除。通常认为随机误差服从正态分布，本条按照数据分析中常用的肖维纳（Chauvenet）鉴别准则给出了异常数据取舍的标准。

7 实验室试验

7.1 一般规定

7.1.1 根据试验目的的不同，实验室试验基本分为探索性试验和验证性试验两种类型。

探索性试验是为研究结构在不同作用下的内力、变形等效应，分析其受力机理，确定影响结构抗力的

因素和参数，探讨其变化规律，为建立结构理论、计算模型或经验公式提供科学的试验依据。验证性试验是针对已有的结构理论、分析模型、计算方法、构造措施等进行限定目标的试验，通过试验验证并修改、调整相应的计算方法、设计参数、构造措施等，使其更加科学、合理、完善。

探索性试验一般侧重于基本理论，相应于本领域的基础研究；验证性试验一般已有理论模式或工程背景。两类试验由于目的不同，试验方式也存在一定差异。

7.1.2 本条为对实验室试验基本内容的要求，与预制构件试验、原位加载试验和结构监测相比，实验室试验需要专门设计和制作试件，不仅试验类型多样，而且涵盖的内容比较全面。

7.1.3 探索性和验证性试验有较复杂多样的研究目标和较精确的加载、量测要求，故应尽量选择在专门的结构实验室中进行。当受场地条件的限制而不得已在室外进行时，应满足本条所要求的基本试验条件。

7.1.4 探索性试验需要研究试件和试验参数对结构性能的影响及其变化规律，而这些规律往往与试件的材料强度有密切的相关性；验证性试验是针对特定的理论模式或工程背景，试件材料强度的准确模拟是得到正确结论的重要条件。因此，钢筋和混凝土作为主要的承载受力材料，虽然难免存在一定的离散性，但与设计要求不应偏差过大。钢筋有屈服强度、极限强度、弹性模量和最大力下的总伸长值等多种指标，本条所要求的主要力学性能指标是针对与试验目的和试验结果直接相关的指标。

7.2 试验方案

7.2.1 本条规定了探索性试验中试件设计应符合的基本原则。探索性试验是为研究各参数对结构性能的影响的规律，往往需要分别改变不同参数的取值，以形成系列试件。参数较多时简单进行排列组合会导致试件数量增多，试验成本和工作量大幅增加，可采用正交设计等方法进行试件设计的优化。

7.2.2 本条规定了验证性试验中试件设计应符合的基本原则。静力试验中，质量密度的相似比即为试验模型与原型结构自重的相似比。一般材料难以满足质量密度相似比，可以通过在构件上增加均匀分布的配重或者施加集中力模拟自重的相似关系。

7.2.3 本条为对试件钢筋与混凝土材料的要求。足尺试件的材料与原结构相同；小尺寸或者小比例试件中，为了模型制作与浇筑方便，一般采用小直径钢筋与细石混凝土，其材料性能与原型结构有所不同。本条提出了减小差别的措施，必要时还应对细石混凝土材料的弹性模量进行实测。

7.2.4 由于试验试件的材料强度、约束条件等存在

一定的不确定性，试件的支座、加载区域、与加载设备的连接装置等在设计时应留有一定的安全余量，避免刚度不足或者在试件正常破坏前发生局部支承破坏，导致试验无法完成或者发生危险。如果装置是重复利用的，还要考虑其反复受力作用及反复安装拆卸过程对其性能的影响。

7.2.5 为保证试验的目的性和针对性，试验前的理论分析非常重要。对于较复杂的试验试件，宜采用有限元分析等方法，计算试件的内力和变形，或进行受力全过程的分析。根据分析结果校核并指导试验方案的制定。

7.2.6 为避免试验时盲目加载，应通过预先计算的结果（预估值）指导试验的加载程序，控制各种临界状态，并与实测的试验结果进行相互对比分析。考虑模型材料性能与设计要求可能存在的偏差，方案编制阶段计算上述指标时，钢筋、混凝土的材料性能参数可采用设计要求值，到正式试验前，应按照第4章中的规定取实测值进行修正。

7.2.7 实验室试验对加载、量测及数据采集系统的技术要求应高于其他类型的试验。调查表明国内科研单位及高校的试验室大多具备电子式的加载控制和数据采集系统，为提高试验的精度，本条建议优先采用自动控制加载和自动进行量测的试验系统。根据试验加载制度要求，在不同试验阶段可能需要综合应用力值控制加载和位移控制加载两种方式，故加载设备宜具备试验过程中进行力—位移加载控制切换的能力。

7.2.8 对于静力试验，试件在弹性阶段刚度较大，力增长较快，宜采用力值控制的加载制度；试件屈服后刚度降低，力值变化减小，位移增长较快，宜按照屈服位移的整倍数进行位移分级加载。试验后期也可采用连续、缓慢的加载方式。

7.2.9 对同一试件进行不同工况的验证性试验时，应先进行使用状态试验，再进行承载力试验，最后进行后期加载。

7.2.10 恢复性能是混凝土结构的重要受力性能，一般结构宜进行承载受力后恢复性能试验。主要为分级卸载及全部卸载状态下残余量的量测。

7.2.11 实验室试验条件较好且对量测的精度有较高的要求，为准确掌握重点部位的内力和变形情况，应布置较多的力值、位移、应变及裂缝测点。利用试件的对称性布置校核性量测点，可保证测试数据的完整性和准确性，也可防止个别传感器失效导致的数据缺失。

7.3 试验过程及结果

7.3.1 本条规定了试验前需进行的各项准备工作。试验前应根据实测的材料参数计算试件各临界状态的预估值，这对于有效控制试验的过程十分必要。混凝

土试件表面刷白、画格是为便于观测和描绘裂缝，方格线间距一般为100mm，大型试件可适当加大。试件、加载设备及量测仪器、仪表安装就位后，为检验系统工作是否正常，应进行预加载和量测设备的调试。

7.3.2 本条为试验工作的具体内容，包括加载、观察、量测、判断、记录、安全等。对采用自动记录和显示仪器的实验室试验，应随时进行观察和分析。当无自动记录和显示仪器时，试验过程中测读的数据宜在现场进行初步计算，随时整理并作出关键参数变化的规律或曲线。测读的数据宜与试验现象及事先分析预估的结果进行对比，进行初步分析并提出简单结论。

7.3.3 本条详细规定了试件的承载力标志，当出现表中任何一种标志时，表明试件已达到相应受力类型的承载能力极限状态。表7.3.3将试验中可能发生的承载力标志归纳为6类17种，是根据近年来大量试验及工程调查资料，在综合分析的基础上加以归纳和补充、完善的。表中所列的加载系数用于承载力检验中计算相应的临界试验荷载值。原标准已有相应的检验系数允许值，本次修订根据受力类型和承载力检验标志的性质（延性、非延性、脆性）以及对结构安全的影响，对相应的系数作了适当调整：其中延性标志系数不变，非延性标志的系数提高0.05，脆性标志的系数提高0.10。

7.3.4 需要研究结构构件的抗连续倒塌极限状态时，应进行后期加载。即在试件达到表7.3.3所列的承载力标志以后继续加载，直至试件完全丧失承载能力或者没有必要继续加载为止。本条第1款的破坏状态一般可取达到峰值后抗力下降15%的状态。

7.3.5、7.3.6 条文对实验室试验结果整理与分析的基本内容提出了要求。

8 预制构件试验

预制构件的检验试验包括型式检验、首件检验和合格性检验三种类型，本章主要对其中的合格性检验方法进行规定。型式检验和首件检验的承载力、挠度和裂缝宽度（或抗裂性）检验可按本章的方法进行，其后期加载性能、恢复性能等试验可按照本标准第7章验证性试验的方法进行。为便于实际工程应用，本章还对生产数量较少的大型和异形预制构件、竖向预制构件以及叠合结构的预制构件的合格性检验试验方法作出了规定。

8.1 一般规定

8.1.1 预制构件标准图设计时宜进行验证性的型式检验，由于按标准设计生产的预制构件产品数量大、环境多样、工况复杂，故其型式检验应严格控制，并

应通过加载试验全面检验其材料、工艺参数及构件的结构性能。型式检验的试件除了必须进行使用状态和承载力各项目检验以外，还宜按本标准第7章的方法进行后期加载，以确定安全裕量、破坏形态及恢复性能。

经过型式检验验证的标准设计不仅是成批生产预制构件的依据，也是预制构件结构性能检验的重要依据。但目前我国很多预制构件标准图的表达不够明确，往往不能直接给出试验检验所需的试验参数，致使在构件试验检验中经常发生误判或漏判。为明确产品质量要求，标准图应完整表达试验检验的全部参数，指导试验人员正确地执行。为此，标准设计应明确给出下列内容：

1 结构性能检验的试验方案：试件的支承方式、跨度、加载形式、加载点位置和量测方法等；

2 结构性能检验所需的荷载代表值：试件自重、使用状态试验荷载值、承载力试验荷载值；还应给出扣除构件自重及加载设备重量后相应的加载值；考虑到加载方式的多样性，扣除构件自重和加载设备重量的加载值是指在加载检验状态下，根据实际加载方式，为使试件在设计控制截面上的荷载效应值达到设计目标，经换算后确定的实际外加荷载值；

3 结构性能检验允许值应包括：试件的短期挠度允许值、抗裂检验系数允许值或开裂荷载允许值、最大裂缝宽度允许值以及在达到不同承载力标志时的承载力检验系数允许值；

4 对有特殊要求的预制构件，应由标准图或设计文件规定相应的检验允许值及试验方法。

8.1.2 预制构件在批量生产之前由生产单位进行首件检验的作用是通过加载试验确定试生产的构件合格与否、探讨检验裕量、调整和优化生产相关的材料及工艺。首件检验的试件宜加载到出现承载力标志，以确定承载力裕量及破坏形态。

首件检验属于验证性试验，故试验应按照本章及本标准第7章中验证性试验的要求进行。

8.1.3 批量生产的预制构件产品应按检验批抽样进行合格性检验，产品检验合格后方能出厂并投入工程使用。本条列出了产品合格性检验要求的结构性能检验项目。检验批的划分和代表数量及检验试件的抽样规则按现行国家标准《混凝土结构工程施工质量验收规范》GB 50204 的有关规定执行。

对于桁架、吊车梁、预制柱等难以进行加载试验的大型预制构件或异形预制构件，可采用加强材料、制作质量控制的措施替代部分或全部结构性能检验，具体方法参见现行国家标准《混凝土结构工程施工质量验收规范》GB 50204 的相关规定。

8.1.4、8.1.5 传统叠合结构的预制件不作检验或只进行预制构件的抗裂检验，试验结果极不稳定且不能全面反映叠合构件的结构性能。经调查研究及试验分析，应模拟两阶段成形后的整体叠合构件，在浇筑后浇层混凝土后进行结构性能检验。

本次修订所规定的叠合结构试验方法改为加后浇层混凝土形成完整的叠合结构试件后，进行全面的结构性能检验。鉴于预制底部构件上后浇层混凝土厚度、强度及配筋的不确定性很大，对应的叠合结构试验试件只能按确定条件下的构件进行结构性能检验。为简化和统一，取叠合层混凝土强度与底部预制构件相等，厚度为预制的 1.5 倍（对应底部预制构件为总高度的 0.4），上层配筋根据设计要求确定（通常板不配筋，梁配构造筋，必要时根据实际情况配受力钢筋），由此计算结构性能检验允许值，并进行加载检验、判断。

8.1.6 对竖向预制构件模拟受力工况进行加载试验比较困难，原标准没有竖向预制构件的结构性能检验要求，实际工程中一般情况下也不作结构性能试验检验。本条增补了检验要求，对预制墙板及小预制柱宜同时施加轴力及横向力，进行组合加载试验检验。对预制柱及预制桩，因为难以模拟实际的受力状态，可根据已有的实践经验，按受弯构件作相应的检验，以间接试验检验的方式反映构件应有的结构性能。

8.1.7 对大型竖向预制构件，如果设计方法成熟、生产数量较少，也可以根据施工验收规范的规定对其材料质量和工艺制作水平进行评定和验收，不再进行结构性能的试验。

8.1.8 预制构件结构性能检验的检验荷载取值、检验指标要求以及合格性判定方法，在现行国家标准《混凝土结构工程施工质量验收规范》GB 50204 的结构性能检验相关内容中均有相应的规定，有关预制构件产品的检验和验收应遵守执行。

8.2 试 验 方 案

8.2.1 预制构件试验方法采用短期静力加载试验的方式，一般在 4h～8h 内即可完成。特殊构件应由设计文件提出专门的试验检验要求。

8.2.2 混凝土龄期及强度对检验结果有一定影响，一般按 28d 确定试验龄期；试件龄期过短可能因混凝土未达到强度而承载力不足；试件龄期过长则容易因混凝土徐变、预应力筋松弛而降低抗裂性能。因此，对非标准龄期试验时的检验允许值宜作相应的调整，设计文件也宜给出不同龄期的检验允许值。

8.2.3 本条对试验的温度条件、试验设备等准备工作进行了规定。试验前应检查试件的反拱或下垂等实际状态，并将试件已有的缺陷加以标记，以备试验分析之用。

8.2.4 本条为各种预制构件试验加载方式的特点及选择原则，包括均布、集中加载以及对大型预制构件的专门加载方法。

8.2.5 本条规定主要内力等效的加载原则，目的是模拟试件控制截面上的主要内力值符合设计计算的结果，以满足检验的基本要求。

8.2.6 根据试验目的不同，本条规定了适用于型式检验、首件检验和合格性检验的不同加载要求。

合格性检验的目的仅在于判断从检验批中抽取的试件是否合格，因此可依次进行常规的挠度、裂缝宽度（或抗裂）和承载力等检验，如果试验中一项或几项达不到检验允许值，可直接判定不合格并结束试验；如果所有项目均达到检验允许值，可判定合格并结束试验，并不一定要求加载到出现承载力标志或破坏。

首件检验要求通过试验掌握试件的破坏形态和检验裕量，因此试验宜加载到试件出现承载力标志或破坏。

型式检验则要求全面检验、调整和优化预制构件的材料、工艺参数及构件的结构性能，因此宜通过后期加载、卸载等试验掌握构件的延性、安全裕量和卸载恢复性能等。

8.2.7 预制构件结构性能检验的目的和内容比较明确，试验结果可全面反映在试验检验记录表中，故在试验成果整理方面较其他类型结构试验可适当简化。为保证结构性能检验的有效性，本条对结构性能的试验检验记录应包括的内容作了详细说明，并在附录 A 中给出了预制构件结构性能试验检验记录表格以供参考使用。

8.3 试验过程及结果

本节主要针对预制构件产品合格性检验的加载试验过程及结果，型式检验和首件检验可按照实验室试验的有关规定进行。合格性检验的指标和判断方法应符合现行国家标准《混凝土结构工程施工质量验收规范》GB 50204 的有关要求。

9 原位加载试验

9.1 一般规定

9.1.1 结构原位加载试验是为检验结构的结构性能而在实体结构上进行的试验，本条根据不同试验目的列举了原位加载试验的类型。此类试验具有下列特点：

1 工程改扩建或验收时，缺乏工程资料、对质量存在怀疑或存在质量缺陷，需要通过试验来判定质量是否符合设计要求或确定有关参数。此类试验的性质接近预制构件产品的合格性检验，目的是对结构的安全性进行评估；但与预制构件合格性检验的区别在于，试验对象不是成批的预制构件产品而是确定的实体结构，试验一般无需检验所有的结构性能，且不宜造成难以修复的损伤。

2 采用新结构、新材料、新工艺的结构或难以进行理论分析的复杂结构，需要通过试验复核、验证设计参数或研究其性能和设计分析方法。此类试验属验证性试验，可为以后类似结构的设计和推广应用积累经验和提供实测数据以供参考。

3 原位加载试验与实验室试验的区别在于，试验对象不是模型而是实体结构，试验为非破坏性试验。

9.1.2 结构原位加载试验一般不需要检验全部性能，只需根据结构的具体情况和实际需要，验证特定状态下的性能指标。如果仅需要验证正常使用极限状态下的性能，则进行使用状态试验；如果需要验证其受弯、受剪等承载能力，则进行承载力试验；有其他特定的试验目的时，试验方式应根据试验目的具体确定。

一般情况下，由于试验后结构仍需继续使用，原位加载试验宜控制在结构承载能力范围内。试验最大荷载取值满足性能检验的要求即可，一般不宜加载到结构出现不可恢复且影响使用功能的缺陷。

9.1.3 结构原位试验受到加载方式、试验条件、使用要求等诸多因素的限制，加载区域不宜过大，也不宜进行多次试验。因此受检构件或受检区域的选择非常关键，需要兼顾试验的代表性和客观试验条件的可能性，并考虑试验后结构的继续使用。

9.1.4 1998 年的国际标准《结构可靠性总原则》ISO 2394 提出了可以依据用户提出的使用年限，对可变作用采用修正系数的方法加以修正。对既有结构引入可变荷载考虑结构后续使用年限调整系数的目的，是为解决后续使用年限与设计基准期不同时，对可变荷载标准值的调整问题。当后续使用年限与设计基准期不同时，采用调整系数对荷载的标准值进行调整。确定结构的合理后续使用年限应综合考虑原设计的使用年限、结构的具体情况（包括实际尺寸、配筋、材料强度、已有缺陷等）和后期使用的需要等因素。

现行国家标准《工程结构可靠性设计统一标准》GB 50153 - 2008 附录 A.1 给出了设计使用年限为 5 年、50 年和 100 年时，考虑后续使用年限偏于安全的可变荷载调整系数分别为 0.9、1.0 和 1.1，当后续使用年限不为上述值时，可按线性内插确定。

根据后续使用年限定义的可变荷载标准值与设计基准期定义的标准值具有相同概率分位值的原则，当可变荷载服从极值 I 型分布时，可得到不同后续使用年限的荷载调整系数如表 2 所示。当后续使用年限不为表中数值时，可按线性内插确定。对比《工程结构可靠性设计统一标准》GB 50153—2008 的规定可以看出，该标准的安全度是相当充裕的。

表2　后续使用年限及相应的荷载调整系数

后续使用年限 T（年）	5	10	20	30	50	75	100
楼面活荷载	0.84	0.86	0.92	0.96	1.00	1.04	1.06
风荷载	0.65	0.76	0.86	0.92	1.00	1.06	1.11
雪荷载	0.71	0.80	0.89	0.94	1.00	1.05	1.09

当结构原位荷载试验表明结构性能达不到要求时，可经修补、加固后继续使用；也可出于经济的原因保持结构现状，但通过改变功能降低使用荷载，或减少后续使用年限以降低荷载取值，使结构性能符合设计要求。

9.1.5 结构设计时，考虑施工离差的影响，结构自重设计值需要乘荷载分项系数加以放大。但通过原位荷载试验验证结构的性能时，由于结构已实际存在，其自重是确定的数值，因此结构自重可根据结构实际检测结果加以调整。

9.1.6 结构原位试验应根据结构的具体情况和可能的条件选择加载方式，并应控制加载量，避免造成意外的结构损伤或安全事故。

9.1.7 与其他类型试验不同，结构原位加载过程需要高度重视对受检结构的保护。试验前应采用结构的实际参数计算确定各级临界试验加载值，并设定最大加载限值。试验的最大加载限值是原位加载试验最重要的指标之一，合理确定该限值一方面可以避免荷载超出合理范围，造成结构损伤或安全事故；另一方面可以避免加载量不足，达不到试验检验的目的。

计算确定的最大加载限值并非试验一定要达到的荷载值。如试验中结构性能检验指标均处于允许范围内，则可分级加载到最大加载限值，表明结构性能可满足要求；如试验中结构某检验项目提前达到允许值，则应停止加载，并按照本标准第9.4.2条和第9.4.4条的规定进行判断和处理。

承载力试验的最大加载限值应取各种临界试验荷载值中的最大值。根据表7.3.3最大的承载力加载系数为1.60，因此承载力试验的最大加载限值可取荷载基本组合值与结构重要性系数 γ_0 乘积的1.60倍。当试验不需要检验表7.3.3的全部项目时，最大加载限值可直接取所检验项目对应的各临界试验荷载值的最大值。

9.1.8 试验之前掌握试验结构的基本情况，对编制试验方案和确定合理的后续使用年限是非常必要的。试验结论中对结构性能的评估和建议措施，也应基于通过调查获得的结构现状。除一般的信息资料应当完整以外，还应根据结构特点和试验目的进行针对性的重点调查。如果工程资料缺失或载明的结构情况与实际结构存在较大出入时，应当对受检结构进行现场检测。

9.1.9 装配式结构构件的边界条件直接影响试验结果和对结果的判断，对边界的处理方法应根据试验目的确定。如试验需要模拟实际边界条件，则应直接在实体结构上进行加载试验；如果需要通过试验来检验预制构件本身的性能、质量，则试验前应将受检构件与后浇层及相邻构件进行隔离，按单个构件受力进行加载试验。

9.2　试验方案

9.2.1 本条提出了结构原位加载的原则，即内力模拟而非荷载模拟、按比例逐级加载、加载限值的控制等。

为了使结构试验时的工作状态与实际情况接近，加载形式应与结构设计的计算简图一致；但受试验条件限制，一般采用与计算简图不同的等效加载形式来模拟实际受力，使受检构件产生的内力图形与计算简图相近。等效加载无法做到轴力、弯矩和剪力等所有内力的同步模拟，但要求控制截面上的主要内力与计算内力值相等。

采用等效荷载时必须考虑由于加载形式改变对结构试验结果的两方面影响，即内力图形改变和挠度的改变。对关系明确的影响，试验结果可通过计算加以修正，如采用集中荷载模拟均布荷载时变形值（挠度）变化的影响和修正，可参考本标准第5.2.16条。

9.2.2 在结构试验中经常遇到一种加载形式不能同时反映受检构件各个控制截面所要求的极限状态的情况。在此情况下，可采用几种不同的加载形式分别对同一受检构件进行多次试验。多次试验的顺序应当进行合理安排，先检验结构安全储备较大的项目，避免试验早期即出现塑性变形或破坏，导致无法检验其他性能。

9.2.3 原位加载试验与在实验室试验不同，加载受到现场条件的制约。试验机、千斤顶等液压设备很少使用，而是较多采用结构上部的重物堆积、下部悬挂重物等重物加载方式，或采用捯链—地锚等机械加载方式。加载方式的选择应因地制宜，除须考虑便于取材、操作方便、计量准确等因素外，尚应特别重视加载方式的安全性，避免在加载过程中出现结构脆性破坏、失稳或重物坠落等情况。

对重物加载方式，采用结构下部悬挂重物并设置高度可调整的保护支垫，比采用上部堆载安全性更高；采用自动计量的液体加载，比采用人工堆载安全性高。试验采用结构上部堆载方式时，宜在结构下部设置保护性支撑以防止试验过程中发生意外坍塌危及人员和设备的安全。

9.2.4 原位加载试验的加载过程需要重视实体结构的保护，试验之前应根据试验类型计算控制测点的应变和挠度，并作为加载控制值。当荷载未达到临界试验荷载而结构已经出现本条所列的四种情况时，如继续加载将可能造成结构的永久损伤或影响试验安全。一般情况下，除非有特殊的试验要求，不应再继续加载。

9.2.5 原位加载试验的观测和初步分析判断宜在现场完成。试验的荷载-位移关系曲线、裂缝情况和关键部位的荷载、挠度、位移等量测数据直接影响到对试验现象的分析和试验结果的判断。因此试验过程中应自动显示或同步绘制荷载-位移关系曲线，荷载、挠度等重要指标信息在试验过程中应能随时观测确定。由于原位加载试验容易受到环境条件的干扰，因此试验量测宜选择稳定可靠的仪表，且测点数量不宜过多，以突出量测重点并确保重要指标的准确。

9.2.6 通过试验验证计算模型和设计参数的原位加载试验，属验证性试验，虽然希望较全面了解结构的性能，但由于在实际结构上进行，因此试验荷载值宜加以限制。

9.2.7 破坏性原位加载试验的试验对象已经无保护价值，因此可根据研究的目的制定试验方案，探讨结构在荷载作用下的破坏模式和后期性能。但由于现场的破坏性试验具有较大的危险性，因此试验方案应确保人员和设备的安全。

9.3 试验检验指标

9.3.1 本条列出了挠度检验的两种方法：一种为按设计规范规定的限值折算成短期挠度允许值检验；另一种为按设计实配钢筋计算值检验，后者应留有20％检验裕量。

9.3.2 受弯构件的挠度检验允许值，是根据设计规范由设计的允许限值，考虑荷载长期作用效应的影响折算成短期值而确定的。

9.3.3 最大裂缝宽度检验允许值，是根据设计规范的限值，并考虑荷载长期作用效应的影响，折算成短期值而确定的。

9.3.4 本条提出了预应力构件抗裂检验的要求。为提高抗裂检验的可执行性，易于试验操作和判断，增加了通过比较开裂荷载实测值与允许值的大小，进行抗裂检验判断的方法。

9.3.5 本条根据现行国家标准《混凝土结构设计规范》GB 50010确定了抗裂检验系数允许值的计算方法，其中允许值为计算值的95％，预留了5％的检验裕量。根据设计规范计算的抗裂检验系数计算值，与混凝土强度及预压应力值有关。考虑时间对混凝土的实际强度及预应力损失的影响，不同龄期时检验系数允许值可作适当的调整。

9.3.6 承载力检验中试件出现任何一种检验标志，都表明试件已达到相应受力类型的承载能力极限状态。鉴于结构原位加载试验进行承载力检验的目的仅是判断结构是否满足承载力要求，无法预测和调整构件的设计参数和破坏形态，故承载力检验是以最先出

现的承载力标志来判断受力类型及承载力是否满足要求的。只要试验中出现任何一种检验标志即应停止继续加载，并以相应的试验荷载值来判断承载力是否满足要求。

承载力检验可有两种形式：按规范限值要求或按设计实配钢筋，应根据检验目的和要求进行选择。原位加载试验的承载力检验系数允许值应按照本标准表7.3.3中相应的加载系数进行取值。

9.3.7 本条为承载力检验系数允许值计算中构件重要性系数 γ_0 和承载力检验修正系数 η 的确定方法。重要性系数根据受检构件所在结构的安全等级确定。当按构件实配钢筋计算而进行承载力检验时，修正系数按本条提供的公式计算，其中承载力及内力可为弯矩、剪力、轴力或扭矩等，应根据结构受力和承载力标志类型而定。

9.4 试验结果的判断

9.4.1 使用状态试验的检验项目由结构的使用功能和适用性确定。挠度、开裂荷载、裂缝宽度等指标可按照设计规范正常使用极限状态下的要求确定。当结构有舒适性要求时，还应按照本标准第10.3节的方法检验自振频率、振幅、加速度等指标。

9.4.2 使用状态试验主要检验构件的开裂荷载以及构件在使用状态试验荷载值下的挠度、最大裂缝宽度等指标。由于是短期加载试验，而规范的有关限值均考虑了荷载的长期作用效应，因此试验检验允许值均应将规范限值折算为短期荷载试验允许值，该值一般较规范允许值严格。

9.4.3 如在加载到相应的临界试验荷载值之前，任一构件的任一指标超过检验允许值，均应判定结构不满足正常使用极限状态的检验要求。根据本标准第5.3.5条确定相应的检验荷载实测值，并将该实测荷载作为结构满足使用状态的最大荷载组合值，可返算结构可承受的最大使用荷载值。

9.4.4 承载力试验中，结构受检构件主要受力部位或控制截面出现表7.3.3所列的任何一种承载力标志，都表明结构或构件已达到相应受力类型的承载能力极限状态。试验前应对结构进行必要的计算分析，对其极限承载力和可能出现的标志进行预估。但承载力试验存在不确定性，每种标志对应的临界试验荷载值又不相同，故承载力检验以最先出现的承载力标志来判断承载力是否满足要求。只要试验中出现任何一种检验标志即停止继续加载，并以检验荷载实测值来判断承载力是否满足要求。

出于经济方面考虑，对经试验达不到预定要求的结构，一般应根据具体情况选择加固或限制使用荷载的方法，使得结构性能仍能够达到要求；对于同时进行了使用状态与承载力试验的结构，由于两个阶段试验根据检验荷载实测值分别得到的结构可承受最大使

用荷载值一般情况下是不同的，而结构应同时满足正常使用极限状态和承载能力极限状态的要求，故应取较小值。

9.4.5 不同的承载力标志对应的检验要求不同，试验以最早出现的承载力标志进行合格性判断。如最早出现承载力标志时的承载力检验系数已大于或等于该标志对应的加载系数，则可判断结构满足承载力要求。如加载至第 9.1.7 条规定的最大限值仍未出现任何承载力标志，则表明结构各承载力标志对应的检验系数实测值均大于允许值，应直接判定受检构件的承载力满足要求。

10 结构监测与动力测试

10.1 一般规定

10.1.1 结构的生命周期包括设计、施工、使用和退役四个阶段。针对实体结构进行的监测按阶段分为两类，一类是针对复杂结构或特殊结构的施工过程监测，该类监测周期相对较短；另一类是针对结构使用过程中的长期监测，该类监测也被称作结构健康监测，周期往往很长，甚至是全寿命周期的监测，对监测设备的要求较高。

10.1.2 结构监测受到很多因素的制约，监测仪表成本也较高，一般只是针对重点关注部位的主要指标进行监测，并以此来了解结构的性能和状态，因此监测部位的选择至关重要。监测部位一类是结构中受力关键的部位，尤其是日常难以检查或无法检查的多条传力途径汇集的关键部位，另一类是能反映结构整体性能和受力状态的代表性部位。

10.1.3 结构监测系统包括量测仪器仪表系统、数据采集与传输系统、数据分析及损伤识别和定位系统、安全评估系统四个基本模块，但由于结构形式的多样性和测试要求的差异，监测设备的选择和组成具有非常大的灵活性，应因地制宜进行选择。

10.1.4 量测仪器仪表系统可根据测试要求，从本标准第 6.2 节～第 6.5 节或附录 B 所列的各类量测仪表中进行选择。数据的采集和传输系统应具有以下功能：

    1 无人值守条件下连续运行的功能，可在特殊状况下进行特殊采集和人工干预采集；

    2 数据采集软件应具有数据采集和缓存管理的功能；

    3 系统具有实时自诊断的功能。

数据分析及损伤识别和定位系统主要进行监测数据的基本分析和高级分析，分析数据来自实时现场采集和定期人工采集。结构损伤识别的方法有养护管理评估法、模型比对评估法、趋势分析评估法、动静结合评估法、局部损伤评估法、累积损伤及剩余寿命评估法等。

安全评估系统是结构监测系统的核心，系统根据预设的要求，对结构的不正常表现作出及时诊断并找出其根源，预测未来的发展趋势，避免安全隐患。结构安全评估系统可分为在线评估和离线评估两部分，在线评估主要对实时采集的监测数据进行基本的统计分析和趋势分析，设立预警系统，给出结构的初步安全状态评估；离线评估主要对各种监测数据进行有限元分析、模态分析等综合性的高级分析，并对结构的安全性、适用性和耐久性给出定性或定量的评判。

10.1.5 结构监测仪器仪表系统除了要满足结构试验的常规要求外，由于所使用的环境条件复杂、监测周期长，因此对其可靠性和稳定性应提出更高的要求。

10.2 施工阶段监测

10.2.1 对施工阶段结构进行监测的目的在于评估结构在施工过程中不断变化的受力工况和环境条件下的工作状态，监测和评估结果是指导结构下一步施工的依据。与使用阶段监测不同，施工阶段监测周期较短，但结构自身及其受力状态始终处于变化之中，因此通过监测所获得的实际结构的动一静力行为可用来掌握结构的实际工作状态，以指导施工，还可验证施工模拟分析的模型、结果和设计计算假定，并开展其他相关研究。

10.2.2 施工阶段结构监测适用于特殊或复杂结构中对结构性能影响显著，但又难以事先予以预判的各种性能指标的监测，这些性能指标由于受到客观条件限制或各种随机因素的影响，施工前难以定量探讨。由于监测结果包含了各种因素的综合影响，故通过对实测数据的分析和判断，比设计阶段做了诸多假定的理论分析更能真实反映结构的实际受力状态，对施工中需要采取的措施更具有针对性和指导性。施工阶段的监测周期较使用阶段监测要短，对设备仪器的耐久性和稳定性要求也略低。

10.2.3 施工阶段结构监测的具体项目根据工程的实际情况和特点而定，监测方案应突出关注的重点，并配合进行其他相关项目的测试，以校核和验证测试结果，确保施工状态符合预定要求，并确保结构安全。

10.2.4 施工阶段监测的仪器仪表可选择与监测周期相应的短期监测仪器仪表，如钢弦式传感器、手持式应变计等仪器等。如需继续进行使用阶段的监测，则应选用稳定性和耐久性更好，并能满足长期监测要求的仪器仪表。

10.2.5 事先通过分析计算确定施工阶段监测参数的正常范围和预警值，才能在施工过程中实时对监测数据进行分析判断，反馈给相关部门并及时采取相应对策。

10.3 使用阶段监测

10.3.1 对使用阶段结构进行监测的目的，在于评估结构在长期使用过程中不断变化的工作状态。与设计阶段的考虑不同，监测结构并对其进行安全性评估并非只考虑时间的影响，而是基于结构在使用阶段的实际承载受力状态。因此，使用阶段的监测更加客观，更能保障结构的耐久性及整个生命周期运行成本的合理配置。使用阶段监测和评估的结果，是对结构进行维修、加固或拆除等决策的依据。

虽然绝大多数结构使用阶段的监测都是从监控与评估出发的，但由于这些结构的力学和结构特点以及所处的特定环境，在设计阶段往往难以完全掌握和预测其材料特性和力学行为，分析时只能以很多假定条件为前提。因此，通过监测所获得的实际结构的动-静力行为，还可以用来验证理论模型和计算假定。另外，监测实际结构还可以作为研究类似结构的"现场实验室"，通过监测探索和研究未知领域。

10.3.2 由于使用阶段监测技术难度大、监测成本高，目前主要应用在核安全壳、大型的桥梁、大跨空间结构、超高层建筑、重要的公共建筑等结构中。这些受监测的结构，其力学性能、结构特点以及所处的特定环境，在设计阶段往往难以完全掌握和预测。因此，通过对结构进行监测，可以验证结构分析模型、计算假定和设计方法的合理性，为以后的设计和建造提供依据，进而使结构设计方法与相应的标准、规范得以改进。

监测应以简单、实用、性能可靠为原则。使用阶段的监测可以采用实时在线监测或适时的定期监测；也可将实时监测、定期监测与人工检测相结合，获得更加全面的测试指标和结构状态的信息。

10.3.3 针对不同的环境条件、使用功能和结构特点，使用阶段监测应该因地制宜，有针对性地对监测项目进行取舍，并区分主要和一般监测项目，以便突出重点，以较低的监测成本达到预期目的。

10.3.4 使用阶段的结构监测由于周期往往很长，选择仪器仪表时，应特别关注其稳定性、可靠性、耐久性及具有方便维护的性能。各个传感子系统宜采用独立模块设计，单个传感器或数据采集单元维护或更换时，应不至于影响整个系统的运行。

10.3.5 使用阶段的结构监测数据传输系统一般由三级网络系统构成，分别是工作站与服务器之间的一级传输网络、工作站与工作站之间的二级传输网络、传感器与工作站之间的三级传输网络。由于传输线路仅需要布设一次，实际工程的各级传输网络均较多地采用有线传输的方式，在条件受限等情况下，一级和二级传输网络也可采用无线传输方式。

使用阶段量测到的应变、变形等指标均为相对量。从施工阶段即开始监测有助于更加全面地掌握结构的性能参数。

10.3.6 对使用寿命较长或环境条件恶劣的混凝土结构，材料性能劣化状态的监测是结构使用阶段监测的重要内容，主要包括混凝土的碳化深度、结构混凝土的开裂及破损、钢筋的锈蚀等。由于测试手段的局限性，一般需要采取人工观察及辅助检测的方法。更深入的耐久性监测应按照有关标准及专门的规定进行。

10.3.7 使用阶段结构监测系统应存储各种历史监测数据，与当前监测的结果进行对比、分析，并对结构的安全性、适用性和耐久性给出定性或定量的评价，为结构维护、维修提供依据。

10.4 结构动力特性测试

10.4.1 结构振动的影响表现在三个方面：

1 对结构的损害，如工厂振动、施工振动和交通振动等导致结构或构件的开裂、基础变形或下沉等；

2 对人体的影响，振动影响人体的舒适度甚至危害人的健康；

3 对仪器、设备的影响。

受振动影响明显的混凝土结构主要包括大跨结构、超高结构等，由于自振频率较低，振动影响显著。还有部分结构由于使用功能的原因，对振动影响提出更高的要求，需要通过动力特性测试，确定振动影响程度，便于采取相应措施。

10.4.2 结构动力特性测试可根据测试目的选择下列人工激励或天然脉动激励方式和设备：

1 激励方式

原位测试结构的自振频率、基本振型和阻尼比时，激励方式宜采用天然脉动条件下的环境激励方式，测试时应避免外界机械、车辆等引发的振动。

需要测试结构平面内多个振型时，宜选用稳态正弦扫频激振法。

需要测试结构空间振型时，宜选用多振源相位控制同步的稳态正弦扫频激振法。

2 激振设备

当采用稳态正弦扫频激振法时，宜采用旋转惯性机械起振机，也可采用液压伺服激振器。激振器的位置和激振力应合理选择，防止被测试结构的振型畸变，激振器激励位置避开结构低阶振型节点或节线。

3 量测仪器

目前动态信号采集分析系统多采用高度集成的模块化设计，集信号调理器、低通滤波器、放大器、抗混滤波器、A/D转换器等功能于一体。随着无线传输技术的发展，各种组合式测试系统还可采用无线传输的方式。

动力特性测试系统仪器中的某些原件的电气性能和机械性能会因使用程度和时间而有所变化，各类传感器、放大器和采集记录等设备需配套使用，且需要定期进行校准。校准内容主要包括灵敏度、频率响应和线性度，根据需要有时尚需进行自振频率、阻尼系数、横向灵敏度等项目的校准。仪器的校准方法有分部校准和系统校准两种，为保证各级仪器之间的耦合和匹配关系，并取得较高的精度，宜采用系统校准法。

10.4.3 本条列举了一般的动力特性测试项目，具体项目和测量参数应根据结构特点和测试目的确定。对吊车梁等承受移动荷载的结构，有时还需要测定结构的动力系数。

10.4.4 动力特性测试前应编制测试方案并进行必要的计算分析，在明确测试目的和主要项目的前提下，通过分析预估所测试参数的大致范围，以便选择合适的仪器和设备，并选择合理的测点和采样频率、数据采集时间等测试参数。

10.4.5 本条列举了一般动力特性测试的基本步骤，布置传感器时应考虑下列要求：

1 测定结构动力特性时，传感器安装的位置应能反映结构的动力特性；

2 传感器在结构平面内的布置，对于规则结构，以测试平动振动为主，测试时传感器应安放在典型结构层靠近质心位置；对于不规则结构，除测试平动振动外，尚应在典型结构层的平面端部设置传感器，测试结构的扭转振动；

3 传感器沿结构竖向宜均匀布置，且尽量避开存在人为干扰的位置；

4 传感器与结构之间应有良好的接触，不应有架空隔热板等隔离层，并应可靠固定；

5 传感器的灵敏度主轴方向应与测试方向一致；

6 当进行环境激励的动力特性测试时，如传感器数量不足需要作多次测试，每次测试中应至少保留一个共同的参考点。

现场测试保存数据后进行简单处理和分析。如实测结果与预估情况基本一致，则现场测试结束；如实测结果与预估情况相差较大，并导致不满足数据分析的要求，则需要调整仪器设备或测试参数，然后重新进行测试。

10.4.6 采样是将连续振动信号在时间上的离散化，理论上采样频率越高，所得离散信号就越逼近于原信号，但过高的采样频率对固定长度的信号，采集到过大的数据量，给计算机增加不必要的计算工作量和存储空间；若数据量限定，则采样时间过短，会导致一些数据被排斥在外。如采样频率过低，采样点间隔过远，则离散信号不足以反映原有信号波形特征，无法使信号复原，造成频率混叠。根据采样定理，不产生频率混叠的最低采样频率应为最高分析频率的 2 倍，结构动力特性测试的采样频率一般可取结构最高阶频率的 3 倍～5 倍，如最高阶频率估计不准，则可取 4 倍～10 倍。

10.4.7 计算结构动力特性参数的频域分析法，是基于结构频响函数在频域内分析结构的自振频率、阻尼比和振型等模态参数的方法。时域分析法是基于结构脉响函数在时间域内分析结构动力特性参数的方法。为减小各种干扰因素的影响，对频域数据应采用滤波、零均值化等方法进行预处理；对时域数据应进行零点漂移、记录波形和记录长度检验等预处理。

结构的自振频率可采用自功率谱或傅里叶谱方法进行计算；结构的阻尼比可采用半功率点法或自相关函数进行计算，有激励条件时可按时程自由衰减曲线求取；结构的振型宜采用自谱分析、互谱分析或传递函数分析等方法计算。

10.4.8 结构动力特性和动力响应影响分析与评价的目的在于验证理论计算，为工程结构的设计积累技术资料或通过分析结构的振动现象，寻找减小振动的途径，因此进行动力性能测试已经成为结构监测的重要内容。振动对结构损害及人体舒适度影响的有关容许限值，可参照国内外的相关标准。

结构动力特性与结构的性能有直接的关系，因此根据结构自振频率、振型、阻尼比等动力特性的测试结果，可从下列几方面对结构性能进行分析和判断：

1 结构频率的实测值如果大于理论值，说明结构实际刚度比理论估算值偏大或实际质量比理论估算偏小；反之说明结构实际刚度比理论估算偏小或实际质量比理论估算偏大。如结构使用一段时间后自振频率减小，则可能存在开裂或其他不正常现象。

2 结构振型应当与计算吻合，如果存在明显差异，应分析结构的荷载分布、施工质量或计算模型可能存在的误差，并应分析其影响和应对措施。

3 结构的阻尼比实测值如果大于理论值，说明结构耗散外部输入能量的能力强，振动衰减快；反之说明结构耗散外部输入能量的能力差，振动衰减慢；如阻尼比过大，应判断是否因裂缝等不正常因素所致。

11 试 验 安 全

11.0.1 试验方案中安全措施是重点考虑的内容之一，安全措施和责任应落实到人，并认真执行。

11.0.2 试验应选择安全性高的加载方式并制定完善的安全措施，如采用可控的位移加载、带可调整支垫的悬挂重物加载等方式。

11.0.3 试验设备和试件安装中的安全措施及相关人员的资质，与建筑安装工程的要求基本相同，应参照安装工程的有关规定执行。

11.0.4 设计承力装置时，应考虑试验过程中的各种不利因素以及动力效应的影响，且留有足够的安全储备。

11.0.5 本条规定了试验过程中保护试验人员操作和

观测安全的措施。

11.0.6 对可能在试验过程中出现的各种意外，如试件或装置的倒塌、倾覆、高强度混凝土的崩裂、预应力筋断裂导致的锚具弹出等，均应予以足够的重视，必要时应采取专门的防护措施。试验前应对可能发生破坏的部位进行预测，并进行屏蔽和防护。试验过程中危险部位的数据量测宜采用自动仪表，试验现象可采用摄像机等进行记录。

11.0.7 本条列出了对大型试件或结构原位加载应采取的安全措施，可供试验参考，试验者也可根据试验条件和经验采取其他合理措施。

11.0.8 对位移的测量，在破坏前可拆除位移计、百分表，采用激光测距仪、水准仪或拉线—直尺等仪器测量位移。

中华人民共和国国家标准

汽车加油加气站设计与施工规范

Code for design and construction of filling station

GB 50156—2012

主编部门：中 国 石 油 化 工 集 团 公 司
批准部门：中华人民共和国住房和城乡建设部
施行日期：２０１３ 年 ３ 月 １ 日

中华人民共和国住房和城乡建设部
公 告

第 1435 号

关于发布国家标准
《汽车加油加气站设计与施工规范》的公告

现批准《汽车加油加气站设计与施工规范》为国家标准，编号为 GB 50156—2012，自 2013 年 3 月 1 日起实施。其中，第 4.0.4、4.0.5、4.0.6、4.0.7、4.0.8、4.0.9、5.0.5、5.0.10、5.0.11、5.0.13、6.1.1、6.2.1、6.3.1、6.3.13、7.1.2（1）、7.1.3（1）、7.1.4（1）、7.1.5、7.2.4、7.3.1、7.3.5、7.4.11、7.5.1、8.1.21（1）、8.2.2、8.3.1、9.1.7、9.3.1、10.1.1、10.2.1、11.1.6、11.2.1、11.2.4、11.4.1、11.4.2、11.5.1、12.2.5、13.7.5

条（款）为强制性条文，必须严格执行。原国家标准《汽车加油加气站设计与施工规范》GB 50156—2002（2006 年版）同时废止。

本规范由我部标准定额研究所组织中国计划出版社出版发行。

中华人民共和国住房和城乡建设部
二〇一二年六月二十八日

前 言

本规范是根据住房和城乡建设部《关于印发〈2009 年工程建设标准规范制订、修订计划〉的通知》（建标〔2009〕88 号）的要求，由中国石化工程建设有限公司会同有关单位在对原国家标准《汽车加油加气站设计与施工规范》GB 50156—2002（2006 年版）进行修订的基础上编制完成的。

本规范在修订过程中，修订组进行了比较广泛的调查研究，组织了多次国内、国外考察，总结了我国汽车加油加气站多年的设计、施工、建设、运营和管理等实践经验，借鉴了国内已有的行业标准和国外发达国家的相关标准，广泛征求了有关设计、施工、科研和管理等方面的意见，对其中主要问题进行了多次讨论和协调，最后经审查定稿。

本规范共分 13 章和 3 个附录，主要内容包括：总则，术语、符号和缩略语，基本规定，站址选择，站内平面布置，加油工艺及设施，LPG 加气工艺及设施，CNG 加气工艺及设施，LNG 和 L-CNG 加气工艺及设施，消防设施及给排水，电气、报警和紧急切断系统，采暖通风、建（构）筑物、绿化和工程施工等。

与原国家标准《汽车加油加气站设计与施工规范》GB 50156—2002（2006 年版）相比，本规范主要有下列变化：

1. 增加了 LNG（液化天然气）加气站内容。

2. 增加了自助加油站（区）内容。

3. 增加了电动汽车充电设施内容。

4. 加强了加油站安全和环保措施。

5. 细化了压缩天然气加气母站和子站的内容。

6. 采用了一些新工艺、新技术和新设备。

7. 调整了民用建筑物保护类别划分标准。

本规范中以黑体字标志的条文为强制性条文，必须严格执行。

本规范由住房和城乡建设部负责管理和对强制性条文的解释，由中国石油化工集团公司负责日常管理，由中国石化工程建设有限公司负责具体技术内容的解释。请各单位在本规范实施过程中，结合工程实践，认真总结经验，注意积累资料，随时将意见和有关资料反馈给中国石化工程建设有限公司（地址：北京市朝阳区安慧北里安园 21 号；邮政编码：100101），以供今后修订时参考。

本规范主编单位、参编单位、参加单位、主要起草人和主要审查人：

主 编 单 位：中国石化工程建设有限公司
参 编 单 位：中国市政工程华北设计研究院
中国石油集团工程设计有限责任公司西南分公司
中国人民解放军总后勤部建筑设计研究院

中国石油天然气股份有限公司规划总院

中国石化集团第四建设公司

中国石化销售有限公司

中国石油天然气股份有限公司销售分公司

陕西省燃气设计院

四川川油天然气科技发展有限公司

参 加 单 位：中海石油气电集团有限责任公司

主要起草人：韩　钧　吴洪松　章申远　许文忠
　　　　　　葛春玉　程晓春　杨新和　王铭坤

王长江	郭宗华	陈立峰	杨楚生
计鸿谨	吴文革	张建民	朱晓明
邓　渊	康　智	尹　强	郭庆功
钟道迪	高永和	崔有泉	符一平
蒋荣华	曹宏章	陈运强	何　珺

主要审查人：倪照鹏　何龙辉　周家祥　张晓鹏
　　　　　　朱　红　伍　林　赵新文　杨　庆
　　　　　　王丹晖　罗艾民　谢　伟　朱　磊
　　　　　　陈云玉　李　钢　宋玉银　周红儿
　　　　　　唐　洁　孙秀明　邱　明　杨　炯

目　次

Contents

1 总　　则

1.0.1 为了在汽车加油加气站设计和施工中贯彻国家有关方针政策，统一技术要求，做到安全适用、技术先进、经济合理，制定本规范。

1.0.2 本规范适用于新建、扩建和改建的汽车加油站、加气站和加油加气合建站工程的设计和施工。

1.0.3 汽车加油加气站的设计和施工，除应符合本规范外，尚应符合国家现行有关标准的规定。

2 术语、符号和缩略语

2.1 术　　语

2.1.1 加油加气站　filling station

加油站、加气站、加油加气合建站的统称。

2.1.2 加油站　fuel filling station

具有储油设施，使用加油机为机动车加注汽油、柴油等车用燃油并可提供其他便利性服务的场所。

2.1.3 加气站　gas filling station

具有储气设施，使用加气机为机动车加注车用LPG、CNG 或 LNG 等车用燃气并可提供其他便利性服务的场所。

2.1.4 加油加气合建站　fuel and gas combined filling station

具有储油（气）设施，既能为机动车加注车用燃油，又能加注车用燃气，也可提供其他便利性服务的场所。

2.1.5 站房　station house

用于加油加气站管理、经营和提供其他便利性服务的建筑物。

2.1.6 加油加气作业区　operational area

加油加气站内布置油（气）卸车设施、储油（储气）设施、加油机、加气机、加（卸）气柱、通气管（放散管）、可燃液体罐车卸车停车位、车载储气瓶组拖车停车位、LPG（LNG）泵、CNG（LPG）压缩机等设备的区域。该区域的边界线为设备爆炸危险区域边界线加 3m，对柴油设备为设备外缘加 3m。

2.1.7 辅助服务区　auxiliary service area

加油加气站用地红线范围内加油加气作业区以外的区域。

2.1.8 安全拉断阀　safe-break valve

在一定外力作用下自动断开，断开后的两节均具有自密封功能的装置。该装置安装在加油机或加气机、加（卸）气柱的软管上，是防止软管被拉断而发生泄漏事故的专用保护装置。

2.1.9 管道组成件　piping components

用于连接或装配管道的元件（包括管子、管件、阀门、法兰、垫片、紧固件、接头、耐压软管、过滤器、阻火器等）。

2.1.10 工艺设备　process equipments

设置在加油加气站内的油（气）卸车接口、油罐、LPG 储罐、LNG 储罐、CNG 储气瓶（井）、加油机、加气机、加（卸）气柱、通气管（放散管）、车载储气瓶组拖车、LPG 泵、LNG 泵、CNG 压缩机、LPG 压缩机等设备的统称。

2.1.11 电动汽车充电设施　EV charging facilities

为电动汽车提供充电服务的相关电气设备，如低压开关柜、直流充电机、直流充电桩、交流充电桩和电池更换装置等。

2.1.12 卸车点　unloading point

接卸汽车罐车所载油品、LPG、LNG 的固定地点。

2.1.13 埋地油罐　buried oil tank

罐顶低于周围 4m 范围内的地面，并采用直接覆土或罐池充沙方式埋设在地下的卧式油品储罐。

2.1.14 加油岛　fuel filling island

用于安装加油机的平台。

2.1.15 汽油设备　gasoline-filling equipment

为机动车加注汽油而设置的汽油罐（含其通气管）、汽油加油机等固定设备。

2.1.16 柴油设备　diesel-filling equipment

为机动车加注柴油而设置的柴油罐（含其通气管）、柴油加油机等固定设备。

2.1.17 卸油油气回收系统　vapor recovery system for gasoline unloading process

将油罐车向汽油罐卸油时产生的油气密闭回收至油罐车内的系统。

2.1.18 加油油气回收系统　vapor recovery system for filling process

将给汽车车辆加油时产生的油气密闭回收至埋地汽油罐的系统。

2.1.19 橇装式加油装置　portable fuel device

将地面防火防爆储油罐、加油机、自动灭火装置等设备整体装于一个橇体的地面加油装置。

2.1.20 自助加油站（区）　self-help fuel filling station（area）

具备相应安全防护设施，可由顾客自行完成车辆加注燃油作业的加油站（区）。

2.1.21 LPG 加气站　LPG filling station

为 LPG 汽车储气瓶充装车用 LPG 的场所。

2.1.22 埋地 LPG 罐　buried LPG tank

罐顶低于周围 4m 范围内的地面，并采用直接覆土或罐池充沙方式埋设在地下的卧式 LPG 储罐。

2.1.23 CNG 加气站　CNG filling station

CNG 常规加气站、CNG 加气母站、CNG 加气子站的统称。

2.1.24 CNG 常规加气站 CNG conventional filling station

从站外天然气管道取气，经过工艺处理并增压后，通过加气机给汽车 CNG 储气瓶充装车用 CNG 的场所。

2.1.25 CNG 加气母站 primary CNG filling station

从站外天然气管道取气，经过工艺处理并增压后，通过加气柱给 CNG 车载储气瓶组充装 CNG 的场所。

2.1.26 CNG 加气子站 secondary CNG filling station

用车载储气瓶组拖车运进 CNG，通过加气机为汽车 CNG 储气瓶充装 CNG 的场所。

2.1.27 LNG 加气站 LNG filling station

为 LNG 汽车储气瓶充装车用 LNG 的场所。

2.1.28 L-CNG 加气站 L-CNG filling station

能将 LNG 转化为 CNG，并为 CNG 汽车储气瓶充装车用 CNG 的场所。

2.1.29 加气岛 gas filling island

用于安装加气机或加气柱的平台。

2.1.30 CNG 加（卸）气设备 CNG filling (unload) facility

CNG 加气机、加气柱、卸气柱的统称。

2.1.31 加气机 gas dispenser

用于向燃气汽车储气瓶充装 LPG、CNG 或 LNG，并带有计量、计价装置的专用设备。

2.1.32 CNG 加（卸）气柱 CNG dispensing (bleeding) pole

用于向车载储气瓶组充装（卸出）CNG，并带有计量装置的专用设备。

2.1.33 CNG 储气井 CNG storage well

竖向埋设于地下且井筒与井壁之间采用水泥浆进行全填充封固，并用于储存 CNG 的管状设施，由井底装置、井筒、内置排液管、井口装置等构成。

2.1.34 CNG 储气瓶组 CNG storage bottles group

通过管道将多个 CNG 储气瓶连接成一个整体的 CNG 储气装置。

2.1.35 CNG 固定储气设施 CNG fixed storage facility

安装在固定位置的地上或地下储气瓶（组）和储气井的统称。

2.1.36 CNG 储气设施 CNG storage facility

储气瓶（组）、储气井和车载储气瓶组的统称。

2.1.37 CNG 储气设施的总容积 total volume of CNG storage facility

CNG 固定储气设施与所有处于满载或作业状态的车载 CNG 储气瓶（组）的几何容积之和。

2.1.38 埋地 LNG 储罐 buried LNG tank

罐顶低于周围 4m 范围内的地面，并采用直接覆土或罐池充沙方式埋设在地下的卧式 LNG 储罐。

2.1.39 地下 LNG 储罐 underground LNG tank

罐顶低于周围 4m 范围内地面标高 0.2m，并设置在罐池中的 LNG 储罐。

2.1.40 半地下 LNG 储罐 semi-underground LNG tank

罐体一半以上安装在周围 4m 范围内地面以下，并设置在罐池中的 LNG 储罐。

2.1.41 防护堤 safety dike

用于拦蓄 LPG、LNG 储罐事故时溢出的易燃和可燃液体的构筑物。

2.2 符 号

A——浸入油品中的金属物表面积之和；

V——油罐、LPG 储罐、LNG 储罐和 CNG 储气设施总容积；

Vt——油品储罐单罐容积。

2.3 缩 略 语

LPG——liquefied petroleum gas（液化石油气）；

CNG——compressed natural gas（压缩天然气）；

LNG——liquefied natural gas（液化天然气）；

L-CNG——由 LNG 转化为 CNG。

3 基 本 规 定

3.0.1 向加油加气站供油供气，可采取罐车运输、车载储气瓶组拖车运输或管道输送的方式。

3.0.2 加油站可与除 CNG 加气母站外的其他各类加气站联合建站，各类天然气加气站可联合建站。加油加气站可与电动汽车充电设施联合建站。

3.0.3 橇装式加油装置可用于政府有关部门许可的企业自用、临时或特定场所。采用橇装式加油装置的加油站，其设计与安装应符合现行行业标准《采用橇装式加油装置的加油站技术规范》SH/T 3134 和本规范第 6.4 节的有关规定。

3.0.4 加油站内乙醇汽油设施的设计，除应符合本规范的规定外，尚应符合现行国家标准《车用乙醇汽油储运设计规范》GB/T 50610 的有关规定。

3.0.5 电动汽车充电设施的设计，除应符合本规范的规定外，尚应符合国家现行有关标准的规定。

3.0.6 CNG 加气站与城镇天然气储配站的合建站，以及 CNG 加气站与城镇天然气接收门站的合建站，其设计与施工除应符合本规范的规定外，尚应符合现行国家标准《城镇燃气设计规范》GB 50028 的有关规定。

3.0.7 CNG 加气站与天然气输气管道场站合建站的设计与施工，除应符合本规范的规定外，尚应符合现行国家标准《石油天然气工程设计防火规范》GB 50183 等的有关规定。

3.0.8 加油加气站可经营国家行政许可的非油品业

务，站内可设置柴油尾气处理液加注设施。

3.0.9 加油站的等级划分，应符合表3.0.9的规定。

表3.0.9 加油站的等级划分

级别	油罐容积（m³）	
	总容积	单罐容积
一级	150<V≤210	V≤50
二级	90<V≤150	V≤50
三级	V≤90	汽油罐V≤30，柴油罐V≤50

注：柴油罐容积可折半计入油罐总容积。

3.0.10 LPG加气站的等级划分应符合表3.0.10的规定。

表3.0.10 LPG加气站的等级划分

级别	LPG罐容积（m³）	
	总容积	单罐容积
一级	45<V≤60	V≤30
二级	30<V≤45	V≤30
三级	V≤30	V≤30

3.0.11 CNG加气站储气设施的总容积，应根据设计加气汽车数量、每辆汽车加气时间、母站服务的子站的个数、规模和服务半径等因素综合确定。在城市建成区内，CNG加气站储气设施的总容积应符合下列规定：

1 CNG加气母站储气设施的总容积不应超过120m³。

2 CNG常规加气站储气设施的总容积不应超过30m³。

3 CNG加气子站内设置有固定储气设施时，固定储气设施的总容积不应超过18m³，站内停放的车载储气瓶组拖车不应多于1辆。

4 CNG加气子站内无固定储气设施时，站内停放的车载储气瓶组拖车不应多于2辆。

5 CNG常规加气站可采用LNG储罐做补充气源，但LNG储罐容积、CNG储气设施的总容积和加气站的等级划分，应符合本规范第3.0.12条的规定。

3.0.12 LNG加气站、L-CNG加气站、LNG和L-CNG加气合建站的等级划分，应符合表3.0.12的规定。

表3.0.12 LNG加气站、L-CNG加气站、
LNG和L-CNG加气合建站的
等级划分

级别	LNG加气站		L-CNG加气站、LNG和L-CNG加气合建站		
	LNG储罐总容积（m³）	LNG储罐单罐容积（m³）	LNG储罐总容积（m³）	LNG储罐单罐容积（m³）	CNG储气设施总容积（m³）
一级	120<V≤180	≤60	120<V≤180	≤60	V≤12

续表3.0.12

级别	LNG加气站		L-CNG加气站、LNG和L-CNG加气合建站		
	LNG储罐总容积（m³）	LNG储罐单罐容积（m³）	LNG储罐总容积（m³）	LNG储罐单罐容积（m³）	CNG储气设施总容积（m³）
一级*	—	—	60<V≤120	≤60	V≤24
二级	60<V≤120	≤60	60<V≤120	≤60	V≤9
二级*			V≤60	≤60	V≤18
三级	V≤60	≤60	V≤60	≤60	V≤9
三级*			V≤30	≤30	V≤18

注：带"*"的加气站专指CNG常规加气站以LNG储罐做补充气源的建站形式。

3.0.13 加油与LPG加气合建站的等级划分，应符合表3.0.13的规定。

表3.0.13 加油与LPG加气合建站的等级划分

合建站等级	LPG储罐总容积（m³）	LPG储罐总容积与油品储罐总容积合计（m³）
一级	V≤45	120<V≤180
二级	V≤30	60<V≤120
三级	V≤20	V≤60

注：1 柴油罐容积可折半计入油罐总容积。

2 当油罐总容积大于90m³时，油罐单罐容积不应大于50m³；当油罐总容积小于或等于90m³时，汽油罐单罐容积不应大于30m³，柴油罐单罐容积不应大于50m³。

3 LPG储罐单罐容积不应大于30m³。

3.0.14 加油与CNG加气合建站的等级划分，应符合表3.0.14的规定。

表3.0.14 加油与CNG加气合建站的等级划分

级别	油品储罐总容积（m³）	常规CNG加气站储气设施总容积（m³）	加气子站储气设施（m³）
一级	90<V≤120	V≤24	固定储气设施总容积≤12可停放1辆车载储气瓶组拖车
二级	V≤90		
三级	V≤60	V≤12	可停放1辆车载储气瓶组拖车

注：1 柴油罐容积可折半计入油罐总容积。

2 当油罐总容积大于90m³时，油罐单罐容积不应大于50m³；当油罐总容积小于或等于90m³时，汽油罐单罐容积不应大于30m³，柴油罐单罐容积不应大于50m³。

3.0.15 加油与 LNG 加气、L-CNG 加气、LNG/L-CNG 加气联合建站的等级划分，应符合表 3.0.15 的规定。

表 3.0.15 加油与 LNG 加气、L-CNG 加气、LNG/L-CNG 加气合建站的等级划分

合建站等级	LNG 储罐总容积（m³）	LNG 储罐总容积与油品储罐总容积合计（m³）	CNG 储气设施总容积（m³）
一级	$V \leqslant 120$	$150 < V \leqslant 210$	$V \leqslant 12$
二级	$V \leqslant 60$	$90 < V \leqslant 150$	$V \leqslant 9$
三级	$V \leqslant 60$	$V \leqslant 90$	$V \leqslant 8$

注：1 柴油罐容积可折半计入油罐总容积。
　　2 当油罐总容积大于 90 m³ 时，油罐单罐容积不应大于 50 m³；当油罐总容积小于或等于 90m³ 时，汽油罐单罐容积不应大于 30m³，柴油罐单罐容积不应大于 50m³。
　　3 LNG 储罐的单罐容积不应大于 60m³。

4 站 址 选 择

4.0.1 加油加气站的站址选择，应符合城乡规划、环境保护和防火安全的要求，并应选在交通便利的地方。

4.0.2 在城市建成区不宜建一级加油站、一级加气站、一级加油加气合建站、CNG 加气母站。在城市中心区不应建一级加油站、一级加气站、一级加油加气合建站、CNG 加气母站。

4.0.3 城市建成区内的加油加气站，宜靠近城市道路，但不宜选在城市干道的交叉路口附近。

4.0.4 加油站、加油加气合建站的汽油设备与站外建（构）筑物的安全间距，不应小于表 4.0.4 的规定。

表 4.0.4 汽油设备与站外建（构）筑物的安全间距（m）

站外建（构）筑物		站内汽油设备									加油机、通气管管口	
		埋地油罐										
		一级站			二级站			三级站				
		无油气回收系统	有卸油油气回收系统	有卸油和加油油气回收系统	无油气回收系统	有卸油油气回收系统	有卸油和加油油气回收系统	无油气回收系统	有卸油油气回收系统	有卸油和加油油气回收系统	无油气回收系统	有卸油油气回收系统	有卸油和加油油气回收系统
重要公共建筑物		50	40	35	50	40	35	50	40	35	50	40	35
明火地点或散发火花地点		30	24	21	25	20	17.5	18	14.5	12.5	18	14.5	12.5
民用建筑物保护类别	一类保护物	25	20	17.5	20	16	14	13	11	16	13	11
	二类保护物	20	16	14	16	13	11	12	9.5	8.5	12	9.5	8.5
	三类保护物	16	13	11	12	9.5	8.5	10	8	7	10	8	7
甲、乙类物品生产厂房、库房和甲、乙类液体储罐		25	20	17.5	22	17.5	15.5	18	14.5	12.5	18	14.5	12.5
丙、丁、戊类物品生产厂房、库房和丙类液体储罐以及容积不大于 50m³ 的埋地甲、乙类液体储罐		18	14.5	12.5	16	13	11	15	12	10.5	15	12	10.5
室外变配电站		25	20	17.5	22	18	15.5	18	14.5	12.5	18	14.5	12.5
铁路		22	17.5	15.5	22	17.5	15.5	22	17.5	15.5	22	17.5	15.5
城市道路	快速路、主干路	10	8	7	8	6.5	5.5	8	6.5	5.5	6	5	5
	次干路、支路	8	6.5	5.5	6	5	5	6	5	5	5	5	5

续表 4.0.4

站外建（构）筑物		站内汽油设备									加油机、通气管管口		
		埋地油罐											
		一级站			二级站			三级站					
		无油气回收系统	有卸油油气回收系统	有卸油和加油油气回收系统	无油气回收系统	有卸油油气回收系统	有卸油和加油油气回收系统	无油气回收系统	有卸油油气回收系统	有卸油和加油油气回收系统	无油气回收系统	有卸油油气回收系统	有卸油和加油油气回收系统
架空通信线和通信发射塔		1倍杆（塔）高，且不小于5m			5			5			5		
架空电力线路	无绝缘层	1.5倍杆（塔）高，且不应小于6.5m			1倍杆（塔）高，且不应小于6.5m			6.5			6.5		
	有绝缘层	1倍杆（塔）高，且不应小于5m			0.75倍杆（塔）高，且不应小于5m			5			5		

注：1 室外变、配电站指电力系统电压为 35kV～500kV，且每台变压器容量在 10MV·A 以上的室外变、配电站，以及工业企业的变压器总油量大于 5t 的室外降压变电站。其他规格的室外变、配电站或变压器应按丙类物品生产厂房确定。

    2 表中道路系指机动车道路。油罐、加油机和油罐通气管管口与郊区公路的安全间距应按城市道路确定，高速公路、一级和二级公路应按城市快速路、主干路确定；三级和四级公路应按城市次干路、支路确定。

    3 与重要公共建筑物的主要出入口（包括铁路、地铁和二级及以上公路的隧道出入口）尚不应小于 50m。

    4 一、二级耐火等级民用建筑物面向加油站一侧的墙为无门窗洞口的实体墙时，油罐、加油机和通气管管口与该民用建筑物的距离，不应低于本表规定的安全间距的 70%，并不得小于 6m。

4.0.5 加油站、加油加气合建站的柴油设备与站外建（构）筑物的安全间距，不应小于表 4.0.5 的规定。

表 4.0.5 柴油设备与站外建（构）筑物的安全间距（m）

站外建（构）筑物		站内柴油设备			
		埋地油罐			加油机、通气管管口
		一级站	二级站	三级站	
重要公共建筑物		25	25	25	25
明火地点或散发火花地点		12.5	12.5	10	10
民用建筑物保护类别	一类保护物	6	6	6	6
	二类保护物	6	6	6	6
	三类保护物	6	6	6	6
甲、乙类物品生产厂房、库房和甲、乙类液体储罐		12.5	11	9	9
丙、丁、戊类物品生产厂房、库房和丙类液体储罐，以及容积不大于50m³的埋地甲、乙类液体储罐		9	9	9	9
室外变配电站		15	15	15	15
铁路		15	15	15	15
城市道路	快速路、主干路	3	3	3	3
	次干路、支路	3	3	3	3

续表 4.0.5

站外建（构）筑物		站内柴油设备			
		埋地油罐			加油机、通气管管口
		一级站	二级站	三级站	
架空通信线和通信发射塔		0.75倍杆（塔）高，且不应小于5m	5	5	5
架空电力线路	无绝缘层	0.75倍杆（塔）高，且不应小于6.5m	0.75倍杆（塔）高，且不应小于6.5m	6.5	6.5
	有绝缘层	0.5倍杆（塔）高，且不应小于5m	0.5倍杆（塔）高，且不应小于5m	5	5

注：1 室外变、配电站指电力系统电压为 35kV～500kV，且每台变压器容量在 10MV·A 以上的室外变、配电站，以及工业企业的变压器总油量大于 5t 的室外降压变电站。其他规格的室外变、配电站或变压器应按丙类物品生产厂房确定。

    2 表中道路指机动车道路。油罐、加油机和油罐通气管管口与郊区公路的安全间距应按城市道路确定，高速公路、一级和二级公路应按城市快速路、主干路确定；三级和四级公路应按城市次干路、支路确定。

4.0.6 LPG 加气站、加油加气合建站的 LPG 储罐与站外建(构)筑物的安全间距，不应小于表 4.0.6 的规定。

表 4.0.6 LPG 储罐与站外建(构)筑物的安全间距(m)

站外建(构)筑物		地上 LPG 储罐			埋地 LPG 储罐		
		一级站	二级站	三级站	一级站	二级站	三级站
重要公共建筑物		100	100	100	100	100	100
明火地点或散发火花地点		45	38	33	30	25	18
民用建筑物保护类别	一类保护物	35	28	22	20	16	14
	三类保护物	25	22	18	15	13	11
甲、乙类物品生产厂房、库房和甲、乙类液体储罐		45	45	40	25	22	18
丙、丁、戊类物品生产厂房、库房和丙类液体储罐，以及容积不大于 50m³ 的埋地甲、乙类液体储罐		32	32	28	18	16	15
室外变配电站		45	45	40	25	22	18
铁路		45	45	45	22	22	22
城市道路	快速路、主干路	15	13	11	10	8	8
	次干路、支路	12	11	10	8	6	6
架空通信线和通信发射塔		1.5 倍杆(塔)高	1 倍杆(塔)高		0.75 倍杆(塔)高		
架空电力线路	无绝缘层	1.5 倍杆(塔)高	1.5 倍杆(塔)高		1 倍杆(塔)高		
	有绝缘层	1.5 倍杆(塔)高	1 倍杆(塔)高		0.75 倍杆(塔)高		

注：1 室外变、配电站指电力系统电压为 35kV～500kV，且每台变压器容量在 10MV·A 以上的室外变、配电站，以及工业企业的变压器总油量大于 5t 的室外降压变电站。其他规格的室外变、配电站或变压器应按丙类物品生产厂房确定。

2 表中道路指机动车道路。油罐、加油机和油罐通气管管口与郊区公路的安全间距应按城市道路确定，高速公路、一级和二级公路应按城市快速路、主干路确定；三级和四级公路应按城市次干路、支路确定。

3 液化石油气罐与站外一、二、三类保护物地下室的出入口、门窗的距离，应按本表一、二、三类保护物的安全间距增加 50%。

4 一、二级耐火等级民用建筑物面向加气站一侧的墙为无门窗洞口实体墙时，LPG 储罐与该民用建筑物的距离不应低于本表规定的安全间距的 70%。

5 容量小于或等于 10m³ 的地上 LPG 储罐整体装配式的加气站，其罐与站外建(构)筑物的距离，不应低于本表三级站的地上罐安全间距的 80%。

6 LPG 储罐与站外建筑面积不超过 200m² 的独立民用建筑物的距离，不应低于本表三类保护物安全间距的 80%，并不应小于三级站的安全间距。

4.0.7 LPG 加气站、加油加气合建站的 LPG 卸车点、加气机、放散管管口与站外建(构)筑物的安全间距，不应小于表 4.0.7 的规定。

表 4.0.7 LPG 卸车点、加气机、放散管管口与站外建(构)筑物的安全间距(m)

站外建(构)筑物		站内 LPG 设备		
		LPG 卸车点	放散管管口	加气机
重要公共建筑物		100	100	100
明火地点或散发火花地点		25	18	18
民用建筑物保护类别	一类保护物			
	二类保护物	16	14	14
	三类保护物	13	11	11
甲、乙类物品生产厂房、库房和甲、乙类液体储罐		22	20	20
丙、丁、戊类物品生产厂房、库房和丙类液体储罐以及容积不大于 50m³ 的埋地甲、乙类液体储罐		16	14	14
室外变配电站		22	20	20
铁路		22	22	22
城市道路	快速路、主干路	8	8	6
	次干路、支路	6	6	5
架空通信线和通信发射塔		0.75 倍杆(塔)高		
架空电力线路	无绝缘层	1 倍杆(塔)高		
	有绝缘层	0.75 倍杆(塔)高		

注：1 室外变、配电站指电力系统电压为 35kV～500kV，且每台变压器容量在 10MV·A 以上的室外变、配电站，以及工业企业的变压器总油量大于 5t 的室外降压变电站。其他规格的室外变、配电站或变压器应按丙类物品生产厂房确定。

2 表中道路指机动车道路。油罐、加油机和油罐通气管管口与郊区公路的安全间距应按城市道路确定，高速公路、一级和二级公路应按城市快速路、主干路确定；三级和四级公路应按城市次干路、支路确定。

3 LPG 卸车点、加气机、放散管管口与站外一、二、三类保护物地下室的出入口、门窗的距离，应按本表一、二、三类保护物的安全间距增加 50%。

4 一、二级耐火等级民用建筑物面向加气站一侧的墙为无门窗洞口实体墙时，站内 LPG 设备与该民用建筑物的距离不应低于本表规定的安全间距的 70%。

5 LPG 卸车点、加气机、放散管管口与站外建筑面积不超过 200m² 独立的民用建筑物的距离，不应低于本表的三类保护物的安全间距的 80%，并不应小于 11m。

4.0.8 CNG加气站和加油加气合建站的压缩天然气工艺设备与站外建（构）筑物的安全间距，不应小于表4.0.8的规定。CNG加气站的橇装设备与站外建（构）筑物的安全间距，应符合表4.0.8的规定。

4.0.9 加气站、加油加气合建站的LNG储罐、放散管管口、LNG卸车点与站外建（构）筑物的安全间距，不应小于表4.0.9的规定。LNG加气站的橇装设备与站外建（构）筑物的安全间距，应符合本规范表4.0.9的规定。

表4.0.8 CNG工艺设备与站外建（构）筑物的安全间距（m）

站外建（构）筑物		站内CNG工艺设备		
		储气瓶	集中放散管管口	储气井、加（卸）气设备、脱硫脱水设备、压缩机（间）
重要公共建筑物		50	30	30
明火地点或散发火花地点		30	25	20
民用建筑物保护类别	一类保护物	20	20	14
	二类保护物	20	20	14
	三类保护物	18	15	12
甲、乙类物品生产厂房、库房和甲、乙类液体储罐		25	25	18
丙、丁、戊类物品生产厂房、库房和丙类液体储罐以及容积不大于50m³的埋地甲、乙类液体储罐		18	18	13
室外变配电站		25	25	18
铁路		30	30	22
城市道路	快速路、主干路	12	10	6
	次干路、支路	10	8	5
架空通信线和通信发射塔		1倍杆（塔）高	1倍杆（塔）高	1倍杆（塔）高
架空电力线路	无绝缘层	1.5倍杆（塔）高	1.5倍杆（塔）高	1倍杆（塔）高
	有绝缘层	1倍杆（塔）高	1倍杆（塔）高	

注：1 室外变、配电站指电力系统电压为35kV～500kV，且每台变压器容量在10MV·A以上的室外变、配电站，以及工业企业的变压器总油量大于5t的室外降压变电站。其他规格的室外变、配电站或变压器应按丙类物品厂房确定。

2 表中道路指机动车道路。油罐、加油机和油罐通气管管口与郊区公路的安全间距应按城市道路确定，高速公路、一级和二级公路应按城市快速路、主干路确定；三级和四级公路应按城市次干路、支路确定。

3 与重要公共建筑物的主要出入口（包括铁路、地铁和二级及以上公路的隧道出入口）尚不应小于50m。

4 储气瓶拖车固定停车位与站外建（构）筑物的防火间距，应按本表储气瓶的安全间距确定。

5 一、二级耐火等级民用建筑物面向加气站一侧的墙为无门窗洞口实体墙时，站内CNG工艺设备与该民用建筑物的距离，不应低于本表规定的安全间距的70%。

表4.0.9 LNG设备与站外建（构）筑物的安全间距（m）

站外建（构）筑物		站内LNG设备				
		地上LNG储罐			放散管管口、加气机	LNG卸车点
		一级站	二级站	三级站		
重要公共建筑物		80	80	80	50	50
明火地点或散发火花地点		35	30	25	25	25
民用建筑保护物类别	一类保护物	35	30	25	25	25
	二类保护物	25	20	16	16	16
	三类保护物	18	16	14	14	14
甲、乙类生产厂房、库房和甲、乙类液体储罐		35	30	25	25	25
丙、丁、戊类物品生产厂房、库房和丙类液体储罐，以及容积不大于50m³的埋地甲、乙类液体储罐		25	22	20	20	20
室外变配电站		40	35	30	30	30
铁路		80	60	50	50	50
城市道路	快速路、主干路	12	10	8	8	8
	次干路、支路	10	8	8	6	6
架空通信线和通信发射塔		1倍杆（塔）高	0.75倍杆（塔）高	0.75倍杆（塔）高		

站外建（构）筑物		站内 LNG 设备				
		地上 LNG 储罐			放散管管口、加气机	LNG 卸车点
		一级站	二级站	三级站		
架空电力线	无绝缘层	1.5 倍杆（塔）高	1.5 傍杆（塔）高		1 倍杆（塔）高	
	有绝缘层		1 倍杆（塔）高		0.75 倍杆（塔）高	

注：1 室外变、配电站指电力系统电压为 35kV～500kV，且每台变压器容量在 10MV·A 以上的室外变、配电站，以及工业企业的变压器总油量大于 5t 的室外降压变电站。其他规格的室外变、配电站或变压器应按丙类物品生产厂房确定。

2 表中道路指机动车道路。油罐、加油机和油罐通气管管口与郊区公路的安全间距应按城市道路确定，高速公路、一级和二级公路应按城市快速路、主干路确定；三级和四级公路应按城市次干路、支路确定。

3 埋地 LNG 储罐、地下 LNG 储罐和半地下 LNG 储罐与站外建（构）筑物的距离，分别不应低于本表地上 LNG 储罐的安全间距的 50%、70% 和 80%，且最小不应小于 6m。

4 一、二级耐火等级民用建筑物面向加气站一侧的墙为无门窗洞口实体墙时，站内 LNG 设备与该民用建筑物的距离，不应低于本表规定的安全间距的 70%。

5 LNG 储罐、放散管管口、加气机、LNG 卸车点与站外建筑面积不超过 200m² 的独立民用建筑物的距离，不应低于本表的三类保护物的安全间距的 80%。

4.0.10 本规范表 4.0.4～表 4.0.9 中，设备或建（构）筑物的计算间距起止点应符合本规范附录 A 的规定。

4.0.11 本规范表 4.0.4～表 4.0.9 中，重要公共建筑物及民用建筑物保护类别划分应符合本规范附录 B 的规定。

4.0.12 本规范表 4.0.4～表 4.0.9 中，"明火地点"和"散发火花地点"的定义和"甲、乙、丙、丁、戊类物品"及"甲、乙、丙类液体"划分应符合现行国家标准《建筑设计防火规范》GB 50016 的有关规定。

4.0.13 架空电力线路不应跨越加油加气站的加油加气作业区。架空通信线路不应跨越加气站的加气作业区。

5 站内平面布置

5.0.1 车辆入口和出口应分开设置。

5.0.2 站区内停车位和道路应符合下列规定：

1 站内车道或停车位宽度应按车辆类型确定。CNG 加气母站内单车道或单车停车位宽度，不应小于 4.5m，双车道或双车停车位宽度不应小于 9m；其他类型加油加气站的车道或停车位，单车道或单车停车位宽度不应小于 4m，双车道或双车停车位不应小于 6m。

2 站内的道路转弯半径应按行驶车型确定，且不宜小于 9m。

3 站内停车位应为平坡，道路坡度不应大于 8%，且宜坡向站外。

4 加油加气作业区内的停车位和道路路面不应采用沥青路面。

5.0.3 加油加气作业区与辅助服务区之间应有界线标识。

5.0.4 在加油加气合建站内，宜将柴油罐布置在 LPG 储罐或 CNG 储气瓶（组）、LNG 储罐与汽油罐之间。

5.0.5 加油加气作业区内，不得有"明火地点"或"散发火花地点"。

5.0.6 柴油尾气处理液加注设施的布置，应符合下列规定：

1 不符合防爆要求的设备，应布置在爆炸危险区域之外，且与爆炸危险区域边界线的距离不应小于 3m。

2 符合防爆要求的设备，在进行平面布置时可按加油机对待。

5.0.7 电动汽车充电设施应布置在辅助服务区内。

5.0.8 加油加气站的变配电间或室外变压器应布置在爆炸危险区域之外，且与爆炸危险区域边界线的距离不应小于 3m。变配电间的起算点应为门窗等洞口。

5.0.9 站房可布置在加油加气作业区内，但应符合本规范第 12.2.10 条的规定。

5.0.10 加油加气站内设置的经营性餐饮、汽车服务等非站房所属建筑物或设施，不应布置在加油加气作业区内，其与站内可燃液体或可燃气体设备的防火间距，应符合本规范第 4.0.4 条至第 4.0.9 条有关三类保护物的规定。经营性餐饮、汽车服务等设施内设置明火设备时，则应视为"明火地点"或"散发火花地点"。其中，对加油站内设置的燃煤设备不得按设置有油气回收系统折减距离。

5.0.11 加油加气站内的爆炸危险区域，不应超出站区围墙和可用地界线。

5.0.12 加油加气站的工艺设备与站外建（构）筑物之间，宜设置高度不低于 2.2m 的不燃烧体实体围墙。当加油加气站的工艺设备与站外建（构）筑物之间的距离大于表 4.0.4～表 4.0.9 中安全间距的 1.5 倍，且大于 25m 时，可设置非实体围墙。面向车辆入口和出口道路的一侧可设非实体围墙或不设围墙。

5.0.13 加油加气站内设施之间的防火距离，不应小于表 5.0.13-1 和表 5.0.13-2 的规定。

表 5.0.13-1　站内设施的防火间距 (m)

设施名称	汽油罐	柴油罐	汽油通气管管口	柴油通气管管口	LPG储罐 地上罐 一级站	LPG储罐 地上罐 二级站	LPG储罐 地上罐 三级站	LPG储罐 埋地罐 一级站	LPG储罐 埋地罐 二级站	LPG储罐 埋地罐 三级站	CNG储气设施	CNG集中放散管口	油品卸车点	LPG卸车点	LPG泵(房)、压缩机(间)	天然气压缩机(间)	天然气调压器(间)	天然气脱硫和脱水设备	加油机	LPG加气机	CNG加气机、加气和卸气柱	站房	消防泵房和消防水池取水口	自用燃煤锅炉房和燃煤厨房	自用有燃气(油)设备的房间	站区围墙
汽油罐	0.5	0.5	—	—	×	×	×	6	4	3	6	6	—	5	5	6	6	5	—	4	4	4	10	18.5	8	3
柴油罐	0.5	0.5	—	—	×	×	×	4	3	3	4	4	—	3.5	3.5	4	4	3.5	—	3	3	3	7	13	6	2
汽油通气管管口	—	—	—	—	×	×	×	8	6	6	8	—	3	8	6	6	6	5	—	8	8	4	10	18.5	8	3
柴油通气管管口	—	—	—	—	×	×	×	6	4	4	6	—	2	6	4	4	4	3.5	—	6	6	3.5	7	13	6	2
LPG储罐 地上罐 一级站	×	×	×	×	D	D	D	×	×	×	×	×	12	12/10	12/10	×	×	×	12/10	12/10	×	12/10	40/30	45	18/14	6
LPG储罐 地上罐 二级站	×	×	×	×	D	D	D	×	×	×	×	×	10	10/8	10/8	×	×	×	10/8	10/8	×	10/8	30/20	38	16/12	5
LPG储罐 地上罐 三级站	×	×	×	×	D	D	D	×	×	×	×	×	8	8/6	8/6	×	×	×	8/6	8/6	×	8	30/20	33	16/12	5
LPG储罐 埋地罐 一级站	6	4	8	6	×	×	×	2	2	2	×	×	5	5	6	×	×	×	8	8	×	8	20	30	10	4
LPG储罐 埋地罐 二级站	4	3	6	4	×	×	×	2	2	2	×	×	3	3	5	×	×	×	6	6	×	6	15	25	8	3
LPG储罐 埋地罐 三级站	3	3	6	4	×	×	×	2	2	2	×	×	3	3	4	×	×	×	4	4	×	6	12	18	8	3
CNG储气设施	6	4	8	6	×	×	×	×	×	×	1.5 (1)	—	6	×	×	—	—	6	6	×	—	5	20	25	14	3
CNG集中放散管口	6	4	—	—	×	×	×	×	×	×	—	—	6	×	×	×	×	×	6	×	—	5	15	15	14	3
油品卸车点	—	—	3	2	12	10	8	5	3	3	6	6	—	4	4	6	6	×	—	5	4	5	10	15	8	—
LPG卸车点	5	3.5	8	6	12/10	10/8	8/6	5	3	3	×	×	4	—	5	×	×	×	6	5	×	6	8	25	12	3
LPG泵(房)、压缩机(间)	5	3.5	6	4	12/10	10/8	8/6	6	5	4	×	×	4	5	—	×	×	×	—	4	×	5	8	25	12	3
天然气压缩机(间)	6	4	6	4	×	×	×	×	×	×	—	×	6	×	×	—	×	×	—	6	×	5	8	25	12	2
天然气调压器(间)	6	4	6	4	×	×	×	×	×	×	—	×	6	×	×	×	—	×	—	6	×	5	8	25	12	2
天然气脱硫和脱水设备	5	3.5	5	3.5	×	×	×	×	×	×	6	×	5	×	×	×	×	—	5	5	4	5	15	25	12	2
加油机	—	—	—	—	12/10	10/8	8/6	8	6	4	6	6	—	6	—	—	—	5	—	4	4	5	6	15 (10)	8 (6)	—

1—4—15

续表 5.0.13-1

设施名称	汽油罐	柴油罐	汽油通气管管口	柴油通气管管口	LPG储罐 地上罐 一级站	地上罐 二级站	地上罐 三级站	埋地罐 一级站	埋地罐 二级站	埋地罐 三级站	CNG储气设施	CNG集中放散管管口	油品卸车点	LPG卸车点	LPG泵(房)、压缩机(间)	天然气压缩机(间)	天然气调压器(间)	天然气脱硫和脱水设备	加油机	LPG加气机	CNG加气机、加气和卸气柱	站房	消防泵房和消防水池取水口	自用燃煤锅炉房和燃煤厨房	自用有燃气（油）设备的房间	站区围墙
LPG加气机	4	3	8	6	12/10	10/8	8/6	8	6	4	×	×	4	5	4	4	6	5	4	—	×	5.5	6	18	12	—
CNG加气机、加气柱和卸气柱	4	3	8	6	×	×	×	×	×	×	—	—	4	×	×	—	—	5	4	×	—	5	6	18	12	—
站房	4	3	4	3.5	12/10	10/8	10/8	6	6	6	5	5	5	6	6	5	5	5	5	5.5	5	—	—	12	—	—
消防泵房和消防水池取水口	10	7	10	7	40/30	30/20	20	20	15	12	14	15	10	25	8	8	8	15	6	6	6	—	—	12	—	—
自用燃煤锅炉房和燃煤厨房	18.5	13	18.5	13	45	38	33	25	25	18	25	15	15	25	25	25	25	25	15(10)	18	18	12	12	—	12	—
自用有燃气（油）设备的房间	8	6	8	6	18/14	16/12	16/12	10	8	8	14	14	8	12	12	12	12	12	8(6)	12	12	—	—	12	—	—
站区围墙	3	2	3	2	6	5	5	4	3	3	3	3	—	3	2	2	2	2	—	—	—	—	—	—	—	—

注：1 表中数据分子为LPG储罐无固定喷淋装置的距离，分母为LPG储罐设有固定喷淋装置的距离。D为LPG地上罐相邻较大罐的直径。

2 括号内数值为有燃气或燃煤锅炉井与储气井、柴油加油机与油品卸油装置之间的防火间距，柴油罐增加30%。

3 撬装式加油装置的油品与站内设施之间的防火间距应按本表汽油罐、柴油罐增加30%。

4 当卸油采用油气回收系统时，汽油通气管管口与站区围墙管口的距离增加2m。

5 LPG储罐放散管口与LPG储罐距离不限，汽油通气管放散管口与储气设施的防火间距可按相应级别的LPG埋地储罐确定。

6 LPG泵和压缩机、天然气压缩机、调压器和天然气脱硫和脱水设备露天布置或布置在露天设置的建筑物内时，起算点应为设备外缘；LPG泵和压缩机、天然气调压器设置在非封闭的室内时，与该内其他设施的防火间距应为设备所在建筑物的门窗等洞口。

7 容量小于或等于10m³的地上LPG储罐与站内其他设施的防火间距，不应低于本表三级站的地上储罐防火间距。

8 CNG加气站的撬装式燃气设备与站内其他设施的整体装置式加气站，应按本表相应设施的防火间距确定。

9 站房、有燃气或燃煤的房间等明火地点的起算点为房间有门窗洞口，变配电间时，起算点为门窗等洞口。站房与站内设备有变配电间时，变配电间设置应符合本规范第5.0.8条的规定。

10 表中"—"表示无防火间距要求，"×"表示该设施不应设置类合建。

表 5.0.13-2　站内设施的防火间距 (m)

设备名称	站区围墙	有燃气(油)设备的房间	消防泵房和消防水池取水口	站房	LNG高压气化器	LNG柱塞泵	LNG潜液泵池	LNG加气机	CNG加气机	加油机	天然气脱硫、脱水装置	天然气调压器(间)	天然气压缩机(间)	LNG卸车点	油品卸车点	天然气放散管口 LNG系统	天然气放散管口 CNG系统	CNG储气设施	LNG储罐 三级站	LNG储罐 二级站	LNG储罐 一级站	油罐通气管管口	汽油罐、柴油罐
汽油罐、柴油罐	*	*	*	*	5	6	6	4	*	*	*	*	*	6	*	6	*	*	10	12	15	*	
油罐通气管管口	*	*	*	*	5	8	8	8	8	8	*	*	*	8	8	6	6	8	8	10	12		*
LNG储罐 一级站	6	15	20	10	6	2	—	8	8	8	6	6	6	5	12	6	*	6	—	—		12	15
LNG储罐 二级站	5	12	15	8	4	2	—	4	6	8	4	4	4	3	10	4	*	4	—		—	10	12
LNG储罐 三级站	4	12	15	6	3	2	—	2	4	6	4	4	4	2	8	3	*	4		—	—	8	10
CNG储气设施	*	*	*	*	3	6	6	6	6	*	*	*	*	6	6	3	3		4	4	6	8	*
天然气放散管口 CNG系统	*	*	*	*	—	4	4	6	*	*	4	3	*	4	*	—		3	*	*	*	6	*
天然气放散管口 LNG系统	3	12	12	8	—	—	—	—	*	6	*	*	3	3	6		—	3	3	4	6	6	6
油品卸车点	*	*	*	*	5	6	6	6	*	6	6	6	*	6		6	*	6	8	10	12	8	*
LNG卸车点	2	12	15	6	4	6	6	—	6	6	3	3	3		6	3	4	6	2	3	5	8	6
天然气压缩机(间)	*	*	*	*	6	6	6	6	*	*	*	*		3	*	3	*	*	4	4	6	*	*
天然气调压器(间)	*	*	*	*	6	6	6	6	*	*	*		*	3	6	*	3	*	4	4	6	*	*
天然气脱硫、脱水装置	*	*	*	*	6	6	6	6	*	*		*	*	3	6	*	4	*	4	4	6	*	*
加油机	*	*	*	*	6	6	6	6	*		*	*	*	6	6	6	*	*	6	8	8	8	*
CNG加气机	*	*	*	*	5	6	6	2		*	*	*	*	6	*	*	*	6	4	6	8	8	*
LNG加气机	*	8	15	6	5	6	6		2	6	6	6	6	—	6	—	6	6	2	4	8	8	4
LNG潜液泵池	2	8	15	6	5	2		6	6	6	6	6	6	6	6	—	4	6	—	—	—	8	6
LNG柱塞泵	2	8	15	6	2		2	6	6	6	6	6	6	6	6	—	4	6	2	2	2	8	6
LNG高压气化器	2	8	15	8		2	5	5	5	6	6	6	6	4	5	—	—	3	3	4	6	5	5
站房	2	8	15		8	6	6	6	*	*	*	*	*	6	*	8	*	*	6	8	10	*	*
消防泵房和消防水池取水口	*	*		15	15	15	15	15	*	*	*	*	*	15	*	12	*	*	15	15	20	*	*
有燃气(油)设备的房间	*		*	8	8	8	8	8	*	*	*	*	*	12	*	12	*	*	12	12	15	*	*
站区围墙		*	*	2	2	2	2	*	*	*	*	*	*	2	*	3	*	*	4	5	6	*	*

注：1　"站房"、"有燃气(油)设备的房间"等明火设备的房间的起算点应为门窗等洞口。

2　表中 "—" 表示无防火间距要求，"*" 表示应符合表 5.0.13-1 的规定。

5.0.14 本规范表 5.0.13-1 和表 5.0.13-2 中，CNG 储气设施、油品卸车点、LPG 泵（房）、LPG 压缩机（间）、天然气压缩机（间）、天然气调压器（间）、天然气脱硫和脱水设备、加油机、LPG 加气机、CNG 加卸气设施、LNG 卸车点、LNG 潜液泵罐、LNG 柱塞泵、地下泵室入口、LNG 加气机、LNG 气化器与站区围墙的防火间距还应符合本规范第 5.0.11 条的规定，设备或建（构）筑物的计算间距起止点应符合本规范附录 A 的规定。

5.0.15 加油加气站内爆炸危险区域的等级和范围划分，应符合本规范附录 C 的规定。

6 加油工艺及设施

6.1 油 罐

6.1.1 加油站的汽油罐和柴油罐（橇装式加油装置所配置的防火防爆油罐除外）应埋地设置，严禁设在室内或地下室内。

6.1.2 汽车加油站的储油罐，应采用卧式油罐。

6.1.3 埋地油罐需要采用双层油罐时，可采用双层钢制油罐、双层玻璃纤维增强塑料油罐、内钢外玻璃纤维增强塑料双层油罐。既有加油站的埋地单层钢制油罐改造为双层油罐时，可采用玻璃纤维增强塑料等满足强度和防渗要求的材料进行衬里改造。

6.1.4 单层钢制油罐、双层钢制油罐和内钢外玻璃纤维增强塑料双层油罐的内层罐的罐体结构设计，可按现行行业标准《钢制常压储罐 第一部分：储存对水有污染的易燃和不易燃液体的埋地卧式圆筒形单层和双层储罐》AQ 3020 的有关规定执行，并应符合下列规定：

　　1 钢制油罐的罐体和封头所用钢板的公称厚度，不应小于表 6.1.4 的规定。

表 6.1.4 钢制油罐的罐体和封头所用钢板的公称厚度（mm）

油罐公称直径（mm）	单层油罐、双层油罐内层罐罐体和封头公称厚度		双层钢制油罐外层罐罐体和封头公称厚度	
	罐体	封头	罐体	封头
800～1600	5	6	4	5
1601～2500	6	7	5	6
2501～3000	7	8	5	6

　　2 钢制油罐的设计内压不应低于 0.08MPa。

6.1.5 双层玻璃纤维增强塑料油罐的内、外层壁厚，以及内钢外玻璃纤维增强塑料双层油罐的外层壁厚，均不应小于 4mm。

6.1.6 与罐内油品直接接触的玻璃纤维增强塑料等非金属层，应满足消除油品静电荷的要求，其表面电阻率应小于 $10^9\Omega$；当表面电阻率无法满足小于 $10^9\Omega$ 的要求时，应在罐内安装能够消除油品静电电荷的物体。消除油品静电电荷的物体可为浸入油品中的钢板，也可为钢制的进油立管、出油管等金属物，其表面积之和不应小于式（6.1.6）的计算值。安装在罐内的静电消除物体应接地，其接地电阻应符合本规范第 11.2 节的有关规定：

$$A = 0.04Vt \qquad (6.1.6)$$

式中：A——浸入油品中的金属物表面积之和（m²）；

　　　　Vt——储罐容积（m³）。

6.1.7 双层油罐内壁与外壁之间应有满足渗漏检测要求的贯通间隙。

6.1.8 双层钢制油罐、内钢外玻璃纤维增强塑料双层油罐和玻璃纤维增强塑料等非金属防渗衬里的双层油罐，应设渗漏检测立管，并应符合下列规定：

　　1 检测立管应采用钢管，直径宜为 80mm，壁厚不宜小于 4mm。

　　2 检测立管应位于油罐顶部的纵向中心线上。

　　3 检测立管的底部管口应与油罐内、外壁间隙相连通，顶部管口应装防尘盖。

　　4 检测立管应满足人工检测和在线监测的要求，并应保证油罐内、外壁任何部位出现渗漏均能被发现。

6.1.9 油罐应采用钢制人孔盖。

6.1.10 油罐设在非车行道下面时，罐顶的覆土厚度不应小于 0.5m；设在车行道下面时，罐顶低于混凝土路面不宜小于 0.9m。钢制油罐的周围应回填中性沙或细土，其厚度不应小于 0.3m；外层为玻璃纤维增强塑料材料的油罐，其回填料应符合产品说明书的要求。

6.1.11 当埋地油罐受地下水或雨水作用有上浮的可能时，应采取防止油罐上浮的措施。

6.1.12 埋地油罐的人孔应设操作井。设在行车道下面的人孔井应采用加油站车行道下专用的密闭井盖和井座。

6.1.13 油罐应采取卸油时的防满溢措施。油料达到油罐容量 90% 时，应能触动高液位报警装置；油料达到油罐容量 95% 时，应能自动停止油料继续进罐。

6.1.14 设有油气回收系统的加油加气站，其站内油罐应设带有高液位报警功能的液位监测系统。单层油罐的液位监测系统尚应具备渗漏检测功能，其渗漏检测分辨率不宜大于 0.8L/h。

6.1.15 与土壤接触的钢制油罐外表面，其防腐设计应符合现行行业标准《石油化工设备和管道涂料防腐蚀技术规范》SH 3022 的有关规定，且防腐等级不应低于加强级。

6.2 加 油 机

6.2.1 加油机不得设置在室内。

6.2.2 加油枪应采用自封式加油枪,汽油加油枪的流量不应大于 50L/min。

6.2.3 加油软管上宜设安全拉断阀。

6.2.4 以正压(潜油泵)供油的加油机,其底部的供油管道上应设剪切阀,当加油机被撞或起火时,剪切阀应能自动关闭。

6.2.5 采用一机多油品的加油机时,加油机上的放枪位应有各油品的文字标识,加油枪应有颜色标识。

6.2.6 位于加油岛端部的加油机附近应设防撞柱(栏),其高度不应小于 0.5m。

6.3 工艺管道系统

6.3.1 油罐车卸油必须采用密闭卸油方式。

6.3.2 每个油罐应各自设置卸油管道和卸油接口。各卸油接口及油气回收接口,应有明显的标识。

6.3.3 卸油接口应装设快速接头及密封盖。

6.3.4 加油站采用卸油油气回收系统时,其设计应符合下列规定:

　　1 汽油罐车向站内油罐卸油应采用平衡式密闭油气回收系统。

　　2 各汽油罐可共用一根卸油油气回收主管,回收主管的公称直径不宜小于 80mm。

　　3 卸油油气回收管道的接口宜采用自闭式快速接头。采用非自闭式快速接头时,应在靠近快速接头的连接管道上装设阀门。

6.3.5 加油站宜采用油罐装设潜油泵的一泵供多机(枪)的加油工艺。采用自吸式加油机时,每台加油机应按加油品种单独设置进油管和罐内底阀。

6.3.6 加油站采用加油油气回收系统时,其设计应符合下列规定:

　　1 应采用真空辅助式油气回收系统。

　　2 汽油加油机与油罐之间应设油气回收管道,多台汽油加油机可共用 1 根油气回收主管,油气回收主管的公称直径不应小于 50mm。

　　3 加油油气回收系统应采取防止油气反向流至加油枪的措施。

　　4 加油机应具备回收油气功能,其气液比宜设定为 1.0～1.2。

　　5 在加油机底部与油气回收立管的连接处,应安装一个用于检测液阻和系统密闭性的丝接三通,其旁通短管上应设公称直径为 25mm 的球阀及丝堵。

6.3.7 油罐的接合管设置应符合下列规定:

　　1 接合管应为金属材质。

　　2 接合管应设在油罐的顶部,其中进油接合管、出油接合管或潜油泵安装口,应设在人孔盖上。

　　3 进油管应伸至罐内距罐底 50mm～100mm

处。进油立管的底端应为 45°斜管口或 T 形管口。进油管管壁上不得有与油罐气相空间相通的开口。

　　4 罐内潜油泵的入油口或通往自吸式加油机管道的罐内底阀,应高于罐底 150mm～200mm。

　　5 油罐的量油孔应设带锁的量油帽。量油孔下部的接合管宜向下伸至罐内距罐底 200mm 处,并应有检尺时使接合管内液位与罐内液位一致的技术措施。

　　6 油罐人孔井内的管道及设备,应保证油罐人孔盖的可拆装性。

　　7 人孔盖上的接合管与引出井外管道的连接,宜采用金属软管过渡连接(包括潜油泵出油管)。

6.3.8 汽油罐与柴油罐的通气管应分开设置。通气管管口高出地面的高度不应小于 4m。沿建(构)筑物的墙(柱)向上敷设的通气管,其管口应高出建筑物的顶面 1.5m 及以上。通气管管口应设置阻火器。

6.3.9 通气管的公称直径不应小于 50mm。

6.3.10 当加油站采用油气回收系统时,汽油罐的通气管管口除应装设阻火器外,尚应装设呼吸阀。呼吸阀的工作正压宜为 2kPa～3kPa,工作负压宜为 1.5kPa～2kPa。

6.3.11 加油站工艺管道的选用,应符合下列规定:

　　1 油罐通气管道和露出地面的管道,应采用符合现行国家标准《输送流体用无缝钢管》GB/T 8163 的无缝钢管。

　　2 其他管道应采用输送流体用无缝钢管或适于输送油品的热塑性塑料管道。所采用的热塑性塑料管道应有质量证明文件。非烃类车用燃料不得采用不导静电的热塑性塑料管道。

　　3 无缝钢管的公称壁厚不应小于 4mm,埋地钢管的连接应采用焊接。

　　4 热塑性塑料管道的主体结构层应为无孔隙聚乙烯材料,壁厚不应小于 4mm。埋地部分的热塑性塑料管道应采用配套的专用连接管件电熔连接。

　　5 导静电热塑性塑料管道导静电衬层的体电阻率小于 $10^8 \Omega \cdot m$,表面电阻率应小于 $10^{10} \Omega$。

　　6 不导静电热塑性塑料管道主体结构层的介电击穿强度应大于 100kV。

　　7 柴油尾气处理液加注设备的管道,应采用奥氏体不锈钢管道或能满足输送柴油尾气处理液的其他管道。

6.3.12 油罐车卸油时用的卸油连通软管、油气回收连通软管,应采用导静电耐油软管,其体电阻率应小于 $10^8 \Omega \cdot m$,表面电阻率应小于 $10^{10} \Omega$,或采用内附金属丝(网)的橡胶软管。

6.3.13 加油站内的工艺管道除必须露出地面的以外,均应埋地敷设。当采用管沟敷设时,管沟必须用中性沙子或细土填满、填实。

6.3.14 卸油管道、卸油油气回收管道、加油油气回收管道和油罐通气管横管，应坡向埋地油罐。卸油管道的坡度不应小于 2‰，卸油油气回收管道、加油油气回收管道和油罐通气管横管的坡度，不应小于 1%。

6.3.15 受地形限制，加油油气回收管道坡向油罐的坡度无法满足本规范第 6.3.14 条的要求时，可在管道靠近油罐的位置设置集液器，且管道坡向集液器的坡度不应小于 1%。

6.3.16 埋地工艺管道的埋设深度不得小于 0.4m。敷设在混凝土场地或道路下面的管道，管顶低于混凝土层下表面不得小于 0.2m。管道周围应回填不小于 100mm 厚的中性沙子或细土。

6.3.17 工艺管道不应穿过或跨越站房等与其无直接关系的建（构）筑物；与管沟、电缆沟和排水沟相交叉时，应采取相应的防护措施。

6.3.18 不导静电热塑性塑料管道的设计和安装，除应符合本规范第 6.3.1 条至第 6.3.17 条的有关规定外，尚应符合下列规定：

　1 管道内油品的流速应小于 2.8m/s。

　2 管道在人孔井内、加油机底槽和卸油口等处未完全埋地的部分，应在满足管道连接要求的前提下，采用最短的安装长度和最少的接头。

6.3.19 埋地钢质管道外表面的防腐设计，应符合现行国家标准《钢质管道外腐蚀控制规范》GB/T 21447 的有关规定。

6.4 撬装式加油装置

6.4.1 撬装式加油装置的油罐内应安装防爆装置。防爆装置采用阻隔防爆装置时，阻隔防爆装置的选用和安装，应按现行行业标准《阻隔防爆撬装式汽车加油（气）装置技术要求》AQ 3002 的有关规定执行。

6.4.2 撬装式加油装置应采用双层钢制油罐。

6.4.3 撬装式加油装置的汽油设备应采用卸油和加油油气回收系统。

6.4.4 双壁油罐应采用检测仪器或其他设施对内罐与外罐之间的空间进行渗漏监测，并应保证内罐与外罐任何部位出现渗漏时均能被发现。

6.4.5 撬装式加油装置的汽油罐应设防晒罩棚或采取隔热措施。

6.4.6 撬装式加油装置四周应设防护围堰，防护围堰内的有效容量不应小于储罐总容量的 50%。防护围堰应采用不燃烧实体材料建造，且不应渗漏。

6.5 防渗措施

6.5.1 加油站应按国家有关环境保护标准或政府有关环境保护法规、法令的要求，采取防止油品渗漏的措施。

6.5.2 采取防止油品渗漏保护措施的加油站，其埋地油罐应采用下列之一的防渗方式：

　1 单层油罐设置防渗罐池；

　2 采用双层油罐。

6.5.3 防渗罐池的设计应符合下列规定：

　1 防渗罐池应采用防渗钢筋混凝土整体浇筑，并应符合现行国家标准《地下工程防水技术规范》GB 50108 的有关规定。

　2 防渗罐池应根据油罐的数量设置隔池。一个隔池内的油罐不应多于两座。

　3 防渗罐池的池壁顶应高于池内罐顶标高，池底宜低于罐底设计标高 200mm，墙面与罐壁之间的间距不应小于 500mm。

　4 防渗罐池的内表面应衬玻璃钢或其他材料防渗层。

　5 防渗罐池内的空间，应采用中性沙填埋。

　6 防渗罐池的上部，应采取防止雨水、地表水和外部泄漏油品渗入池内的措施。

6.5.4 防渗罐池的各隔池内应设检测立管，检测立管的设置应符合下列规定：

　1 检测立管应采用耐油、耐腐蚀的管材制作，直径宜为 100mm，壁厚不应小于 4mm。

　2 检测立管的下端应置于防渗罐池的最低处，上部管口应高出罐区设计地面 200mm（油罐设置在车道下的除外）。

　3 检测立管与池内罐顶标高以下范围应为过滤管段。过滤管段应能允许池内任何层面的渗漏液体（油或水）进入检测管，并应能阻止泥沙侵入。

　4 检测立管周围应回填粒径为 10mm～30mm 的砾石。

　5 检测口应有防止雨水、油污、杂物侵入的保护盖和标识。

6.5.5 装有潜油泵的油罐人孔操作井、卸油口井、加油机底槽等可能发生油品渗漏的部位，也应采取相应的防渗措施。

6.5.6 采取防渗漏措施的加油站，其埋地加油管道应采用双层管道。双层管道的设计，应符合下列规定：

　1 双层管道的内层管应符合本规范第 6.3 节的有关规定。

　2 采用双层非金属管道时，外层管应满足耐油、耐腐蚀、耐老化和系统试验压力的要求。

　3 采用双层钢质管道时，外层管的壁厚不应小于 5mm。

　4 双层管道系统的内层管与外层管之间的缝隙应贯通。

　5 双层管道系统的最低点应设检漏点。

　6 双层管道坡向检漏点的坡度，不应小于 5‰，并应保证内层管和外层管任何部位出现渗漏均能在检漏点处被发现。

　7 管道系统的渗漏检测宜采用在线监测系统。

6.5.7 双层油罐、防渗罐池的渗漏检测宜采用在线监测系统。采用液体传感器监测时，传感器的检测精度不应大于 3.5mm。

6.5.8 既有加油站油罐和管道需要更新改造时，应符合本规范第 6.5.1 条～第 6.5.7 条的规定。

6.6 自助加油站（区）

6.6.1 自助加油站（区）应明显标示加油车辆引导线，并应在加油站车辆入口和加油岛处设置醒目的"自助"标识。

6.6.2 在加油岛和加油机附近的明显位置，应标示油品类别、标号以及安全警示。

6.6.3 不宜在同一加油车位上同时设置汽油、柴油两种加油功能。

6.6.4 自助加油机除应符合本规范第 6.2 节的规定外，尚应符合下列规定：

1 应设置释放静电装置。

2 应标示自助加油操作说明。

3 应具备音频提示系统，在提起加油枪后可提示油品品种、标号并进行操作指导。

4 加油枪应设置当跌落时即自动停止加油作业的功能。

5 应设置紧急停机开关。

6.6.5 自助加油站应设置视频监视系统，该系统应能覆盖加油区、卸油区、人孔井、收银区、便利店等区域。视频设备不应因车辆遮挡而影响监视。

6.6.6 自助加油站的营业室内应设监控系统，该系统应具备下列监控功能：

1 营业员可通过监控系统确认每台自助加油机的使用情况。

2 可分别控制每台自助加油机的加油和停止状态。

3 发生紧急情况可启动紧急切断开关停止所有加油机运行。

4 可与顾客进行单独对话，指导其操作。

5 对整个加油场地进行广播。

6.6.7 经营汽油的自助加油站，应设置加油油气回收系统。

7 LPG 加气工艺及设施

7.1 LPG 储罐

7.1.1 加气站内液化石油气储罐的设计，应符合下列规定：

1 储罐设计应符合国家现行标准《钢制压力容器》GB 150、《钢制卧式容器》JB 4731 和《固定式压力容器安全技术监察规程》TSGR 0004 的有关规定。

2 储罐的设计压力不应小于 1.78MPa。

3 储罐的出液管道端口接管高度，应按选择的充装泵要求确定。进液管道和液相回流管道宜接入储罐内的气相空间。

7.1.2 储罐根部关闭阀门的设置应符合下列规定：

1 储罐的进液管、液相回流管和气相回流管上应设置止回阀。

2 出液管和卸车用的气相平衡管上宜设过流阀。

7.1.3 储罐的管路系统和附属设备的设置应符合下列规定：

1 储罐必须设置全启封闭式弹簧安全阀。安全阀与储罐之间的管道上应装设切断阀，切断阀在正常操作时应处于铅封开启状态。地上储罐放散管管口应高出储罐操作平台 2m 及以上，且应高出地面 5m 及以上。地下储罐的放散管管口应高出地面 5m 及以上。放散管管口应垂直向上，底部应设排污管。

2 管路系统的设计压力不应小于 2.5MPa。

3 在储罐外的排污管上应设两道切断阀，阀间宜设排污箱。在寒冷和严寒地区，从储罐底部引出的排污管的根部管道应加装伴热或保温装置。

4 对储罐内未设置控制阀门的出液管道和排污管道，应在储罐的第一道法兰处配备堵漏装置。

5 储罐应设置检修用的放散管，其公称直径不应小于 40mm，并宜与安全阀接管共用一个开孔。

6 过流阀的关闭流量宜为最大工作流量的 1.6 倍～1.8 倍。

7.1.4 LPG 罐测量仪表的设置应符合下列规定：

1 储罐必须设置就地指示的液位计、压力表和温度计，以及液位上、下限报警装置。

2 储罐宜设置液位上限位控制和压力上限报警装置。

3 在一、二级 LPG 加气站或合建站内，储罐液位和压力的测量宜设远程监控系统。

7.1.5 LPG 储罐严禁设置在室内或地下室内。在加油加气合建站和城市建成区内的加气站，LPG 储罐应埋地设置，且不应布置在车行道下。

7.1.6 地上 LPG 储罐的设置应符合下列规定：

1 储罐应集中单排布置，储罐与储罐之间的净距不应小于相邻较大罐的直径。

2 罐组四周应设置高度为 1m 的防护堤，防护堤内堤脚线至罐壁净距不应小于 2m。

3 储罐的支座应采用钢筋混凝土支座，其耐火极限不应低于 5h。

7.1.7 埋地 LPG 储罐的设置应符合下列规定：

1 储罐之间距离不应小于 2m，且应采用防渗混凝土墙隔开。

2 直接覆土埋设在地下的 LPG 储罐罐顶的覆土厚度，不应小于 0.5m；罐周围应回填中性细沙，其厚度不应小于 0.5m。

3 LPG 储罐应采取抗浮措施。

7.1.8 埋地 LPG 储罐采用地下罐池时，应符合下列规定：

1 罐池内壁与罐壁之间的净距不应小于 1m。

2 罐池底和侧壁应采取防渗漏措施，池内应用中性细沙或沙包填实。

3 罐顶的覆盖厚度（含盖板）不应小于 0.5m，周边填充厚度不应小于 0.9m。

4 池底一侧应设排水沟，池底面坡度宜为 3‰。抽水井内的电气设备应符合防爆要求。

7.1.9 储罐应坡向排污端，坡度应为 3‰～5‰。

7.1.10 埋地 LPG 储罐外表面的防腐设计，应符合现行行业标准《石油化工设备和管道涂料防腐蚀技术规范》SH 3022 的有关规定，并应采用最高级别防腐绝缘保护层，同时应采取阴极保护措施。在 LPG 储罐根部阀门后，应安装绝缘法兰。

7.2 泵和压缩机

7.2.1 LPG 卸车宜选用卸车泵；LPG 储罐总容积大于 30m³ 时，卸车可选用 LPG 压缩机；LPG 储罐总容积小于或等于 45m³ 时，可由 LPG 槽车上的卸车泵卸车，槽车上的卸车泵宜由站内供电。

7.2.2 向燃气汽车加气应选用充装泵。充装泵的计算流量应依据其所供应的加气枪数量确定。

7.2.3 加气站内所设的卸车泵流量不宜小于 300L/min。

7.2.4 设置在地面上的泵和压缩机，应设置防晒罩棚或泵房（压缩机间）。

7.2.5 LPG 储罐的出液管设置在罐体底部时，充装泵的管路系统设计应符合下列规定：

1 泵的进、出口宜安装长度不小于 0.3m 挠性管或采取其他防振措施。

2 从储罐引至泵进口的液相管道，应坡向泵的进口，且不得有窝存气体的位置。

3 在泵的出口管路上应安装回流阀、止回阀和压力表。

7.2.6 LPG 储罐的出液管设在罐体顶部时，抽吸泵的管路系统设计应符合本规范第 7.2.5 条第 1、3 款的规定。

7.2.7 潜液泵的管路系统设计除应符合本规范第 7.2.5 条第 3 款的规定外，并宜在安装潜液泵的筒体下部设置切断阀和过流阀。切断阀应能在罐顶操作。

7.2.8 潜液泵宜设超温自动停泵保护装置。电机运行温度至 45℃ 时，应自动切断电源。

7.2.9 LPG 压缩机进、出口管道阀门及附件的设置，应符合下列规定：

1 进口管道应设过滤器。

2 出口管道应设止回阀和安全阀。

3 进口管道和储罐的气相之间应设旁通阀。

7.3 LPG 加气机

7.3.1 加气机不得设置在室内。

7.3.2 加气机数量应根据加气汽车数量确定。每辆汽车加气时间可按 3min～5min 计算。

7.3.3 加气机应具有充装和计量功能，其技术要求应符合下列规定：

1 加气系统的设计压力不应小于 2.5MPa。

2 加气枪的流量不应大于 60L/min。

3 加气软管上应设安全拉断阀，其分离拉力宜为 400N～600N。

4 加气机的计量精度不应低于 1.0 级。

5 加气枪的加气嘴应与汽车车载 LPG 储液瓶受气口配套。加气嘴应配置自密封阀，其卸开连接后的液体泄漏量不应大于 5mL。

7.3.4 加气机的液相管道上宜设事故切断阀或过流阀。事故切断阀和过流阀应符合下列规定：

1 当加气机被撞时，设置的事故切断阀应能自行关闭。

2 过流阀关闭流量宜为最大工作流量的 1.6 倍～1.8 倍。

3 事故切断阀或过流阀与充装泵连接的管道应牢固，当加气机被撞时，该管道系统不得受损坏。

7.3.5 加气机附近应设置防撞柱（栏），其高度不应低于 0.5m。

7.4 LPG 管道系统

7.4.1 LPG 管道应选用 10 号、20 号钢或具有同等性能材料的无缝钢管，其技术性能应符合现行国家标准《输送流体用无缝钢管》GB/T 8163 的有关规定。管件应与管子材质相同。

7.4.2 管道上的阀门及其他金属配件的材质宜为碳素钢。

7.4.3 LPG 管道组成件的设计压力不应小于 2.5MPa。

7.4.4 管子与管子、管子与管件的连接应采用焊接。

7.4.5 管道与储罐、容器、设备及阀门的连接，宜采用法兰连接。

7.4.6 管道系统上的胶管应采用耐 LPG 腐蚀的钢丝缠绕高压胶管，压力等级不应小于 6.4MPa。

7.4.7 LPG 管道宜埋地敷设。当需要管沟敷设时，管沟应采用中性沙子填实。

7.4.8 埋地管道应埋设在土壤冰冻线以下，且覆土厚度（管顶至路面）不得小于 0.8m。穿越车行道处，宜加设套管。

7.4.9 埋地管道防腐设计，应符合现行国家标准《钢质管道外腐蚀控制规范》GB/T 21447 的有关规定。

7.4.10 液态 LPG 在管道中的流速，泵前不宜大于

1.2m/s，泵后不应大于 3m/s；气态 LPG 在管道中的流速不宜大于 12m/s。

7.4.11 液化石油气罐的出液管道和连接槽车的液相管道上，应设置紧急切断阀。

7.5 槽车卸车点

7.5.1 连接 LPG 槽车的液相管道和气相管道上应设置安全拉断阀。

7.5.2 安全拉断阀的分离拉力宜为 400N～600N，关断阀与接头的距离不应大于 0.2m。

7.5.3 在 LPG 储罐或卸车泵的进口管道上应设过滤器。过滤器滤网的流通面积不应小于管道截面积的 5 倍，并应能阻止粒度大于 0.2mm 的固体杂质通过。

8 CNG 加气工艺及设施

8.1 CNG 常规加气站和加气母站工艺设施

8.1.1 天然气进站管道宜采取调压或限压措施。天然气进站管道设置调压器时，调压器应设置在天然气进站管道上的紧急关断阀之后。

8.1.2 天然气进站管道上应设计量装置。计量准确度不应低于 1.0 级。体积流量计量的基准状态，压力应为 101.325kPa，温度应为 20℃。

8.1.3 进站天然气硫化氢含量不符合现行国家标准《车用压缩天然气》GB 18047 的有关规定时，应在站内进行脱硫处理。脱硫系统的设计应符合下列规定：

    1 脱硫应在天然气增压前进行。

    2 脱硫设备应设在室外。

    3 脱硫系统宜设置备用脱硫塔。

    4 脱硫设备宜采用固体脱硫剂。

    5 脱硫塔前后的工艺管道上应设置硫化氢含量检测取样口，也可设置硫化氢含量在线检测分析仪。

8.1.4 进站天然气含水量不符合现行国家标准《车用压缩天然气》GB 18047 的有关规定时，应在站内进行脱水处理。脱水系统的设计应符合下列规定：

    1 脱水系统宜设置备用脱水设备。

    2 脱水设备宜采用固体吸附剂。

    3 脱水设备的出口管道上应设置露点检测仪。

8.1.5 进入压缩机的天然气不应含游离水，含尘量和微尘直径等质量指标应符合所选用的压缩机的有关规定。

8.1.6 压缩机排气压力不应大于 25MPa（表压）。

8.1.7 压缩机组进口前应设分离缓冲罐，机组出口后宜设排气缓冲罐。缓冲罐的设置应符合下列规定：

    1 分离缓冲罐应设在进气总管上或每台机组的进口位置处。

    2 分离缓冲罐内应有凝液捕集分离结构。

    3 机组排气缓冲罐宜设置在机组排气除油过滤器之后。

    4 天然气在缓冲罐内的停留时间不宜小于 10s。

    5 分离缓冲罐及容积大于 0.3m³ 的排气缓冲罐，应设压力指示仪表和液位计，并应有超压安全泄放措施。

8.1.8 设置压缩机组的吸气、排气管道时，应避免振动对管道系统、压缩机和建（构）筑物造成有害影响。

8.1.9 天然气压缩机宜单排布置，压缩机房的主要通道宽度不宜小于 2m。

8.1.10 压缩机组的运行管理宜采用计算机集中控制。

8.1.11 压缩机的卸载排气不应对外放散，宜回收至压缩机缓冲罐。

8.1.12 压缩机组排出的冷凝液应集中处理。

8.1.13 固定储气设施的额定工作压力应为 25MPa，设计温度应满足环境温度要求。

8.1.14 CNG 加气站内所设置的固定储气设施应选用储气瓶或储气井。

8.1.15 固定储气瓶（组）宜选用同一种规格型号的大容积储气瓶，并应符合现行国家标准《站用压缩天然气钢瓶》GB 19158 的有关规定。

8.1.16 储气瓶（组）应固定在独立支架上，地上储气瓶（组）宜卧式放置。

8.1.17 固定储气设施应有积液收集处理措施。

8.1.18 储气井不宜建在地质滑坡带及溶洞等地质构造上。

8.1.19 储气井本体的设计疲劳次数不应小于 2.5×10^4 次。

8.1.20 储气井的工程设计和建造，应符合国家法规和现行行业标准《高压气地下储气井》SY/T 6535 及其他有关标准的规定。储气井口应便于开启检测。

8.1.21 CNG 加（卸）气设备设置应符合下列规定：

    1 加（卸）气设施不得设置在室内。

    2 加（卸）气设备额定工作压力应为 20MPa。

    3 加气机流量不应大于 0.25m³/min（工作状态）。

    4 加（卸）气柱流量不应大于 0.5m³/min（工作状态）。

    5 加气（卸气）枪软管上应设安全拉断阀。加气机安全拉断阀的分离拉力宜为 400N～600N，加气卸气柱安全拉断阀的分离拉力宜为 600N～900N。软管的长度不应大于 6m。

    6 加卸气设施应满足工作温度的要求。

8.1.22 储气瓶（组）的管道接口端不宜朝向办公区、加气岛和临近的站外建筑物。不可避免时，储气瓶（组）的管道接口端与办公区、加气岛和临近的站外建筑物之间应设厚度不小于 200mm 的钢筋混凝土实体墙隔墙，并应符合下列规定：

1 固定储气瓶（组）的管道接口端与办公区、加气岛和临近的站外建筑物之间设置的隔墙，其高度应高于储气瓶（组）顶部1m及以上，隔墙长度应为储气瓶（组）宽度两端各加2m及以上。

2 车载储气瓶组的管道接口端与办公区、加气岛和临近的站外建筑物之间设置的隔墙，其高度应高于储气瓶组拖车的高度1m及以上，长度不应小于车宽两端各加1m及以上。

3 储气瓶（组）管道接口端与站外建筑物之间设置的隔墙，可作为站区围墙的一部分。

8.1.23 加气设施的计量准确度不应低于1.0级。

8.2 CNG加气子站工艺设施

8.2.1 CNG加气子站可采用压缩机增压或液压设备增压的加气工艺。

8.2.2 采用液压设备增压工艺的CNG加气子站，其液压设备不应使用甲类或乙类可燃液体，液体的操作温度应低于液体的闪点至少5℃。

8.2.3 CNG加气子站的液压设施应采用防爆电气设备，液压设施与站内其他设施的间距可不限。

8.2.4 CNG加气子站储气设施、压缩机、加气机、卸气柱的设置，应符合本规范第8.1节的有关规定。

8.2.5 储气瓶（组）的管道接口端不宜朝向办公区、加气岛和临近的站外建筑物。不可避免时，应符合本规范第8.1.21条的规定。

8.3 CNG工艺设施的安全保护

8.3.1 天然气进站管道上应设置紧急切断阀。可手动操作的紧急切断阀的位置应便于发生事故时能及时切断气源。

8.3.2 站内天然气调压计量、增压、储存、加气各工段，应分段设置切断气源的切断阀。

8.3.3 储气瓶（组）、储气井与加气机或加气柱之间的总管上应设主切断阀。每个储气瓶（井）出口应设切断阀。

8.3.4 储气瓶（组）、储气井进气总管上应设安全阀及紧急放散管、压力表及超压报警器。车载储气瓶组应有与站内工艺安全设施相匹配的安全保护措施，但可不设超压报警器。

8.3.5 加气站内各级管道和设备的设计压力低于来气可能达到的最高压力时，应设置安全阀。安全阀的设置，应符合现行行业标准《固定式压力容器安全技术监察规程》TSGR 0004的有关规定。安全阀的定压 P_0 除应符合现行行业标准《固定式压力容器安全技术监察规程》TSG R0004的有关规定外，尚应符合下列公式的规定：

1 当 $P_w \leqslant 1.8 MPa$ 时：

$$P_0 = P_w + 0.18 \qquad (8.3.5-1)$$

式中：P_0——安全阀的定压（MPa）。

P_w——设备最大工作压力（MPa）。

2 当 $1.8 MPa < P_w \leqslant 4.0 MPa$ 时：

$$P_0 = 1.1 P_w \qquad (8.3.5-2)$$

3 当 $4.0 MPa < P_w \leqslant 8.0 MPa$ 时：

$$P_0 = P_w + 0.4 \qquad (8.3.5-3)$$

4 当 $8.0 MPa < P_w \leqslant 25.0 MPa$ 时：

$$P_0 = 1.05 P_w \qquad (8.3.5-4)$$

8.3.6 加气站内的所有设备和管道组成件的设计压力，应高于最大工作压力10%及以上，且不应低于安全阀的定压。

8.3.7 加气站内的天然气管道和储气瓶（组）应设置泄压放空设施，泄压放空设施应采取防堵塞和防冻措施。泄放气体应符合下列规定：

1 一次泄放量大于500m³（基准状态）的高压气体，应通过放散管迅速排放。

2 一次泄放量大于2m³（基准状态），泄放次数平均每小时2次～3次以上的操作排放，应设置专用回收罐。

3 一次泄放量小于2m³（基准状态）的气体可排入大气。

8.3.8 加气站的天然气放散管设置应符合下列规定：

1 不同压力级别系统的放散管宜分别设置。

2 放散管管口应高出设备平台2m及以上，并应高出所在地面5m及以上。

3 放散管应垂直向上。

8.3.9 压缩机组运行的安全保护应符合下列规定：

1 压缩机出口与第一个截断阀之间应设安全阀，安全阀的泄放能力不应小于压缩机的安全泄放量。

2 压缩机进、出口应设高、低压报警和高压越限停机装置。

3 压缩机组的冷却系统应设温度报警及停车装置。

4 压缩机组的润滑油系统应设低压报警及停机装置。

8.3.10 CNG加气站内的设备及管道，凡经增压、输送、储存、缓冲或有较大阻力损失需显示压力的位置，均应设压力测点，并应设供压力表拆卸时高压气体泄压的安全泄气孔。压力表量程范围宜为工作压力的1.5倍～2倍。

8.3.11 CNG加气站内下列位置应设高度不小于0.5m的防撞柱（栏）：

1 固定储气瓶（组）或储气井与站内汽车通道相邻一侧。

2 加气机、加气柱和卸气柱的车辆通过侧。

8.3.12 CNG加气机、加气柱的进气管道上，宜设置防撞事故自动切断阀。

8.4 CNG管道及其组成件

8.4.1 天然气管道应选用无缝钢管。设计压力低于

4MPa 的天然气管道，应符合现行国家标准《输送流体用无缝钢管》GB/T 8163 的有关规定；设计压力等于或高于 4MPa 的天然气管道，应符合现行国家标准《流体输送用不锈钢无缝钢管》GB/T 14976 或《高压锅炉用无缝钢管》GB 5310 的有关规定。

8.4.2 加气站内与天然气接触的所有设备和管道组成件的材质，应与天然气介质相适应。

8.4.3 站内高压天然气管道宜采用焊接连接，管道与设备、阀门可采用法兰、卡套、锥管螺纹连接。

8.4.4 天然气管道宜埋地或管沟充沙敷设，埋地敷设时其管顶距地面不应小于 0.5m。冰冻地区宜敷设在冰冻线以下。室内管道宜采用管沟敷设，管沟应用中性沙填充。

8.4.5 埋地管道防腐设计，应符合现行国家标准《钢质管道外腐蚀控制规范》GB/T 21447 的有关规定。

9 LNG 和 L-CNG 加气工艺及设施

9.1 LNG 储罐、泵和气化器

9.1.1 加气站、加油加气合建站内 LNG 储罐的设计，应符合下列规定：

1 储罐设计应符合国家现行标准《钢制压力容器》GB 150、《低温绝热压力容器》GB 18442 和《固定式压力容器安全技术监察规程》TSG R0004 的有关规定。

2 储罐内筒的设计温度不应高于 −196℃，设计压力应符合下列公式的规定：

1）当 $P_w < 0.9$MPa 时：
$$P_d \geqslant P_w + 0.18\text{MPa} \qquad (9.1.1\text{-}1)$$

2）当 $P_w \geqslant 0.9$MPa 时：
$$P_d \geqslant 1.2P_w \qquad (9.1.1\text{-}2)$$

式中：P_d——设计压力（MPa）。

P_w——设备最大工作压力（MPa）。

3 内罐与外罐之间应设绝热层，绝热层应与 LNG 和天然气相适应，并应为不燃材料。外罐外部着火时，绝热层的绝热性能不应明显降低。

9.1.2 在城市中心区内，各类 LNG 加气站及加油加气合建站，应采用埋地 LNG 储罐、地下 LNG 储罐或半地下 LNG 储罐。

9.1.3 地上 LNG 储罐等设备的设置，应符合下列规定：

1 LNG 储罐之间的净距不应小于相邻较大罐的直径的 1/2，且不应小于 2m。

2 LNG 储罐组四周应设防护堤，堤内的有效容量不应小于其中 1 个最大 LNG 储罐的容量。防护堤内地面应至少低于周边地面 0.1m，防护堤顶面应至少高出堤内地面 0.8m，且应至少高出堤外地面

0.4m。防护堤内堤脚线至 LNG 储罐外壁的净距不应小于 2m。防护堤应采用不燃烧实体材料建造，应能承受所容纳液体的静压及温度变化的影响，且不应渗漏。防护堤的雨水排放口应有封堵措施。

3 防护堤内不应设置其他可燃液体储罐、CNG 储气瓶（组）或储气井。非明火气化器和 LNG 泵可设置在防护堤内。

9.1.4 地下或半地下 LNG 储罐的设置，应符合下列规定：

1 储罐宜采用卧式储罐。

2 储罐应安装在罐池中。罐池应为不燃烧实体防护结构，应能承受所容纳液体的静压及温度变化的影响，且不应渗漏。

3 储罐的外壁距罐池内壁的距离不应小于 1m，同池内储罐的间距不应小于 1.5m。

4 罐池深度大于或等于 2m 时，池壁顶应至少高出罐池外地面 1m。

5 半地下 LNG 储罐的池壁顶应至少高出罐顶 0.2m。

6 储罐应采取抗浮措施。

7 罐池上方可设置开敞式的罩棚。

9.1.5 储罐基础的耐火极限不应低于 3h。

9.1.6 LNG 储罐阀门的设置应符合下列规定：

1 储罐应设置全启封闭式安全阀，且不应少于 2 个，其中 1 个应为备用。安全阀的设置应符合现行行业标准《固定式压力容器安全技术监察规程》TSG R0004 的有关规定。

2 安全阀与储罐之间应设切断阀，切断阀在正常操作时应处于铅封开启状态。

3 与 LNG 储罐连接的 LNG 管道应设置可远程操作的紧急切断阀。

4 与储罐气相空间相连的管道上应设置可远程控制的放散控制阀。

5 LNG 储罐液相管道根部阀门与储罐的连接应采用焊接，阀体材质应与管子材质相适应。

9.1.7 LNG 储罐的仪表设置应符合下列规定：

1 LNG 储罐应设置液位计和高液位报警器。高液位报警器应与进液管道紧急切断阀连锁。

2 LNG 储罐最高液位以上部位应设置压力表。

3 在内罐与外罐之间应设置检测环形空间绝对压力的仪器或检测接口。

4 液位计、压力表应能就地指示，并应将检测信号传送至控制室集中显示。

9.1.8 充装 LNG 汽车系统使用的潜液泵宜安装在泵池内。潜液泵罐的设计应符合本规范第 9.1.1 条的规定。LNG 潜液泵罐的管路系统和附属设备的设置，应符合下列规定：

1 LNG 储罐的底部（外壁）与潜液泵罐的顶部（外壁）的高差，应满足 LNG 潜液泵的性能要求。

2 潜液泵罐的回气管道宜与 LNG 储罐的气相管道接通。

3 潜液泵罐应设置温度和压力检测仪表。温度和压力检测仪表应能就地指示，并应将检测信号传送至控制室集中显示。

4 在泵出口管道上应设置全启封闭式安全阀和紧急切断阀。泵出口宜设置止回阀。

9.1.9 L-CNG 系统采用柱塞泵输送 LNG 时，柱塞泵的设置应符合下列规定：

1 柱塞泵的设置应满足泵吸入压头要求。

2 泵的进、出口管道应设置防震装置。

3 在泵出口管道上应设置止回阀和全启封闭式安全阀。

4 在泵出口管道上应设置温度和压力检测仪表。温度和压力检测仪表应能就地指示，并应将检测信号传送至控制室集中显示。

5 应采取防噪声措施。

9.1.10 气化器的设置应符合下列规定：

1 气化器的选用应符合当地冬季气温条件下的使用要求。

2 气化器的设计压力不应小于最大工作压力的 1.2 倍。

3 高压气化器出口气体温度不应低于 5℃。

4 高压气化器出口应设置温度计。

9.2 LNG 卸车

9.2.1 连接槽车的液相管道上应设置紧急切断阀和止回阀，气相管道上宜设置切断阀。

9.2.2 LNG 卸车软管应采用奥氏体不锈钢波纹软管，其公称压力不得小于装卸系统工作压力的 2 倍，其最小爆破压力不应小于公称压力的 4 倍。

9.3 LNG 加气区

9.3.1 加气机不得设置在室内。

9.3.2 LNG 加气机应符合下列规定：

1 加气系统的充装压力不应大于汽车车载瓶的最大工作压力。

2 加气机计量误差不宜大于 1.5%。

3 加气机加气软管应设安全拉断阀，安全拉断阀的脱离拉力宜为 400N～600N。

4 加气机配置的软管应符合本规范第 9.2.2 条的规定，软管的长度不应大于 6m。

9.3.3 在 LNG 加气岛上宜配置氮气或压缩空气管吹扫接头，其最小爆破压力不应小于公称压力的 4 倍。

9.3.4 加气机附近应设置防撞（柱）栏，其高度不应小于 0.5m。

9.4 LNG 管道系统

9.4.1 LNG 管道和低温气相管道的设计，应符合下列规定：

1 管道系统的设计压力不应小于最大工作压力的 1.2 倍，且不应小于所连接设备（或容器）的设计压力与静压头之和。

2 管道的设计温度不应高于 −196℃。

3 管道和管件材质应采用低温不锈钢。管道应符合现行国家标准《流体输送用不锈钢无缝钢管》GB/T 14976 的有关规定，管件应符合现行国家标准《钢制对焊无缝管件》GB/T 12459 的有关规定。

9.4.2 阀门的选用应符合现行国家标准《低温阀门技术条件》GB/T 24925 的有关规定。紧急切断阀的选用应符合现行国家标准《低温介质用紧急切断阀》GB/T 24918 的有关规定。

9.4.3 远程控制的阀门均应具有手动操作功能。

9.4.4 低温管道所采用的绝热保冷材料应为防潮性能良好的不燃材料。低温管道绝热工程应符合现行国家标准《工业设备及管道绝热工程设计规范》GB 50264 的有关规定。

9.4.5 LNG 管道的两个切断阀之间应设置安全阀或其他泄压装置，泄压排放的气体应接入放散管。

9.4.6 LNG 设备和管道的天然气放散应符合下列规定：

1 加气站内应设集中放散管。LNG 储罐的放散管应接入集中放散管，其他设备和管道的放散管宜接入集中放散管。

2 放散管管口应高出 LNG 储罐及以管口为中心半径 12m 范围内的建（构）筑物 2m 及以上，且距地面不应小于 5m。放散管管口不宜设雨罩等影响放散气流垂直向上的装置。放散管底部应有排污措施。

3 低温天然气系统的放散应经加热器加热后放散，放散天然气的温度不宜低于 −107℃。

10 消防设施及给排水

10.1 灭火器材配置

10.1.1 加油加气站工艺设备应配置灭火器材，并应符合下列规定：

1 每 2 台加气机应配置不少于 2 具 4kg 手提式干粉灭火器，加气机不足 2 台应按 2 台配置。

2 每 2 台加油机应配置不少于 2 具 4kg 手提式干粉灭火器，或 1 具 4kg 手提式干粉灭火器和 1 具 6L 泡沫灭火器。加油机不足 2 台应按 2 台配置。

3 地上 LPG 储罐、地上 LNG 储罐、地下和半地下 LNG 储罐、CNG 储气设施，应配置 2 台不小于 35kg 推车式干粉灭火器。当两种介质储罐之间的距离超过 15m 时，应分别配置。

4 地下储罐应配置 1 台不小于 35kg 推车式干粉灭火器。当两种介质储罐之间的距离超过 15m 时，应分别配置。

5 LPG 泵和 LNG 泵、压缩机操作间（棚），应按建筑面积每 50m² 配置不少于 2 具 4kg 手提式干粉灭火器。

6 一、二级加油站应配置灭火毯 5 块、沙子 2m³；三级加油站应配置灭火毯不少于 2 块、沙子 2m³。加油加气合建站应按同级别的加油站配置灭火毯和沙子。

10.1.2 其余建筑的灭火器配置，应符合现行国家标准《建筑灭火器配置设计规范》GB 50140 的有关规定。

10.2 消防给水

10.2.1 加油加气站的 LPG 设施应设置消防给水系统。

10.2.2 设置有地上 LNG 储罐的一、二级 LNG 加气站应设消防给水系统，但符合下列条件之一时可不设消防给水系统：

1 LNG 加气站位于市政消火栓保护半径 150m 以内，且能满足一级站供水量不小于 20L/s 或二级站供水量不小于 15L/s 时。

2 LNG 储罐之间的净距不小于 4m，且在 LNG 储罐之间设置耐火极限不低于 3h 钢筋混凝土防火隔墙。防火隔墙顶部高于 LNG 储罐顶部，长度至两侧防护堤，厚度不小于 200mm。

3 LNG 加气站位于城市建成区以外，且为严重缺水地区；LNG 储罐、放散管、储气瓶（组）、卸车点与站外建（构）筑物的安全间距，不小于本规范表 4.0.8 和表 4.0.9 规定的安全间距的 2 倍；LNG 储罐之间的净距不小于 4m；灭火器材的配置数量在本规范第 10.1 节规定的基础上增加 1 倍。

10.2.3 加油站、CNG 加气站、三级 LNG 加气站和采用埋地、地下和半地下 LNG 储罐的各级 LNG 加气站，可不设消防给水系统。

10.2.4 消防给水应利用城市或企业已建的消防给水系统。当无消防给水系统可依托时，应自建消防给水系统。

10.2.5 LPG、LNG 设施的消防给水管道可与站内的生产、生活给水管道合并设置，消防水量应按固定式冷却水量和移动水量之和计算。

10.2.6 LPG 设施的消防给水设计应符合下列规定：

1 LPG 储罐采用地上设置的加气站，消火栓消防用水量不应小于 20L/s；总容积大于 50m³ 的地上 LPG 的储罐还应设置固定式消防冷却水系统，其冷却水供给强度不应小于 0.15L/m²·s，着火罐的供水范围应按其全部表面积计算，距着火罐直径与长度之和 0.75 倍范围内的相邻储罐的供水范围，可按相邻储罐表面积的一半计算。

2 采用埋地 LPG 储罐的加气站，一级站消火栓

消防用水量不应小于 15L/s；二级站和三级站消火栓消防用水量不应小于 10L/s。

3 LPG 储罐地上布置时，连续给水时间不应少于 3h；LPG 储罐埋地敷设时，连续给水时间不应少于 1h。

10.2.7 设置有地上 LNG 储罐的各类 LNG 加气站及加油加气合建站的消防给水设计，应符合下列规定：

1 一级站消火栓消防用水量不应小于 20L/s，二级站消火栓消防用水量不应小于 15L/s。

2 连续给水时间不应少于 2h。

10.2.8 消防水泵宜设 2 台。当设 2 台消防水泵时，可不设备用泵。当计算消防用水量超过 35L/s 时，消防水泵应设双动力源。

10.2.9 LPG 设施的消防给水系统利用城市消防给水管道时，室外消火栓与 LPG 储罐的距离宜为 30m～50m。三级站的 LPG 储罐距市政消火栓不大于 80m，且市政消火栓给水压力大于 0.2MPa 时，站内可不设消火栓。

10.2.10 固定式消防喷淋冷却水的喷头出口处给水压力不应小于 0.2MPa。移动式消防水枪出口处给水压力不应小于 0.2MPa，并应采用多功能水枪。

10.3 给排水系统

10.3.1 加油加气站设置的水冷式压缩机系统的压缩机冷却水供给，应满足压缩机的水量、水质要求，且宜循环使用。

10.3.2 加油加气站的排水应符合下列规定：

1 站内地面雨水可散流排出站外。当雨水由明沟排到站外时，应在围墙内设置水封装置。

2 加油站、LPG 加气站或加油与 LPG 加气合建站排出建筑物或围墙的污水，在建筑物墙外或围墙内应分别设水封井（独立的生活污水除外）。水封井的水封高度不应小于 0.25m；水封井应设沉泥段，沉泥段高度不应小于 0.25m。

3 清洗油罐的污水应集中收集处理，不应直接进入排水管道。LPG 储罐的排污（排水）应采用活动式回收桶集中收集处理，不应直接接入排水管道。

4 排出站外的污水应符合国家现行有关污水排放标准的规定。

5 加油站、LPG 加气站，不应采用暗沟排水。

11 电气、报警和紧急切断系统

11.1 供 配 电

11.1.1 加油加气站的供电负荷等级可为三级，信息系统应设不间断供电电源。

11.1.2 加油站、LPG 加气站、加油和 LPG 加气合

建站的供电电源，宜采用电压为 380/220V 的外接电源；CNG 加气站、LNG 加气站、L-CNG 加气站、加油和 CNG（或 LNG 加气站、L-CNG 加气站）加气合建站的供电电源，宜采用电压为 6/10kV 的外接电源。加油加气站的供电系统应设独立的计量装置。

11.1.3 加油站、加气站及加油加气合建站的消防泵房、罩棚、营业室、LPG 泵房、压缩机间等处，均应设事故照明。

11.1.4 当引用外电源有困难时，加油加气站可设置小型内燃发电机组。内燃机的排烟管口，应安装阻火器。排烟管口至各爆炸危险区域边界的水平距离，应符合下列规定：

    1 排烟口高出地面 4.5m 以下时，不应小于 5m。

    2 排烟口高出地面 4.5m 及以上时，不应小于 3m。

11.1.5 加油加气站的电力线路宜采用电缆并直埋敷设。电缆穿越行车道部分，应穿钢管保护。

11.1.6 当采用电缆沟敷设电缆时，加油加气作业区内的电缆沟内必须充沙填实。电缆不得与油品、LPG、LNG 和 CNG 管道以及热力管道敷设在同一沟内。

11.1.7 爆炸危险区域内的电气设备选型、安装、电力线路敷设等，应符合现行国家标准《爆炸和火灾危险环境电力装置设计规范》GB 50058 的有关规定。

11.1.8 加油加气站内爆炸危险区域以外的照明灯具，可选用非防爆型。罩棚下处于非爆炸危险区域的灯具，应选用防护等级不低于 IP 44 级的照明灯具。

11.2 防雷、防静电

11.2.1 钢制油罐、LPG 储罐、LNG 储罐和 CNG 储气瓶（组）必须进行防雷接地，接地点不应少于 2 处。

11.2.2 加油加气站的电气接地应符合下列规定：

    1 防雷接地、防静电接地、电气设备的工作接地、保护接地及信息系统的接地等，宜共用接地装置，其接地电阻应按其中接地电阻值要求最小的接地电阻值确定。

    2 当各自单独设置接地装置时，油罐、LPG 储罐、LNG 储罐和 CNG 储气瓶（组）的防雷接地装置的接地电阻、配线电缆金属外皮两端和保护钢管两端的接地装置的接地电阻，不应大于 10Ω，电气系统的工作和保护接地电阻不应大于 4Ω，地上油品、LPG、CNG 和 LNG 管道始、末端和分支处的接地装置的接地电阻，不应大于 30Ω。

11.2.3 当 LPG 储罐的阴极防腐符合下列规定时，可不另设防雷和防静电接地装置：

    1 LPG 储罐采用牺牲阳极法进行阴极防腐时，牺牲阳极的接地电阻不应大于 10Ω，阳极与储罐的铜

芯连线横截面不应小于 16mm²。

    2 LPG 储罐采用强制电流法进行阴极防腐时，接地电极应采用锌棒或镁锌复合棒，其接地电阻不应大于 10Ω，接地电极与储罐的铜芯连线横截面不应小于 16mm²。

11.2.4 埋地钢制油罐、埋地 LPG 储罐和埋地 LNG 储罐，以及非金属油罐顶部的金属部件和罐内的各金属部件，应与非埋地部分的工艺金属管道相互做电气连接并接地。

11.2.5 加油加气站内油气放散管在接入全站共用接地装置后，可不单独做防雷接地。

11.2.6 当加油加气站内的站房和罩棚等建筑物需要防直击雷时，应采用避雷带（网）保护。当罩棚采用金属屋面时，其顶面单层金属板厚度大于 0.5mm、搭接长度大于 100mm，且下面无易燃的吊顶材料时，可不采用避雷带（网）保护。

11.2.7 加油加气站的信息系统应采用铠装电缆或导线穿钢管配线。配线电缆金属外皮两端、保护钢管两端均应接地。

11.2.8 加油加气站信息系统的配电线路首、末端与电子器件连接时，应装设与电子器件耐压水平相适应的过电压（电涌）保护器。

11.2.9 380/220V 供配电系统宜采用 TN—S 系统，当外供电源为 380V 时，可采用 TN—C—S 系统。供电系统的电缆金属外皮或电缆金属保护管两端均应接地，在供配电系统的电源端应安装与设备耐压水平相适应的过电压（电涌）保护器。

11.2.10 地上或管沟敷设的油品管道、LPG 管道、LNG 管道和 CNG 管道，应设防静电和防感应雷的共用接地装置，其接地电阻不应大于 30Ω。

11.2.11 加油加气站的汽油罐车、LPG 罐车和 LNG 罐车卸车场地和 CNG 加气子站内的车载储气瓶组的卸气场地，应设卸车或卸气时用的防静电接地装置，并应设置能检测跨接线及监视接地装置状态的静电接地仪。

11.2.12 在爆炸危险区域内工艺管道上的法兰、胶管两端等连接处，应用金属线跨接。当法兰的连接螺栓不少于 5 根时，在非腐蚀环境下可不跨接。

11.2.13 油罐车卸油用的卸油软管、油气回收软管与两端快速接头，应保证可靠的电气连接。

11.2.14 采用导静电的热塑性塑料管道时，导电内衬应接地；采用不导静电的热塑性塑料管道时，不埋地部分的热熔连接件应保证长期可靠的接地，也可采用专用的密封帽将连接管件的电熔插孔密封，管道或接头的其他导电部件也应接地。

11.2.15 防静电接地装置的接地电阻不应大于 100Ω。

11.3 充 电 设 施

11.3.1 户外安装的充电设备的基础应高于所在地

坪 200mm。

11.3.2 户外安装的直流充电机、直流充电桩和交流充电桩的防护等级应为 IP 54。

11.3.3 直流充电机、直流或交流充电桩与站内汽车通道（或充电车位）相邻一侧，应设置车挡或防撞（柱）栏，防撞（柱）栏的高度不应小于 0.5m。

11.4 报 警 系 统

11.4.1 加气站、加油加气合建站应设置可燃气体检测报警系统。

11.4.2 加气站、加油加气合建站内设置有 LPG 设备、LNG 设备的场所和设置有 CNG 设备（包括罐、瓶、泵、压缩机等）的房间内、罩棚下，应设置可燃气体检测器。

11.4.3 可燃气体检测器一级报警设定值应小于或等于可燃气体爆炸下限的 25%。

11.4.4 LPG 储罐和 LNG 储罐应设置液位上限、下限报警装置和压力上限报警装置。

11.4.5 报警器宜集中设置在控制室或值班室内。

11.4.6 报警系统应配有不间断电源。

11.4.7 可燃气体检测器和报警器的选用和安装，应符合现行国家标准《石油化工可燃气体和有毒气体检测报警设计规范》GB 50493 的有关规定。

11.4.8 LNG 泵应设超温、超压自动停泵保护装置。

11.5 紧急切断系统

11.5.1 加油加气站应设置紧急切断系统，该系统应能在事故状态下迅速切断加油泵、LPG 泵、LNG 泵、LPG 压缩机、CNG 压缩机的电源和关闭重要的 LPG、CNG、LNG 管道阀门。紧急切断系统应具有失效保护功能。

11.5.2 加油泵、LPG 泵、LNG 泵、LPG 压缩机、CNG 压缩机的电源和加气站管道上的紧急切断阀，应能由手动启动的远程控制切断系统操纵关闭。

11.5.3 紧急切断系统应至少在下列位置设置启动开关：

 1 距加气站卸车点 5m 以内。

 2 在加油加气现场工作人员容易接近的位置。

 3 在控制室或值班室内。

11.5.4 紧急切断系统应只能手动复位。

12 采暖通风、建（构）筑物、绿化

12.1 采 暖 通 风

12.1.1 加油加气站内的各类房间应根据站场环境、生产工艺特点和运行管理需要进行采暖设计。采暖房间的室内计算温度不宜低于表 12.1.1 的规定。

表 12.1.1 采暖房间的室内计算温度

房 间 名 称	室内计算温度（℃）
营业室、仪表控制室、办公室、值班休息室	18
浴室、更衣室	25
卫生间	12
压缩机间、调压器间、可燃液体泵房、发电间	12
消防器材间	5

12.1.2 加油加气站的采暖宜利用城市、小区或邻近单位的热源。无利用条件时，可在加油加气站内设置锅炉房。

12.1.3 设置在站房内的热水锅炉房（间），应符合下列规定：

 1 锅炉宜选用额定供热量不大于 140kW 的小型锅炉。

 2 当采用燃煤锅炉时，宜选用具有除尘功能的自然通风型锅炉。锅炉烟囱出口应高出屋顶 2m 及以上，且应采取防止火星外逸的有效措施。

 3 当采用燃气热水器采暖时，热水器应设有排烟系统和熄火保护等安全装置。

12.1.4 加油加气站内，爆炸危险区域内的房间或箱体应采取通风措施，并应符合下列规定：

 1 采用强制通风时，通风设备的通风能力在工艺设备工作期间应按每小时换气 12 次计算，在工艺设备非工作期间应按每小时换气 5 次计算。通风设备应防爆，并应与可燃气体浓度报警器联锁。

 2 采用自然通风时，通风口总面积不应小于 $300cm^2/m^2$（地面），通风口不应少于 2 个，且应靠近可燃气体积聚的部位设置。

12.1.5 加油加气站室内外采暖管道宜直埋敷设，当采用管沟敷设时，管沟应充沙填实，进出建筑物处应采取隔断措施。

12.2 建（构）筑物

12.2.1 加油加气作业区内的站房及其他附属建筑物的耐火等级不应低于二级。当罩棚顶棚的承重构件为钢结构时，其耐火极限可为 0.25h，顶棚其他部分不得采用燃烧体建造。

12.2.2 汽车加油、加气场地宜设罩棚，罩棚的设计应符合下列规定：

 1 罩棚应采用不燃烧材料建造。

 2 进站口无限高措施时，罩棚的净空高度不应小于 4.5m；进站口有限高措施时，罩棚的净空高度不应小于限高高度。

 3 罩棚遮盖加油机、加气机的平面投影距离不宜小于 2m。

4 罩棚设计应计算活荷载、雪荷载、风荷载，其设计标准值应符合现行国家标准《建筑结构荷载规范》GB 50009 的有关规定。

5 罩棚的抗震设计应按现行国家标准《建筑抗震设计规范》GB 50011 的有关规定执行。

6 设置于 CNG 设备和 LNG 设备上方的罩棚，应采用避免天然气积聚的结构形式。

12.2.3 加油岛、加气岛的设计应符合下列规定：

1 加油岛、加气岛应高出停车位的地坪 0.15m ～0.2m。

2 加油岛、加气岛两端的宽度不应小于 1.2m。

3 加油岛、加气岛上的罩棚立柱边缘距岛端部，不应小于 0.6m。

12.2.4 布置有可燃液体或可燃气体设备的建筑物的门窗应向外开启，并应按现行国家标准《建筑设计防火规范》GB 50016 的有关规定采取泄压措施。

12.2.5 布置有 LPG 或 LNG 设备的房间的地坪应采用不发生火花地面。

12.2.6 加气站的 CNG 储气瓶（组）间宜采用开敞式或半开敞式钢筋混凝土结构或钢结构。屋面应采用不燃烧轻质材料建造。储气瓶（组）管道接口端朝向的墙应为厚度不小于 200mm 的钢筋混凝土实体墙。

12.2.7 加油加气站内的工艺设备，不宜布置在封闭的房间或箱体内；工艺设备（不包括本规范要求埋地设置的油罐和 LPG 储罐）需要布置在封闭的房间或箱体内时，房间或箱体内应设置可燃气体检测报警器和强制通风设备，并应符合本规范第 12.1.4 条的规定。

12.2.8 当压缩机间与值班室、仪表间相邻时，值班室、仪表间的门窗应位于爆炸危险区范围之外，且与压缩机间的中间隔墙应为无门窗洞口的防火墙。

12.2.9 站房可由办公室、值班室、营业室、控制室、变配电间、卫生间和便利店等组成。

12.2.10 站房的一部分位于加油加气作业区内时，该站房的建筑面积不宜超过 300m²，且该站房内不得有明火设备。

12.2.11 辅助服务区内建筑物的面积不应超过本规范附录 B 中三类保护物标准，其消防设计应符合现行国家标准《建筑设计防火规范》GB 50016 的有关规定。

12.2.12 站房可与设置在辅助服务区内的餐厅、汽车服务、锅炉房、厨房、员工宿舍、司机休息室等设施合建，但站房与餐厅、汽车服务、锅炉房、厨房、员工宿舍、司机休息室等设施之间，应设置无门窗洞口且耐火极限不低于 3h 的实体墙。

12.2.13 站房可设在站外民用建筑物内或与站外民用建筑物合建，并应符合下列规定：

1 站房与民用建筑物之间不得有连接通道。

2 站房应单独开设通向加油加气站的出入口。

3 民用建筑物不得有直接通向加油加气站的出入口。

12.2.14 当加油加气站内的锅炉房、厨房等有明火设备的房间与工艺设备之间的距离符合表 5.0.13 的规定但小于或等于 25m 时，其朝向加油加气作业区的外墙应为无门窗洞口且耐火极限不低于 3h 的实体墙。

12.2.15 加油加气站内不应建地下和半地下室。

12.2.16 位于爆炸危险区域内的操作井、排水井，应采取防渗漏和防火花发生的措施。

12.3 绿 化

12.3.1 加油加气站作业区内不得种植油性植物。

12.3.2 LPG 加气站作业区内不应种植树木和易造成可燃气体积聚的其他植物。

13 工 程 施 工

13.1 一 般 规 定

13.1.1 承建加油加气站建筑工程的施工单位应具有建筑工程的相应资质。

13.1.2 承建加油加气站安装工程的施工单位应具有安装工程的相应资质。从事锅炉、压力容器及压力管道安装、改造、维修的单位，应取得相应的特种设备许可证。

13.1.3 从事锅炉、压力容器和压力管道焊接的焊工，应按现行行业标准《特种设备焊接操作人员考核细则》TSG Z6002 的有关规定，取得与所从事的焊接工作相适应的焊工合格证。

13.1.4 无损检测人员应取得相应的资格。

13.1.5 加油加气站工程施工应按工程设计文件及工艺设备、电气仪表的产品使用说明书进行，需修改设计或材料代用时，应有原设计单位变更设计的书面文件或经原设计单位同意的设计变更书面文件。

13.1.6 施工单位应编制施工方案，并应在施工前进行设计交底和技术交底。施工方案宜包括下列内容：

1 工程概况。

2 施工部署。

3 施工进度计划。

4 资源配置计划。

5 主要施工方法和质量标准。

6 质量保证措施和安全保证措施。

7 施工平面布置。

8 施工记录。

13.1.7 施工用设备、检测设备性能应可靠，计量器具应经过检定，处于合格状态，并应在有效检定期内。

13.1.8 加油加气站施工应做好施工记录，其中隐蔽工程施工记录应有建设或监理单位代表确认签字。

13.1.9 当在敷设有地下管道、线缆的地段进行土石方作业时，应采取安全施工措施。

13.1.10 施工中的安全技术和劳动保护，应按现行国家标准《石油化工建设工程施工安全技术规范》GB 50484 的有关规定执行。

13.2 材料和设备检验

13.2.1 材料和设备的规格、型号、材质等应符合设计文件的要求。

13.2.2 材料和设备应具有有效的质量证明文件，并应符合下列规定：

1 材料质量证明文件的特性数据应符合相应产品标准的规定。

2 "压力容器产品质量证明书"应符合现行行业标准《固定式压力容器安全技术监察规程》TSG R0004 的有关规定，且应有"锅炉压力容器产品安全性能监督检验证书"。

3 气瓶应具有"产品合格证和批量检验质量证明书"，且应有"锅炉压力容器产品安全性能监督检验证书"。

4 压力容器应按现行国家标准《钢制压力容器》GB 150 的有关规定进行检验与验收；LNG 储罐还应按现行国家标准《低温绝热压力容器》GB 18442 的有关规定进行检验与验收。

5 油罐等常压容器应按设计文件要求和现行行业标准《钢制焊接常压容器》NB/T 47003.1 的有关规定进行检验与验收。

6 储气井应取得"压力容器（储气井）产品安全性能监督检验证书"后投入使用。

7 可燃介质阀门应按现行行业标准《石油化工钢制通用阀门选用、检验及验收》SH 3064 的有关规定进行检验与验收。

8 进口设备尚应有商检部门出具的进口设备商检合格证。

13.2.3 计量仪器应经过检定，处于合格状态，并应在有效检定期内。

13.2.4 设备的开箱检验，应由有关人员参加，并应按装箱清单进行下列检查：

1 应核对设备的名称、型号、规格、包装箱号、箱数，并应检查包装状况。

2 应检查随机技术资料及专用工具。

3 应对主机、附属设备及零、部件进行外观检查，并应核实零、部件的品种、规格、数量等。

4 检验后应提交有签证的检验记录。

13.2.5 可燃介质管道的组成件应有产品标识，并应按现行国家标准《石油化工金属管道工程施工质量验收规范》GB 50517 的有关规定进行检验。

13.2.6 油罐在安装前应进行下列检查：

1 钢制油罐应进行压力试验，试验用压力表精度不应低于 2.5 级，试验介质应为温度不低于 5℃ 的洁净水，试验压力应为 0.1MPa。升压至 0.1MPa 后，应停压 10min，然后降至 0.08MPa，再停压 30min，应以不降压、无泄漏和无变形为合格。压力试验后，应及时清除罐内的积水及焊渣等污物。

2 双层油罐内层与外层之间的间隙，应以 35kPa 空气静压进行正压或真空度渗漏检测，持压 30min，不降压、无泄漏应为合格。

3 双层油罐内层与外层的夹层，应以 34.5kPa 进行水压或气压试验，或以 18kPa 进行真空试验。持压 1h，以不降压、无泄漏应为合格。

4 油罐在制造厂已进行压力试验并有压力试验合格报告，并经现场外观检查罐体无损伤，且双层油罐内外层之间的间隙持压符合本条第 2 款的要求时，施工现场可不进行压力试验。

13.2.7 LPG 储罐、LNG 储罐和 CNG 储气瓶（含瓶口阀）安装前，应检查确认内部无水、油和焊渣等污物。

13.2.8 当材料和设备有下列情况之一时，不得使用：

1 质量证明文件特性数据不全或对其数据有异议的。

2 实物标识与质量证明文件标识不符的。

3 要求复验的材料未进行复验或复验后不合格的。

4 不满足设计或国家现行有关产品标准和本规范要求的。

13.2.9 属下列情况之一的储罐，应根据国家现行有关标准和本规范第 6.1 节的规定，进行技术鉴定合格后再使用：

1 旧罐复用及出厂存放时间超过 2 年的。

2 有明显变形、锈蚀或其他缺陷的。

3 对质量有异议的。

13.2.10 埋地油罐的罐体质量检验应在油罐就位前进行，并应有记录，记录包括下列内容：

1 油罐直径、壁厚、公称容量。

2 出厂日期和使用记录。

3 腐蚀情况及技术鉴定合格报告。

4 压力试验合格报告。

13.3 土 建 工 程

13.3.1 工程测量应按现行国家标准《工程测量规范》GB 50026 的有关规定进行。施工过程中应对平面控制桩、水准点等测量成果进行检查和复测，并应对水准点和标桩采取保护措施。

13.3.2 进行场地平整和土方开挖回填作业时，应采取防止地表水或地下水流入作业区的措施。排水出口应设置在远离建筑物的低洼地点，并应保证排水畅通。排水暗沟的出水口处应采取防止冻结的措施。临时排水设施应待地下工程土方回填完毕后再拆除。

13.3.3 在地下水位以下开挖土方时，应采取防止周围建（构）筑物产生附加沉降的措施。

13.3.4 当设计文件无要求时，场地平土应以不小于2‰的坡度坡向排水沟。

13.3.5 土方工程应按现行国家标准《建筑地基基础工程施工质量验收规范》GB 50202 的有关规定进行验收。

13.3.6 混凝土设备基础模板、钢筋和混凝土工程施工，除应符合现行行业标准《石油化工设备混凝土基础工程施工及验收规范》SH 3510 的有关规定外，尚应符合下列规定：

1 拆除模板时基础混凝土达到的强度，不应低于设计强度的 40%。

2 钢筋的混凝土保护层厚度允许偏差为±10mm。

3 设备基础的工程质量应符合下列规定：

1）基础混凝土不得有裂缝、蜂窝、露筋等缺陷；

2）基础周围土方应夯实、整平；

3）螺栓应无损坏、腐蚀，螺栓预留孔和预留洞中的积水、杂物应清理干净；

4）设备基础应标出轴线和标高，基础的允许偏差应符合表 13.3.6 的规定；

5）由多个独立基础组成的设备基础，各个基础间的轴线、标高等的允许偏差应按表 13.3.6 的规定检查。

表 13.3.6 块体式设备基础的允许偏差（mm）

项次	项 目		允许偏差
1	轴线位置		20
2	不同平面的标高（不计表面灌浆层厚度）		0 −20
3	平面外形尺寸		±20
4	凸台上平面外形尺寸		0 −20
5	凹穴平面尺寸		+20 0
6	平面度（包括地坪上需安装设备部分）	每米	5
		全长	10
7	侧面垂直度	每米	5
		全高	10

续表 13.3.6

项次	项 目		允许偏差
8	预埋地脚螺栓	标高（顶端）	+100
		螺栓中心圆直径	±5
		中心距（在根部和顶部两处测量）	±2
9	地脚螺栓预留孔	中心线位置	10
		深度	+200
		孔中心线铅垂度	10
10	预埋件	标高（平面）	+50
		中心线位置	10
		水平度	10

4 基础交付设备安装时，混凝土强度不应低于设计强度的 75%。

5 当对设备基础有沉降量要求时，应在找正、找平及底座二次灌浆完成并达到规定强度后，按下列程序进行沉降观测，应以基础均匀沉降且 6d 内累计沉量不大于 12mm 为合格：

1）设置观测基准点和液位观测标识；

2）按设备容积的 1/3 分期注水，每期稳定时间不得少于 12h；

3）设备充满水后，观测时间不得少于 6d。

13.3.7 站房及其他附属建筑物的基础、构造柱、圈梁、模板、钢筋、混凝土，以及砖石工程等的施工，应符合现行国家标准《建筑地基基础工程施工质量验收规范》GB 50202、《砌体工程施工质量验收规范》GB 50203 和《混凝土结构工程施工质量验收规范》GB 50204 的有关规定。

13.3.8 防渗混凝土的施工应符合现行国家标准《地下工程防水技术规范》GB 50108 的有关规定。防渗罐池施工应符合现行行业标准《石油化工混凝土水池工程施工及验收规范》SH/T 3535 的有关规定。

13.3.9 站房及其他附属建筑物的屋面工程、地面工程和建筑装饰工程的施工，应符合现行国家标准《屋面工程质量验收规范》GB 50207、《建筑地面工程施工质量验收规范》GB 50209 和《建筑装饰装修工程质量验收规范》GB 50210 的有关规定。

13.3.10 钢结构的制作、安装应符合现行国家标准《钢结构工程施工质量验收规范》GB 50205 的有关规定。建筑物和钢结构的防火涂层的施工，应符合设计文件与产品使用说明书的要求。

13.3.11 站区建筑物的采暖和给排水施工，应按现行国家标准《建筑给水排水及采暖工程施工质量验收规范》GB 50242 的有关规定进行验收。

13.3.12 站区混凝土地面施工，应符合国家现行标准《公路路基施工技术规范》JTG F10、《公路路面基层施工技术规范》JTJ 034 和《水泥混凝土路面施工及验收规范》GBJ 97 的有关规定，并应按地基土回填夯实、垫层铺设、面层施工的工序进行控制，上道工序未经检查验收合格，下道工序不得施工。

13.4 设备安装工程

13.4.1 加油加气站工程所用的静设备宜在制造厂整体制造。

13.4.2 静设备的安装应符合现行国家标准《石油化工静设备安装工程施工质量验收规范》GB 50461 的有关规定。安装允许偏差应符合表 13.4.2 的规定。

表 13.4.2 静设备安装允许偏差 （mm）

检查项目		偏差值
中心线位置		5
标高		±5
储罐水平度	轴向	$L/1000$
	径向	$2D/1000$
塔器垂直度		$H/1000$
塔器方位（沿底座环圆周测量）		10

注：D 为静设备外径；L 为卧式储罐长度；H 为立式塔器高度。

13.4.3 油罐和液化石油气罐安装就位后，应按本规范第 13.3.6 条第 5 款的规定进行注水沉降。

13.4.4 静设备封孔前应清除内部的泥沙和杂物，并应经建设或监理单位代表检查确认后再封闭。

13.4.5 CNG 储气瓶（组）的安装应符合设计文件的要求。

13.4.6 CNG 储气井的建造除应符合现行行业标准《高压气地下储气井》SY/T 6535 的有关规定外，尚应符合下列规定：

　1 储气井井筒与地层之间的环形空隙应采用硅酸盐水泥全井段填充，固井水泥浆应返出地面，且填充的水泥浆的体积不应小于空隙的理论计算体积，其密度不应小于 1650kg/m³。

　2 储气井应根据所处环境条件进行防腐蚀设计及处理。

　3 储气井组宜在井口装置下端面至地下埋深不小于 1.5m、以井口中心点为中心且半径不小于 1m 的范围内，采用 C30 钢筋混凝土进行加强固定。

　4 储气井的钻井和固井施工应由具有相应资质的工程监理单位进行过程监理，并取得"工程质量监理评估报告"。

13.4.7 LNG 储罐在预冷前罐内应进行干燥处理，干燥后储罐内气体的露点不应高于－20℃。

13.4.8 加油机、加气机安装应按产品使用说明书的要求进行，并应符合下列规定：

　1 安装完毕，应按产品使用说明书的规定预通电，并应进行整机的试机工作。在初次上电前应再次检查确认下列事项符合要求：

　　1）电源线已连接好；

　　2）管道上各接口已按设计文件要求连接完毕；

　　3）管道内污物已清除。

　2 加气枪应进行加气充装泄漏测试，测试压力应按设计压力进行。测试不得少于 3 次。

　3 试机时不得以水代油（气）试验整机。

13.4.9 机械设备安装应符合现行国家标准《机械设备安装工程施工及验收通用规范》GB 50231 的有关规定。

13.4.10 压缩机与泵的安装应符合现行国家标准《风机、压缩机、泵安装工程施工及验收规范》GB 50275 的有关规定。

13.4.11 压缩机在空气负荷试运转中，应进行下列各项检查和记录：

　1 润滑油的压力、温度和各部位的供油情况。

　2 各级吸、排气的温度和压力。

　3 各级进、排水的温度、压力和冷却水的供应情况。

　4 各级吸、排气阀的工作应无异常现象。

　5 运动部件应无异常响声。

　6 连接部位应无漏气、漏油或漏水现象。

　7 连接部位应无松动现象。

　8 气量调节装置应灵敏。

　9 主轴承、滑道、填函等主要摩擦部位的温度。

　10 电动机的电流、电压、温升。

　11 自动控制装置应灵敏、可靠。

13.4.12 压缩机空气负荷试运转后，应清洗油过滤器并更换润滑油。

13.5 管道工程

13.5.1 与储罐连接的管道应在储罐安装就位并经注水或承重沉降试验稳定后进行安装。

13.5.2 热塑性塑料管道安装完后，埋地部分的管道应将管件上电熔连接的通电插孔用专用密封帽或绝缘材料密封。非埋地部分的管道应按本规范第 11.2.14 条的规定执行。

13.5.3 在安装带导静电内衬的热塑性塑料管道时，应确保各连接部位电气连通，并应在管道安装完后或覆土前，对非金属管道做电气连通测试。

13.5.4 可燃介质管道焊缝外观应成型良好，与母材圆滑过渡，宽度宜为每侧盖过坡口 2mm，焊接接头表面质量应符合下列规定：

　1 不得有裂纹、未熔合、夹渣、飞溅存在。

2 CNG 和 LNG 管道焊缝不得有咬肉，其他管道焊缝咬肉深度不应大于 0.5mm，连续咬肉长度不应大于 100mm，且焊缝两侧咬肉总长不应大于焊缝全长的 10%。

3 焊缝表面不得低于管道表面，焊缝余高不应大于 2mm。

13.5.5 可燃介质管道焊接接头无损检测方法应符合设计文件要求，缺陷等级评定应符合现行行业标准《承压设备无损检测》JB/T 4730.1～JB/T 4730.6 的有关规定，并应符合下列规定：

1 射线检测时，射线检测技术等级不得低于 AB 级，管道焊接接头的合格标准，应符合下列规定：

1）LPG、LNG 和 CNG 管道Ⅱ级合格；

2）油品和油气管道Ⅲ级合格。

2 超声波检测时，管道焊接接头的合格标准，应符合下列规定：

1）LPG、LNG 和 CNG 管道Ⅰ级合格；

2）油品和油气管道Ⅱ级合格。

3 当射线检测改用超声波检测时，应征得设计单位同意并取得证明文件。

13.5.6 每名焊工施焊焊接接头射线或超声波检测百分率，应符合下列规定：

1 油品管道焊接接头，不得低于 10%。

2 LPG 管道焊接接头，不得低于 20%。

3 CNG 和 LNG 管道焊接接头，应为 100%。

4 固定焊的焊接接头不得少于检测数量的 40%，且不应少于 1 个。

13.5.7 可燃介质管道焊接接头抽样检验，有不合格时，应按该焊工的不合格数加倍检验，仍有不合格时应全部检验。不合格焊缝的返修次数不得超过 3 次。

13.5.8 可燃介质管道上流量计孔板上、下游直管的长度，应符合设计文件要求，且设计文件要求的直管长度范围内的焊缝内表面应与管道内表面平齐。

13.5.9 加油站工艺管道系统安装完成后，应进行压力试验，并应符合下列规定：

1 压力试验宜以洁净水进行。

2 压力试验的环境温度不得低于 5℃。

3 管道的工作压力和试验压力，应按表 13.5.9 取值。

表 13.5.9 加油站工艺管道系统的工作压力和试验压力

管道	材质	工作压力（kPa）	试验压力（kPa）	
			真空	正压
正压加油管道（采用潜油泵加压）	钢管	＋350	—	＋600±50
	热塑性塑料管道	＋350	—	＋500±10

管道	材质	工作压力（kPa）	试验压力（kPa）	
			真空	正压
负压加油管道（采用自吸式加油机）	钢管	－60	－90±5	＋600±50
	热塑性塑料管道	－60	－90±5	＋500±10
通气管横管、油气回收管道	钢管	＋130	－90±5	＋600±50
	热塑性塑料管道	＋100	－90±5	＋500±10
卸油管道	钢管	100	—	＋600±50
	热塑性塑料管道	100	—	＋500±10
双层外层管道	钢管	－50～＋450	－90±5	＋600±50
	热塑性塑料管道	－50～＋450	－60±5	＋500±10

注：表中压力值为表压。

13.5.10 LPG、CNG、LNG 管道系统安装完成后，应进行压力试验，并应符合下列规定：

1 钢制管道系统的压力试验应以洁净水进行，试验压力应为设计压力的 1.5 倍。奥氏体不锈钢管道以水作试验介质时，水中的氯离子含量不得超过 50mg/L。

2 LNG 管道系统宜采用气压试验，当采用液压试验时，应有将试验液体完全排出管道系统的措施。

3 管道系统采用气压试验时，应有经施工单位技术总负责人批准的安全措施，试验压力应为设计压力的 1.15 倍。

4 压力试验的环境温度不得低于 5℃。

13.5.11 压力试验过程中有泄漏时，不得带压处理。缺陷消除后应重新试压。

13.5.12 可燃介质管道系统试压完毕，应及时拆除临时盲板，并应恢复原状。

13.5.13 可燃介质管道系统试压合格后，应用洁净水进行冲洗或用空气进行吹扫，并应符合下列规定：

1 不应安装法兰连接的安全阀、仪表件等，对已焊在管道上的阀门和仪表应采取保护措施。

2 不参与冲洗或吹扫的设备应隔离。

3 CNG、LNG 管道宜采用空气吹扫。吹扫压力不得超过设备和管道系统的设计压力，空气流速不得小于 20m/s，应以无游离水为合格。

4 水冲洗流速不得小于 1.5m/s。

13.5.14 可燃介质管道系统采用水冲洗时，应目测排出口的水色和透明度，应以出、入口水色和透明度一致为合格。

采用空气吹扫时，应在排出口设白色油漆靶检查，应以 5min 内靶上无铁锈及其他杂物颗粒为合格。经冲洗或吹扫合格的管道，应及时恢复原状。

13.5.15 可燃介质管道系统应以设计压力进行严密

性试验，试验介质应为压缩空气或氮气。

13.5.16 LNG管道系统在预冷前应进行干燥处理，干燥处理后管道系统内气体的露点不应高于—20℃。

13.5.17 油气回收管道系统安装、试压、吹扫完毕之后和覆土之前，应按现行国家标准《加油站大气污染物排放标准》GB 20952 的有关规定，对管路密闭性和液阻进行自检。

13.5.18 可燃介质管道工程的施工，除应符合本节的规定外，尚应符合现行国家标准《石油化工金属管道工程施工质量验收规范》GB 50517 的有关规定。

13.6 电气仪表安装工程

13.6.1 盘、柜及二次回路结线的安装除应符合现行国家标准《电气装置安装工程盘、柜及二次回路结线施工及验收规范》GB 50171的有关规定外，尚应符合下列规定：

　　1 母线搭接面应处理后搪锡，并应均匀涂抹电力复合脂。

　　2 二次回路接线应紧密、无松动，采用多股软铜线时，线端应采用相应规格的接线耳与接线端子相连。

13.6.2 电缆施工除应符合现行国家标准《电气装置安装工程电缆线路施工及验收规范》GB 50168 的有关规定外，尚应符合下列规定：

　　1 电缆进入电缆沟和建筑物时应穿管保护。保护管出入电缆沟和建筑物处的空洞应封闭，保护管管口应密封。

　　2 加油加气作业区内的电缆沟内应充沙填实。

　　3 有防火要求时，在电缆穿过墙壁、楼板或进入电气盘、柜的孔洞处应进行防火和阻燃处理，并应采取隔离密封措施。

13.6.3 照明施工应按现行国家标准《建筑电气工程施工质量验收规范》GB 50303 的有关规定进行验收。

13.6.4 接地装置的施工除应符合现行国家标准《电气装置安装工程接地装置施工及验收规范》GB 50169的有关规定外，尚应符合下列规定：

　　1 接地体顶面埋设深度设计文件无规定时，不宜小于0.6m。角钢及钢管接地体应垂直敷设，除接地体外，接地装置焊接部位应作防腐处理。

　　2 电气装置的接地应以单独的接地线与接地干线相连接，不得采用串接方式。

13.6.5 设备和管道的静电接地应符合设计文件的规定。

13.6.6 所有导电体在安装完成后应进行接地检查，接地电阻值应符合设计要求。

13.6.7 爆炸及火灾危险环境电气装置的施工除应符合现行国家标准《电气装置安装工程爆炸和火灾危险环境电气装置施工及验收规范》GB 50257 的有关规

定外，尚应符合下列规定：

　　1 接线盒、接线箱等的隔爆面上不应有砂眼、机械伤痕。

　　2 电缆线路穿过不同危险区域时，在交界处的电缆沟内应充砂、填塞火堵料或加设防火隔墙，保护管两端的管口处应将电缆周围用非燃性纤维堵塞严密，再填塞密封胶泥。

　　3 钢管与钢管、钢管与电气设备、钢管与钢管附件之间的连接，应满足防爆要求。

13.6.8 仪表的安装调试应符合现行行业标准《石油化工仪表工程施工技术规程》SH 3521 的有关规定外，尚应符合下列规定：

　　1 仪表安装前进行外观检查，并应经调试校验合格。

　　2 仪表电缆电线敷设及接线前，应进行导通检查与绝缘试验。

　　3 内浮筒液面计及浮球液面计采用导向管或其他导向装置时，导向管或导向装置应垂直安装，并应保证导向管内流通畅通。

　　4 安装浮球液位报警器用的法兰与工艺设备之间连接管的长度，应保证浮球能在全量程范围内自由活动。

　　5 仪表设备外壳、仪表盘（箱）、接线箱等，当有可能接触到危险电压的裸露金属部件时，应作保护接地。

　　6 计量仪器安装前应确认在计量鉴定合格有效期内，如计量有效期满，应及时与建设单位或监理单位代表联系。

　　7 仪表管路工作介质为油品、油气、LPG、LNG、CNG 等可燃介质时，其施工应符合现行国家标准《石油化工金属管道工程施工质量验收规范》GB 50517 的有关规定。

　　8 仪表安装完成后，应按设计文件及国家现行有关标准的规定进行各项性能试验，并应做书面记录。

　　9 电缆的屏蔽单端接地宜在控制室一侧接地，电缆现场端的屏蔽层不得露出保护层外，应与相邻金属体保持绝缘，同一线路屏蔽层应有可靠的电气连续性。

13.6.9 信息系统的通信线和电源线在室内敷设时，宜采用暗铺方式；无法暗铺时，应使用护套管或线槽沿墙明铺。

13.6.10 信息系统的电源线和通信线不应敷设在同一镀锌钢护套管内，通信线管与电源线管出口间隔宜为300mm。

13.7 防腐绝热工程

13.7.1 加油加气站设备和管道的防腐蚀要求，应符合设计文件的规定。

13.7.2 加油加气站设备的防腐蚀施工，应符合现行行业标准《石油化工设备和管道涂料防腐蚀技术规范》SH 3022 的有关规定。

13.7.3 加油加气站管道的防腐蚀施工，应符合现行国家标准《钢质管道外腐蚀控制规范》GB/T 21447 的有关规定。

13.7.4 当环境温度低于5℃、相对湿度大于80%或在雨、雪环境中，未采取可靠措施，不得进行防腐作业。

13.7.5 进行防腐蚀施工时，严禁在站内距作业点18.5m范围内进行有明火或电火花的作业。

13.7.6 已在车间进行防腐蚀处理的埋地金属设备和管道，应在现场对其防腐层进行电火花检测，不合格时，应重新进行防腐蚀处理。

13.7.7 设备和管道的绝热应符合现行国家标准《工业设备及管道绝热工程施工规范》GB 50126 的有关规定。

13.8 交 工 文 件

13.8.1 施工单位按合同规定范围内的工程全部完成后，应及时进行工程交工验收。

13.8.2 工程交工验收时，施工单位应提交下列资料：

  1 综合部分，应包括下列内容：

    1）交工技术文件说明；

    2）开工报告；

    3）工程交工证书；

    4）设计变更一览表；

    5）材料和设备质量证明文件及材料复验报告。

  2 建筑工程，应包括下列内容：

    1）工程定位测量记录；

    2）地基验槽记录；

    3）钢筋检验记录；

    4）混凝土工程施工记录；

    5）混凝土/砂浆试件试验报告；

    6）设备基础允许偏差项目检验记录；

    7）设备基础沉降记录；

    8）钢结构安装记录；

    9）钢结构防火层施工记录；

    10）防水工程试水记录；

    11）填方土料及填土压实试验记录；

    12）合格焊工登记表；

    13）隐蔽工程记录；

    14）防腐工程施工检查记录。

  3 安装工程，应包括下列内容：

    1）合格焊工登记表；

    2）隐蔽工程记录；

    3）防腐工程施工检查记录；

    4）防腐绝缘层电火花检测报告；

    5）设备开箱检验记录；

    6）设备安装记录；

    7）设备清理、检查、封孔记录；

    8）机器安装记录；

    9）机器单机运行记录；

    10）阀门试压记录；

    11）安全阀调试记录；

    12）管道系统安装检查记录；

    13）管道系统压力试验和严密性试验记录；

    14）管道系统吹扫/冲洗记录；

    15）管道系统静电接地记录；

    16）电缆敷设和绝缘检查记录；

    17）报警系统安装检查记录；

    18）接地极、接地电阻、防雷接地安装测定记录；

    19）电气照明安装检查记录；

    20）防爆电气设备安装检查记录；

    21）仪表调试与回路试验记录。

    22）隔热工程质量验收记录。

    23）综合控制系统基本功能检测记录；

    24）仪表管道耐压/严密性试验记录；

    25）仪表管道泄漏性/真空度试验条件确认与试验记录；

    26）控制系统机柜/仪表盘/操作台安装检验记录。

  4 竣工图。

附录 A 计算间距的起止点

A.0.1 站址选择、站内平面布置的安全间距和防火间距起止点，应符合下列规定：

  1 道路——路面边缘。

  2 铁路——铁路中心线。

  3 管道——管子中心线。

  4 储罐——罐外壁。

  5 储气瓶——瓶外壁。

  6 储气井——井管中心。

  7 加油机、加气机——中心线。

  8 设备——外缘。

  9 架空电力线、通信线路——线路中心线。

  10 埋地电力、通信电缆——电缆中心线。

  11 建（构）筑物——外墙轴线。

  12 地下建（构）筑物——出入口、通气口、采光窗等对外开口。

  13 卸车点——接卸油（LPG、LNG）罐车的固定接头。

  14 架空电力线杆高、通信线杆高和通信发射塔塔高——电线杆和通信发射塔所在地面至杆顶或塔顶的高度。

  注：本规范中的安全间距和防火间距未特殊说明时，均指平面投影距离。

附录 B 民用建筑物保护类别划分

B.0.1 重要公共建筑物，应包括下列内容：

1 地市级及以上的党政机关办公楼。

2 设计使用人数或座位数超过 1500 人（座）的体育馆、会堂、影剧院、娱乐场所、车站、证券交易所等人员密集的公共室内场所。

3 藏书量超过 50 万册的图书馆；地市级及以上的文物古迹、博物馆、展览馆、档案馆等建筑物。

4 省级及以上的银行等金融机构办公楼，省级及以上的广播电视建筑。

5 设计使用人数超过 5000 人的露天体育场、露天游泳场和其他露天公众聚会娱乐场所。

6 使用人数超过 500 人的中小学校及其他未成年人学校；使用人数超过 200 人的幼儿园、托儿所、残障人员康复设施；150 张床位及以上的养老院、医院的门诊楼和住院楼。这些设施有围墙者，从围墙中心线算起；无围墙者，从最近的建筑物算起。

7 总建筑面积超过 20000m² 的商店（商场）建筑，商业营业场所的建筑面积超过 15000m² 的综合楼。

8 地铁出入口、隧道出入口。

B.0.2 除重要公共建筑物以外的下列建筑物，应划分为一类保护物：

1 县级党政机关办公楼。

2 设计使用人数或座位数超过 800 人（座）的体育馆、会堂、会议中心、电影院、剧场、室内娱乐场所、车站和客运站等公共室内场所。

3 文物古迹、博物馆、展览馆、档案馆和藏书量超过 10 万册的图书馆等建筑物。

4 分行级的银行等金融机构办公楼。

5 设计使用人数超过 2000 人的露天体育场、露天游泳场和其他露天公众聚会娱乐场所。

6 中小学校、幼儿园、托儿所、残障人员康复设施、养老院、医院的门诊楼和住院楼等建筑物。这些设施有围墙者，从围墙中心线算起；无围墙者，从最近的建筑物算起。

7 总建筑面积超过 6000m² 的商店（商场）、商业营业场所的建筑面积超过 4000m² 的综合楼、证券交易所；总建筑面积超过 2000m² 的地下商店（商业街）以及总建筑面积超过 10000m² 的菜市场等商业营业场所。

8 总建筑面积超过 10000m² 的办公楼、写字楼等办公建筑。

9 总建筑面积超过 10000m² 的居住建筑。

10 总建筑面积超过 15000m² 的其他建筑。

B.0.3 除重要公共建筑物和一类保护物以外的下列建筑物，应为二类保护物：

1 体育馆、会堂、电影院、剧场、室内娱乐场所、车站、客运站、体育场、露天游泳场和其他露天娱乐场所等室内外公众聚会场所。

2 地下商店（商业街）；总建筑面积超过 3000m² 的商店（商场）、商业营业场所的建筑面积超过 2000m² 的综合楼；总建筑面积超过 3000m² 的菜市场等商业营业场所。

3 支行级的银行等金融机构办公楼。

4 总建筑面积超过 5000m² 的办公楼、写字楼等办公类建筑物。

5 总建筑面积超过 5000m² 的居住建筑。

6 总建筑面积超过 7500m² 的其他建筑物。

7 车位超过 100 个的汽车库和车位超过 200 个的停车场。

8 城市主干道的桥梁、高架路等。

B.0.4 除重要公共建筑物、一类和二类保护物以外的建筑物，应为三类保护物。

注：本规范第 B.0.1 条至第 B.0.4 条所列建筑物无特殊说明时，均指单栋建筑物；本规范第 B.0.1 条至第 B.0.4 条所列建筑物面积不含地下车库和地下设备间面积；与本规范第 B.0.1 条至第 B.0.4 条所列建筑物同样性质或规模的独立地下建筑物等同于第 B.0.1 条至第 B.0.4 条所列各类建筑物。

附录 C 加油加气站内爆炸危险区域的等级和范围划分

C.0.1 爆炸危险区域的等级定义，应符合现行国家标准《爆炸和火灾危险环境电力装置设计规范》GB 50058 的有关规定。

C.0.2 汽油、LPG 和 LNG 设施的爆炸危险区域内地坪以下的坑或沟应划为 1 区。

C.0.3 埋地卧式汽油储罐爆炸危险区域划分（图 C.0.3），应符合下列规定：

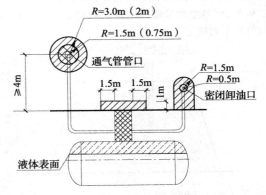

图 C.0.3 埋地卧式汽油储罐爆炸危险区域划分

 0区； 1区； 2区

1 罐内部油品表面以上的空间应划分为 0 区。

2 人孔（阀）井内部空间、以通气管管口为中心，半径为 1.5m（0.75m）的球形空间和以密闭卸油口为中心，半径为 0.5m 的球形空间，应划分为 1 区。

3 距人孔（阀）井外边缘 1.5m 以内，自地面算起 1m 高的圆柱形空间、以通气管管口为中心，半径为 3m（2m）的球形空间和以密闭卸油口为中心，半径为 1.5m 的球形并延至地面的空间，应划分为 2 区。

注：采用卸油油气回收系统的汽油罐通气管管口爆炸危险区域用括号内数字。

C.0.4 汽油的地面油罐、油罐车和密闭卸油口的爆炸危险区域划分（图 C.0.4），应符合下列规定：

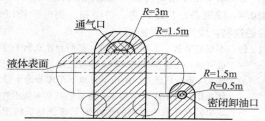

图 C.0.4 汽油的地面油罐、油罐车和密闭卸油口爆炸危险区域划分

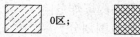 0区； 1区； 2区

1 地面油罐和油罐车内部的油品表面以上空间应划分为 0 区。

2 以通气口为中心，半径为 1.5m 的球形空间和以密闭卸油口为中心，半径为 0.5m 的球形空间，应划分为 1 区。

3 以通气口为中心，半径为 3m 的球形并延至地面的空间和以密闭卸油口为中心，半径为 1.5m 的球形并延至地面的空间，应划分为 2 区。

C.0.5 汽油加油机爆炸危险区域划分（图 C.0.5），应符合下列规定：

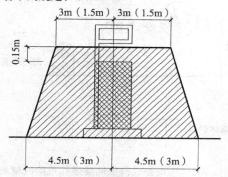

图 C.0.5 汽油加油机爆炸危险区域划分

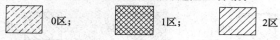 0区； 1区； 2区

1 加油机壳体内部空间应划分为 1 区。

2 以加油机中心线为中心线，以半径为 4.5m（3m）的地面区域为底面和加油机顶部以上 0.15m 半径为 3m（1.5m）的平面为顶面的圆台形空间，应划分为 2 区。

注：采用加油油气回收系统的加油机爆炸危险区域用括号内数字。

C.0.6 LPG 加气机爆炸危险区域划分（图 C.0.6），应符合下列规定：

1 加气机内部空间应划分为 1 区。

2 以加气机中心线为中心线，以半径为 5m 的地面区域为底面和以加气机顶部以上 0.15m 半径为 3m 的平面为顶面的圆台形空间，应划分为 2 区。

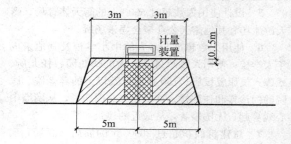

图 C.0.6 LPG 加气机的爆炸危险区域划分

 0区； 1区； 2区

C.0.7 埋地 LPG 储罐爆炸危险区域划分（图 C.0.7），应符合下列规定：

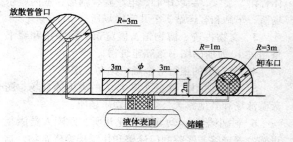

图 C.0.7 埋地 LPG 储罐爆炸危险区域划分

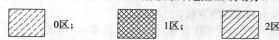 0区； 1区； 2区

1 人孔（阀）井内部空间和以卸车口为中心，半径为 1m 的球形空间，应划分为 1 区。

2 距人孔（阀）井外边缘 3m 以内，自地面算起 2m 高的圆柱形空间、以放散管管口为中心，半径为 3m 的球形并延至地面的空间和以卸车口为中心，半径为 3m 的球形并延至地面的空间，应划分为 2 区。

C.0.8 地上 LPG 储罐爆炸危险区域划分（图 C.0.8），应符合下列规定：

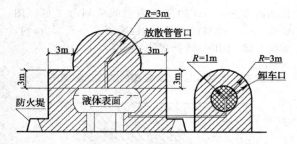

图 C.0.8　地上 LPG 储罐爆炸危险区域划分

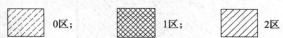

0区；　　　1区；　　　2区

　　1　以卸车口为中心，半径为 1m 的球形空间，应划分为 1 区。

　　2　以放散管管口为中心，半径为 3m 的球形空间、距储罐外壁 3m 范围内并延至地面的空间、防护堤内与防护堤等高的空间和以卸车口为中心，半径为 3m 的球形并延至地面的空间，应划分为 2 区。

C.0.9　露天或棚内设置的 LPG 泵、压缩机、阀门、法兰或类似附件的爆炸危险区域划分（图 C.0.9），距释放源壳体外缘半径为 3m 范围内的空间和距释放源壳体外缘 6m 范围内，自地面算起 0.6m 高的空间，应划分为 2 区。

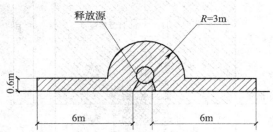

图 C.0.9　露天或棚内设置的 LPG 泵、压缩机、
阀门、法兰或类似附件的爆炸
危险区域划分

 0区；　　　 1区；　　　 2区

C.0.10　LPG 压缩机、泵、法兰、阀门或类似附件的房间爆炸危险区域划分（图 C.0.10），应符合下列规定：

　　1　压缩机、泵、法兰、阀门或类似附件的房间内部空间，应划分为 1 区。

　　2　房间有孔、洞或开式外墙，距孔、洞或墙体开口边缘 3m 范围内与房间等高的空间，应划为 2 区。

　　3　在 1 区范围之外，距释放源距离为 R_2，自地面算起 0.6m 高的空间，应划分为 2 区。当 1 区边缘距释放源的距离 L 大于 3m 时，R_2 取值为 L 外加 3m，当 1 区边缘距释放源的距离 L 小于等于 3m 时，R_2 取值为 6m。

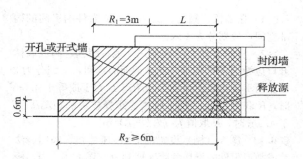

图 C.0.10　LPG 压缩机、泵、法兰、阀门或类似
附件的房间爆炸危险区域划分

 0区　　　 1区　　　 2区

C.0.11　室外或棚内 CNG 储气瓶（组）、储气井、车载储气瓶的爆炸危险区域划分（图 C.0.11），以放散管管口为中心，半径为 3m 的球形空间和距储气瓶（组）壳体（储气井）4.5m 以内并延至地面的空间，应划分为 2 区。

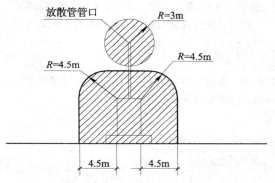

图 C.0.11　室外或棚内储气瓶（组）、储气井、
车载储气瓶的爆炸危险区域划分

 0区；　　　 1区；　　　2区

C.0.12　CNG 压缩机、阀门、法兰或类似附件的房间爆炸危险区域划分（图 C.0.12），应符合下列规定：

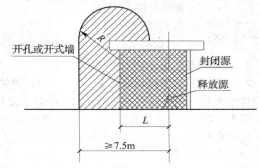

图 C.0.12　CNG 压缩机、阀门、法兰或
类似附件的房间爆炸危险区域划分

 0区；　　　 1区；　　　 2区

1 压缩机、阀门、法兰或类似附件的房间的内部空间，应划分为1区。

2 房间有孔、洞或开式外墙，距孔、洞或墙体开口边缘为R的范围并延至地面的空间，应划分为2区。当1区边缘距释放源的距离L大于或等于4.5m时，R取值为3m，当1区边缘距释放源的距离L小于4.5m时，R取值为（7.5-L）m。

C.0.13 露天（棚）设置的CNG压缩机、阀门、法兰或类似附件的爆炸危险区域划分（图C.0.13），距压缩机、阀门、法兰或类似附件壳体7.5m以内并延至地面的空间，应划分为2区。

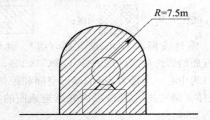

图C.0.13 露天（棚）设置的CNG压缩机组、
阀门、法兰或类似附件的爆炸危险区域划分

 0区； 1区；  2区

C.0.14 存放CNG储气瓶（组）的房间爆炸危险区域划分（图C.0.14），应符合下列规定：

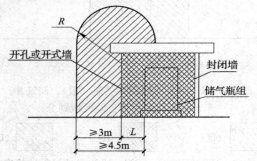

图C.0.14 存放CNG储气瓶（组）的房间
爆炸危险区域划分

 0区；   1区； 2区

1 房间内部空间应划分为1区。

2 房间有孔、洞或开式外墙，距孔、洞或外墙开口边缘R的范围并延至地面的空间，应划分为2区。当1区边缘距释放源的距离L大于或等于1.5m时，R取值为3m，当1区边缘距释放源的距离L小于1.5m时，R取值为（4.5-L）m。

C.0.15 CNG和LNG加气机的爆炸危险区域的等级和范围划分，应符合下列规定：

1 CNG和LNG加气机的内部空间应划分为1区。

2 距CNG和LNG加气机的外壁四周4.5m，自

地面高度为5.5m的范围内空间应划分2区（图C.0.15-1）。当罩棚底部至地面距离L小于5.5m时，罩棚上部空间应为非防爆区（图C.0.15-2）。

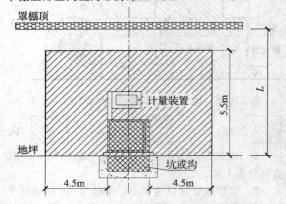

图C.0.15-1 CNG和LNG加气机的爆炸
危险区域划分（一）

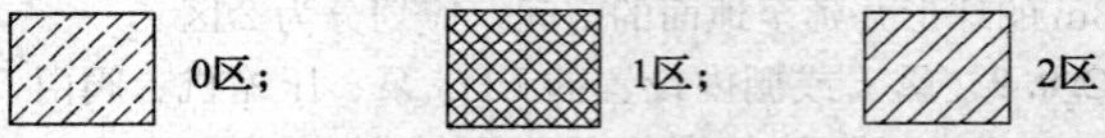

 0区；  1区； 2区

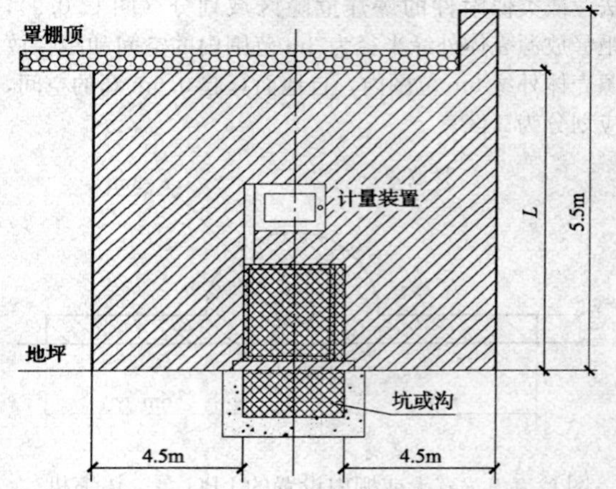

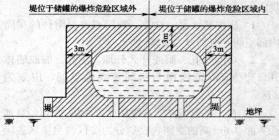

图C.0.15-2 CNG和LNG加气机的爆炸
危险区域划分（二）

 0区； 1区； 2区

C.0.16 LNG储罐的爆炸危险区域划分（图C.0.16-1～图C.0.16-3），应符合下列规定：

图C.0.16-1 地上LNG储罐的爆炸危险区域划分

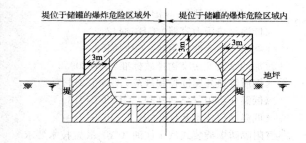

图 C.0.16-2 半地下 LNG 储罐的爆炸危险区域划分

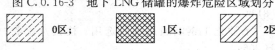

图 C.0.16-3 地下 LNG 储罐的爆炸危险区域划分

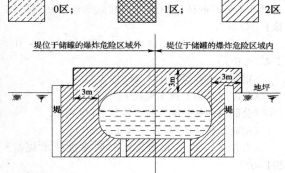

1 距 LNG 储罐的外壁和顶部 3m 的范围内应划分为 2 区。

2 储罐区的防护堤至储罐外壁，高度为堤顶高度的范围内应划分为 2 区。

C.0.17 露天设置的 LNG 泵的爆炸危险区域划分（图 C.0.18），应符合下列规定：

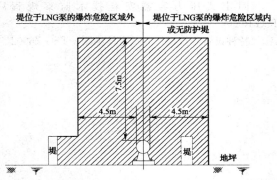

图 C.0.17 露天设置的 LNG 泵、空温式 LNG 气化器、阀门及法兰的爆炸危险区域划分

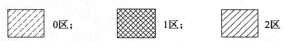

1 距设备或装置的外壁 4.5m，高出顶部 7.5m，地坪以上的范围内，应划分为 2 区。

2 当设置于防护堤内时，设备或装置外壁至防护堤，高度为堤顶高度的范围内，应划分为 2 区。

C.0.18 露天设置的水浴式 LNG 气化器的爆炸危险区域划分，应符合下列规定：

1 距水浴式 LNG 气化器的外壁和顶部 3m 的范围内，应划分为 2 区。

2 当设置于防护堤内时，设备外壁至防护堤，高度为堤顶高度的范围内，应划分为 2 区。

C.0.19 LNG 卸气柱的爆炸危险区域划分，应符合下列规定：

1 以密闭式注送口为中心，半径为 1.5m 的空间，应划分为 1 区。

2 以密闭式注送口为中心，半径为 4.5m 的空间以及至地坪以上的范围内，应划分为 2 区。

本规范用词说明

1 为便于在执行本规范条文时区别对待，对要求严格程度不同的用词说明如下：

　　1）表示很严格，非这样做不可的：
　　　　正面词采用"必须"，反面词采用"严禁"；

　　2）表示严格，在正常情况下均应这样做的：
　　　　正面词采用"应"，反面词采用"不应"或"不得"；

　　3）表示允许稍有选择，在条件许可时首先应这样做的：
　　　　正面词采用"宜"，反面词采用"不宜"；

　　4）表示有选择，在一定条件下可以这样做的，采用"可"。

2 条文中指明应按其他有关标准执行的写法为："应符合……的规定"或"应按……执行"。

引用标准名录

《建筑结构荷载规范》GB 50009

《建筑抗震设计规范》GB 50011

《建筑设计防火规范》GB 50016

《工程测量规范》GB 50026

《城镇燃气设计规范》GB 50028

《爆炸和火灾危险环境电力装置设计规范》GB 50058

《水泥混凝土路面施工及验收规范》GBJ 97

《地下工程防水技术规范》GB 50108

《工业设备及管道绝热工程施工规范》GB 50126

《建筑灭火器配置设计规范》GB 50140

《电气装置安装工程 电缆线路施工及验收规范》GB 50168

《电气装置安装工程 接地装置施工及验收规范》GB 50169

《电气装置安装工程 盘、柜及二次回路结线施工及验收规范》GB 50171

《石油天然气工程设计防火规范》GB 50183

《建筑地基基础工程施工质量验收规范》GB 50202

《砌体工程施工质量验收规范》GB 50203

《混凝土结构工程施工质量验收规范》GB 50204

《钢结构工程施工质量验收规范》GB 50205

《屋面工程质量验收规范》GB 50207

《建筑地面工程施工质量验收规范》GB 50209

《建筑装饰装修工程质量验收规范》GB 50210

《机械设备安装工程施工及验收通用规范》GB 50231

《建筑给水排水及采暖工程施工质量验收规范》GB 50242

《电气装置安装工程 爆炸和火灾危险环境电气装置施工及验收规范》GB 50257

《工业设备及管道绝热工程设计规范》GB 50264

《风机、压缩机、泵安装工程施工及验收规范》GB 50275

《建筑电气工程施工质量验收规范》GB 50303

《石油化工静设备安装工程施工质量验收规范》GB 50461

《石油化工建设工程施工安全技术规范》GB 50484

《石油化工可燃气体和有毒气体检测报警设计规范》GB 50493

《石油化工金属管道工程施工质量验收规范》GB 50517

《车用乙醇汽油储运设计规范》GB/T 50610

《钢制压力容器》GB 150

《高压锅炉用无缝钢管》GB 5310

《输送流体用无缝钢管》GB/T 8163

《钢制对焊无缝管件》GB/T 12459

《流体输送用不锈钢无缝钢管》GB/T 14976

《车用压缩天然气》GB 18047

《低温绝热压力容器》GB 18442

《站用压缩天然气钢瓶》GB 19158

《加油站大气污染物排放标准》GB 20952

《钢质管道外腐蚀控制规范》GB/T 21447

《低温介质用紧急切断阀》GB/T 24918

《低温阀门技术条件》GB/T 24925

《阻隔防爆橇装式汽车加油（气）装置技术要求》AQ 3002

《钢制常压储罐 第一部分：储存对水有污染的易燃和不易燃液体的埋地卧式圆筒形单层和双层储罐》AQ 3020

《承压设备无损检测》JB/T 4730.1 ～ JB/T 4730.6

《钢制卧式容器》JB 4731

《公路路基施工技术规范》JTG F10

《公路路面基层施工技术规范》JTJ 034

《钢制焊接常压容器》NB/T 47003.1

《石油化工设备和管道涂料防腐蚀技术规范》SH 3022

《采用橇装式加油装置的加油站技术规范》SH/T 3134

《石油化工钢制通用阀门选用、检验及验收》SH 3064

《石油化工设备混凝土基础工程施工及验收规范》SH 3510

《石油化工仪表工程施工技术规程》SH 3521

《石油化工混凝土水池工程施工及验收规范》SH/T 3535

《高压气地下储气井》SY/T 6535

《固定式压力容器安全技术监察规程》TSG R0004

《特种设备焊接操作人员考核细则》TSG Z6002

中华人民共和国国家标准

汽车加油加气站设计与施工规范

条 文 说 明

修 订 说 明

《汽车加油加气站设计与施工规范》GB 50156—2012，经住房和城乡建设部 2012 年 6 月 28 日以第 1435 号公告批准发布。

本规范在《汽车加油加气站设计与施工规范》GB 50156—2002（2006 年版）的基础上修订而成，上一版的编制单位是中国石化工程建设公司、中国市政工程华北设计研究院、四川石油管理局勘察设计研究院、解放军总后勤部建筑设计研究院、中国石油天然气股份有限公司规划总院、中国石化集团第四建设公司，主要起草人员是陆万林、韩钧、邓渊、章申远、许文忠、赵金立、周家祥、程晓春、欧清礼、计鸿谨、吴文革、范慰颉、朱晓明、吴洪松、邓红、汪庆华、蒋荣华、谢桂旺、林家武、曹宏章。

本次修订遵循的主要原则是：

1. 尽量创造有利条件，满足建站需求，更好地为社会服务。

2. 通过技术手段，提高加油加气站的安全和环保水平，满足公众日益增长的安全和环保需求。

3. 与国内有关标准规范相协调，避免大的差异。

4. 参考国外有关标准规范，提升本规范的先进性。

5. 充分结合实际情况，改善规范的可操作性。

本次修订的主要技术内容是：

1. 增加了 LNG（液化天然气）加气站内容。

2. 增加了自助加油站（区）内容。

3. 增加了电动汽车充电设施内容。

4. 加强了加油站安全和环保措施。

5. 细化了压缩天然气加气母站和子站的内容。

6. 采用了一些新工艺、新技术和新设备。

7. 调整了民用建筑物保护类别划分标准。

本规范修订过程中，编制组进行了广泛的调查研究，总结了我国汽车加油加气站多年的设计、施工、建设、运营和管理等实践经验，同时参考了国外先进技术法规和技术标准。

为便于广大设计、施工、科研、学校等单位有关人员在使用本标准时能正确理解和执行条文规定，《汽车加油加气站设计与施工规范》编制组按章、节、条顺序编制了本标准的条文说明，对条文规定的目的、依据以及执行中需注意的有关事项进行了说明，还着重对强制性条文的强制性理由作了解释。但是，本条文说明不具备与标准正文同等的法律效力，仅供使用者作为理解和把握标准规定的参考。

目 次

1 总 则

1.0.1 汽车加油加气站属危险性设施，又主要建在人员稠密地区，所以必须采取适当的措施保证安全。技术先进是安全的有效保证，在保证安全的前提下也要兼顾经济效益。本条提出的各项要求是对设计提出的原则要求，设计单位和具体设计人员在设计汽车加油加气站时，还要严格执行本规范的具体规定，采取各种有效措施，达到条文中提出的要求。

1.0.2 考虑到在已建加油站内增加加气站的可能性，故本规范适用范围除新建外，还包括加油加气站的扩建和改建工程及加油站和加气站合建的工程设计。

需要说明的是，建设规模不变、布局不变、功能不变、地址不变的设施、设备更新不属改建，而是正常检修维修范围内的工作。"扩建和改建工程"仅指加油加气站的扩建和改建部分，不包括已有部分。

1.0.3 加油加气站设计涉及的专业较多，接触的面也广，本规范是综合性技术规范，只能规定加油加气站特有的问题。对于其他专业性较强、且已有专用国家或行业标准作出规定的问题，本规范不便再作规定，以免产生矛盾，造成混乱。本规范明确规定者，按本规范执行；本规范未作规定者执行国家现行有关标准的规定。

3 基 本 规 定

3.0.2 本规范允许加油站与加气（LPG、CNG、LNG）站合建。这样做有利于节省城市用地、有利于经营管理，也有利于燃气汽车的发展。只要采取适当的安全措施，加油站和加气站合建是可以做到安全可靠的。国外燃气汽车发展比较快的国家普遍采用加油站和加气站合建方式。

从对国内外加气站的考察来看，LPG 加气站与 CNG、LNG 加气站联合建站的需求很少，所以本规范没有制定 LPG 加气站与 CNG、LNG 加气站联合建站的规定。

电动汽车是国家政策大力推广的新能源汽车，利用加油站、加气站网点建电动汽车充电设施（包括电池更换设施）是一种便捷的方式。参考国外经验，本条规定加油站、加气站可与电动汽车充电设施联合建站。

3.0.3 橇装式加油装置固定在一个基座上，安放在地面，具有体积小、占地少、安装简便的优点。为确保安全，这种橇装式加油装置采取了比埋地油罐更为严格的安全措施，如设置有自动灭火装置、紧急泄压装置、防溢流装置、高温自动断油保护阀、防爆装置等埋地油罐一般不采用的装置，安全性有所保证，但毕竟是地上油罐，不适合在普通场合使用。本条规定的"橇装式加油装置可用于政府有关部门许可的企业

自用、临时或特定场所"，"企业自用"是指设在企业的橇装式加油装置不对外界车辆提供加油服务；"临时或特定场所"是指抢险救灾临时加油、城市建成区以外专项工程施工等场所。

3.0.8 增加柴油尾气处理液加注业务，是为了适应清洁燃料的发展需要。

3.0.9 加油站内油罐容积一般是依其业务量确定。油罐容积越大，其危险性也越大，对周围建、构筑的影响程度也越高。为区别对待不同油罐容积的加油站，本条按油罐总容积大小，将加油站划分为三个等级，以便分别制定安全规定。

本次修订，将各级加油站的许用容积均增加30m³，以便适应加油站加油量日益增长的趋势。2001 年全国汽车保有量约为 1800 万辆，2010 年全国汽车保有量已超过 8000 万辆，是 9 年前的 4 倍多；2002 年全国汽油和柴油消费量约为 1.1 亿 t，2010 年全国汽油和柴油消费量约为 2.3 亿 t，是 8 年前的 2倍多；2001 年全国加油站数量约有 9 万座，由于城市加油站建设用地非常紧张和昂贵，10 年来加油站数量增长缓慢，至 2010 年全国加油站数量约有 9.5万座。由此可见，目前汽车保有量较 10 年前已有大幅度增加，加油站的营业量也随之大幅度提高。在加油站数量不能相应增加的情况下，增加加油站油罐总容积，提高加油站运营效率是必要的。

现在城市加油站销售量超过 5000t/a 的很普遍，地理位置好的甚至超过 20000t/a。加油站油源的供应渠道是否固定、距离远近、道路状况、运输条件等都会影响加油站供油的及时性和保证率，从而影响加油站油罐的容积大小。一般来说，加油站油罐容积宜为 3d~5d 的销售量，照此推算，销售量为 5000t/a 的加油站，油罐总容积需达到 65m³~110m³，故本规范三级加油站的允许油罐总容积为 90m³。在城市建成区内，建、构筑的布置比较密集，加油站建设条件越来越苛刻，许多情况是只能建三级站，销售量超过20000t/a 的加油站在城市中心区较多，90m³ 的油罐总容积基本可以保证油罐一天进一次油能满足需求。加油站如果油罐总容积小，对于销售量大的加油站就需要多次进油，进油次数多，尤其是在白天交通繁忙时进油不利于安全。所以，规定三级加油站油罐的允许总容积为 90m³ 是合适的。

对于加油站来说，油罐总容积越大，其适应市场的能力也越强。建于城市郊区或公路两侧等开阔地带的加油站可以允许其油罐总容积比城市建成区内的加油站油罐总容积大些，本规范将油罐总容积为151m³~210m³ 的加油站划为一级加油站。二级加油站油罐规模取一、三级加油站的中间值定为91m³~150m³。

油罐容积越大，其危险度也越大，故需对各级加油站的单罐最大容积作出限制。本条规定的单罐容积

上限，既考虑了安全因素，又考虑了加油站运营需要。柴油的闪点较高，其危险性远不如汽油，故规定柴油罐容积可折半计入油罐总容积。

与国外加油站油罐规模相比，本规范对油罐规模的控制是比较严格的。美国和加拿大的情况如下：

美国消防协会在《防火规章》NFPA 30A 中规定：对于Ⅰ、Ⅱ级易燃可燃液体，单个地下罐的容积最大为 12000 加仑（45.4m³），汇总容积为 48000 加仑（181.7m³）；对于使用加油设备加注的Ⅱ、Ⅲ级可燃液体场合，可以扩大到单个 20000 加仑（75m³）和总容量 80000 加仑（304m³）。

按照 NFPA 30A 对易燃和可燃液体的分级规定，LPG、LNG 和汽油属于Ⅰ级易燃液体，柴油属于Ⅱ级可燃液体。

加拿大对加油站地下油罐的罐容也没有严格的限制性要求，加拿大《液体燃油处置规范》2007（TSSA 2007 Fuel Handling Code）规定：在一个设施处不得安装容量大于 100m³ 的单隔间地下储油罐。大于 500m³ 的地下总储量仅允许用于油库。

3.0.10 LPG 储罐为压力储罐，其危险程度比汽油罐高，控制 LPG 加气站储罐的容积小于加油站油品储罐的容积是应该的。从需求方面来看，LPG 加气站主要建在城市里，而在城市郊区一般皆建有 LPG 储存站，供气条件较好，LPG 加气站储罐的储存天数宜为 2d～3d。据了解，国外 LPG 加气站和国内已建成并投入使用的 LPG 加气站日加气车次范围为 100 车次～550 车次。根据国内车载 LPG 瓶使用情况，平均每车次加气量按 40L 计算，则日加气数量范围为 4m³～22m³。对应 2d 的储存天数，LPG 加气站所需储罐容积范围为 9m³～52m³；对应 3d 的储存天数，LPG 加气站所需储罐容积范围为 14m³～78m³。从目前国内运行的 LPG 加气站来看，LPG 储罐容积都在 30m³～60m³ 之间，基本能满足运营需要。据了解，目前运送 LPG 加气站的主要车型为 10t 车。为了能一次卸尽 10t 液化石油气，LPG 加气站的储罐容积最好不小于 30m³（包括罐底残留量和 0.1 倍～0.15 倍储罐容积的气相空间）。故本规范规定一级 LPG 加气站储罐容积的上限为 60m³，三级 LPG 加气站储罐容积的上限为 30m³，二级 LPG 加气站储罐容积范围 31m³～45m³ 是对一级站和三级站储罐容积的折中。对单罐容量的限制，是为了降低 LPG 加气站的风险度。

3.0.11 对本条各款说明如下：

1 根据调研，目前 CNG 加气母站一般有 5 个～7 个拖车在固定停车位同时加气，主力拖车储气瓶组几何容积为 18m³。为限制城市建成区内 CNG 加气母站规模，故规定 CNG 加气母站储气设施的总容积不应超过 120m³。

2 根据调研，目前压缩天然气常规加气站日加气量一般为 10000m³～15000m³（基准状态），繁忙的加气站日加气量达到 20000m³（基准状态）。根据作业需要，加气时间比较集中的压缩天然气加气站，储气量以日加气量的 1/2 为宜，加气时间不很集中的压缩天然气加气站，储气量以日加气量的 1/3 为宜。故本规范规定压缩天然气常规加气站储气设施的总容积在城市建成区内不应超过 30m³。

3 目前国内的车载储气瓶组的总容积基本在 18m³～25m³ 之间，这些拖车的车载储气瓶单瓶容积基本相当，均在 2.25m³～2.8m³ 之间，因此不同类型的单台拖车的风险度相当。控制住 CNG 加气站内的同时停放的车载储气瓶拖车规格，也就控制住了 CNG 加气站的风险度。所以本款只要求"CNG 加气子站停放的车载储气瓶组拖车不应多于 1 辆"，对其总容积没有限制要求。规定"站内固定储气设施的总容积不应超过 18m³"是为了满足工艺操作需要。

4 当采用液压拖车时，站内不需要设置固定储气设施，需要在 1 台拖车工作时，另外有 1 台拖车在站内备用，故规定在站内可有 2 辆车载储气瓶组拖车。

5 在某些地区，天然气是紧缺资源，CNG 常规加气站用气高峰时期供气管道常常压力很低，有时严重影响给 CNG 汽车加气的速度，造成 CNG 汽车在加气站排长队，在有的以 CNG 汽车为出租车主力的城市，因为 CNG 常规加气站管道供气不足，已影响到城市交通的正常运行。CNG 常规加气站以 LNG 储罐做补充气源，是可行的缓解供气不足的措施，但需要控制其规模。

3.0.12 LNG 加气站、L-CNG 加气站、LNG 和 L-CNG 加气合建站的等级划分，需综合考虑的因素如下：一是加气站设置的规模与周围环境条件的协调；二是依其汽车加气业务量；三是 LNG 储罐的容积能接受进站槽车的卸量。目前大型 LNG 槽车的卸量在 51m³ 左右。

加气站 LNG 储罐容积按 1d～3d 的销售量进行配置为宜。

1） 本规范制定三级站规模的理由：一是 LNG 具有温度低（操作温度 −162℃）不易被点燃、泄放气体轻于空气的特点，故 LNG 加气站安全性好于其他燃气加气站，规模可适当加大。二是 LNG 槽车运距普遍在 500km 以上，主要使用大容积运输槽车或集装箱，最好在 1 座加气站内完成卸量。目前加气站的 LNG 数量主要由供应点的汽车地中衡计量，通过加气站的销售量进行复验核实、认定。若由 1 辆槽车供应 2 座加气站，难以核查 2 座加气站的卸气量，易引发计量纠纷。

三级站的总容积规模，是按能接纳 1 辆槽车的可卸量，并考虑卸车前站内 LNG 储罐尚有一定的余量。因此，将三级站的容积定为小于或等于 60m³ 较为合理。

2）各类LNG加气站的单罐容积规模：一是在加气站运行作业中，倒罐装卸较为复杂，并易发生误操作事故；二是在向储罐充装LNG初期产生的BOG量较大。目前的BOG多数采用放空，造成浪费和污染。因此，在加气站内最好由1台储罐来完成接纳1辆槽车的卸量。因此，将单罐容积上限定为60m³，有利于LNG加气站的运行和节能。

3）一、二级站规模按增加2台和1台60m³LNG储罐设定，以满足1d～3d的销售量需要。

3.0.13 加油站与LPG加气合建站的级别划分，宜与加油站、LPG加气站的级别划分相对应，使某一级别的加油和LPG加气合建站与同级别的加油站、LPG加气站的危险程度基本相当，且能分别满足加油和LPG加气的运营需要。这样划分清晰明了，便于掌握和管理。

3.0.14 加油站与CNG加气合建站的级别划分原则与3.0.13条基本相同。规定加气子站固定储气瓶（井）设施总容积为12m³，主要供车载储气瓶扫线并有一定余量。

3.0.15 按本条规定，可充分利用已有的二、三级加油站改扩建成加油和LNG加气合建站，有利于节省土地和提高加油加气站效益，有利于加气站的网点布局，促进其发展，实用可行。

鉴于LNG设施安全性较好，加油站与LNG加气站、L-CNG加气站、LNG/L-CNG加气站合建站的级别划分，按同级别加油站规模确定。

4 站址选择

4.0.1 在进行加油加气站网点布局和选址定点时，首先需要符合当地的整体规划、环境保护和防火安全的要求，同时，需要处理好方便加油加气和不影响交通这样一个关系。

4.0.2 一级加油站、一级加气站、一级加油加气合建站、CNG加气母站储存设备容积大，加油加气量大，风险性相对较大，为控制风险，所以不允许其建在城市中心区。"城市建成区"和"城市中心区"概念见现行国家标准《城市规划基本术语标准》GB/T 50280—98，其中"城市中心区"包括该标准中的"市中心"和"副中心"。该标准对"城市建成区"表述为："城市行政区内实际已经成片开发建设、市政公用设施和公共设施基本具备的地区"；对"市中心"表述为："城市中重要市级公共设施比较集中，人群流动频繁的公共活动区域"；对"副中心"表述为"城市中为分散市中心活动强度的、辅助性的次于市中心的市级公共服务中心"。

4.0.3 加油加气站建在交叉路口附近，容易造成车辆堵塞，会减少路口的通行能力，因而作出本条规定。

4.0.4 通观国外发达国家有关标准规范的安全理念，以技术手段确保可燃物料储运设施自身的安全性能，是主要的防火措施，防火间距是辅助措施，我国有关防火设计规范也逐渐采用这一设防原则。加油加气站与站外设施之间的安全间距，有两方面的作用，一是防止站外明火、火花或其他危险行为影响加油加气站安全；二是避免加油加气站发生火灾事故时，对站外设施造成较大危害。对加油加气站而言，设防边界是站区围墙或站区边界线；对站外设施来说，需要根据设施的性质、人员密集程度等条件区别对待。本规范附录B将民用建筑物划分为重要公共建筑物、一类保护物、二类保护物和三类保护物四个保护类别，参照国内外相关标准和实践经验，分别制定了加油加气站与四个类别公共或民用建筑物之间的安全间距。

本规范6.1.1条明确规定"加油站的汽油罐和柴油罐应埋地设置"。据我们调查，几起地下油罐着火的事故证明，地下油罐一旦着火，火势较小，容易扑灭，对周围影响较小，比较安全。本条参照现行国家标准《建筑设计防火规范》GB 50016，制定了埋地油罐、加油机与站外建（构）筑物的防火距离，分述如下：

1 站外建筑物分为：重要公共建筑物、民用建筑物及甲、乙类物品的生产厂房。现行国家标准《建筑设计防火规范》GB 50016对明火或散发火花地点和甲、乙类物品及甲、乙类液体已作定义，本规范不再定义。重要公共建筑物性质重要或人员密集，加油加气站与重要公共建筑物的安全间距应远于其他建筑物。本条规定加油站的埋地油罐和加油机与重要公共建筑物的安全间距在无油气回收系统情况下，不论级别均为50m，基本上在加油站事故影响范围之外。

现行国家标准《建筑设计防火规范》GB 50016—2006第4.2.1条规定：甲、乙类液体总储量小于200m³的储罐区与一/二、三、四级耐火等级的建筑物的防火间距分别为15m、20m、25m；对单罐容积小于等于50m³的直埋甲、乙、丙类液体储罐，在此基础上还可减少50%。

加油站的油品储罐埋地设置，其安全性比地上油罐好得多，故安全间距可按现行国家标准《建筑设计防火规范》GB 50016—2006的规定适当减小。考虑到加油站一般位于建（构）筑物和人流较多的地区，本条规定的汽油罐与站外建筑物的安全间距要大于现行国家标准《建筑设计防火规范》GB 50016—2006的规定。

2 站外甲、乙类物品生产厂房火灾危险性大，加油站与这类设施应有较大的安全间距，本规范三个级别的汽油罐分别定为25m、22m和18m。

3 汽油设备与明火或散发火花地点的距离是参照现行国家标准《建筑设计防火规范》GB 50016—2006第4.2.1条的规定制定的。根据《建筑设计防火规范》GB 50016—2006 对"明火地点"和"散发火花地点"定义，本条的"明火或散发火花地点"指的是工业明火或散发火花地点、独立的锅炉房等，不包括民用建筑物内的灶具等明火。

　　4 汽油设备与室外变、配电站和铁路的安全间距是参照现行国家标准《建筑设计防火规范》GB 50016—2006 第4.2.1条和第4.2.9条的规定制定的。现行国家标准《建筑设计防火规范》GB 50016—2006 第4.2.1条和第4.2.9条规定：甲、乙类液体储罐与室外变、配电站和铁路的安全间距不应小于35m。考虑到加油站油罐埋地设置，安全性较好，安全间距减小到25m；对采用油气回收系统的加油站允许安全间距进一步减少5m或7.5m。表4.0.4注1中的"其他规格的室外变、配电站或变压器应按丙类物品生产厂房对待"，是参照现行国家标准《建筑设计防火规范》GB 50016—2006 条文说明表1"生产的火灾危险分类举例"和现行国家标准《火力发电厂与变电站设计防火规范》GB 50229—2006 第11.1.1条的规定确定的。

　　5 汽油设备与站外道路的安全间距是按现行国家标准《建筑设计防火规范》GB 50016—2006 第4.2.9条的规定制定的。现行国家标准《建筑设计防火规范》GB 50016—2006 第4.2.9条的规定：甲、乙类液体储罐与厂外道路的防火间距不应小于20m。考虑到加油站油罐埋地设置，安全性较好，站外铁路、道路与油罐的防火间距适当减小。

　　6 根据实践经验，架空通信线与一、二级加油站油罐的安全间距分别为1倍杆（塔）高、0.75倍杆（塔）高是安全可靠的，与三级加油站汽油设备的安全间距可适当减少到5m。架空电力线的危险性大于架空通信线，根据实践经验，架空电力线与一级加油站油罐的安全间距为1.5倍杆高是安全可靠的，与二、三级加油站油罐的安全间距视危险程度的降低而依次减少是合适的。有绝缘层的架空电力线安全性好一些，故允许安全间距适当减少。

　　7 设有卸油油气回收系统的加油站或加油加气合建站，汽车油罐车卸油时，油气被控制在密闭系统内，不向外界排放，对环境卫生和防火安全都很有利，为鼓励采用这种先进技术，故允许其安全间距可减少20%；同时设有卸油和加油油气回收系统的加油站，不但汽车油罐车卸油时，基本不向外界排放油气，给汽车加油时也很少向外界排放油气（据国外资料介绍，油气回收率能达到90%以上），安全性更好，为鼓励采用这种先进技术，故允许其安全间距可减少30%。加油站对外安全间距折减30%后，与民用建筑物除个别安全间距最小可为7m外，大多数大于现行国家标准《建筑设计防火规范》GB 50016—2006 第4.2.1条规定的甲、乙类液体总储量小于200m³，且单罐容量小于等于50m³的直埋储罐区与一/二耐火等级的建筑物的7.5m防火间距要求。

　　8 表4.0.4注3的"与重要公共建筑物的主要出入口（包括铁路、地铁和二级及以上公路的隧道出入口）尚不应小于50m。"意思是，汽油设备与重要公共建筑物外墙轴线的距离执行表4.0.4的规定，与重要公共建筑物的主要出入口的距离"不应小于50m"。

　　9 表4.0.4注4的"一、二级耐火等级民用建筑物面向加油站一侧的墙为无门窗洞口的实体墙时，油罐、加油机和通气管管口与该民用建筑物的距离，不应低于本表规定的安全间距的70%"意思是，油罐、加油机和通气管管口与民用建筑物无门窗洞口的实体墙的距离可以减少30%。

　　4.0.5 柴油闪点远高于柴油在加油站的储存温度，基本不会发生爆炸和火灾事故，安全性比汽油好得多。故规定加油站柴油设备与站外重要公共建筑物、明火或散发火花地点、民用建筑物、生产厂房（库房）和甲、乙类液体储罐、室外变配电站、铁路的安全间距，小于汽油设备站外建（构）筑物的安全间距；与城市道路的安全间距减小到3m。

　　4.0.6、4.0.7 加气站及加油加气合建站的LPG储罐与站外建（构）筑物的安全间距是按照储罐设置形式、加气站等级以及站外建（构）筑物的类别，并依据国内外相关规范分别确定的。表1和表2列出了国内外相关规范的安全间距。

表1　各种LPG加气站设计标准安全间距对照（一）（m）

建（构）筑物		石油天然气行业标准			建设部行业标准					澳大利亚标准			
		埋地储罐			埋地储罐			卸车点放散管	加气机	埋地储罐	卸车点	地上泵	加气机
		一级	二级	三级	一级	二级	三级						
储罐总容积（m³）		61～150	21～60	≤20	41～60	21～40	≤20	—	—	不限	—	—	—
单罐容积（m³）		≤50	≤30	≤20	≤30	≤30	≤20	—	—	≤65	—	—	—
重要公共建筑物		40	30	20	100	100	100						
明火或散发火花地点		25	20	15	25	20	16	25	20				
民用建筑物保护类别	一类保护物				25	20	16	30	20	55	55	55	15
	二类保护物	23	20	18	18	15	12	16	15	15	15	15	15
	三类保护物				15	12	10	15	12	10	10	10	15

建（构）筑物	石油天然气行业标准			建设部行业标准					澳大利亚标准			
	埋地储罐			埋地储罐			卸车点放散管	加气机	埋地储罐	卸车点	地上泵	加气机
	一级	二级	三级	一级	二级	三级						
站外甲、乙类液体储罐	23	20	18	22	22	18	30	20	—	—	—	—
室外变配电站	25	20	15	22	22	18	30	20	—	—	—	—
铁路（中心线）	—	—	—	22	22	22	30	25	—	—	—	—
电缆沟、暖气管沟、下水道	—	—	—	6	5	5	—	—	—	—	—	—
城市道路 快速路、主干路	15	15	15	10	8	8	10	6	—	—	—	—
城市道路 次干路、支路	10	10	10	8	6	6	8	6	—	—	—	—

表2　各种 LPG 加气站设计标准安全间距对照（二）（m）

建（构）筑物	荷兰标准			上海市地方标准			广东省地方标准		
	埋地储罐	卸车点	加气机	埋地储罐			埋地储罐		
				一级	二级	三级	一级	二级	三级
储罐总容积（m³）	不限	—	—	41～60	21～40	≤20	51～150	31～50	≤30
单罐容积（m³）	≤50	—	—	≤30	≤30	≤20	≤50	≤25	≤15
重要公共建筑物	—	—	—	60	60	60	35	25	20
明火或散发火花地点	—	—	—	20	20	20			
民用建筑物保护类别 一类保护物	40	60	20	20	20	10			
民用建筑物保护类别 二类保护物	20	30	20	10	10	10	22.5	12.5	10
民用建筑物保护类别 三类保护物	15	5	7	10	10	10			
站外甲、乙类液体储罐	—	—	—	20	20	20			
室外变配电站	—	—	—	22	22	18	25	20	15
铁路（中心线）	—	—	—	22	22	22			
电缆沟、暖气管沟、下水道	—	—	—	6	5	5			
城市道路 快速路、主干路	—	—	—	11	11	11	12.5	10	8
城市道路 次干路、支路	—	—	—	9	9	9	10	7.5	5

本规范制定的 LPG 加气站技术和设备要求，基本上与澳大利亚、荷兰等发达国家相当，并规定了一系列防范各类事故的措施。依据表1和表2及现行国家标准《建筑设计防火规范》GB 50016—2006 等现行国家标准，制定了 LPG 储罐、加气机等与站外建（构）筑物的防火距离，现分述如下：

1　重要公共建筑物性质重要、人员密集、加气站发生火灾可能会对其产生较大影响和损失，因此，不分级别，安全间距均规定为不小于100m，基本上在加气站事故影响区外。民用建筑按照其使用性质、重要程度、人员密集程度分为三个保护类别，并分别确定其防火距离。在参照建设部行业标准《汽车用燃气加气站技术规范》CJJ 84—2000 的基础上，对安全

间距略有调整。另外，从表1和表2可以看出，本规范的安全间距多数情况大于国外规范的相应安全间距。甲、乙类物品生产厂房与地上 LPG 储罐的间距与现行国家标准《建筑设计防火规范》GB 50016—2006 第4.4.1条基本一致，而地下储罐按地上储罐的50%确定。

2　与明火或散发火花地点、室外变配电站的安全间距参照现行国家标准《建筑设计防火规范》GB 50016—2006 第4.4.1条的规定确定。

3　与铁路的安全间距按现行国家标准《建筑设计防火规范》GB 50016—2006 有关规定制定，而地下罐按地上储罐的安全间距折减50%。

4　对与快速路、主干路的安全间距参照现行国

家标准《建筑设计防火规范》GB 50016—2006 有关规定制定，一、二、三级站分别为 15m、13m、11m；对埋地 LPG 储罐减半。与次干路、支路的安全间距相应减少。

5 表 4.0.6 和表 4.0.7 注 4 的"一、二级耐火等级民用建筑物面向加气站一侧的墙为无门窗洞口实体墙时，站内 LPG 设备与该民用建筑物的距离不应低于本表规定的安全间距的 70%。"意思是，LPG 设备与民用建筑物无门窗洞口的实体墙的距离可以减少 30%。

4.0.8 CNG 加气站与站外建（构）筑物的安全间距，主要是参照现行国家标准《石油天然气工程设计防火规范》GB 50183—2004 的有关规定编制的。该规范将生产规模小于 $50 \times 10^4 m^3/d$ 的天然气站场定为五级站，其与公共设施的防火间距不小于 30m 即可；CNG 常规加气站和加气子站一般日处理量小于 $2.5 \times 10^4 m^3/d$，CNG 加气母站一般日处理量小于 $20 \times 10^4 m^3/d$，本条规定 CNG 加气站与重要公共建筑物的安全间距不小于 50m 是妥当的。

目前脱硫塔一般不进行再生处理，所以脱硫脱水塔安全性比较可靠，均按储气井的距离确定是可行的。

储气井由于安装于地下，一旦发生事故，影响范围相对地上储气瓶要小，故允许其与站外建（构）筑物的安全间距小于地上储气瓶。

表 4.0.8 注 5 的"一、二级耐火等级民用建筑物面向加气站一侧的墙为无门窗洞口实体墙时，站内 CNG 工艺设备与该民用建筑物的距离，不应低于本表规定的安全间距的 70%"。意思是，CNG 工艺设备与民用建筑物无门窗洞口的实体墙的距离可以减少 30%。

4.0.9 制订 LNG 加气站与站外建（构）筑物及设施的安全间距，主要是参照现行国家标准《城镇燃气设计规范》GB 50028—2006 和《液化天然气（LNG）生产、储存和装运》GB/T 20368—2006（等同采用 NFPA 59A）制订的。对比数据见表 3。

表 3　《城镇燃气设计规范》GB 50028—2006、《液化天然气（LNG）生产、储存和装运》GB/T 20368—2006、《汽车加油加气站设计与施工规范》GB 50156—2010LNG 储罐安全间距对比（以总容积 120m³ 为例）

项　　目	《城镇燃气设计规范》GB 50028—2006 的规定	《液化天然气（LNG）生产、储存和装运》GB/T 20368—2006（NFPA 59A）的规定	《汽车加油加气站设计与施工规范》GB 50156—2011 的规定
与重要公共建筑物的距离（m）	50	45	50~80
与其他民用建筑的距离（m）	45	15	16~30

LNG 加气站与 LPG 加气站相比，安全性能好得多（见表 4），故 LNG 设施与站外建（构）筑物的安全间距可以小于 LPG 与站外建（构）筑物的安全间距。

表 4　LNG 与 LPG 安全性能比较

项目	LNG	LPG	安全性能比较
工作压力（MPa）	0.6~1.0	0.6~1.0	基本相当
工作温度（℃）	-162	常温	LNG 比 LPG 不易被明火或火花点燃
气体比重	轻于空气	重于空气	LNG 泄漏气化后其气体会迅速向上扩散，安全性好；LPG 泄漏气化后其气体会低洼处沉积扩散，安全性差
罐壁结构	双层壁，高真空多层缠绕结构	单层壁	LNG 储罐比 LPG 储罐耐火性能好

LNG 储罐、放散管管口、LNG 卸车点与站外建（构）筑物之间的安全间距说明如下：

1 距重要公共建筑物的安全间距为 80m，基本上在重大事故影响范围之外。

以三级站 1 台 60m³ LNG 储罐发生全泄漏为例，泄漏天然气量最大值为 32400m³，在静风中成倒圆锥体扩散，与空气构成爆炸危险的体积 648000m³（按爆炸浓度上限值 5% 计算），发生爆燃的影响范围在 60m 以内。在泄漏过程中的实际工况是动态的，在泄漏处浓度急剧上升，不断外扩。在扩延区域内，天然气浓度渐增，并进入爆炸危险区域。堵漏后，浓度逐渐降低，直至区域内的天然气浓度不构成对人体危害，并需消除隐患。在总泄漏时段内，实际构成的爆燃危险区域要小于按总泄漏值计算的爆炸危险距离。

2 民用建筑物视其使用性质、重要程度和人员密集程度，将民用建筑物分为三个保护类别，并分别制定了加气站与各类民用建筑物的安全间距。一类保护物重要程度高，建筑面积大，人员较多，虽然建筑物材料多为一、二级耐火等级，但仍然有必要保持较大的安全间距，所以确定三个级别加气站与一类保护物的安全间距分别为 35m、30m、25m，而与二、三类保护物的安全间距依其重要程度的降低分别递减为 25m、20m、16m 和 18m、16m、14m。

3 三个级别加气站内 LNG 储罐与明火的距离分别为 35m、30m、25m，主要考虑发生 LNG 泄漏事故，可控制扩延量或在 10min 内能熄灭周围明火的安全间距。

4 站外甲、乙类物品生产厂房火灾危险性大，加气站与这类设施应有较大的安全间距，本条款按三个级别分别定为35m、30m和25m。

5 由于室外变配电站的重要性，城市的变配电站的规模都比较大。LNG储罐与室外变配电站的安全间距适当提高是必要的，本条款按三个级别分别定为40m、35m和30m。

6 考虑到铁路的重要性，本规范规定的LNG储罐与站外铁路的安全间距，保证铁路在加气站发生重大危险事故影响区以外。

7 随着LNG储罐安装位置的下移，发生泄漏沉积在罐区内的时间相对长，随着气化速度降低，对防护堤外的扩散减慢，危害降低，其安全间距可适当减小。故对地下和半地下LNG储罐与站外建（构）筑物的安全间距允许按地上LNG储罐减少30%和20%。

8 放散管口、LNG卸车点与站外建（构）筑物的安全间距基本随三级站要求。

9 表4.0.9注4的"一、二级耐火等级民用建筑物面向加气站一侧的墙为无门窗洞口实体墙时，站内LNG设备与该民用建筑物的距离，不应低于本表规定的安全间距的70%。"意思是，站内LNG设备与民用建筑物无门窗洞口的实体墙的距离可以减少30%。

4.0.13 加油加气作业区是易燃和可燃液体或气体集中的区域，本条的要求意在减少加油加气站遭遇事故的风险。加气站的危险性高于加油站，故两者要区别对待。

5 站内平面布置

5.0.1 本条规定是为了保证在发生事故时汽车槽车能迅速驶离。在运营管理中还需注意避免加油、加气车辆堵塞汽车槽车驶离车道，以防止事故时阻碍汽车槽车迅速驶离。

5.0.2 本条规定了站区内停车场和道路的布置要求。

1 根据加油、加气业务操作方便和安全管理方面的要求，并通过对全国部分加油加气站的调查，CNG加气母站内单车道或单车位宽度需不小于4.5m，双车道或双车位宽度需不小于9m；其他车辆单车道宽度需不小于4m，双车道宽度需不小于6m。

2 站内道路转弯半径按主流车型确定，不小于9m是合适的。

3 汽车槽车卸车停车位按平坡设计，主要考虑尽量避免溜车。

4 站内停车场和道路路面采用沥青路面，容易受到泄露油品的侵蚀，沥青层易于破坏，此外，发生火灾事故时沥青将发生熔融而影响车辆辙离和消防工

作正常进行，故规定不应采用沥青路面。

5.0.5 本条为强制性条文。加油加气作业区内大部分是爆炸危险区域，需要对明火或散发火花地点严加防范。

5.0.7 国家政策在推广电动汽车，根据国外经验，利用加油站网点建电动汽车充电或更换电池设施是一种简便易行的形式。电动汽车充电或电池更换设备一般没有防爆性能，所以要求"电动汽车充电设施应布置在辅助服务区内"。

5.0.8 加油加气站的变配电设备一般不防爆，所以要求其布置在爆炸危险区域之外，并保持不小于3m的附加安全距离。对变配电间来说需要防范的是油气进入室内，所以规定起算点为门窗等洞口。

5.0.10 本条为强制性条文。根据商务部有关文件的精神，加油加气站内可以经营食品、餐饮、汽车洗车及保养、小商品等。对独立设置的经营性餐饮、汽车服务等设施要求按站外建筑物对待，可以满足加油加气作业区的安全需求。

"独立设置的经营性餐饮、汽车服务等设施"系指在站房（包括便利店）之外设置的餐饮服务、汽车洗车及保养等建筑物或房间。

"对加油站内设置的燃煤设备不得按设置有油气回收系统折减距离"的规定，仅适用于在加油站内设置有燃煤设备的情况。

5.0.11 本条为强制性条文。站区围墙和可用地界线之外是加油加气站不可控区域，而在爆炸危险区域内一旦出现明火或火花，则易引发爆炸和火灾事故。为保证加油加气站安全，要求"爆炸危险区域不应超出站区围墙和可用地界线"是必要的。

5.0.12 加油加气站的工艺设备与站外建（构）筑物之间的距离小于或等于25m以及小于或等于表4.0.4～表4.0.9中的防火距离的1.5倍时，相邻一侧应设置高度不小于2.2m的非燃烧实体围墙，可隔绝一般火种及禁止无关人员进入，以保障站内安全。加油加气站的工艺设施与站外建（构）筑物之间的距离大于表4.0.4～表4.0.9中的防火距离的1.5倍，且大于25m时，安全性要好得多，相邻一侧应设置隔离墙，主要是禁止无关人员进入，隔离墙为非实体围墙即可。加油加气站面向进、出口的一侧，可建非实体围墙，主要是为了进、出站内的车辆视野开阔，行车安全，方便操作人员对加油、加气车辆进行管理，同时，在城市建站还能满足城市景观美化的要求。

5.0.13 本条为强制性条文。根据加油加气站内各设施的特点和附录C所划分的爆炸危险区域规定了各设施间的防火距离。分述如下：

1 加油站油品储罐与站内建（构）筑物之间的防火距离。加油站使用埋地卧式油罐的安全性好，油罐着火几率小。从调查情况分析，过去曾发生的几次加油站油罐人孔处着火事故多为因敞口卸油产生静电

而发生的。只要严格按本规范的规定采用密闭卸油方式卸油，油罐发生火灾的可能性很小。由于油罐埋地敷设，即使油罐着火，也不会发生油品流淌到地面形成流淌火灾，火灾规模会很有限。所以，加油站卧式油罐与站内建（构）筑物的距离可以适当小些。

2　加油机与站房、油品储罐之间的防火距离。本表规定站房与加油机之间的距离为5m，既把站房设在爆炸危险区域之外，又考虑二者之间可停一辆汽车加油，如此规定较合理。加油机与埋地油罐属同一类火灾等级设施，故其距离不限。

3　燃煤锅炉房与油品储罐、加油机、密闭卸油点之间的防火距离。现行国家标准《石油库设计规范》GB 50074规定，石油库内容量小于等于50m³的卧式油罐与明火或散发火花地点的距离为18.5m。依据这一规定，本表规定站内燃煤锅炉房与埋地油罐距离为18.5m是可靠的。

与油罐相比，加油机、密闭卸油点的火灾危险性较小，其爆炸危险区域也较小，因此规定此两处与站内锅炉房距离为15m是合理的。

4　燃气（油）热水炉与其他设施之间的防火距离。采用燃气（油）热水炉供暖炉子燃料来源容易解决，环保性好，其烟囱发生火花飞溅的几率极低，安全性能是可靠的。故本表规定燃气（油）热水炉间与其他设施的间距小于锅炉房与其他设施的间距是合理的。

5　LPG储罐与站内其他设施之间的防火距离。

1）关于合建站内油品储罐与LPG储罐的防火间距，澳大利亚规范规定两类储罐之间的防火间距为3m，荷兰规范规定两类储罐之间的防火间距为1m。在加油加气合建站内应重点防止LPG气体积聚在汽、柴油储罐及其操作井内。为此，LPG储罐与汽、柴油储罐的距离要较油罐与油罐之间、气罐与气罐之间的距离适当增加。

2）LPG储罐与卸车点、加气机的距离，由于采用了紧急切断阀和拉断阀等安全装置，且在卸车、加气过程中皆有操作人员，一旦发生事故能及时处理。与现行国家标准《城镇燃气设计规范》GB 50028—2006相比，适当减少了防火间距。与荷兰规范要求的5m相比，又适当增加了间距。

3）LPG储罐与站房的防火间距与现行的行业标准《汽车用燃气加气站技术规范》CJJ 84—2000基本一致，比荷兰规范要求的距离略有增加。

4）液化石油气储罐与消防泵房及消防水池取水口的距离主要是参照现行国家标准《城镇燃气设计规范》GB 50028—2006确定的。

5）1台小于或等于10m³的地上LPG储罐整体装配式加气站，具有投资省、占地小、使用方便等特点，目前在日本使用较多。由于采用整体装配，系统简单，事故危险性小，为便于采用，本表规定其相关

防火间距可按本表中三级站的地上储罐减少20％。

6　LPG卸车点（车载卸车泵）与站内道路之间的防火距离。规定两者之间的防火距离不小于2m，主要是考虑减少站内行驶车辆对卸车点（车载卸车泵）的干扰。

7　CNG加气站内储气设施与站内其他设施之间的防火距离。在参考美国、新西兰规范的基础上，根据我国使用的天然气质量，分析站内各部位可能会发生的事故及其对周围的影响程度后，适当加大防火距离。

8　CNG加气站、加油加气（CNG）合建站内设施之间的防火距离。CNG加气站内储气设施与站内其他设施之间的防火距离，是在参考美国、新西兰规范的基础上，根据我国使用的天然气质量，分析站内各部位可能会发生的事故及其对周围的影响程度，结合我国CNG加气站的建设和运行经验确定的。

9　LNG加气站、加油加气（LNG）合建站内设施之间的防火距离。LNG加气站内储气设施与站内其他设施之间的防火距离，是在依据现行国家标准《城镇燃气设计规范》GB 50028—2006、《液化天然气（LNG）生产、储存和装运》GB/T 20368—2006的基础上，分析站内各部位可能会发生的事故及其对周围的影响程度，结合我国已经建成LNG加气站的实际运行经验确定的。表5.0.13-2中，对LNG设备之间没有间距要求，是为了方便建集约化的橇装设备。橇装设备在制造厂整体建造，相对现场安装更能保证质量。

10　表5.0.13-1注4的"当卸油采用油气回收系统时，汽油通气管管口与站区围墙的距离不应小于2m。"意思是，汽油通气管管口与站区围墙的距离可以减少至2m。

11　表5.0.13-1注7的"容量小于或等于10m³的地上LPG储罐的整体装配式加气站，其储罐与站内其他设施的防火间距，不应低于本表三级站的地上储罐防火间距的80％。"意思是，容量小于或等于10m³的地上LPG储罐的整体装配式加气站，其储罐与站内其他设施的防火间距，可以按表中三级站的地上储罐减少20％。

5.0.14　本规范表5.0.13-1和表5.0.13-2中，CNG储气设施、油品卸车点、LPG泵（房）、LPG压缩机（间）、天然气压缩机（间）、天然气调压器（间）、天然气脱硫和脱水设备、加油机、LPG加气机、CNG加卸气设施、LNG卸车点、LNG潜液泵罐、LNG柱塞泵、地下泵室入口、LNG加气机、LNG气化器与站区围墙的最小防火间距小于附录C规定的爆炸危险区域的，需要采取措施（如有的设备可以布置在室内，设备间靠近围墙的墙采用无门窗洞口的实体墙；加高围墙至不小于爆炸危险区域的高度），保证爆炸危险区域不超出围墙。

6 加油工艺及设施

6.1 油 罐

6.1.1 本条为强制性条文。加油站的卧式油罐埋地敷设比较安全。从国内外的有关调查资料统计来看，油罐埋地敷设，发生火灾的几率很小，即使油罐着火，也容易扑救。英国石油学会《销售安全规范》讲到，I类石油（即汽油类）只要液体储存在埋地罐内，就没有发生火灾的可能性。事实上，国内、国外目前也没有发现加油站有大的埋地罐火灾。

另外，埋地油罐与地上油罐比较，占地面积较小。因为不需要设置防火堤，省去了防火堤的占地面积。必要时还可将油罐埋设在加油场地及车道之下，不占或少量占地。加上因埋地罐较安全，与其他建（构）筑物的要求距离也小，也可减少加油站的占地面积。这对于用地紧张的城市建设意义很大。另一方面，也避免了地面罐必须设置冷却水，以及油罐受紫外线照射、气温变化大，带来的油品蒸发和损耗大等不安全问题。

油罐设在室内发生的爆炸火灾事例较多，造成的损失也较大。其主要原因是油罐需要安装一些阀门等附件，它们是产生爆炸危险气体的释放源。泄漏挥发出的油气，由于通风不良而积聚在室内，易于发生爆炸火灾事故。

6.1.3 双层油罐是目前国外加油站防止地下油罐渗（泄）漏普遍采取的一种措施。其过渡历程与趋势为：单层罐——双层钢罐（也称 SS 地下储罐）——内钢外玻璃纤维增强塑料（FRP）双层罐（也称 SF 地下储罐）——双层玻璃纤维增强塑料（FRP）油罐（也称 FF 地下储罐）。对于加油站在用埋地油罐的改造，北美、欧盟等国家在采用双层油罐的过渡期，为减少既有加油站更换双层油罐的损失，允许采用玻璃纤维增强塑料等满足强度和防渗要求的衬里技术改成双层油罐，我国香港也采用了这种改造技术。

双层油罐由于其有两层罐壁，在防止油罐出现渗（泄）漏方面具有双保险作用，再加上国外标准在制造上要求对两层罐壁间隙实施在线监测和人工检测，无论是内层罐发生渗漏还是外层罐发生渗漏，都能在贯通间隙内被发现，从而可有效地避免渗漏油品进入环境，污染土壤和地下水。

内钢外玻璃纤维增强塑料双层油罐，是在单层钢制油罐的基础上外附一层玻璃纤维增强塑料（即：玻璃钢）防渗外套，构成双层罐。这种罐除具有双层罐的共同特点外，还由于其外层玻璃纤维增强塑料罐体抗土壤和化学腐蚀方面远远优于钢制油罐，故其使用寿命比直接接触土壤的钢罐要长。

双层玻璃纤维增强塑料油罐，其内层和外层均属

玻璃纤维增强塑料罐体，在抗内、外腐蚀方面都优于带有金属罐体的油罐。因此，这种罐可能会成为今后各国在加油站地下油罐的主推产品。

6.1.4 对于埋地钢制油罐的结构设计计算问题，我国目前还没有一个很适合的标准，多数设计是凭经验或依据有关教科书。对于双层钢制常压储罐，目前可以执行的标准只有行业标准《钢制常压储罐 第一部分：储存对水有污染的易燃和不易燃液体的埋地卧式圆筒形单层和双层储罐》AQ 3020，该标准等同采用欧洲标准 BS EN 12285-1：2003。对于目前在我国出于环保需求开始使用的内钢外玻璃纤维增强塑料双层油罐和双层玻璃纤维增强塑料油罐，也尚无产品制造标准，部分厂家引进的双层罐技术主要还是依照国外标准进行制作，其构造和质量保证也都是直接受控于国外厂家或监管机构。其中，双层玻璃纤维增强塑料储罐目前主要执行的是美国标准《用于石油产品、乙醇和乙醇汽油混合物的玻璃纤维增强塑料地下储罐》UL 1316。AQ 3020 虽对埋地卧式储罐的构造进行了规定，但对罐体结构计算问题没有规定，对罐体采用的钢板厚度要求也不太适应我国的实际情况。为了保证加油站埋地钢制油罐的质量及使用寿命，根据我国多年来的使用情况和设计经验，在遵守 BS EN 12285-1：2003 有关规定的基础上，本条第 1 款、第 2 款分别对油罐所用钢板的厚度和设计内压给出了基本的要求。

6.1.6 本条是参照欧洲标准《渗漏检测系统 第7部分 双层间隙、防渗漏衬里及防渗漏外套的一般要求和试验方法》EN 13160—7：2003制定的。

6.1.7 本条参照国外标准，在制造上要求两壁之间有满足渗（泄）漏检测的贯通间隙，以便于对间隙实施在线监测和人工检测。

6.1.8 设置渗漏检测立管及对其直径的要求，是为了满足人工检测和设置液体检测器检测；要求检测立管的底部管口与油罐内、外壁间隙相连通，是为了能够尽早的发现渗漏。检测立管的位置最好置于人孔井内，以便于在线监测仪表共用一个井。

双层玻璃纤维增强塑料罐未作此要求，是因为其不管是罐体耐腐蚀性方面还是罐体结构上，都适宜于采用液体检测法对其双层之间的间隙进行渗漏检测。这种方法既能实施在线监测，又便于人工直接观测。美国及加拿大等国对这种油罐的渗漏监测，也已由最早的干式液体探测器（安在壁间）法逐步向采用液体检（监）测法或真空监测法过渡，而且加拿大 TSSA（安全局）还明确规定只允许采用这两种方法。

6.1.10 规定非车行道下的油罐顶部覆土厚度不小于0.5m，是为防止活动外荷载直接伤及油罐，也是防止油罐顶部植被根系破坏钢质油罐外防腐层的最小保护厚度。

规定设在车行道下面的油罐顶部低于混凝土路面

不宜小于0.9m，是油罐人孔井置于车行道下时内部设备和管道安装的合适尺寸。

规定油罐的周围应回填厚度不小于0.3m的中性沙或细土，主要是为避免采用石块、冻土块等硬物回填造成罐身或防腐层破伤，影响油罐使用寿命。对于钢质油罐外壁还要防止回填含酸碱的废渣，对油罐加剧腐蚀。

6.1.11 当油罐埋在地下水位较高的地带时，在空罐情况下，会有漂浮的危险。有可能将与其连接的管道拉断，造成跑油甚至发生火灾事故。故规定当油罐受地下水或雨水作用有上浮的可能时，应采取防止油罐上浮的措施。

6.1.12 油罐的出油接合管、量油孔、液位计、潜油泵等一般都设在人孔盖上，这些附件需要经常操作和维护，故需设人孔操作井。"专用的密闭井盖和井座"是指加油站专用的防水、防尘和碰撞时不发生火花的产品。

6.1.13 本条参照美国有关标准制定。高液位报警装置指设置在卸油场地附近的声光报警器，用于提醒卸油人员，其罐内探头可以是专用探头（如音叉探头），也可以由液位监测系统设定，油罐容量达到90%的液位时触动声光报警器。"油料达到油罐容量95%时，自动停止油料继续进罐"是防止油罐溢油，目前采用较多的是一种机械装置——防溢流阀，安装在卸油管中，达到设定液位防溢流阀自动关闭，阻止油品继续进罐。

6.1.14 为保证油气回收效果，设有油气回收系统的加油站，汽油罐均处于密闭状态，平时管理和卸油时均不能打开量油孔，否则会破坏系统的密闭性，因此必须借助液位检测系统来掌握罐内油品的多少。出于全站信息化管理的角度和满足环保要求，只汽油罐设置液位监测系统，显然不太协调，因此也要求柴油罐设置。

利用液位监测系统监测埋地油罐渗漏，是及时发现单壁油罐渗漏的一种方法。我国近几年安装的磁致伸缩液位监测系统，不少都具备此功能，稍加改造或调整就能达到此要求。

监测系统的精度，美国规定：动态监测为0.2gal/h（0.76L/h），静态监测为0.1gal/h（0.38L/h）。考虑到我国目前市场上的液位监测产品精度（部分只具备0.76L/h的油罐静态渗漏监测）以及改造的难度等问题，故只规定油罐静态渗漏监测量不大于0.8L/h。

6.1.15 埋地钢制油罐的防腐好坏，直接影响到钢制油罐的使用寿命，故本条作如此规定。

6.2 加 油 机

6.2.1 本条为强制性条文。加油机设在室内，容易在室内形成爆炸混合气体积聚，再加上国内外目前生产的加油机顶部的电子显示和程控系统多为非防爆产品，如果将加油机设在室内，则易引发爆炸和火灾事故，故作此条规定。

6.2.2 自封式加油枪是指带防溢功能的加油枪，各国已普遍采用。这种枪的最大好处是能够在油箱加满油时，自动关闭加油枪，避免了因加油操作疏忽造成的油品从油箱口溢出而导致的能源浪费及可能引发的火灾和污染环境等。但这种枪的加油流量不能太快，否则会使油箱内受到加油流速过快的冲击引起油品翻花，产生很多的油沫子，使油箱未加满，加油枪就自动关闭，此外还有可能发生静电火灾问题。因此，国内外目前应用的汽油加油枪的流量基本都控制在50L/min以下，而且生产的油气回收泵流量也都是与其相匹配的，超出此流量会带来一系列问题。

柴油相对于汽油发生的火灾几率较小，而且加注柴油的多数都是大型车辆，油箱也大，故本条对加注柴油的流量未作规定。

6.2.3 拉断阀一般装在加油软管上或油枪与软管的连接处，是预防向车辆加完油后，忘记将加油枪从油箱口移开就开车，而导致加油软管被拉断或加油机被拉倒，出现泄漏事故的保护器件。拉断阀的分离拉力过小会因加油水击现象等不该拉脱时而被拉脱，拉力过大起不到保护加油机、胶管及连接接头的作用。依据现行国家标准《燃油加油站防爆安全技术　第2部分：加油机用安全拉断阀结构和性能的安全要求》GB 22380.2—2010的规定，安全拉断阀的分离拉力应为800N～1500N。

6.2.4 剪切阀是加油机以正压（如潜油泵）供油的可靠油路保护装置，安装在加油机底部与供油立管的连接处。此阀作用有二：一是加油机被意外撞击时，剪切阀的剪切环处会首先发生断裂，阀芯自动关闭，防止液体连续泄漏而导致发生火灾事故或污染环境；二是加油机一旦遇到着火事故时，剪切阀附近达到一定温度时，阀芯也会自动关闭，切断油路，避免引起严重的火灾事故。有关剪切阀的具体性能要求，详见现行国家标准《燃油加油站防爆安全技术　第3部分：剪切阀结构和性能的安全要求》GB 22380.3。

6.2.5 此条规定的主要目的是防止误加油品。

6.3 工艺管道系统

6.3.1 本条为强制性条文。以前采用敞口式卸油（即将卸油胶管插入量油孔内）的加油站，油气从卸油口排出，有些油气中还夹带有油珠油雾，极不安全，多次发生着火事故。所以，本条规定必须采用密闭卸油方式十分必要。其含义包括加油站的油罐必须设置专用进油管道，采用快速接头连接进行卸油，避免油气在卸油口沿地面排放。严禁采用敞口卸油方式。

6.3.2 此条规定的目的是防止卸油卸错罐，发生混油事故。

6.3.4 卸油油气回收在国外也通称为"一次回收"或"一阶段回收"。

1 所谓平衡式密闭油气回收系统，是指系统在密闭的状态下，油罐车向地下油罐卸油的同时，使地下油罐排出的油气直接通过管道（即卸油油气回收管道）收回到油罐车内的系统，而不需外加任何动力。这也是各国目前都采用的方法。

2 各汽油罐共用一根卸油油气回收主管，使各汽油罐的气体空间相连通，也是各国普遍采用的一种形式，可以简化工艺，节省管道，避免卸油时接错接口，出现张冠李戴。规定其公称直径为不宜小于80mm，主要是为减少气路管道阻力，节省卸油时间，并使其与油罐车的DN100（或DN100变DN80）的油气回收接头及连通软管的直径相匹配。

3 采用非自闭式快速接头（即普通快速接头）时，要求与快速接头前的油气回收管道上设阀门，主要是为使卸油结束后及时关闭此阀门，使罐内气体不外泄，避免污染环境和发生火灾。自闭式快速接头，平时和卸油结束（软管接头脱离）后会自动处于关闭状态，故不需另装阀门，除操作简便外，还避免了普通接头设阀门可能出现的忘关阀门所带来的问题，故美国和西欧等先进国家基本都采用这种接头。

6.3.5 采用油罐装设潜油泵的加油工艺，与采用自吸式加油机相比，其最大特点是：油罐正压出油、技术先进、加油噪音低、工艺简单，一般不受罐位较低和管道较长等条件的限制，是我国加油站的技术发展趋势。

从保证加油工况的角度看，如果几台自吸式加油机共用一根接自油罐的进油管（即油罐的出油管），有时会造成互相影响，流量不均，当一台加油机停泵时，还有抽入空气的可能，影响计量精度，甚至出现断流现象。故规定采用自吸式加油机时，每台加油机应单独设置进油管。设置底阀的目的是为防止加油停歇时出现油品断流，吸入气体，影响加油精度。

6.3.6 加油油气回收在国外也通称为"二次回收"或"二阶段回收"。

1 所谓真空辅助式油气回收系统，是指在加油油气系统回收系统的主管上增设油气回收泵或在每台加油机内分别增设油气回收泵而组成的系统。在主管上增设油气回收泵的，通常称为"集中式"加油油气系统回收系统；在每台加油机内分别增设油气回收泵（一般一泵对一枪）的，通常称为"分散式"加油油气系统回收系统，是各国目前都采用的方法。增设油气回收泵的主要目的是为了克服油气自加油枪至油罐的阻力，并使油枪回口处形成负压，使加油时油箱口呼出的油气抽回到油罐内。

2 多台汽油加油机共用一根油气回收主管，可以简化工艺，节省管道，是国外普遍采用的一种形式。通至油罐处可以直接连接到卸油油气回收主管上。规定其直径不小于DN50主要是为保证其有一定的强度和减少气路管道阻力。

3 防止油气反向流的措施一般采用在油气回收泵的出口管上安装一个专用的气体单向阀，用于防止罐内空间压力过高时保护回收泵或不使加油枪在油箱口处增加排放。

4 本款规定的气液比值与现行国家标准《加油站大气污染物排放标准》GB 20952—2007规定一致。

5 设置检测三通是为了方便检测整体油气回收系统的密闭性和加油机至油罐的油气回收管道内的气体流通阻力是否符合规定的限值。系统不严密会使油气外泄；加油过程中产生的油气通过埋地油气回收管道至油罐时，会在管道内形成冷凝液，如果冷凝液在管道中聚集就会使返回到油罐的气体受阻（即液阻），轻者影响回收效果，重者会导致系统失去作用。因此，这两个指标是衡量加油油气回收系统是否正常的指标。检测三通安装如图1所示。

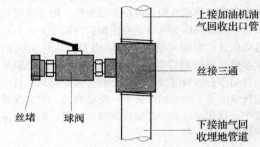

上接加油机油气回收出口管

丝接三通

下接油气回收埋地管道

丝堵　球阀

图1　液阻和系统密闭性检测口示意

6.3.7 本条条文说明如下：

1 "接合管应为金属材质"主要是为了与油罐金属人孔盖接合，并满足导静电要求。

2 规定油罐的各接合管应设在油罐的顶部，既是功能上的常规要求，也是安全上的基本要求，目的是不损伤装油部分的罐身，便于平时的检修与管理，避免现场安装开孔可能出现焊接不良和接管受力大，容易发生断裂而造成的跑油渗油等不安全事故。规定油罐的出油接合管应设在人孔盖上，主要是为了使该接合管上的底阀或潜油泵拆卸检修方便。

3 本款规定主要是为防止油罐车向油罐卸油时在罐内产生油品喷溅，而引发静电着火事故。采用临时管道插入油罐敞口喷溅卸油，曾引起的着火事例多，例如，北京市和平里加油站、郑州市人民路加油站都在卸油时，进油管未插到罐底，造成油品喷溅，产生静电火花，引起卸油口部着火。

进油立管的底端采用45°斜管口或T形管口，在防止产生静电方面优于其他形式的管口，有利于安全，也是国内和国外通常采取的形式。

4 罐内潜油泵的入油口或自吸式加油机吸入管道的罐内底阀入油口，距罐底的距离不能太高也不能太低，太高会有大量的油品不能被抽出，降低了油罐的使用容积，太低会使罐底污物进入加油机而加给汽车油箱。

5　量油帽带锁有利于加油站的防盗和安全管理。其接合管伸至罐内距罐底 200mm 的高度，在正常情况下，罐内油品中的静电可通过接合管被导走，避免人工量油时发生静电引燃事故。但设计上要保证检尺时使罐内空间为大气压（通常可在罐内最高液位以上的接合管上开对称孔），以使管内液位与罐内实际液位相一致。

6　油罐的人孔是制造和检修的出入口，因此人孔井内的管道及设备，须保证油罐人孔盖的可拆装性。

7　人孔盖上的接合管采用金属软管过渡与引出井外管道的连接，可以减少管道与人孔盖之间的连接力，便于管道与人孔盖之间的连接和检修时拆装人孔盖，并能保证人孔盖的密闭性。

6.3.8　规定汽油罐与柴油罐的通气管分开设置，主要是为防止这两种不同种类的油品罐互相连通，避免一旦出现冒罐时，油品经通气管流到另一个罐造成混油事故，使得油品不能应用。对于同类油品（如：汽油 90#、93#、97#）储罐的通气管，本条隐含着允许互相连通，共用一根通气立管的意思，可使同类油品储罐气路系统的工艺变得简单化，即使出现窜油问题，也不至于油品不能应用。但在设计上应考虑便于以后各罐在洗罐和检修时气路管道的拆装与封堵问题。

对于通气管的管口高度，英国《销售安全规范》规定不小于 3.75m，美国规定不小于 3.66m，我国的《建筑设计防火规范》等标准规定不小于 4m。为与我国相关标准取得一致，故规定通气管的管口应高出地面至少 4m。

规定沿建筑物的墙（柱）向上敷设的通气管管口，应高出建筑物的顶面至少 1.5m，主要是为了使油气易于扩散，不积聚于屋顶，同时 1.5m 也是本规范对通气管管口爆炸危险区域划为 1 区的半径。

规定通气管管口应安装阻火器，是为了防止外部的火源通过通气管引入罐内，引发油罐出现爆炸着火事故。

6.3.10　对于采用油气回收的加油站，规定汽油通气管管口安装机械呼吸阀的目的是为了保证油气回收系统的密闭性，使卸油、加油和平时产生的附加油气不排或减少排放，达到回收效率的要求。特别是油罐车向加油站油罐卸油过程中，由于两者的液面不断变化，除油品进入油罐呼出的等量气体进入油罐车外，气体的呼出与吸入所造成的扰动，以及环境温度影响等，还会产生一定量的附加蒸发。如果通气管口不设呼吸阀或呼吸阀的控制压力偏小，都会使这部分附加蒸发的油气排入大气，难以达到回收效率的要求，实

际也证明了这一点。

规定呼吸阀的工作正压宜为 2kPa～3kPa，是依据某单位曾在夏季卸油时对加油站密闭气路系统实测给出的。

规定呼吸阀的工作负压宜为 1.5kPa～2kPa，主要是基于以下两方面的考虑：一是油罐在出油的同时，如果机械呼吸阀的负压值定的太小，油罐出现的负压也太小，不利于将汽车油箱排出的油气通过加油机和回收管道回收到油罐中；二是如果负压值定的偏大，就会增加埋地油罐的负荷，而且对采用自吸式加油机在油罐低液位时的吸油也很不利。

6.3.11　部分款说明如下：

2　本款的"非烃类车用燃料"不包括车用乙醇汽油。因为本规范对非金属复合材料管道的技术要求是参照欧洲标准《加油站埋地安装用热塑性塑料管道和挠性金属管道》EN 14125—2004 制定的，而 EN 14125—2004 不适用于输送非烃类车用燃料的非金属管道。

4、6　这两款是参照欧洲标准《加油站埋地安装用热塑性塑料管道和挠性金属管道》EN 14125—2004 制定的。

5　本款是依据国家标准《防止静电事故通用导则》GB 12158—2006 中第 7.2.2 条制定的。

7　本款是针对我国柴油公交车、重型车尾气排放实施第Ⅳ标准（国家机动车第四阶段排放标准），采用 SCR（选择性催化还原）技术，需要在加油站增设尾气处理液加注设备而提出的。尾气处理液是指尿素溶液（Adblue）。SCR 技术是在现有柴油车应用国Ⅲ（欧Ⅲ）柴油的基础上，通过发动机内优化燃烧降低颗粒物后，在排气管内喷入尿素溶液作为还原剂而降低氮氧化物（NOx），使氮氧化物转换成纯净的氮气和水蒸气，而满足环保排放要求的一种技术。柴油车尿素溶液的耗量约为燃油耗量的 4%～5%。使用 SCR 技术还可以使尾气排放提升到欧Ⅴ要求。由于尿素溶液对碳钢具有一定的腐蚀性，不适于用碳素钢管输送，故应采用奥氏体不锈钢等适于输送要求的管道。

6.3.13　本条为强制性条文。加油站内多是道路或加油场地，工艺管道不便地上敷设。采用管沟敷设时要求必须用沙子或细土填满、填实，主要是为避免管沟积聚油气，形成爆炸危险空间。此外，根据欧洲标准和不导静电非金属复合材料管道试验结论，对不导静电非金属复合材料管道来说，只有埋地敷设才能做到不积聚静电荷。

6.3.14　规定"卸油油气回收管道、加油油气回收管道和油罐通气管横管的坡度，不应小于 1%"，与现行国家标准《加油站大气污染物排放标准》GB 20952—2007 规定相一致，目的是防止管道内积液，保证管道气相畅通。

6.3.17 "与其无直接关系的建（构）筑物"，是指除加油场地、道路和油罐维护结构以外的站内建（构）筑物，如站房等房屋式建筑、给排水井等地下构筑物。规定不应穿过或跨越这些建（构）筑物，是为防止管道损伤、渗漏带来的不安全问题。同样，与其他管沟、电缆沟和排水沟相交叉处也应采取相应的防护措施。

6.3.18 本条规定是参照欧洲标准《输送流体用管子的静电危害分析》IEC TR60079—32 DC：2010 制定的。

6.4 橇装式加油装置

6.4.2～6.4.6 为满足公众日益提高的安全和环保需求，第6.4.2条～第6.4.6条规定了加强橇装式加油装置安全和环保要求的措施。

6.5 防渗措施

6.5.2 埋地油罐采用双层壁油罐的最大好处是自身具备二次防渗功能，在防渗方面比单壁油罐多了一层防护，并便于实现人工检测和在线监测，可以在第一时间内及时发现渗漏，使渗漏油品不进入环境。特别是双壁玻璃纤维增强塑料（玻璃钢）罐和带有防渗外套的金属油罐，在抗土壤腐蚀方面里远远优于与土壤直接接触的金属油罐，会大大延长油罐的使用寿命。是目前美国和西欧等先进国家推广应用的主流技术。

　　本规范允许采用单层油罐设置防渗罐池做法，主要是由于我国在采用双层油罐技术方面还属刚起步，相关标准不健全，而且自20世纪90年代初就一直沿用防渗罐池做法。但这种做法只是将渗漏控制在池内范围，仍会污染池内土壤，如果池子做的不严密，还存在着渗漏污染扩散问题，再加上其建设造价并不比采用双层油罐省，油罐相对使用寿命短，因此，这种防渗方式也只是一种过渡期间的措施，终究会被双层油罐技术所代替。

6.5.4 设置检测立管的目的是为了检测或监测防渗罐池内的油罐是否出现渗漏。

6.6 自助加油站（区）

6.6.1 本条的规定，是为了在无人引导的情况下，指引消费者进站、准确地把车辆停靠在加油位上，进行加油操作。

6.6.2 在加油机泵岛及附近标示油品类别、标号及安全警示，可以引导消费者选择适合自己的加油位并注意安全。

6.6.3 不在同一加油车位上同时设置汽油、柴油两个品种服务，可以方便消费者根据油品灯箱的标示选择合适的加油车位，同时避免或减少加错油的现象。

6.6.4 自助加油不同于加油员加油，因此对加油机和加油枪的功能提出了一些特殊要求以保证加油安全。

6.6.5 设置视频监控系统是出于安全和风险管理的考虑，同时通过对顾客的加油行为分析，改善服务。

6.6.6 营业室内设置监控系统，是自助加油站的一个特点，营业员可以通过该系统关注和控制每台加油机的作业情况，并与顾客进行对话沟通，提供服务和指导。在发生紧急情况时，可以启动紧急切断开关停止所有加油机的运行并通过站内广播引导顾客离开危险区域。

6.6.7 由于汽油闪点低，挥发性强，油蒸汽是加油站的主要安全隐患，要求经营汽油的自助加油站设置加油油气回收系统，有助于保证自助加油的安全，并有助于大气环境保护。

7 LPG 加气工艺及设施

7.1 LPG 储罐

7.1.1 对本条各款说明如下：

　　1 关于压力容器的设计和制造，国家现行标准《钢制压力容器》GB 150、《钢制卧式容器》JB 4731 和国家质量技术监督局颁发的《固定式压力容器安全技术监察规程》TSG R0004 已有详细规定和要求，故本规范不再作具体规定。

　　2 《固定式压力容器安全技术监察规程》TSG R0004 第3.9.3条规定：常温储存液化气体压力容器的设计压力应以规定温度下的工作压力为基础确定；常温储存液化石油气 50℃的饱和蒸汽压力小于或等于 50℃丙烷的饱和蒸汽压力时，容器工作压力等于 50℃丙烷的饱和蒸汽压力（为 1.600MPa 表压）。行业标准《石油化工钢制压力容器》SH/T 3074—2007 第6.1.1.5条规定：工作压力 $P_w \leqslant 1.8$MPa 时，容器设计压力 $P_d = P_w + 0.18$MPa。根据上述规定，本款规定"储罐的设计压力不应小于 1.78MPa"。

　　3 LPG 充装泵有多种形式，储罐出液管必须适应充装泵的要求。进液管道和液相回流管道接入储罐内的气相空间的优点是：一旦管道发生泄漏事故直接泄漏出去的是气体，其质量比直接泄漏出液体小得多，危害性也小得多。

7.1.2 止回阀和过流阀有自动关闭功能。进液管、液相回流管和气相回流管上设止回阀，出液管和卸车用的气相平衡管上设过流阀可有效防止 LPG 管道发生意外泄漏事故。止回阀和过流阀设在储罐内，增强了储罐首级关闭阀的安全可靠性。

7.1.3 本条说明如下：

　　1 安全阀是防止 LPG 储罐因超压而发生爆裂事故的必要设备，《固定式压力容器安全技术监察规程》TSG R0004 也规定压力容器必须安装安全阀。规定"安全阀与储罐之间的管道上应装设切断阀"，是为了便于安全阀检修和调试。对放散管管口的安装高度的要求，主要是防止液化石油气放散时操作人员受到伤害。

规定"切断阀在正常操作时应处于铅封开启状态。"是为了防止发生误操作事故。在设计文件上需对安全阀与储罐之间的管道上安装的切断阀注明铅封开。

2 因为 7.1.1 条规定 LPG 储罐的设计压力不应低于 1.78MPa，再考虑泵的提升压力，故规定阀门及附件系统的设计压力不应低于 2.5MPa。

3 要求在排污管上设置两道切断阀，是为了确保安全。排污管内可能会有水分，故在寒冷和严寒地区，应对从储罐底部引出的排污管的根部管道加装伴热或保温装置，以防止排污管阀门及其法兰垫片冻裂。

4 储罐内未设置控制阀门的出液管道和排污管道，最危险点在储罐的第一道法兰处。本款的规定，是为了确保安全。

5 储罐设置检修用的放散管，便于检修储罐时将罐内 LPG 气体放散干净。要求该放散管与安全阀接管共用一个开孔，是为了减少储罐开口。

6 为防止在加气瞬间的过流造成关闭，故要求过流阀的关阀流量宜为最大工作流量的 1.6 倍～1.8 倍。

7.1.4 LPG 储罐是一种密闭性容器，准确测量其温度、压力，尤其是液位，对安全操作非常重要，故本条规定了液化石油气储罐测量仪表设置要求。

1 要求 LPG 储罐设置就地指示的液位计、压力表和温度计，这是因为一次仪表的可靠性高以及便于就地观察罐内情况。要求设置液位上、下限报警装置，是为了能及时发现液位达到极限，防止超装事故发生。

2 要求设置液位上限限位控制和压力上限报警装置，是为了能及时对超压情况采取处理措施。

3 对 LPG 储罐来说，最重要的参数是液位和压力，故要求在一、二级站内对这两个参数的测量设二次仪表。二次仪表一般设在站房的控制室内，这样便于对储罐进行监测。

7.1.5 本条为强制性条文。由于 LPG 的气体比重比空气大，LPG 储罐设在室内或地下室内，泄漏出来 LPG 气体易于在室内积聚，形成爆炸危险气体，故规定 LPG 储罐严禁设在室内或地下室内。LPG 储罐埋地设置受外界影响（主要是温度方面的影响）比较小，罐内压力相对比较稳定。一旦某个埋地储罐或其他设施发生火灾，基本上不会对另外的埋地储罐构成严重威胁，比地上设置要安全得多。故本条规定，在加油加气合建站和城市建成区内的加气站，LPG 储罐应埋地设置。需要指出的是，根据本条的规定，地上 LPG 储罐整体装配式的加气站不能建在城市建成

区内。

7.1.6 对本条各款说明如下：

1 地上储罐集中单排布置，方便管理，有利于消防。储罐间净距不应小于相邻较大罐的直径，系根据现行国家标准《城镇燃气设计规范》GB 50028—2006 而确定的。

2 储罐四周设置高度为 1m 的防护堤（非燃烧防护墙），以防止发生液化石油气发生泄漏事故，外溢堤外。

7.1.7 地下储罐间应采用防渗混凝土墙隔开，以防止事故时串漏。

7.1.8 建于水源保护地的液化石油气埋地储罐，一般都要求设置罐池。本条对罐池设置提出了具体要求。

1 规定罐与罐池内壁之间的净距不应小于 1m，是为了储罐开罐检查时，安装 X 射线照相设备。

2 填沙的作用与埋地油罐填沙作用相同。

7.1.9 规定"储罐应坡向排污端，坡度应为 3‰～5‰"，是为了便于清污。

7.1.10 LPG 储罐是压力储罐，一旦发生腐蚀穿孔事故，后果将十分严重。所以，为了延长埋地 LPG 储罐的使用寿命，本条规定要采用严格的防腐措施。

7.2 泵和压缩机

7.2.1 用 LPG 压缩机卸车，可加快卸车速度。槽车上泵的动力由站内供电比由槽车上的柴油机带动安全，且能减少噪声和油气污染。

7.2.3 加气站内所设卸车泵流量若低于 300L/min，则槽车在站内停留时间太长，影响运营。

7.2.4 本条为强制性条文。为地面上的泵和压缩机设置防晒罩棚或泵房（压缩机间），可防止泵和压缩机因日晒而升温升压，这样有利于泵和压缩机的安全运行。

7.2.5 本条规定了一般地面泵的管路系统设计要求。

1 本款措施，是为了避免因泵的振动造成管件等损坏。

2 管路坡向泵进口，可避免泵产生气蚀。

3 泵的出口阀门前的旁通管上设置回流阀，可以确保输出的液化石油气压力稳定，并保护泵在出口阀门未打开时的运行安全。

7.2.7 本条规定在安装潜液泵的筒体下部设置切断阀，便于潜液泵拆卸、更换和维修；安装过流阀是为了能在储罐外系统发生大量泄漏时，自动关闭管路。

7.2.8 本条的规定，是为了防止潜液泵电机超温运行造成损坏和事故。

7.2.9 本条规定了压缩机进、出口管道阀门及附件的设置要求。规定在压缩机的进口和储罐的气相之间设置旁通阀，目的在于降低压缩机的运行温度。

7.3 LPG 加气机

7.3.1 本条为强制性条文。加气机设在室内，泄漏的 LPG 气体不易扩散，易引发爆炸和火灾事故。

7.3.2 根据国外资料以及实践经验，计算加气机数量时，每辆汽车加气时间按 3min～5min 计算比较合适。

7.3.3 对本条各款说明如下：

　　1 同第 7.1.3 条第 2 款的说明。

　　2 限制加气枪流量，是为了便于控制加气操作和减少静电危险。

　　3 加气软管设拉断阀是为了防止加气汽车在加气时因意外启动而拉断加气软管或拉倒加气机，造成液化石油气外泄事故发生。拉断阀在外力作用下分开后，两端能自行密封。分离拉力范围是参照国外标准制定的。

　　4 本款的规定是为了提高计量精度。

　　5 加气嘴配置自密封阀，可使加气操作既简便、又安全。

7.3.5 本条为强制性条文。此条规定是为了提醒加气车辆驾驶员小心驾驶，避免撞毁加气机，造成大量液化石油气泄漏。

7.4 LPG 管道系统

7.4.1 10#、20# 钢是优质碳素钢，LPG 管道采用这种管材较为安全。

7.4.3 同第 7.1.3 条第 2 款的说明。

7.4.4 与其他连接方式相比，焊接方式防泄漏性能更好，所以本条要求液化石油气管道宜采用焊接连接方式。

7.4.5 为了安装和拆卸检修方便，LPG 管道与储罐、容器、设备及阀门的连接，推荐采用法兰连接方式。

7.4.6 一般耐油胶管并不能耐 LPG 腐蚀，所以本条规定管道系统上的胶管应采用耐 LPG 腐蚀的钢丝缠绕高压胶管。

7.4.7 LPG 管道埋地敷设占地少，美观，且能避免人为损坏和受环境温度影响。规定采用管沟敷设时，应充填中性沙，是为了防止管沟内积聚可燃气体。

7.4.8 本条的规定内容是为了防止管道受冻土变形影响而损坏或被行车压坏。

7.4.9 LPG 是一种非常危险的介质，一旦泄漏可能引起严重后果。为安全起见，本条要求埋地敷设的 LPG 管道采用最高等级的防腐绝缘保护层。

7.4.10 限制 LPG 管道流速，是减少静电危害的重要措施。

7.4.11 本条为强制性条文。LPG 储罐的出液管道和连接槽车的液相管道是 LPG 加气站的重要工艺管道，也是最危险的管道，在这些管道上设紧急切断

阀，对保障安全是十分必要的。

7.5 槽车卸车点

7.5.1 本条为强制性条文。设置拉断阀的规定有两个目的，一是为了防止槽车卸车时意外启动或溜车而拉断管道；二是为了一旦站内发生火灾事故槽车能迅速离开。

7.5.3 本条的规定，是为了防止杂质进入储罐影响充装泵的运行。

8 CNG 加气工艺及设施

8.1 CNG 常规加气站和加气母站工艺设施

8.1.1 CNG 进站管道设置调压装置以适应压缩机工况变化需要，满足压缩机的吸入压力，平稳供气，并防止超压，保证运行安全。

8.1.3 在进站天然气的硫化氢含量达不到现行国家标准《车用压缩天然气》GB 18047 的硫含量要求时，需要进行脱硫处理。加气站脱硫处理量较小，一般采用固体法脱硫，为环保需要，固体脱硫剂不在站内再生。设置备用塔，可作为在一塔检修或换脱硫剂时的备用。脱硫装置设置在室外是出于安全需要。设置硫含量检测是工艺操作的要求。

8.1.4 CNG 加气站多以输气干线内天然气为气源，其气质可达到现行国家标准《天然气》GB 17820 中的 Ⅱ 类气质指标，但给汽车加注的天然气须满足现行国家标准《车用压缩天然气》GB 18047 对天然气的水露点的要求。一般情况下来自输气干线内天然气质量达不到《车用压缩天然气》GB 18047 要求的指标，所以还要进行脱水。

　　因采用固体吸附剂脱水，可能会增加气体中的含尘量对压缩机安全运行有影响，可通过增加过滤器来解决。

8.1.7 压缩机前设置缓冲罐可保证压缩机工作平稳。设置排气缓冲罐是减少为了排气脉冲带来的振动，若振动小，不设置排气缓冲罐也是可行的。

8.1.9 压缩机单排布置主要考虑水、电、气、汽的管路和地沟可在同一方向设置，工艺布置合理。通道留有足够的宽度方便安装、维修、操作和通风。

8.1.11 当压缩机停机后，机内气体需及时泄压放掉以待第二次启动。由于泄压的天然气量大、压力高、又在室内，因此需将泄放的天然气回收再用。

8.1.12 压缩机排出的冷凝液中含有凝析油等污物，有一定危险，所以应集中处理，达到排放标准后才能排放。压缩机组包括本机、冷却器和分离器。

8.1.13 我国 CNG 汽车规定统一运行压力为 20MPa，CNG 站的储气瓶压力为 25MPa，以满足 CNG 汽车充气需要。

8.1.14 目前 CNG 加气站固定储气设施主要用储气瓶（组）和储气井。储气瓶（组）有易于制造、维护方便的优点。储气井具有占地面积小、运行费用低、安全可靠、操作维护简便和事故影响范围小等优点，因此被广泛采用。目前已建成并运行的储气井规模为：储气井井筒直径 $\phi177.8mm\sim\phi244.5mm$；最大井深大于 $300m$；储气井水容积 $1m^3\sim10m^3$；最大工作压力 $25MPa$。

8.1.15 采用大容积储气瓶具有瓶阀少、接口少、安全性高等优点，所以推荐加气站选用同一种规格型号的大容积储气瓶。

8.1.16 储气瓶（组）采用卧式排列便于布置管道及阀件，方便操作保养，当瓶内有沉积液时易于外排。

8.1.18 在地质滑坡带上建造储气井难于保证井筒稳固，溶洞地质不易钻井施工和固井。

8.1.19 疲劳次数要求是为了保证储气井本体有足够的使用寿命。为保证储气井的安全性能，储气井在使用期间还需定期气密性检查、排液及定期检验。

8.1.21 本条规定了加气机、加气柱、卸气柱的选用和设置要求：

1 加气机设在室内，泄漏的 CNG 气体不易扩散，易引发爆炸和火灾事故，故此款作为强制性条文规定。

3、4 控制加气速度的规定是参照美国天然气汽车加气标准的限速值和目前 CNG 加气站操作经验制定的。

8.1.22 本条的储气瓶（组）包括固定储气瓶（组）和车载储气瓶组。储气瓶（组）的管道接口端是储气瓶的薄弱点，故采取此项措施加以防范。

8.2 CNG 加气子站工艺设施

8.2.2 本条为强制性条文。本条的要求是为了保证液压设备处于安全状态。

8.2.5 本条的储气瓶（组）包括固定储气瓶（组）和车载储气瓶组。

8.3 CNG 工艺设施的安全保护

8.3.1 本条为强制性条文。天然气进站管道上安装切断阀，是为了一旦发生火灾或其他事故，立即切断气源灭火。手动操作可在自控系统失灵时，操作人员仍可以靠近并关闭截断阀，切断气源，防止事故扩大。

8.3.2、8.3.3 要求站内天然气调压计量、增压、储存、加气各工段分段设置切断气源的切断阀，是为了便于维修和发生事故时紧急切断。

8.3.6 本条是参照美国内务部民用消防局技术标准《汽车用天然气加气站》制订的。该标准规定：天然气设备包括所有的管道、截止阀及安全阀，还有组成供气、加气、缓冲及售气网络的设备的设计压力比

大的工作压力高 10%，并且在任何情况下不低于安全阀的起始工作压力。

8.3.7 一次泄放量大于 $500m^3$（基准状态）的高压气体（如储气瓶组事故时紧急排放的气体、火灾或紧急检修设备时排放系统气体），很难予以回收，只能通过放散管迅速排放。压缩机停机卸载的天然气量一般大于 $2m^3$（基准状态），排放到回收罐，防止扩散。仪表或加气作业时泄放的气量减少，就地排入大气简便易行，且无危险之忧。

8.3.8 本条第 3 款规定"放散管应垂直向上"，是为了避免天然气高速放散时，对放散管造成较大冲击。

8.3.10 压力容器与压力表连接短管设泄气孔（一般为 $\phi1.4mm$），是保证拆卸压力表时排放管内余压，确保操作安全。

8.3.11 设安全防撞柱（栏）主要为了防止进站加气汽车控制失误，撞上天然气设备造成事故。

8.4 CNG 管道及其组成件

8.4.4 加气站室内管沟敷设，沟内填充中性沙是为了防止泄漏的天然气聚集形成爆炸危险空间。

9 LNG 和 L-CNG 加气工艺及设施

9.1 LNG 储罐、泵和气化器

9.1.1 本条规定了 LNG 储罐的设计要求。

1 本款规定了 LNG 储罐设计应执行的有关标准规范，这些标准是保证 LNG 储罐设计质量的必要条件。

2 要求 $P_d \geqslant P_w + 0.18MPa$，是根据行业标准《石油化工钢制压力容器》SH/T 3074—2007 制定的；要求储罐的设计压力不应小于 1.2 倍最大工作压力，略高于现行国家标准《钢制压力容器》GB 150 的要求。LNG 储罐的工作温度约为 $-196℃$，故本款要求设计温度不应高于 $-196℃$。由于 LNG 加气可能设在市区内，本款的规定提高了储罐的安全度（包括外壳），是必要的。

3 本款的规定是参照现行国家标准《液化天然气（LNG）生产、储存和装运》GB/T 20368—2006 制定的。

9.1.2 埋地 LNG 储罐、地下或半地下 LNG 储罐抵御外部火灾的性能好，自身发生事故影响范围小。在城市中心区内，建筑物和人员较为密集，故规定应采用埋地 LNG 储罐、地下或半地下 LNG 储罐。

9.1.3 本条规定了地上 LNG 储罐等设备的布置要求。

2 本款规定的目的是使泄漏的 LNG 在堤区内缓慢气化，且以上升扩散为主，减小气雾沿地面扩散。防护堤与 LNG 储罐在堤区内距离的确定，一是操作

与维修的需要，二是储罐及其管路发生泄漏事故，尽量将泄漏的 LNG 控制在堤区内。

规定"防护堤的雨水排放口应有封堵措施"，是为了在 LNG 储罐发生泄漏事故时能及时封堵雨水排放口，避免 LNG 流淌至防护堤外。

3 增压气化器、LNG 潜液泵等装置，从工艺操作方面来说需靠近储罐布置。CNG 高压瓶组或储气井发生事故的爆破力较大，不宜布置在防护堤内。

9.1.4 本条规定了地下或半地下 LNG 储罐的设置要求。

1 采用卧式储罐可减小罐池深度，降低建造难度。

4 本款的规定，是为了防止人员意外跌落罐池而受伤。

6 罐池内在雨季有可能积水，故需对储罐采取抗浮措施。

9.1.6 本条规定了 LNG 储罐阀门的设置要求，说明如下：

1 设置安全阀是国家现行标准《固定式压力容器安全技术监察规程》TSG R0004 的有关规定。为保证安全阀的安全可靠性和满足检验需要，LNG 储罐设置 2 台或 2 台以上全启封式安全阀是必要的。

2 规定"安全阀与储罐之间应设切断阀"，是为了满足安全阀检验需要。

3 规定"与 LNG 储罐连接的 LNG 管道应设置可远程操作的紧急切断阀"，是为了能在事故状态下，做到迅速和安全地关闭与 LNG 储罐连接的 LNG 管道阀门，防止泄漏事故的扩大。

4 本款规定，是为了在 LNG 储罐超压情况下，能远程迅速打开放散控制阀，这样既可保证储罐安全，也能确保操作人员安全。

5 阀门与储罐或管道采用焊接连接相对法兰或螺纹连接严密性好得多，LNG 储罐液相管道首道阀门是最重要的阀门，故本款从严要求，规避了在该处接口可能发生的重大泄漏事故，这是 LNG 加气站重要的一项安全措施。

9.1.7 本条为强制性条文。对本条 LNG 储罐的仪表设置要求说明如下：

1 液位是 LNG 储罐重要的安全参数，实时监测液位和高液位报警是必不可少的。要求"高液位报警器应与进液管道紧急切断阀连锁"，可确保 LNG 储罐不满溢。

2 压力也是 LNG 储罐重要的安全参数，对压力实时监测是必要的。

3 检测内罐与外罐之间环形空间的绝对压力，是观察 LNG 储罐完好性的简便易行的有效手段。

4 本款要求"液位计、压力表应能就地指示，并应将检测信号传送至控制室集中显示"，有利于实时监测 LNG 储罐的安全参数。

9.1.8 本条是对 LNG 潜液泵池的管路系统和附属设备的规定。

1 对 LNG 储罐的底与泵罐顶间的高差要求，是为了保证潜液泵的正常运行。

2 潜液泵启动时，泵罐压力骤降会引发 LNG 气化，将气化气引至 LNG 储罐气相空间形成连通，有利于确保泵罐的进液。当利用潜液泵卸车时，与槽车的气相管相接形成连通，也有利于卸车顺利进行。

3 潜液泵罐的温度和压力是防止潜液泵气蚀的重要参数，也是启动潜液泵的重要依据，故要求设置温度和压力检测装置。

4 在泵的出口管道上设置安全阀和紧急切断阀，是安全运行管理需要。

9.1.9 本条规定了柱塞泵的设置要求。

1 目前一些 L-CNG 加气站柱塞泵的运行不稳定，多数是由于储罐与泵的安装高差不足、管路较长、管径较小等设计缺陷造成的。

2 柱塞泵的运行震动较大，在泵的进、出口管道上设柔性、防震装置可以减缓震动。

3 为防止 CNG 储气瓶（井）内天然气倒流，需在泵的出口管道上设置止回阀；要求设全启封闭式安全阀，是为了防止管道超压。

4 在泵的出口管道上设置温度和压力检测装置，便于对泵的运行进行监控。

5 目前一些 L-CNG 加气站所购置的柱塞泵运行噪声太大，严重干扰了周边环境。其原因一是泵的结构型式本身特性造成；二是一些管道连接不当。在泵型未改变前，L-CNG 加气站建在居民区、旅馆、公寓及办公楼等需要安静条件的地区时，柱塞泵需采取有效的防噪声措施。

9.1.10 要求"高压气化器出口气体温度不应低于 5℃"，是为了保护 CNG 储气瓶（井）、CNG 汽车车用瓶在受气充装时产生的汤姆逊效应温度降低不低于 -5℃。此外，供应 CNG 汽车的温度较低，会产生较大的计量气费差，不利于加气站的运营。

9.2 LNG 卸车

9.2.1 本条的要求是为了在出现不正常情况时，能迅速中断作业。

9.2.2 本条规定是依据现行行业标准《固定式压力容器安全技术监察规程》TSG R0004—2009 第 6.13 条制定的。有的站采用固定式装卸臂卸车，也是可行的。

9.3 LNG 加气区

9.3.1 本条为强制性条文。加气机设在室内，泄漏的液化天然气不易扩散，易引发爆炸和火灾事故。

9.3.2 本条是对加气机技术性能的基本要求。

1 要求"加气系统的充装压力不应大于汽车车

载瓶的最大工作压力",是为了防止汽车车用瓶超压。

3 在加气机的充装软管上设拉断装置,以防止在充装过程中发生汽车启离的恶性事故。

9.3.4 加气机前设置防撞柱(栏),以避免受汽车碰撞引发事故。

9.4 LNG 管道系统

9.4.1 本条规定了LNG管道和低温气相管道的设计要求。

1 管路系统的设计温度要求同LNG储罐。设计压力的确定原则也同LNG储罐,但管路系统的最大工作压力与LNG储罐的最大工作压力是不同的。液相管道的最大工作压力需考虑LNG储罐的液位静压和泵流量为零时的压力。

3 要求管材和管件等应符合相关现行国家标准,是为了保证质量。

9.4.5 为防止管道内LNG受热膨胀造成管道爆破,特制定此条。

9.4.6 对LNG加气站的天然气放散管的设计规定主要目的如下:

1 在加气站运行中,常发生LNG液相系统安全阀弹簧失效或发生冰卡而不能复位关闭,造成大量LNG喷泻,因此LNG加气站的各类安全阀放散需集中引至安全区。

2 本款规定是为了避免放散天然气影响附近建(构)筑物安全。

3 为保证放散的低温天然气能迅速上浮至高空,故要求经空温式气化器加热。放散的天然气温度为−112℃时,天然气的比重小于空气,本款规定适当提高放散温度,以保证放散的天然气向上飘散。

10 消防设施及给排水

10.1 灭火器材配置

10.1.1 本条为强制性条文。加油加气站经营的是易燃易爆液体或气体,存在一定的火灾危险性,配置灭火器材是必要的。小型灭火器材是控制初期火灾和扑灭小型火灾的最有效设备,因此规定了小型灭火器的选用型号及数量。其中,使用灭火毯和沙子是扑灭油罐罐口火灾和地面油类火灾最有效的方式,且花费不多。本节规定是参照本规范2006年版原有规定和现行国家标准《建筑灭火器配置设计规范》GB 50140—2005并结合实际情况,经多方征求意见后制定的。

10.2 消防给水

10.2.1 本条为强制性条文。是参照现行国家标准《城镇燃气设计规范》GB 50028—2006的有关规定编制的。

10.2.2 现行国家标准《石油天然气工程设计防火规范》GB 50183—2004第10.4.5条规定,总容积小于250m³的LNG储罐区不需设固定消防水供水系统。本规范规定一级LNG加气站LNG储罐不大于180m³,但考虑到LNG加气站往往建在建筑物较为稠密的地区,设置有地上LNG储罐的一、二级LNG加气站,一旦发生事故造成的影响可能会比较大,故要求其设消防给水系统,以加强LNG加气站的安全性能。对三种条件下站内可不设消防给水系统说明如下:

1 现行国家标准《建筑设计防火规范》GB 50016—2006规定:室外消火栓的保护半径不应大于150m;在市政消火栓保护半径150m以内,如消防用水量不超过15L/s时,可不设室外消火栓。LNG加气站位于市政消火栓有效保护半径150m以内情况下,且市政消火栓能满足一级站供水量不小于20L/s,二级站供水量不小于15L/s的需求,故站内不需设消防给水系统。

2 消防给水系统的主要作用是保护着火罐的临近罐免受火灾威胁,有些地方设置消防给水系统有困难,在LNG储罐之间设置钢筋混凝土防火隔墙,可有效降低LNG储罐之间的相互影响,不设消防给水系统也是可行的。

3 位于城市建成区以外、为严重缺水地区的LNG加气站,发生事故造成的影响会比较小,参照现行国家标准《石油天然气工程设计防火规范》GB 50183—2004第10.4.5条规定不要求设固定消防水供水系统。考虑到城市建成区以外建站用地相对较为宽裕,故要求安全间距和灭火器材数量加倍,尽量降低LNG加气站事故风险。

10.2.3 加油站的火灾危险主要源于油罐,由于油罐埋地设置,加油站的火灾危险就相当低了,而且,埋地油罐的着火主要在检修人孔处,火灾时用灭火毯覆盖能有效扑灭火灾;压缩天然气的火灾特点是爆炸后在泄漏点着火,只要关闭相关气阀,就能很快熄灭火灾;地下和半地下LNG储罐设置在钢筋混凝土罐池内,罐池顶部高于LNG储罐顶部,故抵御外部火灾的性能好。LNG储罐一旦发生泄漏事故,泄漏的LNG被限制在钢筋混凝土罐池内,且会很快挥发并向上飘散,事故影响范围小。因此,采用地下和半地下LNG储罐的各类LNG加气站及油气合建站不设消防给水系统是可行的;设置有地上LNG储罐的三级LNG加气站,LNG储罐规模较小,且一般只有1台LNG储罐,不设消防给水系统是可行的。

10.2.6 本条规定了LPG设施的消防给水设计,说明如下:

1 此款内容是参照现行国家标准《城镇燃气设计规范》GB 50028—2006的有关规定编制的。

2 液化石油气储罐埋地设置时，罐本身并不需要冷却水，消防水主要用于加气站火灾时对地面上的液化石油气泵、加气设备、管道、阀门等进行冷却。规定一级站消防冷却水不小于 15L/s，二级、三级站消防冷却水不小于 10L/s 可以满足消防时的冷却保护要求。

3 LPG 地上罐的消防时间是参照现行国家标准《城镇燃气设计规范》GB 50028—2006 规定的。当 LPG 储罐埋地设置时，加气站消防冷却的主要对象都比较小，规定 1h 的消防给水时间是合适的。

10.2.8 消防水泵设 2 台，在其中 1 台不能使用时，至少还可以有一半的消防水能力，不设备用泵，可以减少投资。当计算消防水量超过 35L/s 时设 2 个动力源是按现行国家标准《建筑设计防火规范》GB 50016—2006 确定的。2 个动力源可以是双回路电源，也可以是 1 个电源、1 个内燃机，也可以 2 个都是内燃机。

10.2.9 现行国家标准《建筑设计防火规范》GB 50016—2006 规定：室外消火栓的保护半径不应大于 150m；在市政消火栓保护半径 150m 以内，如消防用水量不超过 15L/s 时，可不设室外消火栓。本条的规定更为严格，这样规定是为了提高液化石油气加气站的安全可靠程度。

10.2.10 喷头出水压力太低，喷头喷水效果不好，规定喷头出水最低压力是为了喷头能正常工作；水枪出水压力太低不能保证水枪的充实水柱。采用多功能水枪（即开花-直流水枪），在实际使用中比较方便，既可以远射，也可以喷雾使用。

10.3　给排水系统

10.3.2 水封设施是隔绝油气串通的有效做法。

1 设置水封井是为了防止可能的地面污油和受油品污染的雨水通过排水沟排出站时，站内外积聚在沟中的油气互相串通，引发火灾。

2 此款规定是为了防止可能混入室外污水管道中的油气和室内污水管道相通，或和站外的污水管道中直接气相相通，引发火灾。

3 液化石油气储罐的污水中可能含有一些液化石油气凝液，且挥发性很高，故限制其直接排入下水道，以确保安全。

5 埋地管道漏油容易渗入暗沟，且不易被发现，漏油顺着暗沟流到站外易引发火灾事故，故本款规定限制采用暗沟排水。需要说明的是，本款的暗沟不包括埋地敷设的排水管道。

11　电气、报警和紧急切断系统

11.1　供　配　电

11.1.1 加油加气站的供电负荷，主要是加油机、加

气机、压缩机、机泵等用电，突然停电，一般不会造成人员伤亡或大的经济损失。根据电力负荷分类标准，定为三级负荷。目前国内的加油加气站的自动化水平越来越高，如自动温度及液位检测、可燃气体检测报警系统、电脑控制的加油加气机等信息系统，但突然停电，这些系统就不能正常工作，给加油加气站的运营和安全带来危害，故规定信息系统的供电应设置不间断供电电源。

11.1.2 加油站、LPG 加气站、加油和 LPG 加气合建站供电负荷的额定电压一般是 380V/220V，用 380V/200V 的外接电源是最经济合理的。CNG 加气站、LNG 加气站、L-CNG 加气站、加油和 CNG（或 LNG 加气站、L-CNG 加气站）加气合建站，其压缩机的供电负荷、额定电压大多用 6kV，采用 6kV/10kV 外接电源是最经济的，故推荐用 6kV/10kV 外接电源。由于要独立核算，自负盈亏，所以加油加气站的供电系统，都需建立独立的计量装置。

11.1.3 加油站、加气站及加油加气合建站，是人员流动比较频繁的地方，如不设事故照明，照明电源突然停电，会给经营操作或人员撤离危险场所带来困难。因此应在消防泵房、营业室、罩棚、LPG 泵房、压缩机间等处设置事故照明电源。

11.1.4 采用外接电源具有投资小、经营费用低、维护管理方便等优点，故应首先考虑选用外接电源。当采用外接电源有困难时，采用小型内燃发电机组解决加油加气站的供电问题，是可行的。

内燃发电机组属非防爆电气设备，其废气排出口安装排气阻火器，可以防止或减少火星排出，避免火星引燃爆炸性混合物，发生爆炸火灾事故。排烟口至各爆炸危险区域边界水平距离具体数值的规定，主要是引用英国石油协会《商业石油库安全规范》的数据并根据国内运行经验确定的。

11.1.5 加油加气站的供电电缆采用直埋敷设是较安全的。穿越行车道部分穿钢管保护，是为了防止汽车压坏电缆。

11.1.6 本条为强制性条文。当加油加气站的配电电缆较多时，采用电缆沟敷设便于检修。为了防止爆炸性气体混合物进入电缆沟，引起爆炸火灾事故，电缆沟有必要充沙填实。电缆保护层有可能破损漏电，可燃介质管道也有可能漏油漏气，这两种情况出现在同一处将酿成火灾事故；热力管道温度较高，靠近电缆敷设对电缆保护层有损坏作用。为了避免电缆与管道相互影响，故规定"电缆不得与油品、LPG、LNG 和 CNG 管道以及热力管道敷设在同一沟内"。

11.1.7 现行国家标准《爆炸和火灾危险环境电力装置设计规范》GB 50058 对爆炸危险区域内的电气设备选型、安装、电力线路敷设都作了详细规定，但对加油加气站内的典型设备的防爆区域划分没有具体规定，所以本规范根据加油加气站内的特点，在附录 C

对加油加气站内的爆炸危险区域划分作出了规定。

11.1.8 爆炸危险区域以外的电气设备允许选非防爆型。考虑到罩棚下的灯，经常处在多尘土、雨水有可能溅淋其上的环境中，因此规定"罩棚下处于非爆炸危险区域的灯具，应选用防护等级不低于 IP44 级的照明灯具。"

11.2 防雷、防静电

11.2.1 本条为强制性条文。在可燃液体罐的防雷措施中，油罐的良好接地很重要，它可以降低雷击点的电位、反击电位和跨步电压。规定接地点不少于 2 处，是为了提高其接地的可靠性。

11.2.2 加油加气站的面积一般都不大，各类接地共用一个接地装置既经济又安全。当单独设置接地装置时，各接地装置之间要保持一定距离（地下大于 3m），否则是分不开的。当分不开时，只好合并在一起设置，但接地电阻要按其中最小要求值设置。

11.2.3 LPG 储罐采用牺牲阳极法做阴极防腐时，只要牺牲阳极的接地电阻不大于 10Ω，阳极与储罐的铜芯连线横截面不小于 16mm^2 就能满足将雷电流顺利泄入大地，降低反击电位和跨步电压的要求；LPG 储罐采用强制电流法进行阴极防腐时，若储罐的防雷和防静电接地极用钢质材料，必将造成保护电流大量流失。而锌或镁锌复合材料在土壤中的开路电位为 −1.1V（相对饱和硫酸铜电极），这一电位与储罐阴极保护所要求的电位基本相等，因此，接地电极采用锌棒或镁锌复合棒，保护电流就不会从这里流失了。锌棒或镁锌复合棒接地极比钢制接地极导电能力还好，只要强制电流法阴极防腐系统的阳极采用锌棒或镁锌复合棒，并使其接地电阻不大于 10Ω，用锌棒或镁锌复合棒兼做防雷和防静电接地极，可以保证储罐有良好的防雷和防静电接地保护，是完全可行的。

11.2.4 本条为强制性条文。由于埋地油品储罐、LPG 储罐埋在土里，受到土层的屏蔽保护，当雷击储罐顶部的土层时，土层可将雷电流疏散导走，起到保护作用，故不需再装设避雷针（线）防雷。但其高出地面的量油孔、通气管、放散管及阻火器等附件，有可能遭受直击雷或感应雷的侵害，故应相互做良好的电气连接并应与储罐的接地共用一个接地装置，给雷电提供一个泄入大地的良好通路，防止雷电反击火花造成雷害事故。

11.2.7 要求加油加气站的信息系统（通信、液位、计算机系统等）采用铠装电缆或导线穿钢管配线，是为了对电缆实施良好的保护。规定配线电缆外皮两端、保护管两端均应接地，是为了产生电磁封锁效应，尽量减少雷波的侵入，减少或消除雷电事故。

11.2.8 加油加气站信息系统的配电线路首、末端装设过电压（电涌）保护器，主要是为了防止雷电电磁脉冲过电压损坏信息系统的电子器件。

11.2.9 加油加气站的 380V/220V 供配电系统，采用 TN-S 系统，即在总配电盘（箱）开始引出的配电线路和分支线路，PE 线与 N 线必须分开设置，使各用电设备形成等电位连接，PE 线正常时不走电流，这在防爆场所是很必要的，对人身和设备安全都有好处。

在供配电系统的电源端，安装过电压（电涌）保护器，是为钳制雷电电磁脉冲产生的过电压，使其过电压限制在设备所能耐受的数值内，避免雷电损坏用电设备。

11.2.10 地上或管沟敷设的油品、LPG、LNG 和 CNG 管道的始端、末端，应设防静电或防感应雷的接地装置，主要是为了将油品、LPG、LNG 和 CNG 在输送过程中产生的静电泄入大地，避免管道上聚集大量的静电荷而发生静电事故。设防感应雷接地，主要是让地上或管沟敷设的输油输气管道的感应雷通过接地装置泄入大地，避免雷害事故的发生。

11.2.11 本条规定"加油加气站的汽油罐车、LPG 罐车和 LNG 罐车卸车场地和 CNG 加气子站内的车载储气瓶组的卸气场地，应设卸车或卸气时用的防静电接地装置"，是防止静电事故的重要措施。要求"设置能检测跨接线及监视接地装置状态的静电接地仪"，是为了能检测接地线和接地装置是否完好、接地装置接地电阻值是否符合规范要求、跨接线是否连接牢固、静电消除通路是否已经形成等功能。实际操作时上述检查合格后，才允许卸油和卸液化石油气。使用具有以上功能的静电接地仪，就能防止罐车卸车时发生静电事故。

11.2.12 在爆炸危险区域内的油品、LPG、LNG 和 CNG 管道上的法兰及胶管两端连接处应有金属线跨接，主要是为了防止法兰及胶管两端连接处由于连接不良（接触电阻大于 0.03Ω）而发生静电或雷电火花，继而发生爆炸火灾事故。有不少于 5 根螺栓连接的法兰，在非腐蚀环境下，法兰连接处的连接是良好的，故可不做金属线跨接。

11.2.15 防静电接地装置单独设置时，只要接地电阻不大于 100Ω，就可以消除静电荷积聚，防止静电火花。

11.4 报警系统

11.4.1 本条为强制性条文。本条规定是为了能及时检测到可燃气体非正常超量泄漏，以便工作人员尽快进行泄漏处理，防止或消除爆炸事故隐患。

11.4.2 本条为强制性条文。因为这些区域是可燃气体储存、灌输作业的重点区域，最有可能泄漏并聚集可燃气体，所以要求在这些区域设置可燃气体检测器。

11.4.3 本条规定是根据现行国家标准《石油化工可燃气体和有毒气体检测报警设计规范》GB 50493—

2009 的有关规定制定的。

11.4.5 因为值班室或控室内经常有人员在进行营业，报警器设在这里，操作人员能及时得到报警。

11.5 紧急切断系统

11.5.1 本条为强制性条文。设置紧急切断系统，可以在事故（火灾、超压、超温、泄漏等）发生初期，迅速切断加油泵、LPG 泵、LNG 泵、LPG 压缩机、CNG 压缩机的电源和关闭重要的 LPG、CNG、LNG 管道阀门，阻止事态进一步扩大，是一项重要的安全防护措施。

11.5.2 本条的规定，是为了使操作人员能在安全地点进行关闭加油泵、LPG 泵、LNG 泵、LPG 压缩机、CNG 压缩机的电源和紧急切断阀操作。

11.5.3 为了保证在加气站发生意外事故时，工作人员能够迅速启动紧急切断系统，本条规定在三处工作人员经常出现的地点能启动紧急切断系统，即在此三处安装启动按钮或装置。

11.5.4 本条规定是为了防止系统误动作，一般情况是，紧急切断系统启动后，需人工确认设施恢复正常后，才能人工操作使系统恢复正常。

12 采暖通风、建（构）筑物、绿化

12.1 采 暖 通 风

12.1.1 本条是根据现行国家标准《采暖通风与空气调节设计规范》GB 50019—2003 的有关规定制定的。

12.1.3 本条仅对设置在站房内的热水锅炉间，提出具体要求。对本规范表 5.0.13 中有关防火间距已有要求的内容，本条不再赘述。

12.1.4 本条规定了加油加气站内爆炸危险区域内的房间应采取通风措施，以防止发生中毒和爆炸事故。

采用自然通风时，通风口的设置，除满足面积和个数外，还需要考虑通风口的位置。对于可能泄漏液化石油气的建筑物，以下排风为主；对于可能泄漏天然气的建筑物，以上排风为主。排风口布置时，尽可能均匀，不留死角，以便于可燃气体的迅速扩散。

12.1.5 加油加气站室内外采暖管道采用直埋方式有利于美观和安全。对采用管沟敷设提出的要求，是为了避免可燃气体积聚和串入室内，消除爆炸和火灾危险。

12.2 建 （构）筑 物

12.2.1 本条规定"加油加气作业区内的站房及其他建筑物的耐火等级不应低于二级"，是为了降低火灾危险性，降低次生灾害。罩棚四周（或三面）开敞，有利于可燃气体扩散、人员撤离和消防，其安全性优于房间式建筑物，因此规定"当罩棚的顶棚为钢结构

时，其耐火极限可为 0.25h。"

12.2.2 加油岛、加气岛及加油、加气场地系机动车辆加油、加气的固定场所，为避免操作人员和加油、加气设备长期处于雨淋和日晒状态，故规定"汽车加油、加气场地宜设罩棚"。

2 对于罩棚高度，主要是考虑能顺利通过各种加油、加气车辆。除少数超大型集装箱车辆外，结合我国实际情况和国家现行的有关标准规范要求，故规定进站口无限高措施时，罩棚有效高度不应小于 4.5m。有的加油加气站受条件限制，只能为小型车服务，进站口有限高时，罩棚的有效高度小于限高也是可行的。

4 近几年，由于风雪荷载造成罩棚坍塌的事故发生较多，故本条指出"罩棚设计应计算活荷载、雪荷载、风荷载"。

6 天然气比空气轻，泄漏出来的天然气会向上飘散，如果窝存在罩棚里面，有可能形成爆炸性气体，本条规定旨在防止出现这种隐患。

12.2.3 加油、加气岛为安装加油机、加气机的平台，又称安全岛。为使汽车加油、加气时，加油机、加气机和罩棚柱不受汽车碰撞和确保操作人员人身安全，根据实际需要，对加油、加气岛的高度、宽度及其突出罩棚柱外的距离作了规定。

12.2.4 对加气站、加油加气合建站内建筑物的门、窗向外开的要求，有利于可燃气体扩散、防爆泄压和人员逃生。现行国家标准《建筑设计防火规范》GB 50016 对有爆炸危险的建筑物已有详细的设计规定，所以本规范不再另作规定。

12.2.5 本条为强制性条文。LPG 或 LNG 设备泄漏的气体比空气重，易于在房间的地面处积聚，要求"地坪应采用不发生火花地面"是一项重要的防爆措施。

12.2.6 天然气压缩机房是易燃易爆场所，采用敞开式或半敞开式厂房，有利于可燃气体扩散和通风，并增大建筑物的泄压比。

12.2.7 加油加气站内的可燃液体和可燃气体设备，如果布置在封闭的房间或箱体内，则泄漏的可燃气体不易扩散，故不主张采用；在有些场所有降低噪声和防护等要求，可燃液体和可燃气体设备需要布置在封闭的房间或箱体内，此种情况下，房间或箱体内应设置可燃气体检测报警器和机械通风设备是必要的安全措施。

12.2.8 本条规定，主要是为了保证值班人员的安全和改善操作环境、减少噪声影响。

12.2.9 本条规定了站房的组成内容，其含义是站房可根据需要由办公室、值班室、营业室、控制室、变配电间、卫生间和便利店中的全部或几项组成。

12.2.12 允许站房与锅炉房、厨房等站内建筑物合建，可减少加油站占地。要求站房与锅炉房、厨房之

间应设置无门窗洞口且耐火极限不低于 3h 的实体墙，可使相互间的影响降低到最低程度。

12.2.13 站房本身不是危险性建筑物，设在站外民用建筑物内有利于节约用地，只要两者之间没有通道连接就可保证安全。

12.2.15 地下建筑物易积聚油气，为保证安全，在加油加气站内限制建地下建（构）筑物是必要的。

12.2.16 位于爆炸危险区域内的操作井、排水井有可能存在爆炸性气体，故需采取本条规定的防范措施。

12.3 绿 化

12.3.1 因油性植物易引起火灾，故作本条规定。

12.3.2 本条的规定是为了防止 LPG 气体积聚在树木和其他植物中，引发火灾。

13 工 程 施 工

13.1 一 般 规 定

13.1.1~13.1.4 此 4 条是根据国家有关管理部门的规定制定的。这里的承建加油加气站建筑和安装工程的单位包括检维修单位。

13.2 材料和设备检验

13.2.2 对本条说明如下：

1 对于金属管道器材，可执行的国内标准规范有现行国家标准《输送流体用无缝钢管》GB/T 8163、《高压锅炉用无缝钢管》GB 5310、《流体输送用不锈钢无缝钢管》GB/T 14976、《钢制对焊无缝管件》GB/T 12459 等；对非金属输油管道，目前中国还没有相应的产品标准，建议参照欧洲标准《加油站埋地安装用热塑性塑料管道和挠性金属管道》EN 14125—2004 执行。

5 对非金属油罐，目前中国还没有相应的产品标准，建议参照美国标准《用于储存石油产品、乙醇和含醇汽油的玻璃钢地下油罐》UL 1316 执行。

6 "压力容器（储气井）产品安全性能监督检验证书"是指储气井本体由具有相应资质的锅炉压力容器（特种设备）检验机构对所用材料、组装、试验进行监督检验后出具的证书。

13.2.8 本条要求建设单位、监理和施工单位对工程所用材料和设备按相关标准和本节的规定进行质量检验发现的不合格品进行处置，以保证工程质量。

13.3 土 建 工 程

13.3.1~13.3.12 本节中所引用的相关国家、行业标准是加油加气站的土建工程施工应执行的基本要求。此外，根据加油加气站的具体特点和要求，为便

于加油加气站施工和检验，提高规范的可操作性，本规范有针对性地制定了一些具体规定。

13.4 设备安装工程

13.4.2 对于 LPG 储罐等有安装倾斜度要求的设备，储罐水平度宜以设计倾斜度为基准。

13.4.6 本条对储气井固井施工提出了要求。

2 水泥已具备一定的防腐功能，但在建造过程中若遇到 Cl^{1-}、SO_4^{2-}、HCO_3^{1-}、CO_3^{2-}、HS^{1-} 等对水泥有腐蚀作用的地层，则需采取防腐蚀的施工处理。

3 在对现用井的检测中发现，井口至地下 1.5m 内由于地表水的下渗而产生较严重的腐蚀，采用加强固定后，既能避免地表水的渗透和井口腐蚀，同时也克服了储气井在极限条件下的上冲破坏的危险，达到安全使用的目的。

13.5 管 道 工 程

13.5.1 如果在油罐基础沉降稳定前连接管道，随着油罐使用过程中基础的沉降，管道有被拉断的危险。

13.5.5~13.5.7 加油加气站工艺管道中输送的均为可燃介质，尤其是加气站管道的压力较高，故此 3 条对管道焊接质量方面作出了严格规定。

13.5.9 表中热塑性塑料管道系统的工作压力和试验压力值是参照欧洲标准《加油站埋地安装用热塑性和挠性金属管道》EN 14125—2004 给出的。

13.5.10 由于气压试验具有一定的危险性，所以要求试压前应事先制定可靠的安全措施并经施工单位技术总负责人批准。在温度降至一定程度时，金属可能会发生冷脆，因此压力试验时环境温度不宜过低，本条对此作了最低温度规定。

13.5.11 压力试验过程中一旦出现问题，如果带压操作极易引起事故，应泄压后才能处理，本条是压力试验中的基本安全规定。

13.6 电气仪表安装工程

13.6.8 电缆的屏蔽单端接地示意见图 2。

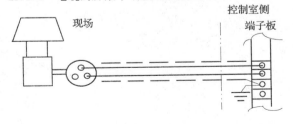

图 2 电缆屏蔽单端接地示意

13.7 防腐绝热工程

13.7.5 本条为强制性条文。防腐涂料一般含有易燃液体，进行防腐蚀施工时需要严格控制明火或电

火花。

13.8 交 工 文 件

13.8.1、13.8.2 交工文件是落实建设工程质量终身负责制的需要，是工程质量监理和检测结果的验证资料。

本节条文是对交工文件的一般规定。有关交工文件整理、汇编的具体内容、格式、份数和其他要求，可在开工前由建设、监理和施工单位根据工程内容协商确定。

中华人民共和国国家标准

电气装置安装工程
盘、柜及二次回路接线施工及验收规范

Code for construction and acceptance of switchboard
outfit complete cubicle and secondary circuit
electric equipment installation engineering

GB 50171—2012

主编部门：中 国 电 力 企 业 联 合 会
批准部门：中华人民共和国住房和城乡建设部
施行日期：２０１２ 年 １２ 月 １ 日

中华人民共和国住房和城乡建设部
公　告

第 1419 号

关于发布国家标准
《电气装置安装工程　盘、柜及二次
回路接线施工及验收规范》的公告

　　现批准《电气装置安装工程　盘、柜及二次回路接线施工及验收规范》为国家标准，编号为 GB 50171—2012，自 2012 年 12 月 1 日起实施。其中，第 4.0.6 (1)、4.0.8 (1)、7.0.2 条（款）为强制性条文，必须严格执行。原《电气装置安装工程　盘、柜及二次回路结线施工及验收规范》GB 50171—92

同时废止。

　　本规范由我部标准定额研究所组织中国计划出版社出版发行。

中华人民共和国住房和城乡建设部
二〇一二年五月二十八日

前　　言

　　本规范是根据住房和城乡建设部《关于印发〈2008 年工程建设标准规范制订、修订计划（第二批）〉的通知》（建标〔2008〕105 号）的要求，由广东火电工程总公司会同有关单位，在原《电气装置安装工程　盘、柜及二次回路结线施工及验收规范》GB 50171—92 的基础上进行修订而成。

　　本规范在修订过程中，修订组经广泛调查研究，认真总结实践经验，并广泛征求意见，最后经审查定稿。

　　本规范共分 8 章，主要内容包括：总则，术语，基本规定，盘、柜的安装，盘、柜上的电器安装，二次回路接线，盘、柜及二次系统接地，质量验收。

　　与原规范相比较，本次修订增加了术语，盘、柜及二次系统接地等内容。

　　本规范中以黑体字标志的条文为强制性条文，必须严格执行。

　　本规范由住房和城乡建设部负责管理和对强制性条文的解释，由中国电力企业联合会负责日常管理，由广东火电工程总公司负责具体技术内容的解释。执

行过程中如有意见或建议，请寄送广东火电工程总公司（地址：广东省广州市黄埔区红荔路 1 号，邮政编码：510730），以供今后修订时参考。

　　本规范主编单位、参编单位、主要起草人和主要审查人：

主 编 单 位：广东火电工程总公司
　　　　　　　中国电力企业联合会

参 编 单 位：中国电力科学研究院
　　　　　　　河北电力建设一公司
　　　　　　　天津电力建设公司
　　　　　　　华能质量监督中心站
　　　　　　　中国核电建设第五工程公司

主要起草人：郑少鹏　荆　津　朱永志　刘光武
　　　　　　　陈桂英　白　永

主要审查人：陈发宇　周志强　范　辉　许建军
　　　　　　　汪　毅　鲜　杏　梁汉城　王玉明
　　　　　　　王兴军　何冠恒　刘　军　周永利
　　　　　　　周卫新　曾跃沫　修　杰　陈志刚
　　　　　　　侯建设　龙庆芝　李　涟

目　次

Contents

1 总 则

1.0.1 为保证盘、柜装置及二次回路接线安装工程的施工质量，促进工程施工技术水平的提高，确保盘、柜装置及二次回路安全运行，制定本规范。

1.0.2 本规范适用于盘、柜及其二次回路接线安装工程的施工及验收。

1.0.3 盘、柜及二次回路接线的施工及验收除应符合本规范外，尚应符合国家现行有关标准的规定。

2 术 语

2.0.1 盘、柜 switchboard outfit complete cubicle
指各类配电盘，保护盘，控制盘、屏、台、箱和成套柜。

2.0.2 二次回路 secondary circuit
电气设备的操作、保护、测量、信号等回路及回路中操动机构的线圈、接触器、继电器、仪表、互感器二次绕组等。

2.0.3 模拟母线 mimic bus
屏（台）上模拟主电路和母线的示意图。

2.0.4 小母线 mini-bus bar
成套柜、控制屏及继电器屏安装的二次接线公共连接点的导体。

2.0.5 端子排 terminal block
连接和固定电缆芯线终端或二次设备间连线端头的连接器件。

2.0.6 端子 terminal
连接装置和外部导体的元件。

2.0.7 接地 grounded
将电力系统或建筑物电气装置、设施过电压保护装置用接地线与接地体的连接。

2.0.8 保护接地 protective ground
中性点直接接地的低压电力网中，电气设备外壳与保护零线的连接。

2.0.9 接地网 grounding grid
由垂直和水平接地体组成的具有泄流和均压作用的网状接地装置。

2.0.10 信号接地 logical signal ground
将逻辑信号系统的公共端接到地网，使其成为稳定的参考零电位。

2.0.11 工作接地 working ground
电气装置中，为运行需要所设的接地。

3 基 本 规 定

3.0.1 盘、柜装置及二次回路接线的安装工程应按已批准的设计进行施工。

3.0.2 盘、柜在搬运和安装时，应采取防振、防潮、防止框架变形和漆面受损等保护措施，必要时可将装置性设备和易损元件拆下单独包装运输。当产品有特殊要求时，尚应符合产品技术文件的规定。

3.0.3 盘、柜应存放在室内或能避雨、雪、风沙的干燥场所。对有特殊保管要求的装置性设备和电气元件，应按规定保管。

3.0.4 盘、柜到达现场后，应在规定期限内做验收检查，并应符合下列规定：

1 包装及密封应良好。

2 应开箱检查铭牌，型号、规格应符合要求，设备应无损伤，附件、备件应齐全。

3 产品的技术文件应齐全。

3.0.5 盘、柜及二次回路接线施工应制定安全技术措施。

3.0.6 与盘、柜及二次回路接线施工有关的建筑工程，应符合下列规定：

1 建筑物、构筑物的工程质量应符合现行国家标准《建筑工程施工质量验收统一标准》GB 50300的有关规定。当设备或设计有特殊要求时，尚应满足其要求。

2 设备安装前建筑工程应具备下列条件：

1）屋顶、楼板应施工完毕，不得渗漏。

2）室内地面施工应基本结束，室内沟道应无积水、杂物。

3）预埋件及预留孔应符合设计要求。

4）门窗应安装完毕。

5）对有可能损坏或影响到已安装设备的装饰施工全部结束。

3 对有特殊要求的设备，安装前建筑工程应具备下列条件：

1）所有装饰工作应完毕，应清扫干净。

2）装有空调或通风装置等设施的建筑工程，相关设施应安装完毕，并投入运行。

3.0.7 设备安装用的紧固件，应用镀锌制品或其他防锈蚀制品。

3.0.8 盘、柜上模拟母线的标识颜色应符合表3.0.8的规定。

表 3.0.8 模拟母线的标识颜色

电压（kV）	颜色	颜色编码
交流 0.23	深灰	B01
交流 0.40	赭黄	YR02
交流 3	深绿	G05
交流 6	深酞蓝	PB02
交流 10	铁红	R01
交流 13.80～20	淡绿	G02

电压（kV）	颜色	颜色编码
交流 35	柠黄	Y05
交流 60	橘黄	YR04
交流 110	朱红	R02
交流 154	天酞蓝	PB09
交流 220	紫红	R04
交流 330	白	—
交流 500	淡黄	Y06
交流 1000	中蓝	PB03
直流	棕	YR05
直流 500	紫	P02

注：1 模拟母线的宽度宜为 6mm～12mm；
　　2 设备模拟的涂色应与相同电压等级的母线颜色
　　　一致。

3.0.9 二次回路接线施工完毕后，应检查二次回路接线是否正确、牢靠。

3.0.10 二次回路接线施工完毕在测试绝缘时，应采取防止弱电设备损坏的安全技术措施。

3.0.11 二次回路的电源回路送电前，应检查绝缘，其绝缘电阻值不应小于 1MΩ，潮湿地区不应小于 0.5MΩ。

3.0.12 安装调试完毕后，在电缆进出盘、柜的底部或顶部以及电缆管口处应进行防火封堵，封堵应严密。

4 盘、柜的安装

4.0.1 基础型钢的安装应符合下列规定：

　　1 基础型钢应按设计图纸或设备尺寸制作，其尺寸应与盘、柜相符，允许偏差应符合表 4.0.1 的规定。

表 4.0.1　基础型钢安装的允许偏差

项　目	允许偏差	
	mm/m	mm/全长
不直度	1	5
不平度	1	5
位置偏差及不平行度	—	5

注：环形布置应符合设计要求。

　　2 基础型钢安装后，其顶部宜高出最终地面 10mm～20mm；手车式成套柜应按产品技术要求

执行。

4.0.2 盘、柜安装在振动场所，应按设计要求采取减振措施。

4.0.3 盘、柜间及盘、柜上的设备与各构件间连接应牢固。控制、保护盘、柜和自动装置盘等与基础型钢不宜焊接固定。

4.0.4 盘、柜单独或成列安装时，其垂直、水平偏差及盘、柜面偏差和盘、柜间接缝等的允许偏差应符合表 4.0.4 的规定。

　　模拟母线应对齐、完整、安装牢固。

表 4.0.4　盘、柜安装的允许偏差

项　目		允许偏差（mm）
垂直度（每米）		1.5
水平偏差	相邻两盘顶部	2
	成列盘顶部	5
盘面偏差	相邻两盘边	1
	成列盘面	5
盘间接缝		2

4.0.5 端子箱安装应牢固、封闭良好，并应能防潮、防尘；安装位置应便于检查；成列安装时，应排列整齐。

4.0.6 成套柜的安装应符合下列规定：

　　1 机械闭锁、电气闭锁应动作准确、可靠。

　　2 动触头与静触头的中心线应一致，触头接触应紧密。

　　3 二次回路辅助开关的切换接点应动作准确，接触应可靠。

4.0.7 抽屉式配电柜的安装应符合下列规定：

　　1 抽屉推拉应轻便灵活，并应无卡阻、碰撞现象，同型号、规格的抽屉应能互换。

　　2 抽屉的机械闭锁或电气闭锁装置应动作可靠。

　　3 抽屉与柜体间的二次回路连接插件应接触良好。

4.0.8 手车式柜的安装应符合下列规定：

　　1 机械闭锁、电气闭锁应动作准确、可靠。

　　2 手车推拉应轻便灵活，并应无卡阻、碰撞现象，相同型号、规格的手车应能互换。

　　3 手车和柜体间的二次回路连接插件应接触良好。

　　4 安全隔离板随手车的进、出而相应动作开启灵活。

　　5 柜内控制电缆不应妨碍手车的进、出，并应固定牢固。

4.0.9 盘、柜的漆层应完整,并应无损伤;固定电器的支架等应采取防锈蚀措施。

5 盘、柜上的电器安装

5.0.1 盘、柜上的电器安装应符合下列规定:

1 电器元件质量应良好,型号、规格应符合设计要求,外观应完好,附件应齐全,排列应整齐,固定应牢固,密封应良好。

2 电器单独拆、装、更换不应影响其他电器及导线束的固定。

3 发热元件宜安装在散热良好的地方,两个发热元件之间的连线应采用耐热导线。

4 熔断器的规格、断路器的参数应符合设计及级配要求。

5 压板应接触良好,相邻压板间应有足够的安全距离,切换时不应碰及相邻的压板。

6 信号回路的声、光、电信号等应正确,工作应可靠。

7 带有照明的盘、柜,照明应完好。

5.0.2 端子排的安装应符合下列规定:

1 端子排应无损坏,固定应牢固,绝缘应良好。

2 端子应有序号,端子排应便于更换且接线方便;离底面高度宜大于 350mm。

3 回路电压超过 380V 的端子板应有足够的绝缘,并应涂以红色标识。

4 交、直流端子应分段布置。

5 强、弱电端子应分开布置,当有困难时,应有明显标识,并应设空端子隔开或设置绝缘的隔板。

6 正、负电源之间以及经常带电的正电源与合闸或跳闸回路之间,宜以空端子或绝缘隔板隔开。

7 电流回路应经过试验端子,其他需断开的回路宜经特殊端子或试验端子。试验端子应接触良好。

8 潮湿环境宜采用防潮端子。

9 接线端子应与导线截面匹配,不得使用小端子配大截面导线。

5.0.3 二次回路的连接件均应采用铜质制品,绝缘件应采用自熄性阻燃材料。

5.0.4 盘、柜的正面及背面各电器、端子排等应标明编号、名称、用途及操作位置,且字迹应清晰、工整,不易脱色。

5.0.5 盘、柜上的小母线应采用直径不小于 6mm 的铜棒或铜管,铜棒或铜管应加装绝缘套。小母线两侧应有标明代号或名称的绝缘标识牌,标识牌的字迹应清晰、工整,不易脱色。

5.0.6 二次回路的电气间隙和爬电距离应符合现行国家标准《低压成套开关设备和控制设备 第 1 部分:型式试验和部分型式试验 成套设备》GB 7251.1 的有关规定。屏顶上小母线不同相或不同极的裸露载流部分之间,以及裸露载流部分与未经绝缘的金属体之间,其电气间隙不得小于 12mm,爬电距离不得小于 20mm。

5.0.7 盘、柜内带电母线应有防止触及的隔离防护装置。

6 二次回路接线

6.0.1 二次回路接线应符合下列规定:

1 应按有效图纸施工,接线应正确。

2 导线与电气元件间应采用螺栓连接、插接、焊接或压接等,且均应牢固可靠。

3 盘、柜内的导线不应有接头,芯线应无损伤。

4 多股导线与端子、设备连接应压终端附件。

5 电缆芯线和所配导线的端部均应标明其回路编号,编号应正确,字迹应清晰,不易脱色。

6 配线应整齐、清晰、美观,导线绝缘应良好。

7 每个接线端子的每侧接线宜为 1 根,不得超过 2 根;对于插接式端子,不同截面的两根导线不得接在同一端子中;螺栓连接端子接两根导线时,中间应加平垫片。

6.0.2 盘、柜内电流回路配线应采用截面不小于 2.5mm², 标称电压不低于 450V/750V 的铜芯绝缘导线,其他回路截面不应小于 1.5mm²;电子元件回路、弱电回路采用锡焊连接时,在满足载流量和电压降及有足够机械强度的情况下,可采用不小于 0.5mm² 截面的绝缘导线。

6.0.3 导线用于连接门上的电器、控制台板等可动部位时,尚应符合下列规定:

1 应采用多股软导线,敷设长度应有适当裕度。

2 线束应有外套塑料缠绕管保护。

3 与电器连接时,端部应压接终端附件。

4 在可动部位两端应固定牢固。

6.0.4 引入盘、柜内的电缆及其芯线应符合下列规定:

1 电缆、导线不应有中间接头,必要时,接头应接触良好、牢固,不承受机械拉力,并应保证原有的绝缘水平;屏蔽电缆应保证其原有的屏蔽电气连接作用。

2 电缆应排列整齐、编号清晰、避免交叉、固定牢固,不得使所接的端子承受机械应力。

3 铠装电缆进入盘、柜后,应将钢带切断,切断处应扎紧,钢带应在盘、柜侧一点接地。

4 屏蔽电缆的屏蔽层应接地良好。

5 橡胶绝缘芯线应外套绝缘管保护。

6 盘、柜内的电缆芯线接线应牢固、排列整齐,并应留有适当裕度;备用芯线应引至盘、柜顶部或线槽末端,并应标明备用标识,芯线导体不得外露。

7 强、弱电回路不应使用同一根电缆,线芯应分别成束排列。

8 电缆芯线及绝缘不应有损伤；单股芯线不应因弯曲半径过小而损坏线芯及绝缘。单股芯线弯圈接线时，其弯线方向应与螺栓紧固方向一致；多股软线与端子连接时，应压接相应规格的终端附件。

6.0.5 在油污环境中的二次回路应采用耐油的绝缘导线，在日光直射环境中的橡胶或塑料绝缘导线应采取防护措施。

7 盘、柜及二次系统接地

7.0.1 盘、柜基础型钢应有明显且不少于两点的可靠接地。

7.0.2 成套柜的接地母线应与主接地网连接可靠。

7.0.3 抽屉式配电柜抽屉与柜体间的接触应良好，柜体、框架的接地应良好。

7.0.4 手车式配电柜的手车与柜体的接地触头应接触可靠，当手车推入柜内时，接地触头应比主触头先接触，拉出时接地触头应比主触头后断开。

7.0.5 装有电器的可开启的门应采用截面不小于 4mm² 且端部压接有终端附件的多股软铜导线与接地的金属构架可靠连接。

7.0.6 盘、柜柜体接地应牢固可靠，标识应明显。

7.0.7 计算机或控制装置设有专用接地网时，专用接地网与保护接地网的连接方式及接地电阻值均应符合设计要求。

7.0.8 盘、柜内二次回路接地应设接地铜排；静态保护和控制装置屏、柜内部应设有截面不小于 100mm² 的接地铜排，接地铜排上应预留接地螺栓孔，螺栓孔数量应满足盘、柜内接地线接地的需要；静态保护和控制装置屏、柜接地连接线应采用不小于 50mm² 的带绝缘铜导线或铜缆与接地网连接，接地网设置应符合设计要求。

7.0.9 盘、柜上装置的接地端子连接线、电缆铠装及屏蔽接地线应用黄绿绝缘多股接地铜导线与接地铜排相连。电缆铠装的接地线截面宜与芯线截面相同，且不应小于 4mm²，电缆屏蔽层的接地线截面面积应大于屏蔽层截面面积的 2 倍。当接地线较多时，可将不超过 6 根的接地线同压一接线鼻子，且应与接地铜排可靠连接。

7.0.10 电流互感器二次回路中性点应分别一点接地，接地线截面不应小于 4mm²，且不得与其他回路接地线压在同一接线鼻子内。

7.0.11 用于保护和控制回路的屏蔽电缆屏蔽层接地应符合设计要求，当设计未作要求时，应符合下列规定：

1 用于电气保护及控制的单屏蔽电缆屏蔽层应采用两端接地方式。

2 远动、通信等计算机系统所采用的单屏蔽电缆屏蔽层，应采用一点接地方式；双屏蔽电缆外屏蔽层应两端接地，内屏蔽层宜一点接地。屏蔽层一点接地的情况下，当信号源浮空时，屏蔽层的接地点应在计算机侧；当信号源接地时，接地点应靠近信号源的接地点。

7.0.12 二次设备的接地应符合下列规定：

1 计算机监控系统设备的信号接地不应与保护接地和交流工作接地混接。

2 当盘、柜上布置有多个子系统插件时，各插件的信号接地点均应与插件箱的箱体绝缘，并应分别引接至盘、柜内专用的接地铜排母线。

3 信号接地宜采用并联一点接地方式。

4 盘、柜上装有装置性设备或其他有接地要求的电器时，其外壳应可靠接地。

8 质 量 验 收

8.0.1 在验收时，应按下列规定进行检查：

1 盘、柜的固定及接地应可靠，盘、柜漆层应完好、清洁整齐、标识规范。

2 盘、柜内所装电器元件应齐全完好，安装位置应正确，固定应牢固。

3 所有二次回路接线应正确，连接应可靠，标识应齐全清晰，二次回路的电源回路绝缘应符合本规范第 3.0.11 条的规定。

4 手车或抽屉式开关推入或拉出时应灵活，机械闭锁应可靠，照明装置应完好。

5 用于热带地区的盘、柜应具有防潮、抗霉和耐热性能，应按现行行业标准《热带电工产品通用技术要求》JB/T 4159 的有关规定验收合格。

6 盘、柜孔洞及电缆管应封堵严密，可能结冰的地区还应采取防止电缆管内积水结冰的措施。

7 备品备件及专用工具等应移交齐全。

8.0.2 在验收时，应提交下列技术文件：

1 变更设计的证明文件。

2 安装技术记录、设备安装调整试验记录。

3 质量验收记录。

4 制造厂提供的产品技术文件。

5 备品备件及专用工具等清单。

本规范用词说明

1 为便于在执行本规范条文时区别对待，对要求严格程度不同的用词说明如下：

1）表示很严格，非这样做不可的：

正面词采用"必须"，反面词采用"严禁"；

2）表示严格，在正常情况下均应这样做的：

正面词采用"应"，反面词采用"不应"或"不得"；

3）表示允许稍有选择，在条件许可时首先应
　这样做的：
　　正面词采用"宜"，反面词采用"不宜"；
4）表示有选择，在一定条件下可以这样做的，
　采用"可"。
2　条文中指明应按其他有关标准执行的写法为：
"应符合……的规定"或"应按……执行"。

引用标准名录

《建筑工程施工质量验收统一标准》GB 50300
《低压成套开关设备和控制设备　第 1 部分：型式
试验和部分型式试验　成套设备》GB 7251.1
《热带电工产品通用技术要求》JB/T 4159

中华人民共和国国家标准

电气装置安装工程
盘、柜及二次回路接线施工及验收规范

GB 50171—2012

条 文 说 明

修 订 说 明

《电气装置安装工程 盘、柜及二次回路接线施工及验收规范》GB 50171—2012，经住房和城乡建设部 2012 年 5 月 28 日以第 1419 号公告批准发布。

本规范是在《电气装置安装工程 盘、柜及二次回路结线施工及验收规范》GB 50171—92 的基础上修订而成，上一版的主编单位是能源部电力建设研究所（现中国电力科学研究院），参加单位是交通部水运规划设计院、能源部武汉超高压公司，主要起草人是李志耕、黄佩君、赵以裕、马长瀛。

本规范在修订过程中，编制组进行了广泛的调查研究，向相关的设计、制造、施工、监理、生产运行等企业征求意见，吸收了近年来出现的新产品、新技术、新工艺的成熟经验。主要结合电力系统继电保护反事故措施的要求，重点修改和增加了二次回路接地方面的内容：对盘、柜专用接地铜排设置、多根电缆接地线同压一接线鼻子、电气二次回路屏蔽电缆屏蔽层接地方式、二次回路接地与等电位接地网连接等进行了规定。删除了原规范中与现在技术发展不相一致的条款。本规范的技术指标先进、合理，能够对盘、柜及二次回路接线的施工及验收起到指导和规范作用。

为了方便广大设计、生产、施工、科研、学校等单位有关人员在使用本规范时能正确理解和执行条文规定，《电气装置安装工程 盘、柜及二次回路接线施工及验收规范》编制组按章、节、条顺序编制了本规范的条文说明，对条文规定的目的、依据以及执行中需注意的有关事项进行了说明。但是，本条文说明不具备与规范正文同等的法律效力，仅供使用者作为理解和把握规范规定的参考。

目　次

1 总　则

1.0.2　本条说明本规范的适用范围，包括保护盘、控制盘、直流屏、励磁屏、信号屏、远动盘、动力盘、照明盘、微机控制屏或盘以及高、低压开关柜等，二次回路配线包括保护回路、控制回路、信号回路及测量回路等。

本规范将配电盘，保护盘，控制盘、屏、台、箱和成套柜统称为"盘、柜"。

2 术　语

2.0.3～2.0.5　术语的定义依据现行行业标准《火力发电厂、变电所二次接线设计技术规程》DL/T 5136—2001。

2.0.6　术语的定义依据现行行业标准《交流高压断路器订货技术条件》DL/T 402—2007。

2.0.7～2.0.9　术语的定义依据现行国家标准《电气装置安装工程　接地装置施工及验收规范》GB 50169—2006。

2.0.11　术语的定义依据现行行业标准《交流电气装置的接地》DL/T 621—1997。

3 基本规定

3.0.2　本条规定了盘、柜搬运时的基本要求。由于制造工艺的改进，盘、柜内装置的电子化和小型化，现在一般不需要从盘、柜上拆下较重装置再进行盘、柜搬运，但如果产品有特殊要求时，尚应遵照厂家说明书或在制造厂技术人员指导下进行搬运。尤其要注意在二次搬运及安装过程中，应防止倾倒而导致损坏设备或伤及人身。

3.0.3　本条规定了盘、柜保管的基本要求。对温度、湿度有较严格要求的装置性设备，如微机监控系统，应按规定妥善保管在合适的环境中，待现场具备了设计要求的条件时，再将设备运进现场进行安装调试。

3.0.4　设备到货后开箱检查前，首先应检查外包装。开箱检查时，强调检查铭牌，核实型号、规格符合设计要求，检测设备无损伤，清点附件、备件的供应范围和数量符合合同要求。

各制造厂提供的技术文件没有统一规定，可按各厂家规定及合同协议要求。

3.0.6　对建筑工程，强调按国家现行有关规定执行，当设备有特殊要求时尚应满足其要求。如基础型钢的安装必须满足本规范第4.0.1条的规定，因为第4.0.1条所述的基础型钢的安装是在建筑工程中进行的。故在建筑工程施工中，电气人员应予以配合，检查是否满足电气设计要求，这样才能保证盘、柜安装

的要求。

强调设备安装前，影响设备安装的土建施工应完成，屋面、楼板不得有渗漏现象，室内沟道无积水等，以防设备受潮；为了有助于土建成品保护，室内地面施工只要求基本结束，地面装饰施工可在设备安装后进行。

强调有特殊要求的设备，在具备设备所要求的环境时，方可将设备运进现场进行安装调试，以保证设备能顺利地进行安装调试及运行。

3.0.8　本条是参照现行行业标准《电力系统二次电路用控制及继电保护屏（柜、台）通用技术条件》JB/T 5777.2制定的，并按全国涂料和颜料标准化技术委员会《漆膜颜色标准样卡》GSB 05—1426—2001增加了颜色编码，另参考现行行业标准《火力发电厂、变电所二次接线设计技术规程》DL/T 5136增加了交流1000kV模拟母线颜色。

3.0.10　继电保护回路、控制回路和信号回路中有不少弱电元件，测量二次回路绝缘时，有些弱电元件易被损坏。故提出测试绝缘时，应有防止弱电设备损坏的相应安全措施，如将强、弱电回路分开，电容器短接，插件拔下等。测完绝缘后应逐个进行恢复，不得遗漏。

3.0.12　为了运行安全、防止火灾蔓延，对盘、柜底部或顶部进电缆处、建筑物中电缆预留孔洞以及电缆管口应做好封堵，封堵方法参照现行国家标准《电气装置安装工程　电缆线路施工及验收规范》GB 50168。

4 盘、柜的安装

4.0.1　盘、柜的安装一般用基础型钢作底座。基础型钢施工前，首先要核实盘、柜基础的设计尺寸是否与厂家尺寸相符，检查型钢的不直度并予以校正。盘、柜基础尺寸的安装偏差值应控制在表4.0.1所对应的允许偏差值范围内，以保证盘、柜安装的质量。限制基础位置偏差及不平行度，以保证盘、柜对整个控制室或配电室的相对位置。本规范表4.0.1系参照现行国家标准《自动化仪表工程施工质量验收规范》GB 50131中的有关规定制定的。

手车式开关柜基础型钢的高度应符合制造厂产品技术要求。

4.0.2　本条强调按设计要求采取减振措施。因为设计单位掌握盘、柜安装地点的振动情况，据此提出不同的减振措施，如常用垫橡皮垫、减振弹簧等方法。

4.0.3　考虑到主控制盘、继电保护盘、自动装置盘等有移动或更换可能，尤其当有扩建工程时，若将盘、柜与基础型钢进行焊接固定，插入安装盘、柜时将造成困难。

4.0.4　本规范表4.0.4系参照现行行业标准《电力

建设施工质量验收及评价规程 第4部分：热工仪表及控制装置》DL/T 5210.4 中的有关规定而制定的。为了保证盘、柜安装质量，要求盘、柜安装偏差控制在表4.0.4所对应的允许偏差值范围内。另外，盘、柜上若有模拟母线，盘、柜间的模拟母线应对齐，其偏差不应超过视差范围，并应完整，安装牢固。

4.0.5 特别要注意室外端子箱封闭应良好，箱门要有密封圈，底部要封堵，以防水、防潮、防尘。

4.0.6 成套柜设置机械闭锁及电气闭锁是为了确保设备、系统运行操作安全和运行、维护人员的人身安全，要求其动作应准确、可靠，因此将本条第1款设为强制性条款。

4.0.8 手车式柜设置机械闭锁及电气闭锁是为了确保设备、系统运行操作安全和运行、维护人员的人身安全，要求其动作应准确、可靠，因此将本条第1款设为强制性条款。

5 盘、柜上的电器安装

5.0.1 发热元件宜安装在散热良好的地方，不强调安装在柜顶。因为有些发热元件较笨重，安装在柜顶不安全；有些发热元件安装在柜顶操作不方便。

5.0.2 本条是关于端子排安装的规定。有部分条文在现行行业标准《火力发电厂、变电所二次接线设计技术规程》DL/T 5136 中已有规定，这里重复提出是考虑在安装施工过程中，有可能疏忽。

4 鉴于近年来出现了多起由于交、直流互串而导致的运行事故，为了降低类似的风险，故要求交、直流端子应分段布置。

5 本款是为了防止强电对弱电的干扰而提出的要求。

8 主要考虑室外等潮湿环境下的盘、柜因受潮造成端子绝缘能力降低，故建议采用防潮端子。

9 在施工中小端子配大截面导线的情况时有发生，导致安装困难且接触不良，故要求小端子不得配大截面导线。

5.0.3 二次回路的连接件应采用铜质制品，以防锈蚀。在利用螺丝连接时，应使用垫片和弹簧垫圈。考虑防火要求，绝缘件应采用自熄性阻燃材料。

5.0.4 本条为一般规定，可采用喷涂塑料胶或专用标签机打印等方法。

5.0.6 最小电气间隙和爬电距离与电器所处电场条件、污染等级和所用材料等因素有关，现行国家标准《低压成套开关设备和控制设备 第1部分：型式试验和部分型式试验 成套设备》GB 7251.1 已作了较详细的规定，本规范不作重复规定，要求盘、柜内二次回路的电气间隙和爬电距离应符合该标准的规定。本规范对屏顶上小母线的电气间隙和爬电距离的规定继续保留。

5.0.7 盘、柜内的一次母线一般属于非安全电压等级，为了保证人身安全，防止带电后触及，要求采用适当的隔离防护措施，但不应影响负荷侧电缆的拆、装工作。

6 二次回路接线

6.0.1 本条是对二次回路内部接线的一般规定。为了保证导线无损伤，配线时宜使用与导线规格相对应的剥线钳剥去导线绝缘。

目前多股导线应用越来越多，强调连接端头应压接终端附件。

6.0.2 本条系参照现行行业标准《电力系统二次电路用控制及继电保护屏（柜、台）通用技术条件》JB/T 5777.2 制定的。

6.0.3 为保证导线不松散，多股导线端部应绞紧，并采用压接终端附件进行接线施工。

6.0.4 本条是引入盘、柜内的电缆及其芯线的一般规定。

3 现行国家标准《交流电气装置的接地设计规范》GB/T 50065 及《电气装置安装工程 接地装置施工及验收规范》GB 50169 明确要求控制电缆的铠装钢带应予以接地。本条补充规定了钢带一点接地的做法是为了避免因地电位差在两点接地的钢带上产生电流。

4 屏蔽电缆的屏蔽层应按设计要求的接地方式予以接地，当设计未作要求时，应符合本规范第7.0.11条规定。

5 控制电缆大量采用塑料电缆，塑料芯线取消套塑料管的工艺，但橡胶芯线仍应套绝缘管。因橡胶绝缘的控制电缆还在一些特殊环境下使用，故提出有关橡胶绝缘控制电缆的做法。

7 强、弱电回路若用同一电缆或所用线芯同束排列，均有可能引起干扰，设计和施工中应避免。

8 电缆线芯在弯曲接线时，不应过度地追求美观，使电缆线芯弯曲半径过小而损害线芯和绝缘。

6.0.5 油污环境采用塑料绝缘导线较好。在日光直晒环境，常采用电缆穿蛇皮管或其他金属管的保护措施。

7 盘、柜及二次系统接地

7.0.2 成套柜内的接地母线铜排是柜内接地刀闸及二次控制和保护系统的重要接地汇流排，为保证人身安全和设备安全，应与主接地网直接可靠连接，并且接地引线应符合热稳定的要求。此接地装置的安全作用，是盘、柜本体及基础型钢接地不能替代的，直接涉及人身安全和设备安全。因此，将本条列为强制性条文。

7.0.5 装有电器的可开启的盘、柜门，若无软导线与盘、柜的框架连接接地，则当门上的电器绝缘损坏时，将使盘、柜门上带有危险的电位，危及运行人员的人身安全。现一般采用黄绿绝缘多股接地铜导线作为活动部位的接地线，保证设备运行安全。

7.0.7 计算机或控制装置专用接地网设计参照现行行业标准《火力发电厂、变电所二次接线设计技术规程》DL/T 5136 的有关规定。

7.0.8 盘、柜内二次回路应设接地连接线，以使接地明显可靠；盘、柜制造时应根据盘、柜内接地线数量及预计外接电缆接地线的数量装足够的接地连接线，并合理预留接地螺栓孔，以满足本盘、柜二次回路接地的需要。根据抗二次系统干扰的实际情况，接地网设置，盘、柜接地连接线与接地网的连接方式应符合设计要求。

7.0.9 控制电缆铠装接地线截面规定参考现行国家标准《电气装置安装工程 电缆线路施工及验收规范》GB 50168—2006 中对电缆线芯在 16mm² 以下情况的规定；屏蔽电缆屏蔽层的接地线截面面积要求参考现行国家标准《电气装置安装工程 接地装置施工及验收规范》GB 50169—2006 第 3.8.7 条的规定。本条规定同压一接线鼻子的接地线数量，以避免不加限制地把大量接地线同压一接线鼻子上，造成压接不密实、部分地线松脱、维护不方便等问题。

7.0.10 电流互感器二次回路中性点分别接地是为了形成独立的、与其他互感器二次回路没有电的联系的电流互感器二次回路，避免形成相互影响的电流互感器二次回路。电流互感器二次回路中性点一点接地是为了避免下列情况：部分电流经大地分流；因地电位差的影响，回路中出现额外的电流；加剧电流互感器的负载，导致互感器误差增大，甚至饱和。上述情况可能造成保护误动作或拒动作。

7.0.11 屏蔽电缆屏蔽层接地才能起到屏蔽和降低干扰的作用，屏蔽层接地方式直接影响到屏蔽电缆的抗干扰效果。

1 考虑到电气保护及控制二次回路可能受到一次回路高电压接地故障大接地电流影响、开关设备操作或系统故障引起的高频干扰、雷击引发的感生干扰电压等情况，单屏蔽电缆屏蔽层两端接地方式比较有利于解决上述性质的抗干扰问题。

2 适用于"单点接地"的计算机系统，因为抗干扰的性质主要为抗低频干扰，屏蔽层采用一点接地可消除电场对电缆芯的干扰，而多点接地可能产生电势差而造成干扰。具体的接地方式可参考现行行业标准《电力建设施工质量验收及评价规程 第 4 部分：热工仪表及控制装置》DL/T 5210.4。

7.0.12 参照现行行业标准《220kV～500kV 变电所计算机监控系统设计技术规程》DL/T 5149—2001 关于二次设备的接地在设计上的技术要求，作为二次设备接地施工的技术规范。

装置性设备要求外壳接地，以防干扰，并保证弱电元件正常工作。

8 质量验收

8.0.1 本条说明如下：

4 有照明要求的盘、柜照明装置应齐全，照明灯具能配合柜门开启和关闭而亮熄；照明灯具应选用无整流启动的普通灯具，避免灯具开启时产生干扰。

5 用于热带的盘、柜，对于其他特殊环境，如腐蚀等，亦应按有关国家现行标准进行验收。

6 从电缆消防考虑和防止小动物及潮气等侵入，应做好封堵。考虑到结冰地区曾发生管内积水将电缆冻断事故，故强调应采取措施，使管内不积水。

7 本款提醒在验收中注意进行备品备件及专用工具的清点和移交工作。

8.0.2 本条说明如下：

4 厂家提供产品技术文件可按所签订设备合同的技术部分进行要求，其内容可包括：制造厂提供的产品安装、使用、维护说明，试验报告（记录），合格证明文件及安装图纸等。

5 备品、备件及专用工具等清单的移交要求是给以后运行、维护提供方便。

中华人民共和国国家标准

电气装置安装工程
蓄电池施工及验收规范

Code for construction and acceptance of battery
electric equipment installation engineering

GB 50172—2012

主编部门：中 国 电 力 企 业 联 合 会
批准部门：中华人民共和国住房和城乡建设部
施行日期：２０１２ 年 １２ 月 １ 日

中华人民共和国住房和城乡建设部
公　告

第 1418 号

关于发布国家标准《电气装置
安装工程　蓄电池施工及验收规范》的公告

现批准《电气装置安装工程　蓄电池施工及验收规范》为国家标准，编号为 GB 50172—2012，自 2012 年 12 月 1 日起实施。其中，第 3.0.7 条为强制性条文，必须严格执行。原《电气装置安装工程　蓄电池施工及验收规范》GB 50172—92 同时废止。

本规范由我部标准定额研究所组织中国计划出版社出版发行。

中华人民共和国住房和城乡建设部
二〇一二年五月二十八日

前　言

本规范是根据住房和城乡建设部《关于印发〈2008 年工程建设标准规范制订、修订计划〉（第二批）的通知》（建标〔2008〕105 号）的要求，由湖南省火电建设公司会同有关单位在《电气装置安装工程　蓄电池施工及验收规范》GB 50172—92 的基础上修订完成的。

本规范在修订过程中，修订组进行了广泛的调查分析，总结了原规范执行以来的经验，广泛征求了全国有关单位的意见，最后经审查定稿。

本规范共分 6 章和 2 个附录，主要内容包括：总则，术语和符号，基本规定，阀控式密封铅酸蓄电池组，镉镍碱性蓄电池组，质量验收等。

与原规范相比较，本规范修订的主要内容有：

1. 将本规范的适用范围由电压为 24V 及以上，容量为 30A·h 及以上的固定型铅酸蓄电池组，改为电压为 12V 及以上，容量为 25A·h 及以上的阀控式密封铅酸蓄电池组。

2. 增加了术语和符号、基本规定两个章节。

3. 删除了原规范第二章防酸式铅酸蓄电池的相关内容，增加了阀控式密封铅酸蓄电池的内容。

4. 删除了原规范第四章"端电池切换器"。

5. 删除了原规范附录一"铅酸蓄电池用材质及电解液标准"。

本规范中以黑体字标志的条文为强制性条文，必须严格执行。

本规范由住房和城乡建设部负责管理和对强制性条文的解释，中国电力企业联合会负责日常管理，湖南省火电建设公司负责具体技术内容的解释。本规范在执行过程中，请各单位结合工程实践，认真总结经验，如发现需要修改或补充之处，请将意见或建议寄送湖南省火电建设公司（地址：湖南省株洲市建设中路 356 号，邮政编码：412000），以供今后修订时参考。

本规范主编单位、参编单位、主要起草人和主要审查人：

主 编 单 位：湖南省火电建设公司
　　　　　　　中国电力企业联合会

参 编 单 位：中国电力科学研究院
　　　　　　　广东省输变电工程公司
　　　　　　　天津电力建设公司
　　　　　　　华能质量监督中心站

主要起草人：雷鸿飞　龙庆芝　荆　津　何冠恒
　　　　　　　田　晓　李　涟　刘光武　陈桂英

主要审查人：陈发宇　许建军　郑少鹏　范　辉
　　　　　　　汪　毅　鲜　杏　梁汉城　王玉明
　　　　　　　王兴军　刘　军　周永利　周卫新
　　　　　　　曾跃沫　修　杰　陈志刚　侯建设

目　次

Contents

1 总　则

1.0.1 为保证蓄电池组安装工程的施工质量，促进工程施工技术水平的提高，确保蓄电池组的安全运行，制定本规范。

1.0.2 本规范适用于电压为 12V 及以上，容量为 25A·h 及以上的阀控式密封铅酸蓄电池组和容量为 10A·h 及以上的镉镍碱性蓄电池组安装工程的施工与质量验收。

1.0.3 蓄电池组安装工程的施工与质量验收除应符合本规范外，尚应符合国家现行有关标准的规定。

2　术语和符号

2.1　术　语

2.1.1 阀控式密封铅酸蓄电池　valve regulated sealed lead-acid battery

带有安全阀的密封蓄电池，在电池内压超出预定值时允许气体逸出，在使用寿命期间，正常使用情况下无需补加电解液。

2.1.2 镉镍蓄电池　nickel-cadmium battery

含碱性电解质，正极含氧化镍，负极为镉蓄电池。

2.1.3 完全充电　fully charged state

充电的一种状态，即在选定的条件下充电时所有可利用的活性物质不会显著增加容量的状态。

2.1.4 容量　capacity

在规定的条件下，完全充电的蓄电池能够提供的电量，通常用 A·h 表示。

2.1.5 充电率　charge rate

对蓄电池进行恒流充电时所规定的电流值。

2.1.6 放电率　discharge rate

在额定容量下蓄电池按规定时间放电时的连续放电电流值。

2.1.7 终止电压　final voltage, cut-off voltage

规定的放电终止时的蓄电池的电压。

2.1.8 开路电压　open circuit voltage, off-load voltage

放电电流为零时蓄电池的电压。

2.1.9 放电倍率　discharge rate

电池在规定的时间内放出其额定容量时所需要的电流值，它在数值上等于电池额定容量的倍数，通常以字母 C 表示。

2.1.10 补充充电　supplementary charge

蓄电池在存放过程中，由于自放电，容量逐渐减少，甚至于损坏，按产品技术文件的要求定期进行的充电。

2.1.11 初充电　initial charge

新的蓄电池在其使用寿命开始时的第一次充电。

2.1.12 恒流充电　constant current charge

充电电流在充电电压的范围内，维持在恒定值的充电。

2.1.13 恒压充电　constant voltage charge

充电电压在充电电流的范围内，维持在恒定值的充电。

2.2　符　号

C_{10}——10h 率额定容量（A·h）；

C_5——5h 率额定容量（A·h）；

I_{10}——10h 率放电电流（A）。

3　基本规定

3.0.1 蓄电池组的安装应按已批准的设计图纸及产品技术文件的要求进行施工。

3.0.2 蓄电池在运输过程中，应轻搬轻放，不得有强烈冲击和振动，不得倒置、重压和日晒雨淋。

3.0.3 蓄电池到达现场后，应进行验收检查，并应符合下列规定：

　　1 包装及密封应良好。

　　2 应开箱检查清点，型号、规格应符合设计要求，附件应齐全，元件应无损坏。

　　3 产品的技术文件应齐全。

　　4 按本规范要求外观检查应合格。

3.0.4 蓄电池到达现场后，应在产品规定的有效保管期限内进行安装及充电。不立即安装时，其保管应符合下列规定：

　　1 酸性和碱性蓄电池不得存放在同一室内。

　　2 蓄电池不得倒置，开箱后不得重叠存放。

　　3 蓄电池应存放在清洁、干燥、通风良好的室内，应避免阳光直射；存放中，严禁短路、受潮，并应定期清除灰尘。

　　4 阀控式密封铅酸蓄电池宜在 5℃～40℃的环境温度，相对湿度低于 80% 的环境下存放；镉镍碱性蓄电池宜在 -5℃～35℃的环境温度，相对湿度低于 75% 的环境下存放。蓄电池从出厂之日起到安装后的初始充电时间超过六个月时，应采取充电措施。

3.0.5 蓄电池施工应制定安全技术措施。

3.0.6 蓄电池室的建筑工程应符合下列规定：

　　1 与蓄电池安装有关的建筑物的建筑工程质量应符合现行国家标准《建筑工程施工质量验收统一标准》GB 50300 的有关规定。当设备及设计有特殊要求时，尚应符合其要求。

　　2 蓄电池安装前，建筑工程及其辅助设施应按设计要求全部完成，并应验收合格。

3.0.7 蓄电池室应采用防爆型灯具、通风电机，室内照明线应采用穿管暗敷，室内不得装设开关和插座。

3.0.8 蓄电池直流电源柜订货技术要求、试验方法、包装及贮运条件，应符合现行行业标准《电力系统直流电源柜订货技术条件》DL/T 459 的有关规定。盘、柜安装应符合现行国家标准《电气装置安装工程 盘、柜及二次回路接线施工及验收规范》GB 50171 的有关规定。

4 阀控式密封铅酸蓄电池组

4.1 安 装

4.1.1 蓄电池安装前，应按下列规定进行外观检查：

1 蓄电池外观应无裂纹、无损伤；密封应良好，应无渗漏；安全排气阀应处于关闭状态。

2 蓄电池的正、负端接线柱应极性正确，应无变形、无损伤。

3 透明的蓄电池槽，应检查极板无严重变形；槽内部件应齐全，无损伤。

4 连接条、螺栓及螺母应齐全。

4.1.2 清除蓄电池表面污垢时，对塑料制作的外壳应用清水或弱碱性溶液擦拭，不得用有机溶剂清洗。

4.1.3 蓄电池组的安装应符合下列规定：

1 蓄电池放置的基架及间距应符合设计要求；蓄电池放置在基架后，基架不应有变形；基架宜接地。

2 蓄电池在搬运过程中不应触动极柱和安全排气阀。

3 蓄电池安装应平稳，间距应均匀，单体蓄电池之间的间距不应小于 5mm；同一排、列的蓄电池槽应高低一致，排列应整齐。

4 连接蓄电池连接条时应使用绝缘工具，并应佩戴绝缘手套。

5 连接条的接线应正确，连接部分应涂以电力复合脂。螺栓紧固时，应用力矩扳手，力矩值应符合产品技术文件的要求。

6 有抗震要求时，其抗震设施应符合设计要求，并应牢固可靠。

4.1.4 蓄电池组的引出电缆的敷设应符合现行国家标准《电气装置安装工程 电缆线路施工及验收规范》GB 50168 的有关规定。电缆引出线正、负极的极性及标识应正确，且正极应为赭色，负极应为蓝色。蓄电池组电源引出电缆不应直接连接到极柱上，应采用过渡板连接。电缆接线端子处应有绝缘防护罩。

4.1.5 蓄电池组的每个蓄电池应在外表面用耐酸材料标明编号。

4.2 充、放电

4.2.1 蓄电池组安装完毕后，应按产品技术文件的要求进行充电，并应符合下列规定：

1 充电前应检查蓄电池组及其连接条的连接情况。

2 充电前应检查并记录单体蓄电池的初始端电压和整组电压。

3 充电期间，充电电源应可靠，不得断电。

4 充电期间，环境温度应为 5℃～35℃，蓄电池表面温度不应高于 45℃。

5 充电过程中，室内不得有明火；通风应良好。

4.2.2 蓄电池组安装完毕投运前，应进行完全充电，并应进行开路电压测试和容量测试。

4.2.3 达到下列条件之一时，可视为完全充电：

1 蓄电池在环境温度 5℃～35℃ 条件下，以 (2.40V±0.01V)/单体的恒定电压、充电电流不大于 $2.5I_{10}$（A）充电至电流值 5h 稳定不变时。

2 充电后期充电电流小于 $0.005C_{10}$（A）时。

3 符合产品技术文件完全充电要求时。

4.2.4 完全充电的蓄电池组开路静置 24h 后，应分别测量和记录每只蓄电池的开路电压，测量点应在端子处，开路电压最高值和最低值的差值不得超过表 4.2.4 的规定。

表 4.2.4 开路电压最高值和最低值的差值

标称电压（V）	开路电压最高值和最低值的差值（mV）
2	20
6	50
12	100

4.2.5 蓄电池容量测试应符合下列规定：

1 蓄电池在环境温度 5℃～35℃ 的条件下应完全充电，然后应静放 1h～24h，当蓄电池表面温度与环境温度基本一致时，应进行 10h 率容量放电测试，应以 $0.1C_{10}$（A）恒定电流放电到其中一个蓄电池电压为 1.80V 时终止放电，并应记录放电期间蓄电池的表面温度 t 及放电持续时间 T。

2 放电期间应每隔一个小时测量并记录单体蓄电池的端电压、表面温度及整组蓄电池的端电压。在放电末期应随时测量。

3 在放电过程中，放电电流的波动允许范围为规定值的 ±1%。

4 实测容量 C_t（A·h）应用放电电流 I（A）乘以放电持续时间 T（h）计算。

5 当放电期间蓄电池的表面温度不为 25℃，可按下式将实测放电容量折算成 25℃基准温度时的容量：

$$C_{25} = \frac{C_t}{1 + 0.006(t - 25)} \quad (4.2.5)$$

式中：t——放电开始时蓄电池的表面温度（℃）；

C_t——当蓄电池的表面温度为 t℃时实际测得的容量（A·h）；

C_{25}——换算成基准温度(25℃)时的容量(A·h);

0.006——10h 率放电的容量温度系数。

6 放电结束后,蓄电池应尽快进行完全充电。

7 10h 率容量测试第一次循环不应低于 $0.95C_{10}$,在第三次循环内应达到 $1.0C_{10}$,容量测试循环达到 $1.0C_{10}$ 可停止容量测试。

4.2.6 蓄电池组的开路电压和 10h 率容量测试有一项数据不符合本规范的规定时,此组蓄电池应为不合格。

4.2.7 在整个充、放电期间,应按规定时间记录每个蓄电池的电压、表面温度和环境温度及整组蓄电池的电压、电流,并应绘制整组充、放电特性曲线。

4.2.8 蓄电池充好电后,应按产品技术文件的要求进行使用与维护。

5 镉镍碱性蓄电池组

5.1 安　装

5.1.1 蓄电池安装前应按下列规定进行外观检查:

1 蓄电池外壳应无裂纹、损伤、漏液等现象。

2 蓄电池正、负端接线柱应极性正确,壳内部件应齐全无损伤;有孔气塞通气性能应良好。

3 连接条、螺栓及螺母应齐全,应无锈蚀。

4 带电解液的蓄电池,其液面高度应在两液面线之间;防漏运输螺塞应无松动、脱落。

5.1.2 清除蓄电池表面污垢时,对塑料制作的外壳应用清水或弱碱性溶液擦拭,不得用有机溶剂清洗。

5.1.3 蓄电池组的安装应符合下列规定:

1 蓄电池放置的平台、基架及间距应符合设计或产品技术文件的要求;蓄电池放置在基架后,基架不应变形;基架宜接地。

2 蓄电池安装应平稳,间距应均匀,单体蓄电池之间的间距不应小于 5mm;同一排、列的蓄电池应高低一致,排列应整齐。

3 连接蓄电池连接条时应使用绝缘工具,并应佩戴绝缘手套。

4 连接条的接线应正确,连接部分应涂以电力复合脂。螺栓紧固时,应用力矩扳手,力矩值应符合产品技术文件的要求。

5 有抗震要求时,其抗震设施应符合设计规定,并应牢固可靠。

5.1.4 蓄电池组引线电缆的敷设应符合现行国家标准《电气装置安装工程　电缆线路施工及验收规范》GB 50168 的有关规定。电缆引出线正、负极的极性及标识应正确,且正极应为赭色,负极应为蓝色。蓄电池组电源引出电缆不应直接连接到极柱上,应采用过渡板连接。电缆接线端子处应有绝缘防护罩。

5.1.5 蓄电池组的每个蓄电池应在外表面用耐碱材料标明编号。

5.2 配液与注液

5.2.1 配制电解液应采用化学纯氢氧化钾,其技术条件应符合本规范附录 A 的规定。配制电解液应用蒸馏水或去离子水。

5.2.2 电解液的密度应符合产品技术文件的要求。

5.2.3 配制和存放电解液应用铁、钢、陶瓷或珐琅制成的耐碱器具,不得使用配制过酸性电解液的容器。

5.2.4 配液时,应将碱慢慢倾入水中,不得将水倒入碱中。配制的电解液应加盖存放并沉淀 6h 以上,应取其澄清液或过滤液使用。对电解液有怀疑时应化验,其标准应符合本规范附录 B 的规定。

5.2.5 注入蓄电池的电解液温度不宜高于 30℃;当室温高于 30℃时,应采取降温措施。其液面高度应在两液面线之间。注入电解液后宜静置 2h～4h 后再初充电。

5.2.6 配液工作应由具有施工经验的技工操作,操作人员应戴专用保护用品,并应设专人监护。

5.2.7 工作场地应备有含量 3%～5% 的硼酸溶液。

5.3 充、放电

5.3.1 蓄电池的初充电应按产品技术文件的要求进行,并应符合下列规定:

1 初充电期间,其充电电源应可靠,不得断电。

2 初充电期间,室内不得有明火;通风应良好。

3 装有催化栓的蓄电池应将催化栓旋下,待初充电完成后再重新装上。

4 带有电解液并配有专用防漏运输螺塞的蓄电池,初充电前应取下运输螺塞换上有孔气塞,并检查液面不应低于下液面线。

5 充电期间电解液的温度范围宜为 20℃±10℃;当电解液的温度低于 5℃或高于 35℃时,不宜进行充电。

5.3.2 蓄电池初充电应达到产品技术文件所规定的时间,同时单体蓄电池的电压应符合产品技术文件的要求。

5.3.3 蓄电池初充电结束后,应按产品技术文件的规定做容量测试,其容量应达到产品使用说明书的要求,高倍率蓄电池还应进行倍率试验,并应符合下列规定:

1 在 3 次充、放电循环内,放电容量在 20℃±5℃时不应低于额定容量。

2 用于有冲击负荷的高倍率蓄电池倍率放电,在电解液温度为 20℃±5℃条件下,应以 $0.5C_5$ 电流值先放电 1h 情况下继以 $6C_5$ 电流值放电 0.5s,其单体蓄电池的平均电压,超高倍率蓄电池不得低于 1.1V;高倍率蓄电池不得低于 1.05V。

3 按 $0.2C_5$ 电流值放电终结时,单体蓄电池的电压应符合产品技术文件的要求，电压不足 1.0V 的电池数不应超过电池总数的 5%，且最低不得低于 0.9V。

5.3.4 充电结束后，应用蒸馏水或去离子水调整液面至上液面线。

5.3.5 在制造厂已完成初充电的密封蓄电池，充电前应检查并记录单体蓄电池的初始端电压和整组总电压，并应进行补充充电和容量测试。补充充电及其充电电压和容量测试的方法应按产品技术文件的要求进行，不得过充、过放。

5.3.6 放电结束后，蓄电池应尽快进行完全充电。

5.3.7 在整个充、放电期间，应按规定时间记录每个蓄电池的电压、电解液温度和环境温度及整组蓄电池的电压、电流，并应绘制整组充、放电特性曲线。

5.3.8 蓄电池充好电后，应按产品技术文件的要求进行使用和维护。

6 质量验收

6.0.1 在验收时，应按下列规定进行检查：

1 蓄电池室的建筑工程及其辅助设施应符合设计要求，照明灯具和开关的形式及装设位置应符合设计要求。

2 蓄电池安装位置应符合设计要求。蓄电池组应排列整齐，间距应均匀，应平稳牢固。

3 蓄电池间连接条应排列整齐，螺栓应紧固、齐全，极性标识应正确、清晰。

4 蓄电池组每个蓄电池的顺序编号应正确，外壳应清洁，液面应正常。

5 蓄电池组的充、放电结果应合格，其端电压、放电容量、放电倍率应符合产品技术文件的要求。

6 蓄电池组的绝缘应良好，绝缘电阻不应小于 0.5MΩ。

6.0.2 在验收时，应提交下列技术文件：

1 设计变更的证明文件。

2 制造厂提供的产品说明书、装箱单、试验记录、合格证明文件等。

3 充、放电记录及曲线，质量验收资料。

4 材质化验报告。

5 备品、备件、专用工具及测试仪器清单。

附录 A 氢氧化钾技术条件

表 A 氢氧化钾技术条件

指标名称	化学纯
氢氧化钾（KOH）（%）	≥80
碳酸盐（以 K_2CO_3 计）（%）	≤3

续表 A

指标名称	化学纯
氯化物（Cl）（%）	≤0.025
硫酸盐（SO_4）（%）	≤0.01
总氮量（%）	≤0.005
磷酸盐（PO_4）（%）	≤0.01
硅酸盐（SiO_3）（%）	≤0.1
钠（Na）（%）	≤2
钙（Ca）（%）	≤0.02
铁（Fe）（%）	≤0.002
重金属（以 Pb 计）（%）	≤0.003
澄清度试验	合格

附录 B 碱性蓄电池用电解液标准

表 B 碱性蓄电池用电解液标准

项目	技术要求	
	新配电解液	使用过程极限值
外观	无色透明，无悬浮物	—
密度（15℃，g/cm^3）	1.20±0.01	1.20±0.01
含量（g/L）	KOH：240~270 NaOH：215~240	KOH：240~270 NaOH：215~240
Cl^-（g/L）	<0.1	0.2
K_2CO_3（g/L）	<20	60
$Ca^{2+} \cdot Mg^{2+}$（g/L）	<0.19	0.3
Fe/KOH（NaOH）（%）	<0.05	0.05

本规范用词说明

1 为便于在执行本规范条文时区别对待，对要求严格程度不同的用词说明如下：

1）表示很严格，非这样做不可的：
正面词采用"必须"，反面词采用"严禁"；

2）表示严格，在正常情况下均应这样做的：
正面词采用"应"，反面词采用"不应"或"不得"；

3）表示允许稍有选择，在条件许可时首先应这样做的：

正面词采用"宜"，反面词采用"不宜"；

4）表示有选择，在一定条件下可以这样做的，采用"可"。

2 条文中指明应按其他有关标准执行的写法为："应符合……的规定"或"应按……执行"。

引用标准名录

《电气装置安装工程　电缆线路施工及验收规范》GB 50168

《电气装置安装工程　盘、柜及二次回路接线施工及验收规范》GB 50171

《建筑工程施工质量验收统一标准》GB 50300

《电力系统直流电源柜订货技术条件》DL/T 459

中华人民共和国国家标准

电气装置安装工程
蓄电池施工及验收规范

GB 50172—2012

条 文 说 明

修 订 说 明

《电气装置安装工程 蓄电池施工及验收规范》GB 50172—2012，经住房和城乡建设部 2012 年 5 月 28 日以第 1418 号公告批准发布。

本规范是在《电气装置安装工程 蓄电池施工及验收规范》GB 50172—92 的基础上修订而成，上一版的主编单位是能源部电力建设研究所（现中国电力科学研究院），参加单位是陕西电力建设总公司、山东省电力建设二公司，主要起草人是曾等厚、牟思浦、刘德玉、马长瀛。

本规范修订过程中，编制组进行了广泛的调查研究，向相关的设计、制造、施工、监理、生产运行等企业征求意见，吸收了近年来出现的新产品、新技术、新工艺的成熟经验。

为了方便广大设计、生产、施工、科研、学校等单位有关人员在使用本规范时能正确理解和执行条文规定，《电气装置安装工程 蓄电池施工及验收规范》编制组按章、节、条顺序编制了本规范的条文说明，对条文规定的目的、依据以及执行中需注意的有关事项进行了说明。但是，本条文说明不具备与规范正文同等的法律效力，仅供使用者作为理解和把握规范规定的参考。

目　次

1 总 则

1.0.2 本规范适用范围是根据电气装置对蓄电池最低使用电压及容量要求规定的，是在《电气装置安装工程 蓄电池施工与质量验收规范》GB 50172—92（以下简称原规范）的基础上修订的。原规范的主要内容适用于固定型防酸式、固定型密闭式铅酸蓄电池、镉镍碱性蓄电池。因为固定型防酸式蓄电池存在体积大，运行中产生氢气，伴随着酸雾，对环境带来污染，维护复杂等缺点，阀控式密封铅酸蓄电池以其全密封、少维护、不污染环境、可靠性较高、安装方便等一系列的优点，在 20 世纪 90 年代中期以后得到普遍采用，目前在电力和通信行业中基本取代防酸式铅酸蓄电池，故此次修订时，以阀控式密封铅酸蓄电池组的内容取代了原规范第二章"铅酸蓄电池组"的相关内容；由于现场无需配制铅酸蓄电池电解液，故删除原规范附录一"铅酸蓄电池用材质及电解液标准"。

20 世纪 80 年代中期以后，碱性蓄电池，主要是镉镍碱性蓄电池由于其体积小，放电倍率高，安装方便和使用寿命长等一系列优越特性，在电气装置中作为直流电源得到了运用，但由于价格较高，限制了其应用的范围，目前使用量不大，一般使用的都是额定容量在 100A·h 以内。本次修订时，对镉镍碱性蓄电池组部分未作大范围的修改，仅对部分条款进行了修订。

根据现行行业标准《电力工程直流系统设计技术规程》DL/T 5044 等设计标准，蓄电池组一般不设计端电池，故将原规范第四章"端电池切换器"删去。

2 术语和符号

术语和符号章节为本次修订所增加，为了方便现场施工人员对规范中所涉及的术语的理解，列出了相关术语和符号。术语主要引用现行国家标准《电工术语 原电池和蓄电池》GB/T 2900.41 中的术语。

3 基本规定

3.0.4 蓄电池到达现场后，应按产品使用维护说明书的规定进行保管，在产品规定的有效保管期内进行安装及充电。超过其有效保管期，蓄电池因内部的电化学反应造成自放电，电池极板的活化物质将受到损坏而影响蓄电池的容量。在较高的储存温度环境中电池会加速自放电，因此，蓄电池应储存在通风、干燥且温度和湿度适宜的室内。在符合本条第 4 款规定的保管环境下，蓄电池从出厂之日起到安装后的初充电时间不应超过六个月。

3.0.7 为确保人身安全和设备安全，本条规定为强制性条文。蓄电池充、放电和运行时，会有少量的氢气逸出，开关插座在操作过程中有可能产生电火花而引发氢气爆炸。为了防止氢气发生爆炸对人身安全和设备安全造成危害，规定室内不得装设开关、插座，并应采用防爆型电器。

4 阀控式密封铅酸蓄电池组

4.1 安 装

4.1.2 由于蓄电池的外壳主要采用 ABS、PP 等塑料，使用有机溶剂会导致其老化，故不得用有机溶剂擦洗外壳。

4.1.3 根据蓄电池使用维护说明书规定了对蓄电池安装的要求。

1 在设计和制造厂考虑了蓄电池基架接地时，宜按设计和制造厂要求接地。

2 蓄电池在搬运过程中，应注意不要触动电池极柱和安全排气阀，以免使电池极柱受到额外应力及蓄电池密封性能受到破坏。

3 蓄电池之间应保持适当距离，以利于蓄电池的散热和维护。

4 蓄电池都是荷电出厂的，因此安装的时候要注意防止电池短路，连接的时候要戴绝缘手套，使用绝缘工具，当使用扳手时，除扳头外其余金属部分要包上绝缘带，杜绝扳手与蓄电池的正、负极同时相碰，形成正、负极短路故障。

5 为减少接触电阻和防止腐蚀，接头连接部分应涂以电力复合脂。螺栓紧固应采用力矩扳手，力矩值应符合产品技术文件的要求，因为螺栓过紧可能损坏接线柱，而过松会因接触不良导致发热。

4.1.4 为了防止连接引出电缆时蓄电池极柱受到太大应力而损坏蓄电池，故要求采用过渡板连接。为了防止人体不小心触及带电部分，故要求接线端子处应有绝缘防护罩。

4.2 充、放电

4.2.1 蓄电池安装后首次充电是为了使蓄电池达到完全充电状态。阀控式铅酸蓄电池容量等性能与温度有关，且过高的温度容易损坏蓄电池，故对蓄电池充电时的环境温度及蓄电池表面温度予以规定。

4.2.2 阀控式密封铅酸蓄电池在厂家已经进行了充、放电，都是荷电出厂。根据国家现行标准《固定型阀控密封式铅酸蓄电池》GB/T 19638.2、《阀控式密封铅酸蓄电池订货技术条件》DL/T 637 等标准和国内目前大部分蓄电池厂家的出厂试验报告，确定蓄电池安装后投运前应进行蓄电池开路电压和容量测试。

4.2.3 完全充电的标准是根据国家现行标准《固定型

阀控密封式铅酸蓄电池》GB/T 19638.2、《通信局（站）电源系统维护技术要求 第 10 部分：阀控式密封铅酸蓄电池》YD/T 1970.10 确定。

4.2.4 开路电压测试的标准和要求是根据国家现行标准《固定型阀控密封式铅酸蓄电池》GB/T 19638.2、《阀控式密封铅酸蓄电池订货技术条件》DL/T 637 等确定的。

4.2.5 本条是关于蓄电池容量测试的要求。

1 容量测试的标准和要求是根据国家现行标准《固定型阀控密封式铅酸蓄电池》GB/T 19638.2、《阀控式密封铅酸蓄电池订货技术条件》DL/T 637 等标准确定。

5 阀控式铅酸蓄电池的额定容量是 25℃ 时 10h 率放电容量，因此新装蓄电池组作容量校验时采用 10h 率放电制；因为蓄电池容量与温度有关，故蓄电池温度不是 25℃ 时要进行容量换算。

6 蓄电池放电后，没及时充电则会容易出现硫酸盐化，硫酸铅结晶物附在极板上，堵塞电离子通道，造成充电不足，电池容量下降，亏电状态闲置时间越长，电池损坏越严重。所以放电后应尽快进行安全充电。

4.2.6 本条是根据国家现行标准《固定型阀控密封式铅酸蓄电池》GB/T 19638.2、《阀控式密封铅酸蓄电池订货技术条件》DL/T 637、《电力系统用蓄电池直流电源装置运行与维护技术规程》DL/T 724 等确定的。

4.2.7 在充、放电期间按规定时间记录每个蓄电池的电压及表面温度，以监视蓄电池的性能，发现个别电池的缺陷，若有的蓄电池在电压、温度上相差较大，则表示该电池有问题；测量整组蓄电池的电压及电流，依据这些数据整理绘制充、放电特性曲线，供以后维护时参考。

5 镉镍碱性蓄电池组

5.1 安　装

5.1.1 碱性蓄电池在安装前做外观检查，以发现明显的缺陷及运输中可能造成的损坏，防止不必要的返工。

1 高倍率小容量碱性蓄电池，有的产品带电解液出厂，故应检查渗漏情况。

2 若单体蓄电池的极性标示发生错误，在蓄电池组内将出现单体电池反接现象，因此在外观检查时应检查极性是否正确；有孔气塞的通气性不好，在充、放电及正常运行时，放出的气体无法排出，壳内压力增加会发生爆炸或壳体胀裂跑碱等事故。

4 碱性蓄电池在充、放电期间有放水和吸水现象，如液面过高，在充电过程中由于放水使液面升

高，加之产生的少量气体，会使电解液溢出壳外，造成蓄电池绝缘下降。如液面过低，在放电过程中由于吸水使液面下降，当极板露出时会影响蓄电池性能。因此，要求电解液液面保持在两液面线之间。

带液出厂的碱性蓄电池，出厂时用运输螺塞将电池密封，如在运输或保管过程中螺塞松动或脱落，电解液将溢出，且空气中的二氧化碳与电池中碱性电解液发生反应生成碳酸盐，使蓄电池的内阻增加，容量减少，严重影响蓄电池的性能，因此要检查运输螺塞的严密性。

5.1.2 参见本规范第 4.1.2 条的条文说明。

5.1.3 参见本规范第 4.1.3 条的条文说明。

5.1.4 参见本规范第 4.1.4 条的条文说明。

5.2 配液与注液

5.2.1 本条规定碱性蓄电池电解液使用的材质及其标准，氢氧化钾是根据现行国家标准《化学试剂 氢氧化钾》GB/T 2306 中的第三级化学纯。

5.2.3 配制或灌注电解液的容器，应是耐碱的干净器具。用耐碱容器是防止碱和某些物质起化学反应，生成新的物质影响电解液的纯度。

5.2.4 溶解固体碱或稀释碱溶液时放出的溶解热，虽不如稀释浓硫酸时放出的热量多，但为防止溶解时由于放出的热量使碱溶液溅出而腐蚀人体和衣物，故规定不得将水倒入碱中。

注入蓄电池中的电解液应是除去杂质的清液，故规定应沉清或过滤；配制好的电解液不立即使用时，应注意密封，以防空气中的二氧化碳进入电解液生成碳酸盐影响电解液的纯度。

5.2.5 在充电过程中电解液温度超过 35℃ 时不宜充电，故规定注入的电解液应冷却到 30℃ 以下，防止充电时电解液温度过快升高。某些地区夏季室内温度往往超过 30℃，常规条件下，电解液不可能冷却到 30℃ 以下，故规定应采取降温措施。为了浸润极板，规定电解液应静置一定时间，浸泡时间宜在 2h～4h。

5.2.7 工作场地应备有含量 3%～5% 的硼酸溶液。当电解液不慎溅到皮肤上时，应立即用硼酸溶液冲洗；若不慎将电解液溅到眼睛内时，应立即用大量清水冲洗，必要时到医院请医生诊视。

5.3 充、放电

5.3.1 由于各制造厂规定的碱性蓄电池初充电的技术条件有一定差异，故应按产品的技术文件要求进行。充电的技术条件指各充电制的充电电流、时间和单体蓄电池充电末期的电压等。

3 催化栓的作用是将蓄电池放出的氢和氧生成水再返回电池本体去，以达到少维护的目的，但它处理氢、氧的能力是按浮充方式时设计的，故初充电时要取下，否则要损坏壳体。

4 防漏运输螺塞是无孔的，换上有孔气塞进行

初充电是使蓄电池产生的气体能够外泄，不会因内部压力增高而损坏壳体。

5 充电时电解液温度在20℃时，按照规定的充电电流值充到规定的时间，蓄电池充入的实际容量是合格电池的额定容量。如果充电时电解液的温度不为20℃，随温度升高或降低，蓄电池将不能充至额定容量。但镉镍碱性蓄电池一般都有一定的富余容量，故制造厂规定了镉镍碱性蓄电池宜在20℃±10℃范围充电。近年来，鉴于厂家生产技术的提高，其产品充电时电解液温度在10℃～30℃范围内充电，其容量均可达到额定容量。

电解液的温度低于5℃或高于35℃时，蓄电池进行充电，其充电效率较低；同样，蓄电池在此条件下进行放电，其自放电率会较大，容量变小，两者均影响蓄电池的正常使用，故制造厂规定不宜在低于5℃或高于35℃时充、放电。

5.3.3 本条规定了初充电结束后蓄电池应达到的主要技术指标。

1 碱性蓄电池在初充电时要经过多次充、放电循环才能达到额定容量，产品技术文件一般要求3次～5次内达到要求。一般情况下，新安装蓄电池只需经过3次充、放电循环即可达到额定容量。

2 用于有冲击负荷的高倍率蓄电池，如断路器的操作电源的高倍率蓄电池，在给定条件下能否放出所需的电流值，且单体蓄电池的电压能否达到规定值，这是关系到设备特别是电磁操动机构的断路器能否合上，刚合速度能否满足要求的关键，故规定对高倍率蓄电池应进行倍率放电校验。

产品的技术条件一般规定了满容量状态和事故放电后的倍率放电的技术参数。基于电气装置直流电源的运行实际，本条规定只校验事故放电后的倍率放电。以$0.5C_5$电流值放电1h是模拟事故放电状态，$6C_5$电流值放电0.5s是为保证断路器合闸的电流值及合闸时间要求。

为了确保设备正常工作，特别是电磁操动机构的断路器可靠合闸且刚合速度符合规定，需要合闸时直流母线电压值也应满足要求。只要单体蓄电池的端电压能达到规定值，直流母线的电压就能满足要求。故规定倍率放电时单体蓄电池的端电压应达到的电压值，而不校验直流母线的电压，以避免由于单体蓄电池的电压不满足要求时，增加蓄电池个数来满足直流母线电压的做法。靠增加蓄电池数量来满足直流母线电压的做法会使合闸母线及合闸回路中的设备在正常运行时长期承受过电压的危害。

但实际进行高倍率放电0.5s的瞬间要在现场测量每个蓄电池的端电压几乎不可能办到，故规定校验单体蓄电池的平均电压。

3 $0.2C_5$放电电流是产品技术文件提供的标准放电制放电电流，终止电压为1.0V是该放电制下放电终结参数。在整组蓄电池中，标准放电制终止时，可能有个别不影响使用的落后电池，故允许有5%的单体蓄电池终止电压低于1.0V。但过低会造成这类电池在以后的充、放电循环内难以恢复到正常值，故最低电压以不得低于0.9V为宜。

5.3.4 充电结束后，电解液的液面将会发生变化。为保证蓄电池的正常使用，需用蒸馏水或去离子水将液面调整至上液面线。

5.3.7 参见本规范第4.2.7条的条文说明。

6 质量验收

6.0.1 在验收时，对有关规定进行检查的说明：

3 连接条与蓄电池接线柱间连接是否可靠，将直接影响蓄电池的安全运行，提出本款的目的就是要求施工单位在施工过程中应重点关注螺栓的紧固程度（如产品技术文件有具体要求时，应按其要求紧固螺栓），确保其接触良好。

4 组成蓄电池组的单体蓄电池是按一定顺序进行编号的，强调其按顺序编号，以方便在充、放电过程对每个蓄电池的正确记录和以后正常运行过程中的正确监控。

当蓄电池外壳为透明材质时，应观察其液面是否正常。液面正常是指蓄电池完成充、放电后，其电解液高度在制造厂要求的范围内。

5 蓄电池组的容量试验根据蓄电池的种类不同，其充电率和放电率是不同的。其容量试验应符合制造厂产品使用说明书及本规范的规定。对于阀控式密封铅酸蓄电池，进行容量计算时应折算成25℃时的标准容量。

6 因现行国家标准《电气装置安装工程 电气设备交接试验标准》GB 50150未列入蓄电池部分，故将蓄电池的绝缘电阻测量及其标准列入本条。对于阀控式铅酸密封蓄电池，因为蓄电池本身具有电动势，不能使用兆欧表进行绝缘电阻测量。

测量可用高内阻电压表，测量蓄电池正、负极对地电压和整组开路电压，然后通过计算得出整组蓄电池对地绝缘电阻值。计算式如下：

$$R_g = R_V \left(\frac{V}{V_1 + V_2} - 1 \right) \quad (1)$$

式中：R_g——整组电池对地绝缘电阻值；

R_V——电压表内阻值；

V_1——蓄电池组正端对地电压；

V_2——蓄电阻组负端对地电压；

V——蓄电池正、负端之间电压。

中华人民共和国国家标准

工业企业总平面设计规范

Code for design of general layout of industrial enterprises

GB 50187—2012

主编部门：中 国 冶 金 建 设 协 会
批准部门：中华人民共和国住房和城乡建设部
施行日期：２０１２ 年 ８ 月 １ 日

中华人民共和国住房和城乡建设部
公　告

第 1356 号

关于发布国家标准《工业企业
总平面设计规范》的公告

　　现批准《工业企业总平面设计规范》为国家标准，编号为 GB 50187—2012，自 2012 年 8 月 1 日起实施。其中，第 3.0.12（1）、3.0.13、3.0.14（1、2、3、4、5、6、7、8、11）、4.6.2（3、4）、4.6.4、5.6.5（3）、8.1.7 条（款）为强制性条文，必须严格执行。原《工业企业总平面设计规范》GB

50187—93 同时废止。

　　本规范由我部标准定额研究所组织中国计划出版社出版发行。

中华人民共和国住房和城乡建设部

二〇一二年三月三十日

前　言

　　本规范是根据原建设部《关于印发〈2006 年工程建设标准规范制订、修订计划（第二批）〉的通知》（建标〔2006〕136 号）的要求，由中冶南方工程技术有限公司会同有关单位，对原国家标准《工业企业总平面设计规范》GB 50187—93 进行修订而成。

　　本规范在修订过程中，规范编制组进行了广泛的调查研究，认真总结了几十年来我国工业企业总平面设计的实践经验及有关研究成果，根据我国现行的法规和制度，参照了国内、国外相关标准，力求修订的规范具有严谨性与较强的适用性。在广泛征求了有关设计、生产及高等院校等部门和单位意见的基础上，经反复讨论研究、屡次修改，最终经审查定稿。

　　本规范共分 10 章和 2 个附录，主要技术内容包括：总则，术语，厂址选择，总体规划，总平面布置，运输线路及码头布置，竖向设计，管线综合布置，绿化布置，主要技术经济指标等。

　　本规范修订的主要内容是：

　　1. 修订了总则。

　　2. 增加了术语。

　　3. 修订了厂址选择，增加新条文 1 条，新条款 2 款。

　　4. 修订了总体规划的部分内容，增加了居住区规划设计要求、排土场最终坡底线的安全防护距离；增加新条文 2 条，新条款 4 款。

　　5. 修订了总平面布置：补充了产生高噪声的车间布置的一般方法和要求，增加了液化气配气站布置要求，修订了冷却塔与相邻设施的最小水平间距；增加了新条文 6 条，新条款 14 款。

　　6. 修订了运输线路及码头布置：一般规定增加了新条文 3 条，企业准轨铁路增加了新条文 8 条，企业窄轨铁路增加了新条文 13 条，道路增加了新条文 10 条、新条款 3 款，企业码头增加了新条文 2 条、新条款 3 款。

　　7. 修订了竖向设计，增加了新条款 6 款。

　　8. 修订了管线综合布置：内容包括一般规定、管线敷设方式、地下管线敷设的原则；地下管线与建筑物、构筑物之间的最小水平间距及地下管线之间的最小水平间距在总结设计、实践经验的基础上，结合有关现行国家标准进行了修订；增加了地下管线之间最小垂直净距、地上管线与铁路、道路平行敷设的要求等。修订了 27 条，其中增加新条文 4 条、新条款 3 款。

　　9. 修订了绿化布置：增加了绿化布置的原则和绿地率控制要求；绿化布置增加了新条文 5 条、新条款 2 款。

　　10. 修订了主要技术经济指标：新增了容积率、投资强度、行政办公及生活服务设施用地及其所占比重的技术经济指标。

　　本规范中以黑体字标志的条文为强制性条文，必须严格执行。

　　本规范由住房和城乡建设部负责管理和对强制性条文的解释，中国冶金建设协会负责日常管理，中冶南方工程技术有限公司负责具体技术内容的解释。请各单位在执行本规范过程中，不断总结经验，积累资料，及时将意见及有关资料寄往中冶南方工程技术有限公司（地址：湖北省武汉市东湖新技术开发区大学园路 33 号，邮政编码：430223，传真：027-86865025），以供今后修订时参考。

本规范主编单位、参编单位、主要起草人及主要审查人：

主 编 单 位：中冶南方工程技术有限公司

参 编 单 位：西安建筑科技大学

全国化工总图运输设计技术中心站

中国石化南京工程有限公司

机械工业第四设计研究院

中煤集团沈阳煤矿设计研究院

中国寰球工程公司

中国电力工程顾问集团西北电力设计院

中国中元国际工程公司

中煤西安设计工程有限责任公司

主要起草人：周启国　李前明　陈　凡　刘加祥

章　良　邵小东　王秋平　肖炎斌

王均鹤　马利欣　刘启明　陈　晖

马团生　蒋　清　林斯平　刘俊义

杨欣蓓　何岳生　陈　晶　王耀峰

主要审查人：车　群　雷　明　董士奎　张天民

向春涛　冯景涛　周志丹　李荣光

彭义军

目　次

Contents

1 总　则

1.0.1 为贯彻国家有关法律、法规和方针、政策，统一工业企业总平面设计原则和技术要求，做到技术先进、生产安全、节约资源、保护环境、布置合理，制定本规范。

1.0.2 本规范适用于新建、改建及扩建工业企业的总平面设计。

1.0.3 工业企业总平面设计必须贯彻十分珍惜和合理利用土地，切实保护耕地的基本国策，因地制宜，合理布置，节约集约用地，提高土地利用率。

1.0.4 改建、扩建的工业企业总平面设计必须合理利用、改造现有设施，并应减少改建、扩建工程施工对生产的影响。

1.0.5 工业企业总平面设计除应符合本规范外，尚应符合国家现行有关标准的规定。

2 术　语

2.0.1 工业企业 industrial enterprise

从事工业生产经营活动的经济组织。

2.0.2 工业企业总平面设计 general layout design of industrial enterprises

根据国家产业政策和工程建设标准，工艺要求及物料流程，以及建厂地区地理、环境、交通等条件，合理选定厂址，统筹处理场地和安排各设施的空间位置，系统处理物流、人流、能源流和信息流的设计工作。

2.0.3 厂址选择 selection of plant site

为拟建的工业企业选择既能满足生产需要，又能获得最佳经济效益、社会效益和环境效益场所的工作。

2.0.4 总平面布置 general layout

在选定的场地内，合理确定建筑物、构筑物、交通运输线路和设施的最佳空间位置。

2.0.5 功能分区 functional zoning

将工业企业各设施按不同功能和系统分区布置，构成一个相互联系的有机整体。

2.0.6 厂区通道 plant passage

厂区内用以集中通行道路、铁路及各种管线和进行绿化的地带。

2.0.7 竖向设计 vertical design

为适应生产工艺、交通运输及建筑物、构筑物布置的要求，对场地自然标高进行改造。

2.0.8 计算水位 calculated water level

计算水位为设计水位加上壅水高度和浪高。

2.0.9 生产设施 production facilities

为完成生产过程（生产产品）所需的工艺装置，包括生产设备、厂房、辅助设备及各种配套设施。

2.0.10 运输线路 transport route

为完成特定物流而设置的专用铁路、道路、带式输送机、管道等线路。

2.0.11 工业站 industrial railway station

主要为工业区或有大量装卸作业的工业企业外部铁路运输服务的准轨铁路车站。

2.0.12 企业站 enterprise railway station

主要为工业企业内部铁路运输服务的准轨铁路车站。

2.0.13 码头陆域 land area of wharf

用于布置码头装卸机械、仓库、堆场、运输线路、运输装备停放场，以及修建相应的各种配套设施所需要的场地。

2.0.14 泊位 berth

港区内供船舶停靠的位置。

2.0.15 管线综合布置 integrated arrangement of pipeline

根据管线的种类及技术要求，结合总平面布置合理地确定各种管线的走向及空间位置，协调各管线之间、管线与其他设施之间的相互关系，布置合理的管网系统。

2.0.16 排土场 dumping site

集中堆放剥离物的场所，指矿山采矿按一定排岩（土）程序循环排弃的场所。

2.0.17 施工用地 land for construction

指建设期间，临时施工和堆放材料的用地。

2.0.18 绿化布置 green layout

为防止企业污染扩散，改善和保护自然环境，在不影响安全的前提下，选择不同种类植物合理布置，种植绿化。

2.0.19 绿地率 ratio of green space

厂区用地范围内各类绿地面积的总和与厂区总用地面积的比率（%）。

2.0.20 安全距离 safety distance

各设施之间为确保安全需设置的最小距离，如防火、防爆、防撞、防滑坡距离等。

3 厂址选择

3.0.1 厂址选择应符合国家的工业布局、城乡总体规划及土地利用总体规划的要求，并应按照国家规定的程序进行。

3.0.2 配套和服务工业企业的居住区、交通运输、动力公用设施、废料场及环境保护工程、施工基地等用地，应与厂区用地同时选择。

3.0.3 厂址选择应对原料、燃料及辅助材料的来源、产品流向、建设条件、经济、社会、人文、城镇土地利用现状与规划、环境保护、文物古迹、占地拆迁、对外协作、施工条件等各种因素进行深入的调查研究，并应进行多方案技术经济比较后确定。

3.0.4 原料、燃料或产品运输量大的工业企业，厂址宜靠近原料、燃料基地或产品主要销售地及协作条件好的地区。

3.0.5 厂址应有便利和经济的交通运输条件，与厂外铁路、公路的连接应便捷、工程量小。临近江、河、湖、海的厂址，通航条件满足企业运输要求时，应利用水运，且厂址宜靠近适合建设码头的地段。

3.0.6 厂址应具有满足生产、生活及发展所必需的水源和电源。水源和电源与厂址之间的管线连接应短捷，且用水、用电量大的工业企业宜靠近水源及电源地。

3.0.7 散发有害物质的工业企业厂址应位于城镇、相邻工业企业和居住区全年最小频率风向的上风侧，不应位于窝风地段，并应满足有关防护距离的要求。

3.0.8 厂址应具有满足建设工程需要的工程地质条件和水文地质条件。

3.0.9 厂址应满足近期建设所必需的场地面积和适宜的建厂地形，并应根据工业企业远期发展规划的需要，留有适当的发展余地。

3.0.10 厂址应满足适宜的地形坡度，宜避开自然地形复杂、自然坡度大的地段，应避免将盆地、积水洼地作为厂址。

3.0.11 厂址应有利于同邻近工业企业和依托城镇在生产、交通运输、动力公用、机修和器材供应、综合利用、发展循环经济和生活设施等方面的协作。

3.0.12 厂址应位于不受洪水、潮水或内涝威胁的地带，并应符合下列规定：

1 当厂址不可避免地位于受洪水、潮水或内涝威胁的地带时，必须采取防洪、排涝的防护措施。

2 凡受江、河、潮、海洪水、潮水或山洪威胁的工业企业，防洪标准应符合现行国家标准《防洪标准》GB 50201 的有关规定。

3.0.13 山区建厂，当厂址位于山坡或山脚处时，应采取防止山洪、泥石流等自然灾害危害的加固措施，应对山坡的稳定性等作出地质灾害的危险性评估报告。

3.0.14 下列地段和地区不应选为厂址：

1 发震断层和抗震设防烈度为 9 度及高于 9 度的地震区。

2 有泥石流、流沙、严重滑坡、溶洞等直接危害的地段。

3 采矿塌陷（错动）区地表界限内。

4 爆破危险区界限内。

5 坝或堤决溃后可能淹没的地区。

6 有严重放射性物质污染的影响区。

7 生活居住区、文教区、水源保护区、名胜古迹、风景游览区、温泉、疗养区、自然保护区和其他需要特别保护的区域。

8 对飞机起落、机场通信、电视转播、雷达导航和重要的天文、气象、地震观察，以及军事设施等规定有影响的范围内。

9 很严重的自重湿陷性黄土地段，厚度大的新近堆积黄土地段和高压缩性的饱和黄土地段等地质条件恶劣地段。

10 具有开采价值的矿藏区。

11 受海啸或湖涌危害的地区。

4 总 体 规 划

4.1 一 般 规 定

4.1.1 工业企业总体规划应结合工业企业所在区域的技术经济、自然条件等进行编制，并应满足生产、运输、防震、防洪、防火、安全、卫生、环境保护、发展循环经济和职工生活的需要，应经多方案技术经济比较后择优确定。

4.1.2 工业企业总体规划应符合城乡总体规划和土地利用总体规划的要求。有条件时，规划应与城乡和邻近工业企业在生产、交通运输、动力公用、机修和器材供应、综合利用及生活设施等方面进行协作。

4.1.3 厂区、居住区、交通运输、动力公用设施、防洪排涝、废料场、尾矿场、排土场、环境保护工程和综合利用场地等均应同时规划。当有的大型工业企业必须设置施工基地时，亦应同时规划。

4.1.4 工业企业总体规划应贯彻节约集约用地的原则，并应严格执行国家规定的土地使用审批程序，应利用荒地、劣地及非耕地，不应占用基本农田。分期建设时，总体规划应正确处理近期和远期的关系，近期应集中布置，远期应预留发展，应分期征地，并应合理、有效地利用土地。

4.1.5 联合企业中不同类型的工厂应按生产性质、相互关系、协作条件等因素分区集中布置。对产生有害气体、烟、雾、粉尘等有害物质的工厂，应采取防止危害的治理措施。

4.2 防 护 距 离

4.2.1 产生有害气体、烟、雾、粉尘等有害物质的工业企业与居住区之间应按现行国家标准《制定地方大气污染物排放标准的技术方法》GB/T 3840 和有关工业企业设计卫生标准的规定，设置卫生防护距离，并应符合下列规定：

1 卫生防护距离用地应利用原有绿地、水塘、河流、耕地、山岗和不利于建筑房屋的地带。

2 在卫生防护距离内不应设置永久居住的房屋，有条件时应绿化。

4.2.2 产生开放型放射性有害物质的工业企业的防护要求应符合现行国家标准《电离辐射防护与辐射源安全基本标准》GB 18871 的有关规定。

4.2.3 民用爆破器材生产企业的危险建筑物与保护对象的外部距离应符合现行国家标准《民用爆破器材工程设计安全规范》GB 50089 的有关规定。

4.2.4 产生高噪声的工业企业，总体规划应符合现行国家标准《声环境质量标准》GB 3096、《工业企业噪声控制设计规范》GBJ 87 和《工业企业厂界环境噪声排放标准》GB 12348 的有关规定。

4.3 交通运输

4.3.1 交通运输规划应与企业所在地国家或地方交通运输规划相协调，并应符合工业企业总体规划要求，还应根据生产需要、当地交通运输现状和发展规划，结合自然条件与总平面布置要求，统筹安排，且应便于经营管理、兼顾地方客货运输、方便职工通勤，并应为与相邻企业的协作创造条件。

4.3.2 外部运输方式应根据国家有关的技术经济政策、外部交通运输条件、物料性质、运量、流向、运距等因素，结合厂内运输要求，经多方案技术经济比较后择优确定。

4.3.3 铁路接轨点的位置应根据运量、货流和车流方向、工业企业位置及其总体规划和当地条件等进行全面的技术经济比较后择优确定，并应符合下列规定：

  1 工业企业铁路与路网铁路接轨，应符合现行国家标准《工业企业标准轨距铁路设计规范》GBJ 12 的有关规定。

  2 工业企业铁路不得与路网铁路或另一工业企业铁路的区间内正线接轨，在特殊情况下，有充分的技术经济依据，必须在该区间接轨时，应经该管铁路局或铁路局和工业企业铁路主管单位的同意，并应在接轨点开设车站或设辅助所。

  3 不得改变主要货流和车流的列车运行方向。

  4 应有利于路、厂和协作企业的运营管理。

  5 应靠近工业企业，并应有利于接轨站、交接站、企业站（工业编组站）的合理布置，并应留有发展的余地。

4.3.4 工业企业铁路与路网铁路交接站（场）、企业站的设置应根据运量大小、作业要求、管理方式等经全面技术经济比较后择优确定，并应充分利用路网铁路站场的能力。有条件时，应采用货物交接方式。

4.3.5 工业企业厂外道路的规划应与城乡规划或当地交通运输规划相协调，并应合理利用现有的国家公路及城镇道路。厂外道路与国家公路或城镇道路连接时，路线应短捷，工程量应小。

4.3.6 工业企业厂区的外部交通应方便，与居住区、企业站、码头、废料场以及邻近协作企业等之间应有方便的交通联系。

4.3.7 厂外汽车运输和水路运输在有条件的地区，宜采取专业化、社会化协作。

4.3.8 邻近江、河、湖、海的工业企业，具备通航条件，且能满足工业企业运输要求时，应采用水路运输，并应合理确定码头位置。

4.3.9 采用管道、带式输送机、索道等运输方式时，应充分利用地形布置，并应与其他运输方式合理衔接。

4.4 公用设施

4.4.1 沿江、河、海取水的水源地，应位于排放污水及其他污染源的上游、河床及河、海岸稳定且不妨碍航运的地段，并应符合下列规定：

  1 应符合江、河道和海岸整治规划的要求。

  2 水源地的位置应符合水源卫生防护的有关要求。

  3 应符合当地给水工程规划的要求。

  4 生活饮用水水源应符合现行国家标准《生活饮用水卫生标准》GB 5749 和《地表水环境质量标准》GB 3838 的有关规定。

4.4.2 高位水池应布置在地质良好、不因渗漏溢流引起坍塌的地段。

4.4.3 厂外的污水处理设施宜位于厂区和居住区全年最小频率风向的上风侧，并应与厂区和居住区保持必要的卫生防护距离，应符合下列规定：

  1 沿江、河布置的污水处理设施，尚应位于厂区和居住区的下游。

  2 宜靠近企业的污水排出口或城镇污水处理厂。

  3 排出口位置应位于地势较低的地段，并应符合环境保护要求。

4.4.4 热电站或集中供热锅炉房宜靠近负荷中心或主要用户，应具有方便的供煤和排灰渣条件，并应采取必要的治理措施，排放的烟尘、灰渣应符合国家或地方现行的有关排放标准的规定。

4.4.5 总变电站宜靠近负荷中心或主要用户，其位置的选择应符合下列规定：

  1 应靠近厂区边缘，且输电线路进出方便的地段。

  2 不得受粉尘、水雾、腐蚀性气体等污染源的影响，并应位于散发粉尘、腐蚀性气体污染源全年最小频率风向的下风侧和散发水雾场所冬季盛行风向的上风侧。

  3 不得布置在有强烈振动设施的场地附近。

  4 应有运输变压器的道路。

  5 宜布置在地势较高地段。

4.5 居 住 区

4.5.1 企业职工居住和生活问题应利用社会资源解决。当需要设置居住区时，宜集中布置，也可与临近工业企业协作组成集中的居住区，并应符合当地城乡总体规划的要求。

4.5.2 在符合安全和卫生防护距离的要求下，居住区宜靠近工业企业布置。当工业企业位于城镇郊区时，居住区宜靠近城镇，并宜与城镇统一规划。

4.5.3 居住区应位于向大气排放有害气体、烟、雾、粉尘等有害物质的工业企业全年最小频率风向的下风侧，其卫生防护距离应符合国家现行有关工业企业设计卫生标准的规定。

4.5.4 居住区应充分利用荒地、劣地及非耕地。在山坡地段布置居住区时，应选择在不窝风的阳坡地段。

4.5.5 居住区与厂区之间不宜有铁路穿越。当必须穿越时，应根据人流、车流的频繁程度等因素，设置立交或看守道口。

4.5.6 居住区内不应有国家铁路或过境公路穿越。当居住区一侧有铁路通过时，居住区至铁路的最小距离应符合当地城镇规划的管理规定。

4.5.7 居住区的规划设计应符合现行国家标准《城市居住区规划设计规范》GB 50180 的有关规定。

4.6 废料场及尾矿场

4.6.1 工业企业排弃的废料应结合当地条件综合利用，需综合利用的废料应按其性质分别堆存，并应符合现行国家标准《一般工业固体废物贮存、处置场污染控制标准》GB 18599 的有关规定。

4.6.2 废料场及尾矿场的规划应符合下列规定：

1 应位于居住区和厂区全年最小频率风向的上风侧。

2 与居住区的卫生防护距离应符合国家现行有关工业企业设计卫生标准的规定。

3 含有害、有毒物质的废料场，应选在地下水位较低和不受地面水穿流的地段，必须采取防扬散、防流失和其他防止污染的措施。

4 含放射性物质的废料场，还应符合下列规定：

1）应选在远离城镇及居住区的偏僻地段。

2）应确保其地面及地下水不被污染。

3）应符合现行国家标准《电离辐射防护与辐射源安全基本标准》GB 18871 的有关规定。

4.6.3 废料场应充分利用沟谷、荒地、劣地。废料年排出量不大的中小型工业企业，有条件时，应与邻近企业协作或利用城镇现有的废料场。

4.6.4 江、河、湖、海等水域严禁作为废料场。

4.6.5 当利用江、河、湖、海岸旁滩洼地堆存废料时，不得污染水体、阻塞航道或影响河流泄洪，并应取得当地环保部门的同意。

4.6.6 废料场堆存年限应根据废料数量、性质、综合利用程度，以及当地具体条件等因素确定。废料

地宜一次规划、分期实施。

4.6.7 尾矿场宜靠近选矿厂，宜选择在建坝条件好的荒山、沟谷，并应充分利用地形。当条件许可时，应结合表土排弃进行复垦。

4.7 排 土 场

4.7.1 排土场位置的选择应符合下列规定：

1 排土场宜靠近露天采掘场地表境界以外设置。对分期开采的矿山，经技术经济比较合理时，可设在远期开采境界以内；在条件允许的矿山，应利用露天采空区作为内部排土场。

2 应选择在地质条件较好的地段，不宜设在工程地质或水文地质条件不良地段。

3 应保证排土场不致因滚石、滑坡、塌方等威胁采矿场、工业场地、厂区、居民点、铁路、道路、输电线路、通信光缆、耕种区、水域、隧道涵洞、旅游景区、固定标志及永久性建筑等安全。

4 应避免排土场成为矿山泥石流重大危险源，必要时，应采取保障安全的措施。

5 应符合相应的环保要求，并应设在居住区和工业企业常年最小频率风向的上风侧和生活水源的下游。含有污染源废石的堆放和处置应符合现行国家标准《一般工业固体废物贮存、处置场污染控制标准》GB 18599 的有关规定。

6 应利用沟谷、荒地、劣地，不占良田、少占耕地，宜避免迁移村庄。

7 有回收利用价值的岩土应分别堆存，并应为其创造有利的装运条件。

4.7.2 排土场最终坡底线与相邻的铁路、道路、工业场地、村镇等之间的安全防护距离应符合现行国家标准《有色金属矿山排土场设计规范》GB 50421 等的有关规定。

4.7.3 排土场的总容量应能容纳矿山所排弃的全部岩土。排土场宜一次规划、分期实施。

4.7.4 排土场应根据所在地区的具体条件进行复垦。复垦计划应全面规划、分期实施。

4.8 施工基地及施工用地

4.8.1 需要独立设置施工基地时，应符合工业企业总体布置的要求，宜布置在生产基地的扩建方向或规划预留位置，并宜靠近主要施工场地。施工生活基地宜靠近工业企业居住区布置，有关生活设施应与工业企业居住区统一布置。

4.8.2 施工生产基地应具备大宗材料到达和产品外运条件，并宜利用工业企业永久性铁路、道路、水运等运输设施。

4.8.3 施工用地应充分利用厂区空隙地、堆场用地、预留发展用地或卫生防护地带。当厂区空隙地、堆场用地、预留发展用地或卫生防护地带不能满足要求

时，可另行规划必要的施工用地。施工用地内，不应设置永久性和半永久性的施工设施。

5 总平面布置

5.1 一般规定

5.1.1 总平面布置应在总体规划的基础上，根据工业企业的性质、规模、生产流程、交通运输、环境保护，以及防火、安全、卫生、节能、施工、检修、厂区发展等要求，结合场地自然条件，经技术经济比较后择优确定。

5.1.2 总平面布置应节约集约用地，提高土地利用率。布置时，应符合下列规定：

1 在符合生产流程、操作要求和使用功能的前提下，建筑物、构筑物等设施应采用集中、联合、多层布置。

2 应按企业规模和功能分区合理地确定通道宽度。

3 厂区功能分区及建筑物、构筑物的外形宜规整。

4 功能分区内各项设施的布置应紧凑、合理。

5.1.3 总平面布置的预留发展用地应符合下列规定：

1 分期建设的工业企业，近远期工程应统一规划。近期工程应集中、紧凑、合理布置，并应与远期工程合理衔接。

2 远期工程用地宜预留在厂区外，当近、远期工程建设施工期间隔很短，或远期工程和近期工程在生产工艺、运输要求等方面密切联系不宜分开时，可预留在厂区内。其预留发展用地内不得修建永久性建筑物、构筑物等设施。

3 预留发展用地除应满足生产设施的发展用地外，还应预留辅助生产、动力公用、交通运输、仓储及管线等设施的发展用地。

5.1.4 厂区的通道宽度应符合下列规定：

1 应符合通道两侧建筑物、构筑物及露天设施对防火、安全与卫生间距的要求。

2 应符合铁路、道路与带式输送机通廊等工业运输线路的布置要求。

3 应符合各种工程管线的布置要求。

4 应符合绿化布置的要求。

5 应符合施工、安装与检修的要求。

6 应符合竖向设计的要求。

7 应符合预留发展用地的要求。

5.1.5 总平面布置应充分利用地形、地势、工程地质及水文地质条件，布置建筑物、构筑物和有关设施，应减少土（石）方工程量和基础工程费用，并应符合下列规定：

1 当厂区地形坡度较大时，建筑物、构筑物的长轴宜顺等高线布置。

2 应结合地形及竖向设计，为物料采用自流管道及高站台、低货位等设施创造条件。

5.1.6 总平面布置应结合当地气象条件，使建筑物具有良好的朝向、采光和自然通风条件。高温、热加工、有特殊要求和人员较多的建筑物，应避免西晒。

5.1.7 总平面布置应防止高温、有害气体、烟、雾、粉尘、强烈振动和高噪声对周围环境和人身安全的危害，并应符合国家现行有关工业企业卫生设计标准的规定。

5.1.8 总平面布置应合理地组织货流和人流，并应符合下列规定：

1 运输线路的布置应保证物流顺畅、径路短捷、不折返。

2 应避免运输繁忙的铁路与道路平面交叉。

3 应使人、货分流，应避免运输繁忙的货流与人流交叉。

4 应避免进出厂的主要货流与企业外部交通干线的平面交叉。

5.1.9 总平面布置应使建筑群体的平面布置与空间景观相协调，并应结合城镇规划及厂区绿化，提高环境质量，创造良好的生产条件和整洁友好的工作环境。

5.1.10 工业企业的建筑物、构筑物之间及其与铁路、道路之间的防火间距，以及消防通道的设置，除应符合现行国家标准《建筑设计防火规范》GB 50016 的规定外，尚应符合国家现行有关标准的规定。

5.2 生产设施

5.2.1 大型建筑物、构筑物，重型设备和生产装置等，应布置在土质均匀、地基承载力较大的地段；对较大、较深的地下建筑物、构筑物，宜布置在地下水位较低的填方地段。

5.2.2 要求洁净的生产设施应布置在大气含尘浓度较低、环境清洁、人流、货流不穿越或少穿越的地段，并应位于散发有害气体、烟、雾、粉尘的污染源全年最小频率风向的下风侧。洁净厂房的布置，尚应符合现行国家标准《洁净厂房设计规范》GB 50073 的有关规定。

5.2.3 产生高温、有害气体、烟、雾、粉尘的生产设施，应布置在厂区全年最小频率风向的上风侧，且地势开阔、通风条件良好的地段，并不应采用封闭式或半封闭式的布置形式。产生高温的生产设施的长轴宜与夏季盛行风向垂直或呈不小于45°交角布置。

5.2.4 产生强烈振动的生产设施，应避开对防振要求较高的建筑物、构筑物布置，其与防振要求较高的仪器、设备的防振间距应符合表 5.2.4-1 的规定。精密仪器、设备的允许振动速度与频率及允许振幅的关系应符合表 5.2.4-2 的规定。

表5.2.4-1 防振间距（m）

振源	量级 单位	量级 量值	允许振动速度（mm/s） 0.05	0.10	0.20	0.50	1.00	1.50	2.00	2.50	3.00
锻锤	t	≤1	145	120	100	75	55	45	35	30	30
		2	215	195	175	150	135	125	115	110	105
		3	230	205	185	160	140	130	120	115	110
落锤	t·m	60	140	120	105	85	70	60	55	50	45
		120	145	130	115	90	80	70	60	60	55
		180	150	135	115	95	80	70	65	60	55
活塞式空气压缩机	m³/min	≤10	40	30	25	20	10	10	10	5	5
		20～40	60	40	35	30	20	15	10	5	5
		60～100	100	80	60	50	40	30	20	10	5
透平式空气压缩机 10000m³/h制氧机	m³/h	55000	90	75	60	40	30	20	15	15	10
26000m³/h制氧机		155000	145	125	105	80	60	50	45	35	35
火车 标准轨距铁路	km/h	≤10	90	75	60	40	30	20	15	10	10
		20～30	95	80	60	45	30	20	15	15	10
		50左右	140	120	95	70	50	35	30	25	20
汽车 沥青路面 15t载重汽车	km/h	≤10	55	40	30	15	10	5	5	5	5
		20～30	80	60	45	25	15	10	5	5	5
25t载重汽车	km/h	35	155	135	115	95	75	65	60	55	50
35t载重汽车	km/h	30	135	115	100	75	60	50	40	35	35
80t牵引车	km/h	12	145	125	105	80	60	50	45	40	35
混凝土路面 15t载重汽车	km/h	≤10	65	50	35	20	10	5	5	5	5
		20～30	90	70	50	40	25	15	15	15	10
水爆清砂	t/件	2～5	130	110	85	60	45	35	30	25	20
		20	210	185	160	130	105	95	85	80	75

注：1 表列间距，锻锤、落锤及空气压缩机均自振源基座中心算起；铁路自中心线算起；道路为城市型时，自路面边缘算起，为公路型时，自路肩边缘算起；水爆清砂自水池边缘算起；有防振要求的仪器、设备自其中心算起；

2 表列数值系波能量吸收系数为0.04/m湿的砂类土、粉质土和可塑的黏质土的防振间距。当湿的砂类土、粉质土和可塑的黏质土的波能量吸收系数小于或大于0.04/m时，其防振间距应适当增加或减少；

3 地质条件复杂或为表列振源外的其他大型振动设备时，其防振间距应按现行国家标准《动力机器基础设计规范》GB 50040的有关规定或按实测资料确定；

4 当采取防振措施后，其防振间距可不受本表限制。

表 5.2.4-2 精密仪器、设备的允许振动速度与频率及允许振幅的关系

允许振幅（μm） / 频率（Hz） 仪器设备允许的振动速度（mm/s）	5	10	15	20	25	30	35	40
0.05	1.60	0.80	0.53	0.40	0.32	0.27	0.23	0.20
0.10	3.18	1.59	1.06	0.80	0.64	0.54	0.46	0.40
0.20	6.37	3.18	2.16	1.60	1.28	1.08	0.92	0.80
0.50	16.00	8.00	5.30	4.00	3.20	2.70	2.30	2.00
1.00	32.00	16.00	10.60	8.00	6.40	5.40	4.60	3.98
1.50	47.75	23.87	15.90	11.90	9.60	7.96	6.82	5.97
2.00	63.66	31.83	21.20	16.00	12.70	10.60	9.10	7.96
2.50	79.58	39.79	26.53	19.90	15.90	13.30	11.40	9.95
3.00	95.50	47.75	31.83	23.90	19.10	15.90	13.60	11.94

5.2.5 产生高噪声的生产设施，总平面布置应符合下列规定：

1 宜相对集中布置并远离人员集中和有安静要求的场所。

2 产生高噪声的车间应与低噪声的车间分开布置。

3 产生高噪声生产设施的周围宜布置对噪声较不敏感、高大、朝向有利于隔声的建筑物、构筑物和堆场等。

4 产生高噪声的生产设施与相邻设施的防噪声间距，应符合国家现行有关噪声卫生防护距离的规定。

5 厂区内各类地点及厂界处的噪声限制值和总平面布置中的噪声控制，尚应符合现行国家标准《工业企业噪声控制设计规范》GBJ 87 的有关规定。

5.2.6 需要大宗原料、燃料的生产设施，宜与其原料、燃料的贮存及加工辅助设施靠近布置，并应位于原料、燃料的贮存及加工辅助设施全年最小频率风向的下风侧。生产大宗产品的设施宜靠近其产品储存和运输设施布置。

5.2.7 易燃、易爆危险品生产设施的布置应保证生产人员的安全操作及疏散方便，并应符合国家现行有关设计标准的规定。

5.2.8 有防潮、防水雾要求的生产设施，应布置在地势较高、地下水位较低的地段，其与循环水冷却塔之间的最小间距应符合本规范第5.3.9条的规定。

5.3 公 用 设 施

5.3.1 公用设施的布置宜位于其负荷中心或靠近主要用户。

5.3.2 总降压变电所的布置应符合下列规定：

1 宜位于靠近厂区边缘且地势较高地段。

2 应便于高压线的进线和出线。

3 应避免设在有强烈振动的设施附近。

4 应避免布置在多尘、有腐蚀性气体和有水雾的场所，并应位于多尘、有腐蚀性气体场所全年最小频率风向的下风侧和有水雾场所冬季盛行风向的上风侧。

5.3.3 氧（氮）气站宜布置在位于空气洁净的地段。氧（氮）气站空分设备的吸风口应位于乙炔站和电石渣场及散发其他碳氢化合物设施的全年最小频率风向的下风侧，吸风口与乙炔站及电石渣场之间的最小水平间距应符合现行国家标准《氧气站设计规范》GB 50030 的有关规定。

5.3.4 压缩空气站的布置应符合下列规定：

1 应位于空气洁净的地段，避免靠近散发爆炸性、腐蚀性和有害气体及粉尘等的场所，并应位于散发爆炸性、腐蚀性和有害气体及粉尘等场所的全年最小频率风向的下风侧。

2 压缩空气站的朝向应结合地形、气象条件，使站内有良好的通风和采光。贮气罐宜布置在站房的北侧。

3 压缩空气站的布置尚应符合本规范第 5.2.4 条和第 5.2.5 条的规定。

5.3.5 乙炔站的布置应符合下列规定：

1 应位于排水及自然通风良好的地段。

2 应避开人员密集区和主要交通地段。

3 乙炔站与氧（氮）气站空分设备吸风口的最小水平间距应符合现行国家标准《氧气站设计规范》GB 50030 的有关规定。

5.3.6 煤气站和天然气配气站、液化气配气站的布置应符合下列规定：

1 宜布置在厂区的边缘地段和位于主要用户的全年最小频率风向的上风侧。

2 煤气站的布置应符合现行国家标准《工业企业煤气安全规程》GB 6222 的有关规定，发生炉煤气站的布置应符合现行国家标准《发生炉煤气站设计规范》GB 50195 的有关规定，天然气配气站、液化气配气站的布置应符合现行国家标准《城镇燃气设计规范》GB 50028 的有关规定。

3 煤气站应避免其灰尘、烟尘和有害气体对周围环境的影响，其贮煤场和灰渣场宜布置在煤气站全年最小频率风向的上风侧，水处理设施和焦油池宜布置在站区地势较低处。

4 天然气配气站宜布置在靠近天然气总管进厂方向和至各用户支管较短的地点，并应位于有明火或散发火花地点的全年最小频率风向的上风侧。

5 液化气配气站的布置应符合下列规定：

1）应布置在运输条件方便的地段；

2）宜靠近主要用户布置；

3）应布置在明火或散发火花地点的全年最小频率风向的上风侧；

4）应避免布置在窝风地段。

5.3.7 锅炉房的布置应符合下列规定：

1 宜布置在厂区全年最小频率风向的上风侧，应避免灰尘和有害气体对周围环境的影响。

2 当采取自流回收冷凝水时，宜布置在地势较低，且不窝风的地段。

3 燃煤锅炉房应有贮煤与灰渣场地和方便的运输条件。贮煤场和灰渣场宜布置在锅炉房全年最小频率风向的上风侧。

5.3.8 给水净化站的布置宜靠近水源地或水源汇集处；当布置在厂区内时，应位于厂区边缘、环境洁净、给水总管短捷、且与主要用户支管距离短的地段。

5.3.9 循环水设施的布置应位于所服务的生产设施附近，并应使回水具有自流条件，或能减少扬程的地段。沉淀池附近应有相应的淤泥堆积、排水设施和运输线路的场地。循环水冷却设施的布置应符合下列规定：

1 冷却塔宜布置在通风良好、避免粉尘和可溶于水的化学物质影响水质的地段。

2 不宜布置在屋外变、配电装置和铁路、道路冬季盛行风向的上风侧。冷却塔与相邻设施的最小水平间距应符合表 5.3.9 的规定。

表 5.3.9　冷却塔与相邻设施的最小水平间距（m）

设 施 名 称		自然通风冷却塔	机械通风冷却塔
生产及辅助生产建筑物		20	25
中央试（化）验室、生产控制室		30	35
露天生产装置		25	30
屋外变、配电装置	当在冷却塔冬季盛行风向上风侧时	25	40
	当在冷却塔冬季盛行风向下风侧时	40	60
电石库	当在冷却塔全年盛行风向上风侧时	30	50
	当在冷却塔全年盛行风向下风侧时	60	100
散发粉尘的原料、燃料及材料堆场		25	40
铁路	厂外铁路（中心线）	25	35
	厂内铁路（中心线）	15	20
道路	厂外道路	25	35
	厂内道路	10	15
厂区围墙（中心线）		10	15

注：**1** 表列间距除注明者外，冷却塔自塔外壁算起；建筑物自最外边轴线算起；露天生产装置自最外设备的外壁算起；屋外变、配电装置自最外构架边缘算起；堆场自堆地边缘算起；道路为城市型时，自路面边缘算起，为公路型时，自路肩边缘算起。

2 冬季采暖室外计算温度在 0℃ 以上的地区，冷却塔与屋外变、配电装置的间距应按表列数值减少 25%；冬季采暖室外计算温度在 —20℃ 以下的地区，冷却塔与相邻设施（不包括屋外变、配电装置和散发粉尘的原料、燃料及材料堆场）的间距应按表列数值增加 25%；当设计中规定在寒冷季节冷却塔不使用风机时，其间距不得增加。

3 附属于车间或生产装置的屋外变、配电装置与冷却塔的间距应按表列数值减少 25%；

4 单个小型机械冷却塔与相邻设施的间距可适当减少，玻璃钢冷却塔与相邻设施的间距可不受本表规定的限制；

5 在改、扩建工程中，当受条件限制时，表列间距可适当减少，但不得超过 25%。

5.3.10 污水处理站的布置应符合下列规定：

1 应布置在厂区和居住区全年最小频率风向的

上风侧。

　　2 宜位于厂区地下水流向的下游，且地势较低的地段。

　　3 宜靠近工厂污水排出口或城乡污水处理厂。

5.3.11 中央试（化）验室的布置应符合下列规定：

　　1 应布置在散发有害气体、粉尘，以及循环水冷却塔等产生大量水雾设施全年最小频率风向的下风侧。

　　2 宜有良好的朝向和通风采光条件。

　　3 与振源的最小间距应符合本规范第 5.2.4 条的规定。

5.3.12 当需设置排水泵站时，其布置应符合下列规定：

　　1 生活污水泵站应布置在生活污水总排水管的附近。

　　2 雨水排水泵站应布置在雨水总排水方沟（管）出口的附近。

5.3.13 当建设自备热电站时，应布置在靠近热电负荷的中心，且燃料供应便捷的地段。

5.4 修 理 设 施

5.4.1 全厂性修理设施宜集中布置；车间维修设施应在确保生产安全前提下，靠近主要用户布置。

5.4.2 机械修理和电气修理设施应根据其生产性质对环境的要求合理布置，并应有较方便的交通运输条件。

5.4.3 仪表修理设施的布置宜位于环境洁净、干燥的地段，与振源的最小间距应符合本规范第 5.2.4 条的规定。

5.4.4 机车、车辆修理设施的布置应位于机车作业较集中、机车出入较方便的地段，并应避开作业繁忙的咽喉区。

5.4.5 汽车修理设施应根据其修理任务和能力布置，可独立布置在厂区外，也可与汽车库联合布置，并应有相应的车辆停放和破损车斗、轮胎等堆放场地。

5.4.6 建筑维修设施的布置宜位于厂区边缘或厂外独立的地段，并应有必要的露天操作场、堆场和方便的交通运输条件。

5.4.7 矿山用电铲、钎凿设备等检修设施宜靠近露天采矿场或井（硐）口布置，并应有必要的露天检修和备件堆放场地。

5.5 运 输 设 施

5.5.1 机车整备设施宜布置在工业企业的主要车站或机车、车辆修理库附近。

5.5.2 电力牵引接触线检修车停放库的布置宜位于企业主要车站的一侧，其附近应有一定的材料堆放场地。

5.5.3 汽车库、停车场的布置应符合现行国家标准《汽车库、修车库、停车场设计防火规范》GB 50067 的有关规定，并宜符合下列规定：

　　1 宜靠近主要货流出入口或仓库区布置，并应减少空车行程。

　　2 应避开主要人流出入口和运输繁忙的铁路。

　　3 加油装置宜布置在汽车主要出入口附近。

　　4 洗车装置宜布置在汽车库入口附近便于排水除泥处，应避免对周围环境的影响。

　　5 汽车停车场的面积应根据车型、停放形式及数量确定。

5.5.4 轨道衡的布置应根据车辆称重流水作业的要求和线路及站场布置条件布置，可布置在装卸地点出入口或车场牵出线的道岔区附近、交接场或调车场的外侧，也可布置在进厂联络线的一侧。

5.5.5 汽车衡应布置在有较多称量车辆行驶方向道路的右侧，并应设置一定面积的停车等待场地，且不应影响道路的正常行车。

5.5.6 叉车库和电瓶车库宜靠近用车的库房布置，并宜与库房的建筑物合并设置。

5.5.7 铁路车站站房应布置在站场中部到发线的一侧。由几个车场组成的车站应布置在位置适中、作业繁忙的地点。

5.5.8 信号楼应布置在便于瞭望、调度作业方便、通信及电力线路引入短捷的地点，并应符合下列规定：

　　1 信号楼应布置在车站中部或作业繁忙的道岔区一侧。

　　2 信号楼凸出部分的外墙边缘至最近铁路中心线的间距不宜小于 5m。

　　3 距正线、高温车通过线的铁路中心线不宜小于 7m。

5.6 仓 储 设 施

5.6.1 仓库与堆场应根据贮存物料的性质、货流出入方向、供应对象、贮存面积、运输方式等因素，按不同类别相对集中布置，并应为运输、装卸、管理创造有利条件，且应符合国家现行有关防火、防爆、安全、卫生等标准的规定。

5.6.2 大宗原料、燃料仓库或堆场应按贮用合一的原则布置，并应符合下列规定：

　　1 应靠近主要用户，运输应方便。

　　2 应适应机械化装卸作业。

　　3 易散发粉尘的仓库或堆场应布置在厂区边缘地带，且应位于厂区全年最小频率风向的上风侧。

　　4 场地应有良好的排水条件。

5.6.3 金属材料库区的布置应远离散发有腐蚀性气体和粉尘的设施，并宜位于散发有腐蚀性气体和粉尘设施的全年最小频率风向的下风侧。

5.6.4 易燃及可燃材料堆场的布置宜位于厂区边缘，并应远离明火及散发火花的地点。

5.6.5 火灾危险性属于甲、乙、丙类液体罐区的布置，应符合下列规定：

1 宜位于企业边缘的安全地带，且地势较低而不窝风的独立地段。

2 应远离明火或散发火花的地点。

3 架空供电线严禁跨越罐区。

4 当靠近江、河、海岸边时，应布置在临江、河、海的城镇、企业、居住区、码头、桥梁的下游和有防泄漏堤的地段，并应采取防止液体流入江、河、海的措施。

5 不应布置在高于相邻装置、车间、全厂性重要设施及人员集中场所的场地，无法避免时，应采取防止液体漫流的安全措施。

6 液化烃罐组或可燃液体罐组不宜紧靠排洪沟布置。

5.6.6 电石库的布置宜位于场地干燥和地下水位较低的地段，不应与循环水冷却塔毗邻布置。电石库与冷却塔之间的最小水平间距应符合本规范第5.3.9条的规定。

5.6.7 酸类库区及其装卸设施应布置在易受腐蚀的生产设施或仓储设施的全年最小频率风向的上风侧，宜位于厂区边缘且地势较低处，并应位于厂区地下水流向的下游地段。

5.6.8 爆破器材库区的布置应符合现行国家标准《民用爆破器材工程设计安全规范》GB 50089 的有关规定。

5.7 行政办公及其他设施

5.7.1 行政办公及生活服务设施的布置应位于厂区全年最小频率风向的下风侧，并应符合下列规定：

1 应布置在便于行政办公、环境洁净、靠近主要人流出入口、与城镇和居住区联系方便的位置。

2 行政办公及生活服务设施的用地面积，不得超过工业项目总用地面积的7%。

5.7.2 全厂性的生活设施可集中或分区布置。为车间服务的生活设施应靠近人员较多的作业地点，或职工上、下班经由的主要道路附近。

5.7.3 消防站的设置应根据企业的性质、生产规模、火灾危险程度及其所在地区的消防能力等因素确定。凡有条件与城镇或邻近工业企业消防设施协作时，应统一布设，并应符合下列规定：

1 消防站应布置在责任区的适中位置，应保证消防车能方便、迅速地到达火灾现场。

2 消防站的服务半径应以接警起5分钟内消防车能到达责任区最远点确定。

3 消防站布置宜避开厂区主要人流道路，并应远离噪声源。其主体建筑距人员集中的公共建筑的主要疏散口不应小于50m。

4 消防站车库正门应朝向城市道路（厂区道路），至城镇规划道路红线（或厂区道路边缘）的距离不宜小于15m。门应避开管廊、栈桥或其他障碍物，其地面应用混凝土或沥青等材料铺筑，并应向道路方向设1%~2%的坡度。

5.7.4 厂区出入口的位置和数量应根据企业的生产规模、总体规划、厂区用地面积及总平面布置等因素综合确定，并应符合下列规定：

1 出入口的数量不宜少于2个。

2 主要人流出入口宜与主要货流出入口分开设置，并应位于厂区主干道通往居住区或城镇的一侧；主要货流出入口应位于主要货流方向，应靠近运输繁忙的仓库、堆场，并应与外部运输线路连接方便。

3 铁路出入口应具备良好的瞭望条件。

5.7.5 厂区围墙的结构形式和高度应根据企业性质、规模以及周边环境确定。围墙至建筑物、道路、铁路和排水明沟的最小间距应符合表5.7.5的规定。

表5.7.5 围墙至建筑物、道路、铁路和排水明沟的最小间距 （m）

名　　称	至围墙最小间距
建筑物	5.0
道路	1.0
准轨铁路（中心线）	5.0
窄轨铁路（中心线）	3.5
排水明沟边缘	1.5

注：1 表中间距除注明者外，围墙自中心线算起；建筑物自最外墙突出边缘算起；道路为城市型时，自路面边缘算起；为公路型时，自路肩边缘算起；

2 围墙至建筑物的间距，当条件困难时，可适当减少；当设有消防通道时，其间距不应小于6m；

3 传达室、警卫室与围墙的间距不限；

4 条件困难时，准轨铁路至围墙的间距，当有调车作业时，可为3.5m；当无调车作业时，可为3.0m。窄轨铁路至围墙的间距可分别为3.0m和2.5m。

6 运输线路及码头布置

6.1 一般规定

6.1.1 工业企业的运输线路设计应根据生产工艺要求、货物性质、流向、年运输量、到发作业条件和当地运输系统的现状与规划，以及当地自然条件和协作条件等因素，进行运输方案的比较确定，应选择能满足生产要求、经济合理、安全可靠的运输方式。

6.1.2 改、扩建的工业企业内外部运输应合理利用和改造既有运输线路。

6.1.3 运输线路的布置应符合下列规定：

　　1 应满足生产要求，物流应顺畅，线路应短捷，人流、货流组织应合理。

　　2 应有利于提高运输效率，改善劳动条件，运行应安全可靠，并应使厂区内、外部运输、装卸、贮存形成完整的、连续的运输系统。

　　3 应合理利用地形。

　　4 应便于采用先进适用的技术和设备。

　　5 经营管理及维修方便。

　　6 运输繁忙的线路应避免平面交叉。

6.1.4 运输及维修设施应社会化。对于运输量大、作业复杂或有特殊要求的货物，需配置专用设备或设施时，应依据充分、数量适当、量能匹配、选型合理、方便维修、定员精减。

6.1.5 工业企业分期建设时，运输线路布置的近期和远期应统一规划、分期实施，并应留有适当的发展余地。

6.2　企业准轨铁路

6.2.1 当工业企业具备下列条件之一时，可修建铁路，但应与其他运输方式进行技术经济比较后确定：

　　1 企业近期的年到、发货运量达到 30 万 t 及以上，并可能采用铁路运输，且采用铁路运输能满足生产要求时。

　　2 虽年货运量达不到本条第 1 款的要求，但到、发货运量达到 30 万 t 的 50% 及以上，且接轨条件好、工程量小、取送作业方便时。

　　3 以铁路运输最为安全可靠，或发货、卸车地点已确定采用铁路运输时。

　　4 有特殊需要，必须采用铁路运输时。

6.2.2 工业企业铁路线路的布置应符合下列规定：

　　1 应满足生产、运输和装卸作业的要求。

　　2 厂区内铁路宜集中布置，应满足货流方向和近、远期运量的要求。

　　3 对运量大、机车多、作业复杂的工业企业，铁路线路布置宜适应机车分区作业的需要。

　　4 道岔宜集中布置。

　　5 车间、仓库、堆场的线路宜合并并集中与联络线或连接线连接，应力求扇形面积最小。

　　6 固体物料装卸线宜布置在该储存设施的边缘。

　　7 可燃液体、剧毒的货物或散发粉尘的大宗物料装卸线宜分类集中布置在全厂最小频率风向的上风侧，且应靠近厂区边缘地带。

　　8 铁路线路的布置应结合地形、工程地质、水文地质等自然条件，在满足生产和技术要求的条件下，选取线路短、工程量小、干扰少的路线。

6.2.3 有大量装卸作业的工业区、工业企业可根据需要设置主要为其服务的铁路工业站。工业站的布置要求应符合现行国家标准《铁路车站及枢纽设计规范》GB 50091 的有关规定。

6.2.4 工业企业交接站（场）的布置应符合下列规定：

　　1 应与车流的汇集方向顺流，避免机车车辆出现迂回干扰和折角走行。

　　2 应简化交接作业程序，避免重复作业。

　　3 进入工业企业的线路路径应顺直，对路网主要车流干扰应最小，取送作业时，单机走行应最少。

6.2.5 采用车辆交接、取送车组较多或取送距离较远的企业可设置企业站。企业站的布置应符合下列规定：

　　1 企业站的位置应便于与工业站（或接轨站）联系，应有利于厂区铁路进线，并应减少折角运行。

　　2 应根据引入线的数量、方向、作业性质、作业量以及工程条件等，选择合理的车站位置和站型，并应留有发展的余地。

　　3 近期站场及与其有关设施的布置应便于运营和节省投资，并应为将来扩建创造良好的条件。

　　4 站内各组成部分之间应相互协调，并应减少线路交叉和作业干扰。

　　5 应缩短机车车辆、列车的走行距离和在站内的停留时间。

6.2.6 工业企业铁路与路网铁路部门之间的交接作业方式应根据经济比选由路、厂双方协商确定。交接作业的地点应符合下列规定：

　　1 当实行货物交接时，可在企业的装卸线上办理。

　　2 当实行车辆交接，且工业站与企业站分设时，宜在工业站设交接场办理交接。当双方车站间铁路专用线运输由铁路部门管理时，在工业站可不设交接场，可在工业站到发场办理交接。

　　3 当实行车辆交接，且工业站与企业站联设时，可根据车站布置形式在工业站的交接场或双方的到发场办理交接。

6.2.7 工业企业内部可根据生产需要设置其他车站，其他车站的布置应符合下列规定：

　　1 应根据工业企业总体规划的要求，结合各类生产车间、仓库的布置和作业要求确定车站的分布。

　　2 应满足铁路技术作业和运输能力的需要。

　　3 应有适宜地形、工程地质和水文地质等条件。

4 车站应按运量的增长、通过能力和作业的需要分期建设。

6.2.8 露天矿山铁路线路的布置宜有列车换向的条件。沿露天矿采掘场或排土场境界布置时，应确保路基边坡稳定及行车安全的要求。

6.2.9 厂内货物装卸线应与其配套的生产车间、仓库、堆场、装卸站（栈）台相匹配，装卸线的有效长度应按货物运输量、货物品种、作业性质、取送车方式以及一次装卸车数量等因素确定。

6.2.10 货物装卸线应设在直线上，并应符合下列规定：

1 在特别困难条件下，曲线半径不应小于500m。

2 不靠站台的装卸线（可燃、易燃、危险品的装卸线除外）可设在半径不小于300m的曲线上。

3 货物装卸线宜设在平道上，在困难条件下，可设在不大于1.5‰的坡道上。

4 货物装卸线起讫点距离竖曲线始、终点不应小于15m。

6.2.11 可燃液体、液化烃、剧毒品和各种危险货物的铁路装卸线布置应符合下列规定：

1 宜按品种集中布置在厂区全年最小频率风向的上风侧，并应位于厂区边缘地带。

2 宜按品种设计为专用的尽头式平直线路。当物料性质相近，且每种物料的年运量小于5万t时，可合用一条装卸线，但一条装卸线上不宜超过3个品种；液化烃、丙B类可燃液体的装卸线宜单独布置。

3 装卸线宜设在平直线路上。困难情况下，可设在半径不小于500m的平坡曲线上。

4 装卸线不宜与仓库入口交叉，且不应兼作走行线。

6.2.12 装卸作业区咽喉道岔前方的一段线路的坡度应满足列车启动要求，咽喉道岔前方的一段线路坡度的长度不应小于该作业区最大车组长度、机车长度及列车停车附加距离之和。列车停车的附加距离不应小于20m。

6.2.13 厂内线不宜设置缓和曲线；当有条件时，正线和联络线宜设置长度为30m和20m的缓和曲线。

6.2.14 洗罐站所辖的各种线路应根据洗罐工艺配置。线路布置应满足洗罐作业要求，其中待洗线、停放线和取送线宜与企业车站及存车线结合布置。

6.2.15 火灾危险性属于甲、乙类的液体和液化烃，以及腐蚀、剧毒物品的装卸线和库内线等防护装置的设置应符合现行国家标准《化工企业总图运输设计规范》GB 50489的有关规定。

6.2.16 民用爆破器材装卸线的布置应符合现行国家标准《民用爆破器材工程设计安全规范》GB 50089的有关规定。

6.2.17 尽头式铁路线的末端应设置车挡和车挡表示器。车挡前的附加距离与车挡后的安全距离应符合下列规定：

1 普通货物装卸站台（或栈桥）的末端至车挡的附加距离不应小于10m，困难条件下，可小于10m；可燃液体、液化烃和危险品的装卸线的末端至车挡的附加距离不应小于20m。

2 厂房与仓库内采用弹簧式车挡或金属车挡的线路，附加距离不宜小于5m。

3 车挡后面的安全距离，厂房（库房）内不应小于6m；露天不应小于15m；车挡后面的安全距离内不应修建建筑物、构筑物或安装设备；车挡外延30m的范围内，不宜布置生产、使用、贮存液化烃、可燃液体、危险品和剧毒品的设施，以及全厂性的架空管廊的支柱。

6.2.18 轨道衡线的布置应符合下列规定：

1 轨道衡线应采用通过式布置，轨道衡线的长度应根据线路配置和轨道衡的类型、称重方式、一次称重最多车辆数等条件确定。

2 轨道衡两端应设为平坡直线段，并应加强其中紧靠衡器两端线路的轨道。平坡直线段和加强轨道的长度应符合轨道衡的技术要求，加强轨道的长度不应小于25m。

6.3 企业窄轨铁路

6.3.1 窄轨铁路设计应采用600mm、762mm、900mm三种轨距，同一企业铁路，轨距宜统一，同类设备型号宜一致。

6.3.2 窄轨铁路等级应按表6.3.2的规定划分。

表6.3.2 窄轨铁路等级

线路类别	铁路等级	单线重车方向年运量（万 t/a）		
		铁路轨距（mm）		
		900	762	600
厂（场）外运输	Ⅰ	>250	200～150	—
	Ⅱ	250～150	<150～50	50～30
	Ⅲ	<150	<50	<30
厂（场）内运输或移动线路	不分等级			

6.3.3 运输线路布置除应符合本规范第6.1.3条和第6.2.2条的规定外，尚应符合下列规定：

1 宜避开有开采价值的矿藏地段，当线路必须设置在采空区或井田上时，应按各行业矿山开采规程规定的保护等级，留设安全保护矿柱。

2 线路走向宜结合井田境界和开发部署，宜集中布置。

6.3.4 线路平面和纵断面设计应在保证行车安全、迅速的前提下，采用较高的技术指标，不应轻易采用最小指标或低限指标，并应符合下列规定：

1 区间线路及厂（场）内或移动线路的最小平曲线半径应符合表6.3.4-1的规定；圆曲线的长度和相邻曲线间的夹直线长度，600mm轨距铁路不宜小于10m，762mm（900mm）轨距铁路不宜小于20m；困难条件下，均不得小于一台机车或一辆车辆的长度。

2 车站正线、到发线和装（卸）车线应设在直线上，在困难条件下，除装（卸）车线在装卸点范围内的地段外，可设在半径不小于表6.3.4-1规定的同向曲线上。

表6.3.4-1　窄轨铁路最小平曲线半径（m）

线路名称或等级		固定轴距≤2.0m		固定轴距 2.1m～3.2m
		铁路轨距（mm）		
		600	762、900	762、900
区间线路	Ⅰ	—	100	120
	Ⅱ	50	80	100
	Ⅲ	30	60	80
车站	有调车作业	100	150	250
	无调车作业	80	150	200
厂（场）内或移动线路		不小于固定轴距的10倍	不小于固定轴距的20倍	

注：区间线路及车站在特别困难条件下的地段可按表中规定降低一级。

3 道岔区应设在直线上，道岔后连接曲线的半径不应小于该道岔的导曲线半径。

4 窄轨铁路最大纵坡应符合表6.3.4-2的规定；线路纵断面的坡段长度不宜小于设计采用的最大列车长度，在困难条件下，不得小于最大列车长度的1/2。

表6.3.4-2　窄轨铁路最大纵坡（‰）

线路名称		铁路轨距（mm）	
		600	762、900
区间线路	Ⅰ	—	12
	Ⅱ	12	15
	Ⅲ	15	18
车站	有摘挂钩作业	5	4
	无摘挂钩作业	8	6
厂（场）内或移动线路		空车线10、重车线7	

6.3.5 运输爆炸材料列车的行驶速度不得超过7km/h，并不得同时运送其他物品和工具。

6.3.6 厂内线不宜设置缓和曲线，行车速度大于30km/h的正线、联络线应设置长度不小于10m的缓和曲线。

6.3.7 窄轨铁路与道路平面交叉道口的设置应符合下列规定：

1 道口应设置在瞭望条件良好的直线地段，并应按级别设置安全标志和设施。

2 道口不宜设在道岔区或站场范围内以及调车作业繁忙的线路上，并不得设在道岔尖轨处。

3 道口两侧道路，当为厂内主干道和次干道时，从最外股钢轨外侧算起，两侧各应有长度不小于10m（不包括竖曲线长度）的平道。当受地形等条件限制时，可采用纵坡不大于2%的平缓路段。连接平道或平缓路段的道路纵坡不宜大于3%，困难地段不应大于5%。

6.3.8 装、卸车站站型应根据运量、产品种类、车流组织、取送车作业方式、地形、地质和厂（场）区总平面布置等因素进行设计，并应根据具体情况留有发展的条件。

6.3.9 窄轨铁路设计应符合国家现行有关设计标准的规定；有路网机车进入厂（场）区的铁路，应符合现行国家标准《工业企业标准轨距铁路设计规范》GBJ 12的有关规定。

6.3.10 站场平、纵断面应满足装车、卸车及计量等设施对线路的要求，并应符合下列规定：

1 轨道衡线应布置在平坡直线段上，平坡直线段不应小于10m。

2 列车停车的附加距离不应小于10m，困难条件下，厂（场）内线不应小于5m。

6.3.11 承担井工开采矿山及选矿后精矿运输的车辆，宜选用固定式矿车。

6.3.12 场外窄轨铁路的牵引种类宜采用架线电力机车或内燃机车。

6.3.13 铁路机车、车辆的日常检修和维护可独立设置，也可由企业修理车间承担。

6.4 道 路

6.4.1 企业内道路的布置应符合下列规定：

1 应满足生产、运输、安装、检修、消防安全和施工的要求。

2 应有利于功能分区和街区的划分，并应与总平面布置相协调。

3 道路的走向宜与区内主要建筑物、构筑物轴线平行或垂直，并应呈环形布置。

4 应与竖向设计相协调，应有利于场地及道路的雨水排除。

5 与厂外道路应连接方便、短捷。

6 洁净厂房周围宜设置环形消防车道，环形消防车道可利用交通道路设置，有困难时，可沿厂房的两个长边设置消防车道。

7 液化烃、可燃液体、可燃气体的罐区内，任何储罐中心与消防车道的距离应符合现行国家标准《石油化工企业设计防火规范》GB 50160 的有关规定。

8 施工道路应与永久性道路相结合。

6.4.2 露天矿山道路的布置应符合下列规定：

1 应满足开采工艺和顺序的要求，线路运输距离应短。

2 沿采场或排土场边缘布置时，应满足路基边坡稳定、装卸作业、生产安全的要求，并应采取防止大块石滚落的措施。

3 深挖露天矿应结合开拓运输方案，合理选择出入口的位置，并应减少扩帮量。

6.4.3 厂内道路的形式可分为城市型、公路型和混合型。其类型选择宜符合下列规定：

1 全厂宜采用同一种类型，也可分区采用不同类型。

2 行政办公区及对环境有较高要求的生活设施和生产车间附近的道路、厂区中心地带人流活动较多的地段，宜采用城市型。

3 厂区边缘及傍山地带的道路、储罐区、人流较少或场地高差较大的地段，以及与铁路连续平交的道路，宜采用公路型。

4 其他不适合采用城市型、公路型的道路，可采用混合型。

5 厂区道路的类型还应与城乡现有道路的类型相协调。

6.4.4 厂内道路路面等级应与道路类型相适应，应根据生产特点、使用要求和当地的气候、路基状况、材料供应和施工条件等因素确定，并应符合下列规定：

1 厂内主干道和次干道可采用高级或次高级路面，路面的面层宜采用同一种类型，车间引道可与其

相连的道路采用相同面层类型。

2 防尘、防振、防噪声要求较高的路段宜选用沥青路面。

3 防腐要求较高的路段应选用耐腐蚀的路面。

4 对沥青产生侵蚀、溶解作用或有防火要求的路段，不宜采用沥青路面。

5 地下管线穿埋较多的路段宜采用混凝土预制块或块石路面。

6 所选路面类型不宜过多。

6.4.5 厂内道路路面宽度应根据车辆、行人通行和消防需要确定，并宜按现行国家标准《厂矿道路设计规范》GBJ 22 的有关规定执行。

6.4.6 厂内道路最小圆曲线半径不得小于 15m。厂内道路交叉口路面内边缘转弯半径应按现行国家标准《厂矿道路设计规范》GBJ 22 的有关规定执行，并应符合下列规定：

1 当车流量不大时，除陡坡处外的车间引道及场地条件困难的主、次干道和支道，交叉口路面内边缘最小转弯半径可减少 3m。

2 行驶超长的特种载重汽车时，交叉口路面内边缘最小转弯半径应根据车型计算确定。

6.4.7 厂内道路应设置交通标志，交通标志的形状、尺寸、颜色、图形以及位置应符合现行国家标准《道路交通标志和标线》GB 5768 的有关规定。

6.4.8 车间、生产装置、仓库、堆场、装卸站（栈）台及货位的主要出入口，应设置宽度相适应的通道满足汽车通行要求。

6.4.9 尽头式道路应设置回车场，回车场的大小应根据汽车最小转弯半径和道路路面宽度确定。

6.4.10 汽车衡应布置在道路的平坡直线段，其进车端道路平坡直线段的长度不宜小于 2 辆车长，困难条件下，不应小于 1 辆车长；出车端的道路应有不小于 1 辆车长的平坡直线段。

6.4.11 消防车道的布置应符合下列规定：

1 道路宜呈环形布置。

2 车道宽度不应小于 4.0m。

3 应避免与铁路平交。必须平交时，应设备用车道，且两车道之间的距离不应小于进入厂内最长列车的长度。

6.4.12 人行道的布置应符合下列规定：

1 人行道的宽度不宜小于 1.0m；沿主干道布置时，不宜小于 1.5m。人行道的宽度超过 1.5m 时，宜按 0.5m 倍数递增。

2 人行道边缘至建筑物外墙的净距，当屋面有组织排水时，不宜小于 1.0m；当屋面无组织排水时，不宜小于 1.5m。

3 当人行道的边缘至准轨铁路中心线的距离小于 3.75m 时，其靠近铁路线路侧应设置防护栏杆。

6.4.13 厂区内道路的互相交叉宜采用平面交叉。平

面交叉应设置在直线路段，并宜正交。当需要斜交时，交叉角不宜小于45°，并应符合下列规定：

1 露天矿山道路受地形等条件限制时，交叉角可适当减少。

2 道路交叉处对道路纵坡的要求可按现行国家标准《厂矿道路设计规范》GBJ 22 的有关规定执行。

6.4.14 厂内道路与铁路线路交叉时，应设置道口。道口的设置应符合现行国家标准《工业企业厂内铁路、道路运输安全规程》GB 4387 的有关规定。

6.4.15 厂区道路与铁路线路交叉，具有下列条件之一时，应设置立体交叉：

1 当地形条件适宜铁路与道路设置立体交叉，且采用平面交叉危及行车安全时。

2 经常运输特种货物及其他危险货物或有特殊要求时。

3 当昼间12h道路双向换算标准载重汽车超过1400辆，昼间12h铁路列车通过道口的封闭时间超过1h，且经技术经济比较合理时。

6.4.16 当人流干道与货流干道或作业繁忙的铁路线路必须交叉时，应设置人行天桥跨越或地道穿行通过。

6.4.17 厂内道路边缘至建筑物、构筑物的最小距离应符合表6.4.17的规定。

表 6.4.17 厂内道路边缘至建筑物、构筑物的最小距离（m）

序号	建筑物、构筑物名称	最小距离
1	建筑物、构筑物外面：	
	面向道路一侧无出入口	1.50
	面向道路一侧有出入口，但不通行汽车	3.00
	面向道路一侧有出入口，且通行汽车	6.00～9.00（根据车型）
2	标准轨距铁路（中心线）	3.75
3	各种管架及构筑物支架（外边缘）	1.00
4	照明电杆（中心线）	0.50
5	围墙（内边缘）	1.00

注：表中距离，城市型道路自路面边缘算起，公路型道路自路肩边缘算起，照明电杆自路面边缘算起。

6.5 企业码头

6.5.1 企业码头的总平面布置应根据工业企业的总体规划、当地水路运输发展规划和码头工艺要求，结合自然条件，合理安排水域和陆域各项设施，并应使各组成部分相协调。

6.5.2 企业码头的总平面布置应合理利用岸线资源，应保护环境和减少污染，并应符合下列规定：

1 对环境影响较大的专业码头，宜布置在生产装置、公用工程设施和居住区全年最小频率风向的上风侧。

2 应节约集约用地，有条件时，应结合码头建设工程需要，填海造地。

6.5.3 可燃液体、液化烃和其他危险品码头应位于临江、河、湖、海的城镇、居民区、工厂、船厂及重要桥梁、大型锚地等的下游。码头与其他建筑物、构筑物的安全距离应符合现行国家有关港口工程设计标准的规定。

6.5.4 剧毒品或其他对水体有可能造成污染的码头应位于水源地的下游，并应满足水源地的卫生防护（火）要求。

6.5.5 码头的水域布置应符合下列规定：

1 码头前沿的高程应根据泊位性质、船型、装卸工艺、船舶系统、水文、气象条件、防汛要求和掩护程度等因素确定，并应与码头的设防标准一致，应保证在设计高水位的情况下，码头仍能正常作业和前后方高程的合理衔接。

2 码头前沿的设计水深应保证在设计低水位时，设计船型能在满载情况下安全靠离码头。

3 码头水域的布置应满足船舶安全靠离、系缆和装卸作业的要求。

4 装卸可燃液体和液化烃的专用码头与其他货种码头的安全距离不应小于表6.5.5的规定。

表 6.5.5 可燃液体和液化烃的专用码头与其他货种码头的安全距离

类 别	安全距离（m）
甲（闪点<28℃）	150
乙（28℃≤闪点<60℃）	
丙（60℃≤闪点≤120℃）	50

注：1 可燃液体和液化烃的专用码头相邻泊位的船舶间的最小安全距离应按现行国家标准《石油化工企业设计防火规范》GB 50160 的有关规定执行；

2 可燃液体和液化烃的专用码头与其他码头或建筑物、构筑物的最小安全距离应按现行行业标准《装卸油品码头防火设计规范》JTJ 237 的有关规定执行；

3 液化天然气和液化石油气的专用码头相邻泊位的船舶间的最小安全距离应按现行行业标准《液化天然气码头设计规范》JTS 165-5 的有关规定执行。

6.5.6 码头的陆域布置应符合下列规定：

1 码头陆域应按生产区、辅助区和生活区等使用功能分区布置。

2 生产性建筑物和主要辅助生产建筑物宜布置在陆域前方的生产区，其他辅助生产建筑物及辅助生活建筑物宜布置在陆域后方的辅助区，使用功能相近的辅助生产和辅助生活建筑物宜集中组合布置。

3 码头陆域布置应结合装卸工艺和自然条件合理布置各种运输系统，并应合理组织货流和人流。

4 物料运输应顺畅，路径应短捷。当装卸船舶和货物采用无轨车辆直接转运时，进出码头平台或趸船的通道不宜少于 2 条，且场地道路宜采用环形布置。

5 陆域场地的设计标高应与码头前沿高程相适应，其场地坡度宜采用 5‰～10‰，地面排水坡度不应小于 5‰。

6.6 其他运输

6.6.1 输送管道、带式输送机及架空索道等线路的布置应符合下列规定：

1 应充分利用地形，线路应短捷，并减少中间转角。

2 沿线宜布置供维修和检查所必需的道路。

3 厂内敷设的输送管道和带式输送机等的布置应有利于厂容，并宜沿道路或平行于主要建筑物、构筑物轴线布置；架空敷设时，不应妨碍建筑物自然采光及通风；沿地面敷设时，不应影响交通。

6.6.2 输送管道的起点泵站、中间加压、加热站及终点接收站均应有道路相通。

6.6.3 输送管道、带式输送机跨越铁路、道路布置时，宜采用正交，当必须斜交时，其交叉角不宜小于 45°，并应符合现行国家标准《标准轨距铁路建筑限界》GB 146.2 和《厂矿道路设计规范》GBJ 22 对建筑限界的有关规定。

6.6.4 架空索道线路的布置应符合下列规定：

1 架空索道线路应避开滑坡、雪崩、沼泽、泥石流、喀斯特等不良工程地质区和采矿崩落影响区；当受条件限制不能避开时，站房及支架应采取可靠的工程措施。

2 架空索道线路不宜跨越厂区和居住区，也不宜多次跨越铁路、公路、航道和架空电力线路。当索道必须跨越厂区和居住区时，应设安全保护设施。

3 在大风地区，宜减少索道线路与盛行风向之间的夹角。

4 架空索道线路与有关设施的最小间距应符合现行国家标准《架空索道工程技术规范》GB 50127 的有关规定。

7 竖 向 设 计

7.1 一 般 规 定

7.1.1 竖向设计应与总平面布置同时进行，并应与厂区外现有和规划的运输线路、排水系统、周围场地标高等相协调。竖向设计方案应根据生产、运输、防洪、排水、管线敷设及土（石）方工程等要求，结合地形和地质条件进行综合比较后确定。

7.1.2 竖向设计应符合下列规定：

1 应满足生产、运输要求。

2 应有利于节约集约用地。

3 应使厂区不被洪水、潮水及内涝水威胁。

4 应合理利用自然地形，应减少土（石）方、建筑物、构筑物基础、护坡和挡土墙等工程量。

5 填、挖工程应防止产生滑坡、塌方。山区建厂尚应注意保护山坡植被，应避免水土流失、泥石流等自然灾害。

6 应充分利用和保护现有排水系统。当必须改变现有排水系统时，应保证新的排水系统水流顺畅。

7 应与城镇景观及厂区景观相协调。

8 分期建设的工程，在场地标高、运输线路坡度、排水系统等方面，应使近期与远期工程相协调。

9 改、扩建工程应与现有场地竖向相协调。

7.1.3 竖向设计形式应根据场地的地形和地质条件、厂区面积、建筑物大小、生产工艺、运输方式、建筑密度、管线敷设、施工方法等因素合理确定，可采用平坡式或阶梯式。

7.1.4 场地平整可采用连续式或重点式，并应根据地形和地质条件、建筑物及管线和运输线路密度等因素合理确定。

7.2 设计标高的确定

7.2.1 场地设计标高的确定应符合下列规定：

1 应满足防洪水、防潮水和排除内涝水的要求。

2 应与所在城镇、相邻企业和居住区的标高相适应。

3 应方便生产联系、运输及满足排水要求。

4 在满足本条第 1 款～第 3 款要求的前提下，应使土（石）方工程量小，填方、挖方量应接近平衡，运输距离应短。

7.2.2 布置在受江、河、湖、海的洪水、潮水或内涝水威胁的工业企业的场地设计标高应符合下列规定：

1 工业企业的防洪标准应根据工业企业的等级和现行国家标准《防洪标准》GB 50201 的有关规定确定。

2 场地设计标高应按防洪标准确定洪水重现期的计算水位加不小于 0.50m 安全超高值。

3 当按第 2 款确定的场地设计标高，填方量大，经技术经济比较合理时，可采用设防洪（潮）堤、坝的方案。场地设计标高应高于厂区周围汇水区域内的设计频率内涝水位；当采用可靠的防、排内涝水措施，消除内涝水威胁后，对场地设计标高不作规定。

7.2.3 场地的平整坡度应有利排水，最大坡度应根据土质、植被、铺砌、运输等条件确定。

7.2.4 建筑物的室内地坪标高应高出室外场地地面设计标高，且不应小于 0.15m。建筑物位于排水条件不良地段和有特殊防潮要求、有贵重设备或受淹后损失大的车间和仓库，高填方或软土地基的地段应根据需要加大建筑物的室内、外高差。有运输要求的建筑物室内地坪标高应与运输线路标高相协调。在满足生产和运输条件下，建筑物的室内地坪可做成台阶。

7.2.5 厂内外铁路、道路、排水设施等连接点标高的确定应统筹兼顾运输线路平面、纵断面的合理性。厂区出入口的路面标高宜高出厂外路面标高。

7.3 阶梯式竖向设计

7.3.1 台阶的划分应符合下列规定：

　　1 应与地形及总平面布置相适应。

　　2 生产联系密切的建筑物、构筑物应布置在同一台阶或相邻台阶上。

　　3 台阶的长边宜平行等高线布置。

　　4 台阶的宽度应满足建筑物和构筑物、运输线路、管线和绿化等布置要求，以及操作、检修、消防和施工等需要。

　　5 台阶的高度应按生产要求及地形和工程地质、水文地质条件，结合台阶间的运输联系和基础埋深等综合因素确定，并不宜高于 4m。

7.3.2 相邻的台阶之间应采用自然放坡、护坡或挡土墙等连接方式，并应根据场地条件、地质条件、台阶高度、景观、荷载和卫生要求等因素，进行综合技术经济比较后合理确定。

7.3.3 台阶距建筑物、构筑物的距离除应符合本规范第 7.3.1 条第 4 款的要求外，还应符合下列规定：

　　1 台阶坡脚至建筑物、构筑物的距离尚应满足采光、通风、排水及开挖基槽对边坡或挡土墙的稳定性要求，且不应小于 2.0m。

　　2 台阶坡顶至建筑物、构筑物的距离尚应防止建筑物、构筑物基础侧压力对边坡或挡土墙的影响。位于稳定土坡顶上的建筑物、构筑物，当垂直于坡顶边缘的基础底面边长小于或等于 3.0m 时，其基础底面外边缘线至坡顶的水平距离（图 7.3.3）应按下列公式计算，且不得小于 2.5m：

条形基础：$a \geqslant 3.5b - \dfrac{d}{\tan\beta}$　　　(7.3.3-1)

矩形基础：$a \geqslant 2.5b - \dfrac{d}{\tan\beta}$　　　(7.3.3-2)

式中：a——基础底面外边缘线至坡顶的水平距离（m）；

　　　　b——垂直于坡顶边缘线的基础底面边长（m）；

　　　　d——基础埋置深度（m）；

　　　　β——边坡坡角（°）。

　　3 当基础底面外边缘线至坡顶的水平距离不能满足本条第 1 款和第 2 款的要求时，可根据基底平均压力按现行国家标准《建筑地基基础设计规范》GB 50007 的有关规定确定基础至坡顶边缘的距离和基础埋深。

　　4 当边坡坡角大于 45°、坡高大于 8m 时，尚应按现行国家标准《建筑地基基础设计规范》GB 50007 的有关规定进行坡体稳定性验算。

7.3.4 场地挖方、填方边坡的坡度允许值应根据地质条件、边坡高度和拟采用的施工方法，结合当地的实际经验确定，并应符合下列规定：

　　1 在岩石边坡整体稳定的条件下，岩石边坡的开挖坡度允许值应根据当地经验按工程类比的原则，并结合本地区已有稳定边坡的坡度值加以确定。对无外倾软弱结构面的边坡可按表 7.3.4-1 确定。

表 7.3.4-1　岩石边坡坡度允许值

边坡岩体类型	风化程度	坡度允许值（高宽比）		
		$H<8m$	$8m \leqslant H<15m$	$15m \leqslant H<25m$
Ⅰ类	微风化	1:0.00～1:0.10	1:0.10～1:0.15	1:0.15～1:0.25
	中等风化	1:0.10～1:0.15	1:0.15～1:0.25	1:0.25～1:0.35
Ⅱ类	微风化	1:0.10～1:0.15	1:0.15～1:0.25	1:0.25～1:0.35
	中等风化	1:0.15～1:0.25	1:0.25～1:0.35	1:0.35～1:0.50
Ⅲ类	微风化	1:0.25～1:0.35	1:0.35～1:0.50	—
	中等风化	1:0.35～1:0.50	1:0.50～1:0.75	—
Ⅳ类	中等风化	1:0.50～1:0.75	1:0.75～1:1.00	—
	强风化	1:0.75～1:1.00	—	—

注：1　Ⅳ类强风化包括各类风化程度的极软岩；
　　2　表中 H 为边坡高度。

　　2 挖方边坡在山坡稳定、地质条件良好、土（岩）质比较均匀时，其坡度可按表 7.3.4-2 确定。

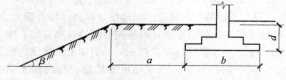

图 7.3.3　基础底面外边缘线至坡顶的水平距离示意

下列情况之一时，挖方边坡的坡度允许值应另行计算：

    1）边坡的高度大于表 7.3.4-2 的规定；

    2）地下水比较发育或具有软弱结构面的倾斜地层。

表 7.3.4-2　挖方土质边坡坡度允许值

土的类别	密实度或状态	坡度允许值（高宽比）	
		$H<5m$	$5m \leqslant H<10m$
碎石土	密实	1：0.35～1：0.50	1：0.50～1：0.75
	中密	1：0.50～1：0.75	1：0.75～1：1.00
	稍密	1：0.75～1：1.00	1：1.00～1：1.25
黏性土	坚硬	1：0.75～1：1.00	1：1.00～1：1.25
	硬塑	1：1.00～1：1.25	1：1.25～1：1.50

注：1　表中碎石土的充填物为坚硬或硬塑状态的黏性土；

    2　对砂土或充填物为砂土的碎石土，其边坡坡度允许值均按自然休止角确定。

    3　填方边坡，基底地质良好时，其边坡坡度可按表 7.3.4-3 确定。

表 7.3.4-3　填方边坡坡度允许值

填料类别	边坡最大高度（m）			边坡坡度		
	全部高度	上部高度	下部高度	全部坡度	上部坡度	下部坡度
黏性土	20	8	12	—	1：1.5	1：1.75
砾石土、粗砂、中砂	12	—	—	1：1.5	—	—
碎石土、卵石土	20	12	8	1：1.5	1：1.5	1：1.75
不易风化的石块	8	—	—	1：1.3	—	—
	20	—	—	1：1.5	—	—

注：1　用大于 25cm 的石块填筑路堤，且边坡采用干砌时，其边坡坡度应根据具体情况确定；

    2　在地面横坡陡于 1：1.5 的山坡上填方时，应将原地面挖成台阶，台阶宽度不宜小于 1m。

    4　边坡坡度还应符合现行国家标准《建筑边坡工程技术规范》GB 50330 的有关规定。

7.3.5　铁路、道路的路堤和路堑边坡应分别符合现行国家标准《工业企业标准轨距铁路设计规范》GBJ 12 和《厂矿道路设计规范》GBJ 22 的有关规定；建筑地段的挖方和填方边坡的坡度允许值应符合现行国家标准《建筑地基基础设计规范》GB 50007 的有关规定。

7.4　场　地　排　水

7.4.1　场地应有完整、有效的雨水排水系统。场地雨水的排除方式应结合工业企业所在地区的雨水排除方式、建筑密度、环境卫生要求、地质和气候条件等因素，合理选择暗管、明沟或地面自然排渗等方式，并应符合下列规定：

    1　厂区雨水排水管、沟应与厂外排雨水系统相衔接，场地雨水不得任意排至厂外。

    2　有条件的工业企业应建立雨水收集系统，应对收集的雨水充分利用。

    3　厂区雨水宜采用暗管排水。

7.4.2　场地雨水排水设计流量计算应符合现行国家标准《室外排水设计规范》GB 50014 的有关规定。

7.4.3　当采用明沟排水时，排水沟宜沿铁路、道路布置，并宜避免与其交叉。排出厂外的雨水不得对其他工程设施或农田造成危害。

7.4.4　排水明沟的铺砌方式应根据所处地段的土质和流速等情况确定，并应符合下列规定：

    1　厂区明沟宜加铺砌。

    2　对厂容、卫生和安全要求较高的地段，尚应铺设盖板。

    3　矿山及厂区的边缘地段可采用土明沟。

7.4.5　场地的排水明沟宜采用矩形或梯形断面，并应符合下列规定：

    1　明沟起点的深度不宜小于 0.2m，矩形明沟的沟底宽度不宜小于 0.4m，梯形明沟的沟底宽度不宜小于 0.3m。

    2　明沟的纵坡不宜小于 3‰；在地形平坦的困难地段，不宜小于 2‰。

    3　按流量计算的明沟，沟顶应高于计算水位 0.2m 以上。

7.4.6　当采用暗管排水时，雨水口的设置应符合下列规定：

    1　雨水口应位于集水方便、与雨水管道有良好连接条件的地段。

    2　雨水口的间距宜为 25m～50m。当道路纵坡大于 2% 时，雨水口的间距可大于 50m。

    3　雨水口的形式、数量和布置应根据具体情况和汇水面积计算确定。当道路的坡段较短时，可在最低点处集中收水，其雨水口的数量应适当增加。

    4　当道路交叉口为最低标高时，应合理布置和增设雨水口。

7.4.7　在山坡地带建厂时，应在厂区上方设置山坡截水沟，并应在坡脚设置排水沟，同时应符合下列规定：

1 截水沟至厂区挖方坡顶的距离不宜小于 5m。

2 当挖方边坡不高或截水沟铺砌加固时，截水沟至厂区挖方坡顶的距离不应小于 2.5m。

3 截水沟不应穿过厂区。当确有困难，必须穿过时，应从建筑密度较小的地段穿过。穿过地段的截水沟应加铺砌，并应确保厂区不受水害。

7.5 土（石）方工程

7.5.1 场地平整中，表土处理应符合下列规定：

1 填方地段基底较好的表土应碾压密实后，再进行填土。

2 建筑物、构筑物、铁路、道路和管线的填方地段，当表层为有机质含量大于 8% 的耕土或表土、淤泥或腐殖土等时，应先挖除或处理后再填土。

3 场地平整时，宜先将表层耕土挖出，集中堆放，可用于绿化及覆土造田，并应将其计入土（石）方工程量中。

7.5.2 场地平整时，填方地段应分层压实。黏性土的填方压实度，建筑地段不应小于 0.9，近期预留地段不应小于 0.85。

7.5.3 土（石）方量的平衡除应包括场地平整的土（石）方外，尚应包括建筑物、构筑物基础及室内回填土、地下构筑物、管线沟槽、排水沟、铁路、道路等工程的土方量、表土（腐殖土、淤泥等）的清除和回填量，以及土（石）方松散量。土壤松散系数应符合本规范附录 A 的规定，并宜符合下列规定：

1 在厂区边缘和暂不使用的填方地段，可利用投产后适于填筑场地的生产废料逐步填筑。

2 矿山场地和运输线路路基的填方，有条件时，宜利用废石（土）填筑。

3 余土堆存或弃置应妥善处置，不得危害环境及农田水利设施。

7.5.4 场地平整土（石）方的施工及质量应符合现行国家标准《岩土工程勘察规范》GB 50021 和《建筑地基基础工程施工质量验收规范》GB 50202 的有关规定。

8 管线综合布置

8.1 一般规定

8.1.1 管线综合布置应与工业企业总平面布置、竖向设计和绿化布置相结合，统一规划。管线之间、管线与建筑物、构筑物、道路、铁路等之间在平面及竖向上应相互协调、紧凑合理、节约集约用地、整洁有序。

8.1.2 管线敷设方式应根据管线内介质的性质、工艺和材质要求、生产安全、交通运输、施工检修和厂区条件等因素，结合工程的具体情况，经技术经济比较后综合确定，并应符合下列规定：

1 有可燃性、爆炸危险性、毒性及腐蚀性介质的管道，宜采用地上敷设。

2 在散发比空气重的可燃、有毒性气体的场所，不应采用管沟敷设；必须采用管沟敷设时，应采取防止可燃气体在管沟内积聚的措施。

8.1.3 管线综合布置应在满足生产、安全、检修的条件下节约集约用地。当条件允许、经技术经济比较合理时，应采用共架、共沟布置。

8.1.4 管线综合布置时，宜将管线布置在规划的管线通道内，管线通道应与道路、建筑红线平行布置。

8.1.5 管线综合布置应减少管线与铁路、道路交叉。当管线与铁路、道路交叉时，应力求正交，在困难条件下，其交叉角不宜小于 45°。

8.1.6 山区建厂，管线敷设应充分利用地形，并应避免山洪、泥石流及其他不良地质的危害。

8.1.7 **具有可燃性、爆炸危险性及有毒性介质的管道不应穿越与其无关的建筑物、构筑物、生产装置、辅助生产及仓储设施、贮罐区等。**

8.1.8 分期建设的工业企业，管线布置应全面规划、近期集中、远近结合。近期管线穿越远期用地时，不得影响远期用地的使用。

8.1.9 管线综合布置时，干管应布置在用户较多或支管较多的一侧，也可将管线分类布置在管线通道内。管线综合布置宜按下列顺序，自建筑红线向道路方向布置：

1 电信电缆。

2 电力电缆。

3 热力管道。

4 各种工艺管道及压缩空气、氧气、氮气、乙炔气、煤气等管道、管廊或管架。

5 生产及生活给水管道。

6 工业废水（生产废水及生产污水）管道。

7 生活污水管道。

8 消防水管道。

9 雨水排水管道。

10 照明及电信杆柱。

8.1.10 改、扩建工程中的管线综合布置不应妨碍现有管线的正常使用。当管线间距不能满足本规范表 8.2.10～表 8.2.12 的规定时，可在采取有效措施后适当缩小，但应保证生产安全，并应满足施工及检修要求。

8.1.11 矿区管线的布置，应在开采塌落（错动）界限以外，并应留有必要的安全距离；直接进入采矿场的管线应避开正面爆破方向。

表8.2.10 地下管线与建筑物、构筑物之间的最小水平间距 (m)

名称	给水管 (mm)			排水管 (mm)						热力沟 (管)	燃气管压力 P (MPa)					压缩空气管	氢气管 乙炔管 氧气管	电力电缆 (kV)	电缆沟	通信电缆
				清净雨水管			生产与生活污水管				低压	中压		次高压						
	<75~150	200~400	>400	<800	800~1500	>1500	<300	400~600	>600		<0.01	B ≤0.2	A ≤0.4	B 0.8	A 1.6					
建筑物、构筑物基础外缘	1.0	2.5	3.0	1.5	2.0	2.5	1.5	2.0	2.5	1.5	0.7②	1.0②	1.5②	5.0①②	13.5②	1.5	—①⑤⑥	0.6①②	1.5	0.5⑩
铁路(中心线)	3.3	3.8	3.8	3.8	4.3	4.8	3.8	4.3	4.8	3.8	4.0	5.0③	5.0③	5.0①③	5.0③	2.5	2.5	3.0(10.00)⑪	2.5	2.5
道路	0.8	0.8	1.0	0.8	1.0	1.0	0.8	1.0	1.0	0.8	0.6	0.6	0.6	1.0	1.0	0.8	0.8	0.8①⑨	0.8	0.8
管架基础外缘	0.8	0.8	1.0	0.8	1.2	1.2	0.8	1.2	1.2	0.8	0.8	0.8	1.0	1.0	1.0	0.8	0.8	0.5	0.5	0.5
照明、通信杆柱(中心)	0.5	0.5	0.5	0.5	1.0	1.0	0.5	1.0	1.0	1.0	1.0	1.0	1.0	1.0	1.0	0.8	1.0	0.5	0.5	0.5
围墙基础外缘	1.0	1.0	1.0	0.8	0.8	0.8	0.8	0.8	0.8	1.0	0.6	0.6	0.6	1.0	1.0	0.8	1.0	0.5	1.0	0.5
排水沟外缘	0.8	0.8	0.8	1.5	1.5	1.8	1.5	1.5	1.8	1.0	1.0	1.0	1.0	1.0	1.0	0.8	0.8	1.0⑨	1.0	0.8
高压电力杆柱或铁塔基础外缘	0.8	0.8	0.8	1.2	1.5	1.8	1.2	1.5	1.8	1.2	1.0(2.0)⑦	1.0(2.0)⑦	1.0(2.0)⑦	1.0(5.0)⑧	1.0(5.0)⑧	1.2	1.9(2.0)⑧	1.0(4.0)⑫	1.2	0.8

注：
1　表列间距除注明者外，管线均自管壁、沟壁或沟壁外缘或管线外缘算起，管线与铁路自管壁或一根电缆算起，道路面为城市型时，自路面边缘；为公路型时，自路肩边缘算起；

2　表列地下管线与建筑物、构筑物基础外缘间距，均指埋地管道与建筑物、构筑物的基础在同一标高或高于其以上时，当埋地管道深度大于建筑物、构筑物的基础深度时，应按土壤性质计算确定，但不得小于本表列数值。

3　当双柱式管架分别设基础且满足本表要求时，可在管架基础之间敷设管线。

4　压力大于1.6MPa的燃气管道与建筑物、构筑物间的距离：
　①　为距建筑物外墙（出地面处）采取有效的安全防护措施后，净距可适当缩小，但距地下室的安全防护距离不应小于3.0m。距地下室外墙和通行沟道外缘的水平距离为3.0m；
　②　受地形条件限制不能满足要求时，采取有效安全防护措施，中压管道不应影响建筑物、构筑物的稳定性，中低压管道距建筑物基础不应小于0.5m，距建筑物外墙面不应小于0.5m，中压管道距建筑物外墙不小于9.5mm时，距建筑物外墙面不应小于6.5m，当管壁厚度不小于11.9mm，距建筑物外墙面不应小于3.0m；
　③　距离铁路路堤坡脚的距离。
　④　氢气管，距有地下室的建筑物的基础外缘和通行沟道外缘的水平距离为3.0m。距无地下室的建筑物的基础外缘的水平距离为2.0m；
　⑤　乙炔管，距有地下室及生产生产火灾危险性为甲类的建筑物、构筑物的基础外缘和通行沟道外缘的间距为2.5m；距无地下室的建筑物和通行沟道外缘的间距为1.5m；
　⑥　氧气管，距有地下室的建筑物的基础外缘和通行沟道外缘的水平距离为；氧气压力≤1.6MPa时，采用1.2m；氧气压力>1.6MPa时，采用2.0m；氧气压力>1.6MPa时，采用3.0m；距无地下室的建筑物基础面距离要求相同；
　⑦　括号内为距大于35kV电杆（塔）中心线距；与电杆（塔）与氢气管线距电杆（塔）的距离；
　⑧　括号内为与氢气管（塔）中心距算，与电杆（塔）中心为与氢气管线距；最多减少1/2；
　⑨　括号内为距大于35kV电杆（塔）中心线距算，括号内为与氢气管线距电杆（塔）的距离；
　⑩　表中所列数值特殊情况下可酌减，构筑物基础距建筑物、构筑物基础外缘的距离，括号内为直流电气化铁路轨的距离。
　⑪　距电缆沟的基础距建筑物、构筑物基础外缘的距离，括号内为与氢气管线距电杆（塔）的距离；
　⑫　电力电缆排管距建筑物、构筑物基础外缘的距离要求和电缆沟距建筑物、构筑物的距离要求相同。

表 8.2.11　地下管线之间的最小水平间距 (m)

名称／规格／间距	给水管(mm) <75	75~150	200~400	>400	清净雨水管 <800	800~1500	>1500	生产与生活污水管 <300	400~600	>600	热力管(沟)	燃气 <0.01	≤0.2	≤0.4	0.8	1.6	压缩空气管	乙炔管	氢气管、氧气管	电力电缆 <1	1~10	≤35	电缆沟(管)	通信电缆 直埋	电缆管道
给水管 <75		—	—	—	0.7	0.8	1.0	0.7	0.8	1.0	0.8	0.5(1.0)	0.5(1.0)	0.5(1.5)	1.0(2.0)	1.5(4.0)	0.8	0.8	0.8	0.6	0.8	1.0	0.8	0.5	0.5
75~150	—		—	—	0.8	1.0	1.2	0.8	1.0	1.2	1.0	0.5	0.5	0.5	1.0	1.5	0.8	0.8	1.0	0.6	0.8	1.0	0.5	0.5	0.5
200~400	—	—		—	1.0	1.2	1.5	1.0	1.2	1.5	1.2	0.5	0.5	0.5	1.2	2.0	1.0	1.0	1.2	0.8	1.0	1.0	1.0	1.0	1.0
>400	—	—	—		1.0	1.2	2.0	1.0	1.2	2.0	1.5	0.5	0.5	0.5	1.2	2.0	1.2	1.2	1.5	0.8	1.0	1.0	1.2	1.0	1.0
清净雨水管 <800	0.7	0.8	1.0	1.0		—	—	1.0	1.0	1.5	1.0	1.0	1.0	1.2	1.5	2.0	0.8	0.8	1.2	0.8	1.0	1.2	1.0	0.8	1.0
800~1500	0.8	1.0	1.2	1.5	—		—	1.0	1.2	1.5	1.2	1.0	1.0	1.2	1.5	2.0	1.0	1.0	1.5	1.5	1.5	1.5	1.5	1.0	1.0
>1500	1.0	1.2	1.5	2.0	—	—		1.2	1.5	2.0	1.5	1.2	1.2	1.5	2.0	2.5	1.2	1.2	2.0	1.0	1.0	1.0	1.0	0.8	1.0
生产与生活污水管 <300	0.7	0.8	1.0	1.0	1.0	1.0	1.2		—	—	1.2	0.8	0.8	1.0	1.5	2.0	1.2	1.2	1.5	0.8	0.8	0.8	0.8	0.5	0.5
400~600	0.8	1.0	1.2	1.2	1.0	1.2	1.5	—		—	1.0	0.8	0.8	1.0	1.5	2.0	1.0	1.5	1.5	0.8	0.8	0.8	0.8	0.5	0.5
>600	1.0	1.2	1.5	2.0	1.2	1.5	2.0	—	—		1.5	1.0	1.0	1.2	1.5	2.0	1.0	1.5	1.5	1.0	1.0	1.0	1.0	0.8	1.0
热力管(沟)	0.8	1.0	1.2	1.5	1.0(1.0)	1.0(1.5)	1.0(1.5)	1.5(2.0)	2.0(4.0)		1.5	1.0	1.5	1.5	1.5	2.0	1.5	1.5	1.5	2.0	2.0	2.0	1.0	1.0	1.0
燃气 <0.01	0.5	0.5	0.5	0.5	1.0(1.0)	1.0(1.0)	1.0(1.0)	1.0(1.0)	1.0(1.0)	1.0							1.0	1.0	1.0	0.5	0.5	0.5	0.5	0.5	0.5
≤0.2	0.5	0.5	0.5	0.5	1.0	1.0	1.2	1.2	1.2	1.0							1.0	1.0	1.2	1.0	1.0	1.0	0.5	0.5	0.5
≤0.4	0.5	0.5	0.5	0.5	1.0	1.2	1.2	1.2	1.2	1.2							1.0	1.2	1.5	1.0	1.0	1.0	0.5	0.5	0.5
0.8	1.0	1.2	1.2	1.2	1.5	1.5	1.5	1.5	1.5	1.5							1.2	1.5	2.0	1.5	1.5	1.0	0.8	0.8	1.0
1.6	1.5	1.5	1.5	1.5	2.0(2.0)	2.0(2.0)	2.5	2.0	2.0	2.0(4.0)							1.5	2.0	2.5	1.5	1.5	1.5	1.0	0.8	1.0
压缩空气管	0.8	0.8	1.0	1.2	0.8	1.0	1.2	1.2	1.0	1.0	1.5	1.0	1.0	1.0	1.2	1.5		—	1.5	0.8	0.8	0.8	1.0	0.8	0.8
乙炔管	0.8	0.8	1.0	1.2	0.8	1.0	1.2	1.2	1.0	1.0	1.5	1.0	1.0	1.2	1.5	2.0	—		—	1.0	1.0	1.0	1.0	1.0	1.0
氢气管、氧气管	0.8	1.0	1.2	1.5	1.0	1.2	1.5	1.2	1.0	1.2	1.5	1.2	1.2	1.5	2.0	2.5	1.5	—		1.0	1.0	1.0	0.8	0.8	1.0
电力电缆 <1	0.6	0.6	0.8	0.8	0.6	0.8	1.0	0.8	0.8	0.8	2.0	0.8	0.8	0.8	1.5	1.5	0.8	0.8	1.0	—	—	—	0.5	0.5	0.5
1~10	0.8	0.8	1.0	1.0	0.8	1.0	1.0	0.8	0.8	1.0	2.0	0.8	0.8	0.8	1.5	1.5	0.8	0.8	1.0	—	—	—	0.5	0.5	0.5
≤35	1.0	1.0	1.0	1.2	1.0	1.2	1.0	1.2	1.0	1.2	2.0	0.8	0.8	0.8	1.0	1.5	0.8	0.8	1.0	—	—	—	0.5	0.5	0.5
电缆沟	0.8	1.0	1.0	1.2	0.8	1.5	1.0	0.8	0.8	1.0	1.0	0.5	0.5	0.5	0.8	1.0	1.0	1.0	0.8	0.5	0.5	0.5	—	0.5	0.5
通信电缆 直埋	0.5	0.5	1.0	1.0	0.8	1.0	0.8	0.5	0.5	0.8	1.0	0.5	0.5	0.5	0.8	0.8	0.8	0.8	0.8	0.5	0.5	0.5	0.5	—	—
电缆管道	0.5	0.5	1.0	1.0	1.0	1.0	1.0	0.5	0.5	1.0	1.0	0.5	0.5	0.5	1.0	1.0	0.8	1.0	1.0	0.5	0.5	0.5	0.5	—	—

注：
1　表列间距均为自管壁、沟壁或埋设防护设施的外缘或最小一根电缆算起。
2　当热力管(沟)与电力电缆间距不能满足本表规定时，应采取隔热措施，特殊情况下，可酌减，但最多减少 1/2；
3　局部地段电力电缆穿保护管或加隔板敷设后与给水管道、排水管道、压缩空气管道之间的间距可减少到 0.5m，与燃气管道之间的间距可减少 20%，与通信电缆、电力电缆之间的间距可减少 20%；
4　表列数据系按给水管在污水管上方敷设时制定的。生活饮用水给水管与污水管之间的间距应按本表数据增加 50%；生产废水管与污水管之间的间距可减少 0.1m，与给水管(渠)和给水管道(渠)之间的间距可减少 20%，生产废水管与污水沟增加 1.5m；
5　当给水管、电力电缆共用同埋设的土壤为盐碱或砂土类，且给水管的材质为非金属或非合成塑料时，给水管与排水管间距不应小于 1.5m，管与水管之间的间距可减少 20%；生产废水管与给水沟增加 1.5m；
6　110kV 级用的电力电缆与本表中各类管线的间距均按 35kV 数据增加 50%。通信电缆与之间的间距可按 35kV 数据增加，其间距小于 0.5m，缆沟不应小于 0.5m；
7　电力电缆排管距建筑物、构筑物的距离要求和电缆沟距建筑物、构筑物的距离要求相同；
8　氧气管与同一使用目的的乙炔管之间的间距可减至 0.25m，但管道上部 0.3m 高度范围内，应用砂类土、松散土，松散范围上部 0.3m 高度范围说明，管上填建筑物、构筑物的距离；其间距可减至 0.25m，但管道上部 0.3m 高度范围内，应用砂类土、松散土填实后再回填。
9　括号内为距乙炔管外壁的距离；
10　管径系指公称直径；
11　表中"—"表示间距未作规定，可根据具体情况确定；
12　压力大于 1.6MPa 表示间距与其他管道与其他管线之间的距离尚应符合现行国家标准《城镇燃气设计规范》GB 50028 的有关规定。

表 8.2.12　地下管线之间的最小垂直净距（m）

名称＼间距＼名称	给水管	排水管	热力管（沟）	地下燃气管线	乙炔管	氧气管	氢气管	电力电缆	电缆沟（管）	通信电缆 直埋电缆	通信电缆 电缆管道
给水管	0.15	0.40	0.15	0.15	0.25	0.15	0.25	0.50	0.15	0.50	0.15
排水管	0.40	0.15	0.15	0.15	0.25	0.25	0.25	0.50	0.25	0.50	0.15
热力管（沟）	0.15	0.15	—	0.15	0.25	0.25	0.25	0.50	0.25	0.50	0.25
地下燃气管线	0.15	0.15	0.15	—	0.25	0.25	0.25	0.50	0.25	0.50	0.15
乙炔管	0.25	0.25	0.25	0.25	—	0.25	0.25	0.50	0.25	0.50	0.15
氧气管	0.15	0.25	0.25	0.25	0.25	—	0.25	0.50	0.25	0.50	0.15
氢气管	0.25	0.25	0.25	0.25	0.25	0.25	—	0.50	0.25	0.50	0.25
电力电缆	0.50	0.50	0.50	0.50	0.50	0.50	0.50	0.50	0.25	0.50	0.50
电缆沟（管）	0.15	0.25	0.25	0.25	0.25	0.25	0.25	0.25	0.25	0.25	0.25
通信电缆 直埋电缆	0.50	0.50	0.50	0.50	0.50	0.50	0.50	0.50	0.25	0.25	0.25
通信电缆 电缆管道	0.15	0.15	0.25	0.15	0.15	0.15	0.15	0.25	0.50	0.25	0.25

注：1　表中管道、电缆和电缆沟最小垂直净距指下面管道或管沟的外顶与上面管道的管底或管沟基础底之间的净距；

2　当电力电缆采用隔板分隔时，电力电缆之间及其到其他管线（沟）的距离可为 0.25m。

8.2　地下管线

8.2.1　类别相同和埋深相近的地下管线、管沟应集中平行布置，但不应平行重叠敷设。

8.2.2　地下管线和管沟不应布置在建筑物、构筑物的基础压力影响范围内，并应避免管线、管沟在施工和检修开挖时影响建筑物、构筑物基础。

8.2.3　地下管线和管沟不应平行敷设在铁路下面，并不宜平行敷设在道路下面，在确有困难必须敷设时，可将检修少或检修时对路面损坏小的管线敷设在路面下，并应符合国家现行有关设计标准的规定。

8.2.4　地下管线综合布置时，应符合下列规定：

1　压力管应让自流管。

2　管径小的应让管径大的。

3　易弯曲的应让不易弯曲的。

4　临时性的应让永久性的。

5　工程量小的应让工程量大的。

6　新建的应让现有的。

7　施工、检修方便的或次数少的应让施工、检修不方便的或次数多的。

8.2.5　地下管线交叉布置时，应符合下列规定：

1　给水管道应在排水管道上面。

2　可燃气体管道应在除热力管道外的其他管道上面。

3　电力电缆应在热力管道下面、其他管道上面。

4　氧气管道应在可燃气体管道下面、其他管道上面。

5　有腐蚀性介质的管道及碱性、酸性介质的排

水管道应在其他管道下面。

6　热力管道应在可燃气体管道及给水管道上面。

8.2.6　地下管线（沟）穿越铁路、道路时，管顶或沟盖板顶覆土厚度应根据其上面荷载的大小及分布、管材强度及土壤冻结深度等条件确定，并应符合下列规定：

1　管顶或沟盖板顶至铁路轨底的垂直净距不应小于 1.2m。

2　管顶至道路路面结构层底的垂直净距不应小于 0.5m。

3　当不能满足本条第 1 款和第 2 款的要求时，应加防护套管或设管沟。在保证路基稳定的条件下，套管或管沟两端应伸出下列界线以外至少 1.0m：

1）铁路路肩或路堤坡脚线。

2）城市型道路路面、公路型道路路肩或路堤坡脚线。

3）铁路或道路的路边排水沟沟边。

8.2.7　地下管线不应敷设在有腐蚀性物料的包装或灌装、堆存及装卸场地的下面，并应符合下列规定：

1　地下管线距有腐蚀性物料的包装或灌装、堆存及装卸场地的边界水平距离不应小于 2m。

2　应避免布置在有腐蚀性物料的包装或灌装、堆存及装卸场地地下水的下游，当不可避免时，其距离不应小于 4m。

8.2.8　管线共沟敷设应符合下列规定：

1　热力管道不应与电力、电信电缆和物料压力管道共沟。

2　排水管道应布置在沟底。当沟内有腐蚀性介

质管道时，排水管道应位于腐蚀性介质管道上面。

3 腐蚀性介质管道的标高应低于沟内其他管线。

4 液化烃、可燃液体、可燃气体、毒性气体和液体以及腐蚀性介质管道不应共沟敷设，并严禁与消防水管共沟敷设。

5 电力电缆、控制与电信电缆或光缆不应与液化烃、可燃液体、可燃气体管道共沟敷设。

6 凡有可能产生相互有害影响的管线，不应共沟敷设。

8.2.9 地下管沟沟外壁距地下建筑物、构筑物基础的水平距离应满足施工要求，距树木的距离应避免树木的根系损坏沟壁。其最小间距，大乔木不宜小于5m，小乔木不宜小于3m，灌木不宜小于2m。

8.2.10 地下管线与建筑物、构筑物之间的最小水平间距宜符合表8.2.10的规定，并应满足管线和相邻设施的安全生产、施工和检修的要求。其中位于湿陷性黄土地区、膨胀土地区的管线，尚应符合现行国家有关设计标准的规定。

8.2.11 地下管线之间的最小水平间距宜符合表8.2.11的规定，其中地下燃气管线、电力电缆、乙炔和氧气管与其他管线之间的最小水平间距应符合表8.2.11的规定。

8.2.12 地下管线之间的最小垂直净距宜符合表8.2.12的规定，其中地下燃气管线、电力电缆、乙炔和氧气管与其他管线之间的最小垂直净距应符合表8.2.12的规定。

8.2.13 埋地的输油、输气管道与埋地的通信电缆及其他用途的埋地管道平行铺设的最小距离应符合现行行业标准《钢质管道及储罐腐蚀控制工程设计规范》SY 0007的有关规定。

8.3 地上管线

8.3.1 地上管线的敷设可采用管架、低架、管墩及建筑物、构筑物支撑方式。敷设方式应根据生产安全、介质性质、生产操作、维修管理、交通运输和厂容等因素，经综合技术经济比较后确定。

8.3.2 管架的布置应符合下列规定：

1 管架的净空高度及基础位置不得影响交通运输、消防及检修。

2 不应妨碍建筑物的自然采光与通风。

3 应有利厂容。

8.3.3 有甲、乙、丙类火灾危险性、腐蚀性及毒性介质的管道，除使用该管线的建筑物、构筑物外，均不得采用建筑物、构筑物支撑式敷设。

8.3.4 架空电力线路的敷设不应跨越用可燃材料建造的屋顶和火灾危险性属于甲、乙类的建筑物、构筑物以及液化烃、可燃液体、可燃气体贮罐区。其布置尚应符合现行国家标准《66kV及以下架空电力线路设计规范》GB 50061和《110kV～750kV架空输电

线路设计规范》GB 50545的有关规定。

8.3.5 通信架空线的布置应符合现行国家标准《工业企业通信设计规范》GBJ 42的有关规定。

8.3.6 引入厂区的35kV及以上的架空高压输电线路应减少在厂区内的长度，并应沿厂区边缘布置。

8.3.7 地上管线与铁路平行敷设时，其突出部分与铁路的水平净距应符合现行国家标准《标准轨距铁路建筑限界》GB 146.2的有关规定。

8.3.8 地上管线与道路平行敷设时，不应敷设在公路型道路路肩范围内；照明电杆、消火栓、跨越道路的地上管线的支架可敷设在公路型道路路肩上，但应满足交通运输和安全的需要，并应符合下列规定：

1 距双车道路面边缘不应小于0.5m。

2 距单车道中心线不应小于3.0m。

8.3.9 管架与建筑物、构筑物之间的最小水平间距应符合表8.3.9的规定。

表8.3.9 管架与建筑物、构筑物之间的最小水平间距

建筑物、构筑物名称	最小水平间距（m）
建筑物有门窗的墙壁外缘或突出部分外缘	3.0
建筑物无门窗的墙壁外缘或突出部分外缘	1.5
铁路（中心线）	3.75
道路	1.0
人行道外缘	0.5
厂区围墙（中心线）	1.0
照明及通信杆柱（中心）	1.0

注：1 表中间距除注明者外，管架从最外边线算起；道路为城市型时，自路面边缘算起，为公路型时，自路肩边缘算起；

2 本表不适用于低架、管墩及建筑物支撑方式；

3 液化烃、可燃液体、可燃气体介质的管线、管架与建筑物、构筑物之间的最小水平间距应符合国家现行有关设计标准的规定。

8.3.10 架空管线、管架跨越铁路、道路的最小净空高度应符合表8.3.10的规定。

表8.3.10 架空管线、管架跨越铁路、道路的最小净空高度（m）

名　称	最小净空高度
铁路（从轨顶算起）	5.5，并不小于铁路建筑限界
道路（从路拱算起）	5.0
人行道（从路面算起）	2.5

注：1 表中净空高度除注明者外，管线从防护设施的外缘算起；管架自最低部分算起；

2 表中铁路一栏的最小净空高度，不适用于电力牵引机车的线路及有特殊运输要求的线路；

3 有大件运输要求或在检修时有大型起吊设备，以及有大型消防车通过的道路，应根据需要确定其净空高度。

9 绿 化 布 置

9.1 一 般 规 定

9.1.1 工业企业的绿化布置应符合工业企业总体规划的要求，应与总平面布置、竖向设计及管线布置统一进行，应合理安排绿化用地，并应符合下列规定：

　　1 绿化布置应根据企业性质、环境保护及厂容、景观的要求，结合当地自然条件、植物生态习性、抗污性能和苗木来源，因地制宜进行布置。

　　2 工业企业居住区的绿化布置应符合现行国家标准《城市居住区规划设计规范》GB 50180 的有关规定。

9.1.2 工业企业绿地率宜控制在 20% 以内，改建、扩建的工业企业绿化绿地率宜控制在 15% 范围内。因生产安全等有特殊要求的工业企业可除外，也可根据建设项目的具体情况按当地规划控制要求执行。绿化布置应符合下列规定：

　　1 应充分利用厂区内非建筑地段及零星空地进行绿化。

　　2 应利用管架、栈桥、架空线路等设施下面及地下管线带上面的场地布置绿化。

　　3 应满足生产、检修、运输、安全、卫生、防火、采光、通风的要求，应避免与建筑物、构筑物及地下设施的布置相互影响。

　　4 不应妨碍水冷却设施的冷却效果。

9.1.3 工业企业的绿化布置应根据不同类型的企业及其生产特点、污染性质和程度，结合当地的自然条件和周围的环境条件，以及所要达到的绿化效果，合理地确定各类植物的比例及配置方式。

9.2 绿 化 布 置

9.2.1 下列地段应重点进行绿化布置：

　　1 进厂主干道两侧及主要出入口。

　　2 企业行政办公区。

　　3 洁净度要求高的生产车间、装置及建筑物区域。

　　4 散发有害气体、粉尘及产生高噪声的生产车间、装置及堆场。

　　5 受西晒的生产车间及建筑物。

　　6 受雨水冲刷的地段。

　　7 厂区生活服务设施周围。

　　8 厂区内临城镇主要道路的围墙内侧地带。

9.2.2 受风沙侵袭的工业企业应在厂区受风沙侵袭季节盛行风向的上风侧设置半通透结构的防风林带。对环境构成污染的工厂、灰渣场、尾矿坝、排土场和大型原、燃料堆场，应根据全年盛行风向和对环境的污染情况设置紧密结构的防护林带。

9.2.3 具有易燃、易爆的生产、贮存及装卸设施附近宜种植能减弱爆炸气浪和阻挡火势向外蔓延、枝叶茂密、含水分大、防爆及防火效果好的大乔木及灌木，不得种植含油脂较多的树种。绿化布置应保证消防通道的宽度和净空高度，并应有利于消防扑救。

9.2.4 散发液化石油气及比重大于 0.7 的可燃气体和可燃蒸气的生产、贮存及装卸设施附近，绿化布置应注意通风，不应布置不利于重气体扩散的绿篱及茂密的灌木丛，可种植含水分多的四季常青的草皮。

9.2.5 高噪声源车间周围的绿化宜采用减噪力强的乔、灌木，并应形成复层混交林地。

9.2.6 粉尘大的车间周围的绿化应选择滞尘效果好的乔、灌木，并应形成绿化带。在区域盛行风向的上风侧应布置透风绿化带，在区域盛行风向的下风侧应布置不透风绿化带。

9.2.7 制酸车间及酸库周围的绿化应选用对二氧化硫气体及其酸雾耐性及抗性强的树种，乔、灌木和草本应结合种植。

9.2.8 热加工车间附近的绿化宜具有遮阳效果。

9.2.9 对空气洁净度要求高的生产车间、装置及建筑物附近的绿化，不应种植散发花絮、纤维质及带绒毛果实的树种。

9.2.10 行政办公区和主要出入口的绿化布置应具有较好的观赏及美化效果。

9.2.11 地上管架、地下管线带、输电线路、室外高压配电装置附近的绿化布置应满足安全生产及检修的要求。

9.2.12 道路两侧应布置行道树。主干道两侧可由各类树木、花卉组成多层次的行道绿化带。

9.2.13 道路弯道及交叉口、铁路及道路平交道口附近的绿化布置应符合行车视距的有关规定。

9.2.14 在有条件的生产车间或建筑物墙面、挡土墙顶及护坡等地段宜布置垂直绿化。

9.2.15 树木与建筑物、构筑物及地下管线的最小间距应符合表 9.2.15 的规定。

表 9.2.15 树木与建筑物、构筑物及地下管线的最小间距

建筑物、构筑物及地下管线名称		最小间距（m）	
		至乔木中心	至灌木中心
建筑物外墙	有窗	3.0～5.0	1.5
	无窗	2.0	1.5
挡土墙顶或墙脚		2.0	0.5
高 2m 及 2m 以上的围墙		2.0	1.0
标准轨距铁路中心线		5.0	3.5
窄轨铁路中心线		3.0	2.0

建筑物、构筑物及地下管线名称	最小间距（m）	
	至乔木中心	至灌木中心
道路路面边缘	1.0	0.5
人行道边缘	0.5	0.5
排水明沟边缘	1.0	0.5
给水管	1.5	不限
排水管	1.5	不限
热力管	2.0	2.0
煤气管	1.5	1.5
氧气管、乙炔管、压缩空气管	1.5	1.0
石油管、天然气管、液化石油气管	2.0	1.5
电缆	2.0	0.5

注：1 表中间距除注明者外，建筑物、构筑物自最外边轴线算起；城市型道路自路面边缘算起；公路型道路自路肩边缘算起；管线自管壁或防护设施外缘算起；电缆按最外一根算起；

2 树木至建筑物外墙（有窗时）的距离，当树冠直径小于5m时采用3m，大于5m时采用5m；

3 树木至铁路、道路弯道内侧的间距应满足视距要求；

4 建筑物、构筑物至灌木中心系指至灌木丛最外边一株的灌木中心。

9.2.16 露天停车场的绿化布置宜结合停车间隔带种植高大庇荫乔木，以利于车辆的遮阳，乔木株距与行距的确定应符合当地绿化用地计算标准。

9.2.17 企业铁路沿线的绿化布置不得妨碍铁路的行车安全。沿铁路栽种的树木不应侵入限界和行车视距范围。

10 主要技术经济指标

10.0.1 工业企业总平面设计的主要技术经济指标，其计算方法应符合本规范附录B的规定，宜列出下列主要技术经济指标：

1 厂区用地面积（hm²）。

2 建筑物、构筑物用地面积（m²）。

3 建筑系数（%）。

4 容积率。

5 铁路长度（km）。

6 道路及广场用地面积（m²）。

7 绿化用地面积（m²）。

8 绿地率（%）。

9 土（石）方工程量（m³）。

10 投资强度（万元/hm²）。

11 行政办公及生活服务设施用地面积（hm²）。

12 行政办公及生活服务设施用地所占比重（%）。

10.0.2 不同类型性质的工业企业总平面设计的技术经济指标可根据其特点和需要，列出本行业有特殊要求的技术经济指标。

10.0.3 分期建设的工业企业在总平面设计中除应列出本期工程的主要技术经济指标外，有条件时，还应列出下列指标：

1 近期或远期工程的主要技术经济指标。

2 与厂区分开的单独场地的主要技术经济指标，应分别计算。

10.0.4 改、扩建的工业企业总平面设计，除应列出本规范第10.0.1条规定的指标外，还宜列出企业原有有关的技术经济指标。局部或单项改、扩建工程的总平面设计的技术经济指标可根据具体情况确定。

附录 A 土壤松散系数

表 A 土壤松散系数

土的分类	土的级别	土壤的名称	最初松散系数	最终松散系数
一类土（松散土）	Ⅰ	略有黏性的砂土，粉末腐殖土及疏松的种植土；泥炭（淤泥）（种植土、泥炭除外）	1.08～1.17	1.01～1.03
		植物性土、泥炭	1.20～1.30	1.03～1.04
二类土（普通土）	Ⅱ	潮湿的黏性土和黄土；软的盐土和碱土；含有建筑材料碎屑，碎石、卵石的堆积土和种植土	1.14～1.28	1.02～1.05
三类土（坚土）	Ⅲ	中等密实的黏性土或黄土；含有碎石、卵石或建筑材料碎屑的潮湿的黏性土或黄土	1.24～1.30	1.04～1.07
四类土（砂砾坚土）	Ⅳ	坚硬密实的黏性土或黄土；含有碎石、砾石（体积在10%～30%，重量在25kg以下的石块）的中等密实黏性土或黄土；硬化的重盐土；软泥灰岩（泥灰岩、蛋白石除外）	1.26～1.32	1.06～1.09
		泥灰岩、蛋白石	1.33～1.37	1.11～1.15
五类土（软土）	Ⅴ～Ⅵ	硬的石炭纪黏土；胶结不紧的砾岩；软的、节理多的石灰岩及贝壳石灰岩；坚实的白垩；中等坚实的页岩、泥灰岩		
六类土（次坚土）	Ⅶ～Ⅸ	坚硬的泥质页岩；坚实的泥灰岩；角砾状花岗岩；泥灰质石灰岩；黏土质砂岩；云母页岩及砂质页岩；风化的花岗岩、片麻岩及正常岩；滑石质的蛇纹岩；密实的石灰岩；硅质胶结的砾岩；砂岩；砂质石灰质页岩	1.30～1.45	1.10～1.20
七类土（坚岩）	Ⅹ～Ⅻ	白云岩；大理石；坚实的石灰岩、石灰质及石英质的砂岩；坚硬的砂质页岩；蛇纹岩；粗粒正长岩；有风化痕迹的安山岩及玄武岩；片麻岩；粗面中粗花岗岩；坚实的片麻岩；粗面岩；辉绿岩；玢岩；中粗正长岩		

土的分类	土的级别	土壤的名称	最初松散系数	最终松散系数
八类土（特坚石）	XIV～XVI	坚实的细粒花岗岩；花岗片麻岩、闪长岩；坚实的玢岩、角闪岩、辉长岩、石英岩；安山岩、玄武岩；最坚实的辉绿岩、石灰岩及闪长岩；橄榄石质玄武岩；特别坚实的辉长岩；石英岩及玢岩	1.45～1.50	1.20～1.30

注：1 土的级别相当于一般16级土石分类级别；

2 一至八类土壤，挖方转化为虚方时，乘以最初松散系数；挖方转化为填方时，乘以最终松散系数。

附录B 工业企业总平面设计的主要技术经济指标的计算规定

B.0.1 厂区用地面积：应为厂区围墙内用地面积，应按围墙中心线计算。

B.0.2 建筑物、构筑物用地面积应按下列规定计算：

1 新设计时，应按建筑物、构筑物外墙建筑轴线计算。

2 现有时，应按建筑物、构筑物外墙面尺寸计算。

3 圆形构筑物及挡土墙应按实际投影面积计算。

4 设防火堤的贮罐区应按防火堤轴线计算，未设防火堤的贮罐区应按成组设备的最外边缘计算。

5 球罐周围有铺砌场地时，应按铺砌面积计算。

6 栈桥应按其投影长宽乘以计算。

B.0.3 露天设备用地面积，独立设备应按其实际用地面积计算；成组设备应按设备场地铺砌范围计算，但当铺砌场地超出设备基础外缘1.2m时，应只计算至设备基础外缘1.2m处。

B.0.4 露天堆场用地面积应按存放场场地边缘线计算。

B.0.5 露天操作场用地面积应按操作场场地边缘计算。

B.0.6 建筑系数应按下式计算：

$$建筑物系数=\frac{建筑物用地面积+露天设备用地面积+露天堆场及露天操作场用地面积}{厂区用地面积}\times100\% \quad (B.0.6)$$

B.0.7 容积率应按下式计算，当建筑物层高超过8m，在计算容积率时该层建筑面积应加倍计算。

$$容积率=\frac{总建筑面积}{厂区用地面积} \quad (B.0.7)$$

B.0.8 铁路长度应为工业企业铁路总延长长度。计算时，应以厂区围墙为界，并应分厂外铁路长度和厂内铁路长度。

B.0.9 铁路用地面积应按线路长度乘以路基宽度（路基宽度取5m）计算。

B.0.10 道路及广场用地面积应按下列规定计算：

1 包括车间引道及人行道的道路用地面积，道路长度应乘以道路用地宽度。城市型道路用地宽度应按路面宽度计算，公路型道路用地宽度应计算至道路路肩边缘。

2 包括停车场、回车场的广场用地面积应按设计用地面积计算。

B.0.11 绿化用地面积应按下列规定计算：

1 乔木、花卉、草坪混植的大块绿地及单独的草坪绿地应按绿地周边界限所包围的面积计算。

2 花坛应按花坛用地面积计算。

3 乔木、灌木绿地用地面积应按表B.0.11的规定计算。

表 B.0.11 乔木、灌木绿地用地面积（m²）

植物类别	用地计算面积
单株乔木	2.25
单行乔木	1.5L
多行乔木	$(B+1.5)L$
单株大灌木	1.0
单株小灌木	0.25
单行绿篱	0.5L
多行绿篱	$(B+0.5)L$

注：L为绿化带长度（m），B为总行距（m）。

B.0.12 绿地率应按下式计算：

$$绿地率=\frac{绿化用地面积}{厂区用地面积}\times100\% \quad (B.0.12)$$

B.0.13 投资强度应按下式计算：

$$投资强度（万元/hm^2）=\frac{项目固定资产总投资（万元）}{项目总用地面积（hm^2）}\times100\% \quad (B.0.13)$$

注：项目固定资产总投资包括厂房、设备和地价款（万元）。

B.0.14 行政办公及生活服务设施用地面积应包括项目用地范围内行政办公、生活服务设施占用土地面积或分摊土地面积。当无法单独计算行政办公和生活服务设施占用土地面积时，可采用行政办公和生活服务设施建筑面积占总建筑面积的比重计算得出的分摊土地面积代替。

B.0.15 行政办公及生活服务设施用地所占比重应按下式计算：

$$行政办公及生活\\服务设施用地比重 = \frac{行政办公、生活服务\\设施用地面积}{项目总用地面积} \times 100\%$$

(B. 0. 15)

本规范用词说明

1 为便于在执行本规范条文时区别对待，对要求严格程度不同的用词说明如下：

 1）表示很严格，非这样做不可的：
  正面词采用"必须"，反面词采用"严禁"；

 2）表示严格，在正常情况下均应这样做的：
  正面词采用"应"，反面词采用"不应"或"不得"；

 3）表示允许稍有选择，在条件许可时首先应这样做的：
  正面词采用"宜"，反面词采用"不宜"；

 4）表示有选择，在一定条件下可以这样做的，采用"可"。

2 条文中指明应按其他有关标准执行的写法为："应符合……的规定"或"应按……执行"。

引用标准名录

《建筑地基基础设计规范》GB 50007
《工业企业标准轨距铁路设计规范》GBJ 12
《室外排水设计规范》GB 50014
《建筑设计防火规范》GB 50016
《岩土工程勘察规范》GB 50021
《厂矿道路设计规范》GBJ 22
《城镇燃气设计规范》GB 50028
《氧气站设计规范》GB 50030
《动力机器基础设计规范》GB 50040
《工业企业通信设计规范》GBJ 42
《66kV 及以下架空电力线路设计规范》GB 50061
《汽车库、修车库、停车场设计防火规范》GB 50067
《洁净厂房设计规范》GB 50073
《工业企业噪声控制设计规范》GBJ 87
《民用爆破器材工程设计安全规范》GB 50089
《铁路车站及枢纽设计规范》GB 50091
《架空索道工程技术规范》GB 50127
《石油化工企业设计防火规范》GB 50160
《城市居住区规划设计规范》GB 50180
《发生炉煤气站设计规范》GB 50195
《防洪标准》GB 50201
《建筑地基基础工程施工质量验收规范》GB 50202
《建筑边坡工程技术规范》GB 50330
《有色金属矿山排土场设计规范》GB 50421
《化工企业总图运输设计规范》GB 50489
《110kV ～ 750kV 架空输电线路设计规范》GB 50545
《标准轨距铁路建筑限界》GB 146.2
《声环境质量标准》GB 3096
《地表水环境质量标准》GB 3838
《制定地方大气污染物排放标准的技术方法》GB/T 3840
《工业企业厂内铁路、道路运输安全规程》GB 4387
《生活饮用水卫生标准》GB 5749
《道路交通标志和标线》GB 5768
《工业企业煤气安全规程》GB 6222
《工业企业厂界环境噪声排放标准》GB 12348
《一般工业固体废物贮存、处置场污染控制标准》GB 18599
《电离辐射防护与辐射源安全基本标准》GB 18871
《装卸油品码头防火设计规范》JTJ 237
《液化天然气码头设计规范》JTS 165-5
《钢质管道及储罐腐蚀控制工程设计规范》SY 0007

中华人民共和国国家标准

工业企业总平面设计规范

GB 50187—2012

条 文 说 明

修 订 说 明

《工业企业总平面设计规范》GB 50187—2012，经住房和城乡建设部 2012 年 3 月 30 日以第 1356 号公告批准发布。

本规范是在《工业企业总平面设计规范》GB 50187—93 的基础上修订而成，上一版的主编单位是中国工业运输协会秘书处，参加单位是西安建筑科技大学、化工部总图运输设计技术中心站、机械部第四设计研究院、冶金部武汉钢铁设计研究院、煤炭部沈阳煤矿设计院、机械部工程设计研究院、电力部西北电力设计院、化工部中国寰球化学工程公司、中国轻工总会规划设计院、冶金部鞍山黑色冶金矿山设计研究院，主要起草人是雷明、倪嘉贤、兰俊略、董世奎、钮福春、徐钰、王永滋、胡兆玲、洪福仁、陈静玉、方金陵、那多生、白凤歧、何志超、彭学诗、傅永新、张洪杰、刘存亮。

为便于广大设计及有关人员在使用本规范时能正确理解和执行条文的规定，《工业企业总平面设计规范》修编组按章、节、条的顺序编写了条文说明，对条文规定的目的、依据以及执行中需注意的有关事项进行了说明，还着重对强制性条文的强制性理由作了解释。但是，本条文说明不具备与规范正文同等的法律效力，仅供使用者作为理解和把握规范规定的参考。

目　　次

1 总　则

1.0.1 本条为原规范第 1.0.1 条的修订条文，为本规范的基本要求和目的。

基本要求——正确贯彻执行国家的法律、法规和方针政策，统一工业企业总平面设计原则和技术要求。

目的——做到技术先进、生产安全、节约资源、保护环境、布置合理，有利于提高企业的经济效益、社会效益和环境效益的设计。

1.0.2 本条为原规范第 1.0.2 条的修订条文，规定了本规范的适用范围。适用于新建、改建和扩建的工业企业总平面设计。

对于既有企业的周边扩建项目，系另辟新区，则应按新建项目规定执行。考虑到我国工业企业有 26 个行业，各类行业的大、中、小型企业在总平面设计中具有不同的特殊要求，需区别对待。

1.0.3 本条为原规范第 1.0.3 条的修订条文，节约土地资源是我国的基本国策，"十分珍惜和合理利用土地，切实保护耕地"是工业企业总平面设计必须遵守的原则。根据我国人均占有耕地数量少和土地资源越来越紧张的状况，提倡保护土地资源、节约集约用地显得尤为迫切。

本条强调工业企业总平面设计要特别重视节约集约用地，是本规范的共性要求。可利用荒地的，不得占用耕地的；可利用劣地的，不得占用好地。在总平面设计、竖向设计、线路布置、绿化及管线综合等设计中均要遵守。节约集约用地、千方百计地提高土地利用率必须贯穿于工程设计的始终。

1.0.4 本条为原规范第 1.0.4 条的修订条文，规定了改建、扩建工业企业在通过优化产品结构，提高工艺技术装备水平，实现提高企业盈利能力的前提下，应合理利用、改造现有设施，以节省投资，但也不能迁就现状。要求通过企业改建、扩建，使企业总平面布置更趋合理，并重视减少改建、扩建工程施工对现有生产的影响。

1.0.5 本条为原规范第 1.0.6 条的修订条文，工业企业总平面设计涉及诸多国家政策、法令和标准、规范，仅执行本规范是不够的，但也不可能在本规范中列出所有应执行的标准、规范的有关内容，故本条规定在工业企业总平面设计中除执行本规范外，尚应符合国家颁布的现行有关防火、安全、卫生、环保、城镇规划、交通运输、防洪、抗震、节能、水土保持等有关法律、法规及标准的规定。

对在特殊自然条件地区建设工业企业，如地震区、湿陷性黄土地区、膨胀土地区、软土地区以及永冻土地区，尚应执行国家现行有关专门标准和规范的规定。

2 术　语

随着科学技术的快速发展和进步，许多新的名词、概念、用语不断出现，为了统一表述、规范用词，在本规范的修订中增加了术语部分，以适应工业企业总平面设计的发展需要。

3 厂址选择

3.0.1 本条为原规范第 2.0.1 条的修订条文。厂址选择应符合国家和地区的工业布局，贯彻执行国家和地方的有关法律、法规和政策，严格执行国家关于建设前期工作的规定及建设地点的选择原则和有关要求。同时，本条规定是结合我国 60 年的建厂经验和教训而提出的。

选择在城镇规划的工业区的厂址尚应与城镇和工业区的总体规划、土地利用规划相协调，符合城乡总体规划的要求。

厂址选择的重要原则是应符合国家和地区的工业布局，这是因为厂址选择是一项政策性强、涉及面广的综合性技术经济工作，是在国家和地区的工业布局、产业政策指导下进行的；既要符合现行的国家各项政策、方针、规范，又要与城乡总体规划相协调，经济合理。

厂址选择应按建设前期工作的规定进行，按基本建设程序办事，否则易出现片面性和失误。

3.0.2 本条为原规范第 2.0.2 条的修订条文。本条规定在选择工业企业厂区时，应同时选择配套和服务工业企业的居住区、废料区、交通运输（厂外铁路、厂外道路、码头）、动力公用（水源、供电）设施及环境保护工程、施工生产基地等用地。综合评定一个厂址的优劣，应从企业的总体出发，不能只迁就厂区场地的合理性，而忽视厂外的其他因素，应使厂内外组成一个有机的整体，投产后能有效地运转。而以往是重视选择厂区而忽视其他用地，致使居住区用地不足，分散布置，造成职工生活不便，上下班远，有的居住区受到严重污染；有的企业投产后，因无废料场地，致使废料沿着厂区边缘或路旁堆放，影响企业安全生产和环境。为了保证上述设施有足够的用地，选厂时，应对上述几项用地同时选择。居住区的用地也可以采取社会协作的形式合作解决。

3.0.3 本条为原规范第 2.0.3 条的补充修订条文。规定厂址选择应根据资源分布和消费地点，把缩短运输距离、力求外部运输总费用最小作为选厂的重点因素。同时，结合建厂地区的地理位置、交通条件、自然条件、经济条件、环境保护、文物古迹保护、占地拆迁、防洪排涝、对外协作、施工条件等方面进行多方案技术经济比较，方能选出较优的厂址。如我国江西某冶炼厂在选址时深入调查，对 6 个地区 28 个厂址进行踏勘，经比较筛选后，对其中 3 个厂址进行了比选。第 1 个厂址的外部运输费用每年 1640 万元，第 2 个厂址外部运输费用每年 1900 万元，第 3 个厂址的外部运输费用每年 1796 万元，最后确定第 1 个厂址为冶炼厂厂址。相反，某轴承厂在确定厂址时，由于对影响厂址的因素没有做深入的调查就确定了厂址，致使企业建成后，水电供应严重不足，气象、水质条件差，给生产和生活带来很多困难，不得不迁建。本条规定，厂址选择应进行深入的调查研究，并进行多方案技术经济比较，择优确定。

3.0.4 本条为原规范第 2.0.4 条的分解修订条文。为降低生产成本，减少运输费用，本条规定原料、燃料或产品运输量大的工业企业，厂址宜靠近原料、燃料基地或消费地，运量大的工业企业，运输费用占生产成本的 1/3 甚至 1/2，如建材、钢铁、制碱、煤炭工业企业等。年产 1000 万 t 的钢铁联合企业，每生产 1t 钢，外部运量达 5t 左右，其外部总运量约达 5000 万 t。如果厂外运输距离近，则每年要节约大量的运输远距离运输量，这就必然节约了基建费和运营费。如我国四川某大型工业企业，靠近铁矿、煤矿，原料、燃料运输距离短。因此，对运量大的工业企业，宜靠近原料基地；对耗燃料大的工业企业，如火力发电厂，宜靠近燃料基地；对于运输成品要比运输初始原料困难多的企业，如机器制造企业、轻工业、食品工业、玻璃工业等宜位于消费地。

3.0.5 本条为原规范第 2.0.4 条的分解修订条文。规定了厂址应有方便、经济的交通运输条件，同厂外铁路、公路、港口的连接便捷，工程量最小。这是因为交通运输条件是厂址选择的重要因素，特别对运量大的工业企业尤为重要。方便、经济的交通条件有利生产，方便生活，促进企业的发展。如某轴承厂位于山区，距火车站 80km，交通运输非常不便，原材料及成品进出全靠汽车运输，每生产 1t 产品的成本费较运输方便的同类企业高出 5 倍。又如某齿轮厂，离城市较远，虽有公路与县城相通，但每到雨季，道路常被山洪或河道洪水淹没堵阻，使运输中断，对企业生产和职工生活造成较大的影响。

本条增加了临近江、河、湖、海的厂址应充分发挥我国水运相对陆路运输成本低的优势，采用水运既可减少运输费用，又可减轻国家铁路运输的压力，船的载重量越大，运输成本越低，故有条件采用水运的企业应优先考虑水运。随着我国经济建设的快速发展，利用国外资源不断增大，根据国家相关技术发展政策，各行业的工业企业有向沿海转移和发展的趋势，如火电、钢铁、石油化工、天然气、核电等。

我国北方、南方分别在沿海建设大型钢铁和化工企业。如我国北方的两个钢铁企业分别选择了 30 万 t 和 20 万 t 级船型运输进厂原料。两个厂的进厂原料

铁矿和焦煤运量分别约达 1725 万 t/a 和 1200 万 t/a（两个厂具有相协调的厂区和码头总平面布置，运距约为 0.8km～3km，配套了先进的转运工艺，即货物卸船后直接用带式输送机输送至原料场）。如此大的运量采用水运势必大大减小了陆路运输的紧张压力和节约了物流成本，就此一项，在沿海建厂采用水运比在内陆建厂采用陆路运输，每生产 1t 铁可节省运输成本 200 元左右，其经济效益非常显著。又如广西钦州 1000 万 t 炼油项目采用 10 万 t 级原油卸载泊位、3 千吨级和 5 千吨级成品油泊位，为节约生产成本创造了条件。

采用水路运输的企业，厂区总平面布置与码头总平面布置应相协调，处理好企业原料、燃料进厂、成品出厂与码头之间的总平面布置关系尤为重要。

3.0.6 本条为原规范第 2.0.5 条的修订条文。工业企业生产需要用电、用水，充足的、可靠的电源、水源是保证企业正常生产的必需条件。如钢铁工业的电炉炼钢，每炼 1t 钢耗电 500kW·h～700 kW·h；有色工业每冶炼 1t 铜耗水 25t～28t，耗电约 285kW·h；生产 1t 铝耗电 14300kW·h～14450kW·h，需补充新水 7.5t 左右。又如我国某厂用水大户建在远离黄河水源的地方，起初完全靠地下水维持生产，随着生产时间的久远，地下水供应短缺，又不得不在远距厂址 136km 的黄河经九级提升向企业供水。就此一项给企业增加了很大的生产成本。因此，本条规定厂址选择应保证有充足的电源和水源。对于用水、用电量大的企业，为了缩短管线长度，节约基建投资，降低运营费用，其厂址宜靠近水源、电源，如耗水量大的造纸厂、电厂、耗电量大的电解铝厂、电炉炼钢厂等。

3.0.7 本条为原规范第 2.0.6 条的补充修订条文。根据《国务院关于落实科学发展观加强环境保护的决定》（国发〔2005〕39 号）、《中华人民共和国环境保护法》第六条"一切单位和个人都有保护环境的义务"及《建设项目环境保护设计规定》、现行国家标准《工业企业设计卫生标准》GBZ 1—2010 等的要求制定了本条规定。企业在建设项目选址、设计、建设和生产时都必须充分注意防止对环境的污染和破坏。

为了有利于企业排入大气中的烟尘扩散，厂址应有良好的自然通风条件，不应位于窝风地段。若厂址位于窝风地段，会使企业散发的有害气体、烟尘无法较快的排除，而使企业和周围大气受到污染。

同时要求散发有害物质的工业企业厂址与城镇、相邻工业企业和居住区之间，应满足现行国家标准《工业企业设计卫生标准》GBZ 1—2010 等规范中规定的防护距离要求。

3.0.8 本条为原规范第 2.0.7 条。根据现行国家标准《建筑地基基础设计规范》GB 50007 和《岩土工程勘察规范》GB 50021 的要求，为统一规范化，本

条对工程地质和水文地质作了原则性的规定。在厂址选择时此条是必须考虑的重要因素之一,地质条件越好,则采用的基础形式、地基处理方法越简单,基建投资越省。

因此,厂址选择时无论是对建筑荷载较大的企业,如钢铁、有色、火电、重型机械企业,还是建筑荷载较小的企业,如中小型机械、轻工、电子、食品、纺织等企业,都应调查分析每个拟选厂址的区域地质、工程地质和水文地质、岩土种类、场地的稳定性、地基条件、地基承载力等。按照上述两个规范确定的工程重要性等级(甲、乙、丙)和场地的复杂程度、地基的复杂程度确定的(一级、二级、三级)等级来分析拟选厂址的工程地质和水文地质情况,作为厂址选择和比较的依据。

甲、乙、丙级详见现行国家标准《建筑地基基础设计规范》GB 50007—2011 中第 3.0.1 条和《岩土工程勘察规范》GB 50021—2009 中第 3.1.4 条。

一级、二级、三级详见现行国家标准《岩土工程勘察规范》GB 50021—2009 中第 3.1.1 条。

当厂址位于冲积平原和沿海滩地时,由于土壤多由淤泥或淤泥质土组成,土壤的承载力较低,不能满足厂址要求,可根据企业建筑荷载采取加固措施。我国北方某大型企业位于沿海的吹填区,由于建筑荷载较大,采取了打桩加固措施,提高了建设场地的承载力。

由于工业企业的生产和设备不同,建筑物、构筑物基础埋设深度也不一样,故本条对水文地质未作具体规定,可根据工业企业厂址具体要求确定。在通常情况下,要求厂址地下水位宜低于建筑物、构筑物基础埋设深度,并要求水质对基础无腐蚀性。

3.0.9 本条为原规范第 2.0.8 条的分解修订条文。工业企业场地面积的大小是厂址选择的最基本条件,必须满足企业工程的用地需要。它主要根据工艺装备水平、建筑物布置、运输结构、贮运装备、辅助设施、发展要求及自然条件等因素综合确定。由于各类工业企业上述因素不尽相同,故本条对企业用地面积作了原则规定,应符合国家有关用地控制指标(包括《工业项目建设用地控制指标》和所属行业国家有关用地控制指标)规定的要求。

《工业项目建设用地控制指标》(国土资发〔2008〕24 号)(以下简称《控制指标》)是贯彻落实节约土地资源的基本国策,是加强工业项目建设用地管理、促进工程建设用地集约利用和优化配置的重要法规性文件,是工业企业和设计单位编制工业项目可行性研究报告和初步设计文件的重要依据。

《控制指标》由投资强度、容积率、建筑系数、行政办公及生活服务设施用地所占比重、绿地率等五项控制指标构成。

所属行业国家有关用地控制指标是指我国 26 个

行业中,有部分行业都制定了本行业项目建设用地控制指标。如钢铁、机械、电力、煤炭、建材、有色等行业。

根据多年来基本建设的经验,适宜的建厂地形有利于总平面布置,工业企业应预留适当的发展用地。据对 20 个选矿厂的调查,建成后进行较大规模扩建的约占 90%;据对 50 多个机械企业、20 多个钢铁企业、15 个建材企业调查,几乎全都有不同程度的发展。况且我国经济建设正处于快速发展期,提出预留发展用地是合适的。

3.0.10 本条为原规范第 2.0.8 条的分解修订条文。厂址应具有适宜的地形坡度,既满足生产、运输、场地排水要求,又能节约土(石)方工程量,加快建设进度,节约基建投资。自然地形复杂、自然坡度大将使土(石)方工程量、边坡处理等工程量加大,增加了建设投资。避免将盆地、积水洼地、窝风地段作为厂址是为了有利于排水,避免烟尘集聚。

据对已建成的 72 个不同类型的企业调查,其中52 个企业的厂址自然地形坡度小于 5%,主要运输方式为铁路和道路;13 个企业厂址的自然地形坡度在5%~10%之间,主要运输方式为道路、带式输送机运输;7 个企业厂址的自然地形坡度大于 10%,主要运输方式是带式输送机、管道运输。

又据对最近几年新建和拟建的钢铁、化工、电厂的情况调查,3 个钢铁企业的厂址自然地形坡度在5%~10%之间;2 个化工企业和 3 个电厂的厂址自然地形坡度小于 5%;主要运输方式为铁路、道路、带式输送机、管道运输等;由于各类企业厂址对自然地形坡度要求不同,本条对适宜的地形坡度未作规定。

3.0.11 本条为原规范第 2.0.9 条的补充修订条文。分工协作和专业化生产是现代工业发展的必然趋势。加强相互协作,开展横向联合,发挥各自的技术优势,搞好专业化社会协作生产,是推进技术进步,提高产品质量,克服企业追求大而全弊端的有效途径。第 3.0.5 条条文说明介绍的北方和南方的几个大型企业,由于充分利用依托城市开发区的动力公用设施、码头等的有利条件开展社会协作,既节约了企业的资金,又加快了工程建设进度,在不到 3 年时间里建成投产,取得了非常好的效果。

本条还增加了"发展循环经济"的内容,各工业企业要按照"减量化、再利用、资源化"的原则,促进循环经济的发展。如某钢铁企业炼铁厂利用高炉剩余的煤气发电、排除的炉渣销售给水泥厂生产水泥,某火电厂利用排除的粉煤灰用于制砖。水泥、砖成品能用于工程建设。这样周而复始的循环,形成循环经济链,实现了能源和资源节约的合理利用。

3.0.12 本条为原规范第 2.0.10 条的修订条文。为了保证企业不受洪水和内涝的威胁,厂址选择应重视防洪排涝。慎重地确定防洪标准和防洪措施。其防洪标准应根据企业规模、重要性、服务年限、经济等因素确定。由于本条第1款直接涉及人身财产安全及公共利益，当避免不了时，必须具有可靠、安全的防洪、排涝防护措施，故列为强制性条款。

在沿海选厂，还需调查潮位、风对水体的影响及波浪作用的综合因素引起潮水泛滩的可能性，并按防洪标准确定有关洪（潮）水的设计基准。

3.0.13 本条为修订新增的强制性条文。山区建厂防御的重点是地质灾害，而诱发地址灾害的诱因之一是连续降大雨或暴雨。在山坡峭且高的山区，遇连续降大雨或暴雨后期的3d～5d极易引发塌方、山洪、泥石流等次生灾害。由于坡陡，山水的流速、流量大，很快会汇成巨大的山洪，破坏力甚剧。我国四川汶川、云南贡山、甘肃舟曲等发生的特大泥石流灾害造成了重大的经济损失，我们必须吸取教训，严防地质灾害发生再造成危害，故提出应避开陡峻且高的山坡或山脚处建厂。当不可避免时，应具有可靠的截洪或完整的排洪措施，并应根据国务院颁发的《地质灾害防治条例》对山坡的稳定性等作出地质灾害评估报告。

3.0.14 本条为原规范第2.0.11条的补充修订条文。由于第1款～第8款、第11款所指地区（段）建设工业企业将直接影响人员生命财产安全、人身健康、环境保护及公共利益，故作为强制性条款，必须严格执行。

1 在我国某些行业的工业企业中有许多建筑物、构筑物属抗震设防甲、乙类建筑物，某些行业的工业企业建筑物、构筑物无抗震设防甲、乙类建筑物。应具体分析，区别对待：

属抗震设防甲、乙类建筑物，按现行国家标准《建筑抗震设计规范》GB 50011—2010第3.1.3条规定，应符合本地区抗震设防烈度提高一度的要求。现行国家标准《建筑抗震设计规范》GB 50011—2010中第1.0.3条规定："本规范适用于抗震设防烈度为6、7、8和9度地区建筑工程的抗震设计及隔震、消能减震设计"，"抗震设防烈度大于9度地区的建筑及行业有特殊要求的工业建筑，其抗震设计应按有关专门规定执行"。如果某些行业的工业企业属抗震设防甲、乙类建筑物建在9度及9度以上地区，超出了该规范的适用范围，既增加了工程基建投资，又增加了建筑物、构筑物及生产设施的不安全因素，解决抗震加固问题的难度将非常大。故为确保安全，规定不应在9度以上的地震区选厂。

无抗震设防甲、乙类建筑物的工业企业，不应在高于9度地震区选厂。

2 泥石流、严重滑坡是以往矿山建设和山区建厂中曾多次发生又较难解决的问题，给矿山建设和企业造成了重大的经济损失。如江西某选矿工业场地，由于大面积开挖而引起滑坡，使部分建筑物变形，整治一年，工程费用高达500万元。泥石流、严重滑坡直接威胁人员的生命和企业财产安全。又如我国甘肃舟曲发生的特大泥石流灾害，导致127人遇难，1294人失踪，造成重大经济损失。故规定不应将厂址选在有泥石流、严重滑坡等直接危害的地段。

3 在采矿陷落（错动）区地表界限内建厂，易造成建筑物、构筑物断裂、损坏、位移、倒塌，会直接影响企业正常生产且危及人身安全。本款是总结实践经验制定的。

4 爆破危险区界限内不得建厂，是根据现行国家标准《民用爆破器材工程设计安全规范》GB 50089和《爆破安全规程》GB 6722中的有关规定制定的。两规范对爆破危险范围（安全允许距离）作了规定，厂址不得进入。

5 在水库的下游建厂，必须确保水库堤坝稳固且使厂址不受洪水及堤、坝决溃的威胁，如不能确保厂址的安全，将直接威胁人员和企业的财产安全，故规定不得在受其威胁且不能确保安全的地区建厂。

6 本款系增加的新条款。为了保障人员的安全，应避免在有严重放射性物质污染的影响区内选厂址。

7 本款把原规范第2.0.11条的第6款、第7款、第8款综合在一起叙述，根据《建设项目环境保护管理办法》、《中华人民共和国水法》和《风景名胜区建设管理规定》、《中华人民共和国森林保护法》、《中华人民共和国文物保护法》中的有关规定制定。

8 本款根据《中华人民共和国民用航空法》和《国务院、中央军委关于重新颁发关于保护机场净空的规定的通知》中的有关规定不可侵占的地面和净空界限范围内不应选为厂址而制定的。

9 Ⅳ级自重湿陷性黄土是指很严重的湿陷性场地。在土的自重压力下受水浸湿发生湿陷的黄土地区，新近堆积黄土由于形成年代短，土质松散又极不均匀，承载力低，因此，具有一定的湿陷性及高压缩性，土壤耐压力较低。故在上述黄土地区建厂将增加土建工程费用和结构技术处理的复杂性，如果处理不好，容易引起湿陷或滑移，使建筑物遭受破坏。本条根据现行国家标准《湿陷性黄土地区建筑规范》GB 50025—2004第5.2.1条第5款的规定制定。

膨胀土具有吸水膨胀，失水受缩的特性，其膨胀力高达7.75MPa，常给建筑物、构筑物带来严重的破坏，故本条规定厂址不应位于Ⅲ级膨胀土地区。如云南某厂，厂址位于Ⅲ级膨胀土地区，企业建成后不到4年，75.4%的房屋发生开裂，迫使该企业不得不停建。

10 本款根据《中华人民共和国矿产资源法（修正）》第三十三条"在建设铁路、工厂……非经国务院授权的部门批准，不得压覆重要矿床"的规定而制定。

如辽宁某挖掘机厂，位于大型煤矿矿床上，近年来，由于地下开采逐渐接近厂区，虽距厂区300m，但开采影响线已波及厂区，致使场地下沉，建筑物开裂。后经迁建他处，造成几千万元的损失。另外，在开采矿藏区建厂，对矿藏的开采、建筑物的稳定、安全生产都是很不利的，故本条对此作了规定。

11 本款系修订增加的条款，指沿海、沿江易受海啸、湖涌、洪水危害地区，主要从以下几点考虑：

第一，随着我国社会主义现代化建设步伐的加快，沿海、沿江、沿湖的建设项目增多，易受海啸、潮涌、洪水的危害。为了防患于未然，应该把由地震引起的海啸或湖涌灾害提到预防日程。

第二，我们要接受2004年12月26日印度尼西亚苏门答腊岛附近发生的一场里氏9.0级地震，继而引发了巨大海啸的教训，7个亚洲国家和1个非洲国家遭受重创。灾难失踪总人数约达23万人，给南亚和东南亚国家带来巨大的经济和财产损失。虽然该灾难没有波及我国，但是临近的韩国也遭受了不同程度的影响。

2011年3月11日日本东北海域发生里氏9.0级强烈地震，引发大规模海啸并造成重大经济损失和人员伤亡。

第三，我国有关专家呼吁要开展对海啸、湖涌等自然灾害的研究预警，以提高国民的防灾自救意识和能力。

第四，我国核电工业已走在其他工业行业的前列，早在《核电厂总平面及运输设计规范》GB/T 50294—1999中的第3.2.4条就有规定，"厂址不应位于地震引起海啸或湖涌危害的地区"。

据以上四点，本次修订增加了此款。

4 总体规划

4.1 一般规定

4.1.1 本条是原规范第3.1.1条的修订条文。工业企业总体规划一般需要在厂址确定以后进行（个别情况也有同步进行的）。

首先，应有国家（或主管部门）批准的可行性研究报告、项目申请报告，其内容必须包括建设规模、发展远景计划，还必须提供比选厂址阶段较为详细的自然条件、城镇规划、土地利用规划、经济及交通运输等资料、发展循环经济的项目规划资料，以及厂址所在地区的特殊要求等。

在总体规划中，应进行多方案技术经济比较，才能作出满足生产、运输、防震、防洪、防火、安全、卫生、环境保护、发展循环经济和满足职工生活需要的优秀的规划设计。

4.1.2 本条是原规范第3.1.2条的修订条文。当工业企业建设在城镇或靠近城镇时，工业企业的总体规划应以城乡总体规划、土地利用规划等为依据，并符合其规划要求。不在城乡附近的工业企业的总体规划应与当地的地区规划相协调。一个工业企业的建设对当地地区的发展有很大影响，它不仅带动原有城乡的发展，也会促进新城镇的建立，使工业企业节省建设资金，加快建设速度，有利于为职工创造较好的生产和生活条件。

规定中提出企业与城乡和其他企业之间在交通运输、动力供应、机修和器材供应、综合利用及生活设施等方面加强协作，实现专业化、社会化协作，这是现代企业管理运营模式的一个重要方面，是提高产品质量和劳动生产率、发挥设备效率、提高投资效益、降低生产成本和节约集约用地的有效途径，在总体规划中应予以贯彻。如某市的几个企业共用专用线和编组站，既节约了占地，又节省了投资。

4.1.3 本条是原规范的第3.1.3条。工业企业的各类设施应同时规划，这是做好总体规划，使企业尽快发挥投资效益所必需的。如洛阳涧西工业区是以3个机械厂为主体建设起来的，在总体规划中，对各厂区、居住区、供电、供水、排水及交通运输、商业、医疗等服务设施都同时规划，合理安排，从而很快形成一个工业区，很快发挥投资效益，在国民经济建设中发挥了重要作用。又如攀枝花钢铁公司，由于全面规划各类设施，在总体规划的指导下有步骤地进行建设，在荒无人烟的山谷中迅速形成一个数十万人的新兴工业城市。以前建设的上海金山石油化工总厂、上海宝山钢铁总厂，近几年在沿海建设的曹妃甸、营口鲅鱼圈钢铁厂、广西钦州大型炼油化工厂等大型工业企业的总体规划，也都是很成功的。

大型工业企业基建工程量大，施工期长，一般都设有专门的施工基地，为了保证工业企业总体规划的合理性，施工基地应同企业各类设施用地同时规划。

4.1.4 本条是原规范第3.1.4条的修订条文。规定了分期建设的工业企业应贯彻节约集约用地的原则，近远期应统一规划，近期建设项目宜集中布置，远期建设项目应根据生产发展趋势及当地建设条件预留发展用地。只有处理好了近远期关系，才能保证企业最终总体规划的合理。

防城港某电厂按国家要求，一期工程按$2×60MW$规模设计，留有进一步发展的条件，并且不堵死以后再扩建的可能。根据现阶段总体规划该厂建设规模可以扩大到2400MW。由于该厂在总体规划中做到了以近期为主，远近结合，较好地处理了远近期的建设和发展用地。

4.1.5 本条是原规范第3.1.5条的修订条文。联合企业中不同类型的工厂应按生产性质、相互关系、协作条件等因素分区集中布置。布置时要注意：产生污染的工厂，不能对非污染工厂产生影响；易产生火灾爆炸危险的工厂，不能对其他工厂构成威胁；布置上不影响相互间的发展。

对产生有害气体、烟、雾、粉尘等有害物质的工厂，必须采取处理措施，使其有害物质的排放指标符合现行国家标准《工业企业设计卫生标准》GBZ 1 的规定，并应避免它们之间的相互影响。多年基本建设的经验说明，工业企业建设只考虑自身的污染，而忽视对相邻企业的影响，造成许多不良的后果，必须在今后建设中尽力避免。

4.2 防护距离

4.2.1 本条是原规范第 3.2.1 条的修订条文。1991 年国家颁发了《制定地方大气污染物排放标准的技术方法》GB/T 3840—91，对防护距离的确定，作了比较科学的规定；2010 年修订颁发的《工业企业设计卫生标准》GBZ 1—2010 对卫生防护距离又作了具体定义，防护距离是指"从产生职业性有害元素的生产单元（生产区、车间或工段）的边界至居住区边界的最小距离"。

目前，现行国家标准《工业企业设计卫生标准》GBZ 1—2010 已明确了三十类工业企业卫生防护距离标准，如氯丁橡胶厂、盐酸造纸厂、黄磷厂、铜冶炼厂（密闭鼓风炉型）、聚氯乙烯树脂厂、铅蓄电池厂、炼铁厂、焦化厂、烧结厂、硫酸厂、钙镁磷肥厂、普通过磷酸钙厂、小型氮肥厂、水泥厂、硫化碱厂、油漆厂、氯碱厂、塑料厂、碳素厂、内燃机车厂、汽车制造厂、石灰厂、石棉制品厂、缫丝厂、火葬场、皮革厂、肉类联合加工厂、炼油厂、煤制气厂等。在工业企业总体规划中，应按现行国家标准《工业企业设计卫生标准》GBZ 1 中的规定设置卫生防护距离。

卫生防护距离的大小与国情、工艺生产技术水平、对污染的治理水平以及当地气象条件等因素有关。

1 为了节约集约用地，应尽量利用原有绿地、水塘、河流、山岗和不利于建筑房屋的地带作为卫生防护距离。

2 在卫生防护距离内不应设置永久居住的房屋，是考虑到使人身不受污染。对卫生防护距离的地带应进行绿化是为了减少环境污染，改善生态环境。

4.2.4 本条是原规范第 3.2.4 条的修订条文。产生高噪声的工业企业系指企业内部噪声超过某一声级，以致对外部环境或内部工作环境产生明显影响的企业。

4.3 交通运输

4.3.1 本条是原规范第 3.3.1 条的修订条文。本条规定了工业企业交通运输规划应遵循的原则和要求，应与企业所在地国家或地方交通运输规划相协调。工业企业交通运输的规划应符合工业企业总体规划的要求，并应满足生产对运输的要求。由于大、中型企业运量大，对所在地区的运输影响大，只有与城镇和地区运输规划统一考虑，才能保证企业的正常生产。在有条件的地区，可实行运输专业化、社会化。

结合企业生产的需要和当地交通现状，交通运输规划还可兼顾地方客货运输，方便职工通勤需要，充分发挥其社会效益，这也是十分必要的。如某企业的交通运输公司除完成该公司生产物料运输任务、职工上下班通勤服务外，还为武汉市青山区的许多家企业承担运输服务，其客运汽车通勤承担了市内大量人员的交通运输任务。

过去有的企业自管的准轨铁路除完成企业物资材料的输送、职工上下班通勤服务外，还兼顾地方的铁路客货运任务。但是，随着我国交通运输业的发展，考虑客流、成本、安全等因素铁路客运的功能取消了。

4.3.2 本条是原规范第 3.3.2 条。工业企业外部运输方式有水运、铁路、道路、带式输送机、管道、索道等。各种运输方式有其适用范围，对地形、地质、气象条件也有不同的要求和适应性。企业外部运输方式的选择涉及诸多因素，一定要进行技术经济比较，选取经济合理的方案。

4.3.3 本条是原规范第 3.3.3 条。本条规定了工业企业铁路接轨点的基本要求，是依据现行国家标准《工业企业标准轨距铁路设计规范》GBJ 12 中的规定制定的。

4.3.4 本条是原规范第 3.3.4 条的修订条文。本条规定是总结实践经验提出的。为了节约基建投资，节约集约用地，降低企业生产成本，企业的交接站（场）、企业站应充分利用路网站场的能力，避免重复设站。如我国火力发电厂，多数采用了货物交接，运输由路网铁路局统一管理，节约了基建投资。

4.3.5 本条是原规范第 3.3.5 条的修订条文。工业企业的厂外道路是城镇道路网和地区道路网的组成部分，因此，应符合城乡规划或所在地区道路网的规划。为了节约基建投资、节约集约用地，充分发挥城市或地区现有道路的运输能力，本条提出在规划企业厂外道路时，应充分利用现有的国家公路及城镇道路，并要求同厂外现有道路连接合理、路线短捷、工程量小。

4.3.6 本条是原规范第 3.3.6 条的修订条文。本条是实践经验的总结，企业的外部交通应便利，与城镇、居住区、企业站、码头、废料场以及邻近协作企业交通联系应方便，能保证企业的正常生产，企业需要的原料、燃料、材料可以及时地运到，企业的废料、垃圾可方便地运走，同邻近企业的协作往来方便，同时保证职工通勤的需要。随着我国铁路、公路、水运的快速发展，交通条件较过去大为改善，但是货流、车流量也在不断增加，外部交通问题成为某些企业保证正常生产的障碍。据对有些企业的调查，凡是企业的外部交通运输条件好的，从生产到生活职工反映都比较好；凡是企业的外部交通运输条件差的，企业生产和职工生活都有不少困难，需要改善。

4.3.7 本条是原规范第3.3.7条的修订条文。本条是为工业运输专业化、社会化而作的规定。

根据对大、中城市市区或近郊区20多个工业企业的调查，大部分企业厂外汽车运输不同程度地委托城市运输部门承运，这是可行的。一些机械、化工、轻纺等企业反映，企业所需的煤、砂、石、大型机械等货物均委托当地运输公司承运，定时定量供应，或采用门对门的运输，降低了费用，供、运、需三方都感到有好处。

厂外汽车运输全部由本企业承担的，有两种情况：一是本企业运量很小，如某汽车电镀厂，全年运量只有8000t，自备1辆～2辆汽车已经够用；二是企业运量较大，当地运输公司能力不够，不能承担，只能自备车辆运输。

总的来看，凡是有条件的地区，采用社会协作的方式，企业外部汽车运输委托城镇交通运输部门承运是经济合理的，应予以提倡。

对大型工业企业，设有独立核算的运输公司（运输部），向各分厂收取运费，全企业运输设备集中统一调度和管理，这种形式提高了运输效率。某大型企业，把各分厂汽车集中到总厂运输处统一管理，显示了以下优点：汽车完好率提高30%；油料消耗降低16.5%；里程利用率提高16%；每季度节约维护费10万元；集中后每台汽车效率大为提高。

企业外部水路运输，一般也以委托水运部门承运为宜，企业自营水路运输需要设置码头、仓库、船舶等大量设施。但某些大、中型企业，条件具备，经过比选，经济合理时，也可自行组织水运。

4.3.8 本条是原规范第3.3.8条。由于水路运输具有运量大、运费低、投资少的优点，故凡邻近江、河、湖、海的工业企业，都应充分利用水运。但由于水运受自然因素影响较大，特别是影响船舶航行的自然因素，如雾日、冰冻期、风、浪、水位变化等，往往影响企业运输的保证性，所以规范提出水路运输可以满足企业运输要求时，应尽量采用水路运输。这一点十分重要。如企业离河流、海稍远，也可考虑采用水、陆联运。

4.3.9 本条是原规范第3.3.9条的修订条文。管道、带式输送机、索道等运输方式与其他运输方式应有合理的衔接，避免二次倒运和临时堆存，应形成一个协调的运输系统，以降低运输成本，减轻劳动强度，减少占地。

4.4 公用设施

4.4.1 本条是原规范第3.4.1条的分解修订条文。

水源地是工业企业重要的公用设施之一，应与工业企业的总体规划统一考虑，合理布置。水源地除满足上述总的要求外，为保证水源地的水质满足生产需要，还提出了三条需遵守的共性要求。

对生活饮用水水源提出了专门要求，应执行现行国家标准《生活饮用水卫生标准》GB 5749和《地表水环境质量标准》GB 3838中的有关规定。

4.4.2 本条是原规范第3.4.1条的分解修订条文。高位水池应位于地质条件良好的地段，如青海某厂，高位水池未注意防渗漏溢流，使用后不断发生塌方，防治十分困难，教训深刻。因此，在类似工程中，必须避免。

4.4.3 本条是原规范第3.4.2条的修订条文。本条所指的厂外污水处理设施系指全厂性污水处理厂。污水处理厂经常散发恶臭，污染大气、土壤和地下水，因而对其位置提出了要求：宜靠近企业的污水排出口或城镇污水处理厂；与厂区和居住区保持必要的卫生防护距离，以利保护环境，减少污染范围。

4.4.4 本条是原规范第3.4.3条的修订条文。为了减少热电站和锅炉房通向用户的管线敷设长度以及减少热能消耗，节约基建投资，因此，热电站和集中供热的锅炉房的位置宜靠近负荷中心或主要用户。同时应全面规划，保证有方便的供煤和排灰渣条件。应注意采取除尘、减尘等措施，以满足环保要求，防止对环境的污染。

4.4.5 本条是原规范第3.4.4条的修订条文。总变电站应布置在高压输电线路进出线方便处，一般情况下宜布置在厂区边缘。因高压输电线路要求有一定宽度的线路走廊，如不靠厂区边缘，输电线路必然穿越厂区，如采用架空线路，将加大厂区占地，且增加不安全因素，如采用电缆则要增加投资。

总变电站应不受粉尘、水雾、腐蚀性气体等污染源的影响，否则将对电气设备造成严重腐蚀。如某化工厂变电所的位置，只注意靠近了负荷中心，忽视了大气腐蚀问题，由于硝酸车间酸雾的腐蚀，开关控制设备均被损坏，绝缘不良，配电盘角钢支架带电，不得不重建。

总变电站不应布置在有强烈振动设备的场地附近，以免振动对电气设备产生影响，可能造成继电保护的误动作而发生事故。

4.5 居 住 区

4.5.1 本条是原规范第3.5.1条的修订条文。现在已有很多企业利用城镇的社会资源解决职工的居住和生活问题，既减少了企业的管理机构和定员，也减小了企业的负担。

居住区宜集中布置，或与相邻企业组成集中居住区，其优点是可以集中建设生活福利、文化、娱乐、商业等设施。能逐步形成一个完整的生活区，且有利于节约投资。中小型企业，居住区人口数量较少、占地面积不大，一般应集中布置。如分散布置，不利于公用设施配套建设且增加基建投资。如浙江某中型厂，居住区人口少，和邻近玻璃厂协作，联合建集中居住区。但大型企业，职工人数较多，有时受土地限制，集中布置场地不足，也可集中与分散相结合。

4.5.2 本条是原规范第 3.5.2 条的修订条文。在符合安全和卫生防护距离的要求下，居住区宜靠近工业企业布置，但紧靠在一起，出了厂门就是家门也不合适。虽然上下班方便，但不可避免地互相干扰，给工厂管理、安全、保卫带来一定麻烦，也影响居住区的安静和安全、卫生。特别是产生有害气体、烟、雾、粉尘的工业企业的居住区与厂区之间的距离，一定要符合卫生防护要求。但距离太远，职工上下班不便。在满足卫生、安全等防护距离要求的前提下，居住区最远边缘到工厂最近出入口的步行时间不超过 30min 是比较合适的。

当超过步行 30min 时，宜设置交通工具。

居住区宜靠近城镇，与城镇统一规划，不但能充分利用城镇设施，节约投资，也大大有利于提高职工及家属的生活福利及文化娱乐水平，方便职工生活。

4.5.4 本条是原规范第 3.5.4 条。居住区利用荒地、劣地，应选择在不窝风的阳坡地段，在某些情况下，可能给职工生活带来一些不便。但节约集约用地是我们的基本国策，必须予以贯彻。

4.5.5 本条是原规范第 3.5.5 的分解修订条文。本条是为保障职工和家属人身安全作出的规定。湖北某大型企业建厂时，铺设了一条穿越企业居住区的临时铁路，后因工程量大，原规划的永久线路至今未建。临时线取代了永久线，造成几处与居住区主、次干道平面交叉，影响人身安全；铁路的噪声影响居民休息，现虽然改为立体交叉，但铁路下的道路净空受到限制。安徽某大型企业，在厂区与居住区之间设有铁路干线，形成居住区至厂区的道路多处与铁路交叉，影响交通、人身安全。如设立交，不仅增加工程费用，还会使进厂道路条件标准降低。

4.5.6 本条是原规范第 3.5.5 条的分解修订条文，是参考各地区城乡（镇）规划管理技术规定制定的。

4.5.7 本条是修订的新增条文。

4.6 废料场及尾矿场

4.6.1 本条为原规范第 3.6.1 条的修订条文。国家鼓励、支持开展清洁生产，减少固体废物的产生量。因此工业废料的排弃应符合《中华人民共和国固体废物污染环境防治法》和现行国家标准《一般工业固体废物贮存、处置场污染控制标准》GB 18599 的有关规定。工业废料凡能利用的，均应加以综合利用。这是国家一项重要的技术政策。需综合利用的废料按其性质分别堆存，以便利用，减少利用时再倒堆、

分拣。

4.6.2 本条为原规范第 3.6.2 条的修订条文。第 3 款为强制性条款。为防止废料，特别是含有有害、有毒物质的废料对人身和土壤、大气、水体的污染，必须按现行的国家有关规范和本规范第 4.6 节的规定选择堆放地点，并确定必需的防护距离，必须采取防扬散、防流失和其他防止污染的措施，不得对周围的环境和人员造成污染及危害。第 4 款根据《中华人民共和国放射性污染防治法》和现行国家标准《电离辐射防护与辐射源安全基本标准》GB 18871 的要求，列为强制性条款。一旦遭受放射性物质的污染，会严重危害人们的健康。如日本某核电站放射性物质严重超标，190 人遭辐射污染。对含放射性物质的废料场应采取**严格防扩散措施**。

4.6.3 本条为原规范第 3.6.3 条的分解修订条文。对废料排弃量不大的中、小型工业企业，利用城镇现有废料场堆放废料或与邻近企业合作共用废料场，可以节约投资和减少用地。

4.6.4 本条为修订新增的强制性条文。是实践的总结和环境的要求，有少数企业将废料直接排入江、河、湖、海，造成水体严重污染，影响极大。为保护环境，避免水体污染，规定不得将江、河、湖、海水域作为废料场。

4.6.5 本条为原规范第 3.6.3 条的分解修订条文。本条直接涉及环境保护，应注意的是：不少厂矿将废料场设置在江、河、湖、海岸旁滩洼地带，废料场初期距河道尚有一定距离，但随着废料量逐年增加，以致废料接近或浸入水体，造成水体污染，且影响航道。为此制定本条规定。

4.6.6 本条为原规范第 3.6.4 条。关于废料场的堆存年限，本条作了原则性的规定。这是因为随着技术进步，设备先进，对废料的综合利用程度也在逐步提高。由于企业生产性质不同，技术水平各异，很难对堆存年限作具体规定。如辽宁、山西某大型厂，钢渣的综合利用达 100%，而有的企业达不到上述水平，可根据企业排废料量的具体情况确定堆存容量和堆存年限，宜一次规划，分期实施。如某大型厂对于暂不能利用的工业垃圾的堆存年限，初期堆存年限为 10 年。

废料场及尾矿场（矿井掘进所排弃的矸石、选煤厂筛选出的矸石及电厂所排弃的灰渣）除应执行本规范外，尚应符合现行的有关国家标准和行业标准的有关要求。

4.6.7 本条为原规范第 3.6.5 条的修订条文。由于选矿厂排出的尾矿量很多，为了缩短尾矿的运输线路，节省基建投资，本条规定尾矿场宜靠近选矿厂布置。为了节约集约用地，尾矿场应建在条件好的荒山、沟谷。所谓条件好系指能满足尾矿场场地面积、容积和运输线路技术条件的要求，且建坝工程量小，

又不对居住区和村镇造成污染的地段，并能使尾矿自流输送，节省运营费。

4.7 排 土 场

4.7.1 本条为原规范第3.7.1条的修订条文。对排土场位置的选择共提出了7款要求。

1 利用采空区排弃剥离物（即所谓内排土），主要是为了减少占地，缩短运输距离，降低剥离成本。条文中规定条件允许的矿山是指对缓倾斜矿层矿床，适宜于内排土。对急倾斜厚矿体矿床，按照我国传统的采矿工艺很难实现内排土。但如果同时有几个采区，通过有计划的安排采掘进度，先强化部分采区的开采，形成采空区后，其他剥离物可向其采空区排弃；有些露天矿通过改变开采程序也可实现内排，如抚顺西露天煤矿，将工作线向煤层倾向推进，改为沿煤层走向推进后实现内排。

对分期开采的矿山，为取得较好的经济效益，将近期开采的剥离物堆放在远期开采境界以内，开采后期二次倒运，但必须经过技术经济比较，认为合理时方可采用。

2 排土场荷重大，应位于地质条件良好地段。工程地质或水文地质不良地段是影响排土场稳定的主要因素，而基底弱层则是引起坡体下滑的直接原因，排土场可能发生失稳现象。设计应采取防止滑坡的安全措施。

3 排土场的安全要求参照现行国家标准《金属非金属矿山安全规程》GB 16423 和《一般工业固体废物贮存、处置场污染控制标准》GB 18599 中有关规定制定。

4 排土场设计必须将稳定与安全放在首位。对基底承载力不足，可能形成泥石流、大量的汇水冲刷台阶坡脚，均应采取必要的稳定和安全措施。

排土场无论是整体不稳定，还是台阶滑坡，往往是由于排水不良，大气降水或积水渗入排弃物料与基底之间，使其强度指标急剧下降所致。我国排土场滑坡约有50%是浸水所引起的，因此应在排土场的周围设置完整的排水系统。

5 许多矿山的排土场在排弃过程或停止排弃后，细颗粒尘埃随风飘扬，污染大气，对企业生产和居民影响较大。另外，由于剥离物的成分中很多含硫较高，经雨水侵蚀、淋滤和长期风化，产生酸度较高的酸性水。这些酸性水从排土场渗流出来或雨季产生大量地表径流，将严重污染周围的农田和民用水。排土场给周围环境所造成的污染和破坏是不可忽视的，必须加以治理和控制。

6 我国每年工业固体废物排放量的85%来自矿山开采，全国矿山开采累计占用土地3000万亩以上，现每年仍以60万亩或更高的速度继续扩大。露天矿排土场占地面积平均占矿山用地面积的30%～50%，排土场占地之多是十分惊人的。目前，我国人均耕地面积约1.4亩，只有世界人均耕地面积的1/3，因此，排土场充分利用沟谷、荒地、劣地，不占或少占良田、耕地，节约集约用地是我国的基本国策，合理利用土地是一项极为重要的任务。

7 在矿山开采时，对暂不能利用的有用矿物，要求进行分采、分堆；此外，为了利用地表土进行复垦，有计划地将剥离的地表土贮存，也必须分采、分堆。为了最大限度地回收及综合利用，在选择堆存位置时，要考虑运输线路的连接条件及装车作业方便等要求。

4.7.2 本条为原规范第3.7.3条的修订条文。排土场最终坡底线与相邻的铁路、道路、工业场地、村镇等之间的安全防护距离，在符合本行业相应条文规定的基础上，按现行国家标准《有色金属矿山排土场设计规范》GB 50421 中的有关规定校核。若本行业没有相应条文规定时，按现行国家标准《有色金属矿山排土场设计规范》GB 50421 中的有关规定执行。

4.7.3 本条为原规范第3.7.2条。排土场是露天开采的一个重要组成部分。随着我国采掘工业的发展，贫矿开采和露天开采的比例不断增大。以黑色冶金矿山为例，露天开采约占90%，每年剥离的岩石和废土达 200Mt～300Mt，要占用大量的土地满足其堆置的需要。据调查，有不少矿山因排土场不落实而造成采剥失调，影响矿山的正常生产。因此，排土场容积在总体规划中应满足容纳矿山所排弃的全部岩土。在计算排土场容积时，应考虑排弃物料的松散系数和下沉系数，有的还要考虑容量备用系数。由于排土场占地很大，为了避免过早地征用土地，造成长期闲置、浪费，排土场可按排土进度计划要求分期征用土地。

4.7.4 本条为原规范第3.7.4条。《中华人民共和国土地管理法》规定：采矿、取土后能够复垦的土地，用地单位或者个人应当负责复垦恢复利用。矿山排土场不仅占用大量土地和山林，而且还严重地破坏了自然界的生态平衡，因此，复垦种植、覆土造田越来越得到重视。对被破坏的土地恢复使用，应本着因地制宜的原则，即宜农则农，宜林则林，宜牧则牧，宜建设则建设。排土场复垦应与矿山开采工艺相协调，统一规划，充分利用排运设备使复垦工程分期实施，降低复垦成本。如广东坂潭锡矿，把采矿、复田两项工作密切配合起来，基本上做到征地、采矿、复田三者之间互相平衡，复垦了耕种土地1432亩。又如永平铜矿，自1983年以来，在排土场上绿化植树，总面积已达150余亩。再如黑岱沟露天煤矿排土场复垦面积 433.74hm²，复垦率达 65%。

4.8 施工基地及施工用地

4.8.1 本条为原规范第3.8.1条的修订条文。为工业企业建设服务的施工基地一般包括：混凝土搅拌厂、预制品厂、木材加工厂、运输设备和施工机械停放场、修理设施和库房等，具有相当的规模，一般都需占用相当大的土地面积。根据调查，大型钢铁、有色、石化、机械企业，基建工程大，建设周期长，为其服务的施工设施较多，这些设施占用固定的用地，有的企业占地面积还相当大。据对3个大型钢铁企业调查，其施工基地用地面积分别是 $72×10^4m^2$、$70×10^4m^2$、$98×10^4m^2$。由于基地内有相当数量的职工，因此职工居住区也需占用土地。在总体规划中，应同时规划，并应位于企业不发展的一侧，以免企业发展时受到限制或引起拆迁。如湖北某大型厂，施工基地位于企业不发展的西北方向，由于位置合理，企业几次扩建，均未受到影响；而四川某大型厂施工基地邻近厂区尚有条件发展的一侧，当厂区扩建时，拆迁工程量大。施工生产基地应尽量靠近主要施工场地，以便于运输和管理；施工生活基地宜靠近企业居住区布置，以便共用有关生活福利设施等，为施工的职工创造有利条件。

4.8.2 本条为原规范第3.8.2条的补充修订条文。施工基地的大宗材料和到达产品的运输数量是比较大的，所以一定要有良好的运输条件。尽可能利用企业的永久性铁路、道路、水运等运输设施，避免重复建设，以节约运输费用，降低基建投资。

4.8.3 本条为原规范第3.8.3条的修订条文。施工用地一般系指施工中所需的材料及构件等的堆放场地和施工操作时所需的用地等，宜利用厂区空隙地、堆场用地、预留发展用地或防护地带，以节约集约用地，减少施工中的反复倒场，避免增加不必要的搬运工作量。当上述场地不能满足一些工业企业的施工用地时，可另行规划一定的施工用地。

5 总平面布置

5.1 一般规定

5.1.1 本条为原规范第4.1.1条的补充修订条文。考虑到工业企业的厂区远期发展对厂区总平面布置的影响较大，故在原条文中增加了"厂区发展"的内容。

工业企业总平面布置首先要考虑企业的性质，不同性质的企业，生产特点不同，因而对总平面布置除有其共性要求外，尚有各自的特殊要求。例如：精密仪表企业要求有洁净的生产环境；爆破器材加工企业有严格的防火、防爆要求；钢铁企业由于运输量大，且有炽热物料运输，因此在运输方面有特殊要求。只有充分考虑其特性和要求，才能作出经济合理的总平面布置。

企业的规模不同，生产设施的组成和生产能力也就不同，因而也直接影响总平面的布置。如大型钢铁

厂的炼铁车间，多配置 $2500m^3$ 以上的高炉，其生产特点是产量高，出铁次数多，铁水运输作业繁忙，故其总平面多采用岛式布置；而中、小型钢铁厂炼铁车间的情况则相反，其总平面布置多采用一列式。

生产流程是否顺畅，直接关系到企业的经济效益。如果流程不顺，就会延长生产作业线，甚至物流交叉、干扰，导致增加能源和人力、物力的消耗，增加不安全因素，降低劳动生产率等弊端。我国有些老企业，总平面布置不符合生产流程，存在上述弊端，留下了深刻的教训。

总平面布置与厂内外运输设计是一个有机的整体，应统筹考虑，使厂外原料、燃料的运输，成品的运出流向与各生产车间的生产流程相一致，避免物料往返、迂回、折角运输，这对运输量较大的企业尤为重要。如某钢铁公司矿石主要运输方向与厂内生产流程相反，致使矿石运输穿过厂区，增加了运输成本。

总平面布置还应考虑企业的建设顺序和远期发展，以满足生产、建设和扩大再生产的需要。

总平面布置应符合防火、安全、卫生、检修和施工等规定的要求，并为企业的正常、安全生产创造必要的条件。

综上所述，总平面布置应根据本条规定的诸因素，因地制宜地结合具体自然条件，统筹安排布置各项设施，并经多方案技术经济比较，方能求得较优方案。

5.1.2 本条是原规范第4.1.2条的补充修订条文。为了进一步加强土地管理，保护、开发土地资源，合理利用土地，切实保护耕地，促进社会经济的可持续发展，在条文中增加了"总平面布置应节约集约用地，提高土地利用率"的内容。我国的国情是人多地少，因此，"珍惜和合理利用每寸土地、节约集约用地"是我国的基本国策。工业建设用地应符合《工业项目建设用地控制指标》及所属行业国家有关用地控制指标要求的规定。

《工业项目建设用地控制指标》及所属行业国家有关项目建设用地指标的解释见第3.0.9条的条文说明。

《工业项目建设用地控制指标》中还要求，对适合多层标准厂房生产的工业项目，应建设多层标准厂房，原则上不单独供地。

本条总结多年的设计和生产实践经验，对节约集约用地作了4款规定，具体说明如下：

1 建筑物、构筑物等设施集中、联合、多层布置，减少了分开布置的间距和占地面积，是节约集约用地的有效途径，且可减少运输环节，为采用连续运输创造条件。为此，在国内外近年新建的企业中已广泛采用。但其前提是符合生产工艺流程、操作要求和使用功能要求，否则会顾此失彼，造成不良后果。

2 按功能划分街区，使同一功能系统的各项设

施布置在一个街区内，不仅有利于节约集约用地，且便于生产管理。通道宽度的宽窄对厂区占地影响颇大，如山东某厂主要通道宽度达 100m，如能压缩至 90m，则可节约用地 50 亩。故应合理地确定通道宽度，使其适度。

  3 厂区、街区和建筑物、构筑物的外形规整，避免局部凸出或凹进，以避免或减少厂区、街区形成零碎不便利用的场地，从而可以提高土地利用率。

  4 街区内的各项设施紧凑合理布置，不仅对节约集约用地大有好处，且可缩短工程管线长度，减少工程费用。

5.1.3 本条是原规范第 4.1.3 条的补充修订条文。妥善地处理企业近、远期工程关系，合理地预留发展用地，是总平面布置的一项重要任务。处理不好，会制约企业发展，或破坏合理的总平面布置；或浪费土地，增加基建工程费用，影响经营效果。为此，本条根据以往的经验教训，作了 3 款规定，具体说明如下：

  1 分期建设的企业系指可行性研究报告中明确规定的分期建设项目，其总平面布置应全面考虑，统筹安排。为使近期工程能以较少的投资和用地尽快地建成投产，取得经济效益，故近期工程项目集中紧凑布置，并在布置上与远期工程相协调，为远期工程创造良好的施工条件，避免近期工程生产与远期工程建设相互干扰。

  2 远期工程的预留用地在厂区外，不仅有利于达到上述目的，并可避免多占或早占土地，且在今后土地使用上有灵活性。如原上海石油化工总厂就是按这一要求布置的，近几年新建的曹妃甸京唐钢铁基地也是按照这一原则布置建设的，收到了良好的效果。当可行性研究报告中规定近、远期工程相隔期很短，或在生产工艺上要求紧密相连时，远期工程方可预留在厂区内。因为不这样，不仅会浪费基建投资，也会给生产上带来无法克服的后患。如上海宝山钢铁总厂符合上述要求，二期工程就是预留在厂内的。为了使预留发展用地直接用于远期发展建设而不为它用，避免不必要的拆迁，影响正常使用，故不应在其用地范围内修建影响发展的永久性建筑物、构筑物等设施。

  3 第 3 款为补充款。在预留用地时应全面考虑，以往的总平面设计中有时仅仅考虑主要生产系统用地的预留，而容易忽视了其他发展用地的预留，如辅助生产设施、公用设施、交通运输设施、仓储设施和管线设施等发展用地，在改、扩建总平面布置中许多时候受到这些非主要因素的限制，导致企业改、扩建难于实现预期的目标，因此，补充此款。

5.1.4 本条是原规范第 4.1.4 条的修订条文。厂区通道宽度关系到企业总平面布置是否紧凑合理，对厂区用地影响甚大。通道过宽，不仅浪费土地，而且会增加运输线路和工程管线长度，提高运输费用；过窄则不能满足有关工程设施布置的技术要求，难以保证安全生产，或给生产作业造成不便。由于企业类别繁多，生产规模大小不一，各具特点，因此，对于通道宽度的要求不能强求一致。故本条对通道宽度未作定量的规定，设计时，应根据企业的具体情况，按本条规定的 7 款要求，合理确定。

5.1.5 本条是原规范第 4.1.5 条的修订条文。充分利用地形、地势和工程地质及水文地质条件，合理地布置建筑物、构筑物等设施，不仅可以减少基建工程量，节约工程费用，而且对保证工程质量和企业正常生产大有好处。如某化工厂位于丘陵地带，一高层建筑物布置在填土较厚的地段，工程地质条件差，在施工中由于基础处理困难，不得不改移建设地点。

  山区、丘陵地带，场地坡度大，建筑物、构筑物等设施平行等高线布置，既可减少土石方工程量，又可避免产生不均匀下沉造成的危害。场地坡度大，竖向设计多采用台阶布置形式，总平面布置应充分利用台阶间的高差，为物料采用管道自流输送、半壁料仓、滑坡式高站台、低货位等装卸设施创造有利条件，以减少工程费用，节约能耗，提高经济效益。

5.1.6 本条是原规范第 4.1.6 条。建筑物的朝向、采光和自然通风条件的优劣，直接关系到职工的身心健康、劳动生产效率的提高，影响企业经济效益。为此，现行国家标准《工业企业设计卫生标准》GBZ 1—2010 第 5.3.1 条明确规定"厂房建筑方位应能使室内有良好的自然通风和自然采光"。对高温、热加工、有特殊要求和人员较多的建筑物，尤应防止西晒，为其创造较好的工作环境。我国某钢铁公司车轮轮箍厂，由于受到地形条件限制，主厂房纵轴呈东西向布置，受到西晒影响，车间温度增高，不得不将厂房西侧墙壁做成大面积百叶窗，但效果仍不理想。

5.1.7 本条是原规范第 4.1.7 条的修订条文。有害性气体、烟、雾、粉尘和强烈振动、高噪声对人员和生产设备以及产品质量均有不同程度的危害，同时还会对周围环境和人身造成严重危害。

  补充本条文是考虑到生产有害物品的工厂，当发生事故有物质泄漏时，对人身、安全、环境会产生严重影响。因此，总平面布置应根据工厂的生产性质，合理布置，避免由于在生产、储存、运输过程中有害物品的泄漏，对周边生态环境和人身造成危害。如我国某石化公司双苯厂发生爆炸事故，致使苯、苯胺、硝基苯、二甲苯等主要污染物流入松花江，其污染物浓度指标严重超过国家规定标准，造成水质严重污染，致使周边城市停水数天，严重影响城市正常生活秩序，危害生态安全。

5.1.8 本条是原规范第 4.1.8 条的补充修订条文。合理地组织人流和货流，避免交叉干扰，使物料沿着短捷的路径，顺畅地输送到各生产部位，是确保安全生产所必需，也是降低运输成本的重要条件。为此，总平面布置应使各项设施的位置符合上述要求。

5.1.9 本条是原规范第 4.1.9 条的修订条文。以往在总平面设计中，对各项设施平面布置的合理性已充分重视，这是必要的，但相对而言，对建筑群体的平面布局与空间景观的协调，并结合绿化，提高环境质量注意不够，缺乏艺术构思和现代企业的建设特点。为了创造良好的工作环境，改善劳动条件，激发劳动热情，提高劳动生产效率，故作本条规定。

5.1.10 本条是修订的新增条文。本条是根据现行国家标准《建筑设计防火规范》GB 50016、《工业企业煤气安全规程》GB 6222、《钢铁冶金企业设计防火规范》GB 50414 等规范制定的。

5.2 生 产 设 施

5.2.1 本条是原规范第 4.2.1 条。大型建筑物、构筑物系指大型联合厂房、高层建筑物等，重型设备如合成氨塔等，这些大型建筑物、构筑物荷载大，布置在土质均匀、土壤允许承载力较大的地段，可以节省地基工程费用，且可避免因产生不均匀下沉酿成事故。如某压延设备厂金属结构车间布置在冲沟沟口处，虽然地形条件较好，但由于处在冲沟下游，工程地质为Ⅲ级自重湿陷性黄土，又是新近堆积而成，土基松散，设计采用爆破桩，施工时桩底形不成设计要求的扩大头，虽采取措施，投产后仍陆续产生沉陷事故，露天跨柱子产生位移、下沉，不能使用，不得不拆除报废。为了减少土（石）方工程量和防水处理工程费用，确保工程质量，所以较大、较深的地下建筑物、构筑物，宜布置在地下水位较低的填方地段。

5.2.2 本条是原规范第 4.2.2 条的修订条文。要求洁净的生产设施，洁净要求高〔所谓洁净度，就是在一定空间容积中允许含微粒子（灰尘）的浓度〕。如集成电路的生产在光刻过程中，若落上 $0.5\mu m$ 的尘粒，就会形成一个隐患点，腐蚀后即形成"针孔"而报废；在管芯装配过程中，若沾上导电尘埃，会造成短路。故此类要求洁净的生产设施，应布置在大气含尘浓度较低、环境清洁的地段，并应使散发有害性气体、烟、雾、粉尘等污染源位于其全年最小频率风向的上风侧，且应符合现行国家标准《洁净厂房设计规范》GB 50073 的规定，以防污染，确保产品质量。

5.2.3 本条是原规范第 4.2.3 条的修订条文。对产生和散发高温、有害性气体、烟、雾、粉尘的生产设施的布置，主要考虑两个因素，一是充分利用自然条件，使其生产过程中产生的高温或有害物质能尽快地扩散掉，以改善自身的环境条件；二是尽量避免或减少对周围其他设施的影响和污染。布置不当，势必造成危害。如上海某厂 220kV 屋外变电站，由于受到邻近生产设施有害物质的影响，仅运行几年，铝导线变黑，钢结构受腐蚀，已接近不能使用的程度。

5.2.4 本条是原规范第 4.2.4 条。据调查，有的企业某些有强烈振动的生产设施邻近防振要求较高的车间、办公室布置，不符合防振距离要求，致使受振车间不能正常生产，办公人员受到严重干扰。如山东某氨厂压缩空气机厂房外 6m 处布置有配电室，把距压缩机 28m 处的配电室油开关振坏，造成全厂停产事故；相距 100m 处的化验室万分之一天秤不能正常使用。据此，本条作了相应规定。表 5.2.4-1、表 5.2.4-2 是根据中国科学院武汉岩土力学研究所《工业企业总平面设计防振间距试验研究》报告，并参照国内外有关资料确定的。武汉岩土力学研究所在武汉、上海、鄂州地区进行测试，并将测试的结果进行综合分析，通过理论计算，提出了防振间距，但由于该成果的测试地点仅限于上述 3 个地区的几个企业，其场地土质情况尚不能概括全国各地区，故表 5.2.4-1 的使用条件在注 2 中作了仅适用于波能量吸收系数为 0.04/m 湿的砂类土、粉质土（按《土工试验规程》SL 237—1999 的规定，该两类土的饱和度大于 0.5～0.8）和可塑的黏质土（按上述规程规定，该类土的液性系数为 0.25～0.75）的规定。测试分析结果表明，振动的影响距离与土壤的波能量吸收系数成反比，与土壤的含水量成正比。因此，当土壤不符合上述条件时，其防振间距应适当增加或减少。具体增减数值由于受测试条件的限制，难以确定。

5.2.5 本条是原规范第 4.2.5 条的修订条文。在原条文中增加了对产生高噪声的车间布置的一般方法和要求，并归纳为 5 款。噪声的危害很大，影响人体健康，分散工作人员注意力，降低工作效率，甚至会因此酿成事故。为尽量避免或减少噪声对环境和生产的影响，故作了本条规定。

5.2.6 本条是原规范第 4.2.6 条的补充修订条文。在原条文中增加了"生产大宗产品的设施宜靠近其产品储存和运输设施布置"的内容。缩短物料的厂内运输行程，可以节省能耗，降低运输成本，对物料消耗量大的企业提高效益尤为显著。故需用大量原料、燃料的生产设施宜靠近相应的原料、燃料贮存、加工设施布置，并应位于其全年最小风频风向的下风侧，以减少污染。例如：每生产 10 万 t 铁需要铁精矿 16.3 万 t、煤 7.5 万 t、石灰石 4.2 万 t。所以钢铁厂总平面布置时，应将烧结、焦化和炼铁车间靠近原料厂布置，且应优先考虑烧结和焦化车间的位置。我国某钢铁总厂就是按上述要求布置的（如图 1 所示）。但是，对大宗原料、燃料需用量不大的企业，在总平面布置

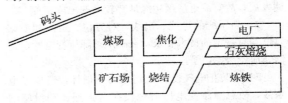

图 1 某钢铁总厂有关设施相互位置示意图

中，原料、燃料运输问题并非主要矛盾，往往先考虑生产设施的布置，有时两者不能靠近布置，然而从全厂总平面布置全局来看是合理的。故本条在用词严格程度上，采用"宜"。

5.2.7 本条是原规范第 4.2.7 条。易燃、易爆生产危险品设施，生产过程中危险性大，为尽量减少对外界影响，并防止万一发生火灾或爆炸事故危害其他设备安全和保证本设施内人员能迅速撤离危险区，避免伤亡事故，本条作出相应规定。并列出实际工程设计中可能需要查阅的相关规范如下：

《建筑设计防火规范》GB 50016

《民用爆破器材工程设计安全规范》GB 50089

《汽车加油加气站设计与施工规范》GB 50156

《工业企业煤气安全规程》GB 6222

《焦化安全规程》GB 12710

《氢气站设计规范》GB 50177

《乙炔站设计规范》GB 50031

《石油库设计规范》GB 50074

《石油化工企业设计防火规范》GB 50160

《钢铁冶金企业设计防火规范》GB 50414

《爆破安全规程》GB 6722

《地下及覆土火药炸药仓库设计安全规范》GB 50154

《烟花爆竹工程设计安全规范》GB 50161

5.2.8 本条是原规范第 4.2.8 条。有防潮、防水雾要求的生产设施，受水浸湿后，会影响设备正常运转，甚至酿成事故，或影响产品质量。故上述设施应布置在地势较高或地下水位较低地段，且与循环水冷却塔之间有必要的防护间距。

5.3 公 用 设 施

5.3.1 本条是原规范第 4.3.1 条的修订条文。各种动力设施宜布置在其负荷中心，或靠近主要用户，主要是为了缩短管线长度，节省能耗。如钢铁厂的总降压变电所，一般多布置在轧钢或炼铁区，氧气站多靠近转炉车间布置。但有时受到客观条件限制动力设施不能按上述要求布置，而从全厂总平面布置考虑是合理的，这是局部服从全局的问题，故本条采用"宜"。

5.3.2 本条是原规范第 4.3.2 条的修订条文。总降压变电所是企业生产的心脏，必须确保安全供电。为此，本条作了 4 款规定，具体说明如下：

1 为了避免电气设备受到潮湿侵害，且有利扩建发展，故宜靠近厂区边缘地势较高的地段布置。

2 高压线的进线、出线，对方位、走向和通廊宽度均有一定的技术要求，在确定总降压变电所位置时，应予考虑，予以满足。

3 为防止电气设备受到振动而损坏，造成停电事故，故总降压变电所避免设在有强烈振动设施的附近。

4 电气设备受到烟尘污染或受到有害气体的腐蚀，会使绝缘电阻的功能急剧下降，泄漏电流增大，电压降低，甚至造成短路事故，而风向对此影响较大，故作了规定。

5.3.3 本条是原规范第 4.3.3 条的修订条文。氧（氮）气站的生产过程是将空气压缩从中分离出氧气和氮气。为了提高氧（氮）气的纯度，确保安全生产，要求吸入的空气必须洁净，特别是要防止乙炔或其他碳氢化合物混入引起爆炸事故。为此，现行国家标准《氧气站设计规范》GB 50030 对空分设备吸风口处空气内乙炔的允许极限含量作了明确规定。

5.3.4 本条是原规范第 4.3.4 条的修订条文。压缩空气站吸入的空气要求洁净，生产中会产生较大的振动和噪声，故本条作了相应规定。

5.3.5 本条是原规范第 4.3.5 条的修订条文。本条系根据现行国家标准《乙炔站设计规范》GB 50031 的有关规定制定的。

5.3.6 本条是原规范第 4.3.6 条的补充修订条文。补充了液化气配气站布置的内容。

1 煤气站和天然气配气站、液化气配气站，生产过程中常有煤气（天然气）和煤灰等有害物排出。为了减少污染，防止火灾事故发生，故将其布置在主要用户全年最小频率风向的上风侧。

2 本款增加了"发生炉煤气站的布置应符合现行国家标准《发生炉煤气站设计规范》GB 50195 的有关规定"的内容。现行国家标准《发生炉煤气站设计规范》GB 50195 为后增规范，其规定了煤气站布置的内容，故补充此内容。还增加了"天然气配气站、液化气配气站应符合现行国家标准《城镇燃气设计规范》GB 50028 的有关规定"的内容。现行国家标准《城镇燃气设计规范》GB 50028 为后增规范，其内容涉及煤气站和天然气配气站的布置，故补充此内容。

3 本款增加了"水处理设施和焦油池宜布置在站区地势较低处"的内容。煤气站的贮煤场和灰渣场宜布置在煤气站全年最小频率风向的上风侧，以减少对站区内主要设施的污染。将煤气发生站的水处理设施和焦油池布置在站区地势较低处是为了便于水处理系统自流循环和防止焦油流失而污染环境。

4 本款增加了天然气配气站"宜位于有明火或散发火花地点的全年最小频率风向的上风侧"的内容。考虑到天然气配气站明火或散发火花地点对它的威胁，故补充此内容。此外，为了尽量缩短进气总管和至各用户支管的长度，配气站尚宜靠近天然气进气方向和至各用户支管较短的地点。

5 本款增加了液化气配气站布置的有关内容。液化气配气站的布置要考虑液化气的运输和装卸要求，同时也要求向用户供气方便，供气管线尽量短捷。液化气配气站的布置要考虑明火或散发火花地点对它的影响，还应避免窝风，以减少意外事故的发生。

5.3.7 本条是原规范第4.3.7条。对锅炉房的布置有3款规定，具体说明如下：

1 为了避免或减少锅炉房生产过程产生的烟、尘对厂区的污染，故宜布置在厂区全年最小频率风向的上风侧。

2 当采用自流回收冷凝水时，锅炉房布置在地势较低，且不窝风的地段，可以提高水管内水压差，保证自流，节省能耗，且又使锅炉房有良好的自然通风条件，改善工作环境。

3 燃煤锅炉房耗煤、排灰量较大，为了满足正常生产的需要，故应有相应的贮煤及排灰场地和方便的运输条件。贮煤场及排灰场布置在锅炉房全年最小频率风向的上风侧，可以减少扬尘对锅炉房的污染。

5.3.8 本条是原规范第4.3.8条。给水净化设施的布置一般有两种方式：一是与取水构筑物设在一起，靠近水源地或数个水源的汇集处；另一方式是布置在厂区内边缘地段，且靠近水源方向和至主要用户支管长度较短的地段。之所以这样布置，主要是为了缩短输水管（渠）长度，节省能耗，减少基建投资和运营费用。

5.3.9 本条是原规范第4.3.9条的修订条文。本条修改了冷却塔与周围设施的最小水平间距。循环水设施靠近所服务的生产设施布置，可以缩短输水管线长度，节省基建投资，且便于生产管理，使其回水自流，或减少扬程，可以节省能耗，降低运营费用。为了使浊循环水沉积下来的淤泥能及时清除、堆放和运出，防止流失，污染环境，故在沉淀池附近应有相应的堆场、排水设施和运输线路的场地。

冷却塔的布置应考虑与周围设施相互的影响。为了使水体能尽快冷却和防止受到污染，故冷却塔宜布置在通风良好、避免粉尘和可溶于水的化学物质影响水质的地段。同时，为了防止冷却塔的水雾降落到屋外变（配）电装置、铁路、道路上结冰，而影响上述设备运行和使用，故冷却塔不宜布置在上述设施冬季盛行风向的上风侧；为了使冷却塔具有良好的自然通风条件，并防止水雾对其他设施的影响，故冷却塔与其相邻设施之间应有必要的防护间距。

根据近年设计单位的反馈意见，本次规范修订综合比较、分析了多个行业关于冷却塔间距调整的最新成果，参考国家现行标准《火电厂总图运输设计技术规程》DL/T 5032—2005，《化工企业总图运输设计规范》GB 50489—2009，《钢铁企业总图运输设计规范》GB 50603—2010等对机械通风冷却塔与中央试（化）验室、生产控制室的最小水平间距，以及自然通风冷却塔与屋外变、配电装置的最小水平间距进行了调整。

玻璃钢冷却塔在某些企业中已被广泛采用，根据

现行国家标准《工业循环水冷却设计规范》GB/T 50102—2003的条文说明，冷却塔分为三种，风机直径大于8m的为大型，风机直径在4.7m～8m的为中型，风机直径小于4.7m的为小型。而小型冷却塔水雾影响范围小，一般设置在建筑物屋顶上或紧靠建筑物设置，故在总平面布置时可不受本规范间距的限制。

5.3.10 本条是修订新增条文。污水处理站是厂区中一个重要的公用设施，因此增加企业污水处理站布置的规定。

5.3.11 本条是修订新增条文，增加了中央试（化）验室的布置要求。中央试（化）验室是工业企业的一个重要组成部分，其内设置有精密仪器与设备，精度要求高，且怕潮湿和振动。为了确保试（化）验质量，应布置在环境洁净、干燥的地段，且与振源应有合理的防护间距。

5.3.12 本条是修订新增条文，增加了生活污水泵站及雨水排水泵站布置规定的内容。考虑减少排水泵站的埋深和排水泵扬程，排水泵站应分别布置在生活污水和雨水总排水管的出口附近。

5.3.13 本条是修订新增条文，增加了工业企业自备热电站的布置规定。自备热电站供热、供电的对象不同，其位置也不同。靠近热、电负荷的中心，可减少热、电线路损耗。此外，热电站需消耗燃料（燃气或动力煤），布置时应使燃料供应便捷。

5.4 修理设施

5.4.1 本条是原规范第4.4.1条的修订条文。为便于服务和方便管理，全厂性修理设施宜集中布置；为确保安全生产，车间性修理设施应靠近主要用户布置。如火灾危险性大的生产车间，就不应与有明火或散发火花的修理设施靠近布置；防振要求高的车间也不应与振动较大的修理设施靠近布置。

5.4.2 本条是原规范第4.4.2条的修订条文。各企业的机械修理和电气修理设施的任务不同，规模不一，设施组成也相异甚大，故应根据各自的特点和要求，结合具体条件合理布置。但总的来看，机械修理设施服务面广，污染较小，生产人员较多，故一般多靠近生产管理区布置；电气修理设施生产环境要求洁净、防潮湿，故一般多布置在机修区附近地势较高、通风良好的地段。由于上述两设施都有大型修理件或大型设备（如大型变压器）运入、运出，故要求有较方便的运输条件。

5.4.3 本条是原规范第4.4.3条。仪表属精密设备，精度要求高，且怕潮湿和振动。为了确保维修质量，故其修理设施宜布置在环境洁净、干燥的地段，且与振源之间应有必要的防护间距。

5.4.4 本条是原规范第4.4.4条的修订条文。机车、车辆修理设施的布置应使多数机车、车辆进出库方

便，且避免加重咽喉道岔负荷，影响其他机车生产作业。因此，应布置在机车作业较集中和出入库方便的地段，且应避开作业繁忙的咽喉区。

5.4.5 本条是原规范第 4.4.5 条的修订条文。汽车修理分为大、中、小修三级，各企业对汽车修理设施要求承担的任务不同，设施组成相差甚大，故其布置的位置也不同。当承担大修任务且能力较大时，多数布置在厂区外独立地段；反之，与汽车库联合设置较多。

5.4.6 本条是原规范第 4.4.6 条。建筑维修设施场地内需堆放大量的砖、瓦、砂、石和钢铁、水泥等大宗材料，一般还设有混凝土搅拌、预制品生产等设施，且有运输量大、占地面积大、扬尘大的特点，故宜布置在厂区边缘或厂区外独立地段，并应有必要的露天作业、材料堆放场地和方便的运输条件。

5.4.7 本条是原规范第 4.4.7 条。为了缩短矿山用电铲检修时的走行距离和钎凿等设备的搬运距离，提高机械设备利用率，更好地为矿山生产服务，故其检修设施宜靠近所服务的露天采矿场或井（硐）口布置。为了露天检修和备件堆放的需要，尚应有相应的场地。

5.5 运输设施

5.5.1 本条是原规范第 4.5.1 条的修订条文。企业的主要车站，调车作业频繁，行车作业多，是机车作业集中的场所；机车、车辆修理库机车出入频繁，为了使多数机车能就近进行整备作业，减少单机行程，故机车整备设施宜布置在企业的主要车站，或机车、车辆修理库附近。

5.5.2 本条是原规范第 4.5.2 条。总结多年生产实践经验说明，电力牵引接触线检修车库布置在企业主要车站一侧，便于及时出车检修线路，且取送检修材料方便。

5.5.3 本条是原规范第 4.5.3 条的补充修订条文。原《汽车库设计防火规范》GBJ 67—84 已废止，应遵照现行国家标准《汽车库、修车库、停车场设计防火规范》GB 50067 执行。多数企业的汽车库有停车场，但也有企业设有单独的停车场。如某钢铁总厂，在厂区内设有两个单独的停车场。因汽车库、停车场两者对总平面布置要求是相同的，故本条将两者并列，除规定应符合现行国家标准《汽车库、修车库、停车场设计防火规范》GB 50067 外，并根据实践经验作了 5 款规定：

1 靠近主要货流出入口或仓库区布置，有利于减少空车行程，提高汽车运输作业效率。

2 避开主要人流出入口和运输繁忙的铁路布置，可以减少人、货流交叉及铁路、道路交叉，有利于交通安全。

3 加油装置布置在汽车主要出入口附近，便于

汽车顺路加油，减少空车行程。

4 汽车洗车装置布置在汽车库、停车场入口附近，可以使汽车在进库停放前即进行清洗作业，以保持车库（场）清洁的环境。同时要考虑洗车场地的环境，不能对车库周边环境造成影响。

5 本款为新增款，主要是考虑合理确定停车场的面积。

5.5.4 本条是原规范第 4.5.4 条的修订条文。轨道衡的布置应考虑车辆称重流水作业的要求，宜布置在装卸地点的出入口或车场牵出线的道岔区附近、交接场或调车场外侧，或进厂联络线一侧，以便于对车辆称重作业。

5.5.5 本条是原规范第 4.5.5 条的补充修订条文。为了使名称与"铁路轨道衡"统一，将原来的"地磅房"改为"汽车衡"；增加了"并应设置一定面积的停车等待场地，且不应影响道路的正常行车"内容。我国道路交通法规规定为右侧行车。为了使多数车辆能沿正常行驶方向过磅计量而不横穿道路，故汽车衡应布置在有较多车辆行车方向道路的右侧。汽车衡布置在道路的外侧，是为了不因过磅而影响后面车辆继续行驶。据调查，个别企业将汽车衡设在行车道上，影响交通，是一个教训。同时还应在汽车衡前、后设置一定面积的汽车等待区域，避免等待车辆停在道路上影响道路通行。

5.5.6 本条是修订新增条文。补充叉车和电瓶车车库布置规定，应与库房一体建设和停放管理，减少运输距离。

5.5.7 本条是原规范第 4.5.6 条的修订条文。从便于瞭望、调度和工作联系考虑，铁路车站站房应布置在站场中部靠内到发线的一侧；同样原因，由几个场组成的车站应布置在位置适中、作业繁忙的地点，这也是实践经验的总结。

5.5.8 本条是原规范第 4.5.7 的补充修订条文。信号楼的布置除应考虑便于瞭望、指挥调度方便的要求外，尚应使其通信及电力线路短捷，以节省基建费用。

信号楼距铁路太近，由于车列振动，会影响继电器等电气设备正常动作，特别是正线行车速度高，影响尤甚；高温车列可能烤坏信号楼的玻璃，恶化工作环境。为此参照《工业企业标准轨距铁路设计规范》GBJ 12—87 第 13.2.11 条和《钢铁企业铁路信号设计规范》YB 9078—99 第 20.0.21 条，对信号楼外壁至铁路中心线的间距作了相应的规定。

5.6 仓储设施

5.6.1 本条是原规范第 4.6.1 条的补充修订条文，增加了应符合国家防爆标准的有关内容。有些仓库储存有爆炸性材料，故应符合国家防爆标准的有关要求。仓库与堆场应按不同性质、类别分类集中布置，

可为采用机械化搬运、共用运输线路和装卸设备创造条件，且可节约集约用地，便于管理。此外，其布置尚需考虑货流方向、供应对象、贮存面积、运输方式等因素，以求缩短物料流程，避免二次倒运，解决好供需关系，满足生产需要，合理使用土地，使贮存与运输相协调。

实际工程设计中可能需要查阅的相关规范详见本规范第5.2.7条的条文说明。

5.6.2 本条是原规范第4.6.2条的修订条文。大宗原料、燃料耗用量大，尤应注意贯彻贮用合一的原则，避免二次倒运。在此前提下，对其仓库或堆场的布置作了4款规定，具体说明如下：

1 靠近主要用户，并有方便的运输条件，可以缩短物料搬运距离，保证供应，满足生产需要。

2 机械化装卸可以提高作业效率，减轻劳动强度，因此，仓库或堆场的布置应为其创造条件。

3 为了避免扬尘对厂区的污染，对于易散发粉尘的仓库或堆场应布置在厂区边缘地带，且位于厂区全年最小频率风向的上风侧。

4 为防止仓库或堆场场地积水，影响装卸作业和物料的质量，故场地及场地周边应有良好的排水条件。

5.6.3 本条是原规范第4.6.3条的修订条文。为了防止金属材料被腐蚀性气体、酸雾、粉尘腐蚀和污染，造成不应有的损失，故金属材料库区应远离上述场所布置，并使其处于有利风向的位置。

5.6.4 本条是原规范第4.6.4条。易燃及可燃固体材料堆场，如稻草、麦秸、芦苇、烟叶、草药、麻、甘蔗渣及木材等物品。这类物品的燃点低，一旦起火，燃烧速度快，辐射热强，难以扑救，容易造成很大损失。如某造纸厂原料堆场起火，因水源不足，扑救不力，大火烧了十多个小时，损失达数万元。从火灾实例看，稻草、芦苇等易燃材料堆场，一旦起火，如遇大风天气，飞火情况十分严重。因此，为了防止发生火灾和一旦起火后飞火殃及厂区内其他建筑物及设施，故此类堆场宜布置在厂区边缘，应远离明火及散发火花的地点。

5.6.5 本条是原规范第4.6.5条的补充修订条文。本条新补充第5款和第6款两款内容，其中第3款为强制性条款。本条甲、乙、丙类液体的划分执行现行国家标准《建筑设计防火规范》GB 50016的规定。甲、乙、丙类液体，闪点低，火灾危险性大，从防火安全考虑，对其罐区布置作了6款规定，具体说明如下：

1 为了防止罐区泄漏液体流入厂区中心地段，并使其能尽快地挥发掉，以利安全，故其宜位于厂区边缘且地势较低而不窝风的独立地段。

2 为防止明火或火花侵入罐区，酿成火灾事故，故应远离上述地点布置。

3 为防止供电线路或罐区起火，相互影响造成更大事故，所以严禁架空供电线路跨越罐区。

4 为防止罐区万一发生火灾事故，危及邻近的城镇、企业、居住区和码头、桥梁的安全，故库区应位于上述对象的下游地段。

5 可燃液体储罐爆炸起火，往往罐体破裂导致液体外流，为保证工艺装置车间、全厂性重要设施及人员集中场所的场地安全，应采取防止液体漫流的安全措施，如防火堤、防火墙等，以确保安全。

6 防止罐区泄漏液体流入排洪沟，顺着排洪沟蔓延，遇火花或明火引起火灾，故与排洪沟不宜靠近。

5.6.6 本条是原规范第4.6.6条。电石遇水受潮湿后，产生乙炔气体和电石渣，不仅使电石失效，且乙炔气体在空气中聚集易引起火灾爆炸事故。为此，电石库应布置在场地干燥和地下水位较低的地段，且不应与循环水冷却塔毗邻布置，其间应有必要的防护距离。

5.6.7 本条是原规范第4.6.7条的补充修订条文。本条新增"酸类库存及其装卸设施应布置在易受腐蚀的生产设施或仓储设施的全年最小频率风向的上风侧"内容，主要考虑酸类物质泄漏后随风传播对易受腐蚀设施的影响。酸类库区及其装卸设施，泄漏酸液后会腐蚀其他设施，危害人体健康，污染地下水体，故宜布置在厂区边缘且地势较低地段，并位于厂区地下水流方向的下游地段。

5.6.8 本条是原规范第4.6.8条的修订条文。

5.7 行政办公及其他设施

5.7.1 本条是原规范第4.7.1条的补充修订条文，新增了第2款内容。行政办公及生活服务设施是企业的生产指挥、经营管理中心，又是企业对外联系的中枢，来往人流大，故应布置在便于管理、环境洁净、靠近主要人流出入口、与城镇和较大居住区联系方便的地点。

《工业项目建设用地控制指标》（国土资发〔2008〕24号）中明确规定，工业项目所需行政办公及生活服务设施用地面积不得超过工业项目总用地面积的7%。

5.7.2 本条是原规范第4.7.2条的修订条文。生活设施的布置应以有利于生产、方便生活为原则。全厂生活设施服务于全企业或几个生产设施（车间），应根据企业的规模和具体条件，可集中布置，也可分区布置。如大型钢铁企业，职工数万之多，厂区面积达$10km^2$，因此，食堂、浴室等一般多按二级厂矿分区布置；反之，中、小型轻纺工业企业职工人数少，厂区范围小，食堂、浴室等多采用集中布置形式。

为车间服务的生活设施的布置应靠近其服务的人员集中场所，使多数职工使用方便，尽量缩短走行距离，避免绕行。

5.7.3 本条是原规范第 4.7.3 条的补充修订条文。本条新增了第 3 款和第 4 款两款内容。企业是独立设置消防站，还是与城镇消防站协作，主要根据企业与城镇之间的距离和企业的性质、规模而定。如果超过消防车行驶 5 分钟的距离（按时速 30km 计算，为 2.5km 行程），则协作就不适合，需独立设置消防站。此外，尚应考虑企业的性质、生产规模和火灾危险程度等因素。如大、中型炼油厂、石油化工厂、焦化厂、气油田等企业，火灾危险程度大，应独立设置消防站。一般企业，有条件与城镇协作的，从节省投资、减少企业人员编制考虑，则不应独立设置消防站。

根据《城镇消防站布局与技术装备配备标准》GNJ 1—82 第 1.0.3 条的规定，消防站的服务半径是以接警起 5 分钟内到达责任区最远点为原则确定的。

新增第 3 款是根据《城镇消防站布局与技术装备配备标准》GNJ 1—82 第 4.0.3 条规定，消防站主体建筑距医院、学校、幼儿园、托儿所、影剧院、商场等容纳人员较多的公共建筑的主要疏散出口不应小于 50m。

新增第 4 款是根据《消防站建筑设计标准（试行）》GNJ 1—81 第 2.0.2 条规定，消防车库正门距城镇规划道路红线不宜小于 10m，门前地面应用水泥混凝土或沥青等材料铺筑，并向道路边线做 1%～2% 的坡度。

5.7.4 本条是原规范第 4.7.4 条的补充修订条文，增加了铁路出入口的布置要求。考虑到铁路运输安全，铁路出入口应具备良好的瞭望条件。

5.7.5 本条是原规范第 4.7.5 条的修订条文。围墙的结构形式和高度根据企业的生产性质、安全要求和围墙所处位置而定。如发电厂、氧气厂、民用爆破器材厂、炼油厂安全要求高，保卫要求较严，为防止发生事故，一般不采用花式孔眼围墙，且高度不低于 2.2m。同一厂区四周围墙也不强求采用同一形式标准，如行政办公区或沿城镇道路设置的围墙，建筑艺术要求高，宜采用格栅式或空花式形式。表 5.7.5 中的数据是根据现行国家标准《建筑设计防火规范》GB 50016、《厂矿道路设计规范》GBJ 22 和《工业企业标准轨距铁路设计规范》GBJ 12，并参考钢铁、化工等行业有关规范制定的。

6 运输线路及码头布置

6.1 一 般 规 定

6.1.1 本条为修订新增条文，强调了设计依据和多方案比较。工厂运输线路设计应择优选用适应生产要求、效益较好的可靠方案，力戒仓促定案或只按单一

方案进行设计的做法。

6.1.2 本条为修订新增条文。

6.1.3 本条为原规范第 5.1.1 条的修订条文。列出了运输线路布置的要求：

1 物流（物料流程），在我国已引起相当的重视，一些大的工业企业对此进行了研究。如第一汽车制造厂，老厂区的道路路面比较窄而车流量却较大，运输紧张。该厂对一些路的车流进行了统计分析，并绘制了物流图，进行了合理分流，满足了运输要求。因此，在设计中应为保证物料搬运的运输线路顺畅、短捷创造条件，特别是要避免逆向和重复运输，使人流、货流尽量各行其道，减少交叉，从而为提高经济效益创造条件。

2 应使厂区内、外部运输、装卸、贮存形成一个完整的、连续的运输系统，为此，就要求运输、装卸、贮存的设计能力相匹配，机械化程度相协调，以保证运输的连续性。

3 合理地利用地形，既能节约土（石）方工程量，还可缩短运输距离，节约集约用地。

6 运输繁忙的线路，若有过多的平面交叉，容易造成交通运输线路的堵塞和运输安全事故。

6.1.4 本条为修订新增条文。对工业企业运输所需要的车辆、船只、辅助设备和维修设施的配置首先应尽量考虑社会化，充分利用附近专业运输部门的设施；而对易燃、剧毒、腐蚀、有压、保温等物品的专用车、船或附近水、陆交通部门不能提供的运输工具，应由工厂自备，但应经货运供需双方协商，使选型合理、数量适当、精减操作管理人员；自备车、船的维护修理则应最大限度的外协，以缩小工业企业自置的修理范围。

6.1.5 本条为原规范第 5.1.2 条的修订条文。工业企业分期建设时，运输线路及其设施也应分期建设。总结实践经验，我国一些大、中型企业在分期建设时，由于没有处理好运输线路分期建设的关系，致使运输能力不能适应企业生产发展的需要，有的企业不得不以运定产。为了保证分期建设的企业近期线路和远期运输线路相协调，使近、远期运输线路布置合理，并能适应企业生产发展对运输的要求，本条规定，近期和远期预留线路应统一规划，分期实施，并留有适当的发展余地。

6.2 企业准轨铁路

6.2.1 本条为修订新增条文。铁路运输是工业企业惯用的一种运输方式。在多种运输方式中，它具有运输量大、受自然环境影响小和相对安全可靠的特点，但也存在车辆运用不灵活、工程投资较大和制约总平面布置等问题。本条提出了工厂选用铁路运输的几项条件：

1 企业修建铁路首先应考虑其运输任务，发挥

其运输量较大的特点。如果平均每昼夜到或发的车辆达不到一定的数量，则修建铁路的利用率不高，投资效益难以发挥。本条规定的年运量系参照2005年发布的中华人民共和国铁道部令第21号《铁路专用线与国铁接轨审批办法》有关线路的运量规定标准制定的。

2 有的企业虽然铁路运输量达不到上述第1款的标准，但该企业的厂址靠近国家路网或某相邻企业的铁路专用线，且对接轨站（或点）引起的改、扩建工程量不大时，利用这些有利条件修建了铁路，事实证明这种投资不大、使用方便、设施简单的做法是现实的、可行的。故本款规定了达到第1款50%及以上的运量，且具备本款的有利条件时，也可修建铁路。

3 对工业企业生产所需的大宗长途或批量短途运输的散装、件装以及可燃、易燃、剧毒、腐蚀性的原料和产品，采用铁路运输最为安全、可靠、准时，或在设计中已明确生产供、需的重要物料为铁路运输，若改用其他方式不便衔接时，应修建铁路，以满足对口运输要求。

4 本条文中的特殊需要，主要是指一些军用、特重、超限、危险、易燃、易爆、液态物品以及鲜活货品和集装箱运输等的需要，必须采用铁路运输的方式，可不受其运量大小的限制。

6.2.2 本条为原规范第5.2.1条的补充修订条文。工业企业铁路包括标准轨距铁路和窄轨铁路。本条中凡未指明标准轨距铁路或窄轨铁路时，则二者均适应。工业企业铁路的布置除了应符合本规范第6.1节的要求外，还应符合本条的规定。

第3款规定，当某些工业企业铁路运输作业比较繁忙、作业性质不一样、需多台机车作业时，如条件允许，在铁路总体设计中可考虑机车分区作业，这样能带来如下成效：由于机车在一定地区行驶，司机熟悉线路情况、作业程序和内容，能发挥每台机车的潜力，避免机车之间的相互干扰，减轻咽喉区的繁忙程度，从而为整个运输系统创造协调安全的工作条件；与此同时，还能使相应的有关设施选型更趋于经济合理。如宝钢的准轨铁路分为"特种运输"与"普通运输"两类。"特种运输"与冶金生产工艺有直接联系，行驶的冶金特种车辆最大轴重达45t～46t，繁忙地段约4min～6min通过一次，但车速慢（约10km/h以下），每列的车数较少。根据上述特点，设计选用日产80t无线遥控内燃机车，机车司机不仅可在车列的前部、后部或在车列外方的最有利位置处遥控驾驶机车，还可通过"车上转换装置"（简称"车转"）操纵道岔，同时还担负摘挂车辆等任务。而工厂站（相当于企业编组站）和工厂站以外与路网发生联系的铁路则属"普通运输"，行驶普通铁路车辆，选用国产东风5型内燃机车，与一般工业企业铁路无异。"特种

运输"与"普通运输"之间一般情况是互不往来的。鉴于二者之间的明显差别，故线路标准、轨道类型、管理方式等也分别根据其需要而各异，从而充分发挥各自设施的效能。

第6款、第7款为修订新增加条款。铁路线路布置应注意安全，保护环境，故应把主要作业线群和产生粉尘、噪声、可燃、易爆、有毒和腐蚀等物品的装卸作业区、带布置在厂区全年最大频率风向的下风侧，或全年最小频率风向的上风侧，且最好在厂区边缘地带。

6.2.3 本条为修订新增条文，是根据现行国家标准《铁路车站及枢纽设计规范》GB 50091—2006第11.1.1条制定的。钢铁、煤炭、化工、电厂、大型机械制造等企业，除沿海、沿江采用水运的工业企业外，大都依靠铁路运输。由于这些企业的运输和装卸作业量均较大，而且由于装卸量极不平衡和某些原料及产品对车种的特殊要求，还产生大量的重空车流交换。对这些企业，由于其运量和运输性质等因素决定了多数情况下应设置主要为办理该企业的列车到发、解编、车辆取送和交接等作业的工业站。如广东韶关马坝工业站，该站设计为一级二场横列式车站，路局Ⅰ场，工厂Ⅱ场，主要服务于某钢铁厂和大宝山工矿企业。近年来，由于城市规划、工业布局和企业综合利用的要求，较多行业的工厂集中在一个工业区内，其中每一个工厂虽不如上述那些企业有大量的大宗货物运输和装卸作业，但也产生相当的运量。根据其作用、性质和工业区位置的要求，往往需要设置地区性的多企业共用的工业站，以便铁路专用线接轨，统一办理各企业车辆的到发、解编、车辆取送和交接作业。工业站的布置应符合下列要求：

1 根据企业所在的位置及其总体布置，经路网铁路的铁路运量和交接方式，设在企业铁路与外部铁路的接轨点处或靠近发车辆较多、调车作业繁忙的企业处，其与外部铁路接轨应保证主要车辆运行方向顺置。

2 工业站对各企业站、分区车场和装卸点取送车应有方便的条件。

3 应与城镇规划密切配合，并应避免工业站对城镇规划发展、城镇道路的干扰，同时应满足环境保护、消防、卫生等要求。

6.2.4 本条为原规范第5.2.2条。当路网与工业企业铁路之间实行车辆交接时，车辆交接地点的选择和是否设置专用交接场，主要与下列因素有关：

1 接轨站（通常多为工业站）在路网中的性质，即该站系一般通过式中间站、区段站、小型编组站或是支线的终点站。

2 工业企业主要货流的性质，如用户单一，流向一致，亦或用户分散，流向较多。

3 接轨站（通常多为工业站）和企业站（工厂

编组站、集配站）是联合设置或分开设置。

如双鸭山矿区在路网支线佳富线的终点双鸭山站接轨，货流均为佳木斯以远，矿区企业尖山站与双鸭山站横列联设，车辆交接不设专用交接线，空车在双鸭山站到发线上交矿方，重车在尖山站到发线上交路方。

又如阜新矿区在路网新义线上两个车站新邱站、阜新站接轨，新邱站是一个中间站，阜新站是一个小型编组站，由于阜新矿区生产煤炭供应用户较多，到站分散，所以两处接轨站均采用铁路车站设置专用交接场的形式。

再如平顶山矿区在路网孟宝线的平顶山东站接轨，货流组织大部分是直达远方编组站的直达车流；在 1979 年前交接作业在矿区集配站田庄车站进行，不设专用交接线（田庄站距平东站约 3km）。1979 年 3 月经路矿双方研究，为了减少重复作业，缩短车辆停留时间，将交接作业由田庄改至平东（也不设专用交接线）。实践表明，这样做使原来田庄、平东两站作业时间由原累计 3h～5h 缩短为 70min～100min，而且过去经常在 6 点、18 点出现车流堵塞的现象也得到了缓解。

以上几个例子说明，交接地点的选择以及专用交接场的设置与否，应对路网情况及企业的货流情况以及企业远期发展进行综合研究、全面比较后确定。本条中所列三款要求是衡量方案的主要方面。

6.2.5 本条为原规范第 5.2.3 条的修订条文。当路网与工业企业铁路之间车辆交接时，大型企业由于其内部运输比较复杂，一般都设置企业站（或称工厂编组站、集配站），通过企业站对内联系企业内部各作业站和装卸点，对外联系接轨站（通常为工业站），成为企业内部运输的中枢。为确定企业站与接轨站两站采用联设或分设，在站址选择阶段就应与接轨站、交接场统筹考虑，通过踏勘、协商和综合比选，再经过平面布置，将双方的作业联系和图形结构最后确定。

以平顶山矿务局的准轨铁路为例，该矿区铁路是随着国家路网的沟通和矿区各矿的先后建设而不断发展形成的。1957 年 7 月矿区铁路在路网孟平支线的终点申楼站接轨，并委托郑州铁路局代管。1962 年 7 月矿区铁路改为自营，矿区在申楼西站建企业站（集配站），交接在申楼西站进行。由于申楼站压煤，无扩建可能，在路网孟宝线建成时，接轨站由申楼车站改至平顶山东站。随着矿区建设的发展和中央洗煤厂的建设，在田庄（中央洗煤厂车站所在地）建成矿区集配站，申楼西站改为辅助集配站，交接作业在田庄进行。随着运量的急剧上升，田庄车站交接、平东车站编发的作业过程较长，一般达 3h～5h，造成在 6 点、18 点经常发生车流堵塞现象。1979 年 3 月，路矿双方研究后，提出路矿统一技术作业过程，将交接

作业改在平东站进行，压缩了作业时间。西部韩梁矿区的铁路以立交跨越焦枝线后与宝丰车站接轨，矿区企业站与路网宝丰站横列联设。矿区东西部铁路相联构成统一的运输系统，但各有独立的交接站。平顶山矿务局接轨站、企业站、交接地点的变迁，说明三者的互相制约关系，企业站位置一般应设在企业货源汇集的地点。平顶山矿区在未建田庄中央洗煤厂前设在申楼西站，建田庄洗煤厂后改在田庄站，这是企业发展的结果，故在企业规划时应充分考虑先、后期关系，采取过渡措施。

条文中对企业站位置的选择和站内布置提出了 5 点要求。

对企业站位置的选择不当而给运营带来极为不便的例子很多。如某铝厂企业站到发线有效长仅 350m～440m，不能和接轨站以及专用线的技术条件相适应。由于企业站两端已为工厂和河流所限，要增加长度已不可能，给运营工作增加很多困难。

6.2.6 本条为修订新增条文，是根据现行国家标准《工业企业标准轨距铁路设计规范》GBJ 12 和《铁路车站及枢纽设计规范》GB 50091 制定的。

交接方式通过技术经济比选一般可以反映所选择的方式在技术上可行和经济上合理，但还有非技术因素、条件或问题，需路、厂双方协商解决。

交接作业地点应根据所采用的交接方式及铁路专用线管理方式和车站的布置形式确定。

对于装卸量小或虽装卸量大但调车作业简单，自备机车利用率甚低，且设置机车整备、检修设施经济上不利者，宜采用货物交接方式。实行货物交接时，为避免倒装、倒运，应在工业企业内的装卸地点交接。

实行车辆交接时，交接作业应以简化程序、减少车辆停留时间为原则，同时又便于划清路、厂双方的责任，提高运输质量。

对于设置联合编组站的工业企业为了减少转线作业，节省工程投资，一般不单独设置交接场（线），而在到发场（线）上办理车辆交接。

6.2.7 本条为原规范第 5.2.4 条的修订条文，对企业内部其他站的设置要求作了规定。

4 对于较长的线路，仅供列车会让而开设的车站应按运量的增长，根据通过能力的需要分期建设。如某煤矿的矿区准轨铁路干线上，柳沟站至兴隆堡站之间的距离为 12.35km，计算最大通过能力为每天 30 对，设计允许使用通过能力为 24 对，按矿区前期的运输要求，区间列车对数最多时为每天 24 对，因而前期不开放该两站之间预留的双台子站。

当为了建设临时采石场、临时列车甩站等需要在铁路上接轨而通过能力又不允许仅设置辅助所管理时，有时也需要为此而开设车站。

6.2.8 本条为原规范第 5.2.5 条。由于采用铁路运

输的露天矿其曲线偏角大多偏向一个方向，从而使机车车辆的轮对将出现严重的偏磨。为了减缓这一不利现象，使两侧的磨损趋于均匀，宜在矿区铁路系统的布置中具备圆环形或三角形的组成，使列车有可能定期进行换向运行。当露天矿山铁路线路沿采掘场或排土场境界布置时，应考虑保证边坡稳定和行车安全。

6.2.9 本条为修订新增条文，是依据现行国家标准《工业企业标准轨距铁路设计规范》GBJ 12 中的有关规定制定的。厂内装卸线是企业铁路生产运行的前沿，是服务于工业生产的主要场所，应与其相通连的库房、堆场和站（栈）台彼此协调，紧密连接。

在计算一次最多取送车辆数时，还应考虑与装卸线所衔接的铁路车站的到发线长度对一次取送车辆数的限制。与工业企业衔接的铁路部门经常要求某些大宗货物整列到达或采用定点固定车组的方式，以加快车辆的周转率，其装卸线的有效长度应尽量满足一次整列或半列作业的要求。

6.2.10 本条为修订新增条文，是根据现行国家标准《工业企业标准轨距铁路设计规范》GBJ 12 和《化工企业总图运输设计规范》GB 50489 制定的。货物装卸线如设在小半径曲线上时，存在以下问题：

1 由于车辆距站台的空隙较大，装卸不便，又不安全。

2 相邻车辆的车钩中心线相互错开，车辆的摘挂作业困难。

因此货物装卸线应设在直线上；不靠站台的装卸线（可燃、易燃、易爆、危险品的装卸线除外）可设在半径不小于 300m 的曲线上。

6.2.11 本条为原规范第 5.2.6 条的修订条文。

1 因火灾危险性属于甲、乙、丙类的液体、液化石油气和其他危险品的装卸具有一定的危险性，如汽油、苯类等在装卸过程中有大量的易燃和可燃蒸气溢出，这就要求一切可能产生火源（或有飞火）的设施应远离这些装卸线，故对其风向和位置提出了要求。条文提出"宜按品种集中布置"，是为了便于对不同类型的危险物料采取不同的防范措施，同时也便于生产管理。

2 据对一些企业调查，火灾危险性属于甲、乙、丙类的液体、液化石油气和其他危险品的准轨装卸线皆以尽头式布置。机车进线作业时加 2 辆～3 辆隔离车，即可满足防火要求。多数厂家反映，尽头式线路完全可以满足需要，且能很好地保证安全作业，既便于栈桥和装卸设施的布置，还有利于发展，减少占地；缺点是当作业量大时，咽喉区负担较重。但是，一般工业企业一条装卸线上的负荷不会太大，有的企业虽然运量较大，但品种单一，整批到发，作业量也不大。因此，采用尽头式布置方式一般均能满足生产需要。但并不排除某些运量大、作业繁忙的企业采用贯通式布置。

关于一条装卸线上装卸品种的数量问题，某些企业认为不宜超过 3 个～4 个品种，多了易造成相互干扰、阻塞，调车困难。如某厂 18 号线上卸酒精，装丁醇、苯酚、乙苯、苯、轻油等，经常发生出不来、进不去，相互阻塞的现象；某厂有一条装卸线上有 7 个～8 个品种货物，也经常造成阻塞，给调车作业增加了很大困难。所以条文中提出了"当物料性质相近，且每种物料的年运量小于 5 万 t 时，可合用一条装卸线，但一条装卸线上不宜超过 3 个品种"。修编的"液化烃、丙 B 类可燃液体的装卸线宜单独布置"系根据现行国家标准《石油化工企业设计防火规范》GB 50160—2008 第 6.4.1 条第 5 款要求制定的。

3 在与化工设计部门以及化工厂的同志座谈中，一致认为火灾危险性属于甲、乙、丙类的液体和液化石油气装卸线的装卸段应设计为平坡直线。有坡度的装卸线在使用中存在如下问题：

1）当线路有坡度时，很难按设计要求保持不变，除施工常有误差外，由于线路经过多年维修养护，轨道不断垫高（且往往不均匀），使实际坡度常大于设计坡度。

2）机车挂车时有冲击，有时挂不上，被冲击的车辆在有坡度的线路上停不稳。某企业一次车辆出轨事故就是这样发生的，车辆被冲击后开始移动很慢，调车员没有注意到随机车走了，可是车辆却沿着坡道越走越快，最后冲出车挡。另外一个企业也曾发生过溜车事故。化工企业多为罐车，罐车中的液态物质在车辆受到冲击或外力改变时，将出现惯性涌动，增加了车辆沿坡道溜移的可能性。因此，危险物料装卸线的装卸段应设计为平坡，以保证安全。

3）装卸栈桥的设计、施工、管道安装，在平坡直线上要较为简单。

4）线路有坡度时，对计量精度有一定影响。

5）装卸线有坡度时，罐车内残留物较多，增加了卸车时间。

关于不宜设计为曲线装卸线的理由是：在半径小于 300m 时，车列无法自动挂车和摘钩；在曲线上影响司机瞭望、列车对位，给调车增加了困难；车辆在曲线行驶时增加了轮轨间的摩擦力，易产生火花。

4 由于库房出入口道路的汽车较多，如与装卸线交叉，不仅会出现互相干扰，而且还可能因意外的交通事故而诱发严重的二次事故。但有时因条件限制而不可能完全回避，故只强调"不宜"。

6.2.12 本条为原规范第 5.2.7 条的修订条文。装卸作业区咽喉道岔前方的一段线路属于调车线性质，机车作业方式一般为推送或牵引两种，此时机车处于推进运行和逆向运转状态，增大了阻力，同时撒砂设施难以充分发挥效用，从而对牵引力的发挥产生了不利影响，而对于装载火灾危险性属于甲、乙、丙类的液体、液化石油气和其他危险品的车列一旦出现失控后，其后果之严重是难以估计的。故该段坡度应经计算确定，应能保证列车启动，其长度不应小于该区最大固定车组的长度、机车长度及列车停车附加距离之和。列车停车附加距离不得小于20m。列车停车附加距离的规定是参照现行国家标准《工业企业标准轨距铁路设计规范》GBJ 12—87第7.1.7条制定的。

6.2.13 本条为修订新增条文。工业企业厂内铁路的运行速度一般很低，因此不宜设置缓和曲线，但区间正线、联络线上的列车运行速度可达40km/h，有条件时可在该线路的曲线两端设置缓和曲线。缓和曲线长度的规定是参照现行国家标准《工业企业标准轨距铁路设计规范》GBJ 12—87第2.1.3条的有关规定制定的。

6.2.14 本条为修订新增条文。洗罐站所辖各种线路应根据洗罐工艺要求配置。按洗罐作业一般需配置待洗线、洗罐车位线、不合格车停放线等，因洗罐站一般均为企业铁路部门自管，为减少线路洗罐站宜结合企业车站或存车线路统一布置。

6.2.15 本条为修订新增条文，是根据现行国家标准《化工企业总图运输设计规范》GB 50489的有关规定制定的。火灾危险性属于甲、乙类的液体和液化烃，以及腐蚀、剧毒物品的装卸线和库内线，危险品装卸作业时应加强防护，以保障安全，无关人员及车辆不要擅入危险品装卸作业区。

6.2.16 本条为原规范第5.2.8条。

6.2.17 本条为原规范第5.2.9条的修订条文。尽头式线路末端除设置车挡外，还应设车挡表示器，以便于司机和调车人员瞭望操作。

线路停车位置至车挡预留一段附加距离，是考虑如下因素：

1 机车取送车时，由于各种原因而出现不准确的停车，或在摘挂作业时调动车列需要有一定长度的活动范围，对一般货物装卸线，附加不小于10m已基本上满足要求。但对于可燃液体、液化烃和危险品装卸线，则应不小于20m。这是考虑到油罐车在装卸过程中万一发生着火事故时摘钩的安全距离。当一个列车或一个车组停在装卸线上，其中某一辆罐车失火时，便将后部的油罐车后移20m，将前部的油罐车牵离火灾现场，以免受到着火罐车的影响。当然，这一段附加距离还能避免在调车时，罐车受冲撞而冲出车挡之事故（某厂附属石油库和某市石油站，都曾发生过油罐车冲出车挡的翻车事故）。

2 库内线安装弹簧式车挡时，由于车挡具有弹性，设计、安装已考虑到慢速5km/h以下相撞的条件，故规定了5m的附加距离；同样，金属车挡通常按车轮的半径构成其与车辆的传力点，车挡是铆或焊在钢轨上，由于受力与传力状态比较好，能承受慢速

（5km/h以下）的冲撞，故也规定5m的附加距离。

3 车挡后面的安全距离，是考虑到车列万一发生事故，出现撞倒车挡而冲出时所带来的严重后果。厂房（库房）内不应小于6m，露天不应小于15m的规定是采用现行国家标准《工业企业厂内铁路、道路运输安全规程》GB 4387—2008第5.1.12条的规定制定。而生产、使用、贮存可燃液体、液化烃和危险品、剧毒品的设施，或为全厂性大型架空管廊的支柱，则安全距离增大到30m，这是考虑到上述设施当遭受脱轨车列冲撞时，可能引起严重的二次事故或扩大事故影响的范围，故将安全距离值有所加大。车列冲出尽头线车挡的事例不少。如某钢铁公司的准轨铁路，机车推送12辆120t钢坯车在13道配车时，前方第5辆车车钩的解钩提杆受损而意外开钩，由于此种专用车无手闸，结果前面7辆车失控，溜出约150m，将尽头线的弯起钢轨式车挡推倒而冲出约30m，撞上位于车挡后方的变电所的外墙，车体冲过墙后约1.5m，屋内有3名工人匆忙奔逃，幸免于难。当时地面尚未解冻，对车轮的阻力小，致使脱轨车辆冲出的距离较远。

6.2.18 本条为原规范第5.2.10条的修订条文。轨道衡线设计为通过式线路，能使车辆称重过程可以流水作业进行，减少车辆通过轨道衡的次数，提高作业效率。

为了保证轨道衡称重的精度，称重车辆在进入轨道衡之前、位于轨道衡之上、驶出轨道衡之后，以及进出轨道衡的过程中，均应保持严格的平直状态，使称重车辆不致受到额外的附加外力，因而轨道衡两端线路的一定长度范围内应保持平直，并应对该段轨道的结构有所加强。各个厂家所生产的轨道衡，根据其品种性能等，对于内、外两线路的平直线长度常有不同的要求。如天水红山试验机厂生产的GGG-30型150t动态电子轨道衡，其技术说明书中就提出："距台面两端各50m钢轨应焊成长轨，距台面两端各80m平直段内不得有道岔"，而有些轨道衡厂家则要求不同。因此，条文中规定，其两端的平直线长度，首先应符合该轨道衡的技术要求。本条规定的加强轨道的长度，准轨是根据现行国家标准《工业企业标准轨距铁路设计规范》GBJ 12—87第3.7.6条的内容总结实践经验提出的。

6.3 企业窄轨铁路

6.3.1 本条为修订新增条文。考虑到窄轨铁路运输在冶金、煤炭、有色及非金属等矿山行业的大量使用，涉及行业较多。本规范参照了部分行业标准，尽量统一了技术要求。根据《中华人民共和国铁路法》规定，窄轨铁路的轨距为762mm或1000mm。目前企业窄轨铁路轨距一般为600mm或900mm。采用型号一致的设备，是为了方便备品备件的供应，便于设

备检修，简化机修设施与修理项目。如在煤炭矿区，绝大多数从井下提升至地面的矿车编组成列车后，运送至集中装车站，井口不需换装设施，地面生产系统简单，节省了投资。

6.3.2 本条为修订新增条文。窄轨铁路等级划分是参照了现行国家标准《钢铁企业总图运输设计规范》GB 50603、现行行业标准《煤矿地面窄轨铁路设计规范》MTJ 2 有关规定制定的。厂（场）外线路运量较大，应按运量确定等级。厂（场）内线主要承担辅助运输及联络，使用年限较长，但运量甚少，因此不划分等级。

6.3.3 本条为修订新增条文。本条主要是考虑目前矿山企业使用窄轨运输较多，并结合了矿山开采的特点而制定的。

1 尽量减少压矿藏量、减少采空区塌陷对运输安全的影响。如煤炭行业的《建筑物、水体、铁路及主要井巷煤柱留设与压煤开采规程》中将铁路专用线保护等级确定为Ⅳ级。

2 运输线路走行方向是影响矿区地面布置的关键因素，特别是在地形复杂的地区，还常因运输因素决定着整个矿区的开发部署。

6.3.4 本条为修订新增条文。线路设计应在保证行车安全、迅速的前提下，使工程量小，造价低，营运费用省，效益好，并有利于施工和养护。在工程量增加不大时，应尽量采用较高的技术指标，不应轻易采用最小指标或低限指标，也不应片面追求高指标，并注意以下问题：

1 设计时为了减少线路工程量而采用小的曲线半径，但存在不少缺点，如限制了行车速度、增加了轮轨之间的磨损、机车黏着系数减小等。因此应慎重选用曲线半径。

2 限制坡度是窄轨铁路设计的基本要素，在纵断面设计时，应根据线路等级、使用性质、机车车辆类型及地形条件，经技术经济比较后确定。

6.3.5 本条为修订新增条文。本条系根据《煤矿安全规程》第三百一十二条关于"运送爆炸材料运输"的规定制定的。

6.3.6 本条为修订新增条文。依据现行行业标准《煤矿地面窄轨铁路设计规范》MTJ 2—80 中第 2.1.3 条的要求制定。

6.3.7 本条为修订新增条文。本条系根据《煤矿安全规程》第五百九十七条关于"铁路与公路交叉"的规定制定。

6.3.8 本条为修订新增条文。装、卸车站站型有纵列式、横列式及环线式布置形式，是矿区运输系统的重要组成部分，选择最佳站型是保证企业生产的重要环节。故站型选择应符合下列要求：

1 运量：当运量大、品种多时，应结合地形、列车重量、装车时间、产品、流向等因素选择横列

式、纵列式或环线装车的站型；当运量小或地形条件允许时，可采用单线装车的站型。

2 取送车作业方式：如采用送空取重、单送单取、等装的作业方式时，应分别采用相应的站型。

3 地形条件：当地形适宜时，可采用到发线与装车线纵列布置的站型。

上述各项因素要综合分析，通过技术经济比较确定，应不堵塞发展后路，并留有发展余地。

6.3.9 本条为修订新增条文。窄轨铁路设计应符合现行国家标准《钢铁企业总图运输设计规范》GB 50603、《煤炭工业矿井设计规范》GB 50215、《有色金属矿山排土场设计规范》GB 50421 等有关对窄轨设计的要求。

6.3.10 本条为修订新增条文。车站线路平、纵断面设计除执行本规范和本行业设计规范，如现行国家标准《钢铁企业总图运输设计规范》GB 50603、现行行业标准《煤矿地面窄轨铁路设计规范》MTJ 2 等外，还应满足装车、卸车及计量（如站台、翻车机、卸车机、装车系统、轨道衡等）设施相应技术说明书的要求。

6.3.11～6.3.13 这三条为修订新增条文。

6.4 道 路

6.4.1 本条为原规范第 5.3.1 条的修订条文。本条规定是厂内道路布置应遵循的基本要求，目的在于合理利用场地，方便施工，改善环境，节省投资。

据国外资料，认为厂区外观整齐是现代化工厂的重要标志。许多大型企业都追求道路平直、分区方整的布置形式，国内大、中型企业亦较多地采用这种布置方式。如新建的曹妃甸钢铁厂，过去建设的宝钢、辽化、山东兴隆庄矿井等。以曹妃甸钢铁厂和宝钢为例，曹妃甸钢铁厂的道路平面布置整齐、顺直、规整、功能分区明确，由主干道把厂区划分成各个生产分区，组成横平竖直的环状道路网；宝钢厂区道路布置也是以主干道把厂区划分为 14 个分区，组成环状式道路网，使生产工艺流程合理，主要物料运输顺畅，避免了折角、迂回运输，管线工程敷设方便，施工进展顺利。上述 4 个企业所处地形均较平坦，采用环形布置比较适宜。若在山区建厂，道路呈环形布置因受地形条件限制常有一定困难，且这种布置形式需以道路沟通厂区各部分，相应地要增加道路总长度。因此，条文规定工业企业道路宜呈环形布置，而布置时尚应根据厂区地形等条件因地制宜地决定布置形式。

第 2、3 款为修订条款。

第 6 款为新增条款。该款根据现行国家标准《洁净厂房设计规范》GB 50073—2001 第 4.1.5 条制定。

第 7 款为新增条款。该款根据现行国家标准《石油化工企业设计防火规范》GB 50160—2008 第 4.3.5

条制定。

6.4.2 本条为原规范第5.3.2条的修订条文。露天矿山中，运输成本一般约占岩石剥离成本的40%左右，而矿岩运输距离的长短是运输成本高低的主要决定因素，因此在满足开采工艺要求的前提下，矿山道路布置应尽量缩短运输距离，以降低成本，提高经济效益。

沿采场或排土场边缘布置时，其路基、边坡应稳定，并应采取防止大块岩石滚落的安全措施。

6.4.3 本条为修订新增条文。工业企业厂内道路的基本形式分为三种，其类型选择应根据企业的总体规划、使用要求、线路环境、地形及竖向布置、排水条件等各项条件选用。第1款的规定是对工业企业厂区道路设计的基本要求；第2款的规定主要是道路的设计与行政办公区以及对环境要求较高的区域、厂区中心地带相协调，有利于美化环境和行人安全；第3款的规定是依据工业企业的建设经验制定的。但有的工业企业，对卫生和观赏要求或场地坡度较大或要求明沟排水等特殊地段，应该区别对待。厂区道路与城镇道路类型相协调有利于厂内外排水系统的衔接。

6.4.4 本条为修订新增条文。是参照现行国家标准《厂矿道路设计规范》GBJ 22，并结合设计、生产实践经验制定的。工业企业厂内道路路面结构类型应按要求和路基、气象、材料等条件选定，类型不宜过多。沥青类路面有利防尘、防振、防噪，但不利于防火。相反水泥混凝土、块石类路面不易于受到有侵蚀、溶解作用物质的破坏。对于地下管线穿埋较多的路段宜选用预制混凝土块或块石路面。

6.4.5 本条为修订新增条文。厂内道路的路面宽度主要应按道路等级、类别、生产货物运输及车辆与人行通行需要、所在通道宽度、检修、消防等综合因素确定。本条提出了宜按现行国家标准《厂矿道路设计规范》GBJ 22的规定执行。但是，我国工业企业有26个行业，大、中、小型企业不等。据调查，目前新建的工业企业厂内道路主干道宽度有24m、20m、18m、17m、15m、12m不等，如化工行业制定的厂内主干道宽度为15m，冶金行业制定厂内主干道宽度是20m；差异很大，很难归纳出较为合适的路面宽度。应从节约集约用地理念出发，因地制宜，根据实际需要确定各行业合理的厂内道路路面宽度。

通行特种运输车辆的道路，路面宽度应根据运量、所选择的车型计算确定。

6.4.6 本条为修订新增条文。是根据现行国家标准《厂矿道路设计规范》GBJ 22制定的。厂内道路交叉口路面内缘转弯半径应根据行驶车辆的类型按现行国家标准《厂矿道路设计规范》GBJ 22的有关规定确定。

当行驶超长的特种载重汽车时，路面内边缘转弯半径可根据需要计算确定。

6.4.7 本条为修订新增条文。是根据现行国家标准《道路交通标志和标线》GB 5768制定的，厂内道路应根据企业的交通量和行车速度设置交通标志。其交通标志的设置分类、形式、尺寸、图形、边框和衬边、颜色、字符、设置位置、高度等应符合现行国家标准《道路交通标志和标线》GB 5768的有关规定。

6.4.8 本条为修订新增条文。规定了车间、生产装置、仓库、堆场、装卸站（栈）台及货位的主要出入口通道的设置原则。

6.4.9 本条为原规范第5.3.3条的修订条文。尽端式道路终端设回车场是为了方便车辆调头，其形式可根据地形条件和场地情况选用O形、L形及T形回车场。由于道路行驶车辆各异，其面积应根据行驶车辆的最小转弯半径和路面宽度予以确定。

6.4.10 本条为原规范第5.3.4条的修订条文。汽车衡进车端的道路应设2辆车长的平坡直线段，以利车辆通行，便于司机对位，使称重车辆上、下衡器平稳，衡器不受冲击，保证称量准确，平坡直线段不包括竖曲线切线长度。

6.4.11 本条为原规范第5.3.5条的修订条文。消防车辆的宽度均在2.3m～2.5m范围，但目前大型消防车辆增多，车身较长，为便于火场消防作业和通行安全，故条文规定消防车道的宽度不应小于4.0m。设置备用车道是为保证消防通道畅通，一旦主消防车道被堵时，可利用备用车道通行。所谓最长列车长度系指与消防车道平交的运行之最长车列长度。

6.4.12 本条为原规范第5.3.6条的修订条文。近年来，不少工业企业为疏散人流和为步行职工创造安全条件，减少步行时间和美化厂容，改变了过去加宽路面的办法，而是在连接厂区主要出入口的主干道两侧设置人行道解决行人通过问题，既提高了道路利用率，有利于人行安全，又节约了工程投资。

人行道的设置应根据干道交通量、人流密度、混合交通干扰情况及安全等因素确定。

一个人行走所占宽度为：空手行走时约需0.6m，单手携物约需0.7m～0.8m，双手携物约需1.0m，故人行道宽度不宜小于1.0m。

人行道通过能力受人流量、人行道宽度、人群密度及人群速度决定。当人行道宽度为0.75m时，其通过能力为600人/h～1000人/h。由于工业企业人流具有单向集中的特点，在上、下班高峰时间，主干道两侧人行道上人群密度大，步行速度低，为满足人流通畅，行走时干扰小，一般应按2×0.75m宽度考虑。

屋面排水方式直接影响人行道与建筑物之间距离的确定。当屋面为无组织排水时，人行道紧靠建筑物散水坡布置，行人势必受雨水溅射，故人行道与建筑物间最小净距以1.5m为宜。当屋面为有组织排水时，利用建筑物散水坡作为人行道时，需考虑以建筑物窗户开启不致妨碍通行来确定其距离。

6.4.13 本条为原规范第5.3.7条的修订条文。道路交叉宜设计为正交。需斜交时，交叉角不宜小于45°，这是考虑到交叉角的大小直接影响到工程投资、交通安全及通行能力。选用较大的角度，有利于运行和安全。但目前某些厂矿企业因受地形等条件所限，采用小交叉角的道路交叉口并不少见，特别是露天矿山道路因受开采工艺及系统布置要求，采用小交叉角的道路交叉口更为普遍。此外，为使改、扩建厂矿不因受交叉角的严格规定而出现道路改建困难或过多增加改建工程量，本条对道路交叉角未作严格规定，仅规定不宜小于45°。对露天矿山道路，条文规定可适当减小，其含义是根据地形和系统布置情况，交叉角可稍小于45°。因为当交叉角各为30°、45°、60°、90°时，其交叉口斜交长度比为2∶1.4∶1.15∶1；明显可见30°与45°斜交长度相差较大，为保证交叉口通过能力及安全性，交叉角可稍小于45°。

6.4.14 本条为修订新增条文。

6.4.15 本条为修订新增条文。本条是按现行国家标准《工业企业厂内铁路、道路运输安全规程》GB 4387的有关规定制定的，规定了设置道路与铁路立体交叉的限制条件。近年来，我国工业企业厂内汽车货物运输日益增多，运输效率也在迅速提高，相应地对安全条件提出了更高的要求，经常运送特种货物及危险货物或有特殊要求的地段，对厂区内疏解交通的要求也日益增多。因此强调在运输繁忙、地形适宜和经济合理的条件下可设置立体交叉。

6.4.16 本条为修订新增条文。本条是工程实践经验的总结，无论是新建的，还是改、扩建的工业企业中，有时会出现人流很大的路段与铁路线路段或城市干道相交的情况。如湖北武汉某大型企业建厂初期通往厂区的道路与企业的铁路专用线采用平交，随着企业规模的扩大，人流与铁路运输的车流都增大，严重影响了人流的通行安全。为此，一处采取架设天桥，另一处采取地道的实施方案，解决了人流通行的安全问题。在设计中如果上述情况在总平面布置中确实难以避免时，即应采取措施，有效地解决人流通行问题，其中架设人行天桥，既投资省，效果又好。单孔地道在地形和经济条件允许时，也可考虑采用，但应符合现行国家标准《工业企业厂内铁路、道路运输安全规程》GB 4387的规定。

6.4.17 本条为修订新增条文，本条是根据现行国家标准《厂矿道路设计规范》GBJ 22并结合工业企业特点制定的。表6.4.17中所列的各项数值是根据现行国家标准《石油化工企业设计防火规范》GB 50160制定的。

6.5 企业码头

6.5.1 本条为原规范第5.4.1条。企业的总体规划

和当地水路运输发展规划是工业码头总平面布置的主要依据，符合码头生产工艺要求是码头总平面布置的基本原则。脱离了此依据和原则，就不可能作出技术经济合理的码头总平面布置。对此，我国某钢铁总厂有成功的经验。该厂原料码头及陆域料场布置在厂区东北端，靠近焦化、烧结车间；成品码头及外发钢材库布置在厂区的东南端，靠近轧钢车间；且两个码头按企业总体规划要求，均留有一定的发展余地；码头陆域各项设施布置合理，物料流程顺捷，收到了良好的效果。

6.5.2 本条为原规范第5.4.2条的修订条文。我国的岸线资源十分宝贵，使用之后不可再生。因此，规定了企业码头总平面布置的原则，强调企业码头的总平面布置应深入研究、合理利用有限的岸线资源，充分发挥使用岸线的效益。

保护环境，防止污染，是关系到人民健康的一件大事。企业的散状物料码头、油类码头等，在生产过程中可能产生扬尘、漏油等有害物质。设计中除在工艺上应积极采取行之有效的防范措施外，对码头及其陆域的各项设施的布置也应充分考虑相互间以及对周围环境的影响，使污染源布置在其他设施、居住区全年最小频率风向的上风侧及江、河的下游。

6.5.3 本条为修订新增条文。是根据现行国家标准《化工企业总图运输设计规范》GB 50489的规定编制的。码头与其他建筑物、构筑物的安全距离应符合现行国家及行业有关港口工程设计标准的规定。可依据执行的规范有《石油化工企业设计防火规范》GB 50160、《装卸油品码头防火设计规范》JTJ 237、《液化天然气码头设计规范》JTS 165—5等。

6.5.4 本条为修订新增条文。剧毒品和其他对水体有污染物品的码头，一旦泄漏，对附近的水源地会产生严重的影响，并危及饮水的安全。将这些物品的码头布置在水源地的下游，可有效地减少其对水源地的危害和影响。

6.5.5 本条为原规范第5.4.3条的修订条文。对码头水域的布置，本条条文作了4款原则规定，具体说明如下：

1 码头前沿高程（斜坡码头、浮码头等为坡顶高程）确定得过高，则基建工程量大，投资费用高，且影响装卸作业生产效率；过低，则洪水季节可能导致码头被淹没，不能满足正常生产需要。故其高程的确定应根据泊位性质、船型、装卸工艺、船舶系统、水文、气象条件、防汛要求，前、后场地的合理衔接等诸多因素综合考虑确定。

2 码头前沿的设计水深，过浅不能满足设计船型吃水深度的要求，船舶难以靠离码头，甚至造成坐地搁浅事故。因此，应根据设计船型经济合理地确定码头前沿设计水深，保证在设计低水位情况下，码头仍能正常作业。

3 码头水域的布置应满足船舶能安全靠离码头、系缆和装卸作业的要求，否则将影响正常生产。

上述三款的具体要求，应符合现行国家及行业有关港口工程设计标准的规定。

4 本条系根据现行行业标准《装卸油品码头防火设计规范》JTJ 237—99 第 4.2.1 条的规定编制的。表 6.5.5 注 3 中有关液化天然气和液化石油气的专用码头与相邻泊位的船舶间最小安全间距应根据现行行业标准《液化天然气码头设计规范》JTS 165—5—2009 第 5.3.3 条的规定执行。

6.5.6 本条为原规范第 5.4.4 条的修订条文。对码头的陆域布置，本条作了 5 款规定，具体说明如下：

1 码头的陆域布置按使用功能分区，将生产区、辅助区和生活区相对集中布置，应以有利生产、方便生活为原则。生产区一般包括仓库、堆场、铁路装卸线、道路等设施；辅助区一般包括辅助生产建筑物、构筑物和生产管理设施。

2 码头的装卸、仓库、堆场等主要生产储运设施与船舶装卸作业密切相关，为使各项作业有机配合，缩短物料流程，上述设施应靠近码头布置；而行政管理和生活福利设施等与生产工艺流程没有直接联系，宜布置在陆域后方的辅助区，集中组合布置可节省土地和工程费用。

3 物料从码头至库、场或从库、场到用户（车间）之间的往返运输是码头生产的重要环节。为节省基建投资，降低运输成本，故应力求物料运输顺畅、路径短捷。当采用无轨车辆直接转运货运时，为使空、重车辆分流，互不干扰，故进出码头（或趸船）的通道不应小于 2 条（如上海宝山钢铁总厂的成品码头设有 4 条道路），相应的库区道路采用环形布置，以避免车辆交叉干扰和堵塞。

4 为使码头水域和陆域的生产作业相互协调，陆域场地的设计标高应与码头前沿高程相适应。如当采用铁路和道路运输方式转运货物时，若两者标高相差过大，势必增加铁路、道路的纵坡，会降低运输技术条件。

5 为使陆域场地的雨水顺利排除而又不致冲刷地表，根据以往的经验，场地宜采用 5‰～10‰的坡度。其取值大小应根据土壤的性质和植被覆盖程度而定。一般情况下，凡土壤渗水性强，植被覆盖良好的场地，宜采用下限值，反之，可采用上限值。

6.6 其 他 运 输

6.6.1 本条为原规范第 5.5.1 条。对本条 3 款要求作以下说明：

1 输送管道、带式输送机、架空索道线路布置的灵活性较铁路要大一些，更容易充分利用地形，可以减少土（石）方工程量。线路短捷、顺直，则有利运行。对中间转角，应尽量减少，如果增加中间转

角，有的就要设转角站，还会增加物料的破碎率。带式输送机，特别是架空索道的非自动化中间转角站，不仅使基建费和经营费增加，而且运输环节增多。

2 线路较长时，宜有供维修和检查的道路，也可沿道路布置线路。如线路较短，且场地较平坦、车辆可通行时，则可不考虑设计道路。

3 厂内输送管道、带式输送机沿道路布置，有利于施工和检修。有时主要建筑物、构筑物离道路较远或不平行于道路，因生产工艺等要求，也可平行于主要建筑物、构筑物轴线布置，这样布置也有利于厂容。

6.6.2 本条为原规范第 5.5.2 条。为满足所列各站及其他有人员上下班、设备检修和需要外来燃料、材料各站的交通运输需要，同时也考虑到消防，故要求有道路相通。

6.6.3 本条为原规范第 5.5.3 条。输送管道、带式输送机跨越铁路、道（公）路时，彼此之间会产生不良影响。交叉角越小，影响面越大，有时甚至要有保护设施，且交叉角越小，保护设施越大，投资增加越大。因此，规定宜采用正交，当必须斜交时，以不小于 45°为宜。跨越准轨铁路应按现行国家标准《标准轨距铁路建筑限界》GB 146.2 的有关规定执行；跨越公（道）路时，应按现行国家标准《厂矿道路设计规范》GBJ 22 的有关规定执行。

6.6.4 本条为原规范第 5.5.4 条。是根据现行国家标准《架空索道工程技术规范》GB 50127 的有关内容制定的。

7 竖 向 设 计

7.1 一 般 规 定

7.1.1 本条为原规范第 6.1.1 条。本条是竖向设计总的原则要求，是在调查研究和总结设计实践经验的基础上提出的。平面位置和竖向标高是总图设计中紧密联系的有机组成，必须同时考虑，才能相互协调，达到整个工程实用、经济、美观的目的。

场地的设计标高要与厂外运输线路、排水系统、周围场地标高相协调，这是竖向设计的先决条件，否则会产生铁路接不了轨、道路坡度过大、水排不出去等弊病。这里还强调，要同时与现有和规划的上述设施标高相协调。因为过去有些企业设计只考虑现有条件，忽略了规划要求；也有些设计只考虑规划条件，忽视目前状况而遭受了损失。如某轴承厂，厂区标高比四周场地均低，原设计排水是流向规划中的城市下水道，但企业投产后，该下水道仍未建设，水排不出去，不得已开挖两个大坑作临时贮废水池，因容量有限，遇有大雨或暴雨，企业有受淹危险。这样的例子是不胜枚举的，故提出本条。

竖向设计方案与地形、地质、生产、运输、防洪、排水、管线敷设、土（石）方工程等的条件和要求均关系密切，它们又往往是矛盾而相互制约的。如要想使生产和运输方便，有时得增加土（石）方量，不同的企业，不同的客观条件，矛盾的主要方面也不一样。因此，竖向设计方案必须经综合比较，而比较的衡量标准是为生产、经营管理、厂容和施工创造良好的条件，且使基建工程量和投资要少。

7.1.2 本条为原规范第 6.1.2 条的补充修订条文。本条增加了第 2 款，竖向设计要体现节约集约用地的基本国策，节约土地。这九款规定是竖向设计应达到的总要求。

1 总结各设计单位竖向设计的教训，过去片面强调节约土方，曾提出反对"推平头"等。某些设计将生产联系频繁的两个车间放在两个台阶上，或一个车间两跨的标高不在同一平台上，给生产和运输带来困难，造成不便，甚至影响生产。因此，本款要求应首先满足生产及运输要求。

2 竖向设计要充分体现有利于节约集约用地，确定设计标高应结合诸多因素综合考虑，边坡的大小应根据工程需要及有关规定合理选取，边坡设置太大则会增加占地，设置太小则达不到设计的效果和目的。如在地形复杂的场地建厂，竖向设计中设置过缓的放坡或较多的台阶都会增加通道的宽度，不利于节约集约用地，竖向设计应有利于工厂采取紧凑布置。

3 避免厂址受洪水冲淹，造成人员伤亡及财产损失。对沿江、河、湖、海建设的企业，洪、潮、内涝水的危害更是不可忽视的重要因素，因此将此款作为竖向设计必须解决的问题。

4 总结设计实践经验，竖向设计最后体现的土（石）方、护坡、挡土墙等工程量，对建设投资和工期影响很大，是必须重视的因素，但也不是土（石）方、护坡、挡土墙等工程量最少就是最好的设计。片面地强调上述工程量最少，往往会给生产经营、运输和排水带来很多不利，因此本款提出要在充分利用和合理改造自然地形的前提下，尽量减少土（石）方工程量。

5 过去在山区建设中，有些工程由于对地质条件研究不够，填、挖方中引起了滑坡或塌方，延误工期，增加投资，甚至造成屋毁人亡，教训是深刻的。如河南某机械厂的冲压车间傍山布置，因切坡过多，岩层又倾向开挖面，虽做了挡土墙，还是产生了滑坡，使工程延误了一年，故提出本款要求。

在山区建设中，土（石）方工程如处理不当，填土或挖土会造成大片山坡植被破坏而产生水土流失等问题，这与保护生态环境平衡的要求是不相符的；山坡挖方应避免泥石流、山体滑坡的发生，故提出本款规定。

6 天然排水系统的形成有其自然发展规律，过去某些设计项目为与河床争地或为减少桥涵等，往往有时将河道截弯取直，有时将河流断面压缩等。如对流域调查研究不够或处理不当而违反了自然规律，会造成冲刷、淤塞、水流不畅等现象而毁坏工程、淹没农田等，教训是不少的，故提出本款规定。

7 随着生产建设的发展，精神文明的需要不断提高，工厂的景观与城市景观相协调；对厂区景观和厂容也提出了新的要求。本款提出要从竖向设计角度，为城市景观添彩，为工业建筑群体艺术及空间构图创造和谐、均衡、优美的条件。如某机械厂厂部办公楼中轴线上的道路直通山下居住区，中间有一凸起的小丘，竖向设计将其挖了一个路堑，由居住区向上望，视线通畅，厂部办公楼显得雄伟壮观；又如某机械厂台阶式竖向设计，采用挡土墙和带花草的斜坡相间的布置手法，使该厂空间层次丰富，构图优美。说明竖向设计可以而且应该为城市景观和厂区景观增色。工厂也是城市的一个组成部分，厂区围墙、地面标高应与周围环境相协调。因此本条要求是应该做到，而且是可以做到的。

8 本款是保证一个企业在竖向设计上完整性的措施，避免只管近期，不顾远期，从而给远期工程建设和经营带来问题。本款要求在设计中是应当做到，而且可以做到的。如湖北某厂位于丘陵地带，二期工程地形标高较高，一期工程地形标高较低。为与二期工程衔接得更好，一期工程道路标高既满足了一期工程，也照顾到二期工程。

9 改、扩建工程应与现有场地标高相协调，要注意新建项目场地、排水、运输线路的标高在满足技术条件的前提下，与原有竖向设计标高合理衔接。

7.1.3 本条为原规范第 6.1.3 条的修订条文。由于各行各业在厂区和建筑物大小、生产工艺和运输方式、地形和地质条件等方面情况都不一样，要制订统一的采用平坡或阶梯式竖向设计形式的条件是困难的，故本条只是原则地提出选择竖向设计形式要考虑的因素。

7.1.4 本条为原规范第 6.1.4 条。由于各行各业条件各异，要具体制订统一的采用连续式或重点式场地平整方式的条件是困难的，故本条只是原则地提出选择场地平整方式要考虑的因素。

当具有下列情况之一时，宜采用重点式场地平整：

场地基底多石，开挖石方困难时；

场地林木茂盛，需保存林木时。

7.2 设计标高的确定

7.2.1 本条为原规范第 6.2.1 条的修订条文。说明如下：

1 场地的设计标高应保证不被洪水、潮水和内涝水淹没，确保企业的生产安全，不遭受经济损失。

2 场地设计标高与所在城镇、相邻企业和居住区的标高相适应，是从两个含义上讲，一是位于某一城镇的工业企业，如果城市的防洪（潮）标准为50年一遇的水位，则该工业企业场地标高的设防标准也应至少是50年一遇或再高一些；二是从道路和排水管道等的连接方面考虑，要与城镇、相邻企业和居住区的标高相适应。

3 铁路和道路的最大纵坡、排水管道的最小纵坡及埋深等技术条件往往会影响场地设计标高的确定。如某大理石厂的污水排入城市下水道，由于城市下水道埋深浅，其场地设计标高只能按城市下水道标高采用最小纵坡和起点最小埋深反推确定。

4 场地标高直接影响土（石）方工程量的大小，填挖是否平衡，土方运距的远近，这些对工期及投资的影响很大，因此确定场地标高必须考虑上述因素。本条第1款～第3款是必须满足的，本款是应该考虑而力求达到的。

7.2.2 本条为原规范第6.2.2条的修订条文。由于工业企业的地理位置、地形条件、生产性质、企业规模和重要性的不同，场地的设计标高要采用同一设防标准是不可能的。本条根据不同情况，提出应采取的不同措施和场地设计标高的不同设防标准，工业企业防洪标准应符合现行国家标准《防洪标准》GB 50201的有关规定。

1 现行国家标准《防洪标准》GB 50201分行业对工业企业分为4个等级：特大、大型、中型、小型。按工业企业等级制定了相应的防洪标准。

2 根据本条第2款确定的设计标高，地面雨水可自流排出，不应设置排水泵站。对不需用土填方或适当运土填方就可以高于设计水位的场地，均应根据本款确定场地设计标高。

3 对填方工程量太大，经技术经济比较合理时，可采用设防洪（潮）堤的方案。一般当堤外水体（江、河、湖、海）为高水位时，堤内水（即内涝水）要靠机泵强排，设堤方案要设机泵排水是必然的，但场地设计标高的高低决定开泵时间多少，也即决定运营费用的大小；内涝水的多少决定设泵大小，也决定运营费用及建设投资的大小。因此，设堤的方案经技术经济比较合理时方可采用。

经对各江、湖、河、海工业企业的调查，设堤时，内涝水有下列三种情况：

第一种情况，除工业企业的生产废水、生活污水外，只有建设场地本身的雨水或其周围汇集的少量的、有限的雨水。由于水量有限，设泵排水是可靠的，故场地设计标高可不受内涝水位的限制，场地可就地平整而不需填土。如上海某石化总厂，建设场地北面为沪杭公路路基（原为老的海堤），北部上游的水被老海堤挡住，建设场地只有东西长8km、南北宽0.5km～1.6km范围内的雨水，其排水设施只考虑了

本建设场地的雨水，第一、二期工程建设场地自然标高3.5m～5m，场地设计标高为4.75m，第三、四、五、六期工程建设场地自然标高2.5m～4m，场地设计标高为3.5m，基本是就地平整场地。其第一、二期工程的场地设计标高低于其最高潮位（5.93m），高于其平均高潮位（3.85m），第三、四、五、六期工程的场地设计标高低于其平均高潮位。这就是本款所提的排内涝水措施。

第二种情况，除工业企业的生产废水、生活污水和场地本身的雨水外，还有建设场地周围汇水区域的雨水，水量大，不可能靠泵全部排出。目前首先考虑的方案是将场地设计标高填至高于内涝水位0.5m以上，这样可免除内涝水的危害。

第三种情况，某些地区的内涝水位较高，场地自然标高很低，又缺土源，场地设计标高做不到高于内涝水位0.5m时，有的企业除沿江（湖、河、海）设堤外，还设防内涝水的堤，这样场地设计标高就不受内涝水位的限制，但内涝水位的堤顶标高应高于内涝水位0.5m，这就是本款所提的防内涝水措施。

7.2.3 本条为原规范第6.2.3条。本条未提场地平整的最小坡度，因在平原地区，特别是南方沿海和沿江企业，场地平坦，排水出口标高高，又缺少土源，场地平整做成纵坡很困难。如宝钢、上海石化总厂等，其厂内道路纵坡是零，场地基本上也是一个标高，雨水井间距较密（井间距离约30m）。据调查，几十年来，雨季无积水现象。但有条件的地区，场地坡度以5‰～20‰为宜。

本条也未提场地平整的最大坡度，因为场地的土质、植被、铺砌条件不同，其不冲刷坡度相差很远，应按具体条件确定。

7.2.4 本条为原规范第6.2.4条。建筑物的室内、外高差根据实践经验一般设计采用0.15m，故取0.15m。

排水条件不良地段加大室内、外高差，便于利用室外场地作为蓄水调节缓冲地，从而避免水害。如宝钢为防止水害，建筑物室内、外标高差采取0.5m，经过几十年使用，能满足运输要求。

有特殊防潮要求的，如电石库等就应根据需要，加大室内、外高差，避免电石受潮引起事故。

进铁路的建筑物一般室内地坪与铁路轨顶平，也有与轨枕顶面平的。有装卸站台的建筑物室内地坪，一般较铁路轨顶高0.9m～1.1m；与汽车装卸站台标高差应根据所用汽车类型不同，有0.6m、0.9m、1.1m。因此，本条只提了要求建筑物标高与运输线路相协调，而未提具体数值。

建筑物室内地坪做成台阶，一般说会对生产流程和运输带来不便，故不宜提倡。但在某些工业企业，由于工艺流程的需要，要求建筑物做成台阶，或因地形条件所限需做成台阶，经采取措施也能满足生产和

运输要求，且可节省土（石）方及其他工程量，故本条规定了建筑物室内地坪做成台阶的先决条件。

高填方或软土地基的地段应根据需要加大建筑物的室内、外高差，是由于高填方及软土地基地段，地基易产生沉降，故使建筑物与室外地坪标高的高差变小。

7.2.5 本条为原规范第6.2.5条。厂内外铁路、道路、排水设施等连接点标高的确定是竖向设计的关键工作之一。过分强调厂内线路标高的合理性，可能会造成厂外线路标高的不合理；反之，亦会造成厂内线路的不合理。特别是一个项目的厂外和厂内线路往往由两个人，甚至两个单位设计或管理，如没有整体观念，不能统筹兼顾各方面的条件，往往会给建设带来损失。如某机械厂总仓库区位于土丘上，为引入铁路专用线，原设计基本为挖方，由于铁路部门过分强调铁路专用线纵坡的合理性，又在原设计基础上降低了2m，大大增加了总仓库区的土（石）方工程量。

厂区出入口的路面标高宜高出厂外路面标高，是为了防止厂外雨水灌入厂区。但在某些工程中，厂外较厂内标高高出很多，做不到上述要求，则在出入口处做横跨道路的条状雨水口，解决了上述矛盾，因此本条只提"宜"。

7.3 阶梯式竖向设计

7.3.1 本条是原规范第6.3.1条的修订条文。根据工业企业场地平整的实践经验，当自然坡度大于4%时，竖向设计应采用阶梯式布置。

1 本款是设计实践经验的总结。

2 生产联系密切的建筑物、构筑物布置在同一台阶或相邻台阶上，主要是为便于生产管理，节省运输费用。有的工厂由于运输技术条件，要求更严格些，如钢铁厂炼铁至炼钢间的铁水运输属高温液态，要求铁路、道路的纵坡较小，故布置在同一台阶为宜。

3 台阶的长边宜平行等高线布置可节省土（石）方及护坡支挡构筑物、建筑物基础等的投资。

4 本款均是决定台阶宽度应考虑的因素，忽视任何一项都会给今后施工及生产带来不良后果。

5 台阶的高度不宜高于4m的根据是：

1）道路纵坡按8%计，台阶高度4m，需展线50m，铁路纵坡小，展线就更长；

2）相邻台阶之间的高差太高会引起交通联络上的困难，并增加支挡工程量或放坡占地面积。有色金属行业设计部门经过20多个工程实例的调查，台阶高在4m以下者占91%，故现行国家标准《有色金属企业总图运输设计规范》GB 50544对台阶高度也作了1m~4m为宜的规定。

3）机电、化工、轻工、冶金等部门，有台阶的工厂，台阶的高度也大部分在4m以下；而化工等行业规定了台阶高度不宜高于4m。

4）竖向设计台阶高度由各种综合因素来确定，但根据很多工厂的调查情况反映，当台阶高度大于4m时会给生产、运输、消防等带来不利影响，挡土墙的工程费用也急剧升高。

7.3.2 本条为原规范第6.3.2条。根据实践经验，台阶有下列情况之一者，宜设置挡土墙：

1 建筑物、构筑物密集，土地紧张地区。

2 地质不良，切坡后的土坎需采取支挡措施，受水冲刷，易产生塌方或滑坡，采取边坡防护解决不了问题时。

3 根据景观要求，设置挡土墙能为厂容增色时。

4 采用高站台低货位方式的装卸地段。

根据实践经验，台阶有下列情况之一，应设护坡：土壤松散，易流失地段；边坡受水流冲刷地段；陡坡及侵蚀严重地段。

7.3.3 本条为原规范第6.3.3条。台阶的坡脚至建筑物、构筑物距离分"应满足"及"应考虑"两部分要求。建筑物和构筑物、运输线路、管线、绿化等布置要求，以及操作、检修、消防、施工等用地需要是必须满足的，往往为此而增加距离。但对采光和通风要求及开挖基槽对边坡及挡土墙的稳定要求是"应考虑"的，可采用不同措施来达到此要求，而不一定要增加距离。如开挖基槽可采取挡板支撑等措施来解决边坡或挡土墙稳定的要求，而不一定要加大距离。

"不应小于2.0m"是指与台阶脱开的建筑物、构筑物至台阶的距离，这2.0m距离可设置建筑物散水和排水沟及保证起码的施工距离。

本条基础底面外边缘线至坡顶水平距离公式是根据现行国家标准《建筑地基基础设计规范》GB 50007—2011第5.4.2条确定。如建筑物基础设在填土上，基础对填土边坡影响较大，因此还应遵照现行国家标准《建筑地基基础设计规范》GB 50007相应条款中压实填土地基的要求确定边坡填土的密实度。

7.3.4 本条是原规范第6.3.4条的补充修订条文。本条分下列三种边坡坡度允许值：

1 岩石边坡坡度允许值（本规范表7.3.4-1）是根据现行国家标准《建筑边坡工程技术规范》GB 50330—2002第12.2.2条表12.2.2制定的，岩体类型分类可参见该规范。

2 挖方土质边坡坡度允许值（本规范表7.3.4-2）是根据现行国家标准《建筑地基基础设计规范》GB 50007—2011第6.7.2条表6.7.2制定的。

现行国家标准《厂矿道路设计规范》GBJ 22—87第3.3.2条关于土质路堑边坡坡度的允许值见表1。

**表1　《厂矿道路设计规范》GBJ 22—87
对土质路堑边坡坡度允许值的规定**

土石类别		边坡坡度	边坡最大高度（m）
碎石土、卵石土、砾石土	胶结和密实	1：0.5～1：1.0	20
	中密	1：1.0～1：1.5	20
一般土		1：0.5～1：1.5	20

现行国家标准《工业企业标准轨距铁路设计规范》GBJ 12—87 第3.4.1条关于路堑边坡坡度的规定见表2。

**表2　《工业企业标准轨距铁路设计规范》
GBJ 12—87 关于路堑边坡坡度的规定**

土石类别		边坡坡度
碎石或角砾土卵石或圆砾土	胶结和密实	1：0.5～1：1.0
	中密	1：1.0～1：1.5
一般均质黏土、砂黏土、黏砂土		1：1.0～1：1.5
中密以上的粗砂、中砂、砾砂		1：1.5～1：1.75

分析上述三种规范，挖方边坡坡度值基本接近，但第一个规范地质概念及数据明确，分档较细，便于选用。故本条采用了现行国家标准《建筑地基基础设计规范》GB 50007 的规定。

3　填方边坡坡度允许值（本规范表7.3.4-3）是根据现行国家标准《厂矿道路设计规范》GBJ 22 编制的。据分析，现行国家标准《厂矿道路设计规范》GBJ 22、《工业企业标准轨距铁路设计规范》GBJ 12 两个规范的边坡坡度允许值均较现行国家标准《建筑地基基础设计规范》GB 50007 要陡些，从节约集约用地出发，本条引用了现行国家标准《厂矿道路设计规范》GBJ 22 的边坡值。几个规范填方边坡坡度允许值的比较见表3、表4。

表3　黏性土填方边坡对照

规范名称	填方高度 H（m）	边坡允许值
《建筑地基基础设计规范》GB 50007—2011	H≤8 8<H≤15	1：1.75～1：1.50 1：2.25～1：1.75
《厂矿道路设计规范》GBJ 22—87、《工业企业标准轨距铁路设计规范》GBJ 12—87	上部 H≤8 下部 8<H≤20	1：1.50 1：1.75

表4　砂夹石、土夹石等填方边坡对照

规范名称	土的名称	填方高度 H(m)	边坡允许值
《建筑地基基础设计规范》GB 50007—2011	砂夹石	H≤8 8<H≤15	1：1.50～1：1.25 1：1.75～1：1.50
	土夹石	H≤8 8<H≤15	1：1.50～1：1.25 1：2.00～1：1.50
《厂矿道路设计规范》GBJ 22—87	砾石土、粗砂、中砂	H≤12	1：1.50
《工业企业标准轨距铁路设计规范》GBJ 12—87	砾石土、卵石土、碎石土、粗粒土	上部 H≤12 下部 12<H≤20	1：1.50 1：1.75

7.3.5　本条为原规范第6.3.5条。

7.4　场　地　排　水

7.4.1　本条为原规范第6.4.1条的补充修订条文。"完整排水系统"是指不论采用何种排水方式（包括两种以上排水方式的组合），场地所有部位的雨水均有去向；"有效排水系统"是指排水管、沟、渗孔的断面及排水泵的能力等应能与场地所接受雨水量匹配，且能处于随时工作状态。

决定场地雨水排除方式的因素很多，很难制订具体规定，故本条只规定了决定雨水排除方式应考虑的因素。其中所在地区的排水方式是决定工厂排水方式的重要因素，如所在地区有雨水下水道的，企业应优先采用暗管，如所在地区无下水道的，则企业也很难采用暗管。根据各设计单位的经验，场地排水方式可参考下列条件选择：

1　当降雨量小，土壤渗透性强，不产生径流，或虽有少量径流，但场地人员稀少，允许少量短时积水地段，可采用自然渗透方式。

厂区的边缘地带或厂区面积极小的企业，设置排水沟和管有困难，厂外有接受本场地雨水条件，且易于地面排水的地段，可采用自然排水。

2　场地平坦，建筑和管线密集地区，埋管施工及排水出口无困难者，应采用暗管。

3　建筑和管线密度小，采用重点式平土的场地、厂区边缘地带、设置暗管排雨水有困难的地段，如多泥砂而管道易堵的场地，基底为不易开挖的岩石场地，排水出口处水体标高太高，雨水管内水无法排入的场地，应采用明沟排水。

    4 采用明沟排水，对清洁美化要求较高，铁路调车繁忙区，装卸作业区，人或车需在沟上停留或行驶车辆地带，应采用盖板矩形明沟。

根据我国现在的经济条件及 60 年的建设经验，某些采用明沟排水的工业企业和城镇，由于明沟在使用、卫生、美观等方面均存在不少缺点，因此逐年加了铺砌，加了盖板，其改造费用远远高于一次暗管排水的投资。目前各行业在各类工厂的建设中，除特殊情况外，一般提倡采用暗管排水。矿山地广建筑物少，除少数办公区等建筑密集区采用暗管排水外，采用明沟排水是合理的。

从考虑节约淡水资源出发，本次提出了有条件的工业企业应建立雨水收集系统，对收集的雨水经沉淀后予以充分利用。如国外某钢铁厂为节约淡水资源建立了雨水收集系统。在我国有的企业已建立了雨水收集系统或正在制订建立雨水收集系统的计划，收集的雨水主要用于道路、绿化洒水和工厂原料场的洒水，以降低粉尘污染。

7.4.2 本条为原规范第 6.4.2 条。

7.4.3 本条为原规范第 6.4.3 条。明沟沿铁路和道路布置，一是有利于铁路和道路的路基排水；二是使场地不被明沟分割开，以保证场地的完整。

某机械厂Ⅱ区一明沟出口直接排入附近农田，暴雨时冲毁了农田，造成纠纷，不得不赔款，又购地筑沟，引入原有天然沟。类似事件，不少企业时有发生。本条规定"排出厂外的雨水，不得对其他工程设施或农田造成危害"，即总结上述教训而得。

7.4.4 本条为原规范第 6.4.4 条的修订条文。明沟是否铺砌从两个方面来决定：

    1 从技术条件考虑，根据明沟的材质和纵坡决定，以不产生冲刷为限，由于决定不冲刷的因素很多，故本条只原则地提出铺砌要考虑的因素。

    2 从设计标准方面考虑，根据我国国情，并总结我国 60 年的建设经验，对厂区及其边缘地带，对矿山应分别采用不同的设计标准，见本规范第 7.4.1 条的条文说明。

7.4.5 本条为原规范第 6.4.5 条的修订条文。矩形明沟占地小，也便于加盖板，因此厂区内宜采用；在建筑密度小、采用重点式竖向设计地段及厂区边缘地带，采用梯形明沟为宜；三角形明沟断面小、流量小，只有在特殊情况下，如在岩石地段和流量较小地段才采用。

本条规定的排水沟宽度的最小值，是考虑清理沟底污物的最小宽度。

明沟的纵坡最小值是保证水向低处流的最小坡度值，故有条件时，宜大于此值。

沟顶高出计算水位 0.2m 是安全超高。

7.4.6 本条为原规范第 6.4.6 条的修订条文。雨水口的间距与降雨量、汇水面积、场地坡度、土质情况等因素有关，也难确定一个数值。本条规定的距离是根据现行国家标准《室外排水设计规范》GB 50014 的规定编写的。

据调查，宝钢、上海石化总厂道路纵坡为零，路谷纵坡为 0.5%，雨水口间距 18m～45m，平均 30m，未发现道路积水现象，从而说明本条间距对小坡度地段是合适的。

当道路的纵坡较大时，宜选择平式雨水口，道路的纵坡较缓，既可选择平式，也可选择侧向进水的雨水口。

7.4.7 本条为原规范第 6.4.7 条的修订条文。厂区上方设置山坡截水沟，一是防止上游水直接危害厂区，二是防止上游侵蚀和冲刷边坡，影响边坡稳定，造成次生灾害。

截水沟离厂区挖方坡顶距离是参考公路及铁路路基横断面的做法确定的。此距离不宜太近，否则截水沟内水渗入边坡，影响边坡稳定，但也不宜太远，否则中间面积加大，其积水量也就增加，会危害厂区。

7.5 土（石）方工程

7.5.1 本条为原规范第 6.5.1 条。是对土（石）方工程中表土处理的规定，作为土（石）方计算时的依据。

本条是实践经验的总结，主要是为贫瘠地区绿化创造条件和节省劳力。据了解，宝钢地处长江三角洲，土地富庶，但其场地填土平整后，绿化还需购熟土才能成活，耗资不少。贫瘠地区此矛盾更为突出，故作此款规定。

近些年，我国沿海的许多工程在进行大面积的场地平整之前，需要将表层的耕土挖出，集中堆放，待场地平整完后再复垦至原处，其目的是便于以后植树绿化、种草皮提高成活率。

7.5.2 本条为原规范第 6.5.2 条。总结 60 多年来场地平整的经验教训，有些建设工程在大面积平整时，严格遵照现行国家标准，分层压实，使填方压实系数达到设计要求，在建筑物、管线、道路施工时，能顺利进行；有些建设工程大面积平整时，采用一次推到设计标高，既不考虑填土土质、填土厚度，也不进行压实，一次将石块、土、杂物推入洼地，待建筑物、管线、道路施工时，填土密实度不符合要求，即使再压实也是上实下松，建成后地面和路面裂缝，管道漏水，很难补救；有些建设项目在建筑施工时，注意到填土质量不好，只能在建筑、管线、道路施工时，将不密实的土重新挖出，分层夯实，造成了不该有的损失。因此大面积场地平整应规定压实系数。

本条所提黏性土的填方压实系数，建筑地段不应小于 0.9，是广义地指房屋、道路、管线的建筑地段的压实系数，因大面积平整场地不可能一条路、一个建筑物单独碾压，只能提大面积平整场地时应达到的密实度。根据现行国家标准《建筑地面设计规范》GB 50037—96 第 5.0.4 条及现行国家标准《工业企业标准轨距铁路设计规范》GBJ 12—87 第 3.3.4 条，土壤压实系数不小于 0.9 就能满足建筑物室内地坪及铁路路基对土壤密实度的要求。武汉钢铁公司某工程土（石）方施工的经验是："压实系数达到 0.9～0.95 或干容重 1.58g/cm³～1.64g/cm³，可以满足地下管网、厂内道路及轻型建筑物的地基要求"。故除建筑物地基外，压实系数 0.9 能满足正常施工的要求。现行国家标准《厂矿道路设计规范》GBJ 22—87 第 3.4.1 条，对路基表面 0～0.8m 的压实系数要求虽大于 0.9，但只要基底达到了 0.9，在道路施工时再用压路机稍加压实，该规范所要求的 0.95 及 0.98 也是可以达到的。

大面积场地平整的压实系数 0.9 是否能够达到？北方设计院与中建公司在阿尔及利亚的施工经验总结《用方格网控制桩进行机械化土方施工》中提到："在掌握好最佳含水量的前提下，用推土机粗平，再用平铲机往返几次细平，压实系数已达 70%～80%，然后碾压 8 遍～9 遍，压实系数可达到 0.9"。因此，认真对待平土工作，此规定是可以达到的。对整个工程质量是有利的。

建筑预留地段，如填土厚，不能保证必要的压实度，待施工时需将土翻开重新碾压，增加了工程量。但要求太严也不现实，考虑松土随时间而自然密实的系数，对建筑预留地段填土压实系数作了适当降低。

7.5.3 本条为原规范第 6.5.3 条的修订条文。土方工程的平衡中，只考虑场地平整的平衡是不行的。本条所列各项的填、挖方，如有遗漏往往会造成缺土或余土。如过去有些项目场地平整时，感到缺土，大量运入，但基础、管沟、路槽土方挖出后，大量剩土又不得不外运，这种教训是很多的，故制定本条规定。

1 本款强调的是厂区边缘或暂不使用的填方地段，为节省工程投资，待项目投产后，利用适于填筑的生产废料逐步填筑，这样处理既节省一次性投资，又节约了土地。

2 本款要求矿山生产都有废石（土），尤其是露天开采的矿山，有大量的废石（土）舍弃到排土场。设计时可利用这些无用的废石（土）作为场地或运输线路路基的填料，特别对已生产的改、扩建矿山更有条件这样做。这不但可以减少排土场占地面积，而且还可以缩短工程的基建时间，节省基建投资。如辽宁某铁矿 17 号铁路线长约 2km 的高路堤有近 40000m³ 的填方是用废石（土）填筑，较外取石（土）节约 100 多万元；又如辽宁某铁矿 4 号泵站的场地也是用废石填筑的。

3 本款要求工程建设产生的余土堆存或弃置应妥善处理，不得危害环境和农田水利设施。

7.5.4 本条为原规范第 6.5.4 条的修订条文。

8 管线综合布置

8.1 一般规定

8.1.1 本条为原规范第 7.1.1 条的修订条文。系根据管线综合布置的性质、目的以及与工厂总平面布置、竖向设计、绿化设计等的关系而提出的原则规定。

管线综合布置是工业企业总平面设计工作的重要组成部分，是衡量工厂总图布置合理程度的标准之一。它涉及的专业面广，凡是输送能源和以管道输送物料的专业，都要统归于总体布置和管线综合规划的安排，如工艺、水道、电气、热工、自控仪表等，它将各专业管线布置的自身合理性与工厂总体条件相联系，从而达到工厂总体的经济合理。同时将总图运输专业本身的其他约束及需求情况进行整体、综合地统一考虑，解决了矛盾，避免了顾此失彼，促进了工厂设计的总体优化。

工业企业的管线种类很多，几乎遍及厂区，尤其是以下几类行业，如化工企业的炼油厂、石油化工厂；冶金行业的钢铁厂；焦化厂、造纸厂等。进行全面、合理、紧凑的管线综合布置，有利于企业的工程管理、施工、维修、安全生产、节约集约用地，减少投资及运营费。

8.1.2 本条为原规范第 7.1.2 条的修订条文。管线敷设方式有地上和地下两大类。地上敷设方式有管架式、低架式、管墩及建筑物支撑式；地下敷设方式有直埋式、管沟式和共沟式。为了减少能耗，降低成本及投资，减少用地，保障安全，有利于卫生与环保，本条规定在选择管线敷设方式时，应综合考虑确定。目前在管线较多的行业，已趋于尽量采用地上式。因为在经济技术条件接近的情况下，地上式多为管架式，利于施工、检修、管理及安全，并节约集约用地。当然，采取何种方式需结合工程的具体情况综合考虑，因此本条没有明确提出尽量采用地上式。

采用管线输送的介质是多种多样的。从介质的性质区分，可分为一般性和危险性两大类。一般介质的输送有压力流和重力流两种，前者如压缩空气，氮气，高、低压消防水等，压力一般在 0.4MPa～1.5MPa，一旦发生事故，从介质性质看危害不大，但由于是压力管，因此有一定的危害。危险性介质主要指易燃、易爆、有毒、有腐蚀性及助燃性的物质，这类介质往往采用压力输送，因此一旦发生事故，危害较大，并会造成二次危害，因此本条提出确定管线的敷设方式时，应充分考虑管线输送的介质性质。

在选择管线敷设方式时，综合考虑地形、交通运输、安全生产、检修施工、绿化条件等因素是必要的。如在无轨运输量大的厂区，采用低架式和管墩式，既影响交通运输，又易损坏管线，同时对消防作业也会带来不便。但是在人流和车流不大的区域内，低架式和管墩式不失为可选方式，因其造价低，检修方便。对于危险性介质管线，不应选择支撑式，以免一旦发生危险，会扩大影响面，甚至造成二次危害。以上所述说明，确定管线的敷设方式应考虑多方面的因素，并经比较后确定。

1　管道输送的介质，无论是重力流还是压力流，难免会有介质泄漏，条文中所列的可燃、易爆、有毒性及有腐蚀性的介质一旦泄漏危险很大，而且会造成二次灾害。对于这类介质的泄漏事故，愈早发现其危害性愈小，拯救机会愈大，因此其敷设应采用易于日常检查、检修和早期发现事故，方便修复处理的方式，地上敷设正符合这一要求。如采用地上敷设，管理较完善时（如设有监测仪表或巡视人员随身携带有监测仪），一旦泄漏，易于在初期发现，并方便修复。如采用地下敷设的方式，则不利于早期发现和修复，一旦泄漏透出地面，事故已非初期，危害较大。故本条对此类管线提出了明确规定。但考虑到具体实施过程中因客观需要，在采取了确保安全的有效措施者也可例外，因此本条规定为"宜"。

2　在散发比空气重的可燃、有毒性气体的场所，如采用管沟敷设，极易引起可燃气体在管沟内的积聚，难以排除，一旦遇明火，会引发事故，故提出本款规定。

8.1.3　本条为原规范第7.1.3条的修订条文。管线综合布置必须贯彻节约集约用地的基本国策。管线用地在企业用地中占有一定的比例，有些行业比例较高，如大、中型石油化工企业中管线用地一般约占全厂用地的20%～28%，因此对敷设管线的占地问题需高度重视，以利节约集约用地。

共架和共沟的集中布置方式是节约集约用地的有效途径，故本条提出了明确规定。集中布置的共沟式或管架式在节约集约用地方面效果明显。对有色冶金行业的调查统计表明，集中布置比分散布置可节约用地约35%；又如某日本大型石油化工厂，其主要通道宽仅为45m，其中架空管架上排列了8层管线，大大减少了占地面积，体现了共架布置的优越性；共沟式的基建投资较大，施工较直埋式复杂，对沟内管线的相互影响了解得不深，造成共沟式未能被广泛采用。

8.1.4　本条为原规范第7.1.4条的修订条文。管线综合布置应在总图规划的管线带内，是体现用地功能所必要的。管线带与道路和建筑红线平行是合理利用土地的有效方式之一，也是布置原则之一。

8.1.5、8.1.6　这两条为原规范第7.1.5条、第7.1.6条。均是为了保护管线，保证生产，减少投资，方便交通运输，有利安全而制定的。正交是理想的交叉方式，由于交叉会对双方产生不利影响，为了

缩小不利影响的范围，交叉角不宜小于45°。

条文提出充分利用地形，有利于减少土（石）方，减少投资。强调避开不良地质灾害，是因为不良地质灾害会引起工程管线断裂等破坏，并引起二次事故，造成损失，甚至还会引起危险事故的发生。

8.1.7　本条为原规范第7.1.7条的修订条文，是总结了实践中的经验教训，为保证人身安全、便于操作、检修及防止扩大危害，减少相互影响而提出的强制性条文。该条文中所列的几种介质泄漏时极易引发事故，且有二次危害的可能，被穿越的设施由于不了解必要的紧急防护措施而一旦发生事故，会造成严重的后果。本条对无嗅无味的有害气体尤为重要，故本条明确提出不得穿越，列为强制性条文。

8.1.8　本条为原规范第7.1.8条，是对分期建设的企业近、远期建设的有关规定。系根据各行业几十年来的建设实践经验提出的原则规定。其目的是防止近、远期工程的管线布置处理不当而形成不合理的布局，造成土地浪费、布置混乱、生产环境不佳，并给施工、检修、生产和经营带来诸多不便。

企业在投产后，随着科技水平的提高和国民经济发展的需要，将会采取有效的技术措施进行改造或扩建，相应所需要的各类管线都会有一定数量的增加，以满足改、扩建后生产的需要，因此在管线带内预留一定的发展空间是必要的，但由于各行业的生产性质差异较大，管线的数值有较大的不同，因此提出宜预留空位为10%～30%，设计者可根据具体情况分别灵活采用。

8.1.9　本条为原规范第7.1.9条的修订条文。干管布置在靠近主要用户较多的一侧是为了减少与道路的交叉，有利于缩短支管的长度。

本条提出的管线综合排列顺序为综合布置的原则之一。在满足安全生产、施工及检修要求的前提下，管线布置既要节约集约用地，又需考虑其不受建筑物与构筑物基础压力的影响及符合卫生的要求。因此建议将埋深浅的管线靠近建筑红线，如电缆；将可能发生泄漏且泄漏后会对建筑物、构筑物基础产生不利影响的管线尽可能远离建筑红线，如排水管；将有使用要求的布置在方便使用的位置，如照明电杆邻路边布置，雨水管线靠近雨水口等。按本条推荐的顺序进行综合布置，可取得较好的效果。但由于实际情况千变万化，因此本条规定为"宜"，具体运用时根据具体情况调整。

8.1.10　本条为原规范第7.1.11条的修订条文，适用于改、扩建工程。改、扩建工程往往有许多限制因素，约束多、难度大，有时难以满足最小间距的要求，故提出本条规定。

8.1.11　本条为原规范第7.1.12条。地下开采塌落（错动）区内，一般不应布置任何永久性设施，地上和地下管线都不应穿过，否则易造成管线断裂、损

坏，影响生产以致危及人身安全，如输电杆塔可能产生位移或倒塌。

只有限期使用的管线，在使用期内不会受到采矿塌落的影响和留有永久性安全矿柱的方可布置在塌落（错动）区内。

露天采矿场的管线（如压气管线、通信管线）应避开爆破方向的正面是为了防止爆破时损坏管线。

8.2 地 下 管 线

8.2.1～8.2.3 此三条为原规范第7.2.1条的补充修订条文。管线不应平行重叠布置，主要是为了避免干扰，便于检修。

地下管线、管沟不得布置在建筑物、构筑物负荷的压力影响范围之内，是为了避免管道及管沟受上层负荷的外力而受损。如受损，不仅其本身有经济损失，管内介质外溢又影响上层的基础。

条文规定不应平行布置在铁路下面，其原因除上述同样理由外，还因为在铁路下方无法设置检查井、阀门等附属设施。

道路下方敷设管线之弊虽与上述类似，但程度略轻。结合实际操作情况，因条件困难已有不少企业和市镇将管线敷设在路面下，经调查，虽有不利之处但其影响尚可接受。最不利之处是发生事故或需大检修时，要开挖路面，造成交通不畅。为了减少对交通运输的影响及节省投资，因此本条规定，除在困难条件下仍不宜敷在道路下方。如确有需要敷设在道路下面，尚应符合有关规范的规定，注意不同管线敷设在道路下的相关要求。如现行国家标准《石油化工企业设计防火规范》GB 50160中明确规定各种工艺管道或含可燃液体的污水管道不应沿道路敷设在路面或路肩下；现行国家标准《城镇燃气设计规范》GB 50028、《室外给水设计规范》GB 50013、《室外排水设计规范》GB 50014、《氢气站设计规范》GB 50177等均对敷设在道路下的管线有具体要求。

8.2.4 本条为原规范第7.1.10条。根据多年来各行业的实践经验，管线交叉时采用本条原则来处理是科学合理的。

1 压力管线与重力自流管线交叉发生冲突时，压力管线容易调整管线的高程，以解决交叉时的矛盾。

2 管线小的易弯曲，同时施工较管径大的容易。

3 易弯曲材质管道可通过一些弯曲方法来调整管线的高程和坐标，从而解决交叉矛盾。

8.2.5 本条为原规范第7.2.2条。为地下管线交叉布置的基本要求，可避免交叉管线之间的不利影响，有利于安全、卫生、防火及保护管线。如给水管应在污水管道上面，以免给水管被污染；可燃气体管应在其他管道上方，因这类管道有潜在危险，一旦发生事故，不至于在短时间内危害下面管道；电缆在热力

管道下方，以防电缆受热，电缆受热会致使其绝缘体老化加速及因环境温度升高影响其载流量；热力管道应在可燃气体管道及给水管道上方，以减少这些管道的受热影响；受热后极易造成体积膨胀的介质管线、腐蚀性介质的管道及含碱、含酸的排水管道，应在其他管线下方，因为这类管线易被破坏，一旦滴漏，不至于影响其他管线。

8.2.6 本条为原规范第7.2.4条的修订条文。是为保护地下管线不受或少受外力影响而制定的。当管线从铁路或道路下方穿过时，管线处于路线上活荷载的受力范围之内，为了避免管线受外力影响，不至于损坏管线，本条提出管线与轨道或路面层之间应留有一定距离。实践证明，距钢轨底以下1.2m，在一般情况下是合适的。道路下方的距离，以往从路面顶层算起为0.7m。近十余年来，联合企业、大中型企业相继建立，运输及检修车辆随生产发展要求多向重型发展，路面材料、路面结构组合及路面厚度各行业差距日趋加大，路面受力范围变化也大，因而管线埋深应考虑活荷载类型及路面厚度等因素，故本规定从路面结构底层起算。

当有困难，满足不了规定深度时，本条提出了加设防护套管或其他措施，在改、扩建工程中常遇到此种情况。

8.2.7 本条为原规范第7.2.5条的修订条文。系总结了各行业多年的经验数据，为保护从腐蚀性物料堆场附近通过的各种管线不被或少被腐蚀而制定。腐蚀物料的贮存方式有贮罐贮存及小包装贮存，本条是针对后者的露天场地和棚堆场而定的。

调查表明，有些腐蚀性物料的堆场，如盐酸罐堆放场地，其场地面层已经用防腐材料铺砌，但仍有盐酸下渗，以致使附近的地下管线遭受损害，造成了不必要的损失。

近年来，一般均将管线与上述场地边界的安全距离定为2m。当在地下水流上游时，此数值是合适的，但在下游时，间距应加倍为4m。

8.2.8 本条为原规范第7.2.8条的修订条文。是为了共沟管线的防火、防爆、卫生等安全要求及避免相互的不利影响而制定的。由于我国在共沟敷设管线方面的实践经验较少，本条按从严要求的原则制定。

1 热力管道指蒸汽管、热水管等。这类管道虽然均有保温措施，但由于目前隔热材料、施工技术、检修手段的限制，致使环境温度比较高，这对电缆、压力管道内介质均产生了不利影响。如电缆环境温度较高时，其外包绝缘材料如聚氯乙烯、交联聚乙烯、橡胶等易老化，影响使用寿命。同时，环境温度愈高，电线载流量愈低，影响使用或降低了经济效益，故热力管道不应与电缆共沟。压力管道内介质会因环境温度上升而膨胀，增大管道压力，造成潜在的爆裂危险，故不应共沟。

2 排水管道包括污染严重的生产污水、生活污水及污染较轻的生产废水与雨水管道。无论何种排水管道，除了均有程度不等的污染外，管道接口常会产生漏水现象。无论是从一旦发生事故污水外流或是从平常发生漏水考虑，为了卫生，缩小污染范围，都应将排水管道设置在沟底。

3 为了防止腐蚀性介质管道一旦发生事故或产生滴漏时损害其他管线，将其敷设在其他管线下面是必要的。

4 易燃、易爆、有毒及腐蚀性介质各管道共沟，相互干扰严重，一旦其中一条管道发生事故产生灾害，易带来二次灾害，或造成检修困难，故作了本款规定。

8.2.9 本条为原规范第 7.2.7 条的补充修订条文。提出沟壁与建筑物、构筑物基础和树木之间应留出必要的间距。与建筑物之间应留出满足施工要求的间距，与树木之间需留出免受树木根系发育延伸影响的间距，其间距与树木种类有关，本条提出的是可供参考的最小间距。

8.2.10、8.2.11 这两条为原规范第 7.2.6 条、第 7.2.7 条的修订条文。是在调查和总结设计实践经验的基础上，参照给水、排水、氧气、乙炔、城镇燃气、电力、锅炉房、通信等有关现行国家标准以及钢铁、有色、电力、石油化工等行业的总图运输规范制定的。这两条条文是在满足安全、管线施工、维护检修、尽量减少相互间有害影响的条件下，达到安全生产、节约集约用地、减少能耗、降低成本的目的而制定的约束性条文。条文规定了地下管线之间、地下管线与建筑物、构筑物之间间距的最小值。

本条适用于工业企业、联合企业和工业区境内的地下管线，包括工业区范围内的居住区。但在工业区的居住区进行管线综合布置时，尚应考虑当地城市管线综合布置的有关规定与要求，以利于与城市总体规划的一致性。

鉴于此两条条文在原规范制定时作了大量的调查研究工作，且自颁布执行的十几年以来也未发现什么问题，因此在本次修订时，除对与现行国家标准有不一致的地方进行了修改，如地下燃气管线的有关规定；其余均沿用原条文规定的内容。

本条文规定的间距最小值是在满足安全、施工、检修要求，尽可能减少相互间影响的条件下制定的，并综合考虑了以下诸因素：

1 管径尺寸。管径的尺寸不同，在施工、检修操作时需要的空间大小亦不同，要求的间距与管径大小几乎成正比。当相邻的两条管径均大时，应特别重视空间的要求。如直径大于 1500mm 的排水管，其高度已超过操作人员站立时的作业面及视线高度，给作业人员在具体作业时及作业时的心理上均带来约束感。因此，最小间距不宜过小。当前，新建企业一般

均等于或大于 1.5m，扩建、改建及技改工程往往不易达到。即使新建的大型企业也有小于 1.5m 的。编制本条文时从全国各行业现状考虑，给、排水管大管径之间的最小间距仍沿用多数规范使用的数据——1.5m。当相邻的两条管径均较小时，如管径为600mm 的排水管与管径为 50mm 的给水管之间，由于管径小，作业时对操作空间形不成"面"的影响，据调查反映，不需要 1.5m。对施工来说，尤其是机械化施工时，多为同槽敷设，对间距要求不高，比较小的管径，检修时 0.5m～0.7m 的间距即可。多年实践亦说明管径与间距有关。

2 管道内介质性质。不同的介质对外界条件有不同的反应，外界不同的条件亦对之产生不同的效果。如乙炔气易燃、易爆，其管线对不同生产厂房及不同构造的建筑物有着程度不同的潜在危险性。生产火灾危险性为甲类的建筑物比无地下室的建筑物潜在危险性大，因而其间距要求不相同，潜在危险大的应大于危险性小的。又如生活饮用水给水管对卫生防护要求较高，故其与污水排水管之间的距离比非饮用水给水管增加 50%。同时，一般给水管与性质不同的排水管之间要求不相同。生产污水与生活污水的污染较雨水严重，其管径尺寸往往比后者小，以减少污染程度并有利于缩小影响范围。

3 运行时的工作情况。生产时管线工作状态有常温、高温、常压、高压等各种状况，不同的状态对外界可能造成的影响不同，潜在的危险亦不同。如压力下运转，压力越高往往潜在危险越大，本条对燃气管、电力电缆等均考虑了这一因素，并分别作了规定。

管线与建筑物、构筑物之间的最小间距亦考虑了这一因素。尤其着重考虑了压力较大的燃气管对建筑物、构筑物基础的影响。

4 与有关专业规范协调。本条文的制定与现行的有关国家标准一致，并且协调。上述标准主要有：现行国家标准《乙炔站设计规范》GB 50031、《氧气站设计规范》GB 50030、《压缩空气站设计规范》GB 50029、《城镇燃气设计规范》GB 50028、《室外给水设计规范》GB 50013、《室外排水设计规范》GB 50014、《电力工程电缆设计规范》GB 50217、《锅炉房设计规范》GB 50041、《氢气站设计规范》GB 50177、《深度冷冻法生产氧气及相关气体安全技术规程》GB 16912 等。

5 原规范在制定这两条的过程中，在综合考虑了上述因素的同时，对给、排水管的最小净距作了重点分析。这是因为给、排水管线的数量在企业地下各类管线中最多。据不完全统计，石化企业地下给、排水管的数量占地下管线总数的 50%～70%。给、排水管本身的种类也不少，一般均是分别设管。如给水管有新鲜水、循环水、消防水、除盐水、生活饮用

水、生产用水；有些企业消防水又按压力分设高压消防水、低压消防水；排水管一般分为两大类，清净雨水和含污染物的生活污水、生产污水和清净下水。在某些企业中，生产污水也分许多种。因此，给、排水管占地较多。经调查及分析可知，管径越大，管线间距偏大的程度越小；管线间距管径越小，管线间距偏大的程度越大。故原有规范将给水管分为4档，排水管分为2类6档，分别制定了间距要求。在十几年的运用过程中，没有问题和疑义，实践证明是合适可行的，因此本条文关于给水和排水管的管径沿用了原规范的分档制定了不同的间距，以节约集约用地。

6　第8.2.10条和第8.2.11条所含情况比较复杂，为了便于结合工程实践，故允许稍有选择，采用了"宜"这一用词；并列出有关具体内容为"应"，与现行国家标准的有关规定一致。

7　在现行国家标准《湿陷性黄土地区建筑规范》GB 50025、《膨胀土地区建筑技术规范》GBJ 112 和在编的盐渍土地区建筑技术规范中分别对位于湿陷性黄土地区、膨胀土地区和盐渍土地区的地下管线与建筑物、构筑物的距离作出了相应的规定。

8.2.12、8.2.13　这两条为修订新增条文。系参考现行的有关国家标准制定的。

8.3　地上管线

8.3.1　本条为原规范第7.3.1条的修订条文。提出了可供选择的地上管道敷设方式及选择时应考虑的主要因素。条文未列出全部因素，如自然条件、习惯采用的方式或富有经验的方式。

8.3.2　本条为原规范第7.3.2条的修订条文。规定了在进行管架布置时应符合的条件，其目的是有利于生产和使用，方便施工、维修和管理，满足防火、防爆及卫生要求。此外，应注意厂区景观。

8.3.3　本条为原规范第7.3.3条的修订条文。为了防止管道内危险性介质一旦外泄或发生事故，对与其无关的建筑物、构筑物造成危害，同时也为了防止上述建筑物、构筑物或内部设备一旦发生事故，对有危险性介质的管道造成损坏，从而带来二次灾害，所以制定本条规定。

8.3.4、8.3.5　这两条为原规范第7.3.4条、第7.3.5条的修订条文。现行国家标准《66kV 及以下架空电力线路设计规范》GB 50061、《110kV～750kV架空输电线路设计规范》GB 50545 及《工业企业通信设计规范》GBJ 42 等有关规范对相应的架空线的布置均有较详尽的规定，管线综合布置中应符合这些规范的规定。架空电力线路跨越条文所列建筑物、构筑物和贮罐区，显然是增加了潜在危险，条文给予明文规定是必要的。

8.3.6　本条为原规范第7.3.6条的修订条文。35kV 以上的高压电力线危险性较大。一般厂区内建筑物、

构筑物、车辆及人员较多，进入厂区的 35kV 以上的高压电力线最好采用地下电缆，但是地下电缆价格昂贵，目前是架空电力线的 3 倍～4 倍。因此，至今仍有很多工程采用架空方式。架空高压电力线路引进的总变电站或车间如不靠近厂区边缘布置，势必加长厂区内架空高压电力线路的长度，从而增加了危险性及厂内火灾、爆炸事故对电力线的影响。考虑安全及经济性两方面，本条提出应缩短厂区内线路长度及沿厂区边缘布置的条文。

8.3.7　本条为修订新增条文。现行国家标准《标准轨距铁路建筑限界》GB 146.2 中对设施与铁路的平行间距有严格的规定，因此制定了本条规定。

8.3.8　本条为修订新增条文。系根据消防、运输等行车的需要和地上管线的安全制定的。

8.3.9　本条为原规范第7.3.8条的修订条文。所指的建筑物、构筑物是指耐火等级为一、二级并与管线无关的厂房，对有泄压门、窗的墙壁不适用。表8.3.9所列数值经有关行业的部颁规范实施多年，实践证明是合适可行的。

现行国家标准《氢气站设计规范》GB 50177、《深度冷冻法生产氧气及相关气体安全技术规程》GB 16912、《城镇燃气设计规范》GB 50028、《工业企业煤气安全规程》GB 6222 等规范中对氧气、氢气、煤气、燃气等管线、管架与建筑物、构筑物、溶化金属地点和明火地点等设施的距离均有相关的规定。

8.3.10　本条为原规范第7.3.9条。表 8.3.10 中所列数值除道路一栏外，采用了管线较多、实践时间较长的有关部门部颁规范中规定的数值，实践证明是可行的。有大件运输要求的道路，其垂直净距应为最大设备直径加运输该设备的车辆底板高、托板高及安全高度，或为车辆装大件设备后的最大高度另加安全高度，前者均按具体物件尺寸计。安全高度要视物件放置的稳定程度、行驶车辆的悬挂装置等确定。现行国家标准《厂矿道路设计规范》GBJ 22 规定的安全高度为 0.5m～1.0m。

目前铁路运输已出现了双层集装箱的运输车型，其对铁路净空有特殊的要求，因此有此运输车型的铁路线路的净空要求需结合具体情况和双层集装箱运输车型的净空要求确定。

本条中将原规范对可燃液体、可燃气体、液化烃管线与铁路净空的要求 6m 取消系考虑到现行国家标准《石油化工企业设计防火规范》GB 50160、《城镇燃气设计规范》GB 50028、《石油库设计规范》GB 50074、《工业企业煤气安全规程》GB 6222 等规范中规定相应管线与厂内铁路的净空要求均为 5.5m，而这些管线均为含有可燃液体、可燃气体和液化烃液体等的管线，因此取消原规范 6m 的要求，统一规定为 5.5m。

需要说明的是，冶金行业煤气管径都很大，有的

管径直径大于 4000mm，净空定得很低，人会受到压抑感；其次，高温液体采用铁水罐车铁路运输，罐体的高度大于 5.5m；为了使人体不会受到压抑的感觉和满足铁水罐车铁路运输的净空和安全需要，在此说明：厂内铁路的净空高度可根据各行业的特点在实际工程中确定适合于本行业大于 5.5m 的厂内铁路净空高度。

9 绿 化 布 置

9.1 一 般 规 定

9.1.1 本条为原规范第 8.1.1 条的补充修订条文。国内外实践表明，用绿化消除和减少工业生产过程中所产生的有害气体、粉尘和噪声对环境的污染，改善生产和生活条件，具有良好的效果，并日益受到人们的重视。特别是十几年以来，我国新建企业已把厂区绿化作为体现企业文化的重要工作内容之一，老企业因地制宜、见缝插针进行绿化，为消除污染、提高环境质量、改善生产和生活条件取得了明显的效果，成为企业文明生产的标志之一。为了给工业企业提供绿化条件，要求在进行总平面布置的同时，必须考虑绿化布置。绿化所需用地应结合总平面布置、竖向布置、管线综合布置统一考虑，合理安排，并应符合总体规划的要求，但应注意不得借此扩大用地面积。企业绿化应有别于城市园林绿化，首先必须针对企业生产特点和环境保护要求并兼顾美化厂容需要进行布置。同时，还应根据各类植物的生态习性、抗污性能，结合当地自然条件以及苗木来源进行绿化，方可尽快发挥绿化效果，提高绿化的经济效益。

本条补充工业企业居住区的绿化布置应满足城镇居住区绿地的规划设计要求。

9.1.2 本条为原规范第 8.1.2 条的补充修订条文。《工业项目建设用地控制指标》（国土资发〔2008〕24 号）中明确规定，工业项目建设绿地率不得超过 20%，在工业开发区（园区）或工业项目用地范围内不得建造"花园式工厂"。国家计划委员会、国务院环保委员会 1987 年 3 月 20 日发布的《建设项目环境保护设计规定》中规定："新建项目的绿化覆盖率可根据建设项目的种类不同而异。城市内的建设项目应按当地有关绿化规划的要求执行"。故本条确定工业企业绿地率不宜大于 20%，同时兼顾建设项目的具体情况，执行当地规划控制要求。

本条所列绿化布置应遵循的基本原则是在贯彻《国务院关于深化改革严格土地管理的规定》，符合节约集约用地的基本国策，最大限度地利用土地，实现绿化布置。

1 充分利用厂区内非建筑地段及零星空地进行绿化，是提高绿化覆盖率，实现普遍绿化，达到节约

集约用地的行之有效的措施。对房前屋后、路边、围墙边角的空地均应绿化。

2 利用管架、栈桥、架空线路等设施的下面场地及地下管线带上面布置绿化，是扩大绿化面积，提高绿化覆盖率的好办法，应予以推广。

3 应注意避免在对环境洁净度要求较高的生产车间或建筑物附近种植带花絮、绒毛的树木，以免影响产品质量；注意避免将乔木紧靠管架布置，以免给检修工作带来不便；注意避免行道树距路面过近，以免给行车造成困难；注意避免在输电线路和通信线路下种植乔木，以免线路处于不安全状态。针对以上存在的问题，故强调工业企业绿化必须满足生产、检修、运输、安全、卫生及防火要求。与此同时，绿化布置还应与建筑物、构筑物及地下设施的布置相互协调，避免造成相互干扰，以免影响建筑物、构筑物的使用和绿化效果。

9.1.3 本条为原规范第 8.1.3 条的修订条文。工业企业的绿化有其特殊性，应结合不同类型的企业及其生产特点、污染性质及程度，结合当地的自然条件和周围的环境条件，以及所要达到的绿化效果，正确合理地确定各类植物的种植面积比例与配置方式。乔木与灌木、落叶与常绿、针叶与阔叶、观赏与一般等类植物的合理比例，以及采用条栽、丛植、对植、孤植等配置方式的选择，都是绿化布置应解决的问题，也是做好绿化布置的基本要求。

本条增加了企业的绿化布置要结合当地的自然条件和周围的环境条件进行选择和布置，达到其绿化的效果。

绿化布置应坚持经济实用，在可能的条件下注意美观的方针。以植物造景为主，在人员活动集中处可适当点缀一些诸如宣传栏、石桌凳、时钟、雕塑等反映生产特征的建筑小品，有助于改善生产、生活环境，有助于企业文化的宣传，同时也美化了厂容。小品应力求构思新颖，造型美观，比例得当，色彩及用料与环境协调，并能体现企业的性质和生产特点。

9.2 绿 化 布 置

9.2.1 本条为原规范第 8.2.1 条的修订条文。所推荐的重点绿化地段是在总结工业企业绿化实践经验的基础上提出的，对各类企业均适用。执行中如遇对绿化有特殊要求的企业，应根据工程条件灵活掌握，不局限本条所列地段。

为了与《工业项目建设用地控制指标》的用语统一，将生产管理区改为行政办公区。

行政办公区、主要出入口、进厂干道是企业对外联系的窗口，人员活动集中，体现了企业的形象。调查表明，几乎所有单位都把行政办公区作为绿化重点。

受雨水冲刷地段主要指挖、填方边坡坡面坡度大

于 6‰的裸露场地，这些地段极易受雨水冲刷，特别在雨量充足的南方，将会造成水土流失。实践经验表明，以草皮、野牛草等地被类植物绿化，不仅具有良好的防冲刷作用，且投资低于圬工护面，还可改善气候和美化环境，在有条件的地区应大力推广。

考虑到工业企业与城镇景观空间呼应的过渡与衔接，补充厂区内临城镇主要道路的围墙内侧地带亦应作为绿化布置的重点地段，避免以往绿化设计在此处的忽略与遗漏，强调充分利用零星边角用地进行绿化，以达到改善环境的宗旨。

9.2.2 本条为原规范第8.2.2条。位于风沙地区的工业企业，在其受风沙侵袭季节的盛行风向的上风侧设防风林带，对防止或减弱企业受风沙的侵袭，经实践证明具有良好的效果和屏蔽作用。

对环境构成污染的厂区、灰渣场、尾矿坝、排土场和大型原、燃料堆场，根据环保要求，应在污染源全年盛行风向的下风侧或在污染源与需要防护的地段之间设置防护林带，以减轻对环境的污染。

林带的种类按结构形式可分为通透结构、半通透结构、紧密结构和复式结构（即由前三种形式组成的混交林带）林带四种，不同结构的林带其用途亦不同。

用于厂区防风固沙的林带宜采用半通透结构。主林带走向宜垂直于主导风向，或小于45°的偏角，副林带与主林带正交，道路两侧林带的设立应以"林随路走"为原则。林带宽度为20m～50m，林带间距为50m～100m。通常以乔木为主体，乔木株行距一般采用2m×3m。30倍树高的范围内风速都低于旷野风，防风固沙效果较好。

用于厂区卫生防护的林带宜采用紧密结构，乔、灌木混交林按1：1隔株或隔行栽植，株距0.5m，行距1.0m。

9.2.3 本条为原规范第8.2.3条的修订条文。本条系参考现行国家标准《化工企业总图运输设计规范》GB 50489—2009第的8.2.6条制定。增加了在进行绿化布置中应保证该区域消防通道的宽度和净空高度，以利于出现事故时消防的补救。具有易燃、易爆的生产、贮存及装卸设施附近的绿化，一是要求选择具有耐火性、散热性好、能减弱爆炸气浪和阻挡火势向外蔓延、枝叶茂密、含水分大的大乔木及灌木，防止事故扩大；二是选择隔热性强，可阻挡火源的辐射热的树种，但不得种植松柏等含油脂的针叶树和易着火的树种。

9.2.4 本条为原规范第8.2.4条的补充修订条文。在可能散发、泄漏液化石油气及比重大于0.7的可燃气体和可燃蒸气的生产、贮存及装卸设施附近，要求具有良好的通风条件，以利于这些气体泄漏时扩散。为此，上述地区的绿化不应布置茂密的灌木及绿篱。因这些气体比重较大，如果外泄将沉积于地面，随地

表坡度或风向流向低处，遇阻则聚积。当浓度达到爆炸下限，一旦接触火源，将引起爆炸及火灾。茂密的灌木及绿篱似矮墙，实际起了阻挡气体扩散的作用。

9.2.5 本条为修订新增条文。工厂内产生高噪声的噪声源，如空压站、鼓风机房、落锤工部、锻工车间、铸造清理工部等，噪声级达到100dB～110dB。对于厂区内要求低噪声的工作环境来说，除了保持一定的防护距离，或在建筑结构上和设备、仪器制造上采用工程消声措施外，还可以利用植物自身浓密的树冠衰减噪声。据资料记载，5m宽的绿化带可降低噪声4dB（A）～34dB（A）。当以下树枝厚度为20cm～25cm时，其隔声能力如表5所示。

表5 树的隔声能力

项目	槭树	构树	椴树	云杉
最大隔声能力〔dB（A）〕	15.5	11.0	9.0	5.0
平均隔声能力〔dB（A）〕	7.1	6.0	4.5	2.3

9.2.6 本条为修订新增条文。透风绿化带可组织气流，使通过粉尘大的车间的风速加大，有利于促进粉尘向外扩散；不透风绿化带有效的滞留，减少了粉尘的影响范围。

9.2.7 本条为修订新增条文，是针对现代工厂仍普遍存在着有害气体污染而制定的。二氧化硫是大气中的主要污染物，为制酸车间、炼油、热电、硫酸等工段和使用大型锅炉、煤炉的车间排出的气体污染物。由于抗污染树种能正常或较正常地长期生活在一定浓度的有害气体环境中，吸收、降解有毒气体后积累、排出无毒物质，起到对大气污染的净化作用，故应在制酸车间周围选用对二氧化硫气体及其酸雾耐性及抗性强的树种。

9.2.8 本条为原规范第8.2.5条。锻工、铸工及热处理等加工车间生产中将散发出不同程度的热量，若加上夏季烈日曝晒，致使室温上升，用绿化防止和减少热加工车间的日照（特别是西晒）有降低室温、改善生产条件的效果。从调查中曾见到很多企业就是这样做的。

9.2.9 本条为原规范第8.2.6条。对空气洁净度要求高的生产车间、装置及建筑物系指精密产品车间，如光学、仪表、电子、钟表、医药等生产车间、食品加工车间、压缩空气站、试验室等，环境空气的洁净度将直接影响产品质量。要求上述地段的绿化首先应考虑所选植物自身不致污染环境，如不飞花絮、不长绒毛等为前提，方能达到利用绿化净化环境之目的。

9.2.10 本条为原规范第8.2.7条。从调查情况来看，几乎各行各业不论其企业大小都注意了把行政办公区（即厂前区）作为绿化美化的重点，进行精心设计与管理。从植物的选择上偏重于常绿与观赏，从品种上着意于树、花、草的合理配比，从布置上采用

条、丛、弧、对植等多种灵活手法。因地制宜组成多层次的丰富多彩的植物景观，给人以美的享受。有的则在绿色景物中点缀以建筑小品，更起到了锦上添花的效果。

行政办公区人员集中，又是对外联系的窗口，在一定程度上反映了企业的形象，因此，要求行政办公区的绿化布置考虑有较好的观赏与美化效果是合理的。

9.2.11 本条为原规范第8.2.8条。石油、化工、冶金、电力等企业，管线通道、架空线路及地下管线较多，充分利用这些管廊、架空线路下方的空间以及地下管线带地表进行绿化，即可充分挖掘场地潜力、扩大绿化面积，又不增加用地。上海石油化工总厂、广西钦州化工厂、兰州合成橡胶厂、曹妃甸钢铁厂、宝山钢铁总厂、营口鲅鱼圈钢铁厂、武汉钢铁集团公司等单位的经验表明，充分利用上述地段进行绿化，将有助于提高企业的绿化效果，对此应予以重视。

架空管廊下方的绿化应考虑管道内输送介质对植物的影响，同时也要考虑植物的生长不致影响管道检修；在地下管线带地表绿化，应防止植物根系对管、沟的安全造成影响；架空输电线路下方的绿化，应保证植物与导线之间有足够的安全距离。

9.2.12 本条为原规范第8.2.9条。道路两侧布置行道树，对于改善小区气候和夏季行人环境具有明显效果，也是企业绿化的重要组成部分。通过近十几年的实践，已逐渐引起人们重视，一些只注意行政办公区绿化的企业也开始在厂区道路两侧布置行道树。为此，本条特意强调应重视道路绿化，并要求主干道两侧的绿化应利用不同的植物组成多层次的绿化带，以灵活变化的手法使干道的绿化更加丰富多彩，为美化厂容增辉。

9.2.13 本条为原规范第8.2.10条，是对交叉路口、道路与铁路交叉口附近绿化的要求。据调查，交叉路口在满足行车视距的前提下可以进行绿化，不少企业已经这样做了。如某重机厂在交叉路口栽种乔、灌木，乔木株距4m～5m，灌木高度低于司机视线，据司机反映，尚未影响行车安全。故要求交叉路口的绿化必须遵循这一原则。

具体视距要求应按现行国家标准《厂矿道路设计规范》GBJ 22和《工业企业标准轨距铁路设计规范》GBJ 12的规定执行。

9.2.14 本条为原规范第8.2.11条。所谓"垂直绿化"就是利用长枝条类植物所具有的下垂效果来对垂直或斜面进行绿化；用此法绿化可以获得用地极少而富有立体感的效果，企业中常见的垂直绿化有以下几种方式：

　　1 在建筑物的外墙、围墙、围栅前沿墙根栽种攀缘类植物（如爬山虎、五叶地锦等）。

　　2 在挡土墙顶栽种长枝条类植物（如迎春、蔷

薇等），利用其枝条叶下垂遮挡部分墙面，达到绿化的效果。

　　3 在人工边坡（或自然边坡）的坡面上种植攀缘类植物进行绿化，并兼有防止坡面受雨水冲刷的功能，减少水土流失。

9.2.15 本条为原规范第8.2.12条。树木与建筑物、构筑物及地下管线的最小间距，各行业的总图运输设计规范和一些工程实际使用的间距虽不尽相同，但从各项间距取值来看，都是大同小异、相差甚微。本规范参考了钢铁、有色金属、电力、造纸、石化等行业的设计规范，结合调查和有关资料作了适当调整，现简述如下：

　　1 关于乔木距建筑物外墙（有窗）的间距规定，大多数行业取3.0m～5.0m，仅个别采用2.0m（如《有色金属冶金企业总图运输设计规范》GB 50544—2009在编制说明中指出，2.5m高以下的建筑为2.0m）。实践表明，一般窗扇向外开启时超出墙面0.3m～0.5m，而乔木一般树冠直径为4.0m～5.0m，若采用2.0m的间距不仅相互干扰，而且将影响建筑物的正常采光与通风，调查中这种实例很多。故本规范确定乔木至建筑物（有窗）的最小间距采用3.0m，当采用大于5.0m的树冠绿化或有特殊要求时其间距采用5.0m。

　　2 关于乔木至挡土墙的最小间距：

　　　　1）乔木至挡土墙顶内边：此间距主要考虑乔木长成后树根不致危及挡土墙的安全，同时乔木本身应有足够的稳定性，遇大风、暴雨，乔木不致吹倒，一般间距都采用2.0m，已能满足以上要求，故本规范确定为2.0m。

　　　　2）乔木至挡土墙脚的间距主要考虑挡土墙不致影响乔木的生长。经实地调查，当乔木至挡土墙脚2.0m时，树干基本能长直。考虑到高度超过5.0m的挡土墙不多，一般的挡土墙对树冠生长均无影响，故本规范规定采用2.0m间距。

　　　　3）乔木至标准轨距铁路中心线的最小间距，主要考虑树木不妨碍司机的视线及机上人员的操作为宜，据对一些企业的调查，多数乔木距铁路中心都在4.0m～5.0m，如某锅炉厂道口处的柳树距铁路中心为4.0m，据运输部门反映，没有对行车瞭望、操作等造成不良影响，故本规范确定为5.0m。

　　3 树木至道路边缘的最小间距：

　　　　1）乔木至道路边缘的间距，应考虑乔木的根系不致因延伸至路面下而破坏路面。据调查，一般企业、城市的行道树至路边为0.2m～1.0m，紧靠道路或超过1.0m。但

应注意，若在南方种植根系发达、穿透力强的树木（如榕树、黄桷树）时，应结合当地条件确定间距。

  2）灌木至道路边缘的间距主要考虑灌木与路面保持适当安全距离即可，以防止行车时对灌木的损坏，一般以 0.5m 为宜。

  灌木至人行道边缘的最小间距：当为灌木丛时，此间距系指灌木丛外缘至人行道边缘最近的一株灌木中心，并非指灌木丛中心。

  4 树木至工程管线的最小间距，主要考虑以互不影响为原则，力求采用较小间距，以节约集约用地。一般在建厂初期都是先埋好管线，然后栽树，因此，表 9.2.15 所列间距将不会影响树木的栽种。当树木长成，检修管道需要开挖时，即使切除一部分须根（限于受管道影响部分），仍不致危及树木的生长。

  5 树木至热力管的最小间距。树木至热力管的距离应考虑热力管有可能散发较高温度或泄漏出蒸汽，从而影响树木的正常生长。如果采用一般管线间距，树木将会被烤死或影响其生长，因此，间距宜适当放大。本规范根据实践经验推荐，热力管至树木的最小间距为 2.0m。当热力管敷设在地沟内时，由于沟壁所散发的温度远远小于直埋管所散发的温度，其间距可适当减小。

9.2.16 本条为修订新增条文。在停车间隔带中种植乔木，可以更好地为停车场庇荫，不妨碍车辆停放，有效地避免车辆曝晒，对提高企业绿化率和改善区域生态环境具有重要作用。可选择种植深根性、分枝点高、冠大荫浓的乔木，其枝下的高度应符合停车位净高度的规定：小客车为 3.5m，各种机动车为 4.5m。停车位净高参考现行行业标准《城市道路工程设计规范》CJJ 37 的规定。乔木的栽种株行距在 6m×6m 以下的停车场，根据《北京市建设工程绿化用地面积比例实施办法》计算为绿化用地面积。

9.2.17 本条为修订新增条文。

10 主要技术经济指标

10.0.1 本条是原规范第 9.0.1 条的修订条文。总平面设计中的技术经济指标的内容较多，本条所列为常用主要技术经济指标。本条所列 12 项指标，是在多次广泛征求各部门的意见基础上列出的。根据《工业项目建设用地控制指标》中的规定新增了容积率、投资强度、行政办公及生活服务设施用地及其所占比重的技术经济指标。

  以下对主要技术经济指标的计算方法作统一规定的说明（对照本规范附录 B 主要技术经济指标的计算规定），以便在全国范围内进行统一，增强行业内部以及行业与行业之间的可比性。

  1 厂区用地面积，一般指厂区围墙内用地面积。

当有些企业（如矿山等）无全厂性围墙时，可根据其设计边界线或实际情况而定。

  一般情况下，厂区用地面积不等于企业用地面积，企业用地面积除厂区占地面积外，还包括厂外铁路、厂外道路、厂外管道工程、厂外附属设施用地等，有些还包括厂区围墙外 2m～3m 的遮阴地或边沟、护坡、挡土墙用地等。

  2 建筑物、构筑物用地面积的计算方法是根据目前各单位常用的计算方法归纳而定的。

  露天堆场用地面积系指厂区内固定的原料、成品、半成品及其他材料堆场，也包括生产必需的固定的废料堆场等。

  3 建筑系数的计算，以公式形式列出，即为建筑物、构筑物用地面积加上露天设备用地面积，再加上露天堆场及操作场用地面积与厂区用地面积之比。

  目前在计算上大致有两种，一是包括露天堆场，二是不包括露天堆场。

  如现行行业标准《火电厂总图运输设计技术规程》DL/T 5032—2005 中建筑系数计算公式为：

$$建筑系数=\frac{厂区内建筑物、构筑物用地面积}{厂区用地面积}×100\%$$

  现行国家标准《化工企业总图运输设计规范》GB 50489—2009 中建筑系数公式如下：

$$建筑系数=\frac{\begin{matrix}建筑物、\\构筑物\\用地面积\end{matrix}+\begin{matrix}露天生产\\装置或设备\\用地面积\end{matrix}+\begin{matrix}露天堆场\\及操作场地\\用地面积\end{matrix}}{厂区用地面积}×100\%$$

  现行国家标准《有色金属企业总图运输设计规范》GB 50544—2009、《钢铁企业总图运输设计规范》GB 50603—2010 规定的建筑系数计算方法同现行国家标准《化工企业总图运输设计规范》GB 50489—2009。

  本规范在编写过程中，编写组多次进行讨论，并广泛征求意见，最后统一了计算方法，认为应该包括露天堆场及操作场等。如造纸厂，原料堆场相当大，几乎占厂区用地的 30%～40%，有的甚至更大；还有建材厂、混凝土预制构件厂等，都有大量的堆场或操作场。在近年各行业总图规范修编中，大多数规范都已将建筑系数计算方法包括了露天堆场及操作场面积。

  4 容积率的计算是本次修订新增加的。容积率的计算公式按《工业项目建设用地控制指标》中的规定确定。

  5 铁路长度应为工业企业铁路总延长长度。目前各设计单位在厂外、厂内划分问题上不尽统一：有些以工厂站出线道岔为界，无工厂站时，以进厂第一副道岔起；有些以围墙为界。为设计计算方便，规定以厂内围墙为界，同时也将路宽度统一规定为 5m，以方便用地面积的计算。

  6 道路在计算面积时，应包括道路转弯半径的面积。

7 第 10 款～第 12 款这几项技术指标是本次修订新增加的。新增技术经济指标是根据《工业项目建设用地控制指标》中的规定而补充。

10.0.2 本条为修订新增条文。由于各部门、各行业各有其自己的特点，故对有特殊要求的工业企业可根据其特点和需要，列出本行业有特殊要求的技术经济指标。

10.0.3 本条是原规范第 9.0.2 条。分期建设是指可行性研究报告明确规定的新建工业企业，对于一般有发展规划，且预留地又不在厂区围墙内的工业企业，可不列远期工程指标。

厂区外的单独场地是指变电所（站）、水源设施、污水处理场、氧气站、原料及废渣场、排土场等厂外的独立设施，这些设施应分别计算其有关指标。

10.0.4 本条是原规范第 9.0.3 条。对于改、扩建工程，有条件时，宜列出本期与前期工程的有关技术经济指标。有关指标系指需用于进行对比的指标，以便进行分析对比。对于原有指标不清和难以计算的，可根据具体情况确定。

中华人民共和国国家标准

构筑物抗震设计规范

Code for seismic design of special structures

GB 50191—2012

主编部门：中华人民共和国住房和城乡建设部
批准部门：中华人民共和国住房和城乡建设部
施行日期：2 0 1 2 年 1 0 月 1 日

中华人民共和国住房和城乡建设部
公 告

第 1392 号

关于发布国家标准
《构筑物抗震设计规范》的公告

现批准《构筑物抗震设计规范》为国家标准，编号为 GB 50191-2012，自 2012 年 10 月 1 日起实施。其中，第 1.0.4、1.0.5、3.3.2、3.6.1、3.7.1、3.7.2、3.7.4、4.1.9、4.2.2、4.3.2、4.5.5、5.1.1、5.1.4、5.1.5、5.2.5、5.4.1、5.4.2、5.4.3、6.1.2、6.3.2、6.3.7、7.7.7、8.2.14、8.2.15、9.1.9、9.2.3（1）、9.2.15（2）、10.1.3、10.2.7、10.2.10、10.2.15、11.1.6、11.2.8、12.2.7、13.2.8、15.2.2（2）、17.2.5、18.2.11、22.2.4、22.2.9、22.2.11、22.4.5、23.2.2、23.2.10、23.3.5、24.2.4、24.2.11、24.3.5 条（款）为强制性条文，必须严格执行。原国家标准《构筑物抗震设计规范》GB 50191—93 同时废止。

本规范由我部标准定额研究所组织中国计划出版社出版发行。

中华人民共和国住房和城乡建设部
二〇一二年五月二十八日

前 言

本规范是根据原建设部《关于印发〈二〇〇一～二〇〇二年度工程建设国家标准制订、修订计划〉的通知》（建标〔2002〕85 号）的要求，由中冶建筑研究总院有限公司会同有关单位共同对原国家标准《构筑物抗震设计规范》GB 50191—93 进行修订而成的。

本规范在修订过程中，修订组通过调查总结设计经验和国内外地震破坏实例，开展了专题试验研究和计算分析，吸收了近年来的工程实践经验，并在全国范围内广泛征求了有关设计、勘察、科研、教学等单位和专家、学者的意见，经多次讨论、修改、试设计和经济分析，最后经审查定稿。

本规范共分 25 章和 13 个附录，主要内容包括：总则，术语和符号，基本规定，场地、地基和基础，地震作用和结构抗震验算，钢筋混凝土框排架结构，钢框排架结构，锅炉钢结构，筒仓，井架，井塔，双曲线冷却塔，电视塔，石油化工塔型设备基础，焦炉基础，运输机通廊，管道支架，浓缩池，常压立式圆筒形储罐基础，球形储罐基础，卧式设备基础，高炉系统结构，尾矿坝，索道支架，挡土结构等。

本次修订的内容有：

1. 与现行国家标准《建筑抗震设计规范》GB 50011—2010 等相协调并作了相关修订；

2. 调整了场地类别划分和特征周期的取值；

3. 除尾矿坝和挡土结构外，统一按多遇地震进行地震作用计算，不再划分 A、B 水准；

4. 修改了阻尼比计算修正公式，给出钢结构在多遇地震和罕遇地震下的阻尼比值；

5. 取消了钢筋混凝土锅炉构架，增补了锅炉钢结构；

6. 增加了钢井塔、索道支架和挡土结构等构筑物的抗震设计；

7. 完善和修订了各类构筑物的抗震验算和抗震构造措施。

本规范中以黑体字标志的条文为强制性条文，必须严格执行。

本规范由住房和城乡建设部负责管理和对强制性条文的解释，由中冶建筑研究总院有限公司负责具体技术内容的解释。本规范在执行过程中，请各单位结合工程实践总结经验，并将意见和建议反馈到中冶建筑研究总院有限公司《构筑物抗震设计规范》管理组（地址：北京市海淀区西土城路 33 号，邮政编码：100088，E-mail：GB50191@sohu.com），以供今后修订时参考。

本规范主编单位、参编单位、主要起草人和主要审查人：

主 编 单 位：中冶建筑研究总院有限公司
参 编 单 位：上海宝钢工程技术有限公司
　　　　　　　大连理工大学

中广电广播电影电视设计研究院
中冶长天国际工程有限责任公司
中冶北方工程技术有限公司
中冶京诚工程技术有限公司
中冶焦耐工程技术有限公司
中冶赛迪工程技术股份有限公司
中国二十二冶集团有限公司
中国水利水电科学研究院
中国电力工程顾问集团东北电力设计院
中国电力工程顾问集团西北电力设计院
中国石化工程建设公司
中国石化洛阳石油化工工程公司
中国地震局工程力学研究所
中国机械工业集团公司
中国京冶工程技术有限公司
中国钢结构协会锅炉钢结构分会
中国煤炭科工集团沈阳设计研究院
中国煤炭科工集团中煤国际工程设计研究总院
长沙有色冶金设计研究院
兰州有色冶金设计研究院
北京远达国际工程管理咨询有限公司
同济大学
西安建筑科技大学
国家钢结构工程技术研究中心
国家粮食储备局郑州科学研究设计院
昆明有色冶金设计研究院
青岛理工大学
浙江大学
清华大学

主要起草人：李永录　侯忠良　耿树江　马人乐
　　　　　　马天鹏　马炜言　孔宪京　王立军
　　　　　　王兆飞　王余庆　王命平　王建磊
　　　　　　王攀峰　史　进　任智民　关家祥
　　　　　　刘小生　刘　武　刘曾武　孙恒志
　　　　　　孙洪鹏　孙景江　孙雅欣　师　杰
　　　　　　曲传凯　曲兴发　朱丽华　许卫宏
　　　　　　陆贻杰　肖　湘　何建平　孟宪国
　　　　　　张文革　张令心　张　勇　张战书
　　　　　　张　建　张建民　李成智　李鹏程
　　　　　　李大生　杨大元　杨如曾　杨晓阳
　　　　　　苏军伟　辛鸿博　邹德高　陈天镭
　　　　　　陈　炯　严洪丽　罗永谦　罗国荣
　　　　　　郑山锁　赵剑明　胡正宇　唐大凡
　　　　　　徐　建　徐　晖　高名游　崔元瑞
　　　　　　梁传珍　黄左坚　黄志龙　蔡建平
　　　　　　谭　齐　魏晓东

主要审查人：陈厚群　王亚勇　刘锡荟　王书增
　　　　　　李大生　杜肇民　沈世杰　陈传金
　　　　　　姚德康　徐宗和　秦　权　陶亚东
　　　　　　端木祥　潘永来　戴国莹　魏利金

目　　次

Contents

1 总　则

1.0.1 为贯彻执行国家有关防震减灾法律法规，并实行以预防为主的方针，使构筑物经抗震设防后，减轻地震破坏，避免人员伤亡或完全丧失使用功能，减少经济损失，制定本规范。

1.0.2 本规范适用于抗震设防烈度为 6 度～9 度地区构筑物的抗震设计。

1.0.3 按本规范进行抗震设计的构筑物，在 50 年设计使用年限内的抗震设防目标当遭受低于本地区抗震设防烈度的多遇地震影响时，主体结构不受损坏或不需修理，可继续使用；当遭受相当于本地区抗震设防烈度的设防地震影响时，结构的损坏经一般修理可继续使用；当遭受高于本地区抗震设防烈度的罕遇地震影响时，不应发生整体倒塌。

1.0.4 抗震设防烈度为 6 度及以上地区的构筑物，必须进行抗震设计。

1.0.5 抗震设防烈度和设计地震动参数必须按国家规定的权限审批颁发的文件（图件）确定，并按批准文件采用。

1.0.6 抗震设防烈度应采用现行国家标准《中国地震动参数区划图》GB 18306 的地震基本烈度，或采用与本规范设计基本地震加速度值对应的烈度值。已完成地震安全性评价的工程场地，宜按经批准的抗震设防烈度或设计地震动参数进行抗震设防。

1.0.7 构筑物的抗震设计除应符合本规范外，尚应符合国家现行有关标准的规定。

2　术语和符号

2.1　术　语

2.1.1 地震基本烈度　basic seismic intensity

在 50 年期限内，一般场地条件下，可能遭遇的超越概率为 10% 的地震烈度值，相当于 475 年一遇的烈度值。

2.1.2 抗震设防烈度　seismic precautionary intensity

按国家规定的权限批准作为一个地区抗震设防依据的地震烈度，一般情况下，取地震基本烈度。

2.1.3 抗震设防标准　seismic precautionary criterion

衡量抗震设防要求高低的尺度，由抗震设防烈度或设计地震动参数及构筑物抗震设防类别确定。

2.1.4 地震作用　earthquake action

由地震动引起的结构动态作用，包括水平地震作用和竖向地震作用。

2.1.5 设计地震动参数　design parameters of ground motion

抗震设计用的地震加速度（速度、位移）时程曲线、加速度反应谱和峰值加速度。

2.1.6 设计基本地震加速度　design basic acceleration of ground motion

50 年设计基准期，超越概率为 10% 的地震加速度的设计取值。

2.1.7 特征周期　characteristic period of ground motion

抗震设计用的地震影响系数曲线中，反映地震震级、震中距和场地类别等因素的下降段起始点对应的周期值。

2.1.8 地震影响系数　seismic influence coefficient

单质点弹性体系在地震作用下的最大加速度反应与重力加速度比值的统计平均值。

2.1.9 场地　site

具有相似的反应谱特征的工程群体所在地。

2.1.10 构筑物抗震概念设计　seismic concept design of special structures

根据地震灾害和工程经验等所形成的基本设计原则和设计思想，对构筑物进行工艺布置和结构选型及其确定细部构造的设计过程。

2.1.11 地震作用效应　seismic action effect

在地震作用下，结构产生的剪力、弯矩、轴向力、扭矩等内力或线位移、角位移等变形。

2.1.12 地震作用效应调整系数　modified coefficient of seismic action effect

抗震分析中结构计算模型的简化和弹塑性内力重分布或其他因素的影响，在结构或构件设计时对地震作用效应进行调整的系数。

2.1.13 承载力抗震调整系数　modified coefficient of seismic bearing capacity

结构构件截面抗震验算中，由于静力与抗震设计可靠度的区别和不同构件抗震性能的差异，将不同材料结构设计规范规定的截面承载力设计值调整为抗震承载力设计值的系数。

2.1.14 抗震措施　seismic measures

除地震作用计算和抗力计算以外的抗震设计内容，包括抗震设计的基本要求、抗震构造措施和地基基础的抗震措施等。

2.1.15 抗震构造措施　details of seismic design

根据抗震概念设计原则，一般不需计算而对结构和非结构部件必须采取的细部要求。

2.2　符　号

2.2.1 作用和作用效应

F_{Ek}、F_{Evk}——结构总水平、竖向地震作用标准值；

G_E、G_{eq}——地震时结构（构件）的重力荷载代表值、等效总重力荷载代表值；

w_k——风荷载标准值；

S_E——地震作用效应（弯矩、轴向力、剪力、应力和变形）；

S——地震作用效应与其他荷载效应的基本组合；

S_k——作用、荷载标准值的效应；

M——弯矩；

N——轴向力；

V——剪力；

p——基础底面压力；

u——侧移；

θ——结构层位移角。

2.2.2 材料性能和抗力

K——结构（构件）的刚度；

R——结构构件承载力；

f、f_k、f_E——材料强度（含地基承载力）设计值、标准值和抗震设计值；

E——材料弹性模量；

$[\theta]$——结构层位移角限值。

2.2.3 几何参数

A——构件截面面积；

A_s——钢筋截面面积；

B——结构总宽度；

H——结构总高度、柱高度；

L——结构（单元）总长度；

a——距离；

a_s、a_s'——纵向受拉、受压钢筋合力点至截面边缘的最小距离；

b——构件截面宽度；

d——土层深度或厚度，钢筋直径；

h——计算结构层高度，构件截面高度；

l——构件长度或跨度；

t——抗震墙厚度、结构层楼板厚度、钢板厚度，时间。

2.2.4 计算系数

α——水平地震影响系数；

α_{max}——水平地震影响系数最大值；

α_{vmax}——竖向地震影响系数最大值；

γ_G、γ_E、γ_w——作用分项系数；

γ_{RE}——承载力抗震调整系数；

ζ——阻尼比；

ε——结构类型指数；

δ——结构基本振型指数；

η——地震作用效应（内力和变形）的增大或调整系数；

λ——构件长细比，比例系数，修正系数，剪跨比；

ξ_y——结构（构件）屈服强度系数；

ρ——配筋率，比率，耦联系数；

φ——构件受压稳定系数；

ψ——组合值系数，影响系数。

2.2.5 其他

T——结构自振周期；

N——贯入锤击数；

I_{lE}——液化指数；

X_{ji}——位移振型坐标（j 振型 i 质点的 x 方向相对位移）；

Y_{ji}——位移振型坐标（j 振型 i 质点的 y 方向相对位移）；

n——总数，如结构层数、质点数、钢筋根数、跨数等；

v_{se}——土层等效剪切波速；

ϕ_{ji}——转角振型坐标（j 振型 i 质点的转角方向相对位移）；

l_{aE}——钢筋的抗震锚固长度；

l_a——受拉钢筋的锚固长度。

3 基本规定

3.1 设防分类和设防标准

3.1.1 构筑物的抗震设防类别及其抗震设防标准应按现行国家标准《建筑工程抗震设防分类标准》GB 50223 的有关规定执行。

3.1.2 抗震设防烈度为 6 度时，除应符合本规范的有关规定外，对乙类、丙类、丁类构筑物可不进行地震作用计算。

3.2 地震影响

3.2.1 构筑物所在地区遭受的地震影响，应采用相应于抗震设防烈度的设计基本地震加速度和特征周期或按本规范第 1 章的有关规定确定的设计地震动参数表征。

3.2.2 抗震设防烈度和设计基本地震加速度取值的对应关系应符合表 3.2.2 的规定。设计基本地震加速度为 $0.15g$ 和 $0.30g$ 地区内的构筑物，除本规范另有规定外，应分别按抗震设防烈度 7 度和 8 度的要求进行抗震设计。

表 3.2.2 抗震设防烈度和设计基本地震加速度值的对应关系

抗震设防烈度	6 度	7 度	8 度	9 度
设计基本地震加速度	$0.05g$	$0.10g$ $(0.15g)$	$0.20g$ $(0.30g)$	$0.40g$

注：g 为重力加速度。

3.2.3 特征周期应根据构筑物所在地的设计地震分组和场地类别确定。特征周期应按本规范第 5 章的有关规定采用。

3.2.4 我国主要城镇的抗震设防烈度、设计基本地震加速度值和设计地震分组可按本规范附录 A 采用。

3.3 场地和地基基础

3.3.1 选择构筑物场地时，应根据工程规划、地震活动情况、工程地质和地震地质等有关资料，对抗震有利地段、一般地段、不利地段和危险地段作出综合评价。对不利地段，应提出避开要求；当无法避开时，应采取有效的抗震措施。

3.3.2 经综合评价后划分的危险地段，严禁建造甲类、乙类构筑物，不应建造丙类构筑物。

3.3.3 工程场地为Ⅰ类时，甲类、乙类构筑物可仍按本地区抗震设防烈度的要求采取抗震构造措施；丙类构筑物可按本地区抗震设防烈度降低一度要求采取抗震构造措施，但抗震设防烈度为 6 度时，仍应按本地区抗震设防烈度的要求采取抗震构造措施。

3.3.4 工程场地为Ⅲ、Ⅳ类时，对设计基本地震加速度为 0.15g 和 0.30g 的地区，除本规范另有规定外，宜分别按设计基本加速度 0.20g（8 度）和 0.40g（9 度）时各抗震设防类别构筑物的要求采取抗震构造措施。

3.3.5 地基和基础设计应符合下列规定：

1 同一结构单元的基础不宜设置在性质截然不同的地基上。

2 同一结构单元不宜部分采用天然地基部分采用桩基；当采用不同基础类型或基础埋深显著不同时，应根据地震时两部分地基基础的沉降差异和结构反应分析结果，在基础、上部结构的相关部位采取相应措施。

3 地基主要持力层范围内存在液化土、软弱黏性土、新近填土或严重不均匀土时，应根据地震时地基不均匀沉降的大小或其他不利影响采取相应的措施。

3.3.6 山区工程场地和地基基础设计应符合下列规定：

1 山区工程场地勘察应有边坡稳定性评价和防治方案建议；应根据地质、地形条件和使用要求，设置符合抗震设防要求的边坡工程。

2 边坡设计应符合现行国家标准《建筑边坡工程技术规范》GB 50330 的有关规定；其稳定性验算时，摩擦角应根据设防烈度的高低进行修正。

3 边坡附近的构筑物基础应进行抗震稳定性设计。构筑物基础与土质或强风化岩质边坡的边缘应留有足够的距离，其值应根据抗震设防烈度的高低确定，并应采取防止地震时地基基础破坏的措施。

3.4 结构体系与设计要求

3.4.1 构筑物设计应符合平面、立面和竖向剖面的规则性要求。不规则的构筑物应按规定采取加强措施；特别不规则的构筑物应进行专门的研究和论证，并应采取特别的加强措施；不应采用严重不规则的结构设计方案。

3.4.2 构筑物的结构体系应根据工艺和功能要求、抗震设防类别、抗震设防烈度、结构高度、场地条件、地基、结构材料和施工等因素，经技术、经济和使用条件进行综合比较确定；8 度、9 度时，可采用隔震和消能减震设计。

3.4.3 结构体系应符合下列规定：

1 应具有明确的计算简图和合理的地震作用传递途径。

2 应避免因部分结构或构件破坏而导致整体结构丧失抗震能力或丧失对重力荷载的承载能力。

3 应具备符合本规范要求的抗震承载力、变形能力和消耗地震能量的能力。

4 对薄弱部位应采取提高抗震能力的措施。

3.4.4 结构体系尚宜符合下列规定：

1 宜有多道抗震防线。

2 宜具有合理的刚度和承载力分布，宜避免因局部削弱或突变形成薄弱部位，产生过大的应力集中或塑性变形集中。

3 不宜采用自重大的悬臂结构。

4 结构在两个主轴方向的动力特性宜相近。

3.4.5 构筑物抗侧力结构的平面布置宜规则对称，结构沿竖向侧移刚度宜均匀变化，竖向抗侧力构件的截面尺寸和材料强度宜自下而上逐渐减小，宜避免抗侧力结构的侧移刚度和承载力突变。

不规则构筑物的抗震设计应符合本规范第 3.4.7 条的有关规定。

3.4.6 构筑物形体及其构件布置的平面、竖向不规则性应符合下列规定：

1 混凝土结构、钢结构和钢-混凝土混合结构，存在表 3.4.6-1 中的平面不规则类型或表 3.4.6-2 中的竖向不规则类型以及类似的不规则类型时，应属于不规则的构筑物。

表 3.4.6-1 平面不规则的主要类型

不规则类型	定义和参考指标
扭转不规则	在规定的水平力作用下，结构层的最大弹性水平位移（或层间位移），大于该结构层两端弹性水平位移（或层间位移）平均值的 1.2 倍
凹凸不规则	结构平面凹进的尺寸大于相应投影方向总尺寸的 30%
结构层局部不连续	楼板的尺寸和平面刚度急剧变化，如有效楼板宽度小于该层楼板典型宽度的 50%，或开洞面积大于该层楼面面积的 30%，或较大的结构层错层

表 3.4.6-2　竖向不规则的主要类型

不规则类型	定义和参考指标
侧移刚度不规则	该层的侧移刚度小于相邻上一层的70%，或小于其上相邻三个结构层侧移刚度平均值的80%；除顶层或出屋面小建筑外，局部收进的水平向尺寸大于相邻下一层的25%
竖向抗侧力构件不连续	竖向抗侧力构件（柱、抗震墙、抗震支撑）的内力由水平转换构件（梁、桁架等）向下传递
结构层承载力突变	抗侧力结构的层间受剪承载力小于相邻上一结构层的80%

2　当存在多项不规则或某项不规则超过规定的参考指标较多时，应属于特别不规则的构筑物。

3.4.7　构筑物形体及其构件布置不规则时，应按下列规定进行水平地震作用计算和内力调整，并应对薄弱部位采取抗震构造措施：

1　平面不规则而竖向规则的构筑物应采用空间结构计算模型，并应符合下列规定：

1）扭转不规则时，应计入扭转影响，且结构层竖向构件最大的弹性水平位移和层间位移分别不宜大于结构层两端弹性水平位移和层间位移平均值的1.5倍。

2）凹凸不规则或楼板局部不连续时，应采用符合楼板平面内实际刚度变化的计算模型；高烈度或不规则程度较大时，宜计入楼板局部变形影响。

3）平面不对称且凹凸不规则或局部不连续时，可根据实际情况分块计算扭转位移比，对扭转较大的部位应采用局部的内力增大系数进行调整。

2　平面规则而竖向不规则的构筑物应采用空间结构计算模型，刚度小的楼层的地震剪力应乘以不小于1.15的增大系数，其薄弱层应按本规范有关规定进行弹塑性变形分析，并应符合下列规定：

1）竖向抗侧力构件不连续时，该构件传递给水平转换构件的地震内力应根据烈度高低和水平转换构件的类型、受力情况、几何尺寸等，乘以1.25~2.0的增大系数。

2）侧移刚度不规则时，相邻层的侧移刚度比应依据其结构类型符合本规范的有关规定。

3）结构层承载力突变时，薄弱层抗侧力结构的受剪承载力不应小于相邻上一结构层的65%。

3　平面不规则且竖向不规则的构筑物应根据不规则类型的数量和程度，采取不低于本条第1、2款

的规定。

3.4.8　体型复杂、平立面特别不规则的构筑物，可按实际需要在适当部位设置防震缝。

3.4.9　防震缝应根据抗震设防烈度、结构材料种类、结构类型、结构单元的高度和高差情况，留有足够的宽度，其两侧的上部结构应完全分开。

3.4.10　当设置伸缩缝和沉降缝时，其宽度应符合防震缝的要求。

3.4.11　结构构件应符合下列规定：

1　砌体结构应按规定设置钢筋混凝土圈梁和构造柱、芯柱，也可采用配筋砌体等。

2　混凝土结构构件应控制截面尺寸和纵向受力钢筋、箍筋的设置。

3　预应力混凝土的构件应配有非预应力钢筋。

4　钢结构构件应控制截面尺寸。

5　多层构筑物的混凝土楼板、屋盖宜采用现浇混凝土板。当采用预制混凝土楼板、屋盖时，应采取确保各预制板之间整体连接的措施。

3.4.12　结构构件之间的连接应符合下列规定：

1　构件节点的破坏不应先于其连接的构件。

2　预埋件锚固的破坏不应先于连接件。

3　装配式结构构件的连接应能保证结构的整体性。

4　预应力混凝土构件的预应力钢筋宜在节点核芯区以外锚固。

3.4.13　构筑物的支撑系统应能保证地震时结构的整体性和稳定性，保证可靠地传递水平地震作用。

3.5　结　构　分　析

3.5.1　构筑物的结构应按多遇地震作用进行内力和变形分析，可假定结构与构件处于弹性工作状态，内力和变形分析可采用线性静力方法或线性动力方法。

3.5.2　不规则且具有明显薄弱部位，地震时可能导致严重破坏的构筑物，应按本规范有关规定进行罕遇地震作用下的弹塑性变形分析。可根据结构特点采用弹塑性静力分析或弹塑性时程分析方法。

本规范有具体规定时，亦可采用简化方法计算结构的弹塑性变形。

3.5.3　当结构在地震作用下的重力附加弯矩大于初始弯矩的10%时，应计入重力二阶效应的影响。

3.5.4　结构抗震分析时，应根据各结构层在平面内的变形情况确定为刚性、半刚性和柔性等的横隔板，再按抗侧力系统的布置确定抗侧力构件间的共同工作，并应进行构件间的地震内力分析。

3.5.5　质量和侧移刚度分布接近对称且结构层可视为刚性横隔板的结构，以及本规范有关章节有具体规定的结构，可采用平面结构模型进行抗震分析。其他情况应采用空间结构模型进行抗震分析。

3.5.6　利用计算机进行结构抗震分析时，应符合下

列规定：

1 计算模型的建立和简化计算处理应符合结构的实际工作状况，计算中应计入楼梯构件的影响。

2 计算软件的技术条件应符合本规范和国家现行有关标准的规定，并应阐明其特殊处理的内容和依据。

3 复杂结构进行多遇地震作用下的内力和变形分析时，应采用不少于 2 个的不同计算程序，并应对其计算结果进行分析比较。

4 对计算程序的计算结果，应经分析判定其合理性和有效性后再用于工程设计。

3.6 非结构构件

3.6.1 非结构构件，包括构筑物主体结构以外的结构构件、设施和机电等设备，自身及其与结构主体的连接应进行抗震设计。

3.6.2 非结构构件的抗震设计应由相关专业的设计人员分别负责完成。

3.6.3 附着于结构层上的非结构构件以及楼梯间的非承重墙体应采取与主体结构可靠连接或锚固等措施，并应确定其对主体结构的不利影响。

3.6.4 主体结构的围护墙和隔墙应分析其设置对结构抗震的不利影响，应避免不合理设置而导致主体结构的破坏。

3.6.5 在人员出入口、通道和重要设备附近的非结构构件应采取加强的安全措施。

3.7 结构材料与施工

3.7.1 抗震结构对材料和施工质量的特别要求应在设计文件中注明。

3.7.2 结构材料的性能指标应符合下列规定：

1 砌体结构材料应符合下列规定：

1）普通砖和多孔砖的强度等级不低于 MU10，其砌筑砂浆的强度等级不应低于 M5；

2）混凝土小型空心砌块的强度等级不应低于 MU7.5，其砌筑砂浆的强度等级不应低于 M7.5。

2 混凝土结构材料应符合下列规定：

1）混凝土的强度等级，框支梁、框支柱和抗震等级为一级的框架梁、柱、节点核芯区不应低于 C30；构造柱、芯柱、圈梁及其他各类构件不应低于 C20；

2）抗震等级为一级、二级、三级的框架结构和斜撑构件（含梯段），其纵向受力钢筋采用普通钢筋时，钢筋的抗拉强度实测值与屈服强度实测值的比值不应小于 1.25；钢筋的屈服强度实测值与屈服强度标准值的比值不应大于 1.3；且钢筋在最大拉力下

的总伸长率实测值不应小于 9%。

3 钢结构的钢材应符合下列规定：

1）钢材的屈服强度实测值与抗拉强度实测值的比值不应大于 0.85；

2）钢材应有明显的屈服台阶，且伸长率不应小于 20%；

3）钢材应有良好的焊接性；

4）钢材应具有满足设计要求的冲击韧性。

3.7.3 结构材料性能指标尚应符合下列规定：

1 普通钢筋宜采用延性、韧性和焊接性较好的钢筋；普通钢筋的强度等级，纵向受力钢筋宜选用 HRB400E、HRB500E、HRBF400E、HRBF500E 级的热轧钢筋，箍筋宜选用符合抗震性能指标且不低于 HRB335 级的热轧钢筋，也可选用 HPB300 级的热轧钢筋。

2 钢筋的检验方法应符合现行国家标准《混凝土结构工程施工质量验收规范》GB 50204 的有关规定。

3 混凝土结构的混凝土强度等级，抗震墙不宜超过 C60；其他构件，9 度时不宜超过 C60，8 度时不宜超过 C70。

4 钢结构的钢材，Q235 宜采用质量等级为 B、C、D 的碳素结构钢，Q345 宜采用质量等级为 B、C、E 的低合金高强度结构钢，Q390、Q420、Q460 宜采用质量等级为 C、D、E 的低合金高强度结构钢；当有可靠依据时，亦可采用其他钢种和钢号。

5 钢结构的地脚螺栓可选用 Q235-B、C、D 级钢或 Q345-B、C、D、E 级钢。

3.7.4 在施工中，当以强度等级较高的钢筋替代原设计中的纵向受力钢筋时，应按钢筋受拉承载力设计值相等的原则换算，并应符合最小配筋率的要求。

3.7.5 采用焊接连接的钢结构，当有焊接拘束度较大的 T 形、十字形或角接接头构造，且在厚度方向承受拘束拉应力的钢板厚度不小于 40mm 时，钢板厚度方向的截面收缩率不应小于现行国家标准《厚度方向性能钢板》GB/T 5313 中有关 Z15 级规定的容许值。

3.7.6 钢筋混凝土构造柱、芯柱的施工，应先砌墙后浇构造柱、芯柱。

3.7.7 钢筋混凝土墙体、框架柱的水平施工缝应采取提高混凝土结合性能的措施。抗震等级为一级的墙体和转换层楼板与落地混凝土墙体的交接处，宜验算施工缝截面的受剪承载力。

4 场地、地基和基础

4.1 场 地

4.1.1 选择构筑物场地时，对构筑物抗震有利、一

般、不利和危险地段，应按表 4.1.1 划分。

表 4.1.1 有利、一般、不利和危险地段的划分

地段类别	地质、地形、地貌
有利地段	稳定基岩，坚硬土，开阔、平坦、密实、均匀的中硬土等
一般地段	不属于有利、不利和危险的地段
不利地段	软弱土，液化土，条状突出的山嘴，高耸孤立的山丘，陡坡，陡坎，河岸和边坡的边缘，平面分布上成因、岩性、状态明显不均匀的土层（如故河道、疏松的断层破碎带、暗埋的塘浜沟谷和半填半挖地基），高含水量的可塑黄土，地表存在结构性裂缝等
危险地段	地震时可能发生滑坡、崩塌、地陷、地裂、泥石流等及发震断裂带上可能发生地表错位的部位

4.1.2 构筑物场地的类别划分应以土层等效剪切波速和场地覆盖层厚度为准。

4.1.3 土层剪切波速的测量应符合下列规定：

1 在场地初步勘察阶段，对大面积的同一地质单元，测试土层剪切波速的钻孔数量应为控制性勘探孔数量的 1/5～1/3，山间河谷地区可适量减少，但不宜少于 3 个。

2 在场地详细勘察阶段，对单个构筑物，测试土层剪切波速的钻孔数量不宜少于 2 个，数据变化较大时，可适量增加；对区域中处于同一地质单元内的密集构筑物群，测试土层剪切波速的钻孔数量可适量减少，但每个大型构筑物的钻孔数量均不得少于 2 个。

3 对丁类构筑物及丙类构筑物中高度不超过 24m 的构筑物，当无实测剪切波速时，可根据岩土名称和性状按表 4.1.3 划分土的类型，各土层的剪切波速可利用当地经验在表 4.1.3 的剪切波速范围内估算。

表 4.1.3 土的类型划分和剪切波速范围

土的类型	岩土名称和性状	土层剪切波速范围 (m/s)
岩石	坚硬和较坚硬且完整的岩石	$v_s > 800$
坚硬土或软质岩石	破碎和较破碎的岩石或软和较软的岩石，密实的碎石土	$500 < v_s \leqslant 800$
中硬土	中密、稍密的碎石土，密实、中密的砾、粗、中砂，$f_{ak} > 150$ 的黏性土和粉土，坚硬黄土	$250 < v_s \leqslant 500$

续表 4.1.3

土的类型	岩土名称和性状	土层剪切波速范围 (m/s)
中软土	稍密的砾、粗、中砂，除松散外的细、粉砂，$f_{ak} \leqslant 150$ 的黏性土和粉土，$f_{ak} > 130$ 的填土，可塑新黄土	$150 < v_s \leqslant 250$
软弱土	淤泥和淤泥质土，松散的砂，新近沉积的黏性土和粉土，$f_{ak} \leqslant 130$ 的填土，流塑黄土	$v_s \leqslant 150$

注：f_{ak} 为由荷载试验等方法得到的地基承载力特征值（kPa），v_s 为岩土剪切波速。

4.1.4 构筑物场地覆盖层厚度的确定应符合下列规定：

1 应按地面至剪切波速大于 500m/s，且其下卧各层岩土的剪切波速均不小于 500m/s 的土层顶面的距离确定。

2 当地面 5m 以下存在剪切波速大于其上部各土层剪切波速 2.5 倍的土层，且该层及其下卧各层岩土的剪切波速均不小于 400m/s 时，可按地面至该土层顶面的距离确定。

3 剪切波速大于 500m/s 的孤石、透镜体，应视同周围土层。

4 土层中的火山岩硬夹层应视为刚体，其厚度应从覆盖土层中扣除。

4.1.5 土层的等效剪切波速，应按下列公式计算：

$$v_{se} = d_0 / t \tag{4.1.5-1}$$

$$t = \sum_{i=1}^{n} (d_i / v_{si}) \tag{4.1.5-2}$$

式中：v_{se}——土层等效剪切波速（m/s）；

d_0——计算深度（m），取覆盖层厚度和 20m 两者的较小值；

t——剪切波在地面至计算深度之间的传播时间；

d_i——计算深度范围内第 i 土层的厚度（m）；

v_{si}——计算深度范围内第 i 土层的剪切波速（m/s），丙类、丁类构筑物当无实测波速值时可按本规范附录 B 的规定确定；

n——计算深度范围内土层的分层数。

4.1.6 构筑物的场地类别应根据土层等效剪切波速和场地覆盖层厚度按表 4.1.6 划分，其中 Ⅰ 类应分为 I_0、I_1 两个亚类。当有准确的剪切波速和覆盖层厚度数据，且其值处于表 4.1.6 所列场地类别的分界线附近时，可按插值方法确定地震作用计算所用的特征周期。

表 4.1.6　构筑物的场地类别划分

岩石的剪切波速或土的等效剪切波速（m/s）	场地类别				
	I_0	I_1	II	III	IV
$v_s > 800$	$d=0$	—	—	—	—
$500 < v_s \leqslant 800$	—	$d=0$	—	—	—
$250 < v_{se} \leqslant 500$	—	$d<5$	$d \geqslant 5$	—	—
$150 < v_{se} \leqslant 250$	—	$d<3$	$3 \leqslant d \leqslant 50$	$d>50$	—
$v_{se} \leqslant 150$	—	$d<3$	$3 \leqslant d \leqslant 15$	$15 < d \leqslant 80$	$d>80$

注：1　表中 v_s 系岩石的剪切波速；
　　2　表中 d 系指构筑物场地的覆盖层厚度，单位为 m。

4.1.7　场地内存在发震断裂时，应对断裂的工程影响进行评价，并应符合下列规定：

1　符合下列情况之一时，可不计发震断裂错动对地面构筑物的影响：

　1）抗震设防烈度小于 8 度；

　2）非全新世活动断裂；

　3）8 度和 9 度时，隐伏断裂的土层覆盖厚度分别大于 60m 和 90m。

2　对不符合本条第 1 款规定的情况，应避开主断裂带。其避让距离不宜小于表 4.1.7 的规定。在避让距离的范围内确有需要建造分散的、高度不超过 10m 的丙类、丁类构筑物时，应按提高一度采取抗震措施，其基础应采用筏基等形式，且不应跨越断层线。

表 4.1.7　发震断裂的最小避让距离（m）

烈度	构筑物抗震设防类别			
	甲类	乙类	丙类	丁类
8 度	专门研究	200	100	—
9 度	专门研究	400	200	—

4.1.8　当需要在条状突出的山嘴、高耸孤立的山丘、非岩石和强风化岩石的陡坡、河岸和边坡边缘等不利地段建造丁类及丙类以上构筑物时，除应保证其在地震作用下的稳定性外，尚应计算不利地段对设计地震动参数产生的放大作用，其水平地震影响系数最大值应乘以增大系数。增大系数的值应根据不利地段的具体情况确定，并应在 1.1～1.6 范围内采用。

4.1.9　场地岩土工程勘察应根据实际需要划分的对构筑物抗震有利、一般、不利和危险的地段，提供构筑物的场地类别和滑坡、崩塌、液化和震陷等岩土地震稳定性评价，对需要采用时程分析法补充计算的构筑物，尚应根据设计要求提供土层剖面、场地覆盖层厚度和有关的动力参数。

4.2　天然地基和基础

4.2.1　下列构筑物可不进行天然地基及基础的抗震承载力验算：

1　本规范规定可不进行上部结构抗震验算的构筑物。

2　7 度、8 度和 9 度时，地基静承载力特征值分别大于 80kPa、100kPa 和 120kPa，且高度不超过 24m 的构筑物。

4.2.2　天然地基基础抗震验算时，应采用地震作用效应标准组合，且地基抗震承载力应按地基承载力特征值乘以地基抗震承载力调整系数计算。

4.2.3　地基抗震承载力应按下式计算：

$$f_{aE} = \zeta_a f_a \qquad (4.2.3)$$

式中：f_{aE}——调整后的地基抗震承载力；

　　　　ζ_a——地基抗震承载力调整系数，应按表 4.2.3 采用；

　　　　f_a——深宽修正后的地基承载力特征值，应按现行国家标准《建筑地基基础设计规范》GB 50007 的有关规定执行。

表 4.2.3　地基抗震承载力调整系数

岩土名称和性状	ζ_a
岩石，密实的碎石土，密实的砾、粗、中砂，$f_{ak} \geqslant 300$kPa 的黏性土和粉土	1.5
中密、稍密的碎石土，中密和稍密的砾、粗、中砂，密实和中密的细、粉砂，150kPa $\leqslant f_{ak} < 300$kPa 的黏性土和粉土，坚硬黄土	1.3
稍密的细、粉砂，100kPa $\leqslant f_{ak} < 150$kPa 的黏性土和粉土，可塑黄土	1.1
淤泥，淤泥质土，松散的砂，杂填土，新近堆积黄土及流塑黄土	1.0

4.2.4　验算天然地基地震作用下的竖向承载力时，按地震作用效应标准组合的基础底面平均压力和边缘最大压力，应符合下列公式的要求：

$$p \leqslant f_{aE} \qquad (4.2.4-1)$$
$$p_{max} \leqslant 1.2 f_{aE} \qquad (4.2.4-2)$$

式中：p——地震作用效应标准组合的基础底面平均压力；

　　　　p_{max}——地震作用效应标准组合的基础边缘的最大压力。

4.2.5　验算天然地基的抗震承载力时，基础底面零应力区的面积大小应符合下列规定：

1　形体规则的构筑物，零应力区的面积不应大于基础底面面积的 25％。

2　形体不规则的构筑物，零应力区的面积不宜大于基础底面面积的 15%。

    3 高宽比大于 4 的高耸构筑物，零应力区的面积应为零。

4.3 液化土地基

4.3.1 饱和砂土和饱和粉土（不含黄土）的液化判别和地基处理，6 度时，可不进行判别和处理，但对液化沉陷敏感的乙类构筑物可按 7 度的要求进行判别和处理；7 度～9 度时，乙类构筑物可按本地区抗震设防烈度的要求进行判别和处理。

4.3.2 地面下存在饱和砂土、饱和粉土时，除 6 度外，应进行液化判别；存在液化土层的地基，应根据构筑物的抗震设防类别、地基的液化等级，结合具体情况采取相应的措施。

    注：本条饱和土液化判别要求不包括黄土、粉质黏土。

4.3.3 饱和的砂土或粉土（不含黄土），当符合下列条件之一时，可初步判别为不液化或液化轻微而不计入液化影响：

    1 地质年代为第四纪晚更新世（Q_3）及其以前时，7 度、8 度时可判为不液化。

    2 粉土的黏粒（粒径小于 0.005mm 的颗粒）含量百分率，7 度、8 度和 9 度分别不小于 10、13 和 16 时，可判为不液化土。

    注：用于液化判别的黏粒含量系采用六偏磷酸钠作分散剂测定，采用其他方法时应按有关规定换算。

    3 浅埋天然地基的构筑物，当上覆非液化土层厚度和地下水位深度符合下列条件之一时，可判别为液化轻微而不计入液化影响：

$$d_u > d_0 + d_b - 2 \quad (4.3.3\text{-}1)$$
$$d_w > d_0 + d_b - 3 \quad (4.3.3\text{-}2)$$
$$d_u + d_w > 1.5d_0 + 2d_b - 4.5 \quad (4.3.3\text{-}3)$$

式中：d_w——地下水位深度（m），可按设计基准期内年平均最高水位采用，也可按近期内年最高水位采用；

    d_u——上覆非液化土层厚度（m），计算时宜将淤泥和淤泥质土层扣除；

    d_b——基础埋置深度（m），不超过 2m 时可采用 2m；

    d_0——液化土特征深度（m），可按表 4.3.3 采用。

表 4.3.3　液化土特征深度（m）

饱和土类别	7 度	8 度	9 度
粉土	6	7	8
砂土	7	8	9

    注：当区域的地下水位处于变动状态时，应按不利情况确定。

4.3.4 当饱和砂土、粉土的初步判别认为需进一步

进行液化判别时，应采用标准贯入试验判别法判别地面下 20m 范围内土的液化；本规范第 4.2.1 条规定的可不进行天然地基及基础抗震承载力验算的各类构筑物，可只判别地面下 15m 范围内土的液化。当饱和土标准贯入锤击数（未经杆长修正）小于或等于液化判别标准贯入锤击数临界值时，应判为液化土。当有成熟经验时，可采用其他判别方法。

    在地面下 20m 深度范围内，液化判别标准贯入锤击数临界值可按下式计算：

$$N_{cr} = N_0 \beta [\ln(0.6d_s + 1.5) - 0.1d_w] \sqrt{3/\rho_c}$$
$$(4.3.4)$$

式中：N_{cr}——液化判别标准贯入锤击数临界值；

    N_0——液化判别标准贯入锤击数基准值，可按表 4.3.4 采用；

    d_s——饱和土标准贯入点深度（m）；

    d_w——地下水位（m）；

    ρ_c——黏粒含量百分率，当小于 3 或为砂土时，应采用 3；

    β——调整系数，设计地震第一组取 0.80，第二组取 0.95，第三组取 1.05。

表 4.3.4　液化判别标准贯入锤击数基准值 N_0

设计基本地震加速度	0.10g	0.15g	0.20g	0.30g	0.40g
液化判别标准贯入锤击数基准值	7	10	12	16	19

4.3.5 对存在液化砂土层、粉土层的地基，应探明各液化土层的深度和厚度，按下式计算每个钻孔的液化指数，并应按表 4.3.5 综合划分地基的液化等级：

$$I_{lE} = \sum_{i=1}^{n} \left[1 - \frac{N_i}{N_{cri}} \right] d_i W_i \quad (4.3.5)$$

式中：I_{lE}——液化指数；

    n——在判别深度范围内每一个钻孔标准贯入试验点的总数；

    N_i、N_{cri}——分别为第 i 点标准贯入锤击数的实测值和临界值，当实测值大于临界值时应取临界值；当只需要判别 15m 范围以内的液化时，15m 以下的实测值可按临界值采用；

    d_i——第 i 点所代表的土层厚度（m），可采用与该标准贯入试验点相邻的上、下两标准贯入试验点深度差的 1/2，但上界不高于地下水位深度，下界不深于液化深度；

    W_i——第 i 土层单位土层厚度的层位影响权函数值（m^{-1}）。当该层中点深度不大于 5m 时应采用 10，等于 20m 时应采用零

值，5m～20m时可按线性内插法取值。

表 4.3.5 液化等级与液化指数的对应关系

液化等级	轻微	中等	严重
液化指数 I_{lE}	$0<I_{lE}\leq 6$	$6<I_{lE}\leq 18$	$I_{lE}>18$

4.3.6 当液化砂土层、粉土层较平坦且均匀时，宜按表 4.3.6 选用地基抗液化措施；尚可计入上部结构重力荷载对液化危害的影响，并可根据液化震陷量的估计适当调整抗液化措施。

未经处理的液化土层不作为天然地基持力层。

表 4.3.6 抗液化措施

构筑物抗震设防类别	地基的液化等级		
	轻微	中等	严重
乙类	部分消除液化沉陷，或对基础和上部结构处理	全部消除液化沉陷，或部分消除液化沉陷且对基础和上部结构处理	全部消除液化沉陷
丙类	基础和上部结构处理，亦可不采取措施	基础和上部结构处理，或更高要求的措施	全部消除液化沉陷，或部分消除液化沉陷且对基础和上部结构处理
丁类	可不采取措施	可不采取措施	基础和上部结构处理，或其他经济的措施

注：甲类构筑物的地基抗液化措施应进行专门研究，但不宜低于乙类的相应要求。

4.3.7 全部消除地基液化沉陷的措施应符合下列规定：

1 采用桩基时，桩端伸入液化深度以下稳定土层中的长度（不包括桩尖部分）应按计算确定，且对碎石土，砾、粗、中砂，坚硬黏性土和密实粉土尚不应小于 0.8m，对其他非岩石土尚不宜小于 1.5m。

2 采用深基础时，基础底面应埋入液化深度以下的稳定土层中，其深度不应小于 0.5m。

3 采用加密法加固时，应处理至液化深度下界；振冲或挤密碎石桩加固后，桩间土的标准贯入锤击数不宜小于本规范第 4.3.4 条规定的液化判别标准贯入锤击数临界值。

4 应用非液化土替换全部液化土层，也可增加上覆非液化土层的厚度。

5 采用加密法或换土法处理时，在基础边缘以外的处理宽度应超过基础底面下处理深度的 1/2，且不小于基础宽度的 1/5。

4.3.8 部分消除地基液化沉陷的措施应符合下列规定：

1 处理深度应使处理后的地基液化指数减小，其值不宜大于 5；大面积筏基、箱基基础外边界以内沿长宽方向距外边界大于相应方向 1/4 长度的中心区域，处理后的液化指数不宜大于 6；独立基础和条形基础尚不应小于基础底面下液化土特征深度和基础宽度的较大值。

2 采用振冲或挤密碎石桩加固后，桩间土的标准贯入锤击数不宜小于按本规范第 4.3.4 条规定的液化判别标准贯入锤击数临界值。

3 基础边缘以外的处理宽度应符合本规范第 4.3.7 条第 5 款的规定。

4 应采取增加上覆非液化土层的厚度、改善周边的排水条件等减小液化沉陷的其他方法。

4.3.9 减轻液化影响的基础和上部结构处理，可综合采用下列措施：

1 选择合适的基础埋置深度。

2 调整基础底面积和减小基础偏心。

3 采用箱基、筏基或钢筋混凝土十字形基础，独立基础加设基础连梁等加强基础的整体性和刚度的措施。

4 减轻荷载、增强上部结构的整体刚度和均匀对称性，合理设置沉降缝，采用对不均匀沉降不敏感的结构形式等。

5 管道穿过构筑物处，预留足够尺寸或采用柔性接头等。

4.3.10 在故河道以及临近河岸、海岸和边坡等有液化侧向扩展或流滑可能的地段内，不宜修建永久性构筑物；必须修建永久性构筑物时，应进行抗滑动验算，采取防止土体滑动或提高结构整体性等措施。

4.4 软黏性土地基震陷

4.4.1 6 度和 7 度区软黏性土地基上的构筑物，当地基基础满足现行国家标准《建筑地基基础规范》GB 50007 的有关规定时，可不计及地基震陷的影响。

4.4.2 地基中软弱黏性土层的震陷可采用下列方法判别：

1 饱和粉质黏土震陷的危害性和抗震陷措施应根据沉降和横向变形大小等因素综合研究确定。

2 8 度（0.30g）和 9 度，当塑性指数小于 15，且符合下式规定的饱和粉质黏土时，可判为震陷性软土：

$$W_S \geq 0.9W_L \qquad (4.4.2-1)$$
$$I_L \geq 0.75 \qquad (4.4.2-2)$$

式中：W_S——天然含水量；

W_L——液限含水量，采用液、塑限联合测定

法测定;

I_L——液性指数。

4.4.3 8度和9度,当地基范围内存在淤泥、淤泥质土等软黏性土,且地基静承载力特征值8度小于100kPa、9度小于120kPa时,除丁类构筑物或基础底面以下非软黏性土层厚度符合表4.4.3规定的构筑物外,均应采取消除地基震陷影响的措施。

表 4.4.3 基础底面以下非软黏性土层厚度

烈度	土层厚度（m）
8度	$\geq b$，且≥ 5
9度	$\geq 1.5b$，且≥ 8

注：1 土层厚度指直接位于基础底面以下的非软黏性土层;

　　2 b为基础底面宽度（m）。

4.4.4 消除软土地基震陷影响,可选择下列措施:

1 基本消除地基震陷的措施,可采用桩基、深基础、加密或换土法等。

采用加密或换土法时,基础底面以下软土的处理深度应符合本规范表4.4.3规定的非软土层厚度要求;每边外伸处理宽度不宜小于处理深度的1/3,且不宜小于2m。

2 部分消除地基震陷的措施可采用加密或部分换土法等。

基础底面以下软土的处理深度应符合本规范表4.4.3规定的非软土层厚度的0.75倍;每边外伸处理宽度不宜小于处理深度的1/3,且不宜小于2m。

3 不具备地基处理条件时,可降低地基抗震承载力取值。

4 基础和上部结构措施应符合下列规定:

　1）宜采用箱基、筏基和钢筋混凝土十字形基础等;

　2）增强上部结构的整体刚度和均匀对称性,合理设置沉降缝,应避免采用对不均匀震陷敏感的结构形式等。

4.4.5 存在地基震陷影响的甲类构筑物或有特殊要求的构筑物,其地基基础的抗震措施应经过专门研究确定。

4.4.6 地基主要受力层范围内存在软弱黏性土层和高含水量的可塑性黄土时,应结合具体情况确定,可采用桩基、地基加固处理或本规范第4.3.9条的措施,也可根据软黏性土震陷量的估计,采取相应措施。

4.5 桩 基 础

4.5.1 承受竖向荷载为主的低承台桩基,当同时符合下列条件时,可不进行桩基竖向抗震承载力和水平抗震承载力的验算:

1 7度、8度时,符合本规范第4.2.1条的

规定。

2 桩端和桩身周围无液化土层和软黏性土层。

3 桩承台周围无液化土、淤泥、淤泥质土、松散砂土和静承载力特征值小于100kPa的填土。

4 非斜坡地段。

4.5.2 非液化土中低承台桩基的抗震验算应符合下列规定:

1 单桩的竖向和水平向抗震承载力特征值可比非抗震设计时提高25%。

2 当承台周围的回填土夯实至干密度不小于现行国家标准《建筑地基基础设计规范》GB 50007对填土的要求时,可由承台正面填土与桩共同承担水平地震作用;但不应计入承台底面与地基土间的摩擦力。

4.5.3 存在液化土层的低承台桩基抗震验算应符合下列规定:

1 承台埋深较浅时,不宜计入承台周围土的抗力或刚性地坪对水平地震作用的分担作用。

2 当桩承台底面上、下分别有厚度不小于1.5m、1.0m的非液化土层或非软黏性土层时,可按下列情况进行桩的抗震验算,并应按不利情况设计:

　1）桩承受全部地震作用,桩承载力按本规范第4.5.2条采用,液化土的桩周摩阻力及桩的水平抗力均应乘以表4.5.3的折减系数;

表 4.5.3 土层液化影响折减系数

标贯比 λ_N	深度 d_s（m）	折减系数
$\lambda_N \leq 0.6$	$d_s \leq 10$	0
	$10 < d_s \leq 20$	1/3
$0.6 < \lambda_N \leq 0.8$	$d_s \leq 10$	1/3
	$10 < d_s \leq 20$	2/3
$0.8 < \lambda_N \leq 1$	$d_s \leq 10$	2/3
	$10 < d_s \leq 20$	1

注：λ_N为液化土层的标准贯入锤击数实测值与相应的临界值之比。

　2）地震作用按水平地震影响系数最大值的10%采用,桩承载力仍按本规范第4.5.2条第1款取用,但应扣除液化土层的全部摩阻力及桩承台下2m深度范围内非液化土的桩周摩阻力。

3 打入式预制桩及其他挤土桩,当平均桩距为桩径的2.5倍~4倍,且桩数不少于5×5时,可计入桩对土的加密作用及桩身对液化土变形限制的有利影响。当打桩后桩间土的标准贯入锤击数值达到不液化的要求时,单桩承载力可不折减;但对桩尖持力

层做强度校核时，桩群外侧的应力扩散角应取为零。
打桩后桩间土的标准贯入锤击数宜由试验确定，也可
按下式计算：

$$N_1 = N_p + 100\rho(1 - e^{-0.3N_p}) \quad (4.5.3)$$

式中：N_1——打桩后的标准贯入锤击数；

ρ——打入式预制桩的面积置换率；

N_p——打桩前的标准贯入锤击数。

4.5.4 处于液化土中的桩基承台周围宜用密实干土
填筑夯实；若用砂土或粉土则应使土层的标准贯入锤
击数不小于本规范第4.3.4条规定的液化判别标准贯
入锤击数临界值。

4.5.5 液化土和震陷软黏性土中桩的配筋范围应
自桩顶至液化深度以下符合全部消除液化沉陷所要求
的深度，配筋范围内纵向钢筋应与桩顶部相同，箍筋
应增大直径并加密。

4.5.6 在有液化侧向扩展的地段，桩基除应满足本
节中的其他规定外，尚应计入土流动时的侧向作用
力，且承受侧向推力的面积应按边桩外缘间的宽度
计算。

4.6 斜坡地震稳定性

4.6.1 7度、8度和9度，且构筑物位于斜坡、坡顶
或坡脚附近时，应通过计算分析确定斜坡的地震稳定
性及其对构筑物的影响。

4.6.2 当边坡符合表4.6.2的条件时，可不进行其
地震稳定性验算。

**表4.6.2 地震区可不进行地震稳定性验算的
边坡高度与坡角的最大值**

边坡类别	岩土类别	边坡最大高度 (m)			边坡最大坡度
		7度	8度	9度	
Ⅰ	完整岩石边坡：未风化或风化轻微、节理不发育（1组～2组以下）的硬质岩石，岩体一般呈整体或厚层状结构	25	20	18	1：0.1～1：0.3
Ⅱ	较完整岩石边坡：风化较重或节理较发育（2组～3组）的硬质岩石，岩体呈块状结构及风化轻微、节理不发育的软质岩石	20	18	15	1：0.25～1：0.75
Ⅲ	不完整岩石边坡：风化严重或节理发育（3组以上）的硬质岩石，岩体呈碎石状结构以及Ⅱ类以外的软质岩石	15	12	10	1：0.5～1：1

续表4.6.2

边坡类别	岩土类别	边坡最大高度 (m)			边坡最大坡度
		7度	8度	9度	
Ⅳ	半岩质边坡（包括第三纪岩石及具有一定胶结的碎石类土）	15	12	10	1：0.5～1：1
Ⅴ	松散碎石类土边坡	10	8	6	1：1～1：1.75
Ⅵ	一般黏性土边坡	12	10	8	1：0.5～1：1.5

注：1 下部为基岩、上部为覆盖土层的边坡，可根据胶结程度，按Ⅳ、Ⅴ类取值；

2 边坡的最大坡度，7度时可取陡坡值，9度时应取缓坡值；

3 对年均降雨量大于800mm地区的Ⅴ类和Ⅵ类边坡，本表不适用。

4.6.3 斜坡地震稳定性验算可采用拟静力法，水平
地震系数应按表4.6.3取值，安全系数不应小于
1.1；对于失稳危害较大的斜坡，尚应采用动力有限
元方法或累积残余位移方法。

表4.6.3 水平地震系数

烈度	7度		8度		9度
基本地震加速度	0.10g	0.15g	0.20g	0.30g	0.40g
水平地震系数	0.035	0.055	0.070	0.105	0.140

4.6.4 当需要提高斜坡的地震稳定性时，应针对具
体情况采取下列一种或几种抗震措施：

1 放缓斜坡或设置有较宽平台的阶梯式斜坡。

2 除去构筑物上方的危石和崩塌体。

3 坡面覆盖、植草，并合理设置排水。

4 在构筑物与其上方陡坡之间修建截止沟或护
坡桩。

5 采用挡墙或锚杆支护。

6 当坡脚或坡体内有液化土或软土时，采取消
除液化或加固软土的措施。

5 地震作用和结构抗震验算

5.1 一般规定

5.1.1 构筑物的地震作用计算应符合下列规定：

1 应至少在构筑物结构单元的两个主轴方向分
别计算水平地震作用并进行抗震验算，各方向的水平
地震作用应由该方向的抗侧力构件承担。

2 有斜交抗侧力构件的结构，当相交角度大于15°时，应分别计算各抗侧力构件方向的水平地震作用。

3 质量或刚度分布明显不对称的结构，应计入双向水平地震作用下的扭转影响；其他情况应允许采用调整地震作用效应的方法计入扭转影响。

4 8度和9度时的大跨度结构、长悬臂结构及双曲线冷却塔、电视塔、石油化工塔型设备基础、高炉和索道，以及9度时的井架、井塔、锅炉钢结构等高耸构筑物应计算竖向地震作用。

5.1.2 各类构筑物的抗震计算应分别采用下列方法：

1 质量和刚度沿高度分布比较均匀且高度不超过55m的框排架结构、高度不超过65m的其他构筑物，以及近似于单质点体系的结构，可采用底部剪力法。其他结构宜采用振型分解反应谱法。

2 甲类构筑物和特别不规则的构筑物，除应按规定采用振型分解反应谱法外，尚应采用时程分析法或经专门研究的方法进行补充计算。计算结果可取时程分析法的平均值和振型分解反应谱法的较大值。

5.1.3 采用时程分析法时，应选择不少于2组相似场地条件的实际加速度记录和1组拟合设计反应谱的人工地震加速度时程曲线，其平均地震影响系数曲线应与振型分解反应谱法所采用的地震影响系数曲线在统计意义上相符。底部剪力可取多条时程曲线计算结果的平均值，但不应小于按振型分解反应谱法计算值的80%，且每条时程曲线计算所得结构底部剪力不应小于振型分解反应谱法计算结果的65%。

5.1.4 计算地震作用时，构筑物的重力荷载代表值应取结构构件、内衬和固定设备自重标准值和可变荷载组合值之和；可变荷载的组合值系数，除本规范另有规定外，应按表5.1.4采用。

表5.1.4 可变荷载的组合值系数

可变荷载种类		组合值系数
雪荷载（不包括高温部位）		0.5
积灰荷载		0.5
楼面和操作台面活荷载	按实际情况计算时	1.0
	按等效均布荷载计算时	0.5～0.7
吊车悬吊物重力	硬钩吊车	0.3
	软钩吊车	不计入

注：硬钩吊车的吊重较大时，组合值系数应按实际情况采用。

5.1.5 构筑物的地震影响系数应根据烈度、场地类别、设计地震分组和结构自振周期以及阻尼比确定。其水平地震影响系数最大值 α_{max} 应按表5.1.5-1采用；当计算的地震影响系数值小于 $0.12\alpha_{max}$ 时，应取 $0.12\alpha_{max}$。特征周期应根据场地类别和设计地震分组按表5.1.5-2采用；计算罕遇地震作用时，特征周期

应增加0.05s。周期大于7.0s的构筑物，其地震影响系数应专门研究。

表5.1.5-1 水平地震影响系数最大值

地震影响	6度	7度	8度	9度
多遇地震	0.04	0.08（0.12）	0.16（0.24）	0.32
设防地震	0.12	0.23（0.34）	0.45（0.68）	0.90
罕遇地震	0.28	0.50（0.72）	0.90（1.20）	1.40

注：括号内数值分别用于设计基本地震加速度为0.15g和0.30g的地区；多遇地震，50年超越概率为63%；设防地震（设防烈度），50年超越概率为10%；罕遇地震，50年超越概率为2%～3%。

表5.1.5-2 特征周期值（s）

设计地震分组	场地类别				
	I_0	I_1	Ⅱ	Ⅲ	Ⅳ
第一组	0.20	0.25	0.35	0.45	0.65
第二组	0.25	0.30	0.40	0.55	0.75
第三组	0.30	0.35	0.45	0.65	0.90

5.1.6 构筑物地震影响系数曲线（图5.1.6）的阻尼调整和形状参数应符合下列规定：

1 当构筑物的阻尼比 0.05 时，地震影响系数曲线的阻尼调整系数应按1.0采用，形状参数应符合下列规定：

1) 直线上升段，为周期小于0.1s的区段；

2) 水平段，自0.1s至特征周期区段，应取最大值（α_{max}）；

3) 曲线下降段，自特征周期至5倍特征周期区段，衰减指数应取0.9；

4) 直线下降段，自5倍特征周期至7s区段，下降斜率调整系数应取0.02。

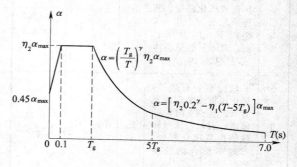

图5.1.6 地震影响系数曲线

α—地震影响系数；α_{max}—地震影响系数最大值；
η_1—直线下降段的下降斜率调整系数；γ—衰减指数；
T_g—特征周期；η_2—阻尼调整系数；T—结构自振周期

2 当构筑物的阻尼比不等于0.05时，地震影响系数曲线的阻尼调整系数和形状参数应符合下列

规定：

    1）曲线下降段的衰减指数应按下式确定：

$$\gamma = 0.9 + \frac{0.05 - \zeta}{0.3 + 6\zeta} \quad (5.1.6\text{-}1)$$

式中：γ——曲线下降段的衰减指数；

    ζ——阻尼比。

    2）直线下降段的下降斜率调整系数应按下式确定：

$$\eta_1 = 0.02 + \frac{0.05 - \zeta}{4 + 32\zeta} \quad (5.1.6\text{-}2)$$

式中：η_1——直线下降段的下降斜率调整系数，小于0时，应取0。

    3）阻尼调整系数应按下式确定：

$$\eta_2 = 1 + \frac{0.05 - \zeta}{0.08 + 1.6\zeta} \quad (5.1.6\text{-}3)$$

式中：η_2——阻尼调整系数，当小于0.55时，应取0.55。

    3 多质点体系采用底部剪力法计算时，按本规范第5.1.6确定的水平地震影响系数应乘以增大系数。水平地震影响系数的增大系数应按下列公式确定：

当 $T_1 > T_g$ $\eta_h = (T_g/T_1)^{-\varepsilon}$ (5.1.6-4)

当 $T_1 \leqslant T_g$ $\eta_h = 1.0$ (5.1.6-5)

式中：T_1——结构基本自振周期；

    η_h——水平地震影响系数的增大系数；

    ε——结构类型指数，应根据结构类型按表5.1.6采用。

表 5.1.6 结构类型指数

结构类型	剪切型结构	剪弯型结构	弯曲型结构
ε	0.05	0.15	0.25

    4 竖向地震影响系数的最大值可采用水平地震影响系数最大值的65%。

5.1.7 采用时程分析法计算时，其地震加速度时程曲线的最大值应按表5.1.7采用。

表 5.1.7 地震加速度时程曲线的最大值（cm/s²）

地震影响	6度	7度	8度	9度
多遇地震	18	35（55）	70（110）	140
设防地震	50	100（150）	200（300）	400
罕遇地震	125	220（310）	400（510）	620

    注：括号内数值分别用于设计基本地震加速度为0.15g和0.30g的地区。

5.1.8 构筑物的基本自振周期可按本规范各章规定的计算方法确定。当采用类似构筑物的实测周期时，应根据构筑物的重要性和允许损坏程度，乘以震时周期加长系数（1.1～1.4）确定。

5.1.9 构筑物的阻尼比除本规范另有规定外，其余均可按0.05采用。

5.1.10 结构的抗震验算应符合下列规定：

    1 6度时和本规范规定不作地震作用计算的结构，可不进行截面抗震验算，但应符合有关的抗震措施要求。

    2 构筑物应按本规范规定的抗震设防标准进行地震作用和作用效应计算。

    3 平面尺寸较小的高耸构筑物应对整体结构进行抗倾覆验算。

    4 符合本规范第5.5.1条规定的构筑物，除应按本规范第5.4节的规定进行截面抗震验算外，尚应进行抗震变形验算。

5.2 水平地震作用计算

5.2.1 采用底部剪力法时，结构水平地震作用计算简图可按图5.2.1采用；水平地震作用和作用效应应符合下列规定：

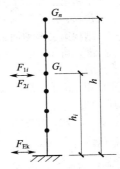

图 5.2.1 结构水平地震作用计算简图

    1 结构总水平地震作用标准值应按下列公式确定：

$$F_{Ek} = \alpha_1 G_{eq} \quad (5.2.1\text{-}1)$$

$$G_{eq} = \frac{\left[\sum G_i X_{1i}\right]^2}{\sum G_i X_{1i}^2} \quad (i=1, 2, \cdots, n) \quad (5.2.1\text{-}2)$$

$$X_{1i} = (h_i/h)^\delta \quad (5.2.1\text{-}3)$$

式中：F_{Ek}——结构总水平地震作用标准值；

    α_1——相应于结构基本自振周期的水平地震影响系数，应按本规范第5.1.6条的规定确定；

    G_{eq}——相应于结构基本自振周期的等效总重力荷载；

    G_i——集中于质点i的重力荷载代表值，应按本规范第5.1节的规定确定；

    X_{1i}——结构基本振型质点i的水平相对位移；

    h_i——质点i的计算高度；

    h——结构的总计算高度；

    δ——结构基本振型指数，可按表5.2.1取值；

    n——质点数。

表 5.2.1　结构基本振型指数

结构类型	剪切型结构	剪弯型结构	弯曲型结构
δ	1.00	1.50	1.75

2　结构基本振型和第二振型质点 i 的水平地震作用标准值应按下列公式确定：

$$F_{1i} = F_{Ek1} \frac{G_i X_{1i}}{\sum G_i X_{1i}} \qquad (5.2.1-4)$$

$$F_{2i} = F_{Ek2} \frac{G_i X_{2i}}{\sum G_i X_{2i}} \qquad (5.2.1-5)$$

$$F_{Ek1} = \frac{\alpha_1}{\eta_h} G_{eq} \qquad (5.2.1-6)$$

$$F_{Ek2} = \sqrt{F_{Ek}^2 - F_{Ek1}^2} \qquad (5.2.1-7)$$

$$X_{2i} = (1 - h_i/h_0) h_i/h_0 \qquad (5.2.1-8)$$

式中：F_{1i}、F_{2i}——分别为结构基本振型和第二振型质点 i 的水平地震作用标准值；

F_{Ek1}、F_{Ek2}——分别为结构基本振型和第二振型的总水平地震作用标准值；

X_{2i}——结构第二振型质点 i 的水平相对位移；

h_0——结构第二振型曲线的交点计算高度，可采用结构总计算高度的 80%。

3　水平地震作用标准值效应应按下列公式确定：

按多遇地震计算时：

$$S_{Ek} = \sqrt{S_{Ek1}^2 + S_{Ek2}^2} \qquad (5.2.1-9)$$

按设防地震计算时：

$$S_{Ek} = \xi \sqrt{S_{Ek1}^2 + S_{Ek2}^2} \qquad (5.2.1-10)$$

式中：S_{Ek}——水平地震作用标准值效应；

S_{Ek1}、S_{Ek2}——分别为结构基本振型和第二振型的水平地震作用标准值效应；

ξ——地震效应折减系数。

5.2.2　当采用振型分解反应谱法，且不进行扭转耦联计算时，水平地震作用和作用效应应按下列规定计算：

1　结构 j 振型 i 质点的水平地震作用标准值应按下列公式确定：

$$F_{ji} = \alpha_j \gamma_j X_{ji} G_i \qquad (5.2.2-1)$$
$$(i = 1, 2, \cdots, n; \ j = 1, 2, \cdots, m)$$

$$\gamma_j = \sum_{i=1}^{n} G_i X_{ji} \Big/ \sum_{i=1}^{n} G_i X_{ji}^2 \qquad (5.2.2-2)$$

式中：F_{ji}——j 振型 i 质点的水平地震作用标准值；

α_j——相应于 j 振型自振周期的水平地震影响系数，应按本规范第 5.1.6 条的规定确定；

X_{ji}——j 振型 i 质点的水平相对位移；

γ_j——j 振型的参与系数；

m——振型数。

2　水平地震作用标准值效应（弯矩、剪力、轴

向力和变形），当相邻振型的周期比小于 0.85 时，可按下式确定：

按多遇地震计算时：

$$S_{Ek} = \sqrt{\sum S_j^2} \qquad (5.2.2-3)$$

按设防地震计算时：

$$S_{Ek} = \xi \sqrt{\sum S_j^2} \qquad (5.2.2-4)$$

式中：S_j——j 振型水平地震作用标准值效应，除本规范另有规定外，振型数可只取前 3 个～5 个振型；当基本自振周期大于 1.5s 时，振型数目可适当增加，振型数应使振型参与质量不小于总质量的 90%；

S_{Ek}——水平地震作用标准值效应。

5.2.3　构筑物估计水平地震作用扭转影响时，应按下列规定计算其地震作用和作用效应：

1　可能存在偶然偏心的规则构筑物，可不进行扭转耦联计算，但结构两个水平主轴方向的外侧两排抗侧力构件，其地震作用效应应乘以增大系数。短边可按 1.15 采用，长边可按 1.05 采用；当扭转刚度较小时，周边各构件宜按不小于 1.3 采用。角部构件宜同时乘以两个方向各自的增大系数。

2　对于偏心构筑物，进行扭转耦联地震作用和效应计算时，可采用三维空间有限元分析模型，也可采用多质点体系平动-扭转耦联分析模型。采用振型分解法计算时，应选取包括两个正交水平方向和扭转的振型，每个方向的振型数不应少于含有该方向的前三阶振型，且振型数应使振型参与质量不小于总质量的 90%。单向水平地震作用标准值效应可采用完全二次项平方根法。双向水平地震作用标准值效应可按下列公式中的较大值确定：

$$S_{Ek} = \sqrt{S_x^2 + (0.85 S_y)^2} \qquad (5.2.3-1)$$

或

$$S_{Ek} = \sqrt{S_y^2 + (0.85 S_x)^2} \qquad (5.2.3-2)$$

式中：S_x、S_y——分别为 x 向、y 向按扭转耦联分析得出的单向水平地震作用标准值效应。

5.2.4　突出构筑物顶面的小型结构采用底部剪力法计算时，除本规范另有规定外，其地震作用效应宜乘以增大系数 3，增大部分可不往下传递，但与该突出部分相连的构件设计时应予以计入。

5.2.5　抗震验算时，任意结构层的水平地震剪力应符合下式规定：

$$V_{Eki} > \lambda \sum_{j=i}^{n} G_j \qquad (5.2.5)$$

式中：V_{Eki}——第 i 层对应于水平地震作用标准值的结构层剪力；

λ——剪力系数，不应小于表 5.2.5 的规定，对竖向不规则结构的薄弱层，尚应乘以 1.15 的增大系数；

G_j——第 j 层的重力荷载代表值。

表 5.2.5　结构层最小地震剪力系数值

类　　别	6 度	7 度	8 度	9 度
扭转效应明显或基本自振周期小于 3.5s 的结构	0.008	0.016 (0.024)	0.032 (0.048)	0.064
基本自振周期大于 5.0s 的结构	0.006	0.012 (0.018)	0.024 (0.036)	0.048

注：1　基本自振周期介于 3.5s 和 5.0s 之间的结构，采用插入法取值；
　　2　括号内数值分别用于设计基本地震加速度为 0.15g 和 0.30g 的地区。

5.3　竖向地震作用计算

5.3.1　井架、井塔、电视塔以及质量、刚度分布与其类似的筒式或塔式结构，竖向地震作用标准值（图 5.3.1）可按下列公式确定。结构层的竖向地震作用效应可按各构件承受的重力荷载代表值的比例进行分配；当按多遇地震计算时，尚宜乘以增大系数 1.5～2.5。

$$F_{Evk} = \alpha_{vmax} G_{eqv} \quad (5.3.1-1)$$

$$F_{vi} = F_{Evk} \frac{G_i h_i}{\sum G_j h_j} \quad (5.3.1-2)$$

式中：F_{Evk}——结构总竖向地震作用标准值；
　　　　F_{vi}——质点 i 的竖向地震作用标准值；
　　　　h_i、h_j——分别为质点 i、j 的计算高度；
　　　　α_{vmax}——竖向地震影响系数最大值，可按本规范第 5.1.6 条第 4 款的规定采用；
　　　　G_{eqv}——结构等效总重力荷载，可按其重力荷载代表值的 75% 采用。

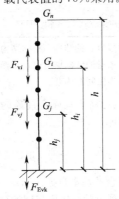

图 5.3.1　结构竖向地震作用计算简图

5.3.2　8 度和 9 度时，跨度大于 24m 的桁架、长悬臂结构和其他大跨度结构，竖向地震作用标准值可采用其重力荷载代表值与竖向地震作用系数的乘积；竖向地震作用可不向下传递，但构件节点设计时应予以计入；竖向地震作用系数可按表 5.3.2 采用。

表 5.3.2　竖向地震作用系数

结构类别	烈度	场地类别		
		I_0、I_1	II	III、IV
平板型网架钢桁架	8 度	可不计算 (0.10)	0.08(0.12)	0.10(0.15)
	9 度	0.15	0.15	0.20
钢筋混凝土桁架	8 度	0.10(0.15)	0.13(0.19)	0.13(0.19)
	9 度	0.20	0.25	0.25
长悬臂和其他大跨度结构	8 度	0.10(0.15)		
	9 度	0.20		

注：括号内数值系设计基本地震加速度为 0.30g 的地区。

5.4　截面抗震验算

5.4.1　结构构件的截面抗震验算除本规范另有规定外，地震作用标准值效应和其他荷载效应的基本组合，应按下式计算：

$$S = \gamma_G S_{GE} + \gamma_{Eh} S_{Ehk} + \gamma_{Ev} S_{Evk} + \gamma_w \psi_w S_{wk} +$$
$$\gamma_t \psi_t S_{tk} + \gamma_m \psi_m S_{mk} \quad (5.4.1)$$

式中：S——结构构件内力组合的设计值，包括组合的弯矩、轴向力和剪力的设计值等；
　　　　γ_G——重力荷载分项系数，应采用 1.2；当重力荷载效应对构件承载能力有利时，不应大于 1.0；当验算结构抗倾覆或抗滑时，不应小于 0.9；
　　　　S_{GE}——重力荷载代表值效应，重力荷载代表值应按本规范第 5.1.4 条的规定确定；
　　　　γ_{Eh}、γ_{Ev}——分别为水平、竖向地震作用分项系数，应按表 5.4.1 采用；
　　　　S_{Ehk}——水平地震作用标准值效应，尚应乘以相应的增大系数或调整系数；
　　　　S_{Evk}——竖向地震作用标准值效应，尚应乘以相应的增大系数或调整系数；
　　　　S_{wk}——风荷载标准值效应；
　　　　S_{tk}——温度作用标准值效应；
　　　　S_{mk}——高速旋转式机器主动作用标准值效应；
　　　　γ_w、γ_t、γ_m——分别为风荷载、温度作用和高速旋转式机器动力作用分项系数，均应采用 1.4，但冷却塔的温度作用分项系数应取 1.0；
　　　　ψ_w——风荷载组合值系数，高耸构筑物应采用 0.2，一般构筑物应取 0；
　　　　ψ_t——温度作用组合值系数，一般构筑物应取 0，长期处于高温条件下的构筑物应取 0.6；
　　　　ψ_m——高速旋转式机器动力作用组合值系数，对大型汽轮机组、电机、鼓风机等动力机器，应采用 0.7，一般动力机器应取 0。

表 5.4.1 地震作用分项系数

地震作用		γ_{Eh}	γ_{Ev}
仅按水平地震作用计算		1.3	0
仅按竖向地震作用计算		0	1.3
同时按水平和竖向地震作用计算	水平地震作用为主时	1.3	0.5
	竖向地震作用为主时	0.5	1.3

5.4.2 结构构件的截面抗震验算应采用下列设计表达式：

$$S \leqslant R/\gamma_{RE} \qquad (5.4.2)$$

式中：R——结构构件承载力设计值；
γ_{RE}——承载力抗震调整系数，除本规范另有规定外，应按表 5.4.2 采用。

表 5.4.2 承载力抗震调整系数

材料	结构构件	受力状态	γ_{RE}
钢	柱，梁，支撑，节点板件，螺栓，焊缝	强度	0.75
	柱，支撑	稳定	0.80
砌体	两端均有构造柱、芯柱的抗震墙	受剪	0.9
	其他抗震墙	受剪	1.0
混凝土	梁	受弯	0.75
	轴压比小于 0.15 的柱	偏压	0.75
	轴压比不小于 0.15 的柱	偏压	0.80
	抗震墙	偏压	0.85
	各类构件	受剪、偏拉	0.85

5.4.3 当仅计算竖向地震作用时，结构构件承载力抗震调整系数均应采用 1.0。

5.5 抗震变形验算

5.5.1 下列构筑物应进行罕遇地震作用下的弹塑性变形验算：

1 8 度 III 类、IV 类场地或 9 度时的钢筋混凝土框排架结构，以及 9 度时的钢筋混凝土柱承式筒仓、井塔、井架。

2 结构布置不规则且有明显薄弱层或高度大于 150m 的锅炉钢结构。

3 结构安全等级和结构高度均较高的电视塔结构。

4 7 度～9 度时结构层屈服强度系数小于 0.5 的钢筋混凝土框架结构和框排架结构。

5 甲类构筑物和 9 度时的乙类构筑物。

5.5.2 构筑物在罕遇地震作用下的弹塑性变形计算，可采用下列方法：

1 本规范规定的简化计算方法或经专门研究的简化计算方法。

2 质量和刚度沿高度分布比较均匀且高度不超过 65m 的构筑物，或近似于单质点体系的构筑物可采用静力弹塑性分析方法。

3 弹塑性时程分析方法。

5.5.3 钢筋混凝土柱承式筒仓的最大弹塑性位移可按下式计算：

$$\Delta u_p = \frac{\Delta u_y}{2.78}\left[\left(\frac{M_E}{M_y}\right)^2 + 1.32\right] \qquad (5.5.3)$$

式中：Δu_p——柱顶最大弹塑性位移；
Δu_y——柱顶屈服位移，可在柱顶作用 1.42 倍的屈服弯矩，采用弹性分析确定；
M_E——柱顶弹性地震弯矩设计值；
M_y——柱顶屈服弯矩。

5.5.4 结构薄弱层（部位）的弹塑性位移应符合下式规定：

$$\Delta u_p \leqslant [\theta_p]h \qquad (5.5.4)$$

式中：h——薄弱层的结构层高度或柱承式筒仓柱的全高或单层厂房的上柱高度；
$[\theta_p]$——弹塑性层间位移角限值，可按表 5.5.4 采用；对于钢筋混凝土框架结构，当轴压比小于 0.4 时，可提高 10%；当柱子全高的箍筋构造比本规范第 6.3.11 条规定的体积配箍率大于 30% 时，可提高 20%，但累计提高不应超过 25%。

表 5.5.4 结构弹塑性层间位移角限值

结 构 类 型	$[\theta_p]$
钢筋混凝土框架结构	1/50
钢排架	1/30
钢框架、钢井架（塔）、钢电视塔	1/50

注：对于没有楼层概念的结构，根据结构布置视其沿高度方向由一定数量的结构层组成，其弹塑性位移角值可取最薄弱结构层间的相对位移角值。

5.5.5 钢筋混凝土柱承式筒仓柱顶的弹塑性位移角限值可按下式确定：

$$[\theta_p] = 0.25\frac{T_1^{1.4}}{f_{ck}} \qquad (5.5.5)$$

式中：T_1——筒仓的基本自振周期；
f_{ck}——混凝土轴心抗压强度标准值。

6 钢筋混凝土框排架结构

6.1 一 般 规 定

6.1.1 本章适用于钢筋混凝土框架、框架-抗震墙与排架侧向组成的框排架结构抗震设计，其适用的最大高度应符合表6.1.1的规定。

表6.1.1 钢筋混凝土框架和框架-抗震墙适用的最大高度（m）

结构类型	6度	7度	8度		9度
			0.2g	0.3g	
框架	55 (50)	50 (45)	40 (35)	35 (30)	24 (19)
框架-抗震墙	120 (110)	110 (100)	90 (80)	70 (60)	45 (40)

注：1 括号内的数值用于设有筒仓的框架和框架-抗震墙；
2 表中高度指室外地面到主要屋面板板顶的高度（不包括局部突出屋面部分）；
3 超过表中所列高度时，应进行专门研究和论证，并采取加强措施。

6.1.2 钢筋混凝土框排架结构的框架和抗震墙应根据设防类别、烈度、结构类型和房屋高度采用不同的抗震等级，并应符合相应的计算和抗震构造措施要求。丙类框排架结构的框架和抗震墙的抗震等级应按表6.1.2确定。

表6.1.2 丙类框排架结构的框架和抗震墙的抗震等级

结构类型		6度		7度		8度		9度
框架结构	不设筒仓的框架	高度(m)	≤24	>24	≤24	>24	≤24	>24	≤24
		框架	四	三	三	二	二	一	一
	设筒仓的框架	高度(m)	≤19	>19	≤19	>19	≤19	>19	≤19
		框架	四	三	三	二	二	一	一
	大跨度框架		三		二		一		一
框架-抗震墙结构	不设筒仓的框架	高度(m)	≤55	>55	<24	24~55	>55	<24	24~55	>55	<24	24~45
		框架	四	三	四	三	二	三	二	一	二	一
	设筒仓的框架	高度(m)	≤50	>50	<19	19~50	>50	<19	19~50	>50	<19	19~40
		框架	四	三	四	三	二	三	二	一	二	一
	抗震墙		三		三		二		一

注：1 工程场地为I类时，除6度外应允许按表内降低一度所对应的抗震等级采取抗震构造措施，但相应的计算要求不应降低；
2 设置少量抗震墙的框架-抗震墙结构，在规定的水平力作用下，底层框架部分所承担的地震倾覆力矩应大于框架-抗震墙总地震倾覆力矩的50%，其框架部分的抗震等级应按表中框架结构对应的抗震等级确定，抗震墙的抗震等级应与其框架等级相同；
3 设有筒仓的框架（或框架-抗震墙）指设有纵向的钢筋混凝土筒仓竖壁，且竖壁的跨高比不大于2.5，大于2.5时应按不设筒仓确定。
4 大跨度框架指跨度不小于18m的框架。

6.1.3 框排架结构的平面和竖向布置、结构选型、选材应符合下列规定：

1 在结构单元平面内，抗侧力构件宜对称均匀布置，并应沿结构全高设置。在结构单元内，各柱列的侧移刚度宜均匀。竖向抗侧力构件的截面尺寸宜自下而上逐渐减小，并应避免抗侧力构件的侧移刚度和承载力突变。

2 质量大的设备等不宜布置在结构单元边缘的平台上，宜设置在距结构刚度中心较近的部位；当不可避免时，宜将平台与主体结构分开，也可在满足工艺要求的条件下采用低位布置。

3 不宜采用较大的悬挑结构。

4 围护墙宜选用轻质材料、轻型墙板、钢筋混凝土墙板等；当结构单元的一端敞开另一端有山墙时，其山墙与主体结构之间应采用柔性连接。

6.1.4 框排架结构的防震缝应符合下列规定：

1 当符合下列情况之一时，应设置防震缝：

1）房屋贴建于框排架结构；

2）结构的平面和竖向布置不规则；

3）质量和刚度沿纵向分布有突变。

2 防震缝的两侧应各自设置承重结构。

3 除胶带运输机和链带设备外，设备不应跨防震缝布置。

4 防震缝的最小宽度应符合下列规定：

1）高度不大于15m的贴建房屋与框排架结构间，6度、7度时，不应小于100mm；8度、9度时，不应小于110mm。

2）框排架结构（包括设置少量抗震墙的框排架结构）单元间，结构高度不超过15m时，不应小于100mm；结构高度超过15m时，对6度～9度，分别每增高5m、4m、3m、2m，宜加宽20mm。

3）框架-抗震墙的框排架结构的防震缝宽度不应小于本条第2款规定数值的70%，且不宜小于100mm。

5 8度、9度的框架结构防震缝两侧结构层高相差较大时，防震缝两侧框架柱的箍筋应沿房屋全高加密。

6.1.5 框架及框架-抗震墙结构中，楼板、屋盖采用预制板时，应采取保证楼板、屋盖的整体性及其与框架梁（或抗震墙）的可靠连接的措施。

6.1.6 排架跨屋架或屋面梁支承在框架柱上时，宜符合下列规定：

1 排架跨的屋架下弦或屋面梁底面宜布置在与框架跨相应楼层的同一标高处。

2 排架跨的屋架或屋面梁支承在框架柱顶伸出的单柱上时（图6.1.6），宜在柱顶（A处）设置一道纵向钢筋混凝土连梁；当AC段柱较高时，宜在中间增设一道纵向连梁。

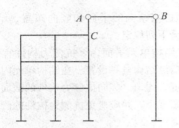

图 6.1.6　排架柱与框架柱连接示意

6.1.7 屋盖天窗的配置与选材应符合下列规定：

1 天窗宜采用突出屋面较小的避风型天窗、下沉式天窗或采光屋面板等形式。

2 突出屋面的天窗宜采用钢天窗架；6 度～8 度时，可采用矩形截面杆件的钢筋混凝土天窗架。

3 宜在满足建筑功能的条件下，降低天窗架的高度。

4 天窗屋盖、端壁板和侧板宜采用轻型板材，不应采用端壁板代替端天窗架。

5 结构单元两端的第一开间不应设置天窗；8度和9度时，宜从第三开间开始设置天窗。

6.1.8 屋盖的屋架或屋面梁的选用应符合下列规定：

1 屋盖宜选用钢屋架或重心较低的预应力混凝土、钢筋混凝土屋架。

2 跨度不大于15m时，可采用钢筋混凝土屋面梁。

3 跨度大于24m，或8度Ⅲ、Ⅳ类场地和9度时，宜选用钢屋架。

4 有突出屋面天窗的屋盖不宜采用预应力混凝土或钢筋混凝土屋架。

5 8度（0.30g）和9度时，跨度大于24m的屋盖不宜采用大型屋面板。

6.1.9 框排架结构的排架柱选型应符合下列规定：

1 应根据截面高度不同采用矩形、工字形截面柱或斜腹杆双肢柱，不应采用薄壁工字形柱、腹板开孔工字形柱或预制腹板的工字形柱。

2 采用工字形截面柱时，柱底至室内地坪以上500mm高度范围内、阶形柱的上柱和牛腿处的各柱段均应采用矩形截面。

3 山墙抗风柱可采用矩形、工字形截面钢筋混凝土柱，亦可采用 H 形钢柱。当排架跨较高时，宜设置山墙抗风梁。

6.1.10 上下吊车的钢梯布置应符合下列规定：

1 在结构单元内一端有山墙另一端无山墙时，应在靠近山墙的端部设置钢梯。

2 在结构单元内两端均有山墙或均无山墙时，应在单元中部设置钢梯。

3 多跨时，可按本条第1款、第2款的规定分散布置钢梯。

6.1.11 框排架结构中的框架、抗震墙均应双向设

置，且柱中线与抗震墙中线、梁中线之间的偏心距不宜大于柱宽的 1/4；大于柱宽的 1/4 时，应计入偏心的影响。

框排架结构中框架部分高度大于24m时，不宜采用单跨框架结构。

6.1.12 框架-抗震墙中，抗震墙之间无大洞口的楼板、屋盖的长宽比不宜超过表 6.1.12 的规定；超过时，应计入楼板、屋盖平面变形的影响。

表 6.1.12　抗震墙之间无大洞口的楼板、屋盖的长宽比

楼板、屋盖类型	6 度	7 度	8 度	9 度
现浇楼板、屋盖	4	4	3	2
装配整体式楼板、屋盖	3	3	2	不宜采用

6.1.13 框架-抗震墙中抗震墙的设置宜符合下列规定：

1 抗震墙宜贯通房屋全高。

2 结构较长时，侧移刚度较大的纵向抗震墙不宜设置在结构的端开间。

3 抗震墙洞口宜上下对齐，且洞边距端柱不宜小于 300mm。

4 楼梯间宜设置抗震墙，但不宜造成较大的扭转效应。

5 在抗震墙的两端（不包括洞口两侧）宜设置端柱或与另一方向的抗震墙相连。

6.1.14 采用框架-抗震墙时，抗震墙底部加强部位的范围应符合下列规定：

1 底部加强部位的高度应从地下室顶板算起。

2 房屋高度大于24m时，底部加强部位的高度可取底部两层和墙体总高度的1/10的较大值；房屋高度不大于24m时，底部加强部位可取底部一层。

3 当结构计算嵌固端位于地下一层底板或以下时，底部加强部位尚应向下延伸到计算嵌固端。

6.1.15 框排架结构柱的独立基础有下列情况之一时，宜沿两个主轴方向（排架柱仅在纵向）设置基础系梁：

1 一级框架和Ⅳ类场地的二级框架。

2 各柱基承受的重力荷载代表值作用下的压应力差别较大。

3 基础埋置较深或各基础埋置深度差别较大。

4 地基主要受力层范围内存在软弱黏性土层、液化土层或严重不均匀土层。

5 桩基承台之间。

6.1.16 框架-抗震墙中的抗震墙基础应有良好的整体性和抗转动的能力。

6.1.17 楼梯间应符合下列规定：

1 宜采用现浇钢筋混凝土楼梯。

2 对于框排架结构，楼梯间的布置不应导致结

构平面特别不规则；楼梯构件与主体结构整浇时，应计入楼梯构件对地震作用及其效应的影响，应进行楼梯构件的抗震承载力验算；宜采取减少楼梯构件对主体结构刚度影响的构造措施。

3 楼梯间两侧填充墙与柱之间应加强拉结。

6.2 计 算 要 点

6.2.1 6 度时的不规则、建造于Ⅳ类场地上较高的框排架结构，以及 7 度～9 度时的框排架结构，应按本规范第 5 章有关多遇地震的规定进行水平、竖向地震作用和地震作用效应计算。

6.2.2 框排架结构应按空间结构模型计算地震作用，且应符合下列规定：

1 复杂框排架结构进行多遇地震作用下的内力和变形分析时，应采用不少于两个不同的力学模型，并应对其计算结果进行分析比较。

2 框排架结构不规则时，应符合本规范第 3.4.6 条、第 3.4.7 条的规定。

3 抗震验算时，结构任一楼层的水平地震剪力应符合本规范第 5.2.5 条的规定。

4 设有天窗且不计入框排架结构计算模型时，地震作用计算时可将天窗的质量集中在天窗架下部屋架或屋面梁处。

5 设有筒仓的框排架结构，筒仓设有横向和纵向竖壁时，贮料荷载应分配给纵向和横向竖壁上；当仅设有纵向竖壁（横向为梁）时，贮料荷载应仅分配给纵向竖壁上。

6 采用振型分解反应谱法计算时，其振型数不宜少于 12 个。

7 计算的结构自振周期应乘以 0.8～0.9 的周期调整系数。

6.2.3 质量和刚度分布明显不对称的框排架结构地震作用计算时，应计入双向水平地震作用下的扭转影响。双向水平地震作用标准效应可按本规范式（5.2.3-1）和式（5.2.3-2）的较大值确定。其中单向水平地震作用下的扭转耦联效应可按下列公式确定：

$$S_{Ek} = \sqrt{\sum_{j=1}^{m} \sum_{k=1}^{m} \rho_{jk} S_j S_k} \qquad (6.2.3\text{-}1)$$

$$\rho_{jk} = \frac{8\sqrt{\zeta_j \zeta_k}\ (\zeta_j + \lambda_T \zeta_k)\ \lambda_T^{1.5}}{(1-\lambda_T^2)^2 + 4\zeta_j \zeta_k\ (1+\lambda_T^2)\ \lambda_T + 4\ (\zeta_j^2 + \zeta_k^2)\ \lambda_T^2} \qquad (6.2.3\text{-}2)$$

式中：S_{Ek}——地震作用标准值的扭转效应；

S_j、S_k——分别为 j、k 振型地震作用标准值的效应，可取前 9 个～15 个振型；

ζ_j、ζ_k——分别为 j、k 振型的阻尼比；

ρ_{jk}——j 振型与 k 振型的耦联系数；

λ_T——k 振型与 j 振型的自振周期比。

6.2.4 当符合本规范附录 C 规定的条件时，框排架

结构可按多质点平面结构计算；其地震作用效应可按本规范第 C.0.2 条的规定进行地震作用空间效应调整。

6.2.5 设有筒仓的框排架结构计算地震作用时，贮料重力荷载代表值应按下式确定：

$$G_{zeq} = \psi G_z \qquad (6.2.5)$$

式中：G_{zeq}——贮料重力荷载代表值；

ψ——充盈系数，对单仓和双联仓，可取 0.9；对多联仓，可取 0.8；

G_z——按筒仓实际容积计算的贮料荷载标准值。

6.2.6 一、二、三、四级框架的底层，柱下端（设有筒仓的框架尚应包括支承筒仓竖壁的框架柱的上端）截面组合的弯矩设计值应分别乘以增大系数 1.7、1.5、1.3 和 1.2。底层柱的纵向钢筋应按上、下端的不利情况配置。

6.2.7 一、二、三、四级框架的梁柱节点处，柱端组合的弯矩设计值应符合下列规定：

1 除框架顶层和柱轴压比小于 0.15 外，柱端组合的弯矩设计值应符合下式要求：

$$\sum M_c = \eta_c \sum M_b \qquad (6.2.7\text{-}1)$$

2 一级的框架结构和 9 度一级框架可不符合本规范式（6.2.7-1）的要求，但应符合下式要求：

$$\sum M_c = 1.2 \sum M_{bua} \qquad (6.2.7\text{-}2)$$

式中：$\sum M_c$——节点上、下柱端截面顺时针或反时针方向组合的弯矩设计值之和，上、下柱端的弯矩设计值可按弹性分析分配；

$\sum M_b$——节点左、右梁端截面反时针或顺时针方向组合的弯矩设计值之和，一级框架节点左、右梁端均为负弯矩时，绝对值较小的弯矩应取零；

$\sum M_{bua}$——节点左、右梁端截面反时针或顺时针方向实配的正截面抗震受弯承载力所对应的弯矩值之和，应根据实配钢筋面积（计入梁受压筋和相关楼板钢筋）和材料强度标准值确定；

η_c——框架柱端弯矩增大系数；对框架结构，一级可取 1.7，二级可取 1.5，三级可取 1.3，四级可取 1.2；对框架-抗震墙结构中的框架，一级可取 1.4，二级可取 1.2，三、四级可取 1.1。

3 当反弯点不在柱的层高范围内时，柱端截面组合的弯矩设计值可乘以柱端弯矩增大系数 η_c。

6.2.8 一、二、三级的框架梁和抗震墙的连梁，其梁端截面组合的剪力设计值应按下式调整：

$$V = \eta_{vb}(M_b^l + M_b^r)/l_n + V_{Gb} \qquad (6.2.8)$$

式中：V——梁端截面组合的剪力设计值；

η_{vb}——梁端剪力增大系数，一级可取 1.3，二级可取 1.2，三级可取 1.1；

l_n——梁的净跨；

V_{Gb}——梁在重力荷载代表值作用下，按简支梁分析的梁端截面剪力设计值；

M^l_b、M^r_b——分别为梁左、右端反时针或顺时针方向组合的弯矩设计值，一级框架两端弯矩均为负弯矩时，绝对值较小的弯矩应取零。

6.2.9 一级的框架结构和 9 度的一级框架梁、连梁端截面组合的剪力设计值可不按本规范式（6.2.8）调整，但应符合下式要求：

$$V = 1.1(M^l_{bua} + M^r_{bua})/l_n + V_{Gb} \quad (6.2.9)$$

式中：M^l_{bua}、M^r_{bua}——分别为梁左、右端反时针或顺时针方向实配的正截面抗震受弯承载力所对应的弯矩值，应根据实配钢筋面积（计入受压筋和相关楼板钢筋）和材料强度标准值确定。

6.2.10 一、二、三、四级框架柱组合的剪力设计值应按下式调整：

$$V = \eta_{vc}(M^t_c + M^b_c)/H_n \quad (6.2.10)$$

式中：V——柱端截面组合的剪力设计值；

η_{vc}——柱剪力增大系数；对框架结构，一级可取 1.5，二级可取 1.3，三级可取 1.2，四级可取 1.1；对框架-抗震墙结构中的框架，一级可取 1.4，二级可取 1.2，三、四级可取 1.1；

M^t_c、M^b_c——分别为柱的上、下端顺时针或反时针方向截面组合的弯矩设计值，应符合本规范第 6.2.6 条、第 6.2.7 条的规定；

H_n——柱的净高。

6.2.11 一级的框架结构和 9 度的一级框架柱组合的剪力设计值可不按本规范式（6.2.10）调整，但应符合下式要求：

$$V = 1.2(M^t_{cua} + M^b_{cua})/H_n \quad (6.2.11)$$

式中：M^t_{cua}、M^b_{cua}——分别为偏心受压柱的上、下端顺时针或反时针方向实配的正截面抗震受弯承载力所对应的弯矩值，应根据实配钢筋面积、材料强度标准值和轴压力等确定。

6.2.12 一、二、三、四级框架的角柱、支承筒仓竖壁的框架柱，经本规范第 6.2.6 条、第 6.2.7 条、第 6.2.10 条、第 6.2.11 条调整后的组合弯矩设计值、剪力设计值尚应乘以不小于 1.1 的增大系数。

6.2.13 一、二、三级的抗震墙底部加强部位，其截面组合的剪力设计值应按下式调整：

$$V = \eta_{vw}V_w \quad (6.2.13)$$

式中：V——抗震墙底部加强部位截面组合的剪力设计值；

η_{vw}——抗震墙剪力增大系数，一级可取 1.6，二级可取 1.4，三级可取 1.2；

V_w——抗震墙底部加强部位截面组合的剪力计算值。

6.2.14 9 度的一级抗震墙底部加强部位截面组合的剪力设计值可不按本规范式（6.2.13）调整，但应符合下式要求：

$$V = 1.1 \frac{M_{wua}}{M_w}V_w \quad (6.2.14)$$

式中：M_{wua}——抗震墙底部截面按实配纵向钢筋面积、材料强度标准值和轴力等计算的抗震受弯承载力所对应的弯矩值，有翼墙时应计入墙两侧各一倍翼墙厚度范围内的纵向钢筋；

M_w——抗震墙底部截面组合的弯矩设计值。

6.2.15 抗震墙各墙肢截面组合的内力设计值应按下列规定采用：

1 一级抗震墙的底部加强部位以上部位，墙肢的组合弯矩设计值应乘以增大系数，其值可采用 1.2，剪力应相应调整。

2 双肢抗震墙中，墙肢不宜出现小偏心受拉；当任一墙肢为偏心受拉时，另一墙肢的剪力设计值、弯矩设计值均应乘以增大系数 1.25。

6.2.16 钢筋混凝土结构的梁、柱、抗震墙和连梁，其截面组合的剪力设计值应符合下列规定：

1 跨高比大于 2.5 的梁和连梁及剪跨比大于 2 的柱和抗震墙应符合下式要求：

$$V \leqslant \frac{1}{\gamma_{RE}}(0.20f_c bh_0) \quad (6.2.16-1)$$

2 跨高比不大于 2.5 的连梁、剪跨比不大于 2 的柱和抗震墙、支承筒仓竖壁的框架柱，以及落地抗震墙的底部加强部位应符合下式要求：

$$V \leqslant \frac{1}{\gamma_{RE}}(0.15f_c bh_0) \quad (6.2.16-2)$$

3 剪跨比应按下式计算：

$$\lambda = M^c/(V^c h_0) \quad (6.2.16-3)$$

式中：λ——剪跨比，应按柱端或墙端截面组合的弯矩计算值 M^c、对应的截面组合剪力计算值 V^c 及截面有效高度 h_0 确定，并取上、下端计算结果的较大值；反弯点位于柱高中部的框架柱可按柱净高与 2 倍柱截面高度之比计算；

V——按本规范第 6.2.8 条～第 6.2.14 条的规定调整后的梁端、柱端或墙端截面组合的剪力设计值；

f_c——混凝土轴心抗压强度设计值；

b——梁、柱截面宽度或抗震墙墙肢截面宽度；

h_0——截面有效高度，抗震墙可取墙肢截面长度。

6.2.17 框排架结构抗震计算时，尚应符合下列规定：

1 侧移刚度沿竖向分布基本均匀的框架-抗震墙结构，任一层框架部分承担的剪力值不应小于框排架结构底部总地震剪力的 20% 和框架部分各楼层地震剪力最大值 1.5 倍中的较小值。

2 抗震墙地震内力计算时，连梁的刚度可折减，折减系数不宜小于 0.5。

3 设置少量抗震墙的框架结构，其框架部分的地震剪力值宜采用框架结构模型和框架-抗震墙结构模型中计算结果的较大值。

4 框架-抗震墙结构计算内力和变形时，其抗震墙应计入端部翼墙的共同工作。

6.2.18 框架节点核芯区的抗震验算应符合下列规定：

1 一、二、三级框架的节点核芯区应进行抗震验算；四级框架节点核芯区可不进行抗震验算，但应符合抗震构造措施的要求。

2 核芯区截面抗震验算方法应符合本规范附录 D 的规定。

6.2.19 7 度（0.15g）Ⅲ、Ⅳ 类场地和 8 度、9 度时，应计算横向水平地震作用对排架跨的屋架下弦产生的拉、压效应，在托架上的屋架可不计算该效应。

6.2.20 7 度（0.15g）Ⅲ、Ⅳ 类场地和 8 度、9 度时，排架跨屋架或屋面梁与柱顶（或牛腿）的连接应进行抗震验算。

6.2.21 8 度和 9 度时，钢结构仓斗与其钢筋混凝土竖壁之间的连接焊缝计算应计入竖向地震作用；竖向地震作用可分别采用仓斗及其贮料重力荷载代表值的 10% 和 20%，设计基本地震加速度为 0.30g 时，可取重力荷载代表值的 15%。

6.2.22 7 度（0.15g）Ⅲ、Ⅳ 类场地和 8 度、9 度时，排架跨在设置屋架横向水平支撑的跨间宜计入由于纵向水平地震作用产生的两柱列位移差对屋架弦杆和支撑腹杆的不利影响。

6.2.23 支承低跨屋盖的柱牛腿（柱肩）的纵向受拉钢筋截面面积应按下式确定：

$$A_s \geqslant \left(\frac{N_G a}{0.85 h_0 f_y} + 1.2 \frac{N_E}{f_y} \right) \gamma_{RE} \quad (6.2.23)$$

式中：A_s——纵向水平受拉钢筋的截面面积；

N_G——柱牛腿面上重力荷载代表值产生的压力设计值；

a——重力荷载作用点至下柱近侧边缘的距离，当小于 0.3h_0 时应采用 0.3h_0；

h_0——牛腿最大竖向截面的有效高度；

f_y——钢筋抗拉强度设计值；

N_E——柱牛腿面上地震组合的水平拉力设计值；

γ_{RE}——承载力抗震调整系数，可采用 1.0。

6.2.24 框排架结构中突出屋面的天窗架及其两侧垂直支撑的抗震计算应符合下列规定：

1 应将天窗架及其两侧垂直支撑作为框排架结构的组成部分，纳入结构的计算模型，进行框排架结构的横向（对天窗架）和纵向（对垂直支撑）地震作用计算。

2 天窗架横向和纵向的简化抗震计算应符合下列规定：

1） 天窗架横向抗震计算，对有斜腹杆的钢筋混凝土天窗架和钢天窗架，可采用底部剪力法；9 度或天窗架跨度大于 9m 时，天窗架的地震作用效应应乘以增大系数，增大系数可采用 1.5。

2） 天窗架纵向抗震计算，可采用双质点体系即屋盖和天窗架分别设置质点的底部剪力法，其地震作用效应应乘以增大系数 2.5。

3） 采用底部剪力法计算时，地震作用效应的增大部分可不往下传递。

6.2.25 排架跨山墙抗风柱的抗震计算可采用下列方法：

1 将山墙抗风柱纳入框排架结构的计算模型，进行整体抗震分析。

2 山墙抗风柱的抗震计算简化方法可按本规范附录 E 采用。

6.2.26 框排架结构应进行多遇地震作用下的抗震变形验算，其结构楼层内最大的弹性层间位移应符合下式要求：

$$\Delta u_e \leqslant [\theta_e] h \quad (6.2.26)$$

式中：Δu_e——多遇地震作用标准值产生的楼层内最大的弹性层间位移；计算时，可不扣除结构整体弯曲变形，应计入扭转变形，各作用分项系数均应采用 1.0，结构构件的截面刚度可采用弹性刚度；

$[\theta_e]$——弹性层间位移角限值，宜按表 6.2.26 采用；

h——计算结构楼层层高。

表 6.2.26　弹性层间位移角限值

结构类型	$[\theta_e]$
无筒仓钢筋混凝土框架	1/550
有筒仓钢筋混凝土框架	1/650
钢筋混凝土框架-抗震墙	1/800

6.2.27 框排架结构在罕遇地震作用下薄弱层的弹塑

性变形验算应符合下列规定：

1 符合下列条件时，应进行弹塑性变形验算：

1）8度Ⅲ、Ⅳ类场地和9度；

2）7度Ⅰ～Ⅳ类场地和8度Ⅰ、Ⅱ类场地的楼层屈服强度系数小于0.5。

2 薄弱层（部位）弹塑性变形计算可采用静力弹塑性分析方法和弹塑性时程分析方法。

3 框排架结构层间弹塑性位移应符合本规范式（5.5.4）的要求，此时公式中的h为薄弱层的层高或排架上柱的高度，弹塑性层间位移角限值宜按表6.2.27采用；当框架结构柱轴压比小于0.4、支承筒仓竖壁的框架柱轴压比小于0.3时，均可提高10%；当柱全高的箍筋构造大于本规范第6.3.11条规定的最小配箍特征值30%时，可提高20%，但累计不应超过25%。

表 6.2.27　弹塑性层间位移角限值

结　构　类　型		$[\theta_p]$
无筒仓	框架	1/50
	排架柱	1/30
无筒仓	框架-抗震墙	1/100
	排架柱	1/50
有筒仓	框架	1/60
	排架柱	1/40
有筒仓	框架-抗震墙	1/120
	排架柱	1/70

注：有筒仓的框架位移角限值指筒仓竖壁下柱的弹塑性位移，筒仓上柱仍可按无筒仓的框架位移角限值采用。

6.3　框架部分抗震构造措施

6.3.1 梁的截面尺寸宜符合下列规定：

1 截面宽度不宜小于200mm。

2 截面高宽比不宜大于4。

3 净跨与截面高度之比不宜大于4。

4 框架梁附属于筒仓的竖壁时，可不受本条第1款～第3款的限制。

6.3.2 梁的钢筋配置应符合下列规定：

1 梁端计入受压钢筋的梁端混凝土受压区高度和有效高度之比，一级不应大于0.25，二、三级不应大于0.35。

2 梁端截面的底面和顶面纵向钢筋配筋量的比值除应按计算确定外，一级不应小于0.5，二、三级

不应小于0.3。

3 梁端箍筋加密区的长度、箍筋最大间距和最小直径应按表6.3.2采用；当梁端纵向受拉钢筋配筋率大于2%时，箍筋最小直径应增大2mm。

表 6.3.2　梁端箍筋加密区的长度、箍筋最大间距和最小直径

抗震等级	加密区长度（采用较大值）（mm）	箍筋最大间距（采用最小值）（mm）	箍筋最小直径（mm）
一	$2h_b$，500	$h_b/4$，$6d$，100	10
二	$1.5h_b$，500	$h_b/4$，$8d$，100	8
三	$1.5h_b$，500	$h_b/4$，$8d$，150	8
四	$1.5h_b$，500	$h_b/4$，$8d$，150	6

注：**1** d为纵向钢筋直径，h_b为梁截面高度；

2 箍筋直径大于12mm、数量不少于4肢且肢距不大于150mm时，一、二级的最大间距应允许适当放宽，但不得大于150mm。

6.3.3 梁的纵向钢筋配置及梁端加密区的箍筋肢距尚应符合下列规定：

1 梁端纵向受拉钢筋的配筋率不宜大于2.5%。沿梁全长顶面、底面的配筋，一、二级不应少于2φ14，且分别不应少于梁顶面、底面两端纵向钢筋中较大截面面积的1/4；三、四级不应少于2φ12。

2 一、二、三级框架梁内贯通中柱的每根纵向钢筋直径，对框架结构不应大于矩形截面柱在该方向截面尺寸的1/20；对框架-抗震墙结构的框架不宜大于矩形截面柱在该方向截面尺寸的1/20。

3 梁端加密区的箍筋肢距，一级不宜大于200mm和箍筋直径的20倍的较大值，二、三级不宜大于250mm和箍筋直径的20倍的较大值，四级不宜大于300mm。

6.3.4 二、三、四级框架和框架-抗震墙的楼板、屋盖可采用钢筋混凝土预制板，但应符合下列规定：

1 预制板的板肋下端应与支承梁焊接。

2 预制板上应设不低于C30的细石混凝土后浇层，其厚度不应小于50mm，应内设φ6双向间距200mm的钢筋网。

3 预制板之间在支座处的纵向缝隙内应设置焊接钢筋网，其伸出支座长度不宜小于1.0m；纵向钢筋直径，上部不宜小于8mm，下部不宜小于6mm。板缝应采用C30细石混凝土浇灌。

6.3.5 柱的截面尺寸宜符合下列规定：

1 截面宽度和高度均不宜小于400mm。

2 剪跨比宜大于2。

3 截面长边与短边的边长比不宜大于3。

6.3.6 柱轴压比不宜超过表6.3.6的规定；建造于Ⅳ类场地且较高的框排架结构，柱轴压比限值应适当减小。

表 6.3.6　柱轴压比

结构类型	抗震等级			
	一级	二级	三级	四级
支承筒仓竖壁的框架柱	0.6	0.7	0.8	0.85
框架结构	0.65	0.75	0.85	0.9
框架-抗震墙	0.75	0.85	0.9	0.95

注：1　轴压比指柱组合的轴压力设计值与柱的全截面面积和混凝土轴心抗压强度设计值乘积之比值；对可不进行地震作用计算的结构，取无地震作用组合的轴力设计值计算；

2　表内限值适用于剪跨比大于2、混凝土强度等级不高于C60的柱；剪跨比不大于2的柱轴压比限值应降低0.05；剪跨比小于1.5的柱，轴压比限值应专门研究并采取特殊构造措施；

3　沿柱全高采用井字复合箍且箍筋肢距不大于200mm、间距不大于100mm、直径不小于12mm，轴压比限值可增加0.10；箍筋的配箍特征值按增大的轴压比由本规范表6.3.11确定；

4　在柱的截面中部附加芯柱，其中另加的纵向钢筋的总面积不少于柱截面面积的0.8%，轴压比限值可增加0.05；柱的截面中部附加芯柱与沿全高采用井字复合箍的措施共同采用时，轴压比限值可增加0.15，但箍筋的配箍特征值仍可按轴压比增加0.10的要求确定；

5　柱轴压比不应大于1.05。

6.3.7 柱的钢筋配置应符合下列规定：

1　柱纵向受力钢筋的最小总配筋率应按表6.3.7-1采用，同时每一侧配筋率不应小于0.2%；对建造于Ⅳ类场地且较高的框排架结构，最小总配筋率应增加0.1。

表 6.3.7-1　柱纵向受力钢筋的最小总配筋率（%）

柱的类型	抗震等级			
	一	二	三	四
中柱和边柱	1.0	0.8	0.7	0.6
角柱、支承筒仓竖壁的框架柱	1.2	1.0	0.9	0.8

注：1　表中数值用于框架结构的柱，对框架-抗震墙的柱按表中数值减少0.1；

2　钢筋强度标准值小于400MPa时，表中数值应增加0.1，钢筋强度标准值为400MPa时，表中数值应增加0.05；

3　混凝土强度等级高于C60时，表中最小总配筋率的数值应相应增加0.1。

2　柱箍筋在规定的范围内应加密，加密区的箍筋间距和直径应符合下列规定：

1）箍筋的最大间距和最小直径应按表6.3.7-2采用。

表 6.3.7-2　柱箍筋加密区的箍筋最大间距和最小直径

抗震等级	箍筋最大间距（采用较小值，mm）	箍筋最小直径（mm）
一	6d，100	10
二	8d，100	8
三	8d，150（柱根100）	8
四	8d，150（柱根100）	6（柱根8）

注：d为柱纵向钢筋最小直径，柱根指底层柱下端箍筋加密区。

2）一级框架柱的箍筋直径大于12mm，且箍筋肢距不大于150mm及二级框架柱的箍筋直径不小于10mm且箍筋肢距不大于200mm时，除底层柱下端外，最大间距不应大于150mm；三级框架柱的截面尺寸不大于400mm时，箍筋最小直径不应小于6mm；四级框架柱剪跨比不大于2时，箍筋直径不应小于8mm。

3）支承筒仓竖壁的框架柱、剪跨比不大于2的框架柱，箍筋间距不应大于100mm。

6.3.8 柱的纵向钢筋配置尚应符合下列规定：

1　柱的纵向钢筋宜对称配置。

2　截面边长大于400mm的柱，纵向钢筋间距不宜大于200mm。

3　柱总配筋率不应大于5%。

4　剪跨比不大于2的一级框架的柱，每侧纵向钢筋配筋率不宜大于1.2%。

5　支承筒仓竖壁的框架柱、边柱、角柱及抗震墙端柱在小偏心受拉时，柱内纵向钢筋总截面面积应比计算值增加25%。

6　柱纵向钢筋的绑扎接头应避开柱端的箍筋加密区。

6.3.9 柱箍筋加密范围应按下列规定采用：

1　柱上、下端，应取截面高度、柱净高的1/6和500mm中的最大值。

2　底层柱的下端不应小于柱净高的1/3；当有刚性地面时，除柱端外尚应取刚性地面上、下各500mm。

3　剪跨比不大于2的柱和因设置填充墙等形成的柱净高与柱截面高度之比不大于4的柱，应取全高。

4　在柱段内设置牛腿，其牛腿的上、下柱段净高与截面高度之比不大于4的柱段，应取全高，大于4时可取其柱段端各500mm。

5 支承筒仓竖壁的框架柱和一、二级框架的角柱，应取全高。

6.3.10 柱加密区箍筋肢距，一级不宜大于200mm，二、三级不宜大于250mm，四级不宜大于300mm；应至少每隔一根纵向钢筋在两个方向设有箍筋或拉筋约束；采用拉筋复合箍时，拉筋宜紧靠纵向钢筋并钩住箍筋，并应符合箍筋肢距的要求。

6.3.11 柱箍筋加密区的体积配箍率应符合下式要求：

$$\rho_v \geqslant \lambda_v f_c / f_{yv} \qquad (6.3.11)$$

式中：ρ_v——柱箍筋加密区的体积配箍率，一级不应小于0.8%，二级不应小于0.6%，三、四级不应小于0.4%；

f_c——混凝土轴心抗压强度设计值，强度等级低于C35时，应按C35计算；

f_{yv}——箍筋或拉筋抗拉强度设计值；

λ_v——最小配箍特征值，宜按表6.3.11采用。

表6.3.11 柱箍筋加密区的箍筋最小配箍特征值

抗震等级	箍筋形式	柱 轴 压 比								
		≤0.3	0.4	0.5	0.6	0.7	0.8	0.9	1.0	1.05
一	普通箍、复合箍	0.10	0.11	0.13	0.15	0.17	0.20	0.23	—	—
二	普通箍、复合箍	0.08	0.09	0.11	0.13	0.15	0.17	0.19	0.22	0.24
三、四	普通箍、复合箍	0.06	0.07	0.09	0.11	0.13	0.15	0.17	0.20	0.22

注：1 普通箍指单个矩形箍，复合箍指由矩形、多边形或拉筋组成的箍筋；

2 剪跨比不大于2的柱，宜采用井字复合箍，其体积配箍率不应小于1.2%，9度一级时，不应小于1.5%；

3 支承筒仓竖壁的框架柱宜采用井字复合箍，其最小配箍特征值宜比表内数值增加0.02，且体积配箍率不应小于1.5%；

4 中间值可按内插法确定。

6.3.12 柱箍筋非加密区的体积配箍率不宜小于加密区的50%；箍筋间距，一、二级框架柱不应大于纵向钢筋直径的10倍，三、四级框架柱不应大于纵向钢筋直径的15倍。

6.3.13 柱的剪跨比不大于1.5时，应符合下列规定：

1 箍筋应提高一级配置，一级时应适当提高箍筋配置。

2 柱高范围内应采用井字形复合箍（矩形箍或拉筋），应至少每隔一根纵向钢筋有一根拉筋。

3 柱的每个方向应配置两根对角斜筋（图6.3.13）；对角斜钢筋的直径，一、二级分别不应小于20mm、18mm，三、四级不应小于16mm；对角斜筋的锚固长度不应小于受拉钢筋抗震锚固长度l_{aE}加50mm。

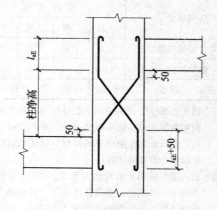

图6.3.13 对角斜筋配置示意

6.3.14 框架节点核芯区箍筋的最大间距和最小直径宜按本规范第6.3.7条的规定采用；一、二、三级框架节点核芯区配箍特征值，分别不宜小于0.12、0.10和0.08，且体积配箍率分别不宜小于0.6%、0.5%和0.4%。柱剪跨比不大于2的框架节点核芯区体积配箍率，不宜小于核芯区上、下柱端的较大体积配箍率。

6.4 框架-抗震墙部分抗震构造措施

6.4.1 抗震墙的厚度不应小于160mm，且不宜小于层高或无支长度的1/20；底部加强部位的墙厚不应小于200mm，且不宜小于层高或无支长度的1/16。

6.4.2 有端柱时，抗震墙在楼盖处应设置梁或暗梁，梁可做成宽度与墙厚度相同的暗梁，截面高度不宜小于墙厚度的2倍及400mm的较大值，也可与该片框架梁截面等高；端柱截面宜与同层框架柱相同，并应符合本规范第6.3节的规定；抗震墙底部加强部位的端柱和紧靠抗震墙洞口的端柱，应按框架柱箍筋加密区的要求沿全高加密箍筋。

6.4.3 抗震墙的竖向钢筋和横向分布钢筋的配筋率均不应小于0.25%，并应双排布置；钢筋最大间距不应大于300mm，最小直径不应小于10mm，且不宜大于墙厚的1/10；拉筋间距不应大于600mm，直径不应小于6mm。

6.4.4 一、二、三级抗震墙在重力荷载代表值作用下墙肢的轴压比，一级时，9度不宜大于0.4，8度时不宜大于0.5；二、三级时不宜大于0.6。

6.4.5 抗震墙两端和洞口两侧应设置边缘构件，边缘构件应包括暗柱、端柱和翼墙，并应符合下列规定：

1 底层墙肢底截面的轴压比大于表6.4.5的规

定的一、二、三级抗震墙时，应在底部加强部位及相邻的上一层设置约束边缘构件，在其他部位可设置构造边缘构件。约束边缘构件应按本规范第6.4.6条的规定设置。构造边缘构件应按本规范第6.4.7条的规定设置。

表6.4.5 抗震墙设置构造边缘构件的最大轴压比

抗震等级或烈度	一级（9度）	一级（8度）	二级、三级
轴压比	0.1	0.2	0.3

2 对于底层墙肢底截面轴压比不大于表6.4.5规定的抗震墙及四级抗震墙，墙肢两端可设置构造边缘构件，构造边缘构件应按本规范第6.4.7条的要求设置。

6.4.6 约束边缘构件沿墙肢的长度、配箍特征值、箍筋和纵向钢筋（图6.4.6）除应符合计算要求外，宜符合表6.4.6的规定。

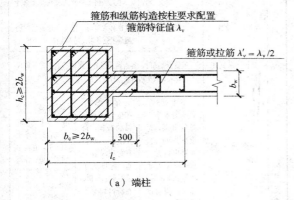

（a）端柱

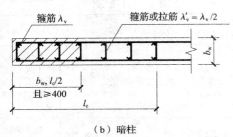

（b）暗柱

图6.4.6 抗震墙约束边缘构件（端柱和暗柱）

表6.4.6 约束边缘构件范围及配筋要求

项目	一级（9度）		一级（8度）		二级、三级	
	$\lambda \leqslant 0.2$	$\lambda > 0.2$	$\lambda \leqslant 0.3$	$\lambda > 0.3$	$\lambda \leqslant 0.4$	$\lambda > 0.4$
l_c（暗柱）	$0.20h_w$	$0.25h_w$	$0.15h_w$	$0.20h_w$	$0.15h_w$	$0.20h_w$
l_c（翼墙或端柱）	$0.15h_w$	$0.20h_w$	$0.10h_w$	$0.15h_w$	$0.10h_w$	$0.15h_w$
λ_v	0.12	0.20	0.12	0.20	0.12	0.20

续表6.4.6

项目	一级（9度）		一级（8度）		二级、三级	
	$\lambda \leqslant 0.2$	$\lambda > 0.2$	$\lambda \leqslant 0.3$	$\lambda > 0.3$	$\lambda \leqslant 0.4$	$\lambda > 0.4$
纵向钢筋（取较大值）	$0.012A_c$，$8\phi16$		$0.012A_c$，$8\phi16$		$0.010A_c$，$6\phi16$（三级$6\phi14$）	
箍筋或拉筋沿竖向间距	100mm		100mm		150mm	

注：1 抗震墙的翼墙长度小于其厚度的3倍或端柱截面边长小于墙厚的2倍时，按无翼墙、无端柱查表；

2 l_c为约束边缘构件沿墙肢长度，且不小于墙厚和400mm；有翼墙或端柱时，不应小于翼墙厚度或端柱沿墙肢方向截面高度加300mm；

3 λ_v为约束边缘构件的配箍特征值，体积配箍率可按本规范式（6.3.11）计算，并可适当计入满足构造要求且在墙端有可靠锚固的水平分布钢筋的截面面积；

4 h_w为抗震墙墙肢长度；

5 λ为墙肢轴压比；

6 A_c为图6.4.6中约束边缘构件阴影部分的截面面积。

6.4.7 构造边缘构件的范围可按图6.4.7采用；构造边缘构件的配筋应符合受弯承载力要求，并宜符合表6.4.7的要求。

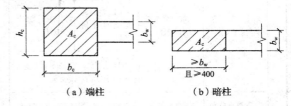

（a）端柱　　　　　　（b）暗柱

图6.4.7 抗震墙的构造边缘构件范围

表6.4.7 抗震墙构造边缘构件的配筋要求

抗震等级	底部加强部位			其他部位		
	纵向钢筋最小量（取较大值）	箍筋最小直径（mm）	箍筋沿竖向最大间距（mm）	纵向钢筋最小量（取较大值）	拉筋最小直径（mm）	拉筋沿竖向最大间距（mm）
一	$0.010A_c$，$6\phi16$	8	100	$0.008A_c$，$6\phi14$	8	150
二	$0.008A_c$，$6\phi14$	8	150	$0.006A_c$，$6\phi12$	8	200
三	$0.006A_c$，$6\phi12$	6	150	$0.005A_c$，$4\phi12$	6	200
四	$0.005A_c$，$4\phi12$	6	200	$0.004A_c$，$4\phi12$	6	250

注：1 A_c为边缘构件截面面积，即图6.4.7中抗震墙截面的阴影部分；

2 其他部位的拉筋，水平间距不应大于纵向钢筋间距的2倍，转角处宜采用箍筋；

3 当端柱承受集中荷载时，其纵向钢筋、箍筋直径和间距应满足柱的相应要求。

6.4.8 抗震墙的墙肢长度不大于墙厚的 3 倍时，应按柱的有关要求进行设计；矩形墙肢的厚度不大于 300mm 时，尚宜全高加密箍筋。

6.4.9 跨高比较小的高连梁，可设水平缝形成双连梁、多连梁或采取其他加强受剪承载力的构造；顶层连梁的纵向钢筋伸入墙体的锚固长度范围内应设置箍筋。

6.4.10 框架-抗震墙结构的其他抗震构造措施应符合本规范第 6.3 节的有关规定。

6.5 排架部分抗震构造措施

6.5.1 有檩屋盖构件的连接及支撑布置应符合下列规定：

1 檩条与檩托应连接牢固，檩托与屋架或屋面梁应焊牢，并应有足够的支承长度。

2 双脊檩应在跨度 1/3 处相互拉结。

3 压型钢板应与檩条可靠连接，瓦楞铁、石棉瓦等应与檩条拉结。

4 支撑布置宜符合表 6.5.1 的要求。

表 6.5.1 有檩屋盖的支撑布置

支撑名称		6度、7度	8度	9度
屋架支撑	上弦和下弦横向水平支撑	单元两端第一开间设置	单元两端第一开间和单元长度大于或等于 48m 时的柱间支撑开间设置	单元两端第一开间和单元长度大于或等于 42m 时的柱间支撑开间设置
			设有天窗时，在天窗开洞范围的两端上弦各增设局部支撑	
	下弦纵向水平支撑	屋盖不等高时，各跨两侧设置；屋盖等高时，各跨仅一侧设置，其中边跨在边柱列设置		
	跨间竖向支撑	有上弦、下弦横向水平支撑的开间，跨度小于 30m 时，在跨中设置一道；跨度大于或等于 30m 时，在跨内均匀设置二道	有上弦、下弦横向水平支撑的开间，跨度小于 27m 时，在跨中设置一道；跨度大于或等于 27m 时，在跨内均匀设置二道	有上弦、下弦横向水平支撑的开间，跨度小于 24m 时，在跨中设置一道；跨度大于或等于 24m 时，在跨内均匀设置二道
	下弦通长水平系杆	与跨间竖向支撑对应设置		
	两端竖向支撑	单元两端第一开间设置	单元两端第一开间和柱间支撑开间设置	
	天窗两侧竖向支撑及上弦横向支撑	单元天窗两端第一开间及每隔 30m 设置	单元天窗两端第一开间及每隔 24m 设置	单元天窗两端第一开间及每隔 18m 设置

6.5.2 无檩屋盖构件的连接及支撑布置应符合下列规定：

1 大型屋面板应与屋架或屋面梁焊牢，靠柱列的屋面板与屋架或屋面梁的连接焊缝长度不应小于 80mm，焊脚尺寸不应小于 6mm。

2 6 度和 7 度时有天窗屋盖单元的端开间或 8 度和 9 度时的各开间，宜将相邻的大型屋面板四角顶面预埋件采用短筋焊接连接。

3 8 度和 9 度时，大型屋面板端头底面的预埋件宜采用角钢并与主筋焊牢。

4 屋架或屋面梁端部顶面预埋件的锚筋，8 度时不宜少于 4φ10，9 度时不宜少于 4φ12，预埋件的钢板厚度不宜小于 8mm。

5 支撑布置宜符合表 6.5.2 的要求。

表 6.5.2 无檩屋盖的支撑布置

支撑名称		6度、7度	8度	9度
屋架支撑	上弦、下弦横向水平支撑	单元两端第一开间设置	单元两端第一开间及柱间支撑开间设置；设有天窗时，在天窗开洞范围的两端上弦各增设局部支撑	
	下弦纵向水平支撑	屋盖不等高时，各跨两侧设置；屋盖等高时，各跨仅一侧设置；其中边跨在边柱列设置		
	跨间竖向支撑	有上弦、下弦横向水平支撑的开间，跨度小于 30m 时，在跨中设置一道；跨度大于或等于 30m 时，在跨内均匀设置二道	有上弦、下弦横向水平支撑的开间，跨度小于 27m 时，在跨中设置一道；跨度大于或等于 27m 时，在跨内均匀设置二道	有上弦、下弦横向水平支撑的开间，跨度小于 24m 时，在跨中设置一道；跨度大于或等于 24m 时，在跨内均匀设置二道
	上弦、下弦通长水平系杆	与竖向支撑对应设置		
两端竖向支撑	屋架端部高度≤900mm	单元两端第一开间设置		单元两端第一开间和单元长度大于或等于 42m 时的柱间支撑开间设置
	屋架端部高度>900mm	单元两端第一开间设置	单元两端第一开间及柱间支撑开间设置	单元两端第一开间、柱间支撑开间及每隔 30m 设置
天窗两侧竖向支撑及上弦横向支撑		单元天窗两端第一开间、柱间支撑开间及每隔 30m 设置	单元天窗两端第一开间、柱间支撑开间及每隔 24m 设置	单元天窗两端第一开间、柱间支撑开间及每隔 18m 设置

注：1 8 度和 9 度时跨度不大于 15m 的薄腹梁屋盖，可在结构单元两端和设有上柱支撑的开间，各设端部竖向支撑一道；跨度大于或等于 15m 的薄腹梁屋盖，支撑布置宜按屋架屋盖支撑布置的规定采用；单坡屋面梁屋盖的支撑布置，宜按端部高度大于 900mm 的屋架屋盖支撑布置的规定采用；

2 8 度Ⅲ、Ⅳ类场地和 9 度时，梯形屋架端部上节点应沿屋架纵向设置通长水平系杆。

6.5.3 屋盖支撑尚应符合下列规定：

1 天窗开洞范围内，在屋架脊点处应设置通长上弦水平系杆，且应按压杆设计。

2 与框架相连的排架跨，其屋架下弦标高低于框架跨顶层标高时，下弦纵向水平支撑应按等高屋盖设置。

3 屋架放在托架（梁）上时，托架（梁）区段及其相邻开间应设下弦纵向水平支撑。

4 屋面支撑杆件宜采用型钢。

6.5.4 突出屋盖的钢筋混凝土天窗架，其两侧墙板与天窗立柱宜采用螺栓连接。

6.5.5 混凝土梯形屋架的截面和配筋宜符合下列规定：

1 第一节间上弦和端竖杆的配筋，6度和7度时，不宜少于 $4\phi12$，8度和9度时，不宜少于 $4\phi14$。

2 屋架的端竖杆截面宽度宜与上弦宽度相同。

6.5.6 排架柱和山墙抗风柱的加密区箍筋配置应符合下列规定：

1 箍筋的加密区长度和最小直径应符合表6.5.6的规定。

表 6.5.6 排架柱和山墙抗风柱箍筋的加密区长度和最小直径

序号	加密区的部位	加密区长度	箍筋最小直径（mm）		
			6度和7度Ⅰ、Ⅱ类场地	7度Ⅲ、Ⅳ类场地和8度Ⅰ、Ⅱ类场地	8度Ⅲ、Ⅳ类场地和9度
1	上柱的柱头	柱顶以下500mm且不小于柱截面长边尺寸	$\phi6$	$\phi8$	$\phi8$
2	下柱的柱根	取下柱柱底至室内地坪以上500mm	$\phi6$	$\phi8$	$\phi10$
3	支承吊车梁的牛腿	牛腿顶面至吊车梁顶面以上500mm	$\phi8$	$\phi8$	$\phi10$
4	山墙抗风柱变截面柱段	变截面处上下各500mm	$\phi8$	$\phi8$	$\phi10$
5	支承屋架或屋面梁的牛腿柱段	牛腿及其上下各500mm	$\phi10$	$\phi10$	$\phi10$
6	上柱有支撑的柱头	柱顶以下700mm	$\phi8$	$\phi10$	$\phi12$
7	柱中部的支撑连接处	连接板的上、下各500mm	$\phi8$	$\phi10$	$\phi10$

序号	加密区的部位	加密区长度	箍筋最小直径（mm）		
			6度和7度Ⅰ、Ⅱ类场地	7度Ⅲ、Ⅳ类场地和8度Ⅰ、Ⅱ类场地	8度Ⅲ、Ⅳ类场地和9度
8	柱变位受平台等约束的部位	约束部位上、下各300mm	$\phi8$	$\phi10$	$\phi12$
9	下柱有支撑的根部和角柱根部	柱底至室内地坪以上500mm	$\phi8$	$\phi10$	$\phi10$
10	角柱柱头	柱顶以下500mm且不小于柱截面长边尺寸	$\phi8$	$\phi10$	$\phi10$

注：1 序号1、2和8应包括山墙抗风柱；

2 序号5，对牛腿上、下柱段净高与截面高度之比不大于4的柱段，应取全高。

2 加密区箍筋间距不应大于100mm；箍筋最大肢距，6度和7度Ⅰ、Ⅱ类场地不应大于300mm，7度Ⅲ、Ⅳ类场地和8度Ⅰ、Ⅱ类场地不应大于250mm，8度Ⅲ、Ⅳ类场地和9度时不应大于200mm，山墙抗风柱箍筋肢距不宜大于250mm。

3 排架柱侧向受约束且剪跨比不大于2的排架柱，柱顶预埋钢板和柱箍筋加密区的构造尚应符合下列规定：

1）柱顶预埋钢板沿排架平面方向的长度宜取柱顶的截面高度，且不得小于截面高度的 1/2 及 300mm；

2）屋架的安装位置，宜减小在柱顶的偏心，其柱顶轴向力的偏心距不应大于截面高度的 1/4；

3）排架平面内的柱顶轴向力偏心距在截面高度的 1/6～1/4 范围内时，柱顶箍筋加密区的箍筋体积配筋率，9度不宜小于1.2%；8度不宜小于1.0%；6、7度不宜小于0.8%；

4）加密区箍筋宜配置四肢箍，肢距不应大于200mm。

6.5.7 排架纵向柱列的抗侧力构件应按计算确定；当采用柱间支撑时，其设置和构造应符合下列规定：

1 柱间支撑的布置应符合下列规定：

1）应在单元柱列中部设置上、下柱间支撑。下柱柱间支撑应与上柱柱间支撑配套设置。有吊车或8度和9度时，宜在单元两端增设上柱支撑。柱列纵向刚度不均时，应在单元两端设置上柱支撑。

2）单元柱列较长或在 8 度Ⅲ、Ⅳ类场地和 9 度时，可在单元柱列中部 1/3 区段内设置两道柱间支撑。

2 柱间支撑应采用型钢，支撑形式宜采用交叉形，斜杆与水平面的交角不宜大于 55°。

3 支撑杆件的长细比不宜超过表 6.5.7 的规定。

4 下柱支撑的下节点位置和构造措施应保证将地震作用直接传给基础；当 6 度和 7 度（0.10g）不能直接传给基础时，应计及支撑对柱和基础的不利影响并采取加强措施。

5 交叉形支撑在交叉点应设置节点板，其厚度不应小于 10mm，斜杆与交叉节点板应焊接连接，与端节点板宜焊接连接。

表 6.5.7 交叉形支撑斜杆的长细比

位置	6 度和 7 度Ⅰ、Ⅱ类场地	7 度Ⅲ、Ⅳ类场地和 8 度Ⅰ、Ⅱ类场地	8 度Ⅲ、Ⅳ类场地和 9 度Ⅰ、Ⅱ类场地	9 度Ⅲ、Ⅳ类场地
上柱支撑	250	250	200	150
下柱支撑	200	150	120	120

6.5.8 排架纵向柱列的抗侧力构件除应采用柱间支撑外，亦可采用钢筋混凝土框架或钢筋混凝土框架-抗震墙，其计算和构造应分别符合本规范第 6.2 节～第 6.4 节的有关要求。

6.5.9 8 度且屋架跨度不小于 18m 或 9 度时，柱头、高低跨柱的低跨牛腿处和屋架端部上弦、下弦处应设置通长水平杆件，且应按压杆设计。

6.5.10 框排架结构构件的连接节点应符合下列规定：

1 屋架或屋面梁与柱顶的连接，6 度～8 度时宜采用螺栓连接，其直径应按计算确定，但不宜小于 M22。9 度时宜采用钢板铰，亦可采用螺栓连接；屋架或屋面梁端部支承垫板的厚度不宜小于 16mm。

2 柱顶预埋件的锚筋，8 度时不宜少于 4φ14，9 度时不宜少于 4φ16；有柱间支撑的柱顶预埋件尚应增设抗剪键。

3 山墙抗风柱与屋架或屋面梁应有可靠连接；6 度、7 度和 8 度Ⅰ、Ⅱ类场地且抗风柱高度不大于 10m 时，抗风柱柱顶可仅与屋架上弦（或屋面梁上翼缘）连接；其他情况应与屋架上弦和下弦均有连接。连接点的位置应设置在屋架的上弦和下弦横向水平支

撑的节点处，不符合时应在横向水平支撑中增设次腹杆或设置型钢横梁。

4 支承低跨屋架或屋面梁的牛腿上的预埋件，应与牛腿中按计算承受水平拉力的纵向钢筋焊接；其焊接的钢筋，6 度和 7 度时不应少于 2φ12，8 度时不应少于 2φ14，9 度时不应少于 2φ16。焊缝强度应大于纵向钢筋的强度；其他情况可采用锚筋形式的预埋板，其锚筋长度不应小于受拉钢筋抗震锚固长度 l_{aE} 加 50mm，钢筋的焊缝强度应大于锚筋的强度，锚筋直径应按计算确定。

5 柱间支撑与柱连接节点预埋件的锚件，8 度Ⅲ、Ⅳ类场地和 9 度时，宜采用角钢加端板，其他情况可采用不低于 HRB335 级的热轧钢筋，但锚固长度不应小于锚筋直径的 30 倍或增设端板。

6 排架跨设置吊车走道板、端屋架与山墙间的填充小屋面板、天沟板、天窗端壁和天窗侧板下的填充砌体等构件，均应与支承结构有可靠的连接。

7 采用钢筋混凝土大型墙板时，墙板与柱或屋架宜采用柔性连接。

6.5.11 支承排架跨屋架或屋面梁的牛腿配筋应符合下列规定：

1 牛腿的箍筋直径不应小于 10mm 和柱的箍筋直径，其间距不应大于 100mm。

2 牛腿的箍筋应按受扭箍筋配置。

7 钢框排架结构

7.1 一 般 规 定

7.1.1 本章适用于多层钢框架、多层钢框架-支撑与单层钢排架组成的框排架结构抗震设计。

7.1.2 钢框排架结构突出屋面的天窗架宜采用刚架或桁架结构。天窗的端壁与挡风板宜采用轻质材料。8 度、9 度时，排架的纵向天窗架宜从结构单元端部第二柱间开始设置；当纵向天窗架不能满足从结构单元端部第二柱间开始设置的要求时，在所设天窗架的第一个开间内，屋盖应增设局部上弦横向支撑。横向天窗架起始点距屋架两端的距离不宜小于 4.5m。

7.1.3 框排架结构应设置完整的屋盖支撑系统及柱间支撑。

7.1.4 框架的楼（屋）面板宜采用现浇板；当采用预制板时，板上宜设置配筋现浇层。楼板上孔洞尺寸较大时，应设置局部楼盖水平支撑。

7.1.5 框排架结构屋面和墙面围护材料宜选用轻质板材。框排架结构围护墙和非承重内墙的设置应符合下列规定：

1 采用砌体墙时，墙与框排架结构的连接宜采用不约束框排架主体结构变形的柔性连接方式；当不能采用柔性连接时，地震作用计算和构件的抗震验算

均应计入其不利影响。

2 当框架的砌体填充墙与框架柱为非柔性连接时，其平面和竖向布置宜对称、均匀，并宜上下连续。

7.1.6 支承在楼（屋）面、平台上，并伸出屋面的质量较大的烟囱、放散管等宜作为结构的一部分进行整体结构地震作用计算；与结构的连接部位应采取抗震构造措施。

7.1.7 框排架结构采用规则的结构方案时，可不设防震缝；需设置防震缝时，缝宽不应小于相应的钢筋混凝土结构的1.5倍。

7.2 计 算 要 点

7.2.1 框排架结构应按本规范第5章多遇地震确定地震影响系数，并进行水平地震作用和作用效应计算，其水平地震影响系数应乘以阻尼调整系数。钢框排架结构的阻尼比可取0.03。当结构布置规则时，可分别沿框排架结构横向和纵向进行抗震验算。其他情况应采用空间结构模型进行抗震分析。

7.2.2 框排架结构地震作用计算时，模型中的排架柱、梁（或桁架）、支撑刚度的计算应符合下列规定：

1 采用实腹柱时，其侧移刚度应计入弯曲变形的影响；采用格构式柱时，其侧移刚度可采用下列方法计算：

1）按格构式柱的柱肢与腹杆为铰接的实际几何图形作为计算简图进行计算；

2）按等刚度实腹截面进行计算，但应计入腹杆变形的影响，乘以0.9的折减系数。

2 采用实腹梁时，应计入其弯曲变形影响；采用桁架且与柱刚接时，可采用下列方法计算：

1）按铰接杆件桁架的实际几何图形作为计算简图进行计算；

2）按桁架上、下弦杆形成的等刚度实腹梁进行计算，应计及腹杆的变形和桁架上、下弦杆之间的坡度等影响，并乘以表7.2.2的桁架刚度折减系数（按跨中处最高截面计算）。

表 7.2.2 桁架刚度折减系数

桁架上、下弦相对坡度	0.07	0.06	0.05	0.04	0.00
桁架刚度折减系数	0.65	0.70	0.75	0.80	0.90

3 支撑的侧移刚度可按本规范附录F的规定确定。

4 框排架结构计算确定柱列支撑系统的侧移刚度时，应按其在柱列中的道数和榀数计算其组合刚度。计算纵向天窗架两侧竖向支撑的地震作用及其效应时，应将柱列上梯形屋架的端部竖向支撑列入计算模型；若中列柱两侧屋架各自成为独立体系，应分别

设置端部竖向支撑，并应列入计算模型。

7.2.3 进行框排架地震作用计算时，模型中的框架柱、梁及支撑杆件的变形和刚度的计算应符合下列规定：

1 对实腹柱，应计入弯曲变形；对于 $H_a/h \leqslant 4$ 的短柱（H_a 为柱净高度，h 为沿验算平面的柱截面高度），尚应计入剪切变形。对实腹梁，应计入弯曲变形；对于 $l_a/h \leqslant 4$ 的短梁（l_a 为梁净跨长，h 为梁的截面高度），亦应计入剪切变形。

2 地震作用计算时框架梁的截面惯性矩可按下列规定计算：

1）楼板为钢铺板时，可直接采用钢梁截面惯性矩 I_G；

2）楼板为压型钢板上设混凝土现浇层，且与框架梁有可靠连接时，框架主梁可采用 $2I_G$；

3）对钢-混凝土组合楼盖，可采用梁板组合截面的惯性矩 I_c，其现浇混凝土板的有效宽度可按下列公式中的最小值采用：

$$b_c = l/3 \tag{7.2.3-1}$$
$$b_e = b_0 + 12h_c \tag{7.2.3-2}$$
$$b_e = b_0 + b_1 + b_2 \tag{7.2.3-3}$$

式中：b_e——现浇混凝土板的有效宽度；

l——钢梁的跨度；

b_0——钢梁上翼缘的宽度；

h_c——混凝土板的厚度；

b_1、b_2——分别为两侧相邻钢梁间距的1/2，且不应大于混凝土板的实际外伸宽度。

3 支撑杆件的变形和刚度的计算可按本规范附录F的规定采用。

7.2.4 排架分析时，柱的计算长度可按下列规定采用：

1 屋架和排架柱铰接时，可取至柱顶。

2 屋架和排架柱刚接时，可取至屋架下弦杆轴线处。

7.3 结构地震作用效应的调整

7.3.1 突出屋面的天窗架纵向支撑抗震验算，当采用底部剪力法计算地震作用时，其天窗架地震作用效应应乘以效应增大系数，效应增大系数计算应符合下列规定：

1 单跨、边跨屋盖或有约束框排架结构变形的内纵墙的中间跨屋盖上部天窗架两侧的竖向支撑，效应增大系数应按下式计算：

$$\eta = 1 + 0.5n \tag{7.3.1-1}$$

式中：η——天窗架两侧的竖向支撑地震作用效应增大系数；

n——框排架跨数，超过四跨时应按四跨计算。

2 其他中间跨屋盖上部天窗架两侧的竖向支撑，

效应增大系数应按下式计算：

$$\eta = 0.5n \qquad (7.3.1\text{-}2)$$

7.3.2 属于表 7.3.2 所列的结构构件及其连接的地震作用效应，应乘以表中规定的增大系数进行调整。

表 7.3.2　地震作用效应增大系数

序号	结构或构件		增大系数
1	框架的角柱，两个方向均设支撑的共用柱		1.3
2	框架中的转换梁		1.2
3	框排架结构的柱间支撑	交叉形支撑、单斜杆支撑	1.2
		人字形支撑、门形支撑	1.3
4	支承于屋面或平台上且按双质点体系底部剪力法计算时	烟囱、放散管	3.0
		管道及其支架	1.5

注：框排架结构的柱间支撑仅指中心支撑，不含偏心支撑。

7.4　梁、柱及其节点抗震验算

7.4.1 框排架结构构件及其节点的抗震承载力，除本章有专门说明或规定外，均应按现行国家标准《钢结构设计规范》GB 50017 的有关规定进行验算；结构构件的内力应采用计入地震作用效应组合的设计值。

7.4.2 框架梁上楼（屋）面板属于下列情况之一时，可不进行框架梁的整体稳定性验算：

　　1　钢梁与混凝土板按组合结构设计。

　　2　钢梁上有抗剪连接件的混凝土现浇板。

　　3　在梁的受压翼缘上密铺钢板且与其牢固连接。

7.4.3 7 度～9 度时，框架梁的梁端区段，侧向支承点间的长细比应符合现行国家标准《钢结构设计规范》GB 50017 的有关规定；8 度和 9 度时，除梁的上翼缘应有可靠的侧向支撑外，梁的下翼缘亦应设置侧向支撑。

7.4.4 7 度～9 度时，单层刚架和框架梁柱节点的抗震承载力应符合下列规定：

　　1　柱腹板由柱翼缘和加劲肋形成的节点域，其最大剪应力应符合下式要求：

$$\tau = \frac{\sum M_{pb}}{V_p} \leqslant f_{vy} \qquad (7.4.4\text{-}1)$$

式中：τ——节点区格板的最大剪应力；

　　　M_{pb}——柱（梁）截面全塑性受弯承载力；

　　　f_{vy}——节点区格板的抗剪屈服强度；

　　　V_p——节点区格板的体积。

　　2　柱（梁）截面全塑性受弯承载力 M_{pb}，可按下列公式计算：

$N/N_p \leqslant 0.13$ 时，$M_{pb} = W_p f_y$　　(7.4.4-2)

$N/N_p > 0.13$ 时，

$$M_{pb} = 1.15\left(1 - \frac{N}{N_p}\right)W_p f_y \qquad (7.4.4\text{-}3)$$

$$N_p = A f_y \qquad (7.4.4\text{-}4)$$

式中：N、N_p——柱（梁）中的轴力设计值及其全截面塑性承载力；

　　　W_p——柱（梁）截面的塑性截面模量；

　　　f_y——柱（梁）的钢材屈服强度；

　　　A——柱（梁）的截面面积。

　　3　节点区格板的抗剪屈服强度 f_{vy}，可取 $0.58f_y$；但当区格板为上下柱与左右梁四周围成时，可取 $0.77f_y$；其中 f_y 为节点区格板的钢材屈服强度；当计入轴力的影响时，尚应乘以 $\sqrt{1 - (N/N_p)^2}$。

　　4　节点区格板的体积，可按下列公式计算：

对工字形截面柱：$V_p = h_b h_c t_w$　　(7.4.4-5)

对箱形截面柱：$V_p = 1.7 h_b h_c t_w$　　(7.4.4-6)

对十字形截面柱：

$$V_p = \frac{\alpha^2 + 2.6\,(1+\beta)}{\alpha^2 + 2.6} h_b h_c t_w \qquad (7.4.4\text{-}7)$$

$$\alpha = \frac{h_b}{b} \qquad (7.4.4\text{-}8)$$

$$\beta = \frac{b t_f}{h_c t_w} \qquad (7.4.4\text{-}9)$$

式中：h_b——梁的腹板高度；

　　　h_c、t_w——分别为节点区与梁直接连接的工字形柱或十字形柱的腹板高度和厚度（图7.4.4-1）；

　　　t_f——柱翼缘的厚度；

　　　α——梁腹板高度与柱翼缘宽度的比值；

　　　β——柱翼缘板截面面积与腹板截面面积的比值。

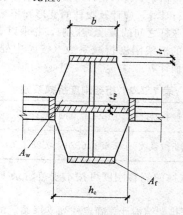

图 7.4.4-1　十字形截面柱截面

　　5　工字形柱在节点区格板域内，腹板厚度尚应符合下式要求，当腹板厚度不能满足下式的要求时，应采取局部加厚等加强措施：

$$t_w \geqslant \frac{1}{90}(h_b + h_c) \qquad (7.4.4\text{-}10)$$

6 工字形截面刚架梁柱节点区格板的厚度应符合下式要求：

$$t_w \geqslant \frac{M_{pb}}{h_{b0} h_c f_{vy}} \qquad (7.4.4\text{-}11)$$

7 当不能满足本规范式（7.4.4-11）的要求时，应设置斜向加劲肋（图7.4.4-2），斜向加劲肋的截面面积可按下列公式计算：

$$A_d = 2b_d t_d \qquad (7.4.4\text{-}12)$$

$$A_d \geqslant \frac{1}{\cos\theta}\left(\frac{M_{pb}}{h_{b0}} - t_w h_c f_{vy}\right)\frac{1}{f_y^d} \qquad (7.4.4\text{-}13)$$

式中：M_{pb}——刚架梁的全塑性受弯承载力，可按本规范式（7.4.4-2）或式（7.4.4-3）计算；

h_{b0}、h_c——分别为刚架梁的截面计算高度和截面高度，刚架梁的截面计算高度应采用梁上、下翼缘板中心线之间的距离；

f_{vy}——节点区格板的抗剪屈服强度；

A_d——斜向加劲肋的截面面积；

b_d、t_d——每块加劲肋的宽度和厚度；

f_y^d——斜向加劲肋钢材的抗拉、抗压屈服强度；

θ——斜向加劲肋的倾角。

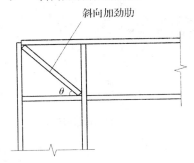

图 7.4.4-2　端节点斜向加劲肋位置

7.4.5 工字形截面刚架的楔形加腋节点（图7.4.5），可按下列公式验算加腋区段的强度：

$$t_{f1} \geqslant \frac{1}{2}\left[h_r - \sqrt{h_x^2\left(\frac{b}{b-t_w}\right) - \frac{4M_x^d}{f_y(b-t_w)}}\right]$$
$$(7.4.5\text{-}1)$$

$$M_x^d = (M_x/M_A)M_P \qquad (7.4.5\text{-}2)$$

式中：t_{f1}——加腋区内翼缘板厚度；

h_x——沿梁轴线距 A 点 x 处加腋段截面的高度，可近似地取上、下翼板中心线之间的距离；

M_x^d——加腋刚架梁截面的塑性弯矩；

M_x——距 A 点 x 处的弯矩；

M_A——沿梁轴线 A 点处的弯矩；

M_P——刚架梁截面的塑性弯矩；

b——下翼缘的宽度；

t_w——加腋区的腹板厚度。

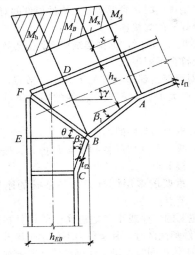

图 7.4.5　楔形加腋节点

7.4.6 楔形加腋节点中斜向加劲肋 BF 的截面面积（节点两侧加劲肋的截面面积之和）可按下列公式计算的较大值确定：

$$A_d = \frac{[A_{f1}\cos(\beta_1+\gamma) - A_{f2}\sin\beta_2]f_y}{\cos\theta}\frac{f_y}{f_y^d}$$
$$(7.4.6\text{-}1)$$

$$A_d = \frac{\cos\gamma}{\cos\theta}\left[A_f\frac{f_y}{f_y^d} - \frac{f_{vy}}{f_y^d}t_w h_{EB}\frac{\cos(\theta+\gamma)}{\cos\theta}\right]$$
$$(7.4.6\text{-}2)$$

式中：A_d——斜向加劲肋的截面面积；

A_{f1}、A_{f2}——分别为加腋区 AB 和 BC 段下翼缘的截面面积；

β_1——加腋区 AB 段与刚架梁轴线之间的夹角；

β_2——加腋区 BC 段与刚架柱轴线之间的夹角；

θ——斜向加劲肋与水平面之间的夹角；

f_y——加腋区上、下翼缘板钢材的抗拉、抗压屈服强度；

f_y^d——斜向加劲肋钢材的抗拉、抗压屈服强度；

γ——刚架梁轴线（或上翼缘）与水平面之间的夹角；

A_f——加腋区上翼缘板的截面面积，一般可与刚架梁上翼缘相同；

f_{vy}——加腋区腹板的抗剪屈服强度；

h_{EB}——加腋区 B 点处水平截面的计算高度，可取外、内翼缘板中心线之间的水平距离。

7.5 构件连接的抗震验算

7.5.1 7度～9度时，框排架结构主要构件与节点的连接可采用焊接、摩擦型高强度螺栓连接或栓焊混合连接。采用焊接时，对框架节点构件板件的对接连接应采用全焊透的焊接连接。

7.5.2 7度～9度时，框排架结构构件节点连接的抗震验算应符合下列规定：

1 对可能出现塑性铰的下列主要节点，应按节点连接的最大承载力不小于构件的塑性承载力进行设计：

　　1）框架梁与柱的连接节点；

　　2）排架和框架的柱间支撑与排架、框架的连接节点；

　　3）重要的多层框排架柱与基础的刚接连接节点。

2 主要的传递或承受地震作用的构件拼接，当不位于构件塑性区时，其承载力不应小于该处作用效应值的1.1倍；同时，梁、柱拼接的受弯承载力尚不得低于 $0.5W_e f_y$，W_e 和 f_y 分别为梁柱截面的弹性截面模量和钢材屈服强度。

7.5.3 下列构件节点的角焊缝连接、不焊透的对接连接或摩擦型高强度螺栓连接，应按地震组合内力进行弹性设计，并应进行极限承载力验算：

1 梁柱节点为刚接（柱贯通）时，梁端连接的极限承载力应符合下列公式要求：

$$M_u \geqslant 1.2M_p \qquad (7.5.3-1)$$

$$V_u \geqslant 1.3\left(\frac{2M_p}{l}\right) \qquad (7.5.3-2)$$

$$M_p = W_p f_y \qquad (7.5.3-3)$$

式中：M_u、V_u——分别为节点梁端连接的极限受弯承载力和极限受剪承载力；

　　　M_p——梁的全塑性受弯承载力；

　　　l——梁的净跨。

2 多层框架实腹柱与基础的连接应符合下列公式要求：

$$M_u \geqslant 1.2M_p\left(1-\frac{N}{N_p}\right) \qquad (7.5.3-4)$$

$$N_p = Af_y \qquad (7.5.3-5)$$

式中：M_u——柱脚连接的极限受弯承载力；

　　　M_p——柱截面全塑性受弯承载力；

　　　N、N_p——实腹柱的轴力设计值及其全截面塑性承载力；

　　　A——柱截面面积。

7.5.4 实腹刚架或框架，采用高强度螺栓连接时，梁拼接点距梁端的距离宜取下列较大值：

1 梁净跨长的1/10。

2 梁截面高度的1.5倍。

3 当不能符合本条第1款、第2款的要求时，其拼接应符合本规范第7.5.3条的规定，并在梁翼缘上沿内力方向的螺栓排数不宜少于3排，拼接板的截面模量应大于所拼接的截面模量的1.1倍。

7.5.5 柱间支撑节点（图7.5.5）连接的承载力验算应符合下列规定：

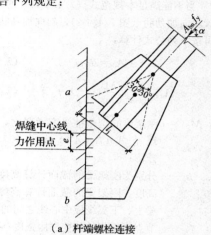

（a）杆端螺栓连接

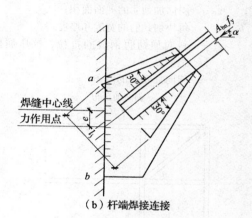

（b）杆端焊接连接

图7.5.5 柱间支撑节点连接计算

1 节点板的厚度应符合下式要求：

$$t_1 \geqslant 1.2\frac{A_{bn}f_y}{l_j f_y'} \qquad (7.5.5-1)$$

式中：t_1——节点板的厚度；

　　　A_{bn}——支撑斜杆的净截面面积；

　　　l_j——节点板的传力计算宽度，力的扩散角可取30°；

　　　f_y、f_y'——分别为支撑斜杆和节点板钢材的抗拉、抗压屈服强度。

2 节点板与柱（梁）的连接焊缝的设计强度应符合下式要求：

$$\sqrt{\left(\frac{1.2A_{bn}f_y\sin\alpha}{A_f}\right)^2 + \left[1.2A_{bn}f_y\cos\alpha\left(\frac{e}{W_f}+\frac{1}{A_f}\right)\right]^2}$$

$$\leqslant f_y^w/\gamma_{RE} \qquad (7.5.5-2)$$

式中：e——支撑轴力作用点与连接焊缝中心之间的偏心距；

A_f、W_f——分别为连接焊缝的有效截面面积和截面模量；

f_f^w——角焊缝的强度设计值。

3 杆件与节点板连接的最大承载力验算应符合下列规定：

1) 当采用角焊缝连接时：

$$\frac{1.2A_{bn}f_y}{A_f}\leqslant f_y^w/\gamma_{RE} \qquad (7.5.5-3)$$

2) 当采用摩擦型高强度螺栓连接时：

$$1.2A_{bn}f_y\leqslant nV^b/\gamma_{RE} \qquad (7.5.5-4)$$

式中：A_f——角焊缝的有效截面面积；

n——高强度螺栓数目；

V^b——一个高强度螺栓的受剪承载力设计值。

4 交叉形支撑交点的杆端切断处连接板的截面面积不应小于被连接的支撑杆件截面面积的1.2倍，杆端连接焊缝的重心应与杆件重心相重合。

7.5.6 7度、8度时，有吊车的框排架柱或重屋盖框排架柱宜采用外露式刚接柱脚（图7.5.6）；8度、9度时，多层框架柱可采用埋入式柱脚；8度、9度时，单层排架格构柱或实腹柱均可采用杯口插入式柱脚（图7.5.8）。

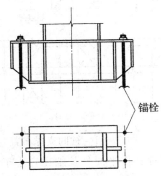

（a）工字形截面实腹柱

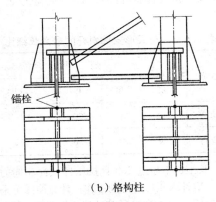

（b）格构柱

图 7.5.6 外露式刚接柱脚

7.5.7 采用埋入式柱脚时，其埋入段的焊钉及混凝土抗压强度应满足下列要求：

1 柱受拉翼缘外侧所需焊钉数量可按下式计算：

$$n=\frac{\frac{2}{3}\left(N\cdot\frac{A_f}{A}+\frac{M}{h_c}\right)}{V_s} \qquad (7.5.7-1)$$

式中：n——柱受拉翼缘外侧所需焊钉数量；

N——柱轴力设计值；

M——柱底弯矩设计值；

A——柱截面面积；

A_f——柱翼缘的截面面积；

h_c——柱翼缘截面的中心距；

V_s——一个圆柱头焊钉连接件的受剪承载力设计值，可按现行国家标准《钢结构设计规范》GB 50017的有关规定计算。

2 柱翼缘外侧的混凝土抗压强度应符合下式要求：

$$\frac{M}{W}\leqslant\frac{f_c}{\gamma_{RE}} \qquad (7.5.7-2)$$

$$W=\frac{bh^2}{6} \qquad (7.5.7-3)$$

式中：W——埋入基础部分柱翼缘的截面抵抗矩；

b——柱翼缘宽度；

h——柱的埋入深度；

f_c——混凝土的轴心抗压强度设计值。

7.5.8 采用杯口插入式柱脚（图7.5.8）时，其插入深度应按表7.5.8的规定采用，且不应小于500mm，并应符合下列规定：

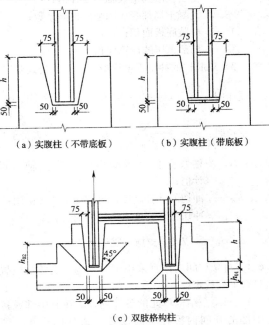

（a）实腹柱（不带底板） （b）实腹柱（带底板）

（c）双肢格构柱

图 7.5.8 杯口插入式柱脚

表 7.5.8　钢柱插入杯口深度

实腹柱		格构柱	
工字形截面	箱形截面	按单肢要求	按柱总宽度要求
不应小于截面高度的 1.5 倍	不应小于截面高度的 2 倍	不应小于截面高度的 2 倍	不应小于总宽度的 (0.5～0.7) 倍

1　实腹柱插入式柱脚尚应满足下列公式要求：

$$N \leqslant 0.75 f_t Sh \qquad (7.5.8-1)$$

$$M \leqslant f_c \frac{bh^2}{6} \qquad (7.5.8-2)$$

式中：N——柱轴力设计值；

f_t——基础混凝土的抗拉强度设计值；

S——插入段钢柱截面周长；

h——柱插入深度；

M——柱底弯矩设计值；

b——柱插入部分的翼缘宽度；

f_c——基础混凝土的轴心抗压强度设计值。

2　格构柱插入式柱脚尚应满足下列公式要求：

1） 格构柱的受拉肢可按式（7.5.8-1）计算。

2） 格构柱的受压肢，当设有柱底板时，可按下列公式验算：

$$N \leqslant 0.75 f_t Sh + \beta f_c A_c \qquad (7.5.8-3)$$

$$\beta = \sqrt{\frac{A_d}{A_c}} \qquad (7.5.8-4)$$

式中：N——受压柱肢的最大轴力设计值；

β——混凝土局部受压的强度提高系数；

A_c——柱肢底板面积；

A_d——局部承压的计算面积。

3） 双肢柱的冲切强度尚应满足下列公式要求：

受压时：　$\dfrac{N}{0.6\mu_m h_{01}} \leqslant f_t \qquad (7.5.8-5)$

受拉时：　$\dfrac{N}{0.6\mu_m h_{02}} \leqslant f_t \qquad (7.5.8-6)$

式中：N——柱肢受拉时或受压时的最大轴力设计值；

h_{01}、h_{02}——冲切的计算高度，可按图 7.5.8 采用；

μ_m——冲切计算高度 1/2 处的周长。

7.6　支撑抗震设计

7.6.1　排架柱间支撑宜采用中心支撑。支撑的设置应符合下列规定：

1　每一个结构单元的各柱列，应在其中部或接近中部的开间内沿柱全高设置一道柱间支撑［图 7.6.1（a）］。7 度时，结构单元长度超过 120m（重屋盖）或 150m（轻屋盖），8 度、9 度时，结构单元长度超过 90m（重屋盖）或 120m（轻屋盖）时，宜在单元长度的 1/3 处的开间内设置两道柱间支撑［图 7.6.1（b）］。有吊车的厂房，尚应在结构单元的两端开间内的上柱范围内设置上柱支撑。

2　结构单元内，沿各柱列的柱顶宜设置通长的受压系杆，受压系杆可与屋架端部系杆合并设置。

3　结构单元内，各柱列柱间支撑的侧移刚度应按下列规定确定：

1） 同列柱内上段柱的柱间支撑侧移刚度不宜大于下段柱的柱间支撑侧移刚度；

2） 同一柱间采用双片支撑时，其侧移刚度宜相同；

3） 结构单元内，设有不约束结构变形的纵向侧墙时，各柱列柱间支撑的侧移刚度宜接近，但边列柱的柱间支撑的侧移刚度不宜大于中列柱柱间支撑的侧移刚度；当两侧边列柱有约束结构变形的纵向侧墙时，中列柱柱间支撑的侧移刚度应大于边列柱间支撑的侧移刚度。

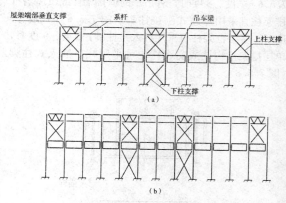

图 7.6.1　柱间支撑布置

7.6.2　支撑杆件平面外长细比宜小于平面内的长细比。

7.6.3　排架交叉形柱间支撑应符合下列规定：

1　交叉形支撑斜杆的长细比不应超过表 7.6.3 的规定。

表 7.6.3　交叉形支撑斜杆的最大长细比

支撑位置	烈　　度			
	6 度	7 度	8 度	9 度
上柱支撑	250	250	200	150
下柱支撑	200	200	150	150

2　长细比不超过 200 且拉压杆截面相同的交叉形支撑，应计入压杆的协同工作；计算简图可采用单斜拉杆简图（图 7.6.3），其计算应符合下列规定：

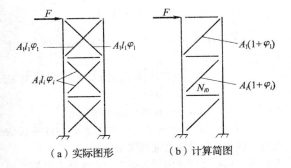

（a）实际图形　（b）计算简图

图 7.6.3　按拉杆设计的交叉形支撑计算

1）确定支撑系统的侧移刚度时，拉杆的计算截面面积应乘以增大系数 $(1+\varphi_i)$；φ_i 为该节间相应斜压杆的轴心受压稳定系数，可按现行国家标准《钢结构设计规范》GB 50017 的有关规定采用；对单角钢杆件尚应计入折减系数；

2）确定斜拉杆的轴力时，应计入斜压杆在反复循环荷载下强度降低引起的卸载效应，轴力设计值可按下式计算：

$$N_i = \frac{l_i}{(1+0.3\varphi_i) \, s_c} V_{bi} \qquad (7.6.3)$$

式中：N_i——斜拉杆的轴力设计值；

φ_i——第 i 节间斜杆轴心受压稳定系数，可按现行国家标准《钢结构设计规范》GB 50017 的有关规定采用；

V_{bi}——第 i 节间支撑承受的地震剪力设计值；

s_c——支撑所在柱间的净距；

l_i——第 i 节间斜杆的全长。

7.6.4　排架的人字形和门形柱间支撑，应符合下列规定：

1　上柱、下柱支撑斜杆的长细比，均不应超过表 7.6.3 中对下柱支撑的规定。

2　压杆强度设计值应乘以承载力折减系数，其值可按表 7.6.4 取用。

表 7.6.4　斜压杆承载力折减系数

长细比 钢材牌号	60	70	80	90	100	120	150	200
Q235	0.816	0.792	0.769	0.747	0.727	0.689	0.639	0.571
Q345	0.785	0.758	0.733	0.709	0.687	0.646	0.594	0.523

7.6.5　框架纵向柱间支撑布置应符合下列规定：

1　柱间支撑宜设置于柱列中部附近，当纵向柱数较少时，亦可在两端设置。多层多跨框架纵向柱间支撑宜布置在质心附近，且宜减小上、下层间刚心的偏移。

2　纵向支撑宜设置在同一开间内，无法满足时，可局部设置在相邻的开间内。

3　支撑形式可采用交叉形、人字形等中心支撑 [图 7.6.5（a）]。当采用单斜杆中心支撑时，应对称设置。9 度采用框架-支撑结构体系时，可采用偏心支撑 [图 7.6.5（b）]。

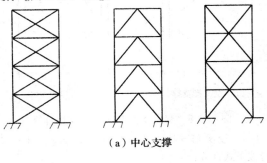

（a）中心支撑

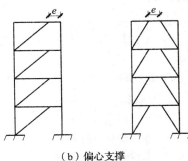

（b）偏心支撑

图 7.6.5　框排架结构柱间支撑形式

7.6.6　框排架结构中排架屋盖支撑的布置可按本规范第 6.5 节的有关规定采用；框架结构部分各柱列侧移刚度相差较大或各层质量分布不均匀，且可能造成结构扭转时，应在单层与多层相连部位沿全长设置纵向支撑。

7.6.7　框架中心支撑应符合下列规定：

1　支撑形式应符合本规范第 7.6.5 条的规定。

2　支撑杆件由组合截面构成时，其板件宽厚比不应超过现行国家标准《建筑抗震设计规范》GB 50011 的有关规定。

3　支撑杆件的长细比应符合现行国家标准《建筑抗震设计规范》GB 50011 的有关规定。

4　人字形支撑的水平杆兼作框架横梁时，构造上应保持节点处梁的连续贯通。计算框架梁在重力荷载代表值作用下的内力时，不应计入支撑的支承作用；但在支撑计算时，应计入由框架梁传来的重力荷载效应。

5　框架各柱列的纵向侧移刚度宜相等或接近。上层支撑的侧移刚度不得大于与其相连的下层支撑的侧移刚度。同一层内设置数道支撑时，其侧移刚度亦应相接近。

7.6.8　框架的交叉形支撑、人字形支撑宜计入柱轴向变形对支撑内力的影响；计算中未计入柱轴向变形对支撑内力的影响时，支撑斜杆中的附加压应力应按下列规定计算（图 7.6.8）：

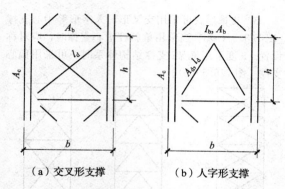

（a）交叉形支撑　　（b）人字形支撑

图 7.6.8　交叉支撑和人字形支撑计算

1　交叉形支撑（按拉杆简图设计时除外）时，可按下式计算：

$$\Delta\sigma=\frac{\sigma_c}{\left(\dfrac{l_d}{h}\right)^2+\dfrac{h}{l_d}\cdot\dfrac{A_d}{A_c}+2\dfrac{b^3}{l_dh^2}\cdot\dfrac{A_d}{A_b}}$$

(7.6.8-1)

2　人字形支撑时，可按下式计算：

$$\Delta\sigma=\frac{\sigma_c}{\left(\dfrac{l_d}{h}\right)^2+\dfrac{b^3}{24l_d}\cdot\dfrac{A_d}{I_b}}$$

(7.6.8-2)

式中：$\Delta\sigma$——支撑斜杆中的附加压应力；

σ_c——支撑斜杆两端连接固定后，由验算层以上各楼层重力荷载代表值引起的支撑所在开间柱的轴向压应力；

l_d——支撑斜杆长度；

b、h——分别为验算层支撑所在开间的框架梁的跨度和楼层的高度；

A_b、I_b——分别为验算层支撑所在开间的框架梁的截面面积和绕水平主轴的惯性矩；

A_d——支撑斜杆的截面面积；

A_c——验算层支撑所在开间框架柱的截面面积；左柱、右柱截面不相等时，可采用平均值。

7.6.9　偏心支撑可由支撑斜杆及与其偏心相交的耗能梁段组成。框架偏心支撑应符合下列规定：

1　偏心支撑可采用单斜杆支撑或人字形支撑 [图 7.6.5（b）]。

2　框架其他各层均设置偏心支撑时，顶层则宜采用中心支撑。

3　偏心支撑耗能梁段应按下列规定区分为剪切屈服型、剪弯屈服型和弯曲屈服型：

1）剪切屈服型：

$$e\leqslant 1.6\frac{M_s（M_{sN}）}{V_s}$$

(7.6.9-1)

2）剪弯屈服型：

$$1.6\frac{M_s（M_{sN}）}{V_s}<e<2.2\frac{M_s（M_{sN}）}{V_s}$$

(7.6.9-2)

3）弯曲屈服型：

$$e\geqslant 2.2\frac{M_s（M_{sN}）}{V_s}$$

(7.6.9-3)

式中：$M_s（M_{sN}）$——耗能梁段无轴力或有轴力的全塑性受弯承载力；

V_s——耗能梁段的全塑性受剪承载力；

e——耗能梁段的净长度。

4　耗能梁段宜设计为剪切屈服型，与柱连接的耗能梁段不应设计为弯曲屈服型。

7.6.10　偏心支撑耗能梁段的全塑性承载力可按下列公式计算（图 7.6.10）：

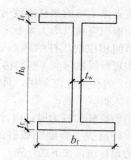

图 7.6.10　耗能梁段截面

1　全塑性受弯承载力 $M_s（M_{sN}）$，可按下式计算：

1）梁段中无轴力时：

$$M_s=f_yW_{pb}$$

(7.6.10-1)

2）梁段中有轴力时：

$$M_{sN}=（f_y-\sigma_a）W_{pb}$$

(7.6.10-2)

2　全塑性受剪承载力可按下式计算：

$$V_s=0.58f_yh_0t_w$$

(7.6.10-3)

式中：f_y——耗能梁段钢材的屈服强度；

W_{pb}——耗能梁段的塑性截面模量；

σ_a——轴向力引起的梁段翼缘的平均正应力；

t_w、h_0——分别为耗能梁段腹板的厚度和高度。

3　轴力引起的耗能梁段翼缘的平均正应力：

1）$e<2.2\dfrac{M_s（M_{sN}）}{V_s}$ 时：

$$\sigma_a=\frac{V_s}{V_{lb}}\cdot\frac{N_{lb}}{2b_ft_f}$$

(7.6.10-4)

2）$e\geqslant 2.2\dfrac{M_s（M_{sN}）}{V_s}$ 时：

$$\sigma_a=\frac{N_{lb}}{A_{lb}}$$

(7.6.10-5)

式中：V_{lb}、N_{lb}——耗能梁段计入地震作用效应组合的剪力设计值和轴力设计值；

b_f、t_f——分别为耗能梁段翼缘的宽度和厚度；

A_{lb}——耗能梁段的全截面面积。

3）式（7.6.10-4）和式（7.6.10-5）计算的 σ_a
$\leqslant 0.15f_y$ 时，可取 $\sigma_a=0$。

7.6.11 耗能梁段在多遇地震作用效应组合下，其强度应符合下列规定：

1 $e<2.2\dfrac{M_s~(M_{sN})}{V_s}$ 时：

翼缘强度：

$$\left(\frac{M_{lb}}{h_0+t_f}+\frac{N_{lb}}{2}\right)\frac{1}{b_f t_f}\leqslant\frac{f}{\gamma_{RE}} \qquad (7.6.11-1)$$

腹板强度：

$$\frac{V_{lb}}{h_0 t_w}\leqslant\frac{f}{\gamma_{RE}},\text{且 }V_{lb}<0.8V_s \qquad (7.6.11-2)$$

式中：M_{lb}——耗能梁段的弯矩设计值；
f——耗能梁段的钢材强度设计值，应按现行国家标准《钢结构设计规范》GB 50017 的有关规定采用。

2 $e\geqslant2.2\dfrac{M_s~(M_{sN})}{V_s}$ 时：

1）翼缘强度：

$$\frac{M_{lb}}{W}+\frac{N_{lb}}{A_{lb}}\leqslant\frac{f}{\gamma_{RE}} \qquad (7.6.11-3)$$

2）腹板强度应符合式（7.6.11-2）的要求。

式中：W——耗能梁段的截面模量。

7.6.12 耗能梁段的抗震设计尚应符合下列规定：

1 板件的宽厚比不应超过现行国家标准《建筑抗震设计规范》GB 50011 有关梁的限值。

2 梁段腹板上不得加焊加强板或开洞口。

3 应按下列规定设置与梁翼缘等宽的腹板横向加劲肋（图7.6.12）：

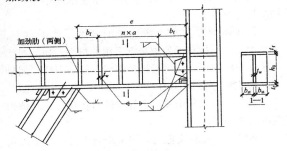

图 7.6.12 耗能梁段的加劲肋

1）支撑斜杆连接处梁的两侧均应设置横向加劲肋；

2）在耗能梁段两端距离等于翼缘宽度（b_f）处应设置横向加劲肋；

3）$e<2.2\dfrac{M_s~(M_{sN})}{V_s}$ 时或 $e\geqslant2.2\dfrac{M_s~(M_{sN})}{V_s}$，但有轴向力且 $V>V_s$ 时，应设置中间横向加劲肋；

4）$e\leqslant1.6\dfrac{M_s~(M_{sN})}{V_s}$ 时，加劲肋间距 $a\leqslant38t_w$ $-\dfrac{1}{5}h_0$；

5）$e\geqslant2.6\dfrac{M_s~(M_{sN})}{V_s}$ 时，加劲肋间距 $a\leqslant56t_w$ $-\dfrac{1}{5}h_0$；

6）$1.6\dfrac{M_s~(M_{sN})}{V_s}<e<2.6\dfrac{M_s~(M_{sN})}{V_s}$ 时，加劲肋间距可按本款第4项、第5项限值采用线性插入法确定；

7）中间加劲肋宜在腹板两侧对称设置，但梁高小于 600mm 时亦可单侧设置；

8）加劲肋的厚度不应小于耗能梁段腹板厚度的 0.75 倍，且不应小于 10mm；

9）加劲肋与梁可采用角焊缝焊接连接；与腹板连接的角焊缝承载力不应低于 $A_{st}f$，与翼缘连接的角焊缝承载力不应低于 $0.25A_{st}$ f；A_{st} 为加劲肋的截面面积。

4 在耗能梁段两端上、下翼缘均应设置水平侧向支撑，支撑杆的轴力设计值不应小于 $0.015fA_f$；沿耗能梁段延伸的框架梁，亦应在梁端设置上、下翼缘的水平侧向支撑，支撑点的间距不应大于 $13b_f$ $\sqrt{\dfrac{235}{f_y}}$（b_f 为框架梁翼缘宽度），支撑杆的轴力设计值宜采用 $0.012fA_f$；f 为梁段钢材强度的设计值，A_f 为上、下翼缘各自的截面面积。侧向支撑杆的长细比应符合现行国家标准《钢结构设计规范》GB 50017 的有关规定。

7.6.13 偏心支撑斜杆承载力验算应符合下列规定：

1 支撑斜杆的轴力设计值应采用下列公式中的较小值：

$$N=1.5\frac{V_s}{V_{lb}}N_{br} \qquad (7.6.13-1)$$

$$N=1.5\frac{M_s~(M_{sN})}{M_{lb}}N_{br} \qquad (7.6.13-2)$$

式中：N——支撑斜杆的轴力设计值；
N_{br}——按地震作用效应组合的支撑轴力设计值。

2 斜杆的强度和稳定性应按现行国家标准《钢结构设计规范》GB 50017 的有关规定验算，其钢材强度设计值除以承载力抗震调整系数。

7.6.14 偏心支撑所在开间框架柱的承载力验算应符合下列规定：

1 柱的弯矩设计值应采用下列公式中的较小值：

$$M=1.25\frac{V_s}{V_{lb}}M_c \qquad (7.6.14-1)$$

$$M=1.25\frac{M_s~(M_{sN})}{M_{lb}}M_c \qquad (7.6.14-2)$$

式中：M——偏心支撑所在开间框架柱的弯矩设
　　　　计值；

M_c——按地震作用效应组合的柱弯矩设计值。

2 柱的轴力设计值应采用下列公式中的较小值：

$$N=1.25\frac{V_s}{V_{lb}}N_c \qquad (7.6.14-3)$$

$$N=1.25\frac{M_s\;(M_{sN})}{N_{lb}}N_c \qquad (7.6.14-4)$$

式中：N——偏心支撑所在开间框架柱的轴力设
　　　　计值；

N_c——按地震作用效应组合的柱轴力设计值。

3 柱强度和稳定性应按现行国家标准《钢结构设计规范》GB 50017的有关规定验算，其钢材强度设计值应除以承载力抗震调整系数。

7.6.15 偏心支撑杆件的连接应符合下列规定：

1 剪切屈服型耗能梁段翼缘与柱的连接应采用坡口全焊透焊接；梁段腹板与柱连接可采用角焊缝焊接，焊缝的承载力应符合腹板的全塑性受剪承载力要求。

2 支撑与耗能梁段的连接（图7.6.12和图7.6.15）应符合下列规定：

　1) 支撑轴线与梁轴线的交点可在耗能梁段以内或端部，但不应位于耗能梁段以外；

　2) 不应将支撑杆及其节点板伸入耗能梁段以内。

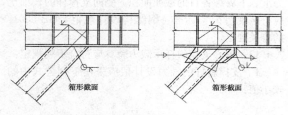

图 7.6.15　支撑斜杆与框架梁连接

7.7　抗震构造措施

7.7.1 传递地震作用的主要节点及其构件的连接宜采用高强度螺栓连接，亦可采用焊接连接。8度、9度时，框排架结构主要承重构件的连接不应采用普通螺栓连接。

7.7.2 框架的梁、柱刚接时，梁翼缘与柱应采用全焊透焊接，梁腹板与柱宜采用高强度螺栓连接。

7.7.3 构件的焊接连接应符合下列规定：

1 所有传力的焊接连接不得采用间断焊缝；传递地震作用的杆端侧面角焊缝，其有效计算长度不宜大于焊脚尺寸的40倍。

2 框架节点连接中，与受力方向垂直的焊缝宜采用全焊透的对接焊缝。

3 在同一传力焊接连接中，不宜采用侧面角焊缝与端部角焊缝并用的焊接连接。

7.7.4 承受地震作用的高强度螺栓连接不宜采用承压型高强度螺栓。

7.7.5 框排架结构柱的柱脚（或底板）锚栓均应采用双螺母构造，当柱脚承受较大地震剪力时，宜采用带抗剪键的柱脚构造（图7.7.5），其埋入尺寸及焊缝尺寸等应由计算确定。

7.7.6 刚架梁柱节点宜采用加腋构造（图7.7.6），加腋长度不宜小于梁截面高度或梁翼缘宽度的8倍，加腋最大截面高度不宜大于梁截面高度的2倍；加腋的拐点处的腹板均应设置横向加劲肋。

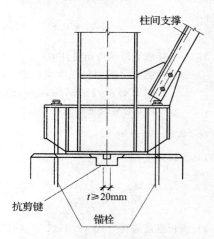

图 7.7.5　带抗剪键的柱脚构造

7.7.7 框架梁、柱现场拼接时，应采用等强的拼材与连接件；翼缘采用焊接时，应采用全焊透的对接焊接。拼接部位应设置耳板、夹具等定位连接件。

7.7.8 多层框架梁柱刚接节点宜采用柱贯通式构造（图7.7.8）。在梁翼缘与柱焊接处，柱腹板应设置横向加劲肋；7度～9度时，加劲肋厚度不应小于对应的梁翼缘厚度。

柱在强轴方向与主梁连接时［图7.7.8（a）］，水平加劲肋与柱翼缘的焊接宜采用坡口全焊透的对接焊接，与柱腹板连接可采用角焊缝焊接。当柱在弱轴方向与主梁连接时［图7.7.8（b）］，水平加劲肋与柱腹板连接则应采用坡口全焊透的对接焊接，其他焊缝可采用角焊缝。

同时有支撑杆交汇时，可采用柱上带悬臂梁段在工地拼接的构造［图7.7.8（d）］。

7.7.9 柱两侧的梁高不等时，每个翼缘对应位置均应设置柱的水平加劲肋。加劲肋的水平间距不应小于150mm，且不应小于水平加劲肋的宽度［图7.7.9（a）］。当不能满足要求时，可采取局部调整较小梁的截面高度，其梁腋坡度不得大于1：2［图7.7.9（b）］。

7.7.10 框架工字形梁柱节点区格板不宜采用焊接附加板进行加强，必要时可采取设置加劲肋或局部增加

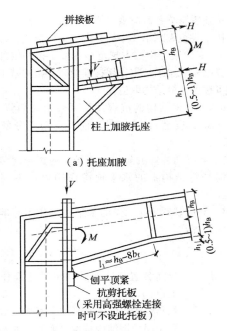

（a）托座加腋

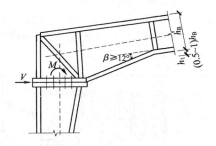

（b）加腋端板连接

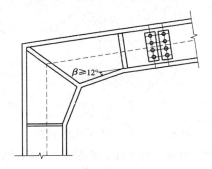

（c）加腋板连接

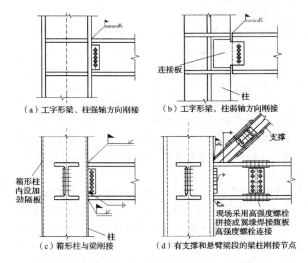

（a）工字形梁、柱强轴方向刚接　　（b）工字形梁，柱弱轴方向刚接

（c）箱形柱与梁刚接　　（d）有支撑和悬臂梁段的梁柱刚接节点

图 7.7.8　多层框架梁柱刚接节点构造

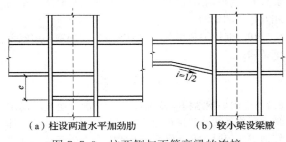

（a）柱设两道水平加劲肋　　（b）较小梁设梁腋

图 7.7.9　柱两侧与不等高梁的连接

3　采用现浇钢筋混凝土楼板或以压型钢板为底模时，钢梁上翼缘的上表面应焊接抗剪键（栓钉）。

8　锅炉钢结构

8.1　一　般　规　定

8.1.1　本章适用于支承式和悬吊式锅炉钢结构的抗震设计。

8.1.2　单机容量为 300MW 及以上或规划容量为800MW 及以上的火力发电厂锅炉钢结构，应属于乙类构筑物。单机容量为 300MW 以下或规划容量为800MW 以下的火力发电厂锅炉钢结构，应属于丙类构筑物。

8.1.3　锅炉钢结构宜采用独立式的结构体系。与锅炉钢结构贴建的厂房应设防震缝，防震缝的宽度应按本规范第 6 章钢筋混凝土结构防震缝宽度的 1.5 倍采用。

8.1.4　设有重型炉墙或金属框架护板轻型炉墙的支承式锅炉宜采用梁和柱刚性连接的框架式锅炉钢结构。设有金属框架护板的区域，护板与柱梁之间为嵌

（d）折线加腋图

图 7.7.6　刚架节点构造

腹板厚度。

7.7.11　框架的楼盖应符合下列规定：

1　采用密肋（次梁）钢铺板时，钢板与梁应采用连续焊缝焊接。

2　采用预制钢筋混凝土铺板时，端部板角应与钢梁焊接，板面上应设细石钢筋混凝土现浇层，厚度不宜小于 50mm；预制板板缝中应按抗震构造要求配筋并灌缝。

固连接时，可将梁、柱和护板视作刚性平面结构。

8.1.5 悬吊式锅炉钢结构可采用中心支撑体系，可选用交叉形、单斜杆形、人字形和 V 形支撑，不宜选用 K 形支撑。8 度 III、IV 类场地和 9 度时，锅炉钢结构宜采用偏心支撑体系。

8.1.6 按拉杆设计中心支撑体系时，应同时设置不同倾斜方向的两组单斜杆，且每组不同方向单斜杆的截面面积在水平方向的投影面积之差不得大于 10%。

8.1.7 锅炉钢结构应在承载较大的垂直平面内布置垂直支撑体系，垂直支撑应沿锅炉钢结构高度均匀、连续布置。

8.1.8 锅炉钢结构应在承载较大的水平面内布置水平支撑，并宜在锅炉钢结构四周形成一个连续的封闭支撑体系。水平支撑宜沿锅炉钢结构高度每隔 12m～15m 布置一层，其标高应与锅炉导向装置标高协调一致，炉体的水平地震作用应能直接通过水平支撑传到垂直支撑上。

8.1.9 锅炉钢结构的抗震计算可不计及地基与结构相互作用的影响。

8.1.10 锅炉炉顶屋盖结构和紧身封闭均宜采用轻型钢结构。

8.2 计 算 要 点

8.2.1 锅炉钢结构应按本规范第 5 章多遇地震确定地震影响系数，并进行地震作用和作用效应计算。计算地震作用时，重力荷载代表值应取永久荷载标准值和各可变荷载组合值之和，可变荷载的组合值系数应按表 8.2.1 采用。

表 8.2.1 可变荷载的组合值系数

可变荷载种类	组合值系数
雪荷载	0.5
结构各层的活荷载	0.5
屋面活荷载	不计入

8.2.2 锅炉钢结构的基本自振周期可按下式计算：

$$T_1 = C_t H^{3/4} \qquad (8.2.2)$$

式中：T_1——结构基本自振周期（s）；

　　　C_t——结构影响系数，对框架体系可取 0.0853，对桁架体系可取 0.0488；

　　　H——锅炉钢结构的总高度（m）。

8.2.3 锅炉钢结构在多遇地震下的阻尼比，对于单机容量小于 25MW 的轻型或重型炉墙锅炉，可采用 0.05；对于单机容量不大于 200MW 的悬吊式锅炉，可采用 0.04；对于大于 200MW 的悬吊锅炉，可采用 0.03；罕遇地震下的阻尼比均可采用 0.05。

8.2.4 锅炉钢结构按底部剪力法多质点体系计算时，

其水平地震影响系数应乘以增大系数；其结构类型指数可按本规范表 5.1.6 中的剪弯型结构取值。

8.2.5 锅炉钢结构按本规范第 5.2.1 条的底部剪力法计算结构总水平地震作用标准值时，结构基本振型指数可按剪弯型结构取值。

8.2.6 锅炉钢结构的抗震计算可采用底部剪力法。当结构总高度超过 65m 时，宜采用振型分解反应谱法。

8.2.7 有导向装置的悬吊式锅炉，通过导向装置作用于锅炉钢结构上的水平地震作用可按下列规定计算：

1 导向装置 i 处承受的水平地震作用标准值可按下式计算：

$$F_i = a_1 G_i \qquad (8.2.7)$$

式中：F_i——导向装置 i 处承受的水平地震作用标准值；

　　　a_1——悬吊锅炉炉体的水平地震影响系数，可采用锅炉钢结构基本自振周期的水平地震影响系数；

　　　G_i——悬吊锅炉炉体集中于导向装置 i 的重力荷载代表值，可按图 8.2.7 阴影区域确定。

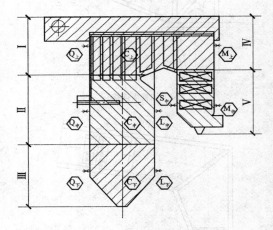

图 8.2.7 导向装置荷载分配

2 地震作用方向垂直于锅筒时，其地震作用可由两侧导向装置 $C_上$、$C_中$和 $C_下$分别承受。

3 地震作用方向平行于锅筒时，其地震作用可由前后导向装置 $Q_上$、$Q_中$和 $Q_下$、$L_中$和 $L_下$、$S_中$、$M_上$和 $M_中$同时承受。

8.2.8 悬吊式锅筒的水平地震作用标准值可采用与炉体相同的方法计算。

8.2.9 对于 200MW 及其以下且无导向装置的悬吊锅炉，锅炉钢结构采用底部剪力法进行水平地震作用计算时，可按本规范第 5.2.1 条的规定计算。炉体及锅筒的地震作用只作用在锅炉钢结构的顶部时，其多遇地震的水平地震影响系数可按表 8.2.9 采用。

表 8.2.9　无导向装置悬吊炉体和锅筒 水平地震影响系数

场地类别	地震分组	7 度		8 度		9 度
		0.10g	0.15g	0.20g	0.30g	0.40g
I	1	0.016	0.024	0.032	0.048	0.064
	2	0.019	0.028	0.038	0.057	0.076
	3	0.022	0.033	0.044	0.066	0.088
II	1	0.022	0.033	0.044	0.066	0.088
	2	0.025	0.037	0.050	0.075	0.100
	3	0.028	0.042	0.056	0.084	0.112
III	1	0.028	0.042	0.056	0.084	0.112
	2	0.033	0.050	0.066	0.099	0.132
	3	0.038	0.057	0.076	0.114	0.152
IV	1	0.038	0.057	0.076	0.114	0.152
	2	0.044	0.066	0.088	0.132	0.176
	3	0.052	0.076	0.104	0.156	0.208

8.2.10　6 度时的锅炉钢结构可不进行抗震验算，但其节点承载力应适当提高。

8.2.11　抗震验算时，锅炉钢结构任一计算平面上的水平地震剪力应符合本规范第 5.2.5 条的规定。

8.2.12　9 度时且高度大于 100m 的锅炉钢结构，应按本规范第 5.3.1 条的规定计算竖向地震作用，其竖向地震作用效应应乘以增大系数 1.5。

8.2.13　8 度和 9 度时，跨度大于 24m 的桁架（或大梁）和长悬臂结构应计算竖向地震作用。其竖向地震作用标准值，8 度和 9 度可分别取该结构重力荷载代表值的 10% 和 20%；设计基本地震加速度为 0.30g 时，可取该结构重力荷载代表值的 15%；竖向地震作用可不向下传递，但构件节点设计时应予以计入。

8.2.14　锅炉钢结构构件截面抗震验算应符合本规范第 5.4 节的规定。但重力荷载分项系数应取 1.35，当重力荷载效应对构件承载能力有利时，应取 1.0；风荷载分项系数应取 1.35；风荷载组合值系数应取 0；当风荷载起控制作用且锅炉钢结构高度大于 100m 或高宽比不小于 5 时，应取 0.2。

8.2.15　锅炉钢结构构件承载力抗震调整系数，除梁柱强度验算均应采用 0.8 外，其他构件及其连接均应符合本规范表 5.4.2 的规定。

8.2.16　锅炉钢结构的导向装置应按多遇地震作用效应验算其强度，并应具有足够的刚度。

8.2.17　结构布置不规则且有明显薄弱层，或高度大于 150m 及 9 度时的乙类锅炉钢结构，应进行罕遇地震作用下的弹塑性变形分析。

8.3　抗震构造措施

8.3.1　锅炉钢结构的主柱长细比不应大于表 8.3.1

的限值。

表 8.3.1　锅炉钢结构的主柱长细比

烈　度	6 度、7 度	8 度	9 度
总高度不超过 100m	120	120	100
总高度超过 100m	120	100	80

注：表列数值适用于 Q235 钢，采用其他牌号钢材应乘以 $\sqrt{235/f_y}$。

8.3.2　锅炉钢结构的柱、梁板件宽厚比不应大于表 8.3.2 的限值。

表 8.3.2　锅炉钢结构的柱、梁板件宽厚比

	板件名称	6 度、7 度	8 度	9 度
柱	工字形截面翼缘外伸部分	13	12	11
	箱形截面壁板	40	36	36
	工字形截面腹板	52	48	44
梁	工字形截面和箱形截面翼缘外伸部分	13	12	11
	箱形截面翼缘在两腹板间的部分	40	36	36
	工字形截面和箱形截面的腹板 $N_b/Af < 0.37$	(85~120) N_b/Af	(80~110) N_b/Af	(72~100) N_b/Af
	工字形截面和箱形截面的腹板 $N_b/Af \geq 0.37$	40	39	35

注：1　表列数值适用于 Q235 钢，采用其他牌号钢材应乘以 $\sqrt{235/f_y}$。

2　N_b 为梁的轴向力，A 为梁的截面面积，f 为钢材的抗拉强度设计值。

8.3.3　锅炉钢结构支撑杆件的长细比不应大于表 8.3.3 的限值。

表 8.3.3　锅炉钢结构支撑杆件长细比

类　型	6 度、7 度	8 度	9 度
按压杆设计	150	120	120
按拉杆设计	200	150	150

注：表列数值适用于 Q235 钢，采用其他牌号钢材应乘以 $\sqrt{235/f_y}$。

8.3.4　锅炉钢结构支撑板件的宽厚比不应大于表 8.3.4 的限值。

表 8.3.4　锅炉钢结构支撑板件的宽厚比

板件名称	6 度、7 度	8 度	9 度
翼缘外伸部分	13	12	11
工字形截面腹板	52	48	44
箱形截面腹板	40	36	36

注：表列数值适用于 Q235 钢，采用其他牌号钢材应乘以 $\sqrt{235/f_y}$。

8.3.5 6度地区，且基本风压小于0.4kN/m²时，宜适当增大垂直支撑截面面积。

8.3.6 8度Ⅲ、Ⅳ类场地和9度时的锅炉钢结构，梁与柱的连接不宜采用铰接。

8.3.7 锅炉钢结构宜采用埋入式柱脚，埋入深度可按本规范第7.5.7条的规定确定。

8.3.8 铰接柱脚底板的地震剪力应由底板和混凝土基础间的摩擦力承担，其摩擦系数可取0.4。地震剪力超过摩擦力时，可在柱底板下部设置抗剪键，抗剪键可按悬臂构件计算其厚度和根部焊缝。

8.3.9 铰接柱的地脚螺栓应采用双螺帽固定；地脚螺栓的数量和直径应按作用在基础上的净上拔力确定，但不应少于4M30。净上拔力应采用最不利工况的上拔力减去永久荷载的0.75倍确定。地脚螺栓的材料可采用Q235或Q345钢。

8.3.10 梁采用悬臂梁段与柱刚性连接时，悬臂梁段与柱应采用全焊接连接，其中翼缘与柱应采用全焊透焊接。梁的现场拼接可采用翼缘全焊透焊接、腹板高强度螺栓连接或全部采用高强度螺栓连接。

8.3.11 梁与柱连接为刚接时，柱在梁翼缘对应位置应设置横向加劲肋，且加劲肋的板厚不应小于梁翼缘厚度。

8.3.12 垂直支撑与柱（梁）采用节点板连接时，节点板在支撑杆每侧的夹角不应小于30°；沿支撑方向，杆端至节点板嵌固点的距离不应小于节点板厚度的2倍。

9 筒 仓

9.1 一般规定

9.1.1 本章适用于贮存散状物料的钢筋混凝土、钢及砌体筒仓的抗震设计。

9.1.2 筒仓外形宜简单、规则，质量和刚度分布宜均匀对称；6度、7度时，仓顶可采用仓壁向上延伸并作为承重结构的筛分间或框架结构的筛分间；8度、9度时，仓顶应采用仓壁向上延伸并作为承重结构的筛分间，不应设置其他承重结构的筛分间。

9.1.3 筒仓结构的选型应符合下列规定：

　　1 钢筋混凝土筒仓可采用筒壁、柱、带壁柱的筒壁及筒壁与柱混合支承的结构形式，宜选用筒壁支承结构。直径不小于15m的深仓宜选用筒壁和内柱共同支承的结构形式，筒壁开洞处宜设置壁柱。直径不小于18m的圆形筒仓宜采用独立布置结构形式。

　　2 钢筋混凝土柱承式矩形筒仓的仓下支承柱，应伸至仓顶或仓上建筑，并应与仓壁整体连接。

　　3 钢筒仓可采用钢或现浇钢筋混凝土仓底和仓下钢支承结构；直径大于12m时，宜采用仓壁落地式结构；仓群宜选用多排布置。

　　4 6度、7度时，可采用砌体筒仓，其直径不宜大于8m，并应采用筒壁支承结构。

　　5 独立筒仓间的净距除应符合防震缝要求外，尚应符合施工、安装等要求。

9.1.4 除筛分间外的仓上建筑应符合下列规定：

　　1 仓上建筑宜采用钢结构，其围护结构应选用轻质材料。

　　2 钢筋混凝土结构仓上建筑可用于钢筋混凝土筒仓和砌体筒仓，其围护结构宜选用轻质材料。

　　3 6度时，钢筋混凝土筒仓和砌体筒仓的仓上建筑可采用砌体结构。

　　4 仓上建筑的屋盖宜采用轻型钢结构或现浇钢筋混凝土结构。

9.1.5 筒仓的防震缝设置应符合下列规定：

　　1 钢筋混凝土群仓仓顶局部设有筛分间时，其高差处应设置防震缝。

　　2 筒仓与辅助建筑毗邻处应设置防震缝。

　　3 高差较大或不规则布置的群仓或排仓，应在相应部位设置防震缝。

　　4 防震缝的宽度宜根据结构相对变形分析结果确定，但最小宽度不应小于50mm。

9.1.6 Ⅲ、Ⅳ类场地的柱承式筒仓的基础宜采用环形基础或整板基础，并应采取增加基础的整体性和刚度的措施。

9.1.7 在筒仓的结构构件刚度变化处应采取减小应力集中的措施。

9.1.8 柱承式筒仓的支承结构宜增加超静定次数。增加赘余杆件和支撑时，其构件除应满足强度要求外，尚应具有良好的变形能力。

9.1.9 Ⅲ、Ⅳ类场地和不均匀地基条件下的独立筒仓，应采取抗倾覆和控制不均匀沉降的措施。对液化地基，应采取全部消除液化沉陷的措施。

9.1.10 筒仓的抗震设防类别应根据其所在生产系统中的重要性及其在地震中可能产生的次生灾害程度确定。在无特殊要求时，筒仓可按丙类构筑物进行抗震设计。

9.1.11 筒仓的同一结构单元应采用同一类型的基础。同一结构单元的基础宜设置在同一标高上；不在同一标高时，应采取防止地基不均匀沉降的措施。

9.1.12 8度和9度时，筒仓结构可采取消能减震措施。

9.2 计算要点

9.2.1 筒仓应按本规范第5章多遇地震确定地震影响系数，并进行地震作用和作用效应的计算。

9.2.2 筒仓的水平地震作用，可采用振型分解反应谱法或底部剪力法计算；8度Ⅲ、Ⅳ类场地和9度，筒仓结构不规则且有明显薄弱部位时，尚宜采用时程分析法进行补充验算。

9.2.3 筒仓进行水平地震作用计算时,应符合下列规定:

1 贮料可变荷载的组合值系数,钢筋混凝土筒承式筒仓、砌体筒仓应取 0.8,其他各类筒仓均应取 1.0。

2 钢筒仓在多遇地震下的阻尼比可取 0.03,在罕遇地震下的阻尼比可取 0.04。

9.2.4 筒承式筒仓的水平地震作用按底部剪力法计算时,柱支承的仓上建筑的地震作用效应应乘以增大系数,钢筋混凝土筒承式筒仓、砌体筒仓其值可取 4.0,仓壁落地式钢筒仓可取 3.0,但增大部分不应往下传递。

9.2.5 柱承式筒仓的水平地震作用按底部剪力法计算时,应符合下列规定:

1 采用单质点体系计算模型时,质点位置应设于仓体及其贮料的质心处。

2 仓上建筑的水平地震作用可采用将仓上建筑置于刚性地面上的单质点(单层时)或双质点(二层时)体系进行简化计算。其仓上建筑的地震作用效应应乘以增大系数,其值可按表 9.2.5 采用,但增大部分不应往下传递。

表 9.2.5 仓上建筑地震作用效应增大系数

条　　件	单层仓上建筑	二层仓上建筑	
		底层	上层
$\eta_n \geqslant 50$ 且 $50 \leqslant \eta_m \leqslant 100$	4.0	4.0	3.5
其他	3.0	3.0	2.5

注:1　η_n 为柱承式筒仓的侧移刚度与仓上建筑计算层的层间侧移刚度之比;

2　η_m 为仓体质量(含贮料)与仓上建筑计算层的质量之比。

9.2.6 8 度 IV 类场地及 9 度时,柱承式筒仓应计入重力二阶效应引起的附加水平地震作用,其标准值可按下列公式计算:

$$F_{gk} = \rho_g F_{Ek} \quad (9.2.6-1)$$

$$\rho_g = \frac{2.5 G_{eq}}{Kh} \quad (9.2.6-2)$$

式中:F_{gk}——重力二阶效应引起的附加水平地震作用标准值;

F_{Ek}——未计入重力二阶效应的水平地震作用标准值;

ρ_g——重力偏心系数,小于 0.05 时可取零;

G_{eq}——筒仓结构等效重力荷载,可不计入支承结构;

K——支柱的总弹性侧移刚度;

h——支柱的高度。

9.2.7 单排筒仓的质量中心偏心过大时,宜计入地震扭转效应的影响。柱承式单排筒仓采用底部剪力法计算

且按单质点体系计算时,支柱的水平地震作用效应应乘以扭转效应增大系数,其值可按表 9.2.7 的规定采用。

表 9.2.7 扭转效应增大系数

组成排仓的单仓个数	3	4	5	≥6
扭转效应增大系数	1.10	1.15	1.20	1.25

9.2.8 9 度时,钢筋混凝土柱承式筒仓的抗震变形验算可按本规范第 5.5 节的有关规定计算。

9.2.9 采用筒壁与柱联合支承的筒仓,筒壁与柱承担的地震剪力可按侧移刚度比例进行分配,但分配给柱的地震剪力应乘以增大系数 1.5,且不应小于支承结构底部总地震剪力的 10%。

9.2.10 6 度~8 度时,钢筋混凝土筒承式圆形筒仓的仓壁与仓底整体连接时,仓壁、仓底可不进行水平地震作用的抗震验算,但其构件应满足相应的抗震构造措施要求。

9.2.11 钢筋混凝土柱承式筒仓的无横梁支柱与基础、支柱与仓体连接端的组合弯矩设计值应按下列规定调整:柱端弯矩应乘以表 9.2.11 规定的柱端弯矩增大系数。

1 柱端弯矩应乘以表 9.2.11 规定的柱端弯矩增大系数。

2 角柱的柱端弯矩按表 9.2.11 调整后,尚应乘以不小于 1.10 的增大系数。

3 III、IV 类场地且不采用筏基时,无横梁支柱与仓体连接端的弯矩按表 9.2.11 及本条第 2 款调整后,尚应分别乘以不小于 1.05 和 1.15 的增大系数。

表 9.2.11 柱端弯矩增大系数

烈　　度		7 度	8 度	9 度
支柱条件	有横梁	1.15	1.25	1.50
	无横梁	1.20	1.35	1.60

9.2.12 钢筋混凝土柱承式筒仓的支柱有横梁时,梁柱节点处的梁、柱端组合的弯矩和剪力设计值应分别符合本规范第 6.2.6 条~第 6.2.11 条的规定;支承柱端组合的剪力设计值的调整尚应符合本规范第 6.2.12 条的规定;6 度~9 度时,支承结构可分别按框架的抗震等级四、三、二、一级计算。

9.2.13 砌体筒仓的水平地震作用计算可采用底部剪力法,其水平地震影响系数可取其最大值。

9.2.14 柱支承或柱与筒壁共同支承的钢筒仓,其水平地震作用可采用底部剪力法计算,计算时应计入柱间支撑的侧移刚度。

9.2.15 8 度、9 度时,钢仓斗与仓底之间的连接焊缝或螺栓及其连接件应计入竖向地震作用效应。其竖向地震作用标准值应符合下列规定:

1 8 度时,其竖向地震作用标准值可分别取其

重力荷载代表值的 10%（$0.20g$ 时）和 15%（$0.30g$ 时）；9 度时可取其重力荷载代表值的 20%。

2 贮料荷载的组合值系数应取 1.0。

9.2.16 钢筋混凝土柱承式方仓的支柱设有横梁时，其侧移刚度可按本规范附录 G 采用。

9.2.17 筒承式或柱承式单仓的基本自振周期可按下式计算：

$$T_1 = 2\pi\xi_T \sqrt{\frac{\sum_{i=1}^{n}(G_i\delta_{in}^2)}{g\delta_{nn}}} \qquad (9.2.17)$$

式中：T_1——筒承式或柱承式单仓的基本自振周期；

G_i——集中于质点 i 的重力荷载代表值，可取质点 i 上、下两个质点之间范围内等效重力荷载代表值之和的一半；

ξ_T——支承结构刚度影响系数，柱承式可取 1.0；筒承式非开洞方向可取 1.0，开洞方向可取 0.85；

δ_{nn}、δ_{in}——在质点 n 上的单位水平力作用下，分别在质点 n 和 i 处产生的水平位移，可根据仓下支承结构的刚度，采用结构力学方法计算。

9.2.18 钢筋混凝土筒承式群仓的基本自振周期可按下式计算：

$$T_n = \frac{21-\frac{H}{D}}{\beta(20+2n)} \cdot T_1 \qquad (9.2.18)$$

式中：T_n——筒承式群仓沿筒仓组合方向的基本自振周期；

T_1——单仓的基本自振周期；

β——开洞影响系数，群仓组合方向与开洞平行时可取 1.2，相互垂直时可取 1.0；

n——群仓组合数目，大于 5 时可取 5；

H——筒仓高度；

D——筒仓外径。

9.2.19 圆形筒仓仓壁相连的群仓宜按空仓或满仓不利荷载组合对仓壁连接处进行地震扭转效应计算，并应满足相应的抗震构造措施要求。

9.2.20 钢筒仓与基础的锚固应进行抗震验算。

9.3 抗震构造措施

9.3.1 钢筋混凝土柱承式筒仓的支柱宜加设横梁，横梁的设置应符合下列规定：

1 横梁与柱的线刚度比不宜小于 0.8；计算柱线刚度时，柱高应取基础顶面至仓底的距离。

2 在满足工艺要求的前提下，横梁顶面至仓壁底面的距离与柱全高之比不宜小于 0.3，且不宜大于 0.5。

3 横梁截面的高宽比不宜大于 4.0。

9.3.2 钢筋混凝土柱承式筒仓支柱的轴压比限值，当混凝土强度等级不大于 C50 时，应符合表 9.3.2 的规定；当混凝土强度等级大于 C50 时，可适当提高。

表 9.3.2 柱承式筒仓支柱轴压比限值

烈度	6 度	7 度	8 度	9 度
有横梁	0.90	0.80	0.70	0.60
无横梁	0.80	0.75	0.65	0.55

注：筒仓地下空间的柱轴压比可增加 0.05。

9.3.3 钢筋混凝土柱承式筒仓支柱的纵向钢筋应采用对称配筋，其总配筋率应符合下列规定：

1 纵向钢筋最小总配筋率应按表 9.3.3 采用。

表 9.3.3 柱承式筒仓支柱的纵向钢筋最小总配筋率（%）

烈度	6 度	7 度	8 度	9 度
有横梁	0.70	0.80	0.90	1.10
无横梁	0.80	0.90	1.00	1.20

2 纵向钢筋总配筋率不应大于 2%。

9.3.4 钢筋混凝土柱承式筒仓支柱的箍筋应沿柱全高加密，并应符合下列规定：

1 箍筋间距不应大于 100mm。

2 箍筋最小直径，6 度时不应小于 6mm，7 度时不应小于 8mm，8 度、9 度时不应小于 10mm。

3 箍筋最小体积配筋率应按表 9.3.4 采用。

表 9.3.4 柱承式筒仓支柱的箍筋最小体积配筋率（%）

柱轴压比		≤0.3	0.4	0.5	0.6	0.7	0.8
烈度	7 度	0.60	0.80	1.00	1.20	1.40	1.60
	8 度	0.80	1.00	1.20	1.40	1.60	—
	9 度	1.00	1.20	1.40	1.60	—	—

注：1 6 度时，体积配筋率不应小于 0.6%；

2 支柱无横梁时，轴压比计算值应增加 0.05 后按本表确定；

3 箍筋强度为 300N/mm^2、360N/mm^2 时，表中数值应分别乘以 0.7、0.6 后采用，但计算后的数值在 7 度、8 度、9 度时分别不应小于 0.6%、0.8%、1.0%；

4 混凝土强度等级高于 C35 时，表中数值应乘以所采用的混凝土轴心抗压强度设计值与 C35 混凝土轴心抗压强度设计值的比值；

5 中间值按线性内插法确定。

9.3.5 钢筋混凝土柱承式筒仓横梁的纵向钢筋配置应符合下列规定：

1 横梁梁端截面混凝土受压区高度与有效高度之比，7 度、8 度时不应大于 0.35，9 度时不应大于 0.25，纵向受拉钢筋的配筋率不宜大于 2%。

2 横梁梁端截面的底面与顶面纵向钢筋配筋量的比值除应按计算确定外，7 度和 8 度时不应小于 0.3，9 度时不应小于 0.5。

3 横梁顶面和底面通长钢筋不应少于 2φ14，同时 8 度和 9 度时底面通长钢筋也不应少于梁端顶面纵向钢筋截面面积的 1/4。

9.3.6 钢筋混凝土柱承式筒仓横梁的箍筋配置应符合下列规定：

1 横梁梁端箍筋加密区长度，6 度～8 度时不应小于梁高的 1.5 倍，9 度时不应小于梁高的 2 倍，且均不应小于 500mm。

2 加密区箍筋最大间距和最小直径应符合表 9.3.6 的要求。

表 9.3.6 梁箍筋加密区的箍筋最大间距和最小直径（mm）

烈度	6 度	7 度	8 度	9 度
最大间距（采用最小值）	$h/4$，$8d$，150	$h/4$，$8d$，150	$h/4$，$8d$，100	$h/4$，$6d$，100
最小直径	6	8	8	10

注：d 为纵向钢筋直径，h 为梁截面高度。

3 非加密区的箍筋配箍量不宜小于加密区的 50%，同时 8 度、9 度时的箍筋间距也不应大于纵向钢筋直径的 10 倍。

9.3.7 钢筋混凝土筒承式筒仓的支承筒壁应符合下列规定：

1 筒壁的厚度，6 度和 7 度时不宜小于 160mm，8 度和 9 度时不宜小于 180mm。

2 筒壁应采用双层双向配筋，竖向或环向钢筋的总配筋率均不宜小于 0.4%；内、外层钢筋应设置拉筋，其直径不宜小于 6mm；在 6 度和 7 度时间距不宜大于 700mm，在 8 度和 9 度时间距不宜大于 500mm。

3 筒壁的孔洞宜对称布置，每个孔洞的圆心角不宜大于 70°；筒壁在同一水平截面内开洞的总圆心角，6 度和 7 度时不应大于 180°，8 度和 9 度时分别不宜大于 160°和 140°。

4 洞口边长小于 1m 时，洞口每边的附加钢筋均不应少于 2φ16，且不应少于洞口切断钢筋截面面积的 60%，洞口四角的斜向钢筋不应少于 2φ16；洞口边长不小于 1m 时，洞口四周应设置加强框，加强框的每边配筋不应少于洞口切断钢筋截面面积的 60%，加强框的四角也应配置斜筋。

5 支承筒壁开洞宽度大于或等于 3m 时，应按筒壁实际应力分布进行配筋。洞口两侧设置壁柱时，其截面不宜小于 400mm×600mm，柱的上端应伸入仓壁中，并应按柱的构造要求配置钢筋，总的配筋率不宜小于 0.6%。

6 相邻洞口间筒壁的宽度不应小于壁厚的 3 倍，且不应小于 500mm；当筒壁宽度为壁厚的 3 倍～5 倍时，应按支承柱的规定配置钢筋，其配筋量应按计算确定，并应满足相应的抗震构造措施要求。

7 当仓底与仓壁非整体连接时，仓壁底部的水平钢筋应延续配置到仓底结构顶面以下的筒壁中，其延续配置的高度不应小于仓壁厚度的 6 倍。

9.3.8 砌体筒仓应符合下列规定：

1 仓壁和支承筒壁均应设置现浇钢筋混凝土圈梁和构造柱。沿仓壁高度，应按计算确定设置圈梁的间距，在仓壁部位圈梁间距不宜大于 2m，在支承筒壁部位不宜大于 3m，且应在仓顶、仓底各设一道圈梁；构造柱的间距不宜大于 3.5m。

2 钢筋混凝土圈梁的截面宽度应与壁厚相同，高度不应小于 180mm，纵向钢筋不宜少于 4φ12，箍筋间距不宜大于 250mm；构造柱截面不应小于壁厚，纵向钢筋不宜少于 4φ14，箍筋间距不应大于 200mm，柱的上、下端的箍筋宜适当加密，沿柱高每隔 500mm 应有不少于 2φ6 的钢筋与仓壁或支承筒壁砌体拉结，每边伸入砌体的拉结长度不宜小于 1m。

3 仓壁厚度应按计算确定，但不应小于 240mm，支承筒壁厚度不应小于 370mm；仓壁与支承筒壁厚度不等时，应保持内壁平直。仓外台阶处应采用水泥砂浆找坡。

4 仓壁和支承筒壁的洞口周边应设置钢筋混凝土加强框。

5 仓底环梁支承于支承筒壁时，筒壁应采用环形基础，软弱地基时宜采用钢筋混凝土筏基。

6 筒仓直径大于 6m 时，仓壁和支承筒壁均宜采用配筋砌体。

7 群仓中相邻筒体应有可靠连接，砌体应咬槎砌筑，搭接处的厚度不应小于仓壁厚度的 2 倍，并应在连接处配置钢筋。

9.3.9 6 度区仓上建筑采用砌体结构时，应符合下列规定：

1 仓上建筑总高不应大于 3.6m。

2 砌体厚度不宜小于 190mm。

9.3.10 钢筒仓应符合下列规定：

1 钢筒仓采用钢支柱时，钢支柱间应设柱间支撑。当柱间支撑分上、下两段设置时，上、下支撑间应设置刚性水平系杆。

2 钢柱底板下部应设置与柱间支撑平面相垂直的抗剪键。地脚螺栓宜采用刚性锚板或锚梁锚固，埋置深度应按计算确定；地脚螺栓应采用双螺帽固定。

10 井 架

10.1 一 般 规 定

10.1.1 本章适用于矿山立井的钢筋混凝土井架和钢

井架的抗震设计。

10.1.2 井架高度超过 25m 或多绳提升井架宜采用钢结构。

10.1.3 钢筋混凝土井架的抗震等级应按表 10.1.3 确定。

表 10.1.3　钢筋混凝土井架的抗震等级

烈度	6 度	7 度	8 度	9 度
抗震等级	三	三	二	一

10.1.4 井架与贴建的建（构）筑物之间应设防震缝。防震缝最小宽度应符合表 10.1.4 的规定。

表 10.1.4　井架防震缝最小宽度（mm）

结构形式	提升类型	6 度	7 度	8 度	9 度
钢筋混凝土井架	罐笼提升	70	70	80	110
	箕斗提升	80	90	100	140
钢井架	罐笼提升	130	130	210	370
	箕斗提升	160	160	250	430

注：1　钢筋混凝土井架，当与罐笼提升井架贴建的井口房高度超过 10m，或与箕斗提升井架贴建的井口房高度超过 20m 时，防震缝宽度应适当增加。对应抗震设防烈度 6 度、7 度、8 度、9 度，高度每增加 5m、4m、3m、2m，防震缝宽度宜增加 20mm；

2　钢井架，当与罐笼提升井架贴建的井口房高度超过 15m，或与箕斗提升井架贴建的井口房高度超过 30m 时，防震缝宽度应适当增加。对应抗震设防烈度 6 度、7 度、8 度、9 度，高度每增加 5m、4m、3m、2m，防震缝宽度宜增加 30mm；

3　混合提升井架，应按箕斗提升井架采用防震缝宽度。

10.1.5 支承天轮的井架立架宜支承在井颈上或井颈外侧的岩土上，不宜支承在井口梁上。

10.1.6 双斜撑钢井架的立架宜独立支承在井颈上。

10.2　计　算　要　点

10.2.1 井架应按本规范第 5 章多遇地震确定地震影响系数，并进行地震作用和作用效应计算。

10.2.2 井架应按平行于提升平面的纵向和垂直于提升平面的横向两个主轴方向分别进行水平地震作用计算。符合下列条件之一的井架，可不进行抗震验算，但应满足相应的抗震措施要求：

　1　7 度、8 度时的四柱式钢筋混凝土井架的纵向水平地震作用。

　2　7 度时的六柱式钢筋混凝土井架的纵向水平地震作用。

　3　7 度时的钢井架。

10.2.3 钢筋混凝土井架的阻尼比可采用 0.05；钢井架多遇地震下的阻尼比可采用 0.03，罕遇地震下的阻尼比可取 0.04。

10.2.4 井架的抗震计算宜按多质点空间杆系模型，采用振型分解反应谱法。四柱式钢筋混凝土井架可采用底部剪力法。立架与斜撑不连接的双斜撑钢井架，应对斜撑和立架分别进行抗震计算。9 度时且高度大于 60m 的钢井架，宜采用时程分析法进行多遇地震下的补充计算，并应符合本规范第 5.1.3 条和第 5.1.7 条等的有关规定。

10.2.5 采用振型分解反应谱法时，钢筋混凝土井架应取不少于 9 个振型，钢井架应取不少于 15 个振型。

10.2.6 四柱式钢筋混凝土井架采用底部剪力法计算时，井架的基本自振周期可按下列公式计算：

$$T_y = -0.0406 + 0.0424 H / \sqrt{l_a} \quad (10.2.6\text{-}1)$$
$$T_x = -0.1326 + 0.0507 \sqrt{H (l_a + l_b)} \quad (10.2.6\text{-}2)$$

式中：T_y——井架纵向基本自振周期（s）；

　　　T_x——井架横向基本自振周期（s）；

　　　H——井架高度，可取井颈顶面至天轮轴中心之间的垂直距离（m）；

　　　l_a——井架底部纵向两立柱的轴线间距（m）；

　　　l_b——井架底部横向两立柱的轴线间距（m）。

10.2.7 地震作用计算时，井架的重力荷载代表值应按下列规定取值：

　1　结构、天轮及其设备、扶梯、固定在井架上的各种刚性罐道等应采用自重标准值的 100%。

　2　各平台上的可变荷载的组合值系数，当按等效均布荷载计算时，应取 0.5；当按实际情况计算时，应取 1.0。

10.2.8 9 度时，井架应计算竖向地震作用，并应与水平地震作用进行不利组合。

10.2.9 井架的竖向地震作用效应应按本规范第 5.3.1 条的规定计算。竖向地震作用效应应乘以增大系数 2.5。

10.2.10 井架结构构件进行截面抗震验算时，地震作用标准值效应与其他荷载效应的基本组合应按下式计算：

$$S = \gamma_G S_{GEr} + \gamma_l S_{lk} + \gamma_{Eh} S_{Ehk} + \gamma_{Ev} S_{Evk} + \gamma_w \psi_w S_{wk}$$
$$(10.2.10)$$

式中：S_{GEr}——重力荷载代表值效应，除包含本规范第 10.2.7 条的规定外，尚应包括钢丝绳罐道荷载、防坠钢丝绳荷载等悬吊物荷载；

　　　S_{lk}——提升工作荷载标准值效应；

　　　γ_l——提升工作荷载分项系数，应采用 1.3；

　　　ψ_w——风荷载组合值系数，当井架总高度小于或等于 60m 时，应采用 0；井架总高度大于 60m 时，应采用 0.2。

10.2.11 钢筋混凝土井架的框架梁、柱在进行截面抗震验算时，组合内力应符合下列规定：

　1　底层框架柱下端截面组合的弯矩设计值，一级、二级、三级时，应分别乘以 1.5、1.25、1.15 的增大系数。

2 柱轴压比大于或等于 0.15 时，中间各层框架的梁柱节点处上、下柱端截面组合的弯矩设计值，一级、二级、三级时应分别乘以 1.4、1.2、1.1 的增大系数。

3 框架梁端截面组合的剪力设计值应按下式调整：

$$V = \eta_{vb} \ (M_b^l + M_b^r) \ /l_n + V_{Gb} \quad (10.2.11-1)$$

式中：V——梁端截面组合的剪力设计值；

l_n——梁的净跨；

V_{Gb}——梁在重力荷载代表值（9 度时尚应包括竖向地震作用标准值）作用下，按简支分析的梁端截面组合的剪力设计值；

M_b^l、M_b^r——分别为梁左、右端截面反时针或顺时针方向组合的弯矩设计值；

η_{vb}——梁端剪力增大系数，一级、二级、三级时应分别取 1.3、1.2、1.1。

4 框架柱端截面组合的剪力设计值应按下式调整：

$$V = \eta_{vc} \ (M_c^t + M_c^b) \ /h_n \quad (10.2.11-2)$$

式中：V——柱端截面组合的剪力设计值；

h_n——柱的净高；

M_c^t、M_c^b——分别为柱上、下端截面反时针或顺时针方向组合的弯矩设计值，且应按本条第 1 款和第 2 款乘以增大系数；

η_{vc}——柱端剪力增大系数，一级、二级、三级时，应分别取 1.4、1.2、1.1。

10.2.12 一级、二级的钢筋混凝土井架，框架梁柱节点核芯区应按本规范附录 D 进行截面抗震验算。

10.2.13 钢筋混凝土井架的角柱截面组合的弯矩设计值和剪力设计值，应按本规范第 10.2.11 条的规定调整后，尚应乘以不小于 1.1 的增大系数。

10.2.14 钢井架进行水平地震作用下的内力和变形分析时，应按本规范第 3.5.3 条的规定计入重力二阶效应的影响。

10.2.15 井架结构构件截面抗震验算除应按本规范第 5.4.2 条的规定执行外，尚应符合下列规定：

1 钢筋混凝土井架的承载力抗震调整系数，横梁应采用 0.75，立柱当轴压比小于 0.15 时应采用 0.75，当轴压比不小于 0.15 时应采用 0.80。

2 钢井架立架的承载力抗震调整系数，立柱和横杆均应采用 0.75，斜杆应采用 0.80。

3 钢井架的斜撑采用桁架结构时，弦杆的承载力抗震调整系数应采用 0.75，腹杆的承载力抗震调整系数应采用 0.80。

4 钢井架的斜撑采用框架结构时，柱和梁的承载力抗震调整系数均应采用 0.75。

10.2.16 斜撑式钢井架的斜撑采用框架结构时，应符合下列规定：

1 柱端截面组合的弯矩设计值，8 度、9 度时应分别乘以 1.05 和 1.15 的增大系数。

2 梁柱节点域应符合本规范第 11.2.22 条的要求。对一侧有梁的节点，公式中另一侧梁的弯矩设计值和全塑性受弯承载力均应取 0。

10.2.17 钢井架斜撑和立架中的受压支撑斜杆均应按本规范第 11.2.23 条的规定计算其受压承载力。

10.3 钢筋混凝土井架的抗震构造措施

10.3.1 井架的混凝土强度等级不应低于 C30，9 度时不应高于 C60，8 度时不应高于 C70。

10.3.2 除天轮大梁及其支承框架梁外，井架框架梁的截面尺寸宜符合本规范第 6.3.1 条的规定。

10.3.3 井架框架梁的配筋应符合本规范第 6.3.2 条和第 6.3.3 条的规定。

10.3.4 井架柱的最小截面尺寸应符合表 10.3.4 的规定。

表 10.3.4 井架柱最小截面尺寸 （mm）

结 构 形 式		截面尺寸（纵向×横向）
四柱悬臂式		400×600
六柱斜撑式	立架柱	400×400
	斜撑柱	500×350

10.3.5 井架柱的截面尺寸尚宜符合下列规定：

1 节间净高与截面高度之比宜大于 4。

2 截面长边与短边的边长比不宜大于 3。

10.3.6 井架柱的轴压比宜符合本规范第 6.3.6 条的规定。

10.3.7 井架柱的配筋除应符合本规范第 6.3 节的有关规定外，尚应符合下列规定：

1 每一侧纵向钢筋的配筋率不应小于 0.3%。

2 立架底层柱的箍筋加密区长度应取柱的全高。

10.3.8 天轮梁的支承横梁宜采用带斜撑的梁式结构。

10.4 钢井架的抗震构造措施

10.4.1 钢井架的构件连接应采用焊接或高强度螺栓连接。

10.4.2 钢井架主要构件的长细比应符合下列规定：

1 斜撑柱、立架柱和天轮支承结构压杆的长细比，8 度时不应大于 $120\sqrt{235/f_y}$，9 度时不应大于 $100\sqrt{235/f_y}$；f_y 为钢材的屈服强度或屈服点。

2 斜撑和立架中受压腹杆的长细比不应大于 $150\sqrt{235/f_y}$。

3 斜撑及立架中受拉腹杆的长细比不应大于 $250\sqrt{235/f_y}$。

10.4.3 钢井架主要受力构件应符合下列规定：

1 天轮支承结构、托罐梁、防撞梁、立架柱、斜撑柱等构件，钢板最小厚度不应小于8mm。

2 型钢杆件应符合最小截面要求，角钢应为∟63×6，工字钢应为工14，槽钢应为[12.6，热轧H型钢高度应为150mm。

3 节点板厚度不应小于8mm。

10.4.4 斜撑基础的构造应符合下列规定：

1 地脚螺栓应采用有刚性锚板（或锚梁）的双螺帽螺栓。

2 地脚螺栓中心距基础边缘的距离不应小于螺栓直径的8倍，且不应小于150mm。

3 底板与基础顶面间的摩擦力小于地震剪力时，柱底板下应设置抗剪键。

10.4.5 8度、9度时，斜撑基础顶面以下沿锥面四周应配置竖向钢筋，其直径不应小于10mm，长度不应小于1.5m，其间距8度时不应大于150mm，9度时不应大于100mm。在基础顶面应配置不少于两层钢筋网，钢筋直径不应小于6mm，间距不应大于200mm。

11 井 塔

11.1 一 般 规 定

11.1.1 本章适用于矿山立井的钢筋混凝土井塔和钢井塔的抗震设计。

11.1.2 井塔的高度不宜超过表11.1.2的限值。

表 11.1.2 井塔的高度（m）

结构类型		6度	7度	8度	9度
钢筋混凝土井塔	框架	60	50	40	—
	筒体	不限	100	80	60
钢井塔	框架	不限	100	80	50
	框架-支撑	不限	不限	100	80

注：1 井塔高度指室外地面到主要屋面板板顶的高度（不包括局部突出屋顶部分）；

2 筒体包括筒体、筒-框架及筒中筒结构；

3 乙类和丙类井塔均可按本地区抗震设防烈度确定其最大高度。

11.1.3 井塔的平面和竖向布置应符合下列规定：

1 平面宜采用矩形、圆形、正多边形等规则、对称的形状。

2 采用固接于井筒上的井颈基础时，平面宜对称于井筒中心线。

3 竖向布置宜上、下一致；提升机大厅若采用

悬挑结构，6度～8度时，悬挑长度不宜超过4m，并宜对称布置；9度时，不宜采用悬挑结构。

11.1.4 井塔的高宽比不宜超过表11.1.4的规定。

表 11.1.4 井塔的高宽比

结构类型		6度、7度	8度	9度
钢筋混凝土井塔	框架	4	3	—
	筒体	5	4	3
钢井塔		6.5	6	5.5

注：1 井塔高度指室外地面到主要屋面板板顶的高度（不包括局部突出屋顶部分）；

2 筒体包括筒体、筒-框架及筒中筒结构；

3 乙类和丙类井塔均可按本地区抗震设防烈度确定最大高宽比。

11.1.5 井塔的结构布置应符合下列规定：

1 钢筋混凝土框架或钢框架应双向布置抗侧力结构，柱在底层不应中断。

2 钢筋混凝土筒体结构的筒壁应双向布置，且宜均匀；每侧筒壁上、下宜连续；底层筒壁有较大洞口时，洞口两侧应有一定宽度的筒壁延伸至基础，并应保证其具有足够的侧移刚度和受剪承载能力。

3 钢框架-支撑体系的支撑宜采用中心支撑，支撑应双向对称布置，竖向宜连续布置。

4 井塔的各层楼板宜采用现浇钢筋混凝土结构。钢井塔的楼盖可采用压型钢板现浇钢筋混凝土组合楼板或非组合楼板，其钢梁上翼缘表面应设置抗剪键。

11.1.6 钢筋混凝土井塔的抗震等级应按表11.1.6确定。

表 11.1.6 钢筋混凝土井塔的抗震等级

结构类型		6度		7度		8度		9度
框架结构	高度（m）	≤30	>30	≤30	>30	≤30	>30	—
	框架	四	三	三	二	二	一	—
筒体结构	高度（m）	≤60	>60	≤60	>60	≤60	>60	≤60
	框架	四	三	三	二	二	一	一
	筒壁	三	二	二	一	一	一	一

11.1.7 钢筋混凝土筒体结构井塔在筒壁上开设的窗洞口宜均匀对称，并应上下对齐、成列布置。

11.1.8 井塔楼面开洞尺寸宜符合下列规定：

1 任一方向的开洞尺寸不宜大于该方向楼面宽度的1/2。

2 开洞总面积不宜超过该层楼面面积的30%。

3 开洞后在任一方向的楼面净宽度总和不宜小于5m。

4 开洞后每一边的楼面净宽度不宜小于2m。

11.1.9 井塔与贴建的建（构）筑物之间应设防震缝，防震缝宽度应按表11.1.9采用，且对钢筋混凝土井塔不应小于70mm，对钢井塔不应小于100mm。

表 11.1.9　井塔防震缝宽度

结构类型	6度	7度	8度	9度
钢筋混凝土井塔	$h/250$	$h/200$	$h/175$	$h/125$
钢井塔	$h/150$	$h/140$	$h/120$	$h/100$

注：h 为贴建的建（构）筑物高度。

11.2　计 算 要 点

11.2.1 井塔应按本规范第5章多遇地震确定地震影响系数，并进行地震作用和作用效应计算。

11.2.2 符合下列条件之一的井塔可不进行抗震验算，但应满足相应的抗震措施要求：

1　7度Ⅰ、Ⅱ类场地且塔高不大于50m的钢筋混凝土筒体井塔。

2　7度Ⅰ、Ⅱ类场地的钢井塔。

11.2.3 钢筋混凝土井塔的阻尼比可采用0.05；钢井塔在多遇地震下的阻尼比可采用0.03，在罕遇地震下的阻尼比可采用0.04。

11.2.4 井塔应按两个主轴方向分别进行水平地震作用计算。

11.2.5 井塔的水平地震作用计算应采用振型分解反应谱法，计算模型应符合下列规定：

1　钢筋混凝土筒体井塔，当各层楼板符合本规范第11.1.8条各款规定时，可采用平面结构空间协同计算模型；其他条件下，宜采用空间杆-薄壁杆系或空间杆-墙板元计算模型；当采用平面结构空间协同计算模型时，各楼层可取两个正交的水平位移和一个转角共三个自由度，质心偏移值应按各楼层重力荷载的实际分布确定，但不应小于垂直于计算地震作用方向的井塔宽度的5%。

2　钢筋混凝土和钢框架结构井塔均宜采用空间杆系模型。

3　钢框架-支撑结构井塔应采用空间杆系计算模型。

11.2.6 9度时且高度大于60m的井塔宜采用时程分析法进行多遇地震下的补充计算。采用时程分析法时，应符合本规范第5.1.3条、第5.1.7条等的有关规定。

11.2.7 采用振型分解反应谱法时，钢筋混凝土井塔应取不少于9个振型，钢井塔应取不少于15个振型。

11.2.8 地震作用计算时，井塔的重力荷载代表值应按下列规定采用：

1　结构、放置在楼层上的各种设备、固定在井塔上的套架及各种刚性罐道等应采用自重标准值的100%。

2　楼面可变荷载组合值系数按实际情况计算时，应取1.0；按等效均布荷载计算时，应取0.5。

3　屋面雪荷载的组合值系数应取0.5。

4　矿仓贮料荷载的组合值系数应采用满仓贮料时的0.8。

11.2.9 9度时，井塔应计算竖向地震作用，并应与水平地震作用进行不利组合。

11.2.10 井塔的竖向地震作用效应应按本规范第5.3.1条的规定计算。竖向地震作用效应应乘以增大系数2.5。

11.2.11 井塔结构构件进行截面抗震验算时，地震作用效应与其他荷载效应的基本组合应符合本规范第10.2.10条的规定。

11.2.12 钢筋混凝土筒-框架结构井塔在水平地震作用下，绞车大厅以下任一层框架柱承受的总地震剪力不应小于井塔底层总地震剪力的20%与按筒-框架计算的框架部分最大层剪力的1.5倍二者的较小值。该层各柱的剪力和上、下两端弯矩，以及与该层柱相连接的框架梁两端弯矩和剪力，均应按同比例作相应调整。

11.2.13 钢框架-支撑结构井塔在水平地震作用下，绞车大厅以下任一层框架柱承受的总地震剪力不应小于井塔底层总地震剪力的25%与框架部分计算最大层剪力的1.8倍二者的较小值。该层各柱的剪力和上、下两端弯矩，以及与该层柱相连接的框架梁两端弯矩和剪力均应按同比例作相应调整。

11.2.14 钢筋混凝土井塔的框架梁（含跨高比大于2.5的筒壁连梁）、柱在进行截面抗震验算时，组合的内力应按本规范第10.2.11条的规定进行调整。

11.2.15 钢筋混凝土井塔中一级、二级、三级框架的角柱，按本规范第10.2.11条调整后的组合的弯矩设计值、剪力设计值，尚应乘以不小于1.10的增大系数。

11.2.16 钢筋混凝土井塔的框架为一级、二级时，梁、柱节点核芯区应按本规范附录D进行截面抗震验算。

11.2.17 钢筋混凝土筒体结构井塔的筒壁在进行截面抗震验算时，底层筒壁的截面组合的剪力设计值，一级、二级、三级时，应分别乘以1.6、1.4、1.2的增大系数。

11.2.18 钢筋混凝土井塔的梁（连梁）、柱、筒壁的截面组合的剪力设计值，应符合本规范第6.2.16条的规定。

11.2.19 钢井塔进行地震作用下的内力和变形分析时，应按本规范第3.5.3条的规定计入重力二阶效应的影响。

11.2.20 钢筋混凝土井塔筒壁的承载力抗震调整系

数应按本规范表 5.4.2 中抗震墙的规定采用。

11.2.21 钢框架结构井塔柱端截面组合的弯矩设计值，8 度、9 度时，应分别乘以 1.05 和 1.15 的增大系数。当柱所在楼层的受剪承载力比上一层的受剪承载力高出 25%，或柱轴力设计值与柱全截面面积和钢材抗拉强度设计值乘积的比值不超过 0.4，或作为轴心受压构件在 2 倍地震作用下的组合轴力设计值满足稳定性要求时，可不予以调整。

11.2.22 钢框架结构井塔梁、柱节点域应符合下列规定：

1 节点域腹板厚度应符合下式要求：

$$t_w \geqslant (h_b + h_c)/90 \qquad (11.2.22-1)$$

式中 t_w——柱在节点域的腹板厚度；

h_b——节点域处梁腹板高度；

h_c——节点域处柱腹板高度。

2 节点域的屈服承载力应符合下列要求：

$$(M_{b1} + M_{b2})/V_p \leqslant (4/3) f_v/\gamma_{RE}$$
$$(11.2.22-2)$$

工字形截面柱：$V_p = h_b h_b t_w$ (11.2.22-3)

箱形截面柱：$V_p = 1.8 h_b h_b t_w$ (11.2.22-4)

式中 M_{b1}、M_{b2}——分别为节点域两侧梁的弯矩设计值；

V_p——节点域的体积；

f_v——钢材的抗剪强度设计值；

γ_{RE}——节点域承载力抗震调整系数，应取 0.85。

3 7 度~9 度时，节点域的屈服承载力尚应符合下式要求：

$$\zeta(M_{pb1} + M_{pb2})/V_p \leqslant (4/3) f_v$$
$$(11.2.22-5)$$

式中 M_{pb1}、M_{pb2}——分别为节点域两侧梁的全塑性受弯承载力；

ζ——折减系数，7 度时可取 0.6，8 度、9 度时可取 0.7。

11.2.23 钢框架-支撑结构井塔支撑斜杆的受压承载力应按下列公式验算：

$$N/(\varphi A_{br}) \leqslant \psi f/\gamma_{RE} \qquad (11.2.23-1)$$
$$\psi = 1/(1 + 0.35\lambda_n) \qquad (11.2.23-2)$$
$$\lambda_n = (\lambda/\pi)\sqrt{f_{ay}/E} \qquad (11.2.23-3)$$

式中 N——支撑斜杆的轴力设计值；

A_{br}——支撑斜杆的截面面积；

φ——轴心受压构件的稳定系数；

ψ——受循环荷载时的强度降低系数；

λ、λ_n——支撑斜杆的长细比和正则化长细比（通用长细比）；

E——支撑斜杆材料的弹性模量；

f——支撑斜杆材料的抗拉强度设计值；

f_{ay}——钢材的屈服强度；

γ_{RE}——支撑承载力抗震调整系数，应取 0.80。

11.2.24 井塔采用固接于井筒上的井颈基础，抗震计算时，宜计及井塔、井筒和土的相互作用。不按相互作用进行抗震计算且为 Ⅳ 类场地时，应将计算的水平地震作用标准值乘以 1.4 的增大系数。

11.3 钢筋混凝土井塔的抗震构造措施

11.3.1 钢筋混凝土框架和筒-框架结构井塔的框架部分抗震构造措施要求，应符合本规范第 6.3 节的有关规定。

11.3.2 钢筋混凝土筒体结构井塔的筒壁应符合下列规定：

1 筒壁厚度不应小于 200mm；当各层筒壁厚度不相等时，相邻层筒壁厚度差不宜超过较小筒壁厚度的 1/3。

2 筒壁应采用双层配筋，竖向钢筋直径不宜小于 12mm，间距不应大于 250mm；横向钢筋直径不宜小于 8mm，间距不应大于 250mm；竖向和横向钢筋直径不宜大于筒壁厚度的 1/10；横向钢筋宜配置于竖向钢筋的外侧；双层钢筋之间的拉筋，间距不宜大于 500mm，直径不应小于 6mm；筒壁竖向和横向钢筋的配筋率均不应小于 0.25%。

3 矩形平面井塔筒壁的四角相接处，在内侧应设置宽度不小于筒壁厚度，且不应小于 250mm 的八字角，也可设置角柱；八字角部位或角柱应按柱的要求配置纵向钢筋和箍筋，钢筋面积除应符合计算要求外，尚应符合本规范第 6.4.7 条的要求。

4 筒壁洞口高或宽均不大于 800mm 时，洞口每侧加强钢筋面积不应小于被洞口切断的钢筋面积的 1/2，且不应少于 2φ14，钢筋的锚固长度不应小于 l_{aE}；抗震等级为一级、二级时，l_{aE} 应取 $1.15l_a$，抗震等级为三级时，l_{aE} 应取 $1.05l_a$，且不应小于 600mm。

5 筒壁洞口高或宽大于 800mm 时，洞口两侧应按本规范第 6.4 节的要求设置边缘构件，洞口上、下宜设连梁。

6 筒壁洞口宽度大于 4m 或大于该侧筒壁宽度的 1/3 时，洞口两侧应设置加强肋，加强肋应贯通全层；洞口上部应设置连梁；洞口不在井塔底部时，洞口下部也应设置连梁。加强肋应按框架柱的要求配置纵向钢筋和箍筋，钢筋面积除应符合计算要求外，尚应符合本规范第 6.4 节的要求；加强肋中的纵向钢筋上、下端应锚入楼层梁板或基础中，锚固长度不应小于 l_{aE}，且不应小于 600mm；锚固范围内均应配置加密箍筋。连梁应符合框架梁的配筋要求，其配筋应符合计算要求和构造要求，锚固长度不应小于 l_{aE}，且不应小于 600mm；连梁两侧应配置直径不小于 10mm、间距不大于 200mm 的腰筋，筒壁的横向钢筋宜作为连梁的腰筋在连梁范围内连续配置。连梁纵向钢筋在锚固范围内应按加密区的要求配置箍筋。

11.3.3 井颈基础应符合下列规定：

1 混凝土强度等级不宜低于 C25。

2 基础受压区的钢筋，直径不宜小于 16mm，间距不应大于 250mm；受拉钢筋连接宜采用焊接或机械连接。

3 井筒壁的竖向钢筋应与井颈基础的竖向钢筋焊接连接，同一连接区段内的钢筋接头面积百分率不应大于 50%；连接区段长度应为 $1.4l_{aE}$，且不应小于 900mm；凡接头中点位于该连接区段长度范围内的焊接接头均应属于同一连接区段。

11.4 钢井塔的抗震构造措施

11.4.1 钢井塔构件之间的连接应采用焊接、高强度螺栓连接或栓焊混合连接。

11.4.2 钢井塔主要构件的长细比不宜大于表 11.4.2 的限值。

表 11.4.2 钢井塔主要构件的长细比

结构构件		6 度	7 度	8 度	9 度
柱	轴心受压柱	120	120	120	120
	偏心受压柱	120	80	60	60
支撑	按压杆设计	150	150	120	120
	按拉杆设计	200	200	150	150

注：表中数值适用于 Q235 钢，采用其他牌号钢材时，应乘以 $\sqrt{235/f_y}$。

12 双曲线冷却塔

12.1 一般规定

12.1.1 本章适用于钢筋混凝土结构双曲线或其他形状的自然通风冷却塔的抗震设计。

12.1.2 冷却塔抗震设计应根据设防烈度、结构类型和淋水面积按表 12.1.2 确定其抗震等级，并应符合相应的抗震计算规定和抗震构造措施要求。

表 12.1.2 冷却塔的抗震等级

结构类型		6 度	7 度	8 度	9 度
塔筒	$S < 4000m^2$	四	四	三	二
	$4000m^2 \leq S \leq 9000m^2$	四	三	二	二
	$S > 9000m^2$	三	二	一	一
淋水装置	框架、排架	四	三	二	一

注：S 为冷却塔的淋水面积。

12.2 计算要点

12.2.1 冷却塔应按本规范第 5 章多遇地震确定地震影响系数，并进行地震作用和作用效应计算。

12.2.2 冷却塔塔筒符合下列条件之一时，可不进行抗震验算，但应符合相应的抗震构造措施要求：

1 7 度 Ⅰ、Ⅱ、Ⅲ类场地或 8 度 Ⅰ、Ⅱ类场地，且淋水面积小于 4000m²。

2 7 度 Ⅰ、Ⅱ类场地或 8 度 Ⅰ类场地，且淋水面积为 4000m²～9000m² 和基本风压大于 0.35kN/m²。

12.2.3 8 度、9 度时，宜选择 Ⅰ、Ⅱ类场地建塔；7 度、8 度时，天然地基承载力特征值不小于 180kPa、土层平均剪变模量不小于 45MPa 的 Ⅲ类场地，可不进行地基处理。

12.2.4 Ⅱ、Ⅲ类场地时，塔筒基础宜采用环板形基础或倒 T 形基础；Ⅰ类场地时，可采用独立基础。

12.2.5 塔筒的水平、竖向地震作用标准值效应应按下列公式确定：

$$S_{Ehk} = \sqrt{\sum_{i=1}^{m} \sum_{j=1}^{m} \rho_{hij} S_{Ehi} S_{Ehj}} \qquad (12.2.5-1)$$

$$S_{Evk} = \sqrt{\sum_{i=1}^{m} \sum_{j=1}^{m} \rho_{vij} S_{Evi} S_{Evj}} \qquad (12.2.5-2)$$

式中：S_{Ehk}、S_{Evk}——分别为水平、竖向地震作用标准值效应；

S_{Ehi}、S_{Ehj}、S_{Evi}、S_{Evj}——分别为第 i 振型与第 j 振型水平、竖向地震作用标准值效应；

ρ_{hij}、ρ_{vij}——分别为水平、竖向地震作用下第 i 与 j 振型的耦联系数。

12.2.6 塔筒按有限元法计算时，其抗震计算宜采用振型分解反应谱法；8 度且淋水面积大于 9000m² 和 9 度且淋水面积大于 7000m² 的塔筒，宜同时采用时程分析法进行补充计算。采用时程分析法进行补充计算时，应符合本规范第 5.1.3 条的规定。其加速度时程曲线的最大值应按本规范表 5.1.7 选取，各振型阻尼比应与振型分解反应谱法一致。

12.2.7 塔筒的地震作用标准值效应和其他荷载效应的基本组合，应按下式计算：

$$S = \gamma_G S_{GE} + \gamma_{Eh} S_{Ehk} + \gamma_{Ev} S_{Evk} + \gamma_w \psi_w S_{wk} + \gamma_t \psi_t S_{tk} \qquad (12.2.7)$$

式中：S——塔筒结构内力组合的设计值；

γ_G——重力荷载分项系数，对于结构由倾覆、滑移和受拉控制的工况应采用 1.0，对受压控制的工况应采用 1.2；

S_{GE}——重力荷载代表值效应；

γ_{Eh}、γ_{Ev}——分别为水平、竖向地震作用分项系数，应按本规范表 5.4.1 水平地震作用为主的分项系数取值，水平向应取 1.3，竖向应取 0.5；

S_{Ehk}——水平地震作用标准值效应；

S_{Evk}——竖向地震作用标准值效应；

S_{wk}——计入风振系数的风荷载标准值效应；

S_{tk}——计入徐变系数的温度作用标准值效应；

γ_w、γ_t——分别为风荷载、温度作用分项系数，风荷载应采用 1.4，温度作用应采用 1.0；

ψ_w、ψ_t——分别为风荷载、温度作用组合值系数，风荷载应采用 0.25，温度作用应采用 0.6。

12.2.8 塔筒的地震作用计算宜计及地基与上部结构的相互作用，计算时应采用土的动力参数。

12.2.9 塔筒地基基础应按本规范第 4.2 节的规定验算其抗震承载力，并应符合下列规定：

1 对于环板型和倒 T 型基础，基础底面与地基之间的零应力区的圆心角不应大于 30°。

2 对于独立基础，基础底面不应出现零应力区。

12.2.10 7 度Ⅰ、Ⅱ类场地或 7 度时地基承载力特征值大于 160kPa 的Ⅲ类场地，淋水装置可不进行抗震验算，但应符合相应的抗震措施要求。

12.2.11 淋水构架宜按平面框排架进行抗震计算，并应符合下列规定：

1 淋水构架的地震剪力应由水槽下的Ⅱ形架承受。

2 支承于竖井上的梁或水槽，相对于竖井应可转动和水平移动。

3 当梁支承在筒壁牛腿上时，梁相对于筒壁牛腿应可转动和水平移动。

12.2.12 淋水装置的地震作用标准值效应和其他荷载效应的基本组合应仅包含重力荷载代表值效应、水平和竖向地震作用标准值效应。其中水平地震作用标准值效应应计入主水槽和竖井的地震动水压力。

12.3 抗震构造措施

12.3.1 塔筒筒壁在子午向和环向均应采用双层配筋，其配筋应按计算确定，但每层单向配筋率不应小于 0.2%；双层钢筋间应设置拉筋，拉筋应交错布置，间距不应大于 700mm，直径不应小于 6mm。

12.3.2 筒壁子午向和环向受力钢筋接头的位置应相互错开。在任一搭接长度的区段内，有接头的受力钢筋截面面积与受力钢筋总截面面积之比，子午向不应大于 1/3，环向不应大于 1/4。

12.3.3 塔筒基础、斜支柱及环梁的纵向钢筋接头宜采用焊接或机械连接，接头连接区段的长度不应小于 35d，且不应小于 500mm；柱底部 500mm 范围内，不应设置钢筋接头。钢筋直径不小于 22mm 时，不应采用绑扎搭接接头。

12.3.4 塔筒受力钢筋绑扎搭接接头的搭接长度应按下式计算：

$$L_{LE} = \zeta_1 \zeta_2 \alpha d f_y / f_t \qquad (12.3.4)$$

式中：L_{LE}——受力钢筋绑扎搭接接头的搭接长度；

ζ_1——钢筋的抗震锚固长度修正系数，一级、二级时应取 1.15，三级时应取 1.05，四级时应取 1.0；

ζ_2——受力钢筋的搭接长度修正系数，子午向钢筋应取 1.4，环向钢筋应取 1.2；

α——钢筋的外形系数，光面钢筋应取 0.16，带肋钢筋应取 0.14；

d——钢筋的公称直径；

f_y——钢筋的抗拉强度设计值；

f_t——混凝土轴心抗拉强度设计值。

12.3.5 9 度时，筒身与塔顶刚性环的连接处应采取加强措施。

12.3.6 在每对斜支柱组成的平面内，斜支柱的倾斜角不宜小于 11°，环梁与斜支柱轴线的倾角宜相同。

12.3.7 斜支柱的截面宽度和高度均不宜小于 300mm，圆形柱直径和多边形柱内切圆直径均不宜小于 350mm；矩形截面，斜支柱的计算长度与截面短边长度之比应为 12~20；圆形截面，其计算长度与圆形截面的直径之比宜为 10~17，8 度和 9 度时宜取取值范围中的较小值。斜支柱计算长度，径向宜按斜支柱长度乘以 0.9 采用，环向宜按斜支柱长度乘以 0.7 采用。

12.3.8 柱的轴压比不宜大于表 12.3.8 规定的限值。

表 12.3.8 柱的轴压比

结构类型	抗震等级			
	一级	二级	三级	四级
斜支柱	0.6	0.7	0.8	
框架柱、排架柱	0.7	0.8	0.9	

注：1 轴压比指柱组合的轴压力设计值与柱全截面面积和混凝土轴心抗压强度设计值乘积之比值；

2 在不受冻融影响的地区，其轴压比可按表中数值增加 0.05；

3 Ⅳ类场地的大型冷却塔，轴压比宜适当减小。

12.3.9 柱的纵向钢筋配置应符合下列规定：

1 柱的纵向钢筋最小总配筋率应按表 12.3.9 采用。

表 12.3.9 柱的纵向钢筋最小总配筋率（%）

结构类型	抗震等级			
	一级	二级	三级	四级
斜支柱	1.2	1.0	0.9	0.8
框架柱、排架柱	1.0	0.8	0.7	0.6

注：当采用 HRB400 级钢筋时，纵向钢筋最小配筋率可减少 0.1%，同时一侧配筋率不宜小于 0.2%；Ⅳ类场地时，最小总配筋率宜增加 0.1%。

2 最大总配筋率不应大于 5%。

3 矩形截面柱的纵向钢筋宜对称配置；截面尺寸大于 400mm 的柱，纵向钢筋间距不宜大于 200mm。

12.3.10 斜支柱纵向钢筋伸入环梁的长度不应小于钢筋直径的 60 倍，伸入基础的长度不应小于钢筋直径的 40 倍。

12.3.11 柱的箍筋配置应符合下列规定：

1 柱两端 1/6 柱长、柱截面长边长度（圆柱直径）和 500mm 三者的较大值范围内，箍筋应加密配置。

2 箍筋加密区箍筋的体积配箍率应符合下式规定：

$$\rho_v \geq \lambda_v \frac{f_c}{f_{yv}} \tag{12.3.11}$$

式中：ρ_v——箍筋加密区箍筋的体积配箍率；

f_c——混凝土轴心抗压强度设计值，强度等级低于 C35 时，应按 C35 计算；

f_{yv}——箍筋和拉筋抗拉强度设计值；

λ_v——最小配箍特征值，宜按表 12.3.11-1 采用。

表 12.3.11-1 柱箍筋加密区箍筋的最小配箍特征值

抗震等级	箍筋形式	轴压比							
		≤0.3	0.4	0.5	0.6	0.7	0.8	0.9	1.0
一级	普通箍、复合箍	0.10	0.11	0.13	0.15	0.17			
	螺旋箍、复合或连续复合矩形螺旋箍	0.08	0.09	0.11	0.13	0.15			
二级	普通箍、复合箍	0.08	0.09	0.11	0.13	0.15	0.17		
	螺旋箍、复合或连续复合矩形螺旋箍	0.06	0.07	0.09	0.11	0.13	0.15		
三级、四级	普通箍、复合箍	0.06	0.07	0.09	0.11	0.13	0.15	0.17	0.22
	螺旋箍、复合或连续复合矩形螺旋箍	0.05	0.06	0.07	0.09	0.11	0.13	0.15	0.20

注：中间值按内插法确定。

3 柱箍筋加密区箍筋的最小体积配箍率应按表 12.3.11-2 采用。

表 12.3.11-2 柱箍筋加密区箍筋的最小体积配箍率（%）

结构类型	抗震等级			
	一级	二级	三级	四级
斜支柱	1.0	0.8	0.6	
框架柱、排架柱	0.8	0.6	0.4	

4 加密区箍筋间距不应大于纵向钢筋直径的 6 倍或 100mm；箍筋直径不宜小于 8mm，但截面边长或直径小于 400mm 时，三级、四级可采用 6mm。

5 非加密区的箍筋体积配箍率不宜小于加密区的 50%，且箍筋间距不宜大于纵向钢筋直径的 10 倍。

6 斜支柱宜采用螺旋箍；采用复合箍和普通箍时，每隔一根纵向钢筋应在两个方向设置箍筋或拉筋约束。

12.3.12 淋水装置的平面、立面布置应符合下列规定：

1 平面、立面布置宜规则对称。

2 淋水面积不大于 3500m² 时，平面宜采用矩形或辐射形布置；大于 3500m² 时，可采用矩形，并宜采用正方形。

3 淋水装置采用悬吊结构且仅顶层有梁系时，梁系在柱顶宜正交布置。

4 8 度和 9 度时，淋水装置的上、下梁系在柱子处宜正交布置，且应有可靠连接。

12.3.13 当淋水填料采用塑料材料并悬吊支承，且支柱与顶梁为单层铰接排架时，支承水槽的支架宜采用门形架；水槽与门形架应有可靠连接。

12.3.14 8 度和 9 度时，淋水构架的梁和水槽不宜搁置在筒壁牛腿上；当有可靠的减振和防倒措施时，淋水构架梁可搁置在筒壁牛腿上。

12.3.15 搁置在筒壁和竖井牛腿上的梁和水槽宜采取下列抗震构造措施：

1 梁和水槽底部与牛腿接触处宜设置隔震层。

2 8 度时，梁端宜贴缓冲层或在梁端与筒壁的空隙中填充缓冲层。

3 9 度时，筒壁和竖井的牛腿在梁的两侧宜设置挡块，挡块与梁间宜设置缓冲层或在梁端两侧与牛腿之间设置柔性拉结装置。

12.3.16 7 度、8 度、9 度时，淋水装置的梁、柱和水槽外缘与塔筒内壁间的防震缝，分别不应小于 70mm、90mm、120mm。

12.3.17 塔筒基础及竖井与水池底板之间应设置沉降缝，进水沟、水池隔墙等跨越沉降缝的结构均应设置防震缝。穿越池壁的大直径进水管道宜采用柔性接口。

12.3.18 预制主水槽的接头应焊接牢靠；配水槽伸入主水槽的搁置长度不应小于 70mm；8 度和 9 度时，

主、配水槽的接头处应采用焊接连接或其他防止拉脱措施。

12.3.19 8 度和 9 度时，除水器、淋水填料、填料格栅均不得浮搁，除水器、填料与梁及填料格栅与梁之间应有可靠连接。

12.3.20 淋水构架柱的柱顶、柱根（或杯口顶面以上）500mm 范围内，以及牛腿全高、牛腿顶面至构架梁顶面以上 300mm 区段范围内，箍筋均应加密，其间距不应大于 100mm，加密区的箍筋最小直径应符合表 12.3.20 的规定。

表 12.3.20 箍筋加密区的箍筋最小直径（mm）

加密区区段	抗震等级和场地类别					
	一级	二级 Ⅲ、Ⅳ 类场地	二级 Ⅰ、Ⅱ 类场地	三级 Ⅲ、Ⅳ 类场地	三级 Ⅰ、Ⅱ 类场地	四级
一般柱顶、柱根区段	8（柱根 10）		8		6	
牛腿区段	10		8		8	
柱变位受约束的部位	10		10		8	

12.3.21 淋水构架柱的牛腿除应进行配筋计算并符合抗震构造措施外，尚应符合下列规定：

1 承受水平拉力的锚筋，一级不应少于 2φ16；二级不应少于 2φ14；三级不应少于 2φ12。

2 牛腿受拉钢筋锚固长度应按计算确定。

3 牛腿水平箍筋最小直径不应小于 8mm，最大间距不应大于 100mm。

12.3.22 淋水构架梁的两端箍筋应加密，加密区长度不应小于梁高。加密区的箍筋，6 度时最大间距不应大于 150mm，直径不应小于 6mm；7 度～9 度时最大间距不应大于 100mm，直径不应小于 8mm。

12.3.23 在梁的侧面承受竖向的集中荷载时，其梁内应增设附加横向钢筋（箍筋、吊筋），附加横向钢筋的总截面面积和布置范围应通过计算确定，并应符合抗震构造措施要求；其计算的附加横向钢筋的总截面面积应乘以增大系数，一级的增大系数应取 1.25，二级应取 1.15。

13 电 视 塔

13.1 一 般 规 定

13.1.1 本章适用于钢筋混凝土电视塔和钢电视塔的抗震设计。

13.1.2 电视塔体型及塔楼的布置应根据建筑造型、工艺要求和地震作用下结构受力的合理性综合分析确定。

13.1.3 9 度时且高度超过 300m 的电视塔，其抗震设计应进行专门研究。

13.2 计 算 要 点

13.2.1 电视塔的抗震计算应符合下列规定：

1 电视塔应按本规范第 5 章多遇地震确定地震影响系数，并进行地震作用和作用效应计算。

2 结构安全等级为一级的电视塔，抗震设防类别应属于甲类。甲类电视塔除应采用时程分析法进行多遇地震计算外，尚应采用时程分析法进行罕遇地震下的弹塑性变形验算，其地震加速度时程曲线的最大值应按本规范表 5.1.7 采用。

3 结构安全等级为二级，高度为 200m 及以上带塔楼的钢筋混凝土电视塔或 250m 以上带塔楼的钢电视塔，尚应采用时程分析法进行罕遇地震下的弹塑性变形验算，其地震加速度时程曲线的最大值应按本规范表 5.1.7 采用。

13.2.2 符合下列条件之一的电视塔可不进行抗震验算，但应符合相应的抗震措施要求：

1 7 度Ⅰ、Ⅱ、Ⅲ类场地及 8 度Ⅰ、Ⅱ类场地时，不带塔楼的钢电视塔。

2 7 度Ⅰ、Ⅱ类场地，且基本风压不小于 0.4kN/m² 时，以及 7 度Ⅲ、Ⅳ类场地和 8 度Ⅰ、Ⅱ类场地，且基本风压不小于 0.7kN/m² 时不带塔楼的 200m 以下的钢筋混凝土电视塔。

13.2.3 电视塔结构的地震作用计算应符合下列规定：

1 钢筋混凝土单筒结构电视塔应分别计算两个主轴方向的水平地震作用。

2 钢筋混凝土多筒结构电视塔和钢电视塔，除应分别计算两个主轴方向的水平地震作用外，尚应分别计算两个正交的非主轴方向的水平地震作用。

3 8 度和 9 度时，应同时计算水平地震作用和竖向地震作用。

4 结构安全等级为二级的钢筋混凝土电视塔，且不属于本节第 13.2.2 条第 2 款规定的范围内时，应进行罕遇地震下的弹塑性变形验算。

13.2.4 电视塔的竖向地震作用应按本规范第 5.3.1 条的规定进行计算，竖向地震作用标准值效应应乘以增大系数 2.5。

13.2.5 钢筋混凝土电视塔可简化成多质点体系进行计算，质点的设置和塔身截面弯曲刚度的计算应符合下列规定：

1 沿高度每隔 10m～20m 宜设一质点，塔身截面突变处和质量集中处应设质点。

2 各质点的重力荷载代表值可按相邻上、下点距离内的重力荷载代表值的 1/2 采用。

3 相邻质点间的塔身截面弯曲刚度可采用该区

段的平均截面的弯曲刚度；计算塔身截面弯曲刚度时，可不计开孔和洞口加强肋等局部影响。

13.2.6 采用振型分解反应谱法进行水平地震作用标准值效应计算时，振型数目宜符合表 13.2.6 的规定。

**表 13.2.6 振型分解反应谱法计算时的
最少振型数目**

电视塔高度	结构中心对称塔	结构不对称塔
<250m	7	9
≥250m	9	11

13.2.7 电视塔的阻尼比可按表 13.2.7 选取。

表 13.2.7 电视塔的阻尼比

结构类型 \ 抗震计算水准	多遇地震、设防地震	罕遇地震
钢结构塔	0.03	0.05
钢筋混凝土塔	0.05	0.07
预应力混凝土塔	0.03	0.05

13.2.8 电视塔的截面抗震验算时，地震作用标准值效应和其他荷载效应的基本组合应符合本规范第 **5.4.1** 条的规定；结构构件的截面抗震验算应符合本规范第 **5.4.2** 条的规定，其中承载力抗震调整系数应按表 **13.2.8** 采用。

表 13.2.8 承载力抗震调整系数

结 构 构 件	γ_{RE}
钢构件	0.8
钢筋混凝土塔身	1.0
其他钢筋混凝土构件	0.8
连接	1.0

13.2.9 钢筋混凝土电视塔按多遇地震进行抗震计算时，塔身可视为弹性结构体系，其截面弯曲刚度可按下列公式确定：

钢筋混凝土：

$$K = 0.85E_c I \qquad (13.2.9-1)$$

预应力混凝土：

$$K = E_c I \qquad (13.2.9-2)$$

式中：K——塔身截面弯曲刚度；
E_c——混凝土的弹性模量；
I——塔身截面的惯性矩。

13.2.10 高度超过 250m 或高度超过 200m 且带塔楼的电视塔，抗震计算时应计入重力二阶效应的影响。

13.2.11 电视塔在地震作用下的地基基础变形应符合现行国家标准《高耸结构设计规范》GB 50135 的有关规定。电视塔基础底面以下存在液化土层时，应采取全部消除地基液化沉降的措施。

13.2.12 钢电视塔的轴心受压腹杆的稳定性应符合下列要求：

$$\frac{N}{\varphi A} \le \frac{\beta_t f}{\gamma_{RE}} \qquad (13.2.12-1)$$

$$\beta_t = \frac{1}{1 + 0.11\lambda\ (f_y/E)^{0.5}} \qquad (13.2.12-2)$$

式中：N——腹杆的轴心压力设计值；
A——腹杆的毛截面面积；
φ——轴心受压构件的稳定系数，应按现行国家标准《钢结构设计规范》GB 50017 的有关规定采用；
f——钢材的抗压强度设计值；
β_t——折减系数，6 度和 7 度时，其值小于 0.8 时，可取 0.8；
λ——受压腹杆的长细比；
f_y——钢材的屈服强度；
E——钢材的弹性模量。

13.3 抗震构造措施

13.3.1 钢电视塔的钢材除应符合本规范第 3.7 节的规定外，尚应根据结构最低工作温度确定其质量等级要求；对无缝钢管除可采用的 Q345 钢外，尚可采用 20 号钢。

13.3.2 钢构件的容许长细比不应超过表 13.3.2 的规定。

表 13.3.2 钢构件的容许长细比

结构构件	容许长细比
受压的弦杆、斜杆、横杆	150
受压的辅助杆、横隔杆	200
受拉杆	350
完全预应力拉杆	不限

13.3.3 钢电视塔的受力构件及其连接件，不宜采用厚度小于 6mm 的钢板、截面小于 50×5 的角钢、直径小于 12mm 的圆钢以及壁厚小于 4mm 的钢管。

13.3.4 钢电视塔塔体横截面边数大于 3 时，应设置横隔。当横截面边数为 3，但横杆中间有斜腹杆连接交汇点时，也应设置横隔。横隔的设置应符合下列规定：

　　1 在承受荷载和工艺需要处，应设置横隔。

　　2 塔身坡度改变处，应设置横隔。

　　3 塔身坡度不变的塔段，6 度～8 度时，每隔 2 个～3 个节间应设置一道横隔；9 度时，每隔 1 个～2 个节间应设置一道横隔；斜腹杆按柔性设计的电视塔，每节间均应设置横隔。

13.3.5 钢电视塔构件端部的连接焊缝应采用围焊焊接，围焊的转角处应连续施焊。

13.3.6 钢电视塔采用螺栓连接时，每一杆件在节点上或拼接接头每一端的螺栓数目不应少于 2 个；对组合构件的缀条，其端部连接可采用一个螺栓；法兰盘的连接螺栓数目不应少于 3 个；螺栓直径不应小于 12mm。预应力柔性拉杆两端采用抗剪销轴连接时，可用一个销轴，但对销轴应进行超声波探伤检验，其内部缺陷不得超过一级焊缝的评定等级为Ⅰ级、检验等级为 C 级的规定。

13.3.7 圆钢或钢管与法兰盘焊接连接并设置加劲肋时，其肋板厚度不应小于肋长的 1/15，且不应小于 6mm。

13.3.8 钢筋混凝土电视塔，筒体混凝土强度等级不应低于 C30，水灰比不宜大于 0.45，基础混凝土强度等级不应低于 C20；普通钢筋宜按本规范第 3.7.3 条的规定选用；预应力钢筋宜采用钢绞线、刻痕钢丝和热处理钢筋。

13.3.9 钢筋混凝土电视塔的横隔设置应符合下列规定：

    1 在使用和工艺需要处应设置横隔。

    2 塔身坡度改变处应设置横隔。

    3 塔身坡度不变或缓变的塔段，每隔 10m～20m 宜设置一道横隔。

    4 横隔梁与塔身的连接宜采用铰接。

13.3.10 钢筋混凝土塔身的轴压比，6 度时不应大于 0.8，7 度时不应大于 0.7，8 度和 9 度时不应大于 0.6。

13.3.11 钢筋混凝土塔身筒壁的最小厚度可按下式计算，且不应小于 160mm：

$$t_{min} = 100 + 10D \qquad (13.3.11)$$

式中：t_{min}——塔身筒壁的最小厚度（mm）；

        D——塔筒外直径（m）。

13.3.12 钢筋混凝土塔筒外表面沿高度的坡度宜连续变化，亦可分段采用不同坡度。塔筒壁厚宜沿高度均匀变化，亦可分段阶梯形变化。

13.3.13 钢筋混凝土塔身筒壁上的孔洞应规则布置；同一截面上开多个孔洞时，应沿圆周均匀分布，其圆心角总和不应超过 90°，单个孔洞的圆心角不应大于 40°。

13.3.14 钢筋混凝土塔身筒壁应配置双排纵向钢筋和双层环向钢筋，其最小配筋率应符合表 13.3.14 的规定。

表 13.3.14 钢筋混凝土塔身筒壁的最小配筋率（%）

配筋方式		最小配筋率
纵向钢筋	外排	0.25
	内排	0.20
环向钢筋	外层	0.20
	内层	0.20

13.3.15 钢筋混凝土塔身筒壁钢筋的最小直径和最大间距应符合表 13.3.15 的规定。

表 13.3.15 筒壁钢筋的最小直径和最大间距（mm）

配筋方式	最小直径	最 大 间 距
纵向钢筋	16	外排 250
		内排 300
环向钢筋	12	250，且不应大于筒壁厚度

13.3.16 钢筋混凝土塔身筒壁的内、外层环向钢筋应分别与内、外排纵向钢筋绑扎成钢筋网，环向钢筋应围箍在纵向钢筋的外面。内、外钢筋网之间的拉筋，直径不应小于 6mm，纵、横间距均不应大于 500mm，且应交错布置并与纵向钢筋牢固连接。

13.3.17 钢筋混凝土塔身筒壁的环向钢筋接头应采用焊接连接；纵向钢筋直径大于 18mm 时，宜采用对接焊接或机械连接。

13.3.18 钢筋混凝土塔身筒壁的纵向或环向钢筋的混凝土保护层厚度均不应小于 30mm。

13.3.19 钢筋混凝土塔身筒壁的孔洞周围应配置附加钢筋，并宜靠近洞口边缘布置；附加钢筋面积可采用同方向被孔洞切断钢筋面积的 1.3 倍。矩形孔洞的四角处应配置 45°方向的斜向钢筋；每处斜向钢筋的面积应按筒壁厚度每 100mm 采用 250mm²，且不应少于 2 根钢筋。附加钢筋和斜向钢筋伸过孔洞边缘的长度均不应小于钢筋直径的 45 倍。

13.3.20 电视塔上部截面刚度突变处应在构造上予以加强，并宜采取减缓刚度突变的构造措施。

14 石油化工塔型设备基础

14.1 一 般 规 定

14.1.1 本章适用于石油化工塔型设备基础（包括支承塔型设备的上部结构及其基础）的抗震设计。

14.1.2 塔基础可选用圆筒式、圆柱式、环形框架式、方形框架式、板式框架式的独立结构或联合结构。

14.1.3 现浇钢筋混凝土框架式塔基础结构的抗震等级应按本规范表 6.1.2 框架结构规定的抗震等级提高一级采用，但最高应为一级。

14.2 计 算 要 点

14.2.1 塔基础应按本规范第 5 章多遇地震确定地震影响系数，并进行地震作用和作用效应计算。

14.2.2 塔基础的抗震计算宜采用振型分解反应谱法，且可仅取结构的前三个振型，可不进行扭转耦联计算。对于基础底板顶面到设备顶面的总高度不超过 65m，且质量和刚度沿高度分布比较均匀的塔型设备，可采用底部剪力法进行抗震计算。

14.2.3 塔型设备的阻尼比可取 0.035。

14.2.4 8 度和 9 度时，塔基础应计算竖向地震作用，但可仅计及塔型设备重力荷载代表值产生的塔基础或框架顶部的竖向地震作用效应。竖向地震作用标准值应按本规范第5.3.1条的规定计算，其竖向地震作用效应应乘以增大系数2.5。塔型设备的等效总重力荷载应取正常操作状态下的重力荷载代表值。

14.2.5 6度时，塔基础可不进行地震作用计算，但应符合相应的抗震措施要求。7度时，Ⅰ、Ⅱ类场地的圆筒（柱）式塔基础可不进行结构构件截面的抗震验算，但应符合抗震构造措施要求。

14.2.6 7度、8度、9度时，楼层屈服强度系数小于0.5的钢筋混凝土框架式塔基础，应按本规范第5.5.2条和第5.5.4条的规定进行罕遇地震作用下薄弱层的弹塑性变形验算。

14.2.7 天然地基基础抗震验算时，应符合本规范第4.2节的规定。塔基础底面零应力区的面积不应大于基础底面面积的15%。

14.2.8 塔型设备的基本自振周期可按下列公式计算：

    1 圆筒（柱）式塔基础，塔的壁厚不大于30mm时，可按下列公式计算：

当 $h^2/D_0 < 700$ 时：

$$T_1 = 0.35 + 0.85 \times 10^{-3} \frac{h^2}{D_0} \quad (14.2.8\text{-}1)$$

当 $h^2/D_0 \geq 700$ 时：

$$T_1 = 0.25 + 0.99 \times 10^{-3} \frac{h^2}{D_0} \quad (14.2.8\text{-}2)$$

式中：T_1——塔型设备的基本自振周期（s）；

    h——基础底板顶面至设备顶面的总高度（m）；

    D_0——塔型设备外径，对变直径塔，可采用按各段高度和外径计算的加权平均外径（m）。

    2 框架式塔基础，塔的壁厚不大于30mm时，可按下式计算：

$$T_1 = 0.56 + 0.40 \times 10^{-3} \frac{h^2}{D_0} \quad (14.2.8\text{-}3)$$

    3 当数个塔由联合平台连成一排时，垂直于排列方向的各塔的基本自振周期可采用基本自振周期最大的塔（主塔）的周期值。平行于排列方向的各塔基本自振周期可采用主塔的基本自振周期乘以折减系数0.9。

14.2.9 地震作用计算时塔型设备的基本自振周期尚应按下列规定进行调整：

    1 按本规范式（14.2.8-1）～式（14.2.8-3）计算时，计算值应乘以震时周期加长系数1.15。

    2 采用其他公式计算时，计算的基本自振周期应乘以震时周期加长系数1.05。

14.3 抗震构造措施

14.3.1 圆筒（柱）及框架梁、板、柱的混凝土强度

等级均不应低于C30；当框架结构抗震等级为一级时，不应低于C35。

14.3.2 塔基础的埋置深度不宜小于1.5m。

14.3.3 圆筒（柱）式塔基础上固定塔型设备的地脚螺栓，其锚固长度不应小于表14.3.3的规定。

表14.3.3 塔型设备的地脚螺栓锚固长度

钢材牌号	地脚螺栓锚固形式	
	直钩式	锚板式
Q235	25d	17d
Q345	30d	20d

注：d为地脚螺栓直径。

14.3.4 圆筒（柱）式塔基础的地脚螺栓周围受力钢筋的箍筋间距不宜大于100mm。

14.3.5 圆筒式塔基础的筒壁厚度不应小于塔的裙座底环板宽度，且不应小于300mm。

14.3.6 圆筒式塔基础的筒壁应配置双层钢筋，圆柱式塔基础的圆柱可只配置一层钢筋；纵向钢筋的间距不应大于200mm。圆筒或圆柱高度小于2m时，纵向钢筋直径不应小于10mm；高度不小于2m时，纵向钢筋直径不应小于12mm。

14.3.7 基础底板受力钢筋直径不应小于10mm，间距不应大于200mm；构造钢筋直径不应小于8mm，间距不应大于250mm。

14.3.8 框架式塔基础采用每柱独立基础时，一级、二级框架应设置基础连梁；方形框架应在纵、横两个方向设置基础连梁，环形框架应沿环向设置。

14.3.9 框架式塔基础的框架抗震构造措施应符合本规范第6.3节的规定。

15 焦炉基础

15.1 一般规定

15.1.1 本章适用于炭化室高度不大于6m的大、中型焦炉的钢筋混凝土构架式基础的抗震设计。

15.1.2 8度Ⅲ、Ⅳ类场地和9度时，焦炉基础横向构架边柱的上、下端节点可采用铰接或固接，中间柱的上、下端节点应采用固接。

15.2 计算要点

15.2.1 焦炉基础应按本规范第5章多遇地震确定地震影响系数，并进行水平地震作用和作用效应计算。

15.2.2 焦炉基础横向水平地震作用计算应符合下列规定：

    1 焦炉基础可简化为单质点体系，横向总水平地震作用标准值可按本规范第5.2.1条的规定计算，

其结构类型指数和基本振型指数均可按剪切型结构选用。

2 焦炉基础的重力荷载代表值应按下列规定采用：

    1） 基础顶板以上的焦炉砌体、护炉铁件、炉门和物料、装煤车和集气系统等焦炉炉体，应取其自重标准值的100%；

    2） 基础构架应取顶板和梁自重标准值的100%、柱自重标准值的25%。

3 焦炉基础横向总水平地震作用的作用点可取焦炉炉体的重心处。

4 焦炉基础的横向基本自振周期可按下式计算：

$$T_1 = 2\pi\sqrt{\frac{G\delta_x}{g}} \qquad (15.2.2)$$

式中：T_1——焦炉基础的横向基本自振周期；

    G——总重力荷载代表值；

    δ_x——作用于焦炉炉体重心处的单位水平力在该处产生的横向水平位移，可按本规范附录 H 的规定计算。

15.2.3 焦炉基础的纵向水平地震作用计算符合下列规定：

1 焦炉基础的纵向计算简图（图 15.2.3）可按下列规定确定：

    1） 焦炉炉体与基础构架可视为单质点体系；

    2） 前后抵抗墙可视为无质量悬臂弹性杆；

    3） 纵向钢拉条可视为无质量弹性杆；

    4） 支承在基础构架上的炉体与抵抗墙间可用刚性链杆连接，但杆端部与炉体间为零宽度缝隙，链杆仅能传递压力。

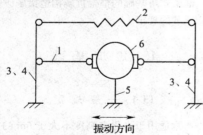

图 15.2.3 焦炉基础的纵向计算简图
1—刚性链杆；2—纵向钢拉条；
3、4—分别为振动方向的前、后抵抗墙；
5—基础构架；6—焦炉炉体

2 焦炉基础的纵向总水平地震作用标准值可按本规范第 5.2.1 条的规定计算，其重力荷载代表值除应按本规范第 15.2.2 条的规定取值外，尚应包括前抵抗墙自重标准值的 1/2。

3 焦炉基础纵向总水平地震作用的作用点可取在焦炉炉体的重心处。

4 焦炉基础的纵向基本自振周期可按本规范式

（15.2.2）计算，作用于炉体重心处单位水平力在该处产生的纵向水平位移可按本规范附录 H 的规定计算。

5 焦炉炉体与抵抗墙之间应计入温度作用的影响。

6 基础构架的纵向水平地震作用标准值应按下式计算：

$$F_g = \eta_g F_{Ek} \qquad (15.2.3\text{-}1)$$

式中：F_g——基础构架的纵向水平地震作用标准值；

    η_g——构架纵向位移系数，应按本规范附录 H 确定；

    F_{Ek}——焦炉基础的纵向总水平地震作用标准值。

7 前抵抗墙在斜烟道水平梁中线处的水平地震作用标准值应按下式计算：

$$F_1 = \eta_1 F_{Ek} \qquad (15.2.3\text{-}2)$$

式中：F_1——前抵抗墙在斜烟道水平梁中线处的水平地震作用标准值；

    η_1——前抵抗墙在斜烟道水平梁中线处的位移系数，应按本规范附录 H 确定。

8 抵抗墙在炉顶水平梁处的水平地震作用标准值应按下式计算：

$$F_2 = \eta_2 F_{Ek} \qquad (15.2.3\text{-}3)$$

式中：F_2——抵抗墙在炉顶水平梁中线处的水平地震作用标准值；

    η_2——抵抗墙在炉顶水平梁处的位移系数，应按本规范附录 H 确定。

15.2.4 基础构架和抵抗墙的地震作用标准值效应和其他荷载效应的基本组合以及结构构件的截面抗震验算应按本规范第 5.4 节的规定执行。

15.3 抗震构造措施

15.3.1 基础构架应符合本规范第 6.3 节有关框架的抗震构造措施规定，6 度和 7 度时应按框架三级采用，8 度和 9 度时应按框架二级采用，且均应符合下列规定：

1 现浇构架柱铰接端的插筋，直径不应小于20mm，锚固长度不应小于钢筋直径的 35 倍。

2 预制构架柱铰接节点，柱边与杯口内壁之间的距离不应小于 30mm，并应浇灌沥青玛琋脂等软质材料，不得填塞水泥砂浆等硬质材料。

3 构架柱的铰接端应设置承受局部受压的焊接钢筋网，且不应少于 4 片；钢筋网的钢筋直径不应小于 8mm，网孔尺寸不宜大于 80mm×80mm。

15.3.2 焦炉基础与相邻结构间，沿纵向和横向的防震缝宽度均不应小于 50mm。

16 运输机通廊

16.1 一般规定

16.1.1 本章适用于一般结构形式运输机通廊的抗震设计。

16.1.2 通廊廊身结构应符合下列规定:

1 地上通廊宜采用露天或半露天结构;当有围护结构时,围护结构应采用轻质板材或轻质填充墙。

2 地上通廊顶板宜采用轻型构件,底板应根据跨间承重结构的形式选择,可采用现浇钢筋混凝土板、横向布置的预制钢筋混凝土板、压型钢板现浇钢筋混凝土组合板或钢楼板。

3 地下通廊宜采用现浇钢筋混凝土结构。

16.1.3 通廊的跨间承重结构可采用钢筋混凝土结构或钢结构。

1 跨间承重结构跨度为15m～18m时,可采用预应力混凝土梁、预应力混凝土桁架、钢梁或钢桁架。

2 跨度大于18m时,宜采用钢梁或钢桁架。

16.1.4 通廊的支承结构应符合下列规定:

1 应采用钢筋混凝土结构或钢结构。

2 采用钢筋混凝土结构时,宜采用无外伸挑梁的框架结构。

3 除6度且跨度不大于6m的露天通廊外,不应采用T形或其他横向稳定性差的支承结构。

4 支承结构的横向侧移刚度沿通廊纵向宜均匀变化。

5 同一通廊的支承结构宜采用相同材料,不同材料的支承结构之间应设置防震缝。

6 通廊支承结构纵向侧移刚度较弱时,应采用四柱式框架或设置纵向柱间支撑。

16.1.5 通廊的端部与相邻建(构)筑物之间,7度时宜设防震缝;8度和9度时,应设防震缝。

16.1.6 通廊防震缝的设置应符合下列规定:

1 钢筋混凝土支承结构通廊,两端与建(构)筑物脱开或一端脱开、另一端支承在建(构)筑物上且为滑(滚)动支座时,其与建(构)筑物之间的防震缝最小宽度,当邻接处通廊屋面高度不大于15m时,可采用70mm;当高度大于15m时,6度～9度相应每增加高度5m、4m、3m、2m,防震缝宜再加宽20mm。

钢支承结构的通廊,防震缝最小宽度可采用钢筋混凝土支承结构通廊的防震缝最小宽度的1.5倍。

2 一端落地的通廊,落地端与建(构)筑物之间的防震缝最小宽度不应小于50mm;另一端防震缝最小宽度不宜小于本条第1款规定宽度的1/2加20mm。

3 通廊中部设置防震缝时,防震缝的两侧均应设置支承结构,防震缝宽度可按本条第1款的规定采用。

4 当地下通廊设置防震缝时,宜设置在地下通廊转折处或变截面处,以及地下通廊与地上通廊或建(构)筑物的连接处;地下通廊的防震缝宽度不应小于50mm。

5 地下通廊与地上通廊之间的防震缝宜在地下通廊底板高出地面不小于500mm处设置。

6 有防水要求的地下通廊,在防震缝处应采用变形能力良好的止水构造措施。

16.1.7 支承结构采用钢结构时,其廊身结构也宜采用钢结构。

16.2 计算要点

16.2.1 通廊结构应按本规范第5章多遇地震确定地震影响系数,并进行水平地震作用和作用效应计算。钢支承结构通廊应计入重力二阶效应的影响。

16.2.2 6度时通廊支承结构可不进行抗震验算,但应符合相应的抗震构造措施要求。

16.2.3 通廊廊身结构的抗震验算应符合下列规定:

1 廊身结构可不进行水平地震作用的抗震验算,但均应符合相应的抗震构造措施要求。

2 跨度不大于24m的跨间承重结构可不进行竖向地震作用的抗震验算;跨度大于24m的跨间承重结构,8度和9度时,应进行竖向地震作用的抗震验算。

3 竖向地震作用应由廊身结构、支承结构及其连接件承受。

16.2.4 地下通廊可不进行抗震验算,但应符合相应的抗震措施要求。

16.2.5 通廊水平地震作用的计算单元可取相应的防震缝间的区段。

16.2.6 通廊的水平地震作用计算宜采用下列方法:

1 大型通廊宜采用符合通廊实际受力情况的空间模型进行计算。

2 通廊的横向水平地震作用宜按本规范附录J的规定进行计算。

3 较小的通廊可采用符合结构受力特点的其他简化方法计算。

16.2.7 通廊计算单元的纵向水平地震作用可采用单质点体系计算。

1 通廊纵向基本自振周期可按下列公式计算:

$$T_1 = 2\pi\sqrt{\frac{m_a}{K_a}} \qquad (16.2.7\text{-}1)$$

$$m_a = \frac{1}{4}\sum_{i=1}^{n} m_i + lm_L \qquad (16.2.7\text{-}2)$$

$$K_a = \sum_{i=1}^{n} K_{ai} \qquad (16.2.7\text{-}3)$$

式中：T_1——通廊纵向基本自振周期；

$\quad m_a$——通廊的总质量；

$\quad K_a$——通廊纵向的总侧移刚度；

$\quad m_i$——第 i 支承结构的质量；

$\quad l$——廊身水平投影长度；

$\quad m_L$——廊身单位水平投影长度的质量；

$\quad K_{ai}$——第 i 支承结构的纵向侧移刚度。

2 通廊的纵向水平地震作用标准值应按下列公式计算：

$$F_{Ek} = \alpha_1 G_E \qquad (16.2.7\text{-}4)$$

$$G_E = \left(\frac{1}{2} \sum_{i=1}^{n} m_i + l m_L \right) g \qquad (16.2.7\text{-}5)$$

式中：F_{Ek}——通廊的纵向水平地震作用标准值；

$\quad \alpha_1$——相应于结构基本自振周期的水平地震影响系数，应按本规范第 5.1 节的规定确定；

$\quad G_E$——通廊的等效总重力荷载。

3 通廊各支承结构的纵向水平地震作用标准值应按下式计算：

$$F_{Ei} = \frac{K_{ai}}{K_a} F_{Ek} \qquad (16.2.7\text{-}6)$$

式中：F_{Ei}——第 i 支承结构的纵向水平地震作用标准值。

16.2.8 通廊跨间承重结构的竖向地震作用应按本规范第 5.3.2 条的规定计算。

16.2.9 通廊端部采用滑（滚）动支座支承于建（构）筑物时，通廊对建（构）筑物的影响可按下列规定计算：

1 通廊在建（构）筑物支承处产生的横向水平地震作用标准值可按下式计算：

$$F_{bk} = 0.373 \alpha_{max} \psi_b l_1 G_L \qquad (16.2.9\text{-}1)$$

式中：F_{bk}——通廊在建（构）筑物支承处产生的横向水平地震作用标准值；

$\quad G_L$——廊身水平投影单位长度的等效重力荷载代表值；

$\quad l_1$——通廊端跨的跨度；

$\quad \psi_b$——通廊端跨影响系数，可按表 16.2.9 采用。

表 16.2.9　通廊端跨影响系数

端跨的跨度（m）	ψ_b
≤12	1.0
15～18	1.5
21～30	2.0

注：中间值可按线性内插法确定。

2 通廊在建（构）筑物支承处产生的纵向水平地震作用标准值可按下式计算：

$$F_{ck} = \frac{1}{2} \mu_f l_1 G_L \qquad (16.2.9\text{-}2)$$

式中：F_{ck}——通廊在建（构）筑物支承处产生的纵向水平地震作用标准值；

$\quad \mu_f$——滑（滚）动支座的摩擦系数。

16.2.10 钢筋混凝土框架支承结构可不进行节点核芯区的截面抗震验算，节点处梁柱端截面组合的弯矩设计值、剪力设计值及柱下端截面组合的弯矩设计值均可不进行调整。

16.2.11 钢支承结构可采用格构式，也可采用框架式。当采用带平腹杆和交叉斜腹杆的格构式结构时，交叉斜腹杆可按拉杆计算，并应计及相交受压杆卸载效应的影响。不得采用单面偏心连接；交叉斜腹杆有一杆中断时，交叉节点板应予以加强，其承载力不应小于杆件塑性承载力的 1.1 倍。

平腹杆与框架柱之间应采用焊接或摩擦型高强度螺栓连接。腹杆与框架柱的连接强度不应小于腹杆承载力的 1.2 倍。

16.3　抗震构造措施

16.3.1 采用钢筋混凝土框架支承结构时，应符合下列规定：

1 按本规范第 6.1 节的规定确定框架抗震等级时，框架高度应按通廊同一防震缝区段内最高支承框架的高度确定。通廊跨度大于 24m 时，抗震等级应提高一级。

2 抗震构造措施应符合本规范第 6.3 节的有关规定。

3 支承结构牛腿（柱肩）的箍筋直径，一级、二级不应小于 8mm，三级、四级不应小于 6mm；箍筋间距均不应大于 100mm。

16.3.2 采用钢支承结构时，其杆件的长细比不应大于表 16.3.2 的规定。

表 16.3.2　支承结构杆件容许长细比

杆件名称	6 度、7 度	8 度	9 度
框架柱	120		100
平腹杆	150		120
斜腹杆	250	200	150

注：表中数值适用于 Q235 钢，采用其他牌号钢材时应乘以 $\sqrt{235/f_y}$。

16.3.3 钢框架支承结构的柱梁板件宽厚比限值应符合下列规定：

1 6 度、7 度且结构受力由非地震作用效应组合控制时，板件宽厚比限值应按现行国家标准《钢结构设计规范》GB 50017 有关弹性设计的规定采用。

2 8 度、9 度时，以及 6 度、7 度且结构受力由地震作用效应组合控制时，板件宽厚比限值除应符合现行国家标准《钢结构设计规范》GB 50017 有关弹性设计的规定外，尚应符合表 16.3.3 的规定。

表 16.3.3　支承结构的柱、梁板件宽厚比限值

板件名称		6度、7度	8度	9度
工字形截面翼缘外伸部分		13	11	10
箱形截面两腹板间翼缘		38	36	36
工字形、箱形截面腹板	$N_c/Af < 0.25$	70	65	60
	$N_c/Af \geqslant 0.25$	58	52	48
圆管外径与壁厚比		60	55	50

注：1　表中数值适用于 Q235 钢，采用其他牌号钢材时应乘以 $\sqrt{235/f_y}$，但对于圆管，外径与壁厚比应乘以 $235/f_y$；

2　N_c 为柱、梁轴力，A 为相应构件截面面积，f 为钢材抗拉强度设计值；

3　构件腹板宽厚比可通过设置纵向加劲肋予以减小。

16.3.4　通廊的跨间承重结构采用钢梁（桁架）时，应与支承结构牢固连接。钢支承结构的顶部横梁、肩梁与框架柱应采用全焊透焊接连接。

16.3.5　钢支承结构与基础的连接应牢固可靠，可采用埋入式、插入式或外包式柱脚。6 度、7 度时，也可采用外露式刚接柱脚。柱脚设计应符合下列规定：

1　采用埋入式、插入式柱脚时，钢柱的埋入深度不得小于单肢截面高度（或外径）的 3 倍。

2　采用外包式柱脚时，实腹 H 形截面柱的钢筋混凝土外包高度不宜小于钢柱截面高度的 2.5 倍；箱形截面柱或圆管柱的钢筋混凝土外包高度不宜小于钢柱截面高度或圆管外径的 3.0 倍。

3　采用外露式柱脚时，地脚螺栓不得承受地震剪力，柱底地震剪力应由底板与基础间的摩擦力或抗剪键承担。预埋式地脚螺栓应设置弯勾或锚板，其埋置深度不应小于式（16.3.5）的要求，且当采用 Q235 钢材时，其埋置深度不得小于 $20d$；当采用 Q345 钢材时，不得小于 $25d$：

$$l_a = 0.185 \frac{N_t^a}{Af_t} d = 0.185 \frac{A_c f_y^a}{Af_t} d \quad (16.3.5)$$

式中：A_c——地脚螺栓最小截面面积；

A——地脚螺栓杆截面面积；

N_t^a——地脚螺栓的受拉设计值；

d——地脚螺栓直径；

f_t——基础混凝土轴心抗拉强度设计值；

f_y^a——地脚螺栓抗拉强度设计值，Q235 钢应取 140MPa，Q345 钢应取 180MPa。

16.3.6　通廊跨间承重结构采用钢筋混凝土梁时，宜将梁上翻；梁的两端箍筋应加密，加密区长度不应小于梁高；加密区箍筋最大间距、最小直径应按表 16.3.6 采用；梁的端部预埋钢板厚度不应小于 16mm，且应加强锚固。跨间承重结构采用钢筋混凝土桁架时，宜采用下承式结构，其端部应加强连接，并应在横向形成闭合框架。

表 16.3.6　加密区箍筋最大间距和最小直径（mm）

烈　　度	最大间距	最小直径
6	150	6
7	100	6
8	150	8
9	100	8

16.3.7　建（构）筑物上支承通廊的横梁及支承结构的肩梁应符合下列规定：

1　横梁、肩梁与通廊大梁连接处应设置支座钢垫板，其厚度不宜小于 16mm。

2　7 度～9 度时，钢筋混凝土肩梁支承面的预埋件应设置垂直于通廊纵向的抗剪钢板，抗剪钢板应设有加劲板。

3　通廊大梁与肩梁间宜采用螺栓连接。

4　钢筋混凝土横梁、肩梁应采用矩形截面，不得在横梁上伸出短柱作为通廊大梁的支座。

16.3.8　当通廊跨间承重结构支承在建（构）筑物上时，宜采用滑（滚）动等支座形式，并应采取防止落梁的措施。

16.3.9　通廊的围护结构应按其结构类型采取相应的抗震构造措施。

17　管道支架

17.1　一般规定

17.1.1　本章适用于架空管道独立式和管廊式支架的抗震设计。

17.1.2　支架应采用钢筋混凝土结构或钢结构。

17.1.3　钢筋混凝土固定支架宜采用现浇结构，活动支架可采用装配式结构，但梁和柱宜整体预制。

17.1.4　直径较大的管道或输送易燃、易爆、剧毒、高温、高压介质的管道，其固定支架宜采用四柱式钢筋混凝土结构或钢结构。

17.1.5　8 度和 9 度时，支架应符合下列规定：

1　活动支架宜采用刚性支架，不宜采用半铰接支架。

2　输送易燃、易爆、剧毒、高温、高压介质的管道，不应将管道作为支架跨越结构的受力构件。

17.1.6　钢筋混凝土固定支架和输送易燃、易爆、剧毒介质的钢筋混凝土支架，应符合本规范第 6 章有关框架抗震等级三级的要求，其他支架应符合本规范第 6 章有关框架抗震等级四级的要求。

17.1.7　支架的抗震设防类别应根据支架的重要性和地震破坏时可能产生的次生灾害确定，并不宜低于丙类。

17.2 计 算 要 点

17.2.1 支架应按本规范第 5 章多遇地震确定地震影响系数，并进行水平地震作用和作用效应计算。

17.2.2 管道纵向可滑动的刚性活动支架，在管道滑动的方向可不进行抗震验算，但应满足相应的抗震构造措施要求。8 度、9 度时，柔性活动支架应进行抗震验算。

17.2.3 管道支架的计算单元（图 17.2.3-1、图 17.2.3-2）应符合下列规定：

1 独立式支架的纵向计算单元长度应采用主要管道补偿器中至中的距离，横向计算单元长度应采用支架相邻两跨中至中的距离。

2 管廊式支架的纵向计算单元长度应采用结构变形缝之间的距离，横向计算单元长度应采用支架相邻两跨中至中的距离。

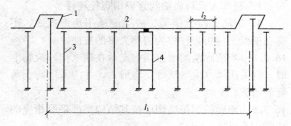

图 17.2.3-1 独立式支架的计算单元
1—补偿器；2—管道；3—活动支架；
4—固定支架；l_1—纵向计算单元长度；
l_2—横向计算单元长度

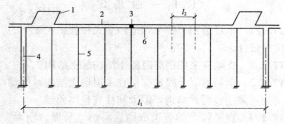

图 17.2.3-2 管廊式支架的计算单元
1—补偿器；2—管道；3—管道固定点；
4—伸缩缝；5—支架；6—水平构件；
l_1—纵向计算单元长度；
l_2—横向计算单元长度

17.2.4 敷设有单层或多层管道的支架结构，均可按单质点体系计算。水平地震作用点的位置可按下列规定采用：

1 对独立式支架，采用上滑式管托的支架，可取在管道外径的最低点；管托与梁顶埋件焊接的固定支架，可取在管道的中心处；其他形式的支架，均可取在支承管道的横梁顶面。

2 对管廊式支架，可取在支座的支承面处。

17.2.5 支架的重力荷载代表值应按下列规定采用：

1 永久荷载应符合下列规定：

1） 管道（包括内衬、保温层和管道附件）和操作平台应采用自重标准值的 **100%**；

2） 管道内介质应采用自重标准值的 **100%**；

3） 支架应采用自重标准值的 **25%**；

4） 管廊式支架上的水平构件、电缆架和电缆应采用自重标准值的 **100%**。

2 可变荷载应符合下列规定：

1） 对冷管道，应采用冰、雪荷载标准值的 **50%**；对热管道或冷、热间隔敷设的多管共架管道，不计入冰、雪荷载；

2） 积灰荷载应采用荷载标准值的 **50%**；

3） 走道活荷载应采用荷载标准值的 **50%**。

17.2.6 支架纵向或横向计算单元的基本自振周期可按下列公式计算：

$$T = 2\pi\sqrt{\frac{G_E}{gK}} \qquad (17.2.6\text{-}1)$$

纵向：
$$K = \sum_{i=1}^{m} K_i \qquad (17.2.6\text{-}2)$$

横向：
$$K = K_H \qquad (17.2.6\text{-}3)$$

式中：T——支架纵向或横向计算单元的基本自振周期；

G_E——纵向或横向计算单元的重力荷载代表值；

K——纵向或横向计算单元支架的侧移刚度；

K_i——纵向计算单元内第 i 个支架的纵向侧移刚度，对半铰接支架，可按柱截面高度的 1/2 计算；

m——纵向计算单元内的支架数目；

K_H——横向计算单元支架的横向侧移刚度。

17.2.7 支承二层及二层以上管道的支架，其重力荷载代表值应按下式确定：

$$G_E = G_{En} + \sum_{i=1}^{n-1}\left(\frac{H_i}{H_n}\right)^2 G_{Ei} \qquad (17.2.7)$$

式中：G_E——多层管道的重力荷载代表值；

G_{En}——顶层管道的重力荷载代表值；

G_{Ei}——第 i 层管道的重力荷载代表值；

H_n——顶层管道的高度；

H_i——第 i 层管道的高度；

n——管道层数。

17.2.8 刚性活动支架上管道的滑动系数可按下式计算：

$$\zeta = \frac{\alpha_E G_E K_d}{G_D K_D \mu} \qquad (17.2.8)$$

式中：ζ——刚性活动支架上管道的滑动系数；

α_E——计算单元在管道滑动前的水平地震影响系数；

K_d——刚性活动支架在管道滑动前的总侧移刚度；

G_D——作用于纵向计算单元活动支架上的总重

力荷载代表值；

K_D——计算单元支架在管道滑动前的总侧移刚度；

μ——管道和支架间的滑动摩擦系数。

17.2.9 当滑动系数不小于 0.5，且管道和支架间的滑动摩擦系数为 0.3 时，单柱或双柱活动支架在管道滑动后的纵向等效侧移刚度可按下式确定：

$$K_e = \frac{28.41 G_d}{H} \qquad (17.2.9)$$

式中：K_e——单柱或双柱活动支架在管道滑动后的纵向等效侧移刚度，不应大于管道滑动前的支架侧移刚度；

G_d——作用于刚性活动支架上的重力荷载代表值；

H——支架高度。

17.2.10 纵向计算单元支架的总水平地震作用标准值应按下式计算：

$$F_{Ek} = \alpha G_E \qquad (17.2.10)$$

式中：F_{Ek}——纵向计算单元支架的总水平地震作用标准值；

α——纵向计算单元支架的水平地震影响系数。

17.2.11 纵向计算单元各支架的纵向水平地震作用标准值应按下列公式计算：

$$F_{Eki} = \lambda_i F_{Ek} \qquad (17.2.11-1)$$

$$\lambda_i = \frac{K_i}{K} \qquad (17.2.11-2)$$

式中：F_{Eki}——第 i 支架的纵向水平地震作用标准值；

λ_i——第 i 支架的侧移刚度与计算单元支架的总侧移刚度之比，可滑动的活动支架不应计入。

17.2.12 横向计算单元支架的水平地震作用标准值，应按下式计算：

$$F_{Ekh} = \alpha_h G_E \qquad (17.2.12)$$

式中：F_{Ekh}——横向计算单元支架的水平地震作用标准值；

α_h——横向计算单元支架的水平地震影响系数。

17.2.13 8 度和 9 度时，支承大直径管道的长悬臂和跨度大于 24m 管廊式支架的桁架，应按本规范第 5.3.2 条的规定进行竖向地震作用计算。

17.2.14 进行地震作用标准值效应与其他荷载效应的基本组合的计算时，管道温度作用分项系数应采用 1.4，其组合值系数单管时应采用 0.7，多管时应采用 0.55。

17.3 抗震构造措施

17.3.1 钢筋混凝土支架除本节的规定外，尚应符合本规范第 6.3 节有关框架的抗震构造措施要求。

17.3.2 钢筋混凝土支架的混凝土强度等级不应低于 C25。

17.3.3 钢筋混凝土支架柱的最小截面尺寸不宜小于 250mm，支架梁的最小截面尺寸不宜小于 200mm。

17.3.4 钢支架柱的长细比应符合表 17.3.4-1 的要求；钢支架板件的宽厚比限值除应符合现行国家标准《钢结构设计规范》GB 50017 中有关弹性阶段设计的规定外，尚应符合表 17.3.4-2 的要求。钢筋混凝土支架柱计算长度与截面最小宽度比，7 度~9 度时，固定支架不应大于 25，活动支架不应大于 35。

表 17.3.4-1 钢支架柱的长细比限值

类　型		6度、7度	8度	9度
固定支架和刚性支架		150		120
柔性支架		200		
支撑	按拉杆设计	300	250	200
	按压杆设计	200	150	150

注：表中所列数值适用于 Q235 钢，采用其他牌号钢材时，应乘以 $\sqrt{235/f_y}$。

表 17.3.4-2 钢支架板件的宽厚比限值

板件名称	6度、7度	8度	9度
工字形截面翼缘外伸部分	13	11	10
圆管外径与壁厚比	60	55	50

注：表中所列数值适用于 Q235 钢，采用其他牌号钢材时，应乘以 $\sqrt{235/f_y}$，但对于圆管，外径与壁厚比应乘以 $235/f_y$。

17.3.5 敷设于支架顶层横梁上的外侧管道应采取防止管道滑落的措施，采用下滑式或滚动式管托的支架应采取防止管托滑落于梁侧的措施。

17.3.6 支架埋件的锚筋应按计算确定，下列支架埋件的锚筋不宜少于 $4\phi12$，锚固长度应符合受拉钢筋的抗震锚固要求，且不应小于 $30d$：

1 固定支架和设有柱间支撑的支架。

2 8 度和 9 度时的支架。

3 梁、柱铰接处的埋件。

17.3.7 支架悬臂横梁上如敷设管道，其悬臂长度不宜大于 1500mm。

17.3.8 管廊式支架在直线段的适当部位应设置柱间支撑和水平支撑；8 度和 9 度时，在有柱间支撑的基础之间宜设置连系梁。

17.3.9 半铰接支架柱在管道纵向的构造配筋，每边不应少于 $2\phi16$；柱脚横梁全长和柱根部不小于 500mm 高度范围内的箍筋，直径不应小于 8mm，间距不应大于 100mm。

17.3.10 钢筋混凝土支架的箍筋应符合下列规定：

1 双柱式支架，自柱顶至最下一层横梁底以下不小于 500mm 和柱底至地面以上不小于 500mm 范围内，箍筋直径不应小于 8mm，间距不应大于 100mm。

    2 柱间支撑与柱连接处上、下各不小于 500mm 范围内，应按间距不大于 100mm 加密箍筋。

17.3.11 钢支架的梁柱连接宜采用柱贯通型。

17.3.12 四柱式钢结构固定支架，对直径较大的管道，8 度和 9 度时，在直接支承管道的横梁平面内，应设置与四柱相连的水平支撑；当支架较高时，尚应在支架高度中部的适当部位增设水平支撑。

17.3.13 8 度和 9 度时，钢结构单柱固定支架的柱脚应采用刚接柱脚。

18 浓 缩 池

18.1 一 般 规 定

18.1.1 本章适用于半地下式、地面式和架空式钢筋混凝土浓缩池的抗震设计。

18.1.2 浓缩池宜采用半地下式和地面式。

18.1.3 浓缩池不应设置在地质条件相差较大的不均匀地基上。

18.1.4 浓缩池需设置顶盖和围护墙时，顶盖和围护墙宜采用轻型结构；当池的直径较大时，宜采用独立的结构体系。

18.1.5 架空式浓缩池的支承框架柱宜沿径向单环或多环布置，柱截面宜采用正方形。

18.1.6 单排或多排浓缩池纵横排列时，相邻浓缩池应脱开布置，池壁脱开间距不应小于 100mm；单排或多排浓缩池上设有走道板相连时，相邻浓缩池上的走道板应采用简支连接。

18.1.7 架空式浓缩池的支承框架，其抗震计算和抗震构造措施要求除应符合本章的有关规定外，尚应符合本规范第 6 章的有关规定。支承框架的抗震等级应按本规范表 6.1.2 中高度小于或等于 24m 的框架规定采用。

18.2 计 算 要 点

18.2.1 浓缩池应按本规范第 5 章的多遇地震确定地震影响系数，并进行水平地震作用和作用效应计算。

18.2.2 浓缩池符合下列条件之一时，可不进行抗震验算，但应符合相应的抗震措施要求：

    1 7 度时的地面式浓缩池。

    2 7 度和 8 度时的半地下式浓缩池。

18.2.3 浓缩池进行抗震验算时，应验算下列部位：

    1 落地式浓缩池的池壁。

    2 架空式浓缩池的池壁、支承框架和中心柱。

18.2.4 池壁的地震作用计算应计入结构等效重力荷载产生的水平地震作用和动液压力作用，半地下式浓缩池尚应计入动土压力作用。

18.2.5 池壁单位宽度等效重力荷载产生的水平地震作用标准值及其效应可按下列公式计算（图 18.2.5）：

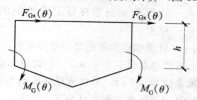

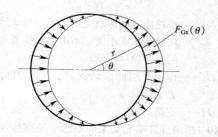

图 18.2.5 池壁顶端水平地震作用及其效应

$$F_{Gk}(\theta) = \eta_1 \alpha_{max} G_{eq} \cos\theta \qquad (18.2.5\text{-}1)$$
$$M_G(\theta) = h F_{Gk}(\theta) \qquad (18.2.5\text{-}2)$$

式中：$F_{Gk}(\theta)$ ——作用于单位宽度池壁顶端的水平地震作用标准值；

      θ ——池壁计算截面与地震方向的夹角；

      η_1 ——池型调整系数，半地下式可采用 0.7，其他形式可采用 1.4；

      G_{eq} ——池壁单位宽度的等效重力荷载，可采用单位宽度池壁自重标准值的 1/2、溢流槽和走道板的自重标准值三者之和；

      $M_G(\theta)$ ——等效重力荷载产生的池壁底端单位宽度的地震弯矩；

      h ——池壁高度。

18.2.6 池壁单位宽度的动液压力标准值及其效应可按下列公式计算（图 18.2.6）：

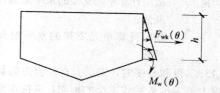

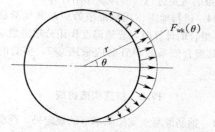

图 18.2.6 池壁动液压力及其效应

$$F_{wk}(\theta) = 0.5\eta_2 \alpha_{max}\gamma_0 h^2 \cos\theta \quad (18.2.6\text{-}1)$$

$$M_w(\theta) = \frac{1}{3}hF_{wk}(\theta) \quad (18.2.6\text{-}2)$$

式中：$F_{wk}(\theta)$——池壁单位宽度的动液压力标准值；

  η_2——动液压力的池型调整系数，半地下式浓缩池可采用 1.06，其他形式可采用 1.32；

  γ_0——储液的重度；

  $M_w(\theta)$——动液压力产生的池壁底端单位宽度的弯矩。

18.2.7 池壁单位宽度的动土压力标准值及其效应可按下列公式计算（图 18.2.7）：

$$F_{sk}(\theta) = 0.5\gamma_s \lambda h_d^2 \cos\theta \quad (18.2.7\text{-}1)$$

$$M_s(\theta) = \frac{1}{3}h_d F_{sk}(\theta) \quad (18.2.7\text{-}2)$$

$$\lambda = \eta_\lambda(1.119+0.015\varphi)\tan^2\left(45°-\frac{\varphi}{2}\right)$$
$$(18.2.7\text{-}3)$$

式中：$F_{sk}(\theta)$——池壁单位宽度的动土压力标准值；

  γ_s——土的重度；

  λ——土的动侧压系数；

  h_d——池壁埋置深度；

  $M_s(\theta)$——动土压力产生的池壁底端单位宽度的弯矩；

  η_λ——土的动侧压调整系数，8 度时可采用 0.123，9 度时可采用 0.304；

  φ——土的内摩擦角。

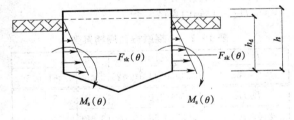

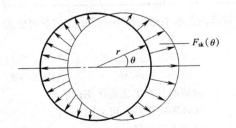

图 18.2.7 池壁动土压力及其效应

18.2.8 水平地震作用下，浓缩池池壁的环向拉力标准值可按下列公式计算：

$$N_{Ri,k}(\theta) = r\cos\theta\sum\sigma_{ik} \quad (18.2.8\text{-}1)$$

$$\sum\sigma_{ik} = \sigma_{Gi,k}+\sigma_{wi,k}+\sigma_{si,k} \quad (18.2.8\text{-}2)$$

$$\sigma_{Gi,k} = \eta_1\alpha_{max}g_w \quad (18.2.8\text{-}3)$$

$$\sigma_{wi,k} = \eta_2\alpha_{max}\gamma_0 h \quad (18.2.8\text{-}4)$$

$$\sigma_{si,k} = \lambda\gamma_s h_d \quad (18.2.8\text{-}5)$$

式中：$N_{Ri,k}(\theta)$——沿池壁高度的计算截面 i 处，池壁单位宽度的环向拉力标准值；

  r——计算截面 i 处浓缩池的计算半径；

  σ_{ik}——计算截面 i 处池壁水平地震作用强度（包括自重压力强度、动水压力强度、动土压力强度）标准值；

  $\sigma_{Gi,k}$——计算截面 i 处池壁自重压力强度标准值；

  g_w——池壁沿高度的单位面积重度；

  $\sigma_{wi,k}$——计算截面 i 处池壁动水压力强度标准值；

  $\sigma_{si,k}$——计算截面 i 处池壁土压力强度标准值。

18.2.9 架空式浓缩池支承结构的水平地震作用可按单质点体系采用底部剪力法计算。支承结构的总水平地震作用标准值应采用等效总重力荷载产生的水平地震作用标准值与总液体荷载产生的水平地震作用标准值之和。等效总重力荷载应采用池壁、池底和设备等自重标准值以及支承结构自重标准的 1/2 之和。等效总重力荷载水平地震作用标准值和总液体荷载水平地震作用标准值的作用点可分别取在池体和贮液的质心处。

18.2.10 架空式浓缩池支承结构的水平地震作用可按中心柱和支承框架的侧移刚度比例进行分配；支承框架承受的水平地震作用之和小于总水平地震作用标准值的 30% 时，应按 30% 采用。

18.2.11 浓缩池进行截面抗震验算时，水平地震作用标准值效应和其他荷载效应的基本组合除应符合本规范第 5.4.1 条的规定外，尚应符合下列规定：

  1 半地下式浓缩池应计算满池和空池两种工况，地面式和架空式浓缩池应仅计算满池工况。

  2 池壁截面抗震验算时，静液压力的作用效应应参与组合；对于半地下式浓缩池，动土压力作用效应尚应参与组合。

  3 作用效应组合时的分项系数，静液压力和主动土压力均应采用 1.2，动液压力和动土压力均应采用 1.3。

18.3 抗震构造措施

18.3.1 池壁厚度不宜小于 150mm。池壁混凝土强度等级不应低于 C25，混凝土设计抗渗等级不应小于 0.6MPa。

18.3.2 池壁钢筋最小总配筋率和中心柱纵向钢筋最小总配筋率应符合表18.3.2-1规定。中心柱的箍筋配置应按表18.3.2-2采用。

表18.3.2-1 池壁和中心柱的最小总配筋率（%）

烈度		6度、7度、8度	9度
池壁钢筋	竖向	0.40	0.50
	环向	0.50	0.60
中心柱纵向钢筋		0.40	0.55

表18.3.2-2 中心柱的箍筋配置

烈度	6度、7度	8度	9度
最小直径（mm）	8	10	10
最大间距（mm）	200	200	100
加密区最大间距（mm）	8d，100	8d，100	6d，100
加密区范围	池底以上的1/6柱净高，且不小于500mm，及池底以下的柱全高		全高

18.3.3 架空式浓缩池框架柱轴压比限值，柱全部纵向受力钢筋最小配筋率，柱箍筋加密区体积配箍率以及柱的抗震构造措施均应符合本规范第6.3节的规定。圆弧梁等应符合弯扭构件的构造要求。

18.3.4 池壁环向钢筋搭接接头面积百分率不宜大于25%。其钢筋绑扎搭接长度应根据位于同一连接区段内的钢筋搭接接头面积百分率按下式计算：

$$l_{lE} = \zeta_l l_{aE} \qquad (18.3.4)$$

式中：l_{lE}——纵向受拉钢筋的搭接长度；

l_{aE}——纵向受拉钢筋的锚固长度，应按现行国家标准《混凝土结构设计规范》GB 50010的有关规定确定；

ζ_l——纵向受拉钢筋搭接长度修正系数，应按表18.3.4采用。

表18.3.4 纵向受拉钢筋搭接长度修正系数

纵向钢筋搭接接头面积百分率（%）	≤25	50
ζ_l	1.2	1.4

注：中间值可采用线性插入法计算。

18.3.5 池壁顶部和溢流槽底板与池壁的连接处，8度和9度时，均宜分别增设不少于2φ14和2φ16的环向加强钢筋。

18.3.6 浓缩池底部通廊接缝处应按防震缝要求并设置柔性止水带，缝宽不宜小于50mm。

18.3.7 无中心柱的架空式浓缩池底板中部设有漏斗口时，漏斗口周边应设置环梁，环梁宽度不宜小于300mm。

19 常压立式圆筒形储罐基础

19.1 一般规定

19.1.1 本章适用于常压立式钢制圆筒形储罐基础的抗震设计。

19.1.2 储罐基础可选用护坡式、外环墙式、环墙式基础或桩基基础；Ⅲ类、Ⅳ类场地时，宜采用钢筋混凝土环墙式基础。

19.2 计算要点

19.2.1 储罐基础的抗震计算应按本规范第5章的多遇地震确定地震影响系数，并进行水平地震作用和作用效应计算。

19.2.2 储罐结构的阻尼比可取0.04。

19.2.3 不设置地脚螺栓的非桩基储罐基础可不进行抗震验算，但应符合相应的抗震措施要求。

19.2.4 储罐的罐-液耦联振动基本自振周期应按下式计算：

$$T_c = \zeta H_w \sqrt{\frac{D}{2t_0}} \qquad (19.2.4)$$

式中：T_c——储罐与储液耦联振动基本自振周期；

t_0——罐壁距底板1/3高度处的名义厚度；

H_w——储罐设计最高液位；

ζ——耦联振动周期系数，应根据D/H_w值按表19.2.4采用，中间值可采用线性插入法计算；

D——储罐内直径。

表19.2.4 耦联振动周期系数

D/H_w	0.6	1.0	1.5	2.0	2.5	3.0
$\zeta(\times10^{-3})$	0.514	0.440	0.425	0.435	0.461	0.502
D/H_w	3.5	4.0	4.5	5.0	5.5	6.0
$\zeta(\times10^{-3})$	0.537	0.580	0.620	0.681	0.736	0.791

19.2.5 储罐的总水平地震作用标准值应按下列公式计算：

$$F_{Ek} = \alpha \eta m_{eq} g \qquad (19.2.5-1)$$
$$m_{eq} = m_L \Psi_w \qquad (19.2.5-2)$$

式中：F_{Ek}——储罐的总水平地震作用标准值；

η——罐体影响系数，可采用1.1；

m_{eq}——储液等效质量；

m_L——罐内储液总质量；

Ψ_w——动液系数，应根据D/H_w值按表19.2.5采用，中间值可采用线性插入法计算。

表 19.2.5　动液系数

D/H_w	0.6	1.0	1.33	1.5	2.0	2.5	3.0
Ψ_w	0.869	0.782	0.710	0.663	0.542	0.450	0.381
D/H_w	3.5	4.0	4.5	5.0	5.5	6.0	—
Ψ_w	0.328	0.288	0.256	0.231	0.210	0.192	—

19.2.6　设置地脚螺栓的环墙式基础或桩基础，其总水平地震作用在罐基础顶部产生的力矩应按下式计算：

$$M_1 = 0.45 F_{Ek} H_w \qquad (19.2.6)$$

式中：M_1——总水平地震作用在罐基础顶部产生的力矩标准值。

19.3　抗震构造措施

19.3.1　浮顶罐选用护坡式或外环墙式基础时，应在罐壁下部设置一道钢筋混凝土构造环梁。

19.3.2　环墙式基础的埋深不应小于 0.6m。

19.3.3　钢筋混凝土环墙宽度不应小于 0.25m。罐壁至环墙外缘的距离不应小于 0.10m。

19.3.4　钢筋混凝土环墙不宜开缺口。当必须留施工缺口时，环向钢筋应错开截断。罐体安装结束后，应采用强度等级比环墙高一级的微膨胀混凝土及时将缺口封堵密实，钢筋接头应采用焊接连接。

19.3.5　钢筋混凝土环墙的配筋应符合下列规定：

　　1　竖向钢筋的最小配筋率，每侧均不应小于 0.2%，钢筋直径不宜小于 12mm，间距不应大于 200mm。

　　2　对于公称容量不小于 10000m³ 或建在软弱土、不均匀地基上的储罐，环墙顶部和底部均应各增加两圈附加环向钢筋，其直径不应小于环向受力钢筋直径，竖向钢筋在环墙的上、下端均应采用封闭式。

　　3　环向钢筋的接头应采用机械连接或焊接连接。

20　球形储罐基础

20.1　一般规定

20.1.1　本章适用于由钢构架支承的钢制球形储罐基础的抗震设计。

20.1.2　球罐构架的基础宜采用钢筋混凝土圆环形基础或加连系梁的独立基础。

20.2　计算要点

20.2.1　球罐基础的抗震计算应按本规范第 5 章的多遇地震确定地震影响系数，并进行水平地震作用和作用效应计算。

20.2.2　球罐结构的阻尼比可取 0.035。

20.2.3　球罐结构的基本自振周期（图 20.2.3-1）可按下列公式计算：

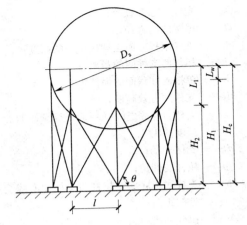

图 20.2.3-1　球罐结构

$$T = 2\pi\sqrt{\frac{m_{eq}}{K}} \qquad (20.2.3-1)$$

$$m_{eq} = m_1 + m_2 + 0.5 m_3 + m_4 + m_5 \qquad (20.2.3-2)$$

$$m_2 = m_L \varphi \qquad (20.2.3-3)$$

$$K = \frac{1}{\frac{1}{K_1} + \frac{1}{K_2}} \qquad (20.2.3-4)$$

$$K_1 = \frac{3 n E_s A_c D_B^2}{8 H_c^3} \qquad (20.2.3-5)$$

$$K_2 = n K_c \left[\frac{2 C_1}{C_2 + \frac{4 L K_c}{E_s A} + 1} \right] \qquad (20.2.3-6)$$

$$K_c = \frac{3 E_s I_c}{H_1^3} \qquad (20.2.3-7)$$

$$A = \frac{1}{\frac{1}{A_B \cos^3\theta} + \frac{\tan^3\theta}{A_c}} \qquad (20.2.3-8)$$

$$C_1 = 0.25 \lambda_c^2 (3 - \lambda_c^2)^2 \qquad (20.2.3-9)$$

$$C_2 = \lambda_c^2 (1 - \lambda_c)^3 (3 + \lambda_c) \qquad (20.2.3-10)$$

$$\lambda_c = \frac{H_2}{H_1} \qquad (20.2.3-11)$$

$$H_1 = H_c - L_w \qquad (20.2.3-12)$$

$$L_w = \frac{1}{2}\sqrt{\frac{d_c D_s}{2}} \qquad (20.2.3-13)$$

$$\theta = \tan^{-1}\frac{H_2}{L} \qquad (20.2.3-14)$$

式中：T——球罐结构的基本自振周期；

　　　　K——球罐构架的侧移刚度；

　　　　K_1——球罐构架的弯曲刚度；

　　　　K_2——球罐构架的剪变刚度；

　　　　n——支柱根数；

　　　　E_s——支柱的常温弹性模量；

　　　　A_c——支柱的截面面积；

D_B——支柱中心圆直径；

D_s——球罐的内直径；

H_c——支柱底板底面至球罐中心的高度；

L——相邻两支柱间的距离；

I_c——单根支柱截面的惯性矩；

H_1——支柱的有效高度；

L_w——支柱与球壳之间（一侧）焊缝垂直投影长度的1/2；

d_c——支柱外径；

θ——拉杆的仰角；

H_2——支柱底板底面至拉杆与支柱中心线交点处的距离；

A_B——拉杆的截面面积；

m_{eq}——球罐在操作状态下的等效质量；

m_1——球壳质量；

m_2——储液的有效质量；

m_3——支柱和拉杆质量；

m_4——球罐其他附件的质量，包括各开口、喷淋装置、梯子和平台等；

m_5——球罐保温层质量；

m_L——球罐储液质量；

φ——储液的有效质量率系数，可根据球罐内液体的充满度按图20.2.3-2查取。

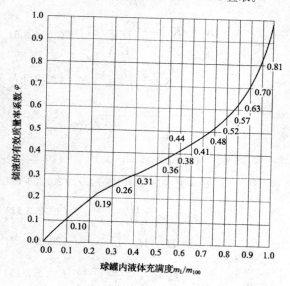

图 20.2.3-2 储液的有效质量率系数

m_L—储液质量；

m_{100}—100%充满储液时的储液质量

20.2.4 球罐结构的总水平地震作用标准值应按下式计算：

$$F_{Ek} = \alpha m_{ep} g \qquad (20.2.4)$$

式中：F_{Ek}——球罐结构的总水平地震作用标准值。

20.2.5 球罐基础结构构件的截面抗震验算应符合本

规范第5.4节的规定，风荷载组合值系数应取0.2。

20.3 抗震构造措施

20.3.1 球罐基础的埋置深度不宜小于1.5m。

20.3.2 基础底板边缘厚度不应小于0.25m。

20.3.3 基础环梁主筋直径不宜小于12mm；箍筋直径不宜小于8mm，间距不应大于200mm；底板钢筋直径不应小于10mm，间距不应大于200mm。

21 卧式设备基础

21.1 一般规定

21.1.1 本章适用于卧式容器（含卧式圆筒形储罐）和卧式冷换类设备基础的抗震设计。

21.1.2 卧式冷换类设备基础宜采用钢筋混凝土支墩式或支架式基础。

21.1.3 卧式设备基础的形式宜符合下列规定：

1 设计地面至基础顶面的高度不大于1.5m时，宜采用钢筋混凝土支墩式基础。

2 设计地面至基础顶面的高度大于1.5m，且容器内径不大于2m时，宜采用钢筋混凝土T形支架式基础；容器内径大于2m时，宜采用钢筋混凝土∏形或H形支架式基础。

21.2 计 算 要 点

21.2.1 卧式设备基础的抗震计算应按本规范第5章的多遇地震确定地震影响系数，并进行水平地震作用和作用效应计算。

21.2.2 卧式冷换类设备基础可不进行地震作用计算，但应满足相应的抗震措施要求。

21.2.3 卧式容器基础的水平地震作用标准值应按下式计算：

$$F_{Ek} = \alpha_{max} (G_{ak} + 0.5 G_{jk}) \qquad (21.2.3)$$

式中：F_{Ek}——卧式容器基础的水平地震作用标准值；

G_{ak}——正常操作状态下的容器和介质重力荷载标准值；

G_{jk}——基础底板顶面以上构件自重标准值。

21.3 抗震构造措施

21.3.1 基础的埋置深度不宜小于1.0m。

21.3.2 支墩式基础的支墩竖向钢筋，直径不宜小于12mm，间距不应大于200mm；横向钢筋应采用封闭式箍筋，其直径不应小于8mm，间距不应大于200mm。

21.3.3 支架式基础的梁、柱抗震构造措施尚应符合本规范第6.3节的有关规定。

22 高炉系统结构

22.1 一般规定

22.1.1 本章适用于有效容积为 $1000m^3 \sim 5000m^3$ 的高炉系统结构的抗震设计。

22.1.2 高炉系统结构应包括高炉、热风炉、除尘器和洗涤塔等结构和构件。

22.1.3 高炉系统结构的地震作用计算应按本规范第 5 章的多遇地震确定地震影响系数，并进行地震作用和作用效应计算。

22.2 高 炉

22.2.1 高炉应设炉体框架。在炉顶处，炉体框架与炉体间应设有水平连接件。

22.2.2 高炉的导出管应设置膨胀器，上升管与下降管的连接宜采用球形节点。

22.2.3 8度Ⅲ、Ⅳ类场地及9度时，高炉结构应进行抗震验算，并应符合相应的抗震措施要求；6度、7度及8度Ⅰ、Ⅱ类场地时，高炉结构可不进行抗震验算，但应满足相应的抗震措施要求。

22.2.4 高炉结构构件的截面抗震验算，必须验算下列部位：

1 上升管的支座、支座顶面处的上升管截面和支承支座的炉顶平台梁。

2 上升管与下降管采用球形节点连接时，上升管和下降管与球形节点连接处以及下降管根部。

3 炉体框架和炉顶框架的柱、主梁、主要支撑及柱脚的连接。

4 炉体框架与炉体顶部的水平连接。

22.2.5 除下降管外，高炉结构可仅计算水平地震作用，并应沿平行和垂直于炉体吊车梁以及沿下降管三个方向分别进行抗震计算。8度和9度时，跨度大于24m的下降管除应计算水平地震作用外，尚应计算其竖向地震作用。

22.2.6 高炉结构应按正常生产工况进行抗震计算；必要时，尚应按大修工况进行抗震验算。

22.2.7 高炉结构的计算简图应符合下列规定：

1 高炉结构应采用空间结构模型，应整体计算高炉炉体、粗煤气管、除尘器、炉体框架、炉顶框架的组合体。

2 计算高炉炉体、粗煤气管、除尘器或球形节点的侧移刚度时，可仅计及钢壳的侧移刚度，且可不计钢壳上开洞的影响。

3 上升管在炉顶平台上的支座可视为固接连接。

4 通过铰接单片支架或滚动支座支承于炉顶框架上的通廊，可不计及与高炉的共同工作，但应计入通廊传给高炉框架的重力荷载。

5 热风主管、热风围管和其他外部管道对高炉的牵连作用可不计入，但应按本规范第22.2.8条和第22.2.9条的规定计入高炉承受的管道重力荷载。

6 对大修工况，应按炉顶框架部分杆件被拆除后的结构计算简图进行抗震验算。

22.2.8 高炉结构抗震计算时，质点设置和重力荷载计算应符合下列规定：

1 炉顶设备的重力荷载应按实际情况折算到炉顶框架和炉顶处，炉体设备的重力荷载应沿高度分布在钢壳上。

2 粗煤气管的拐折点处或球形节点处宜设质点，其中下降管区段宜增设 2 个～4 个质点。

3 框架的每个节点处宜设质点。构件的变截面处和节点之间有较大集中重力荷载时，均宜设质点。

22.2.9 水平地震作用计算时，高炉的重力荷载代表值应符合下列规定：

1 钢结构、内衬砌体、冷却设施、填充料、炉内各种物料、设备（包括炉顶吊车）、管道、冷却水等自重，应取其标准值的100%；按大修工况计算时，炉内物料应按实际情况取值。

2 平台可变荷载的组合值系数应取 0.7。

3 平台灰荷载的组合值系数应取 0.5。

4 热风围管与高炉炉体设有水平连接件时，热风围管重力荷载应按全部荷载标准值作用于水平连接处计算。

5 通过铰接单片支架或滚动支座支承于炉顶框架上的通廊的重力荷载，平行通廊方向应取支座承受重力荷载标准值的30%，垂直通廊方向应取100%。

6 料罐及其炉料、齿轮箱和溜槽的重力荷载，应取其标准值的100%。

7 设有内衬支托时，内衬自重应按沿炉壳内支托的实际分布计算，应取其标准值的100%；炉底的实心内衬砌体自重，取值不应小于其标准值的50%。

22.2.10 高炉结构的水平地震作用计算宜采用振型分解反应谱法，且应取不少于 20 个振型；其地震作用和作用效应应符合本规范第 5 章的有关规定。

22.2.11 进行高炉结构构件的截面抗震验算时，地震作用标准值效应及其他荷载效应的基本组合，除应符合本规范第 5.4.1 条的规定外，尚应符合下列规定：

1 正常生产工况抗震验算时，应计入炉内气压、物料和内衬侧压、粗煤气管的温度变形和设备的动力作用效应等。

2 炉体、粗煤气管、球形节点、热风围管、热风主管、通廊、料罐、炉顶设备和内衬等各项重力荷载等产生的作用效应，均应按正常生产的实际情况计算。

22.2.12 7度Ⅲ、Ⅳ类场地和8度、9度时，高炉的炉体框架和炉顶框架应符合下列规定：

1 炉顶框架和炉体框架均宜设置支撑系统，但支撑的布置应符合工艺要求，且主要支撑杆件的长细比按压杆设计时不应大于 $120\sqrt{235/f_y}$，按拉杆设计时不应大于 $150\sqrt{235/f_y}$。支撑杆件的板件宽厚比限值应符合本规范第 7 章的有关规定。

2 炉体框架柱宜采用圆形、箱形或对称的十字形截面。

3 与柱刚接的梁宜采用箱形截面或宽翼缘 H 形截面。

4 炉体框架的底部柱脚宜与基础固接。

5 框架梁、柱板件的宽厚比限值应符合本规范第 7 章的有关规定。

6 由地震作用控制的框架梁、柱，在可能出现塑性铰的应力较大区域的节点，不应采用焊接连接。

7 高炉框架结构构件的连接应按本规范第 7 章的有关规定进行抗震验算。

22.2.13 设置膨胀器的导出管，上升管的支座和支承支座的炉顶平台梁，以及支座与平台梁之间的连接均应适当加强；支座顶面以上 3m～5m 范围内上升管的管壁厚度，7 度 Ⅲ、Ⅳ 类场地和 8 度、9 度时，不宜小于 14mm。

22.2.14 与球形节点连接的上升管和下降管根部，以及下降管与除尘器连接的根部应加强；7 度 Ⅲ、Ⅳ 类场地和 8 度、9 度时，加强部位的管壁厚度不宜小于 16mm。

22.2.15 炉体框架与炉体顶部的水平连接应传力明确、可靠，并应能适应炉体与炉体框架之间的竖向差异变形。

22.2.16 上升管、炉顶框架、通廊端部和炉顶装料设备相互之间的水平空隙宜符合下列规定：

1 7 度 Ⅲ、Ⅳ 类场地和 8 度 Ⅰ、Ⅱ 类场地时，不宜小于 200mm。

2 8 度 Ⅲ、Ⅳ 类场地和 9 度时，不宜小于 400mm。

22.2.17 电梯间、通道平台和高炉框架相互之间应加强连接。

22.3 热风炉

22.3.1 8 度 Ⅲ、Ⅳ 类场地和 9 度时，外燃式热风炉的燃烧室宜采用钢筒到底的筒支承结构形式。

22.3.2 6 度、7 度和 8 度 Ⅰ、Ⅱ 类场地时，内燃式热风炉和燃烧室为钢筒支承的外燃式热风炉，以及 6 度和 7 度 Ⅰ、Ⅱ 类场地时燃烧室为钢支架支承的外燃式热风炉，均可不进行结构的抗震验算，但应符合相应的抗震构造措施要求。8 度 Ⅲ、Ⅳ 类场地和 9 度的内燃式热风炉与燃烧室为钢筒支承的外燃式热风炉，以及 7 度 Ⅲ、Ⅳ 类场地和 8 度、9 度时的燃烧室为钢支架支承的外燃式热风炉，均应进行水平地震作用的抗震验算，并应符合相应的抗震构造措施要求。

22.3.3 内燃式热风炉或刚性连通管的外燃式热风炉的基本自振周期可按下式计算：

$$T_1 = 1.78\sqrt{G_{eq}h^3/[g(EI+E_bI_b)]}$$

(22.3.3)

式中：T_1——热风炉的基本自振周期；

G_{eq}——等效重力荷载，对内燃式热风炉，可取全部重力荷载代表值；对刚性连通管的外燃式热风炉，可取蓄热室的全部重力荷载代表值；

h——炉底至炉顶球壳竖直半径 1/2 处的高度；

E——钢材的弹性模量；

E_b——内衬砌体的弹性模量；

I、I_b——分别为内燃式热风炉或刚性连通管的外燃式热风炉的蓄热室筒身段的钢壳和内衬砌体的截面惯性矩。

22.3.4 内燃式热风炉或刚性连通管外燃式热风炉的蓄热室和燃烧室的底部总水平地震剪力应按下式计算：

$$V = \nu\alpha_1 G_{eq}$$

(22.3.4)

式中：V——热风炉底部总水平地震剪力；

ν——热风炉底部剪力修正系数，可按表 22.3.4 采用；

α_1——水平地震影响系数；

G_{eq}——炉体的等效重力荷载，对于刚性连通管的外燃式热风炉，应分别采用蓄热室和燃烧室的炉体重力荷载代表值。

表 22.3.4 热风炉底部剪力修正系数

场地类别	基本自振周期（s）						
	0.50	0.75	1.00	1.25	1.50	1.75	2.00
Ⅰ	0.80	0.98	1.19	1.19	1.07	0.99	0.94
Ⅱ	0.70	0.80	0.92	1.05	1.19	1.19	1.15
Ⅲ	0.55	0.73	0.80	0.88	0.96	1.00	1.00
Ⅳ	0.42	0.65	0.68	0.71	0.75	0.80	0.85

注：中间值可采用线性插入法计算。

22.3.5 内燃式热风炉或刚性连通管外燃式热风炉的蓄热室和燃烧室的底部总地震弯矩应按下式计算：

$$M = 0.5\alpha_1 G_{eq}h$$

(22.3.5)

式中：M——热风炉底部总地震弯矩。

22.3.6 炉壳截面抗震验算时，应由炉壳承担炉体全部水平地震作用效应，可不计入内衬分担的地震作用效应。

22.3.7 热风炉结构构件的截面抗震验算，应验算炉壳、炉底与基础或支架顶板的连接和燃烧室、混风室的支承结构等；地震作用标准值效应与其他荷载效应的基本组合，应计入正常生产时的炉内气压和温度作用标准值效应。

22.3.8 燃烧室为钢筒支承的柔性连通管外燃式热风炉结构，其蓄热室和燃烧室结构的抗震验算可按内燃式热风炉的规定执行。

22.3.9 燃烧室为支架支承的柔性连通管外燃式热风炉结构，可仅计算水平地震作用，并宜采用空间结构模型对支架、燃烧室和蓄热室进行整体抗震计算。

22.3.10 炉体底部筒壁与底板连接处应做成圆弧形状或设置加劲肋，并应在炉底内设置耐热钢筋混凝土板等。

炉底与基础或支架顶板的连接宜采取适当的加强措施，烘炉投产后应拧紧炉底连接螺栓。

22.3.11 7度Ⅲ、Ⅳ类场地和8度、9度时，各主要管道与炉体连接处应采取设置加劲肋或局部增大炉壳和管壁厚度等加强措施。9度时，热风主管至各炉体的短管上应设置膨胀器。

22.3.12 位于Ⅲ、Ⅳ类场地或不均匀地基时，每座刚性连通管外燃式热风炉，其蓄热室和燃烧室均应设在同一整片基础上。

22.3.13 外燃式热风炉的燃烧室采用钢支架支承时，支架柱的长细比不应大于 $120\sqrt{235/f_y}$；梁、柱截面宽厚比的限值应符合本规范第7章的有关规定；柱脚与基础宜采用固接；当采用铰接柱脚时，应采取抗剪措施。

22.3.14 外燃式热风炉的燃烧室采用钢筋混凝土框架支承时，框架的抗震构造措施应符合本规范第6章的有关规定，6度～8度时应符合二级要求，9度时应符合一级要求，且各柱的纵向钢筋最小配筋率均应符合角柱的规定；不直接承受竖向荷载的框架梁，其截面上部和下部纵向钢筋应等量配置。

22.3.15 热风炉系统框架和余热回收系统框架均宜采用钢结构，其抗震构造措施应符合本规范第7章的有关规定。

22.4 除尘器、洗涤塔

22.4.1 8度Ⅲ、Ⅳ类场地和9度时，重力除尘器宜采用钢支架。

22.4.2 下列结构可不进行抗震验算，但应符合相应的抗震措施要求：

　　1 除尘器和洗涤塔的筒体结构。

　　2 6度、7度Ⅰ、Ⅱ类场地时，旋风除尘器的框架结构和重力除尘器的支架结构。

　　3 6度、7度和8度Ⅰ、Ⅱ类场地时，洗涤塔的支架结构。

22.4.3 旋风除尘器的框架或重力除尘器的支架结构抗震计算宜采用与高炉、粗煤气管组成的空间结构模型，且可仅计算水平地震作用。

22.4.4 重力除尘器和洗涤塔可按单质点体系进行简化计算；除尘器和洗涤塔的总水平地震作用，应作用于筒体的重心处。

22.4.5 **重力除尘器和洗涤塔的重力荷载代表值应按本规范第5.1.4条的规定取值**，但除尘器筒体内部正

常生产时的最大积灰荷载的组合值系数应取 **1.0**。

22.4.6 除尘器和洗涤塔抗震验算时，重力除尘器应计入正常生产时粗煤气管温度变形对除尘器结构的作用效应，洗涤塔和旋风除尘器应计入风荷载效应。

22.4.7 7度Ⅲ、Ⅳ类场地和8度、9度时，旋风除尘器、重力除尘器和洗涤塔应符合下列规定：

　　1 筒体在支座处应设置水平环梁。

　　2 筒体与支架以及支架柱脚与基础的连接应采取抗剪措施。

　　3 管道与筒体的连接处应采取设置加劲肋或局部增加钢壳厚度等加强措施。

　　4 旋风除尘器框架和重力除尘器钢支架主要支撑杆件的长细比，按压杆设计时不应大于 120 $\sqrt{235/f_y}$，按拉杆设计时不应大于 150$\sqrt{235/f_y}$。

22.4.8 采用钢筋混凝土框架支承时，柱顶宜设置水平环梁。柱顶无水平环梁时，柱头应配置不少于两层直径为8mm的水平焊接钢筋网，钢筋间距不宜大于100mm。框架的抗震构造措施应符合本规范第6章的有关规定，6度～8度时应符合二级要求，9度时应符合一级要求，且各柱的纵向钢筋最小配筋率均应符合角柱的规定；不直接承受竖向荷载的框架梁，其截面上部和下部纵向钢筋应等量配置。

23 尾 矿 坝

23.1 一 般 规 定

23.1.1 本章适用于冶金矿山新建和运行中的尾矿坝抗震设计。

23.1.2 尾矿坝的抗震等级应根据尾矿库容量和尾矿坝坝高，按表23.1.2确定。当尾矿库溃坝将使下游城镇、工矿企业、生命线工程和区域生态环境遭受严重灾害时，尾矿坝的抗震等级应提高一级采用。

表 23.1.2　尾矿坝的抗震等级

等级	V（$\times 10^8 m^3$）	h（m）
一	二级尾矿坝具备提高等级条件者	
二	$V \geqslant 1.0$	$h \geqslant 100$
三	$0.1 \leqslant V < 1.0$	$60 \leqslant h < 100$
四	$0.01 \leqslant V < 0.1$	$30 \leqslant h < 60$
五	$V < 0.01$	$h < 30$

注：1　V 为库容，为该使用期设计坝顶标高时尾矿库的全部库容；

　　2　h 为坝高，为该使用期设计坝顶标高与初期坝轴线处坝底高之差；

　　3　坝高与全库容分级指标分属不同等级时，以其中高的等级为准，当级差大于一级时，按高者降低一级采用。

23.1.3 三级、四级、五级尾矿坝的设计地震动参数，可根据现行国家标准《中国地震动参数区划图》GB 18306 的有关规定执行，一级、二级尾矿坝的设

计地震动参数应按经批准的场地地震安全性评价结果确定。

23.1.4 尾矿坝坝址应选择在抗震有利地段。未经论证，不应在对抗震不利或危险地段建坝。

23.1.5 6度和7度时，可采用上游式筑坝工艺；8度和9度时，宜采用中线式和下游式筑坝工艺。

23.1.6 6度时，四级、五级尾矿坝可不进行抗震验算，但应符合相应的抗震构造措施要求。

23.1.7 9度时，除应进行抗震验算外，尚应采取专门研究的抗震构造措施。

23.1.8 8度和9度时，一级、二级、三级尾矿坝应同时计入竖向地震作用，竖向地震动参数应取水平地震动参数的2/3。

23.2 计 算 要 点

23.2.1 尾矿坝应按设防地震进行抗震计算。除一级、二级尾矿坝外，设计基本地震加速度应按本规范表3.2.2的规定取值。

23.2.2 尾矿坝的抗震计算应包括地震液化分析和地震稳定分析；一级、二级、三级的尾矿坝，尚应进行地震永久变形分析。

23.2.3 除应对尾矿坝设计坝高进行抗震计算外，尚应对坝体堆筑至1/3～1/2的设计坝高工况进行抗震分析。

23.2.4 运行中的尾矿坝，当实际状态与原设计存在明显不同时，应重新进行抗震验算。

23.2.5 尾矿坝地震液化分析应符合下列规定：

　　1 四级、五级尾矿坝，可采用简化判别方法。

　　2 一级、二级、三级尾矿坝，应采用二维或三维时程分析法。

23.2.6 尾矿坝地震液化判别简化计算可采用剪应力对比法，其计算方法可按本规范附录K的规定采用。有成熟经验时，亦可采用其他方法。

23.2.7 采用时程分析法对尾矿坝进行地震液化分析时，应符合本规范附录L的规定。

23.2.8 尾矿坝地震稳定分析宜采用拟静力法，按圆弧法进行验算。但坝体或坝基中存在软弱土层时，尚应验算沿软弱土层滑动的可能性。

23.2.9 9度或一级、二级、三级的尾矿坝，坝体地震稳定分析除应采用拟静力法外，尚应采用时程分析法，综合判断坝体的地震安全性。采用时程分析法计算尾矿坝的地震稳定性时，应符合本规范附录L的规定。

23.2.10 对地震液化区的尾矿坝，尚应验算震后坝体抗滑移稳定性。

23.2.11 采用拟静力法进行地震稳定分析时，可采用瑞典条分法或简化毕肖普（Bishop）法，亦可采用其他成熟的方法。当采用瑞典条分法进行坝体抗滑移地震稳定性验算时，应符合本规范附录M的规定。

23.2.12 采用瑞典圆弧法进行地震稳定分析时，坝坡抗滑移安全系数不应小于表23.2.12的规定。采用简化毕肖普法计算时，其最小安全系数值应提高5‰～10‰。

表 23.2.12　地震稳定性最小安全系数值

尾矿坝的抗震等级	二级	三级	四级、五级
最小安全系数	1.15	1.10	1.05

23.3 抗震构造措施

23.3.1 上游法筑坝的外坡坡度不宜大于14°。

23.3.2 尾矿坝的干滩长度不应小于坝体高度，且不应小于40m。

23.3.3 一级、二级、三级尾矿坝下游坡面浸润线埋深不宜小于6m，四级、五级尾矿坝不宜小于4m。

23.3.4 提高尾矿坝地震稳定性时，可采取下列抗震构造措施：

　　1 控制尾矿坝的上升速度。

　　2 放缓下游坝坡的坡度。

　　3 在坝基和坝体内部设置排渗设施。

　　4 在下游坝坡设置排渗井等设施。

　　5 在坝的下游坡面增设反压体。

　　6 采用加密法加固下游坝坡和沉积滩。

23.3.5 一级、二级、三级的尾矿坝，应设置坝体变形和浸润线等监测装置。

24 索 道 支 架

24.1 一 般 规 定

24.1.1 本章适用于单线、双线循环式货运索道支架和单线循环式、双线往复式客运索道支架的抗震设计。

24.1.2 索道支架宜采用钢结构，下列情况不宜采用钢筋混凝土结构：

　　1 支架高度大于15m。

　　2 8度Ⅲ、Ⅳ类场地或9度。

24.1.3 索道支架的地基和基础应符合本规范第4章的有关规定。

24.2 计 算 要 点

24.2.1 索道支架应按本规范第5章多遇地震确定地震影响系数，并进行地震作用和作用效应计算。

24.2.2 索道支架采用底部剪力法和振型分解反应谱法进行抗震计算时，应符合本规范第5章的有关规定。

24.2.3 索道支架进行抗震计算时，钢筋混凝土支架的结构阻尼比可取0.05，钢支架的结构阻尼比可取0.03。

24.2.4 计算地震作用时，索道支架重力荷载代表值应按本规范第5.1.4条的规定执行，其竖向可变荷载的组合值系数应按下列规定采用：

1 货车或客车的活荷载应取1.0。

2 操作台面活荷载应取0.5，按实际情况计算时应取1.0。

3 雪荷载应取0.5。

24.2.5 沿索道方向和垂直于索道方向应分别计算支架的水平地震作用，并应进行抗震验算。

24.2.6 支架的纵向水平地震作用，对单线索道可不计入索系对支架的影响；对双线索道，可将承载索的自重集于支架顶部计算。

24.2.7 计算支架的横向水平地震作用时，应按不计入索系影响计算结果的80%和计入索系影响的计算结果的较大值采用。

24.2.8 支架计入索系影响的横向水平地震作用计算应符合下列规定：

1 支架结构可简化为单质点体系，索系及其上的货车或客车可简化为悬吊于支架顶端的单摆系统（图24.2.8）。

2 在支架顶部集中的重力荷载代表值，应取支架结构构件自重标准值的50%、固定设备自重标准值和竖向可变荷载的组合值之和。

3 索系的重力荷载代表值应取支架两侧跨间钢索自重标准值和竖向可变荷载的组合值之和的1/2。

4 计入索系影响的支架横向水平地震作用和作用效应，应按本规范第5.2.2条的规定计算。其中结构体系的横向自振周期和各振型的水平相对位移应按下列公式计算：

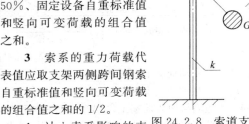

图24.2.8 索道支架横向计算简图

1）结构体系的横向自振周期：

$$T_j = \frac{2\pi}{\omega_j} \quad (j=1, 2) \quad (24.2.8\text{-}1)$$

$$\omega_{1,2} = \sqrt{\frac{g(Kl+G_1+G_2)}{2G_1l}\left(1\mp\sqrt{1-4KlG_1/(Kl+G_1+G_2)^2}\right)}$$
$$(24.2.8\text{-}2)$$

$$l = \frac{2}{3}\left(\frac{G_{2l}f_l + G_{2r}f_r}{G_{2l} + G_{2r}}\right) \quad (24.2.8\text{-}3)$$

式中：T_j——结构体系j振型的横向自振周期（s）；

ω_j——结构体系j振型的横向自振圆频率（s^{-1}）；

$\omega_{1,2}$——结构体系第一、第二振型的横向自振圆频率（s^{-1}）；

K——支架的横向侧移刚度（N/m）；

l——索系等效摆长（m）；

G_1、G_2——分别为支架和索系的总重力荷载代表值；

G_{2l}、G_{2r}——分别为支架两侧索系的总重力荷载代表值（N）；

f_l、f_r——分别为支架两侧索系的垂度（m）；

g——重力加速度（m/s^2）。

2）结构体系横向各振型的质点水平相对位移：

$$X_{11}=1；\quad X_{12}=\frac{K-\omega_1^2 G_1/g}{G_2/l} \quad (24.2.8\text{-}4)$$

$$X_{21}=1；\quad X_{22}=\frac{K-\omega_2^2 G_1/g}{G_2/l} \quad (24.2.8\text{-}5)$$

式中：X_{11}、X_{22}——分别为结构第一振型质点1和第二振型质点2的水平相对位移；

X_{12}、X_{21}——分别为结构第一振型质点2和第二振型质点1的水平相对位移。

24.2.9 8度和9度时，应计入索系竖向地震作用对支架的影响，竖向地震作用标准值可采用索系总重力荷载代表值乘以竖向地震作用系数，竖向地震作用系数可按本规范表5.3.2采用。

24.2.10 8度和9度时，支架的水平地震作用效应应分别乘以1.05和1.10的增大系数。

24.2.11 支架的地震作用标准值效应与其他荷载效应的基本组合应按下式计算：

$$S = \gamma_G S_{GE} + \gamma_{Eh} S_{Ek} + \gamma_{Ev} S_{Evk}$$
$$+ \gamma_w \psi_w S_{wk} + \gamma_t \psi_t S_{tk}$$
$$+ \gamma_q \psi_q S_{qk} \quad (24.2.11)$$

式中：γ_q——索系作用的分项系数，应取1.4；

ψ_q——索系作用的组合值系数，应取1.0；

S_{qk}——索系作用效应。

24.3 抗震构造措施

24.3.1 7度～9度时，钢支架立柱的长细比不宜大于$60\sqrt{235/f_y}$，腹杆的长细比不宜大于$80\sqrt{235/f_y}$。6度时，钢支架各杆件的长细比均不宜大于$120\sqrt{235/f_y}$。

24.3.2 钢筋混凝土支架的混凝土强度等级不应低于C30。

24.3.3 钢支架应符合本规范第7章有关框架抗震构造措施的规定。

24.3.4 钢筋混凝土单柱支架应符合下列规定：

1 6度、7度及8度Ⅰ、Ⅱ的类场地，且支架高度不大于10m时，应符合本规范第6章钢筋混凝土框架抗震等级二级有关柱的抗震构造措施要求。

2 8度Ⅰ、Ⅱ类场地且支架高度大于10m但不大于15m时，应符合本规范第6章钢筋混凝土框架抗震等级一级有关柱的抗震构造措施要求。

3 7度、8度时，支架柱的箍筋宜全高加密。

24.3.5 格构式钢支架的横隔设置应符合下列规定：

1 支架坡度改变处应设置横隔。

2 8度时，横隔间距不应大于2个节间的高度，且不应大于12m；9度时，横隔间距不应大于1个节间的高度，且不应大于6m。

25 挡土结构

25.1 一般规定

25.1.1 本章适用于重力式挡土墙和浅埋式刚性边墙的抗震设计。

25.1.2 重力式挡土墙和浅埋式刚性边墙可采用拟静力法进行抗震计算。

25.1.3 9度且高度超过15m的重力式挡土墙应进行专门研究和论证。

25.2 地震土压力计算

25.2.1 墙体与墙后填土之间不产生相对位移的重力式挡土墙，可采用中性状态时的地震土压力，其合力和合力作用点的高度可分别按下列公式计算：

$$E_0 = \frac{1}{2}\gamma H^2 K_E \qquad (25.2.1\text{-}1)$$

$$K_E = \frac{2\cos^2(\phi-\beta-\theta)}{\cos^2(\phi-\beta-\theta)+\cos\theta\cos^2\beta\cos(\delta_0+\beta+\theta)\left[1+\sqrt{\frac{\sin(\phi+\delta_0)\,\sin(\phi-\alpha-\theta)}{\cos(\delta_0+\beta+\theta)\,\cos(\beta-\alpha)}}\right]^2}$$

$$(25.2.1\text{-}2)$$

$$h = \frac{H}{3}(2-\cos\theta) \qquad (25.2.1\text{-}3)$$

式中：E_0——中性状态时的地震土压力合力；

$\quad K_E$——中性状态时的地震土压力系数；

$\quad \theta$——挡土墙的地震角，可按表25.2.1取值；

$\quad h$——地震土压力合力作用点距墙踵的高度；

$\quad H$——挡土墙后填土的高度；

$\quad \gamma$——墙后填土的重度；

$\quad \phi$——墙后填土的有效内摩擦角；

$\quad \delta_0$——中性状态时的墙背摩擦角，可取实际墙背摩擦角的半值，或取墙后填土ϕ值的1/6；

$\quad \alpha$——墙后填土表面与水平面的夹角；

$\quad \beta$——墙背面与铅锤面的夹角。

表25.2.1 挡土墙的地震角 θ

类别	7度		8度		9度
	0.10g	0.15g	0.20g	0.30g	0.40g
水上	1.5°	2.3°	3.0°	4.5°	6°
水下	2.5°	3.8°	5.0°	7.5°	10°

25.2.2 墙体可能产生侧向位移的重力式挡土墙，可采用主动地震土压力，其合力可按下列公式计算：

$$E_a = \frac{1}{2}\gamma H^2 K_{Ea} \qquad (25.2.2\text{-}1)$$

$$K_{Ea} = \frac{\cos^2(\phi-\beta-\theta)}{\cos\theta\cos^2\beta\cos(\beta+\delta+\theta)\left[1+\sqrt{\frac{\sin(\phi+\delta)\,\sin(\phi-\alpha-\theta)}{\cos(\beta+\delta+\theta)\,\cos(\beta-\alpha)}}\right]^2}$$

$$(25.2.2\text{-}2)$$

式中：E_a——主动地震土压力合力；

$\quad K_{Ea}$——主动地震土压力系数；

$\quad \delta$——墙背摩擦角，可根据墙背的粗糙程度，在$(1/3\sim1/2)\phi$范围取值；合力作用点的位置可按本规范式（25.2.1-3）确定。

25.2.3 埋深不大于10m的浅埋式刚性边墙，地震时作用在结构两侧边墙上的土压力（含静土压力），一侧应为主动地震土压力，另一侧应为被动地震土压力，其各侧的合力可分别按下列公式计算。地震土压力合力作用点的位置可按本规范式（25.2.1-3）确定。

$$P_a = \frac{1}{2}\gamma H^2 \frac{\cos^2(\phi+\theta)}{\cos\theta\cos(\delta-\theta)\left[1+\sqrt{\frac{\sin(\phi+\delta)\,\sin(\phi+\theta)}{\cos(\delta-\theta)}}\right]^2}$$

$$(25.2.3\text{-}1)$$

$$P_p = \frac{1}{2}\gamma H^2 \frac{4\cos^2(\phi-\theta)}{3\cos^2(\phi-\theta)+\cos\theta\cos(\delta+\theta)\left[1+\sqrt{\frac{\sin(\phi+\delta)\,\sin(\phi-\theta)}{\cos(\delta+\theta)}}\right]^2}$$

$$(25.2.3\text{-}2)$$

式中：P_a——主动地震土压力合力；

$\quad P_p$——被动地震土压力合力。

25.2.4 当边墙与均质地基土之间产生相对位移时，可采用本规范附录N的方法计算地震土压力$p(z)$的大小及沿刚性边墙深度的分布。

25.3 计算要点

25.3.1 重力式挡土墙在地震作用下的抗滑移稳定性和抗倾覆稳定性应进行验算，其抗滑移稳定性的安全系数不应小于1.1，抗倾覆稳定性的安全系数不应小于1.2。

25.3.2 重力式挡土墙的整体滑动稳定性验算可采用圆弧滑动面法。

25.3.3 重力式挡土墙的地基承载力验算除应符合本规范第4.2节的规定外，基底合力的偏心距不应大于基础宽度的0.25倍。

25.4 抗震构造措施

25.4.1 挡土墙的后填土应采取排水措施，可采用点排水、线排水或面排水。

25.4.2 8度和9度时，重力式挡土墙不得采用干砌片石砌筑。7度时，挡土墙可采用干砌片石砌筑，但墙高不应大于3m。

25.4.3 邻近甲、乙、丙类构筑物的重力式挡土墙，不应采用干砌片（块）石砌筑。

25.4.4 浆砌片（块）石重力式挡土墙的高度，8度时不宜超过 12m，9度时不宜超过 10m；超过 10m时，应采用混凝土整体浇筑。

25.4.5 混凝土重力式挡土墙的施工缝和衡重式挡土墙的转折截面处应设置榫头或采用短钢筋连接，榫头的面积不应小于总截面面积的 20%。

25.4.6 同类土层上建造的重力式挡土墙，伸缩缝间距不宜大于 15m。在地基土质或墙高变化较大处应设置沉降缝。

25.4.7 挡土墙的基础不应直接设在液化土或软土地基上。不可避免时，可采用换土、加大基底面积或采取砂桩、碎石桩等地基加固措施。当采用桩基时，桩尖应伸入稳定土层。

附录 A 我国主要城镇抗震设防烈度、设计基本地震加速度和设计地震分组

A.0.1 本附录仅提供我国抗震设防区各县级及县级以上城镇的中心地区构筑物抗震设计时所采用的抗震设防烈度、设计基本地震加速度值和所属的设计地震分组。

A.0.2 首都和直辖市的抗震设防烈度、设计基本地震加速度值和所属的设计地震分组应符合下列规定：

1 抗震设防烈度为 8 度，设计基本地震加速度值为 0.20g：

第一组：北京（东城、西城、朝阳、丰台、石景山、海淀、房山、通州、顺义、大兴、平谷），延庆；天津（汉沽），宁河。

2 抗震设防烈度为 7 度，设计基本地震加速度值为 0.15g：

第二组：北京（昌平、门头沟、怀柔），密云；天津（和平、河东、河西、南开、河北、红桥、塘沽、东丽、西青、津南、北辰、武清、宝坻），蓟县，静海。

3 抗震设防烈度为 7 度，设计基本地震加速度值为 0.10g：

第一组：上海（黄浦、徐汇、长宁、静安、普陀、闸北、虹口、杨浦、闵行、宝山、嘉定、浦东、松江、青浦、奉贤）；

第二组：天津（大港）。

4 抗震设防烈度为 6 度，设计基本地震加速度值为 0.05g：

第一组：上海（金山），崇明；重庆（渝中、大渡口、江北、沙坪坝、九龙坡、南岸、北碚、万盛、双桥、渝北、巴南、万州、涪陵、黔江、长寿、江津、合川、永川、南川），巫山、奉节、云阳、忠县、丰都、璧山、铜梁、大足、荣昌、綦江、石柱、巫溪*。

注：*指该城镇的中心位于本设防区和较低设防区的分界线，下同。

A.0.3 河北省的抗震设防烈度、设计基本地震加速度值和所属的设计地震分组应符合下列规定：

1 抗震设防烈度为 8 度，设计基本地震加速度值为 0.20g：

第一组：唐山（路北、路南、古冶、开平、丰润、丰南），三河，大厂，香河，怀来，涿鹿；

第二组：廊坊（广阳、安次）。

2 抗震设防烈度为 7 度，设计基本地震加速度值为 0.15g：

第一组：邯郸（丛台、邯山、复兴、峰峰矿区），任丘，河间，大城，滦县，蔚县，磁县，宣化县，张家口（下花园、宣化区），宁晋*；

第二组：涿州，高碑店，涞水，固安，永清，文安，玉田，迁安，卢龙，滦南，唐海，乐亭，阳原，邯郸县，大名，临漳，成安。

3 抗震设防烈度为 7 度，设计基本地震加速度值为 0.10g：

第一组：张家口（桥西、桥东），万全，怀安，安平，饶阳，晋州，深州，辛集，赵县，隆尧，任县，南和，新河，肃宁，柏乡；

第二组：石家庄（长安、桥东、桥西、新华、裕华、井陉矿区），保定（新市、北市、南市），沧州（运河、新华），邢台（桥东、桥西），衡水，霸州，雄县，易县，沧县，张北，兴隆，迁西，抚宁，昌黎，青县，献县，广宗，平乡，鸡泽，曲周，肥乡，馆陶，广平，高邑，内丘，邢台县，武安，涉县，赤城，定兴，容城，徐水，安新，高阳，博野，蠡县，深泽，魏县，藁城，栾城，武强，冀州，巨鹿，沙河，临城，泊头，永年，崇礼，南宫*；

第三组：秦皇岛（海港、北戴河），清苑，遵化，安国，涞源，承德（鹰手营子*）。

4 抗震设防烈度为 6 度，设计基本地震加速度值为 0.05g：

第一组：围场，沽源；

第二组：正定，尚义，无极，平山，鹿泉，井陉县，元氏，南皮，吴桥，景县，东光；

第三组：承德（双桥、双滦），秦皇岛（山海关），承德县，隆化，宽城，青龙，阜平，满城，顺平，唐县，望都，曲阳，定州，行唐，赞皇，黄骅，海兴，孟村，盐山，阜城，故城，清河，新乐，武邑，枣强，威县，丰宁，滦平，平泉，临西，灵寿，邱县。

A.0.4 山西省的抗震设防烈度、设计基本地震加速度值和所属的设计地震分组应符合下列规定：

1 抗震设防烈度为 8 度，设计基本地震加速度值为 0.20g：

第一组：太原（杏花岭、小店、迎泽、尖草坪、万柏林、晋源），晋中，清徐，阳曲，忻州，定襄，原平，介休，灵石，汾西，代县，霍州，古县，洪

洞，临汾，襄汾，浮山，永济；

第二组：祁县，平遥，太谷。

2 抗震设防烈度为7度，设计基本地震加速度值为0.15g：

第一组：大同（城区、矿区、南郊），大同县，怀仁，应县，繁峙，五台，广灵，灵丘，芮城，翼城；

第二组：朔州（朔城区），浑源，山阴，古交，交城，文水，汾阳，孝义，曲沃，侯马，新绛，稷山，绛县，河津，万荣，闻喜，临猗，夏县，运城，平陆，沁源*，宁武*。

3 抗震设防烈度为7度，设计基本地震加速度值为0.10g：

第一组：阳高，天镇；

第二组：大同（新荣），长治（城区、郊区），阳泉（城区、矿区、郊区），长治县，左云，右玉，神池，寿阳，昔阳，安泽，平定，和顺，乡宁，垣曲，黎城，潞城，壶关；

第三组：平顺，榆社，武乡，娄烦，交口，隰县，蒲县，吉县，静乐，陵川，盂县，沁水，沁县，沁水，朔州（平鲁）。

4 抗震设防烈度为6度，设计基本地震加速度值为0.05g：

第三组：偏关，河曲，保德，兴县，临县，方山，柳林，五寨，岢岚，岚县，中阳，石楼，永和，大宁，晋城，吕梁，左权，襄垣，屯留，长子，高平，阳城，泽州。

A.0.5 内蒙古自治区的抗震设防烈度、设计基本地震加速度值和所属的设计地震分组应符合下列规定：

1 抗震设防烈度为8度，设计基本地震加速度值为0.30g：

第一组：土墨特右旗，达拉特旗*。

2 抗震设防烈度为8度，设计基本地震加速度值为0.20g：

第一组：呼和浩特（新城、回民、玉泉、赛罕），包头（昆都仑、东河、青山、九原），乌海（海勃湾、海南、乌达），土墨特左旗，杭锦后旗，磴口，宁城；

第二组：包头（石拐），托克托*。

3 抗震设防烈度为7度，设计基本地震加速度值为0.15g：

第一组：赤峰（红山*，元宝山区），喀喇沁旗，巴彦卓尔，五原，乌拉特前旗，凉城；

第二组：固阳，武川，和林格尔；

第三组：阿拉善左旗。

4 抗震设防烈度为7度，设计基本地震加速度值为0.10g：

第一组：赤峰（松山区），察右前旗，开鲁，敖汉旗，扎兰屯，通辽*；

第二组：清水河，乌兰察布，卓资，丰镇，乌特拉后旗，乌特拉中旗；

第三组：鄂尔多斯，准格尔旗。

5 抗震设防烈度为6度，设计基本地震加速度值为0.05g：

第一组：满洲里，新巴尔虎右旗，莫力达瓦旗，阿荣旗，扎赉特旗，翁牛特旗，商都，乌审旗，科左中旗，科左后旗，奈曼旗，库伦旗，苏尼特右旗；

第二组：兴和，察右后旗；

第三组：达尔罕茂明安联合旗，阿拉善右旗，鄂托克旗，鄂托克前旗，包头（白云矿区），伊金霍洛旗，杭锦旗，四王子旗，察右中旗。

A.0.6 辽宁省的抗震设防烈度、设计基本地震加速度值和所属的设计地震分组应符合下列规定：

1 抗震设防烈度为8度，设计基本地震加速度值为0.20g：

第一组：普兰店，东港。

2 抗震设防烈度为7度，设计基本地震加速度值为0.15g：

第一组：营口（站前、西市、鲅鱼圈、老边），丹东（振兴、元宝、振安），海城，大石桥，盖州，大连（金州）。

3 抗震设防烈度为7度，设计基本地震加速度值为0.10g：

第一组：沈阳（沈河、和平、大东、皇姑、铁西、苏家屯、东陵、沈北、于洪），鞍山（铁东、铁西、立山、千山），朝阳（双塔、龙城），辽阳（白塔、文圣、宏伟、弓长岭、太子河），抚顺（新抚、东洲、望花），铁岭（银州、清河），盘锦（兴隆台、双台子），盘山，朝阳县，辽阳县，铁岭县，北票，建平，开原，抚顺县*，灯塔，台安，辽中，大洼；

第二组：大连（西岗、中山、沙河口、甘井子、旅顺），岫岩，凌源。

4 抗震设防烈度为6度，设计基本地震加速度值为0.05g：

第一组：本溪（平山、溪湖、明山、南芬），阜新（细河、海州、新邱、太平、清河门），葫芦岛（龙港、连山），昌图，西丰，法库，彰武，调兵山，阜新县，康平，新民，黑山，北宁，义县，宽甸，庄河，长海，抚顺（顺城）；

第二组：锦州（太和、古塔、凌河），凌海，凤城，喀喇沁左翼；

第三组：兴城，绥中，建昌，葫芦岛（南票）。

A.0.7 吉林省的抗震设防烈度、设计基本地震加速度值和所属的设计地震分组应符合下列规定：

1 抗震设防烈度为8度，设计基本地震加速度值为0.20g：

前郭尔罗斯，松原。

2 抗震设防烈度为7度，设计基本地震加速度值为0.15g：

大安*。

3 抗震设防烈度为 7 度，设计基本地震加速度值为 0.10g：

长春（难关、朝阳、宽城、二道、绿园、双阳），吉林（船营、龙潭、昌邑、丰满），白城，乾安，舒兰，九台，永吉*。

4 抗震设防烈度为 6 度，设计基本地震加速度值为 0.05g：

四平（铁西、铁东），辽源（龙山、西安），镇赍，洮南，延吉，汪清，图们，珲春，龙井，和龙，安图，蛟河，桦甸，梨树，磐石，东丰，辉南，梅河口，东辽，榆树，靖宇，抚松，长岭，德惠，农安，伊通，公主岭，扶余，通榆*。

注：全省县级及县级以上设防城镇，设计地震分组均为第一组。

A.0.8 黑龙江省的抗震设防烈度、设计基本地震加速度值和所属的设计地震分组应符合下列规定：

1 抗震设防烈度为 7 度，设计基本地震加速度值为 0.10g：

绥化，萝北，泰来。

2 抗震设防烈度为 6 度，设计基本地震加速度值为 0.05g：

哈尔滨（松北、道里、南岗、道外、香坊、平房、呼兰、阿城），齐齐哈尔（建华、龙沙、铁锋、昂昂溪、富拉尔基、梅里斯、碾子山），大庆（萨尔图、龙凤、让胡路、大同、红岗），鹤岗（向阳、兴山、工农、南山、兴安、东山），牡丹江（东安、爱民、阳明、西安），鸡西（鸡冠、恒山、滴道、梨树、城子河、麻山），佳木斯（前进、向阳、东风、郊区），七台河（桃山、新兴、茄子河），伊春（伊春区、乌马、友好），鸡东，望奎，穆棱，绥芬河，东宁，宁安，五大连池，嘉荫，汤原，桦南，桦川，依兰，勃利，通河，方正，木兰，巴彦，延寿，尚志，宾县，安达，明水，绥棱，庆安，兰西，肇东，肇州，双城，五常，讷河，北安，甘南，富裕，龙江，黑河，肇源，青冈*，海林*。

注：全省县级及县级以上设防城镇，设计地震分组均为第一组。

A.0.9 江苏省的抗震设防烈度、设计基本地震加速度值和所属的设计地震分组应符合下列规定：

1 抗震设防烈度为 8 度，设计基本地震加速度值为 0.30g：

第一组：宿迁（宿城、宿豫*）。

2 抗震设防烈度为 8 度，设计基本地震加速度值为 0.20g：

第一组：新沂，邳州，睢宁。

3 抗震设防烈度为 7 度，设计基本地震加速度值为 0.15g：

第一组：扬州（维扬、广陵、邗江），镇江（京口、润州），泗洪，江都；

第二组：东海，沭阳，大丰。

4 抗震设防烈度为 7 度，设计基本地震加速度值为 0.10g：

第一组：南京（玄武、白下、秦淮、建邺、鼓楼、下关、浦口、六合、栖霞、雨花台、江宁），常州（新北、钟楼、天宁、戚墅堰、武进），泰州（海陵、高港），江浦，东台，海安，姜堰，如皋，扬中，仪征，兴化，高邮，六合，句容，丹阳，金坛，镇江（丹徒），溧阳，溧水，昆山，太仓；

第二组：徐州（云龙、鼓楼、九里、贾汪、泉山），铜山，沛县，淮安（清河、青浦、淮阴），盐城（亭湖、盐都），泗阳，盱眙，射阳，赣榆，如东；

第三组：连云港（新浦、连云、海州），灌云。

5 抗震设防烈度为 6 度，设计基本地震加速度值为 0.05g：

第一组：无锡（崇安、南长、北塘、滨湖、惠山），苏州（金闾、沧浪、平江、虎丘、吴中、相成），宜兴，常熟，吴江，泰兴，高淳；

第二组：南通（崇川、港闸），海门，启东，通州，张家港，靖江，江阴，无锡（锡山），建湖，洪泽，丰县；

第三组：响水，滨海，阜宁，宝应，金湖，灌南，涟水，楚州。

A.0.10 浙江省的抗震设防烈度、设计基本地震加速度值和所属的设计地震分组应符合下列规定：

1 抗震设防烈度为 7 度，设计基本地震加速度值为 0.10g：

第一组：岱山，嵊泗，舟山（定海、普陀），宁波（北仑、镇海）。

2 抗震设防烈度为 6 度，设计基本地震加速度值为 0.05g：

第一组：杭州（拱墅、上城、下城、江干、西湖、滨江、余杭、萧山），宁波（海曙、江东、江北、鄞州），湖州（吴兴、南浔），嘉兴（南湖、秀洲），温州（鹿城、龙湾、瓯海），绍兴，绍兴县，长兴，安吉，临安，奉化，象山，德清，嘉善，平湖，海盐，桐乡，海宁，上虞，慈溪，余姚，富阳，平阳，苍南，乐清，永嘉，泰顺，景宁，云和，洞头；

第二组：庆元，瑞安。

A.0.11 安徽省的抗震设防烈度、设计基本地震加速度值和所属的设计地震分组应符合下列规定：

1 抗震设防烈度为 7 度，设计基本地震加速度值为 0.15g：

第一组：五河，泗县。

2 抗震设防烈度为 7 度，设计基本地震加速度值为 0.10g：

第一组：合肥（蜀山、庐阳、瑶海、包河），蚌埠（蚌山、龙子湖、禹会、淮山），阜阳（颍州、颍东、颍泉），淮南（田家庵、大通），枞阳，怀远，长丰，六安（金安、裕安），固镇，凤阳，明光，定远，肥东，肥西，舒城，庐江，桐城，霍山，涡阳，安庆（大观、迎江、宜秀），铜陵县*；

第二组：灵璧。

3 抗震设防烈度为 6 度，设计基本地震加速度值为 0.05g：

第一组：铜陵（铜官山、狮子山、郊区），淮南（谢家集、八公山、潘集），芜湖（镜湖、戈江、三江、鸠江），马鞍山（花山、雨山、金家庄），芜湖县，界首，太和，临泉，阜南，利辛，凤台，寿县，颍上，霍邱，金寨，含山，和县，当涂，无为，繁昌，池州，岳西，潜山，太湖，怀宁，望江，东至，宿松，南陵，宣城，郎溪，广德，泾县，青阳，石台；

第二组：滁州（琅琊、南谯），来安，全椒，砀山，萧县，蒙城，亳州，巢湖，天长；

第三组：濉溪，淮北，宿州。

A.0.12 福建省的抗震设防烈度、设计基本地震加速度值和所属的设计地震分组应符合下列规定：

1 抗震设防烈度为 8 度，设计基本地震加速度值为 0.20g：

第二组：金门*。

2 抗震设防烈度为 7 度，设计基本地震加速度值为 0.15g：

第一组：漳州（芗城、龙文），东山，诏安，龙海；

第二组：厦门（思明、海沧、湖里、集美、同安、翔安），晋江，石狮，长泰，漳浦；

第三组：泉州（丰泽、鲤城、洛江、泉港）。

3 抗震设防烈度为 7 度，设计基本地震加速度值为 0.10g：

第二组：福州（鼓楼、台江、仓山、晋安），华安，南靖，平和，云霄；

第三组：莆田（城厢、涵江、荔城、秀屿），长乐，福清，平潭，惠安，南安，安溪，福州（马尾）。

4 抗震设防烈度为 6 度，设计基本地震加速度值为 0.05g：

第一组：三明（梅列、三元），屏南，霞浦，福鼎，福安，柘荣，寿宁，周宁，松溪，宁德，古田，罗源，沙县，尤溪，闽清，闽侯，南平，大田，漳平，龙岩，泰宁，宁化，长汀，武平，建宁，将乐，明溪，清流，连城，上杭，永安，建瓯；

第二组：政和，永定；

第三组：连江，永泰，德化，永春，仙游，马祖。

A.0.13 江西省的抗震设防烈度、设计基本地震加速度值和所属的设计地震分组应符合下列规定：

1 抗震设防烈度为 7 度，设计基本地震加速度值为 0.10g：

寻乌，会昌。

2 抗震设防烈度为 6 度，设计基本地震加速度值为 0.05g：

南昌（东湖、西湖、青云谱、湾里、青山湖），南昌县，九江（浔阳、庐山），九江县，进贤，余干，彭泽，湖口，星子，瑞昌，德安，都昌，武宁，修水，靖安，铜鼓，宜丰，宁都，石城，瑞金，安远，定南，龙南，全南，大余。

注：全省县级及县级以上设防城镇，设计地震分组均为第一组。

A.0.14 山东省的抗震设防烈度、设计基本地震加速度值和所属的设计地震分组应符合下列规定：

1 抗震设防烈度为 8 度，设计基本地震加速度值为 0.20g：

第一组：郯城，临沭，莒南，莒县，沂水，安丘，阳谷，临沂（河东）。

2 抗震设防烈度为 7 度，设计基本地震加速度值为 0.15g：

第一组：临沂（兰山、罗庄），青州，临朐，菏泽，东明，聊城，莘县，鄄城；

第二组：潍坊（奎文、潍城、寒亭、坊子），苍山，沂南，昌邑，昌乐，诸城，五莲，长岛，蓬莱，龙口，枣庄（台儿庄），淄博（临淄*），寿光*。

3 抗震设防烈度为 7 度，设计基本地震加速度值为 0.10g：

第一组：烟台（莱山、芝罘、牟平），威海，文登，高唐，茌平，定陶，成武；

第二组：烟台（福山），枣庄（薛城、市中、峄城、山亭*），淄博（张店、淄川、周村），平原，东阿，平阴，梁山，郓城，巨野，曹县，广饶，博兴，高青，桓台，蒙阴，费县，微山，禹城，冠县，单县*，夏津*，莱芜（莱城*、钢城）；

第三组：东营（东营、河口），日照（东港、岚山），沂源，招远，新泰，栖霞，莱州，平度，高密，垦利，淄博（博山），滨州*，平邑*。

4 抗震设防烈度为 6 度，设计基本地震加速度值为 0.05g：

第一组：荣成；

第二组：德州，宁阳，曲阜，邹城，鱼台，乳山，兖州；

第三组：济南（市中、历下、槐荫、天桥、历城、长清），青岛（市南、市北、四方、黄岛、崂山、城阳、李沧），泰安（泰山、岱岳），济宁（市中、任城），乐陵，庆云，无棣，阳信，宁津，沾化，利津，武城，惠民，商河，临邑，济阳，齐河，章丘，泗水，莱阳，海阳，金乡，滕州，莱西，即墨，胶南，胶州，东平，汶上，嘉祥，临清，肥城，陵县，邹平。

A.0.15 河南省的抗震设防烈度、设计基本地震加速度值和所属的设计地震分组应符合下列规定：

1 抗震设防烈度为 8 度，设计基本地震加速度值为 0.20g：

第一组：新乡（卫滨、红旗、凤泉、牧野），新乡县，安阳（北关、文峰、殷都、龙安），安阳县，淇县，卫辉，辉县，原阳，延津，获嘉，范县；

第二组：鹤壁（淇滨、山城*、鹤山*），汤阴。

2 抗震设防烈度为 7 度，设计基本地震加速度值为 0.15g：

第一组：台前，南乐，陕县，武陟；

第二组：郑州（中原、二七、管城、金水、惠济），濮阳，濮阳县，长垣，封丘，修武，内黄，浚县，滑县，清丰，灵宝，三门峡，焦作（马村*），林州*。

3 抗震设防烈度为 7 度，设计基本地震加速度值为 0.10g：

第一组：南阳（卧龙、宛城），新密，长葛，许昌*，许昌县*；

第二组：郑州（上街），新郑，洛阳（西工、老城、瀍河、涧西、吉利、洛龙*），焦作（解放、山阳、中站），开封（鼓楼、龙亭、顺河、禹王台、金明），开封县，民权，兰考，孟州，孟津，巩义，偃师，沁阳，博爱，济源，荥阳，温县，中牟，杞县*。

4 抗震设防烈度为 6 度，设计基本地震加速度值为 0.05g：

第一组：信阳（浉河、平桥），漯河（郾城、源汇、召陵），平顶山（新华、卫东、湛河、石龙），汝阳，禹州，宝丰，鄢陵，扶沟，太康，鹿邑，郸城，沈丘，项城，淮阳，周口，商水，上蔡，临颍，西华，西平，栾川，内乡，镇平，唐河，邓州，新野，社旗，平舆，新县，驻马店，泌阳，汝南，桐柏，淮滨，息县，正阳，遂平，光山，罗山，潢川，商城，固始，南召，叶县*，舞阳*；

第二组：商丘（梁园、睢阳），义马，新安，襄城，郏县，嵩县，宜阳，伊川，登封，柘城，尉氏，通许，虞城，夏邑，宁陵；

第三组：汝州，睢县，永城，卢氏，洛宁，渑池。

A.0.16 湖北省的抗震设防烈度、设计基本地震加速度值和所属的设计地震分组应符合下列规定：

1 抗震设防烈度为 7 度，设计基本地震加速度值为 0.10g：

竹溪，竹山，房县。

2 抗震设防烈度为 6 度，设计基本地震加速度值为 0.05g：

武汉（江岸、江汉、硚口、汉阳、武昌、青山、洪山、东西湖、汉南、蔡甸、江夏、黄陂、新洲），荆州（沙市、荆州），荆门（东宝、掇刀），襄樊（襄城、樊城、襄阳），十堰（茅箭、张湾），宜昌（西陵、伍家岗、点军、猇亭、夷陵），黄石（下陆、黄石港、西塞山、铁山），恩施，咸宁，麻城，团风，罗田，英山，黄冈，鄂州，浠水，蕲春，黄梅，武穴，郧西，郧县，丹江口，谷城，老河口，宜城，南漳，保康，神农架，钟祥，沙洋，远安，兴山，巴东，秭归，当阳，建始，利川，公安，宣恩，咸丰，长阳，嘉鱼，大冶，宜都，枝江，松滋，江陵，石首，监利，洪湖，孝感，应城，云梦，天门，仙桃，红安，安陆，潜江，通山，赤壁，崇阳，通城，五峰*，京山*。

注：全省县级及县级以上设防城镇，设计地震分组均为第一组。

A.0.17 湖南省的抗震设防烈度、设计基本地震加速度值和所属的设计地震分组应符合下列规定：

1 抗震设防烈度为 7 度，设计基本地震加速度值为 0.15g：

常德（武陵、鼎城）。

2 抗震设防烈度为 7 度，设计基本地震加速度值为 0.10g：

岳阳（岳阳楼、君山*），岳阳县，汨罗，湘阴，临澧，澧县，津市，桃源，安乡，汉寿。

3 抗震设防烈度为 6 度，设计基本地震加速度值为 0.05g：

长沙（岳麓、芙蓉、天心、开福、雨花），长沙县，岳阳（云溪），益阳（赫山、资阳），张家界（永定、武陵源），郴州（北湖、苏仙），邵阳（大祥、双清、北塔），邵阳县，泸溪，沅陵，娄底，宜章，资兴，平江，宁乡，新化，冷水江，涟源，双峰，新邵，邵东，隆回，石门，慈利，华容，南县，临湘，沅江，桃江，望城，溆浦，会同，靖州，韶山，江华，宁远，道县，临武，湘乡*，安化*，中方*，洪江*。

注：全省县级及县级以上设防城镇，设计地震分组均为第一组。

A.0.18 广东省的抗震设防烈度、设计基本地震加速度值和所属的设计地震分组应符合下列规定：

1 抗震设防烈度为 8 度，设计基本地震加速度值为 0.20g：

汕头（金平、濠江、龙湖、澄海），潮安，南澳，徐闻，潮州*。

2 抗震设防烈度为 7 度，设计基本地震加速度值为 0.15g：

揭阳，揭东，汕头（潮阳、潮南），饶平。

3 抗震设防烈度为 7 度，设计基本地震加速度值为 0.10g：

广州（越秀、荔湾、海珠、天河、白云、黄埔、番禺、南沙、萝岗），深圳（福田、罗湖、南山、宝安、盐田），湛江（赤坎、霞山、坡头、麻章），汕尾，海丰，普宁，惠来，阳江，阳东，阳西，茂名（茂南、茂港），化州，廉江，遂溪，吴川，丰顺，中山，珠海（香洲、斗门、金湾），电白，雷州，佛山（顺德、南海、禅城*），江门（蓬江、江海、新会）*，陆丰*。

4 抗震设防烈度为 6 度，设计基本地震加速度值为 0.05g：

韶关（浈江、武江、曲江），肇庆（端州、鼎湖），广州（花都），深圳（龙岗），河源，揭西，东源，梅州，东莞，清远，清新，南雄，仁化，始兴，乳源，英德，佛冈，龙门，龙川，平远，从化，梅县，兴宁，五华，紫金，陆河，增城，博罗，惠州（惠城、惠阳），惠东，四会，云浮，云安，高要，佛山（三水、高明），鹤山，封开，郁南，罗定，信宜，新兴，开平，恩平，台山，阳春，高州，翁源，连平，和平，蕉岭，大埔，新丰*。

注：全省县级及县级以上设防城镇，除大埔为设计地震第二组外，均为第一组。

A. 0. 19 广西壮族自治区的抗震设防烈度、设计基本地震加速度值和所属的设计地震分组应符合下列规定：

1 抗震设防烈度为 7 度，设计基本地震加速度值为 0.15g：

灵山，田东。

2 抗震设防烈度为 7 度，设计基本地震加速度值为 0.10g：

玉林，兴业，横县，北流，百色，田阳，平果，隆安，浦北，博白，乐业*。

3 抗震设防烈度为 6 度，设计基本地震加速度值为 0.05g：

南宁（青秀、兴宁、江南、西乡塘、良庆、邕宁），桂林（象山、叠彩、秀峰、七星、雁山），柳州（柳北、城中、鱼峰、柳南），梧州（长洲、万秀、蝶山），钦州（钦南、钦北），贵港（港北、港南），防城港（港口、防城），北海（海城、银海），兴安，灵川，临桂，永福，鹿寨，天峨，东兰，巴马，都安，大化，马山，融安，象州，武宣，桂平，平南，上林，宾阳，武鸣，大新，扶绥，东兴，合浦，钟山，贺州，藤县，苍梧，容县，岑溪，陆川，凤山，凌云，田林，隆林，西林，德保，靖西，那坡，天等，崇左，上思，龙州，宁明，融水，凭祥，全州。

注：全自治区县级及县级以上设防城镇，设计地震分组均为第一组。

A. 0. 20 海南省的抗震设防烈度、设计基本地震加速度值和所属的设计地震分组应符合下列规定：

1 抗震设防烈度为 8 度，设计基本地震加速度值为 0.30g：

海口（龙华、秀英、琼山、美兰）。

2 抗震设防烈度为 8 度，设计基本地震加速度值为 0.20g：

文昌，定安。

3 抗震设防烈度为 7 度，设计基本地震加速度值为 0.15g：

澄迈。

4 抗震设防烈度为 7 度，设计基本地震加速度

值为 0.10g：

临高，琼海，儋州，屯昌。

5 抗震设防烈度为 6 度，设计基本地震加速度值为 0.05g：

三亚，万宁，昌江，白沙，保亭，陵水，东方，乐东，五指山，琼中。

注：全省县级及县级以上设防城镇，除屯昌、琼中为设计地震第二组外，均为第一组。

A. 0. 21 四川省的抗震设防烈度、设计基本地震加速度值和所属的设计地震分组应符合下列规定：

1 抗震设防烈度不低于 9 度，设计基本地震加速度值不小于 0.40g：

第二组：康定，西昌。

2 抗震设防烈度为 8 度，设计基本地震加速度值 0.30g：

第二组：冕宁*。

3 抗震设防烈度为 8 度，设计基本地震加速度值 0.20g：

第一组：茂县，汶川，宝兴；

第二组：松潘，平武，北川（震前），都江堰，道孚，泸定，甘孜，炉霍，喜德，普格，宁南，理塘；

第三组：九寨沟，石棉，德昌。

4 抗震设防烈度为 7 度，设计基本地震加速度值为 0.15g：

第二组：巴塘，德格，马边，雷波，天全，芦山，丹巴，安县，青川，江油，绵竹，什邡，彭州，理县，剑阁*；

第三组：荥经，汉源，昭觉，布拖，甘洛，越西，雅江，九龙，木里，盐源，会东，新龙。

5 抗震设防烈度为 7 度，设计基本地震加速度值为 0.10g：

第一组：自贡（自流井、大安、贡井、沿滩）；

第二组：绵阳（涪城、游仙），广元（利州、元坝、朝天），乐山（市中、沙湾），宜宾，宜宾县，峨边，沐川，屏山，得荣，雅安，中江，德阳，罗江，峨眉山，马尔康；

第三组：成都（青羊、锦江、金牛、武侯、成华、龙泽泉、青白江、新都、温江），攀枝花（东区、西区、仁和），若尔盖，色达，壤塘，石渠，白玉，盐边，米易，乡城，稻城，双流，乐山（金口河、五通桥），名山，美姑，金阳，小金，会理，黑水，金川，洪雅，夹江，邛崃，蒲江，彭山，丹棱，眉山，青神，郫县，大邑，崇州，新津，金堂，广汉。

6 抗震设防烈度为 6 度，设计基本地震加速度值为 0.05g：

第一组：泸州（江阳、纳溪、龙马潭），内江（市中、东兴），宣汉，达州，达县，大竹，邻水，渠县，广安，华蓥，隆昌，富顺，南溪，兴文，叙永，

古蔺，资中，通江，万源，巴中，阆中，仪陇，西充，南部，射洪，大英，乐至，资阳；

第二组：南江，苍溪，旺苍，盐亭，三台，简阳，泸县，江安，长宁，高县，珙县，仁寿，威远；

第三组：犍为，荣县，梓潼，筠连，井研，阿坝，红原。

A.0.22 贵州省的抗震设防烈度、设计基本地震加速度值和所属的设计地震分组应符合下列规定：

1 抗震设防烈度为7度，设计基本地震加速度值为0.10g：

第一组：望谟；

第三组：威宁。

2 抗震设防烈度为6度，设计基本地震加速度值为0.05g：

第一组：贵阳（南明、云岩、花溪、小河、乌当*、白云*），凯里，毕节，安顺，都匀，黄平，福泉，贵定，麻江，清镇，龙里，平坝，纳雍，织金，普定，六枝，镇宁，惠水，长顺，关岭，紫云，罗甸，兴仁，贞丰，安龙，金沙，印江，赤水，习水，思南*；

第二组：六盘水，水城，册亨；

第三组：赫章，普安，晴隆，兴义，盘县。

A.0.23 云南省的抗震设防烈度、设计基本地震加速度值和所属的设计地震分组应符合下列规定：

1 抗震设防烈度不低于9度，设计基本地震加速度值不小于0.40g：

第二组：寻甸，昆明（东川）；

第三组：澜沧。

2 抗震设防烈度为8度，设计基本地震加速度值为0.30g：

第二组：剑川，嵩明，宜良，丽江，玉龙，鹤庆，永胜，潞西，龙陵，石屏，建水；

第三组：耿马，双江，沧源，勐海，西盟，孟连。

3 抗震设防烈度为8度，设计基本地震加速度值为0.20g：

第二组：石林，玉溪，大理，巧家，江川，华宁，峨山，通海，洱源，宾川，弥渡，祥云，会泽，南涧；

第三组：昆明（盘龙、五华、官渡、西山），普洱，保山，马龙，呈贡，澄江，晋宁，易门，漾濞，巍山，云县，腾冲，施甸，瑞丽，梁河，安宁，景洪，永德，镇康，临沧，凤庆*、陇川*。

4 抗震设防烈度为7度，设计基本地震加速度值为0.15g：

第二组：香格里拉，泸水，大关，永善，新平*；

第三组：曲靖，弥勒，陆良，富民，禄劝，武定，兰坪，云龙，景谷，宁洱（原普洱），沾益，个旧，红河，元江，禄丰，双柏，开远，盈江，永平，

昌宁，宁蒗，南华，楚雄，勐腊，华坪，景东*。

5 抗震设防烈度为7度，设计基本地震加速度值为0.10g：

第二组：盐津，绥江，德钦，贡山，水富；

第三组：昭通，彝良，鲁甸，福贡，永仁，大姚，元谋，姚安，牟定，墨江，绿春，镇沅，江城，金平，富源，师宗，泸西，蒙自，元阳，维西，宣威。

6 抗震设防烈度为6度，设计基本地震加速度值为0.05g：

第一组：威信，镇雄，富宁，西畴，麻栗坡，马关；

第二组：广南；

第三组：丘北，砚山，屏边，河口，文山，罗平。

A.0.24 西藏自治区的抗震设防烈度、设计基本地震加速度值和所属的设计地震分组应符合下列规定：

1 抗震设防烈度不低于9度，设计基本地震加速度值不小于0.40g：

第三组：当雄，墨脱。

2 抗震设防烈度为8度，设计基本地震加速度值为0.30g：

第二组：申扎；

第三组：米林，波密。

3 抗震设防烈度为8度，设计基本地震加速度值为0.20g：

第二组：普兰，聂拉木，萨嘎；

第三组：拉萨，堆龙德庆，尼木，仁布，尼玛，洛隆，隆子，错那，曲松，那曲，林芝（八一镇），林周。

4 抗震设防烈度为7度，设计基本地震加速度值为0.15g：

第二组：札达，吉隆，拉孜，谢通门，亚东，洛扎，昂仁；

第三组：日土，江孜，康马，白朗，扎囊，措美，桑日，加查，边坝，八宿，丁青，类乌齐，乃东，琼结，贡嘎，朗县，达孜，南木林，班戈，浪卡子，墨竹工卡，曲水，安多，聂荣，日喀则*、噶尔*。

5 抗震设防烈度为7度，设计基本地震加速度值为0.10g：

第一组：改则；

第二组：措勤，仲巴，定结，芒康；

第三组：昌都，定日，萨迦，岗巴，巴青，工布江达，索县，比如，嘉黎，察雅，左贡，察隅，江达，贡觉。

6 抗震设防烈度为6度，设计基本地震加速度值为0.05g：

第二组：革吉。

A.0.25 陕西省的抗震设防烈度、设计基本地震加

速度值和所属的设计地震分组应符合下列规定：

1 抗震设防烈度为 8 度，设计基本地震加速度值为 0.20g：

第一组：西安（未央、莲湖、新城、碑林、灞桥、雁塔、阎良*、临潼），渭南，华县，华阴，潼关，大荔；

第三组：陇县。

2 抗震设防烈度为 7 度，设计基本地震加速度值为 0.15g：

第一组：咸阳（秦都、渭城），西安（长安），高陵，兴平，周至，户县，蓝田；

第二组：宝鸡（金台、渭滨、陈仓），咸阳（杨凌特区），千阳，岐山，凤翔，扶风，武功，眉县，三原，富平，澄城，蒲城，泾阳，礼泉，韩城，合阳，略阳；

第三组：凤县。

3 抗震设防烈度为 7 度，设计基本地震加速度值为 0.10g：

第一组：安康，平利；

第二组：洛南，乾县，勉县，宁强，南郑，汉中；

第三组：白水，淳化，麟游，永寿，商洛（商州），太白，留坝，铜川（耀州、王益、印台*），柞水*。

4 抗震设防烈度为 6 度，设计基本地震加速度值为 0.05g：

第一组：延安，清涧，神木，佳县，米脂，绥德，安塞，延川，延长，志丹，甘泉，商南，紫阳，镇巴，子长*，子洲*；

第二组：吴旗，富县，旬阳，白河，岚皋，镇坪；

第三组：定边，府谷，吴堡，洛川，黄陵，旬邑，洋县，西乡，石泉，汉阴，宁陕，城固，宜川，黄龙，宜君，长武，彬县，佛坪，镇安，丹凤，山阳。

A.0.26 甘肃省的抗震设防烈度、设计基本地震加速度值和所属的设计地震分组应符合下列规定：

1 抗震设防烈度不低于 9 度，设计基本地震加速度值不小于 0.40g：

第二组：古浪。

2 抗震设防烈度为 8 度，设计基本地震加速度值为 0.30g：

第二组：天水（秦州、麦积），礼县，西和；

第三组：白银（平川区）。

3 抗震设防烈度为 8 度，设计基本地震加速度值为 0.20g：

第二组：宕昌，肃北，陇南，成县，徽县，康县，文县；

第三组：兰州（城关、七里河、西固、安宁），武威，永登，天祝，景泰，靖远，陇西，武山，秦安，清水，甘谷，漳县，会宁，静宁，庄浪，张家

川，通渭，华亭，两当，舟曲。

4 抗震设防烈度为 7 度，设计基本地震加速度值为 0.15g：

第二组：康乐，嘉峪关，玉门，酒泉，高台，临泽，肃南；

第三组：白银（白银区），兰州（红古区），永靖，岷县，东乡，和政，广河，临潭，卓尼，迭部，临洮，渭源，皋兰，崇信，榆中，定西，金昌，阿克塞，民乐，永昌，平凉。

5 抗震设防烈度为 7 度，设计基本地震加速度值为 0.10g：

第二组：张掖，合作，玛曲，金塔；

第三组：敦煌，瓜洲，山丹，临夏，临夏县，夏河，碌曲，泾川，灵台，民勤，镇原，环县，积石山。

6 抗震设防烈度为 6 度，设计基本地震加速度值为 0.05g：

第三组：华池，正宁，庆阳，合水，宁县，西峰。

A.0.27 青海省的抗震设防烈度、设计基本地震加速度值和所属的设计地震分组，应符合下列规定：

1 抗震设防烈度为 8 度，设计基本地震加速度值为 0.20g：

第二组：玛沁；

第三组：玛多，达日。

2 抗震设防烈度为 7 度，设计基本地震加速度值为 0.15g：

第二组：祁连；

第三组：甘德，门源，治多，玉树。

3 抗震设防烈度为 7 度，设计基本地震加速度值为 0.10g：

第二组：乌兰，称多，杂多，囊谦；

第三组：西宁（城中、城东、城西、城北），同仁，共和，德令哈，海晏，湟源，湟中，平安，民和，化隆，贵德，尖扎，循化，格尔木，贵南，同德，河南，曲麻莱，久治，班玛，天峻，刚察，大通，互助，乐都，都兰，兴海。

4 抗震设防烈度为 6 度，设计基本地震加速度值为 0.05g：

第三组：泽库。

A.0.28 宁夏回族自治区的抗震设防烈度、设计基本地震加速度值和所属的设计地震分组应符合下列规定：

1 抗震设防烈度为 8 度，设计基本地震加速度值为 0.30g：

第二组：海原。

2 抗震设防烈度为 8 度，设计基本地震加速度值为 0.20g：

第一组：石嘴山（大武口、惠农），平罗；

第二组：银川（兴庆、金凤、西夏），吴忠，贺兰，永宁，青铜峡，泾源，灵武，固原；

第三组：西吉，中宁，中卫，同心，隆德。

3 抗震设防烈度为 7 度，设计基本地震加速度值为 0.15g：

第三组：彭阳。

4 抗震设防烈度为 6 度，设计基本地震加速度值为 0.05g：

第三组：盐池。

A.0.29 新疆维吾尔自治区的抗震设防烈度、设计基本地震加速度值和所属的设计地震分组应符合下列规定：

1 抗震设防烈度不低于 9 度，设计基本地震加速度值不小于 0.40g：

第三组：乌恰，塔什库尔干。

2 抗震设防烈度为 8 度，设计基本地震加速度值为 0.30g：

第三组：阿图什，喀什，疏附。

3 抗震设防烈度为 8 度，设计基本地震加速度值为 0.20g：

第一组：巴里坤；

第二组：乌鲁木齐（天山、沙依巴克、新市、水磨沟、头屯河、米东），乌鲁木齐县，温宿，阿克苏，柯坪，昭苏，特克斯，库车，青河，富蕴，乌什*；

第三组：尼勒克，新源，巩留，精河，乌苏，奎屯，沙湾，玛纳斯，石河子，克拉玛依（独山子），疏勒，伽师，阿克陶，英吉沙。

4 抗震设防烈度为 7 度，设计基本地震加速度值为 0.15g：

第一组：木垒*；

第二组：库尔勒，新和，轮台，和静，焉耆，博湖，巴楚，拜城，昌吉，阜康*；

第三组：伊宁，伊宁县，霍城，呼图壁，察布查尔，岳普湖。

5 抗震设防烈度为 7 度，设计基本地震加速度值为 0.10g：

第一组：鄯善；

第二组：乌鲁木齐（达坂城），吐鲁番，和田，和田县，吉木萨尔，洛浦，奇台，伊吾，托克逊，和硕，尉犁，墨玉，策勒，哈密*；

第三组：五家渠，克拉玛依（克拉玛依区），博乐，温泉，阿合奇，阿瓦提，沙雅，图木舒克，莎车，泽普，叶城，麦盖提，皮山。

6 抗震设防烈度为 6 度，设计基本地震加速度值为 0.05g：

第一组：额敏，和布克赛尔；

第二组：于田，哈巴河，塔城，福海，克拉玛依（乌尔禾）；

第三组：阿勒泰，托里，民丰，若羌，布尔津，

吉木乃，裕民，克拉玛依（白碱滩），且末，阿拉尔。

A.0.30 港澳特区和台湾省的抗震设防烈度、设计基本地震加速度值和所属的设计地震分组应符合下列规定：

1 抗震设防烈度不低于 9 度，设计基本地震加速度值不小于 0.40g：

第二组：台中；

第三组：苗栗，云林，嘉义，花莲。

2 抗震设防烈度为 8 度，设计基本地震加速度值为 0.30g：

第二组：台南；

第三组：台北，桃园，基隆，宜兰，台东，屏东。

3 抗震设防烈度为 8 度，设计基本地震加速度值为 0.20g：

第三组：高雄，澎湖。

4 抗震设防烈度为 7 度，设计基本地震加速度值为 0.15g：

第一组：香港。

5 抗震设防烈度为 7 度，设计基本地震加速度值为 0.10g：

第一组：澳门。

附录 B 土层剪切波速的确定

B.0.1 甲类、乙类构筑物应根据原位测试结果确定土层的剪切波速值。

B.0.2 丙类构筑物可根据实测土层标准贯入值和土层上覆压力，按下式计算土层剪切波速值：

$$v_{si} = aN^m\sigma_v^k \qquad (B.0.2)$$

式中：v_{si}——第 i 土层的剪切波速（m/s）；

N——标准贯入锤击数；

σ_v——土层上覆压力（kPa）；

a、m、k——计算系数（指数），可按表 B.0.2 采用。

表 B.0.2 计算系数（指数）a、m、k 的取值

计算系数	土 的 类 别			
	黏性土	粉土	粉砂、细砂、中砂	粗砂、砾砂
a	62.50	107.13	84.63	70.97
m	0.288	0.078	0.179	0.227
k	0.286	0.236	0.229	0.223

B.0.3 丁类构筑物，当缺少当地土层剪切波速的经验公式时，可由岩土性状按下式估计土层剪切波速值：

$$v_{si} = ch_{si}^b \qquad (B.0.3)$$

式中：v_{si}——第 i 土层的剪切波速（m/s）；

h_{si}——第 i 层土中点处的深度（m）；

c、b——土层剪切波速计算系数和计算指数，可

按表 B.0.3 采用。

表 B.0.3　计算系数 a、b 的取值

岩土性状	计算系数	土 的 类 别			
		黏性土	粉细砂	中砂、粗砂	卵石、砾砂、碎石
固结较差的流塑、软塑黏性土、松散、稍密的砂土	c b	70 0.300	90 0.243	80 0.280	—
软塑、可塑黏性土，中密或稍密的砂、砾、卵、碎石土	c b	100 0.300	120 0.243	120 0.280	170 0.243
硬塑、坚硬黏性土，密实的砂、卵、碎石土	c b	130 0.300	150 0.243	150 0.280	200 0.243
再胶结的砂，砾、卵、碎石，风化岩石	c b	300~500 0			

附录 C　框排架结构按平面计算的条件及地震作用空间效应的调整系数

C.0.1　钢筋混凝土框排架结构，当同时符合下列条件时，可按横向或纵向多质点平面结构计算：

1　7 度和 8 度。

2　结构类型和吊车设置应符合表 C.0.1-1～C.0.1-8 中结构简图要求，且结构高度不大于图中规定值。

3　柱距 6m。

4　无檩体系屋盖。

5　框排架结构跨度总和的适用范围应符合下列规定：

1）表 C.0.1-1、表 C.0.1-2 适用于 15m～27m；

2）表 C.0.1-3、表 C.0.1-4 适用于 38m～50m；

3）表 C.0.1-5、表 C.0.1-6 适用于 54m～66m；

4）表 C.0.1-7、表 C.0.1-8 适用于 45m～57m。

表 C.0.1-1　框排架结构纵向计算时柱的空间效应调整系数（一）

柱列	上段柱			中段柱			下段柱			结 构 简 图
	结构纵向长度（m）			结构纵向长度（m）			结构纵向长度（m）			
	30	42	54	30	42	54	30	42	54	
A	1.3	1.3	1.3	0.8	0.8	0.8	0.8	0.8	0.8	
B	1.3	1.3	1.3	0.9	0.9	0.9	0.9	0.9	0.9	
C	1.3	1.3	1.3	1.0	1.0	1.0	0.9	0.9	0.9	

≤150kN

≤24m

Ⓐ　Ⓑ　Ⓒ

BC跨可设置贮仓

注：中间值可采用线性内插法确定。

表 C.0.1-2　框排架结构横向计算时柱的空间效应调整系数（一）

山墙	柱段	结构纵向长度（m）									结构简图
		30			42			54			
		A	B	C	A	B	C	A	B	C	
一端有山墙	上段柱	1.5	1.1	1.1	1.5	1.3	1.3	1.5	1.5	1.5	
	中段柱	1.0	1.2	1.2	1.0	1.3	1.3	1.1	1.3	1.3	≤150kN
	下段柱	1.3	1.1	1.1	1.3	1.2	1.2	1.3	1.3	1.3	
两端有山墙	上段柱	1.5	1.3	1.3	1.5	1.3	1.3	1.5	1.4	1.4	Ⓐ　Ⓑ　Ⓒ
	中段柱	1.0	1.1	1.1	1.0	1.1	1.1	1.2	1.2	1.2	BC跨可设置贮仓
	下段柱	1.2	1.1	1.1	1.2	1.1	1.1	1.2	1.2	1.2	

注：中间值可采用线性内插法确定。

表 C.0.1-3　框排架结构纵向计算时柱的空间效应调整系数（二）

柱列	上段柱 结构纵向长度（m）			中段柱 结构纵向长度（m）			下段柱 结构纵向长度（m）			结构简图
	30	42	54	30	42	54	30	42	54	
A	0.8	0.8	0.8	0.8	0.8	0.8	0.9	0.9	0.9	
B	0.8	0.8	0.8	0.8	0.8	0.8	0.9	0.9	0.9	
C	1.0	1.0	1.0	0.8	0.8	0.8	0.9	0.9	0.9	
D	1.1	1.1	1.1	1.1	1.1	1.1	1.2	1.2	1.2	Ⓐ Ⓑ Ⓒ Ⓓ Ⓔ
E	1.3	1.3	1.3	1.3	1.3	1.3	1.3	1.3	1.3	DE跨可设置贮仓

注：中间值可采用线性内插法确定。

表C.0.1-4 框排架结构横向计算时柱的空间效应调整系数（二）

山墙	柱段	结构纵向长度（m）															结 构 简 图
		30					42					54					
		A	B	C	D	E	A	B	C	D	E	A	B	C	D	E	
一端有山墙	上段柱	0.8	0.8	1.0	1.5	1.5	0.9	0.9	1.0	1.5	1.5	0.9	0.9	1.0	1.5	1.5	
	中段柱	0.8	0.8	1.0	1.0	1.0	0.9	0.9	1.0	1.0	1.0	1.0	1.0	1.0	1.0	1.0	
	下段柱	0.8	0.8	1.0	1.0	1.0	0.9	0.9	1.0	1.1	1.1	0.9	0.9	1.0	1.1	1.1	
两端有山墙	上段柱	0.8	0.8	1.0	1.5	1.5	0.9	0.9	1.0	1.5	1.5	0.9	0.9	1.0	1.5	1.5	
	中段柱	0.8	0.8	1.0	0.9	0.9	0.8	0.8	0.9	0.9	1.0	0.9	0.9	0.9	0.9	0.9	
	下段柱	0.9	0.9	1.0	1.0	1.0	0.9	0.9	1.0	1.1	1.1	0.9	0.9	1.0	1.0	1.0	

结构简图：≤50kN ≤50kN ≤500kN ≤50kN ≤24m
A B C D E
DE跨可设置贮仓

注：中间值可采用线性内插法确定。

表C.0.1-5 框排架结构纵向计算时柱的空间效应调整系数（三）

柱列	上段柱			中段柱			下段柱			结 构 简 图
	结构纵向长度（m）			结构纵向长度（m）			结构纵向长度（m）			
	30	42	54	30	42	54	30	42	54	
A	0.8	0.8	0.8	0.8	0.8	0.8	0.8	0.8	0.8	
B	0.9	0.9	0.9	0.9	0.9	0.9	0.9	0.9	0.9	
C	1.0	1.0	1.0	1.0	1.0	1.0	1.0	1.0	1.0	
D	1.3	1.3	1.3	1.0	1.0	1.0	1.0	1.0	1.0	
E	1.3	1.3	1.3	0.8	0.8	0.8	1.1	1.1	1.1	

结构简图：≤50kN ≤300kN ≤300kN ≤32m
A B C D E
DE跨可设置贮仓

注：中间值可采用线性内插法确定。

表 C.0.1-6　框排架结构横向计算时柱的空间效应调整系数（三）

山墙	柱段	结构纵向长度（m）															结构简图
		30					42					54					
		A	B	C	D	E	A	B	C	D	E	A	B	C	D	E	
一端有山墙	上段柱	1.5	1.1	1.4	0.9	0.9	1.4	1.2	1.4	0.9	0.9	1.3	1.3	1.4	1.0	1.0	
	中段柱	1.2	1.1	1.4	0.9	0.9	1.2	1.3	1.4	1.0	1.0	1.1	1.5	1.4	1.1	1.1	
	下段柱	1.3	1.0	1.0	1.0	1.0	1.2	1.0	1.1	1.0	1.0	1.1	1.1	1.2	1.1	1.1	
两端有山墙	上段柱	1.5	1.1	1.3	0.8	0.8	1.4	1.2	1.3	0.8	0.8	1.3	1.3	1.3	0.9	0.9	
	中段柱	1.2	1.1	1.3	0.8	0.8	1.2	1.3	1.3	0.9	0.9	1.1	1.4	1.4	1.0	1.0	
	下段柱	1.2	0.9	0.9	0.9	0.9	1.2	0.9	1.0	0.9	0.9	1.1	1.1	1.1	1.0	1.0	

DE跨可设置贮仓

注：中间值可采用线性内插法确定。

表 C.0.1-7　框排架结构纵向计算时柱的空间效应调整系数（四）

柱列	上段柱			中段柱			下段柱			结构简图
	结构纵向长度（m）			结构纵向长度（m）			结构纵向长度（m）			
	30	42	54	30	42	54	30	42	54	
A	0.8	0.8	0.8	0.8	0.8	0.8	0.9	0.9	0.9	
B	0.8	0.8	0.8	0.9	0.9	0.9	1.0	1.0	1.0	
C	0.8	0.8	0.8	0.9	0.9	0.9	1.0	1.0	1.0	
D	0.8	0.8	0.8	0.9	0.9	0.9	0.9	0.9	0.9	

BC跨可设置贮仓

注：中间值可采用线性内插法确定。

表 C. 0. 1-8　框排架结构横向计算时柱的空间效应调整系数（四）

山墙	柱段	结构纵向长度（m）												结构简图
		30				42				54				
		A	B	C	D	A	B	C	D	A	B	C	D	
一端有山墙	上段柱	1.0	0.8	0.8	1.5	1.0	0.9	0.9	1.3	1.1	1.0	1.0	1.1	
	中段柱	1.0	0.9	0.9	1.2	1.0	1.0	1.0	1.1	1.1	1.0	1.0	1.1	
	下段柱	1.0	0.9	0.9	1.3	1.1	1.0	1.0	1.2	1.0	1.0	1.0	1.0	
两端有山墙	上段柱	0.9	0.8	0.8	1.4	0.9	0.9	0.9	1.2	1.0	0.9	0.9	1.1	
	中段柱	0.9	0.8	0.8	1.1	0.9	0.9	0.9	1.1	1.0	0.9	0.9	1.1	
	下段柱	1.0	0.8	0.9	1.2	1.0	0.9	0.9	1.1	1.0	0.9	0.9	1.0	

结构简图：A、B、C、D柱，≤150kN，≤32m，BC跨可设置贮仓

注：中间值可采用线性内插法确定。

C. 0. 2　按平面结构计算时，应符合下列规定：

　　1　应采用振型分解反应谱法，其振型数不应少于6个。

　　2　不应计入墙体刚度、双向水平地震作用和扭转影响。

　　3　周期调整系数，横向可取 0.9，无纵墙时纵向可取 0.9，有纵墙时纵向可取 0.8。

　　4　柱的地震作用效应应乘以表 C.0.1-1～表 C.0.1-8 中相应的空间效应调整系数，框架梁端的空间效应调整系数可取其上柱和下柱的空间效应调整系数的平均值。

C. 0. 3　钢筋混凝土框排架柱，其柱段划分可按表 C.0.3 确定。

表 C. 0. 3　框排架柱的柱段划分

柱的形式	柱　段　划　分
框架柱以层间划分上段柱、中段柱和下段柱	
单阶柱以质点划分上段柱、中段柱和下段柱	
二阶柱以质点或柱阶划分上段柱、中段柱和下段柱	
三阶柱以阶划分上段柱、中段柱和下段柱	

注：在一种简图中有两种划分法时，其空间效应调整系数应采用较大值。

附录 D 框架梁柱节点核芯区截面抗震验算

D.0.1 一级和二级框架梁柱节点核芯区组合的剪力设计值应按下式确定:

$$V_j = \frac{\eta_{jb} \sum M_b}{h_{b0} - a'_s} \left(1 - \frac{h_{b0} - a'_s}{H_c - h_b} \right) \quad (D.0.1)$$

式中: V_j——梁柱节点核芯区组合的剪力设计值;

h_{b0}——梁截面的有效高度,节点两侧梁截面高度不等时可采用平均值;

a'_s——梁受压钢筋合力点至受压边缘的距离;

H_c——柱的计算高度,可采用节点上、下柱反弯点之间的距离;

h_b——梁的截面高度,节点两侧梁截面高度不等时可采用平均值;

η_{jb}——节点剪力增大系数,一级应取 1.35,二级应取 1.20;

$\sum M_b$——节点左、右梁端反时针或顺时针方向组合弯矩设计值之和,一级时节点左、右梁端均为负弯矩时,绝对值较小的弯矩应取零。

D.0.2 9 度时和结构类型为一级框架,可不按本规范式(D.0.1)确定,但应符合下式要求:

$$V_j = \frac{1.15 \sum M_{bua}}{h_{b0} - a'_s} \left(1 - \frac{h_{b0} - a'_s}{H_c - h_b} \right) \quad (D.0.2)$$

式中: $\sum M_{bua}$——节点左、右梁端反时针或顺时针方向实配的正截面抗震受弯承载力所对应的弯矩值之和,可根据实配钢筋面积(计入受压筋)和材料强度标准值确定。

D.0.3 核芯区截面有效验算宽度应按下列规定采用:

1 核芯区截面有效验算宽度,当验算方向的梁截面宽度不小于该侧柱截面宽度的 1/2 时,可采用该侧柱截面宽度;当小于柱截面宽度的 1/2 时,可采用下列公式中的较小值:

$$b_j = b_b + 0.5 h_c \quad (D.0.3-1)$$
$$b_j = b_c \quad (D.0.3-2)$$

式中: b_j——节点核芯区的截面有效验算宽度;

b_b——梁截面宽度;

h_c——验算方向的柱截面高度;

b_c——验算方向的柱截面宽度。

2 当梁、柱的中线不重合且偏心距不大于柱宽的 1/4 时,核芯区的截面有效验算宽度可采用本条第 1 款和下式计算结果的较小值:

$$b_j = 0.5(b_b + b_c) + 0.25 h_c - e \quad (D.0.3-3)$$

式中: e——梁与柱中线偏心距。

D.0.4 节点核芯区组合的剪力设计值应符合下式要求:

$$V_j \leqslant \frac{1}{\gamma_{RE}} (0.30 \eta_j f_c b_j h_j) \quad (D.0.4)$$

式中: η_j——正交梁的约束影响系数,楼板为现浇,梁柱中线重合,四侧各梁截面宽度不小于该侧柱截面宽度的 1/2,且正交方向梁高度不小于框架梁高度的 3/4 时,可采用 1.50,9 度时宜采用 1.25,其他情况均可采用 1.00;

h_j——节点核芯区的截面高度,可采用验算方向的柱截面高度;

γ_{RE}——承载力抗震调整系数,可采用 0.85。

D.0.5 节点核芯区截面抗震受剪承载力应采用下列公式验算:

$$V_j \leqslant \frac{1}{\gamma_{RE}} \left(1.1 \eta_j f_t b_j h_j + 0.05 \eta_j N \frac{b_j}{b_c} \right.$$
$$\left. + f_{yv} A_{svj} \frac{h_{b0} - a'_s}{s} \right) \quad (D.0.5-1)$$

9 度时,

$$V_j \leqslant \frac{1}{\gamma_{RE}} \left(0.9 \eta_j f_t b_j h_j + f_{yv} A_{svj} \frac{h_{b0} - a'_s}{s} \right) \quad (D.0.5-2)$$

式中: N——对应于组合剪力设计值的上柱组合轴向压力较小值,其取值不应大于柱的截面面积和混凝土轴心抗压强度设计值的乘积的 50%,当 N 为拉力时,可取 $N = 0$;

f_{yv}——箍筋的抗拉强度设计值;

f_t——混凝土轴心抗拉强度设计值;

A_{svj}——核芯区有效验算宽度范围内同一截面验算方向箍筋的总截面面积;

s——箍筋间距。

附录 E 山墙抗风柱的抗震计算简化方法

E.0.1 山墙抗风柱的抗震计算可根据实际支承情况按图 E.0.1-1 或图 E.0.1-2 计算,其地震作用由下列两部分组成:

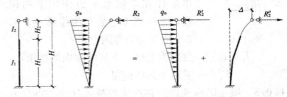

图 E.0.1-1 单铰支承柱计算简图

1 山墙抗风柱承担其自重、两侧相应范围内山墙的自重及管道平台等重力荷载代表值所产生的地震作用,沿柱高可按倒三角形分布。

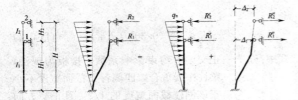

图 E.0.1-2 双铰支承柱计算简图

2 屋盖纵向地震位移所对应的山墙抗风柱的地震作用。

E.0.2 水平地震作用下抗风柱的铰支点反力可按下列规定确定：

1 地震作用按倒三角形分布的柱顶值可按下式计算：

$$q_n = 1.5\alpha_1 G_i \qquad (E.0.2-1)$$

式中：α_1——相应于厂房纵向基本自振周期的地震影响系数，可近似取为 α_{max}；

G_i——抗风柱单位高度的自重和柱两侧按中线划分范围内的山墙自重，以及管道、平台自重和活荷载等折算为单位高度上的重力荷载代表值。

2 单铰支点反力可按下式计算：

$$R'_2 = \Delta_2 / \delta_{22} \qquad (E.0.2-2)$$

3 双铰支点反力可按下列公式计算：

$$R'_1 = \frac{\Delta_1 \delta_{22} - \Delta_2 \delta_{22}}{\delta_{11}\delta_{22} - \delta_{12}^2} \qquad (E.0.2-3)$$

$$R'_2 = \frac{\Delta_2 \delta_{11} - \Delta_1 \delta_{12}}{\delta_{11}\delta_{22} - \delta_{12}^2} \qquad (E.0.2-4)$$

$$\Delta_1 = \frac{q_n H^4}{120 E_c I_1}(1-\lambda)^2$$
$$(11 + 7\lambda + 3\lambda^2 - \lambda^3) \qquad (E.0.2-5)$$

$$\Delta_2 = \Delta_1 + \frac{q_n H^4}{120 E_c I_2}\lambda[(15 - 4\lambda)\lambda^3$$
$$+ 5n(3 - 4\lambda^3 + \lambda^4)] \qquad (E.0.2-6)$$

$$\lambda = H_2 / H \qquad (E.0.2-7)$$

$$n = I_2 / I_1 \qquad (E.0.2-8)$$

式中：Δ——屋盖纵向地震位移值，由结构纵向地震作用计算得出，可取山墙抗风柱所在跨两侧柱列的顶部纵向位移平均值乘以增大系数 1.2；

δ_{11}、δ_{22}、δ_{12}——单阶柱在单位水平力作用下的位移，下标第 1 个数字为位移点，第 2 个数字为力作用点；

I_2、I_1——分别为上柱、下柱的截面惯性矩；

E_c——混凝土弹性模量。

E.0.3 屋盖纵向地震位移产生的抗风柱铰支点反力可按下列公式计算：

1 单铰支点反力设计值：

$$R''_2 = \frac{3 E_c I_1 \Delta}{(1 + \mu^3)H^3} \qquad (E.0.3-1)$$

$$\mu = \frac{1}{n} - 1 \qquad (E.0.3-2)$$

2 双铰支点反力设计值：

$$R''_1 = \frac{(\delta_{22} - \delta_{12})\Delta}{\delta_{11}\delta_{22} - \delta_{12}^2} \qquad (E.0.3-3)$$

$$R''_2 = \frac{(\delta_{11} - \delta_{12})\Delta}{\delta_{11}\delta_{22} - \delta_{12}^2} \qquad (E.0.3-4)$$

E.0.4 抗风柱铰支点处的组合弹性反力可按下列公式计算：

$$R_1 = R'_1 - R''_1 \qquad (E.0.4-1)$$

$$R_2 = R'_2 - R''_2 \qquad (E.0.4-2)$$

E.0.5 柱各截面的地震作用效应，可根据支点反力和倒三角形分布的地震作用按悬臂构件计算。

E.0.6 山墙抗风柱的截面配筋验算应符合下列规定：

1 山墙抗风柱仅承受自重及水平地震作用时，应按受弯构件计算。

2 山墙抗风柱支承墙体和管道平台等自重时，应按偏心受压构件计算，其计算长度可按下列公式采用：

单铰支承柱：上柱 $L_{02} = 2 H_2$ (E.0.6-1)

          下柱 $L_{01} = 1.1 H_1$ (E.0.6-2)

双铰支承柱：上柱 $L_{02} = 1.5 H_2$ (E.0.6-3)

          下柱 $L_{01} = 0.8 H_1$ (E.0.6-4)

附录 F 钢支撑侧移刚度及其内力计算

F.0.1 纵向支撑的侧移刚度可按下列方法计算：

1 按典型的纵向柱列支撑布置（图 F.0.1）时，其纵向柱列的支撑侧移刚度可按下式计算：

$$K = \frac{\sum K_{cb} \sum K_{wb}}{\sum K_{cb} + \sum K_{wb}} \qquad (F.0.1-1)$$

式中：$\sum K_{cb}$——厂房同一柱列中柱间支撑的侧移刚度之和；

$\sum K_{wb}$——厂房同一柱列上屋架端部范围内垂直支撑的侧移刚度之和。

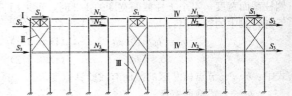

图 F.0.1 纵向柱列支撑布置

I—屋架间的垂直支撑；Ⅱ—上柱支撑；

Ⅲ—下柱支撑；Ⅳ—系杆；

S_1—屋架的地震作用；S_2—上柱柱顶的地震作用；

S_3—吊车梁顶的地震作用

2 垂直支撑和柱间支撑在单位力作用下的侧移 δ_{11}，可按表 F.0.1 的公式计算，其相应的侧移刚度应为 $K = \frac{1}{\delta_{11}}$。

表 F.0.1 支撑侧移刚度及内力计算公式

计算简图及内力	侧移计算公式

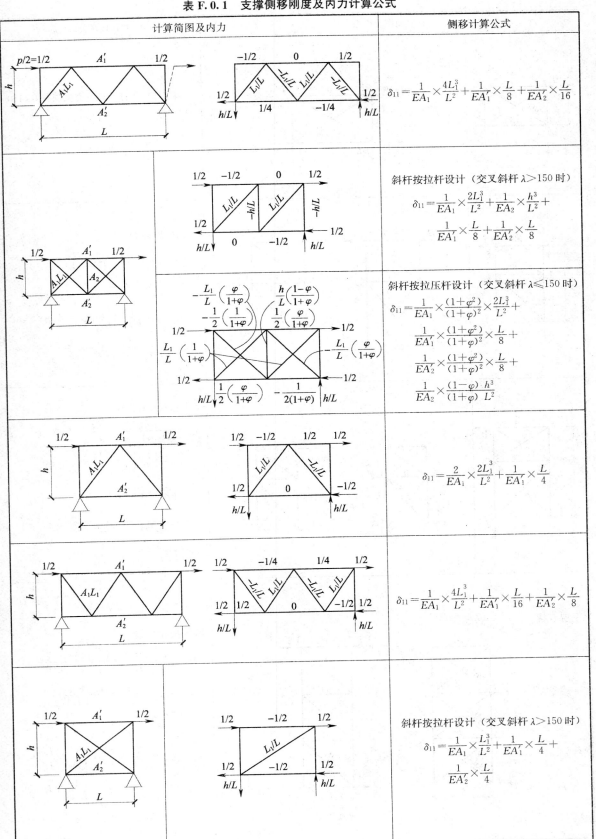

第一行（双斜杆梯形支撑）：

$$\delta_{11} = \frac{1}{EA_1} \times \frac{4L_1^3}{L^2} + \frac{1}{EA_1'} \times \frac{L}{8} + \frac{1}{EA_2'} \times \frac{L}{16}$$

第二行（交叉斜杆支撑）：

斜杆按拉杆设计（交叉斜杆 $\lambda > 150$ 时）

$$\delta_{11} = \frac{1}{EA_1} \times \frac{2L_1^3}{L^2} + \frac{1}{EA_2} \times \frac{h^3}{L^2} + \frac{1}{EA_1'} \times \frac{L}{8} + \frac{1}{EA_2'} \times \frac{L}{8}$$

斜杆按拉压杆设计（交叉斜杆 $\lambda \leqslant 150$ 时）

$$\delta_{11} = \frac{1}{EA_1} \times \frac{(1+\varphi^2)}{(1+\varphi)^2} \times \frac{2L_1^3}{L^2} + \frac{1}{EA_1'} \times \frac{(1+\varphi^2)}{(1+\varphi)^2} \times \frac{L}{8} + \frac{1}{EA_2'} \times \frac{(1+\varphi^2)}{(1+\varphi)^2} \times \frac{L}{8} + \frac{1}{EA_2} \times \frac{(1-\varphi)}{(1+\varphi)} \times \frac{h^3}{L^2}$$

第三行（单三角形支撑）：

$$\delta_{11} = \frac{2}{EA_1} \times \frac{2L_1^3}{L^2} + \frac{1}{EA_1'} \times \frac{L}{4}$$

第四行（锯齿形支撑）：

$$\delta_{11} = \frac{1}{EA_1} \times \frac{4L_1^3}{L^2} + \frac{1}{EA_1'} \times \frac{L}{16} + \frac{1}{EA_2'} \times \frac{L}{8}$$

第五行（交叉斜杆支撑）：

斜杆按拉杆设计（交叉斜杆 $\lambda > 150$ 时）

$$\delta_{11} = \frac{1}{EA_1} \times \frac{L_1^3}{L^2} + \frac{1}{EA_1'} \times \frac{L}{4} + \frac{1}{EA_2'} \times \frac{L}{4}$$

计算简图及内力	侧移计算公式

Row 1 (right column):

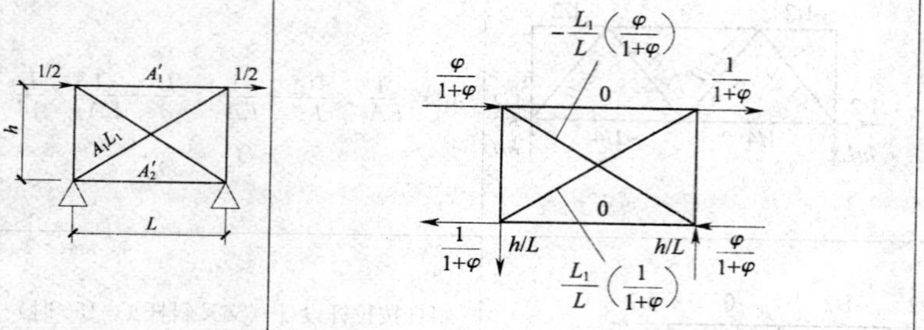

斜杆按拉压杆设计（交叉斜杆 $\lambda \leqslant 150$ 时）

$$\delta_{11} = \frac{1+\varphi^2}{EA_1\ (1+\varphi)^2} \times \frac{L_1^3}{L^2}$$

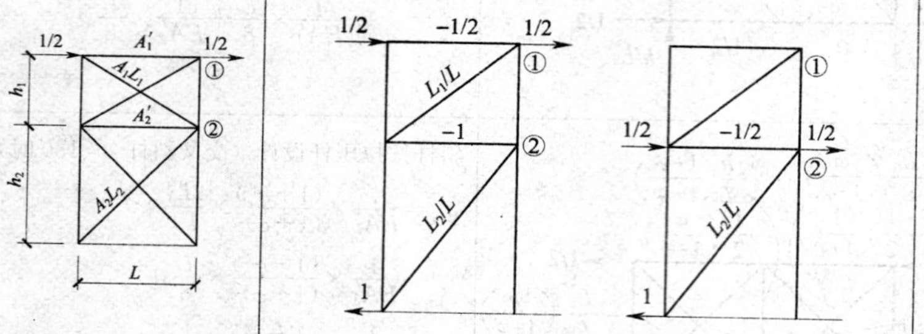

Diagram labels: $\frac{1}{2}$, A_1', $\frac{1}{2}$, h, $A_1 L_1$, A_2', L; $\frac{\varphi}{1+\varphi}$, $-\frac{L_1}{L}\left(\frac{\varphi}{1+\varphi}\right)$, 0, $\frac{1}{1+\varphi}$, $\frac{1}{1+\varphi}$, h/L, h/L, $\frac{\varphi}{1+\varphi}$, 0, $\frac{L_1}{L}\left(\frac{1}{1+\varphi}\right)$

Row 2 (right column):

斜杆按拉杆设计

$$\delta_{11} = \frac{1}{EA_1} \times \frac{L_1^3}{L^2} + \frac{1}{EA_2} \times \frac{L_2^3}{L^2} + \frac{1}{EA_1'} \times \frac{L}{4} + \frac{1}{EA_2'} \times \frac{L}{2}$$

$$\delta_{12} = \delta_{21} = \frac{1}{EA_2} \times \frac{L_2^3}{L^2} + \frac{1}{EA_2'} \times \frac{L}{2}$$

$$\delta_{22} = \frac{1}{EA_2} \times \frac{L_2^3}{L^2} + \frac{1}{EA_2'} \times \frac{L}{4}$$

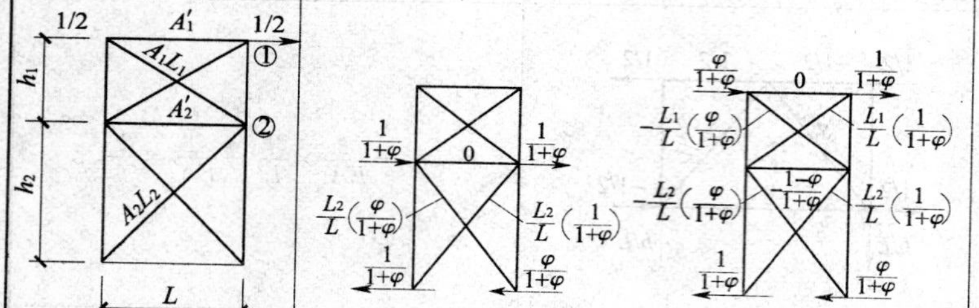

Diagram labels: $\frac{1}{2}$, A_1', $\frac{1}{2}$, ①, h_1, $A_1 L_1$, A_2', ②, h_2, $A_2 L_2$, L; $\frac{1}{2}$, $-\frac{1}{2}$, $\frac{1}{2}$, ①, L_1/L, -1, ②, L_2/L, 1; $-\frac{1}{2}$, $\frac{1}{2}$, ①, ②, L_2/L, 1

Row 3 (right column):

斜杆按拉压杆设计

$$\delta_{11} = \frac{1+\varphi^2}{EA_1\ (1+\varphi)^2} \times \frac{L_1^3}{L^2} + \frac{1+\varphi^2}{EA_2\ (1+\varphi)^2} \times \frac{L_2^3}{L^2} + \frac{1}{EA_2'} \times \left(\frac{1-\varphi}{1+\varphi}\right)^2 \times L$$

$$\delta_{12} = \delta_{21} = \frac{1+\varphi^2}{EA_2\ (1+\varphi)^2} \times \frac{L_2^3}{L^2}$$

$$\delta_{22} = \frac{1+\varphi^2}{EA_2\ (1+\varphi)^2} \times \frac{L_2^3}{L^2}$$

Diagram labels: $\frac{1}{2}$, A_1', $\frac{1}{2}$, ①, h_1, $A_1 L_1$, A_2', ②, h_2, $A_2 L_2$, L; $\frac{1}{1+\varphi}$, 0, $\frac{1}{1+\varphi}$, $\frac{L_2}{L}\left(\frac{\varphi}{1+\varphi}\right)$, $\frac{L_2}{L}\left(\frac{1}{1+\varphi}\right)$, $\frac{1}{1+\varphi}$, $\frac{\varphi}{1+\varphi}$; $\frac{\varphi}{1+\varphi}$, 0, $\frac{1}{1+\varphi}$, $-\frac{L_1}{L}\left(\frac{\varphi}{1+\varphi}\right)$, $\frac{L_1}{L}\left(\frac{1}{1+\varphi}\right)$, $-\frac{L_2}{L}\left(\frac{\varphi}{1+\varphi}\right)$, $\frac{1-\varphi}{1+\varphi}$, $\frac{L_2}{L}\left(\frac{1}{1+\varphi}\right)$, $\frac{1}{1+\varphi}$, $\frac{\varphi}{1+\varphi}$

Row 4:

三层支撑

斜杆按拉杆设计

$$\delta_{11} = \frac{1}{EA_1} \times \frac{L_1^3}{L^2} + \frac{1}{EA_2} \times \frac{L_2^3}{L^2} + \frac{1}{EA_3} \times \frac{L_3^3}{L^2} + \frac{1}{EA_1'} \times \frac{L}{4} + \frac{1}{EA_2'} \times L + \frac{1}{EA_3'} \times L$$

$$\delta_{12} = \delta_{21} = \frac{1}{EA_2} \times \frac{L_2^3}{L^2} + \frac{1}{EA_3} \times \frac{L_3^3}{L^2} + \frac{1}{EA_2'} \times \frac{L}{2} + \frac{1}{EA_3'} \times L$$

Diagram labels: A_1', ①, h_1, $A_1 L_1$, A_2', ②, h_2, $A_2 L_2$, A_3', ③, h_3, $A_3 L_3$, L; $\frac{1}{2}$, $-\frac{1}{2}$, $\frac{1}{2}$, L_1/L, -1, L_2/L, -1, L_3/L, 1

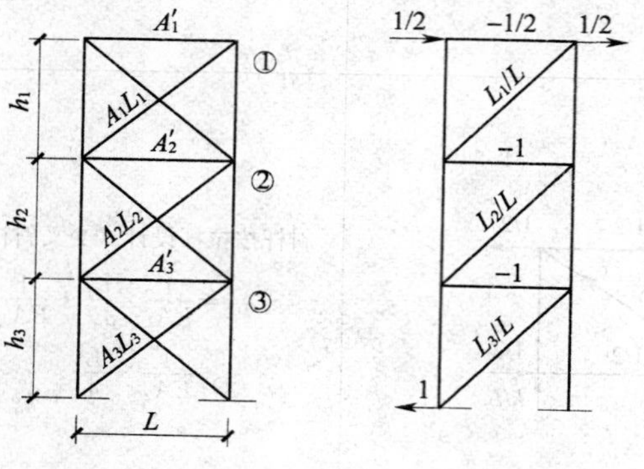

计算简图及内力	侧移计算公式

$$\delta_{22}=\frac{1}{EA_2}\times\frac{L_2^3}{L^2}+\frac{1}{EA_3}\times\frac{L_3^3}{L^2}+$$
$$\frac{1}{EA_2'}\times\frac{L}{4}+\frac{1}{EA_3'}\times L$$

$$\delta_{13}=\delta_{31}=\frac{1}{EA_3}\times\frac{L_3^3}{L^2}+\frac{1}{EA_3'}\times\frac{L}{2}$$

$$\delta_{23}=\delta_{32}=\frac{1}{EA_3}\times\frac{L_3^3}{L^2}+\frac{1}{EA_3'}\times\frac{L}{2}$$

$$\delta_{33}=\frac{1}{EA_3}\times\frac{L_3^3}{L^2}+\frac{1}{EA_3'}\times\frac{L}{4}$$

三层支撑

斜杆按拉压杆设计

$$\delta_{11}=\frac{1+\varphi^2}{EA_1}\frac{1}{(1+\varphi)^2}\times\frac{L_1^3}{L^2}+\frac{1+\varphi^2}{EA_2}\frac{1}{(1+\varphi)^2}$$
$$\times\frac{L_2^3}{L^2}+\frac{1+\varphi^2}{EA_3}\frac{1}{(1+\varphi)^2}\times\frac{L_3^3}{L^2}+\frac{1}{EA_2'}$$
$$\times\left(\frac{1-\varphi}{1+\varphi}\right)^2L+\frac{1}{EA_3'}\times\left(\frac{1-\varphi}{1+\varphi}\right)^2L$$

$$\delta_{12}=\frac{1+\varphi^2}{EA_2}\frac{1}{(1+\varphi)^2}\times\frac{L_2^3}{L^2}+\frac{1+\varphi^2}{EA_3}\frac{1}{(1+\varphi)^2}$$
$$\times\frac{L_3^3}{L^2}+\frac{1}{EA_3'}\times\left(\frac{1-\varphi}{1+\varphi}\right)^2L$$

三层支撑

$$\delta_{22}=\frac{1+\varphi^2}{EA_2}\frac{1}{(1+\varphi)^2}\times\frac{L_2^3}{L^2}+\frac{1+\varphi^2}{EA_3}\frac{1}{(1+\varphi)^2}$$
$$\times\frac{L_3^3}{L^2}+\frac{1}{EA_3'}\times\left(\frac{1-\varphi}{1+\varphi}\right)^2L$$

$$\delta_{13}=\frac{1+\varphi^2}{EA_3}\frac{1}{(1+\varphi)^2}\times\frac{L_3^3}{L^2}+\frac{1}{EA_3'}$$
$$\times\left(\frac{1-\varphi}{1+\varphi}\right)^2$$

$$\delta_{23}=\delta_{32}=\frac{1+\varphi^2}{EA_3}\frac{1}{(1+\varphi)^2}\times\frac{L_3^3}{L^2}$$

$$\delta_{33}=\frac{1+\varphi^2}{EA_3}\frac{1}{(1+\varphi)^2}\times\frac{L_3^3}{L^2}$$

注：1 计算侧移时，可不计柱身的变形影响；
    2 对交叉形支撑，交叉斜杆长细比 $\lambda>150$ 时，宜按拉杆简图设计，$\lambda\leqslant150$ 时应按拉压杆简图设计；
    3 φ 为相应层斜杆的轴压稳定系数，可按该斜杆的 λ 由现行国家标准《钢结构设计规范》GB 50017 的有关规定确定。

附录 G 钢筋混凝土柱承式方仓有横梁时支柱的侧移刚度

G. 0. 1 钢筋混凝土柱承式方仓有横梁时支柱的侧移刚度可按下列公式计算（图 G.0.1）：

$$K = \frac{m}{\delta_n} \qquad (G.0.1\text{-}1)$$

$$\delta_n = \frac{h^3}{12E(2I + nI_1)}$$

$$\left[\lambda_h^3 + (1-\lambda_h)^3 \right.$$

$$\left. + \frac{3\lambda_h(1-\lambda_h)}{1 + 12\lambda_h(1-\lambda_h)\zeta(1+n)/(2+2\zeta_1)} \right]$$

$$(G.0.1\text{-}2)$$

$$\lambda_h = h_1/h \qquad (G.0.1\text{-}3)$$

$$\zeta = I_l h/(Il) \qquad (G.0.1\text{-}4)$$

$$\zeta_1 = I_1/I \qquad (G.0.1\text{-}5)$$

式中：K——方仓有横梁时支柱的侧移刚度；

m—— 柱列数目；

δ_n——一个柱列在单位水平力作用下柱顶的水平位移；

h—— 支柱全高；

h_1—— 梁以上柱高；

l—— 梁的跨度；

λ_h—梁的位置参数；

ζ—梁与边柱的线刚度比；

ζ_1—梁与中柱的线刚度比；

n—一个柱列中柱的根数；

E—柱的混凝土弹性模量；

I—边柱截面惯性矩；

I_1—中柱截面惯性矩；

I_l—梁截面惯性矩。

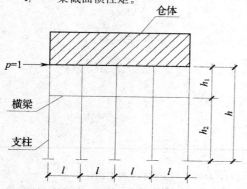

图 G.0.1 有横梁时支柱侧移刚度计算
h_2—梁以下柱高

附录 H 焦炉炉体单位水平力作用下的位移

H. 0. 1 焦炉炉体横向单位水平力作用下的位移应按下式计算：

$$\delta_x = \frac{h_z^3}{E_n I_x \sum_{i=1}^{m} n_i k_i} \qquad (H.0.1)$$

式中：δ_x——作用于焦炉重心处的单位水平力在该处产生的横向水平位移；

h_z——基础构架柱（不计两端为铰接的柱）的计算高度，可取自基础底板顶面至基础顶板底面的高度；

I_x——基础构架单柱（不计两端为铰接的柱）截面对其纵轴（与焦炉基础纵向轴线平行）的惯性矩；

E_n——基础构架柱混凝土的弹性模量；

m——基础横向构架的种类数目；

n_i——第 i 种横向构架的数量；

k_i——第 i 种横向构架的刚度系数，当构架柱的截面尺寸相同时，可按表 H.0.1 取值。

表 H. 0. 1 焦炉基础横向构架的刚度系数值

序号	构架柱的连接形式	构架柱数量	梁与柱的线刚度比			
			1.0	1.5	2.0	2.5
1	边柱上、下端铰接，其他柱上、下端固接	4	18.5	20.0	21.0	21.3
		5	28.0	30.0	31.4	32.1
		6	38.5	41.0	42.0	43.0
2	所有柱上端固接，下端铰接	4	8.5	9.5	10.0	10.5
		5	11.0	12.0	12.5	13.0
		6	14.0	15.0	15.5	16.0
3	边柱上、下端铰接，其他柱上端固接，下端铰接	4	4.5	5.0	5.2	5.5
		5	7.0	7.5	7.8	8.0
		6	9.5	10.0	10.5	10.8
4	所有柱上、下端固接	4	36.4	38.6	40.5	42.0
		5	45.5	49.0	51.3	52.0
		6	56.0	59.5	62.0	63.0

H. 0. 2 焦炉炉体纵向单位水平力作用下的位移应按下列公式计算：

$$\delta_y = \eta_g \delta_g \qquad (H.0.2\text{-}1)$$

$$\eta_g = \frac{\delta_{11}}{\delta_{11} + 2\delta_g} \qquad (H.0.2\text{-}2)$$

$$\delta_g = \frac{h_z^3}{(12n_1 + 3n_2)E_n I_y} \qquad (H.0.2\text{-}3)$$

$$\delta_{11} = \frac{h_d^3}{3E_n I_d} \qquad (H.0.2\text{-}4)$$

式中：δ_y——作用于焦炉炉体重心处纵向单位水平力在该处产生的水平位移；

η_g——构架纵向位移系数；

δ_g——作用于焦炉基础隔离体炉体重心处纵向单位水平力在该处产生的水平位移，焦炉基础隔离体可按图 H.0.2 采用；

δ_{11}——作用于前抵抗墙隔离体刚性链杆处纵向单位水平力在该处产生的水平位移；

I_y——基础构架的一个柱截面对其横轴（与焦炉基础横向轴线平行）的惯性矩；

n_1、n_2——分别为基础构架中两端固接柱与一端固接一端铰接柱的根数；

E_n——基础构架柱的混凝土弹性模量；

I_d——前抵抗墙所有柱子的截面其横轴（与焦炉基础横向轴线平行）的惯性矩；

h_d——基础底板顶面至抵抗墙斜烟道水平梁中线的高度，见图 H.0.2。

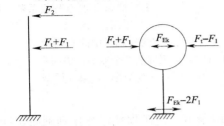

（a）前抵抗墙隔离体　（b）基础结构隔离体

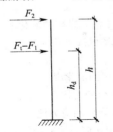

（c）后抵抗墙隔离体

图 H.0.2　焦炉基础纵向各部位的结构隔离体
F_t—焦炉炉体与抵抗墙之间的温度作用标准值；
h—基础底板顶面至焦炉顶水平梁的高度

H.0.3　前抵抗墙在斜烟道水平梁中线处的位移系数应按下式计算：

$$\eta_1 = \frac{\delta_g}{\delta_{11} + 2\delta_g} \quad (H.0.3)$$

式中：η_1——前抵抗墙在斜烟道水平梁中线处的位移系数。

H.0.4　抵抗墙炉顶水平梁处的位移系数应按下列公式计算：

$$\eta_2 = \frac{2\delta_{12}}{\delta_c + 2\delta_{22}} \eta_1 \quad (H.0.4-1)$$

$$\delta_{12} = \frac{3hh_d^2 - h_d^3}{6E_n I_d} \quad (H.0.4-2)$$

$$\delta_{22} = \frac{h^3}{3E_n I_d} \quad (H.0.4-3)$$

$$\delta_c = \frac{l_c}{n_c A_g E_g} \quad (H.0.4-4)$$

式中：η_2——抵抗墙在炉顶水平梁处的位移系数；

δ_{12}——作用于前抵抗墙隔离体斜烟道水平梁中线处的单位水平力在炉顶水平梁处产生的水平位移；

δ_{22}——作用于抵抗墙隔离体炉顶水平梁处的单位水平力在该处产生的水平位移；

δ_c——炉顶纵向钢拉条在单位力作用下的伸长；

h——基础底板顶面至炉顶梁水平中心线的高度；

l_c——纵向钢拉条的长度；

n_c——纵向钢拉条的根数；

A_g——纵向钢拉条的截面面积；

E_g——纵向钢拉条的弹性模量。

附录 J　通廊横向水平地震作用计算

J.0.1　通廊横向水平地震作用计算简图（图 J.0.1）宜按下列规定确定：

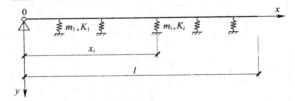

图 J.0.1　通廊一端铰支一端自由的横向计算

1　通廊计算单元中的支承结构可视为廊身的弹簧支座。

2　廊身落地端和建（构）筑物上的支承端宜作为铰支座。

3　廊身与建（构）筑物脱开或廊身中间被防震缝分开处宜作为自由端。

4　计算时的坐标原点宜按下列规定确定：

　1）两端铰支时，宜取最低端；

　2）一端铰支一端自由时，宜取铰支端；

　3）两端自由时，宜取悬臂较短端；悬臂相等时，宜取最低端。

J.0.2　通廊横向水平地震作用可按下列规定计算：

1　通廊横向自振周期可按下列公式计算：

$$T_j = 2\pi \sqrt{\frac{m_j}{K_j}} \quad (J.0.2-1)$$

$$m_j = \varphi_{aj} l m_L + \frac{1}{4} \sum_{i=1}^n m_i Y_{ji}^2 \quad (J.0.2-2)$$

$$K_j = C_j \sum_{i=1}^n K_i Y_{ji}^2 \quad (J.0.2-3)$$

式中：T_j——通廊第 j 振型横向自振周期；

m_j——通廊第 j 振型广义质量；

m_i——第 i 支承结构的质量；

K_j——通廊第 j 振型广义刚度；

m_L——廊身单位水平投影长度的质量；

ψ_{aj}——第 j 振型廊身质量系数，可按表 J.0.2 采用；

K_i——第 i 支承结构的横向侧移刚度；

l——廊身单位水平投影长度；

C_j——第 j 振型廊身刚度影响系数，可按表 J.0.2 采用；

Y_{ji}——第 j 振型第 i 支承结构处的水平相对位移，可按表 J.0.2 采用。

表 J.0.2　通廊横向水平地震作用计算系数

边界条件		两端简支			一端简支一端自由		两端自由	
j		1	2	3	1	2	1	2
ψ_{aj}		0.49	0.45	0.45	0.50	0.48	0.50	0.50
η_{aj}		0.63	0	0.21	0.61	0.26	0.67	0.35
C_j		1.00	1.40	3.00	1.00	2.50	1.00	1.00
Y_{ji}	x_i/l							
	0	0	0	0			0.27	1.41
	0.10	0.31	0.59	0.81	0.12	0.38	0.35	1.20
	0.13	0.38	0.71	0.88	0.15	0.48	0.37	1.15
	0.17	0.49	0.81	1.00	0.21	0.58	0.40	1.06
	0.20	0.59	0.95	0.88	0.25	0.67	0.43	0.99
	0.25	0.71	1.00	0.71	0.31	0.80	0.47	0.88
	0.30	0.81	0.95	0.28	0.37	0.86	0.51	0.78
	0.33	0.85	0.81		0.41	0.89	0.53	0.71
	0.38	0.92	0.71	-0.37	0.46	0.94	0.57	0.62
	0.40	0.95	0.59	-0.59	0.49	0.92	0.59	0.57
	0.50	1.00	0	-1.00	0.61	0.83	0.69	0.35
	0.60	0.95	-0.59	-0.59	0.74	0.55	0.75	0.14
	0.63	0.92	-0.71	-0.37	0.77	0.47	0.77	0.09
	0.67	0.85	-0.81	0	0.82	0.32	0.80	0
	0.70	0.81	-0.95	0.28	0.86	0.19	0.83	-0.07
	0.75	0.71	-1.00	0.71	0.92	0	0.87	0.18
	0.80	0.59	-0.95	0.88	0.98	-0.28	0.91	-0.28
	0.83	0.49	-0.81	1.00	1.02	-0.47	0.94	-0.35
	0.88	0.38	-0.71	0.88	1.07	-0.71	0.97	-0.44
	0.90	0.31	-0.59	0.81	1.10	-0.85	0.99	-0.49
	1.00				1.23	-1.41	1.07	-0.71

注：1　中间值可按线性内插法确定；

　　2　x_i 为第 i 支承结构距坐标原点的距离，η_{aj} 为第 j 振型廊身重力荷载系数。

3　通廊第 i 支承结构顶部的横向水平地震作用标准值应按下列公式计算：

$$F_{ji} = \alpha_j \gamma_j Y_{ji} G_{ji} \quad \text{(J.0.2-4)}$$

$$\gamma_j = \frac{1}{m_j}\left[\eta_{aj}lm_L + \frac{1}{4}\sum_{i=1}^{n} m_i Y_{ji}\right] \quad \text{(J.0.2-5)}$$

$$G_{ji} = \frac{K_j\left[\eta_{aj}lm_L + \frac{1}{4}\sum_{i=1}^{n} m_i Y_{ji}\right]g}{\sum_{j=1}^{n} K_j Y_{ji}} \quad \text{(J.0.2-6)}$$

式中：F_{ji}——第 j 振型第 i 支承结构顶端的横向水平地震作用标准值；

α_j——相应于第 j 振型自振周期的地震影响系数，应按本规范第 5.1.6 条的规定确定；

γ_j——第 j 振型的参与系数；

G_{ji}——第 j 振型第 i 支承结构顶端所承受的重力荷载代表值；

η_{aj}——第 j 振型廊身重力荷载系数，应按表 J.0.2 采用。

4　两端简支的通廊，中间有两个支承结构且跨度相近时，可仅取前 2 个振型；中间有一个支承结构且跨度相近时，可仅取第 1、第 3 振型。

附录 K　尾矿坝地震液化判别简化计算

K.0.1　当坝体中饱和尾矿的液化率 $F_L \leqslant 1.0$ 时，应判为液化。液化率可按下式计算：

$$F_L = R/L \quad \text{(K.0.1)}$$

式中：F_L——尾矿的液化率；

R——液化应力比；

L——地震作用应力比。

K.0.2　尾矿的液化应力比宜根据尾矿沉积状态通过动力试验确定；当无试验结果时，可按下列公式计算：

$$R = c\lambda_d R_{15} N_{sf} \quad \text{(K.0.2-1)}$$

$$R_{15} = 0.123 - 0.0441 g d_{50}$$

$$0.01\text{mm} \leqslant d_{50} \leqslant 0.3\text{mm} \quad \text{(K.0.2-2)}$$

$$\lambda_d = \begin{cases} D_r/50 & d_{50} \geqslant 0.075\text{mm} \\ 1 & d_{50} < 0.075\text{mm} \end{cases} \quad \text{(K.0.2-3)}$$

$$N_{sf} = (N_e/15.0)^{-0.15} \quad \text{(K.0.2-4)}$$

式中：c——试验条件修正系数，可取 1.2；

λ_d——相对密度修正系数；

R_{15}——固结比等于 1、相对密度为 50%、等价地震作用次数为 15 时的三轴试验液化应力比；

N_{sf}——震次修正系数，可按式（K.0.2-4）计算；

D_r——尾矿土的相对密度（%）；

d_{50}——中值粒径（mm）；

N_e——等价地震作用次数，可按表 K.0.2 取值。

表 K.0.2 等价地震作用次数

地震震级 M	6.00	6.75	7.50	8.50
等价地震作用次数 N_e	5	10	15	26

注：中间值可采用线性插入法计算，但应取整数。

K.0.3 7 度～9 度时，四级和五级尾矿坝的地震作用应力比可按下式计算：

$$L = 0.65 \frac{\sigma_v}{\sigma_v'} \cdot \frac{a_m a_h}{g} \gamma_d \qquad (K.0.3)$$

式中：σ_v——静总竖向应力（kPa）；

$\quad\sigma_v'$——静有效竖向应力（kPa）；

$\quad a_h$——设计基本地震加速度（g）；

$\quad \alpha_m$——坝坡加速度放大倍数，可取 2.0；

$\quad \gamma_d$——动剪应力折减系数，$z \leqslant 20\text{m}$ 时，$\gamma_d = 1 - 0.025z$；$z > 20\text{m}$ 时，$\gamma_d = 0.63 - 0.0065z$；

$\quad z$——距坝坡面的深度（m）。

附录 L 尾矿坝时程分析的基本要求

L.0.1 采用时程分析法进行尾矿坝抗震计算时，应符合下列规定：

1 应按材料的非线性应力应变关系计算地震前的初始应力状态。

2 宜采用室内动力试验方法测定尾矿等材料的动力变形特性和抗液化强度。

3 宜采用等效线性或非线性时程分析法求解地震应力和加速度反应。

4 应根据地震作用效应计算沿滑动面的地震稳定性，并应验算坝体地震永久变形。

L.0.2 尾矿坝动力分析使用的地震加速度时程应符合下列规定：

1 应至少选取 2 条或 3 条类似场地和地震地质环境的地震加速度记录和 1 条人工模拟的地震加速度时程曲线。

2 人工模拟地震加速度时程的目标谱应采用场地的设计反应谱。

3 地震加速度时程的峰值应采用设计基本加速度值。

4 人工模拟地震加速度时程的持续时间可按表 L.0.2 取值。

表 L.0.2 地震加速度时程的持续时间

震源震级 M	6.0	6.5	7.0	7.5	8.0
持续时间（s）	10～20	10～25	15～30	25～35	35～45

注：近震持续时间取小值，远震取大值。

附录 M 尾矿坝地震稳定分析

M.0.1 采用瑞典条分法计算尾矿坝抗滑移安全系数时，应按下列公式计算：

$$\psi = \frac{\sum \{cb\sec\theta + [(1 \pm k_v) W\cos\theta - k_h W\sin\theta - ub\sec\theta]\tan\varphi\}}{\sum [(1 \pm k_v) W\sin\theta + M_h/r]}$$

$$\qquad (M.0.1-1)$$

$$u = u' + u_l \qquad (M.0.1-2)$$

$$M_h = k_h W r \qquad (M.0.1-3)$$

式中：ψ——尾矿坝抗滑移安全系数；

$\quad r$——条块滑移面的圆弧半径；

$\quad b$——滑移体条块宽度；

$\quad \theta$——条块底面中点切线与水平线的夹角；

$\quad u$——条块底面中点的孔隙水压力；

$\quad u'$——条块底面中点的静孔隙水压力，采用总应力分析方法时，应取 0；

$\quad u_l$——地震引起的条块底面中点的超孔隙水压力，可按式（M.0.3）计算；采用总应力分析方法时，应取 0；

$\quad W$——条块实际重力荷载标准值；

$\quad k_h$——水平地震系数，宜根据时程分析结果确定，或按本规范表 N.0.1-1 的 1/2 采用；

$\quad k_v$——竖向地震系数，可取水平地震系数的 1/3，竖向地震作用方向向上时应取负号，向下时应取正号；

$\quad M_h$——条块重心处水平地震作用标准值对圆心的力矩；

$\quad c, \varphi$——分别为条块底部尾矿的凝聚力和摩擦角。

M.0.2 四级、五级尾矿坝的抗滑移安全系数可按下列公式计算：

$$\psi = \frac{\sum \{cb\sec\theta + [W\cos\theta - ub\sec\theta - F_h\sin\theta]\tan\varphi\}}{\sum [W\sin\theta + M_h/r]}$$

$$\qquad (M.0.2-1)$$

$$F_{hk} = a_h \xi \alpha_i W \qquad (M.0.2-2)$$

式中：F_{hk}——作用在条块重心处的水平地震作用标准值；

$\quad a_h$——设计基本地震加速度值；

$\quad \xi$——综合影响系数，可取 0.25；

$\quad \alpha_i$——质点 i 的动态分布系数，可按图 M.0.2 取值。

M.0.3 地震引起条块底面中点的超孔隙水压力，可根据抗液化率按下式计算：

$$\frac{u_l}{\sigma_v} = \begin{cases} 1.0 & \mu < 1.0 \\ 117.0\exp(-\mu/0.21) & 1.0 \leqslant \mu \leqslant 1.5 \\ 0 & \mu > 1.5 \end{cases}$$

$$\qquad (M.0.3)$$

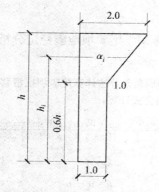

图 M.0.2 尾矿坝坝体动态分布系数

式中：σ'_v——条块底面上的静有效竖向应力；

μ——抗液化率。

附录 N 边墙与土体产生相对位移时的地震土压力计算

N.0.1 在水平均质地基中，当边墙与土体产生相对位移时，作用在刚性边墙上的地震土压力（包括静土压力）$p(z)_E$ 及其沿深度的分布（图 N.0.1），可按下列公式计算：

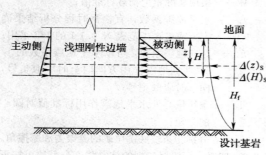

图 N.0.1 边墙与土体产生相对位移时的地震土压力分布

$$p(z)_E = K(\Delta(z),\theta)_E (1-k_h)\gamma z \quad (N.0.1-1)$$

$$p(z)_{Eh} = K(\Delta(z),\theta)_E (1-k_h)\gamma z \cos\delta_{mob} \quad (N.0.1-2)$$

$$p(z)_{Ev} = K(\Delta(z),\theta)_E (1-k_v)\gamma z \sin\delta_{mob} \quad (N.0.1-3)$$

$$\delta_{mob} = \frac{1}{2}(1-R)\delta \quad (-1.0 \leqslant R \leqslant 1.0) \quad (N.0.1-4)$$

$$\delta_{mob} = \frac{1}{2}(R-1)\delta \quad (1.0 < R \leqslant 3.0) \quad (N.0.1-5)$$

$-1.0 \leqslant R \leqslant 1.0$ 时：

$$K(\Delta(z),\theta)_E$$
$$= \frac{2\cos^2(\phi-\theta)}{(1+R)\cos^2(\phi-\theta)+(1-R)\cos\theta\cos(\delta_{mob}+\theta)}$$
$$\times \left[1+\sqrt{\frac{\sin(\phi+\delta_{mob})\sin(\phi-\theta)}{\cos(\delta_{mob}+\theta)}}\right]^{-2} \quad (N.0.1-6)$$

$1.0 < R \leqslant 3.0$ 时：

$$K(\Delta(z),\theta)_E = 1 + \frac{1}{2}(R-1) \times$$
$$\left[\frac{\cos^2(\phi-\theta)}{\cos\theta\cos(\delta_{mob}+\theta)\left[1-\sqrt{\frac{\sin(\phi+\delta_{mob})\sin(\phi-\theta)}{\cos(\delta_{mob}+\theta)}}\right]^2}-1\right] \quad (N.0.1-7)$$

$$R = \begin{cases} -\left(\frac{|\Delta(z)|}{\Delta_a}\right)^{0.5} & (-\Delta_a \leqslant \Delta(z) \leqslant 0) \\ -1 & (\Delta(z) < -\Delta_a) \end{cases} \quad (N.0.1-8)$$

$$R = \begin{cases} 3\left(\frac{\Delta(z)}{\Delta_p}\right)^{0.5} & (0 \leqslant \Delta(z) \leqslant \Delta_p) \\ 3 & (\Delta(z) > \Delta_p) \end{cases} \quad (N.0.1-9)$$

$$\Delta(z) = \Delta(z)_S - \Delta(z)_W$$
$$\approx \Delta(z)_S - \Delta(H)_S \quad (N.0.1-10)$$

$$\Delta(z)_S = \frac{2}{2-n} \cdot \frac{3^n \gamma^{1-n}}{C p_a^{1-n}(1+2K_0)^n}$$
$$\cdot \frac{k_h}{(1-k_v)^n}(H_f^{2-n}-z^{2-n}) \quad (N.0.1-11)$$

$$G_0 = C p_a \left(\frac{\sigma'_m}{p_a}\right)^n \quad (N.0.1-12)$$

$$C = 6930 \frac{(2.17-e)^2}{1+e} \quad （圆粒状砂土） \quad (N.0.1-13)$$

$$C = 3270 \frac{(2.97-e)^2}{1+e} \quad （棱角状砂土） \quad (N.0.1-14)$$

$$C = 3230 \frac{(2.97-e)^2}{1+e} U^k \quad （黏性土） \quad (N.0.1-15)$$

式中：

$p(z)_E$——地面下 z 深度处作用在边墙上的地震土压力；

$p(z)_{Eh}$——地面下 z 深度处作用在边墙上的水平地震土压力分量；

$p(z)_{Ev}$——地面下 z 深度处作用在边墙上的竖直地震土压力分量；

$K(\Delta(z),\theta)_E$——任意侧向位移条件下的地震土压力系数，可按式（N.0.1-6）或式（N.0.1-7）计算；

k_h、θ——分别为水平地震系数和地震角，可按表 N.0.1-1 采用；

k_v——竖向地震系数，8 度、9 度时，可取水平地震系数的 1/3；6 度、7 度时可不计竖向地震影响；

δ_{mob}——墙背有效摩擦角，可按式（N.0.1-4）或式（N.0.1-5）计算；

δ——墙背摩擦角，对混凝土墙面可取土的有效内摩擦角的 $1/4 \sim 1/3$；

ϕ——土的有效内摩擦角；

γ——土层介质的重力密度；

z——从地面算起的土层深度；

R——土的侧向应变参数，可按式（N.0.1-8）或式（N.0.1-9）计算；

Δ_a、Δ_p——分别为达到主动和被动状态所需要的最大水平位移的绝对值，可近似取 $\Delta_a=0.001H$ 和 $\Delta_p=0.01H$；

$\Delta(z)$——地面下 z 深度处的边墙与土体间的相对水平位移，可按式（N.0.1-10）计算，主动侧取负值，被动侧取正值；

$\Delta(z)_w$——地面下 z 深度处边墙的水平位移；

$\Delta(z)_s$、$\Delta(H)_s$——分别为地面下 z 和 H 深度处土体的水平位移，可用一维频域等效线性化波动分析方法计算或按经验公式（N.0.1-11）估算；

H——地面到边墙底缘的深度；

H_f——地面到设计基岩的最大深度；

K_0——静止土压力系数，砂性土层可近似取 $K_0=1-\sin\phi$；

p_a——大气压强，可取 100kPa；

C、n——材料常数，可按式（N.0.1-13）～式（N.0.1-15）或由试验确定，n 可取 0.5；

G_0——土的最大剪变模量，可按式（N.0.1-12）计算；

σ'_m——土的平均有效应力；

e——土的孔隙比；

U——土的超固结比；

k——与黏性土的塑性指数 I_p 有关的常数，可按表 N.0.1-2 取值。

表 N.0.1-1　水平地震力系数 k_h 与地震角 θ

烈度		7		8		9
		0.10g	0.15g	0.20g	0.30g	0.40g
k_h		0.10	0.15	0.20	0.30	0.40
θ	水上	1.5°	2.3°	3.0°	4.5°	6.0°
	水下	2.5°	3.8°	5.0°	7.5°	10.0°

表 N.0.1-2　常数 k 的取值

I_p	0	20	40	60	80	$\geqslant 100$
k	0	0.18	0.30	0.41	0.48	0.50

N.0.2　边墙与土体产生相对位移时的地震土压力可按下列公式近似计算：

$$p(z)_{Ea} = \gamma z(1-k_v)K_{Ea} \qquad (N.0.2-1)$$

$$p(z)_{Ep} = \gamma z(1-k_v)K_{Ep} \qquad (N.0.2-2)$$

$$E_a = \frac{1}{2}\gamma H^2(1-k_v)K_{Ea} \qquad (N.0.2-3)$$

$$E_p = \frac{1}{2}\gamma H^2(1-k_v)K_{Ep} \qquad (N.0.2-4)$$

$$h = \frac{H}{3}(2-\cos\theta) \qquad (N.0.2-5)$$

$$K_{Ea} = \frac{\cos^2(\phi-\theta)}{\cos\theta\cos(\delta+\theta)\left[1+\sqrt{\dfrac{\sin(\phi+\delta)\sin(\phi-\theta)}{\cos(\delta+\theta)}}\right]^2}$$

$$(N.0.2-6)$$

$$K_{Ep} = \frac{4\cos^2(\phi-\theta)}{3\cos^2(\phi-\theta)+\cos\theta\cos(\delta+\theta)\left[1+\sqrt{\dfrac{\sin(\phi+\delta)\sin(\phi-\theta)}{\cos(\delta+\theta)}}\right]^2}$$

$$(N.0.2-7)$$

式中：$p(z)_{Ea}$——刚性边墙主动地震土压力；

$p(z)_{Ep}$——刚性边墙被动地震土压力；

E_a、E_p、h——分别为主动和被动地震土压力的合力和合力作用点高度；

K_{Ea}、K_{Ep}——分别为主动和被动土压力系数；

δ——墙背摩擦角，可按土的有效内摩擦角的 1/3 取值；

γ——土层介质的重力密度。

本规范用词说明

1　为便于在执行本规范条文时区别对待，对要求严格程度不同的用词说明如下：

1）表示很严格，非这样做不可的：
正面词采用"必须"，反面词采用"严禁"；

2）表示严格，在正常情况下均应这样做的：
正面词采用"应"，反面词采用"不应"或"不得"；

3）表示允许稍有选择，在条件许可时首先应这样做的：
正面词采用"宜"，反面词采用"不宜"；

4）表示有选择，在一定条件下可以这样做的，采用"可"。

2　条文中指明应按其他有关标准执行的写法为：

"应符合……的规定"或"应按……执行"。

引用标准名录

《建筑地基基础设计规范》GB 50007
《混凝土结构设计规范》GB 50010
《建筑抗震设计规范》GB 50011

《钢结构设计规范》GB 50017
《高耸结构设计规范》GB 50135
《混凝土结构工程施工质量验收规范》GB 50204
《建筑工程抗震设防分类标准》GB 50223
《建筑边坡工程技术规范》GB 50330
《厚度方向性能钢板》GB/T 5313
《中国地震动参数区划图》GB 18306

中华人民共和国国家标准

构筑物抗震设计规范

GB 50191—2012

条 文 说 明

修 订 说 明

《构筑物抗震设计规范》GB 50191—2012，经住房和城乡建设部 2012 年 5 月 28 日以第 1392 号公告批准发布。

本规范是在《构筑物抗震设计规范》GB 50191—93 的基础上修订而成，上一版的主编单位是冶金部建筑研究总院，参加单位是国家地震局工程力学研究所、冶金部鞍山黑色冶金矿山设计研究院、能源部西北电力设计院、中国有色金属工业总公司长沙有色冶金设计研究院、中国统配煤矿总公司武汉煤炭设计院、东北内蒙古煤炭工业联合公司沈阳煤矿设计院、同济大学、中国石化总公司洛阳石化工程公司、冶金部鞍山焦化耐火材料设计研究院、中国有色金属工业总公司兰州有色冶金设计研究院、中国统配煤矿总公司选煤设计研究院、中国石油天然气总公司工程技术研究所、中国石化总公司北京设计院、冶金部重庆钢铁设计研究院、西安冶金建筑学院、大连理工大学、清华大学、太原工业大学、贵州工学院、哈尔滨建筑工程学院、能源部华东电力设计院、冶金部勘察研究总院、冶金部勘察科学技术研究所、机械电子部西安勘察研究院、天津市勘察院、中国有色金属工业总公司西安勘察院、湖南大学、中国地质大学北京研究生院、江苏省地震局、冶金部长沙黑色冶金矿山设计研究院、中国有色金属工业总公司贵阳铝镁设计研究院、抚顺石油学院、河南省电力勘测设计院、中国石油天然气总公司管道设计院，主要起草人员是侯忠良、周根寿、江近仁、吴良玖、耿树江、郭玉学、王余庆、王兆飞、马英儒、刘曾武、周善文、王绍华、刘鸿运、肖临善、潘士劼、文良谟、刘文虎、吴永新、金熹卿、刘大晖、李连槐、张慧娥、曲昭加、胡正顶、徐振贤、张克绪、邬瑞锋、曲乃泗、石兆吉、杨立、张良铎、那向谦、项忠权、许明哲、刘惠珊、张耀明、张维全、刘季、卫明、谢泳玫、陈家厚、绍宗远、熊国举、陈道钲、尹家顺、梁羽、姜涛、刘增海、翁鹿年、金华、张旷成、李世温、乔天民、狄原沆、陈幼田、乔宏洲、杨运安、李斌魁、韦明辉、莘树莲、宋龙伯、王贻逊、袁文伯、丁新潮、陈跃、季喆、牛启贞、孙维礼。

本次构筑物抗震设计规范的修订，除尾矿坝、挡土结构外，统一按多遇地震进行地震作用计算，不再划分 A、B 设计水准；改进了地震影响系数曲线；增加了钢框排架结构；取消了钢筋混凝土锅炉构架，增补了锅炉钢结构；增加了钢结构筒仓，对群仓结构作了较大的补充；增加了钢结构井塔、井架、通廊、管道支架等的抗震设计规定；增加了索道支架、挡土结构抗震设计。形成征求意见稿后，经过专家审阅及网上征询意见，共征集意见 499 条。对所征集的意见进行分析、整理，修改了相关条文，并对 11 种不同类型的构筑物进行了试设计工作，试设计结果基本合理。

本次修订过程中，发生了 2008 年"5·12"汶川大地震和青海玉树地震，各编制单位分别对各类构筑物的地震破坏进行了调查，并对部分条款进行了修改。

对于某些已列入现行国家标准且包含有抗震设计内容的构筑物，本规范不再纳入，如烟囱抗震设计已列入现行国家标准《烟囱设计规范》GB 50051、水塔抗震设计已列入现行国家标准《室外给水排水和燃气热力工程抗震设计规范》GB 50032。

与《构筑物抗震设计规范》GB 50191—93（以下简称原规范）相比，本次修订的条文数量有下列变动：

原规范共有 23 章 7 个附录，共 562 条。其中，正文 547 条，附录 15 条。本次修订后共有 25 章 13 个附录，共 810 条。其中，正文 745 条，附录 65 条，强制性条文 48 条（款）。

2007 年 12 月，由住房和城乡建设部标准定额司主持召开了《构筑物抗震设计规范》修订送审稿审查会。会议认为，修订后的《构筑物抗震设计规范》吸取了近年来国内外相关地震震害经验，增加了新材料，特别是钢结构构筑物的抗震设计内容。借鉴了国内外抗震设计的理念，吸纳融合了最新科研成果和工程设计经验，结合我国国情，有所创新和提高，做到了结构抗震安全性适当提高，并兼顾经济性、实用性和技术先进的目标。

本次修订，附录 A 依据《中国地震动参数区划图》GB 18306—2001 及其第 1、2 号修改单进行了设计地震分组。如有修订，以新区划图为准。

为了在使用本规范时能正确理解和执行条文规定，编制组编写了《构筑物抗震设计规范》条文说明，供使用者作为理解和把握规范规定的参考。

目　次

1 总　　则

1.0.1 国家有关的防震减灾法律、法规主要指《中华人民共和国建筑法》、《中华人民共和国防震减灾法》及相关的条例等。

1.0.2 本规范的适用范围，仍与原规范相同，适用于6度～9度一般构筑物抗震设计。鉴于近数十年来很多6度地震区发生了较大的地震，甚至发生特大地震，因此，对6度区的构筑物应进行抗震设计，采取相应的抗震措施，以减轻地震灾害。

　　本次修订，按现行国家标准《中国地震动参数区划图》GB 18306—2001（图A）的规定，增加7度强（0.15g）和8度强（0.30g）两个分档。

　　关于大于9度地区的构筑物抗震设计，由于缺乏可靠的近场地震资料和数据，本规范尚未给出具体设计规定，目前可按建设部印发（89）建抗字第426号《地震基本烈度X度区建筑抗震设防暂行规定》执行，并结合构筑物的特点进行理论和试验研究，确定其分析方法和抗震构造措施。对于结构形式特殊的电视塔、框排架结构等构筑物或超出本规范适用范围的构筑物，也应通过专门的研究为设计提供依据。

1.0.3 抗震设防目标同原规范一样。构筑物的抗震设防的基本原则和目标是通过"三个水准、两阶段"设计，达到减轻地震破坏，避免人员伤亡或完全丧失使用功能，减少经济损失。本规范所包含的构筑物，大多数为工业构筑物，部分为民用构筑物，这些构筑物的地震破坏可能产生直接灾害，也可能产生次生灾害。因此，减轻地震破坏程度也包括减轻次生灾害。保障地震安全的程度是受到科学技术和国家经济条件两方面制约的。构筑物抗震设计规范与其他规范一样，要根据国家的实际经济条件，取用适当的设防水准，使其具有可行性。

　　本条规定三个水准的抗震设防目标，即"小震不坏，中震可修，大震不倒"。遭遇多遇地震影响时，结构基本处于弹性工作状态，不需修理仍能保持其使用功能。遭遇设防地震影响时，结构的主要受力构件局部可能出现塑性或其他非线性轻微损坏，使损坏控制在经一般修理即可恢复其使用功能的范围，即结构处于有限塑性变形的弹塑性工作阶段。罕遇地震的设防水准，根据中国建筑科学研究院抗震所对全国60多个城市的地震危险性分析结果，合理的设防目标是50年超越概率为2‰～3‰；遭此地震影响时，地震烈度大致高于设防烈度一度，结构无论从整体还是某些层位，已处于弹塑性工作阶段，此时结构的变形较大，但还是控制在规定的范围内，结构尚未失去竖向承载能力，不致出现结构整体倒塌。

　　为实现三个设防水准的要求，本规范采用二阶段设计。第一阶段设计是按第一设防水准（多遇地震）或第二设防水准（设防地震）进行结构强度验算；对大多数结构，可通过抗震设计的基本要求（即概念设计）和抗震构造措施要求来满足第三水准（罕遇地震）的设计要求。第二阶段设计则是对一部分较重要的构筑物和地震时易倒塌的构筑物，除满足第一阶段设计要求外，还要按高于设防烈度一度的大震进行弹塑性变形验算，并要进行薄弱部位的弹塑性层间变形验算，以满足第三水准的设防要求。涉及土层液化判别（如尾矿坝和挡土结构等）问题时，则按第二设防水准进行验算。

1.0.4 本条是强制性条文，要求处于抗震设防地区的所有新建构筑物必须进行抗震设计。

1.0.5 本条为强制性条文，作为抗震设防依据的设防烈度和地震动参数，必须按国家规定的地震动区划图、文件采用。

1.0.6 本条是抗震设防的基本依据。一般情况下，抗震设防烈度是按现行国家标准《中国地震动参数区划图》GB 18306的基本烈度采用。正如《中国地震动数区划图》GB 18306—2001使用规定指出："下列工程或地区的抗震设防要求不应直接采用本标准，需做专门研究：a）抗震设防要求高于本地地震动参数区划图抗震设防要求的重大工程、可能发生严重次生灾害的工程、核电站和其他有特殊要求的核设施建设工程；b）位于地震动参数区划分界线附近的新建、扩建、改建建设工程；c）某些地震研究程度和资料详细程度较差的边远地区；d）位于复杂工程地质条件区域的大城市、大型厂矿企业、长距离生命线工程以及新建开发区等。"

2　术语和符号

2.1.3 抗震设防标准是一种衡量对构筑物抗震能力要求高低的综合尺度，既取决于建设地点预期地震动强弱的不同，又取决于构筑物抗震设防类别的不同。本规范规定的设防标准是最低要求。

2.1.4 地震作用的含义强调了其动态作用的性质，不仅是加速度的作用，还包括地震动的速度和位移的作用。

3　基　本　规　定

3.1　设防分类和设防标准

3.1.1 构筑物的抗震设防分类和设防标准与现行国家标准《建筑工程抗震设防分类标准》GB 50223完全相同。确定构筑物抗震设防类别的标准是根据其重要性和受地震破坏后果的严重程度，其中包括人员伤亡、经济损失、社会影响等；对于严格要求连续生产的重要厂矿，其震害后果还应包括停产造成的损失。

当停产超过工艺限定的时间时，还可能导致整个生产线更长时间停顿的恶果。如锅炉钢结构、焦炉、高炉等，当失去恒温条件时，将导致内衬开裂、炉体报废，从而使恢复生产的时间大为延长；井塔、井架等矿井的安全出口如地震时发生堵塞，将会导致严重的后果；运送、贮存易燃、易爆和有毒介质的管道、贮罐一旦破坏，将会造成严重的次生灾害。因此，对这些与生命线工程相关的构筑物，在估量其震害后果划分重要性类别时，还应考虑对恢复生产的影响程度，与一般民用建筑和工业建筑相比，其要求从严。此外，像电视塔这样的构筑物，一旦建成，它在城市中就占有特殊地位，在确定重要性类别时，要结合城市的等级考虑其政治影响与社会稳定等因素，从严掌握。

现行国家标准《建筑工程抗震设防分类标准》GB 50223 中的特殊设防类、重点设防类、标准设防类、适度设防类，在本规范中分别采用甲类、乙类、丙类、丁类表述。

根据现行国家标准《建筑工程抗震设防分类标准》GB 50223 的规定，在本规范中只有电视塔属于甲类构筑物。对于甲类构筑物，按地震安全性评价结果高于本规范抗震设防烈度来确定地震作用，而抗震措施要提高一度。对于现行国家标准《建筑工程抗震设防分类标准》GB 50223 规定以外的如尾矿坝等构筑物，应按本规范的规定确定抗震设防分类，并采用相应的设防标准。

3.1.2 6 度设防的构筑物，其结构设计通常不是由地震作用控制。为减少设计工程量，除本规范另有规定外，对 6 度时可仅进行抗震措施设计，不要求进行地震作用计算。

3.2 地震影响

3.2.1~3.2.4 构筑物在特定场地条件下所受到的地震影响，除与地震震级（地震动强度）大小有关外，主要取决于该场地条件下反应谱谱特性中的特征周期值。反应谱（地震影响系数曲线）的特征周期又与震级大小和震中距远近有关，为此引入"特征周期"的概念。在本规范中，特征周期是通过设计所用的地震影响系数特征周期 T_g 来表征。为了更好地体现震级和震中距的影响，在现行国家标准《中国地震动参数区划图》GB 18306—2001 中附录 B（中国地震动反应谱特征周期区划图）的基础上将远震部分作了收缩调整，按现行国家标准《建筑抗震设计规范》GB 50011 附录 A（我国主要城镇抗震设防烈度、设计基本地震加速度和设计地震分组）进行设计地震分组，按三组分别给出特征周期值。

关于设计基本地震加速度的取值，仍按建设部 1992 年 7 月 3 日颁发的建标〔1992〕419 号《关于统一抗震设计规范地面运动加速度设计取值的通知》给出。其定义：50 年设计基准期超越概率 10%的地震加速度的设计取值：7 度 0.1g，8 度 0.2g，9 度 0.4g。此外，在表 3.2.2 中还按《中国地震动参数区划图》GB 18306—2001 附录 A（中国地震动峰值加速度区划图）引入了 6 度区设计基本地震加速度值 0.05g，并将 0.15 g 和 0.30 g 区域分别列入 7 度区和 8 度区。

3.3 场地和地基基础

3.3.1、3.3.2 在进行工程规划、地震安全性评价和工程地质勘探时，均应按本规范第 4.1.1 条的规定对工程场地进行有利地段、一般地段、不利地段和危险地段的综合评定与划分，除丁类外，提出避开不利地段和不在危险地段建造构筑物的要求。甲类、乙类构筑物，严禁建造在危险地段；丙类构筑物不应建造在危险地段，这是汶川和玉树地震所证实的。第 3.3.2 条为强制性条文。

3.3.3、3.3.4 这两条是在现行国家标准《建筑工程抗震设防分类标准》GB 50223 的强制性条文规定的基础上的补充规定。历次大地震的经验表明，建造于 I 类场地的类似构筑物的震害较轻，所以对甲类、乙类构筑物不要求提高一度采取抗震构造措施。在 I 类场地的丙类构筑物，仅允许降低抗震构造措施，但不得降低抗震措施中的其他要求。抗震措施中包括抗震构造措施，还包括概念设计要求和地基基础等方面的要求。

本规范中所有构筑物在抗震设计时，仅允许降低或提高一次抗震措施或抗震构造措施要求，不得重复降低或提高。如丁类构筑物已允许降低抗震措施要求，不能再次降低抗震构造措施。

Ⅲ、Ⅳ类场地上的类似构筑物地震破坏明显重，所以对Ⅲ、Ⅳ类场地的设计基本地震加速度为 0.15g 和 0.30g 地区各设防类别的构筑物，除有关章节另有具体规定外，要求分别按 8 度和 9 度采取抗震构造措施，不提高抗震措施中的其他要求，如概念设计中要求的内力调整措施等。

3.3.5 本条第 1、2 款，对一般体型不大的构筑物均可满足要求；但对于大型构筑物若不满足要求时，可通过地震作用下的地基变形和结构反应分析确定地基、地上结构的抗震措施。

3.3.6 2008 年 5 月 12 日四川省汶川地震中，地质灾害对建（构）筑物的危害突出，因此对山区场地增加有关边坡稳定性和边坡安全距离等的原则要求。

3.4 结构体系与设计要求

3.4.1 构筑物在平面和竖向规则，是指平面、竖向外形简单、匀称，抗侧力构件布置对称、均匀，质量分布均匀，结构承载力分布均匀、无突变等。这是对设计工程师（包括建筑师、工艺设计师）在进行方案设计时的基本要求，是合理的概念设计的基本原则。严重不规则是指结构体型复杂，多项不规则指标超过本规范第3.4.6条上限值或某一项大大超过规定值。此时，结构会产生明显的抗震薄弱环节，将导致地震破坏的严重后果。特别不规则是指具有明显的抗震薄弱部位，地震时可能引起不良后果，因此必须专门研究论证。

3.4.2 结构体系的合理性与经济性是密切相关的，应根据构筑物的抗震设防类别、抗震设防烈度、结构高度、场地条件、地基、结构材料和施工等因素，对设计方案进行综合分析、比较才能确定。

3.4.3、3.4.4 明确的计算简图和合理的地震作用传递途径包括以下三重含义：在地震作用下结构的实际受力状态与计算简图相符；结构传递地震作用的路线不能中断；结构的地震反应通过最简捷的传力路线向地基反馈，充分发挥地基逸散阻尼效应对上部结构的减震作用。

关于薄弱层（部位）的概念，是本规范抗震设计的一个重要内容：

1 在罕遇地震作用下，结构的强度安全储备所剩无几，此时应按构件的实际承载力标准值来分析，判定薄弱层（部位）的安全性。

2 楼层（部位）的实际承载力和设计计算的弹性受力之比（即楼层的屈服强度系数）在高度方向要相对均匀变化，突变将会导致塑性变形集中和应力集中。

3 要避免仅对结构中某些构件或节点采取局部加强措施，造成整体结构的刚度、强度的不协调而使其他部位形成薄弱环节。

4 在抗震设计时要控制薄弱层（部位）有较好的变形能力，以避免薄弱层（部位）发生转移。

关于多道抗震防线的问题阐述如下：当采用几个分体系组联成整体结构体系时，要通过延性好的构件连接并达到协同工作。如框架-抗震墙体系，是由延性框架和抗震墙两个系统组合；双肢或多肢抗震墙体系由若干个单肢墙分系统组成。尽量增加结构体系的赘余度，吸收更多的地震能量，一个分体系遭到地震破坏，可由其他结构承担地震作用，保护整体结构，局部受损构件可以在震后修复。

3.4.5、3.4.6 有关平面和竖向不规则结构的定义和相应的抗震设计计算要求，系引入现行国家标准《建筑抗震设计规范》GB 50011—2010的规定。

对于扭转不规则，若按刚性结构层计算，当最大层间位移与平均值的比值为1.2时，相当于一端为1.0，另一端为1.5时；当比值为1.5时，相当于一端为1.0，另一端为3.0。美国FEMA（Federal Emergency Management Agency）的 NEHRP（National Earthquake Hazards Reduction Program）规定限值为1.4。

对于较大的错层，如超过梁高的错层，需按楼板开洞对待。当错层面积大于该层总面积的30%时，则属于楼板局部不连续。楼板典型宽度按楼板外形的基本宽度计算。

上层缩进尺寸超过相邻下层对应尺寸的1/4，属于用尺寸来衡量侧移刚度不规则。侧移刚度可取地震作用下层剪力与层位移之比值计算。

3.4.7、3.4.8 对于体型复杂或平、立面不规则的构筑物，并不提倡一概设置防震缝，可以通过合理的抗震分析并采取相应的加强延性等抗震构造措施，不设防震缝。

3.4.11 对脆性材料（砌体和混凝土）的构件，提出改善变形能力、提高承载力的原则要求。对延性好的钢构件，主要防止因局部失稳（屈曲）和整体失稳而提前退出工作。对预应力混凝土抗侧力构件，为避免在地震作用下预应力有所降低，要求适当配置非预应力筋。

3.4.12 主体结构构件之间连接的可靠性是保证结构体系空间整体性的重要环节，也是保证结构整体振动与其动力计算简图和内力分析相一致的重要环节，即通过其连接节点的承载力达到发挥构件预期承载力、变形能力，以使整体结构具有良好的抗震能力。

3.4.13 本条的支撑系统包括屋盖支撑和柱间支撑等，设计上的不完善或不合理，将影响结构的整体性和抗震能力的发挥。

3.5 结 构 分 析

3.5.1 本规范中除少数构筑物按抗震设防烈度的设防地震进行抗震验算外，其余均按低于本地区抗震设防烈度的多遇地震作用进行反应（结构内力和变形）分析，此时假定结构及其构件均处于弹性工作状态。

3.5.2 通过现有工程实例分析，本规范仅对8度和9度区的部分场地条件下的钢筋混凝土框排架结构、柱承式筒仓、井架、井塔、电视塔等构筑物要求进行罕遇地震作用下的变形验算，也就是对其薄弱层（部位）进行层间弹塑性变形控制，以防止因变形集中导致结构倒塌。具体的分析方法可采用本规范给出的简化法，也可采用其他方法进行计算。

3.5.3 当构筑物高宽比较大或具有薄弱层，框架结构或框架-抗震墙（支撑）结构稳定系数符合下式时，应考虑结构变形的几何非线性，即重力二阶效应的影响。

$$\theta_i = \frac{M_a}{M_0} = \frac{\sum G_i \cdot \Delta u_i}{V_i h_i} > 0.1 \qquad (1)$$

式中：θ_i——稳定系数；

　　M_a——重力附加弯矩，系指任一结构层以上全部重力荷载与该结构层地震平均层间位移的乘积；

　　M_0——初始弯矩，系指该结构层的地震剪力与结构层层高的乘积；

$\sum G_i$——第 i 层以上全部重力荷载设计值；

Δu_i——第 i 层楼层质心处的弹性或弹塑性层间位移；

V_i——第 i 层地震剪力设计值；

h_i——第 i 层楼层高度。

上式规定是考虑重力二阶效应影响的下限，其上限则受弹性层间角位移限值控制。

一般情况下，结构的侧向稳定可以通过限制弹性层间位移来控制，尤其是对于钢筋混凝土框架-抗震墙结构，均可满足稳定系数小于 0.1。对于侧移刚度较小的钢筋混凝土框架结构或钢框架结构，则应重视重力二阶效应问题。前者计算侧移时，尚应考虑侧移刚度折减。

弹性分析时，作为简化方法，二阶效应的内力增大系数可取 $1/（1-\theta）$。

3.5.4 刚性、半刚性、柔性横隔板是分别指在平面内不考虑变形、考虑变形、不考虑刚度的楼板或屋盖。

3.6 非结构构件

3.6.1～3.6.5 非结构构件、设施和设备应进行抗震设计，是地震中引发次生灾害、生产中断等众多震害后开始引起人们重视的问题。因此要求建筑师、设备工程师与结构工程师相互配合，对构筑物上的各种设备、管线及其与主体结构的连接应按同等设防烈度进行抗震验算，并采取可靠的固定措施。

围护墙、隔墙等非结构构件，与主体结构既要有可靠的拉结，又要求考虑对主体结构的不利影响，二者应协调起来。如柱间不到顶的填充墙，可使柱形成短柱破坏形态（脆性破坏）。第 3.6.1 条为强制性条文。

3.7 结构材料与施工

3.7.1 本条为强制性条文。抗震结构设计对材料和施工方面的要求，包括材料代用的技术要求，主要指材料的强度等级、延性、施工质量等要求，均应在设计文件中注明。

3.7.2、3.7.3 对结构材料的要求，分为强制性条文和非强制性条文，第 3.7.2 条作出了强制性规定。

在钢筋混凝土结构中对混凝土强度等级的限制，是基于强度等级愈高，其脆性破坏的危险性愈大。

对一、二、三级框架结构和斜撑构件的纵向受力钢筋（普通钢筋），其抗拉强度实测值与屈服强度实测值的比值要求不小于 1.25，是为了满足构件出现塑性铰时具有足够的转动能力、耗能能力。要求屈服强度实测值与标准值之比不大于 1.3，是为了实现"强柱弱梁、强剪弱弯"规定的内力调整目标。

钢结构的钢材，目前主要按现行国家标准《低合金高强度结构钢》GB/T 1591、《建筑结构用钢板》GB/T 19879、《碳素结构钢》GB 700 等规定选用。钢材的屈服强度决定了强度设计指标，但不宜过高。通过实测的屈强比不大于 0.85、有明显的屈服台阶、伸长率不小于 20%（试件标距为 50mm）来保证钢材具有足够的塑性变形能力。按构筑物实际工作温度对钢材提出冲击韧性指标，也是抗震结构的一项重要要求。

现行国家标准《碳素结构钢》GB 700 规定，各种牌号的 A 级钢其碳含量不作为交货条件，即碳含量不作为控制指标，这将影响钢材的焊接性，因此焊接结构不要采用 A 级钢。现行国家标准《低合金高强度结构钢》GB/T 1591 中的 A 级钢不保证冲击韧性要求，因此也不建议采用。

现行国家标准《钢筋混凝土用钢 第 2 部分：热轧带肋钢筋》GB 1499.2 规定，在钢号后加 E 为符合抗震性能指标钢筋。有关普通钢筋的选用，是按现行国家标准《混凝土结构设计规范》GB 50010 中的有关规定作了修改。

3.7.4 本条为强制性条文。在钢筋混凝土施工中，如果采用不同型号、规格的钢筋代替时，应使替代后的纵向钢筋的总承载力设计值不高于原设计的总承载力的设计值，以免造成薄弱部位的转移，以及构件在有影响的部位发生脆性破坏（压碎或剪力破坏等）。同时注意由于钢筋强度和直径改变后会影响正常使用阶段的挠度和裂缝开展宽度，因此还要满足最小配筋率和钢筋间距等构造要求。

3.7.5 在有约束或钢板的刚度较大时，厚板焊接时容易引起层状撕裂，为此要求板厚不小于 40mm 的钢板应具有厚度方向断面收缩率不小于 Z15 的规定，根据节点形式、焊脚尺寸、板厚等因素，综合判定层状撕裂的危险性，然后确定选用 Z15、Z25 或 Z35 级钢材。

3.7.7 抗震墙的水平施工缝，如果混凝土结合不良，可能形成抗震薄弱部位。因此，对一级抗震墙的水平施工缝处要求进行受剪承载力验算，其验算方法可参见现行国家标准《建筑抗震设计规范》GB 50011—2010 第 3.9.7 条的条文说明。

4 场地、地基和基础

4.1 场 地

4.1.1～4.1.9 这几条内容与现行国家标准《建筑抗震设计规范》GB 50011 基本协调统一，针对构筑物的特点进行了局部调整，其条文说明不再复述。第 4.1.9 条为强制性条文。

4.2 天然地基和基础

4.2.1～4.2.5 这几条内容与现行国家标准《建筑抗

震设计规范》GB 50011 基本协调统一，针对构筑物的特点进行了局部调整，其条文说明不再复述。第4.2.2 条为强制性条文。

4.3 液化土地基

4.3.1～4.3.10 这几条内容与现行国家标准《建筑抗震设计规范》GB 50011 基本协调统一，针对构筑物的特点进行了局部调整，其条文说明不再复述。第4.3.2 条为强制性条文。

4.4 软黏性土地基震陷

4.4.1 震害调查发现，软土震陷造成的建（构）筑物破坏多发生在强震区，6度和7度区尚未有震陷破坏的实例报道。1976年唐山地震时天津和1994年美国 Northridge 地震时 San Fernando Valley 的软土震陷破坏事例分别发生在8度、9度区和9度及以上区。此外，已有的计算分析研究也表明，在遭受设防地震影响时，6度和7度的软土震陷量不大于30mm。基于此，本条规定，位于6度和7度区的一般建（构）筑物可不考虑软土震陷的影响。

4.4.3 此规定主要是根据唐山地震时天津软黏土地区的震害经验和试验、理论分析研究得出的。8度时要求地基承载力特征值不小于100kPa和9度时不小于120kPa，是从结构抗震角度出发而规定的，本规范和现行国家标准《建筑抗震设计规范》GB 50011都规定，在天然地基主要持力层内不允许存在对抗震不利的软弱黏性土。

4.4.4、4.4.5 对软土震陷的处理目前积累的经验还不多，条文中给出的工程措施是目前工程界处理软土震陷通常采取的方法。对于重要构筑物和震陷危害性严重的场地，在震陷判别和处理方法的选用上需要进行综合分析研究。

4.5 桩 基 础

4.5.1～4.5.6 这几条内容与现行国家标准《建筑抗震设计规范》GB 50011 基本协调统一，针对构筑物的特点进行了局部调整，其条文说明不再复述。第4.5.5 条为强制性条文。

4.6 斜坡地震稳定性

4.6.1 斜坡场地的地震稳定问题在山区开发和建设中较为突出。大量震害经验表明，天然边坡在遭受M4.5级左右的地震时就可能发生崩滑，工程边坡通常在7度及以上时才需要考虑其地震稳定问题。

4.6.2 表4.6.2是在调查总结过去地震滑坡经验的基础上得出的。此条旨在剔除工程设计中不需要进行地震抗滑验算的边坡。

研究发现，对于位于年均降雨超过800mm的土质边坡，表4.6.2误判严重（王余庆等，2001）。所以，条文规定此表不适用于年均降雨大于800mm的 V类、VI类边坡。对此类场地的土质边坡判别，可按考虑降雨影响的边坡地震崩滑综合指标法进行。

上述方法是基于地震宏观调查的分析结果，它们适用于一般山区工程场地，对于重要的斜坡场地，需要进行地震稳定性分析和时程分析综合判定。

4.6.3 工程界对边坡的地震稳定性验算通常采用拟静力法，地震系数是根据震级和场地设防加速度的大小确定。表4.6.3规定的水平地震系数大小是综合我国工程界通常的取值范围确定的，其地震综合影响系数为0.35，它所对应的分析方法是圆弧法，安全系数取1.1。

5 地震作用和结构抗震验算

5.1 一 般 规 定

5.1.1 本条为强制性条文。本条规定了各类构筑物应考虑的地震作用方向。本次修订，保留了原规范的内容，增加了斜交抗侧力构件地震作用输入方向的要求。

1 考虑到地震可能来自任意方向，而一般构筑物结构单元具有两个水平主轴方向并沿主轴方向布置抗侧力构件，故规定一般情况下，应至少在构筑物结构单元的两个主轴方向分别考虑水平地震作用并进行抗震验算。而对构筑物水平方向完全对称的特殊情况，则可以仅进行一个水平方向的抗震验算。电视塔要求分别计算两个非主轴方向的地震作用。

2 参考现行国家标准《建筑抗震设计规范》GB 50011，增加了斜交抗侧力构件交角大于15°时，应考虑与该构件平行方向的地震作用的规定，这是现代结构常见的情况，也是考虑地震可能来自任何方向。

3 质量和刚度分布明显不均匀、不对称的结构（包括平面内对称，但沿高度分布不对称），在水平地震作用下将产生扭转振动，增大地震作用效应，故应考虑扭转效应。对明显不规则的，尚应同时考虑双向水平地震作用下的扭转效应。

4 除长悬臂和长跨结构应考虑竖向地震作用外，高耸结构在竖向地震作用下的轴向力不可忽略，故本规范规定8度和9度区的这些结构要考虑竖向地震作用。我国大陆和台湾地震表明，8度时跨度大于24m的桁架，9度时跨度18m的桁架、1.5m以上的悬挑阳台震害严重，甚至倒塌。

5.1.2 本条规定不同的构筑物应采取的不同分析方法，世界各国规范均有这样的规定。

1 本规范仍采用原规范的底部剪力法，它适用于质量和刚度沿高度分布比较均匀的剪切型、剪弯型和弯曲型结构以及近似于单质点体系的结构。对井架结构的分析表明，高达65m的结构仍能给出满意的结果，故对一般构筑物，采用底部剪力法的高度限值定为不超过 65m。由于不同用途的构筑物的结构形式不同，所采用的底部剪力法的适用高度对不同结构形式也应有所不同，因此，为安全起见，本次修订对框排架结构的高度限制规定为不超过 55m。

2 对特别重要的构筑物和特别不规则的重要构筑物，考虑到计算机技术在我国的应用已较普遍，为安全起见，本规范仍沿用原规范的规定，采用时程分析法或经专门研究的方法计算地震作用。当时程分析法计算结果大于振型分解反应谱法时，应对结构相关部位的内力或配筋作相应调整，即取二者的较大值。底部剪力法和振型分解反应谱法仍是抗震设计的基本方法，时程分析法仅对特别重要或特别不规则的结构要求进行补充计算。

5.1.3 进行时程分析时输入地震记录的选择和计算结果要与本规范其他方法的计算结果进行比较。本次修订参考现行国家标准《建筑抗震设计规范》GB 50011，增加了"其平均地震影响系数曲线应与振型分解反应谱法所采用的地震影响系数曲线在统计意义上相符"和"底部剪力可取多条时程曲线计算结果的平均值，但不应小于按振型分解反应谱法计算值的 80%，且每条时程曲线计算所得结构底部剪力不应小于振型分解反应谱法计算结果的 65%。"的规定。众所周知，每类场地上的反应谱是由该类场地的大量地震记录的反应谱值统计平均得到的，而任意选择的几条地震记录的反应谱有可能与此场地的典型特征相差甚远。另外，由于结构可能在某组（条）地震动作用下，反应结果偏小，说明该地震动选择的不是很适当，应另外补选一组（条）。为此作出上述规定。这是从安全方面考虑的，但时程分析结果也不能太大，每条时程曲线计算结果不大于 135%，平均不大于 120%。

选择地震加速度时程曲线时，要充分考虑地震动三要素（频谱特性、加速度峰值和持续时间）。

频谱特性可用地震影响系数曲线表征，依据所处的场地类别和设计地震分组确定。

加速度峰值按本规范表 5.1.7 中的地震加速度最大值采用。

输入的地震加速度时程的有效持续时间，起始点和终止点均按最大峰值的 10% 确定；不论是实际的强震记录还是人工模拟波，一般应大于结构基本自振周期的 5 倍（一般为 5 倍~10 倍）。

当结构需要进行同时双向（二个水平向）或三向（二个水平和一个竖向）地震波输入时，其加速度最大值通常按 1（水平 1）：0.85（水平 2）：0.65（竖向）的比例调整。选用的实际加速度记录可以是同一组的三个分量，也可以用不同组的记录进行组合。

5.1.4 本条为强制性条文。本条仍沿用原规范的方法，规定了计算地震作用时构筑物的重力荷载代表值

取法。考虑到某些构筑物的积灰荷载不容忽略，可变荷载中包含了积灰荷载。并参考现行国家标准《建筑抗震设计规范》GB 50011，增加了吊车悬吊物重力组合值系数。表 5.1.4 中给出的硬钩吊车的组合值系数只适用于一般情况，吊车较大时需按实际情况取值。

5.1.5 本条为强制性条文。本条是关于设计反应谱的规定。具体作了以下几点修订：

1 1989 年版《建筑抗震设计规范》GBJ 11—89 反应谱长周期截止 3s，2010 年版周期延至 6s。而本规范一直截止 7s。现行国家标准《建筑抗震设计规范》GB 50011—2010 截止周期与本规范相近，这样两个抗震设计规范采用相同的地震作用较为适宜，因此本次修订采用了基本相同的设计反应谱。不同之处在于本规范的截止周期仍为 7s，但规定当计算的地震影响系数值小于 $0.12\alpha_{max}$ 时，应取 $0.12\alpha_{max}$。

2 将原规范中"抗震计算水准 A"和"抗震计算水准 B"的提法分别改为"多遇地震"和"设防地震"，并根据不同情况分别采用这两种地震作用进行抗震验算，具体采用哪一种，由本规范有关章节确定。

3 特征周期的取值由原规范连续性的公式形式改为离散性的表达形式，这主要是出于使用方便考虑，但同时基本保持了原先无大跳跃的优点。同时，通过设计地震分组的特征周期，来反映近震、中震、远震等影响，提高了抗震安全性。

（4）为与现行国家标准《建筑抗震设计规范》GB 50011 和我国地震动参数区划图相协调，增加了设计地震分组和设计基本加速度为 $0.15g$ 和 $0.30g$ 的地区的反应谱值。

5.1.6 因采用了与现行国家标准《建筑抗震设计规范》GB 50011 相同的设计反应谱，所以阻尼调整系数也采用了同样的表达式。

1 反应谱在 $T \leqslant 0.1s$ 范围内，各类场地的地震影响系数一律采用同样的斜线，并符合 $T=0$ 时（刚体）动力不放大的规律。在 $T \geqslant T_g$ 时，曲线段为速度控制段，衰减指数仍与原规范相同（0.9）；从 $T=5T_g$ 开始的直线下降段，为位移控制段，比原规范略有提高（由曲线改为斜线）。

2 该反应谱曲线计算表达式，形式上与《建筑抗震设计规范》GB 50011—2010 相同，但对其参数作了调整，达到了以下效果：

1）阻尼比为 5% 的地震影响系数值不变。

2）不出现不同阻尼比地震影响系数交叉、大阻尼比曲线值高于小阻尼比的不合理现象。

3）降低了小阻尼比（2%~3.5%）的地震影响系数值，最大降低幅度达 18%，这有利于钢结构的推广应用（节省投资）。同时，略微提高了阻尼比 6%~12% 的地震影响

系数值，长周期段最大增幅约 5%。

    4）降低了大阻尼比（20%～30%）的地震影响系数值，在 $5T_g$ 以内基本不变，长周期段最大降幅约 10%，有利于消能减震技术的推广应用。

    3 关于水平地震系数的增大系数，本规范仍采用了原规范新的底部剪力法，当多质点体系的基本自振周期处于谱速度区和谱位移区时，其地震影响系数值应予以增大，该增大系数是根据基本振型计算的底部剪力与由振型分解反应谱法计算的底部剪力之差求得的。对剪切型、剪弯型和弯曲型结构的计算结果进行最小方差拟合，求得增大系数的结构类型指数值，分别为 0.05、0.20 和 0.35。本次修订考虑到长周期反应谱值作了一定提高等因素，因此对剪弯型结构和弯曲型结构，增大系数的指数值分别调整为 0.15 和 0.25。

5.1.7 为了采用时程分析法进行分析和设计的需要，本次修订不但给出了与设防地震（设防烈度地震）相对应的地震加速度值，还给出了与多遇地震和罕遇地震相对应的地震加速度值，供两阶段设计需要。

5.1.8 本条仍沿用原规范的规定。构筑物的实测周期通常是在脉动或小振幅振动情形下测定的，构筑物遭受地震时为大振幅振动，部分构件进入弹塑性状态，其自振周期加长，故规定视构筑物的类别及其允许的损坏程度的不同，对实测周期乘以 1.1～1.4 的周期加长系数。

5.1.9 构筑物的阻尼比应按各章具体规定取值，无规定的章节可取 0.05。钢结构的阻尼比，在多遇地震下由 2% 提高到 3%。

5.1.10 本条仍沿用原规范的规定。考虑到各类构筑物特性的不同及与现行国家标准《建筑抗震设计规范》GB 50011 相衔接，本规范规定对不同的构筑物采取不同的地震作用水准进行截面抗震验算方法。如尾矿坝、挡土结构仍按设防地震验算其稳定性。

5.2 水平地震作用计算

5.2.1 本次修订在计算水平地震作用和作用效应时仍沿用原规范给出的新的底部剪力法。

    1 现行国家标准《建筑抗震设计规范》GB 50011 采用的底部剪力法只适用于以剪切变形为主的结构。对于构筑物来说，除了以剪切变形为主的剪切型结构外，还存在着剪弯型和弯曲型的结构。为了适应构筑物的水平地震作用简化计算的需要，本规范仍采用原规范给出的新的底部剪力法，其根据如下：

    1）对于基本自振周期 T_1 处于谱加速度控制区（短周期区）的结构，振型分解反应谱法求得的底部剪力实质上与仅考虑基本振型时的结果相同，于是在底部剪力公式中用第一振型的等效总重力荷载代替总重力荷载，

则该公式将精确给出基本自振周期 T_1 在谱加速度控制区的结构的底部剪力。

    2）对于基本自振周期 T_1 处在谱速度和位移控制区（即中等周期和长周期区）的结构，按振型分解反应谱法求得的底部剪力要高于仅考虑基本振型的底部剪力法求得的值，这个差值反映了高振型的影响。

    3）这种差值随结构基本自振周期 T_1 的增加和结构剪弯刚度比的减小而增加；为了反映这种差异，可将底部剪力计算公式中的地震影响系数 α 增大，亦即减小反应谱曲线在速度和位移谱控制区中随周期 T 的衰减率，以提高反应谱曲线。实际上，是采用式（5.1.6-4）的增大系数来提高 α 值。

    2 现行国家标准《建筑抗震设计规范》GB 50011 关于底部剪力沿结构高度分布的计算，采取了将部分底部剪力集中作用于结构顶部，而其余部分则按倒三角形分布的方法。这种方法只适用于计算结构的层间剪力而不适用于计算层间弯矩。对工业与民用建筑结构来说，一般无需验算结构层间弯矩及其基础的倾覆力矩，故可不计算弯矩。但对构筑物来说，由于有的构筑物的平面尺寸较小，还需进行抗倾覆力矩验算。因此，在计算中不但要较精确地计算层间剪力，而且要较精确地计算层间弯矩，这就要求较精确地计算沿结构高度的水平地震作用效应的方法。

    本规范采用的原规范给出的新的底部剪力法如下所述：

    按式（5.2.1-1）计算总水平地震作用，即底部剪力，将它看成是由基本振型和第二振型（代表高振型影响）的底部剪力的组合，再分别求出它们的相应底部剪力及其沿高度的分布，并分别计算由基本振型和第二振型的水平地震作用产生的层间剪力和弯矩等地震作用效应，然后按平方和开方法进行组合求得总的地震作用效应。基本振型的底部剪力按式（5.2.1-6）计算，此时的地震影响系数无须考虑增大系数，直接由图 5.1.6 求得。对多质点体系 $T_1 > T_g$ 时，按式（5.1.6-4）考虑了增大系数，为此再除以增大系数；$T_1 \leqslant T_g$ 时，增大系数等于 1，等于不考虑增大系数；因此，仅在第二振型中考虑增大系数。第二振型的底部剪力根据平方和开方组合法由总的底部剪力和基本振型的底部剪力按式（5.2.1-7）计算。各振型底部剪力沿高度的分布采用按振型曲线分布，即按式（5.2.1-4）和式（5.2.1-5）计算的基本振型和第二振型的振型曲线分别近似取为式（5.2.1-3）和式（5.2.1-8）。表 5.2.1 中所列基本振型指数 δ 和 $h_0 = 0.8h$，是根据对多个剪切型、剪弯型和弯曲型结构的计算振型曲线进行拟合求得的。

    3 水平地震作用标准值效应由两个振型的作用效应平方和开方确定。按设防地震计算的地震作用标

准值效应应乘以效应折减系数。对一部分结构来说，效应折减系数与原结构影响系数的考虑因素相似，但不同构筑物的差异比较大，有的构筑物的效应折减系数并不完全是反映结构本身的塑性耗能效应，而是综合影响系数（$\xi = 0.25 \sim 0.45$）。

5.2.2 当采用振型分解反应谱法分析对称结构时，其地震作用标准值效应由所取各振型的贡献的平方和开方确定。此次修订，将一般构筑物的组合振型个数增加到 3 个～5 个；对于高柔和不规则的构筑物，规定其组合的振型个数适当增加；对于某些特殊构筑物，如框排架结构、电视塔和冷却塔等，上述参振振型显然不够。为此规定，对所有构筑物，所选取的振型数应使振型参与质量不小于总质量的 90%。对于一般构筑物，取 3 个～5 个振型，对于高柔和不规则的构筑物，振型数量适当增加，可以保证振型参与质量不小于总质量的 90%。但当结构较复杂，不能确信所选择的振型数是否足够时，则应校核参振振型参与质量与总质量的比值。另外，还同样规定，对按设防地震计算的作用标准值效应要乘以效应折减系数。

5.2.3 本规范新增估计水平地震作用扭转耦联影响的规定条款。对于平面对称构筑物，可能存在偶然荷载、施工质量等引起的偶然偏心，为此参照现行国家标准《建筑抗震设计规范》GB 50011，规定对这类结构可以不进行扭转耦联计算，采用增大外侧构件内力的简化处理方法（对于角部构件要乘以两次增大系数）；进行偏心结构扭转耦联反应分析时，两个水平和扭转参振振型均要考虑到，所以规定每个方向的参振振型数量至少包含该方向的前三阶振型。同样还规定了所选取的振型数应使振型参与质量不小于总质量的 90%，以便当分析复杂结构且不能确信参振振型数量足够时，据此原则确定振型数量。

由于考虑扭转耦联分析时，结构振型较为密集，因此规定单向水平地震效应组合采用完全二次项平方根组合方法，即 CQC 法。

计算分析表明，当相邻振型的周期比为 0.85 时，耦联系数 ρ 约为 0.27，采用 SRSS 法组合误差很小。当相邻振型周期比为 0.9 时，$\rho = 0.5$，则应采用 CQC 法组合。

双向水平地震效应组合方法参照现行国家标准《建筑抗震设计规范》GB 50011，取一个方向效应的 100%，另一个方向的 85%，平方和开平方组合方法，并取两个方向效应组合的较大值作为双向水平地震标准值效应。

5.2.4 突出构筑物顶面的小型结构，一般系指其重力荷载小于标准层 1/3 的情况。采用底部剪力法计算时，小型结构的重力荷载应计入下部结构中，但不单设一个质点。本规范中的贮仓的仓上建筑和钢框排架结构的天窗，按底部剪力法计算的增大系数取值另有规定。

5.2.5 本条为强制性条文。在长周期段的地震影响系数 α 下降较快，对于基本自振周期大于 3.5s 的结构，计算的水平地震作用效应可能偏小。这是因为此时地震动速度和位移起控制作用，但规范中所采用的底部剪力法和振型分解反应谱法均无法考虑其影响。从结构安全角度考虑，提出对结构总水平地震剪力及各结构层水平地震剪力最小值的要求，规定了不同烈度下的剪力系数。不符合要求时，需改变结构布置或调整结构总剪力和各层剪力。例如，当结构底部总剪力略小于本条规定，而中部、上部结构层满足最小值时，可采用下列方法调整：结构基本自振周期位于反应加速度控制段时，则各层均需乘以同样大小的增大系数；结构基本自振周期位于反应谱位移控制段时，则各层均需按底部剪力系数的差值 $\Delta \lambda_0$ 增加各层的地震剪力，即 $\Delta F_{Eki} = \Delta \lambda_0 G_{Ei}$；结构基本自振周期位于速度控制段时，则增加值应大于 $\Delta \lambda_0 G_{Ei}$，结构顶部增加值可取动位移作用和加速度作用二者的平均值，中间各层的增加值可近似按线性分布。

需注意的是：底部总剪力相差较多时，结构选型和总体布置需重新调整，不能仅乘以增大系数；只要底部总剪力不满足要求，各层剪力均需调整；满足了最小地震剪力并采取加强措施后，应重新进行地震作用计算，直到满足为止；按时程分析法计算时，也要符合本条要求；不考虑结构阻尼比的不同，各类结构均须满足本条要求。

5.3 竖向地震作用计算

5.3.1 本条是有关竖向地震作用计算的规定。

1 在高地震烈度下，高耸构筑物在竖向地震作用中上部可产生拉力。因此，对这类构筑物，竖向地震作用不可忽视，应在抗震验算时考虑。

2 对这类结构在地震作用下的研究结果表明：第一振型起主要作用，且第一振型接近一直线；结构基本自振周期均在 0.1s～0.2s 附近，因此其地震影响系数可取最大值；若将竖向地震作用表示为竖向地震影响系数最大值与第一振型等效质量的乘积，其结果与按振型分解反应谱法计算的结果非常接近。因此，竖向地震作用标准值的计算可表示为式（5.3.1-1），即竖向地震影响系数最大值与结构等效总重力荷载的乘积，等效总重力荷载可取为结构重力荷载代表值的 75%。

3 总竖向地震作用沿结构高度的分布可按第一振型曲线，即倒三角形分布。

4 层内分配，按构件承受重力荷载代表值大小（即轴向力）分担。

5 当按多遇地震计算竖向地震作用时，根据不同结构类型对竖向地震作用的反应特性，规定其作用效应应乘以效应增大系数 1.5～2.5，这是因为按多遇地震计算结果比按设防地震计算结果降低 1.5 倍～

2.5倍。

5.3.2 用反应谱法和时程分析法计算分析表明，在地震烈度为 8 度、9 度时，大跨度桁架各主要杆件的竖向地震内力与重力荷载内力之比，彼此相差一般不大，这个比值随烈度和场地条件而异。当结构自振周期 $T_1 > T_g$ 时，随跨度增大比值有所下降，在常用跨度范围内，下降不是很大，可以略去跨度的影响。因此，这类结构的竖向地震作用标准值可取其重力荷载代表值与表 5.3.2 中所列竖向地震作用系数的乘积。对长悬臂等大跨度结构的竖向地震作用计算，仍采用原规范的静力法。

5.4 截面抗震验算

5.4.1 本条为强制性条文。在进行截面抗震验算时，本规范仍沿用原规范的方法，针对不同特点的构筑物采用多遇地震的地震作用效应与其他荷载效应的组合。计算时采用弹性分析方法，多遇地震的地震作用效应可认为结构基本上处于弹性工作范围内。因此，结构构件承载力极限状态设计表达式可按现行国家标准《工程结构可靠性设计统一标准》GB 50153 采用。

1 地震作用标准值效应。

按照现行国家标准《工程结构可靠性设计统一标准》GB 50153，荷载效应组合式中的各种荷载效应是以荷载标准值和其荷载效应系数的乘积表示的。但是，本规范中的地震作用效应是由各振型的地震作用效应平方和开方求得，在荷载效应组合式中不以现行国家标准《工程结构可靠性设计统一标准》GB 50153 中的形式出现。因此，本规范中的荷载效应组合式中直接采用荷载（作用）标准值效应。

地震作用标准值效应组合，是建立在弹性分析叠加原理基础上的。但考虑到抗震计算模型的简化和塑性分布与弹性内力分布的差异等因素，在本规范有关章节中规定对地震作用效应乘以效应调整系数 η，如突出屋面的小型结构、天窗、框架柱、底层框架—抗震墙结构的柱子、梁端和抗震墙底部加强部位的剪力等增大系数。

2 地震作用分项系数的确定。

在众值烈度下的地震作用，应视为可变作用而不是偶然作用。因此根据现行国家标准《工程结构可靠性设计统一标准》GB 50153 规定的原则，考虑地震加速度和动力放大系数的不确定性，用 Turskra 荷载组合规则，由一次二阶矩法确定求得地震作用效应与其他荷载效应组合时的荷载效应分项系数和抗力分项系数。分析中结构的目标可靠度指标，是根据《工业与民用建筑抗震设计规范》TJ 11—78 抗震设计的可靠度水准进行校准而取用的。对于水平地震作用所得荷载效应分项系数 $\gamma_G = 1.2$，$\gamma_{Eh} = 1.3$，这与现行国家标准《建筑抗震设计规范》GB 50011 给出的值相同。因此，本规范采用了与现行国家标准《建筑抗震设计

规范》GB 50011 相同的荷载（作用）效应分项系数。至于其他可变荷载，除风荷载外，考虑到某些构筑物长期处于高温条件下或受到高速旋转动力机器的动力作用，增加了温度作用和机器动力作用，这些作用的分项系数均取 1.4。对于与建筑物明显不同的特殊构筑物，目前尚未能进行可靠度分析，暂采用相同的荷载（作用）分项系数。

3 作用组合值系数的确定。

在第 5.1.4 条计算地震作用时，已考虑地震时各种重力荷载的组合问题，给出了计算地震作用的重力荷载代表值及各重力荷载的组合值系数。在本条的荷载（作用）效应基本组合中，只涉及风荷载、温度作用和机器动力作用这三个可变荷载的组合值系数，它们是根据过去的抗震设计经验确定的。

4 结构重要性系数。

根据地震作用的特点和抗震设计的现状，重要性系数对抗震设计的实际意义不大，因此不考虑此项系数。

5.4.2 本条为强制性条文。对于与建筑物特性相近的构筑物，按现行国家标准《工程结构可靠性设计统一标准》GB 50153 规定的原则，在确定荷载分项系数的同时已给出与抗力标准值相应的抗力分项系数，它可转换为抗震承载力设计值。为了在进行截面抗震验算时采用有关结构规范的承载力设计值，按照现行国家标准《建筑抗震设计规范》GB 50011 的相同做法，将抗震设计的抗力分项系数改用非抗震设计的构件承载力设计值的抗震调整系数，并取与现行国家标准《建筑抗震设计规范》GB 50011 相同之值。对于特性与建筑物不同的构筑物，也与前述原因相同，采用不同的承载力抗震调整系数。本规范第 6.2.23、8.2.15、10.2.15、11.2.20、11.2.22、11.2.23、13.2.8、D.0.4 条中存在对承载力抗震调整系数另有规定的情况，其中第 8.2.15、10.2.15、13.2.8 条为强制性条文，其余为非强制性条文，γ_{RE} 在这些条文中的取值与表 5.4.2 有所不同，计算时应注意。

5.4.3 本次修订改为强制性条文。仅计算竖向地震作用时，构件承载力的抗震调整系数均取 1，即不管结构材料和受力状态均直接采用非抗震设计的承载力设计值。如果同时计算水平和竖向地震作用时，则按第 5.4.2 条的规定执行。

5.5 抗震变形验算

5.5.1 震害经验表明，对绝大多数构筑物在满足规定的抗震措施和截面抗震验算的条件下，可保证不发生超过正常使用极限状态的变形限值，故可不进行多遇地震作用下的弹性变形验算。但对钢筋混凝土框排架结构，需要按多遇地震作用下进行弹性变形验算。震害表明，存在薄弱层或薄弱部位时，在强烈地震下会产生严重破坏或倒塌。因此，本条规定在一定条件

下一些构筑物要按罕遇地震作用下验算弹塑性变形。

第 4 款中的结构层屈服强度系数，为按构件实际配筋和材料强度标准值计算的结构层受剪承载力和按罕遇地震作用标准值计算的结构层弹性地震剪力的比值；对排架柱，指按实际配筋面积、材料强度标准值和轴向力计算的正截面受弯承载力与按罕遇地震作用标准值计算的弹性地震弯矩的比值。

5.5.2 罕遇地震抗震变形验算难度较大，需有较高专业知识的工程技术或科研人员进行。这里规定可以采用经专门研究的简化计算方法。此外，本条还规定了可以采用静力弹塑性分析方法（pushover 方法）分析的结构范围。研究表明，pushover 方法仅适用于结构体系较均匀、对称且反应以第一振型为主的低层结构。为此这里提出其应用范围大体与底部剪力法应用范围相似的要求。对于不适用简化方法和 pushover 方法的构筑物，则需采用弹塑性时程分析方法。采用简化法时，构件材料的屈服强度和极限强度应采用标准值。采用弹塑性时程分析法时，应计入重力二阶效应对侧移的影响。

5.5.3 有横梁和无横梁的柱承式筒仓的弹性地震反应和弹塑性地震反应分析的结果表明，用柱端屈服弯矩 M_y 归一化的弹性分析计算的柱端弯矩 M_E，与弹塑性分析计算的柱端最大延性系数 μ_θ 之间有较好的相关性，由此求得柱顶的最大弹塑性位移表达式（5.5.3）。对于柱顶的屈服位移，则可于柱顶施加 1.42 倍柱顶屈服弯矩，按弹性分析来确定。柱顶的屈服弯矩应取截面的实际配筋和材料强度标准值，按有关规定的公式和方法计算。轴压比小于 0.8 时，也可按下式计算：

$$M_y = f_{yk} A_{sc}(h_0 - a_s) + 0.5 N_G h_c \left(1 - \frac{N_G}{f_{cmk} b_c h_c}\right)$$

(2)

式中：N_G——对应于重力荷载代表值的柱轴压力。

5.5.4、5.5.5 根据各国抗震规范和抗震经验，目前采用层间位移角作为衡量结构变形能力的指标是比较合适的。本次修订，根据过去经验和参考现行国家标准《建筑抗震设计规范》GB 50011，增加了钢结构的层间弹塑性位移角限值。对于没有楼层概念的构筑物，可以根据结构布置视其沿高度方向由一定数量的结构层组成，取结构最薄弱层间的相对位移角值检验是否超过规范限值。

对柱承式筒仓，弹塑性位移角定义为支承柱柱顶的水平位移除以柱高。分析研究表明，在地震时支承柱达到极限延性系数值时会发生破坏，故取极限延性系数值的 84% 作为柱的变形限值。对带横梁和不带横梁的柱承式筒仓的分析发现，位移角限值 $[\theta_p]$ 随结构自振周期和柱的混凝土强度而变化，经回归分析求得其经验关系如式（5.5.5），由此经验公式计算的 $[\theta_p]$ 与弹塑性时程分析结果吻合较好。

6 钢筋混凝土框排架结构

6.1 一般规定

6.1.1、6.1.2 框架（或框架-抗震墙）与排架侧向连接组成的框排架结构，是冶金、发电、水泥、化工和矿山等常用的结构形式。其特点是平面、立面布置不规则、不对称，纵向、横向和竖向的质量分布很不均匀，结构的薄弱环节较多；结构地震反应特征和震害要比框架结构和排架结构较复杂，表现出更显著的空间作用效应。因此抗震设计除与框架（或框架-抗震墙）结构、排架结构类同外还有其特殊要求。对于下部为框架上部（顶层）为排架的竖向框排架结构，可按国家现行标准《建筑抗震设计规范》GB 50011—2010 附录 H 的规定设计。第 6.1.2 条为强制性条文。

震害调查及试验研究表明，钢筋混凝土结构的抗震设计要求不仅与设防类别、设防烈度和场地有关，而且与结构类型和结构高度等有关。如设筒仓、短柱和薄弱层等的框架结构应有更高的抗震要求，高度较高结构的延性要求比低的更严格。

框排架结构按框架结构、框架-抗震墙结构划分抗震等级，是为了把地震作用效应计算和抗震构造措施要求联系起来，体现在同样设防烈度和场地条件下，不同的结构类型、不同的高度有不同的抗震构造措施要求。条文中一般用抗震等级选用相应的地震作用效应调整系数和构造措施。

本章条文中"×级框架"包括框架结构、框架-抗震墙结构中的框架，"×级框架结构"仅指框架结构中的框架，"×级抗震墙"是指框架-抗震墙结构中的抗震墙。

本次修订，对设有筒仓的框架结构高度限制比一般框架结构较严。震害表明，同等高度框架设有筒仓比不设筒仓的地震破坏严重。

其次对设筒仓的框架，这次明确设有筒仓的框架系指在柱上设有纵向钢筋混凝土筒仓竖壁的框架，竖壁的跨高比不大于 2.5，大于 2.5 时按不设筒仓的框架抗震等级考虑。

设置少量抗震墙的框架结构，在规定的水平作用下，底层框架部分所承担的地震倾覆力矩大于结构总地震倾覆力矩的 50% 时，框架部分为主要的抗侧力构件，其框架部分的抗震等级应按框架结构的抗震等级确定，抗震墙的抗震等级可与其框架的抗震等级相同。设置少量抗震墙是为了增大框架结构的刚度，满足层间位移角限值的要求，仍属于框架结构范畴，但层间位移角限值需按底层框架部分承担的地震倾覆力矩的大小，在框架结构和框架-抗震墙结构两者的层间位移角限值之间偏于安全采用内插法确定。

.1.3 框排架结构的抗侧力构件在平面和竖向宜规则布置，这对抗震设计是非常重要的。

震害表明，规则的结构在地震时破坏较轻，甚至没有破坏。规则和不规则的结构与结构单元平面和竖向的抗侧力结构布置、质量分布等有关，框排架结构的形式是由工艺流程要求确定的，一般都不太规则。因此结构设计人员应与工艺人员密切配合，尽量减少框排架结构的不规则布置，不应采用严重不规则的框排架结构。

6.1.4 框排架结构中通常设有筒仓或大型设备，质量和刚度沿纵向分布有突变、结构的平面布置不规则等，在强烈地震作用下，震害比较严重。为了减小结构的地震作用效应，采用防震缝分隔处理比其他措施更为有效。当选择合理的结构方案时，也可不设防震缝。设防震缝存在两个问题：一是在强烈地震作用下相邻结构仍可能局部碰撞而造成破坏；二是防震缝过大在立面处理上和构造处理上有一定的困难，因此也可通过合理选择结构方案尽量不设防震缝。

固定设备不允许跨抗震缝布置，胶带运输机和链带设备可以跨抗震缝布置。链带设备是指烧结机、球团焙烧机、带式冷却机和链篦机等。

6.1.5 震害调查表明，装配整体式钢筋混凝土结构的接头在9度时发生了严重破坏，后浇层的混凝土酥碎，钢筋焊接接头开裂或断开。原规范规定的三、四级不设筒仓的框架，可采用装配整体式钢筋混凝土结构，现予以取消。其主要原因是近年来已被现浇钢筋混凝土所代替，仅保留了预制钢筋混凝土楼板、屋盖板，但应采取保证楼板、屋盖板整体性的措施。

6.1.6 排架跨屋盖与框架跨的连接结点设在框架跨的层间，会使排架跨屋盖的地震作用集中到框架柱的中间（层间处），并形成短柱，从而成为结构的薄弱环节。地震震害表明，排架跨屋盖设在框架柱层间时，在该处多数的框架柱发生裂缝或破坏。故在设计中应避免排架跨屋盖设在框架柱的层间，否则应采取相应的抗震构造措施。

排架跨的屋架或屋面梁支承在框架柱顶伸出的单柱上时，要求该柱在横向形成排架，在纵向形成框架。当该柱较高时，可在柱中部增加一道框架纵向横梁，这是经过实践总结出的经验。

6.1.7 震害表明，突出屋面的天窗对结构抗震是不利的。必须设置天窗时，宜采用突出屋面较低的避风型天窗和下沉式天窗。

不从屋盖第一开间或第二开间设置天窗，从第三开间设置，主要是为了防止在排架跨屋面纵向水平刚度削弱太大，对结构抗震不利，同时防止屋面板在地震时掉落。天窗屋盖、端板和侧板均要求采用轻型材料，是为了减小对天窗架和下部结构的地震作用效应。

6.1.8 唐山地震的震害调查表明，钢结构屋架抗震性能最好，基本没有破坏，而屋盖倒塌多是由于屋面支撑系统薄弱原因所致。钢筋混凝土屋架破坏和倒塌主要是因屋架与小柱连接薄弱、柱头埋件拉断、小柱强度不够等原因造成的。

设有天窗的钢筋混凝土和预应力混凝土屋架在地震作用下，天窗两侧竖向支撑对屋架节点、斜腹杆等产生严重的破坏现象，故不宜采用。如果采用时，应验算天窗两侧竖向支撑下的屋架在地震时产生的附加作用效应。

块体拼装屋架（或屋面梁）的整体性差，拼装节点是薄弱环节，唐山地震时拼装屋架的破坏比较多，故不宜采用。

8度（0.30g）和9度时，跨度大于24m的厂房采用预制大型屋面板时，地震破坏较严重，因此不宜采用大型屋面板。

6.1.9 排架柱列的柱子，采用矩形、工字形和斜腹杆双肢钢筋混凝土柱，抗震性能都很好，并在地震时经受了考验。对于腹板开孔或预制腹板的工字形柱，在唐山地震时，天津8度区的腹板普遍出现斜裂缝，故规定不应采用。采用现浇柱时，尽量采用矩形断面，这主要是为了保证质量和方便施工。

山墙抗风柱较高时，设置抗风梁作为山墙抗风柱的支承点是经济合理的，否则山墙抗风柱截面太大。扩建时端山墙抗风柱通常采用工字形截面钢柱。

6.1.10 规定上下吊车的钢梯位置，目的在于吊车停用时能使吊车桥架停放在对结构抗震有利的部位。经大量的框排架结构空间抗震计算，吊车桥架停放的位置对结构地震作用效应影响很大。在单元内一端有山墙另一端无山墙时，吊车桥架停放在靠山墙一端或无山墙一端，二者对结构产生的地震作用效应差别很大。吊车桥架停放在山墙一端对结构有利，停放在无山墙一端对结构不利。

在单元内两端均有山墙或均无山墙时，吊车桥架停放在单元中部（也就是上下吊车的钢梯应放在单元的中部）对结构的地震作用效应影响很小。

6.1.11 框排架结构和框架-抗震墙结构中，框架和抗震墙的布置及数量应以满足层间位移限值为准；双向设置，纵横向抗震墙相连，不但可以加大侧移刚度，还有利于提高结构塑性变形能力。

柱中线与抗震墙中线、梁中线与柱中线之间的偏心距不宜大于柱宽的1/4，其目的是为了减少在地震作用下可能导致核芯区受剪面积不足的影响和减小柱的扭转效应；偏心距超过柱宽1/4时，应采取加强柱的箍筋、设水平加腋梁等措施。

本条还增加了控制单跨框架结构适用范围的要求。框架结构中某个主轴方向均为单跨，也属于单跨框架结构；某个主轴方向有局部的单跨框架，可不作为单跨框架结构对待。框架-抗震墙结构中的框架可以是单跨。

6.1.12 楼板、屋盖平面内的变形将影响楼层水平地震作用在各抗侧力构件之间的分配。

为了使楼板、屋盖具有传递水平地震作用的剪变刚度，故规定不同烈度下抗震墙之间楼板、屋盖的长宽比限值。如超出限值，需考虑楼板、屋盖平面内变形对楼层水平地震作用分配的影响。

6.1.13 框架-抗震墙结构中，抗震墙是主要抗侧力构件，竖向布置应连续，墙中不宜开大洞口，以防止抗震墙的刚度突变或承载力削弱。

洞边距柱边不宜小于 300mm，以保证柱作为边缘构件发挥其作用。抗震墙开洞口要求上下对齐，避免墙肢传力路径突变。结构纵向较长时，侧移刚度较大的纵向墙不宜设置在结构的端开间，以避免温度效应对结构的不利影响。较长的抗震墙宜设置跨高比大于 6 的连梁形成洞口，将一道抗震墙分成较均匀的若干墙段，各墙段的高宽比不宜小于 3。

本条增加了楼梯间宜设置抗震墙的规定。明确了抗震墙两端宜设置端柱或纵横墙相连。

6.1.14 抗震墙在地震作用时塑性铰一般发生在墙肢的底部以上的一定范围。将塑性铰范围及其以上一定高度作为加强部位，其目的是为了保证墙肢出现塑性铰后抗震墙具有足够的延性，适当提高承载力和避免墙肢剪切脆性破坏，提高整个结构的抗地震倒塌能力。

6.1.15、6.1.16 规定设置基础系梁主要是保证基础在地震作用下的整体工作，防止基础转动等给上部结构造成不利影响。一般情况下，连梁均应设在基础顶部，不要设在基础顶的上部，使柱与基础之间形成短柱。

当地基土较软弱且无整体基础的框架-抗震墙，基础刚度和整体性较差，在地震作用下抗震墙基础将产生较大的转动，从而降低了抗震墙的侧移刚度，对内力和位移将产生不利的影响。

6.2 计算要点

6.2.1 建造在 6 度区 Ⅳ 类场地的框排架结构高度大于 40m 时，其基本自振周期可能大于 Ⅳ 类场地的特征周期 T_g，则 6 度的地震作用值可能大于同一结构在 7 度 Ⅱ 类场地时的作用值，因此应进行抗震验算。明确了 6 度时不规则的框排架结构（一般框排架结构均为不规则的）应进行抗震验算。

本规范未作规定的尚应符合有关现行国家标准《建筑抗震设计规范》GB 50011、《建筑工程抗震设防分类标准》GB 50223 等结构设计规范的要求。

6.2.2 框排架结构由于刚度、质量分布不均匀等原因，在地震作用下将产生显著的扭转效应，因此应采用空间计算模型，能较好地反映结构实际的地震作用效应。

框排架结构是复杂结构，多遇地震作用下的内力

与变形计算时，应采用空间模型和平面模型两个不同的力学模型计算，按不利情况设计。

采用振型分解反应谱法振型数的多少与结构层数及结构形式有关，当结构层数较多或结构层刚度突变较大时，振型数就应取多一些。根据大量工程实例的空间计算分析，框排架结构仅取前 9 个振型还不足，这次修订改为不宜少于 12 个振型。

应当指出：计算的结构振型参与质量达到总质量的 90% 时，所取的振型数就足够了，如果小于 90%，会导致计算地震作用偏小。

框排架结构计算周期调整主要是考虑以下几方面的因素：由于围护结构、隔墙的多少、节点的刚接与铰接、地坪嵌固及排架跨内的操作平台等影响，使结构实际刚度大于计算刚度，实际周期比计算周期小。若按计算周期计算，地震作用要比实际的小，偏于不安全，因此结构计算周期需要调整。

6.2.3 框排架结构当质量和刚度分布明显不对称时，要计入双向水平地震作用下的扭转影响。双向水平地震作用下的地震效应组合，根据强震观测记录分析，两个水平方向地震加速度的最大值不相等，且两个方向的最大值不一定同时出现，因此采用平方和开方计算两个方向地震作用效应组合。式（6.2.3-1）为两个正交方向地震作用在每个构件的同一局部坐标方向的扭转耦联效应。对规则对称和简单的框排架结构可简化为平面结构计算，但应考虑扭转影响。

6.2.4 本规范对常用的四种形式的框排架结构进行了大量的按空间与平面模型计算的对比和分析，得出这四种结构的空间效应调整系数，即按平面结构模型进行计算地震作用效应再乘以调整系数。但必须指出：只有符合本规范附录 C 规定条件的框排架结构才可以采用平面模型计算地震作用效应，其他类型框排架结构以及 9 度时，仍然按空间模型计算，否则会带来很大的误差（可达 1 倍以上），并可能掩盖实际存在的结构薄弱环节。本规范附录 C 保留了原规范的内容，增加了框排架结构柱段的划分。空间计算模型未考虑双向水平地震作用的扭转效应，楼板均假定为刚性楼板。

6.2.5 计算地震作用时，筒仓料的重力荷载代表值为其自重荷载标准值（可变荷载）乘以组合值系数得到的值，因筒仓料的自重是按实际情况确定的且长期存在，所以组合值系数取 1.0，也即筒仓料的重力荷载代表值等于其自重荷载标准值。

6.2.6 框架结构的底层柱底和支承筒仓竖壁的框架柱的上端和下端，在地震作用下如果过早出现塑性屈服，将影响整体结构的抗倒塌能力，因此将这些部位适当增强。这是概念设计的"强底层"措施。

框架-抗震墙结构，其主要抗侧力构件是抗震墙，对其框架部分的底层柱截面组合的弯矩设计值可不作调整，但其中的一、二级支撑筒仓竖壁的框架柱仍需

调整。

6.2.7 框架的变形能力与框架的破坏机制密切相关。试验研究表明，梁的延性通常远大于柱子，这主要是由于框架柱受轴压力作用所致，又由于地震的复杂性和楼板的影响、梁端实配钢筋超量等，因此采取"强柱弱梁"的措施，使柱端不提前出现塑性铰，而有目的地增大柱端弯矩设计值，降低柱屈服的可能性，是保证框架抗震安全性的关键措施。

对于轴压比小于 0.15 的框架柱，包括顶层框架柱在内，因其具有与梁相近的变形能力，故可不进行调整。

本次修改提高了柱端弯矩增大系数。对于一级框架结构及 9 度的一级框架仍按梁的实配抗震受弯承载力确定柱端弯矩设计值。

当柱反弯点不在楼层内时，为避免在竖向荷载和地震共同作用下变形集中，压屈失稳，柱端弯矩同样乘以增大系数。

6.2.8～6.2.14 防止梁、柱和抗震墙底部在弯曲屈服前出现剪切破坏，这是概念设计的要求，即构件的受剪承载力要大于构件弯曲屈服时实际达到的剪力。也就是按实际配筋面积和材料强度标准值计算的承载力要大于构件弯曲屈服时实际达到的剪力，这是"强剪弱弯"的体现。对不同抗震等级采用不同的剪力增大系数，使"强剪弱弯"的程度有所差别。

需注意的是：柱和抗震墙的弯矩设计值是经本节有关规定调整后的取值，梁端和柱端弯矩设计值之和取顺时针方向之和以及反时针方向之和的较大值，梁端纵向受拉钢筋也按顺时针及反时针方向考虑。

对框架角柱、支承筒仓竖壁的框架柱，在历次强震中其震害相对较重，因其角柱受扭和双向受剪等不利影响。在设计中，其弯矩、剪力设计值均应取调整后的弯矩、剪力设计值再乘以不小于 1.1 的增大系数。

6.2.15 对一级抗震墙规定调整各截面的组合弯矩设计值，目的是通过配筋方式迫使塑性铰区位于墙肢的底部加强部位。故底部加强部位的弯矩设计值均取墙底部截面的组合弯矩设计值，底部加强部位以上采用各墙肢截面的组合弯矩设计值乘以增大系数 1.2。剪力予以相应调整。

双肢抗震墙的某个墙肢一旦出现全截面受拉开裂，则其刚度退化严重，大部分地震作用将转移到受压墙肢，因此受压墙肢需适当增加弯矩和剪力设计值，其值增大 1.25 倍。地震是往复的作用，每肢抗震墙都有可能出现全截面受拉开裂，故每肢墙都应考虑大弯矩和剪力设计值。

6.2.16 梁、柱、抗震墙和连梁的截面不要太小，如果构件截面的剪压比（$V/f_c bh_0$）过高，混凝土就会过早破坏，等到箍筋充分发挥作用时，混凝土抗剪强度已大大降低，故必须限制剪压比。实际上构件最小

截面的限制条件，也是"强剪弱弯"的概念设计要求。

对跨高比不大于 2.5 的连梁、剪跨比不大于 2 的柱和抗震墙、支撑筒仓竖壁的框架柱，以及落地抗震墙的底部加强部位要求更高一些，采用剪压比为（$V/f_c bh_0$）≤0.15。

6.2.17 本条规定了在结构整体分析中的内力调整：

1 框架-抗震墙结构（不包括少墙框架体系）在强烈地震时，抗震墙开裂而刚度退化，引起框架和抗震墙二者的塑性内力重分布，框架部分应力增加。框架部分计算所得的剪力一般都较小，为保证作为第二道防线的框架具有一定的抗侧力能力，需调整框架各层承担的地震剪力。因此采取任一层框架部分按框架和抗震墙协同工作分析的地震剪力，不应小于结构底部总地震剪力的 20% 和框架部分各层按协同工作分析的地震剪力最大值 1.5 倍二者的较小值（满足上述条件的各层，其框架剪力不必调整）。这是框架-抗震墙中的框架各层的地震剪力值的控制，也体现了多道抗震设防的原则。

2 框架-抗震墙中的连梁刚度相对抗震墙其刚度较小，而承受的弯矩和剪力往往较大，截面配筋设计较困难。因此在抗震设计时，在不影响竖向承载能力的情况下，适当降低连梁刚度。计算位移时，连梁刚度可不折减。抗震墙的连梁刚度折减后，如部分连梁尚不能满足剪压比（$V/f_c bh_0$）限值时，可采用双连梁。多连梁的布置，还可按剪压比要求降低抗震墙连梁剪力设计值及弯矩，并相应调整抗震墙的墙肢内力。

3 对于设有少量抗震墙的框排架结构，框架部分的地震剪力取两种计算模型的较大值较为妥当。

6.2.18 框架节点核芯区是保证框架承载力和抗倒塌能力的关键部位，要求框架节点核芯区不能先于梁和柱破坏。震害表明：框架节点破坏主要是由于节点核芯区在剪力和压力共同作用下节点核芯区混凝土出现交叉斜裂缝，箍筋屈服至被拉断。因此为防止节点核芯区发生剪切脆性破坏，必须保证节点核芯区混凝土的强度和箍筋的数量，让节点核芯区不先于梁、柱破坏。

6.2.19 分析框排架结构时，一般不考虑地震作用对屋架下弦产生的拉、压力的附加影响，这是因为产生的拉、压力较小。如某矿主厂房为框排架结构，在球磨跨（排架跨）的屋架（风荷 0.5kN/m²）产生拉、压力为 41.7kN，建成后没有发生过问题。但在地震作用下（8 度 II 类场地），该跨屋架下弦产生的拉、压力为 77kN，其值比较大。因此本条规定仅在 7 度（0.15g）III、IV 类场地和 8 度及 9 度时屋架下弦要考虑由水平地震作用引起的拉力和压力影响。

6.2.20 唐山地震在 8 度及以上地区的厂房屋架（屋面梁）与柱头的连接处大部分在预埋板螺栓处产生斜

裂缝，柱顶埋件被拉出和压曲等现象。如唐钢铸造车间、二轧车间、废钢车间、矿山机械厂四金工车间、铆焊车间、水泥机械厂清铲车间和机车车辆厂机修车间等均出现上述现象。因此屋架与柱头连接处除应满足相应的构造措施要求外，还应进行节点抗震验算，即计算屋架与柱头连接节点承载力、预埋件与柱头锚固和柱头混凝土局部承压等。

6.2.22 海城、唐山地震有关调查报告指出：框排架结构排架跨和单层厂房的屋盖破坏、倒塌的主要原因之一是由于屋盖支撑系统薄弱，强度和稳定不满足要求所致。框排架结构纵向抗震计算由于柱列刚度、屋盖刚度等影响，在屋盖产生的位移差引起的屋盖横向水平支撑杆件内力比较大。经框排架结构按空间抗震计算三例（三例排架跨均为 18m 钢屋架厂房，高 20m 左右，8 度 Ⅱ 类场地）其屋盖处两端柱列产生的位移差分别为：6.926cm，5.098cm，6.526cm。对设有横向水平支撑的屋架下弦产生的拉力分别为：140kN，100kN，135kN。横向水平支撑的斜腹杆拉力为：186kN，155kN，180kN。故本条规定：在 7 度（0.15g）Ⅲ、Ⅳ 类场地和 8 度、9 度时，设置屋架横向水平支撑的跨间需考虑屋盖两端产生的位移差对屋架弦杆和横向水平支撑斜腹杆的不利影响。

6.2.23 震害表明：框排架结构中不等高屋盖的高低跨柱，支承低跨屋架的牛腿，普遍在牛腿表面预埋板螺栓处产生外斜裂缝，甚至产生向外移位破坏。因此除在构造上采取措施外，牛腿的纵向钢筋在计算上还应满足重力荷载和水平地震作用下所需的钢筋面积。式（6.2.23）中第一项为承受重力荷载时所需的纵向钢筋面积，第二项为承受水平拉力所需的纵向钢筋面积。

6.2.24 地震震害表明：天窗架在纵向地震破坏比较普遍，故在纵向应进行抗震计算。计算时可采用双质点体系，即采用天窗的屋盖和天窗分别设置质点的底部剪力法计算地震作用效应。

这次修改增加了天窗可作为框排架结构的组成部分，纳入结构的计算模型，参与框排架结构横向与纵向地震作用计算。

6.2.25 山墙抗风柱在地震中破坏常有发生，故仅从抗震构造措施上考虑还不够，要进行抗震验算。但由于受力比较复杂，如纵向地震作用在山墙抗风柱顶部铰支点产生的变位等，没有合适的简化计算方法。本规范规定：将山墙抗风柱纳入框排架结构的计算模型，参与结构的纵向地震作用计算；此外，也可采用简化计算方法，即由山墙抗风柱承担的自重、两侧相应范围的山墙自重和管道平台等重力荷载引起的地震作用与由屋盖纵向地震位移引起的山墙抗风柱的地震作用进行组合，按本规范附录 E 的规定计算。高大山墙抗风柱和 8 度、9 度时需要进行平面外的截面抗震验算。

6.2.26、6.2.27 当前采用层间位移角作为衡量结构变形能力，从而判别是否满足结构功能要求的指标。

多遇地震作用下的弹性变形验算属于正常使用极限状态的验算，各作用分项系数均取 1.0，钢筋混凝土结构构件的刚度一般可采用弹性刚度；当计算的变形较大时，宜适当考虑构件开裂时的刚度退化，如取 $0.85E_cI_0$，荷载采用标准值。计算时应考虑由于结构整体弯曲和扭转所产生的水平相对位移。排架柱的弹性层间位移角尚需根据吊车使用要求加以限制。

震害表明，如果结构中存在薄弱层，在强烈地震作用下，由于结构薄弱层产生了弹塑性变形，结构件严重破坏，甚至造成结构倒塌，因此尚需进行罕遇地震作用下薄弱层的弹塑性变形验算。

6.3 框架部分抗震构造措施

6.3.1 梁是框架在地震作用下的主要耗能构件，特别是梁的塑性铰区应保证有足够的延性，因此对梁的最小截面有一定的要求。

在地震作用下，梁端塑性铰区保护层容易脱落，如梁截面宽度过小，则截面损失较大。梁断面高宽比太大不利于混凝土的约束作用。梁的塑性铰发展范围与梁的跨高比有关，当梁净跨与梁断面高度之比小于 4 时，在反复受剪作用下交叉裂缝将沿梁的全跨发展，从而使梁的延性及受剪承载力急剧降低。

6.3.2、6.3.3 第 6.3.2 条为强制性条文。梁的变形能力主要取决于梁端的塑性转动量，而梁的塑性转动量与截面混凝土受压区相对高度有关。当相对受压区高度（受压区高度和有效高度之比）为 0.25 至 0.35 范围时，梁的位移延性系数可达 3～4。计算梁端受拉钢筋时，应采用与柱交界面的组合弯矩设计值，并应计入梁端受压钢筋的作用。计算梁端受压区高度时宜按梁端截面实际受拉和受压钢筋面积进行计算。

梁端底面和顶面纵向钢筋的比值同样对梁的变形能力有较大影响。梁底面的钢筋可增加负弯矩时的塑性转动能力，还能防止在地震中梁底出现正弯矩时过早屈服和破坏过重，从而影响承载力和变形能力的正常发挥。

根据试验和震害经验，随着剪跨比的不同，梁端的破坏主要集中在 1.5 倍～2.0 倍梁高的长度范围内；当箍筋间距小于 $6d～8d$（d 为纵筋的直径）时，混凝土压溃前受压钢筋一般不致压屈，延性较好。因此规定了箍筋加密范围，限制了箍筋最大肢距；当纵向受拉钢筋的配筋率超过 2% 时，箍筋的要求相应提高。

贯通中柱，梁的纵向受力钢筋伸入节点的握裹要求可以避免纵向钢筋屈曲区向节点内渗透而降低框架的刚度和耗能性能。

6.3.4 楼盖是保证结构空间整体性的重要水平构件，要具有足够的刚度，其加强措施是根据工程经验总结出来的。

6.3.5 震害和试验表明，框架柱是弯曲破坏型还是剪切破坏型，取决于剪跨比和轴压比两个主要因素。当剪跨比小于或等于2，特别是小于1.5时，即使采取了一般的抗震构造措施，也难免脆性破坏。因此规定剪跨比宜大于2。

6.3.6 轴压比是影响柱的破坏形态和变形能力的重要因素。限制框架柱的轴压比就是为了保证柱的塑性变形能力和保证框架的抗倒塌能力。国内外的试验研究表明，偏心受压构件的延性随轴压比增加而减小。为了满足不同结构类型的框架柱在地震作用组合下的延性要求，本条规定了不同结构类型的柱轴压比限值。

在框架-抗震墙结构中，框架处于第二道防线，其中框架柱与框架结构的柱相比，其重要性较低，为此可适当增大轴压比限值（设有简仓的柱不放宽）。

震害表明设简仓框架柱的延性比一般框架柱差，简仓下的柱破坏较多，因此设简仓框架，其柱的轴压比限值应从严。

有关资料提出考虑箍筋约束提高混凝土抗压强度，当复合箍筋肢距不大于200mm、间距不大于100mm、直径不小于12mm时，是一种非常有效的提高措施，因此可放宽轴压比限值。

试验研究和工程经验都证明，在矩形截面柱内设置矩形核芯柱，不但可以提高柱的受压承载力，还可以提高柱的变形能力，特别对承受高轴压比的短柱，更有利于改善变形能力，延缓破坏，但芯柱边长不宜小于250mm。

6.3.7～6.3.12 第6.3.7条为强制性条文。柱的屈服位移角（屈服位移除以柱高）主要受纵向受拉钢筋的配筋率支配，并随受拉钢筋配筋率的增大，呈线性增大。为使柱的屈服弯矩远大于开裂弯矩，保证屈服时有较大的变形能力，需适当提高角柱和简仓下柱的最小总配筋率。原规范的规定偏低，本次修订适当提高。

为防止柱纵向钢筋配置过多，对框架柱的全部纵向受力钢筋的最大配筋率根据工程经验作了规定。

柱净高与截面高度的比值为2～4的短柱易发生粘结型剪切破坏或对角斜拉型剪切破坏。为避免这种脆性破坏，要控制柱中纵向钢筋的配筋率不宜过大。因此对一级抗震等级，且剪跨比不大于2的框架柱，规定其每侧的纵向受拉钢筋的配筋率不大于1.2%。

支承简仓竖壁的框架柱、边柱和角柱小偏心受拉时，为了避免柱的受拉钢筋屈服后受压破坏，柱内纵筋总截面面积应比计算值增加25%。

柱的箍筋加密和合理配置对柱截面核芯混凝土能起约束作用，并显著地提高混凝土极限压应变，改善柱的变形能力，防止该区域内主筋压屈和斜截面出现严重裂缝。

箍筋的约束作用与轴压比、含箍量、箍筋形式、肢距以及混凝土与箍筋强度比等因素有关。箍筋加密区的长度是根据试验及震害经验确定的。同时箍筋肢距也作了规定。为了避免配箍率过小，还规定了最小体积配箍率。

考虑到柱子在层高范围内剪力不变及可能的扭转影响，为避免柱子非加密区的受剪能力突然降低很多，导致柱的中段破坏，对非加密区的最小箍筋量也作了规定。

6.3.13 剪跨比是影响钢筋混凝土柱延性的主要因素之一，一般剪跨比以2为界限。剪跨比大于2时，是以弯曲变形为主。当剪跨比小于或等于2时，称为短柱，以剪切变形为主，延性较差，当剪跨比小于1.5时，为剪切脆性破坏型，故需采取特殊构造措施。

当因工艺要求不可避免采用短柱时，除了对箍筋提高一个抗震等级要求外，还应采用井字形复合箍。试验研究表明：采用复合箍筋不但可以有效地约束核芯混凝土，提高柱的混凝土抗压强度，放宽柱的轴压比限值，而且能增加延性，提高耗能能力，改善变形能力。在柱内配置对角斜筋可以改善短柱的延性，控制裂缝宽度，这是参考国内外成功经验制定的。

6.3.14 梁柱节点的核芯区处于受压受剪状态，箍筋兼作抗剪和对核芯混凝土的约束作用，配筋率要按节点强度计算确定。为了使框架的梁柱纵向钢筋有可靠的锚固条件，框架梁柱节点核芯区的混凝土要具有良好的约束。考虑到核芯区内箍筋的作用与柱端有所不同，其构造要求与柱端有所区别。

6.4 框架-抗震墙部分抗震构造措施

6.4.1 本条内容是控制各级抗震墙的厚度及底部加强部位抗震墙的厚度，主要是为了保证在地震作用下墙体出平面的稳定性。

本规范采用抗震墙厚度不宜小于层高的1/20，底部加强部位的厚度不宜小于层高的1/16，主要是由于框排架结构的特点之一，即各层层高变化较大、层高较高等原因而要求的。

6.4.2 抗震墙的塑性变形能力，除了与纵向配筋和轴压比等有关外，还与墙两端的约束范围、约束范围内配箍特征值有关。框架-抗震墙中的抗震墙基本是嵌入框架内，因此框架-抗震墙结构的抗震墙周边均为由梁和端柱组成的边框，端柱截面及构造均要求与同层框架柱相同处理。梁宽大于墙厚时，每层的抗震墙不宜形成高宽比小的矮墙。

6.4.3 抗震墙分布钢筋的作用是多方面的：受剪、受弯和减少混凝土收缩裂缝等。试验研究表明，分布钢筋过少，会使抗震墙纵向钢筋拉断而破坏。因此控制了竖向钢筋和横向分布钢筋的最小配筋率不应小于0.25%。同时也控制了分布钢筋的直径范围和间距。分布钢筋间距小，有利于减少混凝土收缩和减少反复荷载作用下的交叉斜裂缝，保证裂缝出现后发生脆性的剪拉破坏并有足够的承载力和增加一定的延性。

6.4.4 影响压弯构件的延性或屈服后变形能力的因素有：截面尺寸、混凝土强度等级、纵向配筋、轴压比和箍筋量等，其主要因素是轴压比和配箍率。抗震墙墙肢试验研究表明，轴压比超过一定值，很难成为延性抗震墙，因此对轴压比进行限制。控制范围由底部加强部位到全高，计算墙肢轴压力设计值时，不计入地震作用组合，但应取分项系数1.2。墙肢轴压比指墙的轴压力设计值与墙的全截面面积和混凝土轴心抗压强度设计值乘积之比值。

6.4.5～6.4.7 当墙底截面的轴压比超过一定值时，底部加强部位墙的两端及洞口两侧应设置约束边缘构件，使底部加强部位有良好的延性和耗能能力；考虑到底部加强部位以上相邻层的抗震墙，其轴压比可能仍较大，将约束边缘构件向上延伸一层；还规定了构造边缘构件和约束边缘构件的具体构造要求。

6.4.9 高连梁设置水平缝，以使一根连梁变成大跨高比的两根或多根连梁，其破坏形态从剪切破坏变为弯曲破坏。试验表明，配置斜向交叉钢筋的连梁具有更好的抗剪性能。跨高比小于2的连梁难以满足强剪弱弯的要求。配置斜向交叉钢筋作为改善连梁抗剪性能的构造措施，但不计入受剪承载力。

6.4.10 设置少量抗震墙的框架结构，其抗震墙的抗震构造措施可按现行国家标准《建筑抗震设计规范》GB 50011有关抗震墙结构基本抗震构造措施的规定执行。

6.5 排架部分抗震构造措施

6.5.1 有檩屋盖体系只要设置完整的支撑体系，屋面与檩条、檩条与檩托、檩托与屋架有牢固的连接，就能保证其抗震能力充分发挥。否则即使在7度震区，也会出现严重震害，在海城、唐山地震时均有这种情况出现。

6.5.2 无檩屋盖体系，各构件相互连成整体是结构抗震的重要保证。因此，对屋盖各构件之间的连接等提出具体要求。

设置屋盖支撑系统是保证屋盖整体性的重要抗震措施，为了使排架跨屋面的刚度与框架跨刚度相协调，以减小扭转效应，因此对排架跨屋盖支撑系统的要求比单层厂房屋盖支撑系统有所加强。地震经验表明，很多屋架倒塌不是因为屋架强度不够，而是由于屋架支撑系统薄弱所致。

6.5.3 本条为屋盖支撑布置的补充规定。在屋盖的支撑布置规定中，设天窗时屋架脊点处应设通长水平系杆，在本条予以明确。

抽柱时下设托架（梁）区段及其相邻开间应设下弦纵向水平支撑，其目的是增强抽柱处下弦的水平刚度。

6.5.4 震害表明：钢筋混凝土天窗架两侧墙板与天窗立柱采用刚性焊接时，天窗架立柱普遍在下端和侧板连接处出现开裂、破坏，甚至倒塌。因此提出宜采用螺栓连接。如果天窗架在横向与纵向刚度很大时，方可采用焊接连接。

6.5.5 梯形屋架端竖杆和第一节间上弦杆，在屋架静力计算时均作为非受力杆件，对截面和配筋均按一般构造处理。地震时，由于平、扭耦联振动，这两个杆件处于压、弯、剪和扭的复杂受力状态。在海城和唐山地震时，这两个杆件破坏比较严重，因此需要加强。

6.5.6 海城、唐山地震时排架柱列的上柱和下柱的根部、屋架或屋面梁与柱连接的柱顶处、高低跨牛腿上柱和下柱处以及山墙抗风柱的柱头部位等均有产生裂缝和折断现象，并造成屋盖倒塌。为了避免在上述柱段内产生剪切破坏并保证形成塑性铰后有足够的延性，需在这些部位采取箍筋加密措施。

这次修订对山墙抗风柱的构造等作了具体要求，同时在本规范附录E中给出了山墙抗风柱的地震作用计算方法。在柱中变位受约束处以及受压、弯、剪、扭等复杂受力状态下的角柱等一些部位，都给予加强；箍筋间距加密、直径加大和肢距也作了限制。

6.5.7 柱间支撑是传递和承受结构纵向地震作用的主要构件，在唐山、海城地震时有不少厂房因柱间支撑破坏或失稳而倒塌。本条规定了支撑设置的原则，并规定了支撑杆件的最大长细比以及构造要求。为了与屋盖支撑布置相协调且传力合理，一般上柱柱间支撑均与屋架端部垂直支撑布置在同一柱间内。这次修改主要是支撑杆件的长细比限值按烈度和场地类别进行划分。

6.5.8 排架纵向柱列除设置钢支撑作为抗侧力构件外亦可采用框架形式或框架—抗震墙形式作为抗侧力构件。当柱较高时，柱截面较大，框架横梁可采用双排。

6.5.9 框排架结构的排架跨，在8度且跨度大于或等于18m或9度时，纵向柱列的柱头处在纵向水平地震作用产生的剪力比较大，应同时设柱头与屋架下弦系杆。

6.5.10 根据震害经验，本条对框排架各构件的连接节点和埋设件等发生震害较多的部位均给予加强，并规定了最低要求。关于柱顶和屋架（或屋面梁）间连接采用钢板铰，前苏联采用的较多，并在地震中经受了考验，效果良好。

震害中，部分山墙抗风柱柱顶与屋架的连接破坏，导致山墙抗风柱上柱根部或下柱根部断裂和折断；为防止此类破坏，保证有传递纵向水平地震作用的承载力和延性，需加强山墙抗风柱与屋架的连接。

6.5.11 唐山地震时，出现了一些支承低跨屋盖的牛腿上的预埋件锚筋被拉出、牛腿混凝土被压坏、箍筋被拉出等现象，有的造成屋盖倒塌。其原因主要是牛腿在地震作用下受拉、压、剪和扭等的复杂受力状态所致，除预埋件与牛腿受力钢筋焊接连接外，本条对牛腿箍筋构造措施也提出了要求。

7 钢框排架结构

7.1 一般规定

7.1.1 国内现行抗震设计规范中，尚未包含钢框排架结构的设计问题。因此，本次规范修订列入了这部分内容。

7.1.2 突出屋面的天窗架是地震反应较强烈的部位，本条提出了较合理并常用的天窗架结构形式。同时提出了天窗架布置要减少因屋面板开洞过大对刚度削弱的影响。

7.1.3 本条规定是为了保证结构的整体刚度、良好的空间整体工作性能及抗震性能。

7.1.4 本条为保证结构整体空间工作，应采用刚性构造的现浇楼（屋）盖，对预制板楼（屋）盖亦应设符合抗震构造要求的现浇层。

7.1.5 在构筑物震害中，砖砌体墙因质量大、刚度大、强度低而导致其自身损坏或对厂房造成的损害较为严重，故应尽量选用轻质墙体。当采用砖砌体墙时，亦应考虑柔性连接、对称布置、外包布置、防止刚度突变（如不设与柱刚接的半高墙）等构造与布置要求，以减少地震作用影响。如砖砌体墙（外包或嵌砌）与柱为非柔性连接时，则应在抗震计算中计入墙体质量和刚度影响。

7.1.6 质量较大的烟囱、放散管等支承于框排架结构上，在地震时，对部分截面或连接会产生较强的地震作用效应，故应考虑多振型影响。但其振型组合情况较为复杂，一般采用的简化计算方法不能保证其安全，故宜与结构整体分析。

7.2 计算要点

7.2.1 框排架的地震作用计算，一般应采用空间结构模型进行抗震分析。当平面布置规则、结构简单时仍可简化成平面结构进行计算。

7.2.2 本条对框排架结构抗震计算模型中排架柱、梁或桁架、支撑等刚度的确定、计算方法、组合刚度等作了较具体的规定。对整体分析中格构式柱及桁架横梁的计算模型，目前实际工程中仍多采用简化成等效实腹截面（即以弦杆对中和轴取惯性矩）再折减的方法，虽然计算结果误差稍大，但已有多年应用的经验，一般仍可应用。同时考虑到目前计算机广泛采用，故也推荐按格构式柱或桁架实际简图为模型计算的方法。

7.2.3 本条对框排架结构抗震作用计算模型中框架

柱、梁及支撑杆件的刚度、变形的确定、组合楼盖梁的计算宽度等，按一般习惯方法作了较具体的规定。对框架短柱、短梁，其剪切变形影响不宜忽略，故应计入。

7.3 结构地震作用效应的调整

7.3.1 当结构按双质点底部剪力法进行纵向简化计算时，对边跨或受纵向约束中间跨的纵向天窗架垂直支撑，需考虑部分屋盖地震作用额外传递给柱间支撑或纵墙的情况，而应将其仅按传递天窗架屋盖地震作用效应计算值再予以增大，这一情况也为实际震害调查所证实。

7.3.2 按本章规定的方法验算结构构件时，对表7.3.2所列构件尚应考虑其受力特性而将其地震作用效应予以增大。

  1 地震作用可来自任何方向，而本章是按单向（纵向或横向）来计算结构或构件地震作用效应的，即结构构件内力是按单方向地震作用确定的。故对于两个互相垂直的抗侧力构件共有的柱应考虑其他方向的地震作用。

  2 多层框架的转换梁需考虑水平地震作用下的重力二阶效应引起的附加弯矩作用，故以增大系数考虑其不利影响。

  3 单层排架和多层框架的柱间支撑（中心支撑）是构筑物抗震的主要构件，许多国家的抗震规范均认为进入弹塑性阶段后，塑性铰大多在支撑构件中发生，故采用增大系数以加大安全度。

  4 采用简化方法计算时，对较大质量的伸悬设施，所算得的地震作用效应不能反映高振型的影响，故通过增大系数予以修正。

7.4 梁、柱及其节点抗震验算

7.4.1 钢结构构件的抗震承载力的基本计算依据为现行国家标准《钢结构设计规范》GB 50017。构件进行地震组合验算时，按照建筑结构极限状态及可靠度的设计原则，应对其构件及节点强度除以抗震调整系数 γ_{RE} 后采用。

7.4.2 本条是为保证梁的整体稳定条件而规定的。

7.4.3 框架梁端处或有加腋时，在梁全长的最大弯矩处均有可能出现塑性铰，故应设置侧向支撑，其间距应符合现行国家标准《钢结构设计规范》GB 50017 的相应要求。同时由于形成塑性铰并有转动的可能，故截面的上、下翼缘均应有支撑支持，以防止翼缘在转动过程中局部失稳。

7.4.4 框架节点区格板的强度与稳定不仅关系到结构的整体塑性性能，而且还直接影响结构的变形与稳定。这里提出了框架梁柱节点的格板剪应力验算、最小厚度及加劲肋验算等计算公式。

  式（7.4.4-1）中略去了构件的剪力影响，故将屈服剪应力值提高 33%，即 $f_{vy} = 1.33 \times 0.58 f_y = 0.77 f_y$。

7.4.5、7.4.6 对刚架节点进行抗震验算时，应按截面塑性发展计算。加腋后，为使塑性铰不在变截面段产生，故设计计算时应满足式（7.4.5-1）和式（7.4.5-2）的要求，否则应加大变截面高度。当节点区格板强度不能满足要求时，通常加斜向加劲肋解决。根据有关资料，第 7.4.6 条提出了斜向加劲肋的计算公式。当需在圆弧上加短加劲肋时，可参考英国"Steel Engineers Manual"等资料中的有关公式计算。

7.5 构件连接的抗震验算

7.5.1 钢结构抗震设计中建议采用的连接类型，其中栓焊混合连接系指在梁与柱的刚接连接中，翼缘与柱焊接而腹板与柱栓接，分别承担弯剪并共同工作的构造。需注意的是，栓焊混合连接不得在受剪、受拉（压）连接部位采用。

7.5.2、7.5.3 钢结构节点连接是保证结构抗震能力的重要部位，也是易于产生塑性铰处。按照连接强于构件的设计原则，本条规定是为了保证这些部位的连接不先于构件达到塑性或破坏。

7.5.4 实腹刚架梁中塑性铰一般产生在梁端至本条第 1 款、第 2 款所述范围内，故梁应尽量避免在此范围内拼接。不可避免时，应按条文所述要求加大截面模量，使塑性铰移出拼接点外。

7.5.5 柱间支撑是框排架结构纵向抗震的主要构件，过去地震中支撑所产生的问题大多由于节点构造不当，故本条针对上述问题与国内外关于节点连接的研究成果而制定。其主要目的是使支撑节点传力直接，不产生偏心与局部应力集中，从而增强支撑节点的抗震能力。

7.5.6～7.5.8 钢柱柱脚构造可分为外露式和埋入式两种，外露式柱脚多用于单层排架和多层框架，其柱脚连接不能充分保证形成可转动塑性铰的机制；埋入式柱脚，由于底端锚固于混凝土基础中，铰在近柱脚的柱截面处形成，故一般更适用于高层建筑或高烈度区的框架结构柱脚。根据试验研究成果及设计经验，提出了埋入式柱脚的计算公式。

7.6 支撑抗震设计

7.6.1 柱间支撑是结构体系中传递纵向水平地震作用的重要保证。根据合理确定单元长度及设置支撑，选定支撑侧移刚度，减小框排架结构整体扭转影响等原则，结合钢结构特点，综合提出了对柱间支撑布置的要求。其中关于增设一道支撑的单元长度限值，是根据设计经验，以控制柱间支撑杆件最大内力在合理范围内而确定的。

7.6.3 设计经验与震害调查均表明，柱间支撑杆件的长细比要合理控制，不要过刚或过柔，本条中有关

计算刚度、强度的规定及计算式是考虑压杆在反复循环荷载下对拉杆卸载影响而提出的。

7.6.5 多层框架结构横向一般为框架体系，纵向为框架-支撑体系，故对多层框架结构主要是在纵向支撑方面作出有关设计规定。纵向柱间支撑的综合布置要求，其原则是保持各层各列间刚度对称、均匀，不引起地震作用的突变或附加扭转，对高烈度区宜考虑消能（偏心支撑）措施，合理选用支撑形式。

7.6.6 根据设计经验，对框排架组联结构的支撑布置提出了要求。

7.6.7 中心支撑仍为多层框架结构常用的支撑类型，本条综合规定了有关设计和构造要求。对人字形或 V 形支撑，多以框架横梁为支撑横杆。由于在施工中节点连接及承载顺序难以完全预先控制，故按实际工程设计习惯做法，一般仍不考虑人字形（或 V 形）斜杆对横梁支承卸荷的有利作用，而只考虑斜杆承担横梁传来荷载的不利影响。

7.6.8 交叉形、人字形（V 形）支撑，其杆端与梁柱相交汇，当柱身因轴向力而产生轴向（如压缩）变形时，因节点变形协调关系，支撑斜杆中亦引起附加变形与应力。当竖向荷载较大或层数较多时，此附加影响不可忽视，故提出了附加应力的计算公式。

7.6.9～7.6.15 柱间偏心支撑为近几十年来研究并实际应用的一种新型支撑，具有较大延性及适应往复非弹性变形的能力。因其构造有耗能梁段，在强震时可形成塑性铰以吸收地震能量，故特别适用于高（多）层结构有强震反应的抗侧力体系中。

试验研究表明：偏心支撑采用剪切屈服型耗能梁段对抗强震更为有利，故推荐此种构造类型。

综上所述，参照欧洲规范有关规定，对偏心支撑的选型、承载力、连接强度、耗能段计算与构造、相关柱的验算等均作了具体规定。

7.7 抗震构造措施

7.7.1 高强度螺栓连接具有承载能力可靠、承受反复荷载性能优良以及对大变形有良好的适应性等特性，故应优先用于重要连接中；普通螺栓连接抗剪强度较低，抗反复荷载性能很差，故对其应用范围作了限制。

7.7.2 近年来，框架梁、柱采用翼缘不带拼材的翼焊-腹栓混合连接形式，已在国内高层钢结构中普遍应用。经验表明，这种连接构造具有施工快速、节约拼材、承载力强（与母材等强或超过母材）、抗反复荷载性能良好等特点，故宜优先选用。当条件有限制时，腹板连接亦可采用焊接。对翼缘、腹板均带拼材的焊接连接，其抗反复荷载性能较差，构造亦较复杂、耗材较多，故一般不推荐在梁柱连接中采用。

7.7.3 框架节点垂直于受力方向的焊缝一般均为直接传递母材内力的焊缝，按等强要求应采用全焊透对

接焊缝。

7.7.4 承压型高强度螺栓连接是以螺栓受剪或连接板承压的承载力为前提的，故现行国家标准《钢结构设计规范》GB 50017亦明确规定不得将其用于承受动载的连接。而地震作用是有动力性质的反复荷载，故不宜选用上述形式连接。

7.7.5 框排架结构主要承重柱柱脚的构造一般均要求采用双螺帽，以防止在长期使用中各种内力作用下可能发生松动而不能保证连接性能等情况；对承受地震反复作用的柱脚更应符合这一构造要求。此外，因柱脚锚栓不能抗剪，故对有较大剪力作用的柱脚宜采用有专门抗剪措施的构造（如抗剪键）。

7.7.6 本条根据设计经验提出了刚架节点加腋的构造要求。在加腋区拐点处，受压翼缘有拐折分力作用，为保证其局部稳定，应设横向加劲肋。本条节点构造示例仅示出了带拼材的节点连接构造，有条件时亦可采用翼缘无拼材对焊（应准确定位剖口等强对接焊）构造。一般在弯矩较大的拼接处不推荐采用螺栓法兰拼接，因其抗弯性能较差。

7.7.7、7.7.8 参照高层钢结构工程经验，提出了工字形截面柱翼缘对接焊的等强拼接构造及框架梁柱连接的构造要求。第7.7.7条为强制性条文。

7.7.10 在区格板上贴焊附加板需采用周边封闭焊缝，且又与原区格分格边界处已有的周边焊缝非常接近，因而会造成板域较大的附加焊接应力，对承受反复作用有不利影响，故不宜采用。

8 锅炉钢结构

8.1 一般规定

8.1.2 本条按照现行国家标准《建筑工程抗震设防分类标准》GB 50223和《电力设施抗震设计规范》GB 50260，确定单机容量为300MW及以上或规划容量为800MW及以上的火力发电厂锅炉钢结构属于乙类构筑物。

8.1.3 锅炉钢结构和邻近建筑结构属不同类型的结构，若将它们联系在一起将形成体型复杂、平立面特别不规则的建筑结构。因此，设置防震缝分割能避免锅炉钢结构和贴建厂房的地震破坏。当不能形成单独的抗侧力结构单元时，应按不规则结构采用空间结构计算模型，进行水平地震作用计算和内力调整，并对薄弱部位采取有效的抗震措施。

8.1.4 金属框架护板与锅炉钢结构梁、柱嵌固在一起，形成刚度大、能较好地抵抗水平地震作用的结构，因而可视作刚性平面结构。

8.1.5 在地震作用下，K形支撑体系可能因受压斜杆屈曲或受拉斜杆屈服引起较大的侧向变形，使柱发生屈曲甚至造成倒塌，故不宜在抗震结构中采用。偏

心支撑至少有一端交在梁上，而不是交在梁与柱的节点上，使结构具有较大变形能力和耗能能力，是一种良好的抗震结构，因此偏心支撑更适用于高烈度地震区。

8.1.7、8.1.8 垂直支撑、水平支撑与柱和梁形成空间结构体系，以保证结构的空间工作，提高整体结构的侧移刚度和扭转刚度。

垂直支撑和水平支撑布置在承载较大平面内是为了传力直接，缩短传力途径。水平支撑在锅炉钢结构周围连续封闭布置，可避免柱受扭。国外有关资料规定，水平支撑的间距为40英尺，据此定为12m～15m。

8.2 计算要点

8.2.2 锅炉钢结构的基本自振周期的近似计算公式源自美国《建筑通用法规》（Uniform Building Code，UBC），根据此公式计算得到的基本自振周期与锅炉钢结构的实测数值接近，因此推荐使用此公式计算锅炉钢结构的基本自振周期。

8.2.3 锅炉行业曾对锅炉钢结构进行过多次测震，但300MW及以上的锅炉实测较少，本条规定的阻尼比是根据实测数据，同时也参照了本规范关于钢结构阻尼比的推荐数值。

8.2.4、8.2.5 经与振型分解反应谱法计算结果比较，锅炉钢结构属剪弯型结构。因此，采用底部剪力法计算时，其结构类型指数和基本振型指数均应以剪弯型结构取值。

8.2.6 容量为300MW的锅炉钢结构，其抗震计算可采用底部剪力法，容量为600MW及以上的锅炉钢结构宜采用振型分解反应谱法进行抗震计算。

8.2.7 悬吊锅炉炉体通过导向装置将炉体的水平地震作用直接传至锅炉钢结构相应位置上，可不进行沿高度重新分配。

8.2.9 大型锅炉都设有导向装置，但是200MW及其以下的悬吊锅炉有的不设导向装置，悬吊炉体和锅筒的地震作用只作用在锅炉钢结构的顶部。根据实测分析7度Ⅱ类场地的地震影响系数为0.022，按此规定已在锅炉行业使用多年，其计算结果是偏于安全的。

200MW及以下锅炉钢结构的基本自振周期在T_g和$8T_g$之间，地震影响系数$\alpha = \left(\dfrac{T_g}{T}\right)^{0.9} \eta_2 \alpha_{max}$。当结构确定之后，结构的阻尼比和自振周期随之确定，阻尼修正系数也被确定，不同场地类别和设计地震分组的地震影响系数仅随$(T_g)^{0.9}$变化。表8.2.9是以7度、加速度0.10g、第一组、Ⅱ类场地的地震影响系数等于0.022为基准，根据不同场地类别和设计地震分组的特征周期值之间的比例关系，推算出无导向装置悬吊锅炉不同场地类别、不同设计地震分组在多遇

地震作用下的地震影响系数。

8.2.10 抗震设防烈度为 6 度时，可不进行地震作用计算。为了保证结构的安全，贯彻构件节点的破坏不应先于其连接构件的原则，其节点的承载力应比现行行业标准《锅炉构架抗震设计标准》JB 5339 中的规定提高 20%。

8.2.11 对于基本自振周期大于 3.5s 的结构，可能出现计算所得的水平地震作用效应偏小，出于结构安全考虑，给出了各主平面水平地震剪力最小值的要求。对于一般的锅炉钢结构，基本自振周期远小于 3.5s，本条要求自然满足，不需进行验算。当在特殊情况下，基本周期大于 3.5s 时，应按本条进行验算，若不满足要求应对结构的水平地震作用效应进行相应的调整。

8.2.14 本条为强制性条文。锅炉钢结构是由永久荷载起控制作用的，风荷载是主要的可变荷载，其他可变荷载很小。考虑到锅炉钢结构以往的设计经验和效应组合的一贯做法，避免结构可靠度的降低，保持和过去的设计安全度相当，故将永久荷载分项系数和风荷载分项系数取为 1.35。

8.2.15 本条为强制性条文。锅炉钢结构构件承载力的抗震调整系数根据锅炉钢结构的特点和我国锅炉行业多年的设计经验作了规定，即梁、柱强度验算的抗震调整系数与本规范表 5.4.2 稍有不同。

8.2.17 结构不规则且有明显薄弱层或高度大于 150m 及 9 度时的乙类锅炉钢结构，地震时可能导致严重破坏，因此规定进行罕遇地震作用下的弹塑性变形分析。

8.3 抗震构造措施

8.3.1～8.3.4 锅炉钢结构的主柱和支撑杆件的长细比，柱、梁和支撑杆件板件的宽厚比是参照现行国家标准《建筑抗震设计规范》GB 50011 和现行行业标准《高层民用建筑钢结构技术规程》JGJ 99，并考虑到锅炉钢结构的特点以及锅炉界的多年设计经验而确定的，其限值有所放宽。

8.3.6 8 度 Ⅲ、Ⅳ 类场地和 9 度时的锅炉钢结构，梁与柱的连接不宜采用铰接，主要考虑铰接将使结构位移增大，同时考虑双重抗侧力体系对大型锅炉钢结构抗强震是有利的。

8.3.7 埋入式柱脚是指刚接柱脚，柱底板的下标高均设在锅炉房±0.00 以下，根据其截面尺寸的大小，选择埋深深度。

8.3.8 非埋入式铰接柱脚，柱底板所受地震剪力不考虑由地脚螺栓承受，现行国家标准《钢结构设计规范》GB 50017 规定由底板与混凝土基础间的摩擦力承受（摩擦系数可取 0.4）。当不满足时，应设抗剪键。在计算摩擦力时柱的垂直压力取 0.75 倍的永久荷载减去最大一种工况的上拔力，因为在计算永久荷

载时是取最不利的工况，而且可能统计偏大，因此取 0.75 倍的永久荷载比较安全。

8.3.9 基础出现上拔力时，锚栓的数量和直径应根据柱脚作用于基础上的净上拔力确定，计算上拔力时使用最大一种工况的上拔力减去 0.75 倍的永久荷载，也是为了使设计更安全。

8.3.11 梁与柱为刚接时，柱在梁翼缘对应位置设置横向加劲肋是十分必要的，参照有关标准，横向加劲肋的厚度应取为梁翼缘的厚度。

8.3.12 杆端至节点板嵌固点的距离系指通过节点板与构架焊缝起点引出，垂直于支撑杆轴线的直线至支撑杆端的距离。

9 筒 仓

9.1 一 般 规 定

9.1.1 本章适用范围系根据钢筋混凝土、钢和砌体筒仓的结构特点、震害经验和技术水平，并结合我国的抗震经验和参考国外的有关资料制定的。我国煤炭、建材、冶金、电力、粮食等行业的大、中型筒仓，一般均与厂房脱开后建成独立的结构体系。本章涉及的筒仓，有别于本规范第 6 章框排架结构中的筒仓，筒仓平面也不限定为圆形。散状物料是指其粒径、颗粒形状、颗粒组成及其均匀度满足散体力学特性的粒状或粉状物料所组成的贮料，如矿石、煤、焦炭、水泥、砂、石灰、粮食、灰渣、矿渣及粉煤灰等，但不包括青贮饲料、液态及纤维状物料。唐山地震的震害调查资料表明，地下、半地下式筒仓的震害极其轻微；地面上的筒仓与地下构筑物相比，遭受的震害较为严重；柱支承的筒仓与筒壁支承的筒仓相比，前者震害较为严重。由于地下、半地下式筒仓近年来使用较少，因此，本章仅考虑常见的架立于地面上的矩形筒仓或圆形筒仓。槽仓和利用支柱支承的滑坡式仓，其支承结构与矩形仓相似，可按本章的有关规定进行设计。利用地形建造的落地滑坡式仓已很少采用，抛物线仓及其他形式的地面仓，其结构特性有别于上述筒仓，又缺少相关的震害经验，因而本章未包括其抗震设计的内容。

9.1.2 保持纵横两个方向刚度接近，是群仓布置的重要原则之一。仓体结构设计应满足简单、规则，仓体质量及刚度均匀对称的要求。当因工程条件限制不能满足上述要求时，要结合结构的受力特点，通过分析研究，制定筒仓设计的抗震措施。

筒壁支承的筒仓具有良好的抗震性能。在地震区，利用仓壁向上延伸并作为其支承结构的仓顶筛分间或输送机栈桥的转载间，同样具有良好的抗震性能。其他结构的筛分间或转载间会使筒仓上部结构与下部结构形成刚度突变，随着质心高度的提高，显然

对抗震不利。因此，6度、7度时，除采用向上延伸的筒壁作为筛分间或输送胶带机转载间的支承结构外，也可采用具有抗震能力的其他结构形式。8度和9度时，向上延伸的筒壁与其下部筒壁具有相同或相近的刚度，作为筛分间或输送胶带机转载间的支承结构，有良好的抗震性能，设计应优先选用这种结构形式。在无确实可靠的抗震措施时，不宜采用其他的支承结构形式。

9.1.3 筒仓结构的选型是根据以往震害经验，并结合材料及生产工艺等因素综合考虑而确定的。

筒仓的抗震能力主要取决于其支承结构。筒仓震害调查表明，柱承式矩形仓震害最严重，筒承式圆形筒仓震害最轻。

矩形、方形及圆形或其他几何形体的柱承式筒仓，尤其是支柱只到仓底不继续向上延伸的柱承式筒仓更是典型的上重下轻、上刚下柔的鸡腿式结构。其支承体系存在超静定次数低，柱轴压比大，仓体与支承柱之间刚度突变等不利因素，使得结构延性较差，对抗震不利。排仓或群仓，当各个仓体内贮料盈空不等或结构不对称时，在地震作用下还会引起扭转振动，偏心支承于群仓上的进料通廊还会加剧筒仓的地震扭转效应，在地震中有许多因此造成的破坏实例。

仓下的支承柱延伸至仓顶并增加下部支承结构的超静定次数，减少刚度突变，使柱子底端与基础的连接有较强的固接性能，增强基础与上部结构的整体性等是非常必要的构造措施。这些构造措施有利于结构吸收较多的地震能量，达到减少震害的目的，对柱承式矩形筒仓尤其重要。

筒承式圆形筒仓是壳体结构，其刚度大、抗变形能力强，单体筒仓结构对称；当组合仓群布置对称时，抗扭性能较好，设计应优先采用。

由于散粒体贮料在地震时与仓体的运动有一定的相位差，从而产生耗能作用。国内外试验研究及震后调查结果表明，筒承式筒仓的贮料耗能效果非常显著。此外，筒仓的抗震性能与其支承结构的刚度有关，刚度大者耗能效果相对也大。

支柱较多的柱承式圆形筒仓，柱轴压比一般低于柱承式矩形仓，且筒仓质心也相对较低，其抗震性能介于筒承式圆形筒仓与柱承式矩形仓之间。

柱承式矩形或方形筒仓的支承柱向上延伸，并与仓壁及仓上建筑整体连接，有利于增强仓体的整体刚度。对于柱承式非跨线（装车仓）单仓、排仓及群仓，应加大仓下支承柱的超静定次数，以利吸收地震动能而减少震害。对于柱承式跨线（装车仓）单仓、排仓及群仓，加大纵向超静定次数或刚度容易处理，但横向（跨线方向）由于受到铁路或汽车装车限界的限制，不可能增加更多的横向构件或斜撑，为此，通过调整柱的截面加强横向刚度。对于槽仓及柱承式斜坡仓亦应采取同样的处理方式。

钢筒仓延性好，轻质高强，具有较强的抗震能力。地震中无抗震设防的钢筒仓，除较少数因强度不足、支撑体系残缺和原设计不当的钢筒仓遭受严重破坏或倒塌外，一般震害轻微。

由于钢筒仓的结构形式各不相同，钢板仓群间或独立单仓间的净距应满足施工、维修、防火及防地震次生灾害的要求，控制其通道的必要宽度。

砌体圆形筒仓一般仅用于低烈度区小直径筒承式圆筒仓。从砌体筒仓的结构特点来看，该结构刚度大、强度低、延性差，其高度及直径不宜过大，需限制使用，不适用于8度、9度地区。

9.1.4 震害经验表明，钢结构的仓上建筑震害最轻，抗震性能好，即使在9度区，钢结构仓上建筑也很少发生严重的破坏。钢筋混凝土的仓上建筑抗震性能较好。砌体结构的仓上建筑抗震性能最差，震害最严重，故本规范规定在7度及其以上地区应慎用。

轻质屋面结构的地震作用效应较小，现浇钢筋混凝土屋面及相应的支承结构的整体性较好，二者对仓上建筑的抗震是有利的。

钢结构仓上建筑必须设置完整的支撑体系，保证结构的整体稳定性并选取轻质围护材料。

9.1.5 在群仓上部设有筛分间或其他工作间且形成较大高差处和辅助建筑毗邻处应设置防震缝，将结构分成若干体形简单、规整、结构刚度均匀的独立单元。但防震缝如缝过小，则起不到预期效果，仍难免相邻结构局部碰撞而造成损坏及次生灾害。当筒仓较高时，防震缝过大有损结构的整体性，对抗震不利。设计时也可采取结构刚度调整，平面、空间布置及其他措施，使之取得与设置防震缝同样的效果。

9.1.6 当地基属软弱土、液化土及不利地段地基土且基础的刚度和整体性较差时，在地震作用下，基础不能充分吸收上部结构传来的地震效应，将产生较大的转动，从而降低柱承式筒仓的侧移刚度，对内力和位移都将产生不利影响。对基础间无连接构件相连的独立基础，往往不能满足要求，为此选择刚度较大的整体基础是非常必要的。

9.1.8 当柱承式筒仓基础的刚度不能使支柱的底端成为真正的固定端时，基础对支柱的底部将不产生约束。地震作用产生的弯距将全部由柱顶承受，支柱的抗力将无法满足而破坏。为此除加强基础的刚度使支柱的底部产生可靠的固端约束，将地震作用产生的弯矩分别由支柱的上、下端承受外，也可增加支撑及赘余杆件，使其分担支柱上端的地震作用效应，减少筒仓的侧移、变形及震害。

9.1.9 本条为强制性条文。未经处理的液化地基、不利地段的不均匀地基将严重影响筒仓的稳定性，使筒仓在地震时发生严重变形甚至倒塌，因此需全部消除液化沉陷或不均匀沉降。

9.1.11 在概念设计时，应避免同一结构单元采用不同的基础形式。地基刚度的突变对上部结构会产生附加内力，因此，在地震区控制地基变形尤为重要。

9.1.12 8度和9度时，高大筒仓尤其是柱承式筒仓，除增强柱与基础的固结和增加支柱的赘余构件外，采用消能减震设计可以起到良好的防震效果。近年来，国内外采用了新的设计概念，除增强结构的抗震能力外，采取消能、减震等方式取得了不错的效果。

9.2　计 算 要 点

9.2.3 本条第1款为强制性条款。贮料是筒仓抗震设计的主要重力荷载，其取值与地震时贮料充盈程度和有无耗能作用两个因素有关。

震害调查表明，在发生地震时筒仓中的贮料满仓情况极少。

国内外大量试验研究表明，在地震作用下，贮料的运动与仓体的运动不同步，存在着相位差，因而贮料起到耗能作用。这种耗能作用的大小与筒仓的支承结构形式有关，筒承式筒仓的贮料耗能作用明显，柱承式方仓的贮料耗能作用轻微，故在计算水平地震作用及自振周期时，贮料可变荷载组合值系数，前者取0.8，后者取1.0。这与日本对贮煤筒仓所做的地震试验结果相吻合。

9.2.4 根据筒承式筒仓的结构特点，采用底部剪力法进行抗震计算时，若采用多质点体系模型进行计算，仓上建筑应作为多质点体系中的质点。在此条件下，第一自振周期偏大，由此计算出的地震影响系数偏小，底部总剪力也就偏小。除筒体向上延伸的仓上建筑外，大多数仓上建筑结构与下部筒体结构的刚度相比都有较大的变化。仓上建筑在地震时的鞭梢效应是很明显的，但对各种不同仓上建筑，考虑鞭梢效应的增大系数难以测定。本条参照有关文献，规定了不同仓上建筑的增大系数。

9.2.5 柱承式筒仓的质量主要集中于贮料部分的仓体，其支承结构的刚度远远小于该仓体的刚度，地震作用效应以剪切变形为主，因此可简化为单质点体系，采用底部剪力法计算。条文中表9.2.5所列出的增大系数是参照筒仓按整体（把仓上建筑、仓体和仓下支承系统作为整体）分析，用振型分解反应谱法计算的地震作用效应结果与仓上建筑单独分析的结果（把仓上建筑按落地独立结构计算）相比较而确定的。

9.2.6 在8度Ⅳ类场地及9度条件下，地震作用将引起较大的筒仓侧移，产生重力偏移（P—Δ）效应，可能使支承柱进入塑性工作状态，是造成筒仓倾斜、失稳及倒塌的重要原因。对柱承式筒仓应按本条给出的公式进行附加水平地震作用的计算，以反映重力二阶效应的影响。公式是根据能量原理导出的。

9.2.7 在地震区，排仓结构抗地震扭转能力最差。组成柱承式排仓的单仓个数是影响筒仓扭转效应的主要因素，仓数越多扭转效应就越大。因此，组成排仓的单仓个数不宜过多。

9.2.9 当筒仓采用筒壁与柱联合支承时，为了使支柱抗震能力不致过低，本条规定了其承担地震剪力的最小值。

9.2.10 开洞面积在控制范围内时，筒壁与仓底整体连接的筒壁支承筒仓，刚度大并具有良好的抗震性能。震害调查表明，在6度、7度、8度地震区此类筒仓几乎没有震害，故无需进行抗震验算。但当开洞过大或开洞不均会使筒壁支承刚度产生较大差异时，应进行抗震验算。

9.2.11 对于柱承式筒仓，由于筒仓贮料部分的仓体刚度远大于支承结构的刚度，柱顶与柱底均为刚性约束（仓底、柱底节点无转角）。因此，支柱与基础和仓体连接端的组合弯矩设计值的增大系数比普通框架略高。当柱间设有横梁时，可以提高支承结构的延性，故增大系数的取值低于无横梁框架的增大系数。地基过于软弱且柱下基础整体性不好，则地震时由于基础转动引起柱顶端弯矩增大，支承柱无横梁时柱顶弯矩会进一步增大，故应调整增大系数。

9.2.15 本条第2款为强制性条款。因贮料的自重是按实际情况确定的，且长期存在，为安全考虑，贮料荷载的组合值系数应取1.0。

9.2.20 震害调查表明，钢筒仓具有良好的抗震性能，其震害往往发生在与混凝土基础的连接部位，故在筒仓设计时需验算钢筒仓与基础的连接部位。此外，对薄壁钢仓的加强构件尚需验算地震作用下的稳定。

9.3　抗震构造措施

9.3.1 本条对水平横梁的相对位置和水平横梁与柱的线刚度比作了规定，目的在于提高筒仓结构的延性。

9.3.2～9.3.4 筒仓支柱的轴压比直接影响筒仓结构的承载力和塑性变形能力，对柱的破坏形式也有重要影响。因此，需合理确定柱轴压比的限值，避免轴压比过大而降低其延性，保证柱具有较好的变形能力。

柱承式筒仓的延性比一般框架差，柱的轴压比限值要从严。因此，要求筒仓柱轴压比限值略低于框支柱。设计时，可通过提高混凝土的强度等级、增加柱的根数等方法减小轴压比，也可增大柱截面，但应避免形成短柱。

此外，在表9.3.2～表9.3.4中的编制形式与本规范其他章节表格形式有所不同。其他章节以抗震等级分类，本章仍以惯用的地震烈度分类。本章中的梁、柱与一般框架结构不同，框架柱高或层高基本相同，梁的尺寸变化也不大。故箍筋最小体积配筋率也未采用特征值的表达形式。经核算，本章所采用的数据与一般框架采用的数据接近且偏于安全，符合筒支承柱的受力要求。箍筋最小体积配筋率按 f_c/f_{yv} 计算。

地震动方向是反复的，因此柱内纵向钢筋应对称配置，配筋量根据烈度及支承柱有无横梁计算确定。多数筒仓支柱的轴压比大于一般框架柱的轴压比，因而应适当提高其最小配筋率。为了避免贮料卸载后在柱内引起水平裂缝，第9.3.3条规定了支柱纵筋的最大配筋率。美国、日本等国支柱最小配筋率分别为1.0%、0.8%，其他国家按柱位采用不同的配筋率，其值按中柱、边柱和角柱采用 0.8%～1.0%。本规范考虑到筒仓使用功能、仓下支承结构形式及其支柱与一般框架不同，本次修改不再按贮料及柱位分类。

支柱箍筋应沿柱全高加密，这不仅能增强柱的抗剪能力，而且还可提高核芯混凝土强度和极限压应变，阻止纵向钢筋的压屈。条文中按筒仓震害特征，规定了箍筋最小直径、最大间距和最小体积配筋率等构造要求。

震害调查表明，支柱的箍筋形式选择不当及配置不合理是造成地震时支柱破坏的主要原因之一。在竖向及水平地震作用下，支柱两端轴力加大，绑扎箍筋脱扣，纵筋被压成灯笼状，支柱丧失承载能力。为此除加大箍筋的配筋率外，封闭箍筋接头在加密区宜采用焊接或采用复合螺旋箍筋，使混凝土具有均匀的三向受压状态，提高支柱的极限压应变。

9.3.5、9.3.6 控制支承柱横梁截面的混凝土受压区相对高度、最大配筋率、拉压筋相对比例、梁端箍筋加密范围、箍筋最大间距和最小直径等要求，目的皆在于提高梁和整个结构的变形能力。

9.3.7 鉴于支承筒壁对圆形筒仓抗震的重要性，以及为满足配置双层钢筋及施工的要求，结合以往设计经验，筒壁厚度不宜过小；洞口处筒壁截面被削弱且有应力集中，在应力集中区需加强钢筋的配置。对于大洞口设置的加强框，其截面不宜过大，与筒壁的刚度比过大将使洞口应力集中在加强框上，造成加强框严重超筋，甚至无法配置。为此，应通过洞口应力解析按应力分布状态配置钢筋更为合理；同时，为保证狭窄筒壁结构的稳定性，洞口间的筒壁尺寸不应小于本条规定的最小尺寸。

9.3.8 砌体筒仓的圈梁和构造柱设置是根据砌体筒仓震害经验，并借鉴一般砌体结构的抗震经验和研究成果确定的。

9.3.9 根据砌体结构仓上建筑的震害经验，并考虑到仓上建筑横向较空旷等特点，为了提高结构的整体性和抗震能力，提出本条构造要求。

9.3.10 钢结构筒仓震害的主要部位在柱脚。根据震害调查及相关分析，提出本条的构造规定。钢柱断面一般较小，考虑到仓下支承结构体系的整体稳定，仓下支承钢柱应设柱间支撑。

10 井 架

10.1 一 般 规 定

10.1.1 原规范井架部分有两章（钢筋混凝土井架、斜撑式钢井架），本次修编将其合并为一章，且将适用范围扩大至双斜撑式钢井架。

立井井架是置于矿山井口上方，支承提升机天轮（导向轮）的构筑物。矿井提升机有单绳和多绳两种。井架形式大体上有五种：四柱或筒体悬臂式钢筋混凝土井架、六柱斜撑式钢筋混凝土井架、单斜撑式钢井架、双斜撑式钢井架、钢筋混凝土立架和钢斜撑组合式井架。

筒体悬臂式钢筋混凝土井架及钢筋混凝土立架和钢斜撑组合式井架使用不多，故本规范未包含此类型井架。目前也有将井架与井口房联建成一个建筑物的，此类建筑已没有井架的结构特点，更类似于多层框架结构房屋，本规范也未包括这种类型。

虽然钢井架是今后的发展趋势，但考虑钢筋混凝土井架目前仍在中、小矿山使用，所以本规范仍将其列入。

斜井井架受力状态与立井井架不完全相同，相对来说它受力比较简单，这里未将其包含进去。

这里的四柱悬臂式井架包括以井颈（锁口盘）为基础的井架，也包括将四柱叉开坐落在天然地基上的井架。斜撑式井架的立架一般都支承在（或通过井口梁支承在）井颈上，斜撑则坐落在天然地基上。双斜撑钢井架包括四柱式，也包括三柱式。双斜撑钢井架的立架有两种做法，一是立架自成体系，支承在（或通过井口梁支承在）井颈上；二是立架悬吊在双斜撑组成的上部平台上。

10.1.2 井架高度系指井颈顶面至最上面天轮轴中心之间的垂直距离。

10.1.3 本条为强制性条文。钢筋混凝土井架的结构形式与框架接近，因此，其抗震等级可采用现行国家标准《建筑抗震设计规范》GB 50011 中对钢筋混凝土框架结构的规定。鉴于井架的重要性，与原规范一致，规定抗震等级最低不低于三级。根据第10.1.2条的规定，钢筋混凝土井架高度一般都在25m以内，所以在这里将表格予以简化。

10.1.4 由于井架和贴建的井口房（井棚）结构形式不同，高度不同，刚度不同，自振周期也不同，在地震作用下，井架和井口房（井棚）之间很容易互相碰撞而产生破坏，国内外均不乏这类震害实例。因此，井架与井口房（井棚）之间应设防震缝。防震缝最小宽度，这次修编时对原规范的规定进行了一些简化。

10.1.5 单斜撑式钢井架的立架与斜撑共同支承天轮及提升荷载，此时立架支承在井口梁上时不利于抗震，所以不推荐在地震区采用这种形式。设计时可以适当加大立架平面将立架支承在井颈上或支承在井颈外侧的天然地基上。双斜撑式钢井架的立架不承担天轮及提升荷载时可不受此限制。

10.1.6 将立架悬挂在双斜撑上会使井架的地震反应复杂，不利于抗震，所以不推荐采用。

10.2 计 算 要 点

10.2.2 井架的提升平面系指提升容器的钢丝绳通过井架上部的天轮（导向轮）引向地面提升机所形成的与地面垂直的平面。它是井架主要的受力平面，结构的布置一般都以此平面为主。一个井筒布置两台提升设备时，一般也大都是将两台提升机布置在同侧或井筒相对的两侧，基本在同一提升平面内。所以该平面方向（纵向）和与其垂直的另一平面方向（横向）成为进行水平地震作用计算的两个主要方向。

四柱式钢筋混凝土井架，其纵向在 7 度、8 度水平地震影响时及六柱式钢筋混凝土结构井架，其纵向在 7 度水平地震影响时，内力组合值一般均小于断绳时的内力组合值，故可不进行抗震验算。

钢井架抗震性能较好，7 度时基本无震害，因此可不进行抗震验算。

10.2.4 无论钢筋混凝土井架还是钢井架，都是由若干空间杆件组成的结构体系，所以井架的计算模型采用多质点空间杆系模型最符合结构的实际情况。当然这需要采用振型分解反应谱法。

四柱式钢筋混凝土井架纵向对称，横向接近对称，井架的刚度沿高度的分布比较均匀，水平力作用下的空间作用小。纵、横两个方向的地震作用都可简化成平面结构进行计算（并且可只取平面结构的第一振型），所以可采用底部剪力法。

斜撑式钢井架采用时程分析法计算的结果基本上与唐山地震中的实际震害一致。因此，高烈度区设计钢井架时，除了采用振型分解反应谱法计算地震作用外，宜再用时程分析法进行多遇地震下的补充计算。考虑目前设计单位进行时程分析计算的手段还不太普及，所以本规范规定定用时程分析法进行补充计算的范围为 9 度区且高度大于 60m 的钢井架。

10.2.5 原规范规定采用振型分解反应谱法时，钢筋混凝土井架应取不少于 3 个振型，钢井架应取不少于 5 个振型。考虑空间杆系模型中每个节点都有三个位移自由度，原规范规定的振型数有些偏少，故这次修编将其改为钢筋混凝土井架应取不少于 9 个振型，钢井架应取不少于 15 个振型。

10.2.6 原规范中还有六柱式钢筋混凝土井架和单斜撑式钢井架的基本自振周期经验公式，考虑本规范对这类井架都要求采用空间杆系模型、振型分解反应谱法计算，计算时会求出基本自振周期，所以这里未再列出这些经验公式。

原规范编制说明指出，四柱式钢筋混凝土井架的基本自振周期公式考虑了震时周期加长系数 1.3。

10.2.7 本条为强制性条文。提升容器（箕斗、罐笼）、拉紧重锤（单提升容器的平衡锤、钢丝绳罐道及防坠钢丝绳的拉紧重锤等）是悬挂于钢丝绳上的，在地震作用下产生的惯性运动与井架结构的运动是不一致的。即使地震时箕斗恰巧在卸载曲轨处或罐笼恰巧在四角罐道处，由于箕斗与曲轨之间、罐笼与罐道之间都有一定间隙，在地震作用下，箕斗和罐笼的运动较井架的运动滞后，两者不同步。所以在计算地震作用时，可不考虑提升容器及物料、拉紧重锤及有关钢丝绳的重力荷载。

10.2.10 本条为强制性条文。提升工作荷载标准值的计算要考虑提升容器自重、物料重、提升钢丝绳自重、尾绳自重、提升加速度、运行阻力等，计算方法按井架设计的规定执行。它不属于抗震设计的内容，所以这里未将计算公式列出。提升工作荷载的变异性大于一般永久荷载，所以其分项系数取 1.3。

10.2.11 本条规定了钢筋混凝土井架的框架梁、柱在结构分析后，对组合内力的调整，基本上与现行国家标准《建筑抗震设计规范》GB 50011 一致，但根据井架的特点作了一些修改。

1 为避免底层框架柱下端过早出现塑性屈服，影响整个结构的变形能力，而将底层柱下端弯矩设计值乘以增大系数。本款与现行国家标准《建筑抗震设计规范》GB 50011 一致。

2 依照"强柱弱梁"的抗震设计思想，将中间各层框架的梁柱节点处上、下柱端截面组合的弯矩设计值乘以增大系数。本款与现行国家标准《建筑抗震设计规范》GB 50011 一致，但考虑井架的框架基本上都是单跨，支承天轮梁的框架梁截面往往很大，所以这里作了一些修正。

3 依照"强剪弱弯"的抗震设计思想，将框架梁、柱端截面组合的剪力设计值乘以剪力增大系数。本款基本与现行国家标准《建筑抗震设计规范》GB 50011 一致。

4 因为井架几乎都是角柱，空间杆系分析中又已经考虑了结构的扭转影响，故取消了现行国家标准《建筑抗震设计规范》GB 50011 中对角柱的内力调整。

10.2.13 本规范第 6.2.13 条实际上是对梁、柱截面满足抗剪能力的最低要求，它限制了梁、柱截面不能太小。

10.2.14 钢井架在地震作用下变形较大，应计算其重力附加弯矩和初始弯矩，当重力附加弯矩大于初始弯矩的 10% 时，应计入重力二阶效应的影响。

10.2.15 本条为强制性条文。在本规范第 5.4.2 条规定的基础上，对承载力抗震调整系数取值作了调整和补充。

10.3 钢筋混凝土井架的抗震构造措施

10.3.1 考虑井架在矿山生产中的重要性及井架直接位于井口上方，长期处于井下潮湿甚至有一定腐蚀的环境，所以这里规定井架的混凝土强度等级不应低于C30。混凝土强度等级的最高限值与本规范第3.7.3条的规定一致。

10.3.7 为了避免地震作用下柱过早进入屈服，并保证有较大的屈服变形，规定柱的每一侧纵向钢筋的配筋率不应小于0.3%。

井架立架在地震作用下进入弹塑性状态时，其底层柱可能全高受弯（没有弯矩零点），并且弯矩较大，轴力、剪力也较大。为了提高框架底层柱的变形能力，本条规定底层柱的箍筋加密区范围取柱的全高。

10.3.8 天轮梁的支承横梁受很大的断绳荷载作用，设计截面较大，致使井架的横向框架沿高度的刚度和质量有突变，会造成应力集中，对抗震不利。将支承横梁设计成带斜撑的梁式结构（见图1），可以改善其抗震和传力性能。

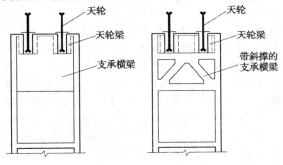

图 1　天轮梁的支承横梁

10.4 钢井架的抗震构造措施

10.4.1 钢井架的实际震害表明，节点震害基本上都发生在普通螺栓连接的节点上，以螺栓剪断为主要破坏形式。因此规定钢井架采用螺栓连接时应采用高强螺栓连接，以避免螺栓受剪脆性破坏。

10.4.2 本条是依据现行国家标准《建筑抗震设计规范》GB 50011中对多、高层钢结构房屋柱长细比的限值，现行国家标准《钢结构设计规范》GB 50017中对受压、受拉构件的长细比限值及现行国家标准《矿山井架设计规范》GB 50385的有关规定综合确定的。

10.4.4 钢井架斜撑基础的锚栓震害主要表现在锚栓和混凝土两方面。锚栓的震害主要表现为松动或拔出。但是震害也表明，按常规设计的锚栓能满足9度地震作用的强度要求，仅在11度区有个别锚栓被剪断的实例。这是因为我国钢井架常规设计一般都采用带有锚梁（或锚板）的M30～M40锚栓，锚固于混凝土内的长度约为1300mm～1450mm，较一般厂房

钢柱脚的锚栓锚固长度长，所以这里未提出更多的要求。

关于锚栓中心距基础边缘的距离，国内外的规定一般是4倍～8倍锚栓直径，且不小于100mm～150mm。我国钢井架常规设计所采用的值为4倍～7.5倍锚栓直径，与上述规定基本一致，这里规定为上限，也即8倍锚栓直径。

10.4.5 震害表明，基础混凝土开裂、酥碎及混凝土局部错断都发生在基础顶面以下500mm高度范围内。所以本条特别规定了斜撑基础顶面以下1.5m范围内，沿锥面四周应配置竖向钢筋。

11 井　塔

11.1 一　般　规　定

11.1.1 井塔是建于矿山井口上方，支承提升机及导向轮的构筑物。钢井塔的结构类型有框架、桁架、框桁架等。框桁架结构就是在框架结构的基础上再布置一定数量的斜撑，用以承受水平力，相当于钢结构房屋中的框架-支撑型。本章对框架-支撑型的一些规定是针对这类结构形式的钢井塔。桁架形式一般仅用于单跨，也即井塔平面不大时。它与框桁架的区别就是桁架的各面都有斜撑，横梁可以与柱铰接。但柱子还是连续的压弯构件，与框桁架结构的柱受力状态类似。桁架结构井塔设计时，可以参考本章对框架-支撑型结构的各项规定。

11.1.2 限制不同结构类型井塔高度是从安全、经济诸方面考虑的。本条规定的限值是综合考虑了国家现行标准《建筑抗震设计规范》GB 50011、《高层建筑混凝土结构技术规程》JGJ 3、《高层民用建筑钢结构技术规程》JGJ 99等，又结合井塔的特点而确定的。

11.1.3 本条对地震区井塔设计的结构布置提出了一些基本要求。将原规范第9.1.4条和第9.1.5条合并为一条，删去了对井塔平面长宽比的限定，因为长宽比一般都不大于2。

井塔采用固接于井筒上的井颈基础时，因井塔的平面大于井筒平面，为改善井颈及井筒的受力状态，应尽量减小井塔平面尺寸，且使井塔平面对称于井筒中心线。

井塔提升机大厅层的允许悬挑长度，原规范规定6度、7度、8度地区分别为5m、4m、3.5m。本次修编统一为4m。

11.1.4 限制井塔的高宽比主要是保证井塔的倾覆稳定。本条的限值是综合考虑了相关标准的规定，又结合了井塔的特点而确定的。如果通过抗倾覆计算可以保证井塔的倾覆稳定性也可突破本条规定的限值。

11.1.5 本条对地震区井塔设计的结构布置提出了一些基本要求。

1 框架结构中，框架柱是最主要的受力构件，除中柱可以伸至提升机大厅楼面而在上部截断外，其他柱都不应在中间层截断，特别是底层柱，更不应被截断。

2 钢筋混凝土筒体井塔的筒壁是井塔的主要抗侧力构件，应双向布置。由于工艺要求，井塔下部筒壁经常需要开设较大的洞口。设计时，应尽量减小洞口尺寸。为了保证井塔有足够的侧移刚度和侧向承载能力，应在洞口两侧保证有足够宽度的筒壁延伸至基础。

3 钢框架—支撑型结构井塔，本规范没有推荐采用偏心支撑和设消能梁的结构体系。主要考虑井塔的平面尺寸较小，跨数较少，层高、荷载较大。

4 井塔的各层楼板虽然开孔较多，但一般情况下都不能将整个楼板当作绝对刚性楼板考虑。楼板的平面刚度大对抗震更为有利。

11.1.6 本条为强制性条文。乙类构筑物应按调整后的设防烈度确定抗震等级。

11.1.8 本条对楼面开洞尺寸的规定是可以在地震计算中将楼板当作刚性楼板的条件。各层楼面要留有提升容器通行孔、电梯通道、安装孔、楼梯孔等，要满足这些条件是很困难的。在地震作用计算中若考虑楼板变形，楼面开洞尺寸可不受此限，但设计中还是应尽量减少楼面的开洞面积，以提高井塔的整体刚度。

11.1.9 钢筋混凝土井塔与贴建的井口房（井棚）之间防震缝的宽度，原规范高烈度区规定值偏大，本次修编作了一些调整。本次修编也参考了现行国家标准《建筑抗震设计规范》GB 50011 中高层民用建筑钢结构房屋的有关条文，增添了对钢井塔与贴建的井口房（井棚）之间防震缝宽度的规定。

11.2 计 算 要 点

11.2.1 井塔在原规范中是按设防地震确定地震影响系数并进行水平地震作用和作用效应计算，计算结果再乘以 0.35 的折减系数。这使得井塔的抗震计算与其他大多数建（构）筑物的抗震计算都不一致。本次修订改为按多遇地震确定地震影响系数并进行水平地震作用和作用效应计算。井塔的结构类似于高层建筑，可以按多遇地震进行地震作用计算。

11.2.2 建于 7 度 Ⅰ、Ⅱ 类场地上的钢筋混凝土筒体井塔，当塔高不超过 50m 时，根据设计经验，在满足正常风荷载作用要求后，一般都能满足抗震强度计算要求，故可不进行抗震验算。

钢井塔抗震性能较好，7 度 Ⅰ、Ⅱ 类场地上基本无震害，因此可不进行抗震验算。

11.2.5 井塔楼面作为刚性楼板是很困难的，所以井塔在抗震计算时很难采用平面结构空间协同计算模型。在大多数条件下，钢筋混凝土筒体井塔可采用空间杆-薄壁杆或空间杆-墙板元计算模型。楼面应根据开洞情况，将其看作整体刚性楼面、之间弹性连接的部分刚性楼面或弹性楼面等。

钢筋混凝土和钢框架型井塔及钢框架-支撑型井塔主要受力构件是梁、柱和支撑，所以应采用空间杆系模型。

11.2.6 采用时程分析法进行多遇地震下的补充计算，限定为 9 度区且高度大于 60m 的井塔。

11.2.8 本条为强制性条文。井塔的各种荷载与井架类似，在计算地震作用时重力荷载代表值的取值可不计入提升容器及物料、拉紧重锤及有关钢丝绳的荷载。

11.2.10 原规范中井塔的竖向地震作用是按设防地震确定地震影响系数进行计算的，本规范已改为按多遇地震进行抗震计算，所以竖向地震作用效应乘以 2.5 的增大系数。高耸建筑物的竖向振动自振周期较小，接近高频振动。高频振动时结构弹塑性地震反应所受到的地震作用量值几乎等于对应的弹性结构所受到的地震作用量值。也就是说，按设防地震确定地震影响系数进行地震作用计算，对竖向地震作用计算还是比较合适的。

11.2.12 钢筋混凝土筒-框架结构井塔在水平地震作用下，剪力主要由筒壁承担。框架柱计算出的剪力一般都较小，为保证作为第二道防线的框架具有一定的抗侧力能力，需要对框架承担的剪力予以适当的调整。调整幅度参考现行国家标准《建筑抗震设计规范》GB 50011 和现行行业标准《高层建筑混凝土结构技术规程》JGJ 3，并根据井塔的具体特点确定。

11.2.13 钢框架-支撑结构井塔在水平地震作用下，地震剪力主要由支撑承担。计算出的无支撑框架柱承受的剪力一般较小，出于与第 11.2.12 条同样的理由，需要对框架承担的剪力予以适当的调整。调整幅度参考现行国家标准《建筑抗震设计规范》GB 50011和现行行业标准《高层民用建筑钢结构技术规程》JGJ 99，并根据井塔的具体特点给出。如果梁与柱铰接连接时，梁端内力可不予调整。

11.2.14、11.2.15 钢筋混凝土井塔框架梁、柱的受力情况与井架类似，所以组合内力的调整也与井架一致。但井架没有考虑角柱的内力调整，井塔的平面尺寸大于井架，框架往往会是多跨，因此井塔增加了对角柱的内力调整要求。

11.2.17 本条调整的目的是体现"强剪弱弯"的原则，保证底层筒壁不至于受剪破坏。

11.2.21 本条是体现钢框架井塔在抗震设计中的"强柱弱梁"思想。此处增大系数较钢筋混凝土结构小，是因为钢结构的抗震性能优于钢筋混凝土结构。

11.2.22 在抗震设计中，钢框架结构的节点域既不能太强，也不能太弱。太强了会使节点域不能发挥其耗能作用，太弱了将使框架的侧向位移太大。本条第 1 款是保证节点域的稳定；第 2 款是保证节点域的强度，公式（11.2.22-2）中，系数 4/3 是考虑了左侧未计入剪力引起的剪应力以及节点域在周边构件的影响下其承载力会提高。第 3 款是防止节点域的承载能力过大。所以满足本条各款规定，就可以保证大震时节点域首先屈服，其次才是梁出现塑性铰。

11.2.23 支撑斜杆在地震时会反复受拉、压，如遇大震，受压屈曲变形较大，转为受拉时变形不能完全拉直，再次受压时承载力就会降低，即出现退化现象。所以本条要求在计算支撑斜杆的受压承载力时乘以一个强度降低系数。斜杆的长细比越大，这种退化越严重，因此该强度降低系数与斜杆长细比有关。

11.2.24 天然地基基础的井塔在抗震计算时是将基础上表面取作下端嵌固点。当井塔采用井颈基础时，井塔与井筒形成一个整体，井筒的截面又比较小，软弱场地对井筒的嵌固作用较差，如果仍将基础上表面作为井塔的嵌固点显然是不合适的。所以本条规定抗震计算时宜考虑井塔、井筒及土的相互作用。考虑这种计算方法目前在设计中应用并不普遍，所以本条规定也允许仅对井塔进行抗震计算，但在 IV 类场地土时，应乘以增大系数 1.4。

11.3 钢筋混凝土井塔的抗震构造措施

11.3.1 钢筋混凝土井塔的框架与一般框架结构是相似的，其抗震构造措施要求按第 6.3 节框架结构执行。

11.3.2 井塔的筒壁与普通建（构）筑物的抗震墙不完全相同，本条根据井塔筒壁的特点作了一些规定。

规定筒壁横向钢筋配置于竖向钢筋的外侧是从方便施工考虑的。

井塔筒壁上的大洞口应在洞口两侧设加强肋，上部设连梁。加强肋应贯通全层。加强肋如果能与井塔的结构壁柱相结合则更合适。连梁高度可取洞口顶面至楼板顶面，也可取该洞口顶面至上部洞口底面。连梁宽度可与筒壁厚度一致（即暗梁），也可将该处筒壁局部加厚。如果洞口不在筒壁底部，则洞口下部也应设置连梁，使洞口四周形成封闭的加强框。本规范要求连梁和加强肋的纵向钢筋都伸过洞口并有适当的锚固长度，并在纵向锚固区内均按框架梁、柱的要求配置加密箍筋，这可以起到承担洞口角部应力集中的作用，所以本条中未再要求设角部斜向钢筋。

11.3.3 井颈基础混凝土的最低强度等级改为 C25，是因为现行国家标准《混凝土结构设计规范》GB 50010 中将与无侵蚀土壤直接接触的混凝土最低强度等级定为 C25。要求井筒壁的竖向钢筋应与井颈基础的竖向钢筋焊接，且按受拉要求钢筋接头，是因为在地震作用下井筒外侧竖筋会受拉。

11.4 钢井塔的抗震构造措施

11.4.1 钢结构构件之间的连接，在现行国家标准《建筑抗震设计规范》GB 50011 和现行行业标准《高层民用建筑钢结构技术规程》JGJ 99 中都允许栓焊混合连接。其优点是先用螺栓安装定位，方便施工，而试验表明这种连接的滞回曲线又与全焊接相近。缺点是焊接时对螺栓预拉力有一定影响，可使螺栓预拉力平均降低 10%，所以设计时应对螺栓留有余量。鉴于此，钢井塔的构件连接也允许栓焊混合连接。

11.4.2 本条是综合参考了现行国家标准《建筑抗震设计规范》GB 50011、《钢结构设计规范》GB 50017和现行行业标准《高层民用建筑钢结构技术规程》JGJ 99，并结合钢井塔的具体特点确定的。

12 双曲线冷却塔

12.1 一 般 规 定

12.1.1 冷却塔分为塔筒和淋水装置两个部分。其中塔筒由旋转壳通风筒、斜支柱和基础（含贮水池壁）组成，淋水装置包括淋水构架、竖井、进出水管（沟）及除水器、淋水填料、填料格栅等。本次修订中增加的其他形状的自然通风冷却塔，仅指圆柱形、圆锥形（截锥）、箕舌形、钟形等钢筋混凝土旋转壳通风筒的冷却塔。

12.1.2 冷却塔系在地震时使用功能不能中断或需尽快恢复的构筑物，按其使用功能的重要性分类，应属乙类抗震设防类别的构筑物。在地震作用和抗震构造措施上，不同面积（高度）有不同的抗震要求，故本次修订中增补了本条文。塔体越大，抗震等级越高，抗震构造措施要求越严。沿用了三种不同塔淋水面积的分类，根据设防烈度标准，参照现行国家标准《混凝土结构设计规范》GB 50010，对应划分了一级、二级、三级和四级四个抗震等级。这样不但可以与相关的结构规范相容并保持一致，而且对冷却塔中一些共性的混凝土结构部分（如淋水装置的框、排架结构，以及钢筋的抗震锚固等）有关抗震的计算要求和抗震构造措施（除本规范有特殊规定以外）都能共用，这对实现共性技术问题设计方法的统一是有利的。

震后调查表明，冷却塔的结构形式有较强的抗震性能。故在抗震标准上建议冷却塔抗震措施免去应符合本地区抗震设防烈度"提高一度"和"更高"的这一要求进行抗震设计，其抗震设防标准仍按本地区抗震设防烈度的要求采取抗震构造措施。

12.2 计 算 要 点

12.2.1 根据冷却塔抗震设防标准，以及其结构本身的抗震性能和计算分析，参照本规范第 5 章有关规定，冷却塔按多遇地震确定地震影响系数进行地震作用和作用效应计算是适宜的。其水平地震影响系数最大值按第 5.1.5 条的规定选用，竖向地震影响系数最大值按第 5.1.6 条的规定，可采用水平地震影响系数最大值的 65%。

12.2.2 本条对塔筒可不进行抗震验算的范围作了规定。

1 双曲线自然通风冷却塔的规模一般以淋水面积计，淋水面积系指淋水填料顶高程处的毛面积。

2 本条不验算范围是根据下列情况制定的：

1）已有地震震害。

2）根据冷却塔专用程序计算，风荷载引起的环基内的环张力较小。而富氏谐波数等于 0、1 的竖向地震和水平地震所引起的环张力，在Ⅲ类场地上有可能大于风荷载引起的环张力而成为由地震组合控制。在这种情况下，不验算范围只能在淋水面积小于 4000m² 的范围内。

12.2.3 本条对地震区建塔的场地条件要求作了具体规定。

如天然地基为不均匀地基，则要求严格处理成均匀地基；如为倾斜地层，则要求采取专门措施，如采用混凝土垫块等砌至基岩或砂卵石层。

12.2.5 本条推荐的公式是均匀地基上冷却塔塔筒水平、竖向地震作用标准值效应计算公式。对均匀地基的界定和有关要求，见本规范第 12.2.3 条的条文说明。

当需考虑不均匀地基时，应考虑竖向与水平地震作用相互耦合，其地震影响系数仍按 5.1.6 得到。为简化计算可将不均匀地基简化为不均匀的等效刚度矩阵，按通用或专用有限元分析软件对冷却塔的竖向与水平向联合地震作用下整体结构进行地震响应分析。非均匀地基冷却塔塔筒地震作用标准值效应按下式计算：

$$S_{Egk} = \sqrt{\sum_{i=1}^{m} \sum_{j=1}^{m} \rho_{cij} S_{Ei} S_{Ej}} \qquad (3)$$

其中，S_{Ei}、S_{Ej} 分别为水平与竖向联合地震作用下耦联系统第 i 个振型和第 j 个振型的标准值效应；ρ_{cij} 为水平与竖向联合地震作用下第 i 与 j 振型的耦联系数。

本条文说明中的公式及条文第 12.2.5 条中的公式是考虑各振型相关性时的 CQC 公式，其中相关性系数都满足 $-1 \leqslant \rho_{hij}$、ρ_{vij}、$\rho_{cij} \leqslant 1$，且当 $i=j$ 时，有 $\rho_{vii} = \rho_{hii} = \rho_{cii} = 1$。当各振型离散性较大可不考虑各振型相关性时，有 $\rho_{vij} = \rho_{hij} = \rho_{cij} = 0$（$i \neq j$），此时式（12.2.5-1）和式（12.2.5-2）及本条文说明中的公式退化为 SRSS（平方和开平方）公式。

12.2.6 本条根据冷却塔的结构特点和形式，对冷却塔塔筒的地震作用计算方法作了明确规定。当考虑材料及几何非线性时，宜考虑混凝土材料的软化等效应，并在环基础与基底弹簧间设置裂隙单元以模拟基础上拔力和滑移；但由于计算模型复杂，建议在 9 度

或 10000m² 及以上特大塔进行非线性分析。

振型分解反应谱法和时程分析法进行补充计算，应注意以下两点：

1 振型分解反应谱法。当按冷却塔专用有限元程序计算时，建议每阶谐波宜取不少于 5 个振型；按通用有限元程序计算时，建议宜取不少于 300 个振型。

采用冷却塔专用有限元软件进行算例分析时，每个谐波分别取 3、5、7 个振型计算结果比较，3 个振型与 7 个振型相差稍大，而 5 个振型与 7 个振型相比，斜支柱和环基的内力仅差 0.1%～2.53%；壳体底部纬向内力差 4.13%，壳顶部子午向内力差 6.25%，计算精度满足工程要求。因此建议每阶谐波宜取不少于 5 个振型。

采用通用有限元分析软件（如 ANSYS，ABAQUS 等）进行算例分析时，由于大部分的振型是前几阶谐波的耦合（前几阶振型是以高阶谐波为主，且存在大量的重频），对冷却塔的地震响应几乎不起作用，为了保证计算精度，需取足够多的振型进行计算才能达到所需的精度要求。根据设计经验，建议取不少于 300 个振型。

2 时程分析法进行补充计算。由于输入不同地震波计算的结果相差很大，故本次修订对"选波"原则进行了规定。目前在抗震设计中有关地震波的选择有以下两种方法：

1）直接利用强震记录。常用的强震记录有埃尔森特罗波、塔夫特波、天津波等。在选择强震记录时除了最大峰值加速度应与建筑地区的设防烈度相应外，场地条件也应尽量接近，也就是该地震波的主要周期应尽量接近建筑场地的卓越周期。当所选择的实际地震记录的加速度峰值与建筑地区设防烈度所对应的加速度峰值不一致时，可将实际地震记录的加速度按比例放大或缩小来加以修正；对于强震持续时间，原则上应采用持续时间较长的波，一般为结构基本自振周期的 5 倍～10 倍。

2）采用模拟地震波。这是根据随机过程理论产生的符合所需统计特征（如加速度峰值、频谱特性、持续时间）的地震波，又称人工地震波。人工地震波可以通过修改真实地震记录或用随机过程产生。

12.2.7 本条为强制性条文。本条明确了冷却塔地震作用效应和其他荷载效应的组合方式，同时对各分项系数的取值进行了规定，分项系数的取值是参考下列依据制定的：

1 冷却塔是以风荷载为主的结构，对风荷载反应比较敏感，现行行业标准《火力发电厂水工设计规范》DL/T 5339 地震作用偶然组合条款中考虑了

$0.25 \times 1.4S_{wk}$ 风荷载作用效应值；此外还考虑了 $0.6S_{tk}$ 温度作用效应值。

2 1982 年德国 BTR 冷却塔设计规范中，地震荷载组合亦考虑了 $1/3S_{wk}$ 风载作用效应及 S_{tk} 温度作用效应。

3 根据计算，通风筒结构抗震验算中竖向地震作用效应和水平地震效应占总地震作用效应的百分比见表 1；从表 1 可以看出，在总地震效应中水平地震作用效应较大，但是竖向地震作用效应不可忽略，故需考虑水平地震作用效应与竖向地震作用效应的不利组合。

表 1　竖向与水平地震作用效应的比例

通风筒壳体				通风筒基础	
竖向		水平		竖向	水平
子午向内力	纬向内力	子午向内力	纬向内力	环张力	环张力
49.83~15.56	3.06~44.26	50.17~84.44	96.94~55.74	26.41	73.59

以水平地震作用为主时，水平地震作用分项系数宜取 1.3，竖向地震作用分项系数宜取 0.5。

当需考虑不均匀地基时，此时荷载效应组合式 (12.2.7) 也应进行相应调整，将组合式中的水平与竖向地震作用 $\gamma_{Eh}S_{Ek}+\gamma_{Ev}S_{Evk}$ 组合项，用非均匀地基冷却塔塔筒地震作用组合项 $\gamma_{Ehv}S_{Egk}$ 替代。其中 γ_{Ehv} 为水平与竖向耦合地震作用分项系数，建议取 1.3；S_{Egk} 为非均匀地基冷却塔塔筒地震作用标准值效应，具体详见第 12.2.5 条的条文说明。

12.2.8 本条强调了冷却塔地震作用计算时要注意的两点要求：一是考虑结构与土的共同作用，地震与上部结构宜整体计算；二是塔筒的地震反应是竖向振动、水平振动与摇摆振动的耦合振动。因此计算时应考虑地基压缩刚度系数、剪变刚度系数和动弹性模量等一系列土动力学特性指标，这些参数一般要通过现场试验取得。计算结果表明，考虑了上述共同作用后，基础环张力比较接近实际，不致过大。

12.2.10 根据震害经验，7 度区中软及以上场地的进风口高程在 8m 以下时，可不进行淋水构架抗震验算。

12.2.11 震害调查表明，构架与竖井、筒壁连接部分均有不同程度的拉裂、撞坏；竖井、筒壁和构架的自振周期各不相同，地震位移不一致，因而构架梁在筒壁和竖井之间要允许相对位移和转动，以免构件拉裂。

12.3　抗震构造措施

12.3.1 本条对拉筋交错布置的间距由 1000mm 修改为不应大于 700mm，有利于内、外层钢筋的整体性。

12.3.2 本条为增补条文。参照现行国家标准《工业循环水冷却设计规范》GB/T 50102，本条对筒壁子午向及环向的受力筋接头的位置，规定应相互错开和任一塔接区段内接头面积与总面积之比，要求子午向按 1/3 采用，环向按 1/4 采用。

12.3.3 本条按现行国家标准《混凝土结构设计规范》GB 50010 的规定，增加了对接头区段的长度不应小于 35d 且不应小于 500mm 的要求。

12.3.4 本条为增补条文。参照现行国家标准《混凝土结构设计规范》GB 50010，对不同抗震等级的冷却塔塔筒受力钢筋的搭接长度要求，条文规定了应按所采用的钢筋品种、直径等经计算确定。

12.3.6 整个冷却塔通风筒结构按地震破坏次序可分为主要部位（薄弱环节）和次要部位，斜支柱为主要部位，壳体、基础为次要部位，而最薄弱环节为斜支柱顶与环梁接触处。为了减少柱顶径向位移，布置斜支柱时要注意倾斜角的选择，倾斜角为每对斜支柱组成的侧向平面内夹角的 1/2，倾斜角大小将影响塔的自振频率和振动幅值。倾斜角小于 9° 时柱顶径向位移将大于塔顶径向位移（图 2、图 3）。故本条建议倾斜角不宜小于 11°。为保持壳体结构与斜支柱的整体性和减小交接处的附加应力，斜支柱的倾角轴线应与环梁保持一致。

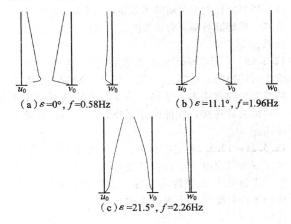

（a）$\varepsilon=0°$，$f=0.58Hz$　　（b）$\varepsilon=11.1°$，$f=1.96Hz$

（c）$\varepsilon=21.5°$，$f=2.26Hz$

图 2　不同倾斜角对自振频率振幅的影响

12.3.8 本条按抗震等级规定了斜支柱和框架柱、排

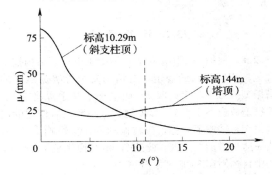

图 3　最大径向位移与倾斜角的关系

架柱的轴压比限值。实际斜支柱和框架、排架柱，其剪跨比远大于2，不易发生受压破坏，支柱轴压比限值可以适当大些。但考虑到冷却塔在北方常受冻融的侵蚀，混凝土保护层常出现剥离开裂情况，柱断面应有所放大，使支柱具有足够的延性，以保证结构有良好的抗震性能。同时条文中还规定了在不受冻融的地区建塔时，其轴压比限值可以增加0.05，即柱断面可以适当减小。

12.3.11 地震时，支柱的破坏和丧失承载力将是冷却塔遭受震害和倒塌的最重要原因。影响钢筋混凝土支柱延性的主要因素是：剪跨比、轴压比、纵向配筋率和塑性铰区的箍筋配置。参照现行国家标准《建筑抗震设计规范》GB 50011，本条主要对约束塑性铰区混凝土的箍筋加密区的体积配箍率和最小箍筋特征值及其配置要求作了规定。其中最小体积配箍率斜支柱的量值按抗震等级给出的值，要比一般框架结构柱提高一级，与原规范基本一致；相比剪跨比不大于2的框支柱其最小体积配箍率不应小于1.2%，9度时不应小于1.5%要小得多。原因是由于冷却塔的斜支柱和框架、排架柱均为大剪跨比柱，而且斜支柱在地震受力方向均有一倾角，支柱一般是延性压弯破坏，而不易发生剪切破坏。

由于圆形斜支柱可以减少进风口阻力，现设计的冷却塔斜支柱大多采用圆形截面，故本条推荐采用螺旋箍。螺旋箍对提高剪切强度和增加结构的延性十分有效。

12.3.15 本条明确了梁和水槽搁于筒壁和竖井牛腿上时的措施。隔震层一般采用氯丁橡胶，空隙中的填充物通常用泡沫塑料；梁端与牛腿间可以用柔性拉结装置连接，既能防止梁倒落，又不传递地震作用。

12.3.21～12.3.23 这几条为增补条文。参照现行国家标准《混凝土结构设计规范》GB 50010，根据冷却塔淋水装置架构的实际功能情况，对梁、柱、牛腿等有关配筋的构造要求按抗震等级分别给予了规定。

13 电 视 塔

13.2 计 算 要 点

13.2.6 根据现行国家标准《混凝土电视塔结构技术规范》GB 50342的规定，对结构安全等级为三级的塔振型数取5，其他取7。而电视塔几乎没有三级，故振型数应不小于7。高度越大，高频地震作用的比例也大，结构不对称，扭转振动等振型影响大而多，故应适当增加振型数。此处250m与原规范第13.2.8条中自振周期3s基本相当。

13.2.7 参照现行国家标准《核电厂抗震设计规范》

GB 50267，钢塔取"焊接钢结构"的阻尼比值。根据多座钢塔的实测，在地脉动下阻尼比也均在2%或以上，故这一数据应该说是可靠的。

13.2.8 本条为强制性条文。根据电视塔结构的特殊性和设计经验，对其截面抗震验算的承载力抗震调整系数值比第5章的规定有所增大，以提高结构的安全性。

13.2.10 地震属高频振动，变形相对较小，P-Δ效应也较小。故将非线性计算范围适当缩小。而且非线性计算范围缩小后与第13.2.1条第3款中的规定较一致。

13.2.11 为了减小地基过大变形对电视塔结构抗震的不利影响，故增加控制地基变形和液化处理方面的要求。

13.3 抗震构造措施

13.3.1 钢电视塔为直接承受动力荷载的结构，但不是疲劳荷载作用下的钢结构，因此材料要求高于承受静力荷载为主的钢结构，而低于承受疲劳荷载的钢结构。故一般要求常温下冲击韧性的保证，对于严寒地区，则进一步要求0℃时冲击韧性的保证。无缝钢管以20号钢为最常用，各项性能均满足Q235-B的要求。

13.3.2 本条规定与现行国家标准《钢结构设计规范》GB 50017一致，但预应力拉杆必须"完全预应力"，即拉力不应为0。要求严格控制预拉力。

13.3.6 螺栓和销轴性能近似，但又有不同。柔性预应力拉杆两端用单个销轴连接，很普遍且技术成熟，故予以列出，但对其质量应加强控制。

13.3.8 此处增加水灰比不宜大于0.45，是为了增加混凝土的耐久性，在现行国家标准《混凝土电视塔结构技术规范》GB 50342和《高耸结构设计规范》GB 50135中都有相应条文。

13.3.9 钢筋混凝土电视塔设置横隔可提高塔身的整体刚度，确保塔身的整体受力性能。横隔与塔身筒壁的连接做成铰接，以避免对筒壁传递约束弯矩。

14 石油化工塔型设备基础

14.2 计 算 要 点

14.2.2 总高度不超过65m的圆筒式、圆柱式塔基础受力状态接近于单质点体系，其变形特征属于弯曲型结构，所以可采用底部剪力法计算地震作用。框架式塔基础的地震反应特征与框架接近，质量和刚度沿高度分布不均匀，因此宜采用振型分解反应谱法计算地震作用。

14.2.3 塔型设备的阻尼比目前为经验值，有实测结果时，可进行调整。

14.2.4 8度和9度时，塔型设备的竖向地震作用按本规范第5.3.1条规定的方法计算，其计算的竖向地震作用效应再乘以增大系数2.5。

塔型设备与基础的质量和刚度均有很大差异，且两者之间是通过螺栓连接起来的，最不利的是设备竖向地震作用直接作用在塔基础或框架顶层梁板上。考虑到以上情况，本规范规定仅考虑设备作用于塔基础或框架顶部的竖向地震作用。

14.2.5 根据塔基础的特点，本条规定了可以不进行截面抗震验算的范围。

圆筒式、圆柱式塔基在7度Ⅰ、Ⅱ类场地的条件下，竖向荷载和风压值起控制作用，可不进行截面的抗震验算。

框架式塔基础，受力杆件较多，塔径也较大，地震作用所产生的杆件内力小于竖向荷载作用所产生的杆件内力，地震作用不起控制作用的范围比较大。所以不验算范围较原规范有所扩大。

14.2.8 石油化工塔型设备的基本自振周期采用理论公式计算很繁琐，同时公式中的参数难以取准，管线、平台及塔与塔相互间的影响无法考虑，因而理论公式计算值与实测值相差较大，精度较低。一般根据塔的实测周期值进行统计回归，得出通用的经验公式，较为符合实际。周期计算的理论公式中主要参数是 h^2/D_0，除考虑影响周期的相对因素 h/D_0 外，还考虑高度 h 的直接影响，所以统计公式采用 h^2/D_0 为主要因子是适宜的。

圆筒（柱）形塔基础的基本自振周期公式是分别由50个壁厚不大于30mm的塔的实测资料（$h^2/D_0 <$ 700）和31个塔实测资料（$h^2/D_0 \geqslant 700$）统计回归得到。框架式基础塔的基本自振周期公式是由31个塔的实测基本自振周期数据统计回归得出的。

壁厚大于30mm的塔型设备，因实测数据较少，回归公式不能适用，可用现行国家规范的有关规定计算。

排塔是几个塔通过联合平台连接而成，沿排列方向形成一个整体的多层排列结构，因此，各塔的基本自振周期互相起着牵制作用，实测的周期值并非单个塔自身的基本自振周期，而是受到整体的影响，各塔的基本自振周期几乎接近。实测结果表明，在垂直于排列方向，是主塔的基本自振周期起主导作用，故规定采用主塔的基本自振周期值。在平行于排列方向，由于刚度大大加大，周期减小，根据40个塔的实测数据分析，约减少10%左右，所以乘以折减系数0.9。

14.3 抗震构造措施

14.3.3 表14.3.3中地脚螺栓锚固长度是按C20混凝土计算所得，已经考虑了地震时螺栓长度增加5d。

15 焦炉基础

15.1 一般规定

15.1.1 我国炭化室高度不大于6m的大、中型焦炉绝大多数采用的是钢筋混凝土构架式基础。震害调查表明，该种形式的焦炉炉体、基础震害较轻，大都基本完好。本节是在震害经验和理论分析的基础上编制的。

焦炉是长期连续生产的热工窑炉，它包括焦炉炉体和焦炉基础两部分。焦炉基础包括基础结构和抵抗墙。基础结构一般都采用钢筋混凝土构架形式。

15.1.2 计算结果表明，8度Ⅲ、Ⅳ类场地和9度时，加强基础结构刚度，缩短自振周期，对降低基础构架水平地震作用有利。因此，本条对此作出规定。而对其他条件，基础选型可以不考虑烈度和场地条件的影响。

15.2 计算要点

15.2.2 本条第2款为强制性条款。焦炉基础横向计算简图假设为单质点体系，是因为基础结构顶板以上的炉体和物料等重量约占焦炉及其基础全部重量的90%以上，类似刚性质点，并且刚心、质心对称，无扭转，顶板侧向刚度很大，可随构架式基础结构的构架柱整体振动。此外，根据辽南、唐山地震时焦炉及其基础的震害经验，即使在10度区基础严重损坏的条件下，炉体外观仍完整，没有松动、掉砖，炉柱顶丝无松动，设备基本完好。说明在验算焦炉基础抗震强度时，将炉体假定为刚性质点是适宜的。

图4为唐山某焦化厂焦炉基础结构震害调查结果。基础结构边列柱的上、下两端和侧边窄面呈局部挤压破坏，少数边柱的梁在柱边呈挤压劈裂；中间柱在上端距梁底以下600mm～700mm范围内和下端距地坪以上800mm范围内，出现单向斜裂缝或交叉斜裂缝，严重者柱下端的两侧混凝土剥落、钢筋压曲，呈灯笼式破坏，这是横向构架柱的典型震害。

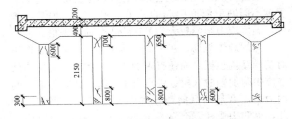

图4　唐山焦化厂焦炉震害

条文公式中的 δ_x 值，可按结构力学方法或用电算算出。为方便计算，在附录H中给出了计算 δ_x 的实用公式。

附录H中的 K_i 数值就是按不同种类的横向构架

计算的。有些构架由于推导过程复杂，其 K_i 值是根据各构架的梁与柱的线刚度比值，用电算计算而得的。

15.2.3 焦炉基础纵向计算简图是根据焦炉炉体及其基础（基础结构、抵抗墙、纵向钢拉条）处于共同工作状态的结构特点和震害调查分析的经验而确定的。

焦炉用耐火材料砌筑，连续生产焦炭。为消除焦炉炉体在高温下膨胀的影响，在炉体的实体部位预留出膨胀缝和滑动面，通过抵抗墙的反作用使滑动面滑动，从而保证了炉体的整体性。支承炉体的焦炉基础是钢筋混凝土结构，由基础顶板、构架梁、柱和基础底板组成。抵抗墙设在炉体纵向两端与炉体靠紧，是由炉顶水平梁、斜烟道水平梁、墙板和柱组成的钢筋混凝土架。纵向钢拉条沿抵抗墙的炉顶水平梁长度方向每隔 2m～3m 设置 1 根（一般共设置 6 根），其作用是拉住抵抗墙以减少因炉体膨胀而产生的向外倾斜。正常生产时，由于炉体高温膨胀，炉体与靠紧的抵抗墙之间有相互作用的内力（对抵抗墙作用的是水平推力，纵向钢拉条中是拉力）和变形。这是焦炉及其基础的共同工作状态和各自的结构特点。

纵向水平地震作用计算时，作如下假定：以图 15.2.3 为例，焦炉炉体为刚性单质点（振动时仅考虑纵向水平位移）；抵抗墙和纵向钢拉条为无质量的弹性杆；支承炉体的基础结构和抵抗墙相互传力用刚性链杆表示，其位置设在炉体重心处并近似地取在抵抗墙斜烟道水平梁中线上；考虑到在高温作用下炉体与其相互靠紧的抵抗墙之间已经产生了相互作用的内（压）力和水平位移，在刚性链杆端部与炉体接触处留有宽度的缝隙，以表示只传递压力。振动时，称振动方向前面的抵抗墙为前侧抵抗墙，后面的为后侧抵抗墙。本规范附录 H 中隔离体图 H.0.2 中 F_1、F_2 是炉体与前、后侧抵抗墙之间（即在刚性链杆中）互相作用的力。

上述的计算简图的假定和条文中的公式的计算结果，与震害调查分析的结论比较吻合。

15.2.4 焦炉基础板顶长期受到高温影响，顶面温度可达 100℃，底面也近 60℃，这使基础结构构架柱（两端铰接和位于温度变形不动点部位者除外）受到程度不同的由温度引起的约束变形。对焦炉基础来说，温度应力影响较大，可作为永久荷载考虑。

焦炉炉体很高，在焦炉炉体重心处水平地震作用对基础结构顶板底面还有附加弯矩，此弯矩将使构架柱产生附加轴向（拉、压）力组成抵抗此附加弯矩的内力矩，沿基础纵向由于内力臂比横向大得多，因此，纵向构架柱受到的附加轴力远比横向构架柱要小，验算构架柱的抗震强度时，可以仅考虑此附加弯矩对横向构架的影响。

15.3 抗震构造措施

15.3.1 由于工艺的特殊性，焦炉基础构架是较典型

的强梁弱柱结构。震害中柱子的破坏类型均属混凝土受压控制的脆性破坏，未见有受拉钢筋到达屈服的破坏形式。但由于柱数量较多，一般不至引起基础结构倒塌。所以应在构造上采取措施加强柱子的塑性变形能力。故本条规定基础构架的构造措施要符合框架的要求。

基础构架的铰接端，理论上不承受水平地震作用和温度作用所引起的弯矩，但在水平地震作用下能使边柱增加轴向压力。实际上柱头与柱脚都是整体浇灌混凝土，在水平地震作用下不能完全自由转动而产生弯矩，形成压弯构件。在反复地震作用下，使两端节点混凝土受局部挤压而剥落，产生严重的压弯破坏。因此，铰接柱节点端部除设置焊接钢筋网外，伸入基础（底板）杯口时，柱边与杯口内壁之间应留有间隙并浇灌柔性材料。

16 运输机通廊

16.1 一般规定

16.1.1 一般结构形式是指支承结构间采用杆式结构，廊身为普通桁架或梁板式结构的通廊；这种结构形式的通廊在我国历次大地震中已有震害经验。悬索通廊和基础及廊身为壳型结构的通廊等结构形式，未经大地震检验，不包括在本章范围内。

16.1.2 廊身露天、半露天或采用轻质材料时，质量较小，无论是在海城地震，还是在唐山地震中均完好无损。因此，建议廊身露天、半露天时采用轻质材料作为墙体材料。

16.1.3、16.1.4 通廊支承结构及承重结构以往习惯采用钢筋混凝土结构。近年来随着我国钢产量的增加，钢结构通廊逐渐增多。由于钢筋混凝土结构具有较高的受弯、受剪承载能力，所以在地震作用下具有较好的延性。钢支架一般都完好。因此，推荐优先选用钢筋混凝土支承结构，跨度较大时采用钢结构。

16.1.5 通廊是两个不同生产环节的连接通道，属窄长型构筑物。其特点是廊身纵向刚度很大，横向刚度较小，其支架刚度亦较小，和相邻建筑物相比，无论刚度和质量都存在较大的差异。同时，通廊作为传力构件，地震作用将会互相作用，导致较薄弱的建筑物产生较大的破坏。若通廊偏心支承于建（构）筑物上，还将产生扭转效应，加剧其他建筑物的破坏。基于以上原因，规定 7 度时，宜设防震缝脱开；8 度和 9 度时，应设防震缝脱开。

16.1.6 通廊和建（构）筑物之间防震缝的宽度应比其相向振动时在相邻最高部位处弹塑性位移之和稍大，才能避免大的碰撞破坏。这个位移取决于烈度高低、建筑物高度、结构弹塑性变形能力、场地条件及结构形式等。通廊支承结构间距较大，相互之间没有

加强整体性的各种联系，刚度较弱，地震时位移较大。表2列出了唐山、海城两地通廊震害的调查资料，表中所列位移数字为残余变形，如果加上可恢复的弹性位移，数值将更大，9度时可达高度的1%。如果防震缝按这个比例，高度在15m时即达150mm，宽度太大，将会造成构造复杂、投资增大。考虑到和其他建（构）筑物的协调一致，防震缝的宽度仍取一般框架结构的规定。

表 2　通廊纵向地震位移

序号	通廊名称	烈度	高度（m）	支架结构形式	地震作用下位移（mm）	备注
1	海城华子峪装车矿槽斜通廊	9	7.5	钢筋混凝土	50	—
2	海城某厂球团车间通廊	9	9.5	钢筋混凝土	80	—
3	辽阳矿渣砖厂原料车间通廊	9	—	钢筋混凝土	50	—
4	营口青山怀矿破碎车间通廊	9	—	钢筋混凝土	60	—
5	营口青山怀矿另一通廊	9	—	钢筋混凝土	100	—
6	金家堡矿细碎2号通廊	9	—	钢结构	40	—
7	金家堡矿1号通廊	9	—	钢筋混凝土	60	—
8	吕家索坨煤矿准备车间至原煤装车点通廊	9	—	钢结构	200～220	—
9	国各庄矾土矿原料筒仓至竖炉工段通廊	10	—	钢结构	100	—
10	唐钢二炼钢上料通廊	10	21.5	钢结构	230	地基液化

16.2　计 算 要 点

16.2.2　通廊作为两个生产环节的联络构筑物，6度区的震害经验表明，支承结构的破坏主要是与相邻建筑物相互碰撞所致，因此在满足抗震构造要求时支承结构可不进行抗震验算。

16.2.6　随着计算机应用技术的普及，结构计算软件的日益丰富，一些大型计算软件已可以进行通廊的整体分析，所以规定采用符合通廊实际受力情况的空间模型进行计算。

按本规范附录J的规定进行通廊横向水平地震作用整体结构计算时，对计算假定及简图选取作了原则规定。

1　计算假定及简图选取。

1）通廊相当于支承在弹簧支座上的梁，其质量分布均匀，各支架1/4的质量作为梁的集中质量；

2）以抗震缝分开部分为计算单元；

3）端部条件：与建（构）筑物连接端或落地端视为铰支，与建（构）筑物脱开端视为自由；

4）支架固定在基础顶面上；

5）关于坐标原点，由于廊身大都倾斜，支架高度各不相同，一般高端支架刚度较弱，变形较大；但两端自由时，悬臂较长端变形比短端要大，而坐标原点均取在变形较小端。因此，对不同边界作了具体规定，以便查表计算振型函数值。

2　横向水平地震作用和自振周期计算时振型函数的选取。

通廊体系视为具有多个弹簧支座的梁时，用能量法按拉格朗日方程可建立振动微分方程，求得自振频率计算公式。其中广义刚度为 $K = \int EIy''^2(x)\,\mathrm{d}x + \sum K_iy(x_i)$，式中第一项为振型函数二阶导数的平方乘廊身刚度的积分。由于廊身结构形式多样，所用材料不同，廊身刚度计算无法给出统一公式，这样会给一般设计者造成一定困难。另外，通过电算对比，发现通廊基频与廊身刚度取值关系不大，是支架刚度起主要作用；高振型以廊身弯曲变形为主，故廊身刚度起主要作用。为简化计算，将振型曲线以多条折线代替，使其二阶导数为0，这样广义刚度中不再包含廊身刚度项，使计算公式大大简化。为了保证计算精度，满足抗震设计要求，经过电算与实测的分析对比，对高振型的广义刚度进行了调整，即广义刚度乘以廊身刚度影响系数，使计算结果与按曲线振型时计算的结果非常接近。

3　横向水平地震作用采用振型分解反应谱法。

第 i 支承结构第 j 振型时的横向水平地震作用是利用该振型时，第 i 支承结构顶部的实际位移乘以单位位移所产生的力求得。其支架顶部的实际位移是按不同边界条件下振动时总的地震作用与弹簧支座总反力的平衡关系求得的。由于假设位移函数时没有考虑支承结构的影响，会造成一定程度的误差，但对基频影响是很小的，而基频对地震作用的贡献占主要地位。按本章近似方法的计算结果，在低频范围内，与实测、电算是相当接近的。地震作用的计算，按通廊结构具体情况取2个~3个振型叠加即可满足抗震设计要求。

 4 两端简支的通廊。

 对于两端简支的通廊，当中间有两个支承机构且跨度相近，或中间有一个支承结构且跨度相近，计算地震作用时，前者不计入第三振型（即F_{31}），后者不计入第二振型（即F_{21}）。其原因是前者对应的振型函数$Y_3(x_i)=0$，后者$Y_2(x_1)=0$。周期按近似公式计算时，分母广义刚度是利用刚度调整系数考虑廊身刚度，而不是和的形式。因此当$Y_j(x_i)=0$时，$C_j\sum K_iy_j^2(x_i)=0$，而使周期出现无穷大，这是不合理的。但由于该振型的地震作用，由于$Y_j(x_i)=0$，$F_{ji}=0$，这是正确的。因此，在以上情况下，对前者不考虑第三振型，对后者不考虑第二振型。

16.2.7 通廊廊身的纵向刚度相对于支架的刚度来说是很大的，且通廊廊身质量也远比支架要大，倾角一般较小。实测证实廊身纵向基本呈平移振动，故通廊可以假定按只有平动而无转动的单质点体系来计算。

16.2.9 震害调查表明，与建（构）筑物相连的通廊多数都发生破坏。因此，凡不能脱开者，规定采用传递水平力小的连接形式。本条是通廊对建（构）筑物影响的计算规定。

16.3 抗震构造措施

16.3.1 通廊支承结构为钢筋混凝土框架时，在地震中除因毗邻建（构）筑物碰撞而引起框架柱断裂事故外，框架本身的震害一般不太严重。海城、唐山两次地震震害调查均未发现由于钢筋混凝土支架自身折断而使通廊倒塌的事例，但局部损坏则较多。钢筋混凝土支架的损坏部位多在横梁（腹杆）与主柱的接头附近，横梁裂缝一般呈八字形，少数为倒八字形或X形。立柱主要在柱头处劈裂。据此，规定了支架的抗震构造措施可按框架的规定采取。

16.3.2~16.3.4 钢支承结构由于其材料强度较高，延性好，所以抗震性能好。但由于钢结构杆件截面较小，容易失稳，这已有震害实例证实。为了保证钢支承结构的抗震性能，对杆件长细比和板件的宽厚比作了规定。

16.3.6 通廊纵向承重结构采用钢筋混凝土大梁时，其主要震害为梁端拉裂，混凝土局部脱落，连接焊缝剪断。尚未发现由于竖向地震作用引起的梁弯曲破坏，因此，只需在梁端部予以加强就可满足抗震要求。

16.3.7 支承通廊纵向大梁的支架肩梁、牛腿在地震作用下除承受两个方向的剪力外，还承受竖向地震作用。当竖向地震作用从支架柱传到支座时，由于相位差，也可能会出现拉应力。因此，这些部位在地震作用下受力是极复杂的。地震中常见震害表现为：牛腿与通廊大梁的接触面处牛腿混凝土被压碎、剥落及酥碎；支座埋设件被拔出或剪断；肩梁或牛腿产生斜向裂缝。故应加强这些部位，以保证连接可靠。

16.3.8 某些情况下由于工艺要求及结构处理上的困难，通廊和建（构）筑物不可能分开自成体系，其后果如第16.1.5条说明所述。为了减少地震中由于刚度、质量的差异所产生的不利影响，推荐采用传递水平力小的连接构造，如球形支座（有防滑落措施）、悬吊支座、摇摆柱等。

17 管道支架

17.1 一般规定

17.1.1 独立式支架：支架与支架之间无水平构件，管道直接敷设于支架上。

 管廊式支架：支架与支架之间有水平构件，管道敷设于水平构件的横梁和支架上。

17.1.2 根据海城地震、唐山地震等震害分析资料，一般钢筋混凝土和钢结构的管道支架均基本完好，说明现有的管道支架设计在选型和选材上均具有较好的抗震性能。主要表现在除管道自身变形（如补偿器弯头等）、管道与支架的活动连接、支架结构的形式外，支架的材料具有较好的延性，能适应地震时的变形要求，消耗一定能量，减小支架的地震作用，使结构保持完好。

17.1.3 该条主要考虑到在地震作用下，梁、柱节点受力复杂，装配式的梁、柱节点不易保证受力要求，故对装配式钢筋混凝土支架要求梁、柱整体预制。由于固定支架所受地震作用较大，且对保障整个管线的运行起着重要的作用，故一般情况宜为现浇结构。

17.1.4 对较大直径管道的定义目前没有统一标准，设计上可根据各行业的实际情况确定。本条与原规范相比略有调整，主要是将固定支架的结构形式扩大，而不局限于框架结构。因为实际工程中，四柱式固定支架是广泛采用的一种组合式空间体系结构。如图5所示。

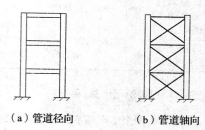

（a）管道径向　　　　　（b）管道轴向

图5　组合式空间管道支架

17.1.5 唐山地震时，半铰接支架的柱脚处有裂缝出现。可见，处于半固定状态的半铰接支架，在强烈的震动作用下，承受了一定地震作用。此外，还发现管道拐弯处的半铰接支架因地震作用导致歪斜等。因此，本条规定8度和9度时，不宜采用半铰接支架。

凡以管道作为跨越结构的受力构件时，一般跨度都比较大，由于地震动对管道有较大影响，所以8度和9度时不应将输送危险介质的管道作为受力构件。

17.1.6 输送易燃、易爆、剧毒介质的支架，如在地震作用下发生破坏，将产生严重的次生灾害，故与原规范条文相比将其抗震等级提高一级。

17.2 计 算 要 点

17.2.2 本条与原规范条文相比，对可不进行抗震验算的活动支架的范围作了调整，主要考虑到：在支架的静力计算中，支架的横向水平荷载主要是管道及支架所受的风荷载，并没有考虑管道和支架间的摩擦力，因此，在高烈度下横向水平地震作用可能大于作用于支架上的其他水平荷载，故应进行地震作用下的抗震计算。在管道纵向，当管道和支架发生相对滑移时，对刚性活动支架，作用于支架上的最大地震作用不会超过静力计算中支架所受的滑动摩擦力，可不进行抗震验算，只需满足相应的抗震构造措施要求。但对柔性活动支架，在静力计算中，由于它能适应管道变形的要求，主要承受支架柱的位移反弹力，其所受纵向水平荷载小于管道与支架间的滑动摩擦力，支架所受的纵向水平力为：

$$P_f = K\Delta \tag{4}$$

式中：K——支架柱的总侧移刚度（N/m）；
Δ——支架顶的位移（m）。

由此可见，在8度、9度地震作用下，当支架的位移大于静力计算的位移 Δ 时，柔性支架所受的纵向水平地震作用大于静力计算时的其他水平荷载作用，故应予验算。

17.2.3 关于计算单元和计算简图，说明如下：

1 管道横向刚度较小，支架之间横向共同工作可忽略不计，所以取每个管架的左右跨中至跨中区段作为横向计算单元。

2 管架结构沿纵向是一个长距离的连续结构，支架顶面由刚度较大的管道相互牵制。但在补偿器处纵向刚度比较小，可以不考虑管道的连续性。故采用两补偿器间区段作为纵向计算单元。

17.2.4 水平地震作用点的位置，过去设计中极不统一，有取管道中心的，有取管道与管托的接触处的，亦有取梁顶面的。各种管托的构造形式见图6，因此水平地震作用点的位置，对上滑式管托，可近似取管道最低点；其他管托取梁顶面；对挡板式固定管托，地震作用位置为梁下 $e/3$ 处，由于离梁顶距离一般很小，故偏安全统一取为支承梁顶面。

17.2.5 本条为强制性条文。补充了积灰荷载和走道

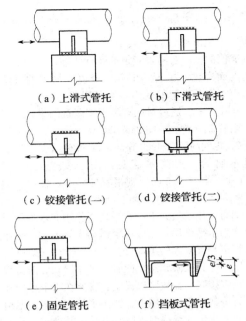

（a）上滑式管托　　　　（b）下滑式管托

（c）铰接管托(一)　　　　（d）铰接管托(二)

（e）固定管托　　　　（f）挡板式管托

图6　各种管托的地震作用位置

活荷载的重力荷载代表值的取值。当走道活荷载是按实际情况取值时，活荷载的重力荷载代表值应取标准值的100%，积灰荷载的大小可根据实际情况和行业的规定取值。

17.2.8～17.2.11 对有滑动支架的计算单元，纵向地震作用的计算可分为两种状态：

1 支架和管道间没有发生滑移，呈整体工作状态，此时各支架的侧移刚度可按结构力学方法确定，作用于支架上的水平地震作用小于管道与支架间的滑动摩擦力。

2 支架和管道间产生了相对滑移，成非整体工作状态。此时支架本身的刚度没有发生变化，但支架刚度并没有充分发挥，即此时滑动支架参与工作的刚度小于支架自身的固有刚度。

如设作用于活动支架上的总重力荷载代表值为 G_D，计算单元的总重力荷载代表值为 G_E，管道滑动前计算单元的地震影响系数为 α_E，活动支架的总刚度为 K_d，计算单元的总刚度为 K_D，管道和活动支架间的静摩擦力为 T。则在整体工作状态时，活动支架所承受的水平地震作用为：

$$F_{Ed} = \alpha_E G_E \cdot \frac{K_d}{K_D} \tag{5}$$

支架所承受的总水平荷载为：

$$F = \alpha_E G_E \cdot \frac{K_d}{K_D} + T \tag{6}$$

管道滑动时，活动支架所受的总滑动摩擦力为：

$$P_m = G_D \cdot \mu \tag{7}$$

令管道的滑动系数 $\zeta = \dfrac{F_{Ed}}{P_m}$，即 $\zeta = \alpha_E \cdot \dfrac{G_E}{G_D} \cdot$

$\dfrac{K_{\mathrm{d}}}{K_{\mathrm{D}} \cdot \mu}$，当 $T + F_{\mathrm{Ed}} \geqslant P_{\mathrm{m}}$，即 $\zeta \geqslant 1.0 - \dfrac{T}{P_{\mathrm{m}}}$ 时，管道在支架上产生滑动。

T 值的大小会随着管道的运行状态和温度的变化等情况而变化，在实际工程中难以用简单的方法确定。根据管道支架的受力特点可以确定：T 在（$0 \sim 0.3$）G_{D} 之间。通过对比实际震害调查结果，可以确定：当管道和支架间的静摩擦力 T 在 $0.1 G_{\mathrm{D}} \sim 0.15 G_{\mathrm{D}}$ 之间时，管道的滑动情况和实际震害调查结果基本吻合。为简单起见，偏于安全地取 $T = 0.15 G_{\mathrm{D}}$。当 $\mu = 0.3$ 时，则很容易得出，管道滑动系数 $\zeta \geqslant 0.5$ 时，管道在支架上产生滑动。

如将作用于支架上的水平地震作用和水平静摩擦力总称为水平作用，当作用于活动支架上的水平作用等于管道和支架间的滑动摩擦力 P_{m} 时，支架所受水平作用已达到极限状态，此时水平作用和竖向荷载之间存在直接联系，故可以设定：支架在水平作用和竖向重力荷载代表值作用下，达到了临界状态。但由于支架并未达到其承载力极限状态，故其处于一种稳定的临界状态。此时，作用于支架上的重力荷载代表值即为其临界荷载，通过求解临界荷载，可间接求出支架此时参与振动的实际刚度（有效刚度）。条文中，当管道在支架上滑动时，活动支架实际参与振动的刚度就是据此原理推导出来的。

应该注意的是：条文中的双柱活动支架是指沿管道径向为双柱，而在轴向为单柱的∏形支架。在计算纵向计算单元的水平地震作用标准值时，地震影响系数 α 应根据管道在支架上是否滑动确定。式（17.2.8）和式（17.2.9）是针对管道在刚性活动支架上滑移时得出的，对柔性活动支架，由于能适应管道的变形，与支架始终处于整体工作状态，可直接按刚度比例分配水平地震作用。

由于已求出管道和支架产生相对滑动时支架参与工作的实际刚度，故纵向计算单元内各支架所受的水平地震作用可直接按各支架的刚度比例进行分配。

17.2.14 与原规范条文相比，本条对温度作用效应的分项系数和组合值系数取值进行了调整，以便与本规范第 5.4.1 条的规定相协调。

17.3 抗震构造措施

17.3.2 本条是参考国内相关资料，并考虑支架的环境类别至少为二 a 类的条件确定的。当支架位于腐蚀性地区或其他环境时，应满足相应规范要求。

17.3.3、17.3.4 这两条是参照国内相关资料，统计了中冶长天国际工程有限责任公司等设计单位近几年所做的部分实例工程结果，并考虑到支架所受竖向荷载一般均较小而弯矩较大的特点确定的。

17.3.5 唐山地震、海城地震等支架的震害调查表明：管道从支架上滑落下来而造成的破坏是地震区的

主要震害之一。对敷设于顶层横梁上的管道为防止管道滑落，可设置防震短柱、防震挡板（见图 7），或设置防震管卡。对下滑式管托，不管是地震区或非地震区，支架破坏的原因多是由于管托滑落于梁侧造成的，由于通常的设计管托长度在 $200\mathrm{mm} \sim 300\mathrm{mm}$，加上施工安装误差，实际能提供给管道的滑移量仅有 $80\mathrm{mm} \sim 100\mathrm{mm}$。管道在正常运行时，管道的伸缩量很大，接近甚至超过 $80\mathrm{mm} \sim 100\mathrm{mm}$，在地震作用下，很容易滑落于梁侧，从而导致支架破坏。

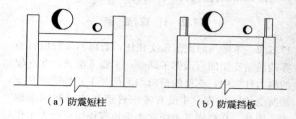

（a）防震短柱　　　　（b）防震挡板

图 7　防止管道滑落的构造措施

17.3.6 石化行业的调查发现，部分支架的梁、柱点和连接角钢，当所受水平荷载较大时，经常出现锚筋拔出现象。在地震区为避免钢筋"锚固先于构件破坏"，制定了本条规定。

17.3.7 支架的悬臂横梁为双向受弯兼受扭构件，受力情况复杂，在高烈度下还要受竖向地震作用的影响。柱子为斜压弯构件，一般垂直荷载较小，而管道径向或轴向的弯矩均较大，特别是单柱式支架。根据长期的设计经验，当挑梁长度大于 1.5m 时，由于内力较大，导致梁、柱截面过大，既不经济，又不美观。

17.3.8 管廊式支架一般可不设中间固定支架，但仍应设置中间固定点，作为纵向抗侧力构件。固定点一般设于支架横梁上。在直线线段的末端，一般设置柱间支撑，用以增加纵向刚度和稳定性；同时利用支撑承受支架的不平衡内力。柱间支撑应能将地震作用直接传至基础。水平支撑宜设置在管道固定点处。

17.3.9 半铰接支架在柱脚处出现裂缝，说明半铰接支架不是完全铰，处于半固定状态，因而在强烈震动下承担了一定地震作用。为了保证半铰接支架的使用安全，应沿纵向加强构造配筋。

17.3.12 对四柱式固定支架，在通常情况下，管道并不一定敷设于框架梁上，为保证支架在地震作用下的空间整体作用，需增加支架的刚度，抗震设防烈度为 8 度、9 度时，在直接支承管道的平面内应设置水平支撑，同时，在支架的中间高度处亦需根据具体情况设置水平支撑。水平支撑间的间距，8 度时不宜大于 6m，9 度时不应大于 6m。

17.3.13 钢结构柱脚的设计应保证能传递柱底的内力。由于铰接柱脚仅能传递竖向压力和水平剪力，因此，一般情况下对轴心受压柱采用该种柱脚形式。固定支架，由于柱底存在较大弯矩，在地震作用下，为

保证能将柱底内力传递至基础，使基础和柱子共同工作，应采用刚接柱脚。鉴于通常的钢支架中，一般不采用埋入式或外包式柱脚，本条没有推荐该两种柱脚形式。实际工程中，如支架受荷很大或有需要时，也可以采用。虽刚接柱脚比铰接柱脚繁琐，但由于固定支架受地震作用较大，且数量较少（约占支架总数的10%左右），对固定支架柱脚做重点处理是有现实意义的。

18 浓 缩 池

18.1 一 般 规 定

18.1.1、18.1.2 当浓缩池池壁埋深大于壁高一半时，可称为半地下式；池壁埋深不大于壁高一半时，可称为地面式；半地下式和地面式可统称为落地式。池底位于地面以上，框架支承时，可称为架空式。浓缩池做成落地式不仅抗震性能好，而且经济指标亦优于其他形式。但当地势起伏以及工艺有要求（如需要多次浓缩）时，需抬高浓缩池，做成架空式。如无前述情况，浓缩池要优先采用落地式。

18.1.3 浓缩池的直径越来越大，已经达到了60m。底部呈扁锥形状，矢高甚小（坡度一般为8°左右），空间作用也较小，故底板只能看成为一块巨大的圆板。这种底板在平面外的刚度是很小的，在数米高水柱作用下，底板无力控制地基的沉降差异。因此，浓缩池应避开引起较大差异沉降地段。当不能避开这些地段时，要通过地基处理或加强上部结构来解决。究竟采取哪种措施或兼而用之，需视具体情况而定，不作硬性规定。

18.1.4 我国北方或风沙较大的地区，常需将浓缩池覆盖起来，将顶盖及维护墙做成轻型结构对抗震是有利的。采用自成体系还是架设在池上，取决于经济合理性。当池子直径较大时，挑板的厚度会很大，自成体系更经济。

18.1.7 架空式浓缩池的支承框架高度一般都较低，故根据设计经验，仅按烈度和高度小于或等于24m的框架确定抗震等级标准，以免抗震构造措施要求过低。

18.2 计 算 要 点

18.2.2 浓缩池的震害甚少，因此对于按现行习惯设计的浓缩池在6度和7度时，可以仅考虑抗震构造措施要求。对8度和9度时，除半地下式8度可以不验算外，其他都要按规定进行抗震验算。

18.2.3 浓缩池是大而矮的结构（即径高比很大），在地震作用下，池壁的空间作用不明显，刚度较小。因此，8度和9度时，大部分池壁要作抗震验算。架空式浓缩池的支承结构主要包括两部分，即支承框架和池底以下的中心柱。浓缩池虽然高度不大，但自重（含贮液）很大。所以支承结构要作抗震验算。

18.2.5 在水平地震作用下，池壁自重的惯性力本来也可以展开成正弦三角级数 $\sin \dfrac{n\pi z}{2h}$ 的形式，但考虑到池壁顶部有走道板、钢轨及其垫板、壁顶扩大部分，所以将其视作集中质量比较符合实际，且计算简单。

18.2.6 浓缩池与一般圆形水池的差异不仅在于前者的底部呈一扁锥形状，更重要的是直径与壁高之比很大，难以形成整个池子的剪切变形，故现有的按整体剪切变形振动模型给出的动液压力表达式不大适用。考虑到这一情况，我们按池壁出现局部弯曲型振动模型进行了研究，得到了池壁呈弯曲型振动时的动液压力表达式。当然，在这个模型中，剪切型与弯曲型这两种动液压力表达式按 r/h 连续过渡而不存在不协调之处。

同时，根据半地下式浓缩池动液压力的试验与计算结果均小于地面式浓缩池的实际情况（二者之比大致是 $0.72\sim0.79$），本条据此规定了池型调整系数 η_2，是偏于安全的。

18.2.7 本条采用与动液压力相似的公式形式，以日本地震学者物部长穗的静力计算方法为基准，对 $\varphi=0°\sim50°$、k_h（水平地震系数）$=0.16$、0.32，取113个点而得到的经验公式，最大误差为 6.28%，且偏于安全。该公式适用于计算地面及地面下作用于池壁的动土压力，而落地式浓缩池只是其中的一种特殊情况。

18.2.10 架空式浓缩池一般用框架柱支承，柱截面的轴线方向与池的径向相一致。除了柱子以外，有些浓缩池设有中心柱（埋至地下通廊之下），故地震作用主要由上述两种支承结构共同承担。

18.2.11 本条为强制性条文。在本规范第5.1.4条规定的基础上，作了补充规定。

18.3 抗震构造措施

18.3.1 池壁厚度是根据现有设计经验确定的，同时还考虑了施工的方便性。

18.3.2 因为中心柱直径较大，以往设计对中心柱很少作计算。但即使在大直径条件下，仍然出现过地震破坏实例。因此，有必要作一些构造规定，以弥补各种未知因素带来的不利影响。特别是与池底及基础交接处，属于刚度突变部位，对箍筋作出了加强的规定。

18.3.7 底板中部有漏斗口时，设置环梁主要是考虑防止漏斗口周边产生裂缝，加强其孔边的刚性。此外，漏斗口下一般设有阀门，要求预埋螺栓，故梁宽不宜小于300mm。

19 常压立式圆筒形储罐基础

19.1 一般规定

19.1.2 采用护坡式基础时节省投资，但抗震性能差，一般仅用于Ⅰ、Ⅱ类场地上的固定顶储罐基础。

19.2 计 算 要 点

19.2.2 2007年中国石化工程建设公司等单位先后对中国石化燕山石化公司、镇海炼化公司、扬子石化公司和管道储运公司等企业在役的50余台各类储油罐（其中拱顶储油罐26台、浮顶储油罐24台）和19台球形储罐进行了现场脉动振源（微震）条件下的实测，并对实测数据通过数理统计方法得到了50台储油罐的结构阻尼比平均值为0.013，19台球形储罐的结构阻尼比平均值为0.0225。

考虑到大型储油罐这类设备，罐体是自由搁置在地面基础上的，其结构属大型空间壳体结构，内部储存大量的液体，结构动力特性属典型的壳—液耦联振动问题。据有关文献指出，自由搁置在地基上的大型立式储罐与基础大面积接触，地震时储罐很大一部分动能是由地基辐射出去，产生了很大的辐射阻尼。由于目前国内外还缺乏对大型立式储油罐的强震观测资料和对此类设备足尺寸或比例模型的振动台试验数据，因此，对大型储油罐这类设备如何根据微震条件下测得的结构阻尼比推算到实际结构的阻尼比，尚缺乏必要的数据依据。根据专家建议，对储油罐在弹性阶段抗震计算用的阻尼比按照0.04取值。

由于球形储罐属典型的单质点体系结构，其振动特征以剪切变形为主。因此，对球形储罐在弹性阶段抗震计算用的阻尼比按0.035取值。

19.2.4 按反应谱理论计算储罐基础的地震作用，在确定地震影响系数时，需要先计算储罐的罐—液耦联振动基本自振周期。目前与储罐设计有关的现行国家或行业标准中，给出的罐—液耦联振动基本自振周期计算公式可以说是各不相同。中国石化工程建设公司利用对大量储油罐的现场实测周期值和有限元计算得到的自振周期值与目前现行国家或行业标准中给出的自振周期计算公式进行了对比计算分析。通过分析得出，现行国家标准《立式圆筒形钢制焊接油罐设计规范》GB 50341和现行行业标准《石油化工钢制设备抗震设计规范》SH 3048中给出的罐—液耦联振动基本自振周期计算公式的计算值与实测值较接近。本条采用了现行国家标准《立式圆筒形钢制焊接油罐设计规范》GB 50341给出的自振周期计算公式。该公式是依据梁式振动理论推导出来的近似公式经简化而得来，同时考虑了储罐的剪切变形、弯曲变形及圆筒截面变形的影响。

19.3 抗震构造措施

19.3.1 罐壁位置下设置一道钢筋混凝土构造环梁是为了提高基础的刚度。

20 球形储罐基础

20.1 一般规定

20.1.1 球罐的种类很多，结构形式也有所不同。有拉杆式的结构，其中有的拉杆是拉接在相邻支柱间，有的拉杆是隔一支柱拉接，有的是采用钢管支撑；有V形柱式支撑结构；有三柱合一形柱式结构；此外，还有因工艺要求，将球罐放置在较高的混凝土框架上而设有两层拉杆的结构。本章给出的计算方法适用于拉杆在相邻支柱间的赤道正切柱式结构的球罐。

20.1.2 球罐通常是用来储存易燃、易爆和有毒介质的高压容器，其结构形式一般都是采用赤道正切式支柱支撑。在水平地震作用下，储罐的全部质量是通过支柱支撑传递到基础。因此，本条对球罐基础的结构形式提出要求。

20.2 计 算 要 点

20.2.2 阻尼比的取值依据，同本规范第19.2.2条的条文说明。

20.2.3 目前，国内外的有关标准中均把球罐的整体结构简化为单质点体系来考虑，视球壳为刚体，质量集中在球壳中心。其构架的刚度以侧移刚度为主，忽略基础的影响，以此为动力分析模型得到球罐的基本自振周期公式为：

$$T_1 = 2\pi\sqrt{\frac{m_{eq}}{K}} \qquad (8)$$

其中 K 是球罐支撑结构的侧移刚度，是由构架的弯曲刚度 K_1 和剪切刚度 K_2 合成的，即：

$$K = \frac{1}{\frac{1}{K_1} + \frac{1}{K_2}} \qquad (9)$$

侧移刚度的计算公式与目前国内的有关标准相比有所不同，这里是采用了日本《高压瓦斯设备抗震设计标准》中的计算方法。该方法是根据结构力学中的位移法推导出来的，结构分析计算模型见图20.2.3-1，在推导过程中的基本假设如下：

1 球壳为刚体。

2 支柱的上端为固接。

3 支柱的底端为铰接。

4 支撑的两端为铰接。

5 考虑支柱、拉杆的伸缩和弯曲。

6 基础为刚体。

根据基本假设条件可知，式（9）的推导是合理且偏于安全的。此式在推导过程中不仅考虑了构架的剪切影响和弯曲影响，同时还考虑了拉杆位置的变化和直径变化的影响，拉杆直径的变化直接影响构架的侧移刚度，考虑这一点是至关重要的。结构变形示意见图8。

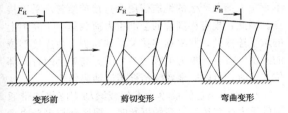

变形前　　剪切变形　　弯曲变形

图8　结构变形示意

另外，球罐通常用于储存石油气、煤气和氨气等液化气体，根据 G. W. Housner 理论，液体在地震中可分为两个部分，一部分是固定在罐壁上与罐体做一致运动（称为固定液体），另一部分是独立做长周期自由晃动（称为自由液体）。地震时，主要是固定罐壁上的这部分液体参与结构的整体震动。因此，在本条中引入了有效质量这一概念。结构的模拟质点体系见图9（图中 m_1 为金属球壳质量）。

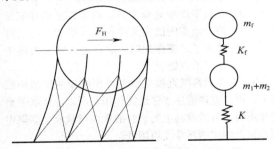

图9　自由液体质量和固定液体质量示意

在图9中，自由液体质量 m_f 和固定液体质量 m_2 分别按下列公式计算：

$$m_f = (1 - \varphi) m_L \tag{10}$$
$$m_2 = \varphi \cdot m_L \tag{11}$$

由式（11）可知，储液参与整体结构震动的有效质量等于球罐储液总质量 m_L 与储液有效率系数 φ 的乘积。而储液有效率系数 φ 是根据球罐中液体充满程度，按本章中给出的图20.2.3-2查取。

20.2.5　对球罐基础结构构件进行截面抗震验算时，其地震作用标准值效应和其他荷载效应进行组合，需按本规范第5.4节的规定采用。

21　卧式设备基础

21.1　一般规定

21.1.3　本条根据目前常用的基础选型给出了规定。

21.2　计算要点

21.2.2　大部分卧式容器是放置在地面上，而且结构的重心也比较低。因此，一般情况下对其基础可不进行地震作用计算，但应满足相应的抗震措施要求。

21.2.3　根据振动台试验和现场实测结果，卧式容器的结构基本自振周期均小于0.2s，所以在计算基础的水平地震作用时，地震影响系数可直接采用其最大值。

22　高炉系统结构

22.1　一般规定

22.1.1　高炉系统构筑物的结构形式随着工艺的不断改进可能出现较大的变化，本章条文主要适用于我国高炉系统构筑物的现状。当结构形式有较大改变，或由于某种原因可能导致结构的安全储备较一般做法降低时，有些条文规定，特别是不需抗震验算的范围就不适用，由此产生的特殊问题需要进行专门研究。

　　$1000m^3$ 以下的中、小型高炉受国家政策限制，将是淘汰对象，本规范不予包括。

22.1.2　本章所指的高炉系统结构，主要包括高炉、热风炉、除尘器、洗涤塔及主皮带上料通廊五部分。至于炼铁车间的其他构筑物可按其他相关规范的有关规定执行。目前，国内新建高炉一般采用皮带运输通廊上料，因此取消了原规范上料斜桥一节。与一般运输机通廊相比，高炉上料通廊有其共性，也有其特殊性，如跨度较大、支架高度较高、荷载及皮带张力均较大等。为避免重复，高炉上料通廊并入本规范第16章。

22.2　高　炉

22.2.1　炉体框架不仅便于生产和检修，而且有利于提高炉体的抗震能力。炉体框架在炉身处与炉体采取水平连接，能更好地发挥组合体良好的抗震性能。

22.2.2　导出管设置膨胀器的结构形式能明显改善导出管根部和炉顶封板等薄弱部位的工作状况，无论对非抗震设计还是抗震设计都具有突出的优越性。

22.2.3　本条沿用原规范规定，提出在8度III、IV类场地和9度时，高炉结构应进行抗震验算。但增加了6度时应满足抗震措施要求的规定。

22.2.4　本条为强制性条文。必须验算的部位，是根据震害调查和设计计算中所发现的薄弱环节而提出的。

22.2.5　水平地震作用的方向可以是任意的，并且每个方向都可以达到最大影响。但是针对高炉结构的特点，抗震验算时，可只考虑沿平行或垂直炉顶吊车梁及沿下降管这三个主要方向的水平地震作用。一般情况下，下降管方向与炉顶吊车方向是一致的。只有在场地条件有限时，下降管才斜向布置。所以实际上主要是两个方向。高炉结构（特别是炉顶平台以上部分）

在这两个方向的结构布置和荷载情况明显不同，其地震反应差别也很大。根据国内的震害调研和高炉结构的抗震验算，这两个方向是起控制作用的。当下降管斜向布置时，还要考虑下降管的方向，以便更好地反映高炉、除尘器组合体在地震作用下的实际状况。

1000m³ 及以上大型高炉的下降管跨度较大，根据本规范第 5.3.2 条有关大跨度结构竖向地震作用的规定和参考国外抗震设计规定中竖向地震作用的有关资料，本条提出了跨度大于或等于 24m 的下降管应计算竖向地震作用。

22.2.6 由于高炉生产条件的特殊性，一般每隔 10 年～15 年要大修一次。目前国内除个别生产厂考虑快速大修外，均需要较长的大修施工周期，因此在此期间有必要考虑发生地震的可能性。

22.2.7 本条是关于确定高炉结构计算简图的几个原则。

1 高炉结构是由炉体、粗煤气管及框架等部分组成的复杂空间结构体系，在任一方向水平地震作用下，均表现出明显的空间地震反应特征。所以高炉结构应按空间结构模型进行地震作用计算。目前，采用的计算程序有 SAP2000、SAP8451、STAAD/PRO、ANSYS 等。

2 炉体的侧移刚度主要取决于钢壳。炉料（包括散状、熔融状及液态）的影响可以不计。至于内衬砌体，由于以下原因，可不考虑其对炉体侧移刚度的影响：

1）内衬砌体经受侵蚀，厚度逐步减少，而且各部位侵蚀情况不同；

2）内衬砌体抗拉性能极差；

3）砌体与钢壳之间不但没有连接，而且有填充隔热层分隔开，无法共同工作。

炉体上，特别是炉缸、炉腹部位开孔很多。但一般来说，局部开孔对整体侧移刚度影响不大，而要精确计算开孔后的炉壳侧移刚度亦相当困难，并且大多数洞口都有法兰和内套加强。所以建议炉壳侧移刚度的计算可以不计孔洞的影响。

22.2.8 高炉重力荷载代表值在质点上的集中，大部分情况下均可按区域进行分配，但对以下两个部位，需进行特殊处理：

1 高炉炉体沿高度分布的各部分重力荷载，不仅比较复杂，而且也较大。一般情况下，与所设质点的位置不是一一对应的关系，特别是炉顶设备自重。如果简单地将这些重力荷载按区域分配到质点上，将会使地震作用效应出现较大出入。

2 上升管顶部或球形节点质点以上的放散管、阀门、操作平台、检修吊车等重力荷载，也不能简单地加在该质点上。

以上两个部位的重力荷载，均要经折算后再进行集中。

22.2.9 本条为强制性条文。水平地震作用计算时，确定高炉的重力荷载代表值需要考虑以下几个特殊问题：

1 热风围管是通过吊杆吊挂在炉体框架梁上，围管重力荷载产生的地震作用会直接传给各水平连接点。因此，规定将围管的全部重力荷载集中于高炉上的水平连接处，并根据连接关系和高炉上被连接部位的刚度，将全部重力荷载适当分配到高炉上的有关部位。这时，可以完全忽略吊杆传递地震作用。

2 确定通过铰接单片支架或滚动支座将皮带通廊的重力荷载传递给高炉框架时，要区分与皮带通廊方向平行和垂直的两种工况：

1）平行于皮带通廊方向。从理论上讲，铰接单片支架或滚动支座均不能传递水平力。但实际上理想的纯铰接是没有的，铰接单片支架在其平面外也有一定的侧移刚度，滚动支座靠摩擦也能传递一定的水平力。因此，计算水平地震作用时，本条规定皮带通廊在高炉框架上支座反力的 30% 集中于支承点处，是偏于安全的。

2）垂直于皮带通廊方向。假定铰接单片支架或滚动支座能完全传递其水平力，所以计算水平地震作用时，取全部支座反力集中于支承点处。

3 料斗和料罐直接支承于炉顶刚架或炉顶小框架上，可以直接传递水平地震作用，所以计算水平地震作用时，料罐及其上的炉料的重力荷载应全部集中到炉顶及相应的料斗或料罐处。

4 炉底有一层较厚的实心砌体，其自重很大，但它直接坐于基础上，因此在计算炉体的水平地震作用时，仅取其部分重力荷载，但取值不应小于 50%，是偏于安全的。

22.2.10 同一部位在不同振型下的地震响应不同，为尽量找出可能出现的薄弱部位并加以控制，这里建议一般取不少于 20 个振型。

22.2.11 本条为强制性条文。对高炉结构抗震验算时的效应基本组合，需要说明以下几个问题：

1 炉顶吊车，正常生产时一般是不用的，休风时做一些小型检修，起重量也不大。因此，进行正常生产时的抗震验算不考虑吊车的起吊重量，只计其自重。

2 与计算地震作用时的原则不一样，在考虑与地震作用效应组合的其他荷载效应时，作用于高炉上的各种荷载，包括热风围管自重、皮带通廊支座反力、料罐荷载，即取实际位置、实际荷载大小及实际传力情况，不考虑不能完全传递地震作用的折减。对于炉体、炉顶设备自重及煤气放散系统的自重也应如实考虑，不考虑动能等效的折减。

22.2.12 为提高高炉框架的抗震能力，本条针对其薄弱部位，以结构体系符合强柱弱梁、强节点为前提，提出应采取的加强措施。参照本规范第 7 章的有关规定，本条增加了框架梁、柱及主要支撑杆件的板件宽厚比限值的规定。

1 合理设置支撑系统，对提高高炉框架的侧移刚度，改善梁、柱受力状况，都有明显作用。这里只是强调炉顶框架和炉身范围内的炉体框架；对于炉体框架的下部，由于操作要求，一般不允许设支撑，只能采用门形刚架。主要支撑杆件的长细比限值按其受力状态区别对待，本条取值参照本规范第 7 章的规定。

2 高炉炉体框架基本上是一个矩形的空间结构。在非抗震设计的荷载作用下，框架柱和刚接梁的内力一般都不会是单向的。在地震作用下，由于实际地震动方向的随意性，框架梁、柱的各向都将有较大的地震作用效应。因此，这些杆件要选用各向都具有较好的刚度、承载能力和塑性变形能力的截面形式。

对于炉顶框架，平行和垂直于炉顶吊车梁方向的结构及荷载情况往往明显不同，框架柱也可以采用 H 形或其他不对称的截面形式。

3 柱脚固接的炉体框架侧移刚度较大、变形小，而且还能改善结构的受力状况，适宜在地震区采用。

框架的铰接柱脚连接往往是抗震的薄弱部位，抗震能力较差。增加抗剪能力的具体做法很多，如将柱脚底板与支承面的预埋钢板焊接或在支承面上加焊抗剪钢板等。当柱脚支于混凝土基础上时，可在柱脚底板下焊接抗剪键，柱安装后通过灌注细石混凝土与基础连成一体。

22.2.13、22.2.14 导出管设置膨胀器时，其上升管及部分下降管需支承在炉顶平台梁上。这时，应使整个支承系统有足够的刚度，以加强对上升管的嵌固，减小地震变形。对支座与炉顶平台之间的连接也要加强，以保证有可靠的抗剪能力。此时，上升管支座处的管壁厚度也应与导出管同样要求。当设置球节点时，与球节点连接的上升管和下降管均应加强。

22.2.15 本条是为保证炉体框架与炉体的共同工作，充分发挥组合体的良好抗震性能，而对炉体与炉体框架之间在炉顶处的水平连接提出以下要求：

1 使其间的水平力通过水平杆系或炉顶平台的刚性盘体直接、匀称地传到高炉炉体上，而不使平台梁（特别是主梁）产生过大的平面外弯曲及扭转，也防止部分构件产生过大的局部应力。

2 需保证水平连接构件及其与炉体和炉体框架之间的连接具有足够的抗震强度，因为在地震作用下，炉体与炉体框架间的水平力是比较大的。

3 使水平连接的构造能够适应炉体和炉体框架之间的竖向差异变形。正常生产时，一般炉体的温度

变形明显地比框架大，高炉炉壳会相对于框架上升数十毫米，如连接构造处理不当，将拉坏连接件或者增加框架及炉体的局部应力。

22.2.16 本条所规定的水平空隙值是针对炉顶框架顶部的各结构、设备等水平位移较大的部位。对其以下部位，随着高度的降低，可以适当减小水平间隙。所提水平空隙值要求没有考虑施工误差。设计时，根据各项工程的施工水平和工艺要求，可适当考虑可能出现的施工误差。

22.2.17 电梯间可以是自立式的，也可以依附于高炉框架。无论哪种形式，都要适当加强通道平台、电梯间和高炉框架的连接，以避免地震时连接件被拉坏，甚至发生脱落现象。

对于依附于高炉框架以保持稳定的电梯间，除通道平台外，还有与高炉框架连接的其他专门措施，也要予以加强。

加强连接的内容包括：加强连接构件、连接螺栓或连接焊缝。对于通道平台，还可以采取适当加大搁置长度的措施。

22.3 热 风 炉

22.3.1 近年来，大型高炉热风炉的燃烧室多采用钢支架或钢筒支承，其中支承结构是整个热风炉的抗震薄弱部位。因此，高烈度区推荐采用钢筒到底的燃烧室支承结构形式。

22.3.2 本条在原规范的基础上增加了 6 度时应满足相应的抗震构造措施要求的规定。

22.3.3 外燃式热风炉的顶部连通管道设有膨胀器时，称为柔性连通管；不设膨胀器时，称为刚性连通管。

内燃式热风炉的质量和刚度沿高度分布比较均匀，是一个较典型的悬臂梁体系。式（22.3.3）就是由匀质悬臂弯曲梁的基本频率公式转换来的。

1 动力分析时，合理确定炉体的刚度是十分重要的。热风炉炉体一般主要由钢壳、内衬及蓄热格子砖组成，内衬与钢壳之间的空隙用松软隔热材料填充，其中格子砖及直筒部分的内衬都是直接支撑于炉底的自承重砌体。与高炉炉体不一样，这里主要考虑了下列因素，炉体刚度取用了钢壳刚度与内衬刚度之和：

1）地震时炉体变形比较大，这时钢壳与内衬将明显地共同工作；

2）正常生产时内衬能保持基本完整，地震时内衬一般也没有大的破坏，能承担一部分地震作用；

3）取钢壳与内衬刚度之和，按式（22.3.3）计算的基本周期与实测值比较接近。

2 对于刚性连通管的外燃式热风炉，虽然结构情况比内燃式热风炉复杂得多，但通过一系列的计算比较，结果表明整个热风炉是以蓄热室的振动为主

导的，燃烧室基本上是附着于蓄热室的，并且蓄热室远比燃烧室粗大，顶部连通管短而粗，刚度很大，能够迫使两室整体振动。因此，这里建议可近似地取其蓄热室的全部重力荷载代表值来计算其整体的基本周期。

3 耐火砖内衬砌体的弹性模量是参考现行国家标准《砌体结构设计规范》GB 50003 给定的方法，按 200 号耐火砖推算的。

22.3.4、22.3.5 炉底剪力修正系数是按悬臂梁体系考虑前 7 个振型的影响与只考虑基本振型时二者计算结果对比后得到的，经过修正后的简化计算方法给出更符合实际的结果。底部总水平地震剪力公式改为按多遇地震计算，取消了地震效应折减系数。

22.3.8、22.3.9 柔性连通管外燃式热风炉的重要特点是连通管上设置了膨胀器，此处接近于铰接，使两室呈现明显不同的振动特性，特别是垂直于连通管的方向。

当燃烧室为钢筒支撑时，可近似将两室分开来考虑，分别参照内燃式热风炉的方法简化计算。这个方法，对于垂直于连通管方向基本符合实际情况；对于平行连通管方向，两室相互影响较大，略去这一影响后，燃烧室的计算结果偏于安全。

当燃烧室为支架支撑时，建议按空间构架进行分析，其原因主要是：

1 支架是整个热风炉的抗震薄弱部位，对其应有较详细、准确的抗震分析。

2 支架刚度一般比炉体刚度小得多，燃烧室必然较大地依赖于蓄热室，只有整体分析才能较好地反映其共同工作情况。

3 目前还没有一个较恰当的简化计算方法，在日本，柔性连通管外燃式热风炉都是按空间杆系模型进行分析。

热风炉比高炉构造要简单，根据计算分析结果，按空间杆系模型分析时，取 10 个以上振型即可。

22.3.10 曾对 21 座生产中的大、中、小型高炉的热风炉做过调查，其中 70% 炉底连接破坏，炉底严重变形，边缘翘起 100mm～300mm，呈锅底状。这种情况将严重影响炉体的稳定性，不仅对抗震十分不利，就是在正常使用时也应做及时处理。条文中提出的办法是目前国内外已经采用并行之有效的。只要炉底基本不变形，炉底连接螺栓或锚板一般也不会损坏。但在地震区，炉底连接对加强炉体稳定性是有作用的，比常规做法适当加强一些是合理的。

22.3.11 与热风炉相连的管道一般都比较粗大，其连接处往往是抗震薄弱环节，因此应适当加强。本条规定在 9 度时，热风支管上要设置膨胀器，使其成为柔性连接。这不仅对抗震有力，对适应温度变形和不均匀沉降都有好处。

22.3.12 刚性连通管外燃式热风炉对不均匀沉降是比较敏感的。为避免由于地震引起的不均匀沉降造成炉体或连通管等主要部位破坏，至少应保证每座热风炉的两室坐于同一基础之上，能使一座高炉对应的几座热风炉都置于同一基础上则更好。

22.3.13、22.3.14 支承燃烧室的支架是十分重要的受力结构，除应满足强度要求外，还要按本条规定采取相应的抗震构造措施。

22.4 除尘器、洗涤塔

22.4.2 有关除尘器的震害资料不多。1975 年海城地震时，7 度区的鞍钢，10 座大、中型高炉的除尘器均未发现破坏；1976 年唐山大地震时，10 度区的唐钢 4 座小高炉的除尘器，其钢筋混凝土支架有明显震害，如梁、柱节点开裂及柱头压酥等。

对多座高炉的除尘器抗震验算结果表明，无论钢支架或钢筋混凝土支架，在 8 度地震作用下问题都不大。因此，条文中仅提出 6 度、7 度 I、II 类场地时可不进行结构的抗震验算，是留有余地的。

洗涤塔虽然比除尘器高，但其自重较小，近似于空筒。因此，抗震性能比较好。包括经受 10 度地震影响的唐钢在内，洗涤塔基本上没有震害。抗震验算结果也表明，即使采用未经抗震设防的钢筋混凝土支架，也能抵御 8 度地震影响。因此，本条规定仅在 8 度 III、IV 类场地和 9 度时，才进行支架的抗震验算。

除尘器和洗涤塔筒体是刚度和承载能力都相当好的钢壳结构，不用进行抗震验算。

22.4.3、22.4.4 重力除尘器和洗涤塔是一个比较典型的单质点体系，主要只有支架侧移一个自由度。中国地震局工程力学研究所曾作过分析比较，如果同时考虑筒体的转动和弯曲变形的影响，自振周期和地震作用效应的差别均不到 10%。鉴于除尘器与高炉的连接关系，故建议优先采用与高炉一起进行空间杆系模型分析。

22.4.5 本条为强制性条文。鉴于除尘器内部正常生产时积灰量较大，地震发生时积灰量处于最大值的情况是可能的，为保证结构安全，此处积灰荷载的组合值系数是按最大积灰情况取值，即组合值系数取 1.0。

22.4.6 由于洗涤塔和旋风除尘器较高而重力荷载相对较小，通常设计时风荷载的影响占的比重较大，因此规定抗震验算时考虑风荷载参与组合。

22.4.7 对除尘器和洗涤塔的构造要求，都是针对 7 度 III、IV 类场地和 8 度、9 度时结构中可能出现的薄弱部位提出来的。

22.4.8 加设水平环梁主要是为了减小筒体在支座处的应力集中和局部变形。常规设计时，部分大型高炉的除尘器和洗涤塔也采取了这一措施。

23 尾 矿 坝

23.1 一般规定

23.1.1 本章条款主要是根据冶金行业的尾矿坝特点、震害经验和技术发展水平制定的，其理念和分析方法可供其他行业（化工、建材等）的尾矿坝设计参考。

23.1.2 尾矿坝抗震等级的划分沿用了原规范的规定。

23.1.3 尾矿库是人类活动产生的重大危险源，其溃坝带来的次生灾害，对下游居民和生态环境往往是毁灭性的。因此，规定对可能产生严重次生灾害的尾矿库，其抗震设防标准需提高一级；对一、二级高大的尾矿坝，其设计地震动参数应按现行国家标准《工程场地地震安全性评价》GB 17741 的规定进行安全评价，并按主管部门批准的结果确定。

23.1.5 震害调查和理论研究都已表明，上游式尾矿坝抗震性能最差，下游式尾矿坝抗震性能较好。到目前为止，已发现的尾矿坝地震破坏事例皆属上游式坝型，其破坏原因多是尾矿液化所致。国外已有部分上游式尾矿坝在低烈度区发生地震破坏的事件。我国 1976 年唐山地震，位于震中约 80km 的天津汉沽碱厂尾矿坝的溃坝；2008 年汶川地震，位于震中约 300km 的汉中略阳县尾矿溃决，是低烈度区上游式尾矿坝发生垮坝破坏的典型事例。这两座尾矿坝都位于地震烈度 7 度区。

我国现有的尾矿坝绝大多数为上游式尾矿坝。对于那些建在高烈度区又没有进行过论证的尾矿坝，均应进行抗震设计和研究，避免灾难发生。

23.2 计算要点

23.2.1 尾矿坝是一种特殊的水工构筑物。一般来说，尾矿及地基土在设计地震作用下，其应变范围多处在非线性弹性和弹塑性阶段。所以尾矿坝要按设防地震进行抗震设计。

23.2.2 本条为强制性条文。液化、大变形和流滑是尾矿坝，特别是上游式尾矿坝地震表现的三大特点。尾矿液化是导致坝体大变形和地震破坏的主要原因。因此，液化判别是尾矿坝抗震设计的主要内容之一，也是判别坝体是否会发生大变形和流滑的基础。设计时，仅通过常规的拟静力稳定分析难以解决尾矿坝的抗震问题。

23.2.3 尾矿坝的使用年限就是尾矿坝的建设施工期，尾矿坝是随采矿、选矿的进行而逐年增高的。通常，一座大、中型尾矿坝的使用期为十几年，甚至几十年。随着尾矿坝的增高，坝体的固有动力特性也将随之发生改变。这意味着对某一特定的地震地质环

境，即场地未来可能遭遇的地震动，最终坝高不一定是坝的最危险阶段。所以在进行尾矿坝抗震设计时，还需要对 1/3～1/2 设计高度时的工况进行抗震分析。

23.2.5 尾矿坝的地震液化分析方法还处在不断完善与发展之中。考虑到目前较为合理的分析方法（即二维或三维的时程分析法）较复杂，所以规定，对 6 度、7 度、8 度区的四级、五级坝，可采用简化分析方法进行判别；而强震区或重要的尾矿坝，需采用二维或三维的时程分析法进行。

23.2.6 剪应力对比法是目前工程界判别液化普遍采取的方法。本规范附录 K 中给出的简化判别法是对四级、五级上游法筑坝在 7 度、8 度时采用二维动力分析结果的概括，简化法计算结果接近二维分析的外包线，是偏于安全的。

尾矿坝地震液化简化判别方法现有十几种，其中考虑 K_c、K_a 的 Seed 简化法（ICOLD，2006）、日本尾矿场规程法（日本矿业协会，1982）和张克绪法（张克绪，1990）是其典型代表。这三种方法只要正确使用，均可得到满意结果。故此，在进行液化分析时，可根据具体情况选用一种或多种方法进行。

23.2.8～23.2.12 按拟静力法计算不能对液化的坝坡作出正确的安全评价，这在工程实践中早已得到验证，也得到了科学家和工程师们的认同。液化问题将本来就非常复杂的岩土工程地震稳定问题变得更加复杂。目前，工程界采用以下三个步骤，来评价液化边坡的地震稳定性，这也是当前解决此问题的最佳处理方法。

1 确定坝坡的液化区。

2 进行极限平衡分析。分析时，液化区采用残余强度（稳态强度）。

3 安全系数小于表 23.2.12 的规定时，坝坡可能出现流滑，须进行变形分析。

拟静力法在我国尾矿坝工程界已使用多年，积累了较为丰富的经验。所以在评价坝体地震稳定时仍推荐了此方法。由于过去我国从事尾矿工程的设计院在分析坝坡抗震问题时，多采用瑞典圆弧法，所以此次修订仍推荐为尾矿坝抗滑稳定验算的主要分析方法。但是，与瑞典圆弧法相比，简化的毕肖普法给出的结果更接近精确法，故建议在今后的工程实践中要采用简化的毕肖普法进行分析，以便积累经验并使分析结果更可靠、合理。

第 23.2.10 条为强制性条文。

23.3 抗震构造措施

23.3.5 本条为强制性条文。浸润线是尾矿坝的生命线。纵观尾矿坝的破坏事例，无论是静力条件下失稳，还是地震时的液化流滑破坏都与坝体浸润线过高有关。所以条文规定，对重要的尾矿坝要密切关注其浸润线变化，发现异常要及时采取措施。

24 索 道 支 架

24.2 计 算 要 点

24.2.4 本条为强制性条文。索道支架与一般构筑物不同，其可变荷载的组合值系数取值也有所不同，因此给出明确规定。其中雪荷载取值与本规范第 5.1.4 条相同，但为了不遗漏该项目，仍列入其中。

24.2.5 在以往的工程设计中，支架的抗震设计一般简单地将索系质量集中于支架顶部进行分析，未计入索系振动对支架的影响，对支架纵向、横向的分析均采用同一力学模型。此次规范修编，为更准确分析支架在地震作用下的动力特性，计入了索系振动对支架的影响，分别采用不同的力学模型沿支架纵向、横向进行研究。研究表明，沿支架纵向、横向，索系振动对支架的影响程度有差异，因此应分别沿纵向和横向按不同力学模型计算支架的水平地震作用。

24.2.6 单线索道索系与支架之间的摩擦系数较小（约 0.025），近似无摩擦滑动。同时研究表明，索系自振周期较长，一般远大于支架自振周期。因此，计算单线索道支架的纵向水平地震作用时可不计入索系振动对支架的影响。双线索道，货车（或客车）地震作用的传递与单线索道情况类似，亦可不计入其对支架的影响；而承载索与支架之间的摩擦系数较大，承载索自身的重量不能忽略，为简化计算过程，沿用了传统的分析方法。

24.2.7 研究表明，在某些情况下，索系振动对支架有减震作用。为保证支架具有足够的抗震能力，规定索系有减震作用时的地震作用不应小于单独计算支架地震作用的 80%。单独计算支架地震作用时，不计入索系的质量。

24.2.8 简化模型中，支架质量已集中于支架顶端，因而不再另计支架的分布质量。

计入索系影响的支架横向振动力学模型为双自由度体系，可按本规范第 5 章的振型分解反应谱法计算地震作用。本条规定给出了一种计算结构第一、第二振型的圆频率和质点水平相对位移的方法。

24.2.10 本条规定对高烈度区支架的地震作用效应进行增大，以保证支架具有足够的抗扭转能力。

24.2.11 本条为强制性条文。在本规范第 5.4.1 条规定的基本组合的基础上增加索系作用效应项，并给出索系作用的分项系数和组合值系数的取值。

24.3 抗震构造措施

24.3.1 钢支架一般为由四片平面桁架组成的空间桁架。对其横截面四角位置的弦杆（通常称立柱，一般截面尺寸均较腹杆大），7 度和 8 度时，为保证钢支架的整体稳定和抗扭转强度，其长细比控制较腹杆更严。

24.3.4 钢筋混凝土支架由于工艺条件限制，大多采用单柱式支架，并可按悬臂构件进行设计。考虑单柱受力的不利情况，规定 7 度、8 度时宜全高加密箍筋。

24.3.5 本条为强制性条文。设置横隔主要是为了提高支架结构的扭转刚度。

25 挡 土 结 构

25.1 一 般 规 定

25.1.1 本章为新增内容。刚性浅埋基础边墙包括各种构筑物的刚性地下结构边墙、建（构）筑物的地下室边墙、基础边墙等。

25.1.2 采用拟静力法进行地震土压力计算和抗震设计，其中没有考虑竖向地震影响。

25.1.3 以往的震害调查表明，强震区的高重力式挡土墙明显受竖向震动等影响，所以本章参照国外有关挡土结构抗震设计规范，对 9 度区高度超过 15m 的重力式挡土墙的抗震设计，建议进行专门研究。

25.2 地震土压力计算

25.2.1 所谓"中性状态"是指地震时墙体与土体间不产生相对位移的状态。当地震作用为零时，中性状态就是静止土压力状态。对墙基坚固的重力式挡土墙或者 L 形混凝土重力式挡土墙，地震时墙体与墙后填土之间几乎不会发生相对位移，建议采用中性状态时的地震土压力，其值明显比主动地震土压力要大。所以采用中性状态时的地震土压力值要更为合理一些。

25.2.2 对地震时挡土墙相对于墙后填土可能产生位移的情形，建议采用物部-岗部（1924 年）提出的主动地震土压力式（25.2.2-1）和式（25.2.2-2）。

25.2.3 对各种构筑物的刚性地下结构边墙、建筑物的地下室边墙、基础边墙等埋深不大于 10m 的浅埋式刚性地下边墙，地震时边墙上作用的地震土压力（包括静止土压力）随着边墙附近地基土层的惯性力方向以及边墙与地基土层之间相对位移的大小和方向不同而变化。通常一侧为主动地震土压力，另一侧为被动地震土压力。本条建议的地震土压力计算公式已考虑了惯性力方向和墙-土相对位移的影响。

25.3 计 算 要 点

25.3.1 重力式挡土墙的抗滑稳定、倾覆稳定、偏心距、地基应力、墙身水平截面应力的计算方法可以参考有关的设计手册。

25.4 抗震构造措施

25.4.1～25.4.7 抗震构造措施是基于国内外许多震害调查资料的经验总结，参考了日本等国外以及国内有关设计规范的相应条款。

中华人民共和国国家标准

土方与爆破工程施工及验收规范

Code for construction and acceptance of
earthwork and blasting engineering

GB 50201—2012

主编部门：四 川 省 住 房 和 城 乡 建 设 厅
批准部门：中华人民共和国住房和城乡建设部
施行日期：２ ０ １ ２ 年 ８ 月 １ 日

中华人民共和国住房和城乡建设部
公　告

第 1359 号

关于发布国家标准《土方与爆破
工程施工及验收规范》的公告

现批准《土方与爆破工程施工及验收规范》为国家标准，编号为 GB 50201 - 2012，自 2012 年 8 月 1 日起实施。其中，第 4.1.8、4.5.4、5.1.12、5.2.10、5.4.8 条为强制性条文，必须严格执行。原《土方与爆破工程施工及验收规范》GBJ 201 - 83 同时废止。

本规范由我部标准定额研究所组织中国建筑工业出版社出版发行。

中华人民共和国住房和城乡建设部
2012 年 3 月 30 日

前　言

本规范是根据住房和城乡建设部《关于印发〈2009 年工程建设标准规范制订、修订计划〉的通知》（建标〔2009〕88 号）的要求，由中国华西企业股份有限公司和四川省建筑机械化工程公司会同有关单位在原国家标准《土方与爆破工程施工及验收规范》GBJ 201 - 83 的基础上修订而成的。

本规范在编制过程中，编制组深入调查研究，总结了近年来国内外大量理论研究和实践经验，在广泛征求意见的基础上，最后经审查定稿。

本规范共分为 5 章和 2 个附录，主要技术内容是：总则、术语、基本规定、土方工程和爆破工程。

本规范中以黑体字标志的条文为强制性条文，必须严格执行。

本规范由住房和城乡建设部负责管理和对强制性条文的解释，由中国华西企业股份有限公司负责具体技术内容的解释。执行过程中，请各单位结合工程实践，如发现需要修改或补充完善之处，请将意见和建议寄送中国华西企业股份有限公司（地址：成都市解放路二段 95 号，邮政编码：610081，E-mail：huaxibaobiao@huashi.sc.cn）。

本 规 范 主 编 单 位：中国华西企业股份有限公司
四川省建筑机械化工程公司

本 规 范 参 编 单 位：西南交通大学
山西建工集团
四川省第一建筑工程公司
天津市建工工程总承包有限公司

四川省川建勘察设计院
四川省建筑科学研究院
四川省场道工程有限公司
云南建工集团有限公司
四川省安全科学技术研究院
河南六建建筑集团有限公司
中国华西企业有限公司
西华大学
浙江众和建设有限公司
四川省第十五建筑有限公司

本规范主要起草人员：陈跃熙　施富强　王其贵
丁云波　孙跃红　柴　俭
文小龙　刘晓东　张循当
万晓林　黄　荣　王明明
周　俊　徐　云　甘永辉
刘新玉　雷洪波　何开明
张小建　张　进　王泽云
王　坚　王炳文　庄荣生
卫　华　徐　帅　余志明
黄　乔　吴　体　何维基
席宗毅

本规范主要审查人员：汪旭光　毛志兵　刘东燕
高荫桐　潘延平　宋锦泉
高俊岳　杨旭升　康景文
林文修　王海云　薛培兴
梁建明

目　次

Contents

1 总　则

1.0.1 为了加强土方与爆破工程施工质量与安全管理，统一验收标准，在土方与爆破工程施工中做到技术先进、经济合理、节能环保、保障安全，制定本规范。

1.0.2 本规范适用于建筑工程的土方与爆破工程施工及质量验收。

1.0.3 土方与爆破工程施工及验收除应符合本规范的规定外，尚应符合国家现行有关标准的规定。

2 术　语

2.0.1 土方调配　earthwork balanced deployment

在同一或相邻土方工程作业施工中，对挖方弃土量和回填用土量进行综合平衡。

2.0.2 滑坡　landslide

斜坡上的部分岩体和土体在自然或人为因素的影响下沿某一明显界面发生剪切破坏向坡下运动的现象。

2.0.3 坡度　slope

指边坡表面倾斜程度，表述为高度与宽度之比。

2.0.4 临时性边坡　temporary slope

安全使用年限不超过 2 年的边坡。

2.0.5 基坑　foundation pit

为进行建（构）筑物基础、地下建（构）筑物施工所开挖形成的地面以下空间。

2.0.6 支护　retaining and protecting

为保证边坡、基坑及其周边环境的安全，采取的支挡、加固与防护措施。

2.0.7 地下水控制　groundwater controlling

为保证土方开挖及基坑周边环境安全而采取的排水、降水、截水或回灌等工程措施。

2.0.8 特殊土　special soil

具有特殊成分、结构、构造和特殊物理力学性质的土。如软土、湿陷性黄土、红黏土、膨胀土、盐渍土等。

2.0.9 爆破　blasting

利用炸药爆破瞬时释放的能量，破坏其周围的介质，达到开挖、填筑、拆除或取料等特定目标的技术手段。

2.0.10 爆破器材　blasting materials and accessories

工业炸药、起爆器材和器具的统称。

2.0.11 爆破作业人员　personals engaged in blasting operations

指从事爆破作业的工程技术人员、爆破员、安全员和保管员。

2.0.12 爆破作业环境　blasting circumstances

泛指爆区周围影响爆破安全的自然条件、环境状况。

2.0.13 爆破有害效应　adverse effects of blasting

爆破时对爆区附近保护对象可能产生的有害影响。如爆破引起的振动、个别飞散物、空气冲击波、噪声、水中冲击波、动水压力、涌浪、粉尘、有毒气体等。

2.0.14 爆破安全监测　blasting safety monitoring

采用仪器设备等手段对爆破施工过程及爆破引起的有害效应进行测试与监控。

3 基本规定

3.0.1 在土方与爆破工程施工前，应具备施工图、工程地质与水文地质、气象、施工测量控制点等资料，并查明施工场地影响范围内原有建（构）筑物及地下管线等情况。

3.0.2 土方与爆破工程施工前，对施工场地及其周边可能发生崩塌、滑坡、泥石流等危及安全的情况，建设单位应组织进行地质灾害危险性评估，并实施处理措施。

3.0.3 施工单位应结合工程实际情况，在土方与爆破工程施工前编制专项施工方案。

3.0.4 在有地上或地下管线及设施的地段进行土方与爆破工程施工时，建设单位应事先取得相关管理部门或单位的同意，并在施工中采取保护措施。

3.0.5 施工中发现有文物、古墓、古迹遗址或古化石、爆炸物或危险化学品等，应妥善保护，并立即报有关主管部门处理后，再继续施工。

3.0.6 当发现有测量用的永久性标桩或地质、地震部门设置的长期观测设施等，应加以保护。当因施工必须损毁时，应事先取得原设置单位或保管单位的书面同意。

3.0.7 在施工区域内，有碍施工的既有建（构）筑物、道路、管线、沟渠、塘堰、墓穴、树木等，应在施工前由建设单位妥善处理。

4 土方工程

4.1 一般规定

4.1.1 土方工程施工前，应对施工范围进行测量复核，平面控制测量和高程控制测量均应符合现行国家标准《工程测量规范》GB 50026 的有关规定。

4.1.2 土方工程施工中，应定期测量和校核其平面位置、标高和边坡坡度是否符合设计要求。平面控制桩和水准控制点应采取可靠措施加以保护，定期检查和复测。

4.1.3 土方工程施工方案应进行开挖、回填的平衡计算，做好土方调配，减少重复挖运。

4.1.4 土方开挖前应制定地下水控制和排水方案。

4.1.5 临时排水和降水时，应防止损坏附近建（构）筑物的地基和基础，并应避免污染环境和损害农田、植被、道路。

4.1.6 土方工程施工时，应防止超挖、铺填超厚。采用机械或机组联合施工时，大型机械无法施工的边坡修整和场地边角、小型沟槽的开挖或回填等，可采用人工或小型机具配合进行。

4.1.7 平整场地的表面坡度应符合设计要求，当设计无要求时，应向排水沟方向作成不小于2‰的坡度。

4.1.8 基坑、管沟边沿及边坡等危险地段施工时，应设置安全护栏和明显警示标志。夜间施工时，现场照明条件应满足施工需要。

4.2 排水和地下水控制

Ⅰ 排 水

4.2.1 临时排水系统宜与原排水系统相结合，当确需改变原排水系统时，应取得有关单位的同意。山区施工应充分利用自然排水系统，并应保护自然排水系统和山地植被。

4.2.2 在山坡地区施工，宜优先按设计要求做好永久性截水沟，或设置临时截水沟，沟壁、沟底应防止渗漏。在平坦或低洼地区施工，应根据场地的具体情况，在场地周围或需要地段设置临时排水沟或修建挡水堤。

4.2.3 临时截水沟和临时排水沟的设置，应防止破坏挖、回填的边坡，并应符合下列规定：

　　1 临时截水沟至挖方边坡上缘的距离，应根据施工区域内的土质确定，不宜小于3m；

　　2 临时排水沟至回填坡脚应有适当距离；

　　3 排水沟底宜低于开挖面300mm～500mm。

4.2.4 临时排水当需排入市政排水管网，应设置沉淀池；当水体受到污染时，应采取措施。排水水质应符合现行国家标准《污水综合排放标准》GB 8978的有关规定。

Ⅱ 地下水控制

4.2.5 土方工程施工前，应在具备场地工程地质与水文地质及周边水文资料的基础上，根据基坑（槽）的平面尺寸、开挖深度进行地下水控制的设计及施工。

4.2.6 地下水控制可采取明排、降水、截水、回灌等方法。

4.2.7 在土方开挖过程中应减小降水对周边地质环境和建筑物的影响。

4.2.8 地下水位宜保持低于开挖作业面和基坑（槽）底面500mm。

4.2.9 降水应严格控制出水含砂量，含砂量应小于表4.2.9的规定值。

表4.2.9　含砂量控制标准（体积比）

粗砂	中砂	粉细砂	备　注
1/50000	1/20000	1/10000	指稳定抽水8h后的含砂量

4.2.10 当基底下有承压水时，应进行坑底突涌验算，必要时，应采取封底隔渗透或钻孔减压措施；当出现流砂、管涌现象时，应及时处理。

4.2.11 降水施工应满足下列要求：

　　1 降水开始前应完成排水系统，抽出的地下水应不渗漏地排至降水影响范围以外；

　　2 降水过程中应进行降水监测；

　　3 降水过程中应配备保持连续抽水的备用电源；

　　4 降水结束后应及时拆除降水系统，并进行回填处理。回填物不得影响地下水水质。

4.3 边坡及基坑支护

4.3.1 支护结构的设计与施工应符合国家现行标准《建筑边坡工程技术规范》GB 50330及《建筑基坑支护技术规程》JGJ 120的有关规定。

4.3.2 三级及以上安全等级边坡及基坑工程施工前，应由具有相应资质的单位进行边坡及基坑支护设计，由支护施工单位根据设计方案编制施工组织设计，并报送相关单位审核批准。

4.3.3 边坡及基坑支护可采取挡土墙支护、排桩支护、锚杆（索）支护、喷锚支护、土钉墙支护等支护方式。

4.3.4 边坡及基坑支护施工应符合下列规定：

　　1 做好边坡及基坑四周的防、排水处理；

　　2 严格按设计要求分层分段进行土方开挖；

　　3 坡肩荷载应满足设计要求，不得随意堆载；

　　4 施工过程中，应进行边坡及基坑的变形监测。

4.4 土 方 开 挖

4.4.1 土方开挖的坡度应符合下列规定：

　　1 永久性挖方边坡坡度应符合设计要求。当工程地质与设计资料不符，需修改边坡坡度或采取加固措施时，应由设计单位确定；

　　2 临时性挖方边坡坡度应根据工程地质和开挖边坡高度要求，结合当地同类土体的稳定坡度确定；

　　3 在坡体整体稳定的情况下，如地质条件良好、土（岩）质较均匀，高度在3m以内的临时性挖方边坡坡度宜符合表4.4.1的规定。

表 4.4.1 临时性挖方边坡坡度值

土 的 类 别		边坡坡度
砂土	不包括细砂、粉砂	1:1.25～1:1.50
一般黏性土	坚硬	1:0.75～1:1.00
	硬塑	1:1.00～1:1.25
碎石类土	密实、中密	1:0.50～1:1.00
	稍密	1:1.00～1:1.50

4.4.2 土方开挖应从上至下分层分段依次进行，随时注意控制边坡坡度，并在表面上做成一定的流水坡度。当开挖的过程中，发现土质弱于设计要求，土（岩）层外倾于（顺坡）挖方的软弱夹层，应通知设计单位调整坡度或采取加固措施，防止土（岩）体滑坡。

4.4.3 在坡地开挖时，挖方上侧不宜堆土；对于临时性堆土，应视挖方边坡处的土质情况、边坡坡度和高度，设计确定堆放的安全距离，确保边坡的稳定。在挖方下侧堆土时，应将土堆表面平整，其高程应低于相邻挖方场地设计标高，保持排水畅通，堆土边坡不宜大于 1:1.5；在河岸处堆土时，不得影响河堤稳定安全和排水，不得阻塞污染河道。

4.4.4 施工区域内临时排水系统应作好规划，土方开挖应处于干作业状态。

4.4.5 不具备自然放坡条件或有重要建（构）筑物地段的开挖，应根据具体情况采用支护措施。土方施工应按设计方案要求分层开挖，严禁超挖，且上一层支护结构施工完成，强度达到设计要求后，再进行下一层土方开挖，并对支护结构进行保护。

4.4.6 石方开挖应根据岩石的类别、风化程度和节理发育程度等确定开挖方式。对软地质岩石和强风化岩石，可以采用机械开挖或人工开挖；对于坚硬岩宜采取爆破开挖；对开挖区周边有防震要求的重要结构或设施的地区进行开挖，宜采用机械和人工开挖或控制爆破。

4.4.7 在滑坡地段挖方时，应符合下列规定：

1 施工前应熟悉工程地质勘察设计资料，了解现场地形、地貌及滑坡迹象等情况；

2 不宜在雨期施工；

3 宜遵守先整治后开挖的施工程序；

4 施工前应做好地面和地下排水设施，上边坡作截水沟，防止地表水渗入滑坡体；

5 在施工过程中，应设置位移观测点，定时观测滑坡体平面位移和沉降变化，并做好记录，当出现位移突变或滑坡迹象时，应立即暂停施工，必要时，所有人员和机械撤至安全地点；

6 严禁在滑坡体上堆载；

7 必须遵循由上至下的开挖顺序，严禁先切除坡脚；

8 采用爆破施工时，应采取控制爆破，防止因爆破影响边坡稳定。

4.4.8 治理滑坡体的抗滑桩、挡土墙宜避开雨期施工，基槽开挖或孔桩开挖应分段跳槽（孔）进行，并加强支撑，施工完一段墙（桩）后再进行下一段施工。

4.5 土方回填

4.5.1 土方回填工程应符合下列规定：

1 土方回填前，应根据设计要求和不同质量等级标准来确定施工工艺和方法；

2 土方回填时，应先低处后高处，逐层填筑。

4.5.2 回填基底的处理，应符合设计要求。设计无要求时，应符合下列规定：

1 基底上的树墩及主根应拔除，排干水田、水库、鱼塘等的积水，对软土进行处理；

2 设计标高 500mm 以内的草皮、垃圾及软土应清除；

3 坡度大于 1:5 时，应将基底挖成台阶，台阶面内倾，台阶高宽比为 1:2，台阶高度不大于 1m；

4 当坡面有渗水时，应设置盲沟将渗水引出填筑体外。

4.5.3 填料应符合设计要求，不同填料不应混填。设计无要求时，应符合下列规定：

1 不同土类应分别经过击实试验测定填料的最大干密度和最佳含水量，填料含水量与最佳含水量的偏差控制在 ±2% 范围内；

2 草皮土和有机质含量大于 8% 的土，不应用于有压实要求的回填区域；

3 淤泥和淤泥质土不宜作为填料，在软土或沼泽地区，经过处理且符合压实要求后，可用于回填次要部位或无压实要求的区域；

4 碎石类土或爆破石渣，可用于表层以下回填，可采用碾压法或强夯法施工。采用分层碾压时，厚度应根据压实机具通过试验确定，一般不宜超过 500mm，其最大粒径不得超过每层厚度的 3/4；采用强夯法施工时，填筑厚度和最大粒径应根据强夯夯击能量大小和施工条件通过试验确定，为了保证填料的均匀性，粒径一般不宜大于 1m，大块填料不应集中，且不宜填在分段接头处或回填与山坡连接处；

5 两种透水性不同的填料分层填筑时，上层宜填透水性较小的填料；

6 填料为黏性土时，回填前应检验其含水量是否在控制范围内，当含水量偏高，可采用翻松晾晒或均匀掺入干土或生石灰等措施；当含水量偏低，可采用预先洒水湿润。

4.5.4 土方回填应填筑压实，且压实系数应满足设计要求。当采用分层回填时，应在下层的压实系数经试验合格后，才能进行上层施工。

4.5.5 土方回填施工时应符合下列规定：

1 碾压机械压实回填时，一般先静压后振动或先轻后重，并控制行驶速度，平碾和振动碾不宜超过 2km/h，羊角碾不宜超过 3km/h；

2 每次碾压，机具应从两侧向中央进行，主轮应重叠 150mm 以上；

3 对有排水沟、电缆沟、涵洞、挡土墙等结构的区域进行回填时，可用小型机具或人工分层夯实。填料宜使用砂土、砂砾石、碎石等，不宜用黏土回填。在挡土墙泄水孔附近应按设计做好滤水层和排水盲沟；

4 施工中应防止出现翻浆或弹簧土现象，特别是雨期施工时，应集中力量分段回填碾压，还应加强临时排水设施，回填面应保持一定的流水坡度，避免积水。对于局部翻浆或弹簧土可以采取换填或翻松晾晒等方法处理。在地下水位较高的区域施工时，应设置盲沟疏干地下水。

4.5.6 软土、湿陷性黄土、膨胀土、红黏土、盐渍土等特殊土施工，应按照本规范第 4.6 节的规定执行。

4.6 特殊土施工

Ⅰ 软 土 施 工

4.6.1 施工前必须做好场地排水和降低地下水位的工作，地下水位应降低至开挖面或基底 500mm 以下后，再开挖。降水工作应持续到设计允许停止或回填完毕。

4.6.2 软土开挖时，宜选用对道路压强较小的施工机械，当场地土不能满足机械行走要求时，可采用铺设工具式路基箱板等措施。

4.6.3 开挖边坡坡度不宜大于 1∶1.5。当遇淤泥和淤泥质土时，边坡坡度应根据实际情况适当减小；对淤泥和淤泥质土层厚度大于 1m 且有工程桩的土层进行开挖时，应进行土体稳定性验算。

4.6.4 当淤泥、淤泥质土层厚度大于 1m 时，宜采用斜面分层开挖，分层厚度不宜大于 1m。

4.6.5 当土方暂停开挖时，挖方边坡应及时修整，清除边坡上工程桩桩间土，施工机械与物资不得靠近边坡停放。

4.6.6 相邻基坑（槽）和管沟开挖时，宜按先深后浅或同时进行的施工顺序，并应及时施工垫层、基础；当基坑（槽）内含有局部深坑时，宜对深坑部分采取加固措施。

4.6.7 土方开挖应遵循先支后挖、均衡分层、对称开挖的原则进行。

4.6.8 在密集群桩上开挖时，应在工程桩完成后，间隔一段时间再进行土方施工，桩顶以上 300mm 以内应采取人工开挖。在密集群桩附近开挖基坑（槽）

时，应采取措施，防止桩基位移。

Ⅱ 湿陷性黄土施工

4.6.9 在湿陷性黄土地区施工前，应根据湿陷性黄土的类型和设计要求，重点做好施工现场的场地道路、排水措施、排水防洪通道、堆土点及地基处理等方案。

4.6.10 回填整平或开挖前，应对工程及其周边 3m～5m 范围内的地下坑穴进行探查与处理，并绘图和详细记录其位置、大小、形状及填充情况等。

4.6.11 在雨期施工时，应提前设置排水通道和采取防洪措施。排水坡度当设计无规定时，不应小于 2%。

4.6.12 在邻近建筑物开挖土方时，应采取有效措施，确保建筑物周边排水畅通。堆土点的选择应避开自然排水通道，不得积水。

4.6.13 取土坑至建（构）筑物的距离在非自重湿陷性黄土场地不应小于 12m，在自重湿陷性场地内不应小于 25m。

4.6.14 在满堂开挖的基坑内，宜设排水沟和集水井；基础施工完毕应及时用素土分层回填，夯实至散水垫层底，如设计无要求时，压实系数不宜小于 0.93，并应形成排水坡度。

Ⅲ 膨胀土施工

4.6.15 膨胀土施工时，应防止被浸泡和曝晒，并满足以下要求：

1 宜避开雨期施工；

2 做好场地排水系统；

3 各道工序应紧密衔接，宜采用分段快速、连续作业；

4 填筑体、挖方边坡和基坑（槽）应及时进行防护，减少施工过程中的暴露时间。

4.6.16 基坑（槽）挖土接近基底设计标高时，宜预留 150mm～300mm 土层，待下一工序开始前挖除。验槽后，应及时封闭边坡和坑底。

4.6.17 用膨胀土进行回填时，应对回填土的膨胀性强弱进行判断，按下列要求区别使用：

1 弱膨胀土可根据当地气候、水文情况及质量要求加以应用，在设计无要求的情况下，可以作为填料直接使用；

2 中等膨胀土经过加工、改良处理后可作为填料使用；

3 强膨胀土，不应作为填料使用。

4.6.18 膨胀土不得直接作为涵洞、桥台、挡土墙等结构回填的填料。

4.6.19 使用弱膨胀土的回填区域，设计无要求时，边坡外缘或回填面层 300mm～500mm 范围应用透水性弱的非膨胀土外包。对于浅填区域（填高不足 1m

的区域）应挖去地表 300mm～500mm 的膨胀土换填透水性弱的非膨胀土，并按设计要求压实。

4.6.20 当使用机械回填时，应根据膨胀土自由膨胀率大小选用工作质量适宜的碾压机具，虚铺厚度宜小于 300mm；土块应击碎至粒径小于 50mm。

Ⅳ 红黏土施工

4.6.21 红黏土施工时，应根据设计要求、水文地质和工程地质、气象条件编制专项施工方案，合理选择施工工艺和施工设备，做好排水、防洪等措施。

4.6.22 土方施工前，应查明场地内地下洞穴并详细记录其具体位置，尺寸大小和充填情况，同时应按照设计要求或采取有效措施进行处理。

4.6.23 红黏土地区的边坡应进行稳定性评价，确定边坡坡度或采取支护措施。施工时，边坡应有专门的保湿、防浸泡和防雨水等施工措施。

Ⅴ 盐渍土施工

4.6.24 盐渍土地区施工，工程地质和水文地质勘察资料应包括以下内容：

    1 盐渍土含盐性质和含盐量分类；

    2 盐渍土各层厚度及其含盐量随气候和地质条件变化情况；

    3 最高地下水位，以及地下水位变化情况及其对含盐量的影响。

4.6.25 当盐渍土含盐量超过表 4.6.25 的规定值时，地基应进行处理，处理办法应取得设计单位同意。当采取换填土的地基处理办法时，换填料应为非盐渍土或可用盐渍土。对无盐胀和非溶陷盐渍土地基，应考虑防腐。

表 4.6.25 盐渍土按含盐量分类

盐渍土名称	土层平均含盐量（质量%）			可用性
	氯盐渍土及亚氯盐渍土	硫酸盐渍土及亚硫酸盐渍土	碱性盐渍土	
弱盐渍土	0.5～1.0	0.3～0.5	/	可用
中盐渍土	1.0～5.0①	0.5～2.0①	0.5～1.0②	可用
强盐渍土	5.0～8.0①	2.0～5.0①	1.0～2.0②	可用但应采取措施
过盐渍土	>8.0	>5.0	>2.0	不可用

注：① 其中硫酸盐含量不超过 2%方可用；
    ② 其中易溶碳酸盐含量不超过 0.5%方可用。

4.6.26 填土地基应清除含盐的松散表层，不得采用含有盐晶、盐块或含盐植物的根、茎作填料。基础周围应以非盐渍土或经检测确认可用盐渍土作填料。填料应分层夯实，每层填筑厚度及压实遍数应根据材质、压实系数及所用机具性能并经过试验后确定，应能达到设计要求的压实系数。

4.6.27 回填基土表层和填料为盐渍土时，应满足下列要求：

    1 宜在地下水位较低的季节施工；

    2 当地下水位距回填基底较近且地基土松软时，应按设计要求做好反滤层、隔水层；

    3 在滨海地区，对含盐量较低的填料，宜使用轻、中型机械碾压；在干旱地区，对含盐量较高的填料，宜使用重型机械碾压；

    4 应清除回填地基含盐量超过表 4.6.25 规定值的地表土层或地表结壳下松散土层；

    5 在降雨量较大的地区，应按设计要求做好回填的表面处理。

4.6.28 在盐渍土地区的重要基础及地下管线，均应采取防腐措施。盐渍土地区的建（构）物及地下管线周围均应采取排水、防水、降水的技术措施，防止雨水、施工及生活用水、上下管道渗漏水浸湿或浸泡地基及附近场地。建筑物及工程设施施工时，应防止施工用水和场地雨水流入基坑或基础周围，应在施工组织设计中明确提出防止施工用水渗漏的要求。

4.7 特殊季节施工

Ⅰ 雨期施工

4.7.1 安排在雨期施工的工作面不宜过大，应逐段、逐片的分期完成。重要的或特殊的土方工程，不宜安排在雨期施工。

4.7.2 雨期施工应制定保证工程质量和安全施工的技术方案。

4.7.3 雨期施工前，应对施工场地排水系统进行检查、疏浚或加固，必要时应增加排水设施，保证水流畅通。在施工场地周围应防止地面水流入场地内，在傍山、沿河地区施工，应采取必要的防洪措施。

4.7.4 雨期施工时，应保证现场运输道路畅通。道路、路基和路面应根据需要加铺卵石、块石、炉渣、砂砾等，必要时应加高路基。道路两侧应修好排水沟，在低洼积水处应设置涵管，以利泄水。

4.7.5 回填施工取料、运料、铺填、压实等各道工序应连续进行，雨前应及时压完已填土层或将表面压光，并做成一定坡度。雨后应排除回填表层积水，进行晾晒，或除去表面受浸泡部分。

4.7.6 雨期施工可根据现场条件，采取以下措施保证回填质量：

    1 在地势较高，土质较好，含水率不高且易于排水的挖方地段，划留一定区域，作为雨期回填的取料区；

    2 在施工现场或附近易于排水的空旷地区，储存适于回填的填料，形成土丘，并表面压光，作为雨期回填备用填料；

    3 储备一定数量砂砾作为雨期回填重要部位的填料。

4.7.7 雨期开挖基坑（槽）或管沟时，应注意边坡稳定，必要时可适当减小边坡坡度或设置支撑。施工中应加强对边坡和支撑的检查。

4.7.8 雨期开挖基坑（槽）或管沟时，应在坑（槽）外侧围筑土堤或开挖排水沟，防止地面水流入坑（槽）。

Ⅱ　冬 期 施 工

4.7.9 土方工程不宜安排在冬期施工，当必须安排在冬期施工，所采用的施工方法应进行技术经济比较后确定。施工前应周密计划，做好准备，做到连续施工。

4.7.10 采用防冻法开挖土方时，可在冻结前用保温材料覆盖或将表层土翻耕耙松，其翻耕深度应根据土层冻结深度确定，不宜小于300mm。

4.7.11 松碎冻土采用的机具和方法，应根据土质、冻结深度、机具性能和施工条件等确定，并应符合下列规定：

1 冻土层厚度较小时，可采用铲运机、推土机或挖土机直接开挖；

2 冻土层厚度较大时，可采用松土机、破冻土犁、重锤冲击、劈土锤（楔）或爆破法松碎。

4.7.12 融化冻土应根据工程量大小、冻结深度和现场条件选用烟火烘烤法、蒸汽（或热水）融化法和电热法等。融化时应按开挖顺序分段进行，每段土方量应与当天挖方量相适应。

4.7.13 冬期回填每层铺料压实厚度应比常温施工时减少20%～25%，预留沉陷量应由设计单位确定。

4.7.14 地基换填土方和永久性路面的路基回填，填料中不得含有冻土块，回填完成后至下道工序施工前，应采取防冻措施。

4.7.15 冬期回填施工应符合下列规定：

1 回填前应清除基底上的冰雪和保温材料；

2 回填边坡表层1m以内，不得以冻土填筑；

3 填料中冻土块的含量应符合设计要求，设计无明确要求时应符合相关规范规定；

4 回填上层应用未冻的、不冻胀的或透水性好的填料填筑，其厚度应符合设计要求。

4.7.16 冬期施工室外平均气温在−5℃以上时，回填高度不受限制；平均气温在−5℃以下时，回填高度不宜超过表4.7.16的规定。

表4.7.16　冬期回填高度限制

平均气温（℃）	回填高度（m）
−5～−10	4.5
−11～−15	3.5
−16～−20	2.5

注：用石块和不含冻块的砂类土（不包括粉砂）、砾类土填筑时，回填高度不受本表限制。

4.7.17 设计无特殊要求的平整场地的回填，可用含有冻土块的填料填筑，但冻土块粒径不得大于150mm，冻土块的体积不得超过填料体积的30%。铺填时，冻土块应均匀分布，逐层压实。

4.7.18 冬期开挖土方时，当可能引起邻近建（构）筑物的地基或其他地下设施产生冻结破坏时，应采取防冻措施。

4.7.19 在挖方上侧弃置冻土时，弃土堆坡脚至挖方上边缘的距离，应为常温下规定的距离，再加上弃土堆的高度。

4.7.20 冬期开挖基坑（槽）或管沟时，应缩短基坑暴露时间，防止基础下的基土遭受冻结。如基坑（槽）开挖完毕至地基与基础或埋设管道之间有间隙时间，应在基底标高以上预留适当厚度的松土或其他保温材料覆盖。

4.7.21 冬期回填基坑（槽）或管沟除应符合本规范第4.5.3条规定外，尚应符合下列规定：

1 室内、有路面的道路范围内的管沟或基坑（槽）不得用含有冻土块的土回填；

2 室外的管沟回填时，沟底至管顶500mm范围内不得含有冻土块回填，此范围以外可用含冻土块的土回填，但冻土块的体积不得超过填土体积的15%，最大粒径不大于150mm，并均匀分布；

3 回填工作应连续进行，防止基土或已填土层受冻。

4.7.22 在多年冻土地区，按保持冻结原则设计的基坑（槽）或管沟施工，在多年平均地温等于或高于−3℃时，明挖基础应在冬期施工；多年平均地温低于−3℃时，可在其他季节施工，但应避开高温季节，施工时应按下列要求进行：

1 施工前做好充分准备，土方开挖、基础施工和回填封闭应连续进行，不留间歇；

2 严禁地面水灌入基坑；

3 及时排除基坑内的地下水和融化水；

4 应在基坑顶部搭设遮阳、防雨棚。

4.7.23 冬期施工时，运输机械和行驶道路应设防滑措施。因冻结可能遭受损坏的机械设备、炸药、油料和降排水设施等，应采取保温或防冻措施。

4.7.24 冬期施工在化冻期应按下列规定进行：

1 化冻期必须做好地面排水工作；

2 化冻期不应进行含有冻土块的填料回填压实施工；

3 及时处理在化冻期的道路可能产生的沉陷、泥泞和出现弹簧土等现象。

4.8　质 量 验 收

Ⅰ　一 般 规 定

4.8.1 土方（子）分部、分项工程的划分及质量验收，应符合现行国家标准《建筑工程施工质量验收统一标准》GB 50300 的有关规定。

4.8.2 土方开挖、土方回填分项工程检验批可按回填料、工艺、分层、分区段划分，由施工单位会同监理单位（建设单位）在施工前确定。

4.8.3 检验批质量验收合格应符合下列规定：

1 主控项目质量符合本规范的规定；

2 一般项目中的实测（允许偏差）项目抽样检验的合格率应不低于80%，且超差点的最大偏差值不得大于允许偏差限值的1.5倍；

3 检验批质量符合工程设计文件要求和合同约定；

4 隐蔽工程施工质量记录完整，施工方案和质量验收记录完整。

4.8.4 分项工程质量验收合格应符合下列规定：

1 分项工程所含的检验批均应验收合格；

2 分项工程所含的检验批的质量验收记录应完整。

4.8.5 土方子分部工程施工质量验收合格应符合下列规定：

1 所含各分项工程质量均验收合格；

2 质量控制资料应完整；

3 土方（子）分部工程中有关安全、节能、环境保护的检验和抽样检验结果应符合有关规定。

Ⅱ 土方开挖

主 控 项 目

4.8.6 原状地基土不得扰动、受水浸泡及受冻。

检查数量：全数检查。

检查方法：观察，检查施工记录。

4.8.7 开挖形成的边坡坡度及坡脚位置应符合设计要求。

检查数量：每20m边坡检查1点，每段边坡至少测3点。

检查方法：坡度用坡度尺结合2m靠尺量测；坡脚位置用全站仪等量测。

4.8.8 场地平整开挖区的标高允许偏差为±50mm；其他开挖区的标高允许偏差为0～−50mm。

检查数量：每400m²测1点，至少测5点。

检查方法：用水准仪测量。

4.8.9 开挖区的平面尺寸应符合设计要求。

检查数量：全数检查。

检查方法：放出开挖区设计边线，将开挖区实际边线与设计边线进行对比。

一 般 项 目

4.8.10 场地平整开挖区表面平整度允许偏差为50mm；其他开挖区表面平整度允许偏差为20mm。

检查数量：每400m²测1点，至少测5点。

检查方法：用2m靠尺和钢尺检查

4.8.11 分级放坡边坡平台宽度允许偏差为−50mm～＋100mm

检查数量：每20延长米平台测1点，每段平台至少测3点。

检查方法：用钢尺量

4.8.12 分层开挖的土方工程，除最下面一层土方外的其他各层土方开挖区表面标高允许偏差为±50mm。

检查数量：每400m²测1点，至少测5点。

检查方法：标高用水准仪等量测。

Ⅲ 土方回填

主 控 项 目

4.8.13 填料应符合设计要求。

检查数量：全数检查。

检查方法：直观鉴别、现场量测或取样检测。

4.8.14 回填土每层压实系数应符合设计要求。

检查方法与数量：采用环刀法取样时，基槽或管沟回填每层按长度20m～50m，取样一组，每层不少于1组；柱基回填，每层抽样柱基总数的10%，且不少于5组；基坑和室内回填每层按100m²～500m²取样一组，每层不少于1组；场地平整回填每层按400m²～900m²取样一组，每层不少于1组，取样部位应在每层压实后的下半部。

采用灌砂（或灌水）法取样时，取样数量可较环刀法适当减少，但每层不少于1组。

4.8.15 土方回填形成的边坡坡度及坡脚位置应符合设计要求。

检查数量：每20m边坡检查1点，每段边坡至少测3点。

检查方法：坡度用2m靠尺结合坡度尺量；坡脚位置用全站仪等量测。

4.8.16 场地平整回填区的标高允许偏差为±50mm；其他回填区的标高允许偏差为0～−50mm。

检查数量：每400m²测1点，至少测5点。

检查方法：用水准仪等量测。

一 般 项 目

4.8.17 场地平整回填区表面平整度允许偏差为30mm；其他回填区表面平整度允许偏差为20mm。

检查数量：每400m²测1点，至少测5点。

检查方法：用2m靠尺和塞尺检查。

5 爆 破 工 程

5.1 一 般 规 定

5.1.1 承接爆破工程的施工企业，必须具有行政主管部门审批核发的爆破施工企业资质证书、安全生产许可证书及爆破作业许可证书，爆破作业人员应按核定的作业级别、作业范围持证上岗。

5.1.2 爆破工程应编制专项施工方案，方案应依据有关规定进行安全评估，并报经所在地公安部门批准后，再进行爆破作业。

5.1.3 爆破作业应做好下列安全准备工作：

    1 建立指挥组织，明确爆破作业及相关人员的分工和职责；

    2 实施爆破前应发布爆破作业通告；

    3 划定安全警戒范围，在警戒区的边界设立警戒岗哨和警示标志；

    4 清理现场，按规定撤离人员和设备。

5.1.4 爆破工程所用的爆破器材，应根据使用条件选用，并符合国家标准或行业标准。严禁使用过期、变质的爆破器材，严禁擅自配制炸药。

5.1.5 施工单位必须按规定处置不合格及剩余的爆破器材。

5.1.6 爆破器材临时储存必须得到当地相关行政主管部门的许可。

5.1.7 在爆破作业区域内有两个及以上爆破施工单位同时实施爆破作业时，必须由建设单位负责统一协调指挥。

5.1.8 爆破区域的杂散电流大于30mA时，宜采用非电爆破系统。使用电雷管在遇雷电和暴风雨时，应立刻停止爆破作业，将已连接好的各主、支网线端头解开，并将导线短路或断路，用绝缘胶布包紧裸露的接头后，迅速撤离爆破危险区并设置警戒。

5.1.9 现场使用的起爆设备和检测仪表，应定期检查标定，确保性能良好。

5.1.10 在有水环境进行爆破时，爆破器材应满足抗水、抗压的要求。

5.1.11 爆破器材的现场检测、加工必在符合安全要求的场所进行。

5.1.12 爆破作业人员应按爆破设计进行装药，当需调整时，应征得现场技术负责人员同意并作好变更记录。在装药和填塞过程中，应保护好爆破网线；当发生装药阻塞，严禁用金属杆（管）捣捅药包。爆前应进行网路检查，在确认无误的情况下再起爆。

5.1.13 实施爆破后应进行安全检查，检查人员进入爆破区发现盲炮及其他险情应及时上报，根据实际情况按规定处理。

5.1.14 露天爆破当遇浓雾、大雨、大风、雷电等情况均不得起爆，在视距不足或夜间不得起爆。

5.2 起 爆 方 法

Ⅰ 电 力 起 爆

5.2.1 同一电爆网路应使用同厂、同型号、同批次的电雷管，各雷管间电阻差值不得大于产品说明书的规定。对表面有压痕、锈蚀、裂缝，脚线绝缘损坏、锈蚀，封口塞松动和脱出的电雷管严禁使用。

5.2.2 检测电雷管和电爆网路电阻时，必须使用专用的爆破仪表，其工作电流值不得大于30mA。

5.2.3 电爆网路中起爆电源功率应能保证全部电雷管准爆，流经每个电雷管的电流应符合下列规定：

    1 一般爆破交流电不小于2.5A；

    2 直流电不小于2.0A；

    3 采用起爆器起爆时，电爆网路的连接方法和总电阻值，应符合起爆器说明书的要求。按规定严格管理起爆装置。

5.2.4 使用单个电雷管起爆时，电阻值应在规定范围内。使用成组电雷管起爆时，每个电雷管的电阻差值不应大于产品说明书的要求；当使用电雷管进行大规模成组起爆时，宜把电阻值相近的电雷管编在一起，并使各组电阻值取得平衡。

5.2.5 电爆网路应采用绝缘电线，其绝缘性能、线芯截面积应符合爆破设计要求，使用前应进行电阻和绝缘检测。

5.2.6 电爆网路的连接必须在全部炮孔装填完毕和无关人员全部撤离后，由工作面向起爆站依次进行。导线连接时，应将线芯表面擦净，接点必须连接牢固，绝缘良好，相邻两线的接点应错开100mm以上。

5.2.7 采用交流电起爆时，必须安设独立起爆开关，并将其安设在上锁的专用起爆箱内。起爆开关钥匙在整个爆破作业期内由指定爆破员保管，不得转交他人。

5.2.8 爆破区内运入起爆药包前，必须划定作业安全区并拆除区域内一切电源，安全范围由爆破方案确定。在地下进行爆破作业且用电缆做专用起爆导线时，距装药工作面50m以内必须使用防爆安全矿灯或绝缘手电筒照明。

5.2.9 起爆前，应检测电爆网路的总电阻值，总电阻值符合设计要求时，方可与起爆装置连接。

5.2.10 起爆后应立即切断电源，并将主线短路。使用瞬发电雷管起爆时应在切断电源后再保持短路5min后再进入现场检查；采用延期电雷管时，应在切断电源后再保持短路15min后进入现场检查。

Ⅱ 导爆索起爆

5.2.11 导爆索的连接方法必须严格执行出厂说明书的相关规定。当采用搭接时，其搭接长度不宜小于150mm，中间不得夹有异物或炸药，并应绑扎牢固。当采用继爆管连接时，应保证前一段网路爆破时，不得损坏其后各段的网路。

5.2.12 当导爆索支线与主线采用搭接连接时，从接点起，沿传爆方向支线与主线的夹角应小于90°。

5.2.13 严禁切割接上雷管或已插入药包的导爆索。

5.2.14 导爆索的敷设应避免打结、擦伤破损，如必须交叉时，应用厚度不小于100mm的木质垫块隔开。导爆索平行敷设的间距不得小于200mm。

5.2.15 起爆导爆索的雷管，应在距导爆索末端不小于150mm处捆扎，雷管聚能穴要与传爆方向一致。

5.2.16 起爆导爆索网路应使用双发雷管。

5.2.17 城镇或对冲击波敏感的爆破环境，严禁采用裸露导爆索传爆网路。

Ⅲ 导爆管起爆

5.2.18 导爆管与雷管连接，应按出厂说明书的要求进行。用于同一起爆网路的导爆管应选用同厂、同型号、同批次产品。

5.2.19 敷设导爆管网路时，不得将导爆管拉紧、对折或打结，炮孔内不得有接头。导爆管表面有损伤或管内有杂物者，不得使用。

5.2.20 导爆管起爆网路和起爆顺序应严格按设计进行连接。

5.2.21 使用导爆索起爆导爆管网路时，应采用直角连接方式。

5.2.22 采用雷管激发或传爆导爆管网路时，宜采用反向连接方式。导爆管应均匀地绑扎在雷管周围并用绝缘胶布绑扎牢固，导爆管端头距雷管不得小于150mm。

5.2.23 采用导爆管网路进行孔外延时传爆时，其延长时间必须保证前一段网路引爆后，不破坏相邻或后续各段网路。

5.2.24 爆后应从外向内、从干线至支线进行检查，发现拒爆按规定处置。

5.3 露天爆破

5.3.1 露天爆破按孔径、孔深的不同分为深孔爆破和浅孔爆破。

5.3.2 深孔爆破应符合下列规定：

1 露天深孔爆破应采用台阶爆破，在台阶形成之前进行爆破时应加大警戒范围；

2 台阶高度依据地质情况、开挖条件、钻孔机械、装载设备匹配及经济合理等因素确定，宜为8m～15m；

3 孔径依据钻机类型、台阶高度、岩石性质和作业条件等因素确定，底盘抵抗线应依据岩石性质、炮孔深度、炸药性能、起爆形式经过计算或试爆确定，宜为炮孔直径的30～40倍；

4 炮孔深度依据岩石性质、台阶高度和底盘抵抗线等因素确定，钻孔超深宜为底盘抵抗线的30%；

5 采用两排以上炮孔爆破时，炮孔间距宜为底盘抵抗线的1.0～1.25倍；

6 炮孔装药后应进行堵塞，堵塞长度宜为30～40倍的孔径。

5.3.3 浅孔爆破宜符合下列规定：

1 浅孔爆破台阶高度不宜超过5m，孔径宜在50mm以内，底盘抵抗线宜为30～40倍的孔径，炮孔间距宜为底盘抵抗线的1.0～1.25倍；

2 浅孔爆破堵塞长度宜为炮孔最小抵抗线的0.8～1.0倍，夹制作用较大的岩石宜为最小抵抗线的1.0～1.25倍；

3 浅孔爆破应避免最小抵抗线与炮孔孔口在同一方向，孔深小于0.5m的岩土爆破，应采用倾斜孔，倾角宜为45°～75°。

5.3.4 钻孔时，应将孔口周围的碎石、杂物清除干净，保持孔口稳定。当炮孔有水时，应采取吹孔等措施，并在有水部位装填防水炸药。

5.3.5 炮孔的位置、角度和深度应符合设计要求，钻孔前应检查布孔区内有无盲炮，确认作业环境安全后方可钻孔作业，严禁钻入爆破后的残孔。装药前应清除炮孔中的泥浆或岩粉。

5.3.6 炮孔采用人工装药时，不应过度挤压或分散装药；使用机械装填炸药时，应防止静电引起早爆。

5.3.7 在装药前应对第一排炮孔的最小抵抗线进行量测，对抵抗线偏小或断层、局部薄弱部位应采取调整措施。

5.4 控制爆破

Ⅰ 边坡控制爆破

5.4.1 边坡控制爆破宜采用预裂爆破和光面爆破。

5.4.2 预裂爆破应符合下列规定：

1 需要设置隔振带的开挖区，边坡开挖宜采取预裂爆破；

2 预裂爆破的炮孔应沿设计开挖边界布置，炮孔倾斜角度应与设计边坡坡度一致，炮孔底应处在同一高程；

3 炮孔直径根据台阶高度、地质条件和钻机设备确定；

4 炮孔超钻深度宜为0.5m～2.0m，坚硬岩石宜取大值，反之宜取小值；

5 炮孔深度L应按下式进行计算：

$$L = (H+h)/\sin\alpha \qquad (5.4.2\text{-}1)$$

式中：α——边坡坡度角（°）即钻孔角度；

H——台阶高度（m）；

h——炮孔超深（m）。

6 孔距a_y与岩石性质和孔径有关，宜按8～12倍的孔径选取；

7 预裂爆破的炮孔线装药密度q_y和单孔装药量Q_y应按下列公式进行计算：

$$q_y = k_y \cdot a_y \qquad (5.4.2\text{-}2)$$

$$Q_y = q_y \cdot L \qquad (5.4.2\text{-}3)$$

式中：k_y——预裂爆破的单位面积岩石炸药消耗量

（g/m²），可根据不同岩性的经验值选取。

8 预裂炮孔与主炮孔之间应符合下列规定：

1）两者应有一定的距离，该距离与主炮孔药包直径及单段最大药量有关，可根据经验值选取；

2）预裂炮孔的布孔界限应超出主体爆破区、宜向主体爆破区两侧各延伸5m～10m；

3）预裂爆破隔振时，预裂炮孔应比主炮孔深；

4）预裂炮孔和主体炮孔同次起爆时，预裂炮孔应在主体炮孔前起爆，超前时间不宜小于75ms。

5.4.3 光面爆破应符合下列规定：

1 光面炮孔宜与主体炮孔分段延时起爆，也可预留光爆层在主体爆破后独立起爆；

2 光面炮孔应沿设计开挖边界布置，炮孔倾斜角度应与设计边坡坡度一致，炮孔底应处在同一高程；

3 炮孔直径根据光面爆破的台阶高度、地质条件和钻孔设备确定；

4 炮孔超深宜为300mm～1500mm。

5 光面爆破的孔网参数可参考下列经验数据，也可通过实验确定。最小抵抗线 W_g 宜为15～20倍的孔径；孔距 a_g 宜为0.6～0.8倍最小抵抗线或按10～16倍的孔径确定；

6 炮孔深度 L 可按下式计算得出：

$$L = (H + h)/\sin\alpha \qquad (5.4.3\text{-}1)$$

式中：α——边坡坡度角（°）即钻孔角度；

H——台阶高度（m）；

h——钻孔超深（m）。

7 光面爆破的炮孔线装药密度 q_g 应按下式确定：

$$q_g = k_g a_g W_g \qquad (5.4.3\text{-}2)$$

式中：k_g——光面爆破的单位体积岩石炸药消耗量（g/m³），可根据不同岩性的经验值选取。

光面爆破单孔装药量 Q_g 按下式计算：

$$Q_g = q_g \cdot L \qquad (5.4.3\text{-}3)$$

8 光面炮孔与主体炮孔同次爆破时，光面炮孔应滞后相邻主炮孔起爆，滞后时间宜为50ms～150ms。

5.4.4 光面、预裂爆破装药结构设计应符合下列规定：

1 光面、预裂爆破的炮孔均应采用不耦合装药，不耦合系数宜为2～5；

2 光面、预裂爆破宜采用普通药卷和导爆索制成药串进行间隔装药，也可用光面、预裂爆破专用药卷进行连续装药；

3 光面、预裂爆破炮孔的装药结构宜分为底部加强装药段、正常装药段和上部减弱装药段。减弱装药段长度宜为加强段长段的1～4倍。其装药量应符合表5.4.4的规定。

表5.4.4 光面、预裂炮孔底部加强装药段药量增加表

炮孔深度 L (m)	<3	3～5	5～10	10～15	15～20
L_1 (m)	0.2～0.5	0.5～1.0	1.0～1.5	1.5～2.0	2.0～2.5
$q_{预裂加强}/q_{预裂正常}$	1.0～2.0	2.0～3.0	3.0～4.0	4.0～5.0	5.0～6.0
$q_{光面加强}/q_{光面正常}$	1.0～1.5	1.5～2.5	2.5～3.0	3.0～4.0	4.0～5.0

5.4.5 光面、预裂爆破起爆网路宜用导爆索连接，组成同时起爆或多组接力分段起爆网路。当环境不允许时可用相应段别的电雷管或非电导爆管雷管直接绑入孔内导爆索或药串上起爆。

5.4.6 光面、预裂爆破钻孔的要求应符合下列规定：

1 钻孔前做好测量放线，标明孔口位置和孔底标高；

2 钻孔深度误差不得超过±2.5%的炮孔设计深度；

3 孔口偏差不得超过1倍炮孔直径；

4 炮孔方向偏斜不得超过设计方向的1°；

5 钻孔完毕应进行验孔，检查是否符合设计要求并做好记录和孔口保护，不合格的炮孔应在设计人员指导下重新钻孔。

5.4.7 光面、预裂爆破的质量应符合下列规定：

1 岩面半孔率，依据岩性不同宜为：硬岩（Ⅰ、Ⅱ）$\eta \geqslant 80\%$；中硬岩石（Ⅲ）$\eta \geqslant 50\%$；软岩（Ⅳ、Ⅴ）$\eta \geqslant 20\%$；（其中，$\eta = \sum l_0 / \sum L_0$，$\sum l_0$ 为检验区域残留炮孔长度总和，$\sum L_0$ 为检验区域炮孔长度总和）；

2 预裂爆破后，裂缝应按孔的中心线贯穿，深度达到孔底，预裂缝宽度一般为5mm～20mm；

3 壁面应平顺，壁面平整度宜为±150mm。

Ⅱ 拆 除 爆 破

5.4.8 拆除爆破施工前，应调查了解被拆物的结构性能，查明附近建（构）筑物种类、各种管线和其他设施的分布状况和安全要求等情况。地下管网及设施，应做好记录并绘制相关位置关系图。

5.4.9 爆破安全防护设计应涵盖下列内容：

1 可能产生有危害性的爆破振动与塌落、触地震动；

2 可能产生有危害性的爆破飞石与塌落碰撞飞溅物；

3 被拆高耸建（构）筑物产生后座、滚动、偏斜、冲击作用、空气压缩等现象及可能造成的次生危害；

4 其他安全保护要求。

5.4.10 拆除爆破的预拆除设计，应通过结构力学计算确保结构稳定，预拆除工作应在工程技术人员的现场指导下进行。

5.4.11 重要工程或结构材质不明的拆除爆破，应进行必要的试爆确定爆破有关参数。

Ⅲ 水 压 爆 破

5.4.12 水压控制爆破应采用复式网路，在水中不宜有接头和接点。

5.4.13 对地下构筑物，爆破前宜开挖出临空面。临空面沟壕内，不应有积水。

5.4.14 水压爆破前应做好爆破后储水宣泄的疏排及防范措施，防止造成水患。对开口容器实施液态水压爆破时，对爆破引起的水柱高度、散落面积进行控制。

5.5 其 他 爆 破

Ⅰ 水 下 爆 破

5.5.1 水下爆破施工前，应了解爆破危险区域的地质构造、建（构）筑物、船只通航以及水生物、水产养殖等情况，并制定有效的安全防护措施。

5.5.2 在通航水域进行水下爆破作业，应按相关管理部门的规定，发布爆破施工通告。从装药开始至爆破警戒解除期间，航道上下游应进行警戒。

5.5.3 水下钻孔爆破作业应符合下列规定：

1 爆破器材应满足抗水、抗压等要求，并进行与水深相适应的性能试验；

2 水下爆破宜采用导爆管或导爆索起爆网路。每个起爆体内至少应装入两发起爆雷管；

3 在急流、湍流水域布设的起爆网路应采取措施，使其具有足够的强度和良好的柔韧性；

4 若遇作业区域的风浪变化很大（暴涨或暴落），不具备安全施工条件时，应禁止进行水下钻孔、装药等作业；

5 在深水中钻孔，如岩层面覆盖有河砂、小卵石或碎石时，应采用套管法钻进，其套管通过覆盖层钻入稳定地层不应小于 500mm～1000mm，以防卡钻；

6 水下深孔爆破采用分段装药时，各段均应装起爆药包；

7 水下钻孔爆破开挖基坑（槽）时，在接近基底标高处，应采取控制措施保护基岩。

Ⅱ 冻 土 爆 破

5.5.4 冻土爆破应采用抗冻和抗水爆破器材。

5.5.5 冻土爆破的一次爆破量，应根据挖运能力和气候条件确定，爆破的冻土应及时清除。

5.5.6 采用垂直炮孔爆破冻土时，其炮孔深度宜为冻土层厚度的 0.7～0.8 倍，炮孔间距和排距应根据土壤性质、炸药性能、炮孔直径和起爆方法等确定，堵塞长度一般不小于最小抵抗线的 0.80～1.25 倍。

5.5.7 冻土爆破单位炸药消耗量，应根据冻土的物理力学性质、冻土厚度、冻土温度、炸药性能等由设计确定。

Ⅲ 沟 槽 爆 破

5.5.8 沟槽爆破应采用钻孔爆破，在建（构）筑物和人烟稠密区，宜采用小规模控制爆破。

5.5.9 沟壁垂直的沟槽应采用侧向无倾角的布孔方式，炮孔间距、排距应小于或等于最小抵抗线。炮孔与水平面应采用倾斜钻孔，设置合理的超深。

5.5.10 在平地上开挖沟槽时，宜在开挖一端或中部布置掏槽炮孔并首先起爆形成临空面，再按顺序起爆。

5.5.11 沟槽壁有平整度要求时，宜采取光面或预裂爆破。

5.5.12 沟槽爆破参数宜符合下列规定：

1 开挖深度不超过沟槽上口宽度的 1/2，若超过宜分层爆破。

2 根据岩石结构、沟槽形状、开挖深度确定孔深，孔深宜为开挖深度的 1.1～1.3 倍；

3 孔距宜为孔深的 0.6～0.8 倍。

5.6 爆破工程监测与验收

Ⅰ 一 般 规 定

5.6.1 爆破工程监测应由有相关资质的机构承担。

5.6.2 进行爆破工程监测时，应编制爆破工程监测方案。

5.6.3 爆破工程监测应采取仪器监测和现场调查相结合的方法。复杂环境爆破工程监测，宜采取仪表监测、巡视检查和宏观调查相结合的方法。

5.6.4 爆破工程监测应满足下列要求：

1 测点应针对爆破工程要求进行监测点布置；

2 监测设备应满足精度要求，宜实现自动化监测；

3 监测设备的安装，应满足设计要求。

5.6.5 监测仪器设备应满足高（低）温、防潮及防水、防尘等环境要求。

5.6.6 监测仪器设备应按规定进行检定、校准和期间核查。

5.6.7 爆破工程监测作业应符合现行国家标准《爆破安全规程》GB 6722 的有关规定。

Ⅱ 监 测 方 案

5.6.8 爆破工程监测前期工作应满足下列要求：

1 收集爆破工程设计、施工、爆区及监测对象所处地的地质、地形和静态观测资料；

2 依据爆破施工的具体情况，确定监测目的、监测项目、监测范围和监测时间；

3 进行实地勘察及社会调查。

5.6.9 爆破工程监测方案应包含监测项目、监测目的、测点布置、监测仪器设备数量及性能、监测实施进度、预期成果等内容。

Ⅲ 现场调查与观测

5.6.10 对可能产生次生危害的岩土构造及建（构）筑物必须编制专项监控方案，并采取相应的监控措施。

5.6.11 爆破对保护对象可能产生危害时，应进行现场调查与观测。根据爆破类型，进行现场调查记录。

5.6.12 现场调查与观测宜采取爆破前后对比检测的方法，应包含下列内容：

1 爆破前后被保护对象的外观变化；

2 爆破前后爆区周围的岩土裂隙、层面变化；

3 爆破前后爆区周围设置的观测标志变化；

4 爆破振动、飞石、有害气体、粉尘、噪声、冲击波、涌浪等对人员、生物及相关设施等造成的影响。

Ⅳ 质点振动监测

5.6.13 质点振动监测包括质点振动速度监测和质点振动加速度的监测。

5.6.14 监测仪器设备应符合下列规定：

1 传感器频带线性范围应覆盖被测物理量的频率，可按表5.6.14对应被测物理量的频率范围进行预估；

表 5.6.14 被测物理量的频率范围（Hz）

监测项目	爆破类型			地下开挖爆破
	硐室爆破	浅孔、深孔爆破		
质点振动速度	2~50	近区	30~500	20~500
		中区	10~200	
		远区	2~100	
质点振动加速度	0~300	0~1200		0~3000

2 记录设备的采样频率应大于12倍被测物理量的上限主振频率；

3 传感器和记录设备的测量幅值范围应满足被测物理量的预估幅值要求。

5.6.15 现场爆破振动监测应满足下列要求：

1 应全面收集与爆破振动有关的工程参数；

2 准确量测爆源与保护点的位置关系；

3 合理选择监测仪器设备的设定参数，满足被测物理量的要求；

4 应填写爆破振动监测记录表，并按本规范附录A的格式填写。

5.6.16 按爆破振动控制或许用标准，对其做出初步评价。

Ⅴ 有害气体监测

5.6.17 地下爆破作业应进行有害气体浓度监测，其指标符合表5.6.17的规定。

表 5.6.17 有害气体最大允许浓度

有害气体名称		CO	N_nO_m	SO_2	H_2S	NH_3	R_n
允许浓度	体积（%）	0.00240	0.00025	0.00050	0.00066	0.00400	3700B_q/m^3
	质量（mg/m^3）	30	5	15	10	30	

5.6.18 施工单位应定期检测地下爆破作业场所有害气体浓度。

5.6.19 采样环境应与日常施工环境相同，检测有害气体浓度宜采用便携式智能有害气体检测仪。

5.6.20 应建立有害气体的记录档案。

Ⅵ 冲击波及噪声测试

5.6.21 爆破冲击波超压及噪声的测试宜采用专用的爆破冲击波和噪声测试仪器。

5.6.22 测点布置符合下列规定：

1 根据爆区位置和爆破参数及保护对象区域确定为监测点；

2 传感器的布置距周围障碍物应大于1.0m，距地面应大于1.5m，宜固定在三脚架上。

5.6.23 监测后应填写爆破空气冲击波及噪声监测记录表。

5.6.24 爆破空气超压安全允许标准：对人员为2000Pa；在城镇中，爆破噪声声压级安全允许标准为120dB，所对应的超压为20Pa。

5.6.25 爆破噪声声压级与实测超压的换算：

$$L_p = 20\lg(\Delta P/P_0) \qquad (5.6.25)$$

式中：L_p——声压级，dB；

ΔP——实测超压，μPa；

P_0——基准声压，20μPa。

Ⅶ 水击波、动水压力及涌浪监测

5.6.26 水下爆破时，应对爆区附近需要保护对象进行水击波及动水压力监测。

5.6.27 监测仪器设备应符合下列规定：

1 水击波传感器的工作频率不应小于1000kHz；动水压力测试的传感器的工作频率应小于1kHz，测压量程应大于测点动压范围；

2 记录设备应使用大容量智能数据采集分析系统，其工作频率范围应满足0~10MHz；仅用于动水压力测试的工作频率范围应满足0~10kHz。

5.6.28 测点布置应符合下列规定：

1 邻近建（构）筑物的测点宜布置在距建（构）筑物约 0.2m 的迎水面处；

2 结合监测进行爆破水击波传播规律测试时，测点至爆源的距离，可按爆破规模参考已有的经验公式估算，测点不应小于 5 个，其测点入水深度宜为 0.3～0.5 倍水深。

5.6.29 监测后应填写爆破水击波及动水压力测试记录表。

5.6.30 水下爆破引起的涌浪可能对附近建（构）筑物产生危害时应进行爆破涌浪监测。

5.6.31 涌浪监测项目包括涌浪的压力、浪高及周期，对重要护坡部位还应进行波浪爬高监测。

5.6.32 监测仪器设备宜符合下列规定：

1 涌浪压力监测宜采用压力传感器。

2 浪高和周期宜采用测波标杆或测波器监测。

5.6.33 测点宜布置在被保护建筑物的迎水面 1.5m 以内具有代表性的位置。

5.6.34 监测后应填写爆破涌浪监测记录表。

Ⅷ 验 收

5.6.35 爆破工程验收资料应包括爆破工程设计、施工专项方案及评审报告、爆破工程监测方案、监测报告及监控记录。过程控制资料包括：施工日志、效果分析、技术经济指标及其他过程监测资料等。

5.6.36 监测报告应包括下列内容：

1 监测时间、地点、部位、监测人员、监测目的与内容；

2 监测数据应包括监测环境平面图、监测指标和爆破参数；

3 结果分析与建议。

5.6.37 进行第三方监控时，监控单位应将监测结果在规定时间内报告相关部门。依据监测频度的不同，宜以快报、日报、周报、旬报或月报等形式发送报告，监测报表应按本规范附录 B 的格式填写。

5.6.38 有特殊要求时，应对监测成果进行必要的分析与评价。

附录 A 爆破振动监测记录表

表 A 爆破振动监测记录表

起始时间	年 月 日 时 分 秒	天气		
爆破位置	X=	Y=	H=	
爆破参数	孔数：	孔深：	孔距：	排距：
	单孔装药量：	最大段药量：	总装药量：	
	孔内雷管：	孔间雷管：	排间雷管：	分段数：

续表 A

测点号(位置)	爆心距	仪器编号	水平切向振速(加速度)	频率	竖直向振速(加速度)	频率	水平径向振速(加速度)	频率
	X= Y= H=		合成速度	最大位移	最大加速度		相应频率	
			爆破噪声压强值	dB值	相应频率			
测点号(位置)	爆心距	仪器编号	水平切向振速(加速度)	频率	竖直向振速(加速度)	频率	水平径向振速(加速度)	频率
	X= Y= H=		合成速度	最大位移	最大加速度		相应频率	
			爆破噪声压强值	dB值	相应频率			
测点号(位置)	爆心距	仪器编号	水平切向振速(加速度)	频率	竖直向振速(加速度)	频率	水平径向振速(加速度)	频率
	X= Y= H=		合成速度	最大位移	最大加速度		相应频率	
			爆破噪声压强值	dB值	相应频率			

记录：　　　　　　校核：　　　　　　页码：

附录 B 爆破安全监测报表

表 B 爆破安全监测报表

项目名称			
工程地点		监测时间	
施工单位		现场负责人	
检(监)测单位		现场负责人	
检(监)测仪器型号：		爆破安全指标1控制限值：	
检(监)测仪器型号：		爆破安全指标2控制限值：	
检(监)测仪器型号：		爆破安全指标3控制限值：	
爆破区域描述与桩号			
检(监)测指标			
监测点	距爆源距离(m)	检(监)测指标1：	检(监)测指标2：	检(监)测指标3：
爆破作业参数			
炮孔号	延时段位	药量(kg)	堵塞长(m)	炮孔号	延时段位	药量(kg)	堵塞长(m)

1. 总装药量 $Q_总$ = _____ kg　　2. 最大单段药量 $Q_{单段}$ = _____ kg

爆后现场检查	

主管：　　　　　　复核：　　　　　　记录：

本规范用词说明

1　为便于在执行本规范条文时区别对待，对要求严格程度不同的用词说明如下：

1）表示很严格，非这样做不可的：

正面词采用"必须"，反面词采用"严禁"；

2）表示严格，在正常情况下均应这样做的：

正面词采用"应"，反面词采用"不应"或"不得"；

3）表示允许稍有选择，在条件许可时首先应这样做的：

正面词采用"宜"，反面词采用"不宜"；

4）表示有选择，在一定条件下可以这样做的，采用"可"。

2　条文中指明应按其他有关标准执行的写法为："应符合……的规定"或"应按……执行"。

引用标准名录

1　《工程测量规范》GB 50026

2　《建筑工程施工质量验收统一标准》GB 50300

3　《建筑边坡工程技术规范》GB 50330

4　《爆破安全规程》GB 6722

5　《污水综合排放标准》GB 8978

6　《建筑基坑支护技术规程》JGJ 120

中华人民共和国国家标准

土方与爆破工程施工及验收规范

GB 50201—2012

条 文 说 明

修 订 说 明

《土方与爆破工程施工及验收规范》GB 50201 - 2012，经住房和城乡建设部 2012 年 3 月 30 日以第 1359 号公告批准、发布。

为便于广大设计、施工、科研、学校等单位有关人员在使用本规范时能正确理解和执行条文规定，《土方与爆破工程施工及验收规范》编制组按章、节、条顺序编制了本规范的条文说明，对条文规定的目的、依据以及执行中需注意的有关事项进行了说明，还着重对强制性条文的强制性理由作了解释。但是，本条文说明不具备与规范正文同等的法律效力，仅供使用者作为理解和把握规范规定的参考。

目　次

1 总 则

1.0.1～1.0.3 本规范适用于一般工业与民用建筑的土方与爆破工程施工，对于其他土木工程如铁路、公路、矿山、采掘场、隧道和水利工程等，因各有其施工特点和技术要求，故不包括在本规范内。

厂区内铁路和公路专用线的土方与爆破工程，一般均在整个场地平整中同时进行。施工时除应按本规范规定外，还应符合铁路和公路专门规范的有关要求。

竖井、洞库的石方爆破和沉箱（沉井）的土方开挖，由于其施工方法和技术要求比较特殊，应按专门规程或规定执行。

2 术 语

2.0.3 本规范所指坡度为边坡的高度与水平宽度之比 $H : L$（图1）。

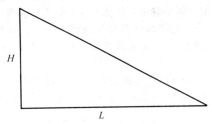

图1 坡度示意图

3 基 本 规 定

3.0.1 在组织土方与爆破工程施工前，建设单位应向施工单位提供当地实测地形图（包括测量成果）、原有地下管线或构筑物竣工图、土石方施工图以及工程地质与水文地质、气象等技术资料，以便编制施工组织设计（或施工方案），并应提供平面控制桩和水准点，作为施工测量和工程验收的依据，确保施工安全。

3.0.3 根据住房和城乡建设部建质〔2009〕87号文《危险性较大的分部分项工程安全管理办法》规定"开挖深度超过3m（含3m）的土方开挖工程"需编制专项施工方案，"开挖深度超过5m（含5m）的基坑专项施工方案"应由施工单位组织专家进行论证。

4 土 方 工 程

4.1 一 般 规 定

4.1.1 对设计方有测量要求的工程，在满足规范的同时，还应满足设计要求。

4.1.3 土方的平衡与调配是土方工程施工的一项重要工作。由设计单位提出基本平衡数据，然后由施工单位根据实际情况进行平衡计算。如工程较大，在施工过程中还应进行多次平衡调整。在平衡计算中，应综合考虑土的松散率、压缩率、沉陷量等影响土方量变化和各种因素。

为了配合城乡建设的发展，土方平衡调配应尽可能与当地市、镇规划和农田水利等结合，将余土一次性运到指定弃土场，做好文明施工。

4.1.4 在土方工程施工中，地下水和地表积水影响施工作业效率、文明施工和环境保护。积水还可能导致边坡、基坑坍塌，因此必须针对现场具体情况编制降水和排水方案，在土方工程施工前实施降水或排水，保证工程的正常实施和安全生产。

4.1.7 场地表面做成一定坡度是为了满足有组织排水的需要，避免场地积水。

4.1.8 在危险地段如河沟边，洞穴口、陡坎处均应设置明显警示标志，以免发生安全事故。夜间施工光线不足，存在安全隐患，施工场地应根据施工操作和运输的要求，设置足够的照明。场地表面整平工作或在悬岩陡坡处施工等，均不宜在夜间进行。

4.2 排水和地下水控制

Ⅰ 排 水

4.2.1 施工现场由于缺乏排水总体规划，以致雨期施工中场地积水对生产影响很大。原排水系统系指自然排水系统和已有的排水设施，规划时应尽量与其相适应。为了减少施工费用，应先做好永久性排水设施，便于施工中的临时排水使用。在山区进行施工时，不应轻易地破坏自然排水系统或山地植被，否则容易引起滑坡，且对当地排灌和防洪也有影响。

4.2.2 在山区施工，由于雨期山洪水对开挖边坡和施工场地的影响很大，故应尽量做好永久性截水沟或设置临时截水沟，并应防止沟壁、沟底渗漏而形成缺口。在平坦或低洼地区施工，由于雨期场外水流入施工现场冲垮基坑（槽）或和沟的边坡，造成施工损失的事例较多，故一般应采取挖掘临时排水沟或做土堤等防治措施。

4.2.3 临时排水沟至回填坡脚的距离应根据场地地形、地质及填筑体材料综合考虑，一般不宜小于500mm。

4.2.4 受污染的水排入市政管道后，不仅会造成市政管网堵塞，还容易导致大规模的地表水和地下水污染。故条文中要求不仅要设置沉淀池，还要水质达到排放标准后才能排放。

Ⅱ 地下水控制

4.2.5、4.2.6 应根据工程要求、场地工程地质与水文地质条件以及地方经验综合确定地下水控制方法。

4.2.7～4.2.9 地下水位降低以及抽水大量出砂易引起地面沉陷、道路开裂以及建筑物变形等工程问题，因此，地下水控制工程中，应合理控制地下水深度，有效控制抽水含砂量，并结合相应措施，使相邻建筑区域地下水水位保持相对稳定，必要时可采取回灌或截水等措施。

4.2.10 坑底突涌有较大的工程危害，施工中遇到这类事故，应及时处理。

4.2.11 本条规定的说明：

    1 临时排水系统如发生渗漏，不仅影响降水效果，而且影响土方施工，甚至造成挖方边坡坍塌等事故，故作此条规定。

    2 降水监测应包括水位观测、抽水含砂率测定以及降水影响区域的环境监测等内容。

    3 降水过程中，由于停电，抽水中断，地下水位回升，必将影响土方施工，甚至造成巨大的损失，所以，设置备用电源是必要的。

    4 降水结束后，为避免废弃的降水管井、观测孔及起拔井管后遗留的空洞可能产生的隐患，应及时回填处理。回填物不能有污染物质是保护地下水资源的举措。

4.3 边坡及基坑支护

4.3.1 支护结构设计前，应收集场地地质勘察报告、周边环境情况调查以及边坡开挖要求等基础资料。

4.3.2 由地方行政主管部门或业主根据工程情况来确定是否进行设计论证，本规范不作具体要求。施工组织设计应达到依据充分、针对性强、措施具体等要求，并经严格审查后，方可实施。

4.3.3 支护方式应根据开挖边坡与建筑物的距离、建筑物的建筑结构、地下设施、开挖地段的地质情况和开挖深度进行综合考虑，除本条规定的支护形式外，尚可采用加筋水泥土桩锚支护、地下连续墙、排桩＋锚索、地下连续墙（排桩）＋内支撑等支护措施。

4.3.4 在施工组织设计中应对各注意事项加以细化，包括排水沟设置、坡顶硬化处理、分层开挖高度以及开挖下层土方对上层支护结构的承载力要求，应由第三方进行边坡及基坑的变形监测。

4.4 土 方 开 挖

4.4.1 使用时间较长的临时性边坡是指使用时间超过一年但不超过两年的土方挖方工程临时边坡。边坡坡度值参考了《建筑地基基础工程施工质量验收规范》GB 50202-2002，并援引 83 版《土方与爆破工程施工及验收规范》的推荐值。

4.4.2 土方开挖过程中原则上必须从上至下分层开挖，确因工作面影响，也必须以保证边坡的稳定为前

提，可以分台阶或分段开挖，禁止从下到上进行开挖；在开挖的过程中，注意观察开挖土质和岩质走向的变化，若发现土质明显弱于设计，岩质走向有顺坡情况，应马上通知设计调整或采用加固措施，防止边坡滑坡。对于大型土石方工程或山区建设，出现滑坡迹象时，对滑坡体应设观测点，随时掌握滑坡发展情况，及时采取有效措施。

4.4.3 对在边坡附近进行堆土的情况作了相关要求，以确保边坡稳定为目的。针对在河道和建（构）筑物附近堆土的情况作了安全方面的要求，主要是为了避免诸如上海莲花河畔在建工程倒塌此类事故的发生。

4.4.5 开挖的过程中应结合边坡的支护方式和设计要求有序开挖，控制好每一层开挖深度，确保开挖过程中边坡的稳定和建筑物的地基及附近建筑物本身的安全。

4.4.8 治理滑坡体的抗滑桩、挡土墙应尽量安排在旱季施工，确实因特殊情况（具有抢险工程性质的）要在雨期进行施工的，应做好以下措施：

    1 对滑坡体周围作好排水和防雨措施，防止雨水进入滑坡体裂缝中，增加滑坡面的不利因素。

    2 应作好滑坡体位移和沉降观测，一旦发现突变和滑坡迹象，施工人员必须迅速撤离现场，确保人员安全。

    3 基槽开挖或孔桩开挖必须分段跳槽（孔）进行施工，施工完一段墙（桩）后再进行下一段施工。

4.5 土 方 回 填

4.5.1 本条规定的说明：

    1 回填施工中，不同的设计要求和质量等级标准要求的施工工艺、方法和施工机具是不同的，在施工前就应充分考虑并做好准备，保证施工能正常进行；

    2 土方回填应从低点开始施工，可以避免增加回填区搭接，有利于填筑体的稳定，减少质量隐患。

4.5.2 回填基底的处理，当设计无要求时，应注意软土地基的处理方法，特别是高回填区（指填土高度大于10m），而坡度又大于1:5的坡地回填的质量控制问题，涉及回填基底和填筑体的沉降，以及填筑体的稳定问题。填筑体的沉降量包括地基受填筑体荷载产生的沉降量和填筑体土体自身的沉降量；填筑体的稳定问题主要是要解决原地基受填筑体荷载产生的压缩变形和填筑体不均匀沉降而产生的变形，避免填筑体产生的不均匀沉降而开裂和填筑体的地基及边坡不稳定而产生滑坡情况。

    1 回填区域为软土或淤泥时，一般采取换填、抛石挤淤；软土层厚度较大时，采用砂垫层、砂井、砂桩、碎石桩、注浆、填石强夯等施工方法，其施工应按国家标准《建筑地基基础工程施工质量验收规范》GB 50202 的有关规定执行。当地基处理完后还

应注意填筑速度控制，必须均匀加载，并进行变形监测，避免因填筑速度过快而影响软土处理效果。

3 对于坡度大于1∶5的填筑工作面，必须将坡面挖成台阶，坡面上的软土应清除，台阶面内倾，台阶高度不高于1m，台阶高宽比为1∶2；若采用填筑体强夯施工，台阶高度可提高到2m左右，台阶高宽比仍为1∶2。

4.5.3 回填土方前应将土料的性质和条件通过试验分析，然后根据施工区域土料特性确定其回填部位和方法，按不同质量要求进行合理调配土方，并根据不同的土质和回填质量要求选择合理的压实设备。

1 土方回填可以根据不同的填料采取不同的填筑方法，回填土料应符合设计要求。土方填料填前应对取料场不同土质的填料通过土工试验作出其最大干密度和最佳含水量，其取样的频率一般要求每5000m³或土质发生变化情况下均要进行取样制标。

3 淤泥和淤泥质土一般不宜作为填料，但通过晾晒后，仍然可以作为回填区次要部位或无压实度要求区域。在实际施工过程中，若施工区域有干密度较大的干土或石渣，可以采用填一层淤泥后再填一层干土或石渣的方法，增加回填区的骨架，从而保证填筑体的质量。淤泥厚度不宜超过300mm，干土或石渣可以按500mm的厚度回填。

4 施工时要注意粗粒和较细粒填料的级配，保证填筑体填料的均匀性；在有打桩的区域，不宜填筑岩质坚硬的石块，更不能出现超大粒径的填料；结构物的附近不能采用强夯法施工。

5 这是防止水对回填土体的侵蚀作用，对回填土体质量有利。

4.5.4 土方回填分层松铺厚度和碾压遍数应根据土质类别、压实机具性能等经试验确定，检测填土压实系数的方法一般采用环刀法、灌砂法、灌水法或水袋法。

4.6 特殊土施工

Ⅰ 软 土 施 工

4.6.1 软土是指天然孔隙比大于或等于1.0，且天然含水量大于液限的细粒土，包括淤泥、淤泥质土、泥炭、泥炭质土等。软土基坑降水，应根据当地土质情况，一般宜在基坑开挖前10d～20d开始。降水施工工期可由设计在施工图中注明，当设计没有明确时，降水应持续到基坑回填完毕。

4.6.2 由于软土的承载力较低，承受荷载后变形大。为了防止在基坑开挖过程中，施工机械的碾压造成基坑边坡失稳，特别是工程采用桩基时，施工机械运行会对工程桩造成挤压破坏。在基坑开挖前，应编制基坑开挖的施工方案，明确施工机械选型、施工机械行驶路线，并对施工机械行驶路线进行加固。同时宜选

用对道路压强较小的施工机械，如履带式、多轮式的施工机械。

4.6.3 土体稳定性验算可采用条分法进行分析，安全系数可根据经验确定，当无经验时可取1.3。当基坑面积大于50m×50m时，开挖前宜先进行局部试挖，根据实际情况，确定边坡坡度。工程桩的桩间土必须随着土方的开挖将其清除，防止土体滑移引起工程桩移位或损坏。

4.6.5 由于软土呈软塑、流塑状，具有较大的流变性，在很多情况下，即使在相当小的剪切荷载作用下，其变形也会随着时间的推移而发展。为了预防土体的时变效应，每天开挖工作停歇时，或因故暂时停止基坑开挖时，开挖面的坡度必须满足施工方案所确定的比例，清除开挖面内的工程桩的桩间土，将施工机械撤离工作面。并应加强观测基坑的变化，及时采取相应措施。

4.6.6 当基坑内有局部加深的如电梯井、消防水池、集水井等深坑时，土方开挖前，应对深坑部位采用钢板桩、水泥搅拌桩等方法进行边坡加固。基坑开挖至设计标高后，及时进行垫层施工，封闭基底。当基坑内有电梯井、消防水池、集水井等局部加深的深坑时，容易对基坑的整体稳定，造成不利影响。故在深坑部位的土方开挖前，一般应对深坑部位进行边坡加固。当地层自身稳固性较强时，可采用放坡、挡墙、喷锚等支护措施。在软土层中可采用钢板桩、水泥搅拌桩等方法进行边坡加固。

4.6.7 软土基坑开挖中均衡分层、对称进行极其重要。多项工程实例证明，基坑开挖超过3m，由于没有分层挖土，由基坑的一边挖至另一边，先挖部分的桩体发生很大水平位移，有些桩由于位移过大而断裂。类似的，由于基坑开挖失当而引起的事故在软土地区屡见不鲜。因此挖土顺序必须合理适当，严格均衡开挖。

4.6.8 工程桩完成后需间隔的时间应根据工程桩的不同类型和土质确定。

Ⅱ 湿陷性黄土施工

4.6.9 在湿陷性黄土地区施工时，除了应根据湿陷性黄土的类型、特点和设计要求做好施工现场的平面规划外，还应根据湿陷等级和场地建（构）筑物的类别做好场地的地基处理。

近年来，随着我国建筑用地的日益紧缺，削山填谷已成为解决建筑用地的主要途径。在一些湿陷性黄土地区，在削山填谷造地的过程中未经勘察和论证，对存在巨厚湿陷性土层的场地上盲目回填造地，给回填场地地基处理造成了极大的难度，也为工程建设留下了隐患。

4.6.13 据调查，在非自重湿陷性黄土场地，长期渗漏点的横向浸湿范围约为10m～12m；在自重湿陷性

黄土场地，长期渗漏点的横向浸湿影响范围约为20m～25m，在新建场地，取土坑有可能成为渗水池，为避免对新建或在建工程造成损坏，应尽量远离。

Ⅲ　膨胀土施工

4.6.15　膨胀土是一类特殊的非饱和土，主要由亲水性矿物组成，具有遇水膨胀、失水收缩的变形特性。具有超固结性、裂隙性、吸水显著膨胀软化、失水收缩开裂且反复变形等工程性质。总体处治原则是隔断水气迁移，减少膨胀土体湿度变化，进而达到减少土体膨胀或收缩的目的，必要时可采取化学改性，掺入石灰、粉煤灰改性，控制其膨胀率。

4.6.16　为了减少基坑暴露时间，验槽后，应及时浇筑混凝土垫层或采用喷（抹）水泥砂浆、土工塑料膜覆盖等封闭坑底措施。边坡面开挖完成后，也应采用类似方法及时封闭。

4.6.17　膨胀性的强弱一般由地质勘察报告提供，或设计文件中规定，也可以通过土工试验确定。按照土的自由膨胀率 F_s 可分为强、中、弱3级：

　　弱性膨胀土：$40\% \leqslant F_s < 65\%$

　　中性膨胀土：$65\% \leqslant F_s < 90\%$

　　强性膨胀土：$F_s \geqslant 90\%$

强性膨胀土难以捣碎压实，同时遇水膨胀、失水收缩率大，不易控制质量，不应作为有质量要求的填料；对于中性膨胀土，可以通过化学处理后（掺石灰、粉煤灰）使用，其胀缩总率接近零，在这种条件下经压实后是稳定的；对于弱性膨胀土，在没有特殊要求的情况下可以直接作为填料，一般采用包边法施工。

Ⅳ　红黏土施工

4.6.22　红黏土是由碳酸盐类经风化（以化学风化为主）后残积、坡积形成的红、棕红、黄褐等色的高塑性黏土。其天然孔隙比大于 1.0 受地下水运动的影响，易产生土洞，土洞如不及时有效的处理，可能进一步发展和坍塌，导致地基基础和地面的沉降，造成不良影响。

4.6.23　黏土天然孔隙比大，颗粒小，受地表水的浸润，会导致抗剪强度的急剧下降。土体变干会导致干缩，引起边坡的坍塌，因此要求对边坡进行稳定性评价，在此基础上合理确定支护措施。当采用自然放坡边坡时要有防冲刷措施。如采用土工布覆盖外复土植草，直接挂钢筋网喷混凝土层等措施进行防护。

Ⅴ　盐渍土施工

4.6.24、4.6.25　化学成分及含盐量超标的盐渍土对地基和基础均有不利影响，当土中含盐量小于 0.5% 时，对土的物理力学性能影响较小；当土中含盐量超过 0.5% 时，土的物理力学性能受到影响；当土中含盐量大于 3% 时，土的物理力学性能有较大影响。此时，土的物理力学性能主要取决于盐分和含盐种类，而土本身颗粒组成退居次要地位。含盐量愈多，则土的液限、塑限愈低，在含水率较小时，土就会达到液性状态而失去强度。

盐渍土在干燥时盐类呈结晶状态，地基有较高的强度；但在浸水后易溶解变为液态，强度降低，压缩性增大。土中含硫酸盐结晶时，体积膨胀，溶解后体积收缩，易使地基受胀缩的影响。土中含硫酸盐类时，液化后使土松散，会破坏地基的稳定性。盐渍土对混凝土、钢材、砖等建筑材料有一定腐蚀作用，尤其是含盐量超标时，腐蚀作用更为明显。

4.6.26　盐渍土填料的含盐量不得过高，否则不易压实，影响回填质量。

4.6.27　对回填基土表层和填料为盐渍土的情况进行了要求：

　1　盐渍土在干燥状态下，其强度比不含盐的土还高，但含水量增加后，强度会急剧降低，故盐渍土施工应尽量在地下水位较低的季节进行。

　2　如地下水位较高且基土比较松软时，应按设计要求在回填底部做好反滤层、隔水层，以阻止毛细水上升，影响盐渍土回填的强度。隔水层一般可采用：①由卵石、碎石、砾石或砾砂等作成反滤层；②石灰沥青膏隔断层。

　3　使用盐渍土填料时，其压实系数与填料的关系是：压实系数愈大，则达到某一密实度所容许的土中含盐量愈高；压实系数愈小，则容许的含盐量愈低。因此，当土中含盐量较高，要降低含盐量又极有困难时，应采用加大压实功能的办法，即采用重型辗压机械，尤其在干旱缺雨地区，更应如此。

　4　盐渍土的含盐量随深度而逐渐减少，在旱季时，由于地面水分的蒸发，盐分不断聚集于表面，造成表层结疤、结壳及壳下的松散土层，因此必须清除，以免引起上部回填再盐渍化。

　5　为防止雨水渗入回填土，使盐渍土溶湿而降低强度，故应按设计要求做好表面处理。

4.7　特殊季节施工

Ⅰ　雨期施工

4.7.1　雨期施工，填料的含水量容易偏高，压实质量难以达到设计要求，故工作面不宜过大，应逐段、逐片的分期进行。对于重要的或压实系数要求较高的回填工程，为了确保回填质量，不宜在雨期施工。

4.7.3　雨期施工时排水、防洪等措施都十分重要，均应在雨期施工前做好准备，防患于未然。

4.7.5　各道工序连续进行，有利于控制填料的含水量，防止表面积水而影响压实质量。如雨前来不及压完已铺填料，应将表面压光以便断续填料施工，待雨后表面晾干再行补压。

4.7.6 雨期施工中，回填质量的一个关键因素是填料含水量。本条所提出的几种措施，可供施工单位结合工程具体情况选择，以保证填料和回填质量。

4.7.7 雨期施工中，基坑（槽）或管沟的边坡容易受雨水冲刷坍塌，故应注意边坡的稳定，必要时应采取相应措施。

4.7.8 在坑（槽）外侧围以土堤或开挖排水沟，是防止地面水冲塌边坡的有效措施，特别是在软弱土地区更应注意。

Ⅱ 冬 期 施 工

4.7.9 因冬期施工的费用较大，一般不宜采用。如工程急需，必须在冬期施工时，应根据土质情况、冻结深度、设备条件、工程特点和能源供应等情况，进行技术经济比较，合理选择施工方法。

4.7.10 防止土遭受冻结的方法，目前仍然是东北地区冬期开挖土方的一种常用的比较经济的方法。

4.7.11 本条根据我国东北地区的施工经验，并参考原苏联的有关资料，提出根据冻土厚度选择开挖、松碎机械的一些原则要求。

4.7.12 东北等地在融化冻土施工中，主要采用烟火烘烤法，蒸汽融化法次之，电热法因耗电大、成本高，很少采用。无论采用哪种方法，都应分段进行，以免土融化后来不及挖运而再次冻结。

4.7.13 因回填沉陷量受多种因素（如回填基土土质、压实质量、冻土含量等）的影响，应由设计单位根据具体要求确定。

4.7.14 本条根据《建筑地面工程施工及验收规范》GB 50209-2010和高等级公路冬期施工要求拟定。

4.7.16 冬期回填高度随室外平均气温有所限制。

4.7.17 对设计无特殊要求的平整场地回填，可用含有冻土块的填料填筑，但对填筑提出了具体规定。

4.7.18～4.7.20 冬期挖方的关键问题是防止冻害，防止基底土冻结、防止对邻近建（构）筑物基础或其他地下设施产生冻结破坏，故应采取相应的防冻措施。

4.7.21 本条对冬期回填基坑（槽）或管沟作了明确的补充规定，以防止冻害，保证回填质量。

东北地区有些施工单位，对于在冻结期间不使用的管道，回填时未限制冻土块的含量和粒径，待化冻并沉落后再作补压（夯）处理。

4.7.22 本条系参考《铁路桥涵施工规范》TB 10203-2002有关规定和青藏高原多年冻土区施工技术总结，要充分考虑人、机、工程三者和气候自然条件的协调。既要避开人员和机械难以适应（气温与氧分压最低）的严寒月份（1月～2月）施工，也尽可能地不在冻土热融活动最活跃的月份（7月～8月）施工。高含冰量冻土路堑堑顶挡水板的埋

设选择在9月～10月份施工，路堑开挖选择在9、10、11月和3、4、5月，在6月底前完成基底及边坡换填，其他附属工程可在暖季进行。设置排水设施本着既保护冻土又尽量不破坏或少破坏地表的天然环境。

4.7.23 冬期施工、机具设备、炸药、油料等应注意安全，并采取相应保温或防冻措施。

4.7.24 在新疆土方施工中，化冻时期施工最困难。本条系根据新疆机械化工程公司的施工经验所拟定。

4.8 质 量 验 收

Ⅱ 土 方 开 挖

4.8.7 坡度检查方法为：将上、下两条边平行的2m靠尺顺边坡坡度方向置于边坡表面，再用坡度尺量测靠尺坡度，作为边坡坡度代表值。

4.8.9 土方开挖应保证平面尺寸达到设计要求，土方开挖平面边界尺寸受支护结构控制时，如排桩、地下连续墙支护下的土方开挖，不受本条限制；支护结构的施工质量与允许偏差应符合设计文件和相关专业规范要求。

5 爆 破 工 程

5.1 一 般 规 定

5.1.1 本条文中爆破施工企业是指按施工企业资质证书管理规定的标准取得爆破与拆除工程专业承包企业资质的施工企业，安全生产许可证书指企业依据《安全生产许可证条例》取得的《建筑施工安全许可证书》、《企业爆破作业证书》及《从业人员爆破作业证书》。

5.1.2 本条增加了爆破专项施工方案的要求。

5.1.3 爆破作业安全准备工作是非常重要的环节，本条重点提出组织机构及人员分工、爆破作业通告、安全警戒范围及警戒、清理现场四个方面内容。

5.1.4 使用过期或变质的爆破器材其性能得不到保证，会严重影响爆破效果，甚至还会引起安全事故。私自配制炸药严重违反《民用爆炸物品安全管理条例》，造成严重后果的还要追究刑事责任。

5.1.5 销毁爆炸物品是一项技术难度、作业难度、组织难度都非常大的危险性工作，稍有疏忽就会造成严重后果。

5.1.6 爆破器材临时储存及修建临时爆破器材库房必须经过公安管理部门的许可，修建临时库应通过安全评价合格的程序要求。

5.1.7 在同一区域或工作面上，多个爆破单位作业协调是现场爆破作业安全管理容易造成推诿和漏洞的环节，本条规定必须由建设单位负责协调指挥。

5.1.8 应将没有形成雷管脚线网路闭合面积的保持短路，将起爆网路形成闭合面积的保持断路，防止产生感应电流引起早爆。

5.1.9 现场起爆设备是指起爆器或起爆电源、起爆发电机等；检测仪表是指电雷管检测专用电桥或其他专用检测仪表等。

5.1.10 有水环境是指炮孔有水、水压爆破、水下爆破情形。

5.1.11 由于爆破作业现场的条件千差万别，应根据实际情况选择符合安全要求的场所，增加了现场可操作性。

5.1.12 本条强调了爆破作业人员按设计装药，不得擅自改变爆破参数；使用金属杆（管）捣捅药包会产生静电、火花或机械冲击力大等现象，容易造成火工品早爆，特别是带有雷管的药包。对爆破前检查也作了规定。

5.1.13 本条对爆后检查作出了必须首先检查盲炮，是否有未爆的火工品的规定，发现盲炮上报的目的是防止擅自处理。其他险情涵盖的内容比较多，根据爆破工程的实际情况确定。

5.1.14 在天气及气候条件不正常或变化比较大时，爆破作业容易出现准备不充分或慌乱等情形，视距不足会造成警戒困难。

5.2 起爆方法

Ⅰ 电力起爆

5.2.1 使用电雷管时，必须注意检查电雷管的质量及来源、型号、批次及说明书，了解电雷管的参数及安全要求。有损伤或缺陷的电雷管容易出现早爆或拒爆的情况，不能使用。

5.2.2 爆破专用电桥或检测仪表不同一般的万用表，其内部构造均做了防潮防水及密封处理，其导通检查电流小于 30mA，使用其他的电桥不能保证检查雷管时的安全。

5.2.3 本条规定了流经每个雷管的电流要求是保证准爆的条件，也是网路设计校核的标准。起爆器起爆时，应注意阅读起爆器说明书与雷管说明书，使其相互匹配。

5.2.4 成组电雷管准爆的必要条件是各组电雷管阻值达到平衡，且满足准爆电流要求。

5.2.5 本条重点强调网路的导线符合绝缘性能和线芯截面积的要求。绝缘不好会损失电流，线芯截面积是决定导线电阻的重要因素，减小导线电阻保证起爆电流足够是电爆网的基本要求。

5.2.6 本条规定了连接网路的顺序，强调导线连接点的要求，接头虚接或接触不良影响导通的现象比较多，其很重要的原因就是作业人员不注重接点的质量。作业人员刚装完炸药就连接导线容易使导线连接

点受到腐蚀性污染。

5.2.7 交流电起爆容易在闸刀开关的导通与关闭的管理上出现盲区，本条强调其管理细节。

5.2.8 本条明确提出电雷管药包装药时，爆破设计方案必须给出用电安全范围和用电安全要求。

5.2.9 电爆网路最大的技术特点就是可定量检测，通过检测电阻值可判断网路连接状态。

5.2.10 本条规定起爆后细节程序，并规定瞬发网路和延期雷管网路爆后进入现场的时间规定。

Ⅱ 导爆索起爆

5.2.11 导爆索是由猛性炸药加工而成的索状材料，其爆炸传爆性能非常强，连接时不需附加能量；由于传爆速度和爆炸力比较高，接头必须牢靠。

5.2.12 导爆索具有单向传爆特征，主线与支线搭接后的夹角小于 90°是指两线沿传爆方向形成的夹角小于 90°。

5.2.13 切割带有雷管或药包的导爆索，增加了早爆可能性的同时，还增大了早爆的后果严重度，必须严禁。

5.2.14 提出导爆索铺设的要求，特别注意导爆索传爆中相互干扰的因素。

5.2.15 导爆索传爆具有方向性。

5.2.16 双发雷管起爆导爆索增加起爆可靠性。

5.2.17 导爆索属于线性炸药，在露天传爆相当于裸露药包爆炸，其冲击波、噪声危害突出，对环境要求比较高。

Ⅲ 导爆管起爆

5.2.18 导爆管雷管的选取应参照电雷管的规定选用，也应按厂家说明书规定方法操作，同一网路应是同厂、同型号、同批次产品。

5.2.19 现场敷设导爆管网路时的检查要求。

5.2.20 设计导爆管网路时，应复核导爆管网路延时时间。

5.2.21 导爆索起爆导爆管网路时，采用直角连接方式比较可靠。

5.2.22 防止雷管聚能穴炸断导爆管的主要措施是：雷管端部（聚能穴）禁止朝向导爆管传爆方向，并用胶布捆扎牢实。当周围网线布置密度较大时，应当附加橡胶保护管，套封整个雷管。

5.2.23 导爆索孔外延时传爆时，前一段网路起爆后容易破坏后续网路，在网路延时设计和现场连接时必须加以考虑并采取措施。

5.2.24 规定了检查网路顺序、爆后检查发现盲炮。

5.3 露天爆破

5.3.1 深孔爆破通常是孔径大于 50mm 且孔深大于 5m 的台阶爆破，反之则称为浅孔爆破。

5.3.2 深孔爆破机械化程度较高，施工精度、工艺控制及安全管理水平明显改善，已成为岩土爆破中政策性推广的主导工艺。

5.3.3 浅孔爆破是最普通的爆破方法，广泛应用于土石方基础开挖、地下工程掘进及城市拆除爆破等。但对于爆破开挖量大的工程不适合。

5.3.4 对炮孔保证质量要求的规定。

5.3.5 对炮孔安全作业提出的要求。

5.3.6 对炮孔装药的要求。

5.3.7 第一排孔的最小抵抗线一般不太容易控制，抵抗线偏小处或薄弱部位会产生飞石，在实际装药中应进行必要的调整或采取防护措施。

5.4 控 制 爆 破

Ⅰ 边坡控制爆破

5.4.1 将预裂爆破和光面爆破定义为边界控制爆破的主要方法。

5.4.2 借鉴了铁路和公路路堑开挖预裂爆破技术要点，对预裂爆破提出应符合的规定。

5.4.3 借鉴了铁路和公路路堑开光面裂爆破技术要点，对光面爆破提出应符合的规定。

5.4.4 光面、预裂爆破装药结构设计要求。

5.4.5 光面、预裂爆破网路连接的要求。

5.4.6 光面、预裂爆破钻孔的要求。

5.4.7 光面、预裂爆破质量验收的要求。

Ⅱ 拆除爆破

5.4.8 拆除爆破前，对被拆建筑物结构性能及材质，对爆破影响区域内的管网及设施等必须进行彻查并做好勘验资料，防止爆破作业中损毁。特别是地下隐蔽管网及设施。

5.4.9 爆破安全防护设计应该涵盖的内容，该款规定的内容都是爆破风险比较大且又容易被忽视的内容。

5.4.10 明确规定预拆除设计要求，必须通过结构力学校核确保结构稳定，防止在拆除过程中坍塌，现场预拆除必须有工程技术人员现场监督指导的规定。

5.4.11 试验爆破是非常有效确定控制爆破参数的方法，在重要工程或结构材质不明时，试爆是非常有效的。

Ⅲ 水压爆破

5.4.12 水压爆破网路的可靠性要求比较高，采用复式网路，减少导爆管接头或接点，可提高可靠度。

5.4.13 水压爆破地下设施时在侧面和底部尽可能地开挖临空面。在临空面侧不应有水，有水会形成水压，影响破碎效果。

5.4.14 开口容器水压爆破，会产生水柱、散落或形

成水患，对周围设备设施有危害影响，必须进行校核计算，估计对其影响程度。

5.5 其他爆破

Ⅰ 水下爆破

5.5.1 水下爆破对环境安全的影响主要包括地震效应、水中冲击波及涌浪和砂基的振动液化等问题，其危害涉及地质构造、水工构筑物和附近地面建（构）筑物、船只通航以及水生物、水产养殖等情况，应在设计文件中充分体现，并依据相关规定确定安全警戒范围及相应的安全防护措施。

5.5.2 在有通航要求的水域水下爆破，牵涉的监督部门比较多，如港航监督部门、水上安全监督部门、火工品监督管理部门等，必须协调警戒。

5.5.3 水下钻孔爆破作业的具体要求。

Ⅱ 冻土爆破

5.5.4 冻土爆破在我国北方地区和西部地区广泛存在，爆破器材应具有抗冻和抗水性能。

5.5.5 冻土爆破后必须及时运走或清除，否则又被冻结。

5.5.6 垂直炮孔冻土爆破时，孔深宜为冻土厚度的0.7～0.8倍，这样能保证炸药在冻土层分布相对均匀，保证爆破松动效果。

5.5.7 冻土由于其冻结深度不同，冻土强度差别比较大，建议参照软岩至中等坚硬岩石的爆破参数。

Ⅲ 沟槽爆破

5.5.8 有控制爆破要求的情形，沟槽爆破可采用延时爆破技术，实现弱震动、低噪声。

5.5.9 沟壁垂直的爆破，可采用台阶爆破技术、倾斜炮孔爆破方法等。

5.5.10 在平地开挖沟槽，可采用掏槽爆破技术。

5.5.11 沟槽爆破可采用光面、预裂等技术，实现边控。

5.5.12 沟槽爆破孔深一般小于开口宽度的1/2，爆破效果才能显著，否则夹制作用很大爆破效果差。

5.6 爆破工程监测与验收

Ⅰ 一般规定

5.6.1 爆破工程监测机构法定资质是指具有技术监督部门认定的，具有独立出具公正数据的机构。爆破工程监测资质是指持有国家质量技术监督部门颁发的《计量认证证书》。其中，核定的检测范围应包括爆破工程监测的有关内容。

5.6.2 监测机构应编制爆破工程监测方案。承担爆破工程监测的机构，应按相关技术标准编制爆破工

监测方案，包括监测设计、实施计划和步骤。

5.6.3 监测采用定量监测与现场调查结合的方法。比较符合目前爆破监测的实际情况。爆破安全检（监）测除采用仪器检（监）测外，还应在一定范围内同时进行现场调查。调查内容包括：目标物的结构特征、抗震能力、原有裂隙及其变化、有无新裂隙产生、外观及其结构变化程度等。

5.6.4 爆破工程监测的要求，包括下列内容：

1 测点布置既要能较全面地反映爆破作业（爆炸作用）的影响，又要能突出重点，做到少而精。利用静态检（监）测断面，既能收集到爆破（炸）影响观测资料，又便于动静资料对比分析，还可实现安全监控。静态检（监）测宜选择变形观测、裂隙观测等方法；

2 测试设备应可靠、耐久、经济、实用并力求先进；

3 测试设备按设计要求安装和埋设完毕后，应绘制安装分布图、填写记录表等作为过程控制文件，存档备案。

5.6.5 监测仪器必须满足爆破工程环境的要求，抗高温、防水防潮、防尘等要求。选择监测仪器时，必须符合工地的条件。

5.6.6 监测仪器、设备必须经过检定、校准和期间核查，才能保证监测仪器设备的计量准确性。

5.6.7 强调爆破工程监测现场作业安全，监测人员必须遵守现场爆破作业安全规定。

Ⅱ 监测方案

5.6.8 爆破工程监测前期准备非常重要，应包括：

1 收集工程爆破设计、施工、地质、地形及静态监测资料，才能对爆破（炸）作业可能会出现的有害效应及影响区域进行初步分析，为监测提供依据；

2 在爆破施工时，用于爆破作业对象、爆破作业环境和爆破方法等的不同都会影响到监测，因此要根据爆破施工的具体情况，确定监测目的、监测项目、监测范围和监测时间。

3 实地勘察和社会调查是进行爆破工程监测的前提。

5.6.9 规定了爆破工程监测方案的内容。

Ⅲ 现场调查与观测

5.6.10 爆破工程对保护对象可能产生危害时，进行现场调查与观测，目的是对爆破施工影响范围的预估，同时也是协调爆破施工环境的需要。

5.6.11 现场调查与观测是对爆区周围的保护对象进行大范围的查看，并有针对性地对保护对象进行爆破前后对比观测，一般都采用对比检测法。通过爆破工程实施前后保护或影响对象的表征变化程度进行爆破影响的判定依据。

5.6.12 规定了现场调查与观测方法及涵盖的内容。

Ⅳ 质点振动监测

5.6.13 描述工程爆破振动主要指标是振动速度和加速度，根据需要可以选择不同质点振动指标进行监测。

5.6.14 本条是对监测仪器设备技术指标的要求。

1 表5.6.14中频率范围是根据大量实测资料统计而来，实践中可根据爆破类型、测点的远近，选择不同类型的传感器；

2 一个周期振动至少采样12点，才能较真实地反映被测物理量的特征。因此，记录设备的采样频率应大于12倍被测物理量的可能最高主振频率；

3 传感器和记录设备均有量程范围，当被测物理量预估幅值超过测试系统的量程时，应采取措施对传感器的输出信号进行衰减，或选择其他能满足要求的设备。

5.6.15 规定了现场爆破振动监测涵盖的内容。

5.6.16 对监测数据的判别与评价，必须设定指标。

Ⅴ 有害气体监测

5.6.17 《爆破安全规程》GB 6722规定的地下爆破作业点有害气体允许浓度。

5.6.18 规定施工单位定期检测爆破作业点有害浓度的要求。如：爆破炸药量增加、更换炸药品种或施工方法、施工条件发生改变时，应在爆破前后测定爆破有害气体浓度。

5.6.19 目前智能技术发展非常快，采用便携式有害气体检查仪器，灵活方便，便于应用。

5.6.20 炮烟中毒的事件时有发生，应积极做好现场的记录用于分析。

Ⅵ 冲击波及噪声测试

5.6.21 爆破冲击波超压及噪声的测试宜采用专用仪器。仪器的校准应由具有相应能力和资格的国家计量认证检测部门定期完成，并出具校准证书或校准报告。期间核查是保证仪器处于良好工作状态的基本工作内容，应根据实际情况，及时进行期间核查，确保测试数据的准确性。

5.6.22 测点布置必须经过设计，并符合监测测点布置要求。由于敏感建筑物、建筑物的敏感部位或需保护的敏感区域等方位不同，同一次爆破，宜同时选择几个测点。

5.6.23 监测应按要求做好记录。

5.6.24 爆破空气超压安全允许标准，采用《爆破安全规程》GB 6722-2011中的规定。

5.6.25 爆破噪声声压级与实测超压的换算方法。

Ⅶ 水击波、动水压力及涌浪监测

5.6.26 水下爆破时，水击波及动水压力是可能产生坏作用的因素，是对爆区附近的保护对象进行安全监测的指标。

.6.27 监测水击波的仪器设备要求。

.6.28 监测水击波传感器测点布置应符合的要求。

.6.29 监测水击波数据记录的要求。

.6.30 涌浪也是水下爆破的危害之一，在有可能造成危害时，应进行监测。

.6.31 涌浪监测指标的要求。

.6.32 监测涌浪的仪器设备的要求。

.6.33 监测涌浪传感器的测点布置应符合的要求。

.6.34 监测涌浪的数据记录要求。

Ⅷ 验 收

.6.35 爆破工程验收资料应包括工程设计是为了解工程对爆破作业的要求，爆破施工专项方案包括爆破设计、爆破技术说明书及相对应的工程图、爆破施工专项方案等；包括其评审报告；爆破工程监测设计方案、监测报告及监测记录等。

5.6.36 监测报告必须涵盖的内容。

5.6.37 第三方爆破工程监测方案及监测结果，应按规定报告给相关部门。

快报是指监测完马上对结果进行处理，形成的初步报告；其他按日、周、半月及月报等形式。目的是通过监测结果，对爆破作业进行控制。

5.6.38 特殊要求是指爆破工程有害效应影响对象牵涉到多方，应以爆破工程监测的成果作为依据，分析爆破工程有害因素的风险，对可能影响发生的可能性及后果程度必须进行评价。开展该项工作主要技术负责人应由持有爆破工程技术、安全评价及工程检测、监测等工程技术资质证书的上岗人员担任。

中华人民共和国国家标准

木结构工程施工质量验收规范

Code for acceptance of construction quality
of timber structures

GB 50206—2012

主编部门：中华人民共和国住房和城乡建设部
批准部门：中华人民共和国住房和城乡建设部
施行日期：2 0 1 2 年 8 月 1 日

中华人民共和国住房和城乡建设部
公　告

第 1355 号

关于发布国家标准《木结构
工程施工质量验收规范》的公告

　　现批准《木结构工程施工质量验收规范》为国家标准，编号为 GB 50206‑2012，自 2012 年 8 月 1 日起实施。其中，第 4.2.1、4.2.2、4.2.12、5.2.1、5.2.2、5.2.7、6.2.1、6.2.2、6.2.11、7.1.4 条为强制性条文，必须严格执行。原国家标准《木结构工程施工质量验收规范》GB 50206‑2002 同时废止。

　　本规范由我部标准定额研究所组织中国建筑工业出版社出版发行。

中华人民共和国住房和城乡建设部

2012 年 3 月 30 日

前　言

　　本规范是根据原建设部《关于印发〈2006 年工程建设标准规范制订、修订计划（第一批）〉的通知》（建标 [2006] 77 号）的要求，由哈尔滨工业大学和中建新疆建工（集团）有限公司会同有关单位对原国家标准《木结构工程施工质量验收规范》GB 50206‑2002 进行修订而成。

　　本规范在修订过程中，规范修订组经过广泛的调查研究，总结吸收了国内外木结构工程的施工经验，并在广泛征求意见的基础上，结合我国的具体情况进行了修订，最后经审查定稿。

　　本规范共分 8 章和 10 个附录，主要内容包括：总则、术语、基本规定、方木与原木结构、胶合木结构、轻型木结构、木结构的防护、木结构子分部工程验收等。

　　本规范中以黑体字标志的条文为强制性条文，必须严格执行。

　　本规范由住房和城乡建设部负责管理和对强制性条文的解释，由哈尔滨工业大学负责具体技术内容的解释。在执行本规范过程中，请各单位结合工程实践，提出意见和建议，并寄送到哈尔滨工业大学《木结构工程施工质量验收规范》编制组（地址：哈尔滨市南岗区黄河路 73 号哈尔滨工业大学（二校区）2453 信箱，邮编：150090，电子邮件：e. c. zhu@hit. edu. cn），以供今后修订时参考。

　　本规范主编单位、参编单位、参加单位、主要起草人员和主要审查人员：

　　主编单位：哈尔滨工业大学

参编单位：	中建新疆建工（集团）有限公司
	四川省建筑科学研究院
	中国建筑西南设计研究院有限公司
	同济大学
	重庆大学
	东北林业大学
	中国林业科学研究院
	公安部天津消防研究所
参加单位：	加拿大木业协会
	德胜洋楼（苏州）有限公司
	苏州皇家整体住宅系统股份有限公司
	明迪木构建设工程有限公司
	上海现代建筑设计有限公司
	山东龙腾实业有限公司
	长春市新阳光防腐木业有限公司

主要起草人员：	祝恩淳	潘景龙	樊承谋
	倪春	李桂江	王永维
	杨学兵	何敏娟	程少安
	倪竣	聂圣哲	张学利
	周淑容	张盛东	陈松来
	许方	蒋明亮	方桂珍
	倪照鹏	张家华	姜铁华
	张华君	张成龙	

主要审查人员：	刘伟庆	龙卫国	张新培
	申世杰	刘雁	任海清
	杨军	王力	王公山
	丁延生	姚华军	

目　次

Contents

1 总　则

1.0.1 为加强建筑工程质量管理，统一木结构工程施工质量的验收，保证工程质量，制定本规范。

1.0.2 本规范适用于方木、原木结构、胶合木结构及轻型木结构等木结构工程施工质量的验收。

1.0.3 木结构工程施工质量验收应以工程设计文件为基础。设计文件和工程承包合同中对施工质量验收的要求，不得低于本规范的规定。

1.0.4 本规范应与现行国家标准《建筑工程施工质量验收统一标准》GB 50300 配套使用。

1.0.5 木结构工程施工质量验收，除应符合本规范外，尚应符合国家现行有关标准的规定。

2 术　语

2.0.1 方木、原木结构　rough sawn and round timber structure

承重构件由方木（含板材）或原木制作的结构。

2.0.2 胶合木结构　glued-laminated timber structure

承重构件由层板胶合木制作的结构。

2.0.3 轻型木结构　light wood frame construction

主要由规格材和木基结构板，并通过钉连接制作的剪力墙与横隔（楼盖、屋盖）所构成的木结构，多用于 1 层～3 层房屋。

2.0.4 规格材　dimension lumber

由原木锯解成截面宽度和高度在一定范围内，尺寸系列化的锯材，并经干燥、刨光、定级和标识后的一种木产品。

2.0.5 目测应力分等规格材　visually stress-graded dimension lumber

根据肉眼可见的各种缺陷的严重程度，按规定的标准划分材质和强度等级的规格材，简称目测分等规格材。

2.0.6 机械应力分等规格材　machine stress-rated dimension lumber

采用机械应力测定设备对规格材进行非破坏性试验，按测得的弹性模量或其他物理力学指标并按规定的标准划分材质等级和强度等级的规格材，简称机械分等规格材。

2.0.7 原木　log

伐倒并除去树皮、树枝和树梢的树干。

2.0.8 方木　rough sawn timber

直角锯切、截面为矩形或方形的木材。

2.0.9 层板胶合木　glued-laminated timber

以木板层叠胶合而成的木材产品，简称胶合木，也称结构用集成材。按层板种类，分为普通层板胶合木、目测分等和机械分等层板胶合木。

2.0.10 层板　lamination

用于制作层板胶合木的木板。按其层板评级分等方法不同，分为普通层板、目测分等和机械（弹性模量）分等层板。

2.0.11 组坯　combination of laminations

制作层板胶合木时，沿构件截面高度各层层板质量等级的配置方式，分为同等组坯、异等组坯、对称异等组坯和非对称异等组坯。

2.0.12 木基结构板材　wood-based structural panel

将原木旋切成单板或将木材切削成木片经胶合热压制成的承重板材，包括结构胶合板和定向木片板，可用于轻型木结构的墙面、楼面和屋面的覆面板。

2.0.13 结构复合木材　structural composite lumber（SCL）

将原木旋切成单板或切削成木片，施胶加压而成的一类木基结构用材，包括旋切板胶合木、平行木片胶合木、层叠木片胶合木及定向木片胶合木等。

2.0.14 工字形木搁栅　wood I-joist

用锯材或结构复合木材作翼缘、定向木片板或结构胶合板作腹板制作的工字形截面受弯构件。

2.0.15 齿板　truss plate

用镀锌钢板冲压成多齿的连接件，能传递构件间的拉力和剪力，主要用于由规格材制作的木桁架节点的连接。

2.0.16 齿板桁架　truss connected with truss plates

由规格材并用齿板连接而制成的桁架，主要用作轻型木结构的楼盖、屋盖承重构件。

2.0.17 钉连接　nailed connection

利用圆钉抗弯、抗剪和钉孔孔壁承压传递构件间作用力的一种销连接形式。

2.0.18 螺栓连接　bolted connection

利用螺栓的抗弯、抗剪能力和螺栓孔孔壁承压传递构件间作用力的一种销连接形式。

2.0.19 齿连接　step joint

在木构件上开凿齿槽并与另一木构件抵承，利用其承压和抗剪能力传递构件间作用力的一种连接形式。

2.0.20 墙骨　stud

轻型木结构墙体中的竖向构件，是主要的受压构件，并保证覆面板平面外的稳定和整体性。

2.0.21 覆面板　structural sheathing

轻型木结构中钉合在墙体木构架单侧或双侧及楼盖搁栅或椽条顶面的木基结构板材，又分别称为墙面板、楼面板和屋面板。

2.0.22 搁栅　joist

一种较小截面尺寸的受弯木构件（包括工字形木搁栅），用于楼盖或顶棚，分别称为楼盖搁栅或顶棚搁栅。

2.0.23 拼合梁　built-up beam

将数根规格材（3根～5根）彼此用钉或螺栓拼合在一起的受弯构件。

2.0.24 檩条 purlin

垂直于桁架上弦支承椽条的受弯构件。

2.0.25 椽条 rafter

屋盖体系中支承屋面板的受弯构件。

2.0.26 指接 finger joint

木材接长的一种连接形式，将两块木板端头用铣刀切削成相互啮合的指形序列，涂胶加压成为长板。

2.0.27 木结构防护 protection of wood structures

为保证木结构在规定的设计使用年限内安全、可靠地满足使用功能要求，采取防腐、防虫蛀、防火和防潮通风等措施予以保护。

2.0.28 防腐剂 wood preservative

能毒杀木腐菌、昆虫、凿船虫以及其他侵害木材生物的化学药剂。

2.0.29 载药量 retention

木构件经防腐剂加压处理后，能长期保持在木材内部的防腐剂量，按每立方米的千克数计算。

2.0.30 透入度 penetration

木构件经防护剂加压处理后，防腐剂透入木构件按毫米计的深度或占边材的百分率。

2.0.31 标识 stamp

表明材料构配件等的产地、生产企业、质量等级、规格、执行标准和认证机构等内容的标记图案。

2.0.32 检验批 inspection lot

按同一的生产条件或按规定的方式汇总起来供检验用的，由一定数量样本组成的检验体。

2.0.33 批次 product lot

在规定的检验批范围内，因原材料、制作、进场时间不同，或制作生产的批次不同而划分的检验范围。

2.0.34 进场验收 on-site acceptance

对进入施工现场的材料、构配件和设备等按相关的标准要求进行检验，以对产品质量合格与否做出认定。

2.0.35 交接检验 handover inspection

施工下一工序的承担方与上一工序完成方经双方检查其已完成工序的施工质量的认定活动。

2.0.36 见证检验 evidential testing

在监理单位或者建设单位监督下，由施工单位有关人员现场取样，送至具备相应资质的检测机构所进行的检验。

3 基 本 规 定

3.0.1 木结构工程施工单位应具备相应的资质、健全的质量管理体系、质量检验制度和综合质量水平的考评制度。

施工现场质量管理可按现行国家标准《建筑工程施工质量验收统一标准》GB 50300 的有关规定检查记录。

3.0.2 木结构子分部工程应由木结构制作安装与木结构防护两分项工程组成，并应在分项工程皆验收合格后，再进行子分部工程的验收。

3.0.3 检验批应按材料、木产品和构、配件的物理力学性能质量控制和结构构件制作安装质量控制分别划分。

3.0.4 木结构防护工程应按表 3.0.4 规定的不同使用环境验收木材防腐施工质量。

表 3.0.4 木结构的使用环境

使用分类	使用条件	应用环境	常用构件
C1	户内，且不接触土壤	在室内干燥环境中使用，能避免气候和水分的影响	木梁、木柱等
C2	户内，且不接触土壤	在室内环境中使用，有时受潮湿和水分的影响，但能避免气候的影响	木梁、木柱等
C3	户外，但不接触土壤	在室外环境中使用，暴露在各种气候中，包括淋湿，但不长期浸泡在水中	木梁等
C4A	户外，且接触土壤或浸在淡水中	在室外环境中使用，暴露在各种气候中，且与地面接触或长期浸泡在淡水中	木柱等

3.0.5 除设计文件另有规定外，木结构工程应按下列规定验收其外观质量：

1 A级，结构构件外露，外观要求很高而需油漆，构件表面洞孔需用木材修补，木材表面应用砂纸打磨。

2 B级，结构构件外露，外表要求用机具刨光油漆，表面允许有偶尔的漏刨、细小的缺陷和空隙，但不允许有松软节的孔洞。

3 C级，结构构件不外露，构件表面无需加工刨光。

3.0.6 木结构工程应按下列规定控制施工质量：

1 应有本工程的设计文件。

2 木结构工程所用的木材、木产品、钢材以及连接件等，应进行进场验收。凡涉及结构安全和使用功能的材料或半成品，应按本规范或相应专业工程质量验收标准的规定进行见证检验，并应在监理工程师或建设单位技术负责人监督下取样、送检。

3 各工序应按本规范的有关规定控制质量，每道工序完成后，应进行检查。

4 相关各专业工种之间，应进行交接检验并形成记录。未经监理工程师和建设单位技术负责人检查认可，不得进行下道工序施工。

5 应有木结构工程竣工图及文字资料等竣工文件。

3.0.7 当木结构施工需要采用国家现行有关标准尚未列入的新技术（新材料、新结构、新工艺）时，建设单位应征得当地建筑工程质量行政主管部门同意，并应组织专家组，会同设计、监理、施工单位进行论证，同时应确定施工质量验收方法和检验标准，并应依此作为相关木结构工程施工的主控项目。

3.0.8 木结构工程施工所用材料、构配件的材质等级应符合设计文件的规定。可使用力学性能、防火、防护性能超过设计文件规定的材质等级的相应材料、构配件替代。当通过等强（等效）换算处理进行材料、构配件替代时，应经设计单位复核，并应签发相应的技术文件认可。

3.0.9 进口木材、木产品、构配件，以及金属连接件等，应有产地国的产品质量合格证书和产品标识，并应符合合同技术条款的规定。

4 方木与原木结构

4.1 一般规定

4.1.1 本章适用于由方木、原木及板材制作和安装的木结构工程施工质量验收。

4.1.2 材料、构配件的质量控制应以一幢方木、原木结构房屋为一个检验批；构件制作安装质量控制应以整幢房屋的一楼层或变形缝间的一楼层为一个检验批。

4.2 主控项目

4.2.1 方木、原木结构的形式、结构布置和构件尺寸，应符合设计文件的规定。

检查数量：检验批全数。

检验方法：实物与施工设计图对照、丈量。

4.2.2 结构用木材应符合设计文件的规定，并应具有产品质量合格证书。

检查数量：检验批全数。

检验方法：实物与设计文件对照，检查质量合格证书、标识。

4.2.3 进场木材均应作弦向静曲强度见证检验，其强度最低值应符合表 4.2.3 的要求。

表 4.2.3 木材静曲强度检验标准

木材种类	针叶材				阔叶材				
强度等级	TC11	TC13	TC15	TC17	TB11	TB13	TB15	TB17	TB20
最低强度 (N/mm²)	44	51	58	72	58	68	78	88	98

检查数量：每一检验批每一树种的木材随机抽取 3 株（根）。

检验方法：本规范附录 A。

4.2.4 方木、原木及板材的目测材质等级不应低于表 4.2.4 的规定，不得采用普通商品材的等级标准替代。方木、原木及板材的目测材质等级应按本规范附录 B 评定。

检查数量：检验批全数。

检验方法：本规范附录 B。

表 4.2.4 方木、原木结构构件木材的材质等级

项次	构 件 名 称	材质等级
1	受拉或拉弯构件	Ⅰa
2	受弯或压弯构件	Ⅱa
3	受压构件及次要受弯构件（如吊顶小龙骨）	Ⅲa

4.2.5 各类构件制作时及构件进场时木材的平均含水率，应符合下列规定：

1 原木或方木不应大于 25%。

2 板材及规格材不应大于 20%。

3 受拉构件的连接板不应大于 18%。

4 处于通风条件不畅环境下的木构件的木材，不应大于 20%。

检查数量：每一检验批每一树种每一规格木材随机抽取 5 根。

检验方法：本规范附录 C。

4.2.6 承重钢构件和连接所用钢材应有产品质量合格证书和化学成分的合格证书。进场钢材应见证检验其抗拉屈服强度、极限强度和延伸率，其值应满足设计文件规定的相应等级钢材的材质标准指标，且不应低于现行国家标准《碳素结构钢》GB 700 有关 Q235 及以上等级钢材的规定。−30℃ 以下使用的钢材不宜低于 Q235D 或相应屈服强度钢材 D 等级的冲击韧性规定。钢木屋架下弦所用圆钢，除应作抗拉屈服强度、极限强度和延伸率性能检验外，尚应作冷弯检验，并应满足设计文件规定的圆钢材质标准。

检查数量：每检验批每一钢种随机抽取两件。

检验方法：取样方法、试样制备及拉伸试验方法应分别符合现行国家标准《钢材力学及工艺性能试验取样规定》GB 2975、《金属拉伸试验试样》GB 6397 和《金属材料室温拉伸试验方法》GB/T 228 的有关规定。

4.2.7 焊条应符合现行国家标准《碳钢焊条》GB 5117 和《低合金钢焊条》GB 5118 的有关规定，型号应与所用钢材匹配，并应有产品质量合格证书。

检查数量：检验批全数。

检验方法：实物与产品质量合格证书对照检查。

4.2.8 螺栓、螺帽应有产品质量合格证书，其性能应符合现行国家标准《六角头螺栓》GB 5782 和《六

角头螺栓-C级》GB 5780 的有关规定。

检查数量：检验批全数。

检验方法：实物与产品质量合格证书对照检查。

4.2.9 圆钉应有产品质量合格证书，其性能应符合现行行业标准《一般用途圆钢钉》YB/T 5002 的有关规定。设计文件规定钉子的抗弯屈服强度时，应作钉子抗弯强度见证检验。

检查数量：每检验批每一规格圆钉随机抽取10 枚。

检验方法：检查产品质量合格证书、检测报告。强度见证检验方法应符合本规范附录 D 的规定。

4.2.10 圆钢拉杆应符合下列要求：

1 圆钢拉杆应平直，接头应采用双面绑条焊。绑条直径不应小于拉杆直径的 75%，在接头一侧的长度不应小于拉杆直径的 4 倍。焊脚高度和焊缝长度应符合设计文件的规定。

2 螺帽下垫板应符合设计文件的规定，且不应低于本规范第 4.3.3 条第 2 款的要求。

3 钢木屋架下弦圆钢拉杆、桁架主要受拉腹杆、蹬式节点拉杆及螺栓直径大于 20mm 时，均应采用双螺帽自锁。受拉螺杆伸出螺帽的长度，不应小于螺杆直径的 80%。

检查数量：检验批全数。

检验方法：丈量、检查交接检验报告。

4.2.11 承重钢构件中，节点焊缝焊脚高度不得小于设计文件的规定，除设计文件另有规定外，焊缝质量不得低于三级，−30℃以下工作的受拉构件焊缝质量不得低于二级。

检查数量：检验批全部受力焊缝。

检验方法：按现行行业标准《建筑钢结构焊接技术规范》JGJ 81 的有关规定检查，并检查交接检验报告。

4.2.12 钉连接、螺栓连接节点的连接件（钉、螺栓）的规格、数量，应符合设计文件的规定。

检查数量：检验批全数。

检验方法：目测、丈量。

4.2.13 木桁架支座节点的齿连接，端部木材不应有腐朽、开裂和斜纹等缺陷，剪切面不应位于木材髓心侧；螺栓连接的受拉接头，连接区段木材及连接板均应采用 I_a 等材，并应符合本规范附录 B 的有关规定；其他螺栓连接接头也应避开木材腐朽、裂缝、斜纹和松节等缺陷部位。

检查数量：检验批全数。

检验方法：目测。

4.2.14 在抗震设防区的抗震措施应符合设计文件的规定。当抗震设防烈度为 8 度及以上时，应符合下列要求：

1 屋架支座处应有直径不小于 20mm 的螺栓锚固在墙或混凝土圈梁上。当支承在木柱上时，柱与屋

架间应有木夹板式的斜撑，斜撑上段应伸至屋架上弦节点处，并应用螺栓连接（图 4.2.14）。柱与屋架下弦应有暗榫，并应用 U 形铁连接。桁架木腹杆与上弦杆连接处的扒钉应改用螺栓压紧承压面，与下弦连接处则应采用双面扒钉。

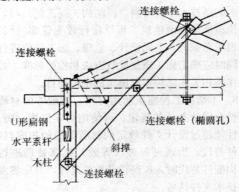

图 4.2.14 屋架与木柱的连接

2 屋面两侧应对称斜向放檩条，檐口瓦应与挂瓦条扎牢。

3 檩条与屋架上弦应用螺栓连接，双脊檩应互相拉结。

4 柱与基础间应有预埋的角钢连接，并应用螺栓固定。

5 木屋盖房屋，节点处檩条应固定在山墙及内横墙的卧梁埋件上，支承长度不应小于 120mm，并应有螺栓可靠锚固。

检查数量：检验批全数。

检验方法：目测、丈量。

4.3 一般项目

4.3.1 各种原木、方木构件制作的允许偏差不应超出本规范表 E.0.1 的规定。

检查数量：检验批全数。

检验方法：本规范表 E.0.1。

4.3.2 齿连接应符合下列要求：

1 除应符合设计文件的规定外，承压面应与压杆的轴线垂直。单齿连接压杆轴线应通过承压面中心；双齿连接，第一齿顶点应位于上、下弦杆上边缘的交点处，第二齿顶点应位于上弦杆轴线与下弦杆上边缘的交点处，第二齿承压面应比第一齿承压面至少深 20mm。

2 承压面应平整，局部隙缝不应超过 1mm，非承压面应留外口约 5mm 的楔形缝隙。

3 桁架支座处齿连接的保险螺栓应垂直于上弦杆轴线，木腹杆与上、下弦杆间应有扒钉扣紧。

4 桁架端支座垫木的中心线，方木桁架应通过上、下弦杆净截面中心线的交点；原木桁架则应通过上、下弦杆毛截面中心线的交点。

检查数量：检验批全数。

检验方法：目测、丈量，检查交接检验报告。

4.3.3 螺栓连接（含受拉接头）的螺栓数目、排列方式、间距、边距和端距，除应符合设计文件的规定外，尚应符合下列要求：

1 螺栓孔径不应大于螺栓杆直径 1mm，也不应小于或等于螺栓杆直径。

2 螺帽下应设钢垫板，其规格除应符合设计文件的规定外，厚度不应小于螺杆直径的 30%，方形垫板的边长不应小于螺杆直径的 3.5 倍，圆形垫板的直径不应小于螺杆直径的 4 倍，螺帽拧紧后螺栓外露长度不应小于螺杆直径的 80%。螺纹段剩留在木构件内的长度不应大于螺杆直径的 1.0 倍。

3 连接件与被连接件间的接触面应平整，拧紧螺帽后局部可允许有缝隙，但缝宽不应超过 1mm。

检查数量：检验批全数。

检验方法：目测、丈量。

4.3.4 钉连接应符合下列规定：

1 圆钉的排列位置应符合设计文件的规定。

2 被连接件间的接触面应平整，钉紧后局部缝隙宽度不应超过 1mm，钉帽应与被连接件外表面齐平。

3 钉孔周围不应有木材被胀裂等现象。

检查数量：检验批全数。

检验方法：目测、丈量。

4.3.5 木构件受压接头的位置应符合设计文件的规定，应采用承压面垂直于构件轴线的双盖板连接（平接头），两侧盖板厚度均不应小于对接构件宽度的 50%，高度应与对接构件高度一致。承压面应锯平并彼此顶紧，局部缝隙不应超过 1mm。螺栓直径、数量、排列应符合设计文件的规定。

检查数量：检验批全数。

检验方法：目测、丈量，检查交接检验报告。

4.3.6 木桁架、梁及柱的安装允许偏差不应超出本规范表 E.0.2 的规定。

检查数量：检验批全数。

检验方法：本规范表 E.0.2。

4.3.7 屋面木构架的安装允许偏差不应超出本规范表 E.0.3 的规定。

检查数量：检验批全数。

检验方法：目测、丈量。

4.3.8 屋盖结构支撑系统的完整性应符合设计文件规定。

检查数量：检验批全数。

检验方法：对照设计文件、丈量实物，检查交接检验报告。

5 胶合木结构

5.1 一 般 规 定

5.1.1 本章适用于主要承重构件由层板胶合木制作和安装的木结构工程施工质量验收。

5.1.2 层板胶合木可采用分别由普通胶合木层板、目测分等或机械分等层板按规定的构件截面组坯胶合而成的普通层板胶合木、目测分等与机械分等同等组合胶合木，以及异等组合的对称与非对称组合胶合木。

5.1.3 层板胶合木构件应由经资质认证的专业加工企业加工生产。

5.1.4 材料、构配件的质量控制应以一幢胶合木结构房屋为一个检验批；构件制作安装质量控制应以整幢房屋的一楼层或变形缝间的一楼层为一个检验批。

5.2 主 控 项 目

5.2.1 胶合木结构的结构形式、结构布置和构件截面尺寸，应符合设计文件的规定。

检查数量：检验批全数。

检验方法：实物与设计文件对照、丈量。

5.2.2 结构用层板胶合木的类别、强度等级和组坯方式，应符合设计文件的规定，并应有产品质量合格证书和产品标识，同时应有满足产品标准规定的胶缝完整性检验和层板指接强度检验合格证书。

检查数量：检验批全数。

检验方法：实物与证明文件对照。

5.2.3 胶合木受弯构件应作荷载效应标准组合作用下的抗弯性能见证检验。在检验荷载作用下胶缝不应开裂，原有漏胶胶缝不应发展，跨中挠度的平均值不应大于理论计算值的 1.13 倍，最大挠度不应大于表 5.2.3 的规定。

检查数量：每一检验批同一胶合工艺、同一层板类别、树种组合、构件截面组坯的同类型构件随机抽取 3 根。

检验方法：本规范附录 F。

表 5.2.3 荷载效应标准组合作用下受弯木构件的挠度限值

项次	构 件 类 别		挠度限值（m）
1	檩条	$L \leqslant 3.3m$	$L/200$
		$L > 3.3m$	$L/250$
2	主梁		$L/250$

注：L 为受弯构件的跨度。

5.2.4 弧形构件的曲率半径及其偏差应符合设计文件的规定，层板厚度不应大于 $R/125$（R 为曲率半径）。

检查数量：检验批全数。

检验方法：钢尺丈量。

5.2.5 层板胶合木构件平均含水率不应大于 15%，同一构件各层板间含水率差别不应大于 5%。

检查数量：每一检验批每一规格胶合木构件随

机抽取 5 根。

检验方法：本规范附录 C。

5.2.6 钢材、焊条、螺栓、螺帽的质量应分别符合本规范第 4.2.6～4.2.8 条的规定。

5.2.7 各连接节点的连接件类别、规格和数量应符合设计文件的规定。桁架端节点齿连接胶合木端部的受剪面及螺栓连接中的螺栓位置，不应与漏胶胶缝重合。

检查数量：检验批全数。

检验方法：目测、丈量。

5.3 一 般 项 目

5.3.1 层板胶合木构造及外观应符合下列要求：

1 层板胶合木的各层木板木纹应平行于构件长度方向。各层木板在长度方向应为指接。受拉构件和受弯构件受拉区截面高度的 1/10 范围内同一层板上的指接间距，不应小于 1.5m，上、下层板间指接头位置应错开不小于木板厚的 10 倍。层板宽度方向可用平接头，但上、下层板间接头错开的距离不应小于 40mm。

2 层板胶合木胶缝应均匀，厚度应为 0.1mm～0.3mm。厚度超过 0.3mm 的胶缝的连续长度不应大于 300mm，且厚度不得超过 1mm。在构件承受平行于胶缝平面剪力的部位，漏胶长度不应大于 75mm，其他部位不应大于 150mm。在第 3 类使用环境条件下，层板宽度方向的平接头和板底开槽的槽内均应用胶填满。

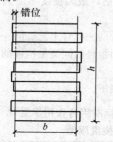

图 5.3.1 外观 C 级层板
错位示意

b—截面宽度；*h*—截面高度

3 胶合木结构的外观质量应符合本规范第 3.0.5 条的规定，对于外观要求为 C 级的构件截面，可允许层板有错位（图 5.3.1），截面尺寸允许偏差和层板错位应符合表 5.3.1 的要求。

检查数量：检验批全数。

检验方法：厚薄规（塞尺）、量器、目测。

表 5.3.1 外观 C 级时的胶合木构件截面的允许偏差（mm）

截面的高度或宽度	截面高度或宽度的允许偏差	错位的最大值
（*h* 或 *b*）<100	±2	4
100≤（*h* 或 *b*）<300	±3	5
300≤（*h* 或 *b*）	±6	6

5.3.2 胶合木构件的制作偏差不应超出本规范表 E.0.1 的规定。

检查数量：检验批全数。

检验方法：角尺、钢尺丈量，检查交接检验报告。

5.3.3 齿连接、螺栓连接、圆钢拉杆及焊缝质量，应符合本规范第 4.3.2、4.3.3、4.2.10 和 4.2.11 条的规定。

5.3.4 金属节点构造、用料规格及焊缝质量应符合设计文件的规定。除设计文件另有规定外，与其相连的各构件轴线应相交于金属节点的合力作用点，与各构件相连的连接类型应符合设计文件的规定，并应符合本规范第 4.3.3～4.3.5 条的规定。

检查数量：检验批全数。

检验方法：目测、丈量。

5.3.5 胶合木结构安装偏差不应超出本规范表 E.0.2 的规定。

检查数量：过程控制检验批全数，分项验收抽取总数 10% 复检。

检验方法：本规范表 E.0.2。

6 轻型木结构

6.1 一 般 规 定

6.1.1 本章适用于由规格材及木基结构板材为主要材料制作与安装的木结构工程施工质量验收。

6.1.2 轻型木结构材料、构配件的质量控制应以同一建设项目同期施工的每幢建筑面积不超过 300m² 、总建筑面积不超过 3000m² 的轻型木结构建筑为一检验批，不足 3000m² 者应视为一检验批，单体建筑面积超过 300m² 时，应单独视为一检验批；轻型木结构制作安装质量控制应以一幢房屋的一层为一检验批。

6.2 主 控 项 目

6.2.1 轻型木结构的承重墙（包括剪力墙）、柱、楼盖、屋盖布置、抗倾覆措施及屋盖抗掀起措施等，应符合设计文件的规定。

检查数量：检验批全数。

检验方法：实物与设计文件对照。

6.2.2 进场规格材应有产品质量合格证书和产品标识。

检查数量：检验批全数。

检验方法：实物与证书对照。

6.2.3 每批次进场目测分等规格材应由有资质的专业分等人员做目测等级见证检验或做抗弯强度见证检验；每批次进场机械分等规格材应作抗弯强度见证检验，并应符合本规范附录 G 的规定。

检查数量：检验批中随机取样，数量应符合本规范附录 G 的规定。

检验方法：本规范附录 G。

6.2.4 轻型木结构各类构件所用规格材的树种、材质等级和规格，以及覆面板的种类和规格，应符合设计文件的规定。

检查数量：全数检查。

检验方法：实物与设计文件对照，检查交接报告。

6.2.5 规格材的平均含水率不应大于 20%。

检查数量：每一检验批每一树种每一规格等级规格材随机抽取 5 根。

检验方法：本规范附录 C。

6.2.6 木基结构板材应有产品质量合格证书和产品标识，用作楼面板、屋面板的木基结构板材应有该批次干、湿态集中荷载、均布荷载及冲击荷载检验的报告，其性能不应低于本规范附录 H 的规定。

进场木基结构板材应作静曲强度和静曲弹性模量见证检验，所测得的平均值应不低于产品说明书的规定。

检验数量：每一检验批每一树种每一规格等级随机抽取 3 张板材。

检验方法：按现行国家标准《木结构覆板用胶合板》GB/T 22349 的有关规定进行见证试验，检查产品质量合格证书，该批次木基结构板干、湿态集中力、均布荷载及冲击荷载下的检验合格证书。检查静曲强度和弹性模量检验报告。

6.2.7 进场结构复合木材和工字形木搁栅应有产品质量合格证书，并应有符合设计文件规定的平弯或侧立抗弯性能检验报告。

进场工字形木搁栅和结构复合木材受弯构件，应作荷载效应标准组合作用下的结构性能检验，在检验荷载作用下，构件不应发生开裂等损伤现象，最大挠度不应大于表 5.2.3 的规定，跨中挠度的平均值不应大于理论计算值的 1.13 倍。

检验数量：每一检验批每一规格随机抽取 3 根。

检验方法：按本规范附录 F 的规定进行，检查产品质量合格证书、结构复合木材材料强度和弹性模量检验报告及构件性能检验报告。

6.2.8 齿板桁架应由专业加工厂加工制作，并应有产品质量合格证书。

检查数量：检验批全数。

检验方法：实物与产品质量合格证书对照检查。

6.2.9 钢材、焊条、螺栓和圆钉应符合本规范第 4.2.6～4.2.9 条的规定。

6.2.10 金属连接件应冲压成型，并应具有产品质量合格证书和材质合格保证。镀锌防锈层厚度不应小于 275g/m²。

检查数量：检验批全数。

检验方法：实物与产品质量合格证书对照检查。

6.2.11 轻型木结构各类构件间连接的金属连接件的规格、钉连接的用钉规格与数量，应符合设计文件的规定。

检查数量：检验批全数。

检验方法：目测、丈量。

6.2.12 当采用构造设计时，各类构件间的钉连接不应低于本规范附录 J 的规定。

检查数量：检验批全数。

检验方法：目测、丈量。

6.3 一般项目

6.3.1 承重墙（含剪力墙）的下列各项应符合设计文件的规定，且不应低于现行国家标准《木结构设计规范》GB 50005 有关构造的规定：

1 墙骨间距。

2 墙体端部、洞口两侧及墙体转角和交接处，墙骨的布置和数量。

3 墙骨开槽或开孔的尺寸和位置。

4 地梁板的防腐、防潮及与基础的锚固措施。

5 墙体顶梁板规格材的层数、接头处理及在墙体转角和交接处的两层顶梁板的布置。

6 墙体覆面板的等级、厚度及铺钉布置方式。

7 墙体覆面板与墙骨钉连接用钉的间距。

8 墙体与楼盖或基础间连接件的规格尺寸和布置。

检查数量：检验批全数。

检验方法：对照实物目测检查。

6.3.2 楼盖下列各项应符合设计文件的规定，且不应低于现行国家标准《木结构设计规范》GB 50005 有关构造的规定：

1 拼合梁钉或螺栓的排列、连续拼合梁规格材接头的形式和位置。

2 搁栅或拼合梁的定位、间距和支承长度。

3 搁栅开槽或开孔的尺寸和位置。

4 楼盖洞口周围搁栅的布置和数量；洞口周围搁栅间的连接、连接件的规格尺寸及布置。

5 楼盖横撑、剪刀撑或木底撑的材质等级、规格尺寸和布置。

检查数量：检验批全数。

检验方法：目测、丈量。

6.3.3 齿板桁架的进场验收，应符合下列规定：

1 规格材的树种、等级和规格应符合设计文件的规定。

2 齿板的规格、类型应符合设计文件的规定。

3 桁架的几何尺寸偏差不应超过表 6.3.3 的规定。

4 齿板的安装位置偏差不应超过图 6.3.3-1 所示的规定

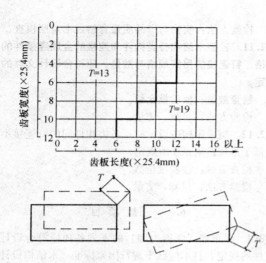

图 6.3.3-1 齿板位置偏差允许值

表 6.3.3 桁架制作允许误差（mm）

	相同桁架间尺寸差	与设计尺寸间的误差
桁架长度	12.5	18.5
桁架高度	6.5	12.5

注：1 桁架长度指不包括悬挑或外伸部分的桁架总长，用于限定制作误差；

2 桁架高度指不包括悬挑或外伸等上、下弦杆突出部分的全榀桁架最高部位处的高度，为上弦顶面到下弦底面的总高度，用于限定制作误差。

5 齿板连接的缺陷面积，当连接处的构件宽度大于 50mm 时，不应超过齿板与该构件接触面积的 20%；当构件宽度小于 50mm 时，不应超过齿板与该构件接触面积的 10%。缺陷面积应为齿板与构件接触面范围内的木材表面缺陷面积与板齿倒伏面积之和。

6 齿板连接处木构件的缝隙不应超过图 6.3.3-2 所示的规定。除设计文件有特殊规定外，宽度超过允许值的缝隙，均应有宽度不小于 19mm、厚度与缝隙

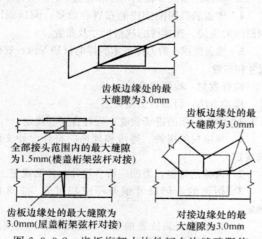

图 6.3.3-2 齿板桁架木构件间允许缝隙限值

宽度相当的金属片填实，并应有螺纹钉固定在被填塞的构件上。

检查数量：检验批全数的 20%。

检验方法：目测、量器测量。

6.3.4 屋盖下列各项应符合设计文件的规定，且不应低于现行国家标准《木结构设计规范》GB 50005 有关构造的规定：

1 椽条、天棚搁栅或齿板屋架的定位、间距和支承长度；

2 屋盖洞口周围椽条与顶棚搁栅的布置和数量；洞口周围椽条与顶棚搁栅间的连接、连接件的规格尺寸及布置；

3 屋面板铺钉方式及与搁栅连接用钉的间距。

检查数量：检验批全数。

检验方法：钢尺或卡尺量、目测。

6.3.5 轻型木结构各种构件的制作与安装偏差，不应大于本规范表 E.0.4 的规定。

检查数量：检验批全数。

检验方法：本规范表 E.0.4。

6.3.6 轻型木结构的保温措施和隔气层的设置等，应符合设计文件的规定。

检查数量：检验批全数。

检验方法：对照设计文件检查。

7 木结构的防护

7.1 一般规定

7.1.1 本章适用于木结构防腐、防虫和防火的施工质量验收。

7.1.2 设计文件规定需要作阻燃处理的木构件应按现行国家标准《建筑设计防火规范》GB 50016 的有关规定和不同构件类别的耐火极限、截面尺寸选择阻燃剂和防护工艺，并应由具有专业资质的企业施工。对于长期暴露在潮湿环境下的木构件，尚应采取防止阻燃剂流失的措施。

7.1.3 木材防腐处理应根据设计文件规定的各木构件用途和防腐要求，按本规范第 3.0.4 条的规定确定其使用环境类别并选择合适的防腐剂。防腐处理宜采用加压法施工，并应由具有专业资质的企业施工。经防腐药剂处理后的木构件不宜再进行锯解、刨削等加工处理。确需作局部加工处理导致局部未被浸渍药剂的木材外露时，该部位的木材应进行防腐修补。

7.1.4 阻燃剂、防火涂料以及防腐、防虫等药剂，不得危及人畜安全，不得污染环境。

7.1.5 木结构防护工程的检验批可分别按本规范第 4~6 章对应的方木与原木结构、胶合木结构或轻型木结构的检验批划分。

7.2 主控项目

7.2.1 所使用的防腐、防虫及防火和阻燃药剂应符合设计文件表明的木构件（包括胶合木构件等）使用环境类别和耐火等级，且应有质量合格证书的证明文件。经化学药剂防腐处理后的每批次木构件（包括成品防腐木材），应有符合本规范附录 K 规定的药物有效性成分的载药量和透入度检验合格报告。

检查数量：检验批全数。

检验方法：实物对照、检查检验报告。

7.2.2 经化学药剂防腐处理后进场的每批次木构件应进行透入度见证检验，透入度应符合本规范附录 K 的规定。

检查数量：每检验批随机抽取 5 根～10 根构件，均匀地钻取 20 个（油性药剂）或 48 个（水性药剂）芯样。

检验方法：现行国家标准《木结构试验方法标准》GB/T 50329。

7.2.3 木结构构件的各项防腐构造措施应符合设计文件的规定，并应符合下列要求：

1 首层木楼盖应设置架空层，方木、原木结构楼盖底面距室内地面不应小于 400mm，轻型木结构不应小于 150mm。支承楼盖的基础或墙上应设通风口，通风口总面积不应小于楼盖面积的 1/150，架空空间应保持良好通风。

2 非经防腐处理的梁、檩条和桁架等支承在混凝土构件或砌体上时，宜设防腐垫木，支承面间应有卷材防潮层。梁、檩条和桁架等支座不应封闭在混凝土或墙体中，除支承面外，该部位构件的两侧面、顶面及端面均应与支承构件间留 30mm 以上能与大气相通的缝隙。

3 非经防腐处理的柱应支承在柱墩上，支承面间应有卷材防潮层。柱与土壤严禁接触，柱墩顶面距土地面的高度不应小于 300mm。当采用金属连接件固定并受雨淋时，连接件不应存水。

4 木屋盖设吊顶时，屋盖系统应有老虎窗、山墙百叶窗等通风装置。寒冷地区保温层设在吊顶内时，保温层顶距桁架下弦的距离不应小于 100mm。

5 屋面系统的内排水天沟不应直接支承在桁架、屋面梁等承重构件上。

检查数量：检验批全数。

检验方法：对照实物、逐项检查。

7.2.4 木构件需作防火阻燃处理时，应由专业工厂完成，所使用的阻燃药剂应具有有效性检验报告和合格证书，阻燃剂应采用加压浸渍法施工。经浸渍阻燃处理的木构件，应有符合设计文件规定的药物吸收干量的检验报告。采用喷涂法施工的防火涂层厚度应均匀，见证检验的平均厚度不应小于该药物说明书的规定值。

检查数量：每检验批随机抽取 20 处测量涂层厚度。

检验方法：卡尺测量、检查合格证书。

7.2.5 凡木构件外部需用防火石膏板等包覆时，包覆材料的防火性能应有合格证书，厚度应符合设计文件的规定。

检查数量：检验批全数。

检验方法：卡尺测量、检查产品合格证书。

7.2.6 炊事、采暖等所用烟道、烟囱应用不燃材料制作且密封，砖砌烟囱的壁厚不应小于 240mm，并应有砂浆抹面，金属烟囱应外包厚度不小于 70mm 的矿棉保护层和耐火极限不低于 1.00h 的防火板，其外边缘距木构件的距离不应小于 120mm，并应有良好通风。烟囱出屋面处的空隙应用不燃材料封堵。

检查数量：检验批全数。

检验方法：对照实物。

7.2.7 墙体、楼盖、屋盖空腔内现场填充的保温、隔热、吸声等材料，应符合设计文件的规定，且防火性能不应低于难燃性 B_1 级。

检查数量：检验批全数。

检验方法：实物与设计文件对照、检查产品合格证书。

7.2.8 电源线敷设应符合下列要求：

1 敷设在墙体或楼盖中的电源线应用穿金属管线或检验合格的阻燃型塑料管。

2 电源线明敷时，可用金属线槽或穿金属管线。

3 矿物绝缘电缆可采用支架或沿墙明敷。

检查数量：检验批全数。

检验方法：对照实物、查验交接检验报告。

7.2.9 埋设或穿越木结构的各类管道敷设应符合下列要求：

1 管道外壁温度达到 120℃ 及以上时，管道和管道的包覆材料及施工时的胶粘剂等，均应采用检验合格的不燃材料。

2 管道外壁温度在 120℃ 以下时，管道和管道的包覆材料等应采用检验合格的难燃性不低于 B_1 的材料。

检查数量：检验批全数。

检验方法：对照实物，查验交接检验报告。

7.2.10 木结构中外露钢构件及未作镀锌处理的金属连接件，应按设计文件的规定采取防锈蚀措施。

检查数量：检验批全数。

检验方法：实物与设计文件对照。

7.3 一般项目

7.3.1 经防护处理的木构件，其防护层有损伤或因局部加工而造成防护层缺损时，应进行修补。

检查数量：检验批全数。

检验方法：根据设计文件与实物对照检查，检查交接报告。

7.3.2 墙体和顶棚采用石膏板（防火或普通石膏板）作覆面板并兼作防火材料时，紧固件（钉子或木螺钉）贯入构件的深度不应小于表 7.3.2 的规定。

检查数量：检验批全数。

检验方法：实物与设计文件对照，检查交接报告。

表 7.3.2　石膏板紧固件贯入木构件的深度（mm）

耐火极限	墙体		顶棚	
	钉	木螺钉	钉	木螺钉
0.75h	20	20	30	30
1.00h	20	20	45	45
1.50h	20	20	60	60

7.3.3 木结构外墙的防护构造措施应符合设计文件的规定。

检查数量：检验批全数。

检验方法：根据设计文件与实物对照检查，检查交接报告。

7.3.4 楼盖、楼梯、顶棚以及墙体内最小边长超过 25mm 的空腔，其贯通的竖向高度超过 3m，水平长度超过 20m 时，均应设置防火隔断。天花板、屋顶空间，以及未占用的阁楼空间所形成的隐蔽空间面积超过 300m²，或长边长度超过 20m 时，均应设防火隔断，并应分隔成隐蔽空间。防火隔断应采用下列材料：

　1　厚度不小于 40mm 的规格材。

　2　厚度不小于 20mm 且由钉交错钉合的双层木板。

　3　厚度不小于 12mm 的石膏板、结构胶合板或定向木片板。

　4　厚度不小于 0.4mm 的薄钢板。

　5　厚度不小于 6mm 的钢筋混凝土板。

检查数量：检验批全数。

检验方法：根据设计文件与实物对照检查，检查交接报告。

8　木结构子分部工程验收

8.0.1 木结构子分部工程质量验收的程序和组合，应符合现行国家标准《建筑工程施工质量验收统一标准》GB 50300 的有关规定。

8.0.2 检验批及木结构分项工程质量合格，应符合下列规定：

　1　检验批主控项目检验结果应全部合格。

　2　检验批一般项目检验结果应有 80% 以上的检查点合格，且最大偏差不应超过允许偏差的 1.2 倍。

　3　木结构分项工程所含检验批检验结果均应合格，且应有各检验批质量验收的完整记录。

8.0.3 木结构子分部工程质量验收应符合下列规定：

　1　子分部工程所含分项工程的质量验收均应合格。

　2　子分部工程所含分项工程的质量资料和验收记录应完整。

　3　安全功能检测项目的资料应完整，抽检的项目均应合格。

　4　外观质量验收应符合本规范第 3.0.5 条的规定。

8.0.4 木结构工程施工质量不合格时，应按现行国家标准《建筑工程施工质量验收统一标准》GB 50300 的有关规定进行处理。

附录 A　木材强度等级检验方法

A.1　一般规定

A.1.1 本检验方法适用于已列入现行国家标准《木结构设计规范》GB 50005 树种的原木、方木和板材的木材强度等级检验。

A.1.2 当检验某一树种的木材强度等级时，应根据其弦向静曲强度的检测结果进行判定。

A.2　取样及检测方法

A.2.1 试材应在每检验批每一树种木材中随机抽取 3 株（根）木料，应在每株（根）试材的髓心外切取 3 个无疵弦向静曲强度试件为一组，试件尺寸和含水率应符合现行国家标准《木材抗弯强度试验方法》GB/T 1936.1 的有关规定。

A.2.2 弦向静曲强度试验和强度实测计算方法，应按现行国家标准《木材抗弯强度试验方法》GB/T 1936.1 有关规定进行，并应将试验结果换算至木材含水率为 12% 时的数值。

A.2.3 各组试件静曲强度试验结果的平均值中的最低值不低于本规范表 4.2.3 的规定值时，应为合格。

附录 B　方木、原木及板材材质标准

B.0.1 方木的材质标准应符合表 B.0.1 的规定。

B.0.2 木节尺寸应按垂直于构件长度方向测量，并应取沿构件长度方向 150mm 范围内所有木节尺寸的总和（图 B.0.2a）。直径小于 10mm 的木节应不计，所测面上呈条状的木节应不量（图 B.0.2b）。

表 B.0.1　方木材质标准

项次	缺陷名称		木材等级		
			Iₐ	IIₐ	IIIₐ
1	腐朽		不允许	不允许	不允许
2	木节	在构件任一面任何150mm长度上所有木节尺寸的总和与所在面宽的比值	≤1/3（连接部位≤1/4）	≤2/5	≤1/2
		死节	不允许	允许，但不包括腐朽节，直径不应大于20mm，且每延米中不得多于1个	允许，但不包括腐朽节，直径不应大于50mm，且每延米中不得多于2个
3	斜纹	斜率	≤5%	≤8%	≤12%
4	裂缝	在连接的受剪面上	不允许	不允许	不允许
		在连接部位的受剪面附近，其裂缝深度（有对面裂缝时，用两者之和）不得大于材宽的	≤1/4	≤1/3	不限
5	髓心		不在受剪面上	不限	不限
6	虫眼		不允许	允许表层虫眼	允许表层虫眼

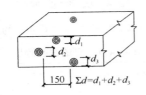

(a) 量测的木节

$$150 \quad \Sigma d = d_1 + d_2 + d_3$$

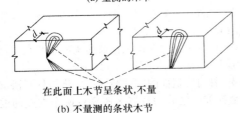

在此面上木节呈条状,不量

(b) 不量测的条状木节

图 B.0.2　木节量测法

B.0.3　原木的材质标准应符合表 B.0.3 的规定。

表 B.0.3　原木材质标准

项次	缺陷名称		木材等级		
			Iₐ	IIₐ	IIIₐ
1	腐朽		不允许	不允许	不允许
2	木节	在构件任何150mm长度上沿周长所有木节尺寸的总和，与所测部位原木周长的比值	≤1/4	≤1/3	≤2/5
		每个木节的最大尺寸与所测部位原木周长的比值	≤1/10（普通部位）；≤1/12（连接部位）	≤1/6	≤1/6
		死节	不允许	不允许	允许，但直径不大于原木直径的1/5，每2m长度内不多于1个

续表 B.0.3

项次	缺陷名称		木材等级		
			Iₐ	IIₐ	IIIₐ
3	扭纹	斜率	≤8%	≤12%	≤15%
4	裂缝	在连接部位的受剪面上	不允许	不允许	不允许
		在连接部位的受剪面附近，其裂缝深度（有对面裂缝时，两者之和）与原木直径的比值	≤1/4	≤1/3	不限
5	髓心	位置	不在受剪面上	不限	不限
6	虫眼		不允许	允许表层虫眼	允许表层虫眼

注：木节尺寸按垂直于构件长度方向测量。直径小于10mm的木节不计。

B.0.4　板材的材质标准应符合表 B.0.4 的规定。

表 B.0.4　板材材质标准

项次	缺陷名称		木材等级		
			Iₐ	IIₐ	IIIₐ
1	腐朽		不允许	不允许	不允许
2	木节	在构件任一面任何150mm长度上所有木节尺寸的总和与所在面宽的比值	≤1/4（连接部位≤1/5）	≤1/3	≤2/5
		死节	不允许	允许，但不包括腐朽节，直径不应大于20mm，且每延米中不得多于1个	允许，但不包括腐朽节，直径不应大于50mm，且每延米中不得多于2个
3	斜纹	斜率	≤5%	≤8%	≤12%
4	裂缝	连接部位的受剪面及其附近	不允许	不允许	不允许
5	髓心		不允许	不允许	不允许

附录 C　木材含水率检验方法

C.1　一　般　规　定

C.1.1　本检验方法适用于木材进场后构件加工前的木材和已制作完成的木构件的含水率测定。

C.1.2　原木、方木（含板材）和层板宜采用烘干法（重量法）测定，规格材以及层板胶合木等木构件亦可采用电测法测定。

C.2　取样及测定方法

C.2.1　烘干法测定含水率时，应从每检验批同一树种同一规格材的树种中随机抽取 5 根木料作试材，每根试材应在距端头 200mm 处沿截面均匀地截取 5 个尺寸为 20mm×20mm×20mm 的试样，应按现行国家标准《木材含水率测定方法》GB/T 1931 的有关规定测定每个试件中的含水率。

C.2.2 电测法测定含水率时，应从检验批的同一树种，同一规格的规格材，层板胶合木构件或其他木构件随机抽取 5 根为试材，应从每根试材距两端200mm 起，沿长度均匀分布地取三个截面，对于规格材或其他木构件，每一个截面的四面中部应各测含水率，对于层板胶合木构件，则应在两侧测定每层层板的含水率。

C.2.3 电测仪器应由当地计量行政部门标定认证。测定时应严格按仪表使用要求操作，并应正确选择木材的密度和温度等参数，测定深度不应小于 20mm，且应有将其测量值调整至截面平均含水率的可靠方法。

C.3 判 定 规 则

C.3.1 烘干法应以每根试材的 5 个试样平均值为该试材含水率，应以 5 根试材中的含水率最大值为该批木料的含水率，并不应大于本规范有关木材含水率的规定。

C.3.2 规格材应以每根试材的 12 个测点的平均值为每根试材的含水率，5 根试材的最大值应为检验批该树种该规格的含水率代表值。

C.3.3 层板胶合木构件的三个截面上各层层板含水率的平均值应为该构件含水率，同一层板的 6 个含水率平均值应作该层层板的含水率代表值。

附录 D 钉弯曲试验方法

D.1 一 般 规 定

D.1.1 本试验方法适用于测定木结构连接中钉在静荷载作用下的弯曲屈服强度。

D.1.2 钉在跨度中央受集中荷载弯曲（图 D.1.2），

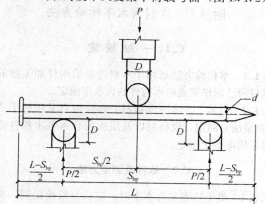

图 D.1.2 跨度中点加载的钉弯曲试验
D—滚轴直径；d—钉杆直径；L—钉子长度
S_{bp}—跨度；P—施加的荷载

根据荷载-挠度曲线确定其弯曲屈服强度。

D.2 仪 器 设 备

D.2.1 一台压头按等速运行经过标定的试验机，准确度应达到±1%。

D.2.2 钢制的圆柱形滚轴支座，直径应为 9.5mm（图 D.1.2），当试件变形时滚轴应能转动。钢制的圆柱面压头，直径应为 9.5mm（图 D.1.2）。

D.2.3 挠度测量仪表的最小分度值应不大于 0.025mm。

D.3 试 件 的 准 备

D.3.1 对于杆身光滑的钉除采用成品钉外，也可采用已经冷拔以制钉的钢丝作试件；木螺钉、麻花钉等杆身变截面的钉应采用成品钉作试件。

D.3.2 钉的直径应在每个钉的长度中点测量。准确度应达到 0.025mm。对于钉杆部分变截面的钉，应以无螺纹部分的钉杆直径为准。

D.3.3 试件长度不应小于 40mm。

D.4 试 验 步 骤

D.4.1 钉的试验跨度应符合表 D.4.1 的规定。

表 D.4.1 钉的试验跨度

钉的直径（mm）	$d \leqslant 4.0$	$4.0 < d \leqslant 6.5$	$d > 6.5$
试验跨度（mm）	40	65	95

D.4.2 试件应放置在支座上，试件两端应与支座等距（图 D.1.2）。

D.4.3 施加荷载时应使圆柱面压头的中心点与每个圆柱形支座的中心点等距（图 D.1.2）。

D.4.4 杆身变截面的钉试验时，应将钉杆光滑部分与变截面部分之间的过渡区段靠近两个支座间的中心点。

D.4.5 加荷速度应不大于 6.5mm/min。

D.4.6 挠度应从开始加荷逐级记录，直至达到最大荷载，并应绘制荷载-挠度曲线。

D.5 试 验 结 果

D.5.1 对照荷载-挠度曲线的直线段，沿横坐标向右平移 5% 钉的直径，绘制与其平行的直线（图 D.5.1），应取该直线与荷载-挠度曲线交点的荷载值作为钉的屈服荷载。如果该直线未与荷载-挠度曲线相交，则应取最大荷载作为钉的屈服荷载。

D.5.2 钉的抗弯屈服强度 f_y 应按下式计算：

$$f_y = \frac{3P_y S_{bp}}{2d^3} \quad (D.5.2)$$

式中：f_y——钉的抗弯屈服强度；
$\quad\quad d$——钉的直径；
$\quad\quad P_y$——屈服荷载；

S_{bp}——钉的试验跨度。

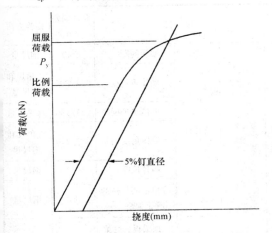

图 D.5.1 钉弯曲试验的荷载-挠度典型曲线

D.5.3 钉的抗弯屈服强度应取全部试件屈服强度的平均值，并不应低于设计文件的规定。

附录 E 木结构制作安装允许误差

E.0.1 方木、原木结构和胶合木结构桁架、梁和柱的制作误差，应符合表 E.0.1 的规定。

表 E.0.1 方木、原木结构和胶合木结构桁架、梁和柱制作允许偏差

项次	项目		允许偏差（mm）	检验方法
1	构件截面尺寸	方木和胶合木构件截面的高度、宽度	−3	钢尺量
		板材厚度、宽度	−2	
		原木构件梢径	−5	
2	构件长度	长度不大于 15m	±10	钢尺量桁架支座节点中心间距，梁、柱全长
		长度大于 15m	±15	
3	桁架高度	长度不大于 15m	±10	钢尺量脊节点中心与下弦中心距离
		长度大于 15m	±15	
4	受压或压弯构件纵向弯曲	方木、胶合木构件	$L/500$	拉线钢尺量
		原木构件	$L/200$	
5	弦杆节点间距		±5	钢尺量
6	齿连接刻槽深度		±2	
7	支座节点受剪面	长度	−10	
		宽度 方木、胶合木	−3	
		宽度 原木	−4	
8	螺栓中心间距	进孔处	±0.2d	钢尺量
		出孔处 垂直木纹方向	±0.5d 且不大于 4B/100	
		出孔处 顺木纹方向	±1d	
9	钉进孔处的中心间距		±1d	

续表 E.0.1

项次	项目	允许偏差（mm）	检验方法
10	桁架起拱	±20	以两支座节点下弦中心线为准，拉一水平线，用钢尺量
		−10	两跨中下弦中心线与拉线之间距离

注：d 为螺栓或钉的直径；L 为构件长度；B 为板的总厚度。

E.0.2 方木、原木结构和胶合木结构桁架、梁和柱的安装误差，应符合表 E.0.2 的规定。

表 E.0.2 方木、原木结构和胶合木结构桁架、梁和柱安装允许偏差

项次	项目	允许偏差（mm）	检验方法
1	结构中心线的间距	±20	钢尺量
2	垂直度	$H/200$ 且不大于 15	吊线钢尺量
3	受压或压弯构件纵向弯曲	$L/300$	吊（拉）线钢尺量
4	支座轴线对支承面中心位移	10	钢尺量
5	支座标高	±5	用水准仪

注：H 为桁架或柱的高度；L 为构件长度。

E.0.3 方木、原木结构和胶合木结构屋面木构架的安装误差，应符合表 E.0.3 的规定。

表 E.0.3 方木、原木结构和胶合木结构屋面木构架的安装允许偏差

项次	项目		允许偏差（mm）	检验方法
1	檩条、椽条	方木、胶合木截面	−2	钢尺量
		原木梢径	−5	钢尺量，椭圆时取大小径的平均值
		间距	−10	钢尺量
		方木、胶合木上表面平直	4	沿坡拉线钢尺量
		原木上表面平直	7	
2	油毡搭接宽度		−10	钢尺量
3	挂瓦条间距		±5	
4	封山、封檐板平直	下边缘	5	拉 10m 线，不足 10m 拉通线，钢尺量
		表面	8	

E.0.4 轻型木结构的制作安装误差应符合表 E.0.4

的规定。

表 E.0.4 轻型木结构的制作安装允许偏差

项次	项目			允许偏差(mm)	检验方法
1	楼盖主梁、柱子及连接件	楼盖主梁	截面宽度/高度	±6	钢板尺量
			水平度	±1/200	水平尺量
			垂直度	±3	直角尺和钢板尺量
			间距	±6	钢尺量
			拼合梁的钉间距	+30	钢尺量
			拼合梁的各构件的截面高度	±3	钢尺量
			支承长度	—6	钢尺量
2		柱子	截面尺寸	±3	钢尺量
			拼合柱的钉间距	+30	钢尺量
			柱子长度	±3	钢尺量
			垂直度	±1/200	靠尺量
3	楼盖主梁、柱子及连接件	连接件	连接件的间距	±6	钢尺量
			同一排列连接件之间的错位	±6	钢尺量
			构件上安装连接件开槽尺寸	连接件尺寸±3	卡尺量
			端距/边距	±6	钢尺量
			连接钢板的构件开槽尺寸	±6	卡尺量
4	楼(屋)盖施工	楼(屋)盖	搁栅间距	±40	钢尺量
			楼盖整体水平度	±1/250	水平尺量
			楼盖局部水平度	±1/150	水平尺量
			搁栅截面高度	±3	钢尺量
			搁栅支承长度	—6	钢尺量
5		楼(屋)盖	规定的钉间距	+30	钢尺量
			钉头嵌入楼、屋面板表面的最大深度	+3	卡尺量
6		楼(屋)盖齿板连接桁架	桁架间距	±40	钢尺量
			桁架垂直度	±1/200	直角尺和钢尺量
			齿板安装位置	±6	钢尺量
			弦杆、腹杆、支撑	19	钢尺量
			桁架高度	13	钢尺量
7	墙体施工	墙骨柱	墙骨间距	±40	钢尺量
			墙体垂直度	±1/200	直角尺和钢尺量
			墙体水平度	±1/150	水平尺量
			墙体角度偏差	±1/270	直角尺和钢尺量
			墙骨长度	±3	钢尺量
			单根墙骨柱的出平面偏差	±3	钢尺量
8		顶梁板、底梁板	顶梁板、底梁板的平直度	+1/150	水平尺量
			顶梁板作为弦杆传递荷载时的搭接长度	±12	钢尺量
9		墙面板	规定的钉间距	+30	钢尺量
			钉头嵌入墙面板表面的最大深度	+3	卡尺量
			木框架上墙面板之间的最大缝隙	+3	卡尺量

附录 F 受弯木构件力学性能检验方法

F.1 一般规定

F.1.1 本检验方法适用于层板胶合木和结构复合木材制作的受弯构件(梁、工字形木搁栅等)的力学性能检验,可根据受弯构件在设计规定的荷载效应标准组合作用下构件未受损伤和跨中挠度实测值判定。

F.1.2 经检验合格的试件仍可用作工程用材。

F.2 取样方法、数量及几何参数

F.2.1 在进场的同一批次、同一工艺制作的同类型受弯构件中应随机抽取 3 根作试件。当同类型的构件尺寸规格不同时,试件应在受荷条件不利或跨度较大的构件中抽取。

F.2.2 试件的木材含水率不应大于 15%。

F.2.3 量取每根受弯构件跨中和距两支座各 500mm处的构件截面高度和宽度,应精确至 ±1.0mm,并应以平均截面高度和宽度计算构件截面的惯性矩;工字形木搁栅应以产品公称惯性矩为计算依据。

F.3 试验装置与试验方法

F.3.1 试件应按设计计算跨度（l_0）简支地安装在支墩上（图 F.3.1）。滚动铰支座滚直径不应小于 60mm，垫板宽度应与构件截面宽度一致，垫板长度应由木材局部横纹承压强度决定，垫板厚度应由钢板的受弯承载力决定，但不应小于 8mm。

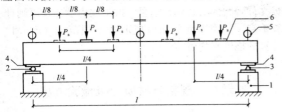

图 F.3.1　受弯构件试验

1—支墩；2—滚动铰支座；3—固定铰支座；4—垫板；5—位移计（百分表）；6—加载垫板；P_s—加载点的荷载；l—试件跨度

F.3.2 当构件截面高宽比大于 3 时，应设置防止构件发生侧向失稳的装置，支撑点应设在两支座和各加载点处，装置不应约束构件在荷载作用下的竖向变形。

F.3.3 当构件计算跨度 $l_0 \leqslant 4m$ 时，应采用两集中力四分点加载；当 $l_0 > 4m$ 时，应采用四集中力八分点加载。两种加载方案的最大试验荷载（检验荷载）P_{smax}（含构件及设备重力）应按下列公式计算：

$$P_{smax} = \frac{4M_s}{l_0} \tag{F.3.3-1}$$

$$P_{smax} = \frac{2M}{l_0} \tag{F.3.3-2}$$

式中：M_s——设计规定的荷载效应标准组合（N·mm）。

F.3.4 荷载应分五相同等级，应以相同时间间隔加载至试验荷载 P_{smax}，并应在 10min 之内完成。实际加载量应扣除构件自重和加载设备的重力作用。加载误差不应超过 $\pm 1\%$。

F.3.5 构件在各级荷载下的跨中挠度，应通过在构件的两支座和跨中位置安装的 3 个位移计测定。当位移计为百分表时，其准确度等级应为 1 级；当采用位移传感器时，准确度不应低于 1 级，最小分度值不宜大于试件最大挠度的 1%；应快速记录位移计在各级试验荷载下的读数，或采用数据采集系统记录荷载和各位移传感器的读数，同时应填写表 F.3.5；应仔细检查各级荷载作用下，构件的损伤情况。

表 F.3.5　位移计读数记录

委托单位			委托日期		构件名称				试验日期	
试件含水率			截面尺寸		荷载效应标准组合（N·mm）				见证号	
No	荷载级别	加载时间		百分表 1			百分表 2			百分表 3	损伤记录
	每级荷载（kN）	测读时间		A_{1i}	ΔA_{1i}	$\Sigma\Delta A_{1i}$	A_{2i}	ΔA_{2i}	$\Sigma\Delta A_{2i}$	A_{3i}	ΔA_{3i}	$\Sigma\Delta A_{3i}$	

(表格下部为 No. 1、2、3、…、N 各行空白记录栏，含百分表1/2/3 的 A_i、ΔA_i、$\Sigma\Delta A_i$ 及损伤记录栏)

记录：　　　　　　　　　　审核：

F.4 跨中实测挠度计算

F.4.1 各级荷载作用下的跨中挠度实测值，应按下式计算：

$$w_i = \Sigma \Delta A_{2i} - \frac{1}{2}(\Sigma \Delta A_{1i} + \Sigma \Delta A_{3i}) \quad (F.4.1)$$

F.4.2 荷载效应标准组合作用下的跨中挠度 w_s，应按下式计算：

$$w_s = \left(w_5 + w_3 \frac{P_0}{P_3}\right) \eta \quad (F.4.2)$$

式中：w_5——第五级荷载作用下的跨中挠度；
  w_3——第三级荷载作用下的跨中挠度；
  P_3——第三级时外加荷载的总量（每个加载点处的三级外加荷载量）；
  P_0——构件自重和加载设备自重按弯矩等效原则折算至加载点处的荷载；
  η——荷载形式修正系数，当设计荷载简图为均布荷载时，对两集中力加载方案 $\eta=0.91$，四集中力加载方案为 1.0，其他设计荷载简图可按材料力学以跨中弯矩等效时挠度计算公式换算。

F.5 判定规则

F.5.1 试件在加载过程中不应有新的损伤出现，并应用 3 个试件跨中实测挠度的平均值与理论计算挠度比较，同时应用 3 个试件中跨中挠度实测值中的最大值与本规范规定的允许挠度比较，满足要求者应为合格。试验跨度 l_0 未取实际构件跨度时，应以实测挠度平均值与理论计算值的比较结果为评定依据。

F.5.2 受弯构件挠度理论计算值应以本规范第 F.2.3 条获得的构件截面尺寸、所采用的试验荷载简图、外加荷载量（P_{smax} 中扣除试件及设备自重）和设计文件表明的材料弹性模量，按工程力学计算原则计算确定，实测挠度平均值应取按本规范式（F.4.1）计算的挠度平均值。

附录 G 规格材材质等级检验方法

G.1 一 般 规 定

G.1.1 本检验方法适用于已列入现行国家标准《木结构设计规范》GB 50005 的各目测等级规格材和机械分等规格材材质等级检验。

G.1.2 目测分等规格材可任选抗弯强度见证检验或目测等级见证检验，机械分等规格材应选用抗弯强度见证检验。

G.2 规格材目测等级见证检验

G.2.1 目测分等规格材的材质等级应符合表 G.2.1 的规定。

表 G.2.1 目测分等[1]规格材材质标准

项次	缺陷名称[2]	材质等级		
		I_c	II_c	III_c
1	振裂和干裂	允许个别长度不超过 600mm，但不贯通；贯通时，应按劈裂要求检验		贯通：长度不超过 600mm 不贯通：900mm 长或不超过 1/4 构件长 干裂无限制；贯通干裂应按劈裂要求检验
2	漏刨	构件的 10%轻度漏刨[3]		轻度漏刨不超过构件的 5%，包含长达 600mm 的散布漏刨[5]，或重度漏刨[4]
3	劈裂	$b/6$		$1.5b$
4	斜纹：斜率不大于（%）	8	10	12
5	钝棱[6]	$h/4$ 和 $b/4$，全长或与其相当，如果在1/4长度内钝棱不超过 $h/2$ 或 $b/3$		$h/3$ 和 $b/3$，全长或与其相当，如果在 1/4 长度内钝棱不超过 $2h/3$ 或 $b/2$
6	针孔虫眼	每 25mm 的节孔允许 48 个针孔虫眼，以最差材面为准		

续表 G.2.1

项次	缺陷名称[2]	材质等级 I c	II c	III c
7	大虫眼	每25mm的节孔允许12个6mm的大虫眼，以最差材面为准		
8	腐朽—材心[17]	不允许		当h>40mm时不允许，否则h/3或b/3
9	腐朽—白腐[17]	不允许		1/3体积
10	腐朽—蜂窝腐[17]	不允许		b/6坚实[13]
11	腐朽—局部片状腐[17]	不允许		b/6宽[13],[14]
12	腐朽—不健全材	不允许		最大尺寸b/12和50mm长，或等效的多个小尺寸[13]
13	扭曲、横弯和顺弯[7]	1/2中度		轻度

项次 14 — 木节和节孔[16]

高度 (mm)	I c 健全节、卷入节和均布节[8] 材边	I c 材心	I c 非健全节、松节和节孔 节孔[9]	II c 健全节、卷入节和均布节 材边	II c 材心	II c 非健全节、松节和节孔 节孔[10]	III c 任何木节 材边	III c 材心	III c 节孔[11]
40	10	10	10	13	13	13	16	16	16
65	13	13	13	19	19	19	22	22	22
90	19	22	19	25	38	25	32	51	32
115	25	38	22	32	48	29	41	60	35
140	29	48	25	38	57	32	48	73	38
185	38	57	32	51	70	38	64	89	51
235	48	67	32	64	93	38	83	108	64
285	57	76	32	76	95	38	95	121	76

项次	缺陷名称[2]	材质等级 IV c	V c
1	振裂和干裂	贯通—1/3构件长 不贯通—全长 3面振裂—1/6构件长 干裂无限制 贯通干裂参见劈裂要求	不贯通—全长 贯通和三面振裂1/3构件长
2	漏刨	散布漏刨伴有不超过构件10%的重度漏刨[4]	任何面的散布漏刨中，宽面含不超过10%的重度漏刨[4]

项次	缺陷名称[2]	材质等级					
		IVc			Vc		
3	劈裂	$L/6$			$2b$		
4	斜纹：斜率不大于（%）	25			25		
5	钝棱[6]	$h/2$ 或 $b/2$，全长或与其相当，如果在 1/4 长度内钝棱不超过 $7h/8$ 或 $3b/4$			$h/3$ 或 $b/3$，全长或与其相当，如果在 1/4 长度内钝棱不超过 $h/2$ 或 $3b/4$		
6	针孔虫眼	每 25mm 的节孔允许 48 个针虫眼，以最差材面为准					
7	大虫眼	每 25mm 的节孔允许 12 个 6mm 的大虫眼，以最差材面为准					
8	腐朽—材心[17]	1/3 截面[13]			1/3 截面[15]		
9	腐朽—白腐[17]	无限制			无限制		
10	腐朽—蜂窝腐[17]	100% 坚实			100% 坚实		
11	腐朽—局部片状腐[17]	1/3 截面			1/3 截面		
12	腐朽—不健全材	1/3 截面，深入部分 1/6 长度[15]			1/3 截面，深入部分 1/6 长度[15]		
13	扭曲，横弯和顺弯[7]	中度			1/2 中度		
14	木节和节孔[16] 高度（mm）	任何木节		节孔[12]	任何木节		节孔
		材边	材心				
	40	19	19	19	19	19	19
	65	32	32	32	32	32	32
	90	44	64	44	44	64	38
	115	57	76	48	57	76	44
	140	70	95	51	70	95	51
	185	89	114	64	89	114	64
	235	114	140	76	114	140	76
	285	140	165	89	140	165	89

项次	缺陷名称[2]	材质等级	
		VIc	VIIc
1	振裂和干裂	表层—不长于 600mm 贯通干裂同劈裂	贯通：600mm 长 不贯通：900mm 长或不超过 1/4 构件长

项次	缺陷名称[2]	材质等级			
		Ⅵc		Ⅶc	
2	漏刨	构件的10%轻度漏刨[3]		轻度漏刨不超过构件的5%，包含长达600mm的散布漏刨[5]或重度漏刨[4]	
3	劈裂	b		$1.5b$	
4	斜纹：斜率不大于（%）	17		25	
5	钝棱[6]	$h/4$ 或 $b/4$，全长或与其相当，如果在 1/4 长度内钝棱不超过 $h/2$ 或 $b/3$		$h/3$ 或 $b/3$，全长或与其相当，如果在 1/4 长度内钝棱不超过 $2h/3$ 或 $b/2$，$\leqslant L/4$	
6	针孔虫眼	每25mm的节孔允许48个针孔虫眼，以最差材面为准			
7	大虫眼	每25mm的节孔允许12个6mm的大虫眼，以最差材面为准			
8	腐朽—材心[17]	不允许		$h/3$ 或 $b/3$	
9	腐朽—白腐[18]	不允许		1/3 体积	
10	腐朽—蜂窝腐[19]	不允许		$b/6$	
11	腐朽—局部片状腐[20]	不允许		$b/6$[14]	
12	腐朽—不健全材	不允许		最大尺寸 $b/12$ 和50mm长，或等效的小尺寸[13]	
13	扭曲，横弯和顺弯[7]	1/2 中度		轻度	

项次	木节和节孔[16] 高度（mm）	健全节、卷入节和均布节[8]	非健全节松节和节孔[10]	任何木节	节孔[11]
14	40	—	—	—	—
	65	19	16	25	19
	90	32	19	38	25
	115	38	25	51	32
	140	—	—	—	—
	185	—	—	—	—

项次	缺陷名称[2]	材质等级				
		Ⅵc			Ⅶc	
14	木节和节孔[16] 高度（mm）	健全节、卷入节和均布节[8]	非健全节松节和节孔[10]		任何木节	节孔[11]
	235	—	—		—	—
	285	—	—		—	—

注：1 目测分等应包括构件所有材面以及两端。b 为构件宽度，h 为构件厚度，L 为构件长度。

2 除本注解中已说明，缺陷定义详见国家标准《锯材缺陷》GB/T 4823—1995。

3 指深度不超过 1.6mm 的一组漏刨，漏刨之间的表面刨光。

4 重度漏刨为宽面上深度为 3.2mm、长度为全长的漏刨。

5 部分或全部漏刨，或全面糙面。

6 离材端全部或部分占据材面的钝棱，当表面要求满足允许漏刨规定，窄面上破坏要求满足允许节孔的规定（长度不超过同一等级最大节孔直径的 2 倍），钝棱的长度可为 300mm，每根构件允许出现一次。含有该缺陷的构件不得超过总数的 5%。

7 顺弯允许值是横弯的 2 倍。

8 卷入节是指被树脂或树皮包围不与周围木材连生的木节，均布节是指在构件任何 150mm 长度上所有木节尺寸的总和必须小于容许最大木节尺寸的 2 倍。

9 每 1.2m 有一个或数个小节孔，小节孔直径之和与单个节孔直径相等。

10 每 0.9m 有一个或数个小节孔，小节孔直径之和与单个节孔直径相等。

11 每 0.6m 有一个或数个小节孔，小节孔直径之和与单个节孔直径相等。

12 每 0.3m 有一个或数个小节孔，小节孔直径之和与单个节孔直径相等。

13 仅允许厚度为 40mm。

14 假如构件窄面均有局部片状腐，长度限制为节孔尺寸的 2 倍。

15 钉入边不得破坏。

16 节孔可全部或部分贯通构件。除非特别说明，节孔的测量方法与节子相同。

17 材心腐朽指某些树种沿髓心发展的局部腐朽，用目测鉴定。心材腐朽存于活树中，在被砍伐的木材中不会发展。

18 白腐指木材中白色或棕色的小壁孔或斑点，由白腐菌引起。白腐存于活树中，在使用时不会发展。

19 蜂窝腐与白腐相似但囊孔更大。含蜂窝腐的构件较未含蜂窝腐的构件不易腐朽。

20 局部片状腐指桕树中槽状或壁孔状的区域。所有引起局部片状腐的木腐菌在树砍伐后不再生长。

G.2.2 取样方法和检验方法应符合下列规定：

1 进场的每批次同一树种或树种组合、同一目测等级的规格材应作为一个检验批，每检验批应按表 G.2.2 规定的数目随机抽取检验样本。

2 应采用目测、丈量方法，并应符合表 G.2.1 的规定。

G.2.3 样本中不符合该目测等级的规格材的根数不应大于表 G.2.3 规定的合格判定数。

表 G.2.2 每检验批规格材抽样数量（根）

检验批容量	2~8	9~15	16~25	26~50	51~90
抽样数量	3	5	8	13	20
检验批容量	91~150	151~280	281~500	501~1200	1201~3200
抽样数量	32	50	80	125	200
检验批容量	3201~10000	10001~35000	35001~150000	150001~500000	>500000
抽样数量	315	500	800	1250	2000

表 G.2.3 规格材目测检验合格判定数（根）

抽样数量	2~5	8~13	20	32	50	80	125	200	>315
合格判定数	0	1	2	3	5	7	10	14	21

G.3 规格材抗弯强度见证检验

G.3.1 规格材抗弯强度见证检验应采用复式抽样法，试样应从每一进场批次、每一强度等级和每一规格尺寸的规格材中随机抽取，第 1 次抽取 28 根。试样长度不应小于 $17h + 200mm$（h 为规格材截面高度）。

G.3.2 规格材试样应在试验地通风良好的室内静待数天，使同批次规格材试样间含水率最大偏差不大于

2%。规格材试样应测定平均含水率 w，平均含水率应大于等于10%，且应小于等于23%。

G.3.3 规格材试样在检验荷载 P_k 作用下的三分点侧立抗弯试验，应按现行国家标准《木结构试验方法标准》GB/T 50329 进行（图 G.3.3）。试样跨度不应小于 $17h$，安装时试样的拉、压边应随机放置，并应经 1min 等速加载至检验荷载 P_k。

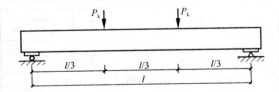

图 G.3.3　试样三分点侧立抗弯试验
P_k—加载点的荷载；l—规格材跨度

G.3.4 规格材侧立抗弯试验的检验荷载应按下列公式计算：

$$P_k = f_b \frac{bh^2}{2l} \qquad (G.3.4-1)$$

$$f_b = f_{bk} K_z K_l K_w \qquad (G.3.4-2)$$

$$K_l = \left(\frac{l}{l_0}\right)^{0.14} \qquad (G.3.4-3)$$

$$\left.
\begin{array}{l}
f_{bk} \geqslant 16.66 \text{N/mm}^2 \quad K_w = 1 + \dfrac{(15-w)(1-16.66/f_{bk})}{25} \\[2mm]
f_{bk} < 16.66 \text{N/mm}^2 \qquad K_w = 1.0
\end{array}
\right\}$$

$$(G.3.4-4)$$

式中：b——规格材的截面宽度；

h——规格材的截面高度；

l——试样的跨度；

l_0——试样标准跨度，取 3.658m；

f_{bk}——规格材抗弯强度检验值，可按表 G.3.4-1 取值；

K_z——规格材抗弯强度的截面尺寸调整系数，可按表 G.3.4-2 取值；

K_l——规格材抗弯强度的跨度调整系数；

K_w——规格材抗弯强度的含水率调整系数；

w——试验时规格材的平均含水率。

表 G.3.4-1　进口北美目测分等规格材抗弯强度检验值（N/mm²）

等级	花旗松-落叶松（南）	花旗松-落叶松（北）	铁杉-冷杉（南）	铁杉-冷杉（北）	南方松	云杉-松-冷杉	其他北美树种
Ⅰc	21.60	20.25	20.25	18.90	27.00	17.55	13.10
Ⅱc	14.85	12.29	14.85	14.85	17.55	12.69	8.64

续表 G.3.4-1

等级	花旗松-落叶松（南）	花旗松-落叶松（北）	铁杉-冷杉（南）	铁杉-冷杉（北）	南方松	云杉-松-冷杉	其他北美树种
Ⅲc	13.10	12.29	12.29	14.85	14.85	12.69	8.64
Ⅳc、Ⅴc	7.56	6.89	7.29	8.37	8.37	7.29	5.13
Ⅵc	14.85	13.50	14.85	16.20	16.20	14.85	10.13
Ⅶc	8.37	7.56	7.97	9.45	9.05	7.97	5.81

注：1　表中所列强度检验值为规格材的抗弯强度特征值。
　　2　机械分等规格材的抗弯强度检验值应取所在等级规格材的抗弯强度特征值。

表 G.3.4-2　规格材强度截面尺寸调整系数

等级	截面高度（mm）	截面宽度（mm）	
		40、65	90
Ⅰc、Ⅱc、Ⅲc、Ⅳc、Ⅴc	≤90	1.5	1.5
	115	1.4	1.4
	140	1.3	1.3
	185	1.2	1.2
	235	1.1	1.2
	285	1.0	1.1
Ⅵc、Ⅶc	≤90	1.0	1.0

注：Ⅵc、Ⅶc 规格材截面高度均小于等于90mm。

G.3.5 规格材合格与否应按检验荷载 P_k 作用下试件破坏的根数判定。28 根试件中小于等于 1 根发生破坏时，应为合格。试件破坏数大于 3 根时，应为不合格。试件破坏数为 2 根时，应另随机抽取 53 根试件进行规格材侧立抗弯试验。试件破坏数小于等于 2 根时，应为合格，大于 2 根时应为不合格。试验中未发生破坏的试件，可作为相应等级的规格材继续在工程中使用。

附录 H　木基结构板材的力学性能指标

H.0.1 木基结构板材在集中静载和冲击荷载作用下的力学性能，不应低于表 H.0.1 的规定。

表 H.0.1　木基结构板材在集中静载和冲击荷载作用下的力学指标[1]

用途	标准跨度（最大允许跨度）（mm）	试验条件	冲击荷载（N·m）	最小极限荷载[2]（kN）		0.89kN 集中静载作用下的最大挠度[3]（mm）
				集中静载	冲击后集中静载	
楼面板	400(410)	干态及湿态重新干燥	102	1.78	1.78	4.8

用途	标准跨度（最大允许跨度）(mm)	试验条件	冲击荷载 (N·m)	最小极限荷载[2] (kN) 集中静载	最小极限荷载[2] (kN) 冲击后集中静载	0.89kN集中静载作用下的最大挠度[3] (mm)
楼面板	500(500)	干态及湿态重新干燥	102	1.78	1.78	5.6
	600(610)	干态及湿态重新干燥	102	1.78	1.78	6.4
	800(820)	干态及湿态重新干燥	122	2.45	1.78	5.3
	1200(1220)	干态及湿态重新干燥	203	2.45	1.78	8.0
屋面板	400(410)	干态及湿态	102	1.78	1.33	11.1
	500(500)	干态及湿态	102	1.78	1.33	11.9
	600(610)	干态及湿态	102	1.78	1.33	12.7
	800(820)	干态及湿态	122	1.78	1.33	12.7
	1200(1220)	干态及湿态	203	1.78	1.33	12.7

注：1 本表为单个试验的指标。

2 100%的试件应能承受表中规定的最小极限荷载值。

3 至少90%的试件挠度不大于表中的规定值。在干态及湿态重新干燥试验条件下，木基结构板材在静载和冲击荷载后静载的挠度，对于屋面板只检查静载的挠度，对于湿态试验条件下的屋面板，不检查挠度指标。

H.0.2 木基结构板材在均布荷载作用下的力学性能，不应低于表 H.0.2 的规定。

表 H.0.2 木基结构板材在均布荷载作用下的力学指标

用途	标准跨度（最大允许跨度）(mm)	试验条件	性能指标[1] 最小极限荷载[2] (kPa)	性能指标[1] 最大挠度[3] (mm)
楼面板	400（410）	干态及湿态重新干燥	15.8	1.1
	500（500）	干态及湿态重新干燥	15.8	1.3
	600（610）	干态及湿态重新干燥	15.8	1.7
	800（820）	干态及湿态重新干燥	15.8	2.3
	1200（1220）	干态及湿态重新干燥	10.8	3.4
屋面板	400（410）	干态	7.2	1.7
	500（500）	干态	7.2	2.0
	600（610）	干态	7.2	2.5
	800（820）	干态	7.2	3.4
	1000（1020）	干态	7.2	4.4
	1200（1220）	干态	7.2	5.1

注：1 本表为单个试验的指标。

2 100%的试件应能承受表中规定的最小极限荷载值。

3 每批试件的平均挠度不应大于表中的规定值。为 4.79kPa 均布荷载作用下的楼面最大挠度；或 1.68kPa 均布荷载作用下的屋面最大挠度。

附录 J 按构造设计的轻型木结构钉连接要求

J.0.1 按构造设计的轻型木结构的钉连接应符合表 J.0.1 的规定。

表 J.0.1 按构造设计的轻型木结构的钉连接要求

序号	连接构件名称	最小钉长 (mm)	钉的最小数量或最大间距
1	楼盖搁栅与墙体顶梁板或底梁板——斜向钉连接	80	2 颗
2	边框梁或封边板与墙体顶梁板或底梁板——斜向钉连接	60	150mm
3	楼盖搁栅木底撑或扁钢底撑与楼盖搁栅	60	2 颗
4	搁栅间剪刀撑	60	每端 2 颗
5	开孔周边双层封边梁或双层加强搁栅	80	300mm
6	木梁两侧附加托木与木梁	80	每根搁栅处 2 颗
7	搁栅与搁栅连接板	80	每端 2 颗
8	被切搁栅与开孔封头搁栅（沿开孔周边垂直钉连接）	80	5 颗
		100	3 颗
9	开孔处每根封头搁栅与封边搁栅的连接（沿开孔周边垂直钉连接）	80	5 颗
		100	3 颗
10	墙骨与墙体顶梁板或底梁板，采用斜向钉连接或垂直钉连接	60	4 颗
		100	2 颗
11	开孔两侧双根墙骨柱，或在墙体交接或转角处的墙骨处	80	750mm
12	双层顶梁板	80	600mm
13	墙体底梁板或地梁板与搁栅或封头块（用于外墙）	80	400mm
14	内隔墙与框架或楼面板	80	600mm
15	非承重墙开孔顶部水平构件每端	80	2 颗
16	过梁与墙骨	80	每端 2 颗
17	顶棚搁栅与墙体顶梁板——每侧采用斜向钉连接	80	2 颗
18	屋面椽条、桁架或屋面搁栅与墙体顶梁板——斜向钉连接	80	3 颗
19	椽条板与顶棚搁栅	100	
20	椽条与搁栅（屋脊板有支座时）	80	3 颗
21	两侧椽条在屋脊通过连接板连接，连接板与每根椽条的连接	60	4 颗
22	椽条与屋脊板——斜向钉连接或垂直钉连接	80	3 颗
23	椽条拉杆两端与椽条	80	3 颗
24	椽条拉杆侧向支撑与拉杆	60	2 颗
25	屋脊椽条与屋脊或屋谷椽条	80	2 颗
26	椽条撑杆与椽条	80	3 颗
27	椽条撑杆与承重墙——斜向钉连接	80	2 颗

J.0.2 按构造设计的轻型木结构中椽条与顶棚搁栅的钉连接，应符合表 J.0.2 的规定。

表 J.0.2　橡条与顶棚搁栅钉连接（屋脊无支承）

屋面坡度	橡条间距(mm)	钉长不小于80mm的最少钉数											
		橡条与每根顶棚搁栅连接						橡条每隔1.2m与顶棚搁栅连接					
		房屋宽度达到8m			房屋宽度达到9.8m			房屋宽度达到8m			房屋宽度达到9.8m		
		屋面雪荷(kPa)			屋面雪荷(kPa)			屋面雪荷(kPa)			屋面雪荷(kPa)		
		≤1.0	1.5	≥2.0	≤1.0	1.5	≥2.0	≤1.0	1.5	≥2.0	≤1.0	1.5	≥2.0
1:3	400	4	5	6	5	7	8	11	—	—	—	—	—
	600	6	8	9	8	—	—	11	—	—	—	—	—
1:2.4	400	4	4	5	5	6	7	6	8	10	9	—	—
	600	5	7	8	7	9	11	7	10	—	—	—	—
1:2	400	4	4	4	4	4	5	6	8	—	—	—	—
	600	4	5	6	5	7	8	6	8	—	—	—	—
1:1.71	400	4	4	4	4	4	4	5	7	8	7	9	11
	600	4	4	5	5	6	7	6	8	—	—	—	11
1:1.33	400	4	4	4	4	4	4	4	6	7	6	7	7
	600	4	4	4	4	4	5	4	6	5	6	7	7
1:1	400	4	4	4	4	4	4	4	4	4	4	4	5
	600	4	4	4	4	4	4	4	4	4	4	4	5

附录 K　各类木结构构件防护处理载药量及透入度要求

K.1　方木与原木结构、轻型木结构构件

K.1.1　方木、原木结构、轻型木结构构件采用的防腐、防虫药剂及其以活性成分计的最低载药量检验结果，应符合表 K.1.1 的规定。需油漆的木构件宜采用水溶性或以易挥发的碳氢化合物为溶剂的油溶性防护剂。

K.1.2　防护施工应在木构件制作完成后进行，并应选择正确的处理工艺。常压浸渍法可用于木构件处于 C1 类环境条件的防护处理；其他环境条件均应用加压浸渍法，特殊情况下可采用冷热槽浸渍法；对于不易吸收药剂的树种，浸渍前可在木材上顺纹刻痕，但刻痕深度不宜大于 16mm。浸渍完成后的药剂透入度检验结果不应低于表 K.1.2 的规定。喷洒法和涂刷法应仅用于已经防护处理的木构件，因钻孔、开槽等操作造成未吸收药剂的木材外露而进行的防护修补。

表 K.1.1　不同使用条件下使用的防腐木材
及其制品应达到的最低载药量

类别	防腐剂		活性成分	组成比例(%)	最低载药量(kg/m³)			
	名称				使用环境			
					C1	C2	C3	C4A
水溶性	硼化合物[1]		三氧化二硼	100	2.8	2.8[2]	NR[3]	NR
	季铵铜(ACQ)	ACQ-2	氧化铜	66.7	4.0	4.0	4.0	6.4
			二癸基二甲基氯化铵(DDAC)	33.3				

防腐剂			组成比例（%）	最低载药量（kg/m³）			
类别	名称	活性成分		使用环境			
				C1	C2	C3	C4A
水溶性	季铵铜（ACQ）	ACQ-3	氧化铜 66.7	4.0	4.0	4.0	6.4
			十二烷基苄基二甲基氯化铵（BAC） 33.3				
		ACQ-4	氧化铜 66.7	4.0	4.0	4.0	6.4
			DDAC 33.3				
	铜唑（CuAz）	CuAz-1	铜 49	3.3	3.3	3.3	6.5
			硼酸 49				
			戊唑醇 2				
		CuAz-2	铜 96.1	1.7	1.7	1.7	3.3
			戊唑醇 3.9				
		CuAz-3	铜 96.1	1.7	1.7	1.7	3.3
			丙环唑 3.9				
		CuAz-4	铜 96.1	1.0	1.0	1.0	2.4
			戊唑醇 1.95				
			丙环唑 1.95				
	唑醇啉（PTI）		戊唑醇 47.6	0.21	0.21	0.21	NR
			丙环唑 47.6				
			吡虫啉 4.8				
	酸性铬酸铜（ACC）		氧化铜 31.8	NR	4.0	4.0	8.0
			三氧化铬 68.2				
	柠檬酸铜（CC）		氧化铜 62.3	4.0	4.0	4.0	NR
			柠檬酸 37.7				
油溶性	8-羟基喹啉铜（Cu8）		铜 100	0.32	0.32	0.32	NR
	环烷酸铜（CuN）		铜 100	NR	NR	0.64	NR

注： 1 硼化合物包括硼酸、四硼酸钠、八硼酸钠、五硼酸钠等及其混合物；

2 有白蚁危害时 C2 环境下硼化合物应为 4.5kg/m³；

3 NR 为不建议使用。

表 K.1.2 防护剂透入度检测规定

木材特征	透入深度或边材透入率		钻孔采样数量（个）	试样合格率（%）
	$t<125mm$	$t\geq125mm$		
易吸收不需要刻痕	63mm 或 85%（C1、C2）、90%（C3、C4A）	63mm 或 85%（C1、C2）、90%（C3、C4A）	20	80
需要刻痕	10mm 或 85%（C1、C2）、90%（C3、C4A）	13mm 或 85%（C1、C2）、90%（C3、C4A）	20	80

注：t 为需处理木材的厚度；是否刻痕根据木材的可处理性、天然耐久性及设计要求确定。

K.2 胶合木结构构件、结构胶合板及结构复合材构件

K.2.1 胶合木结构可采用的防腐、防火药剂类别和规定的检测深度内以有效活性成分计的载药量不应低于表 K.2.1 的规定。胶合木结构宜在层板胶合、构件加工工序完成（包括钻孔、开槽等局部处理）后进行防护处理，并宜采用油溶性药剂；必要时可先作层板的防护处理，再进行胶合和构件加工。不论何种顺序，其药剂透入度不得小于表 K.2.2 的规定。

表 K.2.1　胶合木防护药剂最低载药量与检测深度

类别	名称	胶合前处理 最低载药量 (kg/m³)				检测深度 (mm)	胶合后处理 最低载药量 (kg/m³)				检测深度 (mm)
		C1	C2	C3	C4A		C1	C2	C3	C4A	
水溶性	硼化合物	2.8	2.8*	NR	NR	13~25	NR	NR	NR	NR	—
	季铵铜 ACQ ACQ-2	4.0	4.0	4.0	6.4	13~25					
	ACQ-3	4.0	4.0	4.0	6.4	13~25					
	ACQ-4	4.0	4.0	4.0	6.4	13~25					
	铜唑 (CuAz) CuAz-1	3.3	3.3	3.3	6.5	13~25					
	CuAz-2	1.7	1.7	1.7	3.3	13~25					
	CuAz-3	1.7	1.7	1.7	3.3	13~25					
	CuAz-4	1.0	1.0	1.0	2.4	13~25					
	唑醇啉 (PTI)	0.21	0.21	0.21	NR	13~25					
	酸性铬酸铜 (ACC)	NR	4.0	4.0	8.0	13~25					
	柠檬酸铜 (CC)	4.0	4.0	4.0	NR	13~25					
油溶性	8-羟基喹啉铜 (Cu8)	0.32	0.32	0.32	NR	13~25	0.32	0.32	0.32	NR	0~15
	环烷酸铜 (CuN)	NR	NR	0.64	NR	13~25	0.64	0.64	0.64	NR	0~15

注：* 有白蚁危害时应为 4.5kg/m³。

K.2.2 对于胶合后处理的木构件，应从每一批量中的 20 个构件中随机钻孔取样；对于胶合前处理的木构件，应从每一批量中 20 块内层被接长的木板侧边各钻取一个试样。试样的透入深度或边材透入率应符合表 K.2.2 的要求。

表 K.2.2　胶合木构件防护药剂透入深度或边材透入率

木材特征	使用环境		钻孔采样的数量 (个)
	C1、C2 或 C3	C4A	
易吸收不需要刻痕	75mm 或 90%	75mm 或 90%	20
需要刻痕	25mm	32mm	20

K.2.3 结构胶合板和结构复合材（旋切板胶合木、旋切片胶合木）防护剂的最低保持量及其检测深度，应符合表 K.2.3 的要求。

表 K.2.3　结构胶合板、结构复合材防护剂的最低载药量与检测深度

类别	名称	结构胶合板 最低载药量 (kg/m³)				检测深度 (mm)	结构复合材 最低载药量 (kg/m³)				检测深度 (mm)
		C1	C2	C3	C4A		C1	C2	C3	C4A	
水溶性	硼化合物	2.8	2.8*	NR	NR	0~10	NR	NR	NR	NR	—
	季铵铜 ACQ ACQ-2	4.0	4.0	4.0	6.4	0~10					
	ACQ-3	4.0	4.0	4.0	6.4	0~10					
	ACQ-4	4.0	4.0	4.0	6.4	0~10					
	铜唑 (CuAz) CuAz-1	3.3	3.3	3.3	6.5	0~10					
	CuAz-2	1.7	1.7	1.7	3.3	0~10					
	CuAz-3	1.7	1.7	1.7	3.3	0~10					
	CuAz-4	1.0	1.0	1.0	2.4	0~10					
	唑醇啉 (PTI)	0.21	0.21	0.21	NR	0~10					
	酸性铬酸铜 (ACC)	NR	4.0	4.0	8.0	0~10					
	柠檬酸铜 (CC)	4.0	4.0	4.0	NR	0~10					
油溶性	8-羟基喹啉铜 (Cu8)	0.32	0.32	0.32	NR	0~10	0.32	0.32	0.32	NR	0~10
	环烷酸铜 (CuN)	0.64	0.64	0.64	NR	0~10	0.64	0.64	0.64	0.96	0~10

注：* 有白蚁危害时应为 4.5kg/m³。

本规范用词说明

1 为了便于在执行本标准条文时区别对待，对要求严格程度不同的用词说明如下：

1）表示很严格，非这样做不可的用词：

正面词采用"必须"，反面词采用"严禁"。

2）表示严格，在正常情况下均应这样做的用词：

正面词采用"应"，反面词采用"不应"或"不得"。

3）表示允许稍有选择，在条件许可时首先应这样做的用词：

正面词采用"宜"，反面词采用"不宜"。

4）表示有选择，在一定条件下可以这样做的用词，采用"可"。

2 条文中指明应按其他有关标准执行的写法为："应符合……的规定"或"应按……执行"。

引用标准名录

1　《木结构设计规范》GB 50005

2　《建筑设计防火规范》GB 50016

3　《建筑工程施工质量验收统一标准》GB 50300

4　《木结构试验方法标准》GB/T 50329

5　《金属材料室温拉伸试验方法》GB/T 228

6 《碳素结构钢》GB 700

7 《木材含水率测定方法》GB/T 1931

8 《木材抗弯强度试验方法》GB/T 1936.1

9 《钢材力学及工艺性能试验取样规定》GB 2975

10 《碳钢焊条》GB 5117

11 《低合金钢焊条》GB 5118

12 《六角头螺栓-C级》GB 5780

13 《六角头螺栓》GB 5782

14 《金属拉伸试验试样》GB 6397

15 《木结构覆板用胶合板》GB/T 22349

16 《建筑钢结构焊接技术规范》JGJ 81

17 《一般用途圆钢钉》YB/T 5002

中华人民共和国国家标准

木结构工程施工质量验收规范

GB 50206—2012

条 文 说 明

修 订 说 明

本规范是在《木结构工程施工质量验收规范》GB 50206 - 2002 的基础上修订而成。本规范修订继续遵循了《建筑工程施工质量验收统一标准》GB 50300 - 2001 关于"验评分离、强化验收、完善手段、过程控制"的指导原则，并借鉴和吸收了国际先进技术和经验，与中国的具体情况相结合，制定技术水平先进和切实可行的木结构工程施工质量验收标准。同时，保持了规范的连续性和与相关的国家现行规范、标准的一致性。

本规范修订过程中，编制组进行了大量调查研究，重点修订了原规范在执行过程中遇到的以下几方面的问题：（1）原规范侧重规定了木结构工程所用材料和产品的质量控制标准，缺乏关于木结构工程施工过程中的质量控制标准，较为突出的是胶合木结构和轻型木结构两类结构构件的制作、安装质量标准。（2）厘清木结构产品，尤其是层板胶合木、结构复合木材、木基结构板材等生产过程中的质量控制标准与产品进场验收的关系，符合木结构工程施工质量验收的需要。（3）制定恰当的材料进场质量检验（见证检验）方法和判定标准，做到既保证质量又切实可行。规格材进场验收的问题尤为突出。（4）随着材料科学和木结构防护技术的发展，原规范规定的某些木材防护材料需要更新。编制组针对这些问题对原规范进行了认真修订，并与《建筑工程施工质量验收统一标准》GB 50300、《木结构设计规范》GB 50005 等相关国家标准进行了协调，形成了本规范修订版。

本规范上一版的主编单位是哈尔滨工业大学，参编单位是铁道部科学研究院、东北林业大学、公安部天津消防科学研究所、温州市规划设计院，主要起草人是樊承谋、王用信、郭惠平、方桂珍、倪照鹏、陈松来、许方。

为便于工程技术人员在使用本规范时能正确把握和执行条文规定，编制组按章、条顺序编制了本规范的条文说明，对条文规定的目的、依据以及在执行中应注意的有关事项进行了说明。但本条文说明不具备与规范正文同等的法律效力，仅供使用者作为理解和把握规范规定的参考。

目　次

1 总　　则

1.0.1 制定本规范的目的是贯彻《建筑工程施工质量验收统一标准》GB 50300 的相关规定，加强木结构工程施工质量管理，保证木结构工程质量。

1.0.2 本规范的适用范围为新建木结构工程的两个分项工程的施工质量验收，即木结构工程的制作安装与木结构工程的防火防护。木结构包括分别由原木、方木和胶合木制作的木结构和主要由规格材和木基结构板材制作的轻型木结构。

1.0.3 本规范的规定系木结构工程施工质量验收最低和最基本的要求。

1.0.4 本规范是遵照《建筑工程施工质量验收统一标准》GB 50300 对工程质量验收的划分、验收的方法、验收的程序和组织的原则性规定而编制的，因此在执行本规范时应与其配套使用。

1.0.5 为保证工程质量，木结构工程施工质量验收尚应符合下列国家现行标准和规范的规定：

1 《木结构设计规范》GB 50005
2 《木结构试验方法标准》GB/T 50329
3 《木材物理力学试验方法》GB 1927～1943
4 《钢结构工程施工质量验收规范》GB 50205

2 术　　语

本规范共给出了 36 个木结构工程施工质量验收的主要术语。其中一部分是从建筑结构施工、检验的角度赋予其涵义，而相当部分按国际上木结构常用的术语而编写。英文术语所指为内容一致，并不一定是两者单词的直译，但尽可能与国际木结构术语保持一致。

3 基 本 规 定

3.0.1 规定木结构工程施工单位应具备的基本条件。针对目前建筑安装工程施工企业的实际情况，强调应有木结构工程施工技术队伍，才能承担木结构工程施工任务。

3.0.2 《建筑工程施工质量验收统一标准》GB 50300 将建筑工程划分为主体结构、地基与基础、建筑装饰装修等分部工程，主体结构分部工程包括木结构、钢结构、混凝土结构等子分部工程，木结构子分部工程又包括方木和原木结构、胶合木结构、轻型木结构、木结构防护等分项工程。因此，方木和原木结构、胶合木结构、轻型木结构其中之一作为木结构分项工程与木结构防护分项工程构成木结构子分部工程。木结构工程的防护分项工程（防火、防腐）可以分包，但其管理、施工质量仍应由木结构工程制作、

安装施工单位负责。

3.0.3 本条规定木结构子分部工程划分检验批的原则。

3.0.4 木结构使用环境的分类，依据是林业行业标准《防腐木材的使用分类和要求》LY/T 1636 - 2005，主要为选择正确的木结构防护方法服务。

3.0.5 木材所显露出的纹理，具有自然美，形成雅致的装饰面。本条将木结构外表参照原规范对胶合木结构的要求，分为 A、B、C 级。A 级相当于室内装饰要求，B 级相当于室外装饰要求，而 C 级相当于木结构不外露的要求。

3.0.6 本条具体规定木结构工程控制施工质量的内容：

1 在原规范的基础上增加了工程设计文件的要求，旨在强调按设计图纸施工。

2 木结构工程的主要材料是木材及木产品，包括方木、原木、层板胶合木、结构复合材、木基结构板材、金属连接件和结构用胶等。这些材料都涉及结构的安全和使用功能，因此要求做进场验收和见证检验。进场验收、见证检验主要是控制木结构工程所用材料、构配件的质量；交接检验主要是控制制作加工质量。这是木结构工程施工质量控制的基本环节，是木结构分部工程验收的主要依据。

3 控制每道工序的质量，关键在于按《木结构工程施工规范》的规定进行施工，并按本规范规定的控制指标进行自检。

4 各工序之间和专业工种之间的交接检验，关键在于建立工程管理人员和技术人员的全局观念，将检验批、分项工程和木结构子分部工程形成有机整体。

5 在原规范的基础上增加了木结构工程竣工图及文字资料等竣工文件的要求。这是考虑到施工过程中可能对原设计方案进行了变更或材料替代，这些文件要求是保证工程质量的必要手段，也是将来结构维修、维护的重要依据。

3.0.7 木结构在我国发展较快，不断引进、研发新材料、新技术，各类木结构技术规范不可能将这些材料和技术全部包含在内，但又应鼓励创新和研发。本条规定了采用新技术的木结构工程施工质量的验收程序。

3.0.8 规定材料的替换原则。用等强换算方法使用高等级材料替代低等级材料，由于截面减小，可能影响抗火性能，故有时结构并不安全，截面减小还可能影响结构的使用功能和耐久性；反之，用等强换算方法使用低等级材料替代高等级材料，尚应符合国家现行标准《木结构设计规范》GB 50005 关于各类构件对木材材质等级的规定，故通过等强换算进行材料替换，需经设计单位复核同意。

3.0.9 从国际市场进口木材和木产品，是发展我国

木结构的重要途径。本条所指木材和木产品包括方木、原木、规格材、胶合木、木基结构板材、结构复合木材、工字形木搁栅、齿板桁架以及各类金属连接件等产品。国外大部分木产品和金属连接件是工业化生产的产品，都有产品标识。产品标识标志产品的生产厂家、树种、强度等级和认证机构名称等。对于产地国具有产品标识的木产品，既要求具有产品质量合格证书，也要求有相应的产品标识。对于产地国本来就没有产品标识的木产品，可只要求产品质量合格证书。

另外，在美欧等国家和地区，木产品的标识是经过严格质量认证的，等同于产品质量合格证书。这些产品标识一旦经由我国相关认证机构确认，在我国也等同于产品质量合格证书。但我国目前尚没有具有资质的认证机构。

4 方木与原木结构

4.1 一般规定

4.1.1 规定了本章的适用范围。

4.1.2 原规范对划分检验批的规定不甚清楚，本次修订根据《建筑工程施工质量验收统一标准》GB 50300关于划分检验批的规定以及质检部门的建议，对材料、构配件质量控制和木结构制作安装质量控制分别划分了检验批。施工和质量验收时屋盖可作为一个楼层对待，单独划分为一个检验批。

4.2 主控项目

4.2.1 结构形式、结构布置和构件尺寸是否符合设计文件规定，是影响结构安全的第一要素，因此本条作为强制性条文执行。本规范将对结构安全会产生最重要影响的主控项目归结为三个方面，一是结构形式、结构布置和构件的截面尺寸，二是构件材料的材质标准和强度等级，三是木结构节点连接。关于该三方面的条文，皆列于强制性条文。设计文件包括本工程的施工图、设计变更和设计单位签发的技术联系单等资料。

4.2.2 构件所用材料的质量是否符合设计文件的规定，是影响结构安全的第二要素，是保证工程质量的关键之一，因此本条作为强制性条文执行。执行本条时尚应注意：

1 结构用木材应符合设计文件的规定，是指木材的树种（包括树种组合）或强度等级合乎规定。在我国现阶段，方木、原木结构所用木材的强度等级是由树种确定的，而同一树种或树种组合的木材，强度不再分级，所以明确了树种或树种组合，就明确了强度等级。我国虽然对方木、原木及板材划分为三个质量等级，但该三个质量等级木材的设计指标是相同的，不加区分。

2 不管是国产还是进口的结构用材，其树种都应是已纳入现行国家标准《木结构设计规范》GB 50005适用范围的，否则不能作为结构用材使用。

4.2.3 现行《木结构设计规范》GB 50005按树种划分方木、原木的强度等级，而按目测外观质量划分的方木、原木的三个质量等级，仅是决定木材用途的依据（用于受拉还是受压构件），与木材的强度等级无关。因此，明确木材的树种是施工用材是否符合设计要求的关键。但目前木结构施工人员对树种的识别往往存在一定困难，为确保其木材的材质等级，进场木材均应作弦向静曲强度见证检验。本规范检验标准表4.2.3与《木结构设计规范》GB 50005的规定是一致的。

4.2.4 我国现行《木结构设计规范》GB 50005对不同目测等级的方木或原木在强度上未加区分，实际上三个等级木材的缺陷不同，对木材强度的影响程度也就不同；即使相同的缺陷，对木材抗拉、抗压强度的影响程度也不同。故规定了不同目测等级的木材不同的用途，等级高的用于受拉构件，低的可用于受压构件，施工及验收时应予注意。

结构用木材的目测等级评定标准，不同于一般用途木材的商品等级，两者不能混淆。

4.2.5 控制木材的含水率，主要是为防止木材干裂和腐朽。原木、方木在干燥过程中，切向收缩最大，径向次之，纵向最小。外层木材会先于内层木材干燥，其干缩变形会受到内层木材的约束而受拉。当横纹拉应力超过木材的抗拉强度时，木材就发生开裂。

制作构件时，如果干裂裂缝与齿连接或螺栓连接的受剪面接近或重合，就会影响连接的承载力，甚至发生工程事故。木材含水率过大，干缩变形很大，会影响木结构节点连接的紧密性；含水率过大，木材的弹性模量降低，结构的变形加大；含水率超过20%而又通风不畅，木材则易发生腐朽。因此，无论是构件制作还是进场，都应控制含水率。

原木和截面较大的方木通常不能采用窑干法，难以达到干燥状态，其含水率控制在25%，是指全截面的平均含水率。此时木材表层的含水率往往已降至18%以下，干燥裂缝已经呈现，制作构件选材时已经可以避开裂缝。干缩裂缝对板材的不利影响比方木、原木严重得多，但板材可以窑干，故含水率可控制在20%以下。干缩裂缝对板材受拉工作影响最为不利，用作受拉构件连接板的板材含水率控制在18%以下。

4.2.6 《木结构设计规范》GB 50005明确规定承重木结构用钢材宜选择Q235等级，不能因为用于木结构就放松对钢材质量的要求。实际上，建筑结构钢材均可用于木结构，故本规范规定钢材的屈服强度和极限强度不低于Q235及以上等级钢材的指标要求。对于承受动荷载或在−30℃以下工作的木结构，不应采用沸腾钢，冲击韧性应满足相应屈服强度的 D 级要求，与《钢结构设计规范》GB 50017 保持一致。

4.2.7 焊条的种类、型号与焊件的钢材类别有关，故应按设计文件规定选用。对于 Q235 钢材，通常采用 E43 型焊条。E43 为碳钢焊条，药皮化学成分不同，适用于不同的焊缝类型、焊机和使用环境，如结构在 −30℃ 以下工作，宜选用 E43 中的低氢型焊条。

4.2.8 成品螺栓是标准件，强度等级通常用屈服比表示，如 4.8 级表示抗拉强度标准值为 400MPa，屈服强度标准值为 320MPa，这类螺栓进场时仅需检验合格证书。由于标准件的螺栓长度有时不满足木结构连接的要求，需要专门加工，则按 4.2.6 条的规定，螺栓杆使用的钢材应有力学性能检验合格报告。

4.2.9 圆钉的抗弯屈服强度以塑性截面模量计算，当设计文件规定圆钉的抗弯屈服强度时，需作强度见证检验。设计文件未作规定时，将视为由冷拔钢丝制作的普通圆钉，只需检验其产品合格证书。

4.2.10 拉杆的搭接接头偏心传力，对焊缝不利，拉杆本身也会产生弯曲应力，因此规定不应采用搭接接头而应采用双面绑条焊接头，并规定了接头的构造要求。

4.2.11 按钢结构设计规范规定，寒冷地区的焊缝为保证其延性，焊缝质量等级不得低于二级。

4.2.12 结构方案和布置、所用材料的材质等级和节点连接施工质量是控制工程质量、保证结构安全的三大关键要素，任何一个方面出现问题，都会直接影响结构安全，因此都是不允许出现施工偏差的项目。节点连接的施工质量，是影响木结构安全的第三要素，故本条按强制性条文执行。

4.2.13 木结构各类节点连接部位木材的质量符合要求，是节点连接承载力的重要保证，因此本条对连接部位木材的材质作出了专门规定。

木结构中的螺栓按其受力可分为受剪、受拉和系紧三类。木构件受拉接头中的螺栓，实际上主要是受弯工作，但因形式上传递的是被连接构件间界面上的剪力，仍习惯称为受剪螺栓；受拉螺栓（亦称圆钢拉杆）包括钢木屋架下弦、豪式屋架的竖拉杆以及支座节点的保险螺栓等，这类螺栓受拉工作；系紧螺栓，如受压接头系紧木夹板的螺栓，既不受拉也不受弯。螺栓孔附近木材中的干裂、斜纹、松节等缺陷都会影响销槽的承压强度，螺栓连接处应避开这些缺陷。

4.2.14 本条规定了保证木结构抗震安全的构造措施，系依据《木结构设计规范》GB 50005 和《建筑抗震设计规范》GB 50011 的有关规定制定。

4.3 一般项目

4.3.1 木桁架、梁、柱的制作偏差应在吊装前检查验收，以便及时更换达不到质量要求的构件或局部修正。

4.3.2 除 4.2.13 条规定外，齿连接的其他构造也影响其工作性能（见图 1）。

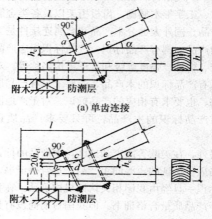

(a) 单齿连接

(b) 双齿连接

图 1 齿连接基本构造

1 压杆轴线与承压面垂直且通过承压面中心，则能保证压力完全通过承压面传递且使承压面均匀受压，从而使齿连接工作状态与设计计算假设一致。如果图 1a 所示的交角小于 90°，则齿连接的两个接触面都将承受压力，与计算假设不符。双齿连接第二齿比第一齿齿深至少大 20mm，是为避免图 1b 中 bd 间因存在斜纹剪切破坏。

2 保持承压面平整，亦为使其均匀承压，否则压应力会不均匀且连接变形过大。

3 保险螺栓在正常情况下不参与工作，但一旦受剪面破坏，螺栓则承担拉力，防止屋架突然倒塌。屋架端节点处的保险螺栓直径由设计图规定。腹杆采用过粗的扒钉，会导致木材劈裂，扒钉直径不宜大于 6mm～10mm。直径超过 6mm，应预先钻孔。

4 保证支座中心线通过上、下弦净截面中心线的交点（方木），或通过上、下弦杆毛截面中心线的交点（原木），都是为尽量使下弦杆均匀受拉，并与设计计算假设相符。例如，假使支座中心线内移，则支座轴线与上弦压杆轴线的交点上移，会使下弦不均匀受拉。原木屋架下弦杆采用毛截面对中是因为支座处原木底面需砍平，才能稳妥地坐落到支座上，砍平的高度大致与槽齿的深度相当。

另外，按我国习惯做法，支座节点齿连接上、下弦间不受力的交接缝的上口（图 1a 单齿连接的 c 点、图 1b 双齿连接的 e 点）通常留 5mm 的间隙。一方面是从构造上保证压力完全通过抵承面传递，另一方面是为避免一旦上弦杆转动时（可能受节间荷载作用而弯曲），在上口形成支点产生力矩，从而使受剪面端部横纹受拉甚至撕裂，对抗剪不利。

4.3.3 除 4.2.12 条关于螺栓连接的规定外，本条对螺栓连接的其他方面作出规定。

1 接头处下弦与木夹板之间的相对滑移过大是

屋架变形过大的主要原因，控制螺栓孔直径就是为了减小节点连接的变形。施工时连接板与被连接构件应一次成孔，使孔位一致，便于安装螺栓。否则难以保证孔位一致，往往需要扩孔，造成椭圆孔，加大节点连接的滑移。

2 受剪螺栓或系紧螺栓中的拉力不大，施工中可按构造要求设置垫圈（板）。

3 保证螺栓连接的紧密性。

4.3.4 钉连接中钉子的直径与长度应符合设计文件的规定，施工中不允许使用与设计文件规定的同直径不同长度或同长度不同直径的钉子替代，这是因为钉连接的承载力与钉的直径和长度有关。

硬质阔叶材和落叶松等树种木材，钉钉子时易发生木材劈裂或钉子弯曲，故需设引孔，即预钻孔径为 0.8 倍～0.9 倍钉子直径的孔，施工时亦需将连接件与被连接件临时固定在一起，一并预留孔。

4.3.5 受压接头通过被连接构件端头抵承受压传力，因此要求承压面平整且垂直于轴线。承压面不平，则会受压不均匀，增加接头变形。斜搭接头只宜用于受弯构件在反弯点处的连接。

4.3.6、4.3.7 木桁架、梁、柱的安装偏差应在安装屋面木骨架之前检查验收，以便及时纠正。

4.3.8 首先检查支撑设置是否完整，檩条与上弦的连接是否到位。当采用木斜杆时应重点检查斜杆与上弦杆的螺栓连接；当采用圆钢斜杆时，应重点检查斜杆是否已用套筒张紧。抗震设防地区，檩条与上弦必须用螺栓连接，以免钉连接时钉子被拔出破坏。

5 胶合木结构

5.1 一般规定

5.1.1 规定了本章的适用范围。本章内容对原《木结构工程施工质量验收规范》GB 50206 - 2002 的相关内容作了较大调整。原规范对层板胶合木的制作方法作了很多规定，考虑到我国已单独制定了产品标准《结构用集成材》GB/T 26899，对层板胶合木的制作要求已作规定，这里不宜重复，故将相关内容删除，而将胶合木作为一种木产品对待。

5.1.2 《胶合木结构技术规范》GB/T 50708 将制作胶合木的层板划分为普通层板、目测分等层板和机械弹性模量分等层板，因而有普通层板胶合木、目测分等层板胶合木和机械弹性模量分等层板胶合木等类别。按组坯方式不同，后两者又分为同等组合胶合木、对称异等组合和非对称异等组合胶合木。普通层板胶合木即为现行《木结构设计规范》GB 50005 中的层板胶合木。

5.1.3 在我国，胶合木一度可在施工现场制作，这种做法显然不能保证产品质量。现代胶合木对层板及

制作工艺都有严格要求，只适宜在工厂制作。进场的是胶合木产品或已加工完成的构件。本条强调胶合木构件应由有资质的专业生产厂家制作，旨在保证产品质量。

5.2 主控项目

5.2.1 胶合木结构的常见结构形式包括屋盖、梁柱体系、框架、刚架、拱以及空间结构等形式。同方木、原木结构一样，胶合木结构的结构形式、结构布置和构件尺寸是否符合设计文件规定，是影响结构安全的第一要素，因此本条作为强制性条文执行。

5.2.2 层板胶合木的类别是指第 5.1.2 条中规定的三类层板胶合木。胶合木的类别、强度等级和组坯方式是影响结构安全的第二要素，是不允许出现偏差的项目，需重点控制，因此本条作为强制性条文执行。胶合质量直接影响胶合木受弯或压弯构件的工作性能，除检查质量合格证明文件，尚应检查胶缝完整性和层板指接强度检验合格报告，这些文件是证明胶合木质量可靠性的重要依据。如缺少此类报告，胶合木进场时应委托有资质的检验机构作见证检验，检验合格的标准见国家标准《结构用集成材》GB/T 26899。

5.2.3 本条规定对进场胶合木进行荷载效应标准组合作用下的抗弯性能检验，以验证构件的胶合质量和胶合木的弹性模量。所谓挠度的理论计算值，是按该构件层板胶合木强度等级规定的弹性模量和加载方式算得的挠度。本条基于弹性模量正态分布假设，且其变异系数取为 0.1。取三根试件进行试验，按数理统计理论，在 95% 保证率的前提下，弹性模量的平均值推定上限为实测平均值的 1.13 倍，故要求挠度的平均值不大于理论计算值的 1.13 倍。单根梁的最大挠度限值要求则是为了满足《木结构设计规范》GB 50005 规定的正常使用极限状态的要求。由于试验仅加载至荷载效应的标准组合，对于合格的产品不会产生任何损伤，试验完成后的构件仍可在工程中应用。对于那些跨度很大或外形特殊而数量又少的以受弯为主的层板胶合木构件，确无法进行试验检验的，应制定更严格的生产制作工艺，加强层板和胶缝的质量控制，并经专家组论证。质量有保证者，可不做荷载效应标准组合作用下的抗弯性能检验。

5.2.4 层板胶合木受弯构件往往设计成弧形。弧形构件在制作时需将层板在弧形模子上加压预弯，待胶固结后，撤去压力，达到所需弧度。在这一制作过程中，层板中会产生残余应力，影响构件的强度。层板越厚和曲率越大，残余应力越大。另外，弧形构件在受到使曲率变小的弯矩作用时，会产生横纹拉应力，曲率越大，横纹拉应力越大，严重时会使构件横纹开裂导致破坏。故应严格检查和控制曲率半径。

5.2.5 制作胶合木构件时，要求层板的含水率不应大于 15%，否则将影响胶合质量，且同一构件中各

层板间的含水率差别不应超过 5%，以避免层板间过大的收缩变形差而产生过大的内应力（湿度应力），甚至出现裂缝等损伤。胶合木制作完成后，生产厂家应采取措施，避免产品受潮。本条规定一是为保证胶合木构件制作时层板的含水率，二是为保证构件不受潮，从而保证工程质量。同一构件中各层板间的含水率差别，应由胶合木生产时控制，胶合木进场验收时可不必检验，只检验平均含水率。

5.2.6 胶合木结构节点连接本质上与方木、原木结构并无不同，故所用钢材、焊条、螺栓、螺帽的质量要求与方木、原木结构相同。

5.2.7 类似于方木、原木结构，胶合木结构中连接节点的施工质量是影响结构安全的要素之一，因而是控制施工质量的关键之一，不允许出现偏差。连接中避开漏胶胶缝，是为避免有缺陷的胶缝。本条是强制性条文。

5.3 一 般 项 目

5.3.1 本条规定胶合木生产制作的构造和外观要求。

    1 胶合木的构造要求是胶合木产品质量的重要保证，胶合木制作必须符合这些规定，产品进场时依照这些规定进行验收。

    2 胶合木的 3 类使用环境是指：1 类——空气温度达到 20℃，相对湿度每年有 2 周～3 周超过 65%，大部分软质树种木材的平均平衡含水率不超过 12%；2 类——空气温度达到 20℃，相对湿度每年有 2 周～3 周超过 85%，大部分软质树种木材的平均平衡含水率不超过 20%；3 类——导致木材的平均平衡含水率超过 20% 的气候环境，或木材处于室外无遮盖的环境中。

    3 本规范将木结构的外观质量要求划分为 A、B、C 三级（第 3.0.5 条），胶合木外观质量为 C 级时，胶合木制作完成后不必作刨光处理。

5.3.2 胶合木构件制作的几何尺寸偏差与方木、原木构件相同。胶合木桁架、梁、柱的制作偏差应在吊装前检查验收，以便及时更换达不到质量要求的构件或局部修正。

5.3.3 胶合木结构中的齿连接、螺栓连接、圆钢拉杆及焊缝质量要求，与方木、原木结构相同，因此要求符合第 4.3.2、4.3.3、4.2.10 和 4.2.11 条的规定。

6 轻 型 木 结 构

6.1 一 般 规 定

6.1.1 规定本章的适用范围。

6.1.2 规定检验批。轻型木结构应用最多的是住宅，每幢住宅的面积一般为 200m² ～300m² 左右，本条规定总建筑面积不超过 3000m² 为一个检验批，约含 10 幢～15 幢轻型木结构建筑。面积超过 300m²，对轻型木结构而言是规模较大的重要建筑，例如公寓或学校，则应单独作为一个检验批。施工质量验收检验批的划分同方木、原木结构和胶合木结构。

6.2 主 控 项 目

6.2.1 本条规定旨在要求轻型木结构的建造施工符合设计文件中的一些基本要求，保证结构达到预期的可靠水准。轻型木结构中剪力墙、楼盖、屋盖布置，以及由于质量轻所采取的抗倾覆及抗屋盖掀起措施，是否符合设计文件规定，是影响结构安全的第一要素，不允许出现偏差，因此本条作为强制性条文执行。

6.2.2 规格材是轻型木结构中最基本和最重要的受力杆件，作为一种标准化工业化生产且具有不同强度等级的木产品，必须由专业厂家生产才能保证产品质量，因此本条要求进场规格材应具有产品质量合格证书和产品标识，并作为强制性条文执行。

6.2.3 《建筑工程施工质量验收统一标准》GB 50300 规定，涉及结构安全的材料应按规定进行见证检验。为此，原规范 GB 50206 - 2002 规定每树种、应力等级、规格尺寸至少随机抽取 15 根试件，进行抗弯强度破坏性试验。在实施过程中，各方面对该条争议颇大。在北美，目测分等规格材的材质等级是由国家专业机构认定的有资质的分级员分级的。本条沿用这种方式，规定对进场规格材可按目测等级标准作见证检验，但应由有资质的专业人员完成。考虑到目前此类专业人员在我国尚无专业机构认定，这种检验方法并不能普遍适用。另据部分木结构施工企业反映，目前进场规格材的材质尚难以保证符合要求，故本条规定也可采用规格材抗弯强度见证检验的方法。对目测分等规格材，可视具体情况从两种方法中任选一种进行见证检验。其中的强度检验值是按美国木结构设计规范 NDS - 2005 所列，与我国《木结构设计规范》GB 50005 相同树种（树种组合）相同目测等级的规格材的设计指标推算的抗弯强度特征值。

    按加拿大木业协会提供的规格材抗弯强度试验数据，采用蒙特卡洛法取样验算，证明采用本条规定的复式抽样检验法的错判率约为 4%～8%，符合《建筑工程施工质量验收统一标准》GB 50300 关于错判、漏判率的相关规定。规格材足尺强度检验是一个较复杂的问题，目前尚没有完全理想的方法。鉴于我国具体情况，本规范在规定进场目测见证检验的同时，还是规定了规格材抗弯强度见证检验的方法。

    对机械分等规格材，目前只能采用抗弯强度见证检验方法。这主要是因为检测单位不可能具备各种不同类型的规格材分等仪器与设备。至于其抗弯强度检验值，也应取其相应等级的特征值。由于其等级标识尤是抗弯强度特征值，故在检验方法中不必再列出该强度检验值。《木结构设计规范》GB 50005 将机械分等规格材划分为 M10、M14、M18、M22、M26、M30、M35 和 M40 等 8 个等级，按《木结构设计手册》的解释，其抗弯强度特征值应分别为 10、14、18…40N/mm²。对于北美进口机械应力分等（MSR）规格材，例如美国木结构设计规范 NDS-2005 中的 1200f-1.2E 和 1450f-1.3E 等级规格材，按其表列设计指标推算，其抗弯强度特征值则分别为 1200×2.1/145＝13.78N/mm² 和 1450×2.1/145＝21.00N/mm²。

关于规格材的名称术语，我国的原木、方木也采用目测分等，但不区分强度指标。作为木产品，木材目测或机械分等后，是区分强度指标的。因此作为合格产品，规格材应分别称为目测应力分等规格材（visually stress-graded lumber）或机械应力分等规格材（machine stress-rated lumber）。称为目测分等规格材或机械分等规格材，只是能区别其分等方式的一种称呼。

《木结构设计规范》GB 50005 已明确规定了我国与北美地区规格材目测分等的等级对应关系，验收时可参照表 1 执行。我国与国外规格材机械分等的等级对应关系，以及我国与其他国家和地区规格材目测分等的等级对应关系，目前尚未明确。

表 1 我国规格材与北美地区规格材目测分等等级的对应关系

中国规范规格材等级	北美规范规格材等级
I_c	Select structural
II_c	No. 1
III_c	No. 2
IV_c	No. 3
V_c	Stud
VI_c	Construction
VII_c	Standard

6.2.4 由规格材制作的构件的抗力与其树种、材质等级和规格尺寸有关，故要求符合设计文件的规定。

6.2.5 《木结构设计规范》GB 50005 要求规格材的含水率不应大于 20%，主要为防止腐朽和减少干燥裂缝。

6.2.6 对于进场时已具有本条规定的木基结构板材产品合格证书以及干、湿态强度检验合格证书的，仅需作板的静曲强度和静曲弹性模量见证检验，否则应按本条规定的项目补作相应的检验。

6.2.7 结构复合木材是一类重组木材。用数层厚度为 2.5mm～6.4mm 的单板施胶连续辊轴压而成的称为旋切板胶合木（LVL）；将木材旋切成厚度为 2.5mm～6.4mm，长度不小于 150 倍厚度的木片施胶加压而成的称为平行木片胶合木（PSL）和层叠木片胶合木（LSL），均呈厚板状。使用时可沿木材纤维方向锯割成所需截面宽度的木构件，但在板厚方向不再加工。结构复合木材的一重要用途是将其制作成预制构件。例如用 LVL 制作工字形木搁栅的翼缘、拼合柱和侧立受弯构件等。

目前国内尚无结构复合木材及其预制构件的产品和相关的技术标准，主要依赖进口。因此，验收时应认真检查产地国的产品质量合格证书、产品标识和合同技术条款的规定。结构复合木材用作平置或侧立受弯构件时，需作荷载效应标准组合下的抗弯性能见证检验。由于受弯构件检验时，仅加载至正常使用荷载，不会对合格构件造成损伤，因此检验合格后，试样仍可作工程用材。

关于进场工字形木搁栅和结构复合木材受弯构件应作荷载效应标准组合作用下的结构性能检验，见 5.2.3 条文说明。

6.2.8 齿板桁架采用规格材和齿板制作。由于制作时需专门的齿板压入桁架节点设备，施工现场制作无法保证质量，故齿板桁架应由专业加工厂生产。本条内容视为预制构件准许使用的基本要求。

6.2.10 轻型木结构中常用的金属连接件钢板往往较薄，采用焊接不易保证质量，且有些构件尚有加劲肋，并非平板，现场制作存在实际困难，又需作防腐处理，因此规定由专业加工厂冲压成形加工。

6.2.11 木结构的安全性，取决于构件的质量和构件间的连接质量，因此，本条列为强制性条文，严格要求金属连接件和钉连接用钉的规格、数量符合设计文件的规定，不允许出现偏差。轻型木结构中抗风抗震锚固措施（hold-down）所用的螺栓连接件，也是本条的执行范围。

6.2.12 轻型木结构构件间主要采用钉连接，按构造设计时，本条是钉连接的最低要求。需注意的是，当屋面坡度大于 1：3 时，橼条不再是单纯的斜梁式构件，而是与顶棚搁栅形成类似拱结构，顶棚搁栅需抵抗水平推力，橼条与顶棚搁栅间的钉连接比斜梁式橼条要求更严格一些。附录 J 表 J.0.2 系参考《加拿大建筑规范》2005（National Building Code of Canada 2005）有关条文制定。

6.3 一般项目

6.3.1、6.3.2、6.3.4 轻型木结构实际上是由剪力墙与横隔（楼盖、屋盖）两类基本的板式组合构件组成的板壁式房屋。各款内容都与结构的承载力和耐久性直接相关，但各款的具体要求，不论设计文件是否标明，均应满足《木结构设计规范》GB 50005 规定的构造要求，验收时应逐款检查。为避免重复，这里仅列出检查项目，未列出标准。

6.3.3 影响齿板桁架结构性能的主要因素是齿板连接，故应对齿板安装位置偏差、板齿倒伏和齿板处规格材的表面缺陷进行检查。

1 因规格材的强度与树种、材质等级和规格尺寸有关，故要求制作齿板桁架的规格材符合设计文件的规定。

2 在国外齿板为专利产品，齿板连接的承载力与齿板的类型、规格尺寸和所连接的规格材树种有关。齿板制作时允许采用性能不低于原设计的规格材和齿板替代，但须经设计人员作设计变更。

3 齿板桁架制作误差的规定与《轻型木桁架技术规范》JGJ/T 265一致。

4 按长度和宽度将齿板安装的位置偏差规定为13mm（0.5英寸）和19mm（0.75英寸）两级。安装偏差由齿板的平动错位和转动错位两部分组成，两者之和即为齿板各角点设计位置与实际安装位置间的距离。验收时应量测各角点的最大距离。

5 齿板安装过程中齿的倒伏以及连接处木材的缺陷都会导致板齿失效，本款旨在控制齿板连接中齿的失效程度。按《轻型木桁架技术规范》JGJ/T 265的规定，倒伏是指齿长的1/4以上没有垂直压入木材的齿；木材表面的缺陷面积包括木节、钝棱和树脂囊等。验收时应在齿板连接范围内用量具仔细测算齿倒伏和木材缺陷的面积之和。需指出的是，齿板连接缺陷面积的百分比，应逐杆计算。

6 齿板连接处缝隙的规定与《轻型木桁架技术规范》JGJ/T 265一致。

6.3.5 本条统一规定轻型木结构的制作和安装偏差，各构件的制作偏差应在安装前检查，以便替换不合格构件。安装偏差的检查，应合理考虑各工序之间的衔接，便于纠正偏差。例如搁栅间距，应在铺钉楼、屋面板前检查。

6.3.6 保温措施和隔气层的设置不仅为满足建筑功能的要求，也是保证轻型木结构耐久性的重要措施。

7 木结构的防护

7.1 一般规定

7.1.1 规定本章的适用范围。

7.1.2 木构件防火处理有阻燃药物浸渍处理和防火涂层处理两类。为保证阻燃处理或防火涂层处理的施工质量，应由专业队伍施工。

7.1.3 木结构工程的防护包括防腐和防虫害两个方面，这两个方面的工作由工程所在地的环境条件和虫害情况决定，需单独处理或同时处理。对防护用药剂的基本要求是能起到防护作用又不能危及人、畜安全和污染环境。

7.2 主控项目

7.2.1 木材的防腐、防虫及防火和阻燃处理所使用的药剂，以及防腐处理的效果，即载药量和透入度要求，与木结构的使用环境和耐火等级密切相关，如有差错，轻则影响结构的耐久性和使用功能，重则影响结构的安全。防腐药剂使用不当，还会危及健康。因此严格要求所使用的药剂符合设计文件的规定，并应有产品质量合格证书和防腐处理木材载药量和透入度合格检验报告。如果不能提供合格检验报告，则应按《木结构试验方法标准》GB/T 50329的有关规定进行检测，载药量和透入度合格的防腐处理木材，方可工程应用。检验木材载药量时，应对每批处理的木材随机抽取20块并各取一个直径为5mm～10mm的芯样。当木材厚度小于等于50mm时，取样深度为15mm（即芯样长度为15mm）；厚度大于50mm时，取样深度为25mm。对透入度的检验，同样在每批防护处理的木材中随机抽取20块并各取一个芯样，但取样深度应超过附录K对应各表规定的透入度。载药量和透入度的检验方法应按《木结构试验方法标准》GB/T 50329的有关规定进行。

7.2.2 在具备防腐处理木材载药量和透入度合格验报告的前提下，本条通过规定对透入度进行见证检验，验证产品质量。

7.2.3 保持木构件良好的通风条件，不直接接触土壤、混凝土、砖墙等，以免水或湿气侵入，是保证木构件耐久性的必要环境条件，本条各款是木结构防腐构造措施的基本施工质量要求。

7.2.4 使用不同的防火涂料达到相同的耐火极限，要求有不同的涂层厚度，故涂层厚度不应小于防火涂料说明书（经当地消防行政主管部门核准）的规定。

7.2.5 木构件表面覆盖石膏板可提高耐火性能，但石膏板有防火石膏板和普通石膏板之分，为改善木构件的耐火性能必须用防火石膏板，并应有合格证书。

7.2.6 为防止烟道火星窜出或烟道外壁温度过高而引燃木构件材料所作的相关规定。

7.2.7 尽量少使用易燃材料有利于防火，故对这些材料的防火性能作出了规定，与《木结构设计规范》GB 50005一致。难燃性B₁标准见《建筑材料难燃性试验方法》GB 8625。

7.2.8 本条系对木结构房屋内电源线敷设作出的规定，参照上海市政工程建设标准《民用建筑电线电缆防火设计规程》DGJ 08-93有关规定制定。

7.2.9 对高温管道穿越木结构构件或敷设的规定，与《木结构设计规范》GB 50005一致。

7.3 一般项目

7.3.1 所谓妥善修补，即应将局部加工造成的创面用与原构件相同的防护药剂涂刷。

7.3.2 铺钉防火石膏板可提高木构件的抗火性能，但若钉连接的钉入深度不足，火灾发生时石膏板过早脱落将丧失抗火能力，故规定钉入深度。本条参考

《加拿大建筑规范》2005（National Building Code of Canada 2005）有关条款制定。

7.3.3 木结构外墙必须采取适当的防护构造措施，避免木构件受潮腐朽和受虫蛀。这类构造措施通常包括设置防雨幕墙、泛水板、防虫网以及门窗洞口周边的密封等。应按设计文件的要求进行工程施工，实物与设计文件对照验收。

7.3.4 木结构构件间的空腔会形成通风道，助长火灾扩大，同时烟气将在这些空腔内流通，加重灾情。因此对过长的空腔应采取阻断措施。本条参考《加拿大建筑规范》2005（National Building Code of Canada 2005）有关条款制定。

8 木结构子分部工程验收

8.0.1 国家标准《建筑工程施工质量验收统一标准》

GB 50300 第 6 章规定了建筑工程质量验收的程序和验收人员。为了贯彻与其配套使用的原则，本条强调木结构子分部工程质量验收应符合该统一标准的规定。

8.0.3 木结构分项工程现阶段划分为四个：方木与原木结构、胶合木结构、轻型木结构和木结构防护。前三个分项工程之一与木结构防护分项工程即组成木结构子分部工程。本条规定了木结构子分部工程最终验收合格的条件。

中华人民共和国国家标准

屋面工程质量验收规范

Code for acceptance of construction quality of roof

GB 50207—2012

主编部门：山 西 省 住 房 和 城 乡 建 设 厅
批准部门：中华人民共和国住房和城乡建设部
施行日期：２０１２ 年 １０ 月 １ 日

中华人民共和国住房和城乡建设部
公 告

第 1394 号

关于发布国家标准《屋面工程
质量验收规范》的公告

现批准《屋面工程质量验收规范》为国家标准，编号为 GB 50207－2012，自 2012 年 10 月 1 日起实施。其中，第 3.0.6、3.0.12、5.1.7、7.2.7 条为强制性条文，必须严格执行。原国家标准《屋面工程质量验收规范》GB 50207－2002 同时废止。

本规范由我部标准定额研究所组织中国建筑工业出版社出版发行。

中华人民共和国住房和城乡建设部
2012 年 5 月 28 日

前　言

本规范是根据住房和城乡建设部《关于印发〈2008 年工程建设标准规范制订、修订计划（第一批）〉的通知》（建标〔2008〕102 号）的要求，由山西建筑工程（集团）总公司和上海市第二建筑有限公司会同有关单位，共同对《屋面工程质量验收规范》GB 50207－2002 进行修订后完成的。

本规范共分 9 章和 2 个附录。主要技术内容包括：总则、术语、基本规定、基层与保护工程、保温与隔热工程、防水与密封工程、瓦面与板面工程、细部构造工程、屋面工程验收等。

本规范中以黑体标志的条文为强制性条文，必须严格执行。

本规范由住房和城乡建设部负责管理和对强制性条文的解释，由山西建筑工程（集团）总公司负责具体技术内容的解释。在本规范执行过程中，请各单位结合工程实践，认真总结经验，注意积累资料，随时将意见和建议反馈给山西建筑工程（集团）总公司（地址：山西省太原市新建路 9 号，邮政编码：030002，邮箱：4085462@sohu.com），以供今后修订时参考。

本 规 范 主 编 单 位：山西建筑工程（集团）总公司
上海市第二建筑有限公司

本 规 范 参 编 单 位：北京市建筑工程研究院
浙江工业大学
太原理工大学

中国建筑科学研究院
中国建筑材料科学研究总院苏州防水研究院
苏州市新型建筑防水工程有限责任公司
广厦建设集团有限责任公司
上海建筑防水材料（集团）公司
北京圣洁防水材料有限公司
上海台安工程实业有限公司
大连细扬防水工程集团有限公司

本规范主要起草人员：郝玉柱　霍瑞琴　姜向红
张振礼　王寿华　叶林标
项桦太　马芸芳　王　天
哈成德　高延继　张文华
杨　胜　姜静波　杜红秀
林炎飞　瞿建民　杜　昕
程雪峰　樊细杨

本规范主要审查人员：杨嗣信　李承刚　牛光全
方展和　李引擎　叶琳昌
陶驷骥　曹征富　陈梓明

目　次

Contents

1 总 则

1.0.1 为了加强建筑屋面工程质量管理，统一屋面工程的质量验收，保证其功能和质量，制定本规范。

1.0.2 本规范适用于房屋建筑屋面工程的质量验收。

1.0.3 屋面工程的设计和施工，应符合现行国家标准《屋面工程技术规范》GB 50345 的有关规定。

1.0.4 屋面工程的施工应遵守国家有关环境保护、建筑节能和防火安全等有关规定。

1.0.5 屋面工程的质量验收除应符合本规范外，尚应符合国家现行有关标准的规定。

2 术 语

2.0.1 隔汽层 vapor barrier

阻止室内水蒸气渗透到保温层内的构造层。

2.0.2 保温层 thermal insulation layer

减少屋面热交换作用的构造层。

2.0.3 防水层 waterproof layer

能够隔绝水而不使水向建筑物内部渗透的构造层。

2.0.4 隔离层 isolation layer

消除相邻两种材料之间粘结力、机械咬合力、化学反应等不利影响的构造层。

2.0.5 保护层 protection layer

对防水层或保温层起防护作用的构造层。

2.0.6 隔热层 insulation layer

减少太阳辐射热向室内传递的构造层。

2.0.7 复合防水层 compound waterproof layer

由彼此相容的卷材和涂料组合而成的防水层。

2.0.8 附加层 additional layer

在易渗漏及易破损部位设置的卷材或涂膜加强层。

2.0.9 瓦面 bushing surface

在屋顶最外面铺盖块瓦或沥青瓦，具有防水和装饰功能的构造层。

2.0.10 板面 running surface

在屋顶最外面铺盖金属板或玻璃板，具有防水和装饰功能的构造层。

2.0.11 防水垫层 waterproof leveling layer

设置在瓦材或金属板材下面，起防水、防潮作用的构造层。

2.0.12 持钉层 nail-supporting layer

能握裹固定钉的瓦屋面构造层。

2.0.13 纤维材料 fiber material

将熔融岩石、矿渣、玻璃等原料经高温熔化，采用离心法或气体喷射法制成的板状或毡状纤维制品。

2.0.14 喷涂硬泡聚氨酯 spraying polyurethane foam

以异氰酸酯、多元醇为主要原料加入发泡剂等添加剂，现场使用专用喷涂设备在基层上连续多遍喷涂发泡聚氨酯后，形成无接缝的硬泡体。

2.0.15 现浇泡沫混凝土 cast foam concrete

用物理方法将发泡剂水溶液制备成泡沫，再将泡沫加入到由水泥、集料、掺合料、外加剂和水等制成的料浆中，经混合搅拌、现场浇筑、自然养护而成的轻质多孔混凝土。

2.0.16 玻璃采光顶 glass lighting roof

由玻璃透光面板与支承体系组成的屋顶。

3 基 本 规 定

3.0.1 屋面工程应根据建筑物的性质、重要程度、使用功能要求，按不同屋面防水等级进行设防。屋面防水等级和设防要求应符合现行国家标准《屋面工程技术规范》GB 50345 的有关规定。

3.0.2 施工单位应取得建筑防水和保温工程相应等级的资质证书；作业人员应持证上岗。

3.0.3 施工单位应建立、健全施工质量的检验制度，严格工序管理，作好隐蔽工程的质量检查和记录。

3.0.4 屋面工程施工前应通过图纸会审，施工单位应掌握施工图中的细部构造及有关技术要求；施工单位应编制屋面工程专项施工方案，并应经监理单位或建设单位审查确认后执行。

3.0.5 对屋面工程采用的新技术，应按有关规定经过科技成果鉴定、评估或新产品、新技术鉴定。施工单位应对新的或首次采用的新技术进行工艺评价，并应制定相应技术质量标准。

3.0.6 屋面工程所用的防水、保温材料应有产品合格证书和性能检测报告，材料的品种、规格、性能等必须符合国家现行产品标准和设计要求。产品质量应由经过省级以上建设行政主管部门对其资质认可和质量技术监督部门对其计量认证的质量检测单位进行检测。

3.0.7 防水、保温材料进场验收应符合下列规定：

　　1 应根据设计要求对材料的质量证明文件进行检查，并应经监理工程师或建设单位代表确认，纳入工程技术档案；

　　2 应对材料的品种、规格、包装、外观和尺寸等进行检查验收，并应经监理工程师或建设单位代表确认，形成相应验收记录；

　　3 防水、保温材料进场检验项目及材料标准应符合本规范附录 A 和附录 B 的规定。材料进场检验应执行见证取样送检制度，并应提出进场检验报告；

　　4 进场检验报告的全部项目指标均达到技术标准规定应为合格；不合格材料不得在工程中使用。

3.0.8 屋面工程使用的材料应符合国家现行有关标

准对材料有害物质限量的规定，不得对周围环境造成污染。

3.0.9 屋面工程各构造层的组成材料，应分别与相邻层次的材料相容。

3.0.10 屋面工程施工时，应建立各道工序的自检、交接检和专职人员检查的"三检"制度，并应有完整的检查记录。每道工序施工完成后，应经监理单位或建设单位检查验收，并应在合格后再进行下道工序的施工。

3.0.11 当进行下道工序或相邻工程施工时，应对屋面已完成的部分采取保护措施。伸出屋面的管道、设备或预埋件等，应在保温层和防水层施工前安设完毕。屋面保温层和防水层完工后，不得进行凿孔、打洞或重物冲击等有损屋面的作业。

3.0.12 屋面防水工程完工后，应进行观感质量检查和雨后观察或淋水、蓄水试验，不得有渗漏和积水现象。

3.0.13 屋面工程各子分部工程和分项工程的划分，应符合表3.0.13的要求。

表3.0.13 屋面工程各子分部工程和分项工程的划分

分部工程	子分部工程	分项工程
屋面工程	基层与保护	找坡层，找平层，隔汽层，隔离层，保护层
	保温与隔热	板状材料保温层，纤维材料保温层，喷涂硬泡聚氨酯保温层，现浇泡沫混凝土保温层，种植隔热层，架空隔热层，蓄水隔热层
	防水与密封	卷材防水层，涂膜防水层，复合防水层，接缝密封防水
	瓦面与板面	烧结瓦和混凝土瓦铺装，沥青瓦铺装，金属板铺装，玻璃采光顶铺装
	细部构造	檐口，檐沟和天沟，女儿墙和山墙，水落口，变形缝，伸出屋面管道，屋面出入口，反梁过水孔，设施基座，屋脊，屋顶窗

3.0.14 屋面工程各分项工程宜按屋面面积每500m²～1000m²划分为一个检验批，不足500m²应按一个检验批；每个检验批的抽检数量应按本规范第4～8章的规定执行。

4 基层与保护工程

4.1 一般规定

4.1.1 本章适用于与屋面保温层、防水层相关的找坡层、找平层、隔汽层、隔离层、保护层等分项工程的施工质量验收。

4.1.2 屋面混凝土结构层的施工，应符合现行国家标准《混凝土结构工程施工质量验收规范》GB 50204的有关规定。

4.1.3 屋面找坡应满足设计排水坡度要求，结构找坡不应小于3%，材料找坡宜为2%；檐沟、天沟纵向找坡不应小于1%，沟底水落差不得超过200mm。

4.1.4 上人屋面或其他使用功能屋面，其保护及铺面的施工除应符合本章的规定外，尚应符合现行国家标准《建筑地面工程施工质量验收规范》GB 50209等的有关规定。

4.1.5 基层与保护工程各分项工程每个检验批的抽检数量，应按屋面面积每100m²抽查一处，每处应为10m²，且不得少于3处。

4.2 找坡层和找平层

4.2.1 装配式钢筋混凝土板的板缝嵌填施工，应符合下列要求：

1 嵌填混凝土时板缝内应清理干净，并应保持湿润；

2 当板缝宽度大于40mm或上窄下宽时，板缝内应按设计要求配置钢筋；

3 嵌填细石混凝土的强度等级不应低于C20，嵌填深度宜低于板面10mm～20mm，且应振捣密实和浇水养护；

4 板端缝应按设计要求增加防裂的构造措施。

4.2.2 找坡层宜采用轻骨料混凝土；找坡材料应分层铺设和适当压实，表面应平整。

4.2.3 找平层宜采用水泥砂浆或细石混凝土；找平层的抹平工序应在初凝前完成，压光工序应在终凝前完成，终凝后应进行养护。

4.2.4 找平层分格缝纵横间距不宜大于6m，分格缝的宽度宜为5mm～20mm。

Ⅰ 主控项目

4.2.5 找坡层和找平层所用材料的质量及配合比，应符合设计要求。

检验方法：检查出厂合格证、质量检验报告和计量措施。

4.2.6 找坡层和找平层的排水坡度，应符合设计要求。

检验方法：坡度尺检查。

Ⅱ 一般项目

4.2.7 找平层应抹平、压光，不得有酥松、起砂、起皮现象。

检验方法：观察检查。

4.2.8 卷材防水层的基层与突出屋面结构的交接处，以及基层的转角处，找平层应做成圆弧形，且应整齐平顺。

检验方法：观察检查。

4.2.9 找平层分格缝的宽度和间距，均应符合设计要求。

检验方法：观察和尺量检查。

4.2.10 找坡层表面平整度的允许偏差为 7mm，找平层表面平整度的允许偏差为 5mm。

检验方法：2m 靠尺和塞尺检查。

4.3 隔 汽 层

4.3.1 隔汽层的基层应平整、干净、干燥。

4.3.2 隔汽层应设置在结构层与保温层之间；隔汽层应选用气密性、水密性好的材料。

4.3.3 在屋面与墙的连接处，隔汽层应沿墙面向上连续铺设，高出保温层上表面不得小于 150mm。

4.3.4 隔汽层采用卷材时宜空铺，卷材搭接缝应满粘，其搭接宽度不应小于 80mm；隔汽层采用涂料时，应涂刷均匀。

4.3.5 穿过隔汽层的管线周围应封严，转角处应无折损；隔汽层凡有缺陷或破损的部位，均应进行返修。

Ⅰ 主控项目

4.3.6 隔汽层所用材料的质量，应符合设计要求。

检验方法：检查出厂合格证、质量检验报告和进场检验报告。

4.3.7 隔汽层不得有破损现象。

检验方法：观察检查。

Ⅱ 一般项目

4.3.8 卷材隔汽层应铺设平整，卷材搭接缝应粘结牢固，密封应严密，不得有扭曲、皱折和起泡等缺陷。

检验方法：观察检查。

4.3.9 涂膜隔汽层应粘结牢固，表面平整，涂布均匀，不得有堆积、起泡和露底等缺陷。

检验方法：观察检查。

4.4 隔 离 层

4.4.1 块体材料、水泥砂浆或细石混凝土保护层与卷材、涂膜防水层之间，应设置隔离层。

4.4.2 隔离层可采用干铺塑料膜、土工布、卷材或铺抹低强度等级砂浆。

Ⅰ 主控项目

4.4.3 隔离层所用材料的质量及配合比，应符合设计要求。

检验方法：检查出厂合格证和计量措施。

4.4.4 隔离层不得有破损和漏铺现象。

检验方法：观察检查。

Ⅱ 一般项目

4.4.5 塑料膜、土工布、卷材应铺设平整，其搭接宽度不应小于 50mm，不得有皱折。

检验方法：观察和尺量检查。

4.4.6 低强度等级砂浆表面应压实、平整，不得有起壳、起砂现象。

检验方法：观察检查。

4.5 保 护 层

4.5.1 防水层上的保护层施工，应待卷材铺贴完成或涂料固化成膜，并经检验合格后进行。

4.5.2 用块体材料做保护层时，宜设置分格缝，分格缝纵横间距不应大于 10m，分格缝宽度宜为 20mm。

4.5.3 用水泥砂浆做保护层时，表面应抹平压光，并应设表面分格缝，分格面积宜为 1m²。

4.5.4 用细石混凝土做保护层时，混凝土应振捣密实，表面应抹平压光，分格缝纵横间距不应大于 6m。分格缝的宽度宜为 10mm～20mm。

4.5.5 块体材料、水泥砂浆或细石混凝土保护层与女儿墙和山墙之间，应预留宽度为 30mm 的缝隙，缝内宜填塞聚苯乙烯泡沫塑料，并应用密封材料嵌填密实。

Ⅰ 主控项目

4.5.6 保护层所用材料的质量及配合比，应符合设计要求。

检验方法：检查出厂合格证、质量检验报告和计量措施。

4.5.7 块体材料、水泥砂浆或细石混凝土保护层的强度等级，应符合设计要求。

检验方法：检查块体材料、水泥砂浆或混凝土抗压强度试验报告。

4.5.8 保护层的排水坡度，应符合设计要求。

检验方法：坡度尺检查。

Ⅱ 一般项目

4.5.9 块体材料保护层表面应干净，接缝应平整，周边应顺直，镶嵌应正确，应无空鼓现象。

检查方法：小锤轻击和观察检查。

4.5.10 水泥砂浆、细石混凝土保护层不得有裂纹、脱皮、麻面和起砂等现象。

检验方法：观察检查。

4.5.11 浅色涂料应与防水层粘结牢固，厚薄应均匀，不得漏涂。

检验方法：观察检查。

4.5.12 保护层的允许偏差和检验方法应符合表 4.5.12 的规定。

表 4.5.12　保护层的允许偏差和检验方法

项目	允许偏差(mm)			检验方法
	块体材料	水泥砂浆	细石混凝土	
表面平整度	4.0	4.0	5.0	2m靠尺和塞尺检查
缝格平直	3.0	3.0	3.0	拉线和尺量检查
接缝高低差	1.5	—	—	直尺和塞尺检查
板块间隙宽度	2.0	—	—	尺量检查
保护层厚度	设计厚度的10%，且不得大于5mm			钢针插入和尺量检查

5　保温与隔热工程

5.1　一般规定

5.1.1　本章适用于板状材料、纤维材料、喷涂硬泡聚氨酯、现浇泡沫混凝土保温层和种植、架空、蓄水隔热层分项工程的施工质量验收。

5.1.2　铺设保温层的基层应平整、干燥和干净。

5.1.3　保温材料在施工过程中应采取防潮、防水和防火等措施。

5.1.4　保温与隔热工程的构造及选用材料应符合设计要求。

5.1.5　保温与隔热工程质量验收除应符合本章规定外，尚应符合现行国家标准《建筑节能工程施工质量验收规范》GB 50411 的有关规定。

5.1.6　保温材料使用时的含水率，应相当于该材料在当地自然风干状态下的平衡含水率。

5.1.7　保温材料的导热系数、表观密度或干密度、抗压强度或压缩强度、燃烧性能，必须符合设计要求。

5.1.8　种植、架空、蓄水隔热层施工前，防水层均应验收合格。

5.1.9　保温与隔热工程各分项工程每个检验批的抽检数量，应按屋面面积每100m² 抽查1处，每处应为10m²，且不得少于3处。

5.2　板状材料保温层

5.2.1　板状材料保温层采用干铺法施工时，板状保温材料应紧靠在基层表面上，应铺平垫稳；分层铺设的板块上下层接缝应相互错开，板间缝隙应采用同类材料的碎屑嵌填密实。

5.2.2　板状材料保温层采用粘贴法施工时，胶粘剂应与保温材料的材性相容，并应贴严、粘牢；板状材料保温层的平面接缝应挤紧拼严，不得在板块侧面涂抹胶粘剂，超过2mm的缝隙应采用相同材料板条或片填塞严实。

5.2.3　板状保温材料采用机械固定法施工时，应选择专用螺钉和垫片；固定件与结构层之间应连接牢固。

Ⅰ　主控项目

5.2.4　板状保温材料的质量，应符合设计要求。

检验方法：检查出厂合格证、质量检验报告和进场检验报告。

5.2.5　板状材料保温层的厚度应符合设计要求，其正偏差应不限，负偏差应为5%，且不得大于4mm。

检验方法：钢针插入和尺量检查。

5.2.6　屋面热桥部位处理应符合设计要求。

检验方法：观察检查。

Ⅱ　一般项目

5.2.7　板状保温材料铺设应紧贴基层，应铺平垫稳，拼缝应严密，粘贴应牢固。

检验方法：观察检查。

5.2.8　固定件的规格、数量和位置均应符合设计要求；垫片应与保温层表面齐平。

检验方法：观察检查。

5.2.9　板状材料保温层表面平整度的允许偏差为5mm。

检验方法：2m靠尺和塞尺检查。

5.2.10　板状材料保温层接缝高低差的允许偏差为2mm。

检验方法：直尺和塞尺检查。

5.3　纤维材料保温层

5.3.1　纤维材料保温层施工应符合下列规定：

1　纤维保温材料应紧靠在基层表面上，平面接缝应挤紧拼严，上下层接缝应相互错开；

2　屋面坡度较大时，宜采用金属或塑料专用固定件将纤维保温材料与基层固定；

3　纤维材料填充后，不得上人踩踏。

5.3.2　装配式骨架纤维保温材料施工时，应先在基层上铺设保温龙骨或金属龙骨，龙骨之间应填充纤维保温材料，再在龙骨上铺钉水泥纤维板。金属龙骨和固定件应经防锈处理，金属龙骨与基层之间应采取隔热断桥措施。

Ⅰ　主控项目

5.3.3　纤维保温材料的质量，应符合设计要求。

检验方法：检查出厂合格证、质量检验报告和进场检验报告。

5.3.4　纤维材料保温层的厚度应符合设计要求，其正偏差应不限，毡不得有负偏差，板负偏差应为4%，且不得大于3mm。

检验方法：钢针插入和尺量检查。

5.3.5　屋面热桥部位处理应符合设计要求。

检验方法：观察检查。

Ⅱ 一般项目

5.3.6 纤维保温材料铺设应紧贴基层，拼缝应严密，表面应平整。

检验方法：观察检查。

5.3.7 固定件的规格、数量和位置应符合设计要求；垫片应与保温层表面齐平。

检验方法：观察检查。

5.3.8 装配式骨架和水泥纤维板应铺钉牢固，表面应平整；龙骨间距和板材厚度应符合设计要求。

检验方法：观察和尺量检查。

5.3.9 具有抗水蒸气渗透外覆面的玻璃棉制品，其外覆面应朝向室内，拼缝应用防水密封胶带封严。

检验方法：观察检查。

5.4 喷涂硬泡聚氨酯保温层

5.4.1 保温层施工前应对喷涂设备进行调试，并应制备试样进行硬泡聚氨酯的性能检测。

5.4.2 喷涂硬泡聚氨酯的配比应准确计量，发泡厚度应均匀一致。

5.4.3 喷涂时喷嘴与施工基面的间距应由试验确定。

5.4.4 一个作业面应分遍喷涂完成，每遍厚度不宜大于15mm；当日的作业面应当日连续地喷涂施工完毕。

5.4.5 硬泡聚氨酯喷涂后20min内严禁上人；喷涂硬泡聚氨酯保温层完成后，应及时做保护层。

Ⅰ 主控项目

5.4.6 喷涂硬泡聚氨酯所用原材料的质量及配合比，应符合设计要求。

检验方法：检查原材料出厂合格证、质量检验报告和计量措施。

5.4.7 喷涂硬泡聚氨酯保温层的厚度应符合设计要求，其正偏差应不限，不得有负偏差。

检验方法：钢针插入和尺量检查。

5.4.8 屋面热桥部位处理应符合设计要求。

检验方法：观察检查。

Ⅱ 一般项目

5.4.9 喷涂硬泡聚氨酯应分遍喷涂，粘结应牢固，表面应平整，找坡应正确。

检验方法：观察检查。

5.4.10 喷涂硬泡聚氨酯保温层表面平整度的允许偏差为5mm。

检验方法：2m靠尺和塞尺检查。

5.5 现浇泡沫混凝土保温层

5.5.1 在浇筑泡沫混凝土前，应将基层上的杂物和油污清理干净；基层应浇水湿润，但不得有积水。

5.5.2 保温层施工前应对设备进行调试，并应制备试样进行泡沫混凝土的性能检测。

5.5.3 泡沫混凝土的配合比应准确计量，制备好的泡沫加入水泥料浆中应搅拌均匀。

5.5.4 浇筑过程中，应随时检查泡沫混凝土的湿密度。

Ⅰ 主控项目

5.5.5 现浇泡沫混凝土所用原材料的质量及配合比，应符合设计要求。

检验方法：检查原材料出厂合格证、质量检验报告和计量措施。

5.5.6 现浇泡沫混凝土保温层的厚度应符合设计要求，其正负偏差应为5％，且不得大于5mm。

检验方法：钢针插入和尺量检查。

5.5.7 屋面热桥部位处理应符合设计要求。

检验方法：观察检查。

Ⅱ 一般项目

5.5.8 现浇泡沫混凝土应分层施工，粘结应牢固，表面应平整，找坡应正确。

检验方法：观察检查。

5.5.9 现浇泡沫混凝土不得有贯通性裂缝，以及疏松、起砂、起皮现象。

检验方法：观察检查。

5.5.10 现浇泡沫混凝土保温层表面平整度的允许偏差为5mm。

检验方法：2m靠尺和塞尺检查。

5.6 种植隔热层

5.6.1 种植隔热层与防水层之间宜设细石混凝土保护层。

5.6.2 种植隔热层的屋面坡度大于20％时，其排水层、种植土层应采取防滑措施。

5.6.3 排水层施工应符合下列要求：

1 陶粒的粒径不应小于25mm，大粒径应在下，小粒径应在上。

2 凹凸形排水板宜采用搭接法施工，网状交织排水板宜采用对接法施工。

3 排水层上应铺设过滤层土工布。

4 挡墙或挡板的下部应设泄水孔，孔周围应放置疏水粗细骨料。

5.6.4 过滤层土工布应沿种植土周边向上铺设至种植土高度，并应与挡墙或挡板粘牢；土工布的搭接宽度不应小于100mm，接缝宜采用粘合或缝合。

5.6.5 种植土的厚度及自重应符合设计要求。种植土表面应低于挡墙高度100mm。

Ⅰ 主控项目

5.6.6 种植隔热层所用材料的质量，应符合设计要求。

　　检验方法：检查出厂合格证和质量检验报告。

5.6.7 排水层应与排水系统连通。

　　检验方法：观察检查。

5.6.8 挡墙或挡板泄水孔的留设应符合设计要求，并不得堵塞。

　　检验方法：观察和尺量检查。

Ⅱ　一般项目

5.6.9 陶粒应铺设平整、均匀，厚度应符合设计要求。

　　检验方法：观察和尺量检查。

5.6.10 排水板应铺设平整，接缝方法应符合国家现行有关标准的规定。

　　检验方法：观察和尺量检查。

5.6.11 过滤层土工布应铺设平整、接缝严密，其搭接宽度的允许偏差为—10mm。

　　检验方法：观察和尺量检查。

5.6.12 种植土应铺设平整、均匀，其厚度的允许偏差为±5%，且不得大于30mm。

　　检验方法：尺量检查。

5.7　架空隔热层

5.7.1 架空隔热层的高度应按屋面宽度或坡度大小确定。设计无要求时，架空隔热层的高度宜为180mm～300mm。

5.7.2 当屋面宽度大于10m时，应在屋面中部设置通风屋脊，通风口处应设置通风箅子。

5.7.3 架空隔热制品支座底面的卷材、涂膜防水层，应采取加强措施。

5.7.4 架空隔热制品的质量应符合下列要求：

　　1　非上人屋面的砌块强度等级不应低于MU7.5；上人屋面的砌块强度等级不应低于MU10。

　　2　混凝土板的强度等级不应低于C20，板厚及配筋应符合设计要求。

Ⅰ　主控项目

5.7.5 架空隔热制品的质量，应符合设计要求。

　　检验方法：检查材料或构件合格证和质量检验报告。

5.7.6 架空隔热制品的铺设应平整、稳固，缝隙勾填应密实。

　　检验方法：观察检查。

Ⅱ　一般项目

5.7.7 架空隔热制品距山墙或女儿墙不得小于250mm。

　　检验方法：观察和尺量检查。

5.7.8 架空隔热层的高度及通风屋脊、变形缝做法，

应符合设计要求。

　　检验方法：观察和尺量检查。

5.7.9 架空隔热制品接缝高低差的允许偏差为3mm。

　　检验方法：直尺和塞尺检查。

5.8　蓄水隔热层

5.8.1 蓄水隔热层与屋面防水层之间应设隔离层。

5.8.2 蓄水池的所有孔洞应预留，不得后凿；所设置的给水管、排水管和溢水管等，均应在蓄水池混凝土施工前安装完毕。

5.8.3 每个蓄水区的防水混凝土应一次浇筑完毕，不得留施工缝。

5.8.4 防水混凝土应用机械振捣密实，表面应抹平和压光，初凝后应覆盖养护，终凝后浇水养护不得少于14d；蓄水后不得断水。

Ⅰ　主控项目

5.8.5 防水混凝土所用材料的质量及配合比，应符合设计要求。

　　检验方法：检查出厂合格证、质量检验报告、进场检验报告和计量措施。

5.8.6 防水混凝土的抗压强度和抗渗性能，应符合设计要求。

　　检验方法：检查混凝土抗压和抗渗试验报告。

5.8.7 蓄水池不得有渗漏现象。

　　检验方法：蓄水至规定高度观察检查。

Ⅱ　一般项目

5.8.8 防水混凝土表面应密实、平整，不得有蜂窝、麻面、露筋等缺陷。

　　检验方法：观察检查。

5.8.9 防水混凝土表面的裂缝宽度不应大于0.2mm，并不得贯通。

　　检验方法：刻度放大镜检查。

5.8.10 蓄水池上所留设的溢水口、过水孔、排水管、溢水管等，其位置、标高和尺寸均应符合设计要求。

　　检验方法：观察和尺量检查。

5.8.11 蓄水池结构的允许偏差和检验方法应符合表5.8.11的规定。

表5.8.11　蓄水池结构的允许偏差和检验方法

项　目	允许偏差（mm）	检验方法
长度、宽度	+15，—10	尺量检查
厚度	±5	
表面平整度	5	2m靠尺和塞尺检查
排水坡度	符合设计要求	坡度尺检查

6 防水与密封工程

6.1 一般规定

6.1.1 本章适用于卷材防水层、涂膜防水层、复合防水层和接缝密封防水等分项工程的施工质量验收。

6.1.2 防水层施工前，基层应坚实、平整、干净、干燥。

6.1.3 基层处理剂应配比准确，并应搅拌均匀；喷涂或涂刷基层处理剂应均匀一致，待其干燥后应及时进行卷材、涂膜防水层和接缝密封防水施工。

6.1.4 防水层完工并经验收合格后，应及时做好成品保护。

6.1.5 防水与密封工程各分项工程每个检验批的抽检数量，防水层应按屋面面积每 $100m^2$ 抽查一处，每处应为 $10m^2$，且不得少于 3 处；接缝密封防水应按每 50m 抽查一处，每处应为 5m，且不得少于 3 处。

6.2 卷材防水层

6.2.1 屋面坡度大于 25% 时，卷材应采取满粘和钉压固定措施。

6.2.2 卷材铺贴方向应符合下列规定：

1 卷材宜平行屋脊铺贴；

2 上下层卷材不得相互垂直铺贴。

6.2.3 卷材搭接缝应符合下列规定：

1 平行屋脊的卷材搭接缝应顺流水方向，卷材搭接宽度应符合表 6.2.3 的规定；

2 相邻两幅卷材短边搭接缝应错开，且不得小于 500mm；

3 上下层卷材长边搭接缝应错开，且不得小于幅宽的 1/3。

表 6.2.3 卷材搭接宽度（mm）

卷材类别		搭接宽度
合成高分子防水卷材	胶粘剂	80
	胶粘带	50
	单缝焊	60，有效焊接宽度不小于 25
	双缝焊	80，有效焊接宽度 10×2+空腔宽
高聚物改性沥青防水卷材	胶粘剂	100
	自粘	80

6.2.4 冷粘法铺贴卷材应符合下列规定：

1 胶粘剂涂刷应均匀，不应露底，不应堆积；

2 应控制胶粘剂涂刷与卷材铺贴的间隔时间；

3 卷材下面的空气应排尽，并应辊压粘贴牢固；

4 卷材铺贴应平整顺直，搭接尺寸应准确，不

得扭曲、皱折；

5 接缝口应用密封材料封严，宽度不应小于 10mm。

6.2.5 热粘法铺贴卷材应符合下列规定：

1 熔化热熔型改性沥青胶结料时，宜采用专用导热油炉加热，加热温度不应高于 200℃，使用温度不宜低于 180℃；

2 粘贴卷材的热熔型改性沥青胶结料厚度宜为 1.0mm～1.5mm；

3 采用热熔型改性沥青胶结料粘贴卷材时，应随刮随铺，并应展平压实。

6.2.6 热熔法铺贴卷材应符合下列规定：

1 火焰加热器加热卷材应均匀，不得加热不足或烧穿卷材；

2 卷材表面热熔后应立即滚铺，卷材下面的空气应排尽，并应辊压粘贴牢固；

3 卷材接缝部位应溢出热熔的改性沥青胶，溢出的改性沥青胶宽度宜为 8mm；

4 铺贴的卷材应平整顺直，搭接尺寸应准确，不得扭曲、皱折；

5 厚度小于 3mm 的高聚物改性沥青防水卷材，严禁采用热熔法施工。

6.2.7 自粘法铺贴卷材应符合下列规定：

1 铺贴卷材时，应将自粘胶底面的隔离纸全部撕净；

2 卷材下面的空气应排尽，并应辊压粘贴牢固；

3 铺贴的卷材应平整顺直，搭接尺寸应准确，不得扭曲、皱折；

4 接缝口应用密封材料封严，宽度不应小于 10mm；

5 低温施工时，接缝部位宜采用热风加热，并应随即粘贴牢固。

6.2.8 焊接法铺贴卷材应符合下列规定：

1 焊接前卷材应铺设平整、顺直，搭接尺寸应准确，不得扭曲、皱折；

2 卷材焊接缝的结合面应干净、干燥，不得有水滴、油污及附着物；

3 焊接时应先焊长边搭接缝，后焊短边搭接缝；

4 控制加热温度和时间，焊接缝不得有漏焊、跳焊、焊焦或焊接不牢现象；

5 焊接时不得损害非焊接部位的卷材。

6.2.9 机械固定法铺贴卷材应符合下列规定：

1 卷材应采用专用固定件进行机械固定；

2 固定件应设置在卷材搭接缝内，外露固定件应用卷材封严；

3 固定件应垂直钉入结构层有效固定，固定件数量和位置应符合设计要求；

4 卷材搭接缝应粘结或焊接牢固，密封应严密；

5 卷材周边 800mm 范围内应满粘。

6.2.10 防水卷材及其配套材料的质量，应符合设计要求。

检验方法：检查出厂合格证、质量检验报告和进场检验报告。

6.2.11 卷材防水层不得有渗漏和积水现象。

检验方法：雨后观察或淋水、蓄水试验。

6.2.12 卷材防水层在檐口、檐沟、天沟、水落口、泛水、变形缝和伸出屋面管道的防水构造，应符合设计要求。

检验方法：观察检查。

6.2.13 卷材的搭接缝应粘结或焊接牢固，密封应严密，不得扭曲、皱折和翘边。

检验方法：观察检查。

6.2.14 卷材防水层的收头应与基层粘结，钉压应牢固，密封应严密。

检验方法：观察检查。

6.2.15 卷材防水层的铺贴方向应正确，卷材搭接宽度的允许偏差为－10mm。

检验方法：观察和尺量检查。

6.2.16 屋面排汽构造的排汽道应纵横贯通，不得堵塞；排汽管应安装牢固，位置应正确，封闭应严密。

检验方法：观察检查。

6.3 涂膜防水层

6.3.1 防水涂料应多遍涂布，并应待前一遍涂布的涂料干燥成膜后，再涂布后一遍涂料，且前后两遍涂料的涂布方向应相互垂直。

6.3.2 铺设胎体增强材料应符合下列规定：

1 胎体增强材料宜采用聚酯无纺布或化纤无纺布；

2 胎体增强材料长边搭接宽度不应小于50mm，短边搭接宽度不应小于70mm；

3 上下层胎体增强材料的长边搭接缝应错开，且不得小于幅宽的1/3；

4 上下层胎体增强材料不得相互垂直铺设。

6.3.3 多组分防水涂料应按配合比准确计量，搅拌应均匀，并应根据有效时间确定每次配制的数量。

6.3.4 防水涂料和胎体增强材料的质量，应符合设计要求。

检验方法：检查出厂合格证、质量检验报告和进场检验报告。

6.3.5 涂膜防水层不得有渗漏和积水现象。

检验方法：雨后观察或淋水、蓄水试验。

6.3.6 涂膜防水层在檐口、檐沟、天沟、水落口、泛水、变形缝和伸出屋面管道的防水构造，应符合设计要求。

检验方法：观察检查。

6.3.7 涂膜防水层的平均厚度应符合设计要求，且最小厚度不得小于设计厚度的80%。

检验方法：针测法或取样量测。

6.3.8 涂膜防水层与基层应粘结牢固，表面应平整，涂布应均匀，不得有流淌、皱折、起泡和露胎体等缺陷。

检验方法：观察检查。

6.3.9 涂膜防水层的收头应用防水涂料多遍涂刷。

检验方法：观察检查。

6.3.10 铺贴胎体增强材料应平整顺直，搭接尺寸应准确，应排除气泡，并应与涂料粘结牢固；胎体增强材料搭接宽度的允许偏差为－10mm。

检验方法：观察和尺量检查。

6.4 复合防水层

6.4.1 卷材与涂料复合使用时，涂膜防水层宜设置在卷材防水层的下面。

6.4.2 卷材与涂料复合使用时，防水卷材的粘结质量应符合表6.4.2的规定。

表6.4.2 防水卷材的粘结质量

项　目	自粘聚合物改性沥青防水卷材和带自粘层防水卷材	高聚物改性沥青防水卷材胶粘剂	合成高分子防水卷材胶粘剂
粘结剥离强度（N/10mm）	≥10或卷材断裂	≥8或卷材断裂	≥15或卷材断裂
剪切状态下的粘合强度（N/10mm）	≥20或卷材断裂	≥20或卷材断裂	≥20或卷材断裂
浸水168h后粘结剥离强度保持率（%）	—	—	≥70

注：防水涂料作为防水卷材粘结材料复合使用时，应符合相应的防水卷材胶粘剂规定。

6.4.3 复合防水层施工质量应符合本规范第6.2节和第6.3节的有关规定。

6.4.4 复合防水层所用防水材料及其配套材料的质量，应符合设计要求。

检验方法：检查出厂合格证、质量检验报告和进场检验报告。

6.4.5 复合防水层不得有渗漏和积水现象。

检验方法：雨后观察或淋水、蓄水试验。

6.4.6 复合防水层在天沟、檐沟、檐口、水落口、泛水、变形缝和伸出屋面管道的防水构造，应符合设计要求。

检验方法：观察检查。

Ⅱ 一般项目

6.4.7 卷材与涂膜应粘贴牢固，不得有空鼓和分层现象。

检验方法：观察检查。

6.4.8 复合防水层的总厚度应符合设计要求。

检验方法：针测法或取样量测。

6.5 接缝密封防水

6.5.1 密封防水部位的基层应符合下列要求：

1 基层应牢固，表面应平整、密实，不得有裂缝、蜂窝、麻面、起皮和起砂现象；

2 基层应清洁、干燥，并应无油污、无灰尘；

3 嵌入的背衬材料与接缝壁间不得留有空隙；

4 密封防水部位的基层宜涂刷基层处理剂，涂刷应均匀，不得漏涂。

6.5.2 多组分密封材料应按配合比准确计量，拌合应均匀，并应根据有效时间确定每次配制的数量。

6.5.3 密封材料嵌填完成后，在固化前应避免灰尘、破损及污染，且不得踩踏。

Ⅰ 主控项目

6.5.4 密封材料及其配套材料的质量，应符合设计要求。

检验方法：检查出厂合格证、质量检验报告和进场检验报告。

6.5.5 密封材料嵌填应密实、连续、饱满，粘结牢固，不得有气泡、开裂、脱落等缺陷。

检验方法：观察检查。

Ⅱ 一般项目

6.5.6 密封防水部位的基层应符合本规范第6.5.1条的规定。

检验方法：观察检查。

6.5.7 接缝宽度和密封材料的嵌填深度应符合设计要求，接缝宽度的允许偏差为±10%。

检验方法：尺量检查。

6.5.8 嵌填的密封材料表面应平滑，缝边应顺直，应无明显不平和周边污染现象。

检验方法：观察检查。

7 瓦面与板面工程

7.1 一般规定

7.1.1 本章适用于烧结瓦、混凝土瓦、沥青瓦和金属板、玻璃采光顶铺装等分项工程的施工质量验收。

7.1.2 瓦面与板面工程施工前，应对主体结构进行质量验收，并应符合现行国家标准《混凝土结构工程施工质量验收规范》GB 50204、《钢结构工程施工质量验收规范》GB 50205 和《木结构工程施工质量验收规范》GB 50206 的有关规定。

7.1.3 木质望板、檩条、顺水条、挂瓦条等构件，均应做防腐、防蛀和防火处理；金属顺水条、挂瓦条以及金属板、固定件，均应做防锈处理。

7.1.4 瓦材或板材与山墙及突出屋面结构的交接处，均应做泛水处理。

7.1.5 在大风及地震设防地区或屋面坡度大于100%时，瓦材应采取固定加强措施。

7.1.6 在瓦材的下面应铺设防水层或防水垫层，其品种、厚度和搭接宽度均应符合设计要求。

7.1.7 严寒和寒冷地区的檐口部位，应采取防雪融冰坠的安全措施。

7.1.8 瓦面与板面工程各分项工程每个检验批的抽检数量，应按屋面面积每100m²抽查一处，每处应为10m²，且不得少于3处。

7.2 烧结瓦和混凝土瓦铺装

7.2.1 平瓦和脊瓦应边缘整齐，表面光洁，不得有分层、裂纹和露砂等缺陷；平瓦的瓦爪与瓦槽的尺寸应配合。

7.2.2 基层、顺水条、挂瓦条的铺设应符合下列规定：

1 基层应平整、干净、干燥；持钉层厚度应符合设计要求；

2 顺水条应垂直正脊方向铺钉在基层上，顺水条表面应平整，其间距不宜大于500mm；

3 挂瓦条的间距应根据瓦片尺寸和屋面坡长经计算确定；

4 挂瓦条应铺钉平整、牢固，上棱成一直线。

7.2.3 挂瓦应符合下列规定：

1 挂瓦应从两坡的檐口同时对称进行。瓦后爪应与挂瓦条挂牢，并应与邻边、下面两瓦落槽密合；

2 檐口瓦、斜天沟瓦应用镀锌铁丝拴牢在挂瓦条上，每片瓦均应与挂瓦条固定牢固；

3 整坡瓦面应平整，行列应横平竖直，不得有翘角和张口现象；

4 正脊和斜脊应铺平挂直，脊瓦搭盖应顺主导风向和流水方向。

7.2.4 烧结瓦和混凝土瓦铺装的有关尺寸，应符合下列规定：

    1 瓦屋面檐口挑出墙面的长度不宜小于300mm；

    2 脊瓦在两坡面瓦上的搭盖宽度，每边不应小于40mm；

    3 脊瓦下端距坡面瓦的高度不宜大于80mm；

    4 瓦头伸入檐沟、天沟内的长度宜为50mm～70mm；

    5 金属檐沟、天沟伸入瓦内的宽度不应小于150mm；

    6 瓦头挑出檐口的长度宜为50mm～70mm；

    7 突出屋面结构的侧面瓦伸入泛水的宽度不应小于50mm。

Ⅰ 主控项目

7.2.5 瓦材及防水垫层的质量，应符合设计要求。

    检验方法：检查出厂合格证、质量检验报告和进场检验报告。

7.2.6 烧结瓦、混凝土瓦屋面不得有渗漏现象。

    检验方法：雨后观察或淋水试验。

7.2.7 瓦片必须铺置牢固。在大风及地震设防地区或屋面坡度大于100%时，应按设计要求采取固定加强措施。

    检验方法：观察或手扳检查。

Ⅱ 一般项目

7.2.8 挂瓦条应分档均匀，铺钉应平整、牢固；瓦面应平整，行列应整齐，搭接应紧密，檐口应平直。

    检验方法：观察检查。

7.2.9 脊瓦应搭盖正确，间距应均匀，封固应严密；正脊和斜脊应顺直，应无起伏现象。

    检验方法：观察检查。

7.2.10 泛水做法应符合设计要求，并应顺直整齐、结合严密。

    检验方法：观察检查。

7.2.11 烧结瓦和混凝土瓦铺装的有关尺寸，应符合设计要求。

    检验方法：尺量检查。

7.3 沥青瓦铺装

7.3.1 沥青瓦应边缘整齐，切槽应清晰，厚薄应均匀，表面应无孔洞、楞伤、裂纹、皱折和起泡等缺陷。

7.3.2 沥青瓦应自檐口向上铺设，起始层瓦应由瓦片经切除垂片部分后制得，且起始层瓦沿檐口平行铺设并伸出檐口10mm，并应用沥青基胶粘材料与基层粘结；第一层瓦应与起始层瓦叠合，但瓦切口应向下指向檐口；第二层瓦应压在第一层瓦上且露出瓦切

口，但不得超过切口长度。相邻两层沥青瓦的拼缝及切口应均匀错开。

7.3.3 铺设脊瓦时，宜将沥青瓦沿切口剪开分成三块作为脊瓦，并应用2个固定钉固定，同时应用沥青基胶粘材料密封；脊瓦搭盖应顺主导风向。

7.3.4 沥青瓦的固定应符合下列规定：

    1 沥青瓦铺设时，每张瓦片不得少于4个固定钉，在大风地区或屋面坡度大于100%时，每张瓦片不得少于6个固定钉；

    2 固定钉应垂直钉入沥青瓦压盖面，钉帽应与瓦片表面齐平；

    3 固定钉钉入持钉层深度应符合设计要求；

    4 屋面边缘部位沥青瓦之间以及起始瓦与基层之间，均应采用沥青基胶粘材料满粘。

7.3.5 沥青瓦铺装的有关尺寸应符合下列规定：

    1 脊瓦在两坡面瓦上的搭盖宽度，每边不应小于150mm；

    2 脊瓦与脊瓦的压盖面不应小于脊瓦面积的1/2；

    3 沥青瓦挑出檐口的长度宜为10mm～20mm；

    4 金属泛水板与沥青瓦的搭盖宽度不应小于100mm；

    5 金属泛水板与突出屋面墙体的搭接高度不应小于250mm；

    6 金属滴水板伸入沥青瓦下的宽度不应小于80mm。

Ⅰ 主控项目

7.3.6 沥青瓦及防水垫层的质量，应符合设计要求。

    检验方法：检查出厂合格证、质量检验报告和进场检验报告。

7.3.7 沥青瓦屋面不得有渗漏现象。

    检验方法：雨后观察或淋水试验。

7.3.8 沥青瓦铺设应搭接正确，瓦片外露部分不得超过切口长度。

    检验方法：观察检查。

Ⅱ 一般项目

7.3.9 沥青瓦所用固定钉应垂直钉入持钉层，钉帽不得外露。

    检验方法：观察检查。

7.3.10 沥青瓦应与基层粘钉牢固，瓦面应平整，檐口应平直。

    检验方法：观察检查。

7.3.11 泛水做法应符合设计要求，并应顺直整齐、结合紧密。

    检验方法：观察检查。

7.3.12 沥青瓦铺装的有关尺寸，应符合设计要求。

    检验方法：尺量检查。

7.4 金属板铺装

7.4.1 金属板材应边缘整齐，表面应光滑，色泽应均匀，外形应规则，不得有翘曲、脱膜和锈蚀等缺陷。

7.4.2 金属板材应用专用吊具安装，安装和运输过程中不得损伤金属板材。

7.4.3 金属板材应根据要求板型和深化设计的排板图铺设，并应按设计图纸规定的连接方式固定。

7.4.4 金属板固定支架或支座位置应准确，安装应牢固。

7.4.5 金属板屋面铺装的有关尺寸应符合下列规定：

　　1 金属板檐口挑出墙面的长度不应小于 200mm；

　　2 金属板伸入檐沟、天沟内的长度不应小于 100mm；

　　3 金属泛水板与突出屋面墙体的搭接高度不应小于 250mm；

　　4 金属泛水板、变形缝盖板与金属板的搭接宽度不应小于 200mm；

　　5 金属屋脊盖板在两坡面金属板上的搭盖宽度不应小于 250mm。

Ⅰ 主控项目

7.4.6 金属板材及其辅助材料的质量，应符合设计要求。

　　检验方法：检查出厂合格证、质量检验报告和进场检验报告。

7.4.7 金属板屋面不得有渗漏现象。

　　检验方法：雨后观察或淋水试验。

Ⅱ 一般项目

7.4.8 金属板铺装应平整、顺滑；排水坡度应符合设计要求。

　　检验方法：坡度尺检查。

7.4.9 压型金属板的咬口锁边连接应严密、连续、平整，不得扭曲和裂口。

　　检验方法：观察检查。

7.4.10 压型金属板的紧固件连接应采用带防水垫圈的自攻螺钉，固定点应设在波峰上；所有自攻螺钉外露的部位均应密封处理。

　　检验方法：观察检查。

7.4.11 金属面绝热夹芯板的纵向和横向搭接，应符合设计要求。

　　检验方法：观察检查。

7.4.12 金属板的屋脊、檐口、泛水，直线段应顺直，曲线段应顺畅。

　　检验方法：观察检查。

7.4.13 金属板材铺装的允许偏差和检验方法，应符合表 7.4.13 的规定。

表 7.4.13　金属板铺装的允许偏差和检验方法

项　目	允许偏差（mm）	检验方法
檐口与屋脊的平行度	15	拉线和尺量检查
金属板对屋脊的垂直度	单坡长度的 1/800，且不大于 25	
金属板咬缝的平整度	10	
檐口相邻两板的端部错位	6	
金属板铺装的有关尺寸	符合设计要求	尺量检查

7.5 玻璃采光顶铺装

7.5.1 玻璃采光顶的预埋件应位置准确，安装应牢固。

7.5.2 采光顶玻璃及玻璃组件的制作，应符合现行行业标准《建筑玻璃采光顶》JG/T 231 的有关规定。

7.5.3 采光顶玻璃表面应平整、洁净，颜色应均匀一致。

7.5.4 玻璃采光顶与周边墙体之间的连接，应符合设计要求。

Ⅰ 主控项目

7.5.5 采光顶玻璃及其配套材料的质量，应符合设计要求。

　　检验方法：检查出厂合格证和质量检验报告。

7.5.6 玻璃采光顶不得有渗漏现象。

　　检验方法：雨后观察或淋水试验。

7.5.7 硅酮耐候密封胶的打注应密实、连续、饱满，粘结应牢固，不得有气泡、开裂、脱落等缺陷。

　　检验方法：观察检查。

Ⅱ 一般项目

7.5.8 玻璃采光顶铺装应平整、顺直；排水坡度应符合设计要求。

　　检验方法：观察和坡度尺检查。

7.5.9 玻璃采光顶的冷凝水收集和排除构造，应符合设计要求。

　　检验方法：观察检查。

7.5.10 明框玻璃采光顶的外露金属框或压条应横平竖直，压条安装应牢固；隐框玻璃采光顶的玻璃分格拼缝应横平竖直，均匀一致。

　　检验方法：观察和手扳检查。

7.5.11 点支承玻璃采光顶的支承装置应安装牢固，配合应严密；支承装置不得与玻璃直接接触。

　　检验方法：观察检查。

7.5.12 采光顶玻璃的密封胶缝应横平竖直，深浅应一致，宽窄应均匀，应光滑顺直。

检验方法：观察检查。

7.5.13 明框玻璃采光顶铺装的允许偏差和检验方法，应符合表7.5.13的规定。

表 7.5.13　明框玻璃采光顶铺装的允许偏差和检验方法

项　目		允许偏差（mm）		检验方法
		铝构件	钢构件	
通长构件水平度（纵向或横向）	构件长度≤30m	10	15	水准仪检查
	构件长度≤60m	15	20	
	构件长度≤90m	20	25	
	构件长度≤150m	25	30	
	构件长度＞150m	30	35	
单一构件直线度（纵向或横向）	构件长度≤2m	2	3	拉线和尺量检查
	构件长度＞2m	3	4	
相邻构件平面高低差		1	2	直尺和塞尺检查
通长构件直线度（纵向或横向）	构件长度≤35m	5	7	经纬仪检查
	构件长度＞35m	7	9	
分格框对角线差	对角线长度≤2m	3	4	尺量检查
	对角线长度＞2m	3.5	5	

7.5.14 隐框玻璃采光顶铺装的允许偏差和检验方法，应符合表7.5.14的规定。

表 7.5.14　隐框玻璃采光顶铺装的允许偏差和检验方法

项　目		允许偏差（mm）	检验方法
通长接缝水平度（纵向或横向）	接缝长度≤30m	10	水准仪检查
	接缝长度≤60m	15	
	接缝长度≤90m	20	
	接缝长度≤150m	25	
	接缝长度＞150m	30	
相邻板块的平面高低差		1	直尺和塞尺检查
相邻板块的接缝直线度		2.5	拉线和尺量检查
通长接缝直线度（纵向或横向）	接缝长度≤35m	5	经纬仪检查
	接缝长度＞35m	7	
玻璃间接缝宽度（与设计尺寸比）		2	尺量检查

7.5.15 点支承玻璃采光顶铺装的允许偏差和检验方法，应符合表7.5.15的规定。

表 7.5.15　点支承玻璃采光顶铺装的允许偏差和检验方法

项　目		允许偏差（mm）	检验方法
通长接缝水平度（纵向或横向）	接缝长度≤30m	10	水准仪检查
	接缝长度≤60m	15	
	接缝长度＞60m	20	
相邻板块的平面高低差		1	直尺和塞尺检查
相邻板块的接缝直线度		2.5	拉线和尺量检查
通长接缝直线度（纵向或横向）	接缝长度≤35m	5	经纬仪检查
	接缝长度＞35m	7	
玻璃间接缝宽度（与设计尺寸比）		2	尺量检查

8　细部构造工程

8.1　一般规定

8.1.1　本章适用于檐口、檐沟和天沟、女儿墙和山墙、水落口、变形缝、伸出屋面管道、屋面出入口、反梁过水孔、设施基座、屋脊、屋顶窗等分项工程的施工质量验收。

8.1.2　细部构造工程各分项工程每个检验批应全数进行检验。

8.1.3　细部构造所使用卷材、涂料和密封材料的质量应符合设计要求，两种材料之间应具有相容性。

8.1.4　屋面细部构造热桥部位的保温处理，应符合设计要求。

8.2　檐　口

Ⅰ　主控项目

8.2.1　檐口的防水构造应符合设计要求。
　　检验方法：观察检查。

8.2.2　檐口的排水坡度应符合设计要求；檐口部位不得有渗漏和积水现象。
　　检验方法：坡度尺检查和雨后观察或淋水试验。

Ⅱ　一般项目

8.2.3　檐口800mm范围内的卷材应满粘。
　　检验方法：观察检查。

8.2.4　卷材收头应在找平层的凹槽内用金属压条钉压固定，并应用密封材料封严。
　　检验方法：观察检查。

8.2.5　涂膜收头应用防水涂料多遍涂刷。
　　检验方法：观察检查。

8.2.6　檐口端部应抹聚合物水泥砂浆，其下端应做成鹰嘴和滴水槽。

检验方法：观察检查。

8.3 檐沟和天沟

Ⅰ 主控项目

8.3.1 檐沟、天沟的防水构造应符合设计要求。

检验方法：观察检查。

8.3.2 檐沟、天沟的排水坡度应符合设计要求；沟内不得有渗漏和积水现象。

检验方法：坡度尺检查和雨后观察或淋水、蓄水试验。

Ⅱ 一般项目

8.3.3 檐沟、天沟附加层铺设应符合设计要求。

检验方法：观察和尺量检查。

8.3.4 檐沟防水层应由沟底翻上至外侧顶部，卷材收头应用金属压条钉压固定，并应用密封材料封严；涂膜收头应用防水涂料多遍涂刷。

检验方法：观察检查。

8.3.5 檐沟外侧顶部及侧面均应抹聚合物水泥砂浆，其下端应做成鹰嘴或滴水槽。

检验方法：观察检查。

8.4 女儿墙和山墙

Ⅰ 主控项目

8.4.1 女儿墙和山墙的防水构造应符合设计要求。

检验方法：观察检查。

8.4.2 女儿墙和山墙的压顶向内排水坡度不应小于5%，压顶内侧下端应做成鹰嘴或滴水槽。

检验方法：观察和坡度尺检查。

8.4.3 女儿墙和山墙的根部不得有渗漏和积水现象。

检验方法：雨后观察或淋水试验。

Ⅱ 一般项目

8.4.4 女儿墙和山墙的泛水高度及附加层铺设应符合设计要求。

检验方法：观察和尺量检查。

8.4.5 女儿墙和山墙的卷材应满粘，卷材收头应用金属压条钉压固定，并应用密封材料封严。

检验方法：观察检查。

8.4.6 女儿墙和山墙的涂膜应直接涂刷至压顶下，涂膜收头应用防水涂料多遍涂刷。

检验方法：观察检查。

8.5 水 落 口

Ⅰ 主控项目

8.5.1 水落口的防水构造应符合设计要求。

检验方法：观察检查。

8.5.2 水落口杯上口应设在沟底的最低处；水落口处不得有渗漏和积水现象。

检验方法：雨后观察或淋水、蓄水试验。

Ⅱ 一般项目

8.5.3 水落口的数量和位置应符合设计要求；水落口杯应安装牢固。

检验方法：观察和手扳检查。

8.5.4 水落口周围直径 500mm 范围内坡度不应小于5%，水落口周围的附加层铺设应符合设计要求。

检验方法：观察和尺量检查。

8.5.5 防水层及附加层伸入水落口杯内不应小于50mm，并应粘结牢固。

检验方法：观察和尺量检查。

8.6 变 形 缝

Ⅰ 主控项目

8.6.1 变形缝的防水构造应符合设计要求。

检验方法：观察检查。

8.6.2 变形缝处不得有渗漏和积水现象。

检验方法：雨后观察或淋水试验。

Ⅱ 一般项目

8.6.3 变形缝的泛水高度及附加层铺设应符合设计要求。

检验方法：观察和尺量检查。

8.6.4 防水层应铺贴或涂刷至泛水墙的顶部。

检验方法：观察检查。

8.6.5 等高变形缝顶部宜加扣混凝土或金属盖板。混凝土盖板的接缝应用密封材料封严；金属盖板应铺钉牢固，搭接缝应顺流水方向，并应做好防锈处理。

检验方法：观察检查。

8.6.6 高低跨变形缝在高跨墙面上的防水卷材封盖和金属盖板，应用金属压条钉压固定，并应用密封材料封严。

检验方法：观察检查。

8.7 伸出屋面管道

Ⅰ 主控项目

8.7.1 伸出屋面管道的防水构造应符合设计要求。

检验方法：观察检查。

8.7.2 伸出屋面管道根部不得有渗漏和积水现象。

检验方法：雨后观察或淋水试验。

Ⅱ 一般项目

8.7.3 伸出屋面管道的泛水高度及附加层铺设，应符合设计要求。

　　检验方法：观察和尺量检查。

8.7.4 伸出屋面管道周围的找平层应抹出高度不小于 30mm 的排水坡。

　　检验方法：观察和尺量检查。

8.7.5 卷材防水层收头应用金属箍固定，并应用密封材料封严；涂膜防水层收头应用防水涂料多遍涂刷。

　　检验方法：观察检查。

8.8　屋面出入口

Ⅰ　主 控 项 目

8.8.1 屋面出入口的防水构造应符合设计要求。

　　检验方法：观察检查。

8.8.2 屋面出入口处不得有渗漏和积水现象。

　　检验方法：雨后观察或淋水试验。

Ⅱ　一 般 项 目

8.8.3 屋面垂直出入口防水层收头应压在压顶圈下，附加层铺设应符合设计要求。

　　检验方法：观察检查。

8.8.4 屋面水平出入口防水层收头应压在混凝土踏步下，附加层铺设和护墙应符合设计要求。

　　检验方法：观察检查。

8.8.5 屋面出入口的泛水高度不应小于 250mm。

　　检验方法：观察和尺量检查。

8.9　反梁过水孔

Ⅰ　主 控 项 目

8.9.1 反梁过水孔的防水构造应符合设计要求。

　　检验方法：观察检查。

8.9.2 反梁过水孔处不得有渗漏和积水现象。

　　检验方法：雨后观察或淋水试验。

Ⅱ　一 般 项 目

8.9.3 反梁过水孔的孔底标高、孔洞尺寸或预埋管管径，均应符合设计要求。

　　检验方法：尺量检查。

8.9.4 反梁过水孔的孔洞四周应涂刷防水涂料；预埋管道两端周围与混凝土接触处应留凹槽，并应用密封材料封严。

　　检验方法：观察检查。

8.10　设 施 基 座

Ⅰ　主 控 项 目

8.10.1 设施基座的防水构造应符合设计要求。

　　检验方法：观察检查。

8.10.2 设施基座处不得有渗漏和积水现象。

　　检验方法：雨后观察或淋水试验。

Ⅱ　一 般 项 目

8.10.3 设施基座与结构层相连时，防水层应包裹设施基座的上部，并应在地脚螺栓周围做密封处理。

　　检验方法：观察检查。

8.10.4 设施基座直接放置在防水层上时，设施基座下部应增设附加层，必要时应在其上浇筑细石混凝土，其厚度不应小于 50mm。

　　检验方法：观察检查。

8.10.5 需经常维护的设施基座周围和屋面出入口至设施之间的人行道，应铺设块体材料或细石混凝土保护层。

　　检验方法：观察检查。

8.11　屋　　脊

Ⅰ　主 控 项 目

8.11.1 屋脊的防水构造应符合设计要求。

　　检验方法：观察检查。

8.11.2 屋脊处不得有渗漏现象。

　　检验方法：雨后观察或淋水试验。

Ⅱ　一 般 项 目

8.11.3 平脊和斜脊铺设应顺直，应无起伏现象。

　　检验方法：观察检查。

8.11.4 脊瓦应搭盖正确，间距应均匀，封固应严密。

　　检验方法：观察和手扳检查。

8.12　屋　顶　窗

Ⅰ　主 控 项 目

8.12.1 屋顶窗的防水构造应符合设计要求。

　　检验方法：观察检查。

8.12.2 屋顶窗及其周围不得有渗漏现象。

　　检验方法：雨后观察或淋水试验。

Ⅱ　一 般 项 目

8.12.3 屋顶窗用金属排水板、窗框固定铁脚应与屋面连接牢固。

　　检验方法：观察检查。

8.12.4 屋顶窗用窗口防水卷材应铺贴平整，粘结应牢固。

　　检验方法：观察检查。

9 屋面工程验收

9.0.1 屋面工程施工质量验收的程序和组织，应符合现行国家标准《建筑工程施工质量验收统一标准》GB 50300 的有关规定。

9.0.2 检验批质量验收合格应符合下列规定：

1 主控项目的质量应经抽查检验合格；

2 一般项目的质量应经抽查检验合格；有允许偏差值的项目，其抽查点应有 80% 及其以上在允许偏差范围内，且最大偏差值不得超过允许偏差值的 1.5 倍；

3 应具有完整的施工操作依据和质量检查记录。

9.0.3 分项工程质量验收合格应符合下列规定：

1 分项工程所含检验批的质量均应验收合格；

2 分项工程所含检验批的质量验收记录应完整。

9.0.4 分部（子分部）工程质量验收合格应符合下列规定：

1 分部（子分部）所含分项工程的质量均应验收合格；

2 质量控制资料应完整；

3 安全与功能抽样检验应符合现行国家标准《建筑工程施工质量验收统一标准》GB 50300 的有关规定；

4 观感质量检查应符合本规范第 9.0.7 条的规定。

9.0.5 屋面工程验收资料和记录应符合表 9.0.5 的规定。

表 9.0.5 屋面工程验收资料和记录

资料项目	验 收 资 料
防水设计	设计图纸及会审记录、设计变更通知单和材料代用核定单
施工方案	施工方法、技术措施、质量保证措施
技术交底记录	施工操作要求及注意事项
材料质量证明文件	出厂合格证、型式检验报告、出厂检验报告、进场验收记录和进场检验报告
施工日志	逐日施工情况
工程检验记录	工序交接检验记录、检验批质量验收记录、隐蔽工程验收记录、淋水或蓄水试验记录、观感质量检查记录、安全与功能抽样检验（检测）记录
其他技术资料	事故处理报告、技术总结

9.0.6 屋面工程应对下列部位进行隐蔽工程验收：

1 卷材、涂膜防水层的基层；

2 保温层的隔汽和排汽措施；

3 保温层的铺设方式、厚度、板材缝隙填充质量及热桥部位的保温措施；

4 接缝的密封处理；

5 瓦材与基层的固定措施；

6 檐沟、天沟、泛水、水落口和变形缝等细部做法；

7 在屋面易开裂和渗水部位的附加层；

8 保护层与卷材、涂膜防水层之间的隔离层；

9 金属板材与基层的固定和板缝间的密封处理；

10 坡度较大时，防止卷材和保温层下滑的措施。

9.0.7 屋面工程观感质量检查应符合下列要求：

1 卷材铺贴方向应正确，搭接缝应粘结或焊接牢固，搭接宽度应符合设计要求，表面应平整，不得有扭曲、皱折和翘边等缺陷；

2 涂膜防水层粘结应牢固，表面应平整，涂刷应均匀，不得有流淌、起泡和露胎体等缺陷；

3 嵌填的密封材料应与接缝两侧粘结牢固，表面应平滑，缝边应顺直，不得有气泡、开裂和剥离等缺陷；

4 檐口、檐沟、天沟、女儿墙、山墙、水落口、变形缝和伸出屋面管道等防水构造，应符合设计要求；

5 烧结瓦、混凝土瓦铺装应平整、牢固，应行列整齐，搭接应紧密，檐口应顺直；脊瓦应搭盖正确，间距应均匀，封固应严密；正脊和斜脊应顺直，应无起伏现象；泛水应顺直整齐，结合应严密；

6 沥青瓦铺装应搭接正确，瓦片外露部分不得超过切口长度，钉帽不得外露；沥青瓦应与基层钉粘牢固，瓦面应平整，檐口应顺直；泛水应顺直整齐，结合应严密；

7 金属板铺装应平整、顺滑；连接应正确，接缝应严密；屋脊、檐口、泛水直线段应顺直，曲线段应顺畅；

8 玻璃采光顶铺装应平整、顺直，外露金属框或压条应横平竖直，压条应安装牢固；玻璃密封胶缝应横平竖直、深浅一致，宽窄应均匀，应光滑顺直；

9 上人屋面或其他使用功能屋面，其保护及铺面应符合设计要求。

9.0.8 检查屋面有无渗漏、积水和排水系统是否通畅，应在雨后或持续淋水 2h 后进行，并应填写淋水试验记录。具备蓄水条件的檐沟、天沟应进行蓄水试验，蓄水时间不得少于 24h，并应填写蓄水试验记录。

9.0.9 对安全与功能有特殊要求的建筑屋面，工程质量验收除应符合本规范的规定外，尚应按合同约定和设计要求进行专项检验（检测）和专项验收。

9.0.10 屋面工程验收后，应填写分部工程质量验收记录，并应交建设单位和施工单位存档。

附录 A　屋面防水材料进场
检验项目及材料标准

A.0.1 屋面防水材料进场检验项目应符合表 A.0.1 的规定。

表 A.0.1　屋面防水材料进场检验项目

序号	防水材料名称	现场抽样数量	外观质量检验	物理性能检验
1	高聚物改性沥青防水卷材	大于 1000 卷抽 5 卷，每 500 卷～1000 卷抽 4 卷，100 卷～499 卷抽 3 卷，100 卷以下抽 2 卷，进行规格尺寸和外观质量检验。在外观质量检验合格的卷材中，任取一卷作物理性能检验	表面平整，边缘整齐，无孔洞、缺边、裂口、胎基未浸透，矿物粒料粒度，每卷卷材的接头	可溶物含量、拉力、最大拉力时延伸率、耐热度、低温柔度、不透水性
2	合成高分子防水卷材		表面平整，边缘整齐，无气泡、裂纹、粘结疤痕，每卷卷材的接头	断裂拉伸强度、扯断伸长率、低温弯折性、不透水性
3	高聚物改性沥青防水涂料		水乳型：无色差、凝胶、结块、明显沥青丝；溶剂型：黑色黏稠状，细腻、均匀胶状液体	固体含量、耐热性、低温柔性、不透水性、断裂伸长率或抗裂性
4	合成高分子防水涂料	每 10t 为一批，不足 10t 按一批抽样	反应固化型：均匀黏稠状，无凝胶、结块；挥发固化型：经搅拌后无结块，呈均匀状态	固体含量、拉伸强度、断裂伸长率、低温柔性、不透水性
5	聚合物水泥防水涂料		液体组分：无杂质、无凝胶的均匀乳液；固体组分：无杂质、无结块的粉末	固体含量、拉伸强度、断裂伸长率、低温柔性、不透水性

续表 A.0.1

序号	防水材料名称	现场抽样数量	外观质量检验	物理性能检验
6	胎体增强材料	每 3000m² 为一批，不足 3000m² 的按一批抽样	表面平整，边缘整齐，无折痕、无孔洞、无污迹	拉力、延伸率
7	沥青基防水卷材用基层处理剂	每 5t 产品为一批，不足 5t 的按一批抽样	均匀液体，无结块、无凝胶	固体含量、耐热性、低温柔性、剥离强度
8	高分子胶粘剂		均匀液体，无杂质、无分散颗粒或凝胶	剥离强度、浸水 168h 后的剥离强度保持率
9	改性沥青胶粘剂		均匀液体，无结块、无凝胶	剥离强度
10	合成橡胶胶粘带	每 1000m 为一批，不足 1000m 的按一批抽样	表面平整，无固块、杂质、孔洞、外伤及色差	剥离强度、浸水 168h 后的剥离强度保持率
11	改性石油沥青密封材料	每 1t 产品为一批，不足 1t 的按一批抽样	黑色均匀膏状，无结块和未浸透的填料	耐热性、低温柔性、拉伸粘结性、施工度
12	合成高分子密封材料		均匀膏状物或黏稠液体，无结皮、凝胶或不易分散的固体团状	拉伸模量、断裂伸长率、定伸粘结性
13	烧结瓦、混凝土瓦	同一批至少抽一次	边缘整齐，表面光滑，不得有分层、裂纹、露砂	抗渗性、抗冻性、吸水率
14	玻纤胎沥青瓦		边缘整齐，切槽清晰，厚薄均匀，表面无孔洞、硌伤、裂纹、皱折及起泡	可溶物含量、拉力、耐热度、柔度、不透水性、叠层剥离强度
15	彩色涂层钢板及钢带	同牌号、同规格、同镀层重量、同涂层厚度、同涂料种类和颜色为一批	钢板表面不应有气泡、缩孔、漏涂等缺陷	屈服强度、抗拉强度、断后伸长率、镀层重量、涂层厚度

A.0.2 现行屋面防水材料标准应按表 A.0.2 选用。

表 A.0.2 现行屋面防水材料标准

类 别	标准名称	标准编号
改性沥青防水卷材	1. 弹性体改性沥青防水卷材	GB 18242
	2. 塑性体改性沥青防水卷材	GB 18243
	3. 改性沥青聚乙烯胎防水卷材	GB 18967
	4. 带自粘层的防水卷材	GB/T 23260
	5. 自粘聚合物改性沥青防水卷材	GB 23441
合成高分子防水卷材	1. 聚氯乙烯防水卷材	GB 12952
	2. 氯化聚乙烯防水卷材	GB 12953
	3. 高分子防水材料（第一部分：片材）	GB 18173.1
	4. 氯化聚乙烯-橡胶共混防水卷材	JC/T 684
防水涂料	1. 聚氨酯防水涂料	GB/T 19250
	2. 聚合物水泥防水涂料	GB/T 23445
	3. 水乳型沥青防水涂料	JC/T 408
	4. 溶剂型橡胶沥青防水涂料	JC/T 852
	5. 聚合物乳液建筑防水涂料	JC/T 864
密封材料	1. 硅酮建筑密封胶	GB/T 14683
	2. 建筑用硅酮结构密封胶	GB 16776
	3. 建筑防水沥青嵌缝油膏	JC/T 207
	4. 聚氨酯建筑密封胶	JC/T 482
	5. 聚硫建筑密封胶	JC/T 483
	6. 中空玻璃用弹性密封胶	JC/T 486
	7. 混凝土建筑接缝用密封胶	JC/T 881
	8. 幕墙玻璃接缝用密封胶	JC/T 882
	9. 彩色涂层钢板用建筑密封胶	JC/T 884
瓦	1. 玻纤胎沥青瓦	GB/T 20474
	2. 烧结瓦	GB/T 21149
	3. 混凝土瓦	JC/T 746
配套材料	1. 高分子防水卷材胶粘剂	JC/T 863
	2. 丁基橡胶防水密封胶粘带	JC/T 942
	3. 坡屋面用防水材料 聚合物改性沥青防水垫层	JC/T 1067
	4. 坡屋面用防水材料 自粘聚合物沥青防水垫层	JC/T 1068
	5. 沥青防水卷材用基层处理剂	JC/T 1069
	6. 自粘聚合物沥青泛水带	JC/T 1070
	7. 种植屋面用耐根穿刺防水卷材	JC/T 1075

附录 B 屋面保温材料进场检验
项目及材料标准

B.0.1 屋面保温材料进场检验项目应符合表 B.0.1 的规定。

表 B.0.1 屋面保温材料进场检验项目

序号	材料名称	组批及抽样	外观质量检验	物理性能检验
1	模塑聚苯乙烯泡沫塑料	同规格按 100m³ 为一批，不足 100m³ 的按一批计。在每批产品中随机抽取 20 块进行规格尺寸和外观质量检验。从规格尺寸和外观质量检验合格的产品中，随机取样进行物理性能检验	色泽均匀，阻燃型应掺有颜色的颗粒；表面平整，无明显收缩变形和膨胀变形；熔结良好；无明显油渍和杂质	表观密度、压缩强度、导热系数、燃烧性能
2	挤塑聚苯乙烯泡沫塑料	同类型、同规格按 50m³ 为一批，不足 50m³ 的按一批计。在每批产品中随机抽取 10 块进行规格尺寸和外观质量检验。从规格尺寸和外观质量检验合格的产品中，随机取样进行物理性能检验	表面平整，无夹杂物，颜色均匀；无明显起泡、裂口、变形	压缩强度、导热系数、燃烧性能
3	硬质聚氨酯泡沫塑料	同原料、同配方、同工艺条件按 50m³ 为一批，不足 50m³ 的按一批计。在每批产品中随机抽取 10 块进行规格尺寸和外观质量检验。从规格尺寸和外观质量检验合格的产品中，随机取样进行物理性能检验	表面平整，无严重凹凸不平	表观密度、压缩强度、导热系数、燃烧性能
4	泡沫玻璃绝热制品	同品种、同规格按 250 件为一批，不足 250 件的按一批计。在每批产品中随机抽取 6 个包装箱，每箱各抽 1 块进行规格尺寸和外观质量检验。从规格尺寸和外观质量检验合格的产品中，随机取样进行物理性能检验	垂直度、最大弯曲度、缺棱、缺角、孔洞、裂纹	表观密度、抗压强度、导热系数、燃烧性能

续表 B.0.1

序号	材料名称	组批及抽样	外观质量检验	物理性能检验
5	膨胀珍珠岩制品（憎水型）	同品种、同规格按2000块为一批，不足2000块的按一批计。在每批产品中随机抽取10块进行规格尺寸和外观质量检验。从规格尺寸和外观质量检验合格的产品中，随机取样进行物理性能检验	弯曲度、缺棱、掉角、裂纹	表观密度、抗压强度、导热系数、燃烧性能
6	加气混凝土砌块	同品种、同规格、同等级按200m³为一批，不足200m³的按一批计。在每批产品中随机抽取50块进行规格尺寸和外观质量检验。从规格尺寸和外观质量检验合格的产品中，随机取样进行物理性能检验	缺棱掉角、裂纹、爆裂、粘膜和损坏深度；表面疏松、层裂；表面油污	干密度、抗压强度、导热系数、燃烧性能
7	泡沫混凝土砌块		缺棱掉角、平面弯曲；裂纹、粘膜和损坏深度；表面酥松、层裂；表面油污	干密度、抗压强度、导热系数、燃烧性能
8	玻璃棉、岩棉、矿渣棉制品	同原料、同工艺、同品种、同规格按1000m²为一批，不足1000m²的按一批计。在每批产品中随机抽取6个包装箱或卷进行规格尺寸和外观质量检验。从规格尺寸和外观质量检验合格的产品中，抽取1个包装箱或卷进行物理性能检验	表面平整，伤痕、污迹、破损，覆层与基材粘贴	表观密度、导热系数、燃烧性能
9	金属面绝热夹芯板	同原料、同生产工艺、同厚度按150块为一批，不足150块的按一批计。在每批产品中随机抽取5块进行规格尺寸和外观质量检验，从规格尺寸和外观质量检验合格的产品中，随机抽取3块进行物理性能检验	表面平整，无明显凹凸、翘曲、变形；切口平直、切面整齐，无毛刺，芯板切面整齐，无剥落	剥离性能、抗弯承载力、防火性能

B.0.2 现行屋面保温材料标准应按表 B.0.2 的规定选用。

表 B.0.2 现行屋面保温材料标准

类别	标准名称	标准编号
聚苯乙烯泡沫塑料	1. 绝热用模塑聚苯乙烯泡沫塑料	GB/T 10801.1
	2. 绝热用挤塑聚苯乙烯泡沫塑料（XPS）	GB/T 10801.2
硬质聚氨酯泡沫塑料	1. 建筑绝热用硬质聚氨酯泡沫塑料	GB/T 21558
	2. 喷涂聚氨酯硬泡体保温材料	JC/T 998
无机硬质绝热制品	1. 膨胀珍珠岩绝热制品（憎水型）	GB/T 10303
	2. 蒸压加气混凝土砌块	GB 11968
	3. 泡沫玻璃绝热制品	JC/T 647
	4. 泡沫混凝土砌块	JC/T 1062
纤维保温材料	1. 建筑绝热用玻璃棉制品	GB/T 17795
	2. 建筑用岩棉、矿渣棉绝热制品	GB/T 19686
金属面绝热夹芯板	1. 建筑用金属面绝热夹芯板	GB/T 23932

本规范用词说明

1 为便于在执行本规范条文时区别对待，对要求严格程度不同的用词说明如下：

1）表示很严格，非这样做不可的用词：

正面词采用"必须"，反面词采用"严禁"；

2）表示严格，在正常情况下均应这样做的用词：

正面词采用"应"，反面词采用"不应"或"不得"；

3）表示允许稍有选择，在条件许可时首先应这样做的用词：

正面词采用"宜"，反面词采用"不宜"；

4）表示有选择，在一定条件下可以这样做的用词，采用"可"。

2 本规范中指明应按其他有关标准执行的写法为："应符合……的规定"或"应按……执行"。

引用标准名录

1 《混凝土结构工程施工质量验收规范》GB 50204

2 《钢结构工程施工质量验收规范》GB 50205

3 《木结构工程施工质量验收规范》GB 50206

4 《建筑地面工程施工质量验收规范》GB 50209

5 《建筑工程施工质量验收统一标准》GB 50300

6 《屋面工程技术规范》GB 50345

7 《建筑节能工程施工质量验收规范》GB 50411

8 《建筑玻璃采光顶》JG/T 231

中华人民共和国国家标准

屋面工程质量验收规范

GB 50207－2012

条 文 说 明

修 订 说 明

本规范是在《屋面工程质量验收规范》GB 50207-2002 的基础上修订完成的，上一版的主编单位是山西建筑工程（集团）总公司，参编单位有北京市建筑工程研究院、浙江工业大学、太原理工大学、中国建筑标准设计研究所、中国建筑防水材料公司苏州研究设计所、上海建筑防水材料（集团）公司。主要起草人员是哈成德、王寿华、朱忠厚、叶林标、项桦太、张文华、马芸芳、高延继、姜静波、瞿建民、徐金鹤。

本次修订的主要技术内容是：1. 屋面工程各子分部工程和分项工程，是按屋面的使用功能和构造层次进行划分的；2. 执行新修订《屋面工程技术规范》GB 50345 有关屋面防水等级和设防要求的规定；3. 取消了细石混凝土防水层，把细石混凝土作为卷材、涂膜防水层上面的保护层；4. 增加了纤维材料保温层和现浇泡沫混凝土保温层；5. 明确了在块瓦或沥青瓦下面应铺设防水层或防水垫层；6. 增加了金属板屋面铺装和玻璃采光顶铺装。

为了便于广大设计、施工、科研、学校等单位有关人员正确理解和执行本规范条文内容，规范编制组按章、节、条顺序编制了本规范的条文说明，对条文规定的目的、依据以及执行中需注意的有关事项进行了说明。虽然本条文说明不具备与规范正文同等的法律效力，但建议使用者认真阅读，作为正确理解和把握规范规定的参考。

目 次

1 总　　则

1.0.1 建筑工程质量应包括设计质量和施工质量。在一定程度上，工程施工是形成工程实体质量的决定性环节。屋面工程应遵循"材料是基础、设计是前提、施工是关键、管理是保证"的综合治理原则，积极采用新材料、新工艺、新技术，确保屋面防水及保温、隔热等使用功能和工程质量。

由于我国目前尚未制定有关建筑防水设计的通用标准，而在现行国家标准《屋面工程技术规范》GB 50345 中，确实含有一定的屋面设计内容，故将本规范名称定为《屋面工程质量验收规范》。同时，为了统一屋面工程质量的验收，本规范按现行《建筑工程施工质量验收统一标准》GB 50300 的要求，对屋面工程的各分部工程和分项工程进行验收作出规定。这就是制定本规范的目的。

1.0.2 本规范适用于新建、改建、扩建的工业与民用建筑及既有建筑改造屋面工程的质量验收。按总则、术语、基本规定、基层与保护工程、保温与隔热工程、防水与密封工程、瓦面与板面工程、细部构造工程和屋面工程验收等内容分章进行叙述。

1.0.3 《屋面工程技术规范》GB 50345 适用于建筑屋面工程的设计和施工，《屋面工程质量验收规范》GB 50207 适用于建筑屋面工程的质量验收，是配套使用的两本规范，故屋面工程的设计和施工，应符合现行国家标准《屋面工程技术规范》GB 50345 的规定。

1.0.4 环境保护和建筑节能，已经成为当前全社会不容忽视的问题。本条规定屋面工程的施工应符合国家和地方有关环境保护、建筑节能和防火安全等法律、法规的有关规定。

2 术　　语

本规范的术语是从屋面工程施工质量验收的角度赋予其涵义的，本章将本规范中尚未在其他国家标准、行业标准中规定的术语单独列出 16 条，将人们已经熟知的一些术语这次从规范中删去，如满粘法、空铺法、点粘法、条粘法、冷粘法、热熔法、自粘法等。

3 基 本 规 定

3.0.1 修订后的《屋面工程技术规范》GB 50345 对屋面防水等级和设防要求的内容作了较大变动，将屋面防水等级划分为Ⅰ、Ⅱ两级，设防要求分别为两道防水设防和一道防水设防。

3.0.2 根据现行国家标准《建筑工程施工质量验收统一标准》GB 50300 的有关规定，本条对承包屋面防水和保温工程的施工企业提出相应的资质要求。目前，防水专业队伍是由省级以上建设行政主管部门对防水施工企业的规模、技术条件、业绩等综合考核后颁发资质证书。防水工程施工，实际上是对防水材料的一次再加工，必须由防水专业队伍进行施工，才能确保防水工程的质量。作业人员应经过防水专业培训，达到符合要求的操作技术水平，由有关主管部门发给上岗证。对非防水专业队伍或非防水工施工的情况，当地质量监督部门应责令其停止施工。

3.0.3 本条对施工项目的质量管理体系和质量保证体系提出了要求，施工单位应推行全过程的质量控制。施工现场质量管理，要求有相应的施工技术标准、健全的质量管理体系、施工质量控制和检验制度。

3.0.4 根据建设部（1991）837 号文《关于提高防水工程质量的若干规定》要求：防水工程施工前，应通过图纸会审，掌握施工图中的细部构造及有关要求。这样做一方面是对设计图纸进行把关，另一方面可使施工单位切实掌握屋面防水设计的要求，避免施工中的差错。同时，制定切实可行的防水工程施工方案或技术措施，施工方案或技术措施应按程序审批，经监理或建设单位审查确认后执行。

3.0.5 随着人们对屋面使用功能要求的提高，屋面工程设计提出多样化、立体化等新的建筑设计理念，从而对建筑造型、屋面防水、保温隔热、建筑节能和生态环境等方面提出了更高的要求。

本条是根据建设部令第 109 号《建设领域推广应用新技术管理规定》和《建设部推广应用新技术管理细则》建设部建科〔2002〕222 号的精神，注重在屋面工程中推广应用新技术和限制、禁止使用落后的技术。对采用性能、质量可靠的新型防水材料和相应的施工技术等科技成果，必须经过科技成果鉴定、评估或新产品、新技术鉴定，并应制定相应的技术规程。同时，强调新技术需经屋面工程实践检验，符合有关安全及功能要求的才能得到推广应用。

3.0.6 防水、保温材料除有产品合格证和性能检测报告等出厂质量证明文件外，还应有经当地建设行政主管部门所指定的检测单位对该产品本年度抽样检验认证的试验报告，其质量必须符合国家现行产品标准和设计要求。

3.0.7 材料的进场验收是把好材料合格关的重要环节，本条给出了屋面工程所用防水、保温材料进场验收的具体规定。

1 首先根据设计要求对质量证明文件核查。由于材料的规格、品种和性能繁多，首先要看进场材料的质量证明文件是否与设计要求的相符，故进场验收必须对材料附带的质量证明文件进行核查。质量证明文件通常也称技术资料，主要包括出厂合格证、中文说明书及相关性能检测报告等；进口材料应按规定进行出入境商品检验。这些质量证明文件应纳入工程技术档案。

2 其次是对进场材料的品种、规格、包装、外观和尺寸等可视质量进行检查验收，并应经监理工程师或建设单位代表核准。进场验收应形成相应的记录。材料的可视质量，可以通过目视和简单尺量、称量、敲击等方法进行检查。

3 对于进场的防水和保温材料应实施抽样检验，以验证其质量是否符合要求。为了方便查找和使用，本规范在附录A和附录B中列出了防水、保温材料的进场检验项目。

4 对于材料进场检验报告中的全部项目指标，均应达到技术标准的规定。不合格的防水、保温材料或国家明令禁止使用的材料，严禁在屋面工程中使用，以确保工程质量。

3.0.8 保护环境是中华人民共和国的一项基本国策，同时也符合现行国家标准《建筑工程施工质量验收统一标准》GB 50300增加环保要求的精神，故本条提出屋面工程使用的材料应符合国家现行有关标准对材料有害物质限量的规定，不得对周围环境造成污染。行业标准《建筑防水涂料中有害物质限量》JC 1066-2008适用建筑防水用各类涂料和防水材料配套用的液体材料，对挥发性有机化合物（VOC）、苯、甲苯、乙苯、二甲苯、苯酚、蒽、萘、游离甲醛、游离（TDI）、氨、可溶性重金属等有害物含量的限值均作了规定。

3.0.9 相容性是指相邻两种材料之间互不产生有害物理和化学作用的性能。本条规定屋面工程各构造层的组成材料应分别与相邻层次的材料相容，包括防水卷材、涂料、密封材料、保温材料等。

3.0.10 屋面工程施工时，各道工序之间常常因上道工序存在的质量问题未解决，而被下道工序所覆盖，给屋面防水留下质量隐患。因此，必须强调按工序、层次进行检查验收，即在操作人员自检合格的基础上，进行工序的交接检和专职质量人员的检查，检查结果应有完整的记录，然后经监理单位或建设单位进行检查验收，合格后方可进行下道工序的施工。

3.0.11 成品保护是一个非常重要的问题，很多是在屋面工程完工后，又上人去进行安装天线、安装广告支架、堆放脚手架工具等作业，造成保温层和防水层的局部破坏而出现渗漏。本条强调在保温层和防水层施工前，应将伸出屋面的管道、设备或预埋件安设完毕。如在保温层和防水层施工完毕后，再上人去凿孔、打洞或重物冲击都会破坏屋面的整体性，从而易于导致屋面渗漏。

3.0.12 屋面渗漏是当前房屋建筑中最为突出的质量问题之一，群众对此反映极为强烈。为使房屋建筑工程，特别是量大面广的住宅工程的屋面渗漏问题得到

较好的解决，将本条列为强制性条文。屋面工程必须做到无渗漏，才能保证功能要求。无论是屋面防水层的本身还是细部构造，通过外观质量检验只能看到表面的特征是否符合设计和规范的要求，肉眼很难判断是否会渗漏。只有经过雨后或持续淋水2h，使屋面处于工作状态下经受实际考验，才能观察出屋面是否有渗漏。有可能蓄水试验的屋面，还规定其蓄水时间不得少于24h。

3.0.13 根据现行国家标准《建筑工程施工质量验收统一标准》GB 50300的规定，按建筑部位确定屋面工程为一个分部工程。当分部工程较大或较复杂时，又可按材料种类、施工特点、专业类别等划分为若干子分部工程。本规范按屋面构造层次把基层与保护、保温与隔热、防水与密封、瓦面与板面、细部构造均列为子分部工程。由于产生屋面渗漏的主要原因在细部构造，故本规范将细部构造单独列为一个子分部工程，目的为引起足够重视。

本规范对分项工程划分，有助于及时纠正施工中出现的质量问题，符合施工实际的需要。

3.0.14 本条规定了屋面工程中各分项工程检验批的划分宜按屋面面积每$500m^2 \sim 1000m^2$划分为一个检验批，不足$500m^2$也应划分为一个检验批。每个检验批的抽检数量在本规范其他各章中作出规定。

4 基层与保护工程

4.1 一般规定

4.1.1 本章涵盖了与屋面防水层及保温层相关的构造层，包括：找坡层、找平层、隔汽层、隔离层、保护层。

4.1.2 屋面工程施工应在混凝土结构层验收合格的基础上进行，混凝土结构层的施工应符合现行国家标准《混凝土结构工程施工质量验收规范》GB 50204的有关规定。

4.1.3 在防水设防的基础上，为了将屋面上的雨水迅速排走，以减少屋面渗水的机会，正确的排水坡度很重要。屋面在建筑功能许可的情况下应尽量采用结构找坡，坡度应尽量大些，坡度过小施工不易准确，所以规定不应小于3%。材料找坡时，为了减轻屋面荷载，坡度规定宜为2%。檐沟、天沟的纵向坡度不应小于1%，否则施工时找坡困难易造成积水，防水层长期被水浸泡而加速损坏。沟底的水落差不得超过200mm，即水落口距离分水线不得超过20m。

4.1.4 按屋面的一般使用要求，设计可分为上人屋面和不上人屋面。目前，随着使用功能多样化，屋面保护及铺面可分为非步行用、步行用、运动用、庭园用、停车场用等不同用途的屋面。因此，本条作出了上人屋面或其他使用功能屋面的保护及铺面施工除应

符合本规范的规定外，尚应符合现行国家标准《建筑地面工程施工质量验收规范》GB 50209 等的有关规定。

4.1.5 本条规定了基层与保护工程各分项工程每个检验批的抽检数量，即找坡层、找平层、隔汽层、隔离层、保护层分项工程，应按屋面面积每 100m² 抽查一处，每处 10m²，且不得少于 3 处。这个数值的确定，是考虑到抽查的面积为屋面工程总面积的 1/10，是有足够的代表性，同时经过多年来的工程实践，大家认为也是可行的，所以仍采用过去的抽样方案。

4.2 找坡层和找平层

4.2.1 目前国内较少使用小型预制构件作为结构层，但大跨度预应力多孔板和大型屋面板装配式结构仍在使用，为了获得整体性和刚度好的基层，本条对装配式钢筋混凝土板的板缝嵌填作了具体规定。当板缝过宽或上窄下宽时，灌缝的混凝土干缩受振动后容易掉落，故需在缝内配筋；板端缝处是变形最大的部位，板在长期荷载作用下的挠曲变形会导致板与板间的接头缝隙增大，故强调此处采取防裂的构造措施。

4.2.2 当用材料找坡时，为了减轻屋面荷载和施工方便，可采用轻骨料混凝土，不宜采用水泥膨胀珍珠岩。找坡层施工时应注意找坡层最薄处应符合设计要求，找坡材料应分层铺设并适当压实，表面应做到平整。

4.2.3 本条规定找平层的抹平和压光工序的技术要点，即水泥初凝前完成抹平，水泥终凝前完成压光，水泥终凝后应充分养护，以确保找平层质量。

4.2.4 由于水泥砂浆或细石混凝土收缩和温差变形的影响，找平层应预先留设分格缝，使裂缝集中于分格缝中，减少找平层大面积开裂。本次修订时把原规范有关分格缝内嵌填密封材料和分格缝应留设在板端缝处内容删除。

4.2.5 找坡层和找平层所用材料的质量及配合比，均应符合设计要求和技术规范的规定。

4.2.6 屋面找平层是铺设卷材、涂膜防水层的基层。在调研中发现，由于檐沟、天沟排水坡度过小或找坡不正确，常会造成屋面排水不畅或积水现象。基层找坡正确，能将屋面上的雨水迅速排走，延长防水层的使用寿命。

4.2.7 由于一些单位对找平层质量不够重视，致使水泥砂浆或细石混凝土找平层表面有酥松、起砂、起皮和裂缝现象，直接影响防水层与基层的粘结质量或导致防水层开裂。对找平层的质量要求，除排水坡度满足设计要求外，规定找平层应在收水后二次压光，使表面坚固密实、平整；水泥砂浆终凝后，应采取覆盖浇水、喷养护剂、涂刷冷底子油等手段充分养护，保证砂浆中的水泥充分水化，以确保找平层质量。

4.2.8 卷材防水层的基层与突出屋面结构的交接处以及基层的转角处，找平层应按技术规范的规定做成圆弧形，以保证卷材防水层的质量。

4.2.9 调查分析认为，卷材、涂膜防水层的不规则拉裂，是由于找平层的开裂造成的，而水泥砂浆找平层的开裂又是难以避免的。找平层合理分格后，可将变形集中到分格缝处。当设计未作规定时，本规范规定找平层分格纵横缝的最大间距为 6m，分格缝宽度宜为 5mm～20mm，深度应与找平层厚度一致。

4.2.10 考虑到找坡层上施工找平层应做到厚薄一致，本条增加了找坡层的表面平整度为 7mm 的规定。找平层的表面平整度是根据普通抹灰质量标准规定的，其允许偏差为 5mm。提高对基层平整度的要求，可使卷材胶结材料或涂膜的厚度均匀一致，保证屋面工程的质量。

4.3 隔 汽 层

4.3.1 隔汽层应铺设在结构层上，结构层表面应平整，无突出的尖角和凹坑，一般隔汽层下宜设置找平层。隔汽层施工前，应将基层表面清扫干净，并使其充分干燥，基层的干燥程度可参见本规范第 6.1.2 条的条文说明。

4.3.2 隔汽层的作用是防潮和隔汽，隔汽层铺在保温层下面，可以隔绝室内水蒸气通过板缝或孔隙进入保温层，故本条规定隔汽层应选用气密性、水密性好的材料。

4.3.3 本条规定在屋面与墙的连接处，隔汽层应沿墙面向上连续铺设，且高出保温层上表面不得小于150mm，以防止水蒸气因温差结露而导致水珠回落到周边的保温层上。本条修订时把原规范有关隔汽层与屋面的防水层相连接，形成全封闭的整体内容删除，隔汽层收边不需要与保温层上的防水层连接。理由 1：隔汽层不是防水层，与防水设防无关联；理由 2：隔汽层施工在前，保温层和防水层施工在后，几道工序无法做到同步，防水层与墙面交接处的泛水处理与隔汽层无关联。

4.3.4 隔汽层采用卷材时，为了提高抵抗基层的变形能力，隔汽层的卷材宜采用空铺，卷材搭接缝应满粘。隔汽层采用涂膜时，涂层应均匀，无流淌和露底现象，涂料应两涂，且前后两遍的涂刷方向应相互垂直。

4.3.5 若隔汽层出现破损现象，将不能起到隔绝室内水蒸气的作用，严重影响保温层的保温效果。隔汽层若有破损，应将破损部位进行修复。

4.3.6 隔汽层所用材料均为常用的防水卷材或涂料，但隔汽层所用材料的品种和厚度应符合热工设计所需的水蒸气渗透阻。

4.3.7 参见本规范第 4.3.5 条的条文说明。

4.3.8、4.3.9 参见本规范第 6.2.13 条和第 6.3.8

条的条文说明。

4.4 隔 离 层

4.4.1 在柔性防水层上设置块体材料、水泥砂浆、细石混凝土等刚性保护层，由于保护层与防水层之间的粘结力和机械咬合力，当刚性保护层胀缩变形时，会对防水层造成损坏，故在保护层与防水层之间应铺设隔离层，同时可防止保护层施工时对防水层的损坏。本条强调了在保护层与防水层之间设置隔离层的必要性，以保证保护层胀缩变形时，不至于损坏防水层。

4.4.2 当基层比较平整时，在已完成雨后或淋水、蓄水检验合格的防水层上面，可以直接干铺塑料膜、土工布或卷材。

当基层不太平整时，隔离层宜采用低强度等级黏土砂浆、水泥石灰砂浆或水泥砂浆。铺抹砂浆时，铺抹厚度宜为 10mm，表面应抹平、压实并养护；待砂浆干燥后，其上干铺一层塑料膜、土工布或卷材。

4.4.3 隔离层所用材料的质量必须符合设计要求，当设计无要求时，隔离层所用的材料应能经得起保护层的施工荷载，故建议塑料膜的厚度不应小于 0.4mm，土工布应采用聚酯土工布，单位面积质量不应小于 200g/m²，卷材厚度不应小于 2mm。

4.4.4 为了消除保护层与防水层之间的粘结力及机械咬合力，隔离层必须是完全隔离，对隔离层的破损或漏铺部位应及时修复。

4.4.5、4.4.6 根据基层平整状况，提出了采用干铺塑料膜、土工布、卷材和铺抹低强度等级砂浆的施工要求。

4.5 保 护 层

4.5.1 按照屋面工程各工序之间的验收要求，强调对防水层的雨后或淋水、蓄水检验，防止防水层被保护层所覆盖后还存在未解决的问题；同时要求做好成品保护，以确保屋面防水工程质量。沥青类的防水卷材也可直接采用卷材上表面覆有的矿物粒料或铝箔作为保护层。

4.5.2 对于块体材料做保护层，在调研中发现往往因温度升高致使块体膨胀隆起。因此，本条作出对块体材料保护层应留设分格缝的规定。

4.5.3 水泥砂浆保护层由于自身的干缩或温度变化的影响，往往产生严重龟裂，且裂缝宽度较大，以至造成碎裂、脱落。为确保水泥砂浆保护层的质量，本条规定表面应抹平压光，可避免水泥砂浆保护层表面出现起砂、起皮现象；根据工程实践经验，在水泥砂浆保护层上划分表面分格缝，将裂缝均匀分布在分格缝内，避免了大面积的龟裂。

4.5.4 细石混凝土保护层应一次浇筑完成，否则新旧混凝土的结合处易产生裂缝，造成混凝土保护层的

局部破坏，影响屋面使用和外观质量。用细石混凝土做保护层时，分格缝设置过密，不但给施工带来困难，而且不易保证质量，分格面积过大又难以达到防裂的效果，根据调研的意见，规定纵横间距不应大于 6m，分格缝宽度宜为 10mm～20mm。

4.5.5 根据历次对屋面工程的调查，发现许多工程的块体材料、水泥砂浆、细石混凝土等保护层与女儿墙均未留空隙。当高温季节，刚性保护层热胀顶推女儿墙，有的还将女儿墙推裂造成渗漏；而在刚性保护层与女儿墙间留出空隙的屋面，均未见有推裂女儿墙的现象。故规定了刚性保护层与女儿墙之间应预留 30mm 的缝隙。本条还规定缝内宜填塞聚苯乙烯泡沫塑料，并用密封材料嵌填严密。

4.5.6 保护层所用材料质量，是确保其质量的基本条件。如果原材料质量不好，配合比不准确，就难以达到对防水层的保护作用。

4.5.7 原规范未对块体材料、水泥砂浆、细石混凝土保护层提出技术要求，技术规范沿用找平层的做法和规定，对此类保护层明确提出了强度等级要求，即水泥砂浆不应低于 M15，细石混凝土不应低于 C20。

4.5.8 屋面防水以防为主，以排为辅。保护层的铺设不应改变原有的排水坡度，导致排水不畅或造成积水，给屋面防水带来隐患，故本条规定保护层的排水坡度应符合设计要求。

4.5.9 块体材料应铺贴平整，与底部贴合密实。若产生空鼓现象，在使用中会造成块体混凝土脱落破损，而起不到对防水层的保护作用。在施工中严格按照操作规程进行作业，避免对块体材料的破坏，确保块体材料保护层的质量。

4.5.10 目前，一些施工单位对水泥砂浆、细石混凝土保护层的质量重视不够，致使保护层表面出现裂缝、起壳、起砂现象。因此对水泥砂浆、细石混凝土保护层的质量，除应满足强度和排水坡度的设计要求外，还应规定保护层的外观质量要求。

4.5.11 浅色涂料保护层与防水层是否粘结牢固，其厚度能否达到要求，直接影响到屋面防水层的质量和耐久性；涂料涂刷的遍数越多，涂层的密度就越高，涂层的厚度也就越均匀。

4.5.12 本条规定了保护层的允许偏差和检验方法，主要是参考现行国家标准《建筑地面工程施工质量验收规范》GB 50209 的有关规定。

5 保温与隔热工程

5.1 一 般 规 定

5.1.1 本章把保温层分为板状材料、纤维材料、整体材料三种类型，隔热层分为种植、架空、蓄水三种形式，基本上反映了国内屋面保温与隔热工程的

现状。

5.1.2 保温层的基层平整，保证铺设的保温层厚度均匀；保温层的基层干燥，避免保温层铺设后吸收基层中的水分，导致导热系数增大，降低保温效果；保温层的基层干净，保证板状保温材料紧靠在基层表面上，铺平垫稳防止滑动。

5.1.3 由于保温材料是多孔结构，很容易潮湿变质或改变性状，尤其是保温材料受潮后导热系数会增大。目前，在选用节能材料时，人们还比较热衷采用泡沫塑料型保温材料。几场火灾后，人们对易燃、多烟的泡沫塑料的使用更为谨慎，并按照公安部、住房和城乡建设部联合颁发的《民用建筑外墙保温系统及外墙装饰防火暂行规定》的要求实施。故本条规定保温材料在施工过程中应采取防潮、防水和防火等保护措施。

5.1.4 屋面保温与隔热工程设计，应根据建筑物的使用要求、屋面结构形式、环境条件、防水处理方法、施工条件等因素确定。不同地区主要建筑类型的保温与隔热形式，还有待于进一步研究及总结。

屋面保温材料应采用吸水率低、表观密度和导热系数较小的材料，板状材料还应有一定的强度。保温材料的品种、规格和性能等应符合现行产品标准和设计要求。

5.1.5 对于建筑物来说，热量损失主要包括外墙体、外门窗、屋面及地面等围护结构的热量损耗，一般的居住建筑屋面热量损耗约占整个建筑热损耗的 20% 左右。屋面保温与隔热工程，首先应按国家和地区民用建筑节能设计标准进行设计和施工，才能实现建筑节能目标，同时还应符合现行国家标准《建筑节能工程施工质量验收规范》GB 50411 的有关规定。

5.1.6 保温材料的干湿程度与导热系数关系很大，限制保温材料的含水率是保证工程质量的重要环节。由于每一个地区的环境湿度不同，定出统一的含水率限制是不可能的。本条修订时删除保温层的含水率必须符合设计要求的内容，规定了保温材料使用时含水率应相当于该材料在当地自然风干状态下的平衡含水率。所谓平衡含水率是指在自然环境中，材料孔隙中的水分与空气湿度达到平衡时，这部分水的质量占材料干质量的百分比。

5.1.7 建筑围护结构热工性能直接影响建筑采暖和空调的负荷与能耗，必须予以严格控制。保温材料的导热系数随材料的密度提高而增加，并且与材料的孔隙大小和构造特征有密切关系。一般是多孔材料的导热系数较小，但当其孔隙中所充满的空气、水、冰不同时，材料的导热性能就会发生变化。因此，要保证材料优良的保温性能，就要求材料尽量干燥不受潮，而吸水受潮后尽量不受冰冻，这对施工和使用都很现实的意义。

保温材料的抗压强度或压缩强度，是材料主要的力学性能。一般是材料使用时会受到外力的作用，当材料内部产生应力增大到超过材料本身所能承受的极限值时，材料就会产生破坏。因此，必须根据材料的主要力学性能因材使用，才能更好地发挥材料的优势。

保温材料的燃烧性能，是可燃性建筑材料分级的一个重要判定。建筑防火关系到人民财产及生命安全和社会稳定，国家给予高度重视，出台了一系列规定，相关标准规范也即将颁布。因此，保温材料的燃烧性能是防止火灾隐患的重要条件。

5.1.8 检验防水层的质量，主要是进行雨后观察、淋水或蓄水试验。防水层经验收合格后，方可进行种植、架空、蓄水隔热层施工。施工时必须采取有效保护措施，否则损坏了防水层而产生渗漏，既不容易查找渗漏部位，也不容易维修。

5.1.9 本条规定了保温与隔热工程各分项工程每个检验批的抽检数量，应按屋面面积每 100m² 抽查一处，每处 10m²，且不得少于 3 处。考虑到抽检的面积占屋面工程总面积的 1/10，有足够的代表性，工程实践证明也是可行的。

5.2 板状材料保温层

5.2.1 采用干铺法施工板状材料保温层，就是将板状保温材料直接铺设在基层上，而不需要粘结，但是必须要将板材铺平、垫稳，以便为铺抹找平层提供平整的表面，确保找平层厚度均匀。本条还强调板与板的拼接缝及上下板的拼接缝要相互错开，并用同类材料的碎屑嵌填密实，避免产生热桥。

5.2.2 采用粘贴法铺设板状材料保温层，就是用胶粘剂或水泥砂浆将板状保温材料粘贴在基层上。要注意所用的胶粘剂必须与板材的材性相容，以避免粘结不牢或发生腐蚀。板状材料保温层铺设完成后，在胶粘剂固化前不得上人走动，以免影响粘结效果。

5.2.3 机械固定法是使用专用固定钉及配件，将板状保温材料定点钉固在基层上的施工方法。本条规定选择专用螺钉和金属垫片，是为了保证保温板与基层连接固定，并允许保温板产生相对滑动，但不得出现保温板与基层相互脱离或松动。

5.2.4 本条规定所用板状保温材料的品种、规格、性能，应按设计要求和相关现行材料标准规定选择，不得随意改变其品种和规格。材料进场后应进行抽样检验，检验合格后方可在工程中使用。板状保温材料的质量，应符合现行国家标准《绝热用模塑聚苯乙烯泡沫塑料》GB/T 10801.1、《绝热用挤塑聚苯乙烯泡沫塑料（XPS）》GB/T 10801.2、《建筑绝热用硬质聚氨酯泡沫塑料》GB/T 21558、《膨胀珍珠岩绝热制品（憎水性）》GB/T 10303、《蒸压加气混凝土砌块》GB 11968 和现行行业标准《泡沫玻璃绝热制品》JC/T 647、《泡沫混凝土砌块》JC/T 1062 等的要求。

5.2.5 保温层厚度将决定屋面保温的效果，检查时应给出厚度的允许偏差，过厚浪费材料，过薄则达不到设计要求。本条规定板状保温材料的厚度必须符合设计要求，其正偏差不限，负偏差为5%且不得大于4mm。

5.2.6 本条特别对严寒和寒冷地区的屋面热桥部位提出要求。屋面与外墙都是外围护结构，一般说来居住建筑外围护结构的内表面大面积结露的可能性不大，结露大都出现在外墙和屋面交接的位置附近，屋面的热桥主要出现在檐口、女儿墙与屋面连接等处，设计时应注意屋面热桥部位的特殊处理，即加强热桥部位的保温，减少采暖负荷。故本条规定屋面热桥部位处理必须符合设计要求。

5.2.7 参见本规范第5.2.1和5.2.2条的条文说明。

5.2.8 板状保温材料采用机械固定法施工，固定件的规格、数量和位置应符合设计要求。当设计无要求时，固定件数量和位置宜符合表1的规定。当屋面坡度大于50%时，应适当增加固定件数量。

表1 板状保温材料固定件数量和位置

板状保温材料	每块板固定件最少数量	固定位置
挤塑聚苯板、模塑聚苯板、硬泡聚氨酯板	各边长均≤1.2m时为4个，任一边长>1.2m时为6个	四个角及沿长向中线均匀布置，固定垫片距离板边缘不得大于150mm

本条规定了垫片应与保温板表面齐平，是为了保证保温板被固定时，不出现因螺钉紧固而发生保温板的破裂或断裂。

5.2.9、5.2.10 板状保温材料铺设后，其上表面应平整，以确保铺抹找平层的厚度均匀。

5.3 纤维材料保温层

5.3.1 纤维保温材料的导热系数与其表观密度有关，在纤维保温材料铺设后，操作人员不得踩踏，以防将其踩踏密实而降低屋面保温效果。

在铺设纤维保温材料时，应按照设计厚度和材料规格，进行单层或分层铺设，做到拼接缝严密，上下两层的拼接缝错开，以保证保温效果。当屋面坡度较大时，纤维保温材料应采用机械固定法施工，以防止保温层下滑。纤维板宜用金属固定件，在金属压型板的波峰上用电动螺丝刀直接将固定件旋进；在混凝土结构层上先用电锤钻孔，钻孔深度要比螺钉深度深25mm，然后用电动螺丝刀将固定件旋进。纤维毡宜用塑料固定件，在水泥纤维板或混凝土基层上，先用水泥基胶粘剂将塑料钉粘牢，待毡填充后再将塑料垫片与钉热熔焊牢。

5.3.2 纤维材料保温层由于其重量轻、导热系数小，

所以在屋面保温工程中应用比较广泛。纤维材料铺设在基层上的木龙骨或金属龙骨之间，并应对木龙骨进行防腐处理；对金属龙骨进行防锈处理。在金属龙骨与基层之间应采取防止热桥的措施。

5.3.3 纤维材料的产品质量应符合现行国家标准《建筑绝热用玻璃棉制品》GB/T 17795、《建筑用岩棉、矿渣棉绝热制品》GB/T 19686的要求。

5.3.4 保温层的厚度将决定屋面保温的效果，检查时应给出厚度的允许偏差，过厚浪费材料，过薄则达不到设计要求。本条规定纤维材料保温层的厚度必须符合设计要求，其正偏差不限，毡不得有负偏差，板负偏差应为4%，且不得大于3mm。

5.3.5 参见本规范第5.2.6条的条文说明。

5.3.6 在铺设纤维材料保温层时，要将毡或板紧贴基层，拼接严密，表面平整，避免产生热桥。

5.3.7 参见本规范第5.2.8条的条文说明。

5.3.8 龙骨尺寸和铺设的间距，是根据设计图纸和纤维保温材料的规格尺寸确定的。龙骨断面的高度应与填充材料的厚度一致，龙骨间距应根据填充材料的宽度确定。板材的品种和厚度，应符合设计图纸的要求。在龙骨上铺钉的板材，相当于屋面防水层的基层，所以在铺钉板材时不仅要铺钉牢固，而且要表面平整。

5.3.9 查阅《建筑绝热用玻璃棉制品》GB/T 17795-2008，玻璃棉制品按外覆面划分为三类，其中具有非反射面的外覆面制品又可分为抗水蒸气渗透和非抗水蒸气渗透的外覆面两种，本条所指的是抗水蒸气渗透外覆面的玻璃棉制品，外覆面层为PVC、聚丙烯等。由于PVC、聚丙烯可作为隔汽层使用，其外覆面必须朝向室内，同时应对外覆面的拼缝进行密封处理。

5.4 喷涂硬泡聚氨酯保温层

5.4.1 硬泡聚氨酯喷涂前，应对喷涂设备进行调试。试验样品应在施工现场制备，一般面积约1.5m²、厚度不小于30mm的样品即可制备一组试样，试样尺寸按相应试验要求决定。

5.4.2 喷涂硬泡聚氨酯应根据设计要求的表观密度、导热系数及压缩强度等技术指标，来确定其中异氰酸酯、多元醇及发泡剂等添加剂的配合比。喷涂硬泡聚氨酯应做到配比准确计量，才能达到设计要求的技术指标。

5.4.3 喷涂硬泡聚氨酯时，喷嘴与基面应保持一定的距离，是为了控制硬泡聚氨酯保温层的厚度均匀，同时避免在喷涂过程中材料飞散。根据施工实践经验，喷嘴与基面的距离宜为800mm～1200mm。

5.4.4 喷涂硬泡聚氨酯时，一个作业面应分遍喷涂完成，一是为了能及时控制、调整喷涂层的厚度，减少收缩影响，二是可以增加结皮层，提高防水效果。

在硬泡聚氨酯分遍喷涂时，由于每遍喷涂的间隔时间很短，只需20min，当日的作业面完全可以当日连续喷涂施工完毕；如果当日不连续喷涂施工完毕，一是会增加基层的清理工作，二是不易保证分层之间的粘结质量。

5.4.5 一般情况下硬泡聚氨酯的发泡、稳定及固化时间约需15min，故本条规定硬泡聚氨酯喷涂完成后，20min内严禁上人，并应及时做好保护层。

5.4.6 参见本规范第5.4.2条的条文说明。为了检验喷涂硬泡聚氨酯保温层的实际保温效果，施工现场应制备试样，检测其导热系数、表观密度和压缩强度。喷涂硬泡聚氨酯的质量，应符合现行行业标准《喷涂聚氨酯硬泡体保温材料》JC/T 998的要求。

5.4.7 保温层的厚度将决定屋面保温的效果，检查时应给出厚度的允许偏差，过厚浪费材料，过薄则达不到设计要求。本条规定喷涂硬泡聚氨酯的正偏差不限，不得有负偏差。

5.4.8 参见本规范第5.2.6条的条文说明。

5.4.9 本条规定喷涂硬泡聚氨酯施工的基本要求。

5.4.10 喷涂硬泡聚氨酯施工后，其表面应平整，以确保铺抹找平层的厚度均匀。本条规定喷涂硬泡聚氨酯的表面平整度允许偏差为5mm。

5.5 现浇泡沫混凝土保温层

5.5.1 基层质量对于现浇泡沫混凝土质量有很大影响，浇筑前应清除基层上的杂物和油污，并浇水湿润基层，以保证泡沫混凝土的施工质量。

5.5.2 泡沫混凝土专用设备包括：发泡机、泡沫混凝土搅拌机、混凝土输送泵，使用前应对设备进行调试，并制备用于干密度、抗压强度和导热系数等性能检测的试件。

5.5.3 泡沫混凝土配合比设计，是根据所选用原材料性能和对泡沫混凝土的技术要求，通过计算、试配和调整等求出各组成材料用量。由水泥、骨料、掺合料、外加剂和水等制成的水泥料浆，应按配合比准确计量，各组成材料称量的允许偏差：水泥及掺合料为±2%；骨料为±3%；水及外加剂为±2%。泡沫的制备是将泡沫剂掺入定量的水中，利用它减小水表面张力的作用，进行搅拌后便形成泡沫，搅拌时间一般宜为2min。水泥料浆制备时，要求搅拌均匀，不得有团块及大颗粒存在；再将制备好的泡沫加入水泥料浆中进行混合搅拌，搅拌时间一般为5min～8min，混合要求均匀，没有明显的泡沫漂浮和泥浆块出现。

5.5.4 由于泡沫混凝土的干密度对其抗压强度、导热系数、耐久性能的影响甚大，干密度又是泡沫混凝土在标准养护28d后绝对干燥状态下测得的密度。为了控制泡沫混凝土的干密度，必须在泡沫混凝土试配时，事先建立有关干密度与湿密度的对应关系。因此本条规定浇筑过程中，应随时检查泡沫混凝土的湿密

度，是保证施工质量的有效措施。试样应在泡沫混凝土的浇筑地点随机制取，取样与试件留置应符合有关规定。

5.5.5 参见本规范第5.5.3条的条文说明。为了检验泡沫混凝土保温层的实际保温效果，施工现场应制作试件，检测其导热系数、干密度和抗压强度。主要是为了防止泡沫混凝土料浆中泡沫破裂造成性能指标的降低。

5.5.6 泡沫混凝土保温层的厚度将决定屋面保温的效果，检查时应给出厚度的允许偏差，过厚浪费材料，过薄则达不到设计要求。本条规定泡沫混凝土保温层正负偏差为5%，且不得大于5mm。

5.5.7 参见本规范第5.2.6条的条文说明。

5.5.8 本条规定现浇泡沫混凝土施工的基本要求。

5.5.9 本条规定现浇泡沫混凝土的外观质量，其中不得有贯通性裂缝很重要，施工时应重视泡沫混凝土终凝后的养护和成品保护。对已经出现的严重缺陷，应由施工单位提出技术处理方案，并经监理或建设单位认可后进行处理。

5.5.10 现浇泡沫混凝土施工后，其表面应平整，以确保铺抹找平层的厚度均匀。本条规定现浇泡沫混凝土的表面平整度允许偏差为5mm。

5.6 种植隔热层

5.6.1 种植隔热层施工应在屋面防水层和保温层施工验收合格后进行。有关种植屋面的防水层和保温层，除应符合本规范规定外，尚应符合现行行业标准《种植屋面工程技术规范》JGJ 155的有关规定。

种植隔热层施工时，如破坏了屋面防水层，则屋面渗漏治理极为困难。如采用陶粒排水层，一般应在屋面防水层上增设水泥砂浆或细石混凝土保护层；如采用塑料板排水层，一般不设任何保护层。本条规定种植隔热层与屋面防水层之间宜设细石混凝土保护层，这里不要错误理解该保护层是考虑植物根系对屋面防水层穿刺损坏而设置的。

5.6.2 屋面坡度大于20%时，种植隔热层构造中的排水层、种植土层应采取防滑措施，防止发生安全事故。采用阶梯式种植时，屋面应设置防滑挡墙或挡板；采用台阶式种植时，屋面应采用现浇钢筋混凝土结构。

5.6.3 排水层材料应根据屋面功能及环境经济条件等进行选择。陶粒的粒径不应小于25mm，稍大粒径在下，稍小粒径在上，有利于排水；凹凸型排水板宜采用搭接法施工，网状交织排水板宜采用对接法施工。排水层上应铺设单位面积质量宜为200g/m² ～ 400g/m² 的土工布作过滤层，土工布太薄容易损坏，不能阻止种植土流失，太厚则过滤水缓慢，不利于排水。

挡墙或挡板下部设置泄水孔，主要是排泄种植土

中过多的水分。泄水孔周围放置疏水粗细骨料，为了防止泄水孔被种植土堵塞，影响正常的排水功能和使用管理。

5.6.4 为了防止因种植土流失，而造成排水层堵塞，本条规定过滤层土工布应沿种植土周边向上铺设至种植土高度，并与挡墙或挡板粘牢；土工布的搭接宽度不应小于 100mm，接缝宜采用粘合或缝合。

5.6.5 种植土的厚度应根据不同种植土和植物种类等确定。因种植土的自重与厚度相关，本条对种植土的厚度及荷重的控制，是为了防止屋面荷载超重。对种植土表面应低于挡墙高度 100mm，是为了防止种植土流失。

5.6.6 种植隔热层所用材料应符合以下设计要求：

  1 排水层应选用抗压强度大、耐久性好的轻质材料。陶粒堆积密度不宜大于 500kg/m³，铺设厚度宜为 100mm～150mm；凹凸形或网状交织排水板应选用塑料或橡胶类材料，并具有一定的抗压强度。过滤层应选用 200g/m² ～400g/m² 的聚酯纤维土工布。

  2 过滤层应选用 200g/m² ～400g/m² 的聚酯纤维土工布。

  3 种植土可选用田园土、改良土或无机复合种植土。种植土的湿密度一般为干密度的 1.2 倍～1.5 倍。

5.6.7 排水层只有与排水系统连通后，才能保证排水畅通，将多余的水排走。

5.6.8 挡墙或挡板泄水孔主要是排泄种植土中因雨水或其他原因造成过多的水而设置的，如留设位置不正确或泄水孔中堵塞，种植土中过多的水分不能排出，不仅会影响使用，而且会给防水层带来不利。

5.6.9 为了便于疏水，陶粒排水层应铺设平整，厚度均匀。

5.6.10 排水板应铺设平整，以满足排水的要求。凹凸形排水板宜采用搭接法施工，搭接宽度应根据产品的规格而确定；网状交织排水板宜采用对接法施工。

5.6.11 参见本规范第 5.6.4 条的条文说明。

5.6.12 为了便于种植和管理，种植土应铺设平整、均匀；同时铺设种植土应在确保屋面结构安全的条件下，对种植土的厚度进行有效控制，其允许偏差为±5%，且不得大于 30mm。

5.7 架空隔热层

5.7.1 架空隔热层的高度应根据屋面宽度和坡度大小来决定。屋面较宽时，风道中阻力增大，宜采用较高的架空层，反之，可采用较低的架空层。根据调研情况有关架空高度相差较大，如广东用的混凝土"板凳"仅 90mm，江苏、浙江、安徽、湖南、湖北等地有的高达 400mm。考虑到太低了隔热效果不好，太高了通风效果并不能提高多少且稳定性不好。本条规定设计无要求时，架空隔热层的高度宜为 180mm～300mm。

5.7.2 为了保证通风效果，本条规定当屋面宽度大于 10m 时，在屋面中部设置通风屋脊，通风口处应设置通风箅子。

5.7.3 考虑架空隔热制品支座部位负荷增大，支座底面的卷材、涂膜防水层应采取加强措施，避免损坏防水层。

5.7.4 本条规定架空隔热制品的强度等级，主要考虑施工及上人时不易损坏。

5.7.5 架空隔热层是采用隔热制品覆盖在屋面防水层上，并架设一定高度的空间，利用空气流动加快散热起到隔热作用。架空隔热制品的质量必须符合设计要求，如使用有断裂和露筋等缺陷，日长月久后会使隔热层受到破坏，对隔热效果带来不良影响。

5.7.6 考虑到屋面在使用中要上人清扫等情况，要求架空隔热制品的铺设应做到平整和稳固，板缝应填密实，使板的刚度增大并形成一个整体。

5.7.7 架空隔热制品与山墙或女儿墙的距离不应小于 250mm，主要是考虑在保证屋面膨胀变形的同时，防止堵塞和便于清理。当然间距也不应过大，太宽了将会降低架空隔热的作用。

5.7.8 为了保证架空隔热层的隔热效果，架空隔热层的高度及通风屋脊、变形缝做法应符合设计要求。

5.7.9 隔热制品接缝高低差的允许偏差为 3mm，是为了不使架空隔热层表面有积水。

5.8 蓄水隔热层

5.8.1 蓄水隔热层多用于我国南方地区，一般为开敞式。在混凝土水池与屋面防水层之间设置隔离层，以防止因水池的混凝土结构变形导致卷材或涂膜防水层开裂而造成渗漏。

5.8.2 由于蓄水隔热层的防水特殊性，本条规定蓄水池的所有孔洞应预留，不得后凿；所设置的给水管、排水管和溢水管等，均应在蓄水池混凝土施工前安装完毕。

5.8.3 为确保每个蓄水区混凝土的整体防水性，防水混凝土应一次浇筑完毕，不留施工缝，避免因接头处理不好导致混凝土裂缝，保证蓄水隔热层的施工质量。

5.8.4 防水混凝土应机械振捣密实、表面抹平压光，初凝后覆盖养护，终凝后浇水养护。养护好后方可蓄水，并不得断水，防止混凝土干涸开裂。

5.8.5 防水混凝土所用的水泥、砂、石、外加剂和水等原材料，应符合现行国家标准《通用硅酸盐水泥》GB 175、《混凝土外加剂》GB 8076 和行业标准《普通混凝土用砂、石质量及检验方法标准》JGJ 52、《混凝土用水标准》JGJ 63 等的要求。防水混凝土的配合比应经试验确定，并应做到计量准确，保证混凝土质量符合设计要求。

5.8.6 混凝土的强度等级和抗渗等级，是防水混凝土的主要性能指标，必须符合设计要求。混凝土的抗压试件和抗渗试件的留置数量应符合相关技术标准的规定。

5.8.7 检验蓄水池是否有渗漏现象，应在池内蓄水至规定高度，蓄水时间不应少于24h，观察检查。如蓄水池发生渗漏，应采取堵漏措施。

5.8.8 本条规定了防水混凝土的外观质量。

5.8.9 本条规定了防水混凝土表面的裂缝宽度不应大于0.2mm，并不得贯通，是根据现行国家标准《地下防水工程质量验收规范》GB 50208的有关规定。如防水混凝土表面出现裂缝宽度大于0.2mm或裂缝贯通时，应采取堵漏措施。

5.8.10 蓄水池上所留设的溢水口、过水孔、排水管、溢水管等，其位置、标高和尺寸应符合设计要求，保证屋面正常使用。

5.8.11 本条规定了蓄水池结构的允许偏差和检验方法。其中，蓄水池长度、宽度、厚度和表面平整度项目是参考现行国家标准《混凝土结构工程施工质量验收规范》GB 50204的有关规定；蓄水池排水坡度不宜大于0.5%，以保证水池内水位的均衡和水池清洗时积水的排除。

6 防水与密封工程

6.1 一般规定

6.1.1 本章保留了原规范中卷材防水层、涂膜防水层和接缝密封防水内容，取消了细石混凝土防水层，增加了复合防水层分项工程的施工质量验收。由于细石混凝土防水层的抗拉强度低，屋面结构变形、自身干缩和温差变形，容易造成防水层裂缝而发生渗漏，本次修订时细石混凝土仅作为卷材或涂膜防水层上的保护层。

6.1.2 本条规定防水层施工前，基层应坚实、平整、干净、干燥。虽然现在有些防水材料对基层不要求干燥，但对于屋面工程一般不提倡采用湿铺法施工。基层的干燥程度可采用简易方法进行检验。即应将1m²卷材平坦地干铺在找平层上，静置3h～4h后掀开检查，找平层覆盖部位与卷材表面未见水印，方可铺设防水层。

6.1.3 在进行基层处理剂喷涂前，应按照卷材、涂膜防水层所用材料的品种，选用与其材性相容的基层处理剂。在配制基层处理剂时，应根据所用基层处理剂的品种，按有关规定或产品说明书的配合比要求，准确计量，混合后应搅拌3min～5min，使其充分均匀。在喷涂或涂刷基层处理剂时应均匀一致，不得漏涂，待基层处理剂干燥后应及时进行卷材或涂膜防水层的施工。如基层处理剂未干燥前遭受雨淋，或是干燥后长期不进行防水层施工，则在防水层施工前必须

再涂刷一次基层处理剂。

6.1.4 屋面防水层的成品保护是一个非常重要的环节。屋面防水层完工后，往往在后续工序作业时会造成防水层的局部破坏，所以必须做好防水层的保护工作。另外，屋面防水层完工后，严禁在其上凿孔、打洞，破坏防水层的整体性，以避免屋面渗漏。

6.1.5 本条规定了防水与密封工程各分项工程每个检验批的抽检数量，防水层应按屋面面积每100m²抽查一处，每处10m²，且不得少于3处；接缝密封防水应按每50m抽查一处，每处5m，且不得少于3处。所抽查数量均为10%，有足够的代表性。

6.2 卷材防水层

6.2.1 卷材屋面坡度超过25%时，常发生下滑现象，故应采取防止卷材下滑措施。防止卷材下滑的措施除采取卷材满粘外，还有钉压固定等方法，固定点应封闭严密。

6.2.2 卷材铺贴方向应结合卷材搭接缝顺水接茬和卷材铺贴可操作性两方面因素综合考虑。卷材铺贴应在保证顺直的前提下，宜平行屋脊铺贴。

当卷材防水层采用叠层工法时，本条规定上下层卷材不得相互垂直铺贴，主要是尽可能避免接缝叠加。

6.2.3 为确保卷材防水层的质量，所有卷材均应用搭接法，本条规定了合成高分子防水卷材和高聚物改性沥青防水卷材的搭接宽度，统一列出表格，条理明确。表6.2.3中的搭接宽度，是根据我国现行多数做法及国外资料的数据作出规定的。

同时对"上下层的相邻两幅卷材的搭接缝应错开"作出修改。同一层相邻两幅卷材短边搭接缝错开，是避免四层卷材重叠，影响接缝质量；上下层卷材长边搭接缝错开，是避免卷材防水层搭接缝缺陷重合。

6.2.4 采用冷粘法铺贴卷材时，胶粘剂的涂刷质量对保证卷材防水施工质量关系极大，涂刷不均匀、有堆积或漏涂现象，不但影响卷材的粘结力，还会造成材料浪费。

根据胶粘剂的性能和施工环境条件不同，有的可以在涂刷后立即粘贴，有的要待溶剂挥发后粘贴，间隔时间还和气温、湿度、风力等因素有关。因此，本条提出原则性规定，要求控制好间隔时间。

卷材防水搭接缝的粘结质量，关键是搭接宽度和粘结密封性能。搭接缝平直、不扭曲，才能使搭接宽度有起码的保证；涂满胶粘剂才能保证粘结牢固、封闭严密。为保证搭接尺寸，一般在已铺卷材上以规定的搭接宽度弹出基准线为标准。卷材铺贴后，要求接缝口用宽10mm的密封材料封严，以提高防水层的密封抗渗性能。

6.2.5 采用热熔型改性沥青胶结料铺贴高聚物改性

沥青防水卷材，可起到涂膜与卷材之间优势互补和复合防水的作用，更有利于提高屋面防水工程质量，应当提倡和推广应用。为了防止加热温度过高，导致改性沥青中的高聚物发生裂解而影响质量，故规定采用专用的导热油炉加热融化改性沥青，要求加热温度不应高于200℃，使用温度不应低于180℃。

铺贴卷材时，要求随刮涂热熔型改性沥青胶结料随滚铺卷材，展平压实，本条对粘贴卷材的改性沥青胶结料的厚度提出了具体规定。

6.2.6 本条对热熔法铺贴卷材的施工要点作出规定。施工加热时卷材幅宽内必须均匀一致，要求火焰加热器的喷嘴与卷材的距离应适当，加热至卷材表面有光亮黑色时方可粘合。若熔化不够，会影响卷材接缝的粘结强度和密封性能；加温过高，会使改性沥青老化变焦且把卷材烧穿。

因卷材表面所涂覆的改性沥青较薄，采用热熔法施工容易把胎体增强材料烧坏，使其降低乃至失去拉伸性能，从而严重影响卷材防水层的质量。因此，本条还对厚度小于3mm的高聚物改性沥青防水卷材，作出严禁采用热熔法施工的规定。铺贴卷材时应将空气排出，才能粘贴牢固，滚铺卷材时缝边必须溢出热熔的改性沥青胶，使接缝粘结牢固、封闭严密。

为保证铺贴的卷材平整顺直，搭接尺寸准确，不发生扭曲，应沿预留的或现场弹出的基准线作为标准进行施工作业。

6.2.7 本条对自粘法铺贴卷材的施工要点作出规定。首先将隔离纸撕净，否则不能实现完全粘结。为了提高卷材与基层的粘结性能，应涂刷基层处理剂，并及时铺贴卷材。为保证接缝粘结性能，搭接部位提倡采用热风加热，尤其在温度较低时施工这一措施就更为必要。

采用这种铺贴工艺，考虑到施工的可靠度、防水层的收缩，以及外力使缝口翘边开缝的可能，要求接缝口用密封材料封严，以提高其密封抗渗的性能。

在铺贴立面或大坡面卷材时，立面和大坡面处卷材容易下滑，可采用加热方法使自粘卷材与基层粘结牢固，必要时还应采用钉压固定等措施。

6.2.8 本条对PVC等热塑性卷材采用热风焊机或焊枪进行焊接的施工要点作出规定。

为确保卷材接缝的焊接质量，要求焊接前卷材的铺设应正确，不得扭曲。为使接缝焊接牢固、封闭严密，应将接缝表面的油污、尘土、水滴等附着物擦拭干净后，才能进行焊接施工。同时，焊缝质量与焊接速度与热风温度、操作人员的熟练程度关系极大，焊接施工时必须严格控制，决不能出现漏焊、跳焊、焊焦或焊接不牢等现象。

6.2.9 机械固定法铺贴卷材是采用专用的固定件和垫片或压条，将卷材固定在屋面板或结构层构件上，一般固定件均设置在卷材搭接缝内。当固定件固定在屋面板上拉拔力不能满足风揭力的要求时，只能将固定件固定在檩条上。固定件采用螺钉加垫片时，应加盖200mm×200mm卷材封盖。固定件采用螺钉加"U"形压条时，应加盖不小于150mm宽卷材封盖。机械固定法在轻钢屋面上固定，其钢板的厚度不宜小于0.7mm，方可满足拉力要求。

目前国内适用机械固定法铺贴的卷材，主要有内增强型PVC、TPO、EPDM防水卷材和5mm厚加强高聚物改性沥青防水卷材，要求防水卷材具有强度高、搭接缝可靠和使用寿命长等特性。

6.2.10 国内新型防水材料的发展很快。近年来，我国普遍应用并获得较好效果的高聚物改性沥青防水卷材，产品质量应符合现行国家标准《弹性体改性沥青防水卷材》GB 18242、《塑性体改性沥青防水卷材》GB 18243、《改性沥青聚乙烯胎防水卷材》GB 18967和《自粘聚合物改性沥青防水卷材》GB 23441的要求。目前国内合成高分子防水卷材的种类主要为：PVC防水卷材，其产品质量应符合现行国家标准《聚氯乙烯防水卷材》GB 12952的要求；EPDM、TPO和聚乙烯丙纶防水卷材，产品质量应符合现行国家标准《高分子防水材料 第一部分：片材》GB 18173.1的要求。

同时还对卷材的胶粘剂提出了基本的质量要求，合成高分子胶粘剂质量应符合现行行业标准《高分子防水卷材胶粘剂》JC/T 863的要求。

6.2.11 防水是屋面的主要功能之一，若卷材防水层出现渗漏和积水现象，将是最大的弊病。检验屋面有无渗漏和积水、排水系统是否通畅，可在雨后或持续淋水2h以后进行。有可能作蓄水试验的屋面，其蓄水时间不应少于24h。

6.2.12 檐口、檐沟、天沟、水落口、泛水、变形缝和伸出屋面管道等处，是当前屋面防水工程渗漏最严重的部位。因此，卷材屋面的防水构造设计应符合下列规定：

1 应根据屋面的结构变形、温差变形、干缩变形和振动等因素，使节点设防能够满足基层变形的需要；

2 应采用柔性密封、防排结合、材料防水与构造防水相结合；

3 应采用防水卷材、防水涂料、密封材料等材性互补并用的多道设防，包括设置附加层。

6.2.13 卷材防水层的搭接缝质量是卷材防水层成败的关键，搭接缝质量好坏表现在两个方面，一是搭接缝粘结或焊接牢固，密封严密；二是搭接缝宽度符合设计要求和规范规定。冷粘法施工胶粘剂的选择至关重要；热熔法施工，卷材的质量和厚度是保证搭接缝的前提，完工的搭接缝以溢出沥青胶为度；热风焊接法关键是焊机的温度和速度的把握，不得出现虚焊、漏焊或焊焦现象。

6.2.14 卷材防水层收头是屋面细部构造施工的关键环节。如檐口 800mm 范围内的卷材应满粘，卷材端头应压入找平层的凹槽内，卷材收头应用金属压条钉压固定，并用密封材料封严；檐沟内卷材应由沟底翻上至沟外侧顶部，卷材收头应用金属压条钉压固定，并用密封材料封严；女儿墙和山墙泛水高度不应小于 250mm，卷材收头可直接铺至女儿墙压顶下，用金属压条钉压固定，并用密封材料封严；伸出屋面管道泛水高度不应小于 250mm，卷材收头处应用金属箍箍紧，并用密封材料封严；水落口部位的防水层，伸入水落口杯内不应小于 50mm，并应粘结牢固。

根据屋面渗漏调查分析，细部构造是屋面防水工程的重要部位，也是防水施工的薄弱环节，故本条规定卷材防水层的收头应用金属压条钉压固定，并用密封材料封严。

6.2.15 为保证卷材铺贴质量，本条规定了卷材搭接宽度的允许偏差为 −10mm，而不考虑正偏差。通常卷材铺贴前施工单位应根据卷材搭接宽度和允许偏差，在现场弹出尺寸基准线作为标准去控制施工质量。

6.2.16 排汽屋面的排汽道应纵横贯通，不得堵塞，并应与大气连通的排汽孔相通。找平层设置的分格缝可兼作排汽道，排汽道的宽度宜为 40mm，排汽道纵横间距宜为 6m，屋面面积每 36m² 宜设置一个排汽孔。排汽出口应埋设排汽管，排汽管应设置在结构层上，穿过保温层及排汽道的管壁四周均应打孔，以保证排汽道的畅通。排汽出口亦可设在檐口下或屋面排汽道交叉处。排汽管应安装牢固、封闭严密，否则会使排汽管变成了进水孔，造成屋面漏水。

6.3 涂膜防水层

6.3.1 防水涂膜在满足厚度要求的前提下，涂刷的遍数越多对成膜的密实度越好，因此涂料施工时应采用多遍涂布，不论是厚质涂料还是薄质涂料均不得一次成膜。每遍涂刷应均匀，不得有露底、漏涂和堆积现象；多遍涂刷时，应待前遍涂层表干后，方可涂刷后一遍涂料，两涂层施工间隔时间不宜过长，否则易形成分层现象。

6.3.2 胎体增强材料平行或垂直屋脊铺设应视方便施工而定。平行于屋脊铺设时，应由最低标高处向上铺设，胎体增强材料顺着流水方向搭接，避免呛水；胎体增强材料铺贴时，应边涂刷边铺贴，避免两者分离；为了便于工程质量验收和确保涂膜防水层的完整性，规定长边搭接宽度不小于 50mm，短边搭接宽度不小于 70mm，没有必要按卷材搭接宽度来规定。当采用两层胎体增强材料时，上下层不得垂直铺设，使其两层胎体材料同方向有一致的延伸性；上下层胎体增强材料的长边搭接缝应错开且不得小于 1/3 幅宽，避免上下层胎体材料产生重缝及涂膜防水层厚薄不

均匀。

6.3.3 采用多组分涂料时，由于各组分的配料计量不准和搅拌不均匀，将会影响混合料的充分化学反应，造成涂料性能指标下降。一般配成的涂料固化时间比较短，应按照一次涂布用量确定配料的多少，在固化前用完；已固化的涂料不能和未固化的涂料混合使用，否则将会降低防水涂膜的质量。当涂料黏度过大或涂料固化过快或过慢时，可分别加入适量的稀释剂、缓凝剂或促凝剂，调节黏度或固化时间，但不得影响防水涂膜的质量。

6.3.4 高聚物改性沥青防水涂料的质量，应符合现行行业标准《水乳型沥青防水涂料》JC/T 408、《溶剂型橡胶沥青防水涂料》JC/T 852 的要求。合成高分子防水涂料的质量，应符合现行国家标准《聚氨酯防水涂料》GB/T 19250、《聚合物水泥防水涂料》GB/T 23445 和现行行业标准《聚合物乳液建筑防水涂料》JC/T 864 的要求。

胎体增强材料主要有聚酯无纺布和化纤无纺布。聚酯无纺布纵向拉力不应小于 150N/50mm，横向拉力不应小于 100N/50mm，延伸率纵向不应小于 10%，横向不应小于 20%；化纤无纺布纵向拉力不应小于 45N/50mm，横向拉力不应小于 35N/50mm，延伸率纵向不应小于 20%，横向不应小于 25%。

6.3.5 防水是屋面的主要功能之一，若涂膜防水层出现渗漏和积水现象，将是最大的弊病。检验屋面有无渗漏和积水、排水系统是否通畅，可在雨后或持续淋水 2h 以后进行。有可能作蓄水试验的屋面，其蓄水时间不应少于 24h。

6.3.6 参见本规范第 6.2.12 条的条文说明。

6.3.7 涂膜防水层使用年限长短的决定因素，除防水涂料技术性能外就是涂膜的厚度，本条规定平均厚度应符合设计要求，最小厚度不应小于设计厚度的 80%。涂膜防水层厚度应包括胎体增强材料厚度。

6.3.8 涂膜防水层应表面平整，涂刷均匀，成膜后如出现流淌、起泡和露胎体等缺陷，会降低防水工程质量而影响使用寿命。

防水涂料的粘结性不但是反映防水涂料性能优劣的一项重要指标，而且涂膜防水层施工时，基层的分格缝处或可预见变形部位宜采用空铺附加层。因此，验收时规定涂膜防水层应粘结牢固是合理的要求。

6.3.9 涂膜防水层收头是屋面细部构造施工的关键环节。本条规定涂膜防水层收头应用防水涂料多遍涂刷。理由 1：防水涂料在常温下呈黏稠状液体，分数遍涂刷基层上，待溶剂挥发或反应固化后，即形成无接缝的防水涂膜；理由 2：防水涂料在夹铺胎体增强材料时，为了防止收头部位出现翘边、皱折、露胎体等现象，收头处必须用涂料多遍涂刷，以增强密封效果；理由 3：涂膜收头若采用密封材料压边，会产生两种材料的相容性问题。

6.3.10 胎体增强材料应随防水涂料边涂刷边铺贴，用毛刷或纤维布抹平，与防水涂料完全粘结，如粘结不牢固，不平整，涂膜防水层会出现分层现象。同一层短边搭接缝和上下层搭接缝错开的目的是避免接缝重叠，胎体厚度太大，影响涂膜防水层厚薄均匀度。胎体增强材料搭接宽度的控制，是涂膜防水层整体强度均匀性的保证，本条规定搭接宽度允许偏差为—10mm，未规定正偏差。

6.4 复合防水层

6.4.1 复合防水层中涂膜防水层宜设置在卷材防水层下面，主要是体现涂膜防水层粘结强度高，可修补防水层基层裂缝缺陷，防水层无接缝、整体性好的特点；同时还体现卷材防水层强度高、耐穿刺，厚薄均匀，使用寿命长等特点。

6.4.2 复合防水层防水涂料与防水卷材两者之间，能否很好地粘结是防水层成败的关键，本条对复合防水层的卷材粘结质量作了基本规定。

6.4.3 在复合防水层中，如果防水涂料既是涂膜防水层，又是防水卷材的胶粘剂，那么单独对涂膜防水层的验收不可能，只能待复合防水层完工后整体验收。如果防水涂料不是防水卷材的胶粘剂，那么应对涂膜防水层和卷材防水层分别验收。

6.4.4 参见本规范第6.2.10条和第6.3.4条的条文说明。

6.4.5 参见本规范第6.2.11条和第6.3.5条的条文说明。

6.4.6 参见本规范第6.2.12条的条文说明。

6.4.7 卷材防水层与涂膜防水层应粘贴牢固，尤其是天沟和立面防水部位，如出现空鼓和分层现象，一旦卷材破损，防水层会出现窜水现象，另外由于空鼓或分层，加速卷材热老化和疲劳老化，降低卷材使用寿命。

6.4.8 复合防水层的总厚度，主要包括卷材厚度、卷材胶粘剂厚度和涂膜厚度。在复合防水层中，如果防水涂料既是涂膜防水层，又是防水卷材的胶粘剂，那么涂膜厚度应给予适当增加。有关复合防水层的涂膜厚度，应符合本规范第6.3.7条的规定。

6.5 接缝密封防水

6.5.1 本条是对密封防水部位基层的规定。

1 如果接触密封材料的基层强度不够，或有蜂窝、麻面、起皮和起砂现象，都会降低密封材料与基层的粘结强度。基层不平整、不密实或嵌填密封材料不均匀，接缝位移时会造成密封材料局部拉坏，失去密封防水的作用。

2 如果基层不干净不干燥，会降低密封材料与基层的粘结强度。尤其是溶剂型或反应固化型密封材料，基层必须干燥。

3 接缝处密封材料的底部应设置背衬材料。背衬材料应选择与密封材料不粘或粘结力弱的材料，并应能适应基层的延伸和压缩，具有施工时不变形、复原率高和耐久性好等性能。

4 密封防水部位的基层宜涂刷基层处理剂。选择基层处理剂时，既要考虑密封材料与基层处理剂材性的相容性，又要考虑基层处理剂与被粘结材料有良好的粘结性。

6.5.2 使用多组分密封材料时，一般来说，固化组分含有较多的软化剂，如果配比不准确，固化组分过多，会使密封材料粘结力下降，过少会使密封材料拉伸模量过高，密封材料的位移变形能力下降；施工中拌合不均匀，会造成混合料不能充分反应，导致材料性能指标达不到要求。

6.5.3 嵌填完毕的密封材料，一般应养护2d～3d。接缝密封防水处理通常在下一道工序施工前，应对接缝部位的密封材料采取保护措施。如施工现场清扫、隔热层施工时，对已嵌填的密封材料宜采用卷材或木板保护，以防止污染及碰损。因为密封材料嵌填对构造尺寸和形状都有一定的要求，未固化的材料不具备一定的弹性，踩踏后密封材料会发生塑性变形，导致密封材料构造尺寸不符合设计要求，所以对嵌填的密封材料固化前不得踩踏。

6.5.4 改性石油沥青密封材料按耐热度和低温柔性分为Ⅰ和Ⅱ类，质量要求依据现行行业标准《建筑防水沥青嵌缝油膏》JC/T 207，Ⅰ类产品代号为"702"，即耐热性为70℃，低温柔性为—20℃，适合北方地区使用；Ⅱ类产品代号为"801"，即耐热性为80℃，低温柔性为—10℃，适合南方地区使用。合成高分子密封材料质量要求，主要依据现行行业标准《混凝土建筑接缝用密封胶》JC/T 881提出的，按密封胶位移能力分为25、20、12.5、7.5四个级别，25级和20级密封胶按拉伸模量分为低模量（LM）和高模量（HM）两个次级别，12.5级密封胶按弹性恢复率又分为弹性（E）和塑性（P）两个级别，故把25级、20级和12.5E级密封胶称为弹性密封胶，而把12.5P级和7.5P级密封胶称为塑性密封胶。

6.5.5 采用改性石油沥青密封材料嵌填时应注意以下两点：

1 热灌法施工应由下向上进行，并减少接头；垂直于屋脊的板缝宜先浇灌，同时在纵横交叉处宜沿平行于屋脊的两侧板缝各延伸浇灌150mm，并留成斜槎。密封材料熬制及浇灌温度应按不同材料要求严格控制。

2 冷嵌法施工应先将少量密封材料批刮到缝槽两侧，分次将密封材料嵌填在缝内，用力压嵌密实。嵌填时密封材料与缝壁不得留有空隙，并防止裹入空气。接头应采用斜槎。

采用合成高分子密封材料嵌填时，不管是用挤出枪还是用腻子刀施工，表面都不会光滑平直，可能还会出现凹陷、漏嵌填、孔洞、气泡等现象，故应在密封材料表干前进行修整。如果表干前不修整，则表干后不易修整，且容易将成膜固化的密封材料破坏。上述目的是使嵌填的密封材料饱满、密实、无气泡、孔洞现象。

6.5.6 参见本规范第 6.5.1 条的条文说明。

6.5.7 位移接缝的接缝宽度应按屋面接缝位移量计算确定。接缝的相对位移量不应大于可供选择密封材料的位移能力，否则将导致密封防水处理的失效。密封材料嵌填深度常取接缝宽度的 50%～70%，是从国外大量资料和国内工程实践中总结出来的，是一个经验值。接缝宽度规定不应大于 40mm，且不应小于 10mm。考虑到接缝宽度太窄密封材料不易嵌填，太宽则会造成材料浪费，故规定接缝宽度的允许偏差为 ±10%。如果接缝宽度不符合上述要求，应进行调整或用聚合物水泥砂浆处理。

6.5.8 本条规定了密封材料嵌缝的外观质量要求。

7 瓦面与板面工程

7.1 一般规定

7.1.1 本章修订了原规范中平瓦屋面、油毡瓦屋面和金属板材屋面的内容，增加了玻璃采光顶的内容。按本规范规定的术语，瓦面是指在屋顶最外面铺盖的块瓦或沥青瓦，板面是指在屋顶最外面铺盖的金属板或玻璃板。故瓦面与板面工程基本上反映了国内瓦屋面、金属板屋面和玻璃采光顶的现状。

7.1.2 瓦屋面、金属板屋面和玻璃采光顶均是建筑围护结构。瓦面与板面工程施工前，应对主体结构进行质量检验，并应符合相关专业工程施工质量验收规范的有关规定。

7.1.3 传统的瓦材屋面大量采用木构件，木材腐朽与使用环境特别是湿度有密切的关系，危害严重的白蚁也会在湿热的环境中迅速繁殖，为确保木构件达到设计要求的使用年限并满足防火的要求，要求木质望板、檩条、顺水条、挂瓦条等构件均应作防腐、防蛀和防火处理。为防止金属顺水条、挂瓦条以及金属板、固定件等产生锈蚀，故应作防锈处理。

7.1.4 瓦材和板材与山墙及突出屋面结构的交接处，是屋面防水的薄弱环节，做好泛水处理是保证屋面工程质量的关键。

7.1.5 由于块瓦是采用干法挂瓦和搭接铺设，沥青瓦是采用局部粘结和固定钉措施，在大风及地震设防地区或屋面坡度大于 100% 时，瓦材极易脱落，产生安全隐患和屋面渗漏。瓦屋面施工时，瓦材应采取固定加强措施，并应符合设计要求。

7.1.6 由于块瓦和沥青瓦是不封闭连续铺设的，依靠搭接构造和重力排水来满足防水功能，凡是搭接缝都会产生雨水慢渗或虹吸现象。因此本条规定在瓦材的下面应设置防水层或防水垫层。防水垫层宜选用自粘聚合物沥青防水垫层、聚合物改性沥青防水垫层，产品应按现行国家或行业标准执行。防水垫层宜满粘或机械固定，防水垫层的搭接缝应满粘，搭接宽度应符合设计要求。

7.1.7 严寒和寒冷地区冬季屋顶积雪较大，当气温回升时，屋顶上的冰雪大部融化，大片的冰雪会沿屋顶坡度方向下坠，易造成安全事故，因此临近檐口附近的屋面上应增设挡雪栏或加宽檐沟等安全措施。

7.1.8 本条规定了瓦面和板面工程各分项工程每个检验批的抽检数量。

7.2 烧结瓦和混凝土瓦铺装

7.2.1 烧结瓦和混凝土瓦的质量，包括品种及规格、外观、物理性能等内容，本条只对外观质量提出要求。平瓦和脊瓦应边缘整齐、表面光洁，不得有分层、裂纹和露砂等缺陷；平瓦的瓦爪和瓦槽的尺寸配合适当。铺瓦前应选瓦，凡缺边、掉角、裂缝、砂眼、翘曲不平、张口等缺陷的瓦，不得使用。

7.2.2 为了保证块瓦平整和牢固，必须严格控制基层、顺水条和挂瓦条的平整度。在符合结构荷载要求的前提下，木基层的持钉层厚度不应小于 20mm，人造板材的持钉层厚度不应小于 16mm，C20 细石混凝土的持钉层厚度不应小于 35mm。

7.2.3 烧结瓦、混凝土瓦挂瓦时应注意的问题：

1 挂瓦时应将瓦片均匀分散堆放在屋面两坡，铺瓦时应从两坡从下向上对称铺设，这样做可以避免产生过大的不对称荷载，而导致结构的变形甚至破坏。挂瓦时应瓦榫落槽，瓦角挂牢，搭接严密，使屋面整齐、美观。

2 对于檐口瓦、斜天沟瓦，因其易于脱落，故施工时应用镀锌铁丝将其拴牢在挂瓦条上。在大风或地震设防地区，屋面易受风力或地震力的影响而导致瓦片脱落，故应采取有效措施使每片瓦均能与挂瓦条牢固固定。

3 在铺设瓦片时应做到整体瓦面平整，横平竖直，外表美观，尤其是不得有张口现象，否则冷空气或雨水会沿缝口渗入室内，甚至造成屋面渗漏。

7.2.4 根据烧结瓦和混凝土瓦的特性，通过经验总结，规定了块瓦铺装时相关部位的搭伸尺寸。

7.2.5 本条规定了烧结瓦和混凝土瓦的质量，应符合现行国家标准《烧结瓦》GB/T 21149 和行业标准《混凝土瓦》JC/T 746 的规定；防水垫层的质量应符合现行行业标准《坡屋面用防水材料 自粘聚合物沥青防水垫层》JC/T 1068 和《坡屋面用防水材料 聚合物改性沥青防水垫层》JC/T 1067 的规定。

7.2.6 由于烧结瓦、混凝土瓦屋面形状、构造、防水做法多样，屋面上的天窗、屋顶采光窗、封口封檐等情况也十分复杂，这些在设计图纸中均会有明确的规定，所以施工时必须按照设计施工，以免造成屋面渗漏。

7.2.7 为了确保安全，针对大风及地震设防地区或坡度大于100%的块瓦屋面，应采用固定加强措施。有时几种因素应综合考虑，应由设计给出具体规定。

7.2.8 挂瓦条的间距是根据瓦片的规格和屋面坡度的长度确定的，而瓦片则直接铺设在其上。所以只有将挂瓦条铺设平整、牢固，才能保证瓦片铺设的平整、牢固，也才能做到行列整齐、檐口平直。

7.2.9 脊瓦起封闭两坡面瓦之间缝隙的作用，如脊瓦搭接不正确，封闭不严密，就可能导致屋面渗漏。另外，在铺设脊瓦时宜拉线找直、找平，使脊瓦在屋脊上铺成一条直线，以保证外表美观。

7.2.10 泛水是屋面防水的薄弱环节，主要节点构造、泛水做法不当极易造成屋面渗漏，只有按照设计图纸施工，才能确保泛水的质量。

7.2.11 参见本规范第7.2.4条的条文说明。

7.3 沥青瓦铺装

7.3.1 本条对沥青瓦的外观质量提出要求。

7.3.2、7.3.3 这两条规定了铺设沥青瓦和脊瓦的基本要求。铺设沥青瓦时，相邻两层沥青瓦拼缝及切口均应错开，上下层不得重合。因为沥青瓦上的切口是用来分开瓦片的缝隙，瓦片被切口分离的部分，是在屋面上铺设后外露的部分，如果切口重合不但易造成屋面渗漏，而且也影响屋面外表美观，失去沥青瓦屋面应有的效果。起始层瓦由瓦片经切除垂片部分后制得，是避免瓦片过于重叠而引起折痕。起始层瓦沿檐口平行铺设并伸出檐口10mm，这是避免檐口雨水因泛水倒灌的举措。露出瓦切口，但不得超过切口长度，是确保沥青瓦铺设工程质量的关键。脊瓦铺设时，脊瓦搭接应顺年最大频率风向搭接。

7.3.4 沥青瓦为薄而轻的片状材料，瓦片应以钉为主、粘为辅的方法与基层固定。本条规定了每张瓦片固定钉数量，固定钉应垂直钉入沥青瓦压盖面，钉帽应与瓦片表面齐平，便于瓦片相互搭接点粘。

7.3.5 根据沥青瓦的特性，通过经验总结，规定了沥青瓦铺装时相关部位的搭伸尺寸。

7.3.6 本条规定了沥青瓦的质量，应符合现行国家标准《玻纤胎沥青瓦》GB/T 20474 的规定；防水垫层的质量，应符合现行行业标准《坡屋面用防水材料 自粘聚合物沥青防水垫层》JC/T 1068和《坡屋面用防水材料 聚合物改性沥青防水垫层》JC/T 1067 的规定。

7.3.7 沥青瓦分为平面沥青瓦和叠合沥青瓦两种，但不论何种沥青瓦均应在其下铺设防水层或防水垫层。屋面的防水构造还包括屋面上的封山封檐处理、

檐沟天沟做法、屋面与突出屋面结构的泛水处理等，这些都是沥青瓦屋面的质量关键，在设计图中均有详细要求，故必须按照设计施工，以确保沥青瓦屋面的质量。

7.3.8 沥青瓦屋面铺设时，要掌握好瓦片的搭接尺寸，尤其是外露部分不得超过切口的长度，以确保上下两层瓦有足够的搭接长度，防止因搭接过短而导致钉帽外露、粘结不牢造成渗漏。

7.3.9 在铺设沥青瓦时，固定钉应垂直屋面钉入持钉层内，以确保固定牢固。钉帽应被上一层沥青瓦覆盖，不得外露，以防锈蚀。钉帽应钉平，才能使上下两层沥青瓦搭接平整，粘结严密。

7.3.10 沥青瓦与基层的固定，是采用沥青瓦下的自粘点和固定钉与基层固定。瓦片与瓦片之间，由其上面的粘结点或不连续的粘结条粘牢，以确保沥青瓦铺设在屋面上后瓦片之间能被粘结，避免刮风时将瓦片掀起。

7.3.11 泛水是屋面防水的重要节点构造，泛水做法不当，极易造成屋面渗漏，只有按照图纸施工，才能确保泛水的质量。

7.3.12 参见本规范第7.3.5条的条文说明。

7.4 金属板铺装

7.4.1 本条对压型金属板和金属面绝热夹芯板的外观质量要求作出了规定。

7.4.2 金属板材的技术要求包括基板、镀层和涂层三部分，其中涂层的质量直接影响屋面的外观，表面涂层在安装、运输过程中容易损伤。本条规定金属板材应用专用吊具安装，防止金属板材在吊装中变形或金属板的涂膜破坏。

7.4.3 金属板材为薄壁长条、多种规格的金属板压型而成，本条强调板材应根据设计要求的排板图铺设和连接固定。

7.4.4 金属板铺设前，应先在檩条上安装固定支架或支座，安装时位置应准确，固定螺栓数量应符合设计要求。金属板与支承结构的连接及固定，是保证在风吸力等因素作用下屋面安全使用的重要内容。

7.4.5 根据金属板材的特性，通过经验总结，规定了金属板铺装时相关部位的尺寸。

7.4.6 本条规定金属板材及其辅助材料的质量必须符合设计要求，不得随意改变其品种、规格和性能。选用金属面板材料、紧固件和密封材料时，产品应符合现行国家和行业标准的要求。

金属板材的合理选材，不仅可以满足使用要求，而且可以最大限度地降低成本，因此应给予高度重视。以彩色涂层钢板及钢带（简称彩涂板）为例，彩涂板的选择主要是指力学性能、基板类型和镀层质量，以及正面涂层性能和反面涂层性能。

1 力学性能主要依据用途、加工方式和变形程

度等因素进行选择。在强度要求不高、变形不复杂时，可采用 TDC51D、TDC52D 系列的彩涂板；当对成形性有较高要求时，应选择 TDC53D、TDC54D 系列的彩涂板；对于有承重要求的构件，应根据设计要求选择合适的结构钢，如 TS280GD、TS350GD 系列的彩涂板。

2 基板类型和镀层重量主要依据用途、使用环境的腐蚀性、使用寿命和耐久性等因素进行选择。基板类型和镀层重量是影响彩涂板耐腐蚀性的主要因素，通常彩涂板应选用热镀锌基板和热镀铝锌基板。电镀锌基板由于受工艺限制，镀层较薄、耐腐蚀性相对较差，而且成本较高，因此很少使用。镀层重量应根据使用环境的腐蚀性来确定。

3 正面涂层性能主要依据涂料种类、涂层厚度、涂层色差、涂层光泽、涂层硬度、涂层柔韧性和附着力、涂层的耐久性等选择。

4 正面涂层性能主要依据用途、使用环境来选择。

7.4.7 金属板屋面主要包括压型金属板和金属面绝热夹芯板两类。压型金属板的板型可分为高波板和低波板，其连接方式分为紧固件连接、咬口锁边连接；金属面绝热夹芯板是由彩涂钢板与保温材料在工厂制作而成，屋面用夹芯板的波形应为波形板，其连接方式为紧固件连接。

由于金属板屋面跨度大、坡度小、形状复杂、安全耐久要求高，在风雪同时作用或积雪局部融化屋面积水的情况下，金属板应具有阻止雨水渗漏室内的功能。金属板屋面要做到不渗漏，对金属板的连接和密封处理是防水技术的关键。金属板铺装完成后，应对局部或整体进行雨后观察或淋水试验。

7.4.8 金属板材是具有防水功能的条形构件，施工时板两端固定在檩条上，两板纵向和横向采用咬口锁边连接或紧固件连接，即可防止雨水由金属板进入室内，因此金属板的连接缝处理是屋面防水的关键。由于金属板屋面的排水坡度，是根据建筑造型、屋面基层类别、金属板连接方式以及当地气候条件等因素所决定，虽然金属板屋面的泄水能力较好，但因金属板接缝密封不完整或屋面积水过多，造成屋面渗漏的现象屡见不鲜，故本条规定金属板铺装应平整、顺滑，排水坡度应符合设计要求。

7.4.9 本条对压型金属板采用咬口锁边连接提出外观质量要求。在金属板屋面系统中，由于金属板为水槽形状压制成型，立边搭接紧扣，再用专用锁边机机械化锁边接口，具有整体结构性防水和排水功能，对三维弯弧和特异造型尤其适用，所以咬口锁边连接在金属板铺装中被广泛应用。

7.4.10 本条对压型金属板采用紧固件连接提出外观质量要求。压型金属板采用紧固件连接时，由于金属板的纵向收缩，受到紧固件的约束，使得金属板的钉

孔处和螺钉均存在温度应力，所以紧固件的固定点是金属板屋面防水的关键。为此规定紧固件应采用带防水垫圈的自攻螺钉，固定点应设在波峰上，所有外露的自攻螺钉均应涂抹密封材料。

7.4.11 金属面绝热夹芯板的连接方式，是采用紧固件将夹芯板固定在檩条上。夹芯板的纵向搭接位于檩条处，两块板均应伸至支承构件上，每块板支座长度不应小于 50mm，夹芯板纵向搭接长度不应小于 200mm，搭接部位均应设密封防水胶带；夹芯板的横向搭接尺寸应按具体板型确定。

7.4.12 本条规定主要是便于安装和使板面整齐、美观，以适用于金属板屋面的实际情况。

7.4.13 本条对金属板铺装的允许偏差和检验方法作了规定。表 7.4.13 中除金属板铺装的有关尺寸外，其他项目是参考了现行国家标准《冷弯薄壁型钢结构技术规范》GB 50018 的规定。

7.5 玻璃采光顶铺装

7.5.1 为了保证玻璃采光顶与主体结构连接牢固，玻璃采光顶的预埋件应在主体结构施工时按设计要求进行埋设，预埋件的标高偏差不应大于 ±10mm，位置偏差不应大于 ±20mm。当预埋件位置偏差过大或未设预埋件时，应制定补救措施或可靠的连接方案，经设计单位同意后方可实施。

7.5.2 现行行业标准《建筑玻璃采光顶》JG/T 231 对玻璃采光顶的材料、性能、制作和组装要求等均作了规定，采光顶玻璃及玻璃组件的制作应符合该标准的规定。

7.5.3 本条对采光顶玻璃的外观质量要求作出规定。

7.5.4 玻璃采光顶与周边墙体的连接处，由于采光顶边缘一般都是金属边框，存在热桥现象，会影响建筑的节能；同时接缝部位多采用弹性闭孔的密封材料，有水密性要求时还采用耐候密封胶。为此，本条规定玻璃采光顶与周边墙体的连接处应符合设计要求。

7.5.5 采光顶玻璃及其配套材料的质量，应符合现行国家标准《建筑用安全玻璃 第 2 部分：钢化玻璃》GB/T 15763.2、《建筑用安全玻璃 第 3 部分：夹层玻璃》GB/T 15763.3、《中空玻璃》GB/T 11944、《建筑用硅酮结构密封胶》GB 16776 和行业标准《中空玻璃用丁基热熔密封胶》JC/T 914、《中空玻璃用弹性密封胶》JC/T 486 等的要求。

玻璃接缝密封胶的质量，应符合现行行业标准《幕墙玻璃接缝用密封胶》JC/T 882 的要求，选用时应检查产品的位移能力级别和模量级别。产品使用前应进行剥离粘结性试验。

硅酮结构密封胶使用前，应经国家认可的检测机构进行与其相接触的有机材料相容性和被粘结材料的剥离粘结性试验，并应对邵氏硬度、标准状态拉伸粘

结性能进行复验。硅酮结构密封胶生产商应提供其结构胶的变位承受能力数据和质量保证书。

7.5.6 玻璃采光顶按其支承方式分为框支承和点支承两类。

框支承玻璃采光顶的连接，主要按采光顶玻璃组装方式确定。当玻璃组装为镶嵌方式时，玻璃四周应用密封胶条镶嵌；当玻璃组装为胶粘方式时，中空玻璃的两层玻璃之间的周边以及隐框和半隐框构件的玻璃与金属框之间，应采用硅酮结构密封胶粘结。点支承玻璃采光顶的组装方式，支承装置与玻璃连接件的结合面之间应加衬垫，并有竖向调节作用。采光顶玻璃的接缝宽度应能满足玻璃和胶的变形要求，且不应小于10mm；接缝厚度宜为接缝宽度的50%～70%；玻璃接缝密封宜采用位移能力级别为25级的硅酮耐候密封胶，密封胶应符合现行行业标准《幕墙玻璃接缝用密封胶》JC/T 882的规定。

由于玻璃采光顶一般跨度大、坡度小、形状复杂、安全耐久要求高，在风雨同时作用或积雪局部融化屋面积水的情况下，采光顶应具有阻止雨水渗漏室内的性能。玻璃采光顶要做到不渗漏，对采光顶的连接和密封处理必须符合设计要求，采光顶铺装完成后，应对局部或整体进行雨后观察或淋水试验。

7.5.7 玻璃采光顶密封胶的嵌填应密实、连续、饱满，粘结牢固，不得有气泡、干裂、脱落等缺陷。一般情况下，首先把挤出嘴剪成所要求的宽度，将挤出嘴插入接缝，使挤出嘴顶部离接缝底面2mm，注入密封胶至接口边缘，注胶时保证密封胶没有带入空气，密封胶注入后，必须用工具修整，并清除接缝表面多余的密封胶。

7.5.8 由于每一个玻璃采光顶的构造都有所不同，防水节点构造主要包括：明框节点、隐框节点、点支承结构的玻璃板块接缝节点、驳接头处的玻璃接缝节点、采光顶与其他材质交接部位节点、采光顶与支承结构交接部位节点等。对于玻璃采光顶来讲，依靠各构件之间的接缝密封防水固然重要，但还需重视采光顶坡面的排水以及渗漏水与构造内部冷凝水的排除。

玻璃本身不会发生渗漏，由于单块玻璃面板及其支承构件在长期荷载作用下产生的挠度、变形而导致积水，非常容易造成渗漏和影响美观的不良后果。特别是在排水坡度较小时，很容易出现接缝密封胶处理不当或局部积水等情况，所发生渗漏现象屡见不鲜。故本条规定玻璃采光顶铺装应平整、顺直，排水坡度应符合设计要求。

7.5.9 玻璃采光顶的冷凝水收集和排除构造，是为了避免采光顶结露的水渗漏到室内，确保室内的装饰不被破坏和室内环境卫生要求。因此规定对玻璃采光顶坡面的设计坡度不应太小，以使冷凝水不是滴落，而是沿玻璃下泄；玻璃采光顶的所有杆件均应有集水槽，将沿玻璃下泄的冷凝水汇集，并使所有集水槽相

互沟通，将冷凝水汇流到室外或室内水落管内。本条规定玻璃采光顶冷凝水的收集和排除构造应符合设计要求，同时应对导气孔及排水孔设置、集水槽坡向、集水槽之间连接等构造进行隐蔽工程检查验收，必要时可进行通水试验。

7.5.10 本条对框支承玻璃采光顶铺装的外观质量要求作出规定。

7.5.11 点支承玻璃采光顶是采用不锈钢驳接系统将玻璃面板与主体结构连接，采光顶玻璃与玻璃之间的连接密封采用硅酮耐候密封胶。点支承玻璃采光顶的受力形式是通过点支承装置将玻璃采光顶的荷载传递到主体结构上。因此点支承装置必须牢固，受力均匀，不致使玻璃局部受力后破裂，同时点支承装置组件与玻璃之间应有弹性衬垫材料，使玻璃有一定的活动余地，而且不与支承装置金属直接接触。故本条规定点支承玻璃采光顶的支承装置应安装牢固、配合严密，支承装置不得与玻璃直接接触。

7.5.12 本条对采光顶玻璃密封胶缝的外观质量要求作出规定。

7.5.13～7.5.15 目前玻璃采光顶设计和施工，只能参照现行行业标准《玻璃幕墙工程技术规范》JGJ 102和《建筑幕墙》GB/T 21086的有关内容。这三条是对明框、隐框和点支承玻璃采光顶铺装的允许偏差和检验方法分别作出规定。

这里对第7.5.13条需说明以下三点：

1 玻璃采光顶通长纵向构件长度，是指与坡度方向垂直的构件长度或周长；通长横向构件长度是指从坡起点到最高点的构件长度。

2 玻璃采光顶构件的水平度和直线度，应包括采光顶平面内和平面外的检查。

3 检验项目中检验数量应按抽样构件数量或抽样分格数量的10%确定。

8 细部构造工程

8.1 一 般 规 定

8.1.1 屋面的檐口、檐沟和天沟、女儿墙和山墙、水落口、变形缝、伸出屋面管道、屋面出入口、反梁过水孔、设施基座、屋脊、屋顶窗等部位，是屋面工程中最容易出现渗漏的薄弱环节。据调查表明有70%的屋面渗漏是由于细部构造的防水处理不当引起的，所以对这些部位均应进行防水增强处理，并作重点质量检查验收。

8.1.2 由于细部构造是屋面工程中最容易出现渗漏的部位，同时难以用抽检的百分率来确定屋面细部构造的整体质量，所以本条明确规定细部构造工程各分项工程每个检验批应按全数进行检验。

8.1.3 由于细部构造部位形状复杂、变形集中，构

造防水和材料防水相互交融在一起，所以屋面细部节点的防水构造及所用卷材、涂料和密封材料，必须符合设计要求。进场的防水材料应进行抽样检验。必要时应做两种材料的相容性试验。

8.1.4 参见本规范第5.2.6条的条文说明。

8.2 檐 口

8.2.1 檐口部位的防水层收头和滴水是檐口防水处理的关键，卷材防水屋面檐口800mm范围内的卷材应满粘，卷材收头应采用金属压条钉压，并用密封材料封严；涂膜防水屋面檐口的涂膜收头，应用防水涂料多遍涂刷。檐口下端应做鹰嘴和滴水槽。瓦屋面的瓦头挑出檐口的尺寸、滴水板的设置要求等应符合设计要求。验收时对构造做法必须进行严格检查，确保符合设计和现行相关规范的要求。

8.2.2 准确的排水坡度能够保证雨水迅速排走，檐口部位不出现渗漏和积水现象，可延长防水层的使用寿命。

8.2.3 无组织排水屋面的檐口，在800mm范围内的卷材应满粘，可以防止空铺、点铺或条铺的卷材防水层发生窜水或被大风揭起。

8.2.4 卷材收头应压入找平层的凹槽内，用金属压条钉压牢固并进行密封处理，防止收头处因翘边或被风揭起而造成渗漏。

8.2.5 由于涂膜防水层与基层粘结较好，涂膜收头应采用增加涂刷遍数的方法，以提高防水层的耐雨水冲刷能力。

8.2.6 由于檐口做法属于无组织排水，檐口雨水冲刷量大，檐口端部应采用聚合物水泥砂浆铺抹，以提高檐口的防水能力。为防止雨水沿檐口下端流向墙面，檐口下端应同时做鹰嘴和滴水槽。

8.3 檐沟和天沟

8.3.1 檐沟、天沟是排水最集中部位，檐沟、天沟与屋面的交接处，由于构件断面变化和屋面的变形，常在此处发生裂缝。同时，沟内防水层因受雨水冲刷和清扫的影响较大，卷材或涂膜防水屋面檐沟和天沟的防水层下应增设附加层，附加层伸入屋面的宽度不应小于250mm；防水层应由沟底翻上至外侧顶部，卷材收头应用金属压条钉压，并用密封材料封严；涂膜收头应用防水涂料多遍涂刷；檐沟外侧下端应做成鹰嘴或滴水槽。瓦屋面檐沟和天沟防水层下应增设附加层，附加层伸入屋面的宽度不应小于500mm；檐沟和天沟防水层伸入瓦内的宽度不应小于150mm，并应与屋面防水层或防水垫层顺流水方向搭接。烧结瓦、混凝土瓦伸入檐沟、天沟内的长度宜为50mm～70mm，沥青瓦伸入檐沟内的长度宜为10mm～20mm；验收时对构造做法必须进行严格检查，确保符合设计和现行相关规范的要求。

8.3.2 檐沟、天沟是有组织排水且雨水集中。由于檐沟、天沟排水坡度较小，因此必须精心施工，檐沟、天沟坡度应用坡度尺检查；为保证沟内无渗漏和积水现象，屋面防水层完成后，应进行雨后观察或淋水、蓄水试验。

8.3.3 檐沟、天沟与屋面的交接处，由于雨水冲刷量大，该部位应作附加层防水增强处理。附加层应在防水层施工前完成，验收时应按每道工序进行质量检验，并做好隐蔽工程验收记录。

8.3.4 檐沟卷材收头应在沟外侧顶部，由于卷材铺贴较厚和转弯不服帖，常因卷材的弹性发生翘边或脱落现象，因此规定卷材收头应用金属压条钉压固定，并用密封材料封严。涂膜收头应用防水涂料多遍涂刷。

8.3.5 檐沟外侧顶部及侧面如不做防水处理，雨水会从防水层收头处渗入防水层内造成渗漏，因此檐沟外侧顶部及侧面均应抹聚合物水泥砂浆。为防止雨水沿檐沟下端流向墙面，檐沟下端应做鹰嘴或滴水槽。

8.4 女儿墙和山墙

8.4.1 女儿墙和山墙无论是采用混凝土还是砌体都会产生开裂现象，女儿墙和山墙上的抹灰及压顶出现裂缝也是很常见的，如不做防水设防，雨水会沿裂缝或墙流入室内。泛水部位如不做附加层防水增强处理，防水层收缩易使泛水转角部位产生空鼓，防水层容易破坏。泛水收头若处理不当易产生翘边现象，使雨水从开口处渗入防水层下部。故女儿墙和山墙应按设计要求做好防水构造处理。

8.4.2 压顶是防止雨水从女儿墙或山墙渗入室内的重要部位，砖砌女儿墙和山墙应用现浇混凝土或预制混凝土压顶，压顶形成向内不小于5%的排水坡度，其内侧下端做成鹰嘴或滴水槽防止倒水。为避免压顶混凝土开裂形成渗水通道，压顶必须设分格缝并嵌填密封材料。采用金属制品压顶，无论从防水、立面、构造还是施工维护上讲都是最好的，需要注意的问题是金属扣板纵向缝的密封。

8.4.3 女儿墙和山墙与屋面交接处，由于温度应力集中容易造成墙体开裂，当防水层的拉伸性能不能满足基层变形时，防水层被拉裂而造成屋面渗漏。为保证女儿墙和山墙的根部无渗漏和积水现象，屋面防水层完成后，应进行雨后观察或淋水试验。

8.4.4 泛水部位容易产生应力集中导致开裂，因此该部位防水层的泛水高度和附加层铺设应符合设计要求，防止雨水从防水收头处流入室内。附加层在防水层施工前应进行验收，并填写隐蔽工程验收记录。

8.4.5 卷材防水层铺贴至女儿墙和山墙时，卷材立面部位应满粘防止下滑。砌体低女儿墙和山墙的卷材防水层可直接铺贴至压顶下，卷材收头用金属压条钉压固定，并用密封材料封严。砌体高女儿墙和山墙可在距屋面不小于250mm的部位留设凹槽，将卷材防水层收头压入凹槽内，用金属压条钉压固定并用密封材料封严，凹槽上部的墙体应做防水处理。混凝土女儿墙和山墙难以设置凹槽，可将卷材防水层直接用金属压条钉压在墙体上，卷材收头用密封材料封严，再做金属盖板保护。

8.4.6 为防止雨水顺女儿墙和山墙的墙体渗入室内，涂膜防水层在女儿墙和山墙部位应涂刷至压顶下。涂膜防水层的粘结能力较强，故涂膜收头可用防水涂料多遍涂刷。

8.5 水 落 口

8.5.1 水落口一般采用塑料制品，也有采用金属制品，由于水落口杯与檐沟、天沟的混凝土材料的线膨胀系数不同，环境温度变化的热胀冷缩会使水落口杯与基层交接处产生裂缝。同时，水落口是雨水集中部位，要求能迅速排水，并在雨水的长期冲刷下防水层应具有足够的耐久能力。验收时对每个水落口均应进行严格的检查。由于防水附加增强处理在防水层施工前完成，并被防水层覆盖，验收时应按每道工序进行质量检查，并做好隐蔽工程验收记录。

8.5.2 水落口杯的安设高度应充分考虑水落口部位增加的附加层和排水坡度加大的尺寸，屋面上每个水落口应单独计算出标高后进行埋设，保证水落口杯上口设置在屋面排水沟的最低处，避免水落口周围积水。为保证水落口处无渗漏和积水现象，屋面防水层施工完成后，应进行雨后观察或淋水、蓄水试验。

8.5.3 水落口的数量和位置是根据当地最大降雨量和汇水面积确定的，施工时应符合设计要求，不得随意增减。水落口杯应用细石混凝土与基层固定牢固。

8.5.4 水落口是排水最集中的部位，由于水落口周围坡度过小，施工困难且不易找准，影响水落口的排水能力。同时，水落口周围的防水层受雨水冲刷是屋面中最严重的，因此水落口周围直径500mm范围内增大坡度为不小于5%，并按设计要求作附加增强处理。

8.5.5 由于材质的不同，水落口杯与基层的交接处容易产生裂缝，故檐沟、天沟的防水层和附加层伸入水落口内不应小于50mm，并粘结牢固，避免水落口处发生渗漏。

8.6 变 形 缝

8.6.1 变形缝是为了防止建筑物产生变形、开裂甚至破坏而预先设置的构造缝，因此变形缝的防水构造应能满足变形要求。变形缝泛水处的防水层下应按设计要求增设防水附加层；防水层应铺贴或涂刷至泛水墙的顶部；变形缝内应填塞保温材料，其上铺设卷材封盖和金属盖板。由于变形缝内的防水构造会被盖板覆盖，故质量检查验收应随工序的开展而进行，并及

时做好隐蔽工程验收记录。

8.6.2 变形缝与屋面交接处，由于温度应力集中容易造成墙体开裂，且变形缝内的墙体均无法做防水设防，当屋面防水层的拉伸性能不能满足基层变形时，防水层被拉裂而造成渗漏。故变形缝与屋面交接处、泛水高度和防水层收头应符合设计要求，防止雨水从泛水墙渗入室内。为保证变形缝处无渗漏和积水现象，屋面防水层施工完成后，应进行雨后观察或淋水试验。

8.6.3 参见本规范第8.4.4条的条文说明。

8.6.4 为保证防水层的连续性，屋面防水层应铺贴或涂刷至泛水墙的顶部，封盖卷材的中间应尽量向缝内下垂，然后将卷材与防水层粘牢。

8.6.5 为了保护变形缝内的防水卷材封盖，变形缝上宜加盖混凝土或金属盖板。金属盖板应固定牢固并做好防锈处理，为使雨水能顺利排走，金属盖板接缝应顺流水方向，搭接宽度一般不小于50mm。

8.6.6 高低跨变形缝在高层与裙房建筑的交接处大量出现，此处应采取适应变形的密封处理，防止大雨、暴雨时屋面积水倒灌现象。高低跨变形缝在高跨墙面上的防水卷材收头处应用金属压条钉压固定，并用密封材料封严，金属盖板也应固定牢固并密封严密。

8.7 伸出屋面管道

8.7.1 伸出屋面管道通常采用金属或PVC管材，由于温差变化引起的材料收缩会使管壁四周产生裂纹，所以在管壁四周应设附加层做防水增强处理。卷材防水层收头处应用管箍或镀锌铁丝扎紧后用密封材料封严。验收时应按每道工序进行质量检查，并做好隐蔽工程验收记录。

8.7.2 伸出屋面管道无论是直埋还是预埋套管，管道往往直接与室内相连，因此伸出屋面管道是绝对不允许出现渗漏的。为保证伸出屋面管道根部无渗漏和积水现象，屋面防水层施工完成后，应进行雨后观察或淋水试验。

8.7.3 伸出屋面管道与混凝土线膨胀系数不同，环境变化易使管道四周产生裂缝，因此应设置附加层增加设防可靠性。防水层的泛水高度和附加层铺设应符合设计要求，防止雨水从防水层收头处流入室内。附加层在防水层施工前应及时进行验收，并填写隐蔽工程验收记录。

8.7.4 为保证伸出屋面管道四周雨水能顺利排出，不产生积水现象，管道四周100mm范围内，找平层应抹出高度不小于30mm的排水坡。

8.7.5 卷材防水层伸出屋面管道部位施工难度大，与管壁的粘结强度低，因此卷材收头处应用金属箍固定，并用密封材料封严，充分体现多道设防和柔性密封的原则。

8.8 屋面出入口

8.8.1 屋面出入口有垂直出入口和水平出入口两种，构造上有很大的区别，防水处理做法也多有不同，设计应根据工程实际情况做好屋面出入口的防水构造设计。施工和验收时，其做法必须符合设计要求，附加层及防水层收头处理等应做好隐蔽工程验收记录。

8.8.2 屋面出入口周边构造层次多、人员踩踏频繁，防水设计和施工应采取必要的措施保证无渗漏和积水现象。屋面防水层施工完成后，应进行雨后观察或淋水试验。

8.8.3 屋面垂直出入口的泛水部位应设附加层，以增加泛水部位防水层的耐久性。防水层的收头应压在压顶圈下，以保证收头的可靠性。

8.8.4 屋面水平出入口的收头应压在最上一步的混凝土踏步板下，以保证收头的可靠性。泛水部位应增设附加层，泛水立面部分的防水层用护墙保护，以免人员进出踢破防水层。

8.8.5 屋面出入口应有足够的泛水高度，以保证屋面的雨水不会流入室内或变形缝中。泛水高度应符合设计要求，设计无要求时，不得小于 250mm。

8.9 反梁过水孔

8.9.1 因各种设计的原因，目前大挑檐或屋面中经常采用反梁构造，为了排水的需要常在反梁中设置过水孔或预埋管，过水孔防水处理不当会产生渗漏现象，因此反梁过水孔施工必须严格按照设计要求进行。

8.9.2 调查表明，因反梁过水孔过小或标高不准，以及过水孔防水处理不当，造成过水孔及其周围渗漏或积水很多。屋面防水层施工完成后，应进行雨后观察或淋水试验。

8.9.3 反梁过水孔孔底标高应按排水坡度留置，每个过水孔的孔底标高应在结构施工图中标明，否则找坡后孔底标高低于或高于沟底标高，均会造成长期积水现象。

反梁过水孔的孔洞高×宽不应小于 150mm×250mm，预埋管内径不宜小于 75mm，以免孔道堵塞。

8.9.4 反梁过水孔的防水处理十分重要。孔洞四周用防水涂料进行防水处理，涂膜防水层应尽量伸入孔洞内；预留管道与混凝土接触处应预留凹槽，并用密封材料封严。

8.10 设施基座

8.10.1 近年来，随着建筑物功能的不断增加，屋面上的设施也越来越多，设施基座的防水处理也越来越突出。而且设施基座使屋面的防水基层复杂了许多，因此必须对设施基座按照设计要求做好防水处理。

8.10.2 屋面上的设施基座，应按设计要求对防水层实施保护，避免屋面渗漏。设施基座周围也是易积水部位，施工时应严格按照设计要求进行防水设防，并设置足够的排水坡度避免积水。

8.10.3 设施基座与结构层相连时，设施基座就成为了结构层的一部分，此时，屋面防水层应将设施基座整个包裹起来，以保证防水层的连续性。设施基座都有安装设备的预埋地脚螺栓，使防水层无法连续。因此在预埋地脚螺栓的周围必须用密封材料封严，以确保预埋螺栓周围的防水效果。

8.10.4 设施直接放置在防水层上时，为防止设施对防水层的破坏，设施下应增设卷材附加层。如设施底部对防水层具有较大的破坏作用，如具有比较尖锐的突出物时，设施下应浇筑厚度不小于 50mm 的细石混凝土保护层。

8.10.5 屋面出入口至设施之间以及设施周围，经常会遭遇设施检查维修人员的踩踏，故应铺设块体材料或细石混凝土保护层。

8.11 屋 脊

8.11.1 烧结瓦、混凝土瓦的脊瓦与坡面瓦之间的缝隙，一般采用聚合物水泥砂浆填实抹平。脊瓦下端距坡面瓦的高度不宜超过 80mm，脊瓦在两坡面瓦上的搭盖宽度每边不应小于 40mm。沥青瓦屋面的脊瓦在两坡面瓦上的搭盖宽度每边不应小于 150mm。正脊脊瓦外露搭接边宜顺常年风向一侧；每张屋脊瓦片的两侧各采用 1 个固定钉固定，固定钉距离侧边 25mm；外露的固定钉钉帽应用沥青胶涂盖。

瓦屋面的屋脊处均应增设防水垫层附加层，附加层宽度不应小于 500mm。

8.11.2 烧结瓦、混凝土瓦屋面的屋脊采用湿铺法施工，由于砂浆干缩容易引起裂缝；沥青瓦屋面的脊瓦采用固定钉固定和沥青胶粘结，由于大风容易引起边角翘起。瓦屋面铺装完成后，应对屋脊部位进行雨后或淋水检查。

8.11.3、8.11.4 平脊和斜脊铺设应顺直，应无起伏现象；脊瓦应搭盖正确、间距均匀、封固严密。既可保证脊瓦的搭接，防止渗漏，又可使瓦面整齐、美观。

8.12 屋 顶 窗

8.12.1 屋顶窗所用窗料及相关的各种零部件，如窗框固定铁脚、窗口防水卷材、金属排水板、支瓦条等，均应由屋顶窗的生产厂家配套供应。屋顶窗的防水设计为两道防水设防，即金属排水板采用涂有防氧化涂层的铝合金板，排水板与屋面瓦有效紧密搭接，第二道防水设防采用厚度为 3mm 的 SBS 防水卷材热熔施工；屋顶窗的排水设计应充分发挥排水板的作用，同时注意瓦与屋顶窗排水板的距离。因此屋顶窗的防水构造必须符合设计要求。

.12.2 屋顶窗的安装可先于屋面瓦进行，亦可后于屋面瓦进行。当窗的安装先于屋面瓦进行时，应注意窗的成品保护；当窗的安装后于屋面瓦进行时，窗周围上下左右各 500mm 范围内应暂不铺瓦，待窗安装完成后再进行补铺。因此屋顶窗安装和屋面瓦铺装应配合默契，特别是在屋顶窗与瓦屋面的交接处，窗口防水卷材应与屋面瓦下所设的防水层或防水垫层搭接紧密。屋面防水层完成后，应对屋顶窗及其周围进行雨后观察或淋水试验。

8.12.3 屋顶窗用金属排水板及窗框固定铁脚，均应与屋面基层连接牢固，保证屋顶窗安全使用。烧结瓦、混凝土瓦屋面屋顶窗，金属排水板应固定在顺水条上的支撑木条上，固定钉应用密封胶涂盖。

8.12.4 屋顶窗用窗口防水卷材，应沿窗的四周铺贴在屋面基层上，并与屋面瓦上所设的防水层或防水垫层搭接紧密。防水卷材应铺贴平整、粘结牢固。

9 屋面工程验收

9.0.1 按《建筑工程施工质量验收统一标准》GB 50300 规定，屋面工程质量验收的程序和组织有以下两点说明：

1 检验批及分项工程应由监理工程师组织施工单位项目专业质量或技术负责人等进行验收。验收前，施工单位先填好"检验批和分项工程的质量验收记录"，并由项目专业质量检验员在验收记录中签字，然后由监理工程师组织按规定程序进行。

2 分部（子分部）工程应由总监理工程师组织施工单位项目负责人和项目技术、质量负责人等进行验收。

9.0.2 检验批是工程验收的最小单位，是分项工程乃至整个建筑工程质量验收的基础。本条规定了检验批质量验收合格条件：一是对检验批的质量抽样检验。主控项目是对检验批的基本质量起决定性作用的检验项目，必须全部符合本规范的有关规定，且检验结果具有否决权；一般项目是除主控项目以外的检验项目，其质量应符合本规范的有关规定，对有允许偏差的项目，应有 80% 以上在允许偏差范围内，且最大偏差值不得超过本规范规定允许偏差值的 1.5 倍；二是质量控制资料。反映检验批从原材料到最终验收的各施工工序的操作依据、检查情况以及保证质量所必需的管理制度等质量控制资料，是检验批合格的前提。

9.0.3 分项工程的验收在检验批验收的基础上进行。一般情况下，两者具有相同或相近的性质，只是批量的大小不同而已。因此，将有关的检验批汇集构成分项工程。分项工程质量验收合格的条件比较简单，只要所含构成分项工程的各检验批质量验收记录完整，并且均已验收合格，则分项工程验收合格。

9.0.4 分部（子分部）工程的验收在其所含各分项工程验收的基础上进行。本条给出了分部（子分部）工程质量验收合格的条件：一是所含分项工程的质量均应验收合格；二是相应的质量控制资料文件应完整；三是安全与功能的抽样检验应符合有关规定；四是观感质量检查应符合本规范的规定。

9.0.5 屋面工程验收资料和记录体现了施工全过程控制，必须做到真实、准确，不得有涂改和伪造，各级技术负责人签字后方可有效。

9.0.6 隐蔽工程为后续的工序或分项工程覆盖、包裹、遮挡的前一分项工程。例如防水层的基层，密封防水处理部位，檐沟、天沟、泛水和变形缝等细部构造，应经过检查符合质量标准后方可进行隐蔽，避免因质量问题造成渗漏或不易修复而直接影响防水效果。

9.0.7 关于观感质量检查往往难以定量，只能以观察、触摸或简单量测的方式进行，并由各个人的主观印象判断，检查结果并不给出"合格"或"不合格"的结论，而是综合给出质量评价。对于"差"的检查点应通过返修处理等补救。

本条对屋面防水工程观感质量检查的要求，是根据本规范各分项工程的质量内容规定的。

9.0.8 按《建筑工程施工质量验收统一标准》GB 50300 的规定，建筑工程施工质量验收时，对涉及结构安全、节能、环境保护和主要使用功能的重要分部工程应进行抽样检验。因此，屋面工程验收时，应检查屋面有无渗漏、积水和排水系统是否畅通，可在雨后或持续淋水 2h 后进行。有可能作蓄水检验的屋面，其蓄水时间不应小于 24h。检验后应填写安全和功能检验（检测）记录，作为屋面工程验收资料和记录之一。

9.0.9 本规范适用于新建、改建、扩建的工业与民用建筑及既有建筑改造屋面工程的质量验收。有的屋面工程除一般要求外，还会对屋面安全与功能提出特殊要求，涉及建筑、结构以及抗震、抗风揭、防雷和防火等诸多方面；为满足这些特殊要求，设计人员往往采用较为特殊的材料和工艺。为此，本条规定对安全与功能有特殊要求的建筑屋面，工程质量验收除应执行本规范外，尚应按合同约定和设计要求进行专项检验（检测）和专项验收。

9.0.10 屋面工程完成后，应由施工单位先行自检，并整理施工过程中的有关文件和记录，确认合格后会同建设或监理单位，共同按质量标准进行验收。子分部工程的验收，应在分项工程通过验收的基础上，对必要的部位进行抽样检验和使用功能满足程度的检查。子分部工程应由总监理工程师或建设单位项目负责人组织施工技术质量负责人进行验收。

屋面工程验收时，施工单位应按照本规范第 9.0.5 条的规定，将验收资料和记录提供总监理工程师或建设单位项目负责人审查，检查无误后方可作为存档资料。

中华人民共和国国家标准

城市轨道交通岩土工程勘察规范

Code for geotechnical investigations of urban rail transit

GB 50307—2012

主编部门：北 京 市 规 划 委 员 会
批准部门：中华人民共和国住房和城乡建设部
施行日期：２０１２年８月１日

中华人民共和国住房和城乡建设部公告

公 告

第 1269 号

关于发布国家标准
《城市轨道交通岩土工程勘察规范》的公告

现批准《城市轨道交通岩土工程勘察规范》为国家标准，编号为 GB 50307—2012，自 2012 年 8 月 1 日起实施。其中，第 7.2.3、7.3.6、7.4.5、10.3.2、11.1.1 条为强制性条文，必须严格执行。原《地下铁道、轻轨交通岩土工程勘察规范》GB 50307—1999 同时废止。

本规范由我部标准定额研究所组织中国计划出版社出版发行。

中华人民共和国住房和城乡建设部
二〇一二年一月二十一日

前 言

本规范是根据原建设部《关于印发〈2007 年工程建设标准规范制订、修订计划（第一批）〉的通知》（建标〔2007〕125 号）的要求，由北京城建勘测设计研究院有限责任公司会同有关单位，在原国家标准《地下铁道、轻轨交通岩土工程勘察规范》GB 50307—1999（以下简称：原规范）的基础上修订完成的。

本规范在修订过程中，编制组认真总结实践经验，重点修改的部分编写了专题报告，与正在实施和正在修订的有关国家标准进行了协调，经多次讨论、反复修改，并在广泛征求意见的基础上，最后经审查定稿。

本规范共分为 19 章和 11 个附录，主要技术内容：总则，术语和符号，基本规定，岩土分类、描述与围岩分级，可行性研究勘察，初步勘察，详细勘察，施工勘察，工法勘察，地下水，不良地质作用，特殊性岩土，工程地质调查与测绘，勘探与取样，原位测试，岩土室内试验，工程周边环境专项调查，成果分析与勘察报告，现场检验与检测等。

本规范修订的主要内容是：

1. 修订了场地复杂程度等级划分标准，增加了工程周边环境风险等级及岩土工程勘察等级；

2. 增加了岩体完整程度分类和岩土基本质量等级，修订了围岩分级及岩土施工工程等级；

3. 修订了各阶段的勘察要求并独立成章；

4. 修订了工法勘察要求，将原规范"明挖法勘察"和"暗挖法勘察"合并为"工法勘察"；

5. 增加了沉管法施工的勘察要求；

6. 增加了"不良地质作用"章节；

7. 增加了扁铲侧胀试验、岩体原位应力测试、现场直接剪切试验、地温测试；

8. 增加了工程周边环境调查。

本规范中以黑体字标志的条文为强制性条文，必须严格执行。

本规范由住房和城乡建设部负责管理和对强制性条文的解释，北京市规划委员会负责日常管理，北京城建勘测设计研究院有限责任公司负责具体技术内容的解释。本规范在执行过程中，请各单位认真总结经验，注意积累资料，如发现需要修改和补充之处，请将意见和建议寄至北京城建勘测设计研究院有限责任公司（地址：北京市朝阳区安慧里五区六号；邮政编码：100101），以供今后修订时参考。

本规范主编单位、参编单位、主要起草人和主要审查人：

主 编 单 位： 北京城建勘测设计研究院有限责任公司

参 编 单 位： 北京城建设计研究总院有限责任公司
广州地铁设计研究院有限公司
西北综合勘察设计研究院
铁道第三勘察设计院集团有限公司
建设综合勘察研究设计院有限公司
上海岩土工程勘察设计研究院有限公司

北京市勘察设计研究院有限公司

中铁二院工程集团有限责任公司

中航勘察设计研究院有限公司

北京轨道交通建设管理有限公司

广州市地下铁道总公司

广东有色工程勘察设计院

主要起草人： 金 淮 高文新 马雪梅
刘志强 刘永勤 许再良

张荣成 张 华 李书君
李静荣 杨俊峰 杨石飞
杨秀仁 沈小克 林在贯
周宏磊 竺维彬 罗富荣
赵 平 徐张建 郭明田
顾宝和 顾国荣 彭友君
谢 明 燕建龙 鞠世健

主要审查人： 施仲衡 张 雁 翁鹿年
袁炳麟 万姜林 刁日明
王笃礼 史海鸥 冯永能

目　次

Contents

1 总　则

1.0.1　为规范城市轨道交通岩土工程勘察的技术要求，做到安全适用、技术先进、经济合理、保护环境、确保质量、控制风险，制定本规范。

1.0.2　本规范适用于城市轨道交通工程的岩土工程勘察。

1.0.3　城市轨道交通岩土工程勘察应广泛搜集已有的勘察设计与施工资料，科学制订勘察方案、精心组织实施，提供资料完整、数据可靠、评价正确、建议合理的勘察报告。

1.0.4　城市轨道交通岩土工程勘察除应执行本规范外，尚应符合国家现行有关标准的规定。

2　术语和符号

2.1　术　语

2.1.1　城市轨道交通　urban rail transit, mass transit

在不同型式轨道上运行的大、中运量城市公共交通工具，是当代城市中地铁、轻轨、单轨、自动导向、磁浮、市域快速轨道交通等轨道交通的统称。

2.1.2　工程周边环境　environment around engineering

泛指城市轨道交通工程施工影响范围内的建（构）筑物、地下管线、城市道路、城市桥梁、既有城市轨道交通、既有铁路和地表水体等环境对象。

2.1.3　围岩　surrounding rock

由于开挖，地下洞室周围初始应力状态发生了变化的岩土体。

2.1.4　基床系数　coefficient of subgrade reaction

岩土体在外力作用下，单位面积岩土体产生单位变形时所需的压力，也称弹性抗力系数或地基反力系数。按照岩土体受力方向分为水平基床系数和垂直基床系数。

2.1.5　热物理指标　thermophysical index

反映岩土体导热、导温、储热等能力的指标，一般包括导热系数、导温系数和比热容等。

2.1.6　工法勘察　geotechnical investigations for construction methods

为施工方法和工艺选择、设备选型及施工组织设计提供有针对性的工程地质、水文地质资料进行的勘察工作。

2.1.7　明挖法　cut and cover method

由地面开挖基坑修筑城市轨道交通工程的方法。

2.1.8　矿山法　mining method

在岩土体内采用新奥法或浅埋暗挖法修筑城市轨道交通工程隧道的施工方法统称。

2.1.9　盾构法　shield tunnelling method

在岩土体内采用盾构机修筑城市轨道交通工程隧道的施工方法。

2.1.10　沉管法　immersed tube method

采用预制管段沉放修筑水底隧道的方法。

2.2　符　号

ρ——质量密度（密度）；

w——含水量，含水率；

e——孔隙比；

W_u——土中有机质含量；

I_L——液性指数；

I_P——塑性指数；

d_{10}——有效粒径；

d_{50}——中值粒径；

α——导温系数；

λ——导热系数；

C——比热容；

N——标准贯入锤击数；

$N_{63.5}$——重型圆锥动力触探锤击数；

N_{120}——超重型圆锥动力触探锤击数；

q_c——静力触探锥头阻力；

p_0——旁压试验初始压力；

p_L——旁压试验极限压力；

p_y——旁压试验临塑压力；

f_L——地基极限强度；

f_y——地基临塑强度；

c_u——原状土的十字板剪切强度；

$c_u{}'$——重塑土的十字板剪切强度；

E_d——动弹性模量；

E_0——变形模量

E_D——侧胀模量；

E_m——旁压模量；

f_r——岩石饱和单轴抗压强度；

K——基床系数；

K_h——水平基床系数；

K_v——垂直基床系数；

v_s——剪切波波速；

S_t——土的灵敏度；

μ——泊松比；

δ_{ef}——自由膨胀率；

Δ_s——湿陷量；

Δ_{zs}——自重湿陷量。

3　基　本　规　定

3.0.1　城市轨道交通岩土工程勘察应按规划、设计阶段的技术要求，分阶段开展相应的勘察工作。

3.0.2　城市轨道交通岩土工程勘察应分为可行性研

充勘察、初步勘察和详细勘察。施工阶段可根据需要开展施工勘察工作。

3.0.3 城市轨道交通工程线路或场地附近存在对工程设计方案和施工有重大影响的岩土工程问题时应进行专项勘察。

3.0.4 城市轨道交通岩土工程勘察应取得工程沿线地形图、管线及地下设施分布图等资料，分析工程与环境的相互影响，提出工程周边环境保护措施的建议。必要时根据任务要求开展工程周边环境专项调查工作。

3.0.5 城市轨道交通岩土工程勘察应在搜集当地已有勘察资料、建设经验的基础上，针对线路敷设形式以及各类工程的建筑类型、结构形式、施工方法等工程条件开展工作。

3.0.6 城市轨道交通岩土工程勘察应根据工程重要性等级、场地复杂程度等级和工程周边环境风险等级制订勘察方案，采用综合的勘察方法，布置合理的勘察工作量，查明工程地质条件、水文地质条件，进行岩土工程评价，提供设计、施工所需的岩土参数，提出岩土治理、环境保护以及工程监测等建议。

3.0.7 工程重要性等级可根据工程规模、建筑类型和特点以及因岩土工程问题造成工程破坏的后果，按照表3.0.7的规定进行划分：

表 3.0.7 工程重要性等级

工程重要性等级	工程破坏的后果	工程规模及建筑类型
一级	很严重	车站主体、各类通道、地下区间、高架区间、大中桥梁、地下停车场、控制中心、主变电站
二级	严重	路基、涵洞、小桥、车辆基地内的各类房屋建筑、出入口、风井、施工竖井、盾构始发（接收）井
三级	不严重	次要建筑物、地面停车场

3.0.8 场地复杂程度等级可根据地形地貌、工程地质条件、水文地质条件按照下列规定进行划分，从一级开始，向二级、三级推定，以最先满足的为准。

  1 符合下列条件之一者为一级场地（或复杂场地）：

    1）地形地貌复杂。

    2）建筑抗震危险和不利地段。

    3）不良地质作用强烈发育。

    4）特殊性岩土需要专门处理。

    5）地基、围岩或边坡的岩土性质较差。

    6）地下水对工程的影响较大需要进行专门研究和治理。

  2 符合下列条件之一者为二级场地（或中等复杂场地）：

    1）地形地貌较复杂。

    2）建筑抗震一般地段。

    3）不良地质作用一般发育。

    4）特殊性岩土不需要专门处理。

    5）地基、围岩或边坡的岩土性质一般。

    6）地下水对工程的影响较小。

  3 符合下列条件者为三级场地（或简单场地）：

    1）地形地貌简单。

    2）抗震设防烈度小于或等于6度或对建筑抗震有利地段。

    3）不良地质作用不发育。

    4）地基、围岩或边坡的岩土性质较好。

    5）地下水对工程无影响。

3.0.9 工程周边环境风险等级可根据工程周边环境与工程的相互影响程度及破坏后果的严重程度进行划分：

  1 一级环境风险：工程周边环境与工程相互影响很大，破坏后果很严重。

  2 二级环境风险：工程周边环境与工程相互影响大，破坏后果严重。

  3 三级环境风险：工程周边环境与工程相互影响较大，破坏后果较严重。

  4 四级环境风险：工程周边环境与工程相互影响小，破坏后果轻微。

3.0.10 岩土工程勘察等级，可按下列条件划分：

  1 甲级：在工程重要性等级、场地复杂程度等级和工程周边环境风险等级中，有一项或多项为一级的勘察项目。

  2 乙级：除勘察等级为甲级和丙级以外的勘察项目。

  3 丙级：工程重要性等级、场地复杂程度等级均为三级且工程周边环境风险等级为四级的勘察项目。

3.0.11 城市轨道交通线路工程和地面建筑工程的场地土类型划分、建筑场地类别划分、地基土液化判别应分别执行现行国家标准《铁道工程抗震设计规范》GB 50111、《建筑抗震设计规范》GB 50011的有关规定。

4 岩土分类、描述与围岩分级

4.1 岩 石 分 类

4.1.1 岩石按成因应分为岩浆岩、沉积岩和变质岩。

4.1.2 岩石坚硬程度应按表4.1.2分为坚硬岩、较硬岩、较软岩、软岩和极软岩。现场工作中可按本规范附录A的规定进行定性划分。

表 4.1.2 岩石坚硬程度分类

坚硬程度	坚硬岩	较硬岩	较软岩	软岩	极软岩
饱和单轴抗压强度（MPa）	$f_r>60$	$30<f_r\leqslant60$	$15<f_r\leqslant30$	$5<f_r\leqslant15$	$f_r\leqslant5$

注：1 当无法取得饱和单轴抗压强度数据时，可用点荷载试验强度换算，换算方法按现行国家标准《工程岩体分级标准》GB 50218 执行。

2 当岩体完整程度为极破碎时，可不进行坚硬程度分类。

4.1.3 岩体完整程度可根据完整性指数按表 4.1.3 的规定进行分类。

表 4.1.3 岩体完整程度分类

完整程度	完整	较完整	较破碎	破碎	极破碎
完整性指数	>0.75	0.55~0.75	0.35~0.55	0.15~0.35	<0.15

注：完整性指数为岩体压缩波速度与岩块压缩波速度之比的平方，选定岩体和岩块测定波速时，应注意其代表性。

4.1.4 岩体基本质量等级应根据岩石坚硬程度和岩体完整程度按表 4.1.4 的规定进行划分。

表 4.1.4 岩体基本质量等级分类

坚硬程度＼完整程度	完整	较完整	较破碎	破碎	极破碎
坚硬岩	I	II	III	IV	V
较硬岩	II	III	IV	IV	V
较软岩	III	IV	IV	V	V
软 岩	IV	IV	V	V	V
极软岩	V	V	V	V	V

4.1.5 岩石风化程度应按本规范附录 B 分为未风化岩石、微风化岩石、中等风化岩石、强风化岩石和全风化岩石。

4.1.6 当软化系数小于或等于 0.75 时，应定为软化岩石。当岩石具有特殊成分、特殊结构或特殊性质时，应定为特殊性岩石，如易溶性岩石、膨胀性岩石、崩解性岩石、盐渍化岩石等。

4.1.7 岩石可根据岩石质量指标（RQD）进行划分，RQD 大于 90 为好的、RQD 为 75～90 为较好的、RQD 为 50～75 为较差的、RQD 为 25～50 为差的、RQD 小于 25 为极差的。

4.2 土 的 分 类

4.2.1 土按沉积年代分为老沉积土、一般沉积土、新近沉积土并应符合下列规定：

1 老沉积土：第四纪晚更新世（Q_3）及其以前沉积的土。

2 一般沉积土：第四纪全新世早期沉积的土。

3 新近沉积土：第四纪全新世中、晚期沉积的土。

4.2.2 土按地质成因可分为残积土、坡积土、洪积土、冲积土、淤积土、冰积土、风积土等。

4.2.3 土根据有机质含量（W_u）可按表 4.2.3 的规定进行分类。

表 4.2.3 土按有机质含量（W_u）分类

土 的 名 称	有机质含量（％）
无机土	$W_u<5$
有机质土	$5\leqslant W_u\leqslant10$
泥炭质土	$10<W_u\leqslant60$
泥炭	$W_u>60$

注：有机质含量 W_u 为 550℃时的灼失量。

4.2.4 土按颗粒级配或塑性指数可分为碎石土、砂土、粉土和黏性土。

4.2.5 粒径大于 2mm 颗粒的质量超过总质量 50％的土，应定名为碎石土，并按表 4.2.5 的规定进一步分类。

表 4.2.5 碎石土的分类

土的名称	颗粒形状	颗粒含量
漂石	圆形和亚圆形为主	粒径大于 200mm 颗粒的质量超过总质量的 50％
块石	棱角形为主	
卵石	圆形和亚圆形为主	粒径大于 20mm 颗粒的质量超过总质量的 50％
碎石	棱角形为主	
圆砾	圆形和亚圆形为主	粒径大于 2mm 颗粒的质量超过总质量的 50％
角砾	棱角形为主	

注：分类时应根据粒组含量由大到小，以最先符合者确定。

4.2.6 粒径大于 2mm 颗粒的质量不超过总质量 50％、粒径大于 0.075mm 颗粒的质量超过总质量 50％的土，应定名为砂土，并按表 4.2.6 的规定进一步分类。

表 4.2.6 砂土的分类

土的名称	颗粒含量
砾砂	粒径大于 2mm 颗粒的质量占总质量大于 25％，且小于 50％
粗砂	粒径大于 0.5mm 颗粒的质量超过总质量 50％
中砂	粒径大于 0.25mm 颗粒的质量超过总质量 50％
细砂	粒径大于 0.075mm 颗粒的质量超过总质量 85％
粉砂	粒径大于 0.075mm 颗粒的质量超过总质量 50％

注：分类时应根据粒组含量由大到小，以最先符合者确定。

4.2.7 粒径大于 0.075mm 颗粒的质量不超过总质量 50％，且塑性指数 I_P 小于或等于 10 的土，应定名为粉土。粉土可按表 4.2.7 的规定进一步划分为砂质粉土和黏质粉土。

表4.2.7 粉土的分类

土的名称	塑性指数 I_P
砂质粉土	$3<I_P\leqslant7$
黏质粉土	$7<I_P\leqslant10$

注：塑性指数由相应于76g圆锥体沉入土样中深度为10mm时测定的液限计算而得。当有地区经验时，可结合地区经验综合考虑。

4.2.8 塑性指数 I_P 大于10的土应定名为黏性土，并按表4.2.8的规定进一步分类。

表4.2.8 黏性土分类

土的名称	塑性指数 I_P
粉质黏土	$10<I_P\leqslant17$
黏土	$I_P>17$

注：塑性指数由相应于76g圆锥体沉入土样中深度为10mm时测定的液限计算而得。

4.2.9 土按特殊性质可分为填土、软土（包括淤泥和淤泥质土）、湿陷性土、膨胀岩土、残积土、盐渍土、红黏土、多年冻土、混合土及污染土等。

4.3 岩土的描述

4.3.1 岩石的描述应包括地质年代、名称、风化程度、颜色、主要矿物、结构、构造和岩石质量指标（RQD）。对沉积岩应着重描述沉积物的颗粒大小、形状、胶结成分和胶结程度；对岩浆岩和变质岩应着重描述矿物结晶大小和结晶程度。

4.3.2 岩体的描述应包括结构面、结构体、岩层厚度和结构类型，并应符合下列规定：

1 结构面的描述包括类型、性质、产状、组合形式、发育程度、延展情况、闭合程度、粗糙程度、充填情况和充填物性质以及充水性质等。

2 结构体的描述包括类型、形状、大小和结构体在围岩中的受力情况等。

3 结构类型可按本规范附录C进行分类。

4 岩层厚度分类应按表4.3.2的规定执行。

表4.3.2 岩层厚度分类

层厚分类	单层厚度 h（m）	层厚分类	单层厚度 h（m）
巨厚层	$h>1.0$	中厚层	$0.1<h\leqslant0.5$
厚层	$0.5<h\leqslant1.0$	薄层	$h\leqslant0.1$

4.3.3 对岩体基本质量等级为Ⅳ级和Ⅴ级的岩体，鉴定和描述除按本规范第4.3.1条、第4.3.2条执行外，尚应符合下列规定：

1 对软岩和极软岩，应注意是否具有可软化性、膨胀性、崩解性等特殊性质。

2 对极破碎岩体，应说明破碎原因。

3 开挖后是否有进一步风化的特性。

4.3.4 土的描述应符合下列规定：

1 碎石土宜描述颜色、颗粒级配、最大粒径、颗粒形状、颗粒排列、母岩成分、风化程度、充填物和充填程度、密实度、层理特征等。

2 砂土宜描述颜色、矿物组成、颗粒级配、颗粒形状、细粒含量、湿度、密实度及层理特征等。

3 粉土宜描述颜色、含有物、湿度、密实度、摇震反应及层理特征等；

4 黏性土宜描述颜色、状态、含有物、光泽反应、土的结构、层理特征及状态、断面状态等。

5 特殊性土除描述上述相应土类规定的内容外，尚应描述其特殊成分和特殊性质；如对淤泥尚应描述嗅味，对填土尚应描述物质成分、堆积年代、密实度和厚度的均匀程度等。

6 对具有互层、夹层、夹薄层特征的土，尚应描述各层的厚度和层理特征。

4.3.5 土的密实度可按下列规定划分：

1 碎石土的密实度可根据圆锥动力触探锤击数按表4.3.5-1和表4.3.5-2的规定确定。表中的 $N'_{63.5}$ 和 N'_{120} 是根据实测圆锥动力触探锤击数 $N_{63.5}$ 和 N_{120} 按本规范附录D中第D.0.2和第D.0.3条的规定进行修正后得到的锤击数。定性描述可按本规范附录D中第D.0.1条的规定执行。

表4.3.5-1 碎石土密实度按 $N'_{63.5}$ 分类

重型动力触探锤击数 $N'_{63.5}$	密实度	重型动力触探锤击数 $N'_{63.5}$	密实度
$N'_{63.5}\leqslant5$	松散	$10<N'_{63.5}\leqslant20$	中密
$5<N'_{63.5}\leqslant10$	稍密	$N'_{63.5}>20$	密实

注：本表适用于平均粒径小于或等于50mm，且最大粒径小于100mm的碎石土。对于平均粒径大于50mm，或最大粒径大于100mm的碎石土，可用超重型动力触探或用野外观察鉴别。

表4.3.5-2 碎石土密实度按 N'_{120} 分类

超重型动力触探锤击数 N'_{120}	密实度	超重型动力触探锤击数 N'_{120}	密实度
$N'_{120}\leqslant3$	松散	$11<N'_{120}\leqslant14$	密实
$3<N'_{120}\leqslant6$	稍密	$N'_{120}>14$	很密
$6<N'_{120}\leqslant11$	中密		

2 砂土的密实度应根据标准贯入试验锤击数实测值N划分为密实、中密、稍密和松散，并应符合表4.3.5-3的规定。

表4.3.5-3 砂土密实度分类

标准贯入锤击数 N	密实度	标准贯入锤击数 N	密实度
$N\leqslant10$	松散	$15<N\leqslant30$	中密
$10<N\leqslant15$	稍密	$N>30$	密实

3 粉土的密实度应根据孔隙比 e 划分为密实、中密和稍密，并符合表4.3.5-4的规定。

表 4.3.5-4　粉土密实度分类

孔隙比 e	密　实　度
$e<0.75$	密实
$0.75\leqslant e\leqslant 0.90$	中密
$e>0.9$	稍密

注：当有经验时，也可用原位测试或其他方法划分粉土的密实度。

4.3.6 粉土的湿度应根据含水量 w（％）划分为稍湿、湿和很湿，并符合表 4.3.6 的规定。

表 4.3.6　粉土湿度分类

含水量 w（％）	湿　度
$w<20$	稍湿
$20\leqslant w\leqslant 30$	湿
$w>30$	很湿

4.3.7 黏性土状态应根据液性指数 I_L 划分为坚硬、硬塑、可塑、软塑和流塑，并符合表 4.3.7 的规定。

表 4.3.7　黏性土状态分类

液性指数 I_L	状态	液性指数 I_L	状态
$I_L\leqslant 0$	坚硬	$0.75<I_L\leqslant 1.00$	软塑
$0<I_L\leqslant 0.25$	硬塑	$I_L>1.00$	流塑
$0.25<I_L\leqslant 0.75$	可塑	—	—

4.4　围岩分级与岩土施工工程分级

4.4.1 围岩分级应根据隧道围岩的工程地质条件、开挖后的稳定状态、弹性纵波波速按本规范附录 E 划分为 Ⅰ 级、Ⅱ 级、Ⅲ 级、Ⅳ 级、Ⅴ 级和 Ⅵ 级。

4.4.2 岩土施工工程分级可根据岩土名称及特征、岩石饱和单轴抗压强度、钻探难度按本规范附录 F 分为松土、普通土、硬土、软质岩、次坚石和坚石。

5　可行性研究勘察

5.1　一般规定

5.1.1 可行性研究勘察应针对城市轨道交通工程线路方案开展工程地质勘察工作，研究线路场地的地质条件，为线路方案比选提供地质依据。

5.1.2 可行性研究勘察应重点研究影响线路方案的不良地质作用、特殊性岩土及关键工程的工程地质条件。

5.1.3 可行性研究勘察应在搜集已有地质资料和工程地质调查与测绘的基础上，开展必要的勘探与取样、原位测试、室内试验等工作。

5.2　目的与任务

5.2.1 可行性研究勘察应调查城市轨道交通工程线路场地的岩土工程条件、周边环境条件，研究控制线路方案的主要工程地质问题和重要工程周边环境，为线位、站位、线路敷设形式、施工方法等方案的设计与比选、技术经济论证、工程周边环境保护及编制可行性研究报告提供地质资料。

5.2.2 可行性研究勘察应进行下列工作：

1 搜集区域地质、地形、地貌、水文、气象、地震、矿产等资料，以及沿线的工程地质条件、水文地质条件、工程周边环境条件和相关工程建设经验。

2 调查线路沿线的地层岩性、地质构造、地下埋藏条件等，划分工程地质单元，进行工程地质分区，评价场地稳定性和适宜性。

3 对控制线路方案的工程周边环境，分析其与线路的相互影响，提出规避、保护的初步建议。

4 对控制线路方案的不良地质作用、特殊性岩土，了解其类型、成因、范围及发展趋势，分析其对线路的危害，提出规避、防治的初步建议。

5 研究场地的地形、地貌、工程地质、水文地质、工程周边环境等条件，分析路基、高架、地下工程方案及施工方法的可行性，提出线路比选方案的建议。

5.3　勘察要求

5.3.1 可行性研究勘察的资料搜集应包括下列内容：

1 工程所在地的气象、水文以及与工程相关的水利、防洪设施等资料。

2 区域地质、构造、地震及液化等资料。

3 沿线地形、地貌、地层岩性、地下水、特殊性岩土、不良地质作用和地质灾害等资料。

4 沿线古城址及河、湖、沟、坑的历史变迁及工程活动引起的地质变化等资料。

5 影响线路方案的重要建（构）筑物、桥涵、隧道、既有轨道交通设施等工程周边环境的设计与施工资料。

5.3.2 可行性研究勘察的勘探工作应符合下列要求：

1 勘探点间距不宜大于 1000m，每个车站应有勘探点。

2 勘探点数量应满足工程地质分区的要求；每个工程地质单元应有勘探点，在地质条件复杂地段应加密勘探点。

3 当有两条或两条以上比选线路时，各比选线路均应布置勘探点。

4 控制线路方案的江、河、湖等地表水体及不良地质作用和特殊性岩土地段应布置勘探点。

5 勘探孔深度应满足场地稳定性、适宜性评价和线路方案设计、工法选择等需要。

5.3.3 可行性研究勘察的取样、原位测试、室内试验的项目和数量，应根据线路方案、沿线工程地质和水文地质条件确定。

6 初 步 勘 察

6.1 一 般 规 定

6.1.1 初步勘察应在可行性研究勘察的基础上，针对城市轨道交通工程线路敷设形式、各类工程的结构形式、施工方法等开展工作，为初步设计提供地质依据。

6.1.2 初步勘察应对控制线路平面、埋深及施工方法的关键工程或区段进行重点勘察，并结合工程周边环境提出岩土工程防治和风险控制的初步建议。

6.1.3 初步勘察工作应根据沿线区域地质和场地工程地质、水文地质、工程周边环境等条件，采用工程地质调查与测绘、勘探与取样、原位测试、室内试验等多种手段相结合的综合勘察方法。

6.2 目 的 与 任 务

6.2.1 初步勘察应初步查明城市轨道交通工程线路、车站、车辆基地和相关附属设施的工程地质和水文地质条件，分析评价地基基础形式和施工方法的适宜性，预测可能出现的岩土工程问题，提供初步设计所需的岩土参数，提出复杂或特殊地段岩土治理的初步建议。

6.2.2 初步勘察应进行下列工作：

1 搜集带地形图的拟建线路平面图、线路纵断面图、施工方法等有关设计文件及可行性研究勘察报告、沿线地下设施分布图。

2 初步查明沿线地质构造、岩土类型及分布、岩土物理力学性质、地下水埋藏条件，进行工程地质分区。

3 初步查明特殊性岩土的类型、成因、分布、规模、工程性质，分析其对工程的危害程度。

4 查明沿线场地不良地质作用的类型、成因、分布、规模，预测其发展趋势，分析其对工程的危害程度。

5 初步查明沿线地表水的水位、流量、水质、河湖淤积物的分布，以及地表水与地下水的补排关系。

6 初步查明地下水水位，地下水类型，补给、径流、排泄条件，历史最高水位，地下水动态和变化规律。

7 对抗震设防烈度大于或等于6度的场地，应初步评价场地和地基的地震效应。

8 评价场地稳定性和工程适宜性。

9 初步评价水和土对建筑材料的腐蚀性。

10 对可能采取的地基基础类型、地下工程开挖与支护方案、地下水控制方案进行初步分析评价。

11 季节性冻土地区，应调查场地土的标准冻结深度。

12 对环境风险等级较高的工程周边环境，分析可能出现的工程问题，提出预防措施的建议。

6.3 地 下 工 程

6.3.1 地下车站与区间工程初步勘察除应符合本规范第6.2.2条的规定外，尚应满足下列要求：

1 初步划分车站、区间隧道的围岩分级和岩土施工工程分级。

2 根据车站、区间隧道的结构形式及埋置深度，结合岩土工程条件，提供初步设计所需的岩土参数，提出地基基础方案的初步建议。

3 每个水文地质单元选择代表性地段进行水文地质试验，提供水文地质参数，必要时设置地下水位长期观测孔。

4 初步查明地下有害气体、污染土层的分布、成分，评价其对工程的影响。

5 针对车站、区间隧道的施工方法，结合岩土工程条件，分析基坑支护、围岩支护、盾构设备选型、岩土加固与开挖、地下水控制等可能遇到的岩土工程问题，提出处理措施的初步建议。

6.3.2 地下车站的勘探点宜按结构轮廓线布置，每个车站勘探点数量不宜少于4个，且勘探点间距不宜大于100m。

6.3.3 地下区间的勘探点应根据场地复杂程度和设计方案布置，并符合下列要求：

1 勘探点间距宜为100m～200m，在地貌、地质单元交接部位、地层变化较大地段以及不良地质作用和特殊性岩土发育地段应加密勘探点。

2 勘探点宜沿区间线路布置。

6.3.4 每个地下车站或区间取样、原位测试的勘探点数量不应少于勘探点总数的2/3。

6.3.5 勘探孔深度应根据地质条件及设计方案综合确定，并符合下列规定：

1 控制性勘探孔进入结构底板以下不应小于30m；在结构埋深范围内如遇强风化、全风化岩石地层进入结构底板以下不应小于15m；在结构埋深范围内如遇中等风化、微风化岩石地层宜进入结构底板以下5m～8m。

2 一般性勘探孔进入结构底板以下不应小于20m；在结构埋深范围内如遇强风化、全风化岩石地层进入结构底板以下不应小于10m；在结构埋深范围内如遇中等风化、微风化岩石地层进入结构底板以下不应小于5m。

3 遇岩溶和破碎带时钻孔深度应适当加深。

6.4 高 架 工 程

6.4.1 高架车站与区间工程初步勘察除应符合本规范第6.2.2条的规定外，尚应满足下列要求：

1 重点查明对高架方案有控制性影响的不良地质体的分布范围，指出工程设计应注意的事项。

2 采用天然地基时，初步评价墩台基础地基稳定性和承载力，提供地基变形、基础抗倾覆和抗滑移稳定性验算所需的岩土参数。

3 采用桩基时，初步查明桩基持力层的分布、厚度变化规律，提出桩型及成桩工艺的初步建议，提供桩侧土层摩阻力、桩端土层端阻力初步建议值，并评价桩基施工对工程周边环境的影响。

4 对跨河桥，还应初步查明河流水文条件，提供冲刷计算所需的颗粒级配等参数。

6.4.2 勘探点间距应根据场地复杂程度和设计方案确定，宜为 80m～150m；高架车站勘探点数量不宜少于 3 个；取样、原位测试的勘探点数量不应少于勘探点总数的 2/3。

6.4.3 勘探孔深度应符合下列规定：

1 控制性勘探孔深度应满足墩台基础或桩基沉降计算和软弱下卧层验算的要求，一般性勘探孔应满足查明墩台基础或桩基持力层和软弱下卧土层分布的要求。

2 墩台基础置于无地表水地段时，应穿过最大冻结深度达持力层以下；墩台基础置于地表水水下时，应穿过水流最大冲刷深度达持力层以下。

3 覆盖层较薄，下伏基岩风化层不厚时，勘探孔应进入微风化地层 3m～8m。为确认是基岩而非孤石，应将岩芯同当地岩层露头、岩性、层理、节理和产状进行对比分析，综合判断。

6.5 路基、涵洞工程

6.5.1 路基工程初步勘察除应符合本规范第 6.2.2 条的规定外，尚应符合下列规定：

1 初步查明各岩土层的岩性、分布情况及物理力学性质，重点查明对路基工程有控制性影响的不稳定岩土体、软弱土层等不良地质体的分布范围。

2 初步评价路基基底的稳定性，划分岩土施工工程等级，指出路基设计应注意的事项并提出相关建议。

3 初步查明水文地质条件，评价地下水对路基的影响，提出地下水控制措施的建议。

4 对高路堤应初步查明软弱土层的分布范围和物理力学性质，提出天然地基的填土允许高度或地基处理建议，对路堤的稳定性进行初步评价；必要时进行取土场勘察。

5 对深路堑，应初步查明岩土体的不利结构面，调查沿线天然边坡、人工边坡的工程地质条件，评价边坡稳定性，提出边坡治理措施的建议。

6 对支挡结构，应初步评价地基稳定性和承载力，提出地基基础形式及地基处理措施的建议。对路堑挡土墙，还应提供墙后岩土体物理力学性质指标。

6.5.2 涵洞工程初步勘察除应符合本规范第 6.2.2 条的规定外，尚应符合下列规定：

1 初步查明涵洞场地地貌、地层分布和岩性、地质构造、天然沟床稳定状态、隐伏的基岩倾斜面、不良地质作用和特殊性岩土。

2 初步查明涵洞地基的水文地质条件，必要时进行水文地质试验，提供水文地质参数。

3 初步评价涵洞地基稳定性和承载力，提供涵洞设计、施工所需的岩土参数。

6.5.3 路基、涵洞工程勘探点间距应符合下列要求：

1 每个地貌、地质单元均应布置勘探点，在地貌、地质单元交接部位和地层变化较大地段应加密勘探点。

2 路基的勘探点间距宜为 100m～150m，支挡结构、涵洞应有勘探点控制。

3 高路堤、深路堑应布置横断面。

6.5.4 取样、原位测试的勘探点数量不应少于路基、涵洞工程勘探点总数的 2/3。

6.5.5 路基、涵洞工程的控制性勘探孔深度应满足稳定性评价、变形计算、软弱下卧层验算的要求；一般性勘探孔宜进入基底以下 5m～10m。

6.6 地面车站、车辆基地

6.6.1 车辆基地的路基工程初步勘察要求应符合本规范第 6.5 节的规定。

6.6.2 地面车站、车辆基地的建（构）筑物初步勘察应符合现行国家标准《岩土工程勘察规范》GB 50021 的有关规定。

7 详细勘察

7.1 一般规定

7.1.1 详细勘察应在初步勘察的基础上，针对城市轨道交通各类工程的建筑类型、结构形式、埋置深度和施工方法等开展工作，满足施工图设计要求。

7.1.2 详细勘察工作应根据各类工程场地的工程地质、水文地质和工程周边环境等条件，采用勘探与取样、原位测试、室内试验，辅以工程地质调查与测绘、工程物探的综合勘察方法。

7.2 目的与任务

7.2.1 详细勘察应查明各类工程场地的工程地质和水文地质条件，分析评价地基、围岩及边坡稳定性，预测可能出现的岩土工程问题，提出地基基础、围岩加固与支护、边坡治理、地下水控制、周边环境保护方案建议，提供设计、施工所需的岩土参数。

7.2.2 详细勘察工作前应搜集附有坐标和地形的拟建工程的平面图、纵断面图、荷载、结构类型与特点、施工方法、基础形式及埋深、地下工程埋置深度及上覆土层的厚度、变形控制要求等资料。

7.2.3 详细勘察应进行下列工作：

1 查明不良地质作用的特征、成因、分布范围、发展趋势和危害程度，提出治理方案的建议。

2 查明场地范围内岩土层的类型、年代、成因、分布范围、工程特性，分析和评价地基的稳定性、均匀性和承载能力，提出天然地基、地基处理或桩基等地基基础方案的建议，对需进行沉降计算的建（构）筑物、路基等，提供地基变形计算参数。

3 分析地下工程围岩的稳定性和可挖性，对围岩进行分级和岩土施工工程分级，提出对地下工程有不利影响的工程地质问题及防治措施的建议，提供基坑支护、隧道初期支护和衬砌设计与施工所需的岩土参数。

4 分析边坡的稳定性，提供边坡稳定性计算参数，提出边坡治理的工程措施建议。

5 查明对工程有影响的地表水体的分布、水位、水深、水质、防渗措施、淤积物分布及地表水与地下水的水力联系等，分析地表水体对工程可能造成的危害。

6 查明地下水的埋藏条件，提供场地的地下水类型、勘察时水位、水质、岩土渗透系数、地下水位变化幅度等水文地质资料，分析地下水对工程的作用，提出地下水控制措施的建议。

7 判定地下水和土对建筑材料的腐蚀性。

8 分析工程周边环境与工程的相互影响，提出环境保护措施的建议。

9 应确定场地类别，对抗震设防烈度大于 6 度的场地，应进行液化判别，提出处理措施的建议。

10 在季节性冻土地区，应提供场地土的标准冻结深度。

7.3 地 下 工 程

7.3.1 地下车站主体、出入口、风井、通道，地下区间、联络通道等地下工程的详细勘察，除应符合本规范第 7.2.3 条的规定外，尚应符合本节规定。

7.3.2 地下工程详细勘察尚应符合下列规定：

1 查明各岩土层的分布，提供各岩土层的物理力学性质指标及地下工程设计、施工所需的基床系数、静止侧压力系数、热物理指标和电阻率等岩土参数。

2 查明不良地质作用、特殊性岩土及对工程施工不利的饱和砂层、卵石层、漂石层等地质条件的分布与特征，分析其对工程的危害和影响，提出工程防治措施的建议。

3 在基岩地区应查明岩石风化程度、岩层层理、片理、节理等软弱结构面的产状及组合形式，断裂构造和破碎带的位置、规模、产状和力学属性，划分岩体结构类型，分析隧道偏压的可能性及危害。

4 对隧道围岩的稳定性进行评价，按照本规范附录 E、附录 F 进行围岩分级、岩土施工工程分级。分析隧道开挖、围岩加固及初期支护等可能出现的岩土工程问题，提出防治措施建议，提供隧道围岩加固、初期支护和衬砌设计与施工所需的岩土参数。

5 对基坑边坡的稳定性进行评价，分析基坑支护可能出现的岩土工程问题，提出防治措施建议，提供基坑支护设计所需的岩土参数。

6 分析地下水对工程施工的影响，预测基坑和隧道突水、涌砂、流土、管涌的可能性及危害程度。

7 分析地下水对工程结构的作用，对需采取抗浮措施的地下工程，提出抗浮设防水位的建议，提供抗浮桩或抗浮锚杆设计所需的各岩土层的侧摩阻力或锚固力等计算参数，必要时对抗浮设防水位进行专项研究。

8 分析评价工程降水、岩土开挖对工程周边环境的影响，提出周边环境保护措施的建议。

9 对出入口与通道、风井与风道、施工竖井与施工通道、联络通道等附属工程及隧道断面尺寸变化较大区段，应根据工程特点、场地地质条件和工程周边环境条件进行岩土工程分析与评价。

10 对地基承载力、地基处理和围岩加固效果等的工程检测提出建议，对工程结构、工程周边环境、岩土体的变形及地下水位变化等的工程监测提出建议。

7.3.3 勘探点间距根据场地的复杂程度、地下工程类别及地下工程的埋深、断面尺寸等特点可按表 7.3.3 的规定综合确定。

表 7.3.3　勘探点间距 （m）

场地复杂程度	复杂场地	中等复杂场地	简单场地
地下车站勘探点间距	10~20	20~40	40~50
地下区间勘探点间距	10~30	30~50	50~60

7.3.4 勘探点的平面布置应符合下列规定：

1 车站主体勘探点宜沿结构轮廓线布置，结构角点以及出入口与通道、风井与风道、施工竖井与施工通道等附属工程部位应有勘探点控制。

2 每个车站不应少于 2 条纵剖面和 3 条有代表性的横剖面。

3 车站采用承重桩时，勘探点的平面布置宜结合承重桩的位置布设。

4 区间勘探点宜在隧道结构外侧 3m～5m 的位置交叉布置。

5 在区间隧道洞口、陡坡段、大断面、异型断面、工法变换等部位以及联络通道、渡线、施工竖井等应有勘探点控制，并布设剖面。

6 山岭隧道勘探点的布置可执行现行行业标准《铁路工程地质勘察规范》TB 10012 的有关规定。

7.3.5 勘探孔深度应符合下列规定：

1 控制性勘探孔的深度应满足地基、隧道围岩、基坑边坡稳定性分析、变形计算以及地下水控制的要求。

2 对车站工程，控制性勘探孔进入结构底板以下不应小于 25m 或进入结构底板以下中等风化或微风化岩石不应小于 5m，一般性勘探孔深度进入结构底板以下不应小于 15m 或进入结构底板以下中等风化或微风化岩石不应小于 3m。

3 对区间工程，控制性勘探孔进入结构底板以下不应小于 3 倍隧道直径（宽度）或进入结构底板以下中等风化或微风化岩石不应小于 5m，一般性勘探孔进入结构底板以下不应小于 2 倍隧道直径（宽度）或进入结构底板以下中等风化或微风化岩石不应小于 3m。

4 当采用承重桩、抗拔桩或抗浮锚杆时，勘探孔深度应满足其设计的要求。

5 当预定深度范围内存在软弱土层时，勘探孔应适当加深。

7.3.6 地下工程控制性勘探孔的数量不应少于勘探点总数的 1/3。采取岩土试样及原位测试勘探孔的数量：车站工程不应少于勘探点总数的 1/2，区间工程不应少于勘探点总数的 2/3。

7.3.7 采取岩土试样和进行原位测试应满足岩土工程评价的要求。每个车站或区间工程每一主要土层的原状土试样或原位测试数据不应少于 10 件（组），且每一地质单元的每一主要土层不应少于 6 件（组）。

7.3.8 原位测试应根据需要和地区经验选取适合的测试手段，并符合本规范第 15 章的规定；每个车站或区间工程的波速测试孔不宜少于 3 个，电阻率测试孔不宜少于 2 个。

7.3.9 室内试验除应符合本规范第 16 章的规定外，尚应符合下列规定：

1 抗剪强度室内试验方法应根据施工方法、施工条件、设计要求等确定。

2 静止侧压力系数和热物理指标试验数据每一主要土层不宜少于 3 组。

3 宜在基底以下压缩层范围内采取岩土试样进行回弹再压缩试验，每层试验数据不宜少于 3 组。

4 对隧道范围内的碎石土和砂土应测定颗粒级配，对粉土应测定黏粒含量。

5 应采取地表水、地下水水试样或地下结构范围内的岩土试样进行腐蚀性试验，地表水每处不应少于 1 组，地下水岩土试样或每层不应少于 2 组。

6 在基岩地区应进行岩块的弹性波波速测试，并应进行岩石的饱和单轴抗压强度试验，必要时尚应进行软化试验；对软岩、极软岩可进行天然湿度的单轴抗压强度试验。每个场地每一主要岩层的试验数据不应少于 3 组。

7.3.10 在基床系数在有经验地区可通过原位测试、室内试验结合本规范附录 H 的经验值综合确定，必要时通过专题研究或现场 K_{30} 载荷试验确定。

7.3.11 在基岩地区应根据需要提供抗剪强度指标、软化系数、完整性指数、岩体基本质量等级等参数。

7.3.12 岩土的抗剪强度指标宜通过室内试验、原位测试结合当地的工程经验综合确定。

7.3.13 当地下水对车站和区间工程有影响时应布置长期水文观测孔，对需要进行地下水控制的车站和区间工程宜进行水文地质试验。

7.4 高 架 工 程

7.4.1 高架工程详细勘察包括高架车站、高架区间及其附属工程的勘察，除应符合本规范第 7.2.3 条的规定外，尚应符合本节要求。

7.4.2 高架工程详细勘察尚应符合下列规定：

1 查明场地各岩土层类型、分布、工程特性及变化规律；确定墩台基础与桩基的持力层，提供各岩土层的物理力学性质指标；分析桩基承载性状，结合当地经验提供桩基承载力计算和变形计算参数。

2 查明溶洞、土洞、人工洞穴、采空区、可溶化土层和特殊性岩土的分布与特征，分析其对墩台基础和桩基的危害程度，评价墩台地基和桩基的稳定性，提出防治措施的建议。

3 采用基岩作为墩台基础或桩基的持力层时，应查明基岩的岩性、构造、岩面变化、风化程度，确定岩石的坚硬程度、完整程度和岩体基本质量等级，判定有无洞穴、临空面、破碎岩体或软弱岩层。

4 查明水文地质条件，评价地下水对墩台基础及桩基设计和施工的影响；判定地下水和土对建筑材料的腐蚀性。

5 查明场地是否存在产生桩侧负摩阻力的地层，评价负摩阻力对桩基承载力的影响，并提出处理措施的建议。

6 分析桩基施工存在的岩土工程问题，评价成桩的可能性，论证桩基施工对工程周边环境的影响，并提出处理措施的建议。

7 对基桩的完整性和承载力提出检测的建议。

7.4.3 勘探点的平面布置应符合下列规定：

1 高架车站勘探点应沿结构轮廓线和柱网布置，勘探点间距宜为 15m～35m。当桩端持力层起伏较大、地层分布复杂时，应加密勘探点。

2 高架区间勘探点应逐墩布设，地质条件简单时可适当减少勘探点。地质条件复杂或跨度较大时，可根据需要增加勘探点。

7.4.4 勘探孔深度应符合下列规定：

1 墩台基础的控制性勘探孔应满足沉降计算和下卧层验算要求。

2 墩台基础的一般性勘探孔应达到基底以下

10m~15m 或墩台基础底面宽度的 2 倍~3 倍；在基岩地段，当风化层不厚或为硬质岩时，应进入基底以下中等风化岩石地层 2m~3m；

3 桩基的控制性勘探孔深度应满足沉降计算和下卧层验算要求，应穿透桩端平面以下压缩层厚度；对嵌岩桩，控制性勘探孔应达到预计桩端平面以下 3 倍~5 倍桩身设计直径，并穿过溶洞、破碎带，进入稳定地层。

4 桩基的一般性勘探孔深度应达到预计桩端平面以下 3 倍~5 倍桩身设计直径，且不应小于 3m，对大直径桩，不应小于 5m。嵌岩桩一般性勘探孔应达到预计桩端平面以下 1 倍~3 倍桩身设计直径。

5 当预定深度范围内存在软弱土层时，勘探孔应适当加深。

7.4.5 高架工程控制性勘探孔的数量不应少于勘探点总数的1/3。取样及原位测试孔的数量不应少于勘探点总数的1/2。

7.4.6 采取岩土试样和原位测试应符合本规范第7.3.7 条的规定。

7.4.7 原位测试应根据需要和地区经验选取适合的测试手段，并符合本规范第 15 章的规定；每个车站或区间工程的波速测试孔不宜少于 3 个。

7.4.8 室内试验应符合本规范第 16 章的规定，并应符合下列规定：

1 当需估算基桩的侧阻力、端阻力和验算下卧层强度时，宜进行三轴剪切试验或无侧限抗压强度试验，三轴剪切试验受力条件应模拟工程实际情况。

2 需要进行沉降计算的桩基工程，应进行压缩试验，试验最大压力应大于自重压力与附加压力之和。

3 桩端持力层为基岩时，应采取岩样进行饱和单轴抗压强度试验，必要时尚应进行软化试验；对软岩和极软岩，可进行天然湿度的单轴抗压强度试验；对无法取样的破碎和极破碎岩石，应进行原位测试。

7.5 路基、涵洞工程

7.5.1 路基、涵洞工程勘察包括路基工程、涵洞工程、支挡结构及其附属工程的勘察。路基、涵洞工程勘察除应符合本规范第 7.2.3 条的规定外，尚应符合本节规定。

7.5.2 一般路基详细勘察应包括下列内容：

1 查明地层结构、岩土性质、岩层产状、风化程度及水文地质特征；分段划分岩土施工工程等级；评价路基基底的稳定性。

2 应采取岩土试样进行物理力学试验，采取水试样进行水质分析。

7.5.3 高路堤详细勘察应包括下列内容：

1 查明基底地层结构，岩土性质，覆盖层与基岩接触面的形态。查明不利倾向的软弱夹层，并评价其稳定性。

2 调查地下水活动对基底稳定性的影响。

3 地质条件复杂的地段应布置横剖面。

4 应采取岩土试样进行物理力学试验，提供验算地基强度及变形的岩土参数。

5 分析基底和斜坡稳定性，提出路基和斜坡加固方案的建议。

7.5.4 深路堑详细勘察应包括下列内容：

1 查明场地的地形、地貌、不良地质作用和特殊地质问题；调查沿线天然边坡、人工边坡的工程地质条件；分析边坡工程对周边环境产生的不利影响。

2 土质边坡应查明土层厚度、地层结构、成因类型、密实程度及下伏基岩面形态和坡度。

3 岩质边坡应查明岩层性质、厚度、成因、节理、裂隙、断层、软弱夹层的分布、风化破碎程度；主要结构面的类型、产状及充填物。

4 查明影响深度范围的含水层、地下水埋藏条件、地下水动态，评价地下水对路堑边坡及结构稳定性的影响，需要时应提供路堑结构抗浮设计的建议。

5 建议路堑边坡坡度，分析评价路堑边坡的稳定性，提供边坡稳定性计算参数，提出路堑边坡治理措施的建议。

6 调查雨期、暴雨量、汇水范围和雨水对坡面、坡脚的冲刷及对坡体稳定性的影响。

7.5.5 支挡结构详细勘察应包括下列内容：

1 查明支挡地段地形、地貌、不良地质作用和特殊性岩土，地层结构及岩土性质，评价支挡结构地基稳定性和承载力，提供支挡结构设计所需的岩土参数，提出支挡形式和地基基础方案的建议。

2 查明支挡地段水文地质条件，评价地下水对支挡结构的影响，提出处理措施的建议。

7.5.6 涵洞详细勘察应符合下列规定：

1 查明地形、地貌、地层、岩性、天然沟床稳定状态、隐伏的基岩斜坡、不良地质作用和特殊性岩土。

2 查明涵洞场地的水文地质条件，必要时进行水文地质试验，提供水文地质参数。

3 应采取勘探、测试和试验等方法综合确定地基承载力，提供涵洞设计所需的岩土参数。

4 调查雨期、雨量等气象条件及涵洞附近的汇水面积。

7.5.7 勘探点的平面布置应符合下列规定：

1 一般路基勘探点间距为 50m~100m，高路堤、深路堑、支挡结构勘探点间距可根据场地复杂程度按表 7.5.7 的规定综合确定。

表 7.5.7 勘探点间距（m）

复杂场地	中等复杂场地	简单场地
15~30	30~50	50~60

2 高路堤、深路堑应根据基底和边坡的特征，结合工程处理措施，确定代表性工程地质断面的位置和数量。每个断面的勘探点不宜少于 3 个，地质条件简单时不宜少于 2 个。

3 深路堑工程遇有软弱夹层或不利结构面时，勘探点应适当加密。

4 支挡结构的勘探点不宜少于 3 个。

5 涵洞的勘探点不宜少于 2 个。

7.5.8 控制性勘探孔的数量不应少于勘探点总数的 1/3，取样及原位测试孔数量应根据地层结构、土的均匀性和设计要求确定，不应少于勘探点总数的 1/2。

7.5.9 勘探孔深度应满足下列要求：

1 控制性勘探孔深度应满足地基、边坡稳定性分析，及地基变形计算的要求。

2 一般路基的一般性勘探孔深度不应小于 5m，高路堤不应小于 8m。

3 路堑的一般性勘探孔深度应能探明软弱层厚度及软弱结构面产状，且穿过潜在滑动面并深入稳定地层内 2m～3m，满足支护设计要求；在地下水发育地段，根据排水工程需要适当加深。

4 支挡结构的一般性勘探孔深度应达到基底以下不应小于 5m。

5 基础置于土中的涵洞一般性勘探孔深度应按表 7.5.9 的规定确定。

表 7.5.9　涵洞勘探孔深度 （m）

碎石土	砂土、粉土和黏性土	软土、饱和砂土等
3～8	8～15	15～20

注：1　勘探孔深度应由结构底板算起。
　　2　箱型涵洞勘探孔应适当加深。

6 遇软弱土层时，勘探孔应适当加深。

7.6　地面车站、车辆基地

7.6.1 车辆基地的详细勘察包括站场股道、出入线、各类房屋建筑及其附属设施的勘察。

7.6.2 车辆基地可根据不同建筑类型分别进行勘察，同时考虑场地挖填方对勘察的要求。

7.6.3 地面车站、各类建筑及附属设施的详细勘察应按现行国家标准《岩土工程勘察规范》GB 50021 的有关规定执行。

7.6.4 站场股道及出入线的详细勘察，可根据线路敷设形式按照本规范第 7.3 节～第 7.5 节的规定执行。

8　施　工　勘　察

8.0.1 施工勘察应针对施工方法、施工工艺的特殊要求和施工中出现的工程地质问题等开展工作，提供地质资料，满足施工方案调整和风险控制的要求。

8.0.2 施工阶段施工单位宜开展下列地质工作：

1 研究工程勘察资料，掌握场地工程地质条件及不良地质作用和特殊性岩土的分布情况，预测施工中可能遇到的岩土工程问题。

2 调查了解工程周边环境条件变化、周边工程施工情况、场地地下水位变化及地下管线渗漏情况，分析地质与周边环境条件的变化对工程可能造成的危害。

3 施工中应通过观察开挖面岩土成分、密实度、湿度、地下水情况、软弱夹层、地质构造、裂隙、破碎带等实际地质条件，核实、修正勘察资料。

4 绘制边坡和隧道地质素描图。

5 对复杂地质条件下的地下工程应开展超前地质探测工作，进行超前地质预报。

6 必要时对地下水动态进行观测。

8.0.3 遇下列情况宜进行施工专项勘察：

1 场地地质条件复杂、施工过程中出现地质异常，对工程结构及工程施工产生较大危害。

2 场地存在暗浜、古河道、空洞、岩溶、土洞等不良地质条件影响工程安全。

3 场地存在孤石、漂石、球状风化体、破碎带、风化深槽等特殊岩土体对工程施工造成不利影响。

4 场地地下水位变化较大或施工中发现不明水源，影响工程施工或危及工程安全。

5 施工方案有较大变更或采用新技术、新工艺、新方法、新材料，详细勘察资料不能满足要求。

6 基坑或隧道施工过程中出现桩（墙）变形过大、基底隆起、涌水、坍塌、失稳等岩土工程问题，或发生地面沉降过大、地面塌陷、相邻建筑开裂等工程环境问题。

7 工程降水，土体冻结，盾构始发（接收）井端头、联络通道的岩土加固等辅助工法需要时。

8 需进行施工勘察的其他情况。

8.0.4 对抗剪强度、基床系数、桩端阻力、桩侧摩阻力等关键岩土参数缺少相关工程经验的地区，宜在施工阶段进行现场原位试验。

8.0.5 施工专项勘察工作应符合下列规定：

1 搜集施工方案、勘察报告、工程周边环境调查报告以及施工中形成的相关资料。

2 搜集和分析工程检测、监测和观测资料。

3 充分利用施工开挖面了解工程地质条件，分析需要解决的工程地质问题。

4 根据工程地质问题的复杂程度、已有的勘察工作和场地条件等确定施工勘察的方法和工作量。

5 针对具体的工程地质问题进行分析评价，提供所需岩土参数，提出工程处理措施的建议。

9 工法勘察

9.1 一般规定

9.1.1 采用明挖法、矿山法、盾构法、沉管法等施工方法修筑地下工程时，岩土工程勘察除符合本规范第6章、第7章的规定外，尚应根据施工工法特点，满足本章各节的相应要求，为施工方法的比选与设计提供所需的岩土工程资料。

9.1.2 各勘察阶段均应开展工法勘察工作，满足相应阶段工法设计深度的要求。原位测试、室内试验方法及所提供的岩土参数应结合施工方法、辅助措施的特点综合确定。

9.2 明挖法勘察

9.2.1 明挖法勘察应提供放坡开挖、支护开挖及盖挖等设计、施工所需要的岩土工程资料。

9.2.2 明挖法勘察应为下列工作提供勘察资料：

1 基坑支护设计与施工。

2 土方开挖设计与施工。

3 地下水控制设计与施工。

4 基坑突涌和基底隆起的防治。

5 施工设备选型和工艺参数的确定。

6 工程风险评估、工程周边环境保护以及工程监测方案设计。

9.2.3 明挖法勘察应符合下列要求：

1 查明场地岩土类型、成因、分布与工程特性；重点查明填土、暗浜、软弱土夹层及饱和砂层的分布，基岩埋深较浅地区的覆盖层厚度、基岩起伏、坡度及岩层产状。

2 根据开挖方法和支护结构设计的需要按照本规范附录J提供必要的岩土参数。

3 土的抗剪强度指标应根据土的性质、基坑安全等级、支护形式和工况条件选择室内试验方法；当地区经验成熟时，也可通过原位测试结合地区经验综合确定。

4 查明场地水文地质条件，判定人工降低地下水位的可能性，为地下水控制设计提供参数；分析地下水位降低对工程及工程周边环境的影响，当采用坑内降水时还应预测降低地下水位对基底、坑壁稳定性的影响，并提出处理措施的建议。

5 根据粉土、粉细砂分布及地下水特征，分析基坑发生突水、涌砂流土、管涌的可能性。

6 搜集场地附近既有建（构）筑物基础类型、埋深和地下设施资料，并对既有建（构）筑物、地下设施与基坑边坡的相互影响进行分析，提出工程周边环境保护措施的建议。

9.2.4 明挖法勘察宜在开挖边界外按开挖深度的1倍～2倍范围内布置勘探点，当开挖边界外无法布置勘探点时，可通过搜集、调查取得相应资料。对于软土勘察范围尚应适当扩大。

9.2.5 明挖法勘探点间距及平面布置应符合本规范第7.3.3条和第7.3.4条的要求，地层变化较大时，应加密勘探点。

9.2.6 明挖法勘探孔深度应满足基坑稳定分析、地下水控制、支护结构设计的要求。

9.2.7 放坡开挖法勘察应提供边坡稳定性计算所需岩土参数，提出人工边坡最佳开挖坡形和坡角、平台位置及边坡坡度允许值的建议。

9.2.8 盖挖法勘察应查明支护桩墙和立柱桩端的持力层深度、厚度，提供桩墙和立柱桩承载力及变形计算参数。

9.2.9 勘察报告除应符合本规范第18章的要求外，尚应包括下列内容：

1 提供基坑支护设计、施工所需的岩土及水文地质参数。

2 指出基坑支护设计、施工需重点关注的岩土工程问题。

3 对不良地质作用和特殊性岩土可能引起的明挖法施工风险提出控制措施的建议。

9.3 矿山法勘察

9.3.1 矿山法勘察应提供全断面法、台阶法、洞桩（柱）法等施工方法及辅助工法设计、施工所需的岩土工程资料。

9.3.2 矿山法勘察应为下列工作提供勘察资料：

1 隧道轴线位置的选定。

2 隧道断面形式和尺寸的选定。

3 洞口、施工竖井位置和明、暗挖施工分界点的选定。

4 开挖方案及辅助施工方法的比选。

5 围岩加固、初期支护及衬砌设计与施工。

6 开挖设备选型及工艺参数的确定。

7 地下水控制设计与施工。

8 工程风险评估、工程周边环境保护和工程监测方案设计。

9.3.3 矿山法勘察应符合下列要求：

1 土层隧道应查明场地岩土类型、成因、分布与工程特性；重点查明隧道通过土层的性状、密实度及自稳性，古河道、古湖泊、地下水、饱和粉细砂层、有害气体的分布，填土的组成、性质及厚度。

2 在基岩地区应查明基岩起伏、岩石坚硬程度、岩体结构形态和完整状态、岩层风化程度、结构面发育情况、构造破碎带特征、岩溶发育及富水情况、围岩的膨胀性等。

3 了解隧道影响范围内的地下人防、地下管线、古墓穴及废弃工程的分布，以及地下管线渗漏、人防充水等情况。

4 根据隧道开挖方法及围岩岩土类型与特征，按照本规范附录J提供所需的岩土参数。

5 预测施工可能产生突水、涌砂、开挖面坍塌、冒顶、边墙失稳、洞底隆起、岩爆、滑坡、围岩松动等风险的地段，并提出防治措施的建议。

6 查明场地水文地质条件，分析地下水对工程施工的危害，建议合理的地下水控制措施，提供地下水控制设计、施工所需的水文地质参数；当采用降水措施时应分析地下水位降低对工程及工程周边环境的影响。

7 根据围岩岩土条件、隧道断面形式和尺寸、开挖特点分析隧道开挖引起的围岩变形特征；根据围岩变形特征和工程周边环境变形控制要求，对隧道开挖步序、围岩加固、初期支护、隧道衬砌以及环境保护提出建议。

9.3.4 矿山法勘察的勘探点间距及平面布置应符合本规范第7.3.3条和第7.3.4条的要求。

9.3.5 采用掘进机开挖隧道时，应查明沿线的地质构造、断层破碎带及溶洞等，必要时进行岩石抗磨性试验，在含有大量石英或其他坚硬矿物的地层中，应做含量分析。

9.3.6 采用钻爆法施工时，应测试振动波传播速度和振幅衰减参数；在施工过程中进行爆破振动监测。

9.3.7 采用洞桩（柱）法施工时，应提供地基承载力、单桩承载力计算和变形计算参数，当洞内桩身承受侧向岩土压力时应提供岩土压力计算参数。

9.3.8 采用气压法时，应进行透气试验。

9.3.9 采用导管注浆加固围岩时，应提供地层的孔隙率和渗透系数。

9.3.10 采用管棚超前支护围岩施工时，应评价管棚施工的难易程度，建议合适的施工工艺，指出施工应注意的问题。

9.3.11 勘察报告除应符合本规范第18章的要求外，尚应包括下列内容：

1 开挖方法、大型开挖设备选型及辅助施工措施的建议。

2 分析地层条件，提出隧道初期支护形式的建议。

3 对存在的不良地质作用及特殊性岩土可能引起矿山法施工风险提出控制措施的建议。

9.4 盾构法勘察

9.4.1 盾构法勘察应提供盾构选型、盾构施工、隧道管片设计等所需要的岩土工程资料。

9.4.2 盾构法勘察应为下列工作提供勘察资料：

1 隧道轴线和盾构始发（接收）井位置的选定。

2 盾构设备选型、设计制造和刀盘、刀具的选择。

3 盾构管片及管片背后注浆设计。

4 盾构推进压力、推进速度、盾构姿态等施工工艺参数的确定。

5 土体改良设计。

6 盾构始发（接收）井端头加固设计与施工。

7 盾构开仓检修与换刀位置的选定。

8 工程风险评估、工程周边环境保护及工程监测方案设计。

9.4.3 盾构法勘察应符合下列要求：

1 查明场地岩土类型、成因、分布与工程特性；重点查明高灵敏度软土层、松散砂土层、高塑性黏性土层、含承压水砂层、软硬不均地层、含漂石或卵石地层等的分布和特征，分析评价其对盾构施工的影响。

2 在基岩地区应查明岩土分界面位置、岩石坚硬程度、岩石风化程度、结构面发育情况、构造破碎带、岩脉的分布与特征等，分析其对盾构施工可能造成的危害。

3 通过专项勘察查明岩溶、土洞、孤石、球状风化体、地下障碍物、有害气体的分布。

4 提供砂土、卵石和全风化、强风化岩石的颗粒组成、最大粒径及曲率系数、不均匀系数、耐磨矿物成分及含量，岩石质量指标（RQD），土层的黏粒含量等。

5 对盾构始发（接收）井及区间联络通道的地质条件进行分析和评价，预测可能发生的岩土工程问题，提出岩土加固范围和方法的建议。

6 根据隧道围岩条件、断面尺寸和形式，对盾构设备选型及刀盘、刀具的选择以及辅助工法的确定提出建议，并按照本规范附录J提供所需的岩土参数。

7 根据围岩岩土条件及工程周边环境变形控制要求，对不良地质体的处理及环境保护提出建议。

9.4.4 盾构法勘察勘探点间距及平面布置应符合本规范第7.3.3条和第7.3.4条的要求，勘探过程中应结合盾构施工要求对勘探孔进行封填，并详细记录钻孔内遗留物。

9.4.5 盾构下穿地表水体时应调查地表水与地下水之间的水力联系，分析地表水体对盾构施工可能造成的危害。

9.4.6 分析评价隧道下伏的淤泥层及易产生液化的饱和粉土层、砂层对盾构施工和隧道运营的影响，提出处理措施的建议。

9.4.7 勘察报告除应符合本规范第18章的要求外，尚应包括下列内容：

1 盾构始发（接收）井端头及区间联络通道岩土加固方法的建议。

2 对不良地质作用及特殊性岩土可能引起的盾构法施工风险提出控制措施的建议。

9.5 沉管法勘察

9.5.1 沉管法勘察应为下列工作提供勘察资料：

1 沉管法施工的适宜性评价。

2 沉管隧道选址及沉管设置高程的确定。

3 沉管的浮运及沉放方案。

4 沉管的结构设计。

5 沉管的地基处理方案。

6 工程风险评估、工程周边环境保护及工程监测方案设计。

9.5.2 沉管法勘察应符合下列要求：

1 搜集河流的宽度、流量、流速、含砂（泥）量、最高洪水位、最大冲刷线、汛期等水文资料。

2 调查河道的变迁、冲淤的规律以及隧道位置处的障碍物。

3 查明水底以下软弱地层的分布及工程特性。

4 勘探点应布置在基槽及周围影响范围内，沿线路方向勘探点间距宜为 20m～30m，在垂直线路方向勘探点间距宜为 30m～40m。

5 勘探孔深度应达到基槽底以下不小于 10m，并满足变形计算的要求。

6 河岸的管节临时停放位置宜布置勘探点。

7 提供砂土水下休止角、水下开挖边坡坡角。

9.5.3 勘察报告除应符合本规范第 18 章的要求外，尚应包括下列内容：

1 水体深度、水面标高及其变化幅度。

2 管节停放位置的建议。

3 对存在的不良地质作用及特殊性岩土可能引起沉管法施工风险提出控制措施的建议。

9.6 其他工法及辅助措施勘察

9.6.1 其他工法及辅助措施的岩土工程勘察应提供采用沉井、导管注浆、冻结等工法及辅助措施设计、施工所需的岩土工程资料。

9.6.2 沉井法勘察应符合下列要求：

1 沉井的位置应有勘探点控制，并宜根据沉井的大小和工程地质条件的复杂程度布置 1 个～4 个勘探孔。

2 勘探孔进入沉井底以下的深度：进入土层不宜小于 10m，或进入中等风化或微风化岩层不宜小于 5m。

3 查明岩土层的分布及物理力学性质，特别是影响沉井施工的基岩面起伏、软弱岩土层中的坚硬夹层、球状风化体、漂石等。

4 查明含水层的分布、地下水位、渗透系数等水文地质条件，必要时进行抽水试验。

5 提供岩土层与沉井侧壁的摩擦系数、侧壁摩阻力。

9.6.3 导管注浆法勘察应符合下列要求：

1 注浆加固的范围内均应布置勘探点。

2 查明土的颗粒级配、孔隙率、有机质含量，岩石的裂隙宽度和分布规律，岩土渗透性，地下水埋深、流向和流速。

3 宜通过现场试验测定岩土的渗透性。

4 预测注浆施工中可能遇到的工程地质问题，并提出处理措施的建议。

9.6.4 冻结法勘察应符合下列要求：

1 查明需冻结土层的分布及物理力学性质，其中包括含水量、饱和度、固结系数、抗剪强度。

2 查明需冻结土层周围含水层的分布，提供地下水流速、地下水中的含盐量。

3 提供地层温度、热物理指标、冻胀率、融沉系数等参数。

4 查明冻结施工场地周围的建（构）筑物、地下管线等分布情况，分析冻结法施工对周边环境的影响。

10 地 下 水

10.1 一 般 规 定

10.1.1 城市轨道交通岩土工程勘察应查明沿线与工程有关的水文地质条件，并应根据工程需要和水文地质条件，评价地下水对工程结构和工程施工可能产生的作用并提出防治措施的建议。

10.1.2 当水文地质条件复杂且对工程及地下水控制有重要影响时应进行水文地质专项勘察。

10.1.3 地下水勘察应在搜集已有工程地质和水文地质资料的基础上，采用调查与测绘、钻探、物探、试验、动态观测等多种手段相结合的综合勘察方法。

10.2 地下水的勘察要求

10.2.1 地下水的勘察应符合下列规定：

1 搜集区域气象资料，评价其对地下水的影响。

2 查明地下水的类型和赋存状态、含水层的分布规律，划分水文地质单元。

3 查明地下水的补给、径流和排泄条件，地表水与地下水的水力联系。

4 查明勘察时的地下水位，调查历史最高地下水位、近 3 年～5 年最高地下水位、地下水水位年变化幅度、变化趋势和主要影响因素。

5 提供地下水控制所需的水文地质参数。

6 调查是否存在污染地下水和地表水的污染源及可能的污染程度。

7 评价地下水对工程结构、工程施工的作用和影响，提出防治措施的建议。

8 必要时评价地下工程修建对地下水环境的影响。

10.2.2 山岭隧道或基岩隧道工程地下水的勘察还应符合下列规定：

1 查明不同岩性接触带、断层破碎带及富水带的位置与分布范围。

2 当隧道通过可溶岩地区时，查明岩溶的类型、蓄水构造和垂直渗流带、水平径流带的分布位置及特征。

3 预测隧道通过地段施工中可能发生集中涌水段、点的位置以及对工程的危害程度。

4 分段预测施工阶段可能发生的最大涌水量和正常涌水量，并提出工程措施的建议。

10.2.3 应根据地下水类型、基坑形状与含水构造特点等条件，提出地下水控制措施的建议。

10.2.4 地下水对地下工程有影响时，应根据工程实际情况布设一定数量的水文地质试验孔和长期观测孔。

10.2.5 对工程有影响的地下水应采取水试样进行水质分析，水质分析试验应符合现行国家标准《岩土工程勘察规范》GB 50021 的有关规定。

10.3 水文地质参数的测定

10.3.1 当水文地质条件复杂且对工程影响重大时，应通过现场试验确定水文地质参数。

10.3.2 勘察时遇地下水应量测水位。当场地存在对工程有影响的多层含水层时，应分层量测。

10.3.3 初见水位和稳定水位的量测，可在钻孔、探井和测压管内直接量测，精度不得低于±2cm，并注明量测时间。量测稳定水位的间隔时间应根据地层的渗透性确定。从停钻至量测的时间：砂土和碎石土不宜少于 0.5h，粉土和黏性土不宜少于 8h。对位于江边、岸边的工程，地表水与地下水应同时量测。

10.3.4 测定地下水流向可用几何法，量测点不应少于呈三角形分布的 3 个测孔（井）。地下水流速的测定可采用指示剂法或充电法。

10.3.5 含水层的渗透系数及导水系数宜采用抽水试验、注水试验求得；含水层的透水性根据渗透系数 k 按表 10.3.5 的规定划分。

表 10.3.5 含水层的透水性

类别	特强透水	强透水	中等透水	弱透水	微透水	不透水
k (m/d)	$k>200$	$10 \leqslant k \leqslant 200$	$1 \leqslant k<10$	$0.01 \leqslant k<1$	$0.001 \leqslant k<0.01$	$k<0.001$

10.3.6 含水层的给水度宜采用抽水试验确定。松散岩类含水层的给水度，可采用室内试验确定；岩石裂隙、岩溶的给水度，可采用裂隙率、岩溶率代替。有经验的地区，可采用经验值。

10.3.7 越流系数宜进行带观测孔的多孔抽水试验确定。影响半径可通过计算法求得，当工程需要时，可用实测法确定。

10.3.8 土中孔隙水压力的测定应符合下列规定：

1 测试点位置应根据地质条件和分析需要选定。

2 测压计的安装和埋设应符合有关技术规定。

3 测试数据应及时分析整理，出现异常时应分析原因，采取相应措施。

10.3.9 抽水试验和注水试验布置应符合下列规定：

1 试验应布置在不同地貌单元、不同含水层（组）且富水性较强的地段，并应距隧道外侧 3m～5m。

2 在需人工降低地下水位的车站、区间宜布置试验孔。

3 抽水试验的观测孔宜垂直或平行地下水流向。

4 在含水构造复杂且富水性较强的地段应分层或分段进行抽水试验；对潜水与承压水应分别进行抽水试验。

10.3.10 抽水试验应符合下列规定：

1 抽水试验方法可按表 10.3.10 的规定确定。

2 抽水试验宜三次降深，最大降深宜接近工程设计所需的地下水位降深的标高。

3 水位量测应采用同一方法与仪器，读数单位对抽水孔为厘米，对观测孔为毫米。

4 当涌水量与时间关系曲线和动水位与时间关系曲线，在一定的范围内波动，而没有持续上升或下降时，可认为已经稳定。稳定水位的延续时间：卵石、圆砾和粗砂含水层为 8h，中砂、细砂和粉砂含水层为 16h，基岩含水层（带）为 24h。

5 抽水试验应同时观测水位和水量，抽水结束后应量测恢复水位。

表 10.3.10 抽水试验方法和应用范围

试 验 方 法	应 用 范 围
钻孔或探井简易抽水	粗略估算弱透水层的渗透系数
不带观测孔抽水	初步测定含水层的渗透性参数
带观测孔抽水	较准确测定含水层的各种参数

10.3.11 注水试验可在试坑或钻孔中进行，注水稳定时间宜为 4h～6h。

10.3.12 压水试验应根据工程要求，结合工程地质测绘和钻探资料确定试验孔位，并按岩层的渗透特性划分试验段。

10.4 地下水的作用

10.4.1 城市轨道交通岩土工程勘察应评价地下水的作用，包括地下水力学作用和物理、化学作用。

10.4.2 地下水力学作用的评价应包括下列内容：

1 对地下结构物和挡土墙应考虑在最不利组合情况下，地下水对结构物的上浮作用，提供抗浮设防水位；对节理不发育的岩石和黏土可根据地方经验或实测数据确定。有渗流时，地下水的水头和作用宜通过渗流计算进行分析评价。

2 验算边坡稳定时，应考虑地下水对边坡稳定的不利影响。

3 在地下水位下降的影响范围内，应分析地面沉降及其对工程和周边环境的影响。

4 在有水头压差的粉细砂、粉土地层中，应分析产生潜蚀、流土、管涌的可能性。

10.4.3 地下水的物理、化学作用的评价应包括下列内容：

1 对地下水位以下的工程结构，应评定地下水对建筑材料的腐蚀性。

2 对软质岩、强风化岩、残积土、湿陷性土、膨胀岩土和盐渍岩土，应评价地下水的聚集和散失所产生的软化、崩解、湿陷、胀缩和潜蚀等有害作用。

3 在冻土地区，应评价地下水对土的冻胀和融陷的影响。

10.4.4 地下水、土对建筑材料的腐蚀性评价应符合现行国家标准《岩土工程勘察规范》GB 50021 的有关规定。

10.5 地下水控制

10.5.1 城市轨道交通岩土工程勘察应根据施工方法、开挖深度、含水层岩性和地层组合关系、地下水资源和环境要求，建议适宜的地下水控制方法。

10.5.2 降水方法可按表 10.5.2 的规定选用。

表 10.5.2 降水方法的适用范围

名称		适用地层	渗透系数 k (m/d)	水位降深 (m)
集水坑明排		风化岩石、黏性土、砂土	<20.0	<2
井点降水	电渗井点	黏性土	<0.1	<6
	喷射井点	填土、黏性土、粉土、粉砂	0.1~20.0	8~20
	真空井点	黏性土、粉土、粉砂、细砂	0.1~20.0	单级<6、多级<20
管井		砂类土、碎石土、岩溶、裂隙	1.0~200.0	>5
大口井		砂类土、碎石土	1.0~200.0	5~20
辐射井		黏性土、粉土、砂土	0.1~20.0	<20
引渗井		黏性土、粉土、砂土	0.1~20.0	将上层水引渗到下层含水层

10.5.3 采用降水方法进行地下水控制时，应评价工程降水可能引起的岩土工程问题：

1 评价降水对工程周边环境的影响程度。

2 评价降水形成区域性降落漏斗和引发地下水补给、径流、排泄条件的改变。

3 采用辐射井降水方法时，应评价土层颗粒流失对工程周边环境的影响。

4 采用减压井降水方法时，应分析评价基底稳定性和水位下降对工程周边环境的影响。

10.5.4 采用帷幕隔水方法时，应分析截水帷幕的深度、施工工艺的可行性，并分析施工中存在的风险。

10.5.5 采用引渗方法时，应评价上层水的下渗效果及对下层水水环境的影响。

10.5.6 采用回灌方法时，应评价同层回灌或异层回

灌的可能性，异层回灌时应评价不同含水层地下水混合后对地下水环境的影响。

11 不良地质作用

11.1 一般规定

11.1.1 拟建工程场地或其附近存在对工程安全有不利影响的不良地质作用且无法规避时，应进行专项勘察工作。

11.1.2 采空区、岩溶、地裂缝、地面沉降、有害气体等不良地质作用的勘察应符合本章规定；对工程有影响的其他不良地质作用应按照国家现行有关规范、规程进行勘察。

11.1.3 应查明工程沿线不良地质作用的成因类型、分布范围、规模及特征，评价对工程的影响程度，以及工程施工对不良地质作用的诱发，提出避让或防治措施的建议，满足工程设计、施工和运营的需要。

11.1.4 不良地质作用的勘察应采用遥感解译、地质调查与测绘、工程勘探、野外及室内试验、现场监测相结合的综合勘察手段和资料综合分析，根据不同的成因类型，确定具体工作内容、勘察方法，有针对性地开展工作。

11.1.5 对城市轨道交通地下工程附近的燃气、油气管道渗漏、化学污染、人工有机物堆积、化粪池等产生、储存有害气体地段，应参照本章第 11.6 节的规定进行有害气体的勘察与评价，并提出处理建议。

11.2 采 空 区

11.2.1 采空区根据开采现状可分为古老采空区、现代采空区和未来采空区；根据采空程度可分为大面积采空区和小窑采空区。

11.2.2 遇下列情况应按采空区开展工作：

1 正在开采的各类大型和小型矿区。

2 已废弃的各类大型和小型矿区。

3 尚未开采但已规划好的矿区。

4 沿沟、河岸有矿线露头、矿点分布的地带。

5 线路附近分布有连续防空洞的地段。

11.2.3 采空区地段工程地质调查与测绘应符合下列要求：

1 调查与测绘前搜集各种地质图，矿床分布图，矿区规划图，地表变形和有关变形的观测、计算资料、地表最大下沉值、最大倾斜值、最小曲率半径、移动角等资料，了解加固处理措施及效果。

2 工程地质调查与测绘宜包括下列内容：

1）地层层序、岩性、地质构造，矿层的分布范围、开采深度、厚度。

2）采空区的开采历史、开采计划、开采方法、开采边界、顶板管理方法、工作面推进方

向和速度，巷道平面展布、断面尺寸及相应的地表位置，顶板的稳定情况，洞壁完整性和稳定程度。

　　3）地下水的季节与年变化幅度、最高与最低水位及地下水动态变化对坑洞稳定性的影响；了解采空区附近工业、农业抽水和水利工程建设情况及其对采空区稳定的影响。

　　4）采空区的空间位置、塌落、支撑、回填和充水情况。

　　5）有害气体的类型、分布特征、压力和危害程度。在调查与测绘过程中应注意有害气体对人体造成的危害。

　　3　地表变形调查宜包括下列内容：

　　1）地表变形的特征和分布规律，地表塌陷、裂缝、台阶的分布位置、高度、延伸方向、发生时间、发展速度，以及它们与采空区、岩层产状、主要节理、断层、开采边界、工作面推进方向等的相互关系。

　　2）移动盆地的特征和边界，划分均匀下沉区、移动区和轻微变形区。

　　4　建（构）筑物变形调查宜包括下列内容：

　　1）建（构）筑物变形的特征，变形开始时间，发展速度，裂缝分布规律、延伸方向、形状、宽度等。

　　2）建（构）筑物的结构类型、所处位置与采空区、地质构造、开采边界、工作面推进方向的相互关系。

11.2.4　采空区地段勘探与测试应符合下列要求：

　　1　在采空区分布无规律、地面痕迹不明显、无法进入坑洞内进行调查和验证的地区，应采用电法、地震和地质雷达等综合物探，并用物探结果指导钻探，必要时进行综合测井。各种方法的勘探结果应得到相互补充和验证。

　　2　勘探线、勘探点应根据工程线路走向、敷设形式，并结合坑洞的埋藏深度、延伸方向布置，勘探孔数量和深度应满足稳定性评价与加固、治理工程设计的要求。

　　3　对上覆不同性质的岩土层应分别取代表性试样进行物理力学性质试验，提供稳定性验算及工程设计所需岩土参数；应分别取地下水和地表水试样进行水质分析；对可能储气部位，必要时应进行有害气体含量、压力的现场测试。

11.2.5　当缺乏资料且难以查明采空区的基本特征时应进行定位观测。

11.2.6　采空区地段岩土工程分析与评价应包括下列内容：

　　1　采空区的稳定性。

　　2　采空区的变形情况和发展趋势。

　　3　采空区对工程建设可能造成的影响。

　　4　采空区中残存的有害气体、充水情况及其造成危害的可能性。

　　5　线路通过采空区应采取的工程措施。

　　6　施工和运营期间防治措施的建议。

　　7　必要时应编制采空区地段的工程地质图（比例尺1∶2000～1∶5000）、工程地质横断面图（比例尺1∶100～1∶200）、工程地质纵断面图（比例尺横1∶500～1∶5000，竖1∶200～1∶500）、坑洞平面图（比例尺1∶200～1∶500）等。

11.3　岩　溶

11.3.1　对地表或地下分布可溶性岩层并存在各种岩溶现象，以及可溶岩地区的上覆土层曾发生地面塌陷或有土洞存在的地段或地区，应按岩溶地段开展岩土工程勘察。

11.3.2　根据岩溶埋藏条件可分为裸露型岩溶、覆盖型岩溶和埋藏型岩溶；根据岩溶发育程度可分为强烈发育、中等发育、弱发育和微弱发育的岩溶。

11.3.3　岩溶勘察应查明下列内容：

　　1　可溶岩地表岩溶形态特征、溶蚀地貌类型。

　　2　可溶岩地层分布、地层年代、岩性成分、地层厚度、结晶程度、裂隙发育程度、单层厚度、产状、所含杂质及溶蚀、风化程度。

　　3　可溶岩与非可溶岩的分布特征、接触关系。

　　4　地下岩溶发育程度，较大岩溶洞穴、暗河的空间位置、形态、深度及分布和充填情况，岩溶与工程的关系。

　　5　断裂的力学性质、产状，断裂带的破碎程度、宽度、胶结程度、阻水或导水条件，以及与岩溶发育程度的关系。

　　6　褶曲不同部位的特征，节理、裂隙性质，岩体破碎程度，以及与岩溶发育程度的关系。

　　7　溶洞或暗河发育的层数、标高、连通性，分析区域侵蚀基准面、地方侵蚀基准面与岩溶发育的关系。

　　8　岩溶地下水分布特征及补给、径流、排泄条件，岩溶地下水的流向、流速，地表岩溶泉的出露位置、水量及变化情况，岩溶水与地表水的联系。

　　9　岩溶发育强度分级，圈定岩溶水富水区。

11.3.4　覆盖型岩溶发育地区还应查明下列内容：

　　1　查明覆盖层成因、性质、厚度。

　　2　地下水补给来源、埋藏深度，各含水层间的水力联系，地下水开采量、开采方式。

　　3　土洞和塌陷的分布、形态和发育规律。

　　4　土洞和塌陷的成因及其发展趋势。

　　5　治理土洞和塌陷的经验。

11.3.5　岩溶勘探应符合下列要求：

　　1　岩溶地区勘探应采用综合物探、钻探、钻孔电视等综合勘探方法。

　　2　浅层溶洞和覆盖土层厚度可用挖探查明或验

证，土洞可用轻便型、密集型勘探查明或验证。

3 岩溶勘探点布置、勘探深度、钻孔护壁方法及材料应根据勘察阶段并结合物探方法和水文地质试验的要求确定。

4 岩芯采取率：

1) 完整岩层大于或等于80%；

2) 破碎带大于或等于50%；

3) 溶洞充填物大于50%（软塑、流塑体除外）。

5 勘探中应测定岩芯中的岩溶率。

6 岩溶区钻探深度进入结构底板或桩端平面以下不应小于10m，揭露溶洞时应根据工程需要适当加深。

7 岩溶发育且形态复杂时，施工阶段应结合工程开挖和处理措施，采用探灌结合的方法进一步查明岩溶发育形态。

11.3.6 岩溶测试、试验应符合下列要求：

1 地表水、地下水水样除进行一般试验项目外应增加游离CO_2和侵蚀性CO_2含量分析，必要时进行放射性同位素测试。

2 覆盖层土样应进行物理力学性质、膨胀性、渗透性试验，必要时进行矿物与化学成分分析；溶洞充填物样应进行物理力学性质试验，必要时进行黏土矿物成分分析。

3 代表性岩样应进行物理力学性质试验，必要时选样进行镜下鉴定、化学分析和溶蚀试验；泥灰岩应增加软化系数试验。

4 与线路有关的暗河、大型溶洞、岩溶泉等应进行连通试验，查明其分布规律、主发育方向。

5 水文地质条件复杂的岩溶地段应进行水文地质试验或地下水动态观测，对于重点工程区段，必要时应选择一定数量的钻孔与岩溶泉（井），进行不应少于一个水文年的水文地质动态观测。

11.3.7 岩溶的岩土工程分析与评价应包括下列内容：

1 应阐明岩溶的空间分布、发育程度、发育规律、对各类工程的影响和处理原则、存在问题及施工中注意事项等。

2 岩溶地段基坑、隧道涌水量应采用多种方法计算比较确定，并应对岩溶突水、突泥位置和强度、地下水位下降的可能性、对地表水和工程周边环境的影响、可能发生地面塌陷的地段等岩土工程问题作出预测和评估，提出可行的设计、施工措施建议。

3 岩溶地面塌陷应根据岩溶发育程度、土层厚度与结构、地下水位等主要因素综合评价，分析塌陷的主要原因，提出处理措施的建议。

4 线路工程跨越、置于隐伏溶洞之上时，应评价隐伏溶洞的稳定性。

5 必要时应编制岩溶工程地质平面图（比例尺1：500～1：5000）、工程地质纵断面图（比例尺横向

1：200～1：2000、竖向1：100～1：500）、工程地质横断面图（比例尺1：200～1：500）及隐伏岩溶、洞穴或暗河的平面、纵横剖面图（比例尺视需要确定，纵、横比例宜一致），图中应标出各类岩溶形态分布位置、与线路工程相互关系。

11.4 地 裂 缝

11.4.1 本节适用于由构造、地震、地面沉降或人工采空等原因造成的长距离地裂缝的岩土工程勘察。地裂缝包括在地表出露的地裂缝和未在地表出露的隐伏地裂缝。

11.4.2 地裂缝勘察主要应包括下列内容：

1 搜集研究区域地质条件及前人的工作成果资料，查明地裂缝的性质、成因、形成年代、发生发展规律。

2 调查场地的地形、地貌、地层岩性及地质构造等地质背景，研究其与地裂缝之间的关系；对有显著特征的地层，可确定为勘探时的标志层。

3 调查场地的新构造运动和地震活动情况，研究其与地裂缝之间的关系。

4 调查场地的地下水类型、含水层分布、地下水开采及水位变化情况，研究其与地裂缝之间的关系。

5 调查场地人工坑洞分布及地面沉降等情况，研究其与地裂缝之间的关系。

6 查明地裂缝的分布规律、具体位置、出露情况、延伸长度、产状、上下盘主变形区和微变形区的宽度、次生裂缝发育情况。

7 查明地裂缝形态、宽度、充填物、充填程度。

8 查明地裂缝的活动性、活动速率、不同位置的垂直和水平错距。

9 查明地裂缝对既有建（构）筑物的破坏情况及针对地裂缝破坏所采取工程措施的成功经验。

10 对地裂缝进行长期监测。

11.4.3 地裂缝勘察应符合下列要求：

1 地裂缝勘察宜采用地质调查与测绘、槽探、钻探、静力触探、物探等综合方法。

2 每个场地勘探线数量不宜少于3条，勘探线间距宜为20m～50m，在线路通过位置应布置勘探线。

3 地裂缝每一侧勘探点数量不宜少于3个，勘探线长度不宜小于30m；对埋深30m以内标志层错断，勘探点间距不宜大于4m；对埋深20m以下标志层错断，勘探点间距不宜大于10m。

4 勘探孔深度应能查明主要标志层的错动情况，并达到主要标志层层底以下5m。

5 物探可采用人工浅层地震反射波法，并应对场地异常点进行钻探验证。

11.4.4 地裂缝场地岩土工程分析与评价应包括下列内容：

1 工程地质图中应标明地裂缝在地面的位置、

延伸方向及相应的坐标，分出主变形区和微变形区。

2 工程地质剖面图中应标明地裂缝的倾向、倾角及主变形区和微变形区。

3 评价地裂缝的活动性及活动速率，预估地裂缝在工程设计周期内的最大变形量。

4 提出减缓或预防地裂缝活动的措施。

5 地上工程不宜建在地裂缝上，应根据其重要程度建议合理地避让距离，必须建在地裂缝上时，应建议需采取的工程措施。

6 地下工程宜避开地裂缝，应根据其分布情况建议合理地避让距离，无法避开时，宜大角度穿越，并应建议需采取的工程措施。对于活动地裂缝，尚应建议工程线路的通过方式。

7 应评价地裂缝对工程开挖、隧道涌水的影响，建议需采取的工程措施。

8 提出对工程结构和地裂缝进行长期监测的建议。

11.5 地 面 沉 降

11.5.1 本节适用于抽吸地下水引起水位或水压下降而造成大面积地面沉降的岩土工程勘察。

11.5.2 对已发生地面沉降的地区，地面沉降勘察应查明其原因及现状，并预测其发展趋势，评价对城市轨道交通既有线路或新建线路的影响，提出控制和治理方案；对可能发生地面沉降的地区，应预测发生的可能性，并对可能的固结压缩层位作出估计，对沉降量进行估算，分析对城市轨道交通线路可能造成的影响，提出预防和控制地面沉降的建议。

11.5.3 对地面沉降原因应调查下列内容：

1 场地的地貌和微地貌。

2 第四系堆积物的年代、成因、厚度、埋藏条件和土性特征，硬土层和软弱压缩层的分布。

3 地下水位以下可压缩层的固结应力历史、最大历史压力和固结变形参数。

4 含水层和隔水层的埋藏条件和承压性质，含水层的渗透系数、单位涌水量等水文地质参数。

5 地下水的补给、径流、排泄条件，含水层间或地下水与地表水的水力联系。

6 历年地下水位、水头的变化幅度和速率。

7 历年地下水的开采量和回灌量，开采或回灌的层段。

8 地下水位下降漏斗及回灌时地下水反漏斗的形成和发展过程。

11.5.4 对地面沉降现状的调查，应符合下列要求：

1 搜集城市轨道交通通过地段地面沉降及地下水位的监测资料。

2 按精密水准测量要求进行长期观测，并按不同的结构单元设置高程基准标、地面沉降标和分层沉降标。

3 对地下水的水位升降，开采量和回灌量，化学成分，污染情况和孔隙水压力消散、增长情况进行观测。

4 调查地面沉降对建筑物、既有城市轨道交通线路的影响，包括建筑物和既有城市轨道交通线路的沉降、倾斜、裂缝及其发生时间和发展过程。

5 绘制不同时间的地面沉降等值线图，并分析地面沉降中心与地下水位下降漏斗形成、发展的关系及沉降缓解、地面回弹与地下水位回升的关系。

6 绘制以地面沉降为特征的工程地质分区图。

11.5.5 城市轨道交通线路通过已发生地面沉降或可能发生地面沉降的地区时，应评价地面沉降对工程线路的影响，提出建设和运营期间的工程措施建议。

11.6 有 害 气 体

11.6.1 在城市轨道交通地下工程通过工业垃圾和生活垃圾地段、富含有机质的软土地区，以及煤、石油、天然气层或曾发现过有害气体的地区应开展有害气体勘察工作。

11.6.2 有害气体的勘察应查明下列内容：

1 地层成因、沉积环境、岩性特征、结构、构造、分布规律、厚度变化。

2 含气地层的物理化学特征、具体位置、层数、厚度、产状及纵、横方向上的变化特征、圈闭构造。

3 有害气体生成、储藏和保存条件，确定有害气体运移、排放、液气相转换和储存的压力、温度及地质因素。

4 地下水水位与变化幅度、补给、径流、排泄条件，含水层分布位置、孔隙率与渗透性，地下水与有害气体的共存关系。

5 有害气体的分布、范围、规模、类型、物理化学性质。

6 当地有关有害气体的利用及危害情况和工程处理经验。

11.6.3 有害气体的勘探应符合下列要求：

1 应采用钻探、物探和现场测试等综合勘探手段。勘探点应结合地层复杂程度、含气构造和工程类型确定，勘探线宜按线路纵、横断面方向布置，并应有部分勘探点通过生气层、储气层部位。勘探点的数量应根据实际情况确定。

2 勘探孔深度宜结合生气层、储气层深度确定。

3 岩层、砂层岩芯采取率不宜小于80%，黏性土、粉土、煤层不宜小于90%。

4 各生气层、储气层应取样不少于2组，隔气顶、底板各不少于1组。

11.6.4 有害气体的测试应包括下列内容：

1 有害气体的类型、含量、浓度、压力、温度及物理化学性质。

2 生气层、储气层的密度、含水量、液限、塑限、有机质含量、孔隙率、饱和度、渗透系数。煤层的密度、孔隙率、水分、挥发分、全硫、坚固性系数、瓦斯放散初速度、等温吸附常数、自燃倾向性、煤尘爆炸性。

3 封闭有害气体的顶、底板的物理力学性质。

4 水的腐蚀性。

11.6.5 有害气体的分析与评价应包括下列内容：

1 地下工程通过段的工程地质与水文地质条件，有害气体生气层、储气层的埋深、长度、厚度、与线路交角、分布趋势、物理化学性质及封闭圈特征。

2 地下工程通过段的有害气体类型、含量、浓度、压力，预测施工时有害气体突出危险性、突出位置、突出量，评价有害气体对施工及运营的影响，提出工程措施的建议。

3 必要时编制详细工程地质图（比例尺1：500～1：5000）、工程地质纵、横断面图（比例尺1：200～1：2000），应填绘有害气体的类型、分布范围及生气层、储气层的具体位置、有关测试参数等。

12 特殊性岩土

12.1 一般规定

12.1.1 城市轨道交通工程建设中常见的特殊性岩土主要有填土、软土、湿陷性土、膨胀岩土、强风化岩、全风化岩与残积土，若工作中遇到红黏土、混合土、多年冻土、盐渍岩土和污染土等特殊性岩土，应按国家现行有关规范、规程进行岩土工程勘察。

12.1.2 在分布特殊性岩土的场地，应通过踏勘、搜集已有工程资料和进行工程地质调查与测绘等，初步判断勘察场地的特殊性岩土种类和场地的复杂程度，结合工程的重要程度，制定合理的岩土工程勘察方案。

12.1.3 在分布特殊性岩土的场地，应结合城市轨道交通工程特点有针对性地布置勘察工作。勘探点的种类、数量、间距和深度等，应能查明特殊性岩土的分布特征，其原位测试和室内试验的项目、方法和数量等，应能查明特殊性岩土的工程特性。

12.1.4 特殊性岩土的勘探与测试方法、工艺和操作要点等，应确保能充分反映特殊性岩土的工程特性。

12.1.5 应评价特殊性岩土对城市轨道交通工程建设和运营的影响，提供设计与施工所需的特殊性岩土的物理力学参数。

12.2 填 土

12.2.1 填土的勘察应查明下列内容：

1 地形、地物的变迁，填土的来源、物质成分、堆填方式。

2 不同物质成分填土的分布、厚度、深度、均匀程度及相互接触关系。

3 不同物质成分填土的堆填时间与加载、卸荷经历。

4 填土的含水量、密度、颗粒级配、有机质含量、密实度、压缩性、湿陷性及腐蚀性等。

5 地下水的赋存状态、补给、径流、排泄方式及腐蚀性等。

12.2.2 填土的勘探应符合下列要求：

1 勘探点的密度应能查明暗埋的塘、浜、坑的范围，查明不同种类与物质成分填土的分布、厚度、工程性质及其变化。

2 勘探孔的深度应穿透填土层，并应满足工程设计及地基加固施工的需要。

3 勘探方法应根据填土性质确定。对由粉土或黏性土组成的素填土，可采用钻探取样、轻型钻具与原位测试相结合的方法；对含较多粗粒成分的素填土和杂填土，宜采用动力触探、钻探，在具备施工条件时，可适当布置一定数量的探井。

12.2.3 填土的工程特性指标宜采用下列方法确定：

1 填土的均匀性和密实度宜采用触探法，并辅以室内试验。

2 填土的压缩性和湿陷性宜采用室内固结试验或现场载荷试验。

3 杂填土的密度试验宜采用大容积法。

4 对压实填土应测定其干密度，并应测定填料的最优含水量和最大干密度，计算压实系数。

5 填土的承载力可采用原位测试方法结合当地经验确定，必要时应做载荷试验。

12.2.4 填土的岩土工程分析与评价应包括下列内容：

1 阐明填土的成分、分布、厚度与岩土工程性质及其变化。

2 对填土的承载力、抗剪强度、基床系数和天然密度等提出建议值。

3 暗挖工程应评价填土及其含水状况对隧道围岩稳定性的影响，提出处理措施和监测工作的建议。

4 明挖、盖挖工程应评价填土对边坡坡度、支护形式及施工的影响，提出处理措施和监测工作的建议。

5 填土开挖时应进行验槽，必要时应补充勘探及测试工作。

12.3 软 土

12.3.1 软土勘察应包括下列内容：

1 软土的成因类型、形成年代、岩性、分布规律、厚度变化、地层结构及均匀性。

2 软土分布区的地形、地貌特征，尤其是沿线微地貌与软土分布的关系，以及古牛轭湖、埋藏谷、暗埋的塘、浜、坑、穴、沟、渠等分布范围及形态。

3 软土硬壳层的分布、厚度、性质及随季节变化情况；硬夹层的空间分布、形态、厚度及性质；下伏硬底层的岩土组成、性质、埋深和起伏。

4 软土的沉积环境、固结程度、强度、压缩特性、灵敏度、有机质含量等。

5 地下水类型、埋藏深度与变化幅度、补给与排泄条件，软土中各含水层的分布、颗粒成分、渗透系数；地表水汇流和水位季节变化、地表水疏干条件等。

6 调查基坑开挖施工、隧道掘进、基桩施工、填筑工程、工程降水等造成的土性变化、土体位移、地面变形及由此引起的工程设施受损或破坏及处理的情况。

12.3.2 软土的勘探应符合下列要求：

1 应采用钻探取样和原位测试相结合的综合勘探方法。原位测试可采用静力触探试验、十字板剪切试验、扁铲侧胀试验、旁压试验、螺旋板载荷试验等方法。

2 勘探点的平面布置应根据城市轨道交通的工程类型、施工方法、基础形式及软土的地层结构、成因类型、成层条件和岩土工程治理的需要确定；勘探点的密度应满足相应勘察阶段岩土工程评价、工程设计的需要，一般宜为 25m～50m。当需要圈定重要的局部变化时，可加密勘探点。必要时进行横断面勘探。

3 勘探孔的深度应满足设计要求，一般应穿透软土层，钻至硬层或下伏基岩内 2m～5m。当软土层较厚时，勘探、测试孔深度应满足地基压缩层的计算深度和围护结构计算的要求。

4 软土应采用薄壁取土器采取Ⅰ级土样，应严格按相关要求进行钻探、取样和及时送样、试验。对重要工点和重要的建筑物，在工程地质单元中每层的试样数量不应少于 10 组。

12.3.3 软土的室内试验应符合下列要求：

1 试验项目应根据不同勘察阶段、不同工程类别和处理措施选定。

2 除常规项目外，一般还应包括：渗透系数、固结系数、抗剪强度、静止侧压力系数、灵敏度、有机质含量等。

3 在每一地貌单元应有代表性高压固结试验，成果按 e-$\lg p$ 曲线的形式整理，确定先期固结压力并计算压缩指数和回弹指数。

12.3.4 软土的岩土工程分析与评价应包括下列内容：

1 应按土的先期固结压力与上覆有效土自重压力之比，判定土的历史固结程度。

2 邻近有河湖、池塘、洼地、河岸、边坡时，或软土围岩和地基受力范围内有起伏、倾斜的基岩、硬土层或存在较厚的透镜体时，应分析软土侧向塑性挤出或产生滑移的危险程度，分析软土发生变形、不均匀变形的可能性，并提出工程处理措施建议。

3 软土地基主要受力层中有薄的砂层或软土与砂土互层时，应根据其固结排水条件，判定其对地基

变形的影响。

4 应根据软土的成层、分布及物理力学性质对影响或危及城市轨道交通工程安全的不均匀沉降、滑动、变形作出评价，提出加固处理措施的建议。

5 判定地下水位的变化幅度和承压水头等水文地质条件对软土地基和隧道围岩稳定性和变形的影响。

6 对软土地层基坑和隧道的开挖、支护结构类型、地下水控制提出建议，提供抗剪强度参数、土压力系数、渗透系数等岩土参数。

7 根据建（构）筑物对沉降的限制要求，采用多种方法综合分析评价软土地基的承载力：一般建筑物可利用静力触探及其他原位测试成果，结合地区经验确定，或采用工程地质类比法确定；对重要建筑物和缺乏经验的地区，宜采用载荷试验方法确定。

8 桩基评价应考虑软土继续固结所产生的负摩擦力。当桩基邻近有堆载时，还应分析桩的侧向位移或倾斜。

9 抗震设防烈度大于或等于 7 度的厚层软土，应判别软土震陷的可能性。

10 对含有沼气等有害气体的软土地基、围岩，应判定有害气体逸出对地基和围岩稳定性、变形及施工的影响。

11 对软土场地因施工、取土、运输等原因产生的环境地质问题应作出评价，并提出相应措施。

12.4 湿 陷 性 土

12.4.1 湿陷性土的勘察应查明下列内容：

1 湿陷性土的年代、成因、分布及其与地质、地貌、气候之间的关系。

2 湿陷性土的地层结构、厚度变化以及与非湿陷性土层的关系。

3 湿陷系数、自重湿陷系数随深度的变化。

4 湿陷类型和不同湿陷等级的平面分布。

5 古墓、井坑、井巷、地道等的分布。

6 大气降水的积聚与排泄条件，地下水位季节变化幅度及升降趋势。

7 当地消除湿陷性的建筑经验。

12.4.2 湿陷性土的勘探应符合下列规定：

1 探井数量宜占取土勘探点总数的 1/3～1/2。

2 取土勘探点的数量应为勘探点总数的 1/2～2/3，当勘探点间距较大或数量不多时，宜将所有勘探点作为取土勘探点。

3 勘探孔的深度，除应大于地基压缩层深度外，在非自重湿陷性场地尚应达到基础底面以下不小于 10m；在自重湿陷性场地尚应大于自重湿陷性土层的深度，并应满足工程设计与施工的特殊需要。

4 土试样应为Ⅰ级土样，并应在探井中取样，竖向间距宜为 1m，土样直径不应小于 120mm；取样

应按现行国家标准《湿陷性黄土地区建筑规范》GB 50025 的有关规定执行。

5 探井和钻孔应分层回填夯实，回填土的干密度不应小于 1.5g/cm³。

12.4.3 湿陷性土的试验应符合下列规定：

1 室内试验除应满足本规范第 16 章的要求外，尚应进行湿陷系数、自重湿陷系数、湿陷起始压力等试验，对浸水可能性大的工程，应进行饱和状态下的压缩和剪切试验。

2 黄土的基坑稳定性计算与支护设计所需抗剪强度指标宜采用三轴固结不排水剪试验（CU），在初步设计阶段可采用固结快剪试验。

3 根据工程需要可进行现场试坑浸水试验和现场载荷试验。

4 湿陷性土的原位及室内试验应按现行国家标准《湿陷性黄土地区建筑规范》GB 50025 的有关规定执行。

12.4.4 湿陷性土的岩土工程分析与评价应包括下列内容：

1 判定场地湿陷类型：当实测自重湿陷量 Δ_{zs} 或计算自重湿陷量 Δ_{zs} 大于 70mm 时应判定为自重湿陷性场地；小于或等于 70mm 时应判定为非自重湿陷性场地。

2 湿陷性黄土地基湿陷量 Δ_s 计算方法按现行国家标准《湿陷性黄土地区建筑规范》GB 50025 的有关规定执行；对不能采取不扰动土试样的湿陷性碎石土、湿陷性砂土、湿陷性粉土和湿陷性填土等，地基湿陷量 Δ_s 计算方法按现行国家标准《岩土工程勘察规范》GB 50021 的有关规定执行。

3 湿陷性黄土地基的湿陷等级应根据场地的湿陷类型、计算自重湿陷量 Δ_{zs} 和湿陷量 Δ_s 按表 12.4.4-1 的规定确定；湿陷性碎石土、湿陷性砂土、湿陷性粉土和湿陷性填土等地基的湿陷等级应根据湿陷量 Δ_s 和湿陷性土总厚度按表 12.4.4-2 的规定确定。

表 12.4.4-1 湿陷性黄土地基的湿陷等级

湿陷量 Δ_s (mm) \ 自重湿陷量 Δ_{zs} (mm) 湿度类型	非自重湿陷性场地 $\Delta_{zs} \leq 70$	自重湿陷性场地 $70 < \Delta_{zs} \leq 350$	自重湿陷性场地 $\Delta_{zs} > 350$
$\Delta_s \leq 300$	Ⅰ（轻微）	Ⅱ（中等）	—
$300 < \Delta_s \leq 700$	Ⅱ（中等）	*Ⅱ（中等）或 Ⅲ（严重）	Ⅲ（严重）
$\Delta_s > 700$	Ⅱ（中等）	Ⅲ（严重）	Ⅳ（很严重）

注：* 当湿陷量的计算值 Δ_s 大于 600mm、自重湿陷量的计算值 Δ_{zs} 大于 300mm 时，可判为Ⅲ级，其他情况可判为Ⅱ级。

表 12.4.4-2 湿陷性碎石土等其他湿陷性土地基的湿陷等级

湿陷量 Δ_s (mm)	湿陷性土总厚度 (m)	湿陷等级
$50 < \Delta_s \leq 300$	>3	Ⅰ
	≤3	Ⅱ
$300 < \Delta_s \leq 600$	>3	
	≤3	Ⅲ
$\Delta_s > 600$	>3	
	≤3	Ⅳ

4 应提出消除地基湿陷性措施的建议。

5 湿陷性黄土的承载力应按现行国家标准《湿陷性黄土地区建筑规范》GB 50025 的有关规定确定。湿陷性碎石土、湿陷性砂土、湿陷性粉土和湿陷性填土等的承载力宜按载荷试验确定。

6 应对自重湿陷性场地的桩基设计提出关于负摩阻力值的建议。测定负摩阻力宜进行现场试验。当进行现场试验有困难时，可参照《湿陷性黄土地区建筑规范》GB 50025 的有关规定进行估算。

7 应对黄土中可能存在的钙质结核及钙质结核富集层对隧道施工的影响进行分析评价。

12.5 膨 胀 岩 土

12.5.1 膨胀土的勘察应查明下列内容：

1 膨胀土的地层岩性、形成年代、成因、结构、分布及节理、裂隙等特征。

2 膨胀土分布区的地形、地貌特征。

3 膨胀土分布区不良地质作用的发育情况与危害程度。

4 膨胀土的强度、胀缩特性及不同膨胀潜势、胀缩等级的分布特征。

5 地表水的排泄条件，地下水位与变化幅度。

6 多年的气象资料及大气的影响深度。

7 当地的建筑经验，建筑物与道路的破坏形式，发生发展特点与防治措施等。

12.5.2 膨胀土的勘探应符合下列要求：

1 勘探点宜结合地貌特征和工程类型布置，采用钻探和井探相结合，钻探宜采用干钻。

2 取土试样钻孔、探井的数量不应少于钻孔、探井总数的 1/2。

3 勘探孔深度，除应超过压缩层深度外，尚应大于大气影响深度。勘探孔深度还应满足各类工程设计的需要。

4 在大气影响深度内的土试样，取样间隔宜为 1m，在大气影响深度以下，取样间隔可适当增大。

5 钻孔、探井应分层回填夯实。

12.5.3 膨胀土室内试验应符合下列要求：

1 一般应包括常规物理力学指标、无侧限抗压强度、自由膨胀率、一定压力下的膨胀率、收缩系数、膨胀力等特性指标，必要时可测定蒙脱石含量和阳离子含量。

2 计算在荷载作用下的地基膨胀量时，应测定土样在自重与附加压力之和作用下的膨胀率。

3 必要时，进行三轴剪切试验、残余强度试验等。

12.5.4 膨胀岩的勘察应符合下列要求：

1 除满足本规范第12.5.1条的规定外，尚应查明膨胀岩的地质构造、岩层产状、风化程度。

2 勘探点应结合工程类型布置，勘探孔深度应大于大气影响深度和满足各类工程设计的需要。

3 按岩性、风化带分层采取代表性样品，进行密度、含水量、自由膨胀率、膨胀力、岩石的饱和吸水率等试验。

12.5.5 膨胀岩土的岩土工程分析与评价应包括下列内容：

1 膨胀土膨胀潜势应按表12.5.5-1的规定进行分类：

表 12.5.5-1　膨胀潜势分类

膨胀潜势 分类指标	弱	中	强
自由膨胀率 δ_{ef}（%）	$40 \leqslant \delta_{ef} < 60$	$60 \leqslant \delta_{ef} < 90$	$\delta_{ef} \geqslant 90$
蒙脱石含量 M'（%）	$7 \leqslant M' < 17$	$17 \leqslant M' < 27$	$M' \geqslant 27$
阳离子交换量 CEC（NH_4^+）（mmol/kg）	$170 \leqslant CEC$（NH_4^+）< 260	$260 \leqslant CEC$（NH_4^+）< 360	CEC（NH_4^+）$\geqslant 360$

注：当有两项指标符合时，即判定为该等级。

2 场地应按下列条件进行分类：

1）平坦场地：地形坡度小于5°；地形坡度大于5°、小于14°而距坡肩的水平距离大于10m的坡顶地带。

2）坡地场地：地形坡度大于或等于5°；地形坡度虽小于5°但同一座建筑物或工程设施范围内的局部地形高差大于1m。

3 膨胀土地基胀缩等级应按表12.5.5-2的规定进行划分：

表 12.5.5-2　膨胀土地基胀缩等级

级　别	地基分级变形量 s_c（mm）
Ⅰ	$15 \leqslant s_c < 35$
Ⅱ	$35 \leqslant s_c < 70$
Ⅲ	$s_c \geqslant 70$

注：1　测定膨胀率的试验压力应为50kPa；
　　2　分级变形量的计算应按现行国家标准《膨胀土地区建筑技术规范》GBJ 112 的有关规定进行。

4 确定地基土的承载力应按下列要求进行：

1）重要建（构）筑物或工程设施的地基承载力宜采用载荷试验或浸水载荷试验确定。

2）一般建（构）筑物或工程设施的地基承载力宜根据三轴不固结不排水剪（UU）试验结果计算确定。

5 确定土体抗剪强度应按下列要求进行：

1）表面风化层宜采用干湿循环试验确定。

2）地下水位以下或坡面无封闭、有雨水、地表水渗入，宜采用浸水条件下的直剪仪慢剪试验确定。

3）地下水位以上或坡面及时封闭、无雨水、无地表水渗入，宜采用非浸水条件下的直剪仪慢剪试验确定。

4）裂隙面强度宜采用无侧限抗压强度试验或直剪仪裂面重合剪试验确定。

6 分析膨胀岩土对工程的影响，建议相应的基础埋深、地基处理及隧道、边坡、基坑支护和防水、保湿措施等。

7 应对建（构）筑物、工程设施、边坡等的变形、岩土的含水量变化及气候等环境条件变异的监测提出建议。

12.6　强风化岩、全风化岩与残积土

12.6.1 强风化岩、全风化岩与残积土的勘察应着重查明下列内容：

1 母岩的地质年代和名称。

2 强风化岩、全风化岩与残积土的分布、埋深与厚度变化。

3 原岩矿物的风化程度、组织结构的变化程度。

4 强风化岩、全风化岩与残积土的不均匀程度，破碎带和软弱夹层的分布、特征。

5 强风化岩、全风化岩与残积土中岩脉的分布。

6 强风化岩、全风化岩与残积土的透水性和富水性。

7 强风化岩、全风化岩与残积土的物理力学性质及参数。

8 当地强风化岩、全风化岩与残积土的工程经验。

12.6.2 强风化岩、全风化岩与残积土的勘探与测试应符合下列要求：

1 采用钻探与标准贯入试验、重型动力触探试验、波速测试等原位测试相结合的手段进行勘察工作。

2 应有一定数量的探井。

3 勘探点间距应按照本规范第7.3.3条的规定取小值。

4 在强风化岩、全风化岩与残积土中应取得Ⅰ级试样。

5 根据工程需要按本规范第16章的规定，对全风化岩、残积土和呈土状的强风化岩进行土工试验，

对呈岩块状的强风化岩进行岩石试验，对残积土必要时对进行湿陷性和湿化试验。

12.6.3 强风化岩、全风化岩与残积土的技术指标和参数宜采用原位测试与室内试验相结合的方法确定。其承载力和变形模量 E_0 宜采用原位测试方法确定，亦可按现行国家标准《建筑地基基础设计规范》GB 50007 的有关规定确定。

12.6.4 对花岗岩类的强风化岩、全风化岩与残积土的勘察，应符合下列要求：

1 花岗岩类的强风化岩、全风化岩与残积土可按表 12.6.4 的规定划分。

2 可根据含砾或含砂量将花岗岩类残积土划分为砾质黏性土、砂质黏性土和黏性土。

表 12.6.4 花岗岩类的强风化岩、全风化岩与残积土划分

岩土名称＼测试项目及指标	标准贯入 N 值（实测值）	剪切波波速 v_s（m/s）
强风化岩	$N \geqslant 50$	$v_s \geqslant 400$
全风化岩	$50 > N \geqslant 30$	$400 > v_s \geqslant 300$
残积土	$N < 30$	$v_s < 300$

3 除满足本规范第 12.6.1 条的规定外，尚应着重查明花岗岩分布区强风化岩、全风化岩与残积土中球状风化体（孤石）的分布。

4 对花岗岩类残积土和全风化岩进行细粒土的天然含水量、塑性指数、液性指数等试验。

12.6.5 强风化岩、全风化岩与残积土的岩土工程分析与评价应包括下列内容：

1 评价强风化岩、全风化岩与残积土的地基及边坡稳定性，并提出工程措施的建议。

2 评价强风化岩、全风化岩与残积土中的桩基承载力和稳定性。

3 分析岩土的不均匀程度，尤其是破碎带和软弱夹层的分布，指出隧道和基坑开挖、桩基施工中存在的岩土工程问题，提出工程措施的建议。

4 评价强风化岩、全风化岩与残积土的透水性和地下水的富水性，分析在不同工法下，地下水对岩土体稳定性的影响，提出地下水控制措施的建议。

5 分析岩脉、孤石和球状风化体对工程的影响，提出工程措施的建议。

13 工程地质调查与测绘

13.1 一般规定

13.1.1 工程地质调查与测绘应包括工程场地的地形地貌、地层岩性、地质构造、工程地质条件、水文地质条件、不良地质作用和特殊性岩土等。

13.1.2 应通过调查与测绘掌握场地主要工程地质问题，结合区域地质资料对城市轨道交通工程场地的稳定性、适宜性作出评价，划分场地复杂程度，分析工程建设中存在的岩土工程问题，提出防治措施的建议，并为各勘察阶段的勘探与测试工作布置提供依据。

13.2 工作方法

13.2.1 工程地质调查与测绘应搜集工程沿线的既有资料，并进行综合分析研究。

13.2.2 在工程地质调查与测绘工作中，必要时可进行适量的勘探、物探和测试工作。

13.2.3 在采用遥感技术的地段，应对室内解译结果进行现场核实。

13.2.4 地质观测点的布置应符合下列规定：

1 地质观测点应布置在具有代表性的岩土露头、地层界线、断层及重要的节理、地下水露头、不良地质、特殊岩土界线等处。

2 地质观测点密度应根据技术要求、地质条件和成图比例尺等因素综合确定。其密度应能控制不同类型地质界线和地质单元体的变化。

3 地质观测点的定位应根据精度要求和地质复杂程度选用目测法、半仪器法、仪器法。对构造线、地下水露头、不良地质作用等重要的地质观测点，应采用仪器定位。

13.2.5 当地质条件复杂时，宜采用填图的方法进行调查与测绘。当地质条件简单或既有地质资料比较充分时，可采用编图方法进行调查与测绘。

13.3 工作范围

13.3.1 应按勘察阶段所确定的线路、建（构）筑物平面范围及邻近地段开展地质调查与测绘工作，其范围应满足线路方案比选和建（构）筑物选址、地质条件评价的需要。

13.3.2 一般区间直线段向两侧不应少于 100m；车站、区间弯道段及车辆基地向外侧不应少于 200m。

13.3.3 对工程建设有影响的不良地质作用、特殊性岩土、断裂构造、地下富水区、既有建筑工程等地段应扩大工作范围。

13.3.4 工程建设可能诱发地质灾害地段，其工作范围应包含可能的地质灾害发生的范围。

13.3.5 当地质条件特别复杂或需进行专项研究时，工作范围应专门研究确定。

13.4 工作内容

13.4.1 工程地质调查与测绘的资料搜集应包括下列内容：

1 区域性的地质、水文、气象、航卫片、建筑及植被等资料。

2 既有建（构）筑物的岩土工程勘察资料和施工经验。

3 已发生的岩土工程事故案例，了解其发生的原因、处理措施和整治效果。

13.4.2 工程地质调查与测绘工作应包括下列内容：

1 调查、测绘地形与地貌的形态，划分地貌单元，确定成因类型，分析其与基底岩性和新构造运动的关系。

2 调查天然和人工边坡的形式、坡率、防护措施和稳定情况。

3 调查地层的岩性、结构、构造、产状，岩体的结构特征和风化程度，了解岩石的坚硬程度和岩体的完整程度。

4 调查构造类型、形态、产状、分布，对断裂、节理等构造进行分类，确定主要结构面与线路的关系。

5 对主干断裂、强烈破碎带，应调查其分布范围、形态和物质组成，分析地下水软化作用对隧道围岩稳定性的影响和危害程度。

6 调查地表水体及河床演变历史，搜集主要河流的最高洪水位、流速、流量、河床标高、淹没范围等。

7 调查地下水各含水层类型、水位、变化幅度、水力联系、补给来源和排泄条件，地下水动态变化与地表水系的联系、腐蚀性情况，以及历年地下水位的长期观测资料。

8 调查填土的堆积年代、坑塘淤积层的厚度，以及软土、盐渍岩土、膨胀性岩土、风化岩和残积土等特殊性岩土的分布范围和工程地质特征。

9 调查岩溶、人工空洞、滑坡、岸边冲刷、地面沉降、地裂缝、地下古河道、暗浜、含放射性或有害气体地层等不良地质的形成、规模、分布、发展趋势及对工程建设的影响。

13.5 工 作 成 果

13.5.1 工程地质调查与测绘的资料应准确可靠、图文相符。对工程设计、施工有影响的工程地质现象，应用素描图或照片记录并附文字说明。

13.5.2 工程地质测绘的比例尺和精度应符合下列要求：

1 测绘用图比例尺宜选用比最终成果图大一级的地形图作底图，在可行性研究勘察阶段选用1：1000～1：2000；在初步勘察、详细勘察和施工勘察阶段选用1：500～1：1000；在工程地质条件复杂地段应适当放大比例尺。

2 在可行性研究勘察阶段地层单位划分到"阶"或"组"；岩体年代单位划分到"期"；在初步勘察、详细勘察和施工勘察阶段均划分到"段"。第四系应划分不同的成因类型，年代应划分到"世"。

3 地质界线、地质观察点测绘在图上的位置误差不应大于2mm。

4 地质单元体在图上的宽度大于或等于2mm时，均应在图上表示。有特殊意义或对工程有重要影

响的地质单元体，在图面上宽度小于2mm时，应采用扩大比例尺的方法标示并加以注明。

13.5.3 工程地质调查与测绘的成果资料宜符合下列规定：

1 对地质条件简单地段，工程地质调查与测绘的成果可纳入相应阶段的岩土工程勘察报告。

2 对地质条件复杂地段，应编制工程地质调查与测绘报告。报告内容包括文字报告、地质柱状图、工程地质图、纵横地质剖面图、遥感地质解译资料、素描图和照片等。

14 勘探与取样

14.1 一 般 规 定

14.1.1 钻探、井探、槽探、物探等勘探方法的选择，应根据地层、勘探深度、取样、原位测试及场地现状确定。

14.1.2 勘探应分层准确，不得遗漏对工程有影响的软弱夹层、软弱面（带）。

14.1.3 勘探点测量应采用与设计相符的高程、坐标系统，引测基准点应满足其精度要求。

14.1.4 岩土试样的采取方法应结合地层条件、岩土试验技术要求确定。

14.1.5 勘探作业应考虑对工程及环境的影响，防止对地下管线、地下构筑物和环境的破坏，并采取有效措施，确保勘探施工安全。

14.1.6 钻孔、探井、探槽用完后应及时妥善回填，并记录回填方法、材料和过程；回填质量应满足工程施工要求，避免对工程施工造成危害。

14.2 钻 探

14.2.1 钻探方法可根据岩土类别和勘察要求按表14.2.1的规定选用。

表14.2.1 钻探方法的适用范围

钻进方法		钻进地层					勘察要求	
		黏性土	粉土	砂土	碎石土	岩石	直观鉴别，采取不扰动试样	直观鉴别，采取扰动试样
回转	螺纹钻探	○	△	△	－	－	○	○
	无岩芯钻探	○	○	○	△	○	－	－
	岩芯钻探	○	○	○	○	○	○	○
冲击钻探		－	△	○	○	－	－	－
锤击钻探		○	○	○	○	－	○	○
振动钻探		○	○	○	△	－	△	○
冲洗钻探		△	○	○	－	－	－	△

注：○代表适用；△代表部分情况适用；－代表不适用。

14.2.2 钻孔直径和钻具规格应符合现行国家标准的规定。成孔口径应满足取样、原位测试、水文地质试验、综合测井和钻进工艺的要求。

14.2.3 钻探应符合下列规定：

1 钻进深度、岩土分层深度允许偏差为±50mm，地下水位量测允许偏差为±20mm。

2 对鉴别地层天然湿度的钻孔，在地下水位以上应进行干钻；当必须加水或使用循环液时，应采用双层岩芯管钻进。

3 钻探的回次进尺，应在保证获得准确地质资料的前提下，根据地层条件和岩芯管长度确定。钻进时回次进尺不应超过岩芯管的长度。在砂土、碎石土等取芯困难地层中钻进时，应控制回次进尺或回次时间，以确保分层与描述的要求。

4 工程地质钻探的岩芯采取率应符合表14.2.3的规定。

表14.2.3 工程地质钻探岩芯采取率

岩土类型		岩芯采取率（%）
土类	黏性土、粉土	≥90
	砂土	≥70
	碎石土	≥50
基岩	滑动面及重要结构面上下5m范围内	≥70
	微风化带、中风化带	≥70
	强风化带、全风化带，构造破碎带	≥65
	完整岩层	≥80

注：1 岩芯采取率：圆柱状、圆片状及合成柱状岩芯长度与破碎岩芯装入同径岩芯管中高度之总和与该回次进尺的百分比。
　　2 滑动面及重要结构面在第四系土中时，岩芯采取率应符合相应土类的规定。

5 当需确定岩石质量指标（RQD）时，应采用75mm口径（N型）双层岩芯管和金刚石钻头。

14.2.4 岩芯整理应符合下列规定：

1 采取的岩芯应按上下顺序装箱摆放，填写回次标签，在同一回次内采取两种不同岩芯时应注明变层深度。

2 当发现滑动面、软弱结构面或薄层时，应加填标签注明起止深度，放在岩芯相应位置。

3 对重要的钻孔，应装箱妥善保存岩芯、土样、分箱拍摄彩色照片。

14.2.5 钻探记录和编录应符合下列规定：

1 钻探现场岩芯鉴别可采用肉眼鉴别和手触方法，有条件或勘察工作有明确要求时，可采用微型贯入仪等定量化、标准化的方法。

2 钻探记录应包括回次进尺和深度、钻进情况、孔内情况、钻进参数、地下水位、岩芯记录等内容。

14.3 井探、槽探

14.3.1 在建筑物密集、地下管线复杂等工程周边环境条件下，可采用挖探的方法查明地下情况。对卵石、碎石、漂石、块石等粗颗粒土钻探难以查明岩土性质或需要做大型原位测试时，应采用挖探的方法。挖探宜在地下水位以上进行。

14.3.2 井探宜采用圆形或方形断面，在井内取样应随挖探工作及时进行。在松散地层中掘进时应进行护壁，且应每隔0.5m～1.0m设一检查孔。井探施工时，应根据实际情况，向井中送风并应监测井内有害气体含量。

14.3.3 对井探、槽探除文字描述记录外，尚应以剖面图、展示图等反映井、槽壁和底部的岩性、地层分界、构造特征、取样和原位测试位置，并辅以代表性部位的彩色照片。

14.4 取　　样

14.4.1 土试样质量等级应根据用途按表14.4.1的规定划分为四级：

表14.4.1 土试样质量等级

级别	扰动程度	试验内容
Ⅰ级	不扰动	土类定名、含水量、密度、强度试验、固结试验
Ⅱ级	轻微扰动	土类定名、含水量、密度
Ⅲ级	显著扰动	土类定名、含水量
Ⅳ级	完全扰动	土类定名

注：不扰动土样是指虽然土的原位应力状态改变，但土的结构、密度、含水量变化很小，可满足各项室内试验要求的土样。

14.4.2 土试样采取的工具和方法可按本规范附录G选取。

14.4.3 对特殊土的取样应符合本规范第12章的有关规定。

14.4.4 在钻孔中采取Ⅰ、Ⅱ级砂试样时，可采用原状取砂器。

14.4.5 在钻孔中采取Ⅰ、Ⅱ级土试样时，应满足下列条件：

1 在软土、砂土中，宜采用泥浆护壁；如使用套管，应保持管内水位等于或稍高于地下水位，取样位置应低于套管底3倍孔径的距离。

2 采用冲洗、冲击、振动等方式钻进时，应在预计采样位置1m以上改用回转钻进。

3 下放取土器前应仔细清孔，清除扰动土，孔底残留浮土厚度不应大于取土器废土段长度。

4 采取土试样宜用快速静力连续压入法。在硬塑和坚硬的黏性土和密实的粉土层中压入取样有困难时，可采用击入法，并应重锤少击。

14.4.6 Ⅰ、Ⅱ、Ⅲ级土试样应妥善密封，防止湿度变化，严防暴晒或冰冻，保存时间不宜超过两周。在运输中应避免振动，对易于振动液化和水分离析的土试样宜就近进行试验。

14.4.7 岩石试样可利用钻探岩芯制作或在探井、探槽、竖井和平洞中采取。采取的毛样尺寸应满足试块加工的要求。在特殊情况下，试样形状、尺寸和方向由岩体力学试验设计确定。

14.4.8 比热容、导热系数、导温系数、基床系数、动三轴特殊试验项目的取样，应满足试验的要求。

14.5 地球物理勘探

14.5.1 城市轨道交通岩土工程勘察宜在下列方面采用地球物理勘探：

1 探测隐伏的地质界线、界面、不良地质体、地下管线、地下空洞、土洞、溶洞等。

2 在钻孔之间增加地球物理勘探点，为钻探成果的内插、外推提供依据。

3 测定沿线大地导电率、岩土体波速、岩土体电阻率、放射性辐射参数等，计算动弹性模量、动剪切模量、卓越周期。

14.5.2 采用地球物理勘探方法时，应具备下列条件：

1 被探测对象与其周围介质间存在一定的物性（电性、弹性、磁性、密度、温度、放射性等）差异。

2 被探测对象的几何尺寸与其埋藏深度或探测距离之比不应小于1/10。

3 能抑制各种干扰，区分有用信号和干扰信号。

14.5.3 在应用地球物理勘探方法时，应进行方法的有效性试验；试验地段应选择在有对比资料，且具有代表性的地段。

14.5.4 解译地球物理勘探资料时，应考虑其多解性。当需要时，应采用多种勘探手段，包括多种地球物理勘探方法，并应有一定数量的钻探验证孔，在相互印证的基础上，对资料进行综合解译。

14.5.5 提交地球物理勘探解译成果图及解译报告内容、格式应满足设计要求，必要时还应交付地震时间剖面图、电阻率断面图等原始资料。

15 原位测试

15.1 一般规定

15.1.1 原位测试方法应根据岩土条件、设计对参数的需要、地区经验和测试方法的适用性等因素综合确定。

15.1.2 原位测试成果应与原型试验、室内试验及工程经验等结合使用，并应进行综合分析。对重要的工程或缺乏使用经验的地区，应与工程反算参数作对比，检验其可靠性。

15.1.3 原位测试的仪器设备应定期检验和标定。

15.1.4 原位测试应符合国家或行业有关测试规程的规定。

15.2 标准贯入试验

15.2.1 标准贯入试验适用于砂土、粉土、黏性土、残积土、全风化岩及强风化岩。

15.2.2 标准贯入试验的设备应符合表15.2.2的规定。

表15.2.2 标准贯入试验设备规格

落锤	锤的质量（kg）	63.5
	落距（cm）	76
贯入器	对开管	长度（mm）	>500
		外径（mm）	51
		内径（mm）	35
	管靴	长度（mm）	50～76
		刃口角度（°）	18～20
		刃口单刃厚度（mm）	1.6
钻杆	直径（mm）	42
	相对弯曲	<1/1000

15.2.3 标准贯入试验可在钻孔全深度范围内或在个别土层内以1m～2m的间距进行。标准贯入试验孔采用回转钻进，水位下试验时应保证孔内水位不低于原地下水位。当孔壁不稳定时，可用泥浆护壁，钻至试验标高以上15cm处，清除孔底残土后再进行试验。

15.2.4 当在30cm内锤击数已达50击时，可不再强行贯入，但应记录50击时的贯入深度，试验成果可按下式换算为相当于30cm的锤击数。

$$N = 30n/\Delta S \qquad (15.2.4)$$

式中：N——实测标准贯入锤击数；

n——所取锤击数为50击；

ΔS——相应于n的贯入深度（cm）。

15.2.5 标准贯入试验成果，应采用实测值，按数理统计方法进行统计。不宜使用单孔的N值对土的工程性质作出评价。

15.2.6 标准贯入试验成果资料整理应包括下列内容：

1 标准贯入试验成果N可直接标在工程地质剖面图上，也可绘制单孔标准贯入锤击数N与深度关系曲线或直方图。统计分层标准贯入锤击数平均值时，应剔除异常值。

2 应用N值时是否修正和如何修正，应根据建立统计关系时的具体情况确定。

15.3 圆锥动力触探试验

15.3.1 圆锥动力触探类型应符合表15.3.1的规定。轻型圆锥动力触探试验适用于浅部的黏性土、粉土、砂土及填土。重型圆锥动力触探试验和超重型圆锥动力触探试验适用于强风化、全风化的硬质岩石、各种软质岩石及砂土、圆砾（角砾）和卵石（碎石）。

表 15.3.1　圆锥动力触探类型

类　型		轻型	重型	超重型
落锤	锤的质量（kg）	10	63.5	120
	落距（cm）	50	76	100
探头	直径（mm）	40	74	74
	锥角（°）	60	60	60
探杆直径（mm）		25	42	50～60
贯入指标	贯入深度（cm）	30	10	10
	锤击数符号	N_{10}	$N_{63.5}$	N_{120}

15.3.2 圆锥动力触探试验应结合地区经验并与其他方法配合使用。

15.3.3 不宜使用单孔锤击数对土的工程性质作出评价。

15.3.4 圆锥动力触探试验成果资料整理应包括下列内容：

1 单孔连续圆锥动力触探试验应绘制锤击数与贯入深度关系曲线。

2 计算单孔分层贯入指标平均值时，应剔除临界深度以内的数值、超前和滞后影响范围内的异常值。

3 根据各孔分层的贯入指标平均值，用厚度加权平均法计算场地分层贯入指标平均值和变异系数。

15.4　旁压试验

15.4.1 旁压试验适用于黏性土、粉土、砂土、碎石土、残积土、极软岩和软岩等。

15.4.2 旁压试验应在有代表性的位置和深度进行，旁压器的量测腔应在同一土层内，试验点的垂直间距不宜小于 1m，每层土的测点不应少于 1 个，厚度大于 3m 的土层测点不应少于 3 个。

15.4.3 预钻式旁压试验应保证成孔质量，钻孔直径与旁压器直径应配合良好，防止孔壁坍塌；自钻式旁压试验的自钻钻头、钻头转速、钻进速率、刃口距离、泥浆压力和流量等应符合有关规定。

15.4.4 在饱和软黏性土层中宜采用自钻式旁压试验，在试验前宜通过试钻确定最佳回转速率、冲洗液流量、切削器的距离等技术参数。

15.4.5 加荷等级可采用预期临塑压力的 1/7～1/5 或极限压力的 1/12～1/10，如不易预估临塑压力或极限压力时，可按表 15.4.5 的规定确定加载增量。初始阶段加荷等级可取小值，必要时，可做卸荷再加荷试验，测定再加荷旁压模量。

表 15.4.5　试验加载增量

土性特征	加载增量（kPa）
淤泥、淤泥质土，流塑黏性土，松散的粉土及砂土	≤15
软塑黏性土，新黄土，稍密的粉土及砂土	15～25
可塑—硬塑黏性土，一般黄土，中密的粉土、砂土	25～50
坚硬黏性土，老黄土，密实的粉土、砂土	50～150
软质岩，风化岩	100～600

注：为确定 P-V 曲线上直线段起点对应的压力 P_0，开始的 1 级～2 级加载增量宜减半施加。

15.4.6 每级压力应保持相对稳定的观测时间，对黏性土、砂土宜为 3min，对软质岩石和风化岩宜为 1min。维持 1min 时，加荷后 15、30、60s 测读变形量；维持 3min 时，加荷后 15、30、60、120、180s 测读变形量；

15.4.7 旁压试验成果资料整理应包括下列内容：

1 对各级压力及相应的扩张体积或半径增量分别进行约束力及体积的修正后，绘制压力与体积曲线，需要时可作蠕变曲线。

2 根据压力与体积曲线，结合蠕变曲线确定初始压力、临塑压力和极限压力，地基极限强度 f_L 和临塑强度 f_y，按下列公式计算：

$$f_L = p_L - p_0 \tag{15.4.7-1}$$

$$f_y = p_f - p_0 \tag{15.4.7-2}$$

式中：p_0——旁压试验初始压力（kPa）；

　　　p_L——旁压试验极限压力（kPa）；

　　　p_f——旁压试验临塑压力（kPa）。

3 根据压力与体积曲线的直线段斜率，按下式计算旁压模量：

$$E_m = 2(1+\mu)\left(V_c + \frac{V_0 + V_f}{2}\right)\frac{\Delta p}{\Delta V}$$

$$\tag{15.4.7-3}$$

式中：E_m——旁压模量（kPa）；

　　　μ——泊松比（碎石土取 0.27，砂土取 0.30，粉土取 0.35，粉质黏土取 0.38，黏土取 0.42）；

　　　V_c——旁压器量测腔初始固有体积（cm³）；

　　　V_0——与初始压力 p_0 对应的体积（cm³）；

　　　V_f——与临塑压力 p_f 对应的体积（cm³）；

　　　$\Delta p/\Delta V$——旁压曲线直线段的斜率（kPa/cm³）。

15.5　静力触探试验

15.5.1 静力触探试验适用于软土、一般黏性土、粉土、砂土和含少量碎石的土。静力触探可根据工程需要和地区经验采用单桥探头、双桥探头或带孔隙水压力量测的单桥、双桥探头，可测定比贯入阻力（p_s）、锥头阻力（q_c）、侧壁摩阻力（f_s）和贯入时的孔隙水压力（u）。

15.5.2 当贯入深度较大，或穿过厚层软土后再贯入硬土层或密实砂层时，应采取措施防止孔斜或断杆，也可配置测斜探头，量测触探孔的偏斜角，校正土层界线的深度。

15.5.3 水上触探应有保证孔位不致发生偏移以及在试验过程中不发生探头上下移动的稳定措施，水底以上部位应加设防止探杆挠曲的装置。

15.5.4 当在预定深度进行孔压消散试验时，应量测停止贯入后不同时间的孔压值，其计时间隔宜由密而疏合理控制。

15.5.5 静力触探试验成果资料整理应包括下列内容：

1 绘制比贯入阻力与深度曲线、锥尖阻力与深度曲线、侧壁摩阻力与深度曲线、侧壁摩阻力与锥尖阻力之比与深度曲线、孔隙水压力与深度曲线以及超孔隙水压力与深度曲线。

2 根据贯入曲线的线型特征，结合相邻钻孔资料和地区经验划分土层。计算各土层静力探触有关试验数据的平均值。

3 根据静力探触资料，利用地区经验估算土的强度、变形参数和估算单桩承载力等。

15.6 载荷试验

15.6.1 载荷试验一般包括平板载荷试验和螺旋板载荷试验。浅层平板载荷试验适用于浅层地基土；深层平板载荷试验适用于深层地基土和大直径桩的桩端土；螺旋板载荷试验适用于深层地基土或地下水位以下的地基土。

15.6.2 刚性承压板根据土的软硬或岩体裂隙密度选用合适的尺寸，土的浅层平板载荷试验承压板面积不应小于 0.25m^2，对软土和粒径较大的填土不应小于 0.5m^2；土的深层板载荷试验承压板面积宜选用 0.5m^2；岩石载荷试验承压板的面积不宜小于 0.07m^2；螺旋板载荷试验承压板直径根据土性分别取 0.160m 或 0.252m。

15.6.3 基床系数在现场测定时宜采用 K_{30} 方法，即采用直径 30cm 的荷载板垂直或水平加载试验，可直接测定地基土的垂直基床系数 K_v 和水平基床系数 K_h。

15.6.4 载荷试验应布置在围岩内或基础埋置深度处，当土质不均匀或多层土时，应选择有代表性的地点和深度进行，必要时，宜在不同土层深度进行试验。

15.6.5 浅层平板载荷试验的试坑宽度或直径不应小于承压板宽度或直径的 3 倍；深层平板载荷试验的试井直径应等于承压板直径，试坑或试井底的岩土应避免扰动，保持其原状结构和天然湿度；螺旋板头入土时，应按每转一圈下入一个螺距进行操作，减少对土的扰动。

15.6.6 载荷试验加荷方式应采用分级维持荷载沉降相对稳定法（常规慢速法）；有地区经验时，可采用分级加荷沉降非稳定法（快速法）或等沉降速率法；加荷等级宜取 10 级～12 级，并不应少于 8 级；当极限荷载不易估计时，可按表 15.6.6 的规定取值。

表 15.6.6 荷载增量取值

试验土层及特性	荷载增量（kPa）
淤泥，流塑黏性土，松散粉土、砂土	＜15
软塑黏性土，新近沉积黄土，稍密粉土、砂土	15～25
硬塑黏性土，新黄土（Q_4），中密粉土、砂土	25～50
坚硬黏性土，老黄土，新黄土（Q_3），密实粉土、砂土	50～100
碎石类土，软岩及风化岩	100～200

15.6.7 试验点附近宜提供土工试验指标，或其他原位测试资料，试验后应在承压板中心向下开

挖取土试验，并描述 2 倍承压板直径或宽度范围内土层的结构变化。

15.6.8 载荷试验成果资料整理与计算应符合下列规定：

1 根据载荷试验成果分析要求，应绘制荷载（p）与沉降（s）曲线，必要时绘制各级荷载下沉降（s）与时间（t）或时间对数（$\lg t$）曲线。应根据 p-s 曲线拐点，必要时结合 s-$\lg t$ 曲线特征，确定比例界限压力和极限压力；

2 当 p-s 呈缓变曲线时，可按表 15.6.8-1 的规定取对应于某一相对沉降值（即 s/d 或 s/b，d 和 b 为承压板直径和宽度）的压力评定地基土承载力，但其值不应大于最大加载量的一半。

表 15.6.8-1 各类土的相对沉降值（s/d 或 s/b）

土名	黏性土					粉土			砂土			
状态	流塑	软塑	可塑	硬塑	坚硬	稍密	中密	密实	松散	稍密	中密	密实
s/d 或 s/b	0.020	0.016	0.014	0.012	0.010	0.020	0.015	0.010	0.020	0.016	0.012	0.008

注：对于软—极软的软质岩、强风化—全风化的风化岩，应根据工程的重要性和地基的复杂程度取 s/d 或 s/b ＝0.001～0.002 所对应的压力为地基土承载力。

3 土的变形模量应根据 p-s 曲线的初始直线段，可根据均质各向同性半无限弹性介质的弹性理论计算。

浅层平板载荷试验的变形模量 E_0（MPa），可按下式计算：

$$E_0 = I_0(1-\mu^2)\frac{pd}{s} \quad (15.6.8-1)$$

深层平板载荷试验和螺旋板载荷试验的变形模量 E_0（MPa），可按下式计算：

$$E_0 = \omega\frac{pd}{s} \quad (15.6.8-2)$$

式中：I_0——刚性承压板的形状系数，圆形承压板取 0.785；方形承压板取 0.886；

μ——土的泊松比按式（15.4.7-3）取值；

d——承压板直径或边长（m）；

p——p-s 曲线线性段的压力（kPa）；

s——与压力 p 对应的沉降（mm）；

ω——与试验深度和土类有关的系数，可按表 15.6.8-2 的规定选用。

表 15.6.8-2 深层载荷试验计算系数 ω

d/z	碎石土	砂土	粉土	粉质黏土	黏土
0.30	0.477	0.489	0.491	0.515	0.524
0.25	0.469	0.480	0.482	0.506	0.514
0.20	0.460	0.471	0.474	0.497	0.505
0.15	0.444	0.454	0.457	0.479	0.487
0.10	0.435	0.446	0.448	0.470	0.478
0.05	0.427	0.437	0.439	0.461	0.468
0.01	0.418	0.429	0.431	0.452	0.459

注：d/z 为承压板直径或边长和承压板底面深度之比。

15.6.9 确定地基土承载力应符合下列规定：

1 同一土层参加统计的试验点数不应少于 3 个；

2 试验点的地基土承载力的极差小于或等于其平均值的 30％时，可采用平均值作为地基土承载力；当极差大于其平均值的 30％时，应查找、分析出现异常值原因，并按极差剔除准则补充试验和剔除异常值。

15.7 扁铲侧胀试验

15.7.1 扁铲侧胀试验适用于软土、一般黏性土、粉土、黄土和松散或稍密的砂土。

15.7.2 扁铲侧胀试验应在有代表性的地点进行，测试点间距一般为 0.2m～0.5m。

15.7.3 扁铲侧胀试验应符合下列规定：

1 每孔试验前后均应进行探头率定，取试验前后的平均值为修正值；膜片的合格标准为：

率定时膨胀至 0.05mm 的气压实测值 ΔA 为 5kPa～25kPa；

率定时膨胀至 1.10mm 的气压实测值 ΔB 为 10kPa～110kPa。

2 试验时，应以静力匀速将探头贯入土中，贯入速率宜为 2cm/s。

3 探头达到预定深度后，应匀速加压和减压测定膜片膨胀至 0.05、1.10mm 和回到 0.05mm 的压力 A、B、C 值。

4 扁铲侧胀消散试验，应在需测试的深度进行，测读时间间隔可取 1、2、4、8、15、30、90min，以后每 90min 测读一次，直至消散结束。

15.7.4 扁铲侧胀试验成果资料整理应包括下列内容：

1 对试验的实测数据进行膜片刚度修正：

$$p_0 = 1.05(A - z_m + \Delta A) - 0.05(B - z_m - \Delta B)$$
$$(15.7.4-1)$$
$$p_1 = B - z_m - \Delta B \qquad (15.7.4-2)$$
$$p_2 = C - z_m + \Delta A \qquad (15.7.4-3)$$

式中：p_0——膜片向土中膨胀之前的接触压力（kPa）；

p_1——膜片膨胀至 1.10mm 时的压力（kPa）；

p_2——膜片回到 0.05mm 时的终止压力（kPa）；

z_m——调零前的压力表初读数（kPa）。

2 根据 p_0、p_1 和 p_2 计算下列指标：

$$E_D = 34.7(p_1 - p_0) \qquad (15.7.4-4)$$
$$K_D = (p_0 - u_0)/\sigma_{v0} \qquad (15.7.4-5)$$
$$I_D = (p_1 - p_0)/(p_0 - u_0) \qquad (15.7.4-6)$$
$$U_D = (p_2 - u_0)/(p_0 - u_0) \qquad (15.7.4-7)$$

式中：E_D——侧胀模量（kPa）；

K_D——侧胀水平应力指数；

I_D——侧胀土性指数；

U_D——侧胀孔压指数；

u_0——试验深度处的静水压力（kPa）；

σ_{v0}——试验深度处土的有效上覆压力（kPa）。

3 绘制 E_D、I_D、K_D 和 U_D 与深度的关系曲线。

15.8 十字板剪切试验

15.8.1 十字板剪切试验适用于均质饱和软黏性土。

15.8.2 试验点竖向间距可取 1m～2m，或根据静力触探试验等资料布置。

15.8.3 十字板头插入钻孔底的深度不应小于钻孔或套管直径的 3 倍～5 倍；插入至试验深度后，至少应静止 2min～3min，方可开始试验；扭转剪切速率宜采用 1°/10s～2°/10s，并应在测得峰值强度后继续测记 1min；在峰值强度或稳定值测试完后，顺扭转方向连续转动大于或等于 6 圈后，测定重塑土的不排水抗剪强度。

15.8.4 十字板剪切试验成果资料整理应包括下列内容：

1 计算土的不排水抗剪强度峰值、残余值和灵敏度。

2 绘制不排水抗剪强度峰值和残余值随深度的变化曲线，需要时，绘制抗剪强度与扭转角度的关系曲线。

3 根据土层条件及地区经验，对不排水抗剪强度应进行修正。

15.8.5 根据原状土的十字板强度 c_u 和重塑土的十字板强度 c_u'，土的灵敏度 S_t，按下式计算：

$$S_t = c_u / c_u' \qquad (15.8.5)$$

15.9 波 速 测 试

15.9.1 波速测试可采用单孔法、跨孔法或面波法；波速测试可用于下列目的：

1 确定场地类别、判断场地地震液化的可能性，提供地震反应分析所需的场地土动力参数。

2 计算设计动力机器基础和计算结构物与地基土共同作用所需的动力参数。

3 判定碎石土的密实度，评价地基土加固处理效果。

4 利用岩体纵波速度与岩石单轴极限抗压强度进行围岩分级，确定岩石风化程度，并初步确定基床系数，围岩稳定程度。

15.9.2 单孔法波速测试的技术要求应符合下列规定：

1 测试孔应垂直。

2 将三分量检波器固定在孔内预定深度处，并紧贴孔壁。

3 可采用地面激振或孔内激振。

4 应结合土层布置测点，测点的垂直间距宜取 1m～3m。层位变化处加密，并宜自下而上逐点测试。

15.9.3 跨孔法波速测试的技术要求应符合下列规定：

1 应设置 2 个或 3 个试验孔，且成一条直线，在第四系覆盖层地段孔距宜为 2m～5m，在基岩地段孔距宜为 8m～15m。

2 试验钻孔应圆直，并应下定向套管，套管与孔壁间应灌浆或填砂。

3 当钻孔深度大于 15m 时，应对试验孔进行测斜，测斜点竖向间距宜为 1m，测得每一试验深度的倾斜角与方位。

4 竖向测试点间距宜为 1m～2m，三分量传感器应紧贴孔壁，同一深度的剪切波，锤击应正反向重复激振，并应互换激振孔与接收孔，经重复试验，确定剪切波的初至时间。

15.9.4 面波法波速测试可采用瞬态法或稳态法，宜采用低频检波器，道间距可根据场地条件通过试验确定。

15.9.5 波速测试成果资料整理应包括下列内容：

1 在波形记录上识别压缩波和第一个剪切波的初至时间。

2 根据压缩波和剪切波传播时间和距离，确定压缩波与剪切波的波速。

3 确定地层小应变的动剪切模量、动弹性模量、动泊松比和动刚度。

4 稳态面波法尚应提供波长、波速。

15.9.6 土层的动剪切模量 G_d 和动弹性模量 E_d 可按下列公式计算：

$$G_d = \rho \cdot v_s^2 \qquad (15.9.6-1)$$
$$E_d = 2(1 + \mu_d)\rho \cdot v_s^2 \qquad (15.9.6-2)$$

式中：μ_d——土的动泊松比；

ρ——土的质量密度（kg/m³）；

v_s——剪切波波速（m/s）。

15.10 岩体原位应力测试

15.10.1 岩体应力测试适用于无水、完整或较完整的岩体。可采用孔壁应变法、孔径变形法和孔底应变法测求岩体空间应力和平面应力。

15.10.2 孔壁应变法、孔径变形法和孔底应变法的选用应根据岩体条件、设计对参数的需要、地区经验和测试方法的适用性等因素综合确定。

15.10.3 测试岩体原始应力时，测点深度应超过应力扰动影响区；在地下洞室中进行测试时，测点深度应超过洞室直径的 2 倍。

15.10.4 岩体应力测试技术要求应符合下列规定：

1 在测点测段内，岩性应均一完整。

2 测试孔壁、孔底应光滑、平整、干燥。

3 稳定标准为连续三次读数（每隔 10min 读一次）之差不超过 5με。

4 同一钻孔内的测试读数不应少于 3 次。

15.10.5 岩芯应力解除后的围压试验应在 24h 内进行；压力宜分 5 级～10 级，最大压力应大于预估岩体最大主应力。

15.10.6 岩体原位应力测试成果资料整理应符合下列要求：

1 根据测试成果计算岩体平面应力和空间应力，计算方法应符合现行国家标准《工程岩体试验方法标准》GB/T 50266 的有关规定。

2 根据岩芯解除应变值和解除深度，绘制解除过程曲线。

3 根据围压试验资料，绘制压力与应变关系曲线，计算岩石弹性常数。

15.11 现场直接剪切试验

15.11.1 现场直剪试验可用于岩土体本身、岩土体沿软弱结构面和岩体与其他材料接触面的剪切试验，可分为岩土体试体在法向应力作用下沿剪切面剪切破坏的抗剪断试验，岩土体剪断后沿剪切面继续剪切的抗剪试验（摩擦试验），法向应力为零时岩体剪切的抗切试验。

15.11.2 现场直剪试验布置应符合下列规定：

1 现场直剪试验可在试洞、试坑、探槽或大口径钻孔内进行。当剪切面水平或近于水平时，可采用平推法或斜推法；当剪切面较陡时，可采用楔形体法。

2 同一组试验体的岩性应基本相同，受力状态应与岩土体在工程中的实际受力状态相近。

3 每组岩体不宜少于 5 个。剪切面积不得小于 0.25m²，试体最小边长不宜小于 50cm，高度不宜小于最小边长的 0.5 倍。试体之间的最小间距应大于最小边长的 1.5 倍。

4 每组土体试验不宜少于 3 个。剪切面不宜小于 0.3m²，高度不宜小于 20cm 或为最大粒径的 4 倍～8 倍，剪切面开缝应为最小粒径的 1/4～1/3。

15.11.3 直剪试验设备包括试体制备、加载、传力、量测及其他配套设备。直剪试验设备应采用电测式和自动化仪器。

15.11.4 试验前应对试体及所在试验地段进行描述与记录下列内容：

1 岩石名称及岩性、风化破裂程度、岩体软弱面的成因、类型、产状、分布状况、连续性及所夹充填物的性状（厚度、颗粒组成、泥化程度和含水状态等）。

2 在岩洞内应记录岩洞编号、位置、洞线走向、洞底高程、岩洞和试点的纵、横地质剖面。

3 在露天或基坑内应记录试点位置、高程及周围的地形、地质情况。

4 记录试验地段开挖情况和试体制备方法；试体编号、位置、剪切面尺寸和剪切方向；试验地段和试点部位地下水的类型、化学成分、活动规律和流量等。

15.11.5 试验后应描述剪切面尺寸、剪切破坏形式、剪切面起伏差、擦痕的方向和长度、碎块分布状况、剪切面上充填物性质，并对剪切面拍照记录。

15.11.6 现场直剪试验的技术要求应符合下列

规定：

1 开挖试坑时应避免对试体的扰动和含水量的显著变化；在地下水位以下试验时，应避免水压力和渗流对试验的影响。

2 施加的法向荷载、剪切荷载应位于剪切面、剪切缝的中心；或使法向荷载与剪切荷载的合力通过剪切面的中心，并保持法向荷载不变。

3 最大法向荷载应大于设计荷载，并按等量分级；荷载精度应为试验最大荷载的±2%。

4 每一试体的法向荷载可分 4 级～5 级施加；当法向变形达到相对稳定时，即可施加剪切荷载。

5 每级剪切荷载按预估最大荷载的 8%～10% 分级等量施加，或按法向荷载的 5%～10% 分级等量施加；岩体按每 5min～10min、土体按每 30s 施加一级剪切荷载。

6 当剪切变形急剧增长或剪切变形达到试体尺寸的 1/10 时，可终止试验。

7 根据剪切位移大于 10mm 时的试验成果确定残余抗剪强度，需要时可沿剪切面继续进行摩擦试验。

15.11.7 现场直剪试验成果资料整理应包括下列内容：

1 绘制剪切应力与剪切位移曲线、剪应力与垂直位移曲线、确定比例强度、屈服强度、峰值强度、剪胀点和剪胀强度。

2 绘制法向应力与比例强度、屈服强度、峰值强度、残余强度的曲线，确定相应的强度参数。

15.12 地温测试

15.12.1 地温测试可采用钻孔法、贯入法、埋设温度传感器法，地温长期观测宜采用埋设温度传感器法。

15.12.2 温度传感器的测量范围宜为 −20℃～100℃，测量误差不宜大于±0.5℃，温度传感器和读数仪使用前应进行校验。

15.12.3 每个地下车站均宜进行地温测试，测试点宜布设在隧道上下各一倍洞径深度范围；发现有热源影响区域、采用冻结法施工或设计有特殊要求的部位应布置测试点。

15.12.4 钻孔法测试应符合下列规定：

1 在钻孔中进行瞬态测温时，地下水位静止时间不宜小于 24h，稳态测温时，地下水位静止时间不宜小于 5d。

2 重复测量应在观测后 8h 内进行，两次测量误差不超过 0.5℃。

15.12.5 贯入法测试时，温度传感器插入钻孔底的深度不应小于钻孔或套管直径的 3 倍～5 倍；插入至测试深度后，至少应静止 5min～10min，方可开始观测。

15.12.6 地温长期观测周期应根据当地气温变化确定。

15.12.7 测试成果资料整理应符合下列要求：

1 地温测试前应记录测试点气温、天气、日期、时间以及光线遮挡情况，钻孔法应记录地下水稳定水位。

2 绘制地温随深度变化曲线图，对照不同深度土性、孔隙比、含水量、饱和度及热物理指标变化情况；一年期测试结果宜绘制不同深度温度随时间变化曲线图。

3 不同气温条件下地层测温结果对比，推算地层稳态温度。

16 岩土室内试验

16.1 一般规定

16.1.1 岩土室内试验的试验方法、操作和采用的仪器设备应符合现行国家标准《土工试验方法标准》GB/T 50123 和《工程岩体试验方法标准》GB/T 50266 的有关规定。

16.1.2 岩土室内试验项目应根据岩土性质、工程类型和设计、施工需要确定。

16.1.3 应正确分析整理岩土室内试验的资料，为工程设计、施工提供准确可靠的参数。

16.2 土的物理性质试验

16.2.1 土的物理性质试验应测定颗粒级配、比重、天然含水量、天然密度、塑限、液限、有机质含量等。

16.2.2 土的比重，可直接测定也可根据经验值确定。

16.2.3 当需进行渗流分析，基坑降水设计等要求提供土的透水性参数时，可进行渗透试验。常水头试验适用于砂土和碎石土；变水头试验适用于粉土和黏性土；透水性很低的软土可通过固结试验测定固结系数、体积压缩系数，计算渗透系数。土的渗透系数取值应与抽水试验或注水试验的成果比较后确定。

16.2.4 当需对填筑工程进行质量控制时，应进行击实试验，确定最大干密度和最优含水量。

16.2.5 结合地质条件和工程类型，必要时应进行土的腐蚀性试验。

16.2.6 岩土热物理指标的测定，可采用面热源法、热线法或热平衡法。三个热物理指标有下列相互关系：

$$\alpha = 3.6 \frac{\lambda}{C\rho} \qquad (16.2.6-1)$$

式中：ρ——密度（kg/m³）；

α——导温系数（m²/h）；

λ——导热系数［W/（m·K）］；

C——比热容［kJ/（kg·K）］。

岩土热物理指标的经验值，见本规范附录 K。

16.3 土的力学性质试验

16.3.1 土的力学性质试验一般包括固结试验、直剪试验、三轴压缩试验、膨胀试验、湿陷性试验、无侧限抗压强度试验、静止侧压力系数试验、回弹试验、基床系数试验等。

16.3.2 压缩试验的最大压力值应大于土的有效自重压力与附加压力之和。

16.3.3 需确定先期固结压力时，施加的最大压力应满足绘制完整的 e-$\lg p$ 曲线的要求，必要时测定回弹模量和回弹再压缩模量。

16.3.4 内摩擦角、黏聚力在有经验地区可采用直接快剪和固结快剪的方法测定。采用三轴试验方法测定时：当排水条件不好或施工速度较快时，宜采用三轴不固结不排水剪（UU）；当排水条件较好或施工速度较慢时，宜采用三轴固结不排水剪（CU）。

16.3.5 必要时应进行无侧限抗压强度试验，确定灵敏度时应进行重塑土的无侧限抗压强度试验。

16.3.6 当工程需要时可采用侧压力仪测定土体的静止侧压力系数。

16.3.7 在有经验的地区可采用三轴试验或固结试验的方法测得土的基床系数。

16.3.8 当需要测定土的动力性质时，可采用动三轴试验、动单剪试验或共振柱试验。

　　1 动三轴和动单剪试验适用分析测定土的下列动力性质：

　　　1）动弹性模量、动阻尼比及其与动应变的关系。

　　　2）既定循环周数下的动应力与动应变关系。

　　　3）饱和砂土、粉土的液化剪应力与动应力循环周数关系。当出现孔隙水压力上升达到初始固结压力时，或轴向动应变达到 5%时，或振动次数在相应的预计地震震级限度之内，即可判定土样液化。

　　2 共振柱试验可用于测定小动应变时的动弹性模量和动阻尼比。

16.4 岩石试验

16.4.1 岩石的试验包括颗粒密度、块体密度、吸水性试验，软化或崩解试验、膨胀试验、抗压、抗剪、抗拉试验等，具体项目应根据工程需要确定。

16.4.2 单轴抗压强度应分别测定干燥和饱和状态下的强度，软岩可测定天然状态下的强度，并应提供有关参数。

16.4.3 岩石抗剪试验，应沿节理面、层面等薄弱环节进行。应在不同法向应力下测定。

16.4.4 岩石抗拉强度试验可在试件直径方向上，施加一对线性荷载，使试件沿直径方向破坏，间接测定岩石的抗拉强度。

16.4.5 当间接测定岩石的力学性质时，可采用点

荷载试验和波速测试方法。

17 工程周边环境专项调查

17.1 一 般 规 定

17.1.1 工程周边环境专项调查范围、对象及内容，可根据工程设计方案、环境风险等级、工程地质、水文地质及施工工法等条件确定。

17.1.2 工程周边环境专项调查应在取得工程沿线地形图、管线及地下设施分布图等资料的基础上，采用实地调查、资料调阅、现场勘查与探测等多种手段相结合的综合方法开展工作。

17.2 调 查 要 求

17.2.1 工程周边环境专项调查的内容主要包括环境类型、权属单位、使用单位、管理单位、使用性质、建设年代、设计使用年限、地质资料、设计文件、变形要求、与工程的空间关系、相关影像资料等。

17.2.2 建（构）筑物应重点调查建（构）筑物的平面图、上部结构形式、地基基础形式与埋深、持力层性质、基坑支护、桩基或地基处理设计、施工参数，建（构）筑物的沉降观测资料等。

17.2.3 地下构筑物及人防工程应重点调查工程的平面图、结构形式、顶板和底板标高、工程施工方法以及使用、充水情况等。

17.2.4 地下管线应重点调查管线的类型、平面位置、埋深（或高程）、铺设方式、材质、管节长度、接口形式、介质类型、工作压力、节门位置等。

17.2.5 既有城市轨道交通线路与铁路应重点调查下列内容：

　　1 地下结构调查应包括结构的平面图、剖面图、地基基础形式与埋深，隧道断面形式与尺寸、支护形式与参数，施工方法。

　　2 高架线路调查应包括桥梁的结构形式、墩台跨度与荷载、基础桩桩位、桩长、桩径等。

　　3 地面线路调查应包括路基的类型、结构形式、道床类型、涵洞与支挡结构形式以及地基基础形式与埋深。

17.2.6 城市道路及高速公路应重点调查下列内容：

　　1 路基调查应包括道路的等级、路面材料、路堤高度、路堑深度；支挡结构形式及地基基础形式与埋深。

　　2 桥涵调查应包括桥涵的类型、结构形式、基础形式、跨度、桩基或地基加固设计、施工参数等。

17.2.7 文物建筑应重点调查文物建筑的平面位置、名称、保护等级、结构形式、地基基础形式与埋深等。

17.2.8 水工构筑物应重点调查构筑物的类型、结

构形式、地基基础形式与埋深、使用现状等。

17.2.9 架空线缆应重点调查架空线缆的类型、走廊宽度、线塔地基基础形式与埋深、线缆与轨道交通线路的交汇点坐标、悬高等。

17.2.10 地表水体应重点调查水位、水深、水体底部淤积物及厚度、防渗措施，河流的流量、流速、水质及河床宽度，河床冲刷深度等。

17.3 成 果 资 料

17.3.1 建（构）筑物调查成果资料的整理应符合下列规定：

1　编制调查报告，报告内容包括文字报告、调查对象成果表、调查对象平面位置图、调查对象的影像资料等。

2　文字报告主要包括：工程概述、调查依据、调查范围、调查对象及内容、调查方法、工作量完成情况及调查成果汇总，初步分析工程与建（构）筑物的相互影响、划分环境风险等级，提出有关的措施和建议，说明调查工作遗留问题。

3　调查对象成果表主要包括：名称、产权单位、使用单位、使用性质、修建年代、地上和地下层数、地基基础形式与埋深等。

4　调查对象应在平面位置图上进行标识。

5　工程环境调查报告中应详细说明资料获取方式及来源。

17.3.2 地下管线探测成果资料整理应符合现行行业标准《城市地下管线探测技术规程》CJJ 61 有关报告书编制的要求。

17.3.3 其他各类环境对象的调查成果资料可参照本规范第 17.3.1 条的有关规定进行整理。

18　成果分析与勘察报告

18.1 一 般 规 定

18.1.1 城市轨道交通岩土工程勘察报告，应在搜集已有资料，取得工程地质调查与测绘、勘探、测试和室内试验成果的基础上，根据勘察阶段、工程特点、设计方案、施工方法对勘察工作的要求，进行岩土工程分析与评价，提供工程场地的工程地质和水文地质资料。

18.1.2 勘察报告应资料完整，数据真实，内容可靠，逻辑清晰，文字、表格、图件互相印证；文字、标点符号、术语、数字和计量单位等应符合国家现行有关标准的规定。

18.1.3 勘察报告中的岩土工程分析评价，应论据充分、针对性强，所提建议应技术可行、经济合理、安全适用。岩土参数的分析与选用应符合现行国家标准《岩土工程勘察规范》GB 50021 的有关规定。

18.1.4 可行性研究阶段岩土工程勘察报告宜按照线路编制，初步勘察阶段岩土工程勘察报告宜按照线路编制或按照地质单元、线路敷设形式编制，详细勘察阶段岩土工程勘察报告宜按照车站、区间、车辆基地等分别编制；报告中应统一全线地质单元、工程地质和水文地质分区、岩土分层的划分标准。

18.1.5 勘察成果资料整理应符合下列规定：

1　各阶段勘察成果应具有连续性、完整性。

2　相邻区段、相邻工点的衔接部位或不同线路交叉部位的勘察成果资料应互相利用、保持一致。

3　勘探点平面图宜取合适的比例尺，应包含地形、线位、站位、里程、结构轮廓线等。

4　绘制工程地质断面图时，勘探点宜投影至线路断面上，断面图应包含里程标、地面高程、线路及车站断面等。

5　地质构造图、区域交通位置图等平面图应包括线路位置和必要的车站、区间名称的标识。

18.1.6 勘察报告中的图例宜符合本规范附录 L 的规定。

18.2 成果分析与评价

18.2.1 勘察报告中的岩土工程分析评价应包括下列内容：

1　工程建设场地的稳定性、适宜性评价。

2　地下工程、高架工程、路基及各类建筑工程的地基基础形式、地基承载力及变形的分析与评价。

3　不良地质作用及特殊性岩土对工程影响的分析与评价，避让或防治措施的建议。

4　划分场地土类型和场地类别，抗震设防烈度大于或等于 6 度的场地，评价地震液化和震陷的可能性。

5　围岩、边坡稳定性和变形分析，支护方案和施工措施的建议。

6　工程建设与工程周边环境相互影响的预测及防治对策的建议。

7　地下水对工程的静水压力、浮托作用分析。

8　水和土对建筑材料腐蚀性的评价。

18.2.2 明挖法施工应重点分析评价下列内容：

1　分析基底隆起、基坑突涌的可能性，提出基坑开挖方式及支护方案的建议。

2　支护桩墙类型分析，连续墙、立柱桩的持力层和承载力。

3　软弱结构面空间分布、特性及其对边坡、坑壁稳定的影响。

4　分析岩土层的渗透性及地下水动态，评价排水、降水、截水等措施的可行性。

5　分析基坑开挖过程中可能出现的岩土工程问题，以及对附近地面、邻近建（构）筑物和管线的影响。

18.2.3 矿山法施工应重点分析评价下列内容：

1 分析岩土及地下水的特性，进行围岩分级，评价隧道围岩的稳定性，提出隧道开挖方式、超前支护形式等建议。

2 指出可能出现坍塌、冒顶、边墙失稳、洞底隆起、涌水或突水等风险的地段，提出防治措施的建议。

3 分析隧道开挖引起的地面变形及影响范围，提出环境保护措施的建议。

4 采用爆破法施工时，分析爆破可能产生的影响及范围，提出防治措施的建议。

18.2.4 盾构法施工应重点分析评价下列内容：

1 分析岩土层的特征，指出盾构选型应注意的地质问题。

2 分析复杂地质条件以及河流、湖泊等地表水体对盾构施工的影响。

3 提出在软硬不均地层中的开挖措施及开挖面障碍物处理方法的建议。

4 分析盾构施工可能造成的土体变形，对工程周边环境的影响，提出防治措施的建议。

18.2.5 高架工程应重点分析评价下列内容：

1 分析岩土层的特征，建议天然地基、桩基持力层，评价天然地基承载力、桩基承载力，提供变形计算参数。

2 评价成桩的可能性，指出成桩过程应注意的问题。

3 分析评价岩溶、土洞等不良地质作用和膨胀土、填土等特殊性岩土对桩基稳定性和承载力的影响，提出防治措施的建议。

18.2.6 地面建（构）筑物的岩土工程分析评价，应符合现行国家标准《岩土工程勘察规范》GB 50021 的有关规定。

18.2.7 工程建设对工程周边环境影响的分析评价可包括下列内容：

1 基坑开挖、隧道掘进和桩基施工等可能引起的地面沉降、隆起和土体的水平位移对邻近建（构）筑物及地下管线的影响。

2 工程建设导致地下水位变化、区域性降落漏斗、水源减少、水质恶化、地面沉降、生态失衡等情况，提出防治措施的建议。

3 工程建成后或运营过程中，可能对周围岩土体、工程周边环境的影响，提出防治措施的建议。

18.3 勘察报告的内容

18.3.1 勘察报告应包括文字部分、表格、图件，重要的支持性资料可作为附件。

18.3.2 勘察报告的文字部分宜包括下列内容：

1 勘察任务依据、拟建工程概况、执行的技术标准、勘察目的与要求、勘察范围、勘察方法、完成工作量等。

2 区域地质概况及勘察场地的地形、地貌、水文、气象条件。

3 场地地面条件及工程周边环境条件等。

4 岩土特征描述，岩土分区与分层，岩土物理力学性质、岩土施工工程分级、隧道围岩分级。

5 地下水类型、赋存、补给、径流、排泄条件，地下水位及其变化幅度，地层的透水及隔水性质。

6 不良地质作用、特殊性岩土的描述，及其对工程危害程度的评价。

7 场地土类型、场地类别、抗震设防烈度、液化判别。

8 场地稳定性和适宜性评价。

9 按本规范第18.2节的要求进行岩土工程分析评价，并提出相应的建议。

10 其他需要说明的问题。

18.3.3 勘察报告的表格宜包括下列内容：

1 勘探点主要数据一览表。

2 标准贯入试验、静力触探等原位测试，岩土室内试验，抽水试验，水质分析等成果表。

3 各岩土层的原位测试、岩土室内试验统计汇总表；地震液化判别成果表。

4 各岩土层物理力学性质指标综合统计表及参数建议值表。

5 其他的相关分析表格。

18.3.4 勘察报告的图件宜包括下列内容：

1 区域地质构造图、水文地质图。

2 线路综合工程地质图、工程地质及水文地质单元分区图、工程地质及水文地质分区图。

3 水文地质试验成果图。

4 勘探点平面位置图，工程地质纵、横断（剖）面图。

5 钻孔柱状图，岩芯照片。

6 室内土工试验、岩石试验成果图。

7 波速、电阻率测井试验成果图，静力触探、载荷试验等原位测试曲线图。

8 填土、软土及基岩埋深等值线图。

9 其他相关图件。

18.3.5 勘察报告可附室内土工试验、岩石试验、岩矿鉴定等试验原始记录。

18.3.6 专项勘察报告的内容，可根据专项勘察的目的、要求参照本规范第18.3.2条～第18.3.5条执行。工程周边环境调查报告应符合本规范第17.3节的要求。

19 现场检验与检测

19.0.1 现场检验、检测方法可根据工程类型、岩土条件及周边环境采用现场观察、试验、仪器量测等手段。

19.0.2 基槽、基坑、路基开挖后及隧道开挖过程中，应检验地基和围岩的地质条件与勘察报告是否一致，遇到异常情况时，应提出处理措施或修改设计的建议，当与勘察报告有较大差异时宜进行施工勘察。

19.0.3 地基检验应包括下列内容：

1 岩土分布、均匀性和特征。

2 地下水情况。

3 检查是否有暗浜、古井、古墓、洞穴、防空掩体及地下埋设物，并查清其位置、深度、性状。

4 检查地基是否受到施工的扰动，及扰动的范围和深度。

5 冬季、雨季施工时应注意检查地基的防护措施，地基土质是否受冻、浸泡和冲刷、干裂等，并查明影响的范围和深度。

6 对土质地基，可采用轻型圆锥动力触探进行检验。

19.0.4 隧道围岩检验应包括下列内容：

1 开挖揭露的围岩性质、分布和特征。

2 地下水渗漏情况。

3 工作面岩土体的稳定状态。

4 围岩超挖或坍塌情况。

5 根据开挖揭露的岩土情况，对围岩分级进行确认或修正。

19.0.5 高架工程的桩基应通过试钻或试打，检验岩土条件是否与勘察报告一致。如遇异常情况，应提出处理措施。对大直径人工挖孔桩，应检验孔底尺寸和岩土情况。

19.0.6 现场检验应填写检验报告，必要时绘制开挖面实际地层素描图或拍照。

19.0.7 桩基检测内容包括桩身完整性和承载力，应符合现行行业标准《建筑基桩检测技术规范》JGJ 106 的有关规定。

19.0.8 地基处理效果检测的项目、方法、数量应按现行国家标准《建筑地基基础工程施工质量验收规范》GB 50202 和现行行业标准《建筑地基处理技术规范》JGJ 79 的有关规定执行。

19.0.9 路基工程可通过环刀法、灌砂法或核子密度仪法等对路基的密实度进行检测。

19.0.10 基坑支护结构监测与检测应符合现行行业标准《建筑基坑支护技术规程》JGJ 120 的有关规定。

19.0.11 应对隧道围岩加固的范围、效果等进行检测，可采用钻芯、原位测试或物探等检测方法。检测工作宜包括下列内容：

1 盾构始发（接收）井加固体的强度、抗渗性、完整性。

2 隧道衬砌或管片背后注浆的范围和充填情况。

3 止水帷幕的强度、完整性和止水效果。

4 冷冻法加固土体的范围、强度、温度等。

19.0.12 遇下列情况应对城市轨道交通工程结构进行沉降观测：

1 地质条件复杂、地基软弱或采用人工加固地基。

2 因地基变形、局部失稳影响工程结构安全时。

3 受力条件复杂的工程结构、设计有特殊要求的工程结构。

4 采用新的施工技术时。

5 地面沉降等不良地质作用发育区段。

6 受附近深基坑开挖、隧道开挖、工程降水等施工影响的工程结构。

19.0.13 沉降观测方法和要求应符合国家现行标准《国家一、二等水准测量规范》GB/T 12897、《城市轨道交通工程测量规范》GB 50308 及《建筑变形测量规范》JGJ 8 的有关规定。

附录 A 岩石坚硬程度的定性划分

表 A 岩石坚硬程度等级的定性划分

名 称		定性鉴定	代表性岩石
硬质岩	坚硬岩	锤击声清脆，有回弹，振手，难击碎；基本无吸水反应	未风化—微风化的花岗岩、闪长岩、辉绿岩、玄武岩、安山岩、片麻岩、石英岩、石英砂岩、硅质砾岩、硅质灰岩等
	较硬岩	锤击声较清脆，有轻微回弹，稍振手，较难击碎；有轻微吸水反应	1. 微风化的坚硬岩； 2. 未风化—微风化的大理岩、板岩、石灰岩、白云岩、钙质砂岩等
软质岩	较软岩	锤击声不清脆，无回弹，较易击碎；指甲可刻出印痕	1. 中等风化—强风化的坚硬岩或较硬岩； 2. 未风化—微风化的凝灰岩、千枚岩、砂质泥岩、泥灰岩等
	软岩	锤击声哑，无回弹，有凹痕，易击碎；浸水后手可掰开	1. 强风化的坚硬岩或较硬岩； 2. 中等风化—强风化的较软岩； 3. 未风化—微风化的页岩、泥岩、泥质砂岩等
极软岩		锤击声哑，无回弹，有较深凹痕，手可捏碎；浸水后，可捏成团	1. 全风化的各种岩石； 2. 各种半成岩

附录B 岩石按风化程度分类

表B 岩石按风化程度分类

风化程度	野外特征	风化程度参数指标	
		波速比	风化系数
未风化	结构和构造未变,岩质新鲜,偶见风化痕迹	0.9~1.0	0.9~1.0
微风化	结构和构造基本未变,仅节理面有铁锰质渲染或矿物略有变色,有少量风化裂隙	0.8~0.9	0.8~0.9
中等风化	1. 组织结构部分破坏,矿物成分基本未变,沿节理面出现次生矿物,风化裂隙发育; 2. 岩体被节理、裂隙分割成块状200mm~500mm;硬质岩,锤击声脆,且不易击碎;软质岩,锤击易碎; 3. 用镐难挖掘,用岩芯钻方可钻进	0.6~0.8	0.4~0.8
强风化	1. 组织结构已大部分破坏,矿物成分已显著变化; 2. 岩体被节理、裂隙分割成碎石状20mm~200mm,碎石用手可以折断; 3. 用镐可以挖掘,用干钻不易钻进	0.4~0.6	<0.4
全风化	1. 结构已基本破坏,但尚可辨认; 2. 岩石已风化成坚硬或密实土状,可用镐挖,干钻可钻进; 3. 需用机械普遍刨松方能铲挖满载	0.2~0.4	—
残积土	组织结构全部破坏,已风化成土状,锹镐易挖掘,干钻易钻进,具可塑性	<0.2	—

注：1 波速比为风化岩石与新鲜岩石压缩波速之比。
　　2 风化系数为风化岩石与新鲜岩石饱和单轴抗压强度之比。
　　3 岩石风化程度,除按表列野外特征和定量指标划分外,也可根据经验划分。
　　4 花岗岩类岩石,$N \geq 50$ 为强化;$30 \leq N < 50$ 为全风化;$N < 30$ 为残积土。
　　5 泥岩和半成岩,可不进行风化程度划分。

附录C 岩体按结构类型分类

表C 岩体按结构类型分类

岩体结构类型	岩体地质类型	结构体形状	结构面发育情况	岩土工程特征	可能发生的岩土工程问题
整体状结构	巨块状岩浆岩和变质岩,巨厚层沉积岩	巨块状	以层面和原生构造节理为主,多呈闭合型,间距大于1.5m,一般为1组~2组,无危险结构	岩体稳定,可视为均质弹性各向同性体	局部滑动或坍塌,深埋洞室的岩爆
块状结构	厚层状沉积岩,块状岩浆岩和变质岩	块状柱状	具少量贯穿性节理裂隙,结构面间距0.7m~1.5m一般2组~3组,有少量分离体	结构面互相牵制,岩体基本稳定,接近弹性各向同性体	
层状结构	多韵律的薄层、中厚层状沉积岩,副变质岩	层状板状	有层理、片理、节理,常有层间错动	变形和强度受层面控制,可视为向异性弹塑性体,稳定性较差	可沿结构面滑塌,软岩可产生塑性变形
碎裂状结构	构造影响严重的破碎岩层	碎块状	断层、节理、片理、层理发育,结构面间距0.25m~0.5m,一般3组以上,有许多分离体	整体强度很低,并受软弱结构面控制,呈弹塑性体,稳定性很差	易发生规模较大的岩体失稳,地下水加剧失稳
散体状结构	断层破碎带,强风化及全风化带	碎屑状	构造和风化裂隙密集,结构面错综复杂,多填充黏性土,形成无序小块和碎屑	完整遭极大破坏,稳定性极差,接近松散体介质	易发生规模较大的岩体失稳,地下水加剧失稳

附录 D　碎石土的密实度

D.0.1　碎石土的密实度野外鉴别可按表 D.0.1 的规定执行。

表 D.0.1　碎石土密实度野外鉴别

密实度	骨架颗粒的质量和排列	可挖性	可钻性
密实	骨架颗粒的质量大于总质量的70%，呈交错排列，连续接触，孔隙为中、粗、砾砂等填充	锹镐挖掘困难，用撬棍方能松动，井壁较稳定	钻进极困难，冲击钻探时钻杆、吊锤跳动剧烈，孔壁较稳定
中密	骨架颗粒的质量等于总质量的60%～70%，呈交错排列，大部分接触，孔隙为砂土或密实坚硬的黏性土、粉土填充	锹镐可挖掘，井壁有掉块现象，从井壁取出大颗粒后能保持颗粒凹面形状	钻进较困难，冲击钻探时钻杆、吊锤跳动不剧烈，孔壁有坍塌现象
稍密（松散）	骨架颗粒的质量小于总质量的60%，排列较乱，大部分不接触，孔隙为中密的砂土或可塑的黏性土填充	锹可以挖掘，井壁易坍塌，从井壁取出大颗粒后，砂土立即坍落	钻进较容易，冲击钻探时钻杆稍有跳动，孔壁易坍塌

D.0.2　当采用重型圆锥动力触探确定碎石土密实度时，锤击数 $N'_{63.5}$ 应按下式修正：

$$N'_{63.5} = \alpha_1 \times N_{63.5} \qquad (D.0.2)$$

式中：$N'_{63.5}$——修正后的重型圆锥动力触探锤击数；

α_1——修正系数，按表 D.0.2 的规定取值；

$N_{63.5}$——实测重型圆锥动力触探锤击数。

表 D.0.2　重型圆锥动力触探锤击数修正系数

$N_{63.5}$ ＼ L (m)	5	10	15	20	25	30	35	40	≥50
2	1.00	1.00	1.00	1.00	1.00	1.00	1.00	1.00	
4	0.96	0.95	0.93	0.92	0.90	0.89	0.87	0.86	0.84
6	0.93	0.90	0.88	0.85	0.83	0.81	0.79	0.78	0.75
8	0.90	0.86	0.83	0.80	0.77	0.75	0.73	0.71	0.67
10	0.88	0.83	0.79	0.75	0.72	0.69	0.67	0.64	0.61
12	0.85	0.79	0.75	0.70	0.67	0.64	0.61	0.59	0.55
14	0.82	0.76	0.71	0.66	0.62	0.58	0.56	0.53	0.50
16	0.79	0.73	0.67	0.62	0.57	0.54	0.51	0.48	0.45
18	0.77	0.70	0.63	0.57	0.53	0.49	0.46	0.43	0.40
20	0.75	0.67	0.59	0.53	0.48	0.44	0.41	0.39	0.36

注：表中 L 为杆长。

D.0.3　当采用超重型圆锥动力触探确定碎石土密实度时，锤击数 N'_{120} 应按下式修正：

$$N'_{120} = \alpha_2 \times N_{120} \qquad (D.0.3)$$

表 D.0.3　超重型圆锥动力触探锤击数修正系数

N_{120} ＼ L (m)	1	3	5	7	9	10	15	20	25	30	35	40
1	1.00	1.00	1.00	1.00	1.00	1.00	1.00	1.00	1.00	1.00	1.00	1.00
2	0.96	0.92	0.91	0.90	0.90	0.90	0.90	0.89	0.89	0.88	0.88	0.88
3	0.94	0.88	0.86	0.85	0.84	0.84	0.84	0.83	0.82	0.82	0.81	0.81
5	0.92	0.82	0.79	0.78	0.77	0.77	0.76	0.75	0.74	0.73	0.72	0.72
7	0.90	0.78	0.75	0.74	0.73	0.72	0.71	0.70	0.69	0.68	0.67	0.66
9	0.88	0.75	0.72	0.70	0.68	0.67	0.66	0.65	0.64	0.63	0.63	0.62
11	0.87	0.73	0.69	0.67	0.66	0.65	0.64	0.62	0.61	0.60	0.59	0.58
13	0.86	0.71	0.67	0.65	0.64	0.63	0.61	0.60	0.58	0.57	0.56	0.55
15	0.86	0.69	0.65	0.63	0.61	0.60	0.59	0.58	0.56	0.55	0.54	0.53
17	0.85	0.68	0.63	0.61	0.60	0.59	0.58	0.56	0.55	0.53	0.52	0.50
19	0.84	0.66	0.62	0.61	0.59	0.58	0.56	0.54	0.52	0.51	0.50	0.48

注：表中 L 为杆长。

附录 E　隧道围岩分级

表 E　隧道围岩分级

围岩级别	围岩主要工程地质条件		围岩开挖后的稳定状态（单线）	围岩压缩波波速 v_p (km/s)
	主要工程地质特征	结构形态和完整状态		
I	坚硬岩（单轴饱和抗压强度 $f_r > 60MPa$）；受地质构造影响轻微，节理不发育，无软弱面（或夹层）；层状岩层为巨厚层或厚层，层间结合良好，岩体完整	呈巨块状整体结构	围岩稳定，无坍塌，可能产生岩爆	>4.5
II	坚硬岩（$f_r > 60MPa$）；受地质构造影响较重，节理较发育，有少量软弱面（或夹层）和贯通微张节理，但其产状及组合关系不致产生滑动；层状岩层为中层或厚层，层间结合一般，很少有分离现象；或为硬质岩偶夹软质岩石；岩体较完整	呈大块状砌体结构	暴露时间长，可能会出现局部小坍塌，侧壁稳定，层间结合差的平缓岩层顶板易塌落	3.5～4.5
	较硬岩（30MPa<f_r≤60MPa）受地质构造影响轻微，节理不发育；层状岩层为厚层，层间结合良好，岩体完整	呈巨块状整体结构		

续表 E

围岩级别	围岩主要工程地质条件		围岩开挖后的稳定状态（单线）	围岩压缩波速 v_p (km/s)
	主要工程地质特征	结构形态和完整状态		
Ⅲ	坚硬岩和较硬岩：受地质构造影响较重，节理较发育，有层状软弱面（或夹层），但其产状组合关系尚不致产生滑动；层状岩层为薄层或中层，层间结合差，多有分离现象；或为硬、软质岩石互层	呈块石状镶嵌结构	拱部无支护时可能产生局部小坍塌，侧壁基本稳定，爆破震动过大易坍落	2.5~4.0
	较软岩（15MPa<f_r≤30MPa）和软岩（5MPa<f_r≤15MPa）：受地质构造影响严重，节理较发育；层状岩层为薄层、中厚层或厚层，层间结合一般	呈大块状砌体结构		
Ⅳ	坚硬岩和较硬岩：受地质构造影响极严重，节理较发育；层状软弱面（或夹层）已基本破坏	呈碎石状压碎结构	拱部无支护时可产生较大坍塌，侧壁有时失去稳定	1.5~3.0
	较软岩和软岩：受地质构造影响严重，节理较发育	呈块石、碎石状镶嵌结构		
	土体：1.具压密或成岩作用的黏性土、粉土及碎石土 2.黄土（Q1、Q2）3.一般钙质或铁质胶结的碎石土、卵石土、粗角砾土、粗圆砾土、大块石土	1、2呈大块状压密结构；3呈巨块状整体结构		
Ⅴ	软岩受地质构造影响严重，裂隙杂乱，呈石夹土或土夹石状，极软岩（f_r≤5MPa）	呈角砾、碎石状松散结构	围岩易坍塌，处理不当会出现大坍塌，侧壁经常小坍塌；浅埋时出现地表下沉（陷）或坍至地表	1.0~2.0
	土体：一般第四系的坚硬、硬塑的黏性土，稍密及以上、稍湿或潮湿的碎石土、卵石土、圆砾土、角砾土、粉土及黄土（Q3、Q4）	非黏性土呈松散结构，黏性土及黄土松软状结构		

续表 E

围岩级别	围岩主要工程地质条件		围岩开挖后的稳定状态（单线）	围岩压缩波速 v_p (km/s)
	主要工程地质特征	结构形态和完整状态		
Ⅵ	岩体：受地质构造影响严重，呈碎石、角砾及粉末、泥土状	呈松软状	围岩极易坍塌变形，有水时土砂常与水一齐涌出，浅埋时易坍至地表	<1.0（饱和状态的土<1.5）
	土体：可塑、软塑状黏性土、饱和的粉土和砂类土等	黏性土呈易蠕动的松软结构，砂性土呈潮湿松散结构		

注：1 表中"围岩级别"和"围岩主要工程地质条件"栏，不包括膨胀性围岩、多年冻土等特殊岩土。
2 Ⅲ、Ⅳ、Ⅴ级围岩遇有地下水时，可根据具体情况和施工条件适当降低围岩级别。

附录 F 岩土施工工程分级

表 F 岩土施工工程分级

等级	分类	岩土名称及特征	钻1m所需时间			岩石单轴饱和抗压强度（MPa）	开挖方法
			液压凿岩台车、潜孔钻机（净钻分钟）	手持风枪湿式凿岩合金钻头（净钻分钟）	双人打眼（工日）		
Ⅰ	松土	砂类土、种植土、未经压实的填土	—	—	—		用铁锹挖，脚蹬一下到底的松散土层，机械能全部直接铲挖，普通装载机可满载
Ⅱ	普通土	坚硬的、硬塑和软塑的粉质黏土，硬塑和软塑的黏土、膨胀土，粉土，Q3、Q4黄土，稍密、中密的细角砾土、细圆砾土、松散的粗角砾土、碎石土、粗圆砾土、卵石土，压密的填土，风积沙	—	—	—		部分用镐刨松，再用锹挖，脚蹬连蹬数次才能挖动的。挖掘机、带齿尖口装载机可满载，普通装载机可直接铲挖，但不能满载

续表 F

等级	分类	岩土名称及特征	液压凿岩台车、潜孔钻机（净钻分钟）	手持风枪湿式凿岩合金钻头（净钻分钟）	双人打眼（工日）	岩石单轴饱和抗压强度（MPa）	开挖方法
Ⅲ	硬土	坚硬的黏性土、膨胀土，Q1、Q2黄土，稍密、中密粗角砾土、碎石土、粗圆砾土、碎石土，密实的细圆砾土、细角砾土、各种风化成土状的岩石					必须用镐先全部松动才能用锹挖。挖掘机、带齿尖口装载机不能满载、大部分采用松土器能铲挖装载
Ⅳ	软质岩	块石土、漂石土、含块石、漂石30%～50%的土及密实的碎石土、粗角砾土、卵石土、粗圆砾土；岩盐、各类较软岩、软岩及成岩作用差的岩石：泥质砾岩、煤、凝灰岩、云母片岩、千枚岩	—	<7	<0.2	<30	部分用撬棍及大锤开挖或挖掘机、单钩裂土器松动，部分需借助液压冲击镐解碎或部分采用爆破方法开挖
Ⅴ	次坚石	各种硬质岩：硅质页岩、钙质岩、白云岩、石灰岩、泥灰岩、玄武岩、片岩、片麻岩、正长岩、花岗岩	≤10	7～20	0.2～1.0	30～60	能用液压冲击镐解碎，大部分需用爆破法开挖
Ⅵ	坚石	各种极硬岩：硅质砂岩、硅质砾岩、石灰岩、石英岩、大理岩、玄武岩、花岗岩、闪长岩、角岩	>10	>20	>1.0	>60	可用液压冲击镐解碎，需用爆破法开挖

注：1 软土（软黏性土、淤泥质土、淤泥、泥炭质土、泥炭）的施工工程分级，一般可定为Ⅱ级，多年冻土一般可定为Ⅳ级。

2 表中所列岩石均按完整结构岩体考虑，若岩体极破碎、节理很发育或强风化时，其等级应按表对应岩石的等级降低一个等级。

附录 G　不同等级土试样的取样工具和方法

表 G　不同等级土试样的取样工具和方法

土试样质量等级	取样工具和方法		黏性土 流塑	软塑	可塑	硬塑	坚硬	粉土	砂土 粉砂	细砂	中砂	粗砂	砾砂、碎石土、软岩
Ⅰ	薄壁取土器	固定活塞	++	++	+	－	－	+	+	+	－	－	－
		水压固定活塞	++	++	+	－	－	+	+	+	－	－	－
		自由活塞	－	+	+	－	－	－	+	+	－	－	－
		敞口	－	+	+	－	－	－	+	－	－	－	－
	回转取土器	单动三重管	－	+	++	++	+	++	++	++	－	－	－
		双动三重管	－	－	+	++	++	－	－	+	++	++	+
	探井（槽）中刻取块状土样		++	++	++	++	++	++	+	－	－	+	++
Ⅱ	薄壁取土器	水压固定活塞	++	++	+	－	－	+	+	+	－	－	－
		自由活塞	+	++	++	－	－	+	+	+	－	－	－
		敞口	++	++	++	－	－	+	+	+	－	－	－
	回转取土器	单动三重管	－	+	++	++	++	++	++	++	－	－	－
		双动三重管	－	－	+	++	++	－	－	+	++	++	+
	厚壁敞口取土器		+	++	++	++	++	++	++	+	+	+	－
Ⅲ	厚壁敞口取土器		++	++	++	++	++	++	++	++	++	++	－
	标准贯入器		++	+	+	++	++	++	++	++	++	++	－
	螺纹钻头		++	++	++	++	++	++					
	岩芯钻头												+
Ⅳ	标准贯入器		++	++	++	++	++	++	++	++	++	++	－
	螺纹钻头		++	++	++	++	++	++					
	岩芯钻头												++

注：＋＋表示适用；＋表示部分适用；－表示不适用；采取砂土试样应有防止试样失落的补充措施；有经验时，可用束节式取土器代替薄壁取土器。

附录 H 基床系数经验值

表 H 基床系数经验值

岩土类别		状态/密实度	基床系数 K (MPa/m)	
			水平基床系数 K_h	垂直基床系数 K_v
新近沉积土	黏性土	软塑	10~20	5~15
		可塑	12~30	10~25
	粉土	稍密	10~20	12~18
		中密	15~25	10~25
软土(软黏性土、软粉土、淤泥、淤泥质土、泥炭和泥炭质土等)		—	1~12	1~10
黏性土		流塑	3~15	4~10
		软塑	10~25	8~22
		可塑	20~45	20~45
		硬塑	30~65	30~70
		坚硬	60~100	55~90
粉土		稍密	10~40	11~20
		中密	15~40	15~35
		密实	20~70	25~70
砂类土		松散	3~15	5~15
		稍密	10~30	12~30
		中密	20~45	20~40
		密实	25~60	25~65
圆砾、角砾		稍密	15~40	15~40
		中密	25~55	25~60
		密实	55~90	60~80
卵石、碎石		稍密	17~40	20~50
		中密	25~85	35~100
		密实	50~120	50~120
新黄土		可塑、硬塑	30~50	30~60
老黄土		可塑、硬塑	40~70	40~80
软质岩石		全风化	35~39	41~45
		强风化	135~160	160~180
		中等风化	200	220~250
硬质岩石		强风化或中等风化	200~1000	
		未风化	1000~15000	

注：基床系数宜采用 K_{30} 试验结合原位测试和室内试验以及当地经验综合确定。

附录 J 工法勘察岩土参数选择

J.0.1 明挖法勘察所需提供的岩土参数可从表 J.0.1 中选用。

表 J.0.1 明挖法勘察岩土参数选择表

开挖施工方法		密度	黏聚力	内摩擦角	静止侧压力系数	无侧限抗压强度	十字板剪切强度	水平基床系数	水平抗力系数的比例系数	回弹及回弹再压缩模量	弹性模量	渗透系数	土体与锚固体粘结强度	桩设计参数
放坡开挖		√	√	√	○	—	√	—	—	○	—	√	—	—
支护开挖	土钉墙	√	√	√	○	—	—	—	—	○	—	√	√	—
	排桩	√	√	√	√	—	○	√	○	○	○	○	—	○
	钢板桩	√	√	√	√	—	√	√	○	○	○	○	—	○
	地下连续墙	√	√	√	√	—	○	√	○	○	○	○	○	○
	水泥土挡墙	√	√	√	—	—	○	—	—	○	—	√	—	—
盖挖		√	√	√	○	—	√	√	○	√	○	√	—	√

注：表中○表示可提供，√表示应提供，—表示可不提供。

J.0.2 矿山法勘察所需提供的岩土参数可从表 J.0.2 中选用。

表 J.0.2 矿山法勘察岩土参数选择表

类别	参数	类别	参数
地下水	1. 地下水位、水量； 2. 渗透系数	物理性质	1. 含水量、密度、孔隙比； 2. 液限、塑限； 3. 黏粒含量； 4. 颗粒级配； 5. 围岩的纵、横波速度
力学性质	1. 无侧限抗压强度； 2. 抗拉强度； 3. 黏聚力、内摩擦角； 4. 岩体的弹性模量； 5. 土体的变形模量及压缩模量； 6. 泊松比； 7. 标准贯入锤击数； 8. 静止侧压力系数； 9. 基床系数； 10. 岩石质量指标(RQD)	矿物组成及工程特性	1. 矿物组成； 2. 浸水崩解度； 3. 吸水率、膨胀率； 4. 热物理指标
		有害气体	1. 土的化学成分； 2. 有害气体成分、压力、含量

J.0.3 盾构法勘察所需提供的岩土参数可从表 J.0.3 中选用。

表 J.0.3　盾构法勘察岩土参数选择表

类别	参　数	类别	参　数
地下水	1. 地下水位； 2. 孔隙水压力； 3. 渗透系数	物理性质	1. 比重、含水量、密度、孔隙比； 2. 含砾石量、含砂量、含粉砂量、含黏土量； 3. d_{10}、d_{50}、d_{60} 及不均匀系数 d_{60}/d_{10}； 4. 砾石中的石英、长石等硬质矿物含量； 5. 最大粒径、砾石形状、尺寸及硬度； 6. 颗粒级配； 7. 液限、塑限； 8. 灵敏度； 9. 围岩的纵、横波速度； 10. 岩石岩矿组成及硬质矿物含量
力学性质	1. 无侧限抗压强度； 2. 黏聚力、内摩擦角； 3. 压缩模量、压缩系数； 4. 泊松比； 5. 静止侧压力系数； 6. 标准贯入锤击数； 7. 基床系数； 8. 岩石质量指标（RQD）； 9. 岩石天然湿度抗压强度		
		有害气体	1. 土的化学成分； 2. 有害气体成分、压力、含量

附录 K　岩土热物理指标经验值

表 K　岩土热物理指标

岩土类别	含水量 $w(\%)$	密度 $\rho(g/cm^3)$	热物理指标		
			比热容 C $[kJ/(kg \cdot K)]$	导热系数 λ $[W/(m \cdot K)]$	导温系数 $a \times 10^{-3}$ (m^2/h)
黏性土	$5 \leqslant w < 15$	1.90~2.00	0.82~1.35	0.25~1.25	0.55~1.65
	$15 \leqslant w < 25$	1.85~1.95	1.05~1.65	1.08~1.85	0.80~2.35
	$25 \leqslant w < 35$	1.75~1.85	1.25~1.85	1.15~1.95	0.95~2.55
	$35 \leqslant w < 45$	1.70~1.80	1.55~2.35	1.25~2.05	1.05~2.65
粉土	$w < 5$	1.55~1.85	0.92~1.25	0.28~1.05	1.05~2.05
	$5 \leqslant w < 15$	1.65~1.90	0.88~1.35	1.25~2.35	1.25~2.35
	$15 \leqslant w < 25$	1.75~2.00	1.35~1.65	1.05~1.85	1.45~2.55
	$25 \leqslant w < 35$	1.85~2.05	1.55~1.95	1.35~2.15	1.65~2.65
粉、细砂	$w < 5$	1.55~1.85	0.85~1.15	0.35~0.95	0.90~2.45
	$5 \leqslant w < 15$	1.65~1.95	1.05~1.45	0.55~1.45	1.10~2.55
	$15 \leqslant w < 25$	1.75~2.15	1.25~1.65	1.20~1.85	1.25~2.75
中砂、粗砂、砾砂	$w < 5$	1.65~2.30	0.85~1.05	0.45~1.05	0.90~2.85
	$5 \leqslant w < 15$	1.75~2.25	0.95~1.45	0.65~1.65	1.05~3.15
	$15 \leqslant w < 25$	1.85~2.35	1.15~1.75	1.35~2.25	1.90~3.35
圆砾、角砾	$w < 5$	1.85~2.25	0.95~1.25	0.65~1.15	1.35~3.35
	$5 \leqslant w < 15$	2.05~2.45	1.05~1.50	0.75~2.55	1.55~3.55
卵石、碎石	$w < 5$	1.95~2.35	1.00~1.35	0.75~1.35	1.35~3.45
	$5 \leqslant w < 10$	2.05~2.45	1.15~1.45	0.85~2.75	1.65~3.65

续表 K

岩土类别	含水量 $w(\%)$	密度 $\rho(g/cm^3)$	热物理指标		
			比热容 C $[kJ/(kg \cdot K)]$	导热系数 λ $[W/(m \cdot K)]$	导温系数 $a \times 10^{-3}$ (m^2/h)
全风化软质岩	$5 \leqslant w < 15$	1.85~2.05	1.05~1.35	1.05~2.25	0.95~2.05
	$15 \leqslant w < 25$	1.90~2.15	1.15~1.45	1.20~2.45	1.15~2.85
全风化硬质岩	$10 \leqslant w < 15$	1.85~2.15	0.75~1.45	0.85~1.15	1.10~2.15
	$15 \leqslant w < 25$	1.90~2.25	0.85~1.65	0.95~2.15	1.25~3.00
强风化软质岩	$2 \leqslant w < 10$	2.05~2.40	0.57~1.55	1.00~1.75	1.30~3.50
强风化硬质岩	$2 \leqslant w < 10$	2.05~2.45	0.43~1.46	0.90~1.85	1.50~4.50
中风化软质岩	$w < 5$	2.25~2.45	0.85~1.15	1.65~2.45	1.60~4.00
中风化硬质岩	$w < 5$	2.25~2.55	0.75~1.25	1.85~2.75	1.60~5.50

附录 L　常用图例

L.0.1　常用岩石图例（图 L.0.1）。

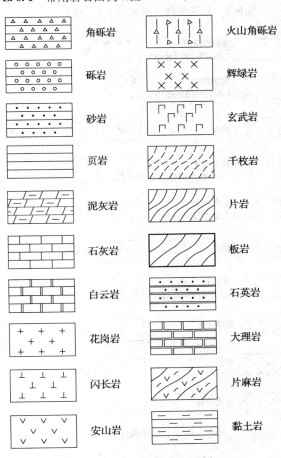

图 L.0.1　常用岩石图例

L.0.2 松散土层图例（图 L.0.2）。

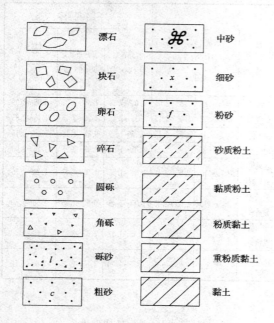

图 L.0.2　松散土图例

L.0.3 其他图例（图 L.0.3-1、图 L.0.3-2）。

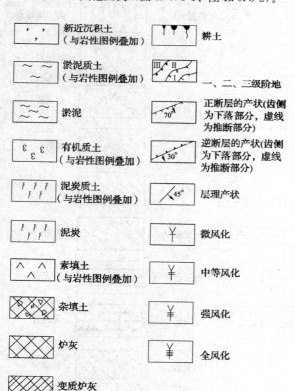

图 L.0.3-1　其他图例（一）

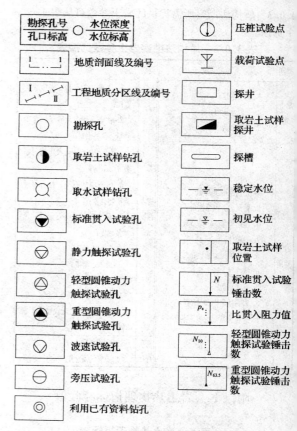

图 L.0.3-2　其他图例（二）

本规范用词说明

1 为便于在执行本规范条文时区别对待，对要求严格程度不同的用词说明如下：

　　1）表示很严格，非这样做不可的：

　　　　正面词采用"必须"，反面词采用"严禁"；

　　2）表示严格，在正常情况下均应这样做的：

　　　　正面词采用"应"，反面词采用"不应"或"不得"；

　　3）表示允许稍有选择，在条件许可时首先应这样做的：

　　　　正面词采用"宜"，反面词采用"不宜"；

　　4）表示有选择，在一定条件下可以这样做的，采用"可"。

2 条文中指明应按其他有关标准执行的写法为："应符合……的规定"或"应按……执行"。

引用标准名录

《建筑地基基础设计规范》GB 50007

《建筑抗震设计规范》GB 50011

《岩土工程勘察规范》GB 50021

《湿陷性黄土地区建筑规范》GB 50025

《铁道工程抗震设计规范》GB 50111

《土工试验方法标准》GB/T 50123

《建筑地基基础工程施工质量验收规范》GB 50202

《工程岩体分级标准》GB 50218

《工程岩体试验方法标准》GB/T 50266

《城市轨道交通工程测量规范》GB 50308

《国家一、二等水准测量规范》GB 12897

《膨胀土地区建筑技术规范》GBJ 112

《建筑变形测量规范》JGJ 8

《建筑地基处理技术规范》JGJ 79

《建筑桩基检测技术规范》JGJ 106

《建筑基坑支护技术规程》JGJ 120

《城市地下管线探测技术规程》CJJ 61

《铁路工程地质勘察规范》TB 10012

中华人民共和国国家标准

城市轨道交通岩土工程勘察规范

GB 50307—2012

条 文 说 明

修 订 说 明

《城市轨道交通岩土工程勘察规范》GB 50307—2011，经住房和城乡建设部 2012 年 1 月 21 日以第 1269 号公告批准发布。

本规范是在《地下铁道、轻轨交通岩土工程勘察规范》GB 50307—1999 的基础上修订而成。由于近年来随着城市轨道交通的发展，出现了单轨交通、中低速磁悬浮轨道交通等新的制式，"地下铁道、轻轨交通"不能包含所有城市轨道交通的制式。"城市轨道交通"目前是业内约定俗成，能够代表包括地铁、轻轨、单轨、磁悬浮等制式在内的所有轨道类交通的名称。同时，已修编完成的《城市轨道交通工程测量规范》等规范也已更名，正在编制的《城市轨道交通工程监测技术规范》也按此定名；为了与城市轨道交通系列的规范定名相一致，将《地下铁道、轻轨交通岩土工程勘察规范》更名为《城市轨道交通岩土工程勘察规范》。

上一版的主编单位是北京市城建勘察测绘院（改制后为北京城建勘测设计研究院有限责任公司），参编单位是北京市城建设计研究院、广州市地下铁道总公司、上海岩土工程勘察设计研究院、北京市勘察设计研究院、西北综合勘察设计研究院、沈阳市勘察测绘研究院、青岛市勘察测绘研究院、建设部综合勘察研究设计院、铁道部科学研究院、深圳市勘察测绘院，主要起草人员是袁绍武、王元湘、刘官熙、史存林、庄宝璠、吴成孝、林在贯、张乃瑞、金淮、周士鉴、罗梅云、顾宝和、顾国荣、贾信远、傅迺鑫、彭家骏、鞠世健、陈玉梅。

本规范修订过程中，编制组进行了细致深入的调查研究，开展了多项专题研究，总结了我国城市轨道交通岩土工程勘察的实践经验，同时参考了国外先进技术法规、技术标准，通过研究取得了城市轨道交通岩土工程勘察的重要技术参数。

为便于广大设计、施工、科研、学校等单位有关人员在使用本规范时能正确理解和执行条文规定，《城市轨道交通岩土工程勘察规范》编制组按章、节、条顺序编制了本规范的条文说明，对条文规定的目的、依据及执行中需注意的有关事项进行了说明，还着重对强制性条文的强制性理由作了解释。本条文说明不具备与规范正文同等的法律效力，仅供使用者作为理解和把握标准规定的参考。

目　次

1 总　　则

1.0.1 随着国民经济的发展，我国迎来了城市轨道交通工程建设的高潮，目前已有 27 个城市开展了城市轨道交通工程的建设工作。岩土工程勘察是为城市轨道交通工程建设提供基础资料的一个重要环节，根据构建和谐社会、科学发展的要求，岩土工程勘察应综合考虑生存、发展、环境、安全、效益诸方面的问题。

城市轨道交通工程属于高风险工程，安全事故时有发生，目前全国各个城市的轨道交通工程建设都开展了安全风险管理工作，因此，本规范在《地下铁道、轻轨交通岩土工程勘察规范》GB 50307—1999（以下简称原规范）基础上增加了控制风险的原则。

1.0.2 本规范针对城市轨道交通工程的各种敷设形式、各种结构类型和施工方法，提出了具体的勘察要求，能够满足城市轨道交通新建和改、扩建工程的要求。

1.0.3 城市轨道交通工程多在大城市建设，城市中的勘察资料往往比较丰富，特别是各种大型工业与民用建筑工程的基础设计、施工、监测资料，均可供城市轨道交通工程参考和借鉴。所以收集与利用既有资料对城市轨道交通工程勘察工作是十分有益的。

城市轨道交通工程建设过程中基坑、隧道的坍塌，周边建筑物、管线等环境破坏，往往与地质条件密切相关。因此，应引起岩土工程勘察人员的重视，科学制订方案、精心组织实施。

城市轨道交通岩土工程勘察应密切结合工程特点进行工程地质、水文地质勘察，针对各类结构设计及各种施工方法，依据工程地质、水文地质条件进行技术论证和评价，提出合理可行的工程建议是十分重要的。

1.0.4 城市轨道交通工程各项岩土工程勘察工作，均应按照本规范执行。凡是本规范未涉及的内容，对于线路工程可根据城市轨道交通工程的特点，参照铁道部的有关规范执行。对于建筑工程可按照现行工业与民用建筑有关规范执行。

3　基本规定

3.0.1 城市轨道交通工程建设阶段一般包括规划、可行性研究、总体设计、初步设计、施工图设计、工程施工、试运营等阶段。由于城市轨道交通工程投资巨大，线路穿越城市中心地带，地质、环境风险极高，建设各阶段对工程技术的要求高，各个阶段所解决的工程问题不同，对岩土工程勘察的资料深度要求也不同。如：规划阶段应规避对线路方案产生重大影响的地质和环境风险。在设计阶段应针对所有的岩土工程问题开展设计工作，并对各类环境提出保护方案。

若不按照建设阶段及各阶段的技术要求开展岩土工程勘察工作，可能会导致工程投资浪费、工期延误，甚至在施工阶段产生重大的工程风险。根据规划和各设计阶段的要求，分阶段开展岩土工程勘察工作，规避工程风险，对轨道交通工程建设意义重大。

3.0.2 岩土工程勘察分阶段开展工作，就是坚持由浅入深、不断深化的认识过程，逐步认识沿线区域及场地的工程地质条件，准确提供不同阶段所需的岩土工程资料。特别在地质条件复杂地区，若不按阶段进行岩土工程勘察工作，轻者给后期工作造成被动，形成返工浪费，重者给工程造成重大损失或给运营线路留下无穷后患。

鉴于工程地质现象的复杂性和不确定性，按一定间距布设勘探点所揭示地层信息存在局限性；受周边环境条件限制，部分钻孔在详细勘察阶段无法实施；工程施工阶段周期较长（一般为 2 年～4 年），在此期间，地下水和周边环境会发生较大变化；同时在工程施工中经常会出现一些工程问题。因此，城市轨道交通工程在施工阶段有必要开展勘察工作，对地质资料进行验证、补充或修正。

3.0.3 不良地质作用、地质灾害、特殊性岩土等往往对城市轨道交通工程线位规划、敷设形式、结构设计、工法选择等工程方案产生重大影响，严重时危及工程施工和线路运营的安全。不良地质作用、地质灾害、特殊性岩土等岩土工程问题往往具有复杂性和特殊性，采用常规的勘探手段，在常规的勘探工作量条件下难以查清。因此，对工程方案有重大影响的岩土工程问题应进行专项勘察工作，提出有针对性的工程措施建议，确保工程规划设计经济、合理，工程施工安全、顺利。

西安城市轨道交通工程建设能否穿越地裂缝，济南城市轨道交通工程建设能否避免对泉水产生影响，是西安和济南城市轨道交通工程建设的控制因素。因此，这两个城市在轨道交通工程建设中都进行了专项岩土工程勘察工作，专项勘察成果指导了城市轨道交通工程的规划、设计、施工工作。

3.0.4 城市轨道交通工程周边存在着大量的地上、地下建（构）筑物、地下管线、人防工程等环境条件，对工程设计方案和工程安全产生重大的影响，同时，轨道交通的敷设形式多采用地下线形式，地下工程的施工容易导致周边环境产生破坏。因此，岩土工程勘察前需要从建设单位获取地形图、地下管线及地下设施分布图，以便勘察单位在勘察期间确保地下管线和设施的安全，并在勘察成果中分析工程与周边环境的相互影响。

工程周边环境资料是工程设计、施工的重要依据，地形图及地下管线图往往不能满足周边环境与工程相互影响分析及工程环境保护设计、施工的要求。因此，有必要在工程建设中开展周边环境专项调查工作，取得周边环境的详细资料，以便采取环境保护措施、保证环境和城市轨道交通工程建设的安全。

目前，工程周边环境的专项调查工作，是由建设单位单独委托，承担环境调查工作的单位，可以是设计单位、勘察单位或其他单位。

3.0.5 搜集当地已有勘察资料和建设经验是岩土工程勘察的基本要求，充分利用已有勘察资料和建设经验可以达到事半功倍的效果。

城市轨道交通工程线路敷设形式多，结构类型多，施工方法复杂；不同类型的工程对岩土工程勘察的要求不同，解决的问题不同。因此，针对线路敷设形式以及各类工程的建筑类型、结构形式、施工方法等工程条件开展工作是十分必要的。

3.0.6 城市轨道交通岩土工程勘察等级的划分，主要考虑了工程结构类型、破坏后果的严重性、场地工程地质条件的复杂程度、环境安全风险等级等因素，以便在勘察工作量布置、岩土工程评价、参数获取、工程措施建议等方面突出重点、区别对待。

3.0.7 城市轨道交通工程本身是一个复杂的系统工程，是各类工程和建筑类型的集合体，为了使岩土工程勘察工作更具针对性，本规范根据各个工程的规模和建筑类型的特点以及破坏后果的严重性进行了重要性等级划分，并划分为三个等级。本条在原规范的基础上进行了适当的调整。

3.0.8 本条主要依据现行国家标准《岩土工程勘察规范》GB 50021制定。考虑到城市轨道交通隧道工程的岩土工程问题主要是围岩的稳定性问题，因此在地基、边坡岩土性质的条款中增加了围岩。

对建筑抗震有利、不利和危险地段的划分，应按现行国家标准《建筑抗震设计规范》GB 50011的有关规定确定。

3.0.9 城市轨道交通工程周边环境复杂，不同环境类型与城市轨道交通工程建设的相互影响不同，工程环境风险与环境的重要性、环境与工程的空间位置关系密切相关。

目前，各个城市在城市轨道交通建设中，针对不同等级的环境风险采取的管理措施不同：一级环境风险需进行专项评估、专项设计和编制专项施工方案；二级的环境风险在设计文件中应提出环境保护措施并编制专项施工方案；三级环境风险应在工程施工方案中制订环境保护措施。不同级别环境风险的保护和控制对岩土工程勘察的要求不同。

一般可行性研究阶段应重点关注一级环境风险，并提出规避措施建议；初步勘察阶段应重点关注一级和二级的环境风险，并提出保护措施建议；详细勘察阶段应关注所有环境风险，并提出明确的环境保护措施建议。

北京市城市轨道交通工程的环境风险分级如下：

1 特级环境风险：下穿既有轨道线路（含铁路）。

2 一级环境风险：下穿重要既有建（构）筑物、

重要市政管线及河流，上穿既有轨道线路（含铁路）。

3 二级环境风险：下穿一般既有建（构）筑物、重要市政道路，临近重要既有建（构）筑物、重要市政管线及河流。

4 三级环境风险：下穿一般市政管线、一般市政道路及其他市政基础设施，临近一般既有建（构）筑物、重要市政道路。

3.0.11 城市轨道交通工程的结构类型大体可归属为铁路和建筑两大行业，两大行业对岩土工程设计参数的选取有一定的差异，岩土工程勘察时需要根据设计单位的要求参照相应的行业规范提供。

一般路基、隧道、跨河桥、跨线桥、高架桥、高架车站中与车站结构完全分开的线路、桥梁等岩土设计参数参照现行铁路行业规范；建筑、房屋等其他结构参照现行建筑行业规范。城市轨道交通工程沿线场地和地基地震效应的岩土工程评价，需要采用与结构设计相同行业类别的抗震设计规范。

4 岩土分类、描述与围岩分级

4.1 岩石分类

4.1.2 岩石坚硬程度的划分，现有国家和行业规范逐渐统一到现行国家标准《工程岩体分级标准》GB 50218。从表1可看出，现行行业标准《铁路工程地质勘察规范》TB 10012中岩石坚硬程度的定量划分与现行国家标准《工程岩体分级标准》GB 50218和《岩土工程勘察规范》GB 50021原则上一致，本次修订参照现行国家标准《工程岩体分级标准》GB 50218和《岩土工程勘察规范》GB 50021进行分类，分为5类。

表1 岩石坚硬程度的划分比较

《工程岩体分级标准》GB 50218和《岩土工程勘察规范》GB 5002中坚硬程度划分	坚硬岩	较硬岩	较软岩	软岩	极软岩
《铁路工程岩土分类标准》TB 10012中坚硬程度划分	极硬岩	硬岩	较软岩	软岩	极软岩
饱和单轴抗压强度 f_r（MPa）	$f_r > 60$	$30 < f_r \leqslant 60$	$15 < f_r \leqslant 30$	$5 < f_r \leqslant 15$	$f_r \leqslant 5$

4.1.5 风化程度分类参照现行国家标准《工程岩体分级标准》GB 50218和《岩土工程勘察规范》GB 50021，残积土作为岩石风化后的残积物，具有土的特性，工程意义重要，为便于比较，附录中把残积土列出。

全风化岩石在工程中是常常遇到的岩石，国内外一些规范也有类似规定和提法。未风化岩石按工程岩体分级标准，含义是岩质新鲜、结构未变。

4.1.6 软化系数是衡量水对岩石强度影响程度的判别准则之一，软化的岩石浸水后的承载力明显降低。分类标准和现行国家标准《岩土工程勘察规范》GB 50021 一致，规定 0.75 作为不软化和软化的界限值。条文中增加了特殊性岩石的定名。

4.1.7 本条为本次修订增加的内容。岩体的完整程度反映了它的裂隙性，而裂隙性是岩体十分重要的特性，破碎岩石的强度比完整岩石大大削弱；RQD 指钻孔中用 N 型（直径 75mm）二重管金刚石钻头获取的大于 10cm 的岩芯段长度与该回次钻进深度之比，是国际上通用的鉴别岩石工程性质好坏的方法。英国岩石质量指标 RQD 分类见表 2，和国内分类是一致的，国内也有较多经验，本次修订按现行国家标准《岩土工程勘察规范》GB 50021 作了明确的规定。

表 2 岩体按岩石的质量指标（RQD）分类

岩 体 分 类	岩石的质量指标 RQD（%）
很好（excellent）	＞90
好的（good）	75～90
中等（fair）	50～75
坏的（poor）	25～50
极坏（very poor）	＜25

注：摘自英国标准《英国岩土工程勘察规范》BS 5930：1981。

4.2 土的分类

4.2.1～4.2.8 粉土在原规范和现行的国家标准《岩土工程勘察规范》GB 50021 和《建筑地基基础设计规范》GB 50007 中，没有进一步划分。本次修订是以塑性指数 7 为界，划分为黏质粉土和砂质粉土，主要考虑工程性质的差异，在存在地下水时砂质粉土和黏质粉土性状不同，尤其对地下开挖工程的影响，砂质粉土易产生流土等渗流变形，接近粉砂的性状，黏质粉土接近粉质黏土的性状。对条文中粉土划分标准作如下说明：

1 在划分相当于粉质黏土和黏质粉土的问题上，一直存在两种意见，有人认为应以塑性指数 I_P 等于 10 为界线，同时也有人认为应以塑性指数 I_P 等于 7 为界线。两方面都有资料数据和实验结果为依据。现行国家标准《建筑地基基础设计规范》GB 50007 中以塑性指数 I_P 等于 10 为界，并将塑性指数 I_P 小于或等于 10 的土作为一个不属于黏性土的大类别划分出来，称为粉土。但塑性指数 I_P 等于 7 的确也还是一个界线，这可以从液限（w_L）与塑限（w_P）、液限（w_L）与塑性指数（I_P）、塑限（w_P）与塑性指数（I_P）关系图（长春地质学院学报《工程地质专辑》中《我国黏性土分类的研究》 李克骧等著，1988）看出。因此，用塑性指数 I_P 等于 7 作为粉土类土的亚类划分界线是完全可以的。

2 据统计塑性指数 I_P 小于 7 的土，粘粒含量（粒径小于 0.005mm）一般小于 10%。塑性指数 I_P 小于 7 的土液化势较高。

3 北京市多年来用塑性指数 I_P 小于或等于 7 作为界线，划分出黏质粉土和砂质粉土，效果较好，积累了大量的野外鉴别和评价的经验及资料。

4 用塑性指数简单易行，可避免繁琐的颗粒分析工作，在有经验的地区可采用颗粒分析资料对粉土进行进一步划分。

5 一般在室内试验塑性指数 I_P 小于 3 的土的塑性指数已做不出来，故将塑性指数 I_P 等于 3 作为粉土与砂类土的界线。

其他土类定名与原规范一致。

4.2.9 特殊土的划分具有重要的工程意义。

填土：在城市中填土分布很广，但规律性很差，成分复杂，对城市轨道交通工程设计和施工影响很大，在已有城市轨道交通工程建设中，由于对填土重视程度不够和相关措施不到位，工程事故时有发生。

湿陷性土：黄土是一种湿陷性土，在我国北方广泛分布的特殊土，主要分布在秦岭、伏牛山以北的华北、西北、东北广大地域。如西安城市轨道交通工程存在着湿陷性黄土。

膨胀岩土：由于膨胀岩土富含亲水矿物，吸水显著膨胀、软化、崩解，失水急剧收缩；对工程结构和施工往往产生较大影响。高塑性指数的膨胀岩土，在盾构施工时，易形成泥饼，勘察时应高度重视。如在南宁和合肥地区的城市轨道交通工程勘察中发现了膨胀性岩土。

混合土：混合土是指颗粒级配极不连续，主要由黏粒、粉粒、砾粒和漂粒组成。如进行筛分，根据其颗粒组成可定名为碎石土或砂土，再将其细粒部分进行可塑性试验，根据其塑性指数又可定名为粉土或黏性土。这类土的性质，常处于粗粒土和细粒土之间，粗粒土和细粒土在施工中需要采取的工程措施不同，勘察过程中对隧道或基坑开挖不能简单地按照粗粒或细粒土进行评价。

污染土：随着城市建设的发展，历史或现状存在一些污染企业，如印染、造纸、制革、冶炼、铸造等，对岩土层产生污染和腐蚀，岩土性状发生变化。由于城市轨道交通工程线路不可避免会穿越城市历史或现状的工业场地，可能分布有污染土层，对于富集有毒成分（包括气体）的土层，对施工与运营安全带来潜在风险，特别是地下线路，在勘察过程中应引起重视。

4.3 岩土的描述

4.3.1～4.3.3 岩石和岩体的野外描述十分重要，规定应当描述的内容十分必要，岩石质量指标（RQD）是国际上通用的鉴别岩石工程性质好坏的方法。本规范的岩石和岩体的描述参照了现行国家标准《岩土工程勘察规范》GB 50021 制定。

4.3.4～4.3.7 本规范的土的描述及土的密实度、粉土的湿度、黏性土的状态等划分标准参照了现行的国家标准《岩土工程勘察规范》GB 50021制定。

碎石土的最大粒径对地下隧道工程施工工艺的选择十分重要，砂卵石地层中卵石最大粒径的大小和含量的多少是盾构设备选型和施工参数确定的关键因素。

4.4 围岩分级与岩土施工工程分级

4.4.1、4.4.2 现行国家标准《地铁设计规范》GB 50157规定，暗挖结构的围岩分级按现行行业标准《铁路隧道设计规范》TB 10003确定。根据这一原则，本次岩土工程勘察规范的修订中围岩分级与现行国家标准《地铁设计规范》GB 50157配套。

对于围岩等级为Ⅴ、Ⅵ级的土层可结合地方经验进一步划分亚级，以更好的为工程建设服务。

岩土施工工程分级依据现行行业标准《铁路工程地质勘察规范》TB 10012制定。

5 可行性研究勘察

5.1 一般规定

5.1.1、5.1.2 可行性研究阶段勘察是城市轨道交通工程建设的一个重要环节。城市轨道交通工程在规划可研阶段，就需要考虑众多的影响和制约因素，如城市发展规划、交通方式、预测客流等，以及地质条件、环境设施、施工难度等。这些因素是确定线路走向、埋深和工法时应重点考虑的内容。

制约线路敷设方式、工期、投资的地质因素主要为不良地质作用、特殊性岩土和线路控制节点的工程地质与水文地质问题。因此，这些地质问题是可行性研究阶段勘察工作的重点。

5.1.3 由于城市轨道交通工程设计中，一般可行性研究阶段与初步设计阶段之间还有总体设计阶段，在实际工作中，可行性研究阶段的勘察报告还需要满足总体设计阶段的需要。如果仅依靠搜集资料来编制可研勘察报告难以满足上述两个阶段的工作需要，因此强调应进行必要的现场勘探、测试和试验工作。

5.2 目的与任务

5.2.1 由于比选线路方案、完善线路走向、确定敷设方式和稳定车站等工作，需要同时考虑对环境的保护和协调，如重点文物单位的保护、既有桥隧、地下设施等，并认识和把握既有地上、地下环境所处的岩土工程背景条件。因此，可行性研究阶段勘察，应从岩土工程角度，提出线路方案与环境保护的建议。

5.2.2 轨道交通工程为线状工程，不良地质作用、特殊性岩土以及重要的工程周边环境决定了工程线路

敷设形式、开挖形式、线路走向等方案的可行性，并影响着工程的造价、工期及施工安全。

5.3 勘察要求

5.3.2 可行性研究阶段勘察所依据的线路方案一般都不稳定和具体，并且各地的场地复杂程度、线路的城市环境条件也不同，所以编制组研究认为，可行性研究阶段勘探点间距需要根据地质条件和实际灵活掌握。

广州城市轨道交通工程可行性研究阶段勘察的做法是：沿线路正线250m～350m布置一个钻孔，每个车站均有钻孔。当搜集到可利用钻孔时，对钻孔进行删减。

北京城市轨道交通工程可行性研究阶段勘察的做法是：沿线路正线1000m布置一个钻孔，并满足每个车站和每个地质单元均有钻孔控制。对控制线路方案的不良地质条件进行钻孔加密。

6 初步勘察

6.1 一般规定

6.1.1 初步设计是城市轨道交通工程建设非常重要的设计阶段，初步设计工作往往是在线路总体设计的基础上开展工点设计工作，不同的敷设形式初步设计的内容不同，如：初步设计阶段的地下工程一般根据环境及地质条件需完成车站主体及区间的平面布置、埋置深度、开挖方法、支护形式、地下水控制、环境保护、监控量测等的初步方案。初步设计阶段的岩土工程勘察需要满足以上初步设计工作的要求。

因此，本次修编在提出对初步勘察总的任务要求基础上，按照线路敷设方式，针对地下工程、高架工程和路基与涵洞工程、地面车站和车辆基地分别提出了初步勘察要求。

6.1.2 初步设计过程中，对一些控制性工程，如穿越水体、重要建筑物地段，换乘节点等往往需要对位置、埋深、施工方法进行多种方案的比选，因此，初步勘察需要为控制性节点工程的设计和比选，确定切实可行的工程方案，提供必要的地质资料。

6.2 目的与任务

本节对原规范进行了梳理，增加了"标准冻结深度"、"环境影响分析评价"、"对可能采取的地基基础类型、地下工程开挖与支护方案、地下水控制方案进行初步分析评价"、"评价场地稳定性和工程适宜性"等内容。同时将"土石可开挖性分级和围岩分级"调整到本规范第6.3节地下工程的勘察要求中。

6.3 地下工程

6.3.1 城市轨道交通工程初步设计阶段的地下工程

主要涉及地下车站、区间隧道，本条是在满足本规范第6.2.2条的基础上，针对地下工程的特点提出的勘察要求。勘察要求主要包括了围岩分级、岩土施工工程分级、地基基础形式、围岩加固形式、有害气体、污染土、支护形式和盾构选型等隧道工程、基坑工程所需要查明和评价的内容。

6.3.2 原规范对初勘勘探点间距确定为100m～200m，未考虑敷设形式和车站与区间的差异，本次修订在综合各地初勘的经验和设计要求的基础上，对地下工程的车站和区间分别提出钻孔布置要求。其中地下车站至少布置4个勘探点，当地质条件复杂时，还需增加钻孔。例如，北京地区初勘阶段，每个车站一般布置4个～6个钻孔。

6.3.3 地下区间初步勘察的勘探点间距与原规范一致，但增加了钻孔加密的条件。例如，广州地铁1号线广钢至广州东站，其地层为第四纪沉积层，下伏白垩系红层，多为中等风化或强风化，局部为海陆交互层，地层复杂，因此钻孔间距一般为20m～30m。

6.3.5 地下区间、车站的勘探孔深度的制定原则在原规范的基础上进行了细化，考虑到满足设计方案调整以及初勘勘探孔的可利用性，将钻孔深度适当增加，并针对第四系和基岩的地质条件分别作出规定。

6.4 高架工程

6.4.1 城市轨道交通工程初步设计阶段高架工程主要涉及高架车站、区间桥梁，本条是在满足本规范第6.2.2条的基础上，针对高架工程的特点提出的勘察要求。勘察要求主要考虑轨道交通高架结构对沉降控制较为严格，一般采用桩基方案，因此勘察工作的重点是桩基方案的评价和建议，关于桩基方案的勘察评价可参照相关的专业规范执行。

6.4.2 原规范对初勘勘探点间距确定为100m～200m，未考虑敷设形式和车站与区间的差异，本次修订在综合各地初勘的经验和设计要求的基础上，对高架工程的车站和区间分别提出钻孔布置要求。由于初步设计阶段的高架结构柱跨或桥墩台位置尚不确定，所以参考各地经验，提出勘探点的布置间距要求。对于已经基本明确桥柱位置和柱跨情况，初勘点位应尽量结合桥柱、框架柱布设。

6.4.3 高架区间、车站的勘探孔深度的制定原则在原规范的基础上进行了细化，分墩台基础和桩基础，并针对第四系和基岩的地质条件分别作出规定。

6.5 路基、涵洞工程

6.5.1 城市轨道交通路基工程主要包括一般路基、路堤、路堑、支挡结构及其他的线路附属设施，本条是在满足本规范第6.2.2条的基础上，针对不同的路基形式和支挡结构提出了勘察要求。

6.5.3 本次修订在综合各地初勘的经验和设计要求

的基础上，对路基勘探点间距进行了缩小，对高路堤、陡坡路堤、深路堑等提出了横断面的布置要求。

7 详细勘察

7.1 一般规定

7.1.1 城市轨道交通工程结构、建筑类型多，一般包括：地下车站和地下区间、高架车站和高架区间、地面车站和地面区间，以及各类地上地下通道、出入口、风井、施工竖井、车辆段、停车场、变电站及附属设施等。不同的工程和结构类型的岩土工程问题不同，设计所需的岩土参数不同；地下工程的埋深不同，工程风险不同，因此，需要针对工程的特点、工程的建筑类型和结构形式、结构埋置深度、施工方法提出勘察要求。

本章按照线路不同的敷设形式即地下工程、高架工程、路基、涵洞工程、地面车站与车辆基地提出勘察要求。

7.2 目的与任务

7.2.1 城市轨道交通工程所遇到的岩土工程问题概括起来主要为各类建筑工程的地基基础问题、隧道围岩稳定问题、天然边坡人工边坡稳定性问题、周边环境保护问题等，为分析评价和解决好这些岩土工程问题，详细勘察阶段需要详细查明其地质条件，提出处理措施建议，提供所需的岩土参数。

7.2.2 为了使勘察工作的布置和岩土工程的评价具有明确的工程针对性，解决工程设计和施工中的实际问题，搜集工程有关资料，了解设计要求是十分重要的工作，也是勘察工作的基本要求。

7.2.3 本条为强制性条文，必须严格执行。本条规定了城市轨道交通工程详细勘察的具体任务，对其中的第1款～第5款和第8款分别作以下几点说明：

1 城市轨道交通工程建设，一般分布于大中城市人口稠密的地区，对危害人类生命财产安全的重大地质灾害，如滑坡、泥石流、危岩、崩塌的情况比较少见，且多数进行了治理。但是，线路经过地面沉降区段、砂土液化地段、地下隐伏断裂和第四系地层中活动断裂、地裂缝等情况还是比较常见，这些常见的不良地质作用对城市轨道交通工程的施工安全和长期运营造成危害。

2 查明场地内的岩土类型、分布、成因等是岩土工程勘察的基本要求。由于城市轨道交通工程线路较长、结构类型多、地基基础类型多，差异沉降会给工程结构及运营安全带来危害，在软土地区和地质条件复杂地区已出现过此类问题。因此，需要提出各类工程地基基础方案建议并对其地基变形特征进行评价。

3 城市轨道交通地下工程结构复杂、施工工法工艺多，不同工法对地层的适应性不同，例如饱和粉细砂、松散填土层、高承压水地层等地质条件一般会造成矿山法施工隧道掌子面失稳和突涌；软弱土层会导致盾构法施工隧道管片错台、衬砌开裂、渗水等问题。这些工程地质问题会影响地下工程土方开挖、支护体系施工和隧道运行的安全。基坑、隧道岩土压力及计算模型，以及基坑、隧道的支护体系变形是地下工程设计计算的主要内容。岩土工程勘察需要为这些工程问题的解决提供岩土参数。

4 城市轨轨道交通在山区、丘陵地区或穿越临近环境以及开挖会遇到天然边坡和人工边坡问题。

5 城市轨道交通工程经常要穿越和跨越江、河、湖、沟、渠、塘等各种类型的地表水体。地表水体是控制线路工程的重要因素，而且施工风险极高，易产生灾难性的后果，如上海地铁4号线联络通道的坍塌导致江水灌入隧道，北京地铁也发生过雨后河水上涨灌入隧道的情况。因此查明地表水体的分布、水位、水深、水质、防渗措施、淤积物分布及地表水与地下水的水力联系等，对工程施工安全风险控制十分重要。

8 城市轨道交通工程一般临近或穿越地下管线、既有轨道交通、周边建（构）筑物、桥梁以及文物等工程周边环境，与城市轨道交通工程存在着相互影响；工程周边环境保护是城市轨道交通工程建设的一项重要工作，也是一个难点。因此，根据岩土工程条件及城市轨道交通工程的建设特点分析环境与工程的相互作用，提出环境拆、改、移及保护等措施建议，是城市轨道交通工程勘察的一项重要工作。

7.3 地 下 工 程

7.3.2 本条根据地下工程的特点规定了在详细勘察阶段需要重点勘察的内容。对其中的第1、7、9款分别作以下几点说明：

1 地下工程勘察主要包括基坑工程和暗挖隧道工程，除常规岩土物理力学参数外，基床系数、静止侧压力系数、热物理指标和电阻率等是城市轨道交通地下工程设计、施工所需要的重要岩土参数。

同时，由于各设计单位的设计习惯和采用的计算软件不同，勘察时应考虑设计单位的设计习惯提供基床系数或地基土的抗力系数比例系数。

在城市轨道交通运营期间，行车和乘客会散发出大量的热量，若不及时通风排出，将逐日积蓄热量，在围岩中形成热套。在冻结法施工中也涉及热的置换，为此尚需测定围岩的热物理指标，以作为通风设计和冻结法设计的依据。

2 饱和砂层、卵石层、漂石层、人工空洞、污染土、有害气体等对地下工程施工安全影响很大，应予以查明。例如杭州地铁1号线和武汉地铁2号线均在地下施工断面发现有可燃气体；北京地铁9号线的卵石、漂石地层，北京地区的浅层人工空洞等对工程的影响很大。

7 抗浮设防水位是很重要的设计参数，但要预测建（构）筑物使用期间水位可能发生的变化和最高水位有时相当困难，它不仅与气候、水文地质等因素有关，有时还涉及地下水开采、上下游水量调配、跨流域调水等复杂因素，故规定应进行专门研究。一般抗浮设防水位的确定方法详见本规范第10.4.2条的条文说明。

9 出入口、通道、风井、风道、施工竖井等附属工程一般位于路口或穿越道路，工程周边环境复杂，通道与井交接部位受力复杂，经常发生工程事故，安全风险较高。因此应进行单独勘察评价。

7.3.3 表7.3.3所列钻孔间距比原规范规定的严格一些，主要是结合全国各地勘察的实际情况、城市地下工程的复杂性以及设计、施工的要求等进行修订。

7.3.4 本条要求勘探点在满足表7.3.3规定间距的基础上，勘探点平面布置还要考虑工程结构特点、场地条件、施工方法、附属结构、特殊部位的要求。

2 车站横剖面一般结合通道、出入口、风井的分布情况布设，数量可根据地质条件复杂程度和设计要求进行调整。

4 在结构范围内布置钻孔容易导致地下水贯通，给工程施工带来危害。隧道采用单线单洞时，左右线距离大于3倍洞径时采用双排孔布置，左右线距离小于3倍洞径或隧道采用双线单洞时可交叉布点。

7.3.5 本条结合车站主体工程的一般宽度和以往全国各城市的勘察经验，给出了勘探孔深度的确定要求。城市轨道交通地下工程受各种因素的制约，埋置深度往往在施工图设计阶段还需进行调整，因此，勘探孔深度比原规范的要求适当加深。

7.3.6 本条为强制性条文，必须严格执行。原规范对控制性勘探孔及取样和原位测试的试验孔的数量未作规定，城市轨道交通工程设计年限长，为百年大计工程，且工程复杂，施工难度大，变形控制要求高等，必须有一定数量的控制性钻孔，以及取样及原位测试钻孔以取得满足变形计算、稳定性分析、地下水控制等所需的岩土参数，本条参照现行国家标准《岩土工程勘察规范》GB 50021的相关规定，并考虑到车站工程的钻孔数量比较多，且附属设施需要单独布置钻孔，测试、试验数据数量能满足统计分析要求，将取样和原位测试孔的数量规定为不应少于1/2；区间工程的取样测试孔数量要求严于现行国家标准《岩土工程勘察规范》GB 50021的规定，主要考虑区间工程孔间距较大，钻孔数量较少，因此将取样和原位测试孔的数量规定为不应少于2/3。

7.3.7 本条规定的取样和测试的数量主要是考虑城市轨道交通工程为百年大计工程，同时周边的环境条件一般比较复杂，为了提高工程设计的可靠度，减小参数变异风险，将取样或原位测试数量定为不应少于10组。

7.3.10 基床系数是城市轨道交通地下工程设计的

重要参数，其数值的准确性关系到工程的安全性和经济性；对于没有工程经验积累的地区需要进行现场试验和专题研究，当有成熟地区经验时，可通过原位测试、室内试验结合附录 H 的经验值综合确定。

本次修订对基床系数进行了专题研究，主要成果如下：

1 基床系数 K 的定义与 K_{30} 试验。

基床系数是地基土在外力作用下产生单位变形时所需的应力，也称弹性抗力系数或地基反力系数，一般可表示为：

$$K = P/s \tag{1}$$

式中：K——基床系数（MPa/m）；
$\quad\quad P$——地基土所受的应力（MPa）；
$\quad\quad s$——地基的变形（m）。

基床系数与地基土的类别（砾状土、黏性土）、土的状况（密度、含水量）、物理力学特性、基础的形状及作用面积有关。

基床系数用于模拟地基土与结构物的相互作用，计算结构物内力及变形。结构物是指受水平力、垂直力和弯矩作用的基础、衬砌及桩等。变形是指基础竖向变形、衬砌的侧向变形、桩的水平变形和竖向变形等。基床系数的确定方法如下：

地基土的基床系数 K 可由原位荷载板试验（或 K_{30} 试验）结果计算确定。考虑到荷载板尺寸的影响，K 值随着基础宽度 B 的增加而有所减小。

对于砾状土、砂土上的条形基础：

$$K = K_1 \left(\frac{B + 0.305}{2B} \right)^2 \tag{2}$$

对于黏性土上的条形基础：

$$K = K_1 \left(\frac{0.305}{B} \right) \tag{3}$$

式中：K_1——0.305m 宽标准荷载板的标准基床系数或 K_{30} 值。

铁路常用的 K_{30} 荷载板试验是用直径为 30cm 的承载板，测定土的 K_{30} 值。其 K_{30} 值是指在 $p\text{-}s$ 曲线上对应地基土变形为 0.125cm 时的 p 值与 $p_{0.125}$ 变形的比值：

$$K_{30} = \frac{p_{0.125}}{0.125} \tag{4}$$

基床系数 K 这个指标，不同的试验方法和不同的试验条件，其结果会有较大的差别。为便于统一和比较，建议 K_{30} 荷载板试验值作为标准基床系数 K_1 值，即标准基床系数 K_1 值应用 K_{30} 荷载板试验。对于具体设计中基床系数 K 的取值，应考虑施工程序和施工过程中的结构变形，由设计人员修正确定。

2 基床系数的室内试验。

由于原位荷载板试验受试验方法的局限性，适合测定表层土和施工阶段基坑开挖深度范围内土体的基床系数，在勘察阶段对不开挖的表层以下各土层很难

直接通过实测方法测定，具体岩土勘察过程中常用原位测试、室内试验、结合经验值等方法综合分析确定基床系数。

1）原规范中规定的三轴试验法和固结试验法。

三轴试验法：三轴试验法是将土样经饱和处理后，在 K_0 状态下固结，对一组土样分别做试验：

$$\sigma_3 = K_0 \gamma h, \sigma_1 = \gamma h \tag{5}$$

$$n = \Delta \sigma_3 / \Delta \sigma_1 = 0.0, 0.1, 0.2, 0.3 \tag{6}$$

不同应力路径下的三轴试验（慢剪），得到 $\Delta \sigma_1'$ ~ Δh_0 曲线，求得初始切线模量或某一割线模量，定义为基床系数 K。

固结试验法：根据固结试验中测得的应力与变形关系来确定基床系数 K：

$$K = \frac{\sigma_2 - \sigma_1}{e_1 - e_2} \times \frac{1 + e_m}{h_0} \tag{7}$$

式中：$\sigma_2 - \sigma_1$——应力增量（MPa）；
$\quad\quad e_1 - e_2$——相应的孔隙比减量；
$\quad\quad e_m$——$e_m = (e_1 + e_2)/2$；
$\quad\quad h_0$——样品高度（m）。

2）上述室内试验方法的现状和分析。

目前国内对于这两种试验方法都有采用。通过对国内北京、天津、沈阳、上海、深圳和西安等地铁室内试验项目固结法和三轴法试验的对比研究，特别是通过天津地铁大量数据统计分析：固结法试验结果大于三轴割线法；固结法比原位载荷板试验结果大 4 倍～20 倍；三轴割线法比原位载荷板试验结果大 2 倍～8 倍。由于试件尺寸及试验条件与实际工况的差别，室内试验应在与原位载荷板试验大量对比试验的基础上，各地区根据实际情况确定基床系数的取值。

原位载荷板试验与室内试验的对比分析：由于原位载荷板试验与室内试验除存在着试验尺寸的差异外，尚存在如下差异：第一，原位载荷板试验下的土体有侧限变形，而室内固结试验土样侧向受限，无侧限变形；第二，原位载荷板试验的压缩层厚度为影响深度范围内的土层厚度，而室内试验的土试样高度 h_0 即为压缩层厚度，在假定相同的压板面积下，室内试验下沉量要小。综合考虑上述因素，室内试验求得基床系数与原位载荷板试验数据存在差异。

通过以上国内各勘察单位室内试验结果综合分析，固结法和三轴割线法求取的基床系数数据与土体实际不一致，而且偏差很大。

3）建议。

a. 由于固结法试验结果比原位载荷板试验结果大 4 倍～20 倍，三轴割线法比原位载荷板试验结果大 2 倍～8 倍，建议在以后的工作中进一步研究和积累经验。

b. 利用三轴法，操作过程模拟现场 K_{30} 原位平板载荷试验的试验原理，应是以后发展的方向。

c. 铁三院中心试验室通过模拟现场 K_{30} 试验的做

法，在常规三轴仪上对土样按取样深度进行固结，地下水位以下固结压力 $P_1 = 10H$（H 为取样深度），地下水位以上固结压力 $P_2 = 20H$，这样模拟土的原始状态，试样制备和三轴试验法相同，通过土的静止侧压力系数 K_0 计算所施加围压 σ_3（固结压力乘以静止侧压力系数 K_0 求得），静止侧压力系数 K_0 可以通过实测或经验值得到，试样施加围压 σ_3 后对试样进行压缩剪切，试验得出应变为 1.25mm 时对应的应力，通过计算得到基床系数值。该方法试验结果接近经验值。

d. 上海岩土工程勘察设计研究院有限公司使用三轴法测定基床系数。三轴法不同于原规范上的描述方法，具体如下：利用传统三轴仪，根据取样深度确定固结压力，进行等向固结。固结稳定后用固结排水剪方法进行试验，得出应力应变关系曲线。试验结果较接近经验值。

总之，研究表明在同一压力作用下，基床系数不是常数，它除了与土体的性质、类别有关外，还与基础底面积的大小、形状以及基础的埋深等因素有关。上述所列基床系数的室内试验方法仅提供了一个研究方向，后期的研究中还应加强现场 K_{30} 平板载荷试验数据与室内试验数据的对比分析，逐步积累资料和经验。同时，在施工过程中通过监测结构物的变形，反分析求解，不断积累数据形成经验推算法，也是今后需进一步研究的方向。

3 确定基床系数的其他方法。

1）基床系数值与地基土的标贯锤击数 N 的经验关系为：

$$K = (1.5 \sim 3.0)N \tag{8}$$

2）地基土的基床系数 K 与土体介质的弹性模量 E、泊松比 μ 及基础面积 A 的关系为：

$$K = \frac{E}{(1 - \mu^2)\sqrt{A}} \tag{9}$$

4 有关基床系数经验值的说明：

本规范附录 H 的制定是在当前国内外部分基床系数试验成果的基础上综合确定的。本次修订工作统计了北京、上海、天津、广州、成都、深圳、西安、沈阳等地区的岩土工程勘察报告中提供的基床系数值、专项研究成果，并考虑了其他行业和地方标准的规定。

5 岩石的基床系数。

1）北京地铁工程在 20 世纪 60 年代根据工程的需要，在公主坟第三纪红色砂砾岩中做了现场大型试验，根据试验成果提出了第三纪强风化—全风化砂砾岩基床系数 K 值为 120MPa/m～150MPa/m。

2）青岛地铁花岗岩中等风化、微风化、未风化岩体单位基床系数 K 计算及测试方法如下：

计算公式：

$$K = \frac{E}{(1 + \mu)100} \tag{10}$$

K 与岩体弹性模量 E 和泊松比 μ 关系密切。测

定 E 和 μ，简便易行。因此，可根据 E、μ 与 K 值之间的关系，计算出 K 的值。

测试方法有两种：

一是用静力法测得 E、μ 值，是把岩芯加工成立方体、长柱体，贴应变片，以应变方法测出 μ 值，计算出 K 为静基床系数。

二是用动力法测得 E_d、μ_d 值，是在岩芯上由超声波检测仪分别测出纵波速 v_p、横波速 v_s；然后计算出 E_d、μ_d，根据上述公式，可求得动基床系数。

E_d、μ_d 计算公式如下：

动弹性模量 E_d，

$$E_d = \frac{\rho v_s^2 (3v_p^2 - 4v_s^2)}{v_p^2 - v_s^2} \tag{11}$$

动泊松比 μ_d，

$$\mu_d = \frac{v_p^2 - 2v_s^2}{2(v_p^2 - v_s^2)} \tag{12}$$

式中：$\rho = 2.60 \sim 2.70$。

7.4 高架工程

7.4.2 本条根据高架工程大多采用桩基的特点规定了在详细勘察阶段对桩基工程需要重点勘察的要求。需要注意的是，高架线路桩基设计依据的规范主要有现行行业标准《铁路桥涵设计基本规范》TB 10002.1 和《建筑桩基技术规范》JGJ 94；勘察时应根据设计单位选用的规范，并结合当地经验提出桩基设计参数。

7.4.3 高架车站的勘探点间距 15m～35m，主要是依据场地的复杂程度和柱网间距确定，同时与现行行业标准《建筑桩基技术规范》JGJ 94 相一致。

高架区间勘探点间距取决于高架桥柱距，目前各城市地铁高架桥的柱距一般采用 30m，跨既有铁路、公路线路采用大跨度的柱距一般为 50m。城市轨道交通工程高架桥对变形要求较高，一般条件下每柱均应布置勘探点；对地质条件复杂，且跨度较大的高架桥一个柱下可以布置 2 个～4 个勘探点。

7.4.5 本条为强制性条文，必须严格执行。城市轨道交通运营对变形要求高，需要进行变形计算，必须有一定数量的控制性钻孔、取样及原位测试钻孔，以取得桩侧摩阻力、桩端阻力及变形计算的岩土参数，为确保高架工程的结构安全，规定了对控制性钻孔及取样原位测试钻孔数量，其中取样与原位测试钻孔的数量与现行国家标准《岩土工程勘察规范》GB 50021 的规定相一致。

7.5 路基、涵洞工程

7.5.3 高路堤的基底稳定、变形等是路堤勘察的重点工作。既有线调查表明，路堤病害绝大多数是由于路堤基底有软弱夹层或对地下水没处理好，其次是填料不合要求，夯实不紧密而引起的。为此需要查明基底有无软弱夹层及地下水出露范围和埋藏情况。在填

方边坡高及工程地质条件较差地段岩土工程问题较多，设置路基横断面查清地质条件是非常必要的。勘探深度视地层情况与路堤高度而定。

7.5.4 深路堑在路基工程中是属于比较重要的工程，城市轨道交通工程路堑一般采用 U 型槽形式，路堑工程涉及挡墙地基稳定性、结构抗浮稳定性等诸多问题，在岩土工程勘察中不可忽视。

路堑受地形、地貌、地质、水文地质、气候等条件影响较大，且边坡又较高，容易出现边坡病害。为了路堑边坡及地基的稳固，避免工程病害出现，勘察工作需按本条基本要求详细查明岩土工程条件，并针对不同情况提出相应的处理措施。

7.5.5 挡土墙及其他支挡建筑物是确保路堑等边坡稳固的重要措施。当路堑边坡稳固条件较差，需要设置支挡构筑物时，勘察工作可在详勘阶段结合深路堑工程勘察同时进行。

7.6 地面车站、车辆基地

7.6.1 车辆基地的各类房屋建筑一般包括停车列检库、物资总库、洗车库、办公楼、培训中心等，附属设施一般包括变电站、门卫室、供水井、地下管线、道路等。

7.6.2 车辆基地一般占地范围较大，多为近郊不适合开发的土地，甚至为垃圾场，一般地形起伏大，需要考虑挖填方等场地平整的要求。目前场地平整和股道路基设计时需要勘察单位提供场地的地质横断面图。在填土变化较大时需要提供填土厚度等值线图以及不良土层平面分布图等图件。

根据广州市轨道交通工程的经验，车辆基地一般需要提供如下图纸、文件：

1 为进行软基处理，勘察报告提供车辆段场坪范围内软土平面分布图，软土顶面、底面等高线图；液化砂层分区图；中等风化岩面等高线图。

2 为满足填方需要，勘察报告提供填料组别。

3 车辆基地勘察完毕，尚应进行专门的工程地质断面填图，断面线间距 25m～30m，断面的水平比例为 1：200，竖直比例为 1：200。

8 施工勘察

8.0.1 城市轨道交通工程尤其是地下工程经常发生因地质条件变化而产生的施工安全事故，因此施工阶段的勘察非常重要。施工阶段的勘察主要包括施工中的地质工作以及施工专项勘察工作。

8.0.2 施工地质工作是施工单位在施工过程中的必要工作，是信息化施工的重要手段。本条规定了施工中常开展的地质工作，在实际工作中不限于这些工作。

8.0.3 施工阶段需进行的专项勘察工作内容主要是从以往勘察和工程施工工作中总结出来的，这些内容往往对城市轨道交通工程施工的安全和解决工程施工

中的重大问题起重要作用，需要在施工阶段重点查明。

1 由于钻孔为点状地质信息，地质条件复杂时在钻孔之间会出现大的地层异常情况，超出详细勘察报告分析推测范围。施工过程中常见的地质异常主要包括地层岩性出现较大的变化，地下水位明显上升，出现不明水源，出现新的含水层或透镜体。

2、3 在施工过程中经常会遇见暗浜、古河道、空洞、岩溶、土洞以及卵石地层中的漂石、残积土中的孤石、球状风化等增加施工难度、危及施工安全的地质条件。这些地质条件在前期勘察工作中虽已发现，但其分布具有随机性，同时受详细勘察精度和场地条件的影响，难以查清其确切分布状况。因此，在施工阶段有必要开展针对性的勘察工作以查清此类地质条件，为工程施工提供依据。

比如广州地铁针对溶洞、孤石等委托原勘察单位开展了施工阶段的专门性勘察工作，钻孔间距达到 3m～5m，北京地铁 9 号线针对卵石地层中的漂石对盾构和基坑护坡桩施工的影响，委托原勘察单位开展了施工阶段的专门性勘察工作，采用了人工探井、现场颗分试验等勘察手段。

4 由于勘察阶段距离施工阶段的时间跨度较大，场地周边环境可能会发生较大变化，常见的包括场地范围内埋设了新的地下管线，周边出现新的工程施工，既有管线发生渗漏等。

6 地下工程施工过程中出现桩（墙）变形过大、开裂，基坑或隧道出现涌水、坍塌和失稳等意外情况，或发生地面沉降过大等岩土工程问题，需要查明其地质情况为工程抢险和恢复施工提供依据。

7 一般城市轨道交通工程的盾构始发接收井、联络通道加固，工程降水，冻结等辅助措施的施工方案在施工阶段方能确定，详细勘察阶段的地质工作往往缺乏针对性，需要在施工阶段补充相应的岩土工程资料。

8.0.4 施工阶段由于地层已开挖，为验证原位试验提供了良好条件，本规范建议在缺少工程经验的地区开展关键参数的原位试验为工程积累资料。

8.0.5 施工勘察是专门为解决施工中出现的问题而进行的勘察，因此，施工勘察的分析评价，提出的岩土参数、工程处理措施建议应具有针对性。

9 工法勘察

9.1 一般规定

9.1.1 城市轨道交通工程勘察工作不仅要为工程结构设计服务，还需要满足施工方案和施工组织设计的需要。城市轨道交通工程施工的工法较多、工艺复杂，不同的工法工艺对地质条件的适应性不同，需要的岩土参数不同，对地下水的敏感性不同，需要解决的工程地质问题也不相同，因此，需要针对不同的施工方

法提出具体的勘察要求。本次修订将原规范中的明挖法勘察和暗挖法勘察两章合并为工法勘察一章，同时增加了沉管法勘察和其他工法与辅助措施的勘察。

9.1.2 工法的选择往往会影响工程的成败，对工程造价、工期、工程安全均会产生较大的影响，在各阶段的勘察均要根据施工方法的要求开展相应的勘察工作。工法的勘察应结合工法的具体特点、地质条件选取合理的勘察手段和方法，并进行分析评价，提出适合工法要求的措施、建议及岩土参数。

9.2 明挖法勘察

9.2.1 盖挖法包括盖挖顺筑法和盖挖逆筑法，盖挖顺筑法是在地面修筑维持地面交通的临时路面及其支撑后自上而下开挖土方至坑底设计标高再自下而上修筑结构；盖挖逆筑法是开挖地面修筑结构顶板及其竖向支撑结构后在顶板的下面自上而下分层开挖土方分层修筑结构。

9.2.3 明挖法勘察内容与一般基坑工程勘察具有相同之处，但是城市轨道交通工程明挖法具有工程开挖深度大、周边环境复杂、变形控制要求严、存在明暗相接区段、明挖结构开洞较多等自身的一些特点。本条规定了明挖法的重点勘察内容。

1 特别强调要查明软弱土夹层、粉细砂层的分布。实践证明这种岩土条件往往给支护工程带来极大麻烦，如沿软弱夹层产生整体滑动，产生流砂而造成地面塌陷等。因此，必须给予更多的投入查清其产状与分布，以便采取防范措施。

3 按工程施工情况和现场的饱和黏性土存在的不同排水条件，考虑究竟采用总应力法或有效应力法，以期更接近实际，取得较好效果。

如饱和黏性土层不甚厚，有较好的排水条件，工程进展较慢，宜采用排水剪的抗剪强度指标；一般土质或黏性土层较厚，工程进展较快，来不及排水，为分析此间地基失稳问题，宜采用不排水剪的抗剪强度指标。

有效应力法的黏聚力、内摩擦角用于分析饱和黏性土地基稳定性时，在理论上比较严密，但它要求必须求出孔隙水压分布、荷载应力分布。实践中由于仪器不尽完善，要测准孔隙水压力有一定难度。

总应力法比较方便，广为使用。但它要求地层统一，这在客观上是不多见的，所以它的计算成果较粗略。

4 人工降低水位与深基坑开挖密切相关。勘察工作首先要分析判断要不要人工降低水位，并应对降低水位形成地层固结导致地面沉降、建筑物变形以及潜蚀带来的危害等有充分估计。实践中这类教训是不少的，为此勘察中应充分论证和预测，以便采取有效措施，使之对既有建筑的危害减至最低限度。

9.2.7 边坡稳定性计算，可分段进行。勘察中应逐段提供岩土密度、黏聚力、内摩擦角及工程地质剖面

图，粗估可能产生的破坏形式。

软弱结构面的方位是边坡稳定评价的重要因素。地下工程放ูู开挖施工，基坑又深又长，临空面暴露又多，为此在软弱面上取样作三轴剪切求出黏聚力、内摩擦角是评价边坡稳定的重要依据。对基岩结构面进行地质测绘了解产状、构造等条件，作出比较接近实际的稳定性计算与评价，也是很必要的。

为确定人工边坡最佳坡形及边坡允许值可考虑概念设计的原则，在定性分析的基础上，进行定量设计，较为稳妥。

9.2.8 确定地下连续墙的入土深度及立柱桩的桩基持力层至关重要，因此需查明桩（墙）端持力层的性质、含水层与隔水层的特性。为有效控制地下连续墙与中间桩的差异沉降，设计时应考虑开挖的各个工况的变形规律（土体隆起与沉降），因此一般盖挖施工，其勘探孔深度较大，当地质条件复杂时，应加密钻孔间距，与常规基坑勘察要求有所不同。

9.2.9 对明挖法的勘察，其勘察报告除满足常规基坑评价内容，宜结合岩土条件、周边环境条件，提出其明挖法基坑围护方法的建议与相应的设计参数；根据大量地铁工程经验，对存在的不良地质作用，如暗浜、厚度较大的杂填土等，如果勘察未查明或施工处理不当，可能引起支护结构施工质量问题（如地下连续墙露筋、接头分叉，灌注桩缩径，止水结构断裂等），对周边环境产生不利影响（如地面塌陷，管道断裂，房屋倾斜等），因此，在勘察报告中应增加不良地质作用可能引起明挖法施工风险的分析，并提出控制措施及建议的要求。

9.3 矿山法勘察

9.3.1 矿山法施工的工艺较多，工法名称尚没有统一的规定，目前常见的矿山法施工的开挖方法一般包括全断面法、上半断面临时封闭正台阶法、正台阶环形开挖法、单侧壁导坑正台阶法、双侧壁导坑法（眼镜工法）、中隔墙法（CD法、CRD法）、中洞法、侧洞法、柱洞法、洞桩法（PBA法）等方法开挖。

9.3.2 矿山法隧道轴线位置选定，隧道断面形式和尺寸，洞口、施工竖井位置和明、暗挖施工的分界点的选定，开挖方案及辅助施工方法，围岩加固、初期支护等与工程地质条件和水文地质条件密切相关。岩土工程条件对矿山法施工工法工艺的影响主要体现在以下几个方面：

1 矿山法隧道的埋置深度应根据运营使用和环境保护要求结合地层情况通过技术经济比较确定。无水地层中，在不影响地铁运营和车站使用的前提下，宜使区间隧道处于深埋状态，以节约工程费用。但在第四纪土层中往往难以做到。这种情况在选择隧道穿越的土层时，最好使其拱部及以上有一定厚度的可塑—硬塑状的黏性土层，以减少施工中的辅助措施费

用，有条件时宜把隧道底板置于地下水位以上。在综合以上考虑的基础上，隧道的埋深宜选择较大的覆跨比（覆盖层厚度与隧道开挖宽度之比）。

2 矿山法地铁隧道的结构断面形式，应根据围岩条件、使用要求，施工工艺及开挖断面的尺度等从结构受力、围岩稳定及环境保护等方面综合考虑合理确定，宜采用连接圆顺的马蹄形断面。围岩条件较好时，采用拱形与直墙或曲墙相组合的形状，软岩及土、砂地层中应设仰拱或受力平底板。浅埋区间隧道，一般采用两单线平行隧道，岩石地层中则采用双线单洞断面较为经济，也有利于大型施工机具的使用。

土层中的车站隧道，一般采用三跨或双跨的拱形结构；岩石地层中的车站隧道，从减少施工对围岩的扰动和提高车站的使用效果等方面考虑，宜采用单跨结构。矿山法车站隧道，视需要也可做成多层。

视地层及地下水条件、环境条件、施工方法及隧道开挖断面尺寸的不同，矿山法隧道可选用单层衬砌或双层衬砌。轨道交通行车隧道不宜单独采用喷锚衬砌，当岩层的整体性好、基本无地下水，从开挖到衬砌这段时间围岩能够自稳，或通过锚喷临时支护围岩能够自稳时，可采用单层整体现浇混凝土衬砌或装配式衬砌。双层衬砌一般用于 V、Ⅵ 级围岩或车站、折返线等大跨度隧道中，其外层衬砌为初期支护，由注浆加固的地层、锚喷支护及格栅等组合而成，内层衬砌为二次支护，大多采用模筑混凝土或钢筋混凝土。

4 开挖方法对支护结构的受力、围岩稳定、周围环境、工期和造价等有重大影响。对一般的单双线区间隧道和开挖宽度在 15m 内的其他隧道，可根据地层条件、埋深、机具设备及环境条件等，从图 1 中选择合适的开挖方法。车站隧道的开挖方法则要根据结构型式、跨度及围岩条件等来选择。例如，埋置于第四纪地层中的北京西单地铁车站，采用双层三跨拱形结构覆盖层厚度 6m，隧道开挖尺寸为 26.14m（宽）×13.5m（高）。采用侧洞法施工，首先开挖两侧的行车隧道，完成边洞的二衬及立柱后，再开挖中洞并施作中洞拱部及仰拱的二衬；侧洞采用双侧壁导洞法开挖。埋置于岩石地层中的大跨度单拱车站隧道，当地层较差或为浅埋时，多采用品字形开挖先墙后拱法施工；在 V、Ⅵ 类围岩中的深埋单拱车站，也可采用先拱后墙法施工。

关于辅助施工方法。在土、砂等软弱围岩中，遇下列情况在隧道开挖前应考虑使用辅助施工方法：

1）采用缩短进尺、分部开挖和及时支护等时空效应的综合利用手段仍不能保证从开挖到支护起作用这段时间内围岩自稳时。

2）在隧道上方或一侧有重要建（构）筑物或地下管线需要保护，采用以上时空效应综合利用手段或设置临时仰拱等常规方法仍不能把隧道开挖引发的地面沉降控制在允许范围以内时。

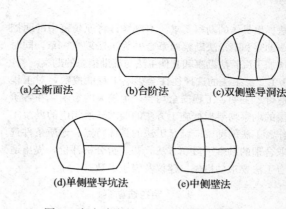

(a)全断面法　(b)台阶法　(c)双侧壁导洞法

(d)单侧壁导坑法　(e)中侧壁法

图 1 中小跨度单跨地铁隧道的开挖方法

3）开挖及出渣等需要采用机械化作业或因工期要求，不允许通过以上缩短进尺等措施作为主要手段来稳定围岩和控制地表沉降时。

4）需处理地下水时。

作为稳定围岩和控制地面沉降的辅助施工方法大致可分为预支护和围岩预加固两类。常用的预支护方法有超前杆或超前插板、小导管注浆、管棚、超前长桩、预切槽、管拱和超前盖板等；围岩预加固有垂直砂浆锚杆加固和地层注浆等。作为地下水处理的辅助施工方法有降排水法、气压法、地层注浆法和冻结法。

辅助施工方法的选择与地层条件、隧道断面大小及采用目的等因素有关，并对工程造价和施工机具的配置等产生直接影响。

5 预支护与围岩预加固。工程实践和理论分析证明，隧道开挖过程中，围岩应力状态的改变和松弛将波及开挖面前方一定范围内的地层。所以提高开挖面前方土体强度和改善其受力条件，是保证开挖面稳定和控制开挖产生过大沉降的重要手段。因此，预支护和围岩预加固就成为土质浅埋隧道中经常使用的施工措施。

所谓预支护，就是在隧道开挖前，预先设在隧道轮廓线以外一定范围内的支护，有的还与开挖面后方的支架等共同组成支护体系。超前杆和小导管注浆是一般土质隧道采用较多的预支护方法，前者适用于拱顶以上黏性土地层较薄或为粉土地层，后者多用于砂层或砂卵石地层。它们能有效地防止顶部围岩坍塌，在一定程度也有利于提高开挖面的稳定度，但由于预支护长度短（一般 3m～5m），在特别松软的地层中，难以有效地支承开挖面前方破坏棱体上方的土体；此外，对限制土体变形的作用也不够明显。所以国外在对地层扰动大或开挖成型困难的超浅埋隧道、多连拱隧道和平顶直墙隧道，都无例外地采用了管棚等大型预支护手段。

管棚和超前长桩是对传统预支护手段的重大改进，不仅把预支护长度增加到 10m～20m 以上，有的还在开挖面前方形成空间刚度很大、纵横两个方向均能传力的伞状预支护体系，因而对控制开挖产生的地面沉降特别有效。一种常见的超前长桩是意大利人开发的旋喷水平桩，利用专用设备，根据土层分别选用不同的注浆方法及注浆材料，可以在隧道外周构筑直径 0.6m～2.0m 的砂浆桩（在砂性土中，采用单管法，使用水泥浆加固，砂浆桩的直径为 0.6m～0.8m；在淤泥和黏性土中，采用双重管法，用压缩空气＋水泥浆加固，砂浆桩的直径为 1.2m，若采用三重管法，用压缩空气＋水＋水泥浆加固，砂浆桩的直径可达 2.0m）。

管拱实际上是一种直径达 2m 的巨型钢筋混凝土超前长桩，它同时又作为隧道主要承载结构的一部分。米兰地铁 verriezia 车站采用了这一技术。车站主体为净跨 22.8m、净高 16m 的单拱隧道，开挖宽度达 28m，覆盖层厚度为 4m～5m，埋置于砂砾和粉细砂组成的地层中。先在墙脚处开挖两个侧导洞并浇筑混凝土；在车站两端的竖井内沿隧道顶部依次顶入 12 根覆盖整个车站的钢筋混凝土管，在管内充填混凝土；从侧导洞沿拱圈每隔 6m 开挖一个弧形导洞，施作支承顶管的钢筋混凝土拱肋；在管拱的下面开挖隧道，施作仰拱。实测施工引起的地面沉降为 10mm～14mm。

预切槽法是在隧道开挖前，沿隧道外轮廓用专用设备切出一条 1.5m～5.0m 的深槽，当为土质隧道时必须用喷混凝土立即充填，形成一个预拱。它可用于开挖断面积为 30m² ～150m²、土质比较均匀的隧道。

围岩预加固多用于浅埋隧道或对地面沉降控制特别严格的隧道。其中垂直砂浆锚杆加固，是在地面按一定间距垂直钻孔后，设置一直伸到拱外缘的砂浆锚杆，用以加固地层。注浆法则常与封闭地下水的目的配合使用。

7 地下水对矿山法施工隧道的设计、施工、使用以及由它引发的环境问题的影响，主要表现在以下两个方面：

一是隧道施工中，地下水大量涌入，不仅影响正常作业，严重的还会导致开挖面失稳。事故统计资料表明：塌方总量的 95% 都与地下水有关。

二是在某些地层中由于施工降水措施不当，或在隧道建成后的运营过程中，由于长期渗漏造成城市地下水位的大幅度变化，引起周围建筑物因沉陷过大而破坏。此外，在粉状土中长期渗漏会把土颗粒带进隧道，最终将削弱对隧道的侧向和底部支撑，严重时可导致隧道破坏。

地下水的处理，必须因地制宜，结合隧道所处地质条件、环境条件及施工方法等，选择经济、适宜的方法。

9.3.3 本条规定了矿山法的重点勘察内容。

1～3 第四纪覆盖地区土层的密实度、自稳性、地下水、饱和粉细砂层等，基岩地区的基岩起伏、结构面、构造破碎带、岩层风化带、岩溶、地热、温泉、膨胀岩等，以及隧道分布范围内的古河道、古湖泊、地下人防、地下管线、古墓穴、废弃工程残留物等均是影响矿山法隧道施工安全的重要因素，应重点查明其分布和范围。

对人体带来不良影响的各种有毒气体，以及能形成爆炸、火灾等可燃性气体，统称为有害气体。除洞内作业生成的以外，从地层涌出的有害气体主要包括缺氧空气、硫化氢（H_2S）、二氧化碳（CO_2）、二氧化氮（NO_2）、有机溶液的蒸气及甲烷等天然气。

其中垃圾及沼池回填地中的甲烷属可燃性气体，由于它的比重仅约为空气比重的一半，极易沿地层的裂隙上升到地表附近，是隧道施工中遭遇频度最高的一种有害气体。硫化氢气体主要产生于火山温泉地带，它可燃，能引起人员中毒，还会腐蚀衬砌结构。

缺氧气体多出现在以下地层中：

1） 在上部有不透水层的砂砾层或砂层中，由于抽取地下水或用气压法施工等原因，使地下水完全枯竭或含水量大量减少，如果地层中含有氧化亚铁等还原物质或有机物等，就会与空气产生氧化作用而消耗氧气，使之变为缺氧气体。

2） 含有甲烷或其他可燃气体时，在通风不良的隧道或竖井中，因施工作业大量消耗氧气，使空气中氧气浓度降低，也会导致缺氧。

人体吸入氧气浓度低于 18% 的缺氧空气而产生的各种病症，称为缺氧症；低于 10% 时能造成神志不清或窒息死亡。

5 隧道突水、涌砂、开挖面坍塌、冒顶、边墙失稳、洞底隆起、岩爆、滑坡、围岩松动等是矿山法施工常见的工程地质问题，会给隧道施工带来灾难性的后果。勘察过程中应根据所揭露的地质条件，预测其可能发生的部位并提出防治措施建议，是矿山法勘察的重要内容之一。

9.3.5 掘进机是一种先进、高效的开挖设备，它根据以剪裂为主的滚刀破岩原理，充分利用了岩石抗剪强度较低的特点，尤其适用于长隧道的施工。但它也存在以下问题：

1 掘进机掘进速度取决于岩石硬度、完整性和节理情况。节理越密、掘进越快；节理方向与掘进方向的夹角在 45° 左右，掘进速度较快；节理平行或垂直掘进方向，速度较慢；在软岩中最快，但在断层、溶岩发达区则问题较多，还出现过难以用正常方法掘进的实例。因此，事前对沿线地质进行深入细致的调查，对掘进机的选型、设计、估算工程进度等都至关重要。

2 工作中刀片消耗极大，需要经常更换。

9.3.6 爆破对地面建筑和居民的主要影响表现在爆破地震动效应和爆破噪声。爆破地震动在达到一定的量值之后，不仅引起建筑物的裂损和破坏，而且也会影响居民的正常生活。大量的试验观察结果表明，地震动对建筑物的破坏和对居民的影响与爆破产生的地面震动速度关系极大，爆破噪声也与爆破地面震动速度关系密切。所以各国大都把爆破产生的地面震动速度作为评价爆破次生效应的基础，制定出建筑物和人员所能承受的地面安全震动速度标准。

据现行国家标准《爆破安全规程》GB 6722 规定，不同类型建筑物地面安全震动速度为：

土窑洞、土坯房、毛石房屋：1.0cm/s；

一般砖房、非抗震的大型砌块建筑物：2cm/s～3cm/s；

钢筋混凝土框架房屋：5cm/s。

9.3.7 洞桩（柱）法一般用于城市轨道交通工程的暗挖车站工程，通过先施工上下导洞，在上导洞中向下导洞中施作立柱或桩，柱下要施作基础。通常桩或柱需要承担上部荷载，边桩还要承担侧向岩土压力。在桩或柱体的支护下，再进行车站的开挖。这种开挖方式又称为 PBA 法或暗挖逆筑法。勘察时，根据该工法的特点提供地基承载力、桩基承载力及变形计算的岩土参数，以及侧向土压力计算参数是勘察工作的重要内容。

9.3.8 气压法是在软弱含水地层中，向开挖面输送能抵抗水压力的压缩空气，以控制涌水、保证开挖面稳定的一种开挖隧道的方法。

覆盖层厚度、土的粒径、颗粒组成、密度、土的透气性、地下水状态和隧道开挖断面的大小等对压气作用的效果影响很大。一般在黏性土地层中，压气效果显著。在粉土地层中，由于透水性小，压气效果较好，但当覆盖层薄和气压高时，有造成地表隆起的危险；而气压过低又容易使隧道底部呈现泥泞状态，引起开挖面松弛。这时，应结合实际情况，及时调整气压。在透水性和透气性大的砂土地层中，当开挖面的顶部有一层不透水的黏性土层时，也是一种使用气压法施工的较好条件；如果砂土中黏土成分占 30%～40%，则有一定的压气效果；在黏土含量在 15%～20% 以下的砂层中，当覆盖层薄或上部无不透水层时，过高的气压有使地表喷发的危险，此时往往需要与注浆法或降低地下水位法同时使用；当隧道开挖断面较大时，由于隧道底部的气压无法平衡外部的水压力，有可能出现涌水甚至是流砂。而隧道顶部由于"过剩压力"而导致的地层过度脱水，又极易引起地层坍塌。

9.4 盾构法勘察

9.4.2 盾构法隧道轴线和盾构始发井、接收井位置的选定，盾构设备选型和刀盘、刀具的选择，盾构管片设计及管片背后注浆设计，盾构推进压力、推进速度、土体改良、盾构姿态等施工工艺参数的确定，盾构始发井、接收井端头加固设计与施工，盾构开仓检修与换刀位置的选定等与工程地质条件和水文地质条件密切相关。

1 盾构隧道轴线和覆土厚度的确定，必须确保施工安全，并且不给周围环境带来不利影响，应综合考虑地面及地下建筑物的状况、围岩条件、开挖断面大小、施工方法等因素后确定。覆盖层过小，不仅可能造成漏气、喷发（当采用气压盾构时）、上浮、地面沉降或隆起、地下管线破坏等，而且盾构推进时也

容易产生蛇行；过大则会影响施工的作业效率，增大工程投入。根据工程经验，盾构隧道的最小覆盖层厚度以控制在 1 倍开挖直径为宜。

2 由于盾构选型与地质条件、开挖和出渣方式、辅助施工方法的选用关系密切，各种盾构的造价、施工费用、工程进度和推进中对周围环境的影响差别又相当大，加之施工中盾构难以更换，所以必须结合地质条件、场地条件、使用要求和施工条件等慎重比选。

盾构机械根据前端的构造型式和开挖方式的不同，大致分为图 2 所示的几种基本型式：

1） 全面开放型盾构：又称敞口盾构，是开挖面前方未封闭的盾构的总称。根据所配备的开挖设备，又区分为人工开挖式盾构、半机械开挖式盾构和机械开挖式盾构。

全面开放型盾构原则上适用于洪积层的密实的砂、砂砾、黏土等开挖面能够自稳的地层。当在含水地层或在冲积层的软弱砂土、粉砂和黏土等开挖面不能自稳的地层中采用时，需与气压法、降低地下水位法或注浆法结合使用。

其中人工开挖式盾构是利用铲、风镐、锄、碎石机等工具开挖地层，根据需要，开挖面可设置挡土千斤顶进行全断面挡土。它比较容易处理开挖面出现软硬不匀的地层或夹有漂石、卵石等的地层，清除开挖面前方的障碍物也较为便利。一般当开挖断面很大时，可在盾构机内装备可动工作平台采用分层开挖，来保证开挖面的稳定。

半机械开挖式盾构是指断面的一部分或大部分的开挖和装渣使用了动力机械的盾构。由于在使用挖掘机和装渣机的部分采用挡土千斤顶等支护措施比较困难，只能实现部分挡土，且往往工作面的敞开比人工开挖式盾构时大。因此对地层稳定性的要求比后者更为严格。

机械开挖式盾构采用旋转的切削头连续地进行开挖。刀头安装在刀盘或条幅上，前者可利用刀盘起到支护作用，对开挖面的稳定有利；后者工作面敞开较大，适用于可在相当长的时间内自稳的地层。

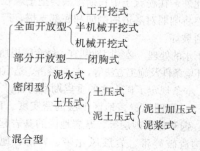

图 2 盾构类型

2） 部分开放式盾构：这种盾构在距开挖面稍后处设置隔墙，其部分是开口的，用以排除工作面上呈塑性流动状的土砂，是一种适合在冲积层的黏土和粉

砂地层中使用的机种；不适用于洪积黏土层、砂土和碎石土地层。此种盾构对土层的含砂量及液性指数等有一定要求（见图 3 及表 3）。从日本的工程实践看，多用于含砂量小于 15%的地层；一般适用范围为含砂量小于 25%、黏聚力小于 45kPa、液性指数大于 0.80 的地层。如果超出以上范围，随着地层强度和含砂增大，盾构推进时的千斤顶推力亦增大，易造成对管片和盾构机的损伤，且会产生盾构方向控制和地表隆起问题。

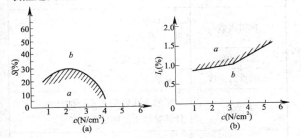

图 3 部分开放式盾构的适用范围

a—可用封闭；b—不能用封闭；S—含砂率；
c—黏聚力；I_L—液性指数

表 3 部分开放式盾构适用的地层特性

项目	土 壤 参 数			
	名称	符号	单位	适用范围
1	颗粒组成	砂	S	%	<20
		粉土	M		>20
		黏土	C		>20
2	土的粒径	有效粒径	d_{10}	mm	<0.001
		60%的粒径	d_{60}		<0.030
3	天然含水量		w	%	40~60
4	天然含水量/液限		w/w_L	%	>1
5	内摩擦角（三轴）		φ	°	<12
6	黏聚力（三轴）		c	kPa	<20
7	无侧限抗压强度		q_u	kPa	<60

3）密闭型盾构：包括土压平衡盾构和泥水平衡盾构两大类。它们是现代盾构技术发展的结晶，具有施工安全可靠、掘进速度快，在大多数情况下可不用辅助施工方法等特点。这两类盾构在工法形成的基本条件方面有许多共同点，前端都有一个全断面的切削刀盘和设在刀盘后面的密封舱，把从液状到半固体状的各种状态的弃土充满在舱室内，用以保持开挖面的稳定，并通过适当的手段把密封工作面的弃土排除掉。

土压平衡盾构：其特点是利用与密封舱相连的螺旋输送机排土，通过充填在密封舱内的弃土并调节螺旋输送机的排土量以平衡开挖面上的水、土压力。为了达到上述目的，对密封舱内的弃土最基本要求是应具有一定的流动性和抗渗性。前者至少要有使土颗粒容易移动的尽可能适度的孔隙量（含水量、孔隙比）。此孔隙量随地层而异，作为大致的标准，黏性土是液

性限界、砂性土是最大孔隙比。此外渗透系数 $k=10^{-5}$ cm/s 被认为是土压平衡盾构操作的一个经验限制值。如果土质的渗透性过高，地下水可能穿透密封舱和螺旋输送机的土壤。因此，在不具备流动性或渗透性能过高的土层中，需要通过对密封舱内的弃土注入附加剂的方法改善其特性。这种措施使得土压平衡盾构可以适用于多种地层。包括砂砾、砂、粉砂、黏土等固结度低的软弱地层和软、硬相兼的地层。视地层条件的不同，可以采用不同类型的土压平衡盾构，其中：

土压式适用于一般的软黏土和含水量及颗粒组成适当、有一定黏性的粉土。弃土经刀盘搅拌后已具备较大的流动性，能以流态充满密封舱。

泥土加压式适用于无流动性的砂、砂砾地层或洪积黏土层中。通过对舱内弃土添加水、膨润土、黏土浆液、气泡、高级水性树脂等外加剂，经强制搅拌使挖土获得必要的流动性和抗渗性。

泥浆式适用于松散、透水性大，易于崩塌的含水砂砾层或覆土较薄、泥土易于喷出地面的情况。将压力泥浆送入密封舱，与弃土搅拌后成为高浓度泥浆（比重为 1.6~1.8），用以平衡开挖面的水、土压力。

泥水平衡盾构：此种盾构的特点是向密封舱内注入适当压力的泥浆用以支撑开挖面，将弃土和泥水混合后用排泥泵及管道输送到地面进行排泥处理。泥水盾构不仅适用于砂砾、砂、粉土、黏土等固结度低的含水软弱地层及软、硬相间的地层，并且对上述地层中上部有河流、湖泊、海洋等高水压的情况也是有效的。但是对渗透系数 $k \geqslant 10^{-2}$ cm/s、细粒含量在 10%以下的土层难以通过泥水取得加压效果，并可能使地层产生流动化。

泥水盾构的主要缺点是需要配备一套昂贵的泥水处理设备，且占地较大。

4）混合型盾构：为适应沿线地质条件有明显差异的长隧道的施工而开发的新型盾构。实质是根据具体工程的地质、水文、隧道、环境等方面的实际条件将土盾构和硬岩掘进机的功能和结构，合理地加以组合与改进，可以适应从饱和软土到硬岩的开挖。例如，带有伸缩式刀盘并设有土压平衡设施，刀盘上备有能分别适应于软、硬岩切削的割刀和滚刀两种刀具，还装备有横向支撑等。当盾构在硬岩中掘进时，横向支撑将盾构固定在围岩中，刀盘旋转并向前伸进，弃土进入土舱后经螺旋输送机排除，此时土舱中的弃土不充满，也不需要进行土压平衡控制。当遇不稳定含水地层时，利用盾构千斤顶顶进，弃土全部充满土舱，必要时施加添加剂，采用土压平衡盾构的方式工作。

9.4.3 从以下几方面理解盾构法岩土工程勘察的要求。

1 常见的不良岩土条件对盾构法施工的影响主

要为以下几个方面：

1）灵敏度高的软土层：由于土层流动造成开挖面失稳。

2）透水性强的松散砂土层：涌水并引起开挖面失稳和地面下沉；

3）高塑性的黏性土地层：因黏着造成盾构设备或管路堵塞，使挖掘难以进行；

4）含有承压水的砂土层：突发性的涌水和流砂，随着地层空洞的扩大引起地面大范围的突然塌陷；

5）含漂石或卵石的地层：难以排除，或因被切削头带动而扰动地层，造成超挖和地层下沉；

6）上软下硬复合地层：因软弱层排土过多引起地层下沉，并造成盾构在线路方向上的偏离。

因此，以上岩土条件是盾构法的重点勘察内容。

4 当盾构穿越含有漂石或卵石的地层时，粒径大小、含量及强度对盾构机的选型、设计，以及设备配置等有直接影响。随着盾构技术的发展，在此种含水地层中，采用密闭型盾构施工的实例正在增多，但也不乏因情况不明或设计不周导致机械故障，造成难以推进的例子。所以，当用常规钻孔无法搞清情况时，就应该采用大口径勘探孔以便摸清地质情况，据此设计盾构机切削刀头的前面形状、支承方式、确定刀盘的开口形状和尺寸，刀头的材质和形状，螺旋输送机或其他水力输送机的直径、结构等。由于受到盾构内部作业空间的限制，输送管道允许采用的口径与盾构内径有关。一般当粒径大于输送管道直径的1/3时，就容易出现堵塞现象，需在盾构中设置破碎机。

5 盾构始发井、到达井及联络通道是盾构施工中最容易出现事故的部位，因此，盾构法的岩土工程勘察工作需要对盾构始发、接收井及盾构区间联络通道的地质条件进行分析和评价，预测可能发生的岩土工程问题，提出岩土加固范围和方法建议。

6 盾构勘察中各项勘察试验目的见表4。

表4 各项勘察试验目的

勘 察 项 目	勘 察 试 验 目 的
地下水位	计算水压力（衬砌及盾构设计用）；决定气压盾构的气压和最小覆土厚度；盾构选型
孔隙水压力	计算水压力
渗透系数	决定降水方法及抽水量；判定注浆难易；选择注浆材料及注浆方法；盾构选型；推求土层的透气系数
地下水流速、流向	分析注浆法和冻结法的可行性
无侧限抗压强度	推算黏性土的抗剪强度；评价开挖面的稳定性
土的黏聚力	计算土压力；盾构选型；推算黏性土强度

续表4

勘 察 项 目	勘 察 试 验 目 的
内摩擦角	计算土压力；盾构选型；推算砂性土强度；确定剪切破坏区
变形系数	有限元分析的输入参数；计算地层变形量
泊松比	有限元分析的输入参数；计算地层变形量
标贯击数	盾构选型（表示土的强度及密实度）；液化判定
基床系数	计算地层反力
土的重力密度	计算土压力
孔隙比	了解土孔隙的大小；估计注浆率；计算黏性土的固结下沉量
含水量	计算浆体充填量；施工稳定性分析
颗粒分布曲线	明确颗粒粗细；推算渗透系数；测定注入率；选择注浆材料和压注方式；判定砂土液化；开挖面自稳性分析
液限	推算土的稳定性；结合土的灵敏度，选择注入率；黏性土固结下沉量估算
塑限	推算土的稳定性；结合土的灵敏度，选择注入率
岩石的岩性和风化程度	盾构设计和刀具选择
岩石的单轴抗压强度	盾构设计和刀具选择
岩石的RQD值	盾构刀具的配置
岩石的结构、构造和矿物成分	施工参数的选择和刀具磨损的评估

9.4.4 盾构法施工管片背后注浆压力比较大，如钻孔封填不密实，浆液可能沿钻孔喷出地面。此类现象在北京、成都、深圳、广州的城市轨道交通工程盾构施工中均出现过。因此，需要按照要求对勘探孔封填密实，广州市城市轨道交通工程勘察中一般采用水泥砂浆通过钻杆注浆回填至地面。

9.4.5 盾构下穿地表水体时，尤其是盾构处在掘进困难时，受到地表水体危害的可能性是较大的，因此，岩土工程勘察应对这种情况进行分析。

9.4.6 淤泥层、可液化的饱和粉土层及砂层等对盾构施工产生很大影响，而且这种影响会持续到运营期间，严重时会影响盾构隧道的稳定性。因此，岩土工程勘察不仅需要分析评价淤泥层、可液化的饱和粉土层及砂层对盾构施工安全的影响，还要提出这些不良地层对将来运营期间隧道稳定性可能产生的影响。

9.5 沉管法勘察

9.5.1 沉管法已应用于城市轨道交通工程地下工程穿越河流等水体的施工，例如，广州市城市轨道交通工程建设中曾有应用。本条规定了沉管法勘察应解决的设计、施工问题。

9.5.2 在符合本规范详细勘察要求的基础上，沉管隧道、水下基槽开挖、管节停放等是沉管法的重要勘察部位。有关说明如下：

1　钻孔的布置范围一般包括水下开挖基槽、管节停放、临时停放的范围。

2　一般钻孔的布设可按网格状布置钻孔，揭示基槽及两侧的岩土情况。钻孔间距的规定来源于广州市轨道交通工程勘察，已应用于工程实践。

3　管节位置是指水下开挖基槽中沉放管节的部位，条款强调钻孔深度应达到水下开挖基槽以下 10m 并穿过压缩层，以满足计算沉降量的需要。

4　河岸的管节临时停放位置，需要布置少量钻孔，揭示此处土层的承载力。

5　干坞是管节预制的场所，属于临时工程，干坞的勘察要求视干坞的规模、场地条件等而确定，未列入本规范。

9.6 其他工法及辅助措施勘察

9.6.1 沉井、导管注浆、冻结等工法及辅助措施在一定程度上决定了城市轨道交通工程建设成败，其勘察工作一般在车站、区间的详细勘察中完成。当辅助施工需要补充更为详细的岩土资料时，可在详细勘察的基础上进行施工勘察。本规范未涉及的高压旋喷、搅拌桩等辅助工法可参照其他有关规范进行勘察。

9.6.2 沉井可用于矿山法竖井或盾构法竖井的施工。本条特别说明了沉井或沉箱的勘察要求，主要包括钻孔布置、终孔深度，以及查明岩土层的分布、物理力学性质和水文地质条件，特别提及可能遇到对沉井施工不利情况的勘察要求。钻孔数量不宜多，一般 1 个～4 个钻孔可满足要求。

9.6.3 导管注浆法是将水泥浆、硅酸钠（水玻璃）等液体注入地层使之固化，用以加固围岩，提高其止水性能的一种施工方法。为此需根据围岩的渗透系数、孔隙率、地下水埋深、流向和流速等，选定与注浆目的相适应的注浆材料和施工方法，决定注浆范围、注浆压力和注浆量等。

9.6.4 冻结法是临时用人工方法将软弱围岩或含水层冻结成具有较高强度和抗渗性能的冻土，以安全地进行隧道作业的一种施工方法。由于成本较高，一般是在其他辅助施工方法不能达到目的时方可采用。

冻结法可用于砂层和黏土地层中，但当土层的含水率在 10% 以下或地下水流速为 1m/d～5m/d 时，难以获得预期的冻结效果。对于后一种情况，可以通过注浆来降低水流速度。采用本法时，必须对围岩的含水量、地下水流速、土的冻胀特性及冻土解冻时地层下沉等问题进行充分地调查与研究。

土壤冻结时产生的体积膨胀与土壤的物理力学性质、有无上覆荷载及所采用的冻结方法等有关，一般在砂层和砂砾层中几乎不会产生，在黏土和粉砂中较大。通常人工冻土的体积膨胀不会超过 5%，产生的冻胀力可达 $2500kN/m^2$～$3000kN/m^2$。为了获得黏性土的冻胀量，可进行不扰动土取样的室内试验。

在接近建筑物或地下管线处采用冻结法施工时，必要时可采取以下措施：

1　控制冻土成长；

2　限定冻结范围，设置冻胀吸收带，使建筑物周围不冻结；

3　对建筑物进行临时支撑或加固等。

解冻产生的地层下沉主要出现在黏性土中。解冻时，由于土颗粒的结合被切断而产生的孔隙，在上覆荷载和自重的作用下就会产生下沉。下沉量可比冻胀量大 20%。为此，可配合注浆法加以克服。

冻土强度与温度和地层的含水量有关。同一温度下的饱和土，冻土强度大小依次按砂砾大于砂大于黏土的顺序排列。表 5 的数值可供参考。

表 5　冻土强度（kN/m^2）

土质	−10℃			−15℃		
	单轴抗压强度	弯曲抗拉强度	抗剪强度	单轴抗压强度	弯曲抗拉强度	抗剪强度
黏土、粉砂	4000	2000	2000	5000	2500	2500
砂	7000	2000	2000	10000	3000	2000

例如，2000 年广州市地下铁道二号线纪念堂至越秀公园区间隧道过清泉街断裂采用水平冻结法施工（冻结长度 64m），2006 年广州市轨道交通三号线天河客运站折返线隧道在燕山期花岗岩残积层中采用水平冻结法加固地层，均为矿山法开挖。

冻结法勘察需要着重解决以下几个问题：

1　冻结使土体的物理力学性质发生突变，与未冻结相比，主要表现在：土体的黏聚力增大、强度提高，压缩量明显减小，体积增大，原来松散的含水土体成为不透水土体。因此，特别强调查明需冻结土层的物理力学性质，其中包括含水量、孔隙比、固结系数、剪切强度。

2　冻结法利用冻结壁隔绝岩土层中的地下水与开挖体的联系，以便在冻结壁的保护下进行开挖和衬砌施工。因此，查明需冻结土层周围含水层的分布及含水量是勘察的重要工作内容。

3 地温、导温系数、导热系数和比热容等热物理指标是影响冻结温度场的主要因素。勘察工作中需要依据本规范第 15.12 节测试需冻结土层的地温，依据第 16.2.6 条测定土层的热物理指标。

4 冻结土层的冻胀率、融沉率等冻结参数需在冻结施工中测定。尽可能收集已有的冻结法施工经验，包括不同土层的冻结参数，以及冻胀、融沉对环境的影响程度，为指导施工提供依据。在冻结法施工中，应防止严重的冻胀和融沉。

5 冻结和解冻过程中，土体的物理力学性质发生突变，要求查明冻结施工周围的地面条件、建（构）筑物分布、地下管线等分布情况。

6 在施工前，要求分析冻结法施工对周围环境的影响，并将影响减至最小。

10 地 下 水

10.1 一 般 规 定

10.1.1 在城市轨道交通工程建设中，地下水对工程影响重大，如结构抗浮问题、抗渗问题、施工方法选择、地下水控制、结构水土压力计算等均与地下水密切相关，在施工过程中因地下水问题产生的工程事故频发，地下水勘察是岩土工程勘察的重要组成部分。

10.1.2 水文地质条件简单时，在详细勘察工作中采取的一些水位观测、水文地质试验等可满足工程需要；鉴于地下水对城市轨道交通工程建设的重要性，对于复杂的水文地质条件和存在泉水等地下水景观时，一般通过采用专门水文地质钻孔，专门地下水动态长期观测孔，抽水试验孔等手段开展水文地质专项勘察工作。

10.2 地下水的勘察要求

10.2.1 本条是城市轨道交通工程地下水的勘察基本要求。

2 由于地下含水透镜体分布的复杂性，在勘察中不但要查明稳定含水层分布规律，还应查明地下含水透镜体的分布。

4 历史最高水位指长期观测孔中历年地下水达到的最高纪录。

5 城市轨道交通的地下工程勘察一般通过现场勘察、试验取得具体水文地质参数。

10.2.2 山岭隧道中不同岩性接触带、断层带和富水带是隧道施工中最易发生大量涌水的地段和部位，为此查明"三带"是非常重要的。

1 山岭隧道地下水类型主要为孔隙水、裂隙水和岩溶水。有的还根据岩性、构造分为亚类，如裂隙水分为不同岩性接触带裂隙水、断层裂隙水和节理裂隙密集带水，从已有隧道涌水类型看，以孔隙水、裂

隙水为主，其次为综合性涌水，断层水和岩溶水也占一定比例。

2 岩溶水的垂直分带即垂直渗流带、水平径流带和深部缓流带可根据现行行业标准《铁路工程不良地质规程》TB 10027 划分。查明岩溶水的垂直分带与隧道设计高程的关系以及蓄水结构是至关重要的。

3 预测隧道施工中的集中涌水段、点的位置及其涌水量和对围岩影响是极其重要的。所谓集中涌水，国内尚无量的规定，日本的《隧道地质学》，将隧道施工中开挖面的涌水划分为四个等级，以开挖面 10m 区间涌水量计，1 级为无水或涌水量 1L/min，2 级为滴水或涌水量 1L/min～20L/min，3 级为涌水量 20L/min～100L/min，4 级为全面涌水 100L/min 以上。

4 集中涌水段或点在施工过程中可能发生的最大涌水量和正常涌水量的预测方法，目前国内外尚无固定的计算模型，主要根据地质、水文地质条件综合分析确定。

10.3 水文地质参数的测定

10.3.1 具体工程勘察中，首先根据地层、岩性、透水性和工程重要性等条件的不同确定地下水作用的评价内容，并根据评价内容的要求，明确水文地质参数及其测定方法，表 6 是各种水文地质参数常用的测试方法。

表 6 水文地质参数及测定方法

参　　数	测　定　方　法
水位	钻孔、探井或测压管观测
渗透系数、导水系数	抽水试验、提水试验、注水试验、压水试验、室内渗透试验
给水度、释水系数	单孔抽水试验、非稳定流抽水试验、地下水位长期观测、室内试验
越流系数、越流因数	多孔抽水试验
单位吸水率	注水试验、压水试验
毛细水上升高度	试坑观测、室内试验

10.3.2 本条为强制性条文，必须严格执行。地下水一般分层赋存于含水地层中，各含水层的地下水位多数情况下不同，多层地下水分层水位的量测，尤其是承压水水头的观测，对隧道设计与施工、地下车站基础和基坑支护设计与施工十分重要，目前不少勘察人员忽视这项工作，造成勘察资料的欠缺，本次修订作了明确的规定。

多层地下水分层水位的量测要注意钻探过程中套管是否隔开上层水的影响，这是需要在现场进行判断的，如果无法取得准确的各层水水位，就需要设置分层观测孔。

10.3.4 对地下水流向流速的测定作如下说明：

1 用几何法测定地下水流向的钻孔布置，除应在同一水文地质单元外，尚需考虑形成锐角三角形，

其中最小的夹角不宜小于 40°；孔距宜为 50m～100m，过大和过小都将影响量测精度。

2 用指示剂法测定地下水流速，试验孔与观测孔的距离由含水层条件确定，一般细砂层为 2m～5m，含砾粗砂层为 5m～15m，裂隙岩层为 10m～15m，岩溶地区可大于 50m。指示剂可采用各种盐类、着色颜料、I^{131} 等，其用量决定于地层的透水性和渗透距离。

3 当工程对地下水流速精度要求不高时，可以采用水力梯度法计算。水力梯度法是间接求得场区地下水流速的方法，只要知道场区含水层的渗透系数 k 和水力梯度 i，则流速为：

$$\nu = ki \tag{13}$$

10.3.5 为了使渗透系数等水文参数更接近工程实际情况，在城市轨道交通勘察工作中一般采用抽水试验、注水试验等现场测试方法确定。表 7 的渗透系数经验值可供参考。

由于渗透系数大于 200m/d 的含水层的水量往往很大，这类地层中进行施工降水时，常配合采用堵水、截水等方法才能满足设计和施工的要求，所以本规范中特别列出"特强透水"一类。

10.3.6 松散类岩土给水度可参考表 8 的经验值。

表 7 岩土的渗透系数经验值

岩土名称	渗透系数 k	
	(m/d)	(cm/s)
黏土	<0.001	$<1.2\times10^{-6}$
粉质黏土	0.001～0.100	$1.2\times10^{-6}～1.2\times10^{-4}$
粉土	0.100～0.500	$1.2\times10^{-4}～6.0\times10^{-4}$
黄土	0.250～0.500	$3.0\times10^{-4}～6.0\times10^{-4}$
粉砂	0.500～1.000	$6.0\times10^{-4}～1.2\times10^{-3}$
细砂	1.000～5.000	$1.2\times10^{-3}～6.0\times10^{-3}$
中砂	5.000～20.000	$6.0\times10^{-3}～2.4\times10^{-2}$
均质中砂	35.000～50.000	$4.0\times10^{-2}～6.0\times10^{-2}$
粗砂	20.000～50.000	$2.4\times10^{-2}～6.0\times10^{-2}$
均质粗砂	60.000～75.000	$7.0\times10^{-2}～8.6\times10^{-2}$
圆砾	50.000～100.000	$6.0\times10^{-2}～1.2\times10^{-1}$
卵石	100.000～500.000	$1.2\times10^{-1}～6.0\times10^{-1}$
无充填的卵石	500.000～1000.000	$6.0\times10^{-1}～1.2$
稍有裂隙岩石	20.000～60.000	$2.4\times10^{-2}～7.0\times10^{-2}$
裂隙多的岩石	>60.000	$>7.0\times10^{-2}$

表 8 岩土给水度的经验值

岩土名称	给水度	岩土名称	给水度
粉砂与黏土	0.100～0.150	粗砂及砾砂	0.250～0.350
细砂与泥质砂	0.150～0.200	黏土胶结的砂岩	0.020～0.030
中砂	0.200～0.250	裂隙灰岩	0.008～0.100

10.3.7 采用计算法求影响半径时，表 9 列出了常用的计算公式：

表 9 影响半径计算公式

计算公式		适用条件	备注
潜水	承压水		
$\lg R=\dfrac{s_w(2H-s_w)\lg r_1 - s_1(2H-s_1)\lg r_1}{(s_w-s_1)(2H-s_w-s_1)}$	$\lg R=\dfrac{s_w\lg r_1 - s_1\lg r_1}{s_w-s_1}$	1 完整井 2 一个观测孔	结果偏大
$\lg R=\dfrac{s_1(2H-s_1)\lg r_2 - s_2(2H-s_2)\lg r_1}{(s_1-s_2)(2H-s_1-s_2)}$	$\lg R=\dfrac{s_1\lg r_2 - s_2\lg r_1}{s_1-s_2}$	两个观测孔	精度可靠
$\lg R=\dfrac{1.366k(2H-s_w)}{Q}s_w\lg r_w$	$\lg R=\dfrac{2.73kMs_w}{Q}+\lg r_w$	单孔	一般偏大
$R=2s\sqrt{Hk}$	$R=10s\sqrt{k}$	单孔	概略计算

10.3.8 孔隙水压力对土体的变形和稳定性有很大影响。在隧道开挖阶段，采取工程降水时，为了控制地面沉降，对有关土层进行孔隙水压力的监测有利于地面沉降原因的分析。

10.3.9、10.3.10 城市轨道交通工程地下水控制往往是决定工程成败的关键，地下工程往往埋深大、涉及多个含水层，仅靠经验参数进行地下水控制的设计不能满足要求，因此需要在现场布置一定数量的抽水试验，通过现场试验获取可靠的参数满足地下水控制设计与施工的需要。

10.4 地下水的作用

10.4.1 地下水对岩土体和城市轨道交通工程的作用，按其机制可以划分为两类。一类是力学作用；一类是物理、化学作用。

10.4.2 地下水对城市轨道交通工程的力学作用及评价方法主要包括以下几个方面：

1 地下水对地下工程的浮力是最明显的一种力学作用。在静水环境中，浮力可以用阿基米德原理计算。一般认为，在透水性较好的土层或节理发育的岩体中，计算结果即等于作用在基底的浮力。对于节理不发育的岩体，尚缺乏必要的理论依据，很难确切定量，故本款规定，有经验或实测数据时，按经验或实测数据确定。

在渗流条件下，由于土单元体的体积 V 上存在与水力梯度 i 和水的重力密度 γ_w 呈正比的渗透力

（体积力）J：

$$J = i\gamma_w V \tag{14}$$

造成了土体中孔隙水压力的变化，因此，浮力与静水条件下不同，应该通过渗流分析求出。

在工程设计中，抗浮设防水位的确定十分重要，目前，设计工程师寄希望勘察报告中能准确给出抗浮设防水位。由于地下水位变化影响的因素很多，主要有：

1) 地下含水层的水位与大气降水入渗的关系；

2) 城市规划中地下水的开采量变化对该地下水的影响；

3) 建筑物周围的环境，与周围水系的联系；

4) 其他各层地下水与其补给排泄的影响。

从其影响因素看，抗浮设防水位的确定十分复杂，本次修订在第7.3.2条中规定应进行专项工作。

一般抗浮设防水位可采用综合方法确定：

1) 当有长期水位观测资料时，抗浮设防水位可根据该层地下水实测最高水位和地下工程运营期间地下水的变化来确定；无长期水位观测资料或资料缺乏时，按勘察期间实测最高稳定水位并结合场地地形地貌、地下水补给、排泄条件等因素综合确定；

2) 场地有承压水且与潜水有水力联系时，应实测承压水水位并考虑其对抗浮设防水位的影响。

2 验算边坡稳定性时需考虑地下水渗流对边坡稳定的影响。对基坑支护结构的稳定性验算时，不管是采用水土合算还是水土分算，都需要首先将地下水的分布搞清楚，才能比较合理地确定作用在支护结构上的水土压力。

4 渗流作用可能产生潜蚀、流土或管涌现象，造成破坏。以上几种现象，都是因为基坑底部某个部位的最大渗流梯度大于临界梯度，流土和管涌的判别方法可参阅有关规范和文献。

在防止由于深处承压水的水压力而引起的基坑隆起即突涌，需验算基坑底不透水层厚度与承压水水头

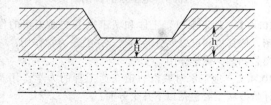

图 4 突涌验算示意

压力，见图4，并按平衡式（15）进行计算：

$$\gamma H = \gamma_w \cdot h \tag{15}$$

基坑开挖后不透水层的安全厚度按式（16）计算：

$$H \geqslant (\gamma_w / \gamma) \cdot h \tag{16}$$

式中：H——基坑开挖后不透水层的安全厚度（m）；

γ——土的重度（g/cm^3）；

γ_w——水的重度（g/cm^3）；

h——承压水头高于含水层顶板的高度（m）。

10.5 地下水控制

10.5.3 降水对周边环境影响主要有降水引起地面沉降、地下水资源的消耗。关于降水引起地面沉降的估算可参考相关规范、手册。

10.5.4～10.5.6 地下水控制不管采用什么方法都是有利有弊：

1 帷幕截水方法以现有的技术当属地下连续墙最为可靠，但造价偏高，目前采用的薄壁地下连续墙已经在城市建设中有所应用，由于造价降低不少，是值得研究应用的方法。

2 采用旋喷桩帷幕截水，虽然每根桩深度不受过多限制，但由于成桩过程中存在的垂直度不能保证达到要求，可能会出现局部缝隙，在施工开挖时会造成严重后果。因此深大基坑应慎重选择旋喷桩截水帷幕，如选择旋喷桩截水帷幕，应强调施工的质量要求。

3 目前，国内许多城市的浅层地下水污染较严重，深部地下水质量相对较好。自渗方法降低地下水位就是把上层水通过自渗井导入下层水，在不考虑地下水环境的情况下，是施工降水比较节省的方法。如上层水导入下层水可能恶化下层水的水质，则不宜采用这类方法。

4 地下水回灌具有两方面作用：一是保障基坑周边地面不发生沉降；二是保障地下水资源量不受施工降水的影响。采用回灌方法是与抽水方法相伴生的。回灌可在同层进行，也可以在异层进行。同层回灌应保证回灌井回灌的水量不能过多地流入抽水井，加重抽取水量。这就要保证在工程场区存在同层回灌的条件，即存在设置回灌井的位置，能够保证回灌井与抽水井的距离。异层回灌虽然不受场地大小的限制，但考虑到上层水水质往往较差，在选择采用异层回灌前，应评价不同层位地下水混合后对地下水环境的影响，避免产生水质型水资源损失。

11 不良地质作用

11.1 一般规定

11.1.1 本条为强制性条文，必须严格执行。本规范所列入的不良地质作用是城市轨道交通工程建设中常见的地质现象，对城市轨道交通工程的线路方案、施工方案、工程安全、工程造价、工期等会产生重大影响，同时不良地质作用随时空的变化而变化，伴随在城市轨道交通工程建设和运营的全过程中，因此，应对不良地质作用进行专项的勘察工作。

11.1.2 本规范列入的不良地质作用有采空区、岩溶、地裂缝、地面沉降、有害气体，是目前勘察中遇到的。随着国内城市轨道交通工程的不断发展，在今后勘察工作中可能遇到滑坡、危岩落石、岩堆、泥石

流、活动断裂等不良地质作用，国家现行标准《岩土工程勘察规范》GB 50021、《铁路工程不良地质勘察规程》TB 10027 对勘察有明确规定。

11.2 采 空 区

11.2.1 采空区是指有地层规律可循，并沿某一特征地层挖掘的坑洞。如煤矿（窑）、掏金洞、掏沙坑、坎儿井等。采空区的采空程度和稳定性分区是该类地段工程地质勘察必须解决的问题。由于开采矿体不同和开采时期不同，采空程度差异很大；影响采空区稳定性的因素众多，地质勘察积累的资料较少，在规范中一直未列出划分标准。近几年随着城市轨道交通工程建设的发展，通过和即将通过开采矿区、规划矿区、地下人防等越来越多，上述问题更加突出。为适应工程建设需要，本规范规定按采空程度和开采现状的分类方法，并希望在使用过程中积累资料，补充完善分类标准。

11.2.2 城市轨道交通工程由于主要分布在城市及近郊，这些地区人类活动频繁，多留有人类活动的痕迹，如防空洞、枯井、墓穴、采砂坑等，这些人工坑洞大部分分布较浅，对城市轨道交通工程建设影响较大，因此将其也纳入人工坑洞的勘察范围，勘察时参照采空区的相关规定执行。

11.2.3 有设计、有计划开采的矿区和规划矿区，将矿区设计、实施资料移放在线路平面图上与该段区域地质资料综合分析后圈定移动盆地或保留煤柱。

小窑采空区，开采多为乱采乱挖，要确定其采空范围则必须经过实地调查、坑洞测量、结合该段区域地质资料，初步圈定采空范围，用钻探和物探查明坑洞含水和采空范围，根据区域地质资料和钻探资料获取采空层位的埋深和顶板地层的物理力学性质。

时间久远的古窑采空区，由于时间久远知情人少，坑洞坍塌又不能实地测量，采空范围和采空程度确定十分困难。为达勘察目的，可采用广泛访问、了解地区开采历史、开采方式、开采能力、开采设备、年开采量、开采时段，分析区域地质资料和水文地质情况，初步确定开采层位，圈定采空范围和采空程度。有条件时，应以物探为先导指导钻探验证采空范围。

11.2.6 采空区稳定性评价，应根据采空程度和坑洞顶板地层的物理力学性质进行。大面积采空，根据开采矿体的范围、矿层的倾斜程度、上覆地层的物理力学性质确定移动盆地。根据工程性质确定线路通过位置。小窑采空区，根据上覆地层物理力学性质进行评价。浅埋的人防空洞应根据其与城市轨道交通工程的空间位置关系和土层的物理力学性质进行评价。

铁一院通过在陕西、山西煤系地层小窑采空区的铁路建设，根据前述的小煤窑开采情况和该地区煤层主要位于石炭、二叠系泥页岩夹砂岩地层的特点，提出了该

地区小煤窑采空稳定性评价标准。即当基岩顶板厚度小于 30m 时，为可能塌陷区，要求所有工程均需处理；当基岩顶板厚度等于 30m～60m 时，为可能变形区，重点工程应处理；当基岩顶板厚度大于 60m 时，为基本稳定区，一般工程不处理，重大工程结合其重要性单独考虑。其中顶板为第四系土层时，按 3:1 换算为基岩（即3m 土层换算为 1m 基岩）。依据上述标准，在孝柳、侯月、神朔等线小煤窑采空区进行工程处理，经过施工、运营考验尚未发生工程地质问题。

11.3 岩 溶

11.3.1 岩溶亦称喀斯特，是指可溶性岩层如碳酸盐类的石灰岩、白云岩以及硫酸盐类的石膏等受水的化学和物理作用产生沟槽、裂隙和空洞，以及由于空洞顶板塌落使地表产生陷穴、洼地等侵蚀及堆积地貌形态特征和地质作用的总称。

11.3.2 按埋藏条件的岩溶分类参考表 10：

表 10 按埋藏条件的岩溶分类及其特征

岩溶类型	岩溶特征	分布特征
裸露型岩溶	可溶性岩石直接出露于地表，地表岩溶显著，裸露型岩溶多出现于新构造运动上升地区	我国绝大部分岩溶均属此类
覆盖型岩溶	可溶性岩石被第四系松散堆积物所覆盖，覆盖层厚度一般小于 50m，覆盖层下的岩溶常对地表地形有影响，如在地面形成洼地、漏斗、浅塘、塌陷坑等	多分布于广西、云贵高原等地
埋藏型岩溶	可溶性岩石被上覆基岩深埋达几百米至一、二千米，在地下深处发育岩溶，属于古岩溶，地表上无岩溶现象	分布于四川盆地、华北平原

岩溶发育程度按表 11 进行分级：

表 11 岩溶发育强度分级

级别	岩溶强烈发育	岩溶中等发育	岩溶弱发育	岩溶微弱发育
岩溶形态	以大型暗河、廊道、较大规模溶洞、竖井和落水洞为主	沿断层、层面、不整合面等有显著溶洞，中小型串珠状洞穴发育	沿裂隙、层面溶蚀扩大为岩溶化裂隙或小型洞穴	以裂隙状溶洞或溶孔为主
连通性	地下洞穴系统基本形成	地下洞穴系统未形成	裂隙连通性差	溶孔、裂隙不连通
地下水	有大型暗河	有小型暗河或集中径流	少见集中径流，常有裂隙水流	裂隙透水性差

11.3.5 岩溶地区的地质条件一般都很复杂，勘察难度大，采用综合勘探手段取得的地质资料相互补充、相互验证，是岩溶地区勘察的基本原则。

岩溶地区的钻探深度应结合工程类别考虑，作为地基时从溶洞的顶板安全厚度考虑，太薄则不安全；

作为建筑物环境，一方面应考虑环境条件的要求，另一方面还应考虑基底岩层顶板的安全厚度；对于覆盖型岩溶一般应穿透覆盖层至下伏完整基岩。

11.3.7 岩溶岩土工程分析与评价包括岩土工程勘察报告和各类图件。不同勘察阶段，岩溶岩土工程分析与评价的内容、深度不同：

1 可行性研究阶段，岩土工程勘察报告主要包括可溶岩地层岩性、空间分布、岩溶发育的形态特征、岩溶地下水类型及补、径、排条件，对线路工程的影响程度、方案比选意见，宜采取的对策措施。

2 初勘阶段，岩土工程勘察报告主要包括可溶岩地层岩性、空间分布、岩溶发育的形态特征、岩溶地下水类型及补、径、排条件，对线路方案评价意见及比选建议，重点工程的评价和处理原则，基坑及隧道涌水量的预测和评价，存在问题及下阶段勘察中注意事项。

3 详勘阶段，岩土工程勘察报告主要包括可溶岩地层岩性、空间分布、岩溶发育的形态特征、岩溶地下水类型及补、径、排条件，岩溶对各类工程的影响程度及采取的相应处理措施，基坑及隧道涌水量的预测和评价，存在问题及施工中应注意事项。

4 施工阶段，岩土工程勘察报告主要是具体分析与评价报告，应阐明隐伏岩溶、洞穴或暗河的空间走向、与工程的空间关系，评价对工程的影响程度、采取的工程处理措施建议。

关于岩溶地面塌陷可按表12进行综合评价：

表12 岩溶地面塌陷预测分析参考标准

基本条件	主要影响因素	因素的水平	指标分数
水——塌陷动力	水位（40分）	水位能在土、石界面上下波动	40
		水位不能在土、石界面上下波动	20
覆盖层——塌陷物质	土的性质与土层结构（20分）	黏性土	10
		砂性土	20
		风化砂页岩	10
		多元结构	20
	土层厚度（10分）	<10m	10
		10m～20m	7
		>20m	5
岩溶——塌陷与储运条件	地貌（15分）	平原、谷地、溶蚀洼地	15
		谷坡、山丘	5
	岩溶发育程度（15分）	漏斗、洼地、落水洞、溶槽、石牙、竖井、暗河、溶洞较多	10～15
		漏斗、洼地、落水洞、溶槽、石牙、竖井、暗河、溶洞稀少	5～9

注：1 累计指标分大于或等于90为极易塌陷区，71～89为易塌陷区，小于或等于70为不易塌陷区。
　　2 近期产生过塌陷区，累计指标分应为100。
　　3 地表降水入渗至塌陷地区，水的指标分为40。

11.4 地 裂 缝

11.4.1 历史上我国许多地方都出现过地裂缝。唐山地震前后，华北广大地区出现地裂缝活动，涉及10余省200多个县市，发育达上千处之多；山西运城鸣条岗早在20世纪20年代就出现地裂缝，到1975年该地裂缝还在活动，总体走向为北东向，全长约12000m，宽度一般200mm～300mm；陕西的礼泉、泾阳、长安也曾出现地裂缝；最具有代表性的属于西安地裂缝，到目前为止已发现13条。西安地裂缝是指在过量开采承压水，产生不均匀地面沉降的条件下，临潼—长安断裂带西北侧（上盘）存在的一组北东走向的隐伏地裂缝的被动"活动"，在浅表形成的破裂。西安地裂缝的基本特征有以下几点：

1 西安地裂缝大多是由主地裂缝和分枝裂缝组成的，少数地裂缝则由主地裂缝、次生地裂缝和分枝裂缝组成。

2 主地裂缝总体走向北东，近似于平行临潼—长安断裂，倾向南东，与临潼—长安断裂倾向相反，倾角约为80°，平面形态呈不等间距近似平行排列。次生地裂缝分布在主地裂缝的南侧，总体倾向北西，在剖面上与主地裂缝组成"Y"字形。

3 地裂缝具有很好的连续性，每条地裂缝的延伸长度可达数公里至数十公里。

4 地裂缝都发育在特定的构造地貌部位（现在可见的和地质年代存在过的构造地貌），即梁岗的南侧陡坡上，梁间洼地的北侧边缘。

5 地裂缝的活动方式是蠕动，主要表现为主地裂缝的南侧（上盘）下降，北侧（下盘）相对上升。次生地裂缝则表现为北侧（上盘）下降，南侧（下盘）相对上升。

6 地裂缝的垂直位移具有单向累积的特性，断距随深度的增大而增大。

从上述情况看，地裂缝的形成往往与构造、地震、地面沉降等因素有关。

这里对地裂缝的规模提出了要求。"长距离地裂缝"原则上指长度超过1000m的地裂缝。山西运城鸣条岗地裂缝、陕西的礼泉地裂缝、泾阳地裂缝以及西安地裂缝的长度都超过了1000m。这也是为了区分由地下采空、边坡失稳、挖填分界、黄土湿陷及地震液化等原因造成的小规模地裂缝。

从西安地裂缝的长期研究结果看，地裂缝既有地表可见到的地裂缝，也有地表看不到的隐伏地裂缝。

11.4.3 对本条的有关内容说明如下：

1 地裂缝调查是地裂缝勘察中非常重要的手段，因为地裂缝的活动往往是周期性的，延续时间也较长，而我们的城市轨道交通工程都建设在城市中及近郊，这些地段人类活动频繁，对地形地貌的改造较为剧烈，地裂缝活动的痕迹难以保留，只有通过深入细的调查才能了解地裂缝的基本分布情况，指导进一步的勘察工作。确定地裂缝的历史活动性及错距，主要是通过对标志层的对比来实现的，因此在地裂缝调查时，应确定出哪些层位可作为标志层。西安地裂缝场地勘察时主要采用三类标志层。

第一类标志层为地表层，其场地特征主要为：场地内地裂缝是活动的，在地表已形成破裂；地表破裂具有清晰的垂直位移，地面呈台阶状；地表破裂有较长的延伸距离；地表破裂与错断上更新统或中更新统的隐伏地裂缝位置相对应。

第二类标志层为上更新统和中更新统红褐色古土壤层，其场地特征主要为：场地内的地裂缝现今没有活动，或活动产生的地表破裂已被人类工程活动所掩埋；场地内埋藏有上更新统或中更新统红褐色古土壤层。

第三类标志层主要指埋藏深度 40m～80m 的中更新统河湖相地层和 60m～500m 深度内可连续追索的六个人工地震反射层组。

采用人工浅层地震反射波法勘探时，宜进行现场试验，确定合理的仪器参数和观测系统。野外数据采集系统的基本要求为：覆盖次数不宜少于 24 次，道距 3m～5m，偏移距不小于 50m。对区域地层结构不清楚的场地，不宜采用人工浅层地震反射波法勘探。

对地表出露明显的地裂缝，宜以地质调查与测绘、槽探、钻探、静力触探等方法为主；对隐伏地裂缝，宜以地质调查与测绘、钻探、静力触探、物探等方法为主。

2 若地层分布较稳定，结构清楚，采用静力触探能较准确地查明地裂缝两侧的地层错距。西安市广泛分布的上更新统红褐色古土壤层（地面下第一层古土壤层），层底一般有钙质结核富集层，静力触探曲线上该层呈非常突出的峰值，是比较好的标志层。且静力触探施工方便，速度快。

3 由于城市轨道交通工程呈线状工程，且主要沿城市已有交通要道布设，线位选择余地小，因此在线位与地裂缝走向基本正交时，对地裂缝勘察的勘探线有 2 条就基本能确定地裂缝的走向。若有左右线，左右线的勘探线也就是地裂缝的勘探线。但线路通过位置应布置勘探线。若线位与地裂缝走向基本平行，地裂缝的勘探线要根据实际情况增加。

4 这些规定是保证发现地裂缝及确定其位置的最基本要求，也是西安地裂缝长期勘察的经验。

5 勘探孔深度主要根据标志层深度确定，以能查明标志层错位情况为原则。

6 人工浅层地震反射波法反映的异常，不一定都是由地裂缝造成的，因此需要用钻探验证。

11.4.4 对本条的有关内容说明如下：

西安市地方标准《西安地裂缝场地勘察与工程设计规程》DBJ 61—6—2006 对地裂缝影响区范围和建（构）筑物总平面布置以及工程设计措施主要有以下规定：

地裂缝影响区范围上盘 0～20m，其中主变形区 0～6m，微变形区 6m～20m；下盘 0～12m，其中主变形区 0～4m，微变形区 4m～12m。以上分区范围均从主地裂缝或次生地裂缝起算。

在地裂缝场地，同一建筑物的基础不得跨越地裂缝布置。采用特殊结构跨越地裂缝的建筑物应进行专门研究；在地裂缝影响区内，建筑物长边宜平行地裂缝布置。

建筑物基础底面外沿（桩基时为桩端外沿）至地裂缝的最小避让距离，一类建筑应进行专门研究或按表 13 采用；二类、三类建筑应满足表 12 的规定，且基础的任何部分都不得进入主变形区内；四类建筑允许布置在主变形区内。

表 13 地裂缝场地建筑物最小避让距离（m）

结构类别	构造位置	建筑物重要性类别		
		一	二	三
砌体结构	上盘	—	—	6
	下盘	—	—	4
钢筋混凝土结构、钢结构	上盘	40	20	6
	下盘	24	12	4

注：使用表 13 时，应同时满足下列条件：

1 底部框架砖砌体结构、框支剪力墙结构建筑物的避让距离应按表中数值的 1.2 倍采用。

2 Δk 大于 2m 时，实际避让距离等于最小避让距离加上 Δk。

3 桩基础计算避让距离时，地裂缝倾角统一采用 80°。

主地裂缝与次生地裂缝之间，间距小于 100m 时，可布置体型简单的三类、四类建筑；间距大于 100m 时，可布置二类、三类、四类建筑。

地裂缝场地的建筑工程设计，采取减小地裂缝影响的措施主要有：采取合理的避让距离；加强建筑物适应不均匀沉降的能力；采取防水措施或地基处理措施，避免水浸入地裂缝产生次生灾害；在地裂缝影响区范围内，不得采用用水量较大的地基处理方法；在地裂缝影响区内的建筑，应增加其结构的整体刚度与强度，体型应简单，体型复杂时，应设置沉降缝将建筑物分成几个体型简单的独立单元，单元长高比不应大于 2.5；在地裂缝影响区内的砌体建筑，应在每层楼盖和屋盖处及基础设置钢筋混凝土现浇圈梁；在地裂缝影响区内的建筑宜采用钢筋混凝土双向条基、筏基或箱基等整体刚度较大的基础。

采用路堤方式跨越地裂缝时，除查明地裂缝外，应定期监测地裂缝的活动，及时调整线路坡度。桥梁工程场地及附近存在地裂缝时，除查明地裂缝外，还需采取以下设防措施：

1） 当桥梁长度方向与地裂缝走向重合时，应适当调整线位，宜置于相对稳定的下盘；

2） 桥墩基础的避让距离，单孔跨径大、中、小桥可按三类建筑物的避让距离确定，单孔跨径特大桥可按二类建筑物的避让距离确定；

3）跨越地裂缝的桥梁上部结构应采用静定结构，特大桥宜选用柔性桥型，并采取适当的预防措施，定期监测地裂缝的活动，及时进行调整。采用隧道结构穿越地裂缝时，宜采用大角度穿越，必要时采用柔性结构设计，定期监测地裂缝的活动，及时进行调整。

11.5 地 面 沉 降

本节是按照现行国家标准《岩土工程勘察规范》GB 50021 的相关规定修订。

11.6 有 害 气 体

11.6.1 对人体或工程造成危害的有害气体种类较多，常见的有在有机质、工业垃圾、生活垃圾地层中产生的沼气、毒气，煤层中的瓦斯，油气田中的天然气，及缺氧空气。有害气体常造成可燃气体的爆炸事故，缺氧气体的缺氧事故，毒性气体的中毒事故等危害。

有害气体勘察前，应十分重视对区域地质和有害气体资料的收集和分析，了解线路通过地区是否存在有害气体及其种类、分布情况，对指导下一步的勘察工作非常有益。目前有害气体的勘察、设计资料积累不多，需要在今后的工作中不断地去总结和完善。

遇到煤、石油、天然气层可参照现行行业标准《铁路工程不良地质勘察规程》TB 10027 进行工程地质勘察。

11.6.3 有害气体的勘探以钻探为主，并在钻孔中测定有害气体的压力、温度，采岩土样、气样进行有害气体的类型、含量、浓度及物理力学、化学指标分析，取得的资料需综合分析、相互验证。勘探点的布置、数量、深度应以查明有害气体的分布范围、空间位置和有关参数为目的，一般应结合各地下工程类型的勘探，必要时增加纵、横向勘探点。

11.6.4 目前测试土层中有害气体的方法较多，有抽水后孔内气体浓度测定法、孔内水取样法、气液分离法、泥水探测法、BAT 系统法，前 4 种方法均存在弊病，而由 B. A. Torstensson 开发的 BAT 系统法，能较好地测定土中气体含量和浓度。BAT 系统法的取样装置主要由过滤头、导管、取样筒、压力计组成；操作流程为过滤头设置、取样筒准备（充 He 气）→土中气体的取样、回收（测定气压、孔内温度）→减压→用气相色谱仪对气体作气相、液相分析→评价。

11.6.5 有害气体的评价应重点说明有害气体的类型、含量、浓度、压力、是否会发生突出，其突出的位置、突出量和危害性。盾构隧道施工段，当土层中甲烷浓度 $CH_4 \geq 1.5\%$、氧气浓度 $O_2 \leq 18\%$ 时，应制订必要的通风、防爆等安全措施。

目前，上海等城市对土层中勘察查明的浅层沼气进行预先控制排气，即在隧道施工前 3～6 个月采用套管钻井，安装减压阀，控制放气，其控制标准为不导致对放气孔周围地层显著扰动，不出现放气过程中带走泥砂现象。排气孔尺寸与数量应根据气囊的大小、气压与连通性确定，其位置应离隧道一定距离。预先控制排气措施是预防浅层沼气对隧道施工和今后运营中产生不利影响的较好方法，但一次性提前放气可能不彻底，且沼气可能有一定程度的回聚，故仍需要在施工中加强监测和采取安全措施。

目前，城市轨道交通工程勘察中遇到的有害气体主要为甲烷，需要说明如下：

1 甲烷（CH_4）气体，别名沼气，其一般性质如表 14。

表 14 甲烷气体一般性质

项 目		内 容		
分子量		16.03		
0℃ 1 大气压 1mol 的容积		22.361L/mol		
1m³ 的质量		0.7168kg		
0℃ 1 大气压下的相对密度		0.5545		
1 大气压下的水中溶解度	温度（℃）	15	20	25
	亨利定数（atm/mol）	3.28E+4	3.66E+4	4.04E+4
危险程度		爆炸，着火点为 537℃，爆炸界限 5%		
性质		可燃性，无色，无味，无臭，与氧气结合有发生爆炸的危险		
中毒症状		呼吸困难，呈缺氧症状		

2 甲烷在海相、海陆交互相、滨海相、湖沼相等有机质土层中产生，称为生气层，储存于孔渗性较好的砂、贝壳、颗粒状多孔粉质黏土等土层中，称为储气层，各土层大多交互沉积，呈现条带透镜体状、扁豆体状、薄层状砂与黏土互层等形态。

3 查明生气层、储气层的具体位置和特征，对评价有害气体的分布、范围是十分重要的，勘察中还应注意生气层、储气层可能具多层性的特点。

4 甲烷生成后，以溶存于地下水中的溶存气体及存在于土颗粒空隙中的游离气体两种形式存在于土层中，其扩散与地层的渗水特性有关。当压力或温度变化时，部分溶存气体与游离气体可相互转换。

5 水文地质特征影响着甲烷在土中的存在形式。饱和土中仅存在溶存甲烷，非饱和土中存在溶存甲烷和游离甲烷。甲烷气体的运移与地下水的补给、径流、排泄条件有较密切的关系。

12 特殊性岩土

12.1 一般规定

12.1.1 由于红黏土、混合土、多年冻土和盐渍岩土等特殊性岩土在大、中城市分布不是很普遍，且分布深度较浅，对城市轨道交通工程建设影响较小，故本规范中没有作具体规定。若在勘察时遇到，应执行相关标准。

12.1.3、12.1.4 我国特殊性岩土种类繁多，对分布范围较广的特殊性岩土已进行了深入的研究，先后制定了不少国家标准、行业标准和地方标准，如国家现行标准《湿陷性黄土地区建筑规范》GB 50025、《膨胀土地区建筑技术规范》GBJ 112、《冻土工程地质勘察规范》GB 50324、《软土地区工程地质勘察规范》JGJ 83 等，这些标准都是从特殊性岩土的工程特性出发，对勘察工作量、勘察方法、勘察手段和勘察成果等进行了较为详细的规定。本规范制定第12.1.3条和第12.1.4条之目的，也是要求在特殊性岩土场地勘察时，要有针对性地开展勘察工作。

12.2 填 土

12.2.1 对本条主要说明以下两点：

1 掌握填土的堆填年限和固结程度。特别是填土是否经过超载，在对填土的岩土工程评价中有重要意义。一般而言，填土之所以"松"、压缩性高，主要是由于它只经过自重压力（这一压力还是不大的）固结或（对年轻的填土）仍在经受自重压力的固结。归纳言之，一是固结压力小，二是正常固结或欠固结的。这就是填土常常难以直接作为地基土的主要原因。若填土在历史上曾有过超载，则它是超固结的；超载愈大，超固结比愈大。有过这样经历的填土就有被直接利用作为天然地基的可能性。填土年代愈久，经受过超载的概率愈高，因此，往往年代和超载指的是同一过程和效应。

2 强调查明填土的种类和物质成分，是为了划分素填土、杂填土和冲填土，而这三个基本种类还可细分。在本款中，还要求对其厚度变化予以特别注意。这是因为填土不是自然过程形成的物质。它不但成分多变，厚度也极不稳定。将本款与上款的内容归纳之，填土的主要特点是：成分不一，厚薄多变，固结程度低，往往系欠固结的（即高压缩性的）。

12.2.2 填土与湿陷性土、软土、膨胀土与残积土、风化岩一样，对勘探与取样亦有其特殊要求；下面就第1款、第3款依次给予必要说明：

1 由于填土的物质成分和厚度多变，勘探点的密度自然宜大于一般情况，但在具体布置上不应一步到位而宜采取逐步加密和有目的追索、圈定的方法。

3 像其他特殊土一样，填土的勘探与取样也应有一定数量的探井，这既是对填土成分和组织结构进行直接观察的需要，也是采取高质量等级的土样和进行大体积密度测定的需要。便携钻具由于成本低、能进入到钻机不易去的地方等，在圈定填土范围时能发挥较大的作用。

12.2.3 由于填土的物质成分多变，取高质量等级的土样不但不易而且所测得的岩土技术性质参数变异性大，为弥补这些不足应充分利用原位测试技术，特别是轻便型的原位测试设备。只有勘探取样和原位测试结合起来，才能取得好的效果。

12.2.4 填土的岩土工程分析与评价应结合填土的前述主要特点。

1 如前指出，填土的历史超载程度与其压缩性高低和强度大小有直接关系。填土是否有过超载和超载程度，除进行调查和经验分析外，有时还可通过室内试验解决。在有相似建筑经验的地区，轻便静力触探、动力触探等测试数据有时亦能反映超载效应是否存在。

2 对于城市轨道交通工程而言，除了地基问题外主要就是基坑和隧道开挖问题，因此填土的承载力、抗剪强度、基床系数和天然密度等物理力学指标是必不可少的。

3 有较厚填土分布场地，基坑坑壁局部或大范围坍塌是深基坑开挖时的常遇现象，特别当填土形成年代较短和成分复杂时更为常见。

5 施工验槽是针对填土的物质成分和分布厚度多变的现实情况提出来的。坚持施工验槽能揭露勘探过程中遗漏的重要现象（即使勘探工作密度和数量可观时）。补充勘探测试工作可以修改岩土工程评价和建议中的不当、不足之处，防止事故，总结经验。

12.3 软 土

12.3.1 本条的各款内容是针对软土形成的地理—地质环境条件和主要的岩土技术特性提出的，现对有关内容加以说明：

1 所谓的"软土"泛指软黏性土、淤泥质土、淤泥和泥炭质土、泥炭等几种类型的软弱土类。它们的成因类型见表15：

表15 软土的成因类型

地貌特征	成因类型	沉积特征
滨海平原	滨海相	土质不均匀、极疏松，具交错层理，常与砂砾层混杂，砂砾分选、磨圆度好，有时也有生物贝壳及其碎片局部富集
	泻湖相	颗粒细、孔隙比大、强度低，显示水平纹层，交错层不发育，常夹有泥炭薄层
	溺谷相	孔隙比大、结构疏松、含水量高
	三角洲相	分选性差，结构疏松，多交错层理，多粉砂薄层

地貌特征	成因类型	沉 积 特 征
湖积平原	湖相	沉积物中粉土颗粒成分高，季节韵律带状层理，结构松软，表层硬壳厚度不规律
河流冲积平原	河漫滩相	沉积物成层情况较复杂，呈特殊的洪水层理，成分不均一，以淤泥及软黏性土为主，间与砂或泥炭互层
河流冲积平原	牛轭湖相	沉积物成层情况较复杂，成分不均一，以淤泥及软黏性土为主，间与砂或泥炭互层，下部含有各种植物物质和软体动物贝壳
山间谷地	谷地相	软土呈片状、带状分布，靠山边浅，谷地中心深，厚度变化大；颗粒由山前到谷地中心逐渐变细；下伏硬层坡度较大
泥炭沼泽地	沼泽相	以泥炭沉积为主，且常出露于地表，孔隙极大，富有弹性，下部有淤泥层或薄层淤泥与泥炭互层

不同成因的软土，由于其沉积环境不同，其分布范围、层位的稳定性、土层的厚度均有其特点。

软土的厚度及其变化对沉降和差异沉降的预测，地基处理与结构措施的选择，桩基设计及基坑开挖与支护方法关系甚大，其中应特别重视查明砂层和含砂交互层的存在与分布，因为这涉及软土地层的排水固结条件，沉降历时长短与强度在荷载作用下的递增速度，甚至会关系到一个工程项目的可行性。

2 地貌的变化在很大程度上反映了地质情况的变化，特别是微地貌，往往是地层变化或软土分布在地表上的反映（例如：在平原区地貌突变处，有可能有暗埋湖塘、洼浜或古河道），因此，注意微地貌的变化。

3 查明软土的硬壳和硬底状态，对分析各类工程的稳定和变形具有重要意义。

4 软土的固结应力历史及反映这个历史的不排水抗剪强度，先期固结压力（亦称最大历史压力），e—$\lg P$ 曲线上的回弹指数与压缩指数等对确定软土的承载力，选择地基处理方法及预测地基性状与表现等是重要的依据。将软土按超固结比 OCR 划分为欠固结土、正常固结土与超固结土（后者还可进一步划分）对反映软土固结应力历史具有实用意义。

5 软土中的含水层数量、位置、颗粒组成与各层的水头高度是深基坑降水、开挖与支护设计及地下结构的防水所需要的资料。

6 应指出施工或相邻工程的施工（包括降水、开挖、设桩或大面积填筑等）会导致软土中应力状态的突变或孔隙水压的骤升，使土体和已竣工工程变形、位移或破坏。软土的勘察应特别注意此类问题的分析，并提出措施建议。

12.3.2 本条主要针对软土的特殊性，提出的勘探与取样要求。

1 勘探（简易勘探、挖探、钻探等）和原位测试（静力触探、十字板剪切试验、旁压试验、螺旋板载荷试验等）应在地质调绘的基础上综合运用，一般情况下，宜先采用简易勘探、静力触探，再布置钻探、十字板剪切试验等。在软土地区应充分采用静力触探测定软土层在天然结构下的物理力学性能，划分地层层次。原位测试进行软土地基的勘探、测试虽具有显著的优越性，但目前还只能通过各种相关关系的建立来提供软土的物理力学指标。所以，对各种勘探、测试方法、设计参数的选取，在有经验的地区应充分利用当地的有关规则、规定和经验公式，宜结合当地经验进行，以保证勘探结果的可靠性。

国内外经验证明静力触探、十字板剪切试验及钻式旁压试验是软土地区行之有效的原位测试方法，它们能大大弥补钻探取样与室内试验的不足。

由于软土钻探采取原状土样比较困难，取土后很容易受震动失水，致使室内试验数据不准，而采用十字板剪切试验可以弥补这一缺陷，所以，为测定软土层在不排水状态下的抗剪强度指标一般采用十字板剪切试验。

3 压缩层计算深度宜用应力比法控制，在实际工作中，软土地基计算压缩层的计算深度可作如下控制：

1) 对于均质厚层软土，软土地基附加应力为自重应力的比例为 0.1～0.15 时相应的深度；

2) 对于非均质分布的软土地层，软土地基附加应力为自重应力的比例为 0.15～0.2 时相应的深度；如果在影响深度范围内，软土层下出现有密实或硬实的下卧硬层（如半坚硬黏土层等硬土层、砂层等）或岩质底板时，在查明其性质并确定一定厚度后，不再继续计算；

3) 压缩层计算中应注意：对可透水性饱和土层的自重应力应用浮重度；当软弱土地基不均匀时，应在确定的计算深度下如果还有软土层，则应继续向下计算，以避免计算深度下的软土层的变形使总变形量超过允许变形值。

12.3.3 室内试验方法测定软土的力学性质时，应合理进行试验方法的选取：

1 为地基承载力计算测定强度参数时，当加荷速率高，土中超孔隙水压力消散慢，宜采用自重压力预固结的不固结不排水剪（UU）试验或快剪试验；当加荷速率低，土中孔隙水压力消散快，可采用固结不排水剪（CU）试验或固结快剪试验。

2 支护结构设计中土压力计算所需用的抗剪强度参数应根据不同条件和要求选用总应力强度参数或有效应力强度参数。后者可用固结不排水剪（CU）测孔隙水压力试验确定。

3 固结试验方法，各土样的最大试验压力及所取得的系数应符合沉降计算的需要。

12.3.4 本条中各款的规定，对软土而言是有很强的针对性的，按超固结比划分软土，对确定承载力和预测沉降有启发、指导作用，掌握了软土的灵敏度有助于重视挖土方法，选好支护措施或合理布置打桩施工程序，以防止出现坑底隆起、土体滑移或桩基变位等事故。

软土地区的城市轨道交通运营线路已经出现了过量沉降问题，并导致隧道结构开裂、渗漏水等问题。产生过量沉降的因素很复杂，一般包括施工扰动、自然固结以及运营震动影响等。因此，软土地区的城市轨道交通工程的沉降问题应引起勘察与设计人员的高度重视。

12.4 湿陷性土

12.4.1 本条所列的7个重点是重要的经验总结，现对前三款给予说明：

1 土的湿陷性是否显示和显示大小与所施加的压力有密切关系。一般的情况是土的形成时间愈早，使其在浸水时显示湿陷性所需的压力愈大。例如新近堆积黄土（Q_4^2）和一般湿陷性黄土（$Q_4^1 + Q_3^2$）在200kPa的压力下就较充分地显示其湿陷性，较之为老的离石黄土（Q_2^2和Q_2^1）则不然，要它们显示出湿陷性需要较高的压力，而且时代愈早所需的压力愈大。成因与土的湿陷性高低也有一定关系。例如，在形成时代相同的条件下，坡积土的湿陷性一般要比冲积土高。

2 地层结构系指不同时代湿陷性土的序列分布及它们与其中的非湿陷性土层的位置关系，包括基岩、砂砾层等下卧地层的深度与起伏。这与湿陷性场地的岩土工程评价，防止湿陷事故与消除湿陷性措施的选取关系密切。

3 查明湿陷系数与自重湿陷系数沿深度的变化，既有助于对地基的岩土工程的深入评价，也有助于针对性地选取工程技术措施。图5中所示的是陕北洛川坡头和河南陕县的黄土自重湿陷系数 δ_{zs}、先期固结压力（也是自重湿陷系数起始压力）P_{cw} 与自重压力

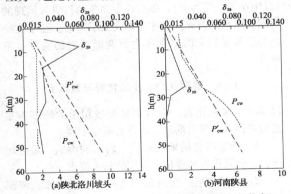

图5 黄土 δ_{zs}、P_{cw} 与 P'_{ow} 三者沿深度的变化与相互关系的比较

P'_{ow}—自重压力；P_{cw}—先期固结压力；h—深度；δ_{zs}—黄土自重湿陷系数

P'_{ow} 三者沿深度方向变化的比较。可见前者的自重湿陷系数起始压力 P_{cw} 到50多米深仍小于自重压力，这与 δ_{zs} 一直大于0.015一致。后者的自重湿陷系数起始压力 P_{cw}，到20多米等于或略小于自重压力 P'_{ow}，再深则一直大于自重压力，故可被认为基本上是非自重湿陷性场地。其 δ_{zs} 值的变化与之一致。

12.4.2 本条的特殊要求系基于湿陷性土的特殊结构与该结构的易破坏性。现作如下说明：

1 由于湿陷性土的结构易破坏，迄今无论国外或国内，探井仍是采取原状黄土样不可缺少的手段，有时还可以作为主要的手段。

2 湿陷性土的地层结构的持续性一般好于其他土类，故勘探点间距可比别的土类的间距大些。同理，不取样的"鉴别"钻孔作用有限，不宜很多。在这种情况下，取土勘探点的比例就应大些或可将所有勘探点当作取土勘探点，以保证满足湿陷性评价的需要。

4 为了保证湿陷性评价的准确性，湿陷性土样的质量等级必须是Ⅰ级，否则可能错误地歪曲或降低地基的湿陷等级，严重时还会将等级本属严重湿陷性的地基错定为非湿陷性或轻微湿陷性地基。对黄土钻探取样必须采用专用的黄土薄壁取土器和相应的钻进取样工艺（见现行国家标准《湿陷性黄土地区建筑规范》GB 50025附录D）。

12.4.3 由于湿陷性土的特殊性，在浸水情况下强度降低很多，因此对有浸水可能性或地下水位可能上升的工程，除进行天然状态下的试验外，建议进行饱和状态下的压缩和剪切试验。

12.4.4 本条中相关款的说明可参阅现行国家标准《湿陷性黄土地区建筑规范》GB 50025 和《岩土工程勘察规范》GB 50021 条文说明的相关部分。

12.5 膨胀岩土

12.5.1 本条的内容十分强调微地貌、当地气象特点和建筑物破坏情况的调查，这对膨胀岩土来说是有针对性的，不同于其他土类的情况，因而也是对膨胀岩土进行评价所必需的。

膨胀岩土包括膨胀土和膨胀岩，目前尚无统一的判定标准，一般采用综合判定，分初判和详判两步。初判主要根据野外地质特征和自由膨胀率，详判是在初判的基础上，作进一步的室内试验分析。常见的膨胀岩有泥岩、泥质粉砂岩、页岩、风化的泥灰岩、蒙脱石化的凝灰岩、含硬石膏、芒硝的岩石等。

12.5.2 由于膨胀土中有众多裂隙，钻探取样难免扰动，而且在膨胀土中钻进难度较大，而用水是绝对不允许的，故为了取得质量等级为Ⅰ级的土样，必须有一定数量的探井。关于钻探、探井中取土钻探、探井的比例，考虑问题的依据同湿陷性土。

气候的干湿周期性交替对膨胀土的胀缩有直接的影响。多年一周期的气候干湿大变化的影响能达到较

大的深度，称之为大气影响深度，国外常称之为活动层（Active zone）。经多年观测，我国膨胀土分布区内平坦场地的大气影响深度一般在5m以内，再往下土的含水量受气候变化影响很小，以至消失。显而易见，勘探取样深度必须超过这个深度的下限，而且在这个深度范围内应采取Ⅰ级土样，取样间隔宜为1m，往下要求可以放宽。

12.5.3 关于在设计（实际）压力作用下的地基胀缩量计算，应按现行国家标准《膨胀土地区建筑技术规范》GBJ 112 的有关规定执行。

12.5.5 对本条的岩土工程分析与评价说明如下：

1 铁路系统对膨胀土采用自由膨胀率、蒙脱石含量、阳离子交换量作为详判指标，经过了大量的工程实践，证明是可行的，而城市轨道交通工程与铁路具相似性，故参照纳入，这样既充分考虑了线路工程的特点，又避免采用自由膨胀率单一指标可能造成的漏判。膨胀岩的判定尚处于研究、总结阶段，建议参照膨胀土的判定方法或现行行业标准《铁路工程特殊岩土勘察规程》TB 10038 进行综合判定。

2 调查和长期观测证明，在坡地场地上建筑物的损毁程度较平坦场地要严重得多，因此认为有必要将原简单场地改称平坦场地，而将原中等复杂场地和复杂场地改划为坡地场地。现举一些数据和实例：

1）在坡地场地上的建筑物破坏程度和数量较在平坦场地上更大，据统计：

对坡顶上的 324 栋建筑物的调查，损坏的占 64%，其中程度严重的占 24.8%；

在 291 栋建于坡腰的建筑物中，损坏的占 77.4%，其中程度严重的占 30.6%；

在 36 栋建于坡脚的建筑物中，损坏的占 6.8%，其程度仅为轻微—中等；

在阶地上和盆地中部的建筑物，除少量的遭到了破坏，大多数完好。

2）边坡变形的特点以湖北郧县法院边坡为例。从图 6 和表 16 可见，在边坡上的观测点不但有升降变化而且有水平位移。它们都以坡面上的为最大，随着离坡面距离的增大而减小，水平位移还导致近坡肩附近裂缝的产生。

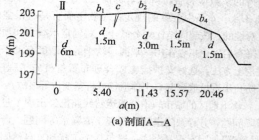

(a) 剖面A—A

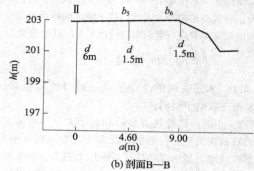

(b) 剖面B—B

图 6 湖北郧县法院变形观测剖面

h—高程；a—水平距离；b—边坡；c—裂缝；d—桩深

3）坡地上建筑物变形特点，以云南个旧东方红农场小学的教室和该市冶炼厂 5 栋在 5°~12° 斜坡上的升降观测结果为例，临坡面的变形与时间关系曲线是逐年渐次下降的，在非临坡面则基本上是波状升降。这说明边坡的影响加剧了建筑临坡面的变形，导致建筑物的破坏。

6 为了防止膨胀岩土地基的过量胀缩变形引起的对建筑物的影响和破坏，集中起来是"防水保湿"四个字，做到了这点，便没有膨胀岩土的胀缩变形。这一点对开挖的基坑的保护也完全适用。

20 世纪 70 年代我国的几条通过膨胀土地区铁道的修筑中经验教训十分深刻。由于忽视了及时的必要支护与防水保湿措施，膨胀土开裂严重，滑坡频繁（以中小型浅层为多）。以后花了多年的科研与治理的时间和巨额的补充投资才基本完成了整治。至于支护结构遭膨胀岩土的膨胀压力而变形开裂的实例也不鲜见。

12.6 强风化岩、全风化岩与残积土

12.6.1 强风化岩、全风化岩与残积土的勘察着重点与其他岩土层的勘察着重点有明显不同。

1 确定母岩的地质年代、岩石的类别，是强风化岩、全风化岩与残积土勘察的基本要求。

2 强风化岩、全风化岩与残积土的分布、埋深与厚度变化对线路敷设方式、线路埋深、施工工法选择都有重要影响。

3 原岩矿物的风化程度、组织结构的变化程度是岩石定名的基本依据。

表 16 湖北郧县法院边坡变形观测结果

剖面长度（m）	点号	距离（m）	水平位移（mm）"+"	水平位移（mm）"−"	点号	升降变形幅度（mm）
20.46（Ⅱ−b4）	Ⅱ−b1	5.40	4.00	3.10	Ⅱ	10.29
	Ⅱ−b2	11.43	−	9.90	b1	49.29
	Ⅱ−b3	15.57	20.60	10.70	b2	34.66
	Ⅱ−b4	20.46	34.20	−	b3	47.45
					b4	47.07
9.00（Ⅱ−b6）	Ⅱ−b5	4.60	3.00	6.10	b5	45.01
	Ⅱ−b6	9.00	24.40	−	b6	51.96

注："+"表示位移增大；"−"表示位移减小。

4 岩土的不均匀程度、岩块和软弱夹层的分布、特征对岩体的整体强度和稳定性常起着控制作用。

5 由于强风化岩、全风化岩与残积土中的球状风化体及孤石对隧道工程施工的影响很大，应给以查明。

6 由于原岩矿物成分的不同和节理裂隙密度与发育程度的差别，强风化岩、全风化岩与残积土的透水性和富水性有很低的，也有很高的，必须予以查明。而且，在水的作用下，强风化岩、全风化岩与残积土往往具有遇水易崩解的工程特征。

12.6.2 本条规定了强风化岩、全风化岩与残积土的勘探、测试的基本要求。

1 本款强调钻探与原位测试，特别是标准贯入试验相结合。这是由于强风化岩、全风化岩与残积土的I级试样采取困难，数量有限。国内外常用标准贯入试验等方法，通过击数等指标与风化岩的工程性质建立相关关系，以更好地进行风化岩的分级并推求工程技术性质指标。除标准贯入试验外，在有些国家旁压试验用得较多，并已较系统地总结了经验。我国的超重型动力触探（N_{120}）在碎石、卵石地层中应用颇有成效，亦宜通过比较试验，建立相关关系，可推广应用到强风化岩、全风化岩与残积土的勘察评价上来。

4 强风化岩、全风化岩与残积土的结构极易受到扰动。本款规定在强风化岩、全风化岩与残积土中应取I级试样，以保证取样质量。为了取得质量等级属I级的试样，现行国家标准《岩土工程勘察规范》GB 50021规定，应采用三重管（单动）取样器，其中的第三重管是衬管。利用三重管取样器达到100%的岩心采取率并取得I级试样，这在国外已很普及或成定规。

5 本款根据轨道交通的工程实践，对强风化岩、全风化岩与残积土的岩土试验方法作了明确规定，即对全风化岩、残积土和呈土状的强风化岩进行土工试验，对呈岩块状的强风化岩进行岩石试验，对残积土必要时进行湿陷性和湿化试验，还可以进行现场点荷载试验。

12.6.3 鉴于取得I级土样比较困难，而且有的试验（如压缩试验）不易在试验室内完成，原位测试作为取样试验的必要补充，迄今几乎已是必不可缺。例如：

1 用旁压试验确定地基土的承载力、变形模量等岩土技术参数，以计算建筑物的沉降，为锚杆或土钉设计确定土的抗拔摩阻力等，在一些国家（如法国、加拿大、澳大利亚等）已成常规或常规之一。原苏联也有类似做法。在我国推广应用旁压试验的条件首先是要有能提供足够工作压力（如大于或等于15000kPa）测试设备；其次是进行必要数量的对比试验，建立旁压试验指标（临塑压力 P_f、极限压力 P_1、旁压模量 E_m 等）和岩土技术设计参数（承载力、抗拔摩阻力、不排水剪强度、变形模量等）之间的相关关系。

2 用标准贯入击数确定风化岩与残积土的变形模量或压缩模量国外也有不少实例，如 Decourt

（1989）等提出根据标准贯入实击值（N）可按下式计算残积土的变形模量 E_0：

$$E_0 = 3N \qquad (17)$$

但计算结果可能较实际偏高。

每一种原位测试方法都有其最佳适用范围，为此在选用时应区别不同要求，有针对性地选用最适用的方法或方法组合，以获得最佳效果。除此之外，本条还规定可按现行国家标准《建筑地基基础设计规范》GB 50007的有关规定确定承载力和变形模量 E_0。

对于花岗岩残积土、全风化与强风化岩的变形模量可用标准贯入试验实击值 N 按下式，结合当地经验和类比验证确定。

$$E_0 = 0.4N \sim 1.4N \quad (N < 100) \qquad (18)$$

式18系来自日本的一份内容较丰富的总结性材料。它综合反映了花岗岩残积土、全风化岩与强风化岩的压缩性（变形模量）与标准贯入试验实击值之间的关系。

$$E_0 = 2.2N' \qquad (19)$$

式19系我国部分地区根据标贯试验和载荷试验的约 30 个对比资料总结出来的。用此式计算 E_0 值时需结合当地经验，必要时可进行载荷试验确定。

12.6.4 工程实践表明，若处理不慎，花岗岩类的强风化岩、全风化岩与残积土会对工程实施造成严重影响。因此，在第 12.6.1 条的基础上，本条专门规定了花岗岩类的强风化岩、全风化岩与残积土的勘察要求。某些以花岗岩为母岩的变质岩或其他类似岩石的强风化岩、全风化岩与残积土的勘察，可参照本条规定执行。

1 关于花岗岩类的强风化岩、全风化岩与残积土划分，修改情况如下：

1) 原规范采用标准贯入击数修正值划分花岗岩风化程度与残积土，并在条文说明解释了采用该方法的理由，但是，它列举的情况现在已经发生了变化。现行国家标准《岩土工程勘察规范》GB 50021和广东省地方标准《建筑地基基础设计规范》DBJ 15—31已明确采用标准贯入试验实测值划分花岗岩强风化、全风化岩和残积土。为与现行国家标准《岩土工程勘察规范》GB 50021等协调一致，本款修改了原规范关于花岗岩风化程度的划分指标，现以标准贯入试验实击值作为花岗岩强风化、全风化岩和残积土的划分指标之一。按标准贯入试验确定地基承载力时，是否修正以及如何修正实击值，可根据当地经验选择确定。

2) 原采用单轴抗压强度（f_r）作为划分指标之一，实际难以操作，予以删除。

3) 根据工程实践经验，调整了作为划分指标之一的剪切波速值。例如，广州地铁一号线越秀公园站的花岗岩类强风化岩、全风化岩与残积土的剪切波速分别为 1105m/s、349m/s、286m/s，轨道交通三号线 A 标段的分别为 433m/s、361m/s、182m/s ～

225m/s，轨道交通四号线海傍至黄阁区间的分别为 474.3m/s～508m/s、369.5m/s～389m/s、259.8m/s～263.2m/s，轨道交通六号线东湖至燕塘区间的分别为 518.2m/s、352.3m/s、206.5m/s～283.7m/s。

2 本款根据含砾或含砂量将花岗岩类残积土划分为砾质黏性土、砂质黏性土和黏性土。根据广东省的经验，在花岗岩类残积土中，当大于 2mm 颗粒含量超过总质量 20%的为砾质黏性土，当大于 2mm 颗粒含量在 5%～20%的为砂质黏性土，当大于 2mm 颗粒含量小于 5%的为黏性土。

3 花岗岩类岩石多沿节理风化，风化厚度大，且以球状风化为主，在强风化岩、全风化岩与残积土中易形成球状风化核。花岗岩及某些以花岗岩为母岩的变质岩，其全风化岩与残积土的孔隙比通常较大，液性指数较小，压缩性较低，但易扰动，遇水易软化崩解。岩脉和花岗岩球状风化体往往较周围岩石坚硬，造成地层的软硬不均，隧道掘进困难；花岗岩球状风化体也会影响桩基持力层的确定。因此，除满足本规范第 12.6.1 条的规定外，本款特别规定，勘察尚应着重查明花岗岩分布区球状风化体（孤石）的分布，强风化岩、全风化岩与残积土的工程特性及其水文地质条件。特别说明，在大多情况下是指花岗岩类或以花岗岩为母岩的强风化岩、全风化岩与残积土遇水易软化崩解等特征。

4 残积土细粒土的天然含水量 w_f，塑性指数 I_P，液性指数 I_L 分别按下列公式计算：

$$w_f = \frac{w - w_A \cdot 0.01 P_{0.5}}{1 - 0.01 P_{0.5}} \tag{20}$$

$$I_P = w_L - w_P \tag{21}$$

$$I_L = \frac{w_f - w_P}{I_P} \tag{22}$$

式中：w——花岗岩残积土（包括粗、细粒土）的天然含水量（%）；

w_A——土中粒径大于 0.5mm 颗粒吸着水含水量（%），可取 5%；

$P_{0.5}$——土中粒径大于 0.5mm 颗粒质量占总质量的百分数（%）；

w_L——土中粒径小于 0.5mm 颗粒的液限含水量（%）；

w_P——土中粒径小于 0.5mm 颗粒的塑限含水量（%）。

12.6.5 本条规定应对强风化岩、全风化岩与残积土进行岩土工程分析与评价，并根据岩土工程特性和轨道交通工程实践，列举了可能包括的分析与评价内容，但不限于这些内容。

1、2 这两款所称的"评价稳定性"，主要针对强风化岩、全风化岩与残积土遇水易软化崩解的工程特征而言。

3 工程实践表明，强风化岩、全风化岩与残积

土的不均匀程度，尤其是岩块和软弱夹层的分布，对隧道掘进和基坑、桩基施工的影响很大。在强风化岩或全风化岩中往往夹有中风化岩块，桩基施工遇到这种情况时，切勿认为已经挖到中等风化岩层。

4 强风化岩、全风化岩和残积土本身的渗透系数不一定较大，但经过扰动之后，其中的含水量不论多寡，会使岩土体迅速崩解。因此，本款提出了对地下水的评价要求。

5 为进一步查明球状风化体（孤石），可在地面和隧道内进行超前钻。

13 工程地质调查与测绘

13.1 一般规定

13.1.1、13.1.2 针对城市轨道交通工程的特点，工程地质调查与测绘工作是极其必要的，是岩土工程勘察的基础工作内容，是从宏观上获取场地地质条件的主要手段。工程地质调查与测绘工作主要在可行性研究和初步勘察阶段进行，在详细勘察和施工勘察阶段主要进行专题性的调绘工作。由于轨道交通工程的特殊性，勘察设计的各个阶段线、站位置会有调整或变化，因此，工程地质调查与测绘工作要贯穿勘察设计各阶段的始终。

加强工程地质调查与测绘工作有助于增加地质信息量，指导后期勘探量布置，在岩土勘察工作中起到事半功倍的作用。

对工程有重大影响的地质问题，如活动性断裂、滑坡和采空区等，常规的工程地质调查与测绘是不够的，应进行专项工程地质调查与测绘工作。

13.2 工作方法

13.2.1 对搜集的各种资料进行综合分析，不仅可在岩土工程勘察资料编制过程中加以利用，也是合理布置勘探量、制订勘察大纲等工作的必要的前期工作。

13.2.2 工程地质调查与测绘过程中原则上不投入大量勘探工作量，必要时可适量进行勘探、物探和原位测试工作，勘探一般以简易勘探为主。

13.2.3 利用航片、卫片等遥感判释手段尤其适用于可行性研究和初步勘察阶段的方案比选工作。如地貌单元的划分、地质构造、不良地质和特殊岩土的判释等。遥感地质解译应按"建立解译标志，分析解释成果，确定调查重点，实地核对、修改，补充解译，复判"的程序开展工作。利用遥感手段可以宏观性掌控区域地质条件，减少外业调绘强度，提高大面积调绘的工作质量。

13.2.4 对本条作以下说明：

1 地质观察点的布置是否合理，对于调绘工作质

量、成果质量以及岩土工程评价至关重要。地质观察点应布置在不同类型的地质界线上，例如：地层、岩体、岩性、构造、不整合面、不同地貌成因类型等地质界线。

地质观察点的布置要充分利用岩石露头。例如，采石场、路堑、基坑、基槽、冲沟、基岩裸露等。它们可以提供有关岩土体的工程地质性状，包括：岩性、物质成分、粒度成分、层序及其变化、岩石风化程度、岩体结构类型、构造类型、结构面形态及其力学性质、地下水等。当地质体隐蔽时或天然露头、人工露头稀少时，应根据具体情况（场地的地形、工作环境、技术要求等），选择适宜的手段、布置一定数量的勘探与测试工作。

2 在工程地质调查与测绘中关于地质观察点的密度，国内外未有统一的规定。本款只是从原则上作出这一规定，具体实施时，应从实际出发，根据技术要求，工程地质条件和成图比例尺等因素综合确定。

3 地质观测点的定位，直接影响成图的质量，常用的定位方法如下：

目测法：适用于小比例尺的地质调绘，主要是根据地形、地物以目估或步测距离进行标测。

半仪器法：适用于中比例尺的地质调绘，主要是使用罗盘仪测定方位、气压计测定高程、步测或量绳确定距离。

仪器法：适用于大比例尺的地质调绘，主要是使用高精度的经纬仪测定方位、水准仪测定高程。

卫星定位系统（GPS）：根据精度要求选择使用。

13.2.5 工程地质调查与测绘的最终产品是图件和文字报告。生产图件的工作方法基本上有两种，一是填图、二是编图。填图与编图不仅是工程地质调查与测绘常用的方法，而且也是在区域地质调绘或地质普查与勘探过程中常用的传统方法。

13.3 工作范围

13.3.1、13.3.2 工程地质调查与测绘的宽度以往没有具体的规定。第13.3.2条的要求根据国内一些城市轨道交通工程岩土勘察的经验总结出来的。

13.3.5 工程地质调查与测绘具有多学科、多工种、综合性强、服务领域广的特点。根据国内地铁岩土勘察实践经验，设专题研究的目的是为了把影响设计施工的重大地质问题研究透彻，使提供的结论经济合理。

13.4 工作内容

13.4.1 各种既有资料的搜集是地质调绘重要工作，必须在岩土工程勘察前期统筹规划、全面考虑和认真落实。

调查搜集以往岩土工程事故发生的原因、处理的措施和整治效果，在岩土勘察工作中有重要意义。

13.5 工作成果

13.5.1 对工程有重要意义的工程地质现象，应拍彩色照片附文字说明，存档备查。这项工作在国内外都是常用的，这样做有利于地质资料的分析研究与综合整理，也有利于后期工作开展。

13.5.2 工程地质测绘比例尺的选择和精度，一般与轨道交通工程设计的需要及工程地质条件的复杂程度有关，同时与本地区在城区规划、勘察、设计、施工等常用比例尺和精度的要求相一致，以利于使用。为了达到精度要求，在测绘工作中习惯采用比提交成果图大一级的地形图作为测绘的底图，或者直接采用城区建设常用的1：500的比例尺地形图作底图，待外业完成后根据设计需要可缩成提交成果图所需要的比例尺图件。

地质界线、地质观察点在图面上的位置误差，目前各行业的规定一般为2mm或3mm。本条提出："在图上不应大于2mm"，主要是考虑轨道交通工程的特点和精度要求。

在测绘时图面所表示地质单元体的最小尺寸，尚无统一规定。"有特殊意义或对工程有重要影响的地质单元体，在图面上宽度小于2mm时，应采用扩大比例尺方法标示并加以注明"。这样可确保重要地质现象不漏失，提高测绘精度。

13.5.3 工程地质调查与测绘，一般成果资料可纳入相应的岩土工程勘察报告中，不必单独编制调绘报告。如果为了解决某一专题性的岩土工程问题，也可编制专项用途的成果资料。对于各种文字报告、图件和图表的表示内容，可按设计的需要和有关规定执行。

14 勘探与取样

14.1 一般规定

14.1.5 城市轨道交通工程勘探多在大城市的繁华街道上进行。其特点是地上有高压电线，地下有各种管网。还可能有地下构筑物、地下古迹。如不小心，钻坏地下管网，其后果不堪设想。所以在施钻前应搜集街道管网分布图，在布孔时躲避各种地下设施，并采用地下管道探测仪了解地下设施，或用探坑查明，确无设施时，再行钻探。

安装钻机除要避开地下设施外，还要注意钻架距高压线要有一定的安全距离，防止发生触电事故。

14.1.6 钻孔完成后，根据地层情况，分层回填，孔口要用不透水黏性土封好孔，以免地上污水污染地下水。位于隧道结构线范围内的勘探点应列为回填的重点，因为若回填不好，将成为地下水涌入隧道的通道，可能对施工造成严重的影响；或者隧道衬砌背后注浆时，浆液通过钻孔喷出地面，对环境造成污染。

14.2 钻探

14.2.1 选择钻探方法应考虑的原则是：

1 地层特点及钻探方法的有效性；

2 能保证以一定的精度鉴别地层，了解地下水的情况；

3 尽量避免或减轻对取样段的扰动影响。

条文中表14.2.1就是按照这些原则编制的。通过勘察工作纲要规定钻探方法，不仅要考虑钻进的有效性，而且要满足勘察技术要求。钻探单位应按任务书指定的方法钻进，提交成果中也应说明钻进方法。

14.2.3 城市轨道交通工程勘探在技术上要求较高，为充分取得有效的地质资料，通过勘察纲要对孔位、孔深、钻探方法、岩芯采取率、取样、原位测试等提出具体技术要求。

在砂土、碎石土等取芯困难地层中钻进时，可通过控制回次进尺提高岩芯采取率，回次进尺可参照表17。

表17 工程地质钻探回次进尺长度

岩　层	回次进尺（m）
黏性土、粉土	1.0～1.5
薄层黏性土与薄层砂类土互层	1.0～1.5
砂类土	泥浆钻进1.0～1.5
	跟管回转钻进0.3～0.5
碎石类土	双管钻具钻进0.5～1.0
	无泵反循环钻软质岩石1.0～1.5
	无泵反循环钻破碎岩石0.5～0.7
冻土	0.3～0.5
软土	0.3～1.0
黄土	钻进取芯时1.0～1.5；取原状时，1m三钻，第一钻0.5～0.6，第二钻0.2～0.3，第三钻取样
膨胀性岩层	0.5～1.0
滑动面及重要结构面上下5m	预计滑动面及其以上5m范围小于或等于0.3
	重要结构面上下5m为0.3～0.5
软硬互层、软硬不均风化带及硬、脆、碎岩	0.5～1.0
较完整、轻微风化基岩	1.0～2.5
完整基岩	＜3.5

14.3 井探、槽探

14.3.1 在无条件进行钻探的地点，利用人工挖探可达到技术要求。目前井探已广泛应用而且能保证质量，便于鉴定、描述和取样。

14.3.2 井探的支护可根据地质情况及当地施工经验，采取不同方法，并符合当地政府主管部门的规定。

14.4 取　　样

14.4.1 土试样的质量要求，应根据工程的需要而定。在工程的关键部位取样质量，需要Ⅰ级土样。进行热物理指标的土样可用Ⅱ级土样。进行颗粒分析的土样质量可用Ⅳ级土样。

14.4.4 过去对砂层的压缩模量、密度等技术指标，多根据其他方法换算求得，准确度不高。而砂土的压缩模量和密度是城市轨道交通工程勘察的重要指标之一。所以要推广取砂器，在取砂器内放置环刀，将环刀取出后，即可求得砂的密度，并放入压缩仪，直接试验砂土的压缩模量。

14.5 地球物理勘探

本节内容仅涉及采用地球物理勘探方法的一般原则与注意事项。目的在于指导非地球物理勘探专业的岩土工程勘察技术人员结合工程特点选择适宜的地球物理勘探方法。强调岩土工程勘察人员与地球物理勘探人员的密切配合，共同制订方案，分析解释成果。各种地球物理勘探方法具体方案的制订与实施，应执行现行地球物理勘探规程，如现行行业标准《铁路工程物理勘探规程》TB 10013、《城市工程地球物理探测规范》CJJ 7的有关规定。

近20年来，在城市轨道交通工程岩土工程勘察中，作为综合勘探的重要手段之一，地球物理勘探已在地质界线、断层、岩溶、小煤窑采空区及地下管线的探测和隧道围岩级别、场地土类型及类别的划分方面得到了广泛应用，取得了较好的勘探效果。

地球物理勘探发展很快，不断有新的技术方法出现，如近十几年发展迅猛的隧道超前地质预报（TSP）、弹性波层析成像（CT）、电磁波层析成像（CT）、地质雷达、瑞雷面波法等，在城市轨道交通工程岩土工程勘察中取得了较好的效果。

当前常用的物探方法详见表18。

表18 地球物理勘探方法应用范围表

方法名称		应用范围
	自然电场法	1. 探测隐伏断层、破碎带； 2. 测定地下水流速、流向
	充电法	1. 探测地下洞穴； 2. 测定地下水流速、流向
直流电法	电阻率测深法	1. 探测基岩埋深，划分松散沉积层序和基岩风化带； 2. 探测隐伏断层、破碎带； 3. 探测地下洞穴； 4. 探测含水层分布； 5. 探测地下或水下隐埋物体； 6. 测定沿线大地导电率和牵引变电所土壤电阻率
	电阻率剖面法	探测隐伏断层、破碎带
	高密度电阻率法	1. 探测基岩埋深，划分松散沉积层序和基岩风化带； 2. 探测隐伏断层、破碎带； 3. 探测地下洞穴； 4. 探测含水层分布； 5. 探测地下或水下隐埋物体
	激发极化法	1. 探测隐伏断层、破碎带； 2. 探测地下洞穴； 3. 划分松散沉积层序； 4. 测定潜水面深度和含水层分布； 5. 探测地下或水下隐埋物体

方法名称		应用范围
交流电法	频率测深法	1. 探测基岩埋深，划分松散沉积层序和基岩风化带； 2. 探测隐伏断层、破碎带； 3. 探测地下洞穴； 4. 探测河床水深及沉积泥沙厚度； 5. 探测地下或水下隐埋物体； 6. 探测地下管线
	电磁感应法	1. 探测基岩埋深； 2. 探测隐伏断层、破碎带； 3. 探测地下或水下隐埋物体； 4. 探测地下洞穴； 5. 探测地下管线
	地质雷达法	1. 探测基岩埋深，划分松散沉积层序和基岩风化带； 2. 探测隐伏断层、破碎带； 3. 探测地下洞穴； 4. 探测地下或水下隐埋物体； 5. 探测河床水深及沉积泥沙厚度； 6. 探测地下管线
	跨孔电磁波层析成像（CT）法	1. 探测岩溶洞穴； 2. 探测隐伏断层
地震波法	折射波法	1. 探测基岩埋深，划分松散沉积层序和基岩风化带； 2. 探测河床水深及沉积泥沙厚度
	反射波法	1. 探测基岩埋深，划分松散沉积层序和基岩风化带； 2. 探测隐伏断层、破碎带； 3. 探测地下洞穴； 4. 探测河床水深及沉积泥沙厚度； 5. 探测地下或水下隐埋物体
	跨孔透射波层析成像（CT）法	1. 探测小煤窑采空洞穴； 2. 探测隐伏断层、破碎带； 3. 划分松散沉积层序及基岩风化带
	瑞雷面波法	1. 探测基岩埋深，划分松散沉积层序和基岩风化带； 2. 探测隐伏断层、破碎带； 3. 探测地下洞穴； 4. 探测地下管线
	TSP法	1. 探测隧道掌子面前方地层界线； 2. 探测隧道掌子面前方断层、破碎带； 3. 探测隧道掌子面前方岩溶发育情况
	声呐浅层剖面法	1. 探测河床水深及泥沙厚度； 2. 探测地下或水下隐埋物体

方法名称	应用范围
地球物理测井（含电测井、放射性测井、电视测井、声波测井、地震压缩波测井、地震剪切波测井等）	1. 划分地层界线； 2. 划分含水层； 3. 测定潜水面深度和含水层； 4. 划分场地土类型和类别； 5. 计算动弹性模量、动剪切模量及卓越周期等； 6. 测定放射性辐射参数； 7. 测定土对金属的腐蚀性
红外辐射法	1. 探测热力管道； 2. 探测断层、破碎带； 3. 探测地下热水

15 原 位 测 试

15.1 一 般 规 定

15.1.1、15.1.2 原位测试基本上是在原位的应力条件下对土体进行测试，其测试结果有较好的可靠性和代表性，但原位测试评定土的工程参数主要是建立在统计的经验基础上，有很强的地区性和土类的局限性，因此，在选择原位试验方法时应根据岩土条件、设计对参数的要求、地区经验和试验方法的适用性等确定。原位测试的试验项目、测定参数、主要试验目的可参照表19。

表 19 原位测试项目一览表

试验项目	测定参数	主要试验目的
标准贯入试验	标准贯入锤击数 N（击）	1. 判别土层均匀性和划分土层； 2. 判别地基液化可能性及等级（标准贯入试验）； 3. 估算砂土密实度、黏性土状态； 4. 估算土体基床系数和比例系数； 5. 估算土体强度指标； 6. 选择桩基持力层、估算单桩承载力； 7. 判断沉桩的可能性
动力触探试验	动力触探锤击数 N_{10}、$N_{63.5}$、N_{120}（击）	
旁压试验	初始压力 p_0（kPa）、临塑压力 p_y（kPa）、极限压力 p_L（kPa）和旁压模量 E_m（kPa）	1. 估算地基土强度和变形指标； 2. 计算土的侧向基床系数； 3. 估算桩基承载力； 4. 确定土的原位水平应力和静止侧压力系数（自钻式旁压试验）
静力触探试验	单桥比贯入阻力 p_s（MPa），双桥锥尖阻力 q_c（MPa）、侧壁摩阻力 f_s（kPa）、摩阻比 R_f（%），孔压静力触探的孔隙水压力 u（kPa）	1. 判别土层均匀性和划分土层； 2. 估算地基强度和变形指标； 3. 估算土的侧向基床系数和比例系数； 4. 判断盾构推进难易程度； 5. 估算桩基承载力； 6. 判断沉桩可能性； 7. 判别地基土液化可能性及等级

试验项目	测定参数	主要试验目的
载荷试验（平板、螺旋板）	比例界限压力 p_0 (kPa)、极限压力 p_u (kPa) 和压力与变形关系，地基基床系数 K_v (kPa/m)	1. 评定岩土承载力； 2. 估算土的变形模量； 3. 计算土体竖向基床系数
扁铲侧胀试验	侧胀模量 E_D (kPa)、侧胀土性指数 I_D、侧胀水平应力指数 K_D 和侧胀孔压指数 U_D	1. 划分土层和区分土类； 2. 计算土的侧向基床系数； 3. 判别地基土液化可能性
十字板剪切试验	不排水抗剪强度 c_u (kPa) 和重塑土不排水抗剪强度 c_u' (kPa)	1. 测求饱和黏性土的不排水抗剪强度和灵敏度； 2. 估算地基土承载力和单桩侧阻力； 3. 计算边坡稳定性； 4. 判断软黏性土的应力历史
波速测试	压缩波波速 v_p (m/s)、剪切波速 v_s (m/s)	1. 划分场地类别； 2. 提供地震反应分析所需的场地土动力参数； 3. 评价岩体完整性； 4. 估算场地卓越周期
岩体现场直接剪切试验	岩体的摩擦角 φ_p (°)、残余摩擦角 φ_R (°)、黏聚力 c (kPa)	1. 确定岩体抗剪强度； 2. 计算岩质边坡的稳定性
岩体原位应力测试	岩体空间应力、平面应力	1. 岩体应力与应变关系； 2. 测求岩石弹性常数

布置原位试验，应注意配合钻探取样进行室内土工试验，其目的是建立统计经验公式并有助于缩短勘察周期和提高勘察质量。

原位测试成果的应用主要应以地区性经验的积累为依据，建立相应的经验关系，这种经验关系必须经过工程实践的验证。

原位测试中的第 15.7 节扁铲侧胀试验，第 15.9 节波速测试，第 15.10 节岩体原位应力测试，第 15.11 节现场直接剪切试验是按照现行国家标准《岩土工程勘察规范》GB 50021 的有关规定修订。

15.2 标准贯入试验

15.2.1 标准贯入试验对砂土、粉土和一般黏性土较为适用，尤其对砂土，标准贯入试验是可行的重要测试手段。目前，国内的一些地方在残积土及强风化岩也采用标准贯入试验，并取得了这方面的经验，故适用范围也将残积土及强风化岩列入其中。

15.2.3 本条文对标准贯入试验间距作了一般性的规定，并提出了相应的钻探施工工艺要求，以保证标准贯入试验锤击数的准确性。

15.2.4 标准贯入试验要求分两段进行：

1 预打阶段：先将贯入器打入土中 15cm，并记录锤击数。

2 试验阶段：将贯入器打入土中 30cm，记录每打入 10cm 锤击数；累计打入 30cm 的锤击数即为标准贯入试验 N 值；当累计锤击数已达 50 击，而贯入深度未达 30cm，可不再强行贯入，但应记录 50 击时的贯入深度，试验成果以大于 50 击表示或换算为相当于 30cm 的锤击数。

15.2.5 由于 N 值离散性大，故在利用 N 值解决工程问题时，应持慎重态度，依据单孔标贯资料提供设计参数必须与其他试验综合分析。

15.3 圆锥动力触探试验

15.3.1 动力触探（圆锥）试验是利用一定的锤击动能，将一定规格的圆锥探头打入土中，根据其打入击数，对土层进行力学分层，它对难以取样的砂土、粉土、碎石类土等是一种有效的勘探测试手段，本规范列入了目前国内常用的三种动力触探试验规格（轻型、重型、超重型），并对其岩土条件的适用性作了规定。

15.3.2 动力触探试验由于不能采取土样对土进行直接鉴别描述，试验误差较大、再现性差等缺点，故在使用试验成果时，应结合地区经验并与其他方法相配合使用。

15.3.4 动力触探试验成果分析：

1 根据触探击数、曲线形态，结合其他钻孔资料可进行力学分层，分层时注意超前滞后现象。

2 在整理触探资料时，应剔除异常值，在计算土层的触探指标平均值时，超前滞后范围内的值不反映土性的变化，所以不应参加统计。

3 整理多孔触探资料时，应结合钻探地质资料进行分析，对土质均匀，动探数据离散性不大时，可取各孔分层平均动探值，用厚度加权平均法计算场地分层平均动探值；当动探数据离散性大时，可采用多孔资料或与钻探资料及其他原位测试资料综合分析。

4 采用动力触探指标进行评定土的工程性能时，必须建立在地区经验的基础上。

15.4 旁 压 试 验

15.4.1 旁压试验包括预钻式旁压试验、自钻式旁压试验和压入式旁压试验。预钻式旁压试验适用于易成孔的土层；自钻式旁压试验适用于软黏性土以及松散—稍密的粉土或砂土，但含碎石的土不适用；压入式旁压试验适用于一般黏性土、粉土和软土，但硬土和密实土不易压入。

5.4.2 旁压试验点的布置，先做静力触探试验或标准贯入试验，以便能合理地在有代表性的位置上进行试验。布置时使旁压器的量测腔在同一土层内，并建议试验点的垂直间距不宜小于1m。

15.4.3 预钻式旁压试验成孔要求孔壁垂直、光滑、呈规则圆形，尽可能减少对孔壁的扰动；在软弱土层（易缩孔、坍孔）需用泥浆护壁；钻孔孔径应略大于旁压器外径，但一般不宜大于8mm。

当采用自钻式旁压试验，应先通过试钻，以便确定各种技术参数及最佳的匹配，保证对周围土体的扰动最小，保证试验质量。

15.4.5 旁压试验的加荷等级，一般可根据土的临塑压力和极限压力而定，加荷等级一般为10级~12级。

15.4.6 旁压试验加荷速率，目前国内有"快速法"和"慢速法"两种。一般情况下，为求土的强度参数时，常用"快速法"；而为求土的变形参数往往强调采用"慢速法"。据国内一些单位的对比试验，两种不同加荷速率对试验结果影响不大。为提高试验效率，本规范规定使用每一级压力维持1min或3min的快速法。

15.4.7 旁压试验成果分析：

1 在绘制压力与扩张体积 ΔV 或 $\Delta V/V_0$、水管水位下沉量 s、或径向应变曲线前，应先进行弹性膜约束力仪器管路体积损失的校正。由于约束力随弹性膜的材质、使用次数和气温而变化，因此新装或用过若干次后均需对弹性膜的约束力进行标定。仪器的综合变形，包括调压阀、量管、压力计、管路等在加压过程中的变形。国产旁压仪还需作体积损失的校正。

2 旁压模量。由于加荷采用快速法，相当于不排水条件。预钻式的旁压试验所测定的旁压模量由于原位侧向应力经钻孔后已释放，一般所得的旁压模量偏小，建议采用卸荷再加荷方法确定再加荷旁压模量，可减少孔壁扰动对试验的影响；或采用自钻式旁压试验。

15.5 静力触探试验

15.5.1 静力触探试验主要用于黏性土、粉土、砂土，对杂填土、碎石是不适用的。它可测定比贯入阻力（单桥探头）、锥尖阻力、侧壁摩擦力（双桥探头）和孔隙水压力（孔压静探探头）。

静力触探探头除当前广泛采用的单桥探头、双桥探头外，增加了孔压探头，孔压探头在国际上已成为取代双桥探头的换代新探头。考虑到国内一些单位已经引进国外的孔压探头，同济大学等单位已研制了孔压探头，并在一些工程中成功地使用了孔压探头，所以在本规范中列入。

静探探头圆锥截面积，国际上通用标准为10cm²，但与国内大多数单位广泛使用15cm²探头测

得的比贯入阻力相差不大。

15.5.2、15.5.3 根据工程经验，当静力触探试验贯入硬层，易发生触探孔的偏斜及发生断杆事故。孔斜使土层界线及比贯入阻力发生失真，影响桩基持力层埋深的判定，因此，对静力触探试验的孔斜作了规定。参照国外的多功能探头的产品技术标准，测斜传感器所能测的偏斜角最大14°，为避免发生断杆及失真分层界线和阻力，要求采取导管护壁，防止孔斜或断杆。或装配测斜装置，量测探头偏斜角，校正土分层界线，当偏斜角超过15°时宜停止贯入。

15.5.5 静力触探试验成果分析：

1 利用静力触探试验比贯入曲线划分土层，可根据锥尖阻力、侧壁摩阻力与锥尖阻力之比曲线参照钻孔的分层资料划分土层；利用孔隙水压力曲线，可以提高土层划分的精度并能分辨薄夹层。

2 利用静力触探资料，结合地区经验估算土的强度、变形参数等。由于经验关系有地区局限性，因此只有当经验关系经过检验已证实是可靠的，则可以提供设计参数。

3 利用孔压静力触探试验资料，可评定土的应力历史、估算土的渗透系数和固结系数，一般均采用半理论半经验公式计算，在这方面有待于积累经验。

根据孔压静探的孔压消散曲线资料，可按式23估算土的固结系数 C_v 值：

$$C_v = (T_{50}/t_{50})r_0{}^2 \qquad (23)$$

式中：T_{50}——相当于50%固结度的时间因数，当滤水器位于探头锥尖后时，T_{50} 可取为 6.87；当滤水器位于探头锥尖上时，T_{50} 可取为 1.64；

t_{50}——超孔隙水压力消散达50%时的历时时间（min）；

r_0——孔压探头的半径（cm）。

15.6 载荷试验

15.6.7 本条的目的是建立载荷试验与室内土工试验指标或其他原位测试结果的相关经验公式，有利于缩短勘察周期和提高勘察质量。

15.6.8 对载荷试验成果的分析和应用，应特别注意承压板影响深度范围内土层的不均匀性，否则会降低试验成果的使用价值。

15.7 扁铲侧胀试验

扁铲侧胀试验（dilatometer test，DMT），也有译为扁板侧胀试验，系20世纪70年代意大利Silvano Marchetti教授创立。扁铲侧胀试验是将带有膜片的扁铲压入土中预定深度，充气使膜片向孔壁土中侧向扩张，根据压力与变形关系，测定土的模量及其他有关指标。因能比较准确地反映小应变的应力应变关系，测试的重复性较好，引入我国后，受到岩土工程

界的重视，进行了比较深入的试验研究和工程应用，已列入现行国家标准《岩土工程勘察规范》GB 50021 中。

15.8 十字板剪切试验

15.8.1 十字板剪切试验适用范围，大部分国家规定限于饱和软黏土（$\varphi_u \approx 0$）。虽然有的国家把它扩大到非饱和土，但需进一步的研究和实践。

美国 ASTM-STP1014（1988）提出十字板剪切试验适用于灵敏度 $S_t \leq 10$，固结系数 $C_v \leq 100 m^2/a$ 的均质饱和软黏性土，对于其他的土（如夹有薄层粉细砂或粉土的软黏性土）十字板剪切试验会有相当大的误差。

15.8.2 十字板剪切试验点的布置，对均质土试验点竖向间距可取 1m～2m，对于非均质土，根据静力触探等资料选择有代表性的点布置，不宜机械地按等间距布置试验点。

15.8.4 十字板剪切试验成果分析：

1 实践证明，正常固结的天然饱和软黏性土的不排水抗剪强度是随深度增加，室内抗剪强度的试验成果，由于取样扰动等因素，往往不能反映这一变化规律。

2 十字板剪切试验所测得的不排水抗剪强度峰值，一般认为是偏高的，土的长期强度只有峰值强度的 60%～70%，因此在使用过程中，需对十字板测定的强度值作必要的修正。

15.12 地 温 测 试

15.12.1 地温是地铁设计时结构温度应力、暖通设计等所需参数，但目前地铁勘察中地温测试手段仍相对单一，可靠性尚待提高。目前地温测试主要有三种方法：一种是采用电阻式井温仪，通过测量钻孔水温确定土体温度，主要用于深层地温探测；一种是将温度传感器附设于静探、十字板等传感器上，通过贯入设备，在进行其他原位测试时同步完成；另一种是直接将温度计或温度传感器埋入地下，测量地表一定深度范围内温度。上述三种方法可归纳为钻孔法、贯入法和埋设法。

地表一定深度范围内土体温度主要受大气影响，研究表明，地温在地表以下 10m 范围内受大气温度影响较为敏感，因此变化幅度较大，10m 以后趋于稳定，其影响因素主要包括土性（砂性、黏性）、孔隙比、含水量和饱和度等，一般而言，土颗粒越密实、孔隙越少，导热系数就越大，温度变化越明显。图 7 是美国弗吉尼亚州矿产能源部对土体温度长期监测结果，图中横坐标表示与平均温度差异值，纵坐标表示深度；图 8 是一年不同时期不同深度平均温度变化情况。

地铁车站以及区间段一般都在地温变化范围内，

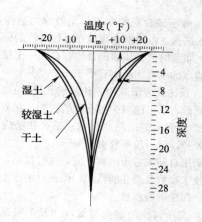

图 7　土体温度随深度变化曲线

因此地温测量原则上应超过车站或区间段埋深，当埋深超过 10m 后可认为温度稳定。

15.12.3 本条规定了地温测试的范围和部位。

15.12.5 贯入法测温静置目的是减少贯入过程中产生热量对测温结果影响，对比试验表明，其对结果影响比较明显。

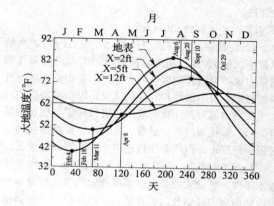

图 8　土体温度随时间变化曲线

16　岩土室内试验

16.1 一 般 规 定

16.1.1 本章未对室内试验方法作出具体规定，室内试验的试验方法、操作和采用的仪器设备要与现行国家标准相一致。确保岩土试验遵循共同的试验准则，使试验结果具有一致性和可比性。

在使用和评价岩土试验数据时，必须注意到，岩土试样与实际状态是存在着差别的，试验方法应尽量模拟实际，评价成果时，宜结合原位测试成果和既有的经验数据进行比较分析，综合给出合理的推荐值。

16.1.2 岩土工程勘察的目的是为设计、施工服务的，试验项目的选择要结合工程类型和设计、施工需要综合确定。

16.1.3 试验资料的分析，对提供准确可靠的试验指标是十分重要的，内容涉及成果整理、试验指标的选择等。对不合理的数据要分析原因，有条件时，进行一定的补充试验，以便决定对可疑数据的取舍或更正。

16.2 土的物理性质试验

16.2.1 土的物理性质试验，主要应满足岩土工程勘察过程中所要求的土的常规物理试验项目。

采用原状土或扰动土进行土的物理性质试验一般需要保持其天然含水状态。试样制备首先对土样进行描述，了解土样的均匀程度、含夹杂物等，保证物理性质试验所选用的试样一致，并作为统计分层的依据。

16.2.2 土粒比重变化幅度不大，有经验的地区可根据经验判定。但对缺乏经验的地区，仍应直接测定。

16.2.6 热物理指标是城市轨道交通岩土工程勘察需要提供的一个特殊参数，对本条作如下说明：

1 城市轨道交通工程通风负荷计算方法确定后，合理地选择岩土热物理指标，对保证城市轨道交通工程建筑良好的使用功能及降低工程造价和运行管理有着不可忽视的影响。而岩土的热物理性能是与密度、湿度及化学成分有关。导热系数、导温系数随着密度和湿度的增加而变大，而湿度对比热容的影响较大。此外，在相同密度及湿度的情况下，由于化学成分不同，其值也相差很大。因此，应通过试验取得数据，以保证设计合理。

2 由于土的热物理指标与土的密度和含水率等状态密切相关，因此需要对原状土的级别进行鉴别。为了真实反映地下土层的热物理特性，保证试验成果的可靠性，质量不符合要求的土样不能做该项目试验。

3 测定热物理性能试验方法较多，各种不同的方法都有一定的适用范围。因此，根据岩土自身的特性，本规范选用了三种方法测定岩土的热物理性能。面热源法能够一次测得岩土的导温系数和导热系数，并计算出比热容。但测试仪器及操作计算较复杂，中山大学采用此方法试验。热线法和热平衡法分别适用于测定潮湿土质材料的导热系数和比热容，利用关系式计算出导温系数。这两种组合测试方法测试装置简单，测试快捷方便，北京城建勘测设计研究院有限责任公司采用此方法试验。

1）面热源法：是在被测物体中间作用一个恒定的短时间的平面热源，则物体温度将随时间而变化，其温度变化是与物体的性能有关。通过求解导热微分方程，并通过试验测出有关参数，然后按下列一些公式就可计算出被测物体的导温系数、导热系数和比热容。

导温系数：

$$\alpha = \frac{d^2}{4\tau' y^2} \tag{24}$$

式中：α——导温系数（m^2/h）；
τ'——距热源面 d（m）温度升高 θ' 时的时间（h）；
y——函数 $B(y)$ 的自变量。

函数 $B(y)$ 值：

$$B(y) = \frac{\theta'(\sqrt{\tau_2} - \sqrt{\tau_2 - \tau_1})}{\theta_2 \sqrt{\tau'}} \tag{25}$$

式中：$B(y)$——自变量为 y 的函数值；
τ_1——关掉加热器的时间（h）；
τ_2——加热停止后，热源上温度升高为 θ_2 时的时间（h）。

导热系数：

$$\lambda = \frac{I^2 R \sqrt{\alpha}(\sqrt{\tau_2} - \sqrt{\tau_2 - \tau_1})}{S\theta_2 \sqrt{\pi}} \tag{26}$$

式中：λ——导热系数 [$W/(m \cdot K)$]；
I——加热电流（A）；
R——加热器电阻（Ω）；
S——加热器面积（m^2）。

比热容：

$$C = 3.6 \frac{\lambda}{\alpha\rho} \tag{27}$$

式中：C——比热容 [$kJ/(kg \cdot K)$]；
ρ——密度（kg/m^3）。

2）热线法：是在匀温的各向同性均质试样中放置一根电阻丝，即所谓的"热线"，当热线以恒定的功率放热时，热线和其附近试样的温度将会随时间升高。根据其温度随时间变化的关系，可确定试样的导热系数。通过试验测出有关参数后，按下式计算岩土的导热系数。

$$\lambda = \frac{I \cdot V}{4\pi L} \cdot \frac{\ln \frac{t_2}{t_1}}{\theta_2 - \theta_1} \tag{28}$$

或

$$\lambda = \frac{I^2 \cdot R}{4\pi L} \cdot \frac{\ln \frac{t_2}{t_1}}{\theta_2 - \theta_1} \tag{29}$$

式中：λ——导热系数 [$W/(m \cdot K)$]；
V——热线 A、B 段的加热电压（V）；
R——加热丝的电阻（Ω）；
I——加热丝的电流（A）；
L——加热线 A、B 间的长度（m）；
θ_1、θ_2——热线的两次测量温升（℃）；
t_1、t_2——测 θ_1、θ_2 时的加热时间（s）。

3）热平衡法：是测定岩土比热容的常用方法。在试样中心插入热电偶，通过测量试样与水的初温及热量传递到温度均衡状态时的温度，按下式计算岩土的比热容。

$$C_m = \frac{(G_1 + E) \cdot C_w(t_3 - t_2)}{G_2(t_1 - t_3)} - \frac{G_3}{G_2} \cdot C_b \tag{30}$$

式中：C_m——岩土在 t_3 到 t_1 温度范围内的平均比热容 [J/ (kg·K)]；

C_b——试样筒材料（黄铜）在 t_3 到 t_1 温度范围内的平均比热容 [J/ (kg·K)]；

C_w——杜瓦瓶中水在 t_2 到 t_3 温度范围内的平均比热容 [J/ (kg·K)]；

E——水当量（用已知比热的试样进行测定，可得到 E 值）(g)；

t_1——岩土下落时的初温 (℃)；

t_2——杜瓦瓶中水的初温 (℃)；

t_3——杜瓦瓶中水的计算终温 (℃)；

G_1——水重量 (g)；

G_2——试样重量 (g)；

G_3——试样筒重量 (g)。

4 本规范附录 K 是常见的 12 类岩土的热物理指标，来源于北京、广州、天津等地区近 30 年的试验值。其数值的大小与密度、含水量有关，在可行性研究和初步勘察阶段可根据岩土的密度、含水量的实际情况按附录 K 选用。在详细勘察和施工勘察阶段有特殊要求的工点需取样试验确定，对于有工程经验的地区，可通过试验和经验值综合分析确定。

16.3 土的力学性质试验

16.3.1 本条列举了土的主要力学试验内容。

膨胀土地区应取样做膨胀性试验，根据试验指标作出场地的膨胀潜势分析。水位以上黄土应取样做湿陷性试验，确定黄土的湿陷性。固结试验、直剪试验、三轴压缩试验、无侧限抗压强度试验、静止侧压力系数试验、回弹试验、基床系数试验等应根据工程类型，设计、施工需要和岩土条件综合确定。

选用试验数据时，宜结合原位测试成果和既有的经验数据进行综合分析研究，给出合理的推荐值。

16.3.2 条文中的要求是考虑当采用压缩模量进行沉降计算时，压缩系数和压缩模量一般选取有效自重压力至有效自重压力与附加压力之和的压力段，才能使计算结果更接近工程实际情况。

16.3.3 当采用土的应力历史进行沉降计算时，试验成果应按 e-$\lg p$ 曲线整理，确定先期固结压力并计算压缩指数和回弹指数。施加的最大压力应满足绘制完整的 e-$\lg p$ 曲线的要求。回弹模量和回弹再压缩模量的取样测试主要是为了计算基底卸荷回弹量，做固结试验时要考虑基坑的开挖深度，要对土的有效自重压力进行分段取整，获得回弹和回弹再压缩曲线，利用回弹曲线的割线斜率计算回弹模量，利用回弹再压缩曲线的割线斜率计算回弹再压缩模量。实际工作中，若两者差别不大，可用前者代替后者。

16.3.4 直接剪切试验包含快剪、固结快剪和慢剪。直接剪切试验由于设备和操作都比较简单，试验结果存在明显的缺点，但由于已经积累了大量的勘察和设计经验，仍可以有条件地使用。快剪试验所得到的抗剪强度指标最小，用于设计计算结果偏于安全，对于基坑工程而言可代表性进行快剪试验。基坑工程施工一般都属于加荷固结速度缓慢，土体在排水条件下有一定的自重固结时间，因此选择固结快剪试验是适合的。

选用不同的三轴试验方法所取得 c、φ 值数据差别很大，故本条规定采用的试验方法应尽量与工程施工的加荷速率、排水条件相一致。

16.3.5 土在侧面不受限制的条件下，抵抗垂直压力的极限强度称为土的无侧限抗压强度 (q_u)。主要适用于测试饱和软黏性土，用于估算土的承载力和抗剪强度。

16.3.6 土在不允许有侧向变形的条件下，试样在轴向压力增量 $\Delta\sigma_1$ 的作用下将引起的侧向压力的相应增量 $\Delta\sigma_3$，其 $\Delta\sigma_3/\Delta\sigma_1$ 的比值称为土的侧压力系数 (ξ) 或静止土压力系数 (K_0)，水利水电设计规范中称为静止侧压力系数。本规范统一称为土的静止侧压力系数 (K_0)，试验仪器采用侧压力仪。

16.3.7 关于基床系数的说明参见本规范第 7.3.10 条的条文说明。

16.3.8 动三轴、动单剪和共振柱是土的动力学性质试验中较常用和较成熟的三种方法。不但土的动力学参数随动应变而变化，不同的试验仪器或试验方法有其应变值的有效范围，故在提出试验要求时，应考虑动应变的范围和仪器的适用性。

17 工程周边环境专项调查

17.1 一般规定

17.1.1、17.1.2 工程周边环境是影响城市轨道交通工程规划、设计和施工的重要因素，一旦对某一环境因素没有查清，可能引起线路埋深、车站结构等的变更，严重时引发工程事故和人员伤亡。北京市轨道交通建设管理有限公司为避免和减少环境安全事故的发生制定了《北京市轨道交通工程建设工程环境调查指南》。由于各个设计阶段对环境调查的范围和深度要求不同，因此，需要分阶段开展环境调查工作，满足各个阶段的设计要求。

17.2 调查要求

17.2.2 建筑物一般指供人们进行生产、生活或其他活动的房屋或场所。例如，工业建筑、民用建筑、农业建筑和园林建筑等，工程周边环境调查涉及的建筑物主要是房屋建筑和工业厂房。

构筑物一般指人们不直接在内进行生产和生活活动的场所。如水塔、烟囱、堤坝、蓄水池、人防工程、化粪池、地下油库、地下暗渠以及各种地下管线隧道等。

17.2.4 在国内城市轨道交通工程施工过程中，经常发生因地下管线与线路发生冲突的情况，导致线路无法穿越，造成管线改移，以及施工过程中对管线的直接破坏，或由于管线的渗漏造成基坑边坡和隧道的坍塌，给工程带来了很大的工期和经济损失。因此，地下管线的调查对城市轨道交通工程的设计、施工是非常重要的。

17.2.6 城市道路包括高速公路、城市快速路、城市主干道、次干道、支路等。桥涵包括城市立交桥、跨河桥、过街天桥、过街地道以及涵洞等。

17.2.9 架空线缆是泛指，还包括其他的架空电线或电缆。

17.3 成果资料

17.3.1～17.3.3 成果资料的核心内容是查明影响范围内已有建（构）筑物、道路、地下管线等设施的位置、现状，根据它们和轨道交通工程在空间上的相互关系，结合工程地质和水文地质条件，预测由于开挖和降水等工程施工对工程周边环境的影响，提出必要的预防、控制和监测措施。

18 成果分析与勘察报告

18.1 一般规定

18.1.1 本条明确提出了对岩土工程勘察报告两方面的基本要求：

1 提供工程场地及沿线的工程地质、水文地质及岩土性质资料。

2 结合工程特点和要求，进行岩土工程分析评价。

18.1.4 城市轨道交通工程线路较长、勘察单位比较多；目前多数地区没有勘察总体单位或勘察监理单位总体把关。为了便于勘察资料的使用和各勘察阶段资料的延续性，需要制订地质单元、工程地质水文地质分区、岩土分层的统一标准。

18.2 成果分析与评价

18.2.1 本条主要针对城市轨道交通工程结构提出分析评价的综合要求，即分不同的敷设形式提出成果分析与评价的要求。地下工程主要是围岩和土体的稳定和变形问题，高架工程和地面工程主要是地基的承载力和变形问题，并特别强调了工程建设对环境的影响和对地下水作用的分析评价。

18.2.2 对于明挖法施工的分析评价，侧重于分析岩土层的稳定性、透水性和富水性，这关系到边坡、基坑的稳定；分析不同支护方式可能出现的工程问题，提出防治措施的建议。

18.2.3 对于矿山法施工的分析评价，侧重于分析不良地质和地下水的情况，以及由此带来的工程问题，提出防治措施的建议。

18.2.4 对于盾构法施工的分析评价，侧重于盾构机选型应注意的地质问题，指出影响盾构施工的地质条件。

18.2.5 对于高架工程的分析评价，侧重于桩基设计所需的岩土参数，指出影响桩基施工的不良地质和特殊岩土，提出防治措施的建议。

18.2.7 本条基本保留了原规范的内容。轨道交通工程建设对城市环境的影响较大，勘察报告通过分析、评价和预测，提出防治措施的建议。环境问题涉及面广，本条仅涉及属于岩土工程方面的内容。

18.3 勘察报告的内容

18.3.1 本条概括规定了轨道交通岩土工程勘察报告的内容组成，将勘察报告的内容组成分为文字部分、表格、图件和附件。

18.3.2～18.3.4 根据轨道交通工程勘察的实践，列出了勘察报告的内容组成，这是根据完整的报告要求列出的。各地地质条件差别很大，勘察报告的内容组成不可能相同。根据工程规模和任务要求等，选择适合于实际勘察的内容组成编写报告。其中，勘察任务依据、拟建工程概况、勘察要求与目的、勘察范围、勘察方法与执行标准、完成工作量等，是勘察文字报告必备的基本内容。

18.3.6 鉴于施工勘察报告、专项勘察报告的特殊性，其内容组成难以统一，可根据勘察的要求、目的在本规范第18.3.2条～第18.3.5条中合理选取。

19 现场检验与检测

19.0.1 现场检验与检测是保证工程质量与安全的重要手段之一，为保证工程周边环境安全、工程结构安全以及工程施工安全，岩土工程勘察报告中需要根据工程岩土特点、结构特点和施工特点，提出工程检验与检测的建议。目前现场检验与检测的方法主要有现场观察、试验和仪器量测等。

19.0.2 城市轨道交通工程地基、路基及隧道的现场检验，是工程建设中对地质体检查的最后一道关口，通过检验发现异常地层，及时采取措施确保工程施工和结构的安全。该项工作是必须做的常规工作，通常由地质人员会同建设、设计、施工、监理以及质量监督部门共同进行。

检验时，一般首先核对基础或基槽的位置、平面尺寸和坑底标高，是否与图纸相符。对土质地基，可用肉眼、微型贯入仪、轻型动力触探等简易方法，检验土的密实度和均匀性，必要时可在槽底普遍进行轻型动力触探。但坑底下埋有砂层，且承压水头高于坑底时，应特别慎重，以免造成冒水涌砂。当岩土条件与勘察报告出入较大或设计有较大变动时，可有针对性地进行施工专项勘察。

19.0.3、19.0.4 这两条所列检验内容，都是以往工程实践中发现的，影响地基、路基和围岩稳定和变形的重要因素，在现场检验时需要给予充分的重视。

19.0.5 桩长设计一般采用地层和标高双控制，并以勘察报告为设计依据。但在工程实践中，会有实际地层情况与勘察报告不一致的情况，故应通过试打试钻，检验岩土条件是否与设计时预计的一致，在工程桩施工时，也应密切注意是否有异常情况，以便及时采取必要的措施。大直径挖孔桩，一般设计承载力很高，对工程影响重大，所以应逐桩检验孔底尺寸和岩土情况，并且人工挖孔也为检验提供了良好的条件。

19.0.7 现行行业标准《建筑基桩检测技术规范》JGJ 106 对施工完成后的工程桩的检验范围和方法作了明确的规定。确定桩的承载能力虽然有多种方法，但目前最可靠的仍是载荷试验。

目前在桩身质量检验方面，动力测桩技术已较为成熟，普遍使用，但对操作人员和仪器要求较高，必须符合有关规范和规定。

19.0.8 地基处理施工前，应根据设计文件，现场核查设计图纸、设计参数、设计要求、施工机械、施工工艺及质量控制指标等；复合地基的竖向增强体，尚应试打或试钻，通过试打或试钻检验岩土条件与勘察成果的相符性，确定沉桩或成孔的可能性，确定施工机械、施工工艺的适用性以及质量控制指标。对于有经验的工程场地，试打或试钻可结合工程桩进行。发现问题及时与有关部门研究解决。对缺乏施工经验的场地或采用新工艺时，应进行地基处理效果的测试。

19.0.10 基坑支护体系的检测是为了确保其施工质量达到设计要求，具体检测方法和技术执行现行行业标准《建筑基坑支护技术规程》JGJ 120 的有关要求。

19.0.11 对围岩加固范围、加固效果进行检测是确保工程施工安全的重要环节，本条对目前城市轨道交通涉及围岩加固检测的情况和采用的检测方法进行了归纳总结。

19.0.12 对城市轨道交通工程结构进行沉降观测，一方面为城市轨道交通工程施工及运营的安全提供保证；另一方面可以起到积累建筑经验或对工程进行设计反分析的作用。本条对城市轨道交通工程需要进行沉降观测的情况进行了规定。

中华人民共和国国家标准

木结构试验方法标准

Standard for test methods of timber structures

GB/T 50329—2012

主编部门：中华人民共和国住房和城乡建设部
批准部门：中华人民共和国住房和城乡建设部
施行日期：2012年12月1日

中华人民共和国住房和城乡建设部
公 告

第 1499 号

<hr>

住房城乡建设部关于发布国家标准
《木结构试验方法标准》的公告

现批准《木结构试验方法标准》为国家标准，编号为 GB/T 50329－2012，自 2012 年 12 月 1 日起实施。原《木结构试验方法标准》GB/T 50329－2002 同时废止。

本标准由我部标准定额研究所组织中国建筑工业

出版社出版发行。

中华人民共和国住房和城乡建设部
2012 年 10 月 11 日

前 言

根据原建设部《关于印发〈2006 年工程建设标准规范制订、修订计划（第二批）〉的通知》（建标〔2006〕136 号）的要求，本标准由重庆大学会同国内有关单位，经过广泛调查研究，认真总结实践经验，参考有关国际标准和国外先进标准，并在广泛征求意见的基础上修订完成。

本标准修订后共有 14 章 9 个附录。主要修订内容有以下几方面：

1 增加了"英文目次"；

2 增加了"2 术语和符号"一章；

3 调整了试验设备的精度要求，增加了"试验机数显测力系统的精度要求"；

4 根据编制组关于梁弯曲试验的研究，参考 ISO 标准和 ASTM 标准的做法，对梁弯曲试验、轴心压杆试验和偏心压杆试验的加载速度进行了统一和调整；

5 根据编制组对齿板连接的理论和试验研究结果，增加了"11 齿板连接试验方法"一章；

6 根据编制组对轻型木桁架的理论和试验研究，增加了轻型木桁架试验方法的内容，并将其纳入原标准"12 屋架试验方法"中；考虑到桁架不仅在屋盖中，而且在楼盖中的广泛应用，将该章改为"14 桁架试验方法"；同时，根据各单位的反馈意见，在参考欧洲相关规范的基础上，调整了桁架的加载程序，缩短了加载时间，增加了连续加载方式；

7 为避免规范之间重复，取消了附录 A（原附录 E）中关于"用化学滴定法测定防护剂的保持量"的内容；

8 根据附录在正文中出现的先后，调整了附录

的顺序；

9 按建标〔2008〕182 号文《工程建设标准编写规定》的要求，对全部条文进行了修改和调整；

10 增加了"引用标准目录"。

本标准由住房和城乡建设部负责管理，由重庆大学负责具体技术内容的解释。执行过程中如有意见和建议，请寄送重庆大学土木工程学院《木结构试验方法标准》管理组（地址：重庆市沙坪坝区沙北街 83 号，邮编：400045），或传真：023-65123511。

本 标 准 主 编 单 位：重庆大学
　　　　　　　　　　中国新兴保信建设总公司

本 标 准 参 编 单 位：四川大学
　　　　　　　　　　同济大学
　　　　　　　　　　中国建筑西南设计研究院
　　　　　　　　　　有限公司
　　　　　　　　　　哈尔滨工业大学
　　　　　　　　　　中国林业科学研究院
　　　　　　　　　　苏州皇家整体住宅系统股
　　　　　　　　　　份有限公司

本标准主要起草人员：周淑容　崔　佳　黄　浩
　　　　　　　　　　戴连双　张新培　何敏娟
　　　　　　　　　　杨学兵　熊　刚　李　强
　　　　　　　　　　任海青　祝恩淳　倪　竣
　　　　　　　　　　何桂荣　王永兵　梁海涛

本标准主要审查人员：王永维　林文修　古天纯
　　　　　　　　　　陆伟东　余培明　杨　军
　　　　　　　　　　王林安　林利民　吴冬平

目　次

Contents

1 总　　则

1.0.1 为确保木结构试验的质量，正确评价木结构、木构件及其连接的基本性能，统一木结构的试验方法，制定本标准。

1.0.2 本标准适用于房屋和一般构筑物中承重的木结构、木构件及其连接在短期荷载作用下的静力试验。

1.0.3 木结构的试验方法除应符合本标准外，尚应符合国家现行有关标准的规定。

2　术语和符号

2.1　术　　语

2.1.1 静力试验　static test

在静载荷作用下观测研究结构、构件或连接的承载力、刚度和应力、变形分布的试验。

2.1.2 平衡含水率　equilibrium moisture content

木材在一定空气状态（温度、相对湿度）下最后达到的稳定含水率。

2.1.3 破坏性试验　destructive test

按规定的条件和要求，对结构、构件或连接进行直到破坏为止的试验。

2.1.4 纯弯曲弹性模量　pure bending modulus of e-lasticity

梁弯曲试验中，根据纯弯段变形计算得到的弹性模量。

2.1.5 表观弹性模量　apparent modulus of elasticity

梁弯曲试验中，根据全跨变形计算得到的弹性模量。

2.1.6 等效弹性模量　equivalent modulus of elasticity

轴心压杆试验中，将临界荷载按照欧拉公式换算得到的弹性模量。

2.1.7 齿连接　notch and tooth connection

将受压构件的端头做成齿榫，抵承在另一构件的齿槽内以传递压力的一种连接方式。

2.1.8 圆钢销连接　round dowel connection

将圆钢销插入木构件的开孔中连接多个木构件以传递拉（或压）力的一种连接方式。

2.1.9 胶合指形连接（简称指接）　finger joint

用专门的木工铣床将木材加工成相同齿距和断面的斜锥状指形榫和槽，涂胶后相互插入形成指形接头的连接方式。

2.1.10 齿板连接　truss plate connection

用齿板（经表面镀锌处理的钢板冲压而成的带齿金属板）连接多个木构件以传递拉力、剪力等荷载的一种连接方式，目前主要用于轻型木桁架的节点连接或杆件接长。

2.1.11 齿板主轴　principal axis of truss plate

齿板单位宽度受拉承载力较高的方向，即齿板上沿齿槽的方向。

2.2　符　　号

2.2.1 作用和作用效应

F——荷载；当钢材达到屈服点时圆钢销连接试件所承受的力；

F_b——木材横纹承压比例极限荷载；

F_u——试件破坏时的荷载；齿连接破坏时齿槽承压面上的压力；

ΔF——荷载增量；

$F_{\alpha,\beta}$——齿板连接的板齿极限承载力试验值；

$F_{v,\theta}$——齿板连接的受剪极限承载力试验值；

F_s——齿板连接在连接处产生 0.8mm 滑移时板齿的承载力试验值；

$F_{t,\beta}$——齿板连接的受拉极限承载力试验值；

P_u——桁架节点荷载的最大破坏值；

P_k——桁架节点荷载的标准值；

σ_{cri}——轴心压杆试验失稳破坏时的临界应力；

σ_c——偏压试件破坏时的压应力；

σ_m——在杆端初始偏心弯矩作用下偏压试件破坏时的弯曲应力；

τ_m——齿连接试件沿剪面破坏的平均剪应力；

ω——挠度；

$\Delta\omega$——在荷载增量 ΔF 作用下，在测量挠度的标距 l_0 范围内或全跨度内梁所产生的中点挠度。

2.2.2 材料性能和抗力

E_0——轴心压杆的初始弹性模量；

E_c——木材顺纹受压弹性模量；

E_m——梁的纯弯曲弹性模量；

$E_{m,app}$——梁的表观弹性模量；

f_c——木材标准小试件顺纹抗压强度；无柱效应试件的顺纹抗压强度；

$f_{c,90}$——木材横纹承压比例极限；

f_m——木材标准小试件抗弯强度；

f'_m——梁的抗弯强度；

f_{gv}——胶粘试件的剪切强度；

f_{fm}——胶合指形连接的抗弯强度；

f_v——木材标准小试件顺纹抗剪强度；

$n_{r,u}$——齿板连接板齿的极限强度试验值；

$n_{s,u}$——齿板连接板齿的抗滑移极限强度试验值；

$t_{r,u}$——齿板连接受拉极限强度试验值；

$v_{\theta,u}$——齿板连接受剪极限强度试验值；

ω——木材含水率；

ρ——试验用木材的全干相对密度；

$\bar{\rho}$——试验用木材树种或树种组合的平均全干相对密度。

2.2.3 几何参数

A——试件的截面面积；

A_v——胶粘试件的剪切面面积；

A_t——胶粘试件剪切面沿木材破坏的面积；

I——试件的截面惯性矩；

W——试件的截面抵抗矩；

a——加载点至支承点之间的距离；平行于齿板主轴方向的齿板长度；

b——试件的截面宽度；垂直于齿板主轴方向的齿板长度；

b_v——齿连接试件的剪切面宽度；

h——试件的截面高度；

l——试件的跨度（或长度）；轴心压杆试件的计算长度；桁架的计算跨度；

l_0——测量挠度（或变形）的标距；

l_v——齿连接试件的剪切面长度；齿板连接处平行于荷载方向的齿板剪切面长度；

l_w——齿板连接处垂直于荷载方向的齿板宽度；

α——齿连接中齿槽承压面上的压力和试件剪切面之间的夹角；齿板连接中荷载作用方向与木纹之间的夹角；

β——齿板连接中荷载作用方向与齿板主轴的夹角；

θ——齿板主轴与木纹之间的夹角；

λ——试件的长细比。

2.2.4 计算系数及其他

S——试验机所运行的最小行程；

p_v——胶粘试件剪切面沿木材部分破坏的百分率；

v——试验机压头的运行速度；

γ——修正系数；

ψ_v——齿连接试件沿剪面破坏平均剪应力的相对值。

3 基 本 规 定

3.1 试 验 设 计

3.1.1 木结构试验前，应先进行试验设计。试验设计应根据具体试验目的和要求，对试材选择、试件设计及制作、试件数量、试验设备、试验程序以及预期试验结果等进行综合分析，制定详细设计方案。必要时应进行预试验。

注：在木结构工程施工质量验收中，当需测定木结构中经防护剂处理木材的化学药剂的透入度和保持量时，应按照附录 A 的规定进行。

3.1.2 当需验证某种计算方法或结构构造的正确性

时，应根据该方法或构造的适用范围和要求验证的项目，按验证性试验进行试验设计和试验。

3.1.3 当需对成批构件进行检验验收、对某些结构和构件的质量有疑义或对已有木结构需通过试验手段进行可靠性鉴定时，应按检验的要求进行抽样，并按检验性试验进行试验设计和试验。

3.1.4 试验方案的选择，应确保试验设备及试验人员的安全。

3.2 试材及试件

3.2.1 验证性试验所用试材的选择和存放应符合下列规定：

1 同批试验用木材应采用同一树种或同一树种组合，并应有确切的树种名称和产地。有条件时宜从林区采样。

2 试验用木材从林区采样时，所有生材的端头都应涂上可以延缓水分挥发和防止木材开裂的蜡质材料或其他能起封闭作用的涂料，并应及时运回。当临时堆放试材的环境湿度较高时，应在样品上涂刷防腐剂。

3 当条件受限制时，试验用木材可采用商品材，但每根试材应有确切的树种名称。

4 试验用木材必须在干燥的室内存放。试材应离地面 30cm 分层堆放，每根试材的上下左右应留有供空气流通的空隙。

3.2.2 检验性试验所用试材、试件的选择和存放应符合下列规定：

1 当按送来的原件进行检验时，在存放期间应妥为保存，不得损伤和改变原件的形状、性质及其木材含水率。

2 当需在已有建筑物或某一结构中取样进行检验时，应遵守先进行结构加固后取样的原则。

3.2.3 除特定研究内容外，试验用木材必须在室内自然风干至当地的平衡含水率。

试材在风干存储期间，可采用电测法检查试材表面的含水率。但在制作试件前，必须抽取 3 根~5 根试材，各在距端部 400mm 处，锯一块 15mm 厚的试片用烘干法测含水率，证实已达到当地平衡含水率，才允许制作试件和进行试验。

木材的平衡含水率应符合本标准附录 B 所提供的估计值。

3.2.4 试验用木材的材质等级应在试验设计中事先明确，不得任意改变。木材材质等级应按现行国家标准《木结构设计规范》GB 50005 的要求确定。

3.2.5 试件的制作和检查应符合下列要求：

1 对验证性试验所用试件，其制作质量和偏差应符合现行国家标准《木结构工程施工质量验收规范》GB 50206 中的有关规定；对检验性试验所用试件，应按原样进行测定，并应现行国家标准《木结构工程施工质量验收规范》GB 50206 的规定评定其制作质量。

　　2　测量试件关键部位的设计尺寸不应少于三次，并取其平均值。

3.2.6　试验前，应取得该批试验所用木材基本材性的有关数据，并应符合下列要求：

　　1　在制作试件的同时，应从靠近试件两端的试材上切取所需的标准小试件。

　　2　各种标准小试件的制作要求、含水率测定及试验方法均应符合现行国家标准的有关规定。

　　3　各种标准小试件的数量，除应符合本标准中该项试验方法的要求外，尚应符合本标准第 4 章有关试验数据的统计规定。

3.2.7　试验完成后，应立即在试件破坏部位附近切取含水率试样，用烘干法测含水率。试样的尺寸宜为 20mm×20mm×20mm，数量不应少于 3 个，含水率取试验平均值。若以 15mm 厚的整截面试片测含水率，可仅取一个试样。

3.3　试验设备和条件

3.3.1　试验设备应符合下列要求：

　　1　试验机或其他加载设备，试验前必须经过检验校正方可使用。试验机的精确度应符合现行行业标准《拉力、压力和万能试验机》JJG 139 中准确度级别为 1 级的规定；其他加载设备的示值误差应在 ±3% 以内。

　　2　变形测量仪表应在试验前进行校正，其精度应小于 1% 测试位移；当测试位移小于 2mm 时，精度应小于 0.03mm。

　　3　加载装置、支承装置、侧向支持装置以及安设观测仪表的装置均应牢固，且应彼此分开独立、互不干扰，并保证在试验过程中不受影响。

　　4　加载装置中直接安放在试件上的传力装置，其自重力不宜大于所施加最大荷载的 10%。

3.3.2　木结构应在正常的温度和湿度的环境中进行试验。当条件许可时，木结构试验应在室内温度为 20℃±2℃、相对湿度为 65%±5% 的环境中进行。不宜在露天情况下进行木结构试验。在现场进行木结构检验性试验时应搭设遮挡风雨的临时设施。

3.4　试验记录和报告

3.4.1　木结构的试验记录应符合下列规定：

　　1　试验应作好详细记录，按测定内容、使用仪表的不同情况，分别采用相应的记录表格；记录时不得涂改原始数据，当发现记录错误时，应将更正数字记在原数字上方。

　　2　试件的缺陷（木节、斜纹、裂缝等）应在试验前标绘在记录纸上，并标明它们的位置和大小尺寸（图 3.4.1）。

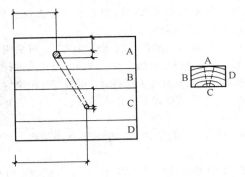

图 3.4.1　木节记录

　　3　试件的破坏情况应作详细描述。对破坏类型（剪、拉、压、弯坏或斜纹撕裂等）、破坏位置等应详细标注记录在记录纸上。破坏过程中的各种迹象均应作出描述。所有试件的破坏截面附近的一段木材均应保留备查。

3.4.2　试验结果的整理应包括下列主要内容：

　　1　该批木材标准小试件的统计资料，包括其平均值、变异系数、准确指数等。

　　2　各试件的标准小试件试验的平均值，当需分析其组内变异时尚应列出其变异系数。

　　3　各试件的荷载-变形的关系曲线，比例极限、破坏荷载及对应于这些荷载的变形值，破坏时的强度及其与标准小试件强度的比值，破坏荷载与设计荷载的比值。

3.4.3　试验报告应包括下列内容：

　　1　试材的树种名称、来源或产地、木材等级、木材含水率、试件制作等情况以及有关木材标准小试件的力学性质。

　　2　试验设备的情况，包括加载设备、支承装置、测量荷载及变形的装置。当采用侧向支撑时，应描绘其简图。

　　3　试验程序的情况，包括加载方式、加载速度、荷载分级以及试验步骤等。

　　4　试验所得的主要资料，包括经过计算所得的各种破坏强度、破坏特征、荷载-变形曲线和其他资料。

　　5　若试验过程中有更改或变动，应说明变更内容及其依据或理由。

　　6　试验人员、时间、地点和环境的情况。

4　试验数据的统计方法

4.1　一　般　规　定

4.1.1　在进行木结构构件和连接试验数据的统计处理时，除应符合有关数据统计处理的国家标准外，尚应符合本章的规定。

4.1.2　各项木材物理力学性质试验数据的统计分析，

应按现行国家标准《木材物理力学试验方法总则》GB/T 1928 的有关规定进行。

4.1.3 在符合本标准各章的试验条件下，可采用该样本来自正态总体或近似正态总体的假设，不进行正态性检验。如有充分理由怀疑时，可按现行国家标准《数据的统计处理和解释 正态性检验》GB/T 4882 进行检验。

4.1.4 样本应从符合研究目的的总体中抽取，并应保证抽样的代表性。

4.1.5 验证性试验的试件数目，当不分组时不宜少于 10 个；当分组时每组试件数目不应少于 5 个。

4.1.6 检验性试验，宜根据检验目的，对检验批量、抽样方法和数量、验收函数和验收界限等，按国家现行标准执行；对尚无国家标准的，宜在统计分析的基础上，由有关各方协商确定。

4.1.7 对专门问题的研究性试验，试件的分组及每组试件数目，应根据研究目的、试验所需费用和时间综合分析确定，并应符合下列规定：

1 当分组时，每组试件数目不宜少于 5 个，也不宜超过 10 个。

2 当用成对试件确定换算系数时，其试件数目不宜少于 10 对。

3 当需检验分布时，试件总数不宜少于 30 个。

4 当进行回归分析时，自变量（控制变量）的取值不宜少于 7 个，且试验设计时应合理确定自变量的起点和终点。

4.1.8 在进行正态样本的统计分析中，不应随意剔除观测值或修正观测值。若发现有离群值时，允许离群值的个数大于 1 或等于 1，并应按下列规定进行判断和处理：

1 离群值的检验方法应按现行国家标准《数据的统计处理和解释 正态样本离群值的判断和处理》GB/T 4883 的规定选用。

2 离群值的统计检验的显著性水平（检出水平）α 应取 0.05。

3 对离群值，应寻找产生离群值的技术上、物理上的原因，作为处理离群值的依据，有充分理由时，允许剔除或修正。

4 离群值表现为统计上离群时，允许剔除或进行修正；判断离群值是否统计上离群的统计检验的显著性水平（剔除水平）α^* 应取 0.01。

5 歧离值、被剔除或修正的观测值及其理由，应予记录备查。

6 剔除离群值后，宜追加适宜的观测值计入样本。

4.1.9 试验结果的数字修约应符合现行国家标准《数值修约规则与极限数值的表示和判定》GB/T 8170 的有关规定。

4.2 参 数 估 计

4.2.1 根据研究目的，参数估计应分别采用点估计和区间估计进行。

4.2.2 均值的点估计，应在剔除离群值后，用包含 n 个观测值 x_i（$i=1$，2，$\cdots$，n）的数据的算术平均值 $\bar{x}$ 估计正态分布的均值 μ。算术平均值 $\bar{x}$ 应按下式计算：

$$\bar{x} = \frac{1}{n} \sum_{i=1}^{n} x_i \tag{4.2.2}$$

4.2.3 标准差的点估计，应用 n 个数据的标准差 s 估计正态分布总体的标准差 σ。标准差 s 应按下式计算：

$$s = \sqrt{\frac{1}{n-1} \sum_{i=1}^{n} (x_i - \bar{x})^2} \tag{4.2.3}$$

4.2.4 变异系数可根据本标准公式（4.2.2）和公式（4.2.3）计算的结果，按下式计算：

$$C_v = s / |\bar{x}| \tag{4.2.4}$$

式中：C_v——变异系数；

s——标准差；

$\bar{x}$——算术平均值。

4.2.5 均值的区间估计，置信水平应取 0.95，并应根据研究目的确定双侧或单侧的置信区间。

4.2.6 总体均值的双侧置信区间可按下式计算：

$$\bar{x} - \frac{t_{0.975}}{\sqrt{n}} s < \mu < \bar{x} + \frac{t_{0.975}}{\sqrt{n}} s \tag{4.2.6}$$

式中：μ——总体均值。

$t_{0.975}$ 的取值应按表 4.2.6 确定。

表 4.2.6 $t_{0.975}$ 和 $t_{0.95}$ 的值

n	2	3	4	5	6	7	8	9	10
$t_{0.975}$	12.71	4.303	3.182	2.776	2.571	2.447	2.365	2.306	2.262
$t_{0.95}$	6.314	2.920	2.353	2.132	2.015	1.943	1.895	1.860	1.833
n	11	12	13	14	15	16	17	18	19
$t_{0.975}$	2.228	2.201	2.179	2.160	2.145	2.131	2.120	2.110	2.101
$t_{0.95}$	1.812	1.976	1.782	1.771	1.761	1.753	1.746	1.740	1.734
n	20	21	22	23	24	25	26	27	28
$t_{0.975}$	2.093	2.086	2.080	2.074	2.069	2.064	2.060	2.056	2.052
$t_{0.95}$	1.729	1.725	1.721	1.717	1.714	1.711	1.708	1.706	1.703
n	29	30	40	50	60	120	∞	—	—
$t_{0.975}$	2.048	2.045	2.024	2.008	2.000	1.980	1.960	—	—
$t_{0.95}$	1.701	1.699	1.682	1.676	1.673	1.656	1.645		

4.2.7 总体均值的单侧置信区间可按下列公式计算：

$$\mu < \bar{x} + \frac{t_{0.95}}{\sqrt{n}} s \tag{4.2.7-1}$$

或者

$$\mu > \bar{x} - \frac{t_{0.95}}{\sqrt{n}} s \qquad (4.2.7\text{-}2)$$

式中：$t_{0.95}$ 的取值应按本标准表 4.2.6 确定。

4.2.8 当有特殊研究需要时，才确定总体方差的置信区间。该置信区间在 $n \geqslant 25$ 时由下面的双重不等式计算：

$$\frac{s^2}{1 + \mu_{0.975} \sqrt{2/(n-1)}} < \sigma^2 < \frac{s^2}{1 - \mu_{0.975} \sqrt{2/(n-1)}}$$
$$(4.2.8\text{-}1)$$

式中：$\mu_{0.975}$ 取 1.96。

或用下式确定单侧上置信区间：

$$\sigma^2 < \frac{(n-1)s^2}{c_{0.05, n-1}} \qquad (4.2.8\text{-}2)$$

式中：$c_{0.05, n-1}$ 的取值应按表 4.2.8 确定。

表 4.2.8 $c_{0.05, n-1}$ 值

$n-1$	24	25	26	27	28	29	30	35	40	45	50	75
$c_{0.05, n-1}$	13.8	14.6	15.4	16.2	16.9	17.7	18.5	22.5	26.5	30.6	34.8	56.1

4.3 回归分析

4.3.1 本标准的回归分析应采用最小二乘法，在建立回归公式的同时，应计算剩余标准差和相关系数（或相关指数）。

4.3.2 回归公式仅适用于已经观测到的自变量（控制变量）的起点和终点之间的范围，不得外推使用；当需外推时，应有充分的理论根据或有进一步试验数据验证。

4.3.3 对建立的回归公式能否满足实际使用要求，应视研究目的而定，但其相关系数的绝对值宜大于 0.85。

5 梁弯曲试验方法

5.1 一般规定

5.1.1 梁弯曲试验方法适用于测定梁受弯时的弹性模量和强度。梁包括整截面的锯材矩形截面梁，以及矩形截面和工字形截面胶合梁。

　　注：在木结构工程施工质量验收中，当需检测结构板材抗弯质量时，可按照附录 C 和附录 D 的规定进行。

5.1.2 梁的弯曲试验应采用对称两点匀速加载的方法，观测荷载和挠度之间的关系，获得所需的各种数据和信息。

5.1.3 梁的纯弯曲弹性模量，应采用在规定的标距内测定的梁在纯弯矩作用下的最大挠度值计算；梁的表观弹性模量，应采用梁全跨度内测得的最大挠度值

计算。

5.1.4 梁的抗弯强度，应使梁的测定截面位于规定的标距内承受纯弯矩作用，根据梁破坏时测得的最终破坏荷载计算。

5.2 试件设计及制作

5.2.1 制作梁的弯曲试验试件时，试材的来源、树种、干燥处理、加工制作、尺寸测量以及梁试件的记载等均应符合本标准第 3 章的规定。

5.2.2 梁试件的跨度与截面高度的比值宜取 18，两端支点处试件的外伸长度不应少于截面高度的 1/2。

5.2.3 梁的截面尺寸应在规定的标距内测量，测量精度应为 0.1mm。

5.2.4 当需确定梁的抗弯强度与标准小试件的抗弯强度（或木材的其他基本材性）之间的比值时，应在试验之前，在该根梁的两端试材中各切取受弯标准小试件不应少于 5 个，顺纹受压标准小试件不应少于 3 个。

5.2.5 当需确定梁的弯曲弹性模量与标准小试件的弯曲弹性模量（或木材的其他基本材性）之间的比值时，应在试验之前，在该根梁的两端试材中各切取弯曲弹性模量小试件和顺纹受压标准小试件均不应少于 5 个。

5.3 试验设备与装置

5.3.1 试验所用的试验机应符合下列要求：

　　1 有足够的空间容纳试件及有关装置，且梁的挠曲变形不应受到限制。

　　2 测力系统应事先校正，并应符合本标准第 3.3.1 条的要求，荷载读数盘的最小分格不应大于 200N；当采用数显测力系统时，其分辨率不应大于 200N。

　　3 试验机的支承臂长度应大于梁试件的长度。对跨度特别大的梁可在反力架上进行试验。

5.3.2 梁试件在支座处的支承装置应符合下列规定：

　　1 梁试件的下表面应采用支座钢垫板传递支座反力。支座钢垫板的宽度不得小于梁截面的宽度，长度和厚度应根据木材横纹承压强度和钢材抗弯强度确定。

　　2 梁两端的反力支座均应采用滚轴支座，滚轴应设置在支座钢垫板的下面并垂直于梁的长度方向，并应保证梁端的自由转动或移动，两端滚轴之间的距离即梁的跨度应保持不变。

　　3 当梁的截面高度和宽度的比值大于或等于 3 时，在反力支座与加载点之间应安装足够的侧向支撑，该侧向支撑应保证试验梁在加载平面内的自由变形而不产生摩擦作用和侧向移动。

5.3.3 梁试件的加载装置应符合下列规定：

　　1 梁试件上的荷载应通过安设在梁上表面的加载

钢垫板传递。加载钢垫板的宽度应等于或大于梁截面宽度，长度和厚度应根据木材横纹承压强度和钢板抗弯强度确定；若试验仅测量梁在纯弯矩作用区段的挠度，钢垫板的长度不应大于梁截面高度的1/2。

2 加载钢垫板的上表面应与加载弧形钢垫块的弧面接触。弧形钢垫块的上表平面的刻槽应与荷载分配梁的刀口对正。弧形钢垫块的弧面曲率半径应为梁截面高度的2倍～4倍，弧面的弦长不应小于梁的截面高度。

3 在弧形钢垫块之上应设荷载分配梁。荷载分配梁可采用工字钢或槽钢制作，其刚度应按施加的最大荷载设计。分配梁的两端应分别带有刀口，刀口与梁上的弧形钢垫块上的刻槽应抵触良好。刀口和刻槽均应垂直于梁的跨度方向。

4 在荷载分配梁的中央应设置球座，与试验机上的上压头对正，宜将分配梁连系在试验机的上压头上。

5.3.4 梁试件的挠度测量装置应符合下列规定：

1 测量梁在荷载作用下产生的挠度时，可采用U形挠度测量装置（图5.3.4-1、图5.3.4-2）。此U形装置应自重轻并具有足够的刚度，可采用轻金属（例如铝）制作。U形装置的两端应钉在梁的中性轴上，并在其中央安设百分表测量梁中性轴中央的挠度。

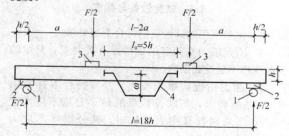

图5.3.4-1 梁纯弯区挠度的测量装置
1—滚轴支座；2—支座钢垫板；3—加载钢垫板；
4——U形挠度测量装置

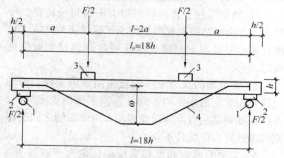

图5.3.4-2 梁全跨度挠度的测量装置
1—滚轴支座；2—支座钢垫板；
3—加载钢垫板；4—U形挠度测量装置

2 当梁的跨度很大时，可采用挠度计直接测量梁两端及跨度中央的位移值而求得梁的挠度。

5.4 试 验 步 骤

5.4.1 梁试件宜采用对称三分点加载装置，两个加载点之间的距离宜等于梁截面高度的6倍（图5.3.4-1、图5.3.4-2）。当测定梁纯弯区挠度时，加载钢垫板之间的净距不应小于梁截面高度的5倍（图5.3.4-1），且不应小于400mm。如不能满足以上条件，两个加载点之间允许增加的距离不应大于截面高度的1.5倍，或试件的两个反力支座之间允许增加的距离不应大于截面高度的3倍。

5.4.2 梁的弯曲弹性模量应按下列试验程序进行测定：

1 加载装置、支承装置和挠度测量装置应安装牢固，在梁的跨度方向应保证对称受力，并应防止梁出平面的扭曲。

2 安装在梁上表面以上的各种装置的重量应计入加载数值内，并应在这些装置未放在梁上时进行试验机读数盘调零。

3 应预先估计荷载 F_1 值和 F_0 值，荷载从 F_0 增加到 F_1 时记录相应的挠度值，再卸载到 F_0，反复进行5次而挠度无明显差异时，取相近三次挠度差的平均值作为梁的挠度测定值 $\Delta\omega$，相应的荷载增量可按下式计算：

$$\Delta F = F_1 - F_0 \qquad (5.4.2)$$

式中：ΔF——荷载增量（N）；

F_1——取小于比例极限的力（N）；

F_0——取大于将试件和装置压密实的力（N）。

5.4.3 梁的弯曲弹性模量试验应采用无冲击影响的加载方式。

当采用连续加载时，试验机压头的运行速度不得超过按下式计算的允许值：

$$v = 5 \times 10^{-5} \times \frac{a}{3h}(3l - 4a) \qquad (5.4.3)$$

式中：v——试验机压头的运行速度（mm/s）；

a——加载点至支承点之间的距离（mm）；

l——试件的跨度（mm）；

h——试件的截面高度（mm）。

5.4.4 梁的抗弯强度试验应采用无冲击影响的加载方式，其加载速度应使荷载从零开始约经5min～10min即达到最大荷载。

5.4.5 当需测定梁的比例极限及绘制荷载-挠度的关系曲线时（图5.4.5），试验机压头的运行速度应按本标准第5.4.3条采用；从加载开始，试验机压头所运行的最小行程应按下式计算：

$$S = 45 \times 10^{-3}h \qquad (5.4.5)$$

式中：S——试验机所运行的最小行程（mm）。

5.4.6 当接近比例极限时、开始出现局部破坏时及最终破坏时，应记录相应的荷载及挠度值。确定各种挠度值时，应扣除由于装置不紧密或其他原因所引起

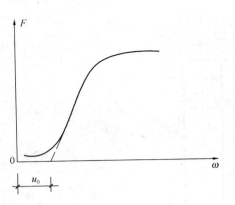

图 5.4.5　荷载-挠度关系曲线

u_0—不紧密的变形；F——荷载；ω——挠度

的松弛变形。

5.5　试验结果及整理

5.5.1　梁在纯弯矩区段内的纯弯曲弹性模量应按下式计算：

$$E_m = \frac{al_0 \Delta F}{16 I \Delta \omega}$$　　(5.5.1)

式中：E_m——梁在纯弯矩区段内的纯弯曲弹性模量（N/mm²），应记录和计算到三位有效数字；

　　　　l_0——测量挠度的 U 形装置的标距，此处等于 $5h$（mm）；

　　　　ΔF——荷载增量（N），按本标准公式（5.4.2）计算；

　　　　I——试件的截面惯性矩（mm⁴）；

　　　　$\Delta \omega$——在荷载增量 ΔF 作用下，在测量挠度的标距 l_0 内梁所产生的中点挠度（mm）。

5.5.2　梁在全跨度内的表观弹性模量应按下式计算：

$$E_{m,app} = \frac{a \Delta F}{48 I \Delta \omega}(3l_0^2 - 4a^2)$$　　(5.5.2)

式中：$E_{m,app}$——梁在全跨度内的表观弹性模量（N/mm²），应记录和计算到三位有效数字；

　　　　l_0——测量挠度的 U 形装置的标距，此处等于梁的跨度 l（mm）；

　　　　$\Delta \omega$——在荷载增量 ΔF 作用下，在全跨度内梁所产生的中点挠度（mm）。

5.5.3　当同时测得同一根梁试件在全跨度内和纯弯矩区段内的两种挠度值时，可根据本标准第 5.5.1 条和第 5.5.2 条的计算结果，按下式计算该梁的剪切模量：

$$G = \frac{1.2h^2}{(1.5l^2 - 2a^2)[(1/E_{m,app}) - (1/E_m)]}$$

(5.5.3)

式中：G——梁的剪切模量（N/mm²），应记录和计算到三位有效数字。

5.5.4　梁的抗弯强度应按下式计算：

$$f'_m = \frac{aF_u}{2W}$$　　(5.5.4)

式中：f'_m——梁的抗弯强度（N/mm²），应记录和计算到三位有效数字；

　　　　F_u——试件破坏时的荷载（N）；

　　　　W——试件的截面抵抗矩（mm³）。

5.5.5　梁弯曲试验数据的整理汇总可按表 5.5.5 进行。

表 5.5.5　梁弯曲试验主要试验资料汇总表

试件编号	截面尺寸 $b{\times}h$ (mm)	跨度 l (mm)	U形装置标距 l_0 (mm)	含水率 w (%)	标距 l_0 内挠度 $\Delta\omega$ (mm)	破坏荷载 (N)	抗弯强度 f_m (N/mm²)	纯弯曲弹性模量 E_m (N/mm²)	表观弹性模量 $E_{m,app}$ (N/mm²)	剪切模量 G (N/mm²)

标准小试件抗弯强度 f_m（N/mm²）					标准小试件弹性模量 E（N/mm²）					

实验室温度		空气相对湿度		试验日期		记录人				

6　轴心压杆试验方法

6.1　一般规定

6.1.1　轴心压杆试验方法适用于测定整截面的锯材或胶合矩形截面构件轴心受压失稳破坏时的临界荷载。

　　注：当需测定无柱效应短构件顺纹受压的应力-应变曲线时，可按本标准附录 E 的方法进行。

6.1.2　轴心压杆试验是在保证承重柱承受压力的条件下，匀速加载直至破坏的过程中取得所需要的数据和信息。

6.1.3　轴心压杆试验试件轴线的对中方法，应符合下列规定：

　　1　除有专门要求按物理轴线对中外，对验证性、检验性和一般的研究性试验均可采用几何轴线对中。

　　2　采用几何轴线对中时，应保证试件截面的几何中心、双向刀铰的中心和试验机压头的中心重合在一条纵向轴线上。

　　3　采用物理轴线对中时，应在加载后，观察试件同一截面的四个侧面的应变值是否相等，若不相等，应调整试件位置，直至测得的应变值与其平均值相差不超过 5%。

6.2　试件设计及制作

6.2.1　轴心压杆试验的试件可采用正方形截面，试件的截面边宽不宜小于 100mm，长度不应小于截面边宽的 6 倍。

6.2.2 制作轴心压杆试件的木材的材质等级应符合本标准第 3.2.4 条的规定。木材的主要缺陷应位于试件长度中央 1/4 长度范围内，靠近杆件端部 1 倍截面宽度范围内不得有斜纹以外的其他任何缺陷，且斜纹率不应大于 10％。

6.2.3 轴心受压试件的制作、检查、含水率测定等除应符合本标准第 3 章的规定外，试件应加工平直，四个侧面应相互垂直，两个端面应光洁平整，并与试件的轴线垂直，制作时宜借助制作模具用的平板等工具进行检验。

6.2.4 在制作试件之前，应从靠近压杆两端面的试材中切取标准小试件，每端各切取顺纹受压强度小试件和弹性模量小试件均不应少于 3 个。

6.2.5 轴心压杆试件和标准小试件宜同时制作、同时试验。若不能及时试验，轴心压杆试件和标准小试件应存放在同一环境中，保证不改变木材已达到的室内气干平衡含水率状态。

6.3 试验设备与装置

6.3.1 轴心压杆试验所用的试验机应符合下列要求：
1 有足够的空间容纳试件的长度及有关装置。
2 可使压头均匀运行并能控制其速度。
3 精度除应符合本标准第 3.3.1 条的要求外，液压式万能试验机荷载读数盘的最小分格不宜大于 200N；液压式长柱试验机荷载盘读数的最小分格不宜大于 1000N；当采用数显测力系统时，其分辨率不应大于 200N。

6.3.2 轴心压杆试验的支承装置应符合下列要求：
1 能各向自由转动。
2 可准确地轴线传力。
3 能均匀地分布荷载。
支承装置可采用球铰（或称球座）或专门设计的双向刀铰。

6.3.3 当采用球铰作为轴心压杆试验的支承装置时，应符合下列要求：
1 球的半径宜小，可为试件截面尺寸最大边的 1 倍～2 倍。
2 球座的上、下面应为正方形的平面并具有可与试件的承压面准确对中的、对准球心的十字刻划线。
3 球座的正方形表面应略大于试件的承压面。

6.3.4 当采用双向刀铰作为轴心压杆试验的支承装置（图 6.3.4）时，应符合下列要求：
1 双向刀铰应保证可在试件截面的相互垂直的两个轴线上绕任何轴线转动。
2 刀口接触面宜小，应转动灵敏。
3 双向刀铰的上下表面应为正方形，并具有对

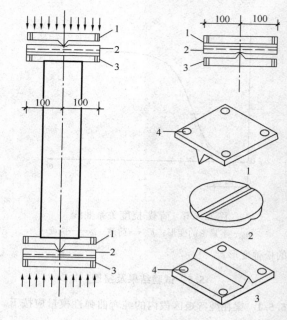

图 6.3.4 双向刀铰
1、3—带刀口的矩形钢板；2—有双向刀槽的圆形钢板；
4—孔径 16 螺栓 φ10

准中心的十字形刻划线或有其他保证对中的方法。
4 双向刀铰应预先固定在试验机的上、下压头上。
5 柱顶部和底部的双向刀铰的刀口放置方向应保证在任何方向柱的计算长度保持不变。

6.3.5 木材顺纹受压的压缩变形可用电阻应变仪或千分表测定。轴心压杆的侧向挠度宜采用行程为 50mm、精度为 0.01mm 的位移计和 X-Y 函数记录仪测定。

6.4 试 验 步 骤

6.4.1 轴心压杆顺纹应变值的测定，应至少在柱的长度中央截面的 4 个侧面粘贴标距为 100mm 的电阻应变片各一片（图 6.4.1）。

6.4.2 轴心压杆试验在正式加载之前，应对安装好的试验柱进行预加载，预加荷载值 F_0 可取破坏荷载估计值的 1/50。

6.4.3 预加荷载到 F_0 后，用静态电阻应变仪测应变值 ε_0，再加荷载到 F_1 后测相应的应变值 ε_1，然后卸荷到 F_0，反复进行 5 次，随即以均匀的速度逐级加载至试件破坏，每级荷载为 ΔF，并读出各级荷载下的应变值。F_1 和 ΔF 应根据压杆的长细比和估计的破坏荷载确定，ΔF 可取预估破坏荷载的 1/15～1/20，F_1 值可取 ΔF 的 1 倍～2 倍。

6.4.4 轴心压杆侧向挠度的测定，应在试验柱长度中央截面的两个方向各安设一个位移传感器，测出各级荷载作用下的挠度值，并绘出荷载-挠度曲线。
位移传感器不宜直接与柱的表面接触，而宜采用

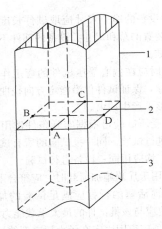

图 6.4.1　电阻应
变片粘贴位置
1—试件；2—试件中央截面；
3—试件中线；
A、B、C、D—粘贴电阻
应变片的位置

细绳、垂球和转向滑轮将位移传递到位移传感器上。

6.4.5　轴心压杆试验，宜采用连续均匀加载方式，其加载速度应使荷载从零开始约经 5min～10min 即达到最大荷载。

6.5　试验结果及整理

6.5.1　轴心压杆试件的初始弹性模量和初始相对偏心率可分别按下列公式计算：

　　1　初始弹性模量：

$$E_0 = \frac{F_1 - F_0}{A(\varepsilon_1 - \varepsilon_0)} \qquad (6.5.1\text{-}1)$$

式中：E_0 ——试件的初始弹性模量（N/mm²），记录和计算到三位有效数字；

　　　　A ——试件的截面面积（mm²）；

　　　　ε_0 和 ε_1 ——按本标准第 6.4.3 条测得的，分别在荷载 F_0 和 F_1 作用下，4 个侧面平均应变值中相近三次应变值的平均值。

　　2　初始相对偏心率：

AC 方向：

$$m_{AC} = \frac{\varepsilon_A - \varepsilon_C}{\varepsilon_A + \varepsilon_C} \qquad (6.5.1\text{-}2)$$

BD 方向：

$$m_{BD} = \frac{\varepsilon_B - \varepsilon_D}{\varepsilon_B + \varepsilon_D} \qquad (6.5.1\text{-}3)$$

式中：ε_A、ε_B、ε_C、ε_D ——分别为试件长度中央截面上 A、B、C、D 四个测点（图 6.4.1）的相近三次应变值读数的平均值。

6.5.2　轴心压杆试件失稳破坏时的临界应力及其与标准小试件顺纹抗压强度的比值，可分别按下列公式计算：

$$\sigma_{cri} = \frac{F_u}{A} \qquad (6.5.2\text{-}1)$$

$$\frac{\sigma_{cri}}{f_c} = \frac{F_u}{Af_c} \qquad (6.5.2\text{-}2)$$

式中：σ_{cri} ——轴心压杆试件失稳破坏时的临界应力（N/mm²），记录和计算到三位有效数字；

　　　　f_c ——木材标准小试件顺纹抗压强度（N/mm²）。

6.5.3　轴心压杆试件失稳破坏时的等效弹性模量及其与标准小试件顺纹受压弹性模量的比值，可分别按下列公式计算：

$$E_{equ} = \frac{F_u l^2}{\pi^2 I} \qquad (6.5.3\text{-}1)$$

$$\frac{E_{equ}}{E_c} = \frac{F_u l^2}{\pi^2 I E_c} \qquad (6.5.3\text{-}2)$$

式中：E_{equ} ——轴心压杆试件失稳破坏时的等效弹性模量（N/mm²），记录和计算到三位有效数字；

　　　　l ——轴心压杆试件的计算长度（mm）；

　　　　E_c ——木材标准小试件顺纹受压弹性模量（N/mm²）。

6.5.4　轴心压杆试验的主要试验数据可按表 6.5.4 填写。

表 6.5.4　轴心压杆试验主要试验资料汇总表

试件编号	截面尺寸 $b \times h$ (mm)	计算长度 l (mm)	含水率 w (%)	标准小试件		初始相对偏心率		初始弹性模量 E_0 (N/mm²)	破坏荷载 F_u (N)	临界应力 σ_{cri} (N/mm²)	等效弹性模量 E_{equ} (N/mm²)
				抗压强度 f_c (N/mm²)	受压弹性模量 E_c (N/mm²)	m_{AC}	m_{BD}				
实验室温度		空气相对湿度		试验日期		记录人					

7　偏心压杆试验方法

7.1　一　般　规　定

7.1.1　偏心压杆试验方法适用于测定整截面的锯材或胶合矩形截面构件偏心受压时的破坏荷载。

7.1.2　偏心压杆试验是采用偏心压力均匀地分布于试件的端部截面（图 7.1.2）、试件两端的偏心距 e 相等、单向弯曲的方法，匀速加载至破坏的过程中取得所需要的数据和信息。

7.1.3　偏心压杆的试验设计，应保证垂直于弯矩作用平面的压屈破坏荷载估计值大于弯矩作用平面内破坏的偏心荷载估计值。

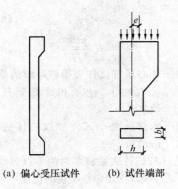

(a) 偏心受压试件　　(b) 试件端部

图 7.1.2　偏心受压试件

7.2　试件设计及制作

7.2.1　偏心受压试件的截面最小边宽不宜小于 60mm。在弯矩作用平面内，试件的最小长细比不宜小于 35，最大长细比应根据试验设备的净空尺寸确定，且不宜超过 150。

7.2.2　偏心受压试件两端的偏心距 e 应相等（图 7.1.2），试件压力的相对偏心率 m 宜在 0.3～10.0 的范围内。在弯矩作用平面内，应在偏心受压试件的两端各胶粘一段木块，作为偏心压力的"牛腿"（图 7.2.2），木块的木纹方向应与试件轴线一致。

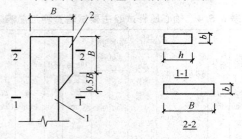

图 7.2.2　牛腿
1—试件；2—牛腿

7.2.3　制作偏心受压试件的木材的材质等级应符合本标准第 3.2.4 条的规定，木材的主要缺陷应位于试件长度中央 1/2 长度范围内；试件的加工以及试件的原始资料、记录等，均应符合本标准第 3 章的要求。

7.2.4　偏心受压试件的两个端面应与试件的轴线垂直，试件的四个侧面应相互垂直，且应加工光洁平整。制作时应借助刨光的钢板、角尺及其他工具对端面进行严格检查。

7.2.5　在制作偏心受压试件之前，应从靠近试件两个端面的试材中切取标准小试件，每端分别切取顺纹受压强度小试件、顺纹受压弹性模量小试件以及静力弯曲小试件各 3 个。

7.3　试验仪表和设备

7.3.1　用于偏心受压试验的机械装置和仪表设备，均应符合本标准第 3.3.1 条的有关要求。

7.3.2　试验设备的净空尺寸应取试件长度及其有关支承和加载装置的总和尺寸。设备的部件不应妨碍试件的对中校准。

7.3.3　必要时应在偏心受压试件的弯矩作用平面外设置侧向支撑，保证试件仅沿指定方向挠曲，且对挠曲方向的变形不产生约束。

7.3.4　偏心受压试验可根据实际条件选用长柱试验机或承力架进行试验。同一批试验的所有试件，不分长细比大小，均应用同一设备进行试验。

7.3.5　当采用千斤顶施加荷载时，应符合下列要求：

1　千斤顶活塞的行程应满足试验的加载要求，千斤顶的吨位应与该批试件的最大承载能力相适应。

2　千斤顶应牢固固定在承力架底部的横梁上。

3　应在千斤顶液压缸的外表面上标出用于试件对中的、互相垂直的两对轴线。

4　千斤顶活塞的顶面应保持水平。安装试件时应用水准尺进行检验。

7.3.6　当采用压力传感器测定荷载大小时，应选择吨位约为该批试件最大荷载 1.2 倍的压力传感器。

7.3.7　测量偏心受压试件的挠度，应采用量程不小于 100mm 的挠度计或位移传感器。对大挠度试件宜安装滑动标尺测量试验后期的挠度值。

测量挠度的仪表宜布置在偏心受压试件长度的中点和上、下支承处。

7.3.8　测量试件边缘纤维的应变宜采用电阻应变仪，电阻应变片宜分别布置在试件长度中点处的弯曲凹侧和凸侧，标距宜为 100mm。

7.4　试验步骤

7.4.1　偏心受压试件两端应采用单向刀铰支承（图 7.4.1）。在单向刀铰的刀槽与试件的端面之间，应设置厚度不小于 20mm 的刨光钢压头板，刀槽与钢压头板应有构造连接。

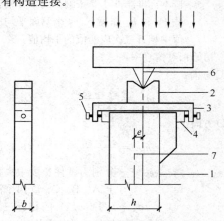

图 7.4.1　单向刀铰装置
1—试件；2—刀槽；3—钢压头板；4—钢板；5—螺钉；
6—刀槽及压头板中线；7—试件中线

4.2 当采用承力架进行偏心受压试验时，试件上单向刀铰的刀刃应固定在承力架的上部横梁上；下单向刀铰的刀刃宜固定在压力传感器上。两个刀刃中线应上下对直，并与千斤顶液压缸外表面上标出一对轴线重合。试件安装完毕后，应检查上下刀刃是否对准。

4.3 单向刀铰的刀槽及钢压头板应固定在试件的端部，钢压头板两侧宜各附一块用于就位微调的、带丝孔螺钉的钢板（图7.4.1）。

4.4 偏心压杆试验的加载速度应使试件从荷载为开始经5min～10min即达到最大荷载。

7.5 试验结果及整理

5.1 偏心压杆试验的主要试验数据可按表7.5.1填写；典型的荷载-挠度曲线以及其他有关细节应按本标准第3.4节的要求进行。

表7.5.1 偏心压杆试验主要试验资料汇总表

截面尺寸 $b \times h$ (mm)	长细比 λ	相对偏心率 m 或偏心距 e (mm)	标准小试件 顺纹抗压强度 f_c (N/mm²)	标准小试件 抗弯强度 f_m (N/mm²)	破坏荷载 F_u (N)	破坏挠度 ω (mm)	含水率 w (%)	木节尺寸 (mm)
实验室温度		空气相对湿度		试验日期		记录人		

5.2 偏心压杆试验结果的相对值可分别按下列公式计算：

1 相对偏心率：

$$m = \frac{6e}{h} \qquad (7.5.2\text{-}1)$$

2 试件破坏时压应力的相对值：

$$\frac{\sigma_c}{f_c} = \frac{F_u}{bhf_c} \qquad (7.5.2\text{-}2)$$

3 试件破坏时杆端初始偏心弯矩产生的弯曲应力的相对值：

$$\frac{\sigma_m}{f_m} = \frac{6eF_u}{bh^2 f_m} \qquad (7.5.2\text{-}3)$$

式中：m——相对偏心率；

e——初始偏心距，取荷载与试件轴线之间的距离（mm）；

b——试件的截面宽度（mm）；

h——试件的截面高度（mm）；

σ_c——在初始偏心距为 e 的条件下偏压试件破坏时的压应力（N/mm²）；

σ_m——在杆端初始偏心弯矩作用下试件破坏时的弯曲应力（N/mm²）；

f_c——木材标准小试件顺纹抗压强度（N/mm²）；

f_m——木材标准小试件抗弯强度（N/mm²）。

7.5.3 根据表7.5.1所列资料，对不同长细比的试件，应分别整理绘出压力-弯矩关系图。

8 横纹承压比例极限测定方法

8.1 一 般 规 定

8.1.1 横纹承压比例极限测定方法适用于测定木构件横纹承压比例极限。

8.1.2 横纹承压比例极限测定是根据试验测定的荷载-变形曲线，按下述规则确定比例极限点的坐标位置：曲线上该点的切线与荷载轴夹角的正切值，应取该曲线直线部分与荷载轴夹角的正切值的1.5倍，以该点坐标对应的荷载值作为该试件横纹承压的比例极限。

8.1.3 木构件横纹承压按其受力方式可分为下列三种形式：

1 全表面横纹承压（图8.1.3a）。

2 中间局部表面横纹承压（图8.1.3b）。

3 尽端局部表面横纹承压（图8.1.3c）。

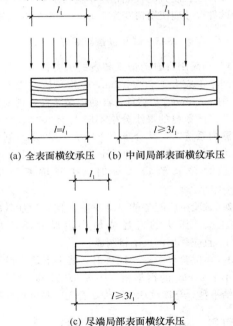

(a) 全表面横纹承压   (b) 中间局部表面横纹承压

(c) 尽端局部表面横纹承压

图8.1.3 木构件横纹承压的三种受力形式

8.1.4 按本方法测定的木构件横纹承压比例极限，不要求进行含水率换算，但应保证横纹承压试件的含水率调控至气干平衡含水率状态时，方可进行试验。

8.2 试件设计及制作

8.2.1 横纹承压试件应从结构实际用材中选取，其材质除应符合本标准第 3 章规定外，加工后的试件还应符合下列要求：

1 截面上无髓心和钝棱。

2 在承压范围内无木节。

3 无水平方向或斜向裂缝，竖向裂缝的深度不得大于试件截面高度的 1/5。

4 木材年轮的弦线与试件截面底边的夹角不宜大于 15°。

8.2.2 横纹承压试件尺寸应按承压方式确定：

1 对全表面横纹承压为 120mm × 120mm ×180mm。

2 对中间局部表面横纹承压和尽端局部表面横纹承压为 120mm×120mm×360mm。

若受条件限制，允许采用 80mm × 80mm × 120mm 和 80mm×80mm×240mm 的横纹承压试件分别代替以上两种试件，但其试验结果应乘以尺寸影响系数 ψ_b 予以修正。对常用树种木材，ψ_b 可取 0.9。

8.2.3 横纹承压试件加工时，其横截面尺寸的允许偏差为 ±3mm，长度的允许偏差为 ±6mm。横纹承压试件的四角高度，在宽度方向彼此相差不应大于 0.5mm，在长度方向彼此相差不应大于 1.0mm。

试件尺寸应使用精度为 0.1mm 的游标卡尺测量。

8.3 试验设备与装置

8.3.1 当采用有自动记录装置的试验机时，其荷载刻度间距不应大于 200N/mm，变形刻度间距不应大于 0.01mm/mm。若不具备自动记录条件，则要求试验机荷载读数盘的最小分格不应大于 200N；当采用数显测力系统时，其分辨率不应大于 200N。测量试件变形的仪表的读数盘的最小分格应为 0.01mm；当采用数显位移测量系统时，其分辨率不应大于 0.01mm。

8.3.2 试验机应配备能自动对中并且均匀加载的球座式压头，压头的直径或最小边尺寸不应小于 60mm，且应采用淬火钢材制成。

8.3.3 在试验机中安装试件时，其上下均应设置厚度不小于 20mm 的钢垫板（图 8.3.3），钢垫板表面应光洁平整，与横纹承压试件贴合无肉眼可见缝隙。

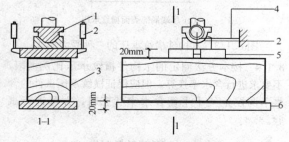

图 8.3.3 横纹承压试验装置

1—球形压头；2—百分表；3—木试件；4—百分表架
（固定于独立支点上）；5、6—钢垫板（厚度不小于 20mm）

8.4 试 验 步 骤

8.4.1 试验前，应测量横纹承压试件的尺寸，测值应读到 0.1mm，并应符合下列规定：

1 应在截面宽度中点，测量横纹承压试件度 l。

2 应在横纹承压试件承压面长度中点，测量面宽度 b。

8.4.2 当采用有自动记录装置的试验机进行试验应对横纹承压试件均匀施加荷载，并在加载开始10min±2min 内达到试件的比例极限，再以同样加载至荷载-变形图明显偏离直线轨迹为止。

8.4.3 当采用无自动记录装置的试验机进行试验除应按本标准第 8.4.2 条控制加载速度外，尚应按等的荷载增量 ΔF，测读每级荷载下的试件变形，按表 8.4.3 进行记录。在估计的比例极限范围内，少应有 10 级荷载的读数，超出此范围后，尚应有级～4 级荷载的读数。

荷载增量 ΔF 的确定，可在正式试验前，用 3试件进行探索试验，对针叶树种木材，ΔF 可试 4kN；对阔叶树种木材，ΔF 可试用 8kN。

表 8.4.3 横纹承压比例极限试验记录表

项 目		加载序号	时间		荷载（kN）			变形值
			加卸荷	读数	每级 ΔF	累计	为标荷 %	No.1 No
树种								
试件尺寸	宽度							
	长度							
受压面积								
比例极限荷载								
比例极限应力								
备注								
实验室温度	空气相对湿度		试验日期		记录人			

8.4.4 试验完毕后，应立即从横纹承压试件中部取厚度为 15mm 的整截面小试件，用于测量横纹承压试件的含水率。

8.5 试验结果及整理

8.5.1 根据试验取得的横纹承压试件的荷载-变形值，绘制荷载-变形曲线图，按本标准第 8.1.2 条定的方法从图上确定比例极限荷载 F_b。

8.5.2 当试验机未配备精度符合要求的自动记录装置时，应根据测读记录绘制荷载-变形图。绘制时其荷载轴（纵坐标）刻度间距不应大于 400N/mm变形轴（横坐标）刻度间距不应大于 0.01mm/mm。

8.5.3 横纹承压试件的比例极限应按下式计算：

$$f_{c,90} = \frac{F_b}{b \times l_1} \qquad (8.5.3)$$

式中：$f_{c,90}$——试件横纹承压比例极限（N/mm²），
试验结果的记录和计算应精确至
0.1N/mm²；

F_b——试件横纹承压比例极限荷载（N）；

l_1——试件承压面长度（mm），见图8.1.3。

9 齿连接试验方法

9.1 一般规定

9.1.1 齿连接试验方法适用于测定木结构单齿连接或双齿连接的抗剪强度。

9.1.2 齿连接试验是利用专门设计的加载装置，保证压力与被试木材的木纹成交角的条件下，采用匀速加载、测定试件的破坏荷载的方法，计算出齿连接的抗剪强度。

9.2 试件设计及制作

9.2.1 齿连接试件的设计应符合下列规定：

1 试件截面的宽度不应小于40mm，高度不应小于60mm，高度与宽度的比值不应大于1.5。

2 试件的齿槽深度应符合下列规定：

1) 单齿连接不应小于20mm；

2) 双齿连接第一齿深度不宜小于10mm，第二齿深度应比第一齿深度大至少10mm；

3) 试件齿槽的最大深度不得大于试件全截面高度的1/3。

3 试件的剪面长度应符合下列规定：

1) 单齿连接不宜小于齿槽深度的4倍；

2) 双齿连接不宜小于齿槽深度的6倍。

4 齿连接的承压面必须与压力方向垂直，压力与剪面之间的夹角应与工程实际相符。

5 试件在剪面长度以外长度上的净截面高度，应等于剪面长度内的全截面高度减去齿槽深度。

9.2.2 齿连接试件的材质应符合下列要求：

1 试件剪面附近不得有木节和水平裂缝，其他部位不得有较大的缺陷。

2 试件的年轮弦线宜与剪面垂直，所有试件的年轮弦线与试件截面底边的夹角不宜小于60°。

9.2.3 齿连接试件加工的允许偏差为：宽度和高度±1mm；长度±2mm；齿槽深度±0.1mm；剪面长度±1mm。

9.2.4 在制作齿连接试件的同时，应在试件试材受剪面一端预留50mm，用以制作顺纹受剪标准小试件3个。顺纹受剪标准小试件受剪面的年轮方向应与齿连接受剪面的年轮方向相同。

9.2.5 当试验目的为专门研究剪面长度 l_v 与齿槽深度 h_c 的比值对齿连接平均抗剪强度 τ_m 的影响时，试件和试材宜符合下列要求：

1 试材宜从林区采样，取胸高以上的原木段，长度不应小于4.8m。

2 沿原木段纵向锯成至少7根试条，每根试条应按需要锯成不同长度的试材至少7段，每段制成至少7个试件。

3 同一组中的7个试件应分别从不同的7根试条中各切取1个试件，并应有规律地相互错开。

4 试件截面的宽度宜取40mm，高度宜取60mm，试件的长度应能保证安设足够的钢销，并经计算确定。

9.3 试验设备与装置

9.3.1 齿连接试验可采用万能试验机或其他加压设备，并应符合本标准第3.3.1条的有关要求。

9.3.2 齿连接试验的加载装置，对试件截面宽度为40mm，高度为60mm的齿连接试件，宜采用专门设计的三角形支承架（图9.3.2-1）；对试件截面宽度大

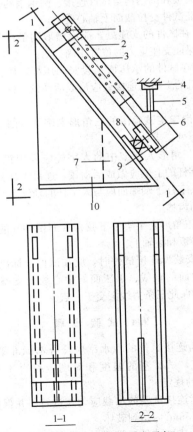

图9.3.2-1 三角形支承架

1—圆柱形铰；2—钢夹板；3—圆钢销；4—球座；5—压头；6—试件；7—肋；8—滚动轴承；9—槽形钢垫板；10—底座

于 40mm 和高度大于 60mm 的齿连接试件，宜采用专门设计的三角形人字架（图 9.3.2-2）。

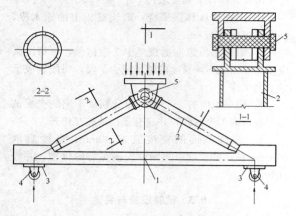

图 9.3.2-2　三角形人字架

1—试件；2—人字杆；3—钢垫板；4—滚轴；5—活动铰

9.3.3 齿连接试验用的三角形支承架（图 9.3.2-1）应符合下列要求：

1 支承架顶端与试件的连接应采用圆柱形铰，利用钢夹板和圆钢销与试件连接。圆钢销的孔位应正确，保证试件受拉截面上轴心受力。

2 在试件的支座处，应设槽形钢垫板和滚动轴承，并保证支座反力的位置正确。

3 在试件的承压面上设竖向压杆，压杆的上端与试验机的上压头连接处应形成活动铰，保证垂直方向传力。

9.3.4 齿连接试验用的三角形人字架（图 9.3.2-2）应符合下列要求：

1 三角形人字架中的人字杆应采用钢材制作，两根人字杆的上端应做成活动铰，连系于试验机的上压头；人字杆下端端面应与人字杆的轴线垂直，抵承在试件的齿槽上。

2 三角形人字架中下弦杆（即试件）的两端应放在钢垫板和滚轴上。

9.3.5 安装齿连接试件时，应在试件上标出试件齿槽下净截面的轴线、承压面的中心线及支座的反力线，并确保此三条力线汇交于一点。

9.4　试 验 步 骤

9.4.1 齿连接试件的含水率应符合本标准第 3.2.3 条的规定，试验室的温度和湿度应符合本标准第 3.3.2 条的规定。

9.4.2 齿连接试验的加载应匀速进行，并保证试件在 3min～5min 内达到破坏。

9.4.3 齿连接试件破坏后，应在试件剪面下切取 3 个木块以测定含水率，并立即称其重量。

9.4.4 顺纹受剪标准小试件破坏后应立即测定其含水率。

9.4.5 齿连接试件破坏后应描绘端部横截面年轮方向及试件破坏状况。

9.4.6 齿连接试验时，应采取措施保证试验设备和人员的安全。

9.5　试验结果及整理

9.5.1 齿连接试验记录可按表 9.5.1 进行。

表 9.5.1　齿连接试验记录表

项目　　试件类别	齿连接试件			顺纹受剪标准小试件		
试件编号						
剪面尺寸（mm）	$l_v=$	$l_v=$	$l_v=$	$l_b=$	$l_b=$	$l_b=$
	$b_v=$	$b_v=$	$b_v=$	$b_b=$	$b_b=$	$b_b=$
破坏压力（N）	$F_u=$	$F_u=$	$F_u=$	$F=$	$F=$	$F=$
剪应力（N/mm²）	$\tau_m=\dfrac{F_u\cos\alpha}{l_v b_v}$			$f_v=\dfrac{F}{l_b b_b}$		
				平均值		
$\psi_v=\dfrac{\tau_m}{f_v}$						
加载速度						
含水率 w（%）						
年轮方向破坏状况描述						
实验室温度　　空气相对湿度　　试验日期　　记录人						

9.5.2 齿连接试件沿剪面破坏的平均剪应力应按下式计算：

$$\tau_m=\frac{F_u\cos\alpha}{l_v b_v} \tag{9.5.2}$$

式中：τ_m——齿连接试件沿剪面破坏的平均剪应力（N/mm²），记录和计算到三位有效数字；

F_u——齿连接试件破坏时齿槽承压面上的压力（N）；

α——F_u 和试件剪面之间的夹角；

l_v——齿连接试件的剪切面长度（mm）；

b_v——齿连接试件的剪切面宽度（mm）。

9.5.3 齿连接试件沿剪面破坏时平均剪应力的相对值应按下式计算：

$$\psi_v=\frac{\tau_m}{f_v} \tag{9.5.3}$$

式中：ψ_v——齿连接试件沿剪面破坏平均剪应力的相对值；

f_v——木材标准小试件顺纹抗剪强度（N/mm²）。

9.5.4 当齿连接试验符合本标准第 9.2.5 条的规定时，齿连接试验结果的回归分析应符合本标准第 4.3

节的规定。

10 圆钢销连接试验方法

10.1 一般规定

10.1.1 圆钢销连接试验方法适用于测定木结构圆钢销连接承弯破坏时的承载能力和变形。

10.1.2 圆钢销连接试验是在保证圆钢销双剪连接顺木纹对称受力的条件下，匀速加载直至破坏的过程中测得接合缝间的相对滑移变形值和其他有关资料和信息。

10.2 试件设计及制作

10.2.1 对称双剪圆钢销连接试件（图10.2.1）的设计尺寸应符合下列规定：

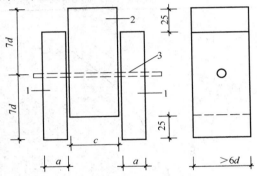

图 10.2.1 试件形式
1—边部木构件；2—中部木构件；3—圆钢销

1 圆钢销直径 d 宜取 12mm～18mm。

2 试件中部木构件的厚度 c 应大于 $5d$；边部木构件的厚度 a 应大于 $2.5d$。

3 试件中部木构件及边部木构件的宽度应大于 $6d$；中部木构件及边部木构件的长度应取 $14d$ 减去 25mm。

10.2.2 制作圆钢销连接试件的木材应为气干木材，组成每个试件的三个木构件应从同一根试材中相邻部位下料，在试材下料部位附近应同时切取 3 个顺纹受压标准小试件。

10.2.3 圆钢销连接试件的制作应符合下列要求：

1 试件中两个边部木构件的年轮应对称放置。

2 每个木构件应四面刨光平整，端部的承压面应与轴线垂直。

3 每个试件的三个木构件应叠置后一次钻通连接，钻头直径与孔径应一致，进钻速度不应大于120mm/min，电钻的转速宜取 300r/min。

4 中间木构件的两个侧面和边部木构件的内侧面应刨光取直。连接试件时，木构件之间的结合缝处应留 1mm 的缝隙。

10.2.4 圆钢销连接试件中的圆钢销应符合下列要求：

1 圆钢销可直接采用 Q235 圆钢，不宜再进行表面加工。

2 圆钢销应取自同一根圆钢条，宜每隔三个圆钢销取一段圆钢做材性试件，用于测定钢材的屈服强度和抗拉极限强度。

3 圆钢销的端部宜做成圆锥形，可用锤轻轻敲击插入被连接木构件。

4 圆钢销的两端宜伸出被连接木构件表面 20mm。

10.3 试验设备与装置

10.3.1 圆钢销连接试验的加载设备宜采用 1000kN 万能试验机。试验机的精度应符合本标准第 3.3.1 条的有关要求。

10.3.2 测量圆钢销连接的相对滑移宜采用量程不小于 20mm 的百分表。

10.3.3 百分表应采用专门的铁制夹具（图 10.3.3）固定牢固，该夹具可用螺钉与试件的边部木构件连接，且不得阻碍试件接合缝处的相对滑移变形。

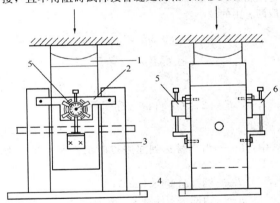

图 10.3.3 试件的装置
1—球座；2—铁制夹具；3—试件；4—钢板；
5—百分表 a；6—百分表 b

10.4 试验步骤

10.4.1 圆钢销连接试件的安装应符合下列要求：

1 固定百分表的铁制夹具应安设在试件的前后两侧，宜靠近边部木构件上端，百分表的触针应位于中部木构件的中心线上。

2 圆钢销连接试件应平稳安放在试验机下压头的钢板上，试件的轴心线应对准试验机上、下压头的中心。

10.4.2 圆钢销连接试验的加载程序（图 10.4.2）应符合下列规定：

1 按本标准第 10.4.3 条估算当钢材达到屈服点时圆钢销连接试件所承受的力 F；

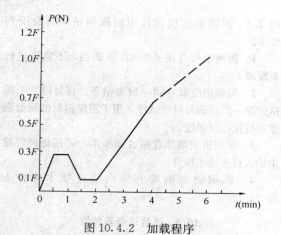

图 10.4.2 加载程序

2 加载到 0.3F，持荷 30s；

3 卸载到 0.1F，再持荷 30s；

4 按每级荷载 0.1F 加载到 0.7F，每级加载的时间间隔为 30s；

5 加载到 0.7F 后，减慢加载速度，仍逐级加载至试件破坏。

10.4.3 对一根圆钢销的顺纹对称双剪连接，当钢材达到屈服点时试件所承受的力可按下列两式估算，并取两者中的较小者：

$$F = 2 \times [0.3d^2 \sqrt{\eta f_c f_y \times 1.7} + 0.09a^2 \eta f_c \sqrt{\eta f_c / (1.7 f_y)}]$$

(10.4.3-1)

$$F = 2 \times (0.443d^2 \sqrt{\eta f_c f_y \times 1.7})$$

(10.4.3-2)

式中：F——当钢材达到屈服点时试件所承受的力（N）；

d——圆钢销直径（mm）；

a——边部木构件厚度（mm）；

f_c——标准小试件的顺纹抗压强度（N/mm²）；

f_y——圆钢销的钢材屈服强度（N/mm²）；

η——木材承压折减系数，当 $d \geqslant 14$mm 时取 0.8；当 $d < 14$mm 时取 0.85。

10.4.4 圆钢销连接试验出现下列破坏特征之一时可终止试验：

1 圆钢销在试件的中部木构件中发生弯曲且在边部木构件表面出孔处销的末端上翘而表现出反向挤压现象，试件的相对变形达到 10mm 以上。

2 圆钢销在试件的中部及边部木构件中均发生弯曲，圆钢销的末端虽无明显上翘现象，但试件的相对变形达到 15mm 以上。

10.5 试验结果及整理

10.5.1 圆钢销连接试验的记录可按表 10.5.1 进行，并绘出荷载-变形曲线（图 10.5.1）。

表 10.5.1 圆钢销连接试验记录表

试件编号	圆钢销连接试件相对变形(mm)				标准小试件抗压强度 (N/mm²)
荷载值	百分表 a 测读值	百分表 b 测读值	$(a+b)/2$	总变形 u	$f_c = \Sigma f_{c,i}/n$
0					
0.1F					圆钢销连接试件含水率 w（%）
0.2F					
0.3F					标准小试件含水率 w（%）
…					
1.0F					
1.1F					
…					
实验室温度		空气相对湿度		试验日期	记录人

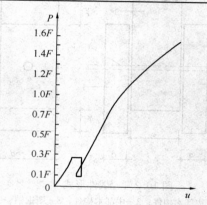

图 10.5.1 荷载-变形曲线
P—荷载；u—变形

10.5.2 圆钢销连接试验数据的整理汇总可按表 10.5.2 进行。

表 10.5.2 圆钢销连接试验结果汇总表

试件编号	试件尺寸(mm)			标准小试件顺纹抗压强度 f_c (N/mm²)	钢材屈服强度 f_y (N/mm²)	钢材抗拉强度 f_{us} (N/mm²)	估计荷载 F (kN)	F 作用下的变形 (mm)	设计荷载* F_d (kN)	F_d 下的变形 (mm)	变形为10mm时荷载 (kN)	变形为15mm时荷载 (kN)	破坏类型
	a	c	d										

注：*设计荷载 F_d 按现行国家标准《木结构设计规范》GB 50005 计算。

11 齿板连接试验方法

11.1 一般规定

11.1.1 齿板连接试验方法适用于测定木结构齿板连接的板齿极限承载力、板齿抗滑移极限承载力、受拉极限承载力和受剪极限承载力。

11.1.2 齿板连接试验是在保证齿板连接中木构件不破坏的前提下，对齿板连接试件匀速加载直至破坏的过程中取得相应的极限承载力。

11.2 试件设计及制作

11.2.1 齿板连接试件的设计应符合下列规定：

1 齿板应成对对称设置于试件两侧。

2 垂直于荷载作用方向的齿板宽度不应小于40mm，齿板边沿距木构件边沿的距离不应小于10mm（图11.2.1）。

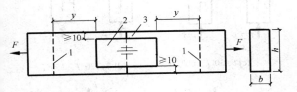

图 11.2.1 齿板连接试件
1—夹具端部位置；2—齿板；3—木构件

3 沿荷载作用方向的齿板长度应根据试验测试内容确定，并应符合本标准第11.2.2条的要求。

4 齿板连接试件的尺寸和形状应根据齿板尺寸、夹具类型以及试验测试内容确定，并应保证齿板端部到夹具端部或试验机压头的距离 y 不应小于 $1.5h$（图11.2.1）。

11.2.2 沿荷载作用方向的齿板长度应符合下列要求：

1 对板齿极限承载力和抗滑移极限承载力试验，齿板长度应取试验时板齿发生破坏的最大长度。

2 对齿板连接受拉极限承载力试验，齿板长度应取试验时齿板被拉断时的长度。

3 对齿板连接受剪极限承载力试验，齿板长度应取试验时齿板沿剪切面发生剪切破坏的长度。

11.2.3 齿板连接试件的材质应符合下列要求：

1 试验用齿板应与工程中实际使用的齿板一致，同一组齿板连接试件中齿板厚度误差应控制在 ±5% 内。

2 试验用木材的材质等级应符合本标准第3.2.4条的规定，尺寸应与工程中实际使用的木材尺寸一致，且被连接木构件的厚度相差不应超过 0.5mm。

3 同一个齿板连接试件相连木构件应取自同一根木材的相邻部位，同一组齿板连接试件中各试件用木材应取自同一树种或树种组合的不同木材；确定板齿极限承载力和抗滑移极限承载力时，木材的全干相对密度应为 $0.82\rho\pm0.03$。

4 齿板连接区域的木材不应有木节、裂纹和钝棱等缺陷。

5 当确定板齿极限承载力和抗滑移极限承载力时，木材的含水率应为 $15\%\pm5\%$，木材的年轮应与木材的宽面相正切。

11.2.4 确定板齿极限承载力和抗滑移极限承载力时，应分别按下列四种情况进行试验：

1 荷载平行于木纹及齿板主轴（$\alpha=0°$，$\beta=0°$）（图11.2.4a）。

2 荷载平行于木纹但垂直于齿板主轴（$\alpha=0°$，$\beta=90°$）（图11.2.4b）。

3 荷载垂直于木纹但平行于齿板主轴（$\alpha=90°$，$\beta=0°$）（图11.2.4c）。

4 荷载垂直于木纹及齿板主轴（$\alpha=90°$，$\beta=90°$）（图11.2.4d）。

对第3款和第4款，设计齿板时应使齿板连接试件水平木构件上的齿板长度 l_1 小于竖向木构件上的齿板长度 l_2，并使 $l_1 \geqslant 0.7h$（图11.2.4c 和图11.2.4d）。

注：α——荷载作用方向与木纹之间的夹角。

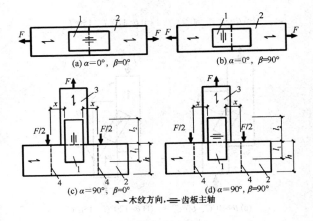

图 11.2.4 板齿极限承载力和抗滑移极限承载力试件
1—齿板；2—水平木构件；3—竖向木构件；4—夹具内侧边沿线

11.2.5 确定齿板连接受拉极限承载力时，应分别按下列两种情况进行试验：

1 荷载平行于齿板主轴（$\beta=0°$）（图11.2.4a）。

2 荷载垂直于齿板主轴（$\beta=90°$）（图11.2.4b）。

11.2.6 确定齿板连接受剪极限承载力时，试件可设计成单剪（图11.2.6-1）或双剪（图11.2.6-2），并应根据齿板主轴与木纹之间的夹角 θ，按表 11.2.6 所列情况分别进行试验。

表 11.2.6　齿板主轴与木纹之间的夹角 θ

θ	0°	30°T	30°C	60°T	60°C	90°	120°T	120°C	150°T	150°C

注：角度后面的符号"T"表示齿板连接为剪-拉复合受力情况；符号"C"表示齿板连接为剪-压复合受力情况；0°与90°表示纯剪情况。

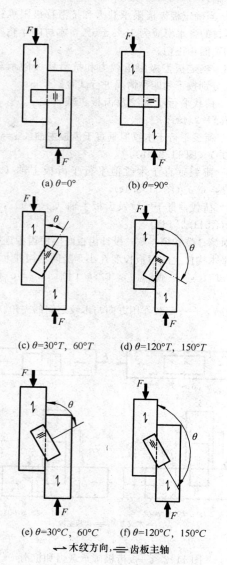

(a) $\theta=0°$　　(b) $\theta=90°$

(c) $\theta=30°T$，$60°T$　　(d) $\theta=120°T$，$150°T$

(e) $\theta=30°C$，$60°C$　　(f) $\theta=120°C$，$150°C$

➝ 木纹方向，= 齿板主轴

图 11.2.6-1　单剪连接试件

11.2.7　齿板连接试件的加工制作应符合下列规定：

　　1　试件的加工应采用平压的方式进行，加工前应用清洗剂清洗齿板以去除油污。

　　2　木构件两端端部应加工垂直、平整。

　　3　制作板齿极限承载力和抗滑移极限承载力试件时，应将齿板上位于木材端距 a_0 及边距 e_0 内的齿去除，去齿时不应损伤齿板的基板（图 11.2.7）。

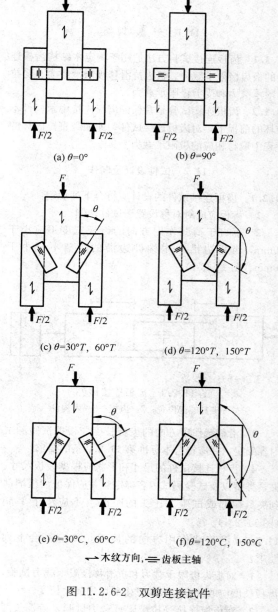

(a) $\theta=0°$　　(b) $\theta=90°$

(c) $\theta=30°T$，$60°T$　　(d) $\theta=120°T$，$150°T$

(e) $\theta=30°C$，$60°C$　　(f) $\theta=120°C$，$150°C$

➝ 木纹方向，= 齿板主轴

图 11.2.6-2　双剪连接试件

注：1　端距 a_0 为平行于试件木纹测量时，连接处齿板的最外列齿到木构件端部的距离，取 12mm 或 1/2 齿长的较大者；

2　边距 e_0 为垂直于试件木纹测量时，连接处齿板的最外排齿到木构件边沿的距离，取 6mm 或 1/4 齿长的较大者；

　　4　安装齿板时，应将板齿全部压入木材，齿板与木材间应无空隙，并且不得出现倒齿现象。

　　5　安装齿板时，不应使用钉子等进行定位。

11.2.8　齿板连接试件制作完成后，应在温度为 20℃±2℃、相对湿度为 65%±5% 的实验室放置至少 7d 后方可进行试验。

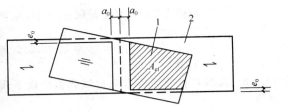

→ 木纹方向，═ 齿板主轴

图 11.2.7 齿板端距 a_0 及边距 e_0

1—齿板；2—木构件

11.3 试验设备与装置

11.3.1 齿板连接试件宜在万能试验机上进行试验，并应符合本标准第 3.3.1 条的有关要求。

11.3.2 测量试件变形时宜采用量程不小于 15mm 的位移测量仪，精度应为 0.01mm。位移测量仪应对称安装在未连接齿板一侧的木构件上。

11.3.3 当试验时的作用力为拉力时，齿板连接试件的夹具应保证加载过程中试件不出现打滑等现象，必要时应对夹具处的木构件进行加强。

11.3.4 安装齿板连接试件时，试件的轴心线应与试验机夹具的中心对齐。

11.3.5 安装图 11.2.4c 和图 11.2.4d 中水平木构件上的夹具时，应使夹具内侧边沿到齿板边沿的距离 x 在 $h/4 \sim h$ 之间。

11.4 试验步骤

11.4.1 试验前，应测量齿板基板的厚度，精确到 0.02mm。齿板连接试件加工完成后，应测量连接每侧齿板的长度和宽度，精确到 1.0mm，并应符合下列要求：

　　1 对板齿极限承载力和抗滑移极限承载力试件，应统计连接每侧齿板中板齿的数量。

　　2 对受拉极限承载力试件，应测量垂直于荷载作用方向的齿板宽度。

　　3 对受剪极限承载力试件，应测量平行于荷载作用方向的齿板受剪面长度。

11.4.2 制作齿板用钢板应按现行国家标准《金属材料 拉伸试验 第 1 部分：室温试验方法》GB/T 228.1 进行材性试验。

11.4.3 试验时实验室的温度和湿度应符合本标准第 3.3.2 条的规定。

11.4.4 应按 0.1 倍预估破坏荷载进行预加载，加载过程中不应出现夹具打滑等现象。

11.4.5 齿板连接试验的加载应匀速进行，并在 5min～20min 之内达到试件的极限承载力。当采用等位移加载时，加载速度应为 1.0mm/min±0.5mm/min，并记录加载速度。

11.4.6 当齿板连接试件破坏或者荷载出现明显下降

时，应停止加载。

11.4.7 对板齿极限承载力和抗滑移极限承载力试件，应在试验完成后立即在齿板先拔出一侧木构件上，在齿板和夹具之间靠近齿板附近切取一块厚度为 15mm 无缺陷的整截面木材，用于测试木材的含水率和全干相对密度。

11.4.8 试件破坏后应描绘并记录试件的破坏状况。

11.5 试验结果及整理

11.5.1 齿板连接试验记录可按表 11.5.1-1～表 11.5.1-3 进行。

表 11.5.1-1 板齿极限承载力和抗滑移
极限承载力试验记录表

试验类型	试件编号	齿板规格 $a \times b$ (mm)	连接一侧齿板尺寸 $a_1 \times b_1$ (mm)				连接一侧齿板齿数				木构件含水率 w (%)	全干相对密度 ρ	位移为 0.8mm 时荷载 (kN)	破坏荷载 (kN)	破坏形态
			左前	左后	右前	右后	左前	左后	右前	右后					
$a = 0°$ $\beta = 0°$															
$a = 0°$ $\beta = 90°$															
$a = 90°$ $\beta = 0°$															
$a = 90°$ $\beta = 90°$															
实验室温度　　空气相对湿度　　加载速度　　试验日期　　记录人															

注：a、a_1 表示平行于齿板主轴方向的齿板长度；b、b_1 表示垂直于齿板主轴方向的齿板长度。

表 11.5.1-2 齿板连接受拉极限承载力试验记录表

试验类型	试件编号	齿板规格 $a \times b$ (mm)	垂直于荷载方向的齿板宽度 l_w (mm)		破坏荷载 (kN)	破坏形态
			正面	背面		
$\beta = 0°$						
$\beta = 90°$						
实验室温度　　空气相对湿度　　加载速度　　试验日期　　记录人						

表 11.5.1-3　齿板连接受剪极限承载力试验记录表

试验类型	试件编号	齿板规格 $a \times b$ (mm)	齿板剪切面长度 l_v(mm)				破坏荷载 (kN)	破坏形态
			正面		背面			
			左	右	左	右		
$\theta = 0°$								
$\theta = 30°T$								
$\theta = 30°C$								
…								

实验室温度	空气相对湿度	加载速度	试验日期	记录人

11.5.2 板齿的极限强度试验值应按下式计算：

$$n_{r,u} = \frac{F_{a,\beta}}{2A_{ef}} \qquad (11.5.2)$$

式中：$n_{r,u}$——板齿的极限强度试验值（N/mm²），计算结果保留三位有效数字；

$F_{a,\beta}$——按本标准第 11.2.4 条的齿板连接试件进行试验所得板齿极限承载力试验值（N）；

A_{ef}——齿板表面有效面积（mm²），取连接一侧齿板覆盖木构件的面积减去端距 a_0 和边距 e_0 内的齿板面积（图 11.2.7）。

11.5.3 板齿的抗滑移极限强度试验值应按下式计算：

$$n_{s,u} = \frac{F_s}{2A_{ef}} \qquad (11.5.3)$$

式中：$n_{s,u}$——板齿的抗滑移极限强度试验值（N/mm²），计算结果保留三位有效数字；

F_s——按本标准第 11.2.4 条的齿板连接试件进行试验时，连接处产生 0.8mm 滑移时对应的承载力试验值（N）。

11.5.4 齿板连接受拉极限强度试验值应按下式计算：

$$t_{r,u} = \frac{F_{t,\beta}}{2l_w} \times \gamma \qquad (11.5.4)$$

式中：$t_{r,u}$——齿板连接受拉极限强度试验值（N/mm），计算结果保留三位有效数字；

$F_{t,\beta}$——按本标准第 11.2.5 条的齿板连接试件进行试验所得齿板连接受拉极限承载力试验值（N）；

l_w——齿板连接处垂直于荷载方向的齿板宽度（mm）；

γ——修正系数，按本标准第 11.5.6 条计算。

11.5.5 齿板连接受剪极限强度试验值应按下式计算：

$$v_{\theta,u} = \frac{F_{v,\theta}}{ml_v} \times \gamma \qquad (11.5.5)$$

式中：$v_{\theta,u}$——齿板连接受剪极限强度试验值（N/mm），计算结果保留三位有效数字；

$F_{v,\theta}$——按本标准第 11.2.6 条的齿板连接试件进行试验所得齿板连接受剪极限承载力试验值（N）；该值应取荷载-滑移曲线上的最大荷载值，若相连两木构件之间的相对滑移超过 6mm 或 6 倍齿板厚度的较大值，则应取该较大值所对应的荷载值；

m——齿板受剪面数目，单剪：$m=2$，双剪：$m=4$；

l_v——齿板连接处平行于荷载方向的齿板剪切面长度（mm）。

11.5.6 修正系数 γ 应按下式计算：

$$\gamma = \frac{f_u}{f_{us}} \qquad (11.5.6)$$

式中：f_u——用于制作齿板的钢板型号所规定的最小极限抗拉强度（N/mm²）；

f_{us}——用于制作齿板的钢板的极限抗拉强度实测值（N/mm²）。其值应取按本标准第 11.4.2 条测得的、扣除镀锌层厚度之后 3 个试件极限抗拉强度的平均值。

11.5.7 试验报告应包括下列内容：

1 木构件的尺寸、树种、密度和强度等级。

2 齿板的尺寸、齿板连接试件的尺寸。

3 齿板的特征，包括板齿的尺寸和间距、钢板涂层厚度以及用于制作齿板的钢板型号和力学性能（包括抗拉强度、屈服强度、伸长率等）。

4 齿板连接试件加工和试验时，木构件的含水率。

5 试验记录表。

6 齿板连接试件的破坏荷载、破坏形态、极限承载力、荷载-变形曲线等。

12　胶粘能力检验方法

12.1　一　般　规　定

12.1.1 胶粘能力检验方法适用于检验承重木结构所用胶粘剂的胶粘能力。

注：1 在木结构工程施工质量验收中，当需检测构件胶缝质量时，可按照附录 F 的规定进行；

2 当需评估新研制耐水性胶粘剂的胶粘耐久性时，可按照附录 G 的方法进行。

12.1.2 胶粘能力检验是根据木材用胶粘结后的胶缝在顺木纹方向的抗剪强度进行判别。

12.1.3 检验胶粘剂的胶粘能力时，应符合下列规定：

1 用于胶合的试条，应采用气干密度不小于 0.47g/cm³ 的红松、云杉或材性相近的其他软木松类木材或椴木、水曲柳制作。当采用其他树种木材时，应得到技术主管部门的认可。

2 木材胶合时，在温度为 20℃±2℃、相对湿度为 50%～70% 的条件下，应控制木材的含水率在 8%～10%。

3 胶液的黏度及其工作活性应符合附录 H 的检验要求。

4 检验每一批号的胶粘剂，应采用胶合成的两对试条制作胶粘试件。每对试条应制成 4 个胶粘试件，2 个胶粘试件做干态试验，2 个胶粘试件做湿态试验。根据每种状态 4 个胶粘试件的试验结果，按本标准第 12.5 节的判定规则进行判别。

12.2 试件设计及制作

12.2.1 试条由两块已刨光的 25mm × 60mm × 320mm 木条组成（图 12.2.1a），木纹应与木条的长度方向平行，年轮与胶合面的夹角应为 40°～90°，不得采用有木节、斜（涡）纹、虫蛀、裂纹或有树脂溢出的木材。

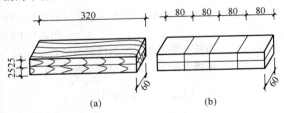

图 12.2.1 试条的形状与尺寸

12.2.2 试条的制作应符合下列要求：

1 试条胶合前，胶合面应重新细刨光达到保证洁净和密合的要求，边角应完整。

2 胶面应在刨光后 2h 内涂胶，涂胶前，应清除胶合面上的木屑和污垢。

3 涂胶后应放置 15min 再叠合加压，压力可取 0.4N/mm²～0.6N/mm²。

4 在胶合过程中，室温宜为 20℃～25℃。

5 对于热压固化胶粘剂，应采用与工艺相同的热压时间、温度和压力热压胶合试条。

6 试条应在室温不低于 16℃的加压状态下放置 24h，卸压后养护 24h，方可加工胶粘试件。

12.2.3 加工胶粘试件时，应将试条截成四块（图 12.2.1b），按图 12.2.3 所示的形式和尺寸制成 4 个顺纹剪切的胶粘试件。

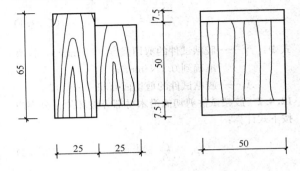

图 12.2.3 胶缝顺纹剪切胶粘试件

制成后的胶粘试件应用钢角尺和游标卡尺进行检查，胶粘试件端面应平整，并应与侧面相垂直，胶粘试件剪面尺寸的允许偏差应为 ±0.5mm。

12.3 试验要求

12.3.1 胶粘试件应放置于专门的剪切装置（图 12.3.1）中，并在木材试验机上进行试验，试验机测力盘读数的最小分格不应大于 150N；当采用数显测力系统时，其分辨率不应大于 150N。

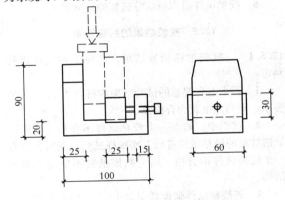

图 12.3.1 胶缝剪切试验装置

12.3.2 干态试验应在胶合后第三天进行，且不应晚于第五天；湿态试验应在胶粘试件浸水 24h 后立即进行。

12.3.3 胶粘试件的试验应符合下列要求：

1 试验前，应用游标卡尺测量试件剪切面尺寸，准确读到 0.1mm。

2 试件装入剪切装置时，应调整螺钉，使试件的胶缝处于正确的受剪位置。

3 试验时，应使试验机球座式压头与试件顶端的钢垫块对中，采用匀速连续加载方式，并保证试件在 3min～5min 内达到破坏。

4 试件破坏后，应记录荷载最大值，并应测量试件剪切面上沿木材剪坏的面积，且应精确至 3%。

12.4 试验结果及整理

12.4.1 胶粘试件的剪切强度应按下式计算：

$$f_{gv} = \frac{F_u}{A_v} \qquad (12.4.1)$$

式中：f_{gv}——胶粘试件的剪切强度（N/mm²），计算
准确到 0.1N/mm²；

A_v——胶粘试件的剪切面面积（mm²）。

12.4.2 胶粘试件剪切面沿木材部分破坏的百分率应
按下式计算：

$$p_v = \frac{A_t}{A_v} \times 100\% \qquad (12.4.2)$$

式中：p_v——剪切面沿木材部分破坏的百分率（%），
计算准确到 1%；

A_t——胶粘试件剪切面沿木材破坏的面积
（mm²）。

12.4.3 试验记录应包括下列内容：

1 胶的名称、批号和生产厂家。

2 胶粘试件的树种名称与材质情况。

3 胶粘试件尺寸的测量值。

4 加载速度。

5 破坏荷载和破坏特征。

6 胶粘试件沿木材部分破坏的百分率。

12.5 检验结果的判定规则

12.5.1 一批胶抽样检验结果，应按下列规则进行
判定：

1 若干态和湿态的试验结果均符合表 12.5.1 的
要求，则判该批胶为合格品。

2 试验中，如有一个胶粘试件不合格，则须以
加倍数量的胶粘试件进行二次抽样试验，此时若仍有
一个胶粘试件不合格，则应判该批胶不能用于承重
结构。

3 若胶粘试件强度低于表 12.5.1 的规定值，但
其沿木材部分破坏率不小于 75%，仍可认为该批胶
为合格品。

**表 12.5.1 承重胶合木结构用胶
胶粘能力的最低要求**

胶粘试件状态	胶缝顺纹剪切强度值（N/mm²）	
	红松等软木松类	栎木或水曲柳
干态	5.9	7.8
湿态	3.9	5.4

12.5.2 对常用的耐水性胶种，可仅做干态试验，并
应按本标准第 12.5.1 条的判定规则进行判别。

13 胶合指形连接试验方法

13.1 一 般 规 定

13.1.1 胶合指形连接试验方法适用于测定承重的整
体木构件的胶合指形连接和胶合木构件中单层木板的
胶合指形连接（以下简称指接）的抗弯强度。

13.1.2 指接的抗弯强度试验，除应符合本章的规定
外，尚应符合本标准第 3 章、第 4 章和第 5 章的有关
规定。

13.1.3 指接必须是用专门的木工铣床加工成的，且
在木材端头形成的指形接头。指榫（图 13.1.3）的
几何关系应按下列公式计算：

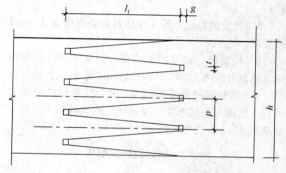

图 13.1.3 指榫的几何关系

l_f—指接长度（指长），指榫根部至指顶的长度；p—指
距，两相邻指榫中线之间的距离；t—指顶宽，指榫顶
部的宽度；g—指顶隙，两指榫对接胶合后，指顶与对
应谷底之间的空隙；h—木板厚

$$z = (p - 2t) / [2(l_f - g)] \qquad (13.1.3-1)$$
$$\delta = t/p \qquad (13.1.3-2)$$

式中：z——指接的指斜率，即指榫侧面的斜率；

δ——指榫宽距比，即指顶宽与指距之比。

13.2 试 件 设 计

13.2.1 制作指接试件用的试材和胶合工艺，除应符
合本标准外，尚应符合现行国家标准《木结构设计规
范》GB 50005 的有关规定。

13.2.2 指接的指榫长度不应小于 20mm。指接应位
于指接试件长度的中央，在指接试件中央 1/2 长度范
围内不得有任何木节和其他缺陷，试件的其余部分不
得有较大的缺陷。

13.2.3 对承重的整截面指接胶合木材，指接试件的
高度不应小于 75mm，在截面的最小边内不得少于 3
个指榫。

试验应取 30 个指接试件，其中 15 个试件在截面
为立放条件下进行试验（图 13.2.3-1）；其余 15 个试
件在截面为平放条件下进行试验（图 13.2.3-2）。

13.2.4 叠层胶合木构件中单层木板指接的试件应符

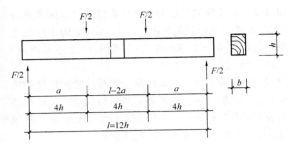

图 13.2.3-1 整截面指接试件截面
立放位置的试验

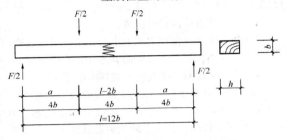

图 13.2.3-2 整截面指接试件截面
平放位置的试验

合下列要求：

1 试件的宽度（木板的宽度）宜采用 100mm。

2 当采用一般针叶材和软质阔叶材时，试件的截面高度（即木板厚度）不得大于 40mm。

3 当采用硬木松或硬质阔叶材时，试件截面高度不宜大于 30mm。

试验应取 15 个指接试件，在试件截面为平放条件下进行试验（图 13.2.4）。

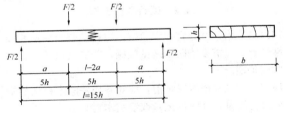

图 13.2.4 单层木板指接试验

13.3 试 验 步 骤

13.3.1 木材指接抗弯强度的测定，应采用三分点加载并应按本标准第 5.4.1 条及第 5.4.4 条的有关规定进行试验。

13.3.2 对承重的整截面构件的指接试验，试件的跨度与受力方向截面高度的比值应取 12，加载点至反力支座之间的距离应取截面高度的 4 倍（图 13.2.3-1、图 13.2.3-2）。

13.3.3 对叠层胶合木中单层木板的指接试验，试件的跨度与截面高度的比值应取 15，加载点至反力支座之间的距离应取截面高度的 5 倍（图 13.2.4）。

13.3.4 试件的荷载最大值、破坏形式、加载至破坏

所经历的时间、木材的含水率及气干密度应作记录。测定含水率和气干密度的试件应从指接接头的两侧各取 3 个。

13.4 试验结果及整理

13.4.1 对指长不小于 20mm 的木材指接抗弯强度试验，试件的破坏形式为下列情况之一者属于正常破坏：

1 木材在指榫根部破坏。

2 沿指榫的胶合缝破坏，但沿木材部分破坏的百分率不小于 75%。

13.4.2 承重的整截面指接木材的胶合指接抗弯强度应按下列公式计算：

1 当试件截面为立放位置时（图 13.2.3-1）：

$$f_{fm} = \frac{3aF_u}{bh^2} \qquad (13.4.2-1)$$

2 当试件截面为平放位置时（图 13.2.3-2）：

$$f_{fm} = \frac{3aF_u}{hb^2} \qquad (13.4.2-2)$$

式中：f_{fm}——整截面胶合指形连接的抗弯强度（N/mm^2），应记录和计算到三位有效数字。

13.4.3 叠层胶合木构件中单层木板的胶合指接抗弯强度应按下式计算：

$$f_{fm} = \frac{3aF_u}{bh^2} \qquad (13.4.3)$$

式中：f_{fm}——单层木板胶合指形连接的抗弯强度（N/mm^2），应记录和计算到三位有效数字；

h——试件的截面高度，取单层木板的厚度（mm）。

13.4.4 指接抗弯强度的标准值应按下式计算：

$$f_{fm,k} = \overline{x} - 1.991s \qquad (13.4.4)$$

式中：$\overline{x}$——15 个胶合指形连接抗弯强度试验值的平均值，其值可按本标准中的公式（4.2.2）计算；

s——15 个胶合指形连接抗弯强度试验值的标准差，其值可按本标准中的公式（4.2.3）计算。

13.4.5 指接试件指榫的几何尺寸、胶合条件及抗弯强度等应分别按表 13.4.5-1、表 13.4.5-2 和表 13.4.5-3 填写。

表 13.4.5-1 指榫的几何尺寸

指长 l_f (mm)	指距 p (mm)	指顶宽 t (mm)	指顶隙 g (mm)	指斜率 $z = (p - 2t)/$ $[2(l_f - g)]$	宽距比 $\delta = t/p$

表 13.4.5-2　指接的胶合条件

胶粘剂品种	纵向压力(N/mm²)	侧压力(N/mm²)	车间温度(℃)	固化和养护制度

表 13.4.5-3　指接试件抗弯试验结果

试件类型	试件编号	破坏荷载 F_u (N)	达到破坏时间(s)	试件截面高度 h (mm)	试件截面宽度 b (mm)	试件跨度 l (mm)	加载点到支座距离 a (mm)	弯曲强度 f_{fm} (N/mm²)	含水率 w (%)	气干密度(g/cm³)	破坏形式

14　桁架试验方法

14.1　一般规定

14.1.1　桁架试验方法适用于普通木桁架、胶合木桁架、钢木桁架以及轻型木桁架的短期静力试验。

14.1.2　试验的桁架应按下列要求进行验算，并应核定其设计荷载：

1　对木构件及其连接，应按国家现行标准《木结构设计规范》GB 50005 或《轻型木桁架技术规范》JGJ/T 265 的有关要求进行验算。

2　除桁架的保险螺栓、系紧螺栓以及轻型木桁架的齿板连接节点外，桁架中的其他钢材部分应按现行国家标准《钢结构设计规范》GB 50017 的有关要求进行验算。

3　对破坏性试验的桁架，其加载点处木材的局部承压应力应按能承受 3 倍以上设计荷载进行验算。

14.1.3　当专门检验桁架中木构件及其连接的破坏强度时，桁架中的钢拉杆及其连接应进行加强设计以保证能承受 3 倍以上设计荷载；加强设计的钢拉杆及其连接，不应损伤节点部位的木材，其构造应便于安装。

14.2　试验桁架的选料及制作

14.2.1　验证性试验桁架的选料应符合下列要求：

1　桁架中各类木构件的材质等级应符合国家现行标准《木结构设计规范》GB 50005 或《轻型木桁架技术规范》JGJ/T 265 的有关规定，不得采用其他等级的木材代替。木材的强度应按现行国家标准《木结构设计规范》GB 50005 的有关规定进行强度等级检验。

2　轻型木桁架中使用的齿板及连接件应符合国家现行标准《轻型木桁架技术规范》JGJ/T 265 的有关规定。

3　桁架中所用钢材，除应有出厂检验合格证明外，尚应在使用前抽样测定其抗拉强度、屈服强度、伸长率，对圆钢还应进行冷弯试验。

14.2.2　验证性试验桁架的制作质量应符合国家现行标准《木结构设计规范》GB 50005、《木结构工程施工质量验收规范》GB 50206 及《轻型木桁架技术规范》JGJ/T 265 的有关要求。

14.2.3　检验性试验桁架应从一批被检验的桁架中按检验目的选取，或按送来的原样进行试验。被试验的桁架应按现行国家标准《木结构工程施工质量验收规范》GB 50206 的有关要求评定其质量。

14.3　试验设备

14.3.1　桁架试验的加载系统应符合下列要求：

1　加载装置应经设计验算。

2　传力装置应保证力的大小和作用位置的准确。

3　不应因桁架变形较大而导致加载系统失效。

4　应保证加载系统在桁架破坏时的安全。

14.3.2　试验时支承桁架用的支座应符合下列要求：

1　桁架的两个支座中，一个应为固定铰座，另一个应为活动铰座，支座上的垫板及其他配件应按能承受 3.5 倍以上的设计荷载进行设计。

2　在静力台上进行试验时，桁架的支座宜采用可调整高度和对中的工具式活动钢支座。

3　若无静力台或在现场进行试验，支墩及其基础应经验算，不得有明显的不均匀沉降或侧倾，两个支墩之间的距离应等于桁架的跨度，允许偏差应为±10mm，两支墩高度的相对偏差不应大于 5mm。

14.3.3　试验桁架应根据试验目的设置上弦侧向支撑，侧向支撑的构造应牢固，但不得妨碍桁架在荷载平面内的自由移动，也不得对桁架工作起卸载作用。

14.4　试验准备工作

14.4.1　桁架试验宜在实验室内进行。若为现场检验性试验，应搭设能防雨的试验棚，若遇大风天气，试验应延期。

14.4.2　试验桁架安装前，应对各构件的木材天然缺陷进行测量，并作出记录或绘制木材缺陷分布图。

14.4.3　轻型木桁架试验前，应记录齿板的安装位置、齿板尺寸及节点处杆件之间的安装缝隙。

14.4.4　试验桁架安装就位后，其安装偏差不应超出现行国家标准《木结构工程施工质量验收规范》GB 50206 规定的允许偏差；轻型木桁架的安装偏差不应超出现行行业标准《轻型木桁架技术规范》JGJ/T 265 规定的允许偏差。

14.4.5　试验仪表的安装应符合试验设计的要求，应有防止意外触动和损坏的保护措施，并应保证测读的方便和安全。

14.5　桁架试验

14.5.1　试验桁架的加载点应符合桁架实际工作情况，当无专门要求时，可仅在上弦加载。

14.5.2 加载前，应记录力传感器及位移传感器读数或进行调零操作。

14.5.3 桁架试验可采用分级加载制度（图 14.5.3a）或连续加载制度（图 14.5.3b），试验的加载程序（图 14.5.3）应分为三个加载阶段：预加载阶段（T_1）、标准荷载加载阶段（T_2）、破坏性加载阶段（T_3）。

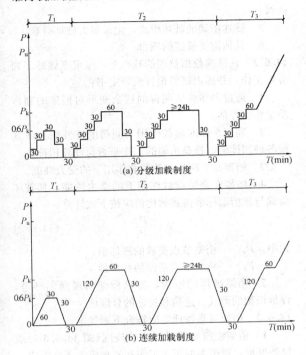

图 14.5.3　桁架试验加载程序

注：标准荷载 $P_k = 1.0$ 恒载 $+1.0$ 活载。

14.5.4 当采用分级加载制度（图 14.5.3a）时，加载阶段 T_1 的加载程序应符合下列规定：

1　按照每级荷载 $0.2P_k$ 加载至 $0.6P_k$，每级加载的时间间隔宜为 30min，加载至 $0.6P_k$ 后持荷 30min。

2　分两级卸载，每级卸载的时间间隔宜为 30min，空载 30min 后测读残余变形。

14.5.5 当采用连续加载制度（图 14.5.3b）时，加载阶段 T_1 的加载程序应符合下列规定：

1　采用恒定速率加载至 $0.6P_k$，加载时间宜为 60min，加载至 $0.6P_k$ 后持荷 30min。

2　按照恒定速率卸载，卸载时间宜为 30min，空载 30min 后测读残余变形。

14.5.6 当采用分级加载制度（图 14.5.3a）时，加载阶段 T_2 的加载程序应符合下列规定：

1　应在每级加载及每级卸载完成后每隔 10min 测读一次数据。

2　按每级荷载 $0.2P_k$ 加载至 P_k，每级加载的时间间隔宜为 30min，加载至 P_k 后持荷 60min。

3　持荷完成后分两级卸载，时间间隔宜为 30min，卸载完成后，空载 30min。

4　再次按每级荷载 $0.2P_k$ 加载至 P_k，每级加载的时间间隔宜为 30min，加载至 P_k 后持荷 24h，持荷期间每 60min 测读一次数据。对变形收敛较慢的桁架，持荷时间应适当延长。

5　持荷完成后，分两级卸载，时间间隔为 30min，空载 30min 后按本标准第 14.5.8 条进行破坏性加载。

14.5.7 当采用连续加载制度（图 14.5.3b）时，加载阶段 T_2 的加载程序应符合下列规定：

1　应在加载及卸载期间每隔 10min 测读一次数据。

2　采用恒定速率加载至 P_k，加载时间宜为 120min，加载至 P_k 后，持荷 60min。

3　按照恒定速率卸载，卸载时间宜为 30min，卸载完成后空载 30min。

4　按照恒定速率加载至 P_k，加载时间宜为 120min，加载至 P_k 后持荷 24h，持荷期间每 60min 测读一次数据。对变形收敛较慢的桁架，持荷时间应适当延长。

5　按照恒定速率卸载，卸载时间宜为 30min，空载 30min 后按本标准第 14.5.9 条进行破坏性加载。

14.5.8 当采用分级加载制度（图 14.5.3a）时，加载阶段 T_3 应按每级荷载 $0.2P_k$ 加载至 P_k，每级加载的时间间隔宜为 30min，加至 P_k 后持荷 60min；应在每级加载完成后及持荷期间每隔 10min 测读一次数据，持荷完成后应分别按下列三种情况继续加载：

1　对桁架中钢拉杆及其连接未按本标准第 14.1.3 条规定进行加强设计的桁架，应按每级荷载 $0.1P_k$ 加载至桁架破坏，每级加载的时间间隔为 10min，每级加载完成后应立即测读数据。

2　对桁架中钢拉杆及其连接已按本标准第 14.1.3 条规定进行加强设计的桁架，应按每级荷载 $0.2P_k$ 加载至 $2.0P_k$，每级加载的时间间隔为 10min，然后按每级荷载 $0.1P_k$ 加载至桁架破坏，每级加载的时间间隔为 10min。每级加载完成后应立即测读数据。

3　对轻型木桁架，应按每级 $0.2P_k$ 进行加载，每级加载的时间间隔为 10min，加载过程中观察杆件及节点状况，若齿板连接节点出现可见滑移或者板齿拔出，按每级荷载 $0.1P_k$ 加载至桁架破坏，每级加载的时间间隔为 10min。每级加载完成后应立即测读数据。

14.5.9 当采用连续加载制度（图 14.5.3b）时，加载阶段 T_3 应采用恒定速率加载至 P_k，加载时间宜为 120min，加载至 P_k 后，持荷 60min；应在加载及持荷期间每 10min 测读一次数据，持荷完成后应分别按下列三种情况继续加载：

1　对桁架中钢拉杆及其连接未按本标准第 14.1.3 条规定进行加强设计的桁架，应按 $0.010P_k$/

min 的加载速率加载至桁架破坏，每 10min 测读一次数据。

2 对桁架中钢拉杆及其连接已按本标准第 14.1.3 条规定进行加强设计的桁架，应按 $0.020P_k$/min 的加载速率加载至 $2.0P_k$，然后按 $0.010P_k$/min 的加载速率加载至桁架破坏，每 10min 测读一次数据。

3 对轻型木桁架，应按 $0.020P_k$/min 的加载速率加载，加载过程中观察杆件及节点状况，若齿板连接节点出现可见滑移或者板齿拔出，应按 $0.010P_k$/min 的加载速率加载至桁架破坏，每 10min 测读一次数据。

14.5.10 对破坏性试验的桁架，凡桁架出现下列破坏情况之一时，应终止试验：

1 桁架中任一杆件或连接失去其承载能力。

2 桁架的挠度突然急剧增大，在图 14.5.10 中其挠度差 $\Delta\omega$ 出现转折点。

3 桁架中任一节点连接处的木材发生劈裂或连接的变形超过下列数值：

节点连接的承压变形 8mm；
螺栓连接的下弦拉力接头的相对滑移 20mm。

4 对轻型木桁架，加载中出现齿板连接破坏或者荷载降至峰值荷载的 80% 以下。

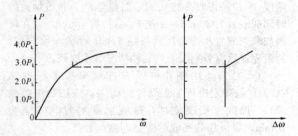

图 14.5.10 破坏试验时 $P\text{-}\omega$ 图

14.5.11 当桁架濒临破坏时，应以文字描述和绘图或拍照等方式记录其破坏全过程的实况；荷载超过 $2.0P_k$ 后，严禁非指定观察人员接近现场。

14.5.12 桁架破坏后，应立即在破坏处附近锯取小试件，并应符合下列要求：

1 木材含水率试件：沿构件长度方向取厚度 15mm 的整截面试片一片，立即进行第一次称量。

2 标准小试件：

1）若桁架为上弦压弯破坏，取顺纹受压及抗弯强度试件各 5 个；

2）若桁架为端部剪切破坏，取顺纹受压和顺纹受剪试件各 5 个；

3）在测定杆件应变附近部位取 5 个抗弯弹性模量试件，并立即测定该部位的木材含水率。

14.6 试验结果及整理

14.6.1 试验结束后，应按下列要求对试验记录进行整理：

1 绘制上、下弦节点的荷载-位移图。

2 绘制主要连接节点的荷载-变形（结合缝或齿板连接节点的相对滑移）关系曲线。

3 绘制主要杆件的荷载-应变关系曲线。

4 绘制桁架在破坏试验过程中的荷载-位移曲线。

5 描述桁架的破坏模式，记录最大破坏荷载。

6 其他需要描述的项目。

14.6.2 在试验数据整理的基础上，应重点做好下列分析工作，并提出试验报告或鉴定书：

1 通过预加载后测得的残余变形对桁架的制作质量作出评估。

2 利用在标准荷载作用下测得的杆件应力或其他各种测读值，检验桁架的工作是否与计算相符。

3 桁架在半跨标准活荷载作用下的受力性能。

4 桁架在全跨荷载作用下的受力性能，其破坏荷载与该桁架标准荷载的比值应按下式计算：

$$k = \frac{P_u}{P_k} \qquad (14.6.2)$$

式中：P_u——桁架节点荷载的破坏值；

P_k——桁架节点荷载的标准值。

5 桁架破坏的原因，寻求桁架的最薄弱环节，评价桁架的形式、连接和构造的合理性。

14.6.3 桁架可靠性评定应符合下列规定：

1 桁架在预加载时的初始挠度（图 14.6.3-1）或松弛变形，对桁架的正常工作和外观应无不良影响。

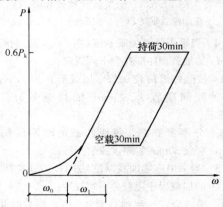

图 14.6.3-1 预加载的 $P\text{-}\omega$ 图
ω_0—初始挠度；ω_1—预加载的残余挠度
（即第一次残余挠度）

2 轻型木桁架在标准荷载作用下的杆件变形及节点挠度应小于现行行业标准《轻型木桁架技术规范》JGJ/T 265 规定的变形限值；其他桁架在标准荷载作用下的相对挠度 ω/l（图 14.6.3-2）不应大于 1/500。

3 桁架在标准荷载下主要连接节点的变形（连接缝的相对滑移），不应大于下列数值：

1）直接抵承连接 0.5mm；

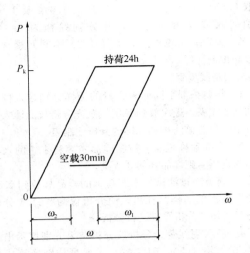

图 14.6.3-2　全跨荷载试验时桁架 P-ω 图

ω—全跨标准荷载作用下的最大挠度；ω_1—全跨标准荷载作用下持续期间的挠度增量；ω_2—全跨标准荷载试验时的残余挠度(第二次残余挠度)

　　2)齿连接　　　　　　　　　1.0mm；
　　3)螺栓连接　　　　　　　　 2.0mm。

　　4　桁架最大破坏荷载与标准荷载之比值 k：对于一般木桁架，当木构件部分破坏时，不应小于2.5；对新结构，不应小于3.0。

附录 A　木材防护剂透入度和保持量的测定方法

A.1　一　般　规　定

A.1.1　本方法适用于测定木材防护剂中含铜、锌、铬、砷、五氯酚等化学药剂的透入度和保持量。

A.1.2　当需测定木材防护剂的透入度作定性分析时，应采用化学药剂显色并测量木材样品被浸润部分显色长度的方法。

A.1.3　当需测定木材防护剂的保持量作定量分析时，可采用化学滴定方法或 X 射线荧光分析仪的方法。当采用化学滴定法测定防护剂的保持量时，可按现行行业标准《水载型防腐剂和阻燃剂主要成分的测定》SB/T 10404 进行。

A.2　被测样品的选择和制备

A.2.1　测定木材防护剂透入度和保持量的样品选择应具有代表性，取样部位应避开裂纹、木节、刻痕孔和避免"端部浸透"的影响。用空心钻钻取木芯样品的数量和长度应符合现行国家标准《木结构工程施工质量验收规范》GB 50206 的有关规定。

A.2.2　当测定木材防护剂的保持量时，尚需将干状木芯样品用打击器或锤磨机粉碎成可通过 36 号试验筛的木芯粉末。

A.3　木材防护剂透入度的测定

A.3.1　仪器设备

测定木材防护剂透入度可采用表 A.3.1 的设备。

表 A.3.1　测木材防护剂透入度的设备

设备名称	空心钻	平板直尺	指示剂瓶		表面皿
设备要求	孔径 $\phi5mm$ 或 $\phi10mm$	量程 150mm	棕色带滴管，100mL	白色带滴管，100mL	直径 $\phi70mm$ 或 $\phi90mm$

A.3.2　指示剂配制

　　1　对含铜防护剂，应采用 0.5g 铬天青和 5g 醋酸钠先后溶于 80mL 蒸馏水中混匀成浓缩液，然后再稀释至 500mL 蒸馏水溶液作为显色剂储存备用。

　　2　对含砷防护剂，应采用三种显色剂联合使用：

　　　1)　1 号显色剂：取 3.5g 钼酸铵溶于 90mL 蒸馏水，再加入 9mL 浓盐酸，限当天使用；

　　　2)　2 号显色剂：取 1g 茴香胺（邻氨基苯甲醚）溶于 99g 的浓度为 1.7% 的稀盐酸中，储存在棕色瓶备用，有效期 7d；

　　　3)　3 号显色剂：取 30g 氯化亚锡溶于 100mL 的 1：1 的盐酸溶液中（1 份浓盐酸加 1 份水），储存在棕色瓶备用，有效期 7d。

　　3　对含铬防护剂，应采用 0.5g 羟基萘磺酸溶于 100mL 的浓度为 1% 的硫酸溶液中作为试液备用。

　　4　对含五氯酚防护剂，应采用 4.0g 醋酸铜溶于 100g 的水中，再溶入 0.5g 乳化剂备用；取 0.4g 醋酸银溶于 100g 的水中备用。临试验时，将以上两种溶液再加异丙醇和蒸馏水等量合并，混合均匀，注入滴瓶作为试液备用。

　　5　对含锌防护剂，应采用铁氰酸钾、碘化钾和淀粉（可溶）各 1g，分别溶入 100mL 蒸馏水中备用，其中可溶淀粉须先用少许水浸湿，然后加水至 100mL，并在烧杯中加热，不断搅拌直到全部溶解。试验时，将三种溶液各取 10mL 混匀作为显色剂使用，有效期 3d。

A.3.3　试验步骤

　　1　测定含铜防护剂的透入度，应将它的显色剂分装于 50mL 滴管玻瓶中并顺滴在木芯上，凡含铜的木芯部分应立即显示深蓝色。

　　2　测定含砷防护剂的透入度，应将三种显色剂分装于滴管玻瓶中，并按 1、2、3 号显色剂的顺序先后点滴在木芯上，每种显示剂浸入木芯后应干燥 1min，当三种显色剂试验完毕时，含砷的木芯部分应呈蓝绿色，无砷部分呈橙红色。

　　3　测定含铬防护剂的透入度，应将木芯放置在白色滤纸上并用试液不断滴在木芯上，经过 10min 后予以冲洗，然后检测滤纸，若呈现紫红色的部分，则证明该部分的铬未起固定作用，CCA（铜、铬、砷）防护剂有流失的可能性。

4 测定含五氯酚石油防护剂的透入度，应在测试的木芯上滴浸它的显色剂，则含五氯酚的木芯部分立即显示红色；无五氯酚的木芯部分，若木芯木材为松木类时呈绿色，木材为花旗松类时呈黄色或橄榄色。

5 测定含锌防护剂的透入度，应将它的三种显示剂各取 10mL 混匀后，直接点滴在木芯上，含锌的木芯部分应立即呈深蓝色，无锌的木芯部分应保持原色。

6 测定有色的木材防腐油、环烷酸铜石油等防护剂的透入度，可直接在木芯上测量，对浅色的环烷酸铜、五氯酚石油，允许采用含有 5% 的红染料（碳酸钙）干粉喷刷显色。

A.3.4 试验结果及判别

每个试件试验完毕后应按下列规定进行记录和判别：

1 木材防护剂的透入度应以测定木芯显色部分的长度（mm）来表示。

2 测量木芯显色部分的长度宜将试样放置在距离眼睛适当的位置用平板直尺测量，每一试件应测量三次，取其平均值，并记录和计算到三位有效数字。

3 当无双方协议时，该批试样的木材防护剂透入度的平均值，若符合现行国家标准《木结构工程施工质量验收规范》GB 50206 的有关规定值时，则应判定为质量合格。

A.4 用 X 射线荧光分析法测定含铜、铬、砷防护剂的保持量

A.4.1 仪器及设备

采用 X 射线荧光分析应具备表 A.4.1 的仪器和设备，并经检验合格。

表 A.4.1 用 X 射线荧光分析的设备

设备名称	X射线荧光分析仪	高速剪切混合乳化机	精密微量天平	托盘天平	电热恒温干燥箱	容量瓶
设备要求	200系列	实验用	分度值为0.001mg		具有自动定温装置	250mL
数 量	1台	1台	1台	1台	1台	5个

A.4.2 标样制作

1 制作标样应按 CCA（铜铬砷）防护剂标准配方分别称取共 70g（准确至 0.001g），加蒸馏水 30g 按工艺要求在实验用高强剪切混合乳化机内配制成有效浓度为 70% 的 CCA 木材防护剂。

2 应从有效浓度为 70% 的 CCA 木材防护剂中

称取 0.45g、0.75g、1.04g、1.34g、1.64g 及 1.94g 分别装入 6 个容量瓶内，并分别稀释为 0.3%、0.5%、0.7%、0.9%、1.1% 及 1.3% 不同元素含量的该防护剂标样。

A.4.3 测试步骤

1 将防护剂不同元素含量的标样分别装入样品杯加到 3/4 满，逐次放到 X 射线荧光分析仪的输入分析仪中，设置该防护剂标样的分析配制表。

2 应准确称量 40g 被测样品木芯粉末，倒入样品杯并宜压实到样品杯的 3/4 满。

3 将盛有被测试的木芯粉末的样品杯放到 X 射线荧光分析仪的样品孔里，使分析仪为"CCA 分析状态"并按"分析"键进行分析。

4 将 X 射线荧光分析仪分析结果分别显示出的铜（Cu）、铬（Cr）、砷（As）元素量分别换算成相应的氧化物量（CuO，CrO_3，As_2O_5）或干盐量（$CuSO_4 \cdot 5H_2O$，$Na_2Cr_2O_7 \cdot 2H_2O$，$As_2O_5 \cdot 2H_2O$）。

A.4.4 结果计算

1 经防护剂处理的木材中含 CCA 的有效成分重量百分率（%）应按下式计算：

$$T = \frac{C}{W_0} \times 100\% \qquad (A.4.4\text{-}1)$$

式中：C——被测试的样品中含各种氧化物量或干盐量的总和（g）；

W_0——被测试的木芯粉末的重量（g）。

2 经防护剂处理的干燥木材中含 CCA 的保持量应按下式计算：

$$D = \frac{T \times \rho_0}{100} \qquad (A.4.4\text{-}2)$$

式中：D——CCA 的保持量（有效成分氧化物或干盐）（kg/m³）；

T——有效成分重量百分率（%）；

ρ_0——木材烘干后的密度（kg/m³）。

3 当需测定干燥木材的密度时，应在被测试木材中取 75mm×50mm×25mm 的木块在 105℃ 的恒温干燥箱中烘至恒重以计算其密度。

A.5 石灰煅烧银量滴定法测定五氯酚防护剂的保持量

A.5.1 适用范围及方法要点

本方法是将五氯酚燃烧，使其中的氯原子转化为氯离子（释出原子与氢氧化钙），然后用银定量法测氯，并换算成五氯酚含量。本方法适用于任何含氯的有机物。

A.5.2 仪器

使用的仪器应包括：马福炉（能恒温在 800℃～900℃ 之间）、瓷坩埚（带盖 100mL）、酸滴定管、碱

滴定管、烧杯、抽滤器。

A.5.3 试剂及试剂制备

氢氧化钙：分析纯、粉末状。

硝酸钾：分析纯、粉末状。

浆硝酸：分析纯。

0.1N 的 $AgNO_3$ 溶液：取 16.9g 分析纯硝酸银溶解于 1000mL 的溶量瓶，并稀释到刻度。然后以荧光黄做指示剂，以三个锥形瓶分别称量 0.14g～0.15g 分析纯氯化钠，用 100mL 水稀释，滴入 2 滴～3 滴荧光黄指示剂，以该硝酸银溶液进行滴定，得出其准确当量浓度。

0.1N 的 NH_4CNS 溶液：称量 7.6g 分析纯硫氰酸铵，在 1000mL 容量瓶中稀释到刻度，然后以硫酸铁铵硝酸溶液（铁铵矾）做指示剂，用标准 0.1N 硝酸银溶液进行滴定，得出其准确当量浓度。

铁铵矾指示剂：10g 硫酸铁铵溶于 10mL 浓硝酸稀释到 100mL。

A.5.4 测试步骤

1 在 100mL 瓷坩埚中放入 10g1∶9 硝酸钾、氢氧化钙混合物，称重，用骨勺在混合物上做一小窝，将被测样品木芯粉末 5g 倒入后再覆上 20g 该混合物，称重。

2 上述坩埚盖好，放入调温在 800℃～900℃ 的马福炉中，燃烧半小时。

3 取出冷却，转移燃烧后的混合物于 400mL 烧杯中，用少量硝酸洗涤坩埚，再用蒸馏水洗两次，一并倒入烧杯。

4 在置于冷水浴的烧杯中慢慢加入硝酸进行中和，直到溶液使刚果红试纸呈蓝色为止。

5 在中和后的溶液中滴进 15mL 标准的 0.1N 硝酸银溶液，以玻璃棒搅拌到生成的白色氯化银胶状沉淀被絮凝。

6 抽吸过滤，用蒸馏水洗两次沉淀，滤液应澄清。转移入锥形瓶中，滴入 3 滴～4 滴指示剂，以 0.1N 的 NH_4CNS 溶液滴定到溶液呈红色为止。记录 NH_4CNS 标准溶液的滴定用量。

A.5.5 结果计算

防护木材中五氯酚的含率应按下式确定：

$$PCP = \frac{266.5N_2\left(15 - \frac{N_1 V}{N_2}\right)}{5W_0} \quad (A.5.5)$$

式中：PCP——防护剂中五氯酚的含率（%）；

N_1——NH_4CNS 溶液的准确当量浓度；

N_2——$AgNO_3$ 溶液的准确当量浓度；

V——NH_4CNS 标准溶液的滴定用量（mL）；

W_0——被测样品木芯粉末的重量（g）。

附录 B　我国部分城市木材平衡含水率估计值

表 B　我国部分城市木材平衡含水率估计值（%）

城市	月份												年平均
	一	二	三	四	五	六	七	八	九	十	十一	十二	
克山	18.0	16.4	13.5	10.5	9.9	13.3	15.5	15.1	14.9	13.7	14.6	16.1	14.3
齐齐哈尔	16.0	14.6	11.9	9.4	9.0	12.5	15.1	13.8	12.9	13.5	14.5		12.9
佳木斯	16.0	14.8	13.2	11.0	10.3	13.2	15.5	14.5	13.0	13.9	14.9		13.7
哈尔滨	17.2	15.1	12.2	9.7	9.1	13.2	15.9	15.2				15.2	13.6
牡丹江	15.8	14.2	12.0	11.9	11.4	13.0	15.0	14.9				16.0	13.9
长春	14.3	13.8	11.7	10.9		15.7	14.3	15.5	14.6	13.8	14.6		13.3
四平	15.2	13.7	11.4	11.1		13.8	14.9	15.4					13.4
沈阳	14.1	13.1	12.0	11.1	11.3	14.2	15.6	15.6	14.9	14.2	14.5		13.4
大连	12.6	12.8	12.0	12.0	12.0	14.3	15.7	16.2				13.0	13.0
乌兰浩特	12.5	11.3	9.9	9.1	8.6	11.9	13.0	12.1	11.9	11.1	12.4	12.8	11.2
包头	12.2	13.4	11.8	9.8	9.9	11.2	14.2	13.9	12.2	11.0	11.5	13.4	10.7
乌鲁木齐	16.0	18.8	15.5	14.6	9.6	8.8	8.0	8.7	11.2	15.9	18.7		12.1
银川	13.6	12.8	12.9	11.3	11.5	11.8	13.5	13.0	12.6	11.9	13.8	14.1	11.8
兰州	13.5	12.0	10.1	9.4	8.3	11.2	11.4	11.9	12.0	11.5	12.2	14.3	11.2
西宁	12.0	11.0	10.9	9.5	8.0	12.2	12.6	12.7	11.8	12.8			11.5
西安	13.7	14.2	13.4	13.1	13.0	15.4	17.2	16.9			14.3		14.3
北京	10.3	10.7	11.4	8.5	9.4	11.8	15.2	12.2	12.2	12.4	10.8		11.4
天津	11.6	12.1	11.6	9.7	10.5	14.4	14.4	15.2	13.3	13.5		12.1	12.1
太原	12.3	11.6	10.9	9.1	9.2	12.6	15.0	15.2				11.7	11.7
济南	12.3	12.8	11.1	9.0	9.3	11.9	14.8	14.1	11.0	11.9		12.8	11.7
青岛	13.2	14.0	13.9	14.6	17.1	20.0	18.3	16.7	12.5	13.1	13.5		14.4
徐州	15.7	14.6	12.4	12.7	12.0	14.0	15.1	14.3	12.8	13.0	14.1		13.9
南京	14.9	15.7	14.7	14.9	14.0	17.1	15.1	15.0	14.8	14.5	14.5		14.9
上海	15.8	16.8	15.8	15.8	14.9	17.0	15.7	15.7	15.1	15.2	15.9		16.0
芜湖	16.9	17.1	17.0	16.2	16.0	17.3	14.7	14.8	15.9	15.9	16.3		15.8
杭州	15.4	18.0	18.0	16.3	15.0	18.0	16.5	16.1	15.6	16.5	17.0		16.5
温州	15.9	18.1	19.0	18.4	19.7	19.9	18.0	17.0	17.1	14.9	15.1		17.3
崇安	14.7	16.5	16.9	15.3	15.5	17.6	15.6	14.5	14.7	13.5	15.2		15.0
南平	15.8	17.1	16.6	17.0	16.7	14.8	14.9	14.9	15.8	16.4			16.1
福州	15.1	16.8	17.1	16.7	16.6	16.3	14.5	14.2	13.4	13.5			15.6
永安	16.5	17.7	17.0	16.7	16.5	15.9	15.2	14.9	15.3	16.0	17.7		16.3
厦门	14.5	15.5	16.6	15.4	16.4	16.6	14.3	13.4	13.4	13.8			15.2
郑州	13.2	14.0	14.1	11.2	10.6	10.2	14.5	14.5	12.4	13.4	13.0		12.4

城市	月　　　份												年平均
	一	二	三	四	五	六	七	八	九	十	十一	十二	
洛阳	12.9	13.5	13.0	11.9	10.6	10.2	13.7	15.9	11.1	12.4	13.2	12.8	12.7
武汉	16.4	16.7	16.0	15.5	15.2	15.4	14.5	14.5	14.8	15.3	15.4		15.4
宜昌	15.5	14.7	15.7	15.0	15.8	15.0	11.7	11.1	11.2	14.8	14.4	15.6	15.1
长沙	18.0	19.5	19.2	18.1	14.7	15.2	14.4	14.7	15.5	15.4		16.1	16.5
衡阳	19.0	20.6	19.7	18.9	16.5	15.1	14.1	13.6	15.0	16.7	19.0	17.0	16.9
南昌	16.4	19.3	18.2	17.4	15.2	14.2	15.4	14.4	14.7	15.2			16.0
九江	16.0	17.1	16.4	15.7	15.8	16.3	15.4	14.5	17.0	15.3			15.8
桂林	13.7	15.4	16.8	15.8	13.8	12.4	12.7	12.3	12.6	12.8			14.4
南宁	14.7	16.1	17.4	16.6	15.2	13.5	14.8	13.6	13.5	13.6			15.4
广州	13.3	16.0	17.6	15.8	14.3	12.8	11.4	12.3	12.4	12.9			15.1
海口	19.2	19.1	17.6	16.1	15.7	15.5	17.0	18.0	16.9	16.1	17.2		17.3
成都	15.9	16.1	14.4	15.0	14.2	15.3	16.8	16.8	17.5	18.3	17.6	17.4	16.0
雅安	15.2	15.8	15.3	14.7	14.3	15.0	15.7	15.2	15.3	17.6	17.0		15.7
重庆	17.4	15.4	14.9	14.7	14.8	14.7	15.4	14.8	18.1	18.0	18.2		15.9
康定	12.8	11.5	12.2	11.8	11.5	15.7	14.0	14.6	15.6	13.9	12.4		13.9
宜宾	17.0	16.4	15.5	14.9	15.2	15.2	16.2	15.3	18.7	17.9	17.7		16.3
昌都	9.4	8.8	9.1	9.9	9.2	10.2	12.7	13.4	13.4	11.9	9.8	9.8	10.2
昆明	12.7	11.0	10.7	9.8	12.4	15.2	16.2	16.6	13.6	15.3	14.9		13.8
贵阳	17.7	16.1	15.3	14.6	15.1	14.7	15.3	14.9	16.4	15.9	16.1		15.4
拉萨	7.2	7.2	7.6	7.7	7.6	10.2	12.2	12.7	11.9	9.0	7.2	7.8	8.6

附录 C　木基结构板材弯曲试验方法之一
——集中静载和冲击荷载试验

C.1　一般规定

C.1.1　本方法适用于木基结构板材在集中静载和冲击荷载作用下的弯曲试验。

C.1.2　试验模拟木基结构板材用作楼面板或屋面板的使用条件。

　　1 屋面板：应进行在干态和湿态两种条件下的试验。

　　2 楼面板：应进行在干态和湿态重新干燥两种条件下的试验。

　　注：根据房屋使用情况，也可只进行一种条件下的试验或按房屋实际使用条件进行试验。

C.2　基本原理

C.2.1　模拟屋面板或楼面板实际受力情况，将板材试件平置在 3 根等距的支承构件上，形成双跨连续板，根据板材两端边缘的支承情况分为 3 种受力状态，在最不利位置加载。

C.3　仪器设备

C.3.1　集中静载：

　　1 加载装置——荷载应通过球座平稳加载，可采用不同方式加压至极限荷载，准确度应在 ±1% 以内。

　　2 加载盘——需用两个钢盘，厚度至少 13mm，直径 76mm 的钢盘除用于测定刚度外也用于测定集中荷载下的强度，直径 25mm 的钢盘只用于测定强度（表 C.3.1）。

　　加载盘与试件接触的边缘应制成半径不超过 1.5mm 的圆形倒角。

表 C.3.1　测定强度时钢盘直径的选用（mm）

使用条件	应用情况		
	屋面板	楼面板一	楼面板二
湿态	76	76	76
干态	76	76	25
湿后重新干燥	—	76	25

　　注：工程使用中，楼面板有两类使用工况：楼面板一为覆有其他非结构层（如垫层和装饰面层等）的情况；楼面板二为单层楼面板，无上覆层。

　　3 挠度计安装在固定于支承构件的三脚架上（图 C.3.1），每格读数为 0.02mm，准确度应为 ±1%。

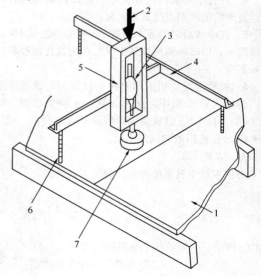

图 C.3.1　集中静载试验装置

1—试件；2—荷载；3—百分表；4—百分表支架；
5—荷载架；6—螺杆（用于调整高度）；7—加载盘
（应能自动调平）

C.3.2　冲击荷载：用专门皮袋（底部直径 230mm～

265mm，高 710mm)装入直径为 2.4mm 的钢珠，从不同高度降落形成冲击。皮袋及钢珠的总重按板材的试验跨度确定（表 C.3.2）。

皮袋及钢珠的降落高度用标杆确定，标杆上的滑动指针每格为 152mm。

表 C.3.2　冲击荷载试验用落体（皮袋及钢珠）重量

板材的试验跨度 S（mm）	皮袋和钢珠总重（kg）
$S \leqslant 610$	13.6
$610 < S \leqslant 1200$	27.3
$S > 1200$	待定

C.4　试件的准备

C.4.1　板材试件数量：每种试验条件至少 10 个试件。

C.4.2　板材试件尺寸：

1　试件长度：垂直于支承构件跨越两个跨间的试件长度，$L = 2S$（S 为实际制品的跨度）。

2　试件宽度：试件宽度不应小于 595mm。当试件四边支承时，试件宽度即为板材的标准宽度；当试件端部不完全支承或无支承时，试件宽度不应小于 595mm。

3　试件厚度：试件经过湿度调节后量测的厚度。

4　应在湿度调节之前按所要求的尺寸切割板材试件。

C.4.3　板材试件的湿度调节：在试验前应模拟板材可能发生的实际使用条件调节板材试件的含水率。用于屋面板的板材应调节到干态和湿态两种条件（见本条第 1 款和第 2 款）；用于楼面板的板材应调节到干态和湿后重新干燥两种条件（见本条第 1 款和第 3 款），或按本条第 2 款试验。

1　干态试验——在 20℃±3℃ 和 65%±5% 的相对湿度的条件下将板材试件调节至少 2 周使其达到恒重和不变的含水率。

2　湿态试验——将板材用水喷淋其上表面连续 3d 处于湿态，避免板材表面局部积水或任一部分没入水中。

3　重新干燥试验——将板材处于湿态 3d 后重新调节到干态。

C.4.4　板材试件的安装应符合下列要求：

1　将调节好的板材试件安装在支承构件上，支承构件、钉合模式以及安装细节必须和实际工况一致。

2　支承构件可为工程中使用的，密度在 0.40g/cm³ ～ 0.55g/cm³ 之间的任何树种，含水率不应超过 20%。

3　若试件和支承构件采用钉连接，则宜使用双头钉。

4　组装完毕后，应立即在实验室环境下进行测试。

C.5　试验步骤

C.5.1　集中静载试验（图 C.5.1）应符合下列要求：

1　集中静载应施加在板材试件上表面支承构件间的中线上。

2　当板材试件四边支承时，集中荷载应施加在宽度的中点处。

3　当试件板边未支承或不完全支承时（例如用企口连接），集中荷载应施加在距板边 65mm 处。

4　当加载点相距不小于 455mm，并处于不同的跨度，且其他试验无导致破坏的迹象时，板材试件可多次使用。

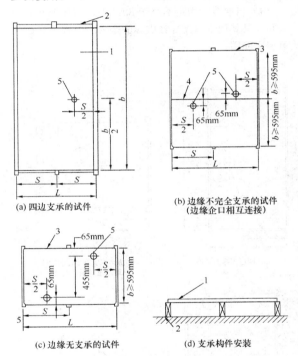

(a) 四边支承的试件

(b) 边缘不完全支承的试件（边缘企口相互连接）

(c) 边缘无支承的试件

(d) 支承构件安装

图 C.5.1　集中静载试验

1—板材试件；2—支承构件（支承在试验平台上，端部被夹持以防试验时转动或垂直移动）；3—无支承的边缘；4—不完全支承的边缘；5—加载点

C.5.2　测定刚度：应使用直径 76mm 的加载盘，在加载点下面量测相对于支座的板材试件挠度。应采用 2.5mm/min 的加载速度连续加载至 890N 并记录挠度计的读数，然后卸荷。

C.5.3　测定屋面板和楼面板一的强度：应按表 C.3.1 的规定采用直径为 76mm 的加载盘，分别测定屋面板干态和湿态的强度、楼面板一干态和重新干燥（如果需要则包括湿态）的强度。

用 5mm/min 的加载速度从零逐渐加载至最大荷载。

C.5.4 测定楼面板二的强度：应按表 C.3.1 的规定采用直径为 25mm 的加载盘测定楼面板二干态和重新干燥的强度，并应符合下列要求：

1 用 5mm/min 的加载速度加载至最大荷载。

2 如果需要测定楼面板二湿态的强度，则应采用直径为 76mm 的加载盘。用 5mm/min 的加载速度从零加载至最大荷载。

C.5.5 冲击荷载试验（图 C.5.5）应符合下列要求：

1 冲击荷载应施加在板材试件上表面支承构件间的中线上。

2 当板材四边支承时，冲击荷载应施加在宽度的中点。

3 当试件板边未支承或不完全支承时（例如用企口连接），冲击荷载应施加在距板边 152mm 处。

4 当加载点相距不小于 890mm，并处于不同的跨间，且其他试验无导致破坏的迹象时，则板材试件可多次使用。

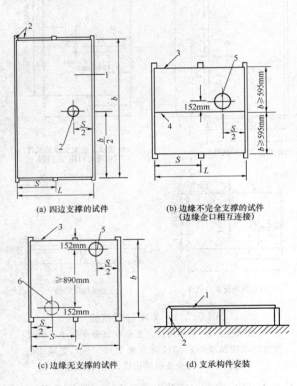

(a) 四边支撑的试件

(b) 边缘不完全支撑的试件
（边缘企口相互连接）

(c) 边缘无支撑的试件

(d) 支承构件安装

图 C.5.5　冲击荷载试验

1—板材试件；2—支承构件（支承在试验平台上，端部被夹持以防试验时转动或垂直移动）；3—无支承的边缘；4—不完全支承的边缘；5—加载点；6—补充加载点

C.5.6 在冲击荷载试验前，应用直径为 76mm 的加载盘在冲击荷载加载点（图 C.5.5）施加集中静载 890N，并量测相对于支座的板材挠度。

C.5.7 卸去集中静载试验装置，降落皮袋施加冲击荷载，并应符合下列要求：

1 皮袋应落在板材试件上表面的加载点，起始的降落高度为 152mm，每次按 152mm 递增，应在邻近的支承构件上面的板材试件上表面到皮袋的底面量测降落高度。

2 在每次落袋之后，应用直径为 76mm 的加载盘施加 890N 的集中荷载在冲击荷载试验的加载点上，并量测挠度。

3 在冲击荷载试验的加载点上按 5mm/min 的加载速度增加集中荷载，直至达到规定的保证荷载。作为保证荷载而施加的集中荷载应按板材预期的用途经有关方面同意确定。当板材确能承受保证荷载，即可卸荷。

4 重复第 1 款到第 3 款的程序继续冲击荷载试验直至下列任一种情况：

　1）达到规定的降落高度；

　2）达到板材已不能再承受规定的保证荷载，即确定极限冲击荷载时的降落高度。

C.6　试　验　结　果

C.6.1 试验数据记录应包括：

1 集中静载 890N 作用下的挠度。

2 冲击荷载试验前在集中荷载 890N 作用下的挠度和每次落袋后的挠度。

3 当发生第一个显著的损坏时的集中荷载和落袋高度、所用的保证荷载、冲击荷载试验终止时的最大降落高度或最大冲击荷载时的降落高度。

C.6.2 试验数据分析应包括：

1 在 890N 集中荷载作用下的最小、最大和平均挠度。

2 楼面板一和楼面板二的最小、最大和平均极限集中荷载。

3 每次冲击荷载增量后在 890N 集中荷载作用下的最小、最大和平均挠度。

4 在冲击荷载作用后，承受规定的保证荷载的试验达到规定的降落高度所占的百分率。

5 在极限冲击荷载下，最小、最大和平均落袋高度。

6 出现第一个显著的损坏时最小、最大和平均集中静载。

7 出现第一个显著的损坏时的最小、最大和平均冲击荷载。

C.6.3 试验报告应包括下列内容：

1 试验日期。

2 板材试件的特征：制造商、来源、尺寸、试件厚度以及其他有关的性能。

3 试验装置的详情，包括支承系统和连接措施以及其他有关的构造细部。

4 试验技术：湿度调节、仪器设备的配置，加载盘尺寸，加载点的定位，落袋重量的确定，保证荷载的采用，降落高度上限的规定以及本试验方法尚存在的问题。

附录 D　木基结构板材弯曲试验方法之二 ——均布荷载试验

D.1　一　般　规　定

D.1.1　本方法适用于木基结构板材在均布荷载作用下的弯曲试验。

D.1.2　试验模拟木基结构板材用作楼面板或屋面板的使用条件：

　　1　屋面板：应进行在干态条件下的试验。

　　2　楼面板：应进行在干态和湿态重新干燥两种条件下的试验。

D.2　基　本　原　理

D.2.1　模拟屋面板或楼面板实际受力情况，将板材试件平置在 3 根等距的支承构件上形成双跨连续板，用真空舱内的负压使板材均布荷载，测定板材的挠度。

D.3　仪　器　设　备

D.3.1　均布荷载试验装置（图 D.3.1）应符合下列要求：

　　1　支承构件应平置在真空舱的底槽上，并与其牢固固定，防止在试验时转动或下挠。

　　2　真空舱：由一个有足够强度和刚度的底槽，以板材试件作盖，用厚度为 0.15mm 的聚乙烯膜覆盖后，周边用胶带封闭牢固形成的密封舱。

　　3　真空泵用来在试件下面形成负压。

　　4　压力计用来测定试件的荷载。

　　5　挠度计应安装在刚性的三脚架上，三脚架应固定在支承构件上。

D.4　试件的准备

D.4.1　板材试件数量：每种试验条件至少 10 个试件。

D.4.2　板材试件尺寸应符合下列要求：

　　1　试件长度应垂直支承构件跨越两个试验跨度。

　　2　试件宽度不应小于 595mm，当跨度大于 610mm 时，试件宽度不应小于 1200mm。

D.4.3　板材试件的湿度调节应按本标准第 C.4.3 条规定的方法进行，并应符合下列要求：

　　1　用于屋面板的板材仅进行干态试验。

　　2　用于楼面板的板材应进行干态和重新干燥两种条件下的试验。

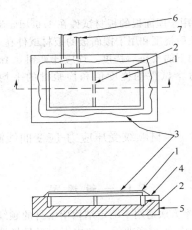

图 D.3.1　真空舱试验装置
1—板材试件；2—支承构件（支承在真空舱上防止转动或下挠）；3—封闭真空舱的聚乙烯膜；4—密封带；5—真空舱；6—接真空泵；7—接压力计

D.5　试　验　步　骤

D.5.1　启动真空泵施加均匀荷载，应以 2.4kPa/min 的速度加载。

D.5.2　将挠度计安置在均布荷载双跨连续板最大挠度的位置，即从侧边支承构件的中心线至跨中 0.4215S 与板材试件宽度中心线的交点处（图 D.5.2）。挠度计的量测精确度应达到 0.025mm。

　　按 1.2kPa 的增量记录挠度值直至极限荷载或所需要的保证荷载。

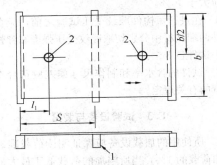

图 D.5.2　均布荷载试验
S—支承构件的中心线距离；l_1——对于双跨连续板为 0.4215S；b—试件宽度；1—支承构件（用于支承板材试件，防止试件转动和垂直移动）；2—挠度测量点

D.6　试　验　结　果

D.6.1　确定荷载-挠度曲线的直线段的挠度测量数据不应少于 6 个。

D.6.2　为确定指定荷载下的挠度，应先将荷载-挠度曲线的斜线平移至通过原点，然后校正各组曲线。

D.6.3 用于屋面板的板材试件在 1.68kPa 荷载作用下的校正后挠度和用于楼面板的板材试件在 4.79kPa 荷载作用下的校正后挠度，均应计算到 0.1mm 的精确度。每个试件的挠度值和检验批的平均值均应列入。

附录 E 木材顺纹受压应力-应变曲线测定法

E.1 一 般 规 定

E.1.1 本方法适用于测定结构用木材的顺纹受压弹性模量和应力-应变曲线。结构用木材是指按目测分级的具有明确的材质等级的木材。

E.1.2 本方法是对无柱效应的短构件进行顺纹受压试验，试验时应保证木材轴心受力、匀速加载直至破坏，在规定的标距内测量变形值，用以确定弹性模量或应力-应变曲线。

E.2 试件设计及制作

E.2.1 测定木材顺纹受压弹性模量或应力-应变曲线的试件，应采用正方形截面，试件的截面边宽不宜小于 60mm，高度不应大于截面宽度的 6 倍。两个端面必须平整、相互平行并垂直于纵轴线。

E.2.2 木材的主要缺陷应位于试件截面宽度和试件顺纹长度的中央。靠近试件端部 1 倍截面宽度的长度范围内不得有斜纹以外的其他任何缺陷，且木纹倾斜率不应大于 10%。

E.2.3 在进行短构件顺纹受压试验之前，应在每一个试件两端试材中分别切取顺纹受压强度和弹性模量标准小试件各 3 个。

E.2.4 试件的含水率和制作尺寸偏差应符合本标准第 3 章的有关规定。

E.3 试验设备与装置

E.3.1 所使用的加载设备应保证测读荷载准确读到所施加荷载的 1%，当所施加的荷载低于最大荷载的 10% 时，应保证准确读到最大荷载的 0.1%。

E.3.2 安装试件时，应将一个球座放置在试件的上部端面上，试件的几何轴线对准球座和试验机的中心线，并应从两个方向对正。

E.3.3 测量应变值时，应在试件的 4 个面上的中心线上安设测量木材压缩变形的计量器，计量器可采用千分表，规定的标距不应小于 100mm，也不应大于试件截面宽度的 4 倍，计量器的读数应同步进行。

E.4 试 验 步 骤

E.4.1 测定顺纹受压弹性模量，要预先估计荷载 F_1 值（小于比例极限的力）和 F_0 值（试件无松弛变形的力），使荷载从 F_0 增加到 F_1，读压缩应变值，再卸荷到 F_0，反复进行 5 次，无异常时取相近 3 次读数的平均值作为测定值，然后逐级匀速加载直至破坏，并读出每级荷载下的压缩应变值。

E.4.2 测定木材的应变值试验，应采用连续匀速加载，试验机压头运行速度不得大于下式的计算值：

$$v = 5 \times 10^{-5} l \qquad (E.4.2)$$

式中：v——试验机压头运行速度（mm/s）；

l——试件顺木纹方向的长度（mm）。

E.5 试 验 结 果

E.5.1 无柱效应试件的顺纹受压弹性模量应按下式计算：

$$E_c = \frac{l_0 \Delta F}{A \Delta l_0} \qquad (E.5.1)$$

式中：E_c——木材顺纹受压弹性模量（N/mm²），应记录和计算到三位有效数字；

l_0——测量变形的标距（mm）；

ΔF——荷载增量（N），其值为 $\Delta F = F_1 - F_0$；

Δl_0——在荷载增量 ΔF 作用下的压缩变形，取四个面的平均值（mm）。

E.5.2 无柱效应试件的顺纹抗压强度应按下式计算：

$$f_c = \frac{F_u}{A} \qquad (E.5.2)$$

式中：f_c——木材顺纹抗压强度（N/mm²），应记录和计算到三位有效数字。

E.5.3 绘制无柱效应试件的顺纹受压应力-应变曲线时，宜以应力 σ 或它的相对值 σ/f_c 为纵坐标，以与应力相对应的应变值 ε 或它的相对值 ε/E_c 为横坐标。

附录 F 构件胶缝抗剪试验方法

F.1 一 般 规 定

F.1.1 本方法适用于测试构件胶缝的顺纹抗剪强度。

F.2 基 本 原 理

F.2.1 本方法是将剪应力作用于胶缝直到发生破坏，记录破坏荷载和评定木材破坏的百分率。

F.3 仪 器 设 备

F.3.1 试验机：一台已经校准的试验机能按第 F.3.2 条的要求将压力施加到剪切装置，测量最大荷载的准确度应在 ±3% 以内。

F.3.2 剪切装置：剪切装置的柱面支承应能自动调整，保证试件端部承载，宽度方向应力均匀分布（图 F.3.2）。

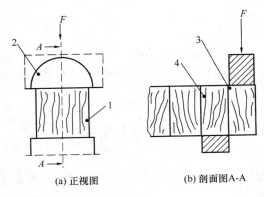

(a) 正视图　　　　(b) 剖面图A-A

图 F.3.2　夹持试件的剪切装置

1—试件；2—柱面支承；3—剪切面；4—将试条夹紧

F.4　试件设计及制作

F.4.1　试件：试件的形状可按图 F.4.1-1 或图 F.4.1-2 选取，并应符合下列要求：

1　当采用图 F.4.1-1 的标准试件时，试件的宽度 b 宜为 40mm～50mm，厚度 t 宜为 40mm～50mm。

2　当采用图 F.4.1-2 钻取的木芯试件时，试件的长度 l 宜为 70mm～80mm，直径 d 宜为 35mm，侧面宽度 a 宜为 23mm，厚度 t 宜为 26mm。

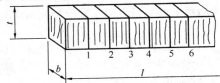

图 F.4.1-1　标准试件

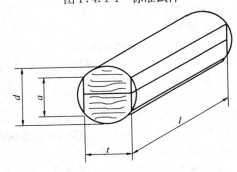

图 F.4.1-2　钻取的木芯试件

注：木芯应沿长度方向切出两个垂直于胶缝的相互平行的平面，使试件具有一个矩形的剪切面。为了准确钻取木芯，建议采用一个适用的钻架。

3　制作试件时应保证承压面平整且相互平行，并垂直木纹。

F.4.2　采样方法：

1　试验条应从层板胶合木构件的全截面中截取。至少应从全截面高度的上、中、下三区各截取 3 条胶缝。若截面少于 10 层，则全部胶缝均应测试（图 F.4.2）。

注：全截面试件宜在层板胶合木构件有足够的压力区段截取。实际上往往是在层板胶合木构件达不到所要求的压力，如果在这种情况下确定胶缝的抗剪强度，那么构件胶缝的质量应被认可。

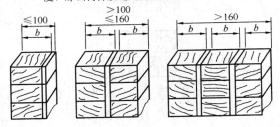

图 F.4.2　从全截面试件中切出的试验条

2　试验条应尽可能包括层板胶合木构件的全截面宽度（图 F.4.2），需要测试的试验条数目应满足表 F.4.2 的规定。

表 F.4.2　试验条的数目

全截面宽度（mm）	试验条数目
≤100	1
>100，≤160	2
>160	3

3　如果两个或更多的层板胶合木构件在一个装置上夹紧加压时，试验条必须按照本条第 2 款所要求的数量，从每个构件中截取。

4　当需要测试的胶缝位于层板胶合木构件的中部时，应进行钻孔取样。钻孔应垂直于层板胶合木构件的表面，使需测试的胶缝恰好位于木芯的中心线上。

F.4.3　标志：每个试验条都应加永久性标志，标明该试验条从层板胶合木构件截面的切出位置（图 F.4.3-1 和图 F.4.3-2）。

注：1　若层板胶合木构件为垂直层叠胶合木，则构件的前侧可标 U，背侧可标 L；层板胶合木构件的胶缝编号，应从构件底部开始（图 F.4.1-1）；

2　如果两根层板胶合木构件是在同一装置中加压，则在底部的构件的试验条应添加一个下标1，从上部构件中截取的试验条应加一个下标 2（图 F.4.3-2）。

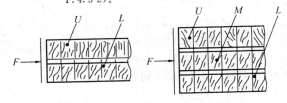

图 F.4.3-1　从垂直层叠胶合构件中切出的试验条各部位标志

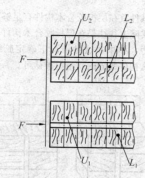

图 F.4.3-2 在同一装置中
加压的层板胶合木构件中切出
的试验条各部位标志

F.5 试 验 步 骤

F.5.1 全部试件应在空气温度为 20℃±2℃ 和相对湿度为 65%±5% 的标准人工气候条件下达到平衡含水率。对于内部质量检验，试件木材的含水率应控制在 8%～13% 的范围内。

F.5.2 采用游标卡尺量测试件的尺寸和剪切面积，准确到 0.5mm。

F.5.3 将试件置于剪切试验装置中（图 F.3.2），应将胶缝准确定位，使胶缝与剪切面的距离不超过 1mm。沿木纹方向施加荷载。

F.5.4 加载的速率应保持常数，并应在 20s 后发生破坏。

F.5.5 估计木材破坏的总百分率，将其四舍五入后接近一个被 5 能除尽的数字。

F.5.6 每个试过的试验条，应留下不少于 5 条剩下的胶缝，用以标志有次序的数目、构件数量、胶合日期及按第 F.4.3 条规定的试件出处，按检验单位的要求，储存一个时期。

F.6 试 验 结 果

F.6.1 试件胶缝的剪切强度可按下式计算：

$$f_{Jv} = k \frac{F_u}{A_v} \qquad (F.6.1)$$

式中：f_{Jv}——试件胶缝的剪切强度（N/mm²），计算结果保留两位有效数字；

k——修正系数，当顺木纹方向的试件厚度小于 50mm 时，$k=0.78+0.0044t$；

A_v——试件的剪切面积（对试验条取 $A=bt$，对钻取木芯取 $A=lt$）；

t——试件厚度（mm）。

F.6.2 试验报告应包括下列内容：

1 试验日期。

2 试件的标志及所切出的层板胶合木构件，其他有关情况，例如预先气干。

3 木材的树种和等级。

4 胶的型号。

5 试件的尺寸。

6 极限荷载和剪切强度。

7 在试验期间或事后观察到的某些特征。

8 试验负责人签字。

附录 G 胶粘耐久性快速测定法

G.0.1 本方法适用于评估新研制的耐水性胶粘剂的胶粘耐久性。

注：在木结构工程施工质量验收中，当需检测构件胶缝脱胶率时，可按照附录 J 的规定进行。

G.0.2 本方法是根据提高环境强度以加速胶粘剂老化的原理，以试验破坏模式与室外暴露自然老化作用结果相似为条件，对胶粘的耐久性进行定性评估。

G.0.3 用于耐久性测定的胶液，其质量应经本标准第 12 章规定的方法检验通过。

G.0.4 用于耐久性测定的试条，应以软木松类木材制作，试条应全部取自同一段木材，且不得有木节、斜（涡）纹、虫蛀、裂纹、髓心和有树脂溢出等缺陷，试条截面上的年轮方向与胶合面夹角应为 60°～90°。

G.0.5 一次耐久性测定，需以 8 对试条进行胶合，加工成 32 个胶缝顺纹剪切试件（图 12.2.3），其加工质量应符合本标准第 12 章的有关要求。

G.0.6 胶粘耐久性的测定应按下列方法进行：

1 试件应按下列步骤进行处理：

1） 在 20℃ 水中浸泡 48h；

2） 在 -20℃ 的冰箱中存放 9h；

3） 在室温为 20℃±2℃、相对湿度为 65%±3% 的条件下存放 15h；

4） 在 +70℃ 烘箱中存放 10h。

完成以上四个步骤为一个循环，应连续进行 8 个循环的处理。若处理因故中断，应将试件冰冻保存，否则该批试件不得继续用于试验。

2 对完成 8 个循环的试件，应立即按本标准第 12 章规定的干湿方法进行试验至破坏。

3 试件破坏后，当其剪切面有 75% 以上的面积系沿木材部分破坏时，则认为该胶粘剂的胶粘耐久性满足使用要求。

附录 H 胶液工作活性测定法

H.0.1 本方法适用于胶液工作活性的测定。

H.0.2 胶液工作活性可根据其黏度的测定结果确定，承重结构用胶的胶液黏度应符合该胶种的产品标准规定的要求。

H.0.3 胶液黏度可使用经过计量认证的黏度计测定，并应连续测定 3 次，以其平均值表示测定结果。在测定过程中，胶液的温度应始终保持在 20℃±2℃。

H.0.4 胶液黏度测定完毕后，应立即用适当的清洗剂清洗黏度计及盛胶容器。

附录 J 构件胶缝脱胶试验方法

J.1 一 般 规 定

J.1.1 本附录提供确定层板胶合木控制胶缝完整性的 3 种脱胶试验方法。

J.2 基 本 原 理

J.2.1 构成内应力是由于木材内部的含水率梯度，其结果是产生对胶缝的垂直拉应力。当胶结质量不高时，将出现胶缝脱胶。

J.3 仪 器 设 备

J.3.1 压力容器：压力容器应能在至少 600kPa（绝对压力 700kPa）压力下和构成至少 85kPa（绝对压力 15kPa）的真空下安全运转，并应配备抽气泵或其他与其功能相同的设备，用以形成至少 600kPa（绝对压力 700kPa）的压力，并能抽至 85kPa（绝对压力 15kPa）压力的真空。

J.3.2 干燥箱：干燥箱中空气循环的速度为 2m/s～3m/s，箱中的温度和空气的相对湿度按不同试验方法应符合表 J.3.2 的要求。

表 J.3.2 干燥箱按不同试验方法控制人工气候

试验方法	温度（℃）	相对湿度（%）
A	60～70	<15
B	65～75	8～10
C	27～30	25～35

J.3.3 天平：准确度为 5g。

J.4 试件设计及制作

J.4.1 试件（图 J.4.1）应按能代表生产正常运转的原则来选择，并应符合下列要求：

1 试件应取自需进行试验的层板胶合木构件的全截面，即沿垂直木纹方向切割。

2 试件顺木纹方向长度应取（75±5）mm。

3 试件端面应用锐利的锯或其他工具切割，切

割面应光滑。

4 若截面宽度 b 大于 300mm，可将试件切割为两个或更多个试件。

5 每个试件的截面高度不小于 130mm，若截面高度 h 大于 600mm，则可将其切割成两个或更多个试件，其高度不小于 300mm。

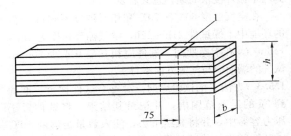

图 J.4.1 从层板胶合木构件切割出的试件
1—试件

J.5 试 验 步 骤

J.5.1 一般规定：从试件端面起按毫米量度胶缝的总长度。将试件按所选定的试验方法进行不同的周期试验，每种试验方法所需的试验周期应符合表 J.5.1 的规定。只有当按本标准第 J.6.2 条求得的总脱胶百分率大于预定的最大值时，才有必要进行一次额外周期试验。

在干性循环的末尾，从试件端面量度胶缝开胶的长度（mm）。在木节处开胶应忽略不计，木材因开裂或其他原因引起破坏不应包括在脱胶之内。孤立的短于 3mm 的脱胶及与最近的脱胶相距大于 5mm 的脱胶皆应忽略不计。

注：1 若是木材发生分离，即使非常贴近胶缝，亦应定义为木材破坏或木材开裂。宜采用放大镜来判别破坏发生于胶缝或是木材。探测缝隙宜采用厚度为 0.08mm 到 0.10mm 的塞尺。

2 由于木节处或节群区的胶缝在严峻的暴露环境下是不耐久的，故木节处发生的脱胶不计入脱胶面积。

表 J.5.1 不同试验方法所需的周期

试验方法	初始周期	额外周期
A	2	1
B	1	1
C	1	0

J.5.2 方法 A 的试验周期：将试件置于压力容器中，并将其压下去，注入数量足够的 10℃～20℃的

水，使试件没入水中。用钢丝网等器具将试件分隔开，使试件的全部端面自由地暴露在水中。抽真空达到 70kPa～85kPa（即相当于海平面 15kPa～30kPa 绝对压力），并保持 5min。然后释放真空，加压到 500kPa～600kPa（绝对压力 600kPa～700kPa），保持 1h。试件仍然完全没于水中，重复真空施压循环，达到两个循环浸水周期，总共需要 130min。

在空气温度 60℃～70℃ 和相对湿度不超过 15% 的环境中干燥试件 21h～22h，空气循环速度为 2m/s～3m/s。在干燥期间，试件应相互隔开至少 50mm，试件的端面应与气流方向平行。

J.5.3 方法 B 的试验周期：对每个试件称重，准确到 5g 的误差范围内，并记录其结果。将试件置于压力容器中，并将其压下去，注入数量足够的 10℃～20℃ 的水，使试件没入水中。用钢丝网等器具将试件分隔开，使全部端面自由地暴露在水中。抽真空达到 70kPa～85kPa（相当于海平面 15kPa～30kPa 的绝对压力），保持 30min，然后释放真空，加压到 500kPa～600kPa（绝对压力 600kPa～700kPa），保持 2h。

在空气温度 65℃～75℃ 和相对湿度 8%～10% 的环境中干燥试件 10h～15h，空气循环速度为 2m/s～3m/s。在干燥期间，试件应相互隔开至少 50mm，试件的端面应与气流方向平行。

在干燥箱中的时间应由试件的体积控制，只有当试件的体积控制在干燥箱容积的 15% 以内时，才可观测并记录试件的脱胶。

J.5.4 方法 C 的试验周期：将试件置于压力容器中，注入数量足够的 10℃～20℃ 的水，使试件没入水中。用钢丝网等器具将试件分隔开，使全部端面自由地暴露在水中。抽真空达到 70kPa～85kPa（相当于海平面 15kPa～30kPa 的绝对压力），保持 30min。然后释放真空，加压到 500kPa～600kPa（绝对压力 600kPa～700kPa），保持 2h。试件仍没在水中，重复真空施压循环，达到两个循环浸水周期，总共需 5h。

在空气温度 25℃～30℃ 和相对湿度 25%～35% 的范围内干燥试件约 90h，空气循环速度为 2m/s～3m/s。在干燥期间，试件应相互隔开至少 50mm，试件的端面应与气流方向平行。

J.6 试 验 结 果

J.6.1 一般规定：应计算每个试件的脱胶百分率。如果有额外周期，应计算额外周期前后的结果。

J.6.2 总脱胶率：每一试件的总脱胶百分率可按下式计算：

$$J = \frac{l_d}{l_g} \times 100\% \qquad (J.6.2)$$

式中：J——总脱胶百分率（%）；

l_d——总脱胶长度（mm）；

l_g——总胶缝长度（mm）。

J.6.3 最大脱胶率：一个试件一条胶缝的最大脱胶率可按下式计算：

$$J_{max} = \frac{l_{d,max}}{2l_{gl}} \times 100\% \qquad (J.6.3)$$

式中：J_{max}——试件的最大脱胶率（%）；

$l_{d,max}$——最大脱胶长度（mm）；

l_{gl}——一条胶缝长度（mm）。

J.6.4 试验报告应包括下列内容：

1 试验日期。

2 试件的说明及从哪些构件中切割。其他有关的情况，例如关于预处理的情况。

3 木材的树种。

4 胶的类型。

5 试验方法。

6 经过规定的周期以及必需的附加周期后的总脱胶率和最大脱胶率。

7 试验期间或试验后观察到的试验特征。

8 试验负责人签字。

本标准用词说明

1 为便于在执行本标准条文时区别对待，对要求严格程度不同的用词说明如下：

 1） 表示很严格，非这样做不可的用词：

  正面词采用"必须"，反面词采用"严禁"；

 2） 表示严格，在正常情况下均应这样做的用词：

  正面词采用"应"，反面词采用"不应"或"不得"；

 3） 表示允许稍有选择，在条件许可时，首先应这样做的用词：

  正面词采用"宜"，反面词采用"不宜"；

 4） 表示有选择，在一定条件下可以这样做的用词，采用"可"。

2 条文中指明应按其他有关标准、规范执行的写法为："应符合……的要求或规定"或"应按……执行"。

引用标准目录

1 《木结构设计规范》GB 50005

2 《木结构工程施工质量验收规范》GB 50206

3 《钢结构设计规范》GB 50017

4 《木材物理力学试验方法总则》GB/T 1928

5 《数据的统计处理和解释 正态性检验》GB/T 4882

6 《数据的统计处理和解释　正态样本离群值的判断和处理》GB/T 4883

7 《数值修约规则与极限数值的表示和判定》GB/T 8170

8 《金属材料　拉伸试验　第1部分：室温试验方法》GB/T 228.1

9 《轻型木桁架技术规范》JGJ/T 265

10 《拉力、压力和万能试验机》JJG 139

11 《水载型防腐剂和阻燃剂主要成分的测定》SB/T 10404

中华人民共和国国家标准

木结构试验方法标准

GB/T 50329—2012

条 文 说 明

修 订 说 明

《木结构试验方法标准》GB/T 50329-2012，经住房和城乡建设部于 2012 年 10 月 11 日以第 1499 号公告批准、发布。

本标准是在《木结构试验方法标准》GB/T 50329-2002 的基础上修订而成，上一版的主编单位是重庆大学土木工程学院，参编单位是四川省建筑科学研究院、哈尔滨工业大学土木工程学院；主要起草人员是 黄绍胤 、 周仕祯 、王永维、梁坦、倪仕珠、樊承谋、 王振家 。本次修订的主要技术内容是：1 补充了试验设备的精度要求；2 通过对比 ISO 标准和 ASTM 标准，结合我国具体情况，修改和统一了梁弯曲试验、轴心压杆试验和偏心压杆试验的加载速度；3 增加了"齿板连接试验方法"的内容；4 将原标准"屋架试验方法"改为"桁架试验方法"，增加了轻型木桁架试验方法的内容，调整了桁架的加载程序，增加了连续加载方式；5 取消了附录 A（原附录 E）中关于"用化学滴定法测定防护剂的保持量"的内容。

本标准在修订过程中，编制组进行了广泛的调查和大量的理论与试验研究，总结了各单位对木结构相关方面的实践经验，参考了 ISO 标准、美国 ASTM 标准、加拿大 CSA 标准和欧洲 EN 规范，并进行了大量国产齿板连接节点试验和轻型木桁架试验，总结出了齿板连接和轻型木桁架的试验方法。

为便于广大设计、施工、检测、科研、学校等单位有关人员在使用本标准时能正确理解和执行条文规定，《木结构试验方法标准》编制组按章、节、条顺序编制了本标准的条文说明，对条文规定的目的、依据以及执行中需注意的有关事项进行了说明。但是，本条文说明不具备与标准正文同等的法律效力，仅供使用者作为理解和把握标准规定的参考。

目 次

1 总　　则

1.0.1 本条主要是阐明制定本标准的目的。

众所周知，试验结果与其所采用的试验方法有密切关系，试验方法各异，试验数据悬殊，若试验方法不当，有时甚至得出相反的或不合实际的结论。

为适应市场经济的发展，消除贸易障碍，技术标准的统一和通用是商业活动中的重要协约依据。欧盟为实现其目标，早就着手技术标准的统一化工作，其中包括木结构设计规范和试验方法标准。

我国在工程建设标准主管部门的领导下，制定了《建筑结构可靠度设计统一标准》GB 50068，采用了以概率论为基础的极限状态设计方法，为建立这种设计方法需要大量的、系统的调查、实测和试验数据，这些试验统计数据的得来，自然需要一个统一的、可靠的试验方法。

本标准的服务宗旨是确保木结构试验的质量，正确评价木结构、木构件及其连接的基本性能，统一木结构的试验方法，为《木结构设计规范》GB 50005提供试验数据，使试验结果科学地、正确地反映木结构、木构件及其连接的受力性能，并使不同试验机构的试验数据能相互比较和引用，以及力求与国际标准相协调，进一步促进对外交流。

1.0.2 本标准的适用范围主要是工业与民用房屋和一般构筑物中的木结构。即包括普通方木和原木结构、胶合木结构、钢木组合结构和轻型木结构。主要说明两点：

1 木构筑物系指一般工业与民用上应用的栈桥、平台、塔架等承重结构。

2 本标准中的主要内容是木结构的构件和连接，它们是木结构的基本组成部分，它们的试验方法亦可适用于临时性建筑设施以及施工过程中的工具式木结构。

1.0.3 本条主要是明确规范、标准的配套使用。但在写法上，国外标准在总则中对引用标准名称一一列出，同时在后面有关条文中又要说明直接有关的引用标准名称。我国标准、规范为了避免重复，按照住房和城乡建设部《工程建设标准编写规定》的标准写法。

2 术语和符号

2.1 术　　语

考虑到本标准中的术语和符号较多，为了便于使用者理解，本次修订增加了"术语和符号"一章。本节列出了标准中出现的主要术语，主要根据《木结构设计规范》GB 50005、《木结构工程施工质量验收规范》GB 50206及参照国际上木结构的相关术语进行编写，如齿板连接、轻型木桁架等。

2.2 符　　号

结合本次标准的修订情况，本节给出了本标准各章中所引用的主要符号，并分别作出了定义。

3 基 本 规 定

3.1 试 验 设 计

3.1.1 本条的目的是为了强调遵守本标准和试验设计（试验方案）的重要性。当需要时宜在正式试验前进行预备试验或试探性试验。

3.1.2、3.1.3 由于试验的目的性不同，试验所用的试材、试件制作和数量，以及试验条件等要求都有所差别。在本标准2002版的征求意见稿中，按试验的目的性不同，划分为研究性试验、验证性试验和检验性试验。经征求专家意见，认为：

1 研究性试验一般只能在有较高水平的研究单位进行，且为数不多。

2 研究性试验不能规定过于具体，例如研究含水率、木材缺陷等对承载能力的影响，研究试验就需要设置一些变化因素。

3 研究性试验的范围很广，有时也接近于验证性试验。

考虑到我国在《木结构设计规范》编制过程中，有的试验也属于研究性试验，又不宜不予纳入，因此，本标准按试验的目的性不同，适用于验证性试验和检验性试验，而对研究性试验在写法上采用淡化处理，不与前两者并列、退居配合地位，当涉及时，用"对于专门问题的研究试验，应……"的写法分述于有关条文中。

3.1.4 设计试验方案时，应充分考虑试验过程中可能出现的试验现象，特别是试件的破坏情况可能造成的后果，并采取必要的防护措施，以保证试验设备及试验人员的安全。

3.2 试材及试件

3.2.1 除了检验性试验按送来的原样妥为保存外，对于验证性试验和专门问题的研究试验，制作试件用的木材应合理地选择和存放。本条的规定是根据木材树种多，易腐、易蛀、易裂等特殊性质和我国多年的使用和试验的经验，为保证试验质量和试验数据的正确性而制定。

3.2.3 含水率对杆件、连接以及桁架等结构用木材受力性质的影响，明显地不同于标准小试件的木材，把用于标准小试件力学性质考虑含水率影响的换算公式应用于结构用木材，实践证明是不适合的，因为影响结构用木材力学性质的，还有更多的复杂因素。

为了消除含水率的影响，根据国内外经验，通常采取控制木材含水率的办法。在制作试件之前，试材必须在室内自然风干达到平衡含水率，这样基本上可以反映木结构房屋使用中的木材含水率状态。在满足这一条件下，木构件、连接以及桁架等足尺试件的静力试验所得的数据可以不进行含水率换算。

为保持含水率的一致性，要求试材达到室内气干平衡含水率，这是本标准对木材含水率的基本要求，对于某些试验还可能有附加规定，在本标准的有关条文中还会提出或予以强调。

本标准的附录 B 列出的我国部分城市木材平衡含水率估计值，采用的是北京光华木材厂《木材蒸汽干燥法实践》的附表。

3.2.4 鉴于木材材质等级不同，对结构用木材受力性质的影响复杂、导致试验数据分散过大，故作此条规定。

3.2.5 本条是关于试件的制作和检查的某些共性要求，对于不同的试验项目还有某些具体要求，分别列于本标准的有关章节。

3.2.6 本条规定是为了取得足尺试件（杆件、连接）的受力性质和标准小试件的受力性质之间的对比资料，以及该批试材的基本材性的信息。对于不同试验项目的具体要求，分别列于本标准的有关章节。

各种标准小试件的制作要求、含水率测定及试验方法应符合现行国家标准 GB/T 1927～GB/T 1943 中的有关规定，如《木材物理力学试材采集方法》GB/T 1927、《木材物理力学试验方法总则》GB/T 1928、《木材含水率测定方法》GB/T 1931、《木材抗弯强度试验方法》GB/T 1936.1 等。

3.2.7 虽然足尺试件的试验数据可不进行含水率换算，但为了掌握试验情况和做好试验监督，仍需进行含水率测定。

3.3 试验设备和条件

3.3.1 本条是根据 ISO 标准和我国一般的设备条件而定，系各种试验的共同要求，某些试验的特殊要求分别列于本标准有关章节。

3.3.2 本条对木结构试验的条件提出要求，是基于木材的特点提出来的，木材的含水率、温度以及后面条文中提到的加载速度对木材力学性能影响较为敏感，为使试验数据科学、方便比较和应用，需对上述三个因素进行规定。

本条文中"正常温度和湿度的……"，是指正常的自然气候条件，在此条件下木材的含水率达到平衡含水率。

本条文中建议的适宜温度和湿度（20℃±2℃ 和 65%±5%）是根据 ISO 标准提出的。

3.4 试验记录和报告

3.4.1～3.4.3 参考国外标准和我国实践经验制定，为避免重复，将各章的共同部分订为本条文，未能概括的内容列入有关各章。

4 试验数据的统计方法

4.1 一 般 规 定

本章首先说明两点：

1 本章内容是针对木结构试验的特点和它的试验数据统计的需要，主要列出试件数量、离群值的判断和处理、参数估计和回归分析等问题的有关规定，由于这些问题在木结构试验中的重要性和应用的广泛性不同，有关条文规定的具体化程度也不相同，有的较为详细具体，有的仅给原则上的指示。

2 按统计学理论，每种试验方法应给出重复性 r 和再现性 R 的水平，但由于试验工作量和费用的巨大，一般工程试验的试验方法标准都难以办到。本标准是在不同单位多次试验、多次改进的经验总结的基础上制定的，虽未明确给出重复性 r 和再现性 R 的水平，但在实际应用中是可以满足工程试验要求的。

4.1.1、4.1.2 有关统计学名词及符号、数据的统计处理和解释、抽样程序及抽样表等统计学内容已有相应国家规范，但不完全。根据木结构构件及连接试验的特点，应作一些必要补充规定，同时，上述国家规范已有规定的，可以根据实际情况选择。为方便应用，同时避免使用者选择时可能造成的混乱，本章集中进行统一选择。然而统计学内容非常丰富，本章不可能亦不必要全部包括。凡本章没有列的内容，应根据"统计学"进行。

4.1.3 对于样本来自正态总体或近似正态总体的判断，可以根据物理上的、技术上的知识，也可通过与考查对象有同样性质的以往数据进行正态性检验，木结构安全度研究组在 1978 年～1980 年对建筑常用木材强度分布进行了研究，尽管木材各种性质不同，可能各自有其更好的分布类型，但总的结论是"不论大小试件，其强度的概率分布均可通过正态性检验"。同时，根据中心极限定理，木结构构件和连接的抗力系由多个随机变量相乘而得，所以一般确认为结构构件抗力服从对数正态分布。

4.1.4～4.1.7 试验设计是搞好研究和最终得出期望的试验结果的重要一环，应根据具体研究目的而定。但从历史经验看，至关重要的是确定好试件数量。构件和连接试验不同于小试件，足尺试件的选材、制作及试验所需费用较大，且试验时间较长，过多的试件数显然不合适；但若试件数量过少，试验误差必将增大。因此本章规定了一些试件数量的下限值。分组时检时，每组试验值的平均值是最重要的特征值，而平均值的误差与试件数量 n 的开方值成反比，n 增大时，其平均值的误差减少，当 n 从 1 增加至 5 时，其误差减小很快，当 $n=5$ 或 6 时开始变慢，当 $n>10$ 时，误差随 n 的变化已不显著，通常 $n=10$ 或 12 已经够了；对做试验困难的情况，试件数量最少应不少于 5。不分组时试验仍规定不少于 10。

回归分析时，为更好地找出变量间的关系，自变量数不宜太少，不然难以找出较为准确的回归公式。经研究商定，不宜少于 7 个。由于回归公式已确定，不得外推延长使用，所以应研究好自变量的起点和终点，若无把握可将起点和终点之间的距离根据具体对象适当放大一些。

对检验性试验，本标准的任务是给出试验方法，对抽样方法则应满足相关标准的规定，本标准中只给出如第 4.1.6 条文所述的原则指示。

4.1.8 离群值将给研究的问题带来不利影响，应认真对待。离群值产生的原因多种多样：有的是人为差错；有的是试验条件发生未被人发觉的改变；有的是不慎混入其他母体的试验数据；有的反映了本身的变异；有的表示新的规律；所以不能不查明原因，就贸然舍弃其中任一个观测值。

当原因判断不明或试验者经验甚为不足时，应利用数理统计准则加以判别。考虑到构件试验的难度，以及由于剔除离群数据往往有一种心理上的吸引力，会产生一定主观希望剔除的愿望（因为剔除后，似乎可以得出比较有规律的情况，或主观希望达到的结论）。因此，为慎重起见，剔除水平 α^* 取 0.01 而不是通常的 0.05。

在我们的研究中，往往是在未知标准差情况下进行，离群值检验常用方法有格拉布斯检验法、狄克逊检验法和偏度、峰度检验法，可按现行国家标准《数据的统计处理和解释　正态样本离群值的判断和处理》GB/T 4883 的有关规定选用。

应重视离群值给出的信息，在一段时间后，考查检出的离群值的全体，往往能明显地发现其物理原因和系统倾向，又若各个样本中出现离群值较为经常，又常不能明确其物理原因，则应怀疑分布的正态性假定，因此，应对离群情况予以详细记录，并作定期分析。

4.2　参　数　估　计

4.2.1 本标准适用于对抽自正态总体的随机样本的一系列试验的基础上，估计该总体的参数，或者利用试验所得的数据计算出一个区间，使得这个区间以给定的概率包含总体的参数。

4.2.5 置信水平是置信区间包含总体均值的概率，一般考虑为 0.95 和 0.99 两个水平。本标准根据过去经验，仅考虑 0.95 一个水平。

4.2.8 方差的区间估计不常用，仅在特殊研究时才需要估计 s^2 的良好程度如何。使用一种类似确定母体均值置信区间的方法，也可把母体方差 σ^2 的置信区间推导出来，但当 n 较小时，则结果很不精确，当 $n \geqslant 25$ 时，可近似认为样本量足够大，可以应用本标准中公式（4.2.8-1），但通常公式（4.2.8-2）单侧上置信界限更为有用。

4.3　回　归　分　析

4.3.1 当问题涉及两个或更多变量时，常常会对变量之间的函数关系感兴趣。但是，如一个或两个变量（在有两个变量的情况时）都是随机的，则在这两个变量的值之间就设有特殊的关系——给定一个变量（控制变量）的一个值，则另有一变量就有一系列的可能值——这样就要求一个概率的描述，如果利用一个随机变量的均值和方差作为另一变量的值的函数来描述两个变量之间的概率关系，这就是所谓回归分析。在工程学中，回归分析已被广泛用来确定两个（或更多）变量之间的经验关系。

4.3.3 相关系数绝对值越大，方差的减小也愈大，按回归方程得出的预计值也愈精确，一般工程研究其相关系数绝对值不宜小于 0.85。

5　梁弯曲试验方法

5.1　一　般　规　定

5.1.1 本方法适用于整截面的锯材矩形截面梁，以及矩形截面和工字形截面胶合梁。对于原木以及其他不规则截面的梁也可参考使用。

本方法可用于测定梁的抗弯强度、纯弯曲弹性模量、表观弹性模量以及剪切模量。

5.1.2 本条说明两点：

1　对称两点加载是梁弯曲试验的基本原则，对于不同的试验项目可以有不同的具体规定，但都必须遵守这一基本原则。

2　梁试验的用途较广，通过试验可获得多个方面的数据和信息。例如：

1） 用于制定构件分级规则和标准规格的数据。

2） 用于制定构件强度的设计值或验算其可靠度方面的数据。

3） 木材的各种缺陷影响构件力学性质的数据。

4） 研究不同树种、不同等级和不同尺寸的构件强度性质方面的数据。

5） 树龄或生长环境等不同条件影响力学性质的数据。

6） 确定产品价格所需的各种力学性质的数据。

7） 制造胶合构件的各种因子（如截面高度、斜度、切口、板的接头形式如指接接头等以及其他胶合工艺）的影响的数据。

    8）在非破损试验中寻找力学性质同它的物理性质相关的数据。

    9）防腐药剂或其他化学因素影响构件力学性质的数据。

5.1.3 按照我国现行国家标准《木材抗弯强度试验方法》GB/T 1936.1 的规定，测定木材标准小试件的弯曲弹性模量采用的是全跨度内的挠度，然而国际标准无论是标准小试件试验（ISO 3349）或梁试验（ISO 8375）均采用纯弯矩区段内的挠度，两者有一定的差别又各有优缺点：

    对标准小试件来说，采用全跨度（240mm）内的挠度比纯弯区（仅长 80mm）内的挠度易于获得变化较小的数据，但混入了由于剪切变形产生的挠度；采用纯弯区内的挠度可以排除剪切变形影响，但要准确测定有一定困难，为此，国际标准 ISO 3349 中列出了两种加载方式，即三分点加载和四分点加载，且跨度为 240mm～320mm，也就是说，纯弯区允许由 80mm 增加到 160mm。对于大截面的梁，无论测定纯弯区内的挠度或全跨度内的挠度都是不难办到的。本方法同时列入了两种挠度的测量方法，基于以下三点：

    1 采用全跨度内的挠度以符合我国实用习惯，并和我国木材标准小试件试验的现行国家标准 GB/T 1936.1 相协调。

    2 同时列出纯弯区内挠度的测定方法，与国际标准 ISO 8375 相一致，便于促进对外交流。

    3 如果同一试件同时测定两种挠度，还可利用本标准中公式（5.5.3）算得梁的剪切模量 G，此剪切模量在木构件或连接的局部强度计算和设计中可能会用到，同时也说明了纯弯曲弹性模量 E_m 和表观弹性模量 $E_{m,app}$ 的关系以及二者的区别而不致混淆。

    此外，按我国现行国家标准 GB/T 1936.1 标准小试件测定方法测得的弯曲弹性模量并非纯弯曲弹性模量 E_m，实质上是表观弹性模量 $E_{m,app}$。在长期的工程应用中已习惯用该方法测得弯曲弹性模量的数值代表木材的弹性模量，并记为 E。

5.1.4 梁的测定截面应位于梁的纯弯区段内，例如，当需测定对木材力学性能影响最大缺陷处截面的抗弯强度时，应使该截面位于梁的纯弯区段内。

5.2   试件设计及制作

5.2.1～5.2.5 系根据我国实践经验制定，梁试件的长度应根据试件的跨度与截面高度的比值（即跨高比）确定，跨高比宜取 18。为保证梁的跨度为 $18h$，两端支点处试件外伸长度不应少于 $0.5h$，此处 h 为梁的截面高度。其中 18 系根据 ISO 8375 标准提出。

5.3   试验设备与装置

5.3.1～5.3.4 根据我国设备情况和实践经验而制定

并与国际标准 ISO 8375 保持一致，荷载分配梁刀口□下面的弧形钢垫块能使试验时保证荷载传递的着力点□位置正确，又能保证梁的变形不受约束。

5.4   试验步骤

5.4.1 参考 ISO 8375 和美国标准 ASTM D198 □制定。

5.4.2～5.4.6 根据我国实践经验并参考国际标□ISO 8375 和美国标准 ASTM D198 而制定。其中说□几点：

    1 第 5.4.2 条第 3 款要求预先估计荷载 F_1 □F_0 值，可采用下列方法：

      1）根据拟订试验设计的负责人的经验；

      2）或者做一根梁的探索性试验；

      3）或者取 F_1 值等于按现行国家标准《木□构设计规范》GB 50005 计算的设计值□0.9 倍～1.0 倍；试取 F_0 为 F_1 的 1□～5%。

    2 公式（5.4.3）是用来计算加载速度的允□值，此公式是遵照国际标准 ISO 8375 的规定：梁□边缘纤维的应变值的增长速度为每秒 $5×10^{-5}$，并□用材料力学的一般方法而导出的。

    当恰好符合 $l=18h$ 且 $a=6h$ 时，公式（5.4.□变为：

$$v = 3h × 10^{-3}\,(\text{mm/s})$$

    该条给出的普通公式，是为了提高本标准对不□情况的适应性。

    3 第 5.4.4 条中，加载速度的调整参考了中□林业科学研究院的研究实践，并对比了国际标准 IS□8375 和美国 ASTM D4761、ASTM D198 的规定□后参照 ISO 8375 标准改写。

    4 第 5.4.5 条中，公式（5.4.5）来自 IS□8375，其目的是为了取得至少的挠度值，从而可以□荷载-挠度曲线图中明显看出直线部分的情况。

    5 第 5.4.6 条中，当出现裂缝响声、木纤维□生皱褶等现象时，即可认为开始出现了局部破坏。

5.5   试验结果及整理

5.5.1～5.5.4 公式（5.5.1）、公式（5.5.2）、公□（5.5.3）及公式（5.5.4）是根据定义和运用材料□学的一般方法而导出的，其中公式（5.5.3）是考□了剪切变形和弯曲变形共同产生的挠度，式中 1.2 □矩形截面的形状系数。

    这些公式和 ISO 8375 中相应的公式都是一致的□

6   轴心压杆试验方法

6.1   一 般 规 定

6.1.1、6.1.2 本方法是根据我国有关单位：四川□

建筑科学研究院、广东省建筑科学研究院、新疆建筑科学研究院和重庆大学（原重庆建筑大学）等单位的实践经验和参考国际标准 ISO 8375 和美国标准 ASTM D198 而制定的。

本方法主要适用于整截面的锯材或由薄板叠层胶合矩形截面的承重柱试验。原木或由薄板叠层胶合的工字形柱也可参考使用。

本方法是采取措施保证被试验的承重柱轴心受力、匀速加载直至破坏，从而根据不同的试验研究目的，取得所需的各种试验数据和信息。例如，可测得和使用有关下列数据：

1 为制定压杆的强度设计值或验算其可靠度所需的有关数据。

2 为求得木材某种缺陷对轴心压杆受力的影响。

3 用于校正柱的现行设计公式或进行柱的某种理论分析。

4 新利用树种为选择适合的轴心压杆稳定系数 φ 值曲线所需的数据。

6.1.3 本方法主要采用几何轴线对中的方法，这样可以与工程实际以及设计、施工规范一致。对于原木、非矩形截面或特殊要求的研究试验才采用按物理轴线对中的方法。

6.2 试件设计及制作

6.2.1 原来我国试验的试件长度最短为截面边宽的 5 倍，为了与 1SO 8375 标准一致，现取为 6 倍。本试验方法的主要目的是为了得到相关的系数，故对截面尺寸作了相应的规定，对其他截面尺寸试件的试验，可参照执行。

6.2.2、6.2.3 实践表明，木材缺陷（木节、斜纹、裂缝等）、含水率及试件尺寸的偏差对轴心压杆试验结果的影响是很大的，常导致试验数据异常分散，故本方法根据我国经验作了严格规定。

6.2.4 为了使柱子试验的结果能与其基本材性作对比，故作此规定。每种标准小试件的数目每端不应少于 3 个，即总数不应少于 6 个，才符合本标准第 4 章的规定。

6.2.5 由于气候原因会使制作好的长柱变得不直，故本条要求同时制作、立即同时进行试验。

6.3 试验设备与装置

6.3.1～6.3.5 关于球座的规定参考了美国标准 ASTM D198，当采用球铰作为支承装置时，球的半径宜小，以利于灵活转动和准确对中。其余规定是根据我国的试验设备的情况而制定。本方法推荐的双向刀铰，使用效果好，在条文中作了具体规定和详图。

6.4 试验步骤

6.4.2、6.4.3 本方法的试验程序分两步：首先测初

始偏心率和初始弹性模量；其次匀速加载直至破坏，测定相应的挠度及破坏荷载。其中，预加载的目的是检查试验装置是否可靠和所用测量仪表的工作是否正常。预加载荷 F_0 及最终破坏荷载都要在未正式试验之前进行估计。预加荷载 F_0 一般可取破坏荷载估计值的 1/50，最终破坏荷载一般采用下列方法进行估计：

1 根据制定试验设计负责人的经验。

2 或者做一根试探试验。

3 或者试取破坏荷载估计值等于按现行国家标准《木结构设计规范》GB 50005 计算的设计值的 2 倍。

6.4.4 测定轴心受压柱的侧向挠度所用的位移传感器（例如百分表或电子位移计）的触针尖端都不宜与柱的表面直接接触，以防位移受阻或触针滑脱。

6.4.5 根据我国实践经验，并对比了国际标准 ISO 8375 和 ASTM D4761、ASTM D198 的规定，最后参照 ISO 8375 标准改写。

6.5 试验结果及整理

6.5.1～6.5.4 本节列出的试验结果是起码的要求，还应根据试验研究的目的，列出木材缺陷、初始挠度、应力-挠度曲线等结果。

7 偏心压杆试验方法

7.1 一 般 规 定

7.1.1 本试验方法主要根据重庆大学（原重庆建筑大学）、四川省建筑科学研究院等单位所做大量木构件偏压试验的实践经验编写而成。

本方法提供的试验数据可满足下列项目的需要：

1 研究木构件在偏心压力短期作用下的极限承载能力和变形性能。

2 验证偏压或压弯构件的现行设计计算公式或理论假设。

3 研究木材缺陷及其他因素对偏压或压弯构件的承载能力的影响。

4 研究偏压或压弯构件的可靠度及其有关统计参数。

5 确定新树种利用所需的调整系数。

6 确定树龄及其他自然因素对构件性能的影响。

7 确定防腐及其他化学处理对构件性能的影响。

7.1.2 偏压试验通常设计成等端弯矩单向弯曲试验。偏心荷载的合力要位于试件截面的长轴上，并保证偏心弯矩平面在试验中能与试件的通过其截面长轴的纵向对称平面相一致。

偏心压力应均匀地作用于试件整个端面上。其目的不仅可使偏心压力的偏心距在试验的全过程中始终

保持不变；同时又可避免试件端面在试验中出现开裂。

7.1.3 为了防止试件在垂直于弯矩作用平面的方向发生压屈破坏而作此条规定。破坏荷载的估计，一般可采用下列方法：

1 根据拟订试验设计的负责人的经验，或预做试探性试验。

2 或者按现行国家标准《木结构设计规范》GB 50005 计算的设计值进行估计：对垂直于弯矩作用平面可按轴心受压构件进行计算，破坏荷载的估计值取设计值的 2.0 倍～2.5 倍；对弯矩作用平面内可按压弯构件进行计算，破坏荷载的估计值取设计值的 2.5 倍～3.0 倍。

3 对冷杉树种某些专门问题的研究性试验，偏压木构件的破坏荷载 F_u 值也可试用下述公式进行估算：

$$F_u = \frac{R_c A}{1 + \frac{6(e + f_F)R_c}{hR_b}}$$

式中：R_c——试件的顺纹抗压强度，取该组试件的标准小试件顺纹抗压极限强度平均值乘以疵病及尺寸影响系数 0.754；

R_b——试件的横向弯曲强度，取该组试件的标准小试件横向弯曲极限强度平均值乘以疵病及尺寸影响系数 0.558；

A——试件的截面面积；

h——试件的弯矩作用平面内的截面高度；

e——试件的偏心距；

f_F——预计的试件跨中最大破坏挠度，可按下式估算：

$$f_F = \frac{\lambda^2 h R_c}{24 E_c \left(3 - \frac{R_b}{R_c}\right)}$$

式中：λ——试件的长细比；

E_c——试件的顺纹抗压弹性模量，取该组试件的标准小试件顺纹抗压弹性模量平均值乘以疵病及尺寸影响系数 0.792。

以上公式由原重庆建筑大学提出，其计算值与试验数据吻合甚佳。

7.2 试件设计及制作

7.2.1、7.2.2 试件分组时，试件的最小长细比不宜取得太小。这主要考虑到两个问题：

1 当"牛腿"较长时，若试件太短，则会出现"牛腿"伸展至试件长度中央附近，从而用"牛腿"加强了试件的工作区段，人为提高其承载能力。

2 试验实践表明，试件太短时，试件可能因纵向剪裂而破坏。所以分组时，可按试件压力的最大相对偏心率（或偏心距）及试件截面尺寸算出"牛腿"长度，进而大致求得试件长细比的一个相应的下限值。

试件压力的相对偏心率 $m = 6e/h$，其中 h 为试件在偏心弯矩作用平面内的截面尺寸，e 为偏心压力的偏心距，相对偏心率的取值要有利于偏心距为一整数（以毫米为单位），$m = 0.3 \sim 10.0$ 是常用范围。

为了做到试件端面全表面均匀承压，不论偏心压力的相对偏心率的大小，均须在试件两端各胶粘一块"牛腿"。"牛腿"的厚度按试件截面尺寸及其偏心压力的相对偏心率计算确定。"牛腿"的其他尺寸根据实践经验而制定，见图 7.2.2。当受条件限制，"牛腿"的长度无法满足图 7.2.2 的要求时，亦可经过一定试验检验后，适当缩短"牛腿"的长度。

7.2.4 本条目的在于保证偏心压力平行于试件轴线，并垂直作用于试件端面（包括"牛腿"在内）的全表面。

为保证试件轴向平直，减小试件的初弯度，试件制作宜以机械加工为主。试件制成后，在试验前要采取措施防止试件弯曲。制作完毕到试验之间，时间不宜太长。

7.3 试验仪表和设备

7.3.2 当用承力架做试验时，试件按长细比分组，其每组长细比的取值，都应使试件长度及其支承装置和加载设备的总和，均与调整后的承力架上、下横梁间的净空相适应。

7.3.5 本条根据实践经验制定。为将千斤顶固定在承力架的下部横梁上，可把千斤顶的底座点焊在一块预先钻有螺栓孔的钢板上。该钢板放在下部横梁上，对准螺栓孔，经找平后，再用螺栓将钢板与横梁连牢。

7.3.7 偏压试件在试验的初始阶段挠曲很小，其跨中最大挠度一般以 0.1mm 计；但在试件破坏前的阶段，有些试件（长细比较大者）则挠曲很厉害，跨中最大挠度达 100mm 以上。因此，试验时采用的测量挠度的仪表，应既能测定 0.1mm 的小变形，又能量 100mm 的大挠度。

7.4 试 验 步 骤

7.4.1 单向刀铰是根据我国实践经验自行设计的，试验实践表明，单向刀铰能保证试件在偏心弯矩平面内自由挠曲，而在弯矩平面外无挠曲。刀槽的中心线与试件的轴线之间的距离即构成所需的偏心距 e。

为将刀槽或刀刃与钢压头板在构造上加以连接，可在两者接触面的中心处各攻丝约 10mm，再用螺杆（长约 20mm）将两者拧在一起。考虑到刀槽（或刀刃）要有相当高的硬度，因此，它们应先攻丝后淬火。

7.4.2 计算试件的长细比时，试件长度应包含其两端的刀槽（或刀刃）在内。

7.4.3 刀槽、刀刃和钢压头板没有定型的标准规格，其尺寸应由试验者根据试件的具体情况设计确定，并自行加工制造。

7.4.4 根据我国实践经验，并对比了国际标准 ISO 8375 和 ASTM D4761、ASTM D198 的规定，最后参照 ISO 8375 标准改写。

偏心压杆试验过程中出现下列情况之一，即认为试件达到破坏：

1 试件发生折断。

2 试件发生纵向剪裂。

3 挠度迅速增大而荷载加不上去。

8 横纹承压比例极限测定方法

8.1 一般规定

8.1.1、8.1.2 木材横纹承压时，随着压力的增大，在外观上只是产生压缩，而无明显的破坏特征出现，因此，难以确定强度指标的极限值。针对这一特点，一般多采用专门定义的比例极限应力来表示其横纹承压的能力。木材横纹承压的比例极限之所以需要专门定义，是因为木材属于弹粘体材料，比例极限不像钢材那样明确，不同的测定方法将得到不一致的结果。本标准采用的定义是参照国际标准 ISO 3132 拟定的。其优点是方法简便，而其效果与逐段回归得到的数值十分相近。

8.1.3 木构件横纹承压之所以需要按其受力方式分为三种形式，是因为中间局部表面横纹承压时，其受力将得到承压面以外两边木材纤维的支持，从而使其强度显著高于全表面横纹承压；至于尽端局部表面横纹承压，其受力虽不如中间局部表面横纹承压，但仍优于全表面横纹承压。因此，有必要加以区别对待。另外，还需指出的是，"局部表面横纹承压"仅指沿构件长度（即顺纹方向）的局部表面横纹承压，而不包括沿截面宽度方向的局部表面横纹承压，因为木材纤维横向联系很弱，在局部宽度承压的条件下，其两侧纤维不能起到应有的支持作用。

8.1.4 一般的含水率换算公式仅适用于截面尺寸很小的标准小试件，如果引用于换算截面尺寸较大的木构件，不仅误差很大，而且得不到有规律的结果。但这并不等于说，木构件的强度试验不考虑含水率的影响，只是改而将试件的含水率严格调控至气干状态再进行试验。这时，各试件之间的含水率差异很小，而又很接近实际工作条件下的构件含水率状态，因此能保证试验结果的实用性。

8.2 试件设计及制作

8.2.1 木构件的试验结果，不可避免地存在着波动，在一般情况下，造成这种波动的主要原因有三：

一是由试验的偶然误差所引起；

二是由材料的固有变异性所产生；

三是由各种干扰因素所致。

前两种原因造成的波动无法避免。但干扰因素的影响，则必须尽可能采取有效措施予以消除。当按本条的规定选材时，可将主要干扰因素的影响减小到较低的程度。

8.2.2 木构件横向承压试件的尺寸，是根据不同尺寸试件的试验结果确定的。试验表明，当全表面承压试件的承压面尺寸大于或等于 120mm×180mm，局部表面承压试件的承压面尺寸大于或等于 120mm×120mm 时，其比例极限的测定值趋于稳定，因此，选这两组尺寸作为标准尺寸。若试件尺寸改为 80mm×80mm，则应乘以尺寸系数 ψ_b，本条文取 ψ_b 值等于 0.9，是根据试验确定的。

8.2.3 通过对试件加工质量与试件受力状态的对比观测结果表明，要保证试件在试验中受力不受加工偏差的影响，只控制试件每一标定尺寸的偏差不超过允许值是不够的，还必须进一步把有关尺寸之间的相对偏差控制在允许的范围内，才能使试件处于正常的受力状态。这一点在加工中容易被忽视，因此，本条作了明确而具体的规定，以保证测试结果的有效性。

8.3 试验设备与装置

8.3.1 本条是根据有关国际标准的规定，在考察了不同型号国产设备的技术条件后拟定的，因而能在使用国产设备的前提下，保证试验结果的精度符合国际标准的要求。

8.3.2、8.3.3 这两条要求都是为保证试件均匀受力、均匀压缩而提出的。在试验中，必须全面加以执行，才能取得可供确定比例极限使用的数据。

8.4 试验步骤

8.4.1 根据国际标准 ISO 3132 的规定，承压面的尺寸应在统一指定的位置上量取。这样做的好处是可以复检量测的结果，从而也使实测数据的有效性得到更好的保证。

8.4.2、8.4.3 本标准采用的加载方式是参照目前国际上常用的控制加载总时间，并均匀移动试验机压头的施荷方式拟定的。其优点在于可以不必处理加载后期所遇到的无法控制匀速变形或匀速施荷等问题。

8.5 试验结果及整理

8.5.1～8.5.3 在整理试验结果时，若遇到荷载-变形图中直线部分的各试验点不在一直线上时，宜用回归方法确定该直线。至于回归直线的上界点应取哪一个试验点，可先凭目测选择一点，然后通过对加入该点和去掉该点对相关系数的影响来确定。

9 齿连接试验方法

9.1 一般规定

9.1.1、9.1.2 本方法是在编制《木结构设计规范》期间使用过的两种试验方案进行总结分析后拟订的。

一种方案为三角形支承架（图9.3.2-1），即本方法所采用的第一方案。

另一种方案为人字架，相当于一个简单的没有腹杆的三角形桁架，桁架的上弦即人字杆，采用钢材制作。两根人字杆的上端为活动铰，连系于试验机的上压头；人字杆的下端抵承在下弦（即试件）的齿槽上。下弦的两端为滚动支座，见图9.3.2-2。

第一种方案被试木材的一端为受剪端；第二方案被试木材的两端均为受剪端。

木结构规范组进行过大量齿连接试验之后，长沙铁道学院专门进行过两种方案的对比试验。试材为湘西靖县产马尾松，在同一段试材上，使两种方案的木材受剪面成为相邻部位。试件分为4组：剪面长度与齿槽深度的比值分别为4、6、8、10；试件共34对。

根据现行国家标准《数据的统计处理和解释 在成对观测值情形下两个均值的比较》GB 3361，将上述试验结果进行整理和统计分析，两种方案的均值确有显著差异，第一方案比第二方案平均高出9%。

经讨论研究，认为第二方案的破坏剪面是被试木材的两端之一，时而左端，时而右端，不如第一方案是唯一的剪面破坏。但是第一方案的加载装置仅适用于小截面的试件，当试件截面较大时仍必须采用第二方案。经审查会议决定：两种方案同时列入，并在第9.3.2条中规定了两种方案各自的适用范围。

9.2 试件设计及制作

9.2.1 本条是根据现行国家标准《木结构设计规范》GB 50005，结合试件要求而制定的。压力与剪面之间的夹角应按工程实际选取，按常用情况可取为$26°34'$。

9.2.2~9.2.5 执行条文时，需要注意几点：

1 应严格遵守试材必须达到气干材的规定，为此常需将锯解后的试条试材放置在室内空气相对湿度约为65%、温度约为20℃的环境中持续一年以上，切不可急于求成，用人工烘干法干燥试条。

2 除第9.2.5条外，都可采用商品材锯解试条，但应符合本标准第3.2.1条的规定。

3 试条试材截面尺寸应比试件的截面尺寸大3mm~5mm，以考虑翘曲变形后取直刨平的影响；如果备料时直接将试条锯成短段，则试材余量可减至1mm~2mm。

9.3 试验设备与装置

9.3.1 万能试验机上的测力盘应符合两个要求：

1 试件破坏时测力盘指针至少应超过测力盘圆周的1/3。

2 测力盘每格读数值应小于破坏荷载的1%。

9.3.3 制作齿连接试验专用三角形支承架时应注意以下几点：

1 三角形底座由钢板焊成，要求有足够的刚度和承载力，对滚动轴承下的钢板尚要求有足够的硬度，为此，此块钢板宜采用硬质合金钢或采用淬火钢材，并须刨平。

2 试件用钢夹板和圆钢销与底座上端"耳状"夹板（厚度20mm）通过圆柱形轴（直径30mm）相连，与木材连接的钢夹板厚度不小于10mm，圆钢销的直径取为10mm，圆钢销的个数由计算确定并取偶数。圆钢销的设计承载力应大于试件抗剪极限承载力的1.5倍。若试件为硬质阔叶材，必要时圆钢销及钢夹板可用Q345钢或其他合金钢制成。

3 槽形钢垫板用以均匀分布试件支座反力，其尺寸大小应按木材横纹承压强度计算确定。

4 在槽形钢垫板的下面应焊接滚动轴承，保证试验机压头的压力、试件齿下净截面轴线的拉力与通过滚动轴承传递的支座反力三力交汇于一点。

9.3.4 三角形人字架强调人字杆必须用钢材制作，并保证人字杆的上端为活动铰。

9.4 试验步骤

9.4.1~9.4.6 说明和强调以下几点：

1 为什么要求控制木材含水率和试验室温度？有两方面的原因：一方面木材在纤维饱和点以下，含水率对木材强度的影响颇为敏感，含水率高则强度低，通常呈指数函数关系，只有在相同含水率条件下木材强度才具有可比性；另一方面木材纤维素是天然的高聚物，温度高时大分子键运动活泼，分子间力减弱，导致木材强度低，只有当介质温度相同的条件下试验结果才具有可比性。要统一这两方面的要求，最可行的办法就是试件必须风干至平衡含水率后，方可进行试验。

2 三力线汇交于一点至为重要，必须严格遵守，仔细对中。理论和试验表明：若支座反力线向内偏移，将恶化齿连接抗剪工作，抗剪强度急剧降低；若向外偏移则抗剪强度也会产生很大的影响。两者均不能得出正确结果。

3 试验表明，加载速度愈快则强度愈高。

4 齿连接抗剪试验呈脆性破坏，试验时应特别注意设备和人员的安全。

9.5 试验结果及整理

9.5.1~9.5.4 根据我国实践经验制定。

10 圆钢销连接试验方法

10.1 一般规定

10.1.1、10.1.2 本方法是参照现行国际标准 ISO 6891 并结合我国实践经验而制定。说明三点：

1 除专门问题的研究试验外，一般都以顺木纹对称双剪连接作为典型的形式，当需进行横木纹或斜木纹受力的销连接试验时，可另行设计试件和装置，并按本方法进行试验。

2 圆钢销连接要求做全过程破坏试验，从而获得更多的数据和信息，例如比例极限、变形为 1mm、2mm、10mm 时的承载力以及其他各种数据。

3 根据编制组关于螺栓连接和圆钢销连接的对比试验，螺栓连接的承载力可以达到圆钢销连接承载力的 1.2 倍，考虑到实际工程中木材收缩的影响，设计时没有考虑螺栓连接的这种有利作用。因此，当需对螺栓连接进行试验时，可参考本方法进行试验，但试验时应将螺母松开，不宜考虑夹紧作用的有利影响。

10.2 试件设计及制作

10.2.1～10.2.4 说明几点：

1 对称双剪圆钢销连接试件的设计尺寸是根据现行国家标准《木结构设计规范》GB 50005 而规定的。

2 制作圆钢销连接试件时，试件的三个木构件应叠置后一次钻通连接，而不应分别钻孔后再连接。

3 圆钢销可直接采用 Q235 圆钢，除特殊研究外，不得在车床加工，以保证和工程实际所用圆钢销一致。

4 圆钢销不得采用其他钢种代替，因 Q235 钢具有足够的塑性，理论分析和规范中的计算公式都已考虑了这种塑性性质。

10.3 试验设备与装置

10.3.1～10.3.3 万能试验机的吨位采用 1000kN，理由同条文说明 9.3.1。

10.4 试验步骤

10.4.2～10.4.4 说明以下三点：

1 预先估计圆钢销连接当钢材屈服时试件所受到的力 F，它仅是为了在加载程序中使用，它总是小于终止试验时的荷载。

2 先预加载 $0.3F$ 并且持续 30s 的目的在于使连接紧密，以消除由于连接松弛引起的非弹性变形，这一过程不可忽视。

3 圆钢销连接破坏时具有很大的塑性变形，当荷载达到一定程度后，变形继续增加而荷载增加很少，为了获得更多的数据和信息，要求直到圆钢销被压弯、变形至少达到第 10.4.4 条规定数值方可终止试验。

11 齿板连接试验方法

11.1 一般规定

11.1.1、11.1.2 本方法是根据重庆大学、中国新兴保信建设总公司、同济大学和四川大学等有关单位所做的大量试验的实践经验，并参考美国标准 ASTM D1761、加拿大标准 CSA S347 以及欧洲标准 EN1075 而制定。

本方法主要用于测试齿板连接中的板齿和齿板的各种极限承载力，因此要求连接中的木构件在试验过程中不先于齿板发生破坏。

11.2 试件设计及制作

11.2.1 关于齿板的尺寸，由于不同厂家生产的齿板型号和规格不同，其承载力也不相同，即使是相同的测试内容，试验所采用的齿板尺寸也不尽相同，因此很难对齿板的尺寸进行定量的规定。齿板的尺寸一般可参照相似的试验确定，必要时可通过尝试性试验确定。

条文第 2 款规定齿板宽度不应小于 40mm，主要考虑了齿板连接在实际工程结构中使用时的构造要求，即齿板与桁架弦杆、腹杆的最小连接尺寸不应小于 40mm。

条文第 4 款确定试件尺寸时，规定了齿板端部到夹具端部或试验机压头的距离 y 不应小于 $1.5h$，其主要目的是为了减小或避免试件端部约束对齿板连接性能产生影响。

11.2.2 本条文对沿荷载作用方向的齿板长度的要求，说明如下：

1 对板齿极限承载力和抗滑移极限承载力试验，齿板长度应取试验时保证齿板不被拉断的前提下板齿发生拔出破坏的最大长度，该长度一般需要通过尝试性试验确定。

2 对齿板连接受拉极限承载力试验，齿板的长度应在该条第 1 款的基础上适当增加，以使试件破坏时齿板被拉断而板齿不被拔出。当试验用齿板长度不能保证试验过程中齿板被拉断（在一些被连接木构件密度较低的试件中可能会发生这种现象，即试验时板齿明显拔出但齿板仍未被拉断）时，可在距连接节点中线不小于 50mm 处用夹具夹紧齿板再进行试验，或者改用密度较高的木构件进行连接后重新试验。

3 在齿板连接受剪极限承载力试验中，齿板的长度应在该条第 1 款的基础上适当增加，以使加载时试件沿齿板剪切面发生剪切破坏,在齿板被剪坏前允许齿板边沿出现局部屈曲现象。

根据重庆大学土木工程学院周淑容和黄浩等做的关于齿板连接节点性能的试验结果(试验采用苏州皇家整体住宅系统股份有限公司设计的齿板),认为可根据齿板的长宽比选择齿板尺寸。表1为本次试验中不同测试内容情况下,试验所用齿板的长宽比范围,可供其他规格的齿板连接试验参考。

表1 不同测试内容齿板的长宽比范围

测试内容 \ 荷载方向	荷载平行于齿板主轴方向	荷载垂直于齿板主轴方向
板齿极限承载力和板齿抗滑移极限承载力试验	3.0~4.0	约2.0
齿板连接受拉极限承载力试验	4.0~5.0	2.5~3.0
齿板连接受剪极限承载力试验	不同荷载方向,取3.0~4.0	

11.2.3 该条第3款对齿板连接试验所用木材的选择进行了规定,理由如下:

1 要求同一个试件相连木构件应取自同一根木材的相邻部位,目的是使被连接木构件的密度相当,否则,试验时齿板可能会在密度较小一侧提前拔出而破坏,从而导致该试件的承载力偏低。

2 要求同一组试件中各试件所用木材应取自同一树种或树种组合的不同木材,是为了使木构件的抽样具有一定的代表性。

3 对板齿极限承载力和抗滑移极限承载力试验用木材的全干相对密度提出了规定,主要是考虑木构件的全干相对密度对板齿的承载力影响较大。

11.2.4 该条第3款和第4款是为了得到荷载垂直于木纹时板齿的极限承载力和抗滑移极限承载力,为了保证试验时齿板连接的破坏能够发生在荷载与木纹相垂直的水平木构件上,要求设计齿板时,应使水平木构件上的齿板长度 l_1 小于竖向木构件上的齿板长度 l_2,并使 $l_1 \geqslant 0.7h$,此处 h 为水平木构件的截面高度。

11.3 试验设备与装置

11.3.3 对于齿板连接承载力较高的试件,在拉力作用下,夹具处很容易出现试件打滑等现象,为了夹紧试件,可能会在夹具处施加较大的荷载而使木材发生破坏,致使荷载无法加上去。为了防止夹具处木材破坏,在必要时应对夹具处的木构件进行加强。

11.3.4 安装试件时,试件的轴心线应与试验机夹具的中心对齐,目的是减小试件加载过程中由于偏心而产生弯矩等不利影响。

11.3.5 图11.2.4c和图11.2.4d的试验目的是确定板齿的极限承载力和抗滑移极限承载力,试验过程中

应避免试件中的木构件先于齿板发生破坏。在试件加载过程中,图11.2.4c和图11.2.4d中的水平木构件处于横纹受拉状态,木材很容易劈裂。为了避免水平木构件劈裂,在满足该条规定的同时,夹具内侧边沿到齿板边沿的距离 x 应尽可能小,并且不应影响位移测量设备的安装,以保证试件的破坏为发生在水平木构件上的板齿破坏而不是木构件破坏。

11.4 试验步骤

11.4.6 齿板连接试件的破坏形式主要有以下几种:

1 对板齿极限承载力和抗滑移极限承载力试验,试件的破坏是试件连接一侧或两侧的板齿不同程度拔出后,荷载无法再增加。

2 对齿板连接受拉极限承载力试验,试件的破坏为齿板被拉断。

3 对齿板连接受剪极限承载力试验,根据不同的受力情况,试件将分别发生剪拉破坏、剪压破坏和纯剪破坏。对于剪拉破坏,通常会伴随齿板端部板齿拔出,而后荷载无法增加;对于剪压破坏,通常是在试件的受剪面上齿板发生相互错动的同时在中部发生局部鼓曲现象,而后荷载无法增加;而纯剪破坏,可能是齿板被剪坏,也可能是受剪面齿板发生了较大的错动,致使荷载无法增加。

11.5 试验结果及整理

11.5.4、11.5.5 公式(11.5.4)和(11.5.5)中 γ 为修正系数。因为齿板连接的受拉和受剪极限承载力主要受齿板所用钢板性能影响,引入 γ 系数的目的是为了确定齿板连接的极限强度,并最终确定设计值。

第11.5.5条中关于 $F_{v,\theta}$ 的取值,通常取齿板连接试件的试验结果所得到的荷载-滑移曲线上的最大荷载值;考虑到试验时节点的变形可能会很大,同时参考欧洲规范的做法,当被连接两木构件之间相对滑移超过6mm或6倍齿板厚度的较大值时,则应取该较大值所对应的荷载值。

12 胶粘能力检验方法

12.1 一般规定

12.1.1 由于决定一种胶能否用于承重结构,需要根据若干试验得到的指标进行综合评价,才能做出最后的结论。因而本标准明确了本方法仅供检验使用,也就是说,作为检验的对象必须是批量生产的商品胶,而不是正在研制的新胶种,这一点必须在使用时予以注意。

12.1.2、12.1.3 用胶粘结木材,通常以两项指标来衡量其粘结能力,一是沿木材顺纹方向的胶缝抗剪强度;另一是垂直于木纹方向的胶缝抗拉强度。但后者

的试验结果不如前者稳定，因此，作为检验的用途，一般可仅用胶缝的抗剪强度进行判别。但需要指出的是，在本方法中并非任何树种的木材都可以用来检验胶的粘结能力。因为有些树种结构疏松，抗剪强度很低，用做试件容易误判胶的粘结能力合格；有些树种胶着力差，用做试件容易误判胶的粘结能力不合格。因此，本条对试件的树种及其气干密度作了具体规定。

12.2 试件设计及制作

12.2.2 执行本条应注意的是：经过重新细刨光的试件，宜成对合拢，以保护其胶合面的洁净。若在涂胶前受到沾污，可用丙酮沾在脱脂棉花上予以清洗。

12.2.3 加工剪切试件时，主要应保证试件受荷端面与支承端面之间的相互平行。这是使试件在剪切装置中保持正确受力状态的关键。

12.3 试验要求

12.3.2 执行本条应注意，湿态试验的试件在浸水过程中不能浮在水面，宜采用铁栅等将其浸没水中。另外，湿态试验应按时进行，不能随意延长浸水时间，以免使试件数据失效。

12.3.3 为了使试验结果能够随时得到复查，宜将破坏的试件保留到试验报告完成为止。这一点对于沿木材部分破坏率低的试件尤为重要，因为可能需要重新检查其破坏原因。

12.4 试验结果及整理

12.4.1、12.4.2 在执行中应注意的是，有些试件可能在浸水过程中已脱开。对这些试件的湿态剪切强度极限 f_{gv} 应取为 0，但应记载它的剪切面是否仍粘有一层薄薄的木纤维，以供分析使用。

12.5 检验结果的判定规则

12.5.1 本条的规则是参照前苏联标准制定的，经我国多年使用未发现有什么问题，因而又继续予以引用。

12.5.2 本条中的常用耐水胶种，一般可理解为苯酚-甲醛树脂胶、间苯二酚树脂胶以及用间苯二酚改性的酚醛树脂胶等。

13 胶合指形连接试验方法

13.1 一般规定

13.1.1 制定本方法时考虑以下几点：

　　1 本方法的试验对象包括整截面的结构指接材和胶合木构件中的单层木板的指接。

　　2 本方法的任务是提供指接接头抗弯强度的数据，而不包括由指接构成的承重用的指接木材和叠层胶合木材的分级方法，因为它们的分级方法不只是依赖于指接抗弯强度一项，而应按有关标准进行。

　　3 有的国家采用指接的抗拉强度试验，本方法是参照欧盟推荐性标准《指接针叶锯材》和其他有关标准而制定。指接的抗弯强度试验方法简易，并且试验数据的离散性小于抗拉强度试验，所以采用抗弯强度作为测定指接强度的指标。

13.1.3 关于指接的符号，我国林业部门编制的国家标准《指接材　非结构用》GB/T 21140 与欧盟标准和国际标准 ISO 10983 略有不同。

　　考虑到欧盟标准已为国际标准 ISO 所接受，为了与国际标准靠拢，促进国外交流，且其符号简单并含英文字义，易于记忆和使用，因此采用本条所订符号。

13.2 试件设计

13.2.1~13.2.4 根据我国现行国家标准《木结构设计规范》GB 50005、欧盟标准《木结构设计统一规则》和《指接针叶锯材》等标准制定。

13.3 试验步骤

13.3.1~13.3.4 ISO 10983 中规定指接材抗弯强度试验的试件跨度与截面高度的比值（即跨高比）不小于 10，结合我国经验，本方法对试件的跨度作了规定，对整截面指接试件及单层木板指接试件，跨高比分别取为 12 和 15。指接试验步骤同本标准梁抗弯强度的测定方法。

13.4 试验结果及整理

13.4.1 本条根据中国林业科学研究院的试验和建议制定。

13.4.2、13.4.3 指接试件的抗弯强度按材料力学的公式计算。

13.4.4 为了测定指定的强度，凡是在木材缺陷处破坏的试件，均不能代表指接的强度，必须排除，并至少补足 15 个试件。

　　由于只有 15 个有效数据，指接抗弯强度的标准值是根据 ISO 标准取置信水平为 0.75，并按现行国家标准《正态分布完全样本可靠度置信下限》GB/T 4885 而确定的。

14 桁架试验方法

14.1 一般规定

14.1.1 本方法适用范围中所指的桁架，应理解为用作屋盖或楼盖结构的平面桁架，包括普通方木或原木桁架、胶合木桁架、钢木桁架以及轻型木桁架；不包括空间网架，也不包括中国穿斗式木结构。

其中，轻型木桁架是指采用规格材制作桁架杆件，并由齿板在桁架节点处将各杆件连接而成的木桁架，其最早应用于北美，目前在国内应用较多。

14.1.2、14.1.3 桁架试验按其试验目的可分为验证性和检验性试验两类，因为它的全套测定项目工作量很大而又不是每类试验都需要全做。因此，宜根据不同的试验目的和要求，选择必需测定的项目以节约人力、物力和时间。对桁架的验证性试验，应做破坏试验；对检验性试验可根据检验的目的和要求可做破坏试验或非破损试验。

试验桁架应按照相关规范进行验算，计算杆件及节点的理论承载力，以便试验过程中及时对照、分析试验现象。执行本条文应注意：

当钢木桁架需要做破坏试验时，宜准备两套钢构件，一套按设计荷载设计，用于测定桁架工作性能；另一套按3倍设计荷载设计，用于做破坏试验，以保证桁架能沿木构件部分破坏。试验时首先用第一套钢构件组装，直至破坏试验开始前才换上第二套钢构件。由于增加了更换构件的工序，因而要求第二套钢构件的设计，不仅要考虑便于安装，而且还不能改变桁架节点原来的传力方式。

当桁架试验的破坏发生于木构件部分时，其破坏荷载一般为设计荷载的 2.5 倍～3.0 倍，在这种情况下，倘若忽略了对加载点钢垫板的受力和上弦杆木材承压的验算，便有可能因承压应力过大而使钢垫板陷入木材，切断纤维，造成不应有的应力集中。如果情况严重，还可能引起上弦杆在加载点处发生不正常的破坏。因此，本条规定了该部位木材的局部承压应**按能承受3倍以上的设计荷载进行验算**。

14.2 试验桁架的选料及制作

14.2.1、14.2.2 桁架试验不可能做得很多，即使是验证性试验，也需要先充分掌握其构件和连接的基本性能后，才能进而考虑通过少量的桁架试验综合评估其系统功能。因此，要求在做好试验设计的同时，还应做好选料与加工工作。需要说明的是，本条之所以只要求按现行规范严格选料与加工制作，而不要求选用上好材料，由高级工人进行制作，主要是因为只有在最接近规范要求的情况下，才最能说明问题，最能取得对工程实践有指导作用的试验结果。

14.2.3 桁架检验的目的性很明确。一般是在委托方对它的安全性或施工质量有怀疑时才提出来的。因此，选择外观质量相对最差的桁架进行测定，最易弄清疑点，查出隐患。这样，也更有利于对要求检验的问题作出正确的判断。

14.3 试 验 设 备

14.3.1～14.3.3 长期经验表明，桁架试验中常见的

问题是桁架变形较大导致的加载系统失效（如吊篮触地、加载系统行程不够等）、传力偏心、支座条件与设计不符以及侧向支撑失效等。特别是侧向支撑失效，往往造成桁架在荷载不大的情况下很快失稳破坏，或者出现实际加载效果与设计不符的现象。因此，有必要引起试验人员的重视。

14.4 试验准备工作

14.4.1 桁架试验需要使用较多的仪器设备，且试验的要求较高，因此宜在正规的结构实验室内进行，不推荐进行现场试验。只有对检验性试验，当无法解决桁架运输时，才考虑进行就地检验，并应搭设能防雨的试验棚，在大风天停止试验。因此，现场试验费用高，不宜提倡。

14.4.4 执行本条文需要注意的是，当试验桁架是使用过的旧桁架时，其安装偏差可能不满足本条的要求，在这种情况下，不宜强行校正，而只需逐项记录其实际偏差，提供分析试验结果时使用。

14.5 桁 架 试 验

14.5.3 桁架试验可采用分级加载制度或连续加载制度，试验包含三个加载阶段：预加载阶段（T_1）、标准荷载加载阶段（T_2）、破坏性加载阶段（T_3），分别达到检测试验装置、变形检测及极限承载力检测的目的。

14.5.4～14.5.9 桁架试验各加载阶段的加载程序（各级加载的间隔时间、持荷时间、卸载后空载时间等）的规定参考了欧盟标准 prEN595：1991 的做法，并综合了《木结构试验方法标准》GB/T 50329 - 2002 中的相关规定。当采用分级加载时，各级荷载的时间间隔包含了加载时间及数据测读时间。

第 14.5.4 条、第 14.5.5 条规定了预加载阶段 T_1 的加载程序，通过预加载检查以下各项准备工作的质量：

1 桁架受力是否正常。

2 仪表运行及读数是否符合要求。

3 加载装置是否正常工作。

4 对仪表、设备和试验人员采取的安全保护措施是否有效。

凡不符合要求者，应经调整校正后方可进行试验。

第 14.5.6 条、第 14.5.7 条中，应按照加载阶段 T_2 的加载程序进行全跨标准荷载或半跨标准荷载加载，全跨标准荷载或半跨标准荷载加载分为两阶段，两阶段均需分别加载至标准荷载。标准荷载加载的第二阶段，之所以需要有足够的持续荷载时间，是因为这时的桁架挠度值反映的是结构刚度，根据以往的经验，木桁架荷载持续的时间对桁架变形有一定的影响，本条参照欧盟标准并结合我国经验，将持荷时间

取为 24h 及以上，对于变形收敛较慢的情况，还应适当延长持荷时间。执行时应注意的是，倘若在持续荷载期间，木桁架的变形无收敛趋势，则应及时检查其变形异常的原因，以便作出必要的处理。

第 14.5.8 条、第 14.5.9 条中，桁架破坏试验加载后期应缩小荷载级差，以取得较准确的破坏荷载值。

桁架试验时，当采用人工操作仪表进行测读时，各种仪表应有专人负责测读和记录，每次测读的顺序应一致，且全部数据应在 1.5min 内测读完毕。当采用自动记录仪表为主进行测读时，供电应有保证，电压应保持稳定，且有断电保护器；应采取措施保证不同测读系统同步工作；若试验需在持续荷载条件下进行较长时间观测，应采取措施消除各种干扰因素对液压加载系统和自动记录仪表工作的影响。

14.5.11 桁架破坏性试验有一定的危险性，特别是当破坏发生于杆件的情况。桁架临近破坏时，应特别注意安全。

14.5.12 过去从试验破坏的桁架上锯取小试件时，对取样的部位和数量没有统一的规定，全凭个人的经验决定。因此，不仅试件数量大多偏少（1 个～3 个），而且取样的部位也带有很大的随意性。所有这些混乱情况，都对试验结果的整理带来很多问题。为此，本条对锯取小试件的部位、种类和数量作了统一的规定。在执行中应特别注意的是，不要随意减少试件的数量，因为本条对试件数量的规定是根据统计的最低要求确定的。

14.6　试验结果及整理

14.6.3　《轻型木桁架技术规范》JGJ/T 265 中对轻型木桁架及其杆件的变形限值进行了规定，试验时测得的实际变形值应小于该限值。对于其他桁架，变形限值参照本条规定执行。

本条第 4 款，关于破坏荷载与标准荷载的比值 k 的取值规定是根据我国设计经验并参照前苏联有关标准确定的，经不少单位多年使用后认为较为合理、可靠。

中华人民共和国国家标准

建筑物电子信息系统防雷技术规范

Technical code for protection of building
electronic information system against lightning

GB 50343—2012

主编部门：四 川 省 住 房 和 城 乡 建 设 厅
批准部门：中华人民共和国住房和城乡建设部
施行日期：2 0 1 2 年 1 2 月 1 日

中华人民共和国住房和城乡建设部
公 告

第 1425 号

关于发布国家标准《建筑物
电子信息系统防雷技术规范》的公告

现批准《建筑物电子信息系统防雷技术规范》为国家标准，编号为 GB 50343－2012，自 2012 年 12 月 1 日起实施。其中，第 5.1.2、5.2.5、5.4.2、7.3.3 条为强制性条文，必须严格执行。原《建筑物电子信息系统防雷技术规范》GB 50343－2004 同时废止。

本规范由我部标准定额研究所组织中国建筑工业出版社出版发行。

中华人民共和国住房和城乡建设部

2012 年 6 月 11 日

前 言

本规范是根据原建设部《关于印发〈2007 年工程建设标准规范制订、修订计划（第一批）〉的通知》（建标[2007]125 号）的要求，由中国建筑标准设计研究院和四川中光高科产业发展集团在《建筑物电子信息系统防雷技术规范》GB 50343－2004 的基础上修订完成的。

本规范共分 8 章和 6 个附录。主要技术内容包括：总则、术语、雷电防护分区、雷电防护等级划分和雷击风险评估、防雷设计、防雷施工、检测与验收、维护与管理。

本规范修订的主要内容为：

1. 删除了原规范中未使用的个别术语，增加了正确理解本规范所需的术语解释。此外，保留的原术语解释内容也进行了调整。

2. 增加了按风险管理要求进行雷击风险评估的内容。同时，在附录部分增加了按风险管理要求进行雷击风险评估的具体评估计算方法。

3. 对表 4.3.1 中各种建筑物电子信息系统雷电防护等级的划分进行了调整。

4. 对第 5 章"防雷设计"的内容进行了修改补充。

5. 第 7 章名称修改为"检测与验收"，内容进行了调整。

6. 增加三个附录，即附录 B"按风险管理要求进行的雷击风险评估"，附录 D"雷击磁场强度的计算方法"，附录 E"信号线路浪涌保护器冲击试验波形和参数"。附录 F"全国主要城市年平均雷暴日数统计表"按可获得的最新数据进行了修改，仅列出直辖市、省会城市及部分二级城市的年平均雷暴日。取消了原附

录"验收检测表"。

7. 规范中第 5.2.6 条和 5.5.7 条第 2 款（原规范第 5.4.10 条第 2 款）不再作为强制性条文。

本规范中以黑体字标志的条文为强制性条文，必须严格执行。

本规范由住房和城乡建设部负责管理和对强制性条文的解释。四川省住房和城乡建设厅负责日常管理，中国建筑标准设计研究院和四川中光防雷科技股份有限公司负责具体技术内容的解释。在执行过程中，如发现需要修改或补充之处，请将意见和建议寄往中国建筑标准设计研究院（地址：北京市海淀区首体南路 9 号主语国际 2 号楼，邮政编码：100048）；四川中光防雷科技股份有限公司（地址：四川省成都市高新西区天宇路 19 号，邮政编码：611731）。

本规范主编单位：中国建筑标准设计研究院
　　　　　　　　四川中光防雷科技股份有限公司

本规范参编单位：中南建筑设计院股份有限公司
　　　　　　　　中国建筑设计研究院
　　　　　　　　北京市建筑设计研究院
　　　　　　　　现代设计集团华东建筑设计研究院有限公司
　　　　　　　　四川省防雷中心
　　　　　　　　上海市防雷中心
　　　　　　　　北京爱劳高科技有限公司
　　　　　　　　武汉岱嘉电气技术有限公司

浙江雷泰电气有限公司

本规范主要起草人：王德言　李雪佩　刘寿先
　　　　　　　　　　孙成群　张文才　邵民杰
　　　　　　　　　　汪　隽　陈　勇　孙　兰
　　　　　　　　　　徐志敏　黄晓虹　蔡振新
　　　　　　　　　　王维国　张红文　杨国华

本规范主要审查人员：　张祥贵　汪海涛　王守奎
　　　　　　　　　　田有连　周璧华　张　宜
　　　　　　　　　　王金元　杨德才　杜毅威
　　　　　　　　　　陈众励　张钛仁　赵　军
　　　　　　　　　　张力欣

目　次

Contents

1 总 则

1.0.1 为防止和减少雷电对建筑物电子信息系统造成的危害，保护人民的生命和财产安全，制定本规范。

1.0.2 本规范适用于新建、改建和扩建的建筑物电子信息系统防雷的设计、施工、验收、维护和管理。本规范不适用于爆炸和火灾危险场所的建筑物电子信息系统防雷。

1.0.3 建筑物电子信息系统的防雷应坚持预防为主、安全第一的原则。

1.0.4 在进行建筑物电子信息系统防雷设计时，应根据建筑物电子信息系统的特点，按工程整体要求，进行全面规划，协调统一外部防雷措施和内部防雷措施，做到安全可靠、技术先进、经济合理。

1.0.5 建筑物电子信息系统应采用外部防雷和内部防雷措施进行综合防护。

1.0.6 建筑物电子信息系统应根据环境因素、雷电活动规律、设备所在雷电防护区和系统对雷电电磁脉冲的抗扰度、雷击事故受损程度以及系统设备的重要性，采取相应的防护措施。

1.0.7 建筑物电子信息系统防雷除应符合本规范外，尚应符合国家现行有关标准的规定。

2 术 语

2.0.1 电子信息系统 electronic information system

由计算机、通信设备、处理设备、控制设备、电力电子装置及其相关的配套设备、设施(含网络)等的电子设备构成的，按照一定应用目的和规则对信息进行采集、加工、存储、传输、检索等处理的人机系统。

2.0.2 雷电防护区(LPZ) lightning protection zone

规定雷电电磁环境的区域，又称防雷区。

2.0.3 雷电电磁脉冲(LEMP) lightning electromagnetic impulse

雷电流的电磁效应。

2.0.4 雷电电磁脉冲防护系统(LPMS) LEMP protection measures system

用于防御雷电电磁脉冲的措施构成的整个系统。

2.0.5 综合防雷系统 synthetic lightning protection system

外部和内部雷电防护系统的总称。外部防雷由接闪器、引下线和接地装置等组成，用于直击雷的防护。内部防雷由等电位连接、共用接地装置、屏蔽、合理布线、浪涌保护器等组成，用于减小和防止雷电流在需防护空间内所产生的电磁效应。

2.0.6 共用接地系统 common earthing system

将防雷系统的接地装置、建筑物金属构件、低压配电保护线(PE)、等电位连接端子板或连接带、设备保护地、屏蔽体接地、防静电接地、功能性接地等连接在一起构成共用的接地系统。

2.0.7 自然接地体 natural earthing electrode

兼有接地功能、但不是为此目的而专门设置的与大地有良好接触的各种金属构件、金属井管、混凝土中的钢筋等的统称。

2.0.8 接地端子 earthing terminal

将保护导体、等电位连接导体和工作接地导体与接地装置连接的端子或接地排。

2.0.9 总等电位接地端子板 main equipotential earthing terminal board

将多个接地端子连接在一起并直接与接地装置连接的金属板。

2.0.10 楼层等电位接地端子板 floor equipotential earthing terminal board

建筑物内楼层设置的接地端子板，供局部等电位接地端子板作等电位连接用。

2.0.11 局部等电位接地端子板(排) local equipotential earthing terminal board

电子信息系统机房内局部等电位连接网络接地的端子板。

2.0.12 等电位连接 equipotential bonding

直接用连接导体或通过浪涌保护器将分离的金属部件、外来导电物、电力线路、通信线路及其他电缆连接起来以减小雷电流在它们之间产生电位差的措施。

2.0.13 等电位连接带 equipotential bonding bar

用作等电位连接的金属导体。

2.0.14 等电位连接网络 equipotential bonding network

建筑物内用作等电位连接的所有导体和浪涌保护器组成的网络。

2.0.15 电磁屏蔽 electromagnetic shielding

用导电材料减少交变电磁场向指定区域穿透的措施。

2.0.16 浪涌保护器(SPD) surge protective device

用于限制瞬态过电压和泄放浪涌电流的电器，它至少包含一个非线性元件，又称电涌保护器。

2.0.17 电压开关型浪涌保护器 voltage switching type SPD

这种浪涌保护器在无浪涌时呈现高阻抗，当出现电压浪涌时突变为低阻抗。通常采用放电间隙、气体放电管、晶闸管和三端双向可控硅元件作这类浪涌保护器的组件。

2.0.18 电压限制型浪涌保护器 voltage limiting type SPD

这种浪涌保护器在无浪涌时呈现高阻抗，但随浪涌电流和电压的增加其阻抗会不断减小，又称限压型浪涌保护器。用作这类非线性装置的常见器件有压敏电阻和抑制二极管。

2.0.19 标称放电电流 nominal discharge current （I_n）

流过浪涌保护器，具有 8/20μs 波形的电流峰值，用于浪涌保护器的 Ⅱ 类试验以及 Ⅰ 类、Ⅱ 类试验的预处理试验。

2.0.20 最大放电电流 maximum discharge current （I_{max}）

流过浪涌保护器，具有 8/20μs 波形的电流峰值，其值按 Ⅱ 类动作负载试验的程序确定。I_{max} 大于 I_n。

2.0.21 冲击电流 impulse current （I_{imp}）

由电流峰值 I_{peak}、电荷量 Q 和比能量 W/R 三个参数定义的电流，用于浪涌保护器的 Ⅰ 类试验，典型波形为 10/350μs。

2.0.22 最大持续工作电压 maximum continuous operating voltage （U_c）

可连续施加在浪涌保护器上的最大交流电压有效值或直流电压。

2.0.23 残压 residual voltage （U_{res}）

放电电流流过浪涌保护器时，在其端子间的电压峰值。

2.0.24 限制电压 measured limiting voltage

施加规定波形和幅值的冲击时，在浪涌保护器接线端子间测得的最大电压峰值。

2.0.25 电压保护水平 voltage protection level （U_p）

表征浪涌保护器限制接线端子间电压的性能参数，该值应大于限制电压的最高值。

2.0.26 有效保护水平 effective protection level （$U_{p/f}$）

浪涌保护器连接导线的感应电压降与浪涌保护器电压保护水平 U_p 之和。

2.0.27 1.2/50μs 冲击电压 1.2/50μs voltage impulse

视在波前时间为 1.2μs，半峰值时间为 50μs 的冲击电压。

2.0.28 8/20μs 冲击电流 8/20μs current impulse

视在波前时间为 8μs，半峰值时间为 20μs 的冲击电流。

2.0.29 复合波 combination wave

复合波由冲击发生器产生，开路时输出 1.2/50μs 冲击电压，短路时输出 8/20μs 冲击电流。提供给浪涌保护器的电压、电流幅值及其波形由冲击发生器和受冲击作用的浪涌保护器的阻抗而定。开路电压峰值和短路电流峰值之比为 2Ω，该比值定义为虚拟输出阻抗 Z_f。短路电流用符号 I_{sc} 表示，开路电压用符号 U_{oc} 表示。

2.0.30 Ⅰ类试验 class Ⅰ test

按本规范第 2.0.19 条定义的标称放电电流 I_n，第 2.0.27 条定义的 1.2/50μs 冲击电压和第 2.0.21 条定义的冲击电流 I_{imp} 进行的试验。Ⅰ类试验也可用 T1 外加方框表示，即 T1 。

2.0.31 Ⅱ类试验 class Ⅱ test

按本规范第 2.0.19 条定义的标称放电电流 I_n，第 2.0.27 条定义的 1.2/50μs 冲击电压和第 2.0.20 条定义的最大放电电流 I_{max} 进行的试验。Ⅱ类试验也可用 T2 外加方框表示，即 T2 。

2.0.32 Ⅲ类试验 class Ⅲ test

按本规范第 2.0.29 条定义的复合波进行的试验。Ⅲ类试验也可用 T3 外加方框表示，即 T3 。

2.0.33 插入损耗 insertion loss

传输系统中插入一个浪涌保护器所引起的损耗，其值等于浪涌保护器插入前后的功率比。插入损耗常用分贝（dB）来表示。

2.0.34 劣化 degradation

由于浪涌、使用或不利环境的影响造成浪涌保护器原始性能参数的变化。

2.0.35 热熔焊 exothermic welding

利用放热化学反应时快速产生超高热量，使两导体熔化成一体的连接方法。

2.0.36 雷击损害风险 risk of lightning damage （R）

雷击导致的年平均可能损失（人和物）与受保护对象的总价值（人和物）之比。

3 雷电防护分区

3.1 地区雷暴日等级划分

3.1.1 地区雷暴日等级应根据年平均雷暴日数划分。

3.1.2 地区雷暴日数应以国家公布的当地年平均雷暴日数为准。

3.1.3 按年平均雷暴日数，地区雷暴日等级宜划分为少雷区、中雷区、多雷区、强雷区：

　　1 少雷区：年平均雷暴日在 25d 及以下的地区；

　　2 中雷区：年平均雷暴日大于 25d，不超过 40d 的地区；

　　3 多雷区：年平均雷暴日大于 40d，不超过 90d 的地区；

　　4 强雷区：年平均雷暴日超过 90d 的地区。

3.2 雷电防护区划分

3.2.1 需要保护和控制雷电电磁脉冲环境的建筑物应按本规范第 3.2.2 条的规定划分为不同的雷电防护区。

3.2.2 雷电防护区应符合下列规定：

1 LPZ0$_A$ 区：受直接雷击和全部雷电电磁场威胁的区域。该区域的内部系统可能受到全部或部分雷电浪涌电流的影响；

2 LPZ0$_B$ 区：直接雷击的防护区域，但该区域的威胁仍是全部雷电电磁场。该区域的内部系统可能受到部分雷电浪涌电流的影响；

3 LPZ1 区：由于边界处分流和浪涌保护器的作用使浪涌电流受到限制的区域。该区域的空间屏蔽可以衰减雷电电磁场；

4 LPZ2～n 后续防雷区：由于边界处分流和浪涌保护器的作用使浪涌电流受到进一步限制的区域。该区域的空间屏蔽可以进一步衰减雷电电磁场。

3.2.3 保护对象置于电磁特性与该对象耐受能力相兼容的雷电防护区内。

4 雷电防护等级划分和雷击风险评估

4.1 一般规定

4.1.1 建筑物电子信息系统可按本规范第4.2节、第4.3节或第4.4节规定的方法进行雷击风险评估。

4.1.2 建筑物电子信息系统可按本规范第4.2节防雷装置的拦截效率或本规范第4.3节电子信息系统的重要性、使用性质和价值确定雷电防护等级。

4.1.3 对于重要的建筑物电子信息系统，宜分别采用本规范第4.2节和4.3节规定的两种方法进行评估，按其中较高防护等级确定。

4.1.4 重点工程或用户提出要求时，可按本规范第4.4节雷电防护风险管理方法确定雷电防护措施。

4.2 按防雷装置的拦截效率确定雷电防护等级

4.2.1 建筑物及入户设施年预计雷击次数 N 值可按下式确定：

$$N = N_1 + N_2 \qquad (4.2.1)$$

式中：N_1——建筑物年预计雷击次数（次/a），按本规范附录A的规定计算；

N_2——建筑物入户设施年预计雷击次数（次/a），按本规范附录A的规定计算。

4.2.2 建筑物电子信息系统设备因直接雷击和雷电电磁脉冲可能造成损坏，可接受的年平均最大雷击次数 N_c 可按下式计算：

$$N_c = 5.8 \times 10^{-1}/C \qquad (4.2.2)$$

式中：C——各类因子，按本规范附录A的规定取值。

4.2.3 确定电子信息系统设备是否需要安装雷电防护装置时，应将 N 和 N_c 进行比较：

1 当 N 小于或等于 N_c 时，可不安装雷电防护装置；

2 当 N 大于 N_c 时，应安装雷电防护装置。

4.2.4 安装雷电防护装置时，可按下式计算防雷装置拦截效率 E：

$$E = 1 - N_c/N \qquad (4.2.4)$$

4.2.5 电子信息系统雷电防护等级应按防雷装置拦截效率 E 确定，并应符合下列规定：

1 当 E 大于 0.98 时，定为 A 级；

2 当 E 大于 0.90 小于或等于 0.98 时，定为 B 级；

3 当 E 大于 0.80 小于或等于 0.90 时，定为 C 级；

4 当 E 小于或等于 0.80 时，定为 D 级。

4.3 按电子信息系统的重要性、使用性质和价值确定雷电防护等级

4.3.1 建筑物电子信息系统可根据其重要性、使用性质和价值，按表4.3.1选择确定雷电防护等级。

表 4.3.1 建筑物电子信息系统雷电防护等级

雷电防护等级	建筑物电子信息系统
A级	1. 国家级计算中心、国家级通信枢纽、特级和一级金融设施、大中型机场、国家级和省级广播电视中心、枢纽港口、火车枢纽站、省级城市水、电、气、热等城市重要公用设施的电子信息系统； 2. 一级安全防范单位，如国家文物、档案库的闭路电视监控和报警系统； 3. 三级医院电子医疗设备
B级	1. 中型计算中心、二级金融设施、中型通信枢纽、移动通信基站、大型体育场（馆）、小型机场、大型港口、大型火车站的电子信息系统； 2. 二级安全防范单位，如省级文物、档案库的闭路电视监控和报警系统； 3. 雷达站、微波站电子信息系统，高速公路监控和收费系统； 4. 二级医院电子医疗设备； 5. 五星及更高星级宾馆电子信息系统
C级	1. 三级金融设施、小型通信枢纽电子信息系统； 2. 大中型有线电视系统； 3. 四星及以下级宾馆电子信息系统
D级	除上述A、B、C级以外的一般用途的需防护电子信息设备

注：表中未列举的电子信息系统也可参照本表选择防护等级。

4.4 按风险管理要求进行雷击风险评估

4.4.1 因雷击导致建筑物的各种损失对应的风险分量 R_X 可按下式估算：

$$R_X = N_X \times P_X \times L_X \qquad (4.4.1)$$

式中：N_X——年平均雷击危险事件次数；

P_X——每次雷击损害概率；

L_X——每次雷击损失率。

4.4.2 建筑物的雷击损害风险 R 可按下式估算：

$$R = \sum R_X \qquad (4.4.2)$$

式中：R_X——建筑物的雷击损害风险涉及的风险分量 $R_A \sim R_Z$，按本规范附录 B 表 B.2.6 的规定确定。

4.4.3 根据风险管理的要求，应计算建筑物雷击损害风险 R，并与风险容许值比较。当所有风险均小于或等于风险容许值，可不增加防雷措施；当某风险大于风险容许值，应增加防雷措施减小该风险，使其小于或等于风险容许值，并宜评估雷电防护措施的经济合理性。详细评估和计算方法应符合本规范附录 B 的规定。

5 防雷设计

5.1 一般规定

5.1.1 建筑物电子信息系统宜进行雷击风险评估并采取相应的防护措施。

5.1.2 需要保护的电子信息系统必须采取等电位连接与接地保护措施。

5.1.3 建筑物电子信息系统应根据需要保护的设备数量、类型、重要性、耐冲击电压额定值及所要求的电磁场环境等情况选择下列雷电电磁脉冲的防护措施：

    1 等电位连接和接地；

    2 电磁屏蔽；

    3 合理布线；

    4 能量配合的浪涌保护器防护。

5.1.4 新建工程的防雷设计应收集以下相关资料：

    1 建筑物所在地区的地形、地物状况、气象条件和地质条件；

    2 建筑物或建筑物群的长、宽、高度及位置分布，相邻建筑物的高度、接地等情况；

    3 建筑物内各楼层及楼顶需保护的电子信息系统设备的分布状况；

    4 配置于各楼层工作间或设备机房内需保护设备的类型、功能及性能参数；

    5 电子信息系统的网络结构；

    6 电源线路、信号线路进入建筑物的方式；

    7 供、配电情况及其配电系统接地方式等。

5.1.5 扩、改建工程除应具备上述资料外，还应收集下列相关资料：

    1 防直击雷接闪装置的现状；

    2 引下线的现状及其与电子信息系统设备接地引入线间的距离；

    3 高层建筑物防侧击雷的措施；

    4 电气竖井内线路敷设情况；

    5 电子信息系统设备的安装情况及耐受冲击电压水平；

    6 总等电位连接及各局部等电位连接状况，共用接地装置状况；

    7 电子信息系统的功能性接地导体与等电位连接网络互连情况；

    8 地下管线、隐蔽工程分布情况；

    9 曾经遭受过的雷击灾害的记录等资料。

5.2 等电位连接与共用接地系统设计

5.2.1 机房内电子信息设备应作等电位连接。等电位连接的结构形式应采用 S 型、M 型或它们的组合(图 5.2.1)。电气和电子设备的金属外壳、机柜、机架、金属管、槽、屏蔽线缆金属外层、电子设备防静电接地、安全保护接地、功能性接地、浪涌保护器接地端等均应以最短的距离与 S 型结构的接地基准点或 M 型结构的网格连接。机房等电位连接网络应与共用接地系统连接。

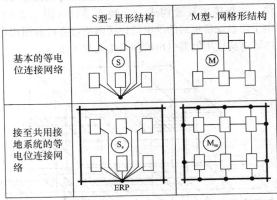

图 5.2.1　电子信息系统等电位连接网络的基本方法

————共用接地系统；————等电位连接导体；

☐设备；●等电位连接网络的连接点；

ERP 接地基准点；S_s 单点等电位连接的星形结构；

M_m 网状等电位连接的网格形结构。

5.2.2 在 LPZ0$_A$ 或 LPZ0$_B$ 区与 LPZ1 区交界处应设置总等电位接地端子板，总等电位接地端子板与接地装置的连接不应少于两处；每层楼宜设置楼层等电位接地端子板；电子信息系统设备机房应设置局部等电位接地端子板。各类等电位接地端子板之间的连接导体宜采用多股铜芯导线或铜带。连接导体最小截面积应符合表 5.2.2-1 的规定。各类等电位接地端子板宜采用铜带，其导体最小截面积应符合表 5.2.2-2 的规定。

表 5.2.2-1　各类等电位连接导体最小截面积

名　称	材　料	最小截面积（mm²）
垂直接地干线	多股铜芯导线或铜带	50
楼层端子板与机房局部端子板之间的连接导体	多股铜芯导线或铜带	25
机房局部端子板之间的连接导体	多股铜芯导线	16
设备与机房等电位连接网络之间的连接导体	多股铜芯导线	6
机房网格	铜箔或多股铜芯导体	25

表 5.2.2-2　各类等电位接地端子板最小截面积

名　称	材　料	最小截面积（mm²）
总等电位接地端子板	铜带	150
楼层等电位接地端子板	铜带	100
机房局部等电位接地端子板（排）	铜带	50

5.2.3　等电位连接网络应利用建筑物内部或其上的金属部件多重互连，组成网格状低阻抗等电位连接网络，并与接地装置构成一个接地系统（图 5.2.3）。电子信息设备机房的等电位连接网络可直接利用机房内墙结构柱主钢筋引出的预留接地端子接地。

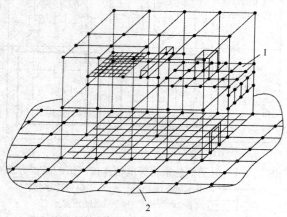

图 5.2.3　由等电位连接网络与接地装置
组合构成的三维接地系统示例
1—等电位连接网络；2—接地装置

5.2.4　某些特殊重要的建筑物电子信息系统可设专用垂直接地干线。垂直接地干线由总等电位接地端子板引出，同时与建筑物各层钢筋或均压带连通。各楼层设置的接地端子板应与垂直接地干线连接。垂直接地干线宜在竖井内敷设，通过连接导体引入设备机房与机房局部等电位接地端子板连接。音、视频等专用设备工艺接地干线应通过专用等电位接地端子板独立引至设备机房。

5.2.5　防雷接地与交流工作接地、直流工作接地、安全保护接地共用一组接地装置时，接地装置的接地电阻值必须按接入设备中要求的最小值确定。

5.2.6　接地装置应优先利用建筑物的自然接地体，当自然接地体的接地电阻达不到要求时应增加人工接地体。

5.2.7　机房设备接地线不应从接闪带、铁塔、防雷引下线直接引入。

5.2.8　进入建筑物的金属管线（含金属管、电力线、信号线）应在入口处就近连接到等电位连接端子上。在 LPZ1 入口处应分别设置适配的电源和信号浪涌保护器，使电子信息系统的带电导体实现等电位连接。

5.2.9　电子信息系统涉及多个相邻建筑物时，宜采用两根水平接地体将各建筑物的接地装置相互连通。

5.2.10　新建建筑物的电子信息系统在设计、施工时，宜在各楼层、机房内墙结构柱主钢筋处引出和预留等电位接地端子。

5.3　屏蔽及布线

5.3.1　为减小雷电电磁脉冲在电子信息系统内产生的浪涌，宜采用建筑物屏蔽、机房屏蔽、设备屏蔽、线缆屏蔽和线缆合理布设措施，这些措施应综合使用。

5.3.2　电子信息系统设备机房的屏蔽应符合下列规定：

　　1　建筑物的屏蔽宜利用建筑物的金属框架、混凝土中的钢筋、金属墙面、金属屋顶等自然金属部件与防雷装置连接构成格栅型大空间屏蔽；

　　2　当建筑物自然金属部件构成的大空间屏蔽不能满足机房内电子信息系统电磁环境要求时，应增加机房屏蔽措施；

　　3　电子信息系统设备主机房宜选择在建筑物低层中心部位，其设备应配置在 LPZ1 区之后的后续防雷区内，并与相应的雷电防护区屏蔽体及结构柱留有一定的安全距离（图 5.3.2）。

　　4　屏蔽效果及安全距离可按本规范附录 D 规定的计算方法确定。

5.3.3　线缆屏蔽应符合下列规定：

　　1　与电子信息系统连接的金属信号线缆采用屏蔽电缆时，应在屏蔽层两端并宜在雷电防护区交界处做等电位连接并接地。当系统要求单端接地时，宜采用两层屏蔽或穿钢管敷设，外层屏蔽或钢管按前述要求处理；

　　2　当户外采用非屏蔽电缆时，从人孔井或手孔

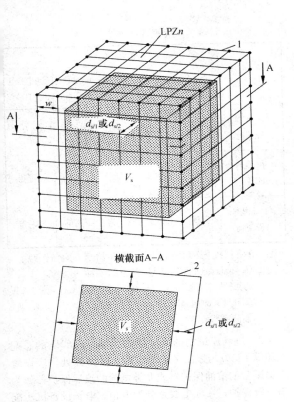

图 5.3.2　LPZn 内用于安装电子信息系统的空间

1—屏蔽网格；2—屏蔽体；V_s—安装电子信息系统的空间；

$d_{s/1}$、$d_{s/2}$—空间 V_s 与 LPZn 的屏蔽体间应保持的安全距离；

w—空间屏蔽网格宽度

井到机房的引入线应穿钢管埋地引入，埋地长度 l 可按公式（5.3.3）计算，但不宜小于 15m；电缆屏蔽槽或金属管道应在入户处进行等电位连接；

$$l \geqslant 2\sqrt{\rho} \quad (\text{m}) \qquad (5.3.3)$$

式中：ρ——埋地电缆处的土壤电阻率（$\Omega \cdot$m）。

3　当相邻建筑物的电子信息系统之间采用电缆互联时，宜采用屏蔽电缆，非屏蔽电缆应敷设在金属电缆管道内；屏蔽电缆屏蔽层两端或金属管道两端应分别连接到独立建筑物各自的等电位连接带上。采用屏蔽电缆互联时，电缆屏蔽层应能承载可预见的雷电流；

4　光缆的所有金属接头、金属护层、金属挡潮层、金属加强芯等，应在进入建筑物处直接接地。

5.3.4　线缆敷设应符合下列规定：

1　电子信息系统线缆宜敷设在金属线槽或金属管道内。电子信息系统线路宜靠近等电位连接网络的金属部件敷设，不宜贴近雷电防护区的屏蔽层；

2　布置电子信息系统线缆路由走向时，应尽量减小由线缆自身形成的电磁感应环路面积（图 5.3.4）。

3　电子信息系统线缆与其他管线的间距应符合表 5.3.4-1 的规定。

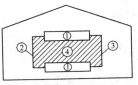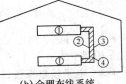

(a) 不合理布线系统　　　(b) 合理布线系统

图 5.3.4　合理布线减少感应环路面积

①—设备；②—a 线（电源线）；③—b 线（信号线）；

④—感应环路面积

表 5.3.4-1　电子信息系统线缆与其他管线的间距

其他管线类别	电子信息系统线缆与其他管线的净距	
	最小平行净距（mm）	最小交叉净距（mm）
防雷引下线	1000	300
保护地线	50	20
给水管	150	20
压缩空气管	150	20
热力管（不包封）	500	500
热力管（包封）	300	300
燃气管	300	20

注：当线缆敷设高度超过 6000mm 时，与防雷引下线的交叉净距应大于或等于 $0.05H$（H 为交叉处防雷引下线距地面的高度）。

4　电子信息系统信号电缆与电力电缆的间距应符合表 5.3.4-2 的规定。

表 5.3.4-2　电子信息系统信号电缆与电力电缆的间距

类别	与电子信息系统信号线缆接近状况	最小间距（mm）
380V 电力电缆容量小于 2kV·A	与信号线缆平行敷设	130
	有一方接地的金属线槽或钢管中	70
	双方都在接地的金属线槽或钢管中	10
380V 电力电缆容量（2~5）kV·A	与信号线缆平行敷设	300
	有一方接地的金属线槽或钢管中	150
	双方都在接地的金属线槽或钢管中	80
380V 电力电缆容量大于 5kV·A	与信号线缆平行敷设	600
	有一方接地的金属线槽或钢管中	300
	双方都在接地的金属线槽或钢管中	150

注：1　当 380V 电力电缆的容量小于 2kV·A，双方都在接地的线槽中，且平行长度小于或等于 10m 时，最小间距可为 10mm。

2　双方都在接地的线槽中，系指两个不同的线槽，也可在同一线槽中用金属板隔开。

5.4 浪涌保护器的选择

5.4.1 室外进、出电子信息系统机房的电源线路不宜采用架空线路。

5.4.2 电子信息系统设备由 **TN** 交流配电系统供电时，从建筑物内总配电柜（箱）开始引出的配电线路必须采用 **TN-S** 系统的接地形式。

5.4.3 电源线路浪涌保护器的选择应符合下列规定：

1 配电系统中设备的耐冲击电压额定值 U_w 可按表 5.4.3-1 规定选用。

表 5.4.3-1 220V/380V 三相配电系统中各种设备耐冲击电压额定值 U_w

设备位置	电源进线端设备	配电分支线路设备	用电设备	需要保护的电子信息设备
耐冲击电压类别	Ⅳ类	Ⅲ类	Ⅱ类	Ⅰ类
U_w（kV）	6	4	2.5	1.5

2 浪涌保护器的最大持续工作电压 U_c 不应低于表 5.4.3-2 规定的值。

表 5.4.3-2 浪涌保护器的最小 U_c 值

浪涌保护器安装位置	配电网络的系统特征				
	TT 系统	TN-C 系统	TN-S 系统	引出中性线的 IT 系统	无中性线引出的 IT 系统
每一相线与中性线间	$1.15U_0$	不适用	$1.15U_0$	$1.15U_0$	不适用

续表 5.4.3-2

浪涌保护器安装位置	配电网络的系统特征				
	TT 系统	TN-C 系统	TN-S 系统	引出中性线的 IT 系统	无中性线引出的 IT 系统
每一相线与 PE 线间	$1.15U_0$	不适用	$1.15U_0$	$\sqrt{3}U_0^*$	线电压*
中性线与 PE 线间	U_0^*	不适用	U_0^*	U_0^*	不适用
每一相线与 PEN 线间	不适用	$1.15U_0$	不适用	不适用	不适用

注：1 标有 * 的值是故障下最坏的情况，所以不需计及 15% 的允许误差；

2 U_0 是低压系统相线对中性线的标称电压，即相电压 220V；

3 此表适用于符合现行国家标准《低压电涌保护器（SPD） 第 1 部分：低压配电系统的电涌保护器 性能要求和试验方法》GB 18802.1 的浪涌保护器产品。

3 进入建筑物的交流供电线路，在线路的总配电箱等 $LPZ0_A$ 或 $LPZ0_B$ 与 LPZ1 区交界处，应设置 Ⅰ 类试验的浪涌保护器或 Ⅱ 类试验的浪涌保护器作为第一级保护；在配电线路分配电箱、电子设备机房配电箱等后续防护区交界处，可设置 Ⅱ 类或 Ⅲ 类试验的浪涌保护器作为后级保护；特殊重要的电子信息设备电源端口可安装 Ⅱ 类或 Ⅲ 类试验的浪涌保护器作为精细保护（图 5.4.3-1）。使用直流电源的信息设备，视其工作电压要求，宜安装适配的直流电源线路浪涌保护器。

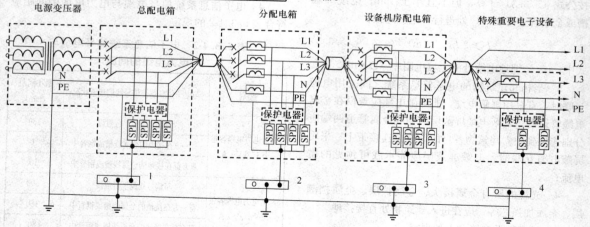

图 5.4.3-1 TN-S 系统的配电线路浪涌保护器安装位置示意图

✗—空气断路器；SPD—浪涌保护器；▭—退耦器件；▭—等电位接地端子板；
1—总等电位接地端子板；2—楼层等电位接地端子板；3、4—局部等电位接地端子板

4 浪涌保护器设置级数应综合考虑保护距离、浪涌保护器连接导线长度、被保护设备耐冲击电压额定值 U_w 等因素。各级浪涌保护器应能承受在安装点上预计的放电电流，其有效保护水平 $U_{p/f}$ 应小于相应类别设备的 U_w。

5 LPZ0 和 LPZ1 界面处每条电源线路的浪涌保护器的冲击电流 I_{imp}，当采用非屏蔽线缆时按公式（5.4.3-1）估算确定；当采用屏蔽线缆时按公式

（5.4.3-2）估算确定；当无法计算确定时应取 I_{imp} 大于或等于 12.5kA。

$$I_{imp} = \frac{0.5I}{(n_1 + n_2)m} \text{ (kA)} \quad (5.4.3\text{-}1)$$

$$I_{imp} = \frac{0.5IR_s}{(n_1 + n_2) \times (mR_s + R_c)} \text{ (kA)}$$

$$(5.4.3\text{-}2)$$

式中：I——雷电流，按本规范附录 C 确定（kA）；

n_1——埋地金属管、电源及信号线缆的总数目；

n_2——架空金属管、电源及信号线缆的总数目；

m——每一线缆内导线的总数目；

R_s——屏蔽层每千米的电阻（Ω/km）；

R_c——芯线每千米的电阻（Ω/km）。

6 当电压开关型浪涌保护器至限压型浪涌保护器之间的线路长度小于 10m、限压型浪涌保护器之间的线路长度小于 5m 时，在两级浪涌保护器之间应加装退耦装置。当浪涌保护器具有能量自动配合功能时，浪涌保护器之间的线路长度不受限制。浪涌保护器应有过电流保护装置和劣化显示功能。

7 按本规范第 4.2 节或 4.3 节确定雷电防护等级时，用于电源线路的浪涌保护器的冲击电流和标称放电电流参数推荐值宜符合表 5.4.3-3 规定。

表 5.4.3-3　电源线路浪涌保护器冲击电流和标称放电电流参数推荐值

雷电防护等级	总配电箱		分配电箱	设备机房配电箱和需要特殊保护的电子信息设备端口处	
	LPZ0 与 LPZ1 边界		LPZ1 与 LPZ2 边界	后续防区的边界	
	10/350μs I 类试验	8/20μs II 类试验	8/20μs II 类试验	8/20μs II 类试验	1.2/50μs 和 8/20μs 复合波 III 类试验
	I_{imp} (kA)	I_n (kA)	I_n (kA)	I_n (kA)	U_{oc}(kV)/I_{sc}(kA)
A	≥20	≥80	≥40	≥5	≥10/≥5
B	≥15	≥60	≥30	≥5	≥10/≥5
C	≥12.5	≥50	≥20	≥3	≥6/≥3
D	≥12.5	≥50	≥10	≥3	≥6/≥3

注：SPD 分级应根据保护距离、SPD 连接导线长度、被保护设备耐冲击电压额定值 U_w 等因素确定。

8 电源线路浪涌保护器在各个位置安装时，浪涌保护器的连接导线应短直，其总长度不宜大于 0.5m。有效保护水平 $U_{p/f}$ 应小于设备耐冲击电压额定值 U_w（图 5.4.3-2）。

9 电源线路浪涌保护器安装位置与被保护设备间的线路长度大于 10m 且有效保护水平大于 $U_w/2$

时，应按公式（5.4.3-3）和公式（5.4.3-4）估算振荡保护距离 L_{po}；当建筑物位于多雷区或强雷区且没有线路屏蔽措施时，应按公式（5.4.3-5）和公式（5.4.3-6）估算感应保护距离 L_{pi}。

$$L_{po} = (U_w - U_{p/f})/k \text{ (m)} \quad (5.4.3\text{-}3)$$

$$k = 25 \text{ (V/m)} \quad (5.4.3\text{-}4)$$

$$L_{pi} = (U_w - U_{p/f})/h \text{ (m)} \quad (5.4.3\text{-}5)$$

$$h = 30000 \times K_{s1} \times K_{s2} \times K_{s3} \text{ (V/m)}$$

$$(5.4.3\text{-}6)$$

式中：　U_w——设备耐冲击电压额定值；

$U_{p/f}$——有效保护水平，即连接导线的感应电压降与浪涌保护器的 U_p 之和；

K_{s1}、K_{s2}、K_{s3}——本规范附录 B 第 B.5.14 条中给出的因子。

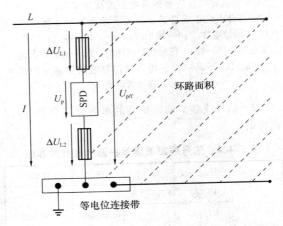

图 5.4.3-2　相线与等电位连接带之间的电压

I—局部雷电流；$U_{p/f} = U_p + \Delta U$—有效保护水平；

U_p—SPD 的电压保护水平；

$\Delta U = \Delta U_{L1} + \Delta U_{L2}$—连接导线上的感应电压

10 入户处第一级电源浪涌保护器与被保护设备间的线路长度大于 L_{po} 或 L_{pi} 值时，应在配电线路的分配电箱处或在被保护设备处增设浪涌保护器。当分配电箱处电源浪涌保护器与被保护设备间的线路长度大于 L_{po} 或 L_{pi} 值时，应在被保护设备处增设浪涌保护器。被保护的电子信息设备处增设浪涌保护器时，U_p 应小于设备耐冲击电压额定值 U_w，宜留有 20% 裕量。在一条线路上设置多级浪涌保护器时应考虑他们之间的能量协调配合。

5.4.4 信号线路浪涌保护器的选择应符合下列规定：

1 电子信息系统信号线路浪涌保护器应根据线路的工作频率、传输速率、传输带宽、工作电压、接口形式和特性阻抗等参数，选择插入损耗小、分布电容小、并与纵向平衡、近端串扰指标适配的浪涌保护器。U_c 应大于线路上的最大工作电压 1.2 倍，U_p 应低于被保护设备的耐冲击电压额定值 U_w。

2 电子信息系统信号线路浪涌保护器宜设置在雷电防护区界面处（图 5.4.4）。根据雷电过电压、过电流幅值和设备端口耐冲击电压额定值，可设单级浪涌保护器，也可设能量配合的多级浪涌保护器。

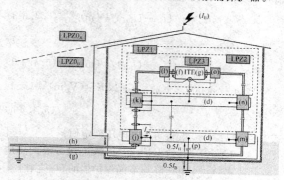

图 5.4.4　信号线路浪涌保护器的设置
(d)—雷电防护区边界的等电位连接端子板；(m、n、o)—符合Ⅰ、Ⅱ或Ⅲ类试验要求的电源浪涌保护器；(f)—信号接口；(p)—接地线；(g)—电源接口；LPZ—雷电防护区；(h)—信号线路或网络；I_{pc}—一部分雷电流；(j、k、l)—不同防雷区边界的信号线路浪涌保护器；I_B—直击雷电流

3　信号线路浪涌保护器的参数宜符合表 5.4.4 的规定。

表 5.4.4　信号线路浪涌保护器的参数推荐值

雷电防护区		LPZ0/1	LPZ1/2	LPZ2/3
浪涌范围	$10/350\mu s$	0.5kA~2.5kA	—	—
	$1.2/50\mu s$、$8/20\mu s$	—	0.5kV~10kV 0.25kA~5kA	0.5kV~1kV 0.25kA~0.5kA
	$10/700\mu s$ $5/300\mu s$	4kV 100A	0.5kV~4kV 25A~100A	—
浪涌保护器的要求	SPD(j)	D_1、B_2	—	—
	SPD(k)	—	C_2、B_2	—
	SPD(l)	—	—	C_1

注：1　SPD(j、k、l)见本规范图 5.4.4；
　　2　浪涌范围为最小的耐受要求，可能设备本身具备 LPZ2/3 栏标注的耐受能力；
　　3　B_2、C_1、C_2、D_1 等是本规范附录 E 规定的信号线路浪涌保护器冲击试验类型。

5.4.5　天馈线路浪涌保护器的选择应符合下列规定：

1　天线应置于直击雷防护区（$LPZ0_B$）内。

2　应根据被保护设备的工作频率、平均输出功率、连接器形式及特性阻抗等参数选用插入损耗小、电压驻波比小，适配的天馈线路浪涌保护器。

3　天馈线路浪涌保护器应安装在收/发通信设备的射频出、入端口处。其参数应符合表 5.4.5 规定。

表 5.4.5　天馈线路浪涌保护器的主要技术参数推荐表

工作频率(MHz)	传输功率(W)	电压驻波比	插入损耗(dB)	接口方式	特性阻抗(Ω)	U_c(V)	I_{imp}(kA)	U_p(V)
1.5~6000	≥1.5倍系统平均功率	≤1.3	≤0.3	应满足系统接口要求	50/75	大于线路上最大运行电压	≥2 kA或按用户要求确定	小于设备端口U_w

4　具有多副天线的天馈传输系统，每副天线应安装适配的天馈线路浪涌保护器。当天馈传输系统采用波导管传输时，波导管的金属外壁应与天线架、波导管支撑架及天线反射器电气连通，其接地端应就近接在等电位接地端子板上。

5　天馈线路浪涌保护器接地端应采用能承载预期雷电流的多股绝缘铜导线连接到 $LPZ0_A$ 或 $LPZ0_B$ 与 LPZ1 边界处的等电位接地端子板上，导线截面积不应小于 6mm²。同轴电缆的前、后端及进机房前将金属屏蔽层就近接地。

5.5　电子信息系统的防雷与接地

5.5.1　通信接入网和电话交换系统的防雷与接地应符合下列规定：

1　有线电话通信用户交换机设备金属芯信号线路，应根据总配线架所连接的中继线及用户线的接口形式选择适配的信号线路浪涌保护器；

2　浪涌保护器的接地端应与配线架接地端相连，配线架的接地线应采用截面积不小于 16mm² 的多股铜线接至等电位接地端子板上；

3　通信设备机柜、机房电源配电箱等的接地线应就近接至机房的局部等电位接地端子板上；

4　引入建筑物的室外铜缆宜穿钢管敷设，钢管两端应接地。

5.5.2　信息网络系统的防雷与接地应符合下列规定：

1　进、出建筑物的传输线路上，在 $LPZ0_A$ 或 $LPZ0_B$ 与 LPZ1 的边界处应设置适配的信号线路浪涌保护器。被保护设备的端口处宜设置适配的信号浪涌保护器。网络交换机、集线器、光电端机的配电箱内，应加装电源浪涌保护器。

2　入户处浪涌保护器的接地线应就近接至等电位接地端子板；设备处信号浪涌保护器的接地线宜采用截面积不小于 1.5mm² 的多股绝缘铜导线连接到机架或机房等电位连接网络上。计算机网络的安全保护接地、信号工作地、屏蔽接地、防静电接地和浪涌保护器的接地等均应与局部等电位连接网络连接。

5.5.3　安全防范系统的防雷与接地应符合下列规定：

1　置于户外摄像机的输出视频接口应设置视频

信号线路浪涌保护器。摄像机控制信号线接口处(如RS485、RS424 等)应设置信号线路浪涌保护器。解码箱处供电线路应设置电源线路浪涌保护器。

2 主控机、分控机的信号控制线、通信线、各监控器的报警信号线,宜在线路进出建筑物 LPZ0$_A$或 LPZ0$_B$与 LPZ1 边界处设置适配的线路浪涌保护器。

3 系统视频、控制信号线路及供电线路的浪涌保护器,应分别根据视频信号线路、解码控制信号线路及摄像机供电线路的性能参数来选择,信号浪涌保护器应满足设备传输速率、带宽要求,并与被保护设备接口兼容。

4 系统的户外供电线路、视频信号线路、控制信号线路应有金属屏蔽并穿钢管埋地敷设,屏蔽层及钢管两端应接地。视频信号线屏蔽层应单端接地,钢管应两端接地。信号线与供电线路应分开敷设。

5 系统的接地宜采用共用接地系统。主机房宜设置等电位连接网络,系统接地干线宜采用多股铜芯绝缘导线,其截面积应符合表 5.2.2-1 的规定。

5.5.4 火灾自动报警及消防联动控制系统的防雷与接地应符合下列规定:

1 火灾报警控制系统的报警主机、联动控制盘、火警广播、对讲通信等系统的信号传输线缆宜在线路进出建筑物 LPZ0$_A$或 LPZ0$_B$与 LPZ1 边界处设置适配的信号线路浪涌保护器。

2 消防控制中心与本地区或城市"119"报警指挥中心之间联网的进出线路端口应装设适配的信号线路浪涌保护器。

3 消防控制室内所有的机架(壳)、金属线槽、安全保护接地、浪涌保护器接地端均应就近接至等电位连接网络。

4 区域报警控制器的金属机架(壳)、金属线槽(或钢管)、电气竖井内的接地干线、接线箱的保护接地端等,应就近接至等电位接地端子板。

5 火灾自动报警及联动控制系统的接地应采用共用接地系统。接地干线应采用铜芯绝缘线,并宜穿管敷设接至本楼层或就近的等电位接地端子板。

5.5.5 建筑设备管理系统的防雷与接地应符合下列规定:

1 系统的各种线路在建筑物 LPZ0$_A$或 LPZ0$_B$与 LPZ1 边界处应安装适配的浪涌保护器。

2 系统中央控制室宜在机柜附近设等电位连接网络。室内所有设备金属机架(壳)、金属线槽、保护接地和浪涌保护器的接地端等均应做等电位连接并接地。

3 系统的接地应采用共用接地系统,其接地干线宜采用铜芯绝缘导线穿管敷设,并就近接至等电位接地端子板,其截面积应符合表 5.2.2-1 的规定。

5.5.6 有线电视系统的防雷与接地应符合下列规定:

1 进、出有线电视系统前端机房的金属芯信号传输线宜在入、出口处安装适配的浪涌保护器。

2 有线电视网络前端机房内应设置局部等电位接地端子板,并采用截面积不小于 25mm^2 的铜芯导线与楼层接地端子板相连。机房内电子设备的金属外壳、线缆金属屏蔽层、浪涌保护器的接地以及 PE 线都应接至局部等电位接地端子板上。

3 有线电视信号传输线路宜根据其干线放大器的工作频率范围、接口形式以及是否需要供电电源等要求,选用电压驻波比和插入损耗小的适配的浪涌保护器。地处多雷区、强雷区的用户端的终端放大器应设置浪涌保护器。

4 有线电视信号传输网络的光缆、同轴电缆的承重钢绞线在建筑物入户处应进行等电位连接并接地。光缆内的金属加强芯及金属护层均应良好接地。

5.5.7 移动通信基站的防雷与接地应符合下列规定:

1 移动通信基站的雷电防护宜进行雷电风险评估后采取防护措施。

2 基站的天线应设置于直击雷防护区(LPZ0$_B$)内。

3 基站天馈线应从铁塔中心部位引下,同轴电缆在其上部、下部和经走线桥架进入机房前,屏蔽层应就近接地。当铁塔高度大于或等于 60m 时,同轴电缆金属屏蔽层还应在铁塔中间部位增加一处接地。

4 机房天馈线入户处应设室外接地端子板作为馈线和走线桥架入户处的接地点,室外接地端子板应直接与地网连接。馈线入户下端接地点不应接在室内设备接地端子板上,亦不应接在铁塔一角上或接闪带上。

5 当采用光缆传输信号时,应符合本规范第 5.3.3 条第 4 款的规定。

6 移动基站的地网应由机房地网、铁塔地网和变压器地网相互连接组成。机房地网由机房建筑基础和周围环形接地体组成,环形接地体应与机房建筑物四角主钢筋焊接连通。

5.5.8 卫星通信系统防雷与接地应符合下列规定:

1 在卫星通信系统的接地装置设计中,应将卫星天线基础接地体、电力变压器接地装置及站内各建筑物接地装置互相连通组成共用接地装置。

2 设备通信和信号端口应设置浪涌保护器保护,并采用等电位连接和电磁屏蔽措施,必要时可改用光纤连接。站外引入的信号电缆屏蔽层应在入户处接地。

3 卫星天线的波导管应在天线架和机房入口外侧接地。

4 卫星天线伺服控制系统的控制线及电源线,应采用屏蔽电缆,屏蔽层应在天线处和机房入口外接地,并应设置适配的浪涌保护器保护。

5 卫星通信天线应设置防直击雷的接闪装置,

使天线处于 $LPZ0_B$ 防护区内。

    6 当卫星通信系统具有双向(收/发)通信功能且天线架设在高层建筑物的屋面时,天线架应通过专引接地线(截面积大于或等于 $25mm^2$ 绝缘铜芯导线)与卫星通信机房等电位接地端子板连接,不应与接闪器直接连接。

6 防雷施工

6.1 一般规定

6.1.1 建筑物电子信息系统防雷工程施工应按本规范的规定和已批准的设计施工文件进行。

6.1.2 建筑物电子信息系统防雷工程中采用的器材应符合国家现行有关标准的规定,并应有合格证书。

6.1.3 防雷工程施工人员应持证上岗。

6.1.4 测试仪表、量具应鉴定合格,并在有效期内使用。

6.2 接地装置

6.2.1 人工接地体宜在建筑物四周散水坡外大于 1m 处埋设,在土壤中的埋设深度不应小于 0.5m。冻土地带人工接地体应埋设在冻土层以下。水平接地体应挖沟埋设,钢质垂直接地体宜直接打入地沟内,其间距不宜小于其长度的 2 倍并均匀布置。铜质材料、石墨或其他非金属导电材料接地体宜挖坑埋设或参照生产厂家的安装要求埋设。

6.2.2 垂直接地体坑内、水平接地体沟内宜用低电阻率土壤回填并分层夯实。

6.2.3 接地装置宜采用热镀锌钢质材料。在高土壤电阻率地区,宜采用换土法、长效降阻剂法或其他新技术、新材料降低接地装置的接地电阻。

6.2.4 钢质接地体应采用焊接连接。其搭接长度应符合下列规定:

    1 扁钢与扁钢(角钢)搭接长度为扁钢宽度的 2 倍,不少于三面施焊;

    2 圆钢与圆钢搭接长度为圆钢直径的 6 倍,双面施焊;

    3 圆钢与扁钢搭接长度为圆钢直径的 6 倍,双面施焊;

    4 扁钢和圆钢与钢管、角钢互相焊接时,除应在接触部位双面施焊外,还应增加圆钢搭接件;圆钢搭接件在水平、垂直方向的焊接长度各为圆钢直径的 6 倍,双面施焊;

    5 焊接部位应除去焊渣后作防腐处理。

6.2.5 铜质接地装置应采用焊接或热熔焊,钢质和铜质接地装置之间连接应采用热熔焊,连接部位应作防腐处理。

6.2.6 接地装置连接应可靠,连接处不应松动、脱

焊、接触不良。

6.2.7 接地装置施工结束后,接地电阻值必须符合设计要求,隐蔽工程部分应有随工检查验收合格的文字记录档案。

6.3 接 地 线

6.3.1 接地装置应在不同位置至少引出两根连接导体与室内总等电位接地端子板相连接。接地引出线与接地装置连接处应焊接或热熔焊。连接点应有防腐措施。

6.3.2 接地装置与室内总等电位接地端子板的连接导体截面积,铜质接地线不应小于 $50mm^2$,当采用扁铜时,厚度不应小于 2mm;钢质接地线不应小于 $100mm^2$,当采用扁钢时,厚度不小于 4mm。

6.3.3 等电位接地端子板之间应采用截面积符合表 5.2.2-1 要求的多股铜芯导线连接,等电位接地端子板与连接导线之间宜采用螺栓连接或压接。当有抗电磁干扰要求时,连接导线宜穿钢管敷设。

6.3.4 接地线采用螺栓连接时,应连接可靠,连接处应有防松动和防腐蚀措施。接地线穿过有机械应力的地方时,应采取防机械损伤措施。

6.3.5 接地线与金属管道等自然接地体的连接应根据其工艺特点采用可靠的电气连接方法。

6.4 等电位接地端子板(等电位连接带)

6.4.1 在雷电防护区的界面处应安装等电位接地端子板,材料规格应符合设计要求,并应与接地装置连接。

6.4.2 钢筋混凝土建筑物宜在电子信息系统机房内预埋与房屋内墙结构柱主钢筋相连的等电位接地端子板,并宜符合下列规定:

    1 机房采用 S 型等电位连接时,宜使用不小于 $25mm×3mm$ 的铜排作为单点连接的等电位接地基准点;

    2 机房采用 M 型等电位连接时,宜使用截面积不小于 $25mm^2$ 的铜箔或多股铜芯导线在防静电活动地板下做成等电位接地网格。

6.4.3 砖木结构建筑物宜在其四周埋设环形接地装置。电子信息设备机房宜采用截面积不小于 $50mm^2$ 铜带安装局部等电位连接带,并采用截面积不小于 $25mm^2$ 的绝缘铜芯导线穿管与环形接地装置相连。

6.4.4 等电位连接网格的连接宜采用焊接、熔接或压接。连接导体与等电位接地端子板之间应采用螺栓连接,连接处应进行热搪锡处理。

6.4.5 等电位连接导线应使用具有黄绿相间色标的铜质绝缘导线。

6.4.6 对于暗敷的等电位连接线及其连接处,应做隐蔽工程记录,并在竣工图上注明其实际部位、走向。

.4.7 等电位连接带表面应无毛刺、明显伤痕、残余焊渣，安装平整、连接牢固，绝缘导线的绝缘层无老化龟裂现象。

6.5 浪涌保护器

.5.1 电源线路浪涌保护器的安装应符合下列规定：

1 电源线路的各级浪涌保护器应分别安装在线路进入建筑物的入口、防雷区的界面和靠近被保护设备处。各级浪涌保护器连接导线应短直，其长度不宜超过 0.5m，并固定牢靠。浪涌保护器各接线端应在各级开关、熔断器的下桩头分别与配电箱内线路的同一端相线连接，浪涌保护器的接地端应以最短距离与所处防雷区的等电位接地端子板连接。配电箱的保护接地线(PE)应与等电位接地端子板直接连接。

2 带有接线端子的电源线路浪涌保护器应采用压接；带有接线柱的浪涌保护器宜采用接线端子与接线柱连接。

3 浪涌保护器的连接导线最小截面积宜符合表6.5.1的规定。

表6.5.1 浪涌保护器连接导线最小截面积

SPD级数	SPD的类型	导线截面积(mm²)	
		SPD连接相线铜导线	SPD接地端连接铜导线
第一级	开关型或限压型	6	10
第二级	限压型	4	6
第三级	限压型	2.5	4
第四级	限压型	2.5	4

注：组合型SPD参照相应级数的截面积选择。

.5.2 天馈线路浪涌保护器的安装应符合下列规定：

1 天馈线路浪涌保护器应安装在天馈线与被保护设备之间，宜安装在机房内设备附近或机架上，也可以直接安装在设备射频端口上；

2 天馈线路浪涌保护器的接地端应采用截面积不小于 6mm² 的铜芯导线就近连接到 $LPZ0_A$ 或 $LPZ0_B$ 与 LPZ1 交界处的等电位接地端子板上，接地线应短直。

.5.3 信号线路浪涌保护器的安装应符合下列规定：

1 信号线路浪涌保护器应连接在被保护设备的信号端口上。浪涌保护器可以安装在机柜内，也可以固定在设备机架或附近的支撑物上。

2 信号线路浪涌保护器接地端宜采用截面积不小于 1.5mm² 的铜芯导线与设备机房等电位连接网络连接，接地线应短直。

6.6 线缆敷设

.6.1 接地线在穿越墙壁、楼板和地坪处宜套钢管或其他非金属的保护套管，钢管应与接地线做电气

连通。

6.6.2 线槽或线架上的线缆绑扎间距应均匀合理，绑扎线扣应整齐，松紧适宜；绑扎线头宜隐藏不外露。

6.6.3 接地线、浪涌保护器连接线的敷设宜短直、整齐。

6.6.4 接地线、浪涌保护器连接线转弯时弯角应大于 90 度，弯曲半径应大于导线直径的 10 倍。

7 检测与验收

7.1 检测

7.1.1 防雷装置检测应按现行有关标准执行。

7.1.2 检测仪表、量具应鉴定合格，并在有效期内使用。

7.2 验收项目

7.2.1 接地装置验收应包括下列项目：

1 接地装置的结构和安装位置；

2 接地体的埋设间距、深度、安装方法；

3 接地装置的接地电阻；

4 接地装置的材质、连接方法、防腐处理；

5 随工检测及隐蔽工程记录。

7.2.2 接地线验收应包括下列项目：

1 接地装置与总等电位接地端子板连接导体规格和连接方法；

2 接地干线的规格、敷设方式、与楼层等电位接地端子板的连接方法；

3 楼层等电位接地端子板与机房局部等电位接地端子板连线的规格、敷设方式、连接方法；

4 接地线与接地体、金属管道之间的连接方法；

5 接地线在穿越墙体、伸缩缝、楼板和地坪时加装的保护管是否满足设计要求。

7.2.3 等电位接地端子板(等电位连接带)验收应包括下列项目：

1 等电位接地端子板(等电位连接带)的安装位置、材料规格和连接方法；

2 等电位连接网络的安装位置、材料规格和连接方法；

3 电子信息系统的外露导电物体、各种线路、金属管道以及信息设备等电位连接的材料规格和连接方法。

7.2.4 屏蔽设施验收应包括下列项目：

1 电子信息系统机房和设备屏蔽设施的安装方法；

2 进出建筑物线缆的路由布置、屏蔽方式；

3 进出建筑物线缆屏蔽设施的等电位连接。

7.2.5 浪涌保护器验收应包括下列项目：

1 浪涌保护器的安装位置、连接方法、工作状态指示；

2 浪涌保护器连接导线的长度、截面积；

3 电源线路各级浪涌保护器的参数选择及能量配合。

7.2.6 线缆敷设验收应包括下列项目：

1 电源线缆、信号线缆的敷设路由；

2 电源线缆、信号线缆的敷设间距；

3 电子信息系统线缆与电气设备的间距。

7.3 竣 工 验 收

7.3.1 防雷工程竣工后，应由相关单位代表进行验收。

7.3.2 防雷工程竣工验收时，凡经随工检测验收合格的项目，不再重复检验。如果验收组认为有必要时，可进行复检。

7.3.3 检验不合格的项目不得交付使用。

7.3.4 防雷工程竣工后，应由施工单位提出竣工验收报告，并由工程监理单位对施工安装质量作出评价。竣工验收报告宜包括以下内容：

1 项目概述；

2 施工与安装；

3 防雷装置的性能、被保护对象及范围；

4 接地装置的形式和敷设；

5 防雷装置的防腐蚀措施；

6 接地电阻以及有关参数的测试数据和测试仪器；

7 等电位连接带及屏蔽设施；

8 其他应予说明的事项；

9 结论和评价。

7.3.5 防雷工程竣工，应由施工单位提供下列技术文件和资料：

1 竣工图；

  1)防雷装置安装竣工图；

  2)接地线敷设竣工图；

  3)接地装置安装竣工图；

  4)等电位连接带安装竣工图；

  5)屏蔽设施安装竣工图。

2 被保护设备一览表。

3 变更设计的说明书或施工洽谈单。

4 安装工程记录(包括隐蔽工程记录)。

5 重要会议及相关事宜记录。

8 维护与管理

8.1 维 护

8.1.1 防雷装置的维护应分为定期维护和日常维护两类。

8.1.2 每年在雷雨季节到来之前，应进行一次定期全面检测维护。

8.1.3 日常维护应在每次雷击之后进行。在雷电活动强烈的地区，对防雷装置应随时进行目测检查。

8.1.4 检测外部防雷装置的电气连续性，若发现有脱焊、松动和锈蚀等，应进行相应的处理，特别是在断接卡或接地测试点处，应经常进行电气连续性测量。

8.1.5 检查接闪器、杆塔和引下线的腐蚀情况及机械损伤，包括由雷击放电所造成的损伤情况。若有损伤，应及时修复；当锈蚀部位超过截面的三分之一时，应更换。

8.1.6 测试接地装置的接地电阻值，若测试值大于规定值，应检查接地装置和土壤条件，找出变化原因，采取有效的整改措施。

8.1.7 检测内部防雷装置和设备金属外壳、机架等电位连接的电气连续性，若发现连接处松动或断路，应及时更换或修复。

8.1.8 检查各类浪涌保护器的运行情况：有无接触不良、漏电流是否过大、发热、绝缘是否良好、积尘是否过多等。出现故障，应及时排除或更换。

8.2 管 理

8.2.1 防雷装置应由熟悉雷电防护技术的专职或兼职人员负责维护管理。

8.2.2 防雷装置投入使用后，应建立管理制度。对防雷装置的设计、安装、隐蔽工程图纸资料、年检测试记录等，均应及时归档，妥善保管。

8.2.3 雷击事故发生后，应及时调查雷害损失，分析致害原因，提出改进措施，并上报主管部门。

附录 A 用于建筑物电子信息系统雷击风险评估的 N 和 N_c 的计算方法

A.1 建筑物及入户服务设施年预计雷击次数 N 的计算

A.1.1 建筑物年预计雷击次数 N_1 可按下式确定：

$$N_1 = K \times N_g \times A_e \quad (\text{次}/a) \quad (A.1.1)$$

式中：K——校正系数，在一般情况下取 1，在下列情况下取相应数值：位于旷野孤立的建筑物取 2；金属屋面的砖木结构的建筑物取 1.7；位于河边、湖边、山坡下或山地中土壤电阻率较小处，地下水露头处、土山顶部、山谷风口等处的建筑物，以及特别潮湿地带的建筑物取 1.5；

N_g——建筑物所处地区雷击大地密度(次/km² · a)；

A_e——建筑物截收相同雷击次数的等效面积（km²）。

A.1.2 建筑物所处地区雷击大地密度 N_g 可按下式确定：

$$N_g \approx 0.1 \times T_d \quad (\text{次} /km^2 \cdot a) \quad (A.1.2)$$

式中：T_d——年平均雷暴日（d/a），根据当地气象台、站资料确定。

A.1.3 建筑物的等效面积 A_e 的计算方法应符合下列规定：

1 当建筑物的高度 H 小于 100m 时，其每边的扩大宽度 D 和等效面积 A_e 应按下列公式计算确定：

$$D = \sqrt{H(200-H)} \quad (m) \quad (A.1.3-1)$$

$$A_e = [LW + 2(L+W)$$
$$\times \sqrt{H(200-H)}$$
$$+ \pi H(200-H)] \times 10^{-6} \quad (km^2)$$
$$(A.1.3-2)$$

式中：L、W、H——分别为建筑物的长、宽、高（m）。

2 当建筑物的高 H 大于或等于 100m 时，其每边的扩大宽度应按等于建筑物的高 H 计算。建筑物的等效面积应按下式确定：

$$A_e = [LW + 2H(L+W) + \pi H^2] \times 10^{-6} \quad (km^2)$$
$$(A.1.3-3)$$

3 当建筑物各部位的高不同时，应沿建筑物周边逐点计算出最大的扩大宽度，其等效面积 A_e 应按各最大扩大宽度外端的连线所包围的面积计算。建筑物扩大后的面积见图 A.1.3 中周边虚线所包围的面积。

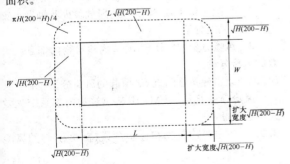

图 A.1.3 建筑物的等效面积

A.1.4 入户设施年预计雷击次数 N_2 按下式确定：

$$N_2 = N_g \times A'_e = (0.1 \times T_d) \times (A'_{e1} + A'_{e2}) \quad (\text{次} /a)$$
$$(A.1.4)$$

式中：N_g——建筑物所处地区雷击大地密度（次/km² · a）；

T_d——年平均雷暴日（d/a），根据当地气象台、站资料确定；

A'_{e1}——电源线缆入户设施的截收面积（km²），按表 A.1.4 的规定确定；

A'_{e2}——信号线缆入户设施的截收面积（km²），按表 A.1.4 的规定确定。

表 A.1.4 入户设施的截收面积

线 路 类 型	有效截收面积 A'_e（km²）
低压架空电源电缆	$2000 \times L \times 10^{-6}$
高压架空电源电缆（至现场变电所）	$500 \times L \times 10^{-6}$
低压埋地电源电缆	$2 \times d_s \times L \times 10^{-6}$
高压埋地电源电缆（至现场变电所）	$0.1 \times d_s \times L \times 10^{-6}$
架空信号线	$2000 \times L \times 10^{-6}$
埋地信号线	$2 \times d_s \times L \times 10^{-6}$
无金属铠装和金属芯线的光纤电缆	0

注：1 L 是线路从所考虑建筑物至网络的第一个分支点或相邻建筑物的长度，单位为 m，最大值为 1000m，当 L 未知时，应取 $L=1000$m。

2 d_s 表示埋地引入线缆计算截收面积时的等效宽度，单位为 m，其数值等于土壤电阻率的值，最大值取 500。

A.1.5 建筑物及入户设施年预计雷击次数 N 按下式确定：

$$N = N_1 + N_2 \quad (\text{次} /a) \quad (A.1.5)$$

A.2 可接受的最大年平均雷击次数 N_c 的计算

A.2.1 因直击雷和雷电电磁脉冲引起电子信息系统设备损坏的可接受的最大年平均雷击次数 N_c 按下式确定：

$$N_c = 5.8 \times 10^{-1}/C \quad (\text{次} /a) \quad (A.2.1)$$

式中：C——各类因子 C_1、C_2、C_3、C_4、C_5、C_6 之和；

C_1——为信息系统所在建筑物材料结构因子，当建筑物屋顶和主体结构均为金属材料时，C_1 取 0.5；当建筑物屋顶和主体结构均为钢筋混凝土材料时，C_1 取 1.0；当建筑物为砖混结构时，C_1 取 1.5；当建筑物为砖木结构时，C_1 取 2.0；当建筑物为木结构时，C_1 取 2.5；

C_2——信息系统重要程度因子，表 4.3.1 中的 C、D 类电子信息系统 C_2 取 1；B 类电子信息系统 C_2 取 2.5；A 类电子信息系统 C_2 取 3.0；

C_3——电子信息系统设备耐冲击类型和抗冲击过电压能力因子，一般，C_3 取 0.5；较弱，C_3 取 1.0；相当弱，C_3 取 3.0；

注："一般"指现行国家标准《低压系统内设备的绝缘配合 第1部分：原理、要求和试验》GB/T 16935.1中所指的Ⅰ类安装位置的设备，且采取了较完善的等电位连接、接地、线缆屏蔽措施；"较弱"指现行国家标准《低压系统内设备的绝缘配合 第1部分：原理、要求和试验》GB/T 16935.1中所指的Ⅰ类安装位置的设备，但使用架空线缆，因而风险大；"相当弱"指集成化程度很高的计算机、通信或控制等设备。

C_4——电子信息系统设备所在雷电防护区 (LPZ) 的因子，设备在 LPZ2 等后续雷电防护区内时，C_4 取 0.5；设备在 LPZ1 区内时，C_4 取 1.0；设备在 LPZ0$_B$ 区内时，C_4 取 1.5～2.0；

C_5——为电子信息系统发生雷击事故的后果因子，信息系统业务中断不会产生不良后果时，C_5 取 0.5；信息系统业务原则上不允许中断，但在中断后无严重后果时，C_5 取 1.0；信息系统业务不允许中断，中断后会产生严重后果时，C_5 取 1.5～2.0；

C_6——表示区域雷暴等级因子，少雷区 C_6 取 0.8；中雷区 C_6 取 1；多雷区 C_6 取 1.2；强雷区 C_6 取 1.4。

附录 B 按风险管理要求进行的雷击风险评估

B.1 雷击致损原因、损害类型、损失类型

B.1.1 根据雷击点的不同位置，雷击致损原因应分为四种：

1 致损原因 S1：雷击建筑物；

2 致损原因 S2：雷击建筑物附近；

3 致损原因 S3：雷击服务设施；

4 致损原因 S4：雷击服务设施附近。

B.1.2 雷击损害类型应分为三类，一次雷击产生的损害可能是其中之一或其组合：

1 损害类型 D1：建筑物内外人畜伤害；

2 损害类型 D2：物理损害；

3 损害类型 D3：建筑物电气、电子系统失效。

B.1.3 雷击引起的损失类型应分为四种：

1 损失类型 L1：人身伤亡损失；

2 损失类型 L2：公众服务损失；

3 损失类型 L3：文化遗产损失；

4 损失类型 L4：经济损失。

B.1.4 雷击致损原因 S、雷击损害类型 D 以及损失类型 L 之间的关系应符合表 B.1.4 的规定。

表 B.1.4 S、D、L 的关系

雷击点	雷击致损原因 S	建筑物	
		损害类型 D	损失类型 L
	雷击建筑物 S1	D1	L1、L4注2
		D2	L1、L2、L3、L4
		D3	L1注1、L2、L4
	雷击建筑物附近 S2	D3	L1注1、L2、L4
	雷击连接到建筑物的服务设施 S3	D1	L1、L4注2
		D2	L1、L2、L3、L4
		D3	L1注1、L2、L4
	雷击连接到建筑物的服务设施附近 S4	D3	L1注1、L2、L4

注：1 仅对有爆炸危险的建筑物和那些因内部系统失效立即危及人身生命医院或其他建筑物。
2 仅对可能有牲畜损失的地方。

B.2 雷击损害风险和风险分量

B.2.1 对应于损失类型，雷击损害风险应分为以下四类：

1 风险 R_1：人身伤亡损失风险；

2 风险 R_2：公众服务损失风险；

3 风险 R_3：文化遗产损失风险；

4 风险 R_4：经济损失风险。

B.2.2 雷击建筑物 S1 引起的风险分量包括：

1 风险分量 R_A：离建筑物户外 3m 以内的区内，因接触和跨步电压造成人畜伤害的风险分量；

2 风险分量 R_B：建筑物内因危险火花触发火或爆炸的风险分量；

3 风险分量 R_C：LEMP 造成建筑物内部系统效的风险分量。

B.2.3 雷击建筑物附近 S2 引起的风险分量包括：

风险分量 R_M：LEMP 引起建筑物内部系统失的风险分量。

B.2.4 雷击与建筑物相连服务设施 S3 引起的风分量包括：

1 风险分量 R_U：雷电流从入户线路流入产生接触电压造成人畜伤害的风险分量；

2 风险分量 R_V：雷电流沿入户设施侵入建物，入口处入户设施与其他金属部件间产生危险火而引发火灾或爆炸造成物理损害的风险分量；

3 风险分量 R_W：入户线路上感应并传导进入筑物内的过电压引起内部系统失效的风险分量。

B.2.5 雷击入户服务设施附近 S4 引起的风险分包括：

风险分量 R_Z：入户线路上感应并传导进入建筑物内的过电压引起内部系统失效的风险分量。

B.2.6 建筑物所考虑的各种损失相应的风险分量应符合表 B.2.6 的规定。

表 B.2.6 涉及建筑物的雷击损害风险分量

各类损失的风险	风险分量							
	雷击建筑物 (S1)			雷击建筑物附近 (S2)	雷击连接到建筑物的线路 (S3)			雷击连接到建筑物的线路附近 (S4)
人身伤亡损失风险 R_1	R_A	R_B	$R_C^{注1}$	$R_M^{注1}$	R_U	R_V	$R_W^{注1}$	$R_Z^{注1}$
公众服务损失风险 R_2		R_B	R_C	R_M		R_V	R_W	R_Z
文化遗产损失风险 R_3		R_B				R_V		
经济损失风险 R_4	$R_A^{注2}$		R_C	R_M	$R_U^{注2}$	R_V		R_Z
总风险 $R=R_D+R_I$	直接雷击风险 $R_D=R_A+R_B+R_C$			间接雷击风险 $R_I=R_M+R_U+R_V+R_W+R_Z$				

注：1 仅指具有爆炸危险的建筑物及因内部系统故障立即危及性命的医院或其他建筑物。

2 仅指可能出现牲畜损失的建筑物。

3 各类损失相应的风险(R_1～R_4)由对应行的分量(R_A～R_Z)之和组成。例如，$R_2=R_B+R_C+R_M+R_V+R_W+R_Z$。

B.2.7 影响建筑物雷击损害风险分量的因子应符合表 B.2.7 的规定。表中，"★"表示有影响的因子。可根据影响风险分量的因子采取针对性措施降低雷击损害风险。

表 B.2.7 建筑物风险分量的影响因子

建筑物或内部系统的特性和保护措施	R_A	R_B	R_C	R_M	R_U	R_V	R_W	R_Z
截收面积	★	★	★	★	★	★	★	★
地表土壤电阻率	★							
楼板电阻率					★			
人员活动范围限制措施，绝缘措施，警示牌，大地等电位					★			
减小物理损害的防雷装置(LPS)	★注1	★	★注2		★注3	★注3		
配合的 SPD 保护			★	★			★	★
空间屏蔽			★	★				
外部屏蔽线路					★	★	★	★
内部屏蔽线路				★				
合理布线			★	★				
等电位连接网络				★				
火灾预防措施		★				★		
火灾敏感度		★				★		
特殊危险		★				★		
冲击耐压			★	★	★	★	★	★

注：1 如果 LPS 的引下线间隔小于 10m，或采取人员活动范围限制措施时，由于接触和跨步电压造成人畜伤害的风险可以忽略不计。

2 仅对于减小物理损害的格栅形外部 LPS。

3 等电位连接引起。

B.3 风险管理

B.3.1 建筑物防雷保护的决策以及保护措施的选择应按以下程序进行：

1 确定需评估对象及其特性；

2 确定评估对象中可能的各类损失以及相应的风险 R_1～R_4；

3 计算风险 R_1～R_4，各类损失相应的风险(R_1～R_4)由表 B.2.6 中对应行的分量(R_A～R_Z)之和组成；

4 将建筑物风险 R_1、R_2 和 R_3 与风险容许值 R_T 作比较来确定是否需要防雷；

5 通过比较采用或不采用防护措施时造成的损失代价以及防护措施年均费用，评估采用防护措施的成本效益。为此需对建筑物的风险分量 R_4 进行评估。

B.3.2 风险评估需考虑下列建筑物特性，考虑对建筑物的防护时不包括与建筑物相连的户外服务设施的防护：

1 建筑物本身；

2 建筑物内的装置；

3 建筑物的内存物；

4 建筑物内或建筑物外 3m 范围内的人员数量；

5 建筑物受损对环境的影响。

注：所考虑的建筑物可能会划分为几个区。

B.3.3 风险容许值 R_T 应由相关职能部门确定。表 B.3.3 给出涉及人身伤亡损失、社会价值损失以及文化价值损失的典型 R_T 值。

表 B.3.3 风险容许值 R_T 的典型值

损失类型	R_T
人身伤亡损失	10^{-5}
公众服务损失	10^{-3}
文化遗产损失	10^{-3}

B.3.4 评估一个对象是否需要防雷时，应考虑建筑物的风险 R_1、R_2 和 R_3。对于上述每一种风险，应当采取以下步骤(图 B.3.4)：

1 识别构成该风险的各分量 R_X；

2 计算各风险分量 R_X；

3 计算出 R_1～R_3；

4 确定风险容许值 R_T；

5 与风险容许值 R_T 比较。如对所有的风险 R 均小于或等于 R_T，不需要防雷；如果某风险 R 大于 R_T，应采取保护措施减小该风险，使 R 小于或等于 R_T。

B.3.5 除了建筑物防雷必要性的评估外，为了减少经济损失 L_4，宜评估采取防雷措施的成本效益。保护措施成本效益的评估步骤(图 B.3.5)包括下列内容：

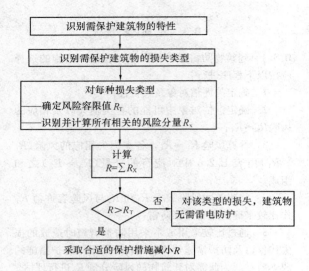

图 B.3.4　防雷必要性的决策流程

1　识别建筑物风险 R_4 的各个风险分量 R_X；

2　计算未采取防护措施时各风险分量 R_X；

3　计算每年总损失 C_L；

4　选择保护措施；

5　计算采取保护措施后的各风险分量 R_X；

6　计算采取防护措施后仍造成的每年损失 C_{RL}；

7　计算保护措施的每年费用 C_{PM}；

8　费用比较。如果 C_L 小于 C_{RL} 与 C_{PM} 之和，则防雷是不经济的。如果 C_L 大于或等于 C_{RL} 与 C_{PM} 之和，则采取防雷措施在建筑物的使用寿命期内可节约开支。

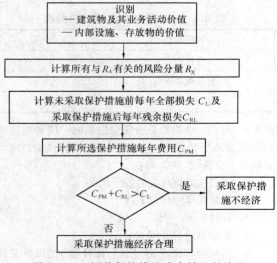

图 B.3.5　评价保护措施成本效益的流程

B.3.6　应根据每一风险分量在总风险中所占比例并考虑各种不同保护措施的技术可行性及造价，选择最合适的防护措施。应找出最关键的若干参数以决定减小风险的最有效防护措施。对于每一类损失，可单独或组合采用有效的防护措施，从而使 R 小于或等于 R_T（图 B.3.6）。

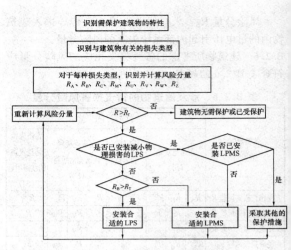

图 B.3.6　建筑物保护措施选择的流程

B.4　雷击损害风险评估方法

B.4.1　雷击损害风险评估应按本规范第 4.4.1 条和 4.4.2 条计算风险 R。

B.4.2　各致损原因产生的不同损害类型对应的建筑物风险分量应符合表 B.4.2 的规定。

表 B.4.2　各致损原因产生的不同损害类型对应的建筑物风险分量

致损原因＼损害类型	$S1$ 雷击建筑物	$S2$ 雷击建筑物附近	$S3$ 雷击入户服务设施	$S4$ 雷击服务设施附近	根据损害类型 D 划分的风险
$D1$ 人畜伤害	$R_A = N_D \times P_A \times r_a \times L_t$		$R_U = (N_L + N_{Da}) \times P_U \times r_u \times L_t$		$R_S = R_A + R_U$
$D2$ 物理损害	$R_B = N_D \times P_B \times r_p \times h_z \times r_f \times L_f$		$R_V = (N_L + N_{Da}) \times P_V \times r_p \times h_z \times r_f \times L_f$		$R_F = R_B + R_V$
$D3$ 电气和电子系统的失效	$R_C = N_D \times P_C \times L_o$	$R_M = N_M \times P_M \times L_o$	$R_W = (N_L + N_{Da}) \times P_W \times L_o$	$R_Z = (N_I - N_L) \times P_Z \times L_o$	$R_O = R_C + R_M + R_W + R_Z$
根据致损原因划分的风险	直接损害 $R_D = R_A + R_B + R_C$	间接损害 $R_I = R_M + R_U + R_V + R_W + R_Z$			

注：R_Z 公式中，如果 $(N_I - N_L) < 0$，则假设 $(N_I - N_L) = 0$。

B.4.3　雷击损害评估所用的参数应符合表 B.4.3 的规定，N_X、P_X 和 L_X 等各种参数具体计算方法应符合本规范第 B.5 节的规定。

表 B.4.3 建筑物雷击损害风险
分量评估涉及的参数

建筑物		
符号		名称
年平均雷击次数 N_X	N_D	雷击建筑物的年平均次数
	N_M	雷击建筑物附近的年平均次数
	N_L	雷击入户线路的年平均次数
	N_I	雷击入户线路附近的年平均次数
	N_{Da}	雷击线路"a"端建筑物（图 B.5.5）的年平均次数
一次雷击的损害概率 P_X	S1 P_A	雷击建筑物造成人畜伤害的概率
	P_B	雷击建筑物造成物理损害的概率
	P_C	雷击建筑物造成内部系统故障的概率
	S2 P_M	雷击建筑物附近引起内部系统故障的概率
	S3 P_U	雷击入户线路引起人畜伤害的概率
	P_V	雷击入户线路引起物理损害的概率
	P_W	雷击入户线路引起内部系统故障的概率
	S4 P_Z	雷击入户线路附近引起内部系统故障的概率
一次雷击造成的损失 L_X	$L_A = r_a \times L_t$ $L_U = r_u \times L_t$	人畜伤害的损失率
	$L_B = L_V = r_p \times r_f \times h_z \times L_f$	物理损害的损失率
	$L_C = L_M = L_W = L_Z = L_o$	内部系统失效的损失率

B.4.4 为了对各个风险分量进行评估，可以将建筑物划分为多个分区 Z_s，每个分区具有均匀的特性。这时应对各个区域 Z_s 进行风险分量的计算，建筑物的总风险是构成该建筑物的各个区域 Z_s 的风险分量的总和。一幢建筑物可以是或可以假定为一个单独的区域。建筑物的分区应当考虑到实现最适当雷电防御措施的可行性。

B.4.5 建筑物区域划分应主要根据：

1 土壤或地板的类型；

2 防火隔间；

3 空间屏蔽。

还可以根据以下情况进一步细分：

1 内部系统的布局；

2 已有的或将采取的保护措施；

3 损失 L_X 的值。

B.4.6 分区的建筑物风险分量评估应符合下列规定：

1 对于风险分量 R_A、R_B、R_U、R_V、R_W 和 R_Z，每个所涉参数只能有一个确定值。当参数的可选值多于一个时，应当选择其中的最大值。

2 对于风险分量 R_C 和 R_M，如果区域中涉及的内部系统多于一个，P_C 和 P_M 的值应按下列公式

计算：

$$P_C = 1 - \prod_{i=1}^{n}(1 - P_{Ci}) \quad (B.4.6\text{-}1)$$

$$P_M = 1 - \prod_{i=1}^{n}(1 - P_{Mi}) \quad (B.4.6\text{-}2)$$

式中：P_{Ci}、P_{Mi}——内部系统 i 的损害概率，$i = 1$、2、3、……、n。

3 除了 P_C 和 P_M 以外，如果一个区域中的参数有一个以上的可选值，应当采用导致最大风险结果的参数值。

4 单区域建筑物情况下，整座建筑物内只有一个区域，即建筑物本身。风险 R 是建筑物内对应风险分量 R_X 的总和。

5 多区域建筑物的风险是建筑物各个区域相应风险的总和。各区域中风险是该区域中各个相关风险分量的和。

B.4.7 在选取保护措施时，为减小经济损失风险 R_4，宜评估其经济合理性。单个区域内损失的价值应按本规范第 B.5.25 条的规定计算，建筑物损失的全部价值是建筑物各个区域的损失价值的和。

B.4.8 风险 R_4 评估的对象包括：

1 整个建筑物；

2 建筑物的一部分；

3 内部装置；

4 内部装置的一部分；

5 一台设备；

6 建筑物的内存物。

B.5 雷击损害风险评估参数的计算

B.5.1 需保护对象年平均雷击危险事件次数 N_X 取决于该对象所处区域雷暴活动情况和该对象的物理特性。N_X 的计算方法为：将雷击大地密度 N_g 乘以需保护对象的等效截收面积 A_d，再乘以需保护对象物理特性所对应的修正因子。

B.5.2 雷击大地密度 N_g 是平均每年每平方公里雷击大地的次数，可按下式估算：

$$N_g \approx 0.1 \times T_d \quad (\text{次}/\text{km}^2 \cdot \text{a}) \quad (B.5.2)$$

式中：T_d——年平均雷暴日（d）。

B.5.3 雷击建筑物的年平均次数 N_D 以及雷击连接到线路"a"端建筑物的年平均次数 N_{Da} 的计算应符合下列规定：

1 对于平地上的孤立建筑物，截收面积 A_d 是与建筑物上缘接触，按斜率为 1/3 的直线沿建筑物旋转一周在地面上画出的面积。可以通过作图法或计算法来确定 A_d 的值。长、宽、高分别为 L、W、H 的平地上孤立长方体建筑物的截收面积（图 B.5.3-1）可按下式计算：

$$A_d = L \times W + 6 \times H \times (L+W) + 9\pi \times H^2 \quad (\text{m}^2)$$
$$(B.5.3)$$

式中：L、W、H——分别为建筑物长、宽、高（m）。

注：如需更精确的计算结果，要考虑建筑物四周 $3H$ 距离内的其他物体或地面的相对高度等因素。

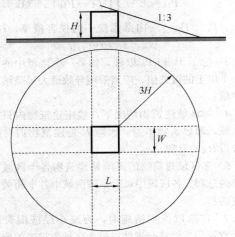

图 B.5.3-1　孤立建筑物的截收面积 A_d

2　当仅考虑建筑物的一部分时，如果满足以下条件，该部分的尺寸可以用于计算 A_d（图 B.5.3-2）：

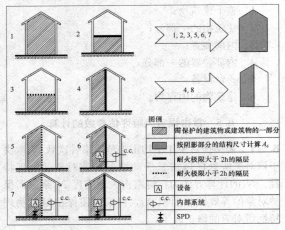

图 B.5.3-2　计算截收面积 A_d 所考虑的建筑物

1) 该部分是建筑物的一个可分离的垂直部分；

2) 建筑物没有爆炸的风险；

3) 该部分与建筑物的其他部分之间通过耐火极限不小于 2h 的墙体或者其他等效保护措施来避免火灾的蔓延；

4) 公共线路进入该部分时，在入口处安装有 SPD 或其他等效防护措施，以避免过电压传入。

注：耐火极限的定义和资料参见《建筑设计防火规范》GB 50016。

3　如果不能满足上述条件，应按整个建筑物的尺寸计算 A_d。

B.5.4　雷击建筑物的年平均次数 N_D 可按下式计算：

$$N_D = N_g \times A_d \times C_d \times 10^{-6} \quad （\text{次}/a） \tag{B.5.4}$$

式中：N_g——雷击大地密度（次/$\text{km}^2 \cdot a$）；

A_d——孤立建筑物的截收面积（m^2）；

C_d——建筑物的位置因子，按表 B.5.4 的规定确定。

表 B.5.4　位置因子 C_d

建筑物暴露程度及周围物体的相对位置	C_d
被更高的建筑物或树木所包围	0.25
周围有相同高度的或更矮的建筑物或树木	0.5
孤立建筑物（附近无其他的建筑物或树木）	1
小山顶或山丘上的孤立的建筑物	2

B.5.5　雷击位于服务设施"a"端的邻近建筑物（图 B.5.5）的年平均次数 N_{Da} 可按下式计算：

$$N_{Da} = N_g \times A_d \times C_d \times C_t \times 10^{-6} \quad （\text{次}/a） \tag{B.5.5}$$

式中：N_g——雷击大地密度（次/$\text{km}^2 \cdot a$）；

A_d——"a"端孤立建筑物的截收面积（m^2）；

C_d——"a"端建筑物的位置因子，按表 B.5.4 的规定确定；

C_t——在雷击点与需保护建筑物之间安装有 HV/LV 变压器时的修正因子，按表 B.5.5 的规定确定。

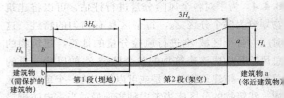

图 B.5.5　线路两端的建筑物

表 B.5.5　变压器因子 C_t

变压器	C_t
服务设施带有双绕组变压器	0.2
仅有服务设施	1

B.5.6　雷击建筑物附近的年平均次数 N_M 可按下式计算，如果 $N_M < 0$，则假定 $N_M = 0$：

$$N_M = N_g \times (A_m - A_d C_d) \times 10^{-6} \quad （\text{次}/a） \tag{B.5.6}$$

式中：N_g——雷击大地密度（次/$\text{km}^2 \cdot a$）；

A_m——雷击建筑物附近的截收面积（m^2）；截收面积 A_m 延伸到距离建筑物周边 250m 远的地方（图 B.5.6）；

A_d——孤立建筑物的截收面积（m^2）（图

B.5.3-1);

C_d——建筑物的位置因子，按表 B.5.4 的规定确定。

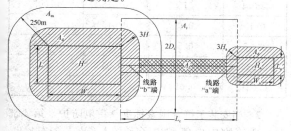

图 B.5.6 截收面积（A_d、A_m、A_i、A_l）

B.5.7 雷击服务设施的年平均次数 N_L 可按下式计算：

$$N_L = N_g \times A_l \times C_d \times C_t \times 10^{-6} \quad (次/a)$$

（B.5.7）

式中：N_g——雷击大地密度（次/km²·a）；

A_l——雷击服务设施的截收面积（图 B.5.6）（m²），按表 B.5.8 的规定确定；

C_d——服务设施的位置因子，按表 B.5.4 的规定确定；

C_t——当雷击点与建筑物之间有 HV/LV 变压器时的修正因子，按表 B.5.5 的规定确定。

B.5.8 服务设施的截收面积 A_l 和 A_i 按表 B.5.8 的规定确定。计算时应符合下列规定：

1 当不知道 L_c 的值时，可假定 L_c 为 1000m；

2 当不知道土壤电阻率的值时，可假定 ρ 为 500Ω·m；

3 对于全部穿行在高密度网格形接地装置中的埋地电缆，可假定等效截收面积 A_i 和 A_i 为零；

4 需保护的建筑物应当假定为连接到服务设施的"b"端。

表 B.5.8 服务设施的截收面积 A_l 和 A_i

	架　空	埋　地
A_l	$6H_c[L_c - 3(H_a + H_b)]$	$[L_c - 3(H_a + H_b)]\sqrt{\rho}$
A_i	$1000L_c$	$25L_c\sqrt{\rho}$

A_l——雷击服务设施的截收面积（m²）；

A_i——雷击服务设施附近大地的截收面积（m²）；

H_c——服务设施导线的离地高度（m）；

L_c——从建筑物到第一个节点之间的服务设施线路段长度（m），最大值取 1000m；

H_a——连接到服务设施"a"端的建筑物的高度（m）；

H_b——连接服务设施"b"端的建筑物高度（m）；

ρ——线路埋设处的土壤电阻率（Ω·m），最大值取 500Ω·m。

B.5.9 雷击服务设施附近的年平均次数 N_i 可按下

式计算：

$$N_i = N_g \times A_i \times C_e \times C_t \times 10^{-6} \quad (次/a)$$

（B.5.9）

式中：N_g——雷击大地密度（次/km²·a）；

A_i——雷击服务设施附近大地的截收面积（图 B.5.6）（m²），按表 B.5.8 的规定确定；

C_e——环境因子，按表 B.5.9 的规定确定；

C_t——当雷击点与建筑物之间有 HV/LV 变压器时的修正因子，按表 B.5.5 的规定确定。

注：服务设施的截收面积 A_i 由其长度 L_c 和横向距离 D_i 来确定（图 B.5.6），雷击该横向距离 D_i 之间范围内时会产生不小于 1.5kV 的感应过电压。

表 B.5.9 环境因子 C_e

环　境	C_e
建筑物高度大于 20m 的市区	0
建筑物高度在 10m 和 20m 之间的市区	0.1
建筑物高度小于 10m 的郊区	0.5
农村	1

B.5.10 按本规范第 B.5 节的规定确定建筑物雷击损害风险分量 R_X 对应的损害概率 P_X 时，建筑物防雷措施应符合国家标准《雷电防护　第 3 部分：建筑物的物理损坏和生命危险》GB/T 21714.3-2008 和《雷电防护　第 4 部分：建筑物内电气和电子系统》GB/T 21714.4-2008 的规定。当能够证明是合理的时，也可以选择其他的 P_X 值。

B.5.11 雷击建筑物（S1）导致人畜伤害的概率 P_A 可按表 B.5.11 的规定确定。当采取了一项以上的措施时，P_A 的值应是各个相应 P_A 值的乘积。

表 B.5.11 雷击产生的接触和跨步电压
导致人畜触电的概率 P_A

保护措施	P_A
无保护措施	1
外露引下线作电气绝缘	10^{-2}
有效的地面等电位连接	10^{-2}
警示牌	10^{-1}

注：当利用了建筑物的钢筋构件或框架作为引下线时，或者防雷装置周围安装了遮拦物时，概率 P_A 的数值可以忽略不计。

B.5.12 雷击建筑物（S1）导致物理损害的概率 P_B 可按表 B.5.12 的规定确定。

表 B. 5. 12 P_B 与建筑物雷电防护水平 (LPL) 的对应关系

减小建筑物物理损害的 LPS 特性	雷电防护水平	P_B
没有 LPS 保护的建筑物	—	1
受到 LPS 保护的建筑物	Ⅳ	0.2
	Ⅲ	0.1
	Ⅱ	0.05
	Ⅰ	0.02
建筑物安有符合 LPL Ⅰ 要求的接闪器以及用连续金属框架或钢筋混凝土框架作为自然引下线		0.01
建筑物有金属屋顶或安有接闪器(可能包含自然结构部件)使屋顶所有的装置都有完善的直击雷防护和有连续的金属框架或钢筋混凝土框架作为自然引下线		0.001

注:在详细调查基础上,P_B 也可以取表 B. 5. 12 以外的值。

B. 5. 13 雷击建筑物(S1)导致内部系统失效的概率 P_C 可按下式确定:

$$P_C = P_{SPD} \qquad (B. 5. 13)$$

式中:P_{SPD}——与 SPD 保护有关的概率,其值取决于雷电防护水平,按表 B. 5. 13 的规定确定。

表 B. 5. 13 按 LPL 选取并安装 SPD 时的 P_{SPD} 值

LPL	P_{SPD}
未采取匹配的 SPD 保护	1
Ⅲ-Ⅳ	0.03
Ⅱ	0.02
Ⅰ	0.01
注 3	0.005~0.001

注: 1 只有在设有减小物理损害的 LPS 或有连续金属框架或钢筋混凝土框架作为自然 LPS、并且满足国家标准《雷电防护 第 3 部分:建筑物的物理损坏和生命危险》GB/T 21714.3 - 2008 提出的等电位连接和接地要求的建筑物内,协调配合的 SPD 保护才能有效地减小 P_C。

2 当与内部系统相连的外部导线为防雷电缆或者布设于防雷电缆沟槽、金属导管或金属管内时,可以不需要配合的 SPD 保护。

3 当在相应位置上安装的 SPD 的保护特性比 LPL Ⅰ 的要求更高时(更高的电流耐受能力,更低的电压保护水平等),P_{SPD} 的值可能会更小。

B. 5. 14 雷击建筑物附近(S2)导致内部系统失效的概率 P_M 的取值应符合下列规定:

1 当没有安装符合国家标准《雷电防护 第 4 部分:建筑物内电气和电子系统》GB/T 21714.4 - 2008 要求的匹配 SPD 保护时,$P_M = P_{MS}$。概率 P_{MS} 应按表 B. 5. 14-1 的规定确定。

表 B. 5. 14-1 概率 P_{MS} 与因子 K_{MS} 的关系

K_{MS}	P_{MS}	K_{MS}	P_{MS}
≥0.4	1	0.016	0.005
0.15	0.9	0.015	0.003
0.07	0.5	0.014	0.001
0.035	0.1	≤0.013	0.0001
0.021	0.01		

2 当安装了符合国家标准《雷电防护 第 4 部分:建筑物内电气和电子系统》GB/T 21714.4 - 2008 要求的匹配 SPD 时,P_M 的值取 P_{SPD} 和 P_{MS} 两值中的较小者。

3 当内部系统设备耐压水平不符合相关产品标准要求时,应取 P_{MS} 等于 1。

4 因子 K_{MS} 的值可按下式计算:

$$K_{MS} = K_{S1} \times K_{S2} \times K_{S3} \times K_{S4}$$

$$(B. 5. 14-1)$$

式中:K_{S1}——LPZ0/1 交界处的建筑物结构、LPS 和其他屏蔽物的屏蔽效能因子;

K_{S2}——建筑物内部 LPZX/Y(X>0,Y>1)交界处的屏蔽物的屏蔽效能因子;

K_{S3}——建筑物内部布线的特性因子,按表 B. 5. 14-2 的规定确定;

K_{S4}——被保护系统的冲击耐压因子。

表 B. 5. 14-2 因子 K_{S3} 与内部布线的关系

内部布线的类型	K_{S3}
非屏蔽电缆-布线时未避免构成环路[注1]	1
非屏蔽电缆-布线时避免形成大的环路[注2]	0.2
非屏蔽电缆-布线时避免形成环路[注3]	0.02
屏蔽电缆,屏蔽层单位长度的电阻[注4] $5<R_S≤20$（Ω/km）	0.001
屏蔽电缆,屏蔽层单位长度的电阻[注4] $1<R_S≤5$（Ω/km）	0.0002
屏蔽电缆,屏蔽层单位长度的电阻[注4] $R_S≤1$（Ω/km）	0.0001

注: 1 大型建筑物中分开布设的导线构成的环路(环路面积大约为 $50m^2$)。

2 导线布设在同一电缆管道中或导线在较小建筑物中分开布设(环路面积大约为 $10m^2$)。

3 同一电缆的导线形成的环路(环路面积大约为 $0.5m^2$ 左右)。

4 屏蔽层单位长度电阻为 R_S（Ω/km）的电缆,其屏蔽层两端连到等电位端子板,设备也连在同一等电位端子板上。

5 在 LPZ 内部,当与屏蔽物边界之间的距离不小于网格宽度 w 时,LPS 或空间格栅形屏蔽体的因子 K_{S1} 和 K_{S2} 可按下式进行计算:

$$K_{S1} = K_{S2} = 0.12w \qquad (B. 5. 14-2)$$

式中：w——格栅形空间屏蔽或者网格状 LPS 引下线的网格宽度，或是作为自然 LPS 的建筑物金属柱子的间距或钢筋混凝土框架的间距（m）。

 6 当感应环路靠近 LPZ 边界屏蔽体，并离屏蔽体距离小于网格宽度 w 时，K_{S1} 和 K_{S2} 值应增大，当与屏蔽体之间的距离在 $0.1w$ 到 $0.2w$ 的范围内时，K_{S1} 和 K_{S2} 的值增加一倍。当采用厚度为 $0.1mm\sim0.5mm$ 的连续金属屏蔽体时，K_{S1} 和 K_{S2} 相等，其值为 $10^{-4}\sim10^{-5}$；对于逐级相套的 LPZ，最后一级 LPZ 的 K_{S2} 是各级 LPZ 的 K_{S2} 的乘积。

 注：1 当安装有符合国家标准《雷电防护 第 4 部分：建筑物内电气和电子系统》GB/T 21714.4－2008 要求的等电位连接网格时，K_{S1} 和 K_{S2} 的值可以缩小一半；

   2 K_{S1}、K_{S2} 的最大值不超过 1。

 7 当导线布设在两端都连接到等电位连接端子板的连续金属管内时，K_{S3} 的值应当再乘以 0.1。

 8 因子 K_{S4} 可按公式（B.5.14-3）计算，如果内部系统中设备的耐冲击电压额定值不同，因子 K_{S4} 应取最低的耐冲击电压额定值计算。

$$K_{S4}=1.5/U_w \qquad (B.5.14\text{-}3)$$

式中：U_w——受保护系统的耐冲击电压额定值（kV）。

B.5.15 雷击服务设施（S3）导致人畜伤害的概率 P_U 取决于服务设施屏蔽物的特性、连接到服务设施的内部系统的冲击耐压、保护措施以及在服务设施入户处是否安装 SPD。P_U 的取值应符合下列规定：

 1 当没有按照国家标准《雷电防护 第 3 部分：建筑物的物理损坏和生命危险》GB/T 21714.3－2008 的要求安装 SPD 进行等电位连接时，$P_U=P_{LD}$。P_{LD} 是无 SPD 保护时雷击相连服务设施导致内部系统失效的概率，按表 B.5.15 的规定确定。对非屏蔽的服务设施，取 P_{LD} 等于 1。

表 B.5.15 概率 P_{LD} 与电缆屏蔽层电阻 R_S 以及设备耐冲击电压额定值 U_w 的关系

U_w (kV)	P_{LD}		
	$5<R_S\leqslant20$ (Ω/km)	$1<R_S\leqslant5$ (Ω/km)	$R_S\leqslant1$ (Ω/km)
1.5	1	0.8	0.4
2.5	0.95	0.6	0.2
4	0.9	0.3	0.04
6	0.8	0.1	0.02

注：R_S 为电缆屏蔽层单位长度的电阻（Ω/km）。

 2 当按照国家标准《雷电防护 第 3 部分：建筑物的物理损坏和生命危险》GB/T 21714.3－2008 的要求安装 SPD 时，P_U 取表 B.5.13 规定的 P_{SPD} 值

与表 B.5.15 规定的 P_{LD} 值的较小者。

 3 当采取了遮拦物、警示牌等防护措施时，概率 P_U 将进一步减小，其值应与表 B.5.11 中给出的概率 P_A 值相乘。

B.5.16 雷击服务设施（S3）导致物理损害的概率 P_V 取决于服务设施屏蔽体的特性、连接到服务设施的内部系统的冲击耐压以及是否安装 SPD。P_V 的取值应符合下列规定：

 1 当没有按照国家标准《雷电防护 第 3 部分：建筑物的物理损坏和生命危险》GB/T 21714.3－2008 的要求用 SPD 进行等电位连接时，P_V 等于 P_{LD}。

 2 当按照国家标准《雷电防护 第 3 部分：建筑物的物理损坏和生命危险》GB/T 21714.3－2008 的要求用 SPD 进行等电位连接时，P_V 的值取 P_{SPD} 和 P_{LD} 的较小者。

B.5.17 雷击服务设施（S3）导致内部系统失效的概率 P_W 取决于服务设施屏蔽的特性、连接到服务设施的内部系统的冲击耐压以及是否安装 SPD。P_W 的取值应符合下列规定：

 1 如果没有安装符合国家标准《雷电防护 第 4 部分：建筑物内电气和电子系统》GB/T 21714.4－2008 要求的已配合好的 SPD，P_W 等于 P_{LD}。

 2 当安装了符合国家标准《雷电防护 第 4 部分：建筑物内电气和电子系统》GB/T 21714.4－2008 要求的已配合好的 SPD 时，P_W 的值取 P_{SPD} 和 P_{LD} 的较小者。

B.5.18 雷击入户服务设施附近（S4）导致内部系统失效的概率 P_Z 取决于服务设施的屏蔽层特性、连接到服务设施的内部系统的耐冲击电压以及是否安装 SPD 保护设施。P_Z 的取值应符合下列规定：

 1 当没有安装符合国家标准《雷电防护 第 4 部分：建筑物内电气和电子系统》GB/T 21714.4－2008 要求的已配合好的 SPD 时，P_Z 等于 P_{LI}。此处 P_{LI} 是未安装 SPD 时雷击相连的服务设施导致内部系统失效的概率，按表 B.5.18 的规定确定。

表 B.5.18 概率 P_{LI} 与电缆屏蔽层电阻 R_S 以及设备耐冲击电压 U_w 的关系

U_w (kV)	P_{LI}				
	非屏蔽电缆	屏蔽层没有与设备连接到同一等电位连接端子板上	屏蔽层与设备连接到同一等电位连接端子板上		
			$5<R_S\leqslant20$ (Ω/km)	$1<R_S\leqslant5$ (Ω/km)	$R_S\leqslant1$ (Ω/km)
1.5	1	0.5	0.15	0.04	0.02
2.5	0.4	0.2	0.06	0.02	0.008
4	0.2	0.1	0.03	0.008	0.004
6	0.1	0.05	0.02	0.004	0.002

注：R_S 是电缆屏蔽层单位长度的电阻（Ω/km）。

2 当安装了符合国家标准《雷电防护 第 4 部分：建筑物内电气和电子系统》GB/T 21714.4 - 2008 要求的已配合好的 SPD 时，P_Z 等于 P_{SPD} 和 P_{LI} 的较小者。

B.5.19 建筑物损失率 L_X 指雷击建筑物可能引起的某一特定损害类型的平均损失量与被保护建筑物总价值之比。损失率 L_X 应取决于：

1 在危险场所人员的数量以及逗留的时间；

2 公众服务的类型及其重要性；

3 受损害货物的价值。

B.5.20 损失率 L_X 随着所考虑的损失类型（L1、L2、L3 和 L4）而变化，对于每一种损失类型，它还与损害类型（D1、D2 和 D3）有关。按损害类型，损失率应分为三种：

1 接触和跨步电压导致伤害的损失率 L_t；

2 物理损害导致的损失率 L_f；

3 内部系统故障导致的损失率 L_o。

B.5.21 人身伤亡损失率的计算应符合下列规定：

1 可按公式（B.5.21-1）确定 L_t、L_f 和 L_o 的数值。当无法或很难确定 n_p、n_t 和 t_p 时，可采用表 B.5.21-1 中给出的 L_t、L_f 和 L_o 典型平均值；

$$L_x = (n_p/n_t) \times (t_p/8760) \quad (B.5.21-1)$$

式中：n_p——可能受到危害的人员数量；

n_t——预期的建筑物内总人数；

t_p——以小时计算的可能受害人员每年处于危险场所的时间，危险场所包括建筑物外（只涉及损失 L_t）和建筑物内（L_t、L_f 和 L_o 都涉及）。

表 B.5.21-1 L_t、L_f 和 L_o 的典型平均值

建筑物的类型	L_t
所有类型（人员处于建筑物内）	10^{-4}
所有类型（人员处于建筑物外）	10^{-2}
建筑物的类型	L_f
医院、旅馆，民用建筑	10^{-1}
工业建筑、商业建筑、学校	5×10^{-2}
公共娱乐场所、教堂、博物馆	2×10^{-2}
其他	10^{-2}
建筑物的类型	L_o
有爆炸危险的建筑物	10^{-1}
医院	10^{-3}

2 人身伤亡损失率可按下列公式进行计算：

$$L_A = r_a \times L_t \quad (B.5.21-2)$$
$$L_U = r_u \times L_t \quad (B.5.21-3)$$
$$L_B = L_V = r_p \times h_z \times r_f \times L_f \quad (B.5.21-4)$$
$$L_C = L_M = L_W = L_Z = L_o \quad (B.5.21-5)$$

式中：r_a——由土壤类型决定的减少人身伤亡损失的因子，按表 B.5.21-2 的规定确定；

r_u——由地板类型决定的减少人身伤亡损失的因子，按表 B.5.21-2 的规定确定；

r_p——由防火措施决定的减少物理损害导致人身伤亡损失的因子，按表 B.5.21-3 的规定确定；

r_f——由火灾危险程度决定的减小物理损害导致人身伤亡的因子，按表 B.5.21-4 的规定确定；

h_z——在有特殊危险时，物理损害导致人身伤亡损失的增加因子，按表 B.5.21-5 的规定确定。

表 B.5.21-2 缩减因子 r_a 和 r_u 的数值与土壤或地板表面的关系

地板和土壤类型	接触电阻（kΩ）	r_a 和 r_u
农地，混凝土	≤1	10^{-2}
大理石，陶瓷	1～10	10^{-3}
沙砾、厚毛毯、一般地毯	10～100	10^{-4}
沥青、油毡、木头	≥100	10^{-5}

表 B.5.21-3 防火措施的缩减因子 r_p

措 施	r_p
无	1
以下措施之一：灭火器、固定的人工灭火装置、人工报警消防装置、消防栓、人工灭火装置、防火隔间、留有逃生通道	0.5
以下措施之一：固定的自动灭火装置、自动报警装置注3	0.2

注：**1** 如果同时采取了一项以上措施，r_p 的数值应当取各相应数值中的最小值；

2 在具有爆炸危险的建筑物内部，任何情况下 r_p = 1；

3 仅当具有过电压防护和其他损害的防护并且消防员能在 10 分钟之内赶到时。

表 B.5.21-4 缩减因子 r_f 与建筑物火灾危险的关系

火灾危险	r_f	火灾危险	r_f
爆炸	1	低	10^{-3}
高	10^{-1}	无	0
一般	10^{-2}		

注：**1** 当建筑物具有爆炸危险以及建筑物内存储有爆炸性混合物质时，可能需要更精确地计算 r_f。

2 由易燃材料建造的建筑物、屋顶由易燃材料建造的建筑物或单位面积火灾载荷大于 800MJ/m² 的建筑物可以看作具有高火灾危险的建筑物。

3 单位面积火灾载荷在 400MJ/m²～800MJ/m² 之间的建筑物应当看作具有一般火灾危险的建筑物。

4 单位面积火灾载荷小于 400MJ/m² 的建筑物或者只是偶尔存储有易燃性物质的建筑物应当看作具有低火灾危险的建筑物。

5 单位面积火灾载荷是建筑物内全部易燃物质的能量与建筑物总的表面积之比。

表 B.5.21-5　有特殊伤害时损失相对量的增加因子 h_Z 的数值

特殊伤害的种类	h_Z
无特殊伤害	1
高度不大于两层、容量不大于 100 人的建筑物等场所的低度惊慌	2
容量 100～1000 人的文化或体育场馆等场所的中等程度惊慌	5
有移动不便人员的建筑物、医院等场所的疏散困难	5
容量大于 1000 人的文化或体育场馆等场所的高度惊慌	10
对周围或环境造成危害	20
对四周环境造成污染	50

B.5.22 公众服务中断损失率的计算应符合下列规定：

1 可按公式（B.5.22-1）确定 L_f 和 L_o 的数值。当无法或很难确定 n_p、n_t 和 t 时，可采用表 B.5.22 中给出的 L_f 和 L_o 典型平均值；

$$L_x = (n_p/n_t) \times (t/8760) \quad (B.5.22-1)$$

式中：n_p——可能失去服务的年平均用户数量；

n_t——接受服务的用户总数；

t——用小时表示的年平均服务中断时间。

表 B.5.22　L_f 和 L_o 的典型平均值

服务类型	L_f	L_o
煤气、水管	10^{-1}	10^{-2}
电视线路、通信线、供电线路	10^{-2}	10^{-3}

2 公众服务中断的各种实际损失率可按下列公式计算：

$$L_B = L_V = r_p \times r_f \times L_f \quad (B.5.22-2)$$
$$L_C = L_M = L_W = L_Z = L_o \quad (B.5.22-3)$$

式中：r_p、r_f——分别是本规范表 B.5.21-3 和表 B.5.21-4 中的因子。

B.5.23 文化遗产损失率的计算应符合下列规定：

1 可按公式（B.5.23-1）确定 L_f 的数值。当无法或很难确定 c、c_t 时，L_f 的典型平均值可取 10^{-1}；

$$L_x = c/c_t \quad (B.5.23-1)$$

式中：c——用货币表示的每年建筑物内文化遗产可能损失的平均值；

c_t——用货币表示的建筑物内文化遗产总值。

2 文化遗产的实际损失率可按下式计算：

$$L_B = L_V = r_p \times r_f \times L_f \quad (B.5.23-2)$$

式中：r_p、r_f——分别是本规范表 B.5.21-3 和表 B.5.21-4 中的因子。

B.5.24 经济损失率的计算应符合下列规定：

1 可按公式（B.5.24-1）确定 L_t、L_f 和 L_o 的数值。当无法或很难确定 c、c_t 时，可采用表 B.5.24 中给出的各种类型建筑物的 L_t、L_f 和 L_o 典型平均值；

$$L_x = c/c_t \quad (B.5.24-1)$$

式中：c——用货币表示的建筑物可能损失的平均数值（包括其存储物的损失、相关业务的中断及其后果）；

c_t——用货币表示的建筑物的总价值（包括其存储物以及相关业务的价值）。

表 B.5.24　L_t、L_f 和 L_o 的典型平均值

建筑物的类型	L_t
所有类型-建筑物内部	10^{-4}
所有类型-建筑物外部	10^{-2}

建筑物的类型	L_f
医院、工业、博物馆、农业建筑	0.5
旅馆、学校、办公楼、教室、公众娱乐场所、商业大楼	0.2
其他	0.1

建筑物类型	L_o
有爆炸风险的建筑	10^{-1}
医院、工业、办公楼、旅馆、商业大楼	10^{-2}
博物馆、农业建筑、学校、教堂、公众娱乐场所	10^{-3}
其他	10^{-4}

2 经济损失率可按下列公式进行计算：

$$L_A = r_a \times L_t \quad (B.5.24-2)$$
$$L_U = r_u \times L_t \quad (B.5.24-3)$$
$$L_B = L_V = r_p \times r_f \times h_z \times L_f \quad (B.5.24-4)$$
$$L_C = L_M = L_W = L_Z = L_o \quad (B.5.24-5)$$

式中：r_a、r_u、r_p、r_f、h_z——本规范表 B.5.21-2～表 B.5.21-5 中的因子。

B.5.25 成本效益的估算应符合下列规定：

1 全部损失的价值 C_L 可按下式计算：

$$C_L = (R_A + R_U) \times C_A + (R_B + R_V) \times (C_A + C_B + C_S + C_C) + (R_C + R_M + R_W + R_Z) \times C_S$$

$$(B.5.25-1)$$

式中：R_A、R_U——没有保护措施时与牲畜损失有关的风险分量；

R_B、R_V——没有保护措施时与物理损害有关的风险分量；

R_C、R_M、R_W、R_Z——没有保护措施时与电气和

电子系统失效有关的风险
分量；

C_A——牲畜的价值；

C_S——建筑物中系统的价值；

C_B——建筑物的价值；

C_C——建筑物内存物的价值。

2 在有保护措施的情况下，剩余损失的总价值C_{RL}可按下式计算：

$$C_{RL} = (R'_A + R'_U) \times C_A + (R'_B + R'_V) \times$$
$$(C_A + C_B + C_S + C_C) +$$
$$(R'_C + R'_M + R'_W + R'_Z) \times C_S$$

$$(B.5.25-2)$$

式中：　R'_A、R'_U——有保护措施时与牲畜损失
有关的风险分量；

R'_B、R'_V——有保护措施时与物理损害
有关的风险分量；

R'_C、R'_M、R'_W、R'_Z——有保护措施时与电气和电
子系统失效有关的风险
分量。

3 保护措施的年平均费用C_{PM}可按下式计算：

$$C_{PM} = C_P \times (i + a + m) \quad (B.5.25-3)$$

式中：C_P——保护措施的费用；

i——利率；

a——折旧率；

m——维护费率。

4 每年节省的费用可按公式（B.5.25-4）计算，如果年平均节省的费用S大于零，采取防护措施是经济合理的。

$$S = C_L - (C_{PM} + C_{RL}) \quad (B.5.25-4)$$

附录C　雷电流参数

C.0.1 闪电中可能出现三种雷击波形（图 C.0.1-1），短时雷击波形参数的定义应符合图 C.0.1-2 的规定，长时间雷击波形参数的定义应符合图 C.0.1-3 的规定。

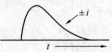
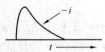

(a) 首次短时雷击　　　(b) 首次以后的短时雷击（后续雷击）

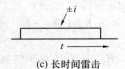

(c) 长时间雷击

图 C.0.1-1　闪电中可能出现的三种雷击

C.0.2 雷电流参数应符合表 C.0.2-1～表 C.0.2-3 的规定。

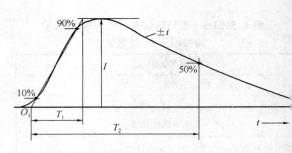

图 C.0.1-2　短时雷击波形参数

I——峰值电流（幅值）；

T_1——波头时间；

T_2——半值时间（典型值 $T_2 < 2ms$）。

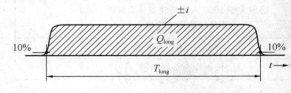

图 C.0.1-3　长时间雷击波形参数

T_{long}——从波头起自峰值10%至波尾降到峰值10%之间的时间（典型值 $2ms < T_{long} < 1s$）；

Q_{long}——长时间雷击的电荷量。

表 C.0.2-1　首次雷击的雷电流参数

雷电流参数	防雷建筑物类别		
	一类	二类	三类
幅值 I(kA)	200	150	100
波头时间 T_1(μs)	10	10	10
半值时间 T_2(μs)	350	350	350
电荷量 Q_s(C)	100	75	50
单位能量 W/R(MJ/Ω)	10	5.6	2.5

注：1 因为全部电荷量 Q_s 的主要部分包括在首次雷击中，故所规定的值考虑合并了所有短时间雷击的电荷量。

2 由于单位能量 W/R 的主要部分包括在首次雷击中，故所规定的值考虑合并了所有短时间雷击的单位能量。

表 C.0.2-2　首次以后雷击的雷电流参数

雷电流参数	防雷建筑物类别		
	一类	二类	三类
幅值 I(kA)	50	37.5	25
波头时间 T_1(μs)	0.25	0.25	0.25
半值时间 T_2(μs)	100	100	100
平均陡度 I/T_1(kA/μs)	200	150	100

表 C.0.2-3　长时间雷击的雷电流参数

雷电流参数	防雷建筑物类别		
	一类	二类	三类
电荷量 Q_1(C)	200	150	100
时间 T(s)	0.5	0.5	0.5

注：平均电流 $I \approx Q_1/T$。

附录 D　雷击磁场强度的计算方法

D.1　建筑物附近雷击的情况下防雷区内磁场强度的计算

D.1.1　无屏蔽时所产生的磁场强度 H_0，即 LPZ0 区内的磁场强度，应按公式（D.1.1）计算：

$$H_0 = i_0/(2\pi s_a) \quad (\text{A/m}) \qquad (\text{D.1.1})$$

式中：i_0——雷电流（A）；

$\quad s_a$——从雷击点到屏蔽空间中心的距离（m）（图 D.1.1）。

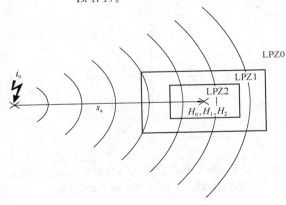

图 D.1.1　邻近雷击时磁场值的估算

D.1.2　当建筑物邻近雷击时，格栅型空间屏蔽内部任意点的磁场强度应按下列公式进行计算：

LPZ1 内　$H_1 = H_0/10^{SF/20} (\text{A/m})$　（D.1.2-1）

LPZ2 等后续防护区内

$$H_{n+1} = H_n/10^{SF/20} (\text{A/m}) \qquad (\text{D.1.2-2})$$

式中：H_0——无屏蔽时的磁场强度（A/m）；

$\quad H_n$、H_{n+1}——分别为 LPZn 和 LPZ$n+1$ 区内的磁场强度（A/m）；

$\quad SF$——按表 D.1.3 的公式计算的屏蔽系数（dB）。

这些磁场值仅在格栅型屏蔽内部与屏蔽体有一安全距离为 $d_{s/1}$ 的安全空间内有效，安全距离可按下列公式计算：

当 $SF \geqslant 10$ 时　$d_{s/1} = w \cdot SF/10$　（m）（D.1.2-3）

当 $SF < 10$ 时　$d_{s/1} = w$　（m）　（D.1.2-4）

式中：SF——按表 D.1.3 的公式计算的屏蔽系数（dB）；

$\quad w$——空间屏蔽网格宽度（m）。

D.1.3　格栅形大空间屏蔽的屏蔽系数 SF，按表 D.1.3 的公式计算。

表 D.1.3　格栅型空间屏蔽对平面波磁场的衰减

材质	SF(dB)	
	25kHz[注1]	1MHz[注2]
铜材或铝材	$20 \cdot \lg(8.5/w)$	$20 \cdot \lg(8.5/w)$
钢材[注3]	$20 \cdot \lg[(8.5/w)/\sqrt{1+18 \cdot 10^{-6}/r^2}]$	$20 \cdot \lg(8.5/w)$

注：1　适用于首次雷击的磁场；
　　2　适用于后续雷击的磁场；
　　3　磁导率 $\mu_r \approx 200$；
　　4　公式计算结果为负数时，$SF=0$；
　　5　如果建筑物安装有网状等电位连接网络时，SF 增加 6dB；
　　6　w 是格栅型空间屏蔽网格宽度（m）；r 是格栅型屏蔽杆的半径（m）。

D.2　当建筑物顶防直击雷装置接闪时防雷区内磁场强度的计算

D.2.1　格栅型空间屏蔽 LPZ1 内部任意点的磁场强度（图 D.2.1）应按下式进行计算：

$$H_1 = k_H \cdot i_0 \cdot w/(d_w \cdot \sqrt{d_r}) \ (\text{A/m})$$
$$(\text{D.2.1-1})$$

式中：d_r——待计算点与 LPZ1 屏蔽中屋顶的最短距离（m）；

$\quad d_w$——待计算点与 LPZ1 屏蔽中墙的最短距离（m）；

$\quad i_0$——LPZ0$_A$ 的雷电流（A）；

$\quad k_H$——结构系数（$1/\sqrt{m}$），典型值取 0.01；

$\quad w$——LPZ1 屏蔽的网格宽度（m）。

按公式（D.2.1-1）计算的磁场值仅在格栅型屏蔽

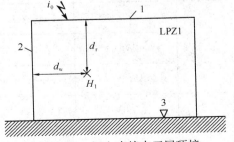

图 D.2.1　闪电直接击于屋顶接闪器时 LPZ1 区内的磁场强度

1—屋顶；2—墙；3—地面

内部与屏蔽体有一安全距离 $d_{s/2}$ 的安全空间内有效，安全距离可按下式计算：

$$d_{s/2} = w \ (\mathrm{m}) \qquad (\mathrm{D.2.1\text{-}2})$$

D. 2. 2 在 LPZ2 等后续防护区内部任意点的磁场强度（图 D. 2. 2）仍按公式（D. 1. 2-2）计算，这些磁场值仅在格栅型屏蔽内部与屏蔽体有一安全距离为 $d_{s/1}$ 的安全空间内有效。

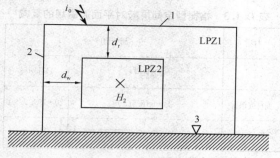

图 D. 2. 2　LPZ2 等后续防护区内部
任意点的磁场强度的估算
1—屋顶；2—墙；3—地面

附录 E　信号线路浪涌保护器
冲击试验波形和参数

**表 E　信号线路浪涌保护器的冲击试验
推荐采用的波形和参数**

类别	试验类型	开路电压	短路电流
A₁	很慢的上升率	≥1kV 0.1kV/μs～100kV/s	10A, 0.1A/μs～2A/μs ≥1000μs(持续时间)
A₂	AC	—	—
B₁		1kV, 10/1000μs	100A, 10/1000μs
B₂	慢上升率	1kV～4kV, 10/700μs	25A～100A, 5/300μs
B₃		≥1kV, 100V/μs	10A～100A, 10/1000μs
C₁		0.5kV～2kV, 1.2/50μs	0.25kA～1kA, 8/20μs
C₂	快上升率	2kV～10kV, 1.2/50μs	1kA～5kA, 8/20μs
C₃		≥1kV, 1kV/μs	10A～100A, 10/1000μs
D₁	高能量	≥1kV	0.5kA～2.5kA, 10/350μs
D₂		≥1kV	0.6kA～2kA, 10/250μs

注：表中数值为 SPD 测试的最低要求。

附录 F　全国主要城市年平均
雷暴日数统计表

表 F　全国主要城市年平均雷暴日数

地名	雷暴日数 (d/a)	地名	雷暴日数 (d/a)
北京	35.2	长沙	47.6
天津	28.4	广州	73.1
上海	23.7	南宁	78.1
重庆	38.5	海口	93.8
石家庄	30.2	成都	32.5
太原	32.5	贵阳	49.0
呼和浩特	34.3	昆明	61.8
沈阳	25.9	拉萨	70.4
长春	33.9	兰州	21.1
哈尔滨	33.4	西安	13.7
南京	29.3	西宁	29.6
杭州	34.0	银川	16.5
合肥	25.8	乌鲁木齐	5.9
福州	49.3	大连	20.3
南昌	53.5	青岛	19.6
济南	24.2	宁波	33.1
郑州	20.6	厦门	36.5
武汉	29.7		

注：本表数据引自中国气象局雷电防护管理办公室 2005 年发布的资料，不包含港澳台地区城市数据。

本规范用词说明

1 为便于在执行本规范条文时区别对待，对要求严格程度不同的用词说明如下：

　　1）表示很严格，非这样做不可的用词：
　　　　正面词采用"必须"，反面词采用"严禁"；
　　2）表示严格，在正常情况下均这样做的用词：
　　　　正面词采用"应"，反面词采用"不应"或"不得"；
　　3）表示允许稍有选择，在条件许可时，首先应这样做的用词：
　　　　正面词采用"宜"，反面词采用"不宜"；
　　4）表示有选择，在一定条件下可以这样做的，采用"可"。

2 条文中指明应按其他有关标准执行的写法为："应符合……规定"或"应按……执行"。

引用标准名录

1 《建筑设计防火规范》GB 50016

2 《低压系统内设备的绝缘配合 第1部分：原理、要求和试验》GB/T 16935.1

3 《低压电涌保护器(SPD) 第1部分：低压配电系统的电涌保护器 性能要求和试验方法》GB 18802.1

4 《雷电防护 第3部分：建筑物的物理损坏和生命危险》GB/T 21714.3

5 《雷电防护 第4部分：建筑物内电气和电子系统》GB/T 21714.4

中华人民共和国国家标准

建筑物电子信息系统防雷技术规范

GB 50343—2012

条 文 说 明

修 订 说 明

《建筑物电子信息系统防雷技术规范》GB 50343-2012，经住房和城乡建设部2012年6月11日以第1425号公告批准、发布。本规范是对原《建筑物电子信息系统防雷技术规范》GB 50343-2004进行修订而成。

本规范修订工作主要遵循以下原则：原规范大框架不做改动；吸纳先进技术、先进方法，与国际标准接轨；删除原规范目前已不宜推荐的内容；着重提高规范的先进性、实用性、可操作性；着重于建筑物信息系统的防雷。

本规范修订的主要内容包括：对部分术语解释进行了调整；增加了按风险管理要求进行雷击风险评估的内容；对各种建筑物电子信息系统雷电防护等级的划分进行了调整；对第5章"防雷设计"的内容进行了修改补充；第7章名称修改为"检测与验收"，内容进行了调整；增加了三个附录，并对原附录"全国主要城市年平均雷暴日数统计表"进行了修改，取消了原附录"验收检测表"；规范中第5.2.6条和第

5.5.7条第2款（原规范第5.4.10条第2款）不再作为强制性条文。

原规范主编单位：中国建筑标准设计研究院、四川中光高技术研究所有限责任公司；参编单位：中南建筑设计院、四川省防雷中心、上海市防雷中心、中国电信集团湖南电信公司、铁道部科学院通信信号研究所、北京爱劳科技有限公司、广州易事达艾力科技有限公司、武汉岱嘉电气技术有限公司。原规范主要起草人：王德言、李雪佩、宏育同、李冬根、刘寿先、蔡振新、邱传睿、熊江、陈勇、刘兴顺、郑经娣、刘文明、王维国、陈燮、郭维藩、孙成群、余亚桐、刘岩峰、汪海涛、王守奎。

为便于广大设计、施工、科研等单位有关人员在使用本规范时正确理解和执行条文规定，规范修订编制组按章、节、条顺序编制了本规范条文说明，供使用者参考。

目 次

1 总 则

1.0.1 随着经济建设的高速发展，电子信息设备的应用已深入国民经济、国防建设和人民生活的各个领域，各种电子、微电子装备已在各行业大量使用。由于这些系统和设备耐过电压能力低，特别是雷电高电压以及雷电电磁脉冲的侵入所产生的电磁效应、热效应都会对信息系统设备造成干扰或永久性损坏。每年我国电子设备因雷击造成的经济损失相当惊人。因此电子信息系统对雷电灾害的防护问题越来越突出。

由于雷击发生的时间和地点以及雷击强度的随机性，因此对雷击损害的防范难度很大，要达到阻止和完全避免雷击损害的发生是不可能的。国家标准《雷电防护》GB/T 21714（等同采用国际电工委员会标准 IEC 62305）和《建筑物防雷设计规范》GB 50057 就已明确指出，建筑物安装防雷装置后，并非万无一失。所以按照本规范要求安装防雷装置和采取防护措施后，只能将雷电灾害降低到最低限度，大大减小被保护的电子信息系统设备遭受雷击损害的风险。

1.0.2 对易燃、易爆等危险环境和场所的雷电防护问题，由有关行业标准解决。

1.0.3 雷电防护设计应坚持预防为主、安全第一的原则，这就是说，凡是雷电可能侵入电子信息系统的通道和途径，都必须预先考虑到，采取相应的防护措施，尽量将雷电高电压、大电流堵截消除在电子信息设备之外，对残余雷电电磁影响，也要采取有效措施将其疏导入大地，这样才能达到对雷电的有效防护。

1.0.4 在进行防雷工程设计时，应认真调查建筑物电子信息系统所在地点的地理、地质以及土壤、气象、环境、雷电活动、信息设备的重要性和雷击事故后果的严重程度等情况，对现场的电磁环境进行风险评估，这样，才能以尽可能低的造价建造一个有效的雷电防护系统，达到合理、科学、经济的设计。

1.0.5 建筑物电子信息系统遭受雷电的影响是多方面的，既有直接雷击，又有雷电电磁脉冲，还有接闪器接闪后由接地装置引起的地电位反击。在进行防雷设计时，不但要考虑防直接雷击，还要防雷电电磁脉冲和地电位反击等，必须进行综合防护，才能达到预期的防雷效果。

图 1 所示综合防雷系统中的外部和内部防雷措施按建筑物电子信息系统的防护特点划分，内部防雷措施包含在电子信息系统设备中各传输线路端口分别安装与之适配的浪涌保护器（SPD），其中电源 SPD 不仅具有抑制雷电过电压的功能，同时还具有抑制操作过电压的作用。

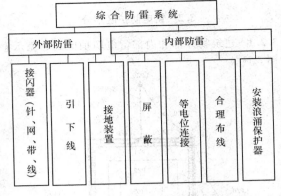

图 1 建筑物电子信息系统综合防雷框图

2 术 语

术语解释的主要依据为《低压电涌保护器（SPD）第 1 部分：低压配电系统的电涌保护器 性能要求和试验方法》GB 18802.1 以及《雷电防护》GB/T 21714 - 2008 系列标准。

2.0.5 综合防雷系统的定义与 GB/T 21714 - 2008 中的术语"雷电防护系统（LPS）"有所不同。GB/T 21714 系列标准中所提到的 LPS 仅指减少雷击建筑物造成物理损害的防雷装置，不包括防雷电电磁脉冲的部分。本规范中，综合防雷系统是全部防雷装置和措施的总称。外部防雷指接闪器、引下线和接地装置，内部防雷指等电位连接、共用接地装置、屏蔽、合理布线、浪涌保护器等。这样定义，概念比较清楚，也符合我国工程设计人员长期形成的使用习惯。

2.0.16 本规范中按照浪涌保护器在电子信息系统中的使用特性，将浪涌保护器分为电源线路浪涌保护器、天馈线路浪涌保护器和信号线路浪涌保护器。

2.0.18 根据国家标准《低压电涌保护器（SPD）第 1 部分：低压配电系统的电涌保护器 性能要求和试验方法》GB 18802.1，浪涌保护器按组件特性分为电压限制型、电压开关型以及复合型。其中电压限制型浪涌保护器又称限压型浪涌保护器。

3 雷电防护分区

3.1 地区雷暴日等级划分

3.1.2 地区雷暴日数应以国家公布的当地年平均雷暴日数为准，本规范附录 F 提供的我国主要城市地区雷暴日数仅供工程设计参考。

3.1.3 关于地区雷暴日等级划分，国家还没有制定出一个统一的标准。本规范参考多数现行标准采用的等级划分标准，将年平均雷暴日超过 90d 的地区定为强雷区。

3.2 雷电防护区划分

3.2.1 建筑物外部和内部雷电防护区划分见示意图2。

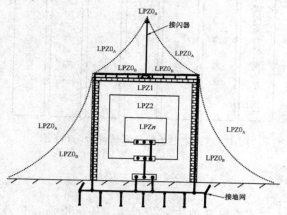

图2 建筑物外部和内部雷电防护区划分示意图

■…■—在不同雷电防护区界面上的等电位接地端子板；
▨▨—起屏蔽作用的建筑物外墙；
虚线—按滚球法计算的接闪器保护范围界面

雷击致损原因（S）与建筑物雷电防护区划分的关系见图3。

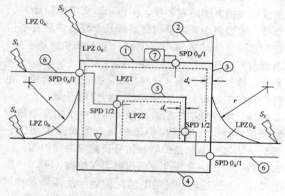

图3 雷击致损原因（S）
与建筑物雷电防护区（LPZ）示意图

①—建筑物（LPZ1的屏蔽体）；　S_1—雷击建筑物；
②—接闪器；　　　　　　　　　　S_2—雷击建筑物附近；
③—引下线；　　　　　　　　　　S_3—雷击连接到建筑物的
④—接地体；　　　　　　　　　　　　服务设施；
⑤—房间（LPZ2的屏蔽体）；　　S_4—雷击连接到建筑物的
⑥—连接到建筑物的服务设施；　　　　服务设施附近；
⑦—建筑物屋顶电气设备；　　　　r—滚球半径；
　　　　　　　　　　　　　　　　d_s—防过高磁场的安全
　　　　　　　　　　　　　　　　　距离；
▽地面　　　　　　　　　　　　　○—用SPD进行的等电位
　　　　　　　　　　　　　　　　　连接；

3.2.2 雷电防护区的划分依据GB/T 21714-2008系列标准规定的分类和定义。

4 雷电防护等级划分和雷击风险评估

4.1 一般规定

4.1.1 雷电防护工程设计的依据之一是对工程所处地区的雷电环境进行风险评估的结果，按照风险评估的结果确定电子信息系统是否需要防护，需要什么等级的防护。因此，雷电环境的风险评估是雷电防护工程设计必不可少的环节。考虑到工程实际情况差异较大，用户要求各不相同，为提供工程设计的可操作性，本规范提供了三种风险评估方法。工程设计人员可根据建筑物电子信息系统的特性、建筑物电子信息系统的重要性、评估所需数据资料的完备程度以及用户的要求选用。

　　雷电环境的风险评估是一项复杂的工作，要考虑当地的气象环境、地质地理环境；还要考虑建筑物的重要性、结构特点和电子信息系统设备的重要性及其抗扰能力。将这些因素综合考虑后，确定一个最佳的防护等级，才能达到安全可靠、经济合理的目的。

4.1.2 建筑物电子信息系统可按本规范第4.2节计算防雷装置的拦截效率或按本规范第4.3节查表确定雷电防护等级。按本规范第4.4节风险管理要求进行雷击风险评估时不需要再分级。

4.1.4 在防雷设计时按风险管理要求对被保护对象进行雷击风险评估已成为雷电防护的最新趋势。按风险管理要求对被保护对象进行雷击风险评估工作量大，对各种资料数据的准确性、完备性要求高，目前推广实施尚存在很多困难。因此，仅对重点工程或当用户提出要求时进行，此类评估一般由专门的雷电风险评估机构实施。

4.2 按防雷装置的拦截效率确定雷电防护等级

4.2.1 用于计算建筑物年预计雷击次数 N_1 和建筑物入户设施年预计雷击次数 N_2 的建筑物所处地区雷击大地密度 N_g 在2004版规范中的计算公式为 $N_g = 0.024 \times T_d^{1.3}$，为了与国际标准接轨，同时与其他国标协调一致，本规范采用国家标准《雷电防护　第2部分：风险管理》GB/T 21714.2-2008（IEC 62305-2：2006，IDT）中的计算公式 $N_g \approx 0.1 T_d$。

4.2.2 电子信息系统设备因雷击损坏可接受的最大年平均雷击次数 N_c 值，至今，国内外尚无一个统一的标准，一般由各国自行确定。

　　法国标准NFC-17-102：1995附录B："闪电评估指南及ECP1保护级别的选择"中，将 N_c 定为 $5.8 \times 10^{-3}/C$，C 为各类因子，它是综合考虑了电子设备所处地区的地理、地质环境、气象条件、建筑物特性、设备的抗扰能力等因素进行确定。若按该公式计算出的值为 10^{-4} 数量级，即建筑物允许落闪频率为万分之几，这样一来，几乎所有的雷电防护工程，不管是在少雷区还是在强雷区，都要按最高等级 A 设计，这是不合理的。

在本规范中，将 N_c 值调整为 $N_c=5.8\times10^{-1}/C$，这样得出的结果：在少雷区或中雷区，防雷工程按 A 级设计的概率为 10% 左右；按 B 级设计的概率为 50%～60%；少数设计为 C 级和 D 级。这样的一个结果我们认为是合乎我国实际情况的，也是科学的。

按防雷装置的拦截效率确定雷电防护等级的计算实例：

一、建筑物年预计雷击次数 N_1

1 建筑物所处地区雷击大地密度

$$N_g\approx0.1\times T_d \quad [次/(km^2\cdot a)] \quad (1)$$

表 1　N_g 按典型雷暴日 T_d 的取值

T_d 值	N_g [次/（km²·a）]
25	2.5
40	4
60	6
90	9

2 建筑物等效截收面积 A_e 的计算（按本规范附录 A 图 A.1.3）

1）当 $H<100m$ 时，按下式计算：

每边扩大宽度：

$$D=\sqrt{H(200-H)} \quad (m) \quad (2)$$

建筑物等效截收面积：

$$A_e=[LW+2(L+W)\sqrt{H(200-H)}\\+\pi H(200-H)]\times10^{-6} \quad (km^2) \quad (3)$$

式中：L、W、H——分别为建筑物的长、宽、高（m）。

2）当 $H\geq100m$ 时：

$$A_e=[LW+2H(L+W)+\pi H^2]\times10^{-6} \quad (km^2) \quad (4)$$

3 校正系数 K 的取值

1.0、1.5、1.7、2.0（根据建筑物所处的不同地理环境取值）。

4 N_1 值计算

$$N_1=K\times N_g\times A_e \quad (次/a) \quad (5)$$

分别代入不同的 K、N_g、A_e 值，可计算出不同的 N_1 值。

二、建筑物入户设施年预计雷击次数 N_2

1 N_2 值计算

$$N_2=N_g\times A'_e \quad (次/a) \quad (6)$$

$$A'_e=A'_{e1}+A'_{e2} \quad (km^2) \quad (7)$$

式中：A'_{e1}——电源线入户设施的截收面积（km²），见表2；

A'_{e2}——信号线入户设施的截收面积（km²），见表2。

均按埋地引入方式计算 A'_e 值

表 2　入户设施的截收面积（km²）

A'_e 参数 线缆敷设方式	L（m）	d_s（m）100	250	500	备注
低压电源埋地线缆	200	0.04	0.10	0.20	$A'_{e1}=2\times d_s\times L\times10^{-6}$
	500	0.10	0.25	0.50	
	1000	0.20	0.50	1.0	
高压电源埋地电缆	200	0.002	0.005	0.01	$A'_{e1}=0.1\times d_s\times L\times10^{-6}$
	500	0.005	0.0125	0.025	
	1000	0.01	0.025	0.05	
埋地信号线缆	200	0.04	0.10	0.2	$A'_{e2}=2\times d_s\times L\times10^{-6}$
	500	0.10	0.25	0.5	
	1000	0.20	0.5	1.0	

2 A'_e 计算

1）取高压电源埋地线缆：$L=500m$，$d_s=250m$；埋地信号线缆：$L=500m$，$d_s=250m$。

查表2：$A'_e=A'_{e1}+A'_{e2}=0.0125+0.25=0.2625$（km²）

2）取高压电源埋地线缆：$L=1000m$，$d_s=500m$；埋地信号线缆：$L=500m$，$d_s=500m$。

查表2：$A'_e=A'_{e1}+A'_{e2}=0.05+0.5=0.55$（km²）

三、建筑物及入户设施年预计雷击次数 N 的计算

$$N=N_1+N_2=K\times N_g\times A_e+N_g\times A'_e\\=N_g\times(KA_e+A'_e) \quad (次/a) \quad (8)$$

四、电子信息系统因雷击损坏可接受的最大年平均雷击次数 N_c 的确定

$$N_c=5.8\times10^{-1}/C \quad (次/a) \quad (9)$$

式中：C——各类因子，取值按表3。

表 3　C 的取值

分项 c值	大	中	小
C_1	2.5	1.5	0.5
C_2	3.0	2.5	1.0
C_3	3.0	1.0	0.5
C_4	2.0	1.0	0.5
C_5	2.0	1.0	0.5
C_6	1.4	1.2	0.8
ΣC_i	13.9	8.2	3.8

五、雷电电磁脉冲防护分级计算

防雷装置拦截效率的计算公式：

$$E = 1 - N_c/N \qquad (10)$$

$E > 0.98$	定为 A 级
$0.90 < E \leqslant 0.98$	定为 B 级
$0.80 < E \leqslant 0.90$	定为 C 级
$E \leqslant 0.8$	定为 D 级

1 取外引高压电源埋地线缆长度为 500m，外引埋地信号线缆长度为 200m，土壤电阻率取 250Ωm，建筑物如表 3 中所列 6 种 C 值，计算结果列入表 4 中。

2 取外引低压电源埋地线缆长度为 500m，外引埋地信号线缆长度为 200m，土壤电阻率取 500Ωm，建筑物如表 3 中所列 6 种 C 值，计算结果列入表 5 中。

表 4　风险评估计算实例一

建筑物种类		电信大楼	通信大楼	医科大楼	综合办公楼	高层住宅	宿舍楼
建筑物外形尺寸 (m)	L	60	54	74	140	36	60
	W	40	22	52	60	36	13
	H	130	97	145	160	68	24
建筑物等效截收面积 A_e（km²）		0.0815	0.0478	0.1064	0.1528	0.0431	0.0235
入户设施截收面积 A_e'（km²）	A_{e1}'	0.0125	0.0125	0.0125	0.0125	0.0125	0.0125
	A_{e2}'	0.1	0.1	0.1	0.1	0.1	0.1
建筑物及入户设施年预计雷击次数 N（次/a）	T_d (d) 25	0.4850	0.4007	0.5472	0.6632	0.3890	0.3400
	40	0.7760	0.6412	0.8756	1.0612	0.6224	0.5440
	60	1.1640	0.9618	1.3134	1.5918	0.9336	0.8160
	90	1.7460	1.4427	1.9701	2.3877	1.4004	1.2240
电子信息系统设备因雷击损坏可接受的最大年平均雷击次数 N_c（次/a）	各类因子 C	0.0417	0.0417	0.0417	0.0417	0.0417	0.0417
		0.0707	0.0707	0.0707	0.0707	0.0707	0.0707
		0.1526	0.1526	0.1526	0.1526	0.1526	0.1526

注：外引高压电源埋地电缆长 500m，埋地信号电缆长 200m，$\rho = 250\Omega m$，$N_c = 5.8 \times 10^{-1}/C$，$C = C_1 + C_2 + C_3 + C_4 + C_5 + C_6$。

电信大楼 E 值（$E = 1 - N_c/N$）

C \ T_d	25	40	60	90
13.9	0.9140	0.9463	0.9642	0.9761
8.2	0.8542	0.9089	0.9393	0.9595
3.8	0.6854	0.8034	0.8689	0.9126

医科大楼 E 值（$E = 1 - N_c/N$）

C \ T_d	25	40	60	90
13.9	0.9238	0.9524	0.9683	0.9788
8.2	0.8708	0.9193	0.9462	0.9641
3.8	0.7212	0.8257	0.8838	0.9225

高层住宅 E 值（$E = 1 - N_c/N$）

C \ T_d	25	40	60	90
13.9	0.8928	0.9330	0.9553	0.9702
8.2	0.8183	0.8864	0.9243	0.9495
3.8	0.6077	0.7548	0.8365	0.8910

通信大楼 E 值（$E = 1 - N_c/N$）

C \ T_d	25	40	60	90
13.9	0.8959	0.9350	0.9566	0.9711
8.2	0.8236	0.8897	0.9265	0.9510
3.8	0.6192	0.7620	0.8413	0.8942

综合办公楼 E 值（$E = 1 - N_c/N$）

C \ T_d	25	40	60	90
13.9	0.9371	0.9607	0.9738	0.9825
8.2	0.8934	0.9334	0.9556	0.9704
3.8	0.7699	0.8562	0.9041	0.9361

宿舍楼 E 值（$E = 1 - N_c/N$）

C \ T_d	25	40	60	90
13.9	0.8774	0.9233	0.9489	0.9659
8.2	0.7921	0.8700	0.9134	0.9422
3.8	0.5512	0.7195	0.813	0.8753

表 5　风险评估计算实例二

建筑物种类		电信大楼	通信大楼	医科大楼	综合办公楼	高层住宅	宿舍楼
建筑物外形尺寸 (m)	L	60	54	74	140	36	60
	W	40	22	52	60	36	13
	H	130	97	145	160	68	24
建筑物截收面积 A_e（km²）		0.0815	0.0478	0.1064	0.1528	0.0431	0.023
入户设施截收面积 A_e'（km²）	A_{e1}'	0.5	0.5	0.5	0.5	0.5	0.5
	A_{e2}'	0.2	0.2	0.2	0.2	0.2	0.2
建筑物及入户设施年预计雷击次数 N（次/a）	T_d (d) 25	1.9537	1.8695	2.016	2.132	1.8577	1.808
	40	3.1260	2.9912	3.2256	3.4112	2.9724	2.894
	60	4.6890	4.4868	4.8384	5.1168	4.4586	4.341
	90	7.0335	6.7302	7.2576	7.6752	6.6879	6.5115
电子信息系统设备因雷击损坏可接受的最大年平均雷击次数 N_c（次/a）	各类因子 C	0.0417	0.0417	0.0417	0.0417	0.0417	0.041
		0.0707	0.0707	0.0707	0.0707	0.0707	0.070
		0.1526	0.1526	0.1526	0.1526	0.1526	0.152

注：外引低压埋地电缆长 500m，埋地信号电缆长 200m，$\rho = 500\Omega m$，$N_c = 5.8 \times 10^{-1}/C$，$C = C_1 + C_2 + C_3 + C_4 + C_5 + C_6$。

电信大楼 E 值（E＝1－N_c/N）

T_d / C	25	40	60	90
13.9	0.9787	0.9867	0.9911	0.9941
8.2	0.9638	0.9774	0.9849	0.9899
3.8	0.9219	0.9512	0.9675	0.9783

医科大楼 E 值（E＝1－N_c/N）

T_d / C	25	40	60	90
13.9	0.9793	0.9871	0.9914	0.9943
8.2	0.9649	0.9781	0.9854	0.9903
3.8	0.9243	0.9527	0.9685	0.9790

高层住宅 E 值（E＝1－N_c/N）

T_d / C	25	40	60	90
13.9	0.9776	0.9860	0.9906	0.9938
8.2	0.9619	0.9762	0.9841	0.9894
3.8	0.9179	0.9487	0.9658	0.9772

通信大楼 E 值（E＝1－N_c/N）

T_d / C	25	40	60	90
13.9	0.9777	0.9861	0.9907	0.9938
8.2	0.9622	0.9764	0.9842	0.9895
3.8	0.9184	0.9490	0.9660	0.9773

综合办公楼 E 值（E＝1－N_c/N）

T_d / C	25	40	60	90
13.9	0.9804	0.9878	0.9919	0.9946
8.2	0.9668	0.9793	0.9862	0.9908
3.8	0.9284	0.9553	0.9702	0.9801

宿舍楼 E 值（E＝1－N_c/N）

T_d / C	25	40	60	90
13.9	0.9769	0.9856	0.9904	0.9936
8.2	0.9609	0.9756	0.9837	0.9891
3.8	0.9156	0.9473	0.9648	0.9766

4.3 按电子信息系统的重要性、使用性质和价值确定雷电防护等级

4.3.1 由于表 4.3.1 无法列出全部各类电子信息系统，其他电子信息系统可参照本表确定雷电防护等级。

4.4 按风险管理要求进行雷击风险评估

4.4.1～4.4.3 按风险管理要求进行雷击风险评估主要依据《雷电防护 第 2 部分：风险管理》GB/T 21714.2－2008（IEC 62305-2：2006，IDT）。评估防雷措施必要性时涉及的建筑物雷击损害风险包括人身伤亡损失风险 R_1、公众服务损失风险 R_2 以及文化遗产损失风险 R_3，应根据建筑物特性和有关管理部门规定确定需计算何种风险。

评估办公楼是否需防雷（无需评估采取保护措施的成本效益）计算实例：

需确定人身伤亡损失的风险 R_1（计算本规范附录 B 表 B.2.6 的各个风险分量），与容许风险 $R_T＝10^{-5}$ 相比较，以决定是否需采取防雷措施，并选择能降低这种风险的保护措施。

一、有关的数据和特性

表 6～表 8 分别给出：

——建筑物本身及其周围环境的数据和特性；

——内部电气系统及入户电力线路的数据和特性；

——内部电子系统及入户通信线路的数据和特性。

表 6 建筑物特性

参 数	说明	符号	数值
尺寸（m）	—	$L_b×W_b×H_b$	40×20×25
位置因子	孤立	C_d	1
减少物理损害的 LPS	无	P_B	1
建筑物的屏蔽	无	K_{S1}	1
建筑物内部的屏蔽	无	K_{S2}	1
雷击大地密度（次/km²·a）	—	N_g	4
建筑物内外人员数	户外和户内	n_t	200

表 7 内部电气系统以及相连供电线路的特性

参 数	说明	符号	数值
长度（m）	—	L_c	200
高度（m）	架空	H_c	6
HV/LV 变压器	无	C_t	1
线路位置因子	孤立	C_d	1
线路环境因子	农村	C_e	1
线路屏蔽性能	非屏蔽线路	P_{LD}	1
		P_{L1}	0.4
内部合理布线	无	K_{S3}	1
设备耐受电压 U_w	$U_w=2.5kV$	K_{S4}	0.6
匹配的 SPD 保护	无	P_{SPD}	1
线路"a"端建筑物的尺寸（m）	无	$L_a×W_a×H_a$	—

表 8 内部通信系统以及相连通信线路的特性

参 数	说明	符号	数值
土壤电阻率（Ω·m）	—	ρ	250
长度（m）	—	L_c	1000
高度（m）	埋地	—	—
线路位置因子	孤立	C_d	1
线路环境因子	农村	C_e	1
线路屏蔽性能	非屏蔽线路	P_{LD}	1
		P_{LI}	1
内部合理布线	无	K_{S3}	1
设备耐受电压 U_w	$U_w=1.5kV$	K_{S4}	1
匹配的 SPD 保护	无	P_{SPD}	1
线路"a"端建筑物的尺寸（m）	无	$L_a \times W_a \times H_a$	—

二、办公楼的分区及其特性

考虑到：

——入口、花园和建筑物内部的地表类型不同；

——建筑物和档案室都为防火分区；

——没有空间屏蔽；

——假定计算机中心内的损失率 L_X 比办公楼其他地方的损失率小。

划分以下主要的区域：

——Z_1（建筑物的入口处）；

——Z_2（花园）；

——Z_3（档案室——是防火分区）；

——Z_4（办公室）；

——Z_5（计算机中心）。

$Z_1 \sim Z_5$ 各区的特性分别在表 9～表 13 中给出。考虑到各区中有潜在危险的人员数与建筑物中总人员数的情况，经防雷设计人员的分析判断，决定与 R_1 相关的各区的损失率不取表 B.5.21-1 的数值，而作了适当的减小。

表 9 Z_1 区的特性

参 数	说明	符号	数值
地表类型	大理石	r_a	10^{-3}
电击防护	无	P_A	1
接触和跨步电压造成的损失率	有	L_t	2×10^{-4}
该区中有潜在危险的人员数	—	—	4

表 10 Z_2 区的特性

参 数	说明	符号	数值
地表类型	草地	r_a	10^{-2}
电击防护	栅栏	P_A	0
接触和跨步电压造成的损失率	有	L_t	10^{-4}
该区中有潜在危险的人员数	—	—	2

表 11 Z_3 区的特性

参 数	说明	符号	数值
地板类型	油毡	r_u	10^{-5}
火灾危险	高	r_f	10^{-1}
特殊危险	低度惊慌	h_z	2
防火措施	无	r_p	1
空间屏蔽	无	K_{S2}	1
内部电源系统	有		连接到低压电力线路
内部电话系统	有		连接到电信线路
接触和跨步电压造成的损失率	有	L_t	10^{-5}
物理损害造成的损失率	有	L_f	10^{-3}
该区中有潜在危险的人员数	—	—	20

表 12 Z_4 区的特性

参 数	说明	符号	数值
地板类型	油毡	r_u	10^{-5}
火灾危险	低	r_f	10^{-3}
特殊危险	低度惊慌	h_z	2
防火措施	无	r_p	1
空间屏蔽	无	K_{S2}	1
内部电源系统	有		连接到低压电力线路
内部电话系统	有		连接到电信线路
接触和跨步电压造成的损失率	有	L_t	8×10^{-5}
物理损害造成的损失率	有	L_f	8×10^{-3}
该区中有潜在危险的人员数	—	—	160

表 13 Z_5 区的特性

参 数	说明	符号	数值
地板类型	油毡	r_u	10^{-5}
火灾危险	低	r_f	10^{-3}
特殊危险	低度惊慌	h_z	2
防火措施	无	r_p	1
空间屏蔽	无	K_{S2}	1
内部电源系统	有		连接到低压电力线路
内部电话系统	有		连接到电信线路
接触和跨步电压造成的损失率	有	L_t	7×10^{-6}
物理损害造成的损失率	有	L_f	7×10^{-4}
该区中有潜在危险的人员数	—	—	14

三、相关量的计算

表14、表15分别给出截收面积以及预期危险事件次数的计算结果。

表 14　建筑物和线路的截收面积

符　　号	数值（m²）
A_d	2.7×10^4
A_l（电力线）	4.5×10^3
A_i（电力线）	2×10^5
A_l（通信线）	1.45×10^4
A_i（通信线）	3.9×10^5

表 15　预期的年平均危险事件次数

符　　号	数值（次/a）
N_D	1.1×10^{-1}
N_L（电力线）	1.81×10^{-2}
N_I（电力线）	8×10^{-1}
N_L（通信线）	5.9×10^{-2}
N_I（通信线）	1.581

四、风险计算

表16中给出了各区风险分量以及风险 R_1 的计算结果。

表 16　各区风险分量值（数值×10⁻⁵）

	Z_1（入口处）	Z_2（花园）	Z_3（档案室）	Z_4（办公室）	Z_5（计算机中心）	合计
R_A	0.002	0				0.002
R_B			2.210	0.177	0.016	2.403
R_U（电力线）			≈0	≈0	≈0	≈0
R_V（电力线）			0.362	0.029	0.002	0.393
R_U（通信线）			≈0	≈0	≈0	≈0
R_V（通信线）			1.180	0.094	0.008	1.282
合计	0.002	0	3.752	0.300	0.026	4.080

五、结论

$R_1 = 4.08 \times 10^{-5}$ 高于容许值 $R_T = 10^{-5}$，需增加防雷措施。

六、保护措施的选择

表17中给出了风险分量的组合（见本规范附录B.4.2）：

表 17　R_1 的各风险分量按不同的方式组合得到的各区风险（数值×10⁻⁵）

	Z_1（入口处）	Z_2（花园）	Z_3（档案室）	Z_4（办公室）	Z_5（计算机中心）	建筑物
R_D	0.002	0	2.210	0.177	0.016	2.405
R_I	0		1.542	0.123	0.010	1.673
合计	0.002		3.752	0.300	0.026	4.080
R_S	0.002		≈0	≈0	≈0	0.002
R_F	0		3.752	0.300	0.026	4.312
R_O	0		0	0	≈0	0
合计	0.002		3.752	0.300	0.026	4.080

其中：

$R_D = R_A + R_B + R_C$；

$R_I = R_M + R_U + R_V + R_W + R_Z$；

$R_S = R_A + R_U$；

$R_F = R_B + R_V$；

$R_O = R_M + R_C + R_W + R_Z$。

由表17可看出建筑物的风险主要是损害成因 S1 及 S3 在 Z_3 区中由物理损害产生的风险，占总风险的92%。

根据表16，Z_3 中对风险 R_1 起主要作用的风险分量有：

——分量 R_B 占54%；

——分量 R_V（电力线）约占9%；

——分量 R_V（通信线）约占29%。

为了把风险降低到容许值以下，可以采取以下保护措施：

1　安装符合《雷电防护　第3部分：建筑物的物理损坏和生命危险》GB/T 21714.3‑2008要求的减小物理损害的Ⅳ类LPS，以减少分量 R_B；在入户线路上安装LPL为Ⅳ级的SPD。前述LPS无格栅形空间屏蔽特性。表6～表8中的参数将有以下变化：

$P_B = 0.2$；

$P_U = P_V = 0.03$（由于在入户线路上安装了SPD）。

2　在档案室（Z_3 区）中安装自动灭火（或监测）系统以减少该区的风险 R_B 和 R_V，并在电力和电话线路入户处安装LPL为Ⅳ级的SPD。表7、表8和表11中的参数将有以下变化：

Z_3 区的 r_p 变为 $r_p = 0.2$；

$P_U = P_V = 0.03$（由于在入户线路上安装了SPD）。

采用上述措施后各区的风险值见表18。

表 18　两种防护方案得出的 R_1 值（数值 $\times 10^{-5}$）

	Z_1	Z_2	Z_3	Z_4	Z_5	合计
方案 1	0.002	0	0.488	0.039	0.003	0.532
方案 2	0.002	0	0.451	0.180	0.016	0.649

　　两种方案都把风险降低到了容许值之下，考虑技术可行性与经济合理性后选择最佳解决方案。

5　防 雷 设 计

5.1　一 般 规 定

5.1.2　建筑物上装设的外部防雷装置，能将雷击电流安全泄放入地，保护了建筑物不被雷电直接击坏。但不能保护建筑物内的电气、电子信息系统设备被雷电冲击过电压、雷电感应产生的瞬态过电压击坏。为了避免电子信息设备之间及设备内部出现危险的电位差，采用等电位连接降低其电位差是十分有效的防范措施。接地是分流和泄放直接雷击电流和雷电电磁脉冲能量最有效的手段之一。

　　为了确保电子信息系统的正常工作及工作人员的人身安全、抑制电磁干扰，建筑物内电子信息系统必须采取等电位连接与接地保护措施。

5.1.3　雷电电磁脉冲（LEMP）会危及电气和电子信息系统，因此应采取 LEMP 防护措施以避免建筑物内部的电气和电子信息系统失效。

　　工程设计时应按照需要保护的设备数量、类型、重要性、耐冲击过电压水平及所处雷电环境等情况，选择最适当的 LEMP 防护措施。例如在防雷区（LPZ）边界采用空间屏蔽、内部线缆屏蔽和设置能量协调配合的浪涌保护器等措施，使内部系统设备得到良好防护，并要考虑技术条件和经济因素。LEMP 防护措施系统（LPMS）的示例见图 4。

　　2 款：雷电流及相关的磁场是电子信息系统的主要危害源。就防护而言，雷电电场影响通常较小，所以雷电防护应主要考虑对雷击电流产生的磁场进行屏蔽。

5.1.4、5.1.5　新建、扩建、改建工程应收集相关资料和数据，为防雷工程设计提供现场依据，而且这些资料和数据也是雷击风险评估计算所必需的原始材料。被保护设备的性能参数包括设备工作频率、功率、工作电平、传输速率、特性阻抗、传输介质及接口形式等；电子信息系统的网络结构指电子信息系统各设备之间的电气连接关系等；线路进入建筑物的方式指架空或埋地，屏蔽或非屏蔽；接地装置状况指接地装置位置、接地电阻值等。

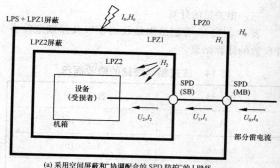

(a) 采用空间屏蔽和"协调配合的 SPD 防护"的 LPMS
——对于传导浪涌（$U_2 \ll U_0$ 和 $I_2 < I_0$）和辐射磁场（$H_2 < H_0$），设备得到良好的防护

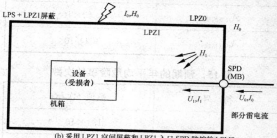

(b) 采用 LPZ1 空间屏蔽和 LPZ1 入口 SPD 防护的 LPMS
——对于传导浪涌（$U_1 < U_0$ 和 $I_1 < I_0$）和辐射磁场（$H_1 < H_0$），设备得到防护

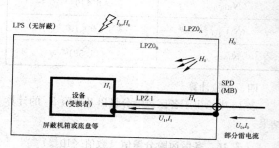

(c) 采用内部线路屏蔽和 LPZ1 入口 SPD 防护的 LPMS
——对于传导浪涌（$U_1 < U_0$ 和 $I_1 < I_0$）和辐射磁场（$H_1 < H_0$）设备得到防护

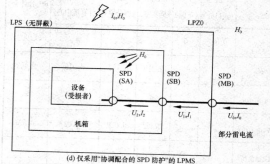

(d) 仅采用"协调配合的 SPD 防护"的 LPMS
——对于传导浪涌（$U_2 \ll U_0$ 和 $I_1 < I_0$），设备得到防护；但对于辐射磁场（H_0）却无防护作用

图 4　LEMP 防护措施系统（LPMS）示例
MB 主配电盘；SB 次配电盘；SA 靠近设备处电源插孔；
——屏蔽界面；——非屏蔽界面
注：SPD 可以位于下列位置：LPZ1 边界上（例如主配电盘 MB）；LPZ2 边界上（例如次配电盘 SB）；或者靠近设备处（例如电源插孔 SA）。

5.2　等电位连接与共用接地系统设计

5.2.1　电气和电子设备的金属外壳、机柜、机架、属管（槽）、屏蔽线缆外层、信息设备防静电接地、安全保护接地及浪涌保护器接地端等均应以最短的距离与局部等电位连接网络连接。

1 S型结构一般宜用于电子信息设备相对较少（面积100m² 以下）的机房或局部的系统中，如消防、建筑设备监控系统、扩声等系统。当采用S型结构局部等电位连接网络时，电子信息设备所有的金属导体，如机柜、机箱和机架应与共用接地系统独立，仅通过作为接地参考点（EPR）的唯一等电位连接母排与共用接地系统连接，形成Ss型单点等电位连接的星形结构。采用星形结构时，单个设备的所有连线应与等电位连接导体平行，避免形成感应回路。

2 采用M型网格形结构时，机房内电气、电子信息设备等所有的金属导体，如机柜、机箱和机架不应与接地系统独立，应通过多个等电位连接点与接地系统连接，形成Mm型网状等电位连接的网格形结构。当电子信息系统分布于较大区域，设备之间有许多线路，并且通过多点进入该系统内时，适合采用网格形结构，网格大小宜为0.6m～3m。

3 在一个复杂系统中，可以结合两种结构（星形和网格形）的优点，如图5所示，构成组合1型（Ss 结合 Mm）和组合2型（Ms 结合 Mm）。

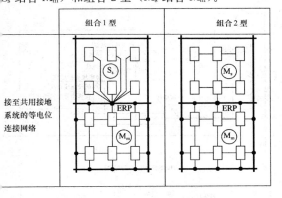

图5 电子信息系统等电位连接方法的组合

—— 共用接地系统；　　　 ERP—接地参考点；

—— 等电位连接导体；　　 Ss—单点等电位连接的星形结构；

▭ —设备；　　　　　　　 Mm—网状等电位连接的网格形结构；

● 等电位连接网络的连接点；　　Ms—单点等电位连接的网格形结构。

4 电子信息系统设备信号接地即功能性接地，所以机房内S型和M型结构形式的等电位连接也是功能性等电位连接。对功能性等电位连接的要求取决于电子信息系统的频率范围、电磁环境以及设备的抗干扰/频率特性。

根据工程中的做法：

1）S型星形等电位连接结构适用于1MHz以下低频率电子信息系统的功能性接地。

2）M型网格形等电位连接结构适用于频率达1MHz以上电子信息系统的功能性接地。每台电子信息设备宜用两根不同长度的连接导体与等电位连接网格连接，两根不同长度的连接导体应避开或远离干扰频率的1/4波长或奇数倍，同时要为高频干扰信号提供一个低阻抗的泄放通道。否则，连接导体的阻抗增大或为无穷大，不能起到等电位连接与接地的作用。

5.2.2 各接地端子板应设置在便于安装和检查的位置，不得设置在潮湿或有腐蚀性气体及易受机械损伤的地方。等电位接地端子板的连接点应满足机械强度和电气连续性的要求。

表5.2.2-1是各类等电位接地端子板之间的连接导体的最小截面积：垂直接地干线采用多股铜芯导线或铜带，最小截面积50mm²；楼层等电位连接端子板与机房局部等电位连接端子板之间的连接导体，材料为多股铜芯导线或铜带，最小截面积25mm²；机房局部等电位连接端子板之间的连接导体材料用多股铜芯导线，最小截面积16mm²；机房内设备与等电位连接网格或母排的连接导体用多股铜芯导线，最小截面积6mm²；机房内等电位连接网格材料用铜箔或多股铜芯导体，最小截面积25mm²。这些是根据《雷电防护　第4部分：建筑物内电气和电子系统》GB/T 21714.4-2008和我国工程实践及工程安装图集综合编制的。

表5.2.2-2各类等电位接地端子板最小截面积是根据我国工程实践中总结得来的。表中为最小截面积要求，实际截面积应按工程具体情况确定。

垂直接地干线的最小截面是根据《建筑物电气装置　第5部分：电气设备的选择和安装　第548节：信息技术装置的接地配置和等电位联结》GB/T 16895.17-2002（idt IEC 60364-5-548：1996）第548.7.1条"接地干线"的要求规定的。

5.2.3 在内部安装有电气和电子信息系统的每栋钢筋混凝土结构建筑物中，应利用建筑物的基础钢筋网作为共用接地装置。利用建筑物内部及建筑物上的金属部件，如混凝土中钢筋、金属框架、电梯导轨、金属屋顶、金属墙面、门窗的金属框架、金属地板框架、金属管道和线槽等进行多重相互连接组成三维的网格状低阻抗等电位连接网络，与接地装置构成一个共用接地系统。图5.2.3中所示等电位连接，既有建筑物金属构件，又有实现连接的连接件。其中部分连接会将雷电流分流、传导并泄放到大地。

内部电气和电子信息系统的等电位连接应按5.2.2条规定设置总等电位接地端子板（排）与接地装置相连。每个楼层设置楼层等电位连接端子板就近与楼层预留的接地端子相连。电子信息设备机房设置的 S 型或 M 型局部等电位连接网络直接与机房内墙结构柱主钢筋预留的接地端子相连。

这就需要在新建筑物的初始设计阶段，由业主、建筑结构专业、电气专业、施工方、监理等协商确定后实施才能符合此条件。

5.2.4 根据 GB/T 16895.17－2002（idt IEC 60364－5－548：1996）"第 548 节：信息技术装置的接地配置和等电位联接"的意见，对于某些特殊而又重要的电子信息系统的接地设置和等电位连接，可以设置专用的垂直接地干线以减少干扰。垂直干线由建筑物的总等电位接地端子板引出，参考图 6、图 7。干线最小截面积为 50mm² 的铜导体，在频率为 50Hz 或 60Hz 时，是材料成本与阻抗之间的最佳折中方案。如果频率较高及高层建筑物时，干线的截面积还要相应加大。

信息化时代的今天，声音、图像、数据为一体的网络信息应用日益广泛。各地都在建造新的广播电视大楼，其声音、图像系统的电子设备系微电流接地系统，应设置专用的工艺垂直接地干线以满足其要求，参考图 6。

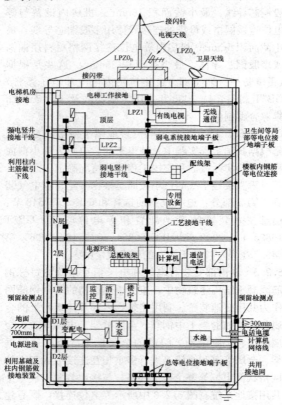

图 6 建筑物等电位连接及共用接地系统示意图

▱—配电箱；■—楼层等电位接地端子板；
PE—保护接地线；MEB—总等电位接地端子板

5.2.5 防雷接地：指建筑物防直击雷系统接闪装置引下线的接地（装置）；内部系统的电源线路、信号线路（包括天馈线路）SPD 接地。

交流工作接地：指供电系统中电力变压器低压侧三相绕组中性点的接地。

直流工作接地：指电子信息设备信号接地、逻辑接地，又称功能性接地。

安全保护接地：指配电线路防电击（PE 线）接地、电气和电子设备金属外壳接地、屏蔽接地、防静电接地等。

这些接地在一栋建筑物中应共用一组接地装置，在钢筋混凝土结构的建筑物中通常是采用基础钢筋网（自然接地极）作为共用接地装置。

GB/T 21714－2008 第 3 部分中规定："将雷电流（高频特性）分散入地时，为使任何潜在的过电压降到最小，接地装置的形状和尺寸很重要。一般来说，建议采用较小的接地电阻（如果可能，低频测量时小于 10Ω）。"

我国电力部门 DL/T 621 规定："低压系统由单独的低压电源供电时，其电源接地点接地装置的接地电阻不宜超过 4Ω。"

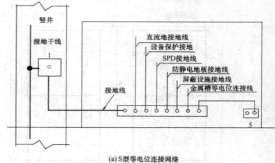

(a) S 型等电位连接网络

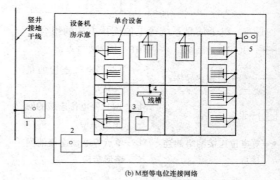

(b) M 型等电位连接网络

图 7 电子信息设备机房等电位连接网络示意图

1—竖井内楼层等电位接地端子板；2—设备机房内等电位接地端子板；3—防静电地板接地线；4—金属线槽等电位连接线；5—建筑物金属构件

对于电子信息系统直流工作接地（信号接地或功能性接地）的电阻值，从我国各行业的实际情况来看，电子信息设备的种类很多，用途各不相同，它们对接地装置的电阻值要求不相同。

因此，当建筑物电子信息系统防雷接地与交流工作接地、直流工作接地、安全保护接地共用一组接地装置时，接地装置的接地电阻值必须按接入设备中要求的最小值确定，以确保人身安全和电气、电子信息设备正常工作。

5.2.6 接地装置

1 当基础采用硅酸盐水泥和周围土壤的含水量不低于4%，基础外表面无防水层时，应优先利用基础内的钢筋作为接地装置。但如果基础被塑料、橡胶、油毡等防水材料包裹或涂有沥青质的防水层时，不宜利用基础内的钢筋作为接地装置。

2 当有防水油毡、防水橡胶或防水沥青层的情况下，宜在建筑物外面四周敷设闭合状的人工水平接地体。该接地体可埋设在建筑物散水坡及灰土基础外约1m处的基础槽边。人工水平接地体应与建筑物基础内的钢筋多处相连接。

3 在设有多种电子信息系统的建筑物内，增加人工接地体应采用环形接地极比较理想。建筑物周围或者在建筑物地基周围混凝土中的环形接地极，应与建筑物下方和周围的网格形接地网相连接，网格的典型宽度为5m。这将大大改善接地装置的性能。如果建筑物地下室/地面中的钢筋混凝土构成了相互连接的网格，也应每隔5m和接地装置相连接。

4 当建筑物基础接地体的接地电阻值满足接地要求时，不需另设人工接地体。

5.2.7 机房设备接地引入线不能从接闪带、铁塔脚和防雷装置引下线上直接引入。直接引入将导致雷电流进入室内电子设备，造成严重损害。

5.2.8 进入建筑物的金属管线，例如金属管、电力线、信号线，宜就近连接到等电位连接端子板上，端子板应与基础中钢筋及外部环形接地或内部等电位连接带相互连接（图8、图9），并与总等电位接地端子板连接。电力线应在LPZ1入口处设置适配的SPD，使带电导体实现入口处的等电位连接。

5.2.9 将相邻建筑物接地装置相互连通是为了减小各建筑物内部系统间的电位差。采用两根水平接地体是考虑到一根导体发生断裂时，另一根还可以起到连接作用。如果相邻建筑物间的线缆敷设在密封金属管道内，也可利用金属管道互连。使用屏蔽电缆屏蔽层互联时，屏蔽层截面积应足够大。

5.2.10 新建的建筑物中含有大量电气、电子信息设备时，在设计和施工阶段，应考虑在施工时按现行国家有关标准的规定将混凝土中的主钢筋、框架及其他金属部件在外部及内部实现良好电气连通，以确保金属部件的电气连续性。满足此条件时，应在各楼层及机房内墙结构柱主钢筋上引出和预留数个等电位连接的接地端子，可为建筑物内的电源系统、电子信息系

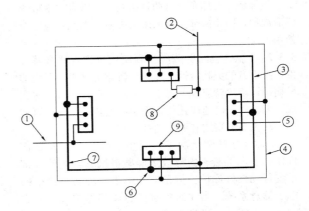

图8 外部管线多点进入建筑物时端子板
利用环形接地极互连示意图

①—外部导电部分，例如：金属水管；②—电源线或通信线；③—外墙或地基内的钢筋；④—环形接地极；⑤—连接至接地极；⑥—专用连接接头；⑦—钢筋混凝土墙；⑧—SPD；⑨—等电位接地端子板
注：地基中的钢筋可以用作自然接地极

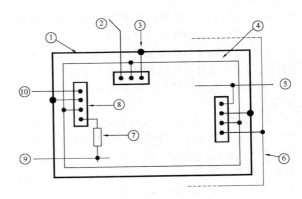

图9 外部管线多点进入建筑物时端子
板利用内部导体互连示意图

①—外墙或地基内的钢筋；②—连接至其他接地极；③—连接接头；④—内部环形导体；⑤—至外部导体部件，例如：水管；⑥—环形接地极；⑦—SPD；⑧—等电位接地端子板；⑨—电力线或通信线；⑩—至附加接地装置

统提供等电位连接点，以实现内部系统的等电位连接，既方便又可靠，几乎不付出额外投资即可实现。

5.3 屏蔽及布线

5.3.1 磁场屏蔽能够减小电磁场及内部系统感应浪涌的幅值。磁场屏蔽有空间屏蔽、设备屏蔽和线缆屏蔽。空间屏蔽有建筑物外部钢结构墙体的初级屏蔽和机房的屏蔽［见本条文说明图4（a）所示］。

内部线缆屏蔽和合理布线（使感应回路面积为最小）可以减小内部系统感应浪涌的幅值。

磁屏蔽、合理布线这两种措施都可以有效地减小感应浪涌，防止内部系统的永久失效。因此，应综合使用。

5.3.2 1款：空间屏蔽应当利用建筑物自然金属部件本身固有的屏蔽特性。在一个新建筑物或新系统的早期设计阶段就应该考虑空间屏蔽，在施工时一次完成。因为对于已建成建筑物来说，重新进行屏蔽可能会出现更高的费用和更多的技术难度。

2款：在通常情况下，利用建筑物自然金属部件作为空间屏蔽、内部线缆屏蔽等措施，能使内部系统得到良好保护。但是对于电磁环境要求严格的电子信息系统，当建筑物自然金属部件构成的大空间屏蔽不能满足机房设备电磁环境要求时，应采用导磁率较高的细密金属网格或金属板对机房实施雷电磁场屏蔽来保护电子信息系统。机房的门应采用无窗密闭铁门或采取屏蔽措施的有窗铁门并接地，机房窗户的开孔应采用金属网格屏蔽。金属屏蔽网、金属屏蔽板应就近与建筑物等电位连接网络连接。机房屏蔽不能满足个别重要设备屏蔽要求时，可利用封闭的金属网、箱或金属板、箱对被保护设备实行屏蔽。

3款：电子信息系统设备主机房选择在建筑物低层中心部位及设备安置在序数较高的雷电防护区内，因为这些地方雷电电磁环境较好。电子信息系统设备与屏蔽层及结构柱保持一定安全距离是因为部分雷电流会流经屏蔽层，靠近屏蔽层处的磁场强度较高。

4款：电子信息系统设备与屏蔽体的安全距离可按本规范附录 D 规定的计算方法确定。安全距离的计算方法依据《雷电防护　第 4 部分：建筑物内电气和电子系统》GB/T 21714.4 - 2008（IEC 62305 - 4：2006 IDT）。IEC 62305-4 第二版修订草案（FDIS 版）附录 A 中安全距离 $d_{s/1}$ 的计算方法修改为：当 $SF \geqslant 10$ 时，$d_{s/1} = w^{SF/10}$；当 $SF < 10$ 时，$d_{s/1} = w$。安全距离 $d_{s/2}$ 的计算方法修改为：当 $SF \geqslant 10$ 时，$d_{s/2} = w \cdot SF/10$；当 $SF < 10$ 时，$d_{s/2} = w$。鉴于 IEC 62305-4 第二版在本规范修订完成时尚未成为正式标准，本规范仍采用已等同采纳为国标的 IEC 62305 - 4：2006 中的有关计算方法。

5.3.3 2款：公式 5.3.3 中 l 表示埋地引入线缆计算时的等效长度，单位为 m，其数值等于或大于 $2\sqrt{\rho}$，ρ 为土壤电阻率。

3款：在分开的建筑物间可以用 SPD 将两个 LPZ1 防护区互连〔图 10（a）〕，也可用屏蔽电缆或屏蔽电缆导管将两个 LPZ1 防护区互连〔图 10（b）〕。

5.3.4 表 5.3.4 - 1 电子信息系统线缆与其他管线的间距和表 5.3.4 - 2 电子信息系统信号电缆与电力电缆的间距引自《综合布线系统工程设计规范》GB 50311 - 2007。

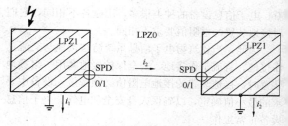

(a) 在分开建筑物间用SPD将两个LPZ1互连

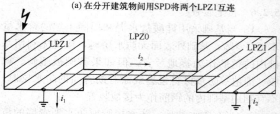

(b) 在分开建筑物间用屏蔽电缆或屏蔽电缆管道将两个LPZ1互连

图 10　两个 LPZ1 的互联

注：1　i_1、i_2 为部分雷电流。

2　图（a）表示两个 LPZ1 用电力线或信号线连接。应特别注意两个 LPZ1 分别代表有独立接地系统的相距数十米或数百米的建筑物的情况。这种情况，大部分雷电流会沿着连接线流动，在进入每个 LPZ1 时需要安装 SPD。

3　图（b）表示该问题可以利用屏蔽电缆或屏蔽电缆管道连接两个 LPZ1 来解决，前提是屏蔽层可以携带部分雷电流。若沿屏蔽层的电压降不太大，可以免装 SPD。

5.4　浪涌保护器的选择

5.4.2　根据《低压电气装置　第 4 - 44 部分：安全防护　电压骚扰和电磁骚扰防护》GB/T 16895.10 - 2010/IEC 60364 - 4 - 44：2007 第 444.4.3.1 条"装有或可能装有大量信息技术设备的现有的建筑物内，建议不宜采用 TN - C 系统。装有或可能装有大量信息技术设备的新建的建筑物内不应采用 TN - C 系统。"第 444.4.3.2 条"由公共低压电网供电且装有或可能装有大量信息技术设备的现有建筑物内，在装置的电源进线点之后宜采用TN-S系统。在新建的建筑物内，在装置的电源进线点之后应采用 TN - S 系统。"

在 TN - S 系统中中性线电流仅在专用的中性导体（N）中流动，而在 TN - C 系统中，中性线电流将通过信号电缆中的屏蔽或参考地导体、外露可导电部分和装置外可导电部分（例如建筑物的金属构件）流动。

对于敏感电子信息系统的每栋建筑物，因 TN - C 系统在全系统内 N 线和 PE 线是合一的，存在不安全因素，一般不宜采用。当 220/380V 低压交流电源为 TN - C 系统时，应在入户总配电箱处将 N 线重接地一次，在总配电箱之后采用 TN - S 系统，N 线不能再次接地，以避免工频 50Hz 基波及其谐波的干扰。设置有 UPS 电源时，在负荷侧起点将中性点或中性线做一次接地，其后就不能接地了。

5.4.3 电源线路 SPD 的选择应符合下列规定：

1 款：表 5.4.3-1 是根据《低压电气装置 第 4-44 部分：安全防护 电压骚扰和电磁骚扰防护》GB/T 16895.10-2010/IEC 60364-4-44：2007 第 443.4 节表 44.B 编制的。

2 款：表 5.4.3-2 参考《建筑物电气装置 第 5-53 部分：电气设备的选择和安装 隔离、开关和控制设备 第 534 节：过电压保护电器》GB 16895.22-2004（idt IEC 60364-5-53：2001 A1：2002）表 53C。表中系数增加 0.05 是考虑到浪涌保护器的老化，并与其他标准协调统一。

3、4 款：图 5.4.3-1 为 TN-S 系统配电线路浪涌保护器分级设置位置与接地的示意图，SPD 的选择与安装由工程具体要求确定。当总配电箱靠近电源变压器时，该处 N 对 PE 的 SPD 可不设置。

SPD 的选择和安装是个比较复杂的问题。它与当地雷害程度、雷击点的远近、低压和高压（中压）电源线路的接地系统类型、电源变电所的接地方式、线缆的屏蔽和长度情况等都有关联。

在可能出现雷电冲击过电压的建筑物电气系统内，在 LPZ0$_A$ 或 LPZ0$_B$ 与 LPZ1 区交界处，其电源线路进线的总配电箱内应设置第一级 SPD。用于泄放雷电电流并将雷电冲击过电压降低，其电压保护水平 U_p 应不大于 2.5kV。如果建筑物装有防直击雷装置而易遭受直接雷击，或近旁具有易落雷的条件，此级 SPD 应是通过 $10/350\mu s$ 波形的最大冲击电流 I_{imp}（I 类）试验的 SPD。根据我国有些工程多年来在设计中选择和安装了 II 类试验的 SPD 也能提供较好保护的实际情况，本规范作出了选择性的规定：也可选择 II 类试验的 SPD 作第一级保护。SPD 应能承受在总配电箱位置上可能出现的放电电流。因此，应按本条第 5 款的公式（5.4.3-1）或公式（5.4.3-2）估算确定，当无法计算确定时，可按本条第 7 款表 5.4.3-3 冲击电流推荐值选择。如果这一级 SPD 未能将电压保护水平 U_p 限制在 2.5kV 以下，则需在下级分配电箱处设置第二级 SPD 来进一步降低冲击电压。此级 SPD 应为通过 $8/20\mu s$ 波形标称放电电流 I_n（II 类）试验的 SPD，并能将电压保护水平 U_p 限制在约 2kV。在电子信息系统设备机房配电箱内或在其电源插座内设置第三级 SPD。这级 SPD 应为通过 $8/20\mu s$ 波形标称放电电流 I_n 试验或复合波 III 类试验的 SPD。它的保护水平 U_p 应低于电子信息设备能承受的冲击电压的水平，或不大于 1.2kV。

在建筑物电源进线入口的总配电箱内必须设置第一级 SPD。如果保护水平 U_p 不大于 2.5kV，其后线缆采取了良好的屏蔽措施，这种情况，可只需在电子信息设备机房配电箱内设置第二级 SPD。

通常是在电源线路进入建筑物的入口（LPZ1 边界）总配电箱内安装 SPD1；要确定内部被保护系统的冲击耐受电压 U_w，选择 SPD1 的保护水平 U_{p1}，使有效保护水平 $U_{p/f} \leqslant U_w$，根据本条 9 款规定检查或估算振荡保护距离 $L_{p0/1}$ 和感应保护距离 $L_{pi/1}$。若满足 $U_{p/f} \leqslant U_w$，而且 SPD1 与被保护设备间线路长度小于 $L_{p0/1}$ 和 $L_{pi/1}$，则 SPD1 有效地保护了设备。否则，应设置 SPD2。在靠近被保护设备（LPZ2 边界）的分配电箱内设置 SPD2；选择 SPD2 的保护水平 U_{p2}，使有效保护水平 $U_{p/f} \leqslant U_w$，检查或估算振荡保护距离 $L_{p0/2}$ 和感应保护距离 $L_{pi/2}$。若满足有效保护水平 $U_{p/f} \leqslant U_w$，而且 SPD2 与被保护设备间线路长度小于 $L_{p0/2}$ 和 $L_{pi/2}$，则 SPD2 有效地保护了设备。否则，应在靠近被保护设备处（机房配电箱内或插座）设置 SPD3。该 SPD 应与 SPD1 和 SPD2 能量协调配合。

5 款：公式（5.4.3-1）与公式（5.4.3-2）是根据 GB/T 21714.1-2008 附录 E 中（E.4）、（E.5）、（E.6）三个公式编写的。当无法确定时应取 I_{imp} 等于或大于 12.5kA 是根据 GB 16895.22-2004 的规定。

6 款：对于开关型 SPD1 至限压型 SPD2 之间的线距应大于 10m 和 SPD2 至限压型 SPD3 之间的线距应大于 5m 的规定，其目的主要是在电源线路中安装了多级电源 SPD，由于各级 SPD 的标称导通电压和标称导通电流不同、安装方式及接线长短的差异，在设计和安装时如果能量配合不当，将会出现某级 SPD 不动作的盲点问题。为了保证雷电高电压脉冲沿电源线路侵入时，各级 SPD 都能分级启动泄流，避免多级 SPD 间出现盲点，两级 SPD 间必有一定的线距长度（即一定的感抗或加装退耦元件）来满足避免盲点的要求。同时规定，末级电源 SPD 的保护水平必须低于被保护设备对浪涌电压的耐受能力。各级电源 SPD 能量配合最终目的是，将威胁设备安全的电压电流浪涌值减低到被保护设备能耐受的安全范围内，而各级电源 SPD 泄放的浪涌电流不超过自身的标称放电电流。

7 款：按本规范第 4.2 节或第 4.3 节确定电源线路雷电浪涌防护等级时，用于建筑物入口处（总配电箱点）的浪涌保护器的冲击电流 I_{imp}，按本条第 5 款公式（5.4.3-1）或公式（5.4.3-2）估算确定。当无法确定时根据 GB 16895.22-2004 的规定 I_{imp} 值应大于或等于 12.5kA。所以表 5.4.3-3 中在 LPZ0 与 LPZ1 边界的总配电箱处，C、D 等级的 I_{imp} 参数推荐值为 12.5kA。12.5kA 这个 I_{imp} 值是 IEC 标准推荐的最小值，本规范考虑到我国幅员辽阔，夏天的雷击灾害多，在雷电防护等级较高的电子信息系统设置的电源线路浪涌保护器能承受的冲击电流 I_{imp} 应适当有所提高，所以 A 级的 I_{imp} 参数推荐值为 20kA；B 级 I_{imp} 推荐值为 15kA。

鉴于我国有些工程中，在建筑物入口处的总配电箱处选用安装Ⅱ类试验（波形 $8/20\mu s$）的限压型浪涌保护器。所以本规范推荐在 LPZ0 与 LPZ1 边界的总配电箱也可选用经Ⅱ类试验（波形 $8/20\mu s$）的浪涌保护器：A 级 $I_n \geq 80kA$、B 级 $I_n \geq 60kA$、C 级 $I_n \geq 50kA$、D 级 $I_n \geq 50kA$。这些推荐值是征求国内各方面意见得来的。

为了提高电子信息系统的电源线路浪涌保护可靠性，应保证局部雷电流大部分在 LPZ0 与 LPZ1 的交界处转移到接地装置。同时限制各种途径入侵的雷电浪涌，限制沿进线侵入的雷电波、地电位反击、雷电感应。建筑物中的浪涌保护通常是多级配置，以防雷区为层次，每级 SPD 的通流容量足以承受在其位置上的雷电浪涌电流，且对雷电能量逐级减弱；SPD 电压保护水平也要逐级降低，最终使过电压限制在设备耐冲击电压额定值以下。

表 5.4.3-3 中分配电箱、设备机房配电箱处及电子信息系统设备电源端口的浪涌保护器的推荐值是根据电源系统多级 SPD 的能量协调配合原则和多年来工程的实践总结确定的。

8 款：雷电电磁脉冲（LEMP）是敏感电子设备遭受雷害的主要原因。LEMP 通过传导、感应、辐射等方式从不同的渠道入侵建筑物的内部，致使电子设备受损。其中，电源线是 LEMP 入侵最主要的渠道之一。安装电源 SPD 是防御 LEMP 从配电线这条渠道入侵的重要措施。正确安装的 SPD 能把雷电电磁脉冲拒于建筑物或设备之外，使电子设备免受其害。不正确安装的 SPD 不仅不能防御入侵的 LEMP，连 SPD 自身也难免受损。

其实，SPD 作用只有两个：（1）泄流。把入侵的雷电流分流入地，让雷电的大部分能量泄入大地，使 LEMP 无法达到或仅极少部分到达电子设备；（2）限压。在雷电过电压通过电源线入户时，在 SPD 两端保持一定的电压（残压），而这个限压又是电子设备所能接受的。这两个功能是同时获得的，即在分流过程中达到限压，使电子设备受到保护。

目前，防雷工程中电源 SPD 的设计和施工不规范的主要问题有两个：一是 SPD 接线过长，国内外防雷标准凡涉及电源浪涌保护器（SPD）的安装时都强调接线要短直，其总长度不超过 0.5m，但大多情况接线长度都超过 1m，甚至有长达（4～5）m 的；二是多级 SPD 安装时的能量配合不当。对这两个问题的忽视导致有些建筑物内部虽安装了 SPD 仍出现其内的电子设备遭雷击损坏的现象。

图 5.4.3-2：当 SPD 与被保护设备连接时，最终有效保护水平 $U_{p/f}$ 应考虑连接导线的感应电压降 ΔU。SPD 最终的有效电压保护水平 $U_{p/f}$ 为：

$$U_{p/f} = U_p + \Delta U \tag{11}$$

式中：ΔU——SPD 两端连接导线的感应电压降。

$$\Delta U = \Delta U_{L1} + \Delta U_{L2} = L\frac{di}{dt} \tag{12}$$

式中：L——为两段导线的电感量（μH）；

$\dfrac{di}{dt}$——为流入 SPD 雷电流陡度。

当 SPD 流过部分雷电流时，可假定 $\Delta U = 1kV/m$，或者考虑 20% 的裕量。

当 SPD 仅流过感应电流时，则 ΔU 可以忽略。

也可改进 SPD 的电路连接，采用凯文接线法见图 11：

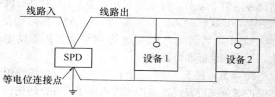

图 11 凯文接线法

9 款：SPD 在工作时，SPD 安装位置处的线对地电压限制在 U_p。若 SPD 和被保护设备间的线路太长，浪涌的传播将会产生振荡现象，设备端产生的振荡电压值会增至 $2U_p$，即使选择了 $U_p \leq U_w$，振荡仍能引起被保护设备失效。

保护距离 L_{po} 是 SPD 和设备间线路的最大长度，在此限度内，SPD 有效保护了设备。若线路长度小于 10m 或者 $U_{p/f} < U_w/2$ 时，保护距离可以不考虑。若线路长度大于 10m 且 $U_{p/f} > U_w/2$ 时，保护距离可以由公式估算：

$$L_{po} = (U_w - U_{p/f})/k \quad (m) \tag{13}$$

式中：$k = 25(V/m)$。

公式引自《雷电防护 第 4 部分：建筑物内电气和电子系统》GB/T 21714.4-2008（IEC 62305-4：2006，IDT）第 D.2.3 条。

当建筑物或附近建筑物地面遭受雷击时，会在 SPD 与被保护设备构成的回路内感应出过电压，它加于 U_p 上降低了 SPD 的保护效果。感应过电压随线路长度、保护地 PE 与相线的距离、电源线与信号线间的回路面积的尺寸增加而增大，随空间屏蔽、线路屏蔽效率的提高而减小。

保护距离 L_{pi} 是 SPD 与被保护设备间最大线路长度，在此距离内，SPD 对被保护设备的保护才是有效的，因此应考虑感应保护距离 L_{pi}。当雷电产生的磁场极强时，应减小 SPD 与设备间的距离。也可采取措施减小磁场强度，如建筑物（LPZ1）或房间（LPZ2 等后续防护区域）采用空间屏蔽，使用屏蔽电缆或电缆管道对线路进行屏蔽等。

当采用了上述屏蔽措施后，可以不考虑感应保护距离 L_{pi}。

当 SPD 与被保护设备间的线路长、线路未屏蔽、回路面积大时，应考虑感应保护距离 L_{pi}，L_{pi} 用下列式估算：

$$L_{pi} = (U_w - U_{p/f})/h \quad (m) \quad (14)$$

中：$h = 30000 \times K_{S1} \times K_{S2} \times K_{S3}(V/m)$。

公式引自《雷电防护 第 4 部分：建筑物内电气
和电子系统》GB/T 21714.4 - 2008（IEC 62305 - 4：
2006 IDT）第 D.2.4 条。

IEC 62305 - 4 第二版修订草案（FDIS 版）附录
D 中不再计算振荡保护距离和感应保护距离，而是对
$U_{p/f}$ 作出以下规定：

1 SPD 和设备间的电路长度可忽略不计时（如
SPD 安装在设备端口），$U_{p/f} \leqslant U_w$。

2 SPD 和设备间的电路长度不大于 10 米时（如
SPD 安装在二级配电箱或插座处），$U_{p/f} \leqslant 0.8U_w$。当
局部系统故障会导致人身伤害或公共服务损失时，应
考虑振荡导致的两倍电压并要求满足 $U_{p/f} \leqslant U_w/2$。

3 SPD 和设备间的电路长度大于 10m 时（如
SPD 安装在建筑物入口处或某些情况下二级配电箱
处）：

$$U_{p/f} \leqslant (U_w - U_i)/2。$$

式中：U_w——被保护设备的绝缘耐冲击电压额定值
（kV）；

U_i——雷击建筑物上或附近时，SPD 与被保
护设备间线路回路的感应过电压
（kV）。

鉴于 IEC 62305 - 4 第二版在本规范修订完成时
尚未成为正式标准，本规范仍采用已等同采纳为国标
的 IEC 62305 - 4：2006 中的有关计算方法。

10 款：在一条线路上，级联选择和安装两个以
上的浪涌保护器（SPD）时，应当达到多级电源 SPD
的能量协调配合。

雷电电磁脉冲（LEMP）和操作过电压会危及敏
感的电子信息系统。除了采取第 5 章其他措施外，为
了避免雷电和操作引起的浪涌通过配电线路损害电子
设备，按 IEC 防雷分区的观点，通常在配电线穿越防
雷区域（LPZ）界面处安装浪涌保护器（SPD）。如果
线路穿越多个防雷区域，宜在每个区域界面处安装一
个电源 SPD（图 12）。这些 SPD 除了注意接线方式
外，还应该对它们进行精心选择并使之能量配合，以
便按照各 SPD 的能量耐受能力分摊雷电流，把雷电
流导入地，使雷电威胁值减少到受保护设备的抗扰强
度之下，达到保护电子系统的效果。这就是多级电源
SPD 的能量配合。

有效的能量配合应考虑各 SPD 的特性、安装地
点的雷电威胁值以及受保护设备的特性。SPD 和设备
的特性可从产品说明书中获得。雷电威胁值主要考虑
直接雷击中的首次短雷击。后续短时雷击陡度虽大，
但其幅值、单位能量和电荷量均较首次短雷击小。而
长雷击只是 SPD I 类测试电流的一个附加负荷因素，

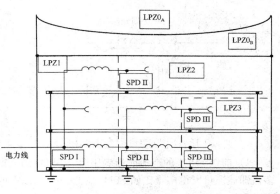

图 12 低压配电线路穿越两个防雷区
域时在边界安装 SPD 示例

SPD—浪涌防护器（例如 II 类测试的 SPD）；

〜〜〜—去耦元件或电缆长度

在 SPD 的能量配合过程中可以不予考虑。因此，只
要 SPD 系统能防御直接雷击中的首次短雷击，其他
形式的雷击将不至于构成威胁。

1 配合的目的

电源 SPD 能量配合的目的是利用 SPD 的泄流和
限压作用，把出现在配电线路上的雷电、操作等浪涌
电流安全地引导入地，使电子信息系统获得保护。只
要对于所有的浪涌过电压和过电流，SPD 保护系统中
任何一个 SPD 所耗散的能量不超出各自的耐受能力，
就实现了能量配合。

2 能量配合的方法

SPD 之间可以采用下列方法之一进行配合：

1）伏安特性配合

这种方法基于 SPD 的静态伏安特性，适用于限
压型 SPD 的配合。该法对电流波形不是特别敏感，
也不需要去耦元件，线路上的分布阻抗本身就有一定
的去耦作用。

2）使用专门的去耦元件配合

为了达到配合的目的，可以使用具有足够的浪涌
耐受能力的集中元件作去耦元件（其中，电阻元件主
要用于信息系统中，而电感元件主要用于电源系统
中）。如果采用电感去耦，电流陡度是决定性的参数。
电感值和电流陡度越大越易实现能量配合。

3）用触发型的 SPD 配合

触发型的 SPD 可以用来实现 SPD 的配合。触发型
SPD 的电子触发电路应当保证被配合的后续 SPD 的能量
耐受能力不会被超出。这个方法也不需要去耦元件。

3 SPD 配合的基本模型和原理

SPD 配合的基本模型见图 13。图中以两级 SPD
为例说明 SPD 配合的原理。配电系统中两级 SPD 的
两种配合方式介绍如下：

● 两个限压型 SPD 的配合；

● 开关型 SPD 和限压型 SPD 的配合。

这两种配合共同的特点是：

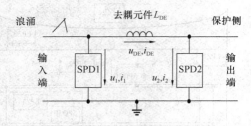

图 13　SPD 能量配合电路模型

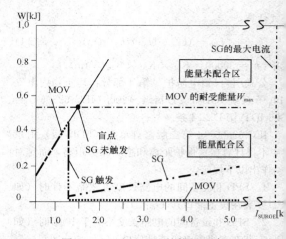

图 14　SG 和 MOV 的能量配合原理

1) 前级 SPD1 的泄流能力应比后级 SPD2 的大得多，即通流量大得多（比如 SPD1 应泄去 80% 以上的雷电流）；

2) 去耦元件可采用集中元件，也可利用两级 SPD 之间连接导线的分布电感（该分布电感的值应足够大）；

3) 最后一级 SPD 的限压应小于被保护设备的耐受电压。

这两种配合不同的特点是：

1) 两个限压型 SPD 的伏安特性都是连续的（例如 MOV 或抑制二极管）。当两个限压型 SPD 标称导通电压（U_n）相同且能量配合正确时，由于线路自身电感或串联去耦元件 L_{DE} 的阻流作用，输入的浪涌上升达到 SPD1 启动电压并使之导通时，SPD2 不可能同时导通。只有当浪涌电压继续上升，流过 SPD1 的电流增大，使 SPD1 的残压上升，SPD2 两端电压随之上升达到 SPD2 的启动电压时，SPD2 才导通。只要通过各 SPD 的浪涌能量都不超过各自的耐受能力，就实现了能量配合。

2) 开关型 SPD1 和限压型 SPD2 配合时，SPD1 的伏安特性不连续（例如火花间隙（SG）、气体放电管（GDT），半导体闸流管、可控硅整流器、三端双向可控硅开关元件等），后续 SPD2 的伏安特性连续。图 14 说明了这两种 SPD 能量配合的基本原则。当浪涌输入时，由于 SPD1（SG）的触发电压较高，SPD2 将首先达到启动电压而导通。随着浪涌电压继续上升，流过 SPD2 的电流增大，使 SPD2 的两端电压 u_2（残压）上升，当 SPD1 的两端电压 u_1（等于 SPD2 两端的残压 u_2 与去耦元件两端动态压降 u_{DE} 之和）超过 SG 的动态火花放电电压 u_{SPARK}，即 $u_1 = u_2 + u_{DE} \geqslant u_{SPARK}$ 时，SG 就会点火导通。只要通过 SPD2 的浪涌电流能量未超出其耐受能力之前 SG 触发导通，就实现了能量配合。否则，没实现能量配合。这一切取决于 MOV 的特性和入侵的浪涌电流的陡度、幅度和去耦元件的大小。此外，这种配合还通过 SPD1 的开关特性，缩短 10/350μs 的初始冲击电流的半值时间，大大减小了后续 SPD 的负荷。值得注意的是，SPD1 点火导通之前，SPD2 将承受全部雷电流。

4　去耦元件的选择

如果电源 SPD 系统采用线路的分布电感进行能量配合，其电感大小与线路布设和长度有关。线路单位长度分布电感可以用下述方法近似估算：两根导线（相线和地线）在同一个电缆中，电感大约为 0.5 至 1μH/m（取决于导线的截面积）；两根分开的导线应当假定单位长度导线有更大的电感值（取决于两导线之间的距离），则去耦电感为单位长度分布电感与长度的积。因此，为了配合，必须有最小线路长度要求。如不满足要求就须加去耦元件（电感或电阻）。

5.4.4　2 款：是根据《低压电涌保护器　第 22 部分：电信和信号网络的电涌保护器（SPD）选择和使用导则》GB/T 18802.22 - 2008（IEC 61643 - 22：2004，IDT)标准的第 7.3.1 条第 1 款编写的，图 5.4.4 是根据 GB/T 18802.22 - 2008 图 3 编写的。

3 款：表 5.4.4 是根据《低压电涌保护器　第 2 部分：电信和信号网络的电涌保护器（SPD）选择和使用导则》GB/T 18802.22 - 2008 标准的第 7.3.1 条第 2 款表 3 编写的。

5.5　电子信息系统的防雷与接地

5.5.1　在总配线架信号线路输入端以及交换机（PABX）的信号线路输出端，分别安装信号线路 SPD。

5.5.2　适配是指安装浪涌保护器的性能参数，例如工作频率、工作电平、传输速率、特性阻抗、传输介质、及接口形式等应符合传输线路的性质和要求。

5.5.3　4 款：监控系统的户外供电线路、视频信号线路、控制信号线路应有金属屏蔽层并穿钢管埋地敷设。因为户外架空线路难以做到防直接雷击和防御空间 LEMP 的侵害，从实际很多工程案例来看，凡是采用架空线路，在雷雨季节都有逃系统受到损害。因此，在初建时应按本款规定采用屏蔽线缆并穿钢管埋地敷设。视频图像信号最好采用光纤线路传回信号，以免摄像机受损，这是防直接雷击和防 LEMP 的最佳方法。

5.5.4　火灾自动报警及消防联动控制系统的信号电缆、电源线、控制线均应在设备侧装设适配的 SPD。

5.5.6 有线电视系统室外的 SPD 应采用截面积不小于 16mm² 的多股铜线接地。信号电缆吊线的钢绞绳分段敷设时，在分段处将前、后段连接起来，接头处应作防腐处理，吊线钢绞绳两端均应接地。

5.5.7 本条第 4、5、6 款参考示意图 15。

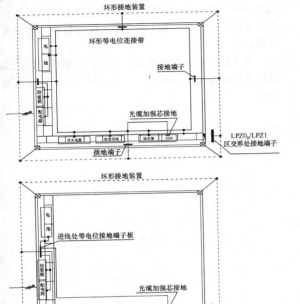

图 15 移动通信基站的接地

6 防雷施工

6.2 接地装置

6.2.4 4 款：扁钢和圆钢与钢管、角钢互相焊接时，除应在接触部位两侧施焊外，还应增加圆钢搭接件；此处增加圆钢搭接件的目的是为了满足搭接头搭接长度的要求，考虑到个别施工现场制作搭接件的难度，圆钢制作更为方便。当然采用扁钢也是可以的。一般搭接件形式为"一"字形或"L"形，"L"形边长以满足要求为准。

6.2.5 考虑到焊接后强度的要求，铜材不适合于锡焊，同时异性材质的连接也不适合电焊等原因，它们的连接应采用放热熔接。除此种方法外也可采用氧焊连接的方法。

6.3 接地线

6.3.1 接地装置应在不同位置至少引出两根连接导体与室内总等电位接地端子板相连接。引出两根的主要目的是对长期使用该接地装置的设备有一个冗余保障。这里的"在不同位置"并不是指要隔开很远的距离，而只是不在同一连接点上连接以避免同时出现故障

的可能性。

6.3.2 本条和第 5.2.2 条对接地连接导体截面积的要求为基本要求。当某工程实际要求更高时，应按实际设计而定。

6.4 等电位接地端子板
（等电位连接带）

6.4.3 砖木结构建筑物，宜在其四周埋设环形接地装置构成共用接地系统，并在机房内设总等电位连接带，等电位连接带采用绝缘铜芯导线穿钢管与环形接地装置连接。因为砖木结构建筑物自然接地装置的接地效果远没有框架结构的接地效果好，所以宜在其四周埋设环形接地装置。

6.5 浪涌保护器

6.5.1 3 款：浪涌保护器的连接导线最小截面积宜符合表 6.5.1 的规定。由于 GB/T 21714.4 - 2008 标准中浪涌保护器的连接导线最小截面积作了调整，为了与国际标准接轨并与国内其他标准协调一致，本次修订也作了相应调整。

国内有些行业标准中规定的浪涌保护器连接导线最小截面积比较大，工程施工中可按行业标准执行。

7 检测与验收

7.1 检 测

7.1.1 《建筑物防雷装置检测技术规范》GB/T 21431 规定，在施工阶段，应对在竣工后无法进行检测的所有防雷装置关键部位进行检测；《雷电防护 第 3 部分：建筑物的物理损坏和生命危险》GB/T 21714.3 - 2008 中规定，在防雷装置的安装过程中，特别是安装隐蔽在建筑内、且以后无法接触的组件时，应完成防雷装置的检查；在验收阶段，应对防雷装置作最后的测量，并编制最终的测试文件。

7.3 竣工验收

7.3.3 防雷施工是按照防雷设计和规范要求进行的，对雷电防护作了周密的考虑和计算，哪怕有一个小部位施工质量不合格，都将会形成隐患，遭受严重损失。因此规定本条作为强制性条款，必须执行。凡是检验不合格项目，应提交施工单位进行整改，直到满足验收要求为止。

8 维护与管理

8.1 维 护

8.1.2 《建筑物防雷装置检测技术规范》GB/T

21431-2008 和《雷电防护　第 3 部分：建筑物的物理损坏和生命危险》GB/T 21714.3-2008 中提出了防雷装置的检查周期，并将防雷装置检查分为外观检查和全面检查两种。规定外观检查每年至少进行一次。同时规定，在多雷区和强雷区，外观检查还要更频繁些。如果客户有维护计划或建筑保险人提出要求时，还可进行全面测试。

　　本规范根据国家有关法规，综合各种因素并结合我国具体情况，规定全面检查周期为一年并宜安排在雷雨季节前实施。

8.1.5　防雷装置在整个使用期限内，应完全保持防雷装置的机械特性和电气特性，使其符合本规范设计要求。

　　防雷装置的部件，一般完全暴露在空气中或深埋在土壤中，由于不同的自然污染或工业污染，诸如潮湿、温度变化、空气中的二氧化硫、溶解的盐分等，金属部件将会很快出现腐蚀和锈蚀，金属部件的截面积不断减小，机械强度不断降低，部件易失去防雷有效性。

　　为了保证人员和设备安全，当金属部件损伤、腐蚀的部位超过原截面积的三分之一时，应及时修复或更换。

中华人民共和国国家标准

屋面工程技术规范

Technical code for roof engineering

GB 50345—2012

主编部门：山 西 省 住 房 和 城 乡 建 设 厅
批准部门：中华人民共和国住房和城乡建设部
施行日期：２０１２年１０月１日

中华人民共和国住房和城乡建设部
公　告

第 1395 号

关于发布国家标准
《屋面工程技术规范》的公告

　　现批准《屋面工程技术规范》为国家标准，编号为 GB 50345 - 2012，自 2012 年 10 月 1 日起实施。其中，第 3.0.5、4.5.1、4.5.5、4.5.6、4.5.7、4.8.1、4.9.1、5.1.6 条为强制性条文，必须严格执行。原国家标准《屋面工程技术规范》GB 50345 - 2004 同时废止。

　　本规范由我部标准定额研究所组织中国建筑工业出版社出版发行。

中华人民共和国住房和城乡建设部

2012 年 5 月 28 日

前　言

　　本规范是根据住房和城乡建设部《关于印发〈2009 年工程建设标准规范制订、修订计划〉的通知》（建标〔2009〕88 号）的要求，由山西建筑工程（集团）总公司和浙江省长城建设集团股份有限公司会同有关单位，共同对《屋面工程技术规范》GB 50345 - 2004 进行修订后编制完成的。

　　本规范共分 5 章和 2 个附录。主要内容包括：总则、术语、基本规定、屋面工程设计、屋面工程施工等。

　　本规范中以黑体标志的条文为强制性条文，必须严格执行。

　　本规范由住房和城乡建设部负责管理和对强制性条文的解释，由山西建筑工程（集团）总公司负责具体技术内容的解释。本规范在执行过程中，请各单位结合工程实践，认真总结经验，注意积累资料，随时将意见和建议反馈给山西建筑工程（集团）总公司（地址：山西省太原市新建路 9 号，邮政编码：030002，邮箱：4085462@sohu.com），以供今后修订时参考。

　　本规范主编单位：山西建筑工程（集团）总公司
　　　　　　　　　　浙江省长城建设集团股份有限公司
　　本规范参编单位：北京市建筑工程研究院
　　　　　　　　　　浙江工业大学
　　　　　　　　　　太原理工大学
　　　　　　　　　　中国建筑科学研究院
　　　　　　　　　　中国建筑材料科学研究总院
　　　　　　　　　　苏州防水研究院
　　　　　　　　　　苏州市新型建筑防水工程有限责任公司
　　　　　　　　　　中国建筑防水协会
　　　　　　　　　　杭州金汤建筑防水有限公司
　　　　　　　　　　中国建筑标准设计研究院
　　　　　　　　　　北京圣洁防水材料有限公司
　　　　　　　　　　上海台安工程实业有限公司
　　　　　　　　　　大连细扬防水工程集团有限公司
　　　　　　　　　　宁波科德建材有限公司
　　　　　　　　　　杜邦中国集团有限公司
　　　　　　　　　　欧文斯科宁（中国）投资有限公司
　　　　　　　　　　宁波山泉建材有限公司
　　本规范参加单位：陶氏化学（中国）投资有限公司
　　　　　　　　　　达福喜建材贸易（上海）有限公司
　　　　　　　　　　中国聚氨酯工业协会异氰酸酯专业委员会
　　本规范主要起草人：郝玉柱　霍瑞琴　闫永茂
　　　　　　　　　　　李宏伟　施　炯　朱冬青
　　　　　　　　　　　王寿华　哈成德　叶林标
　　　　　　　　　　　项桦太　马芸芳　王　天
　　　　　　　　　　　高延继　张文华　杨　胜

姜静波　杜红秀　胡　骏
王祖光　尚华胜　陈　平
杜　昕　程雪峰　樊细杨
姚茂国　米　然　王聪慧

叶泉友
本规范主要审查人：李承刚　蔡昭昀　牛光全
　　　　　　　　　杨善勤　李引擎　张道真
　　　　　　　　　于新国　叶琳昌　王　伟

目　　次

Contents

1 总 则

1.0.1 为提高我国屋面工程技术水平，做到保证质量、经济合理、安全适用、环保节能，制定本规范。

1.0.2 本规范适用于房屋建筑屋面工程的设计和施工。

1.0.3 屋面工程的设计和施工，应遵守国家有关环境保护、建筑节能和防火安全等有关规定，并应制定相应的措施。

1.0.4 屋面工程的设计和施工除应符合本规范外，尚应符合国家现行有关标准的规定。

2 术 语

2.0.1 屋面工程 roof project
由防水、保温、隔热等构造层所组成房屋顶部的设计和施工。

2.0.2 隔汽层 vapor barrier
阻止室内水蒸气渗透到保温层内的构造层。

2.0.3 保温层 thermal insulation layer
减少屋面热交换作用的构造层。

2.0.4 防水层 waterproof layer
能够隔绝水而不使水向建筑物内部渗透的构造层。

2.0.5 隔离层 Isolation layer
消除相邻两种材料之间粘结力、机械咬合力、化学反应等不利影响的构造层。

2.0.6 保护层 protection layer
对防水层或保温层起防护作用的构造层。

2.0.7 隔热层 insulation layer
减少太阳辐射热向室内传递的构造层。

2.0.8 复合防水层 compound waterproof layer
由彼此相容的卷材和涂料组合而成的防水层。

2.0.9 附加层 additional layer
在易渗漏及易破损部位设置的卷材或涂膜加强层。

2.0.10 防水垫层 waterproof cushion
设置在瓦材或金属板材下面，起防水、防潮作用的构造层。

2.0.11 持钉层 nail-supporting layer
能够握裹固定钉的瓦屋面构造层。

2.0.12 平衡含水率 equilibrium water content
在自然环境中，材料孔隙中所含有的水分与空气湿度达到平衡时，这部分水的质量占材料干质量的百分比。

2.0.13 相容性 compatibility
相邻两种材料之间互不产生有害的物理和化学作用的性能。

2.0.14 纤维材料 fiber material
将熔融岩石、矿渣、玻璃等原料经高温熔化，采用离心法或气体喷射法制成的板状或毡状纤维制品。

2.0.15 喷涂硬泡聚氨酯 spraying polyurethane rigid foam
以异氰酸酯、多元醇为主要原料加入发泡剂等添加剂，现场使用专用喷涂设备在基层上连续多遍喷涂发泡聚氨酯后，形成无接缝的硬泡体。

2.0.16 现浇泡沫混凝土 casting foam concrete
用物理方法将发泡剂水溶液制备成泡沫，再将泡沫加入到由水泥、骨料、掺合料、外加剂和水等制成的料浆中，经混合搅拌、现场浇筑、自然养护而成的轻质多孔混凝土。

2.0.17 玻璃采光顶 Glass lighting roof
由玻璃透光面板与支承体系组成的屋顶。

3 基 本 规 定

3.0.1 屋面工程应符合下列基本要求：

1 具有良好的排水功能和阻止水侵入建筑物内的作用；

2 冬季保温减少建筑物的热损失和防止结露；

3 夏季隔热降低建筑物对太阳辐射热的吸收；

4 适应主体结构的受力变形和温差变形；

5 承受风、雪荷载的作用不产生破坏；

6 具有阻止火势蔓延的性能；

7 满足建筑外形美观和使用的要求。

3.0.2 屋面的基本构造层次宜符合表3.0.2的要求。设计人员可根据建筑物的性质、使用功能、气候条件等因素进行组合。

表 3.0.2 屋面的基本构造层次

屋面类型	基本构造层次（自上而下）
卷材、涂膜屋面	保护层、隔离层、防水层、找平层、保温层、找平层、找坡层、结构层
	保护层、保温层、防水层、找平层、找坡层、结构层
	种植隔热层、保护层、耐根穿刺防水层、防水层、找平层、保温层、找平层、找坡层、结构层
	架空隔热层、防水层、找平层、保温层、找平层、找坡层、结构层
	蓄水隔热层、隔离层、防水层、找平层、保温层、找平层、找坡层、结构层
瓦屋面	块瓦、挂瓦条、顺水条、持钉层、防水层或防水垫层、保温层、结构层
	沥青瓦、持钉层、防水层或防水垫层、保温层、结构层

续表 3.0.2

屋面类型	基本构造层次（自上而下）
金属板屋面	压型金属板、防水垫层、保温层、承托网、支承结构
	上层压型金属板、防水垫层、保温层、底层压型金属板、支承结构
	金属面绝热夹芯板、支承结构
玻璃采光顶	玻璃面板、金属框架、支承结构
	玻璃面板、点支承装置、支承结构

注：1 表中结构层包括混凝土基层和木基层；防水层包括卷材和涂膜防水层；保护层包括块体材料、水泥砂浆、细石混凝土保护层；

2 有隔汽要求的屋面，应在保温层与结构层之间设隔汽层。

3.0.3 屋面工程设计应遵照"保证功能、构造合理、防排结合、优选用材、美观耐用"的原则。

3.0.4 屋面工程施工应遵照"按图施工、材料检验、工序检查、过程控制、质量验收"的原则。

3.0.5 屋面防水工程应根据建筑物的类别、重要程度、使用功能要求确定防水等级，并应按相应等级进行防水设防；对防水有特殊要求的建筑屋面，应进行专项防水设计。屋面防水等级和设防要求应符合表3.0.5的规定。

表 3.0.5　屋面防水等级和设防要求

防水等级	建筑类别	设防要求
Ⅰ级	重要建筑和高层建筑	两道防水设防
Ⅱ级	一般建筑	一道防水设防

3.0.6 建筑屋面的传热系数和热惰性指标，均应符合现行国家标准《民用建筑热工设计规范》GB 50176、《公共建筑节能设计标准》GB 50189、现行行业标准《严寒和寒冷地区居住建筑节能设计标准》JGJ 26、《夏热冬暖地区居住建筑节能设计标准》JGJ 75 和《夏热冬冷地区居住建筑节能设计标准》JGJ 134 的有关规定。

3.0.7 屋面工程所用材料的燃烧性能和耐火极限，应符合现行国家标准《建筑设计防火规范》GB 50016 的有关规定。

3.0.8 屋面工程的防雷设计应符合现行国家标准《建筑物防雷设计规范》GB 50057 的有关规定。金属板屋面和玻璃采光顶的防雷设计尚应符合下列规定：

　　1 金属板屋面和玻璃采光顶的防雷体系应和主体结构的防雷体系有可靠的连接；

　　2 金属板屋面应按现行国家标准《建筑物防雷设计规范》GB 50057 的有关规定采取防直击雷、防雷电感应和防雷电波侵入措施；

　　3 金属板屋面和玻璃采光顶按滚球法计算，且不在建筑物接闪器保护范围之内时，金属板屋面和玻璃采光顶应按现行国家标准《建筑物防雷设计规范》GB 50057 的有关规定装设接闪器，并应与建筑物防雷引下线可靠连接。

3.0.9 屋面工程所用防水、保温材料应符合有关环境保护的规定，不得使用国家明令禁止及淘汰的材料。

3.0.10 屋面工程中推广应用的新技术，应通过科技成果鉴定、评估或新产品、新技术鉴定，并应按有关规定实施。

3.0.11 屋面工程应建立管理、维修、保养制度；屋面排水系统应保持畅通，应防止水落口、檐沟、天沟堵塞和积水。

4 屋面工程设计

4.1 一般规定

4.1.1 屋面工程应根据建筑物的建筑造型、使用功能、环境条件，对下列内容进行设计：

　　1 屋面防水等级和设防要求；

　　2 屋面构造设计；

　　3 屋面排水设计；

　　4 找坡方式和选用的找坡材料；

　　5 防水层选用的材料、厚度、规格及其主要性能；

　　6 保温层选用的材料、厚度、燃烧性能及其主要性能；

　　7 接缝密封防水选用的材料及其主要性能。

4.1.2 屋面防水层设计应采取下列技术措施：

　　1 卷材防水层易拉裂部位，宜选用空铺、点粘、条粘或机械固定等施工方法；

　　2 结构易发生较大变形、易渗漏和损坏的部位，应设置卷材或涂膜附加层；

　　3 在坡度较大和垂直面上粘贴防水卷材时，宜采用机械固定和对固定点进行密封的方法；

　　4 卷材或涂膜防水层上应设置保护层；

　　5 在刚性保护层与卷材、涂膜防水层之间应设置隔离层。

4.1.3 屋面工程所使用的防水材料在下列情况下应具有相容性：

　　1 卷材或涂料与基层处理剂；

　　2 卷材与胶粘剂或胶粘带；

　　3 卷材与卷材复合使用；

　　4 卷材与涂料复合使用；

　　5 密封材料与接缝基材。

4.1.4 防水材料的选择应符合下列规定：

1 外露使用的防水层，应选用耐紫外线、耐老化、耐候性好的防水材料；

2 上人屋面，应选用耐霉变、拉伸强度高的防水材料；

3 长期处于潮湿环境的屋面，应选用耐腐蚀、耐霉变、耐穿刺、耐长期水浸等性能的防水材料；

4 薄壳、装配式结构、钢结构及大跨度建筑屋面，应选用耐候性好、适应变形能力强的防水材料；

5 倒置式屋面应选用适应变形能力强、接缝密封保证率高的防水材料；

6 坡屋面应选用与基层粘结力强、感温性小的防水材料；

7 屋面接缝密封防水，应选用与基材粘结力强和耐候性好、适应位移能力强的密封材料；

8 基层处理剂、胶粘剂和涂料，应符合现行行业标准《建筑防水涂料有害物质限量》JC 1066 的有关规定。

4.1.5 屋面工程用防水及保温材料标准，应符合本规范附录 A 的要求；屋面工程用防水及保温材料主要性能指标，应符合本规范附录 B 的要求。

4.2 排 水 设 计

4.2.1 屋面排水方式的选择，应根据建筑物屋顶形式、气候条件、使用功能等因素确定。

4.2.2 屋面排水方式可分为有组织排水和无组织排水。有组织排水时，宜采用雨水收集系统。

4.2.3 高层建筑屋面宜采用内排水；多层建筑屋面宜采用有组织外排水；低层建筑及檐高小于 10m 的屋面，可采用无组织排水。多跨及汇水面积较大的屋面宜采用天沟排水，天沟找坡较长时，宜采用中间内排水和两端外排水。

4.2.4 屋面排水系统设计采用的雨水流量、暴雨强度、降雨历时、屋面汇水面积等参数，应符合现行国家标准《建筑给水排水设计规范》GB 50015 的有关规定。

4.2.5 屋面应适当划分排水区域，排水路线应简捷，排水应通畅。

4.2.6 采用重力式排水时，屋面每个汇水面积内，雨水排水立管不宜少于 2 根；水落口和水落管的位置，应根据建筑物的造型要求和屋面汇水情况等因素确定。

4.2.7 高跨屋面为无组织排水时，其低跨屋面受水冲刷的部位应加铺一层卷材，并应设 40mm～50mm 厚、300mm～500mm 宽的 C20 细石混凝土保护层；高跨屋面为有组织排水时，水落管下应加设水簸箕。

4.2.8 暴雨强度较大地区的大型屋面，宜采用虹吸式屋面雨水排水系统。

4.2.9 严寒地区应采用内排水，寒冷地区宜采用内排水。

4.2.10 湿陷性黄土地区宜采用有组织排水，并应将雨雪水直接排至排水管网。

4.2.11 檐沟、天沟的过水断面，应根据屋面汇水面积的雨水流量经计算确定。钢筋混凝土檐沟、天沟净宽不应小于 300mm，分水线处最小深度不应小于 100mm；沟内纵向坡度不应小于 1%，沟底水落差不得超过 200mm；檐沟、天沟排水不得流经变形缝和防火墙。

4.2.12 金属檐沟、天沟的纵向坡度宜为 0.5%。

4.2.13 坡屋面檐口宜采用有组织排水，檐沟和水落斗可采用金属或塑料成品。

4.3 找坡层和找平层设计

4.3.1 混凝土结构层宜采用结构找坡，坡度不应小于 3%；当采用材料找坡时，宜采用质量轻、吸水率低和有一定强度的材料，坡度宜为 2%。

4.3.2 卷材、涂膜的基层宜设找平层。找平层厚度和技术要求应符合表 4.3.2 的规定。

表 4.3.2 找平层厚度和技术要求

找平层分类	适用的基层	厚度（mm）	技术要求
水泥砂浆	整体现浇混凝土板	15～20	1:2.5 水泥砂浆
	整体材料保温层	20～25	
细石混凝土	装配式混凝土板	30～35	C20 混凝土，宜加钢筋网片
	板状材料保温层		C20 混凝土

4.3.3 保温层上的找平层应留设分格缝，缝宽宜为 5mm～20mm，纵横缝的间距不宜大于 6m。

4.4 保温层和隔热层设计

4.4.1 保温层应根据屋面所需传热系数或热阻选择轻质、高效的保温材料，保温层及其保温材料应符合表 4.4.1 的规定。

表 4.4.1 保温层及其保温材料

保温层	保温材料
板状材料保温层	聚苯乙烯泡沫塑料，硬质聚氨酯泡沫塑料，膨胀珍珠岩制品，泡沫玻璃制品，加气混凝土砌块，泡沫混凝土砌块
纤维材料保温层	玻璃棉制品，岩棉、矿渣棉制品
整体材料保温层	喷涂硬泡聚氨酯，现浇泡沫混凝土

4.4.2 保温层设计应符合下列规定：

1 保温层宜选用吸水率低、密度和导热系数小

并有一定强度的保温材料;

2 保温层厚度应根据所在地区现行建筑节能设计标准,经计算确定;

3 保温层的含水率,应相当于该材料在当地自然风干状态下的平衡含水率;

4 屋面为停车场等高荷载情况时,应根据计算确定保温材料的强度;

5 纤维材料做保温层时,应采取防止压缩的措施;

6 屋面坡度较大时,保温层应采取防滑措施;

7 封闭式保温层或保温层干燥有困难的卷材屋面,宜采取排汽构造措施。

4.4.3 屋面热桥部位,当内表面温度低于室内空气的露点温度时,均应作保温处理。

4.4.4 当严寒及寒冷地区屋面结构冷凝界面内侧实际具有的蒸汽渗透阻小于所需值,或其他地区室内湿气有可能透过屋面结构层进入保温层时,应设置隔汽层。隔汽层设计应符合下列规定:

1 隔汽层应设置在结构层上、保温层下;

2 隔汽层应选用气密性、水密性好的材料;

3 隔汽层应沿周边墙面向上连续铺设,高出保温层上表面不得小于150mm。

4.4.5 屋面排汽构造设计应符合下列规定:

1 找平层设置的分格缝可兼作排汽道,排汽道的宽度宜为40mm;

2 排汽道应纵横贯通,并应与大气连通的排汽孔相通,排汽孔可设在檐口下或纵横排汽道的交叉处;

3 排汽道纵横间距宜为6m,屋面面积每36m² 宜设置一个排汽孔,排汽孔应作防水处理;

4 在保温层下也可铺设带支点的塑料板。

4.4.6 倒置式屋面保温层设计应符合下列规定:

1 倒置式屋面的坡度宜为3%;

2 保温层应采用吸水率低,且长期浸水不变质的保温材料;

3 板状保温材料的下部纵向边缘应设排水凹缝;

4 保温层与防水层所用材料应相容匹配;

5 保温层上面宜采用块体材料或细石混凝土做保护层;

6 檐沟、水落口部位应采用现浇混凝土堵头或砖砌堵头,并应作好保温层排水处理。

4.4.7 屋面隔热层设计应根据地域、气候、屋面形式、建筑环境、使用功能等条件,采取种植、架空和蓄水等隔热措施。

4.4.8 种植隔热层的设计应符合下列规定:

1 种植隔热层的构造层次应包括植被层、种植土层、过滤层和排水层等;

2 种植隔热层所用材料及植物等应与当地气候条件相适应,并应符合环境保护要求;

3 种植隔热层宜根据植物种类及环境布局的需要进行分区布置,分区布置应设挡墙或挡板;

4 排水层材料应根据屋面功能及环境、经济条件等进行选择;过滤层宜采用200g/m²~400g/m²的土工布,过滤层应沿种植土周边向上铺设至种植土高度;

5 种植土四周应设挡墙,挡墙下部应设泄水孔,并应与排水出口连通;

6 种植土应根据种植植物的要求选择综合性能良好的材料;种植厚度应根据不同种植土和植物种类等确定;

7 种植隔热层的屋面坡度大于20%时,其排水层、种植土应采取防滑措施。

4.4.9 架空隔热层的设计应符合下列规定:

1 架空隔热层宜在屋顶有良好通风的建筑物上采用,不宜在寒冷地区采用;

2 当采用混凝土板架空隔热层时,屋面坡度不宜大于5%;

3 架空隔热制品及其支座的质量应符合国家现行有关材料标准的规定;

4 架空隔热层的高度宜为180mm~300mm,架空板与女儿墙的距离不应小于250mm;

5 当屋面宽度大于10m时,架空隔热层中部应设置通风屋脊;

6 架空隔热层的进风口,宜设置在当地炎热季节最大频率风向的正压区,出风口宜设置在负压区。

4.4.10 蓄水隔热层的设计应符合下列规定:

1 蓄水隔热层不宜在寒冷地区、地震设防地区和振动较大的建筑物上采用;

2 蓄水隔热层的蓄水池应采用强度等级不低于C25、抗渗等级不低于P6的现浇混凝土,蓄水池内宜采用20mm厚防水砂浆抹面;

3 蓄水隔热层的排水坡度不宜大于0.5%;

4 蓄水隔热层应划分为若干蓄水区,每区的边长不宜大于10m,在变形缝的两侧应分成两个互不连通的蓄水区。长度超过40m的蓄水隔热层应分仓设置,分仓隔墙可采用现浇混凝土或砌体;

5 蓄水池应设溢水口、排水管和给水管,排水管应与排水出口连通;

6 蓄水池的蓄水深度宜为150mm~200mm;

7 蓄水池溢水口距分仓墙顶面的高度不得小于100mm;

8 蓄水池应设置人行通道。

4.5 卷材及涂膜防水层设计

4.5.1 卷材、涂膜屋面防水等级和防水做法应符合表4.5.1的规定。

表 4.5.1　卷材、涂膜屋面防水等级和防水做法

防水等级	防　水　做　法
Ⅰ级	卷材防水层和卷材防水层、卷材防水层和涂膜防水层、复合防水层
Ⅱ级	卷材防水层、涂膜防水层、复合防水层

注：在Ⅰ级屋面防水做法中，防水层仅作单层卷材时，应符合有关单层防水卷材屋面技术的规定。

4.5.2　防水卷材的选择应符合下列规定：

1　防水卷材可按合成高分子防水卷材和高聚物改性沥青防水卷材选用，其外观质量和品种、规格应符合国家现行有关材料标准的规定；

2　应根据当地历年最高气温、最低气温、屋面坡度和使用条件等因素，选择耐热度、低温柔性相适应的卷材；

3　应根据地基变形程度、结构形式、当地年温差、日温差和振动等因素，选择拉伸性能相适应的卷材；

4　应根据屋面卷材的暴露程度，选择耐紫外线、耐老化、耐霉烂相适应的卷材；

5　种植隔热屋面的防水层应选择耐根穿刺防水卷材。

4.5.3　防水涂料的选择应符合下列规定：

1　防水涂料可按合成高分子防水涂料、聚合物水泥防水涂料和高聚物改性沥青防水涂料选用，其外观质量和品种、型号应符合国家现行有关材料标准的规定；

2　应根据当地历年最高气温、最低气温、屋面坡度和使用条件等因素，选择耐热性、低温柔性相适应的涂料；

3　应根据地基变形程度、结构形式、当地年温差、日温差和振动等因素，选择拉伸性能相适应的涂料；

4　应根据屋面涂膜的暴露程度，选择耐紫外线、耐老化相适应的涂料；

5　屋面坡度大于25%时，应选择成膜时间较短的涂料。

4.5.4　复合防水层设计应符合下列规定：

1　选用的防水卷材与防水涂料应相容；

2　防水涂膜宜设置在防水卷材的下面；

3　挥发固化型防水涂料不得作为防水卷材粘结材料使用；

4　水乳型或合成高分子类防水涂膜上面，不得采用热熔型防水卷材；

5　水乳型或水泥基类防水涂料，应待涂膜实干后再采用冷粘铺贴卷材。

4.5.5　每道卷材防水层最小厚度应符合表 4.5.5 的规定。

表 4.5.5　每道卷材防水层最小厚度（mm）

防水等级	合成高分子防水卷材	高聚物改性沥青防水卷材		
		聚酯胎、玻纤胎、聚乙烯胎	自粘聚酯胎	自粘无胎
Ⅰ级	1.2	3.0	2.0	1.5
Ⅱ级	1.5	4.0	3.0	2.0

4.5.6　每道涂膜防水层最小厚度应符合表 4.5.6 的规定。

表 4.5.6　每道涂膜防水层最小厚度（mm）

防水等级	合成高分子防水涂膜	聚合物水泥防水涂膜	高聚物改性沥青防水涂膜
Ⅰ级	1.5	1.5	2.0
Ⅱ级	2.0	2.0	3.0

4.5.7　复合防水层最小厚度应符合表 4.5.7 的规定。

表 4.5.7　复合防水层最小厚度（mm）

防水等级	合成高分子防水卷材＋合成高分子防水涂膜	自粘聚合物改性沥青防水卷材（无胎）＋合成高分子防水涂膜	高聚物改性沥青防水卷材＋高聚物改性沥青防水涂膜	聚乙烯丙纶卷材＋聚合物水泥防水胶结材料
Ⅰ级	1.2＋1.5	1.5＋1.5	3.0＋2.0	(0.7＋1.3)×2
Ⅱ级	1.0＋1.0	1.2＋1.0	3.0＋1.2	0.7＋1.3

4.5.8　下列情况不得作为屋面的一道防水设防：

1　混凝土结构层；

2　Ⅰ型喷涂硬泡聚氨酯保温层；

3　装饰瓦及不搭接瓦；

4　隔汽层；

5　细石混凝土层；

6　卷材或涂膜厚度不符合本规范规定的防水层。

4.5.9　附加层设计应符合下列规定：

1　檐沟、天沟与屋面交接处、屋面平面与立面交接处，以及水落口、伸出屋面管道根部等部位，应设置卷材或涂膜附加层；

2　屋面找平层分格缝等部位，宜设置卷材空铺附加层，其空铺宽度不宜小于 100mm；

3　附加层最小厚度应符合表 4.5.9 的规定。

表 4.5.9　附加层最小厚度（mm）

附加层材料	最小厚度
合成高分子防水卷材	1.2
高聚物改性沥青防水卷材（聚酯胎）	3.0

附加层材料	最小厚度
合成高分子防水涂料、聚合物水泥防水涂料	1.5
高聚物改性沥青防水涂料	2.0

注：涂膜附加层应夹铺胎体增强材料。

4.5.10 防水卷材接缝应采用搭接缝，卷材搭接宽度应符合表 4.5.10 的规定。

表 4.5.10 卷材搭接宽度（mm）

卷材类别		搭接宽度
合成高分子防水卷材	胶粘剂	80
	胶粘带	50
	单缝焊	60，有效焊接宽度不小于 25
	双缝焊	80，有效焊接宽度 10×2＋空腔宽
高聚物改性沥青防水卷材	胶粘剂	100
	自粘	80

4.5.11 胎体增强材料设计应符合下列规定：

1 胎体增强材料宜采用聚酯无纺布或化纤无纺布；

2 胎体增强材料长边搭接宽度不应小于 50mm，短边搭接宽度不应小于 70mm；

3 上下层胎体增强材料的长边搭接缝应错开，且不得小于幅宽的 1/3；

4 上下层胎体增强材料不得相互垂直铺设。

4.6 接缝密封防水设计

4.6.1 屋面接缝应按密封材料的使用方式，分为位移接缝和非位移接缝。屋面接缝密封防水技术要求应符合表 4.6.1 的规定。

表 4.6.1 屋面接缝密封防水技术要求

接缝种类	密封部位	密封材料
位移接缝	混凝土面层分格接缝	改性石油沥青密封材料、合成高分子密封材料
	块体面层分格缝	改性石油沥青密封材料、合成高分子密封材料
	采光顶玻璃接缝	硅酮耐候密封胶
	采光顶周边接缝	合成高分子密封材料
	采光顶隐框玻璃与金属框接缝	硅酮结构密封胶
	采光顶明框单元板块间接缝	硅酮耐候密封胶

接缝种类	密封部位	密封材料
非位移接缝	高聚物改性沥青卷材收头	改性石油沥青密封材料
	合成高分子卷材收头及接缝封边	合成高分子密封材料
	混凝土基层固定件周边接缝	改性石油沥青密封材料、合成高分子密封材料
	混凝土构件间接缝	改性石油沥青密封材料、合成高分子密封材料

4.6.2 接缝密封防水设计应保证密封部位不渗水，并应做到接缝密封防水与主体防水层相匹配。

4.6.3 密封材料的选择应符合下列规定：

1 应根据当地历年最高气温、最低气温、屋面构造特点和使用条件等因素，选择耐热度、低温柔性相适应的密封材料；

2 应根据屋面接缝变形的大小以及接缝的宽度，选择位移能力相适应的密封材料；

3 应根据屋面接缝粘结性要求，选择与基层材料相容的密封材料；

4 应根据屋面接缝的暴露程度，选择耐高低温、耐紫外线、耐老化和耐潮湿等性能相适应的密封材料。

4.6.4 位移接缝密封防水设计应符合下列规定：

1 接缝宽度应按屋面接缝位移量计算确定；

2 接缝的相对位移量不应大于可供选择密封材料的位移能力；

3 密封材料的嵌填深度宜为接缝宽度的 50%～70%；

4 接缝处的密封材料底部应设置背衬材料，背衬材料应大于接缝宽度 20%，嵌入深度应为密封材料的设计厚度；

5 背衬材料应选择与密封材料不粘结或粘结力弱的材料，并应能适应基层的伸缩变形，同时应具有施工时不变形、复原率高和耐久性好等性能。

4.7 保护层和隔离层设计

4.7.1 上人屋面保护层可采用块体材料、细石混凝土等材料，不上人屋面保护层可采用浅色涂料、铝箔、矿物粒料、水泥砂浆等材料。保护层材料的适用范围和技术要求应符合表 4.7.1 的规定。

表 4.7.1 保护层材料的适用范围和技术要求

保护层材料	适用范围	技术要求
浅色涂料	不上人屋面	丙烯酸系反射涂料
铝箔	不上人屋面	0.05mm 厚铝箔反射膜

续表 4.7.1

保护层材料	适用范围	技术要求
矿物粒料	不上人屋面	不透明的矿物粒料
水泥砂浆	不上人屋面	20mm 厚 1：2.5 或 M15 水泥砂浆
块体材料	上人屋面	地砖或 30mm 厚 C20 细石混凝土预制块
细石混凝土	上人屋面	40mm 厚 C20 细石混凝土或 50mm 厚 C20 细石混凝土内配 $\phi4@100$ 双向钢筋网片

4.7.2 采用块体材料做保护层时，宜设分格缝，其纵横间距不宜大于 10m，分格缝宽度宜为 20mm，并应用密封材料嵌填。

4.7.3 采用水泥砂浆做保护层时，表面应抹平压光，并应设表面分格缝，分格面积宜为 1m²。

4.7.4 采用细石混凝土做保护层时，表面应抹平压光，并应设分格缝，其纵横间距不应大于 6m，分格缝宽度宜为 10mm～20mm，并应用密封材料嵌填。

4.7.5 采用淡色涂料做保护层时，应与防水层粘结牢固，厚薄应均匀，不得漏涂。

4.7.6 块体材料、水泥砂浆、细石混凝土保护层与女儿墙或山墙之间，应预留宽度为 30mm 的缝隙，缝内宜填塞聚苯乙烯泡沫塑料，并应用密封材料嵌填。

4.7.7 需经常维护的设施周围和屋面出入口至设施之间的人行道，应铺设块体材料或细石混凝土保护层。

4.7.8 块体材料、水泥砂浆、细石混凝土保护层与卷材、涂膜防水层之间，应设置隔离层。隔离层材料的适用范围和技术要求宜符合表 4.7.8 的规定。

表 4.7.8　隔离层材料的适用范围和技术要求

隔离层材料	适用范围	技术要求
塑料膜	块体材料、水泥砂浆保护层	0.4mm 厚聚乙烯膜或 3mm 厚发泡聚乙烯膜
土工布	块体材料、水泥砂浆保护层	200g/m² 聚酯无纺布
卷材	块体材料、水泥砂浆保护层	石油沥青卷材一层
低强度等级砂浆	细石混凝土保护层	10mm 厚黏土砂浆，石灰膏：砂：黏土＝1：2.4：3.6
		10mm 厚石灰砂浆，石灰膏：砂＝1：4
		5mm 厚掺有纤维的石灰砂浆

4.8 瓦屋面设计

4.8.1 瓦屋面防水等级和防水做法应符合表 4.8.1 的规定。

表 4.8.1　瓦屋面防水等级和防水做法

防水等级	防水做法
Ⅰ级	瓦＋防水层
Ⅱ级	瓦＋防水垫层

注：防水层厚度应符合本规范第 4.5.5 条或第 4.5.6 条Ⅱ级防水的规定。

4.8.2 瓦屋面应根据瓦的类型和基层种类采取相应的构造做法。

4.8.3 瓦屋面与山墙及突出屋面结构的交接处，均应做不小于 250mm 高的泛水处理。

4.8.4 在大风及地震设防地区或屋面坡度大于100％时，瓦片应采取固定加强措施。

4.8.5 严寒及寒冷地区瓦屋面，檐口部位应采取防止冰雪融化下坠和冰坝形成等措施。

4.8.6 防水垫层宜采用自粘聚合物沥青防水垫层、聚合物改性沥青防水垫层，其最小厚度和搭接宽度应符合表 4.8.6 的规定。

表 4.8.6　防水垫层的最小厚度和搭接宽度（mm）

防水垫层品种	最小厚度	搭接宽度
自粘聚合物沥青防水垫层	1.0	80
聚合物改性沥青防水垫层	2.0	100

4.8.7 在满足屋面荷载的前提下，瓦屋面持钉层厚度应符合下列规定：

　　1 持钉层为木板时，厚度不应小于 20mm；

　　2 持钉层为人造板时，厚度不应小于 16mm；

　　3 持钉层为细石混凝土时，厚度不应小于 35mm。

4.8.8 瓦屋面檐沟、天沟的防水层，可采用防水卷材或防水涂膜，也可采用金属板材。

Ⅰ　烧结瓦、混凝土瓦屋面

4.8.9 烧结瓦、混凝土瓦屋面的坡度不应小于 30％。

4.8.10 采用的木质基层、顺水条、挂瓦条，均应作防腐、防火和防蛀处理；采用的金属顺水条、挂瓦条，均应作防锈蚀处理。

4.8.11 烧结瓦、混凝土瓦应采用干法挂瓦，瓦与屋面基层应固定牢靠。

4.8.12 烧结瓦和混凝土瓦铺装的有关尺寸应符合下列规定：

　　1 瓦屋面檐口挑出墙面的长度不宜小于300mm；

　　2 脊瓦在两坡面瓦上的搭盖宽度，每边不应小于 40mm；

　　3 脊瓦下端距坡面瓦的高度不宜大于 80mm；

　　4 瓦头伸入檐沟、天沟内的长度宜为 50mm～70mm；

5 金属檐沟、天沟伸入瓦内的宽度不应小于50mm；

6 瓦头挑出檐口的长度宜为50mm～70mm；

7 突出屋面结构的侧面瓦伸入泛水的宽度不应小于50mm。

Ⅱ 沥青瓦屋面

4.8.13 沥青瓦屋面的坡度不应小于20%。

4.8.14 沥青瓦应具有自粘胶带或相互搭接的连锁构造。矿物粒料或片料覆面沥青瓦的厚度不应小于2.6mm，金属箔面沥青瓦的厚度不应小于2mm。

4.8.15 沥青瓦的固定方式应以钉为主、粘结为辅。每张瓦片上不得少于4个固定钉；在大风地区或屋面坡度大于100%时，每张瓦片不得少于6个固定钉。

4.8.16 天沟部位铺设的沥青瓦可采用搭接式、编织式、敞开式。搭接式、编织式铺设时，沥青瓦下应增设不小于1000mm宽的附加层；敞开式铺设时，在防水层或防水垫层上应铺设厚度不小于0.45mm的防锈金属板材，沥青瓦与金属板材应用沥青基胶结材料粘结，其搭接宽度不应小于100mm。

4.8.17 沥青瓦铺装的有关尺寸应符合下列规定：

1 脊瓦在两坡面瓦上的搭盖宽度，每边不应小于150mm；

2 脊瓦与脊瓦的压盖面不应小于脊瓦面积的1/2；

3 沥青瓦挑出檐口的长度宜为10mm～20mm；

4 金属泛水板与沥青瓦的搭盖宽度不应小于100mm；

5 金属泛水板与突出屋面墙体的搭接高度不应小于250mm；

6 金属滴水板伸入沥青瓦下的宽度不应小于80mm。

4.9 金属板屋面设计

4.9.1 金属板屋面防水等级和防水做法应符合表4.9.1的规定。

表4.9.1 金属板屋面防水等级和防水做法

防水等级	防水做法
Ⅰ级	压型金属板＋防水垫层
Ⅱ级	压型金属板、金属面绝热夹芯板

注：1 当防水等级为Ⅰ级时，压型铝合金板基板厚度不应小于0.9mm；压型钢板基板厚度不应小于0.6mm；

2 当防水等级为Ⅰ级时，压型金属板采用360°咬口锁边连接方式；

3 在Ⅰ级屋面防水做法中，仅作压型金属板时，应符合《金属压型板应用技术规范》等相关技术的规定。

4.9.2 金属板屋面可按建筑设计要求，选用镀层钢板、涂层钢板、铝合金板、不锈钢板和钛锌板等金属板材。金属板材及其配套的紧固件、密封材料，其材料的品种、规格和性能等应符合现行国家有关材料标准的规定。

4.9.3 金属板屋面应按围护结构进行设计，并应具有相应的承载力、刚度、稳定性和变形能力。

4.9.4 金属板屋面设计应根据当地风荷载、结构体形、热工性能、屋面坡度等情况，采用相应的压型金属板板型及构造系统。

4.9.5 金属板屋面在保温层的下面宜设置隔汽层，在保温层的上面宜设置防水透汽膜。

4.9.6 金属板屋面的防结露设计，应符合现行国家标准《民用建筑热工设计规范》GB 50176的有关规定。

4.9.7 压型金属板采用咬口锁边连接时，屋面的排水坡度不宜小于5%；压型金属板采用紧固件连接时，屋面的排水坡度不宜小于10%。

4.9.8 金属檐沟、天沟的伸缩缝间距不宜大于30m；内檐沟及内天沟应设置溢流口或溢流系统，沟内宜按0.5%找坡。

4.9.9 金属板的伸缩变形除应满足咬口锁边连接或紧固件连接的要求外，还应满足檩条、檐沟及天沟等使用要求，且金属板最大伸缩变形量不应超过100mm。

4.9.10 金属板在主体结构的变形缝处宜断开，变形缝上部应加扣带伸缩的金属盖板。

4.9.11 金属板屋面的下列部位应进行细部构造设计：

1 屋面系统的变形缝；

2 高低跨处泛水；

3 屋面板缝、单元体构造缝；

4 檐沟、天沟、水落口；

5 屋面金属板材收头；

6 洞口、局部凸出体收头；

7 其他复杂的构造部位。

4.9.12 压型金属板采用咬口锁边连接的构造应符合下列规定：

1 在檩条上应设置与压型金属板波形相配套的专用固定支座，并应用自攻螺钉与檩条连接；

2 压型金属板应搁置在固定支座上，两片金属板的侧边应确保在风吸力等因素作用下扣合或咬合连接可靠；

3 在大风地区或高度大于30m的屋面，压型金属板应采用360°咬口锁边连接；

4 大面积屋面和弧状或组合弧状屋面，压型金属板的立边咬合宜采用暗扣直立锁边屋面系统；

5 单坡尺寸过长或环境温差过大的屋面，压型金属板宜采用滑动式支座的360°咬口锁边连接。

4.9.13 压型金属板采用紧固件连接的构造应符合下列规定：

1 铺设高波压型金属板时，在檩条上应设置固定支架，固定支架应采用自攻螺钉与檩条连接，连接件宜每波设置一个；

2 铺设低波压型金属板时，可不设固定支架，应在波峰处采用带防水密封胶垫的自攻螺钉与檩条连接，连接件可每波或隔波设置一个，但每块板不得少于3个；

3 压型金属板的纵向搭接应位于檩条处，搭接端应与檩条有可靠的连接，搭接部位应设置防水密封胶带。压型金属板的纵向最小搭接长度应符合表4.9.13的规定；

表 4.9.13 压型金属板的纵向最小搭接长度（mm）

压型金属板		纵向最小搭接长度
高波压型金属板		350
低波压型金属板	屋面坡度≤10%	250
	屋面坡度＞10%	200

4 压型金属板的横向搭接方向宜与主导风向一致，搭接不应小于一个波，搭接部位应设置防水密封胶带。搭接处用连接件紧固时，连接件应采用带防水密封胶垫的自攻螺钉设置在波峰上。

4.9.14 金属面绝热夹芯板采用紧固件连接的构造，应符合下列规定：

1 应采用屋面板压盖和带防水密封胶垫的自攻螺钉，将夹芯板固定在檩条上；

2 夹芯板的纵向搭接应位于檩条处，每块板的支座宽度不应小于50mm，支承处宜采用双檩或檩条一侧加焊通长角钢；

3 夹芯板的纵向搭接应顺流水方向，纵向搭接长度不应小于200mm，搭接部位均应设置防水密封胶带，并应用拉铆钉连接；

4 夹芯板的横向搭接方向宜与主导风向一致，搭接尺寸应按具体板型确定，连接部位均应设置防水密封胶带，并应用拉铆钉连接。

4.9.15 金属板屋面铺装的有关尺寸应符合下列规定：

1 金属板檐口挑出墙面的长度不应小于200mm；

2 金属板伸入檐沟、天沟内的长度不应小于100mm；

3 金属泛水板与突出屋面墙体的搭接高度不应小于250mm；

4 金属泛水板、变形缝盖板与金属板的搭盖宽度不应小于200mm；

5 金属屋脊盖板在两坡面金属板上的搭盖宽度不应小于250mm。

4.9.16 压型金属板和金属面绝热夹芯板的外露自攻螺钉、拉铆钉，均应采用硅酮耐候密封胶密封。

4.9.17 固定支座应选用与支承构件相同材质的金属材料。当选用不同材质金属材料并易产生电化学腐蚀时，固定支座与支承构件之间应采用绝缘垫片或采取其他防腐蚀措施。

4.9.18 采光带设置宜高出金属板屋面250mm。采光带的四周与金属板屋面的交接处，均应作泛水处理。

4.9.19 金属板屋面应按设计要求提供抗风揭试验验证报告。

4.10 玻璃采光顶设计

4.10.1 玻璃采光顶设计应根据建筑物的屋面形式、使用功能和美观要求，选择结构类型、材料和细部构造。

4.10.2 玻璃采光顶的物理性能等级，应根据建筑物的类别、高度、体形、功能以及建筑物所在的地理位置、气候和环境条件进行设计。玻璃采光顶的物理性能分级指标，应符合现行行业标准《建筑玻璃采光顶》JG/T 231的有关规定。

4.10.3 玻璃采光顶所用支承构件、透光面板及其配套的紧固件、连接件、密封材料，其材料的品种、规格和性能等应符合国家现行有关材料标准的规定。

4.10.4 玻璃采光顶应采用支承结构找坡，排水坡度不宜小于5％。

4.10.5 玻璃采光顶的下列部位应进行细部构造设计：

1 高低跨处泛水；

2 采光板板缝、单元体构造缝；

3 天沟、檐沟、水落口；

4 采光顶周边交接部位；

5 洞口、局部凸出体收头；

6 其他复杂的构造部位。

4.10.6 玻璃采光顶的防结露设计，应符合现行国家标准《民用建筑热工设计规范》GB 50176的有关规定；对玻璃采光顶内侧的冷凝水，应采取控制、收集和排除的措施。

4.10.7 玻璃采光顶支承结构选用的金属材料应作防腐处理，铝合金型材应作表面处理；不同金属构件接触面之间应采取隔离措施。

4.10.8 玻璃采光顶的玻璃应符合下列规定：

1 玻璃采光顶应采用安全玻璃，宜采用夹层玻璃或夹层中空玻璃；

2 玻璃原片应根据设计要求选用，且单片玻璃厚度不宜小于6mm；

3 夹层玻璃的玻璃原片厚度不宜小于5mm；

4 上人的玻璃采光顶应采用夹层玻璃；

5 点支承玻璃采光顶应采用钢化夹层玻璃；

6 所有采光顶的玻璃应进行磨边倒角处理。

4.10.9 玻璃采光顶所采用夹层玻璃除应符合现行国家标准《建筑用安全玻璃 第3部分：夹层玻璃》GB 15763.3 的有关规定外，尚应符合下列规定：

1 夹层玻璃宜为干法加工合成，夹层玻璃的两片玻璃厚度相差不宜大于2mm；

2 夹层玻璃的胶片宜采用聚乙烯醇缩丁醛胶片，聚乙烯醇缩丁醛胶片的厚度不应小于0.76mm；

3 暴露在空气中的夹层玻璃边缘应进行密封处理。

4.10.10 玻璃采光顶所采用夹层中空玻璃除应符合本规范第4.10.9条和现行国家标准《中空玻璃》GB/T 11944 的有关规定外，尚应符合下列规定：

1 中空玻璃气体层的厚度不应小于12mm；

2 中空玻璃宜采用双道密封结构。隐框或半隐框中空玻璃的二道密封应采用硅酮结构密封胶；

3 中空玻璃的夹层面应在中空玻璃的下表面。

4.10.11 采光顶玻璃组装采用镶嵌方式时，应采取防止玻璃整体脱落的措施。玻璃与构件槽口的配合尺寸应符合现行行业标准《建筑玻璃采光顶》JG/T 231 的有关规定；玻璃四周应采用密封胶条镶嵌，其性能应符合国家现行标准《硫化橡胶和热塑性橡胶 建筑用预成型密封垫的分类、要求和试验方法》HG/T 3100 和《工业用橡胶板》GB/T 5574 的有关规定。

4.10.12 采光顶玻璃组装采用胶粘方式时，隐框和半隐框构件的玻璃与金属框之间，应采用与接触材料相容的硅酮结构密封胶粘结，其粘结宽度及厚度应符合强度要求。硅酮结构密封胶应符合现行国家标准《建筑用硅酮结构密封胶》GB 16776 的有关规定。

4.10.13 采光顶玻璃采用点支组装方式时，连接件的钢制驳接爪与玻璃之间应设置衬垫材料，衬垫材料的厚度不宜小于1mm，面积不应小于支承装置与玻璃的结合面。

4.10.14 玻璃间的接缝宽度应能满足玻璃和密封胶的变形要求，且不应小于10mm；密封胶的嵌填深度宜为接缝宽度的50%～70%，较深的密封槽口底部应采用聚乙烯发泡材料填塞。玻璃接缝密封宜选用位移能力级别为25级硅酮耐候密封胶，密封胶应符合现行行业标准《幕墙玻璃接缝用密封胶》JC/T 882 的有关规定。

4.11 细部构造设计

4.11.1 屋面细部构造应包括檐口、檐沟和天沟、女儿墙和山墙、水落口、变形缝、伸出屋面管道、屋面出入口、反梁过水孔、设施基座、屋脊、屋顶窗等部位。

4.11.2 细部构造设计应做到多道设防、复合用材、连续密封、局部增强，并应满足使用功能、温差变形、施工环境条件和可操作性等要求。

4.11.3 细部构造所用密封材料的选择应符合本规范第4.6.3条的规定。

4.11.4 细部构造中容易形成热桥的部位均应进行保温处理。

4.11.5 檐口、檐沟外侧下端及女儿墙压顶内侧下端等部位均应作滴水处理，滴水槽宽度和深度不宜小于10mm。

Ⅰ 檐 口

4.11.6 卷材防水屋面檐口800mm范围内的卷材应满粘，卷材收头应采用金属压条钉压，并应用密封材料封严。檐口下端应做鹰嘴和滴水槽（图4.11.6）。

4.11.7 涂膜防水屋面檐口的涂膜收头，应用防水涂料多遍涂刷。檐口下端应做鹰嘴和滴水槽（图4.11.7）。

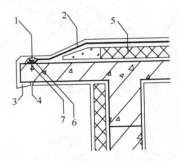

图4.11.6 卷材防水屋面檐口
1—密封材料；2—卷材防水层；
3—鹰嘴；4—滴水槽；5—保温层；
6—金属压条；7—水泥钉

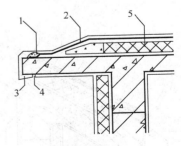

图4.11.7 涂膜防水屋面檐口
1—涂料多遍涂刷；2—涂膜防水层；
3—鹰嘴；4—滴水槽；5—保温层

4.11.8 烧结瓦、混凝土瓦屋面的瓦头挑出檐口的长度宜为50mm～70mm（图4.11.8-1、图4.11.8-2）。

4.11.9 沥青瓦屋面的瓦头挑出檐口的长度宜为10mm～20mm；金属滴水板应固定在基层上，伸入沥青瓦下宽度不应小于80mm，向下延伸长度不应小于60mm（图4.11.9）。

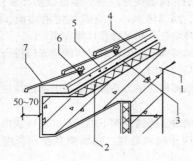

图 4.11.8-1 烧结瓦、混凝土
瓦屋面檐口（一）

1—结构层；2—保温层；3—防水层或
防水垫层；4—持钉层；5—顺水条；
6—挂瓦条；7—烧结瓦或混凝土瓦

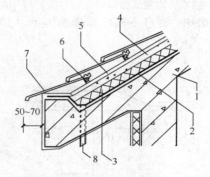

图 4.11.8-2 烧结瓦、
混凝土瓦屋面檐口（二）

1—结构层；2—防水层或防水垫层；
3—保温层；4—持钉层；5—顺水条；
6—挂瓦条；7—烧结瓦或混凝土瓦；
8—泄水管

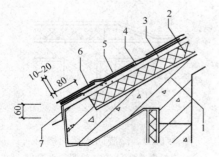

图 4.11.9 沥青瓦屋面檐口

1—结构层；2—保温层；3—持钉层；
4—防水层或防水垫层；5—沥青瓦；
6—起始层沥青瓦；7—金属滴水板

4.11.10 金属板屋面檐口挑出墙面的长度不应小于
200mm；屋面板与墙板交接处应设置金属封檐板和压
条（图 4.11.10）。

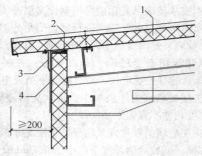

图 4.11.10 金属板屋面檐口

1—金属板；2—通长密封条；
3—金属压条；4—金属封檐板

Ⅱ 檐沟和天沟

4.11.11 卷材或涂膜防水屋面檐沟（图 4.11.11）
和天沟的防水构造，应符合下列规定：

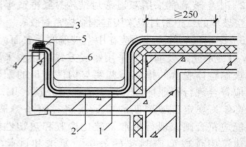

图 4.11.11 卷材、涂膜防水屋面檐沟

1—防水层；2—附加层；3—密封材料；
4—水泥钉；5—金属压条；6—保护层

1 檐沟和天沟的防水层下应增设附加层，附加
层伸入屋面的宽度不应小于 250mm；

2 檐沟防水层和附加层应由沟底翻上至外侧顶
部，卷材收头应用金属压条钉压，并应用密封材料封
严，涂膜收头应用防水涂料多遍涂刷；

3 檐沟外侧下端应做鹰嘴或滴水槽；

4 檐沟外侧高于屋面结构板时，应设置溢水口。

4.11.12 烧结瓦、混凝土瓦屋面檐沟（图 4.11.12）

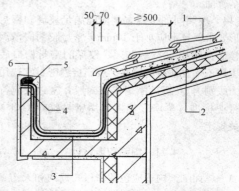

图 4.11.12 烧结瓦、混凝土瓦屋面檐沟

1—烧结瓦或混凝土瓦；2—防水层或防水垫层；
3—附加层；4—水泥钉；5—金属压条；6—密封材料

和天沟的防水构造，应符合下列规定：

1 檐沟和天沟防水层下应增设附加层，附加层伸入屋面的宽度不应小于 500mm；

2 檐沟和天沟防水层伸入瓦内的宽度不应小于 150mm，并应与屋面防水层或防水垫层顺流水方向搭接；

3 檐沟防水层和附加层应由沟底翻上至外侧顶部，卷材收头应用金属压条钉压，并应用密封材料封严；涂膜收头应用防水涂料多遍涂刷；

4 烧结瓦、混凝土瓦伸入檐沟、天沟内的长度，宜为 50mm～70mm。

4.11.13 沥青瓦屋面檐沟和天沟的防水构造，应符合下列规定：

1 檐沟防水层下应增设附加层，附加层伸入屋面的宽度不应小于 500mm；

2 檐沟防水层伸入瓦内的宽度不应小于 150mm，并应与屋面防水层或防水垫层顺流水方向搭接；

3 檐沟防水层和附加层应由沟底翻上至外侧顶部，卷材收头应用金属压条钉压，并应用密封材料封严；涂膜收头应用防水涂料多遍涂刷；

4 沥青瓦伸入檐沟内的长度宜为 10mm～20mm；

5 天沟采用搭接式或编织式铺设时，沥青瓦下应增设不小于 1000mm 宽的附加层（图 4.11.13）；

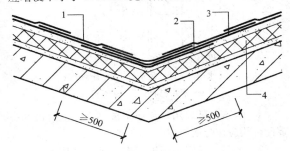

图 4.11.13 沥青瓦屋面天沟
1—沥青瓦；2—附加层；3—防水层或防水垫层；
4—保温层

6 天沟采用敞开式铺设时，在防水层或防水垫层上应铺设厚度不小于 0.45mm 的防锈金属板材，沥青瓦与金属板材应顺流水方向搭接，搭接缝应用沥青基胶结材料粘结，搭接宽度不应小于 100mm。

Ⅲ 女儿墙和山墙

4.11.14 女儿墙的防水构造应符合下列规定：

1 女儿墙压顶可采用混凝土或金属制品。压顶向内排水坡度不应小于 5%，压顶内侧下端应作滴水处理；

2 女儿墙泛水处的防水层下应增设附加层，附加层在平面和立面的宽度均不应小于 250mm；

3 低女儿墙泛水处的防水层可直接铺贴或涂刷至压顶下，卷材收头应用金属压条钉压固定，并应用密封材料封严；涂膜收头应用防水涂料多遍涂刷（图 4.11.14-1）；

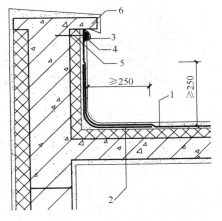

图 4.11.14-1 低女儿墙
1—防水层；2—附加层；3—密封材料；
4—金属压条；5—水泥钉；6—压顶

4 高女儿墙泛水处的防水层泛水高度不应小于 250mm，防水层收头应符合本条第 3 款的规定；泛水上部的墙体应作防水处理（图 4.11.14-2）；

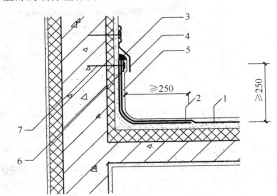

图 4.11.14-2 高女儿墙
1—防水层；2—附加层；3—密封材料；
4—金属盖板；5—保护层；6—金属压条；
7—水泥钉

5 女儿墙泛水处的防水层表面，宜采用涂刷浅色涂料或浇筑细石混凝土保护。

4.11.15 山墙的防水构造应符合下列规定：

1 山墙压顶可采用混凝土或金属制品。压顶应向内排水，坡度不应小于 5%，压顶内侧下端应作滴水处理；

2 山墙泛水处的防水层下应增设附加层，附加层在平面和立面的宽度均不应小于 250mm；

3 烧结瓦、混凝土瓦屋面山墙泛水应采用聚合物水泥砂浆抹成，侧面瓦伸入泛水的宽度不应小于 50mm（图 4.11.15-1）；

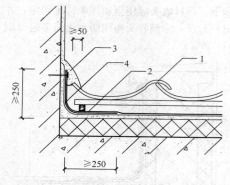

图 4.11.15-1　烧结瓦、混凝土瓦屋面山墙
1—烧结瓦或混凝土瓦；2—防水层或防水垫层；
3—聚合物水泥砂浆；4—附加层

4 沥青瓦屋面山墙泛水应采用沥青基胶粘材料满粘一层沥青瓦片，防水层和沥青瓦收头应用金属压条钉压固定，并应用密封材料封严（图 4.11.15-2）；

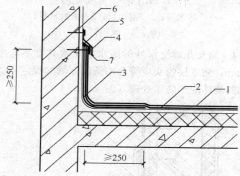

图 4.11.15-2　沥青瓦屋面山墙
1—沥青瓦；2—防水层或防水垫层；3—附加层；
4—金属盖板；5—密封材料；6—水泥钉；7—金属压条

5 金属板屋面山墙泛水应铺钉厚度不小于0.45mm 的金属泛水板，并应顺流水方向搭接；金属泛水板与墙体的搭接高度不应小于 250mm，与压型金属板的搭盖宽度宜为 1 波～2 波，并应在波峰处采用拉铆钉连接（图 4.11.15-3）。

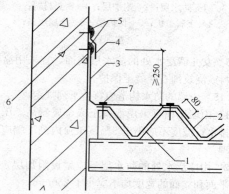

图 4.11.15-3　压型金属板屋面山墙
1—固定支架；2—压型金属板；3—金属泛水板；
4—金属盖板；5—密封材料；6—水泥钉；7—拉铆钉

Ⅳ　水 落 口

4.11.16 重力式排水的水落口（图 4.11.16-1、图4.11.16-2）防水构造应符合下列规定：

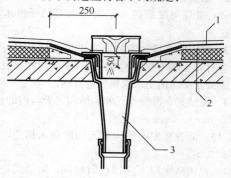

图 4.11.16-1　直式水落口
1—防水层；2—附加层；3—水落斗

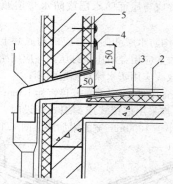

图 4.11.16-2　横式水落口
1—水落斗；2—防水层；3—附加层；
4—密封材料；5—水泥钉

1 水落口可采用塑料或金属制品，水落口的金属配件均应作防锈处理；

2 水落口杯应牢固地固定在承重结构上，其埋设标高应根据附加层的厚度及排水坡度加大的尺寸确定；

3 水落口周围直径 500mm 范围内坡度不应小于5%，防水层下应增设涂膜附加层；

4 防水层和附加层伸入水落口杯内不应小于50mm，并应粘结牢固。

4.11.17 虹吸式排水的水落口防水构造应进行专项设计。

Ⅴ　变 形 缝

4.11.18 变形缝防水构造应符合下列规定：

1 变形缝泛水处的防水层下应增设附加层，附加层在平面和立面的宽度不应小于 250mm；防水层应铺贴或涂刷至泛水墙的顶部；

2 变形缝内应预填不燃保温材料，上部应采用防水卷材封盖，并放置衬垫材料，再在其上干铺一层卷材；

3 等高变形缝顶部宜加扣混凝土或金属盖板
（图 4.11.18-1）；

4 高低跨变形缝在立墙泛水处，应采用有足够
变形能力的材料和构造作密封处理（图 4.11.18-2）。

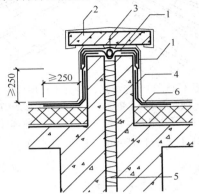

图 4.11.18-1　等高变形缝

1—卷材封盖；2—混凝土盖板；
3—衬垫材料；4—附加层；
5—不燃保温材料；6—防水层

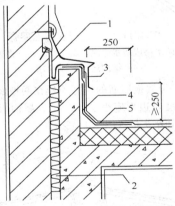

图 4.11.18-2　高低跨变形缝

1—卷材封盖；2—不燃保温材料；
3—金属盖板；4—附加层；
5—防水层

Ⅵ　伸出屋面管道

4.11.19 伸出屋面管道（图 4.11.19）的防水构造
应符合下列规定：

1 管道周围的找平层应抹出高度不小于 30mm
的排水坡；

2 管道泛水处的防水层下应增设附加层，附加
层在平面和立面的宽度均不应小于 250mm；

3 管道泛水处的防水层泛水高度不应小
于 250mm；

4 卷材收头应用金属箍紧固和密封材料封严，
涂膜收头应用防水涂料多遍涂刷。

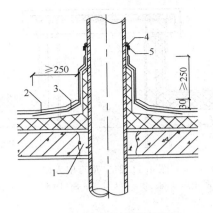

图 4.11.19　伸出屋面管道

1—细石混凝土；2—卷材防水层；
3—附加层；4—密封材料；5—金属箍

4.11.20 烧结瓦、混凝土瓦屋面烟囱（图 4.11.20）
的防水构造，应符合下列规定：

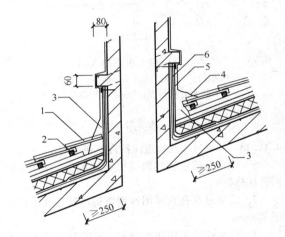

图 4.11.20　烧结瓦、混凝土瓦屋面烟囱

1—烧结瓦或混凝土瓦；2—挂瓦条；
3—聚合物水泥砂浆；4—分水线；
5—防水层或防水垫层；6—附加层

1 烟囱泛水处的防水层或防水垫层下应增设
附加层，附加层在平面和立面的宽度不应小于
250mm；

2 屋面烟囱泛水应采用聚合物水泥砂浆抹成；

3 烟囱与屋面的交接处，应在迎水面中部抹出
分水线，并应高出两侧各 30mm。

Ⅶ　屋面出入口

4.11.21 屋面垂直出入口泛水处应增设附加层，附
加层在平面和立面的宽度均不应小于 250mm；防水
层收头应在混凝土压顶圈下（图 4.11.21）。

4.11.22 屋面水平出入口泛水处应增设附加层和护
墙，附加层在平面上的宽度不应小于 250mm；防水
层收头应压在混凝土踏步下（图 4.11.22）。

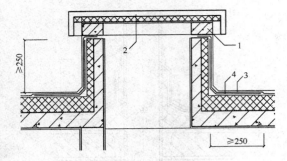

图 4.11.21　垂直出入口

1—混凝土压顶圈；2—上人孔盖；3—防水层；4—附加层

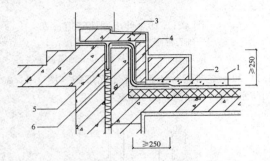

图 4.11.22　水平出入口

1—防水层；2—附加层；3—踏步；4—护墙；
5—防水卷材封盖；6—不燃保温材料

Ⅷ　反梁过水孔

4.11.23　反梁过水孔构造应符合下列规定：

　　1　应根据排水坡度留设反梁过水孔，图纸应注明孔底标高；

　　2　反梁过水孔宜采用预埋管道，其管径不得小于75mm；

　　3　过水孔可采用防水涂料、密封材料防水。预埋管道两端周围与混凝土接触处应留凹槽，并应用密封材料封严。

Ⅸ　设施基座

4.11.24　设施基座与结构层相连时，防水层应包裹设施基座的上部，并应在地脚螺栓周围作密封处理。

4.11.25　在防水层上放置设施时，防水层下应增设卷材附加层，必要时应在其上浇筑细石混凝土，其厚度不应小于50mm。

Ⅹ　屋　脊

4.11.26　烧结瓦、混凝土瓦屋面的屋脊处应增设宽度不小于250mm的卷材附加层。脊瓦下端距坡面瓦的高度不宜大于80mm，脊瓦在两坡面瓦上的搭盖宽度，每边不应小于40mm；脊瓦与坡瓦面之间的缝隙应采用聚合物水泥砂浆填实抹平（图4.11.26）。

4.11.27　沥青瓦屋面的屋脊处应增设宽度不小于250mm的卷材附加层。脊瓦在两坡面瓦上的搭盖宽

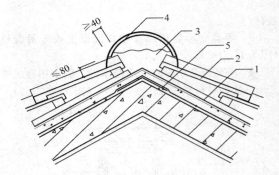

图 4.11.26　烧结瓦、混凝土瓦屋面屋脊

1—防水层或防水垫层；2—烧结瓦或混凝土瓦；
3—聚合物水泥砂浆；4—脊瓦；5—附加层

度，每边不应小于150mm（图4.11.27）。

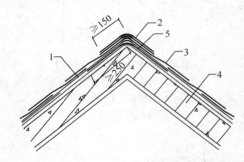

图 4.11.27　沥青瓦屋面屋脊

1—防水层或防水垫层；2—脊瓦；3—沥青瓦；
4—结构层；5—附加层

4.11.28　金属板屋面的屋脊盖板在两坡面金属板上的搭盖宽度每边不应小于250mm，屋面板端头应设置挡水板和堵头板（图4.11.28）。

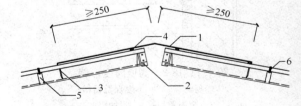

图 4.11.28　金属板材屋面屋脊

1—屋脊盖板；2—堵头板；3—挡水板；
4—密封材料；5—固定支架；6—固定螺栓

Ⅺ　屋　顶　窗

4.11.29　烧结瓦、混凝土瓦与屋顶窗交接处，应采用金属排水板、窗框固定铁脚、窗口附加防水卷材、支瓦条等连接（图4.11.29）。

4.11.30　沥青瓦屋面与屋顶窗交接处应采用金属排水板、窗框固定铁脚、窗口附加防水卷材等与结构层连接（图4.11.30）。

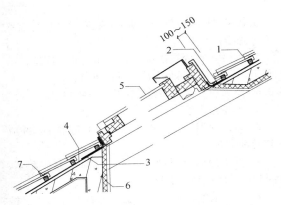

图 4.11.29 烧结瓦、混凝土瓦屋面屋顶窗
1—烧结瓦或混凝土瓦；2—金属排水板；
3—窗口附加防水卷材；4—防水层或防水
垫层；5—屋顶窗；6—保温层；7—支瓦条

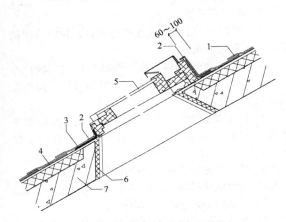

图 4.11.30 沥青瓦屋面屋顶窗
1—沥青瓦；2—金属排水板；3—窗口附加防水卷材；
4—防水层或防水垫层；5—屋顶窗；
6—保温层；7—结构层

5 屋面工程施工

5.1 一般规定

5.1.1 屋面防水工程应由具备相应资质的专业队伍进行施工。作业人员应持证上岗。

5.1.2 屋面工程施工前应通过图纸会审，并应掌握施工图中的细部构造及有关技术要求；施工单位应编制屋面工程的专项施工方案或技术措施，并应进行现场技术安全交底。

5.1.3 屋面工程所采用的防水、保温材料应有产品合格证书和性能检测报告，材料的品种、规格、性能等应符合设计和产品标准的要求。材料进场后，应按规定抽样检验，提出检验报告。工程中严禁使用不合格的材料。

5.1.4 屋面工程施工的每道工序完成后，应经监理或建设单位检查验收，并应在合格后再进行下道工序的施工。当下道工序或相邻工程施工时，应对已完成的部分采取保护措施。

5.1.5 屋面工程施工的防火安全应符合下列规定：

1 可燃类防水、保温材料进场后，应远离火源；露天堆放时，应采用不燃材料完全覆盖；

2 防火隔离带施工应与保温材料施工同步进行；

3 不得直接在可燃类防水、保温材料上进行热熔或热粘法施工；

4 喷涂硬泡聚氨酯作业时，应避开高温环境；施工工艺、工具及服装等应采取防静电措施；

5 施工作业区应配备消防灭火器材；

6 火源、热源等火灾危险源应加强管理；

7 屋面上需要进行焊接、钻孔等施工作业时，周围环境应采取防火安全措施。

5.1.6 屋面工程施工必须符合下列安全规定：

1 严禁在雨天、雪天和五级风及其以上时施工；

2 屋面周边和预留孔洞部位，必须按临边、洞口防护规定设置安全护栏和安全网；

3 屋面坡度大于30%时，应采取防滑措施；

4 施工人员应穿防滑鞋，特殊情况下无可靠安全措施时，操作人员必须系好安全带并扣好保险钩。

5.2 找坡层和找平层施工

5.2.1 装配式钢筋混凝土板的板缝嵌填施工应符合下列规定：

1 嵌填混凝土前板缝内应清理干净，并应保持湿润；

2 当板缝宽度大于40mm或上窄下宽时，板缝内应按设计要求配置钢筋；

3 嵌填细石混凝土的强度等级不应低于C20，填缝高度宜低于板面10mm～20mm，且应振捣密实和浇水养护；

4 板端缝应按设计要求增加防裂的构造措施。

5.2.2 找坡层和找平层的基层的施工应符合下列规定：

1 应清理结构层、保温层上面的松散杂物，凸出基层表面的硬物应剔平扫净；

2 抹找坡层前，宜对基层洒水湿润；

3 突出屋面的管道、支架等根部，应用细石混凝土堵实和固定；

4 对不易与找平层结合的基层应做界面处理。

5.2.3 找坡层和找平层所用材料的质量和配合比应符合设计要求，并应做到计量准确和机械搅拌。

5.2.4 找坡应按屋面排水方向和设计坡度要求进行，找坡层最薄处厚度不宜小于20mm。

5.2.5 找坡材料应分层铺设和适当压实，表面宜平整和粗糙，并应适时浇水养护。

5.2.6 找平层应在水泥初凝前压实抹平，水泥终凝前完成收水后应二次压光，并应及时取出分格条。养护时间不得少于 7d。

5.2.7 卷材防水层的基层与突出屋面结构的交接处，以及基层的转角处，找平层均应做成圆弧形，且应整齐平顺。找平层圆弧半径应符合表 5.2.7 的规定。

表 5.2.7 找平层圆弧半径（mm）

卷材种类	圆弧半径
高聚物改性沥青防水卷材	50
合成高分子防水卷材	20

5.2.8 找坡层和找平层的施工环境温度不宜低于 5℃。

5.3 保温层和隔热层施工

5.3.1 严寒和寒冷地区屋面热桥部位，应按设计要求采取节能保温等隔断热桥措施。

5.3.2 倒置式屋面保温层施工应符合下列规定：

1 施工完的防水层，应进行淋水或蓄水试验，并应在合格后再进行保温层的铺设；

2 板状保温层的铺设应平稳，拼缝应严密；

3 保护层施工时，应避免损坏保温和防水层。

5.3.3 隔汽层施工应符合下列规定：

1 隔汽层施工前，基层应进行清理，宜进行找平处理；

2 屋面周边隔汽层应沿墙面向上连续铺设，高出保温层上表面不得小于 150mm；

3 采用卷材做隔汽层时，卷材宜空铺，卷材搭接缝应满粘，其搭接宽度不应小于 80mm；采用涂膜做隔汽层时，涂料涂刷应均匀，涂层不得有堆积、起泡和露底现象；

4 穿过隔汽层的管道周围应进行密封处理。

5.3.4 屋面排汽构造施工应符合下列规定：

1 排汽道及排汽孔的设置应符合本规范第 4.4.5 条的有关规定；

2 排汽道应与保温层连通，排汽道内可填入透气性好的材料；

3 施工时，排汽道及排汽孔均不得被堵塞；

4 屋面纵横排汽道的交叉处可埋设金属或塑料排汽管，排汽管宜设置在结构层上，穿过保温层及排汽道的管壁四周应打孔。排汽管应作好防水处理。

5.3.5 板状材料保温层施工应符合下列规定：

1 基层应平整、干燥、干净；

2 相邻板块应错缝拼接，分层铺设的板块上下层接缝应相互错开，板间缝隙应采用同类材料嵌填密实；

3 采用干铺法施工时，板状保温材料应紧靠在基层表面上，并应铺平垫稳；

4 采用粘结法施工时，胶粘剂应与保温材料相

容，板状保温材料应贴严、粘牢，在胶粘剂固化前不得上人踩踏；

5 采用机械固定法施工时，固定件应固定在结构层上，固定件的间距应符合设计要求。

5.3.6 纤维材料保温层施工应符合下列规定：

1 基层应平整、干燥、干净；

2 纤维保温材料在施工时，应避免重压，并应采取防潮措施；

3 纤维保温材料铺设时，平面拼接缝应贴紧，上下层拼接缝应相互错开；

4 屋面坡度较大时，纤维保温材料宜采用机械固定法施工；

5 在铺设纤维保温材料时，应做好劳动保护工作。

5.3.7 喷涂硬泡聚氨酯保温层施工应符合下列规定：

1 基层应平整、干燥、干净；

2 施工前应对喷涂设备进行调试，并应喷涂试块进行材料性能检测；

3 喷涂时喷嘴与施工基面的间距应由试验确定；

4 喷涂硬泡聚氨酯的配比应准确计量，发泡厚度应均匀一致；

5 一个作业面应分遍喷涂完成，每遍喷涂厚度不宜大于 15mm，硬泡聚氨酯喷涂后 20min 内严禁上人；

6 喷涂作业时，应采取防止污染的遮挡措施。

5.3.8 现浇泡沫混凝土保温层施工应符合下列规定：

1 基层应清理干净，不得有油污、浮尘和积水；

2 泡沫混凝土应按设计要求的干密度和抗压强度进行配合比设计，拌制时应计量准确，并应搅拌均匀；

3 泡沫混凝土应按设计的厚度设定浇筑面标高线，找坡时宜采取挡板辅助措施；

4 泡沫混凝土的浇筑出料口离基层的高度不宜超过 1m，泵送时采取低压泵送；

5 泡沫混凝土应分层浇筑，一次浇筑厚度不宜超过 200mm，终凝后应进行保湿养护，养护时间不得少于 7d。

5.3.9 保温材料的贮运、保管应符合下列规定：

1 保温材料应采取防雨、防潮、防火的措施，并应分类存放；

2 板状保温材料搬运时应轻拿轻放；

3 纤维保温材料应在干燥、通风的房屋内贮存，搬运时应轻拿轻放。

5.3.10 进场的保温材料应检验下列项目：

1 板状保温材料：表观密度或干密度、压缩强度或抗压强度、导热系数、燃烧性能；

2 纤维保温材料应检验表观密度、导热系数、燃烧性能。

5.3.11 保温层的施工环境温度应符合下列规定：

1 干铺的保温材料可在负温度下施工；

2 用水泥砂浆粘贴的板状保温材料不宜低于5℃；

3 喷涂硬泡聚氨酯宜为15℃～35℃，空气相对湿度宜小于85％，风速不宜大于三级；

4 现浇泡沫混凝土宜为5℃～35℃。

5.3.12 种植隔热层施工应符合下列规定：

1 种植隔热层挡墙或挡板施工时，留设的泄水孔位置应准确，并不得堵塞。

2 凹凸型排水板宜采用搭接法施工，搭接宽度应根据产品的规格具体确定；网状交织排水板宜采用对接法施工；采用陶粒作排水层时，铺设应平整，厚度应均匀。

3 过滤层土工布铺设应平整、无皱折，搭接宽度不应小于100mm，搭接宜采用粘合或缝合处理；土工布应沿种植土周边向上铺设至种植土高度。

4 种植土层的荷载应符合设计要求；种植土、植物等应在屋面上均匀堆放，且不得损坏防水层。

5.3.13 架空隔热层施工应符合下列规定：

1 架空隔热层施工前，应将屋面清扫干净，并应根据架空隔热制品的尺寸弹出支座中线；

2 在架空隔热制品支座底面，应对卷材、涂膜防水层采取加强措施；

3 铺设架空隔热制品时，应随时清扫屋面防水层上的落灰、杂物等，操作时不得损伤已完工的防水层；

4 架空隔热制品的铺设应平整、稳固，缝隙应勾填密实。

5.3.14 蓄水隔热层施工应符合下列规定：

1 蓄水池的所有孔洞应预留，不得后凿。所设置的溢水管、排水管和给水管等，应在混凝土施工前安装完毕；

2 每个蓄水区的防水混凝土应一次浇筑完毕，不得留置施工缝；

3 蓄水池的防水混凝土施工时，环境气温宜为5℃～35℃，并应避免在冬期和高温期施工；

4 蓄水池的防水混凝土完工后，应及时进行养护，养护时间不应少于14d；蓄水后不得断水；

5 蓄水池的溢水口标高、数量、尺寸应符合设计要求；过水孔应设在分仓墙底部，排水管应与水落管连通。

5.4 卷材防水层施工

5.4.1 卷材防水层基层应坚实、干净、平整，应无孔隙、起砂和裂缝。基层的干燥程度应根据所选防水卷材的特性确定。

5.4.2 卷材防水层铺贴顺序和方向应符合下列规定：

1 卷材防水层施工时，应先进行细部构造处理，然后由屋面最低标高向上铺贴；

2 檐沟、天沟卷材施工时，宜顺檐沟、天沟方向铺贴，搭接缝应顺流水方向；

3 卷材宜平行屋脊铺贴，上下层卷材不得相互垂直铺贴。

5.4.3 立面或大坡面铺贴卷材时，应采用满粘法，并宜减少卷材短边搭接。

5.4.4 采用基层处理剂时，其配制与施工应符合下列规定：

1 基层处理剂应与卷材相容；

2 基层处理剂应配比准确，并应搅拌均匀；

3 喷、涂基层处理剂前，应先对屋面细部进行涂刷；

4 基层处理剂可选用喷涂或涂刷施工工艺，喷、涂应均匀一致，干燥后应及时进行卷材施工。

5.4.5 卷材搭接缝应符合下列规定：

1 平行屋脊的搭接缝应顺流水方向，搭接缝宽度应符合本规范第4.5.10条的规定；

2 同一层相邻两幅卷材短边搭接缝错开不应小于500mm；

3 上下层卷材长边搭接缝应错开，且不应小于幅宽的1/3；

4 叠层铺贴的各层卷材，在天沟与屋面的交接处，应采用叉接法搭接，搭接缝应错开；搭接缝宜留在屋面与天沟侧面，不宜留在沟底。

5.4.6 冷粘法铺贴卷材应符合下列规定：

1 胶粘剂涂刷应均匀，不得露底、堆积；卷材空铺、点粘、条粘时，应按规定的位置及面积涂刷胶粘剂；

2 应根据胶粘剂的性能与施工环境、气温条件等，控制胶粘剂涂刷与卷材铺贴的间隔时间；

3 铺贴卷材时应排除卷材下面的空气，并应辊压粘贴牢固；

4 铺贴的卷材应平整顺直，搭接尺寸应准确，不得扭曲、皱折；搭接部位的接缝应满涂胶粘剂，辊压应粘贴牢固；

5 合成高分子卷材铺好压粘后，应将搭接部位的粘合面清理干净，并应采用与卷材配套的接缝专用胶粘剂，在搭接缝粘合面上应涂刷均匀，不得露底、堆积，应排除缝间的空气，并用辊压粘贴牢固；

6 合成高分子卷材搭接部位采用胶粘带粘结时，粘合面应清理干净，必要时可涂刷与卷材及胶粘带材性相容的基层胶粘剂，撕去胶粘带隔离纸后应及时粘合接缝部位的卷材，并应辊压粘贴牢固；低温施工时，宜采用热风机加热；

7 搭接缝口应用材性相容的密封材料封严。

5.4.7 热粘法铺贴卷材应符合下列规定：

1 熔化热熔型改性沥青胶结料时，宜采用专用导热油炉加热，加热温度不应高于200℃，使用温度不宜低于180℃；

2 粘贴卷材的热熔型改性沥青胶结料厚度宜为1.0mm～1.5mm；

3 采用热熔型改性沥青胶结料铺贴卷材时，应随刮随滚铺，并应展平压实。

5.4.8 热熔法铺贴卷材应符合下列规定：

1 火焰加热器的喷嘴距卷材面的距离适中，幅宽内加热应均匀，应以卷材表面熔融至光亮黑色为度，不得过分加热卷材；厚度小于3mm的高聚物改性沥青防水卷材，严禁采用热熔法施工；

2 卷材表面沥青热熔后应立即滚铺卷材，滚铺时应排除卷材下面的空气；

3 搭接缝部位宜以溢出热熔的改性沥青胶结料为度，溢出的改性沥青胶结料宽度宜为8mm，并宜均匀顺直；当接缝处的卷材上有矿物粒或片料时，应用火焰烘烤及清除干净后再进行热熔和接缝处理；

4 铺贴卷材时应平整顺直，搭接尺寸应准确，不得扭曲。

5.4.9 自粘法铺贴卷材应符合下列规定：

1 铺粘卷材前，基层表面应均匀涂刷基层处理剂，干燥后应及时铺贴卷材；

2 铺贴卷材时应将自粘胶底面的隔离纸完全撕净；

3 铺贴卷材时应排除卷材下面的空气，并应辊压粘贴牢固；

4 铺贴的卷材应平整顺直，搭接尺寸应准确，不得扭曲、皱折；低温施工时，立面、大坡面及搭接部位宜采用热风机加热，加热后应随即粘贴牢固；

5 搭接缝口应采用材性相容的密封材料封严。

5.4.10 焊接法铺贴卷材应符合下列规定：

1 对热塑性卷材的搭接缝可采用单缝焊或双缝焊，焊接应严密；

2 焊接前，卷材应铺放平整、顺直，搭接尺寸应准确，焊接缝的结合面应清理干净；

3 应先焊长边搭接缝，后焊短边搭接缝；

4 应控制加热温度和时间，焊接缝不得漏焊、跳焊或焊接不牢。

5.4.11 机械固定法铺贴卷材应符合下列规定：

1 固定件应与结构层连接牢固；

2 固定件间距应根据抗风揭试验和当地的使用环境与条件确定，并不大于600mm；

3 卷材防水层周边800mm范围内应满粘，卷材收头应采用金属压条钉压固定和密封处理。

5.4.12 防水卷材的贮运、保管应符合下列规定：

1 不同品种、规格的卷材应分别堆放；

2 卷材应贮存在阴凉通风处，应避免雨淋、日晒和受潮，严禁接近火源；

3 卷材应避免与化学介质及有机溶剂等有害物质接触。

5.4.13 进场的防水卷材应检验下列项目：

1 高聚物改性沥青防水卷材的可溶物含量，拉力，最大拉力时延伸率，耐热度，低温柔性，不透水性；

2 合成高分子防水卷材的断裂拉伸强度、扯断伸长率、低温弯折性、不透水性。

5.4.14 胶粘剂和胶粘带的贮运、保管应符合下列规定：

1 不同品种、规格的胶粘剂和胶粘带，应分别用密封桶或纸箱包装；

2 胶粘剂和胶粘带应贮存在阴凉通风的室内，严禁接近火源和热源。

5.4.15 进场的基层处理剂、胶粘剂和胶粘带，应检验下列项目：

1 沥青基防水卷材用基层处理剂的固体含量、耐热性、低温柔性、剥离强度；

2 高分子胶粘剂的剥离强度、浸水168h后的剥离强度保持率；

3 改性沥青胶粘剂的剥离强度；

4 合成橡胶胶粘带的剥离强度、浸水168h后的剥离强度保持率。

5.4.16 卷材防水层的施工环境温度应符合下列规定：

1 热熔法和焊接法不宜低于一10℃；

2 冷粘法和热粘法不宜低于5℃；

3 自粘法不宜低于10℃。

5.5 涂膜防水层施工

5.5.1 涂膜防水层的基层应坚实、平整、干净，应无孔隙、起砂和裂缝。基层的干燥程度应根据所选用的防水涂料特性确定；当采用溶剂型、热熔型和反应固化型防水涂料时，基层应干燥。

5.5.2 基层处理剂的施工应符合本规范第5.4.4条的规定。

5.5.3 双组分或多组分防水涂料应按配合比准确计量，应采用电动机具搅拌均匀，已配制的涂料应及时使用。配料时，可加入适量的缓凝剂或促凝剂调节固化时间，但不得混合已固化的涂料。

5.5.4 涂膜防水层施工应符合下列规定：

1 防水涂料应多遍均匀涂布，涂膜总厚度应符合设计要求；

2 涂膜间夹铺胎体增强材料时，宜边涂布边铺胎体；胎体应铺贴平整，应排除气泡，并应与涂料粘结牢固。在胎体上涂布涂料时，应使涂料浸透胎体，并应覆盖完全，不得有胎体外露现象。最上面的涂膜厚度不应小于1.0mm；

3 涂膜施工应先做好细部处理，再进行大面积涂布；

4 屋面转角及立面的涂膜应薄涂多遍，不得流淌和堆积。

5.5.5 涂膜防水层施工工艺应符合下列规定：

1 水乳型及溶剂型防水涂料宜选用滚涂或喷涂施工；

2 反应固化型防水涂料宜选用刮涂或喷涂施工；

3 热熔型防水涂料宜选用刮涂施工；

4 聚合物水泥防水涂料宜选用刮涂法施工；

5 所有防水涂料用于细部构造时，宜选用刷涂或喷涂施工。

5.5.6 防水涂料和胎体增强材料的贮运、保管，应符合下列规定：

1 防水涂料包装容器应密封，容器表面应标明涂料名称、生产厂家、执行标准号、生产日期和产品有效期，并应分类存放；

2 反应型和水乳型涂料贮运和保管环境温度不宜低于5℃；

3 溶剂型涂料贮运和保管环境温度不宜低于0℃，并不得日晒、碰撞和渗漏；保管环境应干燥、通风，并应远离火源、热源；

4 胎体增强材料贮运、保管环境应干燥、通风，并应远离火源、热源。

5.5.7 进场的防水涂料和胎体增强材料应检验下列项目：

1 高聚物改性沥青防水涂料的固体含量、耐热性、低温柔性、不透水性、断裂伸长率或抗裂性；

2 合成高分子防水涂料和聚合物水泥防水涂料的固体含量、低温柔性、不透水性、拉伸强度、断裂伸长率；

3 胎体增强材料的拉力、延伸率。

5.5.8 涂膜防水层的施工环境温度应符合下列规定：

1 水乳型及反应型涂料宜为5℃～35℃；

2 溶剂型涂料宜为-5℃～35℃；

3 热熔型涂料不宜低于-10℃；

4 聚合物水泥涂料宜为5℃～35℃。

5.6 接缝密封防水施工

5.6.1 密封防水部位的基层应符合下列规定：

1 基层应牢固，表面应平整、密实，不得有裂缝、蜂窝、麻面、起皮和起砂等现象；

2 基层应清洁、干燥，应无油污、无灰尘；

3 嵌入的背衬材料与接缝壁间不得留有空隙；

4 密封防水部位的基层宜涂刷基层处理剂，涂刷应均匀，不得漏涂。

5.6.2 改性沥青密封材料防水施工应符合下列规定：

1 采用冷嵌法施工时，宜分次将密封材料嵌填在缝内，并应防止裹入空气；

2 采用热灌法施工时，应由下向上进行，并宜减少接头；密封材料熬制及浇灌温度，应按不同材料要求严格控制。

5.6.3 合成高分子密封材料防水施工应符合下列规定：

1 单组分密封材料可直接使用；多组分密封材料应根据规定的比例准确计量，并应拌合均匀；每次拌合量、拌合时间和拌合温度，应按所用密封材料的要求严格控制；

2 采用挤出枪嵌填时，应根据接缝的宽度选用口径合适的挤出嘴，应均匀挤出密封材料嵌填，并应由底部逐渐充满整个接缝；

3 密封材料嵌填后，应在密封材料表干前用腻子刀嵌填修整。

5.6.4 密封材料嵌填应密实、连续、饱满，应与基层粘结牢固；表面应平滑，缝边应顺直，不得有气泡、孔洞、开裂、剥离等现象。

5.6.5 对嵌填完毕的密封材料，应避免碰损及污染；固化前不得踩踏。

5.6.6 密封材料的贮运、保管应符合下列规定：

1 运输时应防止日晒、雨淋、撞击、挤压；

2 贮运、保管环境应通风、干燥，防止日光直接照射，并应远离火源、热源；乳胶型密封材料在冬季时应采取防冻措施；

3 密封材料应按类别、规格分别存放。

5.6.7 进场的密封材料应检验下列项目：

1 改性石油沥青密封材料的耐热性、低温柔性、拉伸粘结性、施工度；

2 合成高分子密封材料的拉伸模量、断裂伸长率、定伸粘结性。

5.6.8 接缝密封防水的施工环境温度应符合下列规定：

1 改性沥青密封材料和溶剂型合成高分子密封材料宜为0℃～35℃；

2 乳胶型及反应型合成高分子密封材料宜为5℃～35℃。

5.7 保护层和隔离层施工

5.7.1 施工完的防水层应进行雨后观察、淋水或蓄水试验，并应在合格后再进行保护层和隔离层的施工。

5.7.2 保护层和隔离层施工前，防水层或保温层的表面应平整、干净。

5.7.3 保护层和隔离层施工时，应避免损坏防水层或保温层。

5.7.4 块体材料、水泥砂浆、细石混凝土保护层表面的坡度应符合设计要求，不得有积水现象。

5.7.5 块体材料保护层铺设应符合下列规定：

1 在砂结合层上铺设块体时，砂结合层应平整，块体间应预留10mm的缝隙，缝内应填砂，并应用1:2水泥砂浆勾缝；

2 在水泥砂浆结合层上铺设块体时，应先在防水层上做隔离层，块体间应预留10mm的缝隙，缝内

应用1∶2水泥砂浆勾缝;

3 块体表面应洁净、色泽一致,应无裂纹、掉角和缺棱等缺陷。

5.7.6 水泥砂浆及细石混凝土保护层铺设应符合下列规定:

1 水泥砂浆及细石混凝土保护层铺设前,应在防水层上做隔离层;

2 细石混凝土铺设不宜留施工缝;当施工间隙超过时间规定时,应对接槎进行处理;

3 水泥砂浆及细石混凝土表面应抹平压光,不得有裂纹、脱皮、麻面、起砂等缺陷。

5.7.7 浅色涂料保护层施工应符合下列规定:

1 浅色涂料应与卷材、涂膜相容,材料用量应根据产品说明书的规定使用;

2 浅色涂料应多遍涂刷,当防水层为涂膜时,应在涂膜固化后进行;

3 涂层应与防水层粘结牢固,厚薄应均匀,不得漏涂;

4 涂层表面应平整,不得流淌和堆积。

5.7.8 保护层材料的贮运、保管应符合下列规定:

1 水泥贮运、保管时应采取防尘、防雨、防潮措施;

2 块体材料应按类别、规格分别堆放;

3 浅色涂料贮运、保管环境温度,反应型及水乳型不宜低于5℃,溶剂型不宜低于0℃;

4 溶剂型涂料保管环境应干燥、通风,并应远离火源和热源。

5.7.9 保护层的施工环境温度应符合下列规定:

1 块体材料干铺不宜低于−5℃,湿铺不宜低于5℃;

2 水泥砂浆及细石混凝土宜为5℃~35℃;

3 浅色涂料不宜低于5℃。

5.7.10 隔离层铺设不得有破损和漏铺现象。

5.7.11 干铺塑料膜、土工布、卷材时,其搭接宽度不应小于50mm;铺设应平整,不得有皱折。

5.7.12 低强度等级砂浆铺设时,其表面应平整、压实,不得有起壳和起砂等现象。

5.7.13 隔离层材料的贮运、保管应符合下列规定:

1 塑料膜、土工布、卷材贮运时,应防止日晒、雨淋、重压;

2 塑料膜、土工布、卷材保管时,应保证室内干燥、通风;

3 塑料膜、土工布、卷材保管环境应远离火源、热源。

5.7.14 隔离层的施工环境温度应符合下列规定:

1 干铺塑料膜、土工布、卷材可在负温下施工;

2 铺抹低强度等级砂浆宜为5℃~35℃。

5.8 瓦屋面施工

5.8.1 瓦屋面采用的木质基层、顺水条、挂瓦条的防腐、防火及防蛀处理,以及金属顺水条、挂瓦条的防锈蚀处理,均应符合设计要求。

5.8.2 屋面木基层应铺钉牢固、表面平整;钢筋混凝土基层的表面应平整、干净、干燥。

5.8.3 防水垫层的铺设应符合下列规定:

1 防水垫层可采用空铺、满粘或机械固定;

2 防水垫层在瓦屋面构造层次中的位置应符合设计要求;

3 防水垫层宜自下而上平行屋脊铺设;

4 防水垫层应顺流水方向搭接,搭接宽度应符合本规范第4.8.6条的规定;

5 防水垫层应铺设平整,下道工序施工时,不得损坏已铺设完成的防水垫层。

5.8.4 持钉层的铺设应符合下列规定:

1 屋面无保温层时,木基层或钢筋混凝土基层可视为持钉层;钢筋混凝土基层不平整时,宜用1∶2.5的水泥砂浆进行找平;

2 屋面有保温层时,保温层上应按设计要求做细石混凝土持钉层,内配钢筋网应骑跨屋脊,并应绷直与屋脊和檐口、檐沟部位的预埋锚筋连牢;预埋锚筋穿过防水层或防水垫层时,破损处应进行局部密封处理;

3 水泥砂浆或细石混凝土持钉层可不设分格缝;持钉层与突出屋面结构的交接处应预留30mm宽的缝隙。

Ⅰ 烧结瓦、混凝土瓦屋面

5.8.5 顺水条应顺流水方向固定,间距不宜大于500mm,顺水条应铺钉牢固、平整。钉挂瓦条时应拉通线,挂瓦条的间距应根据瓦片尺寸和屋面坡长经计算确定,挂瓦条应铺钉牢固、平整,上棱应成一直线。

5.8.6 铺设瓦屋面时,瓦片应均匀分散堆放在两坡屋面基层上,严禁集中堆放。铺瓦时,应由两坡从下向上同时对称铺设。

5.8.7 瓦片应铺成整齐的行列,并应彼此紧密搭接,应做到瓦榫落槽、瓦脚挂牢、瓦头排齐,且无翘角和张口现象,檐口应成一直线。

5.8.8 脊瓦搭盖间距应均匀,脊瓦与坡面瓦之间的缝隙应用聚合物水泥砂浆填实抹平,屋脊或斜脊应顺直。沿山墙一行瓦宜用聚合物水泥砂浆做出披水线。

5.8.9 檐口第一根挂瓦条应保证瓦头出檐口50mm~70mm;屋脊两坡最上面的一根挂瓦条,应保证脊瓦在坡面瓦上的搭盖宽度不小于40mm;钉檐口条或封檐板时,均应高出挂瓦条20mm~30mm。

5.8.10 烧结瓦、混凝土瓦屋面完工后,应避免屋面受物体冲击,严禁任意上人或堆放物件。

5.8.11 烧结瓦、混凝土瓦的贮运、保管应符合下列规定:

1 烧结瓦、混凝土瓦运输时应轻拿轻放，不得抛扔、碰撞；

2 进入现场后应堆垛整齐。

5.8.12 进场的烧结瓦、混凝土瓦应检验抗渗性、抗冻性和吸水率等项目。

Ⅱ 沥青瓦屋面

5.8.13 铺设沥青瓦前，应在基层上弹出水平及垂直基准线，并应按线铺设。

5.8.14 檐口部位宜先铺设金属滴水板或双层檐口瓦，并应将其固定在基层上，再铺设防水垫层和起始瓦片。

5.8.15 沥青瓦应自檐口向上铺设，起始层瓦应由瓦片经切除垂片部分后制得，且起始层瓦沿檐口平行铺设并伸出檐口 10mm，再用沥青基胶结材料和基层粘结；第一层瓦应与起始层瓦叠合，但瓦切口应向下指向檐口；第二层瓦应压在第一层瓦上且露出瓦切口，但不得超过切口长度。相邻两层沥青瓦的拼缝及切口应均匀错开。

5.8.16 檐口、屋脊等屋面边沿部位的沥青瓦之间、起始层沥青瓦与基层之间，应采用沥青基胶结材料满粘牢固。

5.8.17 在沥青瓦上钉固定钉时，应将钉垂直钉入持钉层内；固定钉穿入细石混凝土持钉层的深度不应小于 20mm，穿入木质持钉层的深度不应小于 15mm，固定钉的钉帽不得外露在沥青瓦表面。

5.8.18 每片脊瓦应用两个固定钉固定；脊瓦应顺年最大频率风向搭接，并应搭盖住两坡面沥青瓦每边不小于 150mm；脊瓦与脊瓦的压盖面不应小于脊瓦面积的 1/2。

5.8.19 沥青瓦屋面与立墙或伸出屋面的烟囱、管道的交接处应做泛水，在其周边与立面 250mm 的范围内应铺设附加层，然后在其表面用沥青基胶结材料满粘一层沥青瓦片。

5.8.20 铺设沥青瓦屋面的天沟应顺直，瓦片应粘结牢固，搭接缝应密封严密，排水应通畅。

5.8.21 沥青瓦的贮运、保管应符合下列规定：

1 不同类型、规格的产品应分别堆放；

2 贮存温度不应高于 45℃，并应平放贮存；

3 应避免雨淋、日晒、受潮，并应注意通风和避免接近火源。

5.8.22 进场的沥青瓦应检验可溶物含量、拉力、耐热度、柔度、不透水性、叠层剥离强度等项目。

5.9 金属板屋面施工

5.9.1 金属板屋面施工应在主体结构和支承结构验收合格后进行。

5.9.2 金属板屋面施工前应根据施工图纸进行深化排板图设计。金属板铺设时，应根据金属板板型技术要求和深化设计排板图进行。

5.9.3 金属板屋面施工测量应与主体结构测量相配合，其误差应及时调整，不得积累；施工过程中应定期对金属板的安装定位基准点进行校核。

5.9.4 金属板屋面的构件及配件应有产品合格证和性能检测报告，其材料的品种、规格、性能等应符合设计要求和产品标准的规定。

5.9.5 金属板的长度应根据屋面排水坡度、板型连接构造、环境温差及吊装运输条件等综合确定。

5.9.6 金属板的横向搭接方向宜顺主导风向；当在多维曲面上雨水可能翻越金属板板肋横流时，金属板的纵向搭接应顺流水方向。

5.9.7 金属板铺设过程中应对金属板采取临时固定措施，当天就位的金属板材应及时连接固定。

5.9.8 金属板安装应平整、顺滑，板面不应有施工残留物；檐口线、屋脊线应顺直，不得有起伏不平现象。

5.9.9 金属板屋面施工完毕，应进行雨后观察、整体或局部淋水试验，檐沟、天沟应进行蓄水试验，并应填写淋水和蓄水试验记录。

5.9.10 金属板屋面完工后，应避免屋面受物体冲击，并不宜对金属面板进行焊接、开孔等作业，严禁任意上人或堆放物件。

5.9.11 金属板应边缘整齐、表面光滑、色泽均匀、外形规则，不得有扭翘、脱膜和锈蚀等缺陷。

5.9.12 金属板的吊运、保管应符合下列规定：

1 金属板应用专用吊具安装，吊装和运输过程中不得损伤金属板材；

2 金属板堆放地点宜选择在安装现场附近，堆放场地应平整坚实且便于排除地面水。

5.9.13 进场的彩色涂层钢板及钢带应检验屈服强度、抗拉强度、断后伸长率、镀层重量、涂层厚度等项目。

5.9.14 金属面绝热夹芯板的贮运、保管应符合下列规定：

1 夹芯板应采取防雨、防潮、防火措施；

2 夹芯板之间应用衬垫隔离，并应分类堆放，应避免受压或机械损伤。

5.9.15 进场的金属面绝热夹芯板应检验剥离性能、抗弯承载力、防火性能等项目。

5.10 玻璃采光顶施工

5.10.1 玻璃采光顶施工应在主体结构验收合格后进行；采光顶的支承构件与主体结构连接的预埋件应按设计要求埋设。

5.10.2 玻璃采光顶的施工测量应与主体结构测量相配合，测量偏差应及时调整，不得积累；施工过程中应定期对采光顶的安装定位基准点进行校核。

5.10.3 玻璃采光顶的支承构件、玻璃组件及附件，其材料的品种、规格、色泽和性能应符合设计要求和技术标准的规定。

5.10.4 玻璃采光顶施工完毕，应进行雨后观察、整体或局部淋水试验，檐沟、天沟应进行蓄水试验，并应填写淋水和蓄水试验记录。

5.10.5 框支承玻璃采光顶的安装施工应符合下列规定：

1 应根据采光顶分格测量，确定采光顶各分格点的空间定位；

2 支承结构应按顺序安装，采光顶框架组件安装就位、调整后应及时紧固；不同金属材料的接触面应采用隔离材料；

3 采光顶的周边封堵收口、屋脊处压边收口、支座处封口处理，均应铺设平整且可靠固定；

4 采光顶天沟、排水槽、通气槽及雨水排出口等细部构造应符合设计要求；

5 装饰压板应顺流水方向设置，表面应平整，接缝应符合设计要求。

5.10.6 点支承玻璃采光顶的安装施工应符合下列规定：

1 应根据采光顶分格测量，确定采光顶各分格点的空间定位；

2 钢桁架及网架结构安装就位、调整后应及时紧固；钢索杆结构的拉索、拉杆预应力施加应符合设计要求；

3 采光顶应采用不锈钢驳接组件装配，爪件安装前应精确定出其安装位置；

4 玻璃宜采用机械吸盘安装，并应采取必要的安全措施；

5 玻璃接缝应采用硅酮耐候密封胶；

6 中空玻璃钻孔周边应采取多道密封措施。

5.10.7 明框玻璃组件组装应符合下列规定：

1 玻璃与构件槽口的配合应符合设计要求和技术标准的规定；

2 玻璃四周密封胶条的材质、型号应符合设计要求，镶嵌应平整、密实，胶条的长度宜大于边框内槽口长度1.5%～2.0%，胶条在转角处应斜面断开，并应用粘结剂粘结牢固；

3 组件中的导气孔及排水孔设置应符合设计要求，组装时应保持孔道通畅；

4 明框玻璃组件应拼装严密，框缝密封应采用硅酮耐候密封胶。

5.10.8 隐框及半隐框玻璃组件组装应符合下列规定：

1 玻璃及框料粘结表面的尘埃、油渍和其他污物，应分别使用带溶剂的擦布和干擦布清除干净，并应在清洁1h内嵌填密封胶；

2 所用的结构粘结材料应采用硅酮结构密封胶，其性能应符合现行国家标准《建筑用硅酮结构密封胶》GB 16776的有关规定；硅酮结构密封胶应在有

效期内使用；

3 硅酮结构密封胶应嵌填饱满，并应在温度15℃～30℃、相对湿度50%以上、洁净的室内进行，不得在现场嵌填；

4 硅酮结构密封胶的粘结宽度和厚度应符合设计要求，胶缝表面应平整光滑，不得出现气泡；

5 硅酮结构密封胶固化期间，组件不得长期处于单独受力状态。

5.10.9 玻璃接缝密封胶的施工应符合下列规定：

1 玻璃接缝密封应采用硅酮耐候密封胶，其性能应符合现行行业标准《幕墙玻璃接缝用密封胶》JC/T 882的有关规定，密封胶的级别和模量应符合设计要求；

2 密封胶的嵌填应密实、连续、饱满，胶缝应平整光滑、缝边顺直；

3 玻璃间的接缝宽度和密封胶的嵌填深度应符合设计要求；

4 不宜在夜晚、雨天嵌填密封胶，嵌填温度应符合产品说明书规定，嵌填密封胶的基面应清洁、干燥。

5.10.10 玻璃采光顶材料的贮运、保管应符合下列规定：

1 采光顶部件在搬运时应轻拿轻放，严禁发生互相碰撞；

2 采光玻璃在运输中应采用有足够承载力和刚度的专用货架；部件之间应用衬垫固定，并应相互隔开；

3 采光顶部件应放在专用货架上，存放场地应平整、坚实、通风、干燥，并严禁与酸碱等类的物质接触。

附录 A 屋面工程用防水及保温材料标准

A.0.1 屋面工程用防水材料标准应按表 A.0.1 选用。

表 A.0.1 屋面工程用防水材料标准

类　别	标　准　名　称	标准编号
改性沥青防水卷材	1. 弹性体改性沥青防水卷材	GB 18242
	2. 塑性体改性沥青防水卷材	GB 18243
	3. 改性沥青聚乙烯胎防水卷材	GB 18967
	4. 带自粘层的防水卷材	GB/T 23260
	5. 自粘聚合物改性沥青防水卷材	GB 23441
高分子防水卷材	1. 聚氯乙烯防水卷材	GB 12952
	2. 氯化聚乙烯防水卷材	GB 12953
	3. 高分子防水材料　第1部分：片材	GB 18173.1
	4. 氯化聚乙烯-橡胶共混防水卷材	JC/T 684

类　别	标　准　名　称	标准编号
防水涂料	1. 聚氨酯防水涂料	GB/T 19250
	2. 聚合物水泥防水涂料	GB/T 23445
	3. 水乳型沥青防水涂料	JC/T 408
	4. 溶剂型橡胶沥青防水涂料	JC/T 852
	5. 聚合物乳液建筑防水涂料	JC/T 864
密封材料	1. 硅酮建筑密封胶	GB/T 14683
	2. 建筑用硅酮结构密封胶	GB 16776
	3. 建筑防水沥青嵌缝油膏	JC/T 207
	4. 聚氨酯建筑密封胶	JC/T 482
	5. 聚硫建筑密封胶	JC/T 483
	6. 中空玻璃用弹性密封胶	JC/T 486
	7. 混凝土建筑接缝用密封胶	JC/T 881
	8. 幕墙玻璃接缝用密封胶	JC/T 882
	9. 彩色涂层钢板用建筑密封胶	JC/T 884
瓦	1. 玻纤胎沥青瓦	GB/T 20474
	2. 烧结瓦	GB/T 21149
	3. 混凝土瓦	JC/T 746
配套材料	1. 高分子防水卷材胶粘剂	JC/T 863
	2. 丁基橡胶防水密封胶粘带	JC/T 942
	3. 坡屋面用防水材料 聚合物改性沥青防水垫层	JC/T 1067
	4. 坡屋面用防水材料 自粘聚合物沥青防水垫层	JC/T 1068
	5. 沥青防水卷材用基层处理剂	JC/T 1069
	6. 自粘聚合物沥青泛水带	JC/T 1070
	7. 种植屋面用耐根穿刺防水卷材	JC/T 1075

A.0.2　屋面工程用保温材料标准应按表 A.0.2 的规定选用。

表 A.0.2　屋面工程用保温材料标准

类　别	标　准　名　称	标准编号
聚苯乙烯泡沫塑料	1. 绝热用模塑聚苯乙烯泡沫塑料	GB/T 10801.1
	2. 绝热用挤塑聚苯乙烯泡沫塑料（XPS）	GB/T 10801.2
硬质聚氨酯泡沫塑料	1. 建筑绝热用硬质聚氨酯泡沫塑料	GB/T 21558
	2. 喷涂聚氨酯硬泡体保温材料	JC/T 998

类　别	标　准　名　称	标准编号
无机硬质绝热制品	1. 膨胀珍珠岩绝热制品	GB/T 10303
	2. 蒸压加气混凝土砌块	GB/T 11968
	3. 泡沫玻璃绝热制品	JC/T 647
	4. 泡沫混凝土砌块	JC/T 1062
纤维保温材料	1. 建筑绝热用玻璃棉制品	GB/T 17795
	2. 建筑用岩棉、矿渣棉绝热制品	GB/T 19686
金属面绝热夹芯板	1. 建筑用金属面绝热夹芯板	GB/T 23932

附录 B　屋面工程用防水及保温材料主要性能指标

B.1　防水材料主要性能指标

B.1.1　高聚物改性沥青防水卷材主要性能指标应符合表 B.1.1 的要求。

表 B.1.1　高聚物改性沥青防水卷材主要性能指标

项　目	指　标				
	聚酯毡胎体	玻纤毡胎体	聚乙烯胎体	自粘聚酯胎体	自粘无胎体
可溶物含量（g/m²）	3mm 厚≥2100 4mm 厚≥2900	—	2mm 厚≥1300 3mm 厚≥2100		—
拉力（N/50mm）	≥500	纵向≥350	≥200	2mm 厚≥350 3mm 厚≥450	≥150
延伸率（%）	最大拉力时 SBS≥30 APP≥25	—	断裂时≥120	最大拉力时≥30	最大拉力时≥200
耐热度（℃，2h）	SBS 卷材 90，APP 卷材 110，无滑动、流淌、滴落		PEE 卷材 90，无流淌、起泡	70，无滑动、流淌、滴落	70，滑动不超过 2mm
低温柔性（℃）	SBS 卷材-20；APP 卷材-7；PEE 卷材-20			-20	
不透水性 压力（MPa）	≥0.3	≥0.2	≥0.4	≥0.3	≥0.2
不透水性 保持时间（min）	≥30				≥120

注：SBS 卷材为弹性体改性沥青防水卷材；APP 卷材为塑性体改性沥青防水卷材；PEE 卷材为改性沥青聚乙烯胎防水卷材。

B.1.2　合成高分子防水卷材主要性能指标应符合表 B.1.2 的要求。

表 B.1.2　合成高分子防水卷材主要性能指标

项　目	指　标			
	硫化橡胶类	非硫化橡胶类	树脂类	树脂类（复合片）
断裂拉伸强度（MPa）	≥6	≥3	≥10	≥60 N/10mm
扯断伸长率（%）	≥400	≥200	≥200	≥400
低温弯折（℃）	－30	－20	－25	－20
不透水性　压力（MPa）	≥0.3	≥0.2	≥0.3	≥0.3
不透水性　保持时间（min）	≥30			
加热收缩率（%）	＜1.2	＜2.0	≤2.0	≤2.0
热老化保持率（80℃×168h，%）　断裂拉伸强度	≥80		≥85	≥80
热老化保持率（80℃×168h，%）　扯断伸长率	≥70		≥80	≥70

B.1.3 基层处理剂、胶粘剂、胶粘带主要性能指标应符合表 B.1.3 的要求。

表 B.1.3　基层处理剂、胶粘剂、胶粘带主要性能指标

项　目	指　标			
	沥青基防水卷材用基层处理剂	改性沥青胶粘剂	高分子胶粘剂	双面胶粘带
剥离强度（N/10mm）	≥8	≥8	≥15	≥6
浸水168h剥离强度保持率（%）	≥8 N/10mm	≥8 N/10mm	70	70
固体含量（%）	水性≥40 溶剂性≥30			
耐热性	80℃无流淌	80℃无流淌	—	—
低温柔性	0℃无裂纹	0℃无裂纹	—	—

B.1.4 高聚物改性沥青防水涂料主要性能指标应符合表 B.1.4 的要求。

表 B.1.4　高聚物改性沥青防水涂料主要性能指标

项　目	指　标	
	水乳型	溶剂型
固体含量（%）	≥45	≥48
耐热性（80℃，5h）	无流淌、起泡、滑动	
低温柔性（℃，2h）	－15，无裂纹	－15，无裂纹

续表 B.1.4

项　目	指　标	
	水乳型	溶剂型
不透水性　压力（MPa）	≥0.1	≥0.2
不透水性　保持时间（min）	≥30	≥30
断裂伸长率（%）	≥600	—
抗裂性（mm）		基层裂缝0.3mm，涂膜无裂纹

B.1.5 合成高分子防水涂料（反应型固化）主要性能指标应符合表 B.1.5 的要求。

表 B.1.5　合成高分子防水涂料（反应型固化）主要性能指标

项　目	指　标	
	Ⅰ类	Ⅱ类
固体含量（%）	单组分≥80；多组分≥92	
拉伸强度（MPa）	单组分，多组分≥1.9	单组分，多组分≥2.45
断裂伸长率（%）	单组分≥550；多组分≥450	单组分，多组分≥450
低温柔性（℃，2h）	单组分－40；多组分－35，无裂纹	
不透水性　压力（MPa）	≥0.3	
不透水性　保持时间（min）	≥30	

注：产品按拉伸性能分Ⅰ类和Ⅱ类。

B.1.6 合成高分子防水涂料（挥发固化型）主要性能指标应符合表 B.1.6 的要求。

表 B.1.6　合成高分子防水涂料（挥发固化型）主要性能指标

项　目	指　标
固体含量（%）	≥65
拉伸强度（MPa）	≥1.5
断裂伸长率（%）	≥300
低温柔性（℃，2h）	－20，无裂纹
不透水性　压力（MPa）	≥0.3
不透水性　保持时间（min）	≥30

B.1.7 聚合物水泥防水涂料主要性能指标应符合表 B.1.7 的要求。

表 B.1.7　聚合物水泥防水涂料主要性能指标

项　目		指标
固体含量（%）		≥70
拉伸强度（MPa）		≥1.2
断裂伸长率（%）		≥200
低温柔性（℃，2h）		—10，无裂纹
不透水性	压力（MPa）	≥0.3
	保持时间（min）	≥30

B.1.8 聚合物水泥防水胶结材料主要性能指标应符合表 B.1.8 的要求。

表 B.1.8　聚合物水泥防水胶结材料主要性能指标

项　目		指标
与水泥基层的拉伸粘结强度（MPa）	常温 7d	≥0.6
	耐水	≥0.4
	耐冻融	≥0.4
可操作时间（h）		≥2
抗渗性能（MPa，7d）	抗渗性	≥1.0
抗压强度（MPa）		≥9
柔韧性 28d	抗压强度/抗折强度	≤3
剪切状态下的粘合性（N/mm，常温）	卷材与卷材	≥2.0
	卷材与基底	≥1.8

B.1.9 胎体增强材料主要性能指标应符合表 B.1.9 的要求。

表 B.1.9　胎体增强材料主要性能指标

项目		指标	
		聚酯无纺布	化纤无纺布
外观		均匀，无团状，平整无皱折	
拉力（N/50mm）	纵向	≥150	≥45
	横向	≥100	≥35
延伸率（%）	纵向	≥10	≥20
	横向	≥20	≥25

B.1.10 合成高分子密封材料主要性能指标应符合表 B.1.10 的要求。

表 B.1.10　合成高分子密封材料主要性能指标

项　目		指标						
		25LM	25HM	20LM	20HM	12.5E	12.5P	7.5P
拉伸模量（MPa）	23℃ —20℃	≤0.4 和 ≤0.6	>0.4 或 >0.6	≤0.4 和 ≤0.6	>0.4 或 >0.6	—		
定伸粘结性		无破坏						
浸水后定伸粘结性		无破坏						
热压冷拉后粘结性		无破坏						
拉伸压缩后粘结性		—					无破坏	
断裂伸长率（%）		—					≥100	≥20
浸水后断裂伸长率（%）		—					≥100	≥20

注：产品按位移能力分为 25、20、12.5、7.5 四个级别；25 级和 20 级密封材料按伸拉模量分为低模量（LM）和高模量（HM）两个次级别；12.5 级密封材料按弹性恢复率分为弹性（E）和塑性（P）两个次级别。

B.1.11 改性石油沥青密封材料主要性能指标应符合表 B.1.11 的要求。

表 B.1.11　改性石油沥青密封材料主要性能指标

项　目		指标	
		Ⅰ类	Ⅱ类
耐热性	温度（℃）	70	80
	下垂值（mm）	≤4.0	
低温柔性	温度（℃）	—20	—10
	粘结状态	无裂纹和剥离现象	
拉伸粘结性（%）		≥125	
浸水后拉伸粘结性（%）		125	
挥发性（%）		≤2.8	
施工度（mm）		≥22.0	≥20.0

注：产品按耐热度和低温柔性分为Ⅰ类和Ⅱ类。

B.1.12 烧结瓦主要性能指标应符合表 B.1.12 的要求。

表 B.1.12　烧结瓦主要性能指标

项　目	指标	
	有釉类	无釉类
抗弯曲性能（N）	平瓦 1200，波形瓦 1600	
抗冻性能（15 次冻融循环）	无剥落、掉角、掉棱及裂纹增加现象	

项　目	指标	
	有釉类	无釉类
耐急冷急热性 (10 次急冷急热循环)	无炸裂、剥落及裂纹延长现象	
吸水率（浸水 24h,%）	≤10	≤18
抗渗性能（3h）	—	背面无水滴

B.1.13 混凝土瓦主要性能指标应符合表 B.1.13 的要求。

表 B.1.13　混凝土瓦主要性能指标

项　目	指标			
	波形瓦		平板瓦	
	覆盖宽度 ≥300mm	覆盖宽度 ≤200mm	覆盖宽度 ≥300mm	覆盖宽度 ≤200mm
承载力标准值 （N）	1200	900	1000	800
抗冻性 （25 次冻融循环）	外观质量合格，承载力仍不小于标准值			
吸水率 （浸水 24h,%）	≤10			
抗渗性能 （24h）	背面无水滴			

B.1.14 沥青瓦主要性能指标应符合表 B.1.14 的要求。

表 B.1.14　沥青瓦主要性能指标

项　目		指标
可溶物含量（g/m²）		平瓦≥1000；叠瓦≥1800
拉力 （N/50mm）	纵向	≥500
	横向	≥400
耐热度（℃）		90，无流淌、滑动、滴落、气泡
柔度（℃）		10，无裂纹
撕裂强度（N）		≥9
不透水性（0.1MPa, 30min）		不透水
人工气候老化 （720h）	外观	无气泡、渗油、裂纹
	柔度	10℃无裂纹

项　目	指标	
自粘胶耐热度	50℃	发　黏
	70℃	滑动≤2mm
叠层剥离强度（N）	≥20	

B.1.15 防水透汽膜主要性能指标应符合表 B.1.15 的要求。

表 B.1.15　防水透汽膜主要性能指标

项　目	指标	
	Ⅰ类	Ⅱ类
水蒸气透过量 （g/m²·24h，23℃）	≥1000	
不透水性（mm，2h）	≥1000	
最大拉力（N/50mm）	≥100	≥250
断裂伸长率（%）	≥35	≥10
撕裂性能（N，钉杆法）	≥40	
热老化（80℃，168h）	拉力保持率（%）	≥80
	断裂伸长率保持率（%）	
	水蒸气透过量保持率（%）	

B.2　保温材料主要性能指标

B.2.1 板状保温材料的主要性能指标应符合表 B.2.1 的要求。

表 B.2.1　板状保温材料主要性能指标

项　目	指标						
	聚苯乙烯泡沫塑料		硬质聚氨酯泡沫塑料	泡沫玻璃	憎水型膨胀珍珠岩	加气混凝土	泡沫混凝土
	挤塑	模塑					
表观密度或干密度 （kg/m³）	—	≥20	≥30	≤200	≤350	≤425	≤530
压缩强度 （kPa）	≥150	≥100	≥120				
抗压强度 （MPa）				≥0.4	≥0.3	≥1.0	≥0.5
导热系数 [W/(m·K)]	≤0.030	≤0.041	≤0.024	≤0.070	≤0.087	≤0.120	≤0.120
尺寸稳定性 （70℃,48h,%）	≤2.0	≤3.0	≤2.0	—	—	—	—
水蒸气渗透系数 [ng/(Pa·m·s)]	≤3.5	≤4.5	≤6.5				
吸水率（v/v,%）	≤1.5	≤4.0	≤4.0	≤0.5			
燃烧性能	不低于B₂级			A级			

B.2.2 纤维保温材料主要性能指标应符合表 B.2.2 的要求。

表 B.2.2 纤维保温材料主要性能指标

项目	指标			
	岩棉、矿渣棉板	岩棉、矿渣棉毡	玻璃棉板	玻璃棉毡
表观密度（kg/m³）	≥40	≥40	≥24	≥10
导热系数[W/(m·K)]	≤0.040	≤0.040	≤0.043	≤0.050
燃烧性能	A 级			

B.2.3 喷涂硬泡聚氨酯主要性能指标应符合表 B.2.3 的要求。

表 B.2.3 喷涂硬泡聚氨酯主要性能指标

项目	指标
表观密度（kg/m³）	≥35
导热系数[W/(m·K)]	≤0.024
压缩强度（kPa）	≥150
尺寸稳定性（70℃，48h，%）	≤1
闭孔率（%）	≥92
水蒸气渗透系数[ng/(Pa·m·s)]	≤5
吸水率（v/v,%）	≤3
燃烧性能	不低于 B₂ 级

B.2.4 现浇泡沫混凝土主要性能指标应符合表 B.2.4 的要求。

表 B.2.4 现浇泡沫混凝土主要性能指标

项目	指标
干密度（kg/m³）	≤600
导热系数[W/(m·K)]	≤0.14
抗压强度（MPa）	≥0.5
吸水率（%）	≤20%
燃烧性能	A 级

B.2.5 金属面绝热夹芯板主要性能指标应符合表 B.2.5 的要求。

表 B.2.5 金属面绝热夹芯板主要性能指标

项目	指标				
	模塑聚苯乙烯夹芯板	挤塑聚苯乙烯夹芯板	硬质聚氨酯夹芯板	岩棉、矿渣棉夹芯板	玻璃棉夹芯板
传热系数[W/(m²·K)]	≤0.68	≤0.63	≤0.45	≤0.85	≤0.90

续表 B.2.5

项目	指标				
	模塑聚苯乙烯夹芯板	挤塑聚苯乙烯夹芯板	硬质聚氨酯夹芯板	岩棉、矿渣棉夹芯板	玻璃棉夹芯板
粘结强度（MPa）	≥0.10	≥0.10	≥0.10	≥0.06	≥0.03
金属面材厚度	彩色涂层钢板基板≥0.5mm，压型钢板≥0.5mm				
芯材密度（kg/m³）	≥18	—	≥38	≥100	≥64
剥离性能	粘结在金属面材上的芯材应均匀分布，并且每个剥离面的粘结面积不应小于85%				
抗弯承载力	夹芯板挠度为支座间距的1/200时，均布荷载不应小于 0.5 kN/m²				
防火性能	芯材燃烧性能按《建筑材料及制品燃烧性能分级》GB 8624 的有关规定分级。岩棉、矿渣棉夹芯板，当夹芯板厚度小于或等于80mm时，耐火极限应大于或等于30min；当夹芯板厚度大于80mm时，耐火极限应大于或等于60min				

本规范用词说明

1 为便于在执行本规范条文时区别对待，对要求严格程度不同的用词说明如下：

1）表示很严格，非这样做不可的用词：

正面词采用"必须"，反面词采用"严禁"；

2）表示严格，在正常情况均应这样做的用词：

正面词采用"应"，反面词采用"不应"或"不得"；

3）表示允许稍有选择，在条件许可时首先应这样做的用词：

正面词采用"宜"，反面词采用"不宜"；

4）表示有选择，在一定条件下可以这样做的用词，采用"可"。

2 本规范中指明应按其他有关标准执行的写法为："应符合……的规定"或"应按……执行"。

引用标准名录

1 《建筑给水排水设计规范》GB 50015
2 《建筑设计防火规范》GB 50016
3 《建筑物防雷设计规范》GB 50057
4 《民用建筑热工设计规范》GB 50176
5 《公共建筑节能设计标准》GB 50189

6 《工业用橡胶板》GB/T 5574

7 《建筑材料及制品燃烧性能分级》GB 8624

8 《中空玻璃》GB/T 11944

9 《建筑用安全玻璃 第 3 部分：夹层玻璃》GB 15763.3

10 《建筑用硅酮结构密封胶》GB 16776

11 《严寒和寒冷地区居住建筑节能设计标准》JGJ 26

12 《夏热冬暖地区居住建筑节能设计标准》JGJ 75

13 《夏热冬冷地区居住建筑节能设计标准》JGJ 134

14 《建筑玻璃采光顶》JG/T 231

15 《幕墙玻璃接缝用密封胶》JC/T 882

16 《建筑防水涂料有害物质限量》JC 1066

17 《硫化橡胶和热塑性橡胶 建筑用预成型密封垫的分类、要求和试验方法》HG/T 3100

中华人民共和国国家标准

屋面工程技术规范

GB 50345—2012

条 文 说 明

修　订　说　明

本规范是在《屋面工程技术规范》GB 50345－2004 的基础上修订完成，上一版规范的主编单位是山西建筑工程（集团）总公司，参编单位有北京市建筑工程研究院、中国建筑科学研究院、浙江工业大学、太原理工大学、中国建筑标准设计研究所、四川省建筑科学研究院、中国化学建材公司苏州防水研究设计所、徐州卧牛山新型防水材料有限公司、山东力华防水建材有限公司。主要起草人员是哈成德、王寿华、朱忠厚、严仁良、叶林标、王　天、项桦太、马芸芳、高延继、王宜群、杨　胜、李国干、孙晓东。

本次修订的主要技术内容是：1.“基本规定”首次提出了屋面工程应满足 7 项基本要求，屋面工程设计与施工是按照屋面的基本构造层次和细部构造进行规定的；2. 屋面防水等级分为Ⅰ级和Ⅱ级，设防要求分别为两道防水设防和一道防水设防；屋面防水层包括卷材防水层、涂膜防水层和复合防水层，淘汰了细石混凝土防水层；3. 屋面保温层包括板状材料保温层、纤维材料保温层和整体材料保温层，增加了岩棉、矿渣棉和玻璃棉以及泡沫混凝土砌块和现浇泡沫混凝土等不燃烧材料；4. 瓦屋面包括烧结瓦、混凝土瓦和沥青瓦，增加了金属板屋面和玻璃采光顶。

为了便于广大设计、施工、科研、学校等单位有关人员正确理解和执行本规范条文内容，规范编制组按章、节、条顺序编制了本规范的条文说明，对条文规定的目的、依据以及执行中需注意的有关事项进行了说明。虽然本条文说明不具备与规范正文同等的法律效力，但建议使用者认真阅读，作为正确理解和把握规范规定的参考。

目　次

1 总 则

1.0.1 近年来，由于在屋面工程中新型防水保温材料、新型屋面形式及新的施工技术等方面均有较快的发展，同时一些屋面工程专项技术标准也将陆续出台，原规范已不能适应屋面工程技术发展的需要，故必须进行修订。

在本条中明确了这次规范修订的目的，就是要在设计、施工方面提高我国屋面工程的技术水平，同时强调了以下四项要求：

1 保证屋面工程防水层和密封部位不渗漏，保温隔热功能满足设计要求；

2 根据不同的建筑类型、重要程度、使用功能要求、屋面形式以及地区特点等，在确保屋面工程质量的基础上做到经济合理；

3 在屋面工程的设计和施工中，应对屋面工程的防水、保温、隔热做到安全适用；

4 根据环境保护和建筑节能政策，在设计选材、施工作业以及使用过程中均应符合环境保护和建筑节能的要求，防止对周围环境造成污染。

1.0.2 在本条中明确了本规范的适用范围。屋面工程应遵循"材料是基础、设计是前提、施工是关键、管理是保证"的综合治理原则，屋面工程设计与屋面工程施工的内容应从总体上涵盖了所有屋面工程的专项技术标准。

1.0.3 环境保护和建筑节能是我国的一项重大技术政策，关系到我国经济建设可持续发展的战略决策。屋面工程设计和施工应从材料选择、施工方法等方面着手，考虑其对周围环境的影响程度以及建筑节能效果，并应采取针对性措施。

本条中除保留原规范的内容外，还增加了在屋面工程设计和施工中有关防火安全的规定。对屋面工程的设计和施工，必须依据公安部、住房和城乡建设部联合发布的《民用建筑外保温系统及外墙装饰防火暂行规定》的要求，制定有关防火安全的实施细则及规定，采取必要的防火措施，确保屋面在火灾情况下的安全性。

2 术 语

本规范从屋面工程设计和施工的角度列出了17条术语。术语中包括以下3种情况：

1 在原规范中的一些均为人所熟知的术语，在这次修订时予以删除，如"沥青防水卷材、高聚物改性沥青防水卷材、合成高分子防水卷材"等。

2 对尚未出现在国家标准、行业标准中的术语，在这次修订时予以增加，如"复合防水层、相容性"等。

3 对过去在国家标准或行业标准不统一的术语，在这次修订中予以统一，如"防水垫层、持钉层"等。

3 基 本 规 定

3.0.1 屋面是建筑的外围护结构，在本规范编制时应针对屋面的使用功能及要求，把屋面当做一个系统工程来进行研究，同时考虑了我国的实际情况，建立屋面工程技术内在规律的理论，指导屋面工程的技术发展。对屋面工程的基本要求说明如下：

1 具有良好的排水功能和阻止水侵入建筑物内的作用。

排水是利用水向下流的特性，不使水在防水层上积滞，尽快排除。防水是利用防水材料的致密性、憎水性构成一道封闭的防线，隔绝水的渗透。因此，屋面排水可以减轻防水的压力，屋面防水又为排水提供了充裕的排除时间，防水与排水是相辅相成的。

2 冬季保温减少建筑物的热损失和防止结露。

按我国建筑热工设计分区的设计要求，严寒地区必须满足冬季保温，寒冷地区应满足冬季保温，夏热冬冷地区应适当兼顾冬季保温。屋面应采用轻质、高效、吸水率低、性能稳定的保温材料，提高构造层的热阻；同时，屋面传热系数必须满足本地区建筑节能设计标准的要求，以减少建筑物的热损失。屋面大多数采用外保温构造，造成屋面的内表面大面积结露的可能性不大，结露主要出现在檐口、女儿墙与屋顶的连接处，因此对热桥部位应采取保温措施。

3 夏季隔热降低建筑物对太阳能辐射热的吸收。

按我国建筑热工设计分区的设计要求，夏热冬冷地区必须满足夏季防热要求，夏热冬暖地区必须充分满足夏季防热要求。屋面应利用隔热、遮阳、通风、绿化等方法来降低夏季室内温度，也可采用适当的围护结构减少太阳的辐射传入室内。屋面若采用含有轻质、高效保温材料的复合结构，对达到所需传热系数比较容易，要达到较大的热惰性指标就很困难，因此对屋面结构形式和隔热性能亟待改善。屋面传热系数和热惰性指标必须满足本地区建筑节能设计标准的要求，在保证室内热环境的前提下，使夏季空调能耗得到控制。

4 适应主体结构的受力变形和温差变形。

屋面结构设计一般应考虑自重、雪荷载、风荷载、施工或使用荷载，结构层应保证屋面有足够的承载力和刚度；由于受到地基变形和温差变形的影响，建筑物除应设置变形缝外，屋面构造层必须采取有效措施。有关资料表明，导致防水功能失效的主要症结，是防水工程在结构荷载和变形荷载的作用下引起的变形，当变形受到约束时，就会引起防水主体的开裂。因此，屋面工程一要有抵抗外荷载和变形的能一，二要减少约束、适当变形，采取"抗"与"放"的结合尤为重要。

5 承受风、雪荷载的作用不产生破坏。

虽然屋面工程不作为承重结构使用，但对其力学性能和稳定性仍然提出了要求。国内外屋顶突然坍塌事故，给了我们深刻的教训。屋面系统在正常荷载引起的联合应力作用下，应能保持稳定；对金属屋面、采光顶来讲，承受风、雪荷载必须符合现行国家标准《建筑结构荷载规范》GB 50009 的有关规定，特别是屋面系统应具有足够的力学性能，使其能够抵抗由风力造成压力、吸力和振动，而且应有足够的安全系数。

6 具有阻止火势蔓延的性能。

对屋面系统的防火要求，应依据法律、法规制定有关实施细则。在火灾情况下的安全性，屋面系统所用材料的燃烧性能和耐火极限必须符合现行国家标准《建筑设计防火规范》GB 50016 的有关规定，屋面工程应采取必要的防火构造措施，保证防火安全。

7 满足建筑外形美观和使用要求。

建筑应具有物质和艺术的两重性，既要满足人们的物质需求，又要满足人们的审美要求。现代城市的建筑由于跨度大、功能多、形状复杂、技术要求高，传统的屋面技术已很难适应。随着人们对屋面功能要求的提高及新型建筑材料的发展，屋面工程设计突破了过去千篇一律的屋面形式。通过建筑造型所表达的艺术性，不应刻意表现繁琐、豪华的装饰，而应重视功能适用、结构安全、形式美观。

3.0.2 就我国屋面工程的现状看，屋面大体上可分为卷材防水屋面、涂膜防水屋面、保温屋面、隔热屋面、瓦屋面、金属板屋面、采光顶等种类。在每类屋面中，由于所用材料不同和构造各异，因而形成了各种屋面工程。屋面工程是一个完整的系统，主要应包括屋面基层、保温与隔热层、防水层和保护层。本条是按照屋面的所用材料来进行分类，并列表叙述屋面基本构造层次，有关构造层的定义可见术语内容。本条在执行时，允许设计人员稍有选择，但在条件许可时首先应这样做。

3.0.3 本条规定了屋面工程设计的基本原则：

1 屋面是建筑的外围护结构，主要是起覆盖作用，借以抵抗雨雪，避免日晒等自然界大气变化的影响，同时亦起着保温、隔热和稳定墙身等作用。根据本规范第 3.0.1 条的规定，屋面工程的基本功能不仅为建筑的耐久性和安全性提供保证，而且成为防水、节能、环保、生态及智能建筑技术健康发展的平台，因此，保证功能在屋面工程设计中具有十分重要的意义和作用。

2 根据人们对屋面功能要求的提高及新型建筑材料的发展，屋面工程设计将突破过去千篇一律的屋面形式，对防水、节能、环保、生态等方面提出了更

高的要求。由于屋面构造层次较多，除应考虑相关构造层的匹配和相容外，还应研究构造层间的相互支持，方便施工和维修。国内当前屋面工程中设计深度严重不足，特别是构造设计不够合理，造成屋面功能无法得到保证的现状，因此，构造合理是提高屋面工程寿命的重要措施。

3 屋面防水和排水是一个问题的两个方面，考虑防水的同时应考虑排水，应先让水顺利、迅速地排走，不使屋面积水，自然可减轻防水层的压力。屋面工程中对屋面坡度、檐沟、天沟的汇水面积、水落口数量、管径大小等设计，应尽可能使水以较快的速度、简捷的途径顺畅排除，总之，做好排水是提高防水功能的有效措施，因此，防排结合是屋面防水概念设计的主要内容。

4 由于新型建筑材料的不断涌现，设计人员应该熟悉材料的种类及其性能，并根据屋面使用功能、工程造价、工程技术条件等因素，合理选择使用材料，提供适用、安全、经济、美观的构造方案。选材有以下标准：（1）根据不同的工程部位选材；（2）根据主体功能要求选材；（3）根据工程环境选材；（4）根据工程标准选材。因此，优选用材是保证屋面工程质量的基本条件。

5 建筑既要满足人们物质需要，又要满足审美要求；它不但体现某个时代的物质文化水平和科学技术水平，而且还反映出这个时代的精神面貌。

3.0.4 本条规定了屋面工程施工的基本原则：

1 施工单位必须按照工程设计图纸和施工技术标准施工，不得擅自修改屋面工程设计，不得偷工减料。在施工过程中发现设计文件和图纸有差错的，施工单位应当及时提出意见和建议，因此，按图施工是保证屋面工程施工质量的前提。

2 施工单位必须按照工程设计要求、施工技术标准和合同约定，对进入施工现场的屋面防水、保温材料进行抽样检验，并提出检验报告。未经检验或检验不合格的材料，不得在工程中使用，因此，材料检验是保证屋面工程施工质量的基础。

3 施工单位必须建立、健全施工质量检验制度，严格工序管理，做好隐蔽工程的质量检查和记录。屋面工程每道工序施工后，均应采取相应的保护措施，因此，工序检查是保证屋面工程施工质量的关键。

4 施工单位应具备相应的资质，并应建立质量管理体系。施工单位应编制屋面工程专项施工方案，并应经过审查批准。施工单位应按有关的施工工艺标准和经审定的施工方案施工，并应对施工全过程实行质量控制，因此，过程控制是保证屋面工程施工质量的措施。

5 屋面工程施工质量验收，应按现行国家标准《屋面工程质量验收规范》GB 50207 的规定执行。施工单位对施工过程中出现质量问题或不能满足安全使

用要求的屋面工程，应当负责返修或返工，并应重新进行验收，因此，质量验收是保证屋面工程施工质量的条件。

3.0.5 本条对屋面防水等级和设防要求作了较大的修订。原规范对屋面防水等级分为四级，Ⅰ级为特别重要或对防水有特殊要求的建筑，由于这类建筑极少采用，本次修订作了"对防水有特殊要求的建筑屋面，应进行专项防水设计"的规定；原规范Ⅳ级为非永久性建筑，由于这类建筑防水要求很低，本次修订给予删除，故本条根据建筑物的类别、重要程度、使用功能要求，将屋面防水等级分为Ⅰ级和Ⅱ级，设防要求分别为两道防水设防和一道防水设防。

本规范征求意见稿和送审稿中，都曾明确将屋面防水等级分为Ⅰ级和Ⅱ级，防水层的合理使用年限分别定为20年和10年，设防要求分别为两道防水设防和一道防水设防。关于防水层合理使用年限的确定，主要是根据建设部《关于治理屋面渗漏的若干规定》（1991）370号文中"……选材要考虑其耐久性能保证10年"的要求，以及考虑我国的经济发展水平、防水材料的质量和建设部《关于提高防水工程质量的若干规定》（1991）837号中有关精神提出的。考虑近年来新型防水材料的门类齐全、品种繁多，防水技术也由过去的沥青防水卷材叠层做法向多道设防、复合防水、单层防水等形式转变。对于屋面的防水功能，不仅要看防水材料本身的材性，还要看不同防水材料组合后的整体防水效果，这一点从历次的工程调研报告中已得到了证实。由于对防水层的合理使用年限的确定，目前尚缺乏相关的实验数据，根据本规范审查专家建议，取消对防水层合理使用年限的规定。

3.0.6 根据现行国家标准《民用建筑热工设计规范》GB 50176 的规定，严寒和寒冷地区居住建筑应进行冬季保温设计，保证内表面不结露；夏热冬冷地区居住建筑应进行冬季保温和夏季防热设计，保证保温、隔热性能符合规定要求；夏热冬暖地区居住建筑应进行夏季防热设计，保证隔热性能符合规定要求。建筑节能设计中的传热系数和热惰性指标，是围护结构热工性能参数。根据建筑物所处城市的气候分区区属不同，公共建筑和居住建筑屋面的传热系数和热惰性指标不应大于表1和表2规定的限值。

表1 公共建筑不同气候区屋面传热系数限值

气候分区	传热系数 k[(W/m²·K)]		
	体型系数≤0.3	0.3<体型系数 ≤0.4	屋顶透明部分
严寒地区 A区	≤0.35	≤0.30	≤2.50
严寒地区 B区	≤0.45	≤0.35	≤2.60

气候分区	传热系数 k[(W/m²·K)]		
	体型系数 ≤0.3	0.3<体型系数 ≤0.4	屋顶透明部分
寒冷地区	≤0.55	≤0.45	≤2.70
夏热冬冷 地区	≤0.70		≤3.00
夏热冬暖 地区	≤0.90		≤3.50

表2 居住建筑不同气候区屋面传热系数和热惰性指标限值

气候分区	传热系数 k[(W/m²·K)]		
	≤3 层建筑	4~8 层建筑	≥9 层建筑
严寒地区 A 区	0.20	0.25	0.25
严寒地区 B 区	0.25	0.30	0.30
严寒地区 C 区	0.30	0.40	0.40
寒冷地区 A 区	0.35	0.45	0.45
寒冷地区 B 区	0.35	0.45	0.45
夏热冬 冷地区	热惰性指标	体型系数≤0.40	体型系数>0.40
	D≥2.5	≤1.00	≤0.60
	D<2.5	≤0.80	≤0.50
夏热冬 暖地区	D≥2.5	≤1.00	
	—	≤0.50	

3.0.7 屋面工程是建筑围护结构的重要部分，主要功能是防水和保温。尽管屋面结构基层符合现行国家标准《建筑设计防火规范》GB 50016 中的有关建筑构件燃烧性能和耐火极限的规定，但是屋面基层上大多是采用易燃或阻燃的防水和保温材料，会在房屋建造和使用过程中可能造成火灾的蔓延。公安部与住房和城乡建设部 2009 年 9 月下发了《关于印发〈民用建筑外保温系统及外墙装饰防火暂行规定〉的通知》通知中对屋顶保温材料的燃烧性能等作了相应规定。据了解，现行国家标准《建筑材料及制品燃烧性能分级》GB 8624、《建筑设计防火规范》GB 50016 及《高层民用建筑设计防火规范》GB 50045 目前正在修订中，故本条只作原则性规定。

3.0.8 本条是依据现行国家标准《建筑物防雷设计规范》GB 50057 和《建筑幕墙》GB/T 21086 的有关规定，对屋面工程的防雷设计提出要求。

3.0.9 环境保护是我国的一项重大政策。1989 年国家制定了《中华人民共和国环境保护法》，明确提出了保护和改善生活环境与生态环境，防治污染或其他公害，保障人体健康等要求，因此，在进行屋面工程的防水层、保温层设计时，应选择对环境和人身健康无害的防水、保温材料。在进行屋面工程的防水层、保温层施工时，应严格按照要求施工，必要时应采取措施，防止对周围环境造成污染及对人身健康带来危害。

3.0.10 随着科学技术的不断发展，在屋面工程中也不断涌现出许多新型屋面形式和新型防水、保温材料，施工工艺也相应得到较大的发展。本条是依据《建设领域推广应用新技术的规定》（建设部令第109号）和《建设部推广应用新技术管理细则》（建科[2002]222号）的精神，注重在建筑工程中推广应用新技术和限制、禁止使用落后的技术。对采用性能、质量可靠的防水、保温材料和相应的施工技术等科技成果，必须经过科技成果鉴定、评估或新产品、新技术鉴定，并应制定相应的技术规程。同时还强调新材料、新工艺、新技术、新产品需经屋面工程实践检验，符合有关安全及功能要求的方可推广应用。

3.0.11 排水系统不但交工时要畅通，在使用过程中应经常检查，防止水落口、檐沟、天沟堵塞，以免造成屋面长期积水和大雨时溢水。工程交付使用后，应由使用单位建立维护保养制度，指定专人定期对屋面进行检查、维护。做好屋面的维护保养工作，是延长防水层使用年限的根本保证。据调查，很多屋面由交付使用到发现渗漏期间，从未有人对屋面进行过检查或清理，造成屋面排水口堵塞、长期积水或杂草滋长，有的屋面因上人而造成局部损坏，加速了防水层的老化、开裂、腐烂和渗漏。为此，本条对屋面工程管理、维护、保养提出了原则规定。

4 屋面工程设计

4.1 一 般 规 定

4.1.1 屋面工程设计不仅要考虑建筑造型的新颖、美观，而且要考虑建筑的使用功能、造价、环境、能耗、施工条件等因素，经技术经济分析选择屋面形式、构造和材料。

1 屋面防水等级应根据建筑物的类别、重要程度、使用功能要求确定。不同防水等级的屋面均不得发生渗漏。本规范规定Ⅰ级防水屋面应采用两道防水设防，Ⅱ级防水屋面应采用一道防水设防。

2 国内目前屋面工程中，有的设计深度严重不足，设计者可以不进行认真的选材和任意套用通用节点详图，使得施工方可以任意采用建筑材料，操作也可以随便，监理方可认或不认可均无依据。因此，设计时必须考虑使用功能、环境条件、材料选择、施工技术、综合性价比等因素，对屋面防水、保温构造认真进行处理，重要部位要有大样图。以便施工单位"照图施工"，监理单位"按图检查"，从而避免屋面工程在施工中的随意性。

3 屋面排水系统设计是建筑设计图纸的主要内容，由于近年来屋面形式多样化，常常限制了水落管的合理设置。所以，在建筑初步设计阶段，就应明确屋面排水系统包括排水分区、水落口的分布及排水坡度的设计。施工图设计应明确分水脊线、排水坡起线，排水途径应通畅便捷，水落口应负荷均匀，同时应明确找坡方式和选用的找坡材料。

4 屋面工程使用的材料必须符合国家现行有关标准的规定，严禁使用国家明令禁止使用及淘汰的材料。合理选择屋面工程使用的防水和保温材料，设计文件中应详细注明防水、保温材料的品种、规格、性能等。鉴于目前市场上有许多假冒伪劣材料，很难保证达到国家制定的技术指标，如果设计时不严加控制，就容易被伪劣材料混充，所以在设计时应注明所用材料的技术指标，以便于施工时检测。

4.1.2 本条规定了屋面防水层设计时确保工程质量的技术措施。

1 考虑在防水卷材与基层满粘后，基层变形产生裂缝会影响卷材的正常使用。对于屋面上预计可能产生基层开裂的部位，如板端缝、分格缝、构件交接处、构件断面变化处等部位，宜采用空铺、点粘、条粘或机械固定等施工方法，使卷材不与基层粘结，也就不会出现卷材零延伸断裂现象。

2 对容易发生较大变形或容易遭到较大破坏和老化的部位，如檐口、檐沟、泛水、水落口、伸出屋面管道根部等部位，均应增设附加层，以增强防水层局部抵抗破坏和老化的能力。附加层可选用与防水层相容的卷材或涂膜。

3 大坡面或垂直面上粘贴防水卷材，往往由于卷材本身重力大于粘结力而使防水层发生下滑现象，设计时应采用金属压条钉压固定，并用密封材料封严。这里一般不建议采用提高卷材粘结力的方法，过大粘结力对克服基层变形影响不利。

4 在卷材或涂膜防水层上均应设置保护层，以保护防水层不直接受阳光紫外线照射或酸雨等侵害以及人为的破坏，从而延长防水层的使用寿命。常用的保护层有块体材料、水泥砂浆、细石混凝土、浅色涂料以及铝箔等。

5 由于刚性保护层材料的自身收缩或温度变化影响，直接拉伸防水层，使防水层疲劳开裂而发生渗漏，因此，在刚性保护层与卷材、涂膜防水层之间应做隔离层，以减少两者之间的粘结力、摩擦力，并使保护层的变形不受到约束。

4.1.3 工程实践中，关于相容性的问题是设计人员最为关心但却最容易被忽视的。本次规范修订时对相容性给出了定义，即相邻两种材料之间互不产生有害的物理和化学作用的性能。本条规定在卷材、涂料与基层处理剂、卷材与胶粘剂或胶粘带、卷材与卷材、卷材与涂料复合使用、密封材料与接缝基材等情况下应具有相容性。表3及表4分别列出卷材基层处理剂及胶粘剂的选用和涂膜基层处理剂的选用。

表3　卷材基层处理剂及胶粘剂的选用

卷　材	基层处理剂	卷材胶粘剂
高聚物改性沥青卷材	石油沥青冷底子油或橡胶改性沥青冷胶粘剂稀释液	橡胶改性沥青冷胶粘剂或卷材生产厂家指定产品
合成高分子卷材	卷材生产厂家随卷材配套供应产品或指定的产品	

表4　涂膜基层处理剂的选用

涂　料	基层处理剂
高聚物改性沥青涂料	石油沥青冷底子油
水乳型涂料	掺0.2%～0.3%乳化剂的水溶液或软水稀释，质量比为1:0.5～1:1，切忌用天然水或自来水
溶剂型涂料	直接用相应的溶剂稀释后的涂料薄涂
聚合物水泥涂料	由聚合物乳液与水泥在施工现场随配随用

4.1.4　卷材、涂料、密封材料在各种不同类型的屋面、不同的工作条件、不同的使用环境中，由于气候温差的变化、阳光紫外线的辐射、酸雨的侵蚀、结构的变形、人为的破坏等，都会给防水材料带来一定程度的危害，所以本条规定在进行屋面工程设计时，应根据建筑物的建筑造型、使用功能、环境条件选择与其相适应的防水材料，以确保屋面防水工程的质量。

4.1.5　本规范附录A是有关屋面工程用防水、保温材料标准，这些标准都是现行的国家标准和行业标准。本规范附录B是屋面工程用防水、保温材料的主要性能指标，应该说明的是这些性能指标不一定就是国家和行业产品标准的全部技术要求，而是屋面工程对该种材料的技术要求，只要满足这些技术要求，才可以在屋面工程中使用。

4.2　排水设计

4.2.1　"防排结合"是屋面工程设计的一条基本原则。屋面雨水能迅速排走，减轻了屋面防水层的负担，减少了屋面渗漏的机会。

排水系统的设计，应根据屋顶形式、气候条件、使用功能等因素确定。对于排水方式的选择，一般屋面汇水面积较小，且檐口距地面较近，屋面雨水的落差较小的低层建筑可采用无组织排水。对于屋面汇水面积较大的多跨建筑或高层建筑，因檐口距地面较高，屋面雨水的落差大，当刮大风下大雨时，易使从檐口落下的雨水浸湿到墙面上，故应采用有组织排水。

4.2.2　屋面排水方式可分为有组织排水和无组织排水。有组织排水就是屋面雨水有组织的流经天沟、檐沟、水落口、水落管等，系统地将屋面上的雨水排出。在有组织排水中又可分为内排水和外排水或内外排水相结合的方式，内排水是指屋面雨水通过天沟由设置于建筑物内部的水落管排入地下雨水管网，如高层建筑、多跨及汇水面积较大的屋面等。外排水是指屋面雨水通过檐沟、水落口由设置于建筑物外部的水落管直接排到室外地面上，如一般的多层住宅、中高层住宅等采用。无组织排水就是屋面雨水通过檐口直接排到室外地面，如一般的低层住宅建筑等。一般中、小型的低层建筑物或檐高不大于10m的屋面可采用无组织排水，其他情况下都应采取有组织排水。

在有条件的情况下，提倡收集雨水再利用或直接对雨水进行利用。特别对于水资源缺乏的地区，充分利用雨水进行灌溉等，有利于节能减排，变废为宝，节约资源。

4.2.3　由于高层建筑外排水系统的安装维护比较困难，因此设计内排水系统为宜。多跨厂房因相邻两坡屋面相交，故只能用天沟内排水的方式排出屋面雨水。在进行天沟设计时，尽可能采用天沟外排水的方式，将屋面雨水由天沟两端排出室外。如果天沟的长度较长，为满足沟底纵向坡度及沟底水落差的要求，一般沟底分水线距水落口的距离超过20m时，可采用除两端外排水口外，在天沟中间增设水落口和内排水管。排水口的设置同时也确定了找坡分区的划分，当屋面找坡较长时，可以增设排水口，以减小找坡长度。

4.2.4　在进行屋面排水系统设计时，应符合现行国家标准《建筑给水排水设计规范》GB 50015的有关规定。首先应根据屋面形式及使用功能要求，确定屋面的排水方式及排水坡度，明确是采用有组织排水还是无组织排水。如采用有组织排水设计时，要根据所在地区的气候条件、雨水流量、暴雨强度、降雨历时及排水分区，确定屋面排水走向。通过计算确定屋面檐沟、天沟所需要的宽度和深度。根据屋面汇水面积和当地降雨历时，按照水落管的不同管径核定每根水管的屋面汇水面积以及所需水落管的数量，并根据檐沟、天沟的位置及屋面形状布置水落口及水落管。

4.2.5　本条规定了屋面划分排水区域设计的要求。首先应根据屋面形式、屋面面积、屋面高低层的设置等情况，将屋面划分成若干个排水区域，根据排水区域确定屋面排水线路，排水线路的设置应在确保屋面排水通畅的前提下，做到长度合理。

4.2.6　当采用重力式排水时，每个水落口的汇水面积宜为$150m^2$～$200m^2$，在具体设计时还要结合地区的暴雨强度及当地的有关规定、常规做法来进行调整。屋面每个汇水面积内，雨水排水立管不宜少于2根，是避免一根排水立管发生故障，屋面排水系统不会瘫痪。

4.2.7 对于有高低跨的屋面，当高跨屋面的雨水流到低跨屋面上后，会对低跨屋面造成冲刷，天长日久就使低跨屋面的防水层破坏，所以在低跨屋面上受高跨屋面排下的雨水直接冲刷的部位，应采取加铺卷材或在水落管下加设水簸箕等措施，对低跨屋面进行保护。

4.2.8 目前在屋面工程中大部分采用重力流排水，但是随着建筑技术的不断发展，一些超大型建筑不断涌现，常规的重力流排水方式就很难满足屋面排水的要求，为了解决这一问题，本规范修订时提出了推广使用虹吸式屋面雨水排水系统的必要性。虹吸排水的原理是利用建筑屋面的高度和雨水所具有的势能，产生虹吸现象，通过雨水管道变径，在该管道处形成负压，屋面雨水在管道内负压的抽吸作用下，以较高的流速迅速排出屋面雨水。

相对于普通重力流排水，虹吸式雨水排水系统的排水管道均按满流有压状态设计，悬吊横管可以无坡度铺设。由于产生虹吸作用时，管道内水流流速很高，相对于同管径的重力流排水量大，故可减少排水立管的数量，同时可减小屋面的雨水负荷，最大限度地满足建筑使用功能要求。

虹吸式屋面雨水排水系统，目前在我国逐渐被采用，如东莞国际会展中心、上海科技馆、浦东国际机场、北京世贸商城等一批大型项目相继建成投入使用后，系统运行良好。为了在我国推广应用这一技术，中国工程建设标准化协会制定了《虹吸式屋面雨水排水系统技术规程》CECS183：2005。故本条规定暴雨强度较大地区的工业厂房、库房、公共建筑等大型屋面，宜采用虹吸式屋面雨水排水系统。

由于虹吸排水系统的设计有一定的技术要求，排水口、排水管等构件如果不按要求设计，将起不到虹吸作用，所以虹吸式屋面雨水排水系统应按专项技术规程进行设计。

4.2.9 冬季时严寒和寒冷地区，外排水系统容易被冰冻，使水落口堵塞或冻裂，而在化冻时水落口的冰尚未完全解冻，造成屋面的溶水无法排出。故本条规定严寒地区应采用内排水，寒冷地区宜采用内排水，以避免水落管受冻。有条件时，外排水系统应对水落管和水落口采取防冻措施，以便屋面上化冻后的冰雪溶水能顺利排出。

4.2.10 湿陷性黄土是一种特殊性质的土，大量分布在我国的山西、陕西、甘肃等地区。这种湿陷性黄土在上覆土的自重压力或上覆土的自重压力与附加压力共同作用下，受水浸湿后，土体结构逐渐被破坏，土颗粒向大孔中移动，从而导致地基湿陷，引起上部建筑的不均匀下沉，使墙体出现裂缝。所以本条规定在

湿陷性黄土地区的建筑屋面宜采用有组织排水系统，将屋面雨水直接排至排水管网或排至不影响建筑物地基的区域，避免屋面雨水直接排到室外地面上，沿地面渗入地下而造成地基不均匀下沉，导致建筑物破坏。

4.2.11 根据多年实践经验，檐沟、天沟宽度太窄不仅不利于防水层施工，而且也不利于排水，所以本条规定其净宽度不应小于300mm。檐沟、天沟的深度按沟底的分水线深度来控制，本条规定分水线处的最小深度不应小于100mm，如过小，则当沟中水满时，雨水易由天沟边溢出，导致屋面渗漏。

在本条中还规定了檐沟、天沟沟底的纵向坡度不应小于1%，这是因为如果沟底坡度过小，在施工中很难做到沟底平直顺坡，常常会因沟底凸凹不平或倒坡，造成檐沟、天沟中排水不畅或积水。沟内如果长期积水，沟内的卷材或涂膜防水层易发生霉烂，造成渗漏。

沟底的水落差就是天沟内的分水线到水落口的高差，本条文规定沟底水落差不应大于200mm，这是因为沟底排水坡度为1%，排水线路长20m时，水落差就是200mm。

4.2.12 钢筋混凝土檐沟、天沟的纵向坡度一般都由材料找坡，而金属檐沟、天沟的坡度是由结构找坡的，考虑制作和安装方面的因素，规定金属檐沟、天沟的纵向坡度宜为0.5%。在雨水丰富降雨量较大的地区，金属檐沟、天沟要有足够的盛水量及排水能力，以免雨量较大时雨水溢出。

4.2.13 对于坡屋面的檐口宜采用有组织排水，檐沟和水落斗可采用经过防锈处理的金属成品或塑料成品，这样不仅施工方便，而且有利于保证工程质量。

4.3 找坡层和找平层设计

4.3.1 屋面找坡层的作用主要是为了快速排水和不积水，一般工业厂房和公共建筑只要对顶棚水平度要求不高或建筑功能允许，应首先选择结构找坡，既节省材料、降低成本，又减轻了屋面荷载，因此，本条规定混凝土结构屋面宜采用结构找坡，坡度不应小于3%。

当用材料找坡时，为了减轻屋面荷载和施工方便，可采用质量轻和吸水率低的材料。找坡材料的吸水率宜小于20%，过大的吸水率不利于保温及防水。找坡层应具有一定的承载力，保证在施工及使用荷载的作用下不产生过大变形。找坡层的坡度过大势必会增加荷载和造价，因此本条规定材料找坡坡度宜为2%。

4.3.2 找平层是为防水层设置符合防水材料工艺要求且坚实而平整的基层，找平层应具有一定的厚度和强度。如果整体现浇混凝土板做到随浇随用原浆找平和压光，表面平整度符合要求时，可以不再做找平

层。采用水泥砂浆还是细石混凝土作找平层，主要根据基层的刚度。根据调研结果，在装配式混凝土板或板状材料保温层上设水泥砂浆找平层时，找平层易发生开裂现象，故本规范修订时规定装配式混凝土板上应采用细石混凝土找平层。基层刚度较差时，宜在混凝土内加钢筋网片。同时，还规定板状材料保温层上应采用细石混凝土找平层。

4.3.3 由于找平层的自身干缩和温度变化，保温层上的找平层容易变形和开裂，直接影响卷材或涂膜的施工质量，故本条规定保温层上的找平层应留设分格缝，使裂缝集中到分格缝中，减少找平层大面积开裂。分格缝的缝宽宜为 5mm～20mm，当采用后切割时可小些，采用预留时可适当大些，缝内可以不嵌填密封材料。由于结构层上设置的找平层与结构同步变形，故找平层可以不设分格缝。

4.4 保温层和隔热层设计

4.4.1 屋面保温层应采用轻质、高效的保温材料，以保证屋面保温性能和使用要求。本次规范修订时，增加了矿物纤维制品和泡沫混凝土等内容，目的是考虑屋面防火安全，着重推广无机保温材料供设计人员选择。为此，本条按其材料把保温层分为三类，即板状材料保温层、纤维材料保温层和整体材料保温层。

纤维材料是指玻璃棉制品和岩棉、矿渣棉制品，具有质量轻、导热系数小、不燃、防蛀、耐腐蚀、化学稳定性好等特点，做成毡状或板状的制品，是较好的绝热材料和不燃材料。

泡沫混凝土是用机械方法将发泡剂水溶液制备成泡沫，再将泡沫加入水泥、集料、掺合料、外加剂和水等组成的料浆中，经混合搅拌、浇筑成型、蒸汽养护或自然养护而成的轻质多孔保温材料。泡沫混凝土制品的密度为 300kg/m³～500kg/m³ 时，抗压强度为 0.3MPa～0.5MPa，导热系数为 0.095W/(m·K)～0.010W/(m·K)。因为泡沫混凝土的原料广泛、生产方便、价格便宜，常用砌块或现场浇筑的方法，在建筑工程中得到广泛应用。

4.4.2 本条对屋面保温层设计提出以下要求：

1 无机保温材料按其构造分为纤维材料、粒状材料和多孔材料，如矿物纤维制品、膨胀珍珠岩制品、泡沫玻璃制品、加气混凝土、泡沫混凝土等。有机保温材料主要有泡沫塑料制品，如聚苯乙烯泡沫塑料、硬质聚氨酯泡沫塑料等。屋面结构的总热阻应为各层材料热阻及内、外表面换热阻的总和，其中保温材料的热阻尤为重要。根据国家对节约能源政策的不断提升，目前民用建筑节能标准已提高到 50% 或 65%，为了使屋面结构传热系数满足本地区建筑节能设计标准规定的限值，保温层宜选用吸水率低、密度和导热系数小，并有一定强度的保温材料，其厚度应按现行建筑节能设计标准计算确定。

2 由于保温材料大多数属于多孔结构，干燥时孔隙中的空气导热系数较小，静态空气的导热系数 λ 为 0.02，保温隔热性较好。保温材料受潮后，其孔隙中存在水蒸气和水，而水的导热系数 λ 为 0.5 比静态空气大 20 倍左右，若材料孔隙中的水分受冻成冰，冰的导热系数 λ 为 2.0 相当于水的导热系数的 4 倍，因此保温材料的干湿程度与导热系数关系很大。由于每一个地区的环境湿度不同，定出统一的含水率限值是不可能的，因此本条提出了平衡含水率的问题。

在实际应用中的材料试件含水率，根据当地年平均相对湿度所对应的相对含水率，可通过表 5 计算确定。

表 5　当地年平均相对湿度所对应的相对含水率

当地年均相对湿度	相对含水率
潮湿＞75%	45%
中等 50%～75%	40%
干燥＜50%	35%

相对含水率
$$W = \frac{W_1}{W_2} \tag{1}$$

$$W_1 = \frac{m_1 - m}{m} \times 100\%$$

$$W_2 = \frac{m_2 - m}{m} \times 100\%$$

式中：W_1——试件的含水率（%）；

W_2——试件的吸水率（%）；

m_1——试件在取样时的质量（kg）；

m_2——试件在面干潮湿状态的质量（kg）；

m——试件的绝干质量（kg）。

3 本次规范修订时，对板状保温材料的压缩强度作了规定，如将挤塑聚苯板压缩强度规定为 150kPa，在正常使用荷载情况下可以满足上人屋面的要求。当屋面为停车场、运动场等情况时，应由设计单位根据实际荷载验算后选用相应压缩强度的保温材料。

4 矿物纤维制品在常见密度范围内，其导热系数基本上不随密度而变，而热阻却与其厚度成正比。考虑纤维材料在长期荷载作用下的压缩蠕变，采取防止压缩的措施可以减少因厚度沉陷而导致的热阻下降。

5 屋面坡度超过 25% 时，干铺保温层常发生下滑现象，故应采取粘贴或铺钉措施，防止保温层变形和位移。

6 封闭式保温层是指完全被防水材料所封闭，不易蒸发或吸收水分的保温层。吸湿性保温材料如加气混凝土和膨胀珍珠岩制品，不宜用于封闭式保温层。保温层干燥有困难是指吸湿保温材料在雨期施工、材料受潮或泡水的情况下，未能采取有效措施控制保温材料的含水率。由于保温层含水率过高，不但会降低其保温性能，而且在水分汽化时会使卷材防水层产生鼓泡，导致局部渗漏。因此，对于封闭式保温层或保温层干燥有困难的卷材屋面而言，当保温材料施工使用时的含水率大于正常施工环境的平衡含水率时，采取排汽构造是控制保温材料含水率的有效措施。当卷材屋面保温层干燥有困难时，铺贴卷材宜采用空铺法、点粘法、条粘法。

4.4.3 热桥是指在室内外温差作用下，形成热流密集、内表面温度较低的部位。屋面热桥部位主要在屋顶与外墙的交接处，通常称为结构性热桥。屋面热桥部位应采取保温处理，使该部位内表面温度不低于室内空气的露点温度。

4.4.4 本条对隔汽层设计作出具体的规定：

1 按照现行国家标准《民用建筑热工设计规范》GB 50176 中有关围护结构内部冷凝受潮验算的规定，屋顶冷凝计算界面的位置，应取保温层与外侧密实材料层的交界处。当围护结构材料层的蒸汽渗透阻小于保温材料因冷凝受潮所需的蒸汽渗透阻时，应设置隔汽层。外侧有卷材或涂膜防水层，内侧为钢筋混凝土屋面板的屋顶结构，如经内部冷凝受潮验算不需要设隔汽层时，则应确保屋面板及其接缝的密实性，达到所需的蒸汽渗透阻。

2 隔汽层是一道很弱的防水层，却具有较好的蒸汽渗透阻，大多采用气密性、水密性好的防水卷材或涂料。隔汽层是隔绝室内湿气通过结构层进入保温层的构造层，常年湿度很大的房间，如温水游泳池、公共浴室、厨房操作间、开水房等的屋面应设置隔汽层。

3 隔汽层做法同防水层，隔汽层应沿周边墙面向上连续铺设，高出保温层上表面不得小于150mm，隔汽层收边不需要与保温层上的防水连接，理由1：隔汽层不是防水层，与防水设防无关联；理由2：隔汽层施工在前，保温层和防水层施工在后，几道工序无法做到同步，防水层与墙面交接处的泛水处理与隔汽层无关联。

4.4.5 屋面排汽构造设计是对封闭式保温层或保温层干燥有困难的卷材屋面采取的技术措施。为了做到排汽道及排汽孔与大气连通，使水汽有排走的出路，同时力求构造简单合理，便于施工，并防止雨水进入保温层，本条对排汽道及排汽孔的设置作出了具体的规定。

4.4.6 本条对倒置式屋面保温层设计提出以下要求：

1 倒置式屋面的坡度宜为3%，主要考虑到坡度太大会造成保温材料下滑，太小不利于屋面的排水。

2 倒置式屋面保温材料容易受雨水浸泡，使导热系数增大，保温性能下降，且易遭水侵蚀而破坏，故应选用吸水率低，且长期浸水不变质的保温材料，如挤塑聚苯乙烯泡沫塑料、硬质聚氨酯泡沫塑料和喷涂

硬泡聚氨酯等。

3 保温层很轻，若不加保护和埋压，容易被大风吹起，或是被屋面雨水浮起。由于有机保温材料长期暴露在外，受到紫外线照射及臭氧、酸碱离子侵蚀会过早老化，以及人在上面踩踏而破坏，因此保温层上面应设置块体材料或细石混凝土保护层。喷涂硬泡聚氨酯与浅色涂料保护层间应具相容性。

4 为了不造成板状保温材料下面长期积水，在保温层的下部应设置排水通道和泄水孔。

4.4.7 屋面隔热是指在炎热地区防止夏季室外热量通过屋面传入室内的措施。在我国南方一些省份，夏季时间较长、气温较高，随着人们生活的不断改善，对住房的隔热要求也逐渐提高，采取了种植、架空、蓄水等屋面隔热措施。屋面隔热层设计应根据地域、气候、屋面形式、建筑环境、使用功能等条件，经技术经济比较确定。这是因为同样类型的建筑在不同地区采用隔热方式也有很大区别，不能随意套用标准图或其他做法。从发展趋势看，由于绿色环保及美化环境的要求，采用种植隔热方式将胜于架空隔热和蓄水隔热。

4.4.8 本条对种植隔热层的设计提出以下要求：

1 降雨量很少的地区，夏季植物生长依赖人工浇灌，冬季草木植物枯死，故停止浇水灌溉。由于降雨量少，人工浇灌的水也不太多，种植土中的多余水甚少，不会造成植物烂根，所以不必另设排水层。

南方温暖，夏季多雨，冬季不结冰，种植土中含水四季不减。特别大雨之后，积水很多必须排出，以防止烂根，所以在种植土下应设排水层。

冬季寒冷但夏季多雨的地区，下雨时有积聚成泽的现象，排除明水不如用排水层作暗排好，所以在种植土下应设排水层。冬季严寒，虽无雨但存雪，种植土含水量仍旧大，冻结之后降低保温能力，所以在防水层下应加设保温层。

2 不同地区由于气候条件的不同，所选择的种植植物不同，种植土的厚度也就不同，如乔木根深，地被植物根浅，故本条规定所用材料及植物等应与当地气候条件相适应，并应符合环境保护要求。

3 根据调研结果，种植屋面整体布置不便于管理，为便于管理和设计排灌系统，种植植物的种类也宜分区。本次修订时，将原规范中的整体布置取消，改为宜分区布置。

4 排水层的材料的品种较多，为了减轻屋面荷载，应尽量选择塑料、橡胶类凹凸型排水板或网状交织排水板。如年降水量小于蒸发量的地区，宜选用蓄水功能好的排水板。若采用陶粒作排水层时，陶粒的粒径不应小于25mm，堆积密度不宜大于500kg/m³，铺设厚度宜为100mm～150mm。

过滤层是为防止种植土进入排水层造成流失。过滤层太薄容易损坏，不能阻止种植土流失；过滤层太

厚，渗水缓慢，不易排水。过滤层的单位面积质量宜为 $200g/m^2 \sim 400g/m^2$。

5 挡墙泄水孔是为了排泄种植土中过多的水分，泄水孔被堵塞，造成种植土内积水，不但影响植物的生长，而且给防水层的正常使用带来不利。

6 种植隔热层的荷载主要是种植土，虽厚度深有利植物生长，但为了减轻屋面荷载，需要尽量选择综合性能良好的材料，如田园土比较经济；改良土由于掺加了珍珠岩、蛭石等轻质材料，其密度约为田园土的1/2。

7 坡度大于20%的屋面，排水层、种植土等易出现下滑，为防止发生安全事故，应采取防滑措施，也可做成梯田式，利用排水层和覆土层找坡。屋面坡度大于50%时，防滑难度大，故不宜采用种植隔热层。

4.4.9 本条对架空隔热层的设计提出以下要求：

1 我国广东、广西、湖南、湖北、四川等省属夏热冬暖地区，为解决炎热季节室内温度过高的问题，多采用架空隔热层措施；架空隔热层是利用架空层内空气的流动，减少太阳辐射热向室内传递，故宜在屋顶通风良好的建筑物上采用。由于城市建筑密度不断加大，不少城市高层建筑林立，造成风力减弱、空气对流较差，严重影响架空隔热层的隔热效果。

2 根据国内采用混凝土支墩、砌块支墩与混凝土板组合、金属支架与金属板组合等的实际情况，有关架空隔热制品及其支座的质量，应符合有关材料标准的要求。

3 架空隔热层的高度，应根据屋面宽度或坡度大小的变化确定。屋面较宽时，风道中阻力增加，宜采用较高的架空层，或在中部设置通风口，以利于空气流通；屋面坡度较小时，进风口和出风口之间的压差相对较小，为便于风道中空气流通，宜采用较高的架空层，反之可采用较低的架空层。

4.4.10 本条对蓄水隔热层的设计提出以下要求：

1 蓄水隔热层主要在我国南方采用。国外有资料介绍在寒冷地区使用的为密封式，我国目前均为敞开式的，冬季如果不将水排除，则易冻冰而导致胀裂损坏，故不宜在北方寒冷地区使用。

地震地区和振动较大的建筑物上，最好不采用蓄水隔热层。振动易使建筑物产生裂缝，造成屋面渗漏。

2 为保证蓄水池的整体性、坚固性和防水性，强调采用现浇防水混凝土，混凝土强度等级不低于C25，抗渗等级不低于P6，且蓄水池内用20mm厚防水砂浆抹面。

3 蓄水隔热层划分蓄水区和设分仓缝，主要是防止蓄水面积过大引起屋面开裂及损坏防水层。根据使用及有关资料介绍，蓄水深度宜为150mm～200mm，低于此深度隔热效果不理想，高于此深度加

重荷载，隔热效果提高并不大，且当水较深时夏季白天水温升高，晚间水温降低放热，反而导致室温增加。蓄水隔热层设置人行通道，对于使用过程中的管理是非常重要的。

4.5 卷材及涂膜防水层设计

4.5.1 本条对卷材及涂膜防水屋面不同的防水等级提出了相应的防水做法。当防水等级为Ⅰ级时，设防要求为两道防水设防，可采用卷材防水层和卷材防水层、卷材防水层和涂膜防水层、复合防水层的防水做法；当防水等级为Ⅱ级时，设防要求为一道防水设防，可采用卷材防水层、涂膜防水层、复合防水层的防水做法。

4.5.2 本条对防水卷材的选择作出规定：

1 由于各种卷材的耐热度和柔性指标相差甚大，耐热度低的卷材在气温高的南方和坡度大的屋面上使用，就会发生流淌，而柔性差的卷材在北方低温地区使用就会变硬变脆。同时也要考虑使用条件，如防水层设置在保温层下面时，卷材对耐热度和柔性的要求就不那么高，而在高温车间则要选择耐热度高的卷材。

2 若地基变形较大、大跨度和装配式结构或温差大的地区和有振动影响的车间，都会对屋面产生较大的变形而拉裂，因此必须选择延伸率大的卷材。

3 长期受阳光紫外线和热作用时，卷材会加速老化；长期处于水泡或干湿交替及潮湿背阴时，卷材会加快霉烂，卷材选择时一定要注意这方面的性能。

4 种植隔热屋面的防水层应采用耐根穿刺防水卷材，其性能指标应符合现行行业标准《种植屋面用耐根穿刺防水卷材》JC/T 1075 的技术要求。

4.5.3 我国地域广阔，历年最高气温、最低气温、年温差、日温差等气候变化幅度大，各类建筑的使用条件、结构形式和变形差异很大，涂膜防水层用于暴露还是埋置的形式也不同。高温地区应选择耐热性高的防水涂料，以防流淌；严寒地区应选择低温柔性好的防水涂料，以免冷脆；对结构变形较大的建筑屋面，应选择延伸大的防水涂料，以适应变形；对暴露式的涂膜防水层，应选用耐紫外线的防水涂料，以提高使用年限。设计人员应综合考虑上述各种因素，选择相适应的防水涂料，保证防水工程的质量。

4.5.4 复合防水层是指彼此相容的卷材和涂料组合而成的防水层。使用过程中除要求两种材料材性相容外，同时要求两种材料不得相互腐蚀，施工过程中不得相互影响。因此本条规定挥发固化型防水涂料不得作为卷材粘结材料使用，否则涂膜防水层成膜质量受到影响；水乳型或合成高分子类防水涂料上面不得采用热熔型防水卷材，否则卷材防水层施工时破坏涂膜防水层；水乳型或水泥基类防水涂料应待涂膜干燥后铺贴卷材，否则涂膜防水层成膜质量差，严重的将成

不了柔性防水膜。当两种防水材料不相容或相互腐蚀时，应设置隔离层，具体选择应依据上层防水材料对基层的要求来确定。

4.5.5、4.5.6 防水层的使用年限，主要取决于防水材料物理性能、防水层的厚度、环境因素和使用条件四个方面，而防水层厚度是影响防水层使用年限的主要因素之一。本条对卷材防水层及涂膜防水层厚度的规定是以合理工程造价为前提，同时又结合国内外的工程应用的情况和现有防水材料的技术水平综合得出的量化指标。卷材防水层及涂膜防水层的厚度若按本条规定的厚度选择，满足相应防水等级是切实可靠的。

4.5.7 复合防水层是屋面防水工程中积极推广的一种防水技术，本条对防水等级为Ⅰ、Ⅱ级复合防水层最小厚度作出明确规定。需要说明的是：聚乙烯丙纶卷材物理性能除符合《高分子防水材料 第1部分：片材》GB 18173.1 中 FS2 的技术要求外，其生产原料聚乙烯应是原生料，不得使用再生的聚乙烯；粘贴聚乙烯丙纶卷材的聚合物水泥防水胶结材料主要性能指标，应符合本规范附录第 B.1.8 条的要求。

4.5.8 所谓一道防水设防，是指具有单独防水能力的一道防水层。虽然本规范相关条文已明确了屋面防水等级和设防要求，以及每道防水层的厚度，但防水工程设计与施工人员对屋面的一道防水设防存在不同的理解。为此，本条将一些常见的违规行为作为禁忌条目，比较具体也容易接受，便于掌握屋面防水设计的各项要领。

对于喷涂硬泡聚氨酯保温层，是指国家标准《硬泡聚氨酯保温防水工程技术规范》GB 50404-2007 中的Ⅰ型保温层。

4.5.9 附加层一般是设置在屋面易渗漏、防水层易破坏的部位，例如平面与立面结合部位、水落口、伸出屋面管道根部、预埋件等关键部位，防水层基层后期产生裂缝或可预见变形的部位。前者设置涂膜附加层，后者设置卷材空铺附加层。附加层设置得当，能起到事半功倍的作用。

对于屋面防水层基层可预见变形的部位，如分格缝、构件与构件、构件与配件接缝部位，宜设置卷材空铺附加层，以保证基层变形时防水层有足够的变形区间，避免防水层被拉裂或疲劳破坏。附加层的卷材与防水层卷材相同，附加层空铺宽度应根据基层接缝部位变形量和卷材抗变形能力而定。空铺附加层的做法可在附加层的两边条粘、单边粘贴、铺贴隔离纸、涂刷隔离剂等。

为了保证附加层的质量和节约工程造价，本条对附加层厚度作出了明确的规定。

4.5.10 屋面防水卷材接缝是卷材防水层成败的关键，而卷材搭接宽度是接缝质量的保证。本条对高聚物改性沥青防水卷材和合成高分子防水卷材的搭接宽度，统一列出表格，条理明确。表 4.5.10 卷材搭接宽度，系根据我国现行多数做法及国外资料的数据作出规定的。同时本条规定屋面防水卷材应采用搭接缝，不提倡采用对接法。对接法是指卷材对接铺贴，上加贴一定宽度卷材覆盖条来实现接缝密封防水处理方法，其缺点一是增加接缝量，由一条接缝变为两条接缝；二是覆盖条其中一边接缝形成逆水接茬。

4.5.11 设置胎体增强材料目的，一是增加涂膜防水层的抗拉强度，二是保证胎体增强材料长短由一定的搭接宽度，三是当防水层拉伸变形时避免在胎体增强材料接缝处出现断裂现象。胎体增强材料的主要性能指标，应符合本规范附录第 B.1.9 条的要求。

4.6 接缝密封防水设计

4.6.1 根据本规范的有关规定，在屋面工程中的一些接缝部位要嵌填密封材料或用密封材料封严。查阅我国现行的技术标准和图集，密封材料在防水工程中有大量设计，几乎到了遇缝就设计密封材料的程度。而在现实工程中，有关密封材料的使用和质量却令人担忧。原因一是密封材料在防水工程中的重要作用不被重视；二是密封材料的使用部位不够合理；三是对密封材料基层处理不符合要求。为此，本条针对密封材料的使用方式，参考日本建筑工程标准规范 JASS8 防水工程，将屋面接缝分为位移接缝和非位移接缝。对位移接缝应采用两面粘结的构造，非位移接缝可采用三面粘结的构造。

这里，对表 4.6.1 屋面接缝密封防水技术要求，需说明两点：

1 接缝部位是按本规范有关内容加以整理的，并对原规范作了一些调整，如：装配式钢筋混凝土板的板缝、找平层的分格缝、管道根部与找平层的交接处，水落口杯周围与找平层交接处，一律不再嵌填密封材料。

2 密封材料是按改性石油沥青密封材料、合成高分子密封材料、硅酮耐候密封胶、硅酮结构密封胶来选用的。改性石油沥青密封材料产品价格相对便宜、施工方便，但承受接缝位移只有 5% 左右，使用寿命较短。国外在建筑用密封胶中，油性嵌缝膏已趋于消失；建筑密封胶产品按位移能力分为四级，承受接缝位移有 7.5%、12.5%、20%、25%。弹性密封胶的耐候性好，使用寿命较长，在建筑中大量使用；硅酮结构密封胶是指与建筑接缝基材粘结且能承受结构强度的弹性密封胶，主要用于建筑幕墙。硅酮结构密封胶设计，应根据不同的受力情况进行承载力极限状态验算，确定硅酮结构密封胶的粘结宽度和粘结厚度。

由于密封材料品种繁多、性能各异，设计人员应根据不同用途正确选择密封材料，并按产品标准提出材料的品种、规格和性能等要求。

4.6.2　保证密封部位不渗水，是接缝密封防水设计的基本要求。进行接缝部位的密封防水设计时，应根据建筑接缝位移的特征，选择相应的密封材料和辅助材料，同时还要考虑外部条件和施工可行性。原规范虽对屋面防水等级和设防要求作出了明确的规定，但对接缝密封防水设计没有具体规定。完整的屋面防水工程应包括主体防水层和接缝密封防水，并相辅相成；同时，接缝密封防水应与主体防水层的使用年限相适应。需要指出的是，工程实践中所用密封材料与主体防水层相当多是不匹配的，有些密封材料使用寿命只有2年～3年，从而大大降低了整体防水效果。为此，本条规定接缝密封防水设计应保证密封部位不渗漏，并应做到接缝密封防水与主体防水层相匹配。

4.6.3　屋面接缝密封防水使防水层形成一个连续的整体，能在温差变化及振动、冲击、错动等条件下起到防水作用，这就要求密封材料必须经受得起长期的压缩拉伸、振动疲劳作用，还必须具备一定的弹塑性、粘结性、耐候性和位移能力。本规范所指接缝密封材料是不定型膏状体，因此还要求密封材料必须具备可施工性。

我国地域广阔，气候变化幅度大，历年最高、最低气温差别很大，并且屋面构造特点和使用条件不同，接缝部位的密封材料存在着埋置和外露、水平和竖向之分，接缝部位应根据上述各种因素，选择耐热度、柔性相适应的密封材料，否则会引起密封材料高温流淌或低温龟裂。

接缝位移的特征分为两类，一类是外力引起接缝位移，可以是短期的、恒定不变的；另一类是温度引起接缝周期性拉伸-压缩变化的位移，使密封材料产生疲劳破坏。因此应根据屋面接缝部位的大小和位移的特征，选择位移能力相适应的密封材料。一般情况下，除结构粘结外宜采用低模量密封材料。

4.6.4　屋面位移接缝的接缝宽度，应按屋面接缝位移量计算确定。接缝的相对位移量不应大于可供选择密封材料的位移能力，否则将导致密封防水处理的失败。密封材料的嵌填深度取接缝宽度的50%～70%，是从国外大量资料和国内工程实践中总结出来的，是一个经验值。

背衬材料填塞在接缝底部，主要控制嵌填密封材料的深度，以及预防密封材料与缝的底部粘结，三面粘会造成应力集中，破坏密封防水。因此背衬材料应选择与密封材料不粘或粘结力弱的材料，并应能适应基层的延伸和压缩，具有施工时不变形、复原率高和耐久性好等性能。

4.7　保护层和隔离层设计

4.7.1　保护层的作用是延长卷材或涂膜防水层的使用期限。根据调研情况，本条列出了目前常用的保护层材料，这些材料简单易得，施工方便，经济可靠。

对于不上人屋面和上人屋面的要求，所用保护层的材料有所不同，本条列出了保护层材料的适用范围和技术要求。铝箔、矿物粒料，通常是在改性沥青防水卷材生产过程中，直接覆盖在卷材表面作为保护层。覆盖铝箔时要求平整，无皱折，厚度应大于0.05mm；矿物粒料粒度应均匀一致，并紧密粘附于卷材表面。

4.7.2　对于块体材料作保护层，在调研中发现往往因温度升高致使块体膨胀隆起，因此，本条规定分格缝纵横间距不应大于10m，分格缝宽度宜为20mm。

4.7.3　本条规定水泥砂浆表面应抹平压光，可避免水泥砂浆保护层表面出现起砂、起皮现象。水泥砂浆保护层由于自身的干缩和温度变化的影响，往往产生严重龟裂，且裂缝宽度较大，以至造成碎裂、脱落。根据工程实践经验，在水泥砂浆保护层上划分表面分格缝，分格面积宜为1m²，将裂缝均匀分布在分格缝内，避免了大面积的龟裂。

4.7.4　用细石混凝土作保护层时，分格缝设置过密，不但给施工带来困难，而且不易保证质量，分格面积过大又难以达到防裂的效果，根据调研的意见，规定纵横间距不应大于6m，分格缝宽度宜为10mm～20mm。

4.7.5　浅色涂料是指丙烯酸系反射涂料，它主要以丙烯酸酯树脂加工而成，具有良好的粘结性和不透水性；产品化学性质稳定，能长期经受日光照射和气候条件变化的影响，具有优良的耐紫外线、耐老化性和耐久性，可在各类防水材料基面上作耐候、耐紫外线罩面防护。

4.7.6　根据屋面工程的调查发现，刚性保护层与女儿墙未留出空隙的屋面，高温季节会出现因刚性保护层热胀顶推女儿墙，有的还将女儿墙推裂造成渗漏，而在刚性保护层与女儿墙间留出空隙的屋面，均未出现推裂女儿墙事故，故本条规定了块体材料、水泥砂浆、细石混凝土保护层与女儿墙或山墙之间，应预留宽度为30mm的缝隙，缝内宜填塞聚苯乙烯泡沫塑料，并用密封材料嵌填。

4.7.7　屋面上常设有水箱、冷却塔、太阳能热水器等设施，需定期进行维护或修理，为避免在搬运材料、工具及维护作业中，对防水层造成损伤和破坏，故本条规定在经常维护设施周围与出入口之间的人行道应设置块体材料或细石混凝土保护层。

4.7.8　隔离层的作用是找平、隔离。在柔性防水层上设置块体材料、水泥砂浆、细石混凝土等刚性保护层，由于保护层与防水层之间的粘结力和机械咬合力，当刚性保护层膨胀变形时，会对防水层造成损坏，故在保护层与防水层之间应铺设隔离层，同时可防止保护层施工时对防水层的损坏。对于不同的屋面保护层材料，所用的隔离层材料有所不同，本条列出了隔离层材料的适用范围和技术要求。

4.8 瓦屋面设计

4.8.1 本条中所指的瓦屋面，包括烧结瓦屋面、混凝土瓦屋面和沥青瓦屋面。近年来随着建筑设计的多样化，为了满足造型和艺术的要求，对有较大坡度的屋面工程也越来越多地采用了瓦屋面。

本次修订规范时将屋面防水等级划分为Ⅰ、Ⅱ两级，本条规定防水等级为Ⅰ级的瓦屋面，防水做法采用瓦+防水层；防水等级为Ⅱ级的瓦屋面，防水做法采用瓦+防水垫层。这就使瓦屋面能在一般建筑和重要建筑的屋面工程中均可以使用，扩大了瓦屋面的使用范围。

4.8.2 在进行瓦屋面设计时，瓦屋面的基层可以用木基层，也可以用混凝土基层，其构造做法应符合以下要求：

1 烧结瓦、混凝土瓦铺设在木基层上时，宜先在基层上铺设防水层或防水垫层，然后钉顺水条、挂瓦条，最后再挂瓦。

2 烧结瓦、混凝土瓦铺设在混凝土基层上时，宜在混凝土表面上先抹水泥砂浆找平层，再在其上铺设防水层或防水垫层，然后钉顺水条、挂瓦条，最后再挂瓦。

3 烧结瓦、混凝土瓦铺设在有保温层的混凝土基层上时，宜先在保温层上铺设防水层或防水垫层，再在其上设细石混凝土持钉层，然后钉顺水条、挂瓦条，最后再挂瓦。

4 沥青瓦铺设在木基层上时，宜先在基层上铺设防水层或防水垫层，然后铺钉沥青瓦。

5 沥青瓦铺设在混凝土基层上时，宜在混凝土表面上先抹水泥砂浆找平层，再在其上铺设防水层或防水垫层，最后再铺钉沥青瓦。

6 沥青瓦铺设在有保温层的混凝土基层上时，宜先在保温层上铺设防水层或防水垫层，再在其上铺设持钉层，最后再铺钉沥青瓦。

4.8.3 瓦屋面与山墙及突出屋面结构的交接处，是屋面防水的薄弱环节。在调研中发现这些部位发生渗漏的情况比较多见，所以对这些部位应作泛水处理，其泛水高度不应小于250mm。

4.8.4 在一些建筑中为满足建筑造型的要求而加大瓦屋面的坡度，当瓦屋面的坡度大于100%时，瓦片容易坠落，尤其是在大风或地震设防地区，屋面受外力的作用，瓦片极易被掀起、抛出，导致屋面损坏。本条规定在大风及地震设防地区或屋面坡度大于100%时，对瓦片应采用固定加强措施。烧结瓦、混凝土瓦屋面，应用镀锌铁丝将全部瓦片与挂瓦条绑扎固定；沥青瓦屋面檐口四周及屋脊部位，每张沥青瓦片应增加固定钉数量，同时上下沥青瓦之间应采用沥青基胶结材料满粘。

4.8.5 严寒及寒冷地区瓦屋面工程的檐口部位，在冬季下雪后会形成冰棱或冰坝，不仅影响了屋面上雪水的排出，而且也容易损坏檐口，因此，设计时应采取防止冰雪融化下坠和冰坝形成的措施，以确保屋面工程正常使用。

4.8.6 防水垫层在瓦屋面中起着重要的作用，因为"瓦"本身还不能算作是一种防水材料，只有瓦和防水垫层组合后才能形成一道防水设防。防水垫层质量的好坏，直接关系到瓦屋面质量的好坏，因此本条对防水垫层所用卷材的品种、最小厚度和搭接宽度作出了规定。

4.8.7 持钉层的厚度应能满足固定钉在受外力作用时的抗拔力要求，同时也考虑到施工人员在屋面上操作时对木基层所产生的荷载作用，所以本条规定持钉层为木板时厚度不应小于20mm。而当持钉层采用人造板时，因其属于有性能分级的结构性人工板材，故其厚度可比普通木板减薄。当持钉层为细石混凝土时，考虑到细石混凝土中骨料的粒径，如混凝土的厚度小于35mm则很难施工，所以规定细石混凝土的厚度不应小于35mm。

4.8.8 本条强调檐沟、天沟设置防水层的重要性，防水层可采用防水卷材、防水涂膜或金属板材。

4.8.9 烧结瓦、混凝土瓦屋面都应有一定坡度，以便迅速排走屋面上的雨水。由于木屋架、钢木屋架的高跨比一般为1/6～1/4，如果按最小高跨比为1/6考虑，则屋面的最小坡度应为33.33%，而原规范中规定平瓦屋面的坡度不应小于20%，这个坡度仅相当于11°18′，坡度太小不仅不利于屋面排水，而且瓦片之间易发生爬水，导致屋面渗漏，所以本条规定烧结瓦、混凝土瓦屋面的坡度不应小于30%。

4.8.10 木基层、木顺水条、木挂瓦条等木质构件，由于在潮湿的环境和一定的温度条件下，木腐菌极易繁殖，木腐菌侵蚀木材，导致木构件腐朽。另外在潮湿闷热的环境中，还会给白蚁、甲壳虫等的生存创造了条件，这些昆虫的习性是喜欢居住在木材中，并将木材内部蛀成蜂窝状洞穴和曲折形穴道，使木基层遭到损害而失去使用功能，所以当瓦屋面使用木基层时，应按现行国家标准《木结构设计规范》GB 50005的规定进行防腐和防蛀处理。另外，木材是易燃材料，易导致火灾，所以本条规定对此类木基层，还必须进行防火处理。

金属顺水条、金属挂瓦条在干湿交替的环境中，铁类金属极易锈蚀，年长日久更易造成严重锈蚀而使金属构件损坏，因此，本条规定当烧结瓦、混凝土瓦屋面采用金属顺水条、挂瓦条时，应事先进行防锈蚀处理，如涂刷防锈漆或进行镀锌处理等。

4.8.11 烧结瓦、混凝土瓦干法挂瓦时，应将顺水条、挂瓦条钉在基层上，顺水条的间距宜为500mm，再在顺水条上固定挂瓦条。块瓦采用在基层上使用泥背的非永久性建筑，本条已取消。

烧结瓦、混凝土瓦的后爪均应挂在挂瓦条上，上下行瓦的左右拼缝应相互错开搭接并落槽密合；瓦背面有挂钩和穿线小孔均为铺筑时固定瓦片用的，一般坡度的瓦屋面檐口两排瓦，均应用 18 号铁丝穿在瓦背面的小孔上，并扎穿在挂瓦条上，以防止瓦片脱离时滑下。

4.8.12 根据烧结瓦和混凝土瓦的特性，通过经验总结，本条规定了块瓦铺装时相关部位的搭伸尺寸。烧结瓦、混凝土瓦屋面的檐口如果挑出墙面太少，下大雨时檐口下的墙体易被雨水淋湿，甚至会导致渗漏。按实践经验和美观的要求，檐口挑出墙面的长度以不小于 300mm 为宜。瓦片挑出檐口的长度如果过短，雨水易流淌到封檐板上，造成爬水，按经验总结瓦片挑出檐口的长度以 50mm～70mm 为宜。

4.8.13 沥青瓦屋面由于具有重量轻、颜色多样、施工方便、可在木基层或混凝土基层上使用等优点，所以近年来在坡屋面工程中广泛采用。沥青瓦屋面必须具有一定的坡度，如果屋面坡度过小，则不利于屋面雨水排出，而且在沥青瓦片之间还可能发生浸水现象，所以本条规定沥青瓦屋面的坡度不应小于 20%。当沥青瓦屋面坡度过大或在大风地区，瓦片易出现下滑或被大风掀起，所以应采取加固措施，以确保沥青瓦屋面的工程质量。

4.8.14 在沥青瓦片上有粘结点、连续或不连续的粘结条，能确保沥青瓦安装在屋面上后垂片能被粘结。沥青瓦的厚度是确保屋面防水质量的关键，根据现行国家标准《玻纤胎沥青瓦》GB/T 20474 的规定，矿物粒（片）沥青瓦质量不低于 3.4kg/m²，厚度不小于 2.6mm；金属箔面沥青瓦质量不低于 2.2kg/m²，厚度不小于 2mm。

4.8.15 沥青瓦为薄而轻的片状材料，瓦片以钉为主、粘结为辅的方法与基层固定。沥青瓦通过钉子钉入持钉层和沥青瓦片之间的相互粘结，成为一个与基层牢固固定的整体。为了使沥青瓦与基层固定牢固，要求在每片沥青瓦片上应钉入 4 个固定钉。如果屋面坡度过大，为防止沥青瓦片下坠的作用，以及防止大风时将沥青瓦片掀起破坏，所以本条规定在大风地区或屋面坡度超过 100% 时，每张瓦片上不得少于 6 个固定钉。

4.8.16 本条规定了沥青瓦屋面天沟的几种铺设形式：

1 搭接式：沿天沟中心线铺设一层宽度不小于 1000mm 的附加防水垫层，将外边缘固定在天沟两侧，从一侧铺设瓦片跨过天沟中心线不小于 300mm，然后用固定钉固定，再将另一侧的瓦片搭过中心线后固定；最后剪修沥青瓦片上的边角，并用沥青基胶结材料固定。

2 编织式：沿天沟中心线铺设一层宽度不小于 1000mm 的附加防水垫层，将外边缘固定在天沟两

侧。在两侧屋面上同时向天沟方向铺设瓦片，至距天沟中心线 75mm 处再铺设天沟上的瓦片。

3 敞开式：沿天沟中心线的两侧，采用厚度不小于 0.45mm 的防锈金属板，用金属固定件固定在基层上，沥青瓦片与金属天沟之间用 100mm 宽的沥青基胶粘材料粘结，瓦片上的固定钉应密封覆盖。

4.8.17 根据沥青瓦的特性，通过经验总结，本条规定了沥青瓦铺装时相关部位的搭伸尺寸。

4.9 金属板屋面设计

4.9.1 近几年，大量公共建筑的涌现使得金属板屋面迅猛发展，大量新材料应用及细部构造和施工工艺的创新，对金属板屋面设计提出了更高的要求。

金属板屋面是由金属面板与支承结构组成，金属板屋面的耐久年限与金属板的材质有密切的关系，按现行国家标准《冷弯薄壁型钢结构技术规范》GB 50018 的规定，屋面压型钢板厚度不宜小于 0.5mm。参照奥运工程金属板屋面防水工程质量控制技术指导意见中对金属板的技术要求，本条规定当防水等级为Ⅰ级时，压型铝合金板基板厚度不应小于 0.9mm；压型钢板基板厚度不应小于 0.6mm，同时压型金属板应采用 360° 咬口锁边连接方式。

尽管金属板屋面所使用的金属板材料具有良好的防腐蚀性，但由于金属板的伸缩变形受板型连接构造、施工安装工艺和冬夏季温差等因素影响，使得金属板屋面渗漏水情况比较普遍。根据本规范规定屋面Ⅰ级防水需两道防水设防的原则，同时考虑金属板屋面有一定的坡度和泄水能力好的特点，本条规定Ⅰ级金属板屋面应采用压型金属板＋防水垫层的防水做法；Ⅱ级金属板屋面应采用紧固件连接或咬口锁边连接的压型金属板以及金属面绝热夹芯板的防水做法。

4.9.2 金属板材可按建筑设计要求选用，目前较常用的面板材料为彩色涂层钢板、镀层钢板、不锈钢板、铝合金板、钛合金板和铜合金板。选用金属面板材料时，产品应符合现行国家或行业标准，也可参照国外同类产品标准的性能、指标及要求。彩色涂层钢板应符合现行《彩色涂层钢板及钢带》GB/T 12754 的要求；镀层钢板应符合现行国家标准《连续热镀锌钢板及钢带》GB/T 2518 和《连续热镀铝锌合金镀层钢板及钢带》GB/T 14978 的要求；不锈钢板应符合现行国家标准《不锈钢冷轧钢板和钢带》GB/T 3280 和《不锈钢热轧钢板和钢带》GB/T 4237 的要求；铝合金板应符合现行国家标准《铝及铝合金轧制板材》GB/T 3880 的要求；钛合金板应符合现行国家标准《钛及钛合金板材》GB/T 3621 的要求；铜合金板应符合现行国家标准《铜及铜合金板》GB/T 2040 的要求；金属板材配套使用的紧固件应符合现行国家标准《紧固件机械性能》GB/T 3098 的要求；防水密封带应符合现行行业标准《丁基橡胶防水密封胶粘带》

JC/T 942 的要求；防水密封胶垫宜采用三元乙丙橡胶、氯丁橡胶、硅橡胶，其性能应符合现行行业标准《硫化橡胶和热塑性橡胶　建筑用预成型密封垫的分类、要求和试验方法》HG/T 3100 和国家标准《工业用橡胶板》GB/T 5574 的要求；硅酮耐候密封胶应符合现行国家标准《硅酮建筑密封胶》GB/T 14683 的要求。

4.9.3 金属板屋面是建筑物的外围护结构，主要承受屋面自重、活荷载、风荷载、积灰荷载、雪荷载以及地震作用和温度作用。金属面板与支承结构之间、支承结构与主体结构之间，须有相应的变形能力，以适应主体结构的变形；当主体结构在外荷载作用下产生位移时，一般不应使构件产生过大的内力和不能承受的变形。

4.9.4 压型金属板板型主要包括：有效宽度、展开宽度、板厚、截面惯性矩、截面模量和最大允许檩距等内容，均应由生产厂家负责提供。

压型金属板构造系统可分为单层金属板屋面、单层金属板复合保温屋面、檩条露明型双层金属板复合保温屋面、檩条暗藏型双层金属板复合保温屋面。

1 单层金属板屋面：厚度不应小于 0.6mm 压型金属板；冷弯型钢檩条。

2 单层金属板复合保温屋面：厚度不应小于 0.6mm 压型金属板；玻璃棉毡保温层；隔汽层；热镀锌或不锈钢丝网；冷弯型钢檩条。

3 檩条露明型双层金属板复合保温屋面：厚度不应小于 0.6mm 上层压型金属板；玻璃棉毡保温层；隔汽层；冷弯型钢附加檩条；厚度不应小于 0.5mm 底层压型金属板；冷弯型钢主檩条。

4 檩条暗藏型双层金属板复合保温屋面：厚度不应小于 0.6mm 上层压型金属板；玻璃棉毡保温层；隔汽层；冷弯型钢附加檩条；厚度不应小于 0.5mm 底层压型金属板。

4.9.5 在空气湿度相对较大的环境中，保温层靠向室内一侧应增设隔汽层；在严寒及寒冷地区或室内外温差较大的环境中，隔汽层设置需通过热工计算。防水透汽膜是具有防风和防水透汽功能的膜状材料，包括纺粘聚乙烯和聚丙烯膜；防水透汽膜应铺设在屋面保温层外侧，可将外界水域空气气流阻挡在建筑外部，阻止冷风渗透，同时能将室内的潮气排到室外。防水透汽膜性能应符合本规范附录 B.1.15 的规定，该指标摘自《建筑外墙防水工程技术规程》JGJ/T 235-2011 第 4.2.6 条的规定。

4.9.6 建筑室内表面发生结露会给室内环境带来负面影响，如果长时间的结露则会滋生霉潮，对人体健康造成有害的影响，也是不允许的。室内表面出现结露最直接的原因是内表面温度低于室内空气的露点温度。一般说来，在金属板屋面结构内表面大面积结露的可能性不大，结露往往都出现在热桥的位置附近。

当然要彻底杜绝金属板屋面结构内表面结露现象有时也是非常困难的，只是要求在室内空气温、湿度设计条件下不应出现结露。根据国内外有关热工计算资料，室内温度和相对湿度下的露点温度可按表 6 选用。

表 6　室内温度和相对湿度下的露点温度（℃）

室内温度（℃）	室内相对湿度（%）							
	20	30	40	50	60	70	80	90
5	−14.4	−9.9	−6.6	−4.0	−1.8	0	1.9	3.5
10	−10.5	−5.9	−2.5	0.1	2.7	4.8	6.7	8.8
15	−6.7	−2.0	1.7	4.8	7.4	9.7	11.6	13.4
20	−3.0	2.1	6.2	9.4	12.1	14.5	16.5	18.3
25	−0.9	6.6	10.8	14.1	16.9	19.3	21.4	23.3
30	−5.1	11.0	15.3	18.8	21.7	24.1	26.3	28.3
35	9.4	15.5	19.9	23.5	26.5	29.1	31.2	33.2
40	13.7	20.0	24.6	28.2	31.3	33.9	36.1	38.2

本条明确金属板屋面防结露设计应符合现行国家标准《民用建筑热工设计规范》GB 50176 的有关规定。通过有关围护结构内表面以及内部温度的计算和围护结构内部冷凝受潮的验算，才能真正解决防结露问题。

4.9.7 由于金属板屋面的泄水能力较好，原规范规定金属板材屋面坡度宜大于或等于 10%，但在规范的执行中带来不少争议，故本条对屋面坡度取值经综合考虑作了修订。当屋面金属板采用紧固件连接时，屋面坡度不宜小于 10%，维持原规范的规定；当屋面金属板采用咬口锁边连接时，屋面坡度不宜小于 5%。杜绝了因传统采用螺栓固定而造成屋面渗漏。

4.9.8 本条对金属板屋面的檐沟、天沟设计给予规定。考虑到金属板材的热胀冷缩，金属檐沟、天沟的长度不宜太长。如果板材材质为不锈钢板，热胀系数为 17.3×10^{-6}/℃。冬夏最大温差为 60℃，板长为 30m，则伸缩量为 $\Delta L = 30 \times 10^3 \times 60 \times 17.3 \times 10^{-6} = 31.14$mm。檐沟、天沟的纵向伸缩量控制在 30mm 左右是可行的，本条规定檐沟、天沟的伸缩缝间距不宜大于 30m。

按国家标准《建筑给水排水设计规范》GB 50015-2003 中第 4.9.8 条的规定，建筑屋面雨水排水工程应设置溢流口、溢流堰、溢流管系统等溢流设施。溢流排水不得危害建筑设施和行人安全。由于金属板屋面清理不及时，内檐沟及内天沟落水口堵塞引起的渗漏水比较普遍，而且屋面板与内檐沟及内天沟的细部构造防水难度较大，本条规定内檐沟及内天沟应设置溢流口或溢流系统，沟内宜按 0.5‰ 找坡。

4.9.9 金属板屋面的热胀冷缩主要是在横向和纵向。由于压型金属板是将镀层钢板或铝合金板经辊压冷弯，沿板宽方向形成连续波形截面的成型板，一方面大大提高屋面板的刚度，另一方面波肋的存在允许屋面板在横向有一定的伸缩。由于在工厂轧制的压型金属板受运输条件的限制，一般板长宜在 12m 之内；在施工现场轧制的压型金属板应根据吊装条件尽量采用较长尺寸的板材，以减少板的纵向搭接，防止渗漏。

压型金属板采用紧固件连接时，由于板的纵向伸缩受到紧固件的约束，使得屋面板的钉孔处和螺钉均存在温度应力，故金属板的单坡长度不宜超过 12m。压型金属板采用咬口锁边时，由于固定支座仅限制屋面板在板宽方向和上下方向的移动，屋面板沿坡块长度方向可有一定的移动量，使得屋面板不产生温度应力，这样金属板的单坡最小长度可以大大提高。根据本规范第 4.9.15 条第 2 款的规定，由于金属板单坡长度过大，板的伸缩量超过金属板铺装的有关尺寸，会影响檐沟及天沟的使用，故本条提出金属板最大伸缩变形量不宜超过 100mm 的要求。有关压型金属板的单坡最大长度可参见本规范第 5.9.5 条的条文说明。

4.9.10 主体结构考虑到温度变化和混凝土收缩对结构产生不利影响，以及地基不均匀沉降或抗震设防要求，必须设置伸缩缝、沉降缝、防震缝，统称变形缝。金属板屋面外围护结构，应能适应主体结构的变形要求，本条规定金属板在主体结构的变形缝处宜断开，不宜直接跨越主体结构变形缝，变形缝上部应加盖带伸缩的金属盖板。

4.9.11 金属板屋面的细部构造设计比较复杂，不同供应商的金属屋面板构造做法也不尽相同，很难统一标准，一般均应对细部构造进行深化设计。金属板屋面细部构造，是指金属板变形大、应力与变形集中、用材多样、施工条件苛刻、最易出现质量问题和发生渗漏的部位，细部构造是保证金属板屋面整体质量的关键。

4.9.12 本条对压型金属板采用咬口锁边连接的构造设计提出具体要求。

暗扣直立锁边屋面系统固定方式：首先将 T 形铝质固定支座固定在檩条上，再将压型金属板扣在固定支座的梅花头上，最后用电动锁边机将金属板材的搭接边咬合在一起。由于固定方法先进，温度变形自由伸缩，抗风性能好，现场施工方便，保证屋面防水功能，在国内许多大型公共建筑得到推广应用。

金属板屋面由于保温层设在金属板的下面，所以大面积金属屋面板都存在严重的温度变形问题，如不合理释放这部分变形，容易导致金属屋面板局部折屈、隆起和磨损，故本条规定单坡尺寸过长或环境温差过大的建筑屋面，压型金属板宜采用滑动式支座的

360°咬口锁边连接。滑动式支座分为座顶或座体两部分，座体开有一长圆孔，座顶卡在长圆孔内，沿长圆孔可以左右滑动。长圆孔的长度可以根据金属板伸缩量的大小由中间向两端逐渐加大。同时还要考虑在静荷载作用下，座顶和座体之间的相对滑动必须克服相互间的摩擦力。

4.9.13 本条是对压型金属板采用紧固件连接的构造设计提出了具体要求。对于压型金属板连接件主要选用自攻螺钉，连接件必须带有较好的防水密封胶垫材料，以防止连接点渗漏。对于压型金属板上下排板的搭接长度，应根据板型和屋面坡度确定；压型金属板的纵向搭接和横向连接部位，均应设置通长防水密封胶带，以防搭接缝渗漏。

4.9.14 金属面绝热夹芯板是将彩色涂层钢板面板及底板与硬质聚氨酯、聚苯乙烯、岩棉、矿渣棉、玻璃棉芯材，通过粘结剂或发泡复合而成的保温复合板材。本条对夹芯板采用紧固件连接的构造作了具体的规定，为了减少屋面的接缝，防止渗漏和提高保温性能，应尽量采用长尺寸的夹芯板。

4.9.15 金属板屋面的檐口、檐沟、天沟、屋脊以及金属泛水板与女儿墙、山墙等交接处，均是屋面渗漏的薄弱部位，本条规定了金属板铺装的最小尺寸要求。

4.9.16 硅酮耐候密封胶是一种多用途、单组分、无污染、中性固化、性能优良的硅酮密封胶，具有良好的粘结性、延伸性、水密性、气密性，固化后形成耐用、高性能及其弹性和耐气候性能。本条规定了压型金属板和金属面绝热夹芯板的自攻螺钉、拉铆钉外露处，均应采用硅酮耐候密封胶密封。

硅酮耐候密封胶在使用前，应进行粘结材料的相容性和粘结性试验，确认合格后才能使用。

4.9.17 当铝合金材料与除不锈钢以外的其他金属材料接触、紧固时，容易产生电化学腐蚀，应在铝合金材料及其他金属材料之间采用橡胶或聚四氟乙烯等隔离材料。

4.9.18 在金属板屋面中，一般采用采光带来弥补大跨度建筑中部的光线不足问题。透光屋面材料常用聚碳酸酯类板，其构造特点及技术数据应参见专业厂家样本，板材性能应满足国家相关规定。

聚碳酸酯类板包括实心板和中空板，适用于各种曲面造型的要求。在实体工程中，若将采光板做成与配套使用的压型金属板相同的板型，采光板与压型金属板的横向连接采用咬合或扣合的方式，两板之间因空隙较小而形成毛细作用；同时由于采光板与金属板的热胀系数差别很大，当接缝密封胶的位移不能满足接缝位移量要求时，即在板缝部位很容易发生渗漏。大量工程实践也证明，若采光顶与金属板采用平面交接，由于变形差异，防水细部构造很难处理，故采光带必须高出屋面一定的距离，将两种不同材料的建筑构造完全分开，并应在采光带的四周与金属板屋面的

交接处做好泛水处理。

本条对采光带设置宜高出金属板屋面250mm的要求，符合本规范第4.9.15条有关泛水板与突出屋面墙体搭接高度不应小于250mm的规定。

4.9.19 金属板屋面应按设计要求提供抗风揭试验验证报告。由于金属板屋面抗风揭能力的不足，对建筑的安全性能影响重大，产生破坏造成的损失也非常严重，因此，无论国内和国外对建筑的风荷载安全都很重视。

我国对建筑物的风荷载设计，主要是按现行国家标准《建筑结构荷载规范》GB 50009 的规定。由于现行规范对风荷载的设计要求与国外相比偏低，并且更重要的是只有设计要求，没有相关的标准测试方法对设计要求进行验证，无法确定建筑物的安全性。为此，中国建筑材料科学研究院苏州防水研究院所属的国家建材工业建筑防水材料产品质量监督检验测试中心与国际上屋面系统检测最权威的机构美国FM认证公司合作，引进了FM成熟的屋面抗风揭测试技术，并于2010年8月建成了我国首个屋面系统抗风揭实验室，开展金属板屋面系统的抗风揭检测业务。实验室通过了与FM认证检测机构的对比试验，测试结果一致可靠，能够有效评价通过设计的屋面系统所能达到的抗风揭能力，保证建筑物的安全。通过该方法，能够检验屋面系统的设计、屋面系统所用的表面材料、基层材料、保温材料、固定件以及整个屋面系统的可靠性和可行性。

4.10 玻璃采光顶设计

4.10.1 玻璃采光顶是指由直接承受屋面荷载和作用的玻璃透光面板与支承体系所组成的围护结构，与水平面的夹角小于75°的围护结构和装饰性结构。玻璃采光顶作为建筑的外围护结构，其造型是建筑设计的重要内容，设计者不仅要考虑建筑造型的新颖、美观，还要考虑建筑的使用功能、造价、环境、能耗、施工条件等诸多因素，需重点对结构类型、材料和细部构造方面进行设计。

玻璃采光顶的支承结构主要有钢结构、钢索杆结构、铝合金结构等，采光顶的支承形式包括桁架、网架、拱壳、圆穹等；玻璃采光顶应按围护结构设计，主要承受自重以及直接作用于其上的风雪荷载、地震作用、温度作用等，不分担主体结构承受的荷载或地震作用。玻璃采光顶应具有足够的承载能力、刚度和稳定性，能够适应主体结构的变形及承受可能出现的温度作用。同时，玻璃采光顶的构造设计除应满足安全、实用、美观的要求外，尚应便于制作、安装、维修保养和局部更换。

4.10.2 玻璃采光顶的物理性能主要包括承载性能、气密性能、水密性能、热工性能、隔声性能和采光性能。性能要求的高低和建筑物的功能性质、重要性等有关，不同的建筑在很多性能上是有所不同的，玻璃采光顶的物理性能应根据建筑物的类别、高度、体型、功能以及建筑物所在的地理位置、气候和环境条件进行设计。如沿海或经常有台风的地区，要求玻璃采光顶的风压变形性能和雨水渗漏性能高些；风沙较大地区，要求玻璃采光顶的风压变形性能和空气渗透性能高些；寒冷地区和炎热地区，要求采光顶的保温隔热性能良好。下面列出现行国家标准《建筑玻璃采光顶》JG/T 231 中有关玻璃采光顶的承载性能、气密性能、水密性能、热工性能、隔声性能、采光性能等分级指标，供设计人员选用。

1 承载性能：玻璃采光顶承载性能分级指标 S 应符合表7的规定。

表7 承载性能分级

分级代号	1	2	3	4	5	6	7	8	9
分级指标值 S (kPa)	$1.0 \leqslant S$ < 1.5	$1.5 \leqslant S$ < 2.0	$2.0 \leqslant S$ < 2.5	$2.5 \leqslant S$ < 3.0	$3.0 \leqslant S$ < 3.5	$3.5 \leqslant S$ < 4.0	$4.0 \leqslant S$ < 4.5	$4.5 \leqslant S$ < 5.0	$S \geqslant 5.0$

注：1 9级时需同时标注 S 的实测值；
    2 S 值为最不利组合荷载标准值；
    3 分级指标值 S 为绝对值。

2 气密性能：玻璃采光顶开启部分，采用压力差为10Pa时的开启缝长空气渗透量 q_L 作为分级指标，分级指标应符合表8的规定；玻璃采光顶整体（含开启部分）采用压力差为10Pa时的单位面积空气渗透量 q_A 作为分级指标，分级指标应符合表9的规定。

表8 玻璃采光顶开启部分气密性能分级

分级代号	1	2	3	4
分级指标值 q_L [$m^3/(m \cdot h)$]	$4.0 \geqslant q_L$ > 2.5	$2.5 \geqslant q_L$ > 1.5	$1.5 \geqslant q_L$ > 0.5	$q_L \leqslant 0.5$

表9 玻璃采光顶整体气密性能分级

分级代号	1	2	3	4
分级指标值 q_A [$m^3/(m^2 \cdot h)$]	$4.0 \geqslant q_A$ > 2.0	$2.0 \geqslant q_A$ > 1.2	$1.2 \geqslant q_A$ > 0.5	$q_A \leqslant 0.5$

3 水密性能：当玻璃采光顶所受风压取正值时，水密性能分级指标 ΔP 应符合表10的规定。

表10 玻璃采光顶水密性能分级

分级代号		3	4	5
分级指标值 ΔP (kPa)	固定部分	$1000 \leqslant \Delta P$ < 1500	$1500 \leqslant \Delta P$ < 2000	$\Delta P \geqslant 2000$
	可开启部分	$500 \leqslant \Delta P$ < 700	$700 \leqslant \Delta P$ < 1000	$\Delta P \geqslant 1000$

注：1 ΔP 为水密性能试验中，严重渗漏压力差的前一级压力差；
    2 5级时需同时标注 ΔP 的实测值。

4 热工性能：玻璃采光顶的传热系数分级指标值应符合表 11 的规定；遮阳系数分级指标 SC 应符合表 12 的规定。

表 11　玻璃采光顶的传热系数分级

分级代号	1	2	3	4	5
分级指标值 k [W/(m²·K)]	$k>4.0$	$4.0 \geq k$ >3.0	$3.0 \geq k$ >2.0	$2.0 \geq k$ >1.5	$k \leq 1.5$

表 12　玻璃采光顶的遮阳系数分级

分级代号	1	2	3	4	5	6
分级指标值 SC	0.9 $\geq SC$ >0.7	0.7 $\geq SC$ >0.6	0.6 $\geq SC$ >0.5	0.5 $\geq SC$ >0.4	0.4 $\geq SC$ >0.3	0.3 $\geq SC$ >0.2

5 隔声性能：玻璃采光顶的空气隔声性能采用空气计权隔声量 R_w 进行分级，其分级指标应符合表 13 的规定。

表 13　玻璃采光顶的空气隔声性能分级

分级代号	2	3	4
分级指标值 R_w (dB)	$30 \leq R_w < 35$	$35 \leq R_w < 40$	$R_w \geq 40$

注：4 级时应同时标注 R_w 的实测值。

6 采光性能：玻璃采光顶的采光性能采用透光折减系数 T_r 作为分级指标，其分级指标应符合表 14 的规定。

表 14　玻璃采光顶采光性能分级

分级代号	1	2	3	4	5
分级指标值 T_r	$0.2 \leq T_r$ <0.3	$0.3 \leq T_r$ <0.4	$0.4 \leq T_r$ <0.5	$0.5 \leq T_r$ <0.6	$T_r \geq 0.6$

注：1　T_r 为透射漫射光照度与漫射光照度之比；
　　2　5 级时需同时标注 T_r 的实测值。

上述玻璃采光顶的性能应由制作和安装单位每三年进行一次型式检验；由于承载性能、气密性能和水密性能是采光顶应具备的基本性能，因此是必要检测项目。有保温、隔声、采光等要求时，可增加相应的检测项目。采光顶的承载性能、水密性能和气密性能检测应按现行国家标准《建筑幕墙气密、水密、抗风压性能检测方法》GB/T 15227 进行；采光顶的热工性能、隔声性能和采光性能检测，应分别按现行国家标准《建筑外门窗保温性能分级及检测方法》GB/T 8484、《建筑外门窗空气隔声性能分级及检测方法》GB/T 8485 和《建筑外窗采光性能分级及检测方法》GB/T 11976 进行。

4.10.3　玻璃采光顶所用材料均应有产品合格证和性能检测报告，材料的品种、规格、性能等应符合国家现行材料标准要求。

1　钢材宜选用碳素结构钢和低合金结构钢、耐候钢等，并按照设计要求做防腐处理。

2　铝合金型材应符合现行国家标准《铝合金建筑型材》GB 5237 的规定，铝合金型材表面处理应符合现行行业标准《建筑玻璃采光顶》JG/T 231 中的规定。

3　采光顶使用的钢索应采用钢绞线，并应符合现行行业标准《建筑用不锈钢绞线》JG/T 200 的规定；钢索压管接头应符合现行行业标准《建筑幕墙用钢索压管接头》JG/T 201 的规定。

4　采光顶所用玻璃应符合现行国家标准《建筑用安全玻璃　第 2 部分：钢化玻璃》GB 15763.2、《建筑用安全玻璃　第 3 部分：夹层玻璃》GB 15763.3、《半钢化玻璃》GB/T 17841 和现行行业标准《建筑玻璃采光顶》JG/T 231 的规定。

5　采光顶所用紧固件、连接件除不锈钢外，应进行防腐处理。主要受力紧固件应进行承载力验算。

6　橡胶密封制品宜采用三元乙丙橡胶、氯丁橡胶或硅橡胶，密封胶条应符合现行行业标准《硫化橡胶和热塑性橡胶　建筑用预成型密封垫的分类、要求和试验方法》HG/T 3100 和现行国家标准《工业用橡胶板》GB/T 5574 的规定。

7　硅酮结构密封胶应符合现行国家标准《建筑用硅酮结构密封胶》GB 16776 的规定。

8　玻璃接缝密封胶应符合现行行业标准《幕墙玻璃接缝用密封胶》JC/T 882 的规定；中空玻璃用一道密封胶应符合现行行业标准《中空玻璃用丁基热熔密封胶》JC/T 914 的规定，二道密封胶应符合现行行业标准《中空玻璃用弹性密封胶》JC/T 486 的规定。

4.10.4　玻璃采光顶大多以其特有的倾斜屋面效果，满足建筑使用功能和美观要求。玻璃采光顶应采用结构找坡，由采光顶的支承结构与主体结构结合而形成排水坡度，同时还应考虑保证单片玻璃挠度所产生的积水可以排除，故本条规定玻璃采光顶应采用支承结构找坡，其排水坡度不宜小于 5%。

4.10.5　玻璃采光顶的细部构造设计复杂，而且大部分由玻璃采光顶供应商制作安装，不同供应商的构造做法也不尽相同，所以均应进行深化设计。深化设计时，应对本条所列部位进行构造设计。

4.10.6　本条是对玻璃采光顶防结露设计提出的要求。玻璃采光顶内侧结露影响人们的生活和工作，因此玻璃采光顶设计坡度不宜太小，以防止结露水滴落；玻璃采光顶的型材应设置集水槽，并使所有集水槽相互沟通，使玻璃下的结露水汇集，并将结露水汇集排放到室外或室内水落管内。

4.10.7　玻璃采光顶支承结构必须作防腐处理或型材

作表面处理，型材已作表面处理的可不再作防腐处理。

铝合金型材与其他金属材料接触、紧固时，容易产生电化学腐蚀，应在铝合金材料与其他金属材料之间采取隔离措施。

4.10.8～4.10.10 这三条对玻璃采光顶的玻璃提出具体要求。规定玻璃采光顶的玻璃面板应采用安全玻璃，安全玻璃主要包括夹层玻璃和中空夹层玻璃。中空玻璃设计时上层玻璃尚应考虑冰雹等的影响。

夹层玻璃是一种性能良好的安全玻璃，是用聚乙烯醇缩丁醛（PVB）胶片将两块玻璃粘结在一起，当受到外力冲击时，玻璃碎片粘在PVB胶片上，可以避免飞溅伤人。钢化玻璃是将普通玻璃加热后急速冷却形成，当被打破时，玻璃碎片细小而无锐角，不会造成割伤。

4.10.11 采光顶玻璃组装采用镶嵌方式时，玻璃与构件槽口之间应适应在正常工作情况下会发生结构层间位移和玻璃变形，以避免玻璃直接碰到构件槽口造成玻璃破损，因此，明框玻璃组件中，玻璃与槽口的配合尺寸很重要，应符合设计和技术标准的规定。

玻璃四周的密封胶条应采用有弹性、耐老化的密封材料，密封胶条不应有硬化、龟裂现象。《建筑玻璃采光顶》JG/T 231-2007中规定：橡胶制品应符合现行行业标准《硫化橡胶和热塑性橡胶 建筑用预成型密封垫的分类、要求和试验方法》HG/T 3100和现行国家标准《工业用橡胶板》GB/T 5574的规定，宜采用三元乙丙橡胶、氯丁橡胶和硅橡胶。

4.10.12 采光顶玻璃组装采用胶粘方式时，中空玻璃的两层玻璃之间的周边以及隐框和半隐框构件的玻璃与金属框之间，都应采用硅酮结构密封胶粘结。结构胶使用前必须经过胶与相接触材料的相容性试验，确认其粘结可靠才能使用。硅酮结构密封胶的相容性试验应符合现行国家标准《建筑硅酮结构密封胶》GB 16776的有关规定。

4.10.13 采光顶玻璃采用点支式组装方式时，在正常工作情况下会发生结构层间位移和玻璃变形。若连接件与玻璃面板为硬性直接接触，易产生玻璃爆裂的现象，同时直接接触亦易产生摩擦噪声。因此，点支承玻璃采光顶的支承装置除应符合结构受力和建筑美观要求外，还应具有吸收平面变形的能力，在连接件与玻璃之间应设置衬垫材料，这种材料应具备一定的韧性、弹性、硬度和耐久性。

4.10.14 玻璃是不渗透材料，玻璃采光顶防水设防无需采用防水卷材或防水涂料处理，而是集中对玻璃面板之间的装配接缝嵌填弹性密封胶，保证密封不渗漏。由于采光顶渗漏现象时有发生，主要表现在接缝密封层的开裂、脱粘或局部缺陷，而且一处的渗漏治理往往会产生新的漏点，所以在设计时应充分评估采光顶玻璃接缝的变位特征，正确设定接缝构造及选

材，控制接缝密封形状和施工质量，才能实现屋面工程无渗漏的目标。

玻璃接缝设计应首先分析引起玻璃面板接缝位移的诸多因素，并计算这些因素产生的位移量值。以温差位移为例：如采光顶面板为18mm厚夹层玻璃，表层为热反射玻璃（热吸收系数$H=0.83$，热容常数$C=56$），面板长边为2000mm，短边为1500mm，夏季最高环境温度为33℃，冬季最低环境温度为−16℃，在面板边部无约束条件下，面板间接缝的最大温差位移量ΔL可按下式计算：

$$\Delta L = L \cdot \Delta T_{max} \cdot \alpha \qquad (2)$$

式中：L——长边尺寸（mm）；

$\quad\quad \alpha$——玻璃热膨胀系数，取9×10^{-6}（/℃）；

$\quad\quad \Delta T_{max}$——最大温差（℃）。

ΔT_{max}＝夏季日照下玻璃最高温度（即$H\times C$＋夏季最高环境温度）−冬季最低环境温度＝$(0.83\times56+33)-(-16)=80+16=96$（℃）

$\Delta L=2000\times96\times9\times10^{-6}=1.73$（mm）

考虑风荷载变化、雪荷载、地震、自重挠度等引起接缝的位移量为1.20mm（计算略），叠加温差位移后总位移量为2.93mm，考虑误差等其他因素，取安全系数1.1，则接缝最大位移量值为3.22mm。

若设定接缝宽度为6mm，计算位移量为3.22mm，则接缝胶的相对位移量为±27%，在密封胶标准中最高位移能力级别为25级，即位移能力为±25%，所以无胶可选，必须加大接缝宽度。如加宽为8mm，则接缝相对位移量为±20.2%，这样设定可选用位移能力级别为25级密封胶。考虑到接缝形状和变形产生的应力集中，以及密封胶随使用年限的增加可能发生性能变化，为更安全地设定接缝宽度宜加大到10mm。

本条规定玻璃接缝密封胶应符合现行行业标准《幕墙玻璃接缝用密封胶》JC/T 882的规定。还规定接缝深度宜为接缝宽度的50%～70%，是从国外大量资料和国内屋面接缝防水实践中总结出来的，是一个经验值。另外根据德国的经验，缝深为缝宽的1/2～2/3左右，与本条文的规定也基本一致。

4.11 细部构造设计

4.11.1 屋面的檐口、檐沟和天沟、女儿墙和山墙、水落口、变形缝、伸出屋面管道、屋面出入口、反梁过水孔、设施基座、屋脊、屋顶窗等部位，是屋面工程中最容易出现渗漏的薄弱环节。据调查表明，屋面渗漏中70%是由于细部构造的防水处理不当引起的，说明细部构造设防较难，是屋面工程设计的重点。

随着建筑的大型化和复杂化以及屋面功能的增加，除上述常见的细部构造外，在屋面工程中出现新的细部构造形式也是很正常的，因此本规范未规定的新的细部构造应根据其特征进行设计。

本规范在有关细部构造中所示意的节点构造，仅为条文的辅助说明，不能作为设计节点的构造详图。

4.11.2 屋面的节点部位由于构造形状比较复杂，多种材料交接，应力、变形比较集中，受雨水冲刷频繁，所以应局部增强，使其与大面积防水层同步老化。增强处理可采用多道设防、复合用材、连续密封、局部增强。细部构造设计是保证防水层整体质量的关键，同时应满足使用功能、温差变形、施工环境条件和工艺的可操作性等要求。

4.11.3 参见本规范第4.6.3条的条文说明。

4.11.4 屋面的节点部位往往形状比较复杂，设计时可采用不同的保温材料与大面的保温层衔接，形成连续保温层，防止热桥的出现。节点部位保温材料的选择，应充分考虑保温层设置的可能性和施工的可行性。保证热桥部位的内表面温度不低于室内空气的露点温度。

4.11.5 滴水处理的目的是为了阻止檐口、檐沟外侧下端等部位的雨水沿板底流向墙面而产生渗漏或污染墙面；如滴水槽的宽度和深度太小，雨水会由于虹吸现象越过滴水槽，使滴水处理失效，故规定滴水槽的最小尺寸。

4.11.6 檐口部位的卷材防水层收头和滴水是檐口防水处理的关键，空铺、点粘、条粘的卷材在檐口端部800mm范围内应满粘，卷材防水层收头压入找平层的凹槽内，用金属压条钉压牢固并进行密封处理，钉距宜为500 mm～800mm，防止卷材防水层收头翘边或被风揭起。从防水层收头向外的檐口上端、外檐至檐口下部，均应采用聚合物水泥砂浆铺抹，以提高檐口的防水能力。由于檐口做法属于无组织排水，檐口雨水冲刷量大，为防止雨水沿檐口下端流向外墙，檐口下端应同时做鹰嘴和滴水槽。

4.11.7 涂膜防水层与基层粘结较好，在檐口处涂膜防水层收头可以采用涂料多遍涂刷，以提高防水层的耐雨水冲刷能力，防止防水层收头翘边或被风揭起。檐口端部和滴水处理方式参见本规范第4.11.6条的条文说明。

4.11.8、4.11.9 瓦屋面下部的防水层或防水垫层可设在保温层的上面或下面，并应做到檐口的端部。烧结瓦、混凝土瓦屋面的瓦头，挑出檐口的长度宜为50mm～70mm，主要是防止雨水流淌到封檐板上；沥青瓦屋面的瓦头，挑出檐口的长度宜为10mm～20mm，应沿檐口铺设金属滴水板，并伸入沥青瓦下宽度不应小于80mm，主要是有利于排水。

4.11.10 为防止雨水从金属屋面板与外墙的缝隙进入室内，规定金属板材挑出屋面檐口的长度不得小于200mm，并应设置檐口封檐板。

4.11.11 檐沟和天沟是排水最集中的部位，本条规定檐沟、天沟应增铺附加层。当主体防水层为卷材时，附加层宜选用防水涂膜，既适应较复杂的施工，又减少了密封处理的困难，形成优势互补的涂膜与卷材复合；当主体防水层为涂膜时，沟内附加层宜选用同种涂膜，但应设胎体增强材料。檐沟、天沟与屋面交接处，由于构件断面变化和屋面的变形，常在此处发生裂缝，附加层伸入屋面的宽度不应小于250mm。屋面如不设保温层，则屋面与檐沟、天沟的附加层在转角处应空铺，空铺宽度宜为200mm，以防止基层开裂造成防水层的破坏。

檐沟防水层收头应在沟外侧顶部，由于卷材铺贴较厚及转弯不服帖，常因卷材的弹性发生翘边脱落，因此规定卷材防水层收头应采用压条钉压固定，密封材料封严。涂膜防水层收头用涂料多遍涂刷。

从防水层收头向外的檐口上端、外檐至檐口下部，均应采用聚合物水泥砂浆铺抹，以提高檐口的防水能力。为防止沟内雨水沿檐沟外侧下端流向外墙，檐沟下端应做鹰嘴或滴水槽。

当檐沟外侧板高于屋面结构板时，为防止雨水口堵塞造成积水漫上屋面，应在檐沟两端设置溢水口。

檐沟和天沟卷材铺贴应从沟底开始，保证卷材应顺流水方向搭接。当沟底过宽，在沟底出现卷材搭接缝时，搭接缝应用密封材料密封严密，防止搭接缝受雨水浸泡出现翘边现象。

4.11.12 瓦屋面的檐沟和天沟应增设防水附加层，由于檐沟大都为悬挑结构，为增加内檐板上部防水层的抗裂能力，附加层应盖过内檐板，故规定附加层应伸入屋面500mm以上。为使雨水顺坡落入檐沟或天沟，防止爬水现象，本条规定了烧结瓦、混凝土瓦伸入檐沟、天沟的尺寸要求。

4.11.13 本条第1～4款参见本规范第4.11.12条的条文说明。

天沟内沥青瓦铺贴的方式有搭接式、编织式和敞开式三种。采用搭接式或编织式铺贴时，沥青瓦及其配套的防水层或防水垫层铺过天沟，因此只需在天沟内增设1000mm宽的附加层。敞开式铺设时，天沟部位除了铺设1000mm宽附加层及防水层或防水垫层外，应在上部再铺设厚度不小于0.45mm的防锈金属板材，并与沥青瓦顺流水方向搭接，保证天沟防水的可靠性。

4.11.14 女儿墙防水处理的重点是压顶、泛水、防水层收头的处理。

压顶的防水处理不当，雨水会从压顶进入女儿墙的裂缝，顺缝从防水层背后渗入室内，故对压顶的防水做法作出具体规定。

低女儿墙的卷材防水层收头宜直接铺压在压顶下，用压条钉压固定并用密封材料封闭严密。高女儿墙的卷材防水层收头可在离屋面高度250mm处，采用金属压条钉压固定，钉距不宜大于800mm，再用密封材料封严，以保证收头的可靠性；为防止雨水沿高女儿墙的泛水渗入，卷材收头上部应做金属盖板保护。

根据多年实践证实，防水涂料与水泥砂浆抹灰层具有良好的粘结性，所以在女儿墙部位，防水涂料一直涂刷至女儿墙或山墙的压顶下，压顶也应作防水处理，避免女儿墙及其压顶开裂而造成渗漏。

4.11.15 瓦屋面及金属板屋面与突出屋面结构的交接处应作泛水处理。

烧结瓦、混凝土瓦屋面的泛水是最易渗漏的部位，聚合物水泥砂浆具有一定的韧性，用于泛水处理可以防止开裂引起的泛水渗漏。

沥青瓦屋面的泛水部位可增设附加层进行增强处理，收头参照女儿墙的做法。

金属板屋面山墙泛水采用铺钉金属泛水板的形式，金属泛水板之间应顺流水方向搭接；金属泛水板的作用效果和可靠性，取决于泛水板与墙体的搭接宽度和收头做法、泛水板与金属屋面板搭盖宽度和连接做法，本条均作了具体规定。

4.11.16 重力式排水为传统的排水方式，水落口材料包括金属制品和塑料制品两种，其排水设计、施工都有成熟的经验和技术。

水落口应牢固固定在承重结构上，否则水落口产生的松动会使水落口与混凝土交接处的防水设防破坏，产生渗漏现象。

水落口高出天沟及屋面最低处的现象一直较为普遍，究其原因是在埋设水落口或设计规定标高时，未考虑增加的附加层和排水坡度加大的尺寸。因此规定水落口杯必须设在沟底最低处，水落口埋设标高应根据附加层的厚度及排水坡度加大的尺寸确定。

对于水落口处的防水构造，采取多道设防、柔性密封、防排结合的原则处理。在水落口周围 500mm 的排水坡度应不小于 5%，坡度过小，施工困难且不易找准；采取防水涂料涂封，涂层厚度为 2mm，相当于屋面涂层的平均厚度，使它具有一定的防水能力，防水层和附加层伸入水落口杯内不应小于 50mm，避免水落口处的渗漏发生。

4.11.17 虹吸式排水方式是近年新出现的排水方式，具有排水速度快、汇水面积大的特点。水落口部位的防水构造和部件都有相应的系统要求，因此设计时应根据相关的要求进行专项设计。

4.11.18 变形缝的防水构造应能保证防水设防具有足够的适应变形而不破坏的能力。变形缝的泛水墙高度规定是为了防止雨水漫过泛水墙，泛水墙的阴角部位应按照泛水做法要求设置附加层。防水层的收头应铺设或涂刷至泛水墙的顶部。

变形缝中应填塞不燃保温材料作为卷材的承托，在其上覆盖一层卷材并向缝中凹伸，上放圆形的衬垫材料，再铺设上层的合成高分子卷材附加层，使其形成 Ω 形覆盖。

等高的变形缝顶部加盖钢筋混凝土或金属盖板加以保护。高低跨变形缝的附加层和防水层在高跨墙上的收头应固定牢固、密封严密；再在上部用固定牢固的金属盖板保护。

4.11.19 为确保屋面工程质量，对伸出屋面的管道应做好防水处理，规定管道周围的找平层应抹出不小于 30mm 的排水坡，并设附加层做增强处理；防水层应铺贴或涂刷至管道上，收头部位距屋面不宜小于 250mm；卷材收头应用金属箍或铁丝紧固，密封材料封严。充分体现多道设防和柔性密封的原则。

4.11.20 伸出屋面烟囱在坡屋面中是常见，另外坡屋面上的排气道也常做成与烟囱相似的形式，由于有突出屋面结构的存在，其阴角处容易产生裂缝，防水施工也相对困难，因此在泛水部位应增设附加层，防水层收头用金属压条钉压固定。另外为避免烟囱迎水面产生积水现象，应在迎水面中部抹出分水线，向两侧抹出一定的排水坡度，使雨水从两侧排走。

4.11.21 屋面垂直出入口应防止雨水从盖板下倒灌入室内，故规定泛水高度不得小于 250mm，泛水部位变形集中且难以设置保护层，故在防水层施工前应先做附加增强处理，附加层的厚度和尺寸应符合条文规定。防水层的收头于压顶圈下，使收头的防水设防可靠，不会产生翘边、开口等缺陷。

4.11.22 屋面水平出入口的设防重点是泛水和收头，泛水要求与垂直出入口基本相同。防水层应铺设至门洞踏步板下，收头处用密封材料封严，再用水泥砂浆保护。

4.11.23 反梁在现代建筑中越来越多，按照排水设计的要求，大部分反梁中需设置过水孔，使雨水能流向水落口及时排走。反梁过水孔的孔底标高应与两侧的檐沟底面标高一致，由于檐沟有坡度要求，因此每个过水孔的孔底标高都是不同的，施工时应预先根据结构标高、保温层厚度、找坡层厚度等计算出每个过水孔的孔底标高，再进行过水孔管的安设。

结构设计一般不允许在反梁上开设过大的孔洞，因此过水孔宜采用预埋管道的方式，为保证过水孔排水顺畅，规定了过水孔的最小尺寸。由于预埋管道与周边混凝土的线膨胀系数不同，温度变化时管道两端周围与混凝土接触处易产生裂缝，故管道口四周应预留凹槽用密封材料封严。

4.11.24 由于大型建筑和高层建筑日益增多，在屋面上经常设置天线塔架、擦窗机支架、太阳能热水器底座等，这些设施有的搁置在防水层上，有的与屋面结构相连。若与结构相连时，防水层应包裹基座部分，设施基座的预埋地脚螺栓周围必须做密封处理，防止地脚螺栓周围发生渗漏。

4.11.25 搁置在防水层上的设备，有一定的质量和振动，对防水层易造成破损，因此应按常规做卷材附加层，有些质量重、支腿面积小的设备，应该做细石混凝土垫块或衬垫，以免压坏防水层。

4.11.26 烧结瓦或混凝土瓦屋面的脊瓦与坡面瓦之间的缝隙，一般采用聚合物水泥砂浆填实抹平，脊瓦下端距坡面瓦的高度不宜超过80mm，一是考虑施工操作，二是防止砂浆干缩开裂导致雨水流入而造成渗漏，并根据烧结瓦和混凝土瓦的特性，规定了脊瓦与坡面瓦的搭盖宽度。

4.11.27 本条是根据沥青瓦的特性规定了脊瓦在两坡面瓦上的搭盖宽度，防止搭盖宽度过小，脊瓦易被风掀起。

4.11.28 金属板材屋面的屋脊部位应用金属屋脊盖板，以免盖板下凹；板材端头应设置堵头板，防止施工过程中或渗漏时雨水流入金属板材内部。

4.11.29 烧结瓦或混凝土瓦屋面，屋顶窗的窗料及金属排水板、窗框固定铁脚、窗口防水卷材、支瓦条等配件，可由屋顶窗的生产厂家配套供应，并按照设计要求施工。

4.11.30 沥青瓦屋面，屋顶窗的窗料及金属排水板、窗框固定铁脚、窗口防水卷材等配件，可由屋顶窗的生产厂家配套供应，并按照设计要求施工。

5 屋面工程施工

5.1 一般规定

5.1.1 防水工程施工实际上是对防水材料的一次再加工，必须由防水专业队伍进行施工，才能保证防水工程的质量。防水专业队伍应由经过理论与实际施工操作培训，并经考试合格的人员组成。本条所指的防水专业队伍，应由当地建设行政主管部门对防水施工企业的规模、技术水平、业绩等综合考核后颁发证书，作业人员应由有关主管部门发给上岗证。

实现防水施工专业化，有利于加强管理和落实责任制，有利于推行防水工程质量保证期制度，这是提高屋面防水工程质量的关键。对非防水专业队伍或非防水工施工的，当地质量监督部门应责令其停止施工。

5.1.2 设计图纸作为施工的依据，"照图施工"是施工单位应严格遵守的基本原则，所以在屋面工程施工前，施工单位应组织相关人员认真熟悉设计图纸，掌握屋面工程的构造层次、材料选用、技术要求及质量要求等。在设计单位参与的条件下进行图纸会审，可以解决屋面工程在设计及施工中存在的问题，确保屋面工程的质量及施工的顺利进行。

为了指导施工作业，确保屋面工程的质量，施工单位应根据设计图纸，结合施工的实际情况，编制有针对性的施工方案或技术措施。屋面工程施工方案的内容包括：工程概况、质量目标、施工组织与管理、防水保温材料及其使用、施工操作技术、安全注意事项等。

5.1.3 屋面工程所采用的防水、保温材料，除有产品合格证书和性能检测报告等出厂质量证明文件外，还应有当地建设行政主管部门指定检测单位对该产品本年度抽样检验认证的试验报告，其质量必须符合国家现行产品标准和设计要求。

材料进入现场后，监理单位、施工单位应按规定进行抽样检验，检验应执行见证取样送检制度，并提出检验报告。抽样检验不合格的材料不得用在工程上。

5.1.4 屋面工程是由若干构造层次组成的，如果下面的构造层质量不合格，而被上面的构造层覆盖，就会造成屋面工程的质量隐患。在屋面工程施工中，必须按各道工序分别进行检查验收，不能到工程全部做完后才进行一次性检查验收。每一道工序完成后，应经建设或监理单位检查验收，合格后方可进行下道工序的施工。

对屋面工程的成品保护是一个非常重要的环节。屋面防水工程完工后，有时又要上人进行其他作业，如安装天线、水箱、堆放杂物等，会造成防水层局部破坏而出现渗漏。本条规定当下道工序或相邻工程施工时，应对已完成的部分采取保护措施。

5.1.5 公安部、住房和城乡建设部于2009年9月25日发布了《民用建筑外保温系统及外墙装饰防火暂行规定》，提出了屋面工程施工及使用中的防火规定。在屋面工程中使用的防水、保温材料很多是属于可燃材料，如改性沥青防水卷材、合成高分子防水卷材、改性沥青防水涂料、合成高分子防水涂料以及有机保温材料等。所以施工单位在进行屋面工程施工时，对这些易燃的防水、保温材料的运输、保管应远离火源，露天存放时应用不燃材料完全覆盖，以防引发火灾。在施工作业时，强调在可燃保温材料上不得采用热熔法、热粘法等施工工艺进行施工，以防引燃保温材料而酿成火灾。同时要求屋面工程施工时要加强火源、热源等火灾危险源的管理，并在屋面工程施工作业区配置足够的消防灭火器材，以防一旦着火，能够将火及时扑灭，不致酿成火灾。

5.1.6 施工单位应遵守有关施工安全、劳动保护、防火和防毒的法律法规，建立相应的管理制度，并应配备必要的设备、器具和标识。

本条是针对屋面工程的施工范围和特点，着重进行危险源的识别、风险评价和实施必要的措施。屋面工程施工前，对危险性较大的工程作业，应编制专项施工方案，并进行安全交底。坚持安全第一、预防为主和综合治理的方针，积极防范和遏制建筑施工生产安全事故的发生。

5.2 找坡层和找平层施工

5.2.1 装配式钢筋混凝土板的板缝太窄，细石混凝土不容易嵌填密实，板缝宽度通常大于20mm较为合适。细石混凝土填缝高度应低于板面 10mm～20mm，以便与上面细石混凝土找平层更好地结合。当板缝较大时，嵌填的细石混凝土类似混凝土板带，要承受自重和屋面荷载的作用，因此当板缝宽度大于 40mm 或上窄下宽时，应在板缝内加构造配筋。

5.2.2 为了便于铺设隔汽层和防水层，必须在结构层或保温层表面做找平处理。在找坡层、找平层施工前，首先要检查其铺设的基层情况，如屋面板安装是否牢固，有无松动现象；基层局部是否凹凸不平，凹坑较大时应先填补；保温层表面是否平整，厚薄是否均匀；板状保温材料是否铺平垫稳；用保温材料找坡是否准确等。

基层检查并修整后，应进行基层清理，以保证找坡层、找平层与基层能牢固结合。当基层为混凝土时，表面清扫干净后，应充分洒水湿润，但不得积水；当基层为保温层时，基层不宜大量浇水。基层清理完毕后，在铺抹找坡、找平材料前，宜在基层上均匀涂刷素水泥浆一遍，使找坡层、找平层与基层更好地粘结。

5.2.3 目前，屋面找平层主要是采用水泥砂浆、细石混凝土两种。在水泥砂浆中掺加抗裂纤维，可提高找平层的韧性和抗裂能力，有利于提高防水层的整体质量。按本规范第 4.3.2 条的技术要求，水泥砂浆采用体积比水泥：砂为 1：2.5；细石混凝土强度等级为 C20；混凝土随浇随抹，应将原浆表面抹平、压光。找平层、找坡层的施工，应做到所用材料的质量符合设计要求，计量准确和机械搅拌。

5.2.4 按本规范第 4.3.1 条的规定，当屋面采用材料找坡时，坡度宜为 2%，因此基层上应按屋面排水方式，采用水平仪或坡度尺进行拉线控制，以获得合理的排水坡度。本条规定找坡层最薄处厚度不宜小于 20mm，是指在找坡起始点 1m 范围内，由于用轻质材料找坡不太容易成形，可采用 1：2.5 水泥砂浆完成，由此往外仍采用轻质材料找坡，按 2% 坡度计算，1m 长度的坡高应为 20mm。

5.2.5 找坡材料宜采用质量轻、吸水率低和有一定强度的材料，通常是将适量水泥浆与陶粒、焦渣或加气混凝土碎块拌合而成。本条提出了找坡层施工过程中的质量控制，以保证找坡层的质量。

5.2.6 由于一些单位对找平层质量不够重视，致使找平层的表面有酥松、起砂、起皮和裂缝的现象，直接影响防水层和基层的粘结质量并导致防水层开裂。对找平层的质量要求，除排水坡度满足设计要求外，还应通过收水后二次压光等施工工艺，减少收缩开裂，使表面坚固密实、平整；水泥终凝后，应采取浇水、湿润覆盖、喷养护剂或涂刷冷底子油等方法充分养护。

5.2.7 卷材防水层的基层与突出屋面结构的交接处和基层的转角处，是防水层应力集中的部位。找平层圆弧半径的大小应根据卷材种类来定。由于合成高分子防水卷材比高聚物改性沥青防水卷材的柔性好且卷材薄，因此找平层圆弧半径可以减小，即高聚物改性沥青防水卷材为 50mm，合成高分子防水卷材为 20mm。

5.2.8 找坡层、找平层施工环境温度不宜低于 5℃。在负温度下施工，需采取必要的冬施措施。

5.3 保温层和隔热层施工

5.3.1 严寒和寒冷地区的屋面热桥部位，对于屋面总体保温效果影响较大，应按设计要求采取节能保温隔断热桥等措施。当缺少设计要求时，施工单位应提出办理洽商或按施工技术方案进行处理。完工后用热工成像设备进行扫描检查，可以判定其处理措施是否有效。

5.3.2 进行淋水或蓄水试验是为了检验防水层的质量，大面积屋面应进行淋水试验，檐沟、天沟等部位应进行蓄水试验，合格后方能进行上部保温层的施工。

保护层施工时如损坏了保温层和防水层，不但会降低使用功能，而且屋面一旦出现渗漏，很难找到渗漏部位，也不便于及时修复。

5.3.3 本条对隔汽层施工作出了规定：

1 隔汽层施工前，应清理结构层上的松散杂物，凸出基层表面的硬物应剔平扫净。同时基层应作找平处理。

2 隔汽层铺设在保温层之下，可采用一般的防水卷材或涂料，其做法与防水层相同。规定屋面周边隔汽层应沿墙面向上铺设，并高出保温层上表面不得小于 150mm。

3 考虑到隔汽层被保温层、找平层等埋压，卷材隔汽层可采用空铺法进行铺设。为了提高卷材搭接部位防水隔汽的可靠性，搭接缝采用满粘法，搭接宽度不应小于 80mm。采用涂膜做隔汽层时，涂刷质量对隔汽效果影响极大，涂料涂刷应均匀，涂层无堆积、起泡和露底现象。

4 若隔汽层出现破损现象，将不能起到隔绝室内水蒸气的作用，严重影响保温层的保温效果，故应对管道穿过隔汽层破损部位进行密封处理。

5.3.4 埋设排汽管是排汽构造的主要形式，穿过保温层的排汽管及排汽道的管壁四周均匀打孔，以保证排汽的畅通。排汽管周围与防水层交接处应做附加层，排汽管的泛水处及顶部应采取防止雨水进入的措施。

5.3.5 板状材料保温层采用上下层保温板错缝铺设，可以防止单层保温板在拼缝处的热量泄漏，效果更佳。干铺法施工时，应铺平垫稳、拼缝严密，板间缝隙应用同类材料的碎屑嵌填密实；粘结法施工时，板状保温材料应贴严粘牢，在胶粘剂固化前不得上人踩踏。

本条还增加了机械固定法施工，即使用专用螺钉和垫片，将板状保温材料定点钉固在结构上。

5.3.6 纤维材料保温层分为板状和毡状两种。由于纤维保温材料的压缩强度很小，是无法与板状保温材料相提并论的，故本条提出纤维保温材料在施工时应避免重压。板状纤维保温材料多用于金属压型板的上面，常采用螺钉和垫片将保温板与压型板固定，固定点应设在压型板的波峰上。毡状纤维保温材料用于混凝土基层的上面时，常采用塑料钉先与基层粘牢，再放入保温毡，最后将塑料垫片与塑料钉端热熔焊接。毡状纤维保温材料用于金属压型板的下面时，常采用不锈钢丝或铝板制成的承托网，将保温毡兜住并与檩条固定。

还特别提醒：在铺设纤维保温材料时，应重视做好劳动保护工作。纤维保温材料一般都采用塑料膜包装，但搬运和铺设纤维保温材料时，会随意掉落矿物纤维，对人体健康造成危害。施工人员应穿戴头罩、口罩、手套、鞋、帽和工作服，以防矿物纤维刺伤皮肤和眼睛或吸入肺部。

5.3.7 本条对喷涂硬泡聚氨酯保温层施工作出规定：

1 喷涂硬泡聚氨酯保温层的基层表面要求平整，是为了保证保温层厚度均匀且表面达到要求的平整度；基层要求干净、干燥，是为了增强保温层与基层的粘结。

2 喷涂硬泡聚氨酯必须使用专用喷涂设备，并应进行调试，使喷涂试块满足材料性能要求；喷涂时喷枪与施工基面保持一定距离，是为了控制喷涂硬泡聚氨酯保温层的厚度均匀，又不至于使材料飞散；喷涂硬泡聚氨酯保温层施工应多遍喷涂完成，是为了能及时控制、调整喷涂层的厚度，减少收缩影响。一般情况下，聚氨酯发泡、稳定及固化时间约需15min，故规定施工后20min内不能上人，防止损坏保温层。

3 由于喷涂硬泡聚氨酯施工受气候影响较大，若操作不慎会引起材料飞散，污染环境，故施工时应对作业面外受飞散物污染的部位，如屋面边缘、屋面上的设备等采取遮挡措施。

4 因聚氨酯硬泡体的特点是不耐紫外线，在阳光长期照射下易老化，影响使用寿命，故要求喷涂施工完成后，及时做保护层。

5.3.8 本条对现浇泡沫混凝土保温层施工作出规定：

1 基层质量对于现浇泡沫混凝土质量有很大影响，浇筑前湿润基层可以阻止其从现浇泡沫混凝土中吸收水分，但应防止因积水而产生粘结不良或脱层现象。

2 一般来说泡沫混凝土密度越好，其保温性能越好，但强度越低。泡沫混凝土配合比设计应按干密度和抗压强度来配制，并按绝对体积法来计算所组成各种材料的用量。配合比设计时，应先通过试配确保

达到设计所要求的导热系数、干密度及抗压强度等指标。影响泡沫混凝土性能的一个很重要的因素是它的孔结构，细致均匀的孔结构有利于提高泡沫混凝土的性能。按泡沫混凝土生产工艺要求，对水泥、掺合料、外加剂、发泡剂和水必须计量准确；水泥料浆应预先搅拌2min，不得有团块及大颗粒存在，再将发泡机制成的泡沫与水泥料浆混合搅拌5min～8min，不得有明显的泡沫飘浮和泥浆块出现。

3 泡沫混凝土浇筑前，应设定浇筑面标高线，以控制浇筑厚度。泡沫混凝土通常是保温层兼找坡层使用，由于坡面浇筑时混凝土向下流淌，容易出现沉降裂缝，故找坡施工时应采取模板辅助措施。

4 泡沫混凝土的浇筑出料口离基层不宜超过1m，采用泵送方式时，应采取低压泵送。主要是为了防止泡沫混凝土料浆中泡沫破裂，而造成性能指标的降低。

5 泡沫混凝土厚度大于200mm时应分层浇筑，否则应按施工缝进行处理。在泡沫混凝土凝结过程中，由于伴随有泌水、沉降、早期体积收缩等现象，有时会产生早期裂缝，所以在泡沫混凝土施工时应尽量降低浇筑速度和减少浇筑厚度，以防止混凝土终凝前出现沉降裂缝。在泡沫混凝土硬化过程中，由于水分蒸发原因产生脱水收缩而引起早期干缩裂缝，预防干裂的措施主要是采用塑料布将外露的全部表面覆盖严密，保持混凝土处于润湿状态。

5.3.9 大部分保温材料强度较低，容易损坏，同时怕雨淋受潮，为保证材料的规格质量，应当做好贮运、保管工作，减少材料的损坏。

5.3.10 本条规定了进场的板状保温材料、纤维保温材料需进行的物理性能检验项目。

5.3.11 用水泥砂浆粘贴板状材料，在气温低于5℃时不宜施工，但随着新型防冻外加剂的使用，有可靠措施且能够保证质量时，根据工程实际情况也可在5℃以下时施工。

现场喷涂硬泡聚氨酯施工时，气温过高或过低均会影响其发泡反应，尤其是气温过低时不易发泡。采用喷涂工艺施工，如果喷涂时风速过大则不易操作，故对施工时的风速也相应作出了规定。

5.3.12 本条对种植隔热层施工作出具体规定：

1 种植隔热层挡墙泄水孔是为了排泄种植土中过多的水分而设置的，若留设位置不正确或泄水孔被堵塞，种植土中过多的水分不能排出，不仅会影响使用，而且会对防水层不利；

2 排水层是指能排出渗入种植土中多余水分的构造层，排水层的施工必须与排水管、排水沟、水落口等排水系统连接且不得堵塞，保证排水畅通；

3 过滤层土工布应沿种植土周边向上敷设至种植土高度，以防止种植土的流失而造成排水层堵塞；

4 考虑到种植土和植物的重量较大，如果集中

堆放在一起或不均匀堆放，都会使屋面结构的受力情况发生较大的变化，严重时甚至会导致屋面结构破坏事故，种植土层的荷载尤其应严格控制，防止过量超载。

5.3.13 本条对架空隔热层施工作出具体规定：

1 做好施工前的准备工作，以保证施工顺利进行；

2 考虑架空隔热制品支座部位负荷增大，支座底面的卷材、涂膜均属于柔性防水，若不采取加强措施，容易造成支座下的防水层破损，导致屋面渗漏；

3 由于架空隔热层对防水层可起到保护作用，一般屋面防水层上不做保护层，所以在铺设架空隔热制品或清扫屋面上的落灰、杂物时，均不得损伤防水层；

4 考虑到屋面在使用中要上人清扫等情况，架空隔热制品的敷设应做到平整和稳固，板缝应以勾填密实为好，使板块形成一个整体。

5.3.14 本条对蓄水隔热层施工作出具体规定：

1 由于蓄水池的特殊性，孔洞后凿不宜保证质量，故强调所有孔洞应预留；

2 为了保证每个蓄水区混凝土的整体防水性，防水混凝土应一次浇筑完毕，不得留施工缝，避免因接缝处理不好而导致裂缝；

3 蓄水隔热层完工后，应在混凝土终凝时进行养护，养护后方可蓄水，并不可断水，防止混凝土干涸开裂；

4 溢水口的标高、数量、尺寸应符合设计要求，以防止暴雨溢流。

5.4 卷材防水层施工

5.4.1 卷材防水层基层应坚实、干净、平整，无孔隙、起砂和裂缝，基层的干燥程度应视所用防水材料而定。当采用机械固定法铺贴卷材时，对基层的干燥度没有要求。

基层干燥程度的简易检验方法，是将 1m² 卷材平坦地干铺在找平层上，静置 3h～4h 后掀开检查，找平层覆盖部位与卷材上未见水印，即可铺设隔汽层或防水层。

5.4.2 在历次调查中，节点、附加层和屋面排水比较集中部位出现渗漏现象最多，故应按设计要求和规范规定先行仔细处理，检查无误后再开始铺贴大面卷材，这是保证防水质量的重要措施，也是较好素质施工队伍的一般施工顺序。

檐沟、天沟是雨水集中的部位，而卷材的搭接缝又是防水层的薄弱环节，如果卷材垂直于檐沟、天沟方向铺贴，搭接缝大大增加，搭接方向难以控制，卷材开缝和受水冲刷的概率增大，故规定檐沟、天沟铺贴的卷材宜顺流水方向铺贴，尽量减少搭接缝。

卷材铺贴方向规定宜平行屋脊铺贴，其目的是保证卷材长边接缝顺流水方向；上、下层卷材不得相互垂直铺贴，主要是避免接缝重叠，即重叠部位的上层卷材接缝造成间隙，接缝密封难以保证。

5.4.3 在铺贴立面或大坡面的卷材时，为防止卷材下滑和便于卷材与基层粘贴牢固，规定采取满粘法铺贴，必要时采取金属压条钉压固定，并用密封材料封严。短边搭接过多，对防止卷材下滑不利，因此要求尽量减少短边搭接。

5.4.4 基层处理剂应与防水卷材相容，尽量选择防水卷材生产厂家配套的基层处理剂。在配制基层处理剂时，应根据所用基层处理剂的品种，按有关规定或说明书的配合比要求，准确计量，混合后应搅拌3min～5min，使其充分均匀。在喷涂或涂刷基层处理剂时应均匀一致，不得漏涂，待基层处理剂干燥后应及时进行卷材防水层的施工。如基层处理剂涂刷后但尚未干燥前遭受雨淋，或是干燥后长期不进行防水层施工，则在防水层施工前必须再涂刷一次基层处理剂。

5.4.5 本条规定同一层相邻两幅卷材短边搭接缝错开不应小于500mm，是避免短边接缝重叠，接缝质量难以保证，尤其是改性沥青防水卷材比较厚，四层卷材重叠也不美观。

上、下层卷材长边搭接缝应错开，且不小于幅宽的1/3，目的是避免接缝重叠，消除渗漏隐患。

5.4.6 本条对冷粘法铺贴卷材作出规定：

1 胶粘剂的涂刷质量对保证卷材防水施工质量关系极大，涂刷不均匀，有堆积或漏涂现象，不但影响卷材的粘结力，还会造成材料浪费。空铺法、点粘法、条粘法，应在屋面周边800mm宽的部位满粘贴。点粘时每平方米粘结不少于5个点，每点面积为100mm×100mm，条粘时每幅卷材与基层粘结面不少于2条，每条宽度不小于150mm。

2 由于各种胶粘剂的性能及施工环境要求不同，有的可以在涂刷后立即粘贴，有的则需待溶剂挥发一部分后粘贴，间隔时间还和气温、湿度、风力等因素有关，因此，本条提出应控制胶粘剂涂刷与卷材铺贴的间隔时间，否则会直接影响粘结力，降低粘结的可靠性。

3 卷材与基层、卷材与卷材间的粘贴是否牢固，是防水工程中重要的指标之一。铺贴时应将卷材下面空气排净，加适当压力才能粘牢，一旦有空气存在，还会由于温度升高、气体膨胀，致使卷材粘结不良或起鼓。

4 卷材搭接缝的质量，关键在搭接宽度和粘结力。为保证搭接尺寸，一般在基层或已铺卷材上按要求弹出基准线。铺贴时应平整顺直，不扭曲、皱折，搭接缝应涂满胶粘剂，粘贴牢固。

5 卷材粘贴后，考虑到施工的可靠性，要求搭接缝口用宽10mm的密封材料封口，提高卷材接缝的密封防水性能。密封材料宜选择卷材生产厂家提供的配套密封材料，或者是与卷材同种材性的密封材料。

5.4.7 本条对热粘法铺贴卷材的施工要点作出规定。采用热熔型改性沥青胶铺贴高聚物改性沥青防水卷材，可起到涂膜与卷材之间优势互补和复合防水的作用，更有利于提高屋面防水工程质量，应当提倡和推广应用。为了防止加热温度过高，导致改性沥青中的高聚物发生裂解而影响质量，故规定采用专用的导热油炉加热熔化改性沥青，要求加热温度不应高于200℃，使用温度不应低于180℃。

铺贴卷材时，要求随刮涂热熔型改性沥青胶随滚铺卷材，展平压实，本条对粘贴卷材的改性沥青胶结料厚度提出了具体的规定。

5.4.8 本条对热熔法铺贴卷材的施工要点作出规定。施工时加热幅宽内必须均匀一致，要求火焰加热器喷嘴距卷材面适当，加热至卷材表面有光亮时方可以粘合，如熔化不够会影响粘结强度，但加温过高会使改性沥青老化变焦，失去粘力且易把卷材烧穿。铺贴卷材时应将空气排出使其粘贴牢固，滚铺卷材时缝边必须溢出热熔的改性沥青，使搭接缝粘贴严密。

由于有些单位将 2mm 厚的卷材采用热熔法施工，严重地影响了防水层的质量及其耐久性，故在条文中规定厚度小于 3mm 的高聚物改性沥青防水卷材，严禁采用热熔法施工。

为确保卷材搭接缝的粘结密封性能，本条规定有铝箔或矿物粒或片料保护层的部位，应先将其清除干净后再进行热熔的接缝处理。

用条粘法铺贴卷材时，为确保条粘部分的卷材与基层粘贴牢固，规定每幅卷材的每条粘贴宽度不应小于 150mm。

为保证铺贴的卷材搭接缝平整顺直，搭接尺寸准确和不发生扭曲，应在基层或已铺卷材上按要求弹出基准线，严禁控制搭接缝质量。

5.4.9 本条对自粘法铺贴卷材的施工要点作出规定。首先将自粘胶底面隔离纸撕净，否则不能实现完全粘贴。为了提高自粘卷材与基层粘结性能，基层处理剂干燥后应及时铺贴卷材。为保证接缝粘结性能，搭接部位提倡采用热风机加热，尤其在温度较低时施工，这一措施就更为必要。

采用这种铺贴工艺，考虑到防水层的收缩以及外力使缝口翘边开缝，接缝口要求用密封材料封口，提高卷材接缝的密封防水性能。

在铺贴立面或大坡面卷材时，立面和大坡面处卷材容易下滑，可采用加热方法使自粘卷材与基层粘贴牢固，必要时采取金属压条钉压固定。

5.4.10 焊接法一般适用于热塑性高分子防水卷材的接缝施工。为了使搭接缝焊接牢固和密封，必须将搭接缝的结合面清扫干净，无灰尘、砂粒、污垢，必要时要用溶剂清洗。焊接施焊前，应将卷材铺放平整顺

直，搭接缝应按事先弹好的基准线对齐，不得扭曲、皱折。为了保证焊接缝质量和便于施焊操作，应先焊长边搭接缝，后焊短边搭接缝。

5.4.11 目前国内适用机械固定法铺贴的卷材，主要有 PVC、TPO、EPDM 防水卷材和 5mm 厚加强高聚物改性沥青防水卷材，要求防水卷材强度高、搭接缝可靠和使用寿命长等特性。机械固定法铺贴卷材，当固定件固定在屋面板上拉拔力不能满足风揭力的要求时，只能将固定件固定在檩条上。固定件采用螺钉加垫片时，应加盖 200mm×200mm 卷材封盖。固定件采用螺钉加"U"形压条时，应加盖不小于 150mm 宽卷材封盖。

5.4.12 由于卷材品种繁多、性能差异很大，外观可能完全一样难以辨认，因此要求按不同品种、型号、规格等分别堆放，避免工程中误用后造成质量事故。

卷材具有一定的吸水性，施工时卷材表面要求干燥，避免雨淋和受潮，否则施工后可能出现起鼓和粘结不良现象；卷材不能接近火源，以免变质和引起火灾。

卷材宜直立堆放，由于卷材中空，横向受挤压可能压扁，开卷后不易展开铺平，影响工程质量。

卷材较容易受某些化学介质及溶剂的溶解和腐蚀，故规定不允许与这些有害物质直接接触。

5.4.13 本条规定了进场的高聚物改性沥青防水卷材和合成高分子防水卷材需进行的物理性能检验项目。

5.4.14 胶粘剂和胶粘带品种繁多、性能各异，胶粘剂有溶剂型、水乳型、反应型（单组分、多组分）等类型。一般溶剂型胶粘剂应用铁桶密封包装，避免溶剂挥发变质或腐蚀包装桶；水乳型胶粘剂可用塑料桶密封包装，密封包装是为了运输、贮存时胶粘剂不致外漏，以免污染和侵蚀其他物品。溶剂型胶粘剂受热后容易挥发而引起火灾，故不能接近火源和热源。

5.4.15 本条规定了进场的基层处理剂、胶粘剂和胶粘带需进行的物理性能检验项目。高分子胶粘剂和胶粘带浸水 168h 后剥离强度保持率是一个重要性能指标，因为诸多高分子胶粘剂及胶粘带浸水后剥离强度会下降，为保证屋面的整体防水性能，规定其浸水 168h 后剥离强度保持率不应低于 70%。

5.4.16 各类防水卷材施工时环境均有所不同，若施工环境温度低于本条规定值，将会影响卷材的粘结效果，尤其是冷粘法或自粘法铺贴的卷材，严重的可能导致开胶或粘结不牢。此外热熔法或热粘法还会造成能源的浪费。

5.5 涂膜防水层施工

5.5.1 涂膜防水层基层应坚实平整、排水坡度应符合设计要求，否则会导致防水层积水；同时防水层施工前基层应干净、无孔隙、起砂和裂缝，保证涂膜防水层与基层有较好粘结强度。

本条对基层的干燥程度作了较为灵活的规定。溶剂型、热熔型和反应固化型防水涂料，涂膜防水层施工时，基层要求干燥，否则会导致防水层成膜后空鼓、起皮现象；水乳型或水泥基类防水涂料对基层的干燥度没有严格要求，但从成膜质量和涂膜防水层与基层粘结强度来考虑，干燥的基层比潮湿基层有利。

5.5.2 基层处理剂应与防水涂料相容。一是选择防水涂料生产厂家配套的基层处理剂；二是采用同种防水涂料稀释而成。

在基层上涂刷基层处理剂的作用，一是堵塞基层毛细孔，使基层的湿气不易渗到防水层中，引起防水层空鼓、起皮现象；二是增强涂膜防水层与基层粘结强度。因此，涂膜防水层一般都要涂刷基层处理剂，而且要求涂刷均匀、覆盖完全。同时要求待基层处理剂干燥后再涂布防水涂料。

5.5.3 采用多组分涂料时，涂料是通过各组分的混合发生化学反应而由液态变成固体，各组分的配料计量不准和搅拌不匀，将会影响混合料的充分化学反应，造成涂料性能指标下降。配成涂料固化的时间比较短，所以要按照在配料固化时间内的施工量来确定配料的多少，已固化的涂料不能再用，也不能与未固化的涂料混合使用，混合后将会降低防水涂膜的质量。若涂料黏度过大或固化过快时，可加入适量的稀释剂或缓凝剂进行调节，涂料固化过慢时，可适当地加入一些促凝剂来调节，但不得影响涂料的质量。

5.5.4 防水涂料涂布时如一次涂成，涂膜层易开裂，一般为涂布三遍或三遍以上为宜，而且须待先涂的涂料干后再涂后一遍涂料，最终达到本规范规定要求厚度。

涂膜防水层涂布时，要求涂刮厚薄均匀、表面平整，否则会影响涂膜层的防水效果和使用年限，也会造成材料不必要的浪费。

涂膜中夹铺胎体增强材料，是为了增加涂膜防水层的抗拉强度，要求边涂布边铺胎体增强材料，而且要刮平排除内部气泡，这样才能保证胎体增强材料充分被涂料浸透并粘结更好。涂布涂料时，胎体增强材料不得有外露现象，外露的胎体增强材料易于老化而失去增强作用，本条规定最上层的涂层应至少涂刮两遍，其厚度不应小于1mm。

节点和需铺附加层部位的施工质量至关重要，应先涂布节点和附加层，检查其质量是否符合设计要求，待检查无误后再进行大面积涂布，这样可保证屋面整体的防水效果。

屋面转角及立面的涂膜若一次涂成，极易产生下滑并出现流淌和堆积现象，造成涂膜厚薄不均，影响防水质量。

5.5.5 不同类型的防水涂料应采用不同的施工工艺，一是提高涂膜施工的工效，二是保证涂膜的均匀性和涂膜质量。水乳型及溶剂型防水涂料宜选用滚涂或喷涂，工效高，涂层均匀；反应固化型防水涂料属厚质防水涂料宜选用刮涂或喷涂，不宜选用滚涂；热熔型防水涂料宜选用刮涂，因为防水涂料冷却后即成膜，不适用滚涂和喷涂；刷涂施工工艺的工效低，只适用于关键部位的涂膜防水层施工。

5.5.6 各类防水涂料的包装容器必须密封，如密封不好，水分或溶剂挥发后，易使涂料表面结皮，另外溶剂挥发时易引起火灾。

包装容器上均应有明显标志，标明涂料名称，尤其多组分涂料，以免把各类涂料搞混，同时要标明生产日期和有效期，使用户能准确把握涂料是否过期失效；另外还要标明生产厂名，使用户一旦发现质量问题，可及时与厂家取得联系；特别要注明材料质量执行的标准号，以便质量检测时核实。

在贮运和保管环境温度低于0℃时，水乳型涂料易冻结失效，溶剂型涂料虽然不会产生冻结，但涂料稠度要增大，施工时也不易涂开，所以分别提出涂料在贮运和保管时的环境温度。由于溶剂型涂料具有一定的燃爆性，所以应严防日晒、渗漏、远离火源、热源，避免碰撞，在库内应设有消防设备。

5.5.7 本条规定了进场的防水涂料和胎体增强材料需进行的物理性能检验项目。

5.5.8 溶剂型涂料在负温下虽不会冻结，但黏度增大会增加施工操作难度，涂布前应采取加温措施保证其可涂性，所以溶剂型涂料的施工环境温度宜在－5℃～35℃；水乳型涂料在低温下将延长固化时间，同时易遭冻结而失去防水作用，温度过高使水蒸发过快，涂膜易产生收缩而出现裂缝，所以水乳型涂料的施工环境温度宜为5℃～35℃。

5.6 接缝密封防水施工

5.6.1 本条适用于位移接缝密封防水部位的基层，非位移接缝密封防水部位的基层应符合本条第1、2款的规定。密封防水部位的基层不密实，会降低密封材料与基层的粘结强度；基层不平整，会使嵌填密封材料不均匀，接缝位移时密封材料局部易拉坏，失去密封防水作用。如果基层不干净、不干燥，会降低密封材料与基层的粘结强度，尤其是溶剂型或反应固化型密封材料，基层必须干燥。由于我国目前无适当的现场测定基层含水率的设备和措施，不能给出定量的规定，只能提出定性的要求。按本规范第4.6.4条的有关规定，背衬材料应比接缝宽度大20%的规定，使用专用压轮嵌入背衬材料后，可以保证接缝密封材料的设计厚度，同时还保证背衬材料与接缝壁间不留有空隙。基层处理剂的主要作用，是使被粘结体的表面受到渗透及浸润，改善密封材料和被粘结体的粘结性，并可以封闭混凝土及水泥砂浆表面，防止从内部渗出碱性物质及水分，因此密封防水部位的基层宜涂刷基层处理剂。

5.6.2 冷嵌法施工的条文内容是参考有关资料，并通过施工实践总结出来的。由于各种密封材料均存在着不同程度的干湿变形，当干湿变形和接缝尺寸均较大时，密封材料宜分次嵌填，否则密封材料表面会出现"U"形。且一次嵌填的密封材料量过多时，材料不易固化，会影响密封材料与基层的粘结力，同时由于残留溶剂的挥发引起内部不密实或产生气泡。热灌法施工应严格按照施工工艺要求进行操作，热熔型改性石油沥青密封材料现场施工时，熬制温度应控制在180℃～200℃，若熬制温度过低，不仅大大降低密封材料的粘结性能，还会使材料变稠，不便施工；若熬制温度过高，则会使密封材料性能变坏。

5.6.3 合成高分子密封材料施工时，单组分密封材料在施工现场可直接使用，多组分密封材料为反应固化型，各个组分配比一定要准确，宜采用机械搅拌，拌合应均匀，否则不能充分反应，降低材料质量。拌合好的密封材料必须在规定的时间内施工完，因此应根据实际情况和有效时间内材料施工用量来确定每次拌合量。不同的材料、生产厂家都规定了不同的拌合时间和拌合温度，这是决定多组分密封材料施工质量好坏的关键因素。合成高分子密封材料的嵌填十分重要，如嵌填不饱满，出现凹陷、漏嵌、孔洞、气泡，都会降低接缝密封防水质量，因此，在施工中应特别注意，出现的问题应在密封材料表干前修整；如果表干前不修整，则表干后不易修整，且容易将固化的密封材料破坏。

5.6.4 密封材料嵌填应密实、连续、饱满，与基层粘结牢固，才能确保密封防水的效果。密封材料嵌填时，不管是用挤出枪还是用腻子刀施工，表面都不会光滑平直，可能还会出现凹陷、漏嵌、孔洞、气泡等现象，对于出现的问题应在密封材料表干前及时修整。

5.6.5 嵌填完毕的密封材料应按要求养护，下一道工序施工时，必须对接缝部位的密封材料采取保护措施，如施工现场清扫或保温隔热层施工时，对已嵌缝的密封材料宜采用卷材或木板条保护，防止污染及碰损。嵌填的密封材料，固化前不得踩踏，因为密封材料嵌缝时构造尺寸和形状都有一定的要求，而未固化的密封材料则不具有一定的弹性，踩踏后密封材料发生塑性变形，导致密封材料构造尺寸不符合设计要求。

5.6.6 密封材料在紫外线、高温和雨水的作用下，会加速其老化和降低产品质量。大部分密封材料是易燃品，因此贮运和保管时应避免日晒、雨淋、远离火源和热源。合成高分子密封材料贮运和保管时，应保证包装密封完好，如包装不严密，挥发固化型密封材料中的溶剂和水分挥发会产生固化，反应固化型密封材料如与空气接触会产生凝胶。保管时应将其分类，不应与其他材料或不同生产日期的同类材料堆放在一

起，尤其是多组分密封材料更应该避免混乱堆放。

5.6.7 本条规定了进场的改性沥青密封材料、合成高分子密封材料需进行的物理性能检验项目。

5.6.8 施工时气温低于0℃，密封材料变稠，工人难以施工，同时大大减弱了密封材料与基层的粘结力。在5℃以下施工，乳胶型密封材料易破乳，产生凝胶现象，反应型密封材料难以固化，无法保证密封防水质量。故规定改性沥青密封材料和溶剂型高分子密封材料的施工环境温度宜为0℃～35℃；乳胶型及反应型密封材料施工环境温度宜为5℃～35℃。

5.7 保护层和隔离层施工

5.7.1～5.7.3 这三条按每道工序之间验收的要求，强调对防水层或保温层的检验，可防止防水层被保护层覆盖后，存在未解决的问题；同时做好清理工作和施工维护工作，保证防水层和保温层的表面平整、干净，避免施工作业中人为对防水层和保温层造成损坏。

5.7.4 本条强调保护层施工后的表面坡度，不得因保护层的施工而改变屋面的排水坡度，造成积水现象。

5.7.5 本条对块体材料保护层的铺设作出要求，注意要区分块体间缝隙与分格缝，块体间缝用水泥砂浆勾缝，每10m留设的分格缝应用密封材料嵌缝。

5.7.6 在水泥初凝前完成抹平和压光；水泥终凝后应充分养护，可避免保护层表面出现起砂、起皮现象。由于收缩和温差的影响，水泥砂浆及细石混凝土保护层预先留设分格缝，使裂缝集中于分格缝中，可减少大面积开裂的现象。

5.7.7 当采用浅色涂料做保护层时，涂刷时涂刷的遍数越多，涂层的密度就越高，涂层的厚度越均匀；堆积会造成不必要的浪费，还会影响成膜时间和成膜质量，流淌会使涂膜厚度达不到要求，涂料与防水层粘结是否牢固，其厚度能否达到要求，直接影响到屋面防水层的耐久性；因此，涂料保护层必须与防水层粘结牢固和全面覆盖，厚薄均匀，才能起到对防水层的保护作用。

5.7.8 本条分别对水泥、块体材料和浅色涂料的贮运、保管提出要求。

5.7.9 本条规定了块体材料、水泥砂浆、细石混凝土等的施工环境温度，若在负温下施工，应采取必要的防冻措施。

5.7.10 为了消除保护层与防水层之间的粘结力及机械咬合力，隔离层必须使保温层与防水层完全隔离，对隔离层破损或漏铺部位应及时修复。

5.7.11、5.7.12 对隔离层铺设提出具体质量要求。

5.7.13 本条对隔离层材料的贮运、保管提出要求。

5.7.14 干铺塑料膜、土工布或卷材，可在负温下施工，但要注意材料的低温开卷性，对于沥青基卷材，

应选择低温柔性好的卷材。铺抹低强度砂浆施工环境温度不宜低于5℃。

5.8 瓦屋面施工

5.8.1 参见本规范第4.8.10条的条文说明。

5.8.2 瓦屋面的钢筋混凝土基层表面不平整时，应抹水泥砂浆找平层，有利于瓦片铺设。混凝土基层表面应清理干净、保持干燥，以确保瓦屋面的工程质量。

5.8.3 在瓦屋面中铺贴防水垫层时，铺贴方向宜平行于屋脊，并顺流水方向搭接，防止雨水侵入卷材搭接缝而造成渗漏，而且有利于钉压牢固，方便施工操作。

防水垫层的最小厚度和搭接宽度，应符合本规范第4.8.6条的规定。

在瓦屋面施工中常常出现防水垫层铺好后，后续工序施工的操作人员不注意保护已完工的防水垫层，不仅在防水垫层上随意踩踏，还在其上乱放工具、乱堆材料，损坏了防水垫层，造成屋面渗漏。所以本条强调了后续工序施工时不得损坏防水垫层。

5.8.4 本条对瓦面有无保温层的不同情况，提出了瓦屋面持钉层的铺设方法。当设计无具体要求时，持钉层施工应按本条执行。

由于考虑建筑节能的需要，瓦屋面的保温层宜设置在结构层与瓦面之间。块瓦屋面传统做法，常把保温材料填充在挂瓦条间格内，这里存在两个问题：一是保温层超过挂瓦条高度时，挂瓦条要加大后才能直接钉在基层上；二是挂瓦条间格内完全填充保温材料后，造成屋面通风效果较差，因此，目前多采用在基层上先做保温层，再做持钉层的方法。

持钉层是烧结瓦、混凝土瓦和沥青瓦的基层，持钉层要做到坚实和平整，厚度应符合本规范第4.8.7条的规定。采用细石混凝土持钉层时，只有将持钉层、保温层和基层有效地连接成一个整体，才能保证瓦屋面铺装和使用的安全，为此，细石混凝土持钉层的厚度不应小于35mm，混凝土强度等级、钢筋网和锚筋的直径和间距应按具体工程设计。基层预埋锚筋应伸出保温层20mm，并与钢筋网采用焊接或绑扎连牢。锚筋应在屋脊和檐口、檐沟部位的结构板内预埋，以确保持钉层的受力合理和施工方便。

5.8.5 顺水条的作用是压紧防水垫层，并使其在瓦片下能留出一定高度的空间，瓦缝中渗下的水可沿顺水条流走，所以顺水条的铺钉方向一定要垂直屋脊方向，间距不宜大于500mm。顺水条铺钉后表面平整，才能保证其上的挂瓦条铺钉平整。由于烧结瓦、混凝土瓦的规格不一、屋面坡度不一，所以必须按瓦片尺寸和屋面坡长计算铺瓦档数，并在屋面上按档数弹出挂瓦条位置线。在铺钉挂瓦条时，一定要铺钉牢固，不得漏钉，以防挂瓦后变形脱落，另外在铺钉挂瓦条

时应在屋面上拉通线，并使挂瓦条的上表面在同一斜面上，以确保挂瓦后屋面平整。

5.8.6 在瓦屋面的施工过程中，运到屋面上的烧结瓦、混凝土瓦，应均匀分散地堆放在屋面的两坡，铺瓦应由两坡从下到上对称铺设，是考虑到烧结瓦、混凝土瓦的重量较大，如果集中堆放在一起，或是铺瓦时两坡不对称铺设，都会对瓦盖支撑系统产生过大的不对称施工荷载，使屋面结构的受力情况发生较大的变化，严重时甚至会导致屋面结构破坏事故。

5.8.7 在铺挂烧结瓦、混凝土瓦时，瓦片之间应排列整齐，紧密搭接、瓦榫落槽，瓦脚挂牢，做到整体瓦面平整，横平竖直，才能实现外表美观，尤其是不得有张口、翘角现象，否则冷空气或雨水易沿缝口渗入室内造成屋面渗漏。

5.8.8 脊瓦铺设时要做到脊瓦搭盖间距均匀，屋脊或斜脊应成一直线，无起伏现象，以确保美观。脊瓦与坡面瓦之间的缝隙应聚合物水泥砂浆嵌填，以减少因砂浆干缩而引起的裂缝。沿山墙的一行瓦，由于瓦边裸露，不仅雨雪易由此处渗入，而且刮大风时也易将瓦片掀起，故此部分宜用聚合物水泥砂浆抹出披水线，将瓦片封固。

5.8.9 根据烧结瓦、混凝土瓦屋面多年使用的经验，在调查研究的基础上规定了瓦片铺装时相关部位的构造尺寸。

5.8.10 烧结瓦、混凝土均为脆性材料，在瓦屋面上受到外力冲击或重物挤压时，瓦片极易断裂、破碎，损坏了瓦屋面的整体防水功能，故本条强调了瓦屋面的成品保护，以确保瓦屋面的使用功能。

5.8.11 由于瓦片是脆性材料，易断裂或碰碎，所以在瓦片的装卸运输过程中应轻拿轻放，不得抛扔、碰撞，以避免将瓦片损坏。

5.8.12 本条规定了进场的烧结瓦、混凝土瓦需进行的物理性能检验项目。

5.8.13 在铺设沥青瓦前应根据屋面坡长的具体尺寸，按照沥青瓦的规格及搭盖要求，在屋面基层上弹水平及垂直基准线，然后按线的位置铺设沥青瓦，以确保沥青瓦片之间的搭盖尺寸。

5.8.14 檐口部位施工时，宜先铺设金属滴水板或双层檐口瓦，并将其与基层固定牢固，然后再铺设防水垫层。檐口沥青瓦应满涂沥青胶结材料，以确保粘结牢固，避免翘边、张口。

5.8.15 铺设沥青瓦时，相邻两层沥青瓦拼缝及切口均应错开，上下层不得重合。因为沥青瓦上的切口是用来分开瓦片的缝隙，瓦片被切口分离的部分，是在屋面上铺设后外露的部分，如果切口重合不但易造成屋面渗漏，而且也影响屋面外表美观，失去沥青瓦屋面应有的效果。起始层瓦由瓦片经切除垂片部分后制得，是避免瓦片过于重叠而引起折痕。起始层瓦沿檐口平行铺设并伸出檐口10mm，这是防止檐口爬水现

象的举措。露出瓦切口，但不得超过切口长度，是确保沥青瓦铺设质量的关键。

5.8.16 檐口和屋脊部位，易受强风或融雪损坏，发生渗漏现象比较普遍。为确保其防水性能，本条规定屋面周边的檐口和屋脊部位沥青瓦应采用满粘加固措施。

5.8.17 沥青瓦是薄而轻的片状材料，瓦片是以钉为主，以粘为辅的方法与基层固定，所以本条规定了固定钉应垂直钉入持钉层内，同时规定了固定钉钉入不同持钉层的深度，以保证固定钉有足够的握裹力，防止因大风等外力作用导致沥青瓦片脱落损坏。固定钉的钉帽必须压在上一层沥青瓦的下面，不得外露，以防固定钉锈蚀损坏。固定钉的钉帽应钉平，才能使上下两层沥青瓦搭盖平整，粘结严密。

5.8.18 在沥青瓦屋面上铺设脊瓦时，脊瓦应顺年最大频率风向搭接，以避免因逆风吹而张口。脊瓦应盖住两坡面瓦每边不小于150mm，脊瓦与脊瓦的搭盖面积不应小于脊瓦面积的1/2，这样才能使两坡面的沥青瓦通过脊瓦形成一个整体，以确保屋面工程质量。

5.8.19 沥青瓦屋面与立墙或伸出屋面的烟囱、管道的交接处，是屋面防水的薄弱环节，如果处理不好就容易在这些部位出现渗漏，所以本条规定在上述部位的周边与立面250mm范围内，应先铺设附加层，以增强这些部位的防水处理。然后再在其上用沥青胶结材料满涂粘贴一层沥青瓦片，使之与屋面上的沥青瓦片连成一个整体。

5.8.20 沥青瓦屋面的天沟是屋面雨水集中的部位，也是屋面变形较敏感的部位，处理不好就容易造成渗漏，所以施工时不论是采用搭接式、编织式或敞开式铺贴，都要保证天沟顺直，才能排水畅通。天沟部位的沥青瓦应满涂沥青胶粘材料与沟底防水垫层粘结牢固，沥青瓦之间的搭接缝应密封严密，以防止天沟中的水渗入瓦下。

5.8.21 本条对沥青瓦的贮运、保管作了规定。

5.8.22 本条规定了进场的沥青瓦需进行的物理性能检验项目。

5.9 金属板屋面施工

5.9.1 为了保证金属板屋面施工的质量，要求主体结构工程应满足金属板安装的基本条件，特别是主体结构的轴线和标高的尺寸偏差控制，必须达到有关钢结构、混凝土结构和砌体结构工程施工质量验收规范的要求，否则，应采用适当的措施后才能进行金属板安装施工。

5.9.2 金属板屋面排板设计直接影响到金属板的合理使用、安装质量及结构安全等，因此在金属板安装施工前，进行深化排板设计是必不可少的一项细致具体的技术工作。排板设计的主要内容包括：檩条及支座位置，金属板的基准线控制，异形金属板制作，板的规格及排布，连接件固定方式等。本条规定金属板排板图及必要的构造详图，是保证金属板安装质量的重要措施。

金属板安装施工前，技术人员应仔细阅读设计图纸和有关节点构造，按金属板屋面的板型技术要求和深化设计排板图进行安装。

5.9.3 金属板屋面是建筑围护结构，在金属板安装施工前必须对主体结构进行复测。主体结构轴线和标高出现偏差时，金属板的分隔线、檩条、固定支架或支座均应及时调整，并应绘制精确的设计放样详图。

金属板安装施工时，应定期对金属板安装定位基准进行校核，保证安装基准的正确性，避免产生安装误差。

5.9.4 金属板屋面制作和安装所用材料，凡是国家标准规定需进行现场检验的，必须进行有关材料各项性能指标检验，检验合格者方能在工程中使用。

5.9.5 在工厂轧制的金属板，由于受运输条件限制，板长不宜大于12m；在施工现场轧制金属板的长度，应根据屋面排水坡度、板型连接构造、环境温差及吊装运输条件等综合确定，金属板的单坡最大长度宜符合表15的规定。

表15 金属板的单坡最大长度（m）

金属板种类	连接方式	单坡最大长度
压型铝合金板	咬口锁边	50
压型钢板	咬口锁边	75
压型钢板	紧固件固定	面板12
		底板25
夹芯板	紧固件固定	12
泛水板	紧固件固定	6

5.9.6 本条规定金属板相邻两板的搭接方向宜顺主导风向，是指金属板屋面在垂直于屋脊方向的相邻两板的接缝，当采取顺主导风向时，可减少风力对雨水向室内的渗透。

当在多维曲面上雨水可能翻越金属板板肋横流时，咬合接口应顺流水方向。目前有许多金属板屋面呈多维曲面，虽曲面上的雨水流向是多变的，但都服从水由高处往低处流动的道理，故咬合接口应顺流水方向。

5.9.7 本条是对金属板铺设过程中的施工安全问题作出的规定。

5.9.8 金属板安装应平整、顺滑，确保屋面排水通畅。对金属板的保护，是金属板安装施工过程中十分重要而易被忽视的问题，施工中对板面的粘附物应及时清理干净，以免凝固后再清理时划伤表面的装饰层。金属板的屋脊、檐口、泛水直线段应顺直，曲线段应顺畅。

5.9.9 金属板施工完毕，应目测金属板的连接和密封处理是否符合设计要求，目测无误后应进行淋水试验或蓄水试验，观察金属板接缝部位以及檐沟、天沟是否有渗漏现象，并应做好文字记录。

5.9.10 加强金属板屋面完工后的成品保护，以保证屋面工程质量。

5.9.11 为了防止因金属板在吊装、运输过程中或保管不当而造成的变形、缺陷等影响工程质量，本条提出有关注意事项，这是金属板安装施工前应做到的准备工作。

5.9.12 本条对金属板的吊运、保管作出了规定。

5.9.13 本条规定了进场的彩色涂层钢板及钢带需进行的物理性能检验项目。

5.9.14 本条对金属面绝热夹芯板的贮运、保管作出了规定。

5.9.15 本条规定了进场的金属面绝热夹芯板需进行的物理性能检验项目。

5.10 玻璃采光顶施工

5.10.1 为了保证玻璃采光顶安装施工的质量，本条要求主体结构工程应满足玻璃采光顶安装的基本条件，特别是主体结构的轴线控制线和标高控制线的尺寸偏差，必须达到有关钢结构、混凝土结构和砌体结构工程质量验收规范的要求，否则，应采用适当的控制措施后才能进行玻璃采光顶的安装施工。

为了保证玻璃采光顶与主体结构连接牢固，玻璃采光顶与主体结构连接的预埋件，在主体结构施工时应按设计要求进行埋设，预埋件位置偏差不应大于20mm。当预埋件位置偏差过大或未设预埋件时，施工单位应制定施工技术方案，经设计单位同意后方可实施。

5.10.2 对玻璃采光顶的施工测量强调两点：

1 玻璃采光顶分格轴线的测量应与主体结构测量相配合；主体结构轴线出现偏差时，玻璃采光顶分格线应根据测量偏差及时进行调整，不得积累。

2 定期对玻璃采光顶安装定位基准进行校核，以保证安装基准的正确性，避免因此产生安装误差。

5.10.3 玻璃采光顶支承构件、玻璃组件及附件，材料品种、规格、色泽和性能，均应在设计文件中明确规定，安装施工前应对进场的材料进行检查和验收，不得使用不合格和过期的材料。

5.10.4 玻璃采光顶的现场淋水试验和天沟、排水槽蓄水试验，是屋面工程质量验收的功能性检验项目，应在玻璃采光顶施工完毕后进行。淋水时间不应小于

2h，蓄水时间不应小于24h，观察有无渗漏现象，并应填写淋水或蓄水试验记录。

5.10.5、5.10.6 这两条是对框支承和点支承玻璃采光顶的安装施工提出的基本要求，对分格测量、支承结构安装、框架组件和驳接组件装配、玻璃接缝、节点构造等内容作了具体规定。

5.10.7 明框玻璃组件组装包括单元和配件。单元的加工制作和安装要求，一是玻璃与型材槽口的配合尺寸，应符合设计要求和技术标准的规定；二是玻璃四周密封胶条应镶嵌平整、密实；三是明框玻璃组件中的导气孔及排水孔，是实现等压设计及排水功能的关键，在组装时应特别注意保持孔道通畅，使金属框和玻璃因结露而产生的冷凝水得到控制、收集和排除。

5.10.8 隐框玻璃组件的组装主要考虑玻璃组装采用的胶粘方式和要求。一是硅酮结构密封胶使用前，应进行相容性和剥离粘结性试验；二是应清洁玻璃和金属框表面，不得有尘埃、油和其他污物，清洁后应及时嵌填密封胶；三是硅酮结构胶的粘结宽度和厚度应符合设计要求；四是硅酮结构胶固化期间，不应使胶处于工作状态，以保证其粘结强度。

5.10.9 按现行行业标准《幕墙玻璃接缝用密封胶》JC/T 882规定，密封胶的位移能力分为20级和25级两个级别，同一级别又有高模量（HM）和低模量（LM）之分，选用时必须分清产品级别和模量；产品进场验收时，必须检查产品外包装上级别和模量标记的一致性，不能采用无标记的产品。当玻璃接缝采用二道密封时，则第一道密封宜采用低模量产品，第二道用高模量产品，这样有利于提高接缝密封表面的耐久性。如果选用高强度、高模量新型产品，可显著提高接缝防水密封的安全可靠性和耐久性，目前已出现HM100/50和LM100/50级别的产品，但必须经验证后选用。

夹层玻璃的厚度一般在10mm左右，玻璃接缝密封的深度宜与夹层玻璃的厚度一致。中空玻璃在有保温设计的采光顶中普遍得到使用，中空玻璃的总厚度一般在22mm左右，玻璃接缝密封深度只需满足接缝宽度50%～70%的要求，通常是在接缝处密封胶底部设置背衬材料，其宽度应比接缝宽度大20%，嵌入深度应为密封胶的设计厚度。背衬材料可采用聚乙烯泡沫棒，以预防密封胶与底部粘结，三面粘会造成应力集中并破坏密封防水。

5.10.10 本条对玻璃采光顶材料的贮运、保管作出了规定，主要是依据现行行业标准《建筑玻璃采光顶》JG/T 231的要求提出的。

中华人民共和国国家标准

石油天然气站内工艺管道工程
施 工 规 范

Code for construction of pipe process
in oil and gas transmission pipeline station

GB 50540—2009

（2012 年版）

主编部门：中 国 石 油 天 然 气 集 团 公 司
批准部门：中华人民共和国住房和城乡建设部
施行日期：2 0 1 0 年 6 月 1 日

中华人民共和国住房和城乡建设部
公　告

第 1562 号

住房城乡建设部关于发布国家标准
《石油天然气站内工艺管道工程
施工规范》局部修订的公告

　　现批准《石油天然气站内工艺管道工程施工规范》GB 50540—2009 局部修订的条文，自发布之日起实施。其中，第 9.3.3 条为强制性条文，必须严格执行。经此次修改的原条文同时废止。

　　局部修订的条文及具体内容，将刊登在我部有关网站和近期出版的《工程建设标准化》刊物上。

中华人民共和国住房和城乡建设部
2012 年 12 月 24 日

修　订　说　明

　　根据住房和城乡建设部下达的《关于印发 2012 年工程建设标准规范制订、修订计划的通知》（建标〔2012〕5 号）文的要求，由原主编单位中国石油天然气管道局负责对国家标准《石油天然气站内工艺管道施工规范》GB 50540—2009 局部修订。

　　局部修订的主要内容和依据：

　　1）主要修订内容

　　本规范主要修订了 7.3.3、7.3.13、9.3.2 和 9.3.3 条。主要内容包括焊接预热温度，强度试验压力和严密性试验压力的要求等。

　　2）主要依据

　　①石油工程建设专业标准化委员会组织有关施工的专家和具有丰富经验的现场施工人员对主编单位提出的修改内容评审、审查意见。

　　②相关的现行国家标准和行业标准。

　　③对国外先进标准和国外已经建成工程经验的借鉴。

　　④总结以往的焊接经验和国内各项目业主对试压要求。

　　本规范中下划线为修改的内容；用黑体字表示的条文为强制性条文，必须严格执行。

　　局部修订审查组成员：

李献军　梁桂海　绫　理　郑玉刚　杨拥军
吴建中　李小瑜　杨俊伟　魏国昌　隋永莉
张　琴　何洪勇　赵洪元　李艳华

1—16—2

中华人民共和国住房和城乡建设部
公　　告

第 447 号

关于发布国家标准
《石油天然气站内工艺管道工程
施工规范》的公告

现批准《石油天然气站内工艺管道工程施工规范》为国家标准，编号为 GB 50540—2009，自 2010 年 6 月 1 日起实施。其中，第 4.1.6、4.3.2、7.1.5、7.4.2、7.4.3、9.3.1、9.3.3、9.3.5、9.3.6 条为强制性条文，必须严格执行。

本规范由我部标准定额研究所组织中国计划出版社出版发行。

中华人民共和国住房和城乡建设部
二〇〇九年十一月三十日

前　　言

根据原建设部《关于印发〈2007 年工程建设标准规范制订、修订计划（第二批）〉的通知》（建标〔2007〕126 号）的要求，中国石油天然气管道局会同有关单位编制完成本规范。

本规范共分 12 章，主要内容包括：总则，术语，施工准备，材料、管道附件、撬装设备的检验与储存，下料与加工，管道安装，焊接，管沟开挖、下沟与回填，吹扫与试压，防腐和保温，健康、安全与环境，工程交工等方面的规定。

本规范在编制过程中，规范编制组总结了多年石油天然气站内工艺管道工程施工的经验，借鉴了国内已有的国家标准、行业标准以及国内外先进标准，并广泛征求了国内有关单位、专家的意见，反复修改，最后经审查定稿。

本规范中以黑体字标志的条文为强制性条文，必须严格执行。

本规范由住房和城乡建设部负责管理和对强制性条文的解释，由石油工程建设专业标准化委员会负责日常管理，由中国石油天然气管道局负责具体技术内容解释。本规范在执行过程中，请各单位结合工程实践，总结经验，积累资料，如发现需要修改或补充之处，请将意见和建议反馈给中国石油天然气管道局质量节能部（地址：河北省廊坊市广阳道 87 号，邮政编码：065000），以供今后修订时参考。

本规范主编单位：中国石油天然气管道局
本规范参编单位：中油朗威监理有限责任公司
中国石油天然气管道局第三工程分公司
中国石油天然气管道局第四工程分公司
中国石油天然气管道工程有限公司
中国石油天然气管道局第二工程分公司
石油天然气管道工程质量监督站
大庆油田建设集团有限责任公司
中国石油集团工程设计有限责任公司西南分公司

本规范主要起草人员：续　理　吴建中　郭泽浩
魏国昌　王　丽　杨俊伟
徐　进　那　晶　郑玉刚
马　骅　高泽涛　李文东
葛业武　陈　浩　董　浩
赵　燕　葛新东　曹晓燕

本规范主要审查人员：宋　岚　张其滨　梁桂海
陈　涛　何　睿　周剑琴
梁敏华　王志强　郭佳春
王　勇　张成杰　王生清
张　颖

目　次

Contents

1 总 则

1.0.1 为保证石油天然气站内工艺管道工程施工质量，做到安全环保、适用，制定本规范。

1.0.2 本规范适用于新建或改（扩）建原油、天然气、煤气、成品油等站内工艺管道工程的施工。

1.0.3 本规范不适用于炼油化工厂、天然气净化厂厂内管道，以及站内泵、加热炉、流量计、撬装设备等设备本体所属管道的施工。

1.0.4 本规范规定了石油天然气站内管道工程施工的基本技术要求。当本规范与国家法律、行政法规的规定相抵触时，应按国家法律、行政法规的规定执行。

1.0.5 石油天然气站内工艺管道工程施工除应符合本规范外，尚应符合国家现行有关标准的规定。

2 术 语

2.0.1 干空气 dry air

在一定压力和温度条件下的空气，即露点低于一40℃的空气。

2.0.2 汽化器 carburetor

用于加热低温液体或液化气体，使之汽化为设计温度下的气体的一种加热装置。

2.0.3 干空气干燥法 dry air drying

通过持续地向管道内注入干空气进行吹扫，使残留在管道内的水分蒸发，并将蒸发后的湿空气置换出管道外，从而达到管道干燥目的的施工方法。

2.0.4 真空干燥法 vacuum drying

利用水的沸点随压力的降低而降低的原理，在控制条件下，用真空泵不断地抽取管道内的气体，降低管道中的压力之直达管壁温度下水的饱和蒸汽压，此时残留在管道内壁上的水沸腾而迅速汽化，汽化后的水蒸气随后被真空泵抽出的施工方法。

2.0.5 液氮干燥法 liquid nitrogen drying

液氮经汽化器汽化、被加热器加热后，以不低于50℃的温度进入管道进行低压间断性吹扫，管道内的水分与干燥氮气混合后被带出管道，从而达到管道干燥目的的施工方法。

2.0.6 撬装设备 prytopach equipment

在工厂将单体设备和工艺管道等组装到钢质底座上，整体拉运到现场、直接安装在基础上的成套设备。

2.0.7 支管座 branch outlet

子管与母管轴向成90°异径连接时，用于母管孔上的与支管相连接的过渡件。

2.0.8 管道单元 pipeline system unit

采用预制的方法，将管道、管道附件按照设计的要求进行部分组装而成的单元。

3 施 工 准 备

3.0.1 施工前应进行现场调查、参与设计文件交底、编制并报批施工组织设计、进行资源准备。

3.0.2 现场调查应完成以下工作：

1 确定交通运输方案。

2 了解施工场地与相邻工程、农田水利等的关系。

3 调查可利用的电源、动力、通信、消防、劳动力、生活供应及医疗卫生条件。

4 调查施工中对自然环境、生活环境的影响及需要采取的措施。

3.0.3 参与设计文件现场交底应完成以下工作：

1 进行图纸会审，核对设计文件。

2 掌握工程的重点和难点，熟悉工艺流程。

3 会同设计单位现场交接和复查测量控制点、施工测量用的基准点及水准点，并对地下的障碍物进行标记。

3.0.4 施工组织设计应包括：编制依据、工程概况、施工部署、关键施工方案、进度计划、资源准备、质量保证措施、施工平面布置以及健康、安全和环境等主要措施内容。如有特殊要求的，应增加相关内容。

3.0.5 资源准备应包括下列内容：

1 建立项目组织机构。

2 配备施工人员，进行技术培训、质量安全教育。

3 进行施工机具配置。

4 进行施工主要材料的准备。

4 材料、管道附件、撬装设备的检验与储存

4.1 一 般 规 定

4.1.1 作为站内工艺管道永久性组成部分的材料、管道附件、撬装设备的验收应由具备相应资质的施工单位、物资供应单位和建设（或监理）单位的人员参加。

4.1.2 材料和设备应具有产品质量证明文件、出厂合格证；专有产品还应包括使用说明书；进口物资应有商检报告；压力容器应有压力容器监督检验机构出具的监检报告。所有材料和设备质量应符合设计要求和产品标准。

4.1.3 检查时，应首先检查现场材料和设备的标志或标牌，规格、型号，以及有关材质是否符合设计和标准要求；并应进行外观检查，检查管子表面有无凿痕、凹痕、槽痕，以及过度锈蚀，检查设备包装是否完整，有无运输损坏，配件是否齐全。

4.1.4 对被检查的材料和设备的质量有怀疑时，应

对材料进行复验。材料的理化性能检验，仪表、仪器的试验及复验应由取得国家或行业相应资质的单位进行。

4.1.5 对设计工况有特殊要求的管材及管件应按设计要求进行处理及检验。

4.1.6 若材料、管道附件、撬装设备不合格，严禁安装使用。

4.2 材料、管道附件、撬装设备的检验

4.2.1 材料的检验应符合下列要求：

1 设计有特殊要求的钢管及管道附件，应按设计的要求采购，并按要求进行检验；合金钢管宜用定量快速光谱分析仪进行光谱分析，每批应抽查5%，且不少于一件。

2 防腐（保温）管的管端预留长度应符合设计要求，外观应完好无损伤，标识完整、清晰，标识内容与实际相符。

3 工程中所用的焊条、焊丝、焊剂、保护气体等应符合设计和焊接工艺规程要求。

4 对不同厂家不同规格、型号的焊接材料应按照批次、批号分别进行检查。

5 工程所用的防腐保温材料型号、规格应符合设计要求。防腐保温材料性能应符合产品质量检验标准。

4.2.2 管件、紧固件应符合下列要求：

1 管件、紧固件尺寸偏差应符合现行国家或行业标准的有关规定。

2 管件及紧固件使用前，应核对其制造厂的出厂合格证、质量证明文件。

3 按照设计图纸核对管件的管径、壁厚、压力等级、材质等参数。

4 管件及紧固件技术要求应符合设计要求，设计无要求时应符合国家现行标准《锻造角式高压阀门技术条件》JB/T 450 的有关规定。

4.2.3 弯头的质量应符合下列要求：

1 符合现行国家标准《钢制对焊无缝管件》GB/T 12459—2005 的规定。

2 弯头外观不应有裂纹、分层、皱纹、过烧等缺陷。

3 弯头的端面偏差、弯曲角度偏差及圆度、曲率半径偏差，应符合表4.2.3的要求。

表 4.2.3 弯头允许偏差

检查项目	公称直径（mm）			
	25～65	80～100	125～200	≥250
端面（mm）	≤1.0	≤1.0	≤1.5	≤1.5
曲率半径（mm）	±2	±3	±4	±5
弯曲角度	±1°	±1°	±1°	±1°
圆度	≤公称直径的1%			

4 弯头壁厚减薄量应小于厚度的10%，且实测

厚度不应小于设计计算壁厚。

5 弯头坡口角度应满足设计规格书或焊接工艺要求。

4.2.4 弯管的质量应符合下列要求：

1 符合现行行业标准《油气输送用钢制弯管》SY/T 5257—2004 的规定。

2 弯管外观检验，弯管内外表面应光滑，无裂纹、疤痕、皱纹、鼓包、分层、折叠、尖锐缺口等缺陷。

3 弯管允许偏差应符合表4.2.4的规定。

4 弯管直径应与相连接钢管直径一致。

表 4.2.4 弯管允许偏差

检查项目	公称直径（mm）	
	≤200	>200
外径偏差（无缝）（mm）	+2，−1	
壁厚减薄量	≤9%壁厚	
端面垂直度（mm）	≤1.5	≤2.5
端面平面度（mm）	≤0.8	
弯曲半径（mm）	弯曲半径小于或等于1000mm时，允许偏差为±5mm；弯曲半径大于1000mm时，允许偏差为±0.5%弯曲半径	
弯曲平面度（mm）	≤5.0	≤7.0
圆度	≤公称直径的2.5%	

4.2.5 异径管的质量应符合下列要求：

1 符合现行国家标准《钢制对焊无缝管件》GB/T 12459—2005 的规定。

2 异径管外观不应有裂纹、重皮，壁厚应大于大径端管段的壁厚。

3 异径管的圆度不应大于相应端外径的1%，且允许偏差为±3mm；同心异径管两端中心线应重合，其偏心值允许偏差为±5mm。

4 异径管尺寸允许偏差应符合表4.2.5的规定。

表 4.2.5 异径管允许偏差

公称尺寸（mm）	所有管件				90°和45°弯头及三通中心到断面尺寸（mm）	异径接头总长（mm）	管帽总长（mm）	形位公差 端面垂直度（mm）
	坡口处外径（mm）	端部内径（mm）	壁厚					
65	+1.6，−0.8	±0.8			±2	±2	±3	1
80～90	±1.6	±1.6			±2	±2	±3	2
100	±1.6	±1.6			±2	±2	±3	2
125～200	+2.4，−1.6	±1.6	不小于公称壁厚的87.5%		±2	±2	±3	3
250～450	+4.0，−3.2	±3.2			±2	±2	±3	4
500～600	+6.4，−4.8	±4.8			±2	±2	±3	5
650～750	+6.4，−4.8	±4.8			±2	±2	±10	5
800～1200	+6.4，−4.8	±4.8			±5	±5	±10	5

4.2.6 三通的质量应符合下列要求：

1 符合现行国家标准《钢制对焊无缝管件》GB/T 12459—2005 的规定，并应满足下列要求：

2 三通的外观不应有裂纹、重皮，三通的主管开孔口和支管坡口周围应清洁、无锈斑。

3 尺寸允许偏差应符合表 4.2.6 的规定。

表 4.2.6　三通允许偏差

所有管件				三通中心至端面尺寸(mm)	公称直径(mm)	形位公差	
公称直径(mm)	坡口处外径(mm)	端部内径(mm)	壁厚			端面垂直度(mm)	三通平面度(mm)
15~65	+1.6, -0.8	±0.8	不小于公称壁厚的87.5%	±2	15~100	1	2
75~90	±1.6	±1.6		±2	125~200	2	4
100	±1.6	±1.6		±2	250~300	3	5
125~200	+2.4, -1.6	±1.6		±2	350~400	3	6
250~450	+4.0, -3.2	±3.2		±2	450~600	4	10
500~600	+6.4, -4.8	±4.8		±2	650~750	5	10
650~750	+6.4, -4.8	±4.8		±3	800~1050	5	13
800~1200	+6.4, -4.8	±4.8		±5	1100~1200	5	19

4.2.7 法兰的质量应符合下列要求：

1 法兰密封面应光滑、平整，不应有毛刺、径向划痕、砂眼及气孔。

2 对焊法兰的尾部坡口处不应有碰伤。

3 螺纹法兰的螺纹应完好。

4 法兰连接件螺栓、螺母、垫片等应符合装配要求，不应有影响装配的划痕、毛刺、翘边等。

4.2.8 支管座的质量应符合下列要求：

1 符合现行国家标准《钢制承插焊、螺纹和对焊支管座》GB/T 19326—2003 的规定。

2 支管座的外观不应有裂纹、过烧、重皮、结疤、夹渣和大于接管壁厚 5% 的机械划痕或凹坑。焊接坡口要光滑过渡。坡口周围应清洁、无锈斑。

3 支管座的尺寸、壁厚等级等应符合现行国家标准的规定。

4 支管座尺寸允许偏差应符合表 4.2.8 的规定。

表 4.2.8　支管座尺寸允许偏差

项　目	类　型	公称直径(mm)			
		6~20	25~100	125~300	350~600
		极限偏差(mm)			
结构高度	所有支管座	±0.8	±1.6	±3.2	±4.8

续表 4.2.8

项　目	类　型	公称直径(mm)			
		6~20	25~100	125~300	350~600
		极限偏差(mm)			
支管公称壁厚		不小于公称壁厚的87.5%			
与支管连接处的端部外径	对焊支管座	+0.8, -0.4		+1.6, -0.8	
与支管连接处的端部内径		±0.4		±0.8	
承插孔直径	承插焊直管座	+0.5, 0		—	
流通孔径		+1.5, 0			

4.2.9 盲板、绝缘接头、汇管、封头质量应符合下列要求：

1 外观不应有裂纹、重皮、伤痕、毛刺、砂眼及气孔。

2 尺寸应符合设计要求。

4.2.10 螺栓、螺母应符合下列要求：

1 用于设计压力大于 6.4MPa 管道上的螺栓、螺母应符合国家现行有关标准的规定，使用前应从每批中各取两根（个）进行硬度检查，不合格时加倍检查；仍有不合格时，逐根（个）检查，不合格者不得使用。

2 当直径大于或等于 M30 且工作温度大于或等于 500℃时，应逐根进行硬度检查，螺母硬度不合格不得使用；螺栓硬度不合格，取最高、最低各一根检验机械性能，若有不合格，取硬度相近的螺栓加倍检验，仍有不合格，则该批螺栓不得使用。

4.2.11 支吊架的检验及其质量要求应符合下列规定：

1 支吊架表面应无毛刺、铁锈、裂纹、漏焊、表面气孔等。

2 支吊架用的弹簧表面不应有裂纹、折叠、分层、锈蚀等缺陷，工作圈数偏差不应超过半圈。

3 自由状态时，弹簧各圈节距均匀，其节距允许偏差不应大于平均节距的 10%。

4 弹簧两端支撑面与弹簧轴线应垂直，其允许偏差不应大于自由高度的 2%。

4.2.12 管线补偿器检验应符合下列要求：

1 管线补偿器检验应按出厂说明书和设计要求进行。

2 "Π"形的弯曲钢管的圆度不应大于外径的 8%，壁厚减薄量不应大于公称壁厚的 15%，且壁厚不小于设计壁厚。

3 "Π"形补偿器悬臂长度允许偏差为 ±10mm；平面翘曲每米允许偏差为 ±3mm，且总长平面翘曲允许偏差为 ±10mm。

4.2.13 阀门应符合下列要求：

1 阀门应有产品合格证，带有伺服机械装置的阀门应有安装使用说明书。

2 阀门试验前应逐个进行外观检查，其外观质量应符合下列要求：

1）阀体、阀盖、阀外表面无气孔、砂眼、裂纹等。

2）垫片、填料应满足介质要求，安装应正确。

3）丝杆、手轮、手柄无毛刺、划痕，且传动机构操作灵活、指示正确。

4）铭牌完好无缺，标识清晰完整。

5）备品备件应数量齐全、完好无损。

3 阀门应逐个进行试压检验，强度和密封试验应符合下列要求：

1）试压用压力表精度不应低于 1.5 级，并经检定合格。

2）阀门应用洁净水为介质进行强度和密封试验，强度试验压力应为设计压力的 1.5 倍，稳压时间应大于 5min，壳体、垫片、填料等不渗漏、不变形、无损坏，压力不降为合格。密封试验压力为设计压力，稳压15min，不内漏、压力不降为合格。

3）阀门进行强度试压时，球阀应全开，其他阀门应半开半闭。密封试验时应进行单面受压条件下阀门的开启。手动阀门应在单面受压条件下开启，检查手轮的灵活性和填料处的渗漏情况；电动阀门应按要求调好限位开关试压运转后，进行单面受压条件下开启，阀门的两面都应进行单面受压条件下的开启，开启压力应不小于设计压力。不合格的阀门不应使用。

4）止回阀、截止阀可按流向进行强度和密封试验。止回阀应按逆流向做密封试验、顺流向做强度试验，截止阀可按顺流向进行强度和密封试验。

5）阀门试压合格后，应排除内部积水（包括中腔），密封面应涂保护层，关闭阀门，封闭出入口，并填写阀门试压记录。

4 安全阀安装前应检查其铅封是否完好，并检查有资格的检验部门出具的报告。

5 液压球阀驱动装置，应按出厂说明书进行检查，压力油应在油标 2/3 处，各驱动灵活。

6 检查电动阀门的传动装置和电动机的密封、润滑部分，使其传动和电气部分灵活，并调试好限位开关。

4.2.14 撬装设备应符合下列要求：

1 制造厂应提供出厂合格证、质量证明文件、使用说明书、试压记录。

2 撬装内设备应完好，尺寸应符合设计规定。撬装设备内控制箱、仪表、管路、阀门、元器件应符合设计要求。

3 按本规范第 4.2.7 条的规定，对撬装设备进出接口法兰进行检查并予以保护。

4.3 材料、管道附件、撬装设备的储存

4.3.1 材料的储存应符合下列要求：

1 对已验收的钢管应分规格和材质分层同向码垛，分开堆放，堆放高度应保证钢管不失稳变形，且最高不应超过 3m。底层钢管应垫软质材料，并加防滑楔子。垫起高度为 200mm 以上。

2 钢管装卸应使用专用吊具，轻吊轻放。吊钩应有足够强度并防滑。装卸过程中应注意保护管口不受损伤。

3 检验合格的防腐管应根据规格、防腐等级，同向分类码垛堆放，防腐（保温）管之间、底层宜垫软质材料并加防滑楔子。

4 检验合格的焊接材料、防腐材料应分类入库存放。库房应做到通风、防潮、防雨、防霜、防油类侵蚀。

5 各类防腐、保温材料应分类存放，易挥发的材料要密闭存放，库房应保持干燥、通风。

4.3.2 管道组成件及管道支撑件在施工过程中应妥善保管，不得混淆或损坏，其色标或标记应明显清晰。材质为不锈钢、有色金属的管道组成件及管道支撑件，在储存期间不得与碳素钢接触。暂时不能安装的管道，应封闭管口。

4.3.3 管道附件的储存应符合下列要求：

1 验收合格的管件应分类存放，应保证管件的坡口不受损伤。

2 弯头、弯管、异径管、三通应采取防锈、防变形措施。

3 绝缘接头、绝缘法兰、法兰、垫片、盲板、应存放在库房中并加以保护，并应保证法兰的结合面不受损伤。

4.3.4 阀门、撬装设备宜原包装存放，随机工具、备件、资料应分类造册，妥善保存。

5 下 料 与 加 工

5.1 钢 管 下 料

5.1.1 在设计压力大于 6.4MPa 条件下使用的钢管，其切断与开孔宜采用机械切割；在设计压力小于或等于 6.4MPa 条件下使用的钢管可采用火焰切割，切割后必须将切割表面的氧化层除去，消除切口的弧形波纹。坡口加工应根据设计和焊接工艺规程规定的坡口型式加工。坡口加工完成后如有机械加工形成的内卷边，应清除整平。

5.1.2 合金钢管不宜采用火焰加工，不锈钢钢管应采用机械或等离子方法切割。

5.1.3 钢管切口质量应符合下列要求：

1 切口表面应平整，无裂纹、重皮、毛刺、凹凸、缩口、熔渣、氧化物、铁屑等。

2 切口端面倾斜偏差 Δ（图 5.1.3）不应大于钢管外径的 1%，且最大不超过 3mm。

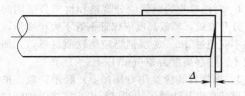

图 5.1.3 切口端面倾斜偏差

5.1.4 钢管因搬运堆放造成的弯曲，使用前应进行校直，其直线度每米不超过 1.5mm，全长不超过 5mm。

5.1.5 管端的坡口型式及组对尺寸应符合设计要求，设计无要求时应符合本规范附录 A 的规定。

5.2 管 件 加 工

5.2.1 Ⅱ形弯管的平面度允许偏差 Δ 应符合表 5.2.1 和图5.2.1的要求。

表 5.2.1　Ⅱ形弯管的平面度允许偏差 Δ（mm）

长度	＜500	500～1000	＞1000～1500	＞1500
Δ	≤3	≤4	≤6	≤10

图 5.2.1　Ⅱ形弯管平面度允许偏差 Δ

5.2.2 汇管的制作及其质量应符合下列要求：

1 汇管宜选择预制成品件。现场制作时，汇管母管宜选择整根无缝钢管或直缝钢管，不应采用螺旋焊缝钢管；采用直缝钢管对接时，纵缝应错开 100mm 以上。

2 汇管母管划线应符合下列要求：

1）固定母管划出中心线；

2）按设计要求的间距划出开孔中心和开孔线。

3 汇管组对时，应首先进行子管与法兰的组对。母管与子管组对时，应先组对两端子管，使之相互平行且垂直于母管，然后以两子管为基准组对中间各子管。

4 汇管组对时，子管与母管的组对采用支管座的方式与母管连接。当子管公称直径小于或等于 200mm 时，定位焊 4 点；当子管的公称直径大于 200mm 时，定位焊 6 点，并均匀分布。

5 汇管组对的允许偏差应符合表 5.2.2 的要求。

表 5.2.2　组对允许偏差

序号	项　目		允许偏差（mm）
1	母管总长		±3
2	子管间距		±1
3	子管与母管两中心线的相对偏移		±1.5
4	子管法兰接管长度		±1.5
5	法兰水平度或垂直度	子管直径（mm） ≤300	≤1
		＞300	≤2
6	母管直线度	母管公称直径（mm） ≤100	≤L/1000，最大 15
		＞100	≤2L/1000，最大 15

注：L 为母管长度（m）。

6 封头组对前，应将汇管内部清理干净，组对焊接应符合设计要求。

7 汇管焊接质量应符合本规范第 7.4 节的规定。

5.3 管道单元预制

5.3.1 管道单元预制应在钢制平台上进行。平台尺寸应大于管道预制件的最大尺寸。

5.3.2 管道预制宜按管道系统单线图实施。

5.3.3 管道预制宜按单线图规定的数量、规格、材质选配管道附件，并宜按单线图标明管道系统号和按预制顺序标明各组成件的顺序号。

5.3.4 当采用单件或小单元预制时，应符合下列要求：

1 自由管段和封闭管段的选择应满足现场运输吊装和安装的条件，封闭管段应按现场实测后的安装长度加工。

2 自由管段的长度加工尺寸允许偏差为 ±10mm。

3 封闭管段的长度加工尺寸允许偏差为 ±1.5mm。

5.3.5 当采用组合件预制时，应符合下列要求：

1 管件组合的每个方向总长度尺寸允许偏差为 ±5mm。

2 管件组合的间距尺寸允许偏差为 ±3mm。

3 管件组合的角度尺寸允许偏差每米为 ±3mm，管端尺寸最大允许偏差为 ±10mm。

4 管件组合的支管和主管横向的中心尺寸允许偏差为 ±1.5mm。

5.3.6 管道单元预制件的组装、焊接和检验，应符合本规范第 6 章、第 7 章的有关规定。

5.3.7 预制完毕的管道单元预制件，应将内部清理干净，并应及时封闭管口。

6 管 道 安 装

6.1 一 般 规 定

6.1.1 管道安装前，应对管道安装区域内的埋地管道与埋地电缆、给排水管道、地下设施、建筑物预留孔洞位置进行核对。

6.1.2 与管道安装相关的土建工程应经验收合格，达到安装条件。

6.1.3 工艺管道所用钢管、管道附件及其他预制件等符合本规范第 4.2 节的规定。

6.1.4 管架、管墩的坡向、坡度应符合设计要求。

6.1.5 钢管、管道附件内部应清理干净。安装工作有间断时，应及时封堵管口或阀门出入口。

6.1.6 焊缝质量的检验应符合本规范第 7.4 节的规定。

6.1.7 管道开口不应在管道焊缝位置，且应避开焊缝热影响区。

6.2 管 道 安 装

6.2.1 对预制的管道应按管道系统编号和顺序号进行对号安装。

6.2.2 管道、管道附件、设备等连接时，不得强力组对。

6.2.3 安装前应对阀门、法兰与管道的配合进行检查，并应符合下列要求：

　　1 对焊法兰与钢管配对焊接时，检查其内径是否相同。如不同，应按本规范第 5.1.5 条要求开内坡口。

　　2 检查平焊法兰与钢管规格和圆滑过渡情况。

　　3 检查法兰与阀门法兰配合情况以及连接件的长短。

坡口加工应符合本规范第 5.1.5 条要求。

6.2.4 坡口加工应符合本规范第 5.1.5 条要求。

6.2.5 钢管对接时，错边量应符合表 6.2.5 的要求。

表 6.2.5　钢管错边量（mm）

管壁厚	内壁错边量	外壁错边量
>10	1.1	2.0~2.5
5~10	0.1 壁厚	1.5~2.0
<5	0.5	0.5~1.5

6.2.6 异径管直径应与其相连接管段一致，错边量不应大于 1.5mm。

6.2.7 公称直径大于 200mm 的管道，管道组对时宜采用对口器。使用外对口器时，当根焊完成管道周长的 50% 以上且均匀分布时才能拆除对口器；使用内对口器时，当根焊全部完成后才能拆除对口器。

6.2.8 钢管端口圆度超标时应进行校圆。校圆时宜采用整形器调整，不应用锤击方法进行调整。

6.2.9 管道组对时应检查平直度，见图 6.2.9，在距接口中心 200mm 处测量，当钢管公称直径小于 100mm 时，允许偏差为 ±1mm；当钢管公称直径大于或等于 100mm 时，允许偏差为 ±2mm，但全长允许偏差均为 ±10mm。

6.2.10 管道对接焊缝位置应符合下列要求：

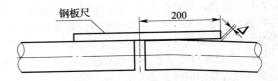

图 6.2.9　管道对口平直度检查

　　1 直管段上两对接焊口中心面间的距离不得小于钢管 1 倍公称直径，且不得小于 150mm。

　　2 管道对接焊缝距离支吊架应大于 50mm，需热处理的焊缝距离支吊架应大于 300mm。

　　3 管道对接焊缝距离弯管（不包括压制、热推或中频弯管）起点应大于 100mm，且不得小于管子外径。

　　4 直缝管的直焊缝应位于易检修的位置，且不应在底部。

　　5 螺旋缝焊接钢管对接时，螺旋焊缝之间应错开 100mm 以上。

6.2.11 钢管在穿建（构）筑物时，应加设保护管。保护管中心线应与管线中心线一致，且建（构）筑物内隐蔽处不应有对接焊缝。

6.2.12 管道安装允许偏差值应符合表 6.2.12 的要求。

表 6.2.12　管道安装允许偏差（mm）

项 目		允许偏差	
坐标	架空	±10	
	地沟	±7	
	埋地	±20	
标高	架空	±10	
	地沟	±7	
	埋地	±20	
平直度	DN≤100	≤2L/1000	最大 40
	DN>100	≤3L/1000	最大 70
	铅垂度	≤3H/1000	最大 25
成排	在同一平面上的间距	±10	
交叉	管外壁或保温层的间距	±7	

6.2.13 管道在地沟中安装应符合下列规定：

　　1 同一地沟内有数根管道时，应自下而上依次分层进行；在同层中，宜先安装大管后小管。

　　2 管道外壁（包括保温层或防腐层厚度）与地沟壁、沟底面的距离应符合设计要求，设计无要求时，可参考表 6.2.13。

表 6.2.13　管道外壁与地沟壁、沟底面的距离（mm）

公称直径	≤100	125	150	200	250	300	350	400	≥500
与地沟壁距离	85	85	90	90	95	95	110	135	150
与沟底面距离	200	200	200	200	200	250	250	250	250

6.2.14 连接动设备的管道，其固定焊口应远离动设备，并在固定支架以外。对不允许承受附加外力的动设备，管道与动设备的连接应符合下列要求：

1 管道在自由状态下，检查法兰的平行度和同心度，允许偏差应符合表 6.2.14 的规定。

表 6.2.14 法兰平行度、同心度允许偏差和设备位移

机泵转速（r/min）	平行度（mm）	同心度（mm）	设备位移（mm）
3000~6000	≤0.10	≤0.50	≤0.50
>6000	≤0.05	≤0.20	≤0.02

2 紧固螺栓时，应在设备主轴节上用百分表观察设备位移，其值应符合表 6.2.14 的规定。

6.2.15 法兰密封面应与钢管中心垂直。当公称直径小于或等于 300mm 时，在法兰外径上的允许偏差为 ±1mm；当公称直径大于 300mm 时，在法兰外径上的允许偏差为 ±2mm。检查示意图见图 6.2.15。

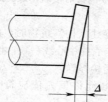

图 6.2.15 预制管段偏差

6.2.16 法兰螺孔应对称安装。管道的两端都有法兰时，将一端法兰与管道焊接后，用水平尺找平，另一端也同样找平。平孔不平度应小于 1mm。

6.2.17 管端与平焊法兰密封面的距离应为钢管壁厚加 2mm~3mm。

6.2.18 法兰连接时应保持平行，其允许偏差应小于法兰外径的 1.5‰，且不大于 2mm。垫片应放在法兰密封面中心，不应倾斜或突入管内。梯槽或凹凸密封面的法兰，其垫片应放入凹槽内部。

6.2.19 每对法兰连接应使用同一规格螺栓，安装方向一致。螺栓对称拧紧。

6.2.20 法兰螺栓拧紧后，两个密封面应相互平行，用直角尺对称检查，其间隙允许偏差应小于 0.5mm。

6.2.21 法兰连接应与管道保持同轴，其螺栓孔中心偏差不超过孔径的 5%，并保持螺栓自由穿入。法兰螺栓拧紧后应露出螺母以外 0~3 个螺距，螺纹不符合规定的应进行调整。

6.2.22 螺纹法兰拧入螺纹短节端时，应使螺纹倒角外露，金属垫片应准确嵌入密封座内。

6.2.23 撬装设备安装应符合现行国家标准《机械设备安装工程施工及验收通用规范》GB 50231 的相关规定。

6.3 阀门安装

6.3.1 阀门安装前，应检查阀门填料，其压盖螺栓应留有调节余量。

6.3.2 阀门安装前，应按设计文件核对其型号，复核产品合格证及试验记录。

6.3.3 当阀门与管道以法兰或螺纹方式连接时，阀门应在关闭状态下安装。

6.3.4 当阀门与管道以焊接方式连接时，阀门不得关闭，焊缝底层宜采用氩弧焊。

6.3.5 阀门安装时，按介质流向确定其阀门的安装方向，应避免强力安装。在水平管段上安装双闸板闸阀时，手轮宜向上。一般情况下，安装后的阀门手轮或手柄不应向下，应视阀门特征及介质流向安装在便于操作和检修的位置上。

6.3.6 阀门安装后的操作机构和传动装置应动作灵活，指示准确。

6.3.7 安全阀应垂直安装。

6.4 管道附件制作、安装

6.4.1 管道附件制作的尺寸应符合设计要求，其外观应整洁，表面无毛刺、铁锈，焊缝外形平整饱满，无凹陷、裂纹、漏焊及表面气孔等缺陷，表面焊渣应清理干净。

6.4.2 管道支、吊架的安装应符合下列要求：

1 管道的支架、托架、吊架、管卡的类型、规格应符合设计要求。

2 管道支、吊架安装前要进行标高和坡降放线测量，固定后的支、吊架位置应正确，安装应平整、牢固，与管道接触良好。

3 固定支架应按设计要求安装。

4 导向支架或滑动支架的滑动面应洁净平整，不应有歪斜和卡涩现象。其安装位置应从支承面中心向位移反方向偏移，偏移量应为设计计算的 1/2 或按设计规定。

5 支、吊架焊接应由有资格的焊工施焊。管道与支吊架焊接时，焊缝外形应平整饱满，不应有咬边、烧穿现象。

6 临时支架焊接不应伤及主材。

6.4.3 膨胀节的预拉伸应符合下列规定：

1 膨胀节预拉伸应符合设计规定。

2 预拉伸区各固定支架安装牢固，各固定支架间所有焊缝（冷拉接头除外）焊接完毕并经检验合格，需做热处理的焊缝应做完热处理。

3 所有支、吊架已装设完毕，冷拉接头附近吊架的吊杆应预留足够的调整余量；弹簧支、吊架应按设计值预压缩并临时固定。

4 管线倾斜方向及倾斜度均应符合设计要求。

5 法兰与阀门连接螺栓应拧紧。

6 膨胀节预拉伸后，焊缝应经检验合格，需做热处理的焊缝应做完热处理后，方可拆除拉具。

6.4.4 波纹膨胀节安装应符合下列要求：

1 波纹膨胀节应按设计文件规定进行预拉伸，受力应均匀。

2 波纹膨胀节内套有焊缝的一端，在水平管道上应迎介质流向安装，在竖直管道上应置于上部。

3 波纹膨胀节应与管道保持同轴，不应偏斜。

4 安装波纹膨胀节时，应设临时约束装置，待管道安装固定后再拆除临时约束装置。

6.4.5 球型膨胀节安装应符合下列要求：

1 球型膨胀节安装前，应将球体调整到所需角度，并与球心距管组成一体。

2 球型膨胀节的安装应紧靠弯头，使球心距长度大于计算长度。

3 球型膨胀节的安装方向，宜按介质从球体端进入，由壳体端流出安装。

4 垂直安装球型膨胀节时，壳体端应在上方。

5 球型膨胀节的固定支架或滑动支架，应按照设计要求施工。

6 运输、装卸球型膨胀节时，应防止碰撞，并应保持球面清洁。

7 膨胀节、波纹膨胀节应按设计要求进行预拉压，受力应均匀，安装完成后，应拆除运输拉杆和限位拉杆。

6.4.6 绝缘法兰的安装应符合下列要求：

1 安装前，应对绝缘法兰进行绝缘试验检查，其绝缘电阻应不小于 2MΩ。

2 两对绝缘法兰的电缆线连接应符合设计要求，并应做好电缆线及接头的防腐，金属部分不应裸露于土中。

3 绝缘法兰外露时，应有保护措施。

6.4.7 静电接地安装应符合下列要求：

1 有静电接地要求的管道，各段钢管间应导电。必要时，应设导线跨接。当每对法兰或螺纹接头间电阻值超过 0.03Ω 时，应设导线跨接。

2 管道系统的对地电阻值超过 100Ω 时，应设两处接地引线。接地引线宜采用铝热焊形式。

3 有静电接地要求的不锈钢管道，导线跨接或接地引线不应与不锈钢管道直接连接，应采用不锈钢板过渡。

4 用作静电接地的材料或零件，安装前不得涂漆。导电接触面必须除锈并紧密连接。

5 静电接地安装完毕后，必须进行测试，电阻值超过规定时，应进行检查与调整。

7 焊 接

7.1 一 般 规 定

7.1.1 站内工艺管道焊接适用的方法包括焊条电弧焊、半自动焊、自动焊或上述方法的组合。

7.1.2 焊接设备的性能应满足焊接工艺要求，并具有良好的工作和安全性能。

7.1.3 工艺管道焊接中异种钢、不锈钢管道焊接应按现行国家标准《现场设备、工业管道焊接工程施工及验收规范》GB 50236 的有关规定执行，其余钢种焊接应按现行行业标准《钢质管道焊接及验收》SY/T 4103 的有关规定执行。

7.1.4 工艺管道焊接中对所使用的任何钢种、焊接材料和焊接方法都应进行焊接工艺评定。异种钢、不锈钢管道焊接工艺评定应符合现行国家标准《现场设备、工业管道焊接工程施工及验收规范》GB 50236 的规定，其余钢种焊接工艺评定应符合现行行业标准《钢质管道焊接及验收》SY/T 4103 的有关规定。并根据合格的焊接工艺评定编制焊接作业指导书。

7.1.5 从事本规范适用范围内管道工程施工的焊工应取得国家相应部门颁发的特殊作业人员资格证书，所从事工作范围应与资格证书相符。

7.1.6 焊工应经考试合格后方可上岗实施作业。

7.1.7 在以下气候环境中，如无有效的防护措施时，不应进行焊接作业：

1 雨雪天气。

2 大气相对湿度超过 90%。

3 焊条电弧焊、埋弧焊、自保护药芯焊丝半自动焊，风速大于 8m/s；气体保护焊，风速超过 2m/s。

4 环境温度低于焊接规程中规定的温度。

7.1.8 对不合格焊缝的返修，应制定返修工艺；同一部位的返修次数不得超过两次。异种钢、不锈钢管道返修工艺应按现行国家标准《现场设备、工业管道焊接工程施工及验收规范》GB 50236 的要求执行，其余钢种返修工艺应按现行行业标准《钢质管道焊接及验收》SY/T 4103 的要求执行。

7.2 焊 接 材 料

7.2.1 焊接材料包括焊条、焊丝、焊剂、焊接用气体及电极等。

7.2.2 焊接材料的检查应符合下列规定：

1 质量证明文件应符合相应标准的要求。

2 包装应完好，无破损。

3 产品外表面不得被污染，无影响焊接质量的缺陷。

4 识别标志清晰、牢固，并与实物相符。

5 焊接材料的检验应符合有关标准的规定。

7.2.3 焊条、焊丝、焊剂应储存在清洁干燥的库房内，距墙面及地面不得小于 300mm，储存环境的相对湿度不得大于 60%。施工现场的焊接材料储存场所及烘干、去污设施，应符合国家现行标准《焊条质量管理规程》JB 3223 的规定，并应建立保管、烘干、发放制度。

7.2.4 焊接材料应满足下列要求：

1 焊条应符合现行国家标准《现场设备、工业管道焊接工程施工及验收规范》GB 50236 的规定。

2 焊丝应符合国家现行标准《焊接用不锈钢丝》YB/T 5092、《熔化焊用钢丝》GB/T 14957、《气体保护电弧焊用碳钢、低合金钢焊丝》GB 8110、《埋弧焊用低合金钢焊丝和焊剂》GB 12470 的规定，焊丝的外观应符合下列规定：

　　1）焊丝表面应光滑、清洁，不应有毛刺、划痕、锈蚀和氧化皮等。

　　2）焊丝表面的镀铜层要均匀牢固，不应出现起鳞、剥离现象。

3 焊接用气体应符合下列规定：

　　1）氩弧焊所采用的氩气应符合现行国家标准《氩》GB/T 4842 的规定，且纯度不应低于 99.96%，含水量小于 20mg/L。

　　2）二氧化碳气体保护焊采用的二氧化碳气体纯度，不应低于 99.5%，含水量不应超过 50mg/L。

　　3）氧乙炔焊所采用的氧气纯度不应低于 99%，乙炔气的纯度和气瓶中的剩余压力应符合现行国家标准《溶解乙炔》GB 6819 的规定。

　　4）充氮气保护的氮气纯度不应低于 99.5%，含水量小于 50mg/L。

4 手工钨极氩弧焊宜采用铈钨极。

5 埋弧焊采用的焊剂应符合现行国家标准《埋弧焊用碳钢焊丝和焊剂》GB/T 5293 及《埋弧焊用低合金钢焊丝和焊剂》GB/T 12470 的规定。

7.2.5 焊条、焊丝在使用前应按产品说明书进行烘干，并应在使用过程中保持干燥。产品说明书无要求时，可按以下要求进行：

1 低氢型焊条烘干温度为 350℃～400℃，恒温时间为 1h～2h；焊接现场应设恒温干燥箱（筒），温度控制在 100℃～150℃，随用随取；当天未用完的焊条应收回，重新烘干后使用，重新烘干次数不应超过两次。

2 纤维素焊条在包装良好无受潮时，可不烘干；若受潮时应进行烘干，烘干温度为 80℃～100℃，烘干时间为 0.5h～1h。

3 不锈钢焊条应根据表 7.2.5 的要求进行烘干。

表 7.2.5　不锈钢焊条烘干温度和时间

牌　号	烘干条件
钛钙型药皮	200℃～250℃×1h
低氢型药皮	200℃～300℃×1h

4 焊丝使用前应清除其表面的油污、锈蚀等。

7.2.6 二氧化碳气体使用前应预热和干燥；当瓶内气体压力低于 0.98MPa 时，应停止使用。

7.3　焊　接

7.3.1 管道坡口加工和组对应符合本规范第 5.1.5 条的规定。

7.3.2 焊件组对前应将坡口及其内外侧表面不小于 10mm 范围内的油、漆、垢、锈、毛刺及镀锌层等清除干净，且不得有裂纹、夹层等缺陷。

7.3.3 焊前预热应符合下列要求：

1 有预热要求时，应根据焊接工艺规程规定的温度进行焊前预热。当焊件温度低于 0℃时，所有钢管的焊接位置处应在始焊处 100mm 范围内预热至 15℃以上。

2 当焊接两种具有不同预热要求的材料时，应以预热温度要求高的材料为准。

3 焊前预热的加热范围，应以焊缝中心为基准每侧不应小于焊件厚度的 3 倍，且不小于 100mm，设计有要求时，按设计要求执行。预热温度宜使用远红外线测温仪等测量仪器进行测量。测温点的部位和数量应合理，测温仪表应经计量检定合格。

4 管口应均匀加热，防止局部过热。焊件内外壁温度应均匀。

5 焊道层间温度应符合焊接工艺规程的要求。

6 常用管材的焊前预热温度可按表 7.3.3 的规定执行。

表 7.3.3　常用管材焊前预热温度

母材类别（公称成分）	焊件接头母材厚度 T（mm）	母材最小规定抗拉强度（MPa）	最低预热温度（℃）
碳钢（C）	≥25	全部	80
碳锰钢（C-Mn）	<25	>490	80
合金钢（C-Mo、Mn-Mo、Cr-Mo）Cr≥0.5%	≥13	全部	80
	<13	>490	80
合金钢（C-Mo）0.5%<Cr≤2%	全部	全部	150
合金钢（C-Mo）2.25%<Cr≤10%	全部	全部	175
马氏体不锈钢	全部	全部	150
低温镍钢（Ni≤4%）	全部	全部	95

7.3.4 在焊接过程中出现焊条药皮脱落、发红或严重偏弧时应立即更换。

7.3.5 施焊时严禁在坡口以外的管壁上引弧，焊接地线与钢管应有可靠的连接方式，并应防止电弧擦伤母材。

7.3.6 管道焊接时根焊应熔透，内成型应良好。层间焊间隔时间应符合焊接工艺规程要求。

7.3.7 对含铬量大于或等于 3%或合金元素总含量大于 10%的焊件，氩弧焊打底焊接时，焊缝内侧应充氩气或其他保护气体，或采取其他防止内侧焊缝金属被氧化的措施。

7.3.8 焊接时应采取合理的施焊方法和施焊顺序。

7.3.9 施焊过程中应保证起弧和收弧处的质量，收弧时应将弧坑填满。多层焊的层间接头应错开。

7.3.10 管子焊接时，应防止管内气体流速过快。

7.3.11 除工艺或检验要求需分次焊接外，每条焊缝宜一次连续焊完，当因故中断焊接时，应根据工艺要求采取保温缓冷或后热等防止产生裂纹的措施，再次焊接前应检查焊层表面，确认无裂纹后，方可按原工艺要求继续施焊。

7.3.12 需预拉伸或预压缩的管道焊缝，组对时所使用的工卡具应在整个焊缝焊接及热处理完毕并经检验合格后方可拆除。

7.3.13 焊后热处理应符合设计文件的规定，当无规定时，管道的焊后热处理应符合现行国家标准《工业金属管道工程施工规范》GB 50235 的有关规定。

7.3.14 每道焊口完成后，应清除表面焊渣和飞溅。

7.3.15 完成焊口应做标记，使用记号笔或白色路标漆书写或喷涂方法在焊口下游 100mm 处以按照工艺分区、管道直径和壁厚进行标识，并在竣工轴测图上记录。

7.3.16 定位焊缝应符合下列规定：

1 焊接定位焊缝时，应采用与根部焊道相同的焊接材料和焊接工艺，并应由合格焊工施焊。

2 定位焊缝的长度、厚度和间距可按表 7.3.16-1 管道定位焊缝尺寸和表 7.3.16-2 管道定位焊缝尺寸规定执行。

表 7.3.16-1 管道定位焊缝的位置与数量

公称直径 DN（mm）	位置与数量
DN≤50	对称 2 点
50<DN≤150	均布 2 点～3 点
150<DN≤200	均布 3 点～4 点

表 7.3.16-2 管道定位焊缝尺寸

壁厚 δ（mm）	δ<3	3≤δ<5	5≤δ<12	δ≥12
焊缝长度（mm）	6～9	8～13	12～17	14～20
焊缝高度（mm）	2	2.5		≤6

3 在焊接根部焊道前，应将定位焊缝表面的氧化膜清理干净，并进行检查，当发现缺陷时，应予以处理；焊接前应将定位焊缝其两端修整成缓坡形。过桥定位焊缝（根部上面）应予去除。

4 定位焊采用电弧焊时，不应在焊缝交叉处或急剧变向处施焊，应避开该处 50mm 左右。当环境温度较低时，应对焊件进行预热，并加大定位焊缝长度。定位焊焊接电流比正式焊接电流大 10%～15%，以保证焊透。当含碳量大于 0.25% 或厚度大于 16mm 的焊件在低温环境下定位焊后，应尽快进行打底焊，

否则应采取后热缓冷措施。

7.4 焊缝检验与验收

7.4.1 管道对接焊缝和角焊缝应进行 100% 的外观检查，外观检查应符合下列规定：

1 焊缝上的焊渣及周围飞溅物应清除干净，焊缝表面应均匀整齐，不应存在有害的焊瘤、凹坑等。

2 对接焊缝允许错边量不应大于壁厚的 12.5%，且小于 3mm。

3 对接焊缝表面宽度应为坡口上口两侧各加宽 0.5mm～2mm。

4 对接焊缝表面余高应为 0mm～2mm，局部不应大于 3mm 且长度不应大于 50mm。

5 角焊缝的边缘应平缓过渡，焊缝的凹度和凸度不应大于 1.5mm，两焊脚高度差不宜大于 3mm。

6 盖面焊道深度不应大于管壁厚的 12.5%，且不应超过 0.5mm。咬边深度小于 0.3mm 的，任何长度均为合格。咬边深度在 0.3mm～0.5mm 之间的，单个长度不应超过 30mm，在焊缝任何 300mm 连续长度内，咬边累计长度不应大于 50mm。累计长度不应大于焊缝周长的 15%。

7 焊缝表面不应存在裂纹、未熔合、气孔、夹渣、引弧痕迹及夹具焊点等缺陷。

7.4.2 焊缝外观检查合格后方允许对其进行无损检测，无损检测应按现行行业标准《石油天然气钢质管道无损检测》SY/T 4109 的规定进行，超出现行行业标准《石油天然气钢质管道无损检测》SY/T 4109 适用范围的其他钢种的焊缝应按国家现行标准《承压设备无损检测》JB/T 4730.1～4730.6 的要求进行无损检测及焊缝缺陷等级评定。

7.4.3 从事无损检测的人员应取得国家有关部门颁发的无损检测资格证书。

7.4.4 无损检测检查的比例及合格验收的等级应符合下列要求：

1 管道焊缝应进行 100% 无损检测，检测方法应优先选用射线检测或超声波检测。管道最终的连头段、穿越段的对接焊缝应进行 100% 的射线检测和 100% 超声波无损检测。

2 管道焊缝进行射线检测和超声波检测时，设计压力大于 4.0MPa 为 II 级合格，设计压力小于或等于 4.0MPa 为 III 级合格。

3 磁粉检测或渗透检测应按现行行业标准《石油天然气钢质管道无损检测》SY/T 4109 的规定进行。

8 管沟开挖、下沟与回填

8.1 管沟开挖

8.1.1 管沟开挖前，应对地下的构筑物、电缆、管

道等障碍物进行定位，在开挖过程中采取保护措施。

8.1.2 测量放线应按照设计文件的要求进行，并应按照管道水平中心线及管沟上口宽度，打好开挖管沟的边线桩，并标出开挖深度，用消石灰标出管沟的边界线。

8.1.3 当地质条件满足表8.1.3的要求，且在地下水位以上时，管沟可不设边坡。

表 8.1.3 不设边坡的管沟允许深度（m）

土质类别	允许深度
密实、中密的砂土和碎石类土	1.00
硬塑、可塑的轻亚黏土及亚黏土	1.25
硬塑、可塑的黏土及碎石类土	1.50
坚硬的黏土	2.00

8.1.4 当管沟开挖深度超过表8.1.3的规定时，深度在5m以内的可以不加支护进行管沟开挖，坡比按设计要求进行。若无设计要求时，可按表8.1.4执行。

表 8.1.4 深度 5m 内的管沟最陡边坡坡度（不加支撑）

土壤类别	最陡边坡坡度		
	坡顶无载荷	坡顶有静载荷	坡顶有动载荷
中密的砂土	1:1.00	1:1.25	1:1.50
中密的碎石类土（填充物为砂土）	1:0.75	1:1.00	1:1.25
硬塑的粉土	1:0.67	1:0.75	1:1.00
中密的碎石类土（填充物为黏性土）	1:0.50	1:0.67	1:0.75
硬塑的粉质黏土、黏土	1:0.33	1:0.50	1:0.67
老黄土	1:0.10	1:0.25	1:0.33
软土（经降水）	1:1.00	—	—
硬质岩	1:0.00	1:0.00	1:0.00

8.1.5 对于深度超过5m的管沟，可以将坡度放缓一档，并采用阶梯式开挖，或采取支护办法挖沟。

8.1.6 管沟的弃土距离管沟边不小于0.5m，高度不宜超过1.5m。

8.1.7 单管敷设时，管底宽度应按管道公称直径加宽300mm，但总宽不应小于500mm；多管道同沟敷设时，管沟底宽应为两边管道外廓宽加500mm。当沟底设置排水沟时，可适当加宽管底宽度；当采用沟下焊接时，应根据焊接的需要设置操作坑，操作坑的大小应以便于操作为宜。

8.1.8 石方段管沟应按管底标高加深200mm；采用细砂或软土回填应到设计标高。

8.1.9 对管沟深度超挖部分应进行夯实处理。

8.1.10 管沟尺寸允许偏差应符合下列规定：

1 管沟中心线偏差为±100mm。

2 管底标高允许偏差为±100mm。

3 沟底宽度允许偏差为±100mm。

8.2 管道下沟

8.2.1 管道下沟前应完成以下工作：

1 清理沟内塌方和硬土（石）块，排除管沟内积水。如沟底被破坏（超挖、雨水浸泡等）或为岩石沟底，应用砂或软土铺垫。

2 对管沟进行复测，达到设计要求后方可进行管道下沟。

3 管道防腐层经电火花检漏仪检查，无破损。有破损或针孔应及时修补，检测电压应符合设计或现行有关标准的规定。

8.2.2 管道下沟应符合下列要求：

1 管道下沟用吊具宜使用尼龙吊带，严禁直接使用钢丝绳。

2 管道下沟时，应避免与沟壁挂碰，必要时应在沟壁突出位置垫上木板或草袋，防止擦伤防腐层。管道放置到管沟设计位置，悬空段应用细土或砂填塞。

3 管道下沟时，应有专人统一指挥作业。下沟作业段的沟内不得有人，应采取有效的措施防止管道滚管。

8.3 管沟回填

8.3.1 管沟回填前，应完成以下工作：

1 管道焊缝经无损检测合格。

2 外防腐绝缘层检漏合格。

3 隐蔽工程验收合格。

8.3.2 管沟回填应符合下列要求：

1 管道悬空段应用细土或砂填塞。

2 按回填进程依次拆除沟壁的支撑，且不得塌方。

3 管道两侧应同时进行回填，并进行夯实，管顶以上300mm内应采用人工回填，其余部分可采用机械回填；回填土分层夯实，每层200mm～300mm，夯实后的土壤密实度不低于原土的90%。

4 管沟回填时，应先回填直管段，后回填弯曲管段。

8.3.3 管道地沟应符合下列要求：

1 在进行地沟内管道安装前，应进行沟底清理，不得留有污物与杂物。

2 地沟管道施工完毕后，应再次清扫地沟，并经隐蔽工程检查合格后方可加盖地沟盖。

9 吹扫与试压

9.1 一般规定

9.1.1 系统和仪表、电气、机械、防腐等专业连接的零部件安装完毕后，在管道投产前应进行系统吹扫清洗和试压。

9.1.2 吹扫试压应制定方案，并应采取有效的安全措施，经审查批准后实施。

9.1.3 试压前应将压力等级不同的管道、不宜与管道一起试压的系统、设备、管件、阀门及仪器等隔开，分别试压。

9.1.4 水压试验时，应安装高点排空、低点排水阀门。

9.1.5 试压用的压力表应经过检定，并在有效期内，精度应不低于1.5级，表的量程应为被测压力（最大值）的1.5倍～2倍。压力表应不少于两块，分别置于管道的两端。试压中的稳压时间应在两端压力平衡后开始计算。气压试验时，应在试压管道的首、末端各安装一只温度计，且安装于避光处，温度计分度值应小于或等于1℃。试验压力应以高位置安装的压力表读数为准。

9.1.6 试压中如有泄漏，禁止带压修补。缺陷修补合格后，应重新试压。

9.1.7 试压介质的排放应选在安全地点。排放点应有操作人员控制和监视。试压介质为水时应沉淀后排放。当环境温度低于5℃时，应采取防冻措施。

9.1.8 试压完毕，应将管道内介质清扫干净。及时拆除所有临时盲板，核对记录，并填写管道试压记录。

9.2 吹扫与清洗

9.2.1 管道吹扫前应符合下列要求：

1 管道吹扫前，系统中节流装置孔板必须取出，调节阀、节流阀必须拆除。

2 不参与系统吹扫的设备及管道系统，应与吹扫系统隔离。

3 管道支架、吊架应牢固，必要时应进行加固。

9.2.2 吹扫冲洗时，应以设备、机器为分界线，将管道逐段吹扫冲洗。吹扫冲洗顺序宜先干线，后支线。冲洗管道后，管道内的水应排净。

9.2.3 吹扫冲洗时，工作介质是液体的宜用洁净水，工作介质是气体的宜用空气，有衬里的设备系统应选用经分离空气，扫线压力应小于管道设计压力。如采用蒸汽吹扫应符合现行国家标准《工业金属管道工程施工及验收规范》GB 50235的有关规定。

9.2.4 冲洗奥氏体不锈钢管道系统时，水中氯离子含量不得超过25mg/L。

9.2.5 用空气吹扫时，宜利用生产装置的大型压缩机或大型储气罐，进行间断性吹扫。吹扫气流的速度应大于20m/s，但吹扫起点的压力最高不应超过管道设计压力。

9.2.6 管道系统在空气或蒸汽吹扫过程中，应在排出口用白布或涂白色油漆的靶板检查，在5min内，靶板上无铁锈及其他杂物为合格。

9.2.7 用水冲洗时，宜以最大流量进行清洗，且流速不应小于1.5m/s。

9.2.8 水冲洗后的管道系统，应用目测方法检查排出口的水色和透明度，应以出入口的水色和透明度一致为合格。

9.2.9 有特殊清洗要求的管道系统，应按专门的技术规程进行处理。

9.2.10 采用压缩空气爆破膜法吹扫管道，应符合下列要求：

1 吹扫流程宜与工艺流程一致，在系统的上游应具有足够储气量，宜选择一直径较大、管段较长的管道作为储气管。爆破口宜在管道的最低部位，没有支撑及固定的爆破端在爆破前应加以固定，泄压口前端20m范围内禁止行人走动及堆放易损物品。

2 爆破吹扫应有明显的警戒安全措施，并有专人看护，爆破压力应控制在0.3MPa～0.5MPa之间，并据此选择爆破膜的厚度和层数。爆破膜可选择厚度δ＝1.5mm的青稞纸，可通过安装不同层数来达到所选择的厚度。爆破膜厚度宜通过试验来取得，也可按表9.2.10进行选用。

表9.2.10 爆破膜厚度选择表

管线规格	DN100～DN150	DN200～DN250	DN300～DN500	DN600～DN800
厚度(mm)	3	4.5	6	7.5

3 扫线前应截止或隔断管道沿线支管，避免形成死角，管道沿线不宜有变径管。

4 每条管道吹扫后在管道末端排气口用涂有白色油漆的靶板检查，以无铁锈、灰尘及其他杂物为合格。

9.3 强度及严密性试验

9.3.1 埋地管道应在下沟回填后进行强度和严密性试验；架空管道应在管道支吊装安装完毕并检验合格后进行强度和严密性试验。

9.3.2 强度试验应以洁净水为试验介质。特殊情况下，经建设单位（或监理）批准，设计压力6.4MPa及以下的可用空气作为试验介质。

9.3.3 严密性试验时，设计压力大于6.4MPa的试验介质应采用洁净水。

9.3.4 对奥氏体不锈钢试验所用的洁净水所含氯离子浓度不应超过25mg/L；试验后，应立即将水清除干净，试验用水温度不应低于5℃。

9.3.5 工艺管道以水为介质的强度试验，试验压力应为设计压力的1.5倍；以空气为介质的强度试验，试验压力应为设计压力的1.15倍。工艺管道严密性试验压力应与设计压力相同。

9.3.6 强度试验充水时，应安装高点排空、低点排水阀门，并应排净空气，使水充满整个试压系统，待水温和管壁、设备壁的温度大致相同时方可升压。

9.3.7 用水为介质做强度试验时，升压应符合下列要求：

1 升压应平稳缓慢，分阶段进行，液体压力试验升压次数应符合表 9.3.7-1 的规定。

表 9.3.7-1 强度试验升压次数

试验压力（MPa）	升压次数	各阶段试验压力百分数
$P\leqslant1.6$	1	100%
$1.6<P\leqslant2.5$	2	50%，100%
$2.5<P<10$	3	30%，60%，100%

2 依次升至各个阶段压力时，应稳压 30min；经检查无泄漏，即可继续升压。

3 升到强度试验压力值后，稳压 4h，合格后再降到设计压力，进行严密性试验。试验方法及合格标准见表 9.3.7-2。

表 9.3.7-2 试验方法及合格标准

检验项目	强度	严密性
试验压力（MPa）	1.5 倍设计压力	1 倍设计压力
升压步骤	升压阶段间隔 30min，升压速度不大于 0.1MPa/min	—
稳压时间（h）	4	24
合格标准	管道目测无变形、无渗漏，压降小于或等于试验压力的 1%	压降小于或等于试验压力的 1%

9.3.8 用空气为介质做强度试验时，升压应符合下列要求：

1 升压应缓慢分阶段进行，升压速度应小于 0.1MPa/min。

2 将系统压力升到试验压力的 10%，至少稳压 5min，若无渗漏，就缓慢升至试验压力的 50%；其后按逐次增加 10% 的试验压力后，都应稳压检查，无泄漏及无异常响声方可升压。

3 当系统压力升到强度试验压力后，稳压 4h，合格后再降到设计压力，进行严密性试验。试验方法及合格标准见表 9.3.8。

表 9.3.8 试验方法及合格标准

介质	空气	
检验项目	强度	严密性
试验压力（MPa）	1.15 倍设计压力	1 倍设计压力
升压步骤	分三次升压。升压值依次为试验压力的 10%、50%、逐次增加 10% 的试验压力直至 100%，间隔 5min，升压速度不大于 0.1MPa/min	
稳压时间（h）	4	24
合格标准	管道目测无变形、无泄漏	无泄漏

9.3.9 当采用气压试验并用发泡剂检漏时，应分段进行。升压应缓慢，系统可先升到 0.5 倍强度试验压力，进行稳压检漏，无异常无泄漏再按强度试验压力的 10% 逐级升压，每级应进行稳压并检漏合格，直至升至强度试验压力，经检漏合格后再降至设计压力进行严密性试验，经检查无渗漏为合格。每次稳压时间应根据所用发泡剂检漏工作需要的时间而定。

9.4 干 燥

9.4.1 输送天然气的管道吹扫试压后，应进行管道系统干燥。干燥前，应进行试压后扫水检验。站场内管道系统扫水检验以站场最低点排气口没有明水排出视为合格。

9.4.2 站场管道干燥可采用干空气干燥、真空干燥和液氮干燥法，管道干燥可进行分区干燥，将待干燥管道与其他的管道、设备等用盲板隔离，也可整体干燥。

9.4.3 固定干燥临时管道，应设置警戒区。

9.4.4 干空气干燥应符合下列要求：

1 进入管道的干空气温度不宜超过 50℃。

2 管道干燥末期，当管道出口处的空气露点达到 -20℃ 的空气露点后，继续用露点低于 -40℃ 的干空气对管段进行低压吹扫，直到管道后半部分被较低露点的干空气完全置换，即可进行密闭实验。

3 当管道末端出口处的空气露点达到 -20℃ 的空气露点时，关闭干燥管道两端阀门，将管道置于微正压（50kPa~70kPa）的环境下密闭 8h~12h 后检测管线露点。

4 密闭试验后露点升高不超过 5℃，且不高于 -20℃ 的空气露点，为合格。

5 在干燥验收合格后，应向管道内注入压力为 50kPa~70kPa 的干空气或氮气，其露点不低于 -40℃ 干空气或氮气的露点，并保持管道密闭。

9.4.5 真空干燥应符合下列要求：

1 真空干燥过程中，应随时记录管道内的负压值和温度值。

2 站场工艺管线真空干燥时，应采用抽气量相当的真空泵，应每隔 2h 检测管道温度，管道温度不应低于 5℃，以防止管内结冰。

3 在真空干燥前将管道两端封闭，与外界空气隔绝。

4 启动真空泵降低管内压力，每 15min 记录一次管道压力值，当管道内压力降低到 8kPa 时，开始进行渗漏试验。

5 当管道内压力降低到 8kPa 时，关闭真空泵组，密闭 4h，观察是否有渗漏发生。如有渗漏发生，应计算渗漏进管道内气体的体积。若渗漏进管道内气体的体积与管道容积的比率大于 1% 时，应修补渗漏点后继续对管道抽真空。

6 当管道内压力降低到 0.8kPa~0.6kPa 时，管道内气体的露点温度相应为 5℃~0℃ 空气的露点；当降到 0.1kPa 时，管道内气体的露点相应为 -20℃ 空气的露点。

7 当管道内压力降到 0.1kPa 时，关闭真空泵组，密闭 24h，计算渗漏进管道内气体体积，当该体积不超过渗漏试验时所计算的体积的 0.6 倍，即为合格。否则，应继续进行抽真空操作，直至合格。

8 在干燥验收合格后，应向管道内注入压力为 50kPa～70kPa 的干空气或氮气，其露点不低于一50℃干空气或氮气的露点，并保持管道密闭。

9.4.6 液氮干燥应符合下列要求：

1 液氮汽化器的流量值应根据工艺管道、设备的容积进行选择，一般每分钟不低于一次干燥分路管道总容量值的 0.5 倍；对于大型场站的工艺管道可根据不同区域分别吹扫。加热装置宜采用工业用电加热器或水套炉加热，功率不应小于 15kW。

2 液氮罐与汽化器的连接管道应使用低温软管法兰连接，汽化器至加热炉的管道连接宜用无缝钢管连接，加热器与待干燥的管道连接宜采用钢管或软管连接。

3 干燥设备连接完成后，缓慢开启液氮罐出口阀门，液氮经汽化器汽化后进入加热器中加热，加热器出口处氮气的温度应控制在 50℃～60℃之间。

4 开启待干燥管道的进气阀门，对管道进行反复间断性吹扫，进气压力一般为 0.3MPa～0.5MPa 之间。

5 采用露点仪检测管道出口处气体的露点，露点温度合格后。关闭液氮罐出口阀门，保持压力为 50kPa～70kPa 的氮气，并对干燥合格的管道进行密封和标识。

10 防腐和保温

10.1 一般规定

10.1.1 埋地管道防腐补口、补伤和检漏方法应符合国家现行有关防腐标准规定。

10.1.2 管道应按设计要求进行管道防腐。架空管道宜进行现场防腐（涂漆）作业，埋地管道的防腐宜进行预制作业。

10.1.3 凡遇下列情况之一者，若不采取有效的措施，则不应进行防腐作业：

1 雨、雪、雾、强风天气。

2 环境温度低于 5℃或高于 40℃。

3 灰尘过多。

4 被涂表面温度高于 65℃。

5 环境相对湿度大于 85%。

6 钢管表面结露。

7 已防腐、保温预制完毕的管道，当环境温度低于防腐、保温材料的脆化温度时，不得起吊、运输和敷设。

10.1.4 保温材料及其制品应采取防潮、防水、防雷、防冻、防挤压变形（成型产品）措施。

10.2 防 腐

10.2.1 钢材表面处理应符合下列要求：

1 钢管和管件在防腐、涂漆及补口前应进行表面处理，除锈等级宜达到 Sa2 级，锚纹深度宜达到 $40\mu m～70\mu m$。

2 喷砂时，应采取适当措施防止磨料进入钢管以及其他附属设备内部。

3 表面处理后，应进行检查，发现除锈等级不符合要求时，应重新处理，直到合格为止。

10.2.2 涂漆应符合下列要求：

1 防腐涂漆施工宜采用喷涂、刷漆或滚涂，涂漆施工前，应先试涂。使用稀释剂等的种类和用量应符合有关标准的规定。涂漆应在生成浮锈前完成。

2 涂漆应完整、均匀，涂装道数和厚度应符合设计要求和国家现行有关防腐标准的规定。

3 涂漆超过一遍时，前后间隔时间应根据涂料性质确定，且不得超过 14h。若涂装间隔超过规定时间，应对涂层表面进行处理后才能进行下一道涂层的施工。底漆未干时不应进行下一道涂漆作业。

4 涂层质量如遇到下列情况时应进行修补：

1）涂层干燥前出现皱纹或附着不牢。

2）涂层完工后出现脱落、裂纹、气泡、透底、皱皮、流坠、色泽不一等。

3）施工中涂层受到损伤。

4）涂漆遗漏或小于设计厚度。

10.3 保 温

10.3.1 保温应在钢管表面质量检查及防腐合格后进行。根据保温材料的不同，保温施工可采用捆扎法、充填法、浇注法、喷涂法等施工方法进行。

10.3.2 对已保温的管段或构件，应妥善保护，局部磨损处应及时修补。

10.3.3 采用有机保温材料时，环境温度和原材料温度宜控制在 15℃～30℃，发泡后应有熟化时间。施工前宜在现场同条件进行试验，观测发泡速度、孔径大小、颜色变化、裂纹和变形情况等。

10.3.4 采用管壳预制块保温时，预制块接缝应错开，水平管的接缝应在正侧面。多层组合时，应分层绑扎，内层宜采用薄胶带固定，外层宜采用镀锌铁丝，包装钢带等绑扎。每块保温材料绑扎不得少于两道，绑扎间距应符合下列要求：

1 硬质保温材料不应大于 400mm。

2 半硬质保温材料不应大于 300mm。

3 软质保温材料不应大于 200mm。

4 不得采用螺旋式缠绕绑扎。

10.3.5 补口处的保温层应圆滑过渡，并应按照设计要求进行防水层施工。

10.3.6 阀门、法兰处的管道保温宜在法兰外侧预留出螺栓的长度加 20mm 间隙。

10.3.7 管托处的管道保温，应不影响管道的膨胀位移，且不损坏保温层。

10.3.8 保温层质量应符合下列要求：

1 毡、箔、布类保温材料或保温瓦应用相应的绑扎材料绑扎牢固，充填应密实，无严重凹凸现象，同轴度误差不大于 10mm，保温厚度应符合设计规定，保温材料的容重允许偏差为 5%。

2 玻璃钢做表面保护层时，应缠绕紧密，涂料涂敷后不得露出玻璃布纹。

3 泡沫保温层厚度应均匀，表面应光滑无开裂。

4 金属薄板做保护层时，咬缝应牢固，包裹应紧凑，外观平整，光线折射均匀。

5 保温层表面和伸缩缝的允许偏差应符合表10.3.8 的规定。

表 10.3.8 保温层表面和伸缩缝的允许偏差

序号	项 目		允许偏差	检验方法
1	表面平整度	涂抹	5mm	用1m靠尺和塞尺检查
		卷材成型	5mm	
2	外保护层松紧度	成型品	不大于成型品的外周长	用卷尺检查
3	厚度		8%	用钢针插入检查
4	伸缩缝宽度		5%	用尺检查

10.3.9 毡、箔、布类保护层包缠施工前应对黏结剂做试样检验，包缠搭接应粘贴严密，环缝和纵缝搭接尺寸不应小于 50mm。

10.3.10 采用金属外保护层时，环向活动缝应按照设计留置，施工接缝应上搭下，并按照规定嵌填密封剂或在接缝处包缠密封带。

10.3.11 采用玻璃钢外保护层时，施工温度不宜低于18℃，相对湿度不宜大于80%，缠绕时应控制展带和缠绕速度以及搭接尺寸，并控制压实度，以消除可见气泡。环向活动缝应按照设计留置，施工接缝应上搭下，并按照规定嵌填密封剂或在接缝处包缠密封带。

11 健康、安全与环境

11.0.1 施工应遵循国家和行业有关健康、安全与环境的法律、法规及相关规定。

11.0.2 应做好营地建设及职工的营养、医疗保健工作，做好职业病、地方病的防治工作。

11.0.3 对高温、寒冷天气等特殊条件应采取有效的防护措施。

11.0.4 施工人员上岗前应接受安全教育和培训，培训后上岗。

11.0.5 应配备符合劳动保护规定的防护用品。

11.0.6 施工中应采取措施，减少施工噪声、振动。

11.0.7 工程机械作业时，不应在机械作业的范围内进行其他无关工作；机械在行驶中，不应进行修理和调整工作。动力机械吊具应有防过卷装置。

11.0.8 施工中配电箱应放置在避水、干燥的地方，

且接地良好。应设专人管理并定期检查、维修和保养。严禁私自乱接电源。电力装置应有良好的接地并应安装防触电保护装置。

11.0.9 试压及清扫作业时，人员应在警戒区外。

11.0.10 夜间工作时，机械照明灯、指示灯应齐全完好，作业现场应具备照明。

11.0.11 现场施工时应设立防火间距、消防通道和逃生通道，并配备消防器材。

11.0.12 作业区应设置安全警戒区，设立明显标识，防止无关人员进入施工场地，避免发生安全事故。作业区严禁吸烟。

11.0.13 高处作业时，应设有相应的安全保护装置，施工人员应佩带安全带。

11.0.14 高压线下作业时，应保证有足够的安全作业距离。

11.0.15 横过外露的管道、电缆、钢丝绳等障碍物时，应采取保护措施。

11.0.16 氧气、乙炔瓶应按 5m 安全距离摆放，并设有回火阻止器。

11.0.17 防止废弃物的泄漏、蒸发和渗漏。

11.0.18 施工生产过程中产生的污水、废气应满足排放要求，固体废弃物应分类存放。

11.0.19 动火要符合现行行业标准《石油工业动火作业安全规程》SY 5858—2004 的要求。

12 工程交工

12.0.1 当施工单位按合同规定的范围完成全部工程项目后，由建设单位组织施工单位和设计单位、监理单位共同对站内工艺管道进行检查和验收，验收合格后，应及时与建设单位办理交接手续。

12.0.2 站内工艺管道工程交工后，交工资料的编制应按照合同要求进行；如无要求时，施工单位应至少提供下列资料：

1 工程说明；

2 主要验收实物工程量表；

3 施工质量验收记录；

4 施工图设计修改通知单；

5 技术核定（联络）单；

6 防腐绝缘施工记录；

7 隐蔽工程检查验收记录；

8 设备、阀门、管件、焊材等原材料合格证；

9 阀门试压记录；

10 无损检测报告；

11 强度、严密性试验记录；

12 管道吹扫记录；

13 管道清洗记录；

14 工艺管道干燥记录（天然气管道）；

15 竣工图。

附录 A 管道对接接头坡口型式

A.1 不等壁厚管道对接坡口型式

不等壁厚管道对接坡口型式见图 A。

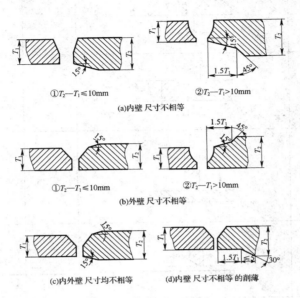

图 A 焊件坡口型式

注：用于管件且受长度条件限制时，图（a）①、（b）①和（c）中的15°可改用30°角。

A.2 等壁厚管道对接坡口型式

等壁厚管道对接坡口型式见表 A。

表 A 等壁厚管道对接坡口型式

项次	厚度 T（mm）	坡口名称	坡口型式	坡口尺寸			备注
				间隙 c（mm）	钝边 p（mm）	坡口角度 α（β）（°）	
1	1～3	I 型坡口		0～1.5	—	—	单面焊
	3～6			0～2.5			双面焊
2	3～9	V 型坡口		0～2	0～2	65～75	
	9～26			0～3	0～3	55～65	
3	6～9	带垫板 V 型坡口		3～5	0～2	45～55	
	9～26		$\delta=4\sim6$ $d=20\sim40$	4～6	0～2		
4	12～60	X 型坡口		0～3	0～3	55～65	

项次	厚度 T (mm)	坡口名称	坡口型式	坡口尺寸			备注
				间隙 c (mm)	钝边 p (mm)	坡口角度 α (β) (°)	
5	20～60	双 V 型坡口	 $h=\delta\sim12$	0～3	1～3	65～76 (8～12)	
6	20～60	U 型坡口		0～3	1～3	(8～12)	
7	2～30	T 型接头 I 型坡口		0～2	—	—	
8	6～10	T 型接头单边 V 型坡口		0～2	0～2	45～55	
	10～17			0～3	0～3		
	17～30			0～4	0～4		
9	20～40	T 型接头对称 K 形接口		0～3	2～3	45～55	
10	管径 $\phi\leqslant76$	管座坡口	 $a=100$　$b=70$　$R=5$	2～3	—	50～60 (30～35)	
11	管径 ϕ 76-133	管座坡口		2～3	—	45～60	
12		法兰角焊接头		—	—	—	$K=1.4T$，且不大于颈部厚度；$E=6.4$，且不大于 T

本规范用词说明

1 为便于在执行本规范条文时区别对待，对要求严格程度不同的用词说明如下：

    1）表示很严格，非这样做不可的：

        正面词采用"必须"，反面词采用"严禁"；

    2）表示严格，在正常情况下均应这样做的：

        正面词采用"应"，反面词采用"不应"或"不得"；

    3）表示允许稍有选择，在条件许可时首先应这样做的：

        正面词采用"宜"，反面词采用"不宜"；

    4）表示有选择，在一定条件下可以这样做的，采用"可"。

2 条文中指明应按其他有关标准执行的写法为："应符合……的规定"或"应按……执行"。

引用标准名录

《机械设备安装工程施工及验收通用规范》GB 50231

《工业金属管道工程施工规范》GB 50235

《现场设备、工业管道焊接工程施工及验收规范》GB 50236

《氩》GB/T 4842

《埋弧焊用碳钢焊丝和焊剂》GB/T 5293

《溶解乙炔》GB 6819

《气体保护电弧焊用碳钢、低合金钢焊丝》GB 8110

《钢制对焊无缝管件》GB/T 12459—2005

《埋弧焊用低合金钢焊丝和焊剂》GB/T 12470

《融化焊用钢丝》GB/T 14957

《钢制承插焊、螺纹和对焊支管座》GB/T 19326—2003

《锻造角式高压阀门技术条件》JB 450

《焊条质量管理规程》JB 3223

《承压设备无损检测》JB/T 4730.1～4730.6

《石油化工钢制管道工程施工工艺标准》SH/T 3517

《钢质管道焊接及验收》SY/T 4103

《石油天然气钢质管道无损检测》SY/T 4109

《油气输送钢制弯管》SY/T 5257—2004

《石油企业工业动火规程》SY 5858—2004

《焊接用不锈钢丝》YB/T 5092

中华人民共和国国家标准

石油天然气站内工艺管道工程
施 工 规 范

GB 50540—2009

条 文 说 明

制 订 说 明

《石油天然气站内工艺管道工程施工规范》GB 50540—2009 经住房和城乡建设部 2009 年 11 月 30 日以第 447 号公告批准发布。

本规范制订过程中编写组先后多次深入石油天然气站内工艺管道工程施工现场进行广泛现场调研，走访了西部管道工程、兰郑长工程中的站内工艺管道施工现场，同时参考了《工业金属管道工程施工及验收规范》GB 50235、《现场设备、工业管道焊接工程施工及验收规范》GB 50236、《石油天然气站内工艺管道工程施工及验收规范》SY 0402 等相关标准。

为便于广大设计、施工、科研、学校等单位有关人员在使用本标准时能正确理解和执行条文规定，《石油天然气站内工艺管道工程施工规范》编制组按章、节、条顺序编制了本标准的条文说明，对条文规定的目的、依据以及执行中需注意的有关事项进行了说明，还着重对强制性条文的强制性理由作了解释。但是本条文说明不具备与标准正文同等的法律效力，仅供使用者作为理解和把握标准规定的参考。

目　次

1 总　则

1.0.1　本条说明了制定本规范的目的。

1.0.2　本条规定了本规范的适用范围。

1.0.3　本条规定了本规范所不适用的几种类型的管道。

1.0.5　本条说明本规范与其他国家、行业现行有关标准的关系。

2 术　语

本章给出了本规范有关章节中引用的 8 条术语。目前在术语上存在地区和习惯差异，通过本规范统一站内工艺管道施工和验收的相关术语，以方便对本标准的理解。

本规范的术语是从站内工艺管道施工和验收角度赋予其含义，但含义不一定是术语的定义，同时还给出相应的推荐性英文术语，该英文术语不一定是国际通用的标准术语，仅供参考。

3 施 工 准 备

3.0.1　本条提出了施工准备的总体要求，规定了施工准备内容及准备工作的主要流程。

现场调查 → 编制施工组织设计 → 报批施工组织设计 → 资源准备

3.0.2　本条规定了现场调查应进行的工作。

3.0.4　本条对施工组织设计编制内容、构成要素作出了详细规定。

3.0.5　本条列出了资源准备所必需的内容。

4 材料、管道附件、撬装设备的检验与储存

4.1 一 般 规 定

4.1.1　对站内工艺管道永久性组织部分的材料和设备应进行现场检查和验收，是质量管理要素决定的。物资供应单位和施工单位应严格进行交接检查和验收，建设（或监理）单位的人员参加有利于质量控制。

4.1.2　产品质量证明文件、出厂合格证，专有产品的使用说明书，进口物资的商检报告，压力容器出具压力容器监督检验部门的质量证明是文件证明材料，也保证了竣工资料的收集。另外建设（或监理）单位为了保证质量，一般制定了产品生产厂家的入围名录，自购物资应遵守这一规定。

4.1.3　本条规定了必要的外观检查内容。包括检查产品表面和包装等。

4.1.4　质量有疑问的材料，或合同和规范规定使用前需要复验的材料应进行复验。通过复验证实材料规格和质量符合要求。检验单位应具有权威和合法性。反之，牌号不明的材料和没有按规定复验的材料不可使用。入围名录之外的设备也应视为质量不清楚的设备而不应接受。

4.1.5　高酸性环境中使用的管件、紧固件，应符合特定的使用条件、特定的标准和设计的特定要求，这个规定只针对特殊产品的检查验收。

4.1.6　不合格的材料和设备严禁安装使用，保证工程的安全。

4.2 材料、管道附件、撬装设备的检验

4.2.1　本条规定了主要材料的检验要求，核定材料材质、规格、外观和性能，防止使用不合格的材料。

4.2.2～4.2.12　这几条规定了主要管件、紧固件的检验要求，依据现行国家或行业标准《锻造角式高压阀门技术条件》JB/T 450，《油气输送用钢制弯管》SY/T 5257—2004，《钢制对焊无缝管件》GB/T 12459—2005，《钢制承插焊、螺纹和对焊支管座》GB/T 19326—2003，《压力容器法兰分类与技术条件》JB/T 4700—2000。制定了相应的管件和紧固件允许偏差，以满足强制性标准的基本要求。

4.2.13　本条规定了阀门的检验要求，包括资料检查、外观检查、压力试验的基本要求，以及液压球阀驱动装置和电动阀门传动和电气部分的检验。安全阀不再进行现场调试，要求需具备资格的检验部门进行检验，检验后的铅封现场在安装中不允许取除。

4.2.14　撬装设备使得现场安装工程量减少，其质量控制主要在生产厂家，但运输过程应保护好。所以，接收时应检查出厂合格证、质量证明文件、使用说明书、试压记录，以及撬装内设备是否完好，尺寸是否符合设计规定，以及撬装设备内控制箱、仪表、管路、阀门、元器件应符合设计要求。并对撬装设备进出接口法兰进行检查并予以保护。

4.3 材料、管道附件、撬装设备的储存

4.3.1　本条是现场材料储存的管理要求，保证现场有适度的管理，吊运装卸安全和不损伤材料，以及保证储存条件符合要求，尤其对钢管的存放高度和稳定措施提出具体要求。对油漆和防腐材料提出了安全规定，要符合易燃物品的管理规定。

4.3.2　本条对不锈钢管道的存放提出了要求，主要是为了防止碳素钢对不锈钢的污染。

4.3.3　本条是现场管道附件储存的管理要求，从安全保管和使用角度提出了具体要求。很多管件没有富余数量，必须保管好才能保证工程安装的质量和进度。特别是法兰的结合面，如果保护不好，将会影响

法兰的密封效果。

4.3.4 本条是现场阀门、撬装设备储存的管理要求，阀门、撬装设备宜原包装存放，专用工具、备件、资料应分类造册、妥善保存。任何疏忽都可能影响到整体质量和交工验收。

5 下料与加工

5.1 钢 管 下 料

5.1.1 为保证高压条件下使用的钢管强度，特提出采用机械切割的方法。对于大口径钢管及机械切割有困难时，在保证质量的前提下可采用其他方法如等离子方法切割。

5.1.2 对合金管道的坡口加工建议尽量采用冷加工的方式。

5.1.3 本条对钢管切口质量提出了要求。

1 本款对切口表面质量作出了规定，目的在于指导操作者进行工序质量控制。

2 提出本款的目的是保证对口质量，避免斜口组对。

5.1.4 本条是为确保管线的组装质量、保证横平竖直。

5.1.5 不等厚管子、管件组对时，要求内壁齐平。当内径不同时，按要求进行加工。当外壁错边量较大时，应加工成过渡段，以降低焊缝部位的应力集中。

5.2 管 件 加 工

5.2.1 本条根据现行国家标准《工业金属管道施工及验收规范》GB 50235—97 第 4.2.9 条有关内容提出。

5.2.2 制作汇管应选择整根无缝钢管，汇管组对时应注意其顺序。

5.3 管道单元预制

5.3.1 提出本条目的是为保证管道单元预制的质量，预制平台上应设置相应的模具和卡具。

5.3.2 管道系统单线图是管道预制的加工图，根据图纸的材料表，可以核实材料的数量和规格，在管道系统单线图上可以标注好下料尺寸，减少施工差错，并确定好封闭管段，留出加工裕量或待实测的管段。因此，在管道预制工作中，按管道系统单线图施行，是较好的一种施工方法，可防止"错、漏、碰、缺"。

5.3.3 管道系统单线图中的管道系统号，是与工艺管道中的管道系统号相对应的，是同一条管线。因此，管道系统号表示该管线在工艺管道中的位置、管内通过的介质、管道的公称直径、管线顺序号以及管道等级分类号等。在管道预制过程中，不但要严格按单线图上标明的管道系统号进行，而且在预制完毕的

管道上也应标明管道系统号，以便安装时"对号入座"。另外，为了使管道预制工作顺利进行，保证工作质量，减少工作差错，还应按照预制顺序标明各组成件的顺序号。

5.3.4~5.3.5 此两条是根据现行国家标准《工业金属管道施工及验收规范》GB 50235—97 第 6.2.4 条有关内容提出。

5.3.6 管道预制与现场配管的工作性质相同，只是工作地点不同，因此，工作质量也应符合本规范的有关规定。

5.3.7 预制完毕的管段，无论在存放期间或是运输过程中，外部脏物都容易进入管内，因此，当管段预制完毕后，首先应将管内清理干净，然后再封闭管口，以保证管道的安装质量。

6 管 道 安 装

6.1 一 般 规 定

6.1.1 由于站场工程施工工艺管道安装交叉作业及与其他作业交叉多，在进行安装作业前，应认真核对图纸，对土建和安装图纸上有冲突的部位，应及时进行设计或工程变更，避免安装施工的返工或停工等问题的发生，保证各专业间的协调施工。

6.1.2 在进行安装作业前进行基础检查，是质量管理的一个主要措施。上道工序不合格，应严禁下道工序的施工，且土建基础应达到规定的强度要求后才能进行安装。这也是保证工程质量的一个主要措施。

6.1.3 在安装前，对钢管、管道附件以及预制件进一步检查，以确保安装的质量，不会出现安装错误。

6.1.4 安装前，应对所有的架、墩进行检查，确保安装完成后，管道的坡度符合设计要求。

6.1.5 保持管道内部清洁，可以达到保护管道系统上的阀门密封性能的作用，杂质可能造成阀门的密封面磨损，造成阀门泄漏、报废。

6.1.7 管道开口应避免焊接热影响区重合，防止应力的集中。当不可避免时，应按照设计要求采取补强措施。

6.2 管 道 安 装

6.2.1 由于站场工艺管道繁多，为避免安装错误，在进行预制时，应按照管道系统号和顺序号进行逐个安装，防止管段的误接。

6.2.2 避免在组装过程中产生附加应力和减少内应力，防止焊接产生裂纹，使管道使用性能得到保证。

6.2.3 不同内径的法兰与钢管对口要有过渡段，以减少焊缝处的应力集中，减少焊接缺陷。

6.2.6 本条规定了异径管的两侧连接应采用与异径管的直径相同或相近的钢管误差要求。

6.2.7 确保根部焊道具有足够的强度，防止由于对口器的拆除和其他振动造成根部裂纹的产生，管径小于 200mm 的管道采用点焊或定位焊的形式进行对口，详细内容见第 7 章有关内容。

6.2.8 锤击易产生附加的应力集中。其是应力腐蚀的根源，不推荐使用。

6.2.9 本条对管子组对平直度偏差提出要求，来保证管道组对后达到横平竖直的效果。

6.2.10 本条规定了管道对接焊缝的相对位置要求，主要目的是防止焊接应力集中。

6.2.11 本条是为方便以后管道的检查和维修提出的。

6.2.12 本条所规定数据参考了现行国家标准《工业金属管道施工及验收规范》GB 50235—97 第 6.3.29 条的有关内容。

6.2.13 本条为方便地沟中管道的安装和以后的检查、维护，提出管道在地沟中的安装尺寸要求。

6.2.14 由于焊接两端固定焊口会造成焊缝的残余应力增大，从而降低焊缝的质量；该焊缝距离动设备近，由于动设备的振动，会出现焊口的疲劳破坏；同时为防止出现热应力和热应力转移而损坏设备，保证正常生产，提出该条要求。

6.2.15 防止在螺栓紧固过程中出现附加应力，造成密封不严，对法兰与管道的安装尺寸提出要求。

6.2.17 本条的规定是考虑在进行管端与法兰焊接时不影响法兰密封面质量。

6.2.18 本条是为保证安装后，密封垫片能够起到密封作用，不发生泄漏，对法兰的平行度和垫片的安装而作出的规定。

6.2.19 本条是为保证均匀受力，防止个别螺栓强度不够而影响密封而作出的规定。

6.2.21 本条是为保证螺栓连接满足强度的需要和防止螺栓松扣而作出的规定。

6.3 阀门安装

6.3.1 本条规定的主要目的是对阀门填料进行核对；当阀门压盖出现渗漏时，可以调整压盖螺栓压紧填料达到密封作用。阀门安装时应保证各螺栓的均匀受力，防止个别螺栓强度不够而影响密封。

6.3.2 本条是为了保证阀门对号安装，防止阀门的误安装而作出的规定。

6.3.4 关闭阀门焊接时，电弧可能会灼伤阀芯，使阀门关闭，开启时毁坏阀门密封面。

6.3.5 强力安装会产生附加应力，造成密封不严；手轮或手柄不得向下安装，以便于阀门的操作。

6.3.6 避免在安装过程中损坏阀门操作机构和传动装置，及时进行检查，消除隐患。

6.3.7 安全阀在垂直状态下才能发挥作用，为保证安全阀正常工作提出本条。

6.4 管道附件制作、安装

6.4.2 本条参照了现行国家标准《工业金属管道工程施工及验收规范》GB 50235 中第 6.11 节的有关规定。

6.4.3 本条参照了现行国家标准《工业金属管道工程施工及验收规范》GB 50235 中第 6.10 节的有关规定。

6.4.4 本条依据绝缘法兰使用说明书制定。

6.4.7 本条规定了静电接地的材料或零件，在安装前不得涂漆，以便使导线接触面接触良好，提高导电性能。

7 焊 接

7.1 一般规定

7.1.2 焊接设备包括焊接工艺设备、焊接检验设备。

7.1.3 异种钢、不锈钢以外的钢种焊接一般采用等同美国 API 1104 的标准《钢质管道焊接及验收》SY/T 4103 的有关规定进行焊接工艺评定、焊工考试、焊接检验、焊接以及验收。

7.1.5 根据原劳动部 1996 年 4 月 23 日颁布《压力管道安全管理与监察规定》和质检总局特种设备监察局 2009 年 5 月 8 日颁布《压力管道安装许可规则》TSG D3001—2009 的要求制定本条规定。

7.1.7 施焊环境对焊接质量的好坏有直接影响，因此，本条对施焊环境提出了基本要求。关于"焊接环境温度"的规定，国内不少标准提出允许焊接的最低环境温度值，但规定的温度值不尽一致。实际上，在整个焊接过程中，只要能保证被焊区域的足够温度（包括在必要时采取的预热、中间加热、缓冷等手段）就可顺利地进行焊接，获得合格接头，所以对环境温度值给予限制不是充分必要的，目前又尚无为大家所接受的公认合理的限制环境温度标准。故本条提出在采取措施，能保证被焊区域所需足够温度和焊工技术不受影响的情况下，对环境温度值不作强制性规定。

7.2 焊接材料

7.2.3 焊条、焊丝、焊剂存放场地以及储存环境参考了现行国家标准《现场设备、工业管道焊接工程施工及验收规范》GB 50236 中第 3.0.6 条以及国家现行标准《石油化工钢制管道工程施工工艺标准》SH/T 3517 中第 5.2.3 条的有关规定。

7.2.4 参考了现行国家标准《现场设备、工业管道焊接工程施工及验收规范》GB 50236 中第 3.0.4 条、第 3.0.5 条中有关焊条、焊丝的有关规定。焊接用气体参考了现行国家标准《现场设备、工业管道焊接工程施工及验收规范》GB 50236 中第 3.0.7 条、第 3.0.8

条以及国家现行标准《石油化工钢制管道工程施工工艺标准》SH/T 3517 中第 5.2.4 条、第 5.2.5 条的有关规定。手工钨极氩弧焊，宜采用铈钨极，参考了国家现行标准《石油化工钢制管道工程施工工艺标准》SH/T 3517 中第 5.2.4 条的有关规定。

7.2.5 不锈钢焊条烘干要求参考了日本神钢对不锈钢焊条的规定，对于直接开封使用的焊条可以不进行烘干；已经开封或吸潮的焊条应进行烘干。

7.3 焊 接

7.3.3 <u>站内工艺管道的材料种类较多，如果没有预热，可能会造成管材焊缝的冷裂趋势，预热温度的选择不仅要考虑到防止冷裂，也要考虑到合理的预热温度，温度过高，会影响管材上的防腐涂层性能和使作业环境恶化，多耗用能源，影响环保和经济性。温度过低，起不到防止冷裂的作用。本条根据现行国家标准《现场设备、工业管道焊接工程施工规范》GB 50236—2011 第七章的要求，对焊接预热温度和焊后热处理温度做出了规定。当两种不同材料的管材焊接时，预热温度以要求温度较高的材料为准。并对预热范围进行了规定，以保证预热充分。</u>

7.3.7 本条参考了现行国家标准《现场设备、工业管道焊接工程施工及验收规范》GB 50236 的有关规定，其中合金元素总含量规定为大于 5% 的焊件，在征求意见时，专家建议为 10%，但没有找到相关的标准。

7.3.13 <u>如需要进行焊后热处理的管材，本条规定了按现行国家标准《工业金属管道工程施工规范》GB 50235 的本条规定执行。</u>

7.3.15 完成焊口做标记按照工艺分区、管道直径和壁厚进行标识，便于实际的操作。

7.3.16 定位焊缝参考了现行国家标准《现场设备、工业管道焊接工程施工及验收规范》GB 50236 中第 6.3.3 条以及《石油化工钢制管道工程施工工艺标准》SH/T 3517 中第 5.4.15 条、第 5.4.16 条的有关规定。

7.4 焊缝检验与验收

7.4.1 站内工艺管道焊缝除了有对接焊缝，还有角接焊缝，两种焊缝的外观要求不尽相同，本条对两种焊缝形式都作出了规定。

7.4.2 石油天然气管道行业钢质管道焊缝的无损检测一般执行行业标准，现行行业标准《石油天然气钢质管道无损检测》SY/T 4109—2005 标准已经应用了几年，适于石油行业管道的检测，但该标准的射线和超声波检测只适用低碳钢、低合金钢等金属，站内工艺管道可能会应用到一些超出该标准适用范围的合金材料，对这些材料应按国家现行标准《承压设备无损检测》JB/T 4730 的规定进行检测和评定。

7.4.3 本条规定了无损检测人员的资格要求。

7.4.4 本条规定了无损检测的比例及合格级别及返修要求，由于射线和超声波检测对焊缝内部缺欠的检测效果优于表面检测，因此规定检测时应优先选择射线和超声波检测方法。

8 管沟开挖、下沟与回填

8.1 管沟开挖

8.1.3 因站场施工场地狭小，经常采用不设边坡措施，为保证施工安全对不设边坡的管沟深度进行规定。技术参数参考了国家现行标准《石油化工钢制管道工程施工工艺标准》SH/T 3517 中的有关规定。

8.1.4 本条的技术参数采用了现行国家标准《油气长输管道工程施工及验收规范》GB 50369 中关于管沟开挖的有关规定。

8.1.7 本条单管或多管道同沟敷设时的技术参数采用了现行行业标准《石油天然气站内工艺管道工程施工及验收规范》SY 0402 中第 6.0.1 条关于单管和多管同沟敷设的规定。

8.1.10 对管沟整体尺寸提出要求，避免管道悬空和对悬空段塞填。

8.2 管道下沟

8.2.1 为了保护管道外的防腐层，提出在管道下沟前应对管沟进行检查和相关的清理工作。

8.2.2 选择合理的吊装工具对保护管道和管道防腐层具有重要意义。

8.3 管沟回填

8.3.1 管沟回填前，应完成所有的隐蔽工程检查，但由于施工场地局限，立体交叉作业、进度原因，管道强度及严密性试验严重影响了施工的进度，管道经过无损检测后，质量有了保障，不会出现强度及严密性试验不合格问题。

8.3.3 管道地沟的要求参考了国家现行标准《石油化工钢制管道工程施工工艺标准》SH/T 3517 中第 6.3.27 条的有关规定。

9 吹扫与试压

9.1 一般规定

9.1.1 系统吹扫与试压主要是清扫站内管道内的杂物和进行安全性的试压，以保证站场的安全运行。

9.1.2 为保证吹扫的清洁程度与保证安全试压，必须由业主和监理审批后方可实施本项作业。

9.1.3 本条参照了现行国家标准《工业金属管道工程施工及验收规范》GB 50235 中第 8.1 节的有关规定，在试压前，应将不宜和管道一起试压的系统、设备、管件、阀门及仪器等隔离，是避免这些系统或部件在试压中造成损坏。

9.1.4 此条规定是防止在试压介质中含有气体，在环境和压力条件下，造成膨胀和收缩，使试压数值不精确。

9.1.5 试压用的压力表应经过检定，并在有效期内，精度应不低于 1.5 级，是计量标准的规定，是保证压力表数值的精确度的要求。在管两端安装压力表保证压力传递是均匀的，温度计的安装是保证充分考虑和处理环境的影响。高点压力表计数为准，是保证整个试压系统达到试压的强度及严密性要求。

9.1.6 不应带压修补，是防止试压压力产生波动，造成系统破坏和事故，也防止缺陷修补未达到修补要求。

9.2 吹扫与清洗

9.2.4 本条参照了现行国家标准《工业金属管道工程施工及验收规范》GB 50235 中第 8.2.1 条的有关规定。

9.2.5 本条参照了现行国家标准《工业金属管道工程施工及验收规范》GB 50235 中第 8.3.1 条的有关规定。

9.2.6 本条参照了现行国家标准《工业金属管道工程施工及验收规范》GB 50235 中第 8.3.3 条的有关规定。

9.2.7 本条参照了现行国家标准《工业金属管道工程施工及验收规范》GB 50235 中第 8.2.2 条的有关规定。

9.2.8 本条参照了现行国家标准《工业金属管道工程施工及验收规范》GB 50235 中第 8.2.5 条的有关规定。

9.2.10 本条是按照国家工法《超高压输气站场工艺管道爆破吹扫、气压试验施工工法》YJGF 108—2004 编制的，是近年来管道吹扫常用的一种施工方法。

9.3 强度及严密性试验

9.3.1 埋地管道回填后试压主要考虑了地下管道安装时，可能会有不同标高的管道的安装，为保证管道安装的便利，可回填后组织试压。架空管道要求管道支吊架安装完毕后试压，主要考虑试压时管道可能发生振动时的管道安全。

9.3.2 站场工艺管道过去设计压力基本上控制在 6.4MPa 以下，随着材料、设备和压力容器制造工艺水平的提高，站场的设计压力不断提高，目前设计压力已达 40MPa。为保证安全，强度试验一般应以洁净水作为试验的介质，既要考虑到站场设计压力在 6.4MPa 以下是大量存在的，也要兼顾到 6.4MPa 以上设计压力试压作业的安全性。在 6.4MPa 及以下时，如果水源不易获得或必须在冬季试压，由于压力等级较低，可以用空气作为强度试验的介质；在 6.4MPa 以上时，为保证安全，必须用洁净水作为强度试验的介质。洁净水是指清洁淡水，或经过滤得到的清洁淡水，采用洁净水的目的主要是防止污染或腐蚀管道。

9.3.3 严密性试验压力用空气作为试验介质有一定的危险性。本条规定了严密性试验压力条件下的介质选用。通过广泛调研和现场验证，规定了以 6.4MPa 压力条件分界，在 6.4MPa 及以下，如果水源不易获得或必须在冬季试压，可以用空气作为试验介质；在 6.4MPa 以上时，为保证安全，必须用洁净水作为试验的介质。洁净水是指清洁淡水，或经过滤得到的清洁淡水，采用洁净水的目的主要是防止污染或腐蚀管道。

9.3.4 本条参照了现行国家标准《工业金属管道工程施工及验收规范》GB 50235 中第 7.5.3.1 款的有关规定。

9.3.5 本条参照了现行国家标准《工业金属管道工程施工及验收规范》GB 50235 中第 7.5.3.5 款和第 7.5.3.6 款的有关规定。

9.3.6 本条考虑到在强度试验中，如不排净空气，会由于空气在温度变化的条件下，造成强度试验压力的异常波动，影响对试验结果准确性的判断，因此设高点排空阀门。强度试验结束后应排净系统内的水试验介质，因此设低点排水阀门。水温与管壁和设备壁的温度会有一定的差异，在升压的过程中可能会影响升压和稳压的精度，因此要求充水后待水温与管壁、设备壁的温度一致后方可升压。

9.3.7 本条参照了现行国家标准《输气管道工程设计规范》GB 50251 中第 10.2.3 条和《输油管道工程设计规范》GB 50253 中第 9.2.7 条的有关规定。

9.3.8 本条参照了现行国家标准《输气管道工程设计规范》GB 50251 中第 10.2.3 条和《输油管道工程设计规范》GB 50253 中第 9.2.7 条的有关规定。

9.3.9 本条参照了现行行业标准《石油天然气站内工艺管道工程施工及验收规范》SY 0402 中第 7.3.4 条的有关规定。

9.4 干 燥

9.4.4

第 3 款 密闭试验是为了检测是否有未蒸发的水分，如果有未蒸发水，露点会升高。

第 4 款 对干燥结果数值进行了规定，其误差需考虑温度变化等因素，标准气压下管道内水蒸气相对水露点见表 1。

表 1 标准气压下管道内水蒸气相对水露点

露　点（℃）	真空压力（kPa）（绝对）
−30	0.0308
−25	0.0632
−20	0.1043
−15	0.1632
−10	0.2597
−5	0.4015
0	0.6108
5	0.8719

第 5 款　充入氮气等惰性气体比填充干空气对管道防腐蚀更有利，一般当业主有要求时才使用。

9.4.5

第 1、2 款　真空干燥时，因管道内压力迅速降低易使管内水分结冰而不汽化，随着时间推移，管道吸收外界热量，冰溶化进而转化为水分。因此记录负压值和管道温度值，目的是控制管内负压值的下降速度来达到保持管内水分不结冰而汽化被抽出。否则结冰不溶化，水分抽不出会造成投产时的冰堵。

第 4 款　当真空泵开启后，管内压力下降迅速，故每 15min 记录一次压力值，当压力降到 8kPa 时，可进行渗漏试验。根据经验，在管道真空干燥时，每 4h 渗漏进管道的气体体积不能超过管道容积的 0.1%，渗漏进管道的气体体积可按下式计算：

$$V_s = (P_2 - P_1) V / 100 \qquad (1)$$

式中：V_s——渗漏进管道内气体的体积（m³）；

P_2——密闭后管道内的压力（kPa）；

P_1——密闭前管道内的压力（kPa）；

V——管道的总容积（m³）。

通过计算可知 4h 渗漏进管道气体引起的压力变化值为 0.1kPa。

第 7 款　在管道压力达到 0.1kPa 进行 24h 密闭时，按照两次渗漏速度相同，可允许的压力变化值为 0.6kPa，此时的压力变化并不是因为管道内的水分蒸发为水蒸气而引起的，而是由于外部空气渗漏进管道内所引起的。

9.4.6

第 1 款　对液氮汽化器流量提出要求，目的是保证干燥管道时，汽化器能提供足量的干燥用氮气。

第 2 款　由于液氮温度很低，使用低温软管法兰连接比使用刚性管焊接安全、牢固。常温管道采用刚性和柔性均可。

第 3 款　氮气温度控制在 50℃～60℃之间，保证不使管道涂层受热而破坏，也不至于温度过低而产生冰状水化物堵塞管道。

第 4 款　氮气压力 0.3MPa～0.5MPa 间断性吹扫，在混合流的状态下，使水汽化充分，与干燥氮气混合

而被氮气带出，达到干燥管道的目的。

10　防腐和保温

10.1　一般规定

10.1.1　各种埋地管道防腐补口、补伤和检漏方法已经有相应的现行国家防腐标准规范。首先应遵守这些标准规范的规定。

10.1.2　按工序规定管道防腐补口要在焊接和压力试验之后，否则，焊接返修将破坏补口。架空管道可以现场油漆作业，因为一般有作业条件；埋地管道受管沟下条件限制，沟下作业和质量检查不方便，一般应采取批量预制喷砂除锈和防腐涂漆，沟下仅仅补口作业。

10.1.3　本条强调保障质量的环境条件。

10.1.4　根据保温材料及其制品的特点提出一般防护措施。

10.2　防　腐

10.2.1

第 1 款　根据设计要求和现行国家标准《涂装前钢材表面锈蚀等级和除锈等级》GB/T 8923 的规定提出这一要求。

第 2 款　提出了防护要求。

第 3 款　提出了检验要求。

10.2.2

第 1 款　根据油漆技术的发展，生产厂家产品的使用要求多有不同，因此，要求按厂家说明使用一般通过试涂，才能掌握要领。

第 2～4 款　提出对涂敷的一般质量规定。

10.3　保　温

10.3.1　根据保温产品的发展，生产厂家产品的使用要求多有不同，因此，要求按厂家说明使用。

10.3.3　针对现场发泡保温的特点提出环境温度和质材料温度，熟化时间，现场同条件进行试验。

10.3.4　本条为管道保温层安装一般规定，保证保温层的整体性和牢固性能。

10.3.5　为了美观和防水提出圆滑过渡，按照设计要求进行防水层施工。

10.3.6　为了阀门的维修需要，保温端部应留出间隙。

10.3.7　有位移管道处管托应能够沿管道位移方向自由活动，避免破坏保温层。

10.3.9　针对毡、箔、布类保护层包缠施工的特点提出黏结剂试样检验，包缠搭接环缝和纵缝搭接尺寸。

10.3.10　上下搭接、嵌填密封剂或包缠密封带可减少外部水的入侵，提高保温效果。

10.3.11　针对玻璃钢防护层材料特性，对施工温度

度以及缠绕速度和搭接间距提出要求。

11 健康、安全与环境

.0.2 按规定对人员进行体检，建立健康监护档
；对作业场所职业病危害因素进行监测和评价，改
工作条件，减少职业病危害因素；改善施工作业中
疗健康保障条件，严格饮食、饮用水、环境卫生管
，做好传染病、地方病等疾病预防。

.0.3 高温季节施工，合理安排休息时间，避免疲
作业，积极采取降温、消暑措施，确保作业人员的
体健康和生命安全，加强汛期安全生产管理，做好
台风、防雷击、防泥石流、防洪水、防淹溺、防塌
、防触电、防传染病等安全工作；寒冷季节施工，
定冬季施工安全措施，做好作业人员的防寒保暖
作。

.0.4 对施工人员在项目开工前要进行安全教育和
训，使其了解项目有关 HSE 方针政策，项目概况
可能存在的风险，所在地的法律、法规，民俗禁
，疫病预防，安全注意事项，应急及自救知识，项
部 HSE 规定等。

.0.5 按有关规定为作业人员配备符合要求的安全
、安全带、护目镜等防护用具。

.0.6 施工作业应尽量采取措施减少噪声和振动，
防止噪声污染和局部振动过大造成施工作业困难。

.0.7 工程机械作业时，在该机械作业范围内不能
行其他作业活动，避免交叉作业；机械在行走过程
能进行修理、缩放吊钩等操作；动力机械吊具应该
有限位装置，防止误操作造成危险。

11.0.8 施工现场用电安全应符合国家现行标准《施工现场临时用电安全技术规范》JGJ 46—2005 的要求。

11.0.9 试压作业风险较大，作业时人员要保持足够的安全距离，试压现场要布置警戒线，闲杂人员不得进入试压现场；清扫作业需防止对人员造成物体打击等伤害，无关人员不得进入施工现场。

11.0.10 夜间施工由于人视觉受限，易发生事故，现场应有能够保障安全生产的照明条件。

11.0.13 按现行国家标准《高处作业分级》GB/T 3608—1993，高处作业指凡在坠落高度基准面 2m 以上（含 2m）有可能坠落的高处进行的作业称为高处作业。

12 工 程 交 工

12.0.2 该条参考了现行行业标准《石油天然气站内工艺管道工程施工及验收规范》SY/T 0402 中第 9.0.2 条的有关规定，增加了施工质量验收记录、隐蔽工程检查验收记录、管道清洗记录、工艺管道干燥记录（天然气管道）四项。

附录 A 管道对接接头坡口型式

附录 A 参考了现行国家标准《工业金属管道施工及验收规范》GB 50235 中第 5.0.8 条和附录 B.0.1 的有关规定。

中华人民共和国国家标准

城镇燃气工程基本术语标准

Standard for basic terms of city gas engineering

GB/T 50680—2012

主编部门：中华人民共和国住房和城乡建设部
批准部门：中华人民共和国住房和城乡建设部
施行日期：2 0 1 2 年 1 0 月 1 日

中华人民共和国住房和城乡建设部
公　告

第 1358 号

关于发布国家标准《城镇燃气工程基本术语标准》的公告

现批准《城镇燃气工程基本术语标准》为国家标准，编号为 GB/T 50680 - 2012，自 2012 年 10 月 1 日起实施。

本标准由我部标准定额研究所组织中国建筑工业出版社出版发行。

中华人民共和国住房和城乡建设部

2012 年 3 月 30 日

前　　言

本标准是根据住房和城乡建设部《关于印发〈2008年工程建设标准规范制订、修订计划(第一批)〉的通知》(建标[2008]102 号)的要求，由北京市煤气热力工程设计院有限公司会同有关单位共同编制完成的。

本标准在编制过程中，编制组深入调查研究，收集对比国内外城镇燃气工程的有关术语，并结合城镇燃气工程的发展现状，在广泛征求意见的基础上，最后经审查定稿。

本标准共分 11 章和 2 个附录，其主要内容是：总则、一般术语、用户分类与燃气需用量、燃气管网计算与水力工况、燃气气源、燃气输配、压缩天然气供应、液化天然气供应、液化石油气供应、燃气燃烧与应用、燃气系统数据采集与监控等。

本标准由住房和城乡建设部负责管理，北京市煤气热力工程设计院有限公司负责具体技术内容的解释。在执行过程中如有意见或建议，请将相关资料寄送主编单位北京市煤气热力工程设计院有限公司（地址：北京市西城区西单北大街小酱坊胡同甲 40 号，邮政编码：100032），以供修订时参考。

本标准主编单位：北京市煤气热力工程设计院有限公司

本标准参编单位：哈尔滨工业大学
中国市政工程华北设计研究总院
新奥燃气控股有限公司
成都城市燃气有限责任公司
深圳市燃气工程设计有限公司
北京市公用事业科学研究所

本标准主要起草人员：
杨永慧	白丽萍	陈云玉
张兴梅	魏秋云	林雅蓉
陈延林	陈文柳	刘丽珍
苗艳姝	王书文	邢中礼
井帅		

本标准主要审查人员：
段常贵	傅忠诚	田贯三
应援农	姜东琪	刘军
何常春	于京春	詹淑慧
李美竹	孟学思	全兴
安跃红		

目　次

Contents

1 总 则

1.0.1 为统一城镇燃气工程的基本术语及其释义，实现专业术语的标准化，便于国内外技术交流，制定本标准。

1.0.2 本标准规定了燃气工程技术的基本术语，适用于城镇燃气工程及相关领域。

1.0.3 燃气工程的文件、图纸、科技文献使用的术语，应符合本标准的规定。本标准未纳入的术语，尚应符合国家现行有关术语标准的规定。

2 一般术语

2.1 燃气的分类

2.1.1 城镇燃气 city gas

符合城镇燃气质量要求，供给居民生活、商业、建筑采暖制冷、工业企业生产以及燃气汽车的气体燃料。

2.1.2 城镇燃气工程 city gas engineering

城镇燃气的生产、储存、输配和应用等工程的总称。包括天然气、人工煤气、液化石油气等。

2.1.3 天然气 natural gas

蕴藏在地层中的可燃气体，组分以甲烷为主。按开采方式及蕴藏位置的不同，分为纯气田天然气、石油伴生气、凝析气田气及煤层气。

2.1.4 压缩天然气 compressed natural gas（CNG）

经加压，使压力介于 10MPa～25MPa 的气态天然气。

2.1.5 液化天然气 liquefied natural gas（LNG）

天然气经加压、降温得到的液态产物，组分以甲烷为主。

2.1.6 人工煤气 manufactured gas

以煤或液体燃料为原料经热加工制得的可燃气体，简称煤气。包括煤制气、油制气。

2.1.7 煤制气 coal gas

以煤为原料制得的可燃气体，包括焦炉煤气、发生炉煤气和水煤气。

2.1.8 油制气 oil gas

以重油、柴油或石脑油等为原料制得的可燃气体。

2.1.9 液化石油气 liquefied petroleum gas（LPG）

常温、常压下的石油系烃类气体，经加压、或降温得到的液态产物。组分以丙烷和丁烷为主。

2.1.10 液化石油气-空气混合气 LPG-air mixture

气态液化石油气与空气按一定比例混合配制成的、符合城镇燃气质量要求的气体。

2.1.11 煤层气 coal bed methane（CBM）

与煤伴生、吸附于煤层内的烃类气体，组分以甲烷为主。

2.1.12 沼气 biogas

有机物质在一定温度、湿度、酸碱度和隔绝空气的条件下，经过微生物作用而产生的可燃气体，组分以甲烷为主。

2.2 燃气的性质

2.2.1 标准状态 standard condition

燃气计算的标准压力和指定温度构成的状态。我国城镇燃气标准状态采用 101.325kPa、0℃。

2.2.2 饱和蒸气压 saturated vapor pressure

在一定温度下，密闭容器中的液体与其蒸气处于动态平衡时蒸气的绝对压力。

2.2.3 露点 dew point

饱和蒸气经降温或加压，遇到接触面或凝结核开始凝结析出液相时的温度。

2.2.4 水露点 water dew point

在一定压力下，气体中的饱和水蒸气因温度降低开始凝结析出水时的温度。

2.2.5 露点降 dew point drop

在一定压力下，气体脱水前后的露点差值。

2.2.6 烃露点 hydrocarbon dew point

在一定压力下，气体中的烃组分因温度降低开始凝结析出液相时的温度。

2.2.7 闪点 flash point

在规定的试验条件下，液体遇热挥发出可燃气体与空气形成的混合物，遇火源能够闪燃的液体最低温度。

2.2.8 爆炸极限 explosive limits

可燃气体与空气的混合物遇火源产生爆炸的可燃气体体积分数范围。

2.2.9 爆炸上限 upper explosive limit

可燃气体与空气的混合物遇火源产生爆炸时的可燃气体最高体积分数。

2.2.10 爆炸下限 lower explosive limit

可燃气体与空气的混合物遇火源产生爆炸时的可燃气体最低体积分数。

2.2.11 燃气热值 heating value

标准状态下，$1m^3$ 或 1kg 燃气完全燃烧所释放出的热量。也称发热量。

2.2.12 燃气高热值 gross calorific value

标准状态下，$1m^3$ 或 1kg 燃气完全燃烧，所释放出的包括烟气中水蒸气汽化潜热在内的发热量。

2.2.13 燃气低热值 net calorific value

标准状态下，$1m^3$ 或 1kg 燃气完全燃烧，所释放出的不包括烟气中水蒸气汽化潜热在内的发热量。

2.2.14 临界温度 critical temperature

对气体加压使气体液化的最高温度。

2.2.15 临界压力 critical pressure

在临界温度下，使气体液化需要的最小压力。

2.2.16 组分 component

气体中包含的各种成分，以体积百分数或质量百分数计。

2.2.17 含湿量 humidity content

标准状态下，含 $1m^3$ 或 $1kg$ 干燃气的湿燃气中水蒸气的质量。

2.2.18 含硫量 sulphur content

标准状态下，$1m^3$ 燃气中硫化物的质量，以毫克计。

2.3 燃气气源与输配

2.3.1 煤气产率 gas yield

气化或干馏单位质量煤炉料所获得的煤气量。

2.3.2 储罐充装率 filling volume rate

装在储罐内的液态燃气体积与储罐几何容积的比值，以百分比表示。

2.3.3 管道燃气 pipeline gas

利用管道输送的燃气。

2.3.4 非管道燃气 non-pipeline gas

利用车、船等方式输送的燃气。

2.3.5 压力级制 pressure level

城镇燃气管道的设计压力分级体系。

2.3.6 管道地区等级 location class

设计压力大于 1.6MPa 的城镇燃气管道通过的地区，按管道沿线居住建筑物的密集程度确定的地区等级。

2.3.7 设计温度 design temperature

用于设计计算的温度值。

2.3.8 设计压力 design pressure

在设计温度下，用于确定管道或容器的最小允许厚度的压力值。

2.3.9 工作压力 operating pressure

正常操作条件下，介质持续作用于管道或容器内壁的压力。

2.3.10 最大工作压力 maximum operating pressure（MOP）

在正常操作条件下，工艺系统各组成部分的最高允许压力。最大工作压力应小于或等于设计压力。

2.3.11 工作温度 operating temperature

在正常操作条件下，工艺系统内介质的温度。

2.3.12 环境温度 ambient temperature

在正常操作条件下，工艺系统所在环境的温度。

2.4 燃气厂站

2.4.1 门站 city gate station

燃气长输管线和城镇燃气输配系统的交接场所，由过滤、调压、计量、配气、加臭等设施组成。

2.4.2 储配站 storage and distribution station

城镇燃气输配系统中，储存和分配燃气的场所，由具有接收储存、配气、计量、调压或加压等设施组成。

2.4.3 供气规模 annual send-out capacity

燃气厂站在单位时间内的最大供气量。

2.4.4 生产区 production field

燃气厂站中，由燃气生产工艺装置及其建（构）筑物组成的区域。

2.4.5 储罐区 tank field

生产区中设置燃气储罐的区域。

2.4.6 灌装区 filling field

在液化石油气或液化天然气厂站中，对钢瓶进行灌装作业的区域。

2.4.7 灌装 filling

将液态液化石油气或液化天然气灌入钢瓶中的工艺过程。

2.4.8 防护堤 dike

用混凝土等耐火或耐低温材料，沿储罐或储罐区四周设置的不燃烧体实体围挡。主要用于防止泄漏的液态燃气外流和火灾蔓延。

2.4.9 生产辅助区 auxiliary production field

燃气厂站中，不直接参加生产过程，但对生产起辅助作用的必要设施的设置区域。

2.4.10 办公区 living field

燃气厂站中，为生产、经营、行政管理设置的区域。

2.4.11 拉断阀 emergency release coupler

具有将被拉断的两个端面自动闭合功能的装置。

2.4.12 汇管 gas distributor

燃气厂站将燃气进行汇集与分配的设施。

2.4.13 阻火器 fire trap

阻止燃气火焰传播和防止燃气回火引起爆炸的安全装置。

2.4.14 放散管 vent pipe

排放燃气系统中的空气或燃气的管道。

2.4.15 自然气化 natural vaporizing

在储罐或钢瓶中，液化天然气或液化石油气依靠自身显热或吸收外界环境热量由液态变为气态的过程。

2.4.16 强制气化 forced vaporizing

储存装置中，液化天然气或液化石油气通过专用加热设备，从液态变为气态的过程。

2.4.17 气化器 vaporizer

用于加热液化天然气或液化石油气，使之由液态转变为气态的专用设备。是强制气化的专用设备。

2.4.18 烃泵 hydrocarbon pump

通过转子机械的转动运动，将机械能转化为液态燃气压力能的专用设备。

2.4.19 压缩机 compressor

通过机械运动，将机械能转化为气态燃气压力能的专用设备。

2.4.20 橇装设备 skid-mounted equipment

在工厂内，按工艺要求将单体设备和工艺管道等组装并固定在同一底座上，并可整体进行移动就位的成套设备。

2.4.21 气蚀 cavitation

输送过程中液体的最低压力小于其临界压力所产生的气泡，对金属内表面撞击而产生坑疤的侵蚀过程。

2.4.22 气蚀余量 cavitation remainder

利用泵输送液体时，泵吸入口处液体的压力高于其饱和蒸气压的富裕量。

2.4.23 燃气汽车 gas vehicle

以液化石油气、压缩天然气或液化天然气为动力燃料的汽车。包括液化石油气汽车、压缩天然气汽车和液化天然气汽车。

2.4.24 加气站 vehicle gas filling station

通过加气机为燃气汽车储气瓶充装车用液化石油气、压缩天然气、液化天然气，或通过加气柱为压缩天然气车载储气瓶组充装压缩天然气，并可提供其他便利性服务的场所。

2.4.25 加油加气合建站 gasoline and gas filling station

既为汽车油箱充装车用燃油，又为燃气汽车储气瓶充装车用液化石油气、车用压缩天然气、液化天然气，并可提供其他便利性服务的场所。

2.4.26 加气区 filling area

加气站或加油加气合建站中，汽车停靠并进行加气作业的区域。

2.4.27 加气岛 gas filling island

加气站或加油加气合建站中，安装有加气机或加气柱的平台。

2.4.28 加气机 gas dispenser

用于向燃气汽车充装车用液化石油气、车用压缩天然气或液化天然气，并具有计量、计价功能的专用设备。

2.4.29 加气柱 CNG post

用于向车载储气瓶组充装压缩天然气，并具有计量功能的专用设备。

2.4.30 加气枪 dispenser nozzle

附属于加气机，直接给燃气汽车充装车用液化石油气、车用压缩天然气和液化天然气的专用机具。

2.4.31 站房 station house

用于加气站或加油加气站管理和经营，并可提供其他便利性服务的建筑物。

2.4.32 防撞柱 collision post

由抗撞击材料制成的、涂有警示色避免设备或设施被直接撞击的柱状物。

2.5 自动化控制

2.5.1 误差 error

被测变量的被测值与真值之间的代数差。

2.5.2 测量范围 measuring range

按规定精确度进行测量的被测变量的两个值确定的区间。

2.5.3 自动控制系统 automatic control system

无需人为干预运行的控制系统，分成主控系统和被控系统。

2.5.4 爆炸危险区域 exploding risk area

爆炸性混合物出现或预期可能出现的数量达到足以要求对仪表的结构、安装和使用采取预防措施的范围。

2.5.5 工作接地 reference grounding

仪表或控制系统正常工作所要求的接地。

2.5.6 保护接地 safety grounding

为保护仪表和人身安全的接地。

3 用户分类与燃气需用量

3.1 用户分类

3.1.1 燃气用户 gas consumer

城镇燃气系统的终端用气单元，包括居民用户，商业用户，工业用户，采暖、制冷用户及汽车用户等。

3.1.2 居民用户 residential consumer

以燃气为燃料进行炊事或制备热水为主的家庭用户。

3.1.3 商业用户 commercial consumer

以燃气为燃料进行炊事或制备热水的公共建筑或其他非家庭用户。

3.1.4 工业用户 industrial consumer

以燃气为燃料从事工业生产的用户。

3.1.5 采暖、制冷用户 heating and cooling consumer

以燃气为燃料进行采暖、制冷的用户。

3.1.6 汽车用户 vehicle user

以燃气作为汽车燃料的用户。

3.2 燃气需用量

3.2.1 居民生活用气量指标 index of gas consumption for residential use

居民用户每人每年生活用气消耗量定额，以热量计。

3.2.2 商业用气量指标 index of gas consumption for commercial use

商业用户每年每计算单位消耗的燃气量定额，以热量计。

3.2.3 工业用气量指标 index of gas consumption for industrial use

工业用户每年生产单位产品消耗的燃气量定额，以热量计。

3.2.4 采暖用气量指标 index of gas consumption for space heating

单位时间内单位面积建筑物采暖所消耗的燃气量定额，以热量计。

3.2.5 制冷用气量指标 index of gas consumption for space cooling

单位时间内单位面积建筑物制冷所消耗的燃气量定额，以冷量计。

3.2.6 气化率 customer percentage

在统计区域内，使用燃气的居民用户数占总户数的比例，以百分数表示。

3.2.7 年用气量 annual gas consumption

用户一年消耗的燃气量。气态燃气以体积计，液态燃气以质量计。

3.2.8 计算月 design month

一年十二个月中平均日用气量出现最大值的月份。

3.2.9 月不均匀系数 uneven factor of monthly consumption

一年中，各月平均日用气量与该年平均日用气量的比值，表示各月用气量的变化情况。

3.2.10 日不均匀系数 uneven factor of daily consumption

一个月（或一周）中，每日用气量与该月（或该周）平均日用气量的比值，表示日用气量的变化情况。

3.2.11 小时不均匀系数 uneven factor of daily consumption of hourly consumption

一日中，每小时用气量与该日平均小时用气量的比值，表示小时用气量的变化情况。

3.2.12 月高峰系数 maximum uneven factor of monthly consumption

计算月的平均日用气量与该年的平均日用气量的比值。

3.2.13 日高峰系数 maximum uneven factor of daily consumption

计算月中最大日用气量与该月平均日用气量的比值。

3.2.14 小时高峰系数 maximum uneven factor of hourly consumption

计算月中最大用气量日的最大小时用气量与该日平均小时用气量的比值。

3.2.15 同时工作系数 coincidence factor

实际的最大小时流量与全部燃气用具额定流量总和的比值。

3.2.16 平均小时用气量 average hourly consumption

用户在一段时间内燃气消耗量的小时平均值。以 m^3/h 计。

3.2.17 小时计算流量 hourly design flow rate

计算月中最大用气量日的小时最大用气量。

4 燃气管网计算与水力工况

4.0.1 途泄流量 distribution flow

配气管道沿程输出的燃气流量。

4.0.2 转输流量 transit flow

流经管段至末端不变的流量。

4.0.3 集中负荷 concentrated load

在燃气管网上用气量较大的用户流量。

4.0.4 管段计算流量 design flow of section

在设计工况下用来选择燃气管网管径及计算管段阻力的流量。

4.0.5 节点 node

管段的始端或末端。

4.0.6 节点流量 node flow

节点的集中负荷与同该点连接的所有配气管段的途泄流量分配值之和。

4.0.7 水力工况 hydraulic operation state

燃气管网中各管段流量及各节点压力、流量的整体工作状况。

4.0.8 计算工况 design regime

燃气管网在设计条件下的水力工况。

4.0.9 运行工况 operation regime

燃气管网在实际运行条件下的水力工况。

4.0.10 事故工况 accident operation state

燃气管网在事故条件下的水力工况。

4.0.11 低压管网计算压力降 design pressure drop of low pressure network

在计算工况下从调压站（箱、柜）出口到用户燃具前管道允许的最大压力损失。

4.0.12 中压管网计算压力降 design pressure drop of medium pressure network

在计算工况下从中压管网始端到末端允许的最大压力损失。

4.0.13 高压管网计算压力降 design pressure drop of high pressure network

在计算工况下从高压管网始端到末端允许的最大压力损失。

4.0.14 单位长度压力降 unit length pressure drop

单位长度燃气管道的压力损失。

4.0.15 平衡点 balance point

在环状燃气管网中不同流向管段的交汇点。

4.0.16 零速点 point of no-flow

管网中流速为零的点。

4.0.17 环网闭合差 net pressure drop around the loop

在燃气管网水力计算中封闭环状管网压力降的代数和。

4.0.18 环网平差 network pressure difference calibration

使所有环状管网闭合差达到工程允许误差范围的计算过程。

4.0.19 附加压力 added pressure resistance due to elevation

当燃气管道始末两端存在标高差值时，在管道中产生的额外压力。

4.0.20 沿程压力损失 friction loss

燃气流经管道时，因管壁摩擦力和流体质点之间的内摩擦力而产生的压力损失。

4.0.21 局部压力损失 local pressure loss

燃气流经三通、弯头、变径管、阀门等管道附件时，由于几何边界的急剧改变产生的压力损失。

4.0.22 管网的水力可靠性 hydraulic reliability of network

城镇燃气管网系统在某处发生故障时向用户供给燃气量的程度。

4.0.23 调压站作用半径 effective radius of regulator station

从调压站到零速点的平均直线距离。

4.0.24 燃具的最大允许压力 maximum allowable pressure of appliance

保证燃具正常燃烧的燃具前的最高燃气压力。

4.0.25 燃具的最小允许压力 minimum allowable pressure of appliance

保证燃具正常燃烧及一定热负荷的燃具前的最低燃气压力。

4.0.26 强度设计系数 design factor

管道的许用应力与管材的屈服极限的比值。

4.0.27 焊缝系数 joint factor

焊缝接头强度与母材强度的比值。

4.0.28 环向应力 hoop stress

管道承受内压时，在管道的横向截面上产生的应力。

4.0.29 轴向应力 axial stress

管道承受内压时，在管道轴线方向产生的应力。

5 燃气气源

5.1 干馏煤气的生产

5.1.1 干馏煤气 carbonization gas

在隔绝空气的条件下对煤进行热加工制得的可燃气体。

5.1.2 高温干馏 high temperature carbonization

煤在隔绝空气条件下被加热到1000℃以上，产生干馏煤气、焦炭的化学产品的过程。

5.1.3 中温干馏 medium temperature carbonization

煤在隔绝空气条件下被加热到850℃，产生干馏煤气、气焦和煤的化学产品的过程。

5.1.4 低温干馏 low temperature carbonization

煤在隔绝空气条件下被加热到550℃，产生干馏煤气、半焦的化学产品的过程。

5.1.5 焦炉 coke oven

进行高温干馏操作的耐火砖砌体。

5.1.6 焦炉煤气 coke oven gas

煤在炼焦炉中经高温干馏制得的可燃气体。

5.1.7 单热式焦炉 mono-heating oven

只能使用焦炉煤气加热的炼焦炉。

5.1.8 复热式焦炉 combination oven

可以使用焦炉煤气或其他热值较低煤气加热的炼焦炉。

5.1.9 水平炉 horizontal retort

水平加煤、水平出焦的小型煤干馏制气炉。

5.1.10 直立式炭化炉 vertical retort

炉顶加煤、炉底出焦的中温干馏制气炉。

5.1.11 连续直立式炭化炉 continuous vertical retort

连续加煤和出焦的直立式炭化炉。

5.1.12 间歇直立式炭化炉 intermittent vertical retort

间歇加煤和出焦的直立式炭化炉。

5.1.13 炭化炉煤气 retort gas

煤在炭化炉中经中温干馏制得的煤气。

5.1.14 配煤 coal blending

根据炼焦用煤的需要将几种不同性质的煤按一定比例混合的过程。

5.1.15 炭化室 coking chamber

炼焦炉或炭化炉中干馏煤料的炉室。

5.1.16 结焦时间 coking time

煤料被装入炭化室后从平整煤料到推出焦炭的时间。

5.1.17 燃烧室 combustion chamber

炼焦炉或炭化炉中煤气与空气混合燃烧提供炼焦所需要热量的炉室。

5.1.18 蓄热室 regenerator

炼焦炉中积蓄烟气的热量用于预热燃烧所需要的空气或煤气的炉室。

5.1.19 火道 heating flue

炼焦炉中由若干隔墙将燃烧室分成煤气与空气混合物燃烧的小空间。

5.1.20 加煤车 coal charging car

将炼焦炉煤塔中配好的煤料定量地装入炭化室的机械。

5.1.21 推焦车 pusher machine

完成启闭炭化室推焦机侧炉门、推出焦炭、平整炭化室内煤料等操作的机械。

5.1.22 拦焦车 coke guide

完成启闭炭化室出焦（焦）侧炉门、引导被推出焦炭操作的机械。

5.1.23 熄焦车 quenching car

接受并运送从炭化室推出的炽热焦炭、送去熄灭焦炭设施的机械。

5.1.24 辅助煤箱 auxiliary hopper

位于直立炭化炉上部，将煤料从煤仓定时装入炭化室的装置。

5.1.25 排焦箱 coke extractor

位于直立炭化炉下部，对炭化室落出的炽热焦炭进行封闭熄焦且顺利排出焦炭的装置。

5.2 气化煤气的生产

5.2.1 气化剂 gasifying agent

在固体燃料的热加工中参与化学反应的空气（富氧空气）、氧气、水蒸气及氢气等气体介质。

5.2.2 气化煤气 gasification gas

固体燃料与气化剂在高温或同时高压条件下通过化学反应转化成的可燃气体。

5.2.3 发生炉煤气 producer gas

以煤或焦炭为原料，以空气和水蒸气的混合物为气化剂在煤气发生炉内制得的气化煤气。

5.2.4 水煤气 water gas

以无烟煤或焦炭为原料，以水蒸气为气化剂制得的气化煤气。

5.2.5 压力气化 pressure gasification

在高温高压条件下，将固体燃料转化为气化煤气的过程。

5.2.6 压力气化煤气 pressure gasifying gas

原料煤经压力气化制得的气化煤气。

5.2.7 固定床气化 fixed bed gasification

在气化炉内形成床层的炉料向下运动的速度与气化剂向上运动的速度相比很小的气化过程。

5.2.8 流化床气化 fluidized bed gasification

气化炉中的炉料呈流化状态的气化过程。

5.2.9 气流床气化 entrained bed gasification

气化炉中的炉料处于被气流输送状态的气化过程。

5.2.10 加氢气化 hydrogasification

在高压低温环境中利用自产富氢煤气合成甲烷，制取热值较高煤气的流化床气化。

5.2.11 气化强度 gasification intensity

单位时间气化炉单位横截面积上气化的原料量。

5.2.12 气化效率 gasification efficiency

原料气化时转入煤气中的有效热占气化原料化学热的百分比。

5.2.13 煤气发生站 producer gas plant

由煤气发生炉、煤气净化设备和构筑物等组成，生产煤气的专门场所。

5.2.14 竖管冷却器 vertical shell cooler

煤气发生站中对煤气降温并部分清除焦油、粉尘的煤气冷却设备。

5.2.15 隔离水封 isolating water seal

煤气发生站中以水切断煤气通路的设备。

5.2.16 多段洗涤塔 multi-stage scrubber

煤气发生站中由空气饱和段、热段及冷段组成的煤气冷却设备。

5.3 油制气的生产

5.3.1 热裂解法 thermal cracking gas making

在耐火格子砖填充的蓄热反应器内，有水蒸气存在，在常压和 800℃～900℃ 的条件下，将原料油裂解制取油制气的方法。

5.3.2 热裂解气 thermal cracking gas

原料油通过热裂解法制得的油制气。

5.3.3 催化裂解法 catalysis cracking gas making

在蓄热反应器中填充适当的镍系催化剂，氧化钙-氧化镁系催化剂等催化剂，在常压和 750℃～900℃ 的条件下，将原料油裂解制取油制气的方法。

5.3.4 催化裂解气 catalytically cracking gas

原料油通过催化裂解法制得的油制气。

5.3.5 蒸气蓄热器 steam heat accumulator

吸收和储存烟气的显热以使过程蒸气和底吹蒸气过热的设备。

5.3.6 空气蓄热器 airheat accumulator

利用生成燃气的显热来预热鼓风阶段的空气和顶吹阶段的吹扫蒸气的设备。

5.3.7 部分氧化法 partial oxidation gas making

在反应器中原料油与氧气、蒸汽等氧化剂在较高反应温度下制取油制气的方法。

5.4 煤气的净化

5.4.1 粗煤气 crude gas

未经任何净化、处理的煤气，也称荒煤气。

5.4.2 净煤气 purified gas

经净化、处理后符合供气标准的煤气。

5.4.3 煤气的初步冷却 primary cooling

由炭化室导出的高温粗煤气被冷却到适宜净化的温度的工艺过程。

5.4.4 焦油 tar

固体或液体燃料经过热加工得到的黑褐色油状产

物，主要由多种芳香烃和含氧、氮、硫的杂环化合物等组成的液体混合物。

5.4.5 脱焦油　tar separation
从煤气或油制气中脱除焦油的工艺过程。

5.4.6 高温煤焦油　high temperature tar
煤经过高温干馏得到的煤焦油。

5.4.7 低温煤焦油　low temperature tar
煤经过低温干馏得到的煤焦油。

5.4.8 轻油　light oil
高温煤焦油分馏时低于170℃的轻质馏分。

5.4.9 酚油　carbolic oil
高温煤焦油分馏时170℃～210℃的馏分。

5.4.10 萘油　naphthalene oil
高温煤焦油分馏时210℃～230℃的馏分。

5.4.11 洗苯油　benzole wash oil
高温煤焦油分馏时230℃～300℃的馏分。

5.4.12 蒽油　anthracene oil
高温煤焦油分馏时300℃～360℃的馏分。

5.4.13 上升管　stand pipe
安装在焦炉炭化室上部导出荒煤气的短管。

5.4.14 集气管　collecting main
汇集各炭化室中产生的粗煤气并进行煤气初步冷却的装置。

5.4.15 桥管　bridge pipe
连接上升管和集气管的弯管。

5.4.16 焦油盒　heavy tar box
安装在集气管和吸气管之间，除去焦油渣并导流冷凝液的装置。

5.4.17 电捕焦油器　electrical detarrer
在非匀强电场作用下除去煤气或油制气中焦油雾滴的设备。

5.4.18 初冷器　primary cooler
对煤气进行初步冷凝冷却的设备。

5.4.19 脱氨　ammonia removal
将煤气中的氨组分脱除并制取化学产品的工艺过程。

5.4.20 母液　mother liquor
在化学沉淀或结晶过程中，分离出沉淀或晶体后的饱和溶液。

5.4.21 循环氨水　recycle ammonia aqueous
在集气管、桥管中冷却煤气时喷洒的含氨冷却水，这部分水与焦油分离后循环使用。

5.4.22 剩余氨水　excess aqueous ammonia
在用氨水净化煤气的系统中，由于配煤的水分和炼焦时生成的化合水而使氨水系统增多的氨水。

5.4.23 饱和器　saturator
煤气中的氨组分被硫酸母液吸收生成硫酸铵的设备。

5.4.24 酸度　acidity
饱和器内硫铵母液中的游离硫酸的浓度。

5.4.25 焦油雾　tar fog
分散在煤气中的雾状焦油。

5.4.26 酸焦油　acid tar
饱和器内焦油雾与酸作用生成的产物。

5.4.27 除酸器　acid separator
清除煤气中夹带的酸雾滴的设备。

5.4.28 直接法硫铵回收　direct ammonium sulphate recovery
煤气中的氨在饱和器回收制取硫酸铵，而剩余氨水中的氨不回收的工艺。

5.4.29 半直接法硫铵回收　semi-direct ammonium sulphate recovery
煤气中的氨及从剩余氨水蒸出的氨在饱和器制取硫酸铵的工艺。

5.4.30 间接法硫铵回收　indirect ammonium sulphate recovery
用水吸收煤气中的氨得到的稀氨水与剩余氨水同时蒸馏，蒸出的氨再进入饱和器制取硫酸铵的工艺。

5.4.31 脱萘　naphthalene removal
以洗油为吸收剂对煤气或油制气中的萘进行物理吸收的工艺过程。

5.4.32 终冷　final cooling
对煤气进行最终冷却的工艺过程。

5.4.33 焦油槽　tar container
储存焦油的设备。

5.4.34 氨水澄清槽　ammonia aqueous decanter
分离氨水、焦油及焦油渣的设备。

5.4.35 粗苯　crude benzole
从干馏煤气或油制气中回收得到的芳烃类产品，主要成分为苯及其同系物。

5.4.36 粗苯回收　benzole separation
用洗油吸收等方法回收煤气或油制气中粗苯的工艺过程。

5.4.37 洗苯塔　benzole scrubber
进行粗苯回收的塔式设备。

5.4.38 脱苯塔　stripping column
将含苯富油中粗苯脱除的蒸馏设备。

5.4.39 贫富油换热器　saturated-unsaturated oil heat exchanger
脱苯后的热贫油与含苯的冷富油交换热量的设备。

5.4.40 贫油冷却器　unsaturated oil cooler
脱苯后的热贫油的冷却设备。

5.4.41 分缩器　dephlegmator
对脱苯塔逸出的混合蒸气进行冷却和分步冷凝的换热器。

5.4.42 脱硫　desulphurization
脱除燃气中硫化氢的工艺过程。

5.4.43 脱硫剂 desulfurizer

在脱硫工艺中与燃气中硫化氢反应的物质。

5.4.44 干法脱硫 dry desulphurization

采用固体脱硫剂进行脱硫的工艺过程。

5.4.45 湿法脱硫 liquid desulphurization

采用液体脱硫剂进行脱硫的工艺过程。

5.4.46 改良 ADA 法 improved ADA desulphurization

一种湿法脱硫工艺，其脱硫剂为在稀碳酸钠溶液中加入蒽醌二磺酸钠（ADA）偏矾酸钠和酒石酸钾钠的混合液。

5.4.47 低温甲醇洗法 methanol swabbing at low temperature

在低温条件下用甲醇吸收气体混合物中酸性气体的工艺过程。

5.5 燃气质量的调整

5.5.1 代用天然气 substitute natural gas

由人工制造或混配而获得的与天然气具备互换性的可燃气体。

5.5.2 甲烷化 methanization

在催化剂存在的条件下，燃气中的一氧化碳和氢合成甲烷的过程。

5.5.3 一氧化碳的变换 CO shift conversion

在催化剂存在的条件下，水蒸气与燃气中的一氧化碳反应生成氢和二氧化碳的工艺。

5.5.4 燃气混配 mixing

将几种不同的燃气按一定的配比进行混合，使其符合城镇燃气质量要求的工艺。

6 燃 气 输 配

6.1 门站和储配站

6.1.1 旋风分离器 cyclone seperator

利用旋转气流产生的离心力将杂质颗粒从气流中分离出来的装置。

6.1.2 过滤器 filter

利用滤芯或滤网将所通过燃气中的杂质颗粒分离出来的装置，有卧式过滤器和立式过滤器两种形式。

6.1.3 加臭剂 gas odorant

一种具有强烈气味的有机化合物或混合物。

6.1.4 加臭 odorization

向燃气中加注加臭剂的工艺。

6.1.5 清管器 pipe scraper

由气体、液体或管道输送介质推动在管道内运动，用于清理管道及检测管道内部状况的工具。

6.1.6 清管器发送筒 pig trap

清管作业时发送清管器的装置。

6.1.7 清管器接收筒 pig receiving trap

接收完成了清管作业的清管器的装置。

6.1.8 清管器通过指示器 pig signaler

在管线某一位置显示清管器通过的装置。

6.1.9 越站旁通管 station by—pass line

使燃气在门站外通过的旁路管线。

6.2 输 配 管 道

6.2.1 输气管道 gas transmission pipeline

在供气地区专门输送燃气的管道。

6.2.2 配气管道 gas distribution pipeline

在供气地区将燃气分配给燃气用户的管道。

6.2.3 高压 A 燃气管道 high pressure A gas pipeline

设计压力（表压）大于 2.5MPa，小于或等于 4.0MPa 的燃气管道。

6.2.4 高压 B 燃气管道 high pressure B gas pipeline

设计压力（表压）大于 1.6MPa，小于或等于 2.5MPa 的燃气管道。

6.2.5 次高压 A 燃气管道 sub-high pressure A gas pipeline

设计压力（表压）大于 0.8MPa，小于或等于 1.6MPa 的燃气管道。

6.2.6 次高压 B 燃气管道 sub-high pressure B gas pipeline

设计压力（表压）大于 0.4MPa，小于或等于 0.8MPa 的燃气管道。

6.2.7 中压 A 燃气管道 medium pressure A gas pipeline

设计压力（表压）大于 0.2MPa，小于或等于 0.4MPa 的燃气管道。

6.2.8 中压 B 燃气管道 medium pressure B gas pipeline

设计压力（表压）大于或等于 0.01MPa，小于或等于 0.2MPa 的燃气管道。

6.2.9 低压燃气管道 low pressure gas pipeline

设计压力（表压）小于 0.01MPa 的燃气管道。

6.2.10 一级管网 single stage network

用一种压力级制的管网分配和供给燃气的系统，通常为低压或中压管道系统。

6.2.11 二级管网 two stage network

由两种压力级制的管网分配和供给燃气的系统。

6.2.12 三级管网 three stage network

由三种压力级制的管网分配和供给燃气的系统。

6.2.13 多级管网 multi-stage network

由三种以上压力级制的管网分配和供给燃气的系统。

6.2.14 枝状管网 branched system

由干管与支管组成的管网系统，支管末端互不相连，只能由一条管道向某管段供气。

6.2.15 环状管网 circular network

由若干封闭成环的管道组成，可由一条或几条管道同时向某管段输送燃气。

6.2.16 管材 material of pipe

用于制作管子的材料。按制造材料可分为金属管和非金属管。

6.2.17 管件 pipe fitting

管道系统中起连接、变向、分流、密封等作用的零部件的统称。包括弯头、三通、法兰、异径管等。

6.2.18 管道附件 pipe attachment

用于连接和装配管道的管件、补偿器、阀门及其组合件等的统称。

6.2.19 焊接钢管 welded steel pipe

用钢带或钢板成型后将对接边缘焊接成的有接缝的管子。

6.2.20 热镀锌钢管 hot-galvanize steel pipe

用热浸镀锌工艺对内外表面处理过的钢管。

6.2.21 无缝钢管 seamless steel pipe

用钢锭或实心管坯经穿孔制成毛管后，采用热轧（挤压、扩）和冷拔（轧）工艺制造的无接缝的管子。

6.2.22 聚乙烯燃气管 polyethylene（PE）gas pipe

采用聚乙烯混配料通过挤出成型工艺生产的管子。用于室外埋地管道。

6.2.23 聚乙烯燃气管件 polyethylene（PE）gas pipe fitting

采用聚乙烯混配料通过注塑成型等工艺生产而成。用于室外埋地管道。

6.2.24 钢骨架聚乙烯复合管 steel skeleton polyethylene（PE）composite pipe

以聚乙烯混配料为主要原料，由钢丝网或孔网钢带作为骨架，经挤出复合成型工艺生产的管材。用于室外埋地管道。

6.2.25 球墨铸铁管道 ductile cast iron pipe

铸造铁水经添加球化剂后，经过离心球墨铸铁机高速离心铸造成的管道。

6.2.26 公称直径 nominal diameter

用数字表示的与管子直径有关的标示代号，为圆整数。公称直径接近管道真实内径或外径。

6.2.27 阀门 valve

启闭管道通路或调节管道内介质流量的装置。

6.2.28 阀室 valve pit

设置燃气管道阀门及其附件的建（构）筑物。

6.2.29 分支阀 branch valve

设置在燃气分支管道起点处的阀门。

6.2.30 分段阀 section valve

按间距要求设置在燃气干管上的阀门。

6.2.31 凝水缸 condensate drainage

输送湿燃气时，设置于燃气管道低点的排水装置。

6.2.32 钢塑转换接头 transition fitting for PE plastic pipe to steel pipe

由工厂预制的用于聚乙烯管道与钢制管道连接的专用管件。

6.2.33 补偿器 expansion joint

可吸收因温度变化或建筑物沉降引起的管道伸缩、变形的装置。

6.2.34 警示带 warning tape

以PVC薄膜为基材，具有良好的绝缘、耐燃、耐寒、耐酸碱、耐溶剂等特性，并标注出燃气管道字样以及企业标志、报警电话等，沿管道上方埋设的标识带。

6.2.35 示踪装置 locating device

沿燃气管道埋设，可通过专用设备探测到管道位置的设备或材料。

6.2.36 标志桩 marker post

设置在地上并高出地面，用于表明埋地管道属性、位置和参数的设施。

6.3 储气与调峰

6.3.1 调峰 peak shaving

解决用气负荷波动与供气量相对稳定之间矛盾的措施。

6.3.2 调峰气 peak shaving gas

为满足高峰用气需求所使用的补充气源或储备燃气。

6.3.3 管道储气 line-packing

在系统的最大运行压力下，通过管道内压力的变化储存燃气的方式。

6.3.4 储气调峰 gas storage and peak shaving

利用储气设施在用气低谷时储备燃气，在用气高峰时供应燃气的措施。

6.3.5 应急储备 gas storage for emergency

当供气气源发生紧急事故或用气量异常时，仍能保证燃气系统正常供气的措施，包括储气设施及备用气源。

6.3.6 地下储气库 gas underground reservior

利用地下的特殊地质构造储存天然气的密闭空间，包括枯竭油气藏型、含水层型、盐穴型等。

6.3.7 垫层气 cushion gas

地下储气库储气时，为使地下储气库保有一定的压力，在储存周期内不取出的气体。

6.3.8 工作气 current gas

地下储气库储气时，在储存周期内可从储气库中回供的燃气。

6.3.9 低压湿式储气罐 low pressure water-sealed gasholder

由水槽、钟罩和塔节组成，利用水封隔断罐内外气体的低压钢制储气罐。

6.3.10 低压干式储气罐 low pressure piston-type gasholder

由外筒、底板、活塞和密封装置组成的低压钢制储气罐。

6.3.11 储罐 storage tank

用于储存燃气的钢制容器，设有进口、出口、安全放散口及检查口等。常用的燃气储罐形式有球罐、卧罐、立式圆筒罐等。

6.3.12 球罐 spheric tank

以支柱支撑的钢制球形储罐，常用的结构形式为桔瓣式或混合式。

6.3.13 卧罐 horizontal tank

水平放置于鞍形支座上的圆筒形储罐。

6.3.14 储罐公称容积 nominal volume of gasholder

用数字表示的与储罐容积有关的标示代号，为圆整数。

6.3.15 储罐有效容积 effective volume of gasholder

在储气过程中可利用的储罐容积。

6.3.16 储罐容积利用系数 utilization coefficient of gasholder volume

储罐的有效容积与几何容积的比值。

6.3.17 储罐最高工作压力 maximum operating pressure of gasholder

储罐正常工作时允许的最高压力。

6.4 燃 气 调 压

6.4.1 调压器 regulator

自动调节燃气出口压力，使其稳定在某一压力范围内的装置。

6.4.2 直接作用调压器 direct acting regulator

利用出口压力变化，直接控制驱动器带动调节元件运动的调压器。

6.4.3 间接作用调压器 indirect acting regulator

燃气出口压力的变化使操纵机构动作并接通外部能源或被调介质进行压力调节的调压器。

6.4.4 指挥器 pilot

间接作用式调压器中，实现压力自动调节的操纵机构。

6.4.5 调压装置 city gas pressure regulating equipment

由调压器及其附属设备组成，将较高燃气压力降至所需的较低压力的设备单元总称。

6.4.6 调压箱 regulator box

设有调压装置的专用箱体，用于调节用气压力的整装设备。

6.4.7 调压站 regulator station

设有调压系统和计量装置的建（构）筑物及附属

安全装置的总称，具有调压或调压计量功能。

6.4.8 安全水封 safety water seal

安装在调压站出口管线上，当压力超出允许范围时自动放散燃气的水封装置。

6.4.9 最大进口压力 maximum inlet pressure

在规定的调压器进口压力范围内，所允许的最高进口压力值。

6.4.10 最小进口压力 minimum inlet pressure

在规定的调压器进口压力范围内，所允许的最低进口压力值。

6.4.11 额定出口压力 nominal outlet pressure

调压器出口压力在规定范围内的某一选定值。

6.4.12 额定流量 nominal flow

在最小进口压力下，调压器出口压力在稳压精度范围内下限值时的流量。

6.4.13 调压器流通能力 regulator flow capacity

在一定的调压器进出口压力条件下，单位时间内通过调压器的气体体积流量。

6.4.14 稳压精度 stabilized pressure accuracy

调压器出口压力对设定压力的偏差与设定压力的百分比。

6.4.15 关闭压力 shut off pressure

调压器流量减小至零时，出口压力达到的稳定压力值。

6.4.16 止回阀 check valve

使气体只能沿着一个方向流动的阀门。

6.5 输配系统的运行管理

6.5.1 强度试验 strength test

以液体或气体为介质，对管道或储罐逐步加压至规定的压力检验其强度的试验。

6.5.2 严密性试验 leak test

以气体为介质，在规定的压力下，采用发泡剂、显色剂、压力计或其他专门手段检查燃气输配系统有无泄漏点的试验。

6.5.3 吹扫 purging

在燃气设施投产或维修前，利用气体安全地清除其内部污垢物或剩余燃气的作业。

6.5.4 放散 relief

利用放散设备排空燃气设施内的空气、燃气或混合气体的过程。

6.5.5 置换 conversion

在燃气设施投入运行或进行检修时，使燃气与其他气体相互替换的作业。

6.5.6 直接置换 direct conversion

采用燃气置换燃气设施中的空气或采用空气置换燃气设施中的燃气的作业。

6.5.7 间接置换 indirect conversion

先用情性气体置换燃气设施中的空气，再用燃气置换惰性气体；或采用惰性气体置换燃气设施中的燃气，再用空气置换惰性气体的作业。

5.5.8 检漏 leakage survey

对管网漏气点的查找。

5.5.9 调度 grid control

为保证正常供气的集中监控和生产指挥工作。

5.5.10 调度中心 grid control center

为保证正常供气进行调度工作的生产指挥中心。

5.5.11 运行 operation

从事燃气供应的专业人员，按工艺要求和操作规程对燃气设施进行巡检、操作、记录等常规工作。

5.5.12 维护 maintenance

为保障燃气设施的正常运行，预防事故发生所进行的检查、维修、保养等工作。

5.5.13 抢修 rush-repair

燃气设施发生危及安全的泄漏以及引起停气、中毒、火灾、爆炸等事故时，采取紧急措施的作业。

5.5.14 降压 pressure relief

燃气设施维护和抢修时，为操作安全和维持部分供气，将燃气压力调节至低于正常工作压力的作业。

5.5.15 停气 interruption

在燃气供应系统中，采用关闭阀门等方法切断气源，使燃气流量为零的作业。

5.5.16 带压开孔 hot-topping

利用专用机具在有压力的燃气管道上加工出孔洞，操作过程中无燃气外泄的作业。

5.5.17 封堵 plugging

从开孔处将封堵头送入管道并密封管道，从而阻止管道内介质流动的作业。

5.5.18 监护 supervision and protection

在燃气设施运行、维护、抢修作业时，对作业人员进行的监督、保护；或由于其他工程施工等可能引起危及燃气设施安全而采取的监督、保护。

6.6 管道连接方式及施工技术

6.6.1 焊接连接 welding-jointing

把金属工件加热，使接合物表面成为塑性或流体从而接合成一体的管道连接方式。包括气焊、电焊、冷焊等方式。

6.6.2 螺纹连接 screw thread-jointing

利用机件的外表面或内孔表面上制成的螺旋线形的凸棱连成一体的管道连接方式。

6.6.3 法兰连接 flange-jointing

利用螺栓将两个法兰盘端面紧固在一起的管道连接方式。

6.6.4 球墨铸铁管道承插式连接 bayonet-jointing of ductile cast iron pipe

利用管端的凹状端口与凸状端口连成一体的管道连接方式。

6.6.5 热熔连接 fusion-jointing

利用专用加热工具加热聚乙烯管连接部位，使其熔融后，施压连接成一体的管道连接方式。包括热熔承插连接、热熔对接连接、热熔鞍形连接等方式。

6.6.6 电熔连接 electrofusion-jointing

利用内埋电阻丝的专用电熔管件，通过专用设备，控制通过内埋于管件中的电阻丝的电压、电流及通电时间，使其达到熔接聚乙烯管道的连接方法。包括电熔承插连接、电熔鞍形连接等方式。

6.6.7 非开挖施工技术 trenchless technology

在少开挖地表条件下探测、检查、修复、更换和铺设地下燃气管道的技术和方法。

6.6.8 水平定向钻法 horizontal direction drilling

按设计轨迹，用水平定向钻机使穿越管段通过障碍物的非开挖施工方法。

6.6.9 顶管法 hume concrete pipe jacking

利用顶管机将钢筋混凝土管逐渐顶入土层通过障碍物后，再将燃气管道从钢筋混凝土管道中穿过的非开挖施工方法。

6.6.10 夯管法 pipe ramming

利用夯管锤将钢管沿设计路线直接夯入地层的非开挖施工方法。

6.6.11 非开挖管道修复更新 no-dig rehabilitation and replacement

利用非开挖技术在旧管道原位对管道进行修复或更新的方法。

6.6.12 插入法 slip lining

利用机械的方法直接将聚乙烯管，拉入或推入旧管道内的修复更新工艺。也称内插法。

6.6.13 折叠管内衬法 fold-and-form lining

将折叠成"U"形或"C"形的聚乙烯管拉入旧管道内后，利用材料的记忆功能，通过加热与加压使折叠管恢复原有形状和大小的修复更新工艺。也称变形内衬法。

6.6.14 缩径内衬法 deformed and reformed

采用模压或辊筒使聚乙烯内衬管外径缩小后置入旧管道内，再通过加压或自然复原的方法，使聚乙烯内衬管恢复原来直径的修复更新工艺。

6.6.15 静压裂管法 static pipe bursting

以待更换的旧管道为导向，用裂管器将旧管道切开并胀裂，使其胀扩，同时将聚乙烯管拉入旧管道的修复更新工艺。

6.6.16 翻转内衬法 cured-in-place pipe

用压缩空气或水为动力将复合型筒状衬材浸渍胶粘剂后，翻转推入旧管道，经固化后形成内衬层的管道内修复工艺。

6.6.17 复合筒状材料 compound tubular material

气密性内衬层与编织物牢固粘结在一起，形成与旧管道内径一致的筒状材料。

6.7 钢制管道与储罐的腐蚀控制

6.7.1 腐蚀 corrosion

材料与环境间发生的化学或电化学相互作用，而导致材料功能受到损伤的现象。

6.7.2 腐蚀速率 corrosion rate

单位时间内金属遭受腐蚀的质量损耗量，以 mm/a 或 g/ $(m^2 \cdot h)$ 表示。

6.7.3 腐蚀控制 corrosion control

人为改变金属的腐蚀体系要素，以降低金属的质量损耗和对环境介质的影响。

6.7.4 腐蚀电位 corrosion potential

金属在给定腐蚀体系中的电极电位。

6.7.5 自腐蚀电位 free corrosion potential

没有净电流从金属表面流入或流出时的电极电位。

6.7.6 化学腐蚀 chemical corrosion

金属与周围介质接触发生化学反应引起的金属腐蚀。

6.7.7 电化学腐蚀 electro-chemical corrosion

金属与土壤介质构成微电池发生电化学反应引起的金属腐蚀。

6.7.8 杂散电流腐蚀 stray current corrosion

由在非指定回路中流动的电流引起的金属电解腐蚀。

6.7.9 防腐层 coating

涂覆在管道、附件及储罐的表面上，使其与腐蚀环境实现物理隔离的绝缘材料层。

6.7.10 电绝缘 electrical isolation

埋地钢制管道或储罐与相邻的其他金属物或环境之间，或管道的不同管段之间呈电气隔离的状态。

6.7.11 电连续性 electrical conduct

对指定管道体系的整体电气导通性。

6.7.12 阴极保护 cathodic protection

通过降低腐蚀电位，使管道腐蚀速率显著减小而实现电化学保护的一种方法。

6.7.13 牺牲阳极 sacrificial anode or galvanic anode

与被保护管道偶接而形成电化学电池，并在其中呈低电位的阳极，通过阳极溶解释放负电流以对管道实现阴极保护的金属组元。

6.7.14 牺牲阳极阴极保护 cathodic protection by sacrificial anode

通过与作为牺牲阳极的金属组元偶接对管道提供负电流，实现阴极保护的电化学保护方法。

6.7.15 强制电流阴极保护 impressed current cathodic protection

通过外部直流电源对管道提供负电流，实现阴极保护的一种电化学保护方法。也称为外加电流阴极保护。

6.7.16 辅助阳极 impressed current anode

在强制电流印记保护系统中，与外部电源正极相连并在阴极保护电回路中起到点作用构成完整电流回路的电极。

6.7.17 参比电极 reference electrode

具有稳定可再现电位的电极，在测量管道电位或其他电极电位值时用于组成测量电池的电化学半电池，作为电极电位测量的参考基准。

6.7.18 排流保护 stray current drainage protection

用电学的或物理的方法把流入管道的杂散电流导出或阻止杂散电流流过管道，以防止杂散电流腐蚀的保护方法。

6.7.19 阴极保护电位 cathodic protective potential

为达到阴极保护目的，在阴极保护电流作用下使管道电位从自腐蚀电位负移至某个阴极极化的电位值。

6.7.20 绝缘接头 insulating joint

安装在两管段之间用于隔断电连续性的管道连接组件。

6.7.21 绝缘法兰 insulating flange

通过绝缘垫片、套筒和垫圈将毗邻法兰及固定法兰的螺母、螺栓与法兰进行电绝缘的一种法兰接头。

7 压缩天然气供应

7.1 天然气压缩

7.1.1 橇装压缩机 skid-mounted compressor

将压缩机及其附属设备、管道、仪表等集成并固定在同一底座上，可整体进行移动、就位的装置。

7.1.2 压缩天然气脱硫装置 CNG desulfurization device

利用物理或化学方法脱除天然气中的硫分，使生产的压缩天然气的总硫含量和硫化氢含量符合要求的装置。

7.1.3 压缩天然气脱水装置 CNG dehydration device

利用物理方法脱除天然气中的水，使生产的压缩天然气的水露点符合要求的装置。

7.2 压缩天然气供应站

7.2.1 压缩天然气气瓶组 multiple CNG cylinder installation

固定在瓶筐或基础上，通过管道连成一体的多个压缩天然气气瓶组合，用于储存压缩天然气的装置。

7.2.2 压缩天然气瓶组供气站 station for CNG multiple cylinder installation

利用压缩天然气气瓶组为储气设施，具有卸气、调压、计量、加臭功能，并向城镇燃气输配管网输送天然气的专门场所。

7.2.3 压缩天然气气瓶车 CNG cylinder vehicle

挂车底盘上固定有压缩天然气气瓶组，设有压缩天然气加（卸）气系统和安全防护、安全放散等设施的专用汽车。

7.2.4 压缩天然气储配站 CNG storage and distribution station

利用压缩天然气气瓶车或储罐作为储气设施，具有卸气、调压、计量、加臭功能，并向城镇燃气输配管网输送天然气的专门场所。

7.2.5 气瓶车固定车位 fixed parking space

站内停放压缩天然气气瓶车并进行加（卸）气操作的专用停车位。

7.2.6 压缩天然气卸气柱 CNG discharge column

由快装接头、卸气软管、切断阀、放空系统等组成，将气瓶车中的压缩天然气卸入调压系统的专用设备。

7.2.7 伴热系统 heating system

采用热水间壁换热或电伴热带换热等方式，使压缩天然气升温以补偿压缩天然气因卸气减压造成温降的成套设备。

7.3 压缩天然气加气站

7.3.1 车用压缩天然气 CNG for vehicle

作为车用燃料的压缩天然气。

7.3.2 压缩天然气加气站 CNG filling station

为汽车储气瓶或车载储气瓶组充装压缩天然气的专门场所。包括压缩天然气加气母站、压缩天然气加气子站、压缩天然气常规加气站。

7.3.3 压缩天然气加气母站 CNG primary filling station

具有将管道输入的天然气过滤、计量、脱水、加压，并通过加气柱为天然气气瓶车充装压缩天然气、通过加气机为天然气汽车充装压缩天然气的专门场所。

7.3.4 压缩天然气加气子站 CNG secondary filling station

由压缩天然气气瓶车运进压缩天然气，通过加气机为天然气汽车充装车用压缩天然气的专门场所。

7.3.5 压缩天然气常规加气站 CNG normal filling station

具有将管道输入的天然气过滤、计量、脱水、加压，通过加气机为天然气汽车充装车用压缩天然气的专门场所。

7.3.6 压缩天然气加气柱 filling post

由快装接头、卸气软管、切断阀、放空系统、流量计等组成，具有为车载储气瓶加气功能的专用设备。

7.3.7 储气井 gas storage well

设置于地下的立式管状承压设备，用于储存压缩天然气。

8 液化天然气供应

8.1 液化天然气运输

8.1.1 液化天然气槽船 LNG tanker

设有一组或几组液化天然气储罐，用于运输液化天然气的专用船舶。

8.1.2 液化天然气汽车槽车 LNG tank truck

将储罐固定在汽车底盘上，用于运输液化天然气的专用汽车。

8.1.3 液化天然气装卸 loading and unloading of LNG

将液化天然气装入槽车或从槽车中将液化天然气卸出的操作。

8.1.4 液化天然气装卸鹤管 pipe handling crane

将旋转接头与刚性管道及弯头连接，实现火车槽车或汽车槽车与栈桥储运管线之间传输液体介质的专用设备。

8.1.5 液化天然气装卸臂 tank filling and loading and unloading line

由柱体、装卸鹤管等组成，可自由转向、伸缩的用于装卸液化天然气专用设备。

8.1.6 液化天然气装卸台 loading and unloading platform

由工艺管道、装卸鹤管或高压胶管、快装接头等组成，具有为汽车槽车进行装卸液化天然气的专用操作平台。

8.2 液化天然气供气站

8.2.1 液化天然气气化站 LNG vaporizing station

利用液化天然气储罐作为储气设施，具有接收、储存气化、调压、计量、加臭功能，并向城镇燃气输配管网输送天然气的专门场所。

8.2.2 液化天然气瓶组气化站 vaporizing station of LNG multiple cylinder installation

利用液化天然气瓶组作为储气设施，具有储存、气化、调压、计量、加臭功能，并向用户供气的专门场所。

8.2.3 液化天然气卸车系统 LNG unloading system

将液化天然气从槽车卸到储罐里的整套设施，包括装卸台、卸车工艺管道、卸车增压装置和储罐等。

8.2.4 液化天然气储罐 container

具有耐低温和隔热性能，用于储存液化天然气的罐体。

8.2.5 双金属储罐 double shell tank

内外罐均采用金属材料的液化天然气储罐，内罐为耐低温材料，外罐为耐低温材料或非耐低温材料，在内外罐之间有隔热层。

8.2.6 预应力混凝土储罐 prestressed concrete tank
采用混凝土作为储罐材质，在混凝土内布置预应力筋，张拉后在罐体混凝土建立合理的预应力，防止混凝土产生裂缝以保证液化天然气不外泄。

8.2.7 薄膜储罐 membrane container
由金属薄膜、隔热层、混凝土组成的储罐。金属薄膜用于存储低温液体并起膨胀和收缩的作用；隔热层、混凝土起支撑的作用。

8.2.8 单容积储罐 single containment container
单壁储罐或由内罐和外部容器组成的储罐。内罐用于存储低温液体，外部容器主要起固定和保护隔热层、保持吹扫气体压力的作用，不用于容纳内罐泄漏时的低温液体。

8.2.9 双容积储罐 double containment container
内罐和外罐都能单独容纳所储存的低温液体的双层储罐。当内罐中有液体泄漏时，外罐可用来容纳这些泄漏出的低温液体，但不能用来容纳因液体泄漏而产生的蒸发气。

8.2.10 全容积储罐 full containment container
内罐和外罐都能单独容纳所储存的低温液体的双层储罐。当内罐中有液体泄漏时，外罐既能容纳低温液体也能排放因液体泄漏而产生的蒸发气。

8.2.11 立式液化天然气储罐 vertical LNG container
内外罐均为立式圆筒的双金属储罐，内罐及接口管采用耐低温不锈钢，外罐采用压力容器用钢。

8.2.12 液化天然气子母储罐 vertical main and subtank
将多个立式圆筒形内罐（子罐）并联组装在一个大型立式平底拱盖筒形外罐（母罐）内的双金属储罐，外罐为常压罐。

8.2.13 液化天然气分层 LNG stratification
储罐内不同密度、不同温度的液化天然气液体，按密度不同分层分布的现象。

8.2.14 液化天然气涡旋 rollover
因储罐壁漏入的热量，使分层的液化天然气液体的密度改变，破坏了分层平衡，造成储罐内液化天然气翻腾出现涡旋的现象。

8.2.15 储罐静态蒸发率 tank static vaporizing rate
储罐内的低温液体达到热平衡后，在24h内自然蒸发损失的质量与储罐有效容积可充装的液体质量的比值，以百分比计。

8.2.16 环境气化器 ambient vaporizer
从天然热源取热的气化器。包括空温式气化器和水温式气化器。

8.2.17 工艺气化器 process vaporizer
从其他的热动力过程或化学过程取热或从液化天

然气的制冷过程取热的气化器。

8.2.18 蒸发气 boiled-off gas（BOG）
液化天然气储存或输送时，由于吸收了漏入的热量使少部分液态天然气转化成的低温气态天然气。

8.2.19 蒸发气加热器 BOG heater
对自然蒸发的低温气态天然气进行加热的设备。

8.2.20 放散气 emission ambient gas（EAG）
当系统超压、检修时，液化天然气厂站集中放散的天然气。

8.2.21 放散气加热器 EAG heater
对放散气进行加热的装置。

8.2.22 增压气化器 pressure booster
将储罐或槽车内的一部分液态天然气气化，气化后的气体再进入储罐或槽车，使其内部保持一定压力的设备。包括储罐增压器和卸车增压器。

8.2.23 预冷 pre-cooling
低温工艺系统投产前，预先用低温介质对输送和储存低温液体的管道及设备进行充分冷却的过程。

8.3 液化天然气加气站

8.3.1 液化天然气加气站 LNG fuelling station
为液化天然气汽车充装车用液化天然气的专门场所。

8.3.2 液化天然气钢瓶 LNG vessel
用于储存液化天然气的小型容器。

8.3.3 液化天然气泵 LNG pump
将电动机的机械能转化为压力能，输送液态天然气的设备。

9 液化石油气供应

9.1 液化石油气运输

9.1.1 液化石油气槽船 LPG tanker
设有一组或几组液化石油气储罐，用于运输液化石油气的专用船舶。包括常压低温船和常温高压船。

9.1.2 液化石油气铁路槽车 LPG tank wagon
将储罐固定在火车的底盘上，用于运输液化石油气的铁路专用槽车。

9.1.3 液化石油气汽车槽车 LPG tank truck
将储罐固定在汽车底盘上，用于运输液化石油气的专用汽车。

9.1.4 液化石油气装卸 loading and unloading of LPG
将液化石油气装入槽车或从槽车中将液化石油气卸出的操作。

9.1.5 液化石油气装卸鹤管 pipe handling crane
将旋转接头与刚性管道及弯头连接，实现火车槽车或汽车槽车与栈桥储运管线之间传输液体介质的专用设备。

9.1.6 液化石油气装卸臂　tank filling and loading and unloading line

由柱体、装卸鹤管等组成，可自由转向、伸缩的用于装卸液化石油气的专用设备。

9.1.7 液化石油气铁路槽车装卸栈桥　LPG tanker loading and unloading trestle

由栈桥、工艺管道、装卸鹤管等组成，具有为铁路槽车进行装卸液化石油气的专用操作平台。

9.1.8 液化石油气装卸台　loading and unloading platform

由工艺管道、装卸鹤管或装卸软管、切断阀等组成，具有为汽车槽车进行装卸液化石油气的专用操作平台。

9.1.9 液化石油气管道输送　LPG pipeline transportation

利用管道将液态液化石油气输送至厂站的方式。

9.2　液化石油气储存与供应

9.2.1 液化石油气储存站　LPG storage station

由储存和装卸设备组成，主要功能为储存液化石油气，并将其输送给灌装站、气化站和混气站的专门场所。

9.2.2 液化石油气灌装站　LPG filling station

由灌装、储存和装卸设备组成，以进行液化石油气灌装作业为主的专门场所。

9.2.3 液化石油气储配站　LPG storage and distribution station

由储存、灌装和装卸设备组成，兼有液化石油气储存和灌装功能的专门场所。

9.2.4 液化石油气供应基地　LPG supply base

城镇液化石油气储存站、储配站和灌装站的统称。

9.2.5 液化石油气气化站　LPG vaporizing station

由储存和气化设备组成，将液态液化石油气转变为气态液化石油气，经稳压后通过管道向用户供气的专门场所。

9.2.6 液化石油气混气站　LPG gas mixing station

由储存、气化和混气设备组成，将液态液化石油气转换为气态液化石油气后，与空气或其他燃气按一定比例混合配制成混合气，经稳压后通过管道向用户供气的专门场所。

9.2.7 液化石油气瓶组气化站　vaporizing station of LPG multiple cylinder installation

配置2个或以上液化石油气气瓶，采用自然或强制气化方式将液态液化石油气转换为气态液化石油气后，经稳压后通过管道向用户供气的专门场所。

9.2.8 液化石油气瓶装供应站　bottled LPG delivered station

经营和储存瓶装液化石油气的专门场所。

9.2.9 单户钢瓶供应　cylinder supply for single user

对于居民或餐饮等用户采用的瓶装供应方式。

9.2.10 安全回流阀　safety return-flow valve

当烃泵出口压力过高时，能自动开启使部分液化石油气流回到储罐的安全阀门。

9.2.11 过流阀　excess flow valve

因管道事故使液化石油气流速超过规定值时能自动关闭，事故排除后能自动开启的安全阀门。

9.2.12 防冻排污阀　unfreezable drain valve

在储罐排污口安装的能防止排污冻结的特殊结构的阀门。

9.2.13 全压力式储罐　fully pressurized storage tank

在常温下储存液化石油气的储罐，其储存压力随环境温度相应升降。

9.2.14 半冷冻式储罐　semi-refrigerated storage tank

在较低温度下储存液化石油气的储罐，其储存压力低于常温储存压力。

9.2.15 全冷冻式储罐　fully refrigerated storage tank

在低温和常压下储存液化石油气的储罐，其储存压力接近常压。

9.2.16 液化石油气灌装　filling in of LPG

将液化石油气灌进钢瓶的工艺。

9.2.17 手工灌装　manual filling

人工运输钢瓶，利用灌瓶秤、灌瓶枪手工操作进行的液化石油气灌装作业。

9.2.18 半机械化灌装　semi-mechanical filling

机械化设备运输钢瓶，利用半自动灌瓶秤进行的液化石油气灌装作业。

9.2.19 机械化灌装　mechanical filling

机械化设备运输钢瓶，利用机械化灌瓶设备及相应的自控、检查设备进行的液化石油气灌装作业。

9.2.20 灌装转盘机组　carousel filling machine

由型钢结构材料制成的底盘、带有液化石油气和压缩空气分配头的中心轴和气动（或机械）控制秤组成。

9.2.21 残液回收　tail emission

钢瓶内剩余液体通过残液回收系统，从钢瓶内抽出并回收的过程。

9.2.22 倒罐　tank switching

用泵或压缩机通过工艺管道，将一个储罐内的液化石油气抽出并存入另一个储罐的过程。

9.2.23 直接火焰式气化器　direct-fired vaporizer

燃气燃烧产生的高温烟气通过器壁传热，使液态液化石油气气化的设备。

9.2.24 电热式气化器　electric vaporizer

以电能作为热源加热液态液化石油气，使液态液化石油气气化的设备。

9.2.25　水浴式气化器　waterbath vaporizer

以热水作为热源加热液态液化石油气，使液态液化石油气气化的设备。

9.2.26　空温式气化器　air temperature vaporizer

以大气中的热量作为热源加热液态液化石油气，使液态液化石油气气化的设备。

9.2.27　液化石油气混合器　LPG mixer

将气态液化石油气与空气按一定比例进行充分混合的设备。

9.2.28　引射式混合器　injection mixer

利用高压气态液化石油气的压力能通过喷嘴喷射造成真空，使周围空气或压力鼓风的空气经止回阀被吸入，两者进行充分混合后再扩压形成压力较低混合气的设备。

9.2.29　鼓风式混合器　blast mixer

利用调节装置调节通过断面比例，使加压的空气与气态液化石油气按所需比例进行混合的设备。

9.2.30　比例流量式混合器　proportional flow mixer

利用调节装置自动调节混合比例，使高压空气和液化石油气按所需比例进行混合的设备。

9.3　液化石油气加气站

9.3.1　液化石油气加气站　LPG fuelling station

为液化石油气汽车充装车用液化石油气的专门场所。

9.3.2　汽车用液化石油气　LPG for vehicle

作为汽车用燃料的液化石油气。

10　燃气燃烧与应用

10.1　燃　烧

10.1.1　燃烧　combustion

燃料中的可燃成分在一定条件下与氧发生激烈的氧化反应，并产生热和光的物理化学过程。

10.1.2　完全燃烧　complete combustion

燃气中可燃组分全部完成燃烧反应的燃烧。

10.1.3　不完全燃烧　incomplete combustion

燃气中可燃组分未能全部完成燃烧反应的燃烧。

10.1.4　燃气当量比　richness of a gas/air mixture

燃气/空气混合物的单位体积气体中实际混入的燃气体积与按化学计量混入的燃气体积之比。

10.1.5　理论空气量　theoretical air volume

标准状况下 1m³（或 1kg）燃气按燃烧反应方程式完全燃烧所需要的干空气量。

10.1.6　实际空气量　actual air volume

标准状况下 1m³ 或 1kg 燃气燃烧实际供给的干空

气量。

10.1.7　过剩空气系数　excess air factor

实际供给空气量与理论空气需要量的比值。

10.1.8　过量空气燃烧　combustion with excess air

实际供给空气量大于理论空气需要量的燃烧。

10.1.9　缺氧燃烧　oxygen-lacking combustion

实际供给空气量小于理论空气需要量的燃烧。

10.1.10　一次空气　primary air

燃气燃烧前预混的空气。

10.1.11　二次空气　secondary air

当分次供给燃烧所需空气时，第二次供给的空气。

10.1.12　一次空气系数　primary air ratio

一次空气量与理论空气需要量的比值。

10.1.13　扩散燃烧　diffuse combustion

燃气未预混空气（一次空气系数 $\alpha_1=0$）的燃烧。

10.1.14　部分预混燃烧　partially-aerated combustion; Bunsen combustion

燃气预先与部分空气（$0<\alpha_1<1$）混合的燃烧。

10.1.15　完全预混燃烧　pre-aerated combustion

燃气预先与过量空气（$\alpha_1>1$）混合的燃烧。

10.1.16　理论烟气量　theoretical quantity of flue gas

标准状况下 1m³ 或 1kg 燃气当供给理论空气需要量时完全燃烧所产生的烟气量。

10.1.17　实际烟气量　actual quantity of flue gas

标准状况下 1m³ 或 1kg 燃气当供给实际空气量时燃烧所产生的烟气量。

10.1.18　干烟气量　quantity of dry flue gas

标准状况下 1m³（或 1kg）燃气完全燃烧所产生的不包括水蒸气的烟气量。

10.1.19　燃烧温度　combustion temperature

烟气被燃气燃烧所放出的热量加热达到的温度。

10.1.20　理论燃烧温度　theoretical combustion temperature

在绝热条件下燃烧，扣除化学不完全燃烧和气体分解的热损失后，烟气达到的温度。

10.1.21　实际燃烧温度　actual combustion temperature

在炉内被加热物体吸热和炉子散热等条件下，烟气所达到的温度。

10.1.22　着火　take fire

由稳定的氧化反应转变为不稳定的氧化反应而引起的瞬间自燃现象。

10.1.23　热力着火　thermal ignition

在一定条件下氧化反应生成热大于系统散失热，使温度上升而引起的着火。

10.1.24　支链着火　branched-chain ignition

在一定条件下氧化反应生成的活化中心浓度迅速增加而引起的着火。

10.1.25 着火温度 ignition temperature
可燃混合气体逐渐升温开始自燃的最低温度。

10.1.26 点火 ignition
由外界提供能源用强制手段使可燃混合气体的局部着火燃烧,从而点燃全部可燃混合气体的过程。

10.1.27 热丝点火 glowcoil ignition
用电热丝发热量点火。

10.1.28 火花点火 spark ignition
用电火花的能量点火。

10.1.29 火焰点火 flame ignition
用火焰的热量点火。

10.1.30 熄火 extinction of a flame
燃烧时意外发生火焰中途熄灭的现象。

10.1.31 法向火焰传播速度 normal flame speed
垂直于焰面方向的火焰传播速度。

10.1.32 火焰传播速度 flame speed
火焰皱曲的焰面沿管道轴向的传播速度。

10.1.33 紊流火焰传播速度 turbulence flame speed
可燃混合气体在紊流状态下的火焰传播速度。

10.1.34 正常火焰传播 normal flame propagation
焰面层产生的热量以传热方式加热相邻的未燃气层,使其着火燃烧形成新焰面的焰面移动现象。

10.1.35 爆炸 explosion
在密闭容器内,可燃混合气体局部着火燃烧,由于传热和高温烟气膨胀,未燃气体被绝热压缩,当达到着火温度时,全部混合气体瞬间完全燃尽,使容器内的压力猛烈增大的现象。

10.1.36 爆震 detonation
局部着火燃烧的气体绝热压缩形成冲击波,使未燃混合气体温度升高而引起化学反应,燃烧波迅速向未燃气体推进的现象。

10.1.37 火焰传播临界直径 critical diameter of flame propagation
火焰不能够传播的管径最大值。

10.1.38 层流扩散火焰 laminar diffusion flame
层流状态下的燃气在大气中燃烧形成的火焰。

10.1.39 部分预混层流火焰 partially-aerated laminar flame
含有部分空气的层流状态下的可燃气体在大气中燃烧形成的火焰,也称本生火焰。

10.1.40 内焰 inner cone flame
在部分预混火焰中,燃气与一次空气混合燃烧所形成的火焰。

10.1.41 外焰 outer cone flame
在部分预混火焰中,燃气与二次空气混合燃烧所形成的火焰。

10.1.42 基准气 reference gas
代表某种燃气的标准气体

10.1.43 界限气 limit gas
根据燃气允许的波动范围配制的标准气体。

10.1.44 华白数 Wobbe number
燃气的高热值与其相对密度平方根的比值。

10.1.45 燃烧势 combustion potential
燃烧速度指数。

10.1.46 燃气互换性 interchangeability of gases
以另一种燃气(置换气)替代原来使用的燃气(被置换气)时,燃烧设备的燃烧器不需要做任何调整而能保证燃烧设备正常工作,称置换气对被置换气具有互换性。

10.1.47 黄焰 yellow flame
由于燃气燃烧所需要的空气供给不足,火焰发出黄光的现象。

10.1.48 离焰 flame lift
当火孔气流速度增加到某一极限值时,火焰根部全部或部分脱离火孔燃烧的现象。

10.1.49 脱火 flame lifting
火焰脱离火孔,并被燃气气流吹熄的现象。

10.1.50 回火 flash back
火焰缩入火孔内燃烧的现象。

10.2 燃气应用

10.2.1 燃烧器 burner
使燃气与空气实现稳定燃烧的装置。

10.2.2 火孔 burner port
燃气(或燃气-空气的混合物)流出并形成火焰的孔口。

10.2.3 火盖 burner cap
燃烧器头部带有火孔的盖子。

10.2.4 喷嘴 nozzle
燃烧器喷出燃气的部件。

10.2.5 点火棒 gas taper
燃具附设的有单独的供气管和阀门而本身无发火装置的手动点火工具。

10.2.6 点火枪 gas pistol lighter
燃具附设的有单独的供气管和阀门并有发火装置的手动点火工具。

10.2.7 火焰稳定性 flame stability
在燃烧器火孔处形成稳定火焰的燃烧状态。

10.2.8 火孔热强度 burner port thermal intensity
单位面积的火孔在单位时间内放出的热量。

10.2.9 燃烧容积热强度 heat liberation rate
单位时间内单位容积的燃烧空间所放出的热量。

10.2.10 主火燃烧器 main burner
燃具运行时,用于烹饪或制备热水的燃烧器。

10.2.11 小火燃烧器 permanent pilot
点燃主火燃烧器的小燃烧器或长明火。

10.2.12 引火燃烧器 interrupted pilot
用火焰点燃小火燃烧器或主火燃烧器的小燃

烧器。

10.2.13 扩散式燃烧器 diffusion flame burner
按扩散燃烧方式设计的燃烧器。

10.2.14 大气式燃烧器 atmospheric induction burner
按部分预混燃烧方式设计的燃烧器。

10.2.15 完全预混式燃烧器 pre-aerated burner
按完全预混燃烧方式设计的燃烧器。

10.2.16 引射式燃烧器 injector burner
具有引射器的燃烧器。

10.2.17 鼓风式燃烧器 forced draught burner
具有鼓风设备的燃烧器。

10.2.18 低压燃烧器 low pressure burner
使用燃气压力在 5kPa 以下的燃烧器。

10.2.19 中压燃烧器 medium pressure burner
使用燃气压力为 5kPa~0.4MPa 的燃烧器。

10.2.20 红外线燃烧器 infrared burner
燃烧所需要的空气以一次空气方式供给，燃烧热主要以辐射形式放出的燃烧器。

10.2.21 脉冲燃烧器 pulse burner
燃烧室的进气、燃烧、排气自动周期交替进行的燃烧器。

10.2.22 平焰燃烧器 inshot burner
可形成平面火焰的燃烧器。

10.2.23 高速燃烧器 high-velocity burner
高温烟气以 100m/s~300m/s 速度从燃烧室（或火道）喷出的燃烧器。

10.2.24 浸没式燃烧器 submerged combustion burner
燃烧器烟道出口置于液体中，烟气流经液体排出的燃烧器。

10.2.25 低氮氧化物燃烧器 low NOₓ burner
能减少和控制烟气中 NO_x 生成量符合一定标准的燃烧器。

10.2.26 燃气燃烧器具 gas burning appliance
以燃气作燃料的燃烧用具的总称，简称燃具。包括燃气热水器、燃气热水炉、燃气灶具、燃气烘烤器具、燃气取暖器等。

10.2.27 用气设备 gas burning equipment
以燃气作燃料进行加热或驱动的较大型燃气设备，如工业炉、燃气锅炉、燃气直燃机、燃气热泵、燃气内燃机、燃气轮机等。

10.2.28 燃具适应性 adaptability of gas appliance
燃具对燃气性质变化的适应能力。燃具适应性是燃具燃烧器质量的性能指标之一。

10.2.29 燃气灶 gas stove
用本身带的支架支撑烹调器皿，并用火直接加热烹调器皿的燃具。

10.2.30 燃气烤箱 gas oven
食品放在固定容积的箱（加热室）内，以对流热和辐射热对食品进行半直接或间接加热的燃具。

10.2.31 燃气热水器 gas water heater
用于制备热水的燃具。

10.2.32 容积式燃气热水器 storage type gas water heater
将储水筒中的水加热到所需温度的燃气热水器，分为开放式和封闭式。

10.2.33 燃气快速热水器 instantaneous gas water heater
冷水流经热交换器，被高温烟气加热，热水连续供应的燃气热水器。按热水的控制方式分为前制式和后制式。

10.2.34 烟道式热水器 flue type gas water heater
燃烧所需空气取自室内，烟气经烟道排至室外的热水器。

10.2.35 平衡式热水器 balanced flue type gas water heater
燃烧所需空气取自室外，烟气排至室外，整个燃烧系统与室内隔绝的热水器。

10.2.36 燃气壁挂炉 wall-mounted gas heater
以燃气为热源，固定安装在墙壁上，功率小于等于 70kW，制备热水用于生活及采暖的燃具。

10.2.37 炊用燃气大锅灶 commercial gas oven for cooking
单个灶眼额定热负荷不大于 80kW 的金属组装式或砖砌式，锅直径不小于 600mm 的炊事用燃具。

10.2.38 燃气蒸箱 gas steaming oven
以燃气为能源加热制得的饱和蒸汽蒸制食品的燃气燃烧器具。

10.2.39 中餐燃气炒菜灶 Chinese cooking gas appliances
燃气燃烧所需空气取自室内，燃烧后的烟气经具上的排烟罩、外墙上的轴流风机或烟道排至室外，适用于中餐炒菜所用的燃具。

10.2.40 燃气工业炉 industrial gas furnace
以燃气为燃料，加热物件使其完成预期的物理和化学变化的热工设备。

10.2.41 燃气红外辐射采暖器 gas infrared radiant space heater
以燃气为燃料，加热载热体使其表面发射红外波段的电磁波，主要以辐射方式采暖的燃气燃烧器具。

10.2.42 燃气热泵 gas heat pump
以燃气燃烧热作补偿，利用冷介质的相变，将热量从低温侧转移到高温侧的设备。

10.2.43 燃气锅炉 gas-fired boiler
利用燃气燃烧热制备热水或蒸汽的设备。

10.2.44 燃气直燃机 direct-fired gas chiller (heater)

以燃气为燃料燃烧所产生的高温烟气作为热源，按吸收式制冷循环原理工作的制冷（热）装置。

0.2.45　燃气内燃机　internal-combustion gas engine

将燃气、空气或氧气吸入特有燃烧室（气缸）内，经混合、压缩、燃烧（爆炸）后排气，同时对外做功（发电），余热转换为冷热源的装置。

0.2.46　燃气轮机　gas turbine

以燃气为驱动能源，将燃气高温燃烧时释放的热量转变为有用的机械功的动力装置。

0.2.47　燃气微燃机　micro gas turbine（M-CHP）

以燃气为驱动能源，输出功率从数十至数百千瓦的小型燃气轮机。

0.2.48　额定压力　normal operating pressure of gas burners

设计燃具和用气设备时选定的燃烧器前规定的燃气压力值。

0.2.49　额定热负荷　normal heat load

燃具使用基准气，在燃气额定压力下，单位时间内放出的热量。

0.2.50　热效率　thermal efficiency

有效利用的热量占燃气完全燃烧总放热量的百分比。

0.2.51　熄火保护装置　flame failure device

安装在燃具上，在火焰意外熄灭时能够自动切断燃气供应的装置。

0.2.52　过热保护装置　overheat cut-off device

安装在燃具上，在温度超过设定值时能够自动切断燃气供应的装置。

0.2.53　缺氧保护装置　oxygen-lacking cut-off device

安装在燃具上，在环境中的氧气含量低于设定值时能够自动切断燃气供应的装置

0.2.54　安全切断阀　safety shut-off valve

当燃烧器前的燃气压力过高或过低时，切断气路的阀门。

10.3　用户管道

0.3.1　用户引入管　building service pipe

室外配气支管至用户燃气进口管总阀门之间的管道。

0.3.2　室内燃气管道　indoor gas pipe

从用户引入管总阀门到各用户燃具和用气设备之间的燃气管道。

0.3.3　用户管道　user piping

从用户总阀门到各用户燃具和用气设备之间的燃气管道。

0.3.4　用户工程　indoor gas engineering

燃气用户内部的燃气系统，包括引入管、用户管

道、燃具和用气设备。

10.3.5　立管　riser

沿建筑物垂直敷设的用于连接各用户燃气表前支管的燃气管道。

10.3.6　燃气铜管　gas copper pipe

适用于输送燃气的无缝铜管。

10.3.7　塑覆铜管　plastic-coated copper pipe

将紫铜管与其外壁加覆的聚乙烯保护层经物理复合和化学复合工艺制成的管材。

10.3.8　薄壁不锈钢管　thin-walled stainless steel pipe

适用于输送燃气的不锈钢管。

10.3.9　铝塑复合管　aluminum and plastic composite pipe

以焊接铝管为中间层，聚乙烯塑料为内外层，采用专用热熔胶和共挤成型工艺复合成一体的五层管材。

10.3.10　燃气用不锈钢波纹管　corrugated hose assembly

由波纹管、网套和接头或者由波纹管、接头组合成的外覆被覆层的不锈钢软管。

10.3.11　橡胶软管　rubber hose

主要以橡胶为原料制成的适合输送燃气的软管。

10.4　管道敷设及连接方式

10.4.1　明管敷设　indoor open installation
管道沿建筑物表面架设的安装方式。

10.4.2　暗埋敷设　piping embedment
管道直接埋设在墙体或地面内的安装方式。

10.4.3　暗封敷设　piping concealment
在吊顶、橱柜、管沟、管道井等空间内安装管道的方式。

10.4.4　钎焊　braze welding
将熔点比母材低的钎料与母材一起加热，在母材不熔化的情况下，钎料熔化后润湿并填充母材连接处的缝隙，钎料和母材相互溶解和扩散从而形成牢固连接的焊接方法。

10.4.5　硬钎焊　brazing jointing
钎料熔点大于450℃的钎焊连接。

10.4.6　卡压式连接　press jointing
由夹套、橡胶密封圈及定位挡圈等组成，通过安装将夹套压紧在管材外端的管道连接方式。

10.4.7　环压式连接　ring compression connection
用专用工具将管件连同圆筒形密封圈与管材沿圆周方向向内挤压为一体的管道连接方式。

10.4.8　卡套式连接　ferrule jointing
由接头体、卡套、螺母等连接组件组成的管道连接方式。

10.4.9　承插式连接　holding-inserting jointing

由锁紧套、卡圈、衬套等连接组件组成的管道连接方式，管材插入衬套和卡圈之间，通过旋紧螺母挤压卡圈和衬套实现与管材的密封。

11 燃气系统数据采集与监控

11.1 仪　表

11.1.1 传感器 transducer

接受物理或化学变量形式的信息，并按一定的规律将其转换成同种或别种性质的输出变量的装置。

11.1.2 变送器 transmitter

输出为标准化信号的一种测量传感器。如温度变送器、压力变送器、流量变送器等。

11.1.3 贸易计量 trade measure

直接用于贸易结算的计量。

11.1.4 过程计量 process measure

企业内部用于过程监测、控制和管理的计量。

11.1.5 孔板流量计 orifice plate

利用安装在流经封闭管道的流体中具有规定开孔的板产生差压的流量计。

11.1.6 腰轮流量计 roots flow meter

由测量室中一对腰轮的旋转次数来测量流经圆筒形容室的气体或液体体积总量的流量计。

11.1.7 气体涡轮流量计 turbine gas meter

用旋转速度与流量成正比的多叶片转子测量封闭管道中流体流量的流量计。转子的转速通常由安装在管道外的装置检测。

11.1.8 旋进漩涡流量计 vortex procession flow meter

利用流体进动原理测量流量的流量计。进入仪表的流体被导向叶片强制围绕中心线旋转。流动通道的横截面受到收缩，以加速流动。然后被扩张而且轴线是变化的，于是形成漩涡进动。在某点处，该漩涡的频率正比于流量。

11.1.9 气体超声流量计 ultrasonic gas flow meter

安装在流动气体的管道上，并用超声原理测量气体流量的流量计。只有一个声道的流量计称为单声道气体超声流量计，有两个或两个以上声道的流量计称为多声道气体超声流量计。

11.1.10 质量流量计 mass flow meter

利用流体质量流量与 Coriolis 力的关系来测量质量流量的流量计。

11.1.11 靶式流量计 target flow meter

利用作用于处在封闭管道中心并垂直于流动方向的圆盘上的力来测量流体流量的平方值的流量计。

11.1.12 膜式燃气表 diaphragm gas meter

采用具有柔性薄壁测量室测量气体流量的容积式燃气表。

11.1.13 流量计算机 flow computer

计算和指示标准参比条件下的流量等参数装置。

11.1.14 体积修正仪 volume corrector

将表示工作条件下的体积流量的信号改变成标准参比条件下的体积流量的装置。

11.1.15 双金属温度计 bimetallic thermometer

利用双金属元件作为检测元件测量温度的仪表。

11.1.16 弹簧管压力表 bourdon pressure gauge

利用仅在管内承受被测压力后的弹簧管位移来量压力的仪表。

11.1.17 U形管压力计 U-gauge

根据流体静力学原理将压力信号转变为液柱高信号的一种压力计。

11.1.18 压力变送器 pressure transmitter

输出为标准化信号的压力传感器。

11.1.19 玻璃液位计 glass level gauge

根据玻璃管或玻璃板内所示液面的位置来观察器内液面位置的仪表。

11.1.20 浮子液位计 float level-meter

通过检测浮子位置测量液位的仪表。

11.1.21 静压液位计 pressure level-meter

基于所测液体静压与该液体的高度成比例的原理测量液位的仪表。

11.1.22 超声物位计 ultrasonic level-meter

通过测量一束超声声能发射到物料表面或界面反射回来所需的时间确定物料物位的仪表。

11.1.23 在线过程气相色谱仪 on-line process gas chromatograph

能定期对过程中的混合物进行取样，重复测量学混合物中的一种或数种组分的浓度并发送有关信供控制用的一种气相色谱仪。

11.1.24 热值仪 heat value analyzer

应用燃烧热平衡原理对气体质量进行连续监测分析仪。热值仪可在线连续测量热值、华白指数。

11.1.25 硫化氢分析仪 sulfureted hydrogen analzer

采用醋酸铅纸带法分析燃气中硫化氢含量的析仪。

11.1.26 露点仪 dew point analyzer

采用冷镜法、金属氧化物法或聚合物法分析燃中水露点的分析仪。

11.1.27 可燃气体探测器 combustible gas detecto

用于测量单一或多种可燃气体浓度相应的测器。

11.1.28 可燃气体报警控制器 combustible gas larm control units

接收点型可燃气体探测器及手动报警触发装置

号，能发出声、光报警信号，指示报警部位并予以保持的控制装置。

1.1.29 紧急切断阀 emergency shut-off valve

当接收到控制信号时，自动切断燃气气源，能手力复位的阀门。

1.1.30 执行机构 actuator

将信号转换成相应运动的机构。

11.2 监控和数据采集

11.2.1 分散型控制系统 distributed control system (DCS)

一种控制功能分散、操作显示集中，采用分级结构的智能站网络。其目的在于控制或控制管理一个工业生产过程或工厂。

11.2.2 操作员站 operator's station

在分散型控制系统中监控级提供的、起操作员操纵台作用的智能站。

11.2.3 工程师工作站 engineer's station

在分散型控制系统中监控级供工程师使用的实现系统生成的智能站，也具有操作员站的功能。

11.2.4 监控和数据采集系统 supervisory control and data acquisition system（SCADA system）

一种具有远程监测控制功能，以多工作站的主站形式通过网络实时交换信息，并可应用遥测技术进行远程数据通信的模块化、多功能、多层分布式控制系统。

11.2.5 可编程序控制器 programmable logic controller（PLC）

用于顺序控制的专用计算机。其顺序控制逻辑基本上可根据布尔逻辑或继电器梯形图程序语言由编程板或主计算机改变。

11.2.6 远动终端 remote terminal unit（RTU）

由主站监控的子站，按规约完成远动数据采集、处理、发送、接收，以及输出执行等功能的设备。

11.2.7 优先权 priority

当一个目标上几个平行的动作同时请求时，为确定这些动作的次序，给予其中一个优先处理的权利。

11.2.8 数据通信 data communication

数据源和数据宿之间，通过一条或多条数据公路，按相应的协议而进行的数据传送。

11.2.9 通信系统 communication system

由各种通信链路、协议和功能单元所组成的一种系统，提供了计算机网络组成部分之间的有效通信。该系统确保在一组互连站中，按某种确定的方式对信息进行传送。

11.2.10 光纤通信 fiber communication

利用光纤作为传输媒体，通过传输由小型激光器发出的光脉冲实现的一种数据通信。

11.2.11 网络协议 network protocol

指定通信系统接口服务和指导数据网络工作的一组规则。

11.2.12 开放系统 open system

按建立的标准能与其他系统相连接的一种计算机系统。包括一台或多台计算机、有关的软件、外围、终端、操作人员、物理过程和信息传送手段等，形成了一个能够完成信息处理的自治整体。

附录 A 中文索引

附录 B 英文索引

A

B

中华人民共和国国家标准

城镇燃气工程基本术语标准

GB/T 50680—2012

条 文 说 明

制 订 说 明

《城镇燃气工程基本术语标准》GB/T 50680-2012 经住房和城乡建设部 2012 年 3 月 30 日以第 1358 号公告批准发布。

在标准编制过程中，编制组本着城镇燃气术语标准化不仅服务于城镇燃气工程的建设，而且利于国内外技术交流的原则，认真总结工程实践经验，参考有关国内外标准，并在广泛征求意见的基础上，制订了本标准。

为便于广大设计、施工、科研、学校等单位有关人员在使用本标准时能正确理解和执行条文规定，《城镇燃气工程基本术语标准》编制组按章、节、条顺序编制了本标准的条文说明，对条文作了解释性说明，供使用者参考。在使用中如发现本条文说明有不妥之处，请将意见函寄主编单位北京市煤气热力工程设计院有限公司（地址：北京市西城区西单北大街小酱坊胡同甲 40 号，邮政编码：100032）。

目　次

2 一般术语

2.1 燃气的分类

2.1.1 城镇燃气的英文也可翻译成 town gas。

2.1.2 城镇燃气的生产主要指人工煤气的生产。气源厂、燃气管网以及用于输配燃气的站点或设施、各类燃气用户等工程均属于城镇燃气工程。

2.1.3 作为城镇燃气的天然气，开采后需经处理，并应符合现行国家标准《天然气》GB 17820 质量指标的规定。

2.1.5 天然气在常压下，当降温至约 $-162℃$ 时，则由气态变成液态。天然气的组成不同，液化所需的温度与压力也不同，但任何时候，其温度都必须低于临界温度。例如，甲烷的临界温度为 $-82.1℃$，临界压力为 $44.8×10^5 Pa$。在大气压力下液化储存时，必须冷却到 $-161.5℃$ 以下。液化是为了便于储存和运输。

2.1.6 液体燃料包括重油、轻油等。作为城镇燃气的人工煤气，应符合现行国家标准《人工煤气》GB 13612 质量指标的规定。

2.1.7 煤经气化得到的是水煤气、发生炉煤气，这些煤气的发热值较低，故又统称为低热值煤气；煤经干馏法中焦化得到的是焦炉煤气，属于中热值煤气，可供城市作民用燃料。

2.1.8 石油系原料经热加工产生的可燃气体。

2.1.9 用作城镇燃气的液化石油气，主要是炼油厂在进行原油催化裂解与热裂解时得到的副产品。其质量应符合现行国家标准《油气田液化石油气》GB 9052.1 或《液化石油气》GB 11174 质量指标的规定。液化石油气的液态体积约为气态时的 1/250。

2.1.10 液化石油气-空气混合气常用做天然气管网尚未到达地区的过渡气源，也可作为城镇或地区的备用气源、调峰气源。

2.1.11 按照采气方式的不同，一般分为煤层气（coal bed methane）和矿井瓦斯气（coal mine methane）。煤层气为煤矿开采前钻井抽取的煤层气，甲烷含量与天然气相近；矿井瓦斯气为煤矿开采过程中，从矿井中抽取和排放的煤层气，由于混入了空气，一般甲烷含量较低，为 35%～40%。

2.2 燃气的性质

2.2.1 化学概念中的标准压力是 101.325kPa，指定的温度可以取 0℃、15℃、20℃、25℃。目前我国采用的标准状态有三种：《城镇燃气设计规范》GB 50028 采用的是 0℃，101.325kPa；《天然气》GB 17820 和《输气管道设计规》GB 50251 采用的是 20℃，101.325kPa（与俄罗斯相同）；ISO 标准提倡采用的是 15℃，101.325kPa。

2.2.14 超过临界温度时无论加多大压力都不能使气体液化。

2.2.18 燃气中的硫化物包括有机硫和无机硫：其中无机硫为硫化氢和硫氧化合物；有机硫为除硫化氢和硫氧化合物以外的所有含硫化合物，这些化合物包括二硫化碳（CS_2）、硫化羰（COS）、噻吩（C_4H_4S）、硫醇（如甲硫醇 CH_3SH 和乙硫醇 C_2H_5SH）、和少量的硫醚（RSR）、烷基化二碳（RS_2S）等。

2.3 燃气气源与输配

2.3.2 常温储存液化石油气的储罐，必须严格控制其充装率，避免液化石油气因温度升高体积膨胀导致储罐壳体破裂。

2.3.4 采用非管道输送的燃气一般是压缩天然气、液化天然气、液化石油气。

2.3.5 《城镇燃气设计规范》GB 50028 中规定城镇燃气管道设计压力分为 7 级。

2.3.6 设计压力大于 1.6MPa 的燃气管道主要是控制管道自身安全性，根据《城镇燃气设计规范》GB 50028 的规定，在城镇燃气管道通过的地区，按沿线建筑物的密集程度划分为四个管道地区等级，划分规定如下：

  1 沿管道中心线两侧各 200m 范围内，任意划分为 1.6km 长并能包括最多供人居住的独立建筑物数量的地段，作为地区分级单元。

  2 管道地区等级应根据地区分级单元内建筑物的密集程度划分，并应符合下列规定：

    1）一级地区：有 12 个或 12 个以下供人居住的独立建筑物。

    2）二级地区：有 12 个以上，80 个以下供人居住的独立建筑物。

    3）三级地区：介于二级地区和四级地区之间的中间地区。有 80 个或 80 个以上供人居住的独立建筑物但不够四级地区条件的地区、工业区或距人员聚集的室外场所 90m 内铺设管线的区域。

    4）四级地区：4 层或 4 层以上建筑物（不计地下室层数）普遍且占多数、交通频繁、地下设施多的城市中心城区（或镇的中心区域等）。

2.3.7、2.3.8 设计温度与设计压力一起作为设计载荷条件。在设计条件下，管壁、容器壁或元件可能达到的最高或最低温度值。

2.4 燃气厂站

2.4.1 门站主要有两个功能，一是将长输管线的压力减压至城镇输配系统所要求的压力；二是进行贸易计量。门站由于具有与上游供气方的交接功能，因此也常常称为城市接收站。

2.4.3 供气规模采用的单位时间因不同种类的燃气

厂站而异。对于整个城市或液化石油气厂站，多采用年供气量；对于门站、储配厂、调压站，多采用小时供气量；对于人工煤气制气厂、加气站，多采用日供气量。

2.4.4 燃气厂站中，通常用实体围墙将生产区与其他区域隔开。

2.4.8 防护堤也称防护墙、防液堤。对于液化石油气罐区，防护堤内的有效容积宜大于等于储罐总容积；对于液化天然气罐区，防护堤内的有效容积宜大于等于储罐总容积，或当储罐采取防泄漏措施时防护堤内有效容积宜大于等于最大储罐的容积。

2.4.9 燃气厂站中，生产辅助区一般设有消防水池及泵房、变配电间、生产调度室等。

2.4.10 燃气厂站中，办公区一般设有行政办公楼、食堂、宿舍等。

2.4.11 拉断阀为两个阀腔连接起来的腔体导气管道，该导气管道一端与单向阀内的导气管道相连通，另一端与出气阀腔中的腔体导气管道相连通；进气阀腔中有一活动的带拉断栓的拉断截止阀芯。在拉断阀被拉断时，具有自密封功能，从而起到保证拉断不泄漏的效果。一般与汽车装卸软管连接，防止汽车意外启动导致软管被拉断，造成燃气大量泄漏。

2.4.12 汇管也称为汇气管。燃气厂站工艺系统有多个支路时一般采用汇气管来集气和配气。

2.4.13 阻火器根据结构的不同可安装在管路中或放散管的末端。

2.4.17 常用的液化石油气气化器按取热方式分有直接火焰式气化器、电热式气化器、水浴式气化器等，其中直接火焰式气化器为通过火焰燃烧器壁传热的气化器，电热式气化器为采用电能作为热源的气化器，水浴式气化器为采用热水作为加热介质的气化器。常用的液化天然气气化器按取热方式分有加热气化器、环境气化器和工艺气化器三类，其中：加热气化器是从人工热源取热的气化器，环境气化器是从天然热源（如大气、海水或地热水）取热的气化器，工艺气化器是从另外的热动力过程或化学过程取热的气化器。

2.4.18 烃泵用于液态燃气的加压操作，如液态液化石油气或液态天然气的灌装、汽车/火车装卸等。

2.4.19 压缩机用于气态燃气的加压操作，如气态液化石油气或气态天然气、人工煤气的压缩、输送等。

2.4.21 气蚀常发生在如离心泵叶片叶端的高速减压区，在此形成空穴，空穴在高压区被压破并产生冲击压力，破坏金属表面上的保护膜，而使腐蚀速度加快。气蚀的特征是先在金属表面形成许多细小的麻点，然后逐渐扩大成洞穴。

2.4.32 防撞柱一般设置于加气岛、汽车装卸台等周围，以防止车辆由于误启动而撞击加气机、装卸柱等。

2.5 自动化控制

2.5.4 爆炸危险区域根据爆炸性气体混合物出现的频繁程度和持续时间分为 0 区、1 区和 2 区。

3 用户分类与燃气需用量

3.1 用 户 分 类

3.1.3 商业用户包括餐饮店、学校、幼儿园、医院、宾馆酒店、理发店、食堂、超市等。

3.1.5 燃气热电冷三联供用户属于采暖、制冷用户。

3.2 燃气需用量

3.2.9～3.2.11 月、日、小时三个不均匀系数来源于前苏联，我国已沿用多年。

3.2.12 用气的月高峰系数应根据城市用气量的实际统计资料确定。

3.2.13 用气的日高峰系数应根据城市用气量的实际统计资料确定。

3.2.14 用气的小时高峰系数应根据城市用气量的实际统计资料确定。

3.2.15 也称同时系数，我国在规范和资料中称"同时工作系数"，实际上不论俄文或英文的原文中均无"工作"的含义，电力部门也都用"同时系数"。同时工作系数是一个概率统计的数据，随着燃具的增多而减少，当燃具达到一定数量时，同时工作系数不再减少。

3.2.17 各种压力和用途的城市燃气分配管道的小时计算流量，是按计算月的高峰小时最大用气量计算的，其小时最大流量由年用气量和用气不均匀系数求得，计算公式如下：

$$Q = \frac{Q_Y}{365 \times 24} K_1^{max} \cdot K_2^{max} \cdot K_3^{max} \quad (1)$$

式中：Q——计算流量（Nm^3/h）；

Q_Y——年用气量（Nm^3/h）；

K_1^{max}——月高峰系数；

K_2^{max}——日高峰系数；

K_3^{max}——小时高峰系数。

对居民用户而言，业内更多地习惯用高峰小时用气量的概念。由于居民住宅使用燃气的数量和使用时间变化较大，故室内和庭院燃气管道的小时计算流量一般按燃气用具的额定耗气量和同时工作系数 K_0 来确定。用同时工作系数法计算管道小时计算流量，公式如下：

$$Q = K_t \sum K_0 Q_n N \quad (2)$$

式中：Q——庭院及室内燃气管道的小时计算流量（Nm^3/h）；

K_t——不同类型用户的同时工作系数，当缺乏资料时，可取 $K_t=1$；

K_0——相同燃具或相同组合的同时工作系数，同时工作系数反映燃气用具集中使用的成都，它与用户的生活规律、燃气用具的种类、数量等因素密切相关；

N——相同燃具或相同组合燃具数；

Q_n——相同燃具或相同组合燃具的额定流量（Nm³/h）。

4 燃气管网计算与水力工况

4.0.10 管网水力计算时考虑的工况之一，事故工况一般假设当管网任意一点断开（即管道遭受外力破坏发生泄漏）或任意一门站（供气站）因或事故停产时对管网的影响。

4.0.19 举例如下：居民用户立管内的燃气从低处向高处输送，燃气密度低于空气时，其附加压头为负值；燃气密度高于空气时，其附加压头为正值。

4.0.23 为保证最远端用户的用气压力，调压站作用半径应经过技术经济比较后确定。

4.0.26 现行国家标准《城镇燃气设计规范》GB 50028 中强度设计系数 F 的规定详见下表。

表 1 城镇燃气管道的强度设计系数

地区等级	强度设计系数 F
一级地区	0.72
二级地区	0.60
三级地区	0.40
四级地区	0.30

4.0.27 焊缝系数反映由于焊接材料、焊接缺陷和焊接残余应力等因素使焊接接头强度被削弱的程度，是焊接接头力学性能的综合反映。

4.0.28 承受内压管道的环向应力的计算公式为：

$$\sigma_h = \frac{PD}{2\delta_n} \tag{3}$$

式中：σ_h——由内压产生的管道环向应力（MPa）；

P——管道内设计内压力（MPa）；

D——管道内径（mm）；

δ_n——管道公称壁厚（mm）。

4.0.29 承受内压管道的轴向应力的计算公式为：

$$\sigma_L = \mu \sigma_h \tag{4}$$

式中：σ_L——由内压产生的管道轴向应力（MPa）；

σ_h——由内压产生的管道环向应力（MPa）；

μ——泊松比，取 0.3。

5 燃气气源

5.2 气化煤气的生产

5.2.6 压力气化煤气的热值较高，可以单独作为城镇燃气气源。

5.4 煤气的净化

5.4.2 作为城镇燃气的人工煤气，应符合现行国家标准《人工煤气》GB 13612 质量指标的规定。

5.5 燃气质量的调整

5.5.1 液化石油气和空气按一定比例混合或气化煤气经甲烷化等过程制得的燃气，可与天然气互换，因此称为代用天然气。

6 燃气输配

6.1 门站和储配站

6.1.2 过滤器的功能是保护下游设备，一般安装在调压器或计量仪表等设备进口侧。

6.1.3 《城镇燃气设计规范》GB 50028－2006 中规定，城镇燃气加臭剂应符合下列要求：① 加臭剂和燃气混合在一起后应具有特殊的臭味；② 加臭剂不应对人体、管道或与其接触的材料有害；③ 加臭剂的燃烧产物不应对人体呼吸有害，并不应腐蚀或伤害与此燃烧产物经常接触的材料；④ 加臭剂溶解于水的程度不应大于 2.5%（质量分数）；⑤ 加臭剂应有在空气中应能察觉的加臭剂含量指标。

6.1.4 加臭是为了保证城镇燃气的安全输送和使用。

6.1.5 清管器还可以携带无线电发射装置，与地面跟踪仪器共同构成电子跟踪系统。清管器种类一般分为皮碗清管系列、直板清管系列、刮蜡清管系列、泡沫清管器系列、屈曲探测器系列等。

6.2 输配管道

6.2.10 一级管网系统一般适用于小城镇的供气系统。

6.2.11 两级管网系统中燃气管道的设计压力一般为中压-低压、次高压-中压或次高压-低压等。不同压力级制的燃气管道之间通过调压装置相连接。

6.2.12 三级管网中燃气管道的设计压力一般为高压-中压-低压或次高压-中压-低压等。不同压力级制的燃气管道之间通过调压装置相连接。

6.2.13 多级管网中燃气管道的设计压力一般为高压-次高压-中压-低压等。不同压力级制的燃气管道之间通过调压装置相连接。

6.2.16 室外埋地燃气管道常用的管材有钢管、铸铁管、聚乙烯燃气管等；民用户内常用的管材有钢管、铜管、不锈钢波纹管、铝塑复合管等。

6.2.17 管件按连接方法可分类为承插式管件、螺纹管件、法兰管件和焊接管件，多用与管子相同的材料制成。

6.2.19 《城镇燃气设计规范》GB 50028‑2006 中规定，中、低压燃气用焊接钢管应符合国家标准《低压流体输送用焊接钢管》GB/T 3091 的规定，次高压A 及以上燃气用焊接钢管应符合国家标准《石油天然气工业 输送钢管交货技术条件 第 1 部分：A 级钢管》GB/T 9711.1（L175 级钢管除外）、《石油天然气工业输送钢管交货技术条件 第 2 部分：B 级钢管》GB/T 9711.2。

6.2.20 城镇燃气工程常用的热镀锌钢管应符合现行国家标准《低压流体输送用焊接钢管》GB/T 3091 的规定。

6.2.21 城镇燃气工程常用的无缝钢管应符合现行国家标准《输送流体用无缝钢管》GB/T 8163 的规定。

6.2.22 《城镇燃气设计规范》GB 50028‑2006 中规定城镇燃气用聚乙烯管材应符合现行国家标准《燃气用埋地聚乙烯（PE）管道系统 第 1 部分：管材》GB 15558.1 的规定。

6.2.23 《城镇燃气设计规范》GB 50028‑2006 中规定城镇燃气用聚乙烯管件应符合现行国家标准《燃气用埋地聚乙烯管道系统 第 2 部分：管件》GB 15558.2 的规定。

6.2.24 《城镇燃气设计规范》GB 50028‑2006 中规定燃气用钢骨架聚乙烯塑料复合管道应符合国家现行标准《燃气用钢骨架聚乙烯塑料复合管》CJ/T 125 和《燃气用钢骨架聚乙烯塑料复合管件》CJ/T 126 的规定。

6.2.25 《城镇燃气设计规范》GB 50028‑2006 中规定燃气用机械接口球墨铸铁管道应符合现行国家标准《水及燃气管道用球墨铸铁管、管件和附件》GB/T 13295 的规定。

6.2.26 公称直径的单位为毫米，例如 DN100。

6.2.28 阀室有地上阀室、地下阀室和半地下阀室三种。

6.2.30 分段阀主要用于维修及事故时通过关闭相邻阀门切断气源，减少输气管道的燃气放散量或配气管道受影响的用户数量。

6.2.31 凝水缸的构造和型号随燃气压力和凝水量的不同而有区别。

6.2.33 补偿器有波纹补偿器、方形补偿器等。

6.2.34 警示带由黄色聚乙烯等不易分解材料制成且明显、牢固地印有警示语，平整地铺设在燃气管道正上方 0.3m~0.5m 处，提示其下面有城镇燃气管道。

6.2.35 常用的示踪装置有电子标识器、示踪线等。

6.2.36 标志桩包括：里程桩、转角桩、交叉桩等。

6.3 储气与调峰

6.3.1 城镇燃气用量存在月、日、时的负荷波动，而供气量则相对稳定，一般采用补充气源或储气设施来适应用气负荷的波动。

6.3.4 储气调峰是解决供气与城镇用气之间的平衡，城镇用气的波动有月不均匀性、日不均匀性和时不均匀性，因此，储气调峰包括季调峰、日调峰和小时调峰。

6.3.7 垫层气可以是燃气或二氧化碳等。

6.3.9 低压湿式储气罐包括导柱式储气罐、螺旋导轨式储气罐等。其中导柱式储气罐为钟罩和塔节直线升降的湿式储气罐；螺旋导轨式储气罐为钟罩和塔节螺旋升降的湿式储气罐。用于储存焦炉气、油制气等人工煤气。

6.3.10 低压干式储气罐包括多边形储气罐（阿曼阿恩型干式储气罐），圆筒形储气罐（可隆型干式储气罐）和柔膜密封储气罐（威金斯型干式罐）等。其中多边形储气罐外筒为正多边形；圆筒形储气罐外筒为圆筒形，利用橡胶与棉织品制成密封圈密封；柔膜密封储气罐利用柔膜进行密封。用于储存焦炉气、油制气等人工煤气。

6.3.12 球罐一般用于储存液化石油气或天然气。储存天然气的球罐设计压力一般不大于 1.6MPa，公称容积最大不超过 10000m³；储存液化石油气的球罐设计压力一般为 1.8MPa，目前公称容积最大不超过于 5000m³。

6.3.13 卧罐一般用于储存液化石油气或液化天然气。

6.4 燃气调压

6.4.6 调压箱分为悬挂式调压箱、落地式调压箱和地下调压箱三种。落地式调压箱又称调压柜。

6.5 输配系统的运行管理

6.5.4 燃气放散可分为直接放散和燃烧放散。

6.6 管道连接方式及施工技术

6.6.7 非开挖施工技术一般包括：插入法（内插法）、折叠管内衬法、翻转内衬法、静压裂管法、水平定向钻法、顶管法、夯管法等。

6.6.9 顶管法一般采用泥水平衡顶管和土压平衡顶管两种方式。

7 压缩天然气供应

7.1 天然气压缩

7.1.1 橇装压缩机为一小型系统集成，包括：稳压罐、过滤器、压缩机、缓冲罐等工艺系统、冷却系统和控制系统。

7.1.3 压缩天然气加气站内的脱水工艺中一般采用固体吸附法。

7.2 压缩天然气供应站

7.2.5 停放在固定车位上的压缩天然气气瓶车的储气量计入总储量。

7.3 压缩天然气加气站

7.3.1 车用压缩天然气的质量应符合现行国家标准《车用压缩天然气》GB 18047 的规定。

7.3.7 储气井中的储气压力可达 20MPa，一般用于加气站内储存压缩天然气。

8 液化天然气供应

8.1 液化天然气运输

8.1.1 液化天然气槽船为低温常压槽船。

8.1.2 槽车上的液化天然气储罐为低温常压罐。液化天然气汽车槽车主要有半挂式槽车和集装箱式罐车。

8.1.6 将工艺管段固定在柱体的一定高度组成装卸柱。规模小的厂站一般采用装卸柱。

8.2 液化天然气供气站

8.2.7 金属薄膜在−162℃具有液密性和气密性，能承受 LNG 进出时产生的液压、气压和温度的变化，同时还具有充分的疲劳强度，通常采用 0.8mm～1.2mm 的 36Ni 钢制成波纹状。

8.2.9 双容积储罐即使金属罐内液化天然气泄漏也不至于扩大泄漏面积，只能少量向上空蒸发，安全性比单容积储罐好。

8.2.10 金属罐泄漏的液化天然气只能在金属或混凝土外罐内而不至于外泄，泄漏的气体通过外罐的安全阀放散。与单容积储罐、双容积储罐相比，安全性最高，但造价也最高。

8.2.11 该类储罐是目前国内液化天然气厂站内常见的储罐类型。

8.2.16 空温式气化器是从大气中取热的气化器，水温式气化器是从海水或地热水中取热的气化器，二者均属于环境气化器。

8.2.20 放散气虽然是气态的天然气，但其温度依然很低，集中放散前应将放散气加热为比空气轻的气体后方可放散。

9 液化石油气供应

9.1 液化石油气运输

9.1.1 液化石油气槽船有常温压力式槽船和低温常压式槽船两种。

9.1.2 液化石油气铁路槽车储罐一般为常温压力罐。

9.1.3 液化石油气汽车槽车主要有：固定式槽车、半拖式槽车和活动式槽车。

9.1.8 将工艺管段固定在柱体的一定高度组成装卸柱。规模小的厂站一般采用装卸柱。

9.2 液化石油气储存与供应

9.2.8 瓶装供应站所供应的用户是为用液化石油气钢瓶的用户。

9.2.28 引射式混合器可利用液化石油气自身压力为动力，运行费用低，工艺过程简单，混合压力较低，供气范围小，但噪音较大。

9.2.29 鼓风式混合器获得的混合气压力较高，供气范围较大，但运行费用较高。

9.2.30 比例流量混合器获得的混合气压力高，适用于大型混气站，但设备复杂，运行费用较高。

9.3 液化石油气加气站

9.3.2 车用液化石油气的质量应符合现行国家标准《汽车用液化石油气》GB 19159 的规定。

10 燃气燃烧与应用

10.1 燃 烧

10.1.42 在条件不足时，基准气也可使用当地商品气源气。

10.1.44 又称沃泊指数。1926 年由意大利工程师和数学家 Wobbe 提出，直到 19 世纪 60 年代才正式被燃气界采用。

10.1.46 燃气互换性举例如下：以 a 燃气设计的燃具，改为使用 S 燃气，当燃烧器不作任何调整而能保证燃具正常工作，称 S 燃气对 a 燃具有互换性。

10.2 燃气应用

10.2.31 燃气热水器常见的有容积式燃气热水器、燃气快速热水器、烟道式燃气热水器和平衡式燃气热水器。

10.2.52 过热保护装置一般安装在燃气热水器、燃气壁挂炉、燃气锅炉、商用燃气炸炉、燃气蒸箱等燃具上，当热水器水箱箱体温度、热水器出水温度、油温、蒸箱箱体温度过高导致事故时切断燃气，起安全保护作用。

10.3 用户管道

10.3.4 用户管道包括室内燃气管道及室外燃气管道。

10.3.6 燃气铜管一般用于居民用户室内支管。现行国家标准《城镇燃气室内工程施工与质量验收规范》CJJ 94-2009 中规定，燃气铜管的牌号宜为 TP2。

10.3.8 薄壁不锈钢管一般用于居民用户室内支管。现行国家标准《城镇燃气设计规范》GB 50028-2006规定薄壁不锈钢管的壁厚不得小于 0.6mm，外径与壁厚的比值不小于 25。

10.3.9 铝塑复合管的聚乙烯塑料为燃气专用，塑料层厚度至少是管壁厚度的 60%。只能用于居民用户表后支管。

10.3.10 燃气用不锈钢波纹管一般用于居民用户室内支管。国家现行标准《城镇燃气设计规范》GB 50028-2006规定燃气用不锈钢波纹金属软管的壁厚不得小于 0.2mm。

10.3.11 橡胶软管一般用于居民用户灶前管与燃气灶之间的连接。

10.4 管道敷设及连接方式

10.4.6 卡压式连接方式见图 1。

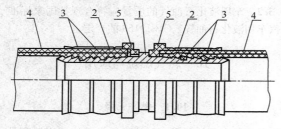

图 1 卡压式连接
1—接头；2—夹套；3—密封圈；4—管材；5—定位挡圈

10.4.7 首先在管材上加工一道向外凸起的加强环，插入放有密封圈的管件中，通过卡压工具对管件施加一个径向压力，使管件、管材发生塑性变形而牢固地连接在一起，同时压缩密封段尺寸，使硅橡胶圈充分填充在加强环周围，形成两个楔密封和一个截面为"Ω"的硅橡胶密封环。

10.4.8 旋紧螺母前［图 2（a）］，卡套和螺母套在钢管上，并插入接头体的锥孔内，旋紧螺母后［图 2（b）］，由于接头体和螺母的内锥面作用，使卡套后部卡在钢管壁上起止退作用，同时卡套前刃口卡入钢管壁内，起到密封和防拔脱作用。

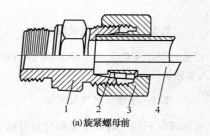

(a) 旋紧螺母前

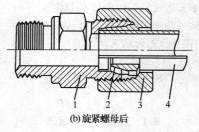

(b) 旋紧螺母后

图 2 旋紧螺母前后
1—接头体；2—卡套；3—螺母；4—钢管

11 燃气系统数据采集与监控

11.1 仪 表

11.1.10 Coriolis 力是指在转动的非惯性参照系中运动的质点受到的一种惯性力。

11.2 监控和数据采集

11.2.6 远动终端 RTU 与常用的可编程序控制器 PLC 相比，RTU 通常要具有优良的通信能力和更大的存储容量，适用于更恶劣的温度和湿度环境，提供更多的计算功能。

11.2.12 开放系统包括一台或多台计算机、有关的软件、外围、终端、操作人员、物理过程和信息传送手段等，形成了一个能够完成信息处理的自治整体。

中华人民共和国国家标准

服装工厂设计规范

Code for design of garments plant

GB 50705—2012

主编部门：中 国 纺 织 工 业 联 合 会
批准部门：中华人民共和国住房和城乡建设部
施行日期：２０１２年１０月１日

中华人民共和国住房和城乡建设部
公 告

第 1415 号

关于发布国家标准
《服装工厂设计规范》的公告

现批准《服装工厂设计规范》为国家标准，编号为 GB 50705—2012，自 2012 年 10 月 1 日起实施。其中，第 5.2.4 条为强制性条文，必须严格执行。

本规范由我部标准定额研究所组织中国计划出版社出版发行。

中华人民共和国住房和城乡建设部

二〇一二年五月二十八日

前 言

本规范是根据住房和城乡建设部《关于印发〈2008 年工程建设标准规范制订、修订计划（第二批）〉的通知》（建标〔2008〕105 号）的要求，由北京维拓时代建筑设计有限公司会同有关单位编制完成的。

本规范在编制过程中，进行了广泛调查研究，认真总结了全国各地服装工厂设计的实践经验，参考了有关行业标准，并在广泛征求意见的基础上，最后经审查定稿。

本规范共分 9 章和 5 个附录。主要内容包括：总则，术语，工艺，总平面设计，建筑、结构，给水、排水，采暖、通风、空调与动力，电气，职业安全卫生等。

本规范中以黑体字标志的条文为强制性条文，必须严格执行。

本规范由住房和城乡建设部负责管理和对强制性条文的解释，中国纺织工业联合会负责日常管理，北京维拓时代建筑设计有限公司负责具体技术内容的解释。本规范在执行过程中，如有意见和建议，请寄送北京维拓时代建筑设计有限公司（地址：北京市朝阳区道家村 1 号；邮政编码：100025；传真：010-65955242；E-mail：vtjz@vtjz.com），以便今后修订时参考。

本规范主编单位、参编单位、主要起草人和主要审查人：

主 编 单 位：北京维拓时代建筑设计有限公司

参 编 单 位：中国纺织勘察设计协会
四川省纺织工业设计院
吉林省纺织工业设计研究院

主要起草人：刘承彬　彭璨云　徐米甘　李晓红
饶胤礼　陈素平　张月清　王家豪
于 洁　李士范

主要审查人：李熊兆　于荣谦　厚炳煦　张福义
黄承平　高小毛　林升进　秦永安
刘占荣　张锡余　张德晓　胡殿琪
丁宝和　李 彬

目　次

Contents

1 总　则

1.0.1 为统一服装工厂在工程建设领域的技术要求，推进工程设计的优化和规范化，做到技术先进、经济合理、安全适用，制定本规范。

1.0.2 本规范适用于纺织服装工厂的新建、改建、扩建工程的设计。本规范不适用于羽绒服装、水洗整理服装、皮革服装等服装工厂中特殊加工部分的工程设计。

1.0.3 服装工厂的工程设计应积极采用先进适用的工艺和设备。

1.0.4 服装工厂设计除应符合本规范外，尚应符合国家现行有关标准的规定。

2 术　语

2.0.1 服装　garments
又称衣服，穿于人体起保护和装饰作用的制品。

2.0.2 衬衫　shirt（男），blouse（女）
穿在内外上衣之间，也可单独穿用的上衣。

2.0.3 西服　suit
西式上衣。

2.0.4 西裤　trousers
裤管有侧缝，穿着分前后，注意与体型协调的裤。

2.0.5 裁剪　cutting
将衣料分割成各种形态衣片的工艺过程。

2.0.6 缝制　sewing
将衣片缝合成服装的工艺过程。

2.0.7 整烫　ironing
使服装产品保持一定的形状和规格，并使其外观平整、尺寸准足的工艺过程。

2.0.8 服装 CAD　garmenture computer-aided garment design
利用计算机辅助完成服装款式的设计、纸样绘制、排料、放码等工作。

2.0.9 服装 CAM　garmenture computer-aided garment manufacturing system
利用计算机辅助技术进行从衣料到成品的服装制造过程。

3 工　艺

3.1 一般规定

3.1.1 服装工厂的工艺设计应满足产品质量标准和产量的要求。

3.1.2 服装工厂的设计能力宜以年产万件或万套作为单位表示。

3.1.3 服装工厂年工作时间宜为 300d，宜为一班制生产。

3.1.4 工艺设计应包括工艺流程、工艺设备的选择、工艺设备的排列和车间布置、车间运输、生产辅助设施、仓储。

3.1.5 工艺设计应采用先进、合理、成熟、可靠、安全、节能的新工艺、新技术、新设备和新材料。

3.2 工艺流程的选择

3.2.1 工艺流程应根据产品方案、产品工艺要求、设备性能和生产方法确定。

3.2.2 工艺流程应选择技术先进、成熟、可靠和经济合理的流程。

3.2.3 服装生产工艺流程应包括裁剪、缝制和后整理。

3.2.4 男式西服、衬衫的工艺流程可按本规范附录 A 的规定执行。

3.3 原、辅料用量计算

3.3.1 原、辅料用量应根据产品品种、款式、规格及衣料的门幅（幅宽）、排料方法计算。

3.3.2 原料用量应根据产品的排料图按下列公式计算：

1 梭织面料用料可按下式计算：

$$S = H_c (1+K) b \qquad (3.3.2-1)$$

式中：S——用料面积（m^2）；

H_c——样板排料长度（m）；

K——排料损耗率（与门幅、铺层层数有关）；

b——门幅（m）。

2 针织成衣，单位产品用料量可按下式计算：

$$\begin{aligned}
\text{成衣单位产品用料量（g）} = &\frac{\text{门幅（m）}\times\text{段长（m）}\times\text{坯布干重（g/m}^2\text{）}}{\text{每段长成品件数}}\times\\
&(1+\text{坯布公定回潮率})\times\\
&(1+\text{裁剪段耗率})\times\\
&(1+\text{染整损耗率}) \qquad (3.3.2-2)
\end{aligned}$$

式中：坯布公定回潮率——纯棉为 8.5%，羊毛为 15%，真丝为 11%，腈纶为 2%，涤纶为 0.4%，锦纶为 4.5%；

裁剪段耗率——裁剪时按样板互套开裁，其中挖掉的合理下脚料的重量占衣片重量和裁耗重量的百分比（%），根据同类产品的统计资料得出；

染整损耗率——根据同类产品的统计资料得出。

3.3.3 西服套装、西裤和男衬衫面、辅料单耗指标可按本规范附录 B 的规定选用。

3.4 工艺设备的选择和配置

3.4.1 设备选择应满足生产工艺、产品质量的要求，并应与原、辅料规格和劳动定额相适应。

3.4.2 设备选择应易于保养和维修。

3.4.3 服装生产设备应包括：设计、裁剪、粘合、缝纫、饰绣、锁钉、熨烫、包装和其他辅助设备，可按本规范附录 C 的规定选配。

3.4.4 设备配置应按生产规模、产品方案、设备生产能力及设备的使用效率等进行计算后确定。

3.4.5 西服生产设备可按本规范附录 D 的规定选配。

3.4.6 主要生产工序的工艺设备应设置备台。

3.5 工艺设备的布置

3.5.1 设备布置应满足工艺流程合理、运输畅通、操作方便、整齐美观的要求。

3.5.2 设备布置应便于各工序间的相互联系；排列间距应满足人员操作、成品与半成品运输、设备维修和人员安全疏散的要求，并应紧凑布置。

3.5.3 设备排列应与厂房柱网尺寸相配合，并应与车间运输方式相配套。

3.5.4 设备布置应满足劳动保护的要求。

3.5.5 粘合机应在与主车间隔开并在有外墙的房间布置。

3.6 车 间 运 输

3.6.1 车间运输的方式应根据产品要求，采用高效、实用、经济的流水作业方式。

3.6.2 服装工厂车间平面运输可选用吊挂传输系统、传送带式传输系统或手推车；垂直运输应采用电梯。

3.6.3 西服生产车间运输宜采用机械式或机电结合式的吊挂传输系统，大型西服生产工厂也可采用智能式吊挂传输系统。

3.6.4 衬衫生产车间运输宜采用传送带式传输系统或手推车。

3.7 辅助生产设施

3.7.1 辅助生产设施宜设在主厂房内或靠近主厂房布置，并应根据工艺生产过程中辅助加工及其生产管理的需要设置。

3.7.2 原、辅料库和成品库面积可根据服装工厂所在地的交通运输、市场配置情况确定。

3.7.3 原、辅料库和成品库可根据服装工厂的品种和规模，建设立体仓储系统，并应实行智能化仓库管理。

4 总平面设计

4.1 一 般 规 定

4.1.1 服装工厂的总平面设计应符合工业布局和城镇总体规划，并应满足服装生产要求；同时应通过多方案比较，确定技术先进、经济合理、满足环保及安全要求的总平面设计方案。

4.1.2 总平面设计应根据当地地理条件、所在城镇或邻近工业企业的协作条件确定，并应利用市政、交通、动力、生活等方面的现有设施。

4.1.3 服装工厂的总平面布置应符合下列要求：

1 总平面布置应符合生产工艺流程，并应合理利用土地；生产车间宜集中组合成单层或多、高层联合厂；

2 总平面布置应合理划分功能分区，主要生产厂房宜布置在厂区中心，各种辅助生产设施宜邻近其服务的生产部门布置；动力供应设施应接近负荷中心；

3 行政管理及生活设施宜分区集中设置；

4 原、辅料及成品运输和人员出入口设置应合理、顺畅、方便。

4.1.4 分期建设的服装工厂应根据建设规模和发展规划，贯彻统筹兼顾，远近期结合，以近期为主的原则；近期建设项目应集中布置。

4.1.5 厂区综合管线的管架宜采用独立式管架或纵梁式管架。

4.1.6 总平面设计应符合现行国家标准《工业企业总平面设计规范》GB 50187 和《纺织工程设计防火规范》GB 50565 的有关规定。

4.2 总平面布置

4.2.1 主厂房应布置在地形、地质条件较好的地段，主厂房与其他建（构）筑物的防火间距应符合现行国家标准《建筑设计防火规范》GB 50016 的有关规定，并应综合交通运输、工程管线敷设等各方面要求布置。

4.2.2 主要生产车间应按裁剪、缝制、整烫、成品检验和包装等的工艺流程顺序布置。

4.2.3 多、高层厂房宜选用"一字形"平面，主要生产车间宜南北向布置，附房宜设在厂房两端。

4.2.4 L 形、U 形平面厂房开口部分朝向与夏季主导风向的夹角应小于 30°。

4.2.5 单层厂房主要生产车间宜南北向布置，为主车间服务的面料、辅料中间库房等附属设施，宜与主车间组合布置，并应缩短与主车间的物流运行距离。

4.2.6 仓库布置应符合下列要求：

1 仓储区应与厂外道路运输相协调，且应避开人流集中地段；仓储区宜设专供货物运输的出入口，并宜缩短运输路线；

2 储油罐、危险品库布置应按现行国家标准《建筑设计防火规范》GB 50016 的有关规定执行，并应设置在厂区常年最小频率风向的上风侧。

4.2.7 动力设施和辅助建（构）筑物布置，应符合下列要求：

1 锅炉房、煤场、灰渣场应布置在厂区边缘，且应位于常年最小频率风向的上风侧，燃油、燃气锅炉的储罐区应符合现行国家标准《建筑设计防火规范》GB 50016 的有关规定；

2 热力站宜靠近生产车间的热负荷中心，可建在车间附房内；

3 变配电室（站）宜布置在高压进线方向的地段，并应接近厂区用电负荷中心，也可建在车间附房内；当厂房为多高层时宜布置于底层，有地下层时可布置在地下一层，并应符合现行国家标准《建筑设计防火规范》GB 50016 的有关规定；

4 空压站、制冷站宜靠近负荷中心，并应位于全年最小频率风向的下风侧，且站房内应有良好的通风和采光；

5 机修、电修辅助生产部门可集中布置。

4.2.8 办公楼、展示厅、洽谈室等应布置在与城市干道联系方便的方位，有条件时可通过绿化与景观设计形成良好的厂前环境。

4.2.9 工厂配套生活设施应与其他区域分开设置。

4.3 道路运输

4.3.1 厂区道路路网布置应满足交通运输、消防、管线与绿化等要求，应合理组织物流人流，应避免相互干扰，并应与厂外道路有平顺简捷的连接。

4.3.2 厂内道路宜与主要建筑物轴线平行或垂直，并应成环状布置。厂区道路等级应综合工厂规模、道路类型、使用要求及交通流量等因素确定。主要车行道宽度不宜小于 6m，单车道宽度不宜小于 4m。厂区道路应满足消防车通行的要求。

4.3.3 厂区道路宜采用城市型道路；乡镇企业小规模服装工厂采用公路型道路时，路肩宽度不应小于 1m。

4.3.4 消防车道的设置应符合现行国家标准《建筑设计防火规范》GB 50016 的有关规定。

4.3.5 厂区宜在主要库房区设置汽车装卸平台或站台，平台或站台应满足车辆停放和调车用地的要求；采用集装箱运输车的厂区应设置集装箱运输车回车场地，且最小的回车场地不应小于 30m×30m，并应同时设置集装箱货柜装卸平台。

4.3.6 服装厂至少设置 2 个出入口，其中一个应为主要人流出入口，且位置应与厂前区及主要生产厂房位置相配合；且另一个应为货物出入口，宜与人流出入口位于厂区的不同方位。

4.3.7 厂区道路路面标高的确定，应与厂区竖向设计相协调，并应满足室外场地及道路的雨水排放的要求。

4.3.8 厂区道路设计除应符合本规范的规定外，尚应符合现行国家标准《厂矿道路设计规范》GBJ 22

的有关规定。

4.4 竖向设计

4.4.1 厂区竖向设计应符合下列要求：

1 竖向设计应根据地形、地貌、总平面布置、建（构）筑物基础、雨水排放、土石方平衡、洪涝水位、工程地质等自然条件综合确定；

2 厂区竖向设计应满足生产工艺、物料运输、厂内及厂外综合管线连接的要求。

4.4.2 竖向布置方式和设计标高选择应符合下列要求：

1 竖向设计宜采用平坡式，当自然地面横坡较大或有特殊地貌时，附属和辅助建（构）筑物可采用混合式或阶梯式竖向布置，台阶的划分应满足功能分区、道路标高及陡坡坡度设计的要求；

2 厂区内地面标高应与厂外标高相适应，应按所在城市等级及企业等级确定的防洪标准设计；不能满足要求时，应采取防洪排涝措施；

3 厂区出入口的路面标高，宜高于厂外路面标高，场地标高与坡度应保证场地雨水排除，并应满足厂内道路横坡、纵坡的要求；

4 厂房建筑的室内外地坪高差宜为 0.15m～0.30m。

4.5 厂区绿化

4.5.1 厂区绿化布置应满足项目所在地的规划要求，并应符合现行国家标准《工业企业总平面设计规范》GB 50187 的有关规定。

4.5.2 厂区绿化应根据服装厂的特点并满足环境保护、工业卫生、厂容景观等要求确定，可利用地形、地貌以及场地内保存的古木树种等设计厂区景观环境，厂区绿化不应妨碍消防车通行。

4.5.3 绿化植物应选择种植成本低、不污染环境、易于生长维护、观赏性好的树种、花种。

4.5.4 树木与建（构）筑物及地下管线的最小间距及绿化占地面积的计算，应符合现行国家标准《工业企业总平面设计规范》GB 50187 的有关规定。

4.6 厂区管线

4.6.1 厂区管线布置应根据生产、施工、检修和安全等要求合理布局，且管线应短捷。

4.6.2 管线应平行或垂直于建筑物，干管应布置在靠近负荷中心及连接支管（线）较多的一侧。

4.6.3 厂区主要道路的地下不宜布置管线。

4.6.4 管线敷设方式应根据管线类别、自然条件、管理、维护、工艺要求等采用直埋、管沟或架空方式。

4.6.5 管线布置尚应符合现行国家标准《工业企业总平面设计规范》GB 50187 的有关规定。

4.7 主要技术经济指标

4.7.1 总平面设计应列出下列主要技术经济指标：

1 厂区占地面积（m²）；
2 总建筑面积（m²）；
3 建（构）筑物占地面积（m²）；
4 道路及广场占地面积（m²）；
5 露天堆场占地面积（m²）；
6 绿化占地面积（m²）；
7 建筑系数（%）；
8 绿地率（%）；
9 容积率。

4.7.2 主要技术经济指标计算方法，应符合现行国家标准《工业企业总平面设计规范》GB 50187 和《建筑工程建筑面积计算规范》GB/T 50353 的有关规定。

5 建筑、结构

5.1 一般规定

5.1.1 建筑设计应满足生产工艺的要求，并应保证生产工艺必需的操作面与检修空间，应满足采光、通风、保温、隔热、防结露、节能减排等要求。

5.1.2 建筑设计应采用先进、合理、经济、成熟、符合可持续发展方向的建筑结构新形式、新工艺、新材料、新技术。

5.1.3 建筑物的防火设计，应符合现行国家标准《建筑设计防火规范》GB 50016 和《纺织工程设计防火规范》GB 50565 的有关规定。

5.1.4 地震区的建筑结构设计应符合现行国家标准《建筑抗震设计规范》GB 50011 的有关规定，高层建筑不宜采取体型不规则的设计方案。

5.2 生产厂房及仓库

5.2.1 服装工厂生产厂房及仓库的建筑形式，应根据生产工艺要求和建厂地区地质条件、气候条件、场地情况、施工能力等，经技术经济比较综合确定。

5.2.2 服装工厂生产厂房设计应合理布置建筑平面和内部空间，应根据生产工艺要求选择柱网尺寸。车间内应光线充足均匀，并应避免阳光直射。外窗宜设置可调节的遮阳设施。

5.2.3 单层厂房宜采用现浇或预制钢筋混凝土排架结构和轻钢结构，多、高层厂房宜采用现浇钢筋混凝土框架结构，大跨度厂房可采用预应力结构。服装工厂多层厂房建筑结构的安全等级应为二级，单层工业厂房不得低于三级，建筑抗震设防类别宜为标准设防类，地基基础设计等级宜为丙级，屋面防水应为二级。

5.2.4 高层厂房应符合现行国家标准《建筑设计防火规范》GB 50016 的有关规定。多、高层厂房楼层为防火分区分隔时，上、下两层之间的窗槛墙高度多层厂房不应小于 0.8m，高层厂房不应小于 1.0m。当无窗槛墙或窗槛墙高度小于 0.8m（高层）时，窗的上方或每层楼板应设置宽度大于或等于 0.8（多层）和 1.0m（高层）的不燃烧体防火挑檐或高于或等于 0.8m（多层）和 1.0m（高层）的不燃体裙墙；窗槛墙及防火挑檐的耐火极限在耐火等级一级时不应低于 1.50h，二级时不应低于 1.00h。

5.2.5 钢筋混凝土框架结构的服装生产厂房宜采用 6m×7.5m、6m×8.1m、6m×8.4m、6m×9m 等柱网模数尺寸；结构形式可选用大跨度预应力形式；用的柱网大小除应满足工艺布置要求外，应作技术经济比较后确定。

5.2.6 厂房净高应为 3m～4m，夏季炎热地区可据当地气候条件和经济条件设置车间空调。

5.2.7 厂房围护结构应根据建厂地区气候条件进行建筑热工设计，应符合建筑节能及车间防结露要求框架填充墙应采用非黏土类砌块、轻质混凝土小型心砌块、蒸压加气混凝土砌块或轻质板材。

5.2.8 厂房应充分利用自然采光、通风。采光应合现行国家标准《建筑采光设计标准》GB/T 5003的有关规定。采光窗应均匀布置，窗地比可控制在侧窗 1/3、矩形天窗 1/3.5、平天窗 1/8。北方地区应用保温窗，并应采取防眩光措施。南方炎热地区南外窗与天窗，宜采取遮阳措施。

5.2.9 附属设施用房，应靠近所服务的生产车间置，并不应影响生产车间的自然通风和采光。

5.2.10 服装工厂仓库的安全疏散，应符合现行国标准《建筑设计防火规范》GB 50016 的有关规定。

5.2.11 服装生产厂房及仓库应设置排烟设施，宜采用自然排烟方式。厂房及仓库外窗的可开启面积，应低于车间地面面积的 2%～5%。当自然排烟条件无法满足时，应设置机械排烟设施。

5.2.12 服装厂房及仓库的机械排烟设计，应符合现行国家标准《建筑设计防火规范》GB 50016 的有关规定。

5.2.13 服装工厂生产厂房当设计为楼房时，应根据实际使用荷载进行结构计算。生产厂房的楼面均布荷载应符合表 5.2.13 的规定。

表 5.2.13　生产厂房的楼面均布荷载（kN/m²）

名　　称	楼面均布荷载	备注
裁剪车间	3	注1
缝制车间	3	注2
整烫车间	3	注3
成品检验	3	—

名　称	楼面均布荷载	备注
包装车间	3	—
原料、辅料库房	5.5	注 4
成品库房	3.5	—

注：1　裁剪车间未包括预缩机、自动裁剪机、粘合机等较大型的设备的荷载。以上设备的安装位置应根据设备实际情况另行确定楼面均布荷载。
　　2　缝制车间未包括各类绣花机的荷载。
　　3　整烫车间未包括大型西服整烫机等的荷载。
　　4　楼面荷载按人工堆垛取值。采用单梁悬挂式吊车作运输工具堆垛时，楼面荷载应取 7.5kN/m²。

5.2.14　多层及高层服装工厂厂房应设置垂直运输电梯，电梯选型应根据厂房层数、建筑高度与员工人数计算选择，载货梯宜选择额定载重量 1t ～2t、额定速度 1.0m/s ～ 1.75m/s 的电梯。高层厂房消防电梯的设置应符合现行国家标准《建筑设计防火规范》GB 50016 的有关规定。客梯与货梯可合用，并应根据上、下班人数确定速度与载重量。高层服装厂房货梯可根据运输频繁程度及物流量大小分低、高区设置。

6　给水、排水

6.1　一般规定

6.1.1　服装工厂的给水、排水设计应贯彻国家节约水资源、一水多用的原则，并应满足生产、生活和消防给水及厂区排水的要求。

6.1.2　服装工厂的给水排水、方式、设备材料的选择等应做到节约能源、节约材料，并应结合工艺要求进行水的重复利用。

6.1.3　服装工厂的给水、排水设计应符合现行国家标准《建筑给水排水设计规范》GB 50015 的有关规定。

6.2　给　水

6.2.1　服装工厂生产、生活给水宜利用市政给水的水压直接供水。

6.2.2　厂区宜采用生产、生活、消防合并管网的给水系统；车间内消防和生产、生活给水管网应分别设置。

6.2.3　厂区给水总引入管、车间引入管和主要用水点应设置计量装置。

6.2.4　服装工厂生活饮用水应符合现行国家标准《生活饮用水卫生标准》GB 5749 的有关规定，生产用水水质应根据生产特点、设备状况确定。

6.2.5　日常生活用水定额可按 30L/人·班 ～50L/人·班 计算，用水时间宜取 8h，小时变化系数宜取 2.5～1.5；淋浴用水量可按 40L/人·次 ～60L/人·次计算，延续供水时间宜取 1h。

6.2.6　车间内明装给水管道宜采取防结露措施。

6.3　排　水

6.3.1　服装工厂排水应采用雨水与污水分流排水系统。

6.3.2　厂区雨水宜采用埋地管道排水方式，也可采用排水沟排水。

6.3.3　车间污水排放宜根据排水性质分为生产废水系统、生活污水系统。

6.3.4　生活污水应经过化粪池处理后排入市政污水系统。

6.3.5　生产废水应根据其水质情况直接排入或处理后排入市政污水系统。

6.4　消防给水和灭火设备

6.4.1　室内消火栓给水系统、自动喷水灭火给水系统以及其他灭火设施，应根据服装工厂生产和储存物品的火灾危险性分类和建筑物的耐火等级等因素设置，且应符合现行国家标准《纺织工程设计防火规范》GB 50565、《建筑设计防火规范》GB 50016 和《自动喷水灭火系统设计规范》GB 50084 的有关规定。

6.4.2　室内消火栓、自动喷水灭火系统采用临时高压给水系统时，应设置消防水箱，消防水箱应设置在厂区最高房屋顶上，消防水箱的容量及设置要求应符合现行国家标准《纺织工程设计防火规范》GB 50565 的有关规定。

6.4.3　室内消火栓系统及自动喷水灭火系统用水量，消火栓布置、喷头布置等应符合现行国家标准《纺织工程设计防火规范》GB 50565 的有关规定。

6.4.4　服装工厂各建筑物内应配置灭火器，且应按现行国家标准《建筑灭火器配置设计规范》GB 50140 的有关规定执行。

7　采暖、通风、空调与动力

7.1　一般规定

7.1.1　采暖、通风、空调与动力设计应满足生产工艺和安全卫生要求，并应符合技术先进、经济合理、节能降耗、保护环境、有利于可持续发展的原则。

7.1.2　室外空气的设计计算参数，应根据现行国家标准《采暖通风与空气调节设计规范》GB 50019 的有关规定，并应采用工厂所在地气象部门提供的相关资料确定。

7.1.3　车间空气温度、换气量计算参数可根据服装生产工艺要求确定。生产工艺无特殊要求时，车间空气温度及换气量可根据气象条件按表 7.1.3 采用。炎热地区的服装生产车间可选用表7.1.3中较高的温度数值，位于寒冷地区的服装生产车间可选用表 7.1.3 中较低的温度数值；室内外温差小时可选用表 7.1.3 中较高的换气次数，室内外温差大时可选用表 7.1.3 中较低的换气次数。

表 7.1.3　车间空气温度及换气量

车间类别	温度（℃）		换气次数（次/h）
	夏季	冬季	
裁剪、缝制车间	26～30	16～19	5～6
整烫车间	27～31	17～20	10～12
电脑设计室	26～28	18～19	7～10

7.1.4　服装工厂已设置采暖或空调装置的生产车间、生产和生活附属用房，应根据建筑气候分区按表 7.1.4 确定围护结构的传热系数。未设置采暖或空调装置的建筑物宜按表 7.1.4 确定围护结构的传热系数。外墙与屋面的热桥部位的内表面温度，不应低于室内空气露点温度。

表 7.1.4　围护结构的传热系数

气候分区	传热系数 K ［W/（m²·K）］						
	屋面	外墙	接触室外空气的楼板	非采暖空调房间与采暖空调房间的隔墙或楼板	总风道顶板或天沟	外窗	屋顶透明部分
严寒地区 A 区	≤0.35	≤0.45	≤0.45	≤0.6	≤0.4	≤3.0	—
严寒地区 B 区	≤0.45	≤0.5	≤0.5	≤0.8	≤0.4	≤3.2	—
寒冷地区	≤0.55	≤0.6	≤0.6	≤1.5	≤0.4	≤3.5	—
夏热冬冷地区	≤0.7	≤1.0	≤1.0	—	≤0.5	≤4.7	≤3.0
夏热冬暖地区	≤0.9	≤1.5	≤1.5	—	≤0.6	≤6.5	≤3.5

注：1　表中外墙的传热系数为包括结构性热桥在内的平均值。
　　2　服装工厂所处气候分区可根据本规范附录 E，以及厂区位置位于或最接近于附录 E 中的城市确定。

7.1.5　采暖、通风、空调与动力系统以及建筑防排烟的设计，应符合现行国家标准《建筑设计防火规范》GB 50016 和《纺织工程设计防火规范》GB 50565 的有关规定。

7.1.6　采暖、通风、空调与动力系统监测与控制方面的设计，应符合现行国家标准《采暖通风与空气调节设计规范》GB 50019 的有关规定。

7.2　采　暖

7.2.1　采暖建筑物热负荷计算应符合下列要求：

　　1　全面采暖建筑物的围护结构传热系数，应按

本规范表7.1.4的规定确定。

　　2　建筑围护结构的最小传热阻应根据计算确定，并应保证建筑物内表面不结露。

　　3　采暖系统热负荷应根据建筑物获得和向外散失的热量计算确定。

　　4　计算采暖系统热负荷时，工艺设备散热量可按最大生产负荷的 40%～70% 取值。

7.2.2　采暖系统的设计应符合下列规定：

　　1　服装工厂生产车间采用的采暖方式应根据工艺条件、生产规模、所在地区气象条件、能源供应状况、环保等要求，经技术经济比较后确定。

　　2　生产附房宜采用热水采暖系统。

　　3　生产工艺、空调、采暖和生活用蒸汽，应按各自独立的系统设计。

　　4　采暖管道材质、管道敷设方式、热媒的流速等，应符合现行国家标准《采暖通风与空气调节设计规范》GB 50019 的有关规定。

7.3　通　　风

7.3.1　服装工厂的通风设计应符合现行国家标准《采暖通风与空气调节设计规范》GB 50019 的有关规定。服装工厂生产车间的通风方式应根据车间建筑形式、工艺布置、设备具体情况、当地气象条件确定。

7.3.2　服装工厂整烫车间等有大量热湿气体排出的位置，应采取防止结露滴水的措施。

7.3.3　不同型号、不同性能的风机不宜串联或并联使用。风机的设计工况效率不应低于风机最高效率的 90%。

7.3.4　整烫车间宜在发热量集中的部位设置机械通风装置，工人操作部位可设置局部送风。

7.4　空气调节

7.4.1　空气调节系统应根据生产工艺要求、作业场所职业卫生的要求，结合采暖、通风系统综合设计；使用采暖、通风系统装置已满足温湿度要求的车间、附房，可不设置空调；使用局部空调已满足要求时，不宜设置全室性空调；使用蒸汽降温空调方式已满足温湿度要求时，不应采用人工冷源的空调系统。

7.4.2　空调系统的设计和空调负荷计算，应符合现行国家标准《采暖通风与空气调节设计规范》GB 50019 的有关规定，并应符合下列规定：

　　1　设备发热量可按下式计算：

$$Q = N \cdot n \cdot k_1 \cdot k_2 \cdot k_3 \cdot \alpha \qquad (7.4.2)$$

式中：Q ——设备发热量（kW）；

　　　N——设备安装（铭牌）功率（kW）；

　　　n——设备台数（台）；

　　　k_1——安装系数，为设备最大实耗功率与安装功率之比；

　　　k_2——同期使用系数；

k_3——电动机负荷系数，为每小时平均实耗功率与设计最大实耗功率之比；

α——热迁移系数，有机台通风排热装置的设备取0.7～0.9，其他取1。

2 厂房围护结构传热系数的选择可按本规范表7.1.4的规定确定。

3 车间空调系统宜按防火分区设置。

4 车间空调系统设备和管道应根据气象条件、生产规模、生产班次、产品类别、厂房结构型式、厂房层数等，进行技术经济比较确定设计方案。大型服装生产车间可采用在附房空调室内布置空气处理设备和风机的方式，中、小型服装生产车间宜采用中、小型组合式空调设备。

7.5 动 力

7.5.1 服装厂的动力系统，应包括压缩空气、制冷、蒸汽等设备、管路的设计，应根据生产规模、工艺参数、用户用量及分布等情况，进行技术经济比较确定设计方案。用量较小、用户点分散时，不宜设置集中站房。需求量较大、用户点较集中时，宜集中设置动力站房，并宜布置在负荷中心区域。

7.5.2 动力系统的负荷应根据最大用量、管网损失、同时使用系数等因素经计算确定；设备单台容量、台数应根据生产实际总负荷及全年负荷变化情况确定。

7.5.3 动力系统的供冷、供热管道应采取保温措施。

7.5.4 动力系统的站房、管道设计应符合现行国家标准《压缩空气站设计规范》GB 50029、《采暖通风与空气调节设计规范》GB 50019、《锅炉房设计规范》GB 50041的有关规定。

8 电 气

8.1 一般规定

8.1.1 电气设计应满足生产工艺及相关专业的要求。

8.1.2 电气设计应符合安全可靠、技术先进、操作维护方便、经济适用的原则，应选用效率高、能耗低、性能可靠的电气产品。

8.2 供配电系统

8.2.1 服装工厂的生产用电负荷可为三级负荷。消防设备用电负荷等级，应按现行国家标准《建筑设计防火规范》GB 50016的有关规定执行。

8.2.2 供电电压等级与供电回路数应按生产规模、性质和用电量，并应结合地区电网的供电条件确定。一般服装工厂宜采用10kV单回路供电。大型服装工厂宜采用10kV双回路供电。在10kV电源难于取得或容量不足时，可采用35kV供电。

8.2.3 供电系统中，配电变压器宜选用D，Ynll接线组别的变压器。

8.2.4 低压配电系统应符合下列规定：

1 低压配电电压应采用交流220V/380V。

2 车间变配电所变压器的总容量、单台容量及台数，应根据计算负荷及经济合理运行的原则确定。车间变配电所之间宜设低压联络线。

3 车间变配电所的低压配电系统应与工艺生产系统相适应，平行的生产流水线宜由不同的母线（回路）供电；同一生产流水线的各用电设备宜由同一母线（回路）供电。

4 车间的单相负荷应均匀地分配在三相线路中。

5 供电系统宜在变配电所内设无功功率集中补偿装置，补偿后的功率因数不应小于0.9。

8.2.5 室内配电干线的敷设宜采用电缆桥架敷设方式。潮湿、易腐蚀场所的电缆桥架，应根据腐蚀介质的不同采取相应防腐措施。室外配电干线宜采用电缆沟或直接埋地敷设。

8.3 照 明

8.3.1 生产车间的照明方式宜采用一般照明。验布和缝制车间宜采用混合照明，在验布机和缝制机的机架上宜设置局部照明灯具。一般照明应采用高效荧光灯，混合照明可根据用途及环境采用不同的光源。

8.3.2 车间作业区内的一般照明度均匀度不应小于0.7，作业面临近周围的照度均匀度不应小于0.5。

8.3.3 混合照明中的一般照明，其照度值不应小于混合照明的10%，并不应低于75 lx。

8.3.4 生产车间的照明标准应符合表8.3.4的规定。

表8.3.4 生产车间的照明标准

工段名称	0.75m水平面一般照明的最低照度值（lx）	显色指数	备注
设计室	500	80	—
验布	750	80	混合照明
裁剪	300	80	—
缝制	400	80	混合照明
整烫	300	80	—
包装	100	60	—
库房	100	60	—

8.3.5 车间照明配电应采取防频闪措施，且应按工序分区设置照明开关设备。

8.3.6 车间内应设应急照明灯。在安全出口、疏散通道及转角处，应按现行国家标准《建筑设计防火规范》GB 50016的有关规定设置疏散标志灯。

8.3.7 车间内应根据照明场所的环境条件和使用特点，合理选用灯具。灯具的布置与安装应符合作业、安全及维护方便的要求。缝制车间宜采用安装高度为1.8m～2m的线槽灯带，线槽可用于安装灯具，也可用于照明和动力电线的敷设。整烫车间应选用防水防尘灯具。丙类仓库应选用低温照明灯具。

8.3.8 服装工厂照明设计除应符合本规范的规定外，尚应符合现行国家标准《建筑照明设计标准》GB 50034的有关规定。

8.4 防雷及接地

8.4.1 服装工厂的建（构）筑物防雷分类及防雷措施，应符合现行国家标准《建筑物防雷设计规范》GB 50057 和《建筑物电子信息系统防雷技术规范》GB 50343 的有关规定。

8.4.2 服装工厂的低压配电系统的接地形式宜采用TN－S或 TN－C－S。

8.4.3 建筑物宜利用金属屋面、钢筋混凝土屋面板、梁、柱和基础的钢筋作接闪器、引下线和接地装置。

8.4.4 生产车间宜采用共用接地装置，并应采用等电位联结。

8.5 火灾报警及通信

8.5.1 火灾自动报警系统和消防控制室的设置，应按现行国家标准《建筑设计防火规范》GB 50016 和《火灾自动报警系统设计规范》GB 50116 的有关规定执行。

8.5.2 服装工厂应设置对内对外联系使用的通信装置，并宜设置厂区管理用的计算机网络。

9 职业安全卫生

9.0.1 服装工厂的职业安全卫生设计，应符合现行国家标准《纺织工业企业职业安全卫生设计规范》GB 50477 和有关工业企业设计卫生的规定。

9.0.2 服装工厂的裁剪、缝制、整烫和包装等生产车间应采取通风措施，并应符合本规范第 7.1 节和第 7.3 节的有关规定。

9.0.3 服装工厂作业场所的温度、换气次数设计，应符合本规范第 7.1 节的有关规定。

9.0.4 作业场所的照明设计应符合本规范第 8.3 节的有关规定。

9.0.5 生产车间内应设置饮水间。

附录 A 服装生产工艺流程

A.0.1 西服及西裤的工艺流程应符合下列规定：

1 裁剪工艺流程应符合下列规定：

1）手工裁剪工艺流程：

验布 → 预缩 → 排料 → 铺布 → 裁剪 → 验片 → 分包 → 编号 → 粘合 → 扎包 → 送缝制车间。

2）全自动裁剪工艺流程：

CAD排料
裁剪指令
拉布机参数
预缩
验布
自动上布
自动铺布
自动裁剪
验片打号
扎捆分包
送缝制车间

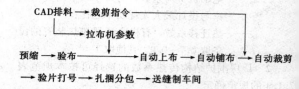

图 A.0.1-1 全自动裁剪工艺流程

2 缝制工艺流程应符合下列要求：

1）西服上衣缝制工艺流程：

前身加工
挂面加工
后身加工
领子加工
袖子加工
衣身组合加工
半成品检验
送整烫包装车间

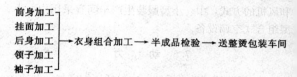

图 A.0.1-2 西服上衣缝制工艺流程

2）西裤缝制工艺流程：

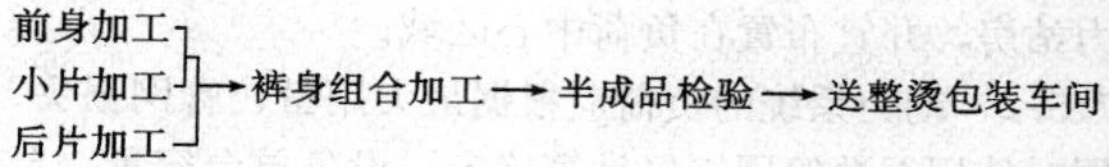

前身加工
小片加工
后片加工
裤身组合加工
半成品检验
送整烫包装车间

图 A.0.1-3 西裤缝制工艺流程

3 整烫和包装工艺流程应符合下列要求：

1）西服上衣整烫和包装工艺流程：

烫内袖 → 烫外袖 → 烫左右肩 → 烫里襟 → 烫门襟 → 烫背肋 → 烫衣领 → 烫驳头 → 烫袖窿 → 烫袖山 → 修正熨烫 → 钉扣 → 成衣检验 → 包装 → 进库。

2）西裤整烫与包装工艺流程：

烫腰身 → 烫下裆 → 钉扣 → 成衣检验 → 包装 → 进库。

A.0.2 男式衬衫的工艺流程应符合下列规定：

1 裁剪工艺流程：

验布 → 排料 → 铺布 → 开裁 → 验片 → 分包 → 编号 → 扎包 → 送缝纫车间。

2 缝制工艺流程：

验收发料
前身加工
后身加工
领子加工
袖子加工
衣片合缝
锁眼
钉扣
中间检验
送整烫包装车间

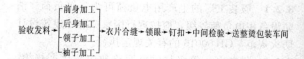

图 A.0.2 缝制工艺流程

3 整烫和包装工艺流程：

剪绒头 → 吸绒头 → 熨烫 → 挂吊牌 → 检针 → 小包装 → 大包装 → 进库。

附录 B 服装面、辅料单耗

表 B 服装面、辅料单耗参考指标（m）

产品品种	面料		里料		缝纫线单耗
	幅宽	单耗	幅宽	单耗	
西服、西裤	1.44	2.65	1.44	1.35	480
男西裤	1.44	1.2	—	—	270
男衬衫	0.9	2.0	—	—	110

附录 C 服装设备的分类

C.0.1 服装设计设备可包括下列分类：

1 服装 CAD 设备；

2 手工设计工具及工作台。

C.0.2 裁剪设备可包括下列分类：

1 服装 CAM 设备；

2 折翻机、验布机、预缩机、铺布机与断料机、裁剪台、划样工具及工作台、对条对格工具及工作台等准备设备；

3 电刀裁剪机、冲压裁剪机等裁剪设备；

4 钻孔机、切痕机等定位设备；

5 衣片打号机等编号设备。

C.0.3 粘合设备可包括下列分类：

1 平压式粘合机；

2 辊压式粘合机。

C.0.4 缝纫设备可包括下列分类：

1 单针平缝机、双针平缝机等平缝机；

2 单针链缝机、多针链缝机等链缝机；

3 二线、三线、四线、五线及自动包缝机等包缝机；

4 缲边机、扎驳头机、缉领角机等暗缝机；

5 单针平缝缲缝机、多针链缝缲缝机等缲缝机；

6 双针绷缝机、三针绷缝机等绷缝机；

7 纽孔套结机、袋口套结机、钉裤带环机等套结机。

C.0.5 饰绣设备可包括下列分类：

1 多针机、曲折缝机、珠边机、月牙边机、柳条花针机等装饰缝纫机；

2 电脑自动绣花机、半自动绣花机、手动绣花机等绣花缝纫机；

3 单针绗缝机、多针绗缝机等绗缝机。

C.0.6 锁钉设备可包括下列分类：

1 平头锁眼机、圆头锁眼机等锁眼机；

2 平缝钉扣机、链缝钉扣机等钉扣机。

C.0.7 熨烫设备可包括下列分类：

1 中间熨烫机、成品熨烫机、立体或人像熨烫机等熨烫机；

2 平烫台、模型烫台、组合烫台等烫台；

3 电熨斗、蒸汽熨斗、吊瓶蒸汽熨斗、电热蒸汽熨斗等熨斗。

C.0.8 包装设备可包括下列分类：

1 衬衫折叠装袋机；

2 西服立体包装机；

3 打包机。

C.0.9 辅助设备可包括下列分类：

1 蒸汽发生器、真空泵、空气压缩机等熨烫辅助设备；

2 吊挂式传输系统、步进式传输系统、车间运输小车等车间运输设备；

3 吊挂储运系统、货架、叉车等仓储设备；

4 吸绒头机、检针器、打线钉器、去污机等其他设备。

附录 D 西服生产设备配置

D.0.1 西服生产裁剪设备配置可按表 D.0.1 选用。

表 D.0.1 西服生产裁剪设备配置

编号	设备名称	台数（台）		备 注
		上衣（件/日）	西裤（件/日）	
		200~500	200~500	
1	验布机	1		—
2	预缩机	1		—
3	电动铺布机	1		—
4	带式裁剪机	2		—
5	电动裁剪机（电剪刀）	10		20cm（8in）和 25cm（10in）
6	电钻孔机	5		—
7	打号机	10		—
8	表面卷取机	1		—
9	对条对格工作台	1		—
10	工作台	10		—
11	裁剪工作台	10		—
12	纸样复印机	1		—
13	辊压式粘合机	1		—

注：自动裁剪系统可代替编号中 3~11 的设备。

D.0.2 西服生产线缝纫设备配置可按表 D.0.2 选用。

表 D.0.2　西服生产线缝纫设备配置

编号	机种名称	台数（台）				备注
		上衣（件/日）		西裤（件/日）		
		200	500	200	500	
1	高速单针自动切线缝纫机	18	41	10	17	备用机3台~5台
2	高速单针自动切线差动上送布量可变缝纫机	4	9	—	—	备用机1台~2台
3	高速单针针送布自动切线缝纫机	—	—	1	1	—
4	高速单针差动送布自动切线缝纫机	—	—	1	1	—
5	高速单针带切刀及卷夹平缝机	1	1	—	—	—
6	高速单针带切刀及卷夹自动切线平缝机	1	1	2	2	—
7	串联式双针双链缝纫机	—	—	1	1	—
8	单针双链自动切线缝纫机	—	—	2	4	—
9	双针针送布自动切线平缝机	—	1	—	—	—
10	单针平缝打扣机	1	1	—	—	—
11	单针平缝套结机	1	2	2	3	—
12	单针平缝扣眼套结机	1	1	—	—	—
13	单针同步送布平缝附衬机带切线器	4	10	—	—	备用机1台
14	筒形单针同步送布平缝机	1	2	—	—	—
15	高速单针平缝、曲折缝纫机	—	1	—	—	—
16	单针链缝缲缝纫机	1	3	—	—	—
17	单针平缝钉裤带环套结机	—	—	1	2	—
18	高速三线包缝机	—	2	3	3	备用机1台
19	自动缝裤带环缝纫机	—	—	1	1	—
20	双针平缝自动开袋机	—	—	1	1	—
21	自动钉裤带环缝纫机	—	—	1	1	—
22	双针平缝自动开袋机	1	2	—	—	可开斜袋
23	单针单线链缝扎驳头机	1	2	—	—	—
24	单针链缝缲缝机	1	2	—	—	—
25	单针筒形差动送布（上送布量可变）装袖机	2	4	—	—	—
26	融袖机	1	1	—	—	—
27	圆头锁眼机	1	2	1	1	—
28	单针平缝缲边机	1	2	—	—	—

续表 D.0.2

编号	机种名称	台数（台）				备注
		上衣（件/日）		西裤（件/日）		
		200	500	200	500	
29	单针平缝垫肩机	1	3	—	—	—
30	钉搭钩机	—	1	1	1	—
31	电子绕线钉扣机	1	2	—	—	—
32	自动送扣单针链缝钉扣机	—	—	1	1	—
33	自动切线珠边机	2	2	—	—	—
34	直线之字缝订商标机	1	1	—	—	—
35	集成式差动合肩机	1	1	—	—	—
36	假眼机	1	1	—	—	—

D.0.3 西服熨烫设备配置可按表 D.0.3 选用。

表 D.0.3　西服熨烫设备配置

编号	机种名称	台数（台）			
		上衣（件/日）		西裤（件/日）	
		200	500	200	500
1	贴边烫衣机	1	2	—	—
2	外袖烫衣机	1	1	—	—
3	内袖烫衣机	1	2	—	—
4	双肩烫衣机	1	2	—	—
5	里襟烫衣机	1	2	—	—
6	门襟烫衣机	1	2	—	—
7	侧缝烫衣机	1	2	—	—
8	后背烫衣机	1	2	—	—
9	领部烫衣机	1	1	—	—
10	领头烫衣机	1	1	—	—
11	驳头烫衣机	1	2	—	—
12	袖窿烫衣机	1	1	—	—
13	袖山烫衣机	1	1	—	—
14	真空烫台（肩连袖）	3	5	—	—
15	手动下裆烫衣机	—	—	1	2
16	手动腰身烫衣机	—	—	1	2
17	液滴式电蒸汽熨斗	12	25	5	9
18	真空烫台（平面台）	26	27	9	9
19	粘合衬压烫机	—	—	1	1
20	粘合前身压烫机	1	1	—	—
21	贴边烫衣机	1	2	—	—
22	侧缝烫衣机	—	—	1	1
23	拔裆烫衣机	—	—	1	1
24	收袋烫衣机	2	5	1	1
25	袋盖定形机	1	1	—	—
26	分烫后中缝烫衣机	1	1	—	—
27	袖侧缝烫衣机	1	1	—	—
28	领部烫衣机	1	1	—	—
29	工作台	12	30	3	3

附录 E 主要城市所处气候分区

表 E 主要城市的建筑气候分区

气候分区	代表性城市
严寒地区 A区	海伦、博克图、伊春、呼玛、海拉尔、满洲里、齐齐哈尔、富锦、哈尔滨、牡丹江、克拉玛依、佳木斯、安达
严寒地区 B区	长春、乌鲁木齐、延吉、通辽、通化、四平、呼和浩特、抚顺、大柴旦、沈阳、大同、本溪、阜新、哈密、鞍山、张家口、酒泉、伊宁、吐鲁番、西宁、银川、丹东
寒冷地区	兰州、太原、唐山、阿坝、喀什、北京、天津、大连、阳泉、平凉、石家庄、德州、晋城、天水、西安、拉萨、康定、济南、青岛、安阳、郑州、洛阳、宝鸡、徐州
夏热冬冷地区	南京、蚌埠、盐城、南通、合肥、安庆、九江、武汉、黄石、岳阳、汉中、安康、上海、杭州、宁波、宜昌、长沙、南昌、株洲、永州、赣州、韶关、桂林、重庆、达县、万州、涪陵、南充、宜宾、成都、贵阳、遵义、凯里、绵阳
夏热冬暖地区	福州、莆田、龙岩、梅州、兴宁、英德、河池、柳州、贺州、泉州、厦门、广州、深圳、湛江、汕头、海口、南宁、北海、梧州

本规范用词说明

1 为便于在执行本规范条文时区别对待,对要求严格程度不同的用词说明如下:

　1)表示很严格,非这样做不可的:
　　正面词采用"必须",反面词采用"严禁";

　2)表示严格,在正常情况下均应这样做的:
　　正面词采用"应",反面词采用"不应"或"不得";

　3)表示允许稍有选择,在条件许可时首先应这样做的:
　　正面词采用"宜",反面词采用"不宜";

　4)表示有选择,在一定条件下可以这样做的,采用"可"。

2 条文中指明应按其他有关标准执行的写法为:"应符合……的规定"或"应按……执行"。

引用标准名录

《建筑抗震设计规范》GB 50011
《建筑给水排水设计规范》GB 50015
《建筑设计防火规范》GB 50016
《采暖通风与空气调节设计规范》GB 50019
《厂矿道路设计规范》GBJ 22
《压缩空气站设计规范》GB 50029
《建筑采光设计标准》GB/T 50033
《建筑照明设计标准》GB 50034
《锅炉房设计规范》GB 50041
《建筑物防雷设计规范》GB 50057
《自动喷水灭火系统设计规范》GB 50084
《火灾自动报警系统设计规范》GB 50116
《建筑灭火器配置设计规范》GB 50140
《工业企业总平面设计规范》GB 50187
《建筑物电子信息系统防雷技术规范》GB 50343
《建筑工程建筑面积计算规范》GB/T 50353
《纺织工业企业职业安全卫生设计规范》GB 50477
《纺织工程设计防火规范》GB 50565
《生活饮用水卫生标准》GB 5749

制 定 说 明

《服装工厂设计规范》GB 50705—2012 经住房和城乡建设部 2012 年 5 月 28 日以第 1415 号公告批准发布。

本规范编制组进行了全国各地服装工厂的调查研究，总结了我国服装工厂工程建设的实践经验，参考了原纺织行业标准《服装工业企业工艺设计技术规范》FZJ 123—1997 的技术内容。

为便于广大设计、施工、科研、学校等单位有关人员在使用本规范时能正确理解和执行条文规定，《服装工厂设计规范》编制组按章、节、条顺序编制了本规范的条文说明，对条文规定的目的、依据以及执行中需注意的有关事项进行了说明，对强制性条文的强制性理由做了解释。但是本条文说明不具备与规范正文同等的法律效力，仅供使用者作为理解和把握规范规定的参考。

目 次

1 总 则

1.0.2 本规范的适用范围：纺织服装工厂的新建、改建和扩建项目设计。纺织服装是指以纺织品为主要材料的服装。制作服装的材料很多，最多的是纺织品，还有裘革制品、塑料制品和金属、橡胶制品等。羽绒服装的面料、里料一般为纺织品，但其填充物羽绒需要专门进行加工。水洗整理服装，是指成品、半成品或所用面料经石磨、砂洗、酶洗、漂洗、雪花洗、免烫洗等一种或多种组合方式水洗加工整理的服装；此类服装加工中大量用水，需设置水处理设施。皮革服装的主要材料为裘革制品，不同材料制作服装的生产工艺不同，生产设备不同，对工厂厂房设计的要求也不同。

3 工 艺

3.1 一般规定

3.1.3 服装生产过程中，尤其是高档次的产品，为避免因交接班引起的管理混乱，一般工序和设备都固定人员，实行一班制的劳动组织制度。西服和衬衫工厂一般也实行一班制。本规范以一班制的劳动组织形式为基础进行工艺设计。实际生产可按产品品种、批量、数目、交货时间等因素采用一班制或两班制。

3.1.5 工艺设计在确保产品质量和满足生产能力的前提下，通过采用新技术、新工艺、新设备等来提高劳动生产率和设备利用率；尽可能缩短生产流程，节能和节地。新技术、新工艺、新设备的采用是在成熟可靠的基础上，也要符合我国国情和工厂所在地的基础条件。

当生产同一产品可有多种方案选择时，应比较各种方案的生产能力大小、原辅料和公用工程单耗的高低、产品质量指标的优劣、厂房占地面积的大小、建厂周期的长短和投资的多少等因素，综合后选择。

3.2 工艺流程的选择

3.2.1 服装工业化生产（成衣生产）的产品方案是指具体品种、规格及各品种占总产量比例。产品质量应按国家和行业的产品标准的要求执行。如现行国家标准《衬衫》GB/T 2660，《男西服、大衣》GB/T 2664。

3.2.4 男式西服和男衬衫的工艺流程因内容繁杂，不列为条文正文，而以附录的形式表示。具备生产男式西服和男衬衫工艺流程和生产能力的服装工厂一般都能满足目前大部分纺织服装的生产要求，因此本规范用男式西服和男衬衫作为服装工厂的代表生产品种。如果生产产品为童装或牛仔服装，需分别经过印

花和水洗工序，则应按照需要增加相应设施，各专业应依据其他相应规范、标准进行设计。

3.3 原、辅料用量计算

3.3.1 服装的原、辅料材料品种和花色不但丰富，而且日新月异、变化无穷。原料是指面料，是构成服装的主体材料；辅料是指里料、衬料、填充料、胆料和缝纫线，还有纽扣、拉链、花边和网扣等；辅料在外观、质地和性能上应与服装面料相匹配。

西服的原、辅料主要有面料、里料、衬料、缝纫线和纽扣。

男衬衫的原、辅料主要有面料、衬料、缝纫线和纽扣。

3.3.2 本条文主要列出了面料的计算。并依据服装大批量生产的排料图来计算单位产品的面料耗用量。西服和男式衬衫是以梭织物作为原、辅料。本条文中列出的针织成衣单位产品用料量的用料计算公式可作为生产针织成衣或针织品为里料时的参考。

3.3.3 本条文作为西服和男衬衫原、辅料单耗的参考指标，可以作为西服和男衬衫生产工厂的用料估算的参考。

3.4 工艺设备的选择和配置

3.4.4 服装生产设备的种类很多，设备按服装加工的各主要工序和用途，包括了九大类，每类都有很多型号规格。

3.4.5 本条文规定了西服生产设备配置。男衬衫的生产设备配置可根据生产工序参考西服生产设备配置。

3.5 工艺设备的布置

3.5.2 服装生产的劳动作业形式依据产品的批量、品种和工艺要求确定。设备布置要满足劳动作业的要求。劳动作业的形式一般有传送带式流水作业、单机组合式流水作业、集团式流水作业、吊挂传输式流水作业和模块式快速反应流水作业等。设备布置合理，能使设备、工具、运输装置（设备）和工人操作相协调，工人操作安全方便，有利于生产管理，并有效地利用车间生产面积。

3.5.5 粘合机在操作中因高温挤压，有各类树脂产生气味，为了不影响到其他工作场所，应在单独房间布置，与主车间隔开；并靠外墙布置，排放的效果较好。

4 总平面设计

4.1 一般规定

4.1.1 工厂设计一般都要依据规划部门的"控制性

详细规划要求"进行设计，必须满足控制性详细规划中的强制性指标（建筑密度、建筑高度、容积率、绿地率、配套设施等），在满足服装生产要求前提下，通过方案比选做到节地、节能、节水、节材，并满足环境保护、安全卫生、防火等有关规定，对现行国家及行业标准及规定中的强制性条文必须严格执行。

4.1.2 总平面布置方案受多方面因素制约和影响，如城市规划中的环境保护、交通运输、当地的气候与自然条件等。设计前应搜集相关资料，依据可靠的基础资料进行设计，并应进行多方案的技术经济比较。

4.1.3 本规范关于服装工厂总平面布置的要求，有以下原因：

1 总平面布置应以工艺要求为中心，因地制宜地根据工厂所在区域的具体条件，以节约用地为原则，选择主厂房的结构形式与建筑高度；根据服装生产工艺的特点，在满足安全卫生、防火及工程管线敷设要求等条件下，尽可能体现集中、联合、多层的布置原则。

2 总平面布置要有合理的功能分区。根据生产系统，辅助生产系统和非生产系统各部分之间的关系，按功能模块进行布置。主厂房位置确定后，各种辅助和附属设施应靠近所服务的部门。动力供应部门应接近负荷中心，尽量缩短管线、降低能耗、节约资源。

3 工厂建筑的设计均宜规整、简洁，有利于节能和节省造价。行政管理及生活设施不应与生产设施混合布置，避免使用中干扰。建筑宜集中、合并，形成一定的体量。

4 服装工厂有大量和频繁的原、辅料及成品厂外运输，应设计方便的厂外运输出入口，并避免与人流出入口交叉干扰。

4.1.4 总图布置时应避免在未作发展规划时，盲目预留发展用地。在设计中已有发展规划，并明确分期建设时，也应以节地为原则，尽量集中布置，提高土地的利用价值，并充分考虑与前期厂房的生产联系及工程管线的衔接。

4.1.6 厂区总平面布置的防火设计应按现行国家标准《纺织工程设计防火规范》GB 50565 执行，《纺织工程设计防火规范》GB 50565 未作规定者应按现行国家标准《建筑设计防火规范》GB 50016 和《工业企业总平面设计规范》GB 50187 的规定执行。

4.2 总平面布置

4.2.1 服装厂生产厂房多采用多层厂房，生产规模较大或用地紧张的还可以采用高层厂房的形式。应将厂房布置在地质条件较好的地段。多、高层厂房周围宜设环形道路，当条件不允许时应设有与厂房长轴平行的消防通道，并符合现行国家标准《建筑设计防火规范》GB 50016 的要求。

4.2.2 当为多、高层厂房时可按生产工艺流程进行布置，单层厂房时应按照生产工艺流程及相互关系，以主要生产车间（缝制车间与整烫车间）为核心进行总平面布置，并注意与各生产车间工艺关联的其他部门应靠近布置。

4.2.3 一字形的平面形式结构规整合理，应为首选。针对我国的气候条件，厂房南北向布置能获得最好的自然通风条件。当生产品种较多时也可视具体情况设计 L 形、Z 形、U 形等其他简洁的平面形式，把附房布置在厂房的端部或拐弯的连接部分，使生产车间获得良好的通风和采光。

4.2.4 L 形和 U 形平面厂房开口部分朝向夏季主导风向，有利于车间内的自然通风，当受地形条件或其他因素影响时，也应保持开口与主导风向的夹角小于 30°，夹角越小，通风条件越好。

4.2.5 单层厂房占地面积大，受场地限制不可能所有车间全都能满足南北向布置。主要生产车间指人员相对密集、设备台数相对更多的缝纫车间和需要通风散热的整烫车间。与车间生产密切相关的附属车间和库房可以组合到主车间中来，但应布置在端部，以免影响车间采光通风。

4.2.6 仓储区与厂内运及厂外运输联系密切，布置仓储设施时应统一考虑使之协调方便、快捷，并尽可能避开人流集中地段以保证交通安全。大型服装企业应设货物运输的专用出入口。当有储油罐和危险品库时应单独布置在常年最小风向上风侧的厂区边缘地区，远离其他建筑与人群，其建筑间距必须遵循国家现行的防火规范要求。

4.2.8 行政管理与生产服务设施的布置应体现集中布置的原则，严格控制占地指标，避免过多占用土地。

4.2.9 集体宿舍在一些工厂常和行政办公布置在同一区域，应将其适当分割、相对独立，避免相互干扰。

4.3 道路运输

4.3.3 厂区内主次干道一般都采用城市型道路，很少采用公路型道路设计。为适应中小城镇不同规模的服装生产企业的需要，本规范也作了适度的放宽，路肩宽度设置有困难时也不应小于 1m。

4.3.5 厂区道路的宽度及转弯半径要结合消防车道考虑。道路设计还应考虑现代集装箱运输需要，常用集装箱货柜长度为 6m 和 12m 两种，宽度 2.4m，高度 2.5m，如采用集装箱运输，道路的宽度和转弯半径应相应增大。

4.4 竖 向 设 计

4.4.1 总图竖向设计的主要内容和任务是根据厂址自然地形条件、工程地质、生产工艺、运输方式、雨水排除及土石方量平衡等因素，综合确定场地内各建（构）筑物、道路广场等的标高关系，确定竖向布置系统和方式，确定场地平整方案和合理组织场地排水。

4.4.2 竖向布置系统有平坡式和台阶式两种，布置方式有连接、重点、混合式三种。平坡式连续布置最方便于厂内运输及联系，应优先采用，尤其对单层厂房的服装工厂最为适合。当场地地形有特殊情况并影响到土石方平衡时，附属或辅助建（构）筑物及行政生活区可采用台阶式系统，布置方式亦可灵活应用，但台阶的划分尽可能与厂区功能分区一致。厂区标高设定应注意与厂外周围建筑和道路标高相协调，并应有利于厂区排水。厂区出入口的路面标高宜高于厂外路面标高。当工厂建在城镇郊区时应注意厂区标高的确定。

4.5 厂区绿化

4.5.1、4.5.2 厂区绿化是保护环境、实现生态平衡的重要措施。各地区建厂条件不同，地方规划部门对厂区绿地率的要求也不相同。绿化布置应贯彻因地制宜、有利生产、保障安全、美化环境、节约用地、经济合理的原则。

4.6 厂区管线

4.6.1 管线综合是总平面设计的重要组成部分，布置时应注意使厂区管线之间以及管线与建（构）筑物、道路、绿化设施之间在平面和竖向上相协调，既要满足施工、检修、安全等要求，又要贯彻节约用地原则。厂区各种管线的排列次序和布置间距要求应符合现行国家标准《工业企业总平面设计规范》GB 50187 的有关规定。

4.6.3 厂区主要道路运输频繁，若地下布置管线维修时必然影响交通运输，故尽可能不在主要道路下布置管线而采用管线架空的方式。架空管线的净空高度应大于或等于 4.5m，主要考虑现代大型运输车辆的通行与消防车通行的需要，与我国目前主要道路净空高度保持一致。

4.7 主要技术经济指标

4.7.1、4.7.2 总平面技术经济指标本规范给出 9 项指标，关于容积率指标各地要求不尽统一，应遵循当地规划部门对容积率的指标要求。对绿地面积或绿化率的称谓各地也不一致，实质内容是一样的。

5 建筑、结构

5.2 生产厂房及仓库

5.2.1 近年来服装工厂厂房形式随着各地区经济发展有不同的发展与变化，除单层、多层外还出现了高层联合厂房的形式。单层厂房不利于节约用地。根据服装工厂设备较小、荷载较轻的特点，从节约用地的国情出发，应优先采用多、高层厂房形式。

5.2.2 厂房设计的柱网尺寸应在满足生产工艺要求及流程合理的前提下，选择较大的柱网尺寸，更有利于车间设备的灵活布置和今后的变动与改造。

5.2.4 本条为强制性条文，必须严格执行。窗槛墙的高度应防止下层车间着火时火焰从窗口窜至上层车间，参照现行国家标准《建筑设计防火规范》GB 50016—2006 第 7.2.7 条和《高层民用建筑设计防火规范》GB 50045—95（2005 年版）中第 3.08 条中有关建筑幕墙窗槛墙的规定，对火灾危险性较大的服装工厂的窗槛墙高度也作出了规定。

5.2.5 本条中列举的常用柱网尺寸参照原行业标准《服装工业企业工艺设计技术规范》FZJ 123—1997 第 4.1.5 条选用。

5.2.6 厂房净高设计时要根据厂房的建筑结构形式和其他情况由设计人确定。有吊顶的生产车间净高应从吊顶下算起。车间内是否采用空调根据地区气候条件、项目的经济投入条件及使用要求确定。

5.2.7 面对我国能源紧缺的严峻形势，国家制定了一系列相关政策和法律法规，对于民用建筑设计，已编制发布了各种气候地区的节能标准；各省市也发布了民用建筑节能 50％ 或 65％ 的标准要求。对于工业厂房的节能设计目前国家尚未制定统一的节能规范或标准，但也同样应遵循节能的相关政策和法律法规。服装工厂厂房的建筑围护结构热工设计应结合不同地区的气象条件和当地节能标准，合理选择保温材料和部品、部件，采取适当的节能措施。屋面与墙体的构造及外门窗的各项技术指标，既要符合生产工艺对采光、通风的要求，也要满足建筑节能要求。

5.2.8 根据现行国家标准《建筑采光设计标准》GB/T 50033—2001 第 3.2.8 条，服装工业生产厂房采光等级为 II 级，窗地面积比按照该标准表 5.0.1 应为 1/3～1/3.5；车间跨度越大，越难以达到此项要求。考虑到服装生产可以用辅助的局部照明提高工作面照度，从节约能源、减少围护结构热工损失的角度，窗墙比值亦不宜太大。实际设计中应权衡两者利弊，当确实不能达到理想的窗地比值时应由局部照明补充。南方地区外窗采用遮阳措施，可起到降低室内空调负荷的节能作用，但对室内光线不足区域亦应有相应补救措施。

5.2.11、5.2.12 服装工厂厂房、仓库一般属于现行国家标准《建筑设计防火规范》GB 50016 第 9.1.3 条第 1 款、第 2 款所述范围，其防烟、排烟应引起设计人员充分重视。由于服装生产厂房属于人员密集、大量可燃物堆积的场所，按《建筑设计防火规范》GB 50016 第 9.2.2 条第 4 款，自然排烟口的净面积取地板面积的 2％～5％。按《建筑设计防火规范》

GB 50016 第 9.2.4 条，服装生产车间及库房距外窗可自然排烟范围为 30m。

5.2.13 服装工业厂房楼板设计荷载的确定由于设备品种的多样性和生产工艺的变化，表中数值可作为结构设计的参考数据，具体工程项目设计还应根据工艺设备及布置情况予以校核。

5.2.14 多、高层服装厂房的垂直运输电梯功能分别为载人与载货，两者也可以合并设置。电梯速度应根据上下班时间是否集中，物流运输量大小及频繁程度经过计算决定，电梯厂在选型上有较丰富经验，可吸取电梯厂家的建议。

6 给水、排水

6.1 一般规定

6.1.1、6.1.2 这两条是服装工厂给水排水设计应遵循的原则和贯彻国家节约水资源、保护环境的要求。

6.2 给 水

6.2.1 由于国内服装工厂建筑物一般为单层或多层厂房，市政给水的水压为 0.25MPa～0.35MPa 能满足生产、生活水压要求，为节约能源和降低投资，宜由市政给水的水压直接供水。

6.2.2 厂区生产、生活、消防合并管网的给水系统为现行国家标准《建筑设计防火规范》GB 50016 所提倡，管网简单，便于维护管理并可节约投资。车间内消防系统水压与生产、生活给水系统有较大的差别；消防给水系统中水体滞留变质对生产、生活系统有不利影响，因此要求车间内消防系统与生产、生活给水系统宜分开设置。

6.2.3 根据节能和管理的要求规定工厂厂区给水总引入管、车间引入管和主要用水点应设计量装置。

6.2.4 从卫生防疫和劳动保护方面考虑，生活饮用水必须符合现行国家标准《生活饮用水卫生标准》GB 5749 的规定。服装工厂熨烫工段的生产用水，一般用于蒸汽发生器或锅炉，其水质（主要是硬度）应根据生产特点、设备状况确定，一般为 17.85mg/L ～71.4mg/L（以 $CaCo_3$ 计）。

6.2.5 服装工厂生产一般为白班，生活用水量主要与人数有关，用水时间宜取 8 h，小时变化系数宜取 2.5～1.5，根据现行国家标准《建筑给水排水设计规范》GB 50015 的要求确定淋浴用水定额。

6.2.6 明装给水管道外表面在给水温度较低时有可能结露、滴水，污染产品，所以宜采取防结露措施。

6.3 排 水

6.3.1 保护环境、保护水资源是工业可持续发展必然选择，因此要求新建、改建和扩建服装工厂排水应采用雨水与污水分流排水系统。

6.3.2 厂区雨水排放方式可根据厂区地形、市政雨水管井标高等确定，一般宜采用埋地管道排水方式，如厂区地形高差过大或排入的管井或水体标高太高，不能满足埋地管道排水时，也可采用排水沟排水。

6.3.3 本条要求车间污水排放根据排水性质划分系统以便分别处理。

6.3.4 生活污水主要是卫生间的污水，应经过化粪池处理后才能排入市政污水系统。

6.3.5 服装工厂生产废水依产品不同其水质也不同，因此要求根据其具体情况分别对待，处理或不处理，最后都应排入市政污水系统。

6.4 消防给水和灭火设备

6.4.1 由于现行国家标准《建筑设计防火规范》GB 50016 覆盖面很广，无法覆盖全行业，但现行国家标准《纺织工程设计防火规范》GB 50565 针对纺织工程的防火设计作了规定。服装工厂属于纺织工程的范畴，因此服装工厂的消火栓给水系统、自动喷水灭火系统以及其他灭火设施的设置，应符合现行国家标准《纺织工程设计防火规范》GB 50565 的规定，且应符合现行国家标准《建筑设计防火规范》GB 50016、《自动喷水灭火系统设计规范》GB 50084 的规定。

6.4.2 室内消火栓给水系统、自动喷水灭火给水系统采用临时高压制时，为保证火灾初期用水量要求在厂区最高房屋顶上设置消防水箱。当设置高位消防水箱确有困难时，应采用独立的稳高压系统。消防水箱及稳高压系统的设置要求应符合现行国家标准《纺织工程设计防火规范》GB 50565 的规定。

6.4.4 使用灭火器扑救建筑物内的初起火，既经济又有效。因此要求服装工厂各建筑物均应按现行国家标准《建筑灭火器配置设计规范》GB 50140 的规定配置灭火器。

7 采暖、通风空调与动力

7.1 一般规定

7.1.1 一般服装工厂的生产工艺，没有严格的温、湿度参数要求，服装工厂在采暖通风与空调设计中主要应满足职业安全卫生的要求。此外，服装工厂车间环境的舒适度对提高生产效率和保证产品质量的要求，仍有着很大的影响。因此服装工厂的采暖通风与空调设计的弹性较大，应根据生产的规模、工艺流程的自动化程度、当地的气候条件，因地制宜地选择恰当的采暖通风与空调设计方案。确定方案的原则，应该是技术先进、经济合理、节能降耗、保护环境、有利于可持续发展。

目前国内外服装企业多数已按国际标准推行

OHSAS 18000 职业安全健康管理体系和 ISO 14000 系列环境标准。在调研中发现，目前一些国外大型服装销售企业，对国内服装生产供货厂家进行安全、卫生、环境等方面的"验厂"，符合条件才签订购货合同。因此在"一般规定"中特别提出在设计中满足"职业安全卫生"和"保护环境"要求的原则，以避免服装企业受制于国际贸易的绿色壁垒。

7.1.3 高档服装的生产工艺可能对生产车间的空气温、湿度提出特定要求。当生产工艺无特殊要求时，可根据气象条件按表 7.1.3 确定生产车间的空气温度及换气次数。

7.1.4 现行国家标准《采暖通风与空气调节设计规范》GB 50019—2003 中对于围护结构传热系数，是在采暖和空气调节两章中分别论述的。采暖部分有关章节摘录如下："4.1.6 设置采暖的工业建筑，如工艺对室内温度无特殊要求，且每名工人占用的建筑面积超过 100m² 时，不宜设置全面采暖，应在固定工作地点设置局部采暖。当工作地点不固定时，应设置取暖室。4.1.7 设置全面采暖的建筑物，其围护结构的传热阻，应根据技术经济比较确定，且应符合国家现行有关节能标准的规定。"空气调节部分有关章节摘录如下："6.1.2 在满足工艺要求的条件下，宜减少空气调节区的面积和散热、散湿设备。当采用局部空气调节或局部区域空气调节能满足要求时，不应采用全室性空气调节。有高大空间的建筑物，仅要求下部区域保持一定的温、湿度时，宜采用分层式送风或下部送风的气流组织方式。6.1.5 围护结构的传热系数，应根据建筑物的用途和空气调节的类别，通过技术经济比较确定。对于工艺性空气调节不应大于表 6.1.5（略）所规定的数值；对于舒适性空气调节，应符合国家现行有关节能设计标准的规定。"（上述表 6.1.5 是根据室温允许波动范围分三档列出围护结构传热系数限值。）

国内服装企业基本属于劳动密集型行业，每名工人占用的建筑面积一般远远小于 100m²；一些自动化程度较高的企业即使工人数量较少，车间设备、仪表的运行对室内温、湿度也有较高要求。因此目前国内绝大多数服装企业的生产车间均采用全面采暖（严寒地区、寒冷地区）或采用全面空调（夏热冬冷地区、夏热冬暖地区）。

目前国内已有居住建筑、公共建筑的国家和省市地方节能设计标准，尚未颁布工业建筑的节能设计标准。工业建筑的围护结构传热系数只能根据现行国家标准《采暖通风与空气调节设计规范》GB 50019 的要求进行计算，尚无根据节能要求给出的限定值。

如前所述，国内服装企业对于采暖、空调的要求，接近于公共建筑对于采暖、空调的要求。因此从节能的目标出发，本规范参考现行国家标准《公共建筑节能设计标准》GB 50189，在本规范表 7.1.4 中对服装工厂的建筑围护结构传热系数给出节能限值，供建于各类气候类型地区的服装工厂设计选用。

因为一般服装工厂建筑物的体型系数远小于 0.3，因此传热系数取值仅考虑体型系数小于或等于 0.3 的情况；因为一般服装工厂车间的窗墙面积比远小于 0.2，因此传热系数取值仅考虑窗墙面积比小于或等于 0.2 的情况；此外根据服装工厂的厂房结构形式，表 7.1.4 中给出了"总风道顶板、天沟"的传热系数限值。

7.2 采 暖

7.2.1 由于各类服装工厂生产的规模和班次、工艺流程的自动化程度差别很大，因此工艺设备散热量对采暖热负荷计算的影响大小也不能一概而论，本条给出较大的取值范围。一般情况下，对于连续生产、规模较大、设备总发热量较大的服装生产车间，工艺设备的散热量取较大的百分比，也就是说采暖热负荷可较小；反之，则采暖热负荷应较大，以满足开冷车、小批量生产等情况的需要。

7.4 空气调节

7.4.1 为达到节能和经济合理的目的，建于严寒地区或寒冷地区而降温要求不高的服装生产车间，可采取机械通风或蒸发冷却空调方式进行夏季降温。

8 电 气

8.1 一般规定

8.1.1 电气设计最基本的要求就是满足工艺生产运行。在方案设计时，应适当考虑变更和发展的可能性。

8.1.2 随时注意电气产品的发展动态，不得使用淘汰产品。

8.2 供配电系统

8.2.1 服装工厂的生产用电负荷，根据对供电可靠性的要求及中断供电在政治、经济上所造成损失或影响的程度，属于三级负荷。

8.2.2 服装工厂的供电电源一般采用 10kV 单回路供电，对于大型服装企业可采用 10kV 双回路供电方案，以避免停电造成经济上的损失。

8.2.3 D，Ynll 接线组别的变压器，较 D，Yn0 接线组的变压器具有明显的优点，限制了三次谐波，降低了零序阻抗，提高了断路器的灵敏度。

8.2.4 本条文对低压配电系统作了规定：

3 平行的生产流水线若由同一回路供电，则当此回路停止供电时，将使各条流水线都停止生产。同一生产流水线的各用电设备如由不同的回路供电，则当任一回路停止供电时，都将影响此流水线的生产。

4 使用三相负荷比较均衡，以使各相电压偏差不致差别太大。

5 对于容量较大、负荷平稳并且经常使用的用电设备的无功负荷可采用就地补偿，可以最大限度地减少线路损失如释放系统容量，节约有色金属。但对于基本无功负荷，在变配电所内集中补偿，便于维护管理。

8.2.5 采用电缆桥架敷设可适应设备选型变更及设备移动带来的配电线路的变更。在有腐蚀和特别潮湿场所，应根据环境条件，采用相应类型的防腐蚀型电缆桥架，如采用外表面电镀锌、热浸锌及静电喷塑等钢桥架，采用玻璃钢及合金塑料桥架等。

8.3 照 明

8.3.1 服装工厂生产车间采用一般照明能满足生产要求；验布和缝制车间宜采用混合照明，在验布机和缝制机的机架上设置局部照明。

8.3.4 本规范服装工厂生产车间的照度标准是参照国家现行标准《服装工业企业工艺设计技术规范》FZJ 123 和《建筑照明设计标准》GB 50034 确定的。

8.3.5 荧光灯的频闪效应危害人们身心健康和损害人的视觉系统，易使人视觉疲劳和产生视觉错误。防频闪措施有采用高频电子整流器，或相邻灯具接入不同相电源。

8.3.6 服装工厂车间内，工艺设备和人员较多，为便于事故情况下人员的疏散和火灾时的扑救，车间内应设供人员疏散用的应急照明。在安全出口、疏散通道及转角处设置疏散标志灯，以便疏散人员辨认通行方向，迅速撤离事故现场。

8.3.7 在缝制车间，现多采用线槽灯带，安装在缝纫机的左（右）上方，安装高度一般为 1.8m～2m,线槽即用于安装灯具，也用于照明及动力线的敷设。在整烫车间，应选用防水防尘灯。在丙类仓库，应选用低温照明灯具。

8.4 防雷及接地

8.4.1 服装工厂的生产车间属一般性工业建筑，应按现行国家标准《建筑物防雷设计规范》GB 50057的有关规定，计算预计雷击次数后确定建筑物的防雷分类。

8.4.2 TN 系统按照中性线"N"和保护线"PE"的组合，有三种形式：

1 TN—C 系统，整个系统 N 线和 PE 线是合一的（PEN 线）。

此系统只适用于三相负荷比较平衡，电路中三次谐波电流不大，并有专业人员维护管理的一般车间场所。此系统的 PEN 线不应设置保护电器及隔离电器。此系统不适用有爆炸和火灾危险的场所，单相负荷比较集中的场所，电子、信息处理设备及各种变频设备的场所。因此服装工厂不宜使用此系统。

2 TN—C—S 系统，系统中有一部分 N 线与 PE 线是合一的。

3 TN—S 系统，整个系统的 N 线和 PE 线是分开的。

TN—C—S 系统与 TN—S 系统，都适用于有爆炸和火灾危险场所，单相负荷比较集中的场所，同时也适用于计算机房，生产和使用电子设备的各种场所。

根据三种接地系统的适用场合，结合工程的具体情况，作技术经济比较后，确定其中一种形式。一般情况下服装工厂不使用 TN—C 系统。

8.4.3 利用自然接地体，以便于等电位联结，不影响建筑物美观，节约钢材。但注意应符合现行国家标准《建筑物防雷设计规范》GB 50057 的规定。

8.4.4 采用共用接地装置不受各接地系统之间间距的要求，便于等电位的联结。等电位联结是保护操作维护人员人身安全的重要措施，也是减少不同设备、不同系统之间危险电位差的重要措施。

8.5 火灾报警及通信

8.5.2 作为正常的工作联系，在火灾时对外界联系，服装工厂应设置对内对外联系的通信装置。现代服装产业竞争激烈，应充分利用计算机网络技术，增强企业信息化水平。

9 职业安全卫生

9.0.1 服装工厂的职业安全卫生设计应符合现行国家标准《纺织工业企业职业安全卫生设计规范》GB 50477 的有关规定，还应符合国家职业卫生标准《工业企业设计卫生标准》GBZ 1 的有关规定。本规范不再重复引用。

9.0.2 服装工厂工作场所的人员都接触各类纺织面、辅料；在纺织品中如含有残余的荧光增白剂，可使一些接触者产生变应性皮肤病。熨烫工序的高温也会造成人员伤病。所以，应加强车间工作场所的通风措施进行防护。

中华人民共和国国家标准

胶合木结构技术规范

Technical code of glued laminated timber structures

GB/T 50708—2012

主编部门：四 川 省 住 房 和 城 乡 建 设 厅
批准部门：中华人民共和国住房和城乡建设部
施行日期：2 0 1 2 年 8 月 1 日

中华人民共和国住房和城乡建设部
公　告

第 1273 号

关于发布国家标准
《胶合木结构技术规范》的公告

现批准《胶合木结构技术规范》为国家标准，编号为 GB/T 50708－2012，自 2012 年 8 月 1 日起实施。

本规范由我部标准定额研究所组织中国建筑工业出版社出版发行。

中华人民共和国住房和城乡建设部

2012 年 1 月 21 日

前　　言

根据原建设部《关于印发〈2006 年工程建设标准规范制订、修订计划（第一批）〉的通知》（建标［2006］77号）的要求，由中国建筑西南设计研究院有限公司会同有关单位编制完成的。

本规范在编制过程中，编制组经过广泛的调查研究，参考国际先进标准，总结并吸收了国内外有关胶合木结构技术和设计、应用的成熟经验，并在广泛征求意见的基础上，最后经审查定稿。

本规范共分 10 章和 8 个附录，主要技术内容包括：总则、术语和符号、材料、基本设计规定、构件设计、连接设计、构件防火设计、构造要求、构件制作与安装、防护与维护。

本规范由住房和城乡建设部负责管理。由中国建筑西南设计研究院有限公司负责具体技术内容的解释。在执行本规范过程中，请各单位结合工程实践，认真总结经验，并将意见和建议寄送中国建筑西南设计研究院有限公司（地址：四川省成都市天府大道北段 866 号，木结构规范管理组收，邮编：610042，邮箱：xnymjg@xnjz. com）。

本规范主编单位：中国建筑西南设计研究院有限公司

本规范参编单位：四川省建筑科学研究院
　　　　　　　　哈尔滨工业大学
　　　　　　　　同济大学
　　　　　　　　四川大学
　　　　　　　　重庆大学
　　　　　　　　北京林业大学
　　　　　　　　公安部四川消防研究所
　　　　　　　　中国林业科学研究院

本规范参加单位：美国林业与纸业协会及APA 工程木协会
　　　　　　　　中国欧盟商会欧洲木业协会
　　　　　　　　汉高（中国）投资有限公司
　　　　　　　　瑞士普邦公司
　　　　　　　　成都川雅木业有限公司
　　　　　　　　苏州皇家整体住宅系统股份有限公司
　　　　　　　　赫英木结构制造（天津）有限公司
　　　　　　　　上海宏加新型建筑结构制造有限公司

本规范主要起草人员：龙卫国　王永维　杨学兵
　　　　　　　　　　许　方　祝恩淳　张新培
　　　　　　　　　　何敏娟　周淑容　蒋明亮
　　　　　　　　　　郑炳丰　张绍明　王渭云
　　　　　　　　　　殷亚方　申世杰　倪　竣
　　　　　　　　　　张华君　李俊明　方　明

本规范主要审查人员：戴宝城　熊海贝　陆伟东
　　　　　　　　　　吕建雄　古天纯　邱培芳
　　　　　　　　　　杨　军　孙德魁　王林安
　　　　　　　　　　程少安

目 次

Contents

1 总 则

1.0.1 为在胶合木结构的应用中贯彻执行国家的技术经济政策，做到技术先进、安全适用、经济合理、确保质量、保护环境，制定本规范。

1.0.2 本规范适用于建筑工程中承重胶合木结构的设计、生产制作和安装。

1.0.3 本规范胶合木宜采用针叶材，胶合木构件截面的层板组合不得低于 4 层。

1.0.4 胶合木结构的施工验收应符合现行国家标准《建筑工程施工质量验收统一标准》GB 50300 和《木结构工程施工质量验收规范》GB 50206 的有关规定。

1.0.5 胶合木结构的设计、制作和安装，除应符合本规范的规定外，尚应符合国家现行有关标准的规定。

2 术语和符号

2.1 术 语

2.1.1 胶合木 structural laminated timber（glulam）

以厚度为 20mm～45mm 的板材，沿顺纹方向叠层胶合而成的木制品。也称层板胶合木，或称结构用集成材。

2.1.2 普通胶合木层板 lamina

通过用肉眼观测方式对木材材质划分等级，按构件的主要用途和部位选用相应的材质等级，并用于制作胶合木的板材。

2.1.3 目测分级层板 visual graded lamina

在工厂用肉眼观测方式对木材材质划分等级，并用于制作胶合木的板材。

2.1.4 机械弹性模量分级层板 machine graded lamina

在工厂采用机械设备对木材进行非破损检测，按测定的木材弹性模量对木材材质划分等级，并用于制作胶合木的板材。

2.1.5 组坯 lamina lay-ups

在胶合木制作时，根据层板的材质等级，按规定的叠加方式和配置要求将层板组合在一起的过程。

2.1.6 同等组合 members of same lamina grade（MSLG）

胶合木构件只采用材质等级相同的层板进行组合。

2.1.7 异等组合 members of different lamina grade（MDLG）

胶合木构件采用两个或两个以上的材质等级的层板进行组合。

2.1.8 对称异等组合 balanced lay-up

胶合木构件采用异等组合时，不同等级的层板以构件截面中心线为对称轴，成对称布置的组合。

2.1.9 非对称异等组合 unbalanced lay-up

胶合木构件采用异等组合时，不同等级的层板在构件截面中心线两侧成非对称布置的组合。

2.1.10 表面层板 outmost lamina

异等组合胶合木中，位于构件截面的表面边缘，距构件边缘不小于 1/16 截面高度范围内的层板。

2.1.11 外侧层板 exterior lamina

异等组合胶合木中，与表面层板相邻的，距构件外边缘不小于 1/8 截面高度范围内的层板。

2.1.12 内侧层板 inner lamina

异等组合胶合木中，与外侧层板相邻的，距构件外边缘不小于 1/4 截面高度范围内的层板。

2.1.13 中间层板 middle zone lamina

异等组合胶合木中，与内侧层板相邻的，位于构件截面中心线两侧各 1/4 截面高度范围内的层板。

2.2 符 号

2.2.1 材料力学性能

E——胶合木弹性模量；

f_c——胶合木顺纹抗压及承压强度设计值；

f_{cE}——胶合木受压构件抗压临界屈曲强度设计值；

$f_{c\alpha}$——胶合木斜纹承压强度设计值；

f_m——胶合木抗弯强度设计值；

f_{mE}——胶合木受弯构件抗弯临界屈曲强度设计值；

f_t——胶合木顺纹抗拉强度设计值；

f_v——胶合木顺纹抗剪强度设计值；

$[w]$——受弯构件的挠度限值。

2.2.2 作用和作用效应

M——弯矩设计值；

M_x、M_y——构件截面 x 轴和 y 轴的弯矩设计值；

N——轴向力设计值；

P——经调整后的剪板在构件侧面上顺纹承载力设计值；

Q——经调整后的剪板在构件侧面上横纹承载力设计值；

R——构件截面承载力设计值；

S——作用效应组合的设计值；

V——剪力设计值；

σ_{mx}、σ_{my}——对构件截面 x 轴和 y 轴的弯曲应力设计值；

w——构件按荷载效应的标准组合计算的挠度。

2.2.3 几何参数

A——构件全截面面积；

A_n——构件净截面面积；

A_0——受压构件截面的计算面积；

A_c——承压面面积；

b——构件的截面宽度；

d——螺栓或钉的直径；

e_0——构件的初始偏心距；

h——构件的截面高度；

h_b——变截面构件的截面最大高度；

h_n——受弯构件在切口处净截面高度；

I——构件的全截面惯性矩；

i——构件截面的回转半径；

l_c——受压构件两个支点间的计算长度；

S——剪切面以上的截面面积对中性轴的面积矩；

W——构件的全截面抵抗矩；

W_n——构件的净截面抵抗矩；

λ——构件的长细比。

2.2.4 系数

k_i——变截面直线受弯构件设计强度相互作用调整系数；

γ_0——结构构件重要性系数；

φ——轴心受压构件的稳定系数；

φ_l——受弯构件的侧向稳定系数。

2.2.5 其他

C——根据结构构件正常使用要求规定的变形限值；

β_c——根据耐火极限 t 的规定调整后的有效炭化速率。

3 材 料

3.1 木 材

3.1.1 胶合木构件采用的层板分为普通胶合木层板、目测分级层板和机械分级层板三类。用于制作胶合木的层板厚度不应大于 45mm，通常采用 20mm～45mm。胶合木构件宜采用同一树种的层板组成。

3.1.2 普通胶合木层板材质等级为 3 级，其材质等级标准应符合表 3.1.2 的规定。

表 3.1.2 普通胶合木层板材质等级标准

项次	缺 陷 名 称		材 质 等 级		
			I_b	II_b	III_b
1	腐朽		不允许	不允许	不允许
2	木节	在构件任一面任何 200mm 长度上所有木节尺寸的总和，不得大于所在面宽的	1/3	2/5	1/2
		在木板指接及其两端各 100mm 范围内	不允许	不允许	不允许

续表 3.1.2

项次	缺 陷 名 称		材 质 等 级		
			I_b	II_b	III_b
3	斜纹 任何 1m 材长上平均倾斜高度，不得大于		50mm	80mm	150mm
4	髓心		不允许	不允许	不允许
5	裂缝	在木板窄面上的裂缝，其深度（有对面裂缝用两者之和）不得大于板宽的	1/4	1/3	1/2
		在木板宽面上的裂缝，其深度（有对面裂缝用两者之和）不得大于板厚的	不限	不限	对侧立腹板工字梁的腹板：1/3，对其他板材不限
6	虫蛀		允许有表面虫沟，不得有虫眼		
7	涡纹 在木板指接及其两端各 100mm 范围内		不允许	不允许	不允许

注：1 按本标准选材配料时，尚应注意避免在制成的胶合构件的连接受剪面上有裂缝；

2 对于有过大缺陷的木材，可截去缺陷部分，经重新接长后按所定级别使用。

3.1.3 目测分级层板材质等级为 4 级，其材质等级标准应符合表 3.1.3-1 的规定。当目测分级层板作为对称异等组合的外侧层板或非对称异等组合的抗拉侧层板，以及同等组合的层板时，表 3.1.3-1 中 I_d、II_d 和 III_d 三个等级的层板尚应根据不同的树种级别满足下列规定的性能指标：

1 对于长度方向无指接的层板，其弹性模量（包括平均值和 5％的分位值）应满足表 3.1.3-2 规定的性能指标；

2 对于长度方向有指接的层板，其抗弯强度或抗拉强度（包括平均值和 5％的分位值）应满足表 3.1.3-2 规定的性能指标。

表 3.1.3-1 目测分级层板材质等级标准

项次	缺 陷 名 称		材 质 等 级			
			I_d	II_d	III_d	IV_d
1	腐朽		不 允 许			
2	木节	在构件任一面任何 150mm 长度上所有木节尺寸的总和，不得大于所在面宽的	1/5	1/3	2/5	1/2
		边节尺寸不得大于宽面的	1/6	1/4	1/3	1/2
3	斜纹 任何 1m 材长上平均倾斜高度，不得大于		60mm	70mm	80mm	125mm

项次	缺陷名称	材质等级			
		I$_d$	II$_d$	III$_d$	IV$_d$
4	髓心	不允许			
5	裂缝	允许板其微小裂缝，在层板长度≥3m时，裂纹长度不超0.5m			
6	轮裂	不允许	不允许	小于板材宽度的25%，但与边部距离不可小于宽度的25%	
7	平均年轮宽度	≤6mm	≤6mm	—	
8	虫蛀	允许有表面虫沟，不得有虫眼			
9	涡纹 在木板指接及其两端各100mm范围内	不允许			
10	其他缺陷	非常不明显			

表 3.1.3-2 目测分级层板强度和弹性模量的性能指标（N/mm²）

树种级别及目测等级				弹性模量		抗弯强度		抗拉强度	
SZ1	SZ2	SZ3	SZ4	平均值	5%分位值	平均值	5%分位值	平均值	5%分位值
I$_d$	—			14000	11500	54.0	40.5	32.0	24.0
II$_d$	I$_d$			12500	10500	48.5	36.0	28.0	21.5
III$_d$	II$_d$	I$_d$		11000	9500	45.5	34.0	26.5	20.0
	III$_d$	II$_d$	I$_d$	10000	8500	42.0	31.5	24.5	18.5
—		III$_d$	II$_d$	9000	7500	39.0	29.5	23.5	17.5
			III$_d$	8000	6500	36.0	27.0	21.5	16.0

注：1 层板的抗拉强度，应根据层板的宽度，乘以本规范表3.1.5-2规定的调整系数；
2 表中树种级别应符合本规范表4.2.2-1的规定。

3.1.4 机械分级层板分为机械弹性模量分级层板和机械应力分级层板。机械弹性模量分级层板为9级，其弹性模量平均值应符合表3.1.4-1的规定。机械应力分级层板应符合现行国家标准《木结构设计规范》GB 50005的有关规定。当采用机械应力分级层板制作胶合木时，机械应力分级层板与机械弹性模量分级层板的对应关系应符合表3.1.4-2的规定。

表 3.1.4-1 机械弹性模量分级层板弹性模量的性能指标

分等等级	M$_E$7	M$_E$8	M$_E$9	M$_E$10	M$_E$11	M$_E$12	M$_E$14	M$_E$16	M$_E$18
弯曲弹性模量（N/mm²）	7000	8000	9000	10000	11000	12000	14000	16000	18000

表 3.1.4-2 机械应力分级层板与机械弹性模量分级层板的对应关系

机械弹性模量等级	M$_E$8	M$_E$9	M$_E$10	M$_E$11	M$_E$12	M$_E$14
机械应力等级	M10	M14	M22	M26	M30	M40

3.1.5 机械弹性模量分级层板，当层板为指接层板，且作为对称异等组合的表面和外侧层板、非对称异等组合抗拉侧的表面和外侧层板，以及同等组合的层板时，除满足弹性模量平均值的要求外，其抗弯强度或抗拉强度应满足表3.1.5-1规定的性能指标。

表 3.1.5-1 机械分级层板强度性能指标（N/mm²）

分等等级		M$_E$7	M$_E$8	M$_E$9	M$_E$10	M$_E$11	M$_E$12	M$_E$14	M$_E$16	M$_E$18
抗弯强度	平均值	33.0	36.0	39.0	42.0	45.0	48.5	54.0	63.0	72.0
	5%分位值	25.0	27.0	29.5	31.5	34.0	36.5	40.5	47.5	54.0
抗拉强度	平均值	20.0	21.5	23.5	24.5	26.5	28.5	32.0	37.5	42.5
	5%分位值	15.0	16.0	17.5	18.5	20.0	21.5	24.0	28.0	32.0

注：表中层板的抗拉强度，应根据层板的宽度，乘以表3.1.5-2规定的调整系数。

表 3.1.5-2 抗拉强度调整系数

层板宽度尺寸	调整系数	层板宽度尺寸	调整系数
b≤150mm	1.00	200mm<b≤250mm	0.90
150mm<b≤200mm	0.95	b>250mm	0.85

3.1.6 机械应力分级层板的弹性模量可根据本规范表3.1.4-2的对应关系，采用等级相对应的机械弹性模量分级层板的弹性模量。机械应力分级层板作为对称异等组合的表面和外侧层板、非对称异等组合抗拉侧的表面和外侧层板，以及同等组合的层板时，除满足弹性模量平均值的要求外，其抗弯强度或抗拉强度应满足本规范表3.1.5-1规定的性能指标。

3.1.7 各等级的机械弹性模量分级层板除满足相应等级的性能指标外，尚应符合表3.1.7规定的机械分级层板的目测材质标准。

表 3.1.7 机械分级层板的目测材质标准

内容	标准
腐朽	不允许
裂缝	允许极微小裂缝
变色	不明显
隆起木纹	不明显
层板两端部材质（仅用于机械应力分级层板）	当分级设备无法对层板两端进行测量时，在层板端部，因缺陷引起的强度折减的等效节孔率不得超过层板中间部分的节孔率
其他缺陷	非常细微

3.1.8 胶合木构件制作时，层板在胶合前含水率不应大于 15%，且相邻层板间含水率相差不应大于 5%。

3.2 结构用胶

3.2.1 胶合木结构用胶必须满足结合部位的强度和耐久性的要求，应保证其胶合强度不低于木材顺纹抗剪和横纹抗拉的强度。胶粘剂的防水性和耐久性应满足结构的使用条件和设计使用年限的要求，并应符合环境保护的要求。

3.2.2 结构用胶粘剂应根据胶合木结构的使用环境（包括气候、含水率、温度）、木材种类、防水和防腐要求以及生产制造方法等条件选择使用。

3.2.3 承重结构采用的胶粘剂按其性能指标分为Ⅰ级胶和Ⅱ级胶。在室内条件下，普通的建筑结构可采用Ⅰ级或Ⅱ级胶粘剂。对下列情况的结构应采用Ⅰ级胶粘剂：

1 重要的建筑结构；

2 使用中可能处于潮湿环境的建筑结构；

3 使用温度经常大于 50℃ 的建筑结构；

4 完全暴露在大气条件下，以及使用温度小于50℃，但是所处环境的空气相对湿度经常超过 85%的建筑结构。

3.2.4 当承重结构采用酚类胶和氨基塑料缩聚胶粘剂时，胶粘剂的性能指标应符合表 3.2.4 的规定。

表 3.2.4 承重结构用酚类胶和氨基塑料缩聚胶粘剂性能指标

性能项目		Ⅰ级胶粘剂		Ⅱ级胶粘剂		试验方法
剪切强度特征值 (N/mm²)	胶缝厚度	0.1mm	1.0mm	0.1mm	1.0mm	
	A1	10	8	10	8	应符合本规范第 A.1 节的规定
	A2	6	4	6	4	
	A3	8	6.4	8	6.4	
	A4	6	不要求循环处理	不要求循环处理		
	A5	8	6.4	不要求循环处理	不要求循环处理	
浸渍剥离		高温处理任何试件中最大剥离率小于 5.0%		低温处理任何试件中最大剥离率小于 10.0%		应符合本规范第 A.2 节的规定
垂直于胶缝的拉伸试验		胶合部件的平均垂直拉伸强度应符合：1 控制件不应低于 2N/mm²；2 处理件不应低于控制件平均值的 80%				应符合本规范第 A.4 节的规定
木材干缩试验		平均压缩剪切强度不低于 1.5N/mm²				应符合本规范第 A.5 节的规定

注：A1~A5 为剪切试验时试件的 5 种处理方法，应符合本规范表 A.1.4 的规定，胶缝厚度为 0.1mm 和 1.0mm。

3.2.5 当承重结构采用单成分聚氨酯胶粘剂时，胶粘剂的性能指标应符合表 3.2.5 的规定。

表 3.2.5 承重结构用单成分聚氨酯胶粘剂性能指标

性能项目		Ⅰ级胶粘剂		Ⅱ级胶粘剂		试验方法
剪切强度特征值 (N/mm²)	胶缝厚度	0.1mm	0.5mm	0.1mm	0.5mm	
	A1	10	9	10	9	应符合本规范第 A.1 节的规定
	A2	6	5	6	5	
	A3	7.2		7.2		
	A4	6	5	不要求循环处理	不要求循环处理	
	A5	8	7.2	不要求循环处理	不要求循环处理	
浸渍剥离		高温处理任何试件中最大剥离率小于 5.0%		低温处理任何试件中最大剥离率小于 10.0%		应符合本规范第 A.2 节的规定
耐久性试验		在测试期间，6 个胶缝试件中不得有 1 个失败；测试后，每个剩余试件中平均蠕变变形不得超过 0.05mm				应符合本规范第 A.3 节的规定
垂直于胶缝的拉伸试验		垂直于胶缝的平均拉伸强度应符合：1 控制件不应低于 5N/mm²；2 处理件不应低于控制件平均值的 80%				应符合本规范第 A.4 节的规定

注：A1~A5 为剪切试验时试件的 5 种处理方法，应符合本规范表 A.1.4 的规定，胶缝厚度为 0.1mm 和 0.5mm。

3.3 钢 材

3.3.1 胶合木结构中使用的钢材宜采用 Q235 钢、Q345 钢、Q390 钢和 Q420 钢，其质量应分别符合现行国家标准《碳素结构钢》GB/T 700 和《低合金高强度结构钢》GB/T 1591 的有关规定。当采用其他牌号的钢材时，应符合国家现行有关标准的规定。

3.3.2 下列情况的承重构件或连接材料宜采用 D 级碳素结构钢或 D 级、E 级低合金高强度结构钢：

1 直接承受动力荷载或振动荷载的焊接构件或连接件；

2 工作温度等于或低于-30℃ 的构件或连接件。

3.3.3 钢材应具有抗拉强度、伸长率、屈服强度和硫、磷含量的合格保证，对焊接构件或连接件尚应有含碳量的合格保证。

3.3.4 连接材料应符合下列规定：

1 手工焊接采用的焊条，应符合现行国家标准《碳钢焊条》GB/T 5117 或《低合金钢焊条》GB/T 5118 的有关规定，选择的焊条型号应与主体金属力学性能相适应；

2 普通螺栓应符合现行国家标准《六角头螺栓—C 级》GB/T 5780 和《六角头螺栓》GB/T 5782 的有关规定；

3 高强度螺栓应符合现行国家标准《钢结构用

高强度大六角头螺栓》GB/T 1228、《钢结构用高强度大六角螺母》GB/T 1229、《钢结构用高强度垫圈》GB/T 1230、《钢结构用高强度大六角头螺栓、大六角螺母、垫圈技术条件》GB/T 1231 或《钢结构用扭剪型高强度螺栓连接副技术条件》GB/T 3633 的有关规定；

4 锚栓可采用现行国家标准《碳素结构钢》GB/T 700 中规定的 Q235 钢或《低合金高强度结构钢》GB/T 1591 中规定的 Q345 钢制成；

5 钉的材料性能应符合国家现行有关标准的规定。

4 基本设计规定

4.1 设计原则

4.1.1 本规范采用以概率理论为基础的极限状态设计法。

4.1.2 胶合木结构在规定的设计使用年限内应具有足够的可靠度。本规范所采用的设计基准期为 50 年。

4.1.3 胶合木结构的设计使用年限应按表 4.1.3 采用。

表 4.1.3 设计使用年限

类别	设计使用年限	示　　　例
1	25 年	易于替换的结构构件
2	50 年	普通房屋和一般构筑物
3	100 年及以上	纪念性建筑物和特别重要建筑结构

4.1.4 根据建筑结构破坏后果的严重程度，建筑结构划分为三个安全等级。设计时应根据具体情况，按表 4.1.4 规定选用相应的安全等级。

表 4.1.4 建筑结构的安全等级

安全等级	破坏后果	建筑物类型
一级	很严重	重要的建筑物
二级	严重	一般的建筑物
三级	不严重	次要的建筑物

注：对有特殊要求的建筑物，其安全等级应根据具体情况另行确定。

4.1.5 建筑物中胶合木结构主要构件的安全等级，应与整个结构的安全等级相同。对其中部分次要构件的安全等级，可根据其重要程度适当调整，但不得低于三级。

4.1.6 对于承载能力极限状态，结构构件应按荷载效应的基本组合，采用下列极限状态设计表达式：

$$\gamma_0 S \leqslant R \tag{4.1.6}$$

式中：γ_0——结构重要性系数；

S——承载能力极限状态的荷载效应的设计值，按现行国家标准《建筑结构荷载规范》GB 50009 的有关规定进行计算；

R——结构构件的承载力设计值。

4.1.7 结构重要性系数 γ_0 应按下列规定采用：

1 安全等级为一级或设计使用年限为 100 年及以上的结构构件，不应小于 1.1；对安全等级为一级且设计使用年限又超过 100 年的结构构件，不应小于 1.2；

2 安全等级为二级或设计使用年限为 50 年的结构构件，不应小于 1.0；

3 安全等级为三级或设计使用年限为 25 年的结构构件，不应小于 0.95。

4.1.8 对正常使用极限状态，结构构件应按荷载效应的标准组合，采用下列极限状态设计表达式：

$$S \leqslant C \tag{4.1.8}$$

式中：S——正常使用极限状态的荷载效应的设计值；

C——根据结构构件正常使用要求规定的变形限值。

4.1.9 胶合木结构中的钢构件设计，应符合现行国家标准《钢结构设计规范》GB 50017 的规定。

4.2 设计指标和允许值

4.2.1 采用普通胶合木层板制作胶合木的设计指标，应按下列规定采用：

1 普通层板胶合木的强度等级应根据选用的树种，按表 4.2.1-1 的规定采用。

表 4.2.1-1 普通层板胶合木适用树种分级表

强度等级	组别	适用树种
TC17	A	柏木、长叶松、湿地松、粗皮落叶松
	B	东北落叶松、欧洲赤松、欧洲落叶松
TC15	A	铁杉、油杉、太平洋海岸黄柏、花旗松-落叶松、西部铁杉、南方松
	B	鱼鳞云杉、西南云杉、南亚松
TC13	A	油松、新疆落叶松、云南松、马尾松、扭叶松、北美落叶松、海岸松
	B	红皮云杉、丽江云杉、樟子松、红杉、西加云杉、俄罗斯红松、欧洲云杉、北美山地云杉、北美短叶松
TC11	A	西北云杉、新疆云杉、北美黄松、云杉-松-冷杉、铁-冷杉、东部铁杉、杉木
	B	冷杉、速生杉木、速生马尾松、新西兰辐射松

2 在正常情况下，普通层板胶合木强度设计值及弹性模量，应按表 4.2.1-2 的规定采用。

表 4.2.1-2 普通层板胶合木的强度设计值和弹性模量（N/mm²）

强度等级	组别	抗弯 f_m	顺纹抗压及承压 f_c	顺纹抗拉 f_t	顺纹抗剪 f_v	横纹承压 $f_{c,90}$			弹性模量 E
						全表面	局部表面和齿面	拉力螺栓垫板下	
TC17	A	17	16	10	1.7	2.3	3.5	4.6	10000
	B		15	9.5	1.6				
TC15	A	15	13	9.0	1.6	2.1	3.1	4.2	10000
	B		12	9.0	1.5				
TC13	A	13	12	8.5	1.5	1.9	2.9	3.8	10000
	B		10	8.0	1.4				9000
TC11	A	11	10	7.5	1.4	1.8	2.7	3.6	9000
	B		10	7.0	1.2				

3 在不同的使用条件下，胶合木强度设计值和弹性模量尚应乘以表 4.2.1-3 规定的调整系数。对于不同的设计使用年限，胶合木强度设计值和弹性模量还应乘以表 4.2.1-4 规定的调整系数。

表 4.2.1-3 不同使用条件下胶合木强度设计值和弹性模量的调整系数

使用条件	调整系数	
	强度设计值	弹性模量
使用中胶合木构件含水率大于 15% 时	0.8	0.8
长期生产性高温环境，木材表面温度达 40℃～50℃	0.8	0.8
按恒荷载验算时	0.65	0.65
用于木构筑物时	0.9	1.0
施工和维修时的短暂情况	1.2	1.0

注：1 当仅有恒荷载或恒荷载产生的内力超过全部荷载所产生的内力的 80% 时，应单独以恒荷载进行验算；
  2 使用中胶合木构件含水率大于 15% 时，横纹承压强度设计值尚应再乘以 0.8 的调整系数；
  3 当若干条件同时出现时，表列各系数应连乘。

表 4.2.1-4 不同设计使用年限时胶合木强度设计值和弹性模量的调整系数

设计使用年限	调整系数	
	强度设计值	弹性模量
25 年	1.05	1.05
50 年	1.0	1.0
100 年及以上	0.9	0.9

4 当采用普通胶合木层板制作胶合木构件时，构件的强度设计值按整体截面设计，不考虑胶缝的松弛性。在设计受弯、拉弯或压弯的普通层板胶合木构件时，按以上各款确定的抗弯强度设计值应乘以表 4.2.1-5 规定的修正系数。工字形和 T 形截面的胶合木构件，其抗弯强度设计值除按表 4.2.1-5 乘以修正系数外，尚应乘以截面形状修正系数 0.9。

表 4.2.1-5 胶合木构件抗弯强度设计值修正系数

宽度 (mm)	截面高度 h（mm）						
	<150	150～500	600	700	800	1000	≥1200
$b<150$	1.0	1.0	0.95	0.90	0.85	0.80	0.75
$b\geq150$	1.0	1.15	1.05	1.0	0.90	0.85	0.80

5 对于曲线形构件，抗弯强度设计值除应遵守以上各款规定外，还应乘以由下式计算的修正系数：

$$k_r = 1 - 2000 \left(\frac{t}{R}\right)^2 \qquad (4.2.1)$$

式中：k_r——胶合木曲线形构件强度修正系数；
  R——胶合木曲线形构件内边的曲率半径（mm）；
  t——胶合木曲线形构件每层木板的厚度（mm）。

4.2.2 采用目测分级层板和机械弹性模量分级层板制作的胶合木的强度设计指标应按下列规定采用：

1 用于制作胶合木的目测分级层板和机械弹性模量分级层板采用的木材，其树种级别、适用树种及树种组合应符合表 4.2.2-1 的规定。

表 4.2.2-1 胶合木适用树种分级表

树种级别	适用树种及树种组合名称
SZ1	南方松、花旗松-落叶松、欧洲落叶松以及其他符合本强度等级的树种
SZ2	欧洲云杉、东北落叶松以及其他符合本强度等级的树种
SZ3	阿拉斯加黄扁柏、铁-冷杉、西部铁杉、欧洲赤松、樟子松以及其他符合本强度等级的树种
SZ4	鱼鳞云杉、云杉-松-冷杉以及其他符合本强度等级的树种

注：表中花旗松-落叶松、铁-冷杉产地为北美地区。南方松产地为美国。

2 胶合木分为异等组合与同等组合二类。异等组合分为对称组合与非对称组合。受弯构件和压弯构件宜采用异等组合，轴心受力构件和当受弯构件的荷载作用方向与层板窄边垂直时，应采用同等组合。胶合木强度及弹性模量的特征值应符合本规范附录 B 的规定。

3 胶合木强度设计值及弹性模量应按表 4.2.2-2、表 4.2.2-3 和表 4.2.2-4 规定采用。

表 4.2.2-2 对称异等组合胶合木的强度设计值和弹性模量（N/mm²）

强度等级	抗弯 f_m	顺纹抗压 f_c	顺纹抗拉 f_t	弹性模量 E
$TC_{YD}30$	30	25	20	14000
$TC_{YD}27$	27	23	18	12500
$TC_{YD}24$	24	21	15	11000
$TC_{YD}21$	21	18	13	9500
$TC_{YD}18$	18	15	11	8000

注：当荷载的作用方向与层板窄边垂直时，抗弯强度设计值 f_m 应乘以 0.7 的系数，弹性模量 E 应乘以 0.9 的系数。

表 4.2.2-3 非对称异等组合胶合木的强度设计值和弹性模量（N/mm²）

强度等级	抗弯 f_m 正弯曲	抗弯 f_m 负弯曲	顺纹抗压 f_c	顺纹抗拉 f_t	弹性模量 E
$TC_{YF}28$	28	21	21	18	13000
$TC_{YF}25$	25	19	19	17	11500
$TC_{YF}23$	23	17	17	15	10500
$TC_{YF}20$	20	15	15	13	9000
$TC_{YF}17$	17	13	13	11	6500

注：当荷载的作用方向与层板窄边垂直时，抗弯强度设计值 f_m 应采用正向弯曲强度设计值并乘以 0.7 的系数，弹性模量 E 应乘以 0.9 的系数。

表 4.2.2-4 同等组合胶合木的强度设计值和弹性模量（N/mm²）

强度等级	抗弯 f_m	顺纹抗压 f_c	顺纹抗拉 f_t	弹性模量 E
TC_T30	30	27	21	12500
TC_T27	27	25	19	11000
TC_T24	24	22	17	9500
TC_T21	21	20	15	8000
TC_T18	18	17	13	6500

4 胶合木构件顺纹抗剪强度设计值应按表 4.2.2-5 规定采用。

表 4.2.2-5 胶合木构件顺纹抗剪强度设计值（N/mm²）

树种级别	强度设计值 f_v
SZ1	2.2
SZ2、SZ3	2
SZ4	1.8

5 胶合木构件横纹承压强度设计值应按表 4.2.2-6 规定采用。

表 4.2.2-6 胶合木构件横纹承压强度设计值（N/mm²）

树种级别	强度设计值 $f_{c,90}$ 局部承压 构件中间承压	强度设计值 $f_{c,90}$ 局部承压 构件端部承压	强度设计值 $f_{c,90}$ 全表面承压
SZ1	7.5	6.0	3.0
SZ2、SZ3	6.2	5.0	2.5
SZ4	5.0	4.0	2.0

承压位置示意图

1. 当 $h \geqslant 100mm$ 时，$a \leqslant 100mm$；
2. 当 $h < 100mm$ 时，$a \leqslant h$。

6 胶合木斜纹承压的强度设计值可按下式计算：

$$f_{c,\theta} = \frac{f_c f_{c,90}}{f_c \sin^2\theta + f_{c,90}\cos^2\theta} \qquad (4.2.2)$$

式中：f_c——胶合木构件的顺纹抗压强度设计值（N/mm²）；

$f_{c,90}$——胶合木构件的横纹承压强度设计值（N/mm²）；

$f_{c,\theta}$——胶合木斜纹承压强度设计值（N/mm²）；

θ——荷载与构件纵向顺纹方向的夹角（0°~90°）。

4.2.3 采用目测分级层板和机械分级层板制作胶合木的强度设计值及弹性模量应按下列规定进行调整：

1 在不同的使用条件下，胶合木强度设计值和弹性模量应乘以本规范表 4.2.1-3 规定的调整系数。对于不同的设计使用年限，胶合木强度设计值和弹性模量尚应乘以本规范表 4.2.1-4 规定的调整系数。

2 当构件截面高度大于 300mm，荷载作用方向垂直于层板截面宽度方向时，抗弯强度设计值应乘以体积调整系数 k_v，k_v 按下式计算：

$$k_v = \left[\left(\frac{130}{b}\right)\left(\frac{305}{h}\right)\left(\frac{6400}{L}\right)\right]^{\frac{1}{c}} \leqslant 1.0$$

$$\qquad (4.2.3-1)$$

式中：b——构件截面宽度（mm）；

h——构件的截面高度（mm）；

L——构件在零弯矩点之间的距离（mm）；

c——树种系数，一般取 $c=10$，当对某一树种有具体经验时，可按经验取值。

3 当构件截面高度大于300mm，荷载作用方向平行于层板截面宽度方向时，抗弯强度设计值应乘以截面高度调整系数 k_h，k_h 按下式计算：

$$k_h = \left(\frac{300}{h}\right)^{\frac{1}{9}} \qquad (4.2.3\text{-}2)$$

4.2.4 在工程中使用进口胶合木时，进口胶合木的强度设计值和弹性模量应符合本规范附录C的规定。对于不符合本规范附录C规定的胶合木构件，应按本规范附录D的规定，根据构件足尺试验确定其强度等级。

4.2.5 受弯构件的计算挠度，应满足表4.2.5的挠度限值。

表 4.2.5　受弯构件挠度限值

项次	构件类别		挠度限值 $[\omega]$
1	檩条	$l \leqslant 3.3\text{m}$	$l/200$
		$l > 3.3\text{m}$	$l/250$
2	椽条		$l/150$
3	吊顶中的受弯构件		$l/250$
4	楼面梁和搁栅		$l/250$
5	屋面大梁	工业建筑	$l/120$
		民用建筑 无粉刷吊顶	$l/180$
		有粉刷吊顶	$l/240$

注：表中 l 为受弯构件的计算跨度。

5　构件设计

5.1　等截面直线形受弯构件

5.1.1 等截面直线形受弯构件设计时，应符合下列规定：

1 简支梁、连续梁和悬臂梁的计算跨度为梁的净跨加上每端支座的1/2支承长度。

2 受弯构件除靠近支座的端部外，不得在构件的其他位置开口。在支座处受拉侧的开口高度不得大于构件截面高度的1/10与75mm之间的较小者，开口长度不得大于跨度的1/3；在端部受压侧的开口高度不得大于构件截面高度的2/5，开口长度不得大于跨度的1/3。

3 构件端部受压侧有斜切口时，斜切口的最大高度不得大于构件截面高度的2/3，水平长度不得大于构件截面高度的3倍。当水平长度大于构件截面高度的3倍时，应进行斜切口受剪承载能力的验算。

4 当在构件上开口时，宜将切口转角做成折线或做成圆角。

5.1.2 计算构件承载力时，净截面面积 A_n 的计算应符合下列规定：

净面积等于全截面面积减去由钻孔、刻槽或其他因素削弱的面积；

2 荷载沿顺纹方向作用时，对于交错布置的销类紧固件，当相邻两排的紧固件在顺纹方向的间距小于4倍紧固件的直径时，则可认为相邻紧固件在同一截面上；

3 计算剪板连接的净面积（图5.1.2）时，净面积等于全面积减去螺栓孔以及安装剪板的槽口的面积。剪板交错布置时，当相邻两排剪板在顺纹方向的间距小于或等于一个剪板的直径时，则可认为相邻紧固件在同一截面上。

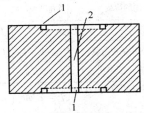

图 5.1.2　剪板连接中构件的截面净面积
1—用于安装剪板的刻槽；2—螺栓孔

5.1.3 受弯构件的受弯承载能力应按下式计算：

1 按强度计算：

$$\frac{M}{W_n} \leqslant f_m \qquad (5.1.3\text{-}1)$$

2 按稳定验算：当构件截面宽度小于截面高度、沿受压边长度方向没有侧向支撑并且构件在端部没有防止构件转动的支撑时，受弯构件的侧向稳定应按下式计算：

$$\frac{M}{\varphi_l W_n} \leqslant f'_m \qquad (5.1.3\text{-}2)$$

式中：f_m——胶合木抗弯强度设计值（N/mm²）；

f'_m——不考虑高度或体积调整系数的胶合木抗弯强度设计值（N/mm²）；

M——受弯构件弯矩设计值（N·mm）；

W_n——受弯构件的净截面抵抗矩（mm³）。

φ_l——受弯构件的侧向稳定系数，按本规范第5.1.4条规定采用。

5.1.4 受弯构件的侧向稳定系数 φ_l 应按下列公式计算：

$$\varphi_l = \frac{1+\left(\frac{f_{mE}}{f_m}\right)}{1.9} - \sqrt{\left[\frac{1+\left(\frac{f_{mE}}{f_m}\right)}{1.9}\right]^2 - \frac{\left(\frac{f_{mE}}{f_m}\right)}{0.95}}$$

$$(5.1.4\text{-}1)$$

$$f_{mE} = \frac{0.67E}{\lambda^2} \qquad (5.1.4\text{-}2)$$

$$\lambda = \sqrt{\frac{l_e h}{b^2}} \qquad (5.1.4\text{-}3)$$

式中：f'_m——不考虑高度或体积调整系数的胶合木

抗弯强度设计值（N/mm²）；

E ——弹性模量（N/mm²）；

f_{mE} ——受弯构件抗弯临界屈曲强度设计值（N/mm²）；

λ ——受弯构件的长细比，不得大于 50；

b ——受弯构件的截面宽度（mm）；

h ——受弯构件的截面高度（mm）；

l_e ——构件计算长度，按表 5.1.4 采用。

表 5.1.4 受弯构件的计算长度

构件	作用的荷载	当 $l_u/h<7$ 时	当 $l_u/h\geqslant7$ 时
悬臂梁	均布荷载	$l_e=1.33l_u$	$l_e=0.90l_u+3h$
	自由端作用集中荷载	$l_e=1.87l_u$	$l_e=1.44l_u+3h$
单跨梁	均布荷载	$l_e=2.06l_u$	$l_e=1.63l_u+3h$
	跨中作用集中荷载，跨中无侧向支撑	$l_e=1.80l_u$	$l_e=1.37l_u+3h$
	跨中作用集中荷载，跨中有侧向支撑	$l_e=1.11l_u$	
	两个相等集中荷载，各自作用在 1/3 跨处，且在 1/3 跨处均有侧向支撑	$l_e=1.68l_u$	
	三个相等集中荷载，各自作用在 1/4 跨处，且在 1/4 跨处均有侧向支撑	$l_e=1.54l_u$	
	四个相等集中荷载，各自作用在 1/5 跨处，且在 1/5 跨处均有侧向支撑	$l_e=1.68l_u$	
	五个相等集中荷载，各自作用在 1/6 跨处，且在 1/6 跨处均有侧向支撑	$l_e=1.73l_u$	
	六个相等集中荷载，各自作用在 1/7 跨处，且在 1/7 跨处均有侧向支撑	$l_e=1.78l_u$	
	七个相等集中荷载，各自作用在 1/8 跨处，且在 1/8 跨处均有侧向支撑	$l_e=1.84l_u$	
	支座两端作用相等纯弯矩	$l_e=1.84l_u$	

注：1 l_u 为受弯构件两个支撑点之间的实际距离。当支座处有侧向支撑而沿构件长度方向无附加支撑时，l_u 为支座之间的距离。当受弯构件在构件中部以及支座处有侧向支撑时，l_u 为中间支撑与端支座之间的距离；

2 h 为构件截面高度；

3 对于单跨或悬臂构件，当荷载条件不符合表中规定时，构件计算长度按以下规定确定：

当 $l_u/h<7$ 时，$l_e=2.06l_u$；当 $7\leqslant l_u/h<14.3$ 时，$l_e=1.63l_u+3h$；当 $l_u/h\geqslant14.3$ 时，$l_e=1.84l_u$；

4 多跨连续梁的计算，可根据表中的值或计算分析得到。

5.1.5 受弯构件的顺纹受剪承载能力，应满足下式的要求：

$$\frac{VS}{Ib}\leqslant f_v \tag{5.1.5}$$

式中：f_v ——胶合木顺纹抗剪强度设计值（N/mm²）；

V ——受弯构件剪力设计值（N）；按本规范第 5.1.6 条确定；

I ——构件的全截面惯性矩（mm⁴）；

b ——构件的截面宽度（mm）；

S ——剪切面以上的截面面积对中和轴的面积矩（mm³）。

5.1.6 荷载作用在梁顶面，计算受弯构件的剪力设计值 V 时，应符合下列规定：

1 均布荷载作用时，可不考虑在距离支座等于梁截面高度 h 的范围内的荷载作用；

2 集中荷载作用时（图 5.1.6），对于在距离支座等于梁截面高度 h 的范围内的各个集中荷载，应考虑各集中荷载值乘以相应的 x/h（x 为各荷载作用点距支座边的距离）的荷载作用。

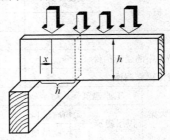

图 5.1.6 支座处集中荷载作用时剪力设计值计算示意图

5.1.7 受弯构件在受拉侧有切口时，受剪承载能力设计值应按下列公式验算：

1 矩形截面构件：

$$\frac{3V}{2bh_n}\left(\frac{h}{h_n}\right)^2\leqslant f_v \tag{5.1.7-1}$$

2 圆形截面构件：

$$\frac{3V}{2A_n}\left(\frac{h}{h_n}\right)^2\leqslant f_v \tag{5.1.7-2}$$

式中：f_v ——胶合木顺纹抗剪强度设计值（N/mm²）；

V ——剪力设计值（N）；

b ——构件的截面宽度（mm）；

h ——构件的截面高度（mm）；

h_n ——受弯构件在切口处净截面高度（mm）；

A_n ——切口处净截面面积（mm²）。

5.1.8 受弯构件在支座受压侧有缺口或斜切口时（图 5.1.8），构件的受剪承载能力应符合下列规定：

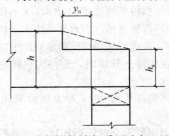

图 5.1.8 受弯构件端部受压边切口示意图

1 当 $y_n \leqslant h_n$ 时，应满足下式要求：

$$\frac{3V}{2b\left[h - \dfrac{y_n(h - h_n)}{h_n}\right]} \leqslant f_v \qquad (5.1.8)$$

式中：f_v——胶合木顺纹抗剪强度设计值（N/mm²）；

b——构件的截面宽度（mm）；

h——构件的截面高度（mm）；

h_n——受弯构件在切口处净截面高度（mm）；当端部为锥形切口时，h_n 取支座内侧边缘处的截面高度；

V——考虑全跨内所有荷载作用的剪力设计值（N）；

y_n——支座内边缘到梁切口处距离。

2 当 $y_n > h_n$ 时，应满足本规范公式（5.1.5）的要求，截面高度取 h_n。

5.1.9 当受弯构件的连接节点采用剪板、螺栓、销或六角头木螺钉连接时（图 5.1.9），其连接处胶合木构件的受剪承载能力应符合下列规定：

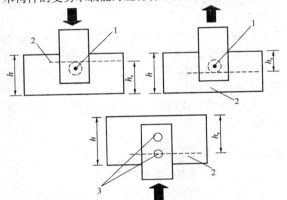

图 5.1.9 受弯构件的连接件受力示意图

1—剪板；2—不受力边；3—螺栓、销或六角头木螺钉

1 当连接处与构件支座内边缘的距离小于 5h 时，应满足下式要求：

$$\frac{3V}{2bh_e}\left(\frac{h}{h_e}\right)^2 \leqslant f_v \qquad (5.1.9\text{-}1)$$

2 当连接处与构件支座内边缘的距离大于或等于 5h 时，应满足下式要求：

$$\frac{3V}{2bh_e} \leqslant f_v \qquad (5.1.9\text{-}2)$$

式中：f_v——胶合木顺纹抗剪强度设计值（N/mm²）；

V——剪力设计值（N）；

b——构件的截面宽度（mm）；

h——构件的截面高度（mm）；

h_e——构件截面的计算高度（mm）；取截面高度 h 减去构件不受力边到连接件的距离（图 5.1.9）；对于剪板，取 h 减去不受力边至剪板最近边缘的距离；对于螺栓、销和六角头木螺钉，取 h 减去不受

力边缘到螺栓、销和六角头木螺钉中心的距离。

5.1.10 受弯构件的挠度，应按下式验算：

$$w \leqslant [w] \qquad (5.1.10)$$

式中：$[w]$——受弯构件的挠度限值（mm），按本规范表 4.2.5 采用；

w——构件按荷载效应的标准组合计算的挠度（mm）。

5.1.11 双向受弯构件的受弯承载能力，应按下式验算：

$$\frac{M_x}{W_{nx}f_{mx}} + \frac{M_y}{W_{ny}f_{my}} \leqslant 1 \qquad (5.1.11)$$

式中：M_x、M_y——相对于构件截面 x 轴和 y 轴产生的弯矩设计值（N·mm）；

f_{mx}、f_{my}——调整后的胶合木正向弯曲或侧向弯曲的抗弯强度设计值（N/mm²）；

W_{nx}、W_{ny}——构件截面沿 x 轴 y 轴的净截面抵抗矩（mm³）。

5.2 变截面直线形受弯构件

5.2.1 变截面直线形受弯构件包括单坡和双坡变截面构件。从构件斜面最低点到最高点的高度范围内，应采用相同等级的层板。构件的斜面制作应在工厂完成，不得在现场切割制作。

本节仅对斜面在受压边的构件作出规定，不考虑斜面在受拉边的构件。

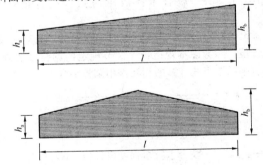

图 5.2.2 单坡或对称双坡变截面直线形
受弯构件示意图

5.2.2 均布荷载作用下，支座为简支的单坡或对称双坡变截面直线形受弯构件（图 5.2.2）的抗弯（包括稳定）、抗剪以及横纹承压承载力应按下列规定进行验算：

1 最大弯曲应力处离截面高度较小一端的距离 z、最大弯曲应力处截面的高度 h_z 和最大弯曲应力处受弯承载能力应按下列公式进行验算：

$$z = \frac{l}{2h_a + l\tan\theta}h_a \qquad (5.2.2\text{-}1)$$

$$h_z = 2h_a\frac{h_a + l\tan\theta}{2h_a + l\tan\theta} \qquad (5.2.2\text{-}2)$$

$$\sigma_{\mathrm{m}} \leqslant \varphi_l k_i f'_{\mathrm{m}} \qquad (5.2.2\text{-}3)$$

$$\sigma_{\mathrm{m}} = \frac{3ql^2}{4bh_{\mathrm{a}}(h_{\mathrm{a}} + l\tan\theta)} \qquad (5.2.2\text{-}4)$$

式中：σ_{m}——最大弯曲应力处的弯曲应力值（N/mm²）；

h_{a}——构件最小端的截面高度（mm）；

l——构件跨度（mm）；

θ——构件斜面与水平面的夹角（°）；

q——均布荷载设计值（N/mm）；

f'_{m}——不考虑高度或体积调整系数的胶合木抗弯强度设计值（N/mm²）；

k_i——变截面直线受弯构件设计强度相互作用调整系数，按本规范第5.2.3条规定采用；

φ_l——受弯构件的侧向稳定系数，按本规范第5.1.4条规定采用；

2 最大弯曲应力处顺纹受剪承载能力应按下式验算：

$$\sigma_{\mathrm{m}}\tan\theta \leqslant f_{\mathrm{v}} \qquad (5.2.2\text{-}5)$$

式中：f_{v}——胶合木抗剪强度设计值（N/mm²）；

3 支座处顺纹受剪承载能力应按本规范第5.1.5条规定进行验算；截面尺寸取支座处构件的截面尺寸。

4 最大弯曲应力处横纹受压承载能力应按下式验算：

$$\sigma_{\mathrm{m}}\tan^2\theta \leqslant f_{\mathrm{c,90}} \qquad (5.2.2\text{-}6)$$

式中：$f_{\mathrm{c,90}}$——胶合木横纹承压强度设计值（N/mm²）。

5.2.3 荷载作用下变截面矩形受弯构件的抗弯强度设计值，除考虑本规范第4.2节规定的调整系数外，还应乘以按下式计算的相互作用调整系数 k_i：

$$k_i = \frac{1}{\sqrt{1 + \left(\dfrac{f_{\mathrm{m}}\tan^2\theta}{f_{\mathrm{v}}}\right)^2 + \left(\dfrac{f_{\mathrm{m}}\tan^2\theta}{f_{\mathrm{c,90}}}\right)^2}}$$

$$(5.2.3)$$

式中：f_{m}——胶合木抗弯强度设计值（N/mm²）；

$f_{\mathrm{c,90}}$——胶合木横纹承压强度设计值（N/mm²）；

f_{v}——胶合木抗剪强度设计值（N/mm²）；

θ——构件斜面与水平面的夹角（°）。

5.2.4 单个集中荷载作用下，单坡或对称双坡变截面矩形受弯构件的最大承载力应按下列规定进行验算：

1 当集中荷载作用处截面高度大于最小端截面高度的2倍时，最大弯曲应力作用点位于截面高度为最小端截面高度的2倍处，即最大弯曲应力处离截面高度较小一端的距离 $z = h_{\mathrm{a}}/\tan\theta$；

2 当集中荷载作用处截面高度小于或等于最小端截面高度的2倍时，最大弯曲应力作用点位于集中荷载作用处；

3 最大弯曲应力处受弯承载能力应按下列公式进行验算：

$$\sigma_{\mathrm{m}} < \varphi_l k_i f'_{\mathrm{m}} \qquad (5.2.4\text{-}1)$$

$$\sigma_{\mathrm{m}} = \frac{6M}{bh_z^2} \qquad (5.2.4\text{-}2)$$

式中：σ_{m}——最大弯曲应力处的弯曲应力值（N/mm²）；

M——最大弯矩设计值（N·mm）；

b——构件截面宽度（mm）；

h_z——最大弯曲应力处的截面高度（mm）；

φ_l——受弯构件的侧向稳定系数，按本规范第5.1.4条规定采用；

k_i——构件设计强度相互作用调整系数，按本规范第5.2.3条规定采用；

f'_{m}——不考虑高度或体积调整系数的胶合木抗弯强度设计值（N/mm²）。

4 最大弯曲应力处顺纹受剪承载能力和横纹受压承载能力应按式（5.2.2-5）和式（5.2.2-6）进行验算。并且，支座处顺纹受剪承载能力应按本规范第5.1.5条规定进行验算，截面尺寸取支座处构件的截面尺寸。

5.2.5 均布荷载或集中荷载作用下的单坡或对称双坡变截面矩形受弯构件的挠度 ω_{m}，可根据变截面构件的等效截面高度，按等截面直线形构件计算，并应符合下列规定：

1 均布荷载作用下，等效截面高度 h_{c} 应按下式计算：

$$h_{\mathrm{c}} = k_{\mathrm{c}} h_{\mathrm{a}} \qquad (5.2.5)$$

式中：h_{c}——等效截面高度；

h_{a}——较小端的截面高度；

k_{c}——截面高度折算系数，按表5.2.5确定。

表 5.2.5 均布荷载作用下变截面梁截面高度折算系数 k_{c} 取值

对称双坡变截面梁		单坡变截面梁	
当 $0 < C_{\mathrm{h}} \leqslant 1$ 时	当 $1 < C_{\mathrm{h}} \leqslant 3$ 时	当 $0 < C_{\mathrm{h}} \leqslant 1.1$ 时	当 $1.1 < C_{\mathrm{h}} \leqslant 2$ 时
$k_{\mathrm{c}} = 1 + 0.66 C_{\mathrm{h}}$	$k_{\mathrm{c}} = 1 + 0.62 C_{\mathrm{h}}$	$k_{\mathrm{c}} = 1 + 0.46 C_{\mathrm{h}}$	$k_{\mathrm{c}} = 1 + 0.43 C_{\mathrm{h}}$

注：表中 $C_{\mathrm{h}} = \dfrac{h_{\mathrm{b}} - h_{\mathrm{a}}}{h_{\mathrm{a}}}$；$h_{\mathrm{b}}$ 为最高截面高度；h_{a} 为最小端的截面高度。

2 集中荷载或其他荷载作用下，构件的挠度应按线弹性材料力学方法确定。

5.3 曲线形受弯构件

5.3.1 曲线形受弯构件包括等截面曲线形受弯构件和变截面曲线形受弯构件（图5.3.1）。曲线形构件曲率半径 R 应大于 $125t$（t 为层板厚度）。

5.3.2 曲线形矩形截面受弯构件的抗弯承载能力，应按下列规定验算：

1 对于等截面曲线形受弯构件，抗弯承载能力应按下式验算：

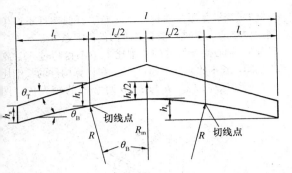

图 5.3.1　变截面曲线形受弯构件示意

$$\frac{6M}{bh^2} \leqslant k_r f_m \qquad (5.3.2\text{-}1)$$

式中：f_m——胶合木抗弯强度设计值（N/mm²）；

$\quad\quad M$——受弯构件弯矩设计值（N·mm）；

$\quad\quad b$——构件的截面宽度（mm）；

$\quad\quad h$——构件的截面高度（mm）；

$\quad\quad k_r$——胶合木曲线形构件强度修正系数，按本规范公式（4.2.1）计算。

2　对于变截面曲线形受弯构件，抗弯承载能力的验算应将变截面直线部分按本规范第 5.2 节的规定验算，曲线部分应按下列公式验算：

$$K_\theta \frac{6M}{bh_b^2} \leqslant \varphi_l k_r f'_m \qquad (5.3.2\text{-}2)$$

$$K_\theta = D + H \frac{h_b}{R_m} + F\left(\frac{h_b}{R_m}\right)^2 \qquad (5.3.2\text{-}3)$$

式中：M——曲线部分跨中弯矩设计值（N·mm）；

$\quad\quad b$——构件截面宽度（mm）；

$\quad\quad h_b$——构件在跨中的截面高度（mm）；

$\quad\quad \varphi_l$——受弯构件的侧向稳定系数；

$\quad\quad K_\theta$——几何调整系数；式中，D、H 和 F 为系数，应按表 5.3.2 确定；

$\quad\quad R_m$——构件中心线处的曲率半径；

$\quad\quad f'_m$——不考虑高度或体积调整系数的胶合木抗弯强度设计值（N/mm²）。

表 5.3.2　D、H 和 F 系数取值表

构件上部斜面夹角 θ_T（弧度）	D	H	F
2.5	1.042	4.247	−6.201
5.0	1.149	2.036	−1.825
10.0	1.330	0.0	0.927
15.0	1.738	0.0	0.0
20.0	1.961	0.0	0.0
25.0	2.625	−2.829	3.538
30.0	3.062	−2.594	2.440

注：对于中间的角度，可采用插值法得到 D、E 和 F 值。

5.3.3　曲线形矩形截面受弯构件的受剪承载能力应

按下式验算：

$$\frac{3V}{2bh_a} \leqslant f_v \qquad (5.3.3)$$

式中：f_v——胶合木抗剪强度设计值（N/mm²）；

$\quad\quad V$——受弯构件端部剪力设计值（N）；

$\quad\quad b$——构件截面宽度（mm）；

$\quad\quad h_a$——构件在端部的截面高度（mm）。

5.3.4　曲线形受弯构件的径向承载能力应按本规范附录 E 的规定进行验算。

5.3.5　变截面曲线形受弯构件的挠度应按下列公式进行验算：

$$\omega_c = \frac{5q_k l^4}{32Eb\,(h_{eq})^3} \qquad (5.3.5\text{-}1)$$

$$h_{eq} = (h_a + h_b)(0.5 + 0.735\tan\theta_T) - 1.41h_b\tan\theta_B \qquad (5.3.5\text{-}2)$$

式中：ω_c——构件跨中挠度（mm）；

$\quad\quad q_k$——均布荷载标准值（N/mm）；

$\quad\quad l$——跨度（mm）；

$\quad\quad E$——弹性模量；

$\quad\quad b$——构件的截面宽度（mm）；

$\quad\quad h_b$——构件在跨中的截面高度（mm）；

$\quad\quad h_a$——构件在端部的截面高度（mm）；

$\quad\quad \theta_B$——底部斜角度数；

$\quad\quad \theta_T$——顶部斜角度数。

5.4　轴心受拉和轴心受压构件

5.4.1　轴心受拉构件的承载能力应按下式验算：

$$\frac{N}{A_n} \leqslant f_t \qquad (5.4.1)$$

式中：f_t——胶合木顺纹抗拉强度设计值（N/mm²）；

$\quad\quad N$——轴心拉力设计值（N）；

$\quad\quad A_n$——净截面面积（mm²）。

5.4.2　轴心受压构件的承载能力应按下列要求进行验算：

1　按强度验算：

$$\frac{N}{A_n} \leqslant f_c \qquad (5.4.2\text{-}1)$$

2　按稳定验算：

$$\frac{N}{\varphi A_0} \leqslant f_c \qquad (5.4.2\text{-}2)$$

式中：f_c——胶合木材顺纹抗压强度设计值（N/mm²）；

$\quad\quad N$——轴心压力设计值（N）；

$\quad\quad A_0$——受压构件截面的计算面积（mm²），按本规范第 5.4.3 条确定；

$\quad\quad \varphi$——轴心受压构件稳定系数，按本规范第 5.4.4 条确定。

5.4.3　按稳定验算时受压构件截面的计算面积 A_0 应按下列规定采用：

1　无缺口时，取 $A_0 = A$（A 受压构件的全截面面积，mm²）；

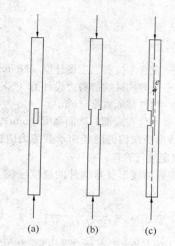

图 5.4.3 受压构件缺口

2 缺口不在边缘时（图 5.4.3a），取 $A_0 = 0.9A$；

3 缺口在边缘且为对称时（图 5.4.3b），取 $A_0 = A_n$；

4 缺口在边缘但不对称时（图 5.4.3c），应按偏心受压构件计算；

5 验算稳定时，螺栓孔可不作为缺口考虑。

5.4.4 轴心受压构件稳定系数 φ 的取值应按下列规定：

1 轴心受压构件稳定系数应按下列公式计算：

$$\varphi = \frac{1 + (f_{cE}/f_c)}{1.8} - \sqrt{\left[\frac{1 + (f_{cE}/f_c)}{1.8}\right]^2 - \frac{f_{cE}/f_c}{0.9}}$$

$$(5.4.4-1)$$

$$f_{cE} = \frac{0.47E}{(l_0/b)^2} \qquad (5.4.4-2)$$

$$l_0 = k_l l \qquad (5.4.4-3)$$

式中：f_c——胶合木顺纹抗压强度设计值（N/mm²）；

b——矩形截面边长，其他形状截面，可用 $r\sqrt{12}$ 代替，（r 为截面的回转半径）；对于变截面矩形构件取有效边长 b_c，b_c 按本规范第 5.4.7 条计算；

E——弹性模量（N/mm²）；

l——构件实际长度；

l_0——计算长度；

k_l——长度计算系数，取值见表 5.4.4。

表 5.4.4 长度计算系数 k_l 的取值

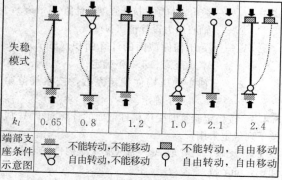

失稳模式						
k_l	0.65	0.8	1.2	1.0	2.1	2.4
端部支座条件示意图	不能转动，不能移动 自由转动，不能移动		不能转动，自由移动 自由转动，自由移动			

2 当沿受压构件长度方向布置有使构件不产生侧向位移的支撑时，轴心受压构件稳定系数 $\varphi = 1$。

5.4.5 轴心受压构件的长细比 l_0/b 不得超过 50。施工期间，长细比允许不超过 75。在计算构件的长细比时，长细比应取 l_{01}/h 与 l_{02}/b 两个中的较大值（图 5.4.5）。

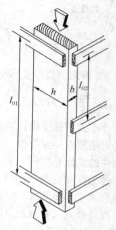

图 5.4.5 受压构件示意

5.4.6 矩形变截面轴心受压构件的承载能力应按下列规定进行验算：

1 按强度验算：

$$\frac{N}{A_n} \leqslant f_c \qquad (5.4.6-1)$$

2 按稳定计算：

$$\frac{N}{\varphi A_c} \leqslant f_c \qquad (5.4.6-2)$$

式中：f_c——顺纹抗压强度设计值（N/mm²）；

N——轴心受压构件压力设计值（N）；

A_n——受压构件最小净截面面积（mm²）。

A_c——按有效边长 b_c 计算的截面面积（mm²）；b_c 按本规范第 5.4.7 条计算；

φ——轴心受压构件稳定系数，按本规范第 5.4.4 条计算。

5.4.7 变截面受压构件中，构件截面每边的有效边长 b_c 按下式计算：

$$b_c = b_{min} + (b_{max} - b_{min})\left[a - 0.15\left(1 - \frac{b_{min}}{b_{max}}\right)\right]$$

$$(5.4.7-1)$$

式中：b_{min}——受压构件计算边的最小边长；

b_{max}——受压构件计算边的最大边长；

a——支座条件计算系数，按表 5.4.7 取值。

表 5.4.7 计算系数 a 的取值

构件支座条件	a 值
截面较大端支座固定，较小端无支座或简支	0.70
截面较小端支座固定，较大端无支座或简支	0.30
两端简支，构件尺寸朝一端缩小	0.50
两端简支，构件尺寸朝两端缩小	0.70

当构件支座条件不符合表 5.4.7 中的规定时，截面有效边长 b_c 按下式计算：

$$b_c = b_{\min} + \frac{b_{\max} - b_{\min}}{3} \qquad (5.4.7-2)$$

5.5 拉弯和压弯构件

5.5.1 拉弯构件的承载能力应按下列公式验算：

1 按强度计算：

$$\frac{N}{A_n f_t} + \frac{M}{W_n f_m} \leqslant 1 \qquad (5.5.1-1)$$

2 按稳定计算：

$$\frac{1}{\varphi_l f'_m} \left(\frac{M}{W_n} - \frac{N}{A_n} \right) \leqslant 1 \qquad (5.5.1-2)$$

式中：N——轴向拉力设计值（N）；

M——弯矩设计值（N·mm）；

A_n——构件净截面面积（mm²）；

W_n——构件净截面抵抗矩（mm³）；

φ_l——受弯构件的稳定系数，按本规范第 5.1.4 条计算；

f_t——胶合木顺纹抗拉强度设计值（N/mm²）；

f_m——胶合木抗弯强度设计值（N/mm²）；

f'_m——不考虑高度或体积调整系数的胶合木抗弯强度设计值（N/mm²）。

5.5.2 当轴向受压构件沿一个或两个截面主轴方向承载弯矩时（图 5.5.2），承载能力应按下列公式验算：

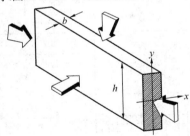

图 5.5.2 压弯构件示意图

$$\left(\frac{N}{A_n f_c} \right)^2 + \frac{M_x}{W_{nx} f_{mx} \left[1 - \dfrac{N}{A_n f_{cEx}} \right]}$$

$$+ \frac{M_y}{W_{ny} f_{my} \left[1 - \left(\dfrac{N}{A_n f_{cEy}} \right) - \left(\dfrac{M_x}{W_{nx} f_{mE}} \right)^2 \right]} \leqslant 1$$

$$(5.5.2-1)$$

$$f_{cEx} = \frac{0.47E}{(l_{0x}/h)^2} \qquad (5.5.2-2)$$

$$f_{cEy} = \frac{0.47E}{(l_{0y}/b)^2} \qquad (5.5.2-3)$$

$$f_{mE} = \frac{0.67E}{\lambda^2} \qquad (5.5.2-4)$$

式中：N——轴向压力设计值（N）；

M_x、M_y——相对于 x 轴（构件窄面）和 y 轴（宽面）的弯矩设计值（N·mm）；

A_n——构件净截面面积（mm²）；

W_{nx}——相对于 x 轴的净截面抵抗矩（mm³）；

W_{ny}——相对于 y 轴的净截面抵抗矩（mm³）；

f_c——顺纹抗压强度设计值（N/mm²）；

f_{mx}、f_{my}——胶合木构件相对于 x 轴（构件窄面）和 y 轴（宽面）的抗弯强度设计值（N/mm²）；

E——弹性模量（N/mm²）；

b——构件宽度（mm）；

h——构件高度（mm）；

λ——受弯构件的长细比，不得大于 50，按本规范第 5.1.4 条确定；

l_{0x}、l_{0y}——计算长度，按本规范公式（5.4.4-3）确定。

5.5.3 当采用本规范公式（5.5.2-1）进行验算时，应满足下列规定：

1 对于 x 轴单向弯曲或双向弯曲时：

$$\frac{N}{A} < f_{cEx} \qquad (5.5.3-1)$$

2 对于 y 轴单向弯曲或双向弯曲时：

$$\frac{N}{A} < f_{cEy} \qquad (5.5.3-2)$$

3 对于双向弯曲时：

$$\frac{M_x}{W_{nx}} < f_{mE} \qquad (5.5.3-3)$$

5.6 构件的局部承压

5.6.1 构件的顺纹局部承压承载能力，应按下列要求验算：

1 验算构件的顺纹局部承压时，按承压净面积计算。构件的顺纹局部承压强度设计值应采用顺纹抗压强度设计值。

2 当局部承压产生的压应力大于顺纹受压强度设计值的 75% 时，局部承压的荷载应作用在厚度不小于 6mm 的钢板上或其他具有相同刚度的材料上。

5.6.2 构件的横纹局部承压产生的压应力，不得大于本规范表 4.2.2-6 中规定的胶合木横纹承压强度值。

5.6.3 当验算构件的斜面局部承压时，斜面局部承压强度设计值应按本规范公式（4.2.2）计算。

6 连 接 设 计

6.1 一 般 规 定

6.1.1 胶合木构件一般采用螺栓、销、六角头木螺钉和剪板等紧固件进行连接（图 6.1.1）。当采用其他紧固件连接时应参照现行国家标准《木结构设计规范》GB 50005 中的有关规定进行设计。紧固件的规格尺寸应符合国家现行相关产品标准的规定。

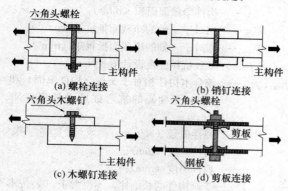

图 6.1.1 胶合木构件的主要连接方式

6.1.2 当紧固件头部有螺帽时，螺帽与胶合木表面之间应安装垫圈。当紧固件受拉时，垫圈的面积应按胶合木表面局部承压强度值进行计算。采用钢垫圈时，垫圈的厚度不得小于直径（对于圆形垫圈）或长边（对于矩形垫圈）的1/10。

6.1.3 构件连接设计时，应避免因不同紧固件之间的偏心作用产生横纹受拉。同一连接中，不宜采用不同种类的紧固件。

6.1.4 紧固件连接设计应符合下列规定：

1 紧固件安装完成后，构件面与面之间应紧密接触；

2 连接中应考虑含水率变化可能产生的收缩变形；

3 当采用螺栓、销或六角头木螺钉作为紧固件时，其直径不应小于6mm。

6.1.5 各种连接的承载力设计值应根据下列规定采用：

1 对于某一树种，单根紧固件连接的承载力设计值，与该树种木材的不同材质等级无关；

2 连接中，当类型、尺寸以及屈服模式相同的紧固件的数量大于或等于两根时，总的连接承载力设计值为每一单个紧固件承载力设计值的总和。

6.1.6 连接设计时，单根紧固件的侧向承载力设计值和抗拔承载力设计值应根据具体情况乘以下列各项强度调整系数：

1 螺栓、销、六角头木螺钉和剪板的剪面承载力设计值以及六角头木螺钉的抗拔承载力设计值应乘以本规范表 4.2.1-3 和表 4.2.1-4 规定的含水率调整系数、温度调整系数和设计使用年限调整系数。

2 当螺栓、销和六角头木螺钉位于主构件的端部时，紧固件的抗拔承载力设计值应乘以端面调整系数 k_e。对于六角头木螺钉取 $k_e = 0.75$；对于其他紧固件取 $k_e = 0.67$。

3 当连接的侧构件采用钢板时，剪板连接的顺纹荷载作用下的设计承载力应乘以本规范第 6.3.4 条规定的金属侧板调整系数 k_s。

4 当采用螺栓、销或六角头木螺钉作为紧固件，并符合以下条件时，设计承载力不考虑含水率调整系数：

1) 仅有 1 个紧固件；

2) 两个或两个以上的紧固件沿顺纹方向排成一行；

3) 两行或两行以上的紧固件，每行紧固件分别用单独的连接板连接。

5 当直径小于 25mm 的螺栓、销、六角头木螺钉排成一行或剪板排成一行时，各单根紧固件的承载力设计值应乘以按本规范附录 F 确定的紧固件组合作用系数 k_g。

6.2 销轴类紧固件的连接计算

6.2.1 销轴类紧固件的端距、边距、间距和行距的最小值尺寸应符合表 6.2.1 的规定。

表 6.2.1 销轴类紧固件的端距、边距、间距和行距的最小值尺寸

距离名称	顺纹荷载作用时		横纹荷载作用时	
最小端距 e_1	受拉构件	$\geqslant 7d$	$\geqslant 4d$	
	受压构件	$\geqslant 4d$		
最小边距 e_2	当 $l/d \leqslant 6$	$\geqslant 1.5d$	荷载作用边	$\geqslant 4d$
	当 $l/d > 6$	取 $1.5d$ 与 $r/2$ 两者较大值	无荷载作用边	$\geqslant 1.5d$
最小间距 s	$\geqslant 4d$		横纹方向 中间各排	$\geqslant 3d$
			横纹方向 外侧一排	$\geqslant 1.5d$，并 $\leqslant 125mm$
最小行距 r	$\geqslant 2d$		当 $l/d \leqslant 2$	$\geqslant 2.5d$
			当 $2 < l/d < 6$	$\geqslant (5l+10d)/8$
			当 $l/d \geqslant 6$	$\geqslant 5d$
几何位置示意图				

注：用于确定最小边距的 l/d 值（l 为紧固件长度，d 为紧固件的直径），应取下列两者中的较小值：

1 紧固件在主构件中的贯入深度 l_m 与直径 d 的比值 l_m/d；

2 紧固件在侧面构件中的总贯入深度 l_s 与直径 d 的比值 l_s/d。

6.2.2 交错布置的销轴类紧固件（图 6.2.2），应按以下规定确定紧固件的端距、边距、间距和行距布置要求：

1 对于顺纹荷载作用下交错布置的紧固件，当相邻行上的紧固件在顺纹方向的间距不大于 $4d$ 时，则认为相邻行的紧固件位于同一截面；

2 对于横纹荷载作用下交错布置的紧固件，当相邻行上的紧固件在横纹方向的间距不小于 $4d$ 时，则紧固件在顺纹方向的间距不受限制；当相邻行上的

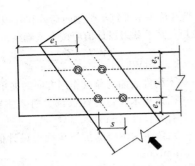

图 6.2.2　紧固件交错布置几何
位置示意图

紧固件在横纹方向的间距小于 $4d$ 时，则紧固件在顺纹方向的间距应符合本规范表 6.2.1 的规定。

6.2.3　当六角头木螺钉承受轴向上拔荷载时的端距、边距、间距和行距的最小值应满足表 6.2.3 的规定。

表 6.2.3　六角头木螺钉承受轴向上拔荷载时的端距、边距、间距和行距的最小值

距　离　名　称	最　小　值
端距 e_1	$\geqslant 4d$
边距 e_2	$\geqslant 1.5d$
行距 r 和间距 s	$\geqslant 4d$

注：d 为六角头木螺钉的直径。

6.2.4　对于采用单剪或对称双剪的销轴类紧固件的连接（图 6.2.4），当满足下列要求时，承载力设计值可按本规范第 6.2.5 条的规定计算：

　1　构件连接面应紧密接触；

　2　荷载作用方向与销轴类紧固件轴线方向垂直；

　3　紧固件在构件上的边距、端距以及间距应符合本规范表 6.2.1 的规定；

　4　六角头木螺钉在单剪连接中的主构件上或双剪连接中侧构件上的最小贯入深度（不包括端尖部分的长度）不得小于六角头木螺钉直径的 4 倍。

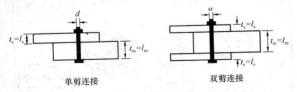

单剪连接　　　　　　　双剪连接

图 6.2.4　销轴类紧固件的连接方式

6.2.5　对于采用单剪或对称双剪连接的销轴类紧固件，每一剪面承载力设计值 Z 应按下列 4 种破坏模式进行计算，并取各计算结果中的最小值作为销轴类紧固件连接的承载力设计值。

　1　销槽承压破坏：

　　1）对于单剪连接或双剪连接时主构件销槽承压破坏应按下式计算：

$$Z = \frac{1.5dl_{\mathrm{m}}f_{\mathrm{em}}}{R_{\mathrm{d}}} \qquad (6.2.5\text{-}1)$$

　　2）对于侧构件销槽承压破坏应按下式计算：

　单剪连接时：$\qquad Z = \dfrac{1.5dl_{\mathrm{s}}f_{\mathrm{es}}}{R_{\mathrm{d}}} \qquad (6.2.5\text{-}2)$

　双剪连接时：$\qquad Z = \dfrac{3dl_{\mathrm{s}}f_{\mathrm{es}}}{R_{\mathrm{d}}} \qquad (6.2.5\text{-}3)$

　注：单剪连接中的主构件为厚度较厚的构件；双剪连接中的主构件为中间构件。

　式中：d——紧固件直径（mm）；对于有螺纹的销体，d 为根部直径；当螺纹部分的长度小于承压长度的 1/4 时，d 为销体直径；

　　　　l_{m}、l_{s}——主、次构件销槽承压面长度（mm）；

　　　　f_{em}、f_{es}——主、次构件销槽承压强度标准值（N/mm²），按本规范第 6.2.6 条确定；

　　　　R_{d}——与紧固件直径、破坏模式及荷载与木纹间夹角有关的折减系数，按表 6.2.5 规定采用。

表 6.2.5　折减系数 R_{d}

破　坏　模　式	折减系数 R_{d}
销槽承压破坏	$4K_{\theta}$
销槽局部挤压破坏	$3.6K_{\theta}$
单个或两个塑性铰破坏	$3.2K_{\theta}$

注：表中 $K_{\theta} = 1 + 0.25(\theta/90)$，$\theta$ 为荷载与木材顺纹方向的最大夹角（$0° \leqslant \theta \leqslant 90°$）。

　2　销槽局部挤压破坏应按下式计算：

$$Z = \frac{1.5k_1 dl_{\mathrm{s}}f_{\mathrm{es}}}{R_{\mathrm{d}}} \qquad (6.2.5\text{-}4)$$

$$k_1 = \frac{\sqrt{R_{\mathrm{e}} + 2R_{\mathrm{e}}^2(1 + R_{\mathrm{t}} + R_{\mathrm{t}}^2) + R_{\mathrm{t}}^2 R_{\mathrm{e}}^3} - R_{\mathrm{e}}(1 + R_{\mathrm{t}})}{1 + R_{\mathrm{e}}}$$

$$(6.2.5\text{-}5)$$

　式中：R_{e}——为 $f_{\mathrm{em}}/f_{\mathrm{es}}$；

　　　　R_{t}——为 $l_{\mathrm{m}}/l_{\mathrm{s}}$。

　3　单个塑性铰破坏：

　　1）对于单剪连接时主构件单个塑性铰破坏应按下式计算：

$$Z = \frac{1.5k_2 dl_{\mathrm{m}}f_{\mathrm{em}}}{(1 + 2R_{\mathrm{e}})R_{\mathrm{d}}} \qquad (6.2.5\text{-}6)$$

$$k_2 = -1 + \sqrt{2(1 + R_{\mathrm{e}}) + \frac{2f_{\mathrm{yb}}(1 + 2R_{\mathrm{e}})d^2}{3f_{\mathrm{em}}l_{\mathrm{m}}^2}}$$

$$(6.2.5\text{-}7)$$

　式中：f_{yb}——销轴类紧固件抗弯强度标准值（N/mm²），按本规范第 6.2.7 条规定取值。

　　2）对于侧构件单个塑性铰破坏应按下式计算：

　单剪连接时：$Z = \dfrac{1.5k_3 dl_{\mathrm{s}}f_{\mathrm{em}}}{(2 + R_{\mathrm{e}})R_{\mathrm{d}}} \qquad (6.2.5\text{-}8)$

双剪连接时：
$$Z = \frac{3k_3 d l_s f_{em}}{(2+R_e)R_d} \qquad (6.2.5-9)$$

$$k_3 = -1 + \sqrt{\frac{2(1+R_e)}{R_e} + \frac{2f_{yb}(2+R_e)d^2}{3f_{em}l_s^2}} \qquad (6.2.5-10)$$

4 主侧构件两个塑性铰破坏应按下式计算：

单剪连接时：$Z = \dfrac{1.5d^2}{R_d}\sqrt{\dfrac{2f_{em}f_{yb}}{3(1+R_e)}} \quad (6.2.5-11)$

双剪连接时：$Z = \dfrac{3d^2}{R_d}\sqrt{\dfrac{2f_{em}f_{yb}}{3(1+R_e)}} \quad (6.2.5-12)$

6.2.6 销槽承压强度标准值应按下列规定取值：

1 销轴类紧固件销槽顺纹承压强度 $f_{e,0}$（N/mm²）：

$$f_{e,0} = 77G \qquad (6.2.6-1)$$

式中：G——主构件材料的全干相对密度；常用树种木材的全干相对密度应符合本规范附录 G 的规定。

2 销轴类紧固件销槽横纹承压强度 $f_{e,90}$（N/mm²）：

$$f_{e,90} = \frac{212G^{1.45}}{\sqrt{d}} \qquad (6.2.6-2)$$

式中：d——销轴类紧固件直径（mm）。

3 当作用在构件上的荷载与木纹呈夹角 θ 时，销槽承压强度 $f_{e,\theta}$ 按下式确定：

$$f_{e,\theta} = \frac{f_{e,0}f_{e,90}}{f_{e,0}\sin^2\theta + f_{e,90}\cos^2\theta} \qquad (6.2.6-3)$$

式中：θ——荷载与木纹方向的夹角。

4 当销轴类紧固件插入主构件端部并且与主构件纵向平行时，主构件上的销槽承压强度取 $f_{e,90}$。

5 紧固件在钢材上的销槽承压强度按钢材的抗拉强度标准值计算。紧固件在混凝土构件上的销槽承压强度按混凝土立方抗压强度标准值的 2.37 倍计算。

6.2.7 销轴类紧固件的抗弯强度标准值和销槽的承压长度应符合下列规定：

1 销轴类紧固件抗弯强度标准值应取销轴屈服强度的 1.3 倍；

2 当销轴的贯入深度小于 10 倍销轴直径时，承压面的长度不应包括销轴尖端部分的长度。

6.2.8 互相不对称的三个构件连接时，剪面承载力设计值 Z 应按两个侧构件中销槽承压长度最小的侧构件作为计算标准，按对称连接计算得到的最小剪面承载力作为连接的剪面设计承载力。

6.2.9 当四个或四个以上构件连接时，每一剪面按单剪连接计算。连接的剪面设计承载力等于最小承载力乘以剪面数量。

6.2.10 当单剪连接中的荷载与紧固件轴线呈一定角度时（除 90°外），垂直于紧固件轴线方向作用的荷载分量不得超过紧固件剪面设计承载力。平行于紧固件轴线方向的荷载分量，应采取可靠的措施，满足局部承压要求。

6.2.11 当六角头木螺钉承受侧向荷载和外拔荷载时（图 6.2.11），其承载力设计值应按下式确定：

$$Z_\alpha' = \frac{(W'h_d)Z'}{(W'h_d)\cos^2\alpha + Z'\sin^2\alpha} \qquad (6.2.11)$$

式中：α——木构件表面与荷载作用方向的夹角；

h_d——六角头木螺钉有螺纹部分打入主构件的有效长度（mm）；

W'——六角头木螺钉的抗拔承载力设计值（N/mm）；

Z'——六角头木螺钉的剪面设计承载力（kN）。

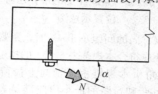

图 6.2.11 六角头木螺钉受
侧向、外拔荷载

6.2.12 六角头木螺钉的抗拔强度设计承载力应符合下列规定：

1 当六角头木螺钉中轴线与木纹垂直时，抗拔强度设计值应按下式确定：

$$W = 43.2G^{3/2}d^{3/4} \qquad (6.2.12)$$

式中：W——抗拔强度设计值（N/mm）；

G——主构件材料的全干相对密度；

d——木螺钉直径（mm）。

2 当六角头木螺钉轴线与木纹平行时，抗拔强度设计值按公式（6.2.12）计算后，尚应乘以 0.75 的折减系数。

6.3 剪板的连接计算

6.3.1 剪板材料可采用压制钢和可锻铸铁（玛钢）制作，剪板种类和连接方式应符合表 6.3.1 的规定（图 6.3.1）。

表 6.3.1 剪板的种类和连接方式

材料	压制钢剪板	可锻铸铁（玛钢）剪板
形状		
连接方式	木—木连接中，两片剪板背对紧靠，采用螺栓或木螺钉连接，承载单剪	木—钢连接中，采用螺栓或木螺钉连接剪板

6.3.2 剪板的强度设计值与木材的全干相对密度有关，木材的全干相对密度分组应符合表 6.3.2-1 的规定。单个剪板的受剪承载力设计值应符合表 6.3.2-2

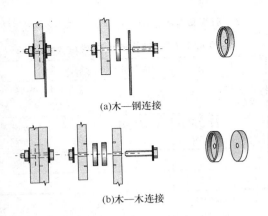

(a)木—钢连接

(b)木—木连接

图 6.3.1　剪板连接示意图

的规定。

表 6.3.2-1　剪板连接中树种的全干相对密度分组

全干相对密度分组	全干相对密度 G
J₁	$0.49 \leqslant G < 0.60$
J₂	$0.42 \leqslant G < 0.49$
J₃	$G < 0.42$

表 6.3.2-2　单个剪板连接件（剪板加螺栓）的受剪承载力设计值

剪板直径 (mm)	螺栓直径 (mm)	同一根螺栓上构件接触剪板面数量	构件的净厚度 (mm)	荷载沿顺纹方向作用 受剪承载力设计值 P (kN)			荷载沿横纹方向作用 受剪承载力设计值 Q (kN)		
				J₁组	J₂组	J₃组	J₁组	J₂组	J₃组
67	19	1	≥38	18.5	15.4	13.9	12.9	10.7	9.2
		2	≥38	14.4	12.0	10.4	10.0	8.4	7.2
			51	18.9	15.7	13.6	13.2	10.9	9.5
			≥64	19.8	16.5	13.8	13.8	11.4	10.0
102	19 或 22	1	≥38	26.0	21.7	18.7	18.1	15.0	12.9
			≥44	30.2	25.2	21.7	21.0	17.5	15.2
		2	≥44	20.1	16.7	14.5	14.0	11.6	9.8
			51	22.4	18.7	16.1	15.6	13.0	11.3
			64	25.5	21.3	18.4	17.6	14.8	12.8
			76	28.6	23.9	20.6	19.9	16.6	14.3
			≥88	29.9	24.9	21.5	20.8	17.4	14.9

注：表中设计值应乘以本规范表6.3.4的调整系数。

6.3.3　当剪板采用六角头木螺钉作为紧固件时，六角头木螺钉在主构件中贯入深度不得小于表6.3.3的规定。

表 6.3.3　六角头木螺钉在构件中最小贯入深度

剪板规格 (mm)	侧构件	六角头木螺钉在主构件中贯入深度 (d 为公称直径) 树种全干相对密度分组		
		J₁组	J₂组	J₃组
102	木材或钢材	$8d$	$10d$	$11d$
67	木材	$5d$	$7d$	$8d$
	钢材	$3.5d$	$4d$	$4.5d$

注：贯入深度不包括钉端尖部分。

6.3.4　当侧构件采用钢板时，102mm 的剪板连接件的顺纹荷载作用下的受剪承载力设计值 P 应根据树种全干相对密度，按表6.3.4中规定的调整系数 k_s 进行调整。

表 6.3.4　剪板连接件的顺纹承载力调整系数

树种全干相对密度分组	J₁组	J₂组	J₃组
k_s	1.11	1.05	1.00

6.3.5　当荷载作用方向与顺纹方向有夹角时，剪板受剪承载力设计值 N_θ 按下式计算：

$$N_\theta = \frac{PQ}{P \sin^2\theta + Q \cos^2\theta} \quad (6.3.5)$$

式中：θ——荷载与木纹方向（构件纵轴方向）的夹角；

P——调整后的剪板顺纹受剪承载力设计值，按本规范表6.3.2-2的规定取值；

Q——调整后的剪板横纹受剪承载力设计值，按本规范表6.3.2-2的规定取值。

6.3.6　当剪板位于构件端部的垂直面或对称于构件轴线的斜切面上时，剪板受剪承载力设计值应按下列规定确定：

　　1　当构件端部截面为垂直面（α＝90°），垂直面上的荷载沿任意方向作用时（图6.3.6-1），承载力设计值应按下式计算：

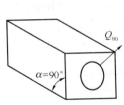

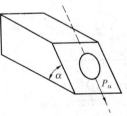

图 6.3.6-1　端部直角，荷载任意方向（图中圆形为剪板示意）

图 6.3.6-2　端部斜角，荷载平行于斜面主轴

$$Q_{90} = 0.60Q \quad (6.3.6-1)$$

式中：Q_{90}——剪板在端部垂直面上沿任意方向的受剪承载力设计值；

Q——剪板在构件侧面上横纹受剪承载力设计值。

　　2　当构件端部截面为斜面（0°＜α＜90°），荷载作用方向与斜面主轴平行（φ＝0°）时（图6.3.6-2），受剪承载力设计值应按下式计算：

$$P_\alpha = \frac{PQ_{90}}{P \sin^2\alpha + Q_{90} \cos^2\alpha} \quad (6.3.6-2)$$

式中：P_α——斜面上与斜面轴线方向平行（φ＝0°）的受剪承载力设计值；

P——剪板在构件侧面上顺纹受剪承载力设计值。

　　3　当构件端部截面为斜面（0°＜α＜90°），荷载作用方向与斜面主轴垂直（$\varphi=90°$）时（图 6.3.6-3），受剪承载力设计值应按下式计算：

$$Q_\alpha = \frac{QQ_{90}}{Q \sin^2\alpha + Q_{90}\cos^2\alpha} \quad (6.3.6\text{-}3)$$

式中：Q_α——斜面上与切割斜面轴线方向垂直（$\varphi=90°$）的受剪承载力设计值。

4 当构件端部截面为斜面（$0°<\alpha<90°$），荷载作用方向与斜面主轴的夹角为 φ（$0°<\varphi<90°$）时（图 6.3.6-4），受剪承载力设计值应按下式计算：

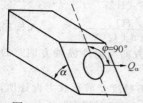 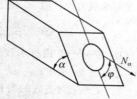

图 6.3.6-3 端部斜角，荷载垂直于斜面主轴　　图 6.3.6-4 端部斜角荷载成 φ 角

$$N_\alpha = \frac{P_\alpha Q_\alpha}{P_\alpha \sin^2\varphi + Q_\alpha\cos^2\varphi} \quad (6.3.6\text{-}4)$$

式中：N_α——斜面上与切割斜面轴线方向呈斜角（$0°<\varphi<90°$）的受剪承载力设计值；

φ——斜面内荷载与斜面对称轴之间的夹角。

6.3.7 剪板在构件上安装时，边距和端距（图 6.3.7a）应符合以下规定：

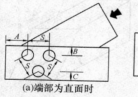 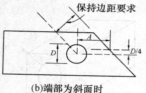

(a)端部为直面时　　　(b)端部为斜面时

图 6.3.7 剪板的几何位置示意图
A—端距；B—不受荷边距；C—受荷边距；
D—剪板直径；S—剪板间距

1 剪板布置的边距应符合表 6.3.7-1 的规定。

表 6.3.7-1　剪板的最小边距（mm）

剪板类型	荷载与构件纵轴线的夹角 θ			
	$\theta=0°$	不受荷边 C	$45°\leqslant\theta<90°$	
			受荷边 B	
			承载力折减 83%时	承载力不折减时(100%)
67mm	45	45	45	70
102mm	70	70	70	95

注　1　当荷载作用为横纹方向时，构件受荷边为与荷载相邻的边缘，不受荷边与受力边相对应；
　　2　0°～45°之间的边距可采用直线插值法确定；
　　3　承载力折减值为 83%～100%之间时，可按直线插值法确定最小边距。

2 剪板布置的端距应符合表 6.3.7-2 的规定。

表 6.3.7-2　剪板的最小端距（mm）

剪板类型	荷载与构件纵轴线的夹角 θ			
	受压构件 $\theta=0°$		受拉构件 $\theta=0°\sim90°$ 受压构件 $\theta=90°$	
	承载力折减 63%时	承载力不折减时(100%)	承载力折减 63%时	承载力不折减时(100%)
67mm	65	100	70	140
102mm	85	140	60	180

注：1　0°～90°之间的端距可采用直线插值法确定；
　　2　承载力折减值为 63%～100%之间时，可按直线插值法确定最小端距。

6.3.8 剪板在构件上的间距（本规范图 6.3.7a）应符合以下规定：

1 当两个剪板中心连线与顺纹方向的夹角 $\alpha=0°$ 或 $\alpha=90°$ 时，剪板间距应符合表 6.3.8-1 的规定。

表 6.3.8-1　剪板的最小间距（mm）

剪板类型	荷载与构件纵轴线的夹角 θ					
	$\theta=0°$				$\theta=60°\sim90°$	
	$\alpha=0°$		$\alpha=90°$	$\alpha=0°$	$\alpha=90°$	
	承载力折减 50%时	承载力不折减时(100%)			承载力折减 50%时	承载力不折减时(100%)
67mm	90	170	90	90	90	110
102mm	130	230	130	130	130	150

注：1　0°～60°之间的间距可采用直线插值法确定；
　　2　承载力折减值为 50%～100%之间时，可按直线插值法确定最小间距。

2 当两个剪板中心连线与顺纹方向的夹角 α 为 $0°\leqslant\alpha\leqslant90°$ 时，剪板的最小间距应按下列规定确定：

1) 当剪板受剪承载力达到本规范表 6.3.2-2 中规定的受剪承载力的 100%，剪板之间的连线与顺纹方向的夹角为 α 时（图 6.3.8），剪板在顺纹方向的间距 S_0 与横纹方向的间距 S_{90}，应分别按下列公式确定：

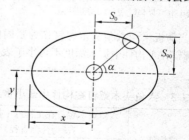

图 6.3.8 剪板连线与顺纹方向的夹角与间距之间的关系

$$S_0 = \sqrt{\frac{x^2 y^2}{x^2\tan^2\alpha + y^2}} \quad (6.3.8\text{-}1)$$

$$S_{90} = S_0\tan\alpha \quad (6.3.8\text{-}2)$$

式中：x 与 y 值应根据表 6.3.8-2 确定。

表 6.3.8-2 剪板之间连线与顺纹方向夹角 α 为 0° 和 90° 时的 x 与 y 值（mm）

剪板类型	剪板间连线与顺纹方向的夹角	荷载与构件纵轴线的夹角 θ	
		$0° \leqslant \theta < 60°$	$60° \leqslant \theta < 90°$
67mm	$x(\alpha = 0°)$	$170 - 1.33\theta$	90
	$y(\alpha = 90°)$	$90 + 0.33\theta$	110
102mm	$x(\alpha = 0°)$	$230 - 1.67\theta$	130
	$y(\alpha = 90°)$	$130 + 0.33\theta$	150

2）当剪板受剪承载力达到本规范表 6.3.2-2 中规定的受剪承载力的 50% 时，对于 67mm 剪板，取 $x = y = 90$mm；对于 102mm 剪板，取 $x = y = 130$mm，并均按式（6.3.8-1）和式（6.3.8-2）确定剪板在顺纹方向的间距 S_0 与横纹方向的间距 S_{90}。

3）当剪板受剪承载力为本规范表 6.3.2-2 中规定的 50%～90% 之间时，剪板所需的最小间距 S_0 和 S_{90}，应按受剪承载力达到 50% 和 100% 时计算所需的最小间距，由直线插值法确定。

6.3.9 构件垂直端面或斜切面上的剪板应根据下列规定对构件侧面上剪板的边距、端距以及间距等布置要求进行布置：

1 在垂直端面以及斜面（$45° \leqslant \alpha < 90°$）上沿任意方向的荷载作用下，剪板布置应符合本规范第 6.3.7 条和第 6.3.8 条中横纹荷载作用下剪板的布置要求；

2 在斜面（$0° < \alpha < 45°$）上平行于对称轴的荷载作用下，剪板布置应符合本规范第 6.3.7 条和第 6.3.8 条中顺纹荷载作用下剪板的布置要求；

3 在斜面（$0° < \alpha < 45°$）上垂直于对称轴的荷载作用下，剪板布置应符合本规范第 6.3.7 条和第 6.3.8 条中横纹荷载作用下的布置要求；

4 在斜面（$0° < \alpha < 45°$）上与对称轴呈任意夹角（φ）的荷载作用下，剪板布置应符合本规范第 6.3.7 条和第 6.3.8 条中 0°～90° 荷载作用下的布置要求。

7 构件防火设计

7.1 防 火 设 计

7.1.1 胶合木结构构件的防火设计和防火构造除应遵守本章的规定外，还应符合现行国家标准《建筑设计防火规范》GB 50016 的有关规定。

7.1.2 本章规定的设计方法适用于耐火极限不超过 2.00h 的构件防火设计。

7.1.3 在进行胶合木构件的防火设计和验算时，恒载和活载均应采用标准值。

7.1.4 胶合木构件燃烧 t 小时后，有效炭化速率应根据下式计算：

$$\beta_e = \frac{1.2\beta_n}{t^{0.187}} \qquad (7.1.4)$$

式中：β_e —— 根据耐火极限 t 的要求确定的有效炭化速率（mm/h）；

β_n —— 木材燃烧 1.00h 的名义线性炭化速率（mm/h）；采用针叶材制作的胶合木构件的名义线性炭化速率为 38mm/h。根据该炭化速率计算的有效炭化速率和有效炭化层厚度应符合表 7.1.4 的规定；

t —— 耐火极限（h）。

表 7.1.4 有效炭化速率和炭化层厚度

构件的耐火极限 t（h）	有效炭化速率 β_e（mm/h）	有效炭化层厚度 T（mm）
0.50	52.0	26
1.00	45.7	46
1.50	42.4	64
2.00	40.1	80

7.1.5 防火设计或验算燃烧后的矩形构件承载能力时，应按本规范第 5 章的规定进行。构件的各种强度值应采用本规范附录 B 规定的强度特征值，并应乘以下列调整系数：

1 抗弯强度、抗拉强度和抗压强度调整系数应取 1.36；验算时，受弯构件稳定系数和受压构件屈曲强度调整系数应取 1.22；

2 受弯和受压构件的稳定计算时，应采用燃烧后的截面尺寸，弹性模量调整系数应取 1.05；

3 当考虑体积调整系数时，应按燃烧前的截面尺寸计算体积调整系数。

7.1.6 构件燃烧后（图 7.1.6）几何特征的计算公式应按表 7.1.6 的规定采用。

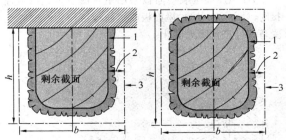

图 7.1.6 三面曝火和四面曝火构件截面简图
1—构件燃烧后剩余截面边缘；2—有效炭化厚度 T；
3—构件燃烧前截面边缘

表 7.1.6 构件燃烧后的几何特征

截面几何特征	三面曝火时	四面曝火时
截面面积 mm²	$A(t)=(b-2\beta_e t)(h-\beta_e t)$	$A(t)=(b-2\beta_e t)(h-2\beta_e t)$
截面抵抗矩(主轴方向) mm³	$W(t)=\dfrac{(b-2\beta_e t)(h-\beta_e t)^2}{6}$	$W(t)=\dfrac{(b-2\beta_e t)(h-2\beta_e t)^2}{6}$
截面抵抗矩(次轴方向) mm³	—	$W(t)=\dfrac{(h-2\beta_e t)(b-2\beta_e t)^2}{6}$
截面惯性矩(主轴方向) mm⁴	$I(t)=\dfrac{(b-2\beta_e t)(h-\beta_e t)^3}{12}$	$I(t)=\dfrac{(b-2\beta_e t)(h-2\beta_e t)^3}{12}$
截面惯性矩(次轴方向) mm⁴	—	$I(t)=\dfrac{(h-2\beta_e t)(b-2\beta_e t)^3}{12}$

注:表中,h——燃烧前截面高度(mm);b——燃烧前截面宽度(mm);t——耐火极限时间(h);β_e——有效炭化速率(mm/h)。

7.2 防火构造

7.2.1 当胶合木构件考虑耐火极限的要求时,其层板组坯除应符合本规范第9章的规定外,还应满足以下构造规定:

1 对于耐火极限为1.00h的胶合木构件,当构件为非对称异等组合时,应在受拉边减去一层中间层板,并增加一层表面抗拉层板。当构件为对称异等组合时,应在上下两边各减去一层中间层板,并各增加一层表面抗拉层板。构件设计时,按未改变层板组合的情况进行。

2 对于耐火极限为1.50h或2.00h的胶合木构件,当构件为非对称异等组合时,应在受拉边减去两层中间层板,并增加两层表面抗拉层板。当构件为对称异等组合时,应在上下两边各减去两层中间层板,并各增加两层表面抗拉层板。构件设计时,按未改变层板组合的情况进行。

7.2.2 当采用厚度为50mm以上的木材(锯材或胶合木)作为屋面板或楼面板时(图7.2.2a),楼面板或屋面板端部应坐落在支座上,其防火设计和构造应符合下列要求:

1 当屋面板或楼面板采用单舌或双舌企口板连接时(图7.2.2b),屋面板或楼面板可作为一面曝火受弯构件进行防火设计;

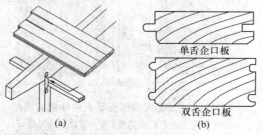

单舌企口板

双舌企口板

图 7.2.2 锯材或胶合木楼(屋)面板示意图

2 当屋面板或楼面板采用直边拼接时,屋面板或楼面板可作为两侧部分曝火而底面完全曝火的受弯构件,可按三面曝火构件进行防火设计。此时,两侧部分曝火的炭化速率应为有效炭化速率的1/3。

7.2.3 主、次梁连接时,金属连接件可采用隐藏式连接(图7.2.3)。

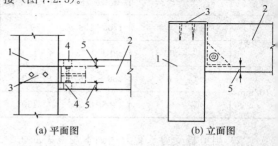

(a) 平面图   (b) 立面图

图 7.2.3 主、次梁之间的隐藏式连接示意图
1—主梁;2—次梁;3—金属连接件;4—木塞;5—侧面或底面木材厚度≥40mm

7.2.4 金属连接件表面可采用截面厚度不小于40mm的木材作为连接件表面附加防火保护层(图7.2.4)。

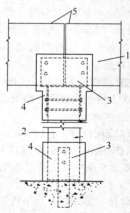

图 7.2.4 连接件附加保护层的防火构造示意图

1—木梁;2—木柱;3—金属连接件;4—厚度≥40mm的木材保护层;5—梁端应设侧向支撑

7.2.5 梁柱连接中,当要求连接处金属连接件不应暴露在火中时,除可采用本规范第7.2.4条规定的方法外,还可采用以下构造措施(图7.2.5):

1 将梁柱连接处包裹在耐火极限为1.00h的墙体中;

2 采用截面尺寸为40mm×90mm的规格材和厚度大于15mm的防火石膏板在梁柱连接处进行隔离。

7.2.6 梁柱连接中,当外观设计要求构件外露,并且连接处直接暴露在火中时,可将金属连接件嵌入木构件内,固定用的螺栓孔采用木塞封堵,梁柱连接缝采用防火材料填缝(图7.2.6)。

7.2.7 梁柱连接中,当设计对构件连接处无外观要

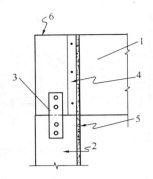

图 7.2.5　梁柱连接件隔离式防火
构造示意图
1—木梁；2—柱；3—金属连接件；4—50mm
厚木条绕梁一周作为垫板；5—防火石膏板或
规格材；6—梁端应设侧向支撑

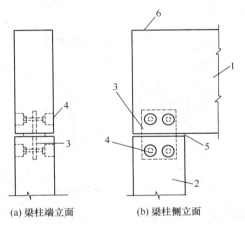

(a) 梁柱端立面　　　　(b) 梁柱侧立面

图 7.2.6　梁柱连接件隐藏式防火构造示意图
1—木梁；2—木柱；3—金属连接件；4—木塞；5—腻子
或其他防火材料填缝；6—梁端应设侧向支撑

求时，对于直接暴露在火中的连接件，应在连接件表面涂刷耐火极限为 1.00h 的防火涂料（图 7.2.7）。

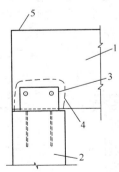

图 7.2.7　梁柱连接件外露式防火构造示意图
1—木梁；2—柱；3—金属连接件；4—连接件表面
涂刷防火涂料；5—梁端应设侧向支撑

7.2.8　当设计要求顶棚需满足 1.00h 耐火极限时，可采用截面尺寸为 40mm×90mm 的规格材作为衬木，

并在底部铺设厚度大于 15mm 的防火石膏板（图 7.2.8）。

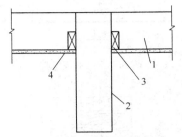

图 7.2.8　顶棚防火构造示意图
1—次梁；2—主梁；3—衬木；
4—防火石膏板

8　构　造　要　求

8.1　一　般　规　定

8.1.1　胶合木结构的设计应考虑构件含水率变化对构件尺寸和构件连接的影响。采用螺栓和六角头木螺钉作紧固件时，应注意预钻孔的尺寸。

8.1.2　构件连接时应避免出现横纹受拉现象，多个紧固件不宜沿顺纹方向布置成一排。

8.1.3　胶合木结构的连接设计应考虑耐久性的影响。

8.1.4　本章规定的节点构造中，紧固件的数量、尺寸以及连接件的设计均应通过设计和计算确定。构件的连接和安装应与设计要求相符。

8.1.5　当胶合梁上有悬挂荷载时，荷载作用点的位置应在梁顶或在梁中和轴以上的位置（图 8.1.5），并按本规范第 5.1.9 条的规定验算梁在吊点处的受剪承载力。

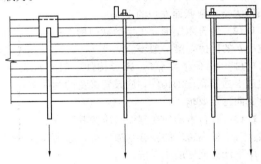

图 8.1.5　悬挂荷载构造示意图

8.1.6　制作胶合木构件时，木板的放置宜使构件中各层木板的年轮方向一致。

8.1.7　制作胶合木构件的木板接长应采用指接。用于承重构件，其指接边坡度 η 不宜大于 1/10，指长不应小于 15mm，指端宽度 b_t 宜取 0.1mm～0.25mm（图 8.1.7）。

8.1.8　胶合木构件所用木板的横向拼宽可采用平接；上下相邻两层木板平接线水平距离不应小于 40mm

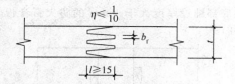

图 8.1.7　木板指接

（图 8.1.8）。

图 8.1.8　木板
拼接

8.1.9　同一层木板指接接头间距不应小于 1.5m，相邻上下两层木板层的指接接头距离不应小于 $10t$。

注：t 为板厚。

8.1.10　胶合木构件同一截面上板材指接接头数目不应多于木板层数的 1/4。应避免将各层木板指接接头沿构件高度布置成阶梯形。

8.1.11　层板指接时应符合以下对木材缺陷和加工缺陷的规定：

1　层板内不允许有裂缝、涡纹及树脂条纹；

2　木节距指端的净距不应小于木节直径的 3 倍；

3　层板缺指或坏指的宽度不得大于各类层板允许木节尺寸的 1/3；

4　在指长范围内及离指根 75mm 的距离内，允许截面上一个角有钝棱或边缘缺损存在，但钝棱面积不得大于正常截面面积的 1%。

8.1.12　胶合木矩形、工字形截面构件的高度 h 与其宽度 b 的比值，梁一般不宜大于 6，直线形受压或压弯构件一般不宜大于 5，弧形构件一般不宜大于 4；超过上述高宽比的构件，应设置必要的侧向支撑，满足侧向稳定要求。

8.1.13　胶合木桁架在制作时应按其跨度的 1/200 起拱。对于较大跨度的胶合木屋面梁，起拱高度为恒载作用下计算挠度的 1.5 倍。

8.2　梁与砌体或混凝土结构的连接

8.2.1　胶合木梁与砌体或混凝土结构连接时，应避免采用切口连接。木构件不得与砌体或混凝土构件直接接触。

8.2.2　胶合梁支座连接可以采用焊接板或角钢连接（图 8.2.2）。木构件与砌体、混凝土构件及金属连接件之间应留有大于 10mm 的空隙，与连接件接触的梁角应根据焊缝的位置进行倒角。采用角钢连接时，角

钢不得与垫板焊接。

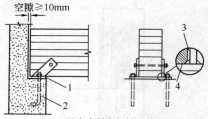

(a) 梁支座斜向焊接连接板构造

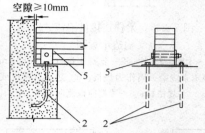

(b) 梁支座垂直焊接连接板构造

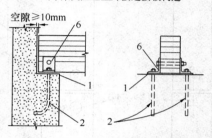

(c) 梁支座角钢连接板构造

图 8.2.2　胶合梁支座连接构造示意图

1—金属垫板；2—地锚螺栓；3—金属连接件与梁之间空隙；4—梁角倒角；5—金属连接侧板（与垫板焊接）；6—角钢（不得与垫板焊接）

8.2.3　当支座宽度小于胶合木构件的截面宽度时，预埋螺栓应放置在构件的中部，可与支座底板焊接，也可将螺栓穿过底板，在底板面上采用螺栓连接。当采用螺栓连接时，在构件上应预留安装螺栓与螺帽的槽口（图 8.2.3）。

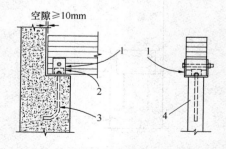

图 8.2.3　支座宽度小于梁宽度的
连接构造示意图

1—金属连接件（与垫板焊接）；2—预留槽口；3—地锚螺栓；4—混凝土支座

8.2.4　当梁有较大变形时，梁的端部应做成斜切口，

斜切口宽度不得超过支座外边缘（图8.2.4）。

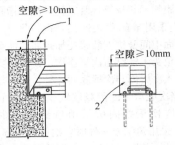

图 8.2.4　梁端部斜切口构造
示意图
1—斜切口宽度；2—洞口

8.2.5　斜梁底部与支座连接时，斜梁底部及外边缘不应超出支座外缘（图8.2.5a）。当斜梁顶部与支座连接时，不得在构件连接处开槽口，斜梁底边应放置在与金属连接件侧板焊接的斜向垫板上（图8.2.5b）。

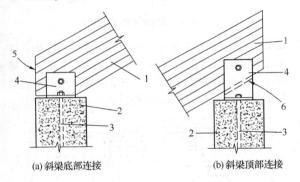

(a) 斜梁底部连接　　　　(b) 斜梁顶部连接

图 8.2.5　斜梁支座连接示意图
1—斜梁；2—支座；3—地锚螺栓；4—连接件侧板；
5—梁端应设侧向支撑；6—斜向金属垫板

8.2.6　梁端支座处当采用角钢作为侧向支撑时，角钢与木梁不得连接（图8.2.6a）。当梁截面高度不大于450mm时，梁端支座处可采用隐蔽式地锚螺栓的

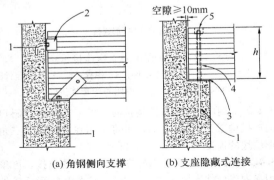

(a) 角钢侧向支撑　　　　(b) 支座隐藏式连接

图 8.2.6　梁端侧向支座构造示意图
1—地锚螺栓；2—角钢；3—金属垫板；4—预留孔；
5—梁顶预留螺帽凹槽

连接方式（图8.2.6b），并应对支座处的上拔荷载和水平荷载进行验算。采用隐蔽式地锚螺栓连接时，梁中应预留螺栓孔，预留孔直径应比地锚螺栓直径大10mm。

8.2.7　曲线梁或变截面梁与支座连接时，应设置低摩擦力的底板，并在底板上预留椭圆形槽孔，允许构件水平移动（图8.2.7）。

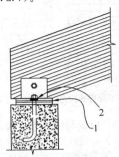

图 8.2.7　曲线梁或变截面梁支座示意图
1—低摩擦力底板；2—椭圆形槽孔

8.3　梁与梁的连接

8.3.1　悬臂连续梁由简支梁和悬臂梁组成，结构系统主要有三种形式（图8.3.1a）。悬臂梁与简支梁之间的连接可采用金属悬臂梁托连接（图8.3.1b、c）。悬臂梁应根据金属梁托的位置和厚度开槽，使金属梁托与梁顶面齐平，并用螺栓连接。

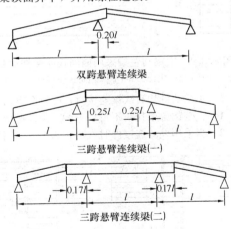

(a)悬臂连续梁的不同形式

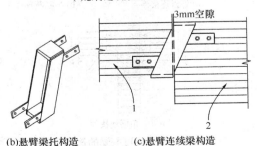

(b)悬臂梁托构造　　　(c)悬臂连续梁构造

图 8.3.1　悬臂连续梁的连接示意图
1—被承载构件；2—承载构件

8.3.2 悬臂连续梁的拉力由附加扁钢承担。当附加扁钢不与梁托整体连接时，扁钢应用螺栓连接两端的胶合梁（图8.3.2a）。当扁钢与悬臂梁托焊接成整体时，扁钢上应预留椭圆形槽孔，并通过螺栓与两端的胶合梁连接（图8.3.2b）。

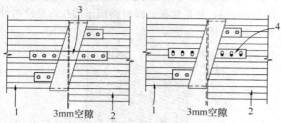

(a)扁钢与梁托之间不焊接的构造　(b)扁钢与梁托之间焊接的构造

图8.3.2　扁钢与梁托连接构造示意图

1—被承载构件；2—承载构件；3—连接板连接两端的梁；
4—连接板与梁托焊接

8.3.3 次梁与主梁连接时，紧固件应靠近支座承载面。

8.3.4 当主梁仅单侧有次梁连接时，宜采用侧固式连接件连接（图8.3.4）。

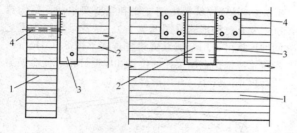

图8.3.4　次梁与主梁采用侧固式连接件示意图

1—主梁；2—次梁；3—金属侧固式连接件；4—螺栓

8.3.5 主梁两侧均有次梁连接时，应符合下列规定：

1 安装次梁梁托时不得在主梁梁顶开槽口。

2 当采用外露连接件时（图8.3.5a），梁托附加

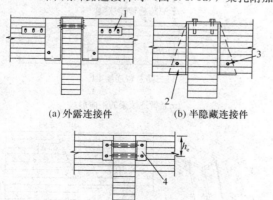

(a) 外露连接件　　　　(b) 半隐藏连接件

(c) 角钢连接件

图8.3.5　次梁与主梁的连接示意图

1—附加扁钢；2—梁托加劲肋；
3—螺栓或螺钉；4—角钢连接件

扁钢上的紧固件应安装在预留椭圆形槽孔内。可采用在梁顶部附加通长扁钢代替梁托两侧带槽孔的扁钢。

3 当采用半隐藏式连接件时（图8.3.5b），应在次梁截面中间开槽安装梁托加劲肋，加劲肋应采用螺栓或六角头木螺钉与次梁连接。荷载不大时，梁托底部可嵌入次梁内与次梁底面齐平。

4 当次梁承受的荷载较轻或次梁截面尺寸较小时，主梁与次梁之间可采用角钢连接件连接（图8.3.5c）。采用角钢连接件时，次梁应按高度为 h_e 的切口梁计算。角钢连接件上的螺栓间距不应小于 $5d$。

注：1　h_e 为下部螺栓距梁顶的高度；
　　2　d 为螺栓直径。

8.3.6 起支撑作用的檩条应与桁架或大梁可靠锚固，在台风地区或在设防烈度8度及8度以上地区，更应加强檩条与桁架、大梁和端部山墙的锚固连接。采用螺栓锚固时，螺栓直径不应小于12mm。

8.3.7 在屋脊处和需外挑檐口的椽条应采用螺栓连接，其余椽条均可用钉连接固定。椽条接头应设在檩条处，相邻椽条接头至少应错开一个檩条间距。

8.4　梁和柱的连接

8.4.1 木梁与木柱或与钢柱在中间支座的连接，可采用U形连接件连接（图8.4.1a、b），或采用T形连接钢板连接（图8.4.1c）。当梁端局部承压不满足要求时，可在柱顶部附加底板。

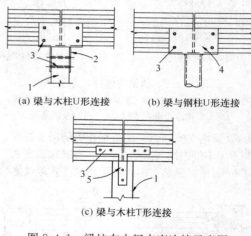

(a) 梁与木柱U形连接　　(b) 梁与钢柱U形连接

(c) 梁与木柱T形连接

图8.4.1　梁柱在中间支座连接示意图

1—木柱；2—金属焊接连接件；3—螺栓；4—U形连接件
（与钢柱焊接）；5—两侧的T形连接件

8.4.2 梁在屋脊处与柱连接时，可采用柱顶剖斜口的连接构造（图8.4.2a），也可采用在柱顶安装三角形填块的连接构造（图8.4.2b）。

8.4.3 梁与木柱或与钢柱在端支座处的连接，可采用扁钢连接件连接（图8.4.3a），或采用U形连接件连接（图8.4.3b）。当要求连接件不外露时，梁与木柱连接可采用隐藏式连接构造（图8.4.3c）。隐藏式连接应采用螺纹销进行连接，螺纹销在梁或柱内的长

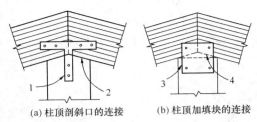

(a) 柱顶剖斜口的连接 (b) 柱顶加填块的连接

图 8.4.2 梁柱在屋脊处连接构造示意图
1—两侧的 T 形连接件；2—柱顶斜面；
3—两侧的金属连接板；4—三角形填块

度不应大于 150mm。

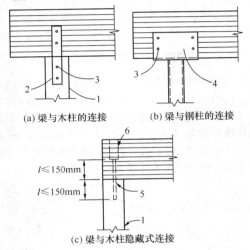

(a) 梁与木柱的连接 (b) 梁与钢柱的连接

图 8.4.3 梁柱在端支座上的连接示意图
1—木柱；2—两侧扁钢连接件；3—螺栓；4—U 形连接件
（与钢柱焊接）；5—螺纹销；6—凹槽安装孔

8.4.4 当梁柱的截面宽度不同时，梁柱连接处可采用 U 形连接件和附加木垫块的连接构造。附加木垫块应由连接螺栓与梁或柱连接在一起。

8.5 构件与基础的连接

8.5.1 木柱与混凝土基础接触面应设置金属底板，底板的底面应高于地面，且不应小于 300mm。在木柱容易受到撞击破坏的部位，应采取保护措施。长期暴露在室外或经常受到潮湿侵袭的木柱应作好防腐处理。

8.5.2 柱与基础的锚固可采用 U 形扁钢、角钢和柱靴（图 8.5.2）。

8.5.3 当基础表面尺寸较小，柱两侧不能安装外露地锚螺栓时，可采用隐藏式地锚螺栓的连接构造（图 8.5.3）。

8.5.4 拱靴与地锚螺栓的连接可采用外露连接（图 8.5.4a），或采用隐藏式连接（图 8.5.4b）。

8.5.5 拱脚与木梁连接时，拱脚连接件应采用剪板与木梁连接（图 8.5.5a），剪板采用六角头木螺钉固定，剪板和六角头木螺钉应位于构件截面中心线上。当拱脚与钢梁连接时，拱脚连接件与钢梁之间的连接

应采用现场焊接（图 8.5.5b）。

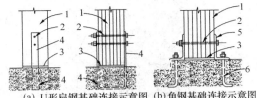

(a) U 形扁钢基础连接示意图 (b) 角钢基础连接示意图

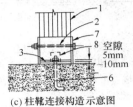

(c) 柱靴连接构造示意图

图 8.5.2 柱与基础的锚固示意图
1—木柱；2—螺栓；3—金属底板；4—U 形扁钢；
5—角钢；6—地锚螺栓；7—焊接柱靴；8—嵌入
孔洞（用于安装地锚螺栓）

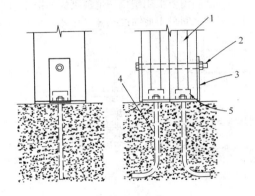

图 8.5.3 隐藏式地锚螺栓连接构造示意图
1—木柱；2—螺栓；3—金属侧板；4—地锚螺栓；
5—嵌入孔洞

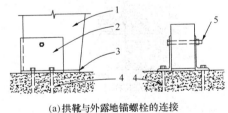

(a) 拱靴与外露地锚螺栓的连接

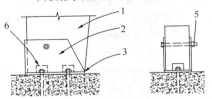

(b) 拱靴与隐藏式地锚螺栓的连接

图 8.5.4 拱靴与地锚螺栓连接构造
1—木拱；2—焊接连接件；3—金属底板；4—地锚
螺栓；5—螺栓；6—嵌入孔洞（用于安装地锚螺栓）

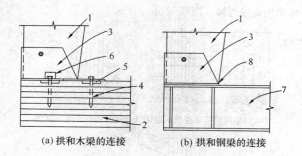

(a) 拱和木梁的连接　　(b) 拱和钢梁的连接

图 8.5.5　拱与梁的连接构造

1—木拱；2—木梁；3—焊接连接件；4—六角头木螺
钉；5—剪板；6—嵌入孔洞（用于安装六角头木螺钉）；
7—钢梁；8—现场焊接

8.5.6　当需要采用钢拉杆承载拱的外推作用力时，钢拉杆与拱的连接可采用钢拉杆与金属底板焊接（图8.5.6a），或采用杆端有螺纹的钢拉杆与拱脚连接件连接（图8.5.6b），杆端固定螺帽必须采用双螺帽。当拱的基础之间需要采用钢拉杆承载拱的外推作用力时，可在基础之间采用地锚钢拉杆（图8.5.6c）。

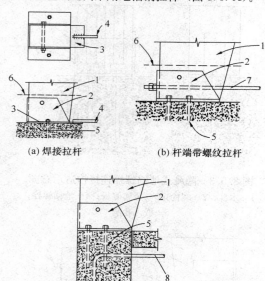

(a) 焊接拉杆　　(b) 杆端带螺纹拉杆

(c) 地锚拉杆

图 8.5.6　拱和三种附加拉杆的构造

1—木拱；2—焊接连接件；3—金属底板；4—焊接钢拉杆；
5—地锚螺栓；6—地面标高；7—杆端带螺纹拉杆；
8—地锚拉杆

8.5.7　当拱与基础之间按铰连接设计时，拱靴应通过钢基座与基础连接，拱靴与钢基座之间采用圆销连接（图8.5.7a）。当拱与基础之间不是铰连接设计时，拱靴可通过地锚螺栓直接与基础连接（图8.5.7b）。连接拱与拱靴的紧固件应位于构件截面中心线附近，紧固件应符合最小间距的要求。

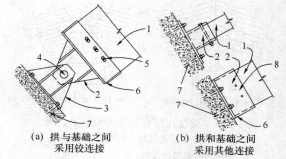

(a) 拱与基础之间
采用铰连接　　(b) 拱和基础之间
采用其他连接

图 8.5.7　拱于基础之间的连接构造

1—木拱；2—拱靴；3—钢基座；4—圆销；5—椭圆
形螺栓孔；6—底部预留排水孔；7—地锚螺栓；
8—螺栓靠近截面中心

8.6　拱构件的连接

8.6.1　当拱的坡度大于1：4时，拱的顶部可采用由螺栓连接的剪板进行连接（图8.6.1a）；当竖向剪力较大、或构件截面高度较大时，拱的顶部可采用附加剪板连接的构造（图8.6.1b）；当拱的坡度较小时，拱的顶部可采用销钉连接的剪板，并在构件两侧用螺栓连接的钢板进行连接（图8.6.1c）。

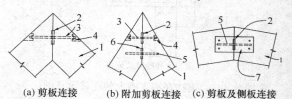

(a) 剪板连接　　(b) 附加剪板连接　　(c) 剪板及侧板连接

图 8.6.1　拱在顶部的连接示意图

1—木拱；2—剪板；3—螺栓；4—凹槽；5—暗销钉；
6—附加剪板；7—两侧连接钢板

8.6.2　胶合木门架的实心挑檐可采用六角头木螺钉直接与拱肩连接（图8.6.2a），六角头木螺钉在拱构件中贯入长度不应小于4倍螺钉直径，并应满足抗拔要求。当胶合木门架采用空心挑檐时，除采用六角头木螺钉直接与拱肩连接外，空心挑檐构件之间应用螺旋销连接（图8.6.2b）。挑檐的连接设计应考虑悬臂的影响。

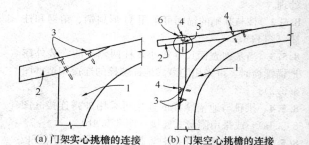

(a) 门架实心挑檐的连接　　(b) 门架空心挑檐的连接

图 8.6.2　门架挑檐的连接示意图

1—木拱；2—挑檐；3—六角头木螺钉；4—凹槽；
5—螺旋销；6—挑檐构件连接

8.6.3 当拱的连接节点处有弯矩时，应采用增加附加连接板的抗弯连接构造（图8.6.3）。

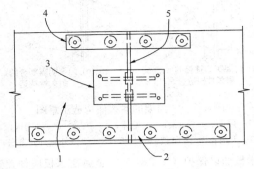

图 8.6.3 拱的抗弯连接构造示意图

1—木拱；2—附加抗拉连接板；3—连接板；
4—附加连接板；5—抗压钢板

8.7 桁架构件的连接

8.7.1 采用胶合木制作的桁架，腹杆与上弦杆之间的铰接连接可采用扁钢或连接板的连接构造（图8.7.1）。腹杆与上弦杆之间应保留一定的空隙。当腹杆采用扁钢、销钉与上弦杆连接时（图8.7.1a），应在扁钢板下附加衬板以防扁钢弯曲。当桁架的变形可能引起腹杆构件的转动时，可采用钢连接板与上弦杆连接（图8.7.1b），并且，钢连接板上的螺栓连接孔应预留成椭圆形孔洞。

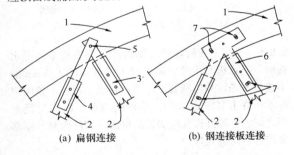

(a) 扁钢连接 (b) 钢连接板连接

图 8.7.1 桁架中腹杆和上弦杆的连接示意图

1—连续上弦杆；2—腹杆；3—扁钢板；4—衬板；5—销钉；
6—钢连接板；7—椭圆形槽孔

8.7.2 胶合木桁架的腹杆与上弦杆在顶部中点的连接可采用扁钢或连接板的连接构造（图8.7.2），上

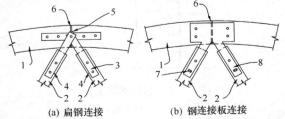

(a) 扁钢连接 (b) 钢连接板连接

图 8.7.2 桁架腹杆和上弦杆在顶部中点的连接示意图

1—上弦杆；2—腹杆；3—扁钢板；4—衬板；
5—销钉；6—抗压钢板；7—椭圆形槽孔；8—钢连接板

弦杆连接处的端部应设置抗压钢板。当腹杆采用扁钢与上弦杆连接时（图8.7.2a），扁钢与木构件采用螺栓连接，腹杆与上弦杆交点处应采用销钉连接。当腹杆采用钢连接板与上弦杆连接时（图8.7.2b），连接板上离节点中心远端的螺栓连接孔应预留成椭圆形孔洞。

8.7.3 当胶合木桁架采用胶合木下弦杆时，支座处的连接可采用焊接连接板以及剪板的连接构造（图8.7.3）。在上弦杆端部应设置支座端部承压板，剪板采用螺栓连接。当下弦构件截面较大时，单块连接板可用上下两块扁钢代替。

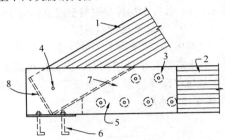

图 8.7.3 桁架支座连接示意图

1—上弦杆；2—下弦杆；3—剪板；4—螺栓；5—焊接的端部连接板；6—锚固螺栓；7—两侧单块连接板；8—支座端部承压板

8.7.4 当胶合木桁架下弦杆采用钢拉杆时，支座连接可采用杆端有螺纹的钢拉杆直接与焊接连接板锚固的连接构造（图8.7.4）。当采用两根钢拉杆时应位于木构件两侧，当采用单根钢拉杆时应位于桁架中心线。

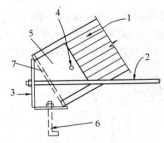

图 8.7.4 桁架下弦杆为钢拉杆时支座连接

1—上弦杆；2—钢拉杆；3—焊接端部连接件；4—螺栓；5—侧面连接板；6—锚固螺栓；7—支座端部承压板

8.7.5 桁架的横向支撑和垂直支撑均应采用螺栓固定在桁架上、下弦节点处，固定点距离节点中心不应大于400mm。在剪刀撑两杆相交处的空隙内，应用厚度与空隙尺寸相同的木垫块填充并用螺栓固定。

8.8 构件耐久性构造

8.8.1 当木构件与混凝土墙或砌体墙接触时，接触

面应设置防潮层，或预留缝隙。对于柱和拱预留的缝隙宽度应考虑荷载产生的变形，并可采用固定在混凝土或砌体上的木线条进行隐蔽（图 8.8.1），木线条不得与柱或拱连接。

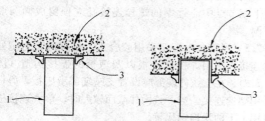

图 8.8.1　胶合木构件与混凝土或砌体构件的防潮处理示意图
1—柱或拱；2—混凝土或砌体；3—木线条

8.8.2　当建筑物有悬挑屋面时，应保证屋面有不小于 2% 的坡度（图 8.8.2）。封檐板应采用天然耐腐或经过防腐处理的木材。

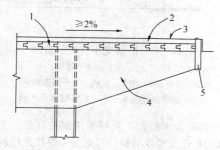

图 8.8.2　悬挑屋面的耐久性构造示意图
1—屋面板；2—保温层；3—屋面材料；
4—屋面梁；5—带滴水条封檐板

8.8.3　当建筑物屋面有外露悬臂梁时，悬臂梁应用金属盖板保护，并应采用防腐处理木材（图 8.8.3）。对有外观要求的外露结构应定期进行维护。

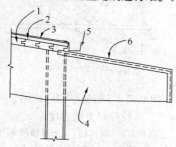

图 8.8.3　悬挑梁的耐久性构造示意图
1—屋面板；2—保温层；3—屋面材料；4—屋面梁；
5—天沟；6—金属泛水板

8.8.4　胶合木门架可采用实心挑檐和墙体进行保护（图 8.8.4a），对于无墙体保护的外露的部分应进行防腐处理（图 8.8.4b）。

8.8.5　对于部分外露的拱应对木材进行防腐处理或采用防腐木材制作构件，并且在明露部分应采用金属

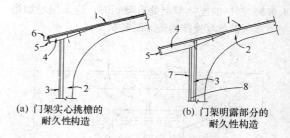

(a) 门架实心挑檐的耐久性构造　　(b) 门架明露部分的耐久性构造

图 8.8.4　门架的耐久性构造示意图
1—屋面；2—门架；3—墙体；4—挑梁；5—封檐板；
6—天沟；7—金属盖板或封板；8—墙体外侧外露部分

泛水板加以保护（图 8.8.5）。金属泛水板应伸盖过拱基座，拱底最低点离地面的净距不得小于 350mm。

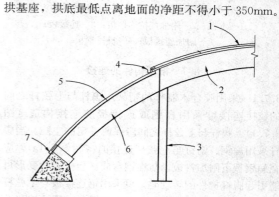

图 8.8.5　部分明露的拱耐久性构造
1—屋面；2—拱；3—墙体；4—天沟；5—金属
泛水板；6—拱外露部分；7—泛水板末端

8.8.6　当水平或斜置的外露构件顶部安装金属泛水板时，泛水板与构件之间应设置厚度不小于 5mm 的不连续木条，并用圆钉或木螺钉将泛水板、木条固定在木构件上（图 8.8.6）。构件的两侧、端部与泛水板之间的空隙开口处应加设防虫网。构件两侧外露部分应进行防腐处理。

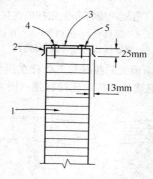

图 8.8.6　梁顶部泛水板
1—木构件；2—金属泛水板；3—空隙；
4—圆钉或木螺钉；5—不连续木条

8.8.7　梁端部或竖向构件外露部分安装金属泛水板时，泛水板与构件之间应预留空隙，并用圆钉或木螺

钉将泛水板固定在木构件上（图 8.8.7）。构件与泛水板之间的空隙开口处应采用密封胶填堵。构件两侧外露部分应进行防腐处理。

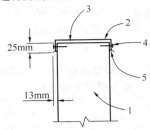

图 8.8.7　竖向构件立面泛水板做法
1—木构件；2—金属泛水板；3—空隙；
4—圆钉或木螺钉；5—密封胶

9　构件制作与安装

9.1　一　般　规　定

9.1.1　胶合木应由专业制作企业按设计文件规定的胶合木的设计强度等级、规格尺寸、构件截面组坯标准及使用环境在工厂加工制作。

9.1.2　当胶合木构件需作防护处理时，构件防护处理应在胶合木加工厂完成，并应有防护处理合格检验报告。

9.1.3　胶合木加工厂提供给施工现场的层板胶合木或胶合木构件的质量和包装，应符合国家相关标准的规定，并附有生产合格证书、本批次胶合木胶缝完整性、指接强度检验报告。

9.1.4　制作完成的异等非对称组合的胶合木构件应在构件上明确注明截面使用的上下方向。

9.1.5　胶合木结构的制作企业和施工企业应具有相应的资质。施工企业应有完善的质量保证体系和管理制度。

9.1.6　胶合木构件应有符合以下规定的产品标识：

　　1　产品标准名称、构件编号和规格尺寸；

　　2　木材树种，胶粘剂类型；

　　3　强度等级和外观等级；

　　4　经过防护处理的构件应有防护处理的标记；

　　5　经过质量认证机构认可的质量认证标记；

　　6　生产厂家名称和生产日期。

9.1.7　采用进口胶合木构件时，胶合木构件应符合合同技术条款的规定，应附有产品标识和设计标准等相关资料以及相应的认证标识，所有资料均应有中文标识。

9.2　普通层板胶合木构件组坯

9.2.1　普通层板胶合木构件制作时，采用的层板等级标准和树种分类应符合本规范表 3.1.2 及表 4.2.1-

1 的规定。构件截面应根据构件的主要用途以及层板材质等级按表 9.2.1 的规定进行组坯。

表 9.2.1　胶合木结构构件的普通胶合木层板材质等级

项次	主要用途	材质等级	木材等级配置图
1	受拉或拉弯构件	I$_b$	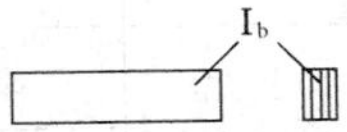
2	受压构件（不包括桁架上弦和拱）	III$_b$	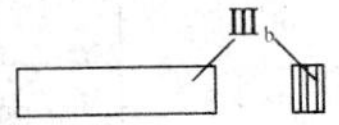
3	桁架上弦或拱，高度不大于500mm 的胶合梁 （1）构件上、下边缘各0.1h 区域，且不少于两层板 （2）其余部分	II$_b$ III$_b$	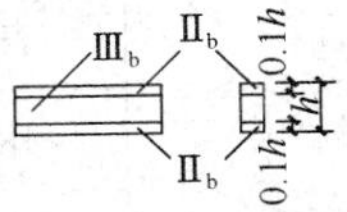
4	高度大于500mm 的胶合梁 （1）梁的受拉边缘 0.1h 区域，且不少于两层板 （2）受拉边缘 0.1h～0.2h 区域 （3）受压边缘 0.1h 区域，且不少于两层板 （4）其余部分	I$_b$ II$_b$ II$_b$ III$_b$	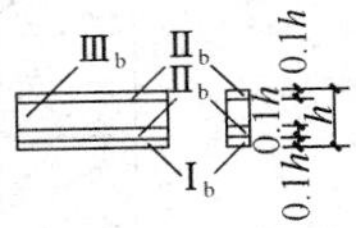
5	侧立腹板工字梁 （1）受拉翼缘板 （2）受压翼缘板 （3）腹板	I$_b$ II$_b$ III$_b$	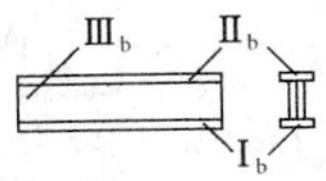

9.3　目测分级和机械分级胶合木构件组坯

9.3.1　目测分级和机械分级胶合木构件采用的层板等级标准和树种分类应符合本规范第 3.1.3 条及第 4.2.2 条的规定。异等组合胶合木的层板分为表面层板、外侧层板、内侧层板和中间层板（图 9.3.1）。异等组合胶合木组坯应符合表 9.3.1 的规定。

表面层板
外侧层板
内侧层板
中间层板
中间层板
中间层板
中间层板
内侧层板
外侧层板
表面层板

表面层板
外侧层板
内侧层板
中间层板
中间层板
中间层板
内侧层板
外侧层板
外侧层板
表面层板

　　（a）对称布置　　　　（b）非对称布置

图 9.3.1　胶合木不同部位层板的名称

表 9.3.1 异等组合胶合木组坯

层板总层数	层板组坯名称	层板组坯数量
4	表面抗压层板	1
	中间层板	2
	表面抗拉层板	1
5~8	表面抗压层板	1
	内侧抗压层板	1
	中间层板	1~4
	内侧抗拉层板	1
	表面抗拉层板	1
9~12	表面抗压层板	1
	外侧抗压层板	1
	内侧抗压层板	1
	中间层板	3~6
	内侧抗拉层板	1
	外侧抗拉层板	1
	表面抗拉层板	1
13~16	表面抗压层板	1
	外侧抗压层板	1
	内侧抗压层板	2
	中间层板	5~8
	内侧抗拉层板	2
	外侧抗拉层板	1
	表面抗拉层板	1
17~18	表面抗压层板	2
	外侧抗压层板	1
	内侧抗压层板	2
	中间层板	7~8
	内侧抗拉层板	2
	外侧抗拉层板	1
	表面抗拉层板	2

9.3.2 当设计仅采用外侧层板和中间层板进行组合时，除外侧层板和中间层板的材质应符合本规范第3章的规定外，胶合木的强度等级应按本规范附录 D 的规定进行确定。

9.3.3 采用异等组合时，构件受拉一侧的表面层板宜采用机械分级层板。当采用机械分级时，其弹性模量的等级不得小于表9.3.3中各强度等级相对应的等级要求，并按本规范第9.3.4条和第9.3.5条进行组坯。

表 9.3.3 异等组合胶合木中表面层板所需的弹性模量的最低要求

对称布置	非对称布置	受拉侧表面层板弹性模量等级的最低要求
$TC_{YD}30$	$TC_{YF}28$	M_E18
$TC_{YD}27$	$TC_{YF}25$	M_E16
$TC_{YD}24$	$TC_{YF}23$	M_E14
$TC_{YD}21$	$TC_{YF}20$	M_E12
$TC_{YD}18$	$TC_{YF}17$	M_E9

9.3.4 异等组合胶合木的组坯级别分为4级。组坯级别应根据表面层板的级别和树种级别，按表9.3.4-1、表9.3.4-2的规定确定。

表 9.3.4-1 对称异等组合胶合木的组坯级别

表面层板的级别	树种级别			
	SZ1	SZ2	SZ3	SZ4
M_E18	A_{YD}级	—	—	
M_E16	B_{YD}级	A_{YD}级	—	
M_E14	C_{YD}级	B_{YD}级	A_{YD}级	
M_E12	D_{YD}级	C_{YD}级	B_{YD}级	A_{YD}级
M_E11	—	D_{YD}级	C_{YD}级	B_{YD}级
M_E10		—	D_{YD}级	C_{YD}级
M_E9			—	D_{YD}级

表 9.3.4-2 非对称异等组合胶合木的组坯级别

表面层板的级别	树种级别			
	SZ1	SZ2	SZ3	SZ4
M_E18	A_{YF}级	—	—	
M_E16	B_{YF}级	A_{YF}级	—	
M_E14	C_{YF}级	B_{YF}级	A_{YF}级	
M_E12	D_{YF}级	C_{YF}级	B_{YF}级	A_{YF}级
M_E11	—	D_{YF}级	C_{YF}级	B_{YF}级
M_E10		—	D_{YF}级	C_{YF}级
M_E9			—	D_{YF}级

9.3.5 异等组合胶合木的组坯应按表 9.3.5-1 和表 9.3.5-2 的要求进行配置。

表 9.3.5-1 对称异等组合胶合木的组坯级别配置标准

组坯级别	层板材料要求	表面层板	外侧层板	内侧层板	中间层板
A_{YD}级	目测分级层板等级	不可使用	不可使用	不可使用	≥Ⅲd
	机械分级层板等级	M_E	≥M_E－△1M_E	≥M_E－△2M_E	≥M_E－△4M_E
	宽面材边节子比率	1/6	1/6	1/4	1/3
B_{YD}级	目测分级层板等级	不可使用	不可使用	≥Ⅲd	≥Ⅳd
	机械分级层板等级	M_E	≥M_E－△1M_E	≥M_E－△2M_E	≥M_E－△4M_E
	宽面材边节子比率	1/6	1/4	1/3	1/2

续表 9.3.5-1

组坯级别	层板材料要求	表面层板	外侧层板	内侧层板	中间层板
C_{YD}级	目测分级层板等级	不可使用	≥Ⅱd	≥Ⅲd	≥Ⅳd
	机械分级层板等级	M_E	≥M_E－△1M_E	≥M_E－△2M_E	≥M_E－△4M_E
	宽面材边节子比率	1/6	1/4	1/3	1/2
D_{YD}级	目测分级层板等级	不可使用	≥Ⅲd	≥Ⅲd	≥Ⅳd
	机械分级层板等级	M_E	≥M_E－△1M_E	≥M_E－△2M_E	≥M_E－△4M_E
	宽面材边节子比率	1/4	1/3	1/3	1/2

注：1 M_E 为表面层板的弹性模量级别，最低要求按本规范表 9.3.3 确定。M_E－△1M_E，M_E－△2M_E 和 M_E－△4M_E 分别表示该层板的弹性模量级别比 M_E 小 1、2、4 级差。

2 如果构件的强度可通过足尺试验或计算机模拟计算并结合试验得到证实，即使层板的组合配置不满足表中的规定，也可认为构件满足标准要求。

表 9.3.5-2 非对称异等组合胶合木的组坯级别配置标准

组坯级别	内容	受压侧				受拉侧			
		表面层板	外侧层板	内侧层板	中间层板	中间层板	内侧层板	外侧层板	表面层板
A_{YF}级	目测分级层板等级	≥Ⅱd	≥Ⅱd	≥Ⅲd	≥Ⅲd	≥Ⅱd	不可使用	不可使用	不可使用
	机械分级层板等级	≥M_E－△2M_E	≥M_E－△2M_E	≥M_E－△3M_E	≥M_E－△4M_E	≥M_E－△4M_E	≥M_E－△2M_E	≥M_E－△1M_E	M_E
	宽面材边节子比率	1/4	1/4	1/3	1/3	1/3	1/4	1/6	1/6
B_{YF}级	目测分级层板等级	≥Ⅲd	≥Ⅲd	≥Ⅳd	≥Ⅳd	≥Ⅳd	≥Ⅲd	不可使用	不可使用
	机械分级层板等级	≥M_E－△2M_E	≥M_E－△2M_E	≥M_E－△3M_E	≥M_E－△4M_E	≥M_E－△4M_E	≥M_E－△2M_E	≥M_E－△1M_E	M_E
	宽面材边节子比率	1/3	1/3	1/2	1/2	1/2	1/3	1/4	1/6
C_{YF}级	目测分级层板等级	≥Ⅲd	≥Ⅲd	≥Ⅳd	≥Ⅳd	≥Ⅳd	≥Ⅲd	≥Ⅱd	不可使用
	机械分级层板等级	≥M_E－△2M_E	≥M_E－△2M_E	≥M_E－△3M_E	≥M_E－△4M_E	≥M_E－△4M_E	≥M_E－△2M_E	≥M_E－△1M_E	M_E
	宽面材边节子比率	1/3	1/3	1/2	1/2	1/2	1/3	1/4	1/6
D_{YF}级	目测分级层板等级	≥Ⅲd	≥Ⅲd	≥Ⅳd	≥Ⅳd	≥Ⅳd	≥Ⅲd	≥Ⅲd	不可使用
	机械分级层板等级	≥M_E－△2M_E	≥M_E－△2M_E	≥M_E－△3M_E	≥M_E－△4M_E	≥M_E－△4M_E	≥M_E－△2M_E	≥M_E－△1M_E	M_E
	宽面材边节子比率	1/3	1/3	1/2	1/2	1/2	1/3	1/3	1/4

注：1 M_E 为受拉侧表面层板的弹性模量级别，最低要求按本规范表 9.3.3 确定。M_E－△1M_E，M_E－△2M_E 和 M_E－△4M_E 分别表示该层板的弹性模量级别比 M_E 小 1、2、4 级差。

2 如果构件的强度可通过足尺试验或计算机模拟计算并结合试验得到证实，即使层板的组合配置不满足表中的规定，也可认为构件满足标准要求。

9.3.6 同等组合胶合木的层板可采用目测分级层板、机械分级层板。目测分级或机械分级等级应符合表9.3.6-1和表9.3.6-2的规定。

表9.3.6-1 同等组合胶合木采用目测分级层板的材质要求

同等级组合胶合木强度等级	目测分级层板的材质等级			
	树种级别			
	SZ1	SZ2	SZ3	SZ4
TC_T30	I_d	—	—	—
TC_T27	II_d	I_d	—	—
TC_T24	III_d	II_d	I_d	—
TC_T21	—	III_d	II_d	I_d
TC_T18	—	—	III_d	II_d

表9.3.6-2 同等组合胶合木采用机械弹性模量分级层板的材质要求

强度等级	机械分级层板的弹性模量等级
TC_T30	M_E14
TC_T27	M_E12
TC_T24	M_E11
TC_T21	M_E10
TC_T18	M_E9

9.3.7 同等组合胶合木的组坯级别分为3级,组坯级别应根据选定层板的目测分级或机械分级等级和树种级别,按表9.3.7-1和表9.3.7-2的规定确定。

表9.3.7-1 同等组合胶合木采用目测分级层板的组坯级别

目测分级层板等级	树种级别			
	SZ1	SZ2	SZ3	SZ4
I_d	A_D级	A_D级	A_D级	A_D级
II_d	B_D级	B_D级	B_D级	B_D级
III_d	C_D级	C_D级	C_D级	—

表9.3.7-2 同等组合胶合木采用机械弹性模量分级层板的组坯级别

机械分级层板等级	树种级别			
	SZ1	SZ2	SZ3	SZ4
M_E16	A_D级	A_D级	—	—
M_E14	A_D级	A_D级	A_D级	—
M_E12	B_D级	B_D级	A_D级	A_D级
M_E11	C_D级	B_D级	B_D级	A_D级
M_E10	—	C_D级	B_D级	A_D级
M_E9	—	—	C_D级	B_D级

9.3.8 同等组合胶合木的组坯应按表9.3.8的要求进行配置。

表9.3.8 同等组合胶合木的组坯级别配置标准

组坯级别	层板组合标准	
A_D级	目测分级层板	$\geq I_d$
	机械分级层板	M_E
	宽面材边节子比率	1/6
B_D级	目测分级层板	$\geq II_d$
	机械分级层板	M_E
	宽面材边节子比率	1/4
C_D级	目测分级层板	$\geq III_d$
	机械分级层板	M_E
	宽面材边节子比率	1/3

9.4 构件制作

9.4.1 用于制作胶合木构件的层板厚度在沿板宽方向上的厚度偏差不超过±0.2mm,在沿板长方向上的厚度偏差不超过±0.3mm。

9.4.2 制作胶合木构件的生产区的室温应大于15℃,空气相对湿度宜在40%~80%之间。在构件固化过程中,生产区的室温和空气相对湿度应符合胶粘剂的要求。

9.4.3 层板指接接头在切割后应保持指形切面的清洁,并应在24h内进行粘合。指接接头涂胶时,所有指形表面应全部涂抹。固化加压时端压力应根据采用树种和指长,控制在$2N/mm^2 \sim 10N/mm^2$的范围内,加压时间不得低于2s。指接层板应在接头胶粘剂完全固化后,再开展下一步的加工制作。

9.4.4 层板胶合前表面应光滑,无灰尘,无杂质,无污染物和其他渗出物质。各层木板木纹应平行于构件长度方向。层板涂胶后应在所用胶粘剂规定的时间要求内进行加压胶合,胶合前不得污染胶合面。

9.4.5 胶合木的胶缝应均匀,胶缝厚度应为0.1mm~0.3mm。厚度超过0.3mm的胶缝的连续长度不应大于300mm,且胶缝厚度不得超过1mm。在承受平行于胶缝平面的剪力时,构件受剪部位漏胶长度不应大于75mm,其他部位不大于150mm。在室外使用环境条件下,层板宽度方向的平接头和层板板底开槽的槽内均应填满胶。

9.4.6 层板胶合时应确保夹具在胶层上均匀加压,所施加的压力应符合胶粘剂使用说明书的规定。对于厚度不大于35mm的层板,胶合时施加压力应不小于$0.6N/mm^2$;对于弯曲的构件和厚度大于35mm的层板,胶合时施加更大的压力。

9.4.7 胶合木构件加工及堆放现场应有防止构件损坏,以及防雨、防日晒和防止胶合木含水率发生变化的措施。

9.4.8 经防腐处理的胶合木构件应保证在运输和存放过程中防护层不被损坏。经防腐处理的胶合木或构牛需重新开口或钻孔时，需用喷涂法修补防护层。

9.4.9 在桁架制作 $l/200$ 的起拱时，应将桁架上弦脊节点上提 $l/200$，其他上弦节点中心落在脊节点和端节点的连线上且节间水平投影保持不变；在保持桁架高度不变的条件下，确定桁架下弦的各节点位置。当梁起拱后，上下边缘应呈弧形。

注：l 为桁架跨度。

9.4.10 当设计对胶合木构件有外观要求时，构件的外观质量应满足现行国家标准《木结构工程施工质量验收规范》GB 50206 的有关规定。

9.4.11 胶合木构件制作的尺寸偏差不应大于表9.4.11 的规定。

表9.4.11 胶合木桁架、梁和柱制作的允许偏差

项次	项 目			允许偏差（mm）	检验方法
1	构件截面尺寸	截面宽度		±2	钢尺量
		截面高度	$h≤400$	+4 或 -2	
			$h>400$	+0.01h 或 -0.005h	
2	构件长度	$l≤2m$		±2	钢尺量桁架支座节点中心间距、梁、柱全长（高）
		$2m<l≤20m$		±0.01l	
		$l>20m$		±20	
3	桁架高度	跨度不大于15m		±10	钢尺量脊节点中心与下弦中心距离
		跨度大于15m		±15	
4	受压或压弯构件纵向弯曲（除预起拱尺寸外）			$l/500$	拉线钢尺量
5	弦杆节点间距			±5	
6	齿连接刻槽深度			±2	
7	支座节点受剪面	长度		-10	钢尺量
		宽度		-3	
8	螺栓中心间距	进孔处		±0.2d	钢尺量
		出孔处	垂直木纹方向	±0.5d 并且 $4b/100$	
			顺木纹方向	±1d	
9	钉进孔处的中心间距			±1d	
10	桁架起拱尺寸	长度		±20	以两支座节点下弦中心线为准，拉一水平线，用钢尺量
		高度		-10	跨中下弦中心线与拉线之间距离，用钢尺量

注：d 为螺栓或钉的直径；l 为构件长度（弧形构件为弓长）；b 为板束总厚度；h 为截面高度。

9.4.12 当胶合木桁架构件需制作足尺大样时，足尺大样的尺寸应经计量认证合格的量具度量，大样尺寸与设计尺寸的允许偏差不应超过表9.4.12 的规定。

表9.4.12 桁架大样尺寸允许偏差

桁架跨度（m）	跨度偏差（mm）	结构高度偏差（mm）	节点间距偏差（mm）
≤15	±5	±2	±2
>15	±7	±3	±2

9.5 构件连接施工

9.5.1 螺栓连接施工时，被连接构件上的钻孔孔径应略大于螺栓直径，但不应大于螺栓直径 1.0mm。螺栓中心位置的偏差应符合现行国家标准《木结构工程施工质量验收规范》GB 50206 的有关规定。预留多个螺栓钻孔时宜将被连接构件临时固定后，一次贯通施钻。安装螺栓时应拧紧，确保各被连接构件紧密接触，但拧紧时不得将金属垫板嵌入胶合木构件中。承受拉力的螺栓应采用双螺帽拧紧。

9.5.2 六角头木螺钉连接施工时，需根据胶合木树种的全干相对密度制作引孔，无螺纹部分的引孔直径同螺栓杆径，引孔深度等于无螺纹长度；有螺纹部分的引孔直径应符合表 9.5.2 的规定，引孔深度不小于螺钉有螺纹部分的长度。对于直径大的六角头木螺钉，引孔直径可取上限。对于主要承受拔出力的六角头木螺钉，当边、端间距足够大时，在树种的全干相对密度小于 0.5 时可不作引孔处理。六角头木螺钉应用扳手拧入，不得用锤击入，允许用润滑剂减少拧入时的阻力。

表9.5.2 六角头木螺钉连接时螺纹部分引孔的直径要求

树种的全干相对密度	$G>0.6$	$0.5<G≤0.6$	$G≤0.5$
引孔直径	0.65d～0.85d	0.60d～0.75d	0.70d

注：d—六角头木螺钉直径。

9.5.3 剪板连接的剪盘和螺栓或六角头木螺钉应配套，连接施工时应采用与剪板规格品种相应的专用钻具一次成孔（包括安放剪板的窝眼）。当采用六角头木螺钉替代螺栓时，六角头木螺钉有螺纹部分的孔也应作引孔，孔径为螺杆直径的 70%。采用金属侧板时，螺帽下可以不设金属垫圈，并应选择合适的螺杆长度，防止螺纹与金属侧板间直接承压。当胶合木构件含水率尚未达到当地平衡含水率时，应及时复拧螺帽或六角头木螺钉，确保被连接构件间紧密接触。

9.6 构 件 安 装

9.6.1 胶合木构件在吊装就位过程中，当与该结构构件设计受力条件不一致时，应根据结构构件自重及所受施工荷载进行安全验算。构件在吊装时，应力不应超过 1.2 倍胶合木强度设计值。

9.6.2 构件为平面结构时，吊装就位过程中应有保证其平面外稳定的措施，就位后应设必要的临时支

撑，防止发生失稳或倾覆。

9.6.3 构件与构件间的连接位置、连接方法应符合设计规定。

9.6.4 构件运输和存放时，应将构件整齐的堆放。对于工字形、箱形截面梁宜分隔堆放，上下分隔层垫块竖向应对齐，悬臂长度不宜超过构件长度的1/4。桁架宜竖向放置，支承点应设在桁架两端节点支座处，下弦杆的其他位置不得有支承物。数榀桁架并排竖向放置时，应在上弦节点处采取措施将各桁架固定在一起。

9.6.5 雨期安装胶合木结构时应具有防雨措施。

9.6.6 桁架安装时应先按设计要求的位置，在桁架上标出支座中心线。支承在木柱上的桁架，柱顶应设暗榫嵌入桁架下弦，用U形扁钢锚固并设斜撑与桁架上弦第二节点牵牢（图9.6.6）。

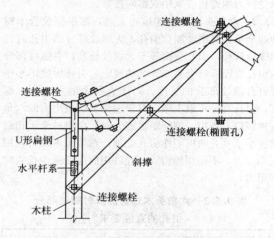

图 9.6.6　桁架支承在木柱上

9.6.7 结构构件拼装后的几何尺寸偏差不应超过表9.6.7的规定。

表 9.6.7　桁架、柱等组合构件拼装后的几何尺寸允许偏差（mm）

构件名称	项　目		允许偏差
组合截面柱	截面高度		－3
	长　度	≤15m	±10
		>15m	±15
桁　架	高　度	跨度≤15m	±10
		跨度>15m	±15
	节间距离		±5
	起拱尺寸	长　度	＋20
		高　度	－10
	跨　度	≤15m	±10
		>15m	±15

9.6.8 桁架、梁及柱的安装允许偏差应不大于表

9.6.8的规定。

表 9.6.8　桁架、梁及柱的安装允许偏差

项次	项　目	允许偏差（mm）	检查方法
1	结构中心线的间距	±20	钢尺量
2	垂直度	$H/200$ 且不大于15	吊线钢尺量
3	受压或压弯构件纵向弯曲	$L/300$	吊（拉）线钢尺量
4	支座轴线对支承面中心位移	10	钢尺量
5	支座标高	±5	用水准仪

注：H 为桁架或柱的高度；L 为构件长度。

10　防护与维护

10.1　一般规定

10.1.1 胶合木构件不应与混凝土或砌体结构构件直接接触，当无法避免时，应设置防潮层或采用经防腐处理的胶合木构件。

10.1.2 当胶合木结构用在室外环境或经常潮湿环境中时（木材的平衡含水率大于20%），胶合木构件必须经过加压防腐处理。木材的平衡含水率与温度、湿度的关系应符合本规范附录H的规定。

10.2　防腐处理

10.2.1 胶合木构件应根据设计的使用年限、使用环境及木材的渗透性等要求，确定构件是否需要进行防腐处理，并确定防腐处理所使用的防腐剂种类、处理质量要求及处理方法。

10.2.2 胶合木防腐处理方法可根据使用树种、采用药剂，分为先胶合层板后处理构件或先处理层板后胶合构件两种方法。当使用水溶性防腐剂时，不得采用先胶合后处理的方式。

10.2.3 胶合木结构使用环境可按现行行业标准《防腐木材的使用分类和要求》LY/T 1636 的有关规定进行分类。所使用的防腐剂应符合现行行业标准《木材防腐剂》LY/T 1635 的有关规定。胶合木构件在各类条件下应达到的防腐处理透入度及载药量应符合现行国家标准《木结构工程施工质量验收规范》GB 50206 的有关规定。

10.2.4 经防腐处理的胶合木应有显著的防腐处理标识，标明处理厂家或商标、使用分类等级、所使用的防腐剂、载药量及透入度。

10.2.5 未经防护处理的木梁支承在砖墙或混凝土构件上时，其接触面应设防潮层，且梁端不得埋入墙身或混凝土中，四周应留有宽度不小于 30mm 的空隙并与大气相通（图10.2.5）。

10.2.6 胶合木构件应支承在混凝土、柱墩或基础上，柱墩顶标高应高于室外地面标高 300mm，虫害

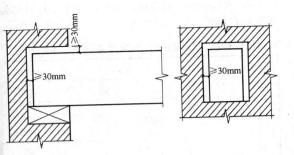

图 10.2.5　木梁在墙体内预留空隙示意图

地区不得低于 450mm。未经防护处理的木柱不得接触或埋入土中。木柱与柱墩接触面间应设防潮层，防潮层可选用耐久性满足设计使用年限的防水卷材。

10.2.7　胶合后进行防腐处理的构件，在处理前应加工到设计的最后尺寸，处理后不应随意切割。当必须作局部修整时，应对修整后的木材表面涂抹足够的同品牌药剂。

10.3　检查和维护

10.3.1　对于暴露在室外、或者经常位于在潮湿环境中的胶合木构件，必须进行定期检查和维护。当发现胶合木构件有腐蚀和虫害的迹象时，应根据腐蚀的程度、虫害的性质和损坏程度制定处理方案，及时对构件进行补强加固或更换。

10.3.2　胶合木的拱或柱应定期对拱靴或柱靴进行检查和维护。应重点检查直接暴露在室外的拱或柱的表面层板处是否有开裂和腐朽（图 10.3.2）。

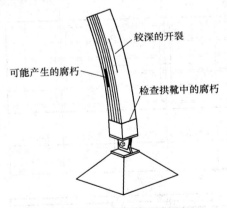

图 10.3.2　拱检查部位示意图

10.3.3　胶合木构件之间或胶合木构件与建筑物其他构件之间的连接处，应检查隐藏面是否出现潮湿或腐朽（图 10.3.3）。

10.3.4　对于易吸收水分产生开裂的构件端部应定期进行检查和维护（图 10.3.4）。

10.3.5　当构件出现腐朽时，应及时找出腐朽的原因，隔绝潮湿源。对于胶合木拱和超过屋面边缘的构件可采取延伸屋面或在拱体上加盖保护层等措施防止

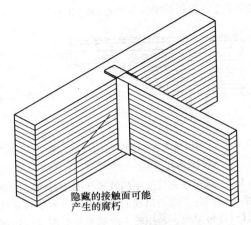

图 10.3.3　构件连接处检查部位示意图

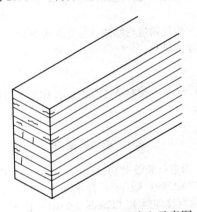

图 10.3.4　构件端部的检查示意图

腐朽发生。当在拱体上加盖保护层时（图 10.3.5），应在拱截面四周固定厚度不小于 15mm 的木龙骨后，再采用防水胶合板封闭，并预留通风口。防水胶合板应延伸到拱支座以下。

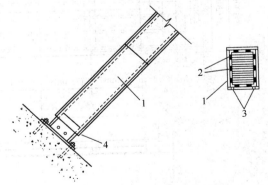

图 10.3.5　拱体上加盖保护层示意图
1—防水胶合板；2—龙骨；3—通风口；4—拱支座

10.3.6　已经腐朽的构件，可将悬挑明露部分切割成变截面梁（图 10.3.6）。当构件去除腐朽部分剩下的截面仍能承载设计荷载时，可在现场对构件进行防腐处理，也可待构件干燥后，采用其他保护方法防止构件进一步腐朽。在去除腐朽部分时，腐朽材必须彻底

清除干净，腐朽周围的木材必须完全干燥。

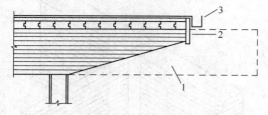

图 10.3.6 已腐朽构件的保护
1—切割已腐朽的梁；2—封檐板；3—新增天沟

10.3.7 对构件进行非结构性破坏的维修时，应将腐朽部位清除并干燥，出现的空洞可采用木块或环氧树脂材料进行填充。采用的木质填充物必须经过加压防腐处理。采用环氧树脂时，应将树脂填充至构件的表面。

10.3.8 构件需进行结构性破坏的维修时，应经过专门设计才能进行。

附录 A 胶粘剂性能要求和测试方法

A.1 剪切试验

A.1.1 当进行胶缝剪切试验时，胶合试件应采用密度为（700±50）kg/m³，含水率为（12±1）%，未经处理的直纹理榉木（Fagus sylvatica L.）木材，试件胶缝厚度应根据胶粘剂种类分别采用为 0.1mm、0.5mm 和 1.0mm，胶合试件胶缝的最小平均剪切强度值应符合表 A.1.1 的规定。

表 A.1.1 胶缝的最小平均剪切强度（N/mm²）

试件处理方法	0.1mm胶缝		0.5mm胶缝		1.0mm胶缝	
	类型Ⅰ	类型Ⅱ	类型Ⅰ	类型Ⅱ	类型Ⅰ	类型Ⅱ
A1	10	10	9	9	8	8
A2	6	5	5	5	4	4
A3	8	8	7.2	7.2	6.4	6.4
A4	6	不要求循环处理	5	不要求循环处理	4	不要求循环处理
A5	8	不要求循环处理	7.2	不要求循环处理	6.4	不要求循环处理

注：试件处理方法应符合本规范第 A.1.4 条的规定。

A.1.2 胶缝剪切试验中，用于同一循环处理的木板（包括不同的胶缝厚度）应取自同一块木材，应使木板的年轮与胶合面之间的夹角在 30°～90° 之间。胶合组件制作应按下列方法进行：

1 从榉木板上刨切出顺纹方向至少 300mm 长，横纹方向至少 130mm 宽的两块木板（图 A.1.2）。

2 木板在长度和宽度方向应按每道锯片厚度预留必要的锯割加工余量。

3 对于 0.1mm 厚胶缝的测试，使用两块（5.0±0.1）mm 厚的木板。对于（0.5±0.1）mm 和（1.0±0.1）mm 厚胶缝的测试，使用一块（6.0±0.1）mm 厚的木板和一块（5.0±0.1）mm 厚的木板，并在 6mm 厚木板上开出（0.5±0.1）mm 深，（14±1）mm 宽的凹槽（图 A.1.2a）。

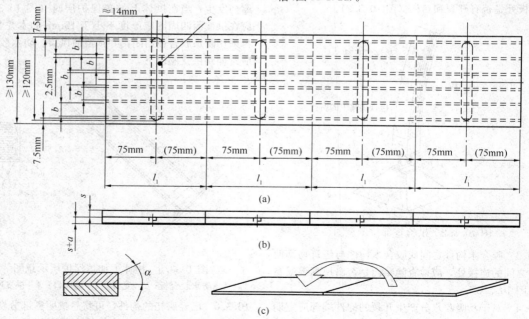

图 A.1.2 层板胶合木板试样
a—厚胶缝的厚度；b—试件宽度（20.0±0.1）mm；c—用于厚胶缝测试的凹槽；l₁—试件总长度（150±5）mm；
s—用于薄胶缝测试的木板厚度（5.0±0.1）mm；α—年轮和胶合面的夹角（30°～90°）

4 轻微刨光或使用砂纸磨光每个胶合表面，仔细清除胶合面上的污垢，不得触摸或弄脏加工好的表面，24h 内将木板胶合。涂胶后加压前，木板应按图 A.1.2c 所示胶合到一起，以确保胶合组件是取自同一块木板。

5 对于 0.1mm 厚胶缝的测试，胶合两块 5mm 厚木板，施压生成 10mm 厚胶合组件。对于 (0.5±0.1)mm 和 (1.0±0.1)mm 厚胶缝的测试，将胶粘剂倒入开槽木板的凹槽，保证加压时挤出。将一块 6mm 厚开槽并涂胶的木板和一块 5mm 厚未开槽木板叠合加压，生成大于 11mm 厚的胶合组件。胶合时压力应在胶合面上均匀分布。

6 遵循胶粘剂制造商关于加工条件的要求，包括胶粘剂准备和应用、胶粘剂涂抹、开放和闭合陈化时间、加压大小和时间，并在报告中写明。对于厚胶缝，胶粘剂各组成分应预先混合均匀。

A.1.3 胶合组件加压胶合后，在测试前，胶合组件应放在标准气候条件下平衡处理 7d。根据胶粘剂制造商的要求，可能进行更长时间的平衡处理。胶合组件经平衡处理后应按以下规定制作测试试件：

1 从完全固化的胶合组件上锯切测试试件，切掉边缘 7.5mm，沿纹理方向从每个胶合组件中锯切五条宽 $b=20$mm 的木条（图 A.1.3）。将这些木条锯切成长 $l_1=(150\pm5)$mm 的试件。

2 在木条胶合部分垂直纹理制作两个宽度大于 2.5mm 的平底切口，这样在厚胶缝试件凹槽中间部

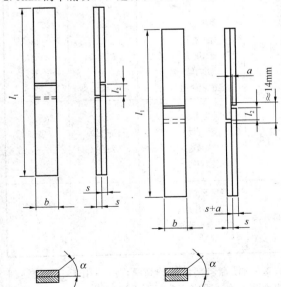

(a) 0.1mm 厚胶缝　　(b) 0.5mm 和 1.0mm 厚胶缝

图 A.1.3　测试试件的制作

a—厚胶缝的厚度；b—试件宽度 (20.0 ± 0.1)mm；
l_1—试件总长度 (150 ± 5)mm；l_2—试件搭接长度
(10.0 ± 0.1)mm；s—用于胶缝测试的木板厚度
(5.0 ± 0.1)mm；α—年轮和胶合面的夹角 $(30°\sim90°)$

分（图 A.1.3）形成宽度 $l_2=(10\pm0.1)$mm 的搭接。切口是为了分离木板和胶缝，但不能透过胶缝。

3 测试试件应在胶合 3d 或更长时间后锯切。

A.1.4 胶缝剪切试验前应对测试试件按表 A.1.4 的规定进行处理。处理时确保测试试件水平放置，每个面都能自由接触到水，并被支撑确保不受任何压力。

表 A.1.4　拉伸剪切试验前预处理方式和时间

名称	处　理　方　式
A1	标准气候条件下放置 7d 后立即测试
A2	浸入 (20±5)℃ 水中 4d，湿态下测试试件
A3	浸入 (20±5)℃ 水中 4d，标准气候条件下重新平衡处理到原始质量，干态下测试试件
A4	浸入沸水中 6.00h，浸入 (20±5)℃ 水中 2.00h，湿态下测试试件
A5	浸入沸水中 6.00h，浸入 (20±5)℃ 水中 2.00h，标准气候条件下重新平衡处理到原始质量，干态下测试试件

注：1　标准气候条件定义为：温度 (20±2)℃，相对空气湿度 (65±5)%；
　　2　原始质量允许公差在 +2% 和 −1% 之间。

A.1.5 胶缝剪切试验应保证有足够数量的试件，表 A.1.4 中的每种处理方式应提供 10 个有效结果。测试结果中，当木材破坏而不是胶缝破坏，并且数值低于表 A.1.1 中规定的最小值，或者外观检查显示胶粘剂未正确涂布的，都为无效结果。所有有效或无效的结果，都应记录下来。

A.1.6 当对比胶粘剂用于厚和薄胶缝的强度时，由木材引起的胶合强度的差异应最小化。这种情况下，进行测试的木板取自同一木材，纹理方向相同，且遵循以下规则：两块用于薄胶缝的 5mm 厚木板；一块用于厚胶缝的 5mm 厚木板；一块用于厚胶缝的 6mm 厚木板。木板通常以稍大尺寸锯割，使用前刨切到要求的厚度。

A.1.7 胶缝剪切试验测试程序应按以下方法进行：

1 将试件对称地插入试验机的夹具，夹具之间的距离调节在 50mm 到 90mm 范围内。夹紧试件，使试件长轴方向平行于加载方向。施加拉力，直到试件破坏。

2 对于胶粘剂对比试验和判定胶粘剂属于Ⅰ类或Ⅱ类，试验应按以下规定执行：

　1）荷载增加速度 (2.0+0.5)kN/min；

　2）或者，夹具以不超过 5mm/min 的速率匀速分离，使得达到破坏需要的时间在 30s~90s 之间。

3 记录破坏荷载。

4 对于每个测试过的试件，肉眼观察估计并记录木破率，再精确至 10%。

A.1.8 测试设备应该符合以下其中一项：

1 荷载增加速度(2.0±0.5)kN/min；

2 夹具运动的速率应符合国际标准 ISO 5893 的要求。

夹口应以楔形固定试件，保证试件可自动对准以防止加载时滑动。

A.1.9 以 10 次有效测试的剪切强度平均值表达剪切强度的测试结果，并以 10 次有效测试的木破率平均值表达木破率的测试结果。每个试件的剪切强度应按下式计算：

$$\tau = \frac{P_{max}}{200} \qquad (A.1.9)$$

式中：τ——剪切强度(N/mm²)；

P_{max}——最大破坏荷载(N)。

A.2 浸渍剥离试验

A.2.1 当进行胶缝浸渍剥离试验时，胶合试件应采用密度为(425±25)kg/m³，含水率为(12±1)%的弦切直纹云杉(Picea abies L.)木材。胶合试件抗剥离性能应符合表 A.2.1 的规定。

表 A.2.1 抗剥离性能要求(%)

平衡处理	胶粘剂类型	任何试件中最大剥离率(%)
高温处理	Ⅰ	5.0
低温处理	Ⅱ	10.0

A.2.2 浸渍剥离试验中，应准备四块层板。层板木材要求没有缺陷，不宜有节子，不得使用径切层板。当节子无法避免时，允许节子最大直径 20mm，不允许有纵向截断节。当胶粘剂用于硬木树种或化学处理材时，要使用有代表性的木材样品准备四块层板。

A.2.3 层板应在标准气候条件下平衡处理至少 7d，确保木材含水率达到(12±1)%。

A.2.4 每块层板应保证制作不少于六个，且尺寸为(150±5)mm 宽、(30±1)mm 厚、长约 500mm 的测试层板。测试层板厚度为刨光后的尺寸。根据表 A.2.4 的规定，在刨光后 8.00h 内胶合层板，制作成胶合组件。每个胶合组件内，确保六块层板具有一致的年轮方向。

表 A.2.4 胶合组件的准备要求

参 数	单元 1 和 2	单元 3 和 4
胶粘剂涂布(双面)	根据厂家推荐	根据厂家推荐
环境温度	(20±2)℃	(20±2)℃
开放陈化时间	≤5min	≤5min
闭合陈化时间	厂家推荐最小值	厂家推荐最大值
胶合压力(针叶材)	(0.6±0.1)N/mm²	(0.6±0.1)N/mm²
加压时间	厂家推荐值	厂家推荐值

A.2.5 胶合组件加压胶合后，在锯切试件前，应在标准气候条件中平衡处理 7d。根据胶粘剂制造商要求，可延长平衡时间。胶合组件经平衡处理后应按以下规定制作成测试试件：

1 用可产生光滑表面的工具，从 4 个待测胶合组件的每一个中，垂直于胶合面切下全截面的两个试件。每个测试试件长为 75mm，距离任意端头最短不得少于 50mm。

2 记录下从准备试件到测试试件的时间间隔。

A.2.6 胶缝浸渍剥离试验测试程序应按以下方法进行：

1 准确称量并记录试件的重量；

2 将试件放入压力锅并使其不漂浮，加入 10℃~25℃ 的水直到淹没试件，保持试件完全浸没在水中；

3 用大于 5mm 厚的金属棒、金属网或其他工具将试件隔离开，使得试件所有端面自由暴露在水中；

4 根据表 A.2.6 的规定，按本规范第 A.2.7 条进行高温程序，测试是否符合用于户外的 Ⅰ 类胶粘剂的要求。或按本规范第 A.2.8 条规定进行低温程序，测试是否符合用于中等气候条件的 Ⅱ 类胶粘剂的要求。

表 A.2.6 浸渍剥离试验循环处理规定

处理方式	参 数	单位	用于 Ⅰ 类胶粘剂的高温程序	用于 Ⅱ 类胶粘剂的低温程序
水浸注	水温	℃	10~25	10~25
	绝对压力	kPa	25±5	25±5
	持续时间	min	15	15
	绝对压力	kPa	600±25	600±25
	持续时间	h	1	1
	浸注循环次数	—	2	2
干燥	空气温度	℃	65±3	27.5±2.5
	空气湿度	%	12.5±2.5	30±5
	空气流速	m/s	2.25±0.25	2.25±0.25
	持续时间	h	20	90
循环次数	完整循环次数(包含两次水浸注处理和一次干燥处理的循环)	—	3	2

A.2.7 浸渍剥离试验的高温程序适用于 Ⅰ 类胶粘剂的测试，测试程序应按以下方法进行：

1 将压力锅内压力减小到绝对压力(25±5)kPa，并保持 0.25h。

2 释放真空后，施加绝对压力至(600±25)kPa，并保持 1.00h。

3 再次重复第 1 和第 2 款的真空—加压循环，进行时间约 2.50h 的两次循环浸注。

4 两次循环浸注完成后，在空气入口温度(65±3)℃、相对湿度(10～15)%、风速(2.25±0.25)m/s的设备中，干燥试件20h。干燥过程中，试件间距至少50mm，端面平行于气流方向。

5 干燥过程完成后，准确控制试件质量。任何试件，只有当质量达到原始质量的100%到110%之间时，才认为是浸注—干燥结束。如果试件在干燥20h后的质量超出其原始质量10%，应再次将试件放入干燥通道，经受相同的干燥条件，1.00h后取出试件并重新称重，重复此过程直到试件质量在要求的范围内。在干燥处理过程中的20h内，可以取走试件进行称重检测，以确保试件不会干燥过度。

6 记录下试件每次在浸注—干燥循环后的质量，记录每个试件达到要求质量所需要的总的干燥时间。如果干燥处理后试件质量低于原始质量，则丢弃此试件，制作并测试新的试件。

7 重复本条第1款～6款的整个浸注—干燥循环2次，总测试时间应超过3d。

A.2.8 浸渍剥离试验的低温程序适用于Ⅱ类胶粘剂的测试，测试程序应按以下方法进行：

1 将锅内压力减小至绝对压力(25±5)kPa，并保持0.25h。

2 释放真空后，施加绝对压力(600±25)kPa，并保持1.00h。

3 再次重复第1和第2款的真空—加压循环，进行时间约2.50h的两次循环浸注。

4 两次循环浸注完成后，在空气入口温度(25～30)℃、相对湿度(30±5)%、风速(2.25±0.25)m/s的设备中，干燥试件90h。干燥过程中，试件间距至少50mm，端面平行于气流方向。

5 干燥过程完成后，准确控制试件质量。任何试件，只有当质量达到原始质量的100%到110%之间时，才认为是浸注—干燥结束。如果试件在干燥90h后的质量超出其原始质量10%，应再次将试件放入干燥通道，经受相同的干燥条件，2.00h后取出试件并重新称重，重复此过程直到试件质量在要求的范围内。在干燥处理过程中的90h内，可以取走试件进行称重检测，以确保试件不会干燥过度。

6 记录下试件每次在浸注—干燥循环后的质量，记录每个试件达到要求质量所需要的总的干燥时间。如果干燥处理后试件质量低于原始质量，则丢弃此试件，重新制作并测试新的试件。

7 再重复本条第1款～6款的整个浸注—干燥循环1次，总测试时间应超过8d。

A.2.9 浸渍剥离测量和试件的评估应在最终干燥处理后1.00h内进行。使用带有强光的10倍放大镜，以确定胶缝分离是否是有效剥离。应测量两个端面的总剥离长度和总胶线长度，以mm为单位。

A.2.10 胶缝浸渍剥离试验中有效剥离应满足以下

条件之一：

1 胶缝本身的分离。

2 胶缝和木材层板间的破坏，胶缝上未粘有木材纤维。

3 总是发生在胶缝外第一层细胞的木材破坏，破坏路径不由纹理角度和年轮结构决定。木材纤维细如绒毛，为木材层板和胶缝的界面。

以下情况产生不得作为胶缝剥离：

1 实木破坏，破裂途径明显受纹理角度和年轮结构影响。

2 独立的胶缝分层，长度小于2.5mm，离最近的分层大于5mm。

3 胶缝中的分层沿着节子或树脂道，或由胶缝中暗藏的节子引起。当怀疑胶缝分层是由节子引起时，应使用楔子和锤子（或相似工具）打开胶缝并检查是否存在暗藏节子。如果分层是由暗藏节子引起的，分层不应认为是脱胶。

4 与胶缝平行相邻的年轮晚材区的破坏。

当超出最大脱胶要求时，建议打开分层的胶缝，仔细检查。

A.2.11 计算每个试件的脱胶率，并以百分比表达，结果应精确到0.1%。剥离率应按下式计算：

$$D = \frac{l_1}{l_2} \times 100\% \qquad (A.2.11)$$

式中：D——剥离百分比；

l_1——两个端面上总剥离长度（mm）；

l_2——两个端面上胶缝总长度（mm）。

A.3 耐久性试验

A.3.1 当进行胶缝耐久性试验时，胶合试件应采用密度为(700±50)kg/m³，含水率为(12±1)%的未经处理的榉木(Fagus sylvatica L.)木材。胶缝耐久性试验应满足以下规定：

1 试验应使用6个多胶缝测试试件，并不得有一个在测试期失败；

2 试验完成后，每个测试试件中胶线的平均蠕变变形不得超过0.05mm。

A.3.2 层板单元应纹理通直，无节子。年轮与胶合面的夹角应该在30°～60°之间。木材应没有腐朽、机械加工缺陷和任何干燥缺陷。

A.3.3 层板单元应在标准气候条件中平衡处理至少7d，使木材含水率达到(12±1)%。

A.3.4 胶缝耐久性试验应至少准备9个层板单元，制作成六个试件。每个层板单元刨光后的尺寸为：厚度(16±0.1)mm，宽度(60±0.1)mm，沿纹理方向长度(305±0.1)mm。在涂胶前应重新刨光每个层板后，8.00h内进行胶合。

A.3.5 胶缝耐久性试验应采用以下设备：

1 除了弹簧特征的要求以外，试验夹具设备可采用图 A.3.5 所示的设备。

2 弹簧应具有以下特征：采用的金属丝直径为 15mm；弹簧外围直径（未承载时）为 105mm；弹簧总圈数 10.5 圈；两端固定并焊接；自由长度 320mm；最大载荷下压缩距离为 40～50mm。弹簧屈强系数应为 81N/mm。

3 加热室应保持在(70±2)℃。

4 气候箱应保持(20±2)℃和(85±5)％相对湿度，或(50±2)℃和(75±5)％相对湿度。

5 采用万能力学试验机为夹具加载。

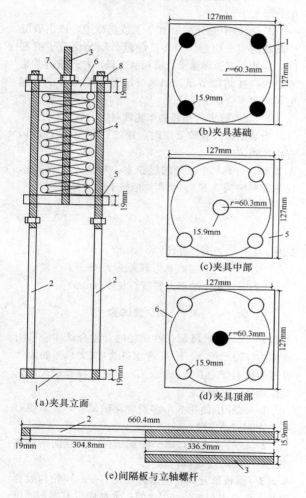

图 A.3.5　试验夹具示意图
1—钢底板（厚 19mm）；2—定位立柱螺杆（d=15.9mm）；3—中心螺杆（d=15.9mm）；4—弹簧；5—中间钢隔板（厚 19mm）；6—顶部钢隔板（厚 19mm）；7—中心定位螺母；8—四角定位螺母

A.3.6 每个胶合组件采用两块层板单元作为两侧面板，中间层部件交替采用 7 个定距块和 8 个芯层木块做成（图 A.3.6）。每个胶合组件应按以下规定制作

测试试件：

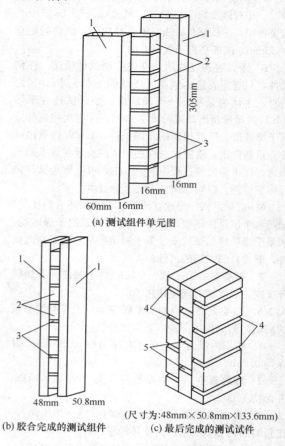

图 A.3.6　测试试件的制作
1—层板单元；2—芯层木块；3—定距块；
4—槽口(3.2mm 宽)；5—空隙

1 芯层木块应从第三块层板单元上切取。芯层木块尺寸为：沿纹理方向长为(28.5±0.1)mm、厚度为(16±0.1)mm、宽度为(60±0.1)mm。

2 定距块必须由合适的材料制作，以便在取走时不破坏试样，或不改变芯层木块的位置。定距块尺寸：长为 6.4mm，厚度比中间木块稍小，宽度为 60.0mm。

3 胶合组件胶合时，两侧层板单元的端部截面上的年轮方向应一致，两侧层板沿长度方向夹住中间层部件。应保证胶合加压过程中芯层木块不得滑动（图 A.3.6b）。

4 在每个 28.5mm 长的芯层木块表面上应标记出垂直于纹理的截面中心线位置，并将标记线延伸到试件边缘。加压胶合后，以此标记线为中心，在试件两侧面板上开 3.2mm 宽的槽口，槽口应达到胶缝位置，但不得透过胶缝。

5 三个测试组件中的每个可制作成 2 个长度为 133.6mm 的测试试件。每个测试试件包含 4 个整的芯层木块（图 A.3.6c），12 个胶缝（50.8mm×

12.7mm)。进行轴向压缩加载时，测试试件上共6对承载胶缝，其中每对的胶缝总面积为1290m²。测试试件上下端的两块层板应齐边平，以获得平整的端面。

A.3.7 当采用本规范图 A.3.5所示的设备时，必须在测试试件上端和下端使用定位块。定位块制作时，必须保证定位块与夹具之间、定位块与测试试件之间的接触面平整。定位块应采用胶合板经胶粘合制成，尺寸为 47.6mm×50.8mm×100mm。不得使用金属定位块。

A.3.8 耐久性试验测试程序应按以下方法进行：

1 开始试验前，应在测试试件表面上用刀片垂直于暴露的胶缝划一条刻痕，刻痕应穿过胶缝两侧的面板搭接区域。测试试件上每对胶缝均应有一条刻痕。

2 将测试试件和定位块插入试验夹具中，安装中间钢隔板、弹簧和顶部钢隔板，用较轻压力固定4个定位立柱螺栓。

3 在中心螺杆上加载，将压力试验机加载到3870N，使得测试试件胶缝的剪切应力达到3.0N/mm²。

4 用手旋紧4个定位角螺栓以保持弹簧压力，然后在顶部钢隔板上将中心螺杆上的定位螺母在9.5mm范围内旋紧。以便胶缝破坏时仍然可以保持弹簧压力。

5 加载后应立刻根据本规范第 A.3.9条的规定，对6个测试试件按阶段进行气候循环处理。

A.3.9 胶缝蠕变试验时，试件所处的循环阶段测试气候条件应符合表 A.3.9的规定。

表 A.3.9 蠕变试验时测试气候的要求

循环阶段	温度(℃)	相对湿度(%)	平衡含水率(%)	时间(h)
1	70±2	约5~10	约1~1.5	336
2	20±2	85±5	约18.5	336
3	50±2	75±5	约13	336

注：每14d的气候循环应连续，当必须将夹具从一个气候条件移动到另一个气候条件时，操作应迅速和平稳。

A.3.10 耐久性试验应定期对试件进行评估，以便发现可能的破坏。在42d的测试期完成后，测试夹具应从气候箱中移出。如果至少有5个试件完好，将试件卸载后，应测量两侧所有胶缝沿刻痕线的滑移距离（即变形）并记录测量结果，精确至 0.01mm。最后计算平均值。

A.4 垂直拉伸试验

A.4.1 本节对纤维酸破坏测试的规定只适用于出现下列情况之一时：

1 使用酚类胶和氨基塑料缩聚胶粘剂，假定 pH值低于4；

2 使用单成分聚氨酯胶粘剂。

A.4.2 当进行垂直拉伸试验时，试件采用的木材和试验要求应根据使用的胶粘剂种类按以下规定进行：

1 使用酚类胶和氨基塑料缩聚胶粘剂时，胶合试件应采用密度为(425±25)kg/m³，含水率为(12±1)%的云杉(Picea abies L.)木材。根据规定的循环处理的胶合组件的平均横向拉伸强度不应低于控制件平均值的80%，控制件平均值不应低于2N/mm²。

2 使用单成分聚氨酯胶粘剂时，胶合试件应采用密度为(700±25)kg/m³，含水率为(12±1)%的未处理榉木(Fagus sylvatica L.)。根据规定的循环处理的胶合组件的平均横向拉伸强度不应低于控制件平均值的80%，控制件平均值不应低于5N/mm²。

A.4.3 试验应准备一块截面为 60mm×60mm，长度不小于800mm的层板。层板应没有节子，纹理通直，年轮宽不大于2mm，年轮与层板表面的夹角在30°~60°之间。

A.4.4 垂直拉伸试验应按以下规定制作胶合组件（图 A.4.4）：

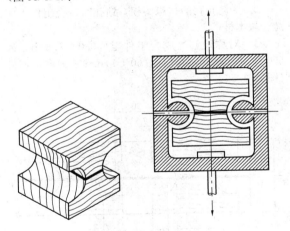

图 A.4.4 横向拉伸强度试件和装置

1 将层板锯切成截面为矩形的等长的两段，尺寸为 30mm×60mm×800mm，轻微刨光每个胶合面后，应在8h内进行胶合。

2 仔细清除污垢，不得触摸或弄脏加工好的表面。除胶粘剂制造商要求的含水率外，胶合前应将木材放入标准气候条件中进行平衡处理，使含水率达到(12±1)%；

3 涂胶前混合胶粘剂和固化剂，胶缝为 0.5mm厚，可使用 0.5mm垫片获得。当胶粘剂主剂和固化剂分别单独施加时，胶缝为 0.1mm厚，可使用 0.1mm垫片获得。

4 应准备足够数量的垫片 60mm×45mm×(0.5±0.05)mm 或 60mm×45mm×(0.1±0.02)mm(一块

800mm 长的木材至少需要 10 个垫片）。将垫片放置在木材锯切表面，间距 35mm，长度方向横跨锯切表面。垫片之间的间隙用胶粘剂填充。保证胶粘剂不流出测试区域。

5 按锯切前的纹理方向，使木材纹理一致并夹紧。施加（0.6±0.1）MPa 的压力，以垫片为计算面积。

6 在标准气候条件下，根据胶粘剂制造商建议的时间或 24h 两者中选择较长的一个时间，保持施加的压力。

7 加压胶合后，将胶合组件在标准气候条件下平衡处理 7d～14d。根据胶粘剂制造商建议，可进行更长时间的平衡处理。

8 记录胶合组件从准备到温度循环处理的时间。

A.4.5 经平衡处理的胶合组件应按以下规定制作成测试试件：

1 使用直径为 25mm 的锋利木钻头，沿胶合组件长度方向垂直于胶缝打孔，孔中心线应位于胶缝上，孔中心间距依次为（50.0±0.5）mm 和（30.0±0.5）mm 交替，以获得一系列（25±1）mm 长度的胶缝；

2 为防止孔的边缘磨损，钻孔时胶合组件下应垫一块木材；

3 对称地刨光胶合组件至（50.0±0.5）mm×（50.0±0.5）mm，并切成（60±1）mm 长的测试试件（图 A.4.5）。

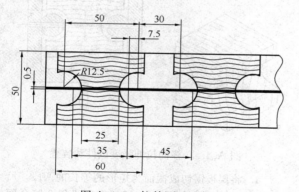

图 A.4.5　拉伸测试试件

A.4.6 测试时应保证有足够数量的试件，以便提供 8 个通过循环处理的有效结果，以及 8 个控制试件。当试件木材破坏时的强度值低于要求值，或肉眼检查表明胶粘剂没有正确涂布，则测试结果无效，应放弃。

A.4.7 从胶合组件不相邻位置上取至少 8 个试件储存在标准气候条件下，直到质量达到恒重后，作为控制试件进行测试。另外，从胶合组件不相邻位置上选择至少 8 个试件进行循环处理。循环处理应有 4 次循环过程，每次循环过程包含 3 个循环阶段。循环阶段的测试气候条件应符合表 A.4.7 的规定。

经 4 次循环处理后，将处理试件存放在标准气候条件中，直到质量达到恒重后，再进行测试。

注：质量达到恒重定义为：连续称重，直到时间间隔为 24h 的相邻两次称重的差值低于试件质量的 0.1%。

表 A.4.7　气候循环储存条件

循环阶段	时间（h）	温度（℃）	相对湿度（%）
A	24	50±2	87.5±2.5
B	8	10±2	87.5±2.5
C	16	50±2	≤20

注：条件 A 和 B 通常是将试件存放在适当温度并部分盛水的容器，并考虑到释放过多的压力。绝对不允许试件互相接触，或试件接触水。条件 C 通常是将试件自由存放在干燥箱里。

A.4.8 垂直拉伸试验测试程序应按以下方法进行：

1 将夹具放到试验机上，将试件插入夹具进行拉伸试验直到试件破坏；

2 试验加载可按以下情况之一进行：

1）荷载增加速度（10±1）kN/min；

2）如果试验机不能实现荷载恒速增加，可使夹具恒速，到达指定平均破坏荷载所需要的时间不少于 15s。

A.4.9 每个试件的破坏类型应采用（A，B/C）表示方法，并以百分比表示，精确到 10%。其中，A 为实木木材的破坏率；B 为沿着胶缝的界面或胶的破坏率（破坏区域内具有或没有肉眼可见的木纤维覆盖）；C 为 B 类破坏区域内可观察到的木纤维覆盖率。

A.4.10 以 8 个有效测试试件的平均（算术平均值）破坏强度表达测试结果。每个试件的横向拉伸强度按下式计算：

$$f_1 = \frac{F_{max}}{A} \qquad (A.4.10)$$

式中：f_1——横向拉伸强度（N/mm²）；

F_{max}——最大破坏荷载（N）；

A——面积（mm²）。

A.5　木材干缩试验

A.5.1 木材干缩试验时，试件应采用密度为（425±25）kg/m³，含水率为（12±1）% 的云杉（Picea abies L.）木材。干缩测试后的平均压缩剪切强度应大于 1.5N/mm²。

A.5.2 木材干缩试验应对胶合层板进行平衡处理，测量含水率并进行最后加工。层板应没有节子，纹理通直，年轮与层板胶合面的夹角在 35°～55° 之间（图 A.5.2）。干缩试验应按以下规定制作胶合层板：

1 从三块长度不小于 1200mm 的木板上制作三对面板（6 块），面板尺寸为：长度 400mm、宽度 140mm、厚度（20±0.5）mm。使年轮与胶合面相切，

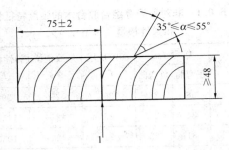

图 A.5.2　芯板截面示意图

[刨光后尺寸 140mm 宽×(40.0±0.5)mm 厚]

1—Ⅰ类胶粘剂胶缝；α—年轮方向与胶合面的夹角

半径在 60mm 到 140mm 之间。每对匹配的面板用来
生产一块试件。

　　2　制作三块用于胶合的芯板，芯板尺寸为：长
度 400mm，宽度 140mm，厚度(40.0±0.5)mm。芯
板应采用两块(75±2)mm 宽、厚度大于 48mm 的木
板制作。两块木板应沿长度方向用Ⅰ类胶粘剂胶合到
一起。

　　3　平衡处理芯板和面板，使用于同一个胶合组
件的三片木材平均含水率为(17.5±0.5)%。单张芯
板或面板含水率可以为(17±1)%。芯板和面板应储
存在20℃，75%～80%相对湿度环境中，使木材含
水率升高至16%～18%。

　　4　胶合前应轻微刨光芯板和面板，或用砂纸轻
微砂光每个胶合表面，仔细清除污垢，在 8.00h 内进
行胶合。

A.5.3　胶合前，从每块芯板和面板上截取试样进行
木材含水率测试。按下式计算并记录每个试件的平均
含水率：

$$w_m = \frac{w_1 + w_2 + 2w_3}{4} \qquad (A.5.3)$$

式中：w_m——试件平均含水率(%)；

　　　w_1——第一块面板的含水率(%)；

　　　w_2——第二块面板的含水率(%)；

　　　w_3——芯板的含水率(%)。

A.5.4　每种需测试的胶粘剂应制作 3 个胶合组件，
每个组件按以下规定制作：

　　1　按图 A.5.4(a)所示制作胶合组件，使面板年
轮弯向背对胶合面，面板的纹理与芯板纹理垂直(图
A.5.4b，c)；

　　2　安置两个(0.5±0.01)mm 厚的铝框架垫片
(图 A.5.4e)，一个垫片在芯板上，一个在面板上，
用来限制胶合区域(100±0.1)mm×(100±0.1)mm，
胶缝名义厚度 0.50mm；

　　3　将胶粘剂涂布到芯板和面板的胶合面上，保
证良好的表面润湿；为了便于清除多余并固化的胶粘
剂，胶合前在芯板和面板侧面封贴胶带；

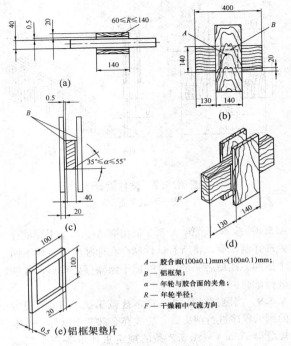

A——胶合面(100±0.1)mm×(100±0.1)mm；

B——铝框架；

α——年轮与胶合面的夹角；

R——年轮半径；

F——干燥箱中气流方向

图 A.5.4　测试试件示意图

　　4　胶合工艺应在标准气候条件中进行，施加
(7.7±0.1)kN 的荷载并保持 24h；

　　5　移走夹具并仔细清除胶合组件表面上过多并
固化的胶粘剂；

　　6　称重并记录每个试件的重量，精确到 g，作
为初重；

　　7　将胶合组件存放在标准气候条件中 7d。

A.5.5　胶合组件完成规定的加压和储存时间之后，
应将胶合组件放入温度为(40±2)℃、相对湿度为(30
±2)%、空气流速为(0.7±0.1)m/s 环境的气候箱
中，使每个试件含水率降低 9 个百分点。试件的最终
目标重量应在干燥储存处理开始前计算。最终含水率
应按照重量计算，应等于试件的最终目标含水率。最
终重量允许偏差应该为±2g。

　　注：干燥前试件含水率是 17.5%，试件干燥后
的目标含水率是 8.5%。

A.5.6　试件放入气候箱时，应使胶缝方向平行于空
气流向(图 A.5.4d)。胶合组件的重量应每天控制。
每次控制后，试件在烘箱中的位置应该旋转一次，以
保证所有的试件获得一致的干燥处理。当试件获得最
终重量并从气候箱中移走，应该用一个假样品取代原
来的位置。记录每个试件获得最终重量所需要的
天数。

A.5.7　将胶合组件干燥好后，两块面板齐边，将四
块辅助的云杉木板(约 220mm 长、30mm 厚)胶合到
试件上，以确保加载均匀，留下小的间隙(约 3mm)
以允许在压力下自由移动(图 A.5.7)。在所有的胶
合、加压操作过程中应避免测试区域受压。

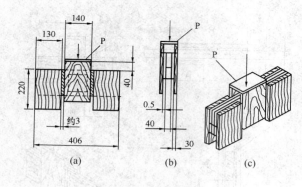

图 A.5.7 试件设计
P—测试平面

A.5.8 按本规范第 A.5.5 条和第 A.5.7 条干燥储存处理并制作后，将所有试件储存在标准气候条件下两个星期。在最后一个试件完成干燥储存处理后，才能进行试验。

A.5.9 当测试试件之一在本规范第 A.5.10 条规定的测试程序进行前失败，应放弃全部三个试件。按本规范第 A.5.4～A.5.7 条的规定重新准备三个测试试件。

A.5.10 木材干缩试验测试程序应按以下方法进行：

1 将试件插入试验机。本规范图 A.5.7c 中的测试平面 P 可以校直（即用铰链或球状关节）。

2 平板应制作光滑，与试件顶部紧密配合，确保紧密接触。铰链或类似的装置在正确的位置锁紧，使测试平面 P 与样本表面齐平。肉眼检查确保木支撑体和支撑表面间没有间隙存在。

3 施加压力，直到试件破坏；加载方法可按以下情况之一进行：

1）荷载增长速率(20±5)kN/min；

2）当试验机荷载不能恒速递增，应采用夹具恒速运动，使试件在 70s 内破坏。

4 记录破坏荷载，精确到 N。

A.5.11 木材干缩试验应以三个试件的剪切强度平均值表达最终测试结果，精确到 0.1N/mm²。试件剪切强度应按下式计算：

$$\tau = \frac{F_{\max}}{A} \qquad (A.5.11)$$

式中：τ——剪切强度（N/mm²）；

$F_{\max}$——最大破坏荷载（N）；

A——面积，20000mm²。

附录 B 胶合木强度和弹性模量特征值

B.0.1 非对称异等组合胶合木的强度特征值和弹性模量应符合表 B.0.1 的规定。

强度等级	抗弯 f_{mk}		顺纹抗压 f_{ck}	顺纹抗拉 f_{tk}	弹性模量 E
	正弯曲	负弯曲			
TC_YF28	38	28	30	25	13000
TC_YF25	34	25	26	22	11500
TC_YF23	31	23	24	20	10500
TC_YF20	27	20	21	18	9000
TC_YF17	23	17	17	15	6500

B.0.2 对称异等组合胶合木的强度特征值和弹性模量应符合表 B.0.2 的规定。

表 B.0.2 对称异等组合胶合木的强度特征值和弹性模量（N/mm²）

强度等级	抗弯 f_{mk}	顺纹抗压 f_{ck}	顺纹抗拉 f_{tk}	弹性模量 E
	正弯曲			
TC_YD30	40	31	27	14000
TC_YD27	36	28	24	12500
TC_YD24	32	25	21	11000
TC_YD21	28	22	18	9500
TC_YD18	24	19	16	8000

B.0.3 同等组合胶合木的强度特征值和弹性模量应符合表 B.0.3 的规定。

表 B.0.3 同等组合胶合木的强度特征值和弹性模量（N/mm²）

强度等级	抗弯 f_{mk}	顺纹抗压 f_{ck}	顺纹抗拉 f_{tk}	弹性模量 E
TC_T30	40	33	29	12500
TC_T27	36	30	26	11000
TC_T24	32	27	23	9500
TC_T21	28	24	20	8000
TC_T18	24	21	17	6500

附录 C 进口胶合木强度和弹性模量设计值的规定

C.0.1 在木结构工程中直接使用进口胶合木时，进口胶合木构件应按以下规定确定其强度设计值和弹性模量：

1 进口胶合木构件产品应有经过认证许可的认证机构的等级标识，主要进口胶合木常用等级应符合表 C.0.1 的规定；

表 C.0.1　进口胶合木常用等级

层板组合形式	主要进口国家和地区		
	美　国	欧　洲	
同等组合	No.5DF/No.50SP No.3DF/No.48SP	GL36h GL32h GL30h GL28h GL24h	
异等组合	30F-2.1E 28F-2.1E 26F-1.9E 24F-1.8E 22F-1.6E 20F-1.5E 16F-1.3E	GL36c GL32c GL30c GL28c GL24c	

　　2　进口胶合木构件产品应提供层板组坯方法，以及该组坯方法应符合国家现行有关标准的规定；

　　3　进口胶合木不同组合的各种等级，应由本规范管理机构按国家规定的专门程序确定强度设计值和弹性模量。

C.0.2　对于按本规范规定进行生产制作的进口胶合木构件，不同组合时的各种等级的强度设计值和弹性模量，可直接按本规范规定的强度设计值和弹性模量采用。

附录 D　根据构件足尺试验
确定胶合木强度等级

D.0.1　根据构件足尺试验确定胶合木强度等级，应验证抗弯强度特征值 $f_{m,k}$、抗弯强度特征值 $f_{v,k}$ 及平均弹性模量 E_m 等主要力学性能。

D.0.2　满足下列条件时，胶合木强度即可确定为本规范规定的某个相应等级：

　　1　截面高度为 300mm 的胶合木，经实际测量的抗弯强度特征值 $f_{m,k}$ 和平均弹性模量值 E_m 均大于本规范规定的强度等级表中所列某一等级的数值；

　　2　经实际测量的抗剪强度特征值大于表 D.0.2 中某一树种分级组别的抗剪强度特征值；

表 D.0.2　胶合木抗剪强度特征值（N/mm²）

树种分级组别	SZ1	SZ2 和 SZ3	SZ4
抗剪强度特征值 $f_{v,k}$	4.5	4.1	3.6

　　3　如果胶合木试件的截面高度不为 300mm，则抗弯强度应乘以系数 k_h。

$$k_h = \left(\frac{300}{h}\right)^{\frac{1}{9}} \qquad (D.0.2)$$

D.0.3　在抗弯试验中，胶合木构件的代表性试件不应小于 2 组试件平均值，每组最少 15 个试件，每组

试件应取自不同的生产批次。选择的构件高度不小于 300mm，选择的构件宽度应具有构件产品的代表性。

D.0.4　在抗剪试验中，代表性木材试件应选取构件截面中部 2/3 位置处的每个强度等级的层板。每一个层板等级至少选取 10 个试件。

D.0.5　当进行胶合木强度和弹性模量测试时，应符合国家现行有关标准的规定。

D.0.6　构件抗弯强度特征值应在 5% 分位值基础上获得，置信水平应达到 75%。

D.0.7　对已经过足尺试验确定强度分级的胶合木，在生产质量控制中，不论在工厂内部或外部的质量检测时，指接的抗弯强度特征值 $f_{m,j,k}$ 应符合下列规定：

$$f_{m,j,k} \geq 最小值\begin{cases} 两次实验测得的平均特征值的 90\% \\ 1.2 f_{m,g,k} \end{cases}$$
$$(D.0.7)$$

式中：$f_{m,g,k}$——胶合木组坯时层板相应强度等级的抗弯强度特征值。

　　每一次指接抗弯强度特征值的实验应采用与构件截面 $h/6$ 处的层板等级相同的指接层板进行试验，每次实验至少应从每个等级中选取 20 个试件，并得到指接抗弯强度平均特征值。

D.0.8　当使用层板抗拉强度特征值确定同等组合的胶合木强度等级时，构件的抗弯强度特征值和平均弹性模量由下列公式计算：

抗弯强度特征值：$f_{m,k} = 7.5 + 1.25 f_{t,l,k}$
$$(D.0.8-1)$$

平均弹性模量：$E = 1.05 E'_l$
$$(D.0.8-2)$$

式中：$f_{t,l,k}$——层板抗拉强度特征值（N/mm²）；

　　　　E'_l——层板的平均弹性模量（N/mm²）。

D.0.9　对已经过层板抗拉强度特征值确定强度分级的胶合木，在生产质量控制中，不论在工厂内部或外部的质量检测时，指接的抗弯强度特征值 $f_{m,j,k}$ 应满足下列要求：

$$f_{m,j,k} \geq 1.2 f_{m,g,k} \qquad (D.0.9)$$

式中：$f_{m,g,k}$——胶合木组坯时层板相应强度等级的抗弯强度特征值。

附录 E　曲线形受弯构件径向承载力计算

E.0.1　曲线形矩形截面受弯构件的径向承载能力应按下列规定计算：

　　1　等截面曲线形受弯构件的径向承载能力按应下式验算：

$$\frac{3M}{2R_m bh} \leq f_r \qquad (E.0.1-1)$$

式中：M——跨中弯矩设计值（N·mm）；

　　　　b——构件截面宽度（mm）；

　　　　h——构件截面高度（mm）；

R_m——构件中心线处的曲率半径（mm）；

f_r——胶合木材径向抗拉（f_{rt}）或径向抗压（f_{rc}）强度设计值；按本规范第 E.0.2 条的规定取值。

2 变截面曲线形受弯构件的径向承载能力应按下列公式验算：

$$K_r C_r \frac{6M}{b h_b^2} \leqslant f_r \qquad (E.0.1-2)$$

$$K_r = A + B \frac{h_b}{R_m} + C \left(\frac{h_b}{R_m} \right)^2 \qquad (E.0.1-3)$$

$$C_r = \alpha + \beta \frac{h_b}{R_m} \qquad (E.0.1-4)$$

式中：K_r——径向应力系数；公式中 A、B、C 系数由表 E.0.1-1 确定；

C_r——构件形状折减系数；集中荷载作用时按表 E.0.1-2 确定；均布荷载作用时，公式中 α、β 系数由表 E.0.1-3 确定；

h_b——构件在跨中的截面高度。

表 E.0.1-1　系数 A、B、C 取值表

构件上部斜面夹角 θ_T（弧度）	系　数		
	A	B	C
2.5	0.0079	0.1747	0.1284
5.0	0.0174	0.1251	0.1939
7.5	0.0279	0.0937	0.2162
10.0	0.0391	0.0754	0.2119
15.0	0.0629	0.0619	0.1722
20.0	0.0893	0.0608	0.1393
25.0	0.1214	0.0605	0.1238
30.0	0.1649	0.0603	0.1115

注：对于中间角度，系数可采用直线插值法确定。

表 E.0.1-2　集中荷载作用下变截面弯曲构件的形状折减系数 C_r

对于三分点上相同的集中荷载		对于跨中集中荷载	
l/l_c	C_r 值	l/l_c	C_r 值
任何值	1.05	1.0	0.75
		2.0	0.80
		3.0	0.85
		4.0	0.90

注：1　l/l_c 为其他值时，C_r 值可采用直线插值法确定；
　　2　表中 l_c 为构件曲线段跨度，l 为构件全长跨度。

表 E.0.1-3　均布荷载作用下变截面弯曲构件的形状折减系数计算取值表

屋面坡度	l/l_c	α	β
2：12	1	0.44	-0.55
	2	0.68	-0.65

续表 E.0.1-3

屋面坡度	l/l_c	α	β
2：12	3	0.82	-0.70
	4	0.89	-0.68
	≥8	1.00	0.00
3：12	1	0.62	-0.85
	2	0.82	-0.87
	3	0.94	-0.83
	4	0.98	-0.63
	≥8	1.00	0.00
4：12	1	0.71	-0.87
	2	0.88	-0.82
	3	0.97	-0.82
	4	1.00	-0.23
	≥8	1.00	0.00
5：12	1	0.79	-0.88
	2	0.95	-0.78
	3	1.00	-0.68
	4	1.00	0.00
	≥8	1.00	0.00
6：12	1	0.85	-0.88
	2	1.00	-0.73
	3	1.00	-0.43
	4	1.00	0.00
	≥8	1.00	0.00

注：1　l/l_c 为其他值时，α 和 β 值可采用直线插值法确定；
　　2　表中 l_c 为构件曲线段跨度，l 为构件全长跨度。

E.0.2 胶合木构件径向抗压设计强度值和径向抗拉设计强度值按下列规定采用：

1 当弯矩的作用使得构件呈变直的趋势，则为径向抗拉；否则为径向抗压；

2 构件的径向抗压设计强度值 f_{rc} 按胶合木横纹抗压强度设计值 $f_{c,90}$ 采用；

3 构件的径向抗拉强度设计值 f_{rt} 取顺纹抗剪强度设计值 f_v 的 1/3。

附录 F　构件中紧固件数量的确定与常用紧固件的 k_g 值

F.1　构件中紧固件数量的确定

F.1.1 当紧固件的排列满足下列规定之一时，紧固件可视作一行：

1 两个或两个以上的剪板连接沿荷载作用方向直线布置时；

2 当两个或两个以上承受单剪或多剪的销轴类紧固件，沿荷载方向直线布置。

F.1.2 当相邻两行上的紧固件交错布置时，每一行中紧固件的数量按下列规定确定：

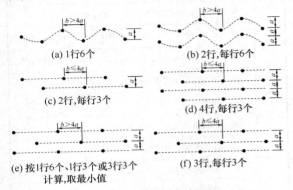

图 F.1.2 交错布置紧固件在每行中数量确定示意图

1 紧固件交错布置的行距 a 小于相邻行中沿长度方向上两交错紧固件间最小间距 b 的 1/4 时，即 $b > 4a$ 时，相邻行按一行计算紧固件数量（图 F.1.2a、图 F.1.2b、图 F.1.2e）；

2 当 $b \leq 4a$ 时，相邻行分为两行计算紧固件数量（图 F.1.2c、图 F.1.2d、图 F.1.2f）；

3 当紧固件的行数为偶数时，本条第 1 款规定适用于任何一行紧固件的数量计算（图 F.1.2b、图 F.1.2d）；当行数为奇数时，分别对各行的 k_g 进行确定（图 F.1.2e、图 F.1.2f）。

F.1.3 计算主构件截面面积 A_m 和侧构件截面面积 A_s 时，应采用毛截面的面积。当荷载沿横纹方向作用在构件上时，其等效截面面积等于构件的厚度与紧固件群外包宽度的乘积，紧固件群外包宽度应取两边缘紧固件之间中心线的距离（图 F.1.3）。当仅有一行紧固件时，该行紧固件的宽度等于顺纹方向紧固件

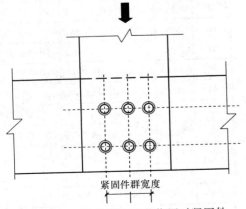

图 F.1.3 构件横纹荷载作用时紧固件群外包宽度示意图

间距要求的最小值。

F.2 常用紧固件组合作用调整系数 k_g 值

F.2.1 当销类连接件直径 D 小于 6.5mm 时，组合作用调整系数 k_g 等于 1.0。

F.2.2 在构件连接中，当侧面构件为木材时，常用紧固件的组合作用调整系数 k_g 应符合表 F.2.2-1 和表 F.2.2-2 的规定。

表 F.2.2-1 螺栓、销和木螺钉的组合作用系数 k_g
（侧构件为木材）

A_s/A_m	A_s (mm²)	每排中紧固件的数量										
		2	3	4	5	6	7	8	9	10	11	12
0.5	3225	0.98	0.92	0.84	0.75	0.68	0.61	0.55	0.50	0.45	0.41	0.38
	7740	0.99	0.96	0.92	0.87	0.81	0.76	0.70	0.65	0.61	0.47	0.53
	12900	0.99	0.98	0.95	0.91	0.87	0.83	0.78	0.74	0.70	0.66	0.62
	18060	1.00	0.98	0.96	0.93	0.90	0.87	0.83	0.79	0.76	0.72	0.68
	25800	1.00	0.99	0.97	0.95	0.93	0.90	0.87	0.84	0.81	0.78	0.75
	41280	1.00	0.99	0.98	0.97	0.96	0.93	0.91	0.89	0.87	0.84	0.82
1	3225	1.00	0.97	0.91	0.85	0.78	0.71	0.64	0.59	0.54	0.49	0.45
	7740	1.00	0.98	0.96	0.93	0.88	0.84	0.79	0.74	0.70	0.65	0.61
	12900	1.00	0.99	0.98	0.96	0.90	0.86	0.82	0.78	0.75	0.71
	18060	1.00	1.00	0.99	0.97	0.94	0.92	0.89	0.86	0.83	0.80	0.77
	25800	1.00	1.00	0.99	0.98	0.96	0.94	0.92	0.90	0.87	0.85	0.82
	41280	1.00	1.00	0.99	0.98	0.97	0.96	0.95	0.93	0.91	0.90	0.88

注：当侧构件截面毛面积与主构件截面毛面积之比 $A_s/A_m > 1.0$ 时，应采用 A_m/A_s。

表 F.2.2-2 102 剪板的组合作用系数 k_g
（侧构件为木材）

A_s/A_m	A_s (mm²)	每排中紧固件的数量										
		2	3	4	5	6	7	8	9	10	11	12
0.5	3225	0.90	0.73	0.59	0.48	0.41	0.35	0.31	0.27	0.25	0.22	0.20
	7740	0.95	0.83	0.71	0.60	0.52	0.45	0.40	0.36	0.32	0.29	0.27
	12900	0.97	0.88	0.78	0.69	0.60	0.53	0.47	0.43	0.39	0.35	0.32
	18060	0.97	0.91	0.82	0.74	0.66	0.59	0.53	0.48	0.44	0.40	0.37
	25800	0.98	0.93	0.86	0.79	0.72	0.65	0.59	0.54	0.49	0.45	0.42
	41280	0.99	0.95	0.91	0.85	0.79	0.73	0.67	0.62	0.58	0.54	0.50
1	3225	1.00	0.87	0.72	0.59	0.50	0.43	0.38	0.34	0.30	0.28	0.25
	7740	1.00	0.93	0.83	0.72	0.61	0.55	0.48	0.43	0.39	0.36	0.33
	12900	1.00	0.96	0.88	0.80	0.71	0.63	0.57	0.51	0.46	0.42	0.39
	18060	1.00	0.96	0.91	0.83	0.76	0.69	0.62	0.57	0.52	0.47	0.44
	25800	1.00	0.98	0.93	0.87	0.81	0.75	0.69	0.63	0.58	0.54	0.50
	41280	1.00	0.98	0.95	0.91	0.87	0.82	0.77	0.72	0.67	0.62	0.58

注：当侧构件截面毛面积与主构件截面毛面积之比 $A_s/A_m > 1.0$ 时，应采用 A_m/A_s。

F.2.3 在构件连接中，当侧面构件为钢材时，常用紧固件的组合作用调整系数 k_g 应符合表 F.2.3-1 和

表 F.2.3-2 的规定。

表 F.2.3-1　螺栓、销和木螺钉的组合作用系数 k_g（侧构件为钢材）

A_m/A_s	A_m (mm²)	每行中紧固件的数量										
		2	3	4	5	6	7	8	9	10	11	12
12	3225	0.97	0.89	0.80	0.70	0.62	0.55	0.49	0.44	0.40	0.37	0.34
	7740	0.98	0.93	0.85	0.77	0.70	0.63	0.57	0.52	0.47	0.43	0.40
	12900	0.99	0.96	0.92	0.86	0.80	0.75	0.69	0.64	0.60	0.55	0.52
	18060	0.99	0.97	0.94	0.90	0.85	0.81	0.76	0.71	0.67	0.63	0.59
	25800	1.00	0.98	0.96	0.94	0.90	0.87	0.83	0.79	0.76	0.72	0.69
	41280	1.00	0.99	0.98	0.96	0.94	0.91	0.88	0.86	0.83	0.80	0.77
	77400	1.00	0.99	0.99	0.98	0.96	0.95	0.93	0.91	0.90	0.87	0.85
	129000	1.00	1.00	0.99	0.99	0.98	0.97	0.96	0.95	0.93	0.92	0.90
18	3225	0.99	0.93	0.85	0.76	0.68	0.61	0.54	0.49	0.44	0.41	0.37
	7740	0.99	0.95	0.90	0.83	0.75	0.69	0.62	0.57	0.52	0.48	0.44
	12900	1.00	0.98	0.94	0.90	0.85	0.79	0.74	0.69	0.65	0.60	0.56
	18060	1.00	0.98	0.96	0.93	0.89	0.85	0.80	0.76	0.72	0.68	0.64
	25800	1.00	0.99	0.97	0.95	0.93	0.90	0.87	0.83	0.80	0.77	0.73
	41280	1.00	0.99	0.98	0.97	0.95	0.93	0.91	0.89	0.86	0.83	0.81
	77400	1.00	1.00	0.99	0.99	0.98	0.96	0.95	0.93	0.92	0.90	0.88
	129000	1.00	1.00	0.99	0.99	0.98	0.97	0.96	0.95	0.94	0.92	0.90
24	25800	1.00	0.99	0.97	0.95	0.93	0.89	0.86	0.83	0.79	0.76	0.72
	41280	1.00	0.99	0.98	0.97	0.95	0.93	0.91	0.88	0.85	0.83	0.80
	77400	1.00	1.00	0.99	0.98	0.97	0.96	0.95	0.93	0.91	0.90	0.88
	129000	1.00	1.00	0.99	0.99	0.98	0.98	0.97	0.96	0.95	0.93	0.92
30	25800	1.00	0.98	0.96	0.93	0.89	0.85	0.81	0.77	0.73	0.69	0.65
	41280	1.00	0.99	0.97	0.95	0.93	0.90	0.87	0.83	0.80	0.77	0.73
	77400	1.00	1.00	0.99	0.97	0.96	0.94	0.92	0.90	0.88	0.85	0.83
	129000	1.00	1.00	0.99	0.98	0.97	0.96	0.95	0.94	0.92	0.90	0.89
35	25800	1.00	0.97	0.94	0.91	0.86	0.82	0.77	0.73	0.68	0.64	0.60
	41280	1.00	0.98	0.96	0.94	0.91	0.87	0.84	0.80	0.76	0.73	0.69
	77400	1.00	0.99	0.98	0.97	0.95	0.94	0.91	0.88	0.85	0.82	0.79
	129000	1.00	0.99	0.99	0.98	0.97	0.95	0.94	0.92	0.90	0.88	0.86
42	25800	0.99	0.97	0.93	0.88	0.83	0.78	0.73	0.68	0.63	0.59	0.55
	41280	0.99	0.98	0.95	0.92	0.88	0.84	0.80	0.76	0.72	0.68	0.64
	77400	1.00	0.99	0.97	0.95	0.93	0.90	0.88	0.85	0.81	0.78	0.75
	129000	1.00	0.99	0.98	0.97	0.96	0.94	0.92	0.90	0.88	0.85	0.83
50	25800	0.99	0.96	0.91	0.85	0.79	0.74	0.68	0.63	0.58	0.54	0.51
	41280	0.99	0.97	0.94	0.90	0.85	0.81	0.76	0.72	0.67	0.63	0.59
	77400	1.00	0.98	0.97	0.94	0.91	0.88	0.85	0.81	0.78	0.74	0.71
	129000	1.00	0.99	0.98	0.96	0.95	0.92	0.90	0.87	0.85	0.82	0.79

表 F.2.3-2　102 剪板组合作用系数 k_g（侧构件为钢材）

A_m/A_s	A_m (mm²)	每行中紧固件的数量										
		2	3	4	5	6	7	8	9	10	11	12
12	5	0.91	0.75	0.60	0.50	0.42	0.36	0.31	0.28	0.25	0.23	0.21
	8	0.94	0.80	0.67	0.56	0.47	0.41	0.36	0.32	0.29	0.26	0.24
	16	0.96	0.87	0.76	0.66	0.58	0.51	0.45	0.40	0.37	0.33	0.31
	24	0.97	0.90	0.82	0.73	0.65	0.57	0.51	0.46	0.42	0.39	0.35
	40	0.98	0.94	0.87	0.80	0.73	0.66	0.60	0.55	0.50	0.46	0.43
	64	0.99	0.96	0.91	0.86	0.80	0.74	0.69	0.63	0.59	0.55	0.51
	120	0.99	0.98	0.95	0.91	0.87	0.83	0.79	0.74	0.70	0.66	0.63
	200	1.00	0.99	0.97	0.95	0.92	0.89	0.85	0.82	0.79	0.75	0.72
18	5	0.97	0.83	0.68	0.56	0.47	0.41	0.36	0.32	0.28	0.26	0.24
	8	0.98	0.87	0.74	0.62	0.53	0.46	0.40	0.36	0.32	0.30	0.27
	16	0.99	0.92	0.82	0.73	0.64	0.56	0.50	0.45	0.41	0.37	0.34
	24	0.99	0.94	0.87	0.78	0.70	0.63	0.57	0.51	0.47	0.43	0.39
	40	0.99	0.96	0.91	0.84	0.78	0.72	0.66	0.60	0.55	0.51	0.47
	64	1.00	0.98	0.94	0.89	0.84	0.79	0.74	0.69	0.64	0.60	0.56
	120	1.00	0.99	0.97	0.94	0.90	0.87	0.83	0.79	0.75	0.71	0.67
	200	1.00	0.99	0.98	0.96	0.94	0.91	0.89	0.86	0.82	0.79	0.76
24	40	1.00	0.96	0.91	0.84	0.77	0.71	0.65	0.59	0.54	0.50	0.46
	64	1.00	0.98	0.94	0.90	0.85	0.80	0.75	0.68	0.63	0.58	0.54
	120	1.00	0.99	0.96	0.94	0.90	0.86	0.82	0.78	0.74	0.70	0.66
	200	1.00	0.99	0.98	0.96	0.94	0.91	0.88	0.85	0.82	0.78	0.75
30	40	0.99	0.93	0.86	0.78	0.70	0.63	0.57	0.52	0.47	0.43	0.40
	64	0.99	0.96	0.90	0.84	0.78	0.71	0.66	0.60	0.56	0.51	0.48
	120	1.00	0.98	0.94	0.90	0.86	0.80	0.76	0.71	0.67	0.63	0.59
	200	1.00	0.99	0.96	0.94	0.90	0.87	0.81	0.79	0.76	0.72	0.68
35	40	0.98	0.91	0.83	0.74	0.66	0.59	0.53	0.48	0.43	0.40	0.36
	64	0.99	0.94	0.88	0.81	0.73	0.67	0.61	0.56	0.51	0.47	0.43
	120	0.99	0.97	0.93	0.88	0.82	0.77	0.72	0.67	0.62	0.58	0.54
	200	1.00	0.98	0.95	0.92	0.88	0.84	0.80	0.76	0.71	0.68	0.64
42	40	0.97	0.88	0.79	0.69	0.61	0.54	0.48	0.43	0.39	0.36	0.33
	64	0.98	0.92	0.84	0.76	0.69	0.62	0.56	0.51	0.46	0.42	0.39
	120	0.99	0.95	0.90	0.84	0.78	0.72	0.67	0.62	0.57	0.53	0.49
	200	0.99	0.97	0.94	0.90	0.85	0.80	0.76	0.71	0.67	0.62	0.59
50	40	0.95	0.86	0.75	0.65	0.56	0.49	0.44	0.39	0.35	0.32	0.30
	64	0.97	0.90	0.81	0.72	0.64	0.57	0.51	0.46	0.42	0.38	0.35
	120	0.98	0.94	0.86	0.81	0.74	0.68	0.62	0.57	0.52	0.48	0.45
	200	0.99	0.96	0.92	0.87	0.82	0.77	0.71	0.66	0.62	0.58	0.54

附录 G 常用树种木材的全干相对密度

表 G 常用树种木材的全干相对密度

树种及树种组合	全干相对密度 G	机械分级（MSR）树种	全干相对密度 G
阿拉斯加黄扁柏	0.46	花旗松-落叶松	
海岸西加云杉	0.39	$E \leqslant 13100\text{MPa}$	0.50
花旗松-落叶松	0.50	$E = 13800\text{MPa}$	0.51
花旗松-落叶松（北部）	0.49	$E = 14500\text{MPa}$	0.52
花旗松-落叶松（南部）	0.46	$E = 15200\text{MPa}$	0.53
东部铁杉	0.41	$E = 15860\text{MPa}$	0.54
东部云杉	0.41	$E = 16500\text{MPa}$	0.55
东部白松	0.36	南方松	
铁-冷杉	0.43	$E = 11720\text{MPa}$	0.55
铁冷杉（北部）	0.46	$E = 12400\text{MPa}$	0.57
北部树种	0.35	云杉-松-冷杉	
北美黄松	0.43	$E = 11720\text{MPa}$	0.42

续表 G

树种及树种组合	全干相对密度 G	机械分级（MSR）树种	全干相对密度 G
西加云杉	0.43	$E = 12400\text{MPa}$	0.46
南方松	0.55	西部针叶材树种	
云杉-松-冷杉	0.42	$E = 6900\text{MPa}$	0.36
西部铁杉	0.47	铁-冷杉	
欧洲云杉	0.46	$E \leqslant 10300\text{MPa}$	0.43
欧洲赤松	0.52	$E = 11000\text{MPa}$	0.44
欧洲冷杉	0.43	$E = 11720\text{MPa}$	0.45
欧洲黑松	0.58	$E = 12400\text{MPa}$	0.46
欧洲落叶松	0.58	$E = 13100\text{MPa}$	0.47
欧洲花旗松	0.50	$E = 13800\text{MPa}$	0.48
东北落叶松	0.55	$E = 14500\text{MPa}$	0.49
樟子松	0.42	$E = 15200\text{MPa}$	0.50
		$E = 15860\text{MPa}$	0.51
		$E = 16500\text{MPa}$	0.52

附录 H 不同温度与湿度下的木材平衡含水率

表 H 不同温度与湿度下的木材平衡含水率（%）

温度（℃）	相对湿度（%）																		
	5	10	15	20	25	30	35	40	45	50	55	60	65	70	75	80	85	90	95
−1.1	1.4	2.6	3.7	4.6	5.5	6.3	7.1	7.9	8.7	9.5	10.4	11.3	12.4	13.6	14.9	16.5	18.5	21.0	24.3
4.4	1.4	2.6	3.7	4.6	5.5	6.3	7.1	7.9	8.7	9.5	10.4	11.3	12.4	13.5	14.9	16.5	18.5	21.0	24.4
10	1.4	2.6	3.6	4.6	5.5	6.3	7.1	7.9	8.7	9.5	10.3	11.2	12.3	13.4	14.8	16.4	18.4	20.9	24.3
15.6	1.3	2.5	3.6	4.6	5.4	6.3	7.0	7.8	8.6	9.4	10.2	11.1	12.1	13.3	14.6	16.2	18.2	20.7	24.1
21.1	1.3	2.5	3.5	4.5	5.4	6.2	6.9	7.7	8.5	9.2	10.1	11.0	12.0	13.1	14.4	16.0	18.0	20.5	23.9
26.7	1.3	2.4	3.5	4.4	5.3	6.1	6.8	7.6	8.3	9.1	9.9	10.8	11.8	12.9	14.2	15.7	17.7	20.2	23.3
32.2	1.2	2.4	3.4	4.3	5.1	5.9	6.7	7.4	8.1	8.9	9.7	10.6	11.5	12.6	13.9	15.4	17.4	19.9	22.9
37.8	1.2	2.3	3.3	4.2	5.0	5.8	6.5	7.2	7.9	8.7	9.5	10.3	11.2	12.3	13.6	15.1	17.0	19.5	22.5
43.3	1.1	2.2	3.2	4.0	4.9	5.6	6.3	7.0	7.7	8.5	9.2	10.0	11.0	12.0	13.2	14.7	16.6	19.1	22.0
48.9	1.1	2.1	3.0	3.9	4.7	5.4	6.1	6.8	7.5	8.2	8.9	9.8	10.7	11.7	12.9	14.4	16.2	18.6	22.0
54.4	1.0	2.0	2.9	3.7	4.5	5.2	5.9	6.6	7.3	7.9	8.7	9.5	10.3	11.3	12.5	14.0	15.8	18.2	21.5
60	0.9	1.9	2.8	3.6	4.3	5.0	5.7	6.3	7.0	7.7	8.4	9.1	10.0	11.0	12.2	13.6	15.4	17.7	21.0
65.6	0.9	1.8	2.6	3.4	4.1	4.8	5.5	6.1	6.7	7.4	8.1	8.8	9.7	10.6	11.8	13.2	14.9	17.2	20.5
71.1	0.8	1.6	2.4	3.2	3.9	4.6	5.2	5.8	6.5	7.1	7.8	8.5	9.3	10.3	11.4	12.7	14.4	16.7	19.9

本规范用词说明

1 为便于在执行本规范条文时区别对待，对要求严格程度不同的用词，说明如下：

    1）表示很严格，非这样做不可的用词：

      正面词采用"必须"，反面词采用"严禁"。

    2）表示严格，在正常情况下均应这样做的用词：

      正面词采用"应"，反面词采用"不应"或"不得"。

    3）表示允许稍有选择，在条件许可时首先应这样做的用词：

      正面词采用"宜"，反面词采用"不宜"；

    4）表示有选择，在一定条件下可以这样做的用词，采用"可"。

2 本规范中指明应按其他有关标准执行的写法为"应按……执行"或"应符合……的规定"。

引用标准名录

1 《木结构设计规范》GB 50005

2 《建筑结构荷载规范》GB 50009

3 《建筑设计防火规范》GB 50016

4 《钢结构设计规范》GB 50017

5 《木结构工程施工质量验收规范》GB 50206

6 《建筑工程施工质量验收统一标准》GB 50300

7 《碳素结构钢》GB/T 700

8 《钢结构用高强度大六角头螺栓》GB/T 1228

9 《钢结构用高强度大六角螺母》GB/T 1229

10 《钢结构用高强度垫圈》GB/T 1230

11 《钢结构用高强度大六角头螺栓、大六角螺母、垫圈技术条件》GB/T 1231

12 《低合金高强度结构钢》GB/T 1591

13 《钢结构用扭剪型高强度螺栓连接副技术条件》GB/T 3633

14 《碳钢焊条》GB/T 5117

15 《低合金钢焊条》GB/T 5118

16 《六角头螺栓—C级》GB/T 5780

17 《六角头螺栓》GB/T 5782

18 《木材防腐剂》LY/T 1635

19 《防腐木材的使用分类和要求》LY/T 1636

中华人民共和国国家标准

胶合木结构技术规范

GB/T 50708—2012

条 文 说 明

制 订 说 明

《胶合木结构技术规范》GB/T 50708－2012 已由住房和城乡建设部于 2012 年 1 月 21 日第 1273 号公告批准、发布。

在编制过程中，规范编制组经过广泛的调查研究，主要参考了美国标准 National Design Specification For Wood Construction 2005，总结并吸收了欧美地区在胶合木结构技术和设计、应用等方面的成熟经验，结合我国的具体情况，并在广泛征求意见的基础上，编制了本规范。

为了便于广大工程技术人员、科研和学校的相关人员在使用本技术规范时能正确理解和执行条文规定，《胶合木结构技术规范》编制组按章、节、条顺序编制了本规范的条文说明，对条文规定的目的、依据以及执行中需注意的有关事项进行了说明。但是，本条文说明不具备与规范正文同等的法律效力，仅供使用者作为理解和把握规范规定的参考。

目　次

1　总　则

1.0.1　本条主要阐明制定本规范的目的。

近年来,随着我国的经济发展,胶合木结构在工程建设中大量涌现。由于在国家标准《木结构设计规范》GB 50005-2003 修订过程中,对胶合木结构的内容未作新的修订,其胶合木结构的相关内容已远远落后于国际先进技术。根据胶合木结构的发展趋势和现有国家标准的具体情况,本技术规范主要规范了胶合木结构的设计,指导胶合木结构在工程中的应用,避免在工程中出现质量问题。

1.0.2　本条规定了本规范的适用范围。考虑到我国木结构建筑的发展趋势,胶合木结构在建筑中的适用范围为住宅、单层工业建筑和多种使用功能的大中型公共建筑,主要适用于大跨度、大空间的结构形式。本规范不适用于临时性建筑设施以及施工用支架、模板和拔杆等工具结构的设计。

国家标准《木结构设计规范》GB 50005-2003 规定的胶合木结构系采用我国传统的胶合工艺、组坯方式、选材标准和设计指标的一套体系,本规范综合借鉴国际上近三十年来胶合木结构的先进技术和先进工艺,制定出我国新的胶合木结构设计和施工体系。

1.0.3　本条规定了本规范适用的木材种类为针叶树种木材,结构构件截面的层板组合应大于 4 层。根据我国木材资源现状和我国进口木材状况,以及目前胶合木结构加工技术,本规范不考虑采用阔叶树种木材制作胶合木。

1.0.4、1.0.5　主要明确规范应配套使用。

由于与胶合木结构的设计、制作和安装相关的国家标准和行业标准较多,因此在实际使用时,其他标准规范的相关规定也应参照执行。

对于胶合木结构的设计,当与国家标准《木结构设计规范》GB 50005-2003(2005 年版)的相关规定有不同时,应以本规范为设计依据。

2　术语与符号

2.1　术　语

在国家相关标准中有关木结构的惯用术语基础上,列出了新术语,主要是根据《木材科技词典》及参照国际上胶合木结构技术常用术语进行编写。例如,目测分级层板、层板组坯、对称异等组合等。

2.1.10～2.1.13　各条内容如图 1 所示。

2.2　符　号

解释了本规范采用的主要符号的意义。

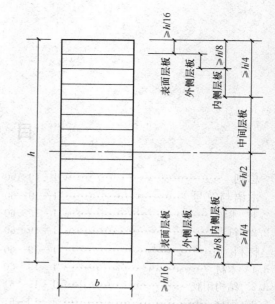

图 1　异等组合胶合木构件各层板位置示意图

3　材　料

3.1　木　材

3.1.1　国家标准《木结构设计规范》GB 50005-2003 规定的胶合木构件系采用我国传统的胶合工艺、组坯方式、选材标准和设计指标的一套体系。目前国际上,用于制作胶合木构件的层板采用了更精细的目测分级和机械分级层板。为了胶合木结构能在我国科学健康地发展,我们借鉴了国际先进技术,并与我国实际相结合,制定新的分级标准,但由于实践经验不足及我国广大科技人员还有一个熟悉、了解的过程,为便于使用,仍保留了传统的分级方法。故本规范胶合木构件采用的层板分为普通胶合木层板、目测分级层板和机械分级层板。

考虑到不同树种木材的物理力学性能的差异,胶合木宜采用同一树种的层板制作,并规定了层板的最大厚度限值。

3.1.2　普通胶合木层板材质等级仍按国家标准《木结构设计规范》GB 50005-2003(2005 年版)的规定分为三级,各项分级指标均未改动。对于尚不能按胶合木目测分级层板和机械分级层板进行选材时,仍应按国家标准《木结构设计规范》GB 50005-2003(2005 年版)的规定设计和制作胶合木结构。

3.1.3　目测分级层板材质等级分为 4 级,与传统胶合木层板相比,分级更为精细,要求更为严格,更能充分利用木材的强度,从而提高胶合材构件的承载能力。

当目测分级层板作为对称异等组合外侧层板或非对称异等组合抗拉侧层板,以及同等组合的层板时,与传统的分级方法要求尤其不同的是，不仅要对各种缺陷根据目测作出不同的限制要求，尚应根据树种级别及材质等级的不同，规定了应满足必要的性能指标。这点是对传统的目测方法作出的根本性改变，对保证胶合木构件的性能起到至关重要的作用。

3.1.4、3.1.5 机械分级层板分为机械弹性模量分级层板和机械应力分级层板，国际上大量使用的是机械弹性模量分级，即在工厂采用机械设备对木材进行非破损检测，按测定的木材弹性模量对木材材质划分等级。但是，当使用现行国家标准《木结构设计规范》GB 50005中规定的按机械应力方法进行分级的层板，并符合胶合木构件要求时，亦可用于制作胶合木构件。

机械弹性模量分级层板的等级数，各国不尽相同，根据我国的实际，选用了从 $M_E 7$～$M_E 18$ 共 9 等，机械应力分级选用了 M10～M40 共 6 等，基本能满足各强度等级构件的制作组坯需要。对机械应力分级层板，根据弹性模量相应关系，给出了与机械弹性模量分层等级的对照表，供设计人员使用。

应强调的是，机械弹性模量分级层板，主要是根据弹性模量来分级的，但当层板为指接层板，并且作为对称异等组合的表面和外侧层板，非对称异等组合抗拉侧的表面和外侧层板，以及同等组合的层板时，除满足弹性模量要求外，还应满足抗弯强度或抗拉强度的性能指标要求。这和目测分级层板要求的类似，是保证构件关键受力部位的性能要求，以提高构件的承载能力。

3.1.6 与本规范第 3.1.5 条要求相同，即不管是机械弹性模量分级还是机械应力分级，在关键部位的层板，还应保证其最关键的性能要求，以提高构件的承载能力。

3.1.7 在本规范第 3.1.3 条规定中，可以看出目测分级层板，除按对缺陷分级外，还有对性能的要求。同理对机械分级层板，除按性能进行分级外，还对一些缺陷项目规定了目测要求。这样，可以全面地保证构件质量，这与传统的分级方法相比，理念上是一个很大的进步。

3.1.8 胶合木构件制作时，应严格控制层板的含水率。制作时层板含水率应在 8%～15% 的范围内。考虑到含水率对层板变形的影响，因此，制作构件时相邻层板的含水率不应有较大的差别。

3.2 结构用胶

3.2.1 胶合木结构用胶是影响构件质量和结构安全的重要因素之一。蠕变测试作为胶粘剂长期行为（抗蠕变性能）的评估手段是非常重要的。耐候性（直接暴露于水和阳光中）是胶粘剂耐久性的一种评估手段。耐久性体现了胶粘剂抵抗直接暴露于自然环境中引起降解的能力。规定胶粘剂胶合强度应高于木材顺纹抗剪和横纹抗拉强度的要求，其重点是确定胶粘剂强度必须超越木材基材，这反映了胶粘剂的实际用途。

3.2.2、3.2.3 结构工程木制品包含许多产品，如室内用（干气候条件）产品和户外用（直接暴露于气候）产品。因此，明确区分两组不同的胶粘剂是非常必要的。Ⅰ级胶满足户外暴露要求，适合于所有产品应用，而Ⅱ级胶只能满足室内干用途的要求。仅允许使用满足较高要求的Ⅰ级胶，是一种选择，但这会导致浪费。

3.2.4、3.2.5 本规范只规定采用酚类胶和氨基胶，其主要原因是此两类胶种是被国际承重胶合木市场广泛接受认可的。本规范所规定的胶粘剂性能试验方法和指标是参照欧洲标准《用于承重结构的酚醛胶和尿素胶——分类和性能要求》EN 301、《承重木结构用胶——试验方法（酚类和氨基塑料胶粘剂）》EN 302、EN 15425 要求和《承重木结构用胶——试验方法（聚氨酯胶粘剂）》EN 15416 的规定制定。

3.3 钢 材

3.3.1～3.3.3 本规范在现行国家标准《钢结构设计规范》GB 50017 有关规定的基础上，进一步明确了胶合木结构对钢材的选用要求。主要明确在钢材质量合格保证的问题上，不能因用于胶合木结构而放松了要求。

由于当前国内胶合木结构的应用大量采用进口的胶合木构件，在构件连接时也同样采用了进口的钢连接件，因此，本规范规定在胶合木结构中使用其他牌号的钢材应符合国家现行有关标准的规定，主要是针对进口钢连接件作出的要求。

3.3.4 由于在实际工程中，连接材料的品种和规格很多，以及许多连接件和连接材料的不断出现，对于胶合木结构所采用的连接件和紧固件应符合相关的国家标准及符合设计要求。当所采用的连接材料为新产品时，应按相关的国家标准经过性能和强度的检测，达到设计要求后才能在工程中使用。

4 基本设计规定

4.1 设计原则

根据现行国家标准《建筑结构可靠设计统一标准》GB 50068 和《木结构设计规范》GB 50005 相关规定，本规范仍采用以概率理论为基础的极限状态设计方法。本节的相关规定均来源于上述两本国家标准，仅取消了设计使用年限为 5 年的规定，主要原因是认为目前将胶合木结构作为临时建筑，会浪费木材资源。

4.2 设计指标和允许值

4.2.1 采用普通胶合木层板制作的胶合木构件，其设计指标均采用国家标准《木结构设计规范》GB 50005－2003（2005 年版）的规定。特别应指出的是，普通胶合木构件对其层板等级要求和组坯方式均应符合本规范第 9 章 9.2 节中对普通层板胶合木结构组坯要求，只有符合这些要求，才能使用本条的设计指标和修正系数进行设计。

4.2.2 本条主要规定了采用目测分级和机械弹性模量分级层板制作的胶合木的强度设计指标。需要特别强调的有以下几点：

1 树种的归类

首先，我们应该根据不同树种的物理力学特性，对树种进行归类，层板的组合应和归类的树种级别挂钩。

从理论上讲，对于给定胶合木的某个强度等级，无论任何树种，只要能满足规定的某个强度等级下的刚度和强度性能要求，都可以采用。但是，由于每个树种在刚度和强度方面都有其天然的数值范围，所以，在实际应用中，这种天然特性会在技术和经济上造成一定的限制。各国的木材和建筑实验室通过大量木材的小清材试验和构件试验，对不同树种之间的刚度和强度的数值变化范围有了一定的认识。各国根据自己的树种特点和数据，采用了不同的处理方法。有的地区树种较为单一，采用不考虑树种的简单组合，有的地区则按不同的单独树种的层板进行组合，优点是有效地利用不同树种之间物理力学特性的差异，合理利用了木材，但这样做过于繁琐，普遍适用性差。而有的国家，尤其是需要不断大量进口木材的国家，则将树种进行适当归类，使层板组合和树种归类之间的关系体现为：既不太复杂，也不过于简单。太复杂为今后新树种的利用增添不必要的麻烦，过于简单则不能达到有效利用木材资源的目的。

但值得注意的是，某些树种涵盖的地域广泛，在通常情况下，从某一地区来的某一树种，与来自于其他地区的同一树种，在力学特征是有差异的，显然在树种归类时，应根据地理分布进一步作出区分。

本规范根据有关国家提供的技术资料和相关标准规范的规定，将树种归类为 SZ1～SZ4 四类。对于未列入本规范表 4.2.2-1 的树种，将根据相关部门提供的数据资料，根据本规范的有关规定，由规范管理机构对比核定并归类后补入。

2 组合分类

根据胶合木构件受力特点，考虑最有效地利用木材资源，胶合木分为异等组合与同等组合两类。同等组合是胶合木构件只采用材质等级相同的层板进行组合，而异等组合是胶合木构件采用两个或两个以上的材质等级的层板进行组合。异等组合还可进一步分为对称异等和非对称异等组合，对称异等组合是胶合木构件采用异等组合时，不同等级的层板以构件截面中心线为对称轴对称布置的组合。而非对称异等组合是

指胶合木构件采用异等组合时，不同等级的层板在构件截面中心线两侧非对称布置的组合。轴心受力构件以及受弯构件中荷载方向与层板窄边垂直时，应采用同等组合，受弯构件以及压弯构件宜采用异等组合。

世界各国对不同组合给出了不同等级，如日本标准规定对称异等组合有 9 个等级，非对称异等组合亦有 9 个等级，同等组合有 10 个等级。而欧洲标准规定同等组合与非同等组合各为 5 个等级。美国标准是根据层板的树种不同、机械分级或目测分级的不同分别规定为不同等级，更为复杂。经规范编制组认真研究，反复协商，为了方便我国初次使用胶合木，并能涵盖通常所需的强度范围，本规范将同等组合、对称异等组合和非对称异等组合各分为 5 个等级，供设计人员选用和工厂生产。

3 胶合木分级的表示

各国标准规范的胶合木分级表示如下：

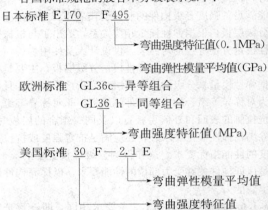

日本标准 E $\underline{170}$ — F $\underline{495}$
→ 弯曲强度特征值（0.1MPa）
→ 弯曲弹性模量平均值（GPa）

欧洲标准 GL36c—异等组合
GL$\underline{36}$ h—同等组合
→ 弯曲强度特征值（MPa）

美国标准 $\underline{30}$ F — $\underline{2.1}$ E
→ 弯曲弹性模量平均值
→ 弯曲强度特征值

我国木材强度等级分级一直采用弯曲强度设计值作为标识，如 TC17，其中 17 系弯曲强度设计值。规范编制组经过研究认为维持国家标准《木结构设计规范》GB 50005 的表示方法，本规范直接使用弯曲强度设计值表示胶合木强度等级。TC_{YD}、TC_{YF}、TC_T 分别表示对称异等组合、非对称异等组合和同等组合。TC_{YD}30 中的数字表示抗弯强度设计值 30MPa。

必须强调的是，这些等级均要严格按本规范第 9.3 节规定的组坯方式及对层板的等级要求进行工厂生产，其合格品才能使用本节的各项指标及系数。

4 本规范的强度等级与其他国家和地区的强度等级由于分级粗细不同，细节上亦有差别，不能完全一一建立对应关系。欧洲的分级数与我国较为接近，本标准同等组合中，强度等级 TC_T 27、TC_T 24、TC_T 21、TC_T 18 可分别对应于欧洲标准的 GL36h、GL32h、GL28h、GL24h；异等组合中，强度等级 TC_{YD}27、TC_{YD} 24、TC_{YD} 21、TC_{YD} 18 可分别对应于欧洲标准的 GL36c、GL32c、GL28c、GL24c。但使用这些对应关系时，还是应特别慎重。

5 胶合木主要力学指标相关公式

根据欧洲、日本的相关资料进行统计分析，得出

以下结论：

　　1）均符合线性关系；

　　2）对称异等组合、非对称异等组合关系一致，可用同一关系式进行分析；

　　3）异等组合和同等组合应有区别；

　　4）最后选定公式如下：

异等组合：$f_{ck} = 0.76f_{mk} + 0.71$

$\qquad\qquad f_{tk} = 0.69f_{mk} - 0.87$

同等组合：$f_{ck} = 0.77f_{mk} + 2.6$

$\qquad\qquad f_{ck} = 0.73f_{mk} - 0.65$

　　5）为方便设计、加工制作和施工，异等组合的对称、非对称力学指标关系式尽管可用同一公式表达，但在设计指标列表时，对称异等组合、非对称异等组合的强度指标仍然分别给出。

6 综上所述，在附录 B 中，分别给出非对称异等组合、对称异等组合、同等组合胶合木强度和弹性模量的特征值。

7 设计值

　　在胶合木强度特征值确定后，与现行国家标准《木结构设计规范》GB 50005 对规格材强度指标从特征值转换为设计值的规定和方法相同，进行计算转换，得出本规范规定的各种组合强度设计值。应特别指出的是，使用本节所规定的设计值的层板及胶合木构件的组坯一定要满足本规范第 9 章相关规定要求。

　　胶合木斜纹承压强度的计算公式采用 Hankinson 公式，这样，本规范中凡是牵涉到斜纹强度的计算的内容，例如销槽斜向承压强度、销轴紧固件斜向承载力等，都与木材斜纹承压公式取得了一致。

4.2.3 规定了在不同条件下胶合木构件强度设计值和弹性模量的调整系数。当构件截面高度大于300mm，荷载作用方向垂直于构件截面的层板胶合缝时，抗弯强度设计值应乘以体积调整系数 k_v；如果荷载作用方向平行于构件截面的层板胶合缝时，抗弯强度设计值应乘以高度调整系数 k_h。

4.2.4 考虑到现阶段我国在木结构工程中直接使用进口胶合木的情况较多，特作出规定。

5　构　件　设　计

5.1　等截面直线形受弯构件

5.1.1 对胶合梁切口大小和长度的限制参考了美国、日本等国家的标准，这些限制是根据长期的工程实践经验得到的。

5.1.4 国家标准《木结构设计规范》GB 50005 - 2003 附录 L 提供了用于计算锯材受弯构件的稳定系数 φ_l，但未给出计算胶合木构件时的稳定系数。本条参考了《美国木结构设计规范》National Design Specification

For Wood Construction 2005（简称 NDS2005，余同）中对于受弯构件稳定系数的计算方法。该方法根据 1956 年由芬兰人 Ylinen 在《一种在弹性与非弹性范围内求解轴向受力等截面柱的屈曲应力与截面面积的方法》一文提出的受压构件的稳定系数公式得到的。该方法中采用的假定模型的应力—应变曲线关系的斜度与应力大小成正比，斜度的变化速度为常数。考虑木材为非弹性工作，引用切线模量理论而得到连续的 φ 值公式。把非弹性、非匀质材料以及构件的初始偏心用系数 c 来模拟。

$$\varphi_l = \frac{1 + (f_{mE}/f_m^*)}{2c} - \sqrt{\left[\frac{1 + (f_{mE}/f_m^*)}{2c}\right]^2 - \frac{(f_{mE}/f_m^*)}{c}}$$

式中：f_m^*——抗弯强度设计值（N/mm²），调整系数不包括高度和体积调整系数；

$\qquad c$——非线性常数，对于梁构件 $c = 0.95$；

$\qquad f_{mE}$——受弯构件的临界屈曲强度设计值（N/mm²），按下式计算：

$$f_{cE} = \frac{1.20E_{min}}{\lambda^2}$$

按允许应力法计算时，E_{min} 按下式取值：

$$E_{min} = E[1 - 1.645COV_E](1.05)/1.66 = 0.528E$$

式中：E——弹性模量设计值；

$\qquad 1.05$——纯弯弹性模量的调整系数；

$\qquad 1.66$——安全系数；

$\qquad COV_E$——弹性模量的变异系数，对于胶合木：

$\qquad\qquad COV_E = 0.1$。

　　根据 NDS2005，按荷载与抗力系数法（LRFD）计算时，E_{min} 从允许应力转换到荷载与抗力系数法状态下的强度时应乘上转换系数 $1.5/\phi_s$，$\phi_s = 0.85$，由此得到转换系数为 1.76。所以，在荷载与抗力系数法的状态下，临界屈曲强度设计值为：

$$f_{mE}^{LRFD} = \frac{1.20E_{min} \times 1.76}{\lambda^2} = \frac{1.2 \times 0.528E \times 1.76}{\lambda^2}$$

$$= \frac{1.1E}{\lambda^2}$$

　　由荷载与抗力系数法转换到极限状态法，可按下列步骤：

$$\alpha_L L + \alpha_D D \leqslant \varphi K_D R$$

$$L\left(\alpha_L + \alpha_D \frac{D}{L}\right) \leqslant \varphi K_D R$$

$$L(\alpha_L + \alpha_D \gamma) \leqslant \varphi K_D R$$

$$L \leqslant \frac{\varphi K_D R}{\alpha_L + \alpha_D \gamma}$$

式中：α_L——活荷载分项系数；

$\qquad \alpha_D$——恒荷载分项系数；

$\qquad L$——活荷载；

$\qquad D$——恒荷载；

$\qquad \varphi$——抗力系数；

$\qquad K_D$——荷载作用系数（考虑荷载组合时间效应）；

R——抗力设计值；

γ——恒活载比，假定为 1:3。

假定在荷载与抗力系数法条件下和极限状态下条件下采用相同的活荷载，则：

$$\frac{\varphi^{\mathrm{LRFD}} K_{\mathrm{D}}^{\mathrm{LRFD}} R_{\mathrm{LRFD}}}{(\alpha_{\mathrm{L}}^{\mathrm{LRFD}} + \alpha_{\mathrm{D}}^{\mathrm{LRFD}} \gamma)} = \frac{\varphi^{\mathrm{LSD}} K_{\mathrm{D}}^{\mathrm{LSD}} R_{\mathrm{LSD}}}{(\alpha_{\mathrm{L}}^{\mathrm{LSD}} + \alpha_{\mathrm{D}}^{\mathrm{LSD}} \gamma)}$$

$$R_{\mathrm{LSD}} = R_{\mathrm{LRFD}} \frac{K_{\mathrm{D}}^{\mathrm{LRFD}} \varphi^{\mathrm{LRFD}} (\alpha_{\mathrm{L}}^{\mathrm{LSD}} + \alpha_{\mathrm{D}}^{\mathrm{LSD}} \gamma)}{K_{\mathrm{D}}^{\mathrm{LSD}} \varphi^{\mathrm{LSD}} (\alpha_{\mathrm{L}}^{\mathrm{LRFD}} + \alpha_{\mathrm{D}}^{\mathrm{LRFD}} \gamma)}$$

所以，从荷载与抗力系数法的状态到极限状态下应乘上转换系数：

$$K_{\mathrm{LRFD}}^{\mathrm{LSD}} = \frac{K_{\mathrm{D}}^{\mathrm{LRFD}} \varphi^{\mathrm{LRFD}} (\alpha_{\mathrm{L}}^{\mathrm{LSD}} + \alpha_{\mathrm{D}}^{\mathrm{LSD}} \gamma)}{K_{\mathrm{D}}^{\mathrm{LSD}} \varphi^{\mathrm{LSD}} (\alpha_{\mathrm{L}}^{\mathrm{LRFD}} + \alpha_{\mathrm{D}}^{\mathrm{LRFD}} \gamma)}$$

根据 NDS2005，上式中的系数分别为：

系　　数	荷载与抗力系数法（LRFD）	极限状态法（LSD）
K_{D}，荷载作用系数（考虑荷载组合时间效应）	$K_{\mathrm{D}}^{\mathrm{LRFD}} = 0.8$	$K_{\mathrm{D}}^{\mathrm{LRFD}} = 1.0$
φ，抗力系数	$\varphi^{\mathrm{LRFD}} = 0.85$	$\varphi^{\mathrm{LSD}} = 1.0$
α_{D}，恒荷载分项系数	$\alpha_{\mathrm{D}}^{\mathrm{LRFD}} = 1.2$	$\alpha_{\mathrm{D}}^{\mathrm{LSD}} = 1.2$
α_{L}，活荷载分项系数	$\alpha_{\mathrm{L}}^{\mathrm{LRFD}} = 1.6$	$\alpha_{\mathrm{L}}^{\mathrm{LSD}} = 1.4$

将所有系数代入上式，得到转换系数 $K_{\mathrm{LRFD}}^{\mathrm{LSD}} = 0.612$。

所以，在极限状态法下的临界屈曲强度设计值为：

$$f_{\mathrm{mE}}^{\mathrm{LSD}} = 0.612 \times \frac{1.1E}{\lambda^2} = \frac{0.67E}{\lambda^2}$$

本条关于受弯构件有效长度的取值方法参考了 NDS2005。

5.1.7 受拉边有切口的矩形截面受弯构件的受剪承载力计算参照了 NDS2005 的有关规定。本条公式是建立在受弯构件抗剪计算公式 5.1.5 上的。对于给定剪力以及截面高度时，剪应力随着截面高度与切口剩余截面高度的比值 h/h_n 的增加而增加。这种关系通过对不同截面高度的受弯构件的试验得到了验证。

5.1.8 本条公式参考了 NDS2005 的有关规定。

5.1.9 当连接部位与构件端部的距离小于 $5h$ 时，其受力特性与端部有切口的矩形截面受弯构件情况相似，此时，h_{e}/h 相当于 h_{n}/h。

5.1.11 公式（5.1.11）与《木结构设计规范》GB 50005 - 2003 中公式（5.2.7-1）相同，但是，本规范考虑了胶合木构件相对于 x 轴和 y 轴不同的抗弯强度设计值。

5.2 变截面直线形受弯构件

本节变截面直线形受弯构件的计算方法根据 1965 年美国农业部出版的《变截面木梁的挠度以及应力》一文给出的步骤和方法。计算方法的数学关系根据伯努利-欧拉（Bernoulli-Euler）的梁理论建立。通过对截面尺寸均匀变化的梁的试验进一步证明了理论结果。

5.3 曲线形受弯构件

本节采用的变截面曲线形受弯构件的计算根据美国木结构学会（AITC）出版的《木结构设计手册》（Timber Construction Manual-5th Edition）规定的方法。该方法也被日本规范采用。

5.4 轴心受拉和轴心受压构件

5.4.4 国家标准《木结构设计规范》GB 50005 - 2003 第 5.1.4 条规定了轴心压杆的稳定系数 φ 的计算方法，即按树种不同，采用分段公式表达。按这种方法采用的两条曲线有 2 个折点和 4 个公式，在折点处公式不连续。此外，每条曲线的折点处，在设计值下和在破坏值下折点的位置不同，对可靠度验算带来不便。所以，本条参照 NDS 2005，采用了连续公式。该连续公式系根据 1956 年由芬兰人 Ylinen 于《一种在弹性与非弹性范围内求解轴向受力等截面柱的屈曲应力与截面面积的方法》一文提出的受压构件的稳定系数公式得到的。该方法中采用的假定模型的应力-应变曲线关系的斜度与应力大小成正比，斜度的变化速度为常数。考虑木材为非弹性工作，引用切线模量理论而得到连续的 φ 值公式。把非弹性、非匀质材料以及构件的初始偏心用系数 c 来模拟。

$$\varphi_l = \frac{1 + (f_{\mathrm{cE}}/f_{\mathrm{c}})}{2c} - \sqrt{\left[\frac{1 + (f_{\mathrm{cE}}/f_{\mathrm{c}})}{2c}\right]^2 - \frac{(f_{\mathrm{cE}}/f_{\mathrm{c}})}{c}}$$

式中：f_{c}——胶合木材顺纹抗压强度设计值（N/mm²）；

c——非线性常数，对于胶合木 $c = 0.9$；

f_{cE}——受压构件的临界屈曲强度设计值（N/mm²），按下式计算：

$$f_{\mathrm{cE}} = \frac{0.822 E_{\min}}{\lambda^2}$$

按允许应力法计算时，$E_{\min}$ 按下式取值：

$$E_{\min} = E[1 - 1.645 COV_{\mathrm{E}}](1.05)/1.66 = 0.528E$$

式中：E——弹性模量设计值；

1.05——考虑与纯弯弹性模量的调整系数，对于胶合木，取 1.05；

1.66——安全系数；

COV_{E}——弹性模量的变异系数，对于胶合木，$COV_{\mathrm{E}} = 0.1$。

根据 NDS 2005，按荷载与抗力系数法计算时，$E_{\min}$ 从允许应力转换到荷载与抗力系数状态下的强度时应乘上转换系数 $1.5/\phi_{\mathrm{s}}$，$\phi_{\mathrm{s}} = 0.85$，由此得到转换系数为 1.76。所以，在荷载与抗力系数法的状态下，临界屈曲强度设计值为：

$$f_{\mathrm{cE}}^{\mathrm{LRFD}} = \frac{0.822 E_{\min} \times 1.76}{\lambda^2} = \frac{0.822 \times 0.528E \times 1.76}{\lambda^2}$$

$$= \frac{0.76E}{\lambda^2}$$

由荷载与抗力系数法（LRFD）转换到极限状态法，可按下列步骤：

$$\alpha_L L + \alpha_D D \leqslant \varphi K_D R$$

$$L\left(\alpha_L + \alpha_D \frac{D}{L}\right) \leqslant \varphi K_D R$$

$$L(\alpha_L + \alpha_D \gamma) \leqslant \varphi K_D R$$

$$L \leqslant \frac{\varphi K_D R}{\alpha_L + \alpha_D \gamma}$$

式中：α_L——活荷载分项系数；

α_D——恒荷载分项系数；

L——活荷载；

D——恒荷载；

φ——抗力系数；

K_D——荷载作用系数（考虑荷载组合时间效应）；

R——抗力设计值；

γ——恒活载比，假定为 1:3。

假定在荷载与抗力系数法条件下和极限状态设计法条件下采用相同的活荷载，则：

$$\frac{\varphi^{LRFD} K_D^{LRFD} R_{LRFD}}{(\alpha_L^{LRFD} + \alpha_D^{LRFD} \gamma)} = \frac{\varphi^{LSD} K_D^{LSD} R_{LSD}}{(\alpha_L^{LSD} + \alpha_D^{LSD} \gamma)}$$

$$R_{LSD} = R_{LRFD} \frac{K_D^{LRFD} \varphi^{LRFD} (\alpha_L^{LSD} + \alpha_D^{LSD} \gamma)}{K_D^{LSD} \varphi^{LSD} (\alpha_L^{LRFD} + \alpha_D^{LRFD} \gamma)}$$

所以，从荷载与抗力系数法（LRFD）的状态到极限状态设计法下（LSD），应乘上转换系数：

$$K_{LRFD}^{LSD} = \frac{K_D^{LRFD} \varphi^{LRFD} (\alpha_L^{LSD} + \alpha_D^{LSD} \gamma)}{K_D^{LSD} \varphi^{LSD} (\alpha_L^{LRFD} + \alpha_D^{LRFD} \gamma)}$$

根据 NDS2005，上式中的系数分别为：

系　数	荷载与抗力系数法（LRFD）	极限状态法（LSD）
K_D，荷载作用系数（考虑荷载组合时间效应）	$K_D^{LRFD} = 0.8$	$K_D^{LRFD} = 1.0$
φ，抗力系数	$\varphi^{LRFD} = 0.85$	$\varphi^{LSD} = 1.0$
α_D，恒荷载分项系数	$\alpha_D^{LRFD} = 1.2$	$\alpha_D^{LSD} = 1.2$
α_L，活荷载分项系数	$\alpha_L^{LRFD} = 1.6$	$\alpha_L^{LSD} = 1.4$

将所有系数代入上式，得到转换系数 $K_{LRFD}^{LSD} = 0.612$

所以，在极限状态法下的临界屈曲强度设计值为：

$$f_{cE}^{LSD} = 0.612 \times \frac{0.76E}{\lambda^2} = \frac{0.47E}{\lambda^2}$$

本条关于受压构件有效长度的取值方法参考了 NDS 2005。

5.4.5 对轴心受压构件长细比的规定参考了 NDS 2005 的有关规定。该规定最早始于 1944 年，由长期实践经验得到。采用这个限定条件，可以防止在柱的设计时，由于荷载的轻微偏心或截面特性不均匀而引起的屈曲。木柱的长细比不超过 50 的限定条件，相

当于钢结构长细比不超过 200 的限定条件。

5.5 拉弯和压弯构件

5.5.1 本条公式（5.5.1-1）不考虑稳定，用来计算轴向受拉和弯曲受拉在受拉边产生的应力。公式（5.5.1-2）考虑稳定，用来计算轴向受拉和弯曲受压在梁的受压边产生的应力。对于偏心受拉构件，可直接将偏心荷载产生的偏心弯矩 $(6Pe)/(bh^2)$ 叠加到弯矩 M 中进行计算。当偏心使弯矩增加时，e 采用正号，减少则采用负号。对于双向受弯和受拉构件，可按下式验算：

$$\frac{N}{A_n f_t} + \frac{M_x}{W_x f_{mx}} + \frac{M_y}{W_y f_{my}} \leqslant 1.0$$

5.5.2 国家标准《木结构设计规范》GB 50005 - 2003 中第 5.3.2 条和第 5.3.3 条给出了构件的压弯计算公式，但是，由于该公式中轴心受压构件的稳定系数仅适用于实木锯材，无法直接用于本规范的胶合木构件。因此，考虑与本规范第 5.1.4 条中梁的稳定计算和第 5.4.4 条柱的稳定计算相一致，本条计算公式采用了 NDS 2005 中规定的公式。与《木结构设计规范》GB 50005 - 2003 中规定的公式相比，该公式考虑了梁的屈曲破坏以及双向受弯的情况。该公式在用规格材清材构件和普通规格材进行的试验中均得到了很好的验证。

6 连接设计

6.1 一般规定

6.1.1 胶合木构件采用的螺栓、六角头木螺钉和剪板等紧固件的规格可参照表 1～表 3 中相关的产品标准。

表 1　螺栓的产品标准

采用制式	标　准　名　称
公制	国家标准《六角头螺栓　C 级》GB 5780
	国家标准《六角头螺栓　全螺纹　C 级》GB 5781
	国家标准《六角头螺栓》GB 5782
	国家标准《六角头螺栓　全螺纹》GB 5783
英制	《方头和六角头螺栓和螺钉（英制）》（ANSI/ASME B18.2.1 - 1996）"ANSI/ASME Standard B 18.2.1 - 1996, Square and Hex Bolts and Screws (Inch Series)"

注：1　当六角头螺栓采用英制，螺纹的牙型、基本尺寸、直径与牙数系列、公差以及极限尺寸应分别符合国家标准《统一螺纹——牙型》GB/T 20669、《统一螺纹——基本尺寸》GB/T 20668、《统一螺纹——直径与牙数系列》GB/T 20670、《统一螺纹——公差》GB/T 20666 以及《统一螺纹——极限尺寸》GB/T 20667；

2　常用六角头螺栓英制尺寸见表 4。

表2 六角头木螺钉应符合的标准

采用制式	标 准 名 称
公制	国家标准《六角木螺钉》GB 102
	ISO 4017《六角头木螺钉 产品等级 A 级和 B 级》
英制	《方头和六角头螺栓和螺钉（英制）》（ANSI/ASME B18.2.1-1996）"ANSI/ASME Standard B 18.2.1-1996, Square and Hex Bolts and Screws（Inch Series）"

注：常用英制六角头木螺钉尺寸见表6。

表3 剪板应符合的标准

采用制式	标 准 名 称
公制	欧洲标准 EN14545《木结构—连接件—要求》（EN14545 Timber structures-Connectors-Requirements）
	欧洲标准 EN 912《木材紧固件—木材紧固件标准》（EN912 Timber fasteners-Specifications for connectors for timber）
英制	ASTM D 5933《木结构用直径 2-5/8 英寸和 4 英寸剪板标准》（ASTM D 5933 Standard Specification for 25/8-in. and 4-in. Diameter Metal Shear Plates for Use in Wood Constructions）

注：常用剪板规格见表5。

表4 常用螺栓的英制尺寸（统一螺纹规格）

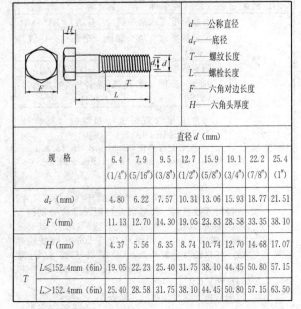

d——公称直径
d_r——底径
T——螺纹长度
L——螺栓长度
F——六角对边长度
H——六角头厚度

规 格		直径 d（mm）							
		6.4 (1/4″)	7.9 (5/16″)	9.5 (3/8″)	12.7 (1/2″)	15.9 (5/8″)	19.1 (3/4″)	22.2 (7/8″)	25.4 (1″)
d_r（mm）		4.80	6.22	7.57	10.31	13.06	15.93	18.77	21.51
F（mm）		11.13	12.70	14.30	19.05	23.83	28.58	33.35	38.10
H（mm）		4.37	5.56	6.35	8.74	10.74	12.70	14.68	17.07
T	$L \leqslant 152.4$mm (6in)	19.05	22.23	25.40	31.75	38.10	44.45	50.80	57.15
	$L > 152.4$mm (6in)	25.40	28.58	31.75	38.10	44.45	50.80	57.15	63.50

表5 67mm 和 102mm 剪板规格

剪板规格（直径）		67mm 剪板		102mm 剪板	
材料		冲压钢	可锻铸铁	冲压钢	可锻铸铁
剪板直径（mm）		66.55	66.55	102.11	102.11
螺栓孔直径（mm）		20.57	20.57	20.57	23.62
剪板厚度（mm）		4.37	4.37	5.08	5.08
剪板截面高度（mm）		10.67	10.67	15.75	15.75
木或金属侧构件中预留螺栓孔直径（mm）		20.64	20.64	20.64	23.81
圆形垫圈	可锻铸铁垫圈直径（mm）	76.2	76.2	76.2	88.9
	熟铁垫圈直径（最小值）（mm）	50.8	50.8	50.8	57.15
	厚度（mm）	3.97	3.97	3.97	4.37
方形垫圈	边长（mm）	76.2	76.2	76.2	76.2
	厚度（mm）	6.35	6.35	6.35	6.35
在构件中的投影面积（mm²）		761.30	645.16	1664.51	1664.51

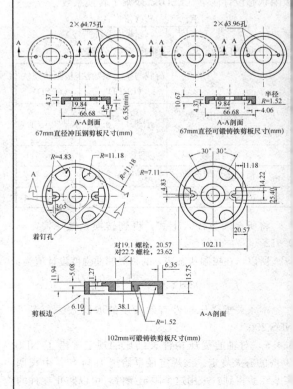

67mm直径冲压钢剪板尺寸(mm)

67mm直径可锻铸铁剪板尺寸(mm)

102mm可锻铸铁剪板尺寸(mm)

表6 六角头木螺钉螺纹规格（统一螺纹规格）

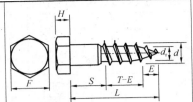

d——公称直径
d_r——底径
S——无螺纹部分长度
T——最小牙型长度

E——端部长度
F——六角头对边尺寸
H——六角头厚度
N——每英寸牙数

L (mm)(英寸)	规格	公称直径（大径）d（mm）（横线下数字为英寸）										
		6.4	7.9	9.5	11.1	12.7	15.9	19.1	22.2	25.4	28.6	31.8
		1/4″	5/16″	3/8″	7/16″	1/2″	5/8″	3/4″	7/8″	1″	1-1/8″	1-1/4″
	d_r	4.39	5.77	6.73	8.33	9.42	11.96	14.71	17.35	19.81	22.53	25.70
	E	3.97	4.76	5.56	7.14	7.94	10.32	12.70	15.08	17.46	19.84	22.23
	H	4.37	5.56	6.35	7.54	8.73	10.72	12.70	14.68	17.07	19.05	21.43
	F	11.11	12.70	14.29	15.88	19.05	23.81	28.58	33.34	38.10	42.86	47.63
	N	10	9	7	7	6	5	4.5	4	3.5	3.25	3.25
25 (1″)	S	6.35	6.35	6.35	6.35	6.35						
	T	19.05	19.05	19.05	19.05	19.05						
	T-E	15.08	14.29	13.49	11.91	11.11						
38 (1-1/2″)	S	6.35	6.35	6.35	6.35	6.35						
	T	31.75	31.75	31.75	31.75	31.75						
	T-E	27.78	26.99	26.19	24.61	23.81						
51 (2″)	S	12.70	12.70	12.70	12.70	12.70	12.70					
	T	38.10	38.10	38.10	38.10	38.10	38.10					
	T-E	34.13	33.34	32.54	30.96	30.16	27.78					
64 (2-1/2″)	S	19.05	19.05	19.05	19.05	19.05	19.05					
	T	44.45	44.45	44.45	44.45	44.45	44.45					
	T-E	40.48	39.69	38.89	37.31	36.51	34.13					
76 (3″)	S	25.40	25.40	25.40	25.40	25.40	25.40	25.40	25.40	25.40		
	T	50.80	50.80	50.80	50.80	50.80	50.80	50.80	50.80	50.80		
	T-E	46.83	46.04	45.24	43.66	42.86	40.48	38.10	37.31	33.34		
102 (4″)	S	38.10	38.10	38.10	38.10	38.10	38.10	38.10	38.10	38.10	38.10	38.10
	T	63.50	63.50	63.50	63.50	63.50	63.50	63.50	63.50	63.50	63.50	63.50
	T-E	59.53	58.74	57.94	56.36	55.56	53.18	50.80	48.42	46.04	43.66	41.28
127 (5″)	S	50.80	50.80	50.80	50.80	50.80	50.80	50.80	50.80	50.80	50.80	50.80
	T	76.20	76.20	76.20	76.20	76.20	76.20	76.20	76.20	76.20	76.20	76.20
	T-E	72.23	71.44	70.64	69.06	68.26	65.88	63.50	61.12	58.74	56.36	53.98
152 (6″)	S	63.50	63.50	63.50	63.50	63.50	63.50	63.50	63.50	63.50	63.50	63.50
	T	88.90	88.90	88.90	88.90	88.90	88.90	88.90	88.90	88.90	88.90	88.90
	T-E	84.93	84.14	83.34	81.76	80.96	78.58	76.20	73.82	71.44	69.06	66.68

L (mm)(英寸)	规格	公称直径（大径）d（mm）（横线下数字为英寸）										
		6.4	7.9	9.5	11.1	12.7	15.9	19.1	22.2	25.4	28.6	31.8
		1/4″	5/16″	3/8″	7/16″	1/2″	5/8″	3/4″	7/8″	1″	1-1/8″	1-1/4″
178 (7″)	S	76.20	76.20	76.20	76.20	76.20	76.20	76.20	76.20	76.20	76.20	76.20
	T	101.60	101.60	101.60	101.60	101.60	101.60	101.60	101.60	101.60	101.60	101.60
	T-E	97.63	96.84	96.04	94.46	93.66	91.28	88.90	86.52	84.14	81.76	79.38
203 (8″)	S	88.90	88.90	88.90	88.90	88.90	88.90	88.90	88.90	88.90	88.90	88.90
	T	114.30	114.30	114.30	114.30	114.30	114.30	114.30	114.30	114.30	114.30	114.30
	T-E	110.33	109.54	108.74	107.16	106.36	103.98	101.60	99.22	96.84	94.46	92.08
229 (9″)	S	101.60	101.60	101.60	101.60	101.60	101.60	101.60	101.60	101.60	101.60	101.60
	T	127.00	127.00	127.00	127.00	127.00	127.00	127.00	127.00	127.00	127.00	127.00
	T-E	123.03	122.24	121.44	119.86	119.06	116.68	114.30	111.92	109.54	107.16	104.78
254 (10″)	S	114.30	114.30	114.30	114.30	114.30	114.30	114.30	114.30	114.30	114.30	114.30
	T	139.70	139.70	139.70	139.70	139.70	139.70	139.70	139.70	139.70	139.70	139.70
	T-E	135.73	134.94	134.14	132.56	131.76	129.38	127.00	124.62	122.24	119.86	117.48
279 (11″)	S	127.00	127.00	127.00	127.00	127.00	127.00	127.00	127.00	127.00	127.00	127.00
	T	152.40	152.40	152.40	152.40	152.40	152.40	152.40	152.40	152.40	152.40	152.40
	T-E	148.43	147.64	146.84	145.26	144.46	142.08	139.70	137.32	134.94	132.56	130.18
305 (12″)	S	152.40	152.40	152.40	152.40	152.40	152.40	152.40	152.40	152.40	152.40	152.40
	T	152.40	152.40	152.40	152.40	152.40	152.40	152.40	152.40	152.40	152.40	152.40
	T-E	148.43	147.64	146.84	145.26	144.46	142.08	139.70	137.32	134.94	132.56	130.18

6.1.3 同一连接中，考虑到各种紧固件之间不能协调工作，相互之间会出现横纹受拉的情况，因此，不宜采用不同种类的紧固件。当设计已采用螺栓连接时，同一处连接中将不得再采用六角头木螺钉进行连接。当连接中采用两种或两种以上的不同紧固件时，连接的设计承载力应通过试验或其他分析方法确定。

6.2 销轴类紧固件的连接计算

6.2.5 国家标准《木结构设计规范》GB 50005 - 2003（2005年版）提供了螺栓连接每一剪面的侧向承载力计算公式。该公式根据销连接的计算原理并考虑螺栓或钉在方木和原木桁架中的常用情况，适当简化而制定的。由于该简化公式不完全适应胶合木结构的连接计算，因此，对销轴类紧固件连接计算采用了目前在美国、加拿大、欧洲、日本以及新西兰等国普遍采用的根据屈服极限理论得到的侧向承载力计算方法。根据屈服理论，侧向承载力根据销槽的承压强度以及销轴的抗弯强度确定。本条中，屈服点的定义采用了美国规范的规定方法，即在紧固件连接的荷载-位移曲线中，与开始的直线部分（比例极限部分）平行，向右平移5%的紧固件直径的距离，与荷载-位移曲线相交，该相交点定义为连接的屈服点，也就是说，当连接变形达到紧固件直径的5%时，即可认为屈服，见图2。

NDS 2005 提供的屈服模式计算公式是以允许应力法为基础的，根据 ASTM D 5457《荷载与抗力系数法下的木基材料和连接件承载力的计算》，从允许应力法转换到荷载与抗力系数法时，连接计算应乘以形式转

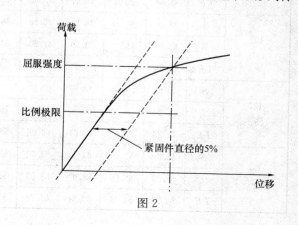

图 2

换系数 2.16/ϕ（$\phi=0.65$）。在标准荷载周期下，从荷载与抗力系数法转换到极限状态法应乘以转换系数 0.468，所以，最终的转换系数为 $3.32\times0.468=1.5$。

从荷载与抗力系数法转换到极限状态法的转换步骤如下：

现行国家标准《木结构设计规范》GB 50005 和"荷载与抗力系数设计法"采用不同的荷载和抗力系数。《木结构设计规范》修订时，规格材的设计值是通过下列步骤对"荷载与抗力系数法"中的设计值进行转换的：

1 假定活载与恒载的比例为 3。

2 假定采用"标准荷载周期"。这主要指一般用于屋面雪荷载和楼面活荷载的荷载周期。

3 "荷载与抗力系数法"中的强度设计值，按上述活载-恒载比值，转换至 GB 50005 中的强度设计值，以保证在相同的活载条件下，无论采用"荷载与抗力系数法"还是采用 GB 50005 进行设计，所得构件的尺寸相同。

将"荷载与抗力系数法"中的设计值，采用下列步骤进行转换：

$$\alpha_L L + \alpha_D D \leqslant \phi K_D R$$
$$L[\alpha_L + \alpha_D(D/L)] \leqslant \phi K_D R$$
$$L[\alpha_L + \alpha_D \gamma] \leqslant \phi K_D R$$
$$L \leqslant \phi K_D R/[\alpha_L + \alpha_D \gamma]$$

式中 α_L——活载系数；

ϕ——抗力系数；

α_D——恒载系数；

K_D——标准荷载周期下的荷载系数；

L——设计活载值；

R——强度（标准荷载周期下）；

D——设计恒载值；

γ——恒载与活载比值，取 1/3（假定）。

假定"荷载与抗力系数法"和 GB 50005 采用相同的设计荷载：

$$\frac{\phi^{LRFD} K_D^{LRFD} R_{LRFD}}{(\alpha_L^{LRFD} + \alpha_D^{LRFD} \gamma)} = \frac{\phi^{GB\,50005} K_D^{GB\,50005} R_{GB\,50005}}{(\alpha_L^{GB\,50005} + \alpha_D^{GB\,50005} \gamma)}$$

$$R_{GB\,50005} = R_{LRFD} \frac{K_D^{LRFD} \phi^{LRFD} (\alpha_L^{GB\,50005} + \alpha_D^{GB\,50005} \gamma)}{K_D^{GB\,50005} \phi^{GB\,50005} (\alpha_L^{LRFD} + \alpha_D^{LRFD} \gamma)}$$

$$K_{LRFD}^{GB\,50005} = \frac{K_D^{LRFD} \phi^{LRFD} (\alpha_L^{GB\,50005} + \alpha_D^{GB\,50005} \gamma)}{K_D^{GB\,50005} \phi^{GB\,50005} (\alpha_L^{LRFD} + \alpha_D^{LRFD} \gamma)}$$

表 7 给出了转换系数 $K_{LRFD}^{GB\,50005}$。

表 7 转 换 系 数

	"荷载与抗力系数法"（LRFD）	《木结构设计规范》GB 50005
荷载持续时间 K_D	0.80	1.00
恒载系数 α_D	1.20	1.20
活载系数 α_L	1.60	1.40
抗力系数 ϕ	0.65	1.00
恒载与活载比值	0.333	
$K_{LRFD}^{GB\,50005}$	0.468	

6.2.6 本条销槽承压强度根据美国林业及纸业协会的第 12 号技术报告《计算侧向连接值的通用销轴公式》的有关规定制定。

1 销轴紧固件在锯材和胶合木上的销槽承压强度的标准值根据 ASTM D 5764《评估木材以及木基产品销槽承压强度的标准试验方法》得到。与上述的连接屈服点相同，在荷载-位移曲线中，销槽的承压强度等于从曲线的起始直线部分，按 5% 销轴直径向右平移与曲线交点位置的承压强度。绝干密度与销槽承压强度之间的关系，通过采用直径为 19mm 的销轴，使用花旗松、南方松、云杉-松-冷杉、西加云杉、红橡、黄杨以及白杨等不同树种的试验进行了验证。直径与销槽承压强度的关系则通过在南方松试件上，分别采用直径为 6.35mm、12.7mm、19mm、25.4mm 以及 38mm 等不同的销轴试验进行验证。销轴直径仅当荷载沿横纹方向时才与销槽承压强度有关。

顺纹和横纹的销槽承压强度的标准值取自 NDS 2005：

1） 销轴紧固件销槽顺纹承压强度 $f_{e,0}$：

$f_{e,0} = 11200G$（Psi）经单位转换后得到 $f_{e,0} = 77G$（MPa）

注：1（Psi）$= 6.89476\times10^{-3}$（MPa）

2） 销轴紧固件销槽横纹承压强度 $f_{e,90}$：

$$f_{e,90} = 6100G^{1.45}/\sqrt{d} \text{（Psi）}$$

单位转换后得到 $f_{e,90} = 212G^{1.45}/\sqrt{d}$（MPa）

2 当作用在销轴上的荷载与木纹呈夹角 θ 时，销槽承压强度的标准值可以根据 Hankinson 公式解决。

6.2.12 六角头木螺钉的抗拔强度设计值根据 NDS 2005 给出的经验公式，经转换得到。

转换步骤如下：允许应力法下的抗拔强度公式为：

$$W = 1800G^{3/2} d^{3/4}$$

从允许应力转换到荷载与抗力系数（LRFD）状态下的强度时应乘上转换系数 2.16/ϕ，ϕ 为抗力系数，$\phi=0.65$，得到为转换系数为 3.323。所以在荷载与抗力系数状态下的抗拔强度计算公式为：

$$W = 5981G^{3/2} d^{3/4}$$

从荷载与抗力系数转换到极限状态，乘以转换系数 0.468。所以在极限状态下：

$$W = 2799G^{3/2} d^{3/4}$$

结合单位转换（1lb/in=0.17513N/mm），得：

$$W = 43.2G^{3/2} d^{3/4}$$

6.3 剪板的连接计算

6.3.1 剪板直径大，厚度相对较薄，因此，采用这种连接件能在不过大损失构件截面面积的情况下增大承压面积。与螺栓相比，这种连接件能提高承载力设计值。剪板安装时，在被连接的两根构件上分别刻出圆环槽，将剪板嵌入。剪板可以应用在木—木连接以及木—钢连接中。在木—钢连接中，可以用钢构件代替其中的一个剪板。

6.3.2 本条文表 6.3.2-1 中，剪板的性能和尺寸是参照美国标准 ASTM D 5933《木结构用直径 2-5/8 英寸和 4 英寸剪板标准》并经过强度设计值转换得到。

试验证明，剪板的承载力与木材的全干相对密度有直接关系。当含水率约为 12％时，在顺纹荷载作用下，对于全干相对密度较低的树种，剪板连接的最大强度以及比例极限强度与全干相对密度呈直线关系，见图 3。对于密度较高的树种，螺栓的抗剪强度起控制作用。横纹荷载下，比例极限强度值、最大强度值与全干相对密度呈直线关系，见图 4。

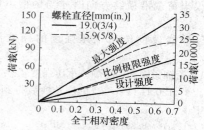

(a) 2个67mm剪板，主构件为76mm
厚度的木材，次构件为两块钢板

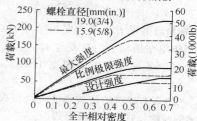

(b) 2个101mm剪板，主构件为89mm
厚度的木材，次构件为两块钢板

图 3　顺纹荷载作用下强度与全干
相对密度之间的关系

允许应力法中，在顺纹荷载作用下，设计强度值为最大强度除以 4。这样，设计强度不超过比例极限的 5/8。对极限强度进行折减时考虑了安全系数、材料的变异以及调整到标准荷载持续时间状态。在横纹荷载作用下，强度设计值直接按比例极限的 5/8 考虑，并考虑安全系数、材料的变异以及标准荷载持续时间状态。表 6.3.2-1 中承载力来源于 NDS 2005 规定的允许应力设计值经过转换得到。美国规范中的设计值考虑了在荷载与抗力系数法中，强度设计值等于允许应力法中的设计值乘以转换系数。其转换步骤参见本规范第 6.2.6 条的条文说明。

本条中的树种密度分组参考了 NDS 2005。

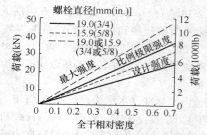

(a) 2个67mm剪板，主构件为76mm
厚度的木材，次构件为两块钢板

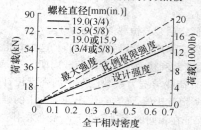

(b) 2个101mm剪板，主构件为89mm
厚度的木材，次构件为两块钢板

图 4　横纹荷载作用下强度与全干
相对密度之间的关系

7　构件防火设计

7.1　防　火　设　计

7.1.3 本条考虑到火灾属于偶然设计状况，应采用偶然组合进行设计，根据国家标准《建筑结构荷载规范》GB 50009-2001 的规定，偶然荷载的代表值不乘以分项系数，而直接采用标准值。

7.1.4 本条给出的有效炭化速率计算公式采用了 NDS 2005 以及美国林业及纸业协会出版的第 10 号技术报告《计算暴露木构件的耐火极限》。公式中的名义线形炭化速率 β_n 是一维状态下炭化速率，取 38mm/h，该数值与欧洲 5 号规范《木结构设计规范（第 2 部分）——结构耐火设计》中规定的一维炭化速率的数值（0.65mm/min）相同。有效炭化速率 β_e 为二维状态下，考虑了构件角部燃烧情况以及炭化速率的非线性。

7.1.5 根据本规范第 7.1.3 条规定，荷载直接采用标准值的组合，即在火灾情况下，燃烧后构件承载力的计算相当于采用容许应力法进行计算。参考 NDS 2005 以及美国林业及纸业协会出版的第 10 号技术报告《计算暴露木构件的耐火极限》，在一般情况下，采用容许应力法进行计算时，构件的允许应力等于材料强度 5％的分位值作为特征值，除以调整系数得到。而火灾时，允许应力则采用材料强度的平均值。平均值与 5％分位值的关系为：

$$f_m = f_{0.05}/(1-1.645 \times COV)$$

式中：变异系数 COV 的取值根据 NDS 2005，列于表 8。

表 8 美国规范中将强度特征值调整至允许应力设计值的调整系数

强　度	变异系数 COV	$1/(1-1.645 \times COV)$
抗弯强度	0.16[1]	1.36
顺纹抗压	0.16[1]	1.36
顺纹抗拉	0.16[1]	1.36
屈曲强度	0.11[2]	1.22

注：1　数据来源于 1999 年美国出版的《木材手册》；
　　2　数据来源于 NDS 2005 附录 D 和 H。

7.2　防火构造

7.2.1　对于暴露在火焰中的梁，为了在表面层板彻底炭化后还能保持梁的极限承载力，组坯时，应将内侧层板用强度更高的层板代替。对于非对称异等组合，该内侧层板指的是紧邻受拉侧表面层板的层板（图 5）；对于对称异等组合，为靠近两侧表面层板的层板。

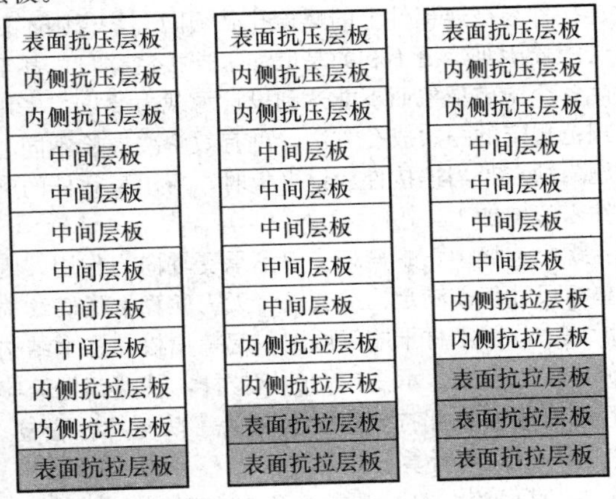

(a) 无耐火极限要求　(b) 1h耐火极限　(c) 1.5h(2.0h)耐火极限

图 5　有耐火极限要求的胶合木构件
非对称异等组合的组坯要求

7.2.2　面板之间如果采用直边对接，燃烧时，木材产生收缩，使得对接拼缝增大，热气会穿过拼缝在面板侧面产生炭化作用。当面板表面有覆面板（例如木基结构板材）覆盖时，由于通过的热气的数量是有限的，试验证明，此时的炭化率可近似有效炭化率的 1/3。当面板之间的拼缝为企口时，热气无法通过，试验证明，此时产生的炭化作用可以忽略。

8　构　造　要　求

8.1　一　般　规　定

8.1.7　本条对指接的指形状仅作了一般性规定。在实际工程中，制作胶合木构件时，层板的接长通常采用指接，并直接由机械设备加工制作、涂胶加压一次完成。由于加工设备的型号和设备制造商不同，其指接接头的指形状也各有不同。在确保指接接头的质量和结构安全下，按本条的规定，制造商可任意选用指接的加工设备。

8.2~8.8

胶合木梁与砌体或混凝土结构连接构造、胶合木梁与梁柱或基础连接构造以及胶合木梁耐久性的构造等，在满足结构和构件安全的条件下，可采用的构造形式有很多，本章各节的构造规定并不是唯一可采用的方式。

9　构件制作与安装

9.1　一　般　规　定

9.1.1　胶合木构件的质量直接影响到建筑结构的安全，各类胶合木的生产需齐全的专门设备、场地和专门技术，而且通常同时进行木材的防腐处理。建筑工地一般不具备这些条件，难以保证产品质量。因此本条规定胶合木应由专门加工企业生产，以保证胶合木构件生产质量。

9.1.3　胶合木生产企业向用户提供胶合木构件时，不仅应提供产品合格证书，还应提供本批次构件齐全的胶缝完整性检验合格证书或检验报告和指接强度检验报告，它们应包括针对本批次构件生产所用的树种（树种组合）、组坯方式、胶种和工艺参数等的型式检验和生产过程中的常规检验结果。对于目测分级 I_d、II_d、III_d 等层板，尚应提供其力学性能检验报告。需作防护处理的胶合木构件，还应提供防护处理合格检验报告。

9.1.4　异等非对称组合的胶合木梁，其承载力与截面的放置方式有关，故应注明截面的上、下方向，以保证满足构件的承载力要求。

9.2　普通层板胶合木构件组坯

本节系根据国家标准《木结构设计规范》GB 50005 - 2003 编写，维持原规范传统的方法，以便技术人员在熟悉新方法前使用。

9.2.1　普通层板胶合木所用层板的材质等级和树种分类沿用现行国家标准《木结构设计规范》GB 50005 的原有规定，即按层板目测的外观质量划分为 3 级，将适合制作胶合木的树种（树种组合）划分为 8 组，共 4 个强度等级，且强度指标与方木、原木相同。但层板的强度等级只与树种（树种组合）有关，而与层板的材质等级无关。故本条按构件的用途和层板的材质等级规定组坯方式。虽然本规范对目测分级层板和机械弹性模量分级胶合木分为同等组合和异等组合胶合木，实际上，表9.2.1中的组坯规定，受拉或拉弯构件以及受压构件也可视为同等组合，其他构件可视为异等组合。

9.3 目测分级和机械分级胶合木构件组坯

本节的组坯规定至关重要，只有按此组坯方式，才能使用本规范第4章规定的各种强度指标和调整系数。

本节较为重要的一点是，强调了构件受控一侧的表面层板宜采用机械分级层板，这对提升构件质量有利。当然，如果采用目测分级的表面层板能达到机械分级一样的性能，经过确认，达到这种品质的目测层板亦可用的，比如欧洲就有这样较成熟的经验。

本节的组坯方式，主要是参考国外标准并经过规范组慎重讨论确定的。

9.3.1 为保证胶合木达到所要求的强度等级，生产厂家必须保证目测分级和机械分级层板的树种（树种组合）、材质等级及力学性能指标符合本规范3.1.3～3.1.5和4.2.2条的规定。

表9.3.1中的组坯可简化为只使用外侧层板、中间层板的组合。其材质要求及胶合木构件强度等级，应根据足尺试验来确定，或提出足够的使用经验（上升到某个国家标准）给予证明。

9.3.2～9.3.4 应力在受弯构件、压弯构件和拉弯构件的截面上并非均匀分布，为合理用材，这类构件宜采用异等组合。材质等级和强度指标高的层板，用于应力较大的表面和外侧层板，以充分发挥材料性能。

9.3.5 轴心受力构件以及荷载作用方向与层板窄边垂直的受弯构件，截面不同位置的层板中的应力分布相同，故应采用同等组合。表9.3.5-1和表9.3.5-2分别是5个强度等级的胶合木对目测分级层板和机械弹性模量分级层板的材质要求。为保证胶合木达到规定的强度指标，应严格执行层板材质等级的规定。例如，对于强度等级 TC_T30，只能采用 SZ1 中的 I_d 等级的目测分级层板或强度等级 M_E14 级的机械弹性模量分级层板；对于强度等级 TC_T27，可采用 SZ1 中的 II_d 等级的目测分级层板或 SZ2、SZ3 中的 I_d 等级的目测分级层板，或采用强度等级 M_E12 级的机械弹性模量分级层板。

9.4 构 件 制 作

9.4.2 胶合木构件的生产制作区环境应按所采用胶粘剂的要求进行控制，生产区室温和空气相对湿度是控制胶合木构件质量的主要因素之一。生产期间，空气相对湿度应控制在40%～80%之间。在涂抹胶粘剂和固化期间，空气相对湿度若为30%也可接受。生产期间，允许在较短时间内，室温和空气相对湿度超出本条规定的控制范围。

9.4.3 层板指接接头如果采用机械涂胶，层板两端都应涂抹。如果采用手工涂胶，一端层板的所有指接表面都应完全涂抹，并经过操作者检查后，可只涂抹一端层板。指接层板在进一步加工前，胶粘剂初步固化应完成，除非能提供试验证明指接接头有足够可靠的强度，才能允许进一步加工。

9.4.5 为了减少翘曲及裂纹，超过200mm宽的层板可在板中开槽。每块层板截面中部允许有一个槽，槽的最大宽度为4mm，最大深度是层板厚度的1/3。相邻层板的开槽应相互错开，其距离应大于层板厚度。胶合时，槽内均应填满胶。

9.4.9 除设计文件规定外，胶合木桁架的制作均应按跨度的1/200起拱，以减少视觉上的下垂感。本条文规定了脊节点的提高量为起拱高度，在保持桁架高度不变的情况下，钢木桁架下弦提高量取决于下弦节点的位置，木桁架取决于下弦杆接头的位置。桁架高度是指上弦中央节点至两支座连线间的距离。

9.5 构件连接施工

9.5.1 螺栓连接中力的传递依赖于孔壁的挤压，因此连接件与被连接件上的螺栓孔必须同心，否则不仅安装螺栓困难，更不利的是增加了连接滑移量，甚至发生各个击破现象而不能达到设计承载力要求。采用本规范规定的一次成孔方法，可有效解决螺栓不同心问题，缺点是当连接件为钢夹板时，所用长钻杆的麻花钻需特殊加工。

螺栓连接中，螺栓杆一般不承受轴向力作用，因此垫板尺寸仅需满足构造要求，无需验算木材横纹局压承载力。因木材干缩等原因引起螺帽松动，木结构检修是予以拧紧。承受拉力的钢拉杆，其端部螺栓应采用双螺帽并彼此拧紧，主要是为了防止螺帽松动。其垫板尺寸应经计算确定。

9.5.2 直径较大的方头或六角头木螺钉，难以直接拧入木材，如果强力拧入或捶击，有可能造成木材劈裂而影响节点连接的承载力，故需要作引孔处理。

9.5.3 剪板在我国的工程应用并不广泛，应严格按规范施工。参照国外经验，采用与剪板规格品种配套的专用钻具，将螺栓孔和剪板窝眼一次成孔。

9.6 构 件 安 装

9.6.1 需考虑拼装时的支承情况和吊装时的吊点位置两种情况验算，而这两种情况与构件的设计受力情况，一般是不一致的。木材的强度取值与荷载持续时间有关，拼、吊装时结构所受荷载作用时段较短，故取其最大应力不超过1.2倍的木材强度设计值。

9.6.4 桁架等平面构件水平运输时不宜平卧叠放在车辆上，以免在装卸和运输过程中因颠簸使平面外受弯而损坏。大型或超常构件无法存放在仓库或敞棚内时，也应采取防雨淋措施，如用五彩布、塑料布等遮盖。

0.6.6 木柱与桁架上弦第二节点间设斜撑可增强房屋的侧向刚度，侧向水平荷载在斜撑中产生的轴力应直接传递至屋架上弦节点，斜撑与下弦杆相交处的螺栓只起夹紧作用，不应传递轴力，故在斜撑上开椭圆孔。

10 防护与维护

10.1 一 般 规 定

10.1.1 胶合木构件不应与混凝土或砌体结构构件直接接触，一般在接触面可加钢垫板。当无法避免时，为了保证胶合木构件的耐久性应采用经防腐处理的胶合木构件。

10.1.2 当胶合木结构处于室外露天环境或经常潮湿环境中，容易使胶合木构件产生腐朽，胶合木构件必须经过加压防腐处理。一般情况下将木材的平衡含水率大于20%时的条件定义为经常潮湿的环境。

10.2 防 腐 处 理

胶合木构件防腐处理采用的方法和使用的防腐剂各有不同，本规范不作具体的规定。但是，无论采用何种处理方法和防腐剂，胶合木构件防腐处理透入度及载药量应符合国家相关标准的规定。

10.2.5 大量的现场调查表明，木梁的腐朽主要发生在支座处，因此当木梁支承在砖墙或混凝土构件上时，应设经防护处理的垫木，并应设防潮层和保证支座的通风。

10.3 检查和维护

10.3.1 对于暴露在室外、或者经常位于在潮湿环境中的胶合木结构构件，虽然进行了防腐处理，但是还是容易产生腐蚀和虫害的迹象，必须进行定期检查和维护，以免对结构安全构成危害。

10.3.2、10.3.3 对于胶合木构件的拱靴或柱靴处，或与建筑物其他构件之间的连接处，易出现开裂、腐蚀和虫害，经常进行检查和维护是必要的。

附录 D 根据构件足尺试验
确定胶合木强度等级

D.0.5 当进行胶合木强度和弹性模量的足尺测试时，由于当前还没有木构件足尺试验的相关国家现行标准，因此，试验时可参照国际标准《木结构——胶合木——实验方法：物理和机械特性的确定》ISO/CD 8375 进行。

中华人民共和国国家标准

±800kV 及以下直流换流站土建工程施工质量验收规范

Code for acceptance of construction quality of
±800kV & under HVDC converter substation

GB 50729—2012

主编部门：中 国 电 力 企 业 联 合 会
批准部门：中华人民共和国住房和城乡建设部
施行日期：２０１２ 年 １０ 月 １ 日

中华人民共和国住房和城乡建设部
公 告

第 1400 号

关于发布国家标准《±800kV 及以下直流换流站土建工程施工质量验收规范》的公告

现批准《±800kV 及以下直流换流站土建工程施工质量验收规范》为国家标准，编号为 GB 50729—2012，自 2012 年 10 月 1 日起实施。其中，第 4.3.23、4.3.24、4.4.13、4.5.9、4.5.10、4.7.10、4.8.4、5.2.8、5.2.9、5.9.3、5.9.6、6.2.7（1、2）、7.2.3、7.3.4 条（款）为强制性条文，必须严格执行。

本规范由我部标准定额研究所组织中国计划出版社出版发行。

中华人民共和国住房和城乡建设部
二○一二年五月二十八日

前 言

本规范是根据住房和城乡建设部《关于印发〈2008 年工程建设标准规范制订、修订计划（第二批）〉的通知》（建标〔2008〕105 号）的要求，由国家电网公司直流建设分公司会同有关单位编制完成的。

本规范在编制过程中，编制组经过广泛调查研究，认真总结实践经验，参考有关国际标准和国外先进标准，并在广泛征求意见的基础上，最后经审查定稿。

本规范共分 7 章和 1 个附录，主要技术内容是：总则、术语、质量验收范围、换流站建筑物工程、换流站构筑物工程、换流站场区工程、换流站环保工程。

本规范中以黑体字标志的条文为强制性条文，必须严格执行。

本规范由住房和城乡建设部负责管理和对强制性条文的解释，由中国电力企业联合会负责日常管理，由国家电网公司直流建设分公司负责具体技术内容的解释。执行过程中如有意见或建议，请寄送国家电网公司直流建设分公司（地址：北京市西城区南横东街 8 号都城大厦 706 室，邮政编码：100052）。

本规范主编单位、参编单位、主要起草人和主要审查人：

主 编 单 位：国家电网公司直流建设分公司
参 编 单 位：中国南方电网超高压输电公司
　　　　　　　浙江省电力公司
　　　　　　　江苏省送变电公司

主要起草人：肖安全　袁清云　种芝艺　黄　杰
　　　　　　　白光亚　赵国鑫　杨洪瑞　陈绪德
　　　　　　　吴　畏　张春宝　刘凯锋　李　昱
　　　　　　　李　斌　胡　蓉　王亚耀　张黎军
　　　　　　　张晋绪　赵红胜

主要审查人：杨守伦　张卫东　王宜民　张玉明
　　　　　　　曹　磊　徐昌云　周秋鹏　王文福
　　　　　　　温　泉　黄　俊　张　峙

目　次

Contents

1 总　则

1.0.1 为加强换流站土建工程建设质量管理与控制，规范和统一换流站土建工程的施工质量检查和验收，保证工程质量，制定本规范。

1.0.2 本规范适用于±800kV及以下换流站土建工程的新建、改建和扩建施工质量的验收。

1.0.3 工程施工质量检查、验收和单位工程质量评定应在施工单位自行检查、评定的基础上进行；隐蔽工程在隐蔽前应由施工单位通知有关单位进行验收，并应形成验收文件，勘察、设计单位必须参加天然地基验槽隐蔽工程验收；涉及结构安全的试块、试件以及有关材料，应按规定进行见证取样检测；承担见证取样检测及有关结构安全检测的单位应具有相应的资质；对于涉及结构安全和使用功能的重要分部工程应进行抽样检测。

1.0.4 本规范应与现行国家标准《建筑工程施工质量验收统一标准》GB 50300配套使用。

1.0.5 ±800kV及以下直流换流站土建工程的施工质量验收除应执行本规范外，尚应符合国家现行有关标准的规定。

2 术　语

2.0.1 换流站　converter station
直流输电系统中实现交直流电力变换的电力工程设施。

2.0.2 阀厅　valve hall
换流站内放置换流阀的封闭建筑物，要求能屏蔽换流产生的电磁干扰，有极好的电磁屏蔽性能。通常为钢结构建筑，其四周墙壁及屋面、地面间有一个焊接为整体的六面体金属屏蔽网层。

2.0.3 阀吊梁　valve pylon support beams
固定在阀厅屋架下用于悬吊换流阀塔的构件。

2.0.4 防火墙　firewall
设在换流变压器（平波电抗器、高压电抗器）之间及阀厅与换流变压器（平波电抗器）之间等为防止火灾蔓延用非燃材料浇（砌）筑的墙体。有现浇钢筋混凝土清水墙、钢筋混凝土框架填充砌体等类型。

2.0.5 施工缝　construction joint
在混凝土浇筑过程中，因设计要求或施工需要分段浇筑而在先、后浇筑的混凝土之间所形成的接缝。

2.0.6 后锚固　post-installed fastenings
通过相关技术手段在既有混凝土结构上的锚固。

2.0.7 水泥基灌浆材料　cementitious grout
水泥基灌浆材料是以高强度材料作为骨料，以水泥作为结合剂，辅以高流态、微膨胀、防离析等物质配制而成。它在施工现场按照厂家说明加入一定量的水，搅拌均匀后即可使用的灌浆料。

2.0.8 清水混凝土　fair-faced concrete
直接利用混凝土成型后的自然质感作为饰面效果的混凝土。分为普通清水混凝土、饰面清水混凝土和装饰清水混凝土。普通清水混凝土是指表面颜色无明显色差，对饰面效果无特殊要求的清水混凝土。饰面混凝土是指表面颜色基本一致，由有规律排列的对拉螺栓孔眼、明缝、蝉缝、假眼等组合成形的、以自然质感为饰面效果的清水混凝土。装饰混凝土是指表面形成装饰图案、镶嵌装饰片或彩色的清水混凝土。

2.0.9 清水砌体　fair-faced masonry
也称清水墙，是砖墙外墙面砌成后，只需要勾缝，即成为成品，不需要外墙面装饰，砌砖质量要求高，灰浆饱满，砖缝规范美观。

2.0.10 设备基础　equipment foundation
与设备底部或设备支架底部相连，稳定承受所作用的荷载，确保设备安全稳定运行的混凝土结构。

2.0.11 自流平地面　self-leveling ground
是指在混凝土、水泥或砂浆地面将着色无溶剂、自流平、粒子致密的厚浆型环氧树脂采用特殊工艺涂在经处理的水泥地坪表面上，以达到美化地面和清洁防尘的效果的工业地坪。分为常规环氧树脂自流平、环氧树脂玻纤自流平及环氧树脂砂浆自流平等。

2.0.12 电磁屏蔽　electromagnetic shielding
用导电材料减少电场、磁场能量向指定区域穿透的屏蔽。

2.0.13 缺陷　defect
建筑工程施工质量中不符合规定要求的检验项或检验点，按其程度可分为严重缺陷和一般缺陷。

2.0.14 一般缺陷　common defect
对结构构件的受力性能或安装使用性能无决定性影响的缺陷。

3 质量验收范围

3.0.1 室外工程可根据专业类别和工程规模划分单位（子单位）工程。

3.0.2 单位（子单位）工程、分部（子分部）工程、分项工程和检验批的编号应按照连续编号的原则进行。编号原则应按单位、子单位、分部、子分部、分项、检验批工程各占两位、检验批流水号占三位，共15位数字，无子单位、子分部工程时，编号应编为00。

3.0.3 工程开工前可按本规范附录A的规定，结合具体工程实际情况，制定该工程项目的质量验收范围。施工过程中，验收表的工程项目编号应与验评划分的工程项目编号保持一致。

4 换流站建筑物工程

4.1 一般规定

4.1.1 本章适用于换流站建筑物工程施工质量的验收，换流站建筑物施工质量验收除执行本章规定外，尚应符合国家现行有关标准的规定。

4.1.2 混凝土所用的原材料应符合设计要求和国家现行标准《硅酸盐水泥、普通硅酸盐水泥》GB 175、《混凝土外加剂》GB 8076 及《普通混凝土用砂、石质量及检验方法标准》JGJ 52 的有关规定，并按批量进行复验。

4.2 阀厅、控制楼、户内直流场及 GIS 室主体钢结构工程

Ⅰ 一般规定

4.2.1 换流站建筑物主体钢结构工程的施工验收除执行本规范外，尚应符合现行国家标准《钢结构工程施工质量验收规范》GB 50205 的有关规定。

4.2.2 阀厅、户内直流场、GIS 室主体工程采用的原材料应进行进场验收。凡涉及安全、功能的原材料按本规范规定进行复验，并应经监理工程师（建设单位技术负责人）见证取样、送样。

4.2.3 钢结构安装时，必须控制屋面、平台等承载部位施工荷载，施工荷载和冰雪荷载等荷载总重严禁超过承载部位的承载能力。

4.2.4 钢结构与混凝土结构的连接采用化学螺栓时，应按现行行业标准《混凝土结构后锚固技术规程》JGJ 145 的有关规定对化学螺栓的施工进行验收。

4.2.5 混凝土后锚固工程质量应进行抗拔承载力的现场检验。

Ⅱ 主体钢结构工程

4.2.6 螺栓孔应采用钻成孔，扩孔宜采用铰孔法，不得用焊枪等烧制或扩大。

4.2.7 支承垫块的种类、规格、摆放位置和朝向，应符合设计要求。橡胶垫块与刚性垫块之间或不同类型刚性垫块之间不得互换使用。

4.2.8 在钢结构安装调整完成并检测合格后，对钢柱与基础的间隙用高强度灌浆料或细石混凝土等进行二次灌浆，并对钢柱柱脚进行防腐保护。

4.2.9 在对钢柱基础进行二次灌浆前，应对原混凝土构件接触面按设计要求进行凿毛处理，凿毛面积不小于灌浆接触面积的 2/3。

4.2.10 水泥基灌浆材料的验收应以试验室检验为标准，检验项目应包括流动度、竖向膨胀率、抗压强度。水泥基灌浆材料现场使用时，严禁在水泥基灌浆材料中掺入任何外加剂、外掺料。

4.2.11 混凝土灌浆分二次进行，其强度不应低于设计强度，同类型钢柱留置一组混凝土试块。

4.2.12 梁、柱安装的允许偏差应符合表 4.2.12 的规定。

表 4.2.12 梁、柱安装的允许偏差 （mm）

项　　目	允许偏差
两支座间梁的平直度偏差	0.0015L，且不应大于 20
柱或梁上的牛腿的顶面标高偏差	−10～+0
柱顶板与底板的偏心差	5
柱顶标高偏差	±5
柱顶水平向定位偏差	0.002h，且不应大于 15.0
梁两端的标高偏差	±5
相邻梁间的标高偏差	10

注：h 为高度；L 为长度。

4.2.13 阀吊梁梁底标高偏差应控制在 0～10mm 以内。

4.3 阀厅、控制楼、户内直流场及 GIS 室压型金属板围护工程

Ⅰ 一般规定

4.3.1 本节适用于压型金属板的施工现场制作和安装工程质量验收。金属板屋面防水等级应符合设计要求。

4.3.2 压型金属板的制作和安装工程可按变形缝、施工段或屋面、墙面等划分为一个或若干个检验批。

4.3.3 压型金属板安装应在钢结构安装工程检验批质量验收合格后进行。

4.3.4 屋面及外墙压型板应采用带防水垫圈的锌锡合金涂层螺栓（螺钉）固定，屋面压型板的固定点应设在波峰，墙面压型板的固定点应设在波谷。固定压型钢板用的自攻螺钉或螺栓，外露螺钉尖应进行锤击或锉磨等钝化处理，钝化处理后螺钉外露长度不宜大于 5mm。

4.3.5 金属板材屋面与立墙及突出屋面结构等交接处，均应做泛水处理。两板间应放置通长密封条；螺栓拧紧后，两板的搭接口处应用密封材料封严。

4.3.6 屋面工程施工时，应建立各道工序的自检、交接检和专职人员检查的"三检"制度，并有完整的检查记录。每道工序完成，应经监理单位（或建设单位）检查验收，合格后方可进行下道工序的施工。

4.3.7 屋面的保温层和防水层严禁在雨天、雪天和五级风及其以上时施工。

4.3.8 屋面工程完工后，应按本规范的有关规定对细部构造、接缝、保护层等进行外观检验，并应进行淋水或蓄水检验。

4.3.9 阀厅围护及洞口封堵完成后，应做密封试验，满足室内能保持 5Pa～50Pa 微正压的要求。

Ⅱ 压型金属板墙体围护工程

4.3.10 有涂层、镀层压型金属板成型后，涂、镀层不应有肉眼可见的裂纹、剥落和擦痕等缺陷。

4.3.11 压型金属板及型钢的规格、型号、性能等应满足设计要求和现行国家标准《建筑用压型钢板》GB/T 12755 的有关规定。

4.3.12 压型金属板、泛水板和包角板等应固定可靠、牢固，防腐涂料涂刷和密封材料敷设应完好，连接件数量、间距应符合设计要求和现行国家标准《建筑用压型钢板》GB/T 12755 的有关规定。

4.3.13 压型金属板应在支承构件上可靠搭接，搭接长度应符合设计要求，且不应小于表 4.3.13 所规定的数值。

表 4.3.13 压型金属板在支承构件上的搭接长度（mm）

项 目		搭接长度
截面高度＞70		375
截面高度≤70	屋面坡度＜1/10	250
	屋面坡度≥1/10	200
墙面		120

4.3.14 金属板外观质量应符合下列规定：

1 板材表面应干净，不应有明显凹凸和皱褶；

2 压型金属板的尺寸允许偏差应符合表 4.3.14 的规定。

表 4.3.14 压型金属板的尺寸允许偏差（mm）

项 目		允许偏差
波 距		±2
波高	截面高度≤70	±1.5
压型金属板	截面高度＞70	±2
侧向弯曲	在测量长度 h_1 范围内	20

注：测量长度 h_1，指板长扣除两端各 0.5m 后的实际长度（小于 10m）或任选的 10m 长度。

4.3.15 压型金属板安装应平整、顺直、板面不应有施工残留和污物。檐口和墙下端应吊直线，不应有未经处理的错钻孔洞。

4.3.16 压型金属墙板安装的允许偏差应符合表 4.3.16 的规定。

表 4.3.16 压型金属板安装的允许偏差（mm）

项 目		允许偏差
	檐口与屋脊的平行度	12
屋面	压型金属板波纹线对屋脊的垂直度	$L/800$，且不应大于25
	檐口相邻两块压型金属板端部错位	6
	压型金属板卷边板件最大波浪高	4

续表 4.3.16

项 目		允许偏差
墙面	墙板波纹线的垂直度	$H/800$，且不应大于 25
	墙板包角板的垂直度	$H/800$，且不应大于 25
	相邻两块压型金属板的下端错位	6

注：1 L 为屋面半坡或单坡长度；

2 H 为墙面高度。

Ⅲ 压型金属板屋面工程

4.3.17 金属板材及辅助材料的规格和质量，应符合设计要求。

4.3.18 金属板材的连接和密封处理应符合设计要求，不得有渗漏现象。

4.3.19 金属板材屋面应安装平整，固定方法正确，连接件（锚固件）位置、数量、间距应符合设计要求。密封完整，排水坡度应符合设计要求。

4.3.20 金属板材屋面的檐口线、泛水段应顺直，无起伏现象。

4.3.21 屋面压型金属板安装的允许偏差应符合本规范表 4.3.16 的规定。

Ⅳ 阀厅穿墙套管封堵工程

4.3.22 封堵用的防火板及耐渗防水卷材、弹性密封胶等辅助材料的规格和质量，应符合设计要求。

4.3.23 孔洞封堵的金属构件与换流变套管或升高座之间不得直接接触，并应保持 30mm～50mm 的空隙。

4.3.24 换流变压器、油浸式平波电抗器穿墙套管洞口周边固定封堵防火板的材料应满足设计要求。当采用同材质金属材料时，金属框必须做隔磁处理，避免形成环流。

4.3.25 封堵防火板水平接缝应设置在套管穿孔中心线处，两板间的导电连接和密封应满足设计要求。

4.3.26 换流变套管或升高座与周边封堵防火板间的空隙应填充矿棉类防火材料，外面用耐渗 SE 膜类防水卷材封堵，耐渗防水卷材连接满足设计要求。

4.3.27 洞口顶边室外侧混凝土防火墙上应设置有利于封堵防水及固定盖缝板的凹口，盖缝板在凹口处的固定及密封符合设计要求。

4.3.28 洞口周边固定封堵板材的角钢宜用化学螺栓固定在混凝土防火墙上，螺栓的形式、间距满足设计要求。

4.3.29 封堵板材应安装平整，固定方法正确，连接件（锚固件）位置、数量、间距应符合设计要求。

4.3.30 盖缝板、泛水板和包边板等制作尺寸应符合设计要求，固定可靠、牢固，防腐和密封材料敷设应完好，连接件数量、间距应符合设计要求和国家现行有关标准规定。

4.4 阀厅建筑物接地工程

Ⅰ 一般规定

4.4.1 阀厅建筑物接地工程的施工验收除执行本规范外，尚应符合现行国家标准《电气装置安装工程接地装置施工及验收规范》GB 50169 和《建筑电气工程施工质量验收规范》GB 50303 的有关规定。

4.4.2 阀厅为六面体等电位联结体。钢结构与钢结构之间，钢结构与室内金属墙板及金属屋面板之间，地坪下的钢筋网之间应做可靠的电气连接，具有良好的导电性，确保连成等电位联结体，且应与主接地网可靠连接。

4.4.3 建筑物地面屏蔽网相互之间应可靠焊接，使其连成整体，具有良好的导电性，并将其外引与主接地网可靠连接。

Ⅱ 建筑物接地工程

4.4.4 用螺栓连接的阀厅钢结构部件之间均应采用铜铰线连接，铜铰线的截面尺寸、连接方式及钢结构与接地网的连接应符合设计要求。

4.4.5 阀厅围护结构接地应符合下列规定：

1 固定金属板的檩条之间的连接应符合设计要求，并与阀厅钢柱和混凝土防火墙内侧的接地干线可靠连接；

2 金属板搭接固定时每 3 颗自攻螺栓中应有不少于 1 颗将两金属板紧密接触部位的油漆涂层打磨干净，保证可靠的电气连接；

3 阀厅内侧墙板及顶板与钢结构檩条的连接应可靠，符合接地设计要求。

4.4.6 阀厅内应敷设环形接地母线铜排，并按设计要求与接地网相连接，接地铜排的截面尺寸、连接方式及敷设位置应符合设计要求。

4.4.7 阀厅混凝土地面中的钢筋屏蔽网应按设计要求焊接及与接地网连接，并将屏蔽网可靠引出与室内环形接地母线铜排连接。

4.4.8 阀厅门、窗接地应符合下列规定：

1 门、窗洞口金属框应与周围钢结构可靠焊接，或采用铜铰线与接地干线不少于 2 点可靠连接；

2 阀厅应采用屏蔽门窗，每个用铰链固定的门扇应采用铜铰线与门框不少于 2 点连接；

3 辅门与主门之间应采用铜铰线不少于 2 点连接。

4.4.9 阀厅电缆沟接地应符合下列规定：

1 电缆沟屏蔽网与接地网的连接符合设计要求，沟延边角钢与屏蔽网或接地网应可靠连接；

2 电缆沟接地扁钢应不少于 2 处与接地网可靠连接；

3 每块电缆沟金属盖板两侧均应采用铜铰线连接接地，或通过螺栓与电缆沟延边的角钢可靠连接。

4.4.10 阀厅风道、阀冷水管等不带电金属部件的法兰连接处应采用铜铰线跳接并与接地干线连接，固定管道的支架应相互焊接可靠并与接地干线连接。

4.4.11 建筑物顶部的避雷针、避雷带等必须与顶部外露的其他金属物体连成一个整体的电气通路，且通过与避雷带引下线的可靠连接，与接地网可靠连接。

4.4.12 避雷带应平正顺直，固定点支持件间距均匀、固定可靠。

4.4.13 避雷带（网）的接地应符合现行国家标准《电气装置安装工程接地装置施工及验收规范》GB 50169 的有关规定。

4.4.14 接地线在穿越墙壁、楼板和地坪处应加套钢管或其他坚固的保护套管，钢套管应与接地线做电气连通。

4.4.15 室外金属楼（爬）梯应与接地网可靠电气连接。

4.4.16 安装屏蔽门时必须保证门在关闭状态下，"刀"形插入体正确地插入弹性簧片内，通过锁紧装置，使门扇与门框严密结合，达到高性能电磁屏蔽效能的要求。

4.5 防火墙工程

Ⅰ 一般规定

4.5.1 当采用商品混凝土时，混凝土质量还应符合现行国家标准《预拌混凝土》GB/T 14902 的有关规定。

4.5.2 原材料产地、规格应统一，水泥宜选用同一厂家同一批次。

4.5.3 清水混凝土所用模板应根据建筑物进行设计定做，模板必须具有足够的刚度，以保证结构物的几何尺寸均匀、断面的一致，防止浆体流失；要求模板材料表面要平整光洁，强度高、耐腐蚀，并具有一定的吸水性。

4.5.4 固定模板的拉杆也需要用带金属帽或塑料扣。

4.5.5 拆模后，混凝土表面应及时采用黏性薄膜或喷涂型养护膜覆盖，进行保湿养护。

4.5.6 清水混凝土框架与清水混凝土防火墙的施工验收标准一致。

4.5.7 清水砌体除符合现行国家标准《砌体工程施工质量验收规范》GB 50203 的有关规定外，尚应符合下列规定：

1 清水墙表面的砖，应边角整齐，色泽均匀；

2 砌筑砖砌体时，砖应提前 1d～2d 浇水湿润；

3 施工时施砌的蒸压（养）砖的产品龄期不应小于 28d；

4 顶层砖不应斜砌，宜用高等级膨胀混凝土筑；

5 为保证清水混凝土柱表面观感，与砌体的拉结筋宜采取后植筋技术。后植筋按相关规定检验植筋拉结力。

Ⅱ 清水混凝土防火墙

4.5.8 换流站防火墙使用清水混凝土时宜采用普通清水混凝土或饰面清水混凝土，不应采用装饰清水混凝土。

4.5.9 混凝土中掺用外加剂的质量及应用技术应符合现行国家标准《混凝土外加剂》GB 8076和《混凝土外加剂应用技术规范》GB 50119的有关规定。

4.5.10 处于潮湿环境和干湿交替环境的混凝土，应选用非碱活性骨料。

4.5.11 现浇清水混凝土防火墙拆模后的尺寸偏差应符合表4.5.11的规定。

表 4.5.11 防火墙尺寸偏差

项　　目		允许偏差（mm）
轴线位置		5
垂直度		H/1000 且≤30
标高		±15
截面尺寸		+8，−5
表面平整度		3
预埋设施中心线位置	预埋件	10
	预埋螺栓	3

注：检查轴线、中心线位置时，应沿纵、横两个方向量测，并取其中的较大值。

Ⅲ 混凝土框架填充砌体清水防火墙

4.5.12 清水砌体和砂浆的强度等级应符合设计要求。

4.5.13 砌体水平灰缝的砂浆饱满度不得小于80％。

4.5.14 清水砌体勾缝所用水泥的凝结时间和安定性复验应合格，砂浆的配合比应符合设计要求。清水砌体勾缝应无漏勾，勾缝材料应黏结牢固、无开裂。

4.5.15 清水砌体的灰缝应横平竖直，厚薄均匀。水平灰缝厚度宜为10mm，但不应小于8mm，也不应大于12mm。砌体的一般尺寸允许偏差应符合表4.5.15的规定。

表 4.5.15 砌体一般尺寸允许偏差（mm）

项　　目		允许偏差
基础顶面标高		±15
表面平整度	清水墙、柱	5
	混水墙、柱	8
水平灰缝平直度	清水墙	7
	混水墙	10
清水墙游丁走缝		20

4.5.16 灰缝应颜色一致，砌体表面应洁净。检查数量按全数检查，检验方法采用观察检查。

4.6 特殊地面（坪）工程

Ⅰ 一般规定

4.6.1 换流站特殊地面（坪）工程包括环氧树脂自流平地面、绝缘地坪、硬化耐磨地面等，其施工验收除应执行本规范外，尚应符合现行国家标准《建筑地面工程施工质量验收规范》GB 50209的有关规定。

4.6.2 涂料施工时，环境湿度应小于85％，气温应在5℃以上。

Ⅱ 环氧树脂自流平地面

4.6.3 环氧树脂自流平地面施工应设置防潮层，沿墙四周上翻不低于200mm。

4.6.4 混凝土或水泥砂浆基层必须坚固、密实、平整，坡度和强度应符合设计要求，且表面平整度应小于1.5/1000mm。

4.6.5 自流平涂料施工时，基层应干燥，在深为20mm的厚度层内，含水率不大于8％。

4.6.6 环氧树脂自流平表面应平整、光滑、颜色均匀一致，无漏涂、误涂、砂眼、裂缝等现象。

4.6.7 环氧树脂自流平厚度均匀，厚度及遍数应符合设计要求，厚度及表面平整度允许偏差符合表4.6.7的规定。

表 4.6.7 环氧树脂自流平地面尺寸偏差（mm）

项　　目	允许偏差
表面平整度	2
厚度	0.1

4.6.8 环氧树脂自流平除应按本规范要求施工外，并应符合现行行业标准《自流平地面工程技术规程》JGJ/T 175的有关规定。

Ⅲ 绝缘地坪

4.6.9 绝缘地坪的结构设置及所使用的材料应符合设计要求。

4.6.10 碎石沥青垫层的配合比和压实应符合设计要求。

Ⅳ 硬化耐磨地坪

4.6.11 硬化耐磨地坪使用的原材料及用量配和比应符合设计要求，对耐磨掺合料用量设计无规定时应通过试验确定，应为4kg/m² ～6kg/m²。

4.6.12 硬化耐磨地坪面层铺设时应先铺一层厚20mm的水泥砂浆结合层，面层的铺设应在结合层的水泥初凝前完成。

4.6.13 耐磨地坪混凝土面层施工应符合下列规定：

1 混凝土面层厚度不应小于 50mm，水泥混凝土面层强度等级应符合设计要求且不应小于 C20；

2 自拌混凝土的坍落度宜为 50mm～70mm；

3 混凝土采用的粗骨料，其最大粒径不应大于面层厚度的 2/3，细石混凝上面层采用的石子粒径不应大于 15mm；

4 面层与下一层应结合牢固，无空鼓、裂纹。

4.6.14 耐磨地坪混耐磨层施工应符合下列规定：

1 耐磨材料分布均匀，与混凝土结合牢固，表面色泽一致；

2 面层表面无起砂、麻面、裂纹、脱皮等缺陷；

3 面层表面的坡度应符合设计要求，不得有倒泛水和积水现象；

4 面层表面平整度不大于 4mm，缝格平直度不大于 3mm。

4.7 装饰装修细部工程

Ⅰ 一般规定

4.7.1 本节适用于窗台、楼梯等细部工程，橱柜制作与安装，窗帘盒、窗台板、散热器罩制作与安装，门窗套制作与安装，花饰制作与安装应符合现行国家标准《建筑装饰装修工程质量验收规范》GB 50210 的有关规定。

4.7.2 细部工程验收时应检查下列文件和记录：

1 施工图、设计说明及其他设计文件；

2 材料的产品合格证书、性能检测报告、进场验收记录和复验报告；

3 隐蔽工程验收记录；

4 施工记录。

4.7.3 细部工程应对人造木板的甲醛含量进行复验。

4.7.4 细部工程应对下列部位进行隐蔽工程验收：

1 预埋件（或后置埋件）；

2 护栏及预埋件的连接节点。

Ⅱ 窗台、楼梯等细部工程

4.7.5 门窗套制作与安装所使用材料的材质、规格、花纹和颜色、木材的燃烧性能等级和含水率、花岗石的放射性及人造木板的甲醛含量应符合设计要求和现行国家标准《天然大理石建筑板材》GB/T 19766、《天然花岗石建筑板材》GB/T 18601 和《民用建筑工程室内环境污染控制规范》GB 50235 的有关规定。

4.7.6 门窗套的造型、尺寸和固定方法应符合设计要求，安装应牢固。

4.7.7 护栏和扶手制作与安装所使用材料的材质、规格、数量和木材、塑料的燃烧性能等级应符合设计要求。

4.7.8 护栏和扶手的造型、尺寸及安装位置应符合设计要求。

4.7.9 护栏和扶手安装预埋件的数量、规格、位置以及护栏与预埋件的连接节点应符合设计要求。

4.7.10 护栏高度、栏杆间距、安装位置必须符合设计要求。护栏安装必须牢固，高度应不低于 1050mm，临空面必须加挡板。

4.7.11 护栏玻璃应使用公称厚度不小于 12mm 的钢化玻璃或钢化夹层玻璃。当护栏一侧距地面高度为 5m 及以上时，应使用钢化夹层玻璃。

4.7.12 同一立面上的窗、洞口、落水管宜大小一致、标高统一。窗台、窗眉、阳台、雨篷、腰线和挑檐等部位的滴水线处粉刷的排水坡度不应小于 30%。滴水线粉刷应密实、顺直，断面尺寸不得小于 10mm ×10mm，不得出现爬水和排水不畅的现象。

4.7.13 窗台验收应符合下列规定：

1 内窗台应高过外窗台 20mm，外窗台应形成 10%排水坡度；

2 外挑窗台下面应做滴水线或滴水槽，滴水槽的深度和宽度均不应小于 10mm，并整齐一致；

3 窗台面应采取防水、防开裂措施。

4.7.14 楼梯的踏步和台阶的面层宽度、高度应符合设计要求，相邻踏步高度和宽度偏差不应大于 10mm，每踏步两端宽度偏差不大于 10mm；板块的缝隙宽度应一致，齿角应整齐，防滑条应顺直。

4.7.15 护栏和扶手安装允许偏差应符合表 4.7.15 的规定。

表 4.7.15 护栏和扶手安装允许偏差（mm）

项 目	允许偏差
护栏垂直度	3
栏杆间距	3
扶手直线度	4
扶手高度	3

4.8 建筑电气工程

Ⅰ 一般规定

4.8.1 本节适用于建筑电气中应急、防爆灯具及动力、照明箱的施工验收。其他建筑电气工程的施工验收应符合现行国家标准《建筑电气工程施工质量验收规范》GB 50303 的有关规定。

4.8.2 主要设备、材料、成品和半成品进场检验结论应有记录，确认符合本规范规定后才能在施工中应用。

4.8.3 动力和照明工程的漏电保护装置应做模拟动作试验。

4.8.4 接地（PE）或接零（PEN）支线必须单独与接地（PE）或接零（PEN）干线相连接，不得串联连接。

4.8.5 照明灯具及其附件应符合下列规定：

1 查验合格证，新型气体放电灯具应有随带技术文件；

2 灯具涂层完整，无损伤，附件齐全。防爆灯具铭牌上有防爆标志和防爆合格证号，普通灯具有安全认证标志；

3 对成套灯具的绝缘电阻、内部接线等性能进行现场抽样检测。灯具的绝缘电阻值符合设计要求，内部接线为铜芯绝缘电线，芯线截面积符合设计要求，橡胶或聚氯乙烯（PVC）绝缘电线的绝缘层厚度符合设计要求。

4.8.6 开关、插座、接线盒和风扇及其附件应符合下列规定：

1 查验合格证，防爆产品应有防爆标志和防爆合格证号，实行安全认证制度的产品应有安全认证标志；

2 开关、插座的面板及接线盒盒体完整、无碎裂、零件齐全，风扇无损坏，涂层完整，调速器等附件适配；

3 对开关、插座的电气和机械性能进行现场抽样检测。检测规定如下：

1) 不同极性带电部件间的电气间隙和爬电距离不小于 3mm；

2) 绝缘电阻值不小于 5MΩ；

3) 用自攻锁紧螺钉或自切螺钉安装的，螺钉与软塑固定件旋合长度不小于 8mm，软塑固定件在经受 10 次拧紧退出试验后，无松动或掉渣，螺钉及螺纹无损坏现象；

4) 金属间相旋合的螺钉螺母，拧紧后完全退出，反复 5 次仍能正常使用。

4 对开关、插座、接线盒及其面板等塑料绝缘材料阻燃性能有异议时，按批抽样送有资质的试验室检测。

4.8.7 动力、照明配电箱（盘）应符合下列规定：

1 查验合格证和随带技术文件，实行生产许可证和安全认证制度的产品应有许可证编号和安全认证标志，不间断电源柜应有出厂试验记录；

2 箱（盘）应有铭牌，柜内元器件无损坏丢失、接线无脱落脱焊，蓄电池柜内电池壳体无碎裂、漏液，充油、充气设备无泄漏，涂层完整，无明显碰撞凹陷。

II 照明开关、配电箱（盘）及插座安装

4.8.8 照明配电箱（盘）安装应符合下列规定：

1 箱（盘）内配线整齐，无铰接现象；导线连接紧密，不伤芯线，不断股；垫圈下螺丝两侧压的导线截面积相同，同一端子上导线连接不多于 2 根，防松垫圈等零件齐全；

2 箱（盘）内开关动作灵活可靠，带有漏电保护的回路，漏电保护装置动作电流不大于 20mA，动

作时间不大于 0.1s；

3 照明箱（盘）内，分别设置零线（N）和保护地线（PE 线）汇流排，零线和保护地线经汇流排配出；

4 箱（盘）安装牢固，垂直度允许偏差为 1.5‰；底边距地面为 1.5m。

4.8.9 照明开关安装应符合下列规定：

1 开关安装位置便于操作，开关边缘距门框边缘的距离 0.15m～0.2m，开关距地面高度 1.3m；

2 相同型号并列安装于同一室内的开关安装高度一致，且控制有序不错位；

3 暗装的开关面板应紧贴墙面，四周无缝隙，安装牢固，表面光滑整洁、无碎裂、划伤，装饰帽齐全。

4.8.10 照明系统的测试和通电试运行应按以下程序进行：

1 电线绝缘电阻测试前电线的接续完成；

2 照明箱（盘）、灯具、开关、插座的绝缘电阻测试在就位前或接线前完成；

3 备用电源或事故照明电源作空载自动投切试验前拆除负荷，空载自动投切试验合格，才能做有载自动投切试验；

4 电气器具及线路绝缘电阻测试合格，才能通电试验；

5 照明全负荷试验必须在本条第 1、2、4 款完成后进行。

III 防爆灯具和应急照明灯具安装

4.8.11 防爆灯具的选型及其开关的位置和高度应符合下列规定：

1 灯具的防爆标志、外壳防护等级和温度组别与爆炸危险环境相适配；当设计无要求时，灯具种类和防爆结构的选型应符合现行标准的规定；

2 灯具配套齐全，不用非防爆零件替代灯具配件（金属护网、灯罩、接线盒等）；

3 灯具的安装位置离开释放源，且不在各种管道的泄压口及排放口上下方安装灯具；

4 灯具及开关安装牢固可靠，灯具吊管及开关与线盒螺纹啮合扣数至少 5 扣，螺纹加工光滑、完整、无锈蚀，并在螺纹上涂以电力复合酯或导电性防锈酯；

5 开关安装位置便于操作，安装高度 1.3m。

4.8.12 防爆灯具安装应符合下列规定：

1 灯具及开关的外壳完整，无损伤、无凹陷或沟槽，灯罩裂纹，金属护网无扭曲变形，防爆标志清晰；

2 灯具及开关的紧固螺栓无松动、锈蚀，密封垫圈完好。

4.8.13 应急照明灯具安装应符合下列规定：

1 应急照明灯的电源除正常电源外，另有一路电源供电；由蓄电池柜供电或选用自带电源型应急灯具；

2 应急照明在正常电源断电后，电源转换时间应符合下列规定：

    1) 疏散照明应小于或等于 15s；

    2) 备用照明应小于或等于 15s；

    3) 安全照明应小于或等于 0.5s；

3 疏散照明由安全出口标志灯和疏散标志灯组成。安全出口标志灯距地高度不低于 2m，且安装在疏散出口和楼梯口里侧的上方；

4 疏散标志灯安装在安全出口的顶部，楼梯间、疏散走道及其转角处应安装在 1m 以下的墙面上。不易安装的部位可安装在上部。疏散通道上的标志灯间距不大于 20m；

5 疏散标志灯的设置，不影响正常通行，且不在其周围设置容易混同疏散标志灯的其他标志牌等；

6 应急照明灯具，运行中温度大于 60℃ 的灯具，当靠近可燃物时，采取隔热、散热等防火措施；当采用白炽灯，卤钨灯等光源时，不直接安装在可燃装修材料或可燃物件上；

7 应急照明线路在每个防火分区有独立的应急照明回路，穿越不同防火分区的线路有防火隔堵措施；

8 疏散照明线路采用耐火电线、电缆，穿管明敷或在非燃烧体内穿刚性导管暗敷，暗敷保护层厚度不小于 30mm；电线采用额定电压不低于 750V 的铜芯绝缘电线。

5 换流站构筑物工程

5.1 一般规定

5.1.1 本章适用于换流站构筑物工程施工质量验收。

5.1.2 换流站构筑物工程的地基处理应符合现行国家标准《建筑地基基础工程施工质量验收标准》GB 50202 的有关规定。

5.2 基础

5.2.1 本节适用于换流站构筑物基础工程的施工质量验收。

5.2.2 基础工程涉及混凝土结构工程验收应符合现行国家标准《混凝土结构工程施工质量验收规范》GB 50204 的有关规定。

5.2.3 基础工程涉及钢筋焊接应符合现行行业标准《钢筋焊接及验收规范》JGJ 18 的有关规定。

5.2.4 混凝土的冬期施工应符合现行行业标准《建筑工程冬期施工规程》JGJ 104 的有关规定。

5.2.5 混凝土中掺用外加剂应符合本规范第 4.5.9 条的规定。

5.2.6 基础施工前，应对天然地基进行验槽，基础地基应符合设计要求，验收通过后方可进行基础施工。如地基不符合要求，应进行地基处理，地基处理应符合现行国家标准《建筑地基基础工程施工质量验收标准》GB 50202 的有关规定。

5.2.7 基础浇筑完成后要及时对基坑进行回填，回填要分层进行夯填，回填土密实系数应符合设计规定。

5.2.8 电抗器基础的钢筋交叉处应做隔磁处理，避免形成环流。

5.2.9 混凝土设备基础不应有影响结构性能和设备安装的尺寸偏差。

5.2.10 基础中预埋的铁件、预埋铁管宜做热镀锌处理。

5.2.11 设备基础电缆埋管不应有穿孔、裂缝和显著的凹凸不平，内壁应光滑，电缆管应符合现行国家标准《电气装置安装工程电缆线路施工及验收规范》GB 50168 的有关规定。金属管应有防腐要求；塑料管在易受机械损伤的地方和在受力较大处直埋时，应采用足够强度的管材。

5.2.12 设备基础同位置的电缆埋管型号应大小一致，引至设备的电缆管管口位置，应便于与设备连接并不妨碍设备拆装和进出。并列敷设的电缆管管口应排列整齐，露出基础高度符合设计要求，所有埋管应接地。

5.2.13 换流变油坑底板应设置集油井，其位置应符合设计要求。换流变油坑底板和油坑施工允许偏差应符合表 5.2.13 的规定。

表 5.2.13 换流变油坑底板和油坑施工允许偏差（mm）

项目	允许偏差
坡度	应符合设计要求，不得有倒泛水和积水现象
表面平整度	≤5
集油井位置偏差	≤10
集油井深度偏差	≥−20

5.2.14 预埋件、预埋管、预留孔及预留洞均不得遗漏，并应符合设计要求；预埋件制作应平整、齐全，位置应固定牢靠。混凝土设备基础尺寸允许偏差应符合表 5.2.14 的规定。

表 5.2.14 混凝土设备基础尺寸允许偏差（mm）

项目		允许偏差
轴线位移		≤20
支承面及杯口底标高偏差		0，−20
平面外形尺寸		±20
上表面平整度	每米	5
	全长	10

项　目		允许偏差
垂直度	每米	5
	全高	10
预埋件	中心位移	≤10
	与混凝土面的平整度	≤4
预埋地脚螺栓	同组柱柱脚　中心位移	≤10
	同一柱脚螺栓　中心位移	≤5
	标高偏差	+20，-5
预留孔洞	中心线位置	10
	深度	+20，0
	孔垂直度	10
	截面尺寸偏差	+20～0
预埋管	标高	+20，0
	中心位移	≤10
	截面尺寸偏差	+10～0
	标高偏差	+10～0

注：检查坐标、中心线位置时，应沿纵、横两个方向量测，并取其中的较大值。

5.3　构架与设备支架

5.3.1　钢构架与设备支架加工安装应符合国家现行标准《钢结构工程施工质量验收规范》GB 50205 和《输变电钢管结构制造技术条件》DL/T 646 的有关规定。

5.3.2　构架与设备支架安装应在其基础验收合格的基础上进行。

5.3.3　构架与设备支架生产厂家应具有相应加工资质。

5.3.4　本节适用于柱型或管型组装钢结构构支架制作及安装的施工质量验收。

5.3.5　钢材及焊接材料的品种、规格、性能等应符合设计要求和现行国家标准《钢结构工程施工质量验收规范》GB 50205 的有关规定。进口钢材产品的质量应符合设计和合同规定标准的要求。

5.3.6　构架与设备支架安装过程中不宜进行焊接，如必须进行焊接时，应对焊口进行防腐处理。所用的防腐涂料、稀释剂和固化剂等材料的品种、规格、性能应满足设计要求和现行国家标准《建筑防腐蚀工程施工及验收规范》GB 50212 的有关规定。

5.3.7　构架出厂前应进行预拼装。进行预拼装的部件，其质量应符合设计要求和现行国家标准《钢结构工程施工质量验收规范》GB 50205 的有关规定。

5.3.8　当采用螺栓连接构件时，应符合下列规定：

　　1　螺栓应与构件平面垂直，螺栓头与构件间的接触处不应有空隙；

　　2　螺母拧紧后，螺杆露出螺母的长度：对单螺母，不应小于两个螺距；对双螺母，可与螺母相平；

　　3　螺杆必须加垫者，每端不宜超过两个螺垫；

　　4　螺栓的防卸、防松应符合设计要求。

5.3.9　构架与设备支架部件组装有困难时应查明原因，严禁强行组装。个别螺孔需扩孔时，扩孔部分不应超过3mm，当扩孔需超过 3mm 时，应先堵焊再重新打孔，并应进行防锈处理。严禁用气割进行扩孔或烧孔。

5.3.10　构架与设备支架组立后，其底板应与基础面接触良好。混凝土保护帽的尺寸应符合设计规定，与构架与设备支架底座接合应严密，且不得有裂缝。保护帽混凝土强度等级宜不低于基础混凝土强度等级。

5.3.11　螺杆与螺母的螺纹有滑牙或螺母的棱角磨损以致扳手打滑的螺栓必须更换。

5.3.12　构架与设备支架组立前，土建基础混凝土的抗压强度宜达到设计强度的 100%，当构架及设备支架组立采取有效防止基础承受水平推力的措施时，混凝土的抗压强度允许不低于设计强度的 70%。

5.3.13　构架与设备支架基础二次灌浆采用普通混凝土时，其混凝土强度等级应高于基础混凝土强度等级。

5.3.14　采用钢管式构架与设备支架应在构架与设备支架底部设置排水孔，保证内部无积水。钢管内排水孔以下部位需灌满混凝土。

5.3.15　设计要求顶紧的节点，接触面不应少于70%紧贴，且边缘最大间隙不应大于 0.8mm。

5.3.16　构架与设备支架的表面外观质量除应符合现行国家标准《钢结构工程施工质量验收规范》GB 50205 的有关规定外，尚应符合下列规定：

　　1　成品件不应有明显的变形或扭曲；

　　2　当构架与设备支架表面有局部锌层破坏时应修补；

　　3　当构架与设备支架表面有麻点或划痕等缺陷时，其深度不得大于该钢材厚度负允许偏差值。

5.3.17　构架与设备支架安装尺寸允许偏差应符合表 5.3.17 的规定。

表 5.3.17　构架与设备支架安装尺寸允许偏差（mm）

项　目		允许偏差
钢横梁组装	断面尺寸偏差	±3
	安装螺孔中心距偏差	-10～5
	挂线板中心位移	≤8
	弯曲矢高	≤1/1000 钢横梁跨度且≤20
构架钢管杆	中心线对轴线偏差	≤±5
	杆弯曲矢高偏差	≤1/1200 构架高度，且≤20
	垂直偏差	≤1/1000 钢柱高度，且≤25
	柱顶板平整度偏差	≤3
细石混凝土灌浆		符合设计要求及现行有关标准规定

5.4 阀冷却水系统

5.4.1 阀冷却水系统生产厂家应有相应的资质。

5.4.2 阀冷却水系统管道、管件和阀门的型号、材质及工作压力等应符合设计要求。

5.4.3 阀冷却水系统接地应符合设计要求，设备和管道均应可靠接地。

5.4.4 阀冷却水系统的安装位置应正确、并保持水平，管道穿墙处必须密封，不得有雨水渗入。

5.4.5 阀冷却水系统管道及管件安装内外壁应清洁、干燥；支吊架的形式、位置、间距及管道安装标高应符合设计要求。

5.4.6 阀冷却水系统不宜进行现场焊接，如果必须现场焊接，应符合下列规定：

　　1 焊接场地要求应符合设计以及生产厂家清洁等环境要求；

　　2 焊缝外形尺寸应符合图纸和工艺文件的规定，焊缝高度不得低于母材表面，焊缝与母材应圆滑过渡；

　　3 焊缝及热影响区表面应无裂纹、未熔合现象。

5.5 电缆沟（隧）道

5.5.1 现浇电缆沟（隧）道混凝土验收应符合现行国家标准《混凝土结构工程施工质量验收规范》GB 50204 的有关规定。

5.5.2 砖砌电缆沟（隧）道除应符合本规范外，尚应符合现行国家标准《砌体工程施工质量验收规范》GB 50203 的有关规定。

5.5.3 装配式电缆沟（隧）道应符合现行国家标准《混凝土结构工程施工质量验收规范》GB 50204 的有关规定。

5.5.4 位于地下水位以下的电缆隧道宜采用抗渗混凝土，抗渗等级应符合设计要求。

5.5.5 电缆沟伸缩缝设置和处理应符合设计要求，如设计没有要求，应每 20m 设置一道伸缩缝。

5.5.6 电缆沟（隧）道底面应设置排水口，并应排水通畅，无明显积水。

5.5.7 电缆沟与场地排水交叉部位应按设计要求设置过水沟。

5.5.8 直埋电缆排管原材料应符合设计要求和现行国家标准《电气装置安装工程电缆线路施工及验收规范》GB 50168 的有关规定。

5.5.9 敷设混凝土类电缆管时，其地基应坚实、平整、不应有沉陷。敷设低碱玻璃钢管等抗压不抗拉的电缆管材时，应在其下部加钢筋混凝土或其他材料基层。

5.5.10 直埋电缆排管安装应符合下列规定：

　　1 电缆排管应安装牢固；

　　2 当电缆排管直线长度超过 30m 时，宜加装伸缩节；

　　3 对于非金属类电缆排管在敷设时宜采用预制的支架固定，支架间距不宜超过 2m；

　　4 直埋电缆排管应有不小于 0.1% 的排水坡度；

　　5 金属电缆排管严禁直接对焊，宜采用煨弯方式或套管焊接方式；连接时应管口对准、固定牢固、密封良好；

　　6 多层或多排电缆排管管与管之间宜连接固定，排列整齐；

　　7 金属电缆排管应可靠接地。

5.5.11 电缆沟尺寸及电缆沟盖板安装允许偏差应符合表 5.5.11 的规定。

表 5.5.11 电缆沟尺寸及电缆沟盖板安装允许偏差（mm）

检查项目		允许偏差
沟道中心线位移		≤20
沟道顶面标高		0～—10
沟道底面标高		±5
沟道底面坡度偏差		±10% 设计坡度
沟道截面尺寸		±15
沟道壁厚		±5
沟内侧平整度		≤8
变形缝宽度		±5
预留孔洞及预埋件	中心位移	±15
	倾斜度	2%
预留孔、洞中心线位移拆模后预埋件质量		≤15
沟道盖板内外表面平整度		≤3
盖板长度偏差		±3
盖板宽度偏差		±3
盖板对角线差		≤3
沟道盖板搁置平整度		≤5
沟道盖板搁置外边平直度		≤5

5.6 独立避雷针及避雷线塔

5.6.1 独立避雷针及避雷线塔原材料及进场验收应符合现行国家标准《钢结构工程施工质量验收规范》GB 50205 的有关规定。

5.6.2 独立避雷针及避雷线塔的接地除执行本规范外，尚应符合现行国家标准《电气装置安装工程接地装置施工及验收规范》GB 50169 的有关规定。

5.6.3 独立避雷针及避雷线塔施工应有相应钢结构施工资质。

5.6.4 独立避雷针及避雷线塔钢构件、零部件加工、紧固件连接应符合设计要求和现行国家标准《钢结构工程施工质量验收规范》GB 50205 的有关规定。

5.6.5 独立避雷针及避雷线塔的表面外观质量应符合下列规定：

1 构件表面不应有明显变形，表面应干净，不应有疤痕；

2 涂层损坏或脱落部位应修补；

3 构件挠曲矢高不应大于 1/1000 构件长度，且不应大于 10mm。

5.6.6 独立避雷针与接地引下线之间的连接应采用焊接或热剂焊（放热焊接）。

5.6.7 独立避雷针及避雷线塔安装允许偏差应符合表 5.6.7 的规定。

表 5.6.7 独立避雷针及避雷线塔安装允许偏差（mm）

检查项目		允许偏差
中心线位移		≤20
垂直偏差	节高	不大于 1/1000 避雷针高度，且不大于 25
	全高	不大于 1/1000 避雷针高度，且不大于 35
侧向弯曲		不大于 1/1000 避雷针高度，且不大于 20

5.7 供水管井（水井）工程

5.7.1 供水井施工前，宜取得工程水文地质资料。当资料深度不能满足施工要求时，应补做相应的水文地质勘察工作或采用探采结合的方式进行施工。

5.7.2 供水管井所使用的材料，应经检查试验证明合格后方可使用。生活用供水管井及其有关材料必须采用无污染和无毒性材料。

5.7.3 生活饮用水应符合现行国家标准《生活饮用水卫生标准》GB 5749 的有关规定。

5.7.4 供水管井必须经正式验收合格后方可投入使用。

5.7.5 供水管井（水井）工程的施工验收除应执行本规范外，尚应符合现行国家标准《供水管井技术规范》GB 50296 的有关规定。

5.7.6 井身应圆正、垂直，并应符合下列规定。

1 井身直径不应小于设计井径；

2 小于或等于 100m 的井段，其顶角的偏斜不得超过 1°；大于 100m 的井段，每百米顶角的偏斜递增速度不得超过 1.5°。井段的顶角和方位角不得有突变。

5.7.7 下置井管时，井管应直立于井口中心，上端口应保持水平，井管的偏斜度应符合现行国家标准《供水管井技术规范》GB 50296 的有关规定。过滤器安装深度的允许偏差为±300m。

5.8 事故油池工程

5.8.1 事故油池工程的施工验收除应执行本规范外，尚应符合现行国家标准《给水排水构筑物工程施工及验收规范》GB 50141、《混凝土结构工程施工质量验收规范》GB 50204 和《地下防水工程质量验收规范》GB 50208 的有关规定。

5.8.2 事故油池应有油水分离的功能。

5.8.3 事故油池应按设计要求留置施工缝，施工缝应符合设计和现行国家标准《地下工程防水技术规范》GB 50108 的有关规定。

5.8.4 事故油池池体宜采用抗渗钢筋混凝土结构，抗渗等级应符合设计要求。油池施工完毕后，应按设计要求及现行国家标准《给水排水构筑物工程施工及验收规范》GB 50141 的规定进行蓄水试验。

5.8.5 外观质量不宜有一般缺陷。

5.8.6 整体现浇钢筋混凝土事故油池施工允许偏差应符合表 5.8.6 的规定。

表 5.8.6 整体现浇钢筋混凝土事故油池施工允许偏差（mm）

检查项目		允许偏差
轴线位置	底板	15
高程	垫层、底板、顶板、池壁	±10
平面尺寸（底板和池体的长、宽或直径）	L≤20m	±20
	20m<L≤50m	±L/1000
	50m<L≤250m	±50
截面尺寸	池壁、柱、梁、顶板	+10，-5
	洞、槽、沟净空	±10
垂直度	H≤5m	8
	5m<H≤20m	1.5H/1000
油池内外表面平整度		≤8
油池中心线位移		≤10
中心位置	预埋件、预埋管	5
	预留洞	10

注：1 L 为底板和池体的长、宽或直径；

2 H 为池壁、柱的高度。

5.9 水池及盐池工程

5.9.1 本节适用于水池及盐池工程的施工及验收。

5.9.2 水池及盐池工程的施工验收除应执行本规范外，尚应符合现行国家标准《给水排水构筑物工程施工及验收规范》GB 50141、《混凝土结构工程施工质量验收规范》GB 50204 和《地下防水工程质量验收规范》GB 50208 的有关规定。

5.9.3 水池及盐池工程所用的原材料、半成品、成品等产品的品种、规格、性能必须符合设计要求。生活饮用水应符合现行国家标准《生活饮用水卫生标准》GB 5749 的有关规定。

5.9.4 接触饮用水的产品应符合现行国家标准《生活饮用水输配水设备及防护材料的安全性评价标准》GB/T 17219 的有关规定，严禁使用国家明令淘汰、禁用的产品。

5.9.5 水池及盐池施工时应根据设计要求，同步准确进行与水池及盐池有关的管道、进出水构筑物的相应预埋工作。

5.9.6 水池及盐池混凝土施工完毕后必须进行满水试验。

5.9.7 水池及盐池满水试验应符合下列规定：

1 满水试验在现浇钢筋混凝土水池的防水层、防腐层施工以及回填土施工前进行；

2 满水试验时池体的混凝土已达到设计强度；

3 满水试验应填写满水试验记录；

4 在满水试验过程中，应对水池进行沉降观测。

5.9.8 水池应设置水位观测标尺。

5.9.9 水池、盐池混凝土应连续浇筑，不宜设置施工缝，当施工困难必须留设时应符合设计要求，且施工缝处混凝土浇筑应符合下列要求：

1 已浇筑混凝土的抗压强度不应小于 2.5MPa；

2 在已硬化的混凝土表面上浇筑时，应凿毛和冲洗干净，并保持湿润；

3 浇筑前，施工缝处应先铺一层与混凝土强度等级相同的水泥砂浆，其厚度宜为 15mm～30mm；

4 混凝土应细致捣实，使新旧混凝土紧密结合。

5.9.10 设计有变形缝时，混凝土应按变形缝分仓浇筑。变形缝处止水带位置应符合设计要求；安装固定稳固，无孔洞、撕裂、扭曲、褶皱等现象；先行施工一侧的变形缝结构端面应平整、垂直，止水带与结构咬合紧密，深度应符合设计要求。

5.9.11 整体现浇钢筋混凝土水池、盐池施工允许偏差应符合表 5.9.11 的规定。

表 5.9.11 整体现浇钢筋混凝土水池、盐池施工允许偏差（mm）

项　目		允许偏差
轴线位置	底板	15
	池壁、柱、梁	8
高程	垫层、底板、池壁、柱、梁	±10
平面尺寸（底板和池体的长、宽或直径）	$L \leq 20m$	±20
	$20m < L \leq 50m$	±L/1000
	$50m < L \leq 250m$	±50
截面尺寸	池壁、柱、梁、顶板	+10，-5
	洞、槽、沟净空	±10
垂直度	$H \leq 5m$	8
	$5m < H \leq 20m$	1.5H/1000
表面平整度（用2m直尺检查）		10
中心位置	预埋件、预埋管	5
	预留洞	10

注：1 L 为底板和池体的长、宽或直径；
　　2 H 为池壁、柱的高度。

6 换流站场区工程

6.1 一般规定

6.1.1 本章适用于换流变广场、轨道及道路工程施工质量的验收。

6.1.2 混凝土路基、路面的施工及验收，除按本规范的规定执行外，尚应符合现行国家标准《水泥混凝土路面施工及验收规范》GBJ 97 等的有关规定。

6.1.3 沥青混凝土路基、路面的施工及验收，除应按本规范的规定执行外，尚应符合现行国家标准《沥青路面施工及验收规范》GB 50092 的有关规定。

6.1.4 换流变混凝土广场、混凝土道路涉及有关钢筋、模板、混凝土分项质量验收应符合现行国家标准《混凝土结构施工质量验收规范》GB 50204 的有关规定。

6.1.5 轨道与预埋铁件焊接应符合现行行业标准《建筑钢结构焊接技术规程》JGJ 81 的有关规定。

6.2 换流站广场及轨道

6.2.1 换流站运输钢轨的规格应符合设计要求，进场后应进行抽样检查，合格后方可使用。

6.2.2 材料品种和质量应符合设计要求和现行有关标准的规定。

6.2.3 胀缝的设置要符合设计要求，后期分两次填塞：第一次填至与第一次广场施工的标高相同，第二次待竣工验收后填至最终面层标高相同。

6.2.4 钢轨焊接前应制定焊接工艺评定，钢轨焊接工艺必须经过评定和认可，即现场先进行实地样品焊接，待焊接工艺评定认可后再正常施工。

6.2.5 换流变混凝土广场应平整、无裂纹，应有一定坡度、无积水，表面色差基本一致。

6.2.6 基层铺设应符合下列规定：

1 水泥混凝土施工质量检验应符合现行国家标准《混凝土结构工程施工质量验收规范》GB 50204 的有关规定；

2 基层铺设的材料质量、密实度和强度等级（或配合比）等应符合设计要求和本规范的规定；

3 基层的标高、坡度、厚度等应符合设计要求，基层表面应平整，其允许偏差应符合表 6.2.6 的规定。

表 6.2.6 基层的允许偏差（mm）

项目	允许偏差		
	基土	垫层	
	土	砂、砂石、碎石、碎砖	灰土、三合土、炉渣、水泥、混凝土
表面平整度	15	15	10
标高	0～50	±20	±10
坡度	不大于相应尺寸的2/1000，且不大于30		
厚度	不大于设计厚度的1/10		

6.2.7 钢筋安装应符合下列规定：

1 钢筋进场应提供出厂合格证和产品质量证明书，并按现行国家标准《钢筋混凝土用热轧带肋钢筋》GB 1499 等的规定抽取试件作为力学性能检验进行现场见证取样，试验合格后方可使用；

2 钢筋安装时，受力钢筋的品种、级别、规格和数量必须符合设计要求；

3 钢筋保护层厚度应与施工图纸一致，且绑扎扎丝端头有意内倾朝下，防止露筋；

4 受力钢筋弯钩和弯折应符合设计规定，在需要设置胀缝位置处将钢筋断开绑扎。

6.2.8 混凝土面层浇筑应符合下列规定：

1 原材料材质、混凝土强度、伸缩缝及施工缝留置，应符合设计要求和现行有关标准规定。伸缩缝及施工缝留置位置准确，缝壁垂直，缝宽一致，填缝密实；

2 面层混凝土浇筑与下一层应结合牢固，表面不应有裂纹、脱皮、麻面、起砂等缺陷；

3 混凝土面层的允许偏差应符合表 6.2.8 的规定。

表 6.2.8 混凝土面层的允许偏差（mm）

项　　目	允　许　偏　差
面层平整度	≤5
坡度差	坡长的 ±0.25%
纵缝顺直度	≤10
横缝顺直度	≤10
板边垂直度	±5mm，胀缝板边垂直度无误差
相邻面层高差	≤3
井框与面层高差	≤3

6.2.9 预埋件工程应符合下列规定：

1 焊前应进行试焊，模拟施工条件试焊应合格，试焊合格后方可正式焊接；

2 焊条、焊剂的品种、性能、牌号应符合设计要求和现行行业标准《建筑钢结构焊接技术规程》JGJ 81 的有关规定；

3 钢筋级别应符合设计要求和现行有关标准规定；

4 预埋件安装允许偏差应符合表 6.2.9 的规定。

表 6.2.9 预埋件安装允许偏差（mm）

项　　目		允　许　偏　差
预埋件中心位置偏差	预埋件	10
	预埋管	5
	预埋螺栓	5

6.2.10 轨道安装应符合下列规定：

1 将事先排版加工好的轨道安置就位，并将钢轨焊接部位的铁锈、油污、水分及尘土等杂物彻底清除干净，并打磨出金属光泽；

2 每道焊缝施焊完成后应及时清理焊渣及表面飞溅物，发现影响焊接质量缺陷时，应清除后方可再焊，最后按照设计要求做好防腐；

3 在轨道基础遇沉降缝处，钢轨应采用跨接安装，防止由于沉降而形成的钢轨表面高低差偏大；

4 钢轨安装好后，应按照设计要求做好钢轨的接地；

5 钢轨安装允许偏差应符合表 6.2.10 的规定。

表 6.2.10 钢轨安装允许偏差（mm）

项　　目	允　许　偏　差
轨道轴线	2m 范围内偏差小于 1mm
钢轨标高	±3
轨道两钢轨间标高	1
轨道两钢轨间净距	3
钢轨对接间距	5
轨道交叉处轨道空隙	±1

6.3 站内道路工程

6.3.1 站内道路一般有混凝土道路和沥青混凝土道路，道路的施工应根据设计文件、施工条件及水文、地质、气象等不同情况，采取相应的技术措施，以保证工程质量。

6.3.2 路面的施工应采用机械操作，并积极采用新技术、新材料和新工艺。

6.3.3 路基施工应符合下列规定：

1 根据图纸设计要求进行各种过路管道的埋设，管道基层及上部回填要按要求夯实；

2 路基开挖应符合设计要求，路基的高度、宽度、纵横坡度和边坡等均应符合设计要求；

3 宜采用机械碾压，压实度应满足设计要求；路床、路肩填土碾压后不得有翻浆、弹簧、起皮、波浪、积水等现象；路肩肩线应顺直，表面应平整，不得有阻水现象；

4 边坡必须平整、坚实、稳定，边沟上口线应整齐、顺直，沟底应平整，排水应通畅。

6.3.4 基层铺设其允许误差应符合现行国家标准《水泥混凝土路面施工及验收规范》GBJ 97 的有关要求。

6.3.5 水泥混凝土路面施工应符合下列规定：

1 模板施工宜采用钢模板，立模的位置与标高，应符合设计要求，并应支立准确稳固，接头紧密顺，不得有离缝、前后错茬和高低不平等现象。模板与混凝土接触的表面应涂隔离剂；

2 混凝土路面压光后，混凝土应平整、光洁、颜色均匀一致；

3 混凝土配合比应保证混凝土的设计强度、耐磨、耐久和混凝土拌合物和易性的要求，在冰冻地区还应符合抗冻性的要求；

4 伸缩缝及施工缝留置质量符合设计要求和现行有关标准的规定，位置准确，缝壁垂直，缝宽一致，填缝密实，灌缝材料应符合设计要求；传力杆必须与缝面垂直；

5 道路混凝土表面施工允许偏差应符合表6.3.5的规定。

表 6.3.5　道路混凝土表面施工允许偏差（mm）

项　目	允许偏差
路面厚度	−5～20
路面宽度	±20
路面平整度	≤5
纵坡标高	±10
横坡	坡长的±0.25%
纵缝顺直度	≤10
横缝顺直度	≤10
板边垂直度	±5mm，胀缝板边垂直度无误差
相邻板高差	≤3
井框与路面高差	≤3

6.3.6 沥青混凝土道路施工应符合下列规定：

1 沥青和矿料质量应符合设计要求及现行国家标准《沥青路面施工与验收规范》GB 50092 的有关规定；

2 施工温度控制：石油沥青混合料出厂温度130℃～160℃，摊铺温度不应低于100℃，煤沥青混合料出厂温度90℃～120℃，摊铺温度不应低于70℃，日最高气温大于15℃，日最低气温大于5℃；

3 混合料配合比应符合设计要求及现行国家标准《沥青路面施工与验收规范》GB 50092 的规定；

4 施工缝、伸缩缝留设应满足设计要求，符合现行国家标准《沥青路面施工及验收规范》GB 50092 的有关规定，并应紧密、平整，边缘垂直成线；

5 压实度应符合设计要求和现行国家标准《沥青路面施工与验收规范》GB 50092 的有关规定；

6 表面应平整、坚实，不得有脱落、掉渣、裂缝、堆挤、烂边、粗细骨料集中等现象，接槎平顺，不得有明显轮印、积水；

7 沥青路面质量检验允许偏差应符合表6.3.6的规定。

表 6.3.6　沥青路面质量检验允许偏差（mm）

项　目		允许偏差
面层厚度	沥青混凝土、沥青碎石	±5
	贯入式、表面点治	±10
面层平整度	沥青混凝土、沥青碎石	≤5
	贯入式、表面点治	≤10
路面宽度偏差		±30
路面中线标高偏差		±20
路面横向坡度偏差		坡长的±0.5%
井框与路面高差		≤5

6.3.7 路缘石施工应符合下列规定：

1 路缘石强度、质量符合设计要求和现行有关标准的规定；

2 路缘石施工必须稳固，并应线直、弯顺、无折角，顶面应平整无错牙，勾缝应严密，不得有阻水现象；路缘石背后回填必须密实；

3 路缘石施工允许偏差应符合表6.3.7的规定。

表 6.3.7　路缘石施工允许偏差（mm）

项　目	允许偏差
顺直度	10
相邻块高差	3
缝宽偏差	±3
顶面标高偏差	±10

7　换流站环保工程

7.1　一般规定

7.1.1 本章适用于换流站环保和水保工程施工质量验收。本章所指换流站环保工程包括主要围墙上隔声降噪装置、滤波器场地隔声降噪装置、换流变及平波电抗器周围隔声降噪装置以及场地处理工程，水保工程主要包括截洪沟、挡土墙及护坡工程。

7.1.2 隔声降噪装置应由有资质专业单位设计、专业厂家生产，生产时需派监造人员对其产品进行过程监督、检查，验收合格后方可出厂。

7.1.3 降噪设备（包括声屏障、吸声体、钢结构和涂料等）应达到相应国家环保标准。

7.1.4 降噪设备安装不得影响原有设备的检修和维护，降噪设备要求为可拆式并可重复利用，以便设备大修时设备能够顺利进出。

7.1.5 隔声降噪装置进场时，安装单位应检查如下资料：

1 设备的安装、运行、维护、修理调整使用说明书；

2 吸声、隔声装置和支承结构施工图（含节点连接详图）；

3 工厂试验报告（含声学性能测试报告）及产品合格证；

4 供货商及其资质文件；

5 所有设备及支承材料和其他辅助材料（焊条、油漆、螺栓、铜绞线等）的质量证明书；

6 制作中技术问题的处理的协议文件；

7 所有降噪材料（包括声屏障、吸声体、钢结构和涂料等）的环保检测报告。

7.2 隔声降噪工程

7.2.1 各构件的组装应牢固，交叉处有空隙者，宜装设相应厚度的垫圈或薄垫板。

7.2.2 当采用螺栓连接构件时，应符合下列规定：

1 螺栓应与构件平面垂直，螺栓头与构件间的接触处不应有空隙；

2 螺母拧紧后，螺杆露出螺母的外露长度宜为2～3扣；

3 螺杆必须加垫者，每端不宜超过两个平垫圈；

4 螺栓穿入方向宜保持一致：水平方向由内向外，垂直方向由下向上。

7.2.3 隔声降噪设施钢结构应可靠接地。

7.2.4 基础和支承面应符合下列规定：

1 建筑物的定位轴线、基础轴线和标高、地脚螺栓的规格应符合设计要求，基础及支持面混凝土强度应符合设计要求并到达其规定等级后方可安装；

2 围墙、基础、防火墙直接作为柱的支承面和基础顶面预埋钢板或支座作为柱的支承面时，其支承面、地脚螺栓（锚栓）位置的允许偏差应符合表7.2.4-1的规定；

表 7.2.4-1 支承面、地脚螺栓（锚栓）位置的允许偏差（mm）

项　　　目		允许偏差
支承面	标　高	±3
	水平度	1/1000
地脚螺栓（锚栓）	螺栓中心偏移	5
	外露长度	0～30
	螺纹长度	0～30
预留孔中心偏移		10

3 采用座浆垫板时，座浆垫板的允许偏差应符合表7.2.4-2的规定。

表 7.2.4-2 座浆的允许偏差（mm）

项　　目	允许偏差
顶面标高	−3～0
水平度	1/1000
位置	20

7.2.5 钢构件的安装与调整应符合下列规定：

1 钢构件的规格、型号应符合设计要求；安装钢柱前，控制其地脚螺栓锚固板上的中心线位置，同时对锚固板面标高进行调整，调整其下的螺帽至设计标高；

2 钢构件组装有困难时应查明原因，严禁强行组装。个别螺孔需扩孔部分不应超过3mm，严禁用气割进行扩孔或烧孔；

3 钢柱安装的允许偏差应符合表7.2.5-1的规定；

表 7.2.5-1 钢柱安装的允许偏差（mm）

项　　　目	允许偏差
柱底轴线对定位轴线偏移	3
单节柱的垂直度	h/1000，且不应大于10

注：h为高度。

4 钢梁及受压杆件垂直度和侧向弯曲矢高允许偏差应符合表7.2.5-2的规定；

表 7.2.5-2 钢梁及受压杆件垂直度和侧向弯曲矢高允许偏差（mm）

项　　目		允许偏差
受压杆件	中心对定位轴线的偏移	5
	垂直度	H/1000，且不应大于10
	弯曲矢高	H/1000，且不应大于15
受压杆件的间距		±5
钢梁的弯曲矢高		L/750，且不应大于10

注：1 H为受压柱的高度；
2 L为钢梁的长度。

5 设计要求顶紧的节点，接触面不应少于70%紧贴，且边缘最大间隙不应大于0.8mm。

7.2.6 隔声屏障墙板安装与调整应符合下列规定：

1 隔声屏障墙板规格、型号应符合设计要求，材质应符合合同规定标准的要求；

2 墙板表面质量应平整、色泽一致、洁净，接缝应均匀、顺直，填充材料应干燥，填充应密实、均匀、无下坠；

3 隔声屏障墙板应在钢框架安装完成后进行，墙板宜在一个方向自下往上安装，应一档一档流水作业；

4 屋面、正面外墙声屏障孔洞处和声屏障板接缝处，应采取切实有效的防水和密封构造，确保不出现漏水和漏声；

5 安装后应及时校正表面平整度、缝宽及拼缝平直度，安装允许偏差应符合表7.2.6的规定。

表 7.2.6　隔声屏障墙板安装允许偏差（mm）

项　目	允许偏差
立面垂直度	3
表面平整度	3
阴阳角方正	3
接缝直线度	3
接缝高低差	1

7.2.7 防火墙吸声板安装应符合下列规定：

1 吸声板规格、型号应符合设计要求；

2 墙板表面质量应平整、色泽一致、洁净，接缝应均匀、顺直，填充材料应干燥，填充应密实、均匀、无下坠；

3 防火墙上吸声板安装前宜采用软件放样对吸声板及挂槽进行辅助定位，然后再根据定位尺寸在防火墙表面弹挂槽安装线；

4 吸声板安装宜采取先初装后终紧的方式，其安装允许偏差应符合表 7.2.6 中有关的规定。

7.2.8 隔声屏障接地施工应符合下列规定：

1 隔音屏吸声板接地采用 35mm² 软铜线螺栓连接，隔音屏钢框架应与站区主接地网连接；

2 接地引下线与钢柱的连接应接触良好，并应便于断开测量其接地电阻；

3 测量接地电阻可采用接地摇表，其测量接地电阻值不应大于设计规定值。

7.2.9 降噪的测试应符合下列规定：

1 在换流站投入运行后应在围墙外规定测试点进行噪声测试，测试委托专业机构进行现场测试，治理后换流站站法定厂界应符合现行国家标准《工业企业厂界环境噪声排放标准》GB 12348 的规定标准限值要求。

2 换流站周围居民点噪声应符合现行国家标准《声环境质量标准》GB 3096 的规定要求。

7.3　挡土墙、浆砌护坡及截洪沟工程

Ⅰ　一般规定

7.3.1 换流站内挡土墙、浆砌护坡及截洪沟工程的施工及验收除应执行本规范外，尚应符合现行国家标准《砌体工程施工质量验收规范》GB 50203 和《建筑边坡工程技术规范》GB 50330 的有关规定。

7.3.2 施工中所采用的材料必须满足设计图纸要求及相关规范要求，采用的土工格栅应满足长期蠕变强度要求，并根据设计要求提供相应的检测试验资料。

7.3.3 挡土墙内侧回填土必须分层夯实，分层厚度及压实系数符合设计要求。

Ⅱ　砌体挡土墙工程

7.3.4 石料及砂浆强度等级必须符合设计要求。

7.3.5 挡土墙地基承载力及基础埋置深度必须满足

设计要求。

7.3.6 挡土墙砌筑砂浆饱满度不应小于 80%，砌筑应分层错缝。浆砌时坐浆挤紧，嵌填饱满密实，不得有空洞。

7.3.7 砌体表面平整，砌缝完好、无开裂现象，勾缝平顺，无脱落现象。

7.3.8 沉降缝位置、宽度及嵌缝材料符合设计要求，缝体整齐垂直，上下贯通。

7.3.9 泄水孔、反滤层的设置位置、质量和数量应符合设计要求。

7.3.10 砌体挡土墙的泄水孔施工应符合下列规定：

1 泄水孔应均匀设置，在每米高度上间隔 2m 左右设置一个泄水孔；

2 泄水孔与土体间铺设长宽各为 300mm、厚 200mm 的卵石或碎石作滤水层；

3 泄水孔坡度向外，无堵塞现象。

7.3.11 砌体挡土墙的一般尺寸允许偏差应符合表 7.3.11 的规定。

表 7.3.11　砌体挡土墙的一般尺寸允许偏差（mm）

项　目	允许偏差	
平面位置	50	
顶面高程	±20	
竖直度或坡度	0.5%	
断面尺寸	不小于设计尺寸	
底面高程	±50	
表面平整度	块石	20
	片石	30
	混凝土块、料石	10

Ⅲ　混凝土面板加筋土挡土墙工程

7.3.12 筋带的强度、质量和规格，应满足设计和有关规范的要求，根数不得少于设计数量。

7.3.13 筋带须理顺，放平拉直，筋带与面板、筋带与筋带连接牢固。

7.3.14 加筋土挡土墙墙背填土应满足设计要求，距面板 1m 范围以内填土压实度应符合设计规定。

7.3.15 加筋土挡土墙质量允许偏差应符合以下规定：

1 筋带质量允许偏差应符合表 7.3.15-1 的规定；

表 7.3.15-1　筋带质量允许偏差

项　目	允许偏差
筋带长度或直径	不小于设计规定值
筋带与面板连接	符合设计要求
筋带与筋带连接	符合设计要求
筋带铺设	符合设计要求

2 面板预制质量允许偏差应符合表 7.3.15-2 的规定；

表 7.3.15-2　面板预制质量允许偏差（mm）

项　目	允　许　偏　差
混凝土强度（MPa）	符合设计要求
边长	±5 或 0.5%边长
两对角线差	10 或 0.7%最大对角线长
厚度	+5，−3
表面平整度	4 或 0.3%边长
预埋件位置	5

3 面板安装质量允许偏差应符合表 7.3.15-3 的规定；

表 7.3.15-3　面板安装质量允许偏差（mm）

项　目	允　许　偏　差
每层面板顶高程	±10
轴线偏位	10
面板竖直度或坡度	+0，−0.5%
相邻面板错台	5

注：面板安装以同层相邻两板为一组。

4 加筋土挡土墙质量允许偏差应符合表 7.3.15-4 的规定。

表 7.3.15-4　加筋土挡土墙质量允许偏差（mm）

项　目		允　许　偏　差
墙顶和肋柱平面位置	路堤式	+50，−100
	路肩式	±50
墙顶和柱顶高程	路堤式	±50
	路肩式	±30
肋柱间距		±15
墙面倾斜度		+0.5%H 且不大于+50，−1%H 不小于−100
面板缝宽		10
墙面平整度		15

注：1　平面位置和倾斜度"+"指向外，"−"指向内；
　　2　H 为墙高。

7.3.16 外观质量应符合下列规定：

1 预制面板表面平整光洁，线条顺直美观，不得有破损翘曲、掉角啃边等现象；

2 蜂窝、麻面面积不得超过该面面积的 0.5%；深度超过 10mm 的应处理；

3 混凝土表面出现非受力裂缝，其裂缝宽度超过设计规定或设计未规定时超过 0.15mm 必须进行处理；

4 墙面直顺，线形顺适，板缝均匀，伸缩缝贯

通垂直；

5 露在面板外的锚头应封闭密实、牢固，整齐美观。

Ⅳ　土工格栅挡土墙

7.3.17 土工格栅的类型、规格和物理机械性能应符合设计和有关标准的要求。设计没有明确要求时，应选用抗拉强度大，延伸率较小的产品。外观无破损、无污染，无老化。

7.3.18 土工格栅应按设计要求的试验项目进行抽样检验。

7.3.19 土工格栅不应露天存放，避免日光长期照射，并远离热源不小于 2m，产品自生产日期起保存期不宜超过 12 个月。

7.3.20 土工格栅挡土墙地基应满足设计要求的地基承载力。

7.3.21 土工格栅铺放应满足下列规定：

1 铺放土工格栅的地基表面应平整，局部高差不宜大于 50mm；

2 土工格栅须按其主要受力方向铺放；

3 铺放时应拉紧，没有皱折，且紧贴下承层；

4 铺放时，两端须有富余量，富余量每端不少于 1000mm，且应按设计要求加以固定；

5 土工格栅的接缝连接应采用密贴排放或重叠搭接，用聚合材料绳或特种连接件连接；

6 上下层土工格栅的搭接缝应交替错开，错开距离不应小于 500mm；

7 土工格栅铺放时不应有大面积的损伤破坏。对小的裂缝或孔洞，应在其上铺补新材料。新材料面积不应小于破坏面积的 4 倍，且边长不小于 1000mm。

7.3.22 土工格栅挡土墙质量允许偏差应满足表 7.3.22 的要求。

表 7.3.22　土工格栅挡土墙质量允许偏差（mm）

项　目	允　许　偏　差
下承层平整度、拱度	符合设计要求
搭接宽度	+50，0
搭接缝错开距离	符合设计要求
锚固长度	符合设计要求

7.3.23 挡土墙体表面应密实，不应起鼓和凹陷。

7.4　场地处理工程

7.4.1 场地处理工程应在主要建筑物、地下管线、道路工程等主体工程完成后进行。

7.4.2 换流站内场地处理工程的施工及验收除符合本规范外，尚应符合国家现行有关标准的规定。

7.4.3 根据设计要求采用绿化、碎石、混凝土地坪时，选定的材料应符合设计和现行国家标准的规定。

7.4.4 场地处理工程质量验收应符合下列规定：

　　1 地被植物应在当年成活后，郁闭度达到 80% 以上进行验收；

　　2 花坛种植的一、二年生花卉及观叶植物，应在种植 15 天后进行验收；

　　3 春季种植的宿根花卉、球根花卉，应在当年发芽出土后进行验收；

　　4 碎石地坪应平整、均匀、洁净，厚度符合设计要求；

　　5 混凝土地坪应平整、无裂缝，变形缝设置合理、嵌缝正确。

7.4.5 绿化工程质量检查标准应符合下列规定：

　　1 灌木成活率不应低于 85%；

　　2 花卉、草坪种植成活率应达到 95%；

　　3 绿地整洁，表面平整。

附录 A ±800kV 换流站土建单位、子单位工程质量验评划分表

表 A ±800kV 换流站土建单位、子单位工程质量验评划分表

施工阶段	单位工程名称	子单位工程名称
	场平	场地平整
	进站道路	道路
		桥梁
		涵洞
	站外给排水	站外排水
场平工程阶段		进站道路桥桩
		主控楼
		极1高端阀厅及辅控楼
		极2高端阀厅及辅控楼
		极1极2低端阀厅
		换流变组装区及备用换流变
	桩基础	室内 GIS 及 500kV 场地 GIS 管线
		交流滤波器场地 GIS
		500kV GIS 及 RB2 继电器室
		引线塔及 500kV 架构
		备班楼
		检修备品库
		直流场桩基

续表 A

施工阶段	单位工程名称	子单位工程名称
	控制楼工程	主控楼
		极1高端阀厅
站内土建主体工程阶段	阀厅及其附属设施	极1高端阀冷却设备间水池冷却塔
		极1辅控楼
		极1低端阀厅
		极1低端阀冷却设备间水池冷却塔
		极2高端阀厅
	阀厅及其附属设施	极2高端阀冷却设备间水池冷却塔
		极2辅控楼
		极2低端阀厅
		极2低端阀冷却设备间水池冷却塔
		极1高端换流变
		极1低端换流变
	换流变系统构筑物	极2高端换流变
		极2低端换流变
		搬运轨道及广场
		备用换流变（4个）
站内土建主体工程阶段	屋内配电装置系统建（构）筑物	500kV GIS 建（构）筑物
		GIS 母线基础及安装
	交流系统屋外配电装置构筑物	500kV 交流系统屋外配电装置构筑物
	交流滤波场构筑物	
	直流系统屋外配电装置构筑物	
	继保室	RB1 继电器室
		RB2 继电器室
	综合楼（备班楼）	
	备品备件库	备品备件库
	电缆沟	户外电缆沟
		户内电缆沟

续表 A

施工阶段	单位工程名称	子单位工程名称
站内土建主体工程阶段	消防系统建（构）筑物	雨淋阀室
		消防小室
		综合消防水泵房
		消防水池
		消防安装
	站用电系统建（构）筑物	35kV 及 10kV 站用电室
		400V 站用电室
		站用变压器系统基础及构、支架
		35kV 及 10kV 站用变压器系统基础及构、支架
	围墙及大门（含门卫室）	围墙
		警卫室
		大门
	站内道路	
	屋外场地工程	场地终平及地面
		屋外场地照明
	室外给排水及雨、污水系统建（构）筑物	室外给排水管道
		工业水池
		雨水泵房
		污水调节池
		全站事故油池（一）
		全站事故油池（二）
		极1换流变事故油池
		极2换流变事故油池
	码头及大件运输道路	拟划分道路、隧道、涵洞、桥梁等
		极1高端换流变
		极1低端换流变
	隔音降噪工程	极2高端换流变
		极2低端换流变

注：±660kV 及以下换流站换流区不划分高低端。

本规范用词说明

1 为便于在执行本规范条文时区别对待，对要求严格程度不同的用词说明如下：

 1）表示很严格，非这样做不可的：
  正面词采用"必须"，反面词采用"严禁"；

 2）表示严格，在正常情况下均应这样做的：
  正面词采用"应"，反面词采用"不应"或"不得"；

 3）表示允许稍有选择，在条件许可时首先应这样做的：
  正面词采用"宜"，反面词采用"不宜"；

 4）表示有选择，在一定条件下可以这样做的，采用"可"。

2 条文中指明应按其他有关标准执行的写法为："应符合……的规定"或"应按……执行"。

引用标准名录

《沥青路面施工及验收规范》GB 50092
《水泥混凝土路面施工及验收规范》GBJ 97
《地下工程防水技术规范》GB 50108
《混凝土外加剂应用技术规范》GB 50119
《给水排水构筑物工程施工及验收规范》GB 50141
《电气装置安装工程电缆线路施工及验收规范》GB 50168
《电气装置安装工程接地装置施工及验收规范》GB 50169
《建筑地基基础工程施工质量验收规范》GB 50202
《砌体工程施工质量验收规范》GB 50203
《混凝土结构工程施工质量验收规范》GB 50204
《钢结构工程施工质量验收规范》GB 50205
《屋面工程质量验收规范》GB 50207
《地下防水工程质量验收规范》GB 50208
《建筑地面工程施工质量验收规范》GB 50209
《建筑装饰装修工程质量验收规范》GB 50210
《建筑防腐蚀工程施工及验收规范》GB 50212
《通风与空调工程施工质量验收规范》GB 50234
《民用建筑工程室内环境污染控制规范》GB 50235
《建筑给水排水及采暖工程施工质量验收规范》GB 50242
《供水管井技术规范》GB 50296
《建筑工程施工质量验收统一标准》GB 50300
《建筑电气工程施工质量验收规范》GB 50303
《建筑边坡工程技术规范》GB 50330
《智能建筑工程质量验收规范》GB 50339
《建筑节能工程施工质量验收规范》GB 50411
《钢筋混凝土用热轧带肋钢筋》GB 1499
《硅酸盐水泥、普通硅酸盐水泥》GB 175
《声环境质量标准》GB 3096
《生活饮用水卫生标准》GB 5749
《混凝土外加剂》GB 8076

《工业企业厂界环境噪声排放标准》GB 12348

《建筑用压型钢板》GB/T 12755

《预拌混凝土》GB/T 14902

《生活饮用水输配水设备及防护材料的安全性评价标准》GB/T 17219

《天然花岗石建筑板材》GB/T 18601

《天然大理石建筑板材》GB/T 19766

《输变电钢管结构制造技术条件》DL/T 646

《钢筋焊接及验收规范》JGJ 18

《普通混凝土用砂、石质量及检验方法标准》JGJ 52

《建筑钢结构焊接技术规程》JGJ 81

《建筑工程冬期施工规程》JGJ 104

《混凝土结构后锚固技术规程》JGJ 145

《自流平地面工程技术规程》JGJ/T 175

中华人民共和国国家标准

±800kV 及以下直流换流站土建工程施工质量验收规范

GB 50729—2012

条 文 说 明

制 定 说 明

本规范系根据中华人民共和国住房和城乡建设部《关于印发〈2008 年工程建设标准规范制订、修订计划（第二批）〉的通知》（建标〔2008〕105 号文）的要求，由国家电网公司直流建设分公司会同中国南方电网超高压输电公司、浙江省电力公司和江苏省送变电公司共同完成。

本规范的指导思想是：验评分离、强化验收、完善手段、过程控制。编制过程中遵循的主要原则是：贯彻国家法律、法规和电力建设政策；坚持科学发展，广泛深入调研，汲取国际、国内电力建设工程施工质量验收的实践经验，以现行国家标准《建筑工程施工质量验收统一标准》GB 50300 为基础，广泛征求相关单位意见。

为方便各相关单位人员在使用本标准时能正确理解和执行条文规定，本规范编制组按章、节、条、款的顺序制定了条文说明，供使用时参考。在使用中如发现本条文说明有欠妥之处，请将意见函寄至国家电网公司直流建设分公司。

目　次

1 总　则

1.0.1 制定本规范的目的，是为了统一直流换流站土建施工质量的验收，使直流换流站土建工程的施工质量检查和验收更具操作性和规范性。

1.0.3 现行国家标准《建筑工程施工质量验收统一标准》GB 50300 对工程质量验收的划分、验收的方法、验收的程序和组织都提出了原则性的规定，本规范对此不再重复。本条强调了施工单位在质量检查、验收中的基础性作用，同时对隐蔽工程验收及有关见证取样、抽样检测的要求进行了强化，旨在加强施工单位在施工质量控制中的主体作用，通过关键项目（隐蔽工程验收、见证取样、抽样检测）的严格要求确保工程质量。

2 术　语

本规范共有 14 条术语，均系本规范有关章节所引用的，再加上现行国家标准《建筑工程施工质量验收统一标准》GB 50300 中给出的 15 个术语，以上术语是从本规范的角度赋予其含义的，但含义不一定是术语的定义。本规范给出了相应的推荐性英文术语，该术语不一定是国际上的标准术语，仅供参考。

3 质量验收范围

3.0.1 这条具体给出了建筑工程和室外工程的分部（子分部）、分项工程的划分依据。

3.0.2 为了归档需要、统一标准，特规定此编号原则；为满足不同工程质量验收的需要，各工程根据实际，质量验收范围表中的验收项目可以增加或减少，工程编号应按施工工序的逻辑顺序顺延或提前。

3.0.3 本条给出某 800kV 换流站土建工程单位、子单位质量验收划分表，可作为参考。

1　结合以往工程的施工情况，户外配电装置按各区域和功能分为单位工程；

2　站内土建筑物各单位工程均应包含智能建筑分部工程。

4 换流站建筑物工程

4.1 一般规定

4.1.1 本章仅对不同于变电站的建筑物如阀厅、控制楼、户内直流场、GIS 室、换流变防火墙等的施工质量验收作出了规定，其他建筑物如综合楼、备品库、继电器室、警传室、消防小室等未在本章作出规定。换流站建筑物施工质量的验收除执行本章

规定外，尚应根据具体施工内容符合现行国家标准《砌体工程施工质量验收规范》GB 50203、《混凝土结构工程施工质量验收规范》GB 50204、《建筑装饰装修工程质量验收规范》GB 50210、《建筑给水排水及采暖工程施工质量验收规范》GB 50242 等的有关规定。

4.2 阀厅、控制楼、户内直流场及 GIS 室主体钢结构工程

4.2.1 现行国家标准《钢结构工程施工质量验收规范》GB 50205 对钢结构加工、安装及防腐等有详细的规定，本规范对此不再重复。

4.2.2 本款强调原材料验收管理，根据钢结构工程的特点，见证取样送样试验项目非常重要，本条对见证取样、送样的见证人员提出了要求。建设部关于《房屋建筑工程和市政基础设施工程实行见证取样和送检的规定》中规定，见证人员"应由建设单位或该工程的监理单位具备建筑施工试验知识的专业技术人员担任"。涉及安全、功能的原材料在现行国家标准《钢结构工程施工质量验收规范》GB 50205 中有规定：包括 1）第 4.2.2 条规定的钢材及第 4.3.2 条规定的焊接材料；2）高强度螺栓预拉力、扭矩系数复验；3）摩擦面抗滑移系数复验。

4.2.4 对混凝土后锚固工程质量的现场检验，要求同规格，同型号，基本相同部位的锚栓组成一个检验批，抽取数量按每批锚栓的总数的 1‰ 计算，且不少于 3 根。

4.3 阀厅、控制楼、户内直流场及 GIS 室压型金属板围护工程

4.3.1 本节结合 ±500kV 换流站工程设计、施工经验，参照现行国家标准《建筑用压型钢板》GB/T 12755、《钢结构工程施工质量验收规范》GB 50205 及屋面工程的相关规定编写，分墙体和屋面、阀厅套管封堵三部分。

4.3.4 外露螺钉尖钝化处理并作外露长度限定是为了避免在室内设备带电后钉尖处产生感应放电现象。

4.3.9 换流阀对工作温度、防尘要求很高，阀厅屋面和墙体多采用复合压型彩钢板结构，其结构形式由内到外依次为：内彩钢板、聚乙烯薄膜、保温棉、屏蔽网、镀锌檩条及外彩钢，能保证良好的密封效果，工作中保持室内微正压（多为 5Pa～50Pa）有利于满足防尘要求。

4.3.22 阀厅套管封堵对防火板及耐渗 SE 膜防水卷材有特殊的质量要求：防火板要求有良好的导电及耐火性能，耐渗 SE 膜防水卷材要求能防水、可折叠和热熔焊接，设计对套管封堵用的材料型号、质量规格通常都有明确的要求，现场对材料采购及施工都应重点控制。

4.3.23 本条为强制性条文，必须严格执行。因在换流变和平抗运行过程中会使套管产出轻微震动，若孔洞封堵的金属构件（如防火板、檩条、角钢等）与穿墙的套管直接接触，会造成与之相接触的构件发生相应震动，进而导致墙板、盖缝板、泛水板等因震动而松动，首先影响封堵防水效果，同时存在封堵及墙体板材因长期震动年久失修而脱落砸坏换流变等设备致使系统停运的可能，隐患极大。根据以往工程施工及运行经验，穿墙套管与周边封堵防火板间保持 30mm～50mm 的空隙是适宜的，中间填充矿棉类防火材料，外面用耐渗 SE 膜类防水卷材进行柔性封堵，满足阀厅封堵密封、防水、防震的要求。

4.3.24 本条为强制性条文，必须严格执行。如果采用同材质金属闭环回路，将形成金属磁路，产生涡流，导致主设备损坏及系统停运。故必须断开金属框，采用不同材质的金属连接，以形成接地回路。

4.3.25 为方便以后维修更换，防火板安装先应根据封堵防火板及空洞的尺寸进行排版，将防火板水平接缝设置在套管穿孔中心线处。

4.3.27 凹口的设置对引流墙面雨水、防止封堵渗水作用非常大，若防火墙施工时未预先留设，可在洞口上 90mm 处切一条 25mm×25mm 的凹槽，为利于防水，凹槽上边尽量内高外低。

4.4 阀厅建筑物接地工程

4.4.2 根据国家现行标准《电磁屏蔽室工程施工及验收规范》SJ 31470—2002：阀厅应建立联合接地系统，形成等电位联结体，防静电危害。将阀厅钢结构框架各相连部件间、建筑物防雷引下线等连接起来，形成闭合良好接地的法拉第笼，以避免接地线之间存在电位差、产生感应过电压。

4.4.5 为方便檩条及预留洞金属框等接地，防火墙内侧通常按一定的间距布设接地干线，为避免金属板檩条接地形成闭合金属磁路，应严格按设计要求施工。内墙板（包括墙内侧板和屋面底层板）接地通常应与钢结构连成整体。

4.4.6 阀厅内各设备接地干线通过环形铜排接地母线连接至接地网，为确保环形铜排接地母线接地的可靠性，设计对此通常都有详细规定，施工应严格遵守。

4.4.7 阀厅混凝土地面中的钢筋网是阀厅屏蔽及接地工作的重要组成部分，钢筋相互间焊接必须满足设计要求，同时要保证与接地网连接可靠，通常每根接地引线（镀锌扁钢或铜导线）与钢筋屏蔽网间的连接点不应少于 6 处。

4.4.13 本条为强制性条文，必须严格执行。本条引用现行国家标准《电气装置安装工程接地装置施工及验收规范》GB 50169 第 3.5 节的规定。这里不再详述。

4.5 防火墙工程

4.5.9 本条为强制性条文，必须严格执行。若外加剂中含有氯化物，可能引起混凝土结构中钢筋的锈蚀，进而影响结构安全，故应严格控制。

4.5.10 本条为强制性条文，必须严格执行。混凝土中的碱（Na_2O 和 K_2O）与砂、石中含有的活性硅会发生化学反应，称为"碱-硅反应"；某些碳酸盐类岩石骨料也能和碱起反应，称为"碱-碳酸盐反应"。这都称为"碱-骨料反应"。这些"碱-骨料反应"能引起混凝土的开裂，在国内外都发生过此类工程损害的案例。发生"碱-骨料反应"的充分条件是：混凝土有较高的碱含量；骨料有较高的活性；还有水的参与。所以，本条规定了潮湿环境和干湿交替环境的混凝土，应选用非碱活性骨料。

4.6 特殊地面（坪）工程

4.6.1 本节对换流站几种常用地面（坪）的特殊部分作出规定，通用结构层的验收按现行国家标准《建筑地面工程施工质量验收规范》GB 50209 的有关规定进行。

4.6.9 为确保人身的安全，对在接地网边缘或独立避雷针周围等经常有人行走而未采取均压措施的走道地坪铺设碎石或沥青地面，以保证跨步电压和接触电压满足运行安全要求。此类地坪即绝缘地坪，与普通地砖地面结构相比仅多一层碎石和沥青垫层，对绝缘地坪此层的验收按设计要求进行。

4.6.10 碎石沥青垫层常采用 1:6 碎石沥青拌和料，均匀铺设后，用铁辊辗压密实。

4.6.11 硬化耐磨地坪（又名金刚砂耐磨地坪）由一定粒径级配的精选骨料（金属或非金属）、高强水泥、特殊外加剂、颜料及聚合物组成，采用干式拨撒方法，均匀地撒布在初凝阶段的混凝土表面，用专业施工工具施工，从而使与混凝土地面形成一个整体。为保证硬化地面具有高致密性、色彩统一、良好的耐磨性能。施工时应严格控制耐磨掺和料的撒料时机及配比用量，耐磨掺和料用量一般为 $4kg/m^2$～$6kg/m^2$。

4.7 装饰装修细部工程

4.7.2 验收时检查施工图、设计说明及其他设计文件，有利于强化设计的重要性，为验收提供依据，避免口头协议造成扯皮。材料进场验收、复验、隐蔽工程验收、施工记录是施工过程控制的重要内容，是工程质量的保证。

4.7.3 人造木板的甲醛含量过高会污染室内环境，进行复验有利于核查是否符合要求。

4.7.10 本条为强制性条文，必须严格执行。护栏和扶手的安全性十分重要。栏杆高度不低于 1050mm 是为了有效防止凭栏人员侧翻的安全需要，临空面加挡板是为了防止地面落物被行人踢踏穿过围栏底部而砸伤下面的人或物。

4.7.11 钢化玻璃的厚度 12mm 经常被偷工减料，且少于 12mm 时也没有用钢化夹层玻璃，故在此规定。

4.8 建筑电气工程

4.8.4 本条为强制性条文，必须严格执行。电气设备或导管等可接近裸露导体的接地或接零可靠是防止电击伤害的有效手段。接地干线通常采用焊接连接，具有不可拆卸性和良好的电气导通性能；而支线是指需接地或接零的单独个体（设备或器具）连至接地干线的接地线，常用可拆卸的螺栓连接，以便于设备检修时拆除。若个体设备接地支线是串联连接时，中间一件拆除就会导致远离干线一侧的所有需接地或接零的设备个体失去电击保护，故禁止接地支线串联连接。

4.8.8 漏电保护装置的设计和选型由设计规定。根据 IEC 出版物 479（1974）《电流通过人体的效应》：电流 30mA，时间 0.1s 属于无病理生理危险效应的安全区内，本条规定漏电保护装置动作电流不大于 20mA，动作时间不大于 0.1s。

5 换流站构筑物工程

5.1 一 般 规 定

5.1.1 本章所指换流站构筑物工程主要是区别于本规范换流站建筑物以外，主要包括基础、构架与设备支架、阀冷系统、独立避雷针及避雷线塔、电缆沟（隧）道、水井、水池及盐池、事故油池。

5.2 基 础

5.2.4 当连续 5d、室外平均气温低于 5℃时，混凝土基础工程应采取冬期施工措施，并应及时采取气温突然下降的防冻措施。

5.2.6 本条强调必须对地基进行验槽。如设计有要求还需对地基进行处理。地基处理有对灰土地基、砂和砂石地基、土工合成材料地基、粉煤灰地基、强夯地基、注浆地基、预压地基等多重处理方法，地基处理后检测结果（地基强度或承载力）必须达到设计要求的标准。

5.2.7 换流站工程各建（构）筑物布置紧凑，基础回填层上经常存在电缆沟等其他构筑物，如果基坑不进行夯填将造成其他构筑物基底处在未夯实的基层上，经常会出现基础沉陷等质量缺陷。因此，基坑回填时必须按规范进行夯填，以保证工程施工质量。

5.2.8 本条为强制性条文，必须严格执行。本条是根据电磁感应原理，如钢筋形成闭合环路，钢筋会在电抗器形成的电磁场环境下持续发热，导致破坏混凝

土强度或对混凝土造成损坏。

5.2.9 本条为强制性条文，应严格执行。由于尺寸偏差会对设备安装的水平度、垂直度造成影响，故超过尺寸允许偏差且影响结构性能和安装、使用功能的部位，应由施工单位提出技术处理方案，并经监理（建设）单位认可后进行处理，对经处理的部位，应重新检查验收。

5.2.10 本条是考虑到换流站工程基础埋件及基础预埋铁管宜锈蚀，对结构耐久性造成影响。因此强调对预埋铁件、预埋铁管外露部分做热镀锌处理，以防止锈蚀。预埋电缆套管要求采用具有持久耐腐蚀的热浸镀锌钢管，设备制造厂自带的电缆管耐腐蚀性不宜低于热浸镀锌防腐工艺。

5.2.12 换流站户外设备本体机构箱或端子箱的电缆埋管、隔离开关（接地开关）本体机构箱埋管，需从基础或电缆沟内延伸至机构箱内，露出长度一般控制为 5mm，并用铝板固定。预埋电缆套管应接续，不宜有断点。电压互感器、电流互感器等类电缆埋管，从电缆沟伸至本体接线盒内，露出长度应符合设计规定。断路器电缆埋管较多，埋管从电缆沟伸至断路器基础定位点，一般高出基础约 100mm，然后采用热浸镀锌钢电缆槽盒引至设备本体接线箱，此槽盒由制造厂自带，并与之配合大小及长度确保工艺美观。

5.2.13 本条规定了换流变油坑底板和集油井的允许偏差，确保排油畅通。

5.2.14 本条给出了设备基础尺寸的允许偏差。在实际应用时，尺寸偏差除应符合本条规定外，还应满足设计或设备安装提出的要求。

5.3 构架与设备支架

5.3.2 本条强调构架与设备支架安装前需要对基础进行验收，一般由监理单位组织安装单位及基础单位进行验收，验收合格后方可进行构架与支架安装。

5.3.5 钢材及焊接材料的质量直接关系到钢结构工程的安全可靠性。因此，本条对钢结构工程中所采用钢材及焊接材料作了明确要求。

5.3.6 本条强调如有特殊情况需进行现场焊接时，必须对焊接部位进行防腐处理。市场上防腐材料、稀释剂和固化材料种类很多，应检查产品的质量合格证明文件、中文标志及检验报告等，以保证其品种、规格、性能符合设计要求。

5.3.7 为避免构件进场安装出现问题难于处理，要求在厂家进行预拼装，以保证进场构件质量，在现行国家标准《钢结构施工质量验收规范》GB 50205 中有详细要求。

5.3.8 第一款实质是对构件的加工要求。第二款及第三款是对螺栓连接的要求。第二款中的双螺母包括两种含义：一是采用同样的两个标准螺母；二是一个标准螺母和一个防松螺母。

5.3.9 由于镀锌等其他原因造成现场安装时螺栓孔不能正常安装，强行组装会降低构件的承载能力或使构件变形，施工现场应慎重经过厂家、设计、监理等各方确认方案后进行处理。

5.3.10 构架与设备支架底座应设保护帽，为能切实起到保护作用，保护帽混凝土强度等级宜不低于基础混凝土。

5.3.11 为了结构稳定，保证产品使用寿命，施工过程中出现类似问题，必须更换螺栓。

5.3.12 从对安装构成中结构安全考虑，对安装前基础混凝土强度提出要求。

5.3.13 二次灌浆对构架与设备支架稳定起重要作用，其混凝土强度应高于基础混凝土强度等级，避免对基础杯口、构件等造成影响，应采用无膨胀混凝土。

5.3.14 近几年发现钢管式构架内部冷凝水凝结，时间长了造成积水，不利于设备安全稳定，要求必须采取排水措施。钢管内排水孔以下部位必须灌满混凝土防止积水。

5.3.16 根据现场经验，由于构件装卸、运输以及露天存放，应对设备进场外观验收。对不符合要求的构架及设备支架进行返厂处理或现场进行修复。

5.3.17 本条对构架与设备支架安装允许偏差提出具体要求。

5.4 阀冷却水系统

5.4.1 本条强调阀冷却水系统作为换流站重要辅助设施，其生产厂家应具备相应生产资质。

5.4.2 本条对用于阀冷却水系统的原材料质量提出要求。

5.4.3 换流站工程对接地要求很高，本条强调阀冷却水系统的接地必须符合设计要求。

5.4.4 为保证阀冷却水系统现场安装施工质量，避免与厂房穿墙部位出现渗水情况，应严格检查，按设计要求施工。

5.4.5 阀冷却水系统对水质要求很高，为避免水质污染，施工中应严格控制，保持清洁。为保证设备稳定，支撑系统应牢固并符合设计要求。

5.5 电缆沟（隧）道

5.5.4 本条强调电缆隧道对防水要求较高，宜采用抗渗混凝土。

5.5.5 电缆沟（隧）道一般长向布置，由于地基不均匀、温度变化以及外力影响［这里指的外力影响指电缆沟（隧）道顶部以及其周围荷载影响］容易产生裂缝，因此必须设置伸缩缝。20m为设计规范经验值。

5.5.6 为避免电缆沟（隧）道积水对电缆等设备造成影响，应保持排水畅通。

5.5.7 换流站内经常出现电缆沟（隧）道走向与场地以及其周边排水不一致情况，为避免排水不通畅，应设置过水沟道。

5.5.8 用于换流站电缆排管主要材料为金属管、混凝土管、玻璃钢管、塑料管等，其原材料应符合要求。

5.5.9 为避免电缆排管变形，应设置基层，换流站内宜采用钢筋混凝土基层，其他材料如砂、石、砖等要符合设计要求。

5.6 独立避雷针及避雷线塔

5.6.1 避雷针及避雷线塔原材料一般为钢质，故应符合现行国家标准《钢结构工程施工质量验收规范》GB 50205的相关规定。

5.6.3 避雷针及避雷线塔安装是钢结构安装的一种，因此应有相应钢结构施工资质，施工单位应有施工技术方案等技术材料。

5.6.4 对于原材料以及厂家加工的构件、紧固件按照材料和成品出厂检查，应符合国家相关要求，验收时检查各种证明文件。

5.6.5 换流站内独立避雷针及避雷线塔构件都是厂家生产，在构件装卸、运输过程中可能造成部分损坏，因此对于构件进场做外观检查。对不符合规定的进行返厂或修复。

5.7 供水管井（水井）工程

5.7.1 施工前，应进行现场踏勘，了解施工条件、地下水开采情况等。管井施工采用的钻进设备和工艺，应根据地层岩性、水文地质条件和井身结构等因素选择。

5.8 事故油池工程

5.8.2 事故油池用于在发生事故时排出换流变内绝缘油。因为油池内有水，故需设置油水分离装置。

5.8.3 现行国家标准《地下工程防水技术规范》GB 50108第4.1.20条～第4.1.22条对防水混凝土施工缝有明确规定，事故油池采用混凝土结构时应结合设计的具体要求遵守相应规定，以确保施工缝处不会发生渗漏。

5.8.4 事故油池一般埋设较深，对抗渗有特殊要求。

5.9 水池及盐池工程

5.9.2 本节仅规定了水池及盐池工程施工及验收关于原材料及特殊工艺的要求，其余部分应执行国家现行相关标准的规定。

5.9.3 本条为强制性条文，必须严格执行。水池及盐池工程所使用的原材料、半成品、成品等产品质量会直接影响工程结构安全、使用功能及环境保护，因此必须符合设计要求。为保障人民身体健康，生活饮用水卫生必须符合相关规定。

5.9.4 为保障人民身体健康，接触饮用水产品的卫生性能必须符合规定，严禁使用国家明令淘汰、禁用的产品。

5.9.6 本条为强制性条文，必须严格执行。本条特指混凝土施工完毕后必须进行满水试验是因为换流站水池及盐池主体通常都是钢筋混凝土结构。规定水池及盐池主体混凝土施工完毕后必须进行满水试验，是为了确保投用的水池及盐池主体本质不漏水且防渗符合设计及有关标准要求，避免因渗漏导致水质或土体污染。

6 换流站场区工程

6.1 一 般 规 定

6.1.1 本规范适用对±800kV及以下直流换流站内场区工程施工质量的验收，由于换流站广场比较重要，对场区的广场及轨道安装进行验收规定。

6.1.4 换流变广场和站内道路都有混凝土，施工中凡涉及有关钢筋、模板、混凝土分项质量验收本规范不作具体规定，应按照现行国家标准《混凝土结构施工质量验收规范》GB 50204的有关条款执行。

6.1.5 轨道与预埋铁件焊接要求应按现行行业标准《建筑钢结构焊接技术规程》JGJ 81的规定执行，本规范不再详述。

6.2 换流站广场及轨道

6.2.1 钢轨作为轨道重要材料，检查其出厂合格证，同时对其几何尺寸进行抽查，报监理验收合格后方可使用。

6.2.3 整个广场建筑物和构筑物四周结合处设置胀缝，防止建筑物与广场混凝土之间产生裂缝，这里规定胀缝设置要求。同时轨道广场混凝土面层宜设置一定数量的缩缝，其长、宽不宜大于4m。

6.2.4 对首次焊接规定应进行焊接工艺评定，钢轨安装应在第一次轨道基础混凝土施工完后进行。对钢轨安装时间要求，轨道进行排版，主要保证下料长度不浪费便于焊接，安装前按照设计图纸进行排版，根据排版图确定其长度、形式，加工钢轨，应保证截面平整、顺直、无毛刺。

6.2.5 整个换流变场地采用有组织排水，主要防止广场积水，轨道间通过中间起拱将雨水排至钢轨边槽内，然后排至暗沟；轨道基础上暗沟两侧的雨水通过坡度排至排水暗沟，最后排至就近雨水口（井）内，暗沟与雨水井之间用镀锌钢管连接。

6.2.6 对基层铺设的材料质量、密实度和强度等级（或配合比）进行规定，以及基层的标高、坡度、厚度等允许偏差进行规定。

6.2.7 对钢筋的品种、级别、规格和数量应符合设计和现行国家标准《钢筋混凝土用热轧带肋钢筋》GB 1499等的规定，抽取试件作为力学性能检验进行现场见证取样，试验合格后方可使用，以及对钢筋保护层厚度、连接、安装位置的偏差按照《混凝土结构工程施工质量验收规范》GB 50204执行，这里不再详述。

6.2.8 换流变广场混凝土宜采用二次施工，主要是防止一次浇筑可能造成混凝土裂缝，二次施工厚度根据不同工艺而确定，一般最后厚度与轨道高度相同。混凝土面层浇筑应设置一定排水坡度排至雨水井，这样广场就不会积水；面层混凝土浇筑时宜每一胀缝范围内混凝土应一次性浇筑完成，以保证广场面层混凝土成型质量，不会产生二次浇筑的接缝。

6.2.9 预埋件工程焊接用焊条、焊剂的品种、性能、牌号应符合设计要求和现行行业标准《建筑钢结构焊接技术规程》JGJ 81的有关规定，因为焊条、焊剂选用存在一定的对应关系。

6.2.10 对本条的规定说明如下：

1 轨道安装应进行排版，防止钢轨浪费，应对预埋件的轴线和标高进行复测并进行调整使其顶面标高一致；对焊接部位打磨出金属光泽，便于控制焊接质量。

2 钢轨的标高、间距符合要求后先点焊后正式焊接。焊接操作必须由经过焊接焊工培训并考试合格的焊工操作，焊完的焊口应及时清理。

4 钢轨安装时应按照设计要求做好钢轨的接地，否则在投入运行后设备检修时将直接影响到设备安全。

5 轨道安装前应复测其预埋件的轴线和标高，对不平者进行调整。钢轨安装偏差指标目前国标没有规定，本条是参照国外厂家的安装要求。

6.3 站内道路工程

6.3.1 换流站站内道路有的采用混凝土路面、有的采用沥青路面，不同路面施工工艺和质量验收不同。

6.3.2 施工均应采用先进施工工具，采用机械化施工。

6.3.3 路基施工前需按设计要求进行各种过路管道的埋设，如接地扁铁、过路水管及电缆沟管等。

6.3.4 道路的基层有灰土基层、砂石基层和混凝土基层等类型，其质量由设计根据其类型进行相应规定，现场根据设计要求进行检查验收。

6.3.5 对本条的规定说明如下：

1 混凝土道路面层施工进行规定，面层做到色泽一直，无裂纹、空鼓，混凝土所用水泥、黄沙、石子进行统一批次，统一品牌。

4 混凝土路面胀缝留设间距以15m～20m为宜，在道路与建（构）筑物衔接处，道路交叉处必须做胀缝。胀缝必须上下贯通，缝宽按设计留置。胀缝应与路面中心线垂直；缝壁上下垂直，缝宽一致，缝中不得连浆；缝隙上部应浇灌填缝料，下部应设胀缝板。路面缩缝留设间距以 4m～6m 为宜，切割时当混凝土达到设计强度 25％～30％时可进行缩缝切割，以切割时不出现缺棱掉角为宜，缩缝切割的深度应不小于路面厚度的 1/3（从顶面算起）。

6.3.6 沥青道路一般由专业队伍施工，所用施工机械、施工工艺比较了解，便于控制施工质量。

7 换流站环保工程

7.1 一般规定

7.1.1 本章对换流站环保和水保工程进行说明，隔声降噪主要是在围墙上加装隔声降音装置，在交流滤波器场地周围地面上设置隔声降音装置，降低整个换流站设备噪声的分贝，从而达到环保要求。本章针对现场施工的隔声降噪设施，不包括设备的全封闭或半封闭式降噪设施。

7.1.2 换流站的隔声降噪作为环保设施，设计、制作比较重要，设计必须具备相应资质，加工必须进行监造。

7.1.5 对隔声降噪验收提出标准和要求。

7.2 隔声降噪工程

7.2.1 一般规定交叉各构件组装处有空隙者允许垫实，保证各构件安装牢固。为了全站的隔声降噪安装螺栓统一而作出此规定，且螺栓露出丝扣不要太长，一般控制在 20mm～30mm。对隔声降噪作装置的接地做出明确要求，按照设计图纸做好明显接地。

7.2.2 对安装螺栓方向进行统一规定，便于创优。

7.2.3 本条为强制性条文，必须严格执行。本条明确隔声降噪设施钢结构必须接地，接地建议采用多股软铜线连接。

7.2.4 根据隔声降噪装置的固定方式，明确了其基础和支承面检查与验收的标准。

7.2.5 规定隔声降噪装置钢构件安装后的允许偏差

标准。

7.2.6 本条建议隔声屏障墙板安装顺序，以及安装后执行的标准。

7.2.7 本条明确吸声板安装应采取先初装后终紧的方式，以及规定吸声板安装后的允许偏差标准。安装过程中应做好成品保护，防止墙板变形和损伤。

7.2.8 本条对隔声屏障接地线规格、连接方式、测试及测试工具进行规定。

7.2.9 本条规定测试应委托环保部门认可的具备相应资质的专业机构。

7.3 挡土墙、浆砌护坡及截洪沟工程

7.3.3 挡土墙内侧的回填土的质量是保证挡土墙可靠性的重要因素之一，应控制其质量，并应在顶面有适当坡度使流水流向挡土墙外侧面，以保证挡土墙内含水量和墙的侧向土压力无明显变化，从而确保挡土墙的安全性。

7.3.4 本条为强制性条文，必须严格执行。石砌体是由石材和砂浆砌筑而成，其力学性能能否满足设计要求，石材和砂浆的强度等级将起到决定性作用。因此，石材及砂浆强度等级必须符合设计要求。

7.3.10 为了防止地面水渗入而造成挡土墙基础沉陷或墙体受水压作用倒塌，因此要求挡土墙设置泄水孔，本条同时给出了泄水孔的疏水层的尺寸要求。

7.3.17 土工格栅的类型、规格及机械物理性能满足要求是土工格栅挡土墙质量的重要保证，使用时应严格检查试验报告及实物外观。

7.4 场地处理工程

7.4.1 这里讲述场地处理主要是配电装置区域场地终平后地面处理，因而施工时必须在主要建筑物和构筑物、地下管线、道路工程、安装工程等完成后进行。

7.4.3 场地处理根据设计要求按南北气候区别，南方宜采用绿化，北方宜采用碎石或混凝土地坪时，选定的材料应符合设计和现行国家标准规定。

7.4.4 对场地处理后验收标准作出规定。

7.4.5 本条规定了绿化工程质量验收允许偏差指标。

中华人民共和国国家标准

冶金工业建设钻探技术规范

Technical code for drilling of metallurgical
industry construction

GB 50734—2012

主编部门：中 国 冶 金 建 设 协 会
批准部门：中华人民共和国住房和城乡建设部
施行日期：２０１２ 年 ８ 月 １ 日

中华人民共和国住房和城乡建设部
公　告

第 1276 号

关于发布国家标准《冶金工业建设钻探技术规范》的公告

现批准《冶金工业建设钻探技术规范》为国家标准，编号为GB 50734—2012，自 2012 年 8 月 1 日起实施。其中，第 3.0.9、3.0.10、8.4.6（4）条（款）为强制性条文，必须严格执行。

本规范由我部标准定额研究所组织中国计划出版社出版发行。

中华人民共和国住房和城乡建设部
二〇一二年一月二十一日

前　言

本规范是根据原建设部《关于印发〈2006 年工程建设标准规范制订、修订计划（第二批）〉的通知》（建标〔2006〕136 号）的要求，由中勘冶金勘察设计研究院有限责任公司会同有关单位共同编制而成。

本规范在编制过程中，编制组向全国有关的勘察、设计、施工、教学及研究单位广泛征求意见，采纳了国内近 30 年来的钻探工程经验，经反复讨论、修改，最终经审查定稿。

本规范共分 11 章和 4 个附录，主要内容有：总则，术语和符号，基本规定，钻探准备工作，工程地质钻探，水文地质钻探与水井施工，基桩孔和成槽施工，特种钻探，冲洗介质与护壁堵漏，钻探质量，钻探设备使用、维护与拆迁等。

本规范中以黑体字标志的条文为强制性条文，必须严格执行。

本规范由住房和城乡建设部负责管理和对强制性条文的解释，由中勘冶金勘察设计研究院有限责任公司负责具体内容的解释。为提高规范质量，请各单位在执行本规范的过程中，结合工程实践，认真总结经验，并将意见和建议寄交中勘冶金勘察设计研究院有限责任公司（地址：河北省保定市东风中路 1285 号，邮政编码：071069，E-mail：guifan3@126.com），以供今后修订时参考。

本规范主编单位、参编单位、参加单位、主要起草人和主要审查人：

主 编 单 位：中勘冶金勘察设计研究院有限责任公司

参 编 单 位：长春工程学院
中冶集团武汉勘察研究院有限公司
中国有色金属工业长沙勘察设计研究院
中冶沈勘工程技术有限公司
北京爱地地质勘察基础工程公司
中基发展建设工程有限责任公司
宁波冶金勘察设计研究股份有限公司
湖北中南勘察基础工程有限公司
山西冶金岩土工程勘察总公司
中国有色金属工业昆明勘察设计研究院

参 加 单 位：中国地质科学院勘探技术研究所
北京市三一重机有限公司

主要起草人：王哲英　靖向党　李玉京　李　强
刘海刚　张国银　张宝亮　杨　新
杨子峰　金义元　荆和平　郭　斌
赵志锐

主要审查人：王文臣　王安成　孙建华　刘桐林
刘耀峰　刘　勇　赵子刚　祝世平
贺家乐　蒋宿平　龚高柏

目　　次

Contents

1 总 则

1.0.1 为在冶金工业建设项目钻探工作中贯彻执行国家有关的技术经济政策，做到安全适用、技术先进、经济合理、保护环境，确保钻探工程质量，制定本规范。

1.0.2 本规范适用于冶金工业建设工程地质钻探、水文地质钻探、特种钻探、水井施工、基桩孔和成槽的施工，以及钻探设备的使用和维护。

1.0.3 钻探施工应按本规范的要求，制定有效的技术措施，确保钻探工程优质、高效、节能、环保和安全。

1.0.4 冶金工业建设钻探的施工以及钻探设备的使用和维护，除应符合本规范外，尚应符合国家现行有关标准的规定。

2 术语和符号

2.1 术 语

2.1.1 钻探工程 drilling engineering
　　为探明地下地质情况，开采地下资源以及其他工程目的所进行的钻孔施工与采样工作。

2.1.2 工程地质钻探 engineering geological drilling
　　以工程地质勘察为目的的钻探工作。

2.1.3 水文地质钻探 hydrogeological drilling
　　以水文地质勘察为目的的钻探工作。

2.1.4 工程钻孔施工 civil engineering drilling
　　以工程施工为目的的钻孔工作。

2.1.5 钻具 boring rig
　　由钻头、钻杆、连接接头等组成的钻探工具。

2.1.6 岩石可钻性 rock drillability
　　岩石被碎岩工具钻碎的难易程度。

2.1.7 钻孔结构 borehole structure
　　构成钻孔剖面的技术要素。包括钻孔总深度、各孔段直径和深度、套管或井管的直径、长度、安装深度和灌浆部位等。

2.1.8 套管 casing
　　用于保护孔壁稳定或满足钻进技术要求需要下入孔内的管材。

2.1.9 孔口管 collar piping
　　开孔钻进后下入孔内保护孔壁稳定的套管。

2.1.10 冲击钻进 percussion drilling
　　借助钻具重量，按一定的冲击高度，周期性地冲击孔底破碎岩土的钻进方法。

2.1.11 回转钻进 rotary drilling
　　通过回转器或孔底动力机具驱动钻头回转破碎孔底岩土的钻进方法。

2.1.12 冲击回转钻进 percussive-rotary drilling
　　在回转钻进的同时利用冲击器向钻头上施加冲击功的钻进方法。

2.1.13 反循环钻进 reverse circulation drilling
　　携带岩屑的冲洗介质经由钻杆内返回地面的钻进方法。

2.1.14 泵吸反循环钻进 pump-suction reverse circulation drilling
　　利用砂石泵（离心泵）在钻杆内腔造成负压产生抽吸作用，使钻杆内腔液体上升排出的反循环钻进方法。

2.1.15 射流反循环钻进 jet reverse circulation drilling
　　利用射流泵在钻杆内腔造成负压产生抽吸作用，使钻杆内腔液体上升排出的反循环钻进方法。

2.1.16 气举反循环钻进 air lift reverse circulation drilling
　　压缩空气在孔内一定深度与钻杆内的冲洗液混合形成低密度气-液混合液，利用钻杆内、外液体密度差产生的压力差实现反循环的钻进方法。

2.1.17 旋挖钻进 rotary excavate drilling
　　利用旋挖钻机驱动回转斗、短螺旋钻头或其他钻提土工具钻进岩土的钻进方法。

2.1.18 钻孔扩底钻进 under-ream drilling
　　将柱状钻孔底部直径扩大的钻进方法。

2.1.19 挤扩支盘钻进 extrusion hole drilling
　　按设计要求在柱状钻孔的不同部位通过挤压孔壁形成支或盘的钻进方法。

2.1.20 金刚石钻进 diamond drilling
　　利用金刚石钻头破岩的钻进方法。

2.1.21 硬质合金钻进 hard-metal drilling
　　利用硬质合金钻头破岩的钻进方法。

2.1.22 绳索取心钻进 wire-line core drilling
　　利用带绳索的打捞器，以不提钻方式经由钻杆内孔取出岩心容纳管的钻进方法。

2.1.23 定向钻进 directional drilling
　　利用自然弯曲规律或人工定向偏斜的方法按照设计钻孔轨迹施工钻孔的钻进方法。

2.1.24 岩心定向钻进 core orientation drilling
　　利用专门的取心工具从孔内取出具有确定方向的岩心，在地面利用专用装置使其恢复孔内方向，以确定地下岩层产状的技术方法。

2.1.25 岩（土）心钻进 core drilling
　　以采取圆柱状岩（土）心为目的的钻进方法。

2.1.26 全面钻进 full face drilling
　　将孔底断面岩（土）全部破碎不采取岩（土）心的钻进方法。

2.1.27 硬质合金钻头 hard-metal bit
　　镶嵌硬质合金切削具的钻头，也称合金钻头。

2.1.28 金刚石钻头 diamond bit

利用金刚石及其制品作为破岩切削具制造的钻头。

2.1.29 牙轮钻头 roller cone bit

利用钻头基体上可转动的圆锥形牙轮进行破岩的钻头。

2.1.30 滚刀钻头 roller truncated cone bit

利用钻头基体上可转动的截锥（圆台）形滚刀进行破岩的钻头。

2.1.31 翼片钻头 wing bit

由镶焊刀具的若干翼片构成的破碎岩土的钻头，也称刮刀钻头。

2.1.32 冲击钻头 percussion bit

利用冲击功破碎岩土的钻头。

2.1.33 抓斗 grab

由开合机构控制数片颚片抓取孔底岩土的钻孔工具。

2.1.34 钻斗 drill bucket

回转切削孔底岩土并能携带岩屑至孔外的筒状钻孔工具。

2.1.35 金刚石扩孔器 diamond reaming shell

配合金刚石钻头，对孔壁进行修整以保持孔径的专用工具。

2.1.36 钻压 weight on the bit（WOB），bit press

沿钻孔轴线施加在钻头或破岩工具上的压力。

2.1.37 潜孔锤 down the hole（DHT）hammer

利用液体或气体作为动力源产生冲击能的孔底冲击器。

2.1.38 岩心管 core barrel

在取心钻进中，用于容纳及保护岩心的管件或管组。

2.1.39 冲洗液量 flow rate，pump discharge

单位时间内泵入孔内的冲洗液体积。

2.1.40 冲洗介质 flushing medium

钻进中用于冷却钻头、携带岩粉、稳定孔壁的孔内循环流体介质。

2.1.41 冲洗液 drilling fluid

液态冲洗介质。

2.1.42 乳化液 emulsion

一种液体以液珠形式均匀而稳定地分散于另一种与其不相混溶的液体中形成的分散体系，也称乳状液。

2.1.43 无固相聚合物冲洗液 free-clay polymer fluid

不加黏土的聚合物水溶液，也称无固相冲洗液。

2.1.44 稳定液 slurry，supporting fluid

在槽（孔）施工过程中，维持槽（孔）壁稳定的不循环泥浆或聚合物水溶液。

2.1.45 泥浆 mud

黏土颗粒均匀而稳定地分散在液体（水或油）中形成的分散体系。

2.1.46 黏土造浆率 yield of clay

在规定条件下制备表观黏度为 15mPa·s 的泥浆时，每吨黏土制备泥浆的体积。

2.1.47 堵漏 shut-off of loss

封堵孔内冲洗液漏失通道的作业。

2.1.48 钻孔偏斜测量 hole deviation survey

测量钻孔某点顶角、方位角的作业，也称钻孔弯曲测量。

2.1.49 钻孔顶角 drift angle of drilling hole

钻孔轴线上某点沿轴线延伸方向的切线与垂线之间的夹角。

2.1.50 钻孔方位角 azimuth of drilling hole

在水平面上，自正北向开始，沿顺时针方向，与钻孔轴线水平投影上某点切线之间的夹角。

2.1.51 钻孔倾角 dip angle of drilling hole

钻孔轴线上某点沿钻孔方向的切线与其在水平面上投影之间的夹角。

2.2 符 号

D——钻头直径；

F——钻头压力；

F_0——每颗硬质合金所需压力；

m——硬质合金镶焊数量；

Q——冲洗液量。

3 基 本 规 定

3.0.1 钻探工程应以工程设计或勘察纲要为依据，并应根据自然条件、地层特性，编制钻探施工方案，选择钻进方法、工艺和钻探设备。

3.0.2 钻探施工前应对作业人员进行技术和安全交底。

3.0.3 钻探作业人员应经专业培训合格后持证上岗。

3.0.4 钻探工程施工不得污染施工环境。

3.0.5 钻探工程应优化施工，推广应用钻探新设备、新方法、新工艺。

3.0.6 钻探施工班组应做好钻孔原始资料的记录和班报表填报与整理工作，提交的资料应真实、准确、可靠。

3.0.7 钻探施工应采取预防孔内事故发生的措施。

3.0.8 安全管理应符合下列规定：

　　1 应建立健全安全生产责任制，并应严格执行设备安全操作规程。

　　2 应制订安全预防应急救援预案。

　　3 钻场周围应设置围栏、安全警示牌，野外作业的高架设备应设置避雷装置。

　　4 2m 以上高处作业，应系好安全带。

5 钻探作业人员的安全设施、个人劳动防护用品应符合国家现行有关标准的规定。

6 钻探设备的竖立和拆迁应在机长统一指挥下进行。

7 作业前严禁饮酒，在易燃、易爆区严禁烟火。

3.0.9 在悬崖、陡坡等危险地带进行作业，应设置安全防护设施。

3.0.10 钻具提出钻孔后，严禁悬空放置。升、降钻具时严禁用手扶钢丝绳。

3.0.11 钻孔施工结束后应按设计要求成井、灌注或封孔。

3.0.12 工程地质钻探、水文地质钻探与水井施工、基桩孔和成槽施工等单项工程竣工后应提交钻孔资料或竣工报告。

3.0.13 岩石可钻性等级分类应符合本规范附录A的规定，土的分类应符合本规范附录B的规定，岩石的研磨性分级应符合本规范附录C的规定，土试样质量等级划分应符合本规范附录D的规定。

4 钻探准备工作

4.1 编制钻探施工方案

4.1.1 施工方案应根据工程设计、勘察纲要和踏勘情况编制。

4.1.2 钻探施工方案应符合技术先进、安全环保、经济合理、可操作性强的要求。

4.1.3 钻探施工方案应包括下列内容：

1 施工现场的地理交通位置、地形地貌、地下设施分布、当地气候及施工条件。

2 施工场地工程地质和水文地质条件。

3 施工的目的和要求。

4 施工工艺、方法。

5 施工钻孔的结构设计。

6 钻探设备和钻具的选择。

7 质量保证措施。

8 施工进度计划。

9 设备、材料、人力资源计划。

10 职业健康安全、文明施工、环境保护。

11 孔内事故预防措施。

4.2 施工场地准备

4.2.1 钻孔孔位确定后，修筑地基时应符合下列规定：

1 应根据孔位标志和斜孔的方位桩修筑场地，孔位和钻孔方位不得擅自变动。

2 钻场面积应根据设备类型、附属设备和材料摆放要求确定，宜不占或少占耕地。

3 地基应平坦、稳固，并应具有足够的承载能力，在松软地层修筑地基时应采取加固措施。

4 钻场位于斜坡上时，填方面积不得大于地基面积的1/4，填方部分应夯实，也可采用钢管（木）桁架钻场。

5 深孔或在沼泽地区施工时，塔角和钻机底座宜采用混凝土加固。

6 坑道内钻场高度宜大于7m，底面积宜大于4m×6m。

7 钻场周围应采取排水措施，在山谷、河沟、地势低洼或雨期施工时，应根据地形情况，加高钻场地基或挖排水沟，修筑拦水大坝或修建防洪堤，同时应设置人员撤离的安全通道。

8 修筑地基应避开悬崖、陡坡等危岩崩落区，当无法避让时应将坡上浮石清除，并应采取可靠的防护或加固措施。

9 修建地基时，应按钻探方案修建冲洗液循环槽与沉淀池。

4.2.2 修筑场地前，应掌握施工现场地下构筑物、管线分布情况，钻孔边缘距地下电缆、构筑物、管线及其他地下设施之间的水平距离，工程地质钻孔宜大于2m，大直径施工钻孔宜大于5m，并应采取可靠的防止塌陷的措施。

4.2.3 在输电线路附近施工时，钻塔安装和起落中，其顶端或其他金属附件与输电线路的安全距离不得小于表4.2.3规定的数值。

表4.2.3 钻塔与输电线路的安全距离

输电线路电压（kV）	<1	1~10	35~110	154~220	330~500
允许最小距离（m）	4	6	8	10	15

4.2.4 设备进场前应做到路通、水通、电通（用汽油或柴油机做动力时除外）和施工场地平整。

4.3 基台与钻塔安装

4.3.1 基台结构形式应根据设备类型、钻孔设计深度、角度和地基条件确定。各部件连接螺栓应加垫紧固，并应保证安装稳固、周正、水平。

4.3.2 当施工设备需要铺设行走钢轨时，钢轨应平直、稳固，其对称线与桩孔中心线的偏差不应大于20mm，轨道面上任意两点的高差不应大于10mm。

4.3.3 钻塔的安装应按说明书的要求进行，并应符合下列规定：

1 钻塔安装前，应严格检查，并应确保钻塔的零部件齐全、完好，所用起落装置与制动系统应灵活、可靠。

2 钻塔的安装应按顺序进行，不得有遗漏与错位。

3 钻塔各构件或部件间连接应牢固，并应与基台稳固连接。

4 座式天车应设置安全挡板，吊式天车应拴保验绳。

5 钻塔绷绳应安装牢靠，绷绳位置应对称，绷绳与地面夹角不宜大于45°。

4.3.4 雷雨季节施工，钻塔应装设符合要求的避雷针，并应与钻塔绝缘，接地极与钻塔绷绳的埋置距离不应小于4m，其接地电阻不应大于10Ω。

4.4 钻探设备安装

4.4.1 安装钻机、动力机、泥浆泵或砂石泵、搅拌机、泥浆净化机械和空气压缩机等设备时，应合理布置，并应便于操作。

4.4.2 钻塔天车滑轮、回转器或转盘中心与钻孔中心应在同一条直线上，并应确保钻孔方位准确。

4.4.3 安装车载或牵引式钻探设备时，支撑基座应稳定可靠。

4.5 附属设备安装

4.5.1 皮带、链轮、万向轴和外露齿轮等传动部分，应设有牢固的防护栏杆或防护罩。

4.5.2 钻场的电气设备应由专业电工安装、维护和拆除，并应按国家现行有关电气技术标准施工。

4.5.3 钻塔活动工作台应采用直径不小于7.7mm的钢丝绳作平衡吊绳，工作台周围栏杆高度不应低于1.1m，底盘周围护板高度应在180mm以上，应配备安全带或安全绳，并应有制动、防坠装置。

4.5.4 冲洗液净化系统应根据钻探方案要求设置。

4.6 准备工作检查

4.6.1 准备工作完成后，应按本规范第4.2节～第4.5节的规定进行检查，并应进行试运转。

4.6.2 准备工作应经全面检查合格后再开钻。

5 工程地质钻探

5.1 钻孔结构设计与钻进方法选择

5.1.1 钻孔结构设计应符合勘察纲要的要求，并应以钻孔的设计深度、终孔直径、地层特性为依据自下而上进行。

5.1.2 钻孔结构设计的内容应包括孔深、终孔直径、各级孔径与深度、各层套管深度与规格。

5.1.3 钻孔结构设计应符合下列规定：

1 孔口管应穿过松散覆盖层，宜下入稳定地层0.5m。

2 应简化钻孔结构。

3 用防塌冲洗液和注浆法难以保持孔壁稳定的地层，应采用套管护壁。

4 在没有施工经验的地区施工应预留备用孔径。

5 钻孔结构应满足后续试验及测试的要求。

5.1.4 钻进方法宜按表5.1.4-1、表5.1.4-2选用。

表5.1.4-1 土层钻进方法

钻进方法		土层类别			
		黏性土	粉土	砂土	碎石土
回转钻进	勺钻	○	○	○	×
	螺旋钻进	○	○	○	○
	硬质合金钻进	○	○	○	○
冲击钻进		○	○	○	○

注：○为适用，×为不适用。

表5.1.4-2 岩层回转钻进方法

钻进方法		岩石可钻性级别									
		1~3	4	5	6	7	8	9	10	11	12
硬质合金钻进		○	○	○	○	○	○	○	×	×	×
金刚石钻进	孕镶钻头	×	×	×	○	○	○	○	○	○	○
	表镶钻头	×	×	×	○	○	○	○	○	○	○
	复合片钻头	×	○	○	○	○	○	×	×	×	×

注：○为适用，×为不适用。

5.2 冲击钻进

5.2.1 冲击钻进可用于黏性土、粉土、砂土和碎石土层。

5.2.2 冲击钻进应符合下列规定：

1 开孔钻进应采取防止钻孔偏斜的措施。

2 钻进中应根据勘察纲要要求控制回次进尺。

3 当采用泥浆护壁时，钻进过程中应保持孔内液柱高度不低于孔口，并不得将钻具停滞孔底。

4 当采用跟管钻进时，抽筒与套管应保持同步，抽筒不应超过套管靴0.5m。

5 钻进中遇到地层软硬变化时，应立即停止钻进，应量测层位变换深度并提钻。

6 钻进中应随时检查钢丝绳的完好程度，当钢丝绳出现断丝数量超过总丝数10%或有一股断头时，应更换。

5.3 回转钻进

5.3.1 勺钻和螺旋钻进应符合下列规定：

1 勺钻和螺旋钻进可用于地下水位以上不易塌孔的砂土、粉土和黏性土。

2 回次进尺不应超过钻头长度。

3 钻进过程中，应根据地层变化随时调节给进速度和转速。

5.3.2 硬质合金钻进应符合下列规定：

1 硬质合金钻进可用于1级～6级岩层。

2 硬质合金钻头结构类型应根据岩土类别和钻探施工组织设计要求等合理选择，其结构参数宜按表5.3.2-1～表5.3.2-3选取。

表5.3.2-1 硬质合金切削具数量（颗）

岩土类别	钻头直径（mm）			
	75、91	110	130	150
可钻性1级～4级岩石	6～8		8～10	10～12
可钻性5级～6级岩石	8	8～12	10～12	12～14
卵石、砾石	9～12	12～14	14～16	16～18

表5.3.2-2 硬质合金切削具出刃

岩土类别	切削具出刃（mm）		
	内出刃	外出刃	底出刃
可钻性1级～4级岩石	2.0～2.5	2.0～3.0	3.0～5.0
可钻性5级～6级岩石	1.5～2.0	1.5～2.5	2.0～3.0
卵石、砾石	1.0～1.5	1.5～2.0	1.5～2.5

表5.3.2-3 硬质合金切削具镶焊角及刃尖角度

岩土类别	镶焊角（°）	刃尖角（°）
可钻性1级～4级均质岩石	15～20	45～50
可钻性5级～6级均质岩石	10～15	60～70
非均质有裂隙的岩石、卵石、砾石	0～-15	80～90

3 硬质合金钻进的技术参数应根据岩石性质、钻头结构、设备能力和孔壁的稳定性等因素合理选择，并应符合下列规定：

1）钻压应根据每颗硬质合金切削具需施加的压力确定，硬质合金切削具需施加的压力值宜按表5.3.2-4选取。

表5.3.2-4 硬质合金切削具压力值

岩石可钻性级别	切削具形式	压力（N/颗）
1～3	片状、方柱状、八角状硬质合金	500～600
4～5	方柱状、八角状硬质合金	700～1200
6	八角状硬质合金	900～1600

2）钻头转速应根据钻头切削具切削速度和岩石性质确定，钻头切削具切削速度宜取0.5m/s～1.2m/s，钻进不同岩性的钻头转速宜按表5.3.2-5选取。

表5.3.2-5 硬质合金钻进转速

岩石可钻性级别	钻头直径（mm）	转速（r/min）
1～3		150～300
4～5	75～150	100～200
6		65～130

3）冲洗液量应根据单位时间内所产生的岩粉量、冲洗液上返速度和冲洗液类型确定。冲洗液上返速度宜取0.3m/s～0.5m/s，不同规格钻头的冲洗液量宜按表5.3.2-6选取。

表5.3.2-6 硬质合金钻进冲洗液量（L/min）

岩石可钻性级别	钻头直径（mm）		
	75、91	110	130、150
1～3			
4～5	60～100	85～150	100～180
6			

4 硬质合金钻进应保持孔内清洁，并根据岩层特性和钻具结构选用相应的卡心方法。

5.3.3 金刚石钻进应符合下列规定：

1 金刚石钻进可用于中硬以上岩层，一般聚晶金刚石复合片（PDC）钻头可用于4级～7级岩层，单晶孕镶金刚石钻头可用于5级～12级完整和破碎岩层，天然表镶金刚石钻头可用于5级～9级岩层。

2 表镶金刚石钻头和孕镶金刚石钻头结构参数应根据岩石的可钻性、研磨性及岩石的完整性确定，宜按表5.3.3-1选取。

表5.3.3-1 金刚石钻头与扩孔器

岩石可钻性级别			4～6			7～9			10～12		
岩石研磨性类别			弱	中	强	弱	中	强	弱	中	强
天然金刚	粒度（粒/200mg）	15～25	○	○	×	×	×	×	×	×	×
		25～40	×	○	○	×	×	×	×	×	×
		40～60	×	×	○	○	○	×	×	×	×
		60～100	×	×	×	○	○	○	×	×	×
石表镶钻头	胎体硬度（HRC）	Ⅰ（20～30）	○	×	×	○	×	×	×	×	×
		Ⅲ（35～40）	×	○	×	×	○	×	×	×	×
		Ⅴ（>45）	×	×	○	×	×	○	×	×	×
天然或人造金刚石孕镶钻头	粒度（目）	20～40	○	○	×	×	×	×	×	×	×
		40～60	×	○	○	○	×	×	×	×	×
		60～80	×	×	○	○	○	×	×	×	×
		80～100	×	×	×	×	○	○	○	○	×
	胎体硬度（HRC）	Ⅰ（20～30）	○	×	×	×	×	×	×	×	×
		Ⅱ（30～35）	×	○	×	×	×	×	×	×	×
		Ⅲ（35～40）	×	×	○	○	×	×	×	×	×
		Ⅳ（40～45）	×	×	×	×	○	×	○	×	×
		Ⅴ（>45）	×	×	×	×	×	○	×	○	○
表镶扩孔器											
孕镶扩孔器											

注：○为适用，×为不适用。

3 聚晶金刚石复合片钻头的结构参数应根据岩

石的可钻性和完整性等选择，出刃宜符合表 5.3.3-2 的规定。

表 5.3.3-2 聚晶金刚石复合片钻头出刃

岩石可钻性级别	内、外出刃（mm）	底出刃（mm）
1～4	2～3	0.5d
5～7	1～1.5	

注：d 为聚晶金刚石复合片的直径。

4 金刚石钻进技术参数应符合下列规定：

1）钻压应根据岩石性质、钻头类型、钻头底唇面积、金刚石粒度、品级和浓度等选择，并宜符合表 5.3.3-3 的规定。

表 5.3.3-3 金刚石钻头的钻压（kN）

钻头类型		钻头直径（mm）				
		36	47	60	75	91
表镶钻头	初始压力	0.5～1.0	0.5～1.0	1.0～2.0	1.0～2.0	2.0～2.5
	正常压力	2.0～4.0	3.0～6.0	4.0～7.5	6.0～10.0	8.0～11.0
孕镶钻头		2.5～4.5	4.0～7.0	4.5～8.5	6.0～11.0	8.0～15.0
聚晶金刚石复合片钻头		按每个复合片 0.5kN～1.0kN 压力确定				

注：聚晶金刚石复合片钻头随着复合片磨钝，钻压可逐渐增大。

2）钻头转速应根据岩石性质、完整程度及钻头直径选择，并宜符合表 5.3.3-4 的规定。

表 5.3.3-4 金刚石钻头的转速（r/min）

钻头类型	钻头直径（mm）				
	36	47	60	75	91
表镶钻头	650～1300	500～1000	400～800	300～550	250～500
孕镶钻头	1000～2000	750～1500	600～1200	400～850	350～700
聚晶金刚石复合片钻头	250～800	200～600	150～400	120～400	100～300

3）冲洗液量应根据岩石性质、完整程度、孔壁环状间隙、钻头直径、冲洗液上返流速等确定，并宜符合表 5.3.3-5 的规定。

表 5.3.3-5 金刚石钻进冲洗液量

钻头直径（mm）	47	60	75	91
冲洗液量（L/min）	25～40	30～50	40～60	50～70

注：1 金刚石钻进环状间隙上返流速应大于 0.4m/s～0.7m/s；
2 孕镶钻头宜采用较大泵量，表镶钻头宜采用较小泵量；
3 聚晶金刚石复合片钻头的泵量可按表列数值增大 20%～50%。

5 金刚石钻进钻头应排队使用，先用外径大内径小的，后用外径小内径大的，应保证钻头、扩孔器能正常下到孔底，并应做到不扫孔、不扫残留岩心，同时应及时记录每个回次钻头磨损情况。

6 钻头与扩孔器、钻头与卡簧应合理匹配。扩孔器直径应大于钻头直径 0.3mm～0.5mm，卡簧的自由内径应小于钻头的内径 0.1mm～0.3mm。

7 钻头下至距离孔底 0.2m～0.3m 时应开泵冲孔，然后用低转速缓慢扫孔至孔底，逐渐调整到正常钻进参数。

8 钻进过程中应注意观察泵压、钻压和转速（电流）的变化及返水情况，不得随意提动钻具，发生岩心堵塞时应提钻处理。

9 金刚石钻进应保持孔底清洁。

10 金刚石钻进采用的单动双管钻具应符合下列规定：

1）单动性能良好。

2）钻具装配后内、外管应同轴，卡簧座底端与钻头内台阶的距离为 3mm～5mm。

3）钻探现场使用的钻具应经常保持每种两套以上，并定期清洗注油。

5.3.4 金刚石绳索取心钻进应符合下列规定：

1 绳索取心钻进宜用于 9 级以下的岩层，可用于深孔和破碎岩层。

2 金刚石绳索取心钻进转速与普通金刚石钻进转速应相同，钻压应按钻头工作唇面或金刚石切削颗粒数量增加的比例增加，冲洗液量应保持上返流速 1m/s～2m/s。

3 绳索取心钻具的使用应符合下列规定：

1）应选择寿命长、效率高的广谱钻头。

2）严禁回次进尺超过内管长度。

3）孔内漏水严重，钻具为干孔时严禁采用自由降落方式投放内管总成。

4）内管到位后再扫孔钻进。

5）打捞器上应安装安全销或配置脱卡套等安全脱卡装置。

6）钻杆折断后，严禁下入打捞器捞取内管。

7）随时检查并及时更换磨损和变形的钻具。

5.4 地下水位观测

5.4.1 地下水位观测应符合下列规定：

1 钻探过程中遇地下水应及时测量水位。

2 遇多层含水层时，应采取止水措施。

5.4.2 稳定地下水位宜在勘察工作结束后统一测量，测量允许误差为 ±2cm。

5.5 钻孔止水与封孔

5.5.1 止水与封孔的孔段和方法应按勘察纲要的要求确定。

5.5.2 钻孔止水位置应选择在隔水性较好、能准确分层，且孔径比较规则的层位，隔水层厚度不得小于 5m，并应检查止水效果。

5.5.3 当遇到多层含水层时，应逐层下入小一径套管止水，并应停钻观测地下水位，应在测得稳定水位后，再继续钻进。

5.5.4 当钻孔达到设计深度，已完成地层的描述、岩土和水试样的采取，测定地下水位后，应分段回填夯实。

5.5.5 勘察孔遇下列情况之一时，应按勘察纲要要求进行封孔：

1 对有害的和不用的含水层钻孔。

2 揭露两个或两个以上含水层或对水文地质条件有影响的钻孔。

3 位于江、河、湖、海防护堤附近的钻孔。

4 穿过工业矿体及在开采矿区施工的钻孔。

5 位于或邻近建筑物地基的钻孔。

6 对土地耕作及道路安全有影响的钻孔。

7 开采无意义或非探采结合的承压自流水钻孔。

5.5.6 封孔后应按要求进行封孔质量检查，并应在孔口中心设置标志桩。

6 水文地质钻探与水井施工

6.1 钻孔结构设计与钻进方法选择

6.1.1 钻孔结构应根据钻孔的目的、用途和地层特性设计，并应满足勘察纲要或供水管井设计要求。钻孔结构设计应符合下列规定：

1 钻孔总深度应为设计最深一层可采含水层底板的深度加上 2m～4m 沉淀管长度，地层不稳定或不能支承井管时，应适当增加深度。

2 两径或两径以上的钻孔结构，选用深井泵或潜水泵作为抽水设备时，安放水泵井段的换径深度应位于动水位 10m 以下，井管应坐落在稳定岩土层上。

3 钻孔直径应根据井管直径和类型，以及填砾的厚度确定。常用井管直径和类型与钻孔直径和深度，宜符合表 6.1.1 的规定。

表 6.1.1　常用井管直径和类型与钻孔直径和深度

钻孔深度 （m）	钻孔直径 （mm）	井管直径 （mm）	井管类型
<60	>400	203、254、305	混凝土管、水泥砾石管、石棉水泥管、塑料管、铸铁管
60～300	400～500	203、254、305	混凝土管、水泥砾石管、石棉水泥管、塑料管、铸铁管、钢管、玻璃钢管
300～450	400～450	203、254	铸铁管、钢管、玻璃钢管
>450	250～350	152、203	钢管、玻璃钢管

6.1.2 钻进方法和钻具类型应根据地层特性、场地条件、设备能力及钻孔结构等因素选择，并宜符合表 6.1.2 的规定。

表 6.1.2　钻进方法和钻具类型

钻进方法		钻具类型	冲洗介质	适用地层
冲击钻进		抽筒或肋骨抽筒	清水或泥浆	黏性土、粉土、砂土、碎石土
		钻头配合抽筒或掏砂筒	清水或泥浆	砂土、碎石土，可钻性 5 级以下岩石
回转钻进	正循环取心钻进	硬质合金钻头	清水、泥浆、空气泡沫	黏性土、粉土、砂土、卵砾石层，可钻性 1 级～6 级的岩石
		取心牙轮钻头		可钻性小于 8 级的岩石，卵砾石层
	正循环全面钻进	翼片钻头	清水、泥浆、空气泡沫	黏性土、粉土、砂土层，可钻性小于 4 级的岩石
		牙轮钻头		可钻性小于 8 级的岩石
	正循环扩孔钻进	多翼螺旋肋骨钻头	清水、泥浆、空气泡沫	黏性土、粉土、砂土层，可钻性 4 级以下的岩石
		多级肋骨扩孔钻头		
		玉米式钻头		砂土、卵砾石层和 5 级以下岩石
	反循环钻进	翼片钻头	清水或泥浆	黏性土、粉土、砂土层，可钻性小于 4 级的岩石
		牙轮（滚刀）钻头		可钻性小于 8 级的岩石
		取心牙轮钻头		可钻性小于 8 级的岩石
气动冲击回转钻进		潜孔锤钻头	空气、泡沫	卵砾石层，可钻性 5 级～12 级岩石

6.2 冲击钻进

6.2.1 冲击钻进可用于第四纪松散层和中硬以下的岩层。

6.2.2 冲击钻进技术参数宜符合表 6.2.2 的规定。

表 6.2.2　冲击钻进技术参数

钻头类型	适用地层	单位钻头刃长的钻具重力（N/cm）	冲击高度（m）	冲击频率（次/min）	回次进尺（m）
圆形钻头	可钻性 5 级以下岩石	250～300			0.2～0.4
一字形、十字形、工字形钻头	卵石、漂石、胶结层	150～250	0.75～1		0.3～0.5
抽筒或肋骨抽筒	黏性土、粉土、砂土层	100～150	0.5～0.75	40～50	0.5～1.0
	砾石、卵石、漂石地层	100～200	0.75～1		0.4～1.0

6.2.3 冲击钻进钻具应符合下列规定：

1 钻具应连接牢固，钢丝绳总负荷不得超过主卷扬机的提升能力。

2 钢丝绳与钻具采用活心或活环连接时，应连接牢固、钢丝绳转动灵活。

3 采用法兰连接的钻具，其连接的凹凸面应吻合，并应连接牢固。

4 抽筒活门应开启灵活，并应关闭紧密，加焊肋骨应均匀、对称。

6.2.4 冲击钻进应符合下列规定：

1 在地层允许的前提下，宜采用清水钻进。

2 在松散、坍塌、漏失严重地层中钻进，应采用泥浆护壁；当泥浆护壁无效时，应采用套管护壁。

3 开孔钻进应对准孔位，并应保持垂直冲击，钻进数米后应下入孔口管，并应用黏土夯实或水泥固定。

4 地下水位较低时，宜保持孔内液面不低于孔口。

5 钻具提离孔内液面时，应放慢提升速度，同时应向孔内补充冲洗液，并应待孔内液面回升后再提出钻具。

6 在松散地层，用肋骨抽筒钻进时，应控制回次进尺不超过抽筒长度的2/3。

7 停钻时，钻具应及时提离孔口落地放至安全区域，不得停放孔底。

8 钻进拟开采含水层或构造带时，不得采用直接投入黏土块或黏土球的护壁堵漏方法。

6.3 回 转 钻 进

6.3.1 回转钻进应根据钻孔结构、岩土特性选择钻具，其规格应符合现行国家标准《钻探用无缝钢管》GB/T 9808 的有关规定。

6.3.2 硬质合金取心钻进应符合下列规定：

1 硬质合金钻头应符合下列规定：

1）钻头体直径 298mm 以内，宜采用特殊梯形螺纹与岩心管连接；直径 325mm 以上可采用焊接或螺纹连接，焊接时应保证钻头与岩心管的同心度。

2）钻头硬质合金切削具宜采用钨钴类八角柱状硬质合金，对不同岩层和钻头直径，其镶焊数量、出刃大小及镶焊角度宜按表6.3.2-1 和表 6.3.2-2 选取。

表 6.3.2-1　硬质合金切削具镶焊数量（颗）

岩土类别	钻头直径（mm）						
	200	223	251	280	311	335	385	430
可钻性1级~4级岩石	14~16	16~17	17~19	18~19	19~20	20~22	22~26	26~28
可钻性5级~6级岩石	16~18	18~19	19~21	20~22	22~24	24~26	26~28	28~32
砾石、卵石	20~22	22~24	24~26	26~28	29~32	32~34	34~36	36~40

表 6.3.2-2　硬质合金切削具镶焊角与出刃

岩土类别	出刃（mm）			镶焊角度（°）
	内出刃	外出刃	底出刃	
可钻性1级~4级岩石	2.0~2.5	2.0~3.0	2.5~3.5	10~20
可钻性5级~6级均质岩石	1.5~2.0	1.5~2.5	2.0~3.0	5~10
卵石、砾石及非均质岩石	1.0	1.5	1.5	0~-15

2 钻进技术参数应根据岩石性质、钻头结构、设备能力和孔壁稳定性合理选择，并应符合下列规定：

1）钻压可按下式计算：

$$F = F_0 \cdot m \qquad (6.3.2-1)$$

式中：F——钻头压力（kN）；

F_0——每颗硬质合金切削具所需压力，宜按表6.3.2-3 选取（kN/颗）；

m——硬质合金镶焊数量（颗）。

表 6.3.2-3　硬质合金切削具所需压力

岩土类别	可钻性1级~4级岩石	可钻性5级~6级岩石	卵石、砾石及非均质裂隙岩石
每颗硬质合金上所需压力（kN/颗）	0.5~0.7	0.8~1.2	0.7~0.8

2）转速由钻头圆周线速度确定，其线速度宜为1.0m/s~2.5m/s，钻头直径小、钻进软岩时宜采用高转速；钻头直径大或钻进卵石、砾石层及中硬岩时宜采用低转速。

3）泵量根据钻头直径、岩石性质宜按表6.3.2-4 选取，也可按下式计算：

$$Q = KD \qquad (6.3.2-2)$$

式中：Q——冲洗液量（L/min）；

D——钻头直径（cm）；

K——系数，K 取（15~20）L/（cm·min）。

表 6.3.2-4　硬质合金钻进泵量（L/min）

岩石性质	钻头直径（mm）						
	200	223	251	280	311	335	385	430
均质岩石	360~480	420~480			480~600	600~720		
非均质有裂隙岩石	240~300	360~420	420~480	480~600	600		600~720	

3 正常钻进时钻具应连接取粉管。孔底岩粉超过 0.5m 时，应专程冲捞岩粉。

4 井孔内残留岩心超过 0.5m 或有脱落岩心时，不宜下入新钻头，应采用轻压、慢转、小泵量的方法，将岩心套入岩心管后，再调整到正常钻进参数钻进。

6.3.3 全面钻进应符合下列规定：

1 全面钻进适用于生产井的钻进。

2 全面钻进宜根据地层特性按本规范表6.1.2的规定选用钻头，钻进参数应根据地层特性、钻头类型与规格、设备性能选择。

3 在松散、破碎等易坍塌地层中钻进时应采用泥浆护壁，必要时应采用套管护壁。

4 在松散、破碎地层中钻进宜采用轻压、慢转，且较大的泵量；在黏性土层钻进应采用大泵量并酌情提动钻具。

6.3.4 扩孔钻进应符合下列规定：

1 扩孔钻进可用于探采结合井、硬岩大直径成井等工程施工，扩孔级差与级数应根据岩石性质和设备能力确定。

2 扩孔钻进的钻头宜根据地层特性按本规范表6.1.2的规定选择。

3 扩孔钻进的钻具应有足够的连接强度，并应有导正装置和小径超前导向钻具。

4 扩孔钻进技术参数应符合下列规定：

1）黏性土地层扩孔宜采用钻头压力5kN～15kN，钻头线速度0.5m/s～1.5m/s，泵量不低于400L/min的钻进参数。

2）砂类地层扩孔宜采用钻头压力3kN～8kN，钻头线速度0.4m/s～1.1m/s，泵量不低于400L/min的钻进参数。

3）岩层扩孔钻进应根据钻头类型、扩孔级差和岩性等因素选择。

6.3.5 反循环钻进应符合下列规定：

1 反循环钻进可用于地下水位较浅和漏失较小的地层。泵吸反循环和射流反循环可用于钻进孔深120m以内的钻孔，气举反循环可用于钻进孔深大于25m的钻孔。

2 反循环钻进宜根据地层特性和反循环钻进方法按本规范表6.1.2的规定选用钻头，钻头钻压和转速宜按本规范第6.3.2条第2款的规定采用，当孔径大于800mm时，宜按本规范第7.4.2条的规定采用。

3 反循环钻进应保持冲洗液连续循环。停钻时应保持冲洗液正常循环至孔内钻屑排净后，再停止送液。

4 根据不同的地层可采用清水、泥浆或其他对水质、出水量影响较小，且护壁性能良好的冲洗液。当冲洗液护壁无效时，应下套管护壁。

6.3.6 泵吸反循环钻进应符合下列规定：

1 应配备性能良好的砂石泵和启动真空泵或注水泵。其性能应符合下列要求：

1）砂石泵的有效真空度不得低于0.08MPa。

2）泵体内的液体通道直径应大于钻杆内径。

3）砂石泵泵量应满足冲洗液在钻杆内上返速度的要求，冲洗液上返速度宜为2.5m/s～

3.5m/s。

2 砂石泵安装位置应接近地面。

3 钻进中应控制上返冲洗液中岩屑含量不大于5%～8%。

4 钻头上应装设吸水喉管，应控制岩屑粒径，喉管的内径应小于钻杆内径5mm～10mm，喉管安装部位距钻头底部不应小于150mm～200mm。

6.3.7 射流反循环钻进应符合下列规定：

1 应配备具有下列性能的射流泵：

1）泵的管道可顺利通过大颗粒岩屑，喷嘴工作时，循环管路负压值应达0.078MPa～0.088MPa。

2）射流泵由离心泵驱动，其泵量为60m³/h～150m³/h，泵压为0.6MPa～0.8MPa。

2 射流泵的安装位置、上返冲洗液中的岩屑含量、钻头上喉管的设置应按本规范第6.3.6条第2款～第4款的规定执行。

6.3.8 气举反循环钻进应符合下列规定：

1 气举反循环宜在淹没比大于0.5的情况下使用。

2 混合器最大淹没深度应与空压机的风压匹配，其匹配关系应符合表6.3.8-1的规定。

表6.3.8-1 混合器最大淹没深度与风压的关系

风压（MPa）	0.6	0.8	1.0	1.2	2.0
混合器最大沉没深度（m）	51	72	90	108	192

3 钻杆内径应与钻孔直径相匹配，其匹配关系宜符合表6.3.8-2的规定。

表6.3.8-2 钻杆内径与钻孔直径的关系

钻孔直径（mm）	200	400	500	600	750	1100	1500	2300
钻杆内径（mm）	—	—	—	—	—	—	150	150
	80	80	80	94	150	150	200	200
	—	94	94	120	150	200	300	300
	—	120	120	150	300	300	315	315

4 空压机风量应与钻杆内径相匹配，其匹配关系应符合表6.3.8-3的规定。

表6.3.8-3 空压机风量与钻杆内径的关系

钻杆内径（mm）	80	94	120	150	200	300
空压机风量（m³/min）	2.5	3.0	4.5	6.0	6.0～10.0	15.0～20.0

5 气举反循环钻进宜采用悬挂式风管，风管之间应采用左旋螺纹连接，应逐节拧紧。

6.4 气动冲击回转钻进

6.4.1 气动冲击回转钻进可用于卵石、砾石、中硬到坚硬岩层。

6.4.2 空压机的风量与风压应与潜孔锤的额定风量和风压匹配，并应满足有水条件下的钻进要求。

6.4.3 潜孔锤的钻头应根据岩石性质选用，硬岩宜选用球齿或柱齿钻头，中硬岩宜选用刃片钻头。

6.4.4 潜孔锤钻压力、转速应根据岩石性质、潜孔锤冲击功、冲击频率、钻头类型与规格并参考厂家推荐参数合理选取。

6.4.5 潜孔锤钻进应符合下列规定：

1 采用干空气冲孔时应保证孔壁环状间隙内空气的上返流速为 15m/s～25m/s，采用泡沫冲孔时应保证孔壁环状间隙内泡沫的上返流速为 0.5m/s～1.5m/s。

2 潜孔锤钻进时，井孔上部安装水泵的井段，应在下部钻孔施工完成后再进行扩孔。

3 粗径钻具上应安装取粉管，提钻后应及时清除取粉管中的岩粉。井下岩粉过多时，应进行专门吹孔。

4 孔口应设置密封导流装置。

5 采用干空气冲孔钻进时，孔口应设置除尘装置；当孔口上返压力不足时，宜采用鼓风机在孔口形成负压，并应提高孔壁环状间隙空气的上返流速。

6 采用泡沫冲孔时，气液比宜为 50～200；钻孔较深时应配备泡沫泵，泡沫泵工作压力应大于空压机的工作压力。

7 钻具接头、管路应严格密封。

6.5 水文地质地下水位观测

6.5.1 水文地质钻探过程中，应对冲洗液消耗量、漏水位置、岩层变层深度、含水构造位置，以及溶洞起止深度等进行观测和记录。

6.5.2 水文地质地下水位观测除应满足勘察纲要要求外，尚应符合现行国家标准《供水水文地质勘察规范》GB 50027 的有关规定。

6.6 成井工艺

6.6.1 井孔施工完成后，应按顺序做好探井、冲孔换浆、下井管、填砾、止水、洗井等成井工作。

6.6.2 下管前的准备工作应符合下列规定：

1 对井管、砾料、止水材料及所使用的机具应进行质量检查和数量、规格的核对，并应符合设计要求。

2 包网滤水管应采用 12#～18# 镀锌铁丝固定。

3 探井中途遇阻时，应重新修孔。

4 冲孔换浆应根据井壁稳定性选用合适的冲洗液逐渐由稠变稀进行，不得突变。

5 换浆后应准确测量钻具，并应校正井孔深度。

6.6.3 下管方法应根据井深、管材强度、起重设备的能力等因素按表 6.6.3 的规定确定，并应符合下列规定：

1 可选用提吊下管法，井管的自重（或浮重）应小于井管允许抗拉能力和起重设备的安全负荷。

2 可选用托盘下管法，井管的自重（或浮重）应小于提拉井管的钻杆或钢丝绳的抗拉能力和起重设备的安全负荷。

表 6.6.3 下管方法

下管方法		安放深度（m）	适用管材
钻机卷扬机直接提吊法		<200	钢管、铸铁管等金属管材和塑料管
钻杆托盘法		<200	各种管材
二次下管法		>300	各种管材
钢丝绳托盘法		<300	非金属管材
综合下管法	提吊浮板法	>300	金属管材
	提吊浮塞法		
	钢丝绳浮板中兜法		
	钢丝绳浮板下兜法		

6.6.4 下置井管应符合下列规定：

1 起吊设备的能力应满足提吊整个井管的需要。

2 井管连接应同心，上端口应保持水平。

3 滤水管外宜安装扶正器，并应保证井管与井孔同心。

4 下置井管过程中应保持孔内液面不低于地面 0.5m。

5 采用二次下管法时应保证两级井管对接良好，第一级最上一根井管外围应安装扶正器，井管的对接位置应选在孔壁较完整、稳定的孔段。

6.6.5 填砾除应符合现行国家标准《供水水文地质勘察规范》GB 50027 和《供水管井技术规范》GB 50296 的有关规定外，尚应符合下列规定：

1 砾料投入前应淘洗干净，填砾应沿井管周围均匀连续填入。

2 填砾高度应计入洗井过程中砾料的下沉量，并应用测绳准确测量。

6.6.6 止水应符合下列规定：

1 根据孔内试验要求和地层情况或设计要求选择止水方式、方法及材料。

2 应准确掌握止水部位的深度、厚度、井径，并应确定止水物的直径、长度和数量。

3 用管外分段隔离法进行永久止水时，上、下段止水物填入高度不宜小于 5m。用封闭含水层法止水时，含水层顶板上和底板下各 5m 范围内应填封。

4 采用水泥止水时，应采取防止水泥浆进入砾料和滤水管及可采含水层的措施。

5 止水工作完毕后，应根据设计要求进行止水质量检查。

6.6.7 洗井除应符合现行国家标准《供水管井技术规范》GB 50296 的有关规定外，尚应符合下列规定：

1 应根据含水层特性、井深、井管类型与直径等合理地选择洗井方法。

2 采用压缩空气洗井时，水管与风管管径应根据出水量、井管直径等合理选择，风管入水沉没比应大于 0.4，风管入水深度的水柱压力不应超过空气压缩机额定风压。

3 采用液态二氧化碳洗井应符合下列规定：

1）管道与阀门连接应牢固、可靠，密封良好。

2）应使用经过试压检验、质量合格的二氧化碳专用气瓶。

3）洗井前应将井口管加固，井孔附近的设备应采取防护措施，洗井时操作人员应在安全区进行工作。

4）二氧化碳输送管下入深度宜至开采含水层中部，但其下端不得插入沉淀物内。

5）输送二氧化碳时，表压数值不宜超过输送管入水深度的水柱压力，有异常时，应查明原因，及时排除故障。

6）拆卸输送管之前，应将管道内余气放尽。

6.6.8 洗井结束后应进行抽水试验，抽水试验应按现行国家标准《供水水文地质勘察规范》GB 50027 的有关规定执行。

7 基桩孔和成槽施工

7.1 一般规定

7.1.1 基桩孔施工可根据地层特性和设计要求，选用冲击钻进、冲抓锥钻进、大直径回转钻进、潜水电钻钻进、螺旋钻钻进、旋挖钻进、扩孔钻进等成孔施工方法。

7.1.2 成槽施工可根据地层特性和设计要求，选用冲击钻、抓斗、多头钻、双轮铣等成槽方法。

7.1.3 施工准备除应符合本规范第 4 章的有关规定外，尚应符合下列规定：

1 对重要工程或在地质条件复杂地区施工前应进行工艺性试钻，并应取得经验后，再进行正式施工。

2 孔位确定后，应埋设护筒，护筒及埋设应符合下列规定：

1）护筒宜选用 4mm～10mm 钢板卷制，其内径宜大于钻头直径 100mm～150mm，冲击和冲抓锥成孔时护筒内径应大于钻头直径 150mm～300mm。

2）护筒埋设应准确、稳定，其中心与孔位中心的偏差不得大于 20mm，倾斜度不得超过 1%。

3）护筒埋设深度根据地层情况确定，其底部宜填筑 0.4m～0.5m 厚的黏土，上口宜高出地面 200mm，周围夯填黏土。

7.1.4 基桩孔内冲洗液或稳定液液面应高于地下水位 1.5m 以上，且不得低于护筒底标高。

7.2 冲击钻进

7.2.1 冲击钻进可用于粉土、黏性土、砂土、卵石、砾石、漂石和岩石地层，钻孔直径宜为 600mm～2000mm。

7.2.2 冲击钻进应符合本规范第 6.2 节的规定。

7.2.3 冲击反循环钻进应符合下列规定：

1 冲击反循环钻头中心应设吸渣通孔。

2 冲程、冲击频率、排渣管底口距孔底的距离等冲击反循环钻进参数，宜根据岩土类别按表 7.2.3 选取。

表 7.2.3 冲击反循环钻进参数

岩土类别	冲程（m）	冲击频率（次/min）	排渣管底口距孔底距离（m）
砂土	0.4～0.6	62～64	0.5～0.8
粉土、黏性土	0.4～0.6	58～60	0.6～0.8
卵石、砾石、漂石	0.8～1.2	45～50	0.4～0.6
岩石	1.0～1.5	40～42	0.3～0.5

3 开孔钻进一定深度启动反循环时，应及时补充冲洗液。

7.3 冲抓锥钻进

7.3.1 冲抓锥钻进可用于卵石、砾石地层，钻孔直径宜为 800mm～1500mm。

7.3.2 冲抓锥钻进护壁可采用泥浆护壁和全套管护壁。

7.3.3 冲抓锥钻进提升速度应根据钻孔深度、孔壁稳定情况确定。

7.3.4 冲抓锥的锥径宜为孔径的 85%～90%，松散地层应取小值，较稳定地层应取大值。

7.3.5 泥浆护壁时，冲抓锥钻进过程中应不断补充新鲜的泥浆，并应始终保持泥浆的液柱压力。

7.4 大直径回转钻进

7.4.1 大直径回转钻进可采用翼片钻头、滚刀钻头和牙轮钻头，翼片钻头可用于粉土、黏性土、砂土、砾石、全风化及强风化岩层，滚刀钻头和牙轮钻头可用于可钻性 8 级以内的基岩及卵石、砾石层。

7.4.2 大直径工程钻孔宜采用反循环钻进施工，反循环钻进施工应符合本规范第 6.3 节的规定，钻进参数宜按表 7.4.2-1～表 7.4.2-3 选取。

表 7.4.2-1 钻头钻压（kN）

钻头类型	钻头直径(mm)	岩土类别				
		粉土、黏性土	砂土、砾石、全风化岩	强风化岩、软岩	中硬岩	硬岩
翼片钻头	800	8~10	6~12	10~30	—	—
	1000	9~12	8~15	15~35	—	—
	1200	12~15	10~20	25~40	—	—
	1500	15~30	12~25	30~45	—	—
	1800	20~35	15~30	40~50	—	—
	2000	25~45	20~35	50~80	—	—
滚刀钻头	800	—	单只滚刀所需钻压10~20		单只滚刀所需钻压20~30	单只滚刀所需钻压30~50
	1000					
	1200					
	1500					
	1800					
	2000					
牙轮钻头	800~2000	每厘米钻头直径所需钻压0.5~1.0				

注：1 滚刀钻头钻压等于单只滚刀钻压乘以滚刀数量；
2 牙轮钻头钻压等于每厘米钻头直径所需钻压乘以钻头直径。

表 7.4.2-2 钻头外缘线速度

岩土类别	岩石单轴抗压强度（MPa）	钻头外缘线速度（m/s）
粉土、黏性土	—	1.8~2.5
砂土、砾石、全风化岩	—	1.5~2.0
软岩	5~15	1.4~1.7
中硬岩	15~30	1.2~1.4
硬岩	30~60	1.0~1.2

表 7.4.2-3 反循环钻进冲洗液流速经验数据

冲洗液流动方向	流速（m/s）
钻杆内冲洗液上返流速	2.5~3.5
孔底冲洗液径向流速	0.3~0.5（泥浆取0.3，清水取0.5）
钻杆外环状间隙冲洗液下返流速	0.02~0.04不超过0.16

7.4.3 大直径回转钻进宜采用钻铤或配重块加压。

7.4.4 在黏土层、风化泥岩等地层中钻进时，宜采用原土自然造浆护壁。在卵砾石层及砂土层钻进，宜采用高密度、高黏度泥浆护壁。对于漏失地层或易坍塌地层，可向孔内投入黏土或泥球护壁。

7.5 潜水电钻钻进

7.5.1 潜水电钻钻进可用于粉土、黏性土、砂土及强风化岩地层，钻孔直径宜为600mm~1500mm，冲洗液排渣方式可选用正循环或反循环。

7.5.2 连接潜水电机的电缆应绝缘良好，并应配备专用卷筒，电机应安设过载保护装置和漏电断路器。

7.5.3 潜水电钻钻进应符合下列规定：

　　1 潜水电钻钻进宜采用笼式钻头，在强风化岩层钻进应镶焊硬质合金切削刃。

　　2 钻头上应加焊吊环等安全装置。

　　3 钻进时应将钻杆卡在导向轮内，并应随钻杆上下同步收放电缆和送浆管。

　　4 在钻头上部应设置长度不小于钻头直径3倍的导向装置。

　　5 钻进时电机电流应控制在额定范围内，并应均匀给进，不得超负荷运转。

　　6 应根据土层类别、孔径大小、钻孔深度及冲洗液补给情况合理选择钻进速度。

7.6 螺旋钻进

7.6.1 螺旋钻进可用于地下水位以上的黏性土、粉土、素填土、中密以上的砂土、强风化软岩及砾砂等地层。

7.6.2 长螺旋钻适宜钻进直径300mm~1000mm的钻孔，短螺旋钻成孔直径可为1800mm以上。

7.6.3 在粉土、黏性土层钻进宜选用尖底钻头，在砂土、强风化软岩及松散土层钻进宜选用平底形三翼导向式钻头，在含有砖石块的杂填土层及砾砂层钻进宜选用耙式钻头。

7.6.4 螺旋钻进应符合下列规定：

　　1 钻进中应根据土层特性合理选择给进量，正常钻进时给进量宜为每转1cm~2cm；在砂土层钻进，宜适当控制给进量；冻土层、硬塑土层钻进，宜采用高转速、小给进量。

　　2 短螺旋钻进回次进尺宜为钻头长度的2/3，砂土层、粉土层宜为0.8m~1.2m。

　　3 螺旋钻进至设计孔深时，应在原处空转清土；孔底虚土超过容许厚度时，应进行再次清孔并夯实孔底。

　　4 开孔应使用导正套作业，钻具连接应同心。

7.7 旋挖钻进

7.7.1 旋挖钻进可用于黏性土、粉土、砂土、填土、碎石土及软岩地层。

7.7.2 旋挖钻斗类型、齿型应根据地层特性选择。粉土、黏性土地层宜采用单底钻头，砂土等稳定性较差的地层宜采用双底钻头。钻进软塑~可塑土层宜选用耐磨合金钢铲式斗齿，钻进软硬互层、卵砾石层及硬塑～坚硬土层宜选用截齿，钻进基岩宜将短螺旋钻头与岩石筒钻结合使用。

7.7.3 开孔前钻头应对准孔位，并应调平旋挖钻机，钻孔过程中应经常检查钻斗和钻杆的连接销子、桅杆垂直度及钢丝绳的完好状况。

7.7.4 孔壁稳定液应根据地层特性合理选择，钻斗的升降速度应根据稳定液性能、地层特性和孔深等选择。

7.7.5 钻至倾斜的坚硬地层时，应采用轻压高转速钻进。

7.8 钻孔扩底钻进

7.8.1 钻孔扩底钻进可用于可塑～硬塑状态的黏性土、粉土、中等密实以上的砂土和非密实的碎石土地层。

7.8.2 钻进方法应根据工程设计、地层特性和施工条件确定，可选用正循环、反循环或旋挖扩底。

7.8.3 钻孔扩底钻进应符合下列规定：

1 钻孔扩底的扩大直径与孔径之比不应大于 2.5。

2 钻杆应保持垂直、稳定。

3 钻扩孔底时，应做好标记，并应根据扩径设计合理控制给进速度。

4 泥浆的性能应根据地层特性调整，并应确保扩孔段的孔壁稳定。

5 扩底施工结束后，应根据工程设计要求进行扩孔检验。

7.9 钻孔挤扩支盘施工

7.9.1 钻孔挤扩支盘施工可用于可塑～硬塑状态的黏性土和中等密实以上的粉土、砂土及强风化软质岩石。

7.9.2 挤扩多支盘钻孔的直孔成孔方法可根据地层特性和设计要求选择。

7.9.3 直孔成孔应经验收合格后再进行挤扩施工，挤扩工序应自下而上依次进行。遇地层变化时，应按设计要求调整挤扩部位。

7.9.4 挤扩过程中应仔细观察挤扩压力值的变化和孔内液面的落差，并应做好施工记录。

7.9.5 泥浆护壁成孔，挤扩过程中应及时补充泥浆。

7.10 成槽施工

7.10.1 施工前宜先试成槽，应检验泥浆配比、挖槽机的选型，并应复核地质资料。

7.10.2 成槽施工应符合下列规定：

1 成槽施工前均应设置导墙，导墙根据场地条件可采用预制或现浇形式，导墙修建应符合下列规定：

1）导墙的内墙面应平行地下连续墙的轴线，导槽的中心线与地下连续墙的轴线偏差应符合设计要求。

2）导墙埋深应根据地层性质确定，导墙应坐落在稳定的地层上，当地基承载力不满足时应进行加固。

3）导槽宽度、导墙厚度及形状应根据工程设计、采用的设备类型和工艺方法确定。

4）导墙采用混凝土现场浇筑时，其强度等级不应低于 C20，配筋应符合现行国家标准《混凝土结构设计规范》GB 50010 的有关规定。

5）导墙外侧应采用黏性土回填并夯实，在导墙内侧每隔 2m 应设一木支撑。

2 单元槽段长度应根据设计要求、地层特性、场地条件、成槽设备类型和工艺等因素综合确定，单元槽段长度宜为 3m～8m。

3 成槽施工应采用稳定液护壁，液面应保持不低于导墙顶面 0.3m，应经常检测稳定液性能。

7.11 清　孔

7.11.1 基桩孔、成槽达到设计深度后，应根据设计要求进行清孔。

7.11.2 清孔应根据成孔工艺方法和孔壁（槽壁）的稳定性选用正循环、反循环、抽渣筒、空气吸泥等方法，旋挖钻成孔至设计深度后应采用清孔钻头清孔。

7.11.3 清孔后，基桩孔、槽段内冲洗液或稳定液密度、黏度、含砂率等指标及孔底沉渣厚度应符合设计要求。

8 特 种 钻 探

8.1 定向钻进

8.1.1 定向钻进可用于钻孔纠偏、补采岩心、绕过障碍物和钻进定向孔的钻孔施工。

8.1.2 定向钻孔的设计应根据钻孔目的、地层特性、地区钻孔弯曲规律、钻孔直径、设备条件等确定钻孔轨迹、造斜点和造斜技术方法，并应符合下列规定：

1 应利用地层自然弯曲规律。

2 造斜强度不应大于 $0.5°/m$，造斜孔段应保持曲率均匀。

3 造斜点或分支点应选在比较稳定的中硬岩层中。

4 造斜技术方法应与造斜强度、造斜点岩性、设备能力相适应。

8.1.3 定向钻进造斜工具的选择和施工应符合下列规定：

1 在中硬岩层造斜钻进，宜采用偏心楔。

2 在软～中硬岩层中造斜，宜选用孔底螺杆造斜钻具。

3 在中硬～硬的完整岩层中造斜，宜选用机械式连续造斜钻具。

4 需建造人工孔底时，可采用木塞或金属塞建造人工孔底，人工孔底应稳定、坚固，并应能承受足够的荷载。

5 安装造斜工具前应准确计算安装角，应采用相应的定向装置将下入孔内的造斜工具按安装角准确定向。

6 偏心楔下入孔内定向固定后，应采用1m的粗径钻具沿楔面进行导斜钻进至楔面以下0.5m～1.0m。

7 采用机械式连续造斜器造斜钻进倒杆时，应先停止回转，再卸去轴向压力。

8 采用螺杆钻造斜钻进时，钻机应具有反扭矩装置，钻进中严禁提动钻具，钻速宜为0.5m/h。

9 定向钻进20m～25m应测斜一次，遇特殊情况时应适当加密测斜点，并应及时处理测斜数据。

8.2 岩心定向钻进

8.2.1 岩心定向钻进可用于在倾角30°～80°的斜孔中确定地下岩体结构面产状。

8.2.2 岩心定向钻进应符合下列规定：

1 岩心定向仪下孔前，应在地面进行试验，并应在合格后再下孔。

2 每个回次应认真测量并调配好钻头、卡簧、卡簧座和刻刀等构件互相配合的尺寸，刻刀内径应小于钻头内径0.5mm～1.0mm。

3 定向钻具内外管弯曲不得超过1.5mm/m。

4 使用定长打印钻具钻进时，倒杆位置应与定向打印位置错开。

5 使用定时打印钻具钻进时，应按预定的时间开始钻进和停止钻进，并应等待仪器打印，应准确测量机上余尺，并应计算各段定向进尺，应分别做好记录。

6 取出岩心后，应按顺序置于岩心架上，并应使所有断面对接吻合，应按定向压痕方向画出定向母线并延伸到回次各节岩心上。

8.3 水平孔钻进

8.3.1 水平孔钻进可用于锚杆（索）孔、非开挖铺设地下管线孔等工程孔的施工。

8.3.2 锚杆（索）孔的钻进应符合下列规定：

1 钻进不易塌孔的土层、砂层宜采用洛阳铲、螺旋钻成孔。

2 钻进砂土层、卵砾石层、软～中硬岩层宜采用硬质合金回转钻进。

3 钻进硬～坚硬岩层宜采用潜孔锤钻进。

4 边坡加固不宜采用液体冲孔。

5 回转钻进砂土、卵石和砾石层宜采用泥浆冲孔，也可采用跟管钻进。

6 应根据钻孔方法不同采用相应的扶正措施。

8.3.3 非开挖铺设地下管线孔的钻进方法应根据地层特性和场地条件选择，并应符合下列规定：

1 导向钻进可用于黏性土、粉土、中密以上的砂土及岩层铺设管线。导向钻进应符合下列规定：

　1）根据勘察资料和拟铺设管线的设计要求，设计导向钻进轨迹。

　2）用测量仪器施放管道中心线位置及标高，每隔1m作出标记。

　3）钻机安装稳固，方位符合设计要求。

　4）导向钻进时应跟踪探测，每钻进0.5m～1m探测一次钻头方位、倾角、深度；有偏差时，应及时调整纠偏。

　5）应采用先钻导向孔，后进行回拉扩孔并铺管。

2 夯管钻进可用于在黏性土、粉土、砂层、卵石及砾石层铺设钢管。夯管钻进应符合下列规定：

　1）根据地层特性、管径和铺管长度等合理选择夯管锤和空压机。

　2）根据单节管的长度、铺管深度和夯管锤长度等确定工作坑与接收坑尺寸，并做好支护。

　3）夯管锤导轨安装方位、标高应符合设计要求，标高误差应小于5mm。

　4）在第一根管夯进0.5m～0.8m时，应测量钢管的铺设方位和标高，发现偏差及时纠正。

3 顶管施工可用于在黏性土、粉土层铺设水泥管或钢管。顶管施工应符合下列规定：

　1）根据地层特性、管径和一次铺管长度等合理选择顶管设备。

　2）根据单节管的长度、铺管深度和顶管设备等确定工作坑与接收坑尺寸，并做好支护。

　3）顶管施工时顶管设备后端应设置反力座，并应适时清除管内渣土，测量与检查管线方向。

4 冲击矛钻进可用于黏性土、粉土层铺设管线。冲击矛钻进应符合下列规定：

　1）根据地层特性、孔径等合理选择冲击矛及其动力设备。

　2）根据成孔直径和设备能力，可采用一次冲击成孔或逐级挤扩成孔。

5 水平螺旋顶管钻进可用于黏性土、粉土及砂层铺管。水平螺旋顶管钻进应符合下列规定：

　1）根据地层特性、孔径等合理选择顶管工艺与设备。

2）根据设备尺寸、铺管深度和操作方法等确定工作坑与接收坑尺寸，并做好支护。

3）按设计要求在工作坑内安装钻机，并应严格校核其方位和高度。

4）采用跟管法施工时，螺旋钻杆长度应与每节管的长度匹配。

8.4 水上钻探

8.4.1 水上钻探准备工作除应符合本规范第4章的有关规定外，尚应符合下列规定：

1 应搜集施工区域水文、气象、航运等资料，并应进行现场踏勘，同时应了解工作区环境和现有水上运输能力等。

2 应与有关航运部门协商钻探期间的安全航行事宜，并应确定报警水位和撤退航线，同时应编制施工组织设计。

8.4.2 水上钻场应根据水文条件、钻孔深度、钻孔目的选择，并应符合下列规定：

1 在浅水区，宜采用围堰或筑岛方法建造工作平台，堰顶或岛面应高出施工期间可能出现的最高水位0.5m～0.7m，应变水上施工为陆地施工。

2 在深水区宜修建漂浮钻场和架空钻场，钻场类型选择应符合表8.4.2的规定。

表 8.4.2　水上钻场类型

水上钻场类型		钻探期间水文情况			安全距离（m）
		最小水深（m）	流速（m/s）	浪高（m）	
漂浮钻场	专用铁驳船	2	<4	<0.4	>0.5
	木船	1.5	<3	<0.2	全载时吃水线应低于甲板的距离 >0.4
	竹木筏	0.5	<1	<0.1	0.2～0.3
	油桶	1	<1	<0.1	0.2～0.3
架空钻场	桁架	不限	<1	2	>1
	平台	不限	<3	2	钻场平面高出最高水位距离 >1
	索桥	不限	<5	不限	>3

3 水上钻场应结构坚固，作业面应紧凑，台面宜铺设厚40mm～50mm的木板并进行固定，周边应架设不低于1.2m的安全护栏。

8.4.3 漂浮钻场的建造应符合下列规定：

1 漂浮钻场的承载能力应根据水文条件、钻孔深度、设备器材重量及工作负荷等因素合理选择，并应取5～10的安全系数。

2 漂浮钻场应抛锚固定，并应符合下列规定：

1）漂浮钻场应设有主锚、前锚、边锚和后锚。

2）锚的重量应根据漂浮钻场的承载能力和水的流速确定。

3）钢丝绳锚绳不得有锈蚀和断丝，锚绳直径应符合抗拉要求，锚绳长度应根据水深及夹角确定，锚绳与其在水平面上投影的夹

角为10°，主锚钢丝绳与前锚绳、边锚绳夹角为35°～45°。

4）抛锚定位应由持证船工操作，由船长统一指挥完成。

5）抛锚定位应选择无雾天气进行，并进行观测。

6）条件许可时应把部分锚固定在岸边上。

8.4.4 架空钻场的建造应符合下列规定：

1 架空钻场支承的结构类型应根据水文条件、钻孔深度、设备器材重量及工作负荷等因素合理选择，并应进行强度、刚度与稳定性校核。

2 架空钻场的台面应高于最高水位1m。

8.4.5 水上钻探除应根据钻探目的符合本规范的有关规定外，尚应符合下列规定：

1 开孔钻进前应下导向管。

2 导向管应带管靴，并应坐落到稳定的地层上，对其下端应进行良好密封。

3 导向管在接近孔口处，应采用0.3m～1m的短管连接，并应保持与基台面有一定的高度。

4 水上基桩孔施工宜采用固定式工作平台，护筒底端埋置深度应根据水深及水底地层特性确定，护筒上口宜高出水位2.0m。

5 泥浆循环系统应按不同水域作业需要及钻孔目的合理设置，废弃泥浆应运送至垃圾填埋场或当地环保部门指定场所。

8.4.6 水上钻探安全管理除应符合本规范第3.0.8条的规定外，尚应符合下列规定：

1 在通航江河进行水上钻探，水上钻场和活动区域应按规定设置标志和显示信号，并应按海事管理机构的规定，采取相应安全措施。

2 已沉好的平台支承桩或钢护筒在未搭设平台前，应露出水面一定高度，并应涂反光漆标志或设红色灯光信号。

3 每班应检查钻船和平台的坚固程度、承载平衡性、舱底密封性、锚绳和保护绳牢固程度、救生设备安全性，照明应良好。

4 水上钻探工作人员作业时，应穿救生衣。

5 遇能见度小于50m的雾、雷雨天或5级以上风时，应停止水上作业。

6 发生孔内事故时，不得强力起拔钻具；严禁在漂浮钻场上游的主锚、边锚范围内进行水上或水下爆破。

7 应经常对施工人员进行水上施工的安全教育，并应熟悉呼救信号。

8.5 孔内爆破

8.5.1 爆破物品的购买、运输、制作、储存与使用，应按现行国家标准《爆破安全规程》GB 6722的有关规定执行。

8.5.2 孔内爆破应使用防水的或经防水处理的爆破器材，下入孔内的爆破器材外径应小于钻孔直径20mm。

8.5.3 孔内爆破宜采用聚能爆破，并宜将爆破器制成不同形状。

8.5.4 孔内爆破炸药用量应根据爆破目的、槽（孔）尺寸、孔内岩性、炸药性能确定。

8.5.5 爆破作业应符合下列规定：

    1 孔内爆破作业应在机长统一指挥下，由持证专业人员完成。

    2 爆破施工前，应准确测定爆破部位深度，孔底爆破时应将孔内沉渣清除干净，水下作业爆破位置距孔口的距离不得小于3m，干作业成孔爆破位置距孔口的距离不得小于5m。

    3 爆破前应备足冲洗液，爆破后应及时补充，并应防止塌孔。

    4 爆破器上部应投填砂土，其厚度不得小于0.8m。当孔内液柱高度大于2m时，可不回填。

    5 起爆前，作业人员应远离孔口至安全距离外。爆破深度超过100m时，安全距离应为30m；100m以内时应为50m；深度小于20m的浅孔爆破，应将孔口附近的设备及工具覆盖或转移到安全距离以外。

9 冲洗介质与护壁堵漏

9.1 冲洗介质

9.1.1 冲洗介质应根据地层特性、钻进方法和钻孔目的等因素选择，并应符合下列规定：

    1 冲洗介质应符合环保要求。

    2 在地层条件允许的情况下，宜选用清水或乳化液。

    3 在松散、破碎、水敏性等孔壁易坍塌地层钻进，冲洗介质选用应符合下列规定：

        1）工程孔钻进宜选用普通泥浆或膨润土泥浆。

        2）金刚石钻进和金刚石绳索取心钻进宜选用低固相泥浆或聚合物冲洗液。

        3）水文地质钻探与水井施工应选用对出水量和水质影响较小的冲洗液，地层条件允许时宜选用空气和泡沫冲孔。

    4 干旱缺水、冻土地区、严重漏水和易坍塌地层及其他不宜采用液体冲孔的地层，宜选用空气和泡沫冲孔。

    5 可溶性盐类地层宜选用同类盐的饱和溶液或空气冲孔。

    6 海上钻探宜采用海水泥浆冲孔。

9.1.2 冲洗液的性能应根据钻进方法、地层特性等因素选择，冲洗液应符合下列规定：

    1 冲洗液的性能指标宜符合表9.1.2的规定。

表 9.1.2　冲洗液的性能指标

冲洗液性能	工程钻孔用泥浆	低固相泥浆	无固相聚合物冲洗液	备注
密度（g/cm³）	1.10～1.2	1.02～1.04	1.0	
苏氏漏斗黏度（s）	18～40	18～25	18～25	植物胶类冲洗液大于25s
表观黏度（MPa·s）	5～25	4～10	4～8	
含砂率（%）	<6	<1		
静切力（Pa）	2～10	0～3		
胶体率（%）	>95	>98		
失水量（mL/30min）	<30	<15	<15	压差：0.1MPa
泥皮厚（mm）	1～3	0.5～1		
稳定性	<0.03	<0.02		
pH值	7～9	7.5～8	7～8	

    2 冲洗液应不妨碍并有利于采取岩（土）样、孔内测试等工作。

    3 冲洗液应具有良好的冷却散热、携带钻屑、润滑性能和稳定孔壁作用。

9.1.3 冲洗介质的配制应符合下列规定：

    1 配制泥浆用的黏土应通过室内试验后选取，膨润土粉应符合现行国家标准《钻井液材料规范》GB/T 5005的有关规定。

    2 低固相泥浆配制时，聚合物处理剂应事先溶解成水溶液，而后按分子量由小到大加入。

    3 膨润土应经24h水化溶胀后再用于配制泥浆。

    4 无固相聚合物冲洗液配制时，应进行充分搅拌，并应使其完全溶解后使用。

    5 使用硬水配制乳状液时，应对硬水进行软化处理。

    6 使用泡沫冲孔时，气液比宜为50～200。

9.1.4 冲洗液管理应符合下列规定：

    1 应制定冲洗液管理制度，应由专人负责冲洗液的配制、性能检测与调整，并应做好记录。

    2 机台应配备必要的冲洗液性能测量仪器。

    3 泥浆调整方案应经取样试验后确定。

    4 大直径钻孔钻进或深孔钻进宜配备旋流除砂器、振动筛等净化设备。

    5 应采取防止雨水或地面水侵入冲洗液的措施，冬期施工时应采取防冻措施。

    6 使用植物胶天然聚合物时，应采取防止发酵变质的措施。

    7 废浆和废渣处置，应符合环保和工程管理规定。

9.2 护壁堵漏

9.2.1 预防孔壁失稳应符合下列规定：

1 提钻时宜及时回灌冲洗液，并应保持孔内液面标高至孔口。

2 应控制钻具升降速度。

3 金刚石钻进极易坍塌的地层，宜加大孔壁环状间隙。

4 绳索取心钻进易坍塌地层时，应缓慢提升打捞内管。

9.2.2 治理孔壁失稳应符合下列规定：

1 宜选用防塌冲洗液。

2 注浆护壁应符合下列规定：

1）掌握坍塌地层的位置和特性。

2）注浆浆液宜选用早强水泥配制，采用高标号水泥配制时应加减水剂，采用普通水泥配制时应加早强剂。

3）水泥浆灌注前应进行配方试验，在保证可泵期的前提下，宜采用小的水灰比。

4）注浆时应采取防止灌浆液与钻杆内的冲洗液混合的措施。

5）注浆替浆水量应经计算确定。

3 在工程钻孔施工和工程地质勘察钻探中，遇冲洗液不能保持孔壁稳定的地层，可采用投黏土球挤压护壁的方法。

4 套管护壁应符合下列规定：

1）在钻孔结构设计时应预留备用孔径。

2）套管底部应安装管靴，孔口应固定，不得转动。

9.2.3 防治钻孔漏失应符合下列规定：

1 在勘察钻进中，预防漏失宜采用低密度流体。

2 裂隙通道大于 0.2mm 的漏失层宜选用水泥浆、黏土浆等粒状浆液，小于 0.2mm 的通道宜选用具有堵漏性能的冲洗液或化学浆液。

3 泵送堵漏浆液时，替浆水量应确保堵漏浆液进入漏失层。

4 对有活动水或大裂隙的漏失层宜采用凝结时间可控的浆液。

10 钻探质量

10.1 岩（土）心、土试样与水试样的采取

10.1.1 岩（土）心、土试样和水试样应根据勘察纲要要求采取。

10.1.2 岩（土）心采取应符合下列规定：

1 岩（土）心采取率应符合勘察纲要及现行国家标准《岩土工程勘察规范》GB 50021 和《供水水文地质勘察规范》GB 50027 的有关规定。

2 钻进方法与取心钻具应根据地层特性和取心质量要求合理选择，并应符合下列规定：

1）取心钻具宜符合表 10.1.2 的规定。

表 10.1.2 取心钻具

钻具类型	适用的地层	岩石可钻性级别
冲击取心钻具	黏性土、粉土、砂土、卵石、砾石层	—
"喷反"钻具	不易冲蚀的破碎岩层	4级～7级
普通单管	较完整的岩层	4级～12级
投球单管	软岩层	1级～3级
双动双管	较软、破碎、易冲蚀的岩层	1级～6级
单动双管	较完整或软硬互层岩层	4级～12级
爪簧式单动双管	破碎岩层与易冲蚀的软岩层	1级～6级
活塞式单动双管	易冲蚀、易溶解岩层	1级～5级
绳索取心钻具	完整或破碎岩层	4级～9级

2）可钻性 5 级以上岩石，宜选用金刚石单动双管钻进，孔深时宜采用绳索取心钻进。

3）在松软、松散和软弱夹层的地层中钻进，宜选用具有保护岩心的冲洗液。

4）在松软地层或溶洞充填物中采取较完整岩心时，宜采用单动三重管金刚石钻具钻进。

5）当需要确定岩石质量指标时，应采用 75mm 双层岩心管和金刚石钻头。

6）在不易取心的地层钻进，应严格控制回次进尺。

7）严禁回次进尺超过岩心管有效长度。

3 岩（土）心编录应符合下列规定：

1）岩（土）心应按次序排列在岩（土）心箱内，并按要求填写岩（土）心牌。

2）易冲蚀、风化、崩解的岩心，应按勘察纲要要求进行封存。

3）岩（土）心箱应按要求进行编号。

4 岩（土）心的保管与运输应符合现行国家标准《岩土工程勘察规范》GB 50021 的有关规定。

10.1.3 土试样采取应符合下列规定：

1 土试样采取应满足勘察纲要要求。

2 取样工具和取样方法应根据地层特性和土试样质量等级要求确定，可按表 10.1.3 选择。

表 10.1.3 取样工具和取样方法

土试样质量等级	取样工具与方法		适用土类										
			黏性土					粉土	砂土				砾砂、碎石土、软岩
			流塑	软塑	可塑	硬塑	坚硬		粉砂	细砂	中砂	粗砂	
I	薄壁取土器	固定活塞	○	○	△	×	×	△	△	△	×	×	×
		水压固定活塞	○	○	△	×	×	△	△	△	×	×	×
		自由活塞	×	△	△	×	×	△	×	×	×	×	×
		敞口	△	△	△	×	×	△	×	×	×	×	×

续表 10.1.3

土试样质量等级	取样工具与方法		适用土类										
			黏性土					粉土	砂土				砾砂、碎石土、软岩
			流塑	软塑	可塑	硬塑	坚硬		粉砂	细砂	中砂	粗砂	
Ⅰ	回转取土器	单动三重管	×	△	○	○	△	○	○	○	○	×	×
		双动三重管	×	×	×	×	×	△	○	○	○	△	
Ⅱ	薄壁取土器	水压固定活塞	○	○	○	△	×	△	×				
		自由活塞	△	○	○	△	×	△					
		敞口	△	○	○	△	×	△					
	回转取土器	单动三重管	×	△	○	○	△	○	○	○	○	×	×
		双动三重管	×	×	×	×	×	△	○	○	○	○	○
	厚壁敞口取土器		△	○	○	○	△	△					×
Ⅲ	厚壁敞口取土器		△	○	○	○	△	△	△	△	△		×
	标准贯入器		○	○	○	○	△	○	○	○	○		×
	螺纹钻头		○	○	○	○	△	△	△	△	△		×
	岩心钻头		○	○	○	○	○	△	△	△	△	△	△
Ⅳ	标准贯入器		○	○	○	○	△	○	○	○	○		×
	螺纹钻头		○	○	○	○	△	○	○	○	○		×
	岩心钻头		○	○	○	○	○	○	○	○	○	○	○

注：1 ○为适用，△为部分适用，×为不适用；
  2 采取砂土试样应采取防止试样失落的补充措施。

3 在钻孔中采取Ⅰ、Ⅱ级土样时，应符合下列规定：

  1）钻孔直径应大于取土器外径1级～2级。

  2）冲击钻进应在距拟取样深度1m以上停止冲击钻进，改用回转钻进；回转钻进应在拟取样深度0.35m以上采用减压钻进。

  3）采取原状土样前应进行清孔，在地下水位以上应用干钻清孔。

  4）采用跟管护壁时，取样位置应低于套管底3倍孔径的距离，并应保持孔内液面高于地下水位。

  5）泥浆护壁的钻孔中提升取土器时，应及时注满泥浆。

10.1.4 钻孔中采取水试样应符合下列规定：

  1 采用冲洗液钻进的钻孔，应将孔内冲洗液置换成地下水后再采取水试样。

  2 在长期观测的钻孔中采取水试样，应抽出孔内积水后采取。

  3 单一层含水层可在终孔后采取水试样，两层以上含水层应止水后分层采取。

  4 水试样瓶应用试样水洗净，水试样取出后应贴标签并蜡封，并应按现行国家标准《岩土工程勘察规范》GB 50021的有关规定送实验室。

10.2 勘察孔孔深校正与钻孔弯曲度

10.2.1 孔深允许偏差为2‰，钻孔遇下列情况之一时，应进行孔深校正：

  1 每钻进100m。

  2 钻进至主要标志层或含水层。

  3 采取原状土试样和进行各种试验前。

  4 钻孔换径、扩孔结束、下管前及终孔后等。

10.2.2 钻孔弯曲测量应符合下列规定：

  1 水文地质勘探孔，每钻进100m、换径、终孔，应测量顶角弯曲度。

  2 水文地质探采结合孔，每钻进50m、换径、终孔或扩孔结束，应测量顶角弯曲度。

  3 工程地质勘察钻孔在孔深100m内每隔30m或变层后应测量钻孔弯曲度，应超过100m每钻进50m测量一次，孔深小于30m的钻孔可不测量。

  4 钻孔弯曲度超过设计要求时，应及时进行纠偏。

10.2.3 钻孔弯曲度应符合下列规定：

  1 钻孔顶角允许弯曲强度，直孔每100m不应大于1.5°，斜孔每100m不应大于3°。

  2 钻孔方位角的偏斜度应按设计要求确定。

  3 其他用途钻孔的弯曲度应按设计要求确定。

10.3 供水管井成井质量

10.3.1 管井井身应圆正，直径不得小于设计井径。

10.3.2 供水管井弯曲测量应符合本规范第10.2.2条的规定。

10.3.3 供水管井井深100m内顶角偏斜不应大于1°；大于100m时，每100m顶角偏斜的递增不应大于1.5°；井段的顶角和方位角不得有突变。

10.3.4 出水量应符合设计出水量。

10.3.5 抽水试验结束前应进行井水含砂量的测定，井水含砂量应小于1/200000（体积比）。

10.3.6 井内沉淀物的高度应小于井深的5‰。

10.4 基桩孔成孔质量

10.4.1 基桩孔成孔深度应符合设计要求，基桩位及垂直度允许偏差应符合表 10.4.1 规定。

表 10.4.1 基桩孔位及垂直度允许偏差

序号	成孔方法		孔径允许偏差（mm）	垂直度允许偏差（%）	基桩孔位允许偏差（mm）	
					1根~3根、单排桩基垂直于中心线方向和群桩基础的边桩	条形桩基沿中心线方向和群桩基础的中间桩
1	泥浆护壁钻孔	$D \leqslant 1000mm$	± 50	<1	$D/6$，且$\leqslant 100$	$D/4$，且$\leqslant 150$
		$D>1000mm$	± 50		100	150
2	干作业成孔		-20		70	150

注：1 孔径允许偏差的负值指个别断面；
    2 D 为钻孔直径。

10.5 成槽质量

10.5.1 成槽验收应包括槽深、槽宽、垂直度、沉渣厚度等，其允许偏差应符合表 10.5.1 的规定。

表 10.5.1 成槽验收允许偏差

项目	序号	检查项目		允许偏差或允许值	检查方法
主控项目	1	垂直度	永久结构	1/300	声波测槽仪
			临时结构	1/150	
一般项目	2	导墙	导槽宽度	$W+100mm$	钢尺测量
			墙面平整度	$<5mm$	
			导墙平面位置	$\pm 10mm$	
	3	沉渣厚度	永久结构	$\leqslant 100mm$	重锤测或沉积物测定仪测
			临时结构	$\leqslant 200mm$	
	4	槽深		$+100mm$	重锤测
	5	槽宽		$+50mm$	声波测槽仪

注：W 为地下墙设计厚度。

10.6 原始报表

10.6.1 各项原始报表应及时、真实、齐全，原始报表应由专职人员填写与保管，不得涂改、转抄或追记。

10.6.2 原始报表的各栏均应按钻进回次逐项填写，严禁漏记和伪造。

10.7 终孔验收与资料提交

10.7.1 钻孔达到设计孔深后，应由有关责任人进行终孔验收。验收应按钻孔设计任务书的要求及相应钻探（成孔）质量标准逐项进行。钻孔验收结束后，应填写钻孔验收单。

10.7.2 钻孔验收后，应及时将原始报表等钻探资料、所采取的样品进行整理，并应按规定一并移交有关部门。

11 钻探设备使用、维护与拆迁

11.1 钻探设备使用与维护

11.1.1 钻探设备应按其说明书和有关操作规程使用、维护和保养。

11.1.2 施工企业应建立健全钻探设备档案，设备档案应由专人保管。

11.1.3 钻探设备操作和维护人员应熟悉现场设备的性能，并应熟练掌握操作要领，除应按本规范第 3.0.3 条的规定进行专业技术培训外，尚应接受安全教育，并应经考试合格后持证上岗。

11.1.4 钻探设备的使用和维护应填写使用维护记录，并应与设备档案一起保存。

11.1.5 气温 0℃ 以下进行钻探施工时，应采取防冻措施。

11.2 钻探设备拆迁

11.2.1 钻探设备拆迁工作应有计划、有组织地进行，应由机长统一指挥，拆迁时应划定安全区域，并应设立警示标志。

11.2.2 整体立放的钻塔放倒前，应对升降机系统、钢丝绳和钻塔各部件进行安全检查，并应拆除塔顶的悬挂设施。

11.2.3 在夜间或遇能见度小于 50m 的雾、雷雨天、下雪天、五级以上风时，严禁拆卸钻塔；冬期施工时，拆卸钻塔应采取防滑措施。

11.2.4 钻探设备整体搬迁时，应选择在相对平坦的地形上进行，大型钻探设备在整体移位时，行走路线上地基土应有足够的承载力。

11.2.5 钻探设备在高压电线下搬迁时，应确保留有足够的安全距离，安全距离应按本规范表 4.2.3 的规定取值。

附录 A 岩心钻探岩石可钻性分级表

表 A 岩心钻探岩石可钻性分级

可钻性级别	岩石硬度分类	可钻性指标			代表性岩石
		压入硬度（MPa）	统计钻速（m/h）		
			金刚石钻进	硬质合金钻进	
1~4	软	<1000	—	>3.9	粉砂质泥岩、碳质页岩、粉砂岩、中粒砂岩、透闪岩、煌斑岩

可钻性级别	岩石硬度分类	可钻性指标			代表性岩石
		压入硬度(MPa)	统计钻速 (m/h)		
			金刚石钻进	硬质合金钻进	
5	中硬	900~1900	2.90~3.60	2.50	硅化粉砂岩、碳质硅页岩、滑石透闪岩、橄榄大理岩、白色大理岩、石英闪长玢岩、黑色片岩、透辉石大理岩、大理岩
6		1750~2750	2.30~3.10	2.00	角闪斜长片麻岩、白云斜长片麻岩、石英白云石大理岩、黑云母大理岩、白云岩、蚀变角闪长岩、角闪变粒岩、角闪岩、黑云石英片岩、透辉石榴石矽卡岩、黑云白云石大理岩
7		2600~3600	1.90~2.60	—	白云母斜长片麻岩、石英白云石大理岩、透辉石化闪长玢岩、混合岩化浅粒岩、黑云角闪长岩、透辉石岩、白云石大理岩、蚀变石英闪长玢岩、黑云母石英片岩
8	硬	3400~4400	1.50~2.10	—	花岗岩、矽卡岩化闪长玢岩、石榴子矽卡岩、石英闪长斑岩、石英角闪岩、黑云母斜长角闪岩、伟晶岩、黑云母花岗岩、闪长岩、斜长角闪岩、混合片麻岩、凝灰岩、混合岩化浅粒岩
9		4200~5200	1.10~1.70	—	混合岩化浅粒岩、花岗岩、斜长角闪岩、混合闪长岩、斜长闪长岩、钾长伟晶岩、橄榄岩、混合闪长玢岩、石英闪长玢岩、似斑状花岗岩、斑状花岗闪长岩
10	坚硬	5000~6100	0.80~1.20	—	硅化大理岩、矽卡岩、混合斜长片麻岩、钠长斑岩、钾长伟晶岩、斜长角闪岩、安山质熔岩、混合岩化角岩、斜长岩、花岗岩、石英岩、硅质凝灰质砂砾岩、英安质角砾熔岩
11		6000~7200	0.50~0.90	—	凝灰岩、熔凝灰岩、石英岩、英安岩
12		>7200	<0.60	—	石英角岩、硅质熔凝灰岩

附录 B 土 的 分 类

表 B 土 的 分 类

类别	名称	定名标准
碎石土类	漂石	圆形及亚圆形为主，粒径大于200mm的颗粒质量超过总质量的50%
	块石	棱角形为主，粒径大于200mm的颗粒质量超过总质量的50%
	卵石	圆形及亚圆形为主，粒径大于20mm的颗粒质量超过总质量的50%
	碎石	棱角形为主，粒径大于20mm的颗粒质量超过总质量的50%
	圆砾	圆形及亚圆形为主，粒径大于2mm的颗粒质量超过总质量的50%
	角砾	棱角形为主，粒径大于2mm的颗粒质量超过总质量的50%
砂土类	砾砂	粒径大于2mm的颗粒质量占总质量的25%~50%
	粗砂	粒径大于0.5mm的颗粒质量超过总质量的50%
	中砂	粒径大于0.25mm的颗粒质量超过总质量的50%
	细砂	粒径大于0.075mm的颗粒质量超过总质量的85%
	粉砂	粒径大于0.075mm的颗粒质量超过总质量的50%
粉土类	粉土	粒径大于0.0075mm的颗粒质量不超过总质量的50%，且塑性指数 $I_P \leq 10$
黏性土类	粉质黏土	塑性指数 $10 < I_P \leq 17$
	黏土	塑性指数 $I_P > 17$

注：1 分类时应根据粒径分组由大到小以最先符合者确定；
　　2 塑性指数由相应于76g圆锥体沉入土样中深度为10mm时测定的液限计算确定。

附录 C 岩心钻探岩石研磨性分级表

表 C 岩心钻探岩石研磨性分级

研磨性类别	弱研磨性		中等研磨性			强研磨性		
研磨性级别	1	2	3	4	5	6	7	8
标准钢杆研磨法研磨性指标(mg)	<5	5~10	10~18	18~30	30~45	45~60	60~90	>90

附录 D 土试样质量等级划分

表 D 土试样质量等级划分

级别	扰动程度	试验目的
Ⅰ	不扰动	土类定名、含水量、密度、强度试验、固结试验
Ⅱ	轻微扰动	土类定名、含水量、密度
Ⅲ	显著扰动	土类定名、含水量
Ⅳ	完全扰动	土类定名

本规范用词说明

1 为便于在执行本规范条文时区别对待，对要求严格程度不同的用词说明如下：

  1）表示很严格，非这样做不可的：

    正面词采用"必须"，反面词采用"严禁"；

  2）表示严格，在正常情况下均应这样做的：

正面词采用"应"，反面词采用"不应"或"不得"；

  3）表示允许稍有选择，在条件许可时首先应这样做的：

正面词采用"宜"，反面词采用"不宜"；

  4）表示有选择，在一定条件下可以这样做的，采用"可"。

2 条文中指明应按其他有关标准执行的写法为："应符合……的规定"或"应按……执行"。

引用标准名录

《混凝土结构设计规范》GB 50010
《岩土工程勘察规范》GB 50021
《供水水文地质勘察规范》GB 50027
《供水管井技术规范》GB 50296
《钻井液材料规范》GB/T 5005
《爆破安全规程》GB 6722
《钻探用无缝钢管》GB/T 9808

中华人民共和国国家标准

冶金工业建设钻探技术规范

GB 50734—2012

条 文 说 明

制 定 说 明

《冶金工业建设钻探技术规范》GB 50734—2012，经住房和城乡建设部 2012 年 1 月 21 日以第 1276 号公告批准发布。

本规范制订过程中，编制组总结了近二十多年来在冶金工业建设工程地质钻探、水文地质钻探与水井施工、基桩孔和成槽施工及特种钻探、护壁堵漏等方面的工程经验和工程事故教训，在已有的通用标准和有关行业标准的基础上，对冶金工业建设钻探技术工作制定了更先进、更具体的规定。

为了便于广大勘察、设计、施工、科研、学校等单位有关人员在使用本规范时能正确理解和执行条文规定，《冶金工业建设钻探技术规范》编制组按章、节、条顺序编写了本规范的条文说明，对条文规定的目的、依据以及执行中需注意的有关事项进行了说明。但是，本条文说明不具备与规范正文同等的法律效力，仅供使用者作为理解和把握规范规定的参考。

目 次

1 总　则

1.0.2 本条规定了本规范的使用范围。本规范主要用于指导冶金工业建设工程钻探技术工作。

1.0.3 近年来，我国冶金工业建设速度较快，从事冶金工程地质勘察和岩土施工的单位很多，所采用的技术、方法和设备也不相同，钻探施工对操作人员素质要求较高，因此，各单位在执行本规范时要制定相应的操作规程以确保钻探优质、高效、低耗、环保和安全。

1.0.4 由于规范的分工，本规范不可能将钻探工作中遇到的所有技术问题全部包括进去。钻探施工人员在进行钻探施工时，还需遵守其他有关规范的规定。

3　基本规定

3.0.1 钻探工程应依据工程设计或勘察纲要，结合地质构造、地层特性和工程场地自然地理条件，编制钻探施工方案，指导钻探施工。一般基桩孔和成槽施工及水井施工和特种钻探依据设计图纸进行，而工程地质钻探和水文地质钻探应根据勘察纲要进行，勘察纲要是根据搜集已有资料和现场踏勘结果编制而成，岩土工程勘察纲要编制内容详见现行国家标准《冶金工业建设岩土工程勘察规范》GB 50749，水文地质勘察纲要编制内容详见现行国家标准《供水水文地质勘察规范》GB 50027，编制钻探施工方案时应选择适合本工程特点的钻进工艺、技术方法和设备，做到技术先进、施工效率高、质量好、节能环保，以满足地质勘察和工程设计的要求。

3.0.3 按有关规定应对钻探作业人员进行技术和操作培训，经考试合格后，持证上岗。根据新技术、新方法和新设备的发展推广，应对钻探作业人员进行专业培训，以提高其技术水平和素质。

3.0.4 钻探施工时不应污染和破坏钻场工作周边场地和植被，工程竣工后钻场应按要求进行恢复或复垦。城市作业时噪声和废浆排放应符合国家和地方的相关规定。

3.0.6 钻探施工的原始资料和技术数据是评价钻探施工质量的重要指标，也是影响工程质量的关键因素，施工人员应高度重视，认真填写施工记录和班报表，应做到真实、准确、可靠。

3.0.7 孔内事故应贯彻预防为主的方针，孔内事故发生的原因有多方面，其中地层和人为原因是发生孔内事故的多发诱因，如松散性、破碎性和水敏性等复杂地层出现，经常会发生施工技术与地层特性不相适应而引发的孔内事故。人为原因主要表现在技术方案、技术措施和技术操作等各技术层面上，如钻孔施工技术设计缺少针对地层复杂性的技术方案，钻进技术参数控制不当引起烧钻、埋钻、钻杆扭断等孔内事

故，防塌冲洗液管理不善出现孔内坍塌、掉块并引发埋钻或卡钻事故等，因此事故预防应从施工技术方案的科学设计、有针对性技术措施选用和严格遵守操作规程与提高操作技术水平入手。

处理孔内事故时，重要的是摸清孔内情况，制订出正确的处理方案，并将方案细化到每一细小步骤上，统一指挥，及时处理，避免事故恶化或引发新的事故。事故处理时应做好记录，对于导致钻孔报废的重大孔内事故按有关规定应填写事故报告表。

3.0.8 安全生产责任重于泰山，钻探工程作业由于施工场地环境条件多变，设备类型繁多，作业内容复杂，目前，已有相当数量的机台作业人员违章作业，造成人员伤亡和设备损坏，因此，钻探作业应制订相应的安全制度和措施，严格执行有关设备操作规程，防止对人身和设备造成安全事故。

3.0.9 本条为强制性条文。钻探作业当不可避免地选在悬崖、陡坡地带时，设置安全防护措施尤为重要，通过对作业场地、施工人员及作业设备采取严格的防护措施，防止对人身和设备造成安全事故。防护措施包括：清除坡上浮石并进行锚喷加固，钻场周围设安全护栏等。

3.0.10 钻具提出钻孔后及时将钻具放置在安全区域是钻探施工必须遵守的良好习惯，钻具悬空放置，机前作业人员在其下作业非常危险，同时，悬空放置的钻具也不利于设备稳定，易发生倾覆事故。升、降钻具时用手触摸快速移动的钢丝绳，很容易将人的手及胳臂与正在升、降的钢丝绳缠绕，存在巨大安全隐患，为此，将本条列为强制性条文。

4　钻探准备工作

4.1　编制钻探施工方案

4.1.1～4.1.3 一般在勘察纲要或岩土工程施工组织设计的基础上编制钻探施工方案，钻探施工方案是钻探施工的重要技术准备工作，钻探施工方案编写的质量直接影响钻探施工的质量、效率、成本和安全生产。编写钻探施工方案除应考虑工程设计或勘察纲要、自然条件、地层特性等因素之外，还应考虑施工单位的经验、技术水平、设备条件等具体情况，并应尽可能采用新技术、新方法、新工艺。

4.2　施工场地准备

4.2.1 地基是钻探施工的基础，其修筑质量直接影响钻探施工的正常进行，因此必须高度重视，按规定修筑，同时，在山区进行水文地质勘察与水井施工时（工期较长），修筑地基应考虑滑坡、泥石流等地质灾害影响。

4.2.2 钻孔位置与地下构筑物、管线的距离应符合

本条规定，如发现不符合规定时应及时向有关部门通报，按有关部门研究批准后的方案进行施工。

4.2.3 表4.2.3引自现行行业标准《施工现场临时用电安全技术规范》JGJ 46—2005中的第4.1.2条。

4.2.4 进场前的"三通一平"应注意路、桥承载能力能否适应运输需要，水压、水量是否满足施工要求，电压、电流与钻探施工设备是否匹配等。

4.3 基台与钻塔安装

4.3.3 目前使用的钻塔类型较多，本条第1款~第4款只对钻塔安装的共同要求作出规定，具体安装施工时，还应遵照钻塔的安装说明书施工。

5 为防止钻塔倾倒，需要绷绳使之稳固。对桅杆式和A形钻塔，绷绳作为基本支撑更是必不可少的构件。

4.3.4 为保证安全，避雷针的安装应符合本条规定，其数据是参考现行行业标准《民用建筑电气设计规范》JGJ 16中的有关规定编写的。

4.4 钻探设备安装

4.4.1 钻探设备安装应遵照说明书的要求进行。安装钻探设备时，应先安装钻机和动力机，然后根据场地条件，合理布置其他设备和材料的摆放位置。

4.4.3 对于具有液压支腿或千斤顶的钻探设备应使用液压支腿和千斤顶固定；对于轮胎式钻探设备，轮胎不得空转和承压。

4.5 附属设备安装

4.5.1 机器的防护装置是安全生产的重要防护措施，特别是对人身安全至关重要。

4.5.2 钻探施工的用电设备种类繁多，使用环境恶劣，应配备专业电工按有关安全用电规程进行安装、维护和拆除，并制定钻场用电规章制度，确保安全用电。

4.5.4 循环系统一般安设在靠地基低坡的一面，距塔脚的距离不小于1m。循环槽的长度宜大于10m，其坡度宜为1%~1.25%。在循环系统中应设置沉淀池，以净化冲洗液。储浆池的容积应能满足钻进循环的需要。必要时安装防冻、防雨设施。

4.6 准备工作检查

4.6.1 准备工作完成后的检查，应会同有关各方进行。应重点检查修筑的地基、钻塔、钻探设备和附属设备的安装是否符合规定，孔位、开孔方位和倾角是否符合设计要求，各种安全措施是否落实等。

5 工程地质钻探

5.1 钻孔结构设计与钻进方法选择

5.1.1 设计钻孔结构时，除应考虑钻孔的设计深度、终孔直径、地层的地质结构与岩土性质外，还应考虑钻孔中的测试项目、取样要求、水文地质条件、施工经验和护壁堵漏技术水平。

5.1.2 钻孔直径的选择除应符合钻探工艺要求外，还应满足孔内测试及取土试样要求。工程地质钻探常用的钻孔规格为ϕ150、ϕ130、ϕ110、ϕ91、ϕ75、ϕ60。

5.1.3 本条说明如下：

1 当表层土为比较稳定的粉质黏土和黏土时，可考虑不设置孔口管，否则应设置孔口管，以确保顺利钻进。

2~4 简化钻孔结构的目的是减少套管层数和数量，简化钻孔结构应首先充分了解地层特性，其次考虑现有护壁堵漏技术的有效性，在有地区施工经验的情况下可不留备用孔径。

5.1.4 钻进方法选择除按表5.1.4-1和表5.1.4-2考虑土层和岩石性质外，还要考虑钻进方法对岩土层鉴别与取样段扰动的影响，以及各种方法适用的孔深与孔径等。冲击钻进包括打筒钻进、抽筒钻进和钻头冲击钻进。在黏性土、粉土、砂土和碎石土层可用打筒钻进；遇到较薄的碎石、卵石层，可先用角锥、扁铲、圆形或十字形等冲击钻头破碎，再用打筒钻进；在有水的情况下，用抽筒捞取。

5.2 冲击钻进

5.2.2 本条说明如下：

1 开孔时应采取扶正冲击钻具、控制冲击高度等措施，防止钻孔偏斜。

2 采用打筒钻进时，一般回次进尺应控制在0.5m以内（打筒钻头筒长一般为0.5m~0.6m），以防对地层产生挤压扰动。使用抽筒时，回次长度不宜超过筒长的一半。

5.3 回转钻进

5.3.1 勺钻和螺旋钻是一种传统的回转钻进方法。由于其结构简单，成本低和使用方便，在工程勘察钻进中经常使用。

1 螺旋钻进除适用于粉土、黏性土、砂土地层外，也可用于黏性土夹少量小碎石地层。

5.3.2 硬质合金钻进是岩心钻探中的一种主要钻进方法，在1级~6级岩石中钻进具有钻进效率高、成本低、操作简单，钻孔直径和方向不受限制，钻孔质量容易保证的特点。

2 硬质合金钻进所用空白钻头体应按标准图纸加工，特殊要求的钻头应自行设计。常用的硬质合金牌号为YG4c、YA6、YG8等，片状合金适用于1级~4级软岩，柱状合金适用于4级~6级中硬岩石，针状合金用于镶嵌自磨式钻头，钻进中硬以上研磨性岩石。

硬质合金切削具在钻头底面的排列形式有单环均布排列、多环均布排列、堆状密集排列、疏松密集排列四种，单环排列一般用于软岩石，多环和密集式排列用于中硬岩石钻进。硬质合金切削具的镶焊角是指切削具在钻头体上镶焊的前角。

4 当有硬质合金块落入孔内影响钻进时，应将硬质合金块捞取干净。孔内残留岩心在 0.5m 以上或有脱落岩心时，不宜下入新钻头，应采用轻压、慢转、控制水量的方法扫孔钻进，待岩心进入岩心管后，再调到正常压力、转速和泵量钻进。硬质合金钻进可采用卡簧、卡料和干钻等方法卡取岩心。采用卡簧取心时，需配好卡簧与卡簧座、卡簧与岩心之间的间隙；采用卡料取心时，选好卡料的材质与尺寸；采用干钻法采取岩心时，在回次进尺终了时停泵干钻1min～2min，使岩心堵塞从而扭断岩心。

5.3.3 金刚石钻进是目前钻探工艺中一种比较先进的钻进方法，具有钻进效率高、钻孔质量好、孔内事故少、钻探成本低、应用范围广等优越性。根据金刚石特性和金刚石碎岩机理，金刚石钻进参数是以高转速为主，配以适当的压力和足够的冲洗液量冷却钻头，冲洗岩粉。金刚石钻进要求钻探设备具有高转速，并配有能够及时反映钻进参数的测控装置。金刚石钻进使用管材已有国家标准。

1 目前，在岩层进行勘察钻进施工中大量使用孕镶金刚石钻头；在 4 级～7 级岩层中钻进采用聚晶金刚石复合片（PDC）钻头可取得较长的钻头使用寿命；金刚石钻进可用于大于 91mm 的大直径勘察孔钻进。

2 表镶金刚石钻头和孕镶金刚石钻头由金刚石、胎体和钻头体三部分构成，其结构参数包括金刚石质量（品级），金刚石含量（浓度），金刚石的粒度与出刃、金刚石排列、胎体性能、水道数目和形状、底唇形式等要素。岩层愈硬、研磨性愈强，钻头选用的金刚石质量应愈高。

金刚石浓度选择应考虑岩石性质和金刚石的质量，浓度一般为 45%～125%。岩石坚硬、致密，金刚石的浓度宜适当降低；金刚石质量高、粒度细，浓度取低值。

金刚石粒度主要根据岩性来选择，岩层坚硬、致密，金刚石粒度应小。根据岩性不同，金刚石粒度宜按表1、表2选取。

表 1　表镶钻头用金刚石粒度

等级	粗粒	中粒	细粒	特细粒
粒度（粒/克拉）	15～25	25～40	40～60	60～100
岩石硬度分类	中硬	中硬～硬	硬	硬～坚硬

表 2　孕镶钻头用金刚石粒度

粒度（目）	人造	>46	46～60	60～80	80～100
	天然	20～30	30～40	40～60	60～80
岩石硬度分类		中硬～硬		硬～坚硬	

金刚石钻头底唇面形式取决于岩石性质、钻头用途及制造工艺。多为方形、圆形和半圆形，适用于中硬～坚硬岩层；梯形和锥形唇面具有较好的稳定性和导向性，多用于绳索取心钻进；锯齿形唇面用于硬而致密的打滑地层。

3 一般聚晶金刚石复合片（PDC）钻头在唇面上按二环排列，重叠系数为 0.25～0.3；采用负前角镶焊，镶焊角 -5°～-25°，径向角 5°～10°。

4 金刚石钻进技术参数包括钻压、转速和冲洗液量。

1）影响钻压的因素很多，合适的钻压钻速较高，金刚石消耗较少，钻头寿命较长。采用控制钻速的办法来控制钻压，原则是：钻头磨损正常，钻速平稳。当岩石坚硬、完整、研磨性弱，或所用钻头的金刚石颗粒大、浓度高、质量好时，钻头压力可适当加大；当岩石破碎、研磨性强时，钻头压力可适当减小。

2）金刚石钻进在岩层较完整、钻具有足够强度和稳定性、配有良好润滑剂和设备能力的情况下，宜采用高转速。在中硬～硬、中等研磨性的完整岩层中钻进，一般可采用高转速；在坚硬致密的岩层中钻进，主要靠钻压破碎岩石，宜采用较低转速；在复杂地层中钻进，宜采用较低转速；在软岩中钻进效率很高时，为保证冷却和排粉，应降低转速；钻孔加深，转速相应降低；另外，钻杆与孔壁间隙大时，影响钻具稳定，也不宜采用高转速。

3）冲洗液量是金刚石钻进的重要参数，影响冲洗液量的因素较多。钻进中应保证冲洗液有足够的冷却和冲洗钻头效果，冲洗液量的确定一般可按下式计算：

$$Q = 6V_r S_1 \tag{1}$$

式中：Q——冲洗液量（l/min）；

V_r——孔壁环状间隙冲洗液上返流速（m/s），一般取 0.4m/s～0.7m/s；

S_1——孔壁环状间隙断面（cm²）。

具体使用时还应考虑下列因素：

钻进完整、坚硬、致密岩层，钻速低、岩粉少，颗粒细，宜采用小的冲洗液量；

钻进软、中硬的岩层，钻速较高，或易糊钻的岩层，为了快速排粉和冲洗钻头，宜采用大的冲洗液量；

钻进研磨性强的岩层，由于转速高，摩擦产生的热量较多，宜采用大的冲洗液量；

采用孕镶钻头钻进，由于金刚石出刃量小，唇面与孔底岩石接触面积大，过水条件差，又多采用高转速钻进，为及时冷却金刚石和胎体，避免金刚石石墨化和重复破碎岩粉，应采用较大冲洗液量。对表镶钻头，金刚石出刃量比孕镶钻头大，排粉和冷却条件较好，冲洗液量可稍小一些。

5 扩孔器的作用为修整孔径，防止钻头因磨损而导致钻孔直径逐渐缩小，以致新钻头下不到孔底；另外，扩孔器还有导正钻头的功效，减少钻头摆动，有利于钻头的正常工作；所以扩孔器外径应与钻头外径相匹配，一般扩孔器外径应比钻头外径大 0.3mm~0.5mm。

8 金刚石钻进应经常注意泵压变化，泵压发生小幅度升降，一般表明孔底换层，应注意调整钻进参数。如泵压突然大幅度升高，表明发生岩心堵塞，应立即将钻具提离孔底，防止发生烧钻事故。如泵压突然大幅度下降，多为钻杆折断或脱扣，应马上处理，应严防送水中断和钻具中途泄漏。

9 孔底有硬质合金碎屑、金刚石钻头胎块碎屑、脱落岩心和掉块等异物时，应立即采取冲、捞、抓、粘、套、磨和吸等方法清除。

5.3.4 金刚石绳索取心钻进：

1 金刚石绳索取心钻进是目前较先进的钻探工艺，它可以使起钻间隔时间延长，减少升降作业辅助时间，这种优点在深孔中表现得特别明显，在破碎岩层中绳索取心钻进可以随时捞取岩心，进而提高了取心质量，因此绳索取心钻进具有钻进效率高、钻探质量好、孔内安全、劳动强度和钻探成本低等优点，目前广泛用于钻探生产中。

2 绳索取心钻头由于壁厚增加，其底唇面积比普通金刚石钻头的底唇面积大，因此钻压相应比普通金刚石钻进规定参数适量增加。

3 本款说明如下：

3）当孔内漏水严重、钻孔为干孔时，由于缺少冲洗液的浮力和保护作用，采用自由降落方式投放内管容易损坏钻具，正确做法是采用带脱卡套的打捞器将内管送入孔底，或向钻杆内注满冲洗液后立即投放内管。

5.4 地下水位观测

5.4.1、5.4.2 这两条规定引自现行国家标准《岩土工程勘察规范》GB 50021。

5.5 钻孔止水与封孔

5.5.1 临时止水方法有桐油石灰止水、海带止水、橡胶制品止水。桐油石灰止水适用于松散地层与较稳固的隔水层，海带止水、橡胶制品止水适用于完整的基岩孔或分层抽水试验孔，永久止水方法有黏土止水和水泥止水。

5.5.2 止水质量检查可选用水位差检查法、泵压检查法和食盐扩散检查法。

5.5.3 为了获得各含水层准确的稳定水位，应采取措施将止水套管封闭严密，有效隔离相应含水层。

5.5.4 泥浆柱封孔用于封闭未揭露含水层的浅孔；黏土封孔用于封闭揭露了含水层的钻孔，水泥浆封孔

用于含水层位于含矿层的顶板或底板，以及钻孔穿过自喷承压水层时的钻孔。

6 水文地质钻探与水井施工

6.1 钻孔结构设计与钻进方法选择

6.1.1 水文地质钻探是以水文地质勘察为目的的钻探工作。水井施工是以开发利用地下水资源为目的的钻探工作。

钻孔施工前，应根据钻孔目的、用途和地层情况，在满足施工任务书要求的前提下，进行钻孔结构设计，即绘制出钻孔结构剖面。钻孔结构剖面的内容应包括：

1 钻孔总深度和分段深度。

2 钻孔各段直径及井口管、井壁管、滤水管的直径、长度、类型。

3 管外填砾、止水及封闭材料的位置。

合理的钻孔结构设计，不仅可节省各种材料，而且能保证高效、优质钻进与成井，满足地质设计各项技术质量要求。在水文地质钻探与水井施工钻探中，通常对钻孔的划分是：孔深 100m 以内为浅孔，100m~300m 之间为中深孔，300m 以上为深孔。

6.2 冲 击 钻 进

6.2.1 水文地质钻探与水井施工冲击钻进是指直径通常为 250mm~600mm 的全面破碎岩土的钢绳冲击钻进。该方法主要靠钻具下落产生的冲击能量破碎岩土，因此适用范围有一定的局限性，如在坚硬基岩中钻进效率低，只能进行直孔施工等。但在第四纪砾石、卵石、漂石为主的地层中进行大直径浅孔钻进时，具有其他钻进方法无可比拟的优越性。

6.2.2 冲击钻进中，影响钻进效率的钻进技术参数包括单位钻头刃长的钻具质量、冲击高度、冲击频率和回次进尺，这些参数应根据岩土性质而定。冲击钻头质量，可按下式计算：

$$M = PL/g \qquad (2)$$

式中：M——冲击钻头质量（kg）；

P——底刃线压力（N/cm），见本规范表 6.2.2；

g——重力加速度；

L——底刃总长（cm）。

对多刃冲击钻头，底刃分布原则是：冲击动能的分配应充分考虑钻头外缘部分的冲击破碎需要及底刃的磨损状况，外缘冲击破碎面积大，底刃数量应比内缘至少多一倍。

冲程和冲击频率的关系按下式计算：

$$f = k/s^{1/2} \qquad (3)$$

式中：f——冲击频率（次/min）；

s——冲程（m）；

k——系数，$k=47\sim51$。

冲击频率与冲程也可按表 3 选择。

表 3 冲击频率与冲程

s (m)	f (次/min)	s (m)	f (次/min)	s (m)	f (次/min)
1.5	34~38	1.1	48~52	0.78	58~60
1.2	40~44	0.95	50~54	0.50	62~64

冲击钻进的钢丝绳工作中要承受较大的变动荷载，钢丝绳总拉力可按下式计算：

$$F_1\geqslant9.806r_1kM \qquad (4)$$

式中：F_1——钢丝绳总拉力（kN）；

r_1——钻具在孔内的阻塞系数，$r_1=1.2\sim1.5$；

k——安全系数，$k=1.5$；

M——钻头质量（kg）。

6.2.3 冲击钻具在频繁冲击中承受复杂的荷载，易产生疲劳破坏，造成钻具脱落，所以钻具的牢固连接和可靠的防断脱措施是保证正常钻进的前提。

2 当采用活心钢丝绳接头，钢丝绳与活套之间宜用铅锡合金浇铸，或用尖楔楔紧。采用合金浇铸，应将钢丝绳铸焊部分清污后浇铸，冬季浇铸时，先将活套与钢丝绳进行预热处理，浇铸后的活套必须经过冷却后使用；采用尖楔楔紧时，应检查尖楔的完好程度，尖楔表面加工横向细槽以增大摩擦。

当采用活环钢丝绳连接，应使用钢丝绳导槽，钢丝绳卡子必须卡紧。其数量不得少于 3 个，相邻的卡子反向卡牢。

6.2.4 本条说明如下：

1 清水护壁钻进是冶金勘察系统三十多年来经实践证明行之有效的钻进方法。为保持地层原有水文地质条件和特性，在地层条件允许的条件下，应优先采用。清水钻进操作要点是始终保持孔内一定的液面高度，即用水头的侧向压力平衡井壁，以保持孔壁的稳定。

2 在松散、坍塌或漏失严重地层采用清水无法钻进时，应采用泥浆护壁钻进。泥浆性能应根据钻进地层的具体情况进行调整。松软黏土层，泥浆黏度宜在 20s 以内；砂砾、卵石等松散层宜采用 25s 左右的泥浆；当钻孔漏失严重时，适当加大泥浆的黏度。

3 采用套管护壁时，螺纹连接的套管，管扣必须拧紧；采用电焊连接的套管，管口必须平整，焊缝必须牢靠，并保证连接的同心度。当采用边掏边跟管的方法，套管不能自由跟进时，可采用锤击下管，但锤击下管深度不能超过钻进深度。

8 对有供水意义的含水层或构造带，规定不得采用直接投入黏土块或黏土球的护壁堵漏方法，这是现行国家标准《供水水文地质勘察规范》GB 50027

的要求，也是为防止堵塞渗水通道，破坏原地层的水文地质条件。

6.3 回 转 钻 进

6.3.1 回转钻进是水文地质钻探与水井施工的一种主要钻进方法，回转钻进所用钻杆、套管、岩心管、钻铤等管材应按现行国家标准《钻探用无缝钢管》GB/T 9808 选用。

6.3.2 硬质合金取心钻进适用于 4 级以下软岩层和部分均质 5 级～6 级中硬岩层，在非均质中硬岩层及卵砾石地层中钻进效率较低。

硬质合金钻进技术参数的正确选择，对提高钻进效率、降低材料消耗和防止孔内事故具有重要影响。

钻进时作用在钻头上的轴向压力（钻压）被镶嵌在钻头底唇上的合金切削具所分担，钻压的大小不能超过每颗合金所能承担的压力。考虑到大直径合金钻进时孔内阻力较大、钻具振动等因素，采用钻杆加压时，每颗合金上的压力宜选用表 6.3.2-3 中的下限值，正文中公式 $Q=KD$ 是经验公式。

6.3.3 本条说明如下：

1 取心钻进需频繁地升降钻具，尤其在钻孔较深的情况下，辅助作业占的比重更大，此时采用全面钻进可提高施工效率。所以在地质情况清楚，不需取心勘探时，宜采用全面钻进。

2 正循环全面钻进包括翼片钻头钻进和牙轮钻头钻进。翼片钻头钻进参数选择如下：

钻压宜按钻头直径单位长度选取，一般为 0.3kN/cm～0.8kN/cm，实施中应根据翼片多少、地层特性和设备能力确定；钻头转速宜根据钻头外缘线速度确定，线速度一般为 1.9m/s 左右；正循环泵量应维持冲洗液上返流速不小于 0.25m/s～0.3m/s。

牙轮钻头以冲击压碎和剪切碎岩为主，因此大钻压低转速是其钻进特点。组合牙轮钻头钻压宜按钻头直径单位长度选取，一般为 0.5kN/cm～1.0kN/cm，实施中应根据牙轮多少、岩层特性和设备能力确定；钻头转速宜按下式计算：

$$n=kd_1/D \qquad (5)$$

式中：n——钻头转速（r/min）；

k——系数，一般取 100～150；

D——钻头直径（mm）；

d_1——边刀牙轮直径，当 $D>1000$mm 时，d_1 取 190mm；当 $D\leqslant1000$mm 时，d_1 取 130mm。

牙轮钻头钻进正循环钻进泵量应维持冲洗液上返流速不小于 0.25m/s～0.3m/s。

滚刀钻头钻进一般用于大直径孔反循环钻进，与牙轮钻头钻进相比需要更大的钻压。滚刀钻压宜按单只滚刀所需压力选取，一般单只滚刀所需压力为 10kN～20kN；为防止滚刀自转速度过快，影响其寿命，转速以控制钻头边刀刀刃最大线速度来确定，一般钻头边刀刀刃最大线速度不大于 1.5m/s，即钻头外缘线速度不大于 1.5m/s。

在黏性土层钻进时应采用大泵量冲洗钻头和排粉，必要时提动钻具，以防泥包钻头。

6.3.4 扩孔钻进是指先用小直径钻头钻进，后分级扩大孔径的施工。

1 扩孔钻进一般用于因钻探设备能力不足，或探采结合孔的勘探孔径满足不了开采的需要，或因地层复杂为保证取心质量等情况。

6.3.5 反循环钻进是一种高效、先进的钻进方法，其优越性在松软地层大直径孔钻进更能体现。该方法不仅可以用于回转钻进，而且可用于冲击钻进。反循环钻进的关键是保持冲洗液循环不中断和适当的上返流速，冲洗液的选择视地层情况而定。

6.3.6 泵吸反循环中，冲洗液是借助砂石泵的抽吸作用形成循环，并经过泵体将携带钻屑的冲洗液排出，因此砂石泵必须有良好的真空度，有比钻杆内径大的过水通道。为了维持冲洗液连续循环和适当的上返流速，在钻进中应控制钻压和钻进速度，即控制冲洗液中的岩屑含量，防止管路堵塞，一般岩屑含量控制在 5%～8%，但深井硬岩清水钻进，岩屑含量应控制在 3%以内；浅井软岩泥浆钻进，岩屑含量可控制在 10%～15%。

6.3.7 射流反循环中，射流泵中的高速射流可用高扬程离心泵或往复泵输入高能流体产生，也可用空气压缩机输入压缩空气。射流泵与砂石泵相比，磨损小，无运动件，能自吸。但射流反循环钻进功率损失大，随孔深的增加，排渣能力逐渐下降，适合浅孔钻进。

6.3.8 淹没比也称沉没比，是指风管混合器淹没深度与气水混合上升高度之比。气举反循环在开孔孔段因在钻杆内外形不成足够的压差，不足以形成反循环，所以不适用于非常浅的钻孔钻进。孔深增加后，只要相应地增加供气量和供气压力，冲洗液在钻杆内外就能形成足够的压差，获得理想的上升流速，从而得到较高的钻进效率，用于深孔钻进。冶金勘察系统独创的悬挂风管式气举反循环钻进方法，经二十多年的应用证明是成功的、有效的，本条予以选入。气举反循环气水比宜为 1.4～1.7；风量宜按下式计算：

$$Q_1 = (120 - 144) \, dV_2 \qquad (6)$$

式中：Q_1——空压机送风量（m^3/min）；

　　　d——钻杆直径（mm）；

　　　V_2——钻杆内流体上返速度（m/s）。

6.4 气动冲击回转钻进

6.4.1 用压缩空气既作为冲洗介质，又作为驱动孔底冲击器的动力源而进行的冲击回转钻进，称气动冲击回转钻进，即潜孔锤钻进。潜孔锤钻进在水文水井钻探中发展很快，应用越来越广，其原因是潜孔锤钻进具有如下特点：

1 钻进效率高。特别是在坚硬岩层中，比回转钻进效率提高几倍甚至几十倍。

2 钻头寿命长。

3 钻压小，有很好的防斜效果。

潜孔锤钻进在国外（如美国）已普遍采用，国内经多年试验，也证明是一种高效率的优良钻进方法，在硬岩钻进中很有推广价值。

6.4.2 气动冲击回转钻进首先应保证潜孔锤正常工作所需要的风量与风压；其次，空压机的风压还应考虑钻孔深度和地下水位情况等，风量应保证钻孔环状间隙有足够的上返流速；风压需确保大于地下水柱的压力；第三，增大供风风量和风压可增加潜孔锤的频率和冲击功，因而提高了破岩效率。

6.4.4 潜孔锤钻进的钻压主要作用是为保证钻头齿能与岩石紧密接触，克服潜孔锤及钻具的反弹力，以便有效地传递来自潜孔锤的冲击功。钻压过小，难以克服潜孔锤工作时的背压和反弹力，直接影响冲击功的有效传递；钻压过大，将会增大回转阻力，并使钻头磨损加快。因此，钻压的合理选择应根据岩石性质、钻进方式（全面钻进或取心钻进）、潜孔锤性能（如低风压还是中、高风压）、设备性能综合考虑。对于潜孔锤全面钻进，一般认为钻头单位直径的压力值为 0.3kN/cm～0.9kN/cm，而对于潜孔锤取心钻进，实践资料较少，根据相关试验资料，在软至中硬岩层，钻头单位面积钻压为 0.041kN/cm² ～ 0.068kN/cm²。

潜孔锤钻进主要是冲击碎岩，钻头转速仅仅是为了改变冲击刃具的碎岩位置和排粉效果，避免重复破碎。因此，合理的转速应保证最优的冲击间隔。美国水井学会（N.W.W.A）康伯尔认为，潜孔锤旋转存在着最优转角，其值为 11°，转速按下式计算：

$$n = Af/360 \qquad (7)$$

式中：n——钻头转数（r/min）；

　　　A——最优转角，取 11°；

　　　f——冲击频率（次/min）。

最优冲击间隔的最优转角应与岩石性质、钻头冲击刃的分布、冲击功大小等有关。国内实践表明，潜孔锤钻进转速一般为 10 r/min～50r/min，对于硬岩层选用较低转速，对于软岩层选用较高转速。

6.6 成井工艺

6.6.3 下井管前，应根据拟采用的下管方法和井管类型校核提升设备的提升能力，以及井管、钻杆和钢丝绳的抗拉能力。

6.6.5 洗井过程中填好的砾料会进一步密实下沉，因此，填砾高度应考虑下沉影响。

7 基桩孔和成槽施工

7.1 一般规定

7.1.1、7.1.2 这两条所指基桩孔和成槽施工是指除工程地质与水文地质钻探、水井施工、特种钻探以外的大直径工程孔的施工，如基桩孔成孔、连续墙成槽的施工等。由于成孔（或槽）的断面积大，所以广泛采用机械式冲击和回转钻进。

7.1.3 本条所指工艺性试钻，是指验证施工方案是否可行、经济、安全等所进行的现场钻孔施工。根据现场实际钻孔验证获得的实际数据完善原施工方案设计，基桩孔施工工艺性试钻一般与工程桩承载力试验结合进行。

2 护筒埋深一般应穿过表层回填土，黏性土中一般不宜小于 1.0m，砂土中不宜小于 1.5m。护筒安装密封可根据工程钻孔施工的孔深和施工成孔方法不同作适当调整，当工程施工钻孔较浅，采用旋挖钻进时因成孔速度快，除砂土、卵石、砾石等松散层外，可以做简易密封。总之，护筒安装密封宜视地质条件和施工方法具体确定，以确保不塌孔、垮孔为原则。

7.2 冲击钻进

7.2.2 本规范第 6.2 节规定的钻进参数主要是基于传统钢丝绳冲击钻机（如 CZ 系列），钻头重量小、冲程小、冲击频率高，但目前在大直径工程孔施工中可采用卷扬机直接提升钻头的方法实现大冲程（2m～5m）、大吨位钻头（50kN～80kN）、低冲击频率的冲击钻进，用于破碎硬岩和卵石。

7.2.3 冲击反循环钻进在黏性土层中施工，要适量向孔内投入碎石或粗砂，防止糊钻，必要时可改用正循环钻进。在胶结很差或无胶结的砂土层施工，可向孔内投入黏土或黏土球，并停止循环，通过钻头冲击将黏土挤入孔壁，保护孔壁稳定。

7.3 冲抓锥钻进

7.3.1 冲抓锥钻进主要是指利用冲抓锥自重下落所产生的冲击力，使抓瓣切入地层，提升时抓瓣合拢，从而把卵、砾石等抓出地面，该方法具有设备简单、产生的废浆少等优点。

7.3.3 冲抓锥钻进提升速度不仅与钻孔深度、孔壁稳定情况有关，还与工人操作的熟练程度有关，对于小于 20m 的浅孔，一般采用 18m/min 左右的提升速度，对于深孔宜采用 30m/min 左右的提升速度。

7.4 大直径回转钻进

7.4.2 大直径回转钻进因孔径大，正循环不利于排渣，容易造成重复破碎，钻进效率低，而反循环则上返流速高，可直接排出破碎的岩土屑。但反循环钻进中一定要维持孔内冲洗液液面，发现液面突然下降，要及时分析漏浆原因，并立即停钻，采取增加泥浆黏度或投泥球等措施处理后再施钻。

7.4.3 从安全方面考虑，钻铤加压不应超过钻具承载能力，钻头上部设扶正器。

7.5 潜水电钻钻进

7.5.2 潜水电钻广泛用于沿海和内陆软土地区，由于其驱动电机始终处于水下，工作环境恶劣，电机和电缆的密封和绝缘极为重要，因此应设置过载保护装置和漏电断路器，操作人员应穿耐高压的绝缘鞋，戴绝缘手套，以确保安全。

7.6 螺旋钻进

7.6.1 本条是指干作业成孔的螺旋钻进，不包括长螺旋钻孔压灌桩工艺，螺旋钻进工艺的主要优点是不使用循环介质，噪声和振动小，对环境影响较小，施工速度快。由于干作业成孔，用于基桩施工混凝土灌注质量能得到较好的控制。存在的缺点是孔底的虚土不易清除干净，如处理不好会影响桩的承载力。

7.6.2 螺旋钻进施工方法有长螺旋成孔、短螺旋成孔、环状螺旋成孔、振动螺旋成孔和跟管螺旋成孔等多种。常用的是长螺旋和短螺旋成孔两种方法。长螺旋钻进直径较小，深度受桩架高度限制，功率消耗较大；短螺旋钻进回转阻力较小，钻进效率比长螺旋低，但钻进深度较大，可达 50m，钻孔直径可达 3000mm。

7.7 旋挖钻进

7.7.1、7.7.2 旋挖钻进适用的岩层，从目前应用统计是指饱和单轴抗压强度小于 25MPa 的各类岩石，当在饱和单轴抗压强度大于 25MPa 岩层中钻进时，旋挖钻进的时效与正反循环钻进基本相当，其施工成本明显高于正反循环钻进。目前，用于基岩钻进的主要钻具是短螺旋钻头、岩石筒钻和清底筒钻，据有关报道，锥螺旋钻头、岩石筒钻和钻斗配合使用曾经钻进抗压强度 100MPa～200MPa 的岩石，但效率极低。

7.7.4 影响旋挖孔壁稳定的主要工艺因素有孔壁稳定液的性能和钻斗的提升速度，孔壁稳定液的类型有泥浆和聚合物溶液，泥浆与孔壁稳定有关的主要性能参数有密度、黏度和泥皮的致密性。适当增大泥浆密度，使孔内液柱水头压力增加，能增强液柱支撑维持孔壁稳定的能力。研究表明，泥浆黏度与切力等流变参数与钻斗提升时产生引起孔壁失稳的抽吸作用有关，当钻斗提升速度一定时，随泥浆黏度增加，产生的抽吸作用加剧，容易导致孔壁失稳。泥浆在孔壁上形成的泥皮致密，有助于孔壁表层砂土颗粒的胶结与稳定，因此，泥浆应有适度的密度，较低的黏度、切力等流变参数和能形成较致密泥皮等性能指标，以维持孔壁稳定。聚合物溶液是一种新型稳定液，其稳定孔壁的作用除孔内液柱压力支撑外，聚合物分子能在孔壁表面和沿孔壁岩土的孔隙进入一定深度，形成吸附膜胶结、稳定孔壁。

钻斗的升降速度直接影响钻进效率和孔壁稳定，钻斗的升降速度快会造成抽吸，引起孔壁坍塌，所以钻斗的升降速度根据孔径参照表4选择的基础上，应考虑地层特性和稳定液性能确定升降速度，在不稳定地层应减小提升速度。

表4　钻斗升降速度

孔径（mm）	升降速度（m/s）	空钻斗升降速度（m/s）
700	0.973	1.210
1200	0.748	0.830
1300	0.628	0.830
1500	0.575	0.830

7.8　钻孔扩底钻进

7.8.2　钻孔扩底钻进方法主要用于扩底桩扩大头的施工，回转扩底钻头有上开式、下开式、滑降式和扩刃推出式等，施工时可根据工程设计、地层特性和施工条件合理选用。

7.8.3　钻孔扩底钻进因孔径较大，产生的钻屑多，且扩径部分上部悬空等情况，所以宜采用反循环钻进并调整好冲洗液性能，以确保孔壁稳定和顺利排孔。

7.9　钻孔挤扩支盘施工

7.9.2　钻孔挤扩支盘施工较普通直孔钻进多了一道挤扩工序，直孔的施工方法应根据地层特性和设计要求选用，其操作应符合本章有关各节的规定。

7.9.4　挤扩压力值的大小将直接反映地层的软硬程度，影响支盘的承载能力，孔内液面高度在挤扩过程中的变化间接反映支盘效果是否满足设计要求。

7.10　成槽施工

7.10.1　本条中成槽施工方法主要用于地下连续墙和防渗墙施工，不适用于薄墙的施工，冲击钻、抓斗、多头钻、双轮铣等施工方法是成槽施工的主要方法。

7.10.2　本条说明如下：

1　本条中导墙为现浇混凝土导墙，但实际生产也有金属结构的可拆装导墙，这种导墙可重复使用。导墙应设置在稳定的地层上或加固后有足够强度的地基土上，防止由于稳定液的浸泡引起地基塌陷，造成导墙断裂、破坏，影响施工。一般导槽宽宜大于设计地下墙宽50mm～100mm。

2　单元槽段的划分一般来讲，单元槽段长度长，可减少接头数量，提高墙体整体性和截水防渗能力，简化施工，提高工效。但由于种种原因，单元槽段长

度又受到限制。因此，应根据设计要求、水文地质条件、周边环境、起重机的起重能力、单位时间内混凝土的供应能力，泥浆贮存能力和生产能力等因素综合考虑。地质条件决定了槽壁的稳定性问题；周边环境主要指周边的地面荷载和可用作业面；单位时间内混凝土的供应能力指单元槽段的全部混凝土在一定时间内（指初盘混凝土的初凝时间）完成的能力；起重机的起重能力主要考虑单元槽段的钢筋笼为整体吊装重量，泥浆的贮存能力一般为单元槽段体积的2倍。

3　成槽施工应根据地层特性采用护壁性能好的泥浆或其他稳定液。采用泥浆护壁时，建议采用以下泥浆性能指标，并根据地层特点作相应调整。泥浆控制指标：黏度 18s～25s，密度 1.05 g/cm³～1.2g/cm³，失水量小于 10mL/30min，泥皮厚度小于 4mm/30min，pH 值为 7～9，胶体率大于 95％。

7.11　清　孔

7.11.2　近年来，对于桩底不同沉渣厚度的试桩结果表明，沉渣厚度大小不仅影响端阻力发挥，而且也影响侧阻力发挥，严格控制沉渣厚度是保证基桩承载力的关键，旋挖钻机成孔，孔底沉渣不易控制，应采用清孔钻头清孔。某工程采用旋挖钻机施工嵌岩桩，桩端进入中风化片麻岩 1.5m，桩长 15m～30m，桩侧为 13m～26m 厚的碎石填土，桩底虽采用了清孔钻头清孔，由于桩端清孔不达标，建筑物建成半年后桩基沉降达 100mm～220mm，建筑物严重开裂，影响正常使用。

7.11.3　现行行业标准《建筑桩基技术规范》JGJ 94规定：清孔后浇筑混凝土之前，孔底 500mm 以内的泥浆密度应小于 1.25g/cm³，含砂率应小于 8％，黏度应小于 28s。孔底沉渣允许厚度为：端承型桩不应大于 50mm，摩擦型桩不应大于 100mm。

8　特种钻探

8.1　定向钻进

8.1.1　定向钻进是利用自然造斜规律或采用人工造斜手段使钻孔按照设计轨迹延伸，达到预定目标的钻孔施工。定向钻进具有节省钻探进尺、施工速度快、节省造价、提供精确可靠地质资料等优点。广泛用于水文与地热开采，在江、河、湖泊及高大建筑物下铺设电缆和管道工程以及其他特殊要求的钻探工程。

8.1.2　定向钻孔的目的一般是为了控制岩层构造、补采岩心、绕过障碍物、施工分支孔、增加出水量、敷设管线等，自然弯曲规律是指因岩层产状等特性促使钻孔产生弯曲的规律，在充分掌握施工区钻孔弯曲规律的基础上，便可利用该规律通过移动孔位或改变开孔安装角度的方法实现定向钻进。

8.1.3 本条说明如下：

1 偏心楔是利用其倾斜的楔面或导斜槽迫使钻头改变钻进方向的一种较为简单的造斜工具，偏心楔楔尖角 γ 与楔面长度 l 和楔体直径 D_1 的关系按下式计算：

$$\sin\gamma = D_1/l \tag{8}$$

5 安装角是指造斜器的造斜平面（即楔子的对称面）与原钻孔倾斜平面之间的夹角。以原钻孔倾斜平面顺时针为正，逆时针为负。造斜器安装前，应根据原孔段顶角、造斜后孔段的顶角、钻孔方位角的变化量等确定造斜器的楔尖角和安装角，可按下列公式计算：

$$\cos\gamma = \cos\theta_0\cos\theta_1 + \sin\theta_0\sin\theta_1\cos\Delta\alpha \tag{9}$$

$$\cos\theta_1 = \cos\gamma\cos\theta_0 - \sin\gamma\sin\theta_0\cos\omega \tag{10}$$

$$\tan\Delta\alpha = \frac{\sin\omega}{\cos\omega\cos\theta_0 + \sin\theta_0\cot\gamma} \tag{11}$$

式中：θ_0——原孔段顶角；

θ_1——造斜后孔段的顶角；

$\Delta\alpha$——钻孔方位角的变化量；

γ——造斜器的楔尖角；

ω——安装角。

当采用机械式连续造斜器或螺杆钻进行定向钻进，连续造斜强度为 i，造斜孔段长度为 ΔL 时，楔尖角 γ 按下式计算：

$$\gamma = i \cdot \Delta L \tag{12}$$

6级~8级岩层造斜钻进宜选用专用造斜钻头，根据地层特性选用硬质合金钻头、复合片钻头或金刚石钻头。

8.2 岩心定向钻进

8.2.1 在进行岩心钻探时，将所钻取的岩心在脱离母体（原岩）前作出定向标记，岩心取出后，再根据岩心上的定向标记，利用专用装置确定岩心上各种结构面的产状，进而确定与之相对应的地下岩体结构面的产状。

岩心定向技术主要用于岩石边坡稳定性研究及铁路、桥涵、洞室勘察等方面，在大地构造、古地磁研究、江河堤坝等方面也有广泛的用途。

8.2.2 定向钻具的上端装有一个度盘，下端在内管的卡簧座上装有刻刀，刻刀与度盘的零点相对应，度盘上装有一个钢球，由于重力的作用，钢球的位置始终处于度盘的最下方，而度盘的零点位置与钢球位置之间形成一个夹角，即为偏离角，也就是刻刀偏离钻孔最低母线的角度，用打印的方法记录下来。岩心取出后，根据偏离角和钻孔的实测倾角与方位角，即可恢复其在地下的原生状态，再用直接测量法或计算法，即可得到所钻岩层的结构面产状数据。

8.3 水平孔钻进

8.3.1 水平孔钻进通常指钻孔轴线与其在水平面上

投影夹角小于30°钻孔的钻进。水平孔钻进除广泛用于锚杆（索）孔、非开挖铺设地下管线孔外，还用于地质勘察、水平排渗孔、辐射井等的施工。

8.3.2 本条说明如下：

1 在地下水位以上的黏性土、粉土及砂土中钻进深度小于16m孔深时，可以采用人工洛阳铲成孔，但要注意孔径及倾角符合设计要求。采用螺旋钻进成孔时，若遇到上层滞水，要用水清洗钻孔，直至孔口流出清水为止，或者用高压水泥浆洗孔，否则将影响锚杆的锚固力。对于锚杆长度不大，土的性质较差，特别是人工杂填土中，可采用钢花管钻进成孔。

2 回转式钻进可采用液压伸缩式扩孔钻具，在黏性土及砂层中扩大锚固段直径，以增加锚杆的锚固力。

3 采用潜孔锤钻进水平孔时，应在潜孔锤进气口处设置导正器和在钻杆上设置副导正器，使钻头始终处于钻孔中心。

4 边坡加固不宜采用液体冲孔是为了防止液体渗入地层，加剧滑坡的危险性。

5 在卵砾石层采用跟管钻进，一般应选用双动力头锚杆钻机。

6 由于锚杆（索）孔倾角较小，在钻具重力作用下易产生钻孔向下偏斜，即下沉，所以应采取措施扶正钻具，使其处于钻孔中心位置，确保钻孔符合设计要求。

8.3.3 非开挖铺设地下管线施工，由于不在地面上开挖沟槽而铺设、修复或更换管线，故该工艺施工噪声低、污染少、不影响地上交通及建筑物等，因此，广泛用于跨越城市道路、公路、铁路、机场跑道、江河、建筑物等各种管线的铺设。

8.4 水上钻探

8.4.1 水文、气象和航运资料包括：洪水期水流速度、流量和水位变化范围，平水期水位、流速、流量和水面宽度，枯水期时间、水位和水面宽度，寒冷地区的凌汛时间、冰凌的体积和流速，最大风速及常年风向，作业海域涨、落潮的幅度与规律等。

8.4.2 本条说明如下：

1 浅水区钻探适合采用土石围堰、土袋围堰、竹笼围堰、板桩围堰、筑岛等方法。其中，土石围堰适宜于水深2.0m以内，流速不超过0.5m/s，河床土质渗水性较小的条件下修筑；土袋围堰适宜于水深3.0m以内，流速不超过1.5m/s，河床土质渗水性较小的条件下修筑；竹笼围堰适宜在水深不大于4.0m，流速2m/s左右条件下修筑；板桩围堰常用钢板桩围堰和预制钢筋混凝土板桩围堰；筑岛适用于水流较慢的中深水域。

8.4.3 本条说明如下：

1 由于水上作业环境恶劣，条件复杂，除可计算的荷载外，还存在许多不可预见因素，如涨、落潮，台风，漂浮物撞击，洪水等，而且一旦水上钻场发生翻沉事故，其后果是灾难性的，所以考虑5～10的安全系数，当选择铁驳船建造漂浮钻场时，应在舱底增加配重，以加强船体的稳定性。

2 抛锚时两船中心线方向应与水流方向保持一致，两根前锚绳与主锚绳构成的夹角一般为35°～45°；无主锚时，两前锚绳与两船中心线的交角应基本相等，两前锚绳、两后锚绳应成交叉布置。

8.4.4 架空钻场一般坐落在支承桩、钢护筒或钢筋混凝土护筒等上面，一般采用贝雷桁架或万能杆件拼装成桁架梁，上铺木地板。根据支撑结构类型应按有关规范进行强度校核及变形验算。

8.4.5 本条说明如下：

1～3 在水深流急的江河中下导向管时，必须使用保护绳，并应在河流上游方向拉住导向管；保护绳与管的夹角应尽可能大，且应系在管柱的中、下部；保护绳一般为2根，其直径不小于8mm；下管时应由专人指挥，确保导向管的方位和倾角符合设计要求。

为防止导向管接头螺纹处被水冲断，接头处外围可加设保护夹板并用螺栓拧紧，保护夹板不得打入覆盖层。

4 基桩施工护筒埋置深度对于浅水水域，黏性土为1.0D～1.5D（D为护筒的外径），砂性土为1.5D～2.0D，对于深水或水底淤泥层较厚的区域，护筒底端应进入不透水黏性土1.0D～1.5D。

5 近岸围堰或筑岛施工时，泥浆系统可按陆上泥浆系统设置，远岸施工平台作业时，可采用泥浆船、泥浆箱和泥浆泵组成的泥浆系统。

8.4.6 本条说明如下：

1 《中华人民共和国内河交通安全管理条例》规定，水上钻探和施工作业时，应在作业和活动区域设置标志和显示信号。设置标志和显示信号应符合现行国家标准《内河交通安全标志》GB 13851及《内河助航标志》GB 5863的要求，同时，施工作业及辅助船舶应按《中华人民共和国内河避碰规则》（1991年）的规定，显示和悬挂相关号灯、号型和旗号。有关信号的显示应明确，便于航行船舶识别和判断，并不能与附近其他信号和灯光混淆。除采取上述措施外，为最大限度地减少对通航安全的影响，作业方还应根据海事管理机构的规定，采取相应安全措施。

4 本款为强制性条款。水上钻探是一项危险性很高的工作，水上钻探除应遵守当地航运及海事部门有关规定外，还应对作业场地采取严格的防护措施。钻探工作人员在水上作业时，采取安全防护措施尤为重要，作业人员应穿救生衣，防止人身安全事故。

5 不良天气进行强行作业时会导致重大安全事故。水上钻探应有专人收集气象信息，保证通信畅通，鉴于水上钻探的特殊性，当遭遇雷雨天、5级以上风和能见度小于50m的雾时，应停止水上作业，确保施工安全。

8.5 孔内爆破

8.5.1 当水文地质勘察、基桩孔、地下连续墙成槽施工，遇到大块孤石、探头石，钻孔无法避让，钻具穿透孤石有较大困难时，应考虑采取孔内爆破措施。国家对爆破物品的管理有相当严格的规定，孔内爆破物品的采购、运输、制作和储存等都应严格执行相关规定，确保爆破工作安全。

8.5.3 一般孔内爆破器材由爆破器、电雷管、导线、起爆器等主要器材构成。爆破器聚能角开口指向，就是聚能爆破的指向，聚能角愈小，聚能作用愈强，但聚能爆破的影响范围愈小，因此，爆破器应根据爆破目的、指向和爆破范围大小而进行设计，孔内爆破一般分为孔底爆破和侧向爆破。

8.5.4 炸药量的确定应根据爆破目的、孔内岩性、炸药性质确定。

炸药量可按下式计算：

$$W = 8.3 \frac{R^3}{KP_1 n_1 m_1} \tag{13}$$

式中：W——需要炸药量（kg）；

R——最大破坏半径，一般取0.5m～1.5m；

K——炸药爆力系数，硝化甘油炸药$K = 1.5$，硝铵炸药$K = 0.8～1.2$；

P_1——岩石破坏能力系数，石灰岩$P_1 = 0.5$，花岗岩$P_1 = 0.3$，黏土$P_1 = 1.2$，砂岩$P_1 = 0.5～0.6$；

n_1——爆破器外皮系数，一般材料取1；

m_1——炸药包与孔径差系数。按表5选取。

表5 炸药包与孔径差系数

炸药包直径与孔径之差（mm）	0	25	50	75	100	125	150	175	200	250	300
m_1	1	0.95	0.85	0.75	0.65	0.55	0.45	0.40	0.35	0.30	0.25

9 冲洗介质与护壁堵漏

9.1 冲洗介质

9.1.1 钻孔冲洗介质包括冲洗液、空气和泡沫，水文地质钻探和水井施工如采用空气泡沫或无固相冲洗液冲孔，会减轻冲洗液对出水量的影响。冲洗液的基本组成是：

1 泥浆的基本组成为黏土与碱，根据冲孔与护壁的需要，可加入降失水剂、增黏剂。

2 低固相泥浆的基本组成有膨润土、碱、降失水剂和包被剂，用于金刚石高转速钻进应加润滑剂。

3 无固相聚合物冲洗液是聚合物的水溶液，聚合物可用天然聚合物、半合成聚合物、合成聚合物。

4 泡沫液的组成有泡沫剂、稳泡剂，必要时可加入孔壁稳定剂，泡沫剂可用一种或多种表面活性剂。

9.1.2 在施工现场，适宜于测试的冲洗液性能指标主要有密度、苏式漏斗黏度、失水量、泥皮厚、含砂量、pH 值。表 9.1.2 给出了一般情况下的冲洗液性能参考值，在特殊情况下，可根据实际情况超出规定范围。

9.1.4 本条说明如下：

2 机台应配备比重称、漏斗黏度计、失水量测定仪、含砂率测试仪、pH 试纸等。

3 根据钻进情况的变化，应适时调整泥浆的性能，以维护钻进的顺利进行。但调整时应取泥浆池中的泥浆进行试验，通过试验确定调整方案。

4 大直径孔钻进，特别是全断面破碎的大直径工程孔钻进，由于产生的钻屑多，所以应采用旋流除砂器、振动筛等净化设备控制冲洗液中的固相含量；钻进深孔时也应采取措施控制冲洗液中的固相含量，以防由于冲洗液中断循环造成埋钻等事故。

6 在夏季或温度高的地区使用无固相植物胶冲洗液时，应采取少配勤配的措施，防止冲洗液放置时间长而变质。

7 废浆和废渣的处置应按环保要求进行。对含有有机处理剂和无机处理剂的废浆和废渣应分别进行处置和填埋，并采取相应措施防治有毒物质污染环境。

9.2 护壁堵漏

9.2.1 本条说明如下：

1 保持孔内液面至孔口的目的是利用水头压力维持孔壁稳定，所以在提钻时应及时向孔内回灌冲洗液。

2 钻具升降速度过快，易对钻头下部的孔壁产生抽吸作用和激动压力，造成孔壁坍塌，特别在孔壁间隙小、冲洗液黏度大时更为严重，所以应根据施工条件合理控制钻具升降速度。

3 金刚石钻进孔壁间隙小，上返流速高，较大颗粒岩屑不易排出，形成堆积，从而产生憋水和夹钻，因此在条件允许的情况下宜增加孔壁间隙。

9.2.2 本条说明如下：

1 根据钻进地层特性，应首先考虑采用冲洗液来保持孔壁稳定，目前常用的防塌冲洗液主要有泥浆、低固相泥浆、无固相聚合物冲洗液等。

2 注浆法护壁适合于浆液易渗入的不稳定地层；高强度水泥主要有硫铝酸盐水泥、高铝水泥以及强度等级 42.5 级以上的普通硅酸盐水泥；减水剂具有减小水灰比并保持水泥浆流动性的性能，目前常用的减

水剂主要是木质素磺酸盐类，如木钙粉。替浆量可按下式计算：

$$Q_T = 10^{-3} \times \frac{\pi d_0^2 H}{4} + Q_b \qquad (14)$$

式中：d_0——注浆钻杆内径（mm）；

　　　H——孔内浆液顶面到主动钻杆水接头的长度（m）；

　　　Q_b——地表水泵和管路内的容积（L）。

4 在钻孔结构设计时，考虑到使用防塌冲洗液和注浆方法可能无法维护孔壁稳定时，应留出备用孔径，以便采用套管护壁。

9.2.3 本条说明如下：

1 低密度流体是指空气、泡沫、雾化空气及充气液体。

2 本款规定粒状浆液适用于大于 0.2mm 的裂隙仅供参考，具有堵漏性能的冲洗液指可凝聚冲洗液和加高分子堵漏材料的冲洗液。可凝聚冲洗液具有漏入裂隙后能形成凝胶体的特性，适宜封堵细小的裂隙。化学浆液有氰凝浆液、木质素浆液和丙烯酰胺浆液等，目前化学浆液应用较少。

3 钻杆泵送堵漏浆液的替浆量可按下式计算：

$$Q_T = 10^{-3} \times \frac{\pi d_0^2}{4} (h_1 - h_2 - h_3) + Q_b \qquad (15)$$

式中：d_0——注浆钻杆内径（mm）；

　　　h_1——漏失层位深度（m）；

　　　h_2——孔口到孔内静水位的孔段长度（m）；

　　　h_3——钻杆内水泥浆液面高出漏失层顶板的孔段长度（m）；

　　　Q_b——地表水泵和管路内的容积（L）。

4 凝结时间可控的浆液主要是指通过在水泥浆液中加入速凝剂和缓凝剂调节凝结时间的水泥浆液。

10 钻探质量

10.1 岩（土）心、土试样与水试样的采取

10.1.1 取心和采样是工程地质钻探的主要目的之一，是一件很重要的工作，应按勘察纲要规定采样，并保证采样质量。

10.1.2 本条说明如下：

1 由于行业差异、工程性质及规模差异较大，对岩（土）心的采取率要求差异较大，本规范对岩心、土心的采取率分别提出要求，应根据工程情况由工程师按勘察纲要和现行勘察规范选用。国家现行标准《岩土工程勘察规范》GB 50021 规定：完整和较完整岩体的岩心采取率不低于 80%，较破碎和破碎岩体的岩心采取率不低于 65%；《供水水文地质勘察规范》GB 50027 规定：完整岩层岩心采取率不低于 70%，构造破碎带、风化带、岩溶带岩心采取率不低

于 30%；《钻探、井探、槽探操作规程》YS 5208 规定：黏性土、基岩岩心采取率不低于 80%，破碎带、松散砂砾、卵石层岩心采取率不低于 65%。

2 取心钻具种类很多，目前尚未有统一定型的标准图纸，施工单位应根据地层特性、施工目的和要求合理选择，以保证取心质量。

10.1.3 工程地质勘察要求采取不扰动原状土样测定土体的物理力学性质，从而确定土层的承载能力和稳定性，为各类工程建筑提供可靠的设计数据。采取不扰动的原状土样需要用专用的取土器。取土器的种类很多，目前建筑工程行业已对取土器的标准化作了大量工作，九种常用的贯入型和回转型取土器的名称和技术参数都已标准化，并已制定标准图纸，施工单位应按新的标准图纸执行，特殊要求的取土器可自行设计。根据地层特性和取土工具类型可选用静压法、回转法或锤击法取样。

10.1.4 为了了解地下水的水质，正确评价地下含水层的水文地质参数，为合理开发地下水提供可靠依据，需采取水样进行水质分析。采取水样应按本条规定执行，有特殊要求时，按要求取样，并保证取样质量。

10.2 勘察孔孔深校正与钻孔弯曲度

10.2.1 孔深校正是指实际测量的钻孔深度与钻记录的钻孔深度的对比。由于钻进记录的钻孔深度是钻进回次进尺的累加，钻进中因钻杆变形、回次进尺测量误差等原因会造成钻孔深度的累积误差，所以每钻进 100m、钻进至主要标志层或含水层、采取原状土样、进行原位测试与压水试验、钻孔换径、扩孔结束、下管前与终孔后均需校正孔深。

校正孔深要用无弹性的钢卷尺丈量钻杆，用钻杆探测钻孔的实际深度。孔深误差率的计算公式是：

$$\text{孔深误差率} = \left| \frac{\text{记录孔深} - \text{实际测量孔深}}{\text{实际测量孔深}} \right| \times 1000‰$$

(16)

孔深误差率小于或等于 1‰时不需要对记录报表进行修正；孔深误差率大于 1‰时要对记录报表进行修正，并填写钻孔孔深校正登记表。孔深经校正后即为达到质量指标要求。

10.2.3 水文地质普查孔、勘探孔、探采结合孔和工程地质勘察孔钻孔顶角允许弯曲度每 100m 不大于 1.5°，均指垂直孔。钻孔顶角允许弯曲度可随钻孔深度增加递增计算，即钻孔深度达 200m 时顶角允许弯曲度为 3°，300m 时为 4.5°。

10.3 供水管井成井质量

10.3.1 钻孔结束后，应检查井孔的圆正性、井径和垂直度等，以便顺利进行井管的安装、填砾和抽水设备安装等。

10.3.5 井水含砂量是指抽水结束时从井内取出的水样中砂的体积占水样体积的比。该指标是保证井水质量的一个重要指标，因此在抽水结束时应进行测定。

10.3.6 水井成井时一般在井管下端均设置沉淀管，以防止抽水和水井使用中沉淀物淤堵滤水管，降低水井出水量，因此抽水试验结束时一定要控制沉淀物的高度小于井深的 5‰，以提高水井的使用寿命。

10.4 基桩孔成孔质量

10.4.1 本条规定的质量标准引自现行行业标准《建筑桩基技术规范》JGJ 94。

10.5 成 槽 质 量

10.5.1 本条规定的质量标准主要参考现行国家标准《建筑地基基础工程施工质量验收规范》GB 50202，同时作了局部改动。

10.6 原 始 报 表

10.6.1 原始报表是钻探施工的原始记录，是钻探施工全过程的真实反映。原始报表不但是分析施工组织的原始材料，也是查对钻孔地质资料、准确掌握地下信息的原始依据。因此应指定专人规范填写与保管，原始报表的各栏均应在钻进过程中逐项填写，确保原始报表的真实可信、及时准确、详细齐全、清楚整洁。

10.6.2 原始报表的各栏均应在钻进中按回次逐项填写，在每个回次钻进中发现变层时应分行填写，不得将若干回次或若干层合并一行记录。

10.7 终孔验收与资料提交

10.7.2 钻孔竣工验收后，钻孔施工负责人应指派专人将原始报表、钻孔设计任务书、钻孔验收报告单，以及孔深校正与测斜记录、抽水或压水试验记录等施工过程中形成的钻探资料整理、装订成册报有关部门；钻进中按规定所采取的试样送交有关部门。

11 钻探设备使用、维护与拆迁

11.1 钻探设备使用与维护

11.1.1 目前钻探设备种类繁多，出厂时随机带有详细的使用说明书，应按使用说明书和有关操作规程使用、维护和保养钻探设备，确保钻探设备处于良好的技术状态。

11.1.2 建立健全设备档案是做好设备使用、维护和保养的基础工作，应从设备购进之日起对每台设备建立档案。

11.1.3 目前钻探设备更新换代较快，新技术、新方法不断出现，所以应及时对操作人员进行技术培训和安全教育，持证上岗，确保正确使用钻探设备和安全生产。

11.1.4 钻探设备的使用与维护记录是做好设备维护的重要依据，目前不少单位对此项工作重视不够，对设备的使用和维护疏于管理，因此，应重视此项工作。

11.2 钻探设备拆迁

11.2.1 钻探设备拆迁作业存在许多不安全因素，如组织和计划不好，易造成设备损坏、人员伤亡。因此，拆迁时应有严密的组织计划，由机长或有经验的班长统一指挥，同时划定安全区域、设定警示标志，禁止其他无关人员进入现场，确保拆迁安全。

11.2.2 整体立放钻塔危险性大，钢丝绳和升降系统受力很大，所以应进行有关设施的安全检查。

11.2.4 目前自行式或自拖式整体搬迁的钻探设备包括步履行走、轮式、履带及滑撬等，大型钻探设备由于重量大、重心高、稳定性差，对地基不均匀沉降很敏感，发生倾倒的事故时有发生，所以应选择比较平坦、坚实的地基作为行走路线。当存在局部软弱回填土层时，应进行加固处理。

中华人民共和国国家标准

民用建筑供暖通风与空气调节设计规范

Design code for heating ventilation and air conditioning
of civil buildings

GB 50736—2012

主编部门：中华人民共和国住房和城乡建设部
批准部门：中华人民共和国住房和城乡建设部
施行日期：２０１２年１０月１日

中华人民共和国住房和城乡建设部
公　告

第 1270 号

关于发布国家标准
《民用建筑供暖通风与空气调节设计规范》的公告

　　现批准《民用建筑供暖通风与空气调节设计规范》为国家标准，编号为 GB 50736 - 2012，自 2012 年 10 月 1 日起实施。其中，第 3.0.6(1)、5.2.1、5.3.5、5.3.10、5.4.3(1)、5.4.6、5.5.1、5.5.5、5.5.8、5.6.1、5.6.6、5.7.3、5.9.5、5.10.1、6.1.6、6.3.2、6.3.9(2)、6.6.13、6.6.16、7.2.1、7.2.10、7.2.11(1、3)、7.5.2(3)、7.5.6、8.1.2、8.1.8、8.2.2、8.2.5、8.3.4（1）、8.3.5（4）、8.5.20(1)、8.7.7(4)、8.10.3(1、2、3)、8.11.14、

9.1.5(1、2、3、4)、9.4.9 条（款）为强制性条文，必须严格执行。《采暖通风与空气调节设计规范》GB 50019- 2003 中相应条文同时废止。

　　本规范由我部标准定额研究所组织中国建筑工业出版社出版发行。

中华人民共和国住房和城乡建设部

2012 年 1 月 21 日

前　言

　　本规范系根据住房和城乡建设部《关于印发〈2008 年工程建设国家标准制订、修订计划（第一批）〉的通知》（建标［2008］102 号）的要求，由中国建筑科学研究院会同有关单位编制完成的。

　　本规范在编制过程中，编制组经广泛调查研究，认真总结实践经验，参考有关国际标准和国外先进标准，并在广泛征求意见的基础上，最后经审查定稿。

　　本规范共分 11 章和 10 个附录，主要技术内容是：总则、术语、室内空气设计参数、室外设计计算参数、供暖、通风、空气调节、冷源与热源、检测与监控、消声与隔振、绝热与防腐。

　　本规范中以黑体字标志的条文为强制性条文，必须严格执行。

　　本规范由住房和城乡建设部负责管理和对强制性条文的解释，由中国建筑科学研究院负责具体技术内容的解释。执行过程中如有意见或建议，请寄送中国建筑科学研究院暖通空调规范编制组（地址：北京市北三环东路 30 号，邮政编码 100013）。

　　本 规 范 主 编 单 位：中国建筑科学研究院
　　本 规 范 参 编 单 位：北京市建筑设计研究院
　　　　　　　　　　　　中国建筑设计研究院
　　　　　　　　　　　　国家气象信息中心
　　　　　　　　　　　　中国建筑东北设计研究院
　　　　　　　　　　　　清华大学

上海建筑设计研究院
华东建筑设计研究院
山东省建筑设计研究院
哈尔滨工业大学
天津市建筑设计院
中国建筑西北设计研究院
中国建筑西南设计研究院
中南建筑设计院
深圳市建筑设计研究总院
同济大学
天津大学
新疆建筑设计研究院
贵州省建筑设计研究院
中建（北京）国际设计顾问有限公司
华南理工大学建筑设计研究院
同方股份有限公司
特灵空调系统（中国）有限公司
昆山台佳机电有限公司
安徽安泽电工有限公司
杭州源牌环境科技有限公司

目　　次

Contents

1 总 则

1.0.1 为了在民用建筑供暖通风与空气调节设计中贯彻执行国家技术经济政策，合理利用资源和节约能源，保护环境，促进先进技术应用，保证健康舒适的工作和生活环境，制定本规范。

1.0.2 本规范适用于新建、改建和扩建的民用建筑的供暖、通风与空气调节设计，不适用于有特殊用途、特殊净化与防护要求的建筑物以及临时性建筑物的设计。

1.0.3 供暖、通风与空气调节设计方案，应根据建筑物的用途与功能、使用要求、冷热负荷特点、环境条件以及能源状况等，结合国家有关安全、节能、环保、卫生等政策、方针，通过经济技术比较确定。在设计中应优先采用新技术、新工艺、新设备、新材料。

1.0.4 在供暖、通风与空气调节设计中，对有可能造成人体伤害的设备及管道，必须采取安全防护措施。

1.0.5 在供暖、通风与空调系统设计中，应设有设备、管道及配件所必需的安装、操作和维修的空间，或在建筑设计时预留安装维修用的孔洞。对于大型设备及管道应提供运输和吊装的条件或设置运输通道和起吊设施。

1.0.6 在供暖、通风与空气调节设计中，应根据现有国家抗震设防等级要求，考虑防震或其他防护措施。

1.0.7 供暖、通风与空气调节设计应考虑施工、调试及验收的要求。当设计对施工、调试及验收有特殊要求时，应在设计文件中加以说明。

1.0.8 民用建筑供暖、通风与空气调节的设计，除应符合本规范的规定外，尚应符合国家现行有关标准的规定。

2 术 语

2.0.1 预计平均热感觉指数（PMV） predicted mean vote

PMV 指数是以人体热平衡的基本方程式以及心理生理学主观热感觉的等级为出发点，考虑了人体热舒适感诸多有关因素的全面评价指标。PMV 指数表明群体对于（+3～-3）七个等级热感觉投票的平均指数。

2.0.2 预计不满意者的百分数（PPD） predicted percent of dissatisfied

PPD 指数为预计处于热环境中的群体对于热环境不满意的投票平均值。PPD 指数可预计群体中感觉过暖或过凉"根据七级热感觉投票表示热（+3），

温暖（+2），凉（-2），或冷（-3）"的人的百分数。

2.0.3 供暖 heating

用人工方法通过消耗一定能源向室内供给热量，使室内保持生活或工作所需温度的技术、装备、服务的总称。供暖系统由热媒制备（热源）、热媒输送和热媒利用（散热设备）三个主要部分组成。

2.0.4 集中供暖 central heating

热源和散热设备分别设置，用热媒管道相连接，由热源向多个热用户供给热量的供暖系统，又称为集中供暖系统。

2.0.5 值班供暖 standby heating

在非工作时间或中断使用的时间内，为使建筑物保持最低室温要求而设置的供暖。

2.0.6 毛细管网辐射系统 capillary mat radiant system

辐射末端采用细小管道，加工成并联的网栅，直接铺设于地面、顶棚或墙面的一种热水辐射供暖供冷系统。

2.0.7 热量结算点 heat settlement site

供热方和用热方之间通过热量表计量的热量值直接进行贸易结算的位置。

2.0.8 置换通风 displacement ventilation

空气以低风速、小温差的状态送入人员活动区下部，在送风及室内热源形成的上升气流的共同作用下，将热浊空气顶升至顶部排出的一种机械通风方式。

2.0.9 复合通风系统 hybrid ventilation system

在满足热舒适和室内空气质量的前提下，自然通风和机械通风交替或联合运行的通风系统。

2.0.10 空调区 air-conditioned zone

保持空气参数在设定范围之内的空气调节区域。

2.0.11 分层空调 stratified air conditioning

特指仅使高大空间下部工作区域的空气参数满足设计要求的空气调节方式。

2.0.12 多联机空调系统 multi-connected split air conditioning system

一台（组）空气（水）源制冷或热泵机组配置多台室内机，通过改变制冷剂流量适应各房间负荷变化的直接膨胀式空调系统。

2.0.13 低温送风空调系统 cold air distribution system

送风温度不高于10℃的全空气空调系统。

2.0.14 温度湿度独立控制空调系统 temperature & humidity independent processed air conditioning system

由相互独立的两套系统分别控制空调区的温度和湿度的空调系统，空调区的全部显热负荷由干工况室内末端设备承担，空调区的全部散湿量由经除湿处理的干空气承担。

2.0.15 空气分布特性指标（ADPI） air diffusion performance index

舒适性空调中用来评价人的舒适性的指标，系指

人员活动区内测点总数中符合要求测点所占的百分比。

2.0.16 工艺性空调 industrial air conditioning system

指以满足设备工艺要求为主，室内人员舒适感为辅的具有较高温度、湿度、洁净度等级要求的空调系统。

2.0.17 热泵 heat pump

利用驱动能使能量从低位热源流向高位热源的装置。

2.0.18 空气源热泵 air-source heat pump

以空气为低位热源的热泵。通常有空气/空气热泵、空气/水热泵等形式。

2.0.19 地源热泵系统 ground-source heat pump system

以岩土体、地下水或地表水为低温热源，由水源热泵机组、地热能交换系统、建筑物内系统组成的供热供冷系统。根据地热能交换系统形式的不同，地源热泵系统分为地埋管地源热泵系统、地下水地源热泵系统和地表水地源热泵系统。

2.0.20 水环热泵空调系统 water-loop heat pump air conditioning system

水/空气热泵的一种应用方式。通过水环路将众多的水/空气热泵机组并联成一个以回收建筑物余热为主要特征的空调系统。

2.0.21 分区两管制空调水系统 zoning two-pipe chilled water system

按建筑物空调区域的负荷特性将空调水路分为冷水和冷热水合用的两种两管制系统。需全年供冷水区域的末端设备只供应冷水，其余区域末端设备根据季节转换，供应冷水或热水。

2.0.22 定流量一级泵空调冷水系统 constant flow distribution with primary pump chilled water system

空调末端无水路调节阀或设水路分流三通调节阀的一级泵系统，简称定流量一级泵系统。

2.0.23 变流量一级泵空调冷水系统 variable flow distribution with primary pump chilled water system

空调末端设水路两通调节阀的一级泵系统，包括冷水机组定流量、冷水机组变流量两种形式，简称变流量一级泵系统。

2.0.24 耗电输冷（热）比 [EC(H)R] electricity consumption to transferred cooling (heat) quantity ratio

设计工况下，空调冷热水系统循环水泵总功耗（kW）与设计冷（热）负荷（kW）的比值。

2.0.25 蓄冷-释冷周期 period of charge and discharge

蓄冷系统经一个蓄冷-释冷循环所运行的时间。

2.0.26 全负荷蓄冷 full cool storage

蓄冷装置承担设计周期内电力平、峰段的全部空调负荷。

2.0.27 部分负荷蓄冷 partial cool storage

蓄冷装置只承担设计周期内电力平、峰段的部分空调负荷。

2.0.28 区域供冷系统 district cooling system

在一个建筑群中设置集中的制冷站制备空调冷水，再通过输送管道，向各建筑物供给冷量的系统。

2.0.29 耗电输热比（EHR）electricity consumption to transferred heat quantity ratio

设计工况下，集中供暖系统循环水泵总功耗（kW）与设计热负荷（kW）的比值。

3 室内空气设计参数

3.0.1 供暖室内设计温度应符合下列规定：

1 严寒和寒冷地区主要房间应采用 18℃～24℃；

2 夏热冬冷地区主要房间宜采用 16℃～22℃；

3 设置值班供暖房间不应低于 5℃。

3.0.2 舒适性空调室内设计参数应符合以下规定：

1 人员长期逗留区域空调室内设计参数应符合表 3.0.2 的规定：

表 3.0.2　人员长期逗留区域空调室内设计参数

类别	热舒适度等级	温度（℃）	相对湿度（%）	风速（m/s）
供热工况	Ⅰ级	22～24	≥30	≤0.2
	Ⅱ级	18～22	—	≤0.2
供冷工况	Ⅰ级	24～26	40～60	≤0.25
	Ⅱ级	26～28	≤70	≤0.3

注：1　Ⅰ级热舒适度较高，Ⅱ级热舒适度一般；
　　2　热舒适度等级划分按本规范第 3.0.4 条确定。

2 人员短期逗留区域空调供冷工况室内设计参数宜比长期逗留区域提高 1℃～2℃，供热工况宜降低 1℃～2℃。短期逗留区域供冷工况风速不宜大于 0.5m/s，供热工况风速不宜大于 0.3m/s。

3.0.3 工艺性空调室内设计温度、相对湿度及其允许波动范围，应根据工艺需要及健康要求确定。人员活动区的风速，供热工况时，不宜大于 0.3m/s；供冷工况时，宜采用 0.2 m/s～0.5m/s。

3.0.4 供暖与空调的室内热舒适性应按现行国家标准《中等热环境　PMV 和 PPD 指数的测定及热舒适条件的规定》GB/T 18049 的有关规定执行，采用预计平均热感觉指数（PMV）和预计不满意者的百分数（PPD）评价，热舒适度等级划分应按表 3.0.4 采用。

表 3.0.4　不同热舒适度等级对应的 PMV、PPD 值

热舒适度等级	PMV	PPD
Ⅰ级	$-0.5 \leqslant PMV \leqslant 0.5$	≤10%
Ⅱ级	$-1 \leqslant PMV < -0.5,\ 0.5 < PMV \leqslant 1$	≤27%

3.0.5 辐射供暖室内设计温度宜降低 2℃；辐射供冷室内设计温度宜提高 0.5℃～1.5℃。

3.0.6 设计最小新风量应符合下列规定：

1 公共建筑主要房间每人所需最小新风量应符合表 3.0.6-1 规定。

表 3.0.6-1 公共建筑主要房间每人
所需最小新风量[m³/(h·人)]

建筑房间类型	新风量
办公室	30
客房	30
大堂、四季厅	10

2 设置新风系统的居住建筑和医院建筑，所需最小新风量宜按换气次数法确定。居住建筑换气次数宜符合表 3.0.6-2 规定，医院建筑换气次数宜符合表 3.0.6-3 规定。

表 3.0.6-2 居住建筑设计最小换气次数

人均居住面积 F_P	每小时换气次数
$F_P \leqslant 10m^2$	0.70
$10m^2 < F_P \leqslant 20m^2$	0.60
$20m^2 < F_P \leqslant 50m^2$	0.50
$F_P > 50m^2$	0.45

表 3.0.6-3 医院建筑设计最小换气次数

功能房间	每小时换气次数
门诊室	2
急诊室	2
配药室	5
放射室	2
病房	2

3 高密人群建筑每人所需最小新风量应按人员密度确定，且应符合表 3.0.6-4 规定。

表 3.0.6-4 高密人群建筑每人
所需最小新风量[m³/(h·人)]

建筑类型	人员密度 P_F（人/m²）		
	$P_F \leqslant 0.4$	$0.4 < P_F \leqslant 1.0$	$P_F > 1.0$
影剧院、音乐厅、大会厅、多功能厅、会议室	14	12	11
商场、超市	19	16	15
博物馆、展览厅	19	16	15
公共交通等候室	19	16	15
歌厅	23	20	19
酒吧、咖啡厅、宴会厅、餐厅	30	25	23
游艺厅、保龄球房	30	25	23
体育馆	19	16	15
健身房	40	38	37
教室	28	24	22
图书馆	20	17	16
幼儿园	30	25	23

4 室外设计计算参数

4.1 室外空气计算参数

4.1.1 主要城市的室外空气计算参数应按本规范附录 A 采用。对于附录 A 未列入的城市，应按本节的规定进行计算确定，若基本观测数据不满足本节要求，其冬夏两季室外计算温度，也可按本规范附录 B 所列的简化方法确定。

4.1.2 供暖室外计算温度应采用历年平均不保证 5 天的日平均温度。

4.1.3 冬季通风室外计算温度，应采用累年最冷月平均温度。

4.1.4 冬季空调室外计算温度，应采用历年平均不保证 1 天的日平均温度。

4.1.5 冬季空调室外计算相对湿度，应采用累年最冷月平均相对湿度。

4.1.6 夏季空调室外计算干球温度，应采用历年平均不保证 50 小时的干球温度。

4.1.7 夏季空调室外计算湿球温度，应采用历年平均不保证 50 小时的湿球温度。

4.1.8 夏季通风室外计算温度，应采用历年最热月 14 时的月平均温度的平均值。

4.1.9 夏季通风室外计算相对湿度，应采用历年最热月 14 时的月平均相对湿度的平均值。

4.1.10 夏季空调室外计算日平均温度，应采用历年平均不保证 5 天的日平均温度。

4.1.11 夏季空调室外计算逐时温度，可按下式确定：

$$t_{sh} = t_{wp} + \beta \Delta t_r \qquad (4.1.11-1)$$

$$\Delta t_r = \frac{t_{wg} - t_{wp}}{0.52} \qquad (4.1.11-2)$$

式中：t_{sh} ——室外计算逐时温度（℃）；

t_{wp} ——夏季空调室外计算日平均温度（℃）；

β ——室外温度逐时变化系数按表 4.1.11 确定；

Δt_r ——夏季室外计算平均日较差；

t_{wg} ——夏季空调室外计算干球温度（℃）。

表 4.1.11 室外温度逐时变化系数

时刻	1	2	3	4	5	6
β	−0.35	−0.38	−0.42	−0.45	−0.47	−0.41
时刻	7	8	9	10	11	12
β	−0.28	−0.12	0.03	0.16	0.29	0.40
时刻	13	14	15	16	17	18
β	0.48	0.52	0.51	0.43	0.39	0.28
时刻	19	20	21	22	23	24
β	0.14	0.00	−0.10	−0.17	−0.23	−0.26

4.1.12 当室内温湿度必须全年保证时，应另行确定空调室外计算参数。仅在部分时间工作的空调系统，可根据实际情况选择室外计算参数。

4.1.13 冬季室外平均风速，应采用累年最冷3个月各月平均风速的平均值；冬季室外最多风向的平均风速，应采用累年最冷3个月最多风向（静风除外）的各月平均风速的平均值；夏季室外平均风速，应采用累年最热3个月各月平均风速的平均值。

4.1.14 冬季最多风向及其频率，应采用累年最冷3个月的最多风向及其平均频率；夏季最多风向及其频率，应采用累年最热3个月的最多风向及其平均频率；年最多风向及其频率，应采用累年最多风向及其平均频率。

4.1.15 冬季室外大气压力，应采用累年最冷3个月各月平均大气压力的平均值；夏季室外大气压力，应采用累年最热3个月各月平均大气压力的平均值。

4.1.16 冬季日照百分率，应采用累年最冷3个月各月平均日照百分率的平均值。

4.1.17 设计计算用供暖期天数，应按累年日平均温度稳定低于或等于供暖室外临界温度的总日数确定。一般民用建筑供暖室外临界温度宜采用5℃。

4.1.18 室外计算参数的统计年份宜取30年。不足30年者，也可按实有年份采用，但不得少于10年。

4.1.19 山区的室外气象参数应根据就地的调查、实测并与地理和气候条件相似的邻近台站的气象资料进行比较确定。

4.2 夏季太阳辐射照度

4.2.1 夏季太阳辐射照度应根据当地的地理纬度、大气透明度和大气压力，按7月21日的太阳赤纬计算确定。

4.2.2 建筑物各朝向垂直面与水平面的太阳总辐射照度可按本规范附录C采用。

4.2.3 透过建筑物各朝向垂直面与水平面标准窗玻璃的太阳直接辐射照度和散射辐射照度，可按本规范附录D采用。

4.2.4 采用本规范附录C和附录D时，当地的大气透明度等级，应根据本规范附录E及夏季大气压力，并按表4.2.4确定。

表 4.2.4 大气透明度等级

附录E标定的大气透明度等级	下列大气压力(hPa)时的透明度等级							
	650	700	750	800	850	900	950	1000
1	1	1	1	1	1	1	1	1
2	1	1	1	1	2	2	2	2
3	1	2	2	2	3	3	3	3
4	2	2	3	3	4	4	4	4
5	3	3	4	4	5	5	5	5
6	4	4	5	5	5	6	6	6

5 供　暖

5.1 一般规定

5.1.1 供暖方式应根据建筑物规模、所在地区气象条件、能源状况及政策、节能环保和生活习惯要求等，通过技术经济比较确定。

5.1.2 累年日平均温度稳定低于或等于5℃的日数大于或等于90天的地区，应设置供暖设施，并宜采用集中供暖。

5.1.3 符合下列条件之一的地区，宜设置供暖设施；其中幼儿园、养老院、中小学校、医疗机构等建筑宜采用集中供暖：

　　1 累年日平均温度稳定低于或等于5℃的日数为60d～89d；

　　2 累年日平均温度稳定低于或等于5℃的日数不足60d，但累年日平均温度稳定低于或等于8℃的日数大于或等于75d。

5.1.4 供暖热负荷计算时，室内设计参数应按本规范第3章确定；室外计算参数应按本规范第4章确定。

5.1.5 严寒或寒冷地区设置供暖的公共建筑，在非使用时间内，室内温度应保持在0℃以上；当利用房间蓄热量不能满足要求时，应按保证室内温度5℃设置值班供暖。当工艺有特殊要求时，应按工艺要求确定值班供暖温度。

5.1.6 居住建筑的集中供暖系统应按连续供暖进行设计。

5.1.7 设置供暖的建筑物，其围护结构的传热系数应符合国家现行相关节能设计标准的规定。

5.1.8 围护结构的传热系数应按下式计算：

$$K = \cfrac{1}{\cfrac{1}{\alpha_n} + \sum \cfrac{\delta}{\alpha_\lambda \cdot \lambda} + R_k + \cfrac{1}{\alpha_w}} \qquad (5.1.8)$$

式中：K——围护结构的传热系数[W/(m²·K)]；

　　α_n——围护结构内表面换热系数[W/(m²·K)]，按本规范表5.1.8-1采用；

　　α_w——围护结构外表面换热系数[W/(m²·K)]，按本规范表5.1.8-2采用；

　　δ——围护结构各层材料厚度(m)；

　　λ——围护结构各层材料导热系数[W/(m·K)]；

　　α_λ——材料导热系数修正系数，按本规范表5.1.8-3采用；

　　R_k——封闭空气间层的热阻(m²·K/W)，按本规范表5.1.8-4采用。

表 5.1.8-1　围护结构内表面换热系数 α_n

围护结构内表面特征	$\alpha_n[\text{W/(m}^2\cdot\text{K)}]$
墙、地面、表面平整或有肋状突出物的顶棚，当 $h/s \leqslant 0.3$ 时	8.7
有肋、井状突出物的顶棚，当 $0.2 < h/s \leqslant 0.3$ 时	8.1
有肋状突出物的顶棚，当 $h/s > 0.3$ 时	7.6
有井状突出物的顶棚，当 $h/s > 0.3$ 时	7.0

注：h 为肋高(m)；s 为肋间净距(m)。

表 5.1.8-2　围护结构外表面换热系数 α_w

围护结构外表面特征	$\alpha_w[\text{W/(m}^2\cdot\text{K)}]$
外墙和屋顶	23
与室外空气相通的非供暖地下室上面的楼板	17
闷顶和外墙上有窗的非供暖地下室上面的楼板	12
外墙上无窗的非供暖地下室上面的楼板	6

表 5.1.8-3　材料导热系数修正系数 α_λ

材料、构造、施工、地区及说明	α_λ
作为夹心层浇筑在混凝土墙体及屋面构件中的块状多孔保温材料（如加气混凝土、泡沫混凝土及水泥膨胀珍珠岩），因干燥缓慢及灰缝影响	1.60
铺设在密闭屋面中的多孔保温材料（如加气混凝土、泡沫混凝土、水泥膨胀珍珠岩、石灰炉渣等），因干燥缓慢	1.50
铺设在密闭屋面中及作为夹心层浇筑在混凝土构件中的半硬质矿棉、岩棉、玻璃棉板等，因压缩及吸湿	1.20
作为夹心层浇筑在混凝土构件中的泡沫塑料，因压缩	1.20
开孔型保温材料（如水泥刨花板、木丝板、稻草板等），表面抹灰或混凝土浇筑在一起，因灰浆渗入	1.30
加气混凝土、泡沫混凝土砌块墙体及加气混凝土条板墙体、屋面，因灰缝影响	1.25
填充在空心墙体及屋面构件中的松散保温材料（如稻壳、木、矿棉、岩棉等），因下沉	1.20
矿渣混凝土、炉渣混凝土、浮石混凝土、粉煤灰陶粒混凝土、加气混凝土等实心墙体及屋面构件，在严寒地区，且在室内平均相对湿度超过65%的供暖房间内使用，因干燥缓慢	1.15

表 5.1.8-4　封闭空气间层热阻值 R_k $(\text{m}^2\cdot\text{K/W})$

位置、热流状态及材料特性		间层厚度（mm）						
		5	10	20	30	40	50	60
一般空气间层	热流向下（水平、倾斜）	0.10	0.14	0.17	0.18	0.19	0.20	0.20
	热流向上（水平、倾斜）	0.10	0.14	0.15	0.16	0.17	0.17	0.17
	垂直空气间层	0.10	0.14	0.16	0.17	0.18	0.18	0.18
单面铝箔空气间层	热流向下（水平、倾斜）	0.16	0.28	0.43	0.51	0.57	0.60	0.64
	热流向上（水平、倾斜）	0.16	0.26	0.35	0.40	0.42	0.42	0.43
	垂直空气间层	0.16	0.26	0.39	0.44	0.47	0.49	0.50
双面铝箔空气间层	热流向下（水平、倾斜）	0.18	0.34	0.56	0.71	0.84	0.94	1.01
	热流向上（水平、倾斜）	0.17	0.29	0.45	0.52	0.55	0.56	0.57
	垂直空气间层	0.18	0.31	0.49	0.59	0.65	0.69	0.71

注：本表为冬季状况值。

5.1.9　对于有顶棚的坡屋面，当用顶棚面积计算其传热量时，屋面和顶棚的综合传热系数，可按下式计算：

$$K = \frac{K_1 \times K_2}{K_1 \times \cos\alpha + K_2} \qquad (5.1.9)$$

式中：K——屋面和顶棚的综合传热系数[W/(m²·K)]；

K_1——顶棚的传热系数[W/(m²·K)]；

K_2——屋面的传热系数[W/(m²·K)]；

α——屋面和顶棚的夹角。

5.1.10　建筑物的热水供暖系统应按设备、管道及部件所能承受的最低工作压力和水力平衡要求进行竖向分区设置。

5.1.11　条件许可时，建筑物的集中供暖系统宜分南北向设置环路。

5.1.12　供暖系统的水质应符合国家现行相关标准的规定。

5.2　热　负　荷

5.2.1　集中供暖系统的施工图设计，必须对每个房间进行热负荷计算。

5.2.2　冬季供暖通风系统的热负荷应根据建筑物下列散失和获得的热量确定：

　　1　围护结构的耗热量；

　　2　加热由外门、窗缝隙渗入室内的冷空气耗热量；

　　3　加热由外门开启时经外门进入室内的冷空气耗热量；

　　4　通风耗热量；

　　5　通过其他途径散失或获得的热量。

5.2.3　围护结构的耗热量，应包括基本耗热量和附加耗热量。

5.2.4　围护结构的基本耗热量应按下式计算：

$$Q = \alpha F K (t_n - t_{wn}) \qquad (5.2.4)$$

式中：Q ——围护结构的基本耗热量（W）；

α ——围护结构温差修正系数，按本规范表5.2.4采用；

F ——围护结构的面积（m^2）；

K ——围护结构的传热系数［W/（$m^2 \cdot K$）］；

t_n ——供暖室内设计温度（℃），按本规范第3章采用；

t_{wn} ——供暖室外计算温度（℃），按本规范第4章采用。

注：当已知或可求出冷侧温度时，t_{wn}一项可直接用冷侧温度值代入，不再进行α值修正。

表 5.2.4 温差修正系数 α

围护结构特征	α
外墙、屋顶、地面以及与室外相通的楼板等	1.00
阁顶和与室外空气相通的非供暖地下室上面的楼板等	0.90
与有外门窗的不供暖楼梯间相邻的隔墙（1～6层建筑）	0.60
与有外门窗的不供暖楼梯间相邻的隔墙（7～30层建筑）	0.50
非供暖地下室上面的楼板，外墙上有窗时	0.75
非供暖地下室上面的楼板，外墙上无窗且位于室外地坪以上时	0.60
非供暖地下室上面的楼板，外墙上无窗且位于室外地坪以下时	0.40
与有外门窗的非供暖房间相邻的隔墙	0.70
与无外门窗的非供暖房间相邻的隔墙	0.40
伸缩缝墙、沉降缝墙	0.30
防震缝墙	0.70

5.2.5 与相邻房间的温差大于或等于5℃，或通过隔墙和楼板等的传热量大于该房间热负荷的10%时，应计算通过隔墙或楼板等的传热量。

5.2.6 围护结构的附加耗热量应按其占基本耗热量的百分率确定。各项附加百分率宜按下列规定的数值选用：

　　1 朝向修正率：

　　1）北、东北、西北按0～10%；

　　2）东、西按－5%；

　　3）东南、西南按－10%～－15%；

　　4）南按－15%～－30%。

注：1 应根据当地冬季日照率、辐射照度、建筑物使用和被遮挡等情况选用修正率。

　　2 冬季日照率小于35%的地区，东南、西南和南向的修正率，宜采用－10%～0，东、西向可不修正。

　　2 风力附加率：设在不避风的高地、河边、海岸、旷野上的建筑物，以及城镇中明显高出周围其他建筑物的建筑物，其垂直外围护结构宜附加5%～10%；

　　3 当建筑物的楼层数为n时，外门附加率：

　　1）一道门按65%×n；

　　2）两道门（有门斗）按80%×n；

　　3）三道门（有两个门斗）按60%×n；

　　4）公共建筑的主要出入口按500%。

5.2.7 建筑（除楼梯间外）的围护结构耗热量高度附加率，散热器供暖房间高度大于4m时，每高出1m应附加2%，但总附加率不应大于15%；地面辐射供暖的房间高度大于4m时，每高出1m宜附加1%，但总附加率不宜大于8%。

5.2.8 对于只要求在使用时间保持室内温度，而其他时间可以自然降温的供暖间歇使用建筑物，可按间歇供暖系统设计。其供暖热负荷应对围护结构耗热量进行间歇附加，附加率应根据保证室温的时间和预热时间等因素通过计算确定。间歇附加率可按下列数值选取：

　　1 仅白天使用的建筑物，间歇附加率可取20%；

　　2 对不经常使用的建筑物，间歇附加率可取30%。

5.2.9 加热由门窗缝隙渗入室内的冷空气的耗热量，应根据建筑物的内部隔断、门窗构造、门窗朝向、室内外温度和室外风速等因素确定，宜按本规范附录F进行计算。

5.2.10 在确定分户热计量供暖系统的户内供暖设备容量和户内管道时，应考虑户间传热对供暖负荷的附加，但附加量不应超过50%，且不应统计在供暖系统的总热负荷内。

5.2.11 全面辐射供暖系统的热负荷计算时，室内设计温度应符合本规范第3.0.5条的规定。局部辐射供暖系统的热负荷按全面辐射供暖的热负荷乘以表5.2.11的计算系数。

表 5.2.11 局部辐射供暖热负荷计算系数

供暖区面积与房间总面积的比值	≥0.75	0.55	0.40	0.25	≤0.20
计算系数	1	0.72	0.54	0.38	0.30

5.3 散热器供暖

5.3.1 散热器供暖系统应采用热水作为热媒；散热器集中供暖系统宜按75℃/50℃连续供暖进行设计，且供水温度不宜大于85℃，供回水温差不宜小于20℃。

5.3.2 居住建筑室内供暖系统的制式宜采用垂直双

管系统或共用立管的分户独立循环双管系统，也可采用垂直单管跨越式系统；公共建筑供暖系统宜采用双管系统，也可采用单管跨越式系统。

5.3.3 既有建筑的室内垂直单管顺流式系统应改成垂直双管系统或垂直单管跨越式系统，不宜改造为分户独立循环系统。

5.3.4 垂直单管跨越式系统的楼层层数不宜超过 6 层，水平单管跨越式系统的散热器组数不宜超过 6 组。

5.3.5 管道有冻结危险的场所，散热器的供暖立管或支管应单独设置。

5.3.6 选择散热器时，应符合下列规定：

　　1 应根据供暖系统的压力要求，确定散热器的工作压力，并符合国家现行有关产品标准的规定；

　　2 相对湿度较大的房间应采用耐腐蚀的散热器；

　　3 采用钢制散热器时，应满足产品对水质的要求，在非供暖季节供暖系统应充水保养；

　　4 采用铝制散热器时，应选用内防腐型，并满足产品对水质的要求；

　　5 安装热量表和恒温阀的热水供暖系统不宜采用水流通道内含有粘砂的铸铁散热器；

　　6 高大空间供暖不宜单独采用对流型散热器。

5.3.7 布置散热器时，应符合下列规定：

　　1 散热器宜安装在外墙窗台下，当安装或布置管道有困难时，也可靠内墙安装；

　　2 两道外门之间的门斗内，不应设置散热器；

　　3 楼梯间的散热器，应分配在底层或按一定比例分配在下部各层。

5.3.8 铸铁散热器的组装片数，宜符合下列规定：

　　1 粗柱型（包括柱翼型）不宜超过 20 片；

　　2 细柱型不宜超过 25 片。

5.3.9 除幼儿园、老年人和特殊功能要求的建筑外，散热器应明装。必须暗装时，装饰罩应有合理的气流通道、足够的通道面积，并方便维修。散热器的外表面应刷非金属性涂料。

5.3.10 幼儿园、老年人和特殊功能要求的建筑的散热器必须暗装或加防护罩。

5.3.11 确定散热器数量时，应根据其连接方式、安装形式、组装片数、热水流量以及表面涂料等对散热量的影响，对散热器数量进行修正。

5.3.12 供暖系统非保温管道明设时，应计算管道的散热量对散热器数量的折减；非保温管道暗设时宜考虑管道的散热量对散热器数量的影响。

5.3.13 垂直单管和垂直双管供暖系统，同一房间的两组散热器，可采用异侧连接的水平单管串联的连接方式，也可采用上下接口同侧连接方式。当采用上下接口同侧连接方式时，散热器之间的上下连接管应与散热器接口同径。

5.4 热水辐射供暖

5.4.1 热水地面辐射供暖系统供水温度宜采用 35℃～45℃，不应大于 60℃；供回水温差不宜大于 10℃，且不宜小于 5℃；毛细管网辐射系统供水温度宜满足表 5.4.1-1 的规定，供回水温差宜采用 3℃～6℃。辐射体的表面平均温度宜符合表 5.4.1-2 的规定。

表 5.4.1-1 毛细管网辐射系统供水温度（℃）

设 置 位 置	宜采用温度
顶棚	25～35
墙面	25～35
地面	30～40

表 5.4.1-2 辐射体表面平均温度（℃）

设 置 位 置	宜采用的温度	温度上限值
人员经常停留的地面	25～27	29
人员短期停留的地面	28～30	32
无人停留的地面	35～40	42
房间高度 2.5m～3.0m 的顶棚	28～30	
房间高度 3.1m～4.0m 的顶棚	33～36	
距地面 1m 以下的墙面	35	
距地面 1m 以上 3.5m 以下的墙面	45	

5.4.2 确定地面散热量时，应校核地面表面平均温度，确保其不高于表 5.4.1-2 的温度上限值；否则应改善建筑热工性能或设置其他辅助供暖设备，减少地面辐射供暖系统负担的热负荷。

5.4.3 热水地面辐射供暖系统地面构造，应符合下列规定：

　　1 直接与室外空气接触的楼板、与不供暖房间相邻的地板为供暖地面时，必须设置绝热层；

　　2 与土壤接触的底层，应设置绝热层；设置绝热层时，绝热层与土壤之间应设置防潮层；

　　3 潮湿房间，填充层上或面层下应设置隔离层。

5.4.4 毛细管网辐射系统单独供暖时，宜首先考虑地面埋置方式，地面面积不足时再考虑墙面埋置方式；毛细管网同时用于冬季供暖和夏季供冷时，宜首先考虑顶棚安装方式，顶棚面积不足时再考虑墙面或地面埋置方式。

5.4.5 热水地面辐射供暖系统的工作压力不宜大于 0.8MPa，毛细管网辐射系统的工作压力不应大于 0.6MPa。当超过上述压力时，应采取相应的措施。

5.4.6 热水地面辐射供暖塑料加热管的材质和壁厚的选择，应根据工程的耐久年限、管材的性能以及系统的运行水温、工作压力等条件确定。

5.4.7 在居住建筑中，热水辐射供暖系统应按户划分系统，并配置分水器、集水器；户内的各主要房间，宜分环路布加热管。

5.4.8 加热管的敷设间距，应根据地面散热量、室内设计温度、平均水温及地面传热热阻等通过计算确定。

5.4.9 每个环路加热管的进、出水口，应分别与分水器、集水器相连接。分水器、集水器内径不应小于总供、回水管内径，且分水器、集水器最大断面流速不宜大于 0.8m/s。每个分水器、集水器分支环路不宜多于 8 路。每个分支环路供回水管上均应设置可关断阀门。

5.4.10 在分水器的总进水管与集水器的总出水管之间，宜设置旁通管，旁通管上应设置阀门。分水器、集水器上均应设置手动或自动排气阀。

5.4.11 热水吊顶辐射板供暖，可用于层高为 3m～30m 建筑物的供暖。

5.4.12 热水吊顶辐射板的供水温度宜采用 40℃～95℃ 的热水，其水质应满足产品要求。在非供暖季节供暖系统应充水保养。

5.4.13 当采用热水吊顶辐射板供暖，屋顶耗热量大于房间总耗热量的 30% 时，应加强屋顶保温措施。

5.4.14 热水吊顶辐射板的有效散热量的确定应符合下列规定：

1 当热水吊顶辐射板倾斜安装时，应进行修正。辐射板安装角度的修正系数，应按表 5.4.14 进行确定；

2 辐射板的管中流体应为紊流。当达不到系统所需最小流量时，辐射板的散热量应乘以 1.18 的安全系数。

表 5.4.14 辐射板安装角度修正系数

辐射板与水平面的夹角（°）	0	10	20	30	40
修 正 系 数	1	1.022	1.043	1.066	1.088

5.4.15 热水吊顶辐射板的安装高度，应根据人体的舒适度确定。辐射板的最高平均水温应根据辐射板安装高度及其面积占顶棚面积的比例按表 5.4.15 确定。

表 5.4.15 热水吊顶辐射板最高平均水温（℃）

最低安装高度（m）	热水吊顶辐射板占顶棚面积的百分比					
	10%	15%	20%	25%	30%	35%
3	73	71	68	64	58	56
4	—	—	91	78	67	60
5	—	—	83	71	64
6	—	—	—	87	75	69
7	—	—	—	91	80	74
8	—	—	—	—	86	80
9	—	—	—	—	92	87
10	—	—	—	—	—	94

注：表中安装高度系指地面到板中心的垂直距离（m）。

5.4.16 热水吊顶辐射板与供暖系统供、回水管的连接方式，可采用并联或串联、同侧或异侧连接，并采取使辐射板表面温度均匀、流体阻力平衡的措施。

5.4.17 布置全面供暖的热水吊顶辐射板装置时，应使室内人员活动区辐射照度均匀，并应符合下列规定：

1 安装吊顶辐射板时，宜沿最长的外墙平行布置；

2 设置在墙边的辐射板规格应大于在室内设置的辐射板规格；

3 层高小于 4m 的建筑物，宜选择较窄的辐射板；

4 房间应预留辐射板沿长度方向热膨胀余地；

5 辐射板装置不应布置在对热敏感的设备附近。

5.5 电加热供暖

5.5.1 除符合下列条件之一外，不得采用电加热供暖：

1 供电政策支持；

2 无集中供暖和燃气源，且煤或油等燃料的使用受到环保或消防严格限制的建筑；

3 以供冷为主，供暖负荷较小且无法利用热泵提供热源的建筑；

4 采用蓄热式电散热器、发热电缆在夜间低谷电进行蓄热，且不在用电高峰和平段时间启用的建筑；

5 由可再生能源发电设备供电，且其发电量能够满足自身电加热量需求的建筑。

5.5.2 电供暖散热器的形式、电气安全性能和热工性能应满足使用要求及有关规定。

5.5.3 发热电缆辐射供暖宜采用地板式；低温电热膜辐射供暖宜采用顶棚式。辐射体表面平均温度应符合本规范表 5.4.1-2 条的有关规定。

5.5.4 发热电缆辐射供暖和低温电热膜辐射供暖的加热元件及其表面工作温度，应符合国家现行有关产品标准的安全要求。

5.5.5 根据不同的使用条件，电供暖系统应设置不同类型的温控装置。

5.5.6 采用发热电缆地面辐射供暖方式时，发热电缆的线功率不宜大于 17W/m，且布置时应考虑家具位置的影响；当面层采用带龙骨的架空木地板时，必须采取散热措施，且发热电缆的线功率不应大于 10W/m。

5.5.7 电热膜辐射供暖安装功率应满足房间所需热负荷要求。在顶棚上布置电热膜时，应考虑为灯具、烟感器、喷头、风口、音响等预留安装位置。

5.5.8 安装于距地面高度 180cm 以下的电供暖元器件，必须采取接地及剩余电流保护措施。

5.6 燃气红外线辐射供暖

5.6.1 采用燃气红外线辐射供暖时，必须采取相应的防火和通风换气等安全措施，并符合国家现行有关燃气、防火规范的要求。

5.6.2 燃气红外线辐射供暖的燃料，可采用天然气、人工煤气、液化石油气等。燃气质量、燃气输配系统应符合现行国家标准《城镇燃气设计规范》GB 50028的有关规定。

5.6.3 燃气红外线辐射器的安装高度不宜低于3m。

5.6.4 燃气红外线辐射器用于局部工作地点供暖时，其数量不应少于两个，且应安装在人体不同方向的侧上方。

5.6.5 布置全面辐射供暖系统时，沿四周外墙、外门处的辐射器散热量不宜少于总热负荷的60%。

5.6.6 由室内供应空气的空间应能保证燃烧器所需要的空气量。当燃烧器所需要的空气量超过该空间0.5次/h的换气次数时，应由室外供应空气。

5.6.7 燃气红外线辐射供暖系统采用室外供应空气时，进风口应符合下列规定：

　　1 设在室外空气洁净区，距地面高度不低于2m；

　　2 距排风口水平距离大于6m；当处于排风口下方时，垂直距离不小于3m；当处于排风口上方时，垂直距离不小于6m；

　　3 安装过滤网。

5.6.8 无特殊要求时，燃气红外线辐射供暖系统的尾气应排至室外。排风口应符合下列规定：

　　1 设在人员不经常通行的地方，距地面高度不低于2m；

　　2 水平安装的排气管，其排风口伸出墙面不少于0.5m；

　　3 垂直安装的排气管，其排风口高出半径为6m以内的建筑物最高点不少于1m；

　　4 排气管穿越外墙或屋面处，加装金属套管。

5.6.9 燃气红外线辐射供暖系统应在便于操作的位置设置能直接切断供暖系统及燃气供应系统的控制开关。利用通风机供应空气时，通风机与供暖系统应设置连锁开关。

5.7 户式燃气炉和户式空气源热泵供暖

5.7.1 当居住建筑利用燃气供暖时，宜采用户式燃气炉供暖。采用户式空气源热泵供暖时，应符合本规范第8.3.1条规定。

5.7.2 户式供暖系统热负荷计算时，宜考虑生活习惯、建筑特点、间歇运行等因素进行附加。

5.7.3 户式燃气炉应采用全封闭式燃烧、平衡式强制排烟型。

5.7.4 户式燃气炉供暖时，供回水温度应满足热源

要求；末端供水温度宜采用混水的方式调节。

5.7.5 户式燃气炉的排烟口应保持空气畅通，且远离人群和新风口。

5.7.6 户式空气源热泵供暖系统应设置独立供电回路，其化霜水应集中排放。

5.7.7 户式供暖系统的供回水温度、循环泵的扬程应与末端散热设备相匹配。

5.7.8 户式供暖系统应具有防冻保护、室温调控功能，并应设置排气、泄水装置。

5.8 热空气幕

5.8.1 对严寒地区公共建筑经常开启的外门，应采取热空气幕等减少冷风渗透的措施。

5.8.2 对寒冷地区公共建筑经常开启的外门，当不设门斗和前室时，宜设置热空气幕。

5.8.3 公共建筑热空气幕送风方式宜采用由上向下送风。

5.8.4 热空气幕的送风温度应根据计算确定。对于公共建筑的外门，不宜高于50℃；对高大外门，不宜高于70℃。

5.8.5 热空气幕的出口风速应通过计算确定。对于公共建筑的外门，不宜大于6m/s；对于高大外门，不宜大于25m/s。

5.9 供暖管道设计及水力计算

5.9.1 供暖管道的材质应根据其工作温度、工作压力、使用寿命、施工与环保性能等因素，经综合考虑和技术经济比较后确定，其质量应符合国家现行有关产品标准的规定。

5.9.2 散热器供暖系统的供水和回水管道应在热力入口处与下列系统分开设置：

　　1 通风与空调系统；

　　2 热风供暖与热空气幕系统；

　　3 生活热水供应系统；

　　4 地面辐射供暖系统；

　　5 其他需要单独热计量的系统。

5.9.3 集中供暖系统的建筑物热力入口，应符合下列规定：

　　1 供水、回水管道上应分别设置关断阀、温度计、压力表；

　　2 应设置过滤器及旁通阀；

　　3 应根据水力平衡要求和建筑物内供暖系统的调节方式，选择水力平衡装置；

　　4 除多个热力入口设置一块共用热量表的情况外，每个热力入口处均应设置热量表，且热量表宜设在回水管上。

5.9.4 供暖干管和立管等管道（不含建筑物的供暖系统热力入口）上阀门的设置应符合下列规定：

　　1 供暖系统的各并联环路，应设置关闭和调节

装置；

2 当有冻结危险时，立管或支管上的阀门至干管的距离不应大于120mm；

3 供水立管的始端和回水立管的末端均应设置阀门，回水立管上还应设置排污、泄水装置；

4 共用立管分户独立循环供暖系统，应在连接共用立管的进户供、回水支管上设置关闭阀。

5.9.5 当供暖管道利用自然补偿不能满足要求时，应设置补偿器。

5.9.6 供暖系统水平管道的敷设应有一定的坡度，坡向应有利于排气和泄水。供回水支、干管的坡度宜采用0.003，不得小于0.002；立管与散热器连接的支管，坡度不得小于0.01；当受条件限制，供回水干管（包括水平单管串联系统的散热器连接管）无法保持必要的坡度时，局部可无坡敷设，但该管道内的水流速不得小于0.25m/s；对于汽水逆向流动的蒸汽管，坡度不得小于0.005。

5.9.7 穿越建筑物基础、伸缩缝、沉降缝、防震缝的供暖管道，以及埋设在建筑结构里的立管，应采取预防建筑物下沉而损坏管道的措施。

5.9.8 当供暖管道必须穿越防火墙时，应预埋钢套管，并在穿墙处一侧设置固定支架，管道与套管之间的空隙应采用耐火材料封堵。

5.9.9 供暖管道不得与输送蒸汽燃点低于或等于120℃的可燃液体或可燃、腐蚀性气体的管道在同一条管沟内平行或交叉敷设。

5.9.10 符合下列情况之一时，室内供暖管道应保温：

1 管道内输送的热媒必须保持一定参数；

2 管道敷设在管沟、管井、技术夹层、阁楼及顶棚内等导致无益热损失较大的空间内或易被冻结的地方；

3 管道通过的房间或地点要求保温。

5.9.11 室内热水供暖系统的设计应进行水力平衡计算，并应采取措施使设计工况时各并联环路之间（不包括共用段）的压力损失相对差额不大于15%。

5.9.12 室内供暖系统总压力应符合下列规定：

1 不应大于室外热力网给定的资用压力降；

2 应满足室内供暖系统水力平衡的要求；

3 供暖系统总压力损失的附加值宜取10%。

5.9.13 室内供暖系统管道中的热媒流速，应根据系统的水力平衡要求及防噪声要求等因素确定，最大流速不宜超过表5.9.13的限值。

5.9.14 热水垂直双管供暖系统和垂直分层布置的水平单管串联跨越式供暖系统，应对热水在散热器和管道中冷却而产生自然作用压力的影响采取相应的技术措施。

5.9.15 供暖系统供水、供汽干管的末端和回水干管始端的管径不应小于DN20，低压蒸汽的供汽干管可适当放大。

表 5.9.13 室内供暖系统管道中
热媒的最大流速（m/s）

室内热水管道管径 DN（mm）	15	20	25	32	40	≥50
有特殊安静要求的热水管道	0.50	0.65	0.80	1.00	1.00	1.00
一般室内热水管道	0.80	1.00	1.20	1.40	1.80	2.00
蒸汽供暖系统形式	低压蒸汽供暖系统			高压蒸汽供暖系统		
汽水同向流动	30			80		
汽水逆向流动	20			60		

5.9.16 静态水力平衡阀或自力式控制阀的规格应按热媒设计流量、工作压力及阀门允许压降等参数经计算确定；其安装位置应保证阀门前后有足够的直管段，没有特别说明的情况下，阀门前直管段长度不应小于5倍管径，阀门后直管段长度不应小于2倍管径。

5.9.17 蒸汽供暖系统，当供汽压力高于室内供暖系统的工作压力时，应在供暖系统入口的供汽管上装设减压装置。

5.9.18 高压蒸汽供暖系统最不利环路的供汽管，其压力损失不应大于起始压力的25%。

5.9.19 蒸汽供暖系统的凝结水回收方式，应根据二次蒸汽利用的可能性以及室外地形、管道敷设方式等情况，分别采用以下回水方式：

1 闭式满管回水；

2 开式水箱自流或机械回水；

3 余压回水。

5.9.20 高压蒸汽供暖系统，疏水器前的凝结水管不应向上抬升；疏水器后的凝结水管向上抬升的高度应经计算确定。当疏水器本身无止回功能时，应在疏水器后的凝结水管上设置止回阀。

5.9.21 疏水器至回水箱或二次蒸发箱之间的蒸汽凝结水管，应按汽水乳状体进行计算。

5.9.22 热水和蒸汽供暖系统，应根据不同情况，设置排气、泄水、排污和疏水装置。

5.10 集中供暖系统热计量与室温调控

5.10.1 集中供暖的新建建筑和既有建筑节能改造必须设置热量计量装置，并应具备室温调控功能。用于热量结算的热量计量装置必须采用热量表。

5.10.2 热量计量装置设置及热计量改造应符合下列规定：

1 热源和换热机房应设热量计量装置；居住建筑应以楼栋为对象设置热量表。对建筑类型相同、建设年代相近、围护结构做法相同、用户热分摊方式一致的若干栋建筑，也可设置一个共用的热量表；

2 当热量结算点为楼栋或者换热机房设置的热量表时，分户热计量应采用用户热分摊的方法确定。在同一个热量结算点内，用户热分摊方式应统一，仪表的种类和型号应一致；

3 当热量结算点为每户安装的户用热量表时，可直接进行分户热计量；

4 供暖系统进行热计量改造时，应对系统的水力工况进行校核。当热力入口资用压差不能满足既有共暖系统要求时，应采取提高管网循环泵扬程或增设局部加压泵等补偿措施，以满足室内系统资用压差的需要。

5.10.3 用于热量结算的热量表的选型和设置应符合下列规定：

1 热量表应根据公称流量选型，并校核在系统设计流量下的压降。公称流量可按设计流量的80%确定；

2 热量表的流量传感器的安装位置应符合仪表安装要求，且宜安装在回水管上。

5.10.4 新建和改扩建散热器室内供暖系统，应设置散热器恒温控制阀或其他自动温度控制阀进行室温调控。散热器恒温控制阀的选用和设置应符合下列规定：

1 当室内供暖系统为垂直或水平双管系统时，应在每组散热器的供水支管上安装高阻恒温控制阀；超过5层的垂直双管系统宜采用有预设阻力调节功能的恒温控制阀；

2 单管跨越式系统应采用低阻力两通恒温控制阀或三通恒温控制阀；

3 当散热器有罩时，应采用温包外置式恒温控制阀；

4 恒温控制阀应具有产品合格证、使用说明书和质量检测部门出具的性能测试报告，其调节性能等指标应符合现行行业标准《散热器恒温控制阀》JG/T 195 的有关要求。

5.10.5 低温热水地面辐射供暖系统应具有室温控制功能；室温控制器宜设在被控温的房间或区域内；自动控制阀宜采用热电式控制阀或自力式恒温控制阀。自动控制阀的设置可采用分环路控制和总体控制两种方式，并应符合下列规定：

1 采用分环路控制时，应在分水器或集水器处，分路设置自动控制阀，控制房间或区域保持各自的设定温度值。自动控制阀也可内置于集水器中；

2 采用总体控制时，应在分水器总供水管或集水器回水管上设置一个自动控制阀，控制整个用户或区域的室内温度。

5.10.6 热计量供暖系统应适应室温调控的要求；当室内供暖系统为变流量系统时，不应设自力式流量控制阀，是否设置自力式压差控制阀应通过计算热力入口的压差变化幅度确定。

6 通 风

6.1 一般规定

6.1.1 当建筑物存在大量余热余湿及有害物质时，宜优先采用通风措施加以消除。建筑通风应从总体规划、建筑设计和工艺等方面采取有效的综合预防和治理措施。

6.1.2 对不可避免放散的有害或污染环境的物质，在排放前必须采取通风净化措施，并达到国家有关大气环境质量标准和各种污染物排放标准的要求。

6.1.3 应首先考虑采用自然通风消除建筑物余热、余湿和进行室内污染物浓度控制。对于室外空气污染和噪声污染严重的地区，不宜采用自然通风。当自然通风不能满足要求时，应采用机械通风，或自然通风和机械通风结合的复合通风。

6.1.4 设有机械通风的房间，人员所需的新风量应满足第3.0.6条的要求。

6.1.5 对建筑物内放散热、蒸汽或有害物质的设备，宜采用局部排风。当不能采用局部排风或局部排风达不到卫生要求时，应辅以全面通风或采用全面通风。

6.1.6 凡属下列情况之一时，应单独设置排风系统：

1 两种或两种以上的有害物质混合后能引起燃烧或爆炸时；

2 混合后能形成毒害更大或腐蚀性的混合物、化合物时；

3 混合后易使蒸汽凝结并聚积粉尘时；

4 散发剧毒物质的房间和设备；

5 建筑物内设有储存易燃易爆物质的单独房间或有防火防爆要求的单独房间；

6 有防疫的卫生要求时。

6.1.7 室内送风、排风设计时，应根据污染物的特性及污染源的变化，优化气流组织设计；不应使含有大量热、蒸汽或有害物质的空气流入没有或仅有少量热、蒸汽或有害物质的人员活动区，且不应破坏局部排风系统的正常工作。

6.1.8 采用机械通风时，重要房间或重要场所的通风系统应具备防止以空气传播为途径的疾病通过通风系统交叉传染的功能。

6.1.9 进入室内或室内产生的有害物质数量不能确定时，全面通风量可按类似房间的实测资料或经验数据，按换气次数确定，亦可按国家现行的各相关行业标准执行。

6.1.10 同时放散余热、余湿和有害物质时，全面通风量应按其中所需最大的空气量确定。多种有害物质同时放散于建筑物内时，其全面通风量的确定应符合现行国家有关工业企业设计卫生标准的有关规定。

6.1.11 建筑物的通风系统设计应符合国家现行防火

规范要求。

6.2 自然通风

6.2.1 利用自然通风的建筑在设计时，应符合下列规定：

1 利用穿堂风进行自然通风的建筑，其迎风面与夏季最多风向宜成 60°～90°角，且不应小于 45°，同时应考虑可利用的春秋季风向以充分利用自然通风；

2 建筑群平面布置应重视有利自然通风因素，如优先考虑错列式、斜列式等布置形式。

6.2.2 自然通风应采用阻力系数小、噪声低、易于操作和维修的进排风口或窗扇。严寒寒冷地区的进排风口还应考虑保温措施。

6.2.3 夏季自然通风用的进风口，其下缘距室内地面的高度不宜大于 1.2m。自然通风进风口应远离污染源 3m 以上；冬季自然通风用的进风口，当其下缘距室内地面的高度小于 4m 时，宜采取防止冷风吹向人员活动区的措施。

6.2.4 采用自然通风的生活、工作的房间的通风开口有效面积不应小于该房间地板面积的 5%；厨房的通风开口有效面积不应小于该房间地板面积的 10%，并不得小于 0.60m²。

6.2.5 自然通风设计时，宜对建筑进行自然通风潜力分析，依据气候条件确定自然通风策略并优化建筑设计。

6.2.6 采用自然通风的建筑，自然通风量的计算应同时考虑热压以及风压的作用。

6.2.7 热压作用的通风量，宜按下列方法确定：

1 室内发热量较均匀、空间形式较简单的单层大空间建筑，可采用简化计算方法确定；

2 住宅和办公建筑中，考虑多个房间之间或多个楼层之间的通风，可采用多区域网络法进行计算；

3 建筑体形复杂或室内发热量明显不均的建筑，可按计算流体动力学（CFD）数值模拟方法确定。

6.2.8 风压作用的通风量，宜按下列原则确定：

1 分别计算过渡季及夏季的自然通风量，并按其最小值确定；

2 室外风向按计算季节中的当地室外最多风向确定；

3 室外风速按基准高度室外最多风向的平均风速确定。当采用计算流体动力学（CFD）数值模拟时，应考虑当地地形条件及其梯度风、遮挡物的影响；

4 仅当建筑迎风面与计算季节的最多风向成 45°～90°角时，该面上的外窗或有效开口利用面积可作为进风口进行计算。

6.2.9 宜结合建筑设计，合理利用被动式通风技术强化自然通风。被动通风可采用下列方式：

1 当常规自然通风系统不能提供足够风量时，可采用捕风装置加强自然通风；

2 当采用常规自然通风难以排除建筑内的余热、余湿或污染物时，可采用屋顶无动力风帽装置，无动力风帽的接口直径宜与其连接的风管管径相同；

3 当建筑物利用风压有局限或热压不足时，可采用太阳能诱导等通风方式。

6.3 机械通风

6.3.1 机械送风系统进风口的位置，应符合下列规定：

1 应设在室外空气较清洁的地点；

2 应避免进风、排风短路；

3 进风口的下缘距室外地坪不宜小于 2m，当设在绿化地带时，不宜小于 1m。

6.3.2 建筑物全面排风系统吸风口的布置，应符合下列规定：

1 位于房间上部区域的吸风口，除用于排除氢气与空气混合物时，吸风口上缘至顶棚平面或屋顶的距离不大于 0.4m；

2 用于排除氢气与空气混合物时，吸风口上缘至顶棚平面或屋顶的距离不大于 0.1m；

3 用于排出密度大于空气的有害气体时，位于房间下部区域的排风口，其下缘至地板距离不大于 0.3m；

4 因建筑结构造成有爆炸危险气体排出的死角处，应设置导流设施。

6.3.3 选择机械送风系统的空气加热器时，室外空气计算参数应采用供暖室外计算温度；当其用于补偿全面排风耗热量时，应采用冬季通风室外计算温度。

6.3.4 住宅通风系统设计应符合下列规定：

1 自然通风不能满足室内卫生要求的住宅，应设置机械通风系统或自然通风与机械通风结合的复合通风系统。室外新风应先进入人员的主要活动区；

2 厨房、无外窗卫生间应采用机械排风系统或预留机械排风系统开口，且应留有必要的进风面积；

3 厨房和卫生间全面通风换气次数不宜小于 3 次/h；

4 厨房、卫生间宜设竖向排风道，竖向排风道应具有防火、防倒灌及均匀排气的功能，并应采取防止支管回流和竖井泄漏的措施。顶部应设置防止室外风倒灌装置。

6.3.5 公共厨房通风应符合下列规定：

1 发热量大且散发大量油烟和蒸汽的厨房设备应设排气罩等局部机械排风设施；其他区域当自然通风达不到要求时，应设置机械通风；

2 采用机械排风的区域，当自然补风满足不了要求时，应采用机械补风。厨房相对于其他区域应保持负压，补风量应与排风量相匹配，且宜为排风量的

30%～90%。严寒和寒冷地区宜对机械补风采取加热措施；

3 产生油烟设备的排风应设置油烟净化设施，其油烟排放浓度及净化设备的最低去除效率不应低于国家现行相关标准的规定，排风口的位置应符合本规范第6.6.18条的规定；

4 厨房排油烟风道不应与防火排烟风道共用；

5 排风罩、排油烟风道及排风机设置安装应便于油、水的收集和油污清理，且应采取防止油烟气味外溢的措施。

6.3.6 公共卫生间和浴室通风应符合下列规定：

1 公共卫生间应设置机械排风系统。公共浴室宜设气窗；无条件设气窗时，应设独立的机械排风系统。应采取措施保证浴室、卫生间对更衣室以及其他公共区域的负压；

2 公共卫生间、浴室及附属房间采用机械通风时，其通风量宜按换气次数确定。

6.3.7 设备机房通风应符合下列规定：

1 设备机房应保持良好的通风，无自然通风条件时，应设置机械通风系统。设备有特殊要求时，其通风应满足设备工艺要求；

2 制冷机房的通风应符合下列规定：

1）制冷机房设备间排风系统宜独立设置且应直接排向室外。冬季室内温度不宜低于10℃，夏季不宜高于35℃，冬季值班温度不应低于5℃；

2）机械排风宜按制冷剂的种类确定事故排风口的高度。当设于地下制冷机房，且泄漏气体密度大于空气时，排风口应上、下分别设置；

3）氟制冷机房应分别计算通风量和事故通风量。当机房内设备放热量的数据不全时，通风量可取（4~6）次/h。事故通风量不应小于12次/h。事故排风口上沿距室内地坪的距离不应大于1.2m；

4）氨冷冻站应设置机械排风和事故通风排风系统。通风量不应小于3次/h，事故通风量宜按183m³/(m²·h)进行计算，且最小排风量不应小于34000m³/h。事故排风机应选用防爆型，排风口应位于侧墙高处或屋顶；

5）直燃溴化锂制冷机房宜设置独立的送、排风系统。燃气直燃溴化锂制冷机房的通风量不应小于6次/h，事故通风量不应小于12次/h。燃油直燃溴化锂制冷机房的通风量不应小于3次/h，事故通风量不应小于6次/h。机房的送风量应为排风量与燃烧所需的空气量之和；

3 柴油发电机房宜设置独立的送、排风系统。

其送风量应为排风量与发电机组燃烧所需的空气量之和；

4 变配电室宜设置独立的送、排风系统。设在地下的变配电室送风气流宜从高低压配电区流向变压器区，从变压器区排至室外。排风温度不宜高于40℃。当通风无法保障变配电室设备工作要求时，宜设置空调降温系统；

5 泵房、热力机房、中水处理机房、电梯机房等采用机械通风时，换气次数可按表6.3.7选用。

表6.3.7 部分设备机房机械通风换气次数

机房名称	清水泵房	软化水间	污水泵房	中水处理机房	蓄电池室	电梯机房	热力机房
换气次数（次/h）	4	4	8~12	8~12	10~12	10	6~12

6.3.8 汽车库通风应符合下列规定：

1 自然通风时，车库内CO最高允许浓度大于30mg/m³时，应设机械通风系统；

2 地下汽车库，宜设置独立的送风、排风系统；具备自然进风条件时，可采用自然进风、机械排风的方式。室外排风口应设于建筑下风向，且远离人员活动区并宜作消声处理；

3 送排风量宜采用稀释浓度法计算，对于单层停放的汽车库可采用换气次数法计算，并应取两者较大值。送风量宜为排风量的80%～90%；

4 可采用风管通风或诱导通风方式，以保证室内不产生气流死角；

5 车流量随时间变化较大的车库，风机宜采用多台并联方式或设置风机调速装置；

6 严寒和寒冷地区，地下汽车库宜在坡道出入口处设热空气幕；

7 车库内排风与排烟可共用一套系统，但应满足消防规范要求。

6.3.9 事故通风应符合下列规定：

1 可能突然放散大量有害气体或有爆炸危险气体的场所应设置事故通风。事故通风量宜根据放散物的种类、安全及卫生浓度要求，按全面排风计算确定，且换气次数不应小于12次/h；

2 事故通风应根据放散物的种类，设置相应的检测报警及控制系统。事故通风的手动控制装置应在室内外便于操作的地点分别设置；

3 放散有爆炸危险气体的场所应设置防爆通风设备；

4 事故排风宜由经常使用的通风系统和事故通风系统共同保证，当事故通风量大于经常使用的通风系统所要求的风量时，宜设置双风机或变频调速风机；但在发生事故时，必须保证事故通风要求；

5 事故排风系统室内吸风口和传感器位置应根

据放散物的位置及密度合理设计；

6 事故排风的室外排风口应符合下列规定：

1）不应布置在人员经常停留或经常通行的地点以及邻近窗户、天窗、室门等设施的位置；

2）排风口与机械送风系统的进风口的水平距离不应小于 20m；当水平距离不足 20m 时，排风口应高出进风口，并不宜小于 6m；

3）当排气中含有可燃气体时，事故通风系统排风口应远离火源 30m 以上，距可能火花溅落地点应大于 20m；

4）排风口不应朝向室外空气动力阴影区，不宜朝向空气正压区。

6.4 复合通风

6.4.1 大空间建筑及住宅、办公室、教室等易于在外墙上开窗并通过室内人员自行调节实现自然通风的房间，宜采用自然通风和机械通风结合的复合通风。

6.4.2 复合通风中的自然通风量不宜低于联合运行风量的 30％。复合通风系统设计参数及运行控制方案应经技术经济及节能综合分析后确定。

6.4.3 复合通风系统应具备工况转换功能，并应符合下列规定：

1 应优先使用自然通风；

2 当控制参数不能满足要求时，启用机械通风；

3 对设置空调系统的房间，当复合通风系统不能满足要求时，关闭复合通风系统，启动空调系统。

6.4.4 高度大于 15m 的大空间采用复合通风系统时，宜考虑温度分层等问题。

6.5 设备选择与布置

6.5.1 通风机应根据管路特性曲线和风机性能曲线进行选择，并应符合下列规定：

1 通风机风量应附加风管和设备的漏风量。送、排风系统可附加 5％～10％，排烟兼排风系统宜附加 10％～20％；

2 通风机采用定速时，通风机的压力在计算系统压力损失上宜附加 10％～15％；

3 通风机采用变速时，通风机的压力应以计算系统总压力损失作为额定压力；

4 设计工况下，通风机效率不应低于其最高效率的 90％；

5 兼用排烟的风机应符合国家现行建筑设计防火规范的规定。

6.5.2 选择空气加热器、空气冷却器和空气热回收装置等设备时，应附加风管和设备等的漏风量。系统允许漏风量不应超过第 6.5.1 条的附加风量。

6.5.3 通风机输送非标准状态空气时，应对其电动机的轴功率进行验算。

6.5.4 多台风机并联或串联运行时，宜选择相同特性曲线的通风机。

6.5.5 当通风系统使用时间较长且运行工况（风量、风压）有较大变化时，通风机宜采用双速或变速风机。

6.5.6 排风系统的风机应尽可能靠近室外布置。

6.5.7 符合下列条件之一时，通风设备和风管应采取保温或防冻等措施：

1 所输送空气的温度相对环境温度较高或较低，且不允许所输送空气的温度有较显著升高或降低时；

2 需防止空气热回收装置结露（冻结）和热量损失时；

3 排出的气体在进入大气前，可能被冷却而形成凝结物堵塞或腐蚀风管时。

6.5.8 通风机房不宜与要求安静的房间贴邻布置。如必须贴邻布置时，应采取可靠的消声隔振措施。

6.5.9 排除、输送有燃烧或爆炸危险混合物的通风设备和风管，均应采取防静电接地措施（包括法兰跨接），不应采用容易积聚静电的绝缘材料制作。

6.5.10 空气中含有易燃易爆危险物质的房间中的送风、排风系统应采用防爆型通风设备；送风机如设置在单独的通风机房内且送风干管上设置止回阀时，可采用非防爆型通风设备。

6.6 风管设计

6.6.1 通风、空调系统的风管，宜采用圆形、扁圆形或长、短边之比不宜大于 4 的矩形截面。风管的截面尺寸宜按现行国家标准《通风与空调工程施工质量验收规范》GB 50243 的有关规定执行。

6.6.2 通风与空调系统的风管材料、配件及柔性接头等应符合现行国家标准《建筑设计防火规范》GB 50016 的有关规定。当输送腐蚀性或潮湿气体时，应采用防腐材料或采取相应的防腐措施。

6.6.3 通风与空调系统风管内的空气流速宜按表 6.6.3 采用。

表 6.6.3 风管内的空气流速（低速风管）

风管分类	住宅（m/s）	公共建筑（m/s）
干管	3.5～4.5 6.0	5.0～6.5 8.0
支管	3.0 5.0	3.0～4.5 6.5
从支管上接出的风管	2.5 4.0	3.0～3.5 6.0
通风机入口	3.5 4.5	4.0 5.0
通风机出口	5.0～8.0 8.5	6.5～10 11.0

注：1 表列值的分子为推荐流速，分母为最大流速。
 2 对消声有要求的系统，风管内的流速宜符合本规范10.1.5的规定。

6.6.4 自然通风的进排风口风速宜按表 6.6.4-1 采用。自然通风的风道内风速宜按表 6.6.4-2 采用。

表 6.6.4-1 自然通风系统的
进排风口空气流速 (m/s)

部位	进风百叶	排风口	地面出风口	顶棚出风口
风速	0.5~1.0	0.5~1.0	0.2~0.5	0.5~1.0

表 6.6.4-2 自然进排风系统的风道空气流速 (m/s)

部位	进风竖井	水平干管	通风竖井	排风道
风速	1.0~1.2	0.5~1.0	0.5~1.0	1.0~1.5

6.6.5 机械通风的进排风口风速宜按表 6.6.5 采用。

表 6.6.5 机械通风系统的进排风口空气流速 (m/s)

部位		新风入口	风机出口
空气流速	住宅和公共建筑	3.5~4.5	5.0~10.5
	机房、库房	4.5~5.0	8.0~14.0

6.6.6 通风与空调系统各环路的压力损失应进行水力平衡计算。各并联环路压力损失的相对差额，不宜超过 15%。当通过调整管径仍无法达到上述要求时，应设置调节装置。

6.6.7 风管与通风机及空气处理机组等振动设备的连接处，应装设柔性接头，其长度宜为 150mm~300mm。

6.6.8 通风、空调系统通风机及空气处理机组等设备的进风或出风口处宜设调节阀，调节阀宜选用多叶式或花瓣式。

6.6.9 多台通风机并联运行的系统应在各自的管路上设置止回或自动关断装置。

6.6.10 通风与空调系统的风管布置，防火阀、排烟阀、排烟口等的设置，均应符合国家现行有关建筑设计防火规范的规定。

6.6.11 矩形风管采取内外同心弧形弯管时，曲率半径宜大于 1.5 倍的平面边长；当平面边长大于 500mm，且曲率半径小于 1.5 倍的平面边长时，应设置弯管导流叶片。

6.6.12 风管系统的主干支管应设置风管测定孔、风管检查孔和清洗孔。

6.6.13 高温烟气管道应采取热补偿措施。

6.6.14 输送空气温度超过 80℃ 的通风管道，应采取一定的保温隔热措施，其厚度按隔热层外表面温度不超过 80℃ 确定。

6.6.15 当风管内设有电加热器时，电加热器前后各 800mm 范围内的风管和穿过设有火源等容易起火房间的风管及其保温材料均应采用不燃材料。

6.6.16 可燃气体管道、可燃液体管道和电线等，不得穿过风管的内腔，也不得沿风管的外壁敷设。可燃气体管道和可燃液体管道，不应穿过通风、空调机房。

6.6.17 当风管内可能产生沉积物、凝结水或其他液体时，风管应设置不小于 0.005 的坡度，并在风管的最低点和通风机的底部设排液装置；当排除有氢气或其他比空气密度小的可燃气体混合物时，排风系统的风管应沿气体流动方向具有上倾的坡度，其值不小于 0.005。

6.6.18 对于排除有害气体的通风系统，其风管的排风口宜设置在建筑物顶端，且宜采用防雨风帽。屋面送、排（烟）风机的吸、排风（烟）口应考虑冬季不被积雪掩埋的措施。

7 空气调节

7.1 一般规定

7.1.1 符合下列条件之一时，应设置空气调节：
　1　采用供暖通风达不到人体舒适、设备等对室内环境的要求，或条件不允许、不经济时；
　2　采用供暖通风达不到工艺对室内温度、湿度、洁净度等要求时；
　3　对提高工作效率和经济效益有显著作用时；
　4　对身体健康有利，或对促进康复有效果时。

7.1.2 空调区宜集中布置。功能、温湿度基数、使用要求等相近的空调区宜相邻布置。

7.1.3 工艺性空调在满足空调区环境要求的条件下，宜减少空调区的面积和散热、散湿设备。

7.1.4 采用局部性空调能满足空调区环境要求时，不应采用全室性空调。高大空间仅要求下部区域保持一定的温湿度时，宜采用分层空调。

7.1.5 空调区内的空气压力，应满足下列要求：
　1　舒适性空调，空调区与室外或空调区之间有压差要求时，其压差值宜取 5Pa~10Pa，最大不应超过 30 Pa；
　2　工艺性空调，应按空调区环境要求确定。

7.1.6 舒适性空调区建筑热工，应根据建筑物性质和所处的建筑气候分区设计，并符合国家现行节能设计标准的有关规定。

7.1.7 工艺性空调区围护结构传热系数，应符合国家现行节能设计标准的有关规定，并不应大于表 7.1.7 中的规定值。

表 7.1.7 工艺性空调区围护结构最大
传热系数 K 值 $[W/(m^2 \cdot K)]$

围护结构名称	室温波动范围 (℃)		
	±0.1~0.2	±0.5	≥±1.0
屋顶	—	—	0.8
顶棚	0.5	0.8	0.9
外墙	—	0.8	1.0
内墙和楼板	0.7	0.9	1.2

注：表中内墙和楼板的有关数值，仅适用于相邻空调区的温差大于 3℃ 时。

7.1.8 工艺性空调区，当室温波动范围小于或等于±0.5℃时，其围护结构的热惰性指标，不应小于表7.1.8的规定。

表7.1.8 工艺性空调区围护结构最小热惰性指标 D 值

围护结构名称	室温波动范围（℃）	
	±0.1~0.2	±0.5
屋顶	—	3
顶棚	4	3
外墙	—	4

7.1.9 工艺性空调区的外墙、外墙朝向及其所在层次，应符合表7.1.9的要求。

表7.1.9 工艺性空调区外墙、外墙朝向及其所在层次

室温允许波动范围（℃）	外墙	外墙朝向	层次
±0.1~0.2	不应有外墙	—	宜底层
±0.5	不宜有外墙	如有外墙，宜北向	宜底层
≥±1.0	宜减少外墙	宜北向	宜避免在顶层

注：1 室温允许波动范围小于或等于±0.5℃的空调区，宜布置在室温允许波动范围较大的空调区之中，当布置在单层建筑物内时，宜通风屋顶。
2 本条与本规范第7.1.10条规定的"北向"，适用于北纬23.5°以北的地区；北纬23.5°及其以南的地区，可相应地采用南向。

7.1.10 工艺性空调区的外窗，应符合下列规定：

1 室温波动范围大于等于±1.0℃时，外窗宜设置在北向；

2 室温波动范围小于±1.0℃时，不应有东西向外窗；

3 室温波动范围小于±0.5℃时，不宜有外窗，如有外窗应设置在北向。

7.1.11 工艺性空调区的门和门斗，应符合表7.1.11的要求。舒适性空调区开启频繁的外门，宜设门斗、旋转门或弹簧门等，必要时宜设置空气幕。

表7.1.11 工艺性空调区的门和门斗

室温波动范围（℃）	外门和门斗	内门和门斗
±0.1~0.2	不应设外门	内门不宜通向室温基数不同或室温允许波动范围大于±1.0℃的邻室
±0.5	不应设外门，必须设外门时，必须设门斗	门两侧温差大于3℃时，宜设门斗
≥±1.0	不宜设外门，如有经常开启的外门，应设门斗	门两侧温差大于7℃时，宜设门斗

注：外门门缝应严密，当门两侧温差大于7℃时，应采用保温门。

7.1.12 下列情况，宜对空调系统进行全年能耗模拟计算：

1 对空调系统设计方案进行对比分析和优化时；

2 对空调系统节能措施进行评估时。

7.2 空调负荷计算

7.2.1 除在方案设计或初步设计阶段可使用热、冷负荷指标进行必要的估算外，施工图设计阶段应对空调区的冬季热负荷和夏季逐时冷负荷进行计算。

7.2.2 空调区的夏季计算得热量，应根据下列各项确定：

1 通过围护结构传入的热量；

2 通过透明围护结构进入的太阳辐射热量；

3 人体散热量；

4 照明散热量；

5 设备、器具、管道及其他内部热源的散热量；

6 食品或物料的散热量；

7 渗透空气带入的热量；

8 伴随各种散湿过程产生的潜热量。

7.2.3 空调区的夏季冷负荷，应根据各项得热量的种类、性质以及空调区的蓄热特性，分别进行计算。

7.2.4 空调区的下列各项得热量，应按非稳态方法计算其形成的夏季冷负荷，不应将其逐时值直接作为各对应时刻的逐时冷负荷值：

1 通过围护结构传入的非稳态传热量；

2 通过透明围护结构进入的太阳辐射热量；

3 人体散热量；

4 非全天使用的设备、照明灯具散热量等。

7.2.5 空调区的下列各项得热量，可按稳态方法计算其形成的夏季冷负荷：

1 室温允许波动范围大于或等于±1℃的空调区，通过非轻型外墙传入的传热量；

2 空调区与邻室的夏季温差大于3℃时，通过隔墙、楼板等内围护结构传入的传热量；

3 人员密集空调区的人体散热量；

4 全天使用的设备、照明灯具散热量等。

7.2.6 空调区的夏季冷负荷计算，应符合下列规定：

1 舒适性空调可不计算地面传热形成的冷负荷，工艺性空调有外墙时，宜计算距外墙2m范围内的地面传热形成的冷负荷；

2 计算人体、照明和设备等散热形成的冷负荷时，应考虑人员群集系数、同时使用系数、设备功率系数和通风保温系数等；

3 屋顶处于空调区之外时，只计算屋顶进入空调区的辐射部分形成的冷负荷；高大空间采用分层调时，空调区的逐时冷负荷可按全室性空调计算的逐时冷负荷乘以小于1的系数确定。

7.2.7 空调区的夏季冷负荷宜采用计算软件进行计算；采用简化计算方法时，按非稳态方法计算的各项逐时冷负荷，宜按下列方法计算。

1 通过围护结构传入的非稳态传热形成的逐时冷负荷，按式（7.2.7-1）～式（7.2.7-3）计算：

$$CL_{Wq} = KF(t_{wlq} - t_n) \qquad (7.2.7-1)$$

$$CL_{Wm} = KF(t_{wlm} - t_n) \qquad (7.2.7-2)$$

$$CL_{Wc} = KF(t_{wlc} - t_n) \qquad (7.2.7-3)$$

式中：CL_{Wq}——外墙传热形成的逐时冷负荷（W）；

CL_{Wm}——屋面传热形成的逐时冷负荷（W）；

CL_{Wc}——外窗传热形成的逐时冷负荷（W）；

K——外墙、屋面或外窗传热系数[W/(m²·K)]；

F——外墙、屋面或外窗传热面积（m²）；

t_{wlq}——外墙的逐时冷负荷计算温度（℃），可按本规范附录 H 确定；

t_{wlm}——屋面的逐时冷负荷计算温度（℃），可按本规范附录 H 确定；

t_{wlc}——外窗的逐时冷负荷计算温度（℃），可按本规范附录 H 确定；

t_n——夏季空调区设计温度（℃）。

2 透过玻璃窗进入的太阳辐射得热形成的逐时冷负荷，按式（7.2.7-4）计算：

$$CL_C = C_{clC} C_z D_{Jmax} F_C \qquad (7.2.7-4)$$

$$C_z = C_w C_n C_s \qquad (7.2.7-5)$$

式中：CL_C——透过玻璃窗进入的太阳辐射得热形成的逐时冷负荷（W）；

C_{clC}——透过无遮阳标准玻璃太阳辐射冷负荷系数，可按本规范附录 H 确定；

C_z——外窗综合遮挡系数；

C_w——外遮阳修正系数；

C_n——内遮阳修正系数；

C_s——玻璃修正系数；

D_{Jmax}——夏季日射得热因数最大值，可按本规范附录 H 确定；

F_C——窗玻璃净面积（m²）。

3 人体、照明和设备等散热形成的逐时冷负荷，分别按式（7.2.7-6）～式（7.2.7-8）计算：

$$CL_{rt} = C_{cl_{rt}} \phi Q_{rt} \qquad (7.2.7-6)$$

$$CL_{zm} = C_{cl_{zm}} C_{zm} Q_{zm} \qquad (7.2.7-7)$$

$$CL_{sb} = C_{cl_{sb}} C_{sb} Q_{sb} \qquad (7.2.7-8)$$

式中：CL_{rt}——人体散热形成的逐时冷负荷（W）；

$C_{cl_{rt}}$——人体冷负荷系数，可按本规范附录 H 确定；

ϕ——群集系数；

Q_{rt}——人体散热量（W）；

CL_{zm}——照明散热形成的逐时冷负荷（W）；

$C_{cl_{zm}}$——照明冷负荷系数，可按本规范附录 H 确定；

C_{zm}——照明修正系数；

Q_{zm}——照明散热量（W）；

CL_{sb}——设备散热形成的逐时冷负荷（W）；

$C_{cl_{sb}}$——设备冷负荷系数，可按本规范附录 H 确定；

C_{sb}——设备修正系数；

Q_{sb}——设备散热量（W）。

7.2.8 按稳态方法计算的空调区夏季冷负荷，宜按下列方法计算。

1 室温允许波动范围大于或等于±1.0℃的空调区，其非轻型外墙传热形成的冷负荷，可近似按式（7.2.8-1）计算：

$$CL_{Wq} = KF(t_{zp} - t_n) \qquad (7.2.8-1)$$

$$t_{zp} = t_{wp} + \frac{\rho J_p}{\alpha_w} \qquad (7.2.8-2)$$

式中：t_{zp}——夏季空调室外计算日平均综合温度（℃）；

t_{wp}——夏季空调室外计算日平均温度（℃），按本规范第 4.1.10 条的规定确定；

J_p——围护结构所在朝向太阳总辐射照度的日平均值（W/m²）；

ρ——围护结构外表面对于太阳辐射热的吸收系数；

α_w——围护结构外表面换热系数[W/(m²·K)]。

2 空调区与邻室的夏季温差大于3℃时，其通过隔墙、楼板等内围护结构传热形成的冷负荷可按式（7.2.8-3）计算：

$$CL_{Wn} = KF(t_{wp} + \Delta t_{ls} - t_n) \qquad (7.2.8-3)$$

式中：CL_{Wn}——内围护结构传热形成的冷负荷（W）；

Δt_{ls}——邻室计算平均温度与夏季空调室外计算日平均温度的差值（℃）。

7.2.9 空调区的夏季计算散湿量，应考虑散湿源的种类、人员群集系数、同时使用系数以及通风系数等，并根据下列各项确定：

1 人体散湿量；

2 渗透空气带入的湿量；

3 化学反应过程的散湿量；

4 非围护结构各种潮湿表面、液面或液流的散湿量；

5 食品或气体物料的散湿量；

6 设备散湿量；

7 围护结构散湿量。

7.2.10 空调区的夏季冷负荷，应按空调区各项逐时冷负荷的综合最大值确定。

7.2.11 空调系统的夏季冷负荷，应按下列规定确定：

1 末端设备设有温度自动控制装置时，空调系统的夏季冷负荷按所服务各空调区逐时冷负荷的综合最大值确定；

2 末端设备无温度自动控制装置时，空调系统的夏季冷负荷按所服务各空调区冷负荷的累计值确定；

3 应计入新风冷负荷、再热负荷以及各项有关的附加冷负荷；

4 应考虑所服务各空调区的同时使用系数。

7.2.12 空调系统的夏季附加冷负荷，宜按下列各项确定：

1 空气通过风机、风管温升引起的附加冷负荷；

2 冷水通过水泵、管道、水箱温升引起的附加冷负荷。

7.2.13 空调区的冬季热负荷，宜按本规范第5.2节的规定计算；计算时，室外计算温度应采用冬季空调室外计算温度，并扣除室内设备等形成的稳定散热量。

7.2.14 空调系统的冬季热负荷，应按所服务各空调区热负荷的累计值确定，除空调风管局部布置在室外环境的情况外，可不计入各项附加热负荷。

7.3 空调系统

7.3.1 选择空调系统时，应符合下列原则：

1 根据建筑物的用途、规模、使用特点、负荷变化情况、参数要求、所在地区气象条件和能源状况，以及设备价格、能源预期价格等，经技术经济比较确定；

2 功能复杂、规模较大的公共建筑，宜进行方案对比并优化确定；

3 干热气候区应考虑其气候特征的影响。

7.3.2 符合下列情况之一的空调区，宜分别设置空调风系统；需要合用时，应对标准要求高的空调区做处理。

1 使用时间不同；

2 温湿度基数和允许波动范围不同；

3 空气洁净度标准要求不同；

4 噪声标准要求不同，以及有消声要求和产生噪声的空调区；

5 需要同时供热和供冷的空调区。

7.3.3 空气中含有易燃易爆或有毒有害物质的空调区，应独立设置空调风系统。

7.3.4 下列空调区，宜采用全空气定风量空调系统：

1 空间较大、人员较多；

2 温湿度允许波动范围小；

3 噪声或洁净度标准高。

7.3.5 全空气空调系统设计，应符合下列规定：

1 宜采用单风管系统；

2 允许采用较大送风温差时，应采用一次回风式系统；

3 送风温差较小、相对湿度要求不严格时，可采用二次回风式系统；

4 除温湿度波动范围要求严格的空调区外，同一个空气处理系统中，不应有同时加热和冷却过程。

7.3.6 符合下列情况之一时，全空气空调系统可设回风机。设置回风机时，新回风混合室的空气压力应为负压。

1 不同季节的新风量变化较大、其他排风措施不能适应风量的变化要求；

2 回风系统阻力较大，设置回风机经济合理。

7.3.7 空调区允许温湿度波动范围或噪声标准要求严格时，不宜采用全空气变风量空调系统。技术经济条件允许时，下列情况可采用全空气变风量空调系统：

1 服务于单个空调区，且部分负荷运行时间较长时，采用区域变风量空调系统；

2 服务于多个空调区，且各区负荷变化相差大、部分负荷运行时间较长并要求温度独立控制时，采用带末端装置的变风量空调系统。

7.3.8 全空气变风量空调系统设计，应符合下列规定：

1 应根据建筑模数、负荷变化情况等对空调区进行划分；

2 系统形式，应根据所服务空调区的划分、使用时间、负荷变化情况等，经技术经济比较确定；

3 变风量末端装置，宜选用压力无关型；

4 空调区和系统的最大送风量，应根据空调区和系统的夏季冷负荷确定；空调区的最小送风量，应根据负荷变化情况、气流组织等确定；

5 应采取保证最小新风量要求的措施；

6 风机应采用变速调节；

7 送风口应符合本规范第7.4.2条的规定要求。

7.3.9 空调区较多，建筑层高较低且各区温度要求独立控制时，宜采用风机盘管加新风空调系统；空调区的空气质量、温湿度波动范围要求严格或空气中含有较多油烟时，不宜采用风机盘管加新风空调系统。

7.3.10 风机盘管加新风空调系统设计，应符合下列规定：

1 新风宜直接送入人员活动区；

2 空气质量标准要求较高时，新风宜负担空调区的全部散湿量。低温新风系统设计，应符合本规范第

7.3.13 条的规定要求；

　　3 宜选用出口余压低的风机盘管机组。

7.3.11 空调区内振动较大、油污蒸汽较多以及产生电磁波或高频波等场所，不宜采用多联机空调系统。多联机空调系统设计，应符合下列要求：

　　1 空调区负荷特性相差较大时，宜分别设置多联机空调系统；需要同时供冷和供热时，宜设置热回收型多联机空调系统；

　　2 室内、外机之间以及室内机之间的最大管长和最大高差，应符合产品技术要求；

　　3 系统冷媒管等效长度应满足对应制冷工况下满负荷的性能系数不低于 2.8；当产品技术资料无法满足核算要求时，系统冷媒管等效长度不宜超过 70m；

　　4 室外机变频设备，应与其他变频设备保持合理距离。

7.3.12 有低温冷媒可利用时，宜采用低温送风空调系统；空气相对湿度或送风量较大的空调区，不宜采用低温送风空调系统。

7.3.13 低温送风空调系统设计，应符合下列规定：

　　1 空气冷却器的出风温度与冷媒的进口温度之间的温差不宜小于 3℃，出风温度宜采用 4℃～10℃，直接膨胀式蒸发器出风温度不应低于 7℃；

　　2 空调区送风温度，应计算送风机、风管以及送风末端装置的温升；

　　3 空气处理机组的选型，应经技术经济比较确定。空气冷却器的迎风面风速宜采用 1.5 m/s～2.3m/s，冷媒通过空气冷却器的温升宜采用 9℃～13℃；

　　4 送风末端装置，应符合本规范第 7.4.2 条的规定；

　　5 空气处理机组、风管及附件、送风末端装置等应严密保冷，保冷层厚度应经计算确定，并符合本规范第 11.1.4 条的规定。

7.3.14 空调区散湿量较小且技术经济合理时，宜采用温湿度独立控制空调系统。

7.3.15 温度湿度独立控制空调系统设计，应符合下列规定：

　　1 温度控制系统，末端设备应负担空调区的全部显热负荷，并根据空调区的显热热源分布状况等，经技术经济比较确定；

　　2 湿度控制系统，新风应负担空调区的全部散湿量，其处理方式应根据夏季空调室外计算湿球温度和露点温度、新风送风状态点要求等，经技术经济比较确定；

　　3 当采用冷却除湿处理新风时，新风再热不应采用热水、电加热；采用转轮或溶液除湿处理新风时，转轮或溶液再生不应采用电加热；

　　4 应对室内空气的露点温度进行监测，并采取确保末端设备表面不结露的自动控制措施。

7.3.16 夏季空调室外设计露点温度较低的地区，经技术经济比较合理时，宜采用蒸发冷却空调系统。

7.3.17 蒸发冷却空调系统设计，应符合下列规定：

　　1 空调系统形式，应根据夏季空调室外计算湿球温度和露点温度以及空调区显热负荷、散湿量等确定；

　　2 全空气蒸发冷却空调系统，应根据夏季空调室外计算湿球温度、空调区散湿量和送风状态点要求等，经技术经济比较确定。

7.3.18 下列情况时，应采用直流式（全新风）空调系统：

　　1 夏季空调系统的室内空气比焓大于室外空气比焓；

　　2 系统所服务的各空调区排风量大于按负荷计算出的送风量；

　　3 室内散发有毒有害物质，以及防火防爆等要求不允许空气循环使用；

　　4 卫生或工艺要求采用直流式（全新风）空调系统。

7.3.19 空调区、空调系统的新风量计算，应符合下列规定：

　　1 人员所需新风量，应根据人员的活动和工作性质，以及在室内的停留时间等确定，并符合本规范第 3.0.6 条的规定要求；

　　2 空调区的新风量，应按不小于人员所需新风量，补偿排风和保持空调区空气压力所需新风量之和以及新风除湿所需新风量中的最大值确定；

　　3 全空气空调系统的新风量，当系统服务于多个不同新风比的空调区时，系统新风比应小于空调区新风比中的最大值；

　　4 新风系统的新风量，宜按所服务空调区或系统的新风量累计值确定。

7.3.20 舒适性空调和条件允许的工艺性空调，可用新风作冷源时，应最大限度地使用新风。

7.3.21 新风进风口的面积应适应最大新风量的需要。进风口处应装设能严密关闭的阀门，进风口的位置应符合本规范第 6.3.1 条的规定要求。

7.3.22 空调系统应进行风量平衡计算，空调区内的空气压力应符合本规范第 7.1.5 条的规定。人员集中且密闭性较好，或过渡季节使用大量新风的空调区，应设置机械排风设施，排风量应适应新风量的变化。

7.3.23 设有集中排风的空调系统，且技术经济合理时，宜设置空气－空气能量回收装置。

7.3.24 空气能量回收系统设计，应符合下列要求：

　　1 能量回收装置的类型，应根据处理风量、新排风中显热量和潜热量的构成以及排风中污染物种类等选择；

2 能量回收装置的计算，应考虑积尘的影响，并对是否结霜或结露进行核算。

7.4 气流组织

7.4.1 空调区的气流组织设计，应根据空调区的温湿度参数、允许风速、噪声标准、空气质量、温度梯度以及空气分布特性指标（ADPI）等要求，结合内部装修、工艺或家具布置等确定；复杂空间空调区的气流组织设计，宜采用计算流体动力学（CFD）数值模拟计算。

7.4.2 空调区的送风方式及送风口选型，应符合下列规定：

1 宜采用百叶、条缝型等风口贴附侧送；当侧送气流有阻碍或单位面积送风量较大，且人员活动区的风速要求严格时，不应采用侧送；

2 设有吊顶时，应根据空调区的高度及对气流的要求，采用散流器或孔板送风。当单位面积送风量较大，且人员活动区内的风速或区域温差要求较小时，应采用孔板送风；

3 高大空间宜采用喷口送风、旋流风口送风或下部送风；

4 变风量末端装置，应保证在风量改变时，气流组织满足空调区环境的基本要求；

5 送风口表面温度应高于室内露点温度；低于室内露点温度时，应采用低温风口。

7.4.3 采用贴附侧送风时，应符合下列规定：

1 送风口上缘与顶棚的距离较大时，送风口应设置向上倾斜 10°～20°的导流片；

2 送风口内宜设置防止射流偏斜的导流片；

3 射流流程中应无阻挡物。

7.4.4 采用孔板送风时，应符合下列规定：

1 孔板上部稳压层的高度应按计算确定，且净高不应小于 0.2m；

2 向稳压层内送风的速度宜采用 3 m/s～5m/s。除送风射流较长的以外，稳压层内可不设送风分布支管。稳压层的送风口处，宜设防止送风气流直接吹向孔板的导流片或挡板；

3 孔板布置应与局部热源分布相适应。

7.4.5 采用喷口送风时，应符合下列规定：

1 人员活动区宜位于回流区；

2 喷口安装高度，应根据空调区的高度和回流区分布等确定；

3 兼作热风供暖时，宜具有改变射流出口角度的功能。

7.4.6 采用散流器送风时，应满足下列要求：

1 风口布置应有利于送风气流对周围空气的诱导，风口中心与侧墙的距离不宜小于 1.0m；

2 采用平送方式时，贴附射流区无阻挡物；

3 兼作热风供暖，且风口安装高度较高时，宜

具有改变射流出口角度的功能。

7.4.7 采用置换通风时，应符合下列规定：

1 房间净高宜大于 2.7m；

2 送风温度不宜低于 18℃；

3 空调区的单位面积冷负荷不宜大于 120W/m²；

4 污染源宜为热源，且污染气体密度较小；

5 室内人员活动区 0.1m 至 1.1m 高度的空气垂直温差不宜大于 3℃；

6 空调区内不宜有其他气流组织。

7.4.8 采用地板送风时，应符合下列规定：

1 送风温度不宜低于 16℃；

2 热分层高度应在人员活动区上方；

3 静压箱应保持密闭，与非空调区之间有保温隔热处理；

4 空调区内不宜有其他气流组织。

7.4.9 分层空调的气流组织设计，应符合下列规定：

1 空调区宜采用双侧送风；当空调区跨度较小时，可采用单侧送风，且回风口宜布置在送风口的同侧下方；

2 侧送多股平行射流应互相搭接；采用双侧对送射流时，其射程可按相对喷口中点距离的 90%计算；

3 宜减少非空调区向空调区的热转移；必要时，宜在非空调区设置送、排风装置。

7.4.10 上送风方式的夏季送风温差，应根据送风口类型、安装高度、气流射程长度以及是否贴附等确定，并宜符合下列规定：

1 在满足舒适、工艺要求的条件下，宜加大送风温差；

2 舒适性空调，宜按表 7.4.10-1 采用；

表 7.4.10-1 舒适性空调的送风温差

送风口高度（m）	送风温差（℃）
≤5.0	5～10
>5.0	10～15

注：表中所列的送风温差不适用于低温送风空调系统以及置换通风采用上送风方式等。

3 工艺性空调，宜按表 7.4.10-2 采用。

表 7.4.10-2 工艺性空调的送风温差

室温允许波动范围（℃）	送风温差（℃）
>±1.0	≤15
±1.0	6～9
±0.5	3～6
±0.1～0.2	2～3

7.4.11 送风口的出口风速，应根据送风方式、送风口类型、安装高度、空调区允许风速和噪声标准等确定。

7.4.12 回风口的布置，应符合下列规定：

1 不应设在送风射流区内和人员长期停留的地点；采用侧送时，宜设在送风口的同侧下方；

2 兼做热风供暖、房间净高较高时，宜设在房间的下部；

3 条件允许时，宜采用集中回风或走廊回风，但走廊的断面风速不宜过大；

4 采用置换通风、地板送风时，应设在人员活动区的上方。

7.4.13 回风口的吸风速度，宜按表7.4.13选用。

表7.4.13 回风口的吸风速度

回风口的位置		最大吸风速度（m/s）
房间上部		≤4.0
房间下部	不靠近人经常停留的地点时	≤3.0
	靠近人经常停留的地点时	≤1.5

7.5 空气处理

7.5.1 空气的冷却应根据不同条件和要求，分别采用下列处理方式：

1 循环水蒸发冷却；

2 江水、湖水、地下水等天然冷源冷却；

3 采用蒸发冷却和天然冷源等冷却方式达不到要求时，应采用人工冷源冷却。

7.5.2 凡与被冷却空气直接接触的水质均应符合卫生要求。空气冷却采用天然冷源时，应符合下列规定：

1 水的温度、硬度等符合使用要求；

2 地表水使用过后的回水予以再利用；

3 **使用过后的地下水应全部回灌到同一含水层，并不得造成污染。**

7.5.3 空气冷却装置的选择，应符合下列规定：

1 采用循环水蒸发冷却或天然冷源时，宜采用直接蒸发式冷却装置、间接蒸发式冷却装置和空气冷却器；

2 采用人工冷源时，宜采用空气冷却器。当要求利用循环水进行绝热加湿或利用喷水增加空气处理后的饱和度时，可选用带喷水装置的空气冷却器。

7.5.4 空气冷却器的选择，应符合下列规定：

1 空气与冷媒应逆向流动；

2 冷媒的进口温度，应比空气的出口干球温度至少低3.5℃。冷媒的温升宜采用5℃～10℃，其流速宜采用0.6m/s～1.5m/s；

3 迎风面的空气质量流速宜采用2.5 kg/(m²·s)～3.5kg/(m²·s)，当迎风面的空气质量流速大于3.0kg/(m²·s)时，应在冷却器后设置挡水板；

4 低温送风空调系统的空气冷却器，应符合本规范第7.3.13条的规定要求。

7.5.5 制冷剂直接膨胀式空气冷却器的蒸发温度，应比空气的出口干球温度至少低3.5℃。常温空调系统满负荷运行时，蒸发温度不宜低于0℃；低负荷运行时，应防止空气冷却器表面结霜。

7.5.6 **空调系统不得采用氨作制冷剂的直接膨胀式空气冷却器。**

7.5.7 空气加热器的选择，应符合下列规定：

1 加热空气的热媒宜采用热水；

2 工艺性空调，当室温允许波动范围小于±1.0℃时，送风末端的加热器宜采用电加热器；

3 热水的供水温度及供回水温差，应符合本规范第8.5.1条的规定。

7.5.8 两管制水系统，当冬夏季空调负荷相差较大时，应分别计算冷、热盘管的换热面积；当二者换热面积相差很大时，宜分别设置冷、热盘管。

7.5.9 空调系统的新风和回风应经过滤处理。空气过滤器的设置，应符合下列规定：

1 舒适性空调，当采用粗效过滤器不能满足要求时，应设置中效过滤器；

2 工艺性空调，应按空调区的洁净度要求设置过滤器；

3 空气过滤器的阻力应按终阻力计算；

4 宜设置过滤器阻力监测、报警装置，并应具备更换条件。

7.5.10 对于人员密集空调区或空气质量要求较高的场所，其全空气空调系统宜设置空气净化装置。空气净化装置的类型，应根据人员密度、初投资、运行费用及空调区环境要求等，经技术经济比较确定，并符合下列规定：

1 空气净化装置类型的选择应根据空调区污染物性质选择；

2 空气净化装置的指标应符合现行相关标准。

7.5.11 空气净化装置的设置应符合下列规定：

1 空气净化装置在空气净化处理过程中不应产生新的污染；

2 空气净化装置宜设置在空气热湿处理设备的进风口处，净化要求高时可在出风口处设置二级净化装置；

3 应设置检查口；

4 宜具备净化失效报警功能；

5 高压静电空气净化装置应设置与风机有效联动的措施。

7.5.12 冬季空调区湿度有要求时，宜设置加湿装置。加湿装置的类型，应根据加湿量、相对湿度允许波动范围要求等，经技术经济比较确定，并应符合下列规定：

1 有蒸汽源时，宜采用干蒸汽加湿器；

2 无蒸汽源，且空调区湿度控制精度要求严格时，宜采用电加湿器；

3 湿度要求不高时，可采用高压喷雾或湿膜等绝热加湿器；

4 加湿装置的供水水质应符合卫生要求。

7.5.13 空气处理机组宜安装在空调机房内。空调机房应符合下列规定：

1 邻近所服务的空调区；

2 机房面积和净高应根据机组尺寸确定，并保证风管的安装空间以及适当的机组操作、检修空间；

3 机房内应考虑排水和地面防水设施。

8 冷源与热源

8.1 一般规定

8.1.1 供暖空调冷源与热源应根据建筑物规模、用途、建设地点的能源条件、结构、价格以及国家节能减排和环保政策的相关规定等，通过综合论证确定，并应符合下列规定：

1 有可供利用的废热或工业余热的区域，热源宜采用废热或工业余热。当废热或工业余热的温度较高、经技术经济论证合理时，冷源宜采用吸收式冷水机组；

2 在技术经济合理的情况下，冷、热源宜利用浅层地能、太阳能、风能等可再生能源。当采用可再生能源受到气候等原因的限制无法保证时，应设置辅助冷、热源；

3 不具备本条第1、2款的条件，但有城市或区域热网的地区，集中式空调系统的供热热源宜优先采用城市或区域热网；

4 不具备本条第1、2款的条件，但城市电网夏季供电充足的地区，空调系统的冷源宜采用电动压缩式机组；

5 不具备本条第1款～4款的条件，但城市燃气供应充足的地区，宜采用燃气锅炉、燃气热水机供热或燃气吸收式冷（温）水机组供冷、供热；

6 不具备本条第1款～5款条件的地区，可采用燃煤锅炉、燃油锅炉供热，蒸汽吸收式冷水机组或燃油吸收式冷（温）水机组供冷、供热；

7 夏季室外空气设计露点温度较低的地区，宜采用间接蒸发冷却冷水机组作为空调系统的冷源；

8 天然气供应充足的地区，当建筑的电力负荷、热负荷和冷负荷能较好匹配、能充分发挥冷、热、电联产系统的能源综合利用效率并经济技术比较合理时，宜采用分布式燃气冷热电三联供系统；

9 全年进行空气调节，且各房间或区域负荷特性相差较大，需要长时间地向建筑物同时供热和供冷，经技术经济比较合理时，宜采用水环热泵空调系统供冷、供热；

10 在执行分时电价、峰谷电价差较大的地区，经技术经济比较，采用低谷电价能够明显起到对电网"削峰填谷"和节省运行费用时，宜采用蓄能系统供冷供热；

11 夏热冬冷地区以及干旱缺水地区的中、小型建筑宜采用空气源热泵或土壤源地源热泵系统供冷、供热；

12 有天然地表水等资源可供利用、或者有可利用的浅层地下水且能保证100%回灌时，可采用地表水或地下水地源热泵系统供冷、供热；

13 具有多种能源的地区，可采用复合式能源供冷、供热。

8.1.2 除符合下列条件之一外，不得采用电直接加热设备作为空调系统的供暖热源和空气加湿热源：

1 以供冷为主、供暖负荷非常小，且无法利用热泵或其他方式提供供暖热源的建筑，当冬季电力供应充足、夜间可利用低谷电进行蓄热、且电锅炉不在用电高峰和平段时间启用时；

2 无城市或区域集中供热，且采用燃气、用煤、用油等燃料受到环保或消防严格限制的建筑；

3 利用可再生能源发电，且其发电量能够满足直接电热用量需求的建筑；

4 冬季无加湿用蒸汽源，且冬季室内相对湿度要求较高的建筑。

8.1.3 公共建筑群同时具备下列条件并经技术经济比较合理时，可采用区域供冷系统：

1 需要设置集中空调系统的建筑的容积率较高且整个区域建筑的设计综合冷负荷密度较大；

2 用户负荷及其特性明确；

3 建筑全年供冷时间长，且需求一致；

4 具备规划建设区域供冷站及管网的条件。

8.1.4 符合下列情况之一时，宜采用分散设置的空调装置或系统：

1 全年需要供冷、供暖运行时间较少，采用集中供冷、供暖系统不经济的建筑；

2 需设空气调节的房间布置过于分散的建筑；

3 设有集中供冷、供暖系统的建筑中，使用时间和要求不同的少数房间；

4 需增设空调系统，而机房和管道难以设置的既有建筑；

5 居住建筑。

8.1.5 集中空调系统的冷水（热泵）机组台数及单机制冷量（制热量）选择，应能适应空调负荷全年变化规律，满足季节及部分负荷要求。机组不宜少于两台；当小型工程仅设一台时，应选调节性能优良的机型，并能满足建筑最低负荷的要求。

8.1.6 选择电动压缩式制冷机组时，其制冷剂应符合国家现行有关环保的规定。

8.1.7 选择冷水机组时，应考虑机组水侧污垢等因素对机组性能的影响，采用合理的污垢系数对供冷（热）量进行修正。

8.1.8 空调冷（热）水和冷却水系统中的冷水机组、水泵、末端装置等设备和管路及部件的工作压力不应大于其额定工作压力。

8.2 电动压缩式冷水机组

8.2.1 选择水冷电动压缩式冷水机组类型时，宜按表 8.2.1 中的制冷量范围，经性能价格综合比较后确定。

表 8.2.1 水冷式冷水机组选型范围

单机名义工况制冷量（kW）	冷水机组类型
≤116	涡旋式
116~1054	螺杆式
1054~1758	螺杆式
	离心式
≥1758	离心式

8.2.2 电动压缩式冷水机组的总装机容量，应根据计算的空调系统冷负荷值直接选定，不另作附加；在设计条件下，当机组的规格不能符合计算冷负荷的要求时，所选择机组的总装机容量与计算冷负荷的比值不得超过 1.1。

8.2.3 冷水机组的选型应采用名义工况制冷性能系数（COP）较高的产品，并同时考虑满负荷和部分负荷因素，其性能系数应符合现行国家标准《公共建筑节能设计标准》GB 50189 的有关规定。

8.2.4 电动压缩式冷水机组电动机的供电方式应符合下列规定：

1 当单台电动机的额定输入功率大于 1200kW 时，应采用高压供电方式；

2 当单台电动机的额定输入功率大于 900kW 而小于或等于 1200kW 时，宜采用高压供电方式；

3 当单台电动机的额定输入功率大于 650kW 而小于或等于 900kW 时，可采用高压供电方式。

8.2.5 采用氨作制冷剂时，应采用安全性、密封性能良好的整体式氨冷水机组。

8.3 热 泵

8.3.1 空气源热泵机组的性能应符合国家现行相关标准的规定，并应符合下列规定：

1 具有先进可靠的融霜控制，融霜时间总和不应超过运行周期时间的 20%；

2 冬季设计工况时机组性能系数（COP），冷热风机组不应小于 1.80，冷热水机组不应小于 2.00；

3 冬季寒冷、潮湿的地区，当室外设计温度低于当地平衡点温度，或对于室内温度稳定性有较高要求的空调系统，应设置辅助热源；

4 对于同时供冷、供暖的建筑，宜选用热回收式热泵机组。

注：冬季设计工况下的机组性能系数是指冬季室外空调计算温度条件下，达到设计需求参数时的机组供热量（W）与机组输入功率（W）的比值。

8.3.2 空气源热泵机组的有效制热量应根据室外空调计算温度，分别采用温度修正系数和融霜修正系数进行修正。

8.3.3 空气源热泵或风冷制冷机组室外机的设置，应符合下列规定：

1 确保进风与排风通畅，在排出空气与吸入空气之间不发生明显的气流短路；

2 避免受污浊气流影响；

3 噪声和排热符合周围环境要求；

4 便于对室外机的换热器进行清扫。

8.3.4 地埋管地源热泵系统设计时，应符合下列规定：

1 应通过工程场地状况调查和对浅层地能资源的勘察，确定地埋管换热系统实施的可行性与经济性；

2 当应用建筑面积在 5000m² 以上时，应进行岩土热响应试验，并应利用岩土热响应试验结果进行地埋管换热器的设计；

3 地埋管的埋管方式、规格与长度，应根据冷（热）负荷、占地面积、岩土层结构、岩土体热物性和机组性能等因素确定；

4 地埋管换热系统设计应进行全年供暖空调动态负荷计算，最小计算周期宜为 1 年。计算周期内，地源热泵系统总释热量和总吸热量宜基本平衡；

5 应分别按供冷与供热工况进行地埋管换热器的长度计算。当地埋管系统最大释热量和最大吸热量相差不大时，宜取其计算长度的较大者作为地埋管换热器的长度；当地埋管系统最大释热量和最大吸热量相差较大时，宜取其计算长度的较小者作为地埋管换热器的长度，采用增设辅助冷（热）源，或与其他冷热源系统联合运行的方式，满足设计要求；

6 冬季有冻结可能的地区，地埋管应有防冻措施。

8.3.5 地下水地源热泵系统设计时，应符合下列规定：

1 地下水的持续出水量应满足地源热泵系统最大吸热量或释热量的要求；地下水的水温应满足机组运行要求，并根据不同的水质采取相应的水处理措施；

2 地下水系统宜采用变流量设计，并根据空调

负荷动态变化调节地下水用量;

3 热泵机组集中设置时,应根据水源水质条件确定水源直接进入机组换热器或另设板式换热器间接换热;

4 应对地下水采取可靠的回灌措施,确保全部回灌到同一含水层,且不得对地下水资源造成污染。

8.3.6 江河湖水源地源热泵系统设计时,应符合下列规定:

1 应对地表水体资源和水体环境进行评价,并取得当地水务主管部门的批准同意。当江河湖为航运通道时,取水口和排水口的设置位置应取得航运主管部门的批准;

2 应考虑江河的丰水、枯水季节的水位差;

3 热泵机组与地表水水体的换热方式应根据机组的设置、水体水温、水质、水深、换热量等条件确定;

4 开式地表水换热系统的取水口,应设在水位适宜、水质较好的位置,并应位于排水口的上游,远离排水口;地表水进入热泵机组前,应设置过滤、清洗、灭藻等水处理措施,并不得造成环境污染;

5 采用地表水盘管换热器时,盘管的形式、规格与长度,应根据冷(热)负荷、水体面积、水体深度、水体温度的变化规律和机组性能等因素确定;

6 在冬季有冻结可能的地区,闭式地表水换热系统应有防冻措施。

8.3.7 海水源地源热泵系统设计时,应符合下列规定:

1 海水换热系统应根据海水水文状况、温度变化规律等进行设计;

2 海水设计温度宜根据近30年取水点区域的海水温度确定;

3 开式系统中的取水口深度应根据海水水深温度特性进行优化后确定,距离海底高度宜大于2.5m;取水口应能抵抗大风和海水的潮汐引起的水流应力;取水口处应设置过滤器、杀菌及防生物附着装置;排水口应与取水口保持一定的距离;

4 与海水接触的设备及管道,应具有耐海水腐蚀性能,应采取防止海洋生物附着的措施;中间换热器应具备可拆卸功能;

5 闭式海水换热系统在冬季有冻结可能的地区,应采取防冻措施。

8.3.8 污水源地源热泵系统设计时,应符合下列规定:

1 应考虑污水水温、水质及流量的变化规律和对后续污水处理工艺的影响等因素;

2 采用开式原生污水源地源热泵系统时,原生污水取水口处设置的过滤装置应具有连续反冲洗功能,取水口处污水量应稳定;排水口应位于取水口下游并与取水口保持一定的距离;

3 采用开式原生污水源地源热泵系统设中间换热器时,中间换热器应具备可拆卸功能;原生污水直接进入热泵机组时,应采用冷媒侧转换的热泵机组,且与原生污水接触的换热器应特殊设计。

4 采用再生水污水源热泵系统时,宜采用再生水直接进入热泵机组的开式系统。

8.3.9 水环热泵空调系统的设计,应符合下列规定:

1 循环水水温宜控制在15℃~35℃;

2 循环水宜采用闭式系统。采用开式冷却塔时,宜设置中间换热器;

3 辅助热源的供热量应根据冬季白天高峰和夜间低谷负荷时的建筑物的供暖负荷、系统内区可回收的余热等,经热平衡计算确定。辅助热源的选择原则应符合本规范第8.1.1条规定;

4 水环热泵空调系统的循环水系统较小时,可采用定流量运行方式;系统较大时,宜采用变流量运行方式。当采用变流量运行方式时,机组的循环水管道上应设置与机组启停连锁控制的开关式电动阀;

5 水源热泵机组应采取有效的隔振及消声措施,并满足空调区噪声标准要求。

8.4 溴化锂吸收式机组

8.4.1 采用溴化锂吸收式冷(温)水机组时,其使用的能源种类应根据当地的资源情况合理确定;在具有多种可使用能源时,宜按照以下优先顺序确定:

1 废热或工业余热;

2 利用可再生能源产生的热源;

3 矿物质能源优先顺序为天然气、人工煤气、液化石油气、燃油等。

8.4.2 溴化锂吸收式机组的机型应根据热源参数确定。除第8.4.1条第1款、第2款和利用区域或市政集中热水为热源外,矿物质能源直接燃烧和提供热源的溴化锂吸收式机组均不应采用单效型机组。

8.4.3 选用直燃式机组时,应符合下列规定:

1 机组应考虑冷、热负荷与机组供冷、供热量的匹配,宜按满足夏季冷负荷和冬季热负荷的需求中的机型较小者选择;

2 当机组供热能力不足时,可加大高压发生器和燃烧器以增加供热量,但其高压发生器和燃烧器的最大供热能力不宜大于所选直燃式机组型号额定热量的50%;

3 当机组供冷能力不足时,宜采用辅助电制冷等措施。

8.4.4 吸收式机组的性能参数应符合现行国家标准《公共建筑节能设计标准》GB 50189的有关规定。采用供冷(温)及生活热水三用型直燃机时,尚应满足下列要求:

1 完全满足冷(温)水及生活热水日负荷变化

和季节负荷变化的要求；

2 应能按冷（温）水及生活热水的负荷需求进行调节；

3 当生活热水负荷大、波动大或使用要求高时，应设置储水装置，如容积式换热器、水箱等。若仍不能满足要求的，则应另设专用热水机组供应生活热水。

8.4.5 当建筑在整个冬季的实时冷、热负荷比值变化大时，四管制和分区两管制空调系统不宜采用直燃式机组作为单独冷热源。

8.4.6 小型集中空调系统，当利用废热热源或太阳能提供的热源，且热源供水温度在 60℃～85℃ 时，可采用吸附式冷水机组制冷。

8.4.7 直燃型溴化锂吸收式冷（温）水机组的储油、供油、燃气系统等的设计，均应符合现行国家有关标准的规定。

8.5 空调冷热水及冷凝水系统

8.5.1 空调冷水、空调热水参数应考虑对冷热源装置、末端设备、循环水泵功率的影响等因素，并按下列原则确定：

1 采用冷水机组直接供冷时，空调冷水供水温度不宜低于 5℃，空调冷水供回水温差不应小于 5℃；有条件时，宜适当增大供回水温差。

2 采用蓄冷空调系统时，空调冷水供水温度和供回水温差应根据蓄冷介质和蓄冷、取冷方式分别确定，并应符合本规范第 8.7.6 条和第 8.7.7 条的规定。

3 采用温湿度独立控制空调系统时，负担显热的冷水机组的空调供水温度不宜低于 16℃；当采用强制对流末端设备时，空调冷水供回水温差不宜小于 5℃。

4 采用蒸发冷却或天然冷源制取空调冷水时，空调冷水的供水温度，应根据当地气象条件和末端设备的工作能力合理确定；采用强制对流末端设备时，供回水温差不宜小于 4℃。

5 采用辐射供冷末端设备时，供水温度应以末端设备表面不结露为原则确定；供回水温差不应小于 2℃。

6 采用市政热力或锅炉供应的一次热源通过换热器加热的二次空调热水时，其供水温度宜根据系统需求和末端能力确定。对于非预热盘管，供水温度宜采用 50℃～60℃，用于严寒地区预热时，供水温度不宜低于 70℃。空调热水的供回水温差，严寒和寒冷地区不宜小于 15℃，夏热冬冷地区不宜小于 10℃。

7 采用直燃式冷（温）水机组、空气源热泵、地源热泵等作为热源时，空调热水供回水温度和温差应按设备要求和具体情况确定，并应使设备具有较高的供热性能系数。

8 采用区域供冷系统时，供回水温差应符合本规范第 8.8.2 条的要求。

8.5.2 除采用直接蒸发冷却器的系统外，空调水系统应采用闭式循环系统。

8.5.3 当建筑物所有区域只要求按季节同时进行供冷和供热转换时，应采用两管制的空调水系统。当建筑物内一些区域的空调系统需全年供应空调冷水、其他区域仅要求按季节进行供冷和供热转换时，可采用分区两管制空调水系统。当空调水系统的供冷和供热工况转换频繁或需同时使用时，宜采用四管制水系统。

8.5.4 集中空调冷水系统的选择，应符合下列规定：

1 除设置一台冷水机组的小型工程外，不应采用定流量一级泵系统；

2 冷水水温和供回水温差要求一致且各区域管路压力损失相差不大的中小型工程，宜采用变流量一级泵系统；单台水泵功率较大时，经技术和经济比较，在确保设备的适应性、控制方案和运行管理可靠的前提下，可采用冷水机组变流量方式；

3 系统作用半径较大、设计水流阻力较高的大型工程，宜采用变流量二级泵系统。当各环路的设计水温一致且设计水流阻力接近时，二级泵宜集中设置；当各环路的设计水流阻力相差较大或各系统水温或温差要求不同时，宜按区域或系统分别设置二级泵；

4 冷源设备集中设置且用户分散的区域供冷等大规模空调冷水系统，当二级泵的输送距离较远且各用户管路阻力相差较大，或者水温（温差）要求不同时，可采用多级泵系统。

8.5.5 采用换热器加热或冷却的二次空调水系统的循环水泵宜采用变速调节。对供冷（热）负荷和规模较大工程，当各区域管路阻力相差较大或需要对二次水系统分别管理时，可按区域分别设置换热器和二次循环泵。

8.5.6 空调水系统自控阀门的设置应符合下列规定：

1 多台冷水机组和冷水泵之间通过共用集管连接时，每台冷水机组进水或出水管道上应设置与对应的冷水机组和水泵连锁开关的电动两通阀；

2 除定流量一级泵系统外，空调末端装置应设置水路电动两通阀。

8.5.7 定流量一级泵系统应设置室内空气温度调控或自动控制措施。

8.5.8 变流量一级泵系统采用冷水机组定流量方式时，应在系统的供回水管之间设置电动旁通调节阀，旁通调节阀的设计流量宜取容量最大的单台冷水机组的额定流量。

8.5.9 变流量一级泵系统采用冷水机组变流量方式时，空调水系统设计应符合下列规定：

1 一级泵应采用调速泵；

2 在总供、回水管之间应设旁通管和电动旁通调节阀，旁通调节阀的设计流量应取各台冷水机组允许的最小流量中的最大值；

3 应考虑蒸发器最大许可的水压降和水流对蒸发器管束的侵蚀因素，确定冷水机组的最大流量；冷水机组的最小流量不应影响到蒸发器换热效果和运行安全性；

4 应选择允许水流量变化范围大、适应冷水流量快速变化（允许流量变化率大）、具有减少出水温度波动的控制功能的冷水机组；

5 采用多台冷水机组时，应选择在设计流量下蒸发器水压降相同或接近的冷水机组。

8.5.10 二级泵和多级泵系统的设计应符合下列规定：

1 应在供回水总管之间冷源侧和负荷侧分界处设平衡管，平衡管宜设置在冷源机房内，管径不宜小于总供回水管管径；

2 采用二级泵系统且按区域分别设置二级泵时，应考虑服务区域的平面布置、系统的压力分布等因素，合理确定二级泵的设置位置；

3 二级泵等负荷侧各级泵应采用变速泵。

8.5.11 除空调热水和空调冷水系统的流量和管网阻力特性及水泵工作特性相吻合的情况外，两管制空调水系统应分别设置冷水和热水循环泵。

8.5.12 在选配空调冷热水系统的循环水泵时，应计算循环水泵的耗电输冷（热）比 $EC(H)R$，并应标注在施工图的设计说明中。耗电输冷（热）比应符合下式要求：

$$EC(H)R = 0.003096\Sigma(G \cdot H/\eta_b)/\Sigma Q$$
$$\leqslant A(B + \alpha\Sigma L)/\Delta T \qquad (8.5.12)$$

式中：$EC(H)R$——循环水泵的耗电输冷（热）比；

G——每台运行水泵的设计流量，m^3/h；

H——每台运行水泵对应的设计扬程，m；

η_b——每台运行水泵对应设计工作点的效率；

Q——设计冷（热）负荷，kW；

ΔT——规定的计算供回水温差，按表8.5.12-1选取，℃；

A——与水泵流量有关的计算系数，按表8.5.12-2选取；

B——与机房及用户的水阻力有关的计算系数，按表8.5.12-3选取；

α——与ΣL有关的计算系数，按表8.5.12-4或表8.5.12-5选取；

ΣL——从冷热机房至该系统最远用户的供回水管道的总输送长度，m；当管道设于大面积单层或多层建筑时，可按机房出口至最远端空调末端的管道长度减去100m确定。

表8.5.12-1 ΔT值（℃）

冷水系统	热 水 系 统			
	严寒	寒冷	夏热冬冷	夏热冬暖
5	15	15	10	5

注：1 对空气源热泵、溴化锂机组、水源热泵等机组的热水供回水温差按机组实际参数确定；

2 对直接提供高温冷水的机组，冷水供回水温差按机组实际参数确定。

表8.5.12-2 A值

设计水泵流量G	$G\leqslant60\text{m}^3/\text{h}$	$200\text{m}^3/\text{h}\geqslant G>60\text{m}^3/\text{h}$	$G>200\text{m}^3/\text{h}$
A值	0.004225	0.003858	0.003749

注：多台水泵并联运行时，流量按较大流量选取。

表8.5.12-3 B值

系 统 组 成		四管制 单冷、单热管道 B 值	二管制 热水管道 B 值
一级泵	冷水系统	28	—
	热水系统	22	21
二级泵	冷水系统[1]	33	—
	热水系统[2]	27	25

[1] 多级泵冷水系统，每增加一级泵，B值可增加5；

[2] 多级泵热水系统，每增加一级泵，B值可增加4。

表8.5.12-4 四管制冷、热水管道系统的α值

系统	管道长度 ΣL 范围（m）		
	$\leqslant400\text{m}$	$400\text{m}<\Sigma L<1000\text{m}$	$\Sigma L\geqslant1000\text{m}$
冷水	$\alpha=0.02$	$\alpha=0.016+1.6/\Sigma L$	$\alpha=0.013+4.6/\Sigma L$
热水	$\alpha=0.014$	$\alpha=0.0125+0.6/\Sigma L$	$\alpha=0.009+4.1/\Sigma L$

表8.5.12-5 两管制热水管道系统的α值

系统	地 区	管道长度 ΣL 范围（m）		
		$\leqslant400\text{m}$	$400\text{m}<\Sigma L<1000\text{m}$	$\Sigma L\geqslant1000\text{m}$
热水	严寒	$\alpha=0.009$	$\alpha=0.0072+0.72/\Sigma L$	$\alpha=0.0059+2.02/\Sigma L$
	寒冷	$\alpha=0.0024$	$\alpha=0.002+0.16/\Sigma L$	$\alpha=0.0016+0.56/\Sigma L$
	夏热冬冷			
	夏热冬暖	$\alpha=0.0032$	$\alpha=0.0026+0.24/\Sigma L$	$\alpha=0.0021+0.74/\Sigma L$

注：两管制冷水系统α计算式与表8.5.13-4四管制冷水系统相同。

8.5.13 空调水循环泵台数应符合下列规定：

1 水泵定流量运行的一级泵，其设置台数和流量应与冷水机组的台数和流量相对应，并宜与冷水机组的管道一对一连接；

2 变流量运行的每个分区的各级水泵不宜少于2台。当所有的同级水泵均采用变速调节方式时，台数不宜过多；

3 空调热水泵台数不宜少于2台；严寒及寒冷地区，当热水泵不超过3台时，其中一台宜设置为备用泵。

8.5.14 空调水系统布置和选择管径时，应减少并联环路之间压力损失的相对差额。当设计工况时并联环路之间压力损失的相对差额超过15%时，应采取水力平衡措施。

8.5.15 空调冷水系统的设计补水量（小时流量）可按系统水容量的1%计算。

8.5.16 空调水系统的补水点，宜设置在循环水泵的吸入口处。当采用高位膨胀水箱定压时，应通过膨胀水箱直接向系统补水；采用其他定压方式时，如果补水压力低于补水点压力，应设置补水泵。空调补水泵的选择及设置应符合下列规定：

1 补水泵的扬程，应保证补水压力比补水点的工作压力高30kPa～50kPa；

2 补水泵宜设置2台，补水泵的总小时流量宜为系统水容量的5%～10%；

3 当仅设置1台补水泵时，严寒及寒冷地区空调热水用及空调热水合用的补水泵，宜设置备用泵。

8.5.17 当设置补水泵时，空调水系统应设补水调节水箱；水箱的调节容积应根据水源的供水能力、软化设备的间断运行时间及补水泵运行情况等因素确定。

8.5.18 闭式空调水系统的定压和膨胀设计应符合下列规定：

1 定压点宜设在循环水泵的吸入口处，定压点最低压力宜使管道系统任何一点的表压均高于5kPa以上；

2 宜优先采用高位膨胀水箱定压；

3 当水系统设置独立的定压设施时，膨胀管上不应设置阀门；当各系统合用定压设施且需要分别检修时，膨胀管上应设置带电信号的检修阀，且各空调水系统应设置安全阀；

4 系统的膨胀水量应进行回收。

8.5.19 空调冷热水的水质应符合国家现行相关标准规定。当给水硬度较高时，空调热水系统的补水宜进行水质软化处理。

8.5.20 空调热水管道设计应符合下列规定：

1 当空调热水管道利用自然补偿不能满足要求时，应设置补偿器；

2 坡度应符合本规范第5.9.6对热水供暖管道的要求。

8.5.21 空调水系统应设置排气和泄水装置。

8.5.22 冷水机组或换热器、循环水泵、补水泵等设备的入口管道上，应根据需要设置过滤器或除污器。

8.5.23 冷凝水管道的设置应符合下列规定：

1 当空调设备冷凝水积水盘位于机组的正压段时，凝水盘的出水口宜设置水封；位于负压段时，应设置水封，且水封高度应大于凝水盘处正压或负压值；

2 凝水盘的泄水支管沿水流方向坡度不宜小于0.010；冷凝水干管坡度不宜小于0.005，不应小于0.003，且不允许有积水部位；

3 冷凝水水平干管始端应设置扫除口；

4 冷凝水管道宜采用塑料管或热镀锌钢管；当凝结水管表面可能产生二次冷凝水且对使用房间有可能造成影响时，凝结水管道应采取防结露措施；

5 冷凝水排入污水系统时，应有空气隔断措施；冷凝水管不得与室内雨水系统直接连接；

6 冷凝水管管径应按冷凝水的流量和管道坡度确定。

8.6 冷却水系统

8.6.1 除使用地表水之外，空调系统的冷却水应循环使用。技术经济比较合理且条件具备时，冷却塔可作为冷源设备使用。

8.6.2 以供冷为主、兼有供热需求的建筑物，在技术经济合理的前提下，可采取措施对制冷机组的冷凝热进行回收利用。

8.6.3 空调系统的冷却水水温应符合下列规定：

1 冷水机组的冷却水进口温度宜按照机组额定工况下的要求确定，且不宜高于33℃；

2 冷却水进口最低温度应按制冷机组的要求确定，电动压缩式冷水机组不宜小于15.5℃，溴化锂吸收式冷水机组不宜小于24℃；全年运行的冷却水系统，宜对冷却水的供水温度采取调节措施；

3 冷却水进出口温差应根据冷水机组设定参数和冷却塔性能确定，电动压缩式冷水机组不宜小于5℃，溴化锂吸收式冷水机组宜为5℃～7℃。

8.6.4 冷却水系统设计时应符合下列规定：

1 应设置保证冷却水系统水质的水处理装置；

2 水泵或冷水机组的入口管道上应设置过滤器或除污器；

3 采用水冷管壳式冷凝器的冷水机组，宜设置自动在线清洗装置；

4 当开式冷却水系统不能满足制冷设备的水质要求时，应采用闭式循环系统。

8.6.5 集中设置的冷水机组与冷却水泵，台数和流量均应对应；分散设置的水冷整体式空调器或小型户式冷水机组，可以合用冷却水系统；冷却水泵的扬程应满足冷却塔的进水压力要求。

8.6.6 冷却塔的选用和设置应符合下列规定：

1 在夏季空调室外计算湿球温度条件下，冷却塔的出口水温、进出口水温降和循环水量应满足冷水机组的要求；

2 对进口水压有要求的冷却塔的台数，应与冷却水泵台数相对应；

3 供暖室外计算温度在0℃以下的地区，冬季运行的冷却塔采取防冻措施，冬季不运行的冷却塔及其室外管道应能泄空；

4 冷却塔设置位置应保证通风良好、远离高温或有害气体，并避免飘水对周围环境的影响；

5 冷却塔的噪声控制应符合本规范第10章的有关要求；

6 应采用阻燃型材料制作的冷却塔，并符合防火要求；

7 对于双工况制冷机组，若机组在两种工况下对于冷却水温的参数要求有所不同时，应分别进行两种工况下冷却塔热工性能的复核计算。

8.6.7 间歇运行的开式冷却塔的集水盘或下部设置的集水箱，其有效存水容积，应大于湿润冷却塔填料等部件所需水量，以及停泵时靠重力流入的管道内的水容量。

8.6.8 当设置冷却水集水箱且必须设置在室内时，集水箱宜设置在冷却塔的下一层，且冷却塔布水器与集水箱设计水位之间的高差不应超过8m。

8.6.9 冷水机组、冷却水泵、冷却塔或集水箱之间的位置和连接应符合下列规定：

1 冷却水泵应自灌吸水，冷却塔集水盘或集水箱最低水位与冷却水泵吸水口的高差应大于管道、管件、设备的阻力；

2 多台冷水机组和冷却水泵之间通过共用集管连接时，每台冷水机组进水或出水管道上应设置与对应的冷水机组和水泵连锁开关的电动两通阀；

3 多台冷却水泵或冷水机组与冷却塔之间通过共用集管连接时，在每台冷却塔进水管上宜设置与对应水泵连锁开闭的电动阀；对进口水压有要求的冷却塔，应设置与对应水泵连锁开闭的电动阀。当每台冷却塔进水管上设置电动阀时，除设置集水箱或冷却塔底部为共用集水盘的情况外，每台冷却塔的出水管上也应设置与冷却水泵连锁开闭的电动阀。

8.6.10 当多台冷却塔与冷却水泵或冷水机组之间通过共用集管连接时，应使各台冷却塔并联环路的压力损失大致相同。当采用开式冷却塔时，底盘之间宜设平衡管，或在各台冷却塔底部设置共用集水盘。

8.6.11 开式冷却塔补水量应按系统的蒸发损失、飘逸损失、排污泄漏损失之和计算。不设集水箱的系统，应在冷却塔底盘处补水；设置集水箱的系统，应

在集水箱处补水。

8.7 蓄冷与蓄热

8.7.1 符合以下条件之一，且经综合技术经济比较合理时，宜采用蓄冷（热）系统供冷（热）：

1 执行分时电价、峰谷电价差较大的地区，或有其他用电鼓励政策时；

2 空调冷、热负荷峰值的发生时刻与电力峰值的发生时刻接近、且电网低谷时段的冷、热负荷较小时；

3 建筑物的冷、热负荷具有显著的不均匀性，或逐时空调冷、热负荷的峰谷差悬殊，按照峰值负荷设计装机容量的设备经常处于部分负荷下运行，利用闲置设备进行制冷或供热能够取得较好的经济效益时；

4 电能的峰值供应量受到限制，以至于不采用蓄冷系统能源供应不能满足建筑空气调节的正常使用要求时；

5 改造工程，既有冷（热）源设备不能满足新的冷（热）负荷的峰值需要，且在空调负荷的非高峰时段总制冷（热）量存在富裕量时；

6 建筑空调系统采用低温送风方式或需要较低的冷水供水温度时；

7 区域供冷系统中，采用较大的冷水温差供冷时；

8 必须设置部分应急冷源的场所。

8.7.2 蓄冷空调系统设计应符合下列规定：

1 应计算一个蓄冷—释冷周期的逐时空调冷负荷，且应考虑间歇运行的冷负荷附加；

2 应根据蓄冷—释冷周期内冷负荷曲线、电网峰谷时段以及电价、建筑物能够提供的设置蓄冷设备的空间等因素，经综合比较后确定采用全负荷蓄冷或部分负荷蓄冷。

8.7.3 冰蓄冷装置和制冷机组的容量，应保证在设计蓄冷时段内完成全部预定的冷量蓄存，并宜按照附录J的规定确定。冰蓄冷装置的蓄冷和释冷特性应满足蓄冷空调系统的需求。

8.7.4 冰蓄冷系统，当设计蓄冷时段仍需供冷，且符合下列情况之一时，宜配置基载机组：

1 基载冷负荷超过制冷主机单台空调工况制冷量的20%时；

2 基载冷负荷超过350kW时；

3 基载负荷下的空调总冷量（kWh）超过设计蓄冰冷量（kWh）的10%时。

8.7.5 冰蓄冷系统载冷剂选择及管路设计应符合现行行业标准《蓄冷空调工程技术规程》JGJ 158的有关规定。

8.7.6 采用冰蓄冷系统时，应适当加大空调冷水的供回水温差，并应符合下列规定：

1 当空调冷水直接进入建筑内各空调末端时，若采用冰盘管内融冰方式，空调系统的冷水供回水温差不应小于6℃，供水温度不宜高于6℃；若采用冰盘管外融冰方式，空调系统的冷水供回水温差不应小于8℃，供水温度不宜高于5℃；

2 当建筑空调水系统由于分区而存在二次冷水的需求时，若采用冰盘管内融冰方式，空调系统的一次冷水供回水温差不应小于5℃，供水温度不宜高于6℃；若采用冰盘管外融冰方式，空调系统的一次冷水供回水温差不应小于6℃，供水温度不宜高于5℃；

3 当空调系统采用低温送风方式时，其冷水供回水温度，应经济技术比较后确定。供水温度不宜高于5℃；

4 采用区域供冷时，温差要求应符合第8.8.2条的要求。

8.7.7 水蓄冷（热）系统设计应符合下列规定：

1 蓄冷水温不宜低于4℃，蓄冷水池的蓄水深度不宜低于2m；

2 当空调水系统最高点高于蓄冷（或蓄热）水池设计水面时，宜采用板式换热器间接供冷（热）；当高差大于10m时，应采用板式换热器间接供冷（热）。如果采用直接供冷（热）方式，水路设计应采用防止水倒灌的措施；

3 蓄冷水池与消防水池合用时，其技术方案应经过当地消防部门的审批，并应采取切实可靠的措施保证消防供水的要求；

4 蓄热水池不应与消防水池合用。

8.8 区 域 供 冷

8.8.1 区域供冷时，应优先考虑利用分布式能源站、热电厂等余热作为制冷能源。

8.8.2 采用区域供冷方式时，宜采用冰蓄冷系统。空调冷水供回水温差应符合下列规定：

1 采用电动压缩式冷水机组供冷时，不宜小于7℃；

2 采用冰蓄冷系统时，不应小于9℃。

8.8.3 区域供冷站的设计应符合下列规定：

1 应根据建设的不同阶段及用户的使用特点进行冷负荷分析，并确定同时使用系数和系统的总装机容量；

2 应考虑分期投入和建设的可能性；

3 区域供冷站宜位于冷负荷中心，且可根据需要独立设置；供冷半径应经技术经济比较确定；

4 应设计自动控制系统及能源管理优化系统。

8.8.4 区域供冷管网的设计应符合下列规定：

1 负荷侧的共用输配管网和用户管道应按变流量系统设计。各段管道的设计流量应按其所负担的建筑或区域的最大逐时冷负荷，并考虑同时使用系数后确定；

2 区域供冷系统管网与建筑单体的空调水系统规模较大时，宜采用用户设置换热器间接供冷的方式；规模较小时，可根据水温、系统压力和管理等因素，采用用户设置换热器间接供冷或采用直接串联的多级泵系统；

3 应进行管网的水力工况分析及水力平衡计算，并通过经济技术比较确定管网的计算比摩阻。管网设计的最大水流速不宜超过2.9m/s。当各环路的水力不平衡率超过15%时，应采取相应的水力平衡措施；

4 供冷管道宜采用带有保温及防水保护层的成品管材。设计沿程冷损失应小于设计输送总冷量的5%；

5 用户入口应设有冷量计量装置和控制调节装置，并宜分段设置用于检修的阀门井。

8.9 燃气冷热电三联供

8.9.1 采用燃气冷热电三联供系统时，应优化系统配置，满足能源梯级利用的要求。

8.9.2 设备配置及系统设计应符合下列原则：

1 以冷、热负荷定发电量；

2 优先满足本建筑的机电系统用电。

8.9.3 余热利用设备及容量选择应符合下列规定：

1 宜采用余热直接回收利用的方式；

2 余热利用设备最低制冷容量，不应低于发电机满负荷运行时产生的余热制冷量。

8.10 制 冷 机 房

8.10.1 制冷机房设计时，应符合下列规定：

1 制冷机房宜设在空调负荷的中心；

2 宜设置值班室或控制室，根据使用需求也可设置维修及工具间；

3 机房内应有良好的通风设施；地下机房应设置机械通风，必要时设置事故通风；值班室或控制室的室内设计参数应满足工作要求；

4 机房应预留安装孔、洞及运输通道；

5 机组制冷剂安全阀泄压管应接至室外安全处；

6 机房应设电话及事故照明装置，照度不宜小于100lx，测量仪表集中处应设局部照明；

7 机房内的地面和设备机座应采用易于清洗的面层；机房内应设置给水与排水设施，满足水系统冲洗、排污要求；

8 当冬季机房内设备和管道中存水或不能保证完全放空时，机房内应采取供热措施，保证房间温度达到5℃以上。

8.10.2 机房内设备布置应符合下列规定：

1 机组与墙之间的净距不小于1m，与配电柜的距离不小于1.5m；

2 机组与机组或其他设备之间的净距不小于 1.2m;

3 宜留有不小于蒸发器、冷凝器或低温发生器长度的维修距离;

4 机组与其上方管道、烟道或电缆桥架的净距不小于 1m;

5 机房主要通道的宽度不小于 1.5m。

8.10.3 氨制冷机房设计应符合下列规定:

1 氨制冷机房单独设置且远离建筑群;

2 机房内严禁采用明火供暖;

3 机房应有良好的通风条件,同时应设置事故排风装置,换气次数每小时不少于 12 次,排风机应选用防爆型;

4 制冷剂室外泄压口应高于周围 50m 范围内最高建筑屋脊 5m,并采取防止雷击、防止雨水或杂物进入泄压管的装置;

5 应设置紧急泄氨装置,在紧急情况下,能将机组氨液溶于水中,并排至经有关部门批准的储罐或水池。

8.10.4 直燃吸收式机组机房的设计应符合下列规定:

1 应符合国家现行有关防火及燃气设计规范的相关规定;

2 宜单独设置机房;不能单独设置机房时,机房应靠建筑物的外墙,并采用耐火极限大于 2h 防爆墙和耐火极限大于 1.5h 现浇楼板与相邻部位隔开;当与相邻部位必须设门时,应设甲级防火门;

3 不应与人员密集场所和主要疏散口贴邻设置;

4 燃气直燃型制冷机组机房单层面积大于 200m² 时,机房应设直接对外的安全出口;

5 应设置泄压口,泄压口面积不应小于机房占地面积的 10%(当通风管道或通风井直通室外时,其面积可计入机房的泄压面积);泄压口应避开人员密集场所和主要安全出口;

6 不应设置吊顶;

7 烟道布置不应影响机组的燃烧效率及制冷效率。

8.11 锅炉房及换热机房

8.11.1 采用城市热网或区域锅炉房(蒸汽、热水)供热的空调系统,宜设换热机房,通过换热器进行间接供热。锅炉房、换热机房应设置计量表具。

8.11.2 换热器的选择,应符合下列规定:

1 应选择高效、紧凑、便于维护管理、使用寿命长的换热器,其类型、构造、材质与换热介质理化特性及换热系统使用要求相适应;

2 热泵空调系统,从低温热源取热时,应采用能以紧凑形式实现小温差换热的板式换热器;

3 水-水换热器宜采用板式换热器。

8.11.3 换热器的配置应符合下列规定:

1 换热器总台数不应多于四台。全年使用的换热系统中,换热器的台数不应少于两台;非全年使用的换热系统中,换热器的台数不宜少于两台;

2 换热器的总换热量应在换热系统设计热负荷的基础上乘以附加系数,宜按表 8.11.3 取值,供暖系统的换热器还应同时满足本条第 3 款的要求;

3 供暖系统的换热器,一台停止工作时,剩余换热器的设计换热量应保障供热量的要求,寒冷地区不应低于设计供热量的 65%,严寒地区不应低于设计供热量的 70%。

表 8.11.3　换热器附加系数取值表

系统类型	供暖及空调供热	空调供冷	水源热泵
附加系数	1.1~1.15	1.05~1.1	1.15~1.25

8.11.4 当换热器表面产生污垢不易被清洁时,宜设置免拆卸清洗或在线清洗系统。

8.11.5 当换热介质为非清水介质时,换热器宜设在独立房间内,且应设置清洗设施及通风系统。

8.11.6 汽水换热器的蒸汽凝结水,宜回收利用。

8.11.7 锅炉房的设置与设计除应符合本规范规定外,尚应符合现行国家标准《锅炉房设计规范》GB 50041、《高层民用建筑设计防火规范》GB 50045、《建筑设计防火规范》GB 50016 的有关规定以及工程所在地主管部门的管理要求。

8.11.8 锅炉房及单台锅炉的设计容量与锅炉台数应符合下列规定:

1 锅炉房的设计容量应根据供热系统综合最大热负荷确定;

2 单台锅炉的设计容量应以保证其具有长时间较高运行效率的原则确定,实际运行负荷率不宜低于 50%;

3 在保证锅炉具有长时间较高运行效率的前提下,各台锅炉的容量宜相等;

4 锅炉房锅炉总台数不宜过多,全年使用时不应少于两台,非全年使用时不宜少于两台;

5 其中一台因故停止工作时,剩余锅炉的设计换热量应符合业主保障供热量的要求,并且对于寒冷地区和严寒地区供热(包括供暖和空调供热),剩余锅炉的总供热量分别不应低于设计供热量的 65% 和 70%。

8.11.9 除厨房、洗衣、高温消毒以及冬季空调加湿等必须采用蒸汽的热负荷外,其余热负荷应以热水锅炉为热源。当蒸汽热负荷在总热负荷中的比例大于 70% 且总热负荷 ≤1.4MW 时,可采用蒸汽锅炉。

8.11.10 锅炉额定热效率不应低于现行国家标准

《公共建筑节能设计标准》GB 50189 的有关规定。当供热系统的设计回水温度小于或等于50℃时，宜采用冷凝式锅炉。

8.11.11 当采用真空热水锅炉时，最高用热温度宜小于或等于85℃。

8.11.12 集中供暖系统采用变流量水系统时，循环水泵宜采用变速调节控制。

8.11.13 在选配集中供暖系统的循环水泵时，应计算循环水泵的耗电输热比（EHR），并应标注在施工图的设计说明中。循环泵耗电输热比应符合下式要求：

$$EHR = 0.003096\Sigma(G \cdot H/\eta_b)/Q \leqslant A(B + \alpha\Sigma L)/\Delta T$$
$$(8.11.13)$$

式中：EHR——循环水泵的耗电输热比；

G——每台运行水泵的设计流量，m³/h；

H——每台运行水泵对应的设计扬程，m水柱；

η_b——每台运行水泵对应的设计工作点效率；

Q——设计热负荷，kW；

ΔT——设计供回水温差，℃；

A——与水泵流量有关的计算系数，按本规范表 8.5.12-2 选取；

B——与机房及用户的水阻力有关的计算系数，一级泵系统时 $B=20.4$，二级泵系统时 $B=24.4$；

ΣL——室外主干线（包括供回水管）总长度（m）；

α——与 ΣL 有关的计算系数，按如下选取或计算：

当 $\Sigma L \leqslant 400m$ 时，$\alpha=0.0015$；

当 $400m < \Sigma L < 1000m$ 时，$\alpha = 0.003833+3.067/\Sigma L$；

当 $\Sigma L \geqslant 1000m$ 时，$\alpha=0.0069$。

8.11.14 锅炉房及换热机房，应设置供热量控制装置。

8.11.15 锅炉房、换热机房的设计补水量（小时流量）可按系统水容量的1%计算，补水泵设置应符合本规范8.5.16条规定。

8.11.16 闭式循环水系统的定压和膨胀方式，应符合本规范第 8.5.18 条规定。当采用对系统含氧量要求严格的散热器设备时，宜采用能容纳膨胀水量的闭式定压方式或进行除氧处理。

9 检测与监控

9.1 一般规定

9.1.1 供暖、通风与空调系统应设置检测与监控设备或系统，并应符合下列规定：

　　1 检测与监控内容可包括参数检测、参数与设备状态显示、自动调节与控制、工况自动转换、设备连锁与自动保护、能量计量以及中央监控与管理等。具体内容和方式应根据建筑物的功能与要求、系统类型、设备运行时间以及工艺对管理的要求等因素，通过技术经济比较确定；

　　2 系统规模大，制冷空调设备台数多且相关联各部分相距较远时，应采用集中监控系统；

　　3 不具备采用集中监控系统的供暖、通风与空调系统，宜采用就地控制设备或系统。

9.1.2 供暖、通风与空调系统的参数检测应符合下列规定：

　　1 反映设备和管道系统在启停、运行及事故处理过程中的安全和经济运行的参数，应进行检测；

　　2 用于设备和系统主要性能计算和经济分析所需要的参数，宜进行检测；

　　3 检测仪表的选择和设置应与报警、自动控制和计算机监视等内容综合考虑，不宜重复设置，就地检测仪表应设在便于观察的地点。

9.1.3 采用集中监控系统控制的动力设备，应设就地手动控制装置，并通过远程/就地转换开关实现远距离与就地手动控制之间的转换。远程/就地转换开关的状态应为监控系统的检测参数之一。

9.1.4 供暖、通风与空调设备设置联动、连锁等保护措施时，应符合下列规定：

　　1 当采用集中监控系统时，联动、连锁等保护措施应由集中监控系统实现；

　　2 当采用就地自动控制系统时，联动、连锁等保护措施，应为自控系统的一部分或独立设置；

　　3 当无集中监控或就地自动控制系统时，应设置专门联动、连锁等保护措施。

9.1.5 锅炉房、换热机房和制冷机房的能量计量应符合下列规定：

　　1 应计量燃料的消耗量；

　　2 应计量耗电量；

　　3 应计量集中供热系统的供热量；

　　4 应计量补水量；

　　5 应计量集中空调系统冷源的供冷量；

　　6 循环水泵耗电量宜单独计量。

9.1.6 中央级监控管理系统应符合下列规定：

　　1 应能以与现场测量仪表相同的时间间隔与测量精度连续记录，显示各系统运行参数和设备状态。其存储介质和数据库应能保证记录连续一年以上的运行参数；

　　2 应能计算和定期统计系统的能量消耗、各台设备连续和累计运行时间；

　　3 应能改变各控制器的设定值，并能对设置为"远程"状态的设备直接进行启、停和调节；

4 应根据预定的时间表，或依据节能控制程序自动进行系统或设备的启停；

5 应设立操作者权限控制等安全机制；

6 应有参数越限报警、事故报警及报警记录功能，并宜设有系统或设备故障诊断功能；

7 宜设置可与其他弱电系统数据共享的集成接口。

9.1.7 防排烟系统的检测与监控，应执行国家现行有关防火规范的规定；与防排烟系统合用的通风空调系统应按消防设置的要求供电，并在火灾时转入火灾控制状态；通风空调风道上的防火阀宜具有位置反馈功能。

9.1.8 有特殊要求的冷热源机房、通风和空调系统的检测与监控应符合相关规范的规定。

9.2 传感器和执行器

9.2.1 传感器的选择应符合下列规定：

1 当以安全保护和设备状态监视为目的时，宜选择温度开关、压力开关、风流开关、水流开关、压差开关、水位开关等以开关量形式输出的传感器，不宜使用连续量输出的传感器；

2 传感器测量范围和精度应与二次仪表匹配，并高于工艺要求的控制和测量精度；

3 易燃易爆环境应采用防燃防爆型传感器。

9.2.2 温度、湿度传感器的设置，应符合下列规定：

1 温度、湿度传感器测量范围宜为测点温度范围的 1.2～1.5 倍，传感器测量范围和精度应与二次仪表匹配，并高于工艺要求的控制和测量精度；

2 供、回水管温差的两个温度传感器应成对选用，且温度偏差系数应同为正或负；

3 壁挂式空气温度、湿度传感器应安装在空气流通，能反映被测房间空气状态的位置；风道内温度、湿度传感器应保证插入深度，不应在探测头与风道外侧形成热桥；插入式水管温度传感器应保证测头插入深度在水流的主流区范围内，安装位置附近不应有热源及水滴；

4 机器露点温度传感器应安装在挡水板后有代表性的位置，应避免辐射热、振动、水滴及二次回风的影响。

9.2.3 压力（压差）传感器的设置，应符合下列规定：

1 压力（压差）传感器的工作压力（压差）应大于该点可能出现的最大压力（压差）的 1.5 倍，量程宜为该点压力（压差）正常变化范围的 1.2～1.3 倍；

2 在同一建筑层的同一水系统上安装的压力（压差）传感器宜处于同一标高；

3 测压点和取压点的设置应根据系统需要和介质类型确定，设在管内流动稳定的地方并满足产品需要的安装条件。

9.2.4 流量传感器的设置，应符合下列规定：

1 流量传感器量程宜为系统最大工作流量的 1.2～1.3 倍；

2 流量传感器安装位置前后应有保证产品所要求的直管段长度或其他安装条件；

3 应选用具有瞬态值输出的流量传感器；

4 宜选用水流阻力低的产品。

9.2.5 自动调节阀的选择，应符合下列规定：

1 阀权度的确定应综合考虑调节性能和输送能耗的影响，宜取 0.3～0.7。阀权度应按下式计算：

$$S = \Delta p_{min} / \Delta p \qquad (9.2.5)$$

式中：S——阀权度；

Δp_{min}——调节阀全开时的压力损失（Pa）；

Δp——调节阀所在串联支路的总压力损失（Pa）。

2 调节阀的流量特性应根据调节对象特性和阀权度选择，并宜符合下列规定：

1) 水路两通阀宜采用等百分比特性的阀门；

2) 水路三通阀宜采用抛物线特性或线性特性的阀门；

3) 蒸汽两通阀，当阀权度大于或等于 0.6 时，宜采用线性特性的；当阀权度小于 0.6 时，宜采用等百分比特性的阀门。

3 调节阀的口径应根据使用对象要求的流通能力，通过计算选择确定。

9.2.6 蒸汽两通阀应采用单座阀。三通分流阀不应作三通混合阀使用；三通混合阀不宜作三通分流阀使用。

9.2.7 当仅以开关形式用于设备或系统水路切换时，应采用通断阀，不得采用调节阀。

9.3 供暖通风系统的检测与监控

9.3.1 供暖系统应对下列参数进行检测：

1 供暖系统的供水、供汽和回水干管中的热媒温度和压力；

2 过滤器的进出口静压差；

3 水泵等设备的启停状态；

4 热空气幕的启停状态。

9.3.2 热水集中供暖系统的室温调控应符合本规范第 5.10 节的有关规定。

9.3.3 通风系统应对下列参数进行检测：

1 通风机的启停状态；

2 可燃或危险物泄漏等事故状态；

3 空气过滤器进出口静压差的越限报警。

9.3.4 事故通风系统的通风机应与可燃气体泄漏、事故等探测器连锁开启，并宜在工作地点设有声、光等报警状态的警示。

9.3.5 通风系统的控制应符合下列规定：

1 应保证房间风量平衡、温度、压力、污染物浓度等要求；

2 宜根据房间内设备使用状况进行通风量的调节。

9.3.6 通风系统的监控应符合相关现行消防规范和本规范第6章的相关规定。

9.4 空调系统的检测与监控

9.4.1 空调系统应对下列参数进行检测：

1 室内、外空气的温度；

2 空气冷却器出口的冷水温度；

3 空气加热器出口的热水温度；

4 空气过滤器进出口静压差的越限报警；

5 风机、水泵、转轮热交换器、加湿器等设备启停状态。

9.4.2 全年运行的空调系统，宜采用多工况运行的监控设计。

9.4.3 室温允许波动范围小于或等于±1℃和相对湿度允许波动范围小于或等于±5%的空调系统，当水冷式空气冷却器采用变水量控制时，宜由室内温度、湿度调节器通过高值或低值选择器进行优先控制，并对加热器或加湿器进行分程控制。

9.4.4 全空气空调系统的控制应符合下列规定：

1 室温的控制由送风温度或/和送风量的调节实现，应根据空调系统的类型和工况进行选择；

2 送风温度的控制应通过调节冷却器或加热器水路控制阀和/或新、回风道调节风阀实现。水路控制阀的设置应符合本规范第8.5.6条的规定，且宜采用模拟量调节阀；需要控制混风温度时风阀宜采用模拟量调节阀；

3 采用变风量系统时，风机应采用变速控制方式；

4 当采用加湿处理时，加湿量应按室内湿度要求和热湿负荷情况进行控制。当室内散湿量较大时，宜采用机器露点温度不恒定或不达到机器露点温度的方式，直接控制室内相对湿度；

5 过渡期宜采用加大新风比的方式运行。

9.4.5 新风机组的控制应符合下列规定：

1 新风机组水路电动阀的设置应符合第8.5.6条的要求，且宜采用模拟量调节阀；

2 水路电动阀的控制和调节应保证需要的送风温度设定值，送风温度设定值应根据新风承担室内负荷情况进行确定；

3 当新风系统进行加湿处理时，加湿量的控制和调节可根据加湿精度要求，采用送风湿度恒定或室内湿度恒定的控制方式。

9.4.6 风机盘管水路电动阀的设置应符合第8.5.6条的要求，并宜设置常闭式电动通断阀。

9.4.7 冬季有冻结可能性的地区，新风机组或空调机组应设置防冻保护控制。

9.4.8 空调系统空气处理装置的送风温度设定值，应按冷却和加热工况分别确定；当冷却和加热工况互换时，应设冷热转换装置。冬季和夏季需要改变送风方向和风量的风口应设置冬夏转换装置。转换装置的控制可独立设置或作为集中监控系统的一部分。

9.4.9 空调系统的电加热器应与送风机连锁，并应设无风断电、超温断电保护装置；电加热器必须采取接地及剩余电流保护措施。

9.5 空调冷热源及其水系统的检测与监控

9.5.1 空调冷热源及其水系统，应对下列参数进行检测：

1 冷水机组蒸发器进、出口水温、压力；

2 冷水机组冷凝器进、出口水温、压力；

3 热交换器一二次侧进、出口温度、压力；

4 分、集水器温度、压力（或压差）；

5 水泵进出口压力；

6 水过滤器前后压差；

7 冷水机组、水泵、冷却塔风机等设备的启停状态。

9.5.2 蓄冷（热）系统应对下列参数进行检测：

1 蓄冷（热）装置的进、出口介质温度；

2 电锅炉的进、出口水温；

3 蓄冷（热）装置的液位；

4 调节阀的阀位；

5 蓄冷（热）量、供冷（热）量的瞬时值和累计值；

6 故障报警。

9.5.3 冷水机组宜采用由冷量优化控制运行台数的方式；采用自动方式运行时，冷水系统中各相关设备及附件与冷水机组应进行电气连锁，顺序启停。

9.5.4 冰蓄冷系统的二次冷媒侧换热器应设防冻保护控制。

9.5.5 变流量一级泵系统冷水机组定流量运行时，空调水系统总供、回水管之间的旁通调节阀应采用压差控制。压差测点相关要求应符合本规范第9.2.3条的规定。

9.5.6 二级泵和多级泵空调水系统中，二级泵等负荷侧各级水泵运行台数宜采用流量控制方式；水泵变速宜根据系统压差变化控制。

9.5.7 变流量一级泵系统冷水机组变流量运行时，空调水系统的控制应符合下列规定：

1 总供、回水管之间的旁通调节阀可采用流量、温差或压差控制；

2 水泵的台数和变速控制应符合本规范第9.5.6条的要求；

3 应采用精确控制流量和降低水流量变化速率

的控制措施。

9.5.8 空调冷却水系统的控制调节应符合下列规定：

  1 冷却塔风机开启台数或转速宜根据冷却塔出水温度控制；

  2 当冷却塔供回水总管间设置旁通调节阀时，应根据冷水机组最低冷却水温度调节旁通水量；

  3 可根据水质检测情况进行排污控制。

9.5.9 集中监控系统与冷水机组控制器之间宜建立通信连接，实现集中监控系统中央主机对冷水机组运行参数的检测与监控。

10 消声与隔振

10.1 一般规定

10.1.1 供暖、通风与空调系统的消声与隔振设计计算应根据工艺和使用的要求、噪声和振动的大小、频率特性、传播方式及噪声振动允许标准等确定。

10.1.2 供暖、通风与空调系统的噪声传播至使用房间和周围环境的噪声级应符合现行国家有关标准的规定。

10.1.3 供暖、通风与空调系统的振动传播至使用房间和周围环境的振动级应符合现行国家标准的规定。

10.1.4 设置风系统管道时，消声处理后的风管不宜穿过高噪声的房间；噪声高的风管，不宜穿过噪声要求低的房间，当必须穿过时，应采取隔声处理措施。

10.1.5 有消声要求的通风与空调系统，其风管内的空气流速，宜按表 10.1.5 选用。

表 10.1.5 风管内的空气流速（m/s）

室内允许噪声级 dB（A）	主管风速	支管风速
25～35	3～4	≤2
35～50	4～7	2～3

注：通风机与消声装置之间的风管，其风速可采用 8m/s ～10m/s。

10.1.6 通风、空调与制冷机房等的位置，不宜靠近声环境要求较高的房间；当必须靠近时，应采取隔声、吸声和隔振措施。

10.1.7 暴露在室外的设备，当其噪声达不到环境噪声标准要求时，应采取降噪措施。

10.1.8 进排风口噪声应符合环保要求，否则应采取消声措施。

10.2 消声与隔声

10.2.1 供暖、通风和空调设备噪声源的声功率级应依据产品的实测数值。

10.2.2 气流通过直管、弯头、三通、变径管、阀门和送回风口等部件产生的再生噪声声功率级与噪声自然衰减量，应分别按各倍频带中心频率计算确定。

  注：对于直风管，当风速小于 5m/s 时，可不计算气流再生噪声；风速大于 8m/s 时，可不计算噪声自然衰减量。

10.2.3 通风与空调系统产生的噪声，当自然衰减不能达到允许噪声标准时，应设置消声设备或采取其他消声措施。系统所需的消声量，应通过计算确定。

10.2.4 选择消声设备时，应根据系统所需消声量、噪声源频率特性和消声设备的声学性能及空气动力特性等因素，经技术经济比较确定。

10.2.5 消声设备的布置应考虑风管内气流对消声能力的影响。消声设备与机房隔墙间的风管应采取隔声措施。

10.2.6 管道穿过机房围护结构时，管道与围护结构之间的缝隙应使用具备防火隔声能力的弹性材料填充密实。

10.3 隔振

10.3.1 当通风、空调、制冷装置以及水泵等设备的振动靠自然衰减不能达标时，应设置隔振器或采取其他隔振措施。

10.3.2 对不带有隔振装置的设备，当其转速小于或等于 1500r/min 时，宜选用弹簧隔振器；转速大于 1500r/min 时，根据环境需求和设备振动的大小，亦可选用橡胶等弹性材料的隔振垫块或橡胶隔振器。

10.3.3 选择弹簧隔振器时，应符合下列规定：

  1 设备的运转频率与弹簧隔振器垂直方向的固有频率之比，应大于或等于 2.5，宜为 4～5；

  2 弹簧隔振器承受的载荷，不应超过允许工作载荷；

  3 当共振振幅较大时，宜与阻尼大的材料联合使用；

  4 弹簧隔振器与基础之间宜设置一定厚度的弹性隔振垫。

10.3.4 选择橡胶隔振器时，应符合下列要求：

  1 应计入环境温度对隔振器压缩变形量的影响；

  2 计算压缩变形量，宜按生产厂家提供的极限压缩量的 1/3～1/2 采用；

  3 设备的运转频率与橡胶隔振器垂直方向的固有频率之比，应大于或等于 2.5，宜为 4～5；

  4 橡胶隔振器承受的荷载，不应超过允许工作荷载；

  5 橡胶隔振器与基础之间宜设置一定厚度的弹性隔振垫。

注：橡胶隔振器应避免太阳直接辐射或与油类接触。

10.3.5 符合下列要求之一时，宜加大隔振台座质量及尺寸：

1 设备重心偏高；

2 设备重心偏离中心较大，且不易调整；

3 不符合严格隔振要求的。

10.3.6 冷（热）水机组、空调机组、通风机以及水泵等设备的进口、出口宜采用软管连接。水泵出口设止回阀时，宜选用消锤式止回阀。

10.3.7 受设备振动影响的管道应采用弹性支吊架。

10.3.8 在有噪声要求严格的房间的楼层设置集中的空调机组设备时，应采用浮筑双隔振台座。

11 绝热与防腐

11.1 绝 热

11.1.1 具有下列情形之一的设备、管道（包括管件、阀门等）应进行保温：

1 设备与管道的外表面温度高于50℃时（不包括室内供暖管道）；

2 热介质必须保证一定状态或参数时；

3 不保温时，热损耗量大，且不经济时；

4 安装或敷设在有冻结危险场所时；

5 不保温时，散发的热量会对房间温、湿度参数产生不利影响或不安全因素。

11.1.2 具有下列情形之一的设备、管道（包括阀门、管附件等）应进行保冷：

1 冷介质低于常温，需要减少设备与管道的冷损失时；

2 冷介质低于常温，需要防止设备与管道表面凝露时；

3 需要减少冷介质在生产和输送过程中的温升或汽化时；

4 设备、管道不保冷时，散发的冷量会对房间温、湿度参数产生不利影响或不安全因素。

11.1.3 设备与管道绝热材料的选择应符合下列规定：

1 绝热材料及其制品的主要性能应符合现行国家标准《设备及管道绝热设计导则》GB/T 8175的有关规定；

2 设备与管道的绝热材料燃烧性能应满足现行有关防火规范的要求；

3 保温材料的允许使用温度应高于正常操作时的介质最高温度；

4 保冷材料的最低安全使用温度应低于正常操作时介质的最低温度；

5 保温材料应选择热导率小、密度低、造价低、

易于施工的材料和制品；

6 保冷材料应选择热导率小、吸湿率低、吸水率小、密度小、耐低温性能好、易于施工、造价低、综合经济效益高的材料；优先选用闭孔型材料和对异形部位保冷简便的材料；

7 经综合经济比较合适时，可以选用复合绝热材料。

11.1.4 设备和管道的保温层厚度应按现行国家标准《设备及管道绝热设计导则》GB/T 8175中经济厚度方法计算确定，亦可按本规范附录K选用。必要时也可按允许表面热损失法或允许介质温降法计算确定。

11.1.5 设备与管道的保冷层厚度应按下列原则计算确定：

1 供冷或冷热共用时，应按现行国家标准《设备及管道绝热设计导则》GB/T 8175中经济厚度和防止表面结露的保冷层厚度方法计算，并取厚值，或按本规范附录K选用；

2 冷凝水管应按《设备及管道绝热设计导则》GB/T 8175中防止表面结露保冷厚度方法计算确定，或按本规范附录K选用。

11.1.6 当选择复合型风管时，复合型风管绝热材料的热阻应符合附录K中相关要求。

11.1.7 设备与管道的绝热设计应符合下列要求：

1 管道和支架之间，管道穿墙、穿楼板处应采取防止"热桥"或"冷桥"的措施；

2 保冷层的外表面不得产生凝结水；

3 采用非闭孔材料保温时，外表面应设保护层；采用非闭孔材料保冷时，外表面应设隔汽层和保护层。

11.2 防 腐

11.2.1 设备、管道及其配套的部、配件的材料应根据接触介质的性质、浓度和使用环境等条件，结合材料的耐腐蚀特性、使用部位的重要性及经济性等因素确定。

11.2.2 除有色金属、不锈钢管、不锈钢板、镀锌钢管、镀锌钢板和铝板外，金属设备与管道的外表面防腐，宜采用涂漆。涂层类别应能耐受环境大气的腐蚀。

11.2.3 涂层的底漆与面漆应配套使用。外有绝热层的管道应涂底漆。

11.2.4 涂漆前管道外表面的处理应符合涂层产品的相应要求。当有特殊要求时，应在设计文件中规定。

11.2.5 用于与奥氏体不锈钢表面接触的绝热材料应符合现行国家标准《工业设备及管道绝热工程施工规范》GB 50126有关氯离子含量的规定。

省/直辖市/自治区		北京（1）	天津
市/区/自治州		北京	天津
台站名称及编号		北京	天津
		54511	54527
台站信息	北纬	39°48′	39°05′
	东经	116°28′	117°04′
	海拔（m）	31.3	2.5
	统计年份	1971～2000	1971～2000
	年平均温度（℃）	12.3	12.7
室外计算温、湿度	供暖室外计算温度（℃）	−7.6	−7.0
	冬季通风室外计算温度（℃）	−3.6	−3.5
	冬季空气调节室外计算温度（℃）	−9.9	−9.6
	冬季空气调节室外计算相对湿度（%）	44	56
	夏季空气调节室外计算干球温度（℃）	33.5	33.9
	夏季空气调节室外计算湿球温度（℃）	26.4	26.8
	夏季通风室外计算温度（℃）	29.7	29.8
	夏季通风室外计算相对湿度（%）	61	63
	夏季空气调节室外计算日平均温度（℃）	29.6	29.4
风向、风速及频率	夏季室外平均风速（m/s）	2.1	2.2
	夏季最多风向	C SW	C S
	夏季最多风向的频率（%）	18 10	15 9
	夏季室外最多风向的平均风速（m/s）	3.0	2.4
	冬季室外平均风速（m/s）	2.6	2.4
	冬季最多风向	C N	C N
	冬季最多风向的频率（%）	19 12	20 11
	冬季室外最多风向的平均风速（m/s）	4.7	4.8
	年最多风向	C SW	C SW
	年最多风向的频率（%）	17 10	16 9
	冬季日照百分率（%）	64	58
	最大冻土深度（cm）	66	58
大气压力	冬季室外大气压力（hPa）	1021.7	1027.1
	夏季室外大气压力（hPa）	1000.2	1005.2
设计计算用供暖期天数及其平均温度	日平均温度≤+5℃的天数	123	121
	日平均温度≤+5℃的起止日期	11.12～03.14	11.13～03.13
	平均温度≤+5℃期间内的平均温度（℃）	−0.7	−0.6
	日平均温度≤+8℃的天数	144	142
	日平均温度≤+8℃的起止日期	11.04～03.27	11.06～03.27
	平均温度≤+8℃期间内的平均温度（℃）	0.3	0.4
	极端最高气温（℃）	41.9	40.5
	极端最低气温（℃）	−18.3	−17.8

计算参数

计算参数

(2)	塘沽	石家庄	唐山	邢台	保定	张家口
	塘沽	石家庄	唐山	邢台	保定	张家口
	54623	53698	54534	53798	54602	54401
	39°00′	38°02′	39°40′	37°04′	38°51′	40°47′
	117°43′	114°25′	118°09′	114°30′	115°31′	114°53′
	2.8	81	27.8	76.8	17.2	724.2
	1971~2000	1971~2000	1971~2000	1971~2000	1971~2000	1971~2000
	12.6	13.4	11.5	13.9	12.9	8.8
	−6.8	−6.2	−9.2	−5.5	−7.0	−13.6
	−3.3	−2.3	−5.1	−1.6	−3.2	−8.3
	−9.2	−8.8	−11.6	−8.0	−9.5	−16.2
	59	55	55	57	55	41.0
	32.5	35.1	32.9	35.1	34.8	32.1
	26.9	26.8	26.3	26.9	26.6	22.6
	28.8	30.8	29.2	31.0	30.4	27.8
	68	60	63	61	61	50.0
	29.6	30.0	28.5	30.2	29.8	27.0
	4.2	1.7	2.3	1.7	2.0	2.1
	SSE	C S	C ESE	C SSW	C SW	C SE
	12	26 13	14 11	23 13	18 14	19 15
	4.3	2.6	2.8	2.3	2.5	2.9
	3.9	1.8	2.2	1.4	1.8	2.8
	NNW	C NNE	C WNW	C NNE	C SW	N
	13	25 12	22 11	27 10	23 12	35.0
	5.8	2	2.9	2.0	2.3	3.5
	NNW	C S	C ESE	C SSW	C SW	N
	8	25 12	17 8	24 13	19 14	26
	63	56	60	56	56	65.0
	59	56	72	46	58	136.0
	1026.3	1017.2	1023.6	1017.7	1025.1	939.5
	1004.6	995.8	1002.4	996.2	1002.9	925.0
	122	111	130	105	119	146
	11.15~03.16	11.15~03.05	11.10~03.19	11.19~03.03	11.13~03.11	11.03~03.28
	−0.4	0.1	−1.6	0.5	−0.5	−3.9
	143	140	146	129	142	168.0
	11.07~03.29	11.07~03.26	11.04~03.29	11.08~03.16	11.05~03.27	10.20~04.05
	0.6	1.5	−0.7	1.8	0.7	−2.6
	40.9	41.5	39.6	41.1	41.6	39.2
	−15.4	−19.3	−22.7	−20.2	−19.6	−24.6

省/直辖市/自治区		河北	
市/区/自治州		承德	秦皇岛
台站名称及编号		承德	秦皇岛
		54423	54449
台站信息	北纬	40°58′	39°56′
	东经	117°56′	119°36′
	海拔（m）	377.2	2.6
	统计年份	1971～2000	1971～2000
年平均温度（℃）		9.1	11.0
室外计算温、湿度	供暖室外计算温度（℃）	−13.3	−9.6
	冬季通风室外计算温度（℃）	−9.1	−4.8
	冬季空气调节室外计算温度（℃）	−15.7	−12.0
	冬季空气调节室外计算相对湿度（%）	51	51
	夏季空气调节室外计算干球温度（℃）	32.7	30.6
	夏季空气调节室外计算湿球温度（℃）	24.1	25.9
	夏季通风室外计算温度（℃）	28.7	27.5
	夏季通风室外计算相对湿度（%）	55	55
	夏季空气调节室外计算日平均温度（℃）	27.4	27.7
风向、风速及频率	夏季室外平均风速（m/s）	0.9	2.3
	夏季最多风向	C SSW	C WSW
	夏季最多风向的频率（%）	61 6	19 10
	夏季室外最多风向的平均风速（m/s）	2.5	2.7
	冬季室外平均风速（m/s）	1.0	2.5
	冬季最多风向	C NW	C WNW
	冬季最多风向的频率（%）	66 10	19 13
	冬季室外最多风向的平均风速（m/s）	3.3	3.0
	年最多风向	C NW	C WNW
	年最多风向的频率（%）	61 6	18 10
冬季日照百分率（%）		65	64
最大冻土深度（cm）		126	85
大气压力	冬季室外大气压力（hPa）	980.5	1026.4
	夏季室外大气压力（hPa）	963.3	1005.6
设计计算用供暖期天数及其平均温度	日平均温度≤+5℃的天数	145	135
	日平均温度≤+5℃的起止日期	11.03～03.27	11.12～03.26
	平均温度≤+5℃期间内的平均温度（℃）	−4.1	−1.2
	日平均温度≤+8℃的天数	166	153
	日平均温度≤+8℃的起止日期	10.21～04.04	11.04～04.05
	平均温度≤+8℃期间内的平均温度（℃）	−2.9	−0.3
极端最高气温（℃）		43.3	39.2
极端最低气温（℃）		−24.2	−20.8

(10)			山西（10）		
沧州	廊坊	衡水	太原	大同	阳泉
沧州	霸州	饶阳	太原	大同	阳泉
54616	54518	54606	53772	53487	53782
38°20′	39°07′	38°14′	37°47′	40°06′	37°51′
116°50′	116°23′	115°44′	112°33′	113°20′	113°33′
9.6	9.0	18.9	778.3	1067.2	741.9
1971～1995	1971～2000	1971～2000	1971～2000	1971～2000	1971～2000
12.9	12.2	12.5	10.0	7.0	11.3
−7.1	−8.3	−7.9	−10.1	−16.3	−8.3
−3.0	−4.4	−3.9	−5.5	−10.6	−3.4
−9.6	−11.0	−10.4	−12.8	−18.9	−10.4
57	54	59	50	50	43
34.3	34.4	34.8	31.5	30.9	32.8
26.7	26.6	26.9	23.8	21.2	23.6
30.1	30.1	30.5	27.8	26.4	28.2
63	61	61	58	49	55
29.7	29.6	29.6	26.1	25.3	27.4
2.9	2.2	2.2	1.8	2.5	1.6
SW	C SW	C SW	C N	C NNE	C ENE
12	12 9	15 11	30 10	17 12	33 9
2.7	2.5	3.0	2.4	3.1	2.3
2.6	2.1	2.0	2.0	2.8	2.2
SW	C NE	C SW	C N	N	C NNW
12	19 11	19 9	30 13	19	30 19
2.8	3.3	2.6	2.6	3.3	3.7
SW	C SW	C SW	C N	C NNE	C NNW
14	14 10	15 11	29 11	16 15	31 13
64	57	63	57	61	62
43	67	77	72	186	62
1027.0	1026.4	1024.9	933.5	899.9	937.1
1004.0	1004.4	1002.8	919.8	889.1	923.8
118	124	122	141	163	126
11.15～03.12	11.11～03.14	11.12～03.13	11.06～03.26	10.24～04.04	11.12～03.17
−0.5	−1.3	−0.9	−1.7	−4.8	−0.5
141	143	143	160	183	146
11.07～03.27	11.05～03.27	11.05～03.27	10.23～03.31	10.14～04.14	11.04～03.29
0.7	−0.3	0.2	−0.7	−3.5	0.3
40.5	41.3	41.2	37.4	37.2	40.2
−19.5	−21.5	−22.6	−22.7	−27.2	−16.2

省/直辖市/自治区		山西	
市/区/自治州		运城	晋城
台站名称及编号		运城	阳城
		53959	53975
台站信息	北纬	35°02′	35°29′
	东经	111°01′	112°24′
	海拔（m）	376.0	659.5
	统计年份	1971～2000	1971～2000
年平均温度（℃）		14.0	11.8
室外计算温、湿度	供暖室外计算温度（℃）	−4.5	−6.6
	冬季通风室外计算温度（℃）	−0.9	−2.6
	冬季空气调节室外计算温度（℃）	−7.4	−9.1
	冬季空气调节室外计算相对湿度（%）	57	53
	夏季空气调节室外计算干球温度（℃）	35.8	32.7
	夏季空气调节室外计算湿球温度（℃）	26.0	24.6
	夏季通风室外计算温度（℃）	31.3	28.8
	夏季通风室外计算相对湿度（%）	55	59
	夏季空气调节室外计算日平均温度（℃）	31.5	27.3
风向、风速及频率	夏季室外平均风速（m/s）	3.1	1.7
	夏季最多风向	SSE	C SSE
	夏季最多风向的频率（%）	16	35 11
	夏季室外最多风向的平均风速（m/s）	5.0	2.9
	冬季室外平均风速（m/s）	2.4	1.9
	冬季最多风向	C W	C NW
	冬季最多风向的频率（%）	24 9	42 12
	冬季室外最多风向的平均风速（m/s）	2.8	4.9
	年最多风向	C SSE	C NW
	年最多风向的频率（%）	18 11	37 9
冬季日照百分率（%）		49	58
最大冻土深度（cm）		39	39
大气压力	冬季室外大气压力（hPa）	982.0	947.4
	夏季室外大气压力（hPa）	962.7	932.4
设计计算用供暖期天数及其平均温度	日平均温度≤+5℃的天数	101	120
	日平均温度≤+5℃的起止日期	11.22～03.02	11.14～03.13
	平均温度≤+5℃期间内的平均温度（℃）	0.9	0.0
	日平均温度≤+8℃的天数	127	143
	日平均温度≤+8℃的起止日期	11.08～03.14	11.06～03.28
	平均温度≤+8℃期间内的平均温度（℃）	2.0	1.0
极端最高气温（℃）		41.2	38.5
极端最低气温（℃）		−18.9	−17.2

(10)

朔州	晋中	忻州	临汾	吕梁
右玉	榆社	原平	临汾	离石
53478	53787	53673	53868	53764
40°00′	37°04′	38°44′	36°04′	37°30′
112°27′	112°59′	112°43′	111°30′	111°06′
1345.8	1041.4	828.2	449.5	950.8
1971~2000	1971~2000	1971~2000	1971~2000	1971~2000
3.9	8.8	9	12.6	9.1
−20.8	−11.1	−12.3	−6.6	−12.6
−14.4	−6.6	−7.7	−2.7	−7.6
−25.4	−13.6	−14.7	−10.0	−16.0
61	49	47	58	55
29.0	30.8	31.8	34.6	32.4
19.8	22.3	22.9	25.7	22.9
24.5	26.8	27.6	30.6	28.1
50	55	53	56	52
22.5	24.8	26.2	29.3	26.3
2.1	1.5	1.9	1.8	2.6
C ESE	C SSW	C NNE	C SW	C NE
30 11	39 9	20 11	24 9	22 17
2.8	2.8	2.4	3.0	2.5
2.3	1.3	2.3	1.6	2.1
C NW	C E	C NNE	C SW	NE
41 11	42 14	26 14	35 7	26
5.0	1.9	3.8	2.6	2.5
C WNW	C E	C NNE	C SW	NE
32 8	38 9	22 12	31 9	20
71	62	60	47	58
169	76	121	57	104
868.6	902.6	926.9	972.5	914.5
860.7	892.0	913.8	954.2	901.3
182	144	145	114	143
10.14~04.13	11.05~03.28	11.03~03.27	11.13~03.06	11.05~03.27
−6.9	−2.6	−3.2	−0.2	−3
208	168	168	142	166
10.01~04.26	10.20~04.05	10.20~04.05	11.06~03.27	10.20~04.03
−5.2	−1.3	−1.9	1.1	−1.7
34.4	36.7	38.1	40.5	38.4
−40.4	−25.1	−25.8	−23.1	−26.0

省/直辖市/自治区			内蒙古	
市/区/自治州			呼和浩特	包头
台站名称及编号			呼和浩特	包头
			53463	53446
台站信息	北纬		40°49′	40°40′
	东经		111°41′	109°51′
	海拔（m）		1063.0	1067.2
	统计年份		1971～2000	1971～2000
年平均温度（℃）			6.7	7.2
室外计算温、湿度	供暖室外计算温度（℃）		−17.0	−16.6
	冬季通风室外计算温度（℃）		−11.6	−11.1
	冬季空气调节室外计算温度（℃）		−20.3	−19.7
	冬季空气调节室外计算相对湿度（%）		58	55
	夏季空气调节室外计算干球温度（℃）		30.6	31.7
	夏季空气调节室外计算湿球温度（℃）		21.0	20.9
	夏季通风室外计算温度（℃）		26.5	27.4
	夏季通风室外计算相对湿度（%）		48	43
	夏季空气调节室外计算日平均温度（℃）		25.9	26.5
风向、风速及频率	夏季室外平均风速（m/s）		1.8	2.6
	夏季最多风向		C　SW	C　SE
	夏季最多风向的频率（%）		36　8	14　11
	夏季室外最多风向的平均风速（m/s）		3.4	2.9
	冬季室外平均风速（m/s）		1.5	2.4
	冬季最多风向		C　NNW	N
	冬季最多风向的频率（%）		50　9	21
	冬季室外最多风向的平均风速（m/s）		4.2	3.4
	年最多风向		C　NNW	N
	年最多风向的频率（%）		40　7	16
	冬季日照百分率（%）		63	68
	最大冻土深度（cm）		156	157
大气压力	冬季室外大气压力（hPa）		901.2	901.2
	夏季室外大气压力（hPa）		889.6	889.1
设计计算用供暖期天数及其平均温度	日平均温度≤+5℃的天数		167	164
	日平均温度≤+5℃的起止日期		10.20～04.04	10.21～04.02
	平均温度≤+5℃期间内的平均温度（℃）		−5.3	−5.1
	日平均温度≤+8℃的天数		184	182
	日平均温度≤+8℃的起止日期		10.12～04.13	10.13～04.12
	平均温度≤+8℃期间内的平均温度（℃）		−4.1	−3.9
	极端最高气温（℃）		38.5	39.2
	极端最低气温（℃）		−30.5	−31.4

赤峰	通辽	鄂尔多斯	呼伦贝尔		巴彦淖尔
赤峰	通辽	东胜	满洲里	海拉尔	临河
54218	54135	53543	50514	50527	53513
42°16′	43°36′	39°50′	49°34′	49°13′	40°45′
118°56′	122°16′	109°59′	117°26′	119°45′	107°25′
568.0	178.5	1460.4	661.7	610.2	1039.3
1971～2000	1971～2000	1971～2000	1971～2000	1971～2000	1971～2000
7.5	6.6	6.2	−0.7	−1.0	8.1
−16.2	−19.0	−16.8	−28.6	−31.6	−15.3
−10.7	−13.5	−10.5	−23.3	−25.1	−9.9
−18.8	−21.8	−19.6	−31.6	−34.5	−19.1
43	54	52	75	79	51
32.7	32.3	29.1	29.0	29.0	32.7
22.6	24.5	19.0	19.9	20.5	20.9
28.0	28.2	24.8	24.1	24.3	28.4
50	57	43	52	54	39
27.4	27.3	24.6	23.6	23.5	27.5
2.2	3.5	3.1	3.8	3.0	2.1
C　WSW	SSW	SSW	C　E	C　SSW	C　E
20　13	17	19	13　10	13　8	20　10
2.5	4.6	3.7	4.4	3.1	2.5
2.3	3.7	2.9	3.7	2.3	2.0
C　W	NW	SSW	WSW	C　SSW	C　W
26　14	16	14	23	22　19	30　13
3.1	4.4	3.1	3.9	2.5	3.4
C　W	SSW	SSW	WSW	C　SSW	C　W
21　13	11	17	13	15　12	24　10
70	76	73	70	62	72
201	179	150	389	242	138
955.1	1002.6	856.7	941.9	947.9	903.9
941.1	984.4	849.5	930.3	935.7	891.1
161	166	168	210	208	157
10.26～04.04	10.21～04.04	10.20～04.05	09.30～04.27	10.01～04.26	10.24～03.29
−5.0	−6.7	−4.9	−12.4	−12.7	−4.4
179	184	189	229	227	175
10.16～04.12	10.13～04.14	10.11～04.17	09.21～05.07	09.22～05.06	10.16～04.08
−3.8	−5.4	−3.6	−10.8	−11.0	−3.3
40.4	38.9	35.3	37.9	36.6	39.4
−28.8	−31.6	−28.4	−40.5	−42.3	−35.3

省/直辖市/自治区		内蒙古	
市/区/自治州		乌兰察布	兴安盟
台站名称及编号		集宁	乌兰浩特
		53480	50838
台站信息	北纬	41°02′	46°05′
	东经	113°04′	122°03′
	海拔（m）	1419.3	274.7
	统计年份	1971～2000	1971～2000
年平均温度（℃）		4.3	5.0
室外计算温、湿度	供暖室外计算温度（℃）	−18.9	−20.5
	冬季通风室外计算温度（℃）	−13.0	−15.0
	冬季空气调节室外计算温度（℃）	−21.9	−23.5
	冬季空气调节室外计算相对湿度（%）	55	54
	夏季空气调节室外计算干球温度（℃）	28.2	31.8
	夏季空气调节室外计算湿球温度（℃）	18.9	23
	夏季通风室外计算温度（℃）	23.8	27.1
	夏季通风室外计算相对湿度（%）	49	55
	夏季空气调节室外计算日平均温度（℃）	22.9	26.6
风向、风速及频率	夏季室外平均风速（m/s）	2.4	2.6
	夏季最多风向	C　WNW	C　NE
	夏季最多风向的频率（%）	29　9	23　7
	夏季室外最多风向的平均风速（m/s）	3.6	3.9
	冬季室外平均风速（m/s）	3.0	2.6
	冬季最多风向	C　WNW	C　NW
	冬季最多风向的频率（%）	33　13	27　17
	冬季室外最多风向的平均风速（m/s）	4.9	4.0
	年最多风向	C　WNW	C　NW
	年最多风向的频率（%）	29　12	22　11
	冬季日照百分率（%）	72	69
	最大冻土深度（cm）	184	249
大气压力	冬季室外大气压力（hPa）	860.2	989.1
	夏季室外大气压力（hPa）	853.7	973.3
设计计算用供暖期天数及其平均温度	日平均温度≤+5℃的天数	181	176
	日平均温度≤+5℃的起止日期	10.16～04.14	10.17～04.10
	平均温度≤+5℃期间内的平均温度（℃）	−6.4	−7.8
	日平均温度≤+8℃的天数	206	193
	日平均温度≤+8℃的起止日期	10.03～04.26	10.09～04.19
	平均温度≤+8℃期间内的平均温度（℃）	−4.7	−6.5
	极端最高气温（℃）	33.6	40.3
	极端最低气温（℃）	−32.4	−33.7

	锡林郭勒盟		辽宁（12）			
			沈阳	大连	鞍山	抚顺
	二连浩特	锡林浩特	沈阳	大连	鞍山	抚顺
	53068	54102	54342	54662	54339	54351
	43°39′	43°57′	41°44′	38°54′	41°05′	41°55′
	111°58′	116°04′	123°27′	121°38′	123°00′	124°05′
	964.7	989.5	44.7	91.5	77.3	118.5
	1971～2000	1971～2000	1971～2000	1971～2000	1971～2000	1971～2000
	4.0	2.6	8.4	10.9	9.6	6.8
	−24.3	−25.2	−16.9	−9.8	−15.1	−20.0
	−18.1	−18.8	−11.0	−3.9	−8.6	−13.5
	−27.8	−27.8	−20.7	−13.0	−18.0	−23.8
	69	72	60	56	54	68
	33.2	31.1	31.5	29.0	31.6	31.5
	19.3	19.9	25.3	24.9	25.1	24.8
	27.9	26.0	28.2	26.3	28.2	27.8
	33	44	65	71	63	65
	27.5	25.4	27.5	26.5	28.1	26.6
	4.0	3.3	2.6	4.1	2.7	2.2
	NW	C　SW	SW	SSW	SW	C　NE
	8	13　9	16	19	13	15　12
	5.2	3.4	3.5	4.6	3.6	2.2
	3.6	3.2	2.6	5.2	2.9	2.3
	NW	WSW	C　NNE	NNE	NE	ENE
	16	19	13　10	24.0	14	20
	5.3	4.3	3.6	7.0	3.5	2.1
	NW	C　WSW	SW	NNE	SW	NE
	13	15　13	13	15	12	16
	76	71	56	65	60	61
	310	265	148	90	118	143
	910.5	906.4	1020.8	1013.9	1018.5	1011.0
	898.3	895.9	1000.9	997.8	998.8	992.4
	181	189	152	132	143	161
	10.14～04.12	10.11～04.17	10.30～03.30	11.16～03.27	11.06～03.28	10.26～04.04
	−9.3	−9.7	−5.1	−0.7	−3.8	−6.3
	196	209	172	152	163	182
	10.07～04.20	10.01～04.27	10.20～04.09	11.06～04.06	10.26～04.06	10.14～04.13
	−8.1	−8.1	−3.6	0.3	−2.5	−4.8
	41.1	39.2	36.1	35.3	36.5	37.7
	−37.1	−38.0	−29.4	−18.8	−26.9	−35.9

省/直辖市/自治区		辽宁	
市/区/自治州		本溪	丹东
台站名称及编号		本溪	丹东
		54346	54497
台站信息	北纬	41°19′	40°03′
	东经	123°47′	124°20′
	海拔（m）	185.2	13.8
	统计年份	1971～2000	1971～2000
年平均温度（℃）		7.8	8.9
室外计算温、湿度	供暖室外计算温度（℃）	−18.1	−12.9
	冬季通风室外计算温度（℃）	−11.5	−7.4
	冬季空气调节室外计算温度（℃）	−21.5	−15.9
	冬季空气调节室外计算相对湿度（%）	64	55
	夏季空气调节室外计算干球温度（℃）	31.0	29.6
	夏季空气调节室外计算湿球温度（℃）	24.3	25.3
	夏季通风室外计算温度（℃）	27.4	26.8
	夏季通风室外计算相对湿度（%）	63	71
	夏季空气调节室外计算日平均温度（℃）	27.1	25.9
风向、风速及频率	夏季室外平均风速（m/s）	2.2	2.3
	夏季最多风向	C　ESE	C　SSW
	夏季最多风向的频率（%）	19　15	17　13
	夏季室外最多风向的平均风速（m/s）	2.0	3.2
	冬季室外平均风速（m/s）	2.4	3.4
	冬季最多风向	ESE	N
	冬季最多风向的频率（%）	25	21
	冬季室外最多风向的平均风速（m/s）	2.3	5.2
	年最多风向	ESE	C　ENE
	年最多风向的频率（%）	18	14　13
冬季日照百分率（%）		57	64
最大冻土深度（cm）		149	88
大气压力	冬季室外大气压力（hPa）	1003.3	1023.7
	夏季室外大气压力（hPa）	985.7	1005.5
设计计算用供暖期天数及其平均温度	日平均温度≤+5℃的天数	157	145
	日平均温度≤+5℃的起止日期	10.28～04.03	11.07～03.31
	平均温度≤+5℃期间内的平均温度（℃）	−5.1	−2.8
	日平均温度≤+8℃的天数	175	167
	日平均温度≤+8℃的起止日期	10.18～04.10	10.27～04.11
	平均温度≤+8℃期间内的平均温度（℃）	−3.8	−1.7
极端最高气温（℃）		37.5	35.3
极端最低气温（℃）		−33.6	−25.8

A

(12)

锦州	营口	阜新	铁岭	朝阳	葫芦岛
锦州	营口	阜新	开原	朝阳	兴城
54337	54471	54237	54254	54324	54455
41°08′	40°40′	42°05′	42°32′	41°33′	40°35′
121°07′	122°16′	121°43′	124°03′	120°27′	120°42′
65.9	3.3	166.8	98.2	169.9	8.5
1971~2000	1971~2000	1971~2000	1971~2000	1971~2000	1971~2000
9.5	9.5	8.1	7.0	9.0	9.2
−13.1	−14.1	−15.7	−20.0	−15.3	−12.6
−7.9	−8.5	−10.6	−13.4	−9.7	−7.7
−15.5	−17.1	−18.5	−23.5	−18.3	−15.0
52	62	49	49	43	52
31.4	30.4	32.5	31.1	33.5	29.5
25.2	25.5	24.7	25	25	25.5
27.9	27.7	28.4	27.5	28.9	26.8
67	68	60	60	58	76
27.1	27.5	27.3	26.8	28.3	26.4
3.3	3.7	2.1	2.7	2.5	2.4
SW	SW	C SW	SSW	C SSW	C SSW
18	17.0	29 21	17.0	32 22	26 16
4.3	4.8	3.4	3.1	3.6	3.9
3.2	3.6	2.1	2.7	2.4	2.2
C NNE	NE	C N	C SW	C SSW	C NNE
21 15	16	36 9	16 15	40 12	34 13
5.1	4.3	4.1	3.8	3.5	3.4
C SW	SW	C SW	SW	C SSW	C SW
17 12	15	31 14	16	33 16	28 10
67	67	68	62	69	72
108	101	139	137	135	99
1017.8	1026.1	1007.0	1013.4	1004.5	1025.5
997.8	1005.5	988.1	994.6	985.5	1004.7
144	144	159	160	145	145
11.05~03.28	11.06~03.29	10.27~04.03	10.27~04.04	11.04~03.28	11.06~03.30
−3.4	−3.6	−4.8	−6.4	−4.7	−3.2
164	164	176	180	167	167
10.26~04.06	10.26~04.07	10.18~04.11	10.16~04.13	10.21~04.05	10.26~04.10
−2.2	−2.4	3.7	−4.9	−3.2	−1.9
41.8	34.7	40.9	36.6	43.3	40.8
−22.8	−28.4	−27.1	−36.3	−34.4	−27.5

省/直辖市/自治区		吉林	
市/区/自治州		长春	吉林
台站名称及编号		长春	吉林
		54161	54172
台站信息	北纬	43°54′	43°57′
	东经	125°13′	126°28′
	海拔（m）	236.8	183.4
	统计年份	1971～2000	1971～1995
年平均温度（℃）		5.7	4.8
室外计算温、湿度	供暖室外计算温度（℃）	−21.1	−24.0
	冬季通风室外计算温度（℃）	−15.1	−17.2
	冬季空气调节室外计算温度（℃）	−24.3	−27.5
	冬季空气调节室外计算相对湿度（%）	66	72
	夏季空气调节室外计算干球温度（℃）	30.5	30.4
	夏季空气调节室外计算湿球温度（℃）	24.1	24.1
	夏季通风室外计算温度（℃）	26.6	26.6
	夏季通风室外计算相对湿度（%）	65	65
	夏季空气调节室外计算日平均温度（℃）	26.3	26.1
风向、风速及频率	夏季室外平均风速（m/s）	3.2	2.6
	夏季最多风向	WSW	C SSE
	夏季最多风向的频率（%）	15	20 11
	夏季室外最多风向的平均风速（m/s）	4.6	2.3
	冬季室外平均风速（m/s）	3.7	2.6
	冬季最多风向	WSW	C WSW
	冬季最多风向的频率（%）	20	31 18
	冬季室外最多风向的平均风速（m/s）	4.7	4.0
	年最多风向	WSW	C WSW
	年最多风向的频率（%）	17	22 13
冬季日照百分率（%）		64	52
最大冻土深度（cm）		169	182
大气压力	冬季室外大气压力（hPa）	994.4	1001.9
	夏季室外大气压力（hPa）	978.4	984.8
设计计算用供暖期天数及其平均温度	日平均温度≤+5℃的天数	169	172
	日平均温度≤+5℃的起止日期	10.20～04.06	10.18～04.07
	平均温度≤+5℃期间内的平均温度（℃）	−7.6	−8.5
	日平均温度≤+8℃的天数	188	191
	日平均温度≤+8℃的起止日期	10.12～04.17	10.11～04.19
	平均温度≤+8℃期间内的平均温度（℃）	−6.1	−7.1
	极端最高气温（℃）	35.7	35.7
	极端最低气温（℃）	−33.0	−40.3

(8)

四平	通化	白山	松原	白城	延边
四平	通化	临江	乾安	白城	延吉
54157	54363	54374	50948	50936	54292
43°11′	41°41′	41°48′	45°00′	45°38′	42°53′
124°20′	125°54′	126°55′	124°01′	122°50′	129°28′
164.2	402.9	332.7	146.3	155.2	176.8
1971~2000	1971~2000	1971~2000	1971~2000	1971~2000	1971~2000
6.7	5.6	5.3	5.4	5.0	5.4
−19.7	−21.0	−21.5	−21.6	−21.7	−18.4
−13.5	−14.2	−15.6	−16.1	−16.4	−13.6
−22.8	−24.2	−24.4	−24.5	−25.3	−21.3
66	68	71	64	57	59
30.7	29.9	30.8	31.8	31.8	31.3
24.5	23.2	23.6	24.2	23.9	23.7
27.2	26.3	27.3	27.6	27.5	26.7
65	64	61	59	58	63
26.7	25.3	25.4	27.3	26.9	25.6
2.5	1.6	1.2	3.0	2.9	2.1
SW	C　SW	C　NNE	SSW	C　SSW	C　E
17	41　12	42　14	14	13　10	31　19
3.8	3.5	1.6	3.8	3.8	3.7
2.6	1.3	0.8	2.9	3.0	2.6
C　SW	C　SW	C　NNE	WNW	C　WNW	C　WNW
15　15	53　7	61　11	12	11　10	42　19
3.9	3.6	1.6	3.2	3.4	5.0
SW	C　SW	C　NNE	SSW	C　NNE	C　WNW
16	43　11	46　14	11	10　9	37　13
69	50	55	67	73	57
148	139	136	220	750	198
1004.3	974.7	983.9	1005.5	1004.6	1000.7
986.7	961.0	969.1	987.9	986.9	986.8
163	170	170	170	172	171
10.25~04.05	10.20~04.07	10.20~04.07	10.19~04.06	10.18~04.07	10.20~04.08
−6.6	−6.6	−7.2	−8.4	−8.6	−6.6
184	189	191	190	191	192
10.13~04.14	10.12~04.18	10.11~04.19	10.11~04.18	10.10~04.18	10.11~04.20
−5.0	−5.3	−5.7	−6.9	−7.1	−5.1
37.3	35.6	37.9	38.5	38.6	37.7
−32.3	−33.1	−33.8	−34.8	−38.1	−32.7

省/直辖市/自治区			黑龙江	
市/区/自治州			哈尔滨	齐齐哈尔
台站名称及编号			哈尔滨	齐齐哈尔
			50953	50745
台站信息		北纬	45°45′	47°23′
		东经	126°46′	123°55′
		海拔（m）	142.3	145.9
		统计年份	1971～2000	1971～2000
		年平均温度（℃）	4.2	3.9
室外计算温、湿度		供暖室外计算温度（℃）	−24.2	−23.8
		冬季通风室外计算温度（℃）	−18.4	−18.6
		冬季空气调节室外计算温度（℃）	−27.1	−27.2
		冬季空气调节室外计算相对湿度（%）	73	67
		夏季空气调节室外计算干球温度（℃）	30.7	31.1
		夏季空气调节室外计算湿球温度（℃）	23.9	23.5
		夏季通风室外计算温度（℃）	26.8	26.7
		夏季通风室外计算相对湿度（%）	62	58
		夏季空气调节室外计算日平均温度（℃）	26.3	26.7
风向、风速及频率		夏季室外平均风速（m/s）	3.2	3.0
		夏季最多风向	SSW	SSW
		夏季最多风向的频率（%）	12.0	10
		夏季室外最多风向的平均风速（m/s）	3.9	3.8
		冬季室外平均风速（m/s）	3.2	2.6
		冬季最多风向	SW	NNW
		冬季最多风向的频率（%）	14	13
		冬季室外最多风向的平均风速（m/s）	3.7	3.1
		年最多风向	SSW	NNW
		年最多风向的频率（%）	12	10
		冬季日照百分率（%）	56	68
		最大冻土深度（cm）	205	209
大气压力		冬季室外大气压力（hPa）	1004.2	1005.0
		夏季室外大气压力（hPa）	987.7	987.9
设计计算用供暖期天数及其平均温度		日平均温度≤+5℃的天数	176	181
		日平均温度≤+5℃的起止日期	10.17～04.10	10.15～04.13
		平均温度≤+5℃期间内的平均温度（℃）	−9.4	−9.5
		日平均温度≤+8℃的天数	195	198
		日平均温度≤+8℃的起止日期	10.08～04.20	10.06～04.21
		平均温度≤+8℃期间内的平均温度（℃）	−7.8	−8.1
		极端最高气温（℃）	36.7	40.1
		极端最低气温（℃）	−37.7	−36.4

鸡西	鹤岗	伊春	佳木斯	牡丹江	双鸭山
鸡西	鹤岗	伊春	佳木斯	牡丹江	宝清
50978	50775	50774	50873	54094	50888
45°17′	47°22′	47°44′	46°49′	44°34′	46°19′
130°57′	130°20′	128°55′	130°17′	129°36′	132°11′
238.3	227.9	240.9	81.2	241.4	83.0
1971～2000	1971～2000	1971～2000	1971～2000	1971～2000	1971～2000
4.2	3.5	1.2	3.6	4.3	4.1
−21.5	−22.7	−28.3	−24.0	−22.4	−23.2
−16.4	−17.2	−22.5	−18.5	−17.3	−17.5
−24.4	−25.3	−31.3	−27.4	−25.8	−26.4
64	63	73	70	69	65
30.5	29.9	29.8	30.8	31.0	30.8
23.2	22.7	22.5	23.6	23.5	23.4
26.3	25.5	25.7	26.6	26.9	26.4
61	62	60	61	59	61
25.7	25.6	24.0	26.0	25.9	26.1
2.3	2.9	2.0	2.8	2.1	3.1
C WNW	C ESE	C ENE	C WSW	C WSW	SSW
22 11	11 11	20 11	20 12	18 14	18
3.0	3.2	2.0	3.7	2.6	3.5
3.5	3.1	1.8	3.1	2.2	3.7
WNW	NW	C WNW	C W	C WSW	C NNW
31	21	30 16	21 19	27 13	18 14
4.7	4.3	3.2	4.1	2.3	6.4
WNW	NW	C WNW	C WSW	C WSW	SSW
20	13	22 13	18 15	20 14	14
63	63	58	57	56	61
238	221	278	220	191	260
991.9	991.3	991.8	1011.3	992.2	1010.5
979.7	979.5	978.5	996.4	978.9	996.7
179	184	190	180	177	179
10.17～04.13	10.14～04.15	10.10～04.17	10.16～04.13	10.17～04.11	10.17～04.13
−8.3	−9.0	−11.8	−9.6	−8.6	−8.9
195	206	212	198	194	194
10.09～04.21	10.04～04.27	09.30～04.29	10.06～04.21	10.09～04.20	10.10～04.21
−7.0	−7.3	−9.9	−8.1	−7.3	−7.7
37.6	37.7	36.3	38.1	38.4	37.2
−32.5	−34.5	−41.2	−39.5	−35.1	−37.0

省/直辖市/自治区			黑龙江	
市/区/自治州			黑河	绥化
台站名称及编号			黑河	绥化
			50468	50853
台站信息		北纬	50°15′	46°37′
		东经	127°27′	126°58′
		海拔（m）	166.4	179.6
		统计年份	1971～2000	1971～2000
年平均温度（℃）			0.4	2.8
室外计算温、湿度		供暖室外计算温度（℃）	−29.5	−26.7
		冬季通风室外计算温度（℃）	−23.2	−20.9
		冬季空气调节室外计算温度（℃）	−33.2	−30.3
		冬季空气调节室外计算相对湿度（%）	70	76
		夏季空气调节室外计算干球温度（℃）	29.4	30.1
		夏季空气调节室外计算湿球温度（℃）	22.3	23.4
		夏季通风室外计算温度（℃）	25.1	26.2
		夏季通风室外计算相对湿度（%）	62	63
		夏季空气调节室外计算日平均温度（℃）	24.2	25.6
风向、风速及频率		夏季室外平均风速（m/s）	2.6	3.5
		夏季最多风向	C　　NNW	SSE
		夏季最多风向的频率（%）	17　　16	11
		夏季室外最多风向的平均风速（m/s）	2.8	3.6
		冬季室外平均风速（m/s）	2.8	3.2
		冬季最多风向	NNW	NNW
		冬季最多风向的频率（%）	41	9
		冬季室外最多风向的平均风速（m/s）	3.4	3.3
		年最多风向	NNW	SSW
		年最多风向的频率（%）	27	10
冬季日照百分率（%）			69	66
最大冻土深度（cm）			263	715
大气压力		冬季室外大气压力（hPa）	1000.6	1000.4
		夏季室外大气压力（hPa）	986.2	984.9
设计计算用供暖期天数及其平均温度		日平均温度≤+5℃的天数	197	184
		日平均温度≤+5℃的起止日期	10.06～04.20	10.13～04.14
		平均温度≤+5℃期间内的平均温度（℃）	−12.5	−10.8
		日平均温度≤+8℃的天数	219	206
		日平均温度≤+8℃的起止日期	09.29～05.05	10.03～04.26
		平均温度≤+8℃期间内的平均温度（℃）	−10.6	−8.9
极端最高气温（℃）			37.2	38.3
极端最低气温（℃）			−44.5	−41.8

A

大兴安岭地区		上海（1）徐汇	江苏（9）南京	徐州	南通
漠河	加格达奇	上海徐家汇	南京	徐州	南通
50136	50442	58367	58238	58027	58259
52°58′	50°24′	31°10′	32°00′	34°17′	31°59′
122°31′	124°07′	121°26′	118°48′	117°09′	120°53′
433	371.7	2.6	8.9	41	6.1
1971～2000	1971～2000	1971～1998	1971～2000	1971～2000	1971～2000
−4.3	−0.8	16.1	15.5	14.5	15.3
−37.5	−29.7	−0.3	−1.8	−3.6	−1.0
−29.6	−23.3	4.2	2.4	0.4	3.1
−41.0	−32.9	−2.2	−4.1	−5.9	−3.0
73	72	75	76	66	75
29.1	28.9	34.4	34.8	34.3	33.5
20.8	21.2	27.9	28.1	27.6	28.1
24.4	24.2	31.2	31.2	30.5	30.5
57	61	69	69	67	72
21.6	22.2	30.8	31.2	30.5	30.3
1.9	2.2	3.1	2.6	2.6	3.0
C NW	C NW	SE	C SSE	C ESE	SE
24 8	23 12	14	18 11	15 11	13
2.9	2.6	3.0	3	3.5	2.9
1.3	1.6	2.6	2.4	2.3	3.0
C N	C NW	NW	C ENE	C E	N
55 10	47 19	14	28 10	23 12	12
3.0	3.4	3.0	3.5	3.0	3.5
C NW	C NW	SE	C E	C E	ESE
34 9	31 16	10	23 9	20 12	10
60	65	40	43	48	45
—	288	8	9	21	12
984.1	974.9	1025.4	1025.5	1022.1	1025.9
969.4	962.7	1005.4	1004.3	1000.8	1005.5
224	208	42	77	97	57
09.23～05.04	10.02～04.27	01.01～02.11	12.08～02.13	11.27～03.03	12.19～02.13
−16.1	−12.4	4.1	3.2	2.0	3.6
244	227	93	109	124	110
09.13～05.14	09.22～05.06	12.05～03.07	11.24～03.12	11.14～03.17	11.27～03.16
−14.2	−10.8	5.2	4.2	3.0	4.7
38	37.2	39.4	39.7	40.6	38.5
−49.6	−45.4	−10.1	−13.1	−15.8	−9.6

省/直辖市/自治区		江苏	
市/区/自治州		连云港	常州
台站名称及编号		赣榆	常州
		58040	58343
台站信息	北纬	34°50′	31°46′
	东经	119°07′	119°56′
	海拔（m）	3.3	4.9
	统计年份	1971~2000	1971~2000
年平均温度（℃）		13.6	15.8
室外计算温、湿度	供暖室外计算温度（℃）	−4.2	−1.2
	冬季通风室外计算温度（℃）	−0.3	3.1
	冬季空气调节室外计算温度（℃）	−6.4	−3.5
	冬季空气调节室外计算相对湿度（%）	67	75
	夏季空气调节室外计算干球温度（℃）	32.7	34.6
	夏季空气调节室外计算湿球温度（℃）	27.8	28.1
	夏季通风室外计算温度（℃）	29.1	31.3
	夏季通风室外计算相对湿度（%）	75	68
	夏季空气调节室外计算日平均温度（℃）	29.5	31.5
风向、风速及频率	夏季室外平均风速（m/s）	2.9	2.8
	夏季最多风向	E	SE
	夏季最多风向的频率（%）	12	17
	夏季室外最多风向的平均风速（m/s）	3.8	3.1
	冬季室外平均风速（m/s）	2.6	2.4
	冬季最多风向	NNE	C　NE
	冬季最多风向的频率（%）	11.0	9
	冬季室外最多风向的平均风速（m/s）	2.9	3.0
	年最多风向	E	SE
	年最多风向的频率（%）	9	13
冬季日照百分率（%）		57	42
最大冻土深度（cm）		20	12
大气压力	冬季室外大气压力（hPa）	1026.3	1026.1
	夏季室外大气压力（hPa）	1005.1	1005.3
设计计算用供暖期天数及其平均温度	日平均温度≤+5℃的天数	102	56
	日平均温度≤+5℃的起止日期	11.26~03.07	12.19~02.12
	平均温度≤+5℃期间内的平均温度（℃）	1.4	3.6
	日平均温度≤+8℃的天数	134	102
	日平均温度≤+8℃的起止日期	11.14~03.27	11.27~03.08
	平均温度≤+8℃期间内的平均温度（℃）	2.6	4.7
极端最高气温（℃）		38.7	39.4
极端最低气温（℃）		−13.8	−12.8

(9)

				浙江（10）	
淮安	盐城	扬州	苏州	杭州	温州
淮阴	射阳	高邮	吴县东山	杭州	温州
58144	58150	58241	58358	58457	58659
33°36′	33°46′	32°48′	31°04′	30°14′	28°02′
119°02′	120°15′	119°27′	120°26′	120°10′	120°39′
17.5	2	5.4	17.5	41.7	28.3
1971～2000	1971～2000	1971～2000	1971～2000	1971～2000	1971～2000
14.4	14.0	14.8	16.1	16.5	18.1
−3.3	−3.1	−2.3	−0.4	0.0	3.4
1	1.1	1.8	3.7	4.3	8
−5.6	−5.0	−4.3	−2.5	−2.4	1.4
72	74	75	77	76	76
33.4	33.2	34.0	34.4	35.6	33.8
28.1	28.0	28.3	28.3	27.9	28.3
29.9	29.8	30.5	31.3	32.3	31.5
72	73	72	70	64	72
30.2	29.7	30.6	31.3	31.6	29.9
2.6	3.2	2.6	3.5	2.4	2.0
ESE	SSE	SE	SE	SW	C ESE
12	17	14	15	17	29 18
2.9	3.4	2.8	3.9	2.9	3.4
2.5	3.2	2.6	3.5	2.3	1.8
C ENE	N	NE	N	C N	C NW
14 9	11	9	16	20 15	30 16
3.2	4.2	2.9	4.8	3.3	2.9
C ESE	SSE	SE	SE	C N	C SE
11 9	11	10	10	18 11	31 13
48	50	47	41	36	36
20	21	14	8	—	—
1025.0	1026.3	1026.2	1024.1	1021.1	1023.7
1003.9	1005.6	1005.2	1003.7	1000.9	1007.0
93	94	87	50	40	0
12.02～03.04	12.02～03.05	12.07～03.03	12.24～02.11	01.02～02.10	—
2.3	2.2	2.8	3.8	4.2	—
130	130	119	96	90	33
11.17～03.26	11.19～03.28	11.23～03.21	12.02～03.07	12.06～03.05	1.10～02.11
3.7	3.4	4.0	5.0	5.4	7.5
38.2	37.7	38.2	38.8	39.9	39.6
−14.2	−12.3	−11.5	−8.3	−8.6	−3.9

省/直辖市/自治区		浙江	
市/区/自治州		金华	衢州
台站名称及编号		金华	衢州
		58549	58633
台站信息	北纬	29°07′	28°58′
	东经	119°39′	118°52′
	海拔（m）	62.6	66.9
	统计年份	1971～2000	1971～2000
	年平均温度（℃）	17.3	17.3
室外计算温、湿度	供暖室外计算温度（℃）	0.4	0.8
	冬季通风室外计算温度（℃）	5.2	5.4
	冬季空气调节室外计算温度（℃）	−1.7	−1.1
	冬季空气调节室外计算相对湿度（%）	78	80
	夏季空气调节室外计算干球温度（℃）	36.2	35.8
	夏季空气调节室外计算湿球温度（℃）	27.6	27.7
	夏季通风室外计算温度（℃）	33.1	32.9
	夏季通风室外计算相对湿度（%）	60	62
	夏季空气调节室外计算日平均温度（℃）	32.1	31.5
风向、风速及频率	夏季室外平均风速（m/s）	2.4	2.3
	夏季最多风向	ESE	C　E
	夏季最多风向的频率（%）	20	18　18
	夏季室外最多风向的平均风速（m/s）	2.7	3.1
	冬季室外平均风速（m/s）	2.7	2.5
	冬季最多风向	ESE	E
	冬季最多风向的频率（%）	28	27
	冬季室外最多风向的平均风速（m/s）	3.4	3.9
	年最多风向	ESE	S
	年最多风向的频率（%）	25	25
	冬季日照百分率（%）	37	35
	最大冻土深度（cm）	—	—
大气压力	冬季室外大气压力（hPa）	1017.9	1017.1
	夏季室外大气压力（hPa）	998.6	997.8
设计计算用供暖期天数及其平均温度	日平均温度≤+5℃的天数	27	9
	日平均温度≤+5℃的起止日期	01.11～02.06	01.12～01.20
	平均温度≤+5℃期间内的平均温度（℃）	4.8	4.8
	日平均温度≤+8℃的天数	68	68
	日平均温度≤+8℃的起止日期	12.09～02.14	12.09～02.14
	平均温度≤+8℃期间内的平均温度（℃）	6.0	6.2
	极端最高气温（℃）	40.5	40.0
	极端最低气温（℃）	−9.6	−10.0

(10)

宁波	嘉兴	绍兴	舟山	台州	丽水
鄞州	平湖	嵊州	定海	玉环	丽水
58562	58464	58556	58477	58667	58646
29°52′	30°37′	29°36′	30°02′	28°05′	28°27′
121°34′	121°05′	120°49′	122°06′	121°16′	119°55′
4.8	5.4	104.3	35.7	95.9	60.8
1971~2000	1971~2000	1971~2000	1971~2000	1972~2000	1971~2000
16.5	15.8	16.5	16.4	17.1	18.1
0.5	−0.7	−0.3	1.4	2.1	1.5
4.9	3.9	4.5	5.8	7.2	6.6
−1.5	−2.6	−2.6	−0.5	0.1	−0.7
79	81	76	74	72	77
35.1	33.5	35.8	32.2	30.3	36.8
28.0	28.3	27.7	27.5	27.3	27.7
31.9	30.7	32.5	30.0	28.9	34.0
68	74	63	74	80	57
30.6	30.7	31.1	28.9	28.4	31.5
2.6	3.6	2.1	3.1	5.2	1.3
S	SSE	C　NE	C　SSE	WSW	C　ESE
17	17	29　9	16　15	11	41　10
2.7	4.4	3.9	3.7	4.6	2.3
2.3	3.1	2.7	3.1	5.3	1.4
C　N	NNW	C　NNE	C　N	NNE	C　E
18　17	14	28　23	19　18	25	45　14
3.4	4.1	4.3	4.1	5.8	3.1
C　S	ESE	C　NE	C　N	NNE	C　E
15　10	10	28　16	18　11	16	43　11
37	42	37	41	39	33
—	—	—	—	—	—
1025.7	1025.4	1012.9	1021.2	1012.9	1017.9
1005.9	1005.3	994.0	1004.3	997.3	999.2
32	44	40	8	0	0
01.09~02.09	12.31~02.12	01.02~02.10	01.29~02.05	—	—
4.6	3.9	4.4	4.8	—	—
88	99	91	77	43	57
12.08~03.05	11.29~03.07	12.05~03.05	12.19~03.05	01.02~02.13	12.18~02.12
5.8	5.2	5.6	6.3	6.9	6.8
39.5	38.4	40.3	38.6	34.7	41.3
−8.5	−10.6	−9.6	−5.5	−4.6	−7.5

		省/直辖市/自治区	安徽	
		市/区/自治州	合肥	芜湖
		台站名称及编号	合肥	芜湖
			58321	58334
台站信息		北纬	31°52′	31°20′
		东经	117°14′	118°23′
		海拔（m）	27.9	14.8
		统计年份	1971~2000	1971~1985
		年平均温度（℃）	15.8	16.0
室外计算温、湿度		供暖室外计算温度（℃）	-1.7	-1.3
		冬季通风室外计算温度（℃）	2.6	3
		冬季空气调节室外计算温度（℃）	-4.2	-3.5
		冬季空气调节室外计算相对湿度（%）	76	77
		夏季空气调节室外计算干球温度（℃）	35.0	35.3
		夏季空气调节室外计算湿球温度（℃）	28.1	27.7
		夏季通风室外计算温度（℃）	31.4	31.7
		夏季通风室外计算相对湿度（%）	69	68
		夏季空气调节室外计算日平均温度（℃）	31.7	31.9
风向、风速及频率		夏季室外平均风速（m/s）	2.9	2.3
		夏季最多风向	C SSW	C ESE
		夏季最多风向的频率（%）	11 10	16 15
		夏季室外最多风向的平均风速（m/s）	3.4	1.3
		冬季室外平均风速（m/s）	2.7	2.2
		冬季最多风向	C E	C E
		冬季最多风向的频率（%）	17 10	20 11
		冬季室外最多风向的平均风速（m/s）	3.0	2.8
		年最多风向	C E	C ESE
		年最多风向的频率（%）	14 9	18 14
		冬季日照百分率（%）	40	38
		最大冻土深度（cm）	8	9
大气压力		冬季室外大气压力（hPa）	1022.3	1024.3
		夏季室外大气压力（hPa）	1001.2	1003.1
设计计算用供暖期天数及其平均温度		日平均温度≤+5℃的天数	64	62
		日平均温度≤+5℃的起止日期	12.11~02.12	12.15~02.14
		平均温度≤+5℃期间内的平均温度（℃）	3.4	3.4
		日平均温度≤+8℃的天数	103	104
		日平均温度≤+8℃的起止日期	11.24~03.06	12.02~03.15
		平均温度≤+8℃期间内的平均温度（℃）	4.3	4.5
		极端最高气温（℃）	39.1	39.5
		极端最低气温（℃）	-13.5	-10.1

(12)

蚌埠		安庆		六安		亳州		黄山		滁州	
蚌埠		安庆		六安		亳州		黄山		滁州	
58221		58424		58311		58102		58437		58236	
32°57′		30°32′		31°45′		33°52′		30°08′		32°18′	
117°23′		117°03′		116°30′		115°46′		118°09′		118°18′	
18.7		19.8		60.5		37.7		1840.4		27.5	
1971~2000		1971~2000		1971~2000		1971~2000		1971~2000		1971~2000	
15.4		16.8		15.7		14.7		8.0		15.4	
−2.6		−0.2		−1.8		−3.5		−9.9		−1.8	
1.8		4		2.6		0.6		−2.4		2.3	
−5.0		2.9		−4.6		−5.7		−13.0		−4.2	
71		75		76		68		63.0		73	
35.4		35.3		35.5		35.0		22.0		34.5	
28.0		28.1		28		27.8		19.2		28.2	
31.3		31.8		31.4		31.1		19.0		31.0	
66		66		68		66		90		70	
31.6		32.1		31.4		30.7		19.9		31.2	
2.5		2.9		2.1		2.3		6.1		2.4	
C	E	ENE		C	SSE	C	SSW	WSW		C	SSW
14	10	24		16	12	13	10	12		17	10
2.8		3.4		2.7		2.9		7.7		2.5	
2.3		3.2		2.0		2.5		6.3		2.2	
C	E	ENE		C	SE	C	NNE	NNW		C	N
18	11	33		21	9	11	9	17		22	9
3.1		4.1		2.8		3.3		7.0		2.8	
C	E	ENE		C	SSE	C	SSW	NNW		C	ESE
16	11	30		19	10	12	8	10		20	8
44		36		45		48		48		42	
11		13		10		18		—		11	
1024.0		1023.3		1019.3		1021.9		817.4		1022.9	
1002.6		1002.3		998.2		1000.4		814.3		1001.8	
83		48		64		93		148		67	
12.07~02.27		12.25~02.10		12.11~02.12		11.30~03.02		11.09~04.15		12.10~02.14	
2.9		4.1		3.3		2.1		0.3		3.2	
111		92		103		121		177		110	
11.23~03.13		12.03~03.04		11.24~03.06		11.15~03.15		10.24~04.18		11.24~03.13	
3.8		5.3		4.3		3.2		1.4		4.2	
40.3		39.5		40.6		41.3		27.6		38.7	
−13.0		−9.0		−13.6		−17.5		−22.7		−13.0	

省/直辖市/自治区			安徽	
市/区/自治州			阜阳	宿州
台站名称及编号			阜阳	宿州
			58203	58122
台站信息	北纬		32°55′	33°38′
	东经		115°49′	116°59′
	海拔（m）		30.6	25.9
	统计年份		1971～2000	1971～2000
年平均温度（℃）			15.3	14.7
室外计算温、湿度	供暖室外计算温度（℃）		−2.5	−3.5
	冬季通风室外计算温度（℃）		1.8	0.8
	冬季空气调节室外计算温度（℃）		−5.2	−5.6
	冬季空气调节室外计算相对湿度（%）		71	68
	夏季空气调节室外计算干球温度（℃）		35.2	35.0
	夏季空气调节室外计算湿球温度（℃）		28.1	27.8
	夏季通风室外计算温度（℃）		31.3	31.0
	夏季通风室外计算相对湿度（%）		67	66
	夏季空气调节室外计算日平均温度（℃）		31.4	30.7
风向、风速及频率	夏季室外平均风速（m/s）		2.3	2.4
	夏季最多风向		C SSE	ESE
	夏季最多风向的频率（%）		11 10	11
	夏季室外最多风向的平均风速（m/s）		2.4	2.4
	冬季室外平均风速（m/s）		2.5	2.2
	冬季最多风向		C ESE	ENE
	冬季最多风向的频率（%）		10 9	14
	冬季室外最多风向的平均风速（m/s）		2.5	2.9
	年最多风向		C ESE	ENE
	年最多风向的频率（%）		10 9	12
冬季日照百分率（%）			43	50
最大冻土深度（cm）			13	14
大气压力	冬季室外大气压力（hPa）		1022.5	1023.9
	夏季室外大气压力（hPa）		1000.8	1002.3
设计计算用供暖期天数及其平均温度	日平均温度≤+5℃的天数		71	93
	日平均温度≤+5℃的起止日期		12.06～02.14	12.01～03.03
	平均温度≤+5℃期间内的平均温度（℃）		2.8	2.2
	日平均温度≤+8℃的天数		111	121
	日平均温度≤+8℃的起止日期		11.22～03.12	11.16～03.16
	平均温度≤+8℃期间内的平均温度（℃）		3.8	3.3
极端最高气温（℃）			40.8	40.9
极端最低气温（℃）			−14.9	−18.7

(12)			福建（7）		
巢湖	宣城	福州	厦门	漳州	三明
巢湖	宁国	福州	厦门	漳州	泰宁
58326	58436	58847	59134	59126	58820
31°37′	30°37′	26°05′	24°29′	24°30′	26°54′
117°52′	118°59′	119°17′	118°04′	117°39′	117°10′
22.4	89.4	84	139.4	28.9	342.9
1971～2000	1971～2000	1971～2000	1971～2000	1971～2000	1971～2000
16.0	15.5	19.8	20.6	21.3	17.1
−1.2	−1.5	6.3	8.3	8.9	1.3
2.9	2.9	10.9	12.5	13.2	6.4
−3.8	−4.1	4.4	6.6	7.1	−1.0
75	79	74	79	76	86
35.3	36.1	35.9	33.5	35.2	34.6
28.4	27.4	28.0	27.5	27.6	26.5
31.1	32.0	33.1	31.3	32.6	31.9
68	63	61	71	63	60
32.1	30.8	30.8	29.7	30.8	28.6
2.4	1.9	3.0	3.1	1.7	1.0
C E	C SSW	SSE	SSE	C SE	C WSW
21 13	28 10	24	10	31 10	59 6
2.5	2.2	4.2	3.4	2.8	2.7
2.5	1.7	2.4	3.3	1.6	0.9
C E	C N	C NNW	ESE	C SE	C WSW
22 16	35 13	17 23	23	34 18	59 14
3.0	3.5	3.1	4.0	2.8	2.5
C E	C N	C SSE	ESE	C SE	C WSW
21 15	32 9	18 14	18	32 15	59 9
41	38	32	33	40	30
9	11	—	—	—	7
1023.8	1015.7	1012.9	1006.5	1018.1	982.4
1002.5	995.8	996.6	994.5	1003.0	967.3
59	65	0	0	0	0
12.16～02.12	12.10～02.12	—	—	—	—
3.5	3.4	—	—	—	—
101	104	0	0	0	66
11.26～03.06	11.24～03.07	—	—	—	12.09～02.12
4.5	4.5	—	—	—	6.8
39.3	41.1	39.9	38.5	38.6	38.9
−13.2	−15.9	−1.7	1.5	−0.1	−10.6

省/直辖市/自治区		福建	
市/区/自治州		南平	龙岩
台站名称及编号		南平	龙岩
		58834	58927
台站信息	北纬	26°39′	25°06′
	东经	118°10′	117°02′
	海拔（m）	125.6	342.3
	统计年份	1971～2000	1971～1992
年平均温度（℃）		19.5	20
室外计算温、湿度	供暖室外计算温度（℃）	4.5	6.2
	冬季通风室外计算温度（℃）	9.7	11.6
	冬季空气调节室外计算温度（℃）	2.1	3.7
	冬季空气调节室外计算相对湿度（%）	78	73
	夏季空气调节室外计算干球温度（℃）	36.1	34.6
	夏季空气调节室外计算湿球温度（℃）	27.1	25.5
	夏季通风室外计算温度（℃）	33.7	32.1
	夏季通风室外计算相对湿度（%）	55	55
	夏季空气调节室外计算日平均温度（℃）	30.7	29.4
风向、风速及频率	夏季室外平均风速（m/s）	1.1	1.6
	夏季最多风向	C SSE	C SSW
	夏季最多风向的频率（%）	39 7	32 12
	夏季室外最多风向的平均风速（m/s）	1.8	2.5
	冬季室外平均风速（m/s）	1.0	1.5
	冬季最多风向	C ENE	C NE
	冬季最多风向的频率（%）	42 10	41 15
	冬季室外最多风向的平均风速（m/s）	2.1	2.2
	年最多风向	C ENE	C NE
	年最多风向的频率（%）	41 8	38 11
冬季日照百分率（%）		31	41
最大冻土深度（cm）		—	—
大气压力	冬季室外大气压力（hPa）	1008.0	981.1
	夏季室外大气压力（hPa）	991.5	968.1
设计计算用供暖期天数及其平均温度	日平均温度≤+5℃的天数	0	0
	日平均温度≤+5℃的起止日期	—	—
	平均温度≤+5℃期间内的平均温度（℃）	—	—
	日平均温度≤+8℃的天数	0	0
	日平均温度≤+8℃的起止日期	—	—
	平均温度≤+8℃期间内的平均温度（℃）	—	—
极端最高气温（℃）		39.4	39.0
极端最低气温（℃）		—5.1	—3.0

A

	江西（9）				
宁德	南昌	景德镇	九江	上饶	赣州
屏南	南昌	景德镇	九江	玉山	赣州
58933	58606	58527	58502	58634	57993
26°55′	28°36′	29°18′	29°44′	28°41′	25°51′
118°59′	115°55′	117°12′	116°00′	118°15′	114°57′
869.5	46.7	61.5	36.1	116.3	123.8
1972～2000	1971～2000	1971～2000	1971～1991	1971～2000	1971～2000
15.1	17.6	17.4	17.0	17.5	19.4
0.7	0.7	1.0	0.4	1.1	2.7
5.8	5.3	5.3	4.5	5.5	8.2
−1.7	−1.5	−1.4	−2.3	−1.2	0.5
82	77	78	77	80	77
30.9	35.5	36.0	35.8	36.1	35.4
23.8	28.2	27.7	27.8	27.4	27.0
28.1	32.7	33.0	32.7	33.1	33.2
63	63	62	64	60	57
25.9	32.1	31.5	32.5	31.6	31.7
1.9	2.2	2.1	2.3	2	1.8
C WSW	C WSW	C NE	C ENE	ENE	C SW
36 10	21 11	18 13	17 12	22	23 15
3.1	3.1	2.3	2.3	2.5	2.5
1.4	2.6	1.9	2.7	2.4	1.6
C NE	NE	C NE	ENE	ENE	C NNE
42 10	26	20 17	20	29	29 28
2.5	3.6	2.8	4.1	3.2	2.4
C ENE	NE	C NE	ENE	ENE	C NNE
39 9	20	18 16	17	28	27 19
36	33	35	30	33	31
8	—	—	—	—	—
921.7	1019.5	1017.9	1021.7	1011.4	1008.7
911.6	999.5	998.5	1000.7	992.9	991.2
0	26	25	46	8	0
—	01.11～02.05	01.11～02.04	12.24～02.10	01.12～01.19	—
—	4.7	4.8	4.6	4.9	—
87	66	68	89	67	12
12.08～03.04	12.10～02.13	12.08～02.13	12.07～03.05	12.10～02.14	01.11～01.22
6.5	6.2	6.1	5.5	6.3	7.7
35.0	40.1	40.4	40.3	40.7	40.0
−9.7	−9.7	−9.6	−7.0	−9.5	−3.8

	省/直辖市/自治区		江西
	市/区/自治州	吉安	宜春
	台站名称及编号	吉安	宜春
		57799	57793
台站信息	北纬	27°07′	27°48′
	东经	114°58′	114°23′
	海拔（m）	76.4	131.3
	统计年份	1971～2000	1971～2000
	年平均温度（℃）	18.4	17.2
室外计算温、湿度	供暖室外计算温度（℃）	1.7	1.0
	冬季通风室外计算温度（℃）	6.5	5.4
	冬季空气调节室外计算温度（℃）	−0.5	−0.8
	冬季空气调节室外计算相对湿度（%）	81	81
	夏季空气调节室外计算干球温度（℃）	35.9	35.4
	夏季空气调节室外计算湿球温度（℃）	27.6	27.4
	夏季通风室外计算温度（℃）	33.4	32.3
	夏季通风室外计算相对湿度（%）	58	63
	夏季空气调节室外计算日平均温度（℃）	32	30.8
风向、风速及频率	夏季室外平均风速（m/s）	2.4	1.8
	夏季最多风向	SSW	C　WNW
	夏季最多风向的频率（%）	21	19　11
	夏季室外最多风向的平均风速（m/s）	3.2	3.0
	冬季室外平均风速（m/s）	2.0	1.9
	冬季最多风向	NNE	C　WNW
	冬季最多风向的频率（%）	28	18　16
	冬季室外最多风向的平均风速（m/s）	2.5	3.5
	年最多风向	NNE	C　WNW
	年最多风向的频率（%）	21	18　14
	冬季日照百分率（%）	28	27
	最大冻土深度（cm）	—	—
大气压力	冬季室外大气压力（hPa）	1015.4	1009.4
	夏季室外大气压力（hPa）	996.3	990.4
设计计算用供暖期天数及其平均温度	日平均温度≤+5℃的天数	0	9
	日平均温度≤+5℃的起止日期	—	01.12～01.20
	平均温度≤+5℃期间内的平均温度（℃）	—	4.8
	日平均温度≤+8℃的天数	53	66
	日平均温度≤+8℃的起止日期	12.21～02.11	12.10～02.13
	平均温度≤+8℃期间内的平均温度（℃）	6.7	6.2
	极端最高气温（℃）	40.3	39.6
	极端最低气温（℃）	−8.0	−8.5

A

		山东（14）			
抚州	鹰潭	济南	青岛	淄博	烟台
广昌	贵溪	济南	青岛	淄博	烟台
58813	58626	54823	54857	54830	54765
26°51′	28°18′	36°41′	36°04′	36°50′	37°32′
116°20′	117°13′	116°59′	120°20′	118°00′	121°24′
143.8	51.2	51.6	76	34	46.7
1971～2000	1971～2000	1971～2000	1971～2000	1971～1994	1971～1991
18.2	18.3	14.7	12.7	13.2	12.7
1.6	1.8	−5.3	−5	−7.4	−5.8
6.6	6.2	−0.4	−0.5	−2.3	−1.1
−0.6	−0.6	−7.7	−7.2	−10.3	−8.1
81	78	53	63	61	59
35.7	36.4	34.7	29.4	34.6	31.1
27.1	27.6	26.8	26.0	26.7	25.4
33.2	33.6	30.9	27.3	30.9	26.9
56	58	61	73	62	75
30.9	32.7	31.3	27.3	30.0	28
1.6	1.9	2.8	4.6	2.4	3.1
C　SW	C　ESE	SW	S	SW	C　SW
27　17	21　16	14	17	17	18　12
2.1	2.4	3.6	4.6	2.7	3.5
1.6	1.8	2.9	5.4	2.7	4.4
C　NE	C　ESE	E	N	SW	N
29　25	25　17	16	23	15	20
2.6	3.1	3.7	6.6	3.3	5.9
C　NE	C　ESE	SW	S	SW	C　SW
29　18	22　18	17	14	18	13　11
30	32	56	59	51	49
—	—	35	—	46	46
1006.7	1018.7	1019.1	1017.4	1023.7	1021.1
989.2	999.3	997.9	1000.4	1001.4	1001.2
0	0	99	108	113	112
—	—	11.22～03.03	11.28～03.15	11.18～03.10	11.26～03.17
—	—	1.4	1.3	0.0	0.7
54	56	122	141	140	140
12.20～02.11	12.19～02.12	11.13～03.14	11.15～04.04	11.08～03.27	11.15～04.03
6.8	6.6	2.1	2.6	1.3	1.9
40	40.4	40.5	37.4	40.7	38.0
−9.3	−9.3	−14.9	−14.3	−23.0	−12.8

省/直辖市/自治区			山东	
市/区/自治州			潍坊	临沂
台站名称及编号			潍坊	临沂
			54843	54938
台站信息	北纬		36°45′	35°03′
	东经		119°11′	118°21′
	海拔（m）		22.2	87.9
	统计年份		1971～2000	1971～1997
年平均温度（℃）			12.5	13.5
室外计算温、湿度	供暖室外计算温度（℃）		−7.0	−4.7
	冬季通风室外计算温度（℃）		−2.9	−0.7
	冬季空气调节室外计算温度（℃）		−9.3	−6.8
	冬季空气调节室外计算相对湿度（%）		63	62
	夏季空气调节室外计算干球温度（℃）		34.2	33.3
	夏季空气调节室外计算湿球温度（℃）		26.9	27.2
	夏季通风室外计算温度（℃）		30.2	29.7
	夏季通风室外计算相对湿度（%）		63	68
	夏季空气调节室外计算日平均温度（℃）		29.0	29.2
风向、风速及频率	夏季室外平均风速（m/s）		3.4	2.7
	夏季最多风向		S	ESE
	夏季最多风向的频率（%）		19	12
	夏季室外最多风向的平均风速（m/s）		4.1	2.7
	冬季室外平均风速（m/s）		3.5	2.8
	冬季最多风向		SSW	NE
	冬季最多风向的频率（%）		13	14.0
	冬季室外最多风向的平均风速（m/s）		3.2	4.0
	年最多风向		SSW	NE
	年最多风向的频率（%）		14	12
冬季日照百分率（%）			58	55
最大冻土深度（cm）			50	40
大气压力	冬季室外大气压力（hPa）		1022.1	1017.0
	夏季室外大气压力（hPa）		1000.9	996.4
设计计算用供暖期天数及其平均温度	日平均温度≤+5℃的天数		118	103
	日平均温度≤+5℃的起止日期		11.16～03.13	11.24～03.06
	平均温度≤+5℃期间内的平均温度（℃）		−0.3	1
	日平均温度≤+8℃的天数		141	135
	日平均温度≤+8℃的起止日期		11.08～03.28	11.13～03.27
	平均温度≤+8℃期间内的平均温度（℃）		0.8	2.3
极端最高气温（℃）			40.7	38.4
极端最低气温（℃）			−17.9	−14.3

德州	菏泽	日照	威海	济宁	泰安
德州	菏泽	日照	威海	兖州	泰安
54714	54906	54945	54774	54916	54827
37°26′	35°15′	35°23′	37°28′	35°34′	36°10′
116°19′	115°26′	119°32′	122°08′	116°51′	117°09′
21.2	49.7	16.1	65.4	51.7	128.8
1971~1994	1971~1994	1971~2000	1971~2000	1971~2000	1971~1991
13.2	13.8	13.0	12.5	13.6	12.8
−6.5	−4.9	−4.4	−5.4	−5.5	−6.7
−2.4	−0.9	−0.3	−0.9	−1.3	−2.1
−9.1	−7.2	−6.5	−7.7	−7.6	−9.4
60	68	61	61	66	60
34.2	34.4	30.0	30.2	34.1	33.1
26.9	27.4	26.8	25.7	27.4	26.5
30.6	30.6	27.7	26.8	30.6	29.7
63	66	75	75	65	66
29.7	29.9	28.1	27.5	29.7	28.6
2.2	1.8	3.1	4.2	2.4	2.0
C SSW	C SSW	S	SSW	SSW	C ENE
19 12	26 10	9	15	13	25 12
2.4	1.7	3.6	5.4	3.0	1.9
2.1	2.2	3.4	5.4	2.5	2.7
C ENE	C NNE	N	N	C S	C E
20 10	20 12	14	21	10 9	21 18
2.9	3.3	4.0	7.3	2.8	3.8
C SSW	C S	NNE	N	S	C E
19 12	24 10	9	11	11	25 13
49	46	59	54	54	52
46	21	25	47	48	31
1025.5	1021.5	1024.8	1020.9	1020.8	1011.2
1002.8	999.4	1006.6	1001.8	999.4	990.5
114	105	108	116	104	113
11.17~03.10	11.2~03.06	11.27~03.14	11.26~03.21	11.22~03.05	11.19~03.11
0	0.9	1.4	1.2	0.6	0
141	130	136	141	137	140
11.07~03.27	11.09~03.18	11.15~03.30	11.14~04.03	11.10~03.26	11.08~03.27
1.3	2.2	2.4	2.1	2.1	1.3
39.4	40.5	38.3	38.4	39.9	38.1
−20.1	−16.5	−13.8	−13.2	−19.3	−20.7

省/直辖市/自治区		山东（14）	
市/区/自治州		滨州	东营
台站名称及编号		惠民	东营
		54725	54736
台站信息	北纬	37°30′	37°26′
	东经	117°31′	118°40′
	海拔（m）	11.7	6
	统计年份	1971～2000	1971～2000
年平均温度（℃）		12.6	13.1
室外计算温、湿度	供暖室外计算温度（℃）	−7.6	−6.6
	冬季通风室外计算温度（℃）	−3.3	−2.6
	冬季空气调节室外计算温度（℃）	−10.2	−9.2
	冬季空气调节室外计算相对湿度（%）	62	62
	夏季空气调节室外计算干球温度（℃）	34	34.2
	夏季空气调节室外计算湿球温度（℃）	27.2	26.8
	夏季通风室外计算温度（℃）	30.4	30.2
	夏季通风室外计算相对湿度（%）	64	64
	夏季空气调节室外计算日平均温度（℃）	29.4	29.8
风向、风速及频率	夏季室外平均风速（m/s）	2.7	3.6
	夏季最多风向	ESE	S
	夏季最多风向的频率（%）	10	18
	夏季室外最多风向的平均风速（m/s）	2.8	4.4
	冬季室外平均风速（m/s）	3.0	3.4
	冬季最多风向	WSW	NW
	冬季最多风向的频率（%）	10	10
	冬季室外最多风向的平均风速（m/s）	3.4	3.7
	年最多风向	WSW	S
	年最多风向的频率（%）	11	13
冬季日照百分率（%）		58	61
最大冻土深度（cm）		50	47
大气压力	冬季室外大气压力（hPa）	1026.0	1026.6
	夏季室外大气压力（hPa）	1003.9	1004.9
设计计算用供暖期天数及其平均温度	日平均温度≤+5℃的天数	120	115
	日平均温度≤+5℃的起止日期	11.14～03.13	11.19～03.13
	平均温度≤+5℃期间内的平均温度（℃）	−0.5	0.0
	日平均温度≤+8℃的天数	142	140
	日平均温度≤+8℃的起止日期	11.06～03.27	11.09～03.28
	平均温度≤+8℃期间内的平均温度（℃）	0.6	1.1
极端最高气温（℃）		39.8	40.7
极端最低气温（℃）		−21.4	−20.2

河南（12）

郑州	开封	洛阳	新乡	安阳	三门峡
郑州	开封	洛阳	新乡	安阳	三门峡
57083	57091	57073	53986	53898	57051
34°43′	34°46′	34°38′	35°19′	36°07′	34°48′
113°39′	114°23′	112°28′	113°53′	114°22′	111°12′
110.4	72.5	137.1	72.7	75.5	409.9
1971~2000	1971~2000	1971~1990	1971~2000	1971~2000	1971~2000
14.3	14.2	14.7	14.2	14.1	13.9
−3.8	−3.9	−3.0	−3.9	−4.7	−3.8
0.1	0.0	0.8	−0.2	−0.9	−0.3
−6	−6.0	−5.1	−5.8	−7	−6.2
61	63	59	61	60	55
34.9	34.4	35.4	34.4	34.7	34.8
27.4	27.6	26.9	27.6	27.3	25.7
30.9	30.7	31.3	30.5	31.0	30.3
64	66	63	65	63	59
30.2	30.0	30.5	29.8	30.2	30.1
2.2	2.6	1.6	1.9	2	2.5
C S	C SSW	C E	C E	C SSW	ESE
21 11	12 11	31 9	25 13	28 17	23
2.8	3.2	3.1	2.8	3.3	3.4
2.7	2.9	2.1	2.1	1.9	2.4
C NW	NE	C WNW	C E	C SSW	C ESE
22 12	16	30 11	29 17	32 11	25 14
4.9	3.9	2.4	3.6	3.1	3.7
C ENE	C NE	C WNW	C E	C SSW	C ESE
21 10	13 12	30 9	28 14	28 16	21 18
47	46	49	49	47	48
27	26	20	21	35	32
1013.3	1018.2	1009.0	1017.9	1017.9	977.6
992.3	996.8	988.2	996.6	996.6	959.3
97	99	92	99	101	99
11.26~03.02	11.25~03.03	12.01~03.02	11.24~03.02	11.23~03.03	11.24~03.02
1.7	1.7	2.1	1.5	1	1.4
125	125	118	124	126	128
11.12~03.16	11.12~03.16	11.17~03.14	11.12~03.15	11.10~03.15	11.09~03.16
3.0	2.8	3.0	2.6	2.2	2.6
42.3	42.5	41.7	42.0	41.5	40.2
−17.9	−16.0	−15.0	−19.2	−17.3	−12.8

省/直辖市/自治区				河南
市/区/自治州			南阳	商丘
台站名称及编号			南阳	商丘
			57178	58005
台站信息	北纬		33°02′	34°27′
	东经		112°35′	115°40′
	海拔（m）		129.2	50.1
	统计年份		1971～2000	1971～2000
室外计算温、湿度	年平均温度（℃）		14.9	14.1
	供暖室外计算温度（℃）		−2.1	−4
	冬季通风室外计算温度（℃）		1.4	−0.1
	冬季空气调节室外计算温度（℃）		−4.5	−6.3
	冬季空气调节室外计算相对湿度（%）		70	69
	夏季空气调节室外计算干球温度（℃）		34.3	34.6
	夏季空气调节室外计算湿球温度（℃）		27.8	27.9
	夏季通风室外计算温度（℃）		30.5	30.8
	夏季通风室外计算相对湿度（%）		69	67
	夏季空气调节室外计算日平均温度（℃）		30.1	30.2
风向、风速及频率	夏季室外平均风速（m/s）		2	2.4
	夏季最多风向		C　　ENE	C　　S
	夏季最多风向的频率（%）		21　　14	14　　10
	夏季室外最多风向的平均风速（m/s）		2.7	2.7
	冬季室外平均风速（m/s）		2.1	2.4
	冬季最多风向		C　　ENE	C　　N
	冬季最多风向的频率（%）		26　　18	13　　10
	冬季室外最多风向的平均风速（m/s）		3.4	3.1
	年最多风向		C　　ENE	C　　S
	年最多风向的频率（%）		25　　16	14　　8
	冬季日照百分率（%）		39	46
	最大冻土深度（cm）		10	18
大气压力	冬季室外大气压力（hPa）		1011.2	1020.8
	夏季室外大气压力（hPa）		990.4	999.4
设计计算用供暖期天数及其平均温度	日平均温度≤+5℃的天数		86	99
	日平均温度≤+5℃的起止日期		12.04～02.27	11.25～03.03
	平均温度≤+5℃期间内的平均温度（℃）		2.6	1.6
	日平均温度≤+8℃的天数		116	125
	日平均温度≤+8℃的起止日期		11.19～03.14	11.13～03.17
	平均温度≤+8℃期间内的平均温度（℃）		3.8	2.8
	极端最高气温（℃）		41.4	41.3
	极端最低气温（℃）		−17.5	−15.4

(12)				湖北（11）	
信阳	许昌	驻马店	周口	武汉	黄石
信阳	许昌	驻马店	西华	武汉	黄石
57297	57089	57290	57193	57494	58407
32°08′	34°01′	33°00′	33°47′	30°37′	30°15′
114°03′	113°51′	114°01′	114°31′	114°08′	115°03′
114.5	66.8	82.7	52.6	23.1	19.6
1971～2000	1971～2000	1971～2000	1971～2000	1971～2000	1971～2000
15.3	14.5	14.9	14.4	16.6	17.1
−2.1	−3.2	−2.9	−3.2	−0.3	0.7
2.2	0.7	1.3	0.6	3.7	4.5
−4.6	−5.5	−5.5	−5.7	−2.6	−1.4
72	64	69	68	77	79
34.5	35.1	35	35.0	35.2	35.8
27.6	27.9	27.8	28.1	28.4	28.3
30.7	30.9	30.9	30.9	32.0	32.5
68	66	67	67	67	65
30.9	30.3	30.7	30.2	32.0	32.5
2.4	2.2	2.2	2.0	2.0	2.2
C SSW	C NE	C SSW	C SSW	C ENE	C ESE
19 10	21 9	15 10	20 8	23 8	19 16
3.2	3.1	2.8	2.6	2.3	2.8
2.4	2.4	2.4	2.4	1.8	2.0
C NNE	C NE	C N	C NNE	C NE	C NW
25 14	22 13	15 11	17 11	28 13	28 11
3.8	3.9	3.2	3.3	3.0	3.1
C NNE	C NE	C N	C NE	C ENE	C SE
22 11	22 11	16 9	19 8	26 10	24 12
42	43	42	45	37	34
—	15	14	12	9	7
1014.3	1018.6	1016.7	1020.6	1023.5	1023.4
993.4	997.2	995.4	999.0	1002.1	1002.5
64	95	87	91	50	38
12.11～02.12	11.28～03.02	12.04～02.28	11.27～03.02	12.22～02.09	01.01～02.07
3.1	2.2	2.5	2.1	3.9	4.5
105	122	115	123	98	88
11.23～03.07	11.14～03.15	11.21～03.15	11.13～03.15	11.27～03.04	12.06～03.03
4.2	3.3	3.5	3.3	5.2	5.7
40.0	41.9	40.6	41.9	39.3	40.2
−16.6	−19.6	−18.1	−17.4	−18.1	−10.5

省/直辖市/自治区			湖北	
市/区/自治州			宜昌	恩施州
台站名称及编号			宜昌	恩施
			57461	57447
台站信息	北纬		30°42′	30°17′
	东经		111°18′	109°28′
	海拔（m）		133.1	457.1
	统计年份		1971～2000	1971～2000
年平均温度（℃）			16.8	16.2
室外计算温、湿度	供暖室外计算温度（℃）		0.9	2.0
	冬季通风室外计算温度（℃）		4.9	5.0
	冬季空气调节室外计算温度（℃）		−1.1	0.4
	冬季空气调节室外计算相对湿度（%）		74	84
	夏季空气调节室外计算干球温度（℃）		35.6	34.3
	夏季空气调节室外计算湿球温度（℃）		27.8	26.0
	夏季通风室外计算温度（℃）		31.8	31.0
	夏季通风室外计算相对湿度（%）		66	57
	夏季空气调节室外计算日平均温度（℃）		31.1	29.6
风向、风速及频率	夏季室外平均风速（m/s）		1.5	0.7
	夏季最多风向		C SSE	C SSW
	夏季最多风向的频率（%）		31 11	63 5
	夏季室外最多风向的平均风速（m/s）		2.6	1.9
	冬季室外平均风速（m/s）		1.3	0.5
	冬季最多风向		C SSE	C SSW
	冬季最多风向的频率（%）		36 14	72 3
	冬季室外最多风向的平均风速（m/s）		2.2	1.5
	年最多风向		C SSE	C SSW
	年最多风向的频率（%）		33 12	67 4
冬季日照百分率（%）			27	14
最大冻土深度（cm）			—	—
大气压力	冬季室外大气压力（hPa）		1010.4	970.3
	夏季室外大气压力（hPa）		990.0	954.6
设计计算用供暖期天数及其平均温度	日平均温度≤+5℃的天数		28	13
	日平均温度≤+5℃的起止日期		01.09～02.05	01.11～01.23
	平均温度≤+5℃期间内的平均温度（℃）		4.7	4.8
	日平均温度≤+8℃的天数		85	90
	日平均温度≤+8℃的起止日期		12.08～03.02	12.04～03.03
	平均温度≤+8℃期间内的平均温度（℃）		5.9	6.0
极端最高气温（℃）			40.4	40.3
极端最低气温（℃）			−9.8	−12.3

荆州	襄樊	荆门	十堰	黄冈	咸宁
荆州	枣阳	钟祥	房县	麻城	嘉鱼
57476	57279	57378	57259	57399	57583
30°20′	30°09′	30°10′	30°02′	31°11′	29°59′
112°11′	112°45′	112°34′	110°46′	115°01′	113°55′
32.6	125.5	65.8	426.9	59.3	36
1971～2000	1971～2000	1971～2000	1971～2000	1971～2000	1971～2000
16.5	15.6	16.1	14.3	16.3	17.1
0.3	−1.6	−0.5	−1.5	−0.4	0.3
4.1	2.4	3.5	1.9	3.5	4.4
−1.9	−3.7	−2.4	−3.4	−2.5	−2
77	71	74	71	74	79
34.7	34.7	34.5	34.4	35.5	35.7
28.5	27.6	28.2	26.3	28.0	28.5
31.4	31.2	31.0	30.3	32.1	32.3
70	66	70	63	65	65
31.1	31.0	31.0	28.9	31.6	32.4
2.3	2.4	3.0	1.0	2.0	2.1
SSW	SSE	N	C　ESE	C　NNE	C　NNE
15	15	19	55　15	25　15	14　9
3.0	2.6	3.6	2.5	2.6	2.6
2.1	2.3	3.1	1.1	2.1	2.0
C　NE	C　SSE	N	C　ESE	C　NNE	C　NE
22　17	17　11	26	60　18	29　28	18　14
3.2	2.6	4.4	3.0	3.5	2.9
C　NNE	C　SSE	N	C　ESE	C　NNE	C　NE
19　14	16　13	23	57　17	27　22	16　11
31	40	37	35	42	34
5	—	6	—	5	—
1022.4	1011.4	1018.7	974.1	1019.5	1022.1
1000.9	990.8	997.5	956.8	998.8	1000.9
44	64	54	72	54	37
12.27～02.08	12.11～02.12	12.18～02.09	12.05～2.14	12.19～02.10	01.02～02.07
4.2	3.1	3.8	2.9	3.7	4.4
91	102	95	121	100	87
12.04～03.04	11.25～03.06	12.01～03.05	11.15～03.15	11.26～03.05	12.07～03.03
5.4	4.2	4.9	4.1	5	5.6
38.6	40.7	38.6	41.4	39.8	39.4
−14.9	−15.1	−15.3	−17.6	−15.3	−12.0

省/直辖市/自治区		湖北（11）	湖南
市/区/自治州		随州	长沙
台站名称及编号		广水	马坡岭
		57385	57679
台站信息	北纬	31°37′	28°12′
	东经	113°49′	113°05′
	海拔（m）	93.3	44.9
	统计年份	1971～2000	1972～1986
年平均温度（℃）		15.8	17.0
室外计算温、湿度	供暖室外计算温度（℃）	−1.1	0.3
	冬季通风室外计算温度（℃）	2.7	4.6
	冬季空气调节室外计算温度（℃）	−3.5	−1.9
	冬季空气调节室外计算相对湿度（%）	71	83
	夏季空气调节室外计算干球温度（℃）	34.9	35.8
	夏季空气调节室外计算湿球温度（℃）	28.0	27.7
	夏季通风室外计算温度（℃）	31.4	32.9
	夏季通风室外计算相对湿度（%）	67	61
	夏季空气调节室外计算日平均温度（℃）	31.1	31.6
风向、风速及频率	夏季室外平均风速（m/s）	2.2	2.6
	夏季最多风向	C　SSE	C　NNW
	夏季最多风向的频率（%）	21　11	16　13
	夏季室外最多风向的平均风速（m/s）	2.6	1.7
	冬季室外平均风速（m/s）	2.2	2.3
	冬季最多风向	C　NNE	NNW
	冬季最多风向的频率（%）	26　15	32
	冬季室外最多风向的平均风速（m/s）	3.6	3.0
	年最多风向	C　NNE	NNW
	年最多风向的频率（%）	24　12	22
冬季日照百分率（%）		41	26
最大冻土深度（cm）		—	—
大气压力	冬季室外大气压力（hPa）	1015.0	1019.6
	夏季室外大气压力（hPa）	994.1	999.2
设计计算用供暖期天数及其平均温度	日平均温度≤+5℃的天数	63	48
	日平均温度≤+5℃的起止日期	12.11～02.11	12.26～02.11
	平均温度≤+5℃期间内的平均温度（℃）	3.3	4.3
	日平均温度≤+8℃的天数	102	88
	日平均温度≤+8℃的起止日期	11.25～03.06	12.06～03.03
	平均温度≤+8℃期间内的平均温度（℃）	4.3	5.5
极端最高气温（℃）		39.8	39.7
极端最低气温（℃）		−16.0	−11.3

常德	衡阳	邵阳	岳阳	郴州	张家界
常德	衡阳	邵阳	岳阳	郴州	桑植
57662	57872	57766	57584	57972	57554
29°03′	26°54′	27°14′	29°23′	25°48′	29°24′
111°41′	112°36′	111°28′	113°05′	113°02′	110°10′
35	104.7	248.6	53	184.9	322.2
1971～2000	1971～2000	1971～2000	1971～2000	1971～2000	1971～2000
16.9	18.0	17.1	17.2	18.0	16.2
0.6	1.2	0.8	0.4	1.0	1.0
4.7	5.9	5.2	4.8	6.2	4.7
−1.6	−0.9	−1.2	−2.0	−1.1	0.9
80	81	80	78	84	78
35.4	36.0	34.8	34.1	35.6	34.7
28.6	27.7	26.8	28.3	26.7	26.9
31.9	33.2	31.9	31.0	32.9	31.3
66	58	62	72	55	66
32.0	32.4	30.9	32.2	31.7	30.0
1.9	2.1	1.7	2.8	1.6	1.2
C NE	C SSW	C S	S	C SSW	C ENE
23 8	16 13	27 8	11	39 14	47 12
3.0	2.5	2.4	3.2	3.2	2.7
1.6	1.6	1.5	2.6	1.2	1.2
C NE	C ENE	C ESE	ENE	C NNE	C ENE
33 15	28 20	32 13	20	45 19	52 15
3.0	2.7	2.0	3.3	2.0	3.0
C NE	C ENE	C ESE	ENE	C NNE	C ENE
28 12	23 16	30 10	16	44 13	50 14
27	23	23	29	21	17
—	—	5	2	—	—
1022.3	1012.6	995.1	1019.5	1002.2	987.3
1000.8	993.0	976.9	998.7	984.3	969.2
30	0	11	27	0	30
01.08～02.06	—	01.12～01.22	01.10～02.05	—	01.08～02.06
4.5	—	4.7	4.5	—	4.5
86	56	67	68	55	88
12.08～03.03	12.19～02.12	12.10～02.14	12.09～02.14	12.19～02.11	12.07～03.04
5.8	6.4	6.1	5.9	6.5	5.8
40.1	40.0	39.5	39.3	40.5	40.7
−13.2	−7.9	−10.5	−11.4	−6.8	−10.2

省/直辖市/自治区		湖南	
市/区/自治州		益阳	永州
台站名称及编号		沅江	零陵
		57671	57866
台站信息	北纬	28°51′	26°14′
	东经	112°22′	111°37′
	海拔（m）	36.0	172.6
	统计年份	1971～2000	1971～2000
室外计算温、湿度	年平均温度（℃）	17.0	17.8
	供暖室外计算温度（℃）	0.6	1.0
	冬季通风室外计算温度（℃）	4.7	6.0
	冬季空气调节室外计算温度（℃）	−1.6	−1.0
	冬季空气调节室外计算相对湿度（%）	81.0	81
	夏季空气调节室外计算干球温度（℃）	35.1	34.9
	夏季空气调节室外计算湿球温度（℃）	28.4	26.9
	夏季通风室外计算温度（℃）	31.7	32.1
	夏季通风室外计算相对湿度（%）	67.0	60
	夏季空气调节室外计算日平均温度（℃）	32.0	31.3
风向、风速及频率	夏季室外平均风速（m/s）	2.7	3.0
	夏季最多风向	S	SSW
	夏季最多风向的频率（%）	14	19
	夏季室外最多风向的平均风速（m/s）	3.3	3.2
	冬季室外平均风速（m/s）	2.4	3.1
	冬季最多风向	NNE	NE
	冬季最多风向的频率（%）	22.0	26
	冬季室外最多风向的平均风速（m/s）	3.8	4.0
	年最多风向	NNE	NE
	年最多风向的频率（%）	18	18
	冬季日照百分率（%）	27.0	23
	最大冻土深度（cm）	—	—
大气压力	冬季室外大气压力（hPa）	1021.5	1012.6
	夏季室外大气压力（hPa）	1000.4	993.0
设计计算用供暖期天数及其平均温度	日平均温度≤+5℃的天数	29.0	0
	日平均温度≤+5℃的起止日期	01.09～02.06	—
	平均温度≤+5℃期间内的平均温度（℃）	4.5	—
	日平均温度≤+8℃的天数	85.0	56
	日平均温度≤+8℃的起止日期	12.09～03.03	12.19～02.12
	平均温度≤+8℃期间内的平均温度（℃）	5.8	6.6
	极端最高气温（℃）	38.9	39.7
	极端最低气温（℃）	−11.2	−7

(12)			广东（15）		
怀化	娄底	湘西州	广州	湛江	汕头
芷江	双峰	吉首	广州	湛江	汕头
57745	57774	57649	59287	59658	59316
27°27′	27°27′	28°19′	23°10′	21°13′	23°24′
109°41′	112°10′	109°44′	113°20′	110°24′	116°41′
272.2	100	208.4	41.7	25.3	1.1
1971～2000	1971～2000	1971～2000	1971～2000	1971～2000	1971～2000
16.5	17.0	16.6	22.0	23.3	21.5
0.8	0.6	1.3	8.0	10.0	9.4
4.9	4.8	5.1	13.6	15.9	13.8
−1.1	−1.6	−0.6	5.2	7.5	7.1
80	82	79	72	81	78
34.0	35.6	34.8	34.2	33.9	33.2
26.8	27.5	27	27.8	28.1	27.7
31.2	32.7	31.7	31.8	31.5	30.9
66	60	64	68	70	72
29.7	31.5	30.0	30.7	30.8	30.0
1.3	2.0	1.0	1.7	2.6	2.6
C ENE	C NE	C NE	C SSE	SSE	C WSW
44 10	31 11	44 10	28 12	15	18 10
2.6	2.7	1.6	2.3	3.1	3.3
1.6	1.7	0.9	1.7	2.6	2.7
C ENE	C ENE	C ENE	C NNE	ESE	E
40 24	39 21	49 10	34 19	17	24
3.1	3.0	2.0	2.7	3.1	3.7
C ENE	C ENE	C NE	C NNE	SE	E
42 18	37 16	46 10	31 11	13	18
19	24	18	36	34	42
—	—	—	—	—	—
991.9	1013.2	1000.5	1019.0	1015.5	1020.2
974.0	993.4	981.3	1004.0	1001.3	1005.7
29	30	11	0	0	0
01.08～02.05	01.08～02.06	01.10～01.20	—	—	—
4.7	4.6	4.8	—	—	—
69	87	68	0	0	0
12.08～02.14	12.07～03.03	12.09～02.14	—	—	—
5.9	5.9	6.1	—	—	—
39.1	39.7	40.2	38.1	38.1	38.6
−11.5	−11.7	−7.5	0.0	2.8	0.3

	省/直辖市/自治区		广东
	市/区/自治州	韶关	阳江
	台站名称及编号	韶关	阳江
		59082	59663
台站信息	北纬	24°41′	21°52′
	东经	113°36′	111°58′
	海拔（m）	60.7	23.3
	统计年份	1971～2000	1971～2000
	年平均温度（℃）	20.4	22.5
室外计算温、湿度	供暖室外计算温度（℃）	5.0	9.4
	冬季通风室外计算温度（℃）	10.2	15.1
	冬季空气调节室外计算温度（℃）	2.6	6.8
	冬季空气调节室外计算相对湿度（%）	75	74
	夏季空气调节室外计算干球温度（℃）	35.4	33.0
	夏季空气调节室外计算湿球温度（℃）	27.3	27.8
	夏季通风室外计算温度（℃）	33.0	30.7
	夏季通风室外计算相对湿度（%）	60	74
	夏季空气调节室外计算日平均温度（℃）	31.2	29.9
风向、风速及频率	夏季室外平均风速（m/s）	1.6	2.6
	夏季最多风向	C SSW	SSW
	夏季最多风向的频率（%）	41 17	13
	夏季室外最多风向的平均风速（m/s）	2.8	2.8
	冬季室外平均风速（m/s）	1.5	2.9
	冬季最多风向	C NNW	ENE
	冬季最多风向的频率（%）	46 11	31
	冬季室外最多风向的平均风速（m/s）	2.9	3.7
	年最多风向	C SSW	ENE
	年最多风向的频率（%）	44 8	20
	冬季日照百分率（%）	30	37
	最大冻土深度（cm）	—	—
大气压力	冬季室外大气压力（hPa）	1014.5	1016.9
	夏季室外大气压力（hPa）	997.6	1002.6
设计计算用供暖期天数及其平均温度	日平均温度≤+5℃的天数	0	0
	日平均温度≤+5℃的起止日期	—	—
	平均温度≤+5℃期间内的平均温度（℃）	—	—
	日平均温度≤+8℃的天数	0	0
	日平均温度≤+8℃的起止日期	—	—
	平均温度≤+8℃期间内的平均温度（℃）	—	—
	极端最高气温（℃）	40.3	37.5
	极端最低气温（℃）	−4.3	2.2

深圳	江门	茂名	肇庆	惠州	梅州
深圳	台山	信宜	高要	惠阳	梅州
59493	59478	59456	59278	59298	59117
22°33′	22°15′	22°21′	23°02′	23°05′	24°16′
114°06′	112°47′	110°56′	112°27′	114°25′	116°06′
18.2	32.7	84.6	41	22.4	87.8
1971～2000	1971～2000	1971～2000	1971～2000	1971～2000	1971～2000
22.6	22.0	22.5	22.3	21.9	21.3
9.2	8.0	8.5	8.4	8.0	6.7
14.9	13.9	14.7	13.9	13.7	12.4
6.0	5.2	6.0	6.0	4.8	4.3
72	75	74	68	71	77
33.7	33.6	34.3	34.6	34.1	35.1
27.5	27.6	27.6	27.8	27.6	27.2
31.2	31.0	32.0	32.1	31.5	32.7
70	71	66	74	69	60
30.5	29.9	30.1	31.1	30.4	30.6
2.2	2.0	1.5	1.6	1.6	1.2
C ESE	SSW	C SW	C SE	C SSE	C SW
21 11	23	41 12	27 12	26 14	36 8
2.7	2.7	2.5	2.0	2.0	2.1
2.8	2.6	2.9	1.7	2.7	1.0
ENE	NE	NE	C ENE	NE	C NNE
20	30	26	28 27	29	46 9
2.9	3.9	4.1	2.6	4.6	2.4
ESE	C NE	C NE	C ENE	C NE	C NNE
14	19 18	31 16	28 20	23 18	41 6
43	38	36	35	42	39
—	—	—	—	—	—
1016.6	1016.3	1009.3	1019.0	1017.9	1011.3
1002.4	1001.8	995.2	1003.7	1003.2	996.3
0	0	0	0	0	0
—	—	—	—	—	—
—	—	—	—	—	—
0	0	0	0	0	0
—	—	—	—	—	—
—	—	—	—	—	—
38.7	37.3	37.8	38.7	38.2	39.5
1.7	1.6	1.0	1	0.5	−3.3

省/直辖市/自治区		广东	
市/区/自治州		汕尾	河源
台站名称及编号		汕尾	河源
		59501	59293
台站信息	北纬	22°48′	23°44′
	东经	115°22′	114°41′
	海拔（m）	17.3	40.6
	统计年份	1971～2000	1971～2000
室外计算温、湿度	年平均温度（℃）	22.2	21.5
	供暖室外计算温度（℃）	10.3	6.9
	冬季通风室外计算温度（℃）	14.8	12.7
	冬季空气调节室外计算温度（℃）	7.3	3.9
	冬季空气调节室外计算相对湿度（%）	73	70
	夏季空气调节室外计算干球温度（℃）	32.2	34.5
	夏季空气调节室外计算湿球温度（℃）	27.8	27.5
	夏季通风室外计算温度（℃）	30.2	32.1
	夏季通风室外计算相对湿度（%）	77	65
	夏季空气调节室外计算日平均温度（℃）	29.6	30.4
风向、风速及频率	夏季室外平均风速（m/s）	3.2	1.3
	夏季最多风向	WSW	C SSW
	夏季最多风向的频率（%）	19	37 17
	夏季室外最多风向的平均风速（m/s）	4.1	2.2
	冬季室外平均风速（m/s）	3.0	1.5
	冬季最多风向	ENE	C NNE
	冬季最多风向的频率（%）	19.0	32 24
	冬季室外最多风向的平均风速（m/s）	3.0	2.4
	年最多风向	ENE	C NNE
	年最多风向的频率（%）	15	35 14
	冬季日照百分率（%）	42	41
	最大冻土深度（cm）	—	—
大气压力	冬季室外大气压力（hPa）	1019.3	1016.3
	夏季室外大气压力（hPa）	1005.3	1000.9
设计计算用供暖期天数及其平均温度	日平均温度≤+5℃的天数	0	0
	日平均温度≤+5℃的起止日期	—	—
	平均温度≤+5℃期间内的平均温度（℃）	—	—
	日平均温度≤+8℃的天数	0	0
	日平均温度≤+8℃的起止日期	—	—
	平均温度≤+8℃期间内的平均温度（℃）	—	—
	极端最高气温（℃）	38.5	39.0
	极端最低气温（℃）	2.1	−0.7

(15) 清远	揭阳	南宁	柳州	桂林	梧州
连州	惠来	南宁	柳州	桂林	梧州
59072	59317	59431	59046	57957	59265
24°47′	23°02′	22°49′	24°21′	25°19′	23°29′
112°23′	116°18′	108°21′	109°24′	110°18′	111°18′
98.3	12.9	73.1	96.8	164.4	114.8
1971～2000	1971～2000	1971～2000	1971～2000	1971～2000	1971～2000
19.6	21.9	21.8	20.7	18.9	21.1
4.0	10.3	7.6	5.1	3.0	6.0
9.1	14.5	12.9	10.4	7.9	11.9
1.8	8.0	5.7	3.0	1.1	3.6
77	74	78	75	74	76
35.1	32.8	34.5	34.8	34.2	34.8
27.4	27.6	27.9	27.5	27.3	27.9
32.7	30.7	31.8	32.4	31.7	32.5
61	74	68	65	65	65
30.6	29.6	30.7	31.4	30.4	30.5
1.2	2.3	1.5	1.6	1.6	1.2
C SSW	C SSW	C S	C SSW	C NE	C ESE
46 8	22 10	31 10	34 15	32 16	32 10
2.5	3.4	2.6	2.8	2.6	1.5
1.3	2.9	1.2	1.5	3.2	1.4
C NNE	ENE	C E	C N	NE	C NE
47 16	28	43 12	37 19	48	24 16
2.3	3.4	1.9	2.7	4.4	2.1
C NNE	ENE	C E	C N	NE	C ENE
46 13	20	38 10	36 12	35	27 13
25	43	25	24	24	31
—	—	—	—	—	—
1011.1	1018.7	1011.0	1009.9	1003.0	1006.9
993.8	1004.6	995.5	993.2	986.1	991.6
0	0	0	0	0	0
—	—	—	—	—	—
—	—	—	—	—	—
0	0	0	0	28	0
—	—	—	—	01.10～02.06	—
—	—	—	—	7.5	—
—	—	—	—	—	—
39.6	38.4	39.0	39.1	38.5	39.7
−3.4	1.5	−1.9	−1.3	−3.6	−1.5

省/直辖市/自治区			广西
市/区/自治州		北海	百色
台站名称及编号		北海	百色
		59644	59211
台站信息	北纬	21°27′	23°54′
	东经	109°08′	106°36′
	海拔（m）	12.8	173.5
	统计年份	1971～2000	1971～2000
年平均温度（℃）		22.8	22.0
室外计算温、湿度	供暖室外计算温度（℃）	8.2	8.8
	冬季通风室外计算温度（℃）	14.5	13.4
	冬季空气调节室外计算温度（℃）	6.2	7.1
	冬季空气调节室外计算相对湿度（%）	79	76
	夏季空气调节室外计算干球温度（℃）	33.1	36.1
	夏季空气调节室外计算湿球温度（℃）	28.2	27.9
	夏季通风室外计算温度（℃）	30.9	32.7
	夏季通风室外计算相对湿度（%）	74	65
	夏季空气调节室外计算日平均温度（℃）	30.6	31.3
风向、风速及频率	夏季室外平均风速（m/s）	3	1.3
	夏季最多风向	SSW	C　SSE
	夏季最多风向的频率（%）	14	36　8
	夏季室外最多风向的平均风速（m/s）	3.1	2.5
	冬季室外平均风速（m/s）	3.8	1.2
	冬季最多风向	NNE	C　S
	冬季最多风向的频率（%）	37	43　9
	冬季室外最多风向的平均风速（m/s）	5.0	2.2
	年最多风向	NNE	C　SSE
	年最多风向的频率（%）	21	39　8
	冬季日照百分率（%）	34	29
	最大冻土深度（cm）	—	—
大气压力	冬季室外大气压力（hPa）	1017.3	998.8
	夏季室外大气压力（hPa）	1002.5	983.6
设计计算用供暖期天数及其平均温度	日平均温度≤+5℃的天数	0	0
	日平均温度≤+5℃的起止日期	—	—
	平均温度≤+5℃期间内的平均温度（℃）	—	—
	日平均温度≤+8℃的天数	0	0
	日平均温度≤+8℃的起止日期	—	—
	平均温度≤+8℃期间内的平均温度（℃）	—	—
	极端最高气温（℃）	37.1	42.2
	极端最低气温（℃）	2	0.1

钦州	玉林	防城港	河池	来宾	贺州
钦州	玉林	东兴	河池	来宾	贺州
59632	59453	59626	59023	59242	59065
21°57′	22°39′	21°32′	24°42′	23°45′	24°25′
108°37′	110°10′	107°58′	108°03′	109°14′	111°32′
4.5	81.8	22.1	211	84.9	108.8
1971～2000	1971～2000	1972～2000	1971～2000	1971～2000	1971～2000
22.2	21.8	22.6	20.5	20.8	19.9
7.9	7.1	10.5	6.3	5.5	4.0
13.6	13.1	15.1	10.9	10.8	9.3
5.8	5.1	8.6	4.3	3.6	1.9
77	79	81	75	75	78
33.6	34.0	33.5	34.6	34.6	35.0
28.3	27.8	28.5	27.1	27.7	27.5
31.1	31.7	30.9	31.7	32.2	32.6
75	68	77	66	66	62
30.3	30.3	29.9	30.7	30.8	30.8
2.4	1.4	2.1	1.2	1.8	1.7
SSW	C　SSE	C　SSW	C　ESE	C　SSW	C　ESE
20	30　11	24　11	39　26	30　13	22　19
3.1	1.7	3.3	2.0	2.8	2.3
2.7	1.7	1.7	1.1	2.4	1.5
NNE	C　N	C　ENE	C　ESE	NE	C　NW
33	30　21	24　15	43　16	25	31　21
3.5	3.2	2.0	1.9	3.3	2.3
NNE	C　N	C　ENE	C　ESE	C　NE	C　NW
20	31　12	24　10	43　20	27　17	28　12
27	29	24	21	25	26
—	—	—	—	—	—
1019.0	1009.9	1016.2	995.9	1010.8	1009.0
1003.5	995.0	1001.4	980.1	994.4	992.4
0	0	0	0	0	0
—	—	—	—	—	—
—	—	—	—	—	—
0	0	0	0	0	0
—	—	—	—	—	—
—	—	—	—	—	—
37.5	38.4	38.1	39.4	39.6	39.5
2.0	0.8	3.3	0.0	−1.6	−3.5

省/直辖市/自治区		广西 (13)	海南
市/区/自治州		崇左	海口
台站名称及编号		龙州	海口
		59417	59758
台站信息	北纬	22°20′	20°02′
	东经	106°51′	110°21′
	海拔 (m)	128.8	13.9
	统计年份	1971～2000	1971～2000
	年平均温度 (℃)	22.2	24.1
室外计算温、湿度	供暖室外计算温度 (℃)	9.0	12.6
	冬季通风室外计算温度 (℃)	14.0	17.7
	冬季空气调节室外计算温度 (℃)	7.3	10.3
	冬季空气调节室外计算相对湿度 (%)	79	86
	夏季空气调节室外计算干球温度 (℃)	35.0	35.1
	夏季空气调节室外计算湿球温度 (℃)	28.1	28.1
	夏季通风室外计算温度 (℃)	32.1	32.2
	夏季通风室外计算相对湿度 (%)	68	68
	夏季空气调节室外计算日平均温度 (℃)	30.9	30.5
风向、风速及频率	夏季室外平均风速 (m/s)	1.0	2.3
	夏季最多风向	C ESE	S
	夏季最多风向的频率 (%)	48 6	19
	夏季室外最多风向的平均风速 (m/s)	2.0	2.7
	冬季室外平均风速 (m/s)	1.2	2.5
	冬季最多风向	C ESE	ENE
	冬季最多风向的频率 (%)	41 16	24
	冬季室外最多风向的平均风速 (m/s)	2.2	3.1
	年最多风向	C ESE	ENE
	年最多风向的频率 (%)	46 10	14
	冬季日照百分率 (%)	24	34
	最大冻土深度 (cm)	—	
大气压力	冬季室外大气压力 (hPa)	1004.0	1016.4
	夏季室外大气压力 (hPa)	989	1002.8
设计计算用供暖期天数及其平均温度	日平均温度≤+5℃的天数	0	0
	日平均温度≤+5℃的起止日期	—	—
	平均温度≤+5℃期间内的平均温度 (℃)	—	—
	日平均温度≤+8℃的天数	0	0
	日平均温度≤+8℃的起止日期	—	—
	平均温度≤+8℃期间内的平均温度 (℃)	—	—
	极端最高气温 (℃)	39.9	38.7
	极端最低气温 (℃)	−0.2	4.9

(2)	重庆（3）			四川（16）	
三亚	重庆	万州	奉节	成都	广元
三亚	重庆	万州	奉节	成都	广元
59948	57515	57432	57348	56294	57206
18°14′	29°31′	30°46′	31°03′	30°40′	32°26′
109°31′	106°29′	108°24′	109°30′	104°01′	105°51′
5.9	351.1	186.7	607.3	506.1	492.4
1971～2000	1971～1986	1971～2000	1971～2000	1971～2000	1971～2000
25.8	17.7	18.0	16.3	16.1	16.1
17.9	4.1	4.3	1.8	2.7	2.2
21.6	7.2	7.0	5.2	5.6	5.2
15.8	2.2	2.9	0.0	1.0	0.5
73	83	85	71	83	64
32.8	35.5	36.5	34.3	31.8	33.3
28.1	26.5	27.9	25.4	26.4	25.8
31.3	31.7	33.0	30.6	28.5	29.5
73	59	56	57	73	64
30.2	32.3	31.4	30.9	27.9	28.8
2.2	1.5	0.5	3.0	1.2	1.2
C SSE	C ENE	C N	C NNE	C NNE	C SE
15 9	33 8	74 5	22 17	41 8	42 8
2.4	1.1	2.3	2.6	2.0	1.6
2.7	1.1	0.4	3.1	0.9	1.3
ENE	C NNE	C NNE	C NNE	C NE	C N
19	46 13	79 5	29 13	50 13	44 10
3.0	1.6	1.9	2.6	1.9	2.8
C ESE	C NNE	C NNE	C NNE	C NE	C N
14 13	44 13	76 5	24 16	43 11	41 8
54	7.5	12	22	17	24
—	—	—	—	—	—
1016.2	980.6	1001.1	1018.7	963.7	965.4
1005.6	963.8	982.3	997.5	948	949.4
0	0	0	12	0	7
—	—	—	01.12～01.23	—	01.13～01.19
—	—	—	4.8	—	4.9
0	53	54	85	69	75
—	12.22～02.12	12.20～02.11	12.07～03.01	12.08～02.14	12.03～02.15
—	7.2	7.2	6.0	6.2	6.1
35.9	40.2	42.1	39.6	36.7	37.9
5.1	−1.8	−3.7	−9.2	−5.9	−8.2

省/直辖市/自治区		四川	
市/区/自治州		甘孜州	宜宾
台站名称及编号		康定	宜宾
		56374	56492
台站信息	北纬	30°03′	28°48′
	东经	101°58′	104°36′
	海拔（m）	2615.7	340.8
	统计年份	1971～2000	1971～2000
年平均温度（℃）		7.1	17.8
室外计算温、湿度	供暖室外计算温度（℃）	−6.5	4.5
	冬季通风室外计算温度（℃）	−2.2	7.8
	冬季空气调节室外计算温度（℃）	−8.3	2.8
	冬季空气调节室外计算相对湿度（%）	65	85
	夏季空气调节室外计算干球温度（℃）	22.8	33.8
	夏季空气调节室外计算湿球温度（℃）	16.3	27.3
	夏季通风室外计算温度（℃）	19.5	30.2
	夏季通风室外计算相对湿度（%）	64	67
	夏季空气调节室外计算日平均温度（℃）	18.1	30.0
风向、风速及频率	夏季室外平均风速（m/s）	2.9	0.9
	夏季最多风向	C　SE	C　NW
	夏季最多风向的频率（%）	30　21	55　6
	夏季室外最多风向的平均风速（m/s）	5.5	2.4
	冬季室外平均风速（m/s）	3.1	0.6
	冬季最多风向	C　ESE	C　ENE
	冬季最多风向的频率（%）	31　26	68　6
	冬季室外最多风向的平均风速（m/s）	5.6	1.6
	年最多风向	C　ESE	C　NW
	年最多风向的频率（%）	28　22	59　5
	冬季日照百分率（%）	45	11
	最大冻土深度（cm）	—	—
大气压力	冬季室外大气压力（hPa）	741.6	982.4
	夏季室外大气压力（hPa）	742.4	965.4
设计计算用供暖期天数及其平均温度	日平均温度≤+5℃的天数	145	0
	日平均温度≤+5℃的起止日期	11.06～03.30	—
	平均温度≤+5℃期间内的平均温度（℃）	0.3	—
	日平均温度≤+8℃的天数	187	32
	日平均温度≤+8℃的起止日期	10.14～04.18	12.26～01.26
	平均温度≤+8℃期间内的平均温度（℃）	1.7	7.7
极端最高气温（℃）		29.4	39.5
极端最低气温（℃）		−14.1	−1.7

南充	凉山州	遂宁	内江	乐山	泸州
南坪区	西昌	遂宁	内江	乐山	泸州
57411	56571	57405	57504	56386	57602
30°47′	27°54′	30°30′	29°35′	29°34′	28°53′
106°06′	102°16′	105°35′	105°03′	103°45′	105°26′
309.3	1590.9	278.2	347.1	424.2	334.8
1971～2000	1971～2000	1971～2000	1971～2000	1971～2000	1971～2000
17.3	16.9	17.4	17.6	17.2	17.7
3.6	4.7	3.9	4.1	3.9	4.5
6.4	9.6	6.5	7.2	7.1	7.7
1.9	2.0	2.0	2.1	2.2	2.6
85	52	86	83	82	67
35.3	30.7	34.7	34.3	32.8	34.6
27.1	21.8	27.5	27.1	26.6	27.1
31.3	26.3	31.1	30.4	29.2	30.5
61	63	63	66	71	86
31.4	26.6	30.7	30.8	29.0	31.0
1.1	1.2	0.8	1.8	1.4	1.7
C NNE	C NNE	C NNE	C N	C NNE	C WSW
43 9	41 9	58 7	25 11	34 9	20 10
2.1	2.2	2.0	2.7	2.2	1.9
0.8	1.7	0.4	1.4	1.0	1.2
C NNE	C NNE	C NNE	C NNE	C NNE	C NNW
56 10	35 10	75 5	30 13	45 11	30 9
1.7	2.5	1.9	2.1	1.9	2.0
C NNE	C NNE	C NNE	C N	C NNE	C NNW
48 10	37 10	65 7	25 12	38 10	24 9
11	69	13	13	13	11
—	—	—	—	—	—
986.7	838.5	990.0	980.9	972.7	983.0
969.1	834.9	972.0	963.9	956.4	965.8
0	0	0	0	0	0
—	—	—	—	—	—
—	—	—	—	—	—
62	0	62	50	53	33
12.12～02.11	—	12.12～02.11	12.22～02.09	12.20～02.10	12.25～01.26
6.8	—	6.9	7.3	7.2	7.7
41.2	36.6	39.5	40.1	36.8	39.8
−3.4	−3.8	−3.8	−2.7	−2.9	−1.9

省/直辖市/自治区		四川	
市/区/自治州		绵阳	达州
台站名称及编号		绵阳	达州
		56196	57328
台站信息	北纬	31°28′	31°12′
	东经	104°41′	107°30′
	海拔（m）	470.8	344.9
	统计年份	1971～2000	1971～2000
	年平均温度（℃）	16.2	17.1
室外计算温、湿度	供暖室外计算温度（℃）	2.4	3.5
	冬季通风室外计算温度（℃）	5.3	6.2
	冬季空气调节室外计算温度（℃）	0.7	2.1
	冬季空气调节室外计算相对湿度（%）	79	82
	夏季空气调节室外计算干球温度（℃）	32.6	35.4
	夏季空气调节室外计算湿球温度（℃）	26.4	27.1
	夏季通风室外计算温度（℃）	29.2	31.8
	夏季通风室外计算相对湿度（%）	70	59
	夏季空气调节室外计算日平均温度（℃）	28.5	31.0
风向、风速及频率	夏季室外平均风速（m/s）	1.1	1.4
	夏季最多风向	C ENE	C ENE
	夏季最多风向的频率（%）	46 5	31 27
	夏季室外最多风向的平均风速（m/s）	2.5	2.4
	冬季室外平均风速（m/s）	0.9	1.0
	冬季最多风向	C E	C ENE
	冬季最多风向的频率（%）	57 7	45 25
	冬季室外最多风向的平均风速（m/s）	2.7	1.9
	年最多风向	C E	C ENE
	年最多风向的频率（%）	49 6	37 27
	冬季日照百分率（%）	19	13
	最大冻土深度（cm）	—	—
大气压力	冬季室外大气压力（hPa）	967.3	985
	夏季室外大气压力（hPa）	951.2	967.5
设计计算用供暖期天数及其平均温度	日平均温度≤+5℃的天数	0	0
	日平均温度≤+5℃的起止日期	—	—
	平均温度≤+5℃期间内的平均温度（℃）	—	—
	日平均温度≤+8℃的天数	73	65
	日平均温度≤+8℃的起止日期	12.05～02.15	12.10～02.12
	平均温度≤+8℃期间内的平均温度（℃）	6.1	6.6
	极端最高气温（℃）	37.2	41.2
	极端最低气温（℃）	−7.3	−4.5

贵州（9）

雅安	巴中	资阳	阿坝州	贵阳	遵义
雅安	巴中	资阳	马尔康	贵阳	遵义
56287	57313	56298	56172	57816	57713
29°59′	31°52′	30°07′	31°54′	26°35′	27°42′
103°00′	106°46′	104°39′	102°14′	106°43′	106°53′
627.6	417.7	357	2664.4	1074.3	843.9
1971~2000	1971~2000	1971~1990	1971~2000	1971~2000	1971~2000
16.2	16.9	17.2	8.6	15.3	15.3
2.9	3.2	3.6	−4.1	−0.3	0.3
6.3	5.8	6.6	−0.6	5.0	4.5
1.1	1.5	1.3	−6.1	−2.5	−1.7
80	82	84	48	80	83
32.1	34.5	33.7	27.3	30.1	31.8
25.8	26.9	26.7	17.3	23	24.3
28.6	31.2	30.2	22.4	27.1	28.8
70	59	65	53	64	63
27.9	30.3	29.5	19.3	26.5	27.9
1.8	0.9	1.3	1.1	2.1	1.1
C　WSW	C　SW	C　S	C　NW	C　SSW	C　SSW
29　15	52　5	41　7	61　9	24　17	48　7
2.9	1.9	2.1	3.1	3.0	2.3
1.1	0.6	0.8	1.0	2.1	1.0
C　E	C　E	C　ENE	C　NW	ENE	C　ESE
50　13	68　4	58　7	62　10	23	50　7
2.1	1.7	1.3	3.3	2.5	1.9
C　E	C　SW	C　ENE	C　NW	C　ENE	C　SSE
40　11	60　4	50　6	60　10	23　15	49　6
16	17	16	62	15	11
—	—	—	25	—	—
949.7	979.9	980.3	733.3	897.4	924.0
935.4	962.7	962.9	734.7	887.8	911.8
0	0	0	122	27	35
—	—	—	11.06~03.07	01.11~02.06	01.05~02.08
—	—	—	1.2	4.6	4.4
64	67	62	162	69	91
12.11~02.12	12.09~02.13	12.14~02.13	10.20~03.30	12.08~02.14	12.04~03.04
6.6	6.2	6.9	2.5	6.0	5.6
35.4	40.3	39.2	34.5	35.1	37.4
−3.9	−5.3	−4.0	−16	−7.3	−7.1

		省/直辖市/自治区		贵州
		市/区/自治州	毕节地区	安顺
台站信息		台站名称及编号	毕节	安顺
			57707	57806
		北纬	27°18′	26°15′
		东经	105°17′	105°55′
		海拔（m）	1510.6	1392.9
		统计年份	1971~2000	1971~2000
		年平均温度（℃）	12.8	14.1
室外计算温、湿度		供暖室外计算温度（℃）	−1.7	−1.1
		冬季通风室外计算温度（℃）	2.7	4.3
		冬季空气调节室外计算温度（℃）	−3.5	−3.0
		冬季空气调节室外计算相对湿度（%）	87	84
		夏季空气调节室外计算干球温度（℃）	29.2	27.7
		夏季空气调节室外计算湿球温度（℃）	21.8	21.8
		夏季通风室外计算温度（℃）	25.7	24.8
		夏季通风室外计算相对湿度（%）	64	70
		夏季空气调节室外计算日平均温度（℃）	24.5	24.5
风向、风速及频率		夏季室外平均风速（m/s）	0.9	2.3
		夏季最多风向	C SSE	SSW
		夏季最多风向的频率（%）	60 12	25
		夏季室外最多风向的平均风速（m/s）	2.3	3.4
		冬季室外平均风速（m/s）	0.6	2.4
		冬季最多风向	C SSE	ENE
		冬季最多风向的频率（%）	69 7	31
		冬季室外最多风向的平均风速（m/s）	1.9	2.8
		年最多风向	C SSE	ENE
		年最多风向的频率（%）	62 9	22
		冬季日照百分率（%）	17	18
		最大冻土深度（cm）	—	—
大气压力		冬季室外大气压力（hPa）	850.9	863.1
		夏季室外大气压力（hPa）	844.2	856.0
设计计算用供暖期天数及其平均温度		日平均温度≤+5℃的天数	67	41
		日平均温度≤+5℃的起止日期	12.10~02.14	01.01~02.10
		平均温度≤+5℃期间内的平均温度（℃）	3.4	4.2
		日平均温度≤+8℃的天数	112	99
		日平均温度≤+8℃的起止日期	11.19~03.10	11.27~03.05
		平均温度≤+8℃期间内的平均温度（℃）	4.4	5.7
		极端最高气温（℃）	39.7	33.4
		极端最低气温（℃）	−11.3	−7.6

铜仁地区	黔西南州	黔南州	黔东南州	六盘水	云南（16）昆明
铜仁	兴仁	罗甸	凯里	盘县	昆明
57741	57902	57916	57825	56793	56778
27°43′	25°26′	25°26′	26°36′	25°47′	25°01′
109°11′	105°11′	106°46′	107°59′	104°37′	102°41′
279.7	1378.5	440.3	720.3	1515.2	1892.4
1971～2000	1971～2000	1971～2000	1971～2000	1971～2000	1971～2000
17.0	15.3	19.6	15.7	15.2	14.9
1.4	0.6	5.5	−0.4	0.6	3.6
5.5	6.3	10.2	4.7	6.5	8.1
−0.5	−1.3	3.7	−2.3	−1.4	0.9
76	84	73	80	79	68
35.3	28.7	34.5	32.1	29.3	26.2
26.7	22.2	*	24.5	21.6	20
32.2	25.3	31.2	29.0	25.5	23.0
60	69	66	64	65	68
30.7	24.8	29.3	28.3	24.7	22.4
0.8	1.8	0.6	1.6	1.3	1.8
C　SSW	C　ESE	C　ESE	C　SSW	C　WSW	C　WSW
62　7	29　13	69　4	33　9	48　9	31　13
2.3	2.3	1.7	3.1	2.5	2.6
0.9	2.2	0.7	1.6	2.0	2.2
C　ENE	C　ENE	C　ESE	C　NNE	C　ENE	C　WSW
58　15	19　18	62　8	26　22	31　19	35　19
2.2	2.3	1.8	2.3	2.5	3.7
C　ENE	C　ESE	C　ESE	C　NNE	C　ENE	C　WSW
61　11	24　15	64　6	29　15	39　14	31　16
15	29	21	16	33	66
—	—	—	—	—	—
991.3	864.4	968.6	938.3	849.6	811.9
973.1	857.5	954.7	925.2	843.8	808.2
5	0	0	30	0	0
01.29～02.02	—	—	01.09～02.07	—	—
4.9	—	—	4.4	—	—
64	65	0	87	66	27
12.12～02.13	12.10～02.12	—	12.08～03.04	12.09～02.12	12.17～01.12
6.3	6.7	—	5.8	6.9	7.7
40.1	35.5	39.2	37.5	35.1	30.4
−9.2	−6.2	−2.7	−9.7	−7.9	−7.8

省/直辖市/自治区				云南
市/区/自治州			保山	昭通
台站名称及编号			保山	昭通
			56748	56586
台站信息	北纬		25°07′	27°21′
	东经		99°10′	103°43′
	海拔（m）		1653.5	1949.5
	统计年份		1971～2000	1971～2000
	年平均温度（℃）		15.9	11.6
室外计算温、湿度	供暖室外计算温度（℃）		6.6	−3.1
	冬季通风室外计算温度（℃）		8.5	2.2
	冬季空气调节室外计算温度（℃）		5.6	−5.2
	冬季空气调节室外计算相对湿度（%）		69	74
	夏季空气调节室外计算干球温度（℃）		27.1	27.3
	夏季空气调节室外计算湿球温度（℃）		20.9	19.5
	夏季通风室外计算温度（℃）		24.2	23.5
	夏季通风室外计算相对湿度（%）		67	63
	夏季空气调节室外计算日平均温度（℃）		23.1	22.5
风向、风速及频率	夏季室外平均风速（m/s）		1.3	1.6
	夏季最多风向		C　SSW	C　NE
	夏季最多风向的频率（%）		50　10	43　12
	夏季室外最多风向的平均风速（m/s）		2.5	3
	冬季室外平均风速（m/s）		1.5	2.4
	冬季最多风向		C　WSW	C　NE
	冬季最多风向的频率（%）		54　10	32　20
	冬季室外最多风向的平均风速（m/s）		3.4	3.6
	年最多风向		C　WSW	C　NE
	年最多风向的频率（%）		52　8	36　17
	冬季日照百分率（%）		74	43
	最大冻土深度（cm）		—	—
大气压力	冬季室外大气压力（hPa）		835.7	805.3
	夏季室外大气压力（hPa）		830.3	802.0
设计计算用供暖期天数及其平均温度	日平均温度≤+5℃的天数		0	73
	日平均温度≤+5℃的起止日期		—	12.04～02.14
	平均温度≤+5℃期间内的平均温度（℃）			3.1
	日平均温度≤+8℃的天数		6	122
	日平均温度≤+8℃的起止日期		01.01～01.06	11.10～03.11
	平均温度≤+8℃期间内的平均温度（℃）		7.9	4.1
	极端最高气温（℃）		32.3	33.4
	极端最低气温（℃）		−3.8	−10.6

(16)

丽江	普洱	红河州	西双版纳州	文山州	曲靖
丽江	思茅	蒙自	景洪	文山州	沾益
56651	56964	56985	56959	56994	56786
26°52′	22°47′	23°23′	22°00′	23°23′	25°35′
100°13′	100°58′	103°23′	100°47′	104°15′	103°50′
2392.4	1302.1	1300.7	582	1271.6	1898.7
1971～2000	1971～2000	1971～2000	1971～2000	1971～2000	1971～2000
12.7	18.4	18.7	22.4	18	14.4
3.1	9.7	6.8	13.3	5.6	1.1
6.0	12.5	12.3	16.5	11.1	7.4
1.3	7.0	4.5	10.5	3.4	−1.6
46	78	72	85	77	67
25.6	29.7	30.7	34.7	30.4	27.0
18.1	22.1	22	25.7	22.1	19.8
22.3	25.8	26.7	30.4	26.7	23.3
59	69	62	67	63	68
21.3	24.0	25.9	28.5	25.5	22.4
2.5	1.0	3.2	0.8	2.2	2.3
C　ESE	C　SW	S	C　ESE	SSE	C　SSW
18　11	51　10	26	58　8	25	19　19
2.5	1.9	3.9	1.7	2.9	2.7
4.2	0.9	3.8	0.4	2.9	3.1
WNW	C　WSW	SSW	C　ESE	S	SW
21	59　7	24	72　3	26	19
5.5	2.7	5.5	1.4	3.4	3.8
WNW	C　WSW	S	C　ESE	SSE	SSW
15	55　7	23	68　5	25	18
77	64	62	57	50	56
—	—	—	—	—	—
762.6	871.8	865.0	951.3	875.4	810.9
761.0	865.3	871.4	942.7	868.2	807.6
0	0	0	0	0	0
—	—	—	—	—	—
—	—	—	—	—	—
82	0	0	0	0	60
11.27～02.16	—	—	—	—	12.08～02.05
6.3	—	—	—	—	7.4
32.3	35.7	35.9	41.1	35.9	33.2
−10.3	−2.5	−3.9	1.9	−3.0	−9.2

省/直辖市/自治区			云南	
市/区/自治州			玉溪	临沧
台站名称及编号			玉溪	临沧
			56875	56951
台站信息	北纬		24°21′	23°53′
	东经		102°33′	100°05′
	海拔（m）		1636.7	1502.4
	统计年份		1971~2000	1971~2000
年平均温度（℃）			15.9	17.5
室外计算温、湿度	供暖室外计算温度（℃）		5.5	9.2
	冬季通风室外计算温度（℃）		8.9	11.2
	冬季空气调节室外计算温度（℃）		3.4	7.7
	冬季空气调节室外计算相对湿度（%）		73	65
	夏季空气调节室外计算干球温度（℃）		28.2	28.6
	夏季空气调节室外计算湿球温度（℃）		20.8	21.3
	夏季通风室外计算温度（℃）		24.5	25.2
	夏季通风室外计算相对湿度（%）		66	69
	夏季空气调节室外计算日平均温度（℃）		23.2	23.6
风向、风速及频率	夏季室外平均风速（m/s）		1.4	1.0
	夏季最多风向		C WSW	C NE
	夏季最多风向的频率（%）		46 10	54 8
	夏季室外最多风向的平均风速（m/s）		2.5	2.4
	冬季室外平均风速（m/s）		1.7	1.0
	冬季最多风向		C WSW	C W
	冬季最多风向的频率（%）		61 6	60 4
	冬季室外最多风向的平均风速（m/s）		1.8	2.9
	年最多风向		C WSW	C NNE
	年最多风向的频率（%）		45 16	55 4
冬季日照百分率（%）			61	71
最大冻土深度（cm）			—	—
大气压力	冬季室外大气压力（hPa）		837.2	851.2
	夏季室外大气压力（hPa）		832.1	845.4
设计计算用供暖期天数及其平均温度	日平均温度≤+5℃的天数		0	0
	日平均温度≤+5℃的起止日期		—	—
	平均温度≤+5℃期间内的平均温度（℃）		—	—
	日平均温度≤+8℃的天数		0	0
	日平均温度≤+8℃的起止日期		—	—
	平均温度≤+8℃期间内的平均温度（℃）		—	—
极端最高气温（℃）			32.6	34.1
极端最低气温（℃）			—5.5	—1.3

(16)

楚雄州	大理州	德宏州	怒江州	迪庆州
楚雄	大理	瑞丽	泸水	香格里拉
56768	56751	56838	56741	56543
25°01′	25°42′	24°01′	25°59′	27°50′
101°32′	100°11′	97°51′	98°49′	99°42′
1772	1990.5	776.6	1804.9	3276.1
1971～2000	1971～2000	1971～2000	1971～2000	1971～2000
16.0	14.9	20.3	15.2	5.9
5.6	5.2	10.9	6.7	−6.1
8.7	8.2	13	9.2	−3.2
3.2	3.5	9.9	5.6	−8.6
75	66	78	56	60
28.0	26.2	31.4	26.7	20.8
20.1	20.2	24.5	20	13.8
24.6	23.3	27.5	22.4	17.9
61	64	72	78	63
23.9	22.3	26.4	22.4	15.6
1.5	1.9	1.1	2.1	2.1
C　WSW	C　NW	C　WSW	WSW	C　SSW
32　14	27　10	46　10	30	37　14
2.6	2.4	2.5	2.3	3.6
1.5	3.4	0.7	2.1	2.4
C　WSW	C　ESE	C　WSW	C　NNE	C　SSW
45　14	15　8	61　6	18　17	38　10
2.8	3.9	1.8	2.4	3.9
C　WSW	C　ESE	C　WSW	WSW	C　SSW
40　13	20　8	51　8	18	36　13
66	68	66	68	72
—	—	—		25
823.3	802	927.6	820.9	684.5
818.8	798.7	918.6	816.2	685.8
0	0	0	0	176
—	—	—		10.23～04.16
—	—	—		0.1
—	—	—		—
8	29	0	0	208
01.01～01.08	12.15～01.12			10.10～05.05
7.9	7.5	—	—	1.1
33.0	31.6	36.4	32.5	25.6
−4.8	−4.2	1.4	−0.5	−27.4

省/直辖市/自治区				西藏
市/区/自治州			拉萨	昌都地区
台站名称及编号			拉萨	昌都
			55591	56137
台站信息		北纬	29°40′	31°09′
		东经	91°08′	97°10′
		海拔（m）	3648.7	3306
		统计年份	1971～2000	1971～2000
		年平均温度（℃）	8.0	7.6
室外计算温、湿度		供暖室外计算温度（℃）	−5.2	−5.9
		冬季通风室外计算温度（℃）	−1.6	−2.3
		冬季空气调节室外计算温度（℃）	−7.6	−7.6
		冬季空气调节室外计算相对湿度（%）	28	37
		夏季空气调节室外计算干球温度（℃）	24.1	26.2
		夏季空气调节室外计算湿球温度（℃）	13.5	15.1
		夏季通风室外计算温度（℃）	19.2	21.6
		夏季通风室外计算相对湿度（%）	38	46
		夏季空气调节室外计算日平均温度（℃）	19.2	19.6
风向、风速及频率		夏季室外平均风速（m/s）	1.8	1.2
		夏季最多风向	C　SE	C　NW
		夏季最多风向的频率（%）	30　12	48　6
		夏季室外最多风向的平均风速（m/s）	2.7	2.1
		冬季室外平均风速（m/s）	2.0	0.9
		冬季最多风向	C　ESE	C　NW
		冬季最多风向的频率（%）	27　15	61　5
		冬季室外最多风向的平均风速（m/s）	2.3	2.0
		年最多风向	C　SE	C　NW
		年最多风向的频率（%）	28　12	51　6
		冬季日照百分率（%）	77	63
		最大冻土深度（cm）	19	81
大气压力		冬季室外大气压力（hPa）	650.6	679.9
		夏季室外大气压力（hPa）	652.9	681.7
设计计算用供暖期天数及其平均温度		日平均温度≤+5℃的天数	132	148
		日平均温度≤+5℃的起止日期	11.01～03.12	10.28～03.24
		平均温度≤+5℃期间内的平均温度（℃）	0.61	0.3
		日平均温度≤+8℃的天数	179	185
		日平均温度≤+8℃的起止日期	10.19～04.15	10.17～04.19
		平均温度≤+8℃期间内的平均温度（℃）	2.17	1.6
		极端最高气温（℃）	29.9	33.4
		极端最低气温（℃）	−16.5	−20.7

(7)

那曲地区	日喀则地区	林芝地区	阿里地区	山南地区
那曲	日喀则	林芝	狮泉河	错那
55299	55578	56312	55228	55690
31°29′	29°15′	29°40′	32°30′	27°59′
92°04′	88°53′	94°20′	80°05′	91°57′
4507	3936	2991.8	4278	9280
1971～2000	1971～2000	1971～2000	1972～2000	1971～2000
−1.2	6.5	8.7	0.4	−0.3
−17.8	−7.3	−2	−19.8	−14.4
−12.6	−3.2	0.5	−12.4	−9.9
−21.9	−9.1	−3.7	−24.5	−18.2
40	28	49	37	64
17.2	22.6	22.9	22.0	13.2
9.1	13.4	15.6	9.5	8.7
13.3	18.9	19.9	17.0	11.2
52	40	61	31	68
11.5	17.1	17.9	16.4	9.0
2.5	1.3	1.6	3.2	4.1
C SE	C SSE	C E	C W	WSW
30 7	51 9	38 11	24 14	31
3.5	2.5	2.1	5.0	5.7
3.0	1.8	2.0	2.6	3.6
C WNW	C W	C E	C W	C WSW
39 11	50 11	27 17	41 17	32 17
7.5	4.5	2.3	5.7	5.6
C WNW	C W	C E	C W	WSW
34 8	48 7	32 14	33 16	25
71	81	57	80	77
281	58	13	—	86
583.9	636.1	706.5	602.0	598.3
589.1	638.5	706.2	604.8	602.7
254	159	116	238	251
09.17～05.28	10.22～03.29	11.13～03.08	09.28～05.23	09.23～05.31
−5.3	−0.3	2.0	−5.5	−3.7
300	194	172	263	365
08.23～06.18	10.11～04.22	10.24～04.13	09.19～06.08	01.01～12.31
−3.4	1.0	3.4	−4.3	−0.1
24.2	28.5	30.3	27.6	18.4
−37.6	−21.3	−13.7	−36.6	−37

省/直辖市/自治区		陕西	
市/区/自治州		西安	延安
台站名称及编号		西安	延安
		57036	53845
台站信息	北纬	34°18′	36°36′
	东经	108°56′	109°30′
	海拔（m）	397.5	958.5
	统计年份	1971～2000	1971～2000
	年平均温度（℃）	13.7	9.9
室外计算温、湿度	供暖室外计算温度（℃）	−3.4	−10.3
	冬季通风室外计算温度（℃）	−0.1	−5.5
	冬季空气调节室外计算温度（℃）	−5.7	−13.3
	冬季空气调节室外计算相对湿度（%）	66	53
	夏季空气调节室外计算干球温度（℃）	35.0	32.4
	夏季空气调节室外计算湿球温度（℃）	25.8	22.8
	夏季通风室外计算温度（℃）	30.6	28.1
	夏季通风室外计算相对湿度（%）	58	52
	夏季空气调节室外计算日平均温度（℃）	30.7	26.1
风向、风速及频率	夏季室外平均风速（m/s）	1.9	1.6
	夏季最多风向	C　ENE	C　WSW
	夏季最多风向的频率（%）	28　13	28　16
	夏季室外最多风向的平均风速（m/s）	2.5	2.2
	冬季室外平均风速（m/s）	1.4	1.8
	冬季最多风向	C　ENE	C　WSW
	冬季最多风向的频率（%）	41　10	25　20
	冬季室外最多风向的平均风速（m/s）	2.5	2.4
	年最多风向	C　ENE	C　WSW
	年最多风向的频率（%）	35　11	26　17
	冬季日照百分率（%）	32	61
	最大冻土深度（cm）	37	77
大气压力	冬季室外大气压力（hPa）	979.1	913.8
	夏季室外大气压力（hPa）	959.8	900.7
设计计算用供暖期天数及其平均温度	日平均温度≤+5℃的天数	100	133
	日平均温度≤+5℃的起止日期	11.23～03.02	11.06～03.18
	平均温度≤+5℃期间内的平均温度（℃）	1.5	−1.9
	日平均温度≤+8℃的天数	127	159
	日平均温度≤+8℃的起止日期	11.09～03.15	10.23～03.30
	平均温度≤+8℃期间内的平均温度（℃）	2.6	−0.5
	极端最高气温（℃）	41.8	38.3
	极端最低气温（℃）	−12.8	−23.0

A

(9)

宝鸡		汉中		榆林		安康		铜川		咸阳	
宝鸡		汉中		榆林		安康		铜川		武功	
57016		57127		53646		57245		53947		57034	
34°21′		33°04′		38°14′		32°43′		35°05′		34°15′	
107°08′		107°02′		109°42′		109°02′		109°04′		108°13′	
612.4		509.5		1057.5		290.8		978.9		447.8	
1971~2000		1971~2000		1971~2000		1971~2000		1971~1999		1971~2000	
13.2		14.4		8.3		15.6		10.6		13.2	
−3.4		−0.1		−15.1		0.9		−7.2		−3.6	
0.1		2.4		−9.4		3.5		−3.0		−0.4	
−5.8		−1.8		−19.3		−0.9		−9.8		−5.9	
62		80		55		71		55		67	
34.1		32.3		32.2		35.0		31.5		34.3	
24.6		26		21.5		26.8		23		*	
29.5		28.5		28.0		30.5		27.4		29.9	
58		69		45		64		60		61	
29.2		28.5		26.5		30.7		26.5		29.8	
1.5		1.1		2.3		1.3		2.2		1.7	
C	ESE	C	ESE	C	S	C	E	ENE		C	WNW
37	12	43	9	27	17	41	7	20		28	
2.9		1.9		3.5		2.3		2.2		2.9	
1.1		0.9		1.7		1.2		2.2		1.4	
C	ESE	C	E	C	N	C	E	ENE		C	NW
54	13	55	8	43	14	49	13	31		34	7
2.8		2.4		2.9		2.9		2.3		2.3	
C	ESE	C	ESE	C	S	C	E	ENE		C	WNW
47	13	49	8	35	11	45	10	24		31	9
40		27		64		30		58		42	
29		8		148		8		53		24	
953.7		964.3		902.2		990.6		911.1		971.7	
936.9		947.8		889.9		971.7		898.4		953.1	
101		72		153		60		128		101	
11.23~03.03		12.04~02.13		10.27~03.28		12.12~02.09		11.10~03.17		11.23~03.03	
1.6		3.0		−3.9		3.8		−0.2		1.2	
135		115		171		100		148		133	
11.08~03.22		11.15~03.09		10.17~04.05		11.26~03.05		11.03~03.30		11.08~03.20	
3		4.3		−2.8		4.9		0.6		2.7	
41.6		38.3		38.6		41.3		37.7		40.4	
−16.1		−10.0		−30.0		−9.7		−21.8		−19.4	

省/直辖市/自治区		陕西（9）	甘肃
市/区/自治州		商洛	兰州
台站名称及编号		商州	兰州
		57143	52889
台站信息	北纬	33°52′	36°03
	东经	109°58′	103°53′
	海拔（m）	742.2	1517.2
	统计年份	1971～2000	1971～2000
年平均温度（℃）		12.8	9.8
室外计算温、湿度	供暖室外计算温度（℃）	−3.3	−9.0
	冬季通风室外计算温度（℃）	0.5	−5.3
	冬季空气调节室外计算温度（℃）	−5	−11.5
	冬季空气调节室外计算相对湿度（%）	59	54
	夏季空气调节室外计算干球温度（℃）	32.9	31.2
	夏季空气调节室外计算湿球温度（℃）	24.3	20.1
	夏季通风室外计算温度（℃）	28.6	26.5
	夏季通风室外计算相对湿度（%）	56	45
	夏季空气调节室外计算日平均温度（℃）	27.6	26.0
风向、风速及频率	夏季室外平均风速（m/s）	2.2	1.2
	夏季最多风向	C SE	C ESE
	夏季最多风向的频率（%）	27 18	48 9
	夏季室外最多风向的平均风速（m/s）	3.9	2.1
	冬季室外平均风速（m/s）	2.6	0.5
	冬季最多风向	C NW	C E
	冬季最多风向的频率（%）	22 16	74 5
	冬季室外最多风向的平均风速（m/s）	4.1	1.7
	年最多风向	C SE	C ESE
	年最多风向的频率（%）	26 15	59 7
冬季日照百分率（%）		47	53
最大冻土深度（cm）		18	98
大气压力	冬季室外大气压力（hPa）	937.7	851.5
	夏季室外大气压力（hPa）	923.3	843.2
设计计算用供暖期天数及其平均温度	日平均温度≤+5℃的天数	100	130
	日平均温度≤+5℃的起止日期	11.25～03.04	11.05～03.14
	平均温度≤+5℃期间内的平均温度（℃）	1.9	−1.9
	日平均温度≤+8℃的天数	139	160
	日平均温度≤+8℃的起止日期	11.09～03.27	10.20～03.28
	平均温度≤+8℃期间内的平均温度（℃）	3.3	−0.3
	极端最高气温（℃）	39.9	39.8
	极端最低气温（℃）	−13.9	−19.7

(13)

酒泉	平凉	天水	陇南	张掖
酒泉	平凉	天水	武都	张掖
52533	53915	57006	56096	52652
39°46′	35°33′	34°35′	33°24′	38°56′
98°29′	106°40′	105°45′	104°55′	100°26′
1477.2	1346.6	1141.7	1079.1	1482.7
1971～2000	1971～2000	1971～2000	1971～2000	1971～2000
7.5	8.8	11.0	14.6	7.3
−14.5	−8.8	−5.7	0.0	−13.7
−9.0	−4.6	−2.0	3.3	−9.3
−18.5	−12.3	−8.4	−2.3	−17.1
53	55	62	51	52
30.5	29.8	30.8	32.6	31.7
19.6	21.3	21.8	22.3	19.5
26.3	25.6	26.9	28.3	26.9
39	56	55	52	37
24.8	24.0	25.9	28.5	25.1
2.2	1.9	1.2	1.7	2.0
C ESE	C SE	C ESE	C SSE	C S
24 8	24 14	43 15	39 10	25 12
2.8	2.8	2.0	3.1	2.1
2.0	2.1	1.0	1.2	1.8
C W	C NW	C ESE	C ENE	C S
21 12	22 20	51 15	47 6	27 13
2.4	2.2	2.2	2.3	2.1
C WSW	C NW	C ESE	C SSE	C S
21 10	24 16	47 15	43 8	25 12
72	60	46	47	74
117	48	90	13	113
856.3	870.0	892.4	898.0	855.5
847.2	860.8	881.2	887.3	846.5
157	143	119	64	159
10.23～03.28	11.05～03.27	11.11～03.09	12.09～02.10	10.21～03.28
−4	−1.3	0.3	3.7	−4.0
183	170	145	102	178
10.12～04.12	10.18～04.05	11.04～03.28	11.23～03.04	10.12～04.07
−2.4	0.0	1.4	4.8	−2.9
36.6	36.0	38.2	38.6	38.6
−29.8	−24.3	−17.4	−8.6	−28.2

省/直辖市/自治区			甘肃
市/区/自治州		白银	金昌
台站名称及编号		靖远	永昌
		52895	52674
台站信息	北纬	36°34′	38°14′
	东经	104°41′	101°58′
	海拔（m）	1398.2	1976.1
	统计年份	1971～2000	1971～2000
	年平均温度（℃）	9	5
室外计算温、湿度	供暖室外计算温度（℃）	−10.7	−14.8
	冬季通风室外计算温度（℃）	−6.9	−9.6
	冬季空气调节室外计算温度（℃）	−13.9	−18.2
	冬季空气调节室外计算相对湿度（%）	58	45
	夏季空气调节室外计算干球温度（℃）	30.9	27.3
	夏季空气调节室外计算湿球温度（℃）	21	17.2
	夏季通风室外计算温度（℃）	26.7	23
	夏季通风室外计算相对湿度（%）	48	45
	夏季空气调节室外计算日平均温度（℃）	25.9	20.6
风向、风速及频率	夏季室外平均风速（m/s）	1.3	3.1
	夏季最多风向	C　S	WNW
	夏季最多风向的频率（%）	49　10	21
	夏季室外最多风向的平均风速（m/s）	3.3	3.6
	冬季室外平均风速（m/s）	0.7	2.6
	冬季最多风向	C　ENE	C　WNW
	冬季最多风向的频率（%）	69　6	27　16
	冬季室外最多风向的平均风速（m/s）	2.1	3.5
	年最多风向	C　S	C　WNW
	年最多风向的频率（%）	56　6	19　18
	冬季日照百分率（%）	66	78
	最大冻土深度（cm）	86	159
大气压力	冬季室外大气压力（hPa）	864.5	802.8
	夏季室外大气压力（hPa）	855	798.9
设计计算用供暖期天数及其平均温度	日平均温度≤+5℃的天数	138	175
	日平均温度≤+5℃的起止日期	11.03～03.20	10.15～04.04
	平均温度≤+5℃期间内的平均温度（℃）	−2.7	−4.3
	日平均温度≤+8℃的天数	167	199
	日平均温度≤+8℃的起止日期	10.19～04.03	10.05～04.21
	平均温度≤+8℃期间内的平均温度（℃）	−1.1	−3.0
	极端最高气温（℃）	39.5	35.1
	极端最低气温（℃）	−24.3	−28.3

(13)

庆阳	定西	武威	临夏州	甘南州
西峰镇	临洮	武威	临夏	合作
53923	52986	52679	52984	56080
35°44′	35°22′	37°55′	35°35′	35°00′
107°38′	103°52′	102°40′	103°11′	102°54′
1421	1886.6	1530.9	1917	2910.0
1971～2000	1971～2000	1971～2000	1971～2000	1971～2000
8.7	7.2	7.9	7.0	2.4
−9.6	−11.3	−12.7	−10.6	−13.8
−4.8	−7.0	−7.8	−6.7	−9.9
−12.9	−15.2	−16.3	−13.4	−16.6
53	62	49	59	49
28.7	27.7	30.9	26.9	22.3
20.6	19.2	19.6	19.4	14.5
24.6	23.3	26.4	22.8	17.9
57	55	41	57	54
24.3	22.1	24.8	21.2	15.9
2.4	1.2	1.8	1.0	1.5
SSW	C SSW	C NNW	C WSW	C N
16	43 7	35 9	54 9	46 13
2.9	1.7	3.3	2.0	3.3
2.2	1.0	1.6	1.2	1.0
C NNW	C NE	C SW	C N	C N
13 10	52 7	35 11	47 10	63 8
2.8	1.9	2.4	1.9	3.0
SSW	C ESE	C SW	C NNE	C N
13	45 6	34 9	49 9	50 11
61	64	75	63	66
79	114	141	85	142
861.8	812.6	850.3	809.4	713.2
853.5	808.1	841.8	805.1	716.0
144	155	155	156	202
11.05～03.28	10.25～03.28	10.24～03.27	10.24～03.28	10.08～04.27
−1.5	−2.2	−3.1	−2.2	−3.9
171	183	174	185	250
10.18～04.06	10.14～04.14	10.14～04.05	10.13～04.15	09.15～05.22
−0.2	−0.8	−2.0	−0.8	−1.8
36.4	36.1	35.1	36.4	30.4
−22.6	−27.9	−28.3	−24.7	−27.9

省/直辖市/自治区			青海	
市/区/自治州			西宁	玉树州
台站名称及编号			西宁	玉树
			52866	56029
台站信息	北纬		36°43′	33°01′
	东经		101°45′	97°01′
	海拔（m）		2295.2	3681.2
	统计年份		1971～2000	1971～2000
	年平均温度（℃）		6.1	3.2
室外计算温、湿度	供暖室外计算温度（℃）		−11.4	−11.9
	冬季通风室外计算温度（℃）		−7.4	−7.6
	冬季空气调节室外计算温度（℃）		−13.6	−15.8
	冬季空气调节室外计算相对湿度（%）		45	44
	夏季空气调节室外计算干球温度（℃）		26.5	21.8
	夏季空气调节室外计算湿球温度（℃）		16.6	13.1
	夏季通风室外计算温度（℃）		21.9	17.3
	夏季通风室外计算相对湿度（%）		48	50
	夏季空气调节室外计算日平均温度（℃）		20.8	15.5
风向、风速及频率	夏季室外平均风速（m/s）		1.5	0.8
	夏季最多风向		C　　SSE	C　　E
	夏季最多风向的频率（%）		37　　17	63　　7
	夏季室外最多风向的平均风速（m/s）		2.9	2.3
	冬季室外平均风速（m/s）		1.3	1.1
	冬季最多风向		C　　SSE	C　　WNW
	冬季最多风向的频率（%）		49　　18	62　　7
	冬季室外最多风向的平均风速（m/s）		3.2	3.5
	年最多风向		C　　SSE	C　　WNW
	年最多风向的频率（%）		41　　20	60　　6
	冬季日照百分率（%）		68	60
	最大冻土深度（cm）		123	104
大气压力	冬季室外大气压力（hPa）		774.4	647.5
	夏季室外大气压力（hPa）		772.9	651.5
设计计算用供暖期天数及其平均温度	日平均温度≤+5℃的天数		165	199
	日平均温度≤+5℃的起止日期		10.20～04.02	10.09～04.25
	平均温度≤+5℃期间内的平均温度（℃）		−2.6	−2.7
	日平均温度≤+8℃的天数		190	248
	日平均温度≤+8℃的起止日期		10.10～04.17	09.17～05.22
	平均温度≤+8℃期间内的平均温度（℃）		−1.4	−0.8
	极端最高气温（℃）		36.5	28.5
	极端最低气温（℃）		−24.9	−27.6

海西州	黄南州	海南州	果洛州	海北州
格尔木	河南	共和	达日	祁连
52818	56065	52856	56046	52657
36°25′	34°44′	36°16	33°45′	38°11′
94°54′	101°36′	100°37′	99°39′	100°15′
2807.3	8500	2835	3967.5	2787.4
1971～2000	1972～2000	1971～2000	1972～2000	1971～2000
5.3	0.0	4.0	−0.9	1.0
−12.9	−18.0	−14	−18.0	−17.2
−9.1	−12.3	−9.8	−12.6	−13.2
−15.7	−22.0	−16.6	−21.1	−19.7
39	55	43	53	44
26.9	19.0	24.6	17.3	23.0
13.3	12.4	14.8	10.9	13.8
21.6	14.9	19.8	13.4	18.3
30	58	48	57	48
21.4	13.2	19.3	12.1	15.9
3.3	2.4	2.0	2.2	2.2
WNW	C SE	C SSE	C ENE	C SSE
20	29 13	30 8	32 12	23 1 9
4.3	3.4	2.9	3.4	2.9
2.2	1.9	1.4	2.0	1.5
C WSW	C NW	C NNE	C WNW	C SSE
23 12	47 6	45 12	48 7	36 13
2.3	4.4	1.6	4.9	2.3
WNW	C ESE	C NNE	C ENE	C SSE
15	35 9	36 10	38 7	27 17
72	69	75	62	73
84	177	150	238	250
723.5	663.1	720.1	624.0	725.1
724.0	668.4	721.8	630.1	727.3
176	243	183	255	213
10.15～04.08	09.17～05.17	10.14～04.14	09.14～05.26	09.29～04.29
−3.8	−4.5	−4.1	−4.9	−5.8
203	285	210	302	252
10.02～04.22	09.01～06.12	09.30～04.27	08.23～06.20	09.12～05.21
−2.4	−2.8	−2.7	−2.9	−3.8
35.5	26.2	33.7	23.3	33.3
−26.9	−37.2	−27.7	−34	−32.0

省/直辖市/自治区		青海（8）	宁夏
市/区/自治州		海东地区	银川
台站名称及编号		民和	银川
		52876	53614
台站 信息	北纬	36°19′	38°29′
	东经	102°51′	106°13′
	海拔（m）	1813.9	1111.4
	统计年份	1971~2000	1971~2000
	年平均温度（℃）	7.9	9.0
室外计 算温、 湿度	供暖室外计算温度（℃）	−10.5	−13.1
	冬季通风室外计算温度（℃）	−6.2	−7.9
	冬季空气调节室外计算温度（℃）	−13.4	−17.3
	冬季空气调节室外计算相对湿度（%）	51	55
	夏季空气调节室外计算干球温度（℃）	28.8	31.2
	夏季空气调节室外计算湿球温度（℃）	19.4	22.1
	夏季通风室外计算温度（℃）	24.5	27.6
	夏季通风室外计算相对湿度（%）	50	48
	夏季空气调节室外计算日平均温度（℃）	23.3	26.2
风向、 风速及 频率	夏季室外平均风速（m/s）	1.4	2.1
	夏季最多风向	C　SE	C　SSW
	夏季最多风向的频率（%）	38　8	21　11
	夏季室外最多风向的平均风速（m/s）	2.2	2.9
	冬季室外平均风速（m/s）	1.4	1.8
	冬季最多风向	C　SE	C　NNE
	冬季最多风向的频率（%）	40　10	26　11
	冬季室外最多风向的平均风速（m/s）	2.6	2.2
	年最多风向	C　SE	C　NNE
	年最多风向的频率（%）	38　11	23　9
	冬季日照百分率（%）	61	68
	最大冻土深度（cm）	108	88
大气 压力	冬季室外大气压力（hPa）	820.3	896.1
	夏季室外大气压力（hPa）	815.0	883.9
设计计 算用供 暖期天 数及其 平均 温度	日平均温度≤+5℃的天数	146	145
	日平均温度≤+5℃的起止日期	11.02~03.27	11.03~03.27
	平均温度≤+5℃期间内的平均温度（℃）	−2.1	−3.2
	日平均温度≤+8℃的天数	173	169
	日平均温度≤+8℃的起止日期	10.15~04.05	10.19~04.05
	平均温度≤+8℃期间内的平均温度（℃）	−0.8	−1.8
	极端最高气温（℃）	37.2	38.7
	极端最低气温（℃）	−24.9	−27.7

石嘴山	吴忠	固原	中卫
惠农	同心	固原	中卫
53519	53810	53817	53704
39°13′	36°59′	36°00′	37°32′
106°46′	105°54′	106°16′	105°11′
1091.0	1343.9	1753.0	1225.7
1971～2000	1971～2000	1971～2000	1971～1990
8.8	9.1	6.4	8.7
−13.6	−12.0	−13.2	−12.6
−8.4	−7.1	−8.1	−7.5
−17.4	−16.0	−17.3	−16.4
50	50	56	51
31.8	32.4	27.7	31.0
21.5	20.7	19	21.1
28.0	27.7	23.2	27.2
42	40	54	47
26.8	26.6	22.2	25.7
3.1	3.2	2.7	1.9
C　SSW	SSE	C　SSE	C　ESE
15　12	23	19　14	37　20
3.1	3.4	3.7	1.9
2.7	2.3	2.7	1.8
C　NNE	C　SSE	C　NNW	C　WNW
26　11	22　19	18　9	46　11
4.7	2.8	3.8	2.6
C　SSW	SSE	C　SE	C　ESE
19　8	21	18　11	40　13
73	72	67	72
91	130	121	66
898.2	870.6	826.8	883.0
885.7	860.6	821.1	871.7
146	143	166	145
11.02～03.27	11.04～03.26	10.21～04.04	11.02～03.26
−3.7	−2.8	−3.1	−3.1
169	168	189	170
10.19～04.05	10.19～04.04	10.10～04.16	10.18～04.05
−2.3	−1.4	−1.9	−1.6
38	39	34.6	37.6
−28.4	−27.1	−30.9	−29.2

省/直辖市/自治区				新疆
市/区/自治州			乌鲁木齐	克拉玛依
台站名称及编号			乌鲁木齐	克拉玛依
			51463	51243
台站信息		北纬	43°47′	45°37′
		东经	87°37′	84°51′
		海拔（m）	917.9	449.5
		统计年份	1971～2000	1971～2000
		年平均温度（℃）	7.0	8.6
室外计算温、湿度		供暖室外计算温度（℃）	−19.7	−22.2
		冬季通风室外计算温度（℃）	−12.7	−15.4
		冬季空气调节室外计算温度（℃）	−23.7	−26.5
		冬季空气调节室外计算相对湿度（%）	78	78
		夏季空气调节室外计算干球温度（℃）	33.5	36.4
		夏季空气调节室外计算湿球温度（℃）	18.2	19.8
		夏季通风室外计算温度（℃）	27.5	30.6
		夏季通风室外计算相对湿度（%）	34	26
		夏季空气调节室外计算日平均温度（℃）	28.3	32.3
风向、风速及频率		夏季室外平均风速（m/s）	3.0	4.4
		夏季最多风向	NNW	NNW
		夏季最多风向的频率（%）	15	29
		夏季室外最多风向的平均风速（m/s）	3.7	6.6
		冬季室外平均风速（m/s）	1.6	1.1
		冬季最多风向	C　　SSW	C　　E
		冬季最多风向的频率（%）	29　　10	49　　7
		冬季室外最多风向的平均风速（m/s）	2.0	2.1
		年最多风向	C　　NNW	C　　NNW
		年最多风向的频率（%）	15　　12	21　　19
		冬季日照百分率（%）	39	47
		最大冻土深度（cm）	139	192
大气压力		冬季室外大气压力（hPa）	924.6	979.0
		夏季室外大气压力（hPa）	911.2	957.6
设计计算用供暖期天数及其平均温度		日平均温度≤+5℃的天数	158	147
		日平均温度≤+5℃的起止日期	10.24～03.30	10.31～03.26
		平均温度≤+5℃期间内的平均温度（℃）	−7.1	−8.6
		日平均温度≤+8℃的天数	180	165
		日平均温度≤+8℃的起止日期	10.14～04.11	10.19～04.01
		平均温度≤+8℃期间内的平均温度（℃）	−5.4	−7.0
		极端最高气温（℃）	42.1	42.7
		极端最低气温（℃）	−32.8	−34.3

吐鲁番	哈密	和田	阿勒泰	喀什地区
吐鲁番	哈密	和田	阿勒泰	喀什
51573	52203	51828	51076	51709
42°56′	42°49′	37°08′	47°44′	39°28′
89°12′	93°31′	79°56′	88°05′	75°59′
34.5	737.2	1374.5	735.3	1288.7
1971~2000	1971~2000	1971~2000	1971~2000	1971~2000
14.4	10.0	12.5	4.5	11.8
−12.6	−15.6	−8.7	−24.5	−10.9
−7.6	−10.4	−4.4	−15.5	−5.3
−17.1	−18.9	−12.8	−29.5	−14.6
60	60	54	74	67
40.3	35.8	34.5	30.8	33.8
24.2	22.3	21.6	19.9	21.2
36.2	31.5	28.8	25.5	28.8
26	28	36	43	34
35.3	30.0	28.9	26.3	28.7
1.5	1.8	2.0	2.6	2.1
C ESE	C ENE	C WSW	C WNW	C NNW
34 8	36 13	19 10	23 15	22 8
2.4	2.8	2.2	4.2	3.0
0.5	1.5	1.4	1.2	1.1
C SSE	C ENE	C WSW	C ENE	C NNW
67 4	37 16	31 8	52 9	44 9
1.3	2.1	1.8	2.4	1.7
C ESE	C ENE	C SW	C NE	C NNW
48 7	35 13	23 10	31 9	33 9
56	72	56	58	53
83	127	64	139	66
1027.9	939.6	866.9	941.1	876.9
997.6	921.0	856.5	925.0	866.0
118	141	114	176	121
11.07~03.04	10.31~03.20	11.12~03.05	10.17~04.10	11.09~03.09
−3.4	−4.7	−1.4	−8.6	−1.9
136	162	132	190	139
10.30~03.14	10.18~03.28	11.03~03.14	10.08~04.15	10.30~03.17
−2.0	−3.2	−0.3	−7.5	−0.7
47.7	43.2	41.1	37.5	39.9
−25.2	−28.6	−20.1	−41.6	−23.6

省/直辖市/自治区		新疆	
市/区/自治州		伊犁哈萨克自治州	巴音郭楞蒙古自治州
台站名称及编号		伊宁	库尔勒
		51431	51656
台站信息	北纬	43°57′	41°45′
	东经	81°20′	86°08′
	海拔（m）	662.5	931.5
	统计年份	1971～2000	1971～2000
年平均温度（℃）		9	11.7
室外计算温、湿度	供暖室外计算温度（℃）	−16.9	−11.1
	冬季通风室外计算温度（℃）	−8.8	−7
	冬季空气调节室外计算温度（℃）	−21.5	−15.3
	冬季空气调节室外计算相对湿度（%）	78	63
	夏季空气调节室外计算干球温度（℃）	32.9	34.5
	夏季空气调节室外计算湿球温度（℃）	21.3	22.1
	夏季通风室外计算温度（℃）	27.2	30.0
	夏季通风室外计算相对湿度（%）	45	33
	夏季空气调节室外计算日平均温度（℃）	26.3	30.6
风向、风速及频率	夏季室外平均风速（m/s）	2	2.6
	夏季最多风向	C　　ESE	C　　ENE
	夏季最多风向的频率（%）	20　　16	28　　19
	夏季室外最多风向的平均风速（m/s）	2.3	4.6
	冬季室外平均风速（m/s）	1.3	1.8
	冬季最多风向	C　　E	C　　E
	冬季最多风向的频率（%）	38　　14	38　　19
	冬季室外最多风向的平均风速（m/s）	2	3.2
	年最多风向	C　　ESE	C　　E
	年最多风向的频率（%）	28　　14	32　　16
	冬季日照百分率（%）	56	62
	最大冻土深度（cm）	60	58
大气压力	冬季室外大气压力（hPa）	947.4	917.6
	夏季室外大气压力（hPa）	934	902.3
设计计算用供暖期天数及其平均温度	日平均温度≤+5℃的天数	141	127
	日平均温度≤+5℃的起止日期	11.03～03.23	11.06～03.12
	平均温度≤+5℃期间内的平均温度（℃）	−3.9	−2.9
	日平均温度≤+8℃的天数	161	150
	日平均温度≤+8℃的起止日期	10.20～03.29	10.24～03.22
	平均温度≤+8℃期间内的平均温度（℃）	−2.6	−1.4
	极端最高气温（℃）	39.2	40
	极端最低气温（℃）	−36	−25.3

* 注：该台站该项数据缺失。

昌吉回族自治州	博尔塔拉蒙古自治州	阿克苏地区	塔城地区	克孜勒苏柯尔克孜自治州
奇台	精河	阿克苏	塔城	乌恰
51379	51334	51628	51133	51705
44°01′	44°37′	41°10′	46°44′	39°43′
89°34′	82°54′	80°14′	83°00′	75°15′
793.5	320.1	1103.8	534.9	2175.7
1971～2000	1971～2000	1971～2000	1971～2000	1971～2000
5.2	7.8	10.3	7.1	7.3
−24.0	−22.2	−12.5	−19.2	−14.1
−17.0	−15.2	−7.8	−10.5	−8.2
−28.2	−25.8	−16.2	−24.7	−17.9
79	81	69	72	59
33.5	34.8	32.7	33.6	28.8
19.5	*	*	*	*
27.9	30.0	28.4	27.5	23.6
34	39	39	39	27
28.2	28.7	27.1	26.9	24.3
3.5	1.7	1.7	2.2	3.1
SSW	C SSW	C NNW	N	C WNW
18	28 14	28 8	16	21 15
3.5	2	2.3	2.2	5.0
2.5	1.0	1.2	2.0	1.4
SSW	C SSW	C NNE	C NNE	C WNW
19	49 12	32 15	22 22	59 7
2.9	1.6	1.6	2.1	5.9
SSW	C SSW	C NNE	NNE	C WNW
17	37 13	31 10	17	36 12
60	43	61	57	62
136	141	80	160	650
934.1	994.1	897.3	963.2	786.2
919.4	971.2	884.3	947.5	784.3
164	152	124	162	153
10.19～03.31	10.27～03.27	11.04～03.07	10.23～04.02	10.27～03.28
−9.5	−7.7	−3.5	−5.4	−3.6
187	170	137	182	182
10.09～04.13	10.16～04.03	10.22～03.07	10.13～04.12	10.13～04.12
−7.4	−6.2	−1.8	−4.1	−1.9
40.5	41.6	39.6	41.3	35.7
−40.1	−33.8	−25.2	−37.1	−29.9

附录 B 室外空气计算温度简化方法

B.0.1 供暖室外计算温度，可按下式确定（化为整数）：

$$t_{wn} = 0.57t_{lp} + 0.43t_{p \cdot min} \qquad (B.0.1)$$

式中：t_{wn} ——供暖室外计算温度（℃）；

　　　t_{lp} ——累年最冷月平均温度（℃）；

　　　$t_{p \cdot min}$ ——累年最低日平均温度（℃）。

B.0.2 冬季空气调节室外计算温度，可按下式确定（化为整数）：

$$t_{wk} = 0.30t_{lp} + 0.70t_{p \cdot min} \qquad (B.0.2-1)$$

式中：t_{wk} ——冬季空气调节室外计算温度（℃）。

　　　夏季通风室外计算温度，可按下式确定（化为整数）：

$$t_{wf} = 0.71t_{rp} + 0.29t_{max} \qquad (B.0.2-2)$$

式中：t_{wf} ——夏季通风室外计算温度（℃）；

　　　t_{rp} ——累年最热月平均温度（℃）；

　　　t_{max} ——累年极端最高温度（℃）。

B.0.3 夏季空气调节室外计算干球温度，可按下式确定：

$$t_{wg} = 0.71t_{rp} + 0.29t_{max} \qquad (B.0.3)$$

式中：t_{wg} ——夏季空气调节室外计算干球温度（℃）。

B.0.4 夏季空气调节室外计算湿球温度，可按下列公式确定：

$$t_{ws} = 0.72t_{s \cdot rp} + 0.28t_{s \cdot max} \qquad (B.0.4-1)$$

$$t_{ws} = 0.75t_{s \cdot rp} + 0.25t_{s \cdot max} \qquad (B.0.4-2)$$

$$t_{ws} = 0.80t_{s \cdot rp} + 0.20t_{s \cdot max} \qquad (B.0.4-3)$$

式中：t_{ws} ——夏季空气调节室外计算湿球温度（℃）；

　　　$t_{s \cdot rp}$ ——与累年最热月平均温度和平均相对湿度相对应的湿球温度（℃），可在当地大气压力下的焓湿图上查得；

　　　$t_{s \cdot max}$ ——与累年极端最高温度和最热月平均相对湿度相对应的湿球温度（℃），可在当地大气压力下的焓湿图上查得。

注：式（B.0.4-1）适用于北部地区；式（B.0.4-2）适用于中部地区，式（B.0.4-3）适用于南部地区。

B.0.5 夏季空气调节室外计算日平均温度，可按下式确定：

$$t_{wp} = 0.80t_{rp} + 0.20t_{max} \qquad (B.0.5)$$

式中：t_{wp} ——夏季空气调节室外计算日平均温度（℃）。

附录 C 夏季太阳总辐射照度

表 C-1　北纬 20°太阳总辐射照度（W/m²）

透明度等级		1						2						3					透明度等级
朝向		S	SE	E	NE	N	H	S	SE	E	NE	N	H	S	SE	E	NE	N	H	朝向
时刻（地方太阳时）	6	26	255	527	505	202	96	28	209	424	407	169	90	29	172	341	328	140	83	18	时刻（地方太阳时）
	7	63	454	825	749	272	349	63	408	736	670	249	321	70	373	661	602	233	306	17	
	8	92	527	872	759	257	602	98	495	811	708	249	573	104	464	751	658	241	545	16	
	9	117	518	791	670	224	826	121	494	748	635	220	787	130	476	711	606	222	759	15	
	10	134	442	628	523	191	999	144	434	608	511	198	969	145	415	578	486	195	921	14	
	11	145	312	404	344	169	1105	150	307	394	338	173	1064	156	302	384	333	177	1022	13	
	12	149	149	149	157	161	1142	156	156	156	164	167	1107	162	162	162	170	172	1065	12	
	13	145	145	145	145	169	1105	150	150	150	150	173	1064	156	156	156	156	177	1022	11	
	14	134	134	134	134	191	999	144	144	144	144	198	969	145	145	145	145	195	921	10	
	15	117	117	117	117	224	826	121	121	121	121	220	787	130	130	130	130	222	759	9	
	16	92	92	92	92	257	602	98	98	98	68	249	573	104	104	104	104	241	545	8	
	17	63	63	63	63	272	349	63	63	63	63	249	321	70	70	70	70	233	306	7	
	18	26	26	26	26	202	96	28	28	28	28	169	90	29	29	29	29	140	83	6	
日总计		1303	3232	4772	4284	2791	9096	1363	3108	4481	4037	2682	8716	1429	2998	4221	3817	2587	8339	日总计
日平均		55	135	199	179	116	379	57	129	187	168	112	363	60	125	176	159	108	347	日平均
朝向		S	SW	W	NW	H		S	SW	W	NW	H		S	SW	W	NW	N	H	朝向

续表 C-1

透明度等级		4						5						6					透明度等级
朝向	S	SE	E	NE	N	H	S	SE	E	NE	N	H	S	SE	E	NE	N	H	朝向
6	27	130	254	243	107	69	22	97	184	177	79	55	22	72	131	127	60	48	18
7	74	331	577	527	213	285	77	295	504	461	193	264	76	252	421	386	171	236	17
8	106	423	677	594	227	505	113	395	620	548	220	480	116	354	542	481	207	440	16
9	137	451	665	570	221	722	147	437	635	547	224	701	157	409	580	404	224	658	15
10	155	402	551	468	200	880	165	397	536	458	208	857	179	385	508	438	217	815	14
11	169	305	380	331	188	886	178	304	374	329	197	951	190	302	365	326	206	904	13
12	172	172	172	179	181	1023	181	181	181	188	191	983	199	199	199	205	207	947	12
13	169	169	169	169	188	986	178	178	178	178	197	951	190	190	190	190	206	904	11
14	155	155	155	155	200	880	165	165	165	165	208	857	179	179	179	179	217	815	10
15	137	137	137	137	221	722	147	147	147	147	224	701	157	157	157	157	224	658	9
16	106	106	106	106	227	505	113	113	113	113	220	480	116	116	116	116	207	440	8
17	74	74	74	74	213	285	77	77	77	77	193	264	76	76	76	76	171	236	7
18	27	27	27	27	107	69	22	22	22	22	79	55	22	22	22	22	60	48	6
日总计	1507	2883	3944	3580	2493	7918	1584	2807	3736	3409	2433	7600	1678	2713	3487	3206	2379	7148	日总计
日平均	63	120	164	149	104	330	66	117	156	142	101	317	70	113	145	134	99	298	日平均
朝向	S	SW	W	NW	N	H	S	SW	W	NW	N	H	S	SW	W	NW	N	H	朝向

（时刻列为"时刻（地方太阳时）"，左侧 6～18，右侧 18～6）

表 C-2　北纬 25°太阳总辐射照度（W/m²）

透明度等级		1						2						3					透明度等级
朝向	S	SE	E	NE	N	H	S	SE	E	NE	N	H	S	SE	E	NE	N	H	朝向
6	33	287	579	551	220	127	34	243	484	461	187	116	36	206	401	383	162	109	18
7	66	483	842	747	252	373	67	436	755	670	233	345	73	398	678	604	219	327	17
8	93	564	877	730	212	618	100	530	818	684	208	590	106	498	758	637	204	562	16
9	119	566	793	625	159	834	121	540	750	593	159	795	131	518	713	568	166	768	15
10	158	500	628	466	134	1000	166	488	608	456	144	970	166	466	578	436	145	922	14
11	212	376	404	281	145	1104	213	368	394	279	151	1062	215	359	384	276	156	1022	13
12	226	202	144	144	144	1133	228	206	151	151	151	1096	229	208	157	157	157	1054	12
13	212	145	145	145	145	1104	213	151	151	151	151	1062	215	156	156	156	156	1020	11
14	158	134	134	134	134	1000	166	144	144	144	144	970	166	145	145	145	145	922	10
15	119	119	119	119	159	834	121	121	121	121	159	795	131	131	131	131	166	768	9
16	93	93	93	93	212	618	100	100	100	100	208	590	106	106	106	106	204	562	8
17	66	66	66	66	252	373	67	67	67	67	233	345	73	73	73	73	219	327	7
18	33	33	33	33	220	127	34	34	34	34	187	116	36	36	36	36	162	109	6
日总计	1586	3568	4857	4134	2389	9244	1631	3429	4578	3911	2317	8853	1685	3301	4317	3708	2260	8469	日总计
日平均	66	149	202	172	100	385	68	143	191	163	97	369	70	138	180	154	94	353	日平均
朝向	S	SW	W	NW	N	H	S	SW	W	NW	N	H	S	SW	W	NW	N	H	朝向

（时刻列为"时刻（地方太阳时）"，左侧 6～18，右侧 18～6）

透明度等级		4						5						6					透明度等级
朝向	S	SE	E	NE	N	H	S	SE	E	NE	N	H	S	SE	E	NE	N	H	朝向
	6	35	164	312	298	129	95	33	129	240	229	104	81	29	95	171	164	80	67	18
	7	77	355	594	530	201	305	80	316	521	466	186	284	81	274	441	397	167	257	17
	8	108	454	684	577	194	520	115	424	629	534	193	495	119	379	551	471	184	454	16
	9	138	491	669	536	171	730	148	475	640	516	177	709	158	442	585	478	185	666	15
时	10	173	449	551	421	155	882	184	441	536	415	165	858	195	423	508	400	179	816	14
刻	11	223	357	380	280	169	985	229	352	374	281	178	950	235	345	365	281	190	901	13
（地	12	235	215	169	169	169	1014	240	222	178	178	178	973	250	234	194	194	194	935	12
方	13	223	169	169	169	169	985	229	178	178	178	178	950	235	190	190	190	190	901	11
太	14	173	155	155	155	155	882	184	165	165	165	165	858	195	179	179	179	179	816	10
阳	15	138	138	138	138	171	730	148	148	148	148	177	709	158	158	158	158	185	666	9
时）	16	108	108	108	108	194	520	115	115	115	115	193	495	119	119	119	119	184	454	8
	17	77	77	77	77	201	305	80	80	80	80	186	284	81	81	81	81	167	257	7
	18	35	35	35	35	129	95	33	33	33	33	104	81	29	29	29	29	80	67	6
日总计		1745	3166	4040	3492	2206	8048	1817	3078	3837	3339	2183	7730	1885	2949	3572	3141	2160	7259	日总计
日平均		73	132	168	146	92	335	76	128	160	139	91	322	79	123	149	131	90	302	日平均
朝向	S	SW	W	NW	N	H	S	SW	W	NW	N	H	S	SW	W	NW	N	H	朝向

表 C-3 北纬30°太阳总辐射照度（W/m²）

透明度等级		1						2						3					透明度等级
朝向	S	SE	E	NE	N	H	S	SE	E	NE	N	H	S	SE	E	NE	N	H	朝向
	6	38	320	629	593	231	156	38	277	538	507	201	142	42	239	457	431	178	135	18
	7	69	512	856	740	229	395	71	464	770	666	214	368	76	423	693	601	201	345	17
	8	94	600	879	699	164	627	101	566	822	656	164	599	107	530	764	613	165	571	16
	9	144	614	794	578	119	835	145	584	750	549	121	795	154	558	713	527	131	768	15
时	10	240	557	628	408	134	996	243	542	608	402	144	966	237	516	577	386	145	918	14
刻	11	300	436	401	215	143	1091	297	424	392	217	149	1050	292	413	381	217	154	1008	13
（地	12	316	266	143	143	143	1119	313	265	149	149	149	1079	309	264	155	155	155	1037	12
方	13	300	143	143	143	143	1091	297	149	149	149	149	1050	292	154	154	154	154	1008	11
太	14	240	134	134	134	134	996	243	144	144	144	144	966	237	145	145	145	145	918	10
阳	15	144	119	119	119	119	835	145	121	121	121	121	795	154	131	131	131	131	768	9
时）	16	94	94	94	94	164	627	101	101	101	101	164	599	107	107	107	107	165	571	8
	17	69	69	69	69	229	395	71	71	71	71	214	368	76	76	76	76	201	345	7
	18	38	38	38	38	231	156	38	38	38	38	201	142	42	42	42	42	178	135	6
日总计		2086	3902	4928	3973	2183	9318	2104	3747	4654	3772	2135	8920	2124	3599	4395	3586	2104	8527	日总计
日平均		87	163	205	166	91	388	88	156	194	157	89	372	88	150	183	149	88	355	日平均
朝向	S	SW	W	NW	N	H	S	SW	W	NW	N	H	S	SW	W	NW	N	H	朝向

透明度等级	4						5						6						透明度等级
朝向	S	SE	E	NE	N	H	S	SE	E	NE	N	H	S	SE	E	NE	N	H	朝向
6	42	197	366	345	148	121	41	160	292	277	122	107	35	117	208	198	92	86	18
7	79	377	608	530	187	321	83	338	536	469	176	300	86	295	457	402	162	276	17
8	109	484	690	556	160	529	116	451	636	516	163	505	121	402	557	457	159	462	16
9	159	528	669	499	138	732	166	508	640	483	148	711	176	472	585	449	159	668	15
10	238	494	550	374	154	877	244	483	535	371	165	855	249	461	507	362	179	812	14
11	294	406	377	226	166	972	294	398	372	230	176	939	293	386	363	237	187	891	13
12	309	267	166	166	166	1000	308	270	177	177	177	962	309	274	191	191	191	919	12
13	294	166	166	166	166	972	294	176	176	176	176	939	293	187	187	187	187	891	11
14	238	154	154	154	154	877	244	165	165	165	165	855	249	179	179	179	179	812	10
15	159	138	138	138	138	732	166	148	148	148	148	711	176	159	159	159	159	668	9
16	109	109	109	109	160	529	116	116	116	116	163	505	121	121	121	121	159	462	8
17	79	79	79	79	187	321	83	83	83	83	176	300	86	86	86	86	162	276	7
18	42	42	42	42	148	121	41	41	41	41	122	107	35	35	35	35	92	86	6
日总计	2154	3441	4115	3385	2074	8104	2197	3337	3916	3251	2075	7793	2228	3176	3636	3063	2068	7306	日总计
日平均	90	143	171	141	86	338	92	139	163	135	86	325	93	132	151	128	86	304	日平均
朝向	S	SW	W	NW	N	H	S	SW	W	NW	N	H	S	SW	W	NW	N	H	朝向

时刻（地方太阳时）

表C-4　北纬35°太阳总辐射照度（W/m²）

透明度等级	1						2						3						透明度等级
朝向	S	SE	E	NE	N	H	S	SE	E	NE	N	H	S	SE	E	NE	N	H	朝向
6	43	348	670	622	236	184	43	304	576	536	207	167	48	267	498	465	187	160	18
7	71	541	869	728	204	413	73	492	783	658	192	385	77	448	705	594	181	361	17
8	94	636	880	665	114	632	101	600	825	626	120	605	108	562	766	585	124	577	16
9	209	659	792	529	117	828	207	626	749	504	121	790	209	598	721	485	130	762	15
10	320	614	627	351	134	984	319	595	608	349	144	956	307	565	577	336	145	907	14
11	383	493	397	149	138	1066	376	479	388	155	145	1029	365	462	377	158	150	985	13
12	409	333	145	145	145	1105	400	327	151	151	151	1063	390	321	156	156	156	1021	12
13	383	138	138	138	138	1066	376	145	145	145	145	1029	365	150	150	150	150	985	11
14	320	134	134	134	134	984	319	144	144	144	144	956	307	145	145	145	145	907	10
15	209	117	117	117	117	828	207	121	121	121	121	790	209	130	130	130	130	762	9
16	94	94	94	94	114	632	101	101	101	101	120	605	108	108	108	108	124	577	8
17	71	71	71	71	204	413	73	73	73	73	192	385	77	77	77	77	181	361	7
18	43	43	43	43	236	184	43	43	43	43	207	167	48	48	48	48	187	160	6
日总计	2649	4223	4978	3788	2032	9318	2638	4051	4708	3606	2010	8927	2618	3881	4448	3438	1993	8525	日总计
日平均	110	176	207	158	85	388	110	169	197	150	84	372	109	162	185	143	83	355	日平均
朝向	S	SW	W	NW	N	H	S	SW	W	NW	N	H	S	SW	W	NW	N	H	朝向

时刻（地方太阳时）

透明度等级	4						5						6						透明度等级
朝向	S	SE	E	NE	N	H	S	SE	E	NE	N	H	S	SE	E	NE	N	H	朝向
6	48	223	408	380	158	144	47	185	331	309	134	128	42	141	245	230	105	107	18
7	81	399	621	526	171	335	85	354	549	468	163	304	90	315	472	405	154	291	17
8	109	511	692	531	124	534	117	477	638	495	130	509	121	423	561	440	133	466	16
9	209	562	666	495	137	725	214	541	636	445	147	704	215	499	582	416	157	661	15
10	302	538	549	328	154	865	304	525	534	328	165	844	302	497	506	323	179	802	14
11	361	450	371	170	162	950	356	440	366	179	172	918	349	423	358	191	185	871	13
12	385	321	169	169	169	986	379	320	178	178	178	950	370	316	190	190	190	902	12
13	361	162	162	162	162	950	356	172	172	172	172	918	349	185	185	185	185	871	11
14	302	154	154	154	154	865	304	165	165	165	165	844	302	179	179	179	179	802	10
15	209	137	137	137	137	725	214	147	147	147	147	704	215	157	157	157	157	661	9
16	109	109	109	109	124	534	117	117	117	117	130	509	121	121	121	121	133	466	8
17	81	81	81	81	171	335	85	85	85	85	163	314	90	90	90	90	154	291	7
18	48	48	48	48	158	144	47	47	47	47	134	128	42	42	42	42	105	107	6
日总计	2606	3695	4166	3254	1981	8088	2624	3579	3966	3135	1999	7784	2607	3388	3687	2968	2013	7299	日总计
日平均	108	154	173	136	83	337	109	149	165	130	84	324	108	141	154	123	84	305	日平均
朝向	S	SW	W	NW	N	H	S	SW	W	NW	N	H	S	SW	W	NW	N	H	朝向

时刻（地方太阳时）

表 C-5　北纬 40°太阳总辐射照度（W/m²）

透明度等级	1						2						3						透明度等级
朝向	S	SE	E	NE	N	H	S	SE	E	NE	N	H	S	SE	E	NE	N	H	朝向
6	45	378	706	648	236	209	47	330	612	562	209	192	52	295	536	493	192	185	18
7	72	570	878	714	174	427	76	519	793	648	166	399	79	471	714	585	159	373	17
8	124	671	880	629	94	630	129	632	825	593	101	604	133	591	766	556	108	576	16
9	273	702	787	479	115	813	266	665	475	458	120	777	264	634	707	442	129	749	15
10	393	663	621	292	130	958	386	640	600	291	140	927	371	607	570	283	142	883	14
11	465	550	392	135	135	1037	454	534	385	144	144	1004	436	511	372	147	147	958	13
12	492	388	140	140	140	1068	478	380	147	147	147	1030	461	370	150	150	150	986	12
13	465	187	135	135	135	1037	454	192	144	144	144	1004	436	192	147	147	147	958	11
14	393	130	130	130	130	958	386	140	140	140	140	927	371	142	142	142	142	883	10
15	273	115	115	115	115	813	266	120	120	120	120	777	264	129	129	129	129	749	9
16	124	94	94	94	94	630	129	101	101	101	101	604	133	108	108	108	108	571	8
17	72	72	72	72	174	427	76	76	76	76	166	399	79	79	79	79	159	373	7
18	45	45	45	45	236	209	47	47	47	47	209	192	52	52	52	52	192	185	6
日总计	2785	4567	4996	3629	1910	9218	3192	4374	4733	3469	1907	8834	3131	4181	4473	3312	1904	8434	日总计
日平均	110	191	208	151	79	384	133	183	198	144	79	369	130	174	186	138	79	351	日平均
朝向	S	SW	W	NW	N	H	S	SW	W	NW	N	H	S	SW	W	NW	N	H	朝向

时刻（地方太阳时）

透明度等级		4						5						6					透明度等级
朝向	S	SE	E	NE	N	H	S	SE	E	NE	N	H	S	SE	E	NE	N	H	朝向
6	52	250	445	411	165	166	50	209	368	340	142	148	49	164	279	258	115	127	18
7	83	421	630	519	152	345	87	379	559	463	148	324	93	334	483	404	142	304	17
8	131	537	692	506	109	533	137	500	638	472	117	509	137	443	559	420	121	466	16
9	258	593	661	420	135	711	258	569	630	407	144	690	254	521	575	381	155	645	15
10	361	576	542	279	151	842	357	558	527	281	162	821	349	526	498	281	176	779	14
11	424	493	365	158	158	919	416	480	362	169	169	892	402	495	354	181	181	847	13
12	448	364	162	162	162	949	438	361	172	172	172	919	422	352	185	185	185	872	12
13	424	199	158	158	158	919	416	207	169	169	169	892	402	216	181	181	181	847	11
14	361	151	151	151	151	842	357	162	162	162	162	821	349	176	176	176	176	779	10
15	258	135	135	135	135	711	258	144	144	144	144	690	254	155	155	155	155	645	9
16	131	109	109	109	109	533	137	117	117	117	117	509	137	121	121	121	121	466	8
17	83	83	83	83	152	345	87	87	87	87	148	324	93	93	93	93	142	304	7
18	52	52	52	52	165	166	50	50	50	50	142	148	49	49	49	49	115	127	6
日总计	3067	3964	4186	3142	1904	7981	3051	3824	3986	3033	1935	7687	2990	3609	3706	2885	1964	7208	日总计
日平均	128	165	174	131	79	333	127	159	166	127	80	320	124	150	155	120	81	300	日平均
朝向	S	SW	W	NW	N	H	S	SW	W	NW	N	H	S	SW	W	NW	N	H	朝向

（时刻 地方太阳时）

表 C-6　北纬 45°太阳总辐射照度（W/m²）

透明度等级		1						2						3					透明度等级
朝向	S	SE	E	NE	N	H	S	SE	E	NE	N	H	S	SE	E	NE	N	H	朝向
6	48	407	740	668	233	234	49	357	644	582	208	214	56	323	571	493	193	207	18
7	73	598	885	698	143	437	77	544	801	634	140	409	80	494	721	518	135	381	17
8	173	705	879	593	94	625	173	662	821	559	101	598	173	618	763	573	107	570	16
9	333	742	782	429	112	791	323	704	740	413	117	758	316	668	701	525	127	730	15
10	464	709	614	234	127	926	449	679	590	233	134	891	431	657	562	399	140	851	14
11	545	606	390	134	134	1005	530	587	384	143	143	975	506	558	370	231	145	927	13
12	571	443	135	135	135	1028	554	434	143	143	143	996	529	418	147	145	147	949	12
13	545	244	134	134	134	1005	530	248	143	143	143	975	506	242	145	145	145	927	11
14	464	127	127	127	127	926	449	134	134	134	134	891	421	140	140	140	140	851	10
15	333	112	112	112	112	791	323	117	117	117	117	758	316	127	127	127	127	730	9
16	173	94	94	94	94	625	173	101	101	101	101	598	173	107	107	107	107	570	8
17	73	73	73	73	143	437	77	77	77	77	140	409	80	80	80	80	135	381	7
18	48	48	48	48	233	234	49	49	49	49	208	214	56	56	56	56	193	207	6
日总计	3844	4908	5011	3477	1819	9062	3756	4693	4744	3327	1829	8685	3655	4475	4489	3192	1840	8283	日总计
日平均	160	205	209	145	76	378	157	195	198	138	77	362	152	186	187	133	77	345	日平均
朝向	S	SW	W	NW	N	H	S	SW	W	NW	N	H	S	SW	W	NW	N	H	朝向

（时刻 地方太阳时）

透明度等级		4						5						6					透明度等级
朝向	S	SE	E	NE	N	H	S	SE	E	NE	N	H	S	SE	E	NE	N	H	朝向
6	56	276	480	435	169	166	50	234	400	364	147	166	53	186	311	283	122	127	18
7	84	441	637	509	131	187	53	398	566	456	130	333	95	351	491	399	129	145	17
8	167	561	688	478	109	354	88	520	635	447	116	504	164	459	556	398	120	312	16
9	304	621	652	378	131	527	169	592	621	369	142	669	287	538	563	347	150	461	15
10	415	611	535	231	148	690	300	590	519	236	158	792	391	551	488	241	171	623	14
11	486	534	361	155	155	813	408	520	358	166	166	863	454	494	350	180	180	750	13
12	509	406	157	157	157	886	475	400	167	167	167	884	473	387	181	181	181	840	12
13	486	243	155	155	155	909	495	249	166	166	166	863	454	254	180	180	180	820	11
14	415	148	148	148	148	886	475	158	158	158	158	792	391	171	171	171	171	750	10
15	304	131	131	131	131	813	408	142	142	142	142	669	287	150	150	150	150	623	9
16	167	109	109	109	109	690	300	116	116	116	116	504	164	120	120	120	120	461	8
17	84	84	84	84	131	527	169	88	88	88	130	333	95	95	95	95	129	312	7
18	56	56	56	56	169	354	88	53	53	53	147	166	53	53	53	53	122	145	6
日总计	3573	4219	4194	3026	1843	7822	3482	4060	3991	2930	1886	7536	3362	3811	3710	2798	1926	7062	日总计
日平均	148	176	174	126	77	326	145	169	166	122	79	314	1140	159	155	116	80	294	日平均
朝向	S	SW	W	NW	N	H	S	SW	W	NW	N	H	S	SW	W	NW	N	H	朝向

时刻（地方太阳时）

表 C-7　北纬 50°太阳总辐射照度

透明度等级		1						2						3					透明度等级
朝向	S	SE	E	NE	N	H	S	SE	E	NE	N	H	S	SE	E	NE	N	H	朝向
6	51	435	768	680	224	257	52	384	671	595	202	236	58	348	598	533	190	228	18
7	74	625	890	677	112	444	78	569	805	615	112	415	80	516	726	558	110	387	17
8	220	736	876	557	93	615	216	688	816	525	99	586	212	642	757	492	106	558	16
9	390	778	773	379	108	763	377	737	734	368	115	734	365	698	694	356	124	706	15
10	530	752	607	178	124	887	507	715	579	178	128	848	488	680	554	183	136	815	14
11	620	656	385	131	131	963	599	634	379	141	141	933	569	601	364	143	143	887	13
12	650	499	134	134	134	989	630	487	144	144	144	961	598	465	145	145	145	912	12
13	620	297	131	131	131	963	599	297	141	141	141	933	569	287	143	143	143	887	11
14	530	124	124	124	124	887	507	128	128	128	128	848	488	136	136	136	136	815	10
15	390	108	108	108	108	763	377	115	115	115	115	734	365	124	124	124	124	706	9
16	220	93	93	93	93	615	216	99	99	99	99	586	212	106	106	106	106	558	8
17	74	74	74	74	112	444	78	78	78	78	112	415	80	80	80	80	110	378	7
18	51	51	51	51	224	257	52	52	52	52	2022	236	58	58	58	58	190	228	6
日总计	4421	5229	5015	3319	1720	8848	4289	4983	4742	3178	1738	8464	4143	4743	4486	3058	1764	8076	日总计
日平均	184	217	209	138	72	369	179	208	198	133	72	352	172	198	187	128	73	336	日平均
朝向	S	SW	W	NW	N	H	S	SW	W	NW	N	H	S	SW	W	NW	N	H	朝向

时刻（地方太阳时）

透明度等级	4						5						6						透明度等级
朝向	S	SE	E	NE	N	H	S	SE	E	NE	N	H	S	SE	E	NE	N	H	朝向
时刻（地方太阳时） 6	59	299	507	454	167	207	58	256	428	383	148	186	58	208	337	304	126	164	18 时刻（地方太阳时）
7	85	461	642	497	109	359	90	414	571	445	112	338	95	365	495	391	114	316	17
8	201	580	683	448	107	518	198	536	628	419	115	492	188	473	550	374	119	451	16
9	345	644	641	337	128	663	337	612	608	329	137	642	316	551	549	309	145	595	15
10	466	642	527	187	144	779	454	618	511	193	154	758	429	572	478	201	163	716	14
11	542	571	355	151	151	847	527	554	352	163	163	826	498	522	343	177	177	784	13
12	568	447	154	154	154	870	552	438	165	165	165	849	522	422	179	179	179	807	12
13	542	284	151	151	151	847	527	286	163	163	163	826	498	285	177	177	177	784	11
14	466	144	144	144	144	779	454	154	154	154	154	758	429	163	163	163	163	716	10
15	345	128	128	128	128	663	337	137	137	137	137	642	316	145	145	145	145	595	9
16	201	107	107	107	107	518	198	115	115	115	115	492	188	119	119	119	119	451	8
17	85	85	85	85	109	359	90	90	90	90	112	338	95	95	95	95	114	316	7
18	59	59	59	59	167	207	58	58	58	58	148	186	58	58	58	58	126	164	6
日总计	3966	4451	4182	2902	1768	7615	3879	4267	3980	2813	1821	7334	3693	3983	3693	2696	1872	6862	日总计
日平均	165	185	174	121	73	317	162	178	166	117	76	306	154	166	154	113	78	286	日平均
朝向	S	SW	W	NW	N	H	S	SW	W	NW	N	H	S	SW	W	NW	N	H	朝向

附录 D 夏季透过标准窗玻璃的太阳辐射照度

表 D-1 北纬20°透过标准窗玻璃的太阳辐射照度 （W/m²）

透明度等级	1						2						透明度等级
朝向	S	SE	E	NE	N	H	S	SE	E	NE	N	H	朝向
辐射照度	上行——直接辐射 下行——散射辐射						上行——直接辐射 下行——散射辐射						辐射照度
时刻（地方太阳时） 6	0	162	423	404	112	20	0	128	335	320	88	15	18 时刻（地方太阳时）
	21	21	21	21	21	27	23	23	23	23	23	31	
7	0	286	552	576	109	192	0	254	568	509	97	170	17
	52	52	52	52	52	47	52	52	52	52	52	51	
8	0	315	654	550	65	428	0	288	598	502	59	391	16
	76	76	76	76	76	52	80	80	80	80	80	66	
9	0	274	552	430	130	628	0	256	514	401	122	585	15
	97	97	97	97	97	57	99	99	99	99	99	69	
10	0	180	364	258	8	784	0	170	342	243	8	737	14
	110	110	110	110	110	56	119	119	119	119	119	77	
11	0	60	133	85	1	878	0	57	126	79	1	826	13
	120	120	120	120	120	57	123	123	123	123	123	72	
12	0	0	0	0	1	911	0	0	0	0	1	863	12
	122	122	122	122	122	56	128	128	128	128	128	73	
13	0	0	0	0	1	878	0	0	0	0	1	826	11
	120	120	120	120	120	57	123	123	123	123	123	72	
14	0	0	0	0	8	784	0	0	0	0	8	737	10
	110	110	110	110	110	56	119	119	119	119	119	77	
15	0	0	0	0	130	628	0	0	0	0	122	585	9
	97	97	97	97	97	57	99	99	99	99	99	69	
16	0	0	0	0	65	428	0	0	0	0	59	391	8
	76	76	76	76	76	52	80	80	80	80	80	66	
17	0	0	0	0	109	192	0	0	0	0	97	170	7
	52	52	52	52	52	47	52	52	52	52	52	51	
18	0	0	0	0	112	20	0	0	0	0	88	15	6
	21	21	21	21	21	27	23	23	23	23	23	31	
朝向	S	SW	W	NW	N	H	S	SW	W	NW	N	H	朝向

透明度等级			3						4				透明度等级
朝向	S	SE	E	NE	N	H	S	SE	E	NE	N	H	朝向
辐射照度	上行——直接辐射 下行——散射辐射						上行——直接辐射 下行——散射辐射						辐射照度
时刻（地方太阳时） 6	0	101	263	251	70	12	0	73	191	183	50	9	18 时刻（地方太阳时）
	24	24	24	24	24	35	22	22	22	22	22	33	
7	0	222	498	445	85	149	0	190	423	380	72	127	17
	58	58	58	58	58	65	60	60	60	60	60	76	
8	0	262	543	456	53	355	0	231	479	402	48	313	16
	85	85	85	85	85	80	87	87	87	87	87	91	
9	0	236	476	371	113	542	0	215	433	337	102	492	15
	107	107	107	107	107	90	113	113	113	113	113	107	
10	0	158	319	227	7	686	0	145	292	208	7	629	14
	120	120	120	120	120	87	127	127	127	127	127	109	
11	0	53	117	74	1	775	0	49	109	69	1	718	13
	128	128	128	128	128	88	138	138	138	138	138	115	
12	0	0	0	0	1	811	0	0	0	0	1	751	12
	133	133	133	133	133	91	141	141	141	141	141	114	
13	0	0	0	0	1	775	0	0	0	0	1	718	11
	128	128	128	128	128	88	138	138	138	138	138	115	
14	0	0	0	0	7	686	0	0	0	0	7	629	10
	120	120	120	120	120	87	127	127	127	127	127	109	
15	0	0	0	0	113	542	0	0	0	0	102	492	9
	107	107	107	107	107	90	113	113	113	113	113	107	
16	0	0	0	0	53	355	0	0	0	0	48	313	8
	85	85	85	85	85	80	87	87	87	87	87	91	
17	0	0	0	0	85	149	0	0	0	0	72	127	7
	58	58	58	58	58	65	60	60	60	60	60	76	
18	0	0	0	0	70	12	0	0	0	0	50	9	6
	24	24	24	24	24	35	22	22	22	22	22	33	
朝向	S	SW	W	NW	N	H	S	SW	W	NW	N	H	朝向

透明度等级			5						6				透明度等级
朝向	S	SE	E	NE	N	H	S	SE	E	NE	N	H	朝向
辐射照度	上行——直接辐射 下行——散射辐射						上行——直接辐射 下行——散射辐射						辐射照度
时刻（地方太阳时） 6	0	52	136	130	36	6	0	36	93	88	24	5	18 时刻（地方太阳时）
	19	19	19	19	19	28	17	17	17	17	17	28	
7	0	160	359	323	62	107	0	130	271	261	50	87	17
	63	63	63	63	63	81	62	62	62	62	62	85	
8	0	206	426	358	42	278	0	172	257	300	36	234	16
	93	93	93	93	93	106	95	95	95	95	95	120	
9	0	199	401	313	95	456	0	172	347	271	83	395	15
	120	120	120	120	120	126	129	129	129	129	129	150	
10	0	135	273	194	6	587	0	120	242	172	6	521	14
	136	136	136	136	136	131	148	148	148	148	148	162	
11	0	45	101	64	1	665	0	41	91	57	1	597	13
	147	147	147	147	147	136	156	156	156	156	156	163	
12	0	0	0	0	0	692	0	0	0	0	0	627	12
	149	149	149	149	149	137	164	164	164	164	164	171	
13	0	0	0	0	1	665	0	0	0	0	1	597	11
	147	147	147	147	147	136	156	156	156	156	156	163	
14	0	0	0	0	6	587	0	0	0	0	6	521	10
	136	136	136	136	136	131	148	148	148	148	148	162	
15	0	0	0	0	95	456	0	0	0	0	83	395	9
	120	120	120	120	120	126	129	129	129	129	129	150	
16	0	0	0	0	42	278	0	0	0	0	36	234	8
	93	93	93	93	93	106	95	95	95	95	95	120	
17	0	0	0	0	62	107	0	0	0	0	50	87	7
	63	63	63	63	63	81	62	62	62	62	62	85	
18	0	0	0	0	36	6	0	0	0	0	24	5	6
	19	19	19	19	19	28	17	17	17	17	17	28	
朝向	S	SW	W	NW	N	H	S	SW	W	NW	N	H	朝向

表 D-2 北纬 25°透过标准窗玻璃的太阳辐射照度（W/m²）

透明度等级 1、2（朝向 S SE E NE N H）

上行——直接辐射　下行——散射辐射

时刻（地方太阳时）	辐射照度	1 S	SE	E	NE	N	H	2 S	SE	E	NE	N	H	时刻（地方太阳时）
6	直接	0	183	462	437	115	31	0	150	379	359	94	27	18
	散射	27	27	27	27	27	33	28	28	28	28	28	37	
7	直接	0	312	654	570	88	212	0	276	579	505	78	187	17
	散射	55	55	55	55	55	48	56	56	56	56	56	53	
8	直接	0	352	657	522	36	440	0	323	602	478	33	402	16
	散射	77	77	77	77	77	52	81	81	81	81	81	67	
9	直接	0	322	554	383	5	636	0	300	515	356	4	593	15
	散射	98	98	98	98	98	57	100	100	100	100	100	68	
10	直接	1	236	364	204	0	785	1	222	342	191	0	739	14
	散射	101	101	101	101	101	56	119	119	119	119	119	77	
11	直接	10	108	133	42	0	876	10	102	126	40	0	825	13
	散射	120	120	120	120	120	58	124	124	124	124	124	73	
12	直接	15	8	0	0	0	906	15	7	0	0	0	857	12
	散射	119	119	119	119	119	51	124	124	124	124	124	69	
13	直接	10	0	0	0	0	876	10	0	0	0	0	825	11
	散射	120	120	120	120	120	58	124	124	124	124	124	73	
14	直接	1	0	0	0	0	785	1	0	0	0	0	739	10
	散射	101	101	101	101	101	56	119	119	119	119	119	77	
15	直接	0	0	0	0	5	636	0	0	0	0	4	593	9
	散射	98	98	98	98	98	57	100	100	100	100	100	68	
16	直接	0	0	0	0	36	440	0	0	0	0	33	402	8
	散射	77	77	77	77	77	52	81	81	81	81	81	67	
17	直接	0	0	0	0	88	212	0	0	0	0	78	187	7
	散射	55	55	55	55	55	48	56	56	56	56	56	53	
18	直接	0	0	0	0	115	31	0	0	0	0	94	27	6
	散射	27	27	27	27	27	33	28	28	28	28	28	37	
朝向		S	SW	W	NW	N	H	S	SW	W	NW	N	H	朝向

透明度等级 3、4（朝向 S SE E NE N H）

上行——直接辐射　下行——散射辐射

时刻（地方太阳时）	辐射照度	3 S	SE	E	NE	N	H	4 S	SE	E	NE	N	H	时刻（地方太阳时）
6	直接	0	121	308	290	77	21	0	92	234	221	58	16	18
	散射	36	30	30	30	30	42	29	29	29	29	29	42	
7	直接	0	243	511	445	69	165	0	208	436	380	59	141	17
	散射	60	60	60	60	60	66	64	64	64	64	64	77	
8	直接	0	274	548	435	30	366	0	259	484	384	27	323	16
	散射	87	87	87	87	87	81	88	88	88	88	88	92	
9	直接	0	278	477	445	4	549	0	252	434	300	4	500	15
	散射	109	108	108	108	108	90	114	114	114	114	114	107	
10	直接	1	207	319	178	0	687	1	190	292	163	0	632	14
	散射	120	120	120	120	120	87	127	127	127	127	127	109	
11	直接	9	95	117	37	0	773	8	88	109	34	0	715	13
	散射	128	128	128	128	128	88	138	138	138	138	138	115	
12	直接	14	7	0	0	0	804	13	7	0	0	0	745	12
	散射	129	129	129	129	129	86	138	138	138	138	138	110	
13	直接	9	0	0	0	0	773	8	0	0	0	0	715	11
	散射	128	128	128	128	128	88	138	138	138	138	138	115	
14	直接	1	0	0	0	0	687	1	0	0	0	0	632	10
	散射	120	120	120	120	120	87	127	127	127	127	127	109	
15	直接	0	0	0	0	4	549	0	0	0	0	4	500	9
	散射	108	108	108	108	108	90	114	114	114	114	114	107	
16	直接	0	0	0	0	30	366	0	0	0	0	27	323	8
	散射	87	87	87	87	87	81	88	88	88	88	88	92	
17	直接	0	0	0	0	69	165	0	0	0	0	59	141	7
	散射	60	60	60	60	60	66	64	64	64	64	64	77	
18	直接	0	0	0	0	77	21	0	0	0	0	58	16	6
	散射	30	30	30	30	30	42	29	29	29	29	29	42	
朝向		S	SW	W	NW	N	H	S	SW	W	NW	N	H	朝向

透明度等级		5						6						透明度等级
朝向	S	SE	E	NE	N	H	S	SE	E	NE	N	H	朝向
辐射照度	上行——直接辐射 下行——散射辐射						上行——直接辐射 下行——散射辐射						辐射照度

时刻（地方太阳时）	S	SE	E	NE	N	H	S	SE	E	NE	N	H	时刻（地方太阳时）
6	0	69	176	166	44	12	0	48	120	113	30	8	18
	27	27	27	27	27	40	24	24	24	24	24	37	
7	0	177	372	324	50	120	0	144	302	264	41	98	17
	66	66	66	66	66	62	67	67	67	67	67	92	
8	0	231	431	343	23	288	0	194	363	288	20	242	16
	94	94	94	94	94	108	98	98	98	98	98	121	
9	0	235	402	278	4	463	0	204	349	241	2	402	15
	121	121	121	121	121	126	130	130	130	130	130	151	
10	1	177	273	152	0	588	1	157	242	135	0	522	14
	136	136	136	136	136	131	148	148	148	148	148	162	
11	8	83	101	31	0	664	7	73	91	28	0	595	13
	147	147	147	147	147	137	156	156	156	156	156	164	
12	12	6	0	0	0	687	10	6	0	0	0	621	12
	147	147	147	147	147	133	159	159	159	159	159	165	
13	8	0	0	0	0	664	7	0	0	0	0	595	11
	147	147	147	147	147	137	156	156	156	156	156	164	
14	1	0	0	0	0	588	1	0	0	0	0	522	10
	136	136	136	136	136	131	148	148	148	148	148	162	
15	0	0	0	0	4	463	0	0	0	0	2	402	9
	121	121	121	121	121	126	130	130	130	130	130	151	
16	0	0	0	0	23	288	0	0	0	0	20	242	8
	94	94	94	94	94	108	98	98	98	98	98	121	
17	0	0	0	0	50	120	0	0	0	0	41	98	7
	65	66	66	66	66	62	67	67	67	67	67	92	
18	0	0	0	0	44	12	0	0	0	0	30	8	6
	27	27	27	27	27	40	24	24	24	24	24	37	
朝向	S	SW	W	NW	N	H	S	SW	W	NW	N	H	朝向

表 D-3　北纬 30°透过标准窗玻璃的太阳辐射照度（W/m²）

透明度等级		1						2						透明度等级
朝向	S	SE	E	NE	N	H	S	SE	E	NE	N	H	朝向
辐射照度	上行——直接辐射 下行——散射辐射						上行——直接辐射 下行——散射辐射						辐射照度

时刻（地方太阳时）	S	SE	E	NE	N	H	S	SE	E	NE	N	H	时刻（地方太阳时）
6	0	204	499	466	116	48	0	172	422	394	98	41	18
	31	31	31	31	31	37	31	31	31	31	31	40	
7	0	338	664	559	67	229	0	300	590	497	59	204	17
	57	57	57	57	57	48	58	58	58	58	58	56	
8	0	390	659	490	13	450	0	358	605	450	12	414	16
	78	78	78	78	78	52	83	83	83	83	83	67	
9	1	371	554	332	0	637	1	345	515	311	0	593	15
	98	98	98	98	98	58	100	100	100	100	100	68	
10	31	292	364	144	0	780	29	274	342	140	0	734	14
	110	110	110	110	110	57	119	119	119	119	119	78	
11	53	164	133	13	0	866	50	155	126	12	0	815	13
	117	117	117	117	117	56	123	123	123	123	123	72	
12	65	85	0	0	0	896	62	80	0	0	0	846	12
	117	117	117	117	117	51	123	123	123	123	123	67	
13	53	0	0	0	0	866	50	0	0	0	0	815	11
	117	117	117	117	117	56	123	123	123	123	123	72	
14	31	0	0	0	0	780	29	0	0	0	0	734	10
	110	110	110	110	110	57	119	119	119	119	119	78	
15	1	0	0	0	0	637	1	0	0	0	0	593	9
	98	98	98	98	98	58	100	100	100	100	100	68	
16	0	0	0	0	13	450	0	0	0	0	12	414	8
	78	78	78	78	78	52	83	83	83	83	83	67	
17	0	0	0	0	67	229	0	0	0	0	59	204	7
	57	57	57	57	57	48	58	58	58	58	58	56	
18	0	0	0	0	116	48	0	0	0	0	98	41	6
	31	31	31	31	31	37	31	31	31	31	31	40	
朝向	S	SW	W	NW	N	H	S	SW	W	NW	N	H	朝向

透明度等级	3						4						透明度等级
朝向	S	SE	E	NE	N	H	S	SE	E	NE	N	H	朝向
辐射照度	上行——直接辐射 下行——散射辐射						上行——直接辐射 下行——散射辐射						辐射照度
6	0	143	350	328	81	34	0	112	273	256	64	27	18
	35	35	35	35	35	47	35	35	35	35	35	50	
7	0	265	520	438	52	180	0	227	445	376	45	155	17
	62	62	62	62	62	67	65	65	65	65	65	78	
8	0	326	551	409	10	377	0	288	487	362	9	333	16
	88	88	88	88	88	83	90	90	90	90	90	92	
9	1	320	477	287	0	549	1	292	435	262	0	500	15
	108	108	108	108	108	90	114	114	114	114	114	108	
10	28	256	319	130	120	683	26	235	292	120	0	626	14
	120	120	120	120	120	88	127	127	127	127	127	109	
11	47	145	117	10	0	764	43	134	108	10	0	706	13
	127	127	127	127	127	87	137	137	137	137	137	114	
12	58	76	0	0	0	793	53	70	0	0	0	734	12
	128	128	128	128	128	85	137	137	137	137	137	110	
13	47	0	0	0	0	764	43	0	0	0	0	706	11
	127	127	127	127	127	87	137	137	137	137	137	114	
14	28	0	0	0	0	683	26	0	0	0	0	626	10
	120	120	120	120	120	88	127	127	127	127	127	109	
15	1	0	0	0	0	549	1	0	0	0	0	500	9
	108	108	108	0	108	90	114	114	114	114	114	108	
16	0	0	0	0	10	377	0	0	0	0	9	333	8
	88	88	88	88	88	83	90	90	90	90	90	92	
17	0	0	0	0	52	180	0	0	0	0	45	155	7
	62	62	62	62	62	67	65	65	65	65	65	78	
18	0	0	0	0	81	34	0	0	0	0	64	27	6
	35	35	35	35	35	47	35	35	35	35	35	50	
朝向	S	SW	W	NW	N	H	S	SW	W	NW	N	H	朝向

（左侧竖排：时刻（地方太阳时）；右侧竖排：时刻（地方太阳时））

透明度等级	5						6						透明度等级
朝向	S	SE	E	NE	N	H	S	SE	E	NE	N	H	朝向
辐射照度	上行——直接辐射 下行——散射辐射						上行——直接辐射 下行——散射辐射						辐射照度
6	0	86	213	199	49	21	0	59	147	136	34	14	18
	34	34	34	34	34	49	29	29	29	29	29	44	
7	0	194	383	322	38	133	0	159	313	264	31	108	17
	69	69	69	69	69	87	71	71	71	71	71	97	
8	0	258	435	323	8	298	0	216	366	272	7	250	16
	96	96	96	96	96	109	99	99	99	99	99	122	
9	1	270	404	243	0	464	1	235	350	211	0	402	15
	121	121	121	121	121	126	130	130	130	130	130	151	
10	23	219	272	112	0	585	21	194	242	99	0	518	14
	136	136	136	136	136	131	148	148	148	148	148	162	
11	41	124	101	9	0	656	36	112	90	8	0	587	13
	145	145	145	145	145	135	155	155	155	155	155	163	
12	50	65	0	0	0	679	45	58	0	0	0	612	12
	145	145	145	145	145	133	157	157	157	157	157	163	
13	41	0	0	0	0	656	36	0	0	0	0	587	11
	145	145	145	145	145	135	155	155	155	155	155	163	
14	23	0	0	0	0	585	21	0	0	0	0	518	10
	136	136	136	136	136	131	148	148	148	148	148	162	
15	1	0	0	0	0	464	1	0	0	0	0	402	9
	121	121	121	121	121	126	130	130	130	130	130	151	
16	0	0	0	0	8	298	0	0	0	0	7	250	8
	96	96	96	96	96	109	99	99	99	99	99	122	
17	0	0	0	0	38	133	0	0	0	0	31	108	7
	69	69	69	69	69	87	71	71	71	71	71	97	
18	0	0	0	0	49	21	0	0	0	0	34	14	6
	34	34	34	34	34	49	29	29	29	29	29	44	
朝向	S	SW	W	NW	N	H	S	SW	W	NW	N	H	朝向

表 D-4　北纬 35°透过标准窗玻璃的太阳辐射照度（W/m²）

透明度等级	1						2						透明度等级
朝向	S	SE	E	NE	N	H	S	SE	E	NE	N	H	朝向
辐射照度	上行——直接辐射 下行——散射辐射						上行——直接辐射 下行——散射辐射						辐射照度
时刻（地方太阳时）6	0	223	529	488	113	62	0	191	450	415	95	53	18 时刻（地方太阳时）
	35	35	35	35	35	40	35	35	35	35	35	43	
7	0	365	672	547	47	245	0	324	598	486	40	219	17
	58	58	58	58	58	49	60	60	60	60	60	58	
8	0	427	659	456	1	453	0	392	607	419	1	418	16
	78	78	78	78	78	51	84	84	84	84	84	67	
9	44	420	552	285	0	632	37	392	515	265	0	588	15
	97	97	97	97	97	57	99	99	99	99	99	69	
10	74	350	363	99	0	768	70	329	342	93	0	722	14
	110	110	110	110	110	58	119	119	119	119	119	80	
11	121	224	133	0	0	847	114	211	124	0	0	797	13
	114	114	114	114	114	53	120	120	120	120	120	71	
12	138	74	0	0	0	877	130	71	0	0	0	825	12
	120	120	120	120	120	57	124	124	124	124	124	73	
13	121	0	0	0	0	847	114	0	0	0	0	797	11
	114	114	114	114	114	53	120	120	120	120	120	71	
14	74	0	0	0	0	768	70	0	0	0	0	722	10
	110	110	110	110	110	58	119	119	119	119	119	80	
15	40	0	0	0	0	632	37	0	0	0	0	588	9
	97	97	97	97	97	57	99	99	99	99	99	69	
16	0	0	0	0	1	453	0	0	0	0	1	418	8
	78	78	78	78	78	51	84	84	84	84	84	67	
17	0	0	0	0	47	245	0	0	0	0	40	219	7
	58	58	58	58	58	49	60	60	60	60	60	58	
18	0	0	0	0	113	62	0	0	0	0	95	53	6
	35	35	35	35	35	40	35	35	35	35	35	43	
朝向	S	SW	W	NW	N	H	S	SW	W	NW	N	H	朝向

透明度等级	3						4						透明度等级
朝向	S	SE	E	NE	N	H	S	SE	E	NE	N	H	朝向
辐射照度	上行——直接辐射 下行——散射辐射						上行——直接辐射 下行——散射辐射						辐射照度
时刻（地方太阳时）6	0	160	380	351	80	44	0	128	304	280	64	36	18 时刻（地方太阳时）
	40	40	40	40	40	52	40	40	40	40	40	55	
7	0	287	529	430	36	193	0	247	455	370	31	166	17
	64	64	64	64	64	67	67	67	67	67	67	79	
8	0	357	552	381	1	380	0	316	488	337	1	336	16
	88	88	88	88	88	83	91	91	91	91	91	93	
9	34	362	476	245	0	544	31	329	433	323	0	495	15
	107	107	107	107	107	90	113	113	113	113	113	107	
10	65	306	317	87	0	671	59	280	291	79	0	615	14
	120	120	120	120	120	90	127	127	127	127	127	110	
11	106	198	116	0	0	745	98	183	108	0	0	688	13
	123	123	123	123	123	85	134	134	134	134	134	110	
12	122	66	0	0	0	773	113	62	0	0	0	716	12
	128	128	128	128	128	85	138	138	138	138	138	115	
13	106	0	0	0	0	745	98	0	0	0	0	688	11
	123	123	123	123	123	85	134	134	134	134	134	110	
14	65	0	0	0	0	671	59	0	0	0	0	615	10
	120	120	120	120	120	90	127	127	127	127	127	110	
15	34	0	0	0	0	544	31	0	0	0	0	495	9
	107	107	107	107	107	90	113	113	113	113	113	107	
16	0	0	0	0	1	380	0	0	0	0	1	336	8
	88	88	88	88	88	83	91	91	91	91	91	93	
17	0	0	0	0	36	193	0	0	0	0	31	166	7
	64	64	64	64	64	67	67	67	67	67	67	79	
18	0	0	0	0	80	44	44	0	0	0	64	36	6
	40	40	40	40	40	52	52	40	40	40	64	55	
朝向	S	SW	W	NW	N	H	S	SW	W	NW	N	H	朝向

续表 D-4

透明度等级	5						6						透明度等级
朝向	S	SE	E	NE	N	H	S	SE	E	NE	N	H	朝向
辐射照度	上行——直接辐射 下行——散射辐射						上行——直接辐射 下行——散射辐射						辐射照度
时刻（地方太阳时） 6	0	102	241	222	51	28	0	72	171	158	36	20	18 时刻（地方太阳时）
	39	39	39	39	39	55	35	35	35	35	35	52	
7	0	212	391	317	27	143	0	174	322	262	22	117	17
	69	69	69	69	69	90	74	74	74	74	74	100	
8	0	283	437	302	1	301	0	238	369	254	1	254	16
	97	97	97	97	97	109	100	100	100	100	100	123	
9	29	305	401	207	0	459	24	264	348	179	0	398	15
	121	121	121	121	121	126	129	129	129	129	129	150	
10	56	262	272	77	0	575	49	231	241	66	0	508	14
	136	136	136	136	136	133	148	148	148	148	148	163	
11	91	170	100	0	0	640	81	151	90	0	0	571	13
	142	142	142	142	142	133	152	152	152	152	152	160	
12	105	57	0	0	0	664	94	51	0	0	0	595	12
	147	147	147	147	147	136	156	156	156	156	156	164	
13	91	0	0	0	0	640	81	0	0	0	0	571	11
	142	142	142	142	142	133	152	152	152	152	152	160	
14	56	0	0	0	0	575	49	0	0	0	0	508	10
	136	136	136	136	136	133	148	148	148	148	148	163	
15	29	0	0	0	0	459	24	0	0	0	0	398	9
	121	121	121	121	121	126	129	129	129	129	129	150	
16	0	0	0	0	1	301	0	0	0	0	1	254	8
	97	97	97	97	97	109	100	100	100	100	100	123	
17	0	0	0	0	27	143	0	0	0	0	22	117	7
	69	69	69	69	69	90	74	74	74	74	74	100	
18	0	0	0	0	51	28	0	0	0	0	36	20	6
	39	39	39	39	39	55	35	35	35	35	35	52	
朝向	S	SW	W	NW	N	H	S	SW	W	NW	N	H	朝向

表 D-5　北纬 40°透过标准窗玻璃的太阳辐射照度（W/m²）

透明度等级	1						2						透明度等级
朝向	S	SE	E	NE	N	H	S	SE	E	NE	N	H	朝向
辐射照度	上行——直接辐射 下行——散射辐射						上行——直接辐射 下行——散射辐射						辐射照度
时刻（地方太阳时） 6	0	245	558	507	106	83	0	211	477	434	91	71	18 时刻（地方太阳时）
	37	37	37	37	37	41	38	38	38	38	38	45	
7	0	392	679	530	72	259	0	349	605	472	64	231	17
	59	59	59	59	59	49	63	63	63	63	63	59	
8	2	463	659	420	0	454	2	424	606	385	0	418	16
	78	78	78	78	78	51	84	84	84	84	84	67	
9	57	466	551	238	0	620	53	434	513	222	0	577	15
	95	95	95	95	95	56	98	98	98	98	98	69	
10	138	406	362	58	0	748	130	380	340	55	0	702	14
	108	108	108	108	108	57	115	115	115	115	115	77	
11	200	283	133	0	0	822	188	266	124	0	0	773	13
	112	112	112	112	112	52	119	119	119	119	119	71	
12	222	124	0	0	0	848	209	117	0	0	0	798	12
	114	114	114	114	114	53	120	120	120	120	120	71	
13	200	7	0	0	0	822	188	6	0	0	0	773	11
	112	112	112	112	112	52	119	119	119	119	119	71	
14	138	0	0	0	0	748	130	0	0	0	0	702	10
	108	108	108	108	108	57	115	115	115	115	115	77	
15	57	0	0	0	0	620	53	0	0	0	0	577	9
	95	95	95	95	95	56	98	98	98	98	98	69	
16	2	0	0	0	0	454	2	0	0	0	0	418	8
	78	78	78	78	78	51	84	84	84	84	84	67	
17	0	0	0	0	72	259	0	0	0	0	64	231	7
	59	59	59	59	59	49	63	63	63	63	63	59	
18	0	0	0	0	106	83	0	0	0	0	91	71	6
	37	37	37	37	37	41	38	38	38	38	38	45	
朝向	S	SW	W	NW	N	H	S	SW	W	NW	N	H	朝向

透明度等级			3						4				透明度等级
朝向	S	SE	E	NE	N	H	S	SE	E	NE	N	H	朝向
辐射照度		上行——直接辐射 下行——散射辐射						上行——直接辐射 下行——散射辐射					辐射照度
时刻（地方太阳时） 6	0	180	409	371	78	60	0	145	331	301	63	49	18 时刻（地方太阳时）
	43	43	43	43	43	56	43	43	43	43	43	58	
7	0	309	536	419	57	205	0	266	462	361	49	177	17
	65	65	65	65	65	69	67	67	67	67	67	79	
8	2	387	552	351	0	379	2	342	488	311	0	336	16
	88	88	88	88	88	83	90	90	90	90	90	93	
9	49	401	475	205	0	533	44	364	430	186	0	484	15
	106	106	106	106	106	88	112	112	112	112	112	106	
10	121	354	315	50	0	652	110	324	288	47	0	598	14
	117	117	117	117	117	90	124	124	124	124	124	109	
11	176	248	116	0	0	722	162	224	107	0	0	665	13
	121	121	121	121	121	84	130	130	130	130	130	108	
12	195	114	0	0	0	747	180	101	0	0	0	688	12
	123	123	123	123	123	85	134	134	134	134	134	110	
13	176	6	0	0	0	722	162	6	0	0	0	665	11
	121	121	121	121	121	84	130	130	130	130	130	108	
14	121	0	0	0	0	652	110	0	0	0	0	598	10
	117	117	117	117	117	90	124	124	124	124	124	109	
15	49	0	0	0	0	833	44	0	0	0	0	484	9
	106	106	106	106	106	88	112	112	112	112	112	106	
16	2	0	0	0	0	379	2	0	0	0	0	336	8
	88	88	88	88	88	83	90	90	90	90	90	93	
17	0	0	0	0	57	205	0	0	0	0	49	177	7
	65	65	65	65	65	69	67	67	67	67	67	79	
18	0	0	0	0	78	60	0	0	0	0	63	49	6
	43	43	43	43	43	56	43	43	43	43	43	58	
朝向	S	SW	W	NW	N	H	S	SW	W	NW	N	H	朝向

透明度等级			5						6				透明度等级
朝向	S	SE	E	NE	N	H	S	SE	E	NE	N	H	朝向
辐射照度		上行——直接辐射 下行——散射辐射						上行——直接辐射 下行——散射辐射					辐射照度
时刻（地方太阳时） 6	0	117	267	243	51	40	0	86	194	177	37	29	18 时刻（地方太阳时）
	42	42	42	42	42	58	40	40	40	40	40	58	
7	0	229	398	311	42	152	0	190	329	257	35	126	17
	72	72	72	72	72	91	77	77	77	77	77	104	
8	1	306	437	278	0	300	1	258	368	234	0	254	16
	96	96	96	96	96	109	100	100	100	100	100	123	
9	41	337	398	172	0	448	36	291	344	149	0	387	15
	119	119	119	119	119	124	128	128	128	128	128	149	
10	104	302	270	43	0	557	97	266	237	38	0	492	14
	133	133	133	133	133	131	144	144	144	144	144	160	
11	150	213	100	0	0	619	134	190	88	0	0	551	13
	138	138	138	138	138	130	149	149	149	149	146	159	
12	167	94	0	0	0	641	150	85	0	0	0	572	12
	142	142	142	142	142	133	152	152	152	152	152	160	
13	150	5	0	0	0	619	134	5	0	0	0	551	11
	138	138	138	138	138	130	149	149	149	149	149	159	
14	104	0	0	0	0	557	91	0	0	0	0	492	10
	133	133	133	133	133	131	144	144	144	144	144	160	
15	41	0	0	0	0	448	36	0	0	0	0	387	9
	119	119	119	119	119	124	128	128	128	128	128	149	
16	1	0	0	0	0	300	1	0	0	0	0	254	8
	96	96	96	96	96	109	100	100	100	100	100	123	
17	0	0	0	0	42	152	0	0	0	0	35	126	7
	72	72	72	72	72	91	77	77	77	77	77	104	
18	0	0	0	0	51	40	0	0	0	0	37	29	6
	42	42	42	42	42	58	40	40	40	40	40	58	
朝向	S	SW	W	NW	N	H	S	SW	W	NW	N	H	朝向

表 D-6　北纬 45°透过标准玻璃窗的太阳辐射照度（W/m²）

透明度等级		1						2						透明度等级
朝向		S	SE	E	NE	N	H	S	SE	E	NE	N	H	朝向
辐射照度		上行——直接辐射 下行——散射辐射						上行——直接辐射 下行——散射辐射						辐射照度
时刻（地方太阳时）	6	0	269	584	521	97	100	0	230	502	448	84	86	18
		40	40	40	40	40	41	41	41	41	41	41	45	
	7	0	418	685	514	14	266	0	373	611	458	13	238	17
		60	60	60	60	60	49	64	64	64	64	64	59	
	8	16	497	658	383	0	449	15	456	605	351	0	413	16
		78	78	78	78	78	83	83	83	83	83	83	67	
	9	105	511	548	193	0	599	98	475	511	180	0	558	15
		92	92	92	92	92	55	97	97	97	97	97	69	
	10	209	458	359	117	0	720	197	429	336	109	0	675	14
		105	105	105	105	105	57	110	110	110	110	110	73	
	11	280	341	131	0	0	790	264	321	123	0	0	743	13
		110	110	110	110	110	55	119	119	119	119	119	76	
	12	305	180	0	0	0	814	287	170	0	0	0	766	12
		110	110	110	110	110	53	119	119	119	119	119	72	
	13	280	137	0	0	0	790	264	129	0	0	0	743	11
		110	110	110	110	110	55	119	119	119	119	119	76	
	14	209	0	0	0	0	720	197	0	0	0	0	675	10
		104	104	104	104	104	57	110	110	110	110	110	73	
	15	105	0	0	0	0	599	98	0	0	0	0	558	9
		92	92	92	92	92	55	97	97	97	97	97	69	
	16	16	0	0	0	0	119	15	0	0	0	0	413	8
		78	78	78	78	78	52	83	83	83	83	83	67	
	17	0	0	0	0	14	266	0	0	0	0	13	138	7
		60	60	60	60	60	49	64	64	64	64	64	59	
	18	0	0	0	0	97	100	0	0	0	0	84	86	6
		40	40	40	40	40	41	41	41	41	41	41	45	
朝向		S	SW	W	NW	N	H	S	SW	W	NW	N	H	朝向

透明度等级		3						4						透明度等级
朝向		S	SE	E	NE	N	H	S	SE	E	NE	N	H	朝向
辐射照度		上行——直接辐射 下行——散射辐射						上行——直接辐射 下行——散射辐射						辐射照度
时刻（地方太阳时）	6	0	200	435	388	72	77	0	165	358	320	59	62	18
		45	45	45	45	45	57	45	45	45	45	45	61	
	7	0	330	541	406	10	211	0	285	466	350	9	181	17
		65	65	65	65	65	69	69	69	69	69	69	79	
	8	14	415	550	320	0	376	12	366	486	283	0	331	16
		88	88	88	88	88	83	90	90	90	90	90	92	
	9	91	438	471	163	0	515	81	397	427	150	0	465	15
		105	105	105	105	105	88	108	108	108	108	108	104	
	10	183	399	312	101	0	626	166	365	286	93	0	572	14
		114	114	114	114	114	88	121	121	121	121	121	109	
	11	245	299	115	0	0	692	226	274	106	0	0	635	13
		120	120	120	120	120	87	127	127	127	127	127	108	
	12	267	158	0	0	0	714	247	145	0	0	0	657	12
		121	121	121	121	121	85	129	129	129	129	129	108	
	13	245	120	0	0	0	692	226	110	0	0	0	635	11
		120	120	120	120	120	87	127	127	127	127	127	108	
	14	183	0	0	0	0	626	166	0	0	0	0	572	10
		114	114	114	114	114	88	121	121	121	121	121	109	
	15	91	0	0	0	0	515	81	0	0	0	0	465	9
		105	105	105	105	105	88	108	108	108	108	108	104	
	16	14	0	0	0	0	376	12	0	0	0	0	331	8
		88	88	88	88	88	83	90	90	90	90	90	92	
	17	0	0	0	0	10	211	0	0	0	0	9	181	7
		65	65	65	65	65	69	69	69	69	69	69	79	
	18	0	0	0	0	72	77	0	0	0	0	59	62	6
		45	45	45	45	45	57	45	45	45	45	45	61	
朝向		S	SW	W	NW	N	H	S	SW	W	NW	N	H	朝向

透明度等级	5						6						透明度等级
朝向	S	SE	E	NE	N	H	S	SE	E	NE	N	H	朝向
辐射照度	上行——直接辐射 下行——散射辐射						上行——直接辐射 下行——散射辐射						辐射照度
时刻（地方太阳时） 6	0	135	293	262	49	50	0	100	216	193	36	37	18 时刻（地方太阳时）
	44	44	44	44	44	62	44	44	44	44	44	64	
7	0	247	402	302	8	157	0	204	334	256	7	130	17
	73	73	73	73	73	91	78	78	78	78	78	105	
8	10	328	435	252	0	297	9	276	366	213	0	249	16
	95	95	95	95	95	109	99	99	99	99	99	122	
9	76	365	393	138	0	429	65	315	338	120	0	370	15
	116	116	116	116	116	122	124	124	124	124	124	145	
10	156	341	266	87	0	534	136	299	234	77	0	469	14
	130	130	130	130	130	129	141	141	141	141	141	158	
11	211	256	99	0	0	593	186	227	87	0	0	526	13
	136	136	136	136	136	131	148	148	148	148	148	160	
12	229	136	0	0	0	613	204	121	0	0	0	544	12
	138	138	138	138	138	130	149	149	149	149	149	159	
13	211	104	0	0	0	593	186	92	0	0	0	526	11
	136	136	136	136	136	131	148	148	148	148	148	160	
14	156	0	0	0	0	534	136	0	0	0	0	469	10
	130	130	130	130	130	129	141	141	141	141	141	158	
15	76	0	0	0	0	429	65	0	0	0	0	370	9
	116	116	116	116	116	122	124	124	124	124	124	145	
16	10	0	0	0	0	297	9	0	0	0	0	249	8
	95	95	95	95	95	109	99	99	99	99	99	122	
17	0	0	0	0	8	157	0	0	0	0	7	130	7
	73	73	73	73	73	91	78	78	78	78	78	105	
18	0	0	0	0	49	50	0	0	0	0	36	37	6
	44	44	44	44	44	62	44	44	44	44	44	64	
朝向	S	SW	W	NW	N	H	S	SW	W	NW	N	H	朝向

表 D-7　北纬 50°透过标准窗玻璃的太阳辐射照度（W/m²）

透明度等级	1						2						透明度等级
朝向	S	SE	E	NE	N	H	S	SE	E	NE	N	H	朝向
辐射照度	上行——直接辐射 下行——散射辐射						上行——直接辐射 下行——散射辐射						辐射照度
时刻（地方太阳时） 6	0	291	605	528	85	116	0	251	522	457	73	100	18 时刻（地方太阳时）
	42	42	42	42	42	42	43	43	43	43	43	47	
7	0	442	687	494	3	276	0	397	613	441	3	245	17
	40	40	40	40	40	49	64	64	64	64	64	60	
8	40	527	657	345	0	437	36	484	601	316	0	401	16
	77	77	77	77	77	52	81	81	81	81	81	66	
9	160	549	545	150	0	576	149	511	507	140	0	555	15
	90	90	90	90	90	52	94	94	94	94	94	69	
10	278	507	356	7	0	685	261	475	333	7	0	640	14
	102	102	102	102	102	58	105	105	105	105	105	71	
11	359	398	130	0	0	751	337	373	123	0	0	706	13
	108	108	108	108	108	58	115	115	115	115	115	78	
12	388	235	0	0	0	773	365	221	0	0	0	727	12
	110	110	110	110	110	58	119	119	119	119	119	79	
13	359	62	0	0	0	751	337	57	0	0	0	706	11
	108	108	108	108	108	58	115	115	115	115	115	78	
14	278	0	0	0	0	685	261	0	0	0	0	640	10
	102	102	102	102	102	58	105	105	105	105	105	71	
15	160	0	0	0	0	576	149	0	0	0	0	555	9
	90	90	90	90	90	52	94	94	94	94	94	69	
16	40	0	0	0	3	437	36	0	0	0	0	401	8
	77	77	77	77	77	52	81	81	81	81	81	66	
17	0	0	0	0	3	276	0	0	0	0	3	245	7
	60	60	60	60	60	49	64	64	64	64	64	60	
18	0	0	0	0	85	116	0	0	0	0	73	100	6
	42	42	42	42	42	42	43	43	43	43	43	47	
朝向	S	SW	W	NW	N	H	S	SW	W	NW	N	H	朝向

透明度等级	3						4						透明度等级
朝向	S	SE	E	NE	N	H	S	SE	E	NE	N	H	朝向
辐射照度	上行——直接辐射 下行——散射辐射						上行——直接辐射 下行——散射辐射						辐射照度
6	0	219	456	342	64	87	0	181	378	330	53	73	18
	49	49	49	49	49	59	49	49	49	49	49	64	
7	0	351	544	391	3	217	0	304	470	337	2	188	17
	66	66	66	66	66	69	70	70	70	70	70	80	
8	33	440	547	287	0	364	29	387	483	254	0	321	16
	87	87	87	87	87	81	88	88	88	88	88	92	
9	137	470	468	129	0	493	123	423	421	116	0	444	15
	102	102	102	102	102	87	105	105	105	105	105	101	
10	241	440	308	6	0	593	221	402	281	6	0	543	14
	112	112	112	112	112	90	119	119	119	119	119	109	
11	314	347	114	0	0	656	287	317	105	0	0	601	13
	117	117	117	117	117	90	124	124	124	124	124	109	
12	340	206	0	0	0	676	312	188	0	0	0	620	12
	120	120	120	120	120	90	127	127	127	127	127	109	
13	314	53	0	0	0	656	287	49	0	0	0	601	11
	117	117	117	117	117	90	124	124	124	124	124	109	
14	241	0	0	0	0	593	221	0	0	0	0	543	10
	112	112	112	112	112	90	119	119	119	119	119	109	
15	137	0	0	0	0	493	123	0	0	0	0	444	9
	102	102	102	102	102	87	105	105	105	105	105	101	
16	33	0	0	0	0	364	29	0	0	0	0	321	8
	87	87	87	87	87	81	88	88	88	88	88	92	
17	0	0	0	0	3	217	0	0	0	0	2	188	7
	66	66	66	66	66	69	70	70	70	70	70	80	
18	0	0	0	0	64	87	0	0	0	0	53	73	6
	49	49	49	49	49	59	49	49	49	49	49	64	
朝向	S	SW	W	NW	N	H	S	SW	W	NW	N	H	朝向

（时刻 地方太阳时）

透明度等级	5						6						透明度等级
朝向	S	SE	E	NE	N	H	S	SE	E	NE	N	H	朝向
辐射照度	上行——直接辐射 下行——散射辐射						上行——直接辐射 下行——散射辐射						辐射照度
6	0	150	312	273	44	60	0	113	236	206	33	45	18
	48	48	48	48	48	65	48	48	48	48	48	69	
7	0	262	406	291	2	163	0	217	336	242	2	135	17
	73	73	73	73	73	92	79	79	79	79	79	106	
8	26	345	430	227	0	287	22	291	362	191	0	241	16
	94	94	94	94	94	108	98	98	98	98	98	1231	
9	113	388	386	107	0	408	98	334	331	91	0	349	15
	113	113	113	113	113	121	120	120	120	120	120	141	
10	206	374	263	6	0	506	179	337	229	5	0	442	14
	127	127	127	127	127	128	137	137	137	137	137	156	
11	269	297	98	0	0	561	236	262	86	0	0	495	13
	134	134	134	134	134	131	145	145	145	145	145	162	
12	291	177	0	0	0	579	257	156	0	0	0	513	12
	136	136	136	136	136	133	148	148	148	148	148	163	
13	269	45	0	0	0	561	236	41	0	0	0	495	11
	134	134	134	134	134	131	145	145	145	145	145	162	
14	206	0	0	0	0	506	179	0	0	0	0	442	10
	127	127	127	127	127	128	137	137	137	137	137	156	
15	113	0	0	0	0	408	98	0	0	0	0	349	9
	113	113	113	113	113	121	120	120	120	120	120	141	
16	26	0	0	0	0	287	22	0	0	0	0	241	8
	94	94	94	94	94	108	98	98	98	98	98	121	
17	0	0	0	0	2	163	0	0	0	0	2	135	7
	73	73	73	73	73	92	79	79	79	79	79	106	
18	0	0	0	0	44	60	0	0	0	0	33	45	6
	48	48	48	48	48	65	48	48	48	48	48	69	
朝向	S	SW	W	NW	N	H	S	SW	W	NW	N	H	朝向

（时刻 地方太阳时）

附录 E 夏季空气调节大气透明度分布图

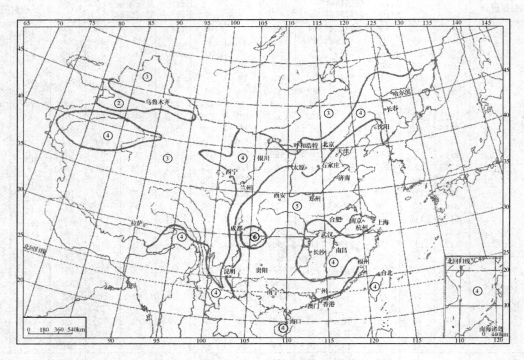

图 E 夏季空气调节大气透明度分布图

附录 F 加热由门窗缝隙渗入室内的
冷空气的耗热量

F.0.1 多层和高层建筑，加热由门窗缝隙渗入室内的冷空气的耗热量，可按下式计算：

$$Q = 0.28c_p\rho_{wn}L(t_n - t_{wn}) \qquad (F.0.1)$$

式中：Q——由门窗缝隙渗入室内的冷空气的耗热量（W）；

c_p——空气的定压比热容 $c_p = 1.01$kJ/（kg·K）；

ρ_{wn}——供暖室外计算温度下的空气密度（kg/m³）；

L——渗透冷空气量（m³/h），按本规范第 F.0.2 条确定；

t_n——供暖室内设计温度（℃），按本规范第 3.0.1 条确定；

t_{wn}——供暖室外计算温度（℃），按本规范第 4.1.2 条确定。

F.0.2 渗透冷空气量可根据不同的朝向，按下列公式计算：

$$L = L_0 l_1 m^b \qquad (F.0.2-1)$$

$$L_0 = \alpha_1 \left(\frac{\rho_{wn}}{2} v_0^2 \right)^b \qquad (F.0.2-2)$$

$$m = C_r \cdot \Delta C_f \cdot (n^{1/b} + C) \cdot C_h \qquad (F.0.2-3)$$

$$C_h = 0.3h^{0.4} \qquad (F.0.2-4)$$

$$C = 70 \cdot \frac{(h_z - h)}{\Delta C_f v_0^2 h^{0.4}} \cdot \frac{t'_n - t_{wn}}{273 + t'_n} \qquad (F.0.2-5)$$

式中：L_0——在单纯风压作用下，不考虑朝向修正和建筑物内部隔断情况时，通过每米门窗缝隙进入室内的理论渗透冷空气量 [m³/(m·h)]；

l_1——外门窗缝隙的长度（m）；

m——风压与热压共同作用下，考虑建筑体型、内部隔断和空气流通等因素后，不同朝向、不同高度的门窗冷风渗透压差综合修正系数；

b——门窗缝隙渗风指数，当无实测数据时，可取 $b = 0.67$；

α_1——外门窗缝隙渗风系数 [m³/(m·h·Pa^b)]，当无实测数据时，按本规范表 F.0.3-1 采用；

v_0——冬季室外最多风向的平均风速，m/s，按本规范第 4.1 节的有关规定确定；

C_r——热压系数，当无法精确计算时，按表

F.0.3-2 采用；

ΔC_f ——风压差系数，当无实测数据时，可取 0.7；

n ——单纯风压作用下，渗透冷空气量的朝向修正系数，按本规范附录 G 采用；

C ——作用于门窗上的有效热压差与有效风压差之比；

C_h ——高度修正系数；

h ——计算门窗的中心线标高（m）；

h_z ——单纯热压作用下，建筑物中和面的标高（m），可取建筑物总高度的 1/2；

t'_n ——建筑物内形成热压作用的竖井计算温度（℃）。

F.0.3 外门窗缝隙渗风系数、热压系数可按表 F.0.3-1、表 F.0.3-2 选取。

表 F.0.3-1 外门窗缝隙渗风系数

建筑外窗空气渗透性能分级	I	II	III	IV	V
$\alpha_1[m^3/(m \cdot h \cdot Pa^{0.67})]$	0.1	0.3	0.5	0.8	1.2

表 F.0.3-2 热压系数

内部隔断情况	开敞空间	有内门或房门		有前室门、楼梯间门或走廊两端设门	
		密闭性差	密闭性好	密闭性差	密闭性好
C_r	1.0	1.0~0.8	0.8~0.6	0.6~0.4	0.4~0.2

附录 G 渗透冷空气量的朝向修正系数 n 值

表 G 渗透冷空气量的朝向修正系数 n 值

地区及台站名称		朝 向							
		N	NE	E	SE	S	SW	W	NW
北京	北京	1.00	0.50	0.15	0.10	0.15	0.15	0.40	1.00
天津	天津	1.00	0.40	0.20	0.10	0.15	0.20	0.40	1.00
	塘沽	0.90	0.55	0.55	0.20	0.30	0.30	0.70	1.00
河北	承德	0.70	0.15	0.10	0.10	0.10	0.40	1.00	1.00
	张家口	1.00	0.40	0.10	0.10	0.10	0.10	0.35	1.00
	唐山	0.60	0.45	0.65	0.45	0.20	0.65	1.00	1.00
	保定	1.00	0.70	0.35	0.35	0.90	0.90	0.40	0.70
	石家庄	1.00	0.70	0.50	0.65	0.50	0.55	0.85	0.90
	邢台	1.00	0.70	0.35	0.50	0.70	0.70	0.30	0.70
山西	大同	1.00	0.55	0.10	0.10	0.10	0.30	0.40	1.00
	阳泉	0.70	0.10	0.10	0.10	0.10	0.35	0.85	1.00
	太原	0.90	0.40	0.15	0.30	0.30	0.40	0.70	1.00
	阳城	0.70	0.15	0.30	0.25	0.10	0.25	0.70	1.00
内蒙古	通辽	0.70	0.20	0.10	0.25	0.35	0.40	0.85	1.00
	呼和浩特	0.70	0.25	0.10	0.15	0.20	0.15	0.70	1.00
辽宁	抚顺	0.70	1.00	0.70	0.10	0.10	0.25	0.30	0.30
	沈阳	1.00	0.70	0.30	0.30	0.40	0.35	0.30	0.70
	锦州	1.00	1.00	0.40	0.10	0.20	0.25	0.20	0.70
	鞍山	1.00	1.00	0.40	0.25	0.50	0.50	0.25	0.55
	营口	1.00	1.00	0.60	0.20	0.45	0.45	0.20	0.40
	丹东	1.00	0.55	0.40	0.10	0.10	0.10	0.40	1.00
	大连	1.00	0.70	0.15	0.10	0.15	0.15	0.15	0.70

地区及台站名称		朝 向							
		N	NE	E	SE	S	SW	W	NW
吉林	通榆	0.60	0.40	0.15	0.35	0.50	0.50	1.00	1.00
	长春	0.35	0.35	0.15	0.25	0.70	1.00	0.90	0.40
	延吉	0.40	0.10	0.10	0.10	0.10	0.65	1.00	1.00
黑龙江	爱辉	0.70	0.10	0.10	0.10	0.10	0.10	0.70	1.00
	齐齐哈尔	0.95	0.70	0.25	0.25	0.40	0.40	0.70	1.00
	鹤岗	0.50	0.15	0.10	0.10	0.10	0.55	1.00	1.00
	哈尔滨	0.30	0.15	0.20	0.70	1.00	0.85	0.70	0.60
	绥芬河	0.20	0.10	0.10	0.10	0.10	0.70	1.00	0.70
上海	上海	0.70	0.50	0.35	0.20	0.10	0.30	0.80	1.00
江苏	连云港	1.00	1.00	0.40	0.15	0.15	0.15	0.20	0.40
	徐州	0.55	1.00	1.00	0.45	0.20	0.35	0.45	0.65
	淮阴	0.90	1.00	0.70	0.30	0.25	0.30	0.40	0.60
	南通	0.90	0.65	0.45	0.25	0.20	0.25	0.70	1.00
	南京	0.80	1.00	0.70	0.40	0.20	0.25	0.40	0.55
	武进	0.80	0.80	0.60	0.60	0.25	0.50	1.00	1.00
浙江	杭州	1.00	0.65	0.20	0.10	0.20	0.20	0.40	1.00
	宁波	1.00	0.40	0.10	0.10	0.10	0.20	0.60	1.00
	金华	0.20	1.00	1.00	0.60	0.10	0.15	0.25	0.25
	衢州	0.45	1.00	1.00	0.40	0.20	0.30	0.20	0.10
安徽	亳县	1.00	0.70	0.40	0.25	0.25	0.25	0.25	0.70
	蚌埠	0.70	1.00	1.00	0.40	0.30	0.35	0.45	0.45
	合肥	0.85	0.90	0.85	0.35	0.35	0.25	0.70	1.00
	六安	0.70	0.50	0.45	0.45	0.25	0.15	0.70	1.00
	芜湖	0.60	1.00	1.00	0.45	0.10	0.60	0.90	0.65
	安庆	0.70	1.00	0.70	0.15	0.10	0.10	0.10	0.25
	屯溪	0.70	1.00	0.70	0.20	0.20	0.15	0.15	0.15
福建	福州	0.75	0.60	0.25	0.25	0.20	0.15	0.70	1.00
江西	九江	0.70	1.00	0.70	0.10	0.10	0.25	0.35	0.30
	景德镇	1.00	1.00	0.40	0.20	0.20	0.35	0.35	0.70
	南昌	1.00	0.70	0.25	0.10	0.10	0.10	0.10	0.70
	赣州	1.00	0.70	0.10	0.10	0.10	0.10	0.10	0.70
山东	烟台	1.00	0.60	0.25	0.15	0.35	0.60	0.60	1.00
	莱阳	0.85	0.60	0.15	0.10	0.10	0.25	0.70	1.00
	潍坊	0.90	0.60	0.25	0.35	0.50	0.35	0.90	1.00
	济南	0.45	1.00	1.00	0.40	0.55	0.55	0.25	0.15
	青岛	1.00	0.70	0.10	0.10	0.20	0.20	0.40	1.00
	菏泽	1.00	0.90	0.40	0.25	0.35	0.35	0.20	0.70
	临沂	1.00	1.00	0.45	0.10	0.10	0.15	0.20	0.40

地区及台站名称		朝 向							
		N	NE	E	SE	S	SW	W	NW
河南	安阳	1.00	0.70	0.30	0.40	0.50	0.35	0.20	0.70
	新乡	0.70	1.00	0.70	0.25	0.15	0.30	0.30	0.15
	郑州	0.65	0.90	0.65	0.15	0.20	0.40	1.00	1.00
	洛阳	0.45	0.45	0.45	0.15	0.10	0.40	1.00	1.00
	许昌	1.00	1.00	0.40	0.10	0.20	0.25	0.35	0.50
	南阳	0.70	1.00	0.70	0.15	0.10	0.15	0.10	0.10
	驻马店	1.00	0.50	0.20	0.20	0.20	0.20	0.40	1.00
	信阳	1.00	0.70	0.20	0.10	0.15	0.15	0.10	0.70
湖北	光化	0.70	1.00	0.70	0.35	0.20	0.10	0.40	0.60
	武汉	1.00	1.00	0.45	0.10	0.10	0.10	0.10	0.45
	江陵	1.00	0.70	0.70	0.15	0.10	0.15	0.10	0.70
	恩施	1.00	0.70	0.35	0.35	0.50	0.35	0.20	0.70
湖南	长沙	0.85	0.35	0.10	0.10	0.10	0.10	0.70	1.00
	衡阳	0.70	1.00	0.70	0.10	0.10	0.10	0.15	0.30
广东	广州	1.00	0.70	0.10	0.10	0.10	0.10	0.15	0.70
广西	桂林	1.00	1.00	0.40	0.10	0.10	0.10	0.10	0.40
	南宁	0.40	1.00	1.00	0.60	0.30	0.55	0.10	0.30
四川	甘孜	0.75	0.50	0.30	0.25	0.30	0.70	1.00	0.70
	成都	1.00	1.00	0.45	0.10	0.10	0.10	0.10	0.40
重庆	重庆	1.00	0.60	0.55	0.20	0.15	0.15	0.40	1.00
贵州	威宁	1.00	1.00	0.40	0.50	0.40	0.20	0.15	0.45
	贵阳	0.70	1.00	0.70	0.15	0.25	0.15	0.10	0.25
云南	邵通	1.00	0.70	0.20	0.10	0.15	0.15	0.10	0.70
	昆明	0.10	0.10	0.10	0.15	0.70	1.00	0.70	0.20
西藏	那曲	0.50	0.50	0.20	0.10	0.35	0.90	1.00	1.00
	拉萨	0.15	0.45	1.00	1.00	0.40	0.40	0.40	0.25
	林芝	0.25	1.00	1.00	0.40	0.30	0.30	0.25	0.15
陕西	玉林	1.00	0.40	0.10	0.30	0.30	0.15	0.40	1.00
	宝鸡	0.10	0.70	1.00	0.70	0.10	0.15	0.15	0.15
	西安	0.70	1.00	0.70	0.25	0.40	0.50	0.35	0.25
甘肃	兰州	1.00	1.00	1.00	0.70	0.50	0.20	0.15	0.50
	平凉	0.80	0.40	0.85	0.85	0.35	0.70	1.00	1.00
	天水	0.20	0.70	1.00	0.70	0.10	0.15	0.20	0.15
青海	西宁	0.10	0.10	0.70	1.00	0.70	0.20	0.10	0.10
	共和	1.00	0.70	0.15	0.25	0.25	0.35	0.50	0.50
宁夏	石嘴山	1.00	0.95	0.40	0.20	0.20	0.20	0.40	1.00
	银川	1.00	1.00	0.40	0.30	0.25	0.20	0.65	0.95
	固原	0.80	0.50	0.65	0.45	0.20	0.40	0.70	1.00
新疆	阿勒泰	0.70	1.00	0.70	0.15	0.10	0.10	0.15	0.35
	克拉玛依	0.70	0.55	0.55	0.25	0.10	0.10	0.70	1.00
	乌鲁木齐	0.35	0.35	0.55	0.75	1.00	0.70	0.25	0.35
	吐鲁番	1.00	0.70	0.65	0.55	0.35	0.25	0.15	0.70
	哈密	0.70	1.00	1.00	0.40	0.10	0.10	0.10	0.10
	喀什	0.70	0.60	0.40	0.25	0.10	0.10	0.70	1.00

注：有根据时，表中所列数值，可按建设地区的实际情况，做适当调整。

附录 H 夏季空调冷负荷简化计算方法计算系数表

H.0.1 北京、西安、上海及广州等代表城市外墙、

表 H.0.1-1　北京市外墙、屋面逐时冷负荷计算温度（℃）

类别	编号	朝向	1	2	3	4	5	6	7	8	9	10	11	12	13	14	15	16	17	18	19	20	21	22	23	24
墙体 t_{wlq}	1	东	36.0	35.6	35.1	34.7	34.4	34.0	33.7	33.6	33.7	34.2	34.8	35.4	36.0	36.5	36.8	37.0	37.2	37.3	37.4	37.3	37.3	37.1	36.9	36.5
		南	34.7	34.2	33.9	33.6	33.2	32.9	32.6	32.4	32.2	32.1	32.1	32.3	32.7	33.1	33.7	34.2	34.7	35.1	35.4	35.5	35.5	35.3	35.3	35.0
		西	37.4	36.9	36.5	36.1	35.7	35.3	34.9	34.6	34.3	34.1	34.1	34.1	34.1	34.7	35.3	36.1	36.9	37.6	38.0	38.2	38.1	37.8		
		北	32.6	32.3	32.0	31.8	31.5	31.3	31.1	30.9	30.9	30.9	31.0	31.1	31.2	31.4	31.7	32.0	32.2	32.5	32.7	33.0	33.1	33.1	33.1	32.9
	2	东	36.1	35.7	35.2	34.8	34.3	34.0	33.8	34.0	34.4	35.0	35.7	36.2	36.6	36.9	37.1	37.3	37.5	37.4	37.3	37.1	36.9	36.6		
		南	34.7	34.3	34.0	33.7	33.3	33.0	32.8	32.5	32.4	32.3	32.5	32.9	33.3	33.9	34.4	34.9	35.2	35.5	35.6	35.6	35.5	35.4	35.1	
		西	37.4	37.0	36.6	36.2	35.8	35.5	35.0	34.7	34.4	34.2	34.1	34.1	34.1	34.5	35.2	35.6	36.5	37.1	37.7	38.1	38.2	38.1	37.9	
		北	32.7	32.4	32.1	31.9	31.6	31.4	31.2	31.1	31.0	31.1	31.1	31.2	31.4	31.6	31.9	32.1	32.4	32.6	32.8	33.1	33.2	33.2	33.2	33.0
	3	东	36.5	35.4	34.4	33.5	32.7	32.0	31.5	31.1	31.1	31.7	32.7	34.1	35.5	36.8	37.8	38.5	38.9	39.2	39.2	39.2	39.0	38.7	38.2	37.5
		南	35.8	34.8	33.8	33.0	32.3	31.7	31.1	30.7	30.5	30.3	30.3	30.7	31.3	32.2	33.4	35.2	37.0	37.5	37.7	37.6	37.3	36.6		
		西	39.8	38.6	37.4	36.4	35.4	34.5	33.7	33.0	32.5	32.0	31.8	31.8	31.8	32.3	33.2	34.2	35.2	37.0	38.8	40.2	41.0	41.2	40.7	
		北	33.6	32.8	32.1	31.4	30.8	30.3	29.9	29.6	29.4	29.5	29.6	30.0	30.2	30.7	31.2	31.8	32.4	33.0	33.5	33.9	34.3	34.5	34.5	34.2
	4	东	35.3	33.9	32.7	31.7	31.0	30.4	29.9	29.8	30.4	31.8	33.7	35.8	37.7	39.1	40.0	40.5	40.6	40.6	40.4	40.0	39.4	38.7	37.9	36.7
		南	35.1	33.7	32.6	31.7	30.9	30.2	29.8	29.2	29.1	29.1	29.4	30.2	31.5	33.3	35.1	36.7	37.8	38.4	39.0	39.2	38.9	38.2	37.6	36.5
		西	39.8	37.9	36.4	35.0	33.8	32.9	32.0	31.3	30.8	30.6	30.6	30.8	31.1	31.9	33.4	35.8	37.8	40.0	41.9	43.1	43.3	42.8	41.5	
		北	33.3	32.1	31.2	30.4	29.7	29.2	29.0	28.8	28.8	29.0	29.2	29.5	29.9	30.5	31.2	32.0	33.2	34.2	34.7	35.2	35.4	35.4	35.1	34.4
	5	东	35.8	35.8	35.8	35.8	35.6	35.5	35.3	35.2	35.0	34.8	34.6	34.5	34.4	34.4	34.5	34.6	34.7	34.9	35.0	35.2	35.4	35.5	35.6	35.7
		南	33.7	33.8	33.8	33.8	33.7	33.7	33.6	33.4	33.2	33.1	32.9	32.8	32.6	32.6	32.6	32.7	32.8	32.9	33.1	33.3	33.4	33.6		
		西	35.5	35.7	35.8	35.8	35.8	35.8	35.8	35.7	35.6	35.4	35.3	35.1	35.0	34.8	34.7	34.5	34.4	34.4	34.5	34.6	34.8	35.0	35.3	
		北	31.6	31.7	31.7	31.7	31.7	31.7	31.6	31.5	31.4	31.3	31.1	31.0	30.9	30.9	30.9	31.0	31.0	31.1	31.2	31.2	31.3	31.4	31.5	
	6	东	33.9	32.4	31.5	30.9	29.9	29.4	29.4	30.7	32.9	35.4	37.9	39.8	40.9	41.4	41.4	41.3	40.9	40.5	39.9	39.1	38.1	37.1	35.6	
		南	33.9	32.4	31.5	30.9	29.9	29.4	28.7	28.6	28.9	29.5	30.7	32.3	34.2	35.4	36.2	37.9	39.0	40.1	39.4	38.1	37.1	35.6		
		西	38.5	36.4	34.8	33.6	32.5	31.6	30.6	30.0	30.0	30.0	30.0	30.4	30.8	31.3	32.4	33.3	35.2	37.5	40.0	42.4	44.2	44.8	44.2	42.9	40.8
		北	32.4	31.1	30.2	29.6	29.1	28.7	28.4	28.2	28.6	29.1	29.6	30.1	31.1	32.0	32.9	33.7	34.7	35.1	35.5	35.9	35.9	35.5	35.0	33.9
	7	东	36.1	35.4	34.9	34.3	33.8	33.3	32.9	32.7	32.8	33.3	34.2	35.1	35.9	36.6	37.1	37.4	37.6	37.8	37.9	37.8	37.7	37.5	37.2	36.7
		南	34.9	34.4	34.0	33.6	33.1	32.8	32.5	32.3	32.1	32.0	32.0	32.3	32.7	33.2	33.8	34.4	34.9	35.5	35.9	36.1	36.1	36.0	35.8	35.4
		西	38.0	37.4	36.8	36.2	35.6	35.1	34.7	34.0	33.7	33.4	33.2	33.2	33.3	33.9	34.5	35.3	36.1	37.0	37.7	38.3	38.5	38.5	39.0	38.6
		北	32.8	32.4	32.0	31.8	31.3	31.0	30.7	30.5	30.4	30.4	30.5	30.6	30.8	31.1	31.5	31.9	32.2	32.6	32.9	33.2	33.4	33.4	33.5	33.2
	8	东	34.2	33.2	32.3	31.6	31.0	30.3	30.3	31.0	32.5	34.6	36.6	38.2	39.4	39.8	39.9	39.9	39.7	39.5	39.2	38.7	38.0	37.2	36.4	35.4
		南	33.8	32.9	32.0	31.3	30.7	30.2	29.8	29.6	29.6	30.2	30.7	31.9	33.4	34.9	36.3	37.3	37.8	38.6	38.6	38.1	37.0	36.5	36.0	34.9
		西	37.5	36.1	34.9	34.0	33.1	32.4	31.7	31.3	31.1	31.2	31.5	31.9	32.5	33.4	34.2	36.1	38.1	40.2	42.0	42.9	42.6	41.7	40.5	39.0
		北	32.2	31.4	30.7	30.2	29.7	29.3	29.1	29.1	29.2	29.4	29.7	30.4	31.2	32.2	33.1	34.1	35.1	34.8	35.1	34.9	34.5	34.0	33.2	

类别	编号	朝向	1	2	3	4	5	6	7	8	9	10	11	12	13	14	15	16	17	18	19	20	21	22	23	24
墙体 t_{wlq}	9	东	35.8	35.2	34.7	34.2	33.7	33.2	32.9	32.9	33.4	34.2	35.2	36.1	36.9	37.4	37.7	37.9	38.0	38.1	38.0	37.9	37.7	37.3	36.9	36.4
		南	34.7	34.2	33.7	33.3	32.8	32.4	32.1	31.7	31.5	31.5	31.7	32.1	32.7	33.5	34.3	35.1	35.7	36.1	36.3	36.3	36.2	36.0	35.7	35.2
		西	37.8	37.1	36.5	35.9	35.3	34.8	34.3	33.9	33.6	33.4	33.3	33.5	33.7	34.2	34.9	35.9	37.1	38.2	39.0	39.4	39.3	39.0	38.4	
		北	32.7	32.3	31.9	31.6	31.3	31.0	30.7	30.6	30.6	30.6	30.8	31.0	31.3	31.6	32.0	32.4	32.7	33.0	33.3	33.6	33.7	33.6	33.5	33.1
	10	东	36.7	36.3	35.9	35.5	35.1	34.7	34.3	34.0	33.6	33.5	33.8	34.2	34.7	35.2	35.7	36.1	36.4	36.7	36.9	37.0	37.1	37.1	36.9	
		南	35.1	34.8	34.5	34.2	33.8	33.5	33.2	32.8	32.5	32.2	32.0	31.9	31.9	32.0	32.2	32.6	33.0	33.5	34.0	34.4	34.8	35.0	35.2	35.2
		西	37.6	37.5	37.2	36.9	36.5	36.1	35.7	35.3	34.9	34.6	34.2	34.0	33.8	33.7	33.7	33.9	34.3	34.8	35.4	36.1	36.7	37.2	37.5	
		北	32.7	32.6	32.4	32.1	31.9	31.6	31.4	31.1	30.9	30.8	30.7	30.6	30.6	30.7	30.8	31.1	31.5	32.0	32.5	32.7	32.8			
	11	东	36.5	36.2	35.9	35.5	35.1	34.7	34.4	34.0	33.7	33.4	33.5	34.1	34.6	35.0	35.4	36.1	36.4	36.5	36.6	36.7	36.7			
		南	34.7	34.6	34.4	34.1	33.8	33.4	33.1	32.8	32.5	32.3	32.0	31.8	31.7	31.7	31.7	32.1	32.5	32.9	33.4	33.8	34.2	34.5	34.7	34.8
		西	37.0	37.1	36.9	36.7	36.4	36.0	35.7	35.4	34.9	34.6	34.3	34.0	33.8	33.5	33.6	33.8	34.2	34.7	35.3	35.9	36.5	36.8		
		北	32.4	32.3	32.2	32.0	31.7	31.5	31.2	31.0	30.8	30.6	30.5	30.4	30.4	30.4	30.5	30.7	30.8	31.0	31.3	31.5	31.8	32.0	32.2	32.4
	12	东	36.6	36.0	35.5	34.9	34.4	34.0	33.5	33.2	33.0	33.2	34.1	35.0	35.7	36.3	36.8	37.2	37.4	37.5	37.6	37.7	37.5	37.4	37.0	
		南	35.2	34.8	34.3	33.9	33.4	33.0	32.6	32.3	31.9	31.7	31.6	31.6	31.9	32.2	32.7	33.4	34.7	35.2	35.6	35.8	35.9	35.8	35.6	
		西	38.2	37.8	37.2	36.7	36.1	35.6	35.1	34.6	34.2	33.9	33.4	33.4	33.5	34.0	35.9	36.8	37.7	38.3	38.6	38.5				
		北	33.0	32.7	32.3	32.0	31.6	31.3	31.1	30.8	30.6	30.5	30.5	30.6	30.7	30.9	31.2	31.5	31.8	32.1	32.5	32.8	33.1	33.3	33.3	33.2
	13	东	36.5	36.1	35.7	35.3	34.8	34.4	34.1	33.7	33.5	33.5	34.0	34.8	35.4	35.9	36.3	36.6	36.9	37.1	37.2	37.2	37.2	37.1	36.9	
		南	35.0	34.7	34.3	34.0	33.6	33.3	33.0	32.7	32.4	32.1	32.0	31.9	32.0	32.3	32.7	33.2	33.7	34.2	34.7	35.0	35.3	35.4	35.4	35.3
		西	37.7	37.4	37.1	36.7	36.3	35.8	35.4	35.0	34.6	34.3	34.1	33.9	33.8	33.7	33.8	34.0	34.3	34.8	35.6	36.5	37.5	37.8	37.9	
		北	32.8	32.6	32.3	32.0	31.8	31.5	31.3	31.0	30.8	30.7	30.6	30.7	30.8	30.9	31.1	31.4	31.6	31.9	32.2	32.4	32.7	32.9	33.0	33.0
屋面 t_{wlm}	1		44.7	44.6	44.4	44.0	43.5	43.0	42.3	41.7	41.0	40.4	39.8	39.4	39.1	39.2	39.6	40.1	40.8	41.6	42.3	43.1	43.7	44.2	44.5
	2		44.5	43.5	42.4	41.4	40.5	39.5	38.6	37.9	37.3	37.0	37.1	37.6	38.4	39.6	40.9	42.3	43.7	44.9	45.8	46.5	46.7	46.6	46.2	45.5
	3		44.3	43.9	43.4	42.8	42.3	41.6	41.0	40.4	39.8	39.3	39.0	38.8	38.9	39.2	39.7	40.3	41.1	41.9	42.6	43.3	43.9	44.3	44.5
	4		43.0	42.1	41.3	40.5	39.7	38.9	38.3	37.8	37.6	37.9	38.5	39.4	40.6	41.9	43.2	44.4	45.4	46.1	46.5	46.4	46.1	45.6	44.9	44.0
	5		44.4	44.1	43.7	43.2	42.6	42.0	41.4	40.8	40.1	39.6	39.2	38.9	39.1	39.5	40.0	40.7	41.4	42.2	43.0	43.5	44.0	44.4	44.4
	6		45.4	44.7	43.9	42.9	42.0	41.1	40.2	39.2	38.4	37.8	37.3	37.2	38.1	39.0	40.1	42.2	43.7	44.7	45.5	45.9	46.1	45.9		
	7		42.9	42.9	42.9	42.7	42.5	42.3	42.0	41.6	41.2	40.5	40.2	39.9	39.8	39.9	40.0	40.4	40.8	41.2	41.7	42.1	42.4	42.7		
	8		45.9	44.7	43.4	42.0	40.8	39.5	38.4	37.4	36.5	36.0	35.8	36.0	36.7	37.9	39.3	41.0	42.7	44.4	45.8	46.9	47.6	47.8	47.6	47.0

注：其他城市的地点修正值可按下表采用：

地点	石家庄、乌鲁木齐	天津	沈阳	哈尔滨、长春、呼和浩特、银川、太原、大连
修正值	+1	0	-2	-3

类别	编号	朝向	1	2	3	4	5	6	7	8	9	10	11	12	13	14	15	16	17	18	19	20	21	22	23	24
墙体 t_{wlq}	1	东	36.9	36.4	35.9	35.6	35.2	34.8	34.5	34.3	34.3	34.7	35.2	35.8	36.4	36.9	37.2	37.5	37.7	37.9	38.0	38.1	38.0	37.9	37.7	37.3
		南	34.9	34.5	34.2	33.9	33.6	33.3	33.0	32.8	32.6	32.5	32.5	32.7	32.9	33.3	33.8	34.3	34.8	35.2	35.5	35.6	35.7	35.6	35.5	35.3
		西	38.0	37.5	37.1	36.7	36.3	35.9	35.5	35.2	34.9	34.7	34.6	34.6	34.8	35.0	35.5	36.1	36.7	37.6	38.2	38.6	38.8	38.8	38.7	38.4
		北	33.9	33.6	33.3	33.0	32.7	32.5	32.2	32.1	32.0	32.0	32.0	32.2	32.3	32.6	32.9	33.3	33.5	33.8	34.0	34.3	34.4	34.4	34.4	34.2
	2	东	36.9	36.5	36.1	35.7	35.3	35.0	34.6	34.5	34.6	34.9	35.4	36.1	36.6	37.0	37.4	37.6	37.9	38.0	38.1	38.1	37.9	37.9	37.7	37.4
		南	35.0	34.6	34.3	34.0	33.7	33.4	33.2	32.9	32.8	32.7	32.7	33.2	33.6	34.0	34.5	35.0	35.3	35.6	35.7	35.7	35.6	35.6	35.6	35.3
		西	38.0	37.6	37.2	36.8	36.4	36.0	35.7	35.3	35.1	34.9	34.8	34.8	34.8	35.0	35.2	35.7	36.3	37.0	37.8	38.4	38.7	38.8	38.8	38.4
		北	34.0	33.6	33.4	33.1	32.9	32.6	32.4	32.2	32.1	32.1	32.2	32.3	32.5	32.8	33.3	33.6	33.9	34.2	34.4	34.5	34.5	34.5	34.5	34.3
	3	东	37.5	36.4	35.4	34.4	33.7	33.0	32.4	31.9	31.8	32.1	32.9	34.1	35.5	36.9	38.0	38.8	39.3	39.7	39.9	40.0	39.9	39.6	39.2	38.5
		南	36.0	35.1	34.2	33.4	32.7	32.1	31.6	31.2	30.8	30.6	30.6	30.8	31.2	32.0	33.0	34.1	35.2	36.1	36.7	37.4	37.6	37.6	37.4	36.9
		西	40.3	39.1	38.0	36.9	35.9	35.1	34.3	33.6	33.0	32.6	32.4	32.4	32.5	32.9	33.4	34.1	35.1	36.5	38.0	39.5	40.8	41.5	41.7	41.2
		北	34.9	34.1	33.3	32.6	32.0	31.5	31.1	30.7	30.4	30.4	30.5	30.8	31.2	31.7	32.3	32.9	33.6	34.3	34.9	35.3	35.8	36.0	36.0	35.6
	4	东	36.4	35.0	33.7	32.8	32.0	31.3	30.7	30.5	30.8	31.9	33.6	35.6	37.5	39.1	40.1	40.8	41.1	41.3	41.2	41.0	40.5	39.8	39.0	37.8
		南	35.5	34.2	33.1	32.2	31.5	30.9	30.4	29.9	29.7	29.7	30.0	30.5	31.5	32.5	33.9	35.2	36.5	37.5	38.2	38.5	38.9	38.5	37.9	36.8
		西	40.2	38.4	36.9	35.5	34.4	33.5	32.6	31.9	31.5	31.2	31.2	31.6	32.1	32.8	33.7	35.0	36.7	38.7	40.8	42.5	43.6	43.7	43.2	41.9
		北	34.6	33.5	32.4	31.6	31.0	30.4	30.0	29.7	29.6	29.8	30.2	30.8	31.5	32.3	33.2	34.1	34.9	35.6	36.1	36.7	37.0	36.9	36.6	35.8
	5	东	36.4	36.5	36.4	36.4	36.3	36.2	36.0	35.9	35.7	35.5	35.5	35.3	35.2	35.3	35.1	35.3	35.4	35.5	35.5	35.6	35.6	36.1	36.2	36.3
		南	33.9	34.0	34.0	34.0	34.0	33.9	33.8	33.7	33.6	33.5	33.3	33.3	33.1	33.0	32.9	32.9	32.9	33.0	33.1	33.3	33.3	33.5	33.5	33.8
		西	36.1	36.3	36.4	36.5	36.5	36.4	36.4	36.3	36.2	36.0	35.9	35.7	35.5	35.4	35.2	35.1	35.1	35.1	35.0	35.1	35.3	35.5	35.7	35.9
		北	32.8	32.9	33.0	32.9	32.9	32.9	32.8	32.7	32.6	32.5	32.4	32.3	32.3	32.2	32.1	32.1	32.1	32.2	32.3	32.4	32.5	32.6	32.6	32.7
	6	东	35.0	33.5	32.3	31.5	30.9	30.3	29.9	29.9	30.8	32.6	35.0	37.5	39.0	41.0	41.7	42.0	42.0	41.9	41.5	41.0	40.3	39.4	38.3	36.8
		南	34.4	32.9	31.9	31.1	30.4	30.0	29.6	29.3	29.2	29.4	30.1	31.0	32.0	34.1	35.5	37.5	38.7	39.5	39.8	39.3	39.2	38.4	37.5	36.1
		西	39.0	36.9	35.5	34.0	33.0	32.2	31.5	30.9	30.6	30.5	31.0	31.6	32.4	33.4	34.6	36.3	38.4	40.9	43.1	44.7	45.2	44.6	43.3	41.2
		北	33.7	32.4	31.4	30.7	30.1	29.7	29.3	29.2	29.4	29.8	30.4	31.3	32.2	33.1	34.1	35.1	35.9	36.6	37.1	37.5	37.5	37.1	36.5	35.2
	7	东	37.0	36.3	35.8	35.2	34.7	34.2	33.8	33.4	33.5	33.8	34.5	35.3	36.2	36.9	37.5	37.8	38.1	38.4	38.5	38.6	38.5	38.3	38.0	37.5
		南	35.2	34.7	34.2	33.7	33.3	32.9	32.5	32.0	31.8	31.8	32.0	32.2	32.9	33.6	34.2	34.9	35.4	35.8	36.1	36.2	36.1	36.0	36.0	35.6
		西	38.6	38.0	37.3	36.7	36.2	35.6	35.1	34.6	34.2	34.0	33.8	33.8	34.1	34.4	34.9	35.7	36.7	37.8	38.7	39.3	39.5	39.5	39.5	39.1
		北	34.1	33.7	33.3	32.9	32.5	32.2	31.8	31.6	31.4	31.4	31.5	31.7	31.9	32.3	33.0	33.8	34.2	34.8	34.8	34.8	34.8	34.8	34.8	34.5
	8	东	35.2	34.2	33.3	32.6	32.0	31.4	31.1	31.4	32.7	34.5	36.4	38.2	39.4	40.1	40.5	40.5	40.5	40.1	39.7	39.1	38.3	37.5	37.5	36.4
		南	34.3	33.3	32.5	31.9	31.3	30.8	30.4	30.2	30.2	30.5	31.1	32.1	33.4	34.8	36.1	37.2	38.0	38.4	38.4	38.1	37.6	37.0	36.3	35.3
		西	37.9	36.6	35.5	34.5	33.7	33.0	32.4	31.9	31.8	31.9	32.2	32.7	33.4	34.2	35.4	37.1	39.0	41.0	42.5	43.2	43.0	42.0	40.9	39.5
		北	33.5	32.6	31.9	31.3	30.8	30.4	30.1	30.0	30.3	30.7	31.2	31.9	32.6	33.4	34.2	34.9	35.5	36.0	36.3	36.5	36.4	35.9	35.4	34.5

类别	编号	朝向	1	2	3	4	5	6	7	8	9	10	11	12	13	14	15	16	17	18	19	20	21	22	23	24
墙体 t_{wlq}	9	东	36.7	36.1	35.5	35.0	34.5	34.1	33.7	33.6	33.9	34.6	35.5	36.4	37.2	37.7	38.1	38.4	38.6	38.7	38.8	38.7	38.5	38.2	37.8	37.3
		南	35.0	34.5	34.0	33.6	33.2	32.9	32.5	32.2	32.0	32.0	32.1	32.4	33.0	33.7	34.4	35.1	35.7	36.1	36.3	36.4	36.3	36.2	35.9	35.5
		西	38.3	37.7	37.0	36.5	36.0	35.4	34.9	34.5	34.2	34.0	34.0	34.0	34.2	34.5	35.0	35.7	36.8	37.9	38.9	39.7	39.9	39.8	39.5	39.0
		北	34.0	33.6	33.2	32.8	32.5	32.1	31.8	31.7	31.6	31.7	31.8	32.1	32.4	32.8	33.2	33.6	34.0	34.4	34.7	35.0	35.1	35.0	34.8	34.5
	10	东	37.5	37.1	36.8	36.4	35.9	35.5	35.1	34.7	34.4	34.2	34.2	34.3	34.5	35.1	35.6	36.1	36.5	36.9	37.2	37.5	37.6	37.7	37.8	37.7
		南	35.2	35.0	34.7	34.4	34.1	33.8	33.5	33.2	32.9	32.6	32.4	32.3	32.3	32.5	32.8	33.2	33.7	34.1	34.5	34.9	35.1	35.3	35.3	35.3
		西	38.2	38.1	37.8	37.5	37.1	36.7	36.3	35.9	35.5	35.1	34.8	34.6	34.4	34.3	34.4	34.6	35.0	35.6	36.1	36.8	37.4	37.9	38.1	
		北	34.0	33.9	33.7	33.4	33.1	32.9	32.6	32.4	32.1	31.9	31.8	31.7	31.7	31.8	31.9	32.1	32.4	32.6	33.0	33.3	33.6	33.8	34.0	34.1
	11	东	37.2	37.0	36.7	36.3	35.9	35.5	35.2	34.8	34.5	34.2	34.1	34.1	34.3	34.6	35.0	35.4	35.9	36.3	36.6	36.9	37.1	37.3	37.4	37.3
		南	34.9	34.7	34.5	34.3	34.0	33.7	33.4	33.1	32.9	32.6	32.4	32.2	32.1	32.2	32.4	32.7	33.1	33.5	33.9	34.2	34.5	34.8	34.9	
		西	37.6	37.6	37.5	37.2	36.9	36.6	36.3	35.9	35.5	35.2	34.9	34.6	34.4	34.2	34.3	34.6	34.9	35.4	36.0	36.6	37.1	37.5		
		北	33.7	33.6	33.4	33.2	33.0	32.7	32.5	32.2	32.0	31.8	31.6	31.5	31.5	31.6	31.8	32.0	32.2	32.5	32.7	33.0	33.3	33.5	33.6	
	12	东	37.4	36.9	36.3	35.8	35.3	34.8	34.4	34.0	33.8	34.1	34.7	35.4	36.1	36.7	37.2	37.6	37.9	38.2	38.3	38.3	38.3	38.2	37.9	
		南	35.4	35.0	34.6	34.1	33.7	33.4	33.0	32.7	32.4	32.1	32.0	32.0	32.2	32.5	33.0	33.4	34.1	34.7	35.2	35.6	35.8	36.0	35.9	35.8
		西	38.8	38.3	37.8	37.2	36.7	36.2	35.7	35.3	34.8	34.5	34.2	34.0	34.1	34.3	34.5	35.1	35.8	36.7	37.6	38.3	38.9	39.2	39.1	
		北	34.3	33.9	33.6	33.2	32.9	32.5	32.2	31.9	31.7	31.6	31.5	31.8	32.0	32.2	32.6	33.0		34.1	34.4	34.6	34.7	34.6		
	13	东	37.3	36.9	36.5	36.1	35.7	35.2	34.9	34.5	34.3	34.2	34.4	34.7	35.3	35.8	36.3	36.8	37.1	37.4	37.6	37.8	37.9	37.9	37.8	37.6
		南	35.2	34.9	34.6	34.3	33.9	33.5	33.3	33.0	32.7	32.5	32.4	32.3	32.4	32.6	32.9	33.4	33.8	34.3	34.7	35.1	35.3	35.5	35.5	35.4
		西	38.3	38.0	37.7	37.3	36.8	36.4	36.0	35.6	35.2	34.9	34.7	34.5	34.4	34.4	34.5	34.7	35.1	35.6	36.3	37.0	37.6	38.1	38.4	38.5
		北	34.1	33.9	33.6	33.3	33.0	32.7	32.5	32.2	32.0	31.9	31.8	31.8	31.9	32.1	32.3	32.8	33.1	33.4	33.7	34.0	34.2	34.3	34.2	
屋面 t_{wlm}	1		45.4	45.3	45.1	44.8	44.3	43.7	43.1	42.5	41.8	41.1	40.5	40.1	39.8	39.7	39.8	40.1	40.6	41.2	42.1	42.9	43.7	44.3	44.8	45.2
	2		45.3	44.3	43.3	42.3	41.3	40.3	39.4	38.6	38.0	37.6	37.7	38.1	39.0	40.0	41.3	42.7	44.2	45.5	46.5	47.2	47.4	47.5	47.0	46.3
	3		45.0	44.6	44.2	43.6	43.0	42.4	41.8	41.2	40.6	40.1	39.7	39.5	39.5	39.7	40.2	40.8	41.6	42.4	43.2	43.9	44.6	45.0	45.2	45.2
	4		43.8	43.0	42.1	41.3	40.5	39.7	39.0	38.5	38.2	38.4	39.0	39.9	41.0	42.4	43.7	45.0	46.1	46.8	47.2	47.2	46.9	46.4	45.7	44.8
	5		45.1	44.8	44.4	44.0	43.4	42.8	42.2	41.6	40.9	40.3	39.9	39.6	39.5	39.6	40.0	40.5	41.2	42.0	42.8	43.5	44.2	44.7	45.0	45.2
	6		46.2	45.5	44.6	43.7	42.8	41.9	41.0	40.0	39.2	38.5	38.0	37.8	38.0	38.5	39.2	40.5	41.7	43.0	44.3	45.4	46.2	46.7	46.8	46.7
	7		43.5	43.6	43.6	43.4	43.3	43.0	42.7	42.4	42.0	41.6	41.2	40.9	40.6	40.4	40.5	40.7	41.0	41.4	41.8	42.3	42.7	43.1	43.4	
	8		46.8	45.5	44.2	42.9	41.6	40.4	39.3	38.2	37.3	36.6	36.3	36.5	37.1	38.2	39.6	41.3	43.1	44.9	46.4	47.6	48.3	48.6	48.4	47.8

注: 其他城市的地点修正值可按下表采用:

地点	济南	郑州	兰州、青岛	西宁
修正值	+1	-1	-3	-9

表 H.0.1-3　上海市外墙、屋面逐时冷负荷计算温度(℃)

类别	编号	朝向	1	2	3	4	5	6	7	8	9	10	11	12	13	14	15	16	17	18	19	20	21	22	23	24
墙体 t_{wlq}	1	东	36.8	36.4	36.0	35.6	35.2	34.9	34.6	34.5	34.6	35.0	35.6	36.2	36.8	37.2	37.5	37.8	38.1	38.1	38.1	38.0	37.9	37.7	37.3	
		南	34.4	34.0	33.7	33.5	33.2	32.9	32.7	32.5	32.4	32.3	32.3	32.5	32.8	33.1	33.6	34.0	34.4	34.7	34.9	35.1	35.1	35.1	35.0	36.4
		西	38.0	37.6	37.2	36.8	36.4	36.0	35.7	35.4	35.1	34.9	34.8	34.8	35.0	35.3	35.7	36.3	37.1	37.8	38.4	38.8	38.9	38.8	35.4	
		北	34.0	33.6	33.3	33.1	32.8	32.6	32.4	32.3	32.2	32.2	32.5	32.6	32.9	33.1	33.4	33.7	33.9	34.2	34.4	34.5	34.5	34.5	34.7	
	2	东	36.9	36.5	36.1	35.7	35.4	35.0	34.8	34.7	34.9	35.2	36.0	37.0	37.7	37.9	38.1	38.2	38.2	38.2	38.1	37.9	37.7	37.4		
		南	34.5	34.1	33.8	33.6	33.3	33.1	32.9	32.7	32.5	32.5	32.5	32.7	33.0	33.4	33.8	34.2	34.5	35.0	35.1	35.2	35.1	35.0	34.8	
		西	38.1	37.7	37.3	36.9	36.5	36.1	35.8	35.5	35.3	35.1	35.0	35.0	35.2	35.4	35.9	36.5	37.3	38.0	38.5	38.8	38.9	38.8	38.5	
		北	34.0	33.7	33.5	33.2	32.9	32.7	32.5	32.4	32.4	32.4	32.5	32.6	32.9	33.3	33.5	33.8	34.0	34.3	34.5	34.6	34.5	34.5	34.3	
	3	东	37.3	36.2	35.2	34.4	33.6	33.0	32.5	32.1	32.1	32.5	33.5	34.8	36.2	37.5	38.5	39.2	39.6	39.9	40.0	40.0	39.8	39.5	39.0	38.3
		南	35.3	34.5	33.6	32.9	32.3	31.8	31.4	31.0	30.7	30.7	30.9	31.4	32.1	32.9	33.9	34.8	35.6	36.2	36.6	36.8	36.8	36.6	36.1	
		西	40.2	39.1	37.9	36.8	35.9	35.1	34.4	33.8	33.3	32.9	32.7	32.7	32.9	33.1	34.0	35.4	36.8	38.3	39.8	40.9	41.6	41.7	41.2	
		北	34.9	34.1	33.3	32.6	32.0	31.6	31.2	30.9	30.7	30.9	31.2	31.6	32.1	32.7	33.3	33.9	34.4	35.0	35.4	35.5	35.9	35.9	35.6	
	4	东	36.1	34.8	33.6	32.7	32.1	31.4	31.0	30.8	31.4	32.6	34.5	36.5	38.9	40.6	41.1	41.3	41.3	41.1	40.8	40.2	39.5	38.7	37.5	
		南	34.8	33.6	32.6	31.8	31.2	30.7	30.3	30.0	29.9	29.9	30.2	30.9	31.8	32.9	34.2	35.5	36.5	37.4	37.8	38.0	37.9	37.5	36.9	36.0
		西	40.0	38.3	36.8	35.5	34.4	33.5	32.8	32.2	31.7	31.6	31.6	31.9	32.4	33.1	34.0	35.4	37.1	39.1	41.1	42.7	43.6	43.6	43.0	41.7
		北	34.5	33.4	32.4	31.6	31.0	30.6	30.0	30.0	30.3	30.8	31.4	32.0	33.0	34.0	35.0	35.7	36.3	36.7	36.9	36.8	36.4	35.6		
	5	东	36.6	36.6	36.6	36.5	36.4	36.3	36.1	36.0	35.8	35.6	35.5	35.3	35.2	35.4	35.5	35.7	35.8	36.0	36.1	36.1	36.4	36.5		
		南	33.5	33.5	33.6	33.6	33.5	33.5	33.4	33.3	33.2	33.0	32.9	32.8	32.7	32.6	32.5	32.5	32.6	32.6	32.7	32.8	33.0	33.1	33.3	33.4
		西	36.5	36.5	36.6	36.6	36.6	36.6	36.5	36.5	36.4	36.3	36.2	36.0	35.8	35.7	35.5	35.4	35.3	35.2	35.3	35.5	35.5	35.9	36.1	
		北	33.0	33.1	33.1	33.1	33.0	33.0	32.9	32.8	32.7	32.6	32.5	32.4	32.3	32.3	32.2	32.2	32.3	32.3	32.4	32.5	32.5	32.7	32.8	32.9
	6	东	34.8	33.3	32.2	31.5	30.9	30.5	30.1	30.1	31.6	34.0	38.4	40.3	41.7	42.0	42.1	42.0	41.7	41.3	40.7	39.9	39.0	37.9	36.5	
		南	33.8	32.5	31.5	30.9	30.4	30.0	29.7	29.5	29.4	29.8	30.4	31.3	31.8	34.1	36.9	37.9	38.5	38.7	38.5	38.1	37.4	36.6	35.3	
		西	38.8	36.7	35.2	34.0	33.1	32.3	31.7	31.2	31.0	31.1	31.4	32.0	32.8	33.7	34.9	36.6	38.8	41.2	43.4	44.8	45.1	44.3	43.0	41.0
		北	33.6	32.3	31.4	30.7	30.3	29.9	29.6	29.6	29.9	30.4	31.1	31.9	32.7	33.6	34.5	35.0	36.0	36.6	37.1	37.4	37.3	36.9	36.3	35.1
	7	东	36.9	36.3	35.7	35.2	34.7	34.3	33.9	33.6	33.7	34.2	34.9	35.8	36.6	37.0	37.8	38.1	38.4	38.5	38.6	38.6	38.5	38.0	37.5	
		南	34.6	34.1	33.7	33.4	32.9	32.6	32.3	32.0	31.8	31.7	31.7	31.9	32.2	32.7	33.3	33.9	34.5	34.9	35.3	35.4	35.5	35.5	35.3	35.0
		西	38.6	38.0	37.4	36.8	36.3	35.8	35.4	34.9	34.4	34.0	34.0	34.1	34.3	34.6	35.2	36.0	37.0	38.0	38.9	39.4	39.7	39.6	39.2	
		北	34.2	33.7	33.3	32.9	32.6	32.3	32.0	31.7	31.7	31.8	32.0	32.1	32.5	32.9	33.3	33.6	34.0	34.3	34.6	34.8	34.9	34.8	34.5	
	8	东	35.1	34.1	33.3	32.7	32.1	31.6	31.3	31.8	33.2	35.1	37.1	38.9	40.0	40.5	40.6	40.6	40.6	40.4	40.0	39.5	38.8	38.1	37.3	36.2
		南	33.7	32.8	32.2	31.6	31.1	30.7	30.4	30.3	30.3	30.6	31.2	32.1	33.4	34.5	35.7	36.7	37.5	37.5	37.2	36.8	36.2	35.5	34.7	
		西	37.9	36.6	35.5	34.6	33.9	33.2	32.6	32.2	32.1	32.2	32.5	33.0	33.6	34.4	35.6	37.3	39.3	41.2	42.7	43.3	42.9	42.0	40.8	39.4
		北	33.5	32.6	32.0	31.4	31.0	30.6	30.3	30.4	30.7	31.2	31.7	32.3	33.0	33.7	34.4	35.0	35.5	36.0	36.3	36.5	36.3	35.8	35.3	34.5

续表 H.0.1-3

类别	编号	朝向	1	2	3	4	5	6	7	8	9	10	11	12	13	14	15	16	17	18	19	20	21	22	23	24
墙体 t_{wlq}	9	东	36.6	36.0	35.5	35.0	34.6	34.2	33.8	33.8	34.2	35.0	35.9	36.9	37.6	38.1	38.4	38.6	38.8	38.8	38.7	38.5	38.1	37.8	37.2	
		南	34.5	34.0	33.6	33.3	32.9	32.6	32.3	32.0	31.9	31.9	32.0	32.4	32.8	33.4	34.1	34.7	35.2	35.5	35.7	35.8	35.7	35.6	35.3	34.9
		西	38.4	37.7	37.1	36.6	36.1	35.6	35.1	34.7	34.4	34.2	34.2	34.3	34.4	34.7	35.2	35.9	37.0	38.1	39.1	39.8	40.0	39.9	39.6	39.0
		北	34.1	33.6	33.3	32.9	32.6	32.3	32.0	31.9	31.9	32.0	32.2	32.4	32.7	33.1	33.8	34.2	34.5	34.8	35.0	35.1	35.0	34.9	34.5	
	10	东	37.5	37.1	36.8	36.3	35.9	35.5	35.2	34.8	34.5	34.4	34.4	34.6	35.0	35.5	36.0	36.4	36.8	37.2	37.4	37.6	37.8	37.8	37.8	37.7
		南	34.7	34.5	34.2	33.9	33.6	33.3	33.1	32.8	32.5	32.3	32.2	32.1	32.1	32.4	32.6	33.0	33.8	34.1	34.4	34.6	34.7	34.8		
		西	38.3	38.1	37.9	37.5	37.1	36.8	36.4	36.0	35.6	35.3	35.0	34.8	34.6	34.5	34.5	34.6	34.9	35.2	35.7	36.4	37.0	37.6	38.0	38.3
		北	34.1	33.9	33.7	33.4	33.2	32.9	32.7	32.4	32.2	32.1	32.0	32.1	32.2	32.4	32.6	32.9	33.1	33.4	33.7	34.1	34.2			
	11	东	37.3	37.0	36.7	36.3	35.9	35.6	35.2	34.9	34.5	34.3	34.2	34.3	34.5	34.9	35.3	35.8	36.2	36.5	36.8	37.1	37.3	37.5	37.5	37.4
		南	34.3	34.2	34.0	33.7	33.5	33.2	33.0	32.7	32.5	32.3	32.1	31.9	31.9	31.9	32.0	32.2	32.5	32.8	33.3	33.5	33.8	34.1	34.3	34.4
		西	37.8	37.8	37.6	37.3	37.0	36.7	36.3	36.0	35.7	35.3	35.0	34.7	34.6	34.4	34.4	34.4	34.5	34.8	35.2	35.7	36.2	36.8	37.3	37.6
		北	33.8	33.7	33.5	33.3	33.0	32.8	32.6	32.4	32.1	31.9	31.8	31.7	31.7	31.8	31.9	32.0	32.2	32.4	32.7	32.9	33.2	33.4	33.6	33.7
	12	东	37.4	36.8	36.3	35.8	35.4	34.8	34.5	34.1	34.4	34.7	35.1	35.6	36.2	36.7	37.1	37.5	37.9	38.2	38.4	38.4	38.3	38.2	37.8	
		南	34.8	34.5	34.0	33.7	33.3	33.0	32.7	32.4	32.1	32.0	31.9	31.9	32.1	32.4	32.8	33.3	34.0	34.7	35.1	35.2	35.3	35.3	35.1	
		西	38.8	38.3	37.8	37.3	36.8	36.3	35.8	35.4	35.0	34.7	34.4	34.3	34.2	34.3	34.5	34.8	35.2	36.0	36.9	37.8	38.5	39.0	39.2	39.2
		北	34.3	34.0	33.6	33.3	32.9	32.6	32.3	32.1	31.9	31.8	31.8	31.9	32.1	32.4	32.6	32.9	33.2	33.6	33.9	34.2	34.5	34.7	34.7	34.6
	13	东	37.3	36.9	36.5	36.1	35.7	35.3	34.9	34.6	34.4	34.4	34.7	35.1	35.6	36.2	36.7	37.1	37.4	37.6	37.8	37.9	38.0	38.0	37.9	37.7
		南	34.7	34.4	34.1	33.8	33.5	33.2	32.9	32.7	32.5	32.3	32.2	32.2	32.4	32.7	33.1	33.5	33.9	34.3	34.6	34.8	34.9	35.0	34.9	
		西	38.4	38.1	37.7	37.3	36.9	36.5	36.1	35.7	35.4	35.1	34.9	34.7	34.6	34.6	34.9	35.3	35.8	36.5	37.2	37.8	38.3	38.6	38.6	
		北	34.2	33.9	33.6	33.4	33.1	32.8	32.6	32.3	32.1	32.0	32.0	32.1	32.3	32.5	32.8	33.0	33.3	33.6	33.9	34.1	34.3	34.4	34.3	
屋面 t_{wlm}	1		45.7	45.6	45.3	44.9	44.4	43.9	43.3	42.6	42.0	41.3	40.8	40.4	40.1	40.2	40.6	41.2	41.9	42.7	43.4	44.1	44.8	45.3	45.6	
	2		45.4	44.4	43.3	42.3	41.4	40.5	39.6	38.8	38.3	38.1	38.2	38.7	39.5	40.7	42.1	43.5	44.9	46.0	47.0	47.5	47.7	47.5	47.1	46.4
	3		45.2	44.8	44.3	43.8	43.2	42.6	42.0	41.4	40.8	40.4	40.0	39.9	39.9	40.3	40.7	41.4	42.2	43.0	43.7	44.4	44.9	45.3	45.5	45.4
	4		44.0	43.0	42.2	41.4	40.7	39.9	39.3	38.8	38.7	38.9	39.6	40.5	41.7	43.1	44.4	45.6	46.6	47.2	47.5	47.4	47.0	46.5	45.8	44.9
	5		45.3	45.0	44.6	44.1	43.5	42.9	42.3	41.7	41.1	40.6	40.2	40.0	39.9	40.0	40.5	41.1	41.8	42.5	43.3	44.0	44.6	45.0	45.3	45.4
	6		46.3	45.6	44.7	43.8	42.9	42.0	41.1	40.2	39.4	38.8	38.4	38.3	38.5	39.1	40.0	41.1	42.4	43.7	44.8	45.8	46.6	47.0	47.1	46.8
	7		43.8	43.9	43.8	43.7	43.5	43.2	42.9	42.6	42.2	41.8	41.5	41.1	40.9	40.8	40.9	41.1	41.4	41.8	42.3	42.7	43.1	43.4	43.7	
	8		46.8	45.5	44.2	42.9	41.6	40.4	39.3	38.3	37.5	37.0	36.8	37.1	37.8	39.0	40.5	42.2	43.9	45.6	47.0	48.0	48.6	48.7	48.5	47.8

注：其他城市的地点修正值可按下表采用：

地点	重庆、武汉、长沙、南昌、合肥、杭州	南京、宁波	成都	拉萨
修正值	+1	0	−3	−11

表 H.0.1-4　广州市外墙、屋面逐时冷负荷计算温度(℃)

类别	编号	朝向	1	2	3	4	5	6	7	8	9	10	11	12	13	14	15	16	17	18	19	20	21	22	23	24
墙体 t_{wlq}	1	东	36.4	36.0	35.6	35.2	34.9	34.6	34.3	34.1	34.1	34.4	34.9	35.5	36.1	36.6	36.9	37.2	37.4	37.6	37.7	37.7	37.6	37.4	37.2	36.9
		南	33.2	32.9	32.6	32.4	32.2	31.9	31.7	31.6	31.5	31.4	31.5	31.6	31.8	32.1	32.4	32.7	33.0	33.3	33.5	33.7	33.7	33.8	33.7	33.5
		西	34.5	34.1	33.8	33.6	33.3	33.0	32.8	32.6	32.4	32.4	32.4	32.4	32.6	32.9	33.2	33.5	33.9	34.4	34.7	34.9	35.1	35.1	35.0	34.8
		北	36.5	36.1	35.7	35.4	35.0	34.7	34.4	34.2	33.9	33.8	33.8	33.8	33.9	34.1	34.3	34.7	35.2	35.8	36.5	36.9	37.2	37.3	37.2	36.9
	2	东	36.5	36.1	35.7	35.4	35.0	34.7	34.4	34.2	34.4	34.7	35.2	35.8	36.3	36.8	37.1	37.3	37.5	37.7	37.7	37.7	37.5	37.3	37.3	37.0
		南	33.3	33.0	32.7	32.5	32.3	32.1	31.9	31.7	31.6	31.6	31.6	31.8	32.0	32.2	32.6	32.9	33.2	33.4	33.6	33.8	33.8	33.8	33.8	33.6
		西	34.5	34.2	33.9	33.7	33.4	33.2	32.9	32.7	32.6	32.5	32.5	32.6	32.8	33.0	33.4	33.7	34.1	34.5	34.8	35.0	35.2	35.1	35.1	34.9
		北	36.6	36.2	35.8	35.5	35.1	34.8	34.6	34.3	34.1	34.0	33.9	34.0	34.1	34.5	34.9	35.4	36.0	36.6	37.1	37.3	37.3	37.3	37.2	37.0
	3	东	37.0	36.0	35.0	34.1	33.4	32.8	32.2	31.8	31.6	32.0	32.8	34.0	35.3	36.6	37.7	38.5	39.0	39.3	39.5	39.5	39.4	39.1	38.6	37.9
		南	34.0	33.3	32.5	31.9	31.4	31.0	30.6	30.3	30.1	30.0	30.0	30.2	30.6	31.2	31.8	32.5	33.3	33.9	34.5	34.9	35.1	35.2	35.1	34.7
		西	35.6	34.8	33.9	33.2	32.6	32.1	31.6	31.2	30.9	30.7	30.7	30.9	31.2	31.7	32.3	33.0	33.9	34.8	35.6	36.3	36.7	36.9	36.8	36.4
		北	38.3	37.2	36.2	35.3	34.5	33.8	33.2	32.7	32.2	32.0	31.9	32.0	32.2	32.6	33.1	33.8	34.7	35.8	37.0	38.2	39.1	39.6	39.6	39.2
	4	东	35.9	34.9	33.4	32.5	31.8	31.2	30.7	30.3	30.8	31.8	33.4	35.0	37.0	38.6	40.1	40.8	40.7	40.4	40.7	40.4	39.9	39.2	38.4	37.3
		南	33.7	32.6	31.7	31.0	30.5	30.1	29.8	29.5	29.3	29.4	29.7	30.2	31.0	31.8	32.8	33.4	34.6	35.1	35.8	36.1	36.1	35.9	35.5	34.7
		西	35.3	34.1	33.0	32.2	31.5	31.0	30.6	30.2	30.0	30.0	30.2	30.7	31.3	32.1	33.1	34.2	35.4	36.5	37.4	38.0	38.7	37.9	37.4	36.5
		北	38.1	36.5	35.2	34.1	33.2	32.4	31.8	31.3	31.0	30.9	31.1	31.5	32.1	32.8	33.7	34.7	36.1	37.7	39.3	40.6	41.3	41.3	40.7	39.6
	5	东	36.1	36.1	36.1	36.0	36.0	35.8	35.7	35.5	35.4	35.2	35.0	34.9	34.8	34.8	34.8	34.9	35.0	35.2	35.3	35.5	35.6	35.8	35.9	36.0
		南	32.3	32.3	32.4	32.4	32.3	32.3	32.2	32.1	32.0	31.8	31.7	31.6	31.6	31.6	31.5	31.5	31.5	31.6	31.7	31.8	32.0	32.1	32.1	32.2
		西	33.3	33.4	33.5	33.5	33.5	33.4	33.3	33.3	33.1	33.1	32.9	32.8	32.7	32.6	32.6	32.5	32.5	32.6	32.7	32.8	33.0	33.1	33.1	33.3
		北	35.0	35.2	35.3	35.3	35.3	35.2	35.2	35.1	35.0	34.8	34.7	34.5	34.4	34.3	34.2	34.1	34.1	34.1	34.1	34.2	34.3	34.5	34.7	34.9
	6	东	34.6	33.1	32.1	31.4	30.8	30.3	30.0	30.0	30.8	32.5	34.8	37.2	39.3	40.6	41.3	41.5	41.5	41.3	41.0	40.4	39.6	38.7	37.7	36.2
		南	32.8	31.6	30.8	30.2	29.8	29.5	29.2	29.0	29.1	29.3	29.9	30.7	31.6	32.7	33.8	34.8	35.7	36.3	36.6	36.7	36.4	35.9	35.3	34.2
		西	34.3	32.9	31.9	31.2	30.7	30.3	29.9	29.6	29.6	29.8	30.2	31.0	31.9	32.9	34.1	35.4	36.7	37.8	38.6	38.9	38.7	38.1	37.3	35.9
		北	36.9	35.1	33.8	32.8	32.0	31.4	30.8	30.5	30.4	30.6	31.1	31.8	32.9	34.5	35.9	37.6	39.5	41.2	42.4	42.4	41.8	40.7	39.9	38.9
	7	东	36.5	35.9	35.4	34.9	34.4	34.0	33.6	33.3	33.3	33.6	34.3	35.1	35.9	36.6	37.1	37.5	37.8	38.0	38.1	38.1	38.0	37.8	37.5	37.1
		南	33.4	33.0	32.6	32.3	32.0	31.7	31.4	31.2	31.0	30.9	30.9	31.1	31.4	31.7	32.2	32.6	33.0	33.4	33.8	34.0	34.1	34.1	34.0	33.8
		西	34.7	34.3	33.8	33.5	33.1	32.8	32.5	32.1	31.9	31.8	31.8	32.0	32.5	32.9	33.4	34.1	34.5	34.9	35.2	35.4	35.4	35.4	35.4	35.1
		北	37.0	36.4	35.9	35.4	34.9	34.4	34.0	33.6	33.3	33.1	33.0	33.1	33.2	33.5	33.9	34.0	35.0	35.8	36.7	37.4	37.9	38.0	37.9	37.5
	8	东	34.8	33.9	33.1	32.4	31.9	31.4	31.1	31.0	31.2	32.5	34.2	36.2	37.9	39.1	39.7	40.0	40.1	40.1	39.9	39.6	39.1	38.5	37.7	36.0
		南	32.8	32.0	31.4	30.9	30.5	30.1	29.8	29.7	29.8	30.1	30.8	31.6	32.5	33.4	34.3	35.0	35.5	35.7	35.6	35.3	34.9	34.4	34.0	33.7
		西	34.2	33.3	32.6	32.1	31.6	31.1	30.8	30.6	30.6	30.8	31.2	31.9	32.7	33.5	34.4	35.3	36.1	36.7	37.2	37.2	37.0	36.6	36.0	35.2
		北	36.2	35.0	34.1	33.3	32.6	32.0	31.6	31.2	31.2	31.4	31.8	32.4	33.1	33.9	34.7	35.0	36.5	38.2	39.8	41.0	41.3	40.8	39.9	38.8	37.6

类别	编号	朝向	1	2	3	4	5	6	7	8	9	10	11	12	13	14	15	16	17	18	19	20	21	22	23	24
墙体 t_{wlq}	9	东	36.3	35.7	35.2	34.7	34.3	33.9	33.5	33.4	33.7	34.3	35.2	36.1	36.9	37.5	37.8	38.1	38.2	38.4	38.4	38.2	38.0	37.7	37.4	36.8
		南	33.3	32.9	32.6	32.3	32.0	31.7	31.5	31.2	31.1	31.1	31.3	31.5	31.9	32.3	32.8	33.2	33.6	33.9	34.2	34.3	34.3	34.2	34.0	33.7
		西	34.6	34.1	33.8	33.4	33.1	32.8	32.5	32.2	32.1	32.1	32.2	32.4	32.7	33.1	33.6	34.1	34.6	35.0	35.4	35.6	35.5	35.5	35.4	35.0
		北	36.8	36.2	35.7	35.2	34.7	34.3	33.9	33.5	33.3	33.2	33.3	33.4	33.6	33.9	34.3	35.0	35.9	36.8	37.7	38.2	38.4	38.2	37.9	37.4
	10	东	37.0	36.7	36.4	35.9	35.6	35.2	34.8	34.5	34.2	34.0	33.9	34.1	34.4	34.9	35.3	35.8	36.2	36.6	36.9	37.1	37.3	37.4	37.3	37.2
		南	33.4	33.2	33.0	32.7	32.5	32.2	32.0	31.8	31.6	31.4	31.2	31.2	31.3	31.4	31.6	31.9	32.2	32.5	32.8	33.0	33.3	33.4	33.4	33.4
		西	34.6	34.4	34.2	34.0	33.7	33.4	33.2	32.9	32.6	32.4	32.2	32.1	32.1	32.2	32.3	32.4	32.7	33.1	33.8	34.1	34.4	34.6	34.6	34.7
		北	36.8	36.6	36.4	36.0	35.7	35.3	35.0	34.7	34.4	34.3	33.7	33.5	33.5	33.5	33.5	33.7	33.9	34.2	35.2	35.7	36.2	36.6	36.8	36.8
	11	东	36.8	36.6	36.2	35.9	35.5	35.0	34.8	34.5	34.2	33.9	33.8	33.8	34.0	34.3	34.8	35.2	35.6	36.0	36.5	36.8	36.9	37.0	36.9	36.9
		南	33.0	32.9	32.7	32.5	32.3	32.1	31.9	31.6	31.4	31.3	31.1	31.0	31.0	31.0	31.1	31.2	31.5	31.7	32.0	32.2	32.5	32.7	32.9	33.0
		西	34.3	34.2	34.0	33.8	33.5	33.3	33.0	32.8	32.5	32.3	32.1	32.0	31.9	31.9	32.0	32.1	32.3	32.6	32.9	33.2	33.6	33.9	34.1	34.2
		北	36.3	36.3	36.1	35.8	35.6	35.2	34.9	34.6	34.3	34.0	33.8	33.6	33.4	33.4	33.3	33.5	33.8	34.1	34.5	35.0	35.5	35.9	36.2	36.2
	12	东	37.0	36.5	35.9	35.4	35.0	34.5	34.1	33.8	33.5	33.5	34.4	34.9	35.1	35.8	36.4	36.9	37.3	37.6	37.8	37.9	37.9	37.7	37.4	37.4
		南	33.6	33.2	32.9	32.5	32.3	32.0	31.7	31.5	31.3	31.1	31.0	31.1	31.2	31.4	31.8	32.1	32.5	32.9	33.2	33.5	33.9	33.9	33.9	33.8
		西	34.9	34.5	34.1	33.8	33.4	33.1	32.8	32.5	32.4	32.1	32.0	32.0	32.1	32.3	32.5	32.9	33.4	33.8	34.3	34.7	35.0	35.2	35.3	35.2
		北	37.2	36.8	36.3	35.8	35.4	34.9	34.5	34.1	33.8	33.5	33.3	33.3	33.3	33.4	33.6	33.9	34.4	35.0	35.7	36.5	37.1	37.5	37.6	37.5
	13	东	36.9	36.5	36.1	35.7	35.3	34.9	34.6	34.3	34.0	34.0	34.1	34.5	35.0	35.5	36.0	36.4	36.8	37.1	37.3	37.4	37.5	37.5	37.4	37.2
		南	33.4	33.2	32.9	32.6	32.4	32.1	31.9	31.7	31.5	31.3	31.3	31.3	31.5	31.7	32.0	32.3	32.6	32.9	33.2	33.4	33.5	33.6	33.5	33.5
		西	34.7	34.4	34.2	33.9	33.6	33.3	33.0	32.8	32.6	32.4	32.2	32.3	32.3	32.6	32.8	33.3	33.5	33.9	34.3	34.6	34.8	34.9	34.8	34.8
		北	36.9	36.6	36.2	35.8	35.5	35.1	34.8	34.4	34.1	33.9	33.7	33.6	33.5	33.6	33.7	34.0	34.3	34.8	35.3	35.9	36.5	36.9	37.0	37.1
屋面 t_{wlm}	1		45.1	45.0	44.8	44.4	44.0	43.4	42.8	42.1	41.5	40.8	40.3	39.8	39.5	39.6	40.0	40.5	41.2	42.0	42.8	43.5	44.2	44.6	45.0	45.0
	2		44.9	43.9	42.8	41.9	41.0	40.1	39.2	38.4	37.8	37.4	37.5	37.9	38.7	39.9	41.3	42.7	44.2	45.4	46.4	46.9	47.1	47.0	46.6	45.9
	3		44.7	44.3	43.8	43.2	42.7	42.1	41.5	40.9	40.3	39.8	39.5	39.3	39.3	39.6	40.0	40.7	41.5	42.3	43.1	43.8	44.4	44.7	44.9	44.9
	4		43.5	42.6	41.8	41.0	40.2	39.5	38.8	38.3	38.1	38.2	38.8	39.7	41.0	42.3	43.7	44.9	46.0	46.7	46.9	46.9	46.5	46.0	45.3	44.4
	5		44.8	44.5	44.1	43.6	43.1	42.5	41.9	41.2	40.6	40.1	39.6	39.4	39.3	39.5	39.8	40.4	41.1	41.9	42.7	43.4	44.0	44.5	44.8	44.9
	6		45.8	45.1	44.2	43.3	42.4	41.5	40.6	39.8	38.9	38.3	37.8	37.7	37.8	38.4	39.3	40.4	41.7	43.0	44.2	45.2	46.0	46.4	46.5	46.3
	7		43.3	43.3	43.3	43.2	42.9	42.7	42.4	42.1	41.7	41.3	40.9	40.6	40.4	40.2	40.2	40.3	40.5	40.8	41.2	41.6	42.1	42.5	42.9	43.1
	8		46.3	45.1	43.7	42.4	41.2	40.0	39.0	37.9	37.1	36.4	36.2	36.4	37.0	38.1	39.6	41.4	43.1	44.9	46.4	47.5	48.1	48.2	48.0	47.3

注：其他城市的地点修正值可按下表采用：

地点	福州、南宁、海口、深圳	贵阳	厦门	昆明
修正值	0	−3	−1	−7

表 H.0.1-5　外墙类型及热工性能指标（由外到内）

类型	材料名称	厚度 (mm)	密度 (kg/m³)	导热系数 [W/(m·K)]	热容 [J/(kg·K)]	传热系数 [W/(m²·K)]	衰减	延迟 (h)
1	水泥砂浆	20	1800	0.93	1050	0.83	0.17	8.4
	挤塑聚苯板	25	35	0.028	1380			
	水泥砂浆	20	1800	0.93	1050			
	钢筋混凝土	200	2500	1.74	1050			
2	EPS 外保温	40	30	0.042	1380	0.79	0.16	8.3
	水泥砂浆	25	1800	0.93	1050			
	钢筋混凝土	200	2500	1.74	1050			
3	水泥砂浆	20	1800	0.93	1050	0.56	0.34	9.1
	挤塑聚苯保温板	20	30	0.03	1380			
	加气混凝土砌块	200	700	0.22	837			
	水泥砂浆	20	1800	0.93	1050			
4	LOW-E	24	1800	3.0	1260	1.02	0.51	7.4
	加气混凝土砌块	200	700	0.25	1050			
5	页岩空心砖	200	1000	0.58	1253	0.61	0.06	15.2
	岩棉	50	70	0.05	1220			
	钢筋混凝土	200	2500	1.74	1050			
6	加气混凝土砌块	190	700	0.25	1050	1.05	0.56	6.8
	水泥砂浆	20	1800	0.93	1050			
7	涂料面层					0.43	0.19	8.8
	EPS 外保温	80	30	0.042	1380			
	混凝土小型空心砌块	190	1500	0.76	1050			
	水泥砂浆	20	1800	0.93	1050			
8	干挂石材面层					0.39	0.34	7.6
	岩棉	100	70	0.05	1220			
	粉煤灰小型空心砌块	190	800	0.500	1050			
9	EPS 外保温	80	30	0.042	1380	0.46	0.17	8.0
	混凝土墙	200	2500	1.74	1050			

类型	材料名称	厚度(mm)	密度(kg/m³)	导热系数[W/(m·K)]	热容[J/(kg·K)]	传热系数[W/(m²·K)]	衰减	延迟(h)
10	水泥砂浆	20	1800	0.93	1050	0.56	0.14	11.1
	EPS外保温	50	30	0.042	1380			
	聚合物砂浆	13	1800	0.93	837			
	黏土空心砖	240	1500	0.64	879			
	水泥砂浆	20	1800	0.93	1050			
11	石材	20	2800	3.2	920	0.46	0.13	11.8
	岩棉板	80	70	0.05	1220			
	聚合物砂浆	13	1800	0.93	837			
	黏土空心砖	240	1500	0.64	879			
	水泥砂浆	20	1800	0.93	1050			
12	聚合物砂浆	15	1800	0.93	837	0.57	0.18	9.6
	EPS外保温	50	30	0.042	1380			
	黏土空心砖	240	1500	0.64	879			
13	岩棉	65	70	0.05	1220	0.54	0.14	10.4
	多孔砖	240	1800	0.642	879			

表 H.0.1-6 屋面类型及热工性能指标（由外到内）

类型	材料名称	厚度(mm)	密度(kg/m³)	导热系数[W/(m·K)]	热容[J/(kg·K)]	传热系数[W/(m²·K)]	衰减	延迟(h)
1	细石混凝土	40	2300	1.51	920	0.49	0.16	12.3
	防水卷材	4	900	0.23	1620			
	水泥砂浆	20	1800	0.93	1050			
	挤塑聚苯板	35	30	0.042	1380			
	水泥砂浆	20	1800	0.93	1050			
	水泥炉渣	20	1000	0.023	920			
	钢筋混凝土	120	2500	1.74	920			
2	细石混凝土	40	2300	1.51	920	0.77	0.27	8.2
	挤塑聚苯板	40	30	0.042	1380			
	水泥砂浆	20	1800	0.93	1050			
	水泥陶粒混凝土	30	1300	0.52	980			
	钢筋混凝土	120	2500	1.74	920			

续表 H.0.1-6

类型	材料名称	厚度 （mm）	密度 （kg/m³）	导热系数 [W/(m·K)]	热容 [J/(kg·K)]	传热系数 [W/(m²·K)]	衰减	延迟 （h）
3	水泥砂浆	30	1800	0.930	1050	0.73	0.16	10.5
	细石钢筋混凝土	40	2300	1.740	837			
	挤塑聚苯板	40	30	0.042	1380			
	防水卷材	4	900	0.23	1620			
	水泥砂浆	20	1800	0.930	1050			
	陶粒混凝土	30	1400	0.700	1050			
	钢筋混凝土	150	2500	1.740	837			
	水泥砂浆	20	1800	0.930	1050			
4	挤塑聚苯板	40	30	0.042	1380	0.81	0.23	7.1
	钢筋混凝土	200	2500	1.74	837			
5	细石混凝土	40	2300	1.51	920	0.88	0.16	11.6
	水泥砂浆	20	1800	0.93	1050			
	防水卷材	4	400	0.12	1050			
	水泥砂浆	20	1800	0.93	1050			
	粉煤灰陶粒混凝土	80	1700	0.95	1050			
	挤塑聚苯板	30	30	0.042	1380			
	钢筋混凝土	120	2500	1.74	920			
6	防水卷材	4	400	0.12	1050	0.23	0.21	10.5
	干炉渣	30	1000	0.023	920			
	挤塑聚苯板	120	30	0.042	1380			
	混凝土小型空心砌块	120	2500	1.74	1050			
7	水泥砂浆	25	1800	0.930	1050	0.34	0.08	13.4
	挤塑聚苯板	55	30	0.042	1380			
	水泥砂浆	25	1800	0.930	1050			
	水泥焦渣	30	1000	0.023	920			
	钢筋混凝土	120	2500	1.74	920			
	水泥砂浆	25	1800	0.930	1050			
8	细石混凝土	30	2300	1.51	920	0.38	0.32	9.2
	挤塑聚苯板	45	30	0.042	1380			
	水泥焦渣	30	1000	0.023	920			
	钢筋混凝土	100	2500	1.74	920			

H.0.2 外窗传热逐时冷负荷计算温度 t_{wlc}，可按表 H.0.2 采用。

表 **H.0.2** 典型城市外窗传热逐时冷负荷计算温度 t_{wlc}（℃）

地点	1	2	3	4	5	6	7	8	9	10	11	12	13	14	15	16	17	18	19	20	21	22	23	24
北京	27.8	27.5	27.2	26.9	26.8	27.1	27.7	28.5	29.3	30.0	30.8	31.5	32.1	32.4	32.4	32.3	32.0	31.5	30.8	30.1	29.6	29.1	28.7	28.3
天津	27.4	27.0	26.6	26.3	26.2	26.5	27.2	28.1	29.0	29.9	30.8	31.6	32.2	32.6	32.7	32.5	32.2	31.6	30.9	30.0	29.4	28.8	28.3	27.9
石家庄	27.7	27.2	26.8	26.5	26.4	26.7	27.5	28.5	29.6	30.6	31.6	32.5	33.2	33.6	33.7	33.5	33.2	32.5	31.6	30.7	30.0	29.3	28.8	28.3
太原	23.7	23.2	22.7	22.4	22.3	22.6	23.4	24.5	25.6	26.7	27.8	28.7	29.5	30.0	30.0	29.8	29.5	28.8	27.8	26.8	26.1	25.4	24.8	24.3
呼和浩特	23.8	23.4	23.0	22.7	22.5	22.9	23.6	24.5	25.5	26.4	27.3	28.2	28.9	29.3	29.1	28.8	28.4	27.4	26.6	25.9	25.3	24.8	24.3	
沈阳	25.7	25.3	25.0	24.7	24.6	24.9	25.5	26.3	27.2	27.9	28.7	29.4	30.0	30.4	30.4	30.2	30.0	29.5	28.8	28.0	27.5	27.0	26.6	26.2
大连	25.4	25.2	24.9	24.8	24.7	25.0	25.3	25.8	26.3	26.8	27.3	27.7	28.1	28.3	28.3	28.1	27.7	27.3	26.7	26.2	25.9	26.2	25.9	25.7
长春	24.4	24.0	23.7	23.4	23.3	23.6	24.2	25.1	25.9	26.8	27.6	28.3	28.9	29.3	29.2	29.0	28.4	27.6	26.9	26.3	25.8	25.3	24.9	
哈尔滨	24.3	23.9	23.6	23.2	23.1	23.4	24.2	25.1	25.9	26.8	27.6	28.3	28.9	29.4	29.2	28.9	28.4	27.6	26.9	26.3	25.7	25.3	24.8	
上海	29.2	28.9	28.6	28.3	28.2	28.5	29.0	29.7	30.5	31.2	31.9	32.5	33.1	33.4	33.4	33.3	33.1	32.6	31.9	31.3	30.8	30.3	30.0	29.6
南京	29.6	29.3	29.0	28.7	28.6	28.9	29.4	30.1	30.9	31.6	32.3	33.0	33.5	33.8	33.8	33.7	33.5	33.0	32.3	31.7	31.2	30.7	30.4	30.0
杭州	29.8	29.4	29.1	28.8	28.7	29.0	29.6	30.4	31.3	32.0	32.8	33.5	34.1	34.5	34.5	34.3	34.1	33.6	32.9	32.1	31.6	31.1	30.7	30.3
宁波	28.6	28.2	27.8	27.5	27.4	27.7	28.4	29.3	30.2	31.1	32.0	32.8	33.4	33.8	33.9	33.7	33.4	32.8	32.0	31.2	30.6	30.0	29.5	29.1
合肥	30.2	29.9	29.6	29.4	29.3	29.6	30.1	30.7	31.4	32.1	32.8	33.3	34.0	34.1	34.1	33.8	33.8	33.3	32.7	32.1	31.7	31.3	30.9	30.6
福州	28.5	28.0	27.6	27.3	27.2	27.5	28.3	29.3	30.4	31.4	32.4	34.0	34.0	34.5	34.5	34.4	33.9	32.4	31.5	30.8	30.1	29.6	29.1	
厦门	28.0	27.6	27.3	27.1	27.0	27.2	27.8	28.6	29.4	30.1	30.9	31.6	32.1	32.4	32.5	32.3	32.1	31.6	30.9	30.2	29.7	29.2	28.8	28.4
南昌	30.6	30.3	30.0	29.8	29.7	29.9	30.4	31.1	31.8	32.5	33.1	33.8	34.2	34.5	34.4	34.4	34.2	33.8	33.2	32.6	32.1	31.7	31.3	31.0
济南	29.8	29.5	29.2	29.0	28.9	29.1	29.6	30.1	31.0	31.7	32.3	33.0	33.7	33.8	33.6	33.4	33.0	32.4	31.8	31.3	30.9	30.5	30.2	
青岛	26.3	26.2	26.0	25.8	25.8	25.9	26.3	26.7	27.1	27.5	27.9	28.3	28.6	28.8	28.8	28.6	28.3	28.0	27.6	27.3	27.0	26.8	26.6	
郑州	28.1	27.7	27.3	27.0	26.8	27.2	27.9	28.8	29.8	30.7	31.6	32.5	33.6	33.6	33.4	33.1	32.5	31.7	30.9	30.2	29.6	29.1	28.6	
武汉	30.6	30.3	30.0	29.8	29.7	29.9	30.4	31.1	31.7	32.5	33.2	33.9	34.3	34.3	34.5	34.2	33.9	33.2	32.4	32.0	31.6	31.2	30.9	
长沙	29.7	29.3	29.0	28.7	28.6	28.9	29.5	30.4	31.2	32.1	33.0	34.0	34.2	34.6	34.6	34.5	34.2	33.7	32.9	32.2	31.6	31.1	30.6	30.2
广州	29.1	28.8	28.5	28.2	28.2	28.4	28.9	29.6	30.4	31.1	31.8	32.4	32.9	33.2	33.2	33.1	32.9	32.4	31.8	31.1	30.6	30.2	29.8	29.5
深圳	29.1	28.8	28.5	28.3	28.2	28.4	28.9	29.6	30.2	31.0	31.5	32.5	32.8	32.8	32.8	32.7	32.5	32.1	31.5	30.9	30.5	30.1	29.7	29.4
南宁	29.0	28.6	28.3	28.1	28.0	28.4	28.9	29.6	30.4	31.1	31.9	32.5	33.0	33.4	33.5	33.3	32.9	31.9	31.2	30.7	30.2	29.8	29.4	
海口	28.4	28.0	27.6	27.3	27.2	27.5	28.2	29.2	30.1	31.0	31.9	32.7	33.4	33.8	33.8	33.6	33.1	32.3	31.4	30.5	29.9	29.4	29.0	
重庆	30.9	30.6	30.3	30.1	30.0	30.2	30.7	31.4	32.0	32.6	33.3	33.9	34.3	34.6	34.6	34.5	34.3	33.9	33.3	32.7	32.3	31.9	31.5	31.2
成都	26.1	25.8	25.5	25.2	25.1	25.4	26.0	26.8	27.6	28.3	29.1	29.8	30.7	30.6	30.6	29.8	29.1	28.4	27.9	27.4	27.0	26.6		
贵阳	24.9	24.6	24.3	24.0	23.9	24.2	24.7	25.4	26.2	26.9	27.6	28.2	28.8	29.1	29.1	29.0	28.8	28.3	27.6	27.0	26.5	26.0	25.7	25.3
昆明	20.7	20.3	20.0	19.8	19.7	19.9	20.5	21.4	22.1	22.8	23.6	24.2	24.8	25.2	25.2	25.0	24.8	24.3	23.6	22.9	22.4	21.9	21.5	21.1
拉萨	17.0	16.6	16.1	15.8	15.7	16.0	16.8	17.7	18.8	19.8	20.7	21.6	22.2	22.7	22.6	22.2	21.5	20.7	19.9	19.2	18.6	18.0	17.6	
西安	28.8	28.4	28.0	27.7	27.6	27.9	28.6	29.4	30.3	31.2	32.0	32.8	33.4	33.8	33.8	33.6	33.4	32.8	32.0	31.3	30.7	30.1	29.7	29.3
兰州	23.6	23.2	22.8	22.4	22.3	22.6	23.4	24.5	25.6	26.6	27.7	28.6	29.4	29.8	29.8	29.6	29.3	28.7	27.8	26.9	26.2	25.5	25.0	24.3
西宁	18.2	17.7	17.2	16.9	16.7	17.1	18.0	19.1	20.3	21.4	22.5	23.6	24.4	24.9	24.9	24.7	24.4	23.6	22.6	21.6	20.8	20.1	19.5	18.9
银川	23.9	23.5	23.1	22.7	22.6	23.0	23.7	24.7	25.8	26.7	27.7	28.6	29.3	29.8	29.8	29.6	29.3	28.7	27.8	26.9	26.2	25.5	25.0	24.5
乌鲁木齐	25.9	25.5	25.1	24.7	24.6	24.9	25.7	26.8	27.9	28.9	29.9	30.8	31.6	32.0	32.1	31.8	31.6	30.9	29.9	29.0	28.3	27.6	27.1	26.6

H.0.3 透过无遮阳标准玻璃太阳辐射冷负荷系数值 C_{clC}，可按表 H.0.3 采用。

表 H.0.3 透过无遮阳标准玻璃太阳辐射冷负荷系数值 C_{clC}

地点	房间类型	朝向	1	2	3	4	5	6	7	8	9	10	11	12	13	14	15	16	17	18	19	20	21	22	23	24
北京	轻	东	0.03	0.02	0.02	0.01	0.01	0.13	0.30	0.43	0.55	0.58	0.56	0.17	0.18	0.19	0.19	0.17	0.15	0.13	0.09	0.07	0.06	0.04	0.04	0.03
		南	0.05	0.03	0.03	0.02	0.02	0.06	0.11	0.16	0.24	0.34	0.46	0.44	0.63	0.65	0.62	0.54	0.28	0.24	0.17	0.13	0.11	0.08	0.07	0.05
		西	0.03	0.02	0.02	0.01	0.01	0.03	0.06	0.09	0.12	0.14	0.16	0.17	0.22	0.31	0.42	0.52	0.59	0.60	0.48	0.07	0.06	0.04	0.04	0.03
		北	0.11	0.08	0.07	0.05	0.05	0.23	0.38	0.37	0.50	0.60	0.69	0.75	0.79	0.80	0.80	0.74	0.70	0.67	0.50	0.29	0.25	0.19	0.17	0.13
	重	东	0.07	0.06	0.05	0.05	0.06	0.18	0.32	0.41	0.48	0.49	0.45	0.21	0.21	0.21	0.21	0.20	0.18	0.16	0.13	0.11	0.10	0.09	0.08	0.07
		南	0.10	0.09	0.08	0.08	0.07	0.10	0.13	0.18	0.24	0.33	0.43	0.42	0.55	0.55	0.52	0.46	0.30	0.26	0.21	0.17	0.16	0.14	0.13	0.11
		西	0.08	0.07	0.07	0.06	0.06	0.07	0.09	0.10	0.13	0.14	0.16	0.17	0.22	0.30	0.40	0.48	0.52	0.52	0.40	0.13	0.12	0.11	0.10	0.09
		北	0.20	0.18	0.16	0.15	0.14	0.31	0.40	0.38	0.47	0.55	0.61	0.66	0.69	0.71	0.71	0.68	0.65	0.66	0.53	0.36	0.32	0.28	0.25	0.23
西安	轻	东	0.03	0.02	0.02	0.01	0.01	0.11	0.27	0.42	0.54	0.59	0.57	0.20	0.22	0.22	0.22	0.20	0.18	0.14	0.10	0.08	0.07	0.05	0.04	0.03
		南	0.06	0.05	0.04	0.03	0.03	0.07	0.14	0.21	0.30	0.40	0.51	0.53	0.64	0.68	0.65	0.64	0.39	0.32	0.22	0.17	0.14	0.11	0.09	0.07
		西	0.03	0.02	0.02	0.01	0.01	0.03	0.07	0.10	0.13	0.16	0.19	0.20	0.25	0.34	0.46	0.55	0.60	0.58	0.10	0.08	0.07	0.05	0.04	0.03
		北	0.10	0.08	0.07	0.05	0.04	0.18	0.34	0.43	0.48	0.59	0.68	0.74	0.79	0.80	0.79	0.75	0.69	0.63	0.37	0.29	0.24	0.19	0.16	0.12
	重	东	0.07	0.06	0.06	0.05	0.05	0.18	0.31	0.41	0.48	0.48	0.45	0.22	0.23	0.23	0.23	0.21	0.19	0.17	0.13	0.12	0.11	0.09	0.08	0.07
		南	0.12	0.11	0.10	0.09	0.08	0.12	0.17	0.22	0.30	0.39	0.47	0.48	0.58	0.57	0.54	0.41	0.37	0.32	0.25	0.21	0.19	0.17	0.15	0.13
		西	0.08	0.08	0.07	0.06	0.05	0.07	0.10	0.12	0.14	0.16	0.18	0.19	0.26	0.35	0.44	0.51	0.52	0.48	0.16	0.14	0.12	0.11	0.10	0.09
		北	0.19	0.17	0.15	0.14	0.13	0.27	0.36	0.41	0.46	0.54	0.61	0.65	0.69	0.70	0.70	0.67	0.65	0.61	0.40	0.34	0.30	0.27	0.24	0.21
上海	轻	东	0.03	0.02	0.02	0.01	0.01	0.11	0.27	0.42	0.53	0.58	0.56	0.19	0.20	0.21	0.20	0.19	0.17	0.13	0.09	0.07	0.06	0.05	0.04	0.03
		南	0.07	0.06	0.05	0.04	0.03	0.08	0.16	0.24	0.34	0.43	0.54	0.57	0.69	0.70	0.67	0.50	0.44	0.36	0.26	0.20	0.16	0.13	0.11	0.09
		西	0.03	0.02	0.02	0.01	0.01	0.03	0.06	0.09	0.12	0.15	0.18	0.19	0.24	0.33	0.44	0.54	0.60	0.58	0.09	0.07	0.06	0.05	0.04	0.03
		北	0.10	0.08	0.07	0.05	0.05	0.20	0.36	0.45	0.48	0.59	0.68	0.75	0.79	0.81	0.80	0.76	0.70	0.66	0.37	0.29	0.24	0.19	0.16	0.12
	重	东	0.06	0.06	0.05	0.05	0.09	0.20	0.32	0.41	0.47	0.46	0.44	0.21	0.22	0.22	0.21	0.20	0.18	0.15	0.12	0.11	0.10	0.09	0.08	0.07
		南	0.13	0.12	0.10	0.09	0.10	0.14	0.20	0.26	0.35	0.43	0.50	0.52	0.59	0.58	0.55	0.45	0.40	0.34	0.27	0.23	0.21	0.18	0.16	0.15
		西	0.08	0.07	0.06	0.06	0.06	0.07	0.10	0.12	0.14	0.16	0.17	0.20	0.28	0.36	0.44	0.49	0.49	0.43	0.15	0.13	0.11	0.10	0.09	0.08
		北	0.18	0.17	0.15	0.14	0.17	0.29	0.38	0.44	0.48	0.55	0.62	0.67	0.70	0.71	0.70	0.69	0.65	0.58	0.39	0.34	0.30	0.26	0.24	0.21

续表 H.0.3

地点	房间类型	朝向	1	2	3	4	5	6	7	8	9	10	11	12	13	14	15	16	17	18	19	20	21	22	23	24
广州	轻	东	0.03	0.02	0.02	0.01	0.01	0.08	0.23	0.39	0.52	0.58	0.57	0.21	0.22	0.23	0.22	0.20	0.18	0.14	0.10	0.08	0.06	0.05	0.04	0.03
		南	0.09	0.08	0.06	0.05	0.04	0.08	0.20	0.32	0.45	0.56	0.65	0.72	0.77	0.78	0.76	0.70	0.61	0.47	0.34	0.27	0.22	0.18	0.14	0.12
		西	0.03	0.02	0.02	0.01	0.01	0.06	0.09	0.13	0.16	0.19	0.19	0.21	0.35	0.47	0.56	0.60	0.55	0.08	0.06	0.05	0.04	0.03		
		北	0.10	0.08	0.06	0.05	0.04	0.14	0.32	0.46	0.58	0.63	0.67	0.74	0.79	0.82	0.82	0.79	0.75	0.64	0.35	0.28	0.22	0.18	0.15	0.12
	重	东	0.07	0.06	0.05	0.05	0.05	0.17	0.28	0.39	0.46	0.47	0.44	0.22	0.23	0.23	0.22	0.21	0.19	0.16	0.13	0.11	0.10	0.09	0.08	0.07
		南	0.17	0.15	0.13	0.12	0.11	0.15	0.24	0.34	0.43	0.51	0.58	0.63	0.67	0.68	0.66	0.61	0.54	0.44	0.35	0.30	0.27	0.24	0.21	0.19
		西	0.08	0.07	0.06	0.06	0.05	0.06	0.09	0.11	0.14	0.16	0.18	0.20	0.27	0.36	0.45	0.50	0.51	0.42	0.15	0.13	0.12	0.11	0.10	0.09
		北	0.19	0.17	0.15	0.13	0.13	0.25	0.37	0.46	0.53	0.58	0.61	0.66	0.69	0.72	0.73	0.72	0.69	0.58	0.38	0.33	0.30	0.26	0.24	0.21

注：其他城市可按下表采用：

代表城市	适用城市
北京	哈尔滨、长春、乌鲁木齐、沈阳、呼和浩特、天津、银川、石家庄、太原、大连
西安	济南、西宁、兰州、郑州、青岛
上海	南京、合肥、成都、武汉、杭州、拉萨、重庆、南昌、长沙、宁波
广州	贵阳、福州、台北、昆明、南宁、海口、厦门、深圳

H.0.4 夏季透过标准玻璃窗的太阳总辐射照度最大值 D_{Jmax}，可按表 H.0.4 采用。

表 H.0.4 夏季透过标准玻璃窗的太阳总辐射照度最大值 D_{Jmax}

城市	北京	天津	上海	福州	长沙	昆明	长春	贵阳	武汉	成都	乌鲁木齐	大连
东	579	534	529	574	575	572	577	574	577	480	639	534
南	312	299	210	158	174	149	362	161	198	208	372	297
西	579	534	529	574	575	572	577	574	577	480	639	534
北	133	143	145	139	138	138	130	139	137	157	121	143

城市	太原	石家庄	南京	厦门	广州	拉萨	沈阳	合肥	青岛	海口	西宁	呼和浩特
东	579	579	533	525	524	736	533	533	534	521	691	641
南	287	290	216	156	152	186	330	215	265	149	254	331
西	579	579	533	525	524	736	533	533	534	521	691	641
北	136	136	136	146	147	147	140	146	146	150	127	123

城市	大连	哈尔滨	郑州	重庆	银川	杭州	南昌	济南	南宁	兰州	深圳	西安
东	534	575	534	480	579	532	576	534	523	640	525	534
南	297	384	248	202	295	198	177	272	151	251	159	243
西	534	575	534	480	579	532	576	534	523	640	525	534
北	143	128	146	157	135	145	138	145	148	128	147	146

H.0.5 人体、照明、设备冷负荷系数 $C_{cl_{rt}}$、$C_{cl_{zm}}$、$C_{cl_{sb}}$，可按表 H.0.5 采用。

表 H.0.5-1　人体冷负荷系数 $C_{cl_{rt}}$

工作小时数 (h)	从开始工作时刻算起到计算时刻的持续时间																							
	1	2	3	4	5	6	7	8	9	10	11	12	13	14	15	16	17	18	19	20	21	22	23	24
1	0.44	0.32	0.05	0.03	0.02	0.02	0.02	0.01	0.01	0.01	0.01	0.01	0.01	0.01	0.01	0.00	0.00	0.00	0.00	0.00	0.00	0.00	0.00	0.00
2	0.44	0.77	0.38	0.08	0.05	0.04	0.03	0.03	0.03	0.02	0.02	0.02	0.01	0.01	0.01	0.01	0.01	0.01	0.01	0.01	0.01	0.01	0.00	0.00
3	0.44	0.77	0.82	0.41	0.10	0.07	0.06	0.05	0.04	0.04	0.03	0.03	0.02	0.02	0.02	0.02	0.01	0.01	0.01	0.01	0.01	0.01	0.01	0.01
4	0.45	0.77	0.82	0.85	0.43	0.12	0.08	0.07	0.06	0.05	0.04	0.04	0.03	0.03	0.03	0.02	0.02	0.02	0.02	0.01	0.01	0.01	0.01	0.01
5	0.45	0.77	0.82	0.85	0.87	0.45	0.14	0.10	0.07	0.07	0.06	0.05	0.04	0.04	0.03	0.03	0.03	0.02	0.02	0.02	0.02	0.01	0.01	0.01
6	0.45	0.77	0.83	0.85	0.87	0.89	0.46	0.15	0.11	0.09	0.08	0.07	0.06	0.05	0.04	0.04	0.03	0.03	0.03	0.02	0.02	0.02	0.02	0.01
7	0.46	0.78	0.83	0.85	0.87	0.89	0.90	0.48	0.16	0.12	0.10	0.09	0.07	0.06	0.06	0.05	0.04	0.04	0.03	0.03	0.03	0.02	0.02	0.02
8	0.46	0.78	0.83	0.86	0.88	0.89	0.91	0.92	0.49	0.17	0.13	0.11	0.09	0.08	0.07	0.06	0.05	0.05	0.04	0.04	0.03	0.03	0.02	0.02
9	0.46	0.78	0.83	0.86	0.88	0.89	0.91	0.92	0.93	0.50	0.18	0.14	0.11	0.10	0.09	0.07	0.06	0.06	0.05	0.04	0.04	0.03	0.03	0.03
10	0.47	0.79	0.84	0.86	0.88	0.90	0.91	0.92	0.93	0.94	0.51	0.19	0.14	0.12	0.10	0.09	0.08	0.07	0.06	0.05	0.05	0.04	0.04	0.03
11	0.47	0.79	0.84	0.87	0.88	0.90	0.91	0.92	0.93	0.94	0.95	0.51	0.20	0.15	0.12	0.11	0.09	0.08	0.07	0.06	0.05	0.05	0.04	0.04
12	0.48	0.80	0.85	0.87	0.89	0.90	0.92	0.93	0.93	0.94	0.95	0.96	0.52	0.20	0.15	0.13	0.11	0.10	0.08	0.07	0.07	0.06	0.05	0.04
13	0.49	0.80	0.85	0.88	0.89	0.91	0.92	0.93	0.94	0.95	0.95	0.96	0.96	0.53	0.21	0.16	0.13	0.12	0.10	0.09	0.08	0.07	0.06	0.05
14	0.49	0.81	0.86	0.88	0.90	0.91	0.92	0.93	0.94	0.95	0.95	0.96	0.96	0.97	0.53	0.21	0.16	0.14	0.12	0.10	0.09	0.08	0.07	0.06
15	0.50	0.82	0.86	0.89	0.90	0.91	0.93	0.94	0.94	0.95	0.96	0.96	0.97	0.97	0.97	0.54	0.22	0.17	0.14	0.12	0.11	0.09	0.08	0.07
16	0.51	0.83	0.87	0.89	0.91	0.92	0.93	0.94	0.95	0.95	0.96	0.96	0.97	0.97	0.98	0.98	0.54	0.22	0.17	0.14	0.12	0.11	0.09	0.08
17	0.52	0.84	0.88	0.90	0.91	0.93	0.94	0.94	0.95	0.96	0.96	0.97	0.97	0.97	0.98	0.98	0.98	0.54	0.22	0.17	0.15	0.13	0.11	0.10
18	0.54	0.85	0.89	0.91	0.92	0.93	0.94	0.95	0.96	0.96	0.97	0.97	0.97	0.98	0.98	0.98	0.98	0.99	0.55	0.23	0.17	0.15	0.13	0.11
19	0.55	0.86	0.90	0.92	0.93	0.94	0.95	0.96	0.96	0.97	0.97	0.97	0.98	0.98	0.98	0.99	0.99	0.99	0.99	0.55	0.23	0.18	0.15	0.13
20	0.57	0.88	0.92	0.93	0.94	0.95	0.96	0.96	0.97	0.97	0.97	0.98	0.98	0.98	0.98	0.99	0.99	0.99	0.99	0.99	0.55	0.23	0.18	0.15
21	0.59	0.90	0.93	0.94	0.95	0.96	0.96	0.97	0.97	0.98	0.98	0.98	0.98	0.99	0.99	0.99	0.99	0.99	0.99	0.99	0.99	0.56	0.23	0.18
22	0.62	0.92	0.95	0.96	0.97	0.97	0.97	0.98	0.98	0.98	0.99	0.99	0.99	0.99	0.99	0.99	0.99	0.99	0.99	1.00	1.00	1.00	0.56	0.23
23	0.68	0.95	0.97	0.98	0.98	0.98	0.99	0.99	0.99	0.99	0.99	0.99	0.99	1.00	1.00	1.00	1.00	1.00	1.00	1.00	1.00	1.00	1.00	0.56
24	1.00	1.00	1.00	1.00	1.00	1.00	1.00	1.00	1.00	1.00	1.00	1.00	1.00	1.00	1.00	1.00	1.00	1.00	1.00	1.00	1.00	1.00	1.00	1.00

表 H.0.5-2　照明冷负荷系数 $C_{cl_{zm}}$

工作小时数（h）	从开灯时刻算起到计算时刻的持续时间																							
	1	2	3	4	5	6	7	8	9	10	11	12	13	14	15	16	17	18	19	20	21	22	23	24
1	0.37	0.33	0.06	0.04	0.03	0.03	0.02	0.02	0.02	0.01	0.01	0.01	0.01	0.01	0.01	0.01	0.01	0.00	0.00	0.00	0.37	0.33	0.06	0.04
2	0.37	0.69	0.38	0.09	0.07	0.06	0.05	0.04	0.04	0.03	0.03	0.02	0.02	0.02	0.02	0.01	0.01	0.01	0.01	0.01	0.37	0.69	0.38	0.09
3	0.37	0.70	0.75	0.42	0.13	0.09	0.08	0.07	0.06	0.05	0.04	0.03	0.03	0.03	0.02	0.02	0.02	0.02	0.01	0.01	0.37	0.70	0.75	0.42
4	0.38	0.70	0.75	0.79	0.45	0.15	0.12	0.10	0.08	0.07	0.06	0.05	0.05	0.04	0.04	0.03	0.03	0.02	0.02	0.02	0.38	0.70	0.75	0.79
5	0.38	0.70	0.76	0.79	0.82	0.48	0.17	0.13	0.11	0.10	0.08	0.07	0.06	0.05	0.05	0.04	0.04	0.03	0.03	0.02	0.38	0.70	0.76	0.79
6	0.38	0.70	0.76	0.79	0.82	0.84	0.50	0.19	0.15	0.13	0.11	0.09	0.08	0.07	0.06	0.05	0.05	0.04	0.04	0.03	0.38	0.70	0.76	0.79
7	0.39	0.71	0.76	0.80	0.82	0.85	0.87	0.52	0.21	0.17	0.14	0.12	0.10	0.09	0.08	0.07	0.06	0.05	0.05	0.04	0.39	0.71	0.76	0.80
8	0.39	0.71	0.77	0.80	0.83	0.85	0.87	0.89	0.53	0.22	0.18	0.15	0.13	0.11	0.10	0.08	0.07	0.06	0.06	0.05	0.39	0.71	0.77	0.80
9	0.40	0.72	0.77	0.80	0.83	0.85	0.87	0.89	0.90	0.55	0.23	0.19	0.16	0.14	0.12	0.10	0.09	0.08	0.07	0.06	0.40	0.72	0.77	0.80
10	0.40	0.72	0.78	0.81	0.83	0.86	0.87	0.89	0.90	0.92	0.56	0.25	0.20	0.17	0.14	0.13	0.11	0.09	0.08	0.07	0.40	0.72	0.78	0.81
11	0.41	0.73	0.78	0.81	0.84	0.86	0.88	0.89	0.91	0.92	0.93	0.57	0.25	0.21	0.18	0.15	0.13	0.11	0.10	0.09	0.41	0.73	0.78	0.81
12	0.42	0.74	0.79	0.82	0.84	0.86	0.88	0.90	0.91	0.92	0.93	0.94	0.58	0.26	0.21	0.18	0.16	0.14	0.12	0.10	0.42	0.74	0.79	0.82
13	0.43	0.75	0.79	0.82	0.85	0.87	0.89	0.90	0.91	0.92	0.93	0.94	0.95	0.59	0.27	0.22	0.19	0.16	0.14	0.12	0.43	0.75	0.79	0.82
14	0.44	0.75	0.80	0.83	0.86	0.87	0.89	0.91	0.92	0.93	0.94	0.94	0.95	0.96	0.60	0.28	0.22	0.19	0.17	0.14	0.44	0.75	0.80	0.83
15	0.45	0.77	0.81	0.84	0.86	0.88	0.90	0.91	0.92	0.93	0.94	0.95	0.95	0.96	0.96	0.60	0.28	0.23	0.20	0.17	0.45	0.77	0.81	0.84
16	0.47	0.78	0.82	0.85	0.87	0.89	0.90	0.92	0.93	0.94	0.94	0.95	0.96	0.96	0.97	0.97	0.61	0.29	0.23	0.20	0.47	0.78	0.82	0.85
17	0.48	0.79	0.83	0.86	0.88	0.90	0.91	0.92	0.93	0.94	0.95	0.95	0.96	0.96	0.97	0.97	0.98	0.61	0.29	0.24	0.48	0.79	0.83	0.86
18	0.50	0.81	0.85	0.87	0.89	0.91	0.92	0.93	0.94	0.95	0.95	0.96	0.96	0.97	0.97	0.98	0.98	0.98	0.62	0.29	0.50	0.81	0.85	0.87
19	0.52	0.83	0.87	0.89	0.90	0.92	0.93	0.94	0.95	0.95	0.96	0.96	0.97	0.97	0.98	0.98	0.98	0.98	0.98	0.62	0.52	0.83	0.87	0.89
20	0.55	0.85	0.88	0.90	0.92	0.93	0.94	0.95	0.95	0.96	0.96	0.97	0.97	0.98	0.98	0.98	0.98	0.99	0.99	0.99	0.55	0.85	0.88	0.90
21	0.58	0.87	0.91	0.92	0.93	0.94	0.95	0.96	0.96	0.97	0.97	0.98	0.98	0.99	0.99	0.99	0.99	0.99	0.99	0.99	0.58	0.87	0.91	0.92
22	0.62	0.90	0.93	0.94	0.95	0.96	0.96	0.97	0.97	0.98	0.98	0.98	0.98	0.99	0.99	0.99	0.99	0.99	0.99	0.99	0.62	0.90	0.93	0.94
23	0.67	0.94	0.96	0.97	0.97	0.98	0.98	0.98	0.99	0.99	0.99	0.99	0.99	0.99	0.99	0.99	1.00	1.00	1.00	1.00	0.67	0.94	0.96	0.97
24	1.00	1.00	1.00	1.00	1.00	1.00	1.00	1.00	1.00	1.00	1.00	1.00	1.00	1.00	1.00	1.00	1.00	1.00	1.00	1.00	1.00	1.00	1.00	1.00

表 H.0.5-3　设备冷负荷系数 $C_{cl_{sb}}$

工作小时数 (h)	从开机时刻算起到计算时刻的持续时间																							
	1	2	3	4	5	6	7	8	9	10	11	12	13	14	15	16	17	18	19	20	21	22	23	24
1	0.77	0.14	0.02	0.01	0.01	0.01	0.01	0.01	0.00	0.00	0.00	0.00	0.00	0.00	0.00	0.00	0.00	0.00	0.00	0.00	0.00	0.00	0.00	0.00
2	0.77	0.90	0.16	0.03	0.02	0.02	0.01	0.01	0.01	0.01	0.01	0.01	0.01	0.01	0.00	0.00	0.00	0.00	0.00	0.00	0.00	0.00	0.00	0.00
3	0.77	0.90	0.93	0.17	0.04	0.03	0.02	0.02	0.02	0.01	0.01	0.01	0.01	0.01	0.01	0.01	0.01	0.01	0.00	0.00	0.00	0.00	0.00	0.00
4	0.77	0.90	0.93	0.94	0.18	0.05	0.03	0.03	0.02	0.02	0.02	0.02	0.01	0.01	0.01	0.01	0.01	0.01	0.01	0.01	0.01	0.01	0.00	0.00
5	0.77	0.90	0.93	0.94	0.95	0.19	0.06	0.04	0.03	0.03	0.02	0.02	0.02	0.02	0.01	0.01	0.01	0.01	0.01	0.01	0.01	0.01	0.01	0.00
6	0.77	0.91	0.93	0.94	0.95	0.95	0.19	0.06	0.05	0.04	0.03	0.03	0.02	0.02	0.02	0.02	0.01	0.01	0.01	0.01	0.01	0.01	0.01	0.01
7	0.77	0.91	0.93	0.94	0.95	0.95	0.96	0.20	0.07	0.05	0.04	0.04	0.03	0.03	0.02	0.02	0.02	0.02	0.01	0.01	0.01	0.01	0.01	0.01
8	0.77	0.91	0.93	0.94	0.95	0.96	0.96	0.97	0.20	0.07	0.05	0.04	0.04	0.03	0.03	0.03	0.02	0.02	0.02	0.01	0.01	0.01	0.01	0.01
9	0.78	0.91	0.93	0.94	0.95	0.96	0.96	0.97	0.97	0.21	0.08	0.06	0.05	0.04	0.04	0.03	0.03	0.02	0.02	0.02	0.02	0.01	0.01	0.01
10	0.78	0.91	0.93	0.94	0.95	0.96	0.96	0.97	0.97	0.21	0.08	0.06	0.05	0.04	0.04	0.03	0.03	0.02	0.02	0.02	0.02	0.01	0.01	0.01
11	0.78	0.91	0.93	0.94	0.95	0.96	0.96	0.97	0.97	0.98	0.98	0.21	0.08	0.06	0.05	0.04	0.04	0.03	0.03	0.03	0.02	0.02	0.02	0.02
12	0.78	0.92	0.94	0.95	0.95	0.96	0.96	0.97	0.97	0.98	0.98	0.98	0.22	0.08	0.06	0.05	0.05	0.04	0.04	0.03	0.03	0.02	0.02	0.02
13	0.79	0.92	0.94	0.95	0.96	0.96	0.97	0.97	0.97	0.98	0.98	0.98	0.98	0.22	0.09	0.07	0.06	0.05	0.04	0.04	0.03	0.03	0.02	0.02
14	0.79	0.92	0.94	0.95	0.96	0.96	0.97	0.97	0.98	0.98	0.98	0.98	0.99	0.99	0.22	0.09	0.07	0.06	0.05	0.04	0.04	0.03	0.03	0.03
15	0.79	0.92	0.94	0.95	0.96	0.96	0.97	0.97	0.98	0.98	0.98	0.98	0.99	0.99	0.99	0.22	0.09	0.07	0.06	0.05	0.04	0.04	0.03	0.03
16	0.80	0.93	0.95	0.96	0.96	0.97	0.97	0.97	0.98	0.98	0.98	0.99	0.99	0.99	0.99	0.99	0.23	0.09	0.07	0.06	0.05	0.04	0.04	0.03
17	0.80	0.93	0.95	0.96	0.96	0.97	0.97	0.98	0.98	0.98	0.98	0.99	0.99	0.99	0.99	0.99	0.99	0.23	0.09	0.07	0.06	0.05	0.05	0.04
18	0.81	0.94	0.95	0.96	0.97	0.97	0.98	0.98	0.98	0.98	0.99	0.99	0.99	0.99	0.99	0.99	0.99	0.99	0.23	0.09	0.07	0.06	0.05	0.05
19	0.81	0.94	0.96	0.97	0.97	0.98	0.98	0.98	0.98	0.99	0.99	0.99	0.99	0.99	0.99	0.99	0.99	0.99	1.00	0.23	0.09	0.07	0.06	0.05
20	0.82	0.95	0.97	0.97	0.98	0.98	0.98	0.98	0.99	0.99	0.99	0.99	0.99	0.99	0.99	0.99	0.99	1.00	1.00	1.00	0.23	0.10	0.07	0.06
21	0.83	0.96	0.97	0.98	0.98	0.98	0.99	0.99	0.99	0.99	0.99	0.99	0.99	0.99	0.99	1.00	1.00	1.00	1.00	1.00	1.00	0.23	0.10	0.07
22	0.84	0.97	0.98	0.98	0.99	0.99	0.99	0.99	0.99	0.99	0.99	0.99	1.00	1.00	1.00	1.00	1.00	1.00	1.00	1.00	1.00	1.00	0.23	0.10
23	0.86	0.98	0.99	0.99	0.99	0.99	0.99	1.00	1.00	1.00	1.00	1.00	1.00	1.00	1.00	1.00	1.00	1.00	1.00	1.00	1.00	1.00	1.00	0.23
24	1.00	1.00	1.00	1.00	1.00	1.00	1.00	1.00	1.00	1.00	1.00	1.00	1.00	1.00	1.00	1.00	1.00	1.00	1.00	1.00	1.00	1.00	1.00	1.00

附录 J 蓄冰装置容量与双工况 制冷机的空调标准制冷量

J.0.1 全负荷蓄冰时，蓄冰装置有效容量、蓄冰装置名义容量、制冷机标定制冷量可按下列公式计算：

$$Q_S = \sum_{i=1}^{24} q_i = n_1 \cdot c_f \cdot q_C \qquad (J.0.1-1)$$

$$Q_{SO} = \varepsilon \cdot Q_S \qquad (J.0.1-2)$$

$$q_C = \frac{\sum_{i=1}^{24} q_i}{n_1 \cdot c_f} \qquad (J.0.1-3)$$

式中：Q_S——蓄冰装置有效容量（kWh）；

Q_{SO}——蓄冰装置名义容量（kWh）；

q_i——建筑物逐时冷负荷（kW）；

n_1——夜间制冷机在制冰工况下运行的小时数（h）；

c_f——制冷机制冰时制冷能力的变化率，即实际制冷量与标定制冷量的比值。活塞式冷机可取 $0.60 \sim 0.65$，螺杆式冷机可取 $0.64 \sim 0.70$，离心式（中压）可取 $0.62 \sim 0.66$，离心式（三级）可取 $0.72 \sim 0.80$；

q_C——制冷机的标定制冷量（空调工况）（kWh）；

ε——蓄冰装置的实际放大系数（无因次）。

J.0.2 部分负荷蓄冰时，蓄冰装置有效容量、蓄冰装置名义容量、制冷机标定制冷量可按下列公式计算：

$$Q_S = n_1 \cdot c_f \cdot q_C \qquad (J.0.2-1)$$

$$Q_{SO} = \varepsilon \cdot Q_S \qquad (J.0.2-2)$$

$$q_C = \frac{\sum_{i=1}^{24} q_i}{n_2 + n_1 \cdot c_f} \qquad (J.0.2-3)$$

式中：n_2——白天制冷机在空调工况下的运行小时数（h）。

J.0.3 若当地电力部门有其他限电政策时，所选蓄冰量的最大小时取冷量，应满足限电时段的最大小时冷负荷的要求，并符合下列规定：

1 蓄冰装置有效容量应符合下列规定：

$$Q_S \cdot \eta_{max} \geqslant q'_{imax} \qquad (J.0.3-1)$$

2 为满足限电要求所需蓄冰槽的有效容量应符合下列规定：

$$Q'_S \geqslant \frac{q'_{imax}}{\eta_{max}} \qquad (J.0.3-2)$$

3 为满足限电要求，修正后的制冷机标定制冷量应符合下列规定：

$$q'_C \geqslant \frac{Q'_S}{n_1 \cdot c_f} \qquad (J.0.3-3)$$

式中：Q'_S——为满足限电要求所需的蓄冰槽容量（kWh）；

η_{max}——所选蓄冰设备的最大小时取冷率；

q'_{imax}——限电时段空调系统的最大小时冷负荷（kW）；

q'_C——修正后的制冷机标定制冷量（kWh）。

附录 K 设备与管道最小保温、保冷 厚度及冷凝水管防结露厚度选用表

K.0.1 空调设备与管道保温厚度可按表 K.0.1-1～表 K.0.1-3 选用。

表 K.0.1-1 热管道柔性泡沫橡塑经济绝热厚度
（热价 85 元/GJ）

最高介质温度（℃）	绝热层厚度(mm)						
	25	28	32	36	40	45	50
60	≤DN20	DN25 ~ DN40	DN50 ~ DN125	DN150 ~ DN400	≥DN450	—	—
80	—	—	≤DN32	DN40 ~ DN70	DN80 ~ DN125	DN150 ~ DN450	≥DN500

表 K.0.1-2 热管道离心玻璃棉经济绝热厚度
（热价 35 元/GJ）

最高介质温度（℃）		绝热层厚度(mm)						
		35	40	50	60	70	80	90
室内	95	≤DN40	DN50～ DN100	DN125～ DN1000	≥DN1100			
	140	—	≤DN25	DN32～ DN80	DN100～ DN300	≥DN350		
	190	—	—	≤DN32	DN40～ DN80	DN100～ DN200	DN250～ DN900	≥ DN1000
室外	95	≤DN25	DN32～ DN50	DN70～ DN250	≥DN300			
	140	—	≤DN20	DN25～ DN70	DN80～ DN200	DN250～ DN1000	≥DN1100	
	190	—	—	≤DN25	DN32～ DN70	DN80～ DN150	DN200～ DN500	≥ DN600

表 K.0.1-3　热管道离心玻璃棉经济绝热厚度
（热价 85 元/GJ）

最高介质温度（℃）		绝热层厚度(mm)							
		50	60	70	80	90	100	120	140
室内	95	≤DN40	DN50~DN100	DN125~DN300	DN350~DN2000	≥DN2500	—	—	—
	140	—	≤DN32	DN40~DN70	DN80~DN150	DN200~DN300	DN350~DN900	≥DN1000	—
	190	—	—	≤DN32	DN40~DN50	DN70~DN100	DN125~DN150	DN200~DN700	≥DN800
室外	95	≤DN25	DN32~DN70	DN80~DN150	DN200~DN400	DN450~DN2000	≥DN2500	—	—
	140	—	≤DN25	DN32~DN50	DN70~DN100	DN125~DN200	DN250~DN450	≥DN500	—
	190	—	—	≤DN25	DN32~DN50	DN70~DN80	DN100~DN150	DN200~DN450	≥DN500

注：管道与设备保温制表条件：

1　全部按经济厚度计算，还贷 6 年，利息 10%，使用期按 120 天，2880 小时。热价 35 元/GJ 相当于城市供热；热价 85 元/GJ 相当于天然气供热。

2　导热系数 λ：柔性泡沫橡塑 $\lambda = 0.034 + 0.00013t_m$；离心玻璃 $\lambda = 0.031 + 0.00017t_m$。

3　适用于室内环境温度20℃，风速0m/s；室外温度为0℃，风速3m/s。

4　设备保温厚度可按最大口径管道的保温厚度再增加 5mm。

5　当室外温度非0℃时，实际采用的厚度 $\delta' = [(T_o - T_w)/T_o]^{0.36} \cdot \delta$。其中 δ 为环境温度0℃时的查表厚度，T_o 为管内介质温度（℃），T_w 为实际使用期平均环境温度（℃）。

K.0.2　室内机房内空调设备与管道保冷厚度可按表 K.0.2-1～表 K.0.2-2 中给出的厚度选用。

表 K.0.2-1　室内机房冷水管道最小绝热层厚度（mm）（介质温度≥5℃）

地区	柔性泡沫橡塑		玻璃棉管壳	
	管径	厚度	管径	厚度
Ⅰ	≤DN40	19	≤DN32	25
	DN50~DN150	22	DN40~DN100	30
	≥DN200	25	DN125~DN900	35
Ⅱ	≤DN25	25	≤DN25	25
	DN32~DN50	28	DN32~DN80	30
	DN70~DN150	32	DN100~DN400	35
	≥DN200	36	≥DN450	40

表 K.0.2-2　室内机房冷水管道最小绝热层厚度（mm）（介质温度≥－10℃）

地区	柔性泡沫橡塑		聚氨酯发泡	
	管径	厚度	管径	厚度
Ⅰ	≤DN32	28	≤DN32	25
	DN40~DN80	32	DN40~DN150	30
	DN100~DN200	36	≥DN200	35
	≥DN250	40		
Ⅱ	≤DN50	40	≤DN50	35
	DN70~DN100	45	DN70~DN125	40
	DN125~DN250	50	DN150~DN500	45
	DN300~DN2000	55	≥DN600	50
	≥DN2100	60		

注：管道与设备保冷制表条件：

1　均采用经济厚度和防结露要求确定的绝热层厚度。冷价按 75 元/GJ；还贷 6 年，利息 10%；使用期按 120 天，2880 小时。

2　Ⅰ区系指较干燥地区，室内机房环境温度不高于31℃、相对湿度不大于75%；Ⅱ区系指较潮湿地区，室内机房环境温度不高于33℃、相对湿度不大于80%；各城市或地区可对照使用。

3　导热系数 λ：柔性泡沫橡塑 $\lambda = 0.034 + 0.00013t_m$；离心玻璃 $\lambda = 0.031 + 0.00017t_m$；聚氨酯发泡 $\lambda = 0.0275 + 0.00009t_m$。

4　蓄冰设备保冷厚度应按最大口径管道的保冷厚度再增加 5mm～10mm。

K.0.3　室外空调设备管道发泡橡塑和硬质聚氨酯泡塑保冷层防结露厚度可按下述方法确定：

1　根据工程所在地的夏季空调室外计算干球温度、最热月平均相对湿度和管道内冷介质的温度，查表 K.0.3 得到对应的潮湿系数 θ；

2　查图 K.0.3-1 和图 K.0.3-2 得到绝热材料的最小防结露厚度；

3　对最小防结露厚度进行修正，一般情况下发泡橡塑修正系数可取 1.20，聚氨酯泡塑可取 1.30。

表 K.0.3　各主要城市的潮湿系数 θ 表

序号	省	城市	干球温度（℃）	相对湿度（%）	各种介质温度条件下的潮湿系数 θ						
					−10℃	−6℃	−2℃	2℃	6℃	10℃	14℃
1	北京	北京	33.5	74.7	8.03	7.20	6.37	5.54	4.71	3.88	3.05
2	天津	天津	33.9	76.3	8.83	7.93	7.04	6.14	5.25	4.35	3.46
3		塘沽	32.5	76.8	8.87	7.94	7.01	6.08	5.15	4.22	3.29
4		石家庄	35.1	74.7	8.25	7.43	6.61	5.79	4.97	4.15	3.33
5		唐山	32.9	77.3	9.19	8.24	7.29	6.34	5.39	4.44	3.49
6		邢台	35.1	74.7	8.25	7.43	6.61	5.79	4.97	4.15	3.33
7	河北	保定	34.8	74.6	8.17	7.35	6.53	5.71	4.89	4.07	3.26
8		张家口	32.1	64.4	4.79	4.24	3.69	3.14	2.59	2.04	1.49
9		承德	32.7	71.3	6.64	5.93	5.21	4.50	3.78	3.06	2.35
10		太原	31.5	73.4	7.23	6.43	5.64	4.85	4.05	3.26	2.47
11		大同	30.9	64.6	4.71	4.15	3.59	3.04	2.48	1.92	1.36
12	山西	阳泉	32.8	70.6	6.43	5.74	5.04	4.35	3.65	2.96	2.27
13		运城	35.8	67	5.74	5.15	4.57	3.98	3.39	2.80	2.21
14		晋城	32.7	74.8	7.96	7.12	6.28	5.44	4.60	3.76	2.92
15		呼和浩特	30.6	60.8	3.98	3.49	3.00	2.51	2.02	1.53	1.04
16		包头	31.7	56.7	3.45	3.03	2.60	2.17	1.74	1.32	0.89
17		赤峰	32.7	65.5	5.08	4.51	3.94	3.37	2.80	2.23	1.66
18	内蒙古	通辽	32.3	73.4	7.33	6.55	5.76	4.97	4.18	3.39	2.61
19		海拉尔	29	70.8	6.03	5.31	4.59	3.87	3.14	2.42	1.70
20		二连浩特	33.2	47.3	2.47	2.15	1.83	1.51	1.19	0.86	0.54
21		沈阳	31.5	78.2	9.46	8.45	7.45	6.44	5.43	4.42	3.41
22		大连	29	80.8	10.67	9.48	8.28	7.08	5.88	4.69	3.49
23		鞍山	31.6	74	7.47	6.66	5.84	5.03	4.21	3.40	2.58
24		抚顺	31.5	81.1	11.41	10.22	9.02	7.82	6.63	5.43	4.23
25	辽宁	本溪	31	75.8	8.15	7.26	6.36	5.47	4.58	3.69	2.79
26		丹东	29.6	85.7	15.80	14.11	12.41	10.71	9.01	7.32	5.62
27		锦州	31.4	78.9	9.86	8.81	7.76	6.71	5.66	4.61	3.57
28		营口	30.4	78.6	9.50	8.46	7.42	6.38	5.34	4.30	3.26
29		阜新	32.5	76	8.47	7.58	6.69	5.80	4.91	4.01	3.12
30		开原	31.1	80.3	10.74	9.59	8.45	7.31	6.17	5.02	3.88
31		长春	30.5	78.3	9.35	8.32	7.30	6.28	5.26	4.24	3.21
32		吉林	30.4	79.2	9.87	8.79	7.71	6.64	5.56	4.49	3.41
33	吉林	四平	30.7	78.5	9.50	8.47	7.43	6.40	5.37	4.34	3.31
34		通化	29.9	79.3	9.84	8.75	7.66	6.58	5.49	4.40	3.32
35		延吉	31.3	79.1	9.97	8.91	7.84	6.78	5.72	4.66	3.59

序号	省	城市	干球温度（℃）	相对湿度（%）	各种介质温度条件下的潮湿系数 θ						
					−10℃	−6℃	−2℃	2℃	6℃	10℃	14℃
36	黑龙江	哈尔滨	30.7	76.7	8.53	7.59	6.66	5.72	4.78	3.85	2.91
37		齐齐哈尔	31.1	72.8	6.95	6.18	5.40	4.63	3.86	3.08	2.31
38		鸡西	30.5	76.4	8.35	7.43	6.50	5.58	4.66	3.73	2.81
39		鹤岗	29.9	75.8	7.98	7.08	6.18	5.28	4.38	3.48	2.58
40		伊春	29.8	78.4	9.28	8.25	7.21	6.18	5.15	4.11	3.08
41		绥化	30.1	77.8	9.00	8.00	7.00	6.01	5.01	4.01	3.01
42	上海	徐家汇	34.4	81.6	12.41	11.20	10.00	8.79	7.58	6.37	5.16
43	江苏	南京	34.8	81.5	12.41	11.21	10.01	8.82	7.62	6.42	5.22
44		徐州	34.3	79.6	10.98	9.90	8.82	7.73	6.65	5.57	4.49
45		南通	33.5	84.8	15.63	14.10	12.57	11.04	9.51	7.98	6.45
46		连云港	32.7	84.7	15.30	13.77	12.24	10.72	9.19	7.66	6.14
47		淮安	33.4	84.1	14.73	13.28	11.83	10.38	8.93	7.48	6.03
48	浙江	杭州	35.6	78.3	10.21	9.23	8.24	7.26	6.28	5.29	4.31
49		温州	33.8	84.1	14.83	13.38	11.94	10.49	9.05	7.60	6.15
50		金华	36.2	74.1	8.14	7.35	6.56	5.76	4.97	4.18	3.39
51		衢州	35.8	77.2	9.59	8.67	7.74	6.82	5.89	4.97	4.04
52		宁波	35.1	81.6	12.55	11.35	10.15	8.95	7.74	6.54	5.34
53		舟山	32.2	84.4	14.80	13.30	11.80	10.30	8.81	7.31	5.81
54	安徽	合肥	35	80.2	11.40	10.30	9.19	8.09	6.99	5.89	4.79
55		芜湖	35.3	80.4	11.61	10.49	9.38	8.27	7.15	6.04	4.93
56		蚌埠	35.4	79.2	10.76	9.72	8.69	7.65	6.61	5.58	4.54
57		安庆	35.3	78	9.98	9.01	8.04	7.07	6.10	5.13	4.16
58		六安	35.5	80.9	12.04	10.89	9.75	8.60	7.45	6.31	5.16
59		亳州	35	80.5	11.63	10.50	9.38	8.26	7.14	6.01	4.89
60	福建	福州	35.9	76.9	9.44	8.53	7.62	6.71	5.80	4.89	3.98
61		厦门	33.5	82	12.58	11.33	10.09	8.84	7.59	6.34	5.09
62		南平	36.1	75.3	8.66	7.82	6.99	6.15	5.31	4.47	3.63
63	江西	南昌	35.5	77.5	9.72	8.78	7.83	6.89	5.95	5.01	4.06
64		景德镇	36	77.6	9.85	8.91	7.97	7.02	6.08	5.13	4.19
65		九江	35.8	75.5	8.72	7.87	7.02	6.17	5.32	4.47	3.62
66		上饶	36.1	76.5	9.26	8.37	7.48	6.59	5.70	4.81	3.92
67		赣州	35.4	71.5	7.04	6.33	5.62	4.91	4.21	3.50	2.79
68		吉安	35.9	73.6	7.89	7.11	6.34	5.57	4.79	4.02	3.24

序号	省	城市	干球温度(℃)	相对湿度(%)	各种介质温度条件下的潮湿系数 θ						
					−10℃	−6℃	−2℃	2℃	6℃	10℃	14℃
69	山东	济南	34.7	72.3	7.24	6.50	5.76	5.03	4.29	3.55	2.81
70		青岛	29.4	82.3	11.96	10.64	9.33	8.01	6.70	5.38	4.07
71		淄博	34.6	76.3	8.94	8.04	7.15	6.26	5.37	4.48	3.59
72		烟台	31.1	80	10.52	9.40	8.28	7.16	6.04	4.92	3.79
73		潍坊	34.2	79.7	10.89	9.82	8.74	7.66	6.59	5.51	4.43
74		临沂	33.3	82.6	13.10	11.80	10.50	9.19	7.89	6.59	5.29
75		德州	34.2	77.2	9.35	8.41	7.47	6.54	5.60	4.66	3.73
76		菏泽	34.4	80.3	11.36	10.25	9.14	8.02	6.91	5.79	4.68
77	河南	郑州	34.9	78.1	9.97	9.00	8.02	7.04	6.06	5.09	4.11
78		开封	34.4	80.1	11.21	10.11	9.01	7.91	6.81	5.71	4.61
79		洛阳	35.4	76.2	9.00	8.12	7.24	6.36	5.48	4.60	3.72
80		新乡	34.4	79.4	10.72	9.66	8.61	7.55	6.50	5.44	4.38
81		安阳	34.7	77.2	9.42	8.49	7.56	6.63	5.69	4.76	3.83
82		三门峡	34.8	71.5	6.97	6.25	5.54	4.83	4.12	3.41	2.70
83		南阳	34.3	81.3	12.14	10.95	9.76	8.58	7.39	6.21	5.02
84		商丘	34.6	81.5	12.37	11.17	9.97	8.77	7.57	6.37	5.17
85		信阳	34.5	80.6	11.61	10.48	9.34	8.21	7.08	5.94	4.81
86		许昌	34.9	80.5	11.61	10.48	9.36	8.24	7.12	5.99	4.87
87		驻马店	35	80.5	11.63	10.50	9.38	8.26	7.14	6.01	4.89
88	湖北	武汉	35.2	79.1	10.66	9.63	8.59	7.56	6.53	5.50	4.47
89		黄石	35.8	78.1	10.12	9.15	8.18	7.21	6.23	5.26	4.29
90		宜昌	35.6	80.1	11.43	10.34	9.25	8.16	7.07	5.98	4.89
91		恩施州	34.3	76.4	8.94	8.04	7.15	6.25	5.35	4.45	3.56
92	湖南	长沙	35.8	77.1	9.54	8.62	7.70	6.78	5.86	4.94	4.02
93		常德	35.4	79.4	10.89	9.85	8.80	7.75	6.70	5.65	4.61
94		衡阳	36	72	7.29	6.57	5.85	5.12	4.40	3.68	2.96
95		邵阳	34.8	75.8	8.72	7.85	6.98	6.11	5.25	4.38	3.51
96		岳阳	34.1	76.4	8.91	8.01	7.11	6.21	5.31	4.42	3.52
97		郴州	35.6	69.5	6.42	5.77	5.11	4.46	3.81	3.16	2.51
98	广东	广州	34.2	81.7	12.46	11.24	10.02	8.81	7.59	6.37	5.15
99		湛江	33.9	81.4	12.14	10.94	9.75	8.55	7.35	6.15	4.96
100		汕头	33.2	83.2	13.68	12.32	10.96	9.60	8.25	6.89	5.53
101		韶关	35.4	75.8	8.80	7.94	7.08	6.21	5.35	4.49	3.62
102		阳江	33	84.6	15.25	13.73	12.22	10.71	9.20	7.69	6.18
103		深圳	33.7	80.6	11.46	10.32	9.18	8.04	6.90	5.76	4.62

序号	省	城市	干球温度（℃）	相对湿度（%）	各种介质温度条件下的潮湿系数 θ						
					−10℃	−6℃	−2℃	2℃	6℃	10℃	14℃
104	广西	南宁	34.5	81.7	12.52	11.31	10.09	8.88	7.66	6.44	5.23
105		柳州	34.8	76.6	9.12	8.22	7.31	6.41	5.51	4.60	3.70
106		桂林	34.2	79.4	10.68	9.63	8.57	7.51	6.45	5.40	4.34
107		梧州	34.8	80.9	11.91	10.75	9.60	8.45	7.30	6.14	4.99
108		北海	33.1	82.8	13.25	11.93	10.61	9.29	7.96	6.64	5.32
109		百色	36.1	79.7	11.23	10.17	9.11	8.05	6.98	5.92	4.86
110	海南	海口	35.1	82.2	13.10	11.85	10.60	9.35	8.10	6.85	5.60
111		三亚	32.8	82.4	12.80	11.51	10.22	8.93	7.64	6.35	5.06
112	重庆	重庆	35.5	71.8	7.15	6.44	5.72	5.00	4.29	3.57	2.85
113		万州	36.5	77	9.59	8.68	7.77	6.86	5.95	5.04	4.12
114		奉节	34.3	67.5	5.72	5.11	4.51	3.90	3.29	2.69	2.08
115	四川	成都	31.8	85.7	16.43	14.76	13.09	11.42	9.76	8.09	6.42
116		广元	33.3	76.8	8.99	8.07	7.15	6.22	5.30	4.38	3.45
117		甘孜州	22.8	80.6	9.19	7.95	6.71	5.46	4.22	2.98	1.73
118		宜宾	33.8	80.3	11.25	10.13	9.01	7.89	6.78	5.66	4.54
119		南充	35.3	75.5	8.65	7.79	6.94	6.09	5.24	4.39	3.54
120		凉山州	30.7	75.5	7.97	7.09	6.21	5.32	4.44	3.56	2.68
121	贵州	贵阳	30.1	76.7	8.43	7.49	6.55	5.61	4.67	3.73	2.79
122		遵义	31.8	76.6	8.66	7.73	6.81	5.88	4.96	4.04	3.11
123		毕节	29.2	79.4	9.77	8.67	7.57	6.47	5.37	4.27	3.17
124		安顺	27.7	81	10.54	9.32	8.09	6.87	5.64	4.42	3.20
125		铜仁	35.3	76.9	9.35	8.44	7.53	6.61	5.70	4.78	3.87
126	云南	昆明	26.2	78.2	8.51	7.46	6.41	5.36	4.31	3.26	2.20
127		昭通	27.3	78.4	8.82	7.77	6.72	5.66	4.61	3.56	2.50
128		丽江	25.6	72.6	6.12	5.32	4.52	3.72	2.92	2.12	1.32
129		普洱	29.7	83.8	13.49	12.03	10.57	9.11	7.65	6.19	4.73
130		红河州	30.7	74.6	7.58	6.74	5.90	5.05	4.21	3.37	2.52
131		景洪	34.7	81.8	12.65	11.43	10.21	8.99	7.76	6.54	5.32
132	西藏	拉萨	24.1	51.3	2.28	1.90	1.51	1.13	0.74	0.36	—
133		昌都	26.2	64.8	4.28	3.69	3.11	2.53	1.94	1.36	0.78
134		那曲	17.2	68.5	3.90	3.18	2.46	1.74	1.02	0.30	
135		日喀则	22.6	54.7	2.51	2.08	1.65	1.22	0.79	0.36	—
136		林芝	22.9	76.4	7.06	6.08	5.10	4.12	3.14	2.16	1.18

序号	省	城市	干球温度(℃)	相对湿度(%)	各种介质温度条件下的潮湿系数 θ						
					−10℃	−6℃	−2℃	2℃	6℃	10℃	14℃
137	陕西	西安	35	70.8	6.76	6.07	5.38	4.69	4.00	3.31	2.62
138		延安	32.4	70.3	6.29	5.61	4.92	4.23	3.54	2.85	2.17
139		宝鸡	34.1	69.5	6.25	5.59	4.94	4.28	3.62	2.96	2.30
140		汉中	32.3	81.3	11.74	10.53	9.33	8.12	6.92	5.71	4.51
141		榆林	32.2	61.9	4.31	3.81	3.31	2.80	2.30	1.79	1.29
142		安康	35	77.5	9.64	8.69	7.75	6.80	5.86	4.91	3.96
143	甘肃	兰州	31.2	58.7	3.70	3.25	2.79	2.33	1.88	1.42	0.96
144		酒泉	30.5	53.1	2.91	2.53	2.14	1.75	1.37	0.98	0.59
145		平凉	29.8	71.8	6.44	5.69	4.94	4.20	3.45	2.70	1.95
146		天水	30.8	69.7	5.93	5.25	4.57	3.89	3.21	2.53	1.85
147		陇南	32.6	63.2	4.59	4.07	3.54	3.02	2.49	1.97	1.44
148	青海	西宁	26.5	64.9	4.33	3.74	3.16	2.58	1.99	1.41	0.82
149		玉树	21.8	68.2	4.45	3.77	3.08	2.39	1.71	1.02	0.34
150		格尔木	26.9	37	1.36	1.10	0.85	0.59	0.34	0.08	—
151		共和	24.6	61.1	3.49	2.97	2.45	1.93	1.41	0.89	0.38
152	宁夏	银川	31.2	63.6	4.54	4.00	3.46	2.93	2.39	1.85	1.31
153		石嘴山	31.8	56.5	3.43	3.01	2.58	2.16	1.74	1.31	0.89
154		吴忠	32.4	56.4	3.46	3.04	2.62	2.20	1.78	1.36	0.94
155		固原	27.7	70.2	5.69	4.98	4.27	3.56	2.85	2.14	1.43
156		中卫	31	64	4.60	4.05	3.51	2.96	2.41	1.87	1.32
157	新疆	乌鲁木齐	33.5	42.9	2.10	1.81	1.53	1.24	0.96	0.67	0.39
158		克拉玛依	36.4	30.5	1.34	1.14	0.94	0.74	0.53	0.33	0.13
159		吐鲁番	40.3	33.2	1.65	1.44	1.23	1.02	0.81	0.60	0.39
160		哈密	35.8	41.4	2.08	1.81	1.54	1.27	1.01	0.74	0.47
161		和田	34.5	42.9	2.14	1.86	1.58	1.30	1.01	0.73	0.45
162		阿勒泰	30.8	52.4	2.85	2.48	2.10	1.72	1.34	0.96	0.59

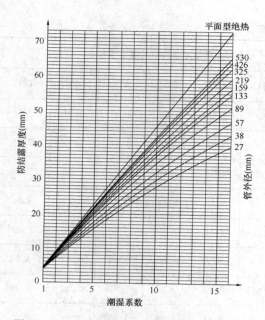

图 K.0.3-1　发泡橡塑材料的最小防结露厚度

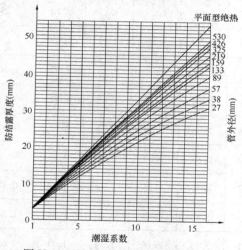

图 K.0.3-2　硬质聚氨酯泡塑材料的
最小防结露厚度

注：图中绝热材料的 $t_m=20℃$，发泡橡塑 $\lambda=0.0366W/(m\cdot K)$，聚氨酯泡塑 $\lambda=0.0293W/(m\cdot K)$。

K.0.4 空调风管绝热热阻与空调冷凝水管道保冷厚度可按表 K.0.4-1 和表 K.0.4-2 选用。

表 K.0.4-1　室内空气调节风管绝热层的最小热阻

风管类型	适用介质温度（℃）		最小热阻
	冷介质 最低温度	热介质 最高温度	$[m^2\cdot K/W]$
一般空调风管	15	30	0.81
低温风管	6	39	1.14

注：技术条件：
1　建筑物内环境温度：冷风时 26℃，暖风时 20℃；
2　以玻璃棉为代表材料，冷价为 75 元/GJ，热价为 85 元/GJ。

表 K.0.4-2　空调冷凝水管防结露
最小绝热层厚度（mm）

位　置	材　料			
	柔性泡沫橡塑管套		离心玻璃棉管壳	
	Ⅰ类地区	Ⅱ类地区	Ⅰ类地区	Ⅱ类地区
在空调房 吊顶内	9		10	
在非空调 房间内	9	13	10	15

注：Ⅰ区系指较干燥地区，室内机房环境温度不高于
31℃、相对湿度不大于 75%；
Ⅱ区系指较潮湿地区，室内机房环境温度不高于
33℃、相对湿度不大于 80%。

本规范用词说明

1　为便于在执行本规范条文时区别对待，对要求严格程度不同的用词说明如下：

　1)　表示很严格，非这样做不可的：
　　　正面词采用"必须"，反面词采用"严禁"；
　2)　表示严格，在正常情况下均应这样做的：
　　　正面词采用"应"，反面词采用"不应"或
　　　"不得"；
　3)　表示允许稍有选择，在条件许可时首先应
　　　这样做的：
　　　正面词采用"宜"，反面词采用"不宜"；
　4)　表示有选择，在一定条件下可以这样做的
　　　采用"可"。

2　条文中指明应按其他有关标准执行的写法为：
"应符合……的规定"或"应按……执行"。

引用标准名录

1　《建筑设计防火规范》GB 50016
2　《城镇燃气设计规范》GB 50028
3　《锅炉房设计规范》GB 50041
4　《高层民用建筑设计防火规范》GB 50045
5　《工业设备及管道绝热工程施工规范》
GB 50126
6　《公共建筑节能设计标准》GB 50189
7　《通风与空调工程施工质量验收规范》
GB 50243
8　《设备及管道绝热设计导则》GB/T 8175
9　《中等热环境　PMV 和 PPD 指数的测定及热
舒适条件的规定》GB/T 18049
10　《蓄冷空调工程技术规程》JGJ 158
11　《散热器恒温控制阀》JG/T 195

中华人民共和国国家标准

民用建筑供暖通风与空气调节设计规范

GB 50736—2012

条 文 说 明

制 订 说 明

《民用建筑供暖通风与空气调节设计规范》GB 50736－2012，经住房和城乡建设部 2012 年 1 月 21 日以第 1270 号公告批准、发布。

为便于广大设计、施工、科研、学校等单位有关人员在使用本规范时能正确理解和执行条文规定，《民用建筑供暖通风与空气调节设计规范》编制组按章、节、条顺序编制了本规范的条文说明，对条文规定的目的、依据以及执行中需要注意的有关事项进行了说明。但是，本条文说明不具备与规范正文同等的法律效力，仅供使用者作为理解和把握规范规定的参考。

目　　次

1 总　则

1.0.1 规范宗旨。

供暖、通风与空调工程是基本建设领域中一个不可缺少的组成部分，对合理利用资源、节约能源、保护环境、保障工作条件、提高生活质量，有着十分重要的作用。暖通空调系统在建筑物使用过程中持续消耗能源，如何通过合理选择系统与优化设计使其能耗降低，对实现我国建筑节能目标和推动绿色建筑发展作用巨大。

1.0.2　规范适用范围。

本规范适用于各种类型的民用建筑，其中包括居住建筑、办公建筑、科教建筑、医疗卫生建筑、交通邮电建筑、文体集会建筑和其他公共建筑等。对于新建、改建和扩建的民用建筑，其供暖、通风与空调设计，均应符合本规范各相关规定。民用建筑空调系统包括舒适性空调系统和工艺性空调系统两种。舒适性空调系统指以室内人员为服务对象，目的是创造一个舒适的工作或生活环境，以利于提高工作效率或维持良好的健康水平的空调系统。工艺性空调系统指以满足工艺要求为主，室内人员舒适感为辅的空调系统。

本规范不适用于有特殊用途、特殊净化与防护要求的建筑物以及临时性建筑物的设计，是针对某些特殊要求、特殊作法或特殊防护而言的，并不意味着本规范的全部内容都不适用于这些建筑物的设计，一些通用性的条文，应参照执行。有特殊要求的设计，应执行国家相关的设计规范。

1.0.3　设计方案确定原则和技术、工艺、设备、材料的选择要求。

供暖、通风与空气调节工程，在工程投资中占有重要份额且运行能耗巨大，因此设计中应确定整体上技术先进、经济合理的设计方案。规范从安全、节能、环保、卫生等方面结合了近十年来国内外出现的新技术、新工艺、新设备、新材料与设计、科研新成果，对有关设计标准、技术要求、设计方法以及其他政策性较强的技术问题等都作了具体的规定。

1.0.6　地震区或湿陷性黄土地区设备和管道布置要求。

为了防止和减缓位于地震区或湿陷性黄土地区的建筑物由于地震或土壤下沉而造成的破坏和损失，除应在建筑结构等方面采取相应的预防措施外，布置供暖、通风和空调系统的设备和管道时，还应根据不同情况按照国家现行规范的规定分别采取防震或其他有效的防护措施。

1.0.7　同施工验收规范衔接。

为保证设计和施工质量，要求供暖通风与空调设计的施工图内容应与国家现行的《建筑给水排水及供暖工程施工质量验收规范》GB 50242、《通风与空调工程施工质量验收规范》GB 50243、《建筑节能工程施工质量验收规范》GB 50411 等保持一致。有特殊要求及现行施工质量验收规范中没有涉及的内容，在施工图文件中必须有详尽说明，以利施工、监理等工作的顺利进行。

1.0.8　同其他标准规范衔接。

本规范为专业性的全国通用规范。根据国家主管部门有关编制和修订工程建设标准规范的统一规定，为了精简规范内容，凡引用或参照其他全国通用的设计标准规范的内容，除必要的以外，本规范不再另设条文。本条强调在设计中除执行本规范外，还应执行与设计内容相关的安全、环保、节能、卫生等方面的国家现行的有关标准、规范等的规定。

2 术　语

2.0.3　供暖

以前"供暖"习惯称为"采暖"。近年来随着社会和经济的发展，采暖设计的涉及范围不断扩大，已由最早的侧重室内需求侧的"采暖"设计扩展到同时包含管网及热源的"供暖"设计；同时，考虑到与现行政府法规文件及管理规定用词一致，所以本规范统称"供暖"。

2.0.4　集中供暖

除集中供暖外，其他供暖方式均为分散供暖。目前，分散供暖主要方式为电热供暖、户式燃气壁挂炉供暖、户式空气源热泵供暖、户用烟气供暖（火炉、火墙和火炕等）等。楼用燃气炉供暖和楼用热泵供暖也属于集中供暖。集中供热指以热水或蒸汽作为热媒，由热源集中向一个城市或较大区域供应热能的方式。集中供热除供暖外，还包括生活热水和蒸汽的供应。

2.0.6　毛细管网辐射系统

毛细管网一般由 3.4mm×0.55mm 或 4.3mm×0.8mm 的 PPR 或 PERT 塑料毛细管组成，其间隔为 10mm～40mm。

2.0.14　温度湿度独立控制空调系统

温度湿度独立控制空调系统中，温度是由高于室内设计露点温度的冷水通过辐射或对流形式的末端吸收显热来控制；绝对湿度由经过除湿处理的干空气（一般是新风）送入室内，吸收室内余湿来控制。

2.0.22　定流量一级泵空调冷水系统

空调冷水系统末端设三通阀时，虽然用户侧流量改变，但对输配水系统而言，与末端无水路调节阀一样，仍处于定流量状态，故称定流量一级泵系统。

2.0.23　变流量一级泵空调冷水系统

空调冷水系统末端设两通阀调节，无论冷水机组定流量，还是变流量，对输配水系统而言，循环水量均处于变流量状态，故称为变流量一级泵系统。

3 室内空气设计参数

3.0.1 供暖室内设计温度。

考虑到不同地区居民生活习惯不同，分别对严寒和寒冷地区、夏热冬冷地区主要房间的供暖室内设计温度进行规定。

1 根据国内外有关研究结果，当人体衣着适宜、保暖量充分且处于安静状态时，室内温度20℃比较舒适，18℃无冷感，15℃是产生明显冷感的温度界限。冬季的热舒适（$-1 \leqslant PMV \leqslant +1$）对应的温度范围为：18℃~28.4℃。基于节能的原则，本着提高生活质量、满足室温可调的要求，在满足舒适的条件下尽量考虑节能，因此选择偏冷（$-1 \leqslant PMV \leqslant 0$）的环境，将冬季供暖设计温度范围定在18℃~24℃。从实际调查结果来看，大部分建筑供暖设计温度为18℃~20℃。

冬季空气集中加湿耗能较大，延续我国供暖系统设计习惯，供暖建筑不做湿度要求。从实际调查来看，我国供暖建筑中人员常采用各种手段实现局部加湿，供暖季房间相对湿度在15%~55%范围波动，这样基本满足舒适要求，同时又节约能耗。

2 考虑到夏热冬冷地区实际情况和当地居民生活习惯，其室内设计温度略低于寒冷和严寒地区。

夏热冬冷地区并非所有建筑物都供暖，人们衣着习惯还需要满足非供暖房间的保暖要求，服装热阻计算值略高。因此，综合考虑本地区的实际情况以及居民生活习惯，基于PMV舒适度计算，确定夏热冬冷地区主要房间供暖室内设计温度宜采用16℃~22℃。

3.0.2 舒适性空调室内设计参数。

考虑到人员对长期逗留区域和短期逗留区域二者舒适性要求不同，因此分别给出相应的室内设计参数。

1 考虑不同功能房间对室内热舒适的要求不同，分级给出室内设计参数。热舒适度等级由业主在确定建筑方案时选择。

出于建筑节能的考虑，要求供热工况室内环境在满足舒适的条件下偏冷，供冷工况在满足热舒适的条件下偏热，所以具体热舒适度等级划分如下表：

表1　不同热舒适度等级所对应的 PMV 值

热舒适度等级	供热工况	供冷工况
Ⅰ级	$-0.5 \leqslant PMV \leqslant 0$	$0 \leqslant PMV \leqslant 0.5$
Ⅱ级	$-1 \leqslant PMV < -0.5$	$0.5 < PMV \leqslant 1$

根据我国在2000年制定的《中等热环境　PMV和PPD指数的测定及热舒适条件的规定》GB/T 18049，相对湿度应该设定在30%~70%之间。从节能的角度考虑，供热工况室内设计相对湿度越大，能

耗越高。供热工况，相对湿度每提高10%，供热能耗约增加6%，因此不宜采用较高的相对湿度。调研结果显示，冬季空调建筑的室内设计湿度几乎都低于60%，还有部分建筑不考虑冬季湿度。对舒适要求较高的建筑区域，应对相对湿度下限做出规定，确定相对湿度不小于30%，而对上限则不作要求。因此对于Ⅰ级，室内相对湿度≥30%，PMV值在-0.5~0之间时，热舒适区确定空气温度范围为22℃~24℃。对于Ⅱ级，则不规定相对湿度范围，舒适温度范围为18℃~22℃。

对于空调供冷工况，相对湿度在40%~70%之间时，对应满足热舒适的温度范围是22℃~28℃。本着节能的原则，应在满足舒适条件前提下选择偏热环境。由此确定空调供冷工况室内设计参数为：温度24℃~28℃，相对湿度40%~70%。在此基础之上，对于Ⅰ级，当室内相对湿度在40%~70%之间，PMV值在0~0.5之间时，基于热舒适区计算，舒适温度范围为24℃~26℃。同理对于Ⅱ级建筑，基于热舒适区计算，舒适温度范围为26℃~28℃。

对于风速，参照国际通用标准ISO7730和ASHRAE Standard 55，并结合我国的实际国情和一般生活水平，取室内由于吹风感而造成的不满意度DR为不大于20%。根据相关文献的研究结果，在$DR \leqslant 20\%$时，空气温度、平均风速和空气紊流度之间的关系如图所示：

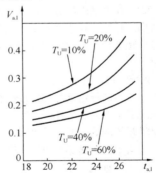

图1　空气温度、平均风速和
空气紊流度关系图

根据实际情况，供冷工况室内紊流度较高，取为40%，空气温度取平均值26℃，得到空调供冷工况室内允许最大风速约为0.3m/s；供热工况室内空气紊流度一般较小，取为20%，空气温度取18℃，得到冬季室内允许最大风速约为0.2m/s。

对于游泳馆（游泳池区）、乒乓球馆、羽毛球馆等体育建筑，以及医院特护病房、广播电视等特殊建筑或区域的空调室内设计参数不在本条文规定之列，应根据相关建筑设计标准或业主要求确定。

温和地区夏季室内外温差较小，通常不设空调。设置空调的人员长期逗留区域，夏季空调室内设计参

数可在本规定基础上适当降低 1℃～2℃。

2 短期逗留区域指人员暂时逗留的区域，主要有商场、车站、机场、营业厅、展厅、门厅、书店等观览场所和商业设施。

对于人员短期逗留区域，人员停留时间较短，且服装热阻不同于长期逗留区域，热舒适更多受到动态环境变化影响，综合考虑建筑节能的需要，可在人员长期逗留区域基础上降低要求。

3.0.3 工艺性空调室内设计参数。

对于设置工艺性空调的民用建筑，其室内参数应根据工艺要求，并考虑必要的卫生条件确定。在可能的条件下，应尽量提高夏季室内设计温度，以节省建设投资和运行费用。另外，如设计室温过低（如 20℃），夏季室内外温差太大会导致工作人员感到不舒适，室内设计温度提高一些，对改善室内工作人员的卫生条件也是有好处的。

不同于舒适空调，工艺性空调以满足工艺要求为主，舒适性为辅。其次工艺性空调负荷一般也较大，房间换气次数也高，人员活动区风速大。此外人员多穿工作装，吹风感小，因此最大允许风速相比舒适性空调略高。

3.0.4 室内热舒适性评价指标参数。

《中等热环境 PMV 和 PPD 指数的测定及热舒适条件的规定》GB/T 18049 等同于国际标准 ISO 7730，本规范结合我国国情对舒适等级进行了划分。采用 PMV、PPD 评价室内热舒适，既与国家现行标准一致，又与国际接轨。在不降低室内热舒适标准的前提下，通过合理选择室内空气设计参数，可以收到明显节能效果。

3.0.5 辐射系统室内设计温度。

实践证实，人体的舒适度受辐射影响很大，欧洲的相关实验也证实了辐射和人体舒适度感觉的相互关系。对于辐射供暖供冷的建筑，其供暖室内设计温度取值低于以对流为主的供暖系统 2℃，供冷室内设计温度取值高于采用对流方式的供冷系统 0.5℃～1.5℃时，可达到同样舒适度。

3.0.6 设计最小新风量。部分强制性条文。

表 3.0.6-1～表 3.0.6-4 最小新风量指标综合考虑了人员污染和建筑污染对人体健康的影响。

1 表 3.0.6-1 中未做出规定的其他公共建筑人员所需最小新风量，可按照国家现行卫生标准中的容许浓度进行计算确定，并应满足国家现行相关标准的要求。

2 由于居住建筑和医院建筑的建筑污染部分比重一般要高于人员污染部分，按照现有人员新风量指标所确定的新风量没有体现建筑污染部分的差异，从而不能保证始终完全满足室内卫生要求；因此，综合考虑这两类建筑中的建筑污染与人员污染的影响，以换气次数的形式给出所需最小新风量。其中，居住建筑的换气次数参照 ASHRAE Standard 62.1 确定，医院建筑的换气次数参照《日本医院设计和管理指南》HEAS-02 确定。医院中洁净手术部相关规定参照《医院洁净手术部建筑技术规范》GB 50333。

3 高密人群建筑即人员污染所需新风量比重高于建筑污染所需新风量比重的建筑类型。按照目前我国现有新风量指标，计算得到的高密人群建筑新风所形成的新风负荷在空调负荷中的比重一般高达 20%～40%，对于人员密度超高建筑，新风能耗通常更高。一方面，人员污染和建筑污染的比例随人员密度的改变而变化；另一方面，高密人群建筑的人流量变化幅度大，出现高峰人流的持续时间短，受作息、节假日、季节、气候等因素影响明显。因此，该类建筑应该考虑不同人员密度条件下对新风量指标的具体要求；并且应重视室内人员的适应性等因素对新风指标的影响。为了反映以上因素对新风量指标的具体要求，该类建筑新风量大小参考 ASHRAE Standard 62.1 的规定，对不同人员密度条件下的人均最小新风量做出规定。通常会议室在舒适度要求上要比大会厅高，但只从健康要求角度考虑，对新风要求二者没有明显差异。会议室包括中小型会议室和大型会议室，在具体设计中，中小型会议室的人均新风量要大于大型会议室。

对于置换送风系统，由于其新鲜空气与室内空气混合机理与其他空调系统不同，其新风量的确定可以根据本条得到的新风量再结合置换通风效率进行修正后得到。

4 室外设计计算参数

4.1 室外空气计算参数

4.1.1 室外空气计算参数。

室外空气计算参数是负荷计算的重要基础数据，本规范以全国地级单位划分为基础，结合中国气象局地面气象观测台站的观测数据经计算确定。我国国家级地面气象台站划分为一般站和基本基准站。部分一般站的资料序列较短，不具备整理条件，故本次计算采用的均为基本基准站气象观测资料。由于大部分县级地区的气象参数与其所属的地级单位相比变化不大，因此，没有选取地级市以下的单位进行数据统计。本规范共选取 294 个台站制作了室外空气计算参数表，详见附录 A。所选台站基本覆盖了全国范围内的地级市，由于气象台站的分布和行政区划并非一一对应，对于未列入城市，其计算参数可参考就近或地理环境相近的城市确定。

近年来受气候变化影响，室外空气计算参数随环境温度的变化也发生了改变。本次统计选取 1971 年 1 月 1 日至 2000 年 12 月 31 日 30 年的每日 4 次（2、

8、14、20点）定时观测数据为基础进行计算，总体来说，夏季计算参数变化不大，冬季北方供暖城市计算参数有上升现象。

我国使用的室外空气计算参数确定方法与国外不同，一般是按平均或累年不保证日（时）数确定，而美国、日本及英国等国家一般采用不保证率的方法，计算参数并不唯一，选择空间较大。经过专题研究，虽然国外的方法更灵活，能够针对目标建筑做出不同的选择，但我国的观测设备条件有限，目前还不能够提供所有主要城市 30 年的逐时原始数据，用一日四次的定时数据计算不保证率的结果与逐时数据的结果是有偏差的；而且从我国第一本暖通规范《工业企业供暖通风和空气调节设计规范》TJ 19 出版以来一直沿用此种方法，广大的设计工作者已经习惯于这种传统的格式，综合考虑各种因素，本规范只更新数据，不改变方法。

随着我国经济发展，超高层建筑不断增多，高度不断增加，超高层建筑上部风速、温度等参数与地面相比有较大变化，应根据实际高度，对室外空气计算参数进行修正。

4.1.2 供暖室外计算温度。

供暖室外计算温度是将统计期内的历年日平均温度进行升序排列，按历年平均不保证 5 天时间的原则对数据进行筛选计算得到。

经过几十年的实践证明，在采取连续供暖时，这样的供暖室外计算温度一般不会影响民用建筑的供暖效果。本条及本章其他条文中的所谓"不保证"，是针对室外温度状况而言的。"历年"即为每年，"历年平均"，是指累年不保证总数的每年平均值。

4.1.3 冬季通风室外计算温度。

本条及本规范其他有关条文中的"累年最冷月"，系指累年月平均气温最低的月份。累年值是指历年气象观测要素的平均值或极值。累年月平均气温具体到本规范中是指指定时段内某月份历年月平均气温的平均值。累年月平均气温最低的月份是 12 个累年月平均气温中的最小值对应的月份。一般情况下累年最冷月为一月，但在少数地区也会存在为十二月或二月的情况。

本条的计算温度适用于机械送风系统补偿消除余热、余湿等全面排风的耗热量时使用；当选择机械送风系统的空气加热器时，室外计算参数宜采用供暖室外计算温度。

4.1.4 冬季空调室外计算温度。

将冬季的室外空气计算温度分为供暖和空调两种温度是我国与国际上相比比较特殊的一种情况。在美国及日本等一些国家，冬季的设计计算温度并不区分供暖或空调，只是给出不同的保证率形式供设计师在不同使用功能的建筑时选用。

空调房间的温湿度要求要高于供暖房间，因此不

保证的时间也应小于供暖温度所对应的时间。我国的冬季空调室外计算温度是以日平均温度为基础进行统计计算的，而国际上不保证率方法计算的基础是逐时平均温度，用二者进行比较，从严格意义上来说是不对等的。如果仅从数值上看，我国冬季空调室外计算温度的保证率还是比较高的，同美国等国家常用的标准在同一水平上。

4.1.5 冬季空调室外计算相对湿度。

累年最冷月平均相对湿度是指累年平均气温最低月份的累年月平均相对湿度。

4.1.6 夏季空调室外计算干球温度。

由于我国全国范围内的自动气象观测站建设近年才开始，大多数地区逐时温度记录不够统计标准的 30 年。因此本规范中所指的不保证 50 小时，是以每天四次（2、8、14、20 时）的定时温度记录为基础，以每次记录代表 6 小时进行统计。

4.1.7 夏季空调室外计算湿球温度。

与 4.1.6 相同，湿球温度也是选取每日四次的定时观测湿球温度，以每次记录代表 6 小时进行统计。

4.1.8 夏季通风室外计算温度。

我国气象台站在观测时统一采用北京时间进行记录，14 时是一日四次定时记录中气温最高的一次。对于我国大部分地区来说，当地太阳时的 14 时与北京太阳时的 14 时相比会有 1～3 个小时的时差。尤其是对于西部地区来说，统一采用北京时间 14 时的温度记录，并不能真正反映当地最热月逐日逐时较高的 14 时气温。但考虑到需要进行时差修正的地区，夏季通风室外计算温度多在 30℃ 以下（有的还不到 20℃），把通风计算温度规定提高一些，对通风设计（主要是自然通风）效果影响不大，故本规范未规定对此进行修正。

如需修正，可按以下的时差订正简化方法进行修正：

1 对北京以东地区以及北京以西时差为 1 小时地区，可以不考虑以北京时间 14 时所确定的夏季通风室外计算温度的时差订正。

2 对北京以西时差为 2 小时的地区，可按以北京时间 14 时所确定的夏季通风室外计算温度加上 2℃ 来订正。

4.1.9 夏季通风室外计算相对湿度。

全国统一采用北京时间最热月 14 时的平均相对湿度确定这一参数，也存在时差影响问题，但是相对湿度的偏差不大，偏于安全，故未考虑修正问题。

4.1.10 夏季空调室外计算日平均温度。

关于夏季室外计算日平均温度的确定原则是考虑与空调室外计算干湿球温度相对应的，即不保证小时数应为 50 小时左右。统计结果表明，50 小时的不保证小时数大致分布在 15 天左右，而在这 15 天左右的时间内，分布也是不均等的，有些天仅有 1～2 小时，

出现较多的不保证小时数的天数一般在 5 天左右。因此，取不保证 5 天的日平均温度，大致与室外计算干湿球温度不保证 50 小时是相对应的。

4.1.11 为适应关于按不稳定传热计算空调冷负荷的需要，制定本条内容。

4.1.12 特殊情况下空调室外计算参数的确定。

本规范的室外空气计算参数是在不同保证率下统计计算的结果，虽然保证率比较高，完全能够满足一般民用建筑的热环境舒适度需求，但是在特殊气象条件下仍然会存在达不到室内温湿度要求的情况。因此，当建筑室内温湿度参数必须全年保持既定要求的时候，应另行确定适宜的室外计算参数。仅在部分时间（如夜间）工作的空调系统，可不完全遵守本规范第 4.1.6～4.1.11 条的规定。

4.1.14 室外风速、风向及频率。

本条及本规范其他有关条文中的"累年最冷 3 个月"，系指累年月平均气温最低的 3 个月；"累年最热 3 个月"，系指累年月平均气温最高的 3 个月。

"最多风向"即"主导风向"（Predominant Wind Direction）。

4.1.17 设计计算用供暖期天数。

本条中所谓"日平均温度稳定低于或等于供暖室外临界温度"，系指室外连续 5 天的滑动平均温度低于或等于供暖室外临界温度。

按本条规定统计和确定的设计计算用供暖期，是计算供暖建筑物的能量消耗，进行技术经济分析、比较等不可缺少的数据，是专供设计计算应用的，并不是指具体某一个地方的实际供暖期，各地的实际供暖期应由各地主管部门根据情况自行确定。随着生活水平提高，建筑物供暖临界温度也逐渐增长，为配合不同地区的不同要求，本规范附录给出了 5℃ 和 8℃ 两种临界温度的供暖期天数与起止日期。

4.1.18 室外计算参数的统计年份。

近年来，国际上对室外计算参数统计年份的选取有一些讨论：年份取得长，气象参数的稳定性好，数据更有代表性，但是由于全球变暖，环境温度的攀升，统计年份选取过长则不能完全切合实际设计需求；年份取的短，虽然在一定程度上更贴近实际气温变化趋势，但是会放大极端天气对设计参数的影响。为得出一个合理的结论，编制组室外空气计算参数专题小组对1978～2007年的气象参数进行了整理分析。结果表明 1978～2007 累年年平均气温与 1951～1980 年 30 年的累年年平均气温相比有了明显的上升，但是北方地区冬季的温度近十年又有回落的趋势，而夏季的温度整体变化不大。经过计算对比室外空气计算参数采用 10 年、15 年、20 年及 30 年不同统计期的数值，10 年与 30 年的数据与累年年平均气温变化的趋势最为相近。从气象学的角度出发，30 年是比较有代表性的观测统计期，所以本次规范室外空气计算

参数的统计年份为 30 年。为保证计算参数的科学合理，根据气象部门整编数据的规定，编制组选取了 1971～2000 年作为统计期，部分台站因为迁站等原因有数据缺失，除长沙、重庆和芜湖外，其余台站均保证统计期大于 20 年。

4.1.19 山区的室外气象参数。

山区的气温受海拔、地形等因素影响较大，在与邻近台站的气象资料进行比较时，应注意小气候的影响，注意气候条件的相似性。

4.2 夏季太阳辐射照度

4.2.1 确定太阳辐射照度的基本原则。

本规范所给出的太阳辐射照度值，是根据地理纬度和 7 月大气透明度，并按 7 月 21 日的太阳赤纬，应用有关太阳辐射的研究成果，通过计算确定的。

关于计算太阳辐射照度的基础数据及其确定方法。这里所说的基础数据，是指垂直于太阳光线的表面上的直接辐射照度 S 和水平面上的总辐射照度 Q。基础数据是基于观测记录用逐时的 S 和 Q 值，采用近 10 年中每年 6 月至 9 月内舍去 15～20 个高峰值的较大值的历年平均值。实践证明，这一统计方法虽然较为繁琐，但它所确定的基础数据的量值，已为大家所接受。本规范参照这一量值，根据我国有关太阳辐射的研究中给出的不同大气透明度和不同太阳高度角下的 S 和 Q 值，按照不同纬度、不同时刻（6～18）时的太阳高度角用内插法确定的。

4.2.2 垂直面和水平面的太阳总辐射照度。

建筑物各朝向垂直面与水平面的太阳总辐射照度，是按下列公式计算确定的：

$$J_{zz} = J_z + \frac{D + D_f}{2} \quad (1)$$

$$J_{zp} = J_p + D \quad (2)$$

式中：J_{zz}——各朝向垂直面上的太阳总辐射照度（W/m²）；

J_{zp}——水平面上的太阳总辐射照度（W/m²）；

J_z——各朝向垂直面的直接辐射照度（W/m²）；

J_p——水平面的直接辐射照度（W/m²）；

D——散射辐射照度（W/m²）；

D_f——地面反射辐射照度（W/m²）。

各纬度带和各大气透明度等级下的计算结果列于本规范附录 C。

4.2.3 透过标准窗玻璃的太阳辐射照度。

根据有关资料，将 3mm 厚的普通平板玻璃定义为标准玻璃。透过标准窗玻璃的太阳直接辐射照度和散射辐射照度，是按下列公式计算确定的：

$$J_{cz} = \mu_\theta J_z \quad (3)$$

$$J_{zp} = \mu_\theta J_p \quad (4)$$

$$D_{cz} = \mu_d \left(\frac{D + D_f}{2} \right) \quad (5)$$

$$D_{cp} = \mu_d D \qquad (6)$$

式中：J_{cz}——各朝向垂直面和水平面透过标准窗玻璃的直接辐射照度（W/m²）；

μ_0——太阳直接辐射入射率；

D_{cz}——透过各朝向垂直面标准窗玻璃的散射辐射照度（W/m²）；

D_{cp}——透过水平面标准窗玻璃的散射辐射照度（W/m²）；

μ_d——太阳散射辐射入射率；

其他符号意义同前。

各纬度带和各大气透明度等级下的计算结果列于本规范附录 D。

4.2.4 当地计算大气透明度等级的确定。

为了按本规范附录 C 和附录 D 查取当地的太阳辐射照度值，需要确定当地的计算大气透明度等级，为此，本条给出了根据当地大气压力确定大气透明度的等级，见表 4.2.4，并在本规范附录 E 中给出了夏季空调用的计算大气透明度分布图。

5 供 暖

5.1 一 般 规 定

5.1.1 供暖方式选择原则。

目前实施供暖的各地区的气象条件，能源结构、价格、政策，供热、供气、供电情况及经济实力等都存在较大差异，并且供暖方式还要受到环保、卫生、安全等多方面的制约和生活习惯的影响，因此，应通过技术经济比较确定。

5.1.2 宜设置集中供暖的地区。

根据几十年的实践经验，累年日平均温度稳定低于或等于 5℃ 的日数大于或等于 90 天的地区，在同样保障室内设计环境的情况下，采用集中供暖系统更为经济、合理。这类地区是北京、天津、河北、山西、内蒙古、辽宁、吉林、黑龙江、山东、西藏、青海、宁夏、新疆等 13 个省、直辖市、自治区的全部，河南（许昌以北）、陕西（西安以北）、甘肃（除陇南部分地区）等省的大部分，以及江苏（淮阴以北）、安徽（宿县以北）、四川（川西高原）等省的一小部分，此外还有某些省份的高寒山区。

近些年，随着我国经济发展和人民生活水平提高，累年日平均温度稳定低于或等于 5℃ 的日数小于 90 天地区的建筑也开始逐渐设置供暖设施，具体方式可根据当地条件确定。

5.1.3 宜设置供暖设施的地区及宜采用集中供暖的建筑。

为了保障人民生活最基本要求、维护公众利益设置了本条文。具体采用什么供暖方式，应根据所在地区的具体情况，通过技术经济比较确定。

5.1.5 设置值班供暖的规定。

设置值班供暖，主要是为了防止公共建筑在非使用的时间内，其水管及其他用水设备发生冻结的现象。在严寒地区，还要考虑居住建筑的公共部分的防冻措施。

5.1.6 居住建筑集中供暖系统。

连续供暖指当室外温度达到供暖室外计算温度时，为了使室内达到设计温度，要求锅炉房（或换热机房）按照设计的供、回水温度昼夜连续运行。当室外温度高于供暖室外计算温度时，可以采用质调节或量调节以及间歇调节等运行方式减少供热量。需要指出，间歇调节运行与间歇供暖的概念是不同的，间歇调节运行只是在供暖过程中减少系统供热量的一种方法，而间歇供暖是指建筑物在使用时间内供暖，使室内温度达到设计要求，而在非使用时间允许室温自然降低。例如：办公楼、教学楼等公共建筑的使用时间基本是固定的时间段，可以采用间歇供暖。而居住建筑的使用时间依居住人行为习惯、年龄等的差异而不同，它可能是在每天的任何时间。在室内设计参数不变的条件下，连续供暖每小时的热负荷是均匀的，在设计条件下所选用的供暖设备可以满足使用要求。

5.1.7 围护结构传热系数的规定。

国家现行公共建筑和居住建筑节能设计标准对外墙、屋面、外窗、阳台门和天窗等围护结构的传热系数都有相关的具体要求和规定，本规范应符合其规定。

5.1.10 竖向分区设置规定。

设置竖向分区主要目的是：减小设备、管道及部件所承受的压力，保证系统安全运行，避免立管出现垂直失调等现象。通常，考虑散热器的承压能力，高层建筑内的散热器供暖系统宜按照 50m 进行分区设置。

5.1.11 系统分环设置规定。

为了平衡南北向房间的温差、解决"南热北冷"的问题，除了按本规范的规定对南北向房间分别采用不同的朝向修正系数外，对供暖系统，必要时采取南北向房间分环布置的方式，有利于系统调试，故在条文中推荐。

5.1.12 供暖系统的水质要求。

水质是保证供暖系统正常运行的前提，近些年发展的轻质散热器和相关末端设备在使用时都对水质有不同的要求。现行国家标准《工业锅炉水质》GB 1576 对供暖系统水质有要求，但其针对性不强，目前国家标准《供暖空调系统水质标准》正在编制中，对供暖水质提出了更为具体、针对性更强的要求。

5.2 热 负 荷

5.2.1 集中供暖系统施工图设计。强制性条文。

集中供暖的建筑，供暖热负荷的正确计算对供暖设备选择、管道计算以及节能运行都起到关键作用，特设置此条，且与现行《严寒和寒冷地区居住建筑节能设计标准》JGJ 26 和《公共建筑节能设计标准》GB 50189 保持一致。

在实际工程中，供暖系统有时是按照"分区域"来设置的，在一个供暖区域中可能存在多个房间，如果按照区域来计算，对于每个房间的热负荷仍然没有明确的数据。为了防止设计人员对"区域"的误解，这里强调的是对每一个房间进行计算而不是按照供暖区域来计算。

5.2.2 供暖通风热负荷确定。

计算热负荷时不经常出现的散热量，可不计算；经常出现但不稳定的散热量，应采用小时平均值。当前居住建筑户型面积越来越大，单位建筑面积内部得热量不一，且炊事、照明、家电等散热是间歇性的，这部分自由热可作为安全量，在确定热负荷时不予考虑。公共建筑内较大且放热较恒定的物体的散热量，在确定系统热负荷时应予以考虑。

5.2.4 围护结构基本耗热量的计算。

公式（5.2.4）是按稳定传热计算围护结构耗热量，不管围护结构的热惰性指标大小如何，室外计算温度均采用供暖室外计算温度，即历年平均不保证5天的日平均温度。

近些年北方地区的居住建筑大都采用封闭阳台，封闭阳台形式大致有两种：凸阳台和凹阳台。凸阳台是包含正面和左右侧面三个接触室外空气的外立面，而凹阳台是只有正面一个接触室外空气的外立面。在计算围护结构基本耗热量时，应考虑该围护结构的温差修正系数。现行行业标准《严寒和寒冷地区居住建筑节能设计标准》JGJ 26—2010 附录 E.0.4 给出了严寒寒冷地区 210 个城市和地区、不同朝向的凸阳台和凹阳台温差修正系数。

5.2.5 相邻房间的温差传热计算原则。

当相邻房间的温差小于5℃时，为简化计算起见，通常可不计入通过隔墙和楼板等的传热量。但当隔墙或楼板的传热热阻太小，传热面积很大，或其传热量大于该房间热负荷的10%时，也应将其传热量计入该房间的热负荷内。

5.2.6 围护结构的附加耗热量。包括朝向修正率、风力附加率、外门附加率。

1 朝向修正率，是基于太阳辐射的有利作用和南北向房间的温度平衡要求，而在耗热量计算中采取的修正系数。本条第一款给出的一组朝向修正率是综合各方面的论述、意见和要求，在考虑某些地区、某些建筑物在太阳辐射得热方面存在的潜力的同时，考虑到我国幅员辽阔，各地实际情况比较复杂，影响因素很多，南北向房间耗热量客观存在一定的差异（10%～30%），以及北向房间由于接受不到太阳直射作用而使人们的实感温度低（约差2℃），而且墙体

的干燥程度北向也比南向差，为使南北向房间在整个供暖期均能维持大体均衡的温度，规定了附加（减）的范围值。这样做适应性比较强，并为广大设计人员提供了可供选择的余地，具有一定的灵活性，有利于本规范的贯彻执行。

2 风力附加率，是指在供暖耗热量计算中，基于较大的室外风速会引起围护结构外表面换热系数增大，即大于 23W/（m²·K）而设的附加系数。由于我国大部分地区冬季平均风速不大，一般为 2m/s～3m/s，仅个别地区大于 5m/s，影响不大，为简化计算起见，一般建筑物不必考虑风力附加，仅对建筑在不避风的高地、河边、海岸、旷野上的建筑物，以及城镇内明显高出的建筑物的风力附加做了规定。"明显高出"通常指较大区域范围内，某栋建筑特别突出的情况。

3 外门附加率，是基于建筑物外门开启的频繁程度以及冲入建筑物中的冷空气导致耗热量增大而附加的系数。外门附加率，只适用于短时间开启的、无热空气幕的外门。阳台门不应计入外门附加。

关于第 3 款外门附加中"一道门附加 65%×n，两道门附加 80%×n"的有关规定，有人提出异议，但该项规定是正确的。因为一道门与两道门的传热系数是不同的：一道门的传热系数是 4.65W/（m²·K），两道门的传热系数是 2.33W/（m²·K）。

例如：设楼层数 n＝6

一道门的附加 65%×n 为：4.65×65%×6＝18.135

两道门的附加 80%×n 为：2.33×80%×6＝11.184

显然一道门附加的多，而两道门附加的少。

另外，此处所指的外门是建筑物底层入口的门，而不是各层每户的外门。

此外，严寒地区设计人员也可根据经验对两面外墙和窗墙面积比过大进行修正。当房间有两面以上外墙时，可将外墙、窗、门的基本耗热量附加 5%。当窗墙（不含窗）面积比超过 1：1 时，可将窗的基本耗热量附加 10%。

5.2.7 高度附加率。

高度附加率应附加于围护结构的基本耗热量和其他附加耗热量之和的基础上。高度附加率，是基于房间高度大于 4m 时，由于竖向温度梯度的影响导致上部空间及围护结构的耗热量增大的附加系数。由于围护结构耗热作用等影响，房间竖向温度的分布并不总是逐步升高的，因此对高度附加率的上限值做了限制。

以前有关地面供暖的规定认为可不计算房间热负荷的高度附加。但实际工程中的高大空间，尤其是间歇供暖时，常存在房间升温时间过长甚至是供热量不足等问题。分析原因主要是：①同样面积时，高大空间外墙等外围护结构比一般房间多，"蓄冷量"较大，

供暖初期升温相对需热量较多；②地面供暖向房间散热有将近一半仍依靠对流形式，房间高度方向也存在一些温度梯度。因此本规范建议地面供暖时，也要考虑高度附加，其附加值约按一般散热器供暖计算值50%取值。

5.2.8 间歇供暖系统设计附加值选取。

对于夜间基本不使用的办公楼和教学楼等建筑，在夜间时允许室内温度自然降低一些，这时可按间歇供暖系统设计，这类建筑物的供暖热负荷应对围护结构耗热量进行间歇附加，间歇附加率可取20%；对于不经常使用的体育馆和展览馆等建筑，围护结构耗热量的间歇附加率可取30%。如建筑物预热时间长，如两小时，其间歇附加率可以适当减少。

5.2.9 门窗缝隙渗入室内的冷空气耗热量计算。

本条强调了门窗缝隙渗透冷空气耗热量计算的必要性，并明确计算时应考虑的主要因素。在各类建筑物的耗热量中，冷风渗透耗热量所占比是相当大的，有时高达30%左右，根据现有的资料，本规范附录F分别给出了用缝隙法计算民用建筑的冷风渗透耗热量，并在附录G中给出了全国主要城市的冷风渗透量的朝向修正系数n值。

5.2.10 分户热计量户间传热供暖负荷附加量。

户间传热对供暖负荷的附加量的大小不影响外网、热源的初投资，在实施室温可调和供热计量收费后也对运行能耗的影响较小，只影响到室内系统的初投资。附加量取得过大，初投资增加较多。依据模拟分析和运行经验，户间传热对供暖负荷的附加量不宜超过计算负荷的50%。

5.2.11 辐射供暖负荷计算。

根据国内外资料和国内一些工程的实测，辐射供暖用于全面供暖时，在相同热舒适条件下的室内温度可比对流供暖时的室内温度低2℃～3℃。故规定辐射供暖的耗热量计算可按本规范的有关规定进行，但室内设计温度取值可降低2℃。当辐射供暖用于局部供暖时，热负荷计算还要乘以表5.2.11所规定的计算系数（局部供暖的面积与房间总面积的面积比大于75%时，按全面供暖耗热量计算）。

5.3 散热器供暖

5.3.1 散热器供暖系统的热媒选择及热媒温度。

采用热水作为热媒，不仅对供暖质量有明显的提高，而且便于进行调节。因此，明确规定散热器供暖系统应采用热水作为热媒。

以前的室内供暖系统设计，基本是按95℃/70℃热媒参数进行设计，实际运行情况表明，合理降低建筑物内供暖系统的热媒参数，有利于提高散热器供暖的舒适程度和节能降耗。近年来，国内已开始提倡低温连续供热，出现降低热媒温度的趋势。研究表明：对采用散热器的集中供暖系统，综合考虑供暖系统的

初投资和年运行费用，当二次网设计参数取75℃/50℃时，方案最优，其次是取85℃/60℃时。

目前，欧洲很多国家正朝着降低供暖系统热媒温度的方向发展，开始采用60℃以下低温热水供暖，这也值得我国参考。

5.3.2 供暖系统制式选择。

由于双管制系统可实现变流量调节，有利于节能，因此室内供暖系统推荐采用双管制系统。采用单管系统时，应在每组散热器的进出水支管之间设置跨越管，实现室温调节功能。公共建筑选择供暖系统制式的原则，是在保持散热器有较高散热效率的前提下，保证系统中除楼梯间以外的各个房间（供暖区），能独立进行温度调节。公共建筑供暖系统可采用上／下分式垂直双管、下分式水平双管、上分式带跨越管的垂直单管、下分式带跨越管的水平单管制式，由于公共建筑往往分区出售或出租，由不同单位使用，因此，在设计和划分系统时，应充分考虑实现分区热量计量的灵活性、方便性和可能性，确保实现按用热量多少进行收费。

5.3.3 既有建筑供暖系统改造制式选择。

在北方一些城市大面积推行的既有建筑供暖系统热计量改造，多数改为分户独立循环系统，室内管道需重新布置，实施困难，对居民影响较大。根据既有建筑改造应尽可能减少扰民和投入为原则，建议采用改为垂直双管或加跨越管的形式，实现分户计量要求。

5.3.4 单管跨越式系统适用层数和散热器连接组数的规定。

散热器流量和散热量的关系曲线与进出口温差有关，温差越大越接近线性。散热器串联组数过多，每组散热温差过小，不仅散热器面积增加较大，恒温阀调节性能也很难满足要求。

5.3.5 有冻结危险场所的散热器设置。强制性条文。

对于管道有冻结危险的场所，不应将其散热器同邻室连接，立管或支管应独立设置，以防散热器冻裂后影响邻室的供暖效果。

5.3.6 选择散热器的规定。

散热器产品标准中规定了不同种类散热器的工作压力，即便是同一种类的散热器也有因加工材质厚度不同，工作压力不同的情况，而不同系统要求散热器的压力也不同，因此，强调了本条第一款的内容。

供暖系统在非供暖季节应充水湿保养，不仅是使用钢制散热器供暖系统的基本运行条件，也是热水供暖系统的基本运行条件，在设计说明中应加以强调。

公共建筑内的高大空间，如大堂、候车（机）厅、展厅等处的供暖，如果采用常规的对流供暖方式供暖时，室内沿高度方向会形成很大的温度梯度，不但建筑热损耗增大，而且人员活动区的温度往往偏

低，很难保持设计温度。采用辐射供暖时，室内高度方向的温度梯度小；同时，由于有温度和辐射照度的综合作用，既可以创造比较理想的热舒适环境，又可以比对流供暖时减少能耗。

5.3.7 散热器的布置。

1 散热器布置在外墙的窗台下，从散热器上升的对流热气流能阻止从玻璃窗下降的冷气流，使流经生活区和工作区的空气比较暖和，给人以舒适的感觉，因此推荐把散热器布置在外墙的窗台下；为了便于户内管道的布置，散热器也可靠内墙安装。

2 为了防止把散热器冻裂，在两道外门之间的门斗内不应设置散热器。

3 把散热器布置在楼梯间的底层，可以利用热压作用，使加热了的空气自行上升到楼梯间的上部补偿其耗热量，因此规定楼梯间的散热器应尽量布置在底层或按一定比例分配在下部各层。

5.3.8 散热器组装片数。

本条规定主要是考虑散热器组片连接强度及施工安装的限制要求。

5.3.9 散热器安装。

散热器暗装在罩内时，不但散热器的散热量会大幅度减少；而且，由于罩内空气温度远远高于室内空气温度，从而使罩内墙体的温差传热损失大大增加，应避免这种错误做法。实验证明：散热器外表面涂刷非金属性涂料时，其散热量比涂刷金属性涂料时能增加 10％左右。"特殊功能要求的建筑"指精神病院、法院审查室等。

5.3.10 散热器安装。强制性条文。

规定本条的目的，是为了保护儿童、老年人、特殊人群的安全健康，避免烫伤和碰伤。

5.3.11 散热器数量修正。

散热器的散热量是在特定条件下通过实验测定给出的，在实际工程应用中该值往往与测试条件下给出的有一定差别，为此设计时除应按不同的传热温差（散热器表面温度与室温之差）选用合适的传热系数外，还应考虑其连接方式、安装形式、组装片数、热水流量以及表面涂料等对散热量的影响。

散热器散热数量 n（片）可由下式计算，公式中的修正系数可由设计手册查得。

$$n = (Q_1/Q_s)\beta_1\beta_2\beta_3\beta_4 \quad (7)$$

式中：Q_1——房间的供暖热负荷（W）；

Q_s——散热器的单位（每片或每米长）散热量〔（W/片）或（W/m）〕；

β_1——柱形散热器（如铸铁柱形，柱翼形，钢制柱形等）的组装片数修正系数及扁管形、板形散热器长度修正系数；

β_2——散热器支管连接方式修正系数；

β_3——散热器安装形式修正系数；

β_4——进入散热器流量修正系数。

5.3.12 非保温管道散热器数量修正。

管道明设时，非保温管道的散热量有提高室温的作用，可补偿一部分耗热量，其值应通过明装管道外表面与室内空气的传热计算确定。管道暗设于管井、吊顶等处时，均应保温，可不考虑管道中水的冷却温降；对于直接埋设于墙内的不保温立、支管，散入室内的热量、无效热损失、水温降等较难准确计算，设计人可根据暗设管道长度等因素，适当考虑对散热器数量的影响。

5.3.13 同一房间的两组散热器的连接方式。

条文中的散热器连接方式一般称为"分组串接"，如图 2 所示。由于供暖房间的温控要求，各房间散热器均需独立与供暖立管连接，因此只允许同一房间的两组散热器采用"分组串接"。对于水平单管跨越式和双管系统，完全有条件每组散热器与水平供暖管道独立连接并分别控制，因此"分组串接"仅限于垂直单管和垂直双管系统采用。

采用"分组串接"的原因一般是房间热负荷过大，散热器片数过多，或为了散热器布置均匀，需分成两组进行施工安装，而单独设置立管或每组散热器单独与立管连接又有困难或不经济。

采用上下接口同侧连接方式时，为了保证距立管较远的散热器的散热量，散热器之间的连接管管径应尽可能大，使其相当于一组散热器，即采用带外螺纹的支管直接与散热器内螺纹接口连接。

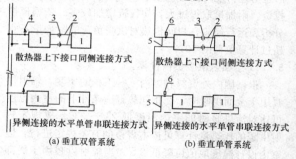

图 2 散热器连接方式示意图

1—散热器；2—连接管；3—活接头；4—高阻力温控阀；
5—跨越管；6—低阻力温控阀

5.4 热水辐射供暖

5.4.1 辐射供暖系统的供回水温度、温差及辐射体表面平均温度要求。

本条从对地面辐射供暖的安全、寿命和舒适考虑，规定供水温度不应超过 60℃。从舒适及节能考虑，地面供暖供水温度宜采用较低数值，国内外经验表明，35℃～45℃ 是比较合适的范围，故作此推荐。根据不同设置位置覆盖层热阻及遮挡因素，确定毛细管网供水温度。

根据国内外技术资料从人体舒适和安全角度考虑，对辐射供暖的辐射体表面平均温度作了具体规定。

对于人员经常停留的地面温度上限值规定，美国相关标准根据热舒适理论研究得出地面温度在 21℃～24℃时，不满意度低于 8%；欧洲相关设计标准规定地面温度上限为 29℃，日本相关研究表明，地面温度上限为 31℃ 时，从人体健康、舒适考虑，是可以接受的。考虑到生活习惯，本规范将人员经常停留地面的温度上限值规定为 29℃。

5.4.2 地表面平均温度校核。

地面的表面平均温度若高于表 5.4.1-2 的最高限值，会造成不舒适，此时应减少地面辐射供暖系统负担的热负荷，采取改善建筑热工性能或设置其他辅助供暖设备等措施，满足设计要求。《地面辐射供暖技术规程》JGJ 142-2004 的 3.4.5 条给出了校核地面的表面平均温度的近似公式。

5.4.3 绝热层、防潮层、隔离层。部分强制性条文。

为减少供暖地面的热损失，直接与室外空气接触的楼板、与不供暖房间相邻的地板，必须设置绝热层。与土壤接触的底层，应设置绝热层；当地面荷载特别大时，与土壤接触的底层的绝热层有可能承载力不够，考虑到土壤热阻相对楼板较大，散热量较小，可根据具体情况酌情处理。为保证绝热效果，规定绝热层与土壤间设置防潮层。对于潮湿房间，混凝土填充式供暖地面的填充层上，预制沟槽保温板或预制轻薄供暖板供暖地面的地面面层下设置隔离层，以防止水渗入。

5.4.4 毛细管网辐射系统方式选择。

毛细管网是近几年发展的新技术，根据工程实践经验和使用效果，确定了该系统不同情况的安装方式。

5.4.5 辐射供暖系统工作压力要求。

系统工作压力的高低，直接影响到塑料加热管的管壁厚度、使用寿命、耐热性能、价格等一系列因素，所以不宜定得太高。

5.4.6 热水地面辐射供暖所用的塑料加热管。强制性条文。

塑料管材的力学特性与钢管等金属管材有较大区别。钢管的使用寿命主要取决于腐蚀速度，使用温度对其影响不大。而塑料管材的使用寿命主要取决于不同使用温度和压力对管材的累计破坏作用。在不同的工作压力下，热作用使管壁承受环应力的能力逐渐下降，即发生管材的"蠕变"，以致不能满足使用压力要求而破坏。壁厚计算方法可参照现行国家有关塑料管的标准执行。

5.4.7 居住建筑热水辐射供暖系统划分。

居住建筑中按户划分系统，可以方便地实现按户热计量，各主要房间分环路布置加热管，则便于实现分室控制温度。

5.4.8 加热管敷设管间距。

地面散热量的计算，都是建立在加热管间距均匀布置的基础上的。实际上房间的热损失，主要发生在与室外空气邻接的部位，如外墙、外窗、外门等处。为了使室内温度分布尽可能均匀，在邻近这些部位的区域如靠近外窗、外墙处，管间距可以适当缩小，而在其他区域则可以将管间距适当放大。不过为了使地面温度分布不会有过大的差异，人员长期停留区域的最大间距不宜超过 300mm。最小间距要满足弯管施工条件，防止弯管挤扁。

5.4.9 分水器、集水器。

分水器、集水器总进、出水管内径一般不小于 25mm，当所带加热管为 8 个环路时，管内热媒流速可以保持不超过最大允许流速 0.8m/s。分水器、集水器环路过多，将导致分水器、集水器处管道过于密集。

5.4.10 旁通管。

旁通管的连接位置，应在总进水管的始端（阀门之前）和总出水管的末端（阀门之后）之间，保证对供暖管路系统冲洗时水不流进加热管。

5.4.11 热水吊顶辐射板供暖使用场所。

热水吊顶辐射板为金属辐射板的一种，可用于层高 3m～30m 的建筑物的全面供暖和局部区域或局部工作地点供暖，其使用范围很广泛，包括大型船坞、船舶、飞机和汽车的维修大厅、建材市场、购物中心、展览会场、多功能体育馆和娱乐大厅等许多场合。

5.4.12 热水吊顶辐射板供水要求。

热水吊顶辐射板的供水温度，宜采用 40℃～95℃ 的热水。既可用低温热水，也可用水温高达 95℃ 的高温热水。热水水质应符合国家现行标准的要求。

5.4.13 热水吊顶辐射板供暖屋顶保温规定。

当屋顶耗热量大于房间总耗热量的 30% 时，应提高屋顶保温措施，目的是为了减少屋顶散热量，增加房间有效供热量。

5.4.14 热水吊顶辐射板有效散热量。

热水吊顶辐射板倾斜安装时，辐射板的有效散热量会随着安装角度的不同而变化。设计时，应根据不同的安装角度，按表 5.4.14 对总散热量进行修正。

由于热水吊顶辐射板的散热量是在管道内流体处于紊流状态下进行测试的，为保证辐射板达到设计散热量，管内流量不得低于保证紊流状态的最小流量。如流量达不到所要求的最小流量，应乘以 1.18 的安全系数。

5.4.15 热水吊顶辐射板安装高度。

热水吊顶辐射板属于平面辐射体，辐射的范围局限于它所面对的半个空间，辐射的热量正比于开尔文温度的四次方，因此辐射体的表面温度对局部的热量分配起决定作用，影响到房间内各部分的热量分布。而采用高温辐射会引起室内温度的不均匀分布，使人体产生不舒适感。当然辐射板的安装位置和高度也同样影响着室内温度的分布。因此在供暖设计中，应对辐射板的最低安装高度以及在不同安装高度下辐射板内热媒的最高平均温度加以限制。条文中给出了采用热水吊顶辐射板供暖时，人体感到舒适的允许最高平均水温。这个温度值是依据辐射板表面温度计算出来的。对于在通道或附属建筑物内，人们仅短暂停留的区域，温度可适当提高。

5.4.16 热水吊顶辐射板与供暖系统连接方式。

热水吊顶辐射板可以并联或串联，同侧或异侧等多种连接方式接入供暖系统，可根据建筑物的具体情况确定管道最优布置方式，以保证系统各环路阻力平衡和辐射板表面温度均匀。对于较长、高大空间的最佳管线布置，可采用沿长度方向平行的内部板和外部板串联连接，热水同侧进出的连接方式，同时采用流量调节阀来平衡每块板的热水流量，使辐射达到最优分布。这种连接方式所需费用低，辐射照度分布均匀，但设计时应注意能满足各个方向的热膨胀。在屋架或横梁隔断的情况下，也可采用沿外墙长度方向平行的两个或多个辐射板串联成一排，各辐射板排之间并联连接，热水异侧进出的方式。

5.4.17 热水吊顶辐射板装置布置要求。

热水吊顶辐射板的布置对于优化供暖系统设计，保证室内人员活动区辐射照度的均匀分布是很关键的。通常吊顶辐射板的布置应与最长的外墙平行设置，如必要，也可垂直于外墙设置。沿墙设置的辐射板排规格应大于室中部设置的辐射板规格，这是由于供暖系统热负荷主要是由围护结构传热耗热量以及通过外门，外窗侵入或渗入的冷空气耗热量来决定的。因此为保证室内作业区辐射照度分布均匀，应考虑室内空间不同区域的不同热需求，如设置大规格的辐射板在外墙处来补偿外墙处的热损失。房间建筑结构尺寸同样也影响着吊顶辐射板的布置方式。房间高度较低时，宜采用较窄的辐射板，以避免过大的辐射照度；沿外墙布置辐射板且板排较长时，应注意预留长度方向热膨胀的余地。

5.5 电加热供暖

5.5.1 电加热供暖使用条件。强制性条文。

合理利用能源、节约能源、提高能源利用率是我国的基本国策。直接将燃煤发电生产出的高品位电能转换为低品位的热能进行供暖，能源利用效率低，是不合适的。由于我国地域广阔、不同地区能源资源差距较大，能源形式与种类也有很大不同，考虑到各地区的具体情况，在只有符合本条所指的特殊情况时方可采用。

5.5.2 电供暖散热器形式和性能要求。

电供暖散热器是一种固定安装在建筑物内，以电为能源，将电能直接转化成热能，并通过温度控制器实现对散热器供热控制的供暖散热设备。电供暖散热器按放热方式可以分为直接作用式和蓄热式；按传热类型可分为对流式和辐射式，其中对流式包括自然对流和强制对流两种；按安装方式又分为吊装式、壁挂式和落地式。在工程设计中，无论选用哪一种电供暖散热器，其形式和性能都能满足具体工程的使用要求和有关规定。

电供暖散热器的性能包括电气安全性能和热工性能。

1 电气安全性能主要有泄漏电流、电气强度、接地电阻、防潮等级、防触电保护等。具体要求如下：

1) 泄漏电流：在规定的试验额定电压下，测量电供暖散热器外露的金属部分与电源线之间的泄漏电流应不大于 0.75mA 或 0.75mA/kW。

2) 电气强度：在带电部分和非带电金属部分之间施加额定频率和规定的试验电压，持续时间 1min，应无击穿或闪络。见表 2。

表 2 不同试验项目所用电压

不同电压下的	试验电压（V）	
电供暖散热器	泄漏电流	电气强度
单相电供暖散热器	233	1250
三相电供暖散热器	233	1406

3) 接地电阻：电供暖散热器外露金属部分与接地端之间的绝缘电阻不大于 0.1Ω。

4) 防潮等级、防触电保护：不同的使用场所有不同的等级要求，最高在卫浴使用时要求达到 IP54 防护等级。

2 电供暖散热器热工性能指标主要有输入功率、表面温度和出风温度、升温时间、温度控制功能和蓄热性能等，其中蓄热性能是针对蓄热式电供暖散热器而言的。具体要求如下：

1) 输入功率：电供暖散热器出厂时要求标注功率大小，这个功率称为标称输入功率，但是产品在正常运行时，也有一个运行时的功率，称为实际输入功率，这两个功率有可能不相等。有的厂家为了抬高产品售价，恶意提高产品标称输入功率的值，对消费者造成损失，因此输入功率是衡量电供暖散热器能力大小的一个重要指标。

2) 表面温度和出风温度：是电供暖散热器使用过程中是否安全的指标，其最高温度要求对于人体可触及的安装状态，接触电供暖散热器表面或者出口格栅时对人体不产生烫伤或者灼伤，同时对于建筑物内材料不造成损害。

3）升温时间：是评判电供暖散热器响应时间的指标，电供暖散热器主要是通过对流和辐射对建筑物进行供暖的，只有其表面温度或者出风温度达到一定温度时才会起到维持房间温度的效果。一般升温时间指从接通电源到稳定运行时所用时间，通常稳定运行的概念是：电供暖散热器外表面或出气口格栅温度的温度变化不大于2℃，则可以认为已达到稳定运行。从节能和使用要求考虑，电供暖散热器升温时间越短，越有利。

4）温度控制功能：电供暖散热器要求具备温度控制功能，所安装的温度控制器对环境温度敏感，应能在一定范围内设定温度，用户可以根据需要进行温度的设定。通常规定温度设定范围是（5～30）℃。环境温度到达设定温度时，温度控制器应动作控制。要求有一定的控制精度。

5）蓄热性能：考察蓄热式电供暖散热器蓄热性能的基本指标是蓄热效率、蓄热量及蓄热和放热过程的控制问题。在进行电供暖工程设计时，应慎重选用蓄热式电供暖散热器。蓄热式电供暖散热器是利用低谷电价时蓄热，用电高峰时不消耗或者少消耗电能而实现对建筑物的供暖。蓄热式电供暖散热器是否真正有实际性的移峰填谷作用，应在三个方面落实：①蓄热、放热的控制要到位；②蓄热量的大小应能够保证散热器放热过程中所放出的热量满足建筑物的供暖需要；③蓄、放热时间满足峰谷电价时间的要求。只有控制好这三个方面的特性，蓄热式电供暖散热器才能真正发挥作用。

5.5.3　电热辐射供暖安装形式。

发热电缆供暖系统是由可加热电缆和传感器、温控器等构成，发热电缆具有接地体和工厂预制的电气接头，通常采用地板式，将电缆敷设于混凝土中，有直接供热及存储供热等两种系统形式；低温电热膜辐射供暖方式是以电热膜为发热体，大部分热量以辐射方式传入供暖区域，它是一种通电后能发热的半透明聚酯薄膜，由可导电的特制油墨、金属载流条经印刷、热压在两层绝缘聚酯薄膜之间制成的。电热膜通常没有接地体，且须在施工现场进行电气接地连接，电热膜通常布置在顶棚上，并以吊顶龙骨作为系统接地体，同时配以独立的温控装置。没有安全接地不应铺设于地面，以免漏电伤人。

5.5.4　电热辐射供暖加热元件要求。

本条文要求发热电缆辐射供暖和低温电热膜辐射供暖的加热元件及其表面温度符合国家有关产品标准要求。普通发热电缆参见国家标准《额定电压300/500V生活设施加热和防结冰用加热电缆》GB/T 20841-2007/IEC 60800：1992，低温电热膜辐射供暖参见标准《低温辐射电热膜》JG/T 286。

5.5.5　电供暖系统温控装置要求。强制性条文。

从节能角度考虑，要求不同电供暖系统应设置相应的温控装置。

5.5.6　发热电缆的线功率要求。

普通发热电缆的线功率基本是恒定的，热量不能散出来就会导致局部温度上升，成为安全隐患。国家标准《额定电压300/500V生活设施加热和防结冰用加热电缆》GB/T 20841-2007/IEC60800：1992规定，护套材料为聚氯乙烯的发热电缆，表面工作温度（电缆表面允许的最高连续温度）为70℃；《美国UL认证》规定，发热电缆表面工作温度不超过65℃。当面层采用塑料类材料（面层热阻$R=0.075m^2 \cdot K/W$）、混凝土填充层厚度35mm、聚苯乙烯泡沫塑料绝热层厚度20mm，发热电缆间距50mm，发热电缆表面温度70℃时，计算发热电缆的线功率为16.3W/m。因此，本条文作出了对发热电缆的线功率不宜超过17W/m的规定，以控制发热电缆表面温度，保证其使用寿命，并有利于地面温度均匀且不超出最高温度限制。发热电缆的线功率的选择，与敷设间距、面层热阻等因素密切相关，敷设间距越大，面层热阻越小，允许的发热电缆线功率也可适当加大；而当面层采用地毯等高热阻材料时，应选用更低线功率的发热电缆，以确保安全。

需要说明的是，17W/m的推荐限值，是在铺设间距50mm的情况下得出的。通常情况下，发热电缆铺设间距在50mm以上，但特殊情况下，受铺设面积的限制，实际工程中存在铺设间距为50mm的情况，故从确保安全的角度，作此规定。计算表明，上述同样条件下，如发热电缆间距控制在100mm，即使采用热阻更大的厚地毯面层，发热电缆线功率的限值也可以达到25W/m。因此，实际工程发热电缆的线功率的选择，应根据铺设间距、构造做法等综合考虑确定。

采用发热电缆地面辐射供暖时，尚应考虑到家具布置的影响，发热电缆的布置应尽可能避开家具特别是无腿家具的占压区域，以免因占压区域的热损失而影响供暖效果或因占压区域的局部温度过高而影响发热电缆的使用寿命。

在采用带龙骨的架空木板作为地面时，发热电缆裸敷在架空地板的龙骨之间，需要对发热电缆有更加严格的、安全的规定。借鉴国内外大量的工程实践经验，在龙骨之间宜敷设有利于发热电缆散热的金属板，且发热电缆的线功率不应大于10W/m。

5.5.7 电热膜辐射供暖的安装功率及其在顶棚上布置时的安装要求。

为了保证其安装后能满足房间的温度要求，并避免与顶棚上的电气、消防、空调等装置的安装位置发生冲突，而影响其使用效果和安全性，做出本条要求。

5.5.8 对安装于距地面高度180cm以下电供暖元器件的安全要求。强制性条文。

对电供暖装置的接地及漏电保护要求引自《民用电气设计规范》JGJ 16。安装于地面及距地面高度180cm以下的电供暖元件，存在误操作（如装修破坏、水浸等）导致的漏、触电事故的可能性，因此必须可靠接地并配置漏电保护装置。

5.6 燃气红外线辐射供暖

5.6.1 燃气红外线辐射供暖使用安全原则。强制性条文。

燃气红外线辐射供暖通常有炽热的表面，因此设置燃气红外线辐射供暖时，必须采取相应的防火和通风换气等安全措施。

燃烧器工作时，需对其供应一定比例的空气量，并放散二氧化碳和水蒸气等燃烧产物，当燃烧不完全时，还会生成一氧化碳。为保证燃烧所需的足够空气，避免水蒸气在围护结构内表面上凝结，必须具有一定的通风换气量。采用燃气红外线辐射供暖应符合国家现行有关燃气、防火规范的要求，以保证安全。相关规范包括《城镇燃气设计规范》GB 50028、《建筑设计防火规范》GB 50016、《高层民用建筑设计防火规范》GB 50045。

5.6.2 燃气红外线辐射供暖燃料要求。

制定此条为了防止因燃气成分改变、杂质超标和供气压力不足等引起供暖效果的降低。

5.6.3 燃气红外线辐射器的安装高度。

燃气红外线辐射器的表面温度较高，如其安装高度过低，人体所感受到的辐射照度将会超过人体舒适的要求。舒适度与很多因素有关，如供暖方式、环境温度及风速、空气含尘浓度及相对湿度、作业种类和辐射器的布置及安装方式等。当用于全面供暖时，既要保持一定的室温，又要求辐射照度均匀，保证人体的舒适度，为此，辐射器应安装得高一些；当用于局部区域供暖时，由于空气的对流，供暖区域的空气温度比全面供暖时要低，所要求的辐射照度比全面供暖大，为此辐射器应安装得低一些。由于影响舒适度的因素很多，安装高度仅是其中一个方面，因此本条只对安装高度作了不应低于3m的限制。

5.6.4 燃气红外线辐射器数量。

为了防止由于单侧辐射而引起人体部分受热、部分受凉的现象，造成不舒适感而规定。

5.6.5 全面辐射供暖系统布置散热量要求。

采用辐射供暖进行全面供暖时，不但要使人体感受到较理想的舒适度，而且要使整个房间的温度比较均匀。通常建筑四周外墙和外门的耗热量，一般不少于总热负荷的60%，适当增加该处辐射器的数量，对保持室温均匀有较好的效果。

5.6.6 燃气红外线辐射供暖系统空气量要求。强制性条文。

燃气红外线辐射供暖系统的燃烧器工作时，需其供应一定比例的空气量。当燃烧器每小时所需的空气量超过该房间0.5次/h换气时，应由室外供应空气，以避免房间内缺氧和燃烧器供应空气量不足而产生故障。

5.6.7 燃气红外线辐射供暖系统进风口要求。

燃气红外线辐射供暖当采用室外供应空气时，可根据具体情况采取自然进风或机械进风。

5.6.8 燃气红外线辐射供暖尾气排放要求及排风口的要求。

燃气燃烧后的尾气为二氧化碳和水蒸气。在农作物、蔬菜、花卉温室等特殊场合，采用燃气红外线辐射供暖时，允许其尾气排至室内。

5.6.9 燃气红外线辐射供暖系统控制。

当工作区发出火灾报警信号时，应自动关闭供暖系统，同时还应连锁关闭燃气系统入口处的总阀门，以保证安全。当采用机械进风时，为了保证燃烧器所需的空气量，通风机应与供暖系统连锁工作，并确保通风机不工作时，供暖系统不能开启。

5.7 户式燃气炉和户式空气源热泵供暖

5.7.1 户式供暖。

户式供暖如户式燃气炉、户式空气源热泵供暖系统，在日本、韩国、美国普遍应用，在我国寒冷地区也有应用。户式与集中燃气供暖相比，具有灵活、高效的特点，也可免去集中供暖管网损失及输送能耗。户式燃气炉的选择应采用质量好、效率高、维护方便的产品。目前，欧美发达国家普遍采用冷凝式的户式燃气炉，但价格较高，国内应用较少。

户式空气源热泵能效受室外温湿度影响较大，同时还需要考虑系统的除霜要求。

5.7.2 供暖热负荷。

由于分户供暖运行的灵活性及该设备的特点，设计时宜考虑不同地区生活习惯、建筑特点、间歇运行等因素，在5.2节负荷计算基础上进行附加。

5.7.3 户式燃气炉基本要求。强制性条文。

户式燃气炉使用出现过安全问题，采用全封闭式燃烧和平衡强制排烟的系统是确保安全运行的条件。

户式燃气炉包括户式壁挂燃气炉和户式落地燃气炉两类。

5.7.4 户式燃气炉供暖热媒温度要求。

户式燃气炉的排烟温度不宜过低。实践表明：户式燃气炉在低温热媒运行时烟气结露温度影响使用寿命和供暖效果。为了使燃气炉的出水温度不过低，宜通过混水的方式满足末端散热设备对供水温度调节的需求。

5.7.5 户式燃气炉排烟。

户式燃气炉运行会产生有害气体，因此，系统的排烟口应保持空气畅通加以稀释，并将排烟口远离人群和新风口，避免污染和影响室内空气质量。

5.7.6 户式空气源热泵系统供电及化霜水排放。

在供暖期间，为了保证热泵供暖系统的设备能够正常启动，压缩机应保持预热状态，因此热泵供暖系统必须持续供电。若与其他电气设备采用共用回路时，当关闭其他电气设备电源的同时，也将使得热泵供暖系统断电，从而无法保证压缩机的预热，故应将系统的供电回路与其他电气设备分开。

在供暖期间，当室外温度较低时，若热泵供暖系统长时间不使用，系统的水回路易发生冻裂现象，因此系统的水泵会不定期进行防冻保护运转，同样也需要持续供电。

热泵系统在供暖运行时会有除霜运转，产生化霜水，为了避免化霜水的无组织排放，对周边环境及邻里关系造成影响，应采取一定的措施，如在设备下方设置积水盘，收集化霜水后集中排放至地漏或建筑集中排水管。

5.7.7 末端散热设备。

户式燃气炉做热源时，末端设备可采用不同的供暖方式，散热器和地面供暖等末端设备都可以，设计人员可根据具体情况选择，但必须适应燃气炉的供回水温度及循环泵的扬程要求。

热泵供暖系统可根据供水温度分为低温型（出水温度≤55℃）及高温型（出水温度≤85℃）。需根据连接的具体末端形式的（如地面供暖、散热器等）供水温度要求，选择适宜的热泵供暖设备。

5.8 热空气幕

5.8.3 公共建筑热空气幕送风方式。

对于公共建筑推荐由上向下送风，是由于公共建筑的外门开启频繁，而且往往向内外两个方向开启，不便采用侧面送风，如采用由下向上送风，卫生条件又难以保证。

5.8.4 热空气幕送风温度。

高大外门指可通过汽车的大门。

5.8.5 热空气幕出口风速。

热空气幕出口风速的要求，主要是根据人体的感受、噪声对环境的影响、阻隔冷空气效果的实践经验，并参考国内外有关资料制定的。

5.9 供暖管道设计及水力计算

5.9.1 供暖管道材质要求。

近几年来，随着供暖系统热计量技术的不断完善和强制性的应用，供暖方式出现了多样化，同时也带来了供暖管道材质的多样化。目前，在供暖工程中，除了可选用焊接钢管、镀锌钢管外，还可选用热镀锌钢管、塑料管、有色金属管、金属和塑料复合管等管道。

金属管道的使用寿命主要与其工作压力有关，与工作温度关系不大，但塑料管道的使用寿命却与其工作压力和工作温度都密切相关。在一定工作温度下，随着工作压力的增大，塑料管道的寿命将缩短；在一定的工作压力下，随着工作温度的升高，塑料管道的使用寿命也将缩短。所以，对于采用塑料管道的辐射供暖系统，其热媒温度和系统工作压力不应定得过高。另外，长时间的光照作用也会缩短塑料管道的寿命。根据上述情况等因素，本条文作出了对供暖管道种类应根据其工作温度、工作压力、使用寿命、施工与环保性能等因素，经综合考虑和技术经济比较后确定的原则性规定。通常，室内外供暖干管宜选用焊接钢管、镀锌钢管或热镀锌钢管，室内明装支、立管宜选用镀锌钢管、热镀锌钢管、外敷铝保护层的铝合金衬 PB 管等，散热器供暖系统的室内埋地暗装供暖管道宜选用耐温较高的聚丁烯（PB）管、交联聚乙烯（PE-X）管等塑料管道或铝塑复合管（XPAP），地面辐射供暖系统的室内埋地暗装供暖管道宜选用耐热聚乙烯（PE-RT）管等塑料管道。另外，铜管也是一种适用于低温热水地面辐射供暖系统的有色金属加热管道，具有导热系数高、阻氧性能好、易于弯曲且符合绿色环保要求的特点，正逐渐为人们所接受。

本条文还规定了各种管道的质量，应符合国家现行有关产品标准的规定。其中，PE-X 管采用《冷热水用交联聚乙烯（PE-X）管道系统》GB/T 18992；PB 管采用《冷热水用聚丁烯（PB）管道系统》GB/T 19473；铝合金衬 PB 管采用《铝合金衬塑复合管材与管件》CJ/T 321；PE-RT 管采用《冷热水用耐热聚乙烯（PE-RT）管道系统》CJ/T 175；PP-R 管采用《冷热水用聚丙烯管道系统》GB/T 18742；XPAP 管采用《铝塑复合压力管》GB/T 18997；铜管采用《无缝铜水管和铜气管》GB/T 18033。

5.9.2 不同系统管道分开设置的规定。

条文中 1～4 款所列系统同散热器供暖系统比较，热媒参数、阻力特性、使用条件、使用时间等方面，不是完全一致的，需分开设置，通常宜在建筑物的热力入口处分开；当其他系统供热量需要单独计量时，也宜分开设置。

5.9.3 热水供暖系统热力入口装置的设置要求。

1 集中供暖系统应在热力入口处的供回水总管上分别设置关断阀、温度计、压力表，其目的主要是为了检修系统、调节温度及压力提供方便条件。

2 过滤器是保证管道配件及热量表等不堵塞、

不磨损的主要措施；旁通管是考虑系统运行维护需要设置的。热力入口设有热量表时，进入流量计前的回水管上应设置滤网规格不宜小于 60 目的过滤器，在供水管上一般应顺水流方向设两级过滤器，第一级为粗滤，滤网孔径不宜大于 3.0mm，第二级为精过滤器，滤网规格宜不小于 60 目。

3 静态水力平衡阀又叫水力平衡阀或平衡阀，具备开度显示、压差和流量测量、限定开度等功能。通过改变平衡阀的开度，使阀门的流动阻力发生相应变化来调节流量，能够实现设计要求的水力平衡，其调节性能一般包括接近线性线段和对数（等百分比）特性曲线线段。平衡阀除具有水力平衡功能外，还可取代一个热力入口处设置的用于检修系统的手动阀，起关断作用。

虽然通过安装静态水力平衡阀，能够较好地解决供热系统中各建筑物供暖系统间的静态水力失调问题，但是并非每个热力入口处都要安装，一定要根据水力平衡要求决定是否设置。

静态水力平衡阀既可安装在供水管上，也可安装在回水管上，但出于避免气蚀与噪声等的考虑，宜安装于回水管上。

除静态水力平衡阀外，也可根据水力平衡要求和建筑物内供暖系统的调节方式，选择自力式压差控制阀、自力式流量控制阀等装置。

4 为满足供热计量和收费的要求，促进供暖系统的节能和科学管理，除了多个热力入口设置一块共用的总热量表用于热量（费）结算的情况外，每个热力入口处均应单独设置一块热量结算表；考虑到回水管的水温较供水管低，有利于延长热量表的使用寿命，热量表宜设在回水管上。

为便于热计量和减少热力入口装置的投资，在满足供暖系统设计合理的前提下，应尽量减少单栋楼热力入口的数量。

5.9.4 供暖干管和立管等管道上阀门的设置。

在供暖管道上设置关闭和调节装置是为系统的调节和检修创造必要的条件。当有调节要求时，应设置调节阀，必要时还应同时设置关闭用的阀门；无调节要求时，只设置关闭用的阀门即可。

根据供暖系统的不同需要，应选择具备相应功能的阀门。用于维修时关闭的阀门，宜选用低阻力阀门，如闸阀、双偏心半球阀或蝶阀等；需承担调节及控制功能的阀门，应选用高阻力阀门，如截止阀、静态水力平衡阀、自力式压差控制阀等。

5.9.5 供暖管道热膨胀及补偿。强制性条文。

供暖系统的管道由于热媒温度变化而引起热膨胀，不但要考虑干管的热膨胀，也要考虑立管的热膨胀，这个问题必须重视。在可能的情况下，利用管道的自然弯曲补偿是简单易行的，如果自然补偿不能满足要求，则应根据不同情况通过计算选型设置补偿

器。对供暖管道进行热补偿与固定，一般应符合下列要求：

1 水平干管或总立管固定支架的布置，要保证分支干管接点处的最大位移量不大于 40mm；连接散热器的立管，要保证管道分支接点由管道伸缩引起的最大位移量不大于 20mm；无分支管接点的管段，间距要保证伸缩量不大于补偿器或自然补偿所能吸收的最大补偿率；

2 计算管道膨胀量时，管道的安装温度应按冬季环境温度考虑，一般可取 0℃～5℃；

3 供暖系统供回水管道应充分利用自然补偿的可能性；当利用管道的自然补偿不能满足要求时，应设置补偿器。采用自然补偿时，常用的有 L 形或 Z 形两种形式；采用补偿器时，要优先采用方形补偿器；

4 确定固定点的位置时，要考虑安装固定支架（与建筑物连接）的可行性；

5 垂直双管系统及跨越管与立管同轴的单管系统的散热器立管，当连接散热器立管的长度小于 20m 时，可在立管中间设固定卡；长度大于 20m 时，应采取补偿措施；

6 采用套筒补偿器或波纹管补偿器时，需设置导向支架；当管径大于等于 DN50 时，应进行固定支架的推力计算，验算支架的强度；

7 户内长度大于 10m 的供回水立管与水平干管相连接时，以及供回水支管与立管相连接处，应设置 2～3 个过渡弯头或弯管，避免采用 "T" 形直接连接。

5.9.6 供暖管道敷设坡度的规定。

本条文是考虑便于排除供暖管道中的空气，参考国外有关资料并结合具体情况制定的。当水流速度达到 0.25m/s 时，方能把管中空气裹挟走，使之不能浮升；因此，采用无坡敷设时，管内流速不得小于 0.25m/s。

5.9.7 关于供暖管道穿越建筑物的规定。

在布置供暖系统时，若必须穿过建筑物变形缝，应采取预防由于建筑物下沉而损坏管道的措施，如在管道穿过基础或墙体处理设大口径套管内填以弹性材料等。

5.9.8 供暖管道穿越建筑物墙防火墙的规定。

根据《建筑设计防火规范》GB 50016 的要求做了原则性规定。具体要求，可参照有关规范的规定。

规定本条的目的，是为了保持防火墙墙体的完整性，以防发生火灾时，烟气或火焰等通过管道穿墙处波及其他房间；另外，要求对穿墙或楼板处的管道与套管之间空隙进行封堵，除了能防止烟气或火焰蔓延外，还能起到防止房间之间串音的作用。

5.9.9 供暖管道与其他管道敷设的要求。

规定本条的目的，是为了防止表面温度较高的供暖管道，触发其他管道中燃点低的可燃液体、可燃气

体引起燃烧和爆炸，或其他管道中的腐蚀性气体腐蚀供暖管道。

5.9.10 室内供暖管道保温条件。

本条是基于使热媒保持一定参数、节能和防冻等因素制定的。根据国家新的节能政策，对每米管道保温后的允许热耗、保温材料的导热系数及保温厚度相对以及保护壳做法等都必须在原有基础上加以改善和提高，设计中要给予重视。

5.9.11 室内供暖系统各并联环路的水力平衡。

关于室内热水供暖系统各并联环路之间的压力损失差额不大于 15% 的规定，是基于保证供暖系统的运行效果，并参考国内外资料而规定的。一般可通过下列措施达到各并联环路之间的水力平衡：

1 环路布置应力求均匀对称，环路半径不宜过大，负担的立管数不宜过多。

2 应首先通过调整管径，使并联环路之间压力损失相对差额的计算值达到最小，管道的流速应尽力控制在经济流速及经济比摩阻下。

3 当调整管径不能满足要求时，可采取增大末端设备的阻力特性，或者根据供暖系统的形式在立管或支环路上设置适用的水力平衡装置等措施，如安装静态或自力式控制阀。

5.9.12 室内供暖系统总压力要求。

规定供暖系统计算压力损失的附加值采用 10%，是基于计算误差、施工误差及管道结垢等因素综合考虑的安全系数。

5.9.13 供暖管道中热媒最大允许流速规定。

关于供暖管道中的热媒最大允许流速，目前国内尚无专门的试验资料和统一规定，但设计中又很需要这方面的数据，因此，参考国外的有关资料并结合我国管材供应等的实际情况，作出了有关规定。

最大流速与推荐流速不同，它只在极少数公用管段中为消除剩余压力或为了计算平衡压力损失时使用，如果把最大允许流速规定的过小，则不易达到平衡要求，不但管径增大，还需要增加调压板等装置。前苏联在关于机械循环供暖系统中噪声的形成和水的极限流速的专门研究中得出的结论表明，适当提高热水供暖系统的热媒流速不致于产生明显的噪声，其他国家的研究结果也证实了这一点。

5.9.14 防止热水供暖系统竖向水力失调的规定。

规定本条是为了防止或减少热水在散热器和管道中冷却产生的重力水头而引起的系统竖向水力失调。当重力水头的作用高差大于 10m 时，并联环路之间的水力平衡，应按下式计算重力水头：

$$H = 2h(\rho_h - \rho_g)g/3 \qquad (8)$$

式中：H——重力水头（m）；
　　　h——计算环路散热器中心之间的高差（m）；
　　　ρ_g——设计供水温度下的密度（kg/m³）；
　　　ρ_h——设计回水温度下的密度（kg/m³）；

g——重力加速度（m/s²），$g = 9.81$m/s²。

5.9.15 供暖系统末端和始端管径的规定。

供暖系统供水（汽）干管末端和回水干管始端的管径，应在水力平衡计算的基础上确定。当计算管径小于 $DN20$ 时，为了避免管道堵塞等情况的发生，宜适当放大管径，一般不小于 $DN20$。当热媒为低压蒸汽时，蒸汽干管末端管径为 $DN20$ 偏小，参考有关资料规定低压蒸汽的供汽干管可适当放大。

5.9.18 高压蒸汽供暖系统的压力损失。

规定本条是为了保证系统各并联环路在设计流量下的压力平衡。过去，国内有的单位对蒸汽系统的计算不够仔细，供热干管单位摩阻选择偏大，供汽压力不稳定，严重影响供暖效果，常出现末端不热的现象，为此本条参考国内外有关资料规定，高压蒸汽供暖系统最不利环路的供汽管，其压力损失不应大于起始压力的 25%。

5.9.19 蒸汽供暖系统的凝结水回收方式。

蒸汽供暖系统的凝结水回收方式，目前设计上经常采用的有三种，即利用二次蒸汽的闭式满管回水；开式水箱自流或机械回水；地沟或架空敷设的余压回水。这几种回水方式在理论上都是可以应用的，但具体使用有一定的条件和范围。从调查来看，在高压蒸汽系统供汽压力比较正常的情况下，有条件时地利用二次蒸汽时，以闭式满管回水为好；低压蒸汽或供汽压力波动较大的高压蒸汽系统，一般采用开式水箱自流回水，当自流回水有困难时，则采用机械回水；余压回水设备简单，凝结水热量可集中利用，故在一般作用半径不大、凝结水量不多、用户分散的中小型厂区，应用的比较广泛。但是，应当特别注意两个问题，一是高压蒸汽的凝结水在管道的输送过程中不断汽化，加上疏水器的漏汽，余压凝结水管中是汽水两相流动，因此极易产生水击，严重的水击能破坏管件及设备；二是余压凝结水系统中有来自供汽压力相差较大的凝结水合流，在设计与管理不当时会相互干扰，以致使凝结水回流不畅，不能正常工作。凝结水回收方式，尚应符合国家现行《锅炉房设计规范》GB 50041 的要求。

5.9.20 对疏水器出入口凝结水管的要求。

在疏水器入口前的凝结水管中，由于汽水混流，如向上抬升，容易造成水击或因积水不易排除而导致供暖设备不热，故疏水器入口前的凝结水管不应向上抬升；疏水器出口端的凝结水管向上抬升的高度应根据剩余压力的大小经计算确定，但实践经验证明不宜大于 5m。

5.9.21 凝结水管的计算原则。

在蒸汽凝结水管内，由于通过疏水器后有二次蒸汽及疏水器本身漏汽存在，故自疏水器至回水箱之间的凝结水管段，应按汽水乳状体进行计算。

5.9.22 供暖系统的排气、泄水、排污和疏水装置。

热水和蒸汽供暖系统，根据不同情况设置必要的排气、泄水、排污和疏水装置，是为了保证系统的正常运行并为维护管理创造必要的条件。

不论是热水供暖还是蒸汽供暖，都必须妥善解决系统内空气的排除问题。通常的做法是：对于热水供暖系统，在有可能积存空气的高点（高于前后管段）排气，机械循环热水干管尽量抬头走，使空气与水同向流动；下行上给式系统，在最上层散热器上装排气阀，或作排气管；水平单管串联系统在每组散热器上装排气阀，如为上进上出式系统，在最后的散热器上装排气阀。对于蒸汽供暖系统，采用干式回水时，由凝结水管的末端（疏水器入口之前）集中排气；采用湿式回水时，如各立管装有排气管时，集中在排气管的末端排气，如无排气管时，则在散热器和蒸汽干管的末端设排气装置。

5.10 集中供暖系统热计量与室温调控

5.10.1 集中供热热量计量要求。强制性条文。

根据《中华人民共和国节约能源法》的规定，新建建筑和既有建筑的节能改造应当按照规定安装热计量装置。计量的目的是促进用户自主节能，室温调控是节能的必要手段。

供热企业和终端用户间的热量结算，应以热量表作为结算依据。用于结算的热量表应符合相关国家产品标准，且计量检定证书应在检定的有效期内。

5.10.2 热量计量装置设置及热计量改造。

热源、换热机房热量计量装置的流量、传感器应安装在一次管网的回水管上。因为高温水温差大、流量小、管径较小，可以节省计量设备投资；考虑到回水温度较低，建议热量测量装置安装在回水管路上。如果计量结算有具体要求，应按照需要选择计量位置。

用户热量分摊计量方式是在楼栋热力入口处（或换热机房）安装热量表计量总热量，再通过设置在住宅户内的测量记录装置，确定每个独立核算用户的用热量占总热量的比例，进而计算出用户的分摊热量，实现分户热计量。近几年供热计量技术发展很快，用户热分摊的方法较多，有的尚在试验当中。本文仅依据目前相关的标准规范，即《供热计量技术规程》JGJ 173 和《严寒和寒冷地区居住建筑节能设计标准》JGJ 26，列出了他们所提到的用户热分摊方法。《供热计量技术规程》JGJ 173 正文和条文说明中以及在条文说明中提出的用户热分摊方法有：散热器热分配计法、流量温度法、通断时间面积法和户用热量表法。

1 散热器热分配计法：适用于新建和改造的各种散热器供暖系统，特别适合室内垂直单管顺流式系统改造为垂直单管跨越式系统，该方法不适用于地面辐射供暖系统。散热器热分配计法只是分摊计算用热量，室内温度调节需安装散热器恒温控制阀。

散热器热分配计法是利用散热器热分配计所测量的每组散热器的散热量比例关系，来对建筑的总供热量进行分摊。热分配计有蒸发式、电子式及电子远传式三种，后两者是今后的发展趋势。

散热器热分配计法适用于新建和改造的散热器供暖系统，特别是对于既有供暖系统的热计量改造比较方便、灵活性强，不必将原有垂直系统改成按户分环的水平系统。

采用该方法时必须具备散热器与热分配计的热耦合修正系数，我国散热器型号种类繁多，国内检测该修正系数经验不足，需要加强这方面的研究。

关于散热器罩对热分配量的影响，实际上不仅是散热器热分配计法面对的问题，其他热分配法如流量温度分摊法、通断时间面积分摊法也面临同样的问题。

2 流量温度法：适用于垂直单管跨越式供暖系统和具有水平单管跨越式的共用立管分户循环供暖系统。该方法只是分摊计算用热量，室内温度调节需另安装调节装置。

流量温度法是基于流量比例基本不变的原理，即：对于垂直单管跨越式供暖系统，各个垂直单管与总立管的流量比例基本不变；对于在入户处有跨越管的共用立管分户循环供暖系统，每个入户和跨越管流量之和与共用立管流量比例基本不变，然后结合现场预先测出的流量比例系数和各分支三通前后温差，分摊建筑的总供热量。

由于该方法基于流量比例基本不变的原理，因此现场预先测出的流量比例系数准确性就非常重要，除应使用小型超声波流量计外，更要注意超声波流量计的现场正确安装与使用。

3 通断时间面积法：适用于共用立管分户循环供暖系统，该方法同时具有热量分摊和分户室温调节的功能，即室温调节时对户内各个房间室温作为一个整体统一调节而不实施对每个房间单独调节。

通断时间面积法是以每户的供暖系统通水时间为依据，分摊建筑的总供热量。

该方法适用于分户循环的水平串联式系统，也可用水平单管跨越式和地板辐射供暖系统。选用该分摊方法时，要注意散热设备选型与设计负荷要良好匹配，不能改变散热末端设备容量，户与户之间不能出现明显水力失调，不能在户内散热末端调节室温，以免改变户内环路阻力而影响热量的公平合理分摊。

4 户用热量表法：该系统由各户用热量表以及楼栋热量表组成。

户用热量表安装在每户供暖环路中，可以测量每个住户的供暖耗热量。热量表由流量传感器、温度传感器和计算器组成。根据流量传感器的形式，可将热量表分为：机械式热量表、超声波式热量表、电磁式热量表。机械式热量表的初投资相对较低，但流量传感器对轴承有严格要求，以防止长期运转由于磨损造成误差较大；对水质有一定要求，以防止流量计的转动部件被阻塞，影响仪表的正常工作。超声波热量表的初投资相对较高，流量测量精度高、压损小、不易堵塞，但流量计的管壁锈蚀程度、水中杂质含量、管道振动等因素将影响流量计的精度，有的超声波热量表需要直管段较长。电磁式热量表的初投资相对机械式热量表要高，但流量测量精度是热量表所用的流量传感器中最高的、压损小。电磁式热量表的流量计工作需要外部电源，而且必须水平安装，需要较长的直管段，这使得仪表的安装、拆卸和维护较为不便。

这种方法也需要对住户位置进行修正。它适用于分户独立式室内供暖系统及分户地面辐射供暖系统，但不适合用于采用传统垂直系统的既有建筑的改造。

在采用上述不同方法时，对于既有供暖系统，局部进行温室调控和热计量改造工作时，要注意系统改造时是否增加了阻力，是否会造成水力失调及系统压头不足，为此需要进行水力平衡及系统压头的校核，考虑增设加压泵或者重新进行平衡调试。

总之，随着技术进步和热计量工程的推广，还会有新的热计量方法出现，国家和行业鼓励这些技术创新，以在工程实践中进一步完善后，再加以补充和修订。

5.10.3 热量表选型及安装要求。

本条文规定对用于热量结算的热源、换热机房及楼栋热量表，以及用于户间热量分摊的户用热量表的选型，不能简单地按照管道直径直接选用，而应根据系统的设计流量的一定比例对应热量表的公称流量确定。

供暖回水管的水温较供水管的低，流量传感器安装在回水管上所处环境温度也较低，有利于延长电池寿命和改善仪表使用工况。曾经一度有观点提出热量表安装在供水上能够测量防止用户偷水，其实不然，热量表无论是装在供水管上还是回水管上都不能防止偷水现象。热量表装在供水管上既不能测出偷水量，也不能挽回多少偷水损失，还令热量表的工作环境变得恶劣。

5.10.4 供暖系统室温调控及恒温控制阀选用和设置要求。

当采用没有设置预设阻力功能的恒温控制阀时，双管系统如果超过5层将会有较大的垂直失调，因此，在这里提出对于超过5层的垂直双管系统，宜采用带有预设阻力功能的恒温控制阀。

5.10.5 低温热水地面辐射供暖系统室内温度控制方法。

室温可控是分户热计量，实现节能，保证室内热舒适要求的必要条件。也有将温度传感器设在总回水处感知回水温度间接控制室温的做法，控制系统比较简单；但地面被遮盖等情况也会使回水温度升高，同时回水温度为各支路回水混合后的总体反映，因此回水温度不能直接和正确反映室温，会形成室温较高的假象，控制相对不准确；因此推荐将室温控制器设在被控温的房间或区域内，以房间温度作为控制依据。对于不能感受到所在区域的空气温度，如一些开敞大堂中部，可采用地面温度作为控制依据。室温控制器应设在附近无散热体、周围无遮挡物、不受风直吹、不受阳光直晒、通风干燥、周围无热源体、能正确反映室内温度的位置，不宜设在外墙上，设置高度宜距地面1.2m～1.5m。地温传感器所在位置不应有家具，地毯等覆盖或遮挡，宜布置在人员经常停留的位置，且在两个管道之间。

热电式控制阀（以下简称热电阀）是依靠驱动器内被电加热的温包膨胀产生的推力推动阀杆关闭流道，信号来源于室内温控器。热电阀相对于空调系统风机盘管常采用的电动两通阀，其流通能力更适合于小流量的地面供暖系统使用，且具有噪声小、体积小、耗电量小、使用寿命长、设置较方便等优点，因此在以住宅为主的地面供暖系统中推荐使用，分环路控制和总体控制都可以使用。

分环路且拟采用内置温包型自力式恒温控制阀控制时，可将各环路加热管在房间内从地面引至墙面一定高度安装恒温阀，安装恒温阀的局部高点处应有排气装置。如直接安装在分水器进口总管上，内置温包的恒温阀头感受的是分水器处的较高温度，很难感知室温变化，一般不予采用。

对需要温度信号远传的调节阀，也可以采用远程调控式自力式温度控制阀，但由于分环路控制时需要的硬质远传管道较长难以实现，一般仅在区域总体控制时使用，将温控器设在分、集水器附近的室内墙面，但通常远程式自力式温度控制器关闭压差较小，需核定关闭压差的大小，必要时需采用自力式压差阀保证其正常动作。

5.10.6 热计量供暖系统相关要求。

变流量系统能够大量节省水泵耗电，目前应用越来越广泛。在变流量系统的末端（热力入口）采用自力式流量控制阀（定流量阀）是不妥的。当系统根据气候负荷改变循环流量时，我们要求所有末端按照设计要求分配流量，而彼此间的比例维持不变，这个要求需要通过静态水力平衡阀来实现；当用户室内恒温阀进行调节改变末端工况时，自力式流量控制阀具有定流量特性，对改变工况的用户作用相抵触；对未改变工况的用户能够起到保证流量不变的作用，但是未变工况用户的流量变化不是改变工况用户"排挤"过来的，而主要是受水泵扬程变化的影响，如果水泵扬程有控制，这个"排挤"影响是较小的，所以对于变流量系统，不应采用自力式流量控制阀。

水力平衡调节、压差控制和流量控制的目的都是为了控制室温不会过高，而且还可以调低，这些功能都由末端温控装置来实现。只要保证了恒温阀（或其他温控装置）不会产生噪声，压差波动一些也没有关系，因此应通过计算压差变化幅度选择自力式压差控制阀，计算的依据就是保证恒温阀的阀权以及在关闭过程中的压差不会产生噪声。

6 通 风

6.1 一 般 规 定

6.1.1 设置通风的条件及原则。

建筑通风的目的，是为了防止大量热、蒸汽或有害物质向人员活动区散发，防止有害物质对环境及建筑物的污染和破坏。大量余热余湿及有害物质的控制，应以预防为主，需要各专业协调配合综合治理才能实现。当采用通风处理余热余湿可以满足要求时，应优先使用通风措施，可以极大降低空气处理的能耗。

6.1.2 对有害物质排放的要求。

某些建筑，如科研和教学试验用房、设备用房等在使用和存储过程中会放散大量的热、蒸汽、粉尘甚至有毒气体等，又如餐饮建筑的厨房，在排风中会含有大量油烟，如果不采取治理措施，会直接危害操作工作人员的身体健康，还会污染建筑周围的自然环境，影响周边居民或办公人员的健康。因此，必须采取综合有效的预防、治理和控制措施。对于餐饮建筑的油烟排除的标准及处理措施，应符合餐饮业的油烟排放的规定，参见本章第6.3.5条文说明。

6.1.3 通风方式的选择。

本条是考虑节能要求，自然通风主要通过合理适度地改变建筑形式，利用热压和风压作用形成有组织气流，满足室内要求、减少通风能耗。在设计时应充分考虑自然通风的利用。在夏季，应尽量采用自然通风；在冬季，当室外空气直接进入室内不致形成雾气和在围护结构内表面不致产生凝结水时，也应考虑采用自然通风。采用自然通风时，应考虑当地室外气象参数的限制条件。

《环境空气质量标准》GB 3095 按不同环境空气质量功能区给出了对应的空气质量标准，《社会生活环境噪声排放标准》GB 22337 也按建筑所处不同声环境功能区给出了噪声排放限值。对于空气污染和噪声污染比较严重的地区，即未达到《环境空气质量标准》GB 3095 和《社会生活环境噪声排放标准》GB 22337 的地区，直接的自然通风会将室外污浊的空气和噪声带入室内，不利于人体健康。因此，可以采用机械辅助式自然通风，通过一定空气处理手段机械送风，自然排风。

6.1.4 室内人员卫生及健康要求。

规定本条是为了使住宅、办公室、餐厅等建筑的房间能够达到室内空气质量的要求。无论是供暖房间还是分散式空调房间，都应具备通风条件，满足人员对新风的需求。

6.1.5 全面通风与局部排风的配合。

对于有散发热、蒸汽或有害物质的房间，为了不使产生的散发热、蒸汽或有害物质在室内扩散，在散发处设置自然或机械的局部排风，予以就地排除，是经济有效的措施。但是，有时由于受工艺布置及操作等条件限制，不能设置局部排风，或者采用了局部排风，仍然有部分有害物质扩散在室内，在有害物质的浓度有可能超过国家标准时，则应辅以自然的或机械的全面通风，或者采用自然的或机械的全面通风。

6.1.6 排风系统的划分原则。强制性条文。

1 防止不同种类和性质的有害物质混合后引起燃烧或爆炸事故。

2 避免形成毒性更大的混合物或化合物，对人体造成的危害或腐蚀设备及管道。

3 防止或减缓蒸汽在风管中凝结聚积粉尘，增加风管阻力甚至堵塞风管，影响通风系统的正常运行。

4 避免剧毒物质通过排风管道及风口窜入其他房间，如把散发铅蒸汽、汞蒸汽、氰化物和砷化氢等剧毒气体的排风与其他房间的排风划为同一系统，系统停止运行时，剧毒气体可能通过风管窜入其他房间。

5 根据《建筑设计防火规范》GB 50016 和《高层民用建筑设计防火规范》GB 50045 的规定，建筑中存有容易起火或爆炸危险物质的房间（如放映室、药品库等），所设置的排风装置应是独立的系统，以免使其中容易起火或爆炸的物质窜入其他房间，防止火灾蔓延，否则会招致严重后果。

6 避免病菌通过排风管道及风口窜入其他房间。

由于建筑物种类繁多，具体情况颇为繁杂，条文中难以做出明确的规定，设计时应根据不同情况妥善处理。

6.1.7 室内气流组织。

规定本条是为了避免或减轻大量余热、余湿或有害物质对卫生条件较好的人员活动区的影响，提高排污效率。

送风气流首先应送入污染较小的区域，再进入污染较大的区域。同时应该注意送风系统不应破坏排风系统的正常工作。当送风系统补偿供暖房间的机械排风时，送风可送至走廊或较清洁的邻室、工作部位，送风量应通过房间风平衡计算确定。当室内污染源的位置或特性发生变化时，有条件的通风系统可以设置不同形式的通风策略，根据工况变化切换到对应的高效气流组织形式，达到迅速排污的目的。

室内污染物的特性，如污染气体的密度、颗粒物的粒径等与气流组织的排污效率关系密切，如较轻的污染物有上浮的趋势，较重的污染物有下沉的趋势，根据污染物的特性有针对性地进行气流组织的设计才能保证有效排污。另一方面，在保证有效排除污染物的前提下，好的气流组织设计所需的通风量较少，能耗较低。

6.1.8 防疫相关的通风组织原则。

组织良好的通风对通过空气传播的疾病，具有很好的控制作用。为避免类似 SARS、H1N1 流感等病毒通过通风系统传播，在设计通风系统时，应使通风系统具备在疾病流行期间避免不同房间的空气掺混的功能，避免疾病通过通风系统从一个房间传播到其他房间；或使通风系统具备此功能的运行模式，在以空气传播为途径的疾病流行期间可切换到相应通风模式下运行。

6.1.9 全面通风量的确定方法。

各设计单位可参考不同类型建筑的设计标准、设计技术规定、技术措施等，确定不同类型建筑及房间的换气次数。

6.1.10 全面通风量的确定。

一般的建筑进行通风的目的是消除余热、余湿和污染物，所以要选取其中的最大值，并且要对使用人员的卫生标准是否满足进行校核。国家现行相关标准《工业企业设计卫生标准》GBZ 1 对多种有害物质同时放散于建筑物内时的全面通风量确定已有规定，可参照执行。

消除余热所需要的全面通风量：

$$G_1 = 3600 \frac{Q}{c(t_p - t_j)} \tag{9}$$

消除余湿所需要的全面通风量：

$$G_2 = \frac{G_{sh}}{d_p - d_j} \tag{10}$$

稀释有害物质所需要的全面通风量：

$$G_3 = \frac{\rho M}{c_y - c_j} \tag{11}$$

式中：G_1——消除余热所需要的全面通风量（kg/h）；

t_p——排出空气的温度（℃）；

t_j——进入空气的温度（℃）；

Q——总余热量（kW）；

c——空气的比热 [1.01kJ/（kg·K）]；

G_2——消除余湿所需要的全面通风量（kg/h）；

G_{sh}——余湿量（g/h）；

d_p——排出空气的含湿量（g/kg）；

d_j——进入空气的含湿量（g/kg）；

G_3——稀释有害污染物所需要的全面通风量（kg/h）；

ρ——空气密度（kg/m³）；

M——室内有害物质的散发强度（mg/h）；

c_y——室内空气中有害物质的最高允许浓度（mg/m³）；

c_j——进入的空气中有害物质的浓度（mg/m³）。

6.1.11 高层和多层建筑通风系统设计的防火要求。

近二十年来，在我国各大中城市及某些经济开发区的建设中，兴建了许多高层和多层建筑，其中包括居住、办公类建筑和大型公共建筑。在某些建筑中，由于执行标准规范不力和管理不妥等原因，仍缺乏必要的或有效的防烟、排烟系统，及其他相应的安全、消防设施。一旦发生火灾事故，就会影响楼内人员安全、迅速地进行疏散，也会给消防人员进入室内灭火造成困难。所以设计时必须予以充分重视。在国家现行《高层民用建筑设计防火规范》GB 50045 中，对防烟楼梯间及其前室、合用前室、消防电梯间前室以及中庭、走道、房间等的防烟、排烟设计，已作了具体规定。多年来，国内在这方面也逐渐积累了比较好的设计经验。鉴于各设计部门对防排烟系统的设计，大都安排本专业人员会同各有关专业配合进行，为此在本条中予以提及，并指出设计中应执行国家现行《高层民用建筑设计防火规范》GB 50045 和《建筑设计防火规范》GB 50016 的有关规定。人防工程的防排烟按《人民防空工程设计防火规范》GB 50098执行。

6.2 自 然 通 风

6.2.1 建筑及其周围微环境优化设计要求。

利用自然通风的建筑，在设计时宜利用 CFD 数值模拟（另见 6.2.7 条文说明）方法，对建筑周围微环境进行预测，使建筑物的平面设计有利于自然通风。

1 建筑的朝向要求。在设计自然通风的建筑时，应考虑建筑周围微环境条件。某些地区室外通风计算温度较高，因为室温的限制，热压作用就会有所减小。为此，在确定该地区大空间高温建筑的朝向时，应考虑利用夏季最多风向来增加自然通风的风压作用以及对建筑形成穿堂风。因此要求建筑的迎风面与最多风向成 60°～90°角。同时，因春秋季往往时间较长，应充分利用春秋季自然通风。

2 建筑平面布置要求。错列式、斜列式平面布置形式相比行列式、周边式平面布置形式等有利于自然通风。

6.2.2 自然通风进排风口或窗扇的选择。

为了提高自然通风的效果，应采用流量系数较大的进排风口或窗扇，如在工程设计中常采用的性能较好的门、洞、平开窗、上悬窗、中悬窗及隔板或垂直转动窗、板等。

供自然通风用的进排风口或窗扇，一般随季节的变换要进行调节。对于不便于人员开关或需要经常调节的进排风口或窗扇，应考虑设置机械开关装置，否则自然通风效果将不能达到设计要求。总之，设计或选用的机械开关装置，应便于维护管理并能防止锈蚀失灵，且有足够的构件强度。

严寒寒冷地区的自然通风进排风口，不使用期间应可有效关闭并具有良好的保温性能。

6.2.3 进风口的位置。

夏季由于室内外形成的热压小，为保证足够的进风量，消除余热、提高通风效率，应使室外新鲜空气直接进入人员活动区。自然进风口的位置应尽可能低。参考国内外有关资料，本条将夏季自然通风进风口的下缘距室内地坪的上限定为 1.2m。参考美国 ASHRAE 标准，自然通风口应远离已知的污染源，如烟囱、排风口、排风罩等 3m 以上。冬季为防止冷空气吹向人员活动区，进风口下缘不宜低于 4m，冷空气经上部侧窗进入，当其下降至工作地点时，已经过了一段混合加热过程，这样就不致使工作区过冷。如进风口下缘低于 4m，则应采取防止冷风吹向人员活动区的措施。

6.2.4 自然通风房间通风开口的要求。

目前国内外标准中对此规定大体一致，但具体数值有所不同。国家标准《民用建筑设计通则》GB 50352-2005 第 7.2.2 条：生活、工作的房间的通风开口有效面积不应小于该房间地板面积的 1/20；厨房的通风开口有效面积不应小于该房间地板面积的 1/10，并不得小于 0.60m²。美国 ASHRAE 标准 62.1 也有类似规定，即自然通风房间可开启外窗净面积不得小于房间地板面积的 4%，建筑内区房间若通过邻接房间进行自然通风，其通风开口面积应大于该房间净面积的 8%，且不应小于 2.3m²。

6.2.5 自然通风策略确定。

在确定自然通风方案之前，必须收集目标地区的气象参数，进行气候潜力分析。自然通风潜力指仅依靠自然通风就可满足室内空气品质及热舒适要求的潜力。现有的自然通风潜力分析方法主要有经验分析法、多标准评估法、气候适应性评估法及有效压差分析法等。然后，根据潜力可定出相应的气候策略，即风压、热压的选择及相应的措施。

因为 28℃ 以上的空气难以降温至舒适范围，室外风速 3.0m/s 会引起纸张飞扬，所以对于室内无大功率热源的建筑，"风压通风"的通风利用条件宜采取气温 20℃～28℃，风速 0.1m/s～3.0m/s，湿度 40%～90% 的范围。由于 12℃ 以下室外气流难以直接利用，"热压通风"的通风条件宜设定为气温 12℃～20℃，风速 0～3.0m/s，湿度不设限。

根据我国气候区域特点，中纬度的温暖气候区、温和气候区、寒冷地区，更适合采用中庭、通风塔等热压通风设计，而热湿气候区、干热地区更适合采用穿堂风等风压通风设计。

6.2.6 风压与热压是形成自然通风的两种动力方式。

风压是空气流动受到阻挡时产生的静压，其作用效果与建筑物的形状等有关；热压是气温不同产生的压力差，它会使室内热空气上升逸散到室外；建筑物的通风效果往往是这两种方式综合作用的结果，均应考虑。若建筑层数较少，高度较低，考虑建筑周围风速通常较小且不稳定，可不考虑风压作用。

同时考虑热压及风压作用的自然通风量，宜按计算流体动力学（CFD）数值模拟（另见 6.2.7 条文说明）方法确定。

6.2.7 热压通风的计算。

热压通风的简化计算方法如下：

$$G = 3600 \frac{Q}{c(t_p - t_{wf})} \qquad (12)$$

式中：G——热压作用的通风量（kg/h）；

Q——室内的全部余热（kW）；

c——空气比热 [1.01kJ/（kg·K）]；

t_p——排风温度（℃）；

t_{wf}——夏季通风室外计算温度（℃）。

以上计算方法是在下列简化条件下进行的：

1）空气在流动过程中是稳定的；

2）整个房间的空气温度等于房间的平均温度；

3）房间内空气流动的路途上，没有任何障碍物；

4）只考虑进风口进入的空气量。

多区域网络法是从宏观角度对建筑通风进行分析，把整个建筑物作为系统，其中每个房间作为一个区（或网络节点），认为各个区内空气具有恒定的温度、压力和污染物浓度，利用质量、能量守恒等方程计算风压和热压作用下通风量，常用软件有 COMIS、CONTAM、BREEZE、NatVent、PASSPORT Plus 及 AIOLOS 等。

相对于网络法，CFD 模拟是从微观角度，针对某一区域或房间，利用质量、能量及动量守恒等基本方程对流场模型求解，分析空气流动状况，常用软件有 FLUENT、AirPak、PHOENICS 及 STAR-CD 等。

6.2.8 风压作用的通风量确定原则。

建筑物周围的风压分布与该建筑的几何形状和室外风向有关。风向一定时，建筑物外围结构上某一点的风压值 p_f 也可根据下式计算：

$$p_f = k \frac{v_w^2}{2} \rho_w \qquad (13)$$

式中：p_f——风压（Pa）；

k——空气动力系数；

v_w——室外空气流速（m/s）；

ρ_w——室外空气密度（kg/m³）。

此外，从地球表面到约 500m～1000m 高的空气层为大气边界层，其厚度主要取决于地表的粗糙度，不同地区因地形特征不同，使得地表的粗糙度不同，因此边界层厚度不同，在平原地区边界层薄，在城市和山区边界层厚。边界层内部风速沿垂直方向存在梯度，即梯度风，其形成的原因是下垫面对气流的摩擦作用。在摩擦力作用下，贴近地面处的风速接近零，沿高度方向因地面摩擦力的作用越来越小而风速递增，到达一定高度之后风速达到最大值而不再增加，该高度成为边界层高度。由于大气边界层及梯度风作用对室外空气流场的影响非常显著，因而在进行计算流体动力学（CFD）数值模拟时，应充分考虑当地风环境的影响，以建立更合理的边界条件。

通常室外风速按基准高度室外最多风向的平均风速确定。所谓基准高度是指气象学中观测地面风向和风速的标准高度。该高度的确定，既要能反映本地区较大范围内的气象特点，避免局部地形和环境的影响，又要考虑到观测的可操作性。《地面气象观测规范 第7部分：风向和风速观测》QX/T 51-2007中规定，该高度应距地面10m。

6.2.9 自然通风强化措施。

1 捕风装置是一种自然风捕集装置，是利用对自然风的阻挡在捕风装置迎风面形成正压、背风面形成负压，与室内的压力形成一定的压力梯度，将新鲜空气引入室内，并将室内的浑浊空气抽吸出来，从而加强自然通风换气的能力。为保持捕风系统的通风效果，捕风装置内部用隔板将其分为两个或四个垂直风道，每个风道随外界风向改变气流充当送风口或排风口。捕风装置可以适用于大部分的气候条件，即使在风速比较小的情况下也可以成功地将大部分经过捕风装置的自然风导入室内。捕风装置一般安装在建筑物的顶部，其通风口位于建筑上部2m～20m的位置，四个风道捕风装置的原理如图3所示。

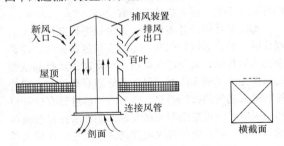

图3 捕风装置的一般结构形式和通风原理图

2 无动力风帽是通过自身叶轮的旋转，将任何平行方向的空气流动，加速并转变为由下而上垂直的空气流动，从而将下方建筑物内的污浊气体吸上来并排出，以提高室内通风换气效果的一种装置。该装置不需要电力驱动，可长期运转且噪声较低，在国外已使用多年，在国内也开始大量使用。

3 太阳能诱导通风方式依靠太阳辐射给建筑结构的一部分加热，从而产生大的温差，比传统的由内外温差引起流动的浮升力驱动的策略获得更大的风量，从而能够更有效地实现自然通风。典型的三类太阳能诱导方式为：特伦布（Trombe）墙、太阳能烟囱、太阳能屋顶。

6.3 机械通风

6.3.1 机械送风系统进风口的位置。

关于机械送风系统进风口位置的规定，是根据国内外有关资料，并结合国内的实践经验制定的。其基本点为：

1 为了使送入室内的空气免受外界环境的不良影响而保持清洁，因此规定把进风口布置在室外空气较清洁的地点。

2 为了防止排风（特别是散发有害物质的排风）对进风的污染，进、排风口的相对位置，应遵循避免短路的原则；进风口宜低于排风口3m以上，当进排风口在同一高度时，宜在不同方向设置，且水平距离一般不宜小于10m。用于改善室内舒适度的通风系统可根据排风中污染物的特征、浓度，通过计算适当减少排风口与新风口距离。

3 为了防止送风系统把进风口附近的灰尘、碎屑等扬起并吸入，故规定进风口下缘距室外地坪不宜小于2m，同时还规定当布置在绿化地带时，不宜小于1m。

6.3.2 全面排风系统吸风口的布置要求。强制性条文。

规定建筑物全面排风系统吸风口的位置，在不同情况下应有不同的设计要求，目的是为了保证有效地排除室内余热、余湿及各种有害物质。对于由于建筑结构造成的有爆炸危险气体排出的死角，例如产生氢气的房间，会出现由于顶棚内无法设置吸风口而聚集一定浓度的氢气发生爆炸的情况。在结构允许的情况下，在结构梁上设置连通管进行导流排气，以避免事故发生。

6.3.4 住宅通风规定。

1 由于人们对住宅的空气品质的要求提高，而室外气候条件恶劣、噪声等因素限制了自然通风的应用，国内外逐渐增加了机械通风在住宅中的应用。但当前住宅机械通风系统的发展还存在如下局限：

1）室内通风量的确定，国家标准中只对单人需要新风量提出要求，而对于人数不确定的房间如何确定其通风量没有提及，也缺乏相应的测试和模拟分析。

2）系统形式的研究，国内对于住宅通风系统还没有明确分类，也缺乏相应的实际工程对不同系统形式进行比较。对于房间内排风和送风方式对室内污染物和空气流场的影响，缺乏相应的分析。

3）对于不同系统在不同气候条件下的运行和

控制策略缺乏探讨。

4）住宅通风类产品还有待增加和改善。

住宅内的通风换气应首先考虑采用自然通风，但在无自然通风条件或自然通风不能满足卫生要求的情况下，应设机械通风或自然通风与机械通风结合的复合通风系统。"不能满足室内卫生条件"是指室内有害物浓度超标，影响人的舒适和健康。应使气流从较清洁的房间流向污染较严重的房间，因此使室外新鲜空气首先进入起居室、卧室等人员主要活动、休息场所，然后从厨房、卫生间排到室外，是较为理想的通风路径。

2 住宅厨房及无外窗卫生间污染源较集中，应采用机械排风系统，设计时应预留机械排风系统开口。

3 为保证有效的排气，应有足够的进风通道，当厨房和卫生间的外窗关闭或暗卫生间无外窗时，需通过门进风，应在下部设置有效截面积不小于 $0.02m^2$ 的固定百叶，或距地面留出不小于 30mm 的缝隙。厨房排油烟机的排气量一般为 $300m^3/h\sim500m^3/h$，有效进风截面积不小于 $0.02m^2$，相当于进风风速 $4m/s\sim7m/s$，由于排油烟机有较大压头，换气次数基本可以满足 3 次/h 要求。卫生间排风机的排气量一般为 $80m^3/h\sim100m^3/h$，虽然压头较小，但换气次数也可以满足要求。

4 住宅建筑竖向排风道应具有防火、防倒灌的功能。顶部应设置防止室外风倒灌装置。排风道设置位置和安装应符合《住宅厨房排风道》JG/T 3044 要求，排风道设计宜采用简化设计计算方法或软件设计计算方法。不需重复加止回阀。排风道设计建议：

1）竖向集中排油烟系统宜采用简单的单孔烟道，在烟道上用户排油烟机软管接入口处安装可靠的逆止阀，逆止阀材料应防火。

2）排风道设计过程一般为：先假定一个烟道内截面尺寸，计算流动总阻力，再根据排油烟机性能曲线校核是否能满足要求；若不满足，则修正烟道内截面尺寸，直至满足要求为止。

3）排风道阻力计算可以采用简化计算方法，设计计算时可以采用总局部阻力等于总沿程阻力的方法，即总流动阻力两倍于总沿程阻力。其中沿程阻力计算公式为：

$$P_m = \alpha \left[(n-1)l \cdot \frac{R_{mp}}{2} + (N-n+1)l \cdot R_{mp} \right]$$
(14)

式中：P_m——排烟道总沿程阻力损失（Pa）；
α——修正系数，$\alpha = 0.84 \sim 0.88$；
n——同时开机的用户数；
l——建筑层高（m）；
R_{mp}——对应于系统总排风量的烟道比摩阻

（Pa/m）；
N——住宅总层数。

4）竖向烟道内截面尺寸选取依据：在一定的同时开机率、一定的用户排油烟机性能下，确定满足最不利用户（最底层）一定排风量时的最小烟道截面尺寸，或先假设烟道气体流速并采用下列计算公式计算排风道的尺寸。

排风道截面总风量计算公式为：

$$Q = \sum_{j=1}^{m} \left(c_j \sum_{i=1}^{n} q_i \right)$$
(15)

式中：Q——总风量（m^3/s）；
c_j——同时使用系数，$c_j = 0.4 \sim 0.6$；
q_i——一户的排风量（m^3/s）；
n——1～6 层住户数；
m——同时使用系数的数量。

排风道截面积计算公式为：

$$F = \frac{Q}{V}$$
(16)

式中：F——排风道截面积（m^2）；
V——为排风道内气体流速（m/s）。

6.3.5 公共厨房通风规定

1 公共厨房通风的设置原则

发热量大且散发大量油烟和蒸汽的厨房设备指炉灶、洗碗机、蒸汽消毒设备等，设置局部机械排风设施的目的是有效地将热量、油烟、蒸汽等控制在炉灶等局部区域并直接排出室外、不对室内环境造成污染。局部排风风量的确定原则是保证炉灶等散发的有害物不外溢，使排气罩的外沿和距灶台的高度组成的面积，以及灶口水平面积都保持一定的风速，计算方法各设计手册、技术措施等均有论述。

即使炉灶等设备不运行、人员仅进行烹饪准备的操作时，厨房各区域仍有一定的发热量和异味，需要全面通风排除；对于燃气厨房，经常连续运行的全面通风还提供了厨房内燃气设备和管道有泄漏时向室外排除泄漏燃气的排气通路。当房间不能进行有效的自然通风时，应设置全面机械通风。能够采用自然通风的条件是，具有面积较大可开启的外门窗、气候条件和室外空气品质满足允许开窗自然通风。

厨房通风总排风量应能够排除厨房各区域内以设备发热量为主的总发热量。

在厨房工艺未确定前，如缺少排气罩尺寸、设备发热量等资料，可根据设计手册、技术措施等提供的经验数据，按换气次数等估算厨房内不同区域的排风量；待厨房工艺确定后，应经详细计算校核预留风道截面和确定通风设备规格。

2 公共厨房负压要求及补风

厨房采用机械排风时，房间内负压值不能过大，否则既有可能对厨房灶具的使用产生影响，也会因为来自周围房间的自然补风量不够而导致机械排风量不能达到设计要求。建议以厨房开门后的负压补风风速不超过 1.0m/s 作为判断基准，超过时应设置机械补风系统。同时，厨房气味影响周围室内环境，也是公共建筑经常发生的现象。为了解决这一问题，设计中应注意下列方面：①厨房设备及其局部排风设备不一定同时使用，因此补风量应能够根据排风设备运行情况与排风量相对应，以免发生补风量大于排风量，厨房出现正压的情况。②应切实保证厨房的负压。不仅要考虑整个厨房与厨房外区域之间要保证相对负压，厨房内也要考虑热量和污染物较大的区域与较小区域之间的压差。根据目前的实际工程，一般情况下均可取补风量为排风量的 80%～90%，对于炉灶间等排风量较大房间，排风和补风量差值也较大，相对于厨房内通风量小的房间则会保证一定的负压值。

在北方严寒和寒冷地区，一般冬季不开窗自然通风，而常采用机械补风且补风量很大。为避免过低的送风温度导致室内温度过低，不满足人员劳动环境的卫生要求并有可能造成冬季厨房内水池及水管道出现冻结现象等，除仅在气温较高的白天工作且工作时间较短（不足 2 小时）的小型厨房外，送风均宜做加热处理。

3　排风口位置及排油烟处理

根据《饮食业油烟排放标准》GB 18483 的规定，油烟排放浓度不得超过 2.0mg/m³，净化设备的最低去除效率小型不宜低于 60%，中型不宜低于 75%，大型不宜低于 85%。因此副食灶等产生油烟的设备应设置油烟净化设施。排油烟风道的排放口宜设置在建筑物顶端并采用防雨风帽（一般是锥形风帽），目的是把这些有害物排入高空，以利于稀释。

4　排油烟道不得与防火排烟风道合用

工程通风设计中常有合用排风和防火排烟管道的情况，但厨房排油烟风道内不可避免地有油垢聚集，因此不得与高温的防火排烟风道合用，以免发生次生火灾。

5　排油烟管道要求

厨房排风管的水平段应设不小于 0.02 的坡度，坡向排气罩。罩下沿四周设集油集水沟槽，沟槽底应装排油管。水平风道宜设置清洗检查孔，以利清洁人员定期清除风道中沉积的油污、油垢。为防止污浊空气或油烟处于正压渗入室内，宜在顶部设总排风机。

6.3.6　公共卫生间和浴室通风。

公共卫生间和浴室通风关系到公众健康和安全的问题，因此应保证其良好的通风。

浴室气窗是指室内直接与室外相连的能够进行自然通风的外窗，对于没有气窗的浴室，应设独立的通风系统，保证室内的空气质量。

浴室、卫生间处于负压区，以防止气味或热湿空气从浴室、卫生间流入更衣室或其他公共区域。

表3　公共卫生间、浴室及附属房间机械通风换气次数

名称	公共卫生间	淋浴	池浴	桑拿或蒸汽浴	洗浴单间或小于 5 个喷头的淋浴间	更衣室	走廊、门厅
每小时换气次数	5～10	5～6	6～8	6～8	10	2～3	1～2

表 3 中桑拿或蒸汽浴指浴室的建筑房间，而不是指房间内部的桑拿蒸汽隔间。当建筑未设置单独房间放置桑拿隔间时，如直接将桑拿隔间设在淋浴间或其他公共房间，则应提高该淋浴间等房间的通风换气次数。

6.3.7　设备机房通风规定。

1　机房设备会产生大量余热、余湿、泄露的制冷剂或可燃气体等，靠自然通风往往不能满足使用和安全要求，因此应设置机械通风系统，并尽量利用室外空气为自然冷源排除余热、余湿。不同的季节应采取不同的运行策略，实现系统节能。

2　制冷设备的可靠性不好会导致制冷剂的泄露带来安全隐患，制冷机房在工作过程中会产生余热，良好的自然通风设计能够较好地利用自然冷量消除余热，稀释室内泄露制冷剂，达到提高安全保障并且节能的目的。制冷机房采用自然通风时，机房通风所需要的自由开口面积可按下式计算：

$$F = 0.138G^{0.5} \qquad (17)$$

式中：F——自由开口面积（m²）；

G——机房中最大制冷系统灌注的制冷工质量（kg）。

制冷机房可能存在制冷剂的泄漏，对于泄漏气体密度大于空气时，设置下部排风口更能有效排除泄漏气体。

氨是可燃气体，其爆炸极限为 16%～27%，当氨气大量泄漏而又得不到吹散稀释的情况下，如遇明火或电气火花，则将引起燃烧爆炸。因此应采取可靠的机械通风形式来保障安全。关于事故通风量的确定可参见《冷库设计规范》GB 50072 的相关条文解释。

连续通风量按每平方米机房面积 9m³/h 和消除余热（余热温升不大于 10℃）计算，取二者最大值。事故通风的通风量按排走机房内由于工质泄露或系统破坏散发的制冷工质确定，根据工程经验，可按下式计算：

$$L = 247.8G^{0.5} \qquad (18)$$

式中：L——连续通风量（m³/h）；

G——机房最大制冷系统灌注的制冷工质量（kg）。

吸收式制冷机在运行中属真空设备，无爆炸可能性，但它是以天然气、液化石油气、人工煤气为热源燃料，它的火灾危险性主要来自这些有爆炸危险的易燃燃料以及因设备控制失灵，管道阀门泄漏以及机件损坏时的燃气泄漏，机房因液体蒸汽、可燃气体与空气形成爆炸混合物，遇明火或热源产生燃烧和爆炸，因此应保证良好的通风。

3 制冷机房、柴油发电机房及变配电室由于使用功能、季节等特殊性，设置独立的通风系统能有效保障系统运行效果和节能。对于大、中型建筑更为重要。柴油发电机的通风量和燃烧空气量一般可在其样本中查得。柴油发电机燃烧空气量，可按柴油发电机额定功率 $7m^3/(kW \cdot h)$ 计算。

4 变配电室通常由高、低压器配电室及变压器组成，其中的电器设备散发一定的热量，尤以变压器的发热量为大。若变配电器室内温度太高，会影响设备工作效率。

5 根据工程经验，表 6.3.7 中所列设备用房的通风换气量可以满足通风基本要求。

6.3.8 汽车库通风规定。

1 通过相关实验分析得出将汽车排出的 CO 稀释到容许浓度时，NO_x 和 C_mH_n 远远低于它们相应的允许浓度。也就是说，只要保证 CO 浓度排放达标，其他有害物即使有一些分布不均匀，也有足够的安全倍数保证将其通过排风带走；所以以 CO 为标准来考虑车库通风量是合理的。选用国家现行有关工业场所有害因素职业接触限值标准的规定，CO 的短时间接触容许浓度为 $30mg/m^3$。

2 地下汽车库由于位置原因，容易造成自然通风不畅，宜设置独立的送风、排风系统；当地下汽车库设有开敞的车辆出、入口且自然进风满足所需进风条件时，可采用自然进风、机械排风的方式。

3 采用换气次数法计算车库通风量时，相关参数按以下规定选取：

1）排风量按换气次数不小于 6 次/h 计算，送风量按换气次数不小于 5 次/h 计算。

2）当层高 <3m 时，按实际高度计算换气体积；当层高 ≥3m 时，按 3m 高度计算换气体积。

但采用换气次数法计算通风量时存在以下问题：

①车库通风量的确定，此时通风目的是稀释有害物以满足卫生要求的允许浓度。也就是说，通风风量的计算与有害物的散发量及散发时的浓度有关，而与房间容积（亦即房间换气次数）并无确定的数量关系。例如，两种有害物散发情况相同，且平面布置和大小也相同，只是层高不同的车库，按有害物稀释计算的排风量是相同的，但按换气次数计算，二者的排风量就不同了。

②换气次数法并没有考虑到实际中的（部分或全部）双层停车库或多层停车库情况，与单层车库采用相同的计算方法也是不尽合理的。

以上说明换气次数法有其固有弊端。正因为如此，提出对于全部或部分为双层或多层停车库情形，

排风量应按稀释浓度法计算；单层停车库的排风量宜按稀释浓度法计算，如无计算资料时，可参考换气次数估算。

当采用稀释浓度法计算排风量时，建议采用以下公式，送风量应按排风量的 80%～90% 选用。

$$L = \frac{G}{y_1 - y_0} \qquad (19)$$

式中：L——车库所需的排风量（m^3/h）；

G——车库内排放 CO 的量（mg/h）；

y_1——车库内 CO 的允许浓度，为 $30mg/m^3$；

y_0——室外大气中 CO 的浓度，一般取 $2mg/m^3$ ～$3mg/m^3$。

$$G = My \qquad (20)$$

式中：M——库内汽车排出气体的总量（m^3/h）；

y——典型汽车排放 CO 的平均浓度（mg/m^3），根据中国汽车尾气排放现状，通常情况下可取 $55000mg/m^3$。

$$M = \frac{T_1}{T_0} \cdot m \cdot t \cdot k \cdot n \qquad (21)$$

式中：n——车库中的设计车位数；

k——1 小时内出入车数与设计车位数之比，也称车位利用系数，一般取 0.5～1.2；

t——车库内汽车的运行时间，一般取 2min ～6min；

m——单台车单位时间的排气量（m^3/min）；

T_1——库内车的排气温度，500+273=773K；

T_0——库内以 20℃ 计的标准温度 273 + 20 =293K。

地下汽车库内排放 CO 的多少与所停车的类型、产地、型号、排气温度及停车启动时间等有关，一般地下停车库大多数按停放小轿车设计。按照车库排风量计算式，应当按每种类型的车分别计算其排出的气体量，但地下车库在实际使用时车辆类型出入台数都难以估计。为简化计算，m 值可取 $0.02m^3/min$～$0.025m^3/min$ 台。

4 风管通风是指利用风管将新鲜气流送到工作区以稀释污染物，并通过风管将稀释后的污染气流收集排出室外的传统通风方式；诱导通风是指利用空气射流的引射作用进行通风的方式。当采用接风管的机械进、排风系统时，应注意气流分布的均匀性，减少通风死角。当车库层高较低，不易布置风管时，为了防止气流不畅，杜绝死角，可采用诱导式通风系统。

5 对于车流量变化较大的车库，由于其风机设计选型时是根据最大车流量选择的（最不利原则），而往往车库的高峰车流量持续时间很短，如果持续以最大通风量进行通风，会造成风机运行能耗的浪费。这种情况，当车流量变化有规律时，可按时间设定风机开启台数；无规律时宜采用 CO 浓度传感器联动控制多台并联风机或可调速风机的方式，会起到很好的节能效果。CO 浓度传感器的布置方式：当采用传统

的风管机械进、排风系统时，传感器宜分散设置。当采用诱导式通风系统时，传感器应设在排风口附近。

6 热空气幕可有效防止冷空气的大量侵入。

7 本款提出共用是出于节省投资和节省空间的考虑。但基于安全需要，要首先满足消防要求。

6.3.9 事故通风规定。部分强制性条文。

1 事故通风是保证安全生产和保障人民生命安全的一项必要的措施。对在生活中可能突然放散有害气体的建筑，在设计中均应设置事故排风系统。有时虽然很少或没有使用，但并不等于可以不设，应以预防为主。这对防止设备、管道大量逸出有害气体（家用燃气、冷冻机房的冷冻剂泄漏等）而造成人身事故是至关重要的。需要指出的是，事故通风不包括火灾通风。关于事故通风的通风量，要保证事故发生时，控制不同种类的放散物浓度低于国家安全及卫生标准所规定的最高容许浓度，且换气次数不低于每小时12次。有特定要求的建筑可不受此条件限制，允许适当取大。

2 事故排风系统（包括兼作事故排风用的基本排风系统）应根据建筑物可能释放的放散物种类设置相应的检测报警及控制系统，以便及时发现事故，启动自动控制系统，减少损失。事故通风的手动控制装置应装在室内、外便于操作的地点，以便一旦发生紧急事故，使其立即投入运行。

3 放散物包含有爆炸危险的气体时，应采取防爆通风设备。

4 设置事故通风的场所（如氟利昂制冷机房）的机械通风量应按平常所要求的机械通风和事故通风分别计算。当事故通风量较大时，宜设置双风机或变频调速风机。但共用的前提是事故通风必须保证。

5 事故排风的室内吸风口，应设在有害气体或爆炸危险性物质放散量可能最大或聚集最多的地点。对事故排风的死角，应采取导流措施。当发生事故向室内放散密度比空气大的气体或蒸汽时，室内吸风口应设在地面以上 0.3m～1.0m 处；放散密度比空气小的气体或蒸汽时，室内吸风口应设在上部地带；放散密度比空气小的可燃气体或蒸汽，室内吸风口应尽量紧贴顶棚布置，其上缘距顶棚不得大于 0.4m。

为保证传感器能尽早发现事故，及时快速监测到所放散的有害气体或爆炸危险性物质，传感器应布置在建筑内有可能放散有害物质的发生源附近以及主要的人员活动区域，且应安装维护方便，不影响人员活动。当放散气体或蒸汽密度比空气大时，应设在下部地带；当放散气体或蒸汽密度比空气小时，应设在上部地带。

6 当风吹向和流经建筑物时，由于撞击作用，产生弯曲、跳跃和旋流现象，在屋顶、侧墙和背风侧形成的负压闭合循环气流区为动力阴影区；由于撞击作用而使其静压高于稳定气流区静压的区域为正压

区。为便于污染物排放，不产生倒流，应尽可能避免将排风口设在动力阴影区和正压区。

除规范中要求外，排风口的高度应高于周边 20m 范围内最高建筑屋面 3m 以上。

事故排风口的布置是从安全角度考虑的，为的是防止系统投入运行时排出的有毒及爆炸性气体危及人身安全和由于气流短路时对送风空气质量造成影响。

6.4 复 合 通 风

6.4.1 复合通风的设计条件。

复合通风系统是指自然通风和机械通风在一天的不同时刻或一年的不同季节里，在满足热舒适和室内空气质量的前提下交替或联合运行的通风系统。复合通风系统设置的目的是，增加自然通风系统的可靠运行和保险系数，并提高机械通风系统的节能率。

复合通风适用场合包括净高大于 5m 且体积大于 1 万 m^3 的大空间建筑及住宅、办公室、教室等易于在外墙上开窗并通过室内人员自行调节实现自然通风的房间。研究表明：复合通风系统通风效率高，通过自然通风与机械通风手段的结合，可节约风机和制冷能耗约 10%～50%，既带来较高的空气品质又有利于节能。复合通风在欧洲已经普遍采用，主要用于办公建筑、住宅、图书馆等建筑，目前在我国一些建筑中已有应用。复合通风系统应用时应注意协调好与消防系统的矛盾。

复合通风系统的主要形式包括三种：自然通风与机械通风交替运行、带辅助风机的自然通风和热压/风压强化的机械通风。三种系统简介如下：

1）自然通风与机械通风交替运行

该系统是指自然通风系统与机械通风系统并存，由控制策略实现自然通风与机械通风之间的切换。比如：在过渡时间启用自然通风，冬夏季则启用机械通风；或者在白天开启机械通风而夜晚开启自然通风。

2）带辅助风机的自然通风

该系统是指以自然通风为主，且带有辅助送风机或排风机的系统。比如，当自然通风驱动力较小或室内负荷增加时，开启辅助送排风机。

3）热压/风压强化的机械通风

该系统是指以机械通风为主，并利用自然通风辅助机械通风系统。比如，可选择压差较小的风机，而由自然通风的热压/风压驱动来承担一部分压差。

6.4.2 复合通风的设计要求。

复合通风系统在机械通风和自然通风系统联合运行下，及在自然通风系统单独运行下的通风换气量，按常规方法难以计算，需要采用计算流体力学或多区域网络法进行数值模拟确定。自然通风和机械通风所占比重需要通过技术经济及节能综合分析确定，并由此制定对应的运行控制方案。为充分利用可再生能源，自然通风的通风量在复合通风系统中应占一定比

重,自然通风宜不低于复合通风联合运行时风量的30%,并根据所需自然通风量确定建筑物的自然通风开口面积。

6.4.3 复合通风的运行控制设计。

复合通风系统应根据控制目标设置控制必要的监测传感器和相应的系统切换启闭执行机构。复合通风系统通常的控制目标包括消除室内余热余湿和满足卫生要求,所对应的监测传感器包括温湿度传感器及CO_2、CO等。自然通风、机械通风系统应设置切换启闭的执行机构,依据传感器监测值进行控制,可以作为楼宇自控系统(BAS)的一部分。复合通风应首先利用自然通风,根据传感器的监测结果判断是否开启机械通风系统。控制参数不能满足要求即室内污染物浓度超过卫生标准限值,或室内温湿度高于设定值。例如当室外温湿度适宜,通过执行机构开启建筑外围护结构的通风开口,引入室外新风带走室内的余热余湿及有害污染物,当传感器监测到室内CO_2浓度超过$1000\mu g/g$,或室内温湿度超过舒适范围时,开启机械通风系统,此时系统处于自然通风和机械通风联合运行状态。当室外参数进一步恶化,如温湿度升高导致通过复合通风系统也不能满足消除室内余热余湿要求时,应关闭复合通风系统,开启空调系统。

6.4.4 复合通风考虑温度分层的条件。

按照国内外已有研究结果,除薄膜构造外,通常对于屋顶保温良好、高度在15m以内的大空间可以不考虑上下温度分布不均匀的问题。而对于高度大于15m的大空间,在设计建筑复合通风系统时,需要考虑不同运行工况的气流组织,避免建筑内不同区域之间的通风效果有较大差别,在分析气流组织的时候可以采用CFD技术。人员过渡区域及有固定座位的区域要重点核算。

6.5 设备选择与布置

6.5.1、6.5.2 选择通风设备时附加的规定。

在通风和空调系统运行过程中,由于风管和设备的漏风会导致送风口和排风口处的风量达不到设计值,甚至会导致室内参数(其中包括温度、相对湿度、风速和有害物浓度等)达不到设计和卫生标准的要求。为了弥补系统漏风可能产生的不利影响,选择通风机时,应根据系统的类别(低压、中压或高压系统)、风管内的工作压力、设备布置情况以及系统特点等因素,附加系统的漏风量。如:能量回收器(转轮式、板翅式、板式等)往往布置在系统的负压段,其本身存在漏风量。由于系统的漏风量有时需要通过加热器、冷却器或能量回收器等进行处理,因此,在选择此类设备时应附加风管的漏风量。

风管漏风量的大小取决于很多因素,如风管材料、加工及安装质量、阀门的设置情况和管内的正负压大小等。风管的漏风量(包括负压段渗入的风量和正压段泄漏的风量),是上述诸因素综合作用的结果。由于具体条件不同,很难把漏风量标准制定得十分细致、确切。为了便于计算,条文中根据我国常用的金属和非金属材料风管的实际加工水平及运行条件,规定一般送排风系统附加5%~10%,排烟系统附加10%~20%。需要指出,这样的附加百分率适用于最长正压管段总长度不大于50m的送风系统和最长负压管段总长度不大于50m的排风系统。对于比这更大的系统,其漏风百分率可适当增加。有的全面排风系统直接布置在使用房间内,则不必考虑漏风的影响。

当系统的设计风量和计算阻力确定以后,选择通风机时,应考虑的主要问题之一是通风机的效率。在满足给定的风量和风压要求的条件下,通风机在最高效率点工作时,其轴功率最小。在具体选用中由于通风机的规格所限,不可能在任何情况下都能保证通风机在最高效率点工作,因此条文中规定通风机的设计工况效率不应低于最高效率的90%。一般认为在最高效率的90%以上范围内均属于通风机的高效率区。根据我国目前通风机的生产及供应情况来看,做到这一点是不难的。

常用的通风机,按其工作原理可分为离心式、轴流和贯流式三种。近年来在工程中广泛使用的混流式风机以及斜流式风机等均可看成是上述风机派生而来的。从性能曲线看,离心式通风机可以在很宽的压力范围内有效地输送大风量或小风量,性能较为平缓、稳定,适应性较广。轴流式通风机不如离心式通风机那样的风压,但可以在低压下输送大风量,其流量较高,压力较低,在性能曲线最高压力点的左边有个低谷,这是由风机的喘振引起的,使用时应避免在此段曲线间运行。通常情况下轴流式通风机的噪声比离心式通风机高。混流式和斜流式通风机的风压高于同机号的轴流式风机,风量大于同机号的离心式风机,效率较高、高效区较宽、噪声较低、结构紧凑且安置方便,应用较为广泛。通常风机在最高效率点附近运行时的噪声最小,越远离最高效率点,噪声越大。

另外,需要提醒的是,通风机选择中的各种附加应明确特定设计条件合理确定,更要避免重复多次附加造成选型偏差。

6.5.3 输送非标准状态空气时选择通风机及电动机的有关规定。

当所输送的空气密度改变时,通风系统的通风机特性和风管特性曲线也将随之改变。非标准状态时通风机产生的实际风压也不是标准状态时通风机性能图表上所标定的风压。在通风空调系统中的通风机的风压等于系统的压力损失。在非标准状态下系统压力损失或大或小的变化,同通风机风压或大或小的变化不但趋势一致,而且大小相等。也就是说,在实际的容积风量一定的情况下，按标准状态下的风管计算表算得的压力损失以及据此选择的通风机，也能够适应空气状态变化了的条件。由此，选择通风机时不必再对风管的计算压力损失和通风机的风压进行修正。但是，对电动机的轴功率应进行验算，核对所配用的电动机能否满足非标准状态下的功率要求，其式如下：

$$N_z = \frac{L \cdot P}{3600 \cdot 1000 \cdot \eta_1 \cdot \eta_2} \qquad (22)$$

式中：N_z ——电动机的轴功率（kW）；

L ——通风机的风量（m³/h）；

P ——非标准状态下，风机所产生的风压（全压）（Pa）；

η_1 ——通风机的内效率；

η_2 ——通风机的机械传动效率。

风机样本所提供的性能曲线和性能数据，通常是按标准状态下（大气压力 101.3kPa、温度 20℃、相对湿度 50%、密度 1.2kg/m³）编制的。当输送的介质密度、转数等条件改变时，其性能应按风机相似工况参数各换算公式（省略）进行换算。当大气压力和空气温度为非标准状态时，可按下列公式计算，得出转数不变时，该风机在非标准状态下所产生的风压（全压）（Pa）：

$$P = P_0 \cdot \frac{p_b}{p_{b0}} \cdot \frac{273 + t_0}{273 + t} \qquad (23)$$

式中：p_{b0} ——标准状态下的大气压力（Pa）；

p_b ——非标准条件下的大气压力（Pa）；

P_0 ——风机在标准状态或特性表状态下的风压（全压）（Pa）；

t_0 ——标准条件下的空气温（℃）；

t ——非标准条件下的空气温度（℃）。

鉴于多年来有的设计人员在选择通风机时存在着随意附加的现象，为此，条文中特加以规定。

6.5.4 通风机的并联与串联。

通风机的并联与串联安装，均属于通风机联合工作。采用通风机联合工作的场合主要有两种：一是系统的风量或阻力过大，无法选到合适的单台通风机；二是系统的风量或阻力变化较大，选用单台通风机无法适应系统工况的变化或运行不经济。并联工作的目的，是在同一风压下获得较大的风量；串联工作的目的，是在同一风量下获得较大的风压。在系统阻力即通风机风压一定的情况下，并联后的风量等于各台并联通风机的风量之和。当并联的通风机不同时运行时，系统阻力变小，每台运行的通风机之风量，比同时工作时的相应风量大；每台运行的通风机之风压，则比同时运行的相应风压小。通风机并联或串联工作时，布置是否得当是至关重要的。有时由于布置和使用不当，并联工作不但不能增加风量，而且适得其反，会比一台通风机的风量还小；串联工作也会出现类似的情况，不但不能增加风压，而且会比单台通风

机的风压小，这是必须避免的。

由于通风机并联或串联工作比较复杂，尤其是对具有峰值特性的不稳定区，在多台通风机并联工作时易受到扰动而恶化其工作性能；因此设计时必须慎重对待，否则不但达不到预期目的，还会无谓地增加能量消耗。为简化设计和便于运行管理，条文中规定，多台风机并联运行时，应选择相同特性曲线的通风机。多台风机串联运行时，应选择相同流量的通风机。并应根据风机性能曲线与所在管网阻力特性曲线的串/并联条件下的综合特性曲线判断其实际运行状态、使用效果及合理性。多台风机并联时，风压宜相同；多台风机串联时，流量宜相同。

6.5.5 双速或变速风机的采用。

随着工艺需求和气候等因素的变化，建筑对通风量的要求也随之改变。系统风量的变化会引起系统阻力更大的变化。对于运行时间较长且运行工况（风量、风压）有较大变化的系统，为节省系统运行费用，宜考虑采用双速或变速风机。通常对于要求不高的系统，为节省投资，可采用双速风机，但要对双速风机的工况与系统的工况变化进行校核。对于要求较高的系统，宜采用变速风机。采用变速风机的系统节能性更加显著。采用变速风机的通风系统应配备合理的控制。

6.5.6 排风风机的布置。

风管漏风是难以避免的，在 6.5.1 条和 6.5.2 条对此有说明。对于排风系统中处于风机正压段的排风管，其漏风将对建筑的室内环境造成一定的污染，此类情况时有发生。如厨房排油烟系统、厕所排风系统及洗衣机房排风系统等，由于排风正压段风管的漏风可能对建筑室内环境造成的再次污染。因此，尽可能减少排风正压段风管的长度可有效降低对室内环境的影响。

6.5.7 通风设备和风管的保温、防冻。

通风设备和风管的保温、防冻具有一定的技术经济意义，有时还是系统安全运行的必要条件。例如，某些降温用的局部送风系统和兼作热风供暖的送风系统，如果通风机和风管不保温，不仅冷热耗量大不经济，而且会因冷热损失使系统内所输送的空气温度显著升高或降低，从而达不到既定的室内参数要求。又如，锅炉烟气等可能被冷却而形成凝结物堵塞或腐蚀风管。位于严寒地区和寒冷地区的空气热回收装置，如果不采取保温、防冻措施，冬季就可能冻结而不能发挥应有的作用。此外，某些高温风管如不采取保温的办法加以防护，也有烫伤人体的危险。

6.5.8 通风机房的布置。

为了降低通风机对要求安静房间的噪声干扰，除了控制通风机沿通风管道传播的空气噪声和沿结构传播的固体振动外，还必须减低通风机透过机房围护结构传播的噪声。要求安静的房间如卧室、教室、录音

室、阅览室、报告厅、观众厅、手术室、病房等。

6.5.9 通风设备及管道的防静电接地等要求。

当静电积聚到一定程度时，就会产生静电放电，即产生静电火花，使可燃或爆炸危险物质有引起燃烧或爆炸的可能；管内沉积不易导电的物质和会妨碍静电导出接地，有在管内产生火花的可能。防止静电引起灾害的最有效办法是防止其积聚，采用导电性能良好（电阻率小于 $10^6 \Omega \cdot cm$）的材料接地。因此做了如条文中的有关规定。

法兰跨接系指风管法兰连接时，两法兰之间须用金属线搭接。

6.5.10 本条文是从保证安全的角度制定的。

空气中含有易燃易爆危险物质的房间中的送风、排风设备，当其布置在单独隔开的送风机室内时，由于所输送的空气比较清洁，如果在送风干管上设有止回阀门时，可避免有燃烧或爆炸危险性物质窜入送风机室，这种情况下，通风机可采用普通型。

6.6 风 管 设 计

6.6.1 通风、空调系统选用风管截面及规格的要求。

规定本条的目的，是为了使设计中选用的风管截面尺寸标准化，为施工、安装和维护管理提供方便，为风管及零部件加工工厂化创造条件。据了解，在《全国通用通风道计算表》中，圆形风管的统一规格，是根据 R20 系列的优先数制定的，相邻管径之间具有固定的公比（$\sqrt[20]{10} \approx 1.12$），在直径 100mm～1000mm 范围内只推荐 20 种可供选择的规格，各种直径间隔的疏密程度均匀合理，比以前国内常采用的圆形风管规格减少了许多；矩形风管的统一规格，是根据标准长度 20 系列的数值确定的，把以前常用的 300 多种规格缩减到 50 种左右。经有关单位试算对比，按上述圆形和矩形风管系列进行设计，基本上能满足系统压力平衡计算的要求。金属风管的尺寸应按外径或外边长计；非金属风管应按内径或内边长计。

6.6.2 风管材料。

规定本条的目的，是为了防止火灾蔓延。根据《建筑设计防火规范》GB 50016 的规定，体育馆、展览馆、候机（车、船）楼（厅）等大空间建筑、办公楼和丙、丁、戊类厂房内的通风、空调系统，当风管按防火分区设置且设置了防烟防火阀时，可采用燃烧产物毒性较小且烟密度等级小于等于 25 的难燃材料。

一些化学实验室、通风柜等排风系统所排出的气体具有一定的腐蚀性，需要用玻璃钢、聚乙烯、聚丙烯等材料制作风管、配件以及柔性接头等；当系统中有易腐蚀设备及配件时，应对设备和系统进行防腐处理。

6.6.3 通风、空调风管内风速的采用。

本表给出的通风、空调系统风管风速的推荐风速和最大风速。其推荐风速是基于经济流速和防止气流

在风管中产生再噪声等因素，考虑到建筑通风、空调所服务房间的允许噪声级，参照国内外有关资料制定的。最大风速是基于气流噪声和风道强度等因素，参照国内外有关资料制定的。对于如地下车库这种对噪声要求低、层高有限的场所，干管风速可提高至 10m/s。另外，对于厨房排油烟系统的风管，则宜控制在 8m/s～10m/s。

6.6.6 系统中并联管路的阻力平衡。

把通风和空调系统各并联管段间的压力损失差额控制在一定范围内，是保障系统运行效果的重要条件之一。在设计计算时，应用调整管径的办法使系统各并联管段间的压力损失达到所要求的平衡状态，不仅能保证各并联支管的风量要求，而且可不装设调节阀门，对减少漏风量和降低系统造价也较为有利。根据国内的习惯做法，本条规定一般送排风系统各并联管段的压力损失相对差额不大于 15%，相当于风量相差不大于 5%。这样做既能保证通风效果，设计上也是能办到的，如在设计时难以利用调整管径达到平衡要求时，则以装设调节阀门为宜。

6.6.7 对通风设备接管的要求。

与通风机、空调器及其他振动设备连接的风管，其荷载应由风管的支吊架承担。一般情况下风管和振动设备间应装设柔性接头，目的是保证其荷载不传到通风机等设备上，使其呈非刚性连接。这样既便于通风机等振动设备安装隔振器，有利于风管伸缩，又可防止因振动产生固体噪声，对通风机等的维护检修也有好处。防排烟专用风机不必设置柔性接头。

6.6.8 通风、空调设备调节阀的设置。

本条文是考虑实际运行中通风、空调系统在非设计工况下为调节通风机风量、风压所采取的措施。采用多叶式或花瓣式调节阀有利于风机稳定运行及降低能耗。对于需要防冻和非使用时不必要的空气侵入，调节阀应设置在设备进风端。如空调新风系统的调节阀应设置在新风入口端。

6.6.9 多台通风机并联止回装置的设置。

规定本条是为了防止多台通风机并联设置的系统，当部分通风机运行时输送气体的短路回流。

6.6.10 风管布置、防火阀、排烟阀等的设置要求。

在国家现行标准《建筑设计防火规范》GB 50016 及《高层民用建筑设计防火规范》GB 50045 中，对风管的布置、防火阀、排烟阀的设置要求均有详细的规定，本规范不再另行规定。

6.6.11 风管形状设计要求。

为降低风管系统的局部阻力，对于内外同心弧形弯管，应采取可能的最大曲率半径（R），当矩形风管的平面边长为（a）时，R/a 值不宜小于 1.5，当 $R/a < 1.5$ 时，弯管中宜设导流叶片；当平面边长大于 500mm 时，应加设弯管导流叶片。

6.6.12 风管的测定孔、检查孔和清洗孔。

通风与空调系统安装完毕，必须进行系统的调试，这是施工验收的前提条件。风管测定孔主要用于系统的调试，测定孔应设置在气流较均匀和稳定的管段上，与前、后局部配件间距离宜分别保持等于或大于 4D 和 1.5D（D 为圆风管的直径或矩形风管的当量直径）的距离；与通风机进口和出口间距离宜分别保持 1.5 倍通风机进口和 2 倍通风机出口当量直径的距离。

风管检查孔用于通风与空调系统中需要经常检修的地方，如风管内的电加热器、过滤器、加湿器等。

随着人们对通风与空调系统传播细菌的不断认识，特别是 2003 年"非典型肺炎"后，我国颁布了《空调通风系统清洗规范》GB 19210。对于较复杂的系统，考虑到一些区域直接清洗有困难，应开设清洗孔。开设的清洗孔应满足清洗和修复的需要。

检查孔和清洗孔的设置在保证满足检查和清洗的前提下数量尽量要少，在需要同处设置检查孔和清洗孔时尽量合二为一，以免增加风管的漏风量和减少风管保温工程的施工麻烦。

6.6.13 高温烟气管道的热补偿。强制性条文。

输送高温气体的排烟管道，如燃烧器、锅炉、直燃机等的烟气管道，由于气体温度的变化会引起风管的膨胀或收缩，导致管路损坏，造成严重后果，必须重视。一般金属风管设置软连接，风管与土建连接处设置伸缩缝。需要说明此处提到的高温烟气管道并非消防排烟及厨房排油烟风管。

6.6.14 风管敷设安全事宜。

本条规定是为防止高温风管长期烘烤建筑物的可燃或难燃结构发生火灾事故。当输送温度高于 80℃ 的空气或气体混合物时，风管穿过建筑物的可燃或难燃烧体结构处，应设置不燃材料隔热层，保持隔热层外表面温度不高于 80℃；非保温的高温金属风管或烟道沿可燃或难燃烧体结构敷设时，应设遮热防护措施或保持必要的安全距离。

6.6.15 电加热器的安全要求。

规定本条是为了减少发生火灾的因素，防止或减缓火灾通过风管蔓延。

6.6.16 风管敷设安全事宜。强制性条文。

可燃气体（煤气等）、可燃液体（甲、乙、丙类液体）和电线等，易引起火灾事故。为防止火势通过风管蔓延，作此规定。

穿过风管（通风、空调机房）内可燃气体、可燃液体管道一旦泄漏会很容易发生和传播火灾，火势也容易通过风管蔓延。电线由于使用时间长、绝缘老化，会产生短路起火，并通过风管蔓延，因此，不得在风管内腔敷设或穿过。配电线路与风管的间距不应小于 0.1m，若采用金属套管保护的配电线路，可贴风管外壁敷设。

6.6.17 通风系统排除凝结水的措施。

排除潮湿气体或含水蒸气的通风系统，风管内表面有时会因其温度低于露点温度而产生凝结水。为了防止在系统内积水腐蚀设备及风管、影响通风机的正常运行，因此条文中规定水平敷设的风管应有一定的坡度并在风管的最低点和通风机的底部排除凝结水。

当排除比空气密度小的可燃气体混合物时，局部排风系统的风管沿气体流动方向具有上倾的坡度，有利于排气。

6.6.18 对排除有害气体排风口及屋面吸、排风（烟）口的要求。

对于排除有害气体的通风系统的排风口，宜设置在建筑物顶端并采用防雨风帽（一般是锥形风帽），目的是把这些有害物排入高空，以利于稀释。

严寒地区，冬季经常下雪，屋顶积雪很深，如风机安装基础过低或屋面吸、排风（烟）口位置过低，会很容易被积雪掩埋，影响正常使用。

7 空气调节

7.1 一般规定

7.1.1 设置空气调节（以下简称"空调"）的原则。

本条为设置空调的应用条件。对于民用建筑，设置空调设施的目的主要是达到舒适性和卫生要求，对于民用建筑的工艺性房间或区域还要满足工艺的环境要求。

1 本款中"采用供暖通风达不到人体舒适、设备等对室内环境的要求"，一般指夏季室外空气温度高于室内空气温度，无法通过通风降温的情况。

对于室内发热量较大的区域，例如机电设备用房等，理论上讲，只要室外温度低于室内设计允许最高温度，均可采用通风降温。但在夏季室外温度较高的地区，采用通风降温所需的设计通风量很大，进排风口和风管占据的空间也很大，当土建条件不能满足设计要求，也不可能为此增加层高时，采用空调可节省投资，更经济。因此采用供暖通风 "条件不允许、不经济"的情况，必要时也应设置空调。

2 本款的工艺要求指民用建筑中计算机房、博物馆文物、医院手术室、特殊实验室、计量室等对室内的特殊温度、湿度、洁净度等要求。

3 随着社会经济的不断发展，空调的应用也日益广泛。例如办公建筑设置空调后，有益于提高人员工作效率和社会经济效益，当医院建筑设置空调后，有益于病人的康复，都应设置空调。

7.1.2 空调区的布置原则。

空调区集中布置是为了减少空调区的外墙、与非空调区相邻的内墙和楼板的保温隔热处理，以达到减少空调冷热负荷、降低系统造价、便于维护管理等目的。

对于一般民用建筑，集中布置空调区域仅仅是建筑布局设计应考虑的因素之一，尤其是一般民用建筑，还有使用功能等其他重要因素。因此本条仅作为推荐的原则提出，在以工艺性空调为主的建筑或区域尤其应提请建筑设计注意。

7.1.3 工艺性空调区的要求。

此条仅限于民用建筑中的工艺性空调，如计算机中心、藏品库房、特殊实验室、计量室、手术室等空调。工艺性空调一般对温湿度波动范围、空气洁净度标准要求较高，其相应的投资及运行费用也较高。因此，在满足空调区环境要求的条件下，应合理地规划和布局，尽可能地减少空调区的面积和散热、散湿设备，以达到节约投资及运行费用的目的。同时，减少散热、散湿设备也有利于空调区的温湿度控制达到要求。

7.1.4 设置局部性空调和分层空调的要求。

对工艺性空调或舒适性空调而言，局部性空调较全室性空调有较明显的节能效果，如舒适性空调的岗位送风等。因此，在局部性空调能满足空调区的热湿环境或净化要求时，应采用局部性空调，以达到节能和节约投资的目的。

对于高大空间，当使用要求允许仅在下部区域进行空调时，可采用分层式送风或下部送风气流组织方式，以达到节能的目的，其空调负荷计算与气流组织设计需考虑空间的宽高比和具体送风形式，并参考本规范其他相关条文。

7.1.5 空调区的空气压力。

保持空调区（或空调房间）对室外的相对正压，是为了防止室外空气的侵入，有利于保证空调区的洁净度和室内热湿参数等少受外界的干扰。因此，有正压要求的空调区应根据空调区的围护结构严密程度来校核其新风量，如公共建筑的门厅等开敞式高大空间，当其新风量仅为满足人员所需最小新风量时，一般可不设机械排风系统，以免大量室外空气的侵入，影响室内热湿环境的控制。

建筑物内的房间功能不同时，其要求的空气压力也可不同。如空调建筑中，电梯厅和走道相对于办公房间和卫生间，餐厅相对于其他房间和厨房，应是空气压力为正压和负压房间的中间区。另外，医院传染病房和一些设置空调设备的附属房间等，根据需要还应保持负压。因此，条文仅对空调区的压差值提出5Pa～10Pa的推荐值，但不能超30Pa的最大限值，且该数值为房间门窗关闭时的数值。

工艺性空调由于其压差值有特殊要求，设计时应按工艺要求确定。如医院手术室及其附属用房，其压差值要求应符合《医院洁净手术部建筑技术规范》GB 50333的有关规定。

7.1.6 舒适性空调的建筑热工设计。

国家现行节能设计标准对舒适性空调的建筑热工设计提出了要求，同时，建筑热工设计包括以下各项：

1 建筑围护结构的各项热工指标（围护结构传热系数、透明屋顶和外窗（包括透明幕墙）的遮阳系数、外窗和透明幕墙的气密性能等）；

2 建筑窗墙面积比（包括透明幕墙）、屋顶透明部分与屋顶总面积之比；

3 外门的设置要求；

4 外部遮阳设施的设置要求；

5 围护结构热工性能的权衡判断等。

严寒和寒冷地区、夏热冬冷地区、夏热冬暖地区的居住建筑应分别符合《严寒和寒冷地区居住建筑节能设计标准》JGJ 26、《夏热冬冷地区居住建筑节能设计标准》JGJ 134、《夏热冬暖地区居住建筑节能设计标准》JGJ 75的有关规定。

公共建筑应符合《公共建筑节能设计标准》GB 50189的有关规定。

7.1.7 工艺性空调围护结构传热系数要求。

建筑物围护结构的传热系数 K 值的大小，是能否保证空调区正常使用、影响空调工程综合造价和维护费用的主要因素之一。K 值越小，则耗冷量越小，空调系统越经济。但 K 值又受建筑结构与材料等投资影响，不能过度减小。传热系数 K 值的选择与保温材料价格及导热系数、室内外计算温差、初投资费用系数、年维护费用系数以及保温材料的投资回收年限等各项因素有关；而不同地区的热价、电价、水价、保温材料价格及系统工作时间等也不是不变的，很难给出一个固定不变的经济 K 值；因此，对工艺性空调而言，围护结构的传热系数应通过技术经济比较确定合理的 K 值。表7.1.7中围护结构最大传热系数 K 值，是仅考虑围护结构传热对空调精度的影响确定的。目前国家现行节能设计标准，对不同的建筑、气候分区，都有不同的最大 K 值规定。因此，当表中数值与国家现行节能设计标准规定不同时，应取二者中较小的数值。

7.1.8 工艺性空调间热惰性指标要求。

热惰性指标 D 值直接影响室内温度波动范围，其值大则室温波动范围就小，其值小则相反。

7.1.9 工艺性空调区的外墙、外墙朝向及其所在层次。

根据实测表明，对于空调区西向外墙，当其传热系数为 $0.34W/(m^2 \cdot ℃)$～$0.40W/(m^2 \cdot ℃)$，室内外温差为 $10.5℃$～$24.5℃$ 时，距墙面 100mm 以内的空气温度不稳定，变化在 $±0.3℃$ 以内；距墙面 100mm 以外时，温度就比较稳定了。因此，对于室温允许波动范围大于或等于 $±1.0℃$ 的空调区来说，有西向外墙，也是可以的，对人员活动区的温度波动不会有什么影响。但从减少室内冷负荷出发，则宜减少西向外墙以及其他朝向的外墙；如有外墙时，最好为北向，且应避免将空调区设置在顶层。

为了保持室温的稳定性和不减少人员活动区的范

围，对于室温允许波动范围为±0.5℃的空调区，不宜有外墙，如有外墙，应北向；对于室温允许波动范围为±0.1~0.2℃的空调区，不应有外墙。

屋顶受太阳辐射热的作用后，能使屋顶表面温度升高35℃~40℃，屋顶温度的波幅可达±28℃。为了减少太阳辐射热对室温波动要求小于或等于±0.5℃的空调区的影响，所以规定当其在单层建筑物内时，宜设通风屋顶。

在北纬23.5°及其以南的地区，北向与南向的太阳辐射照度相差不大，且均较其他朝向小，故可采用南向或北向外墙。

7.1.10 工艺性空调区的外窗朝向。

根据调查、实测和分析：当室温允许波动范围大于等于±1.0℃时，从技术上来看，可以不限制外窗朝向，但从降低空调系统造价考虑，应尽量采用北向外窗；室温允许波动范围小于±1.0℃的空调区，由于东、西向外窗的太阳辐射热可以直接进入人员活动区，故不应有东、西向外窗；据实测，室温允许波动范围小于±0.5℃的空调区，对于双层普通玻璃的北向外窗，室内外温差为9.4℃时，窗对室温波动的影响范围在200mm以内，故如有外窗，应北向。

7.1.11 工艺性空调区的门和门斗。

从调查来看，一般空调区的外门均设有门斗，内门（指空调区与非空调或走廊相通的门）一般也设有门斗（走廊两边都是空调区的除外，在这种情况下，门斗设在走廊的两端）。与邻室温差较大的空调区，设计中也有未设门斗的，但在使用过程中，由于门的开启对室温波动影响较大，因此在后来也采取了一定的措施。按北京、上海、南京、广州等地空调区的实际使用情况，规定门两侧温差大于7℃时，应采用保温门；同时对工艺性（即对室内温度波动范围要求较严格的）的空调区的内门和门斗，作了如条文中表7.1.11的有关规定。

对舒适性空调区开启频繁的外门，也提出了宜设门斗，必要时设置空气幕的要求。旋转门或弹簧门在建筑物中被广泛应用，它能有效地阻挡通过外门的冷、热空气侵入，因此也推荐使用。

7.1.12 空调系统全年能耗模拟计算。

空调系统全年能耗模拟计算是进行空调方案对比和经济分析的基础。随着计算机软件的发展，空调系统全年能耗模拟计算也逐渐普及，为空调系统的设计与分析创造了必要条件。目前常用的建筑物空调系统能耗模拟软件有：TRNSYS、DOE2、DeST、PK-PM、EnergyPlus等。

对空调系统采用热回收装置回收冷热量、利用室外新风作冷源调节室内热环境、冬季利用冷却塔提供空调冷水等节能措施时，或采用新的冷热源、末端设备形式以及考虑部分负荷运行下的季节性能系数时，一般需要空调系统的全年能耗模拟计算结果为依据，以判定节能措施的合理性及季节性能系数的计算等。

7.2 空调负荷计算

7.2.1 空调热、冷负荷的要求。强制性条文。

工程设计过程中，为防止滥用热、冷负荷指标进行设计的现象发生，规定此条为强制要求。用热、冷负荷指标进行空调设计时，估算的结果总是偏大，由此造成主机、输配系统及末端设备容量等偏大，这不仅给国家和投资者带来巨大损失，而且给系统控制、节能和环保带来潜在问题。

当建筑物空调设计仅为预留空调设备的电气容量时，空调热、冷负荷的计算可采用热、冷负荷指标进行估算。

7.2.2 空调区的夏季得热量。

在计算得热量时，只计算空调区的自身产热量和由空调区外部传入的热量，如分层空调中的对流热转移和辐射热转移等，对处于空调区之外的得热量不应计算。此外，明确指出食品的散热量应予以考虑，是因为该项散热量对于某些民用建筑（如饭店、宴会厅等）的空调负荷影响较大。

考虑到目前建筑材料的快速发展，根据建筑材料太阳辐射透过率的大小，可将建筑围护结构划分为不透明围护结构和透明围护结构，其中：由太阳辐射透过率等于零的建筑材料（如金属、砖石、混凝土等）所构成的围护结构，称不透明围护结构；由太阳辐射透过率介于0~1之间的建筑材料（如玻璃、透光化学材料（ETFE膜）等）所构成的围护结构，称透明围护结构。照射在透明围护结构的太阳辐射有一部分被反射掉，另一部分透过透明围护结构直接进入室内，被围护结构内表面、家具等吸收。

7.2.3 空调区的夏季冷负荷。

本条从现代空调负荷计算方法的基本原理出发，规定了计算空调区夏季冷负荷所应考虑的基本因素，强调指出得热量与冷负荷是两个不同的概念。

以空调房间为例，通过围护结构传入房间的，以及房间内部散出的各种热量，称为房间得热量。为保持所要求的室内温度必须由空调系统从房间带走的热量称为房间冷负荷。两者在数值上不一定相等，这取决于得热中是否含有时变的辐射成分。当时变的得热量中含有辐射成分时或者虽然时变得热曲线相同但所含的辐射百分比不同时，由于进入房间的辐射成分不能被空调系统的送风消除，只能被房间内表面及室内各种陈设所吸收、反射、放热、再吸收、再反射、再放热……在多次换热过程中，通过房间及陈设的蓄热、放热作用，使得热中的辐射成分逐渐转化为对流成分，即转化为冷负荷。显然，此时得热曲线与负荷曲线不再一致，比起前者，后者线型将产生峰值上的衰减和时间上的延迟，这对于削减空调设计负荷有重要意义。

7.2.4 按非稳态方法计算的得热量项目。

根据空调冷负荷计算方法的原理，明确规定了按非稳态方法进行空调冷负荷计算的各项得热量。

7.2.5 按稳态方法计算的得热量项目。

非轻型外墙是指传热衰减系数小于或等于 0.2 的外墙。由于非轻型外墙具有较大的惰性，对外界温度扰量反应迟钝，造成墙体的传热温差日变化减少，当室温允许波动范围较大时，其冷负荷计算可采用简化计算。

通过隔墙或楼板等传热形成的冷负荷，当相邻空调区的温差大于 3℃ 时，由于其占空调区的总冷负荷一定比例，在某些情况下是不应忽略的；当相邻空调区的温差小于或等于 3℃ 时，可以忽略不计。

人员密集空调区，如剧院、电影厅、会堂等，由于人体对围护结构和家具的辐射换热量减少，其冷负荷可按瞬时得热量计算。

7.2.6 空调区的夏季冷负荷计算。

地面传热形成的冷负荷：对于工艺性空调区，当有外墙时，距外墙 2m 范围内的地面，受室外气温和太阳辐射热的影响较大，测得地面的表面温度比室温高 1.2℃～1.26℃，即地面温度比西外墙的内表面温度还高。分析其原因，可能是混凝土地面的 K 值比西外墙的要大一些的缘故，所以规定距外墙 2m 范围内的地面须计算传热形成的冷负荷。对于舒适性空调区，夏季通过地面传热形成的冷负荷所占的比例很小，可以忽略不计。

人体、照明和设备等散热形成的冷负荷：非全天工作的照明、设备、器具以及人员等室内热源散热量，因具有时变性质，且包含辐射成分，所以这些散热曲线与它们所形成的负荷曲线是不一致的。根据散热的特点和空调区的热工状况，按照空调负荷计算理论，依据给出的散热曲线可计算出相应的负荷曲线。在进行具体的工程计算时可直接查计算表或使用计算机程序求解。

人员"群集系数"，是指根据人员的年龄、性别构成以及密集程度等情况不同而考虑的折减系数。人员的年龄和性别不同时，其散热量和散湿量就不同，如成年女子的散热量、散湿量约为成年男子散热量的 85%，儿童散热量、散湿量约为成年男子散热量的 75%。

设备的"功率系数"，是指设备小时平均实耗功率与其安装功率之比。

设备的"通风保温系数"，是指考虑设备有无局部排风设施以及设备热表面是否保温而采取的散热量折减系数。

公共建筑的高大空间一般采用分层空调，利用合理的气流组织，仅对下部空调区进行空调，而对上部较大的空间不空调，仅通风排热。由于分层空调具有较好的节能效果，因此，采用分层空调的高大空间，其空调区的冷负荷应小于高大空间的全室性空调冷负荷，计算时应进行折减。

7.2.7 空调冷负荷非稳态计算方法。

目前空调冷负荷计算中，主要有谐波法和传递函数法两种方法，二者计算方法虽不同，但均能满足空调冷负荷计算要求，其共同点是：将研究的传热过程视为非稳定过程，在原理上对得热量和冷负荷进行区分；将研究的传热过程视为常系数线性热力系统，其重要特性是可以应用叠加原理，同时系统特性不随时间变化。经研究比较，二者计算结果具有较好一致性。由于空调冷负荷计算是一个复杂的动态过程，计算过程繁琐，数据处理量大，因此，国内外的暖通空调设计中普遍采用专用空调冷负荷计算软件进行计算；为了使计算更加准确合理，编制组对目前国内常用空调负荷计算软件进行了比较研究，并对其计算模型做出适当规整更新，确保现有版本的计算结果具有较好的一致性。在此基础上，利用更新后的模型及数据，计算了代表城市典型房间、典型构造的空调冷负荷计算系数，并写入本规范附录 H，为简化计算时选用。考虑空调冷负荷的动态特性，空调冷负荷计算推荐采用计算软件进行计算；当条件不具备时，也可按附录 H 提供数据进行简化计算。

玻璃修正系数 C_s 为相对于 3mm 标准玻璃进行的修正。不同种类玻璃的光学性能不尽一致。在实际计算中，对每种玻璃都进行透过它的太阳总辐射照度的计算是不现实的。所以在实际计算中，按 3mm 标准玻璃进行计算夏季太阳总辐射照度，其他类型的玻璃的夏季太阳总辐射照度通过玻璃修正系数 C_s 进行修正计算获得见式（24）。

$$C_s = \frac{在实际工况下透过实际玻璃的太阳总辐射照度}{在标准工况下透过 3mm 单层标准玻璃的太阳总辐射照度}$$

(24)

注：标准工况是指室外空气对流换热系数 $\alpha_w = 18.6 W/(m^2 \cdot K)$，室内对流换热系数 $\alpha_n = 8.7 W/(m^2 \cdot K)$。

玻璃修正系数 C_s、遮阳修正系数、人员集群系数、照明修正系数和设备修正系数，可根据实际情况查有关空调冷负荷计算资料获得。

7.2.8 空调冷负荷稳态计算方法。

对于一般要求的空调区，由于室外扰动因素经历了围护结构和空调区的双重衰减作用，负荷曲线已相当平缓，为减少计算工作量，对非轻型外墙，室外计算温度可采用日平均综合温度代替冷负荷计算温度。

邻室计算平均温度与夏季空调室外计算日平均温度的差值 Δt_{ls}，可参考表 4 确定。

表 4　邻室计算平均温度与夏季空调室外计算日平均温度的差值（℃）

邻室散热量（W/m²）	Δt_{ls}
很少（如办公室和走廊等）	0～2
<23	3
23～116	5

7.2.9 空调区的散湿量计算。

散湿量直接关系到空气处理过程和空调系统的冷负荷大小。把散湿量各个项目一一列出，单独形成一条，是为了把散湿量问题提得更加明确，并且与本规范7.2.2条相呼应，强调了与显热得热量性质不同的各类潜热得热量。

"通风系数"，是指考虑散湿设备有无排风设施而引起的散湿量折减系数。

7.2.10 空调区的夏季冷负荷确定。强制性条文。

空调区的夏季冷负荷，包括通过围护结构的传热、通过玻璃窗的太阳辐射得热、室内人员和照明设备等散热形成的冷负荷，其计算应分项逐时计算，逐时分项累加，按逐时分项累加的最大值确定。

7.2.11 空调系统的夏季冷负荷确定。部分强制性条文。

根据空调区的同时使用情况、空调系统类型以及控制方式等各种不同情况，在确定空调系统夏季冷负荷时，主要有两种不同算法：一个是取同时使用的各空调区逐时冷负荷的综合最大值，即从各空调区逐时冷负荷相加后所得数列中找出的最大值；一个是取同时使用的各空调区夏季冷负荷的累计值，即找出各空调区逐时冷负荷的最大值并将它们相加在一起，而不考虑它们是否同时发生。后一种方法的计算结果显然比前一种方法的结果要大。如当采用全空气变风量空调系统时，由于系统本身具有适应各空调区冷负荷变化的调节能力，此时系统冷负荷即应采用各空调区逐时冷负荷的综合最大值；当末端设备没有室温自动控制装置时，由于系统本身不能适应各空调区冷负荷的变化，为了保证最不利情况下达到空调区的温湿度要求，系统冷负荷即应采用各空调区夏季冷负荷的累计值。

新风冷负荷应按系统新风量和夏季室外空调计算干、湿球温度确定。再热负荷是指空气处理过程中产生冷热抵消所消耗的冷量，附加冷负荷是指与空调运行工况、输配系统有关的附加冷负荷。

同时使用系数可根据各空调区在使用时间上的不同确定。

7.2.12 夏季附加冷负荷的确定。

冷水箱温升引起的冷量损失计算，可根据水箱保温情况、水箱间的环境温度、水箱内冷水的平均温度，按稳态传热方法进行计算。

对空调间歇运行时所产生的附加冷负荷，设计中可根据工程实际情况酌情处理。

7.2.13 空调区的冬季热负荷确定。

空调区的冬季热负荷和供暖房间热负荷的计算方法是相同的，只是当空调区与室外空气的正压差值较大时，不必计算经由门窗缝隙渗入室内的冷空气耗热量。但是，考虑到空调区内热环境条件要求较高，区内温度的不保证时间应少于一般供暖房间，因此，在

选取室外计算温度时，规定采用历年平均不保证1天的日平均温度值，即应采用冬季空调室外计算温度。

对工艺性空调、大型公共建筑等，当室内热源（如计算机设备等）稳定放热时，此部分散热量应予以考虑并扣除。

7.2.14 空调系统的冬季热负荷确定。

冬季附加热负荷是指空调风管、热水管道等热损失所引起的附加热负荷。一般情况下，空调风管、热水管道均布置在空调区内，其附加热负荷可以忽略不计，但当空调风管局部布置在室外环境下时，应计入其附加热负荷。

7.3 空调系统

7.3.1 选择空调系统的原则。

1 本条是选择空调系统的总原则，其目的是为了在满足使用要求的前提下，尽量做到一次投资少、运行费经济、能耗低等。

2 对规模较大、要求较高或功能复杂的建筑物，在确定空调方案时，原则上应对各种可行的方案及运行模式进行全年能耗分析，使系统的配置合理，以实现系统设计、运行模式及控制策略的最优。

3 气候是建筑热环境的外部条件，气候参数如太阳辐射、温度、湿度、风速等动态变化，不仅直接影响到人的舒适感受，而且影响到建筑设计。强调干热气候区的主要原因是：该气候区（如新疆等地区）深处内陆，大陆性气候明显，其主要气候特征是太阳辐射资源丰富、夏季温度高、日较差大、空气干燥等，与其他气候区的气候特征差异明显。因此，该气候区的空调系统选择，应充分考虑该地区的气象条件，合理有效地利用自然资源，进行系统对比选择。

7.3.2 空调风系统的划分。

将不同要求的空调区放置在一个空调风系统中时，会难以控制，影响使用，所以强调不同要求的空调区宜分别设置空调风系统。当个别局部空调区的标准高于其他主要空调区的标准要求时，从简化空调系统设置、降低系统造价等原则出发，二者可合用空调风系统；但此时应对标准要求高的空调区进行处理，如同一风系统中有空气的洁净度或噪声标准要求不同的空调区时，应对洁净度或噪声标准要求高的空调区采取增设符合要求的过滤器或消声器等处理措施。

需要同时供热和供冷的空调区，是指不同朝向、周边区与内区等。进深较大的开敞式办公用房、大型商场等，内外区负荷特性相差很大，尤其是冬季或过渡季，常常外区需供热时，内区因过热需全年供冷；过渡季节朝向不同的空调区也常需要不同的送风参数，此时，可按不同区域划分空调区，分别设置空调风系统，以满足调节和使用要求；当需要合用空调风系统时，应根据空调区的负荷特性，采用不同类型的送风末端装置，以适应空调区的负荷变化。

7.3.3 易燃易爆等空调风系统的划分。

根据建筑消防规范、实验室设计规范等要求，强调了空调风系统中，对空气中含有易燃易爆或有毒有害物质空调区的要求，具体做法应遵循国家现行有关的防火、实验室设计规范等。

7.3.4 全空气定风量空调系统的选择。

全空气空调系统存在风管占用空间较大的缺点，但人员较多的空调区新风比例较大，与风机盘管加新风等空气—水系统相比，多占用空间不明显；人员较多的大空间空调负荷和风量较大，便于独立设置空调风系统，可避免出现多空调区共用一个全空气定风量系统难以分别控制的问题；全空气定风量系统易于改变新回风比例，可实现全新风送风，以获得较好的节能效果；全空气系统设备集中，便于维护管理；因此，推荐在剧院、体育馆等人员较多、运行时负荷和风量相对稳定的大空间建筑中采用。

全空气定风量空调系统，对空调区的温湿度控制、噪声处理、空气过滤和净化处理以及气流稳定等有利，因此，推荐应用于要求温湿度允许波动范围小、噪声或洁净度标准高的播音室、净化房间、医院手术室等场所。

7.3.5 全空气空调系统的基本设计原则。

1 一般情况下，在全空气空调系统（包括定风量和变风量系统）中，不应采用分别送冷热风的双风管系统，因该系统易存在冷热量互相抵消现象，不符合节能原则；同时，系统造价较高，不经济。

2 目前，空调系统控制送风温度常采用改变冷热水流量方式，而不常采用变动一、二次回风比的复杂控制系统；同时，由于变动一、二次回风比会影响室内相对湿度的稳定，不适用于散湿量大、湿度要求较严格的空调区；因此，在不使用再热的前提下，一般工程推荐采用系统简单、易于控制的一次回风式系统。

3 采用下送风方式或洁净室空调系统（按洁净要求确定的风量，往往大于用负荷和允许送风温差计算出的风量），其允许送风温差都较小，为避免系统采用再热方式所产生的冷热量抵消现象，可以使用二次回风式系统。

4 一般情况下，除温湿度波动范围要求严格的工艺性空调外，同一个空气处理系统不应同时有加热和冷却过程，因冷热量互相抵消，不符合节能原则。

7.3.6 全空气空调系统设置回风机的情况

单风机式空调系统具有系统简单、占地少、一次投资省、运行耗电量少等优点，因此常被采用。

当需要新风、回风和排风量变化时，尤其过渡季的排风措施，如开窗面积、排风系统等，无法满足系统最大新风量运行要求时，单风机式空调系统存在系统新、回风量调节困难等缺点；当回风系统阻力大时，单风机式空调系统存在送风机风压较高、耗电量

较大、噪声也较大等缺点。因此，在这些情况下全空气空调系统可设回风机。

7.3.7 全空气变风量空调系统的选择。

全空气变风量空调系统具有控制灵活、卫生、节约电能（相对定风量空调系统而言）等特点，近年来在我国应用有所发展，因此本规范对其适用条件和要求作出了规定。

全空气变风量空调系统按系统所服务空调区的数量，分为带末端装置的变风量空调系统和区域变风量空调系统。带末端装置的变风量空调系统是指系统服务于多个空调区的变风量系统，区域变风量系统是指系统服务于单个空调区的变风量系统。对区域变风量系统而言，当空调区负荷变化时，系统是通过改变风机转速来调节空调区的风量，以达到维持室内设计参数和节省风机能耗的目的。

空调区有内外分区的建筑物中，对常年需要供冷的内区，由于没有围护结构的影响，可以以相对恒定的送风温度送风，通过送风量的改变，基本上能满足内区的负荷变化；而外区较为复杂，受围护结构的影响较大。不同朝向的外区合用一个变风量空调系统时，过渡季节为满足不同空调区的要求，常需要送入较低温度的一次风。对需要供暖的空调区，则通过末端装置上的再热盘管加热一次风供暖。当一次风的空气处理冷源是采用制冷机时，需要供暖的空调区会产生冷热抵消现象。

变风量空调系统与其他空调系统相比投资大、控制复杂，同时，与风机盘管加新风系统相比，其占用空间也大，这是应用受到限制的主要原因。另外，与风机盘管加新风系统相比，变风量空调系统由于末端装置无冷却盘管，不会产生室内因冷凝水而滋生的微生物和病菌等，对室内空气质量有利。

变风量空调系统的风量变化有一定的范围，其湿度不易控制。因此，规定在温湿度允许波动范围要求高的工艺性空调区不宜采用。对带风机动力型末端装置的变风量系统，其末端装置的内置风机会产生较大噪声，因此，规定不宜应用于播音室等噪声要求严格的空调区。

7.3.8 全空气变风量空调系统的设计。

1、2 全空气变风量空调系统的空调区划分非常重要，其影响因素主要有建筑模数、空调负荷特性、使用时间等；空调区的划分不同，其空调系统形式也不相同。变风量空调系统用于空调区内外分区时，常有以下系统组合形式：当内区独立采用全年送冷的变风量空调系统时，外区可根据外区的空调负荷特性，设置风机盘管空调系统、定风量空调系统等；当内外区合用变风量空气处理机组时，内区可采用单风道型变风量末端装置，外区则根据外区的空调负荷特性，设置带再热盘管的变风量末端装置，用于外区的供暖；当内外区分别设置变风量空气处理机组时，内区

机组仅需要全年供冷，而外区机组需要按季节进行供冷或供热转换；同时，外区宜按朝向分别设置空气处理机组，以保证每个系统中各末端装置所服务区域的转换时间一致。

3 变风量空调系统的末端装置类型很多，根据是否补偿系统压力变化可分为压力无关型和压力有关型末端两种，其中，压力无关型是指当系统主风管内的压力发生变化时，其压力变化所引起的风量变化被检测并反馈到末端控制器中，控制器通过调节风阀的开度来补偿此风量的变化。目前，常用的变风量末端装置主要为压力无关型。

5 变风量空调系统，当一次风送风量减少时，其新风量也随之减少，有新风量不能满足最小新风量要求的潜在性。因此，强调应采取保证最小新风量的措施。对采用双风机式变风量系统而言，当需要维持最小新风量时，为使新风量恒定，回风量则往往不是随送风量的变化按比例变化，而是要求与送风量保持恒定的差值。因此，要求送、回风机按转速分别控制，以满足最小新风量的要求。

6 变风量空调系统的送风量改变应采用风机调速方法，以达到节能的目的，不宜采用恒速风机，通过改变送、回风阀的开度来实现变风量等简易方法。

7 变风量空调系统的送风口选择不当时，送风口风量的变化会影响到室内的气流组织，影响室内的热湿环境无法达到要求。对串联式风机动力型末端装置而言，因末端装置的送风量是恒定的，则不存在上述问题。

7.3.9 风机盘管加新风空调系统的选择。

风机盘管系统具有各空调区温度单独调节、使用灵活等特点，与全空气空调系统相比可节省建筑空间，与变风量空调系统相比造价较低等，因此，在宾馆客房、办公室等建筑中大量使用。"加新风"是指新风经过处理达到一定的参数要求后，有组织地送入室内。

普通风机盘管加新风空调系统，存在着不能严格控制室内温湿度的波动范围，同时，常年使用时，存在冷却盘管外部因冷凝水而滋生微生物和病菌等，恶化室内空气质量等缺点。因此，对温湿度波动范围和卫生等要求较严格的空调区，应限制使用。

由于风机盘管对空气进行循环处理，无特殊过滤装置，所以不宜安装在厨房等油烟较多的空调区，否则会增加盘管风阻力并影响其传热。

7.3.10 风机盘管加新风空调系统的设计。

1 当新风与风机盘管机组的进风口相接，或只送到风机盘管机组的回风吊顶处时，将会影响室内的通风；同时，当风机盘管机组的风机停止运行时，新风有可能从带有过滤器的回风口处吹出，不利于室内空气质量的保证。另外，新风和风机盘管的送风混合后再送入室内时，会造成送风和新风的压力难以平

衡，有可能影响新风量的送入。因此，推荐新风直接送入人员活动区。

2 风机盘管加新风空调系统强调新风的处理，对空气质量标准要求较高的空调区，如医院等，可采用处理后的新风负担空调区的全部散湿量时，让风机盘管机组干工况运行，以有利于室内空气质量的保证；同时，由于处理后的新风送风温度较低，低于室内露点温度，因此，低温新风系统设计应满足低温送风空调系统的相关要求。

3 早期的风机盘管机组余压只有0Pa和12Pa两种形式，《风机盘管机组》GB/T 19232对高余压机组没有漏风率的规定。为适应市场需求，部分风机盘管余压越来越高，达50Pa或以上，由于常规风机盘管机组的换热盘管位于送风机出风侧，会导致机组漏风严重以及噪声、能耗等增加，故不宜选择高出口余压的风机盘管机组。

7.3.11 多联机空调系统的选择与设计。

由于多联机空调系统的制冷剂直接进入空调区，当用于有振动、油污蒸汽、产生电磁波或高频波设备的场所时，易引起制冷剂泄漏、设备损坏、控制器失灵等事故，故这些场所不宜采用该系统。

1 多联机空调系统形式的选择，需要根据建筑物的负荷特征、所在气候区等多方面因素综合考虑：当仅用于建筑物供冷时，可选用单冷型；当建筑物按季节变化需要供冷、供热时，可选用热泵型；当同一多联机空调系统中需要同时供冷、供热时，可选用热回收型。

多联机空调系统的部分负荷特性主要取决于室内外温度、机组负荷率及室内机运行情况等。当室内机组的负荷变化率较为一致时，系统在$50\%\sim80\%$负荷率范围内具有较高的制冷性能系数。因此，从节能角度考虑，推荐将负荷特性相差较大的空调区划为不同系统。

热回收型多联机空调系统是高效节能型系统，它通过高压气体管将高温高压蒸气引入用于供热的室内机，制冷剂蒸气在室内机内放热冷凝，流入高压液体管；制冷剂自高压液体管进入用于制冷的室内机中，蒸发吸热，通过低压气体管返回压缩机。室外热交换器视室内机运行模式起着冷凝器或蒸发器的作用，其功能取决于各室内机的工作模式和负荷大小。

2 室内、外机组之间以及室内机组之间的最大管长与最大高差，是多联机空调系统的重要性能参数。为保证系统安全、稳定、高效的运行，设计时，系统的最大管长与最大高差不应超过所选用产品的技术要求。

3 多联机空调系统是利用制冷剂输配能量，系统设计中必须考虑制冷剂连接管内制冷剂的重力与摩擦阻力等对系统性能的影响，因此，应根据系统制冷量的衰减来确定系统的服务区域，以提高系统的能

效比。

4 室外机变频设备与其他变频设备保持合理距离，是为了防止设备间的互相干扰，影响系统的安全运行。

7.3.12 低温送风空调系统的选择。

低温送风空调系统，具有以下优点：

1 由于送风温差和冷水温升比常规系统大，系统的送风量和循环水量小，减小了空气处理设备、水泵、风道等的初投资，节省了机房面积和风管所占空间高度；

2 由于需要的冷水温度低，当冷源采用制冷机直接供冷时制冷能耗比常规系统高；当冷源采用蓄冷系统时，由于制冷能耗主要发生在非用电高峰期，可明显地减少了用电高峰期的电力需求和运行费用；

3 特别适用于空调负荷增加而又不允许加大风管、降低房间净高的改造工程；

4 由于送风除湿量的加大，造成了室内空气的含湿量降低，增强了室内的热舒适性。

低温冷媒可由蓄冷系统、制冷机等提供。由于蓄冷系统需要的初投资较高，当利用蓄冷设备提供低温冷水与低温送风系统相结合时，可减少空调系统的初投资和用电量，更能够发挥减小电力需求和运行费用等优点；其他能够提供低温冷媒的冷源设备，如采用直接膨胀式蒸发器的整体式空调机组或利用乙烯乙二醇水溶液做冷媒的制冷机，也可用于低温送风空调系统。

采用低温送风空调系统时，空调区内的空气含湿量较低，室内空气的相对湿度一般为 30%～50%，同时，系统的送风量也较少。因此，应限制在空气相对湿度或送风量要求较大的空调区应用，如植物温室、手术室等。

7.3.13 低温送风空调系统的设计。

1 空气冷却器的出风温度：制约空气冷却器出风温度的条件是冷媒温度，当冷却盘管的出风温度与冷媒的进口温度之间的温差过小时，必然导致盘管传热面积过大而不经济，以致选择盘管困难；同时，对直接膨胀式蒸发器而言，送风温度过低还会带来盘管结霜和液态制冷剂进入压缩机问题。

2 送风温升：低温送风系统不能忽视送风机、风管及送风末端装置的温升，一般可达 2℃～3℃；同时应考虑风口的选型，最后确定室内送风温度及送风量。

3 空气处理机组选型：空气冷却器的迎风面风速低于常规系统，是为了减少风侧阻力和冷凝水吹出的可能性，并使出风温度接近冷媒的进口温度；为了获得较低出风温度，冷却器盘管的排数和翅片密度大于常规系统，但翅片过密或排数过多会增加风侧或水侧阻力，不便于清洗，凝水易被吹出盘管等，故应对翅片密度和盘管排数二者权衡取舍，进行设备费和运行费的经济比较后，确定其数值；为了取得风水之间更大的接近度和温升，解决部分负荷时流速过低的问题，应使冷媒流过盘管的路径较长，温升较高，并提高冷媒流速与扰动，以改善传热，因此冷却盘管的回路布置常采用管程数较多的分回路布置方式，但会增加了盘管阻力；基于上述诸多因素，低温送风系统不能直接采用常规系统的空气处理机组，必须通过技术经济分析比较，严格计算，进行设计选型。

4 直接低温送风：采取低温冷风直接送入房间时，可采用低温风口。低温风口应具有高诱导比，在满足室内气流组织设计要求下，风口表面不应结露。因送风温度低，为防止低温空气直接进入人员活动区，尤其是采用全空气变风量空调系统时，当送风量较低时，应对低温风口的扩散性或空气混合性有更高的要求，具体详见本规范第 7.4.2 条的规定。

5 保冷：由于送风温度比常规系统低，为减少系统冷量损失和防止结露，应保证系统设备、风管、送风末端送风装置的正确保冷与密封，保冷层应比常规系统厚，见本规范 11.1.4 条的规定。

7.3.14 温湿度独立控制空调系统的选择。

空调区散湿量较小的情况，一般指空调区单位面积的散湿量不超过 30g/(m² · h)。

空调系统承担着排除空调区余热、余湿等任务。温湿度独立控制空调系统由于采用了温度与湿度两套独立的空调系统，分别控制着空调区的温度与湿度，从而避免了常规空调系统中温度与湿度联合处理所带来的损失；温度控制系统处理显热时，冷水温度要求低于室内空气的干球温度即可，为天然冷源等的利用创造了条件，且末端设备处于干工况运行，避免了室内盘管等表面滋生霉菌等。同时，由于冷水供水温度高，系统可采用天然冷源或 COP 值较高的高温型冷水机组，对系统的节能有利。但此时末端装置的换热面积需要增加，对投资不利。

空调区的全部散湿量由湿度控制系统承担，因此，采取何种除湿方式是实现对新风湿度控制的关键。随着技术的不断发展，各种除湿技术的应用也日益广泛，因此，在技术经济合理的情况下，当空调区散湿量较小时，推荐采用温湿度独立控制空调系统。

7.3.15 温度湿度独立空调系统的设计要求。

1 温度控制系统，当室外空气设计露点温度较低时，应采用间接蒸发冷水机组制取冷水吸收显热，或其他高效制冷方式制取高温冷水。在条件允许情况下，推荐利用蒸发冷却、天然冷源等制备冷水，以达到节能的目的。温度控制系统的末端设备可以选择地面冷辐射、顶棚冷辐射或干式风机盘管，以及这几种方式的组合。

2 湿度控制系统中，经处理的新风负担空调区全部散湿量，与常规空调系统相比，能够更好地控制空调区湿度，避免新风处理过程中的再热损失，以满足室内热湿比的变化。常用的除湿方法有冷却除湿、溶液除湿、固体吸附除湿等。除湿方式的不同,确定了新风处理方式也不同。新风处理方式的选择应根据当地气象条件、新风送风的露点温度和含湿量,结合建筑物特性、使用要求等,经技术经济比较后确定。

当室外新风湿球温度对应的绝对含湿量低于要求的新风送风含湿量时,宜采用直接蒸发冷却方式处理新风;当室外新风露点温度低于要求的新风送风露点温度时,宜采用间接蒸发冷却方式处理新风;当室外新风露点高于要求的新风送风露点时,宜采用冷凝除湿、转轮除湿或溶液除湿等。

采用冷却除湿方式时,湿度控制系统要求的冷水温度应低于室内空气的露点温度,而温度控制系统要求的冷水温度应低于室内空气的干球温度,并高于室内空气的露点温度,二者对冷水的供水温度要求是不同的。

采用蒸发冷却除湿方式时,由于直接蒸发冷却空气处理过程是等焓加湿过程,干燥的新风经直接蒸发冷却被加湿,降低了系统的除湿能力,对湿度控制系统不利。因此,对蒸发冷却方式的确定,应经技术分析,合理应用。直接蒸发冷却处理新风时,其水质必须符合本规范第7.5.2条的强制规定。

3 采用冷却除湿方式时,由于除湿空气需被冷却到露点以下,才能除去冷凝水。为满足新风的送风要求,除湿后的新风需要进行再热处理后送入空调区,这会造成冷热量抵消现象的发生。因此,从节能角度考虑,应限制系统采取外部热源对新风进行再热处理,如锅炉提供的热水、电加热器等。

4 考虑到房间的具体使用情况,如开窗等,温湿度独立控制空调系统应采取自动控制等措施,以防止末端设备表面发生结露现象,影响系统正常运行。

7.3.16 蒸发冷却空调系统的选择。

蒸发冷却空调系统是指利用水的蒸发来冷却空气的空调系统。在室外气象条件满足要求的前提下,推荐在夏季空调室外设计露点温度较低的地区(通常在低于16℃的地区),如干热气候区的新疆、内蒙古、青海等,采用蒸发冷却空调系统,以有利于空调系统的节能。

7.3.17 蒸发冷却空调系统的设计要求。

蒸发冷却空调系统的形式,可分为全空气式和空气-水式蒸发冷却空调系统两种形式。当通过蒸发冷却处理后的空气,能承担空调区的全部显热负荷和散湿量时,系统应选全空气式系统;当通过蒸发冷却处理后的空气仅承担空调区的全部散湿量和部分显热负荷,而剩余部分显热负荷由冷水系统承担时,系统应选空气-水式系统。空气-水式系统中,水系统的末端设备可选用辐射板、干式风机盘管机组等。

全空气蒸发冷却空调系统,根据空气的处理方式,可采用直接蒸发冷却、间接蒸发冷却和组合式蒸发冷却(直接蒸发冷却与间接蒸发冷却混合的蒸发冷却方式)。室外设计湿球温度低于16℃的地区,其空气处理可采用直接蒸发冷却方式;夏季室外计算湿球温度较高的地区,为强化冷却效果,进一步降低系统的送风温度、减小送风量和风管面积时,可采用组合式蒸发冷却方式。组合式蒸发冷却方式的二级蒸发冷却是指在一个间接蒸发冷却器后,再串联一个直接蒸发冷却器;三级蒸发冷却是指在两个间接蒸发冷却器串联后,再串联一个直接蒸发冷却器。

直接蒸发冷却空调系统,由于水与空气直接接触,其水质直接影响到室内空气质量,其水质必须符合本规范第7.5.2条的强制规定。

7.3.18 直流式(全新风)空调系统的选择。

直流式(全新风)空调系统是指不使用回风,采用全新风直流运行的全空气空调系统。考虑节能、卫生、安全的要求,一般全空气空调系统不应采用冬夏季能耗较大的直流式(全新风)空调系统,而应采用有回风的空调系统。

7.3.19 空调区、空调系统的新风量确定。

新风系统是指用于风机盘管加新风、多联机、水环热泵等空调系统的新风系统,以及集中加压新风系统。

有资料规定,空调系统的新风量占送风量的百分数不应低于10%,但对温湿度波动范围要求很小或洁净度要求很高的空调区,其送风量都很大,即使要求最小新风量达到送风量的10%,新风量也很大,不仅不节能,而且大量室外空气还影响了室内温湿度的稳定,增加了过滤器的负担。一般舒适性空调系统而言,按人员、空调区正压等要求确定的新风量达不到10%时,由于人员较少,室内CO_2浓度也较小(氧气含量相对较高),也没必要加大新风量;因此本规范没有规定新风量的最小比例(即最小新风比)。民用建筑物中,主要空调区的人员所需最小新风量具体数值,可参照本规范第3.0.6条规定。

当全空气空调系统服务于多个不同新风比的空调区时,其系统新风比应按下列公式确定:

$$Y = X/(1 + X - Z) \tag{25}$$

$$Y = V_{ot}/V_{st} \tag{26}$$

$$X = V_{on}/V_{st} \tag{27}$$

$$Z = V_{oc}/V_{sc} \tag{28}$$

式中:Y——修正后的系统新风量在送风量中的比例;

V_{ot}——修正后的总新风量(m^3/h);

V_{st}——总送风量,即系统中所有房间送风量之和(m^3/h);

X——未修正的系统新风量在送风量中的比例;

V_{on}——系统中所有房间的新风量之和(m^3/h);

Z——需求最大的房间的新风比;

V_{oc}——需求最大的房间的新风量(m^3/h);

V_{sc}——需求最大的房间的送风量(m^3/h)。

7.3.20 新风作冷源。

1 规定此条的目的是为了节约能源。

2 除过渡季可使用全新风外，还有冬季不采用最小新风量的特例，如冬季发热量较大的内区，当采用最小新风量时，内区仍需要对空气进行冷却，此时可利用加大新风量作为冷源。

温湿度允许波动范围小的工艺性房间空调系统或洁净室内的空调系统，考虑到减少过滤器负担，不宜改变或增加新风量。

7.3.21 新风进风口的要求。

1 新风进风口的面积应适应最大新风量的需要，是指在过渡季大量使用新风时，为满足系统过渡季全新风运行，系统可设置最小新风口和最大新风口，或按最大新风量设置新风进风口，并设调节装置，以分别适应冬夏和过渡季节新风量变化的需要。

2 系统停止运行时，进风口如不能严密关闭，夏季热湿空气侵入，会造成金属表面和室内墙面结露；冬季冷空气侵入，将使室温降低，甚至使加热排管冻坏；所以规定进风口处应设有严密关闭的阀门，寒冷和严寒地区宜设保温阀门。

7.3.22 空调系统的风量平衡。

考虑空调系统的风量平衡（包括机械排风和自然排风）是为了使室内正压值不要过大，以造成新风无法正常送入。

机械排风设施可采用设回风机的双风机系统，或设置专用排风机；排风量还应随新风量的变化而变化，例如采取控制双风机系统各风阀的开度，或排风机与送风机连锁控制风量等自控措施。

7.3.23 设置空气-空气能量回收装置的原则。

空气能量回收，过去习惯称为空气热回收。规定此条的目的是为了节能。空调系统中处理新风所需的冷热负荷占建筑物总冷热负荷的比例很大，为有效地减少新风冷热负荷，除规定合理的新风量标准之外，还宜采用空气-空气能量回收装置回收空调排风中的热量和冷量，用来预热和预冷新风。

在进行空气能量回收系统的技术经济比较时，应充分考虑当地的气象条件、能量回收系统的使用时间等因素，在满足节能标准的前提下，如果系统的回收期过长，则不应采用能量回收系统。

7.3.24 空气能量回收系统的设计。

国家标准《空气-空气能量回收装置》GB/T 21087 将空气能量回收装置按换热类型分为全热回收型和显热回收型两类，同时规定了内部漏风率和外部漏风率指标。由于能量回收原理和结构特点的不同，空气能量回收装置的处理风量和排风泄漏量存在较大的差异。当排风中污染物浓度较大或污染物种类对人体有害时，在不能保证污染物不泄漏到新风送风中时，空气能量回收装置不应采用转轮式空气能量回收装置，同时也不宜采用板式或板翅式空气能量回收

装置。

新排风中显热和潜热能量的构成比例是选择显热或全热空气能量回收装置的关键因素。在严寒地区及夏季室外空气比焓低于室内空气设计比焓而室外空气温度又高于室内空气设计温度的温和地区，宜选用显热回收装置；在其他地区，尤其是夏热冬冷地区，宜选用全热回收装置。

从工程应用中发现，空气能量回收装置的空气积灰对热回收效率的影响较大，设计中应予以重视，并考虑能量回收装置的过滤器设置问题。对室外温度较低的地区（如严寒地区），应对热回收装置的排风侧是否出现结霜或结露现象进行核算，当出现结霜或结露时，应采取预热等措施。

常用的空气能量回收装置性能和适用对象参见下表：

表5　常用空气能量回收装置性能和适用对象

项　目	能量回收装置形式					
	转轮式	液体循环式	板式	热管式	板翅式	溶液吸收式
能量回收形式	显热或全热	显热	显热	显热	全热	全热
能量回收效率	50%～85%	55%～65%	50%～80%	45%～65%	50%～70%	50%～85%
排风泄漏量	0.5%～10%	0	0～5%	0～1%	0～5%	0
适用对象	风量较大且允许排风与新风间有适量渗透的系统	新风与排风热回收点较多且比较分散的系统	仅需回收显热的系统	含有轻微灰尘或温度较高的通风系统	需要回收全热的且空气较清洁的系统	需回收全热空气有过滤的系统

7.4　气流组织

7.4.1 空调区的气流组织设计原则。

空调系统末端装置的选择和布置时，应与建筑装修相协调，注意风口的选型与布置对内部装修美观的影响；同时应考虑室内空气质量、室内温度梯度等要求。

涉及气流组织设计的舒适性指标，主要由气流组织形式、室内热源分布及特性所决定。

空气分布特性指标（ADPI：Air Diffusion Performance Index），是满足风速和温度设计要求的测点数与总测点数之比。对舒适性空调而言，相对湿度在适当范围内对人体的舒适性影响较小，舒适度主要考虑空气温度与风速对人体的综合作用。根据实验结果，有效温度差与室内风速之间存在下列关系：

$$EDT = (t_i - t_n) - 7.66(u_i - 0.15) \qquad (29)$$

式中：t_i、t_n、u_i——工作区某点的空气温度、空气流速和给定的室内设计温度。

并且认为当 EDT 在 $-1.7 \sim +1.1$ 之间多数人感到舒适。因此，空气分布特性指标（ADPI）应为

$$ADPI = \frac{-1.7 < EDT < 1.1 \text{的测点数}}{\text{总测点数}} \times 100\%$$

(30)

一般情况下，空调区的气流组织设计应使空调区的 $ADPI \geqslant 80\%$。$ADPI$ 值越大，说明感到舒适的人群比例越大。

对于复杂空间的气流组织设计，采用常规计算方法已无法满足要求。随着计算机技术的不断发展与计算流体动力学（CFD）数值模拟技术的日益普及，对复杂空间等特殊气流组织设计推荐采用计算流体动力学（CFD）数值模拟计算。

7.4.2 空调区的送风方式及送风口的选型。

空调区内良好的气流组织，需要通过合理的送回风方式以及送回风口的正确选型和布置来实现。

1 侧送时宜使气流贴附以增加送风射程，改善室内气流分布。工程实践中发现风机盘管的送风不贴附时，室内温度分布则不均匀。目前，空气分布增加了置换通风及地板送风等方式，以有利于提高人员活动区的空气质量，优化室内能量分配，对高大空间建筑具有较明显的节能效果。

侧送是已有几种送风方式中比较简单经济的一种。在一般空调区中，大多可以采用侧送。当采用较大送风温差时，侧送贴附射流有助于增加气流射程，使气流混合均匀，既能保证舒适性要求，又能保证人员活动区温度波动小的要求。侧送气流宜贴附顶棚。

2 圆形、方形和条缝形散流器平送，均能形成贴附射流，对室内高度较低的空调区，既能满足使用要求，又比较美观，因此，当有吊顶可利用时，采用这种送风方式较为合适。对于室内高度较高的空调区（如影剧院等），以及室内散热量较大的空调区，当采用散流器时，应采用向下送风，但布置风口时，应考虑气流的均布性。

在一些室温允许波动范围小的工艺性空调区中，采用孔板送风较多。根据测定可知，在距孔板 100mm～250mm 的汇合段内，射流的温度、速度均已衰减，可达到±0.1℃的要求，且区域温差小，在较大的换气次数下（每小时达 32 次），人员活动区风速一般均在 0.09m/s～0.12m/s 范围内。所以，在单位面积送风量大，且人员活动区要求风速小或区域温差要求严格的情况下，应采用孔板向下送风。

3 对于高大空间，采用上述几种送风方式时，布置风管困难，难以达到均匀送风的目的。因此，建议采用喷口或旋流风口送风方式。由于喷口送风的喷口截面大，出口风速高，气流射程长，与室内空气强烈掺混，能在室内形成较大的回流区，达到布置少量

风口即可满足气流均布的要求。同时，它还具有风管布置简单、便于安装、经济等特点。当空间高度较低时，采用旋流风口向下送风，亦可达到满意的效果。应用置换通风、地板送风的下部送风方式，使送入室内的空气先在地板上均匀分布，然后被热源（人员、设备等）加热，形成以热烟羽形式向上的对流气流，更有效地将热量和污染物排出人员活动区，在高大空间应用时，节能效果显著，同时有利于改善通风效率和室内空气质量。对于演播室等高大空间，为便于满足空间布置需要，可采用可伸缩的圆筒形风口向下送风的方式。

4 全空气变风量空调系统的送风参数是保持不变的，它是通过改变风量来平衡室内负荷变化。这就要求，在送风量变化时，所选用的送风末端装置或送风口应能满足室内空气温度及风速的要求。用于全空气变风量空调系统的送风末端装置，应具有与室内空气充分混合的性能，并在低送风量时，应能防止产生空气滞留，在整个空调区内具有均匀的温度和风速，而不能产生吹风感，尤其在组织热气流时，要保证气流能够进入人员活动区，而不滞留在上部区域。

5 风口表面温度低于室内露点温度时，为防止风口表面结露，风口应采用低温风口。低温风口与常规散流器相比，两者的主要差别是：低温风口所适用的温度和风量范围较常规散流器广。在这种较广的温度与风量范围下，必须解决好充分与空调区空气混合、贴附长度及噪声等问题。选择低温风口时，一般与常规方法相同，但应对低温送风射流的贴附长度予以重视。在考虑风口射程的同时，应使风口的贴附长度大于空调区的特征长度，以避免人员活动区吹冷风现象发生。

7.4.3 贴附侧送的要求。

贴附射流的贴附长度主要取决于侧送气流的阿基米德数。为了使射流在整个射程中都贴附在顶棚上而不致中途下落，就需要控制阿基米德数小于一定的数值。

侧送风口安装位置距顶棚愈近，愈容易贴附。如果送风口上缘离顶棚距离较大时，为了达到贴附目的，规定送风口处应设置向上倾斜 $10° \sim 20°$ 的导流片。

7.4.4 孔板送风的要求。

1 本条规定的稳压层净高不应小于 0.2m，主要是从满足施工安装的要求上考虑的。

2 在一般面积不大的空调区中，稳压层内可以不设送风分布支管。根据实测，在 6m×9m 的空调区内（室温允许波动范围为±0.1℃和±0.5℃），采用孔板送风，测试过程中将送风分布支管装上或拆下，在室内均未曾发现任何明显的影响。因此，除送风射程较长的以外，稳压层内可不设送风分布支管。

当稳压层高度较低时，向稳压层送风的送风口，

一般需要设置导流板或挡板以免送风气流直接吹向孔板。

7.4.5 喷口送风的要求。

1 将人员活动区置于气流回流区是从满足卫生标准的要求而制定的。

2 喷口送风的气流组织形式和侧送是相似的，都是受限射流。受限射流的气流分布与建筑物的几何形状、尺寸和送风口安装高度等因素有关。送风口安装高度太低，则射流易直接进入人员活动区；太高则使回流区厚度增加，回流速度过小，两者均影响舒适感。

3 对于兼作热风供暖的喷口，为防止热射流上翘，设计时应考虑使喷口具有改变射流角度的功能。

7.4.6 散流器送风的要求。

1 散流器布置应结合空间特征，按对称均匀或梅花形布置，以有利于送风气流对周围空气的诱导，避免气流交叉和气流死角。与侧墙的距离过小时，会影响气流的混合程度。散流器有时会安装在暴露的管道上，当送风口安装在顶棚以下 300mm 或者更低的地方时，就不会产生贴附效应，气流将以较大的速度到达工作区。

2 散流器平送时，平送方向的阻挡会造成气流不能与室内空气充分混合，提前进入人员活动区，影响空调区的热舒适。

3 散流器安装高度较高时，为避免热气流上浮，保证热空气能到达人员活动区，需要通过改变风口的射流出口角度来加以实现。温控型散流器、条缝形（蟹爪形）散流器等能实现不同送风工况下射流出口角度的改变。

7.4.7 置换通风的要求。

置换通风是气流组织的一种形式。置换通风是将经处理或未处理的空气，以低风速、低紊流度、小温差的方式，直接送入室内人员活动区的下部。送入室内的空气先在地面上均匀分布，随后流向热源（人或设备）形成热气流以烟羽的形式向上流动，并在室内的上部空间形成滞留层。从滞留层将室内的余热和污染物排出。

置换通风的竖向气流流型是以浮力为基础，室内污染物在热浮力的作用下向上流动。在上升的过程中，热烟羽卷吸周围空气，流量不断增大。在热力作用下，室内空气出现分层现象。

置换通风在稳定状态时，室内空气在流态上分上下两个不同区域，即上部紊流混合区和下部单向流动区。下部区域内没有循环气流，接近置换气流，而上部区域内有循环气流。两个区域分层界面的高度取决于送风量、热源特性及其在室内分布情况。设计时，应控制分层界面的高度在人员活动区以上，以保证人员活动区的空气质量和热舒适性。

1～4 根据有关资料介绍，采用置换通风时，室内吊顶高度不宜过低，否则，会影响室内空气的分层。由于置换通风的送风温度较高，其所负担的冷负荷一般不宜太大，否则，需要加大送风量，增加送风口面积，这对风口的布置不利。根据置换通风的原理，污染气体靠热浮力作用向上排出，当污染源不是热源时，污染气体不能有效排出；污染气体的密度较大时，污染气体会滞留在下部空间，也无法保证污染气体的有效排出。

5 垂直温差是一个重要的局部热不舒适控制指标，对置换通风等系统设计时更加重要。本条直接引自国际通用标准 ISO 7730 和美国 ASHRAE 55 的相关条款。根据美国相关研究，取室内人员的头部高度（1.1m）到脚部高度（0.1m）由于垂直温差引起的局部热不舒适的不满意度（PD）为 ≤5%，基于 PD 的计算公式确定。

$$PD = \frac{100}{1 + \exp(5.76 - 0.856 \cdot \Delta t_{a,v})} \quad (31)$$

6 设计中，要避免置换通风与其他气流组织形式应用于同一个空调区，因为其他气流组织形式会影响置换气流的流型，无法实现置换通风。

置换通风与辐射冷吊顶、冷梁等空调系统联合应用时，其上部区域的冷表面可能使污染物空气从上部区域再度进入下部区域，设计时应考虑。

7.4.8 地板送风的要求。

1 地板送风（UFAD）是指利用地板静压箱，将经热湿处理后的空气由地板送风口送到人员活动区内的气流组织形式。与置换通风形式相比，地板送风是以较高的风速从尺寸较小的地板送风口送出，形成相对较强的空气混合。因此，其送风温度较置换通风低，系统所负担的冷负荷也大于置换通风。地板送风的送风口附近区域不应有人长久停留。

2 地板送风在房间内产生垂直温度梯度和空气分层。典型的空气分层分为三个区域，第一个区域为低区（混合区），此区域内送风空气与房间空气混合，射流末端速度为 0.25m/s。第二个区域为中区（分层区），此区域内房间温度梯度呈线性分布。第三个区域为高区（混合区），此区域内房间热空气停止上升，风速很低。一旦房间内空气上升到分层区以上时，就不会再进入分层区以下的区。

热分层控制的目的，是在满足人员活动区的舒适度和空气质量要求下，减少空调区的送风量，降低系统输配能耗，以达到节能的目的。热分层主要受送风量和室内冷负荷之间的平衡关系影响，设计时应将热分层高度维持在室内人员活动区以上，一般为 1.2m～1.8m。

3 地板静压箱分为有压静压箱和零压静压箱，有压静压箱应具有良好的密封性，当大量的不受控制的空气泄漏时，会影响空调区的气流流态。地板静压箱与非空调区之间建筑构件，如楼板、外墙等，应良好的保温隔热处理，以减少送风温度的变化。

4 同置换通风形式一样，应避免与其他气流组织形式应用于同一空调区，因为其他气流组织形式会破坏房间内的空气分层。

7.4.9 分层空调的气流组织设计要求。

分层空调，是指利用合理的气流组织，仅对下部空调区进行空调，而对上部较大非空调区进行通风排热。分层空调具有较好的节能效果。

1 实践证明，对高度大于 10m，体积大于 10000m³ 的高大空间，采用双侧对送、下部回风的气流组织方式是合适的，是能够达到分层空调的要求。当空调区跨度较小时，采用单侧送风也可以满足要求。

2 分层空调必须实现分层，即能形成空调区和非空调区。为了保证这一重要原则，必须侧送多股平行气流应互相搭接，以便形成覆盖。双侧对送射流的末端不需要搭接，按相对喷口中点距离的 90% 计算射程即可。送风口的构造，应能满足改变射流出口角度的要求，可选用圆形喷口、扁形喷口和百叶风口等。

3 为保证空调区达到设计要求，应减少非空调区向空调区的热转移。为此，应设法消除非空调区的散热量。实验结果表明，当非空调区内的单位体积散热量大于 4.2W/m³ 时，在非空调区适当部位设置送排风装置，可以达到较好的效果。

7.4.10 上送风方式的夏季送风温差。

1 夏季送风温差，对室内温湿度效果有一定影响，是决定空调系统经济性的主要因素之一。在保证技术要求的前提下，加大送风温差有突出的经济意义。送风温差加大一倍时，空调系统的送风量会减少一半，系统的材料消耗和投资（不包括制冷系统）减少约 40%，动力消耗减少约 50%。送风温差在 4℃～8℃ 之间每增加 1℃ 时，风量会减少 10%～15%。因此，设计中正确地决定送风温差是一个相当重要的问题。

送风温差的大小与送风形式有很大关系，不同送风形式的送风温差不能规定一个数字。对混合式通风可加大送风温差，但对置换通风就不宜加大送风温差。

2 表 7.4.10-1 中所列的数值，是参照室温允许波动范围大于 ±1.0℃ 工艺性空调的送风温差，并考虑空调区高度等因素确定的。

3 表 7.4.10-2 中所列的数值，适用于贴附侧送、散流器平送和孔板送风等方式。多年的实践证明，对于采用上述送风方式的工艺性空调来说，应用这样较大的送风温差是能够满足室内温、湿度要求，也是比较经济的。当人员活动区处于下送气流的扩散区时，送风温差应通过计算确定。

7.4.11 送风口的出口风速。

送风口的出口风速，应根据不同情况通过计算确定。

侧送和散流器平送的出口风速，受两个因素的限制：一是回流区风速的上限，二是风口处的允许噪声。回流区风速的上限与射流的自由度 $\sqrt{F}/d_0$ 有关，根据实验，两者有以下关系：

$$v_h = \frac{0.65 v_0}{\sqrt{F}/d_0} \tag{32}$$

式中：v_h ——回流区的最大平均风速（m/s）；

v_0 ——送风口出口风速（m/s）；

d_0 ——送风口当量直径（m）；

F ——每个送风口所负担的空调区断面面积（m²）。

当 $v_h = 0.25$m/s 时，根据上式得出的计算结果列于下表。

表 6 侧送和散流器平送的出口风速（m/s）

射流自由度 $\sqrt{F}/d_0$	最大允许出口风速(m/s)	采用的出口风速(m/s)	射流自由度 $\sqrt{F}/d_0$	最大允许出口风速(m/s)	采用的出口风速(m/s)
5	2.0		11	4.2	
6	2.3	2.0	12	4.6	3.5
7	2.7		13	5.0	
8	3.1		15	5.7	
9	3.5		20	7.3	5.0
10	3.9	3.5	25	9.6	

因此，侧送和散流器平送的出口风速采用 2m/s～5m/s 是合适的。

孔板下送风的出口风速，从理论上讲可以采用较高的数值。因为在一定条件下，出口风速较高时，要求稳压层内的静压也较高，这会使送风较均匀；同时，由于送风速度衰减快，对人员活动区的风速影响较小。但当稳压层内的静压过高时，会使漏风量增加，并产生一定的噪声。一般采用 3m/s～5m/s 为宜。

条缝形风口气流轴心速度衰减较快，对舒适性空调，其出口风速宜为 2m/s～4m/s。

喷口送风的出口风速是根据射流末端到达人员活动区的轴心风速与平均风速经计算确定。喷口侧向送风的风速宜取 4m/s～10m/s。

7.4.12 回风口的布置方式。

按照射流理论，送风射流引射着大量的室内空气与之混合，使射流流量随着射程的增加而不断增大。而回风量小于（最多等于）送风量，同时回风口的速度场图形呈半球状，其速度与作用半径的平方成反比，吸风气流速度的衰减很快。所以在空调区内的气流流型主要取决于送风射流，而回风口的位置对室内气流流型及温度、速度的均匀性影响均很小。设计时，应考虑尽量避免射流短路和产生"死区"等现象。采用侧送时，把回风口布置在送风口同侧，效果会更好些。

关于走廊回风，其横断面风速不宜过大，以免引起扬尘和造成不舒适感。

7.4.13 回风口的吸风速度。

确定回风口的吸风速度（即面风速）时，主要考虑三个因素：一是避免靠近回风口处的风速过大，防止对回风口附近经常停留的人员造成不舒适的感觉；二是不要因为风速过大而扬起灰尘及增加噪声；三是尽可能缩小风口断面，以节约投资。

回风口的面风速，一般按下式计算：

$$\frac{v}{v_x} = 0.75 \frac{10x^2 + F}{F} \qquad (33)$$

式中：v——回风口的面风速（m/s）；

v_x——距回风口 x 米处的气流中心速度（m/s）；

x——距回风口的距离（m）；

F——回风口有效截面面积（m^2）。

当回风口处于空调区上部，人员活动区风速不超过0.25m/s，在一般常用回风口面积的条件下，从上式中可以得出回风口面风速为 4m/s～5m/s；当回风口处于空调区下部时，用同样的方法可得出条文中所列的有关面风速。

实践经验表明，利用走廊回风时，为避免在走廊内扬起灰尘等，装在门或墙下部的回风口面风速宜采用 1m/s～1.5m/s。

7.5 空 气 处 理

7.5.1 空气冷却方式。

干热气候区（如西北部地区等），夏季空气的干球温度高，含湿量低，其室外干燥空气不仅可直接利用来消除空调区的湿负荷，还可以通过间接蒸发冷却等来消除空调区的热负荷。在新疆、内蒙古、甘肃、宁夏、青海、西藏等地区，应用蒸发冷却技术可大量节约空调系统的能耗。

蒸发冷却分为直接蒸发冷却和间接蒸发冷却。直接蒸发冷却是指干燥空气和水直接接触的冷却过程，空气处理过程中空气和水之间的传热、传质同时发生且互相影响，空气处理过程为绝热降温加湿过程，其极限温度能达到空气的湿球温度。

在某些情况下，当对处理空气有进一步的要求，如要求较低含湿量或比焓时，就应采用间接蒸发冷却。间接蒸发冷却可避免传热、传质的相互影响，空气处理过程为等湿降温过程，其极限温度能达到空气的露点温度。

2 对于温度较低的江、河、湖水等，如西北部地区的某些河流、深水湖泊等，夏季水体温度在10℃左右，完全可以作为空调的冷源。对于地下水资源丰富且有合适的水温、水质的地区，当采取可靠的回灌和防止污染措施时，可适当利用这一天然冷源，

并应征得地区主管部门的同意。

3 当无法利用蒸发冷却，且又没有水温、水质符合要求的天然冷源可利用时，或利用天然冷源无法满足空气冷却要求时，空气冷却应采用人工冷源，并在条件许可的情况下，适当考虑利用天然冷源的可能性，以达到节能的目的。

7.5.2 冷源的使用限制条件。部分强制性条文。

空气冷却中，可采用人工或天然冷源来直接蒸发冷却空气，因此，其水质均应符合卫生要求。

采用天然冷源时，其水质影响到室内空气质量、空气处理设备的使用效果和使用寿命。如当直接和空气接触的水有异味或不卫生时，会直接影响到室内的空气质量；同时，水的硬度过高时会加速换热盘管结垢等。

采用地表水作天然冷源时，强调再利用是对资源的保护。地下水的回灌可以防止地面沉降，全部回灌并不得造成污染是对水资源保护必须采取的措施。为保证地下水不被污染，地下水宜采用与空气间接接触的冷却方式。

7.5.3 空气冷却装置的选择。

1 直接蒸发冷却是绝热加湿过程，实现这一过程是直接蒸发式冷却装置的特有功能，是其他空气冷却处理装置所不能代替的。当采用地下水、江水、湖水等自然冷源作冷源时，由于其水温相对较高，采用间接蒸发式冷却装置处理空气时，一般不易满足要求，而采用直接蒸发式冷却装置则比较容易满足要求。

2 采用人工冷源时，原则上应选用空气冷却器。空气冷却器具有占地面积小，冷水系统简单，特别是冷水系统采用闭式水系统时，可减少冷却水输配系统的能耗；另外，空气出口参数可调性好等，因此，它得到了较其他形式的冷却器更加广泛的应用。空气冷却器的缺点是消耗有色金属较多，价格也相应地较贵。

7.5.4 空气冷却器的选择

规定空气冷却器的冷媒进口温度应比空气的出口干球温度至少低 3.5℃，是从保证空气冷却器有一定的热质交换能力提出来的。在空气冷却器中，空气与冷媒的流动方向主要为逆交叉流。一般认为，冷却器的排数大于或等于 4 排时，可将逆交叉流看成逆流。按逆流理论推导，空气的终温是逐渐趋近冷媒初温。

冷媒温升宜为 5℃～10℃，是从减小流量、降低输配系统能耗的角度考虑确定的。

据实测，冷水流速在 2m/s 以上时，空气冷却器的传热系数 K 值几乎没有什么变化，但却增加了冷水系统的能耗。冷水流速只有在 1.5m/s 以下时，K 值才会随冷水流速的提高而增加，其主要原因是水侧热阻对冷却器换热的总热阻影响不大，加大水侧放热系数，K 值并不会得到多大提高。所以，从冷却器传热效果和水流阻力两者综合考虑，冷水流速以取

0.6m/s～1.5m/s 为宜。

空气冷却器迎风面的空气流速大小，会直接影响其外表面的放热系数。据测定，当风速在 1.5m/s～3.0m/s 范围内，风速每增加 0.5m/s，相应的放热系数递增率在 10%左右。但是，考虑到提高风速不仅会使空气侧的阻力增加，而且会把凝结水吹走，增加带水量，所以，一般当质量流速大于 3.0kg/(m²·s) 时，应设挡水板。在采用带喷水装置的空气冷却器时，一般都应设挡水板。

7.5.5 制冷剂直接膨胀式空气冷却器的蒸发温度。

制冷剂蒸发温度与空气出口干球温度之差，和冷却器的单位负荷、冷却器结构形式、蒸发温度的高低、空气质量流速和制冷剂中的含油量大小等因素有关。根据国内空气冷却器产品设计中采用的单位负荷值、管内壁的制冷剂换热系数和冷却器肋化系数的大小，可以算出制冷剂蒸发温度应比空气的出口干球温度至少低 3.5℃，这一温差值也可以说是在技术上可能达到的最小值。随着今后蒸发器在结构设计上的改进，这一温差值必将会有所降低。

空气冷却器的设计供冷量很大时，若蒸发温度过低，会在低负荷运行的情况下，由于冷却器的供冷能力明显大于系统所需的供冷量，造成空气冷却器表面易于结霜，影响制冷机的正常运行。因此，在低负荷运行时，设计上应采取防止冷却器表面结霜的措施。

7.5.6 直接膨胀式空气冷却器的制冷剂选择。强制性条文。

为防止氨制冷剂的泄漏时，经送风机直接将氨送至空调区，危害人体或造成其他事故，所以采用制冷剂直接膨胀式空气冷却器时，不得用氨作制冷剂。

7.5.7 应用加热器的注意事项。

合理地选用空调系统的热媒，是为了满足空调控制精确度和稳定性要求。

对于室温要求波动范围等于或大于±1.0℃的空调区，采用热水热媒，是可以满足要求的；对于室温要求波动范围小于±1.0℃的空调区，为满足控制要求，送风末端可增设用于精度调节的加热器，该加热器可采用电加热器，以确保满足控制的要求。

7.5.8 两管制水系统的冷、热盘管选用。

许多两管制的空调水系统中，空气的加热和冷却处理均由一组盘管来实现。设计时，通常以供冷量来计算盘管的换热面积，当盘管的供冷量和供热量差异较大时，盘管的冷水和热水流量相差也较大，会造成电动控制阀在供热工况时的调节性能下降，对控制不利。另外，热水流量偏小时，在严寒或寒冷地区，也可能造成空调机组的盘管冻裂现象出现。

综合以上原因，对两管制的冷、热盘管选用作出了规定。

7.5.9 空气过滤器的设置。

根据《空气过滤器》GB/T 14295 的规定，空气

过滤器按其性能可分为：粗效过滤器、中效过滤器、高中效过滤器及亚高效过滤器，其中，中效过滤器额定风量下的计数效率为：$70\% > E \geqslant 20\%$（粒径≥$0.5\mu m$）。

1 舒适性空调，一般都有一定的洁净度要求，因此，送入室内的空气都应通过必要的过滤处理；同时，为防止盘管的表面积尘，严重影响其热湿交换性能，进入盘管的空气也需进行过滤处理。工程实践表明，设置一级粗效过滤器时，空调区的空气洁净度有时不易满足要求。

2 工艺性空调，尤其净化空调，其空气过滤器应按有关规范要求设置，如医院手术室，其空调过滤器的设置应符合《医院洁净手术部建筑技术规范》GB 50333 的规定。

3 过滤器的滤料应选用效率高、阻力低和容尘量大的材料。由于过滤器的阻力会随着积尘量的增加而增大，为防止系统阻力的增加而造成风量的减少，过滤器的阻力应按其终阻力计算。空气过滤器额定风量下的终阻力分别为：粗效过滤器 100Pa，中效过滤器 160Pa。

7.5.10 空气净化装置的选择。

人员密集及有较高空气质量要求的建筑，设置空气净化装置有利于提高室内空气质量，防止病菌交叉污染。近年来，空气净化装置在大型公共建筑中被广泛应用，如奥运场馆、世博园区、首都机场 T3 航站楼、北京、上海和广州等城市的地铁站等；此外大型既有建筑的空调系统改造时，也加装了空气净化装置。

国家质检部门近年来对上百种空气净化装置的检测结果表明，大部分产品能够起到改善环境净化空气的作用。在实际工程中，达不到理想效果的空气净化装置，其主要原因是：①系统设计风速超过空气净化装置的额定风速；②空气净化装置与管道和其他系统部件连接过程中缺乏基本的密封措施，造成污染物未经处理泄露；③空气净化装置没有完全按照设计进行安装、维护和清理。因此，在空气净化装置选择时其净化技术指标、电气安全和臭氧发生指标等应符合国家标准《空气过滤器》GB/T 14295 及相关的产品制造和检测标准要求。

目前，工程常用的空气净化装置有高压静电、光催化、吸附反应型等三大类空气净化装置。各类空气净化装置具有以下特点：

高压静电式空气净化装置，对颗粒物净化效率良好，对细菌有一定去除作用，对有机气体污染物效果不明显。因此在颗粒物污染严重的环境，宜采用此类净化装置，初投资虽然较高，但空气净化机组本身阻力低，系统能耗和运行费用较低。此类净化装置有可能产生臭氧，设计选型时需要特别注意查看产品有关臭氧指标的检测报告。

光催化型空气净化装置，对细菌等达到较好的净化效果，但此类净化装置易受到颗粒物污染造成失效，所以应加装中效空气过滤器进行保护，并定期检查清洗。此类净化装置有可能产生臭氧，设计选型时需要特别注意查看产品有关臭氧指标的检测报告。

吸附反应型净化装置，对有机气体污染物效果最好，对颗粒物等也有一定效果，无二次污染，但是净化设备阻力较高，需要定期更换滤网或吸附材料等。

另外，可靠的接地是用电安全的必要措施，高压静电空气净化装置有相应的用电安全要求。

7.5.11 空气净化装置设置。

1 高压静电空气净化装置的在净化空调中应用时稳定性差，同时容易产生二次扬尘，光催化型空气净化装置不具备颗粒物净化的功能，因此在洁净手术部、无菌病房等净化空调系统中不得将其作为末级净化设施。

2 空气热湿处理设备是指组合式空调、风机盘管机组、变风量末端等。

4 由于空气净化装置的净化工作过程受环境影响较大，所以应设置报警装置在设备的净化功能失效时，能及时通知进行维护。

5 高压静电空气净化装置为了防止在无空气流动时启动空气净化装置，造成空气处理设备内臭氧浓度过高而采取的技术措施，应设置与风机的联动。

7.5.12 加湿装置的选择。

目前，常用的加湿装置有干蒸汽加湿器、电加湿器、高压喷雾加湿器、湿膜加湿器等。

1 干蒸汽加湿器，具有加湿迅速、均匀、稳定，并不带水滴，有利于细菌的抑制等特点，因此，在有蒸汽源可利用时，宜优先考虑采用干蒸汽加湿器。干蒸汽加湿器所采用的蒸汽压力一般应小于 0.1MPa。

2 常用的电加湿器有电极式、电热式蒸汽加湿器。该加湿器具有蒸汽加湿的各项优点，且控制方便灵活，可以满足空调区对相对湿度允许波动范围要求严格的要求，但该类加湿器耗电量大，运行、维护费用较高。

3 湿度要求不高是指相对湿度值不高或湿度控制精度要求不高的情况。

高压喷雾加湿器和湿膜加湿器等绝热加湿器具有耗电量低、初投资及运行费用低等优点，在普通民用建筑中得到广泛应用，但该类加湿易产生微生物污染，卫生要求较严格的空调区，如医院手术室等，不应采用。

4 由于加湿处理后的空气，会影响室内空气质量，因此，加湿器的供水水质应符合卫生标准要求，可采用生活饮用水等。

7.5.13 空调机房的设计。

空气处理机组安装在空调机房内，有利于日常维修和噪声控制。

空气处理机组安装在邻近所服务的空调区机房内，可减小空气输送能耗和风机压头，也可有效地减小机组噪声和水患的危害。新建筑设计时，应将空气处理机组安装在空调机房内，并留有必要的维修通道和检修空间；同时，宜避免由于机房面积的原因，机组的出风风管采用突然扩大的静压箱来改变气流方向，以导致机组风机压头损失较大，造成实际送风量小于设计风量的现象发生。

8 冷源与热源

8.1 一般规定

8.1.1 供暖空调冷源与热源选择基本原则。

冷源与热源包括冷热水机组、建筑物内的锅炉和换热设备、直接蒸发冷却机组、多联机、蓄能设备等。

建筑能耗占我国能源总消费的比例已达 27.6%，在建筑能耗中，暖通空调系统和生活热水系统耗能比例接近 60%。公共建筑中，冷热源的能耗占空调系统能耗 40% 以上。当前各种机组、设备类型繁多，电制冷机组、溴化锂吸收式机组及蓄冷蓄热设备等各具特色，地源热泵、蒸发冷却等利用可再生能源或天然冷源的技术应用广泛。由于使用这些机组和设备时会受到能源、环境、工程状况使用时间及要求等多种因素的影响和制约，因此应客观全面地对冷热源方案进行技术经济比较分析，以可持续发展的思路确定合理的冷热源方案。

1 热源应优先采用废热或工业余热，可变废为宝，节约资源和能耗。当废热或工业余热的温度较高、经技术经济论证合理时，冷源宜采用吸收式冷水机组，可以利用热源制冷。

2 面对全球气候变化，节能减排和发展低碳经济成为各国共识。温家宝总理出席于 2009 年 12 月在丹麦哥本哈根举行的《联合国气候变化框架公约》，提出 2020 年中国单位国内生产总值二氧化碳排放比 2005 年下降 40%～45%。随着《中华人民共和国可再生能源法》、《中华人民共和国节约能源法》、《民用建筑节能条例》、《可再生能源中长期发展规划》等一系列法规的出台，政府一方面利用大量补贴、税收优惠政策来刺激清洁能源产业发展；另一方面也通过法规，帮助能源公司购买、使用可再生能源。因此地源热泵系统、太阳能热水器等可再生能源技术应用的市场发展迅猛，应用广泛。但是，由于可再生能源的利用与室外环境密切相关，从全年使用角度考虑，并不是任何时候都可以满足应用需求的，因此当不能保证时，应设置辅助冷、热源来满足建筑的需求。

3 北方地区，发展城镇集中热源是我国北方供热的基本政策，发展较快，较为普遍。具有城镇或区域集中热源时，集中式空调系统应优先采用。

4 电动压缩式机组具有能效高、技术成熟、系统简单灵活、占地面积小等特点，因此在城市电网夏季供电充足的区域，冷源宜采用电动压缩式机组。

5 对于既无城市热网，也没有较充足的城市供电的地区，采用电能制冷会受到较大的限制，如果其城市燃气供应充足的话，采用燃气锅炉、燃气热水机作为空调供热的热源和燃气吸收式冷（温）水机组作为空调冷源是比较合适的。

6 既无城市热网，也无燃气供应的地区，集中空调系统只能采用燃煤或者燃油来提供空调热源和冷源。采用燃油时，可以采用燃油吸收式冷（温）水机组。采用燃煤时，则只能通过设置吸收式冷水机组来提供空调冷源。这种方式应用时，需要综合考虑燃油的价格和当地环保要求。

7 在高温干燥地区，可通过蒸发冷却方式直接提供用于空调系统的冷水，减少了人工制冷的能耗，符合条件的地区应优先推广采用。通常来说，当室外空气的露点温度低于 14℃～15℃时，采用间接式蒸发冷却方式，可以得到接近 16℃的空调冷水来作为空调系统的冷源。直接水冷式系统包括水冷式蒸发冷却、冷却塔冷却、蒸发冷凝等。

8 从节能角度来说，能源应充分考虑梯级利用，例如采用热、电、冷联产的方式。《中华人民共和国节约能源法》明确提出："推广热电联产，集中供热，提高热电机组的利用率，发展热能梯级利用技术，热、电、冷联产技术和热、电、煤气三联供技术，提高热能综合利用率"。大型热电冷联产是利用热电系统发展供热、供电和供冷为一体的能源综合利用系统。冬季用热电厂的热源供热，夏季采用溴化锂吸收式制冷机供冷，使热电厂冬夏负荷平衡，高效经济运行。

9 用水环路将小型的水/空气热泵机组并联在一起，构成一个以回收建筑物内部余热为主要特点的热泵供暖、供冷的空调系统。需要长时间向建筑物同时供热和供冷时，可节省能源和减少向环境排热。水环热泵空调系统具有以下优点：①实现建筑物内部冷、热转移；②可独立计量；③运行调节比较方便等，在需要长时间向建筑物同时供热和供冷时，它能够减少建筑外提供的供热量而节能。但由于水环热泵系统的初投资相对较大，且因为分散设置后每个压缩机的安装容量较小，使得 COP 值相对较低，从而导致整个建筑空调系统的电气安装容量相对较大，因此，在设计选用时，需要进行较细的分析。从能耗上看，只有当冬季建筑物内存在明显可观的冷负荷时，才具有较好的节能效果。

10 蓄能系统的合理使用，能够明显提高城市或区域电网的供电效率，优化供电系统。同时，在分时电价较为合理的地区，也能为用户节省全年运行电费。为充分利用现有电力资源，鼓励夜间使用低谷电，国家和各地区电力部门制订了峰谷电价差政策。蓄冷空调系统对转移电力高峰、平衡电网负荷，有较大的作用。

11 热泵系统属于国家大力提倡的可再生能源的应用范围，有条件时应积极推广。但是，对于缺水、干旱地区，采用地表水或地下水存在一定的困难，因此中、小型建筑宜采用空气源或土壤源热泵系统为主（对于大型工程，由于规模等方面的原因，系统的应用可能会受到一些限制）；夏热冬冷地区，空气源热泵的全年能效比较好，因此推荐使用；而当采用土壤源热泵系统时，中、小型建筑空调冷、热负荷的比例比较容易实现土壤全年的热平衡，因此也推荐使用。对于水资源严重短缺的地区，不但地表水或地下水的使用受到限制，集中空调系统的冷却水全年运行过程中水量消耗较大的缺点也会凸现出来，因此，这些地区不应采用消耗水资源的空调系统形式和设备（例如冷却塔、蒸发冷却等），而宜采用风冷式机组。

12 当天然水可以有效利用或浅层地下水能够确保 100%回灌时，也可以采用地下水或地表水源地源热泵系统。

13 由于可供空气调节的冷热源形式越来越多，节能减排的形势要求出现了多种能源形式向一个空调系统供能的状况，实现能源的梯级利用、综合利用、集成利用。当具有电、城市供热、天然气、城市煤气等多种人工能源以及多种可能利用的天然能源形式时，可采用几种能源合理搭配作为空调冷热源。如"电＋气"、"电＋蒸汽"等。实际上很多工程都通过技术经济比较后采用了复合能源方式，降低了投资和运行费用，取得了较好的经济效益。城市的能源结构若是几种共存，空调也可适应城市的多元化能源结构，用能源的峰谷季节差价进行设备选型，提高能源的一次能效，使用户得到实惠。

8.1.2 电能作为直接热源的限制条件。强制性条文。

常见的采用直接电能供热的情况有：电热锅炉、电热水器、电热空气加热器、电极（电热）式加湿器等。合理利用能源、提高能源利用率、节约能源是我国的基本国策。考虑到国内各地区的具体情况，在只有符合本条所指的特殊情况时方可采用。

1 夏热冬暖地区冬季供热时，如果没有区域或集中供热，那么热泵是一个较好的选择方案。但是，考虑到建筑的规模、性质以及空调系统的设置情况，某些特定的建筑，可能无法设置热泵系统。如果这些建筑冬季供热设计负荷很小（电热负荷不超过夏季供冷用电安装容量的 20%且单位建筑面积的总电热安装容量不超过 20W/m²），允许采用夜间低谷电进行蓄热。同样，对于设置了集中供热的建筑，其个别局部区域（例如：目前在一些南方地区，采用内、外区合一的变风量系统且加热量非常低时——有时采用窗边风机及低容量的电热加热、建筑屋顶的局部水箱间为了防冻需求等）有时需要加热，如果为此单独设置空调热水系统可能难度较大或者条件受到限制或者投入非常高时，也允许局部采用。

2 对于一些具有历史保护意义的建筑，或者位于消防及环保有严格要求无法设置燃气、燃油或燃煤区域的建筑，由于这些建筑通常规模都比较小，在迫不得已的情况下，也允许适当地采用电进行供热，但应在征求消防、环保等部门的规定意见后才能进行设计。

3 如果该建筑内本身设置了可再生能源发电系统（例如利用太阳能光伏发电、生物质能发电等），且发电量能够满足建筑本身的电热供暖需求，不消耗市政电能时，为了充分利用其发电的能力，允许采用这部分电能直接用于供热。

4 在冬季无加湿用蒸汽源、但冬季室内相对湿度的要求较高且对加湿器的热惰性有工艺要求（例如有较高恒温恒湿要求的工艺性房间），或对空调加湿有一定的卫生要求（例如无菌病房等），不采用蒸汽无法实现湿度的精度要求或卫生要求时，才允许采用电极（或电热）式蒸汽加湿器。而对于一般的舒适型空调来说，不应采用电能作为空气加湿的能源。当房间因为工艺要求（例如高精度的珍品库房等）对相对湿度精度要求较高时，通常宜设置末端再热。为了提高系统的可靠性和可调性（同时这些房间可能也不允许末端带水），可以适当的采用电为再热的热源。

8.1.3 公共建筑群区域供冷系统应用条件。

本条文规定了公共建筑群区域供冷系统的应用条件。区域供冷系统供冷半径过长，必然导致输送能耗增加，其耗电输冷（热）比应符合第8.5.12条规定的限值。

1 通常，设备的容量越大，运行能效也越高，当系统较大时，"系统能源综合利用率"比较好。对于区域内各建筑的逐时冷热负荷曲线差异性较大、且各建筑同时使用率比较低的建筑群，采用区域供冷、供热系统，自动控制系统合理时，集中冷热共用系统的总装机容量小于各建筑的装机容量叠加值，可以节省设备投资和供冷、供热的设备房面积。而专业化的集中管理方式，也可以提高系统能效。因此具有整个建筑群的安装容量较低、综合能效较好的特点，但是区域系统较大时，同样也可能导致输送能耗增加。因此采用区域供冷时，需要协调好两者的关系。从定性来看，当需要集中空调的建筑容积率比较高时，集中供冷系统的缺点在一定程度上得到了缓解，而其优点得到了一定程度的体现。从目前公共建筑的经验指标来看，对于除严寒地区外的大部分公共建筑来说，当需要集中空调的建筑容积率达到2.0以上时，其区域的"冷负荷密度"与建筑容积率为5～6的采用集中空调的单栋建筑是相当的。但是，对于严寒地区和夏

热冬冷地区，由于建筑的性质以及不同地点气候的差异，有些建筑可能容积率很高但负荷密度并不大，因此，这些气候区域在是否决定采用区域供冷时，还需要采用所建设区域的"冷负荷密度（W/m²）"来评价，这样相当于同时设置了两个应用条件来限制。从目前的设计过程来看，是否采用区域供冷系统，通常都是在最初的方案论证阶段就需要决定的事。在方案阶段，区域的"冷负荷密度"还很难得到详细的数据，这时一般根据采用以前的一些经验指标来估算。因此也要求在此阶段对"冷负荷密度"的估算有比较高的准确性，设计人应在掌握充分的基础资料前提下来进行，而不能随意估算和确定。因此规定：使用区域供冷系统的建筑容积率在2.0以上，建筑设计综合冷负荷密度不低于60W/m²。

本条文提到的"设置集中空调系统的建筑的容积率"，其计算方法为：该区域所有设置集中空调系统的建筑的体积（地上部分）之和，与该区红线内的规划占地面积之比。

本条文提到的"设计综合冷负荷密度"，指的是：该区域设计状态下的综合冷负荷（即：区域供冷站的装机容量，包括考虑了同时使用系数等因素），与该区域总建筑面积之比。

2 实践表明：区域供冷的能效是否合理，在很大程度上还取决于该区域的建筑（用户）是否都能够接受区域供冷的方式。如果区域供冷系统建造完成后实际用户不多，那么很难发挥其优势，反而会体现出能耗较大等不足。因此在此提出了相关的用户要求。

3 当区域内的建筑全年有较长的供冷季节性需求，且各建筑的需求比较一致时，采用区域供冷能够提高设备和系统的使用率，有利于发挥区域供冷的优点。

4 由于区域供冷系统的供冷站和区域管网的建设工程量大，作为整个区域建设规划的一项重要工程，应在区域规划设计阶段予以考虑，因此，规划中需要具备规划建设区域供冷站及管网的条件。

8.1.4 空调装置或系统分散设置情况。

这里提到的分散设置的空调装置或系统，主要指的是分散独立设置的蒸发冷却方式或直接膨胀式空调系统（或机组）。直接膨胀式与蒸发冷却式空调系统（或机组），在功能上存在一定的区别：直接膨胀式采用的是冷媒通过制冷循环而得到需要的空调冷、热源或空调冷、热风；而蒸发冷却式则主要依靠天然的干燥冷空气或天然的低温冷水来得到需要的空调冷、热源或空调冷、热风，在这一过程中没有制冷循环的过程。直接膨胀式又包括了风冷式和水冷式两类（但不包括采用了集中冷却塔的水环热泵系统）。

当建筑全年供冷需求的运行时间较少时，如果采用设置冷水机组的集中供冷空调系统，会出现全年集中供冷系统设备闲置时间长的情况，导致系统的经济

性较差；同理，如果建筑全年供暖需求的时间少，采用集中供暖系统也会出现类似情况。因此，如果集中供冷、供暖的经济性不好，宜采用分散式空调系统。从目前情况看：建议可以以全年供冷运行季节时间 3 个月（非累积小时）和年供暖运行季节时间 2 个月，来作为上述的时间分界线。当然，在有条件时，还可以采用全年负荷计算与分析方法，或者通过供冷与供暖的"度日数"等方法，通过经济分析来确定。

分散设置的空调系统，虽然设备安装容量下的能效比低于集中设置的冷（热）水机组或供热、换热设备，但其使用灵活多变，可适应多种用途、小范围的用户需求。同时，由于它具有容易实现分户计量的优点，能对行为节能起到促进作用。

对于既有建筑增设空调系统时，如果设置集中空调系统，在机房、管道设置方面存在较大的困难时，分散设置空调系统也是一个比较好的选择。

8.1.5 集中空调系统的冷水机组台数及单机制冷量要求。

在大中型公共建筑中，或者对于全年供冷负荷需求变化幅度较大的建筑，冷水（热泵）机组的台数和容量的选择，应根据冷（热）负荷大小及变化规律而定，单台机组制冷量的大小应合理搭配，当单机容量调节下限的制冷量大于建筑物的最小负荷时，可选 1 台适合最小负荷的冷水机组，在最小负荷时开启小型制冷系统满足使用要求，这已在许多工程中取得很好的节能效果。如果每台机组的装机容量相同，此时也可以采用一台变频调速机组的方式。

对于设计冷负荷大于 528kW 以上的公共建筑，机组设置不宜少于 2 台，除可提高安全可靠性外，也可达到经济运行的目的。因特殊原因仅能设置 1 台时，应采用可靠性高，部分负荷能效高的机组。

8.1.6 电动压缩式机组制冷剂要求。

大气臭氧层消耗和全球气候变暖是与空调制冷行业相关的两项重大环保问题。单独强调制冷剂的消耗臭氧层潜能值（ODP）或全球变暖潜能值（GWP）都是不全面与科学的。国标《制冷剂编号方法和安全性分类》GB/T 7778 定义了制冷剂的环境指标。

8.1.7 冷水机组的冷（热）量修正。

由于实际工程中的水质与机组标准工况所规定的水质可能存在区别，而结垢对机组性能的影响很大。因此，当实际使用的水质与标准工况下所规定的水质条件不一致时，应进行修正。一般来说，机组运行保养较好时（例如采用在线清洁等方式），水质条件较好，修正系数可以忽略；当设计时预计到机组的运行保养可能不及时或水质较差等不利因素时，宜对污垢系数进行适当的修正。

溴化锂吸收式机组由于运行管理等方面原因，有可能出现真空度不够和腐蚀的情况，对产品的实际性能产生一定的影响，设计中需要予以考虑。

8.1.8 空调冷热水和冷却水系统防超压。强制性条文。

保证设备在实际运行时的工作压力不超过其额定工作压力，是系统安全运行的必须要求。

当由于建筑高度等原因，导致冷（热）系统的工作压力可能超过设备及管路附件的额定工作压力时，采取的防超压措施可能包括以下内容：当冷水机组进水口侧承受的压力大于所选冷水机组蒸发器的承压能力时，可将水泵安装在冷水机组蒸发器的出水口侧，降低冷水机组的工作压力；选择承压更高的设备和管路及部件；空调系统竖向分区。空调系统竖向分区也可采用分别设置高、低区冷热源，高区采用换热器间接连接的闭式循环水系统，超压部分另设置自带冷热源的风冷设备等。

当冷却塔高度有可能使冷凝器、水泵及管路部件的工作压力超过其承压能力时，应采取的防超压措施包括：降低冷却塔的设置位置，选择承压更高的设备和管路及部件等。当仅冷却塔集水盘或集水箱高度大于冷水机组进水口侧承受的压力大于所选冷水机组冷凝器的承压能力时，可将水泵安装在冷水机组的出水口侧，减少冷水机组的工作压力。当冷却塔安装位置较低时，冷却水泵宜设置在冷凝器的进口侧，以防止高差不足水泵负压进水。

8.2 电动压缩式冷水机组

8.2.1 水冷电动压缩式冷水机组制冷量范围划分。

本条对目前生产的水冷式冷水机组的单机制冷量做了大致的划分，提供选型时参考。

1 表中对几种机型制冷范围的划分，主要是推荐采用较高性能参数的机组，以实现节能。

2 螺杆式和离心式之间有制冷量相近的型号，可通过性能价格比，选择合适的机型。

3 往复式冷水机组因能效低已很少使用，故未列入本表。

8.2.2 冷水机组总装机容量确定要求。强制性条文。

从实际情况来看，目前几乎所有的舒适性集中空调建筑中，都不存在冷源的总供冷量不够的问题，大部分情况下，所有安装的冷水机组一年中同时满负荷运行的时间没有出现过，甚至一些工程所有机组同时运行的时间也很短或者没有出现过。这说明相当多的制冷站房的冷水机组总装机容量过大，实际上造成了投资浪费。同时，由于单台机组装机容量也同时增加，还导致了其在低负荷工况下运行，能效降低。因此，对设计的装机容量做出了本条规定。

目前大部分主流厂家的产品，都可以按照设计冷量的需求来提供冷水机组，但也有一些产品采用的是"系列化或规格化"生产。为了防止冷水机组的装机容量选择过大，本条对总容量进行了限制。

对于一般的舒适性建筑而言，本条规定能够满足使用要求。对于某些特定的建筑必须设置备用冷水机组时（例如某些工艺要求必须 24 小时保证供冷的建筑等），其备用冷水机组的容量不统计在本条规定的装机容量之中。

值得注意的是：本条提到的比值不超过 1.1，是一个限制值。设计人员不应理解为选择设备时的"安全系数"。

8.2.3 冷水机组制冷性能系数要求。

冷水机组名义工况制冷性能系数（COP）是指在下表温度条件下，机组以同一单位标准的制冷量除以总输入电功率的比值。

本条提出在机组选型时，除考虑满负荷运行时性能系数外，还应考虑部分负荷时的性能系数。实践证明，冷水机组满负荷运行率相对较少，大部分时间是在部分负荷下运行。由于绝大部分项目采用多台冷水机组，根据 ARI Standard 550/590 标准 D2 的叙述："在多台冷水机组系统中的各个单台冷水机组是要比单台冷水机组系统中的单台冷水机组更接近高负荷运行"，故机组的高负荷下的 COP 具有代表意义。

表 7　名义工况时的温度条件

	进水温度（℃）	出水温度（℃）	冷却水进水温度（℃）	空气干球温度（℃）
水冷式	12	7	30	—
风冷式	12	7	—	35

《公共建筑节能设计标准》GB 50189－2005 第 5.4.5 条和 5.4.6 条分别对 COP、IPLV 进行了规定，第 5.4.8 对单元式空调机最低性能系数进行了规定，本规范应符合其规定。有条件时，鼓励使用《冷水机组能效限定值及能源效率等级》GB 19577 规定的 1、2 级能效的机组。推荐使用比最低性能系数（COP）提高 1 个能效等级的冷水机组。主要是考虑了国家的节能政策和我国产品现有水平，鼓励国产机组尽快提高技术水平。

IPLV 应用过程中需注意以下问题：

1 IPLV 重点在于产品性能的评价和比较，应用时不宜直接采用 IPLV 对某个实际工程的机组全年能耗进行评价。机组能耗与机组的运行时间、机组负荷、机组能效三要素相关。在单台机组承担空调系统负荷前提下，单台机组的 IPLV 高，其全年能耗不一定低。

2 实际工程中采用多台机组时，对于单台机组来说，其全年的低负荷率及低负荷运行的时间是不一样的。台数越多，且采用群控方式运行时，其单台的全年负荷率越高。故单台冷水机组在各种机组负荷下运行时间百分比，与 IPLV 中各种机组负荷下运行时间百分比会存在较大的差距。

3 各地区气象条件差异较大，因此对不同的工程，需要结合建筑负荷和室外气象条件进行分析。

8.2.4 冷水机组电动机供电方式要求。

1 大型项目需要大型或特大型冷水机组，因其电动机额定输入功率较大，故运行电流较大，导致电缆或母排因截面较大不利于其接头安装。采用高压电机，可以减小运行电流以及电缆和母排的铜损、铁损。由于减少低压变压器的装机容量，因此也减少了低压变压器的损耗和投资。但是高压冷水机组价格较高，高压电缆和母排的安全等级较高也会使相应投资的增加。

2 本条提到的高压，是指电压在 380V 至 10kV 的供电方式。目前电动压缩式冷水机组的电动机主要采用 10kV、6kV 和 380V 三种电压。由于 350kV 和 10kV 是常见的外网供电电压，若 10kV 外网供电，可直接采用 10kV 电机；若 350kV 外网供电，可采用两种变压器（350kV/10kV）和（350kV/6kV）。由于常见电压为 10kV，故采用 10kV 电机较多。由于绝大多数空调设备（水泵、风机、空调末端等）是 380V 供电，因此需要大量的低压变压设备（10kV/380V）或（6kV/380V），380V 的冷水机组的供电容量占空调系统的供电容量比例很小，可不设专用变压器。但是高压冷水机组价格高，高压电缆和母排的安全等级高造成相应的投资增加，且 380V 的冷水机组技术成熟、价格低、运行管理方便、维修成本低，因此广泛应用于运行电流较小的中、小型项目中。

3 考虑到目前国内高压冷水机组的电机型号少且存在多种压缩机型号配一个高压电机型号的现象，使得客观上出现了最佳性价比的机组少、高能效机组少的情况；并且高压冷水机组要求空调工操作管理高压电器设备，并且电机的防护等级提高，因此运行管理水平要求较高。因此本规定主要是依据电力部门和强电设计师的要求，并结合目前已有的产品情况，对不同电机容量作了不同程度的要求。

8.2.5 氨冷水机组要求。强制性条文。

由于在制冷空调用制冷剂中，碳氟化合物对大气臭氧层消耗或全球气候变暖有不利的影响，因此多国科研人员加紧对"天然"制冷剂的研究。随着氨制冷的工艺水平和研发技术不断提高，氨制冷的应用项目和范围将不断扩大。因此本规范仍然保留了关于氨制冷方面的内容。

由于氨本身为易燃易爆品，在民用建筑空调系统中应用时，需要引起高度的重视。因此本条文从应用的安全性方面提出了相关的要求。

8.3 热　泵

8.3.1 空气源热泵机组选择原则。

《公共建筑节能设计标准》GB 50189－2005 第 5.4.5 对风冷热泵 COP 限值进行了规定，本规范应符合其规定。

本条提出选用空气源热泵冷（热）水机组时应注意的问题：

1 空气源热泵的单位制冷量的耗电量较水冷冷水机组大，价格也高，为降低投资成本和运行费用，应选用机组性能系数较高的产品，并应满足国家现行《公共建筑节能设计标准》GB 50189 的规定。此外，先进科学的融霜技术是机组冬季运行的可靠保证。机组在冬季制热运行时，室外空气侧换热盘管低于露点温度时，换热翅片上就会结霜，会大大降低机组运行效率，严重时无法运行，为此必须除霜。除霜的方法有很多，最佳的除霜控制应判断正确，除霜时间短，融霜修正系数高。近年来各厂家为此都进行了研究，对于不同气候条件采用不同的控制方法。设计选型时应对此进行了解，比较后确定。

2 空气源热泵机组比较适合于不具备集中热源的夏热冬冷地区。对于冬季寒冷、潮湿的地区使用时必须考虑机组的经济性和可靠性。室外温度过低会降低机组制热量；室外空气过于潮湿使得融霜时间过长，同样也会降低机组的有效制热量，因此我们必须计算冬季设计状态下机组的 COP，当热泵机组失去节能上的优势时就不宜采用。这里对于性能上相对较有优势的空气源热泵冷热水机组的 COP 限定为 2.00；对于规格较小、直接膨胀的单元式空调机组限定为 1.80。

3 空气源热泵的平衡点温度是该机组的有效制热量与建筑物耗热量相等时的室外温度。当这个温度比建筑物的冬季室外计算温度高时，就必须设置辅助热源。

空气源热泵机组在融霜时机组的供热量就会受到影响，同时会影响到室内温度的稳定度，因此在稳定度要求高的场合，同样应设置辅助热源。设置辅助热源后，应注意防止冷凝温度和蒸发温度超出机组的使用范围。辅助加热装置的容量应根据在冬季室外计算温度情况下空气源热泵机组有效制热量和建筑物耗热量的差值确定。

4 带有热回收功能的空气源热泵机组可以把原来排放到大气中的热量加以回收利用，提高了能源利用效率，因此对于有同时供冷、供热要求的建筑应优先采用。

8.3.2 空气源热泵机组制热量计算。

空气源热泵机组的冬季制热量会受到室外空气温度、湿度和机组本身的融霜性能的影响，在设计工况下的制热量通常采用下式计算：

$$Q = qK_1K_2 \qquad (34)$$

式中：Q——机组设计工况下的制热量（kW）；

q——产品标准工况下的制热量（标准工况：室外空气干球温度 7℃、湿球温度 6℃）（kW）；

K_1——使用地区室外空调计算干球温度修正系

数，按产品样本选取；

K_2——机组融霜修正系数，应根据生产厂家提供的数据修正；当无数据时，可按每小时融霜一次取 0.9，两次取 0.8。

注：每小时融霜次数可按所选机组融霜控制方式、冬季室外计算温度、湿度选取，或向厂家咨询。对于多联机空调系统，还要考虑管长的修正。

8.3.3 空气源热泵室外机或风冷制冷机组设置要求。

本条提出的内容是空气源热泵或风冷制冷机组室外机设置时必须注意的几个问题：

1 空气源热泵机组的运行效率，很大程度上与室外机与大气的换热条件有关。考虑主导风向、风压对机组的影响，机组布置时避免产生热岛效应，保证室外机进、排风的通畅，防止进、排风短路是布置室外机时的基本要求。当受位置条件等限制时，应创造条件，避免发生明显的气流短路；如设置排风帽，改变排风方向等方法，必要时可以借助于数值模拟方法辅助气流组织设计。此外，控制进、排风的气流速度也是有效地避免短路的一种方法；通常机组进风气流速度宜控制在 1.5 m/s～2.0 m/s，排风口的排气速度不宜小于 7m/s。

2 室外机除了避免自身气流短路外，还应避免其他外部含有热量、腐蚀性物质及油污微粒等排放气体的影响，如厨房油烟排气和其他室外机的排风等。

3 室外机运行会对周围环境产生热污染和噪声影响，因此室外机应与周围建筑物保持一定的距离，以保证热量有效扩散和噪声自然衰减。对周围建筑物产生噪声干扰，应符合国家现行标准《声环境质量标准》GB 3096 的要求。

4 保持室外机换热器清洁可以保证其高效运行，很有必要为室外机创造清扫条件。

8.3.4 地埋管地源热泵系统设计基本要求。部分强制性条文。

1 采用地埋管地源热泵系统首先应根据工程场地条件、地质勘察结果，评估埋地管换热系统实施的可行性与经济性。

2 利用岩土热响应试验进行地埋管换热器设计，是将岩土综合热物性参数、岩土初始平均温度和空调冷热负荷输入专业软件，在夏季工况和冬季工况运行条件下进行动态耦合计算，通过控制地埋管换热器夏季运行期间出口最高温度和冬季运行期间进口最低温度，进行地埋管换热器设计。

3 采用地埋管地源热泵系统，埋管换热系统是成败的关键。这种系统的计算与设计较为复杂，地埋管的埋管形式、数量、规格等必须根据系统的换热量、埋管占地面积、岩土体的热物理特性、地下岩土分布情况、机组性能等多种因素确定。

4 地源热泵地埋管系统的全年总释热量和总吸热量（单位：kWh）应基本平衡。对于地下水径流速较小的地埋管区域，在计算周期内，地源热泵系统总释热量和总吸热量应平衡。两者相差不大指两者的比值在 0.8～1.25 之间。对于地下水径流流速较大的地埋管区域，地源热泵系统总释热量和总吸热量可以通过地下水流动（带走或获取热量）取得平衡。地下水的径流流速的大小区分原则：1 个月内，地下水的流动距离超过沿流动方向的地埋管布置区域的长度为较大流速；反之为较小流速。

5 地埋管系统全年总释热量和总吸热量的平衡，是确保土壤全年热平衡的关键要求。地源热泵地埋管系统的设计，决定系统实时供冷量（或供热量）的关键技术之一在于地埋管与土壤的换热能力。因此，应分别计算夏季设计冷负荷与冬季设计热负荷情况下对地埋管长度的要求。

  1） 当地埋管系统的全年总释热量和总吸热量平衡（或基本平衡）时，就一般的设计原则而言，可以按照该系统作为建筑唯一的冷、热源来考虑，如果这时按照供冷和供热工况分别计算出的地埋管长度相同，说明系统夏季最大供冷量和冬季最大供热量刚好分别能够与建筑的夏季的设计冷负荷和冬季的设计热负荷一致，则是最理想的；但由于不同的地区气候条件以及建筑的性质不同，大多数建筑无法做到这一点。因此，在此种情况下，应该按照供冷和供热工况分别计算出的两个地埋管长度中的较大者采用，才能保证系统作为唯一的冷、热源而满足全年的要求。

  2） 当地埋管系统的总释热量和总吸热量无法平衡时，不能将该系统作为建筑唯一的冷、热源（否则土壤年平均温度将发生变化），而应该设置相应的辅助冷源或热源。在这种情况下，如果还按照上述计算的地埋管长度的较大者来选择，显然是没有必要的，只是一种浪费。因此这时宜按照上述计算的地埋管长度的较小者来作为设计长度。举例说明：如果是供冷工况下的计算长度较小，则说明需要增加辅助热源来保证供热工况下的需求；反之则增加冷却塔等设备将一部分热量排至大气之中而减少对土壤的排热。当然，还可采用其他冷热源与地源热泵系统联合运行的方法解决，通过检测地下土壤温度，调整运行策略，保证整个冷热源系统全年高效率运行。地源热泵系统与其他常规能源系统联合运行，也可以减少系统造价和占地面积，其他系统主要用于调峰。

6 对于冬季有可能发生管道冻结的场所，需要采取合理的防冻措施，例如采用乙二醇溶液等。

8.3.5 地下水地源热泵系统设计要求。部分强制性条文。

  本条针对采用地下水地源热泵系统时提出的基本要求：

1 地下水使用应征得当地水资源管理部门的同意。必须通过工程现场的水文地质勘察、试验资料，获取地下水资源详细数据，包括连续供水量、水温、地下水径流方向、分层水质、渗透系数等参数。有了这些资料才能判定地下水的可用性。

  水源热泵机组的正常运行对地下水的水质有一定的要求。为满足水质要求可采用具有针对性的处理方法，如采用除砂器、除垢器、除铁处理等。正确的水处理手段是保证系统正常运行的前提，不容忽视。

2 采用变流量设计是为了尽量减少地下水的用量和减少输送动力消耗。但要注意的是：当地下水采用直接进入机组的方式时，应满足机组对最小水量的限制要求和最小水量变化速率的要求，这一点与冷水机组变流量系统的要求相同。

3 地下水直接进入机组还是通过换热器后间接进入机组，需要根据多种因素确定：水质、水温和维护的方便性。水质好的地下水宜直接进入机组，反之采用间接方法；维护简单工作量不大时采用直接方法；地下水直接进入机组有利于提高机组效率。因此设计人员可通过技术经济分析后确定。

4 强制性条款：为了保护宝贵的地下水资源，要求采用地下水全部回灌到同一含水层，并不得对地下水资源造成污染。为了保证不污染地下水，应采用封闭式地下水采集、回灌系统。在整个地下水的使用过程中，不得设置敞开式的水池、水箱等作为地下水的蓄存装置。

8.3.6 江河湖水源地源热泵系统设计基本要求。

1 水源热泵机组采用地表水作为热源时，应对地表水体资源进行环境影响评估，以防止水体的温度变化过大而破坏生态平衡。一般情况下，水体的温度变化应限制在周平均最大温升不大于 1℃，周平均最大温降不大于 2℃的范围内。此外，地表水是一种资源，水资源利用必须获得各有关部门的批准，如水务部门和航运主管部门等。

2 由于江河的丰水、枯水季节水位变化较大，过大的水位差除了造成取水困难外，输送动力的增加也是不可小视，所以要进行技术经济比较后确定是否采用。

3 热泵机组与地表水水体的换热方式有闭式与开式两种：

  当地表水体环境保护要求高，或水质复杂且水体面积较大、水位较深，热泵机组分散布置且数量众多（例如采用单元式空调机组）时，宜通过沉于地表水下的换热器与地表水进行热交换，采用闭式地表水换热系统。当换热量较大，换热器的布置影响到水体的正常使用时不宜采用闭式地表水换热系统。

当地表水体水质较好，或水体深度、温度等条件不适宜于采用闭式地表水换热系统时，宜采用开式地表水换热系统。直接从水体抽水和排水。开式系统应注意过滤、清洗、灭藻等问题。

4 为了避免取水与排水短路，开式地表水换热系统的取水口应选择水位较深、水质较好的位置且远离排水口，同时根据具体情况确定取水口与排水口的距离。当采用具有较好流动性的江、河时，取水口应位于排水口的上游；如果采用平时流动性较差甚至不流动的水库、湖水时，取水口与排水口的距离应较大。为了保证热泵机组和系统的高效运行，地表水进入机组之前应采取相应的水处理措施；但需要注意的是：为了防止对地表水的污染，水处理措施应采用"非化学"方式，并符合环境的要求（例如环评报告等）。

6 防冻措施与8.3.4条相同。

8.3.7 海水源地源热泵系统设计要求。

海水源地源热泵系统，本质上属于地表水的范畴，因此对其的设计要求可以参照8.3.6条及其条文说明。但因为海水的特殊性，本规范在此专门提出了要求：

1 海水有一定的腐蚀性，沿海区域一般不宜采用地下水地源热泵，以防止海水侵蚀陆地、地层沉降及建筑物地基下沉等；开式系统应控制使用后的海水温度指标和含氯浓度，以免影响海洋生态环境；此外还需要考虑到设备与管道的耐腐蚀问题。

3 海水由于潮汐的影响，会对系统产生一定的水流应力。

4 接触海水的管道和设备容易附着海洋生物，对海水的输送和利用有一定影响。

为了防止由于水处理造成对海水的污染，对海水进行过滤、杀菌等水处理措施时，应采用物理方法。

5 防冻措施与8.3.4条相同。

8.3.8 污水源地源热泵系统设计要求。

同海水源地源热泵系统或地表水地源热泵系统一样，污水源地源热泵系统的设计在满足相关规定的同时，还要注意其特殊性——对污水的性质和水质处理要求的不同，会导致系统设计上存在一定的区别。

8.3.9 水环热泵空调系统设计要求。

1 水环热泵的水温范围是根据目前的产品要求、冷却塔能力和系统设计中的相关情况来综合提出的。设计时，应注意采用合理的控制方式来保持水温。

2 水环热泵的循环水系统是构成整个系统的基础。由于热泵机组换热器对循环水的水质要求较高，适合采用闭式系统。如果采用开式冷却塔，最好也设置中间换热器使循环水系统构成闭式系统。需要注意的是：设置换热器之后会导致夏季冷却水温偏高，因此对冷却水系统（包括冷却塔）的能力，热泵的适应性以及实际运行工况，都应进行校核计算。当然，如果经过开式冷却塔后的冷却水水质能够得到保证，也可以直接将其送至水

环热泵机组之中，这样可以提高整个系统的运行效率——需要提醒注意的是：如果开式冷却塔的安装高度低于水环热泵机组的安装高度，则应设置中间换热器，否则高处的热泵机组会"倒空"。

3 当冬季的热负荷较大时，需要设置辅助热源。辅助热源的选择原则应符合本规范8.1.1条规定。在计算辅助热源的安装容量时，应考虑到系统内各种发热源（例如热泵机组的制冷电耗、空调内区冷负荷等等）。

4 从保护热泵机组的角度来说，机组的循环水流量不应实时改变。当建筑规模较小（设计冷负荷不超过527kW）时，循环水系统可直接采用定流量系统。对于建筑规模较大时，为了节省水泵的能耗，循环水系统宜采用变流量系统。为了保证变流量系统中机组定流量的要求，机组的循环水管道上应设置与机组启停连锁控制的开关式电动阀；电动阀应先于机组打开，后于机组关闭。

5 水环热泵机组目前有两种方式：整体式和分体式。在整体式中，由于压缩机随机组设置在室内，因此需要关注室内或使用地点的噪声问题。

8.4 溴化锂吸收式机组

8.4.1 吸收式冷水机组采用热能顺序要求。

本条规定了吸收式冷水机组采用热能作为制冷的能源时，采用热能的优先顺序。其中第1、2款与本章的8.1节一般规定是一致的。第1款包括的热源有：烟气、蒸汽、热水等热媒。

直接采用矿物质能源时，则应综合考虑当地的能源供应情况、能耗价格、使用的灵活性和方便性等情况。

8.4.2 溴化锂吸收式机组的机型选择要求。

1 根据吸收式冷水机组的性能，通常当热源温度比较高时，宜采用双效机组。由于废热、可再生能源及生物质能的能源品位相对较低；对于城市热网，在夏季制冷工况下，热网温度通常较低，有时无法采用双效机组。当采用锅炉燃烧供热时，为了提高冷水机组的性能，应提高供热热源的温度，因此不应采用单效式机组。

2 各类机组所对应的热源参数如下表所示：

表8 各类机组的加热热源参数

机型	加热热源种类和参数
直燃机组	天然气、人工煤气、液化石油气、燃油
蒸汽双效机组	蒸汽额定压力（表压）0.25、0.4、0.6、0.8MPa
热水双效机组	>140℃热水
蒸汽单效机组	废汽（0.1MPa）
热水单效机组	废热等（85℃～140℃热水）

8.4.3 直燃式机组选择要求。

1 直燃式机组的额定供热量一般为额定供冷量的 70%～80%，这是一个标准配置，也是较经济合理的配置，在设计时尽可能按照标准型机组来选择。同时，设计时要分别按照供冷工况和供热工况来预选直燃机。从提高经济性和节能的角度来看，如果供冷、供热两种工况下选择的机型规格相差较大时，宜按照机型较小者来配置，并增加辅助的冷源或热源装置——见本条第 2、3 款。

2 对于我国北方地区的某些建筑，从数值上冬季供热负荷可能不小于夏季供冷负荷（或者是供热负荷与供冷负荷的比值大于 0.8）。当按照夏季冷负荷选型时，如果采用加大机组的型号来满足供热的要求，在投资、机组效率等方面都受到一定的影响，因此现行的一些工程采用了机组型号不加大而直接加大高压发生器和燃烧器的方式。这种方式虽然可行，但仍然存在高、低压发生器的匹配一定程度上影响机组运行效率的问题，因此对此进行限制。当超过本条规定的限制时，北方地区应采用"直燃机组＋辅助锅炉房"的方案。

3 对于我国南方地区的某些建筑，情况可能与本条文说明中的第 2 条相反。从能源利用的合理性来看，宜采用"直燃机组＋辅助电制冷"的方案。

8.4.4 溴化锂吸收式三用直燃机选型要求。

《公共建筑节能设计标准》GB 50189－2005 表 5.4.9 对吸收式机组的性能参数限值进行了规定，本规范应符合其要求。

三用机可以有以下几种用途：

1 夏季：单供冷、供冷及供生活热水；

2 春秋季：供生活热水；

3 冬季：单供暖、供暖及供生活热水。

尽管三用机由于多种用途而受到业主欢迎，但由于在设计选型中存在的一些问题，致使在实际工程使用中出现不尽如人意之处。主要原因是：

1 对供冷（温）和生活热水未进行日负荷分析与平衡，由于机组能量不足，造成不能同时满足各方面的要求；

2 未进行各季节的使用分析，造成不经济、不合理运行、效率低、能耗大；

3 在供冷（温）及生活热水系统内未设必要的控制与调节装置，无法优化管理，系统无法运行成本提高。

直燃机价格昂贵，尤其是三用机，要搞好合理匹配，系统控制，提高能源利用率是设计选型的关键，因此不能随意和不加分析地采用。当难以满足生活热水供应要求又影响供冷（温）质量时，应另设专用热水机组提供生活热水。

8.4.5 四管制和分区两管制空调系统使用直燃式机组要求。

四管制和分区两管制空调系统主要适用于有同时供冷、供热需求的建筑物。由于建筑中冷、热负荷及其比例随时间变化较大，直燃式机组很难在任何时刻同时满足冷、热负荷的变化要求。因此，一般情况下不宜将它作为四管制和分区两管制空调系统唯一采用的冷、热源装置。

8.4.6 吸附式冷水机组制冷使用条件。

吸附式冷水机组的特点是能够利用低温热水进行制冷，因此其比较适合于具有低位热源的场所。由于其制冷 *COP* 比较低（大约为 0.5），在有高温热源的场所不宜采用。同时，由于目前吸附式冷水机组的型号较少且单台机组的制冷量有限，因此不宜用于大、中型空调系统之中。

8.4.7 直燃型机组的储油、供油、燃气系统的设计要求。

直燃型溴化锂吸收式冷（温）水机组储油、供油、燃气供应及烟道的设计，应符合国家现行《锅炉房设计规范》GB 50041、《高层民用建筑设计防火规范》GB 50045、《建筑设计防火规范》GB 50016、《城镇燃气设计规范》GB 50028、《工业企业煤气安全规程》GB 6222 等规范和标准的要求。

8.5 空调冷热水及冷凝水系统

8.5.1 空调冷热水参数确定原则。

空调冷热水参数应保证技术可靠、经济合理，本条中数值适用于以水为冷热媒对空气进行冷却或加热处理的一般建筑的空调系统，有特殊工艺要求的情况除外。

1 冷水机组直接供冷系统的冷水供水温度低于 5℃时，会导致冷水机组运行工况相对较差且稳定性不够。对于空调系统来说，大温差设计可减小水泵耗电量和管网管径，因此规定了空调冷水和热水系统温差不得小于一般末端设备名义工况要求的 5℃。但当采用大温差，如果要求末端设备空调冷水的平均水温基本不变时，冷水机组的出水温度则需降低，使冷水机组性能系数有所下降；当空调冷水或热水采用大温差时，还应校核流量减少对采用定型盘管的末端设备（如风机盘管等）传热系数和传热量的影响，必要时需增大末端设备规格，就目前的风机盘管产品来看，其冷水供回水在 5℃/13℃ 时的供冷能力，与 7℃/12℃ 冷水的供冷能力基本相同。所以应综合考虑节能和投资因素确定温差数值。

2 采用蓄冷装置的供冷系统，供水温度和供回水温差与蓄冷介质和蓄冷、取冷方式等有关，应符合本规范第 8.7.6 条和第 8.7.7 条规定，供水温度范围可参考其条文说明。

3 温湿度独立控制系统，是近年来出现的系统形式。规定其供水温度不宜低于 16℃ 是为了防止房间结露。同时，根据现有的末端设备和冷水机组的产品情况，采用5℃的温差，在大多数情况下是可以做到的。

4 采用蒸发冷却或天然冷源制取空调冷水时，在一些地区做到5℃的水温差存在一定的困难，因此，提出了比冷水机组略为小一些的温差（4℃）。根据对空调系统的综合能耗的研究，4℃的冷水温差对于供水温度16℃～18℃的冷水系统并采用现有的末端产品，能够满足要求和得到能耗的均衡。当然，针对专门开发的一些干工况末端设备，以及某些露点温度较低而能够通过蒸发冷却得到更低水温（例如12℃～14℃）的地区而言，设计人员可以将上述冷水温差进一步加大。

5 采用辐射供冷末端设备的系统既包括温湿度独立控制系统也包括蒸发冷却系统。研究表明：对于辐射供冷的末端设备来说，较大的温差不容易做到（否则单位面积的供冷量不够），因此对此部分末端设备所组成的系统，放宽了对冷水温差的要求。

6 市政热力或锅炉产生的热水温度一般较高（80℃以上），可以将二次空调热水加热到末端空气处理设备的名义工况水温60℃，同时考虑到降低供水温度有利于降低对一次热源的要求，因此推荐供水温度为50℃～60℃。但对于采用竖向分区且设置了中间换热器的超高层建筑，由于需要考虑换热后的水温要求，可以提高到65℃，因此需要设计人根据具体情况来提出需求的供水温度。对于严寒地区的预热盘管，为了防止盘管冻结，要求供水温度应相应提高。由于目前大多数盘管采用的是铜管串铝片方式，因此水温过高时要注意盘管的热胀冷缩问题。

对于热水供回水温差的问题，尽管目前的一些设备（例如风机盘管）都是以10℃温差来标注其标准供暖工况的，但通过理论分析和多年的实际工程运行情况表明：对于严寒和寒冷地区来说适当加大热水供回水温差，现有的末端设备是能够满足其使用要求的（并不需要加大型号）；对于夏热冬冷地区而言，采用10℃温差即使对于两管制水系统来说也不会导致末端设备的控制出现问题。而适当的加大温差有利于节省输送能耗。并考虑到与《公共建筑节能设计标准》GB 50189的协调，因此对热水的供回水温差做出了相应的规定。

7 采用直燃式冷（温）水机组、空气源热泵、地源热泵等作为热源时，产水温度一般较低，供回水温差也不可能太大，因此不做规定，按设备能力确定。

8 区域供冷可根据不同供冷形式选择不同的供回水温差。

8.5.2 闭式与开式空调水系统的选择。

规定除特殊情况外，应采用闭式循环水系统（其中包括开式膨胀水箱定压的系统），是因为闭式系统水泵扬程只需克服管网阻力，相对节能和节省一次投资。

间接和直接蒸发冷却器串联设置的蒸发冷却冷水机组，其空气－水直接接触的开式换热塔（直接蒸发冷却器），进塔水管和底盘之间的水提升高差很小，因此也不做限制。

采用水蓄冷（热）的系统当水池设计水位高于水系统的最高点时，可以采用直接供冷供热的系统（实际上也是闭式系统，不存在增加水泵能耗的问题）。当水池设计水位低于水系统的最高点时，应设置热交换设备，使空调水系统成为闭式系统。

8.5.3 空调水管路系统制式选择。

1 建筑物内存在需全年供冷的区域时（不仅限于内区），这些区域在非供冷季首先应该直接采用室外新风做冷源，例如全空气系统增大新风比、独立新风系统增大新风量。只有在新风冷源不能满足供冷量需求时，才需要在供热季设置为全年供冷区域单独供冷水的管路，即分区两管制系统。因此仅给出内外区集中送新风的风机盘管加新风的分区两管制水系统的系统形式，见图4。

2 对于一般工程，如仅在理论上存在一些内区，但实际使用时发热量常比夏季采用的设计数值小且不长时间存在、或这些区域面积或总冷负荷很小、冷源设备无法为之单独开启，或这些区域冬季即使短时温度较高也不影响使用，如为之采用相对复杂投资较高的分区两管制系统，工程中常出现不能正常使用，甚至在冷负荷小于热负荷时房间温度过低而无供热手段的情况。因此工程中应考虑建筑物是否真正存在面积和冷负荷较大的需全年供应冷水的区域，确定最经济和满足要求的空调管路制式。

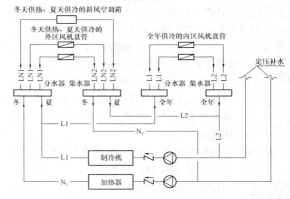

图4 典型的风机盘管加新风分区两管制水系统

8.5.4 集中空调冷水系统选择原则。

1 定流量一级泵系统简单，不设置水路控制阀时一次投资最低。其特点是运行过程中各末端用户的总阻力系数不变，因而其通过的总流量不变（无论是末端不设置水路两通自动控制阀还是设置三通自动控制阀），使得整个水系统不具有实时变化设计流量的功能，当整个建筑处于低负荷时，只能通过冷水机组的自身冷量调节来实现供冷量的改变，而无法根据不同的末端冷量需求来做到总流量的按需供应。当这样的系统设置有多台水泵时，如果空调末端装置不设水路电动阀或设置电动三通阀，仅运行一台水泵时，系统总流量减少很多，但仍按比例流过各末端设备（或三通阀的旁路），由于各末端设备负荷的减少与机组总负荷的减少并不是同步的，因而会造成供冷（热）需求较大的设备供冷（热）量不满足要求，而供冷（热）需求较小的设备供冷（热）量过大。同时由于水泵运行台数减少、尽管总水量减小，但无电动两通阀的系统其管网曲线基本不发生变化，运行的水泵还有可能发生单台超负荷情况（严重时甚至出现事故）。因此，该系统限制只能用于1台冷水机组和水泵的小型工程。

2 变流量一级泵系统包括冷水机组定流量、冷水机组变流量两种形式。冷水机组定流量、负荷侧变流量的一级泵系统，形式简单，通过末端用户设置的两通阀自动控制各末端的冷水量需求，同时，系统的运行水量也处于实时变化之中，在一般情况下均能较好地满足要求，是目前应用最广泛、最成熟的系统形式。当系统作用半径较大或水流阻力较高时，循环水泵的装机容量较大，由于水泵为定流量运行，使得冷水机组的进出水温差随着负荷的降低而减少，不利于在运行过程中水泵的运行节能，因此一般适用于最远环路总长度在500m之内的中小型工程。

随着冷水机组制冷效率的提高，循环水泵能耗所占比例上升，尤其是单台冷水机组所需流量较大时或系统阻力较大时，冷水机组变流量运行水泵的节能潜力较大。但该系统涉及冷水机组允许变化范围，减少水量对冷机性能系数的影响，对设备、控制方案和运行管理等的特殊要求等；因此应"经技术和经济比较"，指与其他系统相比，节能潜力较大，并确有技术保障的前提下，可以作为供选择的节能方案。

系统设计时，以下两个方面应重点考虑：

1）冷水机组对变水量的适应性：重点考虑冷水机组允许的变水量范围和允许的水量变化速率；

2）设备控制方式：需要考虑冷水机组的容量调节和水泵变速运行之间的关系，以及所采用的控制参数和控制逻辑。

3 二级泵系统的选择设计

1）机房内冷源侧阻力变化不大，因此系统设计水流阻力较高的原因，大多是由于系统的作用半径造成的，因此系统阻力是推荐采用二级泵或多级泵系统的条件，且为充要条件。当空调系统负荷变化很大时，首先应通过合理设置冷水机组的台数和规格解决小负荷运行问题，仅用靠增加负荷侧的二级泵台数无法解决根本问题，因此

"负荷变化大"不列入采用二级泵或多级泵的条件。

2）各区域水温一致且阻力接近时完全可以合用一组二级泵，多台水泵根据末端流量需要进行台数和变速调节，大大增加了流量调解范围和各水泵的互为备用性。且各区域末端的水路电动阀自动控制水量和通断，即使停止运行或关闭检修也不会影响其他区域。以往工程中，当各区域水温一致且阻力接近，仅使用时间等特性不同，也常按区域分别设置二级泵，带来如下问题：①水泵设置总台数多于合用系统，有的区域流量过小采用一台水泵还需设置备用泵，增加投资；②各区域水泵不能互为备用，安全性差；③各区域最小负荷小于系统总最小负荷，各区域水泵台数不可能过多，每个区域泵的流量调节范围减少，使某些区域在小负荷时流量过大、温差过小、不利于节能。

3）当系统各环路阻力相差较大时，如果分区分环路按阻力大小设置和选择二级泵，有可能比设置一组二级泵更节能。阻力相差"较大"的界限推荐值可采用0.05MPa，通常这一差值会使得水泵所配电机容量规格变化一档。

4）工程中常有空调冷热水的一些系统与冷热源供水温度的水温或温差要求不同，又不单独设置冷热源的情况。可以采用再设换热器的间接系统，也可以采用设置二级混水泵和混水阀旁通调节水温的直接串联系统。后者相对于前者有不增加换热器的投资和运行阻力，不需再设置一套补水定压膨胀设施的优点。因此增加了当各环路水温要求不一致时按系统分设二级泵的推荐条件。

4 对于冷水机组集中设置且各单体建筑用户分散的区域供冷等大规模空调冷水系统，当输送距离较远且各用户管路阻力相差非常悬殊的情况下，即使采用二级泵系统，也可能导致二级泵的扬程很高，运行能耗的节省受到限制。这种情况下，在冷源侧设置定流量运行的一级泵、为共用输配干管设置变流量运行的二级泵、各用户或用户内的各系统分别设置变流量运行的三级泵或四级泵的多级泵系统，可使得二级泵的设计扬程降低，也有利于单体建筑的运行调节。如用户所需水温或温差与冷源水温不同，还可通过三级（或四级）泵和混水阀满足要求。

8.5.5 采用换热器的空调水系统。

1 一般换热器不需要定流量运行，因此推荐在换热器二次水侧的二次循环泵采用变速调节的节能

措施。

2 按区域分别设置换热器和二次泵的系统规模界限和优缺点参见 8.5.4 条文说明。

8.5.6 空调水系统自控阀门的设置。

1 多台冷水机组和循环水泵之间宜采用一对一的管道连接方式，见 8.5.13 条及其条文说明。当冷水机组与冷水循环泵之间采取一对一连接有困难时，常采用共用集管的连接方式，当一些冷水机组和对应冷水泵停机，应自动隔断停止运行的冷水机组的冷水通路，以免流经运行的冷水机组流量不足。

2 空调末端装置应设置温度控制的电动两通阀（包括开关控制和连续调节阀门），才能使得系统实时改变流量，使水量按需供应。

8.5.7 定流量一级泵系统空调末端控制要求。

为了保证空调区域的冷量按需供应，宜对区域空气温度进行自动控制，以防止房间过冷和浪费能源。通常的控制方式包括：①末端设置分流式三通调节阀，由房间温度自动控制通过末端装置和旁流支路的流量比例来实现；②对于风机盘管等设备，采用房间温度自动控制风机启停（或者自动控制风机转速）的方式。对于一些特别小型且系统中只设置了一台冷水机组的工程，如果对自动控制方式的投资有较大限制的话，至少也应设置调节性能较好的手动阀（最低要求）。

8.5.8 变流量一级泵系统采用冷水机组定流量方式的空调水系统设计要求。

当冷水机组采用定流量方式时，为保证流经冷水机组蒸发器的流量恒定，设置电动旁通调节阀，是一个通常的成熟做法。电动旁通阀口径的选择应按照本规范 9.2.5 条的规定并通过计算阀门的流通能力（也称为流量系数）来确定，但由于在实际工程中经常发现旁通阀选择过大的情况（有的设计图甚至按照水泵或冷水机组的接管来选择阀门口径），这里对旁通阀的设计流量（即阀门全开时的最大流量）做出了规定。

对于设置多台相同容量冷水机组的系统而言，旁通阀的设计流量就是一台冷水机组的流量，这样可以保证多台冷水机组在减少运行台数之前，各台机组都能够定流量运行（本系统的设计思路）。

对于设置冷水机组大小搭配的系统来说，从目前的情况看，多台运行的时间段内，通常是大机组在联合运行（这时小机组停止运行的情况比较多），因此旁通阀的设计流量按照大机组的流量来确定与上述的原则是一致的。即使在大小搭配运行的过程中，按照大容量机组的流量来确定可能无法兼顾小容量机组的情况，但从冷水机组定流量运行的安全要求这一原则出发，这样的选择也是相对安全的。当然，如果要兼顾小容量机组的运行情况（无论是大小搭配还是小容量机组可能在低负荷时单独运行），也可以采用大小

口径搭配（并联连接）的"旁通阀组"来解决。但这一方法在控制方式上更为复杂一些。

8.5.9 变流量一级泵系统采用冷水机组变流量方式的空调水系统设计要求。

1 水泵采用变速控制模式，其被控参数应经过详细的分析后确定，包括：采用供回水压差、供回水温差、流量、冷量以及这些参数的组合等控制方式。

2 水泵采用变速调节时，已经能够在很长的运行时间段内稳定地控制相关的参数（如压差等）。但是，当系统用户所需的总流量低至单台最大冷水机组允许的最小流量时，水泵转数不能再降低，实际上已经与"机组定流量、负荷侧变流量"的系统原理相同。为了保证在冷水机组达到最小运行流量时还能够安全可靠的运行，供回水总管之间还应设置最大流量为单台冷水机组最小允许流量的旁通调节阀，此时系统的控制和运行方式与冷水机组定流量方式类似。流量下限一般不低于机组额定流量的 50%，或根据设备的安全性能要求来确定。当机组大小搭配时，由于机组的规格不同（甚至类型不同，如：离心机与螺杆机搭配），也有可能出现小容量机组的最小允许流量大于大容量机组允许最小流量的情况，因此要求此时旁通阀的最大设计流量为各台冷水机组允许的最小流量中的"最大值"。

3 指出了确定变流量运行的冷水机组最大和最小流量的考虑因素。

4 对适应变流量运行的冷水机组应具有的性能提出了要求。允许水流量变化范围大的冷水机组的流量变化范围举例：离心式机组宜为额定流量的 30%～130%，螺杆式机组宜为额定流量的 40%～120%；从安全角度来讲，适应冷水流量快速变化的冷水机组能承受每分钟 30%～50% 的流量变化率，从对供水温度的影响角度来讲，机组允许的每分钟流量变化率不低于 10%（具体产品有一定区别）；流量变化会影响到机组供水温度，因此机组还应有相应的控制功能。本处所提到的额定流量指的是供回水温差为 5℃ 时的流量。

5 多台冷水机组并联时，如果各台机组的蒸发器水压降相差过大，由于系统的不平衡，流经阻力较大机组的实际流量将会比设计流量减少，对于采用冷水机组变流量方式的一级泵系统，有可能减少至机组允许的最小流量以下，因此强调应选择在设计流量下蒸发器水压降相同或接近的冷水机组。

8.5.10 二级泵和多级泵空调水系统的设计。

1 本条所提到的"平衡管"，有的资料中也称为"盈亏管"、"耦合管"。在一些中、小型工程中，也有的采用了"耦合罐"形式，其工作原理都是相同的，这里统称为"平衡管"。

一、二级泵之间的平衡管两侧接管端点，即为一级泵和二级泵负担管网阻力的分界点。在二级泵系统

设计中，平衡管两端之间的压力平衡是非常重要的。目前一些二级泵系统，存在运行不良的情况，特别是平衡管发生水"倒流"（即：空调系统的回水直接从平衡管旁通后进入了供水管）的情况比较普遍，导致冷水系统供水温度逐渐升高、末端无法满足要求而不断要求加大二级泵转速的"恶性循环"情况的发生，其原因就是二级泵选择扬程过大造成的。因此设计二级泵系统时，应进行详细的水力计算。

当分区域设置的二级泵采用分布式布置时（见本条第3款条文说明），如平衡管远离机房设在各区域内，定流量运行的一级泵则需负担外网阻力，并按最不利区域所需压力配置，功率很大，较近各区域平衡管前的一级泵多余资用压头需用阀门调节克服，或通过平衡管旁通，不符合节能原则。因此推荐平衡管位置应在冷源机房内。

一级泵和二级泵流量在设计工况完全匹配时，平衡管内无水量通过即接管点之间无压差。当一级泵和二级泵的流量调节不完全同步时，平衡管内有水通过，使一级泵和二级泵保持在设计工况流量以保证冷水机组蒸发器的流量恒定，同时二级泵根据负荷侧的需求运行。在旁通管内有水流过时，也应尽量减小旁通管阻力，因此管径应尽可能加大。

二级泵与三级泵之间也有流量调节可能不同步的问题，但没有保证蒸发器流量恒定问题。如二级泵与三级泵之间设置平衡管，当各三级泵用户远近不同、且二级泵按最不利用户配置时，近端用户需设置节流装置克服较大的剩余资用压头，或多于流量通过平衡管旁通。当系统控制精度要求不高时如不设置平衡管，近端用户三级泵可以利用二级泵提供的资用压头，对节能有利。因此，二级泵与三级泵之间没有规定必须设置平衡管。但当各泵之间要求流量平衡控制较严格时，应设置平衡管；当末端用户需要不同水温或温差时，还应设置混水旁通管。

2 二级泵的设置位置，指集中设置在冷站内（集中式设置），还是设在服务的各区域内（分布式设置）。集中式设置便于设备的集中管理，但系统所分区域较多时，总供回水管数量增多、投资增大、外网占地面积大，且相同流速下小口径管道水阻力大、增大水泵能耗，可考虑分布式设置。

二级泵分布式设置在各区域靠近负荷端时，应校核系统压力：当系统定压点较低或外网阻力很大时，二级泵入口（系统最低点压力）低于水泵高度时系统容易进气，低于水泵允许最大负压值时水泵会产生气蚀；因此应校核从平衡管的分界点至二级泵入口的阻力不应大于定压点高度，

3 一般空调系统均能满足要求，外网很长阻力很大时可考虑三次或间接连接系统。

二级泵等负荷侧水泵采用变频调速泵，比仅采用台数调节更加节能，因此规定采用。

8.5.11 两管制空调水系统冷热水循环泵的设置。

由于冬夏季空调水系统流量及系统阻力相差很大，两管制系统如冬夏季合用循环水泵，一般按系统的供冷运行工况选择循环泵，供热时系统和水泵工况不吻合，往往水泵不在高效区运行，且系统为小温差大流量运行，浪费电能；即使冬季改变系统的压力设定值，水泵变速运行，水泵冬季在设计负荷下也可能长期低速运行，降低效率，因此不允许合用。

如冬夏季冷热负荷大致相同，冷热水温差也相同（例如采用直燃机、水源热泵等），流量和阻力基本吻合，或者冬夏不同的运行工况与水泵特性相吻合时，从减少投资和机房占用面积的角度出发，也可以合用循环泵。

值得注意的是：当空调热水和空调冷水系统的流量和管网阻力特性及水泵工作特性相吻合而采用冬、夏共用水泵的方案时，应对冬、夏两个工况情况下的水泵轴功率要求分别进行校核计算，并按照轴功率要求较大者配置水泵电机，以防止水泵电机过载。

8.5.12 空调冷热水系统循环水泵的耗电输冷（热）比。

耗电输冷（热）比反映了空调水系统中循环水泵的耗电与建筑冷热负荷的关系，对此值进行限制是为了保证水泵的选择在合理的范围，降低水泵能耗。

本条文的基本思路来自现行国家标准《公共建筑节能设计标准》GB 50189-2005 第5.2.8条，根据实际情况对相关参数进行了一定的调整：

1 温差的确定。对于冷水系统，要求不低于5℃的温差是必需的，也是正常情况下能够实现的。对于空调热水系统来说，在这里将四个气候区分别作了最小温差的限制，也符合相应气候区的实际情况，同时考虑到了空调自动控制与调节能力的需要。

2 采用设计冷（热）负荷计算，避免了由于应用多级泵和混水泵造成的水温差和水流量难以确定的状况发生。

3 A值是反映水泵效率影响的参数，由于流量不同，水泵效率存在一定的差距，因此A值按流量取值，更符合实际情况。根据国家标准《清水离心泵能效限定值及节能评价值》GB 19762 水泵的性能参数，并满足水泵工作在高效区的要求，当水泵水流量≤60m³/h时，水泵平均效率取63%；当60m³/h<水泵水流量≤200m³/h时，水泵平均效率取69%；当水泵水流量>200m³/h时，水泵平均效率取71%。

4 B值反映了系统内除管道之外的其他设备和附件的水流阻力，$a\Sigma L$ 则反映系统管道长度引起的阻力。在《公共建筑节能设计标准》GB 50189-2005 第5.2.8条中，这两部分统一用水泵的扬程 H 来代替，但由于在目前，水系统的供冷半径变化较大，如果用一个规定的水泵扬程（标准规定限值为36m）并不能完全反映实际情况，也会给实际工程设计带来一些困

难。因此，本条文在修改过程中的一个思路就是：系统半径越大，允许的限值也相应增大。故此把机房及用户的阻力和管道系统长度引起的阻力分别开来，这也与现行行业标准《严寒和寒冷地区居住建筑节能设计标准》JGJ 26-2010 第5.2.16条关于供热系统的耗电输热比 *EHR* 的立意和计算公式相类似。同时也解决了管道长度阻力 α 在不同长度时的连续性问题，使得条文的可操作性得以提高。

8.5.13 空调水循环泵台数要求。

1 为保证流经冷水机组蒸发器的水量恒定，并随冷水机组的运行台数向用户提供适应负荷变化的空调冷水流量，因此在设置数量上要求按与冷水机组"对应"设置一级循环泵，但不强调"一对一"设置，是考虑到多台压缩机、冷凝器、蒸发器等组成的模块式冷水机组等特殊情况，可以根据使用情况灵活设置水泵台数，但流量应与冷水机组对应。变流量一级泵系统采用冷水机组变流量方式时，水泵和冷水机组独立控制，不要求必须对应设置，因此与冷水机组对应设置的水泵强调为"定流量"运行泵（包括二级泵或多级泵系统中的"一级泵"和一级泵系统中的冷水循环泵）。同时，从投资和控制两方面来看，当水泵与冷水机组采用"一对一"连接时，可以取消冷水机组共用集管连接时所需要的支路电动开关阀（通常为电动蝶阀），以及某些工程设计中为了保证流量分配均匀而设置的定流量阀，减少了控制环节和系统阻力，提高了可靠性，降低了投资。即使设备台数较少时，考虑机组和水泵检修时的交叉组合互为备用，仍可采用设备一对一地连接管道，在机组和冷水泵连接管之间设置互为备用的手动转换阀，因此建议设计时尽可能采用水泵与冷水机组的管道一一对应的连接方式。

2 变流量运行的每个分区的各级水泵的流量调节，可通过台数调节和水泵变速调节实现，但即使是流量较小的系统，也不宜少于2台水泵，是考虑到在小流量运行时，水泵可轮流检修。但所有同级的水泵均采用变速方式时，如果台数过多，会造成控制上的一定困难。

3 空调冷水和水温较低的空调热水，负荷调节一般采用变流量调节（与相对高温的散热器供暖系统根据气候采用改变供水温度的质调节和质、量调节结合不同），因此多数时间在小于设计流量状态下运行，只要水泵不少于2台，即可做到轮流检修。但考虑到严寒及寒冷地区对供暖的可靠性要求较高，且设备管道等有冻结的危险，因此强调水泵设置台数不超过3台时，其中一台宜设置为备用泵，以免水泵故障检修时，流量减少过多；上述规定与《锅炉房设计规范》GB 50041 中"供热热水制备"章的有关规定相符。舒适性空调供冷的可靠性要求一般低于严寒及寒冷地区供暖，因此是否设置备用泵，可根据工程的性质、标准，水泵的台数，室外气候条件等因素确定，不做

硬性规定。

8.5.14 空调水系统水力平衡。

本条提到的水力平衡，都是指设计工况的平衡情况。

强调空调水系统设计时，首先应通过系统布置和选定管径减少压力损失的相对差额，但实际工程中常常较难通过管径选择计算取得管路平衡，因此只规定达不到15%的平衡要求时，可通过设置平衡装置达到空调水管道的水力平衡。

空调水系统的平衡措施除调整管路布置和管径外，还包括设置根据工程标准、系统特性正确选用并在适当位置正确设置可测量数据的平衡阀（包括静态平衡和动态平衡）、具有流量平衡功能的电动阀等装置；例如末端设置电动两通阀的变流量的空调水系统中，各支环路不应采用定流量阀。

8.5.15 空调冷水系统设计补水量。

系统补水量是确定补水管管径、补水泵流量的依据，系统补水量除与系统本身的设计情况有关外（例如热膨胀等），还与系统的运行管理相关密切，在无法确定运行管理可能带来的补水量时，可按照系统水容量大小来计算确定。

工程中系统水容量可参照下表估算，室外管线较长时取较大值：

表9   空调水系统的单位建筑面积水容量（L/m²）

空调方式	全空气系统	水/空气系统
供冷和采用换热器供热	0.40~0.55	0.70~1.30

8.5.16 空调冷水补水点及补水泵选择及设置。

补水点设在循环水泵吸入口，是为了减小补水点处压力及补水泵扬程。采用高位膨胀水箱时，可以通过膨胀管直接向系统补水。

1 补水泵扬程是根据补水点压力确定的，但还应注意计算水泵至补水点的管道阻力。

2 补水泵流量规定不宜小于系统水容量的5%（即空调系统的5倍计算小时补水量），是考虑事故补水量较大，以及初期上水时补水时间不要太长（小于20小时），且膨胀水箱等调节容积可使较大流量的补水泵间歇运行。推荐补水泵流量的上限值，是为了防止水泵流量过大而导致膨胀水箱等的调节容积过大等问题。推荐设置2台补水泵，可在初期上水或事故补水时同时使用，平时使用1台，可减小膨胀水箱的调节容积，又可互为备用。

3 补水泵间歇运行有检修时间，即使仅设置1台，也不强行规定设置备用泵；但考虑到严寒及寒冷地区冬季运行应有更高的可靠性，当因水泵过小等原因只能选择1台泵时宜再设1台备用泵。

8.5.17 空调系统补水箱的设置和调节容积。

空调冷水直接从城市管网补水时，不允许补水泵直接抽取；当空调热水需补充软化水时，离子交换软

化设备供水与补水泵补水不同步，且软化设备常间断运行，因此需设置水箱储存一部分调节水量。一般可取 30min～60min 补水泵流量，系统较小时取大值。

8.5.18 空调系统膨胀水箱的设置要求。

1 定压点宜设在循环水泵的吸入口处，是为了使系统运行时各点压力均高于静止时压力，定压点压力或膨胀水箱高度可以低一些；由于空调水温度较供暖系统水温低，要求高度也比供暖系统的 1m 低，定为 0.5m（5kPa）。当定压点远离循环水泵吸入口时，应按水压图校核，最高点不应出现负压。

2 高位膨胀水箱具有定压简单、可靠、稳定、省电等优点，是目前最常用的定压方式，因此推荐优先采用。

3 随着技术发展，建筑物内空调、供暖等水系统类型逐渐增多，如均分别设置定压设施则投资较大，但合用时膨胀管上不设置阀门则各系统不能完全关闭泄水检修，因此仅在水系统设置独立的定压设施时，规定膨胀管上不应设置阀门；当各系统合用定压设施且需要分别检修时，规定膨胀管上的检修阀应采用电信号阀进行误操作警示，并在各空调系统设置安全阀，一旦阀门未开启且警示失灵，可防止事故发生。

4 从节能节水的目的出发，膨胀水量应回收，例如膨胀水箱应预留出膨胀容积，或采用其他定压方式时，将系统的膨胀水量引至补水箱回收等。

8.5.19 空调冷热水水质要求。

水质是保证空调系统正常运行的前提，国家标准《采暖空调系统水质标准》对空调水质提出了具体要求。

空调热水的供水平均温度一般为 60℃ 左右，已经达到结垢水温，且直接与高温一次热源接触的换热器表面附近的水温更高，结垢危险更大，例如吸收式制冷的冷热水机组则要求补水硬度在 50mgCaCO₃/L 以下。因此空调热水的水质硬度要求应等同于供暖系统，当给水硬度较高时，为不影响系统传热、延长设备的检修时间和使用寿命，宜对补水进行化学软化处理，或采用对循环水进行阻垢处理。

对于空调冷水而言，尽管结垢的情况可能好于热水系统，但由于冷水长期在系统内留存，也会存在一定的累积结垢问题。因此当给水硬度较高时，也宜进行软化处理。

8.5.20 空调热水管补偿器和坡度要求。部分强制性条文。

在可能的情况下，空调热水管道利用管道的自然弯曲补偿是简单易行的，如果利用自然补偿不能满足要求时，应设置补偿器。

8.5.21 空调水系统排气和泄水要求。

无论是闭式还是开式系统均应设置在系统最高处排除空气和管道上下拐弯及立管的底部排除存水的排气和泄水装置。

8.5.22 设备入口除污要求。

设备入口需除污，应根据系统大小和设备的需要确定除污装置的位置。例如系统较大、产生污垢的管道较长时，除系统冷热源、水泵等设备的入口外，各分环路或末端设备、自控阀前也应根据需要设置除污装置，但距离较近的设备可不重复串联设置除污装置。

8.5.23 冷凝水管道设置要求。

1 处于正压段和负压段的冷凝水积水盘出水处设水封，是为了防止漏风及负压段的冷凝水排不出去。在正压段和负压段设置水封的方向应相反。

2 规定了风机盘管等末端设备凝结水盘泄水管坡度和冷凝水干管的坡度要求，当有困难时，可适当放大管径减小坡度，或中途加设提升泵。

3 为便于定期冲洗、检修，干管始端应设扫除口。

4 冷凝水管处于非满流状态，内壁接触水和空气，不应采用无防锈功能的焊接钢管；冷凝水为无压自流排放，当软塑料管中间下垂时，影响排放；因此推荐强度较大和不易生锈的塑料管或热镀锌钢管。热镀锌钢管防结露保温可参照本规范 11.1 节。

5 冷凝水管不应与污水系统直接连接，民用建筑室内雨水系统均为密闭系统也不应与之直接连接，以防臭味和雨水从空气处理机组凝水盘外溢。

6 一般空调环境 1kW 冷负荷每小时约产生 0.4kg～0.8kg 的冷凝水，此范围内的冷凝水管管径可按表 10 进行估算：

表 10　冷凝水管管径选择表

管道最小坡度	冷负荷（kW）								
0.001	≤7	7.1～17.6	17.7～100	101～176	177～598	599～1055	1056～1512	1513～12462	＞12462
0.003	≤17	17～42	43～230	231～400	401～1100	1101～2000	2001～3500	3501～15000	＞15000
管道公称直径（mm）	DN20	DN25	DN32	DN40	DN50	DN80	DN100	DN125	DN150

8.6　冷却水系统

8.6.1 冷却水循环使用和冷却塔供冷。

由于节水和节能要求，除采用地表水作为冷却水的方式外，冷却水系统不允许直流。

利用冷却水供冷和热回收也需增加一些投资，且并不是没有能耗。例如采用冷却水供冷的工程所在地，冬季或过渡季应有较长时间室外湿球温度能满足冷却塔制备空调冷水，增设换热器、转换阀等冷却塔供冷设备才经济合理。同时，北方地区在冬季使用冷却塔供冷方式时，还需要结合使用要求，采取对应的防冻措施。

利用冷却塔冷却功能进行制冷需具备的条件还有，工程采用了能单独提供空调冷水的分区两管制或四管空调水系统。但供冷季消除室内余热首应直接采用室外新风做冷源，只有在新风冷源不能满足供冷量需求时，才需要在供热季设置为全年供冷区域单独供冷水的分区两管制等较复杂的系统。

8.6.2 冷凝热回收。

在供冷同时会产生大量"低品位"冷凝热，对于兼有供热需求的建筑物，采取适当的冷凝热回收措施，可以在一定程度上减少全年供热量需求。但要明确：热回收措施应在技术可靠、经济合理的前提下采用，不能舍本求末。通常来说，热回收机组的冷却水温不宜过高（离心机低于 45℃，螺杆机低于 55℃），否则将导致机组运行不稳定，机组能效衰减，供热量衰减等问题，反而有可能在整体上多耗费能源。

在采用上述热回收措施时，应考虑冷、热负荷的匹配问题。例如：当生活热水热负荷的需求不连续时，必须同时考虑设置冷却塔散热的措施，以保证冷水机组的供冷工况。

8.6.3 冷却水水温。

1 有关标准对冷却水温度的正常使用范围进行了推荐（见表 11），是根据压缩式冷水机组冷凝器的允许工作压力和溴化锂吸收式冷（温）水机组的运行效率等因素，并考虑湿球温度较高的炎热地区冷却塔的处理能力，经技术经济比较确定。本规范参考有关标准提供的数值，规定不宜高于 33℃。

2 冷却水水温不稳定或过低，会造成压缩式制冷系统高低压差不够、运行不稳定、润滑系统不良运行等问题，造成吸收式冷（温）水机组出现结晶事故等；所以增加了对一般冷水机组冷却水最低水温的限制（不包括水源热泵等特殊系统的冷却水），本规范参照了上述标准中提供的数值（见表 12）。随着冷水机组技术配置的提高，对冷却水进口最低水温的要求也会有所降低，必要时可参考生产厂具体要求。水温调节可采用控制冷却塔风机的方法；冬季或过渡季使用的系统在气温较低的地区，如采用上述方法仍不能满足制冷机最低水温要求时，应在系统供回水管之间设置旁通管和电动旁通调节阀；见本规范第 9.5.8 条的具体规定。

表 11 国家标准推荐的冷却水参数

冷水机组类型	冷却水进口最低温度（℃）	冷却水进口最高温度（℃）	冷却水流量范围（%）	名义工况冷却水进出口温差（℃）	标准号
电动压缩式	15.5	33	—	5	GB/T 18430.2
直燃型吸收式	—	—	—	5～5.5	GB/T 18362
蒸汽单效型吸收式	24	34	60～120	5～8	GB/T 18431

3 电动压缩式冷水机组的冷却水进出口温差，是综合考虑了设备投资和运行费用、大部分地区的室外气候条件等因素，推荐了我国工程和产品的常用数据。吸收式冷（温）水机组的冷却水因经过吸收器和冷凝器两次温升，进出口温差比压缩式冷水机组大，如果仍然采用 5℃，可能导致冷却水泵流量过大。我国目前常用吸收式冷水机组产品大多数能够做到 5℃～7℃，但需要注意的是，目前我国的冷却塔水温差标准为 5℃，因此当设计的冷却水温差大于 5℃时，必须对冷却塔的能力进行核算或选择满足要求的非标产品来实现相应的水冷却温差。

8.6.4 冷却水系统设计。

1 由于补水的水质和系统内的机械杂质等因素，不能保证冷却水系统水质符合要求，尤其是开式冷却水系统与空气大量接触，造成水质不稳定，产生和积累大量水垢、污垢、微生物等，使冷却塔和冷凝器的传热效率降低，水流阻力增加，卫生环境恶化，对设备造成腐蚀。因此，为保证水质，规定应采取相应措施，包括传统的化学加药处理，以及其他物理方式。

2 为了避免安装过程的焊渣、焊条、金属碎屑、砂石、有机织物以及运行过程产生的冷却塔填料等异物进入冷凝器和蒸发器，宜在冷水机组冷却水和冷冻水入水口前设置过滤孔径不大于 3mm 的过滤器。对于循环水泵设置在冷凝器和蒸发器入口处的设计方式，该过滤器可以设置在循环水泵进水口。

3 冷水机组循环冷却水系统，除做好日常的水质处理工作基础上，设置水冷管壳式冷凝器自动在线清洗装置，可以有效降低冷凝器的污垢热阻，保持冷凝器换热管内壁较高的洁净度，从而降低冷凝端温差（制冷剂冷凝温度与冷却水的离开温度差）和冷凝温度。从运行费用来说，冷凝温度越低，冷水机组的制冷系数越大，可减少压缩机的耗电量。例如，当蒸发温度一定时，冷凝温度每增加 1℃，压缩机单位制冷量的耗功率约增加 3%～4%。目前的在线清洗装置主要是清洁球和清洁毛刷两大类产品，在应用中各有特点，设计人员宜根据冷水机组产品的特点合理选用。

4 某些设备的换热器要求冷却水洁净，一般不能将开式系统的冷却水直接送入机组。设计时可采用闭式冷却塔，或设置中间换热器。

8.6.5 冷却水循环泵选择。

为保证流经冷水机组冷凝器的水量恒定，要求与冷水机组"一对一"设置冷却水循环泵，但小型分散的水冷柜式空调器、小型户式冷水机组等可以合用冷却水系统；对于仅夏季使用的冷水机组不作备用泵设置要求，对于全年要求冷水机组连续运行工程，可根据工程的重要程度和设计标准确定是否设置备用泵。

冷却水泵的扬程包括系统阻力、系统所需扬水高差、有布水器的冷却塔和喷射式冷却塔等要求的压力。一般在冷却塔产品样本中提出了"进塔水压"的要求，即包括了冷却塔水位差以及布水器等冷却塔的全部水流阻力，此部分可直接采用。

对于冷却水水质，之前无相关规范进行规定，目前，国家标准《供暖空调系统水质标准》正在编制，对冷却水水质提出了相关要求。

8.6.6 冷却塔设置要求。

1 同一型号的冷却塔，在不同的室外湿球温度条件和冷水机组进出口温差要求的情况下，散热量和冷却水量也不同，因此，选用时需按照工程实际，对冷却塔的标准气温和标准水温降下的名义工况冷却水量进行修正，使其满足冷水机组的要求，一般无备用要求。

2 有旋转式布水器或喷射式等对进口水压有要求的冷却塔需保证其进水量，所以应和循环水泵相对应设置。当冷却塔本身不需保证水量和水压时，可以合用冷却塔，但其接管和控制也宜与水泵对应，详见本规范8.6.9的条文说明。

3 供暖室外计算温度在0℃以下的地区，为防止冷却塔间断运行时结冰，应选用防冻性能好的冷却塔，并采用在冷却塔底盘和室外管道设电加热设施等防冻措施。本款同时提出了冬季不使用的冷却塔室外管道泄空的防冻要求，包括补水管道在低于室外的室内设置关断阀和泄水阀等。

4 冷却塔的设置位置不当将直接影响冷却塔散热，且对周围环境产生影响；另外由冷却塔产生火灾也是工程中经常发生的事故，因此做出相应规定。

8.6.7 冷却水系统存水量。

空调系统即使全天开启，随负荷变化冷源设备和水泵台数，绝大部分都为间歇运行（工艺需要保证时除外）。在水泵停机后，冷却塔填料的淋水表面附着的水滴下落，一些管道内的水容量由于重力作用，也从系统开口部位下落，系统内如果没有足够的容纳这些水量的容积（集水盘或集水箱），就会造成大量溢水浪费；当水泵重新启动时，首先需要一定的存水量，以湿润冷却塔干燥的填料表面和充满停机时流空的管道空间，否则会造成水泵缺水进气空蚀，不能稳定运行。

湿润冷却塔填料等部件所需水量应由冷却塔生产厂提供，逆流塔约为冷却塔标称循环水量的1.2%，横流塔约为1.5%。

8.6.8 集水箱位置。

在冷却塔下部设置集水箱作用如下：

1 冷却塔水靠重力流入集水箱，无补水、溢水不平衡问题；

2 可方便地增加系统间歇运行时所需存水容积，使冷却水循环泵能稳定工作；

3 为多台冷却塔统一补水、排污、加药等提供了方便操作的条件。

因此，必要时可紧贴冷却塔下部设置各台冷却塔共用的冷却水集水箱。

冬季使用的系统，为防止停止运行时冷却塔底部存水冻结，可在室内设置集水箱，节省冷却塔底部存水的电加热量，但在室内设置水箱存在占据室内面积、水箱和冷却塔的高差增加水泵电能等缺点。因此，是否设置集水箱应根据工程具体情况确定，且应尽量减少冷却塔和集水箱的高差。

8.6.9 冷水机组、冷却水泵、冷却塔或集水箱之间的位置和连接。

1 冷却水泵自灌吸水和高差应大于管道、管件、设备的阻力的规定，都是为防止水泵负压进水产生气蚀。

2 多台冷水机组和冷却水泵之间通过共用集管连接时，每台冷水机组设置电动阀（隔断阀）是为了保证运行的机组冷凝器水量恒定。

3 冷却塔的旋转式布水器靠出水的反作用力推动运转，因此需要足够的水量和约0.1MPa水压，才能够正常布水；喷射式冷却塔的喷嘴也要求约0.1MPa~0.2MPa的压力。当冷却水系统中一部分冷水机组和冷却水泵停机时，系统总循环水量减少，如果平均进入所有冷却塔，每台冷却塔进水量过少，会使布水器或喷嘴不能正常运转，影响散热；冷却塔一般远离冷却水泵，如采用手动阀门控制十分不便；因此，要求共用集管连接的系统应设置能够随冷却水泵频繁动作的自控隔断阀，在水泵停机时断开对应冷却塔的进水管，保证正在工作的冷却塔的进水量。

一般横流式冷却塔只要回水进入布水槽就可靠重力均匀下流，进水所需水压很小（≤0.05MPa），且常常以冷却塔的多单元组合成一台大塔，共用布水槽和集水盘，因此冷却塔没有水量控制的要求；但存在水泵运行台数减少时，因管网阻力减少使运行水泵流量增加超负荷的问题，因此也宜设置隔断阀。

为防止无用的补水和溢水或冷却塔底抽空，设置自控隔断阀的冷却塔出水管上也应对应设电动阀。即使各集水盘之间用管道联通，由于管道之间存在流动阻力，仍然存在上述问题；因此仅设置集水箱或冷却塔底部为共用集水盘（不包括各集水盘之间用管道联通）时除外。

8.6.10 冷却塔管路流量平衡。

冷却塔进出水管道设计时，应注意管道阻力平衡，以保证各台冷却塔的设计水量。在开式冷却塔之间设置平衡管或共用集水盘，是为了避免各台冷却塔补水和溢水不均衡造成浪费，同时也是防止个别冷却塔抽空的措施之一。

8.6.11 冷却水补水量和补水点。

计算开式系统冷却水补水量是为了确定补水管管径、补水泵、补水箱等设施。开式系统冷却水损失量占系统循环水量的比例估算值：蒸发损失为每摄氏度水温降 0.16%；飘逸损失可按生产厂提供数据确定，无资料时可取 0.2%～0.3%；排污损失（包括泄漏损失）与补水水质、冷却水浓缩倍数的要求、飘逸损失量等因素有关，应经计算确定，一般可按 0.3% 估算。

8.7 蓄冷与蓄热

8.7.1 蓄冷（热）系统选择。

蓄冷、蓄热系统能够对电网起到"削峰填谷"的作用，对于电力系统来说，具有较好的节能效果，在设计中可以适当的推荐采用。本节主要介绍系统设计时的原则性要求，蓄冷空调系统的具体要求应符合《蓄冷空调工程技术规程》JGJ 158 的规定。

1 对于执行分时电价且峰谷电价差较大的地区来说，采用蓄冷、蓄热系统能够提高用户的经济效益，减少运行费用。

2 空调负荷的高峰与电力负荷的峰值时段比较接近时，如果采用蓄冷、蓄热系统，可以使得冷、热源设备的电气安装容量下降，在非峰值时段可以运行较多的设备进行蓄热蓄冷。

3 在空调负荷峰谷差悬殊的情况下，如果按照峰值设置冷、热源的容量并直接供应空调冷、热水，可能造成在一天甚至全年绝大部分时间段冷水机组都处于较低负荷运行的情况，既不利于节能，也使得设备的投入没有得到充分的利用。因此经济分析合理时，也宜采用蓄冷、蓄热系统。

4 当电力安装容量受到限制时，通过设置蓄冷、蓄热系统，可以使得在负荷高峰时段用冷、热源设备与蓄冷、蓄热系统联合运行的方式而达到要求的峰值负荷。

5 对于改造或扩建工程，由于需要的设备机房面积或者电力增容受到限制时，采用蓄冷（热）是一种有效提高峰值冷热供应需求的措施。

6 一般来说，采用常规的冷水温度（7℃/12℃）且空调机组合理的盘管配置（原则上最多在 10～12 排，排数过多的既不经济，也增加了对风机风压的要求）合理时，最低能达到的送风温度大约在 11℃～12℃。对于要求更低送风温度的空调系统，需要较低的冷水温度，因此宜采用冰蓄冷系统。

7 区域供冷系统，应采用较大的冷水供回水温差以节省输送能耗。由于冰蓄冷系统具有出水温度较低的特点，因此满足于大温差供回水的需求。

8 对于某些特定的建筑（例如数据中心等），城市电网的停电可能会对空调系统产生严重的影响时，需要设置应急的冷源（或热源），这时可采用蓄冷（热）系统作为应急的措施来实现。

8.7.2 蓄冷空调系统负荷计算和蓄冷方式选择。

1 对于一般的酒店、办公等建筑来说，典型设计蓄冷时段通常为一个典型设计日。对于全年非每天

使用（或即使每天使用但使用人数并不总是满员的建筑，例如展览馆、博物馆以及具有季节性度假性质的酒店等），其满负荷使用的情况具有阶段性，这时应根据实际满员使用的阶段性周期作为典型设计蓄冷时段来进行。

由于蓄冷系统存在间歇运行的特点，空调系统不运行的时段内，建筑构件（主要包括楼板、内墙及家具）仍然有传热而形成了一定的蓄热量，这些蓄热量需要整个空调系统来带走。因此在计算整个空调蓄冷系统典型设计日的总冷量（kWh）时，除计算空调系统运行时段的冷负荷外，还应考虑上述蓄热量。蓄冷空调系统非运行时段的各建筑构件单位楼板面积、单位昼夜温差（由自然温升引起的）附加负荷可参考表 12。

2 对于用冷时间短，并且在用电高峰时段需冷量相对较大的系统，可采用全负荷蓄冷；一般工程建议采用部分负荷蓄冷。在设计蓄冷-释冷周期内采用部分负荷的蓄冷空调系统，应考虑其在负荷较小时能够以全负荷蓄冷方式运行。

表 12　蓄冷空调系统间歇运行
附加冷负荷 [W/ (m² · K)]

建筑构件	开空调后的小时数							
	1小时	2小时	3小时	4小时	5小时	6小时	7小时	8小时
楼板	13.61	10.31	8.13	6.43	5.09	4.05	3.23	2.59
内墙 ($a=0.2$)	1.17	0.71	0.50	0.35	0.25	0.18	0.13	0.10
内墙 ($a=0.4$)	2.33	1.43	0.99	0.70	0.50	0.36	0.26	0.20
内墙 ($a=0.6$)	3.50	2.14	1.49	1.05	0.75	0.54	0.40	0.29
内墙 ($a=0.8$)	4.67	2.85	1.99	1.40	1.00	0.72	0.53	0.39
家具 ($b=0.2$)	1.72	0.49	0.16	0.05	0.02	0.01	0.00	0.00
家具 ($b=0.4$)	3.44	0.98	0.32	0.11	0.04	0.01	0.00	0.00
家具 ($b=0.6$)	5.16	1.47	0.48	0.16	0.05	0.02	0.01	0.00
家具 ($b=0.8$)	6.88	1.96	0.64	0.22	0.06	0.03	0.01	0.00

注：1　此表适用于轻型外墙的情况；
　　2　此表适用于楼板和内墙厚度在 10～15cm 之间的情况；
　　3　表中 a 为内墙面积与楼板面积的比值，b 为家具面积与楼板面积的比值，根据建筑实际情况估算。

在有条件的情况下，还宜进行全年（供冷季）的逐时空调冷负荷计算或供热季节的全年负荷计算，这样才能更好地确定系统的全年运行策略。

在确定全年运行策略时，充分利用低谷电价，一方面能够节省运行费用，另一方面，也为城市电网"削峰填谷"取得较好效果。

8.7.3 冰蓄冷装置蓄冷和释冷特性要求。

1 冰蓄冷装置的蓄冷特性要求如下：

1）在电网的低谷时间段内（通常为 7 小时～9 小时），完成全部设计冷量的蓄存。因此应能提供出的两个必要条件是：①确定制冷机在制冷工况下的最低运行温度（一般为 −4℃～−8℃）；②根据最低运行温度及保证制冷机安全运行的原则，确定载冷剂的浓度（体积浓度一般为 25％～30％）。

2）结冰厚度与结冰速度应均匀。

2 冰蓄冷装置的释冷特性要求如下：

对于用户及设计单位来说，冰蓄冷装置的释冷特性是非常重要的，保持冷水温度恒定和确保逐时释冷量符合建筑空调的需求是空调系统运行的前提。所以，冰蓄冷装置的完整释冷特性曲线中，应能明确给出装置的逐时可释出的冷量（常用释冷速率来表示和计算）及其相应的溶液浓度。

对于释冷速率，通常有两种定义法：

1）单位时间可释出的冷量与冰蓄冷装置的名义总蓄冷量的比值，以百分比表示（一般冰盘管式装置，均按此种方法给出）；

2）某单位时间释出的冷量与该时刻冰蓄冷装置内实际蓄存的冷量的比值，以百分比表示（一般封装式装置，均按此种方法给出）。

全负荷蓄冰系统初投资最大，占地面积大，但运行费最节省。部分负荷蓄冰系统则既减少了装机容量，又有一定蓄能效果，相应减少了运行费用。附录 J 中所指一般空调系统运行周期为一天 24 小时，实际工程（如教堂），使用周期可能是一周或其他。

一般产品规格和工程说明书中，常用蓄冷量量纲为（RT·h）冷吨时，它与标准量纲的关系为：1RT·h =3.517kWh。

8.7.4 基载机组配置条件。

基载冷负荷如果比较大或者基载负荷下的总冷量比较大时，为了满足制冰蓄冷运行时段的空调要求，并确保制冰蓄冷系统的正常运行，通常宜设置单独的基载机组。比较典型的建筑是酒店类建筑。

基载冷负荷如果不大，或者基载负荷下的总冷量不大，单独设置基载机组，可能导致系统复杂和投资增加，因此这种情况下，也可不设置基载冷水机组，而是根据系统供冷的要求设置单独的取冷水泵（在蓄冷的同时进行部分取冷）。需要注意的是：在这种情况下，同样应保证在蓄冷时段的蓄冷量满足 8.7.3 条的要求。

8.7.5 载冷剂选择及管路设计要求。

蓄冰系统中常用的载冷剂是乙烯乙二醇水溶液，其浓度愈大凝固点愈低（见表 13）。一般制冰出液温度为 −6℃～−7℃，蓄冰需要其蒸发温度为 −10℃～−11℃，故希望乙烯乙二醇水溶液的凝固温度在 −11℃～−14℃ 之间。所以常选用乙烯乙二醇水溶液体积浓度为 25％左右。

表 13 乙烯乙二醇水溶液浓度与相应凝固点及沸点

乙二醇	质量（%）	0	5	10	15	20	25	30	35	40	45	50	55	60
	体积（%）		4.4	8.9	13.6	18.1	22.9	27.7	32.6	37.5	42.5	47.5	52.7	57.8
沸点（100.7kPa）（℃）		100	100.6	101.1	101.7	102.2	103.3	104.4	105.0	105.6				
凝固点（℃）		0	−1.4	−3.2	−5.4	−7.8	−10.7	−14.1	−17.9	−22.3	−27.5	−33.8	−41.1	−48.3

8.7.6 冰蓄冷系统的冷水供回水温度和温差要求。

采用蓄冰空调系统时，由于能够提供比较低的供水温度，应加大冷水供回水温差，节省冷水输送能耗。

从空调系统的末端情况来看，在末端一定的条件下，供回水温差的大小主要取决于供水温度的高低。在蓄冰空调系统中，由于系统形式、蓄冰装置等的不同，供水温度也会存在一定的区别，因此设计中要根据不同情况来确定。

当空调系统的冷水设计温差超过本条第 1、2 款的规定时，宜采用串联式蓄冰系统。

因此设计中要根据不同情况来确定空调冷水供水温度。除了本条文中提到的冰盘管外，目前还有其他一些蓄冷或取冷的方式，如：动态冰片滑落式、封装式以及共晶盐等，各种方式常用冷水温度范围可参考表 14（为了方便，表中也列出了采用水蓄冷时的供水温度）。

表 14 不同蓄冷介质和蓄冷取冷方式的空调冷水供水温度范围

蓄冷介质和蓄冷取冷方式	水	冰				
		动态冰片滑落式	冰盘管式		封装式（冰球或冰板）	共晶盐
			内融冰式	外融冰式		
空调供水温度（℃）	4～9	2～4	3～6	2～5	3～6	7～10

8.7.7 水蓄冷（热）系统设计。部分强制性条文。

1 为防止蒸发器内水的冻结，一般制冷机出水温度不宜低于 4℃，而且 4℃ 水相对密度最大，便于利用温度分层蓄冷。适当加大供回水温差还可以减少蓄冷水池容量，通常可利用温差为 6℃～7℃，特殊情况利用温差可达 8℃～10℃。考虑到水力分层时需要一定的水池深度，提出相应要求。在确定深度时，还应考虑水池中冷热掺混热损失，条件允许应尽可能深。开式蓄热的水池，蓄热温度应低于 95℃，以免汽化。

2 采用板式换热器间接供冷，无论系统运行与否，整个管道系统都处于充水状态，管道使用寿命长，且无倒灌危险。当采用直接供冷方式时，管路设计一定要配合自动控制，防止水倒灌和管内出现真空（尤其对蓄热水系统）。当系统高度超过水池设计水面10m时，采用水池直接向末端设备供冷、热水会导致水泵扬程增加过多使输送能耗加大，因此这时应采用设置热交换器的闭式系统。

3 使用专用消防水池需要得到消防部门的认可。

4 热水不能用于消防，故禁止与消防水池合用。

8.8 区域供冷

8.8.1 冷源选择。

能源的梯级利用是区域供冷系统中最合理的方式之一，应优先考虑。

8.8.2 空调冷水供回水温差。

由于区域供冷的管网距离长，水泵扬程高，因此加大供回水温差，可减少水流量，减少水泵的能耗。由于受到不同类型机组冷水供回水温差限制，不同供冷方式宜采用不同的冷水供回水温差。

经研究表明：在空调末端不变的情况下，冷水采用5℃/13℃和7℃/12℃的供回水温度，末端设备对空气的处理能力基本上相同。由于区域供冷系统中宜采用用户间接连接的接入方式，当一次水采用9℃温差时，供水温度要求在3℃～4℃，这样可以使得二次水的供水温度达到6℃～7℃，通常情况下能够满足用户的水温要求。

8.8.3 区域供冷站设计要求。

1 设计采用区域供冷方式时，应进行各建筑和区域的逐时冷负荷分析计算。制冷机组的总装机容量应按照整个区域的最大逐时冷负荷需求，并考虑各建筑或区域的同时使用系数后确定。这一点与建筑内确定冷水机组装机容量的理由是相同的，做出此规定的目的是防止装机容量过大。

2 由于区域供冷系统涉及的建筑或区域较大，一次建设全部完成和投入运行的情况不多。因此在站房设计中，需要考虑分期建设问题。通常是一些固定部分，如机房土建、管网等需要一次建设到位，但冷水机组、水泵等设备可以采用位置预留的方式。

3 对站房位置的要求与对建筑内部的制冷站位置的要求在原则上是一致的。主要目的是希望减少冷水输送距离，降低输送能耗。一般情况供冷半径不宜大于1500m。

4 区域供冷站房设备容量大、数量多，依靠传统的人工管理难以实现满足用户空调要求的同时，运行又节能的目标。因此这里强调了采用自动控制系统及能源管理优化系统的要求。

8.8.4 区域供冷管网设计要求。

1 各管段最大设计流量值的确定原则，与冷水机组的装机容量的确定原则是一致的。这样要求的目

的是为了降低管道尺寸、减少管道投资。在这一原则的基础上，必然要求整个管网系统按照变流量系统的要求来设计。

2 由于区域供冷系统规模大、存水量多、影响面大，因此从使用安全可靠的角度来看，区域供冷系统与各建筑的水系统一般采用间接连接的方式，这样可以消除由于局部出现问题而对整个系统共同影响。如果系统比较小，且膨胀水箱位置高于所有管道和末端（或者系统的定压装置可以满足要求）时，也可以采用空调冷水直供系统，这样可以减少由于换热器带来的温度损失和水泵扬程损失，对节能有一定的好处。

3 由于系统大、水泵的装机容量大，因此确定合理的管道流速并保证各环路之间的水力平衡，是区域供冷能否做到节能运行的关键环节之一，必须引起设计人员的高度重视。通常来说，管网内的水流速超过3m/s之后，会对管道和附件的使用寿命产生一定的影响；同时考虑到区域供冷系统中，最大流量出现的时间是非常短的，因此本条规定最大设计流速不宜超过2.9m/s。当然，这主要是针对较大的管径而言的，还需要管径和比摩阻的问题，综合确定。

4 由于管网比较长，会导致管道的传热损失增加，因此对管道的保温要求也做了整体性的性能规定。

5 为了提倡用户的行为节能，本条文规定了冷量计量的要求。

8.9 燃气冷热电三联供

8.9.1 使用原则。

本规范提到的燃气冷热电三联供是指适用于楼宇或小区级的分布式冷热电三联供系统，不包括城市级大型燃气冷热电三联供系统。系统配置形式与特点见下表。

表15 系统配置形式与特点

发电机	余热形式	中间热回收	余热利用设备	用途
涡轮发电机	烟气	无	烟气双效吸收式制冷机 烟气补燃双效吸收式制冷机	空调、供暖 生活热水
内燃发电机	烟气 高温冷却水	无	烟气热水吸收式制冷机 烟气热水补燃吸收式制冷机	空调、供暖 生活热水
大型燃气轮机热电厂	烟气、蒸汽	余热锅炉 蒸汽轮机	蒸汽双效吸收式制冷机 烟气双效吸收式制冷机	空调、供暖 生活热水
微型燃气轮机	低温烟气	—	烟气双效吸收式制冷机 烟气单效吸收式制冷机	空调、供暖

8.9.2 设备配置及系统设计原则。

1 采用以冷、热负荷来确定发电容量（以热定电）的方式，对于整个建筑来说具有很好的经济效

益。这里提到的冷、热负荷不是指设计冷、热负荷，而应根据经济技术比较后，选取相对稳定的基础冷、热负荷。

2 采用本建筑用电优先的原则，是为了充分利用发电机组的能力。由于在此过程中能量得到了梯级利用，因此也具有较好的节能效益和经济效益。

8.9.3 余热利用设备和容量选择。

1 余热的利用可分为直接利用和间接利用两种。由于间接利用通常都需要设置中间换热器，存在能源品位的损失。因此推荐采用余热直接利用的方式。

2 为了使得在发电过程中产生的余热得到充分利用，规定了余热利用设备的最小制冷量要求。

8.10 制 冷 机 房

8.10.1 制冷机房设计要求。

1 制冷机房的位置应根据工程项目的实际情况确定，尽可能设置在空调负荷的中心的目的有两个，一是避免输送管路长短不一，难以平衡而造成的供冷（热）质量不良；二是避免过长的输送管路而造成输送能耗过大。

2 大型机房内设备运行噪声较大，按照办公环境的要求设置值班室或控制室除了保护操作人员的健康外，也是机房自动化控制设备运行环境的需要。机房内的噪声不应影响附近房间使用。

3 根据其所选用的不同制冷剂，采用不同的检漏报警装置，并与机房内的通风系统连锁。测头应安装在制冷剂最易泄漏的部位。对于设置了事故通风的冷冻机房，在冷冻机房两个出口门外侧，宜设置紧急手动启动事故通风的按钮。

4 由于机房内设备的尺寸都比较大，因此需要在设计初始详细考虑大型设备的位置及运输通道，防止建筑结构完成后设备的就位困难。

5 制冷机组所携带的冷剂较多，当制冷机的安全爆破片破裂时，大量的制冷剂会迅速涌入机房内，由于制冷剂气体的相对密度一般都比空气大，很容易在机房下部人员活动区积聚，排挤空气，使工作人员受缺氧窒息的危害。因此美国《制冷系统安全设计标准》ANSI/ASHRAE-15 第 8.11.2.1 款要求，不论属于哪个安全分组的制冷剂，在制冷机房内均需设置与安装和所使用制冷剂相对应的泄漏检测传感器和报警装置。尤其是地下机房，危险性更大。所以制冷剂安全阀泄压管一定要求接至室外安全处。

8.10.2 机房设备布置要求。

按当前常用机型作了机房布置最小间距的规定。在设计布置时还尽量紧凑、宽窄适当而不应浪费面积。根据实践经验、设计图面上因重叠的管道摊平绘制，管道甚多，看似机房很挤，完工后却太宽松，因此，设计时不应超出本条规定的间距过多。

随着设备清洁技术的提高，一些在线清洁方式（如 8.6.4 条第 3 款）也开始使用。当冷水或冷却水系统采用在线清洁装置时，可以不考虑本条第 3 款的规定。

8.10.3 氨制冷机房设计要求。部分强制性条文。

尽管氨制冷在目前具有一定的节能减排的应用前景，但由于氨本身的易燃易爆特点，对于民用建筑，在使用氨制冷时需要非常重视安全问题。氨溶液溶于水时，氨与水的比例不高于每 1kg 氨/17L 水。

8.10.4 直燃吸收机组机房设计要求。

本条主要是针对直燃吸收式机组机房的安全要求提出的。直燃吸收式机组通常采用燃气或燃油为燃料，这两种燃料的使用都涉及防火、防爆、泄爆、安全疏散等安全问题；对于燃气机组的机房还有燃气泄漏报警、紧急切断燃气供应的安全措施。相关规范包括《城镇燃气设计规范》GB 50028、《建筑设计防火规范》GB 50016、《高层民用建筑设计防火规范》GB 50045 等。

直燃机组的烟道设计也是一个重要的内容之一。设计时应符合机组的相关设计参数要求，并按照锅炉房烟道设计的相关要求来进行。

8.11 锅炉房及换热机房

8.11.1 换热机房设置及计量。

通过换热器间接供热的优点在于：①使区域热源系统独立于末端空调系统，利于其运营管理、不受末端空调系统运行状态干扰；②利于区域冷热源管网系统的水力平衡与水力稳定；③降低运行成本，如：系统补水量可以显著下降，即节约了水费也减少了水处理费用；④提高了系统的安全性与可靠性，因为末端系统的内部故障不影响区域系统的正常运行。

本条同时提出了关于锅炉房和换热机房应设置计量表具的要求。锅炉房、换热机房应设供热量、燃料消耗量、补水量、耗电量的计量表具，有条件时，循环水泵电量宜单独计量。

8.11.2 换热器选择要求。

1 对于"寸土寸金"的商业楼宇必须强调高效、紧凑，减少换热装置的占地面积。换热介质理化特性对换热器类型、构造、材质的确定至关重要，例如，高参数汽/水换热就不适合采用板式换热器，因为胶垫寿命短，二次费用高。地表水水源热泵系统的低温热源水往往 Cl^- 含量较高，而不锈钢对 Cl^- 敏感，此时换热器材质就不宜采用不锈钢。又如，当换热介质含有较大粒径杂质时，就应选择高通过性的流道形式与尺寸。

2 采用低温热源的热泵空调系统，只有小温差取热才能使热泵机组有相对较高的性能系数，选型数据分析表明，蒸发温度范围 3℃～10℃时，平均 1℃变化对性能系数的影响达 3%～5%。

尽管理论上所有类型换热器均能实现低温差换

热，但若采用壳管类换热器必然体积庞大，所以此种情况下应尽量考虑采用结构紧凑且易于实现小温差换热的板式换热器；设计师不能单从初投资的角度考虑换热器选型，而应兼顾运行管理成本及其对系统能效的影响。

8.11.3 换热器配置要求。

1 设计选型经验表明，几乎不会出现一个换热系统需要四台换热器的情况，所以规定了最多台数。过多的台数会增加初投资与运行成本，并对水系统的水力工况稳定带来不利影响。尽管换热器不大容易出故障，但并非万无一失，同时考虑到日常管理，所以规定了最少台数要求。

2 由于换热器实际工况条件与其选型工况有所偏离，如水质不佳造成实际污垢热阻大于换热器选型采用的污垢热阻；热泵系统水源水温度变化等都可能造成实际换热能力不足，所以应考虑安全余量。考虑到换热器实际工况与选型工况的偏离程度与系统类型有关，故给出了不同系统类型的换热器选型热负荷安全附加建议。其中对空调供冷，由于工况偏离程度往往较小，加之小温差换热时换热器投资高，故安全附加建议值较低。而对于水源热泵机组，因水质与水温往往具有不确定性，一旦换热能力不足还会影响热泵机组的正常运行，所以建议的安全附加值高些。当换热器的换热能力相对过盈时，有利于提升空调系统能效，特别是对从品位较低的热源取热的水源热泵系统更明显，尽管这会增加一些投资，但回收期通常不会多于 5 年～6 年。

几大主要国外（或合资）品牌板式换热器选型计算的污垢热阻取值均参考美国 TEMP 标准，见下表。由于我国的许多实际工程的冷却水质与美国标准并不一致，如果直接采用，实际上会使得机组的性能无法达到要求，设计人员在具体工程中，应该充分注意此点。

表 16　美国 TEMP 规定的不同水质污垢热阻

$[(m^2 \cdot K)/kW]$

水质分类	软水或蒸馏水	城市用软水	大洋的海水	处理过的冷却水	城市用硬水、沿海海水或港湾水、河水或运河水
数值	0.009	0.017	0.026	0.034	0.043

由于迄今我们对诸如海水、中水以及城市污水等在换热表面产生的"软垢"的污垢热阻尚缺乏研究，此处建议取为 $0.129(m^2 \cdot K)/kW$，此数值等于国家标准规定的开式冷却水系统污垢热阻 $0.086(m^2 \cdot K)/kW$ 的 1.5 倍，当然也有学者建议取教科书中河水污垢热阻 $0.6(m^2 \cdot K)/kW$。

3 不同物业对热供应保障程度的要求不一，如：高档酒店，管理集团往往要求任何情况下热供应 100% 保障。而高保障，意味着高投资，所以强调与物业管理方沟通，确定合理的保障量。《锅炉房设计规范》GB 50041－2008 第 10.2.1 条规定：当其中一台停止运行时，其余换热器的容量宜满足 75% 总计算热负荷的需求。该规范同时考虑了生产用热的保障性问题。对于民用建筑而言，计算分析表明：冷热供应量连续 5 小时低于设计冷热负荷的 40% 时，造成的室温下降，对于供暖：≤2℃；所以对于供冷：≤3℃。但考虑到严寒和寒冷地区当供暖严重不足时有可能导致人员的身体健康受到影响或者室内出现冻结的情况，因此依据气象条件分别规定了不同的保证率。以室外温度达到冬季设计温度、室内供暖设计温度 18℃ 计算：在北京，如果保证 65% 的供热量，室内的平均温度约为 8℃～9℃；在哈尔滨，如果保证 70% 的供热量，则室内平均温度为 6℃ 左右。

对于供冷系统来说，由于供冷通常不涉及到安全性的问题（工艺特定要求除外），因此不用按照本条第 3 款的要求执行。对于供热来说，按照本条第 3 款选择计算出的换热器的单台能力如果大于按照第 2 款计算值的要求，表明换热器已经具备了一定的余额，因此就不用再乘附加系数。

8.11.4 换热器污垢清洗。

1 保证换热器清洁对提高系统能效作用明显。对于一、二次侧介质均为清水的换热器，常规的水处理与运行管理能保证换热器较长时间的高效运行。但是对水源水质不佳的热泵机组并非如此，如城市污水处理厂二级水。

2 以各类地表水为水源的水源热泵机组，常规的水处理与运行管理很难保证换热器较长时间的高效运行，或虽能实现，但代价很大，其主要原因是非循环水系统，水量大，水质差。而对水进行的化学处理，还存在"污染"水源水的风险。

3 实践表明，各类在线运行或非在线运行的免拆卸清洗系统，能保证水质"恶劣"时换热器较长时间的高效运行，此类清洗装置包括：用于壳管式换热器的胶球和毛刷清洗系统，能在不中断换热器运行情况下，实现对换热表面的连续清洁；用于板式换热器的免拆卸清洗系统，无需拆卸换热器，只需很少时间，就能实现换热器清洗。

8.11.5 非清水换热介质的换热器要求。

非清水介质主要指：城市污水及江河湖海等地表水。此类水源不可避免地会在换热器表面形成"软垢"，而且"软垢"还可能具有生物活性，因此需要定期打开清洗。为便于换热器清洗并降低清洗操作对站房环境的影响，要求将换热器设在独立房间内。

由于清洁工作相对频繁，给排水清洗设施的设置是为了系统清洁的方便；通风措施的设置主要为了保证室内的空气环境。

8.11.6 汽水换热器蒸汽凝结水回收利用。

蒸汽凝结水仍然具有较高的温度和应用价值。在一些地区（尤其是建设有区域蒸汽管网），由于凝结水回收的系统较大，一些工程常常将凝结水直接放掉，这一方面浪费了宝贵的高品质水资源（软化水），另一方面也浪费了热量，并且将凝结水直接排到下水道还存在其他方面的问题。因此本条文提出了回收利用的规定。

回收利用有两层含义：①回到锅炉房的凝结水箱；②作为某些系统（例如生活热水系统）的预热在换热机房就地换热后再回到锅炉房。后者不但可以降低凝结水的温度，而且充分利用了热量。

8.11.7 锅炉房设置其他要求。

本规范有关锅炉房的设计规定仅适用于设在单体建筑内的非燃煤整装式锅炉。因此必须指出的是：本规范关于锅炉房的规定仅涉及锅炉类型的选择、容量配置等关于热源方案的要求，而有关锅炉房具体设计要求必须符合相关规范和政府主管部门的管理要求。

8.11.8 锅炉房及单台锅炉的设计容量与锅炉台数要求。

1 这里提出的综合最大热负荷与《锅炉房设计规范》GB 50041 - 2008第 3.0.7 条的概念相似，综合最大热负荷确定时应考虑各种性质的负荷峰值所出现的时间，或考虑同时使用系数。强调以其作为确定锅炉房容量的热负荷，是因为设计实践中往往将围护结构热负荷、新风热负荷与生活热负荷的最大值之和作为确定锅炉房容量的热负荷，与综合最大热负荷相比通常会高 20%～40%，造成锅炉房容量过大，既加大了投资又可能增加运行能耗。

2 供暖及空调热负荷计算中，通常不计入灯光设备等得热，而将其作为热负荷的安全余量。但灯光设备等得热远大于管道热损失，所以确定锅炉房容量时无需计入管道热损失。

3 锅炉低负荷运行时，热效率会有所下降，如果能使锅炉的额定容量与长期运行的实际负荷输出接近，会得到较高的季节热效率。作为综合建筑的热源往往会长时间在很低的负荷率下运行，由此基于长期热效率原则确定单台锅炉容量很重要，不能简单的等容量选型。但保证长期热效率的前提下，又以等容量选型最佳，因为这样投资节约、系统简洁、互备性好。

4 关于一台锅炉故障时剩余供热量的规定，理由同 8.11.3 条第 2 款的说明。

8.11.9 锅炉介质要求。

与蒸汽相比热水作为供热介质的优点早已被实践证明，所以强调尽量以水为锅炉供热介质的理念。但当蒸汽热负荷比例大，而总热负荷又不很大时，分设蒸汽供热与热水供热系统，往往系统复杂，投资偏高，锅炉选型困难，而且节能效果有限，所以此时统一供热介质，技术经济上往往更合理。

8.11.10 锅炉额定热效率要求。

1 条文中的锅炉热效率为燃料低位发热量热效率。

2 20 世纪 70 年代以来，西欧和美国等相继研制了冷凝式锅炉，即在传统锅炉的基础上加设冷凝式热交换受热面，将排烟温度降到 40℃～50℃，使烟气中的水蒸气冷凝下来并释放潜热，可以使热效率提高到 100% 以上（以低位发热量计算），通常比非冷凝式锅炉的热效率至少提高 10%～12%。燃料为天然气时，烟气的露点温度一般在 55℃左右，所以当系统回水温度低于 50℃时，采用冷凝式锅炉可实现节能。

8.11.11 真空热水锅炉使用要求。

真空热水锅炉近年来应用的越来越广泛，而且因其极佳的安全性、承压供热的特点非常适合作为建筑物热源。真空热水锅炉的主要优点为：负压运行无爆炸危险；由于热容量小，升温时间短，所以启停热损失较低，实际热效率高；本体换热，既实现了供热系统的承压运行，又避免了换热器散热损失与水泵功耗；与"锅炉＋换热器"的间接供热系统相比，投资与占地面积均有较大节省；闭式运行，锅炉本体寿命长。

强调最高用热温度≤85℃，是因为真空锅炉安全稳定的最高供热温度为 85℃。

8.11.12 变流量系统控制。

对于变流量系统，采用变速调节，能够更多的节省输送能耗，水泵变频调速技术是目前比较成熟可靠的节能方式，容易实现且节能潜力大，调速水泵的性能曲线宜为陡降型。

8.11.13 供热系统耗电输热比。

公式（8.11.13）根据《严寒和寒冷地区居住建筑节能设计标准》JGJ 26 - 2010 第 5.2.16 条的计算公式 $EHR = \dfrac{N}{Q \cdot \eta} \leqslant \dfrac{A \times (20.4 + \alpha \cdot \sum L)}{\Delta t}$ 整理得出。

式中，电机和传动部分效率取平均值 $\eta = 0.88$；水泵在设计工况点的轴功率为 $N = 0.002725\,G \cdot H / \eta_b$；计算系数 A 和 B 的意义见本规范第 8.5.12 条条文说明。

循环水泵的耗电输热比的计算方法考虑到了不同管道长度、不同供回水温差因素对系统阻力的影响，计算出的 EHR 限值也不同，即同样系统的评价标准一致。

8.11.14 锅炉房及换热机房供热量控制。强制性条文。

本条文对锅炉房及换热机房的节能控制提出了明确的要求。供热量控制装置的主要目的是对供热系统进行总体调节，使供水水温或流量等参数在保持室内温度的前提下，随室外空气温度的变化随时进行调整，始终保持锅炉房或换热机房的供热量与建筑物的需热量基本一致，实现按需供热；达到最佳的运行效率和最稳定的供热质量。

气候补偿器是供暖热源常用的供热量控制装置，设置气候补偿器后，还可以通过在时间控制器上设定不同时间段的不同室温，节省供热量；合理地匹配供水流量和供水温度，节省水泵电耗，保证散热器恒温阀等调节设备正常工作；还能够控制一次水回水温度，防止回水温度过低减少锅炉寿命。

由于不同企业生产的气候补偿器的功能和控制方法不完全相同，但必须具有能根据室外空气温度变化自动改变用户侧供（回）水温度、对热媒进行质调节的基本功能。

9 检测与监控

9.1 一般规定

9.1.1 应设置检测与监控的内容及条件。

1 关于检测与监控的内容。

参数检测：包括参数的就地检测及遥测两类。就地参数检测是现场运行人员管理运行设备或系统的依据；参数的遥测是监控或就地控制系统制定监控或控制策略的依据；

参数和设备状态显示：通过集中监控主机系统的显示或打印单元以及就地控制系统的光、声响等器件显示某一参数是否达到规定值或超差；或显示某一设备运行状态；

自动调节：使某些运行参数自动地保持规定值或按预定的规律变动；

自动控制：使系统中的设备及元件按规定的程序启停；

工况自动转换：指在多工况运行的系统中，根据节能及参数运行要求实时从某一运行工况转到另一运行工况；

设备连锁：使相关设备按某一指定程序顺序启停；

自动保护：指设备运行状况异常或某些参数超过允许值时，发出报警信号或使系统中某些设备及元件自动停止工作；

能量计量：包括计量系统的冷热量、水流量、能源消耗量及其累计值等，它是实现系统以优化方式运行，更好地进行能量管理的重要条件；

中央监控与管理：是指以微型计算机为基础的中央监控与管理系统，是在满足使用要求的前提下，按既考虑局部，更着重总体的节能原则，使各类设备在耗能低效率高状态下运行。中央监控与管理系统是一个包括管理功能、监视功能和实现总体运行优化的多功能系统。

检测与监控系统可采用就地仪表手动控制、就地仪表自动控制和计算机远程控制等多种方式。设计时究竟采用哪些检测与监控内容和方式，应根据系统节

能目标、建筑物的功能和标准、系统的类型、运行时间和工艺对管理的要求等因素，经技术经济比较确定。

2 本规范所涉及的集中监控系统主要指集散型控制系统及全分散控制系统等。

所谓集散型控制系统是一种基于计算机的分布式控制系统，其特征是"集中管理，分散控制"。即以分布在现场所控设备或系统附近的多台计算机控制器（又称下位机）完成对设备或系统的实时检测、保护和控制任务，克服了计算机集中控制带来的危险性高度集中和常规仪表控制功能单一的局限性；由于采用了安装于中央监控室的具有通信、显示、打印及其丰富的管理软件的计算机系统，实行集中优化管理与控制，避免了常规仪表控制分散所造成的人机联系困难及无法统一管理的缺点。全分散控制系统是系统的末端，例如包括传感器、执行器等部件具有通信及智能功能，真正实现了点到点的连接，比集散型控制系统控制的灵活性更大，就中央主机部分设置、功能而言，全分散控制系统与集散型控制系统所要求的是完全相同的。

采用集中监控系统具有以下优势：

1） 由于集中监控系统管理具有统一监控与管理功能的中央主机及其功能性强的管理软件，因而可减少运行维护工作量，提高管理水平；

2） 由于集中监控系统能方便地实现下位机间或点到点通信连接，因而对于规模大、设备多、距离远的系统比常规控制更容易实现工况转换和调节；

3） 由于集中监控系统所关心的不仅是设备的正常运行和维护，更着重于总体的运行状况和效率，因而更有利于合理利用能量实现系统的节能运行；

4） 由于集中监控系统具有管理软件并实现与现场设备的通信，因而系统之间的连锁保护控制更便于实现，有利于防止事故，保证设备和系统运行安全可靠。

3 对于不适合采用集中监控系统的小型供暖、通风和空调系统，采用就地控制系统具有以下优势：

1） 工艺或使用条件有一定要求的供暖、通风和空调系统，采用手动控制尽管可以满足运行要求，但维护管理困难，而采用就地控制不仅可提高了运行质量，也给维护管理带来了很大方便，因此本条文规定应设就地控制；

2） 防止事故保证安全的自动控制，主要是指系统和设备的各类保护控制，如通风和空调系统中电加热器与通风机的连锁和无风断电保护等；

3）采用就地控制系统能根据室内外条件实时投入节能控制方式，因而有利于节能。

9.1.2 参数检测及仪表的设置原则。

参数检测的目的，是随时向操作人员提供设备和系统的运行状况和室内控制参数的情况以便进行必要的操作。反映设备和管道系统的安全和经济运行即节能的参数，应设置仪表进行检测。用于设备和系统主要性能计算和经济分析所需要的参数，有条件时也要设置仪表进行检测。

采用就地还是遥测仪表，应根据监控系统的内容和范围确定，宜综合考虑精简配置，减少不必要的重复设置。就地式仪表应设在便于观察的位置；若集中监控或就地控制系统基于实现监控目的所设置的遥测仪表具有就地显示环节且该测量值不参与就地控制时，则可不必再设就地检测仪表。

9.1.3 就地手动控制装置的设置。

为使动力设备安全运行及便于维修，采用集中监控系统时，应在动力设备附近的动力柜上设置就地手动控制装置及远程/就地转换开关，并要求能监视远程/就地转换开关状态。为保障检修人员安全，在开关状态为就地手动控制时，不能进行设备的远程启停控制。

9.1.4 连锁、联动等保护措施的设置。

1 采用集中监控系统时，设备联动、连锁等保护措施应直接通过监控系统的下位机的控制程序或点到点的连接实现，尤其联动、连锁分布在不同控制区域时优越性更大。

2 采用就地控制系统时，设备联动、连锁等保护措施应为就地控制系统的一部分或分开设置成两个独立的系统。

3 对于不采用集中监控与就地控制的系统，出于安全目的时，联动、连锁应独立设置。

9.1.5 锅炉房、换热机房和制冷机房应计量的项目。部分强制性条文。

一次能源/资源的消耗量均应计量。此外，在冷、热源进行耗电量计量有助于分析能耗构成，寻找节能途径，选择和采取节能措施。循环水泵耗电量不仅是冷热源系统能耗的一部分，而且也反映出输送系统的用能效率，对于额定功率较大的设备宜单独设置电计量。

9.1.6 中央级监控管理系统的设置要求。

指出了中央级监控管理系统应具有的基本操作功能。包括监视功能、显示功能、操作功能、控制功能、数据管理辅助功能、安全保障管理功能等。它是由监控系统的软件包实现的，各厂家的软件包虽然各有特点，但是软件包功能类似。实际工程中，由于没有按照条文中的要求去做，致使所安装的集中监控系统管理不善的例子屡见不鲜。例如，不设立安全机制，任何人都可进入修改程序的级别，就会造成系统

运行故障；不定期统计系统的能量消耗并加以改进，就达不到节能的目标；不记录系统运行参数并保存，就缺少改进系统运行性能的依据等。

随着智能建筑技术的发展，主要以管理暖通空调系统为主的集中监控系统只是大厦弱电子系统之一。为了实现大厦各弱电子系统数据共享，就要求各子系统间（例如消防子系统、安全防范子系统等）有统一的通信平台，因而应考虑预留与统一的通信平台相连接的接口。

9.1.7 防排烟系统的检测与监控。

制定本条是为了暖通空调设计能够符合防火规范以及向消防监控设计提出正确的监控要求，使系统能正常运行。相关规范包括《建筑设计防火规范》GB 50016、《高层民用建筑设计防火规范》GB 50045。

与防排烟合用的空调通风系统（例如送风机兼作排烟补风机用，利用平时风道作为排烟风道时阀门的转换，火灾时气体灭火房间通风管道的隔绝等），平时风机运行一般由楼宇自控监控，火灾时设备、风阀等应立即转入火灾控制状态，由消防控制室监控。

要求风道上防火阀带位置反馈可用来监视防火阀工作状态，防止防火阀平时运行的非正常关闭及了解火灾时的阀位情况，以便及时准确地复位，以免影响空调通风系统的正常工作。通风系统干管上的防火阀如处于关闭状态，对通风系统影响较大且不易判断部位，因此宜监控防火阀的工作状态；当支管上的防火阀只影响个别房间时，例如宾馆客房的竖井排风或新风管道，垂直立管与水平支管交接处的防火阀只影响一个房间，是否设防火阀工作状态监视，则不作强行规定。防火阀工作状态首先在消防控制室显示，如有必要也可在楼宇中控室显示。

9.1.8 有特殊要求场所或系统的监控要求。

例如，锅炉房的检测与监控应遵守《锅炉房设计规范》GB 50041的规定，医院洁净手术部空调系统的监控应遵守《医院洁净手术部建筑技术规范》GB 50333的规定。

9.2 传感器和执行器

9.2.1 选择传感器的基本条件。

9.2.2 温度、湿度传感器设置的条件。

9.2.3 压力（压差）传感器设置的条件。

本条中第2款，当不处于同一标高时需对测量数值进行高度修正。

9.2.4 流量传感器设置的条件。

本条第2款中考虑到弯管流量计等不同要求，增加了"或其他安装条件"。推荐选用低阻产品，有利于水系统输送节能。

9.2.5 自动调节阀的选择。

1 为了调节系统正常工作，保证在负荷全部变化范围内的调节质量和稳定性，提高设备的利用率和

经济性，正确选择调节阀的特性十分重要。

调节阀的选择原则，应以调节阀的工作流量特性即调节阀的放大系数来补偿对象放大系数的变化，以保证系统总开环放大系数不变，进而使系统达到较好的控制效果。但实际上由于影响对象特性的因素很多，用分析法难以求解，多数是通过经验法粗定，并以此来选用不同特性的调节阀。

此外，在系统中由于配管阻力的存在，阀权度 S 值的不同，调节阀的工作流量特性并不同于理想的流量特性。如理想线性流量特性，当 $S<0.3$ 时，工作流量特性近似为快开特性，等百分比特性也畸变为接近线性特性，可调比显著减小，因此通常是不希望 $S<0.3$ 的。而 S 值过高则可能导致通过阀门的水流速过高和/或水泵输送能耗增大，不利于设备安全和运行节能，因此管路设计时选取的 S 值一般不大于 0.7。

2 关于水路两通阀流量特性的选择，由试验可知，空气加热器和空气冷却器的放大系数是随流量的增大而变小，而等百分比特性阀门的放大系数是随开度的加大而增大，同时由于水系统管道压力损失往往较大，$S<0.6$ 的情况居多，因而选用等百分比特性阀门具有较强的适应性。

关于三通阀的选择，总的原则是要求通过三通阀的总流量保持不变，抛物线特性的三通阀当 $S=0.3\sim0.5$ 时，其总流量变化较小，在设计上一般常使三通阀的压力损失与热交换器和管道的总压力损失相同，即 $S=0.5$，此时无论从总流量变化角度，还是从三通阀的工作流量特性补偿热交换器的静态特性考虑，均以抛物线特性的三通阀为宜，当系统压力损失较小，通过三通阀的压力损失较大时，亦可选用线性三通阀。

关于蒸汽两通阀的选择，如果蒸汽加热中的蒸汽作自由冷凝，那么加热器每小时所放出的热量等于蒸汽冷凝潜热和进入加热器蒸汽量的乘积。当通过加热器的空气量一定时，经推导可以证明，蒸汽加热器的静态特性是一条直线，但实际上蒸汽在加热器中不能实现自由冷凝，有一部分蒸汽冷凝后再冷却使加热器的实际特性有微量的弯曲，但这种弯曲可以忽略不计。从对象特性考虑可以选用线性调节阀，但根据配管状态当 $S<0.6$ 时工作流量特性发生畸变，此时宜选用等百分比特性的阀。

3 调节阀的口径应根据使用对象要求的流通能力来定。口径选用过大或过小会导致满足不了调节质量或不经济。

9.2.6 三通阀和两通阀的应用。

由于三通混合阀和分流阀的内部结构不同，为了使流体沿流动方向使阀芯处于流开状态，阀的运行稳定，两者不能互为代用。但对于公称直径小于80mm的阀，由于不平衡力小，混合阀亦可用作分流。如果配套执行器能够提供上下双向驱动力，其他口径的混合阀亦可用作分流。

双座阀不易保证上下两阀芯同时关闭，因而泄漏量大。尤其用在高温场合，阀芯和阀座两种材料的膨胀系数不同，泄漏会更大。故规定蒸汽的流量控制用单座阀。

9.2.7 水路切换应选用通断阀。

在关断状态下，通断阀比调节阀的泄漏量小，更有利于设备运行安全和节能。

9.3 供暖通风系统的检测与监控

9.3.1 供暖系统的参数检测点。

本条给出了供暖系统应设置的参数检测点，为最低要求。设计时应根据系统设置加以确定。

9.3.3 通风系统的参数检测点。

本条给出了应设置的通风系统检测点，为最低要求。设计时应根据系统设置加以确定。

9.3.4 事故通风的通风机电器开关的设置。

本规范 6.3.9 第 2 款强制性规定，事故排风系统（包括兼做事故排风用的基本排风系统）的通风机，其手动开关位置应设在室内、外便于操作的地点，以便一旦发生紧急事故时，使其立即投入运行。

本规定要求通风机与事故探测器进行连锁，一旦发生紧急事故可自动进行通风机开启，同时在工作地点发出警示和风机状态显示。

9.3.5 通风系统的控制设置。

9.4 空调系统的检测与监控

9.4.1 空调系统检测点。

本条给出了应设置的空调系统检测点，为最低要求。设计时应根据系统设置加以确定。

9.4.2 多工况运行方式。

多工况运行方式是指在不同的工况时，其调节系统（调节对象和执行机构等）的组成是变化的。以适应室内外热湿条件变化大的特点，达到节能的目的。工况的划分也要因系统的组成及处理方式的不同来改变，但总的原则是节能，尽量避免空气处理过程中的冷热抵消，充分利用新风和回风，缩短制冷机、加热器及加湿器的运行时间等，并根据各工况在一年中运行的累计小时数简化设计，以减少投资。多工况同常规系统运行区别，在于不仅要进行参数的控制，还要进行工况的转换。多工况的控制、转换可采用就地的逻辑控制系统或集中监控系统等方式实现，工况少时可采用手动转换实现。

利用执行机构的极限位置，空气参数的超限信号以及分程控制方式等自动转换方式，在运行多工况控制及转换程序时交替使用，可达到实时转换的目的。

9.4.3 优先控制和分程控制。

水冷式空气冷却器采用室内温度、湿度的高

（低）值选择器控制冷水量，在国外是较常用的控制方案，国内也有工程采用。

所谓高（低）值选择控制，就是在水冷式空气冷却器工作的季节，根据室内温、湿度的超差情况，将温度、湿度调节器的输出信号分别输入到信号选择器内进行比较，选择器将根据比较后的高（低）值信号（只接受偏差大的为高值或只接受偏差小的为低值），自动控制调节阀改变进入水冷式空气冷却器的冷水量。

高（低）值选择器在以最不利的参数为基准，采用较大水量调节的时候，对另一个超差较小的参数，就会出现不是过冷就是过于干燥，也就是说如果冷水量是以温度为基准进行调节的，对于相对湿度调节来讲必然是调节过量，即相对湿度比给定值小；如果冷水量是以相对湿度为基准进行调节的，则温度就会出现比给定值低，要保证温湿度参数都满足要求，还需要对加热器或加湿器进行分程控制。

所谓对加热器或加湿器进行分程控制，以电动温湿度调节器为例，就是将其输出信号分为 0～5mA 和 6mA～10mA 两段，当采用高值选择时，其中 6mA～10mA 的信号控制空气冷却器的冷水量，而 0～5mA 一段信号去控制加热器和加湿器阀门，也就是说用一个调节器通过对两个执行器的零位调整进行分段控制，即温度调节器既可控制空气冷却器的阀门也可控制加热器的阀门，湿度调节器既可控制冷却器的阀门也可控制加湿器的阀门。

这里选择控制和分程控制是同时进行的，互为补充的，如果只进行高（低）值选择而不进行分程控制，其结果必然出现一个参数满足要求，另一个参数存在偏差。

9.4.4 全空气空调系统的控制。

1 根据设计原理，空调房间室温的控制应由送风温度和送风量的控制和调节来实现。定风量系统通过控制送风温度、变风量系统主要通过送风量的调节来保证。送风温度调节的通常手段是空气冷却器/加热器的水阀调节，对于二次回风系统和一次回风系统在过渡期也可通过调节新风和回风的比例来控制送风温度。变风量采用风机变速是最节能的方式。尽管风机变速的做法投资有一定增加，但对于采用变风量系统的工程而言，这点投资应该是有保证的，其节能所带来的效益能够较快地回收投资。

2 送风温度是空调系统中重要的设计参数，应采取必要措施保证其达到目标，有条件时进行优化调节。控制室温是空调系统需要实现的目标，根据室温实测值与目标值的偏差对送风温度设定值不断进行修正，对于调节对象纯滞后大、时间常数大或热、湿扰量大的场合更有利于控制系统反应快速、效果稳定。

4 当空调系统采用加湿处理时，也应进行加湿量控制。空调房间热湿负荷变化较小时，用恒定机器露点温度的方法可以使室内相对湿度稳定在某一范围内，如室内热湿负荷稳定，可达到相当高的控制精度。但对于室内热湿负荷或相对湿度变化大的场合，宜采用不恒定机器露点温度或不达到机器露点温度的方式，即用直接装在室内工作区、回风口或总回风管中的湿度敏感元件来测量和调节系统中的相应的执行调节机构达到控制室内相对湿度的目的。系统在运行中不恒定机器露点温度或不达到机器露点温度的程度是随室内热湿负荷的变化而变化的，对室内相对湿度是直接控制的，因此，室内散湿量变化较大时，其控制精度较高。然而对于多区系统这一方法仍不能满足各房间的不同条件，因此，在具体设计中应根据不同的实际要求，确定是否应按各房间的不同要求单独控制。

5 在条件合适的地区应充分利用全空气空调系统的优势，尽可能利用室外自然冷源，最大限度地利用新风降温，提高室内空气品质和人员的舒适度，降低能耗。利用新风免费供冷（增大新风比）工况的判别方法可采用固定温度法、温差法、固定焓法、电子焓法、焓差法等，根据建筑的气候分区进行选取，具体可参考 ASHRAE 标准 90.1。从理论分析，采用焓差法的节能性最好，然而该方法需要同时检测温度和湿度，且湿度传感器误差大、故障率高，需要经常维护，数年来在国内、外的实施效果不够理想。而固定温度和温差法，在工程中实施最为简单方便。因此，对变新风比控制方法不做限定。

9.4.5 新风机组的控制。

应根据空调系统的设计需要进行控制。新风机组根据设计工况下承担室内湿负荷的多少，有不同的送风温度设计值：①一般情况下，配合风机盘管等空调房间内末端设备使用的新风系统，新风不负担室内主要冷热负荷时，各房间的室温控制主要由风机盘管满足，新风机组控制送风温度恒定即可。②当新风负担房间主要或全部冷负荷时，机组送风温度设定值应根据室内温度进行调节。③当新风负担室内潜热冷负荷即湿负荷时，送风温度应根据室内湿度设计值进行确定。

9.4.6 风机盘管的控制。

风机盘管的自动控制方式主要有两种：①带风机三速选择开关、可冬夏转换的室温控制器连动水路两通电动阀的自动控制配置；②带风机三速选择开关、可冬夏转换的室温控制器连动风机开停的自动控制配置。第一种方式，能够实现整个水系统的变水量调节。第二种方式，采用风机开停对室内温度进行控制，对于提高房间的舒适度和实现节能是不完善的，也不利于水系统运行的稳定性。因此从节能、水系统稳定性和舒适度出发，应按 8.5.6 条的要求采用第一种配置。采用常闭式水阀更有利于水系统的运行节能。

9.4.7 新风机组或空调机组的防冻保护控制。

位于冬季有冻结可能地区的新风机组或空调机组，应防止因某种原因热水盘管或其局部水流断流而造成冰冻的可能。通常的做法是在机组盘管的背风侧加设感温测头（通常为毛细管或其他类型测头），当其检测到盘管的背风侧温度低于某一设定值时，与该测头相连的防冻开关发出信号，机组即通过集中监控系统的控制器程序或电气设备的联动、连锁等方式运行防冻保护程序，例如：关新风门、停风机、开大热水阀，防止热水盘管冰冻面积进一步扩大。

9.4.8 冷热转换装置的设置。

变风量末端装置和风机盘管等实现各自服务区域的独立温度控制，当冬季、夏季分别运行加热和冷却工况时，要求改变末端装置的动作方向。例如，在冷却工况下，当房间温度降低时，变风量末端装置的风阀应向关小的位置调节；当房间温度升高时，再向开大的位置调节。在加热工况下，风阀的调节过程则相反。

为保证室内气流组织，送风口（包括散流器和喷口）也需根据冬夏季设置改变送风方向和风量的转换装置。

9.4.9 电加热器的连锁与保护。强制性条文。

要求电加热器与送风机连锁，是一种保护控制，可避免系统中因无风电加热器单独工作导致的火灾。为了进一步提高安全可靠性，还要求设无风断电、超温断电保护措施，例如，用监视风机运行的风压差开关信号及在电加热器后面设超温断电信号与风机启停连锁等方式，来保证电加热器的安全运行。

电加热器采取接地及剩余电流保护，可避免因漏电造成触电类的事故。

9.5 空调冷热源及其水系统的检测与监控

9.5.1 空调冷热源和空调水系统的检测点。

冷热源和空调水系统应设置的检测点，为最低要求。设计时应根据系统设置加以确定。

9.5.2 蓄冷、蓄热系统的检测点。

蓄冷（热）系统设置检测点的最低要求。设计时应根据系统设置加以确定。

9.5.3 冷水机组水系统的控制方式及连锁。

许多工程采用的是总回水温度来控制，但由于冷水机组的最高效率点通常位于该机组的某一部分负荷区域，因此采用冷量控制的方式比采用温度控制的方式更有利于冷水机组在高效率区域运行而节能，是目前最合理和节能的控制方式。但是，由于计量冷量的元器件和设备价格较高，因此推荐在有条件时（如采用了DDC控制系统时），优先采用此方式。同时，台数控制的基本原则是：①让设备尽可能处于高效运行；②让相同型号的设备的运行时间尽量接近以保持其同样的运行寿命（通常优先启动累计运行小时数最

少的设备）；③满足用户侧低负荷运行的需求。

由于制冷机运行时，一定要保证它的蒸发器和冷凝器有足够的水量流过。为达到这一目的，制冷机水系统中其他设备，包括电动水阀冷冻水泵、冷却水泵、冷却塔风机等应先于制冷机开机运行，停机则应按相反顺序进行。通常通过水流开关检测与冷机相连锁的水泵状态，即确认水流开关接通后才允许制冷机启动。

9.5.4 冰蓄冷系统二次冷媒侧换热器的防冻保护。

一般空调系统夜间负荷往往很小，甚至处在停运状态，而冰蓄冷系统主要在夜间电网低谷期进行蓄冰。因此，在二者进行换热的板换处，由于空调系统的水侧冷水基本不流动，如果乙二醇侧的制冰低温传递过来，易引起另一侧水的冻结，造成板换的冻裂破坏。因此，必须随时观察板换处乙二醇侧的溶液温度，调节好有关电动调节阀的开度，防止事故发生。

9.5.6 水泵运行台数及变速控制。

二级泵和多级泵空调水系统中二级泵等负荷侧各级水泵运行台数宜采用流量控制方式；水泵变速宜根据系统压差变化控制，系统压差测点宜设在最不利环路干管靠近末端处；负荷侧多级泵变速宜根据用户侧压差变化控制，压差测点宜设在用户侧支管靠近末端处。

9.5.7 变流量一级泵系统水泵变流量运行时，空调水系统的控制。

精确控制流量和降低水流量变化速率的控制措施包括：

1）应采用高精度的流量或压差测定装置；

2）冷水机组的电动隔断阀应选择"慢开"型；

3）旁通阀的流量特性应选择线性；

4）负荷侧多台设备的启停时间宜错开，设备盘管的水阀应选择"慢开"型。

9.5.8 空调冷却水系统基本的控制要求。

从节能的观点来看，较低的冷却水进水温度有利于提高冷水机组的能效比，因此尽可能降低冷却水温对于节能是有利的。但为了保证冷水机组能够正常运行，提高系统运行的可靠性，通常冷却水进水温度有最低水温限制的要求。为此，必须采取一定的冷却水水温控制措施。通常有三种做法：①调节冷却塔风机运行台数；②调节冷却塔风机转速；③当室外气温很低，即使停开风机也不能满足最低水温要求时，可在供、回水总管上设置旁通电动阀，通过调节旁通流量保证进入冷水机组的冷却水温高于最低限值。在①、②两种方式中，冷却塔风机的运行总能耗也得以降低。而③方式可控制进入冷水机组的冷却水温度在设定范围内，是冷水机组的一种保护措施。

冷却水系统在使用时，由于水分的不断蒸发，水中的离子浓度会越来越大。为了防止由于高离子浓度带来的结垢等种种弊病，必须及时排污。排污方法通

常有定期排污和控制离子浓度排污。这两种方法都可以采用自动控制方法，其中控制离子浓度排污方法在使用效果与节能方面具有明显优点。

9.5.9 集中监控系统与冷水机组控制器之间的通信要求。

冷水机组控制器通信接口的设立，可使集中监控系统的中央主机系统能够监控冷水机组的运行参数以及使冷水系统能量管理更加合理。

10 消声与隔振

10.1 一般规定

10.1.1 消声与隔振的设计原则。

供暖、通风与空调系统产生的噪声与振动，只是建筑中噪声和振动源的一部分。当系统产生的噪声和振动影响到工艺和使用的要求时，就应根据工艺和使用要求，也就是各自的允许噪声标准及对振动的限制，系统的噪声和振动的频率特性及其传播方式（空气传播或固体传播）等进行消声与隔振设计，并应做到技术经济合理。

10.1.2 室内及环境噪声标准。

室内和环境噪声标准是消声设计的重要依据。因此本条规定由供暖、通风和空调系统产生的噪声传播至使用房间和周围环境的噪声级，应满足国家现行《工业企业噪声控制设计规范》GBJ 87、《民用建筑隔声设计规范》GB 50118、《声环境质量标准》GB 3096 和《工业企业厂界噪声标准》GB 12348 等标准的要求。

10.1.3 振动控制设计标准。

振动对人体健康的危害是很严重的，在暖通空调系统中振动问题也是相当严重的。因此本条规定了振动控制设计应满足国家现行《城市区域环境振动标准》GB 10070 等标准的要求。

10.1.4 降低风系统噪声的措施。

本条规定了降低风系统噪声应注意的事项。系统设计安装了消声器，其消声效果也很好，但经消声处理后的风管又穿过高噪声房间，再次被污染，又回复到了原来的噪声水平，最终不能起到消声作用，这个问题，过去往往被人们忽视。同样道理，噪声高的风管穿过要求噪声低的房间时，它也会污染低噪声房间，使其达不到要求。因此，对这两种情况必须引起重视。当然，必须穿过时还是允许的，但应对风管进行良好的隔声处理，以避免上述两种情况发生。

10.1.5 风管内的风速。

通风机与消声装置之间的风管，其风道无特殊要求时，可按经济流速采用即可。根据国内外有关资料介绍，经济流速 6m/s～13m/s，本条推荐采用的 8m/s～10m/s 在经济流速的范围内。

消声装置与房间之间的风管，其空气流速不宜过大，因为风速增大，会引起系统内气流噪声和管壁振动加大，风速增加到一定值后，产生的气流再生噪声甚至会超过消声装置后的计算声压级；风管内的风速也不宜过小，否则会使风管的截面积增大，既耗费材料又占用较大的建筑空间，这也是不合理的。因此，本条给出了适应四种室内允许噪声级的主管和支管的风速范围。

10.1.6 机房位置及噪声源的控制。

通风、空调与制冷机房是产生噪声和振动的地方，是噪声和振动的发源处，其位置应尽量不靠近有较高防振和消声要求的房间，否则对周围环境影响颇大。

通风、空调与制冷系统运行时，机房内会产生相当高的噪声，一般为 80dB（A）～100dB（A），甚至更高，远远超过环境噪声标准的要求。为了防止对相邻房间和周围环境的干扰，本条规定了噪声源位置在靠近有较高隔振和消声要求的房间时，必须采取有效措施。这些措施是在噪声和振动传播的途径上对其加以控制。为了防止机房内噪声源通过空气传声和固体传声对周围环境的影响，设计中应首先考虑采取把声源和振源控制在局部范围内的隔声与隔振措施，如采用实心墙体、密封门窗、堵塞空洞和设置隔振器等，这样做仍达不到要求时，再辅以降低声源噪声的吸声措施。大量实践证明，这样做是简单易行、经济合理的。

10.1.7 室外设备噪声控制。

对露天布置的通风、空调和制冷设备及其附属设备如冷却塔、空气源冷（热）水机组等，其噪声达到环境噪声标准要求时，亦应采取有效的降噪措施，如在其进、排风口设置消声设备，或在其周围设置隔声屏障等。

10.2 消声与隔声

10.2.1 噪声源声功率级的确定。

进行暖通空调系统消声与隔声设计时，首先必须知道其设备如通风机、空调机组、制冷压缩机和水泵等声功率级，再与室内外允许的噪声标准相比较，通过计算最终确定是否需要设置消声装置。

10.2.2 再生噪声与自然衰减量的确定。

当气流以一定速度通过直风管、弯头、三通、变径管、阀门和送、回风口等部件时，由于部件受气流的冲击湍流或因气流发生偏斜和涡流，从而产生气流再生噪声。随着气流速度的增加，气流再生噪声的影响也随之加大，以至成为系统中的一个新噪声源。所以，应通过计算确定所产生的再生噪声级，以便采取适当措施来降低或消除。

本条规定了在噪声要求不高，风速较低的情况下，对于直风管可不计算气流再生噪声和噪声自然衰减量。气流再生噪声和噪声自然衰减量是风速的函数。

10.2.3 设置消声装置的条件及消声量的确定。

通风与空调系统产生的噪声量，应尽量用风管、弯头和三通等部件以及房间的自然衰减降低或消除。当这样做不能满足消声要求时，则应设置消声装置或采取其他消声措施，如采用消声弯头等。消声装置所需的消声量，应根据室内所允许的噪声标准和系统的噪声功率级分频带通过计算确定。

10.2.4 选择消声设备的原则。

选择消声设备时，首先应了解消声设备的声学特性，使其在各频带的消声能力与噪声源的频率特性及各频带所需消声量相适应。如对中、高频噪声源，宜采用阻性或阻抗复合式消声设备；对于低、中频噪声源，宜采用共振式或其他抗性消声设备；对于脉动低频噪声源，宜采用抗性或微穿孔板阻抗复合式消声设备；对于变频带噪声源，宜采用阻抗复合式或微穿孔板消声设备。其次，还应兼顾消声设备的空气动力特性，消声设备的阻力不宜过大。

10.2.5 消声设备的布置原则。

为了减少和防止机房噪声源对其他房间的影响，并尽量发挥消声设备应有的消声作用，消声设备一般应布置在靠近机房的气流稳定的管段上。当消声器直接布置在机房内时，消声器、检查门及消声器后至机房隔墙的那段风管必须有良好的隔声措施；当消声器布置在机房外时，其位置应尽量临近机房隔墙，而且消声器前至隔墙的那段风管（包括拐弯静压箱或弯头）也应有良好的隔声措施，以免机房内的噪声通过消声设备本体、检查门及风管的不严密处再次传入系统中，使消声设备输出端的噪声增高。

在有些情况下，如系统所需的消声量较大或不同房间的允许噪声标准不同时，可在总管和支管上分段设置消声设备。在支管或风口上设置消声设备，还可适当提高风管风速，相应减小风管尺寸。

10.2.6 管道穿过围护结构的处理。

管道本身会由于液体或气体的流动而产生振动，当与墙壁硬接触时，会产生固体传声，因此应使之与弹性材料接触，同时也为防止噪声通过孔洞缝隙泄露出去而影响相邻房间及周围环境。

10.3 隔 振

10.3.1 设置隔振的条件。

通风、空调和制冷装置运行过程中产生的强烈振动，如不予以妥善处理，将会对工艺设备、精密仪器等的工作造成影响，并且有害于人体健康，严重时，还会危及建筑物的安全。因此，本条规定当通风、空调和制冷装置的振动靠自然衰减不能达到允许程度时，应设置隔振器或采取其他隔振措施，这样做还能起到降低固体传声的作用。

10.3.2～10.3.4 选择隔振器的原则。

1 从隔振器的一般原理可知，工作区的固有频率，或者说包括振动设备、支座和隔振器在内的整个隔振体系的固有频率，与隔振体系的质量成反比，与隔振器的刚度成正比，也可以借助于隔振器的静态压缩量用下式计算：

$$f_0 = \frac{1}{2\pi}\sqrt{\frac{k}{m}} \approx \frac{5}{\sqrt{x}} \qquad (35)$$

式中：f_0——隔振器的固有频率（Hz）；
　　　k——隔振器的刚度（kg/cm^2）；
　　　m——隔振体系的质量（kg）；
　　　x——隔振器的静态压缩量（cm）；
　　　π——圆周率。

振动设备的扰动频率取决于振动设备本身的转速，即

$$f = \frac{n}{60} \qquad (36)$$

式中：f——振动设备的扰动频率（Hz）；
　　　n——振动设备的转速（r/min）。

隔振器的隔振效果一般以传递率表示，它主要取决于振动设备的扰动频率与隔振器的固有频率之比，如忽略系统的阻尼作用，其关系式为：

$$T = \left| \frac{1}{1 - \left(\frac{f}{f_0}\right)^2} \right| \qquad (37)$$

式中：T——振动传递率。

其他符号意义同前。

由式（37）可以看出，当 f/f_0 趋近于 0 时，振动传递率接近于 1，此时隔振器不起隔振作用；当 $f = f_0$ 时，传递率趋于无穷大，表示系统发生共振，这时不仅没有隔振作用，反而使系统的振动急剧增加，这是隔振设计必须避免的；只有当 $f/f_0 > \sqrt{2}$ 时，亦即振动传递率小于 1，隔振器才能起作用，其比值愈大，隔振效果愈好。虽然在理论上，f/f_0 愈大愈好，但因设计很低的 f_0，不但有困难、造价高，而且当 $f/f_0 > 5$ 时，隔振效果提高得很缓慢，通常在工程设计上选用 $f/f_0 = 2.5～5$，因此规定设备运转频率（即扰动频率或驱动频率）与隔振器的固有频率之比，应大于或等于 2.5。

弹簧隔振器的固有频率较低（一般为 2Hz～5Hz），橡胶隔振器的固有频率较高（一般为 5Hz～10Hz），为了发挥其应有的隔振作用，使 $f/f_0 = 2.5$ ～5，因此，本规范规定当设备转速小于或等于 1500r/min 时，宜选用弹簧隔振器；设备转速大于 1500r/min 时，宜选用橡胶等弹性材料垫块或橡胶隔振器。对弹簧隔振器适用范围的限制，并不意味着它不能用于高转速的振动设备，而是因为采用橡胶等弹

性材料已能满足隔振要求，而且做法简单，比较经济。

各类建筑由于允许噪声的标准不同，因而对隔振的要求也不尽相同。由设备隔振而使与机房毗邻房间内的噪声降低量 NR 可由经验公式（38）得出：

$$NR = 12.5 \lg (1/T) \qquad (38)$$

允许振动传递率（T）随着建筑和设备的不同而不同，具体建议值见表17：

表17　不同建筑类别允许的振动传递率 T 的建议值

建筑类别	振动传递率 T
音乐厅、歌剧院	0.01～0.05
办公室、会议室、医院、住宅、学校、图书馆	0.05～0.2
多功能体育馆、餐厅	0.2～0.4
工厂、车库、仓库	0.8～1.5

2 为了保证隔振器的隔振效果并考虑某些安全因素，橡胶隔振器的计算压缩变形量，一般按制造厂提供的极限压缩量的 1/3～1/2 采用；橡胶隔振器和弹簧隔振器所承受的荷载，均不应超过允许工作荷载；由于弹簧隔振器的压缩变形量大，阻尼作用小，其振幅也较大，当设备启动与停止运行通过共振区其共振振幅达到最大时，有可能使设备及基础起破坏作用。因此，条文中规定，当共振振幅较大时，弹簧隔振器宜与阻尼大的材料联合使用。

3 当设备的运转频率与弹簧隔振器或橡胶隔振器垂直方向的固有频率之比为 2.5 时，隔振效率约为80%，自振频率之比为 4～5 时，隔振效率大于93%，此时的隔振效果才比较明显。在保证稳定性的条件下，应尽量增大这个比值。根据固体声的特性，低频声域的隔声设计应遵循隔振设计的原则，即仍遵循单自由度系统的强迫振动理论，高频声域的隔声设计不再遵循单自由度系统的强迫振动理论，此时必须考虑到声波沿着不同介质传播所发生的现象，这种现象的原理是十分复杂的，它既包括在不同介质中介面上的能量反射，也包括在介质中被吸收的声波能量。根据上述现象及工程实践，在隔振器与基础之间再设置一定厚度的弹性隔振垫，能够减弱固体声的传播。

10.3.5 对隔振台座的要求。

加大隔振台座的质量及尺寸等，是为了加强隔振基础的稳定性和降低隔振器的固有频率，提高隔振效果。设计安装时，要使设备的重心尽量落在各隔振器的几何中心上，整个振动体系的重心要尽量低，以保证其稳定性。同时应使隔振器的自由高度尽量一致，基础底面也应平整，使各隔振器在平面上均匀对称，

受压均匀。

10.3.6、10.3.7 减缓固体传振和传声的措施。

为了减缓通风机和水泵设备运行时，通过刚性连接的管道产生的固体传振和传声，同时防止这些设备设置隔振器后，由于振动加剧而导致管道破裂或设备损坏，其进出口宜采用软管与管道连接。这样做还能加大隔振体系的阻尼作用，降低通过共振时的振幅。同样道理，为了防止管道将振动设备的振动和噪声传播出去，支吊架与管道间应设置弹性材料垫层。管道穿过机房围护结构处，其与孔洞之间的缝隙，应使用具备隔声能力的弹性材料填充密实。

10.3.8 使用浮筑双隔振台座来减少振动。

11　绝热与防腐

11.1　绝　　热

11.1.1 需要进行保温的条件。

为减少设备与管道的散热损失、节约能源、保持生产及输送能力，改善工作环境、防止烫伤，应对设备、管道（包括管件、阀门等）应进行保温。由于空调系统需要保温的设备和管道种类较多，本条仅原则性地提出应该保温的部位和要求。

11.1.2 需要进行保冷的条件。

为减少设备与管道的冷损失、节约能源、保持和发挥生产能力、防止表面结露、改善工作环境，设备、管道（包括阀门、管附件等）应进行保冷。由于空调系统需要保冷的设备和管道种类较多，本条仅原则性地提出应该保冷的部位和要求。特别需要指出的是，水源热泵系统的水源环路应根据当地气象参数做好保温、保冷或防凝露措施。

11.1.3 对设备与管道绝热材料的选择要求。

近年来，随着我国高层和超高层建筑物数量的增多以及由于绝热材料的燃烧而产生火灾事故的惨痛教训，对绝热材料的燃烧性能要求会越来越高，规范建筑中使用的绝热材料燃烧性能要求很有必要，设计采用的绝热材料燃烧性能必须满足相应的防火设计规范的要求。相关防火规范包括《建筑设计防火规范》GB 50016、《高层民用建筑设计防火规范》GB 50045。

11.1.4 对设备与管道绝热材料保温层厚度的计算原则。

11.1.5 对设备与管道绝热材料保冷层厚度的计算原则。

11.1.6 对复合型风管绝热性能的要求。

11.1.7 对设计设备与管道绝热设计的要求。

11.2　防　　腐

11.2.1 设备、管道及其配套的部、配件的材料

选择。

设备、管道以及它们配套的部件、配件等所接触的介质是包括了内部输送的介质与外部环境接触的物质。民用建筑中的设备、管道的使用条件通常较为良好，但也有一些使用条件比较恶劣的场合。空调机组的冷凝水盘，由于经常性有凝结水存在，一般常用不锈钢底盘；厨房灶台排风罩与风管输运空气中也存在大量水蒸气，常用不锈钢板制作；游泳馆的空调设备与风道除了会与水汽接触外，还会与氯离子接触，因此常采用带有耐腐蚀涂膜的散热翅片、无机玻璃钢风管或耐腐蚀能力较好的彩钢板制作的风管；同样，用于海边附近的空调室外机，通常也选用带有耐腐蚀涂膜的散热翅片；对于设置在室外设备与管道的外表面材料也应具有抗日射高温及紫外线老化的能力。如此，设计必须根据这些条件正确选择使用材料。

11.2.2 金属设备与管道外表面防腐。

一般情况下，有色金属、不锈钢管、不锈钢板、镀锌钢管、镀锌钢板和用作保护层的铝板都具有很好的耐腐蚀能力，不需要涂漆。但这些金属材料与一些特定的物质接触时也会产生腐蚀，如：铝、锌材料不耐碱性介质，不耐氯、氯化氢和氟化氢，也不宜用于铜、汞、铅等金属化合物粉末作用的部位；奥氏体铬镍不锈钢不耐盐酸、氯气等含氯离子的物质。因此这类金属在非正常使用环境条件下，也应注意防腐蚀工作。

防腐蚀涂料有很多类型，适用于不同的环境大气条件。用于酸性介质环境时，宜选用氯化橡胶、聚氨酯、环氧、聚氯乙烯萤丹、丙烯酸聚氨酯、丙烯酸环氧、环氧沥青、聚氨酯沥青等涂料；用于弱酸性介质环境时，可选用醇酸涂料等；用于碱性介质环境时，宜选用环氧涂料等；用于室外环境时，可选用氯化橡胶、脂肪族聚氨酯、高氯化聚乙烯、丙烯酸聚氨酯、醇酸等；用于对涂层有耐磨、耐久要求时，宜选用树脂玻璃鳞片涂料。

11.2.3 涂层的底漆与面漆。

为保证涂层的使用效果和寿命，涂层的底层涂料、中间涂料与面层涂料应选用相互间结合良好的涂层配套。

11.2.4 涂漆前管道外表面的处理应符合涂层产品的相应要求。

为保证涂层质量，涂漆前管道与设备的外表面应平整，把焊渣、毛刺、铁锈、油污等清除干净。一般情况下在在防腐工程施工验收规范中都有规定。但对于有特殊要求时，如需要喷射或抛射除锈、火焰除锈、化学除锈等，应在设计文件中规定。

11.2.5 对用于与奥氏体不锈钢表面接触的绝热材料的相关要求。

国家标准《工业设备及管道绝热工程施工规范》GB 50126 中规定：用于奥氏体不锈钢设备或管道上的绝热材料，其氯化物、氟化物、硅酸盐、钠离子含量的规定如下：

$$\lg(y \times 10^4) \leqslant 0.188 + 0.655\lg(x \times 10^4) \quad (39)$$

式中：y——测得的($Cl^- + F^-$)离子含量<0.060%；

x——测得的（$Na^+ + SiO_3^{-2}$）离子含量>0.005%。

离子含量的对应关系对照表如下表：

表 18　离子含量的对应关系对照表

$Cl^- + F^-$（y）		$Na^+ + SiO_3^{2-}$（x）	
%	μg/g	%	μg/g
0.002	20	0.005	50
0.003	30	0.010	100
0.004	40	0.015	150
0.005	50	0.020	200
0.006	60	0.026	260
0.007	70	0.034	340
0.008	80	0.042	420
0.009	90	0.050	500
0.010	100	0.060	600
0.020	200	0.180	1800
0.030	300	0.300	3000
0.040	400	0.500	5000
0.050	500	0.700	7000
0.060	600	0.900	9000

附录 A　室外空气计算参数

本附录提供了我国除香港、澳门特别行政区、台湾外 28 个省级行政区、4 个直辖市所属 294 个台站的室外空气计算参数。由于台站迁移，观测条件不足等因素，个别台站的基础数据缺失，统计年限不足 30 年。统计年限不足 30 年的计算结果在使用时应参照邻近台站数据进行比较、修正。咸阳、黔南州及新疆塔城地区等个别台站的湿球温度无记录，可参考表 19 的数值选取。

本附录绝大部分台站基础数据的统计年限为 1971 年 1 月 1 日至 2000 年 12 月 31 日。在标准编制过程中，编制组与国家气象信息中心合作，投入了很大的精力整理计算室外空气计算参数，为了确保方法的准确性，编制组提取 1951～1980 年的数据进行整理与《工业企业供暖通风和空气调节设计规范》TJ19 进行比对，最终确定了各个参数的确定方法。本标准编制初期是 2009 年，还没有 2010 年的基础数据，由于气象部门的整编数据是以 1 为起始年份，每十年进行一次整编，因此编制组选用 1971 年至 2000 年的数据整理计算形成了附录 A。2010 年底，标准编制进入末期，为了能使设计参数更具时效性，编制组又联合气象部门计算整理了以 1981 年至 2010 年为基础数据的室外空气计算参数。经过对比，1981 年至 2010 年的供暖计算温度、冬季通风室外计算温度及冬季空气调节室外计算温度上升较为明显，夏季空气调节室外计算温度等夏季计算参数也有小幅上升。以北京为例，供暖计算温度为 −6.9℃，已经突破了 −7℃。不同统计年份下，北京、西安、乌鲁木齐、哈尔滨、广州、上海的室外空气计算参数比对情况见表 20。

据气象学人士的研究：自 20 世纪 60 年代起，乌鲁木齐、青岛、广州等台站的年平均气温均表现为显著的升温趋势，21 世纪前几年，极端最高气温的年际值都比多年平均值偏高。同时，20 世纪 60 年代中期和 70 年代中期是极端低温事件发生的高频时段，70 年代初和 80 年代初是极端高温事件发生的低频时段，90 年代后期是极端高温事件发生的高频时期。因此，室外空气计算参数的结果也随之发生变化。表 20 可以看出 1951～1980 年的室外空气计算参数最低，这是由于 1951～1980 年是极端最低气温发生频率较高的时期；1971～2000 年由于气温逐渐升高，室外空气气象参数也随之升高，1981～2010 年则更高。考虑到近两年来冬季气温较往年同期有所下降，如果选用 1981～2010 年的计算数据，对工程设计，尤其是供暖系统的设计影响较大，为使数据具有一定的连贯性，编制组在广泛征求行业内部专家学者意见的基础上，最终决定选用 1971～2000 年作为本规范室外空气计算参数的统计期，形成附录 A。

表 19　部分台站夏季空调室外计算湿球温度参考值

市/区/自治州	咸 阳	黔南州	博尔塔拉蒙古自治州	阿克苏地区	塔城地区	克孜勒苏柯尔克孜自治州
台站名称	武功	罗甸	精河	阿克苏	塔城	乌恰
	57034	57916	51334	51628	51133	51705
统计期	1981～2010	1981～2010	1981～2010	1981～2010	1981～2010	1981～2010
夏季空气调节室外计算湿球温度（℃）	27.0	27.8	26.2	25.7	22.9	19.4

表 20　室外空气计算参数对比

台站名称及编号	北京			西安			乌鲁木齐		
	54511			57036			51463		
统计年份	1981～2010	1971～2000	1951～1980	1981～2005注1	1971～2000	1951～1980	1981～2010	1971～2000	1951～1980
年平均温度（℃）	12.9	12.3	11.4	14.2	13.7	13.3	7.3	7.0	5.7
采暖室外计算温度（℃）	−6.9	−7.6	−9	−3.0	−3.4	−5	−18.6	−19.7	−22
冬季通风室外计算温度（℃）	−3.1	−3.6	−5	0.3	−0.1	−1	−12.1	−12.7	−15
冬季空气调节室外计算温度（℃）	−9.4	−9.9	−12	−5.5	−5.7	−8	−23.1	−23.7	−27
冬季空气调节室外计算相对湿度（%）	43	44	45	64	66	67	78	78	80
夏季空气调节室外计算干球温度（℃）	34.1	33.5	33.2	35.2	35.0	35.2	33.0	33.5	34.1
夏季空气调节室外计算湿球温度（℃）	27.3	26.4	26.4	26.0	25.8	26	23.0	18.2	18.5
夏季通风室外计算温度（℃）	30.3	29.7	30	30.5	30.6	31	27.1	27.5	29
夏季通风室外计算相对湿度（%）	57	61	64	57	58	55	35	34	31
夏季空气调节室外计算日平均温度（℃）	29.7	29.6	28.6	31.0	30.7	30.7	28.1	28.3	29
极端最高气温（℃）	41.9	41.9	37.1	41.8	41.8	39.4	40.6	42.1	38.4
极端最低气温（℃）	−17.0	−18.3	−17.1	−14.7	−12.8	−11.8	−30	−32.8	−29.7

台站名称及编号	哈尔滨			广州			徐汇	上海注2
	50953			59287			58367	
统计年份	1981~2010	1971~2000	1951~1980	1981~2010	1971~2000	1951~1980	1971~1998	1951~1980
年平均温度（℃）	4.9	4.2	3.6	22.4	22.0	21.8	16.1	15.7
采暖室外计算温度（℃）	−23.4	−24.2	−26	8.2	8.0	7	−0.3	−2
冬季通风室外计算温度（℃）	−17.6	−18.4	−20	13.9	13.6	13	4.2	3
冬季空气调节室外计算温度（℃）	−26.6	−27.1	−29	6.0	5.2	5	−2.2	−4
冬季空气调节室外计算相对湿度（%）	71	73	74	70	72	70	75	75
夏季空气调节室外计算干球温度（℃）	30.9	30.7	30.3	34.8	34.2	33.5	34.4	34
夏季空气调节室外计算湿球温度（℃）	24.6	23.9	23.4	28.5	27.8	27.7	27.9	28.2
夏季通风室外计算温度（℃）	26.9	26.8	27	32.2	31.8	31	31.2	32
夏季通风室外计算相对湿度（%）	62	62	61	66	68	67	69	67
夏季空气调节室外计算日平均温度（℃）	26.6	26.3	26	31.1	30.7	30.1	30.8	30.4
极端最高气温（℃）	39.2	36.7	34.2	39.1	38.1	36.3	39.4	36.6
极端最低气温（℃）	−37.7	−37.7	−33.4	0.0	0.0	1.9	−10.1	−6.7

注1：西安站由于迁站或者台站号改变造成数据不完整，2006~2010 年数据缺失。

注2：上海市气象台站由于迁站等原因，数据十分不连续，基本基准站里仅徐汇站数据较为完整，且只有截止至 1998 年的数据。由于 1951~1980 年的数据没有徐汇站（或站名改变），台站编号不确定，故分开表示。

附录 C 夏季太阳总辐射照度

附录 D 夏季透过标准窗玻璃的太阳辐射照度

本规范附录 C 和附录 D 分 7 个纬度（北纬 20°、25°、30°、35°、40°、45°、50°），6 种大气透明度等级给出了太阳辐射照度值，表达形式比较简捷，而且概括了全国情况，便于设计应用。在附录 D 中，分别给出了直接辐射和散射辐射值（直接辐射与散射辐射值之和，即为相应时刻透过标准窗玻璃进入室内的太阳总辐射照度），为空气调节负荷计算方法的应用和研究提供了条件。根据当地的地理纬度和计算大气透明度等级，即可直接从附录 C、附录 D 中查到当地的太阳辐射照度值，从设计应用的角度看，还是比较方便的。

附录 E 夏季空气调节大气透明度分布图

夏季空气调节用的计算大气透明度等级分布图，

其制定条件是在标准大气压力下，大气质量 $M=2$，（$M=\dfrac{1}{\sin\beta}$，β—高度角，这里取 $\beta=30°$）。

根据附录 E 所标定的计算大气透明度等级，再按本规范第 4.2.4 条表 4.2.4 进行大气压力订正，即可确定出当地的计算大气透明度等级。这一附录是根据我国气象部门有关科研成果中给出的我国七月大气透明度分布图，并参照全国日照率等值线图改制的。

附录 F 加热由门窗缝隙渗入室内的冷空气的耗热量

本附录根据近年来冷风渗透的研究成果及其工程应用情况，给出了采用缝隙法确定多层和高层民用建筑渗透冷空气量的计算方法。

1 在确定 L_0 时，应用通用性公式（F.0.2-2）进行计算。原因是规范难以涵盖目前出现的多种门窗类型，且同一类型门窗的渗风特性也有不同。式（F.0.2-2）中的外门窗缝隙渗风系数 a_1 值可由供货方提供或根据现行国家标准《建筑外窗空气渗透性能分级及其检测方法》，按表 F.0.3-1 采用。

2 根据朝向修正系数 n 的定义和统计方法，v_0

应当与 $n=1$ 的朝向对应，而该朝向往往是冬季室外最多风向；若 n 值以一月平均风速为基准进行统计，v_0 应当取为一月室外最多风向的平均风速。考虑一月室外最多风向的平均风速与冬季室外最多风向的平均风速相差不大，且后者可较为方便地获得，故本附录式（F.0.2-2）中的 v_0 取为冬季室外最多风向的平均风速。

3 本附录采用冷风渗透压差综合修正系数 m，式（F.0.2-3）引入热压系数 C_r 和风压差系数 ΔC_f，使其成为反映综合压差的物理量。当 $m>0$ 时，冷空气渗入。

4 当渗透冷空气流通路径确定时，热压系数 C_r 仅与建筑内部隔断情况及缝隙渗风特性有关。因建筑日趋多样化，且确定 C_r 的解析值需求解非线性方程，获取 C_r 的理论值非常困难。本附录根据典型建筑门窗设置情况及其缝隙特性，通过对有关参数的数量级分析，提供了热压系数 C_r 的推荐值。一般认为，渗透冷空气经外窗、内（房）门、前室门和楼梯间（电梯间）门进入气流竖井。本规范表 F.0.3-2 中，若前室门或楼梯间（电梯间）设门，则 $0.2 \leqslant C_r \leqslant 0.6$；否则，$C_r \geqslant 0.6$。对于内（房）门也是如此。所谓密闭性好与差是相对于外窗气密性而言的。C_r 的幅值范围应为 $0 \sim 1.0$，但为便于计算且偏安全，可取下限为 0.2。有条件时，应进行理论分析与实测。

5 风压差系数 ΔC_f 不仅与建筑表面风压系数 C_f 有关，而且与建筑内部隔断情况及缝隙渗风特性有关。当建筑迎风面与背风面内部隔断等情况相同时，ΔC_f 仅与 C_f 有关；当迎风面与背风面 C_f 分别取绝对值最大，既 1.0 和 -0.4 时，$\Delta C_f=0.7$，可见该值偏安全。有条件时，应进行理论分析与实测。

6 因热压系数 C_r 对热压差均有作用，本附录中有效热压差与有效风压差之比 C 值的计算式（F.0.2-5）中不包括 C_r。

7 竖井计算温度 t'_n，应根据楼梯间等竖井是否采暖等情况经分析确定。

附录 G 渗透冷空气量的朝向修正系数 n 值

本附录给出的全国 104 个城市的渗透冷空气量的朝向修正系数 n 值，是参照国内有关资料提出的方法，通过具体地统计气象资料得出的。所谓渗透冷空气量的朝向修正系数，是 1971～1980 年累年一月份各朝向的平均风速、风向频率和室内外温差三者的乘积与其最大值的比值，即以渗透冷空气量最大的某一朝向 $n=1$，其他朝向分别采取 $n<1$ 的修正系数。在附录中所列的 104 个城市中，有一小部分城市 $n=1$ 的朝向不是采暖问题比较突出的北、东北或西北，而是南、西南或东南等。如乌鲁木齐南向 $n=1$，北向 $n=0.35$；哈尔滨南向 $n=1$，北向 $n=0.30$。有的单位反映这样规定不尽合理，有待进一步研究解决。考虑到各地区的实际情况及小气候因素的影响，为了给设计人员留有选择的余地，在附录的表述中给予一定灵活性。

附录 H 夏季空调冷负荷简化计算方法计算系数表

本附录依据典型房间计算得出，该典型房间是在广泛征集目前国内通常采用的公共建筑房间类型基础上确定的，具有较好的代表性。计算系数是利用本规范附录 A 的气象参数，参照国内外有关资料，对国内外主流空调冷负荷商业计算软件比对、分析、协调、统一、改进后，用多种软件共同计算获得的。计算结果考虑了不同软件的综合影响。

本附录依据典型房间确定各种类型辐射分配比例，设计人员可根据建筑的具体情况以及个人经验选择使用。

轻型房间典型内围护结构和重型房间典型内围护结构见表 21 和表 22。

表 21　轻型房间典型内围护结构

	材料名称	厚度 (mm)	密度 (kg/m³)	导热系数 [W/(m·K)]	热容 [J/(kg·K)]
内墙	加气混凝土	200	500	0.19	1050
楼板	钢筋混凝土	120	2500	1.74	920

表 22　重型房间典型内围护结构

	材料名称	厚度 (mm)	密度 (kg/m³)	导热系数 [W/(m·K)]	热容 [J/(kg·K)]
内墙	石膏板	200	1050	0.33	1050
楼板	钢筋混凝土	150	2500	1.74	920
	水泥砂浆	20	1800	0.93	1050

注：有空调吊顶的办公建筑，因吊顶的存在使房间的热惰性变大，计算时宜选用重型房间的数据。

中华人民共和国国家标准

1000kV 架空输电线路勘测规范

Code for investigation and surveying
of 1000kV overhead transmission line

GB 50741—2012

主编部门：中 国 电 力 企 业 联 合 会
批准部门：中华人民共和国住房和城乡建设部
施行日期：２０１３ 年 １ 月 １ 日

中华人民共和国住房和城乡建设部
公　告

第 1426 号

关于发布国家标准
《1000kV 架空输电线路勘测规范》的公告

　　现批准《1000kV 架空输电线路勘测规范》为国家标准，编号为 GB 50741—2012，自 2013 年 1 月 1 日起实施。其中，第 11.1.1、11.2.1、11.4.1 条为强制性条文，必须严格执行。

　　本规范由我部标准定额研究所组织中国计划出版社出版发行。

中华人民共和国住房和城乡建设部
二○一二年六月十一日

前　　言

本规范是根据住房和城乡建设部《关于印发〈2008 年工程建设标准规范制订、修订计划（第二批）〉的通知》（建标〔2008〕105 号）的要求，由中国电力工程顾问集团公司会同有关单位共同编制完成的。

本规范在编制过程中，编制组广泛调查研究，认真总结经验，并广泛征求意见，最后经审查定稿。

本规范共分 25 章和 9 个附录，主要技术内容有：总则，术语和符号，基本规定，可行性研究阶段测量，初步设计阶段测量，施工图设计阶段测量，可行性研究阶段岩土工程勘察，初步设计阶段岩土工程勘察，施工图设计阶段岩土工程勘察，特殊性岩土，不良地质作用和地质灾害，地下水，岩土工程勘察方法，原位试验，现场检验，可行性研究阶段水文勘测，初步设计阶段水文勘测，施工图设计阶段水文勘测，水文调查，设计洪水分析计算，河（海）床演变分析，可行性研究阶段气象勘测，初步设计阶段气象勘测，施工图设计阶段气象勘测，气象调查等。

本规范中以黑体字标志的条文为强制性条文，必须严格执行。

本规范由住房和城乡建设部负责管理和对强制性条文的解释，由中国电力企业联合会标准化中心负责日常管理，由中国电力工程顾问集团公司负责具体技术内容的解释。本规范在执行过程中，如有意见或建议，请寄送中国电力工程顾问集团公司（地址：北京市西城区安德路 65 号；邮政编码：100120），以供今后修订时参考。

本 规 范 主 编 单 位： 中国电力工程顾问集团公司

本 规 范 参 编 单 位： 国家电网公司

中国电力工程顾问集团东北电力设计院

中国电力工程顾问集团华东电力设计院

中国电力工程顾问集团中南电力设计院

中国电力工程顾问集团西北电力设计院

中国电力工程顾问集团西南电力设计院

中国电力工程顾问集团华北电力设计院工程有限公司

北京洛斯达数字遥感技术有限公司

本规范主要起草人员： 于　刚　梁政平　孙　昕
王中平　王圣祖　丁　扬
朱京兴　袁　骏　陆武萍
戴有信　徐　健　余凤先
姚　鹏　刘厚健　曹玉明
齐　迪　熊海星　吕　铎
秦学林　邓南文　殷金华
张良忠　陈亚明　李彦利
桂红华　曹永生

本规范主要审查人员： 曹卫东　张国杰　饶贞祥
郑怀清　刘小青　尹镇龙
蔡　上　段松涛　胡红春
王曦辰　邓加娜　姚麒麟
刘　颖　欧子春　李卫林
姜　典　代宏柏　王基文
卢晓东　程小久　梁水林
王　璁　吴军帅　汪岩松
谭国铨　李文林　周美玉
贾　剑　胡长权

目　次

Contents

1 总 则

1.0.1 为了在 1000kV 架空输电线路勘测工作中贯彻执行国家的技术经济政策，做到安全适用、技术先进、经济合理、保护环境，确保工程质量及其抵御自然灾害的能力，制定本规范。

1.0.2 本规范适用于 1000kV 架空输电线路新建、改建工程的测量、岩土工程勘察、水文和气象勘测。本规范不适用于 1000kV 架空输电线路工程中的大跨越工程的测量、岩土工程、水文和气象勘测。

1.0.3 1000kV 架空输电线路勘测应按基本建设工作程序，分阶段进行。勘测阶段的划分应与设计阶段相适应，可划分为可行性研究勘测、初步设计勘测和施工图设计勘测，对自然条件复杂的 1000kV 架空输电线路工程，尚应作好施工期现场服务工作。

1.0.4 1000kV 架空输电线路勘测所使用的计量仪器、设备，应定期检定。

1.0.5 1000kV 架空输电线路勘测中所使用的专业应用软件，应经过鉴定或验证。

1.0.6 1000kV 架空输电线路工程勘测，除应符合本规范外，尚应符合国家现行有关标准的规定。

2 术语和符号

2.1 术 语

2.1.1 定线测量 straight line location survey

在两转角连线方向为便于平断面、交叉跨越、定位等后续测量工作而设置直线桩位置的测量。

2.1.2 定位测量 location survey

确定塔位位置，并测量塔位桩的累距或坐标、高程。

2.1.3 现场检验 in-situ inspection

通过现场观察、勘探等方法，对勘察成果进行核查，对施工揭露情况进行检验活动。

2.1.4 洪痕 flood marks

一次洪水的最高洪水位在岸边或浸水建筑物上所遗留的泥印、水迹、人工刻记，以及一切能够代表最高洪水到达位置的痕迹。

2.1.5 设计洪水 design flood

为防洪等工程设计而拟定的工程正常运用条件下符合指定防洪设计标准的洪水。广义包括工程在非常运用条件下符合校核标准的设计洪水。

2.1.6 溃坝洪水 dam-break flood

坝体失事、堤防决口或冰坝溃决所形成的洪水。

2.1.7 河床演变 fluvial process

在水流与河床相互作用下，河道形态在不同时期的变化。

2.1.8 设计风速 design wind speed

工程设计标准所要求的离地 10m 高 10min 平均最大风速。

2.1.9 导线覆冰 wire ice covering

雨凇、雾凇、雨雾凇混合冻结物和湿雪凝附在导线上的天气现象。

2.1.10 标准冰厚 standard ice thickness

将不同密度、不同形状的覆冰厚度统一换算为密度为 $0.9g/cm^3$ 的均匀裹覆在导线周围的覆冰厚度。

2.1.11 设计冰厚 design ice thickness

工程设计标准所要求的离地 10m 高的标准冰厚。

2.2 符 号

2.2.1 测量

a——固定误差；

b——比例误差系数；

d——相邻点间距离。

2.2.2 水文勘测

A——面积；

D——粒径；

L——河流长度；

N——重现期；

P——降水量，湿周，概率，累积频率；

Q——流量；

R——水力半径；

V——流速；

W——水量，洪水总量；

Z——水位；

h——冲刷深度；

n——糙率，样本容量；

q——垂线流量；

C_v——变差系数；

C_s——偏态系数；

D_{50}——中值粒径。

2.2.3 气象勘测

B——设计冰厚；

B_0——标准冰厚；

V_{10min}——10min 平均最大风速；

V_{Tmin}——定时 2min 平均或瞬时最大风速；

W_0——基本风压。

3 基 本 规 定

3.1 测 量

3.1.1 1000kV 架空输电线路测量应充分应用航空摄影测量技术、卫星定位测量技术，积极推广应用遥感、激光测量等新技术。采用测量新技术完成的测量产品，应满足本规范对产品精度的要求。

3.1.2 1000kV架空输电线路测量应采用中误差作为精度的技术指标，并应以2倍中误差作为极限误差。

3.1.3 1000kV架空输电线路测量宜采用国家统一的坐标和高程系统。可行性研究、初步设计、施工图设计各阶段的测量，应采用一致的坐标和高程系统，并应计及投影长度变形。

3.1.4 平断面图的平面测量范围应为中线两侧各75m。局部大档距地段可根据设计要求加宽测量范围。

3.1.5 1000kV架空输电线路测量应保留现场采集环境下的原始数据文件，所提交的各类成品资料应包括相应的电子文件。

3.1.6 使用卫星定位测量技术进行平面坐标的联系测量、控制网测量、像片控制点测量时，宜采用快速静态或静态作业模式。使用卫星定位测量技术进行平断面测量、交叉跨越平面测量、地形图测量、塔位桩和直线桩放样测量时，宜采用实时动态或准动态模式。卫星定位测量时选用的椭球基本参数，在同一工程各个设计阶段应保持一致。

3.1.7 控制点应选择在地势开阔、地面植被稀少、交通方便和符合卫星定位测量接收条件的位置。控制点坐标和高程的测定，应采用快速静态或静态作业模式。

3.2 岩土工程勘察

3.2.1 1000kV架空输电线路的岩土工程勘察应分阶段进行，并应符合下列要求：

　　1 可行性研究阶段岩土工程勘察应初步查明拟选线路走廊的主要工程地质条件和岩土工程问题。

　　2 初步设计阶段岩土工程勘察应查明对拟选路径方案影响较大的工程地质条件和主要岩土工程问题。

　　3 施工图设计阶段岩土工程勘察应详细查明塔基及周围的岩土性能特征和相关参数，评价施工、运行中可能出现的岩土工程问题。

3.2.2 沿线工程地质条件复杂，且采用常规勘察工作无法查明塔基岩土条件时，应开展施工勘察工作。

3.2.3 1000kV架空输电线路施工过程中应作好基槽检验工作，必要时尚应进行补充勘察。

3.2.4 1000kV架空输电线路通过地区的地质条件复杂程度的分类，应符合下列要求：

　　1 地形地貌单一；地层岩体结构简单；岩土种类少，性质变化小；无特殊性岩土；地质灾害危险性小；地下水无不良影响，地震基本烈度小于Ⅶ度，应为简单地段。

　　2 地形地貌较复杂；地层岩体结构变化较大；岩土种类较多，性质变化较大；有小范围特殊性岩土问题；地质灾害危险性中等；地下水对地基基础有一定不良影响，地震基本烈度为Ⅶ度～Ⅷ度，应为中等复杂地段。

　　3 地形地貌复杂；通行困难的陡峭高山峡谷区；大范围分布的塌陷采空区；沙漠区；大范围水上与海上立塔区；地层岩体结构复杂，分布规律性差；岩土种类多，性质变化大；特殊性岩土分布广泛；地质灾害危险性大且难以整治，严重影响路径的区域；地下水对地基基础有明显不良影响；地震基本烈度大于Ⅷ度，应为复杂地段。

3.2.5 岩土工程勘察应视勘察阶段、线路复杂程度和勘察作业条件等因素采用综合性的勘察方法。

3.2.6 岩土工程勘察应对边坡整治、地质灾害治理与地基处理方案进行分析论证，并应提出现场试验和检测工作建议。

3.2.7 当存在严重影响路径方案的岩土工程问题，采用常规勘察方法不能解决时，应进行专项勘察。专项勘察宜在初步设计岩土工程勘察阶段完成。

3.3 水文勘测

3.3.1 1000kV架空输电线路防洪标准应为重现期100年一遇洪水，河（海）床稳定性分析应预测未来50年内河（海）床演变趋势。

3.3.2 当采用常规水文勘测手段难以取得影响线路安全的水文条件时，应开展水文专题工作。

3.3.3 采用卫星像片或航摄像片选线时，宜对航卫片进行水文遥感信息提取和判释。

3.3.4 1000kV架空输电线路工程经过水利、交通、海洋等行政主管部门管辖的区域时，应征求行政主管部门对路径的意见，并应根据有关法律法规及行政主管部门的要求开展必要的相关专题论证工作，同时应取得或协助取得相关水域的跨越协议。

3.3.5 对分析计算中所采用的基础资料，应进行可靠性、代表性与一致性审查，对引用的成果资料应进行核查与分析，水位高程系统应与输电线路平断面图高程系统一致。

3.3.6 当遭遇罕见洪水等灾害时，应及时赴现场查明洪水灾害情况，对原设计水文条件应做进一步分析论证，必要时应复核原设计水文条件。

3.4 气象勘测

3.4.1 气象条件分析计算采用的基础资料，应进行可靠性、代表性和一致性审查。

3.4.2 短缺资料地区的设计风速与冰厚的确定应采用多种方法，对各种方法的计算成果应进行综合分析、合理选定。

3.4.3 当1000kV架空输电线路通过偏僻山区、又无条件移用相邻区域气象站资料时，应根据工程设计需要，建立专用气象观测站，观测项目可包括覆冰、风或其他气象要素。

3.4.4 1000kV架空输电线路防御大风与覆冰的设计

重现期标准应为 100 年一遇。设计风速分析计算应符合附录 H 的规定；设计覆冰厚度分析计算应符合附录 J 的规定。

3.4.5 1000kV 架空输电线路冰区应分为轻冰区、中冰区和重冰区。轻冰区标准冰厚不应大于 10mm，重冰区标准冰厚不应小于 20mm。

3.4.6 缺乏覆冰资料的重冰区，应开展覆冰专题论证工作。

3.4.7 覆冰专题论证工作应包括下列内容：

　　1 代表性地点的覆冰观测。

　　2 大覆冰期间沿线踏勘，查明微地形微气候重冰段。

　　3 区域历史覆冰灾害的调查搜资。

　　4 覆冰成因分析。

　　5 实测覆冰量与调查覆冰量的重现期分析考证。

　　6 设计冰厚分析计算与沿线冰区划分。

　　7 专题论证报告编写。

3.4.8 地形复杂、气候恶劣的微地形、微气候重冰区，应在分析计算值基础上增大 10% 安全修正值。

3.4.9 缺乏实测大风资料、大风灾害频发地区，应开展大风专题论证工作。

3.4.10 当遭遇异常大风、覆冰等灾害事故时，应及时赴现场查明气象灾害情况，并应对设计气象条件做进一步分析论证，必要时应复核设计气象条件。

4 可行性研究阶段测量

4.1 一般规定

4.1.1 可行性研究阶段测量，宜提供 1000kV 架空输电线路工程设计所需的基础测绘成果资料。

4.1.2 可行性研究阶段测量应进行沿线调绘，对路径确定和工程造价有较大影响的地物应进行现场测量。

4.1.3 可行性研究阶段测量可采用手持全球定位系统测量、卫星定位测量或全站仪测量等方式。

4.2 室内工作

4.2.1 室内工作开始之前宜搜集沿线地形图、遥感卫星影像、数字高程模型等基础测绘成果资料。

4.2.2 搜集的地形图应符合下列要求：

　　1 比例尺应为 1∶50000～1∶250000。

　　2 相同比例尺地图的坐标、高程系统宜保持一致。

4.2.3 搜集的遥感卫星影像应符合下列要求：

　　1 搜集工作区范围内全色和多光谱遥感影像，多光谱影像的波段数不应少于 3 个。

　　2 影像地面分辨率不应低于 10m。

　　3 相邻影像间重叠不应小于图像宽度的 4%。

　　4 影像中云层覆盖应小于 5%，且不应覆盖重要地物。

　　5 影像应层次丰富、图像清晰、色调均匀、反差适中。

4.2.4 遥感卫星影像处理应符合下列要求：

　　1 应根据需要进行去噪声、辐射校正等预处理工作。

　　2 应选择适当的波段组合进行融合，并生成接近自然色彩的彩色影像。

　　3 应选取均匀分布、在地形图和影像上均能正确识别和定位的点位，并量取坐标，坐标量取误差应小于图上 0.5mm，每景影像宜选 10 个～20 个点。

　　4 使用纠正公式对影像逐像元进行纠正时，纠正误差应控制在 1 个～2 个像元之内。

　　5 地形起伏较大时，应利用数字高程模型进行地形纠正。

　　6 镶嵌过程中，应对接边线邻近区域进行辐射均衡处理。

4.2.5 遥感卫星影像成图应符合下列要求：

　　1 应标注公里网格、图例以及指北针等图廓整饰信息。

　　2 应注记工作区范围内乡镇以上地名、主要河流、道路等。

　　3 应标注对路径有影响的重要城镇规划区、气象区、军事区、林区、矿区、通讯及电力线路等。

　　4 比例尺宜为 1∶25000～1∶100000。

4.2.6 搜集的数字高程模型及其处理，应符合下列要求：

　　1 数字高程模型的格网间距不应大于 25m。

　　2 应根据需要进行数字高程模型格式的转换。

　　3 可根据数字高程模型生成拟选路径的地形断面数据或图形。

4.3 现场工作和测量成果

4.3.1 现场工作应了解沿线国家控制点分布和保存情况。

4.3.2 现场工作应调绘影响路径方案的输油管线、输气管线、平行接近路径的 110kV 及以上输电线、一级和二级通信线、高等级公路、铁路、城镇规划区、矿区、采石场等地物或区域，并应标绘在 1∶50000 的地形图上。

4.3.3 对影响路径方案的主要经济作物及林木，应调绘分布范围、种类、现实生长高度。

4.3.4 对路径选择困难的局部房屋拥挤地段，应调绘房屋的面积、层数，并应绘制 1∶1000 房屋分布图。

4.3.5 当城镇规划区、矿区等的坐标系统与国家坐标系统不一致时，应进行坐标联系测量。

4.3.6 对影响路径方案的重要交叉跨越，应进行平断面图测量。

4.3.7 1000kV 架空输电线路跨越河流时，可根据要求采用假设的高程系统测量洪水位高程、河道断面。

4.3.8 对特殊地段，应根据设计要求进行定位测量，并应测绘平断面图。

4.3.9 变电站进出线资料不全时，宜测绘 1：2000 进出线平面图。

4.3.10 可行性研究阶段测量宜提交下列成果：

1 遥感卫星影像平面图。

2 标注各类调绘资料的 1：50000 地形图。

3 拥挤地段房屋分布图。

4 重要交叉跨越平断面图。

5 洪水位高程、河道断面图。

6 特殊地段定位测量平断面图。

7 变电站进出线平面图。

8 测量技术报告。

5 初步设计阶段测量

5.1 一般规定

5.1.1 初步设计阶段测量工作可包括搜集资料、现场踏勘、参加选择路径、重要交叉跨越测量、拥挤地段测量、弱电线路危险影响相对位置测量、航空摄影、控制网测量、像片控制点测量、像片调绘、空中三角测量、概略平断面测量、三维数字模型路径优化等工作内容。

5.1.2 像片控制点测量宜与控制测量同期完成，但应分别进行平差计算。

5.1.3 控制网测量应符合下列要求：

1 平面测量应满足 E 级全球定位系统测量精度要求，主要技术要求宜符合现行国家标准《全球定位系统（GPS）测量规范》GB/T 18314 的有关规定。

2 高程测量应满足一级全球定位系统高程测量精度要求，主要技术要求宜符合现行行业标准《火力发电厂工程测量技术规程》DL/T 5001 的有关规定。

5.1.4 像片控制点测量应符合下列要求：

1 平面测量应满足图根导线测量精度要求，主要技术要求宜符合现行国家标准《1：500，1：1000，1：2000 地形图航空摄影测量外业规范》GB/T 7931 的有关规定。

2 高程测量应满足图根三角高程测量精度要求，主要技术要求宜符合现行国家标准《1：500，1：1000，1：2000 地形图航空摄影测量外业规范》GB/T 7931 的有关规定。

5.1.5 室内选择路径方案时，应搜集和补充搜集可行性研究审查确定的路径方案、输电线路经过地区地形图资料和相关坐标、高程控制点成果。

5.2 航空摄影

5.2.1 航空摄影工作应在路径方案确定后进行。

5.2.2 1000kV 架空输电线路路径航空摄影宜采用单航线摄影方式进行。在路径方案选择困难区域、变电站和换流站线路密集区域，可采用区域网摄影方式。

5.2.3 航空摄影宜委托具有合格资质的专门航空摄影机构完成。航空摄影前应制订航空摄影计划、签订航摄合同，并应按国家规定办理航空摄影批准手续。

5.2.4 航空摄影计划应包括下列内容：

1 航空摄影区域或各航线的起终点经纬度值。

2 航带接合图。

3 航摄仪的型号、主距及像幅。

4 摄影比例尺、摄影类型。

5 对飞行质量及摄影质量的要求。

6 提交的全部资料名称和数量。

5.2.5 23cm×23cm 像幅的航摄仪，其镜头型号及主距所适用的地形类别，应符合表 5.2.5 的规定。

表 5.2.5 航摄仪镜头型号及主距所适用的地形类别

镜 头 型 号	主距（mm）	适用的地形类别
特宽角	87.5±3.5	平地
宽角	152.0±3.0	平地丘陵
中角	210.0±5.0	山地
常角	305.0±3.0	山地或城建区

注：当摄影比例尺分母小于 15000 时，主距 152.0mm± 3.0mm 也适用于山区。

5.2.6 23cm×23cm 像幅航摄仪的物镜中心部分分解力应高于 50 线对/mm。

5.2.7 当采用胶片型航摄仪航空摄影时，航空摄影比例尺的选用，应符合表 5.2.7 的规定。当采用数字航摄仪进行航空摄影时，地面分辨率不应低于 0.3m。

表 5.2.7 选用航摄像片比例尺的要求

地 形	像片比例尺	主距（mm）
平地丘陵	1：8000～1：14000	152
山区	1：12000～1：15000	152
	1：10000～1：12000	210
高山区	1：10000～1：14000	210

5.2.8 航线段划分应符合下列要求：

1 应按转角段划分航线，并应设计航线段的起终点。

2 带宽不应小于 2km。

3 航线段内，每一个转角点距离像片边缘，实地距离均应大于 400m。航线端点与最近的转角点的距离应大于一条像片基线的实地距离。

4 当线路测区范围内地形高差过大时，应采用分区摄影，摄影分区内的地形高差，不应大于相对航高的1/4。

5.2.9 飞行质量和摄影质量，应符合现行国家标准《1：500，1：1000，1：2000地形图航空摄影规范》GB/T 6962和《1：5000，1：10000，1：25000，1：50000，1：100000地形图航空摄影规范》GB/T 15661的有关规定。

5.2.10 航摄资料检查验收，可采用数据测定法、样片比较法和目视检查法。

5.2.11 航空摄影资料检查验收后，航空摄影执行单位向航摄委托单位提交的航摄资料，应包括下列内容：

1 全部底片及航摄底片登记表。

2 像片2套。

3 像片索引图1份。

4 航摄仪技术数据表和鉴定表。

5 航摄成果质量鉴定表。

6 航摄底片、像片和像片索引图等移交清单。

7 航空摄影技术及质量检查报告。

5.3 控制测量

5.3.1 控制网测量和像片控制点测量宜采用全球定位系统测量方法。

5.3.2 控制网应根据测区实际需要和交通情况进行布设，控制点间距离不应大于10km。控制点应埋设固定桩，固定桩规格及埋设尺寸应符合本规范附录A的规定，并应绘制控制点点之记。

5.3.3 全球定位系统测量控制网相邻点间技术要求应符合表5.3.3的规定。

表5.3.3 全球定位系统测量控制网相邻点间技术要求

级别	相邻点基线分量中误差		相邻点间平均距离（km）
	水平分量（mm）	垂直分量（mm）	
D	20	40	5～8
E	20	40	3～5

5.3.4 控制网平面测量应检验起算坐标控制点成果的可靠性，宜联测2个以上国家或地方坐标系统的起算坐标控制点。

5.3.5 控制网高程测量应检验起算高程控制点成果的可靠性，宜联测不少于3个国家或地方高程系统的起算高程控制点。

5.3.6 控制网应由独立观测边构成闭合环或附合路线，不应单点联结。

5.3.7 全球定位系统控制网测量的基本技术要求应符合表5.3.7的规定。

表5.3.7 全球定位系统控制网测量的基本技术要求

项 目	级 别	
	D	E
卫星截止高度角	15°	15°
同时观测有效卫星数	≥4	≥4
有效观测卫星总数	≥4	≥4
观测时段数	≥1.1	≥1.1
时段长度	≥60min	≥40min
采样间隔	5s～15s	5s～15s

5.3.8 像片控制点的选择，应符合下列要求：

1 像片控制点的目标影像应清晰，并应易于判别。

2 像片控制点距像片上的各类标志应大于1mm。像片控制点距像片边缘应符合表5.3.8的规定。

3 像片控制点离开方位线的距离应符合表5.3.8的规定。当旁向重叠过大，不能满足要求时，应分别布点；旁向重叠较小使相邻航线的点不能公用时，可分别布点，且控制范围所裂开的垂直距离应小于10mm，困难时不应大于20mm。

表5.3.8 像片控制点距像片边缘和离开方位线的距离

项 目	像 幅	
	23cm×23cm	16cm×9cm
像片控制点距像片边缘的距离	≥15mm	≥5mm
像片控制点离开方位线的距离	＞45mm	＞35mm

5.3.9 像片控制点在航线上的布置，应符合下列要求：

1 单航线布点，每条航带布设的平高点不应少于6个。在两条航线的接合处应布置公共像片控制点。每对像片控制点间的基线数宜符合表5.3.9的规定。

表5.3.9 每对像片控制点、高程点间的基线数要求

项 目	像 幅	
	23cm×23cm	16cm×9cm
每对像片控制点间的基线数	≤5条基线	≤8条基线
每对高程点间的基线数	≤5条基线	≤8条基线

2 航线两端各对控制点，宜位于通过像主点且

垂直于方位线的直线上，其左右偏差不应大于15mm。上下两个点间左右偏差不应大于半条基线，困难时也不应大于一条基线。

3 航线中部布设一对像片控制点时，其左右偏差不应大于半条基线，相互偏差不应大于一条基线，且不可向同一侧偏离。

5.3.10 区域网点，应符合下列要求：

1 平高网的航线跨度应为2条～4条。

2 当区域网（图5.3.10）用于加密平高控制点时，可沿周边布设6个或8个平高点，航线方向每对高程点间的基线数应符合表5.3.9的规定。

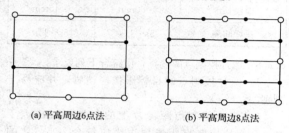

(a) 平高周边6点法　　　(b) 平高周边8点法

图5.3.10　区域网布点方案
○—平高点；●—高程点

3 当像主点或标准点位于水域内，或被云影、阴影、雪影等覆盖以及其他原因使影像不清，或无明显地物时，23cm×23cm像幅应按下列情况分别处理：

1）当落水范围的大小和位置不影响立体模型连接时，可按正常航线布点；

2）当像主点附近30mm范围内选不出明显目标，或航向三片重叠范围内选不出连接点时，落水像对应采用全野外布设像片控制点；

3）当旁向标准点位落水，且在离开方位线40mm以外的航向三片重叠范围内选不出连接点时，落水像对应采用全野外布设像片控制点。

4 相邻航线公用的像片控制点，应布设在旁向重叠中线附近，离开上、下航线像片方位线的距离，均应大于45mm。

5.3.11 像片控制点的选刺，应符合下列要求：

1 平面控制点应选在影像清晰、交角良好的固定地物交角处或影像小于0.2mm的点状地物中心。高程控制点应选在高程不易变化且各相邻像片上影像清晰的目标点上。平高控制点的点位目标，应同时满足平面和高程控制点对刺点目标的要求。

2 像片控制点应选刺在便于联测的目标点上。点位实地的辨认精度，不应大于像片上0.15mm。

3 刺点工作应借助立体镜或放大镜完成，平面点和平高点的刺点误差，不应大于像片上0.1mm，应刺透且不得出现双孔。

4 当平高点选在围墙等垂直地物上时，高程点宜选在高处。

5 选择刺点目标有困难的位置，宜选刺点组。

6 等级三角点、水准点、导线点及其他埋石点宜刺在航片上，并应绘制点位略图。量注标志与地面的比高应精确至10mm。

5.3.12 控制片的整饰，应符合下列要求：

1 控制片的正面整饰，应包括点位标记和点号。航线间公用像片控制点应在相邻航线基本片上转标，并应注出刺点航线号和像片号。

2 控制片的反面整饰，应标出控制点的点位，并应绘出详细草图，大小宜为2cm×2cm，并宜配简要的说明文字，同时宜描述点位的准确位置。

5.3.13 全球定位系统测量测站作业，应符合下列要求：

1 每时段观测前后应分别量取天线高，两次天线高之差不应大于3mm，并应取平均值作为天线高成果。

2 观测中，应避免在接收机附近使用无线电通讯工具。

3 同一观测时段内，不应进行自测试、改变卫星截止高度角、改变采样间隔、改变天线位置、按动关闭文件和删除文件等操作。

5.3.14 基线解算应符合下列要求：

1 起算点的单点定位观测时间，不宜少于30min。

2 解算模式可采用单基线解算模式，也可采用多基线解算模式。

3 基线解算成果，应采用双差固定解。

5.3.15 全球定位系统测量数据，应进行同步环、异步环和复测基线校核，并应符合下列要求：

1 同步环各坐标分量闭合差及环线全长闭合差，应符合下列公式的要求：

$$W_X \leqslant \frac{\sqrt{n}}{5} \times \sigma \qquad (5.3.15\text{-}1)$$

$$W_Y \leqslant \frac{\sqrt{n}}{5} \times \sigma \qquad (5.3.15\text{-}2)$$

$$W_Z \leqslant \frac{\sqrt{n}}{5} \times \sigma \qquad (5.3.15\text{-}3)$$

$$W_S = \sqrt{W_X^2 + W_Y^2 + W_Z^2} \leqslant \frac{\sqrt{3n}}{5} \times \sigma$$

$$(5.3.15\text{-}4)$$

式中：n——同步环中基线边的个数；

W_X——同步环纵向坐标闭合差（mm）；

W_Y——同步环横向坐标闭合差（mm）；

W_Z——同步环竖向坐标闭合差（mm）；

W_S——同步环环线全长闭合差（mm）；

σ——同步环弦长中误差（mm），σ采用外业测量时使用的全球定位系统接收机的标称精度，按实际边长计算。

2 异步环各坐标分量闭合差及环线全长闭合差，应符合下列公式的要求：

$$W_{\mathrm{X}} \leqslant 2\sqrt{n} \times \sigma \qquad (5.3.15\text{-}5)$$

$$W_{\mathrm{Y}} \leqslant 2\sqrt{n} \times \sigma \qquad (5.3.15\text{-}6)$$

$$W_{\mathrm{Z}} \leqslant 2\sqrt{n} \times \sigma \qquad (5.3.15\text{-}7)$$

$$W_{\mathrm{S}} = \sqrt{W_{\mathrm{X}}^2 + W_{\mathrm{Y}}^2 + W_{\mathrm{Z}}^2} \leqslant 2\sqrt{3n} \times \sigma \qquad (5.3.15\text{-}8)$$

式中：n——异步环中基线边的个数；

W_{X}——异步环纵向坐标闭合差（mm）；

W_{Y}——异步环横向坐标闭合差（mm）；

W_{Z}——异步环竖向坐标闭合差（mm）；

W_{S}——异步环环线全长闭合差（mm）；

σ——异步环弦长中误差（mm）。

3 复测基线的长度较差，应符合下式的要求：

$$\Delta d \leqslant 2\sqrt{2}\sigma \qquad (5.3.15\text{-}9)$$

5.3.16 当观测数据不能满足检核要求时，应全面分析测量成果，并应舍弃不合格基线。

5.3.17 控制测量的无约束平差，应符合下列要求：

1 三维无约束平差应在 WGS-84 坐标系中进行，并应检核基线向量网的内符合精度、基线向量间有无明显的系统误差，同时应剔除含有粗差的基线。

2 无约束平差的基线向量改正数的绝对值，不应超过基线长度中误差的 3 倍。

3 无约束平差后，宜输出控制点在 WGS-84 坐标系中的三维坐标、基线长度及相关精度信息等成果。

5.3.18 控制测量的约束平差，应符合下列要求：

1 二维或三维约束平差应在国家或地方坐标系中进行。

2 已知坐标、距离或方位，可强制约束，也可加权约束。

3 约束平差后，宜输出控制点的二维或三维坐标、边长、方位角及相关的精度信息等平差成果。

5.4 路径走廊调绘

5.4.1 路径走廊航测像片的调绘工作，宜采用室内判绘、野外调绘和实测相结合的方式进行。调绘范围应为路径左右各 300m。

5.4.2 室内判绘应采用立体观察、影像识别等方法进行，无法准确判读的微地物、微地貌等，应到现场调绘。交叉跨越、平行接近、新增地物和变化地形的调绘，宜采用仪器实测。

5.4.3 像片调绘应判读准确、描绘清楚、图式符号运用恰当、位置正确、各种注记准确无误，并应做到清晰易读。

5.4.4 交叉跨越的调绘，应符合下列要求：

1 电力线，应在像片上标注电压等级和杆塔型式，并应标出杆塔高度。35kV 及以上电压等级的电力线，应实测邻近路径的杆塔高度。

2 通讯线，应在像片上标注其类型、等级、杆型和杆高。

3 地下电缆、地下光缆和地下管线，应在像片上标注其类别及位置。

4 架空索道、渡槽等地物，应在像片上标注其位置及高度。

5 公路和铁路，应标注路名、通向及跨越点的里程。

6 江河，应标注出江河名称、通向及流向。

5.4.5 路径走廊范围内的经济作物和林木，应在像片上标出范围、类别及高度等信息。

5.4.6 对路径有影响的工矿区、军事设施、无线电发射塔、飞机导航台、地震监测站、规划设施等，应进行调绘。

5.5 空中三角测量

5.5.1 空中三角测量应使用数字摄影测量系统。对所取得各类资料，应进行检查、分析，并应在确认能满足模型连接、平差计算和测图要求时再使用。空中三角测量前应取得下列资料：

1 航摄仪技术数据表及鉴定表。

2 航空摄影技术及质量检查报告。

3 数字影像。

4 像片索引图。

5 外业控制报告。

6 控制像片。

7 地形图资料。

8 航带接合表。

5.5.2 底片扫描分辨率不应低于 $25\mu\mathrm{m}$。扫描影像应曝光正确、影像清晰、层次丰富、反差适中、色调柔和，光标影像应清晰、齐全。

5.5.3 扫描的影像应进行内定向，框标坐标量测误差不得大于 $\pm 0.01\mathrm{mm}$。

5.5.4 空中三角测量加密本身需要的连接点位置应按图 5.5.4 所示布设。每个位置不宜少于 2 个，且上、下排点应成对出现，上、下排点的数量应均匀。23cm×23cm 像幅点位的选择，应符合下列要求：

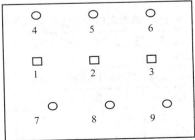

图 5.5.4　加密点点位布置
□—像主点；○—加密点

1 连接点应选在本片和相邻片影像均清晰，且易于量测的地面明显点上，不应选在阴影和变形过大的地方，并应避免选在土堤、洼地、房顶上。

2 1、2、3点应选在距离像主点10mm范围内的明显点上，个别选点困难时，亦应在15mm范围内选点，其余点位应位于通过像主点且垂直于方位线的直线上，左右偏离不应超过15mm，上下两点离方位线的距离宜相等，且宜大于50mm。

3 当旁向重叠过小时，应在两航线上分别选点，但其两点至重叠中线的距离之和不应大于20mm；当旁向重叠过大，且所选点至方位线的距离小于20mm时，则相邻两条航线应分别选点，并应互相量测。

4 点位离各类标志应大于1mm，点位距离像片边缘不得小于15mm。

5.5.5 像片量测应符合下列要求：

1 像点的量测宜先采用自动相关，后采用手工相关。

2 量测外业控制点，应对照控制像片上的刺孔位置、点位略图及点位说明。

5.5.6 平差计算应符合下列要求：

1 平差计算程序，应具有数据管理、航带构网、区域网预处理、整体平差、粗差检测和系统误差改正等功能。打印的资料应含起始数据、观测数据、定向残差和平差成果等。

2 相对定向残余上下视差和模型连接较差，应符合表5.5.6-1的规定。

表5.5.6-1 相对定向残余上下视差及模型连接较差要求

地形	残余上下视差 Δq (mm)		模型连接较差 (m)	
	标准点	检查点	平面 Δs	高程 Δz
平丘	0.005	0.008	$0.06M\times10^{-3}$	$0.04\dfrac{Mf}{b}\times10^{-3}$
山地	0.008	0.010		

注：Δq—残余上下视差（mm）；Δs—平面位置较差（m）；
Δz—高程较差（m）；M—像片比例尺分母；f—航摄仪主距（mm）；b—像片基线长度（mm）。

3 绝对定向外业控制点限差要求，应符合表5.5.6-2规定。

表5.5.6-2 绝对定向外业控制点限差要求

地形	定向点残差 (m)		多余控制点不符值 (m)		相邻航线公共点较差 (m)	
地形	平面	高程	平面	高程	平面	高程
平地	1.0	0.3	1.5	0.4	2.5	0.8
丘陵	1.0	0.5	1.5	0.6	2.5	1.2
山地	1.5	1.0	2.0	2.0	3.0	4.0
高山地	2.0	1.5	3.0	3.0	4.5	6.0

4 计算过程中出现超限和错误时，应利用各种资料，根据各类误差产生的规律及超限误差的大小和方向，对相对定向和绝对定向的计算成果进行分析和处理。

5 加密点的中误差，应按下列公式计算确定：

$$m_{kz}=\pm\sqrt{\frac{[\Delta\Delta]}{2n}} \qquad (5.5.6\text{-}1)$$

$$m_{gg}=\pm\sqrt{\frac{[dd]}{2n}} \qquad (5.5.6\text{-}2)$$

式中：m_{kz}——控制点中误差（m）；

m_{gg}——公共点中误差（m）；

Δ——多余野外控制点的不符值（m）；

d——相邻航线公共点的较差（m）；

n——评定精度的点数。

5.6 建立路径三维数字模型

5.6.1 正射影像图的分辨率不应低于1m。

5.6.2 调绘资料的录入应采用立体观察和影像识别的方法，并应形成电子文档。录入资料应包括电力线、通讯线、管线、规划区、矿区、树种、树高等。

5.6.3 数字高程模型格网间距不应大于10m。

5.7 室内选择路径方案

5.7.1 室内选择路径方案时，应使用正射影像图、数字高程模型，在可视化的三维环境下，并应由设计与勘测人员共同完成。室内选择输电线路路径方案时，应根据杆塔使用条件、减少拆迁、利于环保和便于立塔等原则，在正射影像图上初步调整路径。在可视化的三维环境中，应使用选线工具精确调整路径，并应在立体像对中逐基查看塔位地形，同时应检查风偏、危险点等。

5.7.2 正射影像路径图应包括正射影像、等高线、村庄、河流等注记、调绘资料、优化路径、全球定位系统控制点、公里格网等信息。

5.7.3 室内选择路径提交的测量成果应包括转角坐标、数字化航片影像、空三数据、正射影像路径图、路径优化报告。

5.7.4 全路径平断面图宜采用数字摄影测量系统测绘。

5.7.5 利用数字摄影测量系统测绘房屋面积和层数时，范围应为路径两侧各60m。成图比例尺宜为1：1000。

5.7.6 利用数字摄影测量系统测绘林区范围分布图时，成图比例尺宜为1：10000。

5.8 现场工作和测量成果

5.8.1 现场选择输电线路路径时，对影响路径方案的规划区、协议区、拥挤地段、大档距、重要交叉跨越及地形、地质、水文、气象条件复杂的地段应重点踏勘，必要时应实测落实路径。

对输电线路路径方案有影响的地段，应配合设计人员对重要交叉跨越进行测量。

跨越主要铁路、高速公路、重要管线、城市规划区域、矿藏区域、国家和地方重点保护区域等协议区的相关塔位，应实测塔位坐标。

输电线路接近或经过规划区、工矿区、军事设施区、收发信号台及文物保护区等地段，当协议要求取得统一的坐标系统时，应进行坐标联系测量。

5.8.2 变电站或发电厂进出线平面图测绘，宜采用与线路相同的坐标系统。

5.8.3 当输电线路对邻近的低压线路构成影响时，应测绘低压线路危险影响相对位置图。

5.8.4 关键塔位，应配合设计人员现场定位，并宜测量塔基断面图和塔位地形图。

5.8.5 影响输电线路路径方案的房屋拥挤地段应测绘其范围，并应合理选择路径方案。

5.8.6 线路通过江河、湖泊、水库、河网地段及水淹区域，应根据水文专业的要求测量水文断面。

5.8.7 初步设计阶段测量成果，宜包括下列内容：

1 航测平断面图。

2 航测房屋面积图。

3 拥挤地段平面图。

4 变电所进出线平面图。

5 拥挤地段房屋面积图。

6 低压线路影响相对位置图。

7 输电线路与相关设施的相对位置图。

8 平断面图、塔基断面图和塔位地形图。

9 水文断面测量成果。

10 标注测量调绘成果的 1∶50000 地形图。

11 正射影像图。

12 测量技术报告。

6 施工图设计阶段测量

6.1 一般规定

6.1.1 施工图设计阶段测量可分为选线测量、定线测量、桩间距离测量、高差测量、平断面测量、定位测量及检验测量等多道工序，环境条件简单时，可合并工序。

6.1.2 转角桩、直线桩、塔位桩应分别按顺序编号，不得重号，宜埋设固定标桩，标桩类型可根据工程具体情况确定。测量标桩规格及埋设尺寸应符合本规范附录 A 的规定。

6.1.3 使用全站仪或经纬仪直接定线时，直线桩位的直线限差应为 1′。使用全球定位系统定线时，直线

桩位垂直线路方向偏差不应大于 0.05m；相邻直线桩的高差误差不应大于 0.3m；桩间距离测量的相对误差不应大于 1/1000。

6.1.4 测量交叉跨越点相对邻近直线桩高程误差限差应为 0.3m，断面点、风偏点相对相近直线桩高程误差限差应为 0.5m。

6.1.5 使用实时动态定位模式测量时，应符合下列要求：

1 移动站与基准站之间的距离不宜大于 8km。

2 同步观测卫星数不应少于 5 颗，显示的坐标和高程精度指标应在 ±30mm 范围内时再记录。

3 进行直线桩、塔位桩放样时，允许偏距为 ±15mm。

4 同一直线段内的直线桩、塔位桩宜采用同一基准站进行实时动态定位模式放样。当更换基准站时，应对上一基准站放样的直线桩或塔桩进行重复测量。

5 对转角桩、直线桩、塔位桩进行检查测量时，测量的坐标较差应小于 ±0.07m，高程较差应小于 ±0.1m。

6 控制点应利用全球定位系统控制网点，使用前应确认其可靠性。控制网点的密度、观测条件不能满足要求时，应以全球定位系统控制网点为起算点，采用全球定位系统静态或快速静态观测模式进行加密。

6.1.6 平断面图上档距、桩距、累距注记应取位至米，直线桩、塔位桩、水位高程、交叉跨越点高程注记应取位至分米。

6.2 现场落实路径

6.2.1 现场落实输电线路路径应根据批准的初步设计路径方案，配合设计专业实地确定输电线路路径转角位置，并应获取转角值。

6.2.2 对转角间影响路径的地形、地物，应配合设计人员进行测量，并应实地调整转角位置。

6.2.3 当路径方案调整较大时，宜在数字摄影测量系统上配合设计人员进行路径优化。

6.2.4 转角位置确定后，可使用实时动态定位模式测量或快速静态模式测量转角坐标和高程。坐标中误差不应大于 5cm。高程中误差不应大于 7cm。

6.2.5 当后续定线测量工作采用全站仪施测时，转角附近应设置方向桩，方向桩和转角桩间应通视良好，且桩间距离不宜小于 200m。方向桩坐标和高程应使用实时动态定位模式或快速静态模式测量。

6.3 定线测量、桩间距离测量、高差测量

Ⅰ 全站仪测量

6.3.1 全站仪测量直接定线可采用距离分中法或角

度分中法。距离分中法的前视点位，应取经纬仪正倒镜不同位置的中点。角度分中法的前视点位，应取经纬仪正倒镜两水平角的平分点。当采用的全站仪不能倒镜时，应逆时针加测水平角半测回。直接定线后，应检测水平角半测回，并应作记录，其角值允许偏差为±1′。

6.3.2 直接定线可采用逐站观测或跳站观测。当采用跳站观测时，其最远点与测站间距离，平地不宜大于800m，山区不宜大于1200m。所加直线桩桩间距离宜均匀，且不宜过短。

6.3.3 直线桩应设在便于桩间距离测量、高差测量、平断面测量、交叉跨越测量，以及检查测量和能长期保存的位置。桩间距离在平丘地区不宜大于400m，在山区可根据地形条件适当增加。

6.3.4 定线时照准的前、后视目标应立直，且宜瞄准目标的下部。当照准目标在平地100m以内无遮挡物时，应以细小标志指在桩顶铁钉位置。当照准目标距离小于40m时，应照准标桩的点位或细直目标的下部。

6.3.5 直接定线测量技术要求应符合表6.3.5的规定。

表 6.3.5 直接定线测量技术要求

仪器对中误差（mm）	水平气泡偏移（格）	正倒镜前视点两次点位之差（m）
≤3	≤1	每百米≤0.06

6.3.6 直接定线测量转角桩水平角测量技术要求，应符合表6.3.6的规定。

表 6.3.6 转角桩水平角测量技术要求

仪器型号	观测方法	测回数	2C互差	读数	成果取值
DJ6	方向法	1	1′	6″	1′
DJ2	方向法	1	18″	1″	1′

6.3.7 当遇障碍物且地形较平坦时，可布设矩形、等腰三角形，并应采用全站仪或钢尺量距结合经纬仪间接定线。间接定线测角、量距技术要求应符合表6.3.7-1和表6.3.7-2的规定。

6.3.8 导线法间接定线测量，应符合下列要求：

1 导线法间接定线中的距离测量应使用不低于Ⅱ类光电测距仪器，并应对向观测各一测回，边长相对中误差不应低于1/14000。

表 6.3.7-1 间接定线测角技术要求

仪器型号	观测方法	测回数	2C互差	读数	成果取值
DJ2	全圆方向法	1	18″	1″	1″

表 6.3.7-2 间接定线量距技术要求

仪器型号	点位设置			光电测距仪测距		钢尺量距			
	仪器对中允许偏差（mm）	水平度盘气泡允许偏差格	方法	限差（mm）	方法	垂直于路径长度最短距离（m）	对向测距较差相对误差	方法	垂直于路径长度（m）	往返丈量较差相对误差
DJ2	≤3	≤1	正倒镜两次点位取中	两次点位之差每10m中＜3	对向观测各一测回	≥20	≤1/4000	往返丈量	20～80	≤1/2000

注：1 作任意形状支导线时，边长宜均匀。
   2 当测距边小于20m或大于80m时，应提高测量精度。
   3 距离读至毫米，计算至毫米。

2 导线的水平角测量应使用不低于DJ2等级仪器，应观测左、右角各一测回，并应取平均值。圆周角允许闭合差为±20″，测角允许中误差为±10″。

3 导线的坐标系，宜以起始端直线桩点为原点，宜以路径直线方向为x轴方向、过原点垂直于路径直线方向为y轴方向。

4 现场应实时计算出导线点坐标及方位角，角度应取位至秒；边长、坐标应取位至毫米。

5 末端两个直线桩点的标定，应采用放样和定测进行。放样之后进行定测的计算结果，其回归至直线上横向偏距值应小于5mm。

6 中间的导线点不宜超过5个，导线长度不宜超过2km。

7 导线法间接定线中的高差测量应采用不低于二级的光电测距三角高程测量。

6.3.9 桩间距离采用全站仪测量时，宜进行对向观测各一测回。条件困难时可同向观测两测回，两测回间应变动仪器高，两测回间仪器高之差应大于0.1m。两测回距离较差相对误差不应大于1/1000，超限时，应补测一测回，并应选用其中合格的两测回成果。补测一测回仍超限时，应重新施测两测回。

6.3.10 高差测量应符合下列规定：

1 高差测量应与测距同时进行，应采用三角高程测量两测回。两测回的高差较差不应大于0.4S，单位应为m，S应为测距边长，应以km计。当测距边长小于0.1km时，应按0.1km计。当高差较差超限时，应补测一测回，选用其中两测回合格的成果，补测一测回仍超限时，应重新施测两测回。

2 仪器高和棱镜高均应量至厘米，高差应计算至厘米，成果应采用两测回高差的中数，并应取至分米。

3 当距离超过400m时，高差应按下式进行地球曲率和大气折光差改正：

$$r = \frac{1-K}{2R}S^2 \qquad (6.3.10)$$

式中：r——地球曲率和大气折光差改正数（m）；

R——地球平均曲率半径（m），当纬度为 $35°$ 时，$R=6371km$；

S——测距边长（m）；

K——大气折光差系数，取 0.13。

Ⅱ 卫星定位测量

6.3.11 采用实时动态定位模式进行定线测量、桩间距离测量、高差测量时，直线定线应依据实地选定的转角实测坐标，直线定线前应校核转角桩，校核结果应符合本规范第 6.1.5 条的规定。

6.3.12 每个直线桩应至少有一个方向通视，桩位选择除应符合本规范第 6.3.3 条的规定外，还应符合下列要求：

1 桩间距不宜小于 200m，山区可根据地形条件适当放宽。

2 桩位应满足全球定位系统测量观测条件。

6.3.13 采用实时动态定位模式进行直线桩放样应符合本规范第 6.1.5 条的规定。当显示的偏距小于±15mm 时，可确定直线桩，并应记录实测的数据、桩号。

6.4 联系测量

6.4.1 输电线路接近或经过规划区、工矿区、军事设施区、收发信号台及文物保护区等地段，且协议要求取得统一的平面坐标系统时，应进行平面坐标联系测量。

6.4.2 平面联系测量中，转角塔中心点位误差，不应大于协议区用图图面上 0.6mm。有特殊要求时，应按其精度要求执行。

6.4.3 进出变电所或电厂的线路起讫点，应采用与变电所或电厂一致的坐标系统进行放样。定位测量后的坐标应转换为与输电线路工程一致的坐标系统。

6.4.4 输电线路通过河流、湖泊、水库、河网地段及水淹区域，应根据水文专业的需要进行洪痕点及洪水位高程的联系测量。

6.4.5 高程联系测量的路线长度小于 5km 时，高程联系测量应采用不低于二级三角高程测量或实时动态定位模式测量方法；路线长度为 5km～10km 时，应采用不低于一级三角高程测量或图根水准测量方法；路线长度大于 10km 时，应采用四等水准测量或四等三角高程测量。水准测量和三角高程测量应符合现行行业标准《火力发电厂工程测量技术规程》DL/T 5001 的有关规定。

6.5 平面及断面测量

Ⅰ 一般要求

6.5.1 输电线路平断面图应采用数字摄影测量系统测绘，现场应采用全站仪、全球定位系统校测和补测平断面。

6.5.2 输电线路平断面图的比例尺，宜采用水平 1：5000、垂直 1：500。线路平断面图应符合本规范附录 B 的规定。

6.5.3 现场平断面测量，应绘制草图。

6.5.4 平断面图从变电站起始或终止时，应注记构架中心地面高程，并应根据设计需要，测量已有导线悬挂点横担高程并注明高程系统。凡分段测量时，相邻两段均应在图纸上注明接合处桩位的相对高程值，并应加以说明。

6.5.5 对输电线路中心线两侧各 75m 范围内有影响的建构筑物、道路、管线、河流、水库、水塘、沟渠、坟墓、悬岩、陡壁等，应测绘于平面图上。

6.5.6 输电线路通过林区、果园、苗圃、农作物及经济作物分布区时，应测绘其边界，并应注明作物名称、种类、林木现实生长高度及密度。

6.5.7 输电线路平行接近通信线、地下光缆时，应按设计要求测绘相对位置平面图，成图比例尺宜为 1：1000 或 1：2000。

6.5.8 当线路路径经过拥挤地段时，可根据设计专业需要测绘比例尺为 1：1000 或 1：2000 的平面图。

6.5.9 选测的断面点应能真实地反映地形变化和地貌特征。断面点的间距，平地不宜大于 50m。独立山头不得少于 5 个断面点。在导线对地距离可能有危险影响的地段，断面点应适当加密。

6.5.10 当边线地形比中心断面高出 0.5m 时，应加测边线断面。路径通过缓坡、梯田、沟渠、堤坝时，应选测有影响的边线断面点。当两边导线之间有高出中心断面和边线 0.5m 的危险点时，应施测并标于图上。

6.5.11 当边线外存在高宽比为 1：3 以上边坡时，应测绘风偏横断面图或风偏点。风偏横断面的长度或风偏点的位置，应根据其对边导线的危险影响确定，风偏横断面图的水平与垂直比例尺宜相同，可采用 1：500 或 1：1000，宜以中心断面为起画基点，当中心断面点处于深凹处不需测绘时，可以边线断面为起画基点。当路径与山脊斜交时，应选测两个以上的风偏点。

Ⅱ 数字摄影测量系统测图

6.5.12 采用框标定向进行内定向时，框标坐标量测允许误差为±0.01mm。

6.5.13 相对定向，定向点上的允许残余上下视差为

±0.005mm，特殊情况为±0.008mm。

6.5.14 绝对定向平面坐标允许误差应符合下列要求：

　　1 平地、丘陵地区为±0.0002M，其中单位为m，M为成图比例尺分母，特殊情况为±0.0003M。

　　2 山地、高山地区为±0.0003M，特殊情况为±0.0004M。

6.5.15 绝对定向高程允许定向误差应符合下列要求：

　　1 平地、丘陵地为±0.3m。

　　2 山地、高山地为±0.5m。

6.5.16 像机参数、图幅参数、边线距离应正确设置，并应保证转角坐标导入或输入正确。

6.5.17 采集断面数据时，步距宜为5m～10m，并应能正确反映现场地形，高程宜手动切准地面。

6.5.18 调绘信息应全面转绘到平断面图上。

6.5.19 一个耐张段内不应更换作业员。

Ⅲ　全站仪测量

6.5.20 平断面测量应选用DJ6级及以上全站仪进行测量，仪器垂直度盘的指标差不应超过1′，光电测距的棱镜常数应作改正。

6.5.21 平断面测量，直线路径后视方向应为0°，前视方向应为180°。当在转角桩设站测量前视方向断面点时，应将水平度盘置于180°，并应对准前视桩方向。前后视断面点施测范围，应以转角角平分线为分界线。

6.5.22 断面点宜就近桩位观测。测距长度不宜超过500m，测距长度超过500m时，应进行正倒镜观测一测回，其距离较差的相对误差不应大于1/200，垂直角较差不应大于1′，成果应取中数。

6.5.23 当桩间距离较大或地形与地物条件复杂时，应加设临时测站。加设临时测站的技术要求，应符合本规范第6.3.9条和第6.3.10条的规定。

Ⅳ　卫星定位测量

6.5.24 同一耐张段内的平断面测量宜采用同一基准站进行实时动态定位方法测量。当更换基准站时，应对上一基准站放样的直线桩进行重复测量，测量结果应符合本规范第6.1.5条的规定。

6.5.25 实时动态定位模式测量的原始三维坐标数据中宜保留平面、高程精度指标。

Ⅴ　平断面图汇编

6.5.26 对使用摄影测量系统所测的平断面图，应根据现场所测数据和调查的地物属性信息进行补充、修正，并应编辑绘制平断面图。

6.5.27 平断面图图式应符合本规范附录C的规定。

6.6　交叉跨越测量

6.6.1 交叉跨越测量可采用全站仪、全球定位系统及直接丈量等方法测定距离和高差。

6.6.2 对于一、二级通信线，10kV及以上电压等级的电力线，有危险影响的建（构）筑物，宜就近桩位观测一测回。

6.6.3 1000kV架空输电线路交叉跨越10kV及以下电压等级电力线和弱电线路时，应测量中线交叉点线高。当已有电力线左右杆不等高时，还应施测有影响一侧边线交叉点的线高及风偏点的线高，并应注明其电压等级。当中线或边线跨越杆塔顶部时，应施测杆塔顶部高程。对一级、二级通信线，应施测交叉角。

6.6.4 1000kV架空输电线路交叉跨越35kV及以上电压等级的电力线时，除应测量中线与地线交叉点的线高外，还应测量本工程线路两侧边线处被交叉地线的高度，以及有影响一侧风偏点的线高，应注明其电压等级、两侧杆塔号及通向。当需要进行低电压线反向风偏校验时，应测量被跨越线路的弧垂、挂点等。

6.6.5 1000kV架空输电线路平行接近边导线外30m范围内的已建35kV及以上电压等级的电力线，应测绘其位置、高程和杆高。

6.6.6 与铁路和主要公路交叉时，应测绘交叉点轨顶或路面高程，并应注明通向和交叉处的里程。

6.6.7 1000kV架空输电线路交叉跨越一般河流、水库和水淹区，应根据水文人员要求测绘洪水位及积水位高程，并应注明由水文人员提供的发生时间及施测日期。当在塘、河中立塔时，应根据设计需要，测量塘、河地形图及水下地形图，水下地形图的比例可为1∶500。

6.6.8 1000kV架空输电线路交叉跨越或接近距中心线60m以内的房屋时，应测绘屋顶高程及接近线路中心线的距离。对风偏有影响的房屋应予以绘示。在断面图上应区分房屋平顶与尖顶型式。

6.6.9 1000kV架空输电线路交叉跨越电缆、油气管道等地下管线时，应根据设计人员提出的位置，测绘其平面位置、交叉点的交叉角及地面高程，并应注明管线名称、交叉点两侧桩号及通向。

6.6.10 1000kV架空输电线路交叉跨越索道、易燃易爆管道、渡槽等建（构）筑物时，应测绘中心线交叉点顶部高程和左右边线交叉点的高程，并应注明其名称、材料、通向等。

6.6.11 1000kV架空输电线路交叉跨越拟建或正在建设的设施时，应根据设计人员现场指定的位置和要求进行测绘或根据设计人员提供的相关资料标注在平断面图上。

6.7　定位测量

Ⅰ　一般要求

6.7.1 定位测量前应取得下列资料：

　　1 塔位明细表。

2 具有导线对地安全线的平断面图。

3 设计定位手册。

6.7.2 定位测量前应对照平断面图进行实地巡视检查，发现重要地形地物漏测或与实地不符时，应进行补测修改。

6.7.3 因现场条件不能打塔位桩时，应实测和提供塔位里程和高程，并宜在塔位附近直线方向可保存处打副桩。

6.7.4 定位测量前和定位中应进行检查测量，其技术要求应符合表6.7.4的规定。

表6.7.4　检查测量技术要求

内　　容	方　　法	允　许　较　差		
		距离较差相对误差	高差较差(m)	角度较差
直线桩间方向、距离、高差	判定桩位未被碰动或未移位可不作检测。否则应重新测量	1/500	±0.3	
被交叉跨越物的距离、高差	10kV及以上电力线半测回检测	1/200	±0.3	
危险断面点的距离、高差	在邻近桩半测回检测		平地±0.3、山地、丘陵±0.5	
转角桩角度	方向法半测回检测	—	—	±1′30″
间接定线的桩间距离、高差	判定桩位未被碰动或移位，可不作检测。否则应重新测量	点位横坐标较差2.5cm/百米	±0.3	—

Ⅱ　全站仪测量

6.7.5 塔腿（勘探点）定位测量应符合现行行业标准《火力发电厂工程测量技术规程》DL/T 5001的有关规定。

6.7.6 采用全站仪定位测量时宜逐基进行，直接定线地段的塔位桩，可用前视法或正倒镜分中法测定，其技术要求应符合本规范第6.3.1条的规定。间接定线地段的塔位桩，其技术要求应符合本规范第6.3.7条和第6.3.8条的规定。

6.7.7 塔位桩间的距离和高差，应在就近直线桩测定，其技术要求应符合本规范第6.3.9条和第6.3.10条的规定。

Ⅲ　卫星定位测量

6.7.8 采用实时动态定位模式进行定位测量，直线定线依据定线测量时实测的转角坐标，定位测量前应

校核直线桩或转角桩。塔位放样应符合本规范第6.1.5条的规定，直线偏差小于±15mm时，可确定塔位桩，并应记录数据、桩号。

6.7.9 当利用全球定位系统塔位坐标计算转角角度时，应使用转角桩及转角桩前后的塔位坐标进行计算。转角桩及转角桩前后的塔位坐标应利用同一基准站测量。

6.8　塔基断面及塔位地形测量

6.8.1 塔基断面图测量应逐基测绘塔基对角线的4个方向。塔基断面图的纵横比例尺宜为1∶200。塔基断面应反映塔腿方向的高程变化。测量范围应满足勘测任务书的要求或根据塔型由设计人员确定。塔基断面图图式应符合本规范附录D的规定。

6.8.2 当塔腿间高差超过1.5m时，应测绘塔位地形图，塔位地形图的比例尺宜为1∶200，等高距宜为0.5m。塔位地形图宜采用独立坐标系统，高程系统宜与输电线路高程系统保持一致，也可采用相对高程。塔位地形图测量应符合现行行业标准《火力发电厂工程测量技术规程》DL/T 5001的有关规定。

6.9　房屋分布图测量

6.9.1 对1000kV架空输电线路中心线两侧各60m范围内的房屋及其他建（构）筑物，应测量其长、宽、高，并应标注建筑物材料、用途、层数及户主等信息，测量距输电线路中心线距离、地面高程等，对局部大档距的地段可根据设计要求加宽测量范围。房屋调查工作应配合技经专业进行。

6.9.2 房屋分布图可采用全站仪极坐标法、丈量法和航测法测量，并宜与平断面测量同时进行。房屋边长丈量精度不应低于0.04S，其中S为房屋边长，单位为m，房屋层数应注记至0.5层。

6.9.3 房屋分布图比例尺宜为1∶1000。房屋分布图绘制应采用统一符号格式，每幅起点、终点应注明线路累距。每处房屋分布图应附有面向线路侧的影像资料。

6.10　塔位坐标测量

6.10.1 塔位坐标测量应逐基进行，坐标系统应在塔位坐标成果表中注明。

6.10.2 塔位坐标测量可采用实时动态定位模式或全站仪极坐标法测量。

6.10.3 塔位坐标测量精度应满足输电线路直线度不大于1′、线路方向距离相对误差不大于1/1000的要求。塔位直角坐标成果应取位至厘米。

6.11　测量成果

6.11.1 施工图设计阶段测量成品资料，宜包括下列内容：

1 测量技术报告。

2 平断面图。

3 重要交叉跨越平断面分图。

4 拥挤地段平面图。

5 通信线路危险影响相对位置图。

6 塔位坐标成果表，当使用卫星定位测量技术定位时，还应包括控制点成果。

7 包含影像资料的房屋分布图。

8 塔基断面图。

9 塔位地形图。

6.11.2 测量技术报告应对测量工作进行全面记述，对测量方法、测量精度做重点说明，并宜包括下列内容：

1 任务来源及要求。

2 测量范围与测区情况描述。

3 测量工作依据的技术标准。

4 测量中使用的仪器设备及人员组织。

5 完成的工作量。

6 测量技术工作的全面介绍。

7 提交的测量成果目录。

8 存在问题的说明。

7 可行性研究阶段岩土工程勘察

7.1 勘察技术要求

7.1.1 可行性研究阶段岩土工程勘察前，应搜集和取得下列资料：

1 勘察任务书及路径方案。

2 1∶50000～1∶500000 区域地质图。

3 沿线工程地质、水文地质及矿产资源资料。

4 地质灾害的分布及评估资料。

5 地震地质资料。

7.1.2 可行性研究阶段岩土工程勘察，应符合下列要求：

1 应通过现场调查及搜集资料，初步查明并分析沿线的区域地形地貌、地层岩性、地质构造、地震、不良地质作用和地质灾害、地下水等条件，以及矿产资源的分布情况。

2 沿线区域岩土条件复杂且不良地质作用和地质灾害发育时，应对拟选输电线路区域进行地质遥感调查。

3 沿线位于高烈度地震区时，应重点调查区域活动性断裂的展布及性质，并应分析断裂活动性及地震地质灾害对路径的影响。

4 沿线不良地质作用发育、特殊性岩土及矿产资源分布范围广泛时，应分析对工程建设的影响，并应提出避让或岩土工程处理的建议。

7.2 勘察成果

7.2.1 可行性研究阶段岩土工程勘察报告，应包括下列主要内容：

1 工程概况、任务依据和执行的技术标准。

2 区域地质、地震背景。

3 各路径方案沿线的地形地貌特征、地层岩性、地下水条件、不良地质作用及矿产资源分布等。

4 各路径方案的岩土工程条件分析与评价。

5 各路径方案的岩土工程条件比选与推荐结果。

6 下阶段工作建议。

7.2.2 可研勘察报告中应提供综合工程地质图。

8 初步设计阶段岩土工程勘察

8.1 勘察技术要求

8.1.1 初步设计阶段岩土工程勘察前，应搜集和取得下列资料：

1 勘察任务书。

2 标有路径方案的 1∶10000～1∶50000 地形图和其他地形资料。

3 可行性研究阶段岩土工程勘察报告和其他专题研究报告，前期取得的有关区域地质、地震地质、矿产地质、水文地质、工程地质、环境地质等资料。

4 可行性研究阶段相关工作的审查意见、政府部门的相关批复文件和有关协议。

8.1.2 初步设计阶段岩土工程勘察，应符合下列要求：

1 应在已有资料的基础上，进一步补充搜集拟选路径的区域地质、矿产资源分布与开发情况等，并应做出分析评价。

2 应查明沿线的工程地质条件，对各路径方案应分区段做出岩土工程分析评价，并应为选择塔基基础类型提供必要的岩土工程勘测资料。

3 应搜集沿线地震地质资料。

4 应初步评价水、土的腐蚀性。

5 应查明对确定路径影响较大的不良地质作用和地质灾害，特殊性岩土的类别、范围、性质，评价其对工程的危害程度，并应提出避让或处理建议。

8.1.3 初步设计阶段岩土工程勘察应以搜集资料结合现场踏勘调查为主要方法。采用航片或卫片进行遥感地质解译时，比例尺可为 1∶5000～1∶50000，并宜在沿线的不同工程地质区段布置适量的勘探工作。

8.1.4 路径选择时应避开下列地段：

1 大范围的采空区、塌陷区、矿产资源分布区。

2 流动性沙漠区。

3 滑坡、崩塌、泥石流等地质灾害多发、易发区及其他不良地质作用严重发育地区。

8.1.5 当存在对路径方案具有严重影响的滑坡、泥石流、采空塌陷区时，应进行专项勘察。

8.2 勘察成果

8.2.1 初步设计阶段的岩土工程勘察成果应在分析与研究所搜集沿线有关资料的基础上，结合重点地段、主要跨越段、主要塔基的勘察结果进行编制。

8.2.2 初步设计阶段岩土工程勘察报告，应包括下列主要内容：

  1 工程概况、任务依据、执行的技术标准、勘察方法及工作量。

  2 沿线的地形地貌、地质构造、地震地质、地层岩性、水文地质、不良地质作用和地质灾害、特殊性岩土、矿产分布及开采情况等。

  3 沿线主要不良地质作用的发育特征及其评价。

  4 各路径方案的岩土工程条件综合比较与评价，地基基础方案的推荐意见。

  5 推荐岩土工程条件相对较优的路径方案。

  6 结论与建议。

  7 勘察成果附图和表。

9 施工图设计阶段岩土工程勘察

9.1 一般规定

9.1.1 施工图设计阶段岩土工程勘察前，应取得下列资料：

  1 勘察任务书。

  2 标有路径方案的 1∶5000～1∶10000 地形图或其他地形资料。

  3 定位手册。

  4 初步设计阶段的勘察报告、专题研究报告。

  5 初步设计审查意见、相关专项研究的评审结果、政府职能部门的批复文件和协议。

9.1.2 施工图设计阶段岩土工程勘察，应符合下列要求：

  1 应查明沿线的地形地貌、岩土层的分布与性质、地质灾害、水文地质、矿产开采等条件。

  2 应采用适宜的勘察方法进行逐基或逐腿勘察，查明塔基岩土条件，并应选定地基稳定或岩土整治相对容易的塔位。

  3 对塔位及其附近特殊性岩土、不良地质作用和地质灾害应进行勘察，并应分析和评价其影响。

  4 应分析和评价水、土的腐蚀性。

  5 对适宜的基础型式和岩土整治方案应进行分析并提出建议。

  6 对施工和运行中可能出现的岩土工程问题应进行预测分析，并应提出相应建议。

9.1.3 施工图设计阶段岩土工程勘察应进行大地导电率和土壤电阻率测量，并应符合下列要求：

  1 大地导电率测量应提供 50、800 周波参数条件下的大地导电率数据。

  2 土壤电阻率参数应逐基提供，测量解释深度不应小于地面下 5m。

9.2 平原河谷地区勘察

9.2.1 平原与河谷地区岩土工程勘察，应采用工程地质调查与现场勘探相结合的方法，并应包括下列内容：

  1 塔位的地形地貌、岩土层的分布和性质。

  2 暗浜、河（湖）和塘的分布。

  3 地下水类型、变化规律及其腐蚀性。

  4 不良地质作用。

9.2.2 勘探点布置应根据沿线各地段的地质条件复杂程度、塔型及其重要性确定，并应符合下列要求：

  1 直线塔和直线转角塔，简单地段应布置 1 个勘探点，并宜布置在塔基的中心或塔腿位置；中等复杂地段应布置 2 个勘探点，并宜布置在呈对角线的两个塔腿位置；复杂地段应逐腿布置勘探点。

  2 转角塔、耐张塔、终端塔、跨越塔或其他有特殊设计要求的塔位，应多腿或逐腿勘探，并应布置 2 个～4 个勘探点。

  3 地质条件特别复杂的塔位宜增加勘探点。

9.2.3 勘探深度应根据塔型、基础型式、基础尺寸与埋深、荷载、塔位地质条件等因素综合确定，并应符合下列规定：

  1 直线塔或直线转角塔，勘探深度不应小于 8m，并应满足变形验算要求。

  2 转角塔、耐张塔、一般跨越塔和终端塔，勘探深度不应小于 12m，并应满足变形验算要求。

  3 在本条第 1 款和第 2 款勘探深度内，如遇有软弱土层或地震基本烈度大于等于Ⅷ度地区遇有饱和砂土、粉土时，勘探深度应加深。

  4 在本条第 1 款和第 2 款勘探深度内，如遇基岩或厚层碎石土等稳定的强度高、压缩性低的岩土层时，勘探深度可根据具体情况进行调整。

  5 采用桩基的塔位，勘探深度应根据勘察任务书要求，以及桩基设计条件和塔基岩土条件综合确定，并应符合现行行业标准《建筑桩基技术规范》JGJ 94 的有关规定。

9.2.4 当塔基位于阶地边缘时，应选择在下列部位立塔：

  1 河岸平直稳定、河谷狭窄、跨越距离较短。

  2 地势较高，不受地下水和地表水影响。

  3 塔位地基岩土性质较好。

9.2.5 塔位应避免设在山区河流的出口部位；当杆塔位于较窄的山区河流阶地后缘部位时，应调查并评价环境地质条件对塔位稳定性影响。

9.3 山地丘陵地区勘察

9.3.1 山地丘陵区岩土工程勘察，应以工程地质调查或测绘为主要方法，并应辅以适量的勘探工作，勘察内容应符合下列要求：

1 岩土体成因、类型、分布，岩土节理裂隙发育情况和风化程度等。

2 碳酸岩地区的岩溶发育特征。

3 冲沟的现状以及发展趋势。

4 滑坡、崩塌、泥石流等地质灾害的发育情况及其危害程度。

5 地下水类型、变化规律及其腐蚀性。

9.3.2 山地丘陵区岩土工程勘察工作，应符合下列要求：

1 基岩裸露的塔位，应逐基进行工程地质调查。

2 第四系覆盖的塔位，应逐基或多腿勘探，必要时应逐腿勘探，查明第四系覆盖层厚度与性质，勘探深度应至基岩面，并应准确判定下伏岩体的工程特性，当基岩面埋藏较深时，勘探深度可按本规范第9.2节的规定执行。

9.3.3 选择塔位时宜避开下列地段：

1 深切冲沟的边缘及其向源侵蚀的源头地段。

2 松散堆积的高陡边坡。

3 水土流失严重的坡地或高陡狭窄的山脊。

4 滑坡、崩塌、泥石流及其他地质灾害强烈发育地段。

9.4 戈壁沙漠地区勘察

9.4.1 戈壁和沙漠地区岩土工程勘察，应调查区域地质地貌成因、形态特征和演变条件，并应分析评价塔位地质环境稳定性和地基稳定性。

9.4.2 戈壁和沙漠地区勘察可采用地面调查、遥感调查方法，并应结合钻探、物探、坑探、取样分析等多种勘察方法。

9.4.3 戈壁区岩土工程勘察，应包括下列内容：

1 地形地貌特点，地质成因及沉积方向，风蚀及冲蚀稳定性、地表水流主流线摆动性。

2 戈壁土物质成分、级配、密实度、可溶盐类型与含量，土层的平面与竖向分布情况，季节变化特点、受水稳定性。

3 坎儿井、沙井、沙巷、暗渠分布，井渠结构及使用情况。

4 地下水分布与动态变化情况。

9.4.4 沙漠区岩土工程勘察，应包括下列内容：

1 沙漠成因，沙丘形态、规模、起伏程度、结构类型、密实度、含盐量，地层岩性沿深度分布及变化情况。

2 沙漠区主导风向，沙丘活动特点、分布规律、

风蚀沙埋特点及移动速率。

3 植被生态类型、分布和覆盖度，地面设施分布与使用情况，地表形态演化情况，地表水、地下水分布及水质分析指标。

4 当地防风固沙及地基处理经验。

9.4.5 戈壁沙漠区岩土工程勘察应逐基勘探，戈壁区勘探深度不宜小于8m，沙漠区勘探深度应达到基础底面以下1倍 ～ 1.5倍的基础宽度，并应至稳定坚实地层。

9.4.6 选择塔位宜避开下列地段：

1 流动沙丘的下风侧。

2 风蚀沙埋严重发育地段。

3 坎儿井、沙巷、暗渠临近地带。

4 地面盐渍化迹象严重的地带。

5 靠山、沟口地面水流变迁的地带。

9.5 勘察成果

9.5.1 施工图设计阶段岩土工程勘察报告应对各塔位、塔腿的岩土条件进行详细评价，应提供地基设计计算、地基处理、不良地质作用的整治与防护等所需的岩土参数，并应提供各塔位岩土工程条件综合成果表。

9.5.2 施工图设计阶段岩土工程勘察报告，应包括下列主要内容：

1 工程概况、任务依据、主要工作目的和依据的技术标准。

2 勘察方法和实际完成的工作量。

3 沿线地形地貌特征，地质构造条件，岩土的工程性质。

4 沿线不良地质作用的发育特点、地质灾害及其对工程的危害程度。

5 沿线的地下水埋藏条件及其对基础和施工的影响。

6 土、水的腐蚀性。

7 原位测试与土工试验成果。

8 地震动参数、地震基本烈度及场地和地基的地震效应。

9 沿线岩土工程分析与评价。

10 结论与建议。

9.5.3 塔位岩土工程条件综合成果表格式应符合本规范附录E的规定，并应包括下列内容：

1 塔位、塔腿编号。

2 微地貌特征。

3 岩土层的工程性质及其主要指标。

4 勘察期间地下水位及其预计的变动幅度。

5 不良地质作用及处理建议。

6 图件及影像资料。

7 其他相关的重要事项说明。

10 特殊性岩土

10.1 湿陷性土

10.1.1 1000kV 架空输电线路经过湿陷性黄土区时，应主要查明下列内容：

1 黄土地貌单元与成因。

2 黄土时代与厚度。

3 黄土结构与湿陷特性。

4 地下水类型、水位和分布变化规律。

5 冲沟、水渠等地表水赋存条件及其变化趋势。

10.1.2 在不同黄土地貌单元均应布置适量探井，应采取一级土样进行物理力学性质试验，湿陷类型和湿陷等级的计算，应符合现行国家标准《湿陷性黄土地区建筑规范》GB 50025 的有关规定，并应判定湿陷下限；探井深度与取样试验数量应满足湿陷性评价的需要。

10.1.3 在黄土梁峁及斜坡地带立塔时，应对边坡结构、地质构造、窑洞坑穴、裂缝、冲沟、水文地质和地面汇水条件进行分析，应判定塔位环境的适宜性和塔基受水稳定性，并应提出路径和塔位选择、地基处理、地面防水措施的建议。

10.1.4 1000kV 架空输电线路经过具有湿陷性的粗粒土分布区时，应主要湿陷性粗粒土层的成因、颗粒成分、密实度、可溶盐类型与含量等岩土条件，并应评价其腐蚀性、膨胀性和浸水稳定性。湿陷性粗粒土的勘察尚应符合现行国家标准《岩土工程勘察规范》GB 50021 的有关规定。

10.2 软 土

10.2.1 1000kV 架空输电线路经过软土分布区时，应主要查明下列内容：

1 软土的成因、类别、层理特征及分布规律。

2 地表硬壳层的分布与厚度，下伏岩土层的埋藏条件。

3 微地貌形态和暗埋塘、浜、沟、坑、穴的分布及埋深情况。

4 地震基本烈度为Ⅶ度及以上地区厚层软土的震陷与灵敏度。

5 当地建筑经验。

10.2.2 软土勘察宜采用静力触探等原位测试方法，并宜辅以适量的钻探、十字板剪切试验与室内土工试验方法。

10.2.3 软土地区勘探点的布置与勘探深度，应根据基础型式和地基复杂程度确定，当有暗埋的塘、浜、沟、坑、穴时，应加密或逐腿勘探，勘探点深度的确定应符合下列要求：

1 采用浅基础时，转角塔、耐张塔、终端塔、

一般跨越塔的勘探深度，不宜小于地基压缩层计算深度，一般直线塔可按本规范第 9.2 节的规定适当加深确定。

2 采用桩基础时，转角塔、终端塔及大跨越塔等勘探深度，应按桩端平面下地基压缩层计算要求确定，亦可取桩端平面以下8m～10m；一般直线塔可取桩端平面以下 3m～5m。

10.2.4 软土分布区岩土工程评价，应包括下列内容：

1 判断地基产生失稳和不均匀变形的可能性。

2 提出地基处理方案建议，对可能采用桩基的塔位提出桩基设计参数和相关的建议。

10.3 膨 胀 土

10.3.1 1000kV 架空输电线路经过膨胀土分布区时，应主要查明下列内容：

1 地形地貌特征。

2 膨胀土的成因、时代、分布以及颜色、裂隙等外观特征。

3 膨胀土的结构特征、胀缩潜势及胀缩等级。

4 大气影响深度及大气影响急剧层深度。

5 地表水排泄与积聚情况。

6 浅层滑坡、地裂等不良地质作用的发育特征。

7 当地建筑经验。

10.3.2 勘探点深度应满足地基压缩层计算深度要求，且应超过大气影响深度。膨胀土的勘察尚应符合现行国家标准《膨胀土地区建筑技术规范》GBJ 112 的有关规定。

10.3.3 塔位不宜选定在浅层滑坡及地表胀缩变形发育地带、易受地表径流影响及地下水位频繁变化地带。

10.4 红 黏 土

10.4.1 1000kV 架空输电线路经过红黏土分布地区时，应主要查明下列内容：

1 红黏土的成因、类别、分布特征及其岩土工程特性。

2 土洞、地裂的分布和发育特点。

3 地表水及地下水条件。

4 下伏岩体的岩溶发育特点。

5 大气影响急剧层深度。

6 当地建筑经验。

10.4.2 红黏土地区勘探与测试应符合下列规定：

1 当压缩层范围内为红黏土组成的均匀地基时，应逐基勘探，勘探深度应按本规范第 9.2 节的规定执行。

2 当压缩层范围内为红黏土与岩石共同组成的不均匀地基时，应逐腿勘探，勘探深度应至基岩面，并应准确判定下伏岩体的工程特性。

3 在地区经验缺乏的地段应采取代表性原状土试样进行室内试验。

10.4.3 红黏土地区岩土工程分析评价，应包括下列内容：

1 红黏土的状态、结构和裂隙发育特征。

2 地基的均匀性，地基处理建议。

3 地表水和地下水对土体干湿循环的影响。

4 地表裂缝密集带或裂缝深长地段岩土条件的分析评价，避让与处理建议。

10.5 填 土

10.5.1 1000kV架空输电线路经过填土区时，应查明沿线地形地物变迁，填土的类别、物质组成、堆积年代、堆填方式、分布特征及其工程特性。

10.5.2 填土区勘探与测试应符合下列要求：

1 填土地区塔基应进行逐基勘探。当填土成分及分布变化较复杂时，应逐腿勘探，勘探深度宜穿透填土层。当填土下分布软弱土层时，勘探深度应增加。

2 勘探方法应根据填土的类别和工程性质确定，宜以钻探和井探为主。

3 评价填土的均匀性和密实度宜采用动力触探法，并应辅以室内试验。

10.5.3 填土地区岩土工程评价宜符合下列要求：

1 应分析判定地基的均匀性、密实度、压缩性和湿陷性。

2 堆积年代较长的素填土、冲填土和由建筑垃圾或性能稳定的工业废料组成的杂填土，当其性质均匀、结构密实时，可推荐作为塔基的天然地基持力层。

3 新近回填尚未稳定的填土、有机物质含量较高的生活垃圾填土、对基础材料有腐蚀性的工业废料组成的填土和回填于斜坡之上，且可能滑动失稳的填土，未经处理不应作为塔基持力层。

4 填土地基的承载力应采用原位测试并结合地区经验综合确定。

10.6 冻 土

10.6.1 1000kV架空输电线路经过冻土区时，应主要查明下列内容：

1 季节冻土应查明其冻胀性，并应搜集沿线多年最大冻结深度资料；多年冻土应查明其上限深度、冻土类别、融陷性、季节冻结与季节融化深度，以及季节融化层土的冻胀性等。

2 丘陵和山区应查明多年冻土的分布、地下冰埋藏条件及冻土现象等，其他地区应查明塔基及其附近地下冰埋藏条件、水文地质和地表水情况，并应进行冻土的物理力学特性试验。

10.6.2 冻土区勘探工作应符合下列要求：

1 季节冻土，勘探点的布置和勘探深度宜符合本规范第9.2节的规定。

2 多年冻土，转角塔、耐张塔、终端塔、跨越塔等重要塔位，以及冻土工程地质条件复杂的塔位，应逐腿勘探，勘探深度除应满足本规范第9.2节的规定外，尚应超过冻融深度。

3 冻土的钻探、取样及测试，应符合现行国家标准《岩土工程勘察规范》GB 50021和《冻土工程地质勘察规范》GB 50324的有关规定。

10.6.3 冻土区的岩土工程评价，应符合下列要求：

1 多年冻土的地基承载力，应区别保持冻结地基和容许融化地基，并应结合当地经验用载荷试验或其他原位测试方法综合确定。

2 多年冻土区塔位宜避开饱冰冻土、含土冰层地段和冰锥、冰丘、热融湖、厚层地下冰，以及融区与多年冻土区之间的过渡带，塔位宜选择在坚硬岩层、少冰冻土地段、地下水位或冻土层上水位低的地段和地形平缓的高地。

3 对季节冻土应提出标准冻结深度及冻胀类别，对多年冻土应分析评价冻土的工程地质条件、提出冻土地基的利用原则，推荐基础方案和施工时应采取的必要措施。

10.7 风化岩与残积土

10.7.1 1000kV架空输电线路经过风化岩与残积土分布区时，应重点查明下列内容：

1 母岩岩性及形成时代。

2 岩石的风化程度。

3 岩性及风化差异造成的孤石分布。

4 岩土的均匀性。

5 地下水条件。

10.7.2 风化岩与残积土的勘探与测试，应符合下列要求：

1 塔基勘察宜采用或综合采用工程地质调查、井探、钻探、物探等方法，原位测试宜采用动力触探、标准贯入试验。

2 塔基勘察应逐基进行，当岩土分布与性质差异较大时，应逐腿勘察。

3 上覆残积土厚度较小时，勘探深度应深至下伏基岩强（全）风化带适当深度；上覆残积土厚度较大时，勘探深度应符合本规范第9.2节的规定。

10.7.3 残积土与风化岩的岩土工程评价，应符合下列要求：

1 厚层残积土应根据其颗粒成分和状态分层分析。

2 应根据风化特征划分风化带，并应分带进行评价。

3 斜坡地带应分析风化带分界面对塔基稳定性的影响。

4 应重点分析评价风化岩与残积土的不均匀性及其对塔基的影响，并应提出工程处理措施和建议。

10.8 盐渍岩土

10.8.1 输电线路经过盐渍岩土分布区时，应主要查明下列内容：

1 盐渍岩土类型、成分、来源及成因。

2 地表水水质、径流、排泄和汇集条件。

3 地下水类型、水位、水质及季节性变化规律。

4 当地盐渍岩土工程危害特点与防治经验。

10.8.2 盐渍岩土分布区勘察应实地调查了解盐渍土发育分布的地域性规律，对不同区段的塔位，应采用探井（探坑）取样，分析盐渍岩土的物质组成、密实程度、可溶盐类型、形态与含量，并应判明沿深度的变化情况和不同季节的变化情况。

10.8.3 盐渍岩土的岩土工程评价应根据勘测季节代表性，分别评价盐渍岩土的腐蚀性、溶陷性和盐胀性，并应提出工程防治措施。必要时尚应分析评价利用当地砂石及水源的适宜性和可行性。

10.8.4 当塔基位于盐渍岩土分布区的沟口地带、地表干湿交替频繁地带、地下水浅埋，且变幅较大的地带立塔时，应进行专题研究。

10.9 混合土

10.9.1 1000kV架空输电线路沿线存在混合土时，应查明地形地貌特征，混合土的成因类型、物质组成、均匀性、分布变化规律，以及下伏基岩的埋藏条件等。

10.9.2 混合土的勘察方法应以工程地质调查、测绘及井探为主，辅以钻探、动力触探及物探等勘察方法。

10.9.3 混合土的岩土工程评价应符合下列要求：

1 应分析混合土地基的均匀性。

2 应分析判断地基的整体稳定性，对可能失稳的混合土地基，应跨越或避让。

3 混合土的地基承载力及边坡容许坡度值，宜根据现场勘察并结合当地经验确定。

11 不良地质作用和地质灾害

11.1 岩溶

11.1.1 1000kV架空输电线路经过对塔位安全有影响的岩溶强烈发育区时，应进行岩溶专项勘察。

11.1.2 岩溶与洞穴区勘察应查明地层时代、岩土特性、岩溶发育特征、洞穴的形态规模、洞穴的充填情况及充填物密实程度、岩土层的富水性及地下水的动态变化，评价其对路径和塔位的影响，并应提出处理建议。

11.1.3 岩溶与洞穴发育地区的岩土工程勘察，宜综合采用物探、钻探、井探等方法。

11.1.4 下列地段不宜设立塔位：

1 洞穴埋藏浅、密度大。

2 洞穴规模大，上覆顶板岩体不稳定。

3 土洞、人工洞穴或塌陷发育地段。

4 洞穴围岩为易溶岩土且存在继续溶蚀的可能性。

5 埋藏型岩溶土洞上部覆盖层有软弱土或易受地表水冲蚀的部位。

11.1.5 当满足下列条件时，可不评价洞穴对塔位稳定性的影响：

1 洞穴顶板围岩坚硬完整，节理裂隙不发育，且厚度大于洞穴跨度。

2 洞穴充填密实，充填物具较高强度，且无流失可能。

3 洞穴较小，基础底面尺寸大于洞体平面尺寸，且有足够支撑长度。

4 基础底面以下岩土层厚度大于独立基础宽度的8倍或整板基础边长的3倍，且不具备形成土洞或地面变形的条件。

11.2 滑坡

11.2.1 1000kV架空输电线路经过滑坡严重地段时，应进行滑坡专项勘察。

11.2.2 滑坡勘察应符合下列要求：

1 应查明滑坡的主滑动方向、滑动面的位置、滑坡体形态等要素，并应确定滑坡的类型及性质，同时应分析滑坡原因。

2 应确定稳定性验算和滑坡整治工程所需岩土参数。

3 对滑坡应进行稳定性验算与评价。

4 应提出滑坡防治、处理及监测的建议。

11.2.3 滑坡的勘察应采用搜集区域地质资料、地质调查及测绘、遥感地质调查、勘探等多种方法。

11.2.4 下列地段不宜设立塔位：

1 滑坡发育的地段。

2 潜在滑坡最大影响范围区域内。

3 松散堆积层较厚，由于外部条件改变可能沿下部松散堆积层与基岩接触面产生滑动的地段。

4 由于人类活动可能影响塔位稳定的地段。

11.2.5 1000kV架空输电线路经过滑坡易发地区或斜坡岩土条件复杂的地段，选定塔位时，应进行详细的工程地质调查及测绘，必要时应辅以勘探方法，并应评价塔位场地的稳定性。滑坡勘察尚应符合现行国家标准《岩土工程勘察规范》GB 50021的有关规定。

11.3 崩塌

11.3.1 1000kV架空输电线路沿线存在崩塌地质灾

害时，应调查崩塌产生的条件、规模、类型及影响范围，应分析评价输电线路路径方案通过崩塌地段的可行性，并应提出处理措施。

11.3.2 规模大、破坏力强及处理难度大的崩塌地段，不应选定塔位。

11.3.3 崩塌规模较小时，应在查明崩塌体岩性、风化程度、岩体结构面特征及发育影响范围的基础上选定塔位，并应提出清除、锚固及拦截等工程处理措施。

11.3.4 输电线路经过崩塌形成的倒石堆时，应采用地质调查为主的方法，必要时应辅以适量的勘探工作，并应查明堆积体的堆积方式、厚度及物质组成，应区别新倒石堆与老倒石堆，并应评价其稳定性。

11.3.5 新倒石堆不宜设立塔位。处于稳定状态的老倒石堆上可选定塔位，但应对塔基施工、人类活动等对其稳定性的影响进行预测，并应提出设计及施工建议。

11.4 泥 石 流

11.4.1 1000kV架空输电线路路径或其附近存在对塔基安全有影响的泥石流时，应进行泥石流专项勘察。

11.4.2 泥石流勘察宜在可行性研究阶段或初步设计阶段进行。当路径上存在上游汇水面积较大、坡度较陡、植被稀少，且存在大量松散堆积物的沟谷时，应对区域地质、地形地貌、地层岩性条件，水文气象条件，泥石流分布及活动特征，人类活动和当地防治泥石流的工程经验进行调查。

11.4.3 泥石流勘察应以工程地质调查、遥感解译为主要方法。

11.4.4 1000kV架空输电线路经过泥石流分布区时，应对路径通过的适宜性进行评价，并应提出跨越或避让泥石流发育地段的建议。

11.4.5 下列地段不宜设立塔位：

1 不稳定的泥石流河谷岸坡。

2 泥石流河谷中松散堆积物分布地段。

3 泥石流经过地段。

11.5 采 空 区

11.5.1 1000kV架空输电线路路径应避让大范围矿产分布区。当条件复杂且路径必须经过规模较大、尚未稳定的采空区时，应进行采空区专项勘察。

11.5.2 采空区勘察应充分利用矿区现有资料，勘察方法应以搜集资料和现场调查为主，必要时可辅以适量的勘探工作，并应查明下列内容：

1 地形地貌、地层岩性、地质构造和水文地质条件。

2 矿层的分布、层数、厚度、倾角、埋藏特征和上覆岩层的厚度和性质。

3 开采深度、厚度、开采方法、开采时间、顶板管理方法、开采边界、工作面推进方向和速度。

4 地表变形特征和分布规律。

5 采空区的塌落、密实程度、空穴和积水情况。

6 采空区附近的抽排水情况及对采空区的影响。

7 地基土的物理力学性质。

8 塔基的类型及其对地表变形的适应性。

9 当地建筑经验、采空区已有输电线路的运行情况等。

11.5.3 1000kV架空输电线路经过矿区时，应采取不压矿或少压矿的原则，减少采空区对工程的不利影响。路径宜选择在下列地段：

1 可开采或计划近期开采矿区的边缘地段。

2 地表变形已稳定或相对稳定的老采空区。

3 地表破坏不严重或预测地表破坏不严重的地段。

4 各矿区的交界地带。

5 预计未来30年内不开采的矿藏分布区。

6 地质构造简单，覆盖层岩体厚度较大且岩体完整，岩质坚硬，地表无变形的地段。

7 矿区的无矿带或有矿柱的地段。

8 已充分采动，且无重复开采可能的地表移动盆地的中间区。

9 穿越采空区最短或采矿分布稀疏处。

10 地形相对平坦、无临空面、距离冲沟有一定安全距离的地段。

11.5.4 采空区的岩土工程评价应分析采空区对工程的影响，应评价在采空区设立塔位的适宜性，并应提出对采空区、塔基地基和基础进行处理或变形监测的建议。

11.5.5 对需要设立塔位的小窑采空区，应在搜集资料的基础上，进行现场调查和工程地质测绘，必要时应辅以适量的勘探工作，并应查清采空区和巷道的分布范围，埋藏深度，开采时间，回填、塌落、支撑情况，地下水条件，同时应查明由采空区引起的陷坑、地表裂缝的分布、规模与采空区和地质构造的关系。塔位距地表裂缝和塌陷区的安全距离，应根据具体技术条件分析确定。

11.6 活动断裂、场地和地基的地震效应

11.6.1 1000kV架空输电线路勘察应调查沿线全新活动断裂分布情况，当需穿越活动断裂时，应采用大角度穿越方案。断裂的地震工程分类和全新活动断裂分级，应符合现行国家标准《岩土工程勘察规范》GB 50021的有关规定。

11.6.2 抗震设防烈度等于大于7度地区的输电线路，当塔基下分布有饱和砂土和粉土（不含黄土）时，应进行液化判别。当地基存在液化土层时，应根据塔位的重要性、地基的液化等级，提出处理措施。

11.6.3 地震液化判别方法和要求，应符合现行国家标准《建筑抗震设计规范》GB 50011 的有关规定，也可采用其他成熟方法进行综合判别。

11.6.4 1000kV 架空输电线路经过抗震设防烈度等于或大于 7 度的厚层软土分布区，宜判别软土震陷的可能性，并宜估算震陷量。

11.6.5 沿线附近存在滑坡、崩塌等地震地质灾害时，应专题研究地震作用时的稳定性，并应分析其对工程的影响。

12 地 下 水

12.0.1 地下水勘察应以调查和搜集资料为主，并应结合现场勘察工作，查明沿线的地下水条件，同时应分析评价其影响。地下水勘察，应包括下列主要内容：

　　1 地下水的类型与埋藏条件。

　　2 地下水水位的变化幅度。

　　3 地下水与地表水的水力联系。

　　4 地下水的腐蚀性。

12.0.2 地下水勘察应评价地下水对塔基基础的影响，并应提出处理建议。地下水对塔基影响的评价内容，应符合下列要求：

　　1 塔基基础位于地下水水位以下或其影响范围以内时，应评价地下水的腐蚀性。

　　2 特殊岩土分布区，应评价地下水水位变化对特殊性岩土工程特性的影响。

　　3 地下水影响塔基基坑开挖时，应根据岩土的渗透性、地下水补给条件等，评价施工降水的可行性和对基坑稳定的影响。

12.0.3 地下水的测量、取样和分析，应符合现行国家标准《岩土工程勘察规范》GB 50021 的有关规定。

13 岩土工程勘察方法

13.1 工程地质调查与测绘

13.1.1 沿线的工程地质调查和测绘在可行性研究阶段和初步设计阶段，宜以现场踏勘和调查为主；在施工图设计阶段宜采用调查和测绘相结合的方法，对不良地质作用与地质灾害发育地段、特殊性岩土分布地段进行测绘。

13.1.2 可行性研究阶段工程地质调查应以矿产分布与开采、地质灾害分布为重点，调查工作的深度应满足路径方案比选的需要。

13.1.3 初步设计阶段输电线路沿线工程地质调查的宽度，不宜小于 200m，所用地形图的比例尺不宜小于 1∶10000。工程地质调查应包括下列内容：

　　1 沿线地貌形态与特征、地貌单元。

　　2 沿线岩土层的类别、地质时代、成因类型、结构和构造、物理力学性质及其分布与变化规律。

　　3 滑坡、泥石流、崩塌、岩溶等不良地质作用和地质灾害的分布及其影响。

　　4 沿线植被发育特点与水土流失情况；砂丘的稳定性和当地治砂、固沙经验；最高洪水位及其淹没的范围；岸边岩土体的冲刷、淘蚀、滩涂淤积、岸坡稳定性与岸坡再造等情况。

　　5 矿山采空区、计划开采区、剥离区或矿渣堆积区的范围及其对工程的影响。

13.1.4 施工图设计阶段应对塔位及周边地段进行工程地质调查或测绘，工作范围不宜小于 100m×100m。调查或测绘应包括下列主要内容：

　　1 塔位所在场地的稳定性、不良地质作用及地质灾害的影响。

　　2 塔位及其周边范围地表岩土构成。基岩裸露的塔位，应描述岩性、产状、结构构造、风化程度，并应对岩体结构进行分类。

13.2 坑探和钻探

13.2.1 当需查明塔基岩土性质和分布，采取岩土试样时，可采用坑探或钻探等勘察方法，并应符合现行国家标准《岩土工程勘察规范》GB 50021 的有关规定。

13.2.2 钻探的孔位、数量、深度等应满足勘察任务书的要求，并应符合下列规定：

　　1 钻探孔位应布置在塔腿位置或塔基中心位置。

　　2 钻孔数量应根据塔基岩土条件复杂程度、塔的类型和勘察阶段综合确定。

　　3 代表性岩土层应采取试样，取样数量应根据岩土条件的复杂程度确定。

　　4 钻探岩土层芯样的采取率，应符合现行行业标准《建筑工程地质钻探技术标准》JGJ 87 的有关规定。

　　5 岩土芯样宜拍摄照片，并宜纳入勘察成果报告。

13.2.3 探坑的布置、数量、深度等应满足勘察任务书的要求，并应符合下列规定：

　　1 探坑应布置在塔腿位置或不影响后续基础施工的位置。

　　2 坑探开挖完成，应及时进行地质描述、编录和取样工作，对典型的岩土特征应拍摄照片。

　　3 技术工作完成后，探坑应及时回填。

13.2.4 岩土室内试验方法和具体操作，应符合现行国家标准《土工试验方法标准》GB/T 50123 和《工程岩体试验方法标准》GB/T 50266 的有关规定。试验项目和试验方法应根据工程要求和地基岩土体的特性确定。

13.3 原位测试

13.3.1 1000kV架空输电线路岩土工程勘察中常用的原位测试方法，应包括标准贯入试验、圆锥动力触探试验、静力触探试验和十字板剪切试验等。原位测试方法的选择应根据岩土特性和地区经验综合分析确定。

13.3.2 标准贯入试验、圆锥动力触探试验作为勘探手段时，应与钻探取样方法配合使用。静力触探试验宜与钻探方法配合使用。

13.3.3 原位测试记录应清晰、真实、完整。利用原位测试成果确定岩土工程特性参数时，应检验其可靠性。

13.3.4 1000kV架空输电线路岩土工程勘察中的原位测试，尚应符合现行国家标准《岩土工程勘察规范》GB 50021的有关规定。

13.4 物 探

13.4.1 岩土工程勘察中需对隐伏岩溶、洞穴、基岩面、风化带、断裂及破碎带、滑动面、地层结构面等地质界面进行探测，以及获取岩土物理特性参数时，宜选择适宜的物探方法。

13.4.2 选择物探方法和解译探测数据时，应对探测对象与周围介质的物性差异、探测场所的赋水状态、地形变化和其他屏蔽干扰等工作环境条件进行分析。

13.4.3 采用物探方法进行现场探查时，应进行重复观测或检查观测，必要时可采用多种物探方法进行比较验证。物探方法应与钻探、坑探方法配合使用。

13.5 遥 感

13.5.1 遥感解译工作应根据1000kV架空输电线路经过地区的环境条件和主要地质问题，选择适宜的遥感数据种类、时相、分辨率和波谱组合。

13.5.2 用于地质解译的基础遥感图像，应进行专门的光学图像处理、数字图像处理和几何图像处理，并应加载坐标、高程等测绘信息。

13.5.3 配合路径规划的遥感解译工作，可选择中低分辨率卫片，并应结合所搜集到的区域地质资料和现场调研结果，对地层岩性、矿产资源分布、区域性特殊岩土、不良地质作用和地质灾害分布等条件进行解译判定。

13.5.4 配合路径选择的遥感工作，可选择中高分辨率卫片，对推荐路径及比选路径沿线的地形地貌条件、地层岩性、不良地质作用和地质灾害类型与规模等进行解译。解译成果应进行工程地质条件区段划分，并应对关键塔位和区段的稳定性作出评价。

13.5.5 局部复杂区段和具体塔位的遥感解译，宜选择航片或高分辨率卫片，对相关岩土工程技术条件进行详细解译，并应提出选线和设立塔位的意见，同时

应对现场定位岩土工程勘察提出建议。

13.5.6 遥感解译的初步成果应采用卫星定位方法进行现场调查验证，并应对复杂区段和复杂问题加密验证。

14 原 位 试 验

14.0.1 1000kV架空输电线路原位试验宜包括基桩载荷试验，锚杆基础载荷试验和掏挖基础等原状土基础的载荷试验，原位试验项目应根据塔基岩土条件、拟采用的基础类型及其技术要求综合分析确定。

14.0.2 1000kV架空输电线路岩土工程勘察应提出是否进行原位试验的建议。当符合下列条件时，宜进行原位试验：

1 跨越塔、终端塔和转角塔拟采用桩基础、锚杆基础或原状土基础。

2 同一工程地质单元或地貌单元，桩基础、锚杆基础或原状土基础较多。

3 塔位岩土条件复杂，采用经验公式计算不能满足要求。

14.0.3 原位试验应以专题研究的方式进行，主要工作内容应包括试验设计、现场施工、试验与检测、试验成果报告编制。

14.0.4 原位试验宜在施工图设计阶段勘察前进行，试验位置应在充分分析初步设计阶段岩土工程勘察资料的基础上确定，原位试验场地岩土条件的代表性应通过勘探进行验证。

14.0.5 基桩原位试验宜包括单桩竖向抗压、抗拔和水平静载荷试验，钻芯法、声波透射法桩身完整性检测，基桩高应变法和低应变法检测。同一条件下试桩数量不宜少于总桩数的1%，且不应少于3根。具体试验技术要求尚应符合现行行业标准《建筑基桩检测技术规范》JGJ 106的有关规定。

14.0.6 锚杆基础和原状土基础原位试验应以抗拔静载荷试验为主，必要时可进行竖向抗压静载试验和水平静载试验。锚杆基础，同一条件下的试验数量不宜少于锚杆总数的5%，且不应少于6根；原状土基础，同一条件下的试验数量不宜少于总基础数的1%，且不应少于3基。具体试验技术要求尚应符合现行国家标准《建筑地基基础设计规范》GB 50007的有关规定。

14.0.7 原位试验报告应对试验场地的代表性和适宜性作出评价，并应对桩基、锚杆基础或原状土基础在技术上的可行性、经济性进行分析，同时应提供各项试验结果，并应推荐适宜的基础型式、设计参数和施工工艺。原位试验报告宜包括下列内容：

1 工程概况、试验依据、试验工作量。

2 试验场地岩土工程条件。

3 原位试验设计方案。

4 施工工艺的适宜性及施工质量分析。

5 试验方法与设备。

6 试验成果及分析。

7 结论及建议。

8 施工竣工报告、检测报告等。

15 现 场 检 验

15.0.1 1000kV架空输电线路塔基基础施工时，岩土工程专业人员应与设计、施工、监理紧密配合，并应根据塔位勘察资料、施工组织设计及施工记录等，进行基槽检验工作。

15.0.2 基槽检验应符合下列要求：

1 应检验核对地层岩性、岩土体结构及其性质、地下水等地基条件是否与岩土工程勘察资料一致。

2 应检查是否存在由于施工降水、晾晒、冰冻及浸泡等对基底岩土扰动导致的不利影响，以及是否存在超挖问题。

3 应对施工中出现的岩土工程问题进行分析，并应提出处理措施或修改建议。

15.0.3 天然地基的基槽检验方法宜以目视检验为主，必要时可辅以钎探、麻花钻、触探、井探及钻探等勘察方法。

15.0.4 在基槽检验工作中，当出现与岩土工程勘察资料不符或施工中出现地质异常或新的岩土工程问题时，应采取补充勘察予以查清，并应提出分析处理建议。

16 可行性研究阶段水文勘测

16.0.1 可行性研究阶段工程水文勘测的任务应从水文条件对线路路径可行性进行论证，并应为路径方案选择和技术经济分析提供基础水文资料。

16.0.2 可行性研究阶段应对线路全线进行初步踏勘，并应对线路重要区段及水文条件复杂路径段进行重点查勘；应在广泛收集有关水文基本资料和水利、航道规划设计资料的基础上，通过初步分析计算，提供设计所需的水文参数设计值。

16.0.3 选择路径方案时水文条件应符合下列要求：

1 跨越河流宜选择河床较窄，河岸较顺直、稳定的河段或选在受节点控制的河段。

2 跨越湖泊、水库、海湾、河口宜选择水面较窄、岸滩稳定的地段。

3 跨越通航河流宜避开码头和泊船地区。

4 跨越封冻河流宜避开易发生冰坝或流冰危害较严重的河段。

5 跨越河流不宜选在支流入口处及河流弯曲段，宜避免与一条河流多次交叉。

6 水中立塔不应影响行洪、通航，塔位宜选择在冲刷幅度较小的位置。

7 线路经过分（蓄）洪区时，塔位应远离分洪口门；跨越河流两岸有堤防时，塔位应避开易溃决的堤（坝）段；线路宜避免在易受溃决洪水影响的区域立塔。

8 线路宜避开严重内涝区。

16.0.4 可行性研究阶段水文勘测应搜集下列资料：

1 水利工程图、水系图、地方水利史志及有关自然地理特性资料。

2 水利水电、防洪（潮、涝）工程的现状与规划，以及相应的工程体系〔水库、堤、坝、闸、水泵站、分（蓄）洪区等〕与设计标准，堤防等级及其相应的设计洪水标准。

3 水位、流量、泥沙等水文特征值。

4 河（海）床地形图（水下地形图、海图）。

5 河道整治现状与规划。

6 通航水域的航道治理工程规划；通航水域现状及规划的航道等级、通航设计水位。

16.0.5 水文调查应包括下列内容：

1 跨越河段的河势、控制条件、河床边界条件、水工建（构）筑物、堤防，以及历史大洪水等情况。

2 跨越湖泊、水库的两岸地形地貌特征、岸线变化以及水库回水淹没范围、特征水位。

3 跨越海湾或河口地带的自然地理特征、海域开阔程度、岸滩地质地貌、沙洲、汊道情况，以及历史最高潮位；在水中立塔时，应对波浪及漂浮物情况作初步查访。

4 跨越水域通航状况。

5 水利、航运与其他有关部门对线路工程的意见与要求。

6 内涝积水区调查的内容应包括内涝积水区的范围、原因、内涝水位（或水深）、持续历时、除涝措施及规划等。

16.0.6 可行性研究阶段水文分析计算，应符合下列要求：

1 应估算线路与河流交叉跨越设计所需的设计水位。

2 应初步分析跨越河段河道变迁情况，跨越海湾或河口岸滩稳定性，并应初步预测未来50年内河（海）床演变趋势。

3 可能水中立塔的河段或海域，应初步分析对防洪和通航的影响，并应估算最大天然冲刷深度及设计流速。

4 应初步分析线路受溃坝、溃堤的影响。

5 应初步分析线路受内涝积水的影响。

16.0.7 可行性研究阶段工程水文勘测报告，应包括下列内容：

1 工程所在地的流域水文特性和有关的水利水电、防洪（潮）、河道治理工程规划。

2 线路路径重要水域岸滩稳定性的初步描述和分析。

3 线路路径重要水域的最高洪（涝、潮）水位、防洪（涝）控制水位、通航水域的最高通航水位、冬季平均枯水位及其他有关特征水位。

4 通航水域现状及规划的航道等级、航运概况，以及航道整治工程规划。

5 内涝积水的影响。

6 水利、航道等行政主管部门的意见或建议。

7 各路径方案应从工程水文条件角度进行可行性分析，并应推荐可行的方案。

17 初步设计阶段水文勘测

17.0.1 初步设计阶段工程水文勘测应在可行性研究阶段水文勘测的基础上，对全线进行进一步的水文查勘，从水文条件对各路径方案进行比较，并应为路径方案优化和技术经济分析提供基础水文资料。

17.0.2 初步设计阶段工程水文勘测应广泛收集有关水文基本资料和水利、航道规划设计资料，并应通过分析计算，提供设计所需的水文参数。水文条件特别复杂的路段应开展水文专题研究。

17.0.3 初步设计阶段应对线路全线进行踏勘，并应对水文条件全面搜资和调查，资料搜集范围应包括全线水域的实测洪水资料、工程防洪设计和运行情况，以及现状和规划通航、河道治理情况等。

17.0.4 初步设计阶段应分析计算跨越水域的设计水位、通航水域的最高通航水位等。

17.0.5 初步设计阶段应分析跨越河段河道变迁情况，以及拟设塔位附近河段的岸滩稳定性。

17.0.6 可能在设计标准洪水淹没区内立塔的河段或海域，还应计算设计流速和冲刷，应调查洪水期漂浮物种类和大小，并应分析立塔对防洪和通航的影响。

17.0.7 初步设计阶段应分析线路受溃坝、溃堤的影响，并应分析线路受内涝积水的影响。

17.0.8 初步设计阶段工程水文勘测报告，应包括下列内容：

1 沿线所跨越水体的自然地理和水文特性。

2 沿线堤防、水库、分（蓄）洪区、航道现状及规划情况。

3 各设计频率洪水位、通航特征水位、通航净空高度、大风季节平均最低水位、冬季冰面高程。

4 岸滩演变分析成果。

5 其他水文条件，包括内涝、漂浮物、流冰、溃坝、溃堤等。

6 立塔对防洪、通航的影响分析成果。

7 对线路方案的优化意见及下阶段水文工作建议。

8 分析计算可能立塔河流断面的水文特征值，包括冲刷深度、设计流速、淹没深度和淹没时间等。

18 施工图设计阶段水文勘测

18.0.1 施工图设计阶段水文勘测应在初步设计阶段水文勘测的基础上，通过进一步的水文查勘、资料搜集、分析计算，提供立塔定位设计所需的各项水文基础资料，从水文条件角度提出立塔定位的意见与建议。

18.0.2 施工图设计阶段应对线路全线逐基塔位进行查勘，并应重点查勘水文条件复杂或受水文条件影响较大的塔位。

18.0.3 水文资料补充搜集与调查，应包括下列内容：

1 跨越水域的水利水电工程、防洪（潮、涝）规划和航道规划等设计条件变化情况。

2 跨越地段的河势、海岸（滩）、湖岸、库岸，以及塔位处岸坡等在初步设计阶段勘测后的具体变化。

3 跨越地段水文要素特大值出现情况，高程系统和换算关系。

18.0.4 线路跨越分（蓄）洪区，应对终勘路径和逐基塔位进行水文工作，并应逐基分析分（蓄）洪水、通航与线路工程设施的相互影响。

18.0.5 线路经过水库下游，且水库设计洪水标准低于 100 年一遇或水库设计洪水标准虽高于 100 年一遇但水库为病险库时，应分析溃坝洪水对塔位的可能影响。

18.0.6 在防洪堤背水面立塔时，应根据河势发展、堤防质量、堤防标准等情况，并结合汛期堤防有无险情可能，分析判定发生 100 年一遇洪水时溃堤的可能性。存在溃堤可能时，应进行溃堤洪水计算，并应分析计算塔位处垂线平均流速及冲刷深度，提出有关塔位安全性意见。

18.0.7 水中立塔时应查勘与分析各塔位处设计洪水位，最高设计洪水位相应的 50 年一遇波浪高或出现最大波浪高、最高通航水位、最高内涝水位、流冰时最高水位、冬季冰面高程、历年大风季节平均最低水位，以及基础设计要求相应频率洪水位及按工程特点设计要求的其他频率洪水位、河床稳定性、设计流速、库区回水影响、漂浮物、流冰尺寸等有关水文资料。

18.0.8 应用当地防洪规划资料时，应搜集工程点附近的水准点资料，并应进行高程联测。

18.0.9 输电线路跨越河流时，应搜集有关线路塔位处的河道开挖拓宽、航道等级现状，与规划、拟建水库等资料。

18.0.10 在河槽及河滩上立塔时，应查勘、搜集洪水期间跨越断面流速分布，漂浮物的种类、数量与大小，流冰尺寸与相应最高水位及最大流速，滩槽的冲淤变化，一次洪水最大冲刷深度，并应分析计算塔位处与设计洪水相应的垂线平均流速、天然冲刷深度与局部冲刷深度。

18.0.11 当输电线路跨越海湾或河口时，应查勘、搜集海湾或河口的水动力条件、历史最高潮位及其发生时间，并应调查分析沿线地形地貌、岸滩类型与历史变化、岩土特性，以及波浪对岸滩演变的影响，或河口段的河床汊道、沙洲与浅滩的历史演变过程、原因与速度等。

18.0.12 塔位宜避开冲沟、岸滩不稳定、可能发生泥石流的地段，必要时应进行塔位小流域洪水计算，提出截洪排洪措施的建议。

18.0.13 施工图设计阶段工程水文勘测报告，应包括下列内容：

　　1 详细描述全线各跨越河流、湖泊、分（蓄）洪区、海滩等的水文特征情况。

　　2 根据设计要求，提供跨越水体各种频率的设计洪水位分析计算成果。

　　3 提供内涝区100年一遇内涝水位或历史最高内涝水位、5年一遇内涝水位或常年内涝水位及持续时间。

　　4 水中或滩地立塔时，应提供塔位处垂线平均流速、最大冲刷深度、漂浮物种类和大小等水文分析计算和调查成果。

　　5 通航河流的最高通航水位及对线路跨越的其他要求。

　　6 输电线路跨越水域时，对岸滩稳定性的分析成果，并预测今后50年水域岸滩演变发展趋势对塔位安全的影响。

　　7 线路与所跨越水体及水工建（构）筑物的相互影响分析，塔位离堤防堤脚及水工建（构）筑物的距离要求。

　　8 提供受水文因素影响的塔位明细表，逐基描述水文因素的影响并提出防护建议。

19　水 文 调 查

19.1　一 般 规 定

19.1.1 1000kV架空输电线路工程水文调查应根据工程特点、沿线水文条件和水文分析计算的需要，制订详细的调查计划，并应按计划深入现场开展相关调查工作，调查内容应包括人类活动影响、洪水、河床演变、冰情及漂浮物等方面。

19.1.2 调查资料应在现场整理，发现问题应及时复查。重要路径段现场查勘应至少由2人进行，可通过拍照、录音、摄像等手段搜集资料，调查成果与计算成果应相互验证，并应论证其合理性。

19.2　人类活动影响调查

19.2.1 沿线重要水利工程，应调查水工建（构）筑物的型式、作用、修建年份、规模、主要技术指标、运行控制原则、实际运行记录、水位流量资料、有关水文分析计算成果、运行效果与存在问题、近远期规划、对线路塔位的影响，并应将其位置标注在路径图上。

19.2.2 1000kV架空输电线路跨越河流或堤防时，应调查沿线河流、海域堤防型式、防洪标准及相应防洪水位、河道水面比降、堤防质量、险工险段、历史溃堤破坏次数、原因、位置，近期、远期防洪规划及对塔位的影响程度。

19.2.3 1000kV架空输电线路跨越通航水域时，应调查沿线通航河流的航道等级、断面尺寸、主航道位置、航道设计水位与最高通航水位、航道整治规划、现状及规划的通航情况及船型尺度。

19.3　洪 水 调 查

19.3.1 洪水调查应在跨越断面上下游河段进行，两岸宜有较多的洪痕点，各洪痕点的现场指认者不得少于2人，并应标注各洪痕点的位置。

19.3.2 洪水调查应包括下列内容：

　　1 各次大洪水发生的时间、大小、重现期和排序、洪痕位置。

　　2 洪水时的雨情、水情与灾情。

　　3 洪水来源、成因、断面冲淤变化。

　　4 洪水时的主流方向及有无漫流、分流、死水。

　　5 流域自然条件的变化和人类活动的影响状况。

19.3.3 当工程点附近曾发生水库溃坝、河堤决口、分洪滞洪等情况时，应重点调查下列内容：

　　1 溃坝洪水应调查坝型与水库主要技术指标，溃坝前库内及上下游水文条件、水库运用调度情况、溃坝发生时间及过程、溃口尺寸，溃坝洪水向下演进的水位、冲刷特征，线路断面附近受溃坝洪水的影响程度等。

　　2 河堤决口应调查堤防标准与尺寸、决堤原因、具体位置、决堤前后的水情变化、决堤发生时间与相应河道的水位与流量、决堤断面的估测、决口洪量估算、冲刷坑形状、深度与平面尺寸、最大冲深点距大堤的距离，以及对塔位稳定性的影响。

　　3 1000kV架空输电线路经过分（滞）洪区时，应调查其范围、洪区有无控制、起讫时间、河道水位的变化、分洪滞洪设计流量与水位或水深、口门位置、运用原则与运用情况等，以及对塔位稳定性的影响。

19.3.4 1000kV架空输电线路经过内涝积水区时，应调查沿线内涝的分布范围、内涝区水文地理环境特性；历史最高内涝水位（或水深）、发生日期与成因、持续时间；排涝措施现状与规划，排涝工程标准等。

19.3.5 1000kV架空输电线路经过海湾或河口区时，应调查历史最高潮位、最大波浪高度、发生时间、当时的风况及灾害情况。

19.3.6 跨河断面测量范围应包括水下和水上部分，

其中水上部分可测至历史最高洪水位以上 0.5m～1.0m，平原河流漫滩较远时，可测至历史最高洪水边界或至堤顶高程。

19.4 河（海）床演变调查

19.4.1 1000kV 架空输电线路工程河（海）床演变查勘的范围，应根据水域的冲淤变化与人类活动影响的特点确定。

19.4.2 河床演变调查内容应包括两岸地质地貌特征、流域内土壤植被、泥沙来源、河床质组成，跨越河段的河势近 50 年的变化及上下游河势改变对跨越河段的影响，历史上边滩和沙洲的移动、支汊分流的变化，漫溢泛滥的宽度、主流改道的原因、航道的变化，设计河段的稳定性、河道险工段位置与治理方案，护坡护岸、航道整治等工程措施。

19.4.3 岸滩冲刷调查应按河（海）槽、河（海）滩及沙洲等不同特点，按下列要求进行纵向冲刷与横向冲刷的调查：

1 纵向冲刷应调查跨越断面附近河床历年淤高、下切情况及河湾凹岸的平均水深与最大水深，以及河床历年最大一次冲刷深度、附近水工构筑物基础的冲刷特点、发生年代、冲刷原因与相应洪水特性。

2 横向冲刷应调查两岸河床边界条件，洪枯水时主流摆动范围、主流顶冲点位置的变化、坍塌现象、岸线后退的距离与相应水面宽度的变化，历史上出现的最大一次坍岸宽度、平均速度、坍岸原因与发生年代以及当时的洪水特性等，并应根据河道的冲淤情况判断河床的变化趋势。

19.4.4 河床质的取样宜结合地质勘探进行。取样地点可在塔位处、跨越断面或有代表性的其他断面上，并应分层取土样进行颗粒级配曲线与粒径统计分析。

19.4.5 当采用上下游或邻近流域河道变化及泥沙资料时，应结合两地现场调查分析确定。

19.4.6 跨越的湖泊、水库、海湾或河口的两岸及水域调查内容，可按本规范第 19.4.2 条～第 19.4.4 条的规定执行。

19.5 冰情及河道漂浮物调查

19.5.1 有冰冻发生的地区，应进行沿线跨越河流、海域冰情调查，应调查历年结冰与融冰时间、最大冰厚、开河方式、流冰天数、流冰期最大流冰尺寸、最大流速及其相应最高水位、冬季冰面高程。发生冰塞、冰坝的河段，应调查其形成条件、发生范围、起止日期及历史上冰塞、冰坝最大堆高、危害程度与影响距离，历史上凌汛洪水造成的危害及其范围，对已有建筑物的破坏程度，以及对塔位安全的影响。

19.5.2 河（海）中立塔河段，应进行河道漂浮物调查，应调查漂浮物种类、来源、大小与数量，水面分布情况，漂浮物出现季节及延续时间，水面最大流速，漂浮物对河岸和建筑物的破坏情况，以及当地筏运资料等。

19.6 水文测验

19.6.1 遇下列情况之一，应进行专项水文测验：

1 跨越水域实测资料短缺且跨越点的水文条件无法参证长期测站资料确定时。

2 需根据同步水文观测资料建立相关关系再进行转移时。

3 防洪影响评价、河床演变或岸滩演变分析需要时。

4 水中立塔时。

5 为满足模型试验要求时。

19.6.2 水文测验宜包括下列主要内容：

1 水准点、洪痕点、高程控制点等水准测量及大断面测量。

2 跨越河段无实测水文资料时，应通过测量洪痕点、水面比降、大断面和简易河道地形图等推算洪峰流量。

3 根据工程需要可进行水位、流速、流向、大断面、含沙量与河床质等的测验与分析。

19.7 特殊地区调查

19.7.1 泥石流调查应调查泥石流性质、发生频度、形成原因、规模与影响范围，泥石流泥痕与龙头高度，河床比降及河床冲淤变化及其灾害程度，并应综合判断今后是否会发生泥石流。

19.7.2 岩溶地区应调查汇水区封闭洼地、消水洞的位置、深度及其控制的面积、积水高度和消水能力等，当线路通过消水溶洞的边缘，消水溶洞承接上游明河水流时，应查明该地区最大积水高度。

20 设计洪水分析计算

20.1 一般规定

20.1.1 设计洪水分析计算所采用的原始资料系列，应进行可靠性、一致性和代表性检查。

20.1.2 设计洪水分析计算所选用的计算方法，应进行适用性分析，计算参数和计算成果应进行合理性分析。

20.2 天然河流设计洪水

20.2.1 天然河流设计洪水应以实测资料为基础，并应结合历史洪水调查资料和防洪规划成果等合理确定。

20.2.2 进行跨越断面设计洪水地区组合计算时，应根据线路跨越断面以上流域的暴雨洪水特性确定洪水组合方式，并应通过上下游水量平衡法检查组合洪水的合理性。因溃堤、破坏造成相邻流域或各汇水区的串通时，应各串通流域进行统一的洪涝分析计算。

20.2.3 线路经过平原内涝区时，应确定设计频率相应的内涝区范围、积水深度和相应积水历时。采用当地排涝公式推算塔位处设计洪水流量时，应分析塔位处设计洪水与防洪排涝设计洪水在汇流及槽蓄方面的差异。当差异较大时，应分析流域或引洪滩地蓄洪、滞洪以及分洪的影响。

20.2.4 当两岸堤防低于100年一遇设计洪水标准时，设计洪水位应符合下列要求：

1 应根据溃堤后历史洪水位的调查资料并结合目前河道治理情况，分析确定塔位处设计洪水位。

2 当溃堤后的两岸洪水泛滥区边界难以确定时，可根据堤防标高、上下游行洪、历史溃堤等情况，并结合暴雨重现期调查，综合分析确定跨越断面设计洪水位。

20.3 水库上、下游设计洪水

20.3.1 当1000kV架空输电线路位于坝址上游时，可通过100年一遇洪水调算成果和水面线等途径，结合库区泥沙淤积的影响情况，合理确定跨越断面100年一遇洪水位。

20.3.2 当1000kV架空输电线路位于水库下游，且水库设计洪水标准达到或高于100年一遇设计洪水标准，并且水库是安全达标水库时，可采用100年一遇设计下泄流量并与区间洪水进行组合的方式，计算确定塔位处设计洪水。

20.3.3 当1000kV架空输电线路位于水库下游、水库设计洪水标准低于100年一遇或水库设计洪水标准虽达到或高于100年一遇，但水库为病险库时，应分析计算溃坝洪水对线路的影响。溃坝洪水分析计算时，应根据上游水库的设计资料，确定合适的溃决方式，应计算出坝址处溃坝流量，并应将溃坝流量演进至线路断面。

20.4 特殊地区洪水

20.4.1 1000kV架空输电线路经过泥石流地区时，应提出设计泥位，设计年限内巨大石块超出设计泥位的高度（直接冲击除外），高大树木随山体土块运动超出高度、泥石流遇阻冲高值。

20.4.2 1000kV架空输电线路经过岩溶地区，且塔位附近具有长系列实测洪水位资料时，可直接计算设计洪水位；资料短缺时，可通过积水位调查确定设计洪水位。

20.4.3 1000kV架空输电线路跨越湖泊，且湖泊排洪有控制时，可按水库洪水计算方法确定湖泊洪水。

20.4.4 1000kV架空输电线路经过滨海或潮汐河口地区时，应分析计算设计潮位、设计波浪和设计潮流等水文要素。

20.4.5 1000kV架空输电线路通过北方结冰河流时，应在调查最大冰塞壅水的基础上，合理确定跨越断面最大壅冰高度、最大流冰尺寸和流冰速度。

20.5 设计洪水要素

20.5.1 跨河断面设计洪峰流量或设计洪水位，应根据流域资料情况和河段特点，选用合适的方法进行分析计算，并应对计算成果进行合理性检查。

20.5.2 在设计洪峰流量或设计洪水位的基础上，应根据实测断面资料和河段特点，计算确定塔位处的垂线平均流速和最大流速。水文情势复杂时，可进行跨越断面洪水期水面流速简易观测。

20.6 人类活动对洪水的影响

20.6.1 流域内的水利工程建设对流域产流和汇流条件产生重大影响，导致水文资料系列出现明显分段时，可采用资料还原的方法将水文系列改正到同一基础上，也可对两段数据分段使用。

20.6.2 流域人类活动的现状及规划对设计洪水特征值有显著影响时，应作论证分析或予以修正。

21 河（海）床演变分析

21.1 一般规定

21.1.1 1000kV架空输电线路跨越河段（海域）的河（海）床演变分析，应在现场查勘基础上，根据河（海）床演变规律，判定塔位河（海）岸、床稳定性，当河（海）床冲淤变化显著并可能影响到塔基安全时，应对岸滩稳定性和冲刷深度进行分析。

21.1.2 塔基位于河（海）岸上或堤内侧时，应根据冲刷情况提出塔基避让范围，无法避让时，应在冲刷防护复核的基础上提出防治冲刷措施建议。塔基位于水中时，应选择冲刷幅度小的水域，并应进行冲刷计算。水中立塔塔基冲刷应包括自然演变冲刷和局部冲刷。

21.1.3 历史水下地形图等有关测绘资料，应核实测量年代、测量精度，坐标和高程系统等。地形图对比分析时应采用统一比例尺和基面。

21.2 河床演变

21.2.1 河岸上或河堤内侧立塔时，塔位稳定性应按下列要求进行分析：

1 塔位附近河段的河岸稳定性分析，应在塔位附近河段水文查勘基础上，根据河段自然冲刷特性，从河型发展、河流动力地貌特性、水流泥沙运动强度、河岸边界物质组成等方面进行分析。塔位稳定性判断可按本规范附录F的规定执行。

2 当塔位附近河岸、河堤所在河床存在冲刷，并可能影响塔位安全时，可采用历次地形图、航卫片对比等方法，分析岸线、地形、地貌变化情况，以及河堤走向与位置的变迁等，并应分析计算岸线的变化速率。

3 当资料缺乏时，可利用条件相似河段的冲淤实测资料进行类比分析冲刷影响。

21.2.2 在河滩、江心洲（浅滩）上立塔时，塔位稳定性可按下列要求进行分析：

1 滩地稳定性分析，应在塔位附近河段现场踏勘与调查基础上，根据滩地、江心洲（浅滩）河段成因特性、河型发展、水流泥沙运动强度、河岸边界物质组成等方面分析塔位稳定性。塔位稳定性判断可按本规范附录 F 的规定执行。

2 滩地冲淤分析，应通过历年河势图、水下地形图、航道图、航卫片、横断面图或局部地形要素进行套绘对比，并应分析河流深泓摆动范围和冲淤变化幅度。

21.2.3 在主槽中立塔时，河床演变应从纵向变形与平面横向变形进行分析，可按下列要求分析塔位稳定性：

1 设计河段横向演变可利用历年河势图、水下地形图、航道图、航卫片、横断面图进行套绘对比。

2 设计河段的河道纵向变化，可根据套绘历年河道深泓线或河床平均高程变化图、点绘测站历年水位～流量关系图、历年同流量下水位过程线图、冲淤等值线图、历年沿程断面冲淤变化过程图等多种途径进行分析。

3 当塔位处无地形资料时，可根据上下游邻近河段水文站实测最不利断面或特大洪水的冲刷断面与洪水前的断面资料比较，确定最大天然冲刷深度；可将河床演变分析与河道发展趋势的预测结果移用到塔位处，确定自然演变冲刷深度。

21.2.4 水中立塔可采用经验公式计算局部冲刷深度，河势及水流条件特别复杂时，可采用水工模型试验确定。

21.3 海 床 演 变

21.3.1 海岸上或海堤内侧立塔时，塔位稳定性应按下列要求进行分析：

1 应根据海岸带的自然地理、岩土特性、海域水文条件等，对塔位处的岸线稳定性作出判断。

2 当塔位附近海岸、海堤海床存在侵蚀、冲刷变化可能影响安全时，应通过历次地形图、海图、航卫片对比等方法，分析岸线、地形、地貌变化情况，以及海堤走向与位置的变迁等，并应分析计算海岸线的变化速率。

3 当资料缺乏时，可利用条件相似海岸的侵蚀资料进行类比分析侵蚀影响。

21.3.2 海湾水域中立塔时，塔位稳定性应按下列要求进行分析：

1 应根据潮流、余流和波浪等水文条件、海底沉积物的分布，以及沿岸组成物质的粒径变化等资料，分析判断泥沙来源和运移方向，并应判断海床稳定性。

2 应通过对历次水下地形图等高（深）线对比，确定塔位处及其附近水域海床历年冲淤变化趋势、幅度和速率。

3 当缺乏实测资料时，应进行水文测验，可通过水流波浪泥沙数学模型计算等途径，对塔位处的冲刷趋势和幅度进行分析计算。

4 塔基局部冲刷计算，应分析最大可能潮流，可采用河流冲刷计算方法。

21.3.3 潮汐河口水域中立塔时，塔位稳定性应按下列要求进行分析：

1 应根据潮汐和径流强弱、河口发育特点、沙滩与沙洲外形、边界条件及变化情况、来水与来沙条件、风浪特性等资料进行塔位附近河床稳定性分析。

2 应通过对历次水下地形图等高（深）线对比，确定塔位处及其附近水域滩槽历年冲淤变化趋势、幅度和速率。

3 当缺乏实测资料时，应进行水文测验，可通过水流泥沙数学模型计算等途径，对塔位处的冲刷趋势和幅度进行分析计算。

4 塔基局部冲刷计算，应分析最大可能流速，可采用河流冲刷计算方法计算冲刷深度。

21.4 人类活动对岸滩稳定性的影响

21.4.1 塔位附近已建和规划建设的水库、水闸、围垦、疏浚采砂、束窄河身、丁坝、码头、取排水建（构）筑物等工程措施对塔位附近岸滩稳定性的影响，应按其不同的形式与作用，从对水流波浪干扰强度、局部泥沙运动方向等综合分析其各种可能冲刷影响。

21.4.2 当人类活动影响对塔位安全影响大时，应通过经验公式对冲刷进行定量计算。必要时可采用水流波浪泥沙数学模型计算水流泥沙和泥沙冲淤变化。

21.5 塔基冲刷计算

21.5.1 水中立塔时，应计算塔基冲刷。塔基冲刷应包括河（海）床自然演变冲刷和局部冲刷。

21.5.2 河（海）床自然演变冲刷应按本规范第21.1节～第21.4节的规定进行计算。

21.5.3 局部冲刷应根据河（海）床演变特性、水文泥沙特征、河（海）床地质等情况按本规范附录 G 的规定计算，并可利用实测、调查资料验证，应分析论证后选用合理的计算成果。

21.5.4 水文与泥沙条件复杂或基础型式复杂时，冲刷深度可通过水工模型试验确定。

22 可行性研究阶段气象勘测

22.1 勘测内容深度与技术要求

22.1.1 可行性研究阶段气象勘测的基本任务应从气象条件对线路路径方案的可行性提出意见，并应提供满足路径方案比较和技术经济分析的基本气象资料。

22.1.2 可行性研究阶段应搜集下列主要气象资料：

1 沿线邻近气象站的覆冰、大风、气温、雷暴日数等资料，以及气象站沿革、观测情况、观测场地形地貌特征。

2 路径地区已建输电线路的设计气象条件及运行情况，输电线路冰灾、风灾舞动等事故情况及线路改造的相关资料。

3 气象、通信、交通、农林部门的风灾、冰灾的相关记录资料与调查报告。

22.1.3 可能存在覆冰的地段应进行实地踏勘与覆冰情况调查核实。

22.1.4 重冰区应进行专项踏勘与调查，并应查明微地形微气候重冰段，同时应落实覆冰量级与分布。

22.1.5 1000kV架空输电线路经过大风区，应根据搜集的路径区域大风资料与必要的踏勘调查资料，可选用频率统计、重现期调查、风压图等方法，应初步估算100年一遇、离地10m高、10min平均最大风速，并应初步划分风区。

22.1.6 1000kV架空输电线路经过重冰，应根据搜集的路径区域覆冰资料与专项踏勘调查资料，可选用调查法或频率统计法，分析计算100年一遇、离地10m高的最大标准冰厚，并应经分析论证后确定各级冰区。

22.1.7 资料缺乏的重冰区，宜开展覆冰观测的相关工作。

22.2 勘测成果

22.2.1 可行性研究阶段的气象勘测成果主要为气象搜资踏勘报告，应在充分分析研究搜集、调查、踏勘资料的基础上编制。

22.2.2 可行性研究阶段的气象勘测成果应包括下列主要内容：

1 100年一遇、离地10m高、10min平均最大风速与风区划分。

2 100年一遇、离地10m高的最大标准冰厚与冰区划分。

3 累年平均气温、极端最高与极端最低气温及其出现时间。

4 累年最大冻土深度。

5 累年年平均与年最多天气日数。

22.2.3 可行性研究阶段的气象搜资踏勘报告应包括下列主要内容：

1 路径概况，勘测任务依据，主要勘测工作内容，工作过程简述。

2 路径区地形地貌与气候概况，沿线气象站概况以及观测资料对线路的代表性评价。

3 沿线覆冰搜资调查结果，分析计算各路径方案的覆冰量级与冰区分布。

4 沿线大风搜资调查结果，初定各路径方案设

计风速与风区。

5 设计所需的气象特征参数。

6 各路径方案气象条件综合比较与评价，推荐气象条件优越的路径方案。

7 结论与建议。

23 初步设计阶段气象勘测

23.1 勘测内容深度与技术要求

23.1.1 初步设计阶段气象勘测应在可行性研究气象勘测基础上，对推荐方案进行补充搜资和全线查勘，优化风区和冰区，并应提供线路路径优化与设计需要的全部气象资料。

23.1.2 初步设计阶段应搜集下列主要气象资料：

1 沿线邻近代表性气象站的覆冰、风、气温、冻土、天气日数等资料，以及气象站沿革、观测情况、观测场地形地貌特征。

2 路径地区已建输电线路的设计气象条件及运行情况，输电线路冰灾、风灾舞动等事故情况及线路改造的相关资料。

3 气象、通信、交通、农林部门的风灾、冰灾的相关记录资料与调查报告。

23.1.3 对搜集到的资料，应注明搜集时间、编制单位、资料年代、整编方法，并应对资料进行可靠性、一致性、代表性审查与实用性评价。

23.1.4 重冰区应进行复查，并应对风口、迎风坡、突出山脊（岭）等微地形微气候区的覆冰分布特点做深入查勘。

23.1.5 设计风速的确定，应根据路径区域搜集的大风资料与踏勘调查资料，可选用频率统计、重现期调查、风压图等方法，分析计算100年一遇、离地10m高、10min平均最大风速，并应经充分分析论证与优化后推荐可供设计使用的风区。

23.1.6 设计覆冰厚度的确定，应根据路径区域实测覆冰资料、沿线搜集覆冰资料与踏勘调查资料，可选用调查法或频率统计法，分析计算100年一遇、离地10m高的最大标准冰厚，并应经分析论证与优化后推荐可供设计使用的冰区。

23.2 勘测成果

23.2.1 初步设计阶段的气象勘测成果主要为气象报告，必要时还应有覆冰、大风专题论证报告。报告应在充分分析研究实测、搜集、调查、踏勘资料的基础上编制。

23.2.2 初步设计阶段的气象勘测成果应包括下列主要内容：

1 100年一遇、离地10m高、10min平均最大风速与风区划分。

2 100年一遇、离地10m高的最大标准冰厚与冰区划分。

3 累年平均气温、极端最高与极端最低气温及其出现时间，最大风速月的平均气温，覆冰同时气温。

4 累年最大冻土深度。

5 累年年平均与年最多雷暴日数，累年年平均与年最多雾日数。

23.2.3 初步设计阶段的气象报告应包括下列主要内容：

1 路径概况，勘测任务依据，主要勘测工作内容，工作过程简述。

2 路径地形地貌与气候概况，沿线气象站概况以及观测资料对线路的代表性评价。

3 沿线覆冰搜资调查结果，线路路径设计冰厚与冰区。

4 沿线大风搜资调查结果，线路路径设计风速与风区。

5 线路设计所需的气象特征参数。

6 结论与建议。

7 相关附图，应包括重冰区线路路径冰区图、路径断面冰区图、线路路径风区图等。

23.2.4 覆冰专题论证报告应包括下列主要内容：

1 工程路径概况，工作过程简述。

2 路径地形地貌与气候概况，覆冰成因，冰区分布及其覆冰特点。

3 观冰站及资料情况，气象参证站及覆冰气象资料情况，覆冰调查资料，各区段标准冰厚计算结果。

4 覆冰重现期分析，设计冰厚与冰区划分成果，各重冰段说明。

5 结论与建议。

6 相关附图，应包括线路路径冰区图、重冰区路径断面冰区图、相关的覆冰照片与冰灾线路照片等。

23.2.5 大风专题论证报告应包括下列主要内容：

1 工程路径概况，工作过程描述。

2 区域大风特性。

3 实测风速资料分析计算结果，大风调查及分析结果，成果合理性分析。

4 附近区域已建线路设计风速及运行情况。

5 微地形大风分析结果。

6 设计风速与风区划分成果。

7 结论与建议；相关附图。

24 施工图设计阶段气象勘测

24.1 勘测内容深度与技术要求

24.1.1 施工图设计阶段气象勘测应在初步设计阶段气象勘测基础上，复核初步设计阶段确定的气象条件。

24.1.2 施工图设计阶段应对重冰区进行复查，并应对风口、迎风坡、突出山脊（岭）等微地形做深入查勘，应合理可靠地确定不同冰区分界塔位，并应提出线路抗冰措施建议。

24.1.3 施工图设计阶段应对特殊大风地段进行复查，并应对风口等微地形进行深入查勘，应合理可靠地确定不同风区分界塔位。

24.2 勘测成果

24.2.1 施工图设计阶段的气象勘测成果主要为气象报告，应在复核初步设计阶段成果和充分分析现场复查资料的基础上编制。

24.2.2 施工图设计阶段的气象勘测成果应包括下列主要内容：

1 100年一遇、离地10m高的最大标准冰厚与冰区划分。

2 100年一遇、离地10m高、10min平均最大风速与风区划分。

24.2.3 施工图设计阶段气象报告应包括下列主要内容：

1 路径概况，勘测任务依据，主要勘测工作内容，工作过程简述。

2 沿线微地形重冰区复查结果，线路塔位设计冰厚。

3 沿线微地形大风复查结果，线路塔位设计风速。

4 结论与建议。

5 相关附图。

25 气象调查

25.1 一般规定

25.1.1 气象调查应包括大风调查和覆冰调查等。调查前应先拟定调查提纲，并应确定调查范围和调查点，以及调查单位和内容。

25.1.2 气象调查应全面、真实、清楚、可靠。对设计冰厚为20mm及以上重冰区和设计风速为27m/s及以上特殊大风区，应进行重点调查、逐段查勘，并应判明冰区、风区分界点。

25.1.3 气象调查应当场记录、现场整理，并应及时编写调查报告，并应进行合理性审查和可靠性评价，发现问题应及时复查。重要路径段或气象条件复杂路径段的现场查勘，应由至少2名气象技术人员参加，并宜进行录音、拍照和摄像等。

25.2 大风调查

25.2.1 大风调查纵向范围应包括路径全线。横向范围应为线路附近3km～5km范围。山顶、风口、海岸等特殊地形点应进行微地形、微气候调查，并应了解风速的增大影响；情况复杂时可进行简易对比观测。区域性大风灾和电力工程风灾事故，应组织专项调查。

25.2.2 大风调查对象可为电力、邮电通信线路设计、运行维护和事故抢修人员，长期从事气象、勘测、巡线和供电安全检查人员，林区、景区、保护区及公路道班管理人员，以及民政救灾人员和当地居民等。

25.2.3 大风调查内容应包括下列内容：

1 大风发生时间、持续时间、风向、风力、同时天气现象（雷雨、冰雹、寒潮、热带风暴）、主要路径、影响范围、重现期。

2 大风对电力、通信线路、房舍、树木、农作物和其他建筑物的损毁情况。

3 风灾事故现场的地形、高程、气候、植被等情况。

25.2.4 大风调查应搜集下列资料：

1 县志等史料记载的历史风灾情况和气象站、民政局、档案馆等有关单位保存的风灾报告、影像资料。

2 沿线附近已建电力、通信工程和有关建筑物的设计风速、运行维护情况，以及发生风灾的灾情报告和事故修复标准。

3 区域建筑、气象部门对风速风压的研究成果和地区风压图。

25.3 覆冰调查

25.3.1 1000kV架空输电线路可能受覆冰影响的路径段，应进行覆冰调查。调查范围应为线路附近地区。调查点应选紧靠线路或与线路地形相似的村镇居民点、工厂、矿山、高山建筑物管理处，并应将其标注在线路路径图上。中、重冰区线路宜1km～2km布设一个调查点，轻冰区线路宜3km～5km布设一个调查点。

25.3.2 覆冰调查对象应是电力、邮电通信、交通等部门的运行、管理、维护人员及当地知情人，特别是高山公用移动通信基站、气象站和道班的冬季值班者。

25.3.3 覆冰调查应包括下列内容：

1 覆冰地点、海拔、地形、覆冰附着物种类、型号及直径、离地高度、走向。

2 覆冰发生时间和持续日数，当时的天气情况，包括气温、湿度、风向、风力、降雨、降雪、起雾等。

3 覆冰种类可根据实际情况分析判断，有雨凇、雾凇、雨雾凇混合冻结等。

4 覆冰的形状、直径、冰重。

5 覆冰的密度，包括颜色、透明程度、坚硬程度、附着力。

6 覆冰重现期，包括历史上大覆冰出现的次数和时间，以及冰害情况。

25.3.4 覆冰调查应搜集下列资料：

1 沿线附近已建输电线路的设计冰厚，投运时间，运行中的实测、目测覆冰资料，以及冰害事故记录、报告和事故后的修复标准。

2 通信线路的设计冰厚、线径、杆高和运行情况，以及冬季打冰措施、实测覆冰围长、厚度。

3 高山气象站、电视塔、微波站、道班的冰害事故记录和报告。

4 气象台站实测覆冰资料和大覆冰的起止时间与同时气象条件，以及天气系统过程。

5 地区冰区划分图。

25.3.5 山顶、风口、迎风坡等特殊地区，应作微地形、微气候调查和实地踏勘，并应了解对覆冰增大的影响。

25.4 气象专用站观测

25.4.1 1000kV架空输电送电线路的重冰区段和山区地形起伏变化大的地段，应根据实际情况建立观冰站和测风站。

25.4.2 观冰站应选择沿线附近重冰区内有代表性的典型地点建立，有条件的地方还可在一个山岭的两侧分设几个站点进行不同海拔、不同地形条件的对比观测；测风站应按不同地形、不同海拔建站观测。

25.4.3 建站时间应根据需要确定，观冰站可观测一个冬季或数个冬季，测风站可观测一年至数年。

25.4.4 观冰站观测内容应包括导线覆冰的长径、短径、重量（1m导线长度）、种类、起止时间、覆冰过程，覆冰期的气温、相对湿度、风向、风速、积雪深度和雨、雪、雾天气现象。测风站观测内容应包括各高度上的风向、风速。

25.4.5 观冰站、测风站资料在观测后应及时进行统计整理，应编制月报表和年报表，并应逐级校审，成果资料应准确可靠。

附录 A 测量标桩规格及埋设尺寸

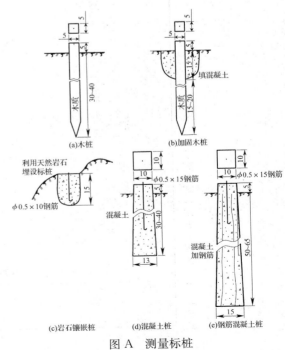

图 A 测量标桩

B. 0. 1 平地区输电线路平断面图样见图 B. 0. 1。

附录 B 输电线路平断面图样图

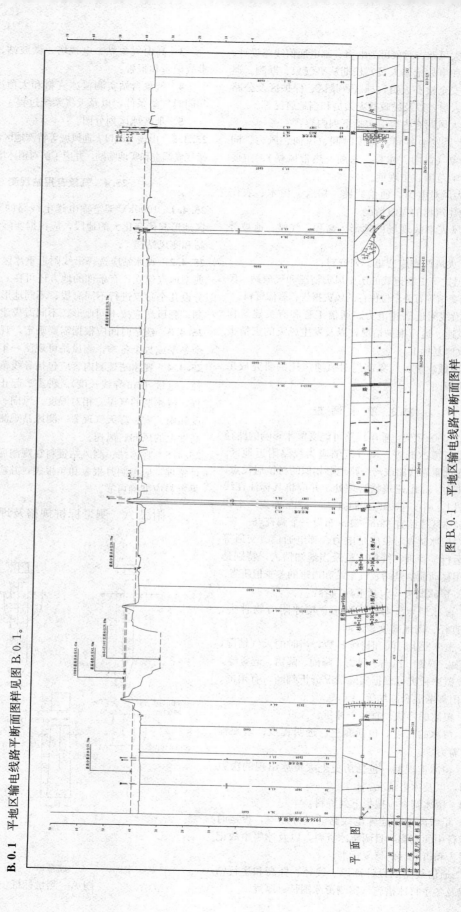

图 B. 0. 1 平地区输电线路平断面图样

B.0.2 平丘区输电线路平断面图样见图 B.0.2。

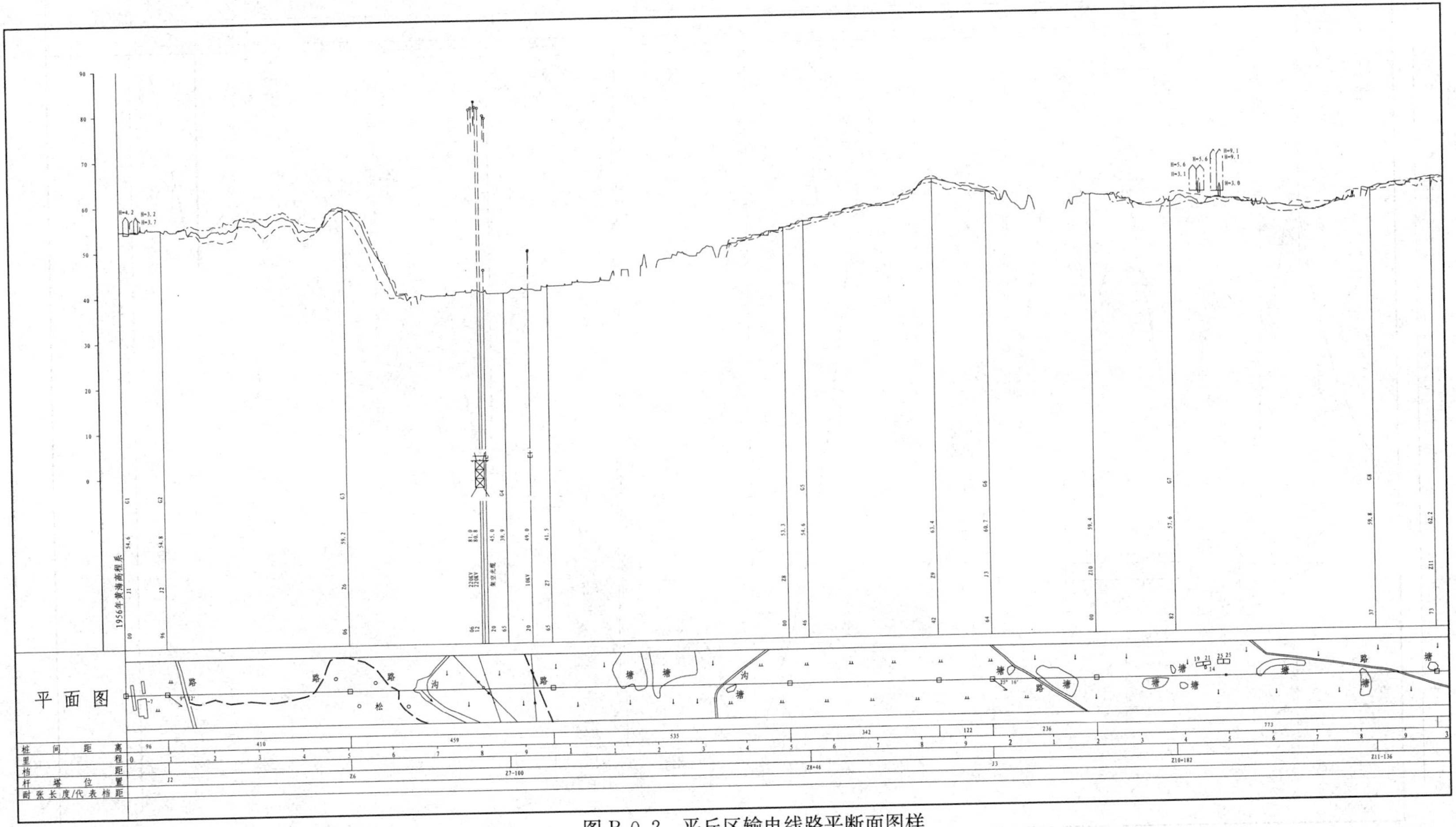

图 B.0.2 平丘区输电线路平断面图样

B. 0. 3 山区输电线路平断面图样见图 B. 0. 3。

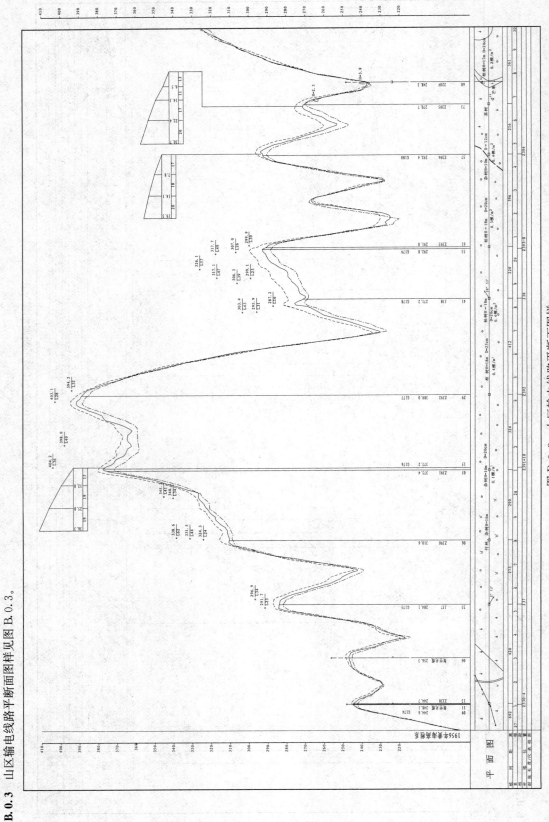

图 B. 0. 3　山区输电线路平断面图样

B.0.4 交叉跨越地区输电线路平断面图图样

交叉跨越地区输电线路平断面图图样见图 B.0.4。

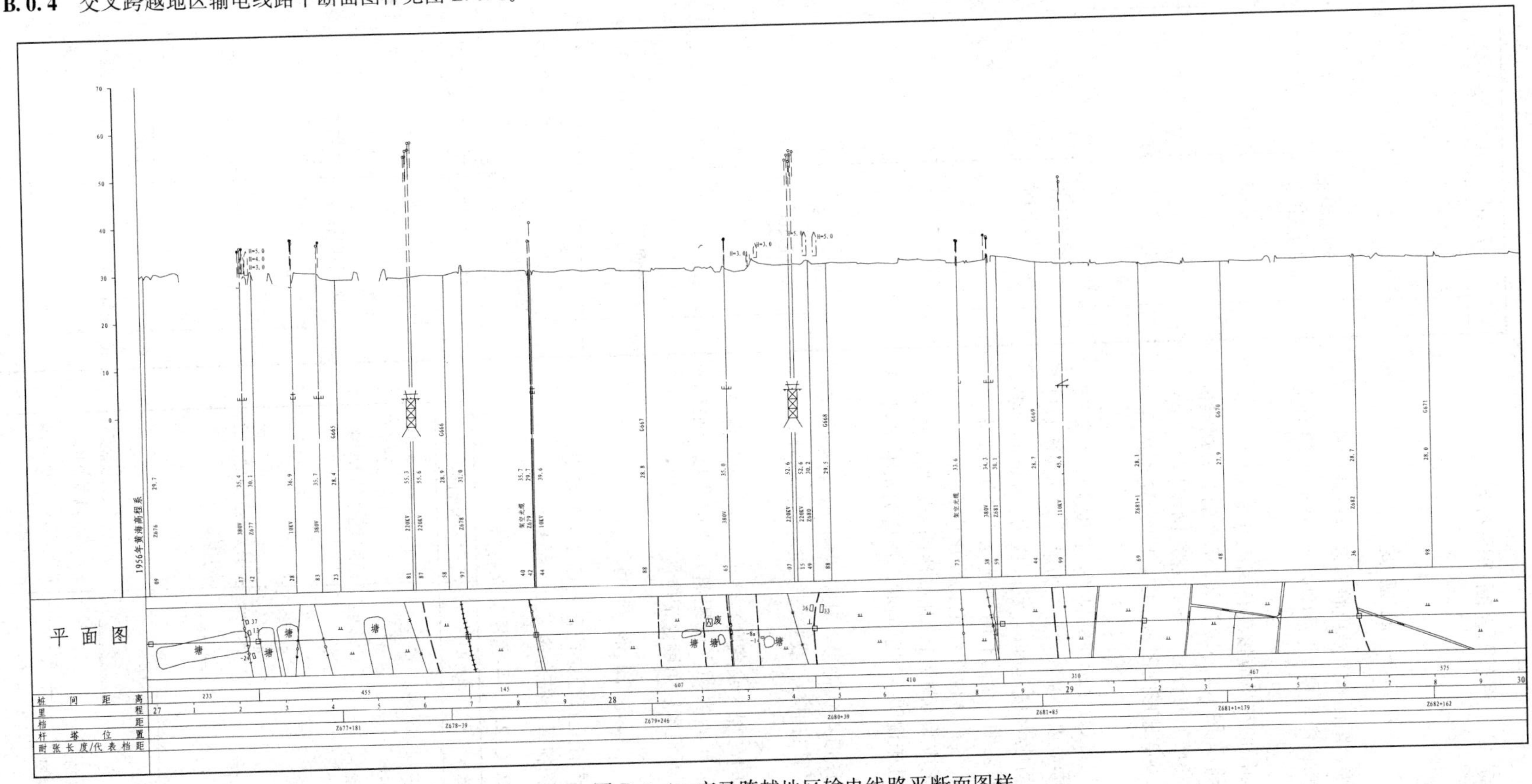

图 B.0.4 交叉跨越地区输电线路平断面图图样

附录 C 平面图、断面图符号表

C.1 一般规定

C.1.1 图幅、图标和图号应符合现行行业标准《电力工程勘测制图》DL/T 5156.1～5156.5 的有关规定。

C.1.2 平面图的符号应按现行国家标准《1∶5000，1∶10000 地形图图示》GB/T 20257.2 的有关规定执行。对改动和增加的符号，应按现行国家标准《1∶5000，1∶10000 地形图图示》GB/T 20257.2 的有关规定执行。

C.1.3 符号旁以数字标注的尺寸，长度应以"毫米"为单位，角度应以"度"、"分"为单位。凡未注明尺寸时，线划粗应为 0.18mm，点大应为 0.25mm。多边形符号，只注明一个边长时，应为正多边形。本图式中的注记、名称、说明注记宽高比为 1∶1，数值注记宽高比为 0.6∶1；凡未注明字高时，均应为 2.0mm；凡未说明字列字向时，均应为水平字列，字头应朝上。

C.1.4 几何图形点状符号，凡未说明时，符号应定位在其几何图形的中心。线状符号应定位在符号的中心线。

C.1.5 图中的高程（或高度）注记应以"米"为单位，应注至 0.1m；累距（或距离）注记应以"米"为单位，应注至整米；角度注记应注至"分"。

C.2 图形符号

C.2.1 平面图补充符号应符合表 C.2.1 的规定。

C.2.2 断面图符号应符合表 C.2.2 的规定。

表 C.2.1 平面图补充符号

编号	符号名称	图形及尺寸	简要说明
1	房屋 a. 依比例尺的 b. 不依比例尺的		符号按真方向绘出，并注记房屋的结构和层数
2	大车路 a. 不依比例尺的 b. 依比例尺的		路宽超过 5m 时，依比例尺绘制
3	架空索道 a. 图内有支架的 b. 图内无支架的		架空索道支架位置实测表示，图内无支架时，用符号 b 表示，符号绘在线路中心线处

续表 C.2.1

编号	符号名称	图形及尺寸	简要说明
4	电力线 a. 图内有杆塔的 b. 图内无杆塔的		电力线按电压等级，380V 以内用单箭头，10kV 以上用双箭头，杆塔位置实测表示。图内无杆塔时，用符号 b 表示，绘在线路中心线处
5	通信线 a. 图内有线杆的 b. 图内无线杆的		通信线线杆位置实测表示。图内无线杆时，用符号 b 表示，绘在线路中心线处
6	地下电缆 a. 地下电力线 b. 地下通信线		地下电力线按电压等级，380V 以内用单箭头，10kV 以上用双箭头
7	地下管道		
8	埋设标桩	□∶1.5	埋设的永久性和半永久性的桩位用此符号表示
9	转角 3°22′—转角度数		符号在线路中心线之上表示路径左转，符号在线路中心线之下表示路径右转
10	杆塔号注记		一二级通信线、35kV 以上等级的电力线应注记与线路交叉处线路两侧的杆塔号。杆塔不在图内时，注记在平面图内外栏线之间

编号	符号名称	图形及尺寸	简要说明
11	交叉角注记	79°23′	通信线、地下通信线、铁路、高速公路应注记与线路交叉的锐角或直角
12	通向注记	广州 清竹 武汉 花市	铁路、高速公路和等级公路应当注明通向，注记在平面图内外栏线之间。铁路通向可注记大的客站，高速公路通向可注记出入口，等级公路通向可注记大的居民点
13	里程注记	长沙 12km+360m 武汉	铁路、高速公路等应注与线路交叉处的里程，精确到10m。注记注在平面图中心线交叉空白处

表 C.2.2　断面图符号

编号	符号名称	图形及尺寸	简要说明
1	中心断面线 a. 依比例尺的深渠或小沟 b. 不依比例尺的深渠或小沟 c. 河流水位线 d. 深沟或山谷		反映线路中心地面起伏形状的地面线叫作中心断面线。对未测深度的渠或宽度不大未测深度的小沟用符号a或b表示。河流现有的水位线用符号c表示，洪水位线也用此符号表示。对山谷、深沟等未实测之处用符号d表示，虚线的长度和角度依实际情况而定
2	边线断面线 a. 左边线 b. 右边线		反映线路边导线地面起伏形状的地面线，叫作边线断面线。边线位置根据实际的导线间距而定

编号	符号名称	图形及尺寸	简要说明
3	风偏横断面 a. 中线有测点的 b. 中线无测点的 1111.2-起测点高程		横断面图以线路中心线为起点，图形底部下面一栏注记距离，上面一栏注记高差。高差注记为垂直字列，字头朝左。左横断面绘在起点的左侧，右横断面绘在起点的右侧。当中线有测点时，图的起点与中线测点相连；当中线无测点时，用图b表示，距离栏的第一个数字表示第一个测点至中线的距离。横断面图宜布置在中心断面线之上，起点线向下画；当断面线上比较拥挤布置有困难时，也可绘于中心断面线之下，起点线向上画
4	风偏点 L—点在中线左侧 20—点至中线距离	35.0 / L20	风偏点是指有风偏影响的地形点。需要注明点在线路中心线的哪一侧以及点至线路中心线的距离。"L"表示该点在中线的左侧，"R"表示该点在中线的右侧，35.0为高程
5	架空交叉跨越高度点 19-点至中线距离 1) 最高线高度点 a. 点在中线 b. 点在边线以内（含边线） c. 点在边线以外 2) 杆高点 3) 其他高度点		电力线、通信线、架空索道、架空管道、渡槽等架空地物应绘制交叉跨越高度点。 1) 当高度点在中线上时，与中线地面测点相连。当高度点在边线以外时，标注该点到中线的距离。 2) 杆高以实心圆表示。 3) 架空管道、渡槽等架空地物的交叉高度点表示方法
6	房屋断面	a b	中心线60m以内的房屋应绘制房屋断面。房屋在线路中心线上最宽的投影作为符号的宽度。a为边线内平顶房屋，b为边线外尖顶房屋

编号	符号名称	图形及尺寸	简要说明
7	投影线 　a. 桩位 　b. 杆塔位或门型架 　c. 电力线或通信线 　d. 其他交叉跨越	(图形见图示) a　b　c　d 15.0 杆型 G231 15.0 塔号 902.5 897.6 921.8 908.9 高程 55 34 110kV 大运公路 塔型 5.0 10.0 29 89 桩距 21 累距	中心断面线上的点至断面图高程起点线的垂线叫做投影线。在桩位、杆塔位及门型架、线路交叉跨越的架空地物、主要公路及铁路、地下电缆、地面及地下管道的中线交叉点位置绘制投影线。投影线上的注记为垂直字列，字头朝左，宜放在投影线的左侧。当投影线过于密集放在左侧有困难时，也可放在右侧，或断开投影线放在中心。 累距一栏注记累距百米后的零头，高程一栏架空地物注记中线交叉点的高程，其他地物注记地面高程。 电力线及地下电力线注记电压等级。一二级通信线注记等级、杆的材料。材料注记跟在等级之后用括号括起来，如：一级（木）。电力线和通信线还要绘制杆塔型。杆塔型符号根据需要自行设计，但高度统一为 13mm，宽度不得超过 6mm。 主要公路及铁路注记专有名称。电气化铁路注记接触网线高。 管道注记输送物名称，架空和地面管道还要注记管道材料。材料注记跟在名称之后用括号括起来，如：水（水泥）

附录 D　塔基断面图样图

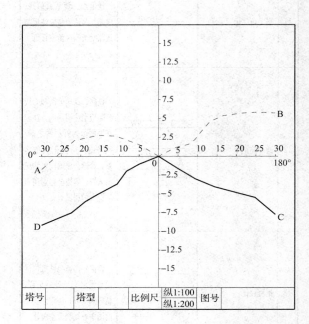

| 塔号 | | 塔型 | | 比例尺 | 纵1:100
纵1:200 | 图号 | |

图 D　塔基断面图样

附录 E　塔位岩土工程条件综合成果表

表 E　塔位岩土工程条件综合成果

杆塔(腿)编号		微地貌特征			地下水位埋深/变幅(m)			
岩土名称	层底深度(m)	岩土特征描述	重度(kN/m³)	黏聚力(kPa)	内摩擦角(°)	地基承载力特征值(kPa)	钻孔灌注桩	
							极限侧阻(kPa)	极限端阻(kPa)
主要岩土工程问题及建议：								
塔位照片								

附录 F 河流稳定性分类表

表 F 河流稳定性分类

河流类型	河段类型	稳定程度 序号 分类	形态特征	水文泥沙特征	河床演变特征	河段区别要点
山区河流	峡谷河段	I 稳定	1. 在平面上多急弯卡口，宽窄相间，河床为V形或U形 2. 河流纵断面多呈凸型，比降缓陡相连 3. 峡谷河段，河床狭窄，河岸陡峭多石质，中、枯水河槽无明显区别 4. 开阔河段，河面较宽，有边滩，有时也有不大的河漫滩和明显阶地，有的地方也会出现心滩和沙洲，比降较缓，河床泥沙较细	1. 河床比降陡，一般大于2‰ 2. 流速大，洪水时河槽平均流速可达到5m/s～8m/s 3. 水位变幅大，个别达到50m 4. 含沙量小，河床泥沙颗粒较大；由于流速大，搬运能力强，故洪水时河床上有卵石运动	1. 河流稳定，变形多为单向的切蚀作用，速度相当缓慢 2. 峡谷河段的进口或窄口的上游，受壅水的影响，洪淤枯冲 3. 开阔河段有时有较厚的颗粒较细的沉积物，且多呈洪冲、枯淤变化 4. 两岸对河流的约束和钳制作用大	峡谷河段，河床窄深，床面岩石裸露或为大漂石覆盖，河床比降大，多急弯、卡口，断面呈V形或U形。 开阔河段和顺直微弯河段，岸线整齐，河槽稳定，断面多呈U形，滩、槽分明，各级洪水流向基本一致
平原区河流	顺直微弯河段	III 稳定	1. 平原区河流，平面外形可分为顺直微弯型、分汊型、弯曲型、宽滩型和游荡型 2. 河谷开阔，有时河槽高出地面，靠两侧堤防束水 3. 河流横断面多呈宽浅矩形，通常横断面上滩槽分明，在河湾处横断面呈斜三角形，凹岸侧窄深，凸岸侧宽且高的边滩，过渡段有浅滩、沙洲 4. 枯水期河槽中露出多种形态的泥沙堆积体 5. 由于平原区河流多河弯、浅滩连续分布，因此，河床纵断面亦深浅相间	1. 河床比降平缓，一般小于1‰，有时不到0.1‰ 2. 流速小，洪水时河槽平均流速多为2m/s～4m/s 3. 洪峰持续时间长，水位和流量变幅小于山区河流 4. 河床泥沙颗粒较细；水流输送泥沙以悬移质为主，多为细沙、粉沙和粘粒	1. 顺直微弯河段，中水河槽顺直微弯，边滩呈犬牙交错分布；洪水时边滩向下游平移，对岸深槽亦向下游平移 2. 分汊段，中高水槽分汊，两汊可能有周期性交替变迁趋势 3. 弯曲型河段，凹冲凸淤。自由弯曲型河段，由于周而复始的凹冲凸淤，随着凹岸侧冲刷下切和侧蚀，弯顶横移下行，凸岸侧成犁岗地形并扭曲弯向下游；与此同时弯曲河路径加长，阻力加大，颈口缩短，洪水时发生裁弯取直 4. 宽滩蜿蜒型河段，河床演变与弯曲型河段类似 5. 游荡型河段，河槽宽浅，沙洲众多，且变化迅速，主流、支汊变化无常	稳定性和次稳定性河段的区别，前者河槽岸线、河槽、洪水主流均基本稳定；后者河湾发展下移，主流在河槽内摆动。 分汊段，两汊有交替变迁的趋势；宽滩河段泛滥宽度很宽，达几公里、十几公里，滩槽宽度比、流量比都较大，滩流速小，槽流速大
	开阔河段	II III				
	分汊河段	III IV				
	弯曲河段	III IV 次稳定				
	宽滩河段	III IV				
	游荡河段	IV V 不稳定				

河流类型	河段类型	序号	分类	形态特征	水文泥沙特征	河床演变特征	河段区别要点
山区区河流	山前变迁河段	V	不稳定	1. 山前变迁河段，多出现在较开阔的地面、坡度较平缓的山前平原地带，河段距山口较远，其下多是比较稳定的平原河流，水流多支汊，主流徙徒不定，河槽岸线不稳，洪水时主流有滚动可能 2. 冲积漫流河段，距山口较近，河床坡度较陡；因为地势单调平坦，水流出山口后成喇叭形散开，流速、水深骤减，水流夹带大量泥沙落淤在山口坦坡上形成冲积扇	1. 河床比降介于山区和平原区之间，一般为1‰～10‰；但冲积漫流河段有时大于20‰～50‰ 2. 流速介于山区与平原区之间，洪水时河槽平均流速可达到3m/s～5m/s 3. 水流宽浅，水深变幅不大，既小于山区亦小于平原区 4. 泥沙中等或较大；在干旱、半干旱地区，洪水时往往携带大量细颗粒泥沙（既有悬移质又有推移质），是淤积的主要材料	1. 山前变迁型河段，泥沙与河床演变特点有类似平原游荡型河段之处，但其比降和泥沙颗粒皆大于平原游荡型河段；主要还是山前河流的特点，夺流改道之势更为凶猛迅速 2. 冲积漫流河段，通常无固定河槽，夹带大量粗颗粒泥沙的水流彼此彼，加以坡陡、流急造成水沙混合体奔突冲击，有很大的破坏力。洪水后，河床支汊纵横，支离破碎，没有固定河漫滩，是最不稳定的河段；河床有可能淤高	不稳定河段与次稳定河段的区别，前者主流在整个河床内摆动，幅度大，变化快，河床有可能扩宽；后者主流在河槽内摆动，幅度小。游荡性河段与山前变迁性河段的区别，前者土质颗粒细，冲刷深，回淤快，主流不仅在河床内摆动，甚至可造成河道改道；后者颗粒粗，冲刷浅，由于河岸淤高扩宽和主流摆动，造成主槽变迁，河岸傍切扩宽幅小。冲积漫流河段地貌大致具有冲积扇体特征，床面逐年淤高，较游荡性河段明显，洪水主流在高沟槽中通过
	冲积漫流河段	VI					
河口	三角港河口段	V	不稳定	1. 三角港河口段为凹向大陆的海湾型河口段 2. 三角洲河口段为凸出海岸伸向大海的冲积型河口；河口段沙洲林立，支汊纵横交错	比降一般小于0.1‰，流速也小；由于受潮汐影响，流速呈周期性正负变化；泥沙颗粒极细，多为悬移质	河口除受波浪和海流作用外，河流下泄的部分泥沙（进入河口后），由于受潮流和径流的相互作用，常形成拦门沙，加之咸、淡水交汇造成泥沙颗粒的絮凝现象，促进了泥沙的淤积，洪水期山水占控制的河段，可能有河床冲刷。因此很多河口段河床的冲淤变化很明显	区别要点同形态特征
	三角洲河口	VI					

注：1 表列河段为一般情况，山区河段为稳定性河段，但也有例外的情况。有的山区河流有次稳定的甚至有不稳定的河段，遇到这类场合，应根据具体河段的实际情况，分析其稳定性，决定采用何种勘测设计方法。

　　2 表中序号表示河段的稳定程度，序号越小，河段越稳定；序号越大，河段越不稳定。

附录 G　塔基局部冲刷计算

G.0.1 非黏性土河（海）床桥墩局部冲、刷，可选用下列公式计算：

1 局部冲刷65-1公式：

当 $V \leqslant V_0$ 时：

$$h_b = K_\xi K_{\eta_1} b_1^{0.6} (V - V_0') \quad (G.0.1\text{-}1)$$

当 $V > V_0$ 时：

$$h_b = K_\xi K_{\eta_1} b_1^{0.6} (V_0 - V_0') \left(\frac{V - V_0'}{V_0 - V_0'}\right)^{n_1} \quad (G.0.1\text{-}2)$$

$$K_{\eta_1} = 0.8 \left(\frac{1}{\overline{d}^{0.45}} + \frac{1}{\overline{d}^{0.15}}\right) \quad (G.0.1\text{-}3)$$

$$V_0 = 0.0246 \left(\frac{h}{\overline{d}}\right)^{0.14} \sqrt{332\overline{d} + \frac{10 + h}{\overline{d}^{0.72}}} \quad (G.0.1\text{-}4)$$

$$V_0' = 0.462 \left(\frac{\overline{d}}{b_1}\right)^{0.06} V_0 \quad (G.0.1\text{-}5)$$

$$n_1 = \left(\frac{V_0}{V}\right)^{0.25\overline{d}^{0.19}} \quad (G.0.1\text{-}6)$$

式中：h_b——局部冲刷深度（m）；

　　　　K_ξ——墩型系数，可按表 G.0.1 选用；

　　　　K_{η_1}——河（海）床土壤粒径影响系数；

　　　　$\overline{d}$——河（海）床土平均粒径（mm）；

　　　　b_1——基础计算宽度（m）；

V_0——河床泥沙起动流速（m/s）；

h——一般冲刷后的水深，不发生一般冲刷时，为原河道水深（m）；

V'_0——基础前始冲流速（m/s）；

V——一般冲刷后的垂线平均流速（m/s）；

n_1——指数。

2 局部冲刷 65-2 公式：

当 $V \leqslant V_0$ 时：

$$h_b = K_\xi K_{\eta_2} b_1^{0.6} h_{pm}^{0.15} \left(\frac{V - V'_0}{V_0} \right) \quad (G.0.1-7)$$

当 $V > V_0$ 时：

$$h_b = K_\xi K_{\eta_2} b_1^{0.6} h_{pm}^{0.15} \left(\frac{V - V'_0}{V_0} \right)^{n_2} \quad (G.0.1-8)$$

$$K_{\eta_2} = \frac{0.0023}{\overline{d}^{2.2}} + 0.375 \overline{d}^{0.24} \quad (G.0.1-9)$$

$$V_0 = 0.28 (\overline{d} + 0.7)^{0.5} \quad (G.0.1-10)$$

$$V'_0 = 0.12 (\overline{d} + 0.5)^{0.55} \quad (G.0.1-11)$$

$$n_2 = (V/V_0)^{-0.23 - 0.19 \lg \overline{d}} \quad (G.0.1-12)$$

式中：K_{η_2}——墩型系数，可按表 G.0.1 选用；

V_0——泥沙起动流速（m/s）；

V'_0——始冲流速（m/s）；

n_2——指数。

表 G.0.1 墩形系数及墩宽计算

编号	墩形示意图	墩形系数 K_ξ	基础计算宽度 b_1
1		1.00	$b_1 = d$
2		$K_\xi = K_{m\phi}$ $K_{m\phi} = 1 + 5 \left[\frac{(m-1)}{B_m} \phi \right]^2$ $K_{m\phi}$——桩群系数； B_m——桩群垂直水流方向的分布宽度； m——桩的排数	$b_1 = \phi$

G.0.2 黏性土河（海）床桥墩局部冲、刷，可按下列公式计算：

当 $h_p/b_1 \geqslant 2.5$ 时：

$$h_b = 0.83 K_\xi b_1^{0.6} I_L^{1.25} V \quad (G.0.2-1)$$

当 $h_p/b_1 < 2.5$ 时：

$$h_b = 0.55 K_\xi b_1^{0.6} I_L^{1.0} V \quad (G.0.2-2)$$

式中：I_L——冲刷范围内黏性土壤的液性指数，为 0.16~1.48。

G.0.3 当河（海）床由多层成分不同的土质组成时，分层土冲刷可采用逐层渐近计算法进行。

附录 H 设计风速分析计算

H.0.1 架空输电线路设计风速应通过气象站设计风速计算、大风调查资料、沿线地形气候特征、已建线路设计风速，以及运行情况、地区风压图等综合分析确定。

H.0.2 气象站设计风速计算应对气象站实测大风资料进行代表性、一致性、可靠性审定，对突出的特大值可通过大型天气过程分析、资料系列的不均一性分析、地区比审、气象要素相关、查阅史籍记载等方法进行审查。

H.0.3 气象站有 25 年以上的年最大风速资料时，可直接进行频率计算推求气象站设计风速；当气象站资料短缺时，可选择邻近地区地形、气候条件相似、有长期实测资料的气象站进行相关分析，展延资料序列后应进行频率计算。

H.0.4 气象站设计风速应经过下列步骤进行计算：

1 风速高度订正可按下列公式进行：

$$V_Z = V_1 \left(\frac{Z}{Z_1} \right)^\alpha \quad (H.0.4-1)$$

式中：V_Z——高度为 Z 处的风速（m/s）；

V_1——Z_1 高度处的风速（m/s）；

Z——设计高度（m）；

Z_1——风速器离地高度（m）；

α——地面粗糙度系数，可按表 H.0.4-1 选用。气象台站在开阔平坦地区时，地面粗糙度可按 B 类确定。

2 气象站风速资料为定时观测 2min 平均或瞬时极大值时，应进行观测次数和风速时距的换算，并应统一订正至国家标准《建筑结构荷载规范》GB 50009—2001 所要求的自记 10min 平均风速。次时换算可按下列公式进行：

$$V_{10min} = a V_{Tmin} + b \quad (H.0.4-2)$$

式中：V_{10min}——10min 平均最大风速（m/s）；

V_{Tmin}——定时 2min 平均或瞬时最大风速（m/s）；

a、b——系数，可通过搜集当地分析成果或根据资料计算确定，也可按表 H.0.4-2 采用。

表 H.0.4-1　地面粗糙度系数

类别	α	地面特征
A	0.12	近海海面、海岛、海岸、湖岸及沙漠地区
B	0.16	田野、乡村、丛林、丘陵及房屋比较稀疏的中小城镇和大城市郊区
C	0.22	有密集建筑群的城市市区
D	0.30	有密集建筑群且房屋较高的大城市市区

表 H.0.4-2　风速次时换算公式系数

时距	地　区	a	b
瞬时与10min平均风速	华北西北东北	0.65	0.50
	西南	0.66	0.80
	云南贵州	0.70	−1.60
	华南	0.73	−2.80
	华东华中	0.69	−1.38
	渤海海面	0.75	1.00
4次定时与10min平均风速	东北	0.97	3.96
	华北	0.88	7.82
	西北	0.85	5.21
	西南	0.75	6.17
	云南	0.625	8.04
	四川	1.25	—
	山东	0.855	5.44
	山西南、北部	0.834	7.40
	山西中部	0.749	8.56
	华东及安徽长江以南	0.78	8.41
	安徽长江以北	1.03	3.76
	江苏	1.184	1.49
	华中	0.73	7.00
	广东	1.00	3.11
	福建	0.91	4.96
	广西	0.793	4.71
	河北、北京	0.81	4.72
	天津	0.864	4.64
	北海	0.904	2.79

3　频率计算方法可采用 P-Ⅲ型分布或Ⅰ型极值分布。

H.0.5　山区风速应按工程实际情况通过大风调查和对比观测，并应分析移用附近气象站设计风速，可用山区风速调整系数。山区风速调整系数，宜采用实测资料分析成果；无实测资料时，山区闭塞地形可为 0.87～0.92；谷口、山口可为 1.10～1.23。

H.0.6　滨海线路的设计风速，由陆地上气象站风速计算确定时，应作陆地与海面的调整换算，调整系数应按表 H.0.6 选用。滨海线路工程设计风速取值，应作单站风速计算，并应作线路附近各站（包括海岛、海岸）的风速计算分析和大风调查，同时应计及线路与台站的地形差异等影响风速的因素，并应经综合分析后确定设计风速。

表 H.0.6　滨海风速调整系数

距海岸距离（km）	调　整　系　数
<40	1.00
40～60	1.00～1.05
60～100	1.05～1.10

H.0.7　确定设计风速，应重点对微地形微气候区段分析研究。风区划分应依据充分、划区合理，并应客观反映工程沿线的真实情况。

附录 J　设计覆冰厚度分析计算

J.0.1　架空输电线路设计覆冰厚度应通过实测与调查覆冰资料计算、沿线地形气候特征、已建线路设计冰厚，以及运行情况、地区冰区划分图等综合分析确定。

J.0.2　导线覆冰计算，可根据实际情况和设计要求，采用实测资料与调查资料相结合的方式进行。选用计算公式和参数应符合当地的覆冰情况，计算结果应进行合理性分析。

J.0.3　观冰站有 10 年以上的年最大覆冰厚度资料时，可直接进行频率计算推求观冰站设计冰厚。计算方法可采用 P-Ⅲ型分布或Ⅰ型报值分布。当沿线覆冰资料短缺时，可通过调查历史最大覆冰厚度进行标准冰厚计算，并应估算其重现期。

J.0.4　设计冰厚计算，应根据任务要求，结合影响设计冰厚的因素和沿线覆冰特征，以及资料情况进行，可按下列公式计算：

1　有实测覆冰资料时，可采用单导线设计冰厚计算公式计算：

$$B = K_h K_T K_\phi K_f K_d K_J B_0 \qquad (J.0.4-1)$$

式中：B——设计冰厚（mm）；

K_h——高度订正系数，应由实测覆冰资料计算分析确定；

K_T——重现期换算系数，应由实测覆冰资料计
算分析确定；

K_ϕ——线径订正系数，应由实测覆冰资料计算
分析确定；

K_f——线路走向订正系数，应由实测覆冰资料
计算分析确定；

K_d——地形订正系数，应由实测覆冰资料计算
分析确定；

K_J——档距订正系数，应由实测覆冰资料计算
分析确定；

B_o——标准冰厚（mm）。

2 不具备资料条件的地区，可采用下式计算：

$$B = K_h K_T K_\phi B_o \qquad (\text{J.0.4-2})$$

3 公式（J.0.4-2）中各订正系数可按下列计算
方法确定，或按经验系数选用：

1）高度订正系数 K_h 可采用下式计算：

$$K_h = \left(\frac{Z}{Z_o}\right)^\alpha \qquad (\text{J.0.4-3})$$

式中：Z——设计导线离地高度（m）；

Z_o——实测或调查覆冰附着物高度（m）；

α——指数，应由实测覆冰资料计算分析确
定，无资料地区可采用 0.22。

2）重现期换算系数 K_T，调查最大覆冰厚度的
估算重现期与设计重现期不同时，可按
表 J.0.4 订正。

表 J.0.4 重现期换算系数

设计重现期	调查重现期（年）							
（年）	100	50	30	20	15	10	5	2
100	1.00	1.10	1.16	1.28	1.32	1.43	1.75	2.42

3）线径订正系数 K_ϕ 应根据实测资料分析确
定，无实测资料地区可按下式计算订正：

$$K_\phi = 1 - 0.126\ln\left(\frac{\phi}{\phi_o}\right) \qquad (\text{J.0.4-4})$$

式中：K_ϕ——线径订正系数；

ϕ——设计导线直径（mm），$\phi \leqslant 30\text{mm}$；

ϕ_o——覆冰导线直径（mm）。

J.0.5 标准冰厚计算可根据实测或调查覆冰资料，
按下列公式计算：

1 据实测冰重的公式：

$$B_o = \left(\frac{G}{0.9\pi L} + r^2\right)^{0.5} - r \qquad (\text{J.0.5-1})$$

2 据实测覆冰长短径的公式：

$$B_o = \left[\frac{\rho}{3.6}(ab - 4r^2) + r^2\right]^{0.5} - r$$

$$(\text{J.0.5-2})$$

3 据调查或实测覆冰直径的公式：

$$B_o = \left[\frac{\rho}{0.9}(K_s R^2 - r^2) + r^2\right]^{0.5} - r$$

$$(\text{J.0.5-3})$$

式中：B_o——标准冰厚（mm）；

G——冰重（g）；

π——圆周率；

L——覆冰长度（m）；

a——覆冰长径（包括导线）（mm）；

b——覆冰短径（包括导线）（mm）；

r——导线半径（mm）；

R——覆冰半径（包括导线）（mm）；

K_s——覆冰形状系数（$K_s = b/a$）；

ρ——实测或调查覆冰密度（g/cm³）。

导线覆冰形状系数应由当地实测覆冰资料计算分
析确定，无实测资料地区可按表 J.0.5 选用。

表 J.0.5 覆冰形状系数

覆冰种类	覆冰附着物名称	K_s
雨凇、雾凇	电力线、通信线	0.80～0.90
雨雾凇混合冻结	树枝、杆件	0.30～0.70
湿雪	电力线、通信线、树枝、杆件	0.80～0.95

注：小覆冰 K_s 选用下限；大覆冰 K_s 应选用上限。

J.0.6 覆冰密度可根据资料条件采用不同的方法确
定，并应符合下列要求：

1 有实测覆冰资料地区，可根据资料情况选用
下列公式计算确定：

1）长短径法公式：

$$\rho = \frac{4G}{\pi L(ab - 4r^2)} \qquad (\text{J.0.6-1})$$

2）周长法公式：

$$\rho = \frac{4\pi G}{L(I^2 - 4\pi^2 r^2)} \qquad (\text{J.0.6-2})$$

3）横截面积法公式：

$$\rho = \frac{G}{L(A - \pi r^2)} \qquad (\text{J.0.6-3})$$

式中：ρ——覆冰密度（g/cm³）；

I——覆冰周长（mm）；

A——覆冰横截面积（包括导线）（mm²）。

2 无实测资料的地区，可分析借用邻近地区实
测导线覆冰密度资料。借用时应注意下列事项：

1）工程地与借用资料地应在同一气候区内，
覆冰种类相同，海拔大致相当。

2）雾凇和雨雾凇混合冻结覆冰的密度随海拔
升高而减小。

3 无实测覆冰资料，借用覆冰密度又有困难的
地区，覆冰密度可按表 J.0.6 选用。

表 J.0.6 覆冰密度

覆冰种类	雨凇	雾凇	雨雾凇混合冻结	湿雪
密度（g/cm³）	0.7～0.9	0.1～0.3	0.2～0.6	0.2～0.4

注：高海拔地区选用下限，低海拔地区选用上限。

本规范用词说明

1 为便于在执行本规范条文时区别对待，对要求严格程度不同的用词说明如下：

   1） 表示很严格，非这样做不可的：

      正面词采用"必须"，反面词采用"严禁"；

   2） 表示严格，在正常情况下均应这样做的：

      正面词采用"应"，反面词采用"不应"或"不得"；

   3） 表示允许稍有选择，在条件许可时首先应这样做的：

      正面词采用"宜"，反面词采用"不宜"；

   4） 表示有选择，在一定条件下可以这样做的，采用"可"。

2 条文中指明应按其他有关标准执行的写法为："应符合……的规定"或"应按……执行"。

引用标准名录

《建筑地基基础设计规范》GB 50007

《建筑结构荷载规范》GB 50009—2001

《建筑抗震设计规范》GB 50011

《岩土工程勘察规范》GB 50021

《湿陷性黄土地区建筑规范》GB 50025

《膨胀土地区建筑技术规范》GBJ 112

《土工试验方法标准》GB/T 50123

《工程岩体试验方法标准》GB/T 50266

《冻土工程地质勘察规范》GB 50324

《1：500，1：1000，1：2000 地形图航空摄影规范》GB/T 6962

《1：500，1：1000，1：2000 地形图航空摄影测量外业规范》GB/T 7931

《1：5000，1：10000，1：25000，1：50000，1：100000 地形图航空摄影规范》GB/T 15661

《全球定位系统（GPS）测量规范》GB/T 18314

《国家基本比例尺地图图式第 2 部分：1：5000，1：10000地形图图式》GB/T 20257.2

《火力发电厂工程测量技术规程》DL/T 5001

《电力工程勘测制图》DL/T 5156.1—5156.5

《建筑工程地质钻探技术标准》JGJ 87

《建筑桩基技术规范》JGJ 94

《建筑基桩检测技术规范》JGJ 106

中华人民共和国国家标准

1000kV 架空输电线路勘测规范

GB 50741—2012

条 文 说 明

制 订 说 明

本规范是根据住房和城乡建设部《关于印发〈2008 年工程建设标准规范制订、修订计划（第二批）〉的通知》（建标〔2008〕105 号）的要求，由中国电力工程顾问集团公司会同有关单位编制而成的。

本规范编制中主要遵循如下原则：

1. 坚持技术上的先进性、经济上的合理性、安全上的可靠性、实施上的可操作性原则。

2. 认真贯彻执行国家的有关法律、法规和方针、政策，密切结合工程自然条件，充分考虑设计、施工和运行的要求，为 1000kV 架空输电线路工程的安全和正常运行创造条件。

3. 全面总结多年来架空输电线路工程积累的丰富勘测经验和成果，特别是近期特高压输变电工程勘测工作经验。

4. 充分体现特高压输电线路勘测技术特点。

5. 按照目前国家基本建设工作程序，与设计阶段的划分相协调，分阶段编写各专业内容。

6. 注意与现行相关技术标准相协调。

7. 积极、稳妥地采用新技术、新工艺、新设备、新方法。

8. 注意标准的通用性和可操作性。

9. 对直接涉及工程质量、安全、卫生、环境保护等方面的要求，编制强制性条款。

10. 开展必要的现场调研和专题研究，为标准条文的制订奠定基础。

11. 标准编写的体例应符合《工程建设标准编写管理规定》中的相关要求。

本规范的编制中充分总结了近年来我国特高压1000kV 交流、±800kV 直流架空输电线路工程勘测的实践经验，同时借鉴了大量在 330kV、500kV、750kV 输电线路工程勘测中积累的丰富和成熟经验，并充分考虑了设计、施工、运行等方面的相关要求。编制组对新技术在输电线路勘测中的应用情况给予了

特别的关注。

为充分了解近年来自然灾害对电力设施的影响，对有关经验教训予以总结，并给本标准的编制提供有力的支撑，编制组确定了"采空区架空输电线路勘测评价现状调查"、"地震地质灾害对架空输电线路影响的调查与分析"、"导线覆冰灾害对架空输电线路影响的调查与分析" 3 个调研专题。

按照工程建设标准的编制工作程序，编制组在经过前期准备工作之后，首先编制了本规范的编制大纲，并邀请有关专家对编制大纲进行了评审，确定了本标准的主要框架。之后编制组转入征求意见稿的编制工作，2009 年 9 月规范征求意见稿完成。2009 年 10 月规范征求意见稿面向社会和部分单位正式公开征求意见，2009 年 12 月征求意见结束。2010 年 3 月编制组完成了征询意见的处理工作，转入送审稿编制工作。2010 年 4 月下旬，编制组完成本规范送审稿和送审文件的编制，送交中电联标准化中心。

为做好本规范的编制工作，编制组召开了多次会议，针对关键问题进行交流和讨论。2009 年 2 月编制组第 1 次工作会议对编制大纲进一步完善细化；2009 年 7 月编制组第 2 次工作会议对征求意见稿的初稿进行了内部讨论修改；2010 年 3 月编制组第 3次工作会议对规范征求意见稿公开征询得到的意见进行了集中处理与回复。

为了广大设计、施工、科研、学校等单位有关人员在使用本规范时能理解和执行条文规定，《1000kV架空输电线路勘测规范》编制组按章、节、条顺序编制了本标准的条文说明，对条文规定的目的、依据以及执行中需注意的有关事项进行了说明，还着重对强制性条文的强制性理由做了解释。但是，本条文说明不具备与标准正文同等的法律效力，仅供使用者作为理解和把握标准规定的参考。

目　次

1 总 则

1.0.1 目前在国际上还没有投入商业运行的特高压输电线路工程，我国特高压交流试验示范项目已经在2009年1月投产，因此，对于特高压架空输电线路工程勘测工作的技术要求、工作深度、技术和质量控制标准等方面，可供借鉴的国内外经验不多。随着特高压输变电工程项目勘测设计工作的逐步深入，迫切需要制定相关的技术标准来规范、统一和指导相关勘测工作。本标准的编制充分借鉴了近期特高压输电线路工程勘测工作成果。

3 基 本 规 定

3.1 测 量

3.1.1 航空摄影测量技术、遥感技术、卫星定位测量、激光测量技术都是应用于1000kV架空送电线路工程测量的技术和方法，不同的技术和方法生产产品的精度要求在本规范中应是一致的，只是表述的方式有差别。测量规范除对产品精度规定外，还对采用不同技术的工序、图形、操作方法都有要求。激光测量技术完成的测量产品理论上能满足本规范的要求，但目前在应用的工序、操作方法、过程控制上还不成熟，所以只能在通过精度检验，满足本规范相应的产品精度要求条件下采用。

卫星定位测量是利用多台接收机同时接收多颗定位卫星信号，确定地面点三维坐标的技术。卫星定位测量概念是导航卫星定位系统领域多元化或多极化的格局总体概括。本规范"卫星定位测量"涉及的定位系统包括美国的卫星定位系统——The Global Position System、俄罗斯的GLONASS卫星定位系统、欧盟委员会GALILEO卫星定位系统和我国北斗一号卫星导航定位系统。

3.1.2 现行国家标准《国家大地测量基本技术规定》GB 22021—2008中规定：测量采用中误差作为精度的技术指标，以2倍中误差作为限差。本规范予以采纳。

3.1.3 在可行性研究、初步设计、施工图设计各阶段的控制测量采用统一的坐标和高程系统既方便测量专业本身在一个工程中的数据利用，也使用户（电气、水文、岩土等专业、施工单位）使用方便。很多线路工程长达几百公里甚至几千公里，导致高斯投影变形很大（特别是东西方向的线路），对外控平差、航测内业断面、量距、定位、施工放样都有很大影响，所以为了控制投影变形，一个工程可选择多个中央子午线，虽保证了变形影响小，但会使各投影带交接处坐标数据接洽麻烦，所以要综合考

虑选择多个投影带及投影带的合理中央子午线。本规范对投影变形做出了"应计及投影长度变形"的原则规定。现行国家标准《工程测量规范》规定投影长度变形不大于2.5cm/km；《330kV～750kV架空输电线路勘测规范》规定投影变形值的允许偏差为5cm/km。

3.1.4 平断面图的平面测量范围主要根据工程的具体情况按照电气设计专业的要求确定。

3.1.5 测量原始数据文件和工程管理文件为测量专业需要保留的文件。工作中应避免交互式手工输入，修改原数据时应联动修改用此数据生成的相关数据和图形文件。校审重点应放在数据输入和交互式编辑内容上。测量提交的各类成品应包括相应的电子文件，主要为满足用户的要求。

3.1.6 对使用卫星定位测量技术进行平面坐标的联系测量、控制点测量、像片控制点测量、平断面测量、交叉跨越平面测量、地形图测量、塔位桩和直线桩测量的作业模式进行了规定。椭球基本参数一般包括主要几何和物理常数，即长半径、短半径、扁率、第一偏心率平方、第二偏心率平方、地球引力常数等。

3.1.7 本条对控制点的选择、观测方法提出了要求。

3.2 岩土工程勘察

3.2.1 本条对输电线路工程可行性研究、初步设计和施工图设计阶段岩土工程勘察的主要任务提出了基本要求。

可行性研究阶段主要是对线路走廊的岩土条件进行查勘，为路径方案的比选提供岩土依据。初步设计阶段岩土工程勘察的重点是线路路径，特别是对路径走向影响较大的路段、严重不良地质作用发育路段的岩土工程条件应重点查勘，避免出现因这些原因而在下阶段大规模改线的不利局面。施工图设计阶段岩土工程勘察的重点是塔基地基岩土特征，威胁塔基稳定的不良地质作用和地质灾害等，并对各塔基岩土工程条件进行论证、分析和评价，提出解决岩土工程问题的建议，为工程设计和施工提供依据，具有很强的针对性。

3.2.2 施工勘察不包括在施工图设计阶段勘察之内，一般在输电线路工程施工过程中进行。施工勘察不是一个固定的勘察阶段，是否进行施工勘察应视工程地质条件的复杂程度和工程需要而定。

对于岩溶强烈发育场地、采空区、人工填土分布地段、地下设施布置地段等，由于条件复杂，在施工图设计阶段勘察期间按照常规勘探不能查明其具体的岩土工程技术条件，宜在施工过程中根据具体的基础型式、基础位置和尺寸，结合基坑开挖情况，有针对性地进行勘探、分析和评价，并提出勘察报告。

对于某些有特殊要求的杆塔，例如需要对基桩

进行长期应力应变监测的杆塔等，施工图设计阶段勘察成果也难以满足特殊需要，在施工期间，应针对具体的要求进行勘探、监测、分析、评价。

3.2.4 输电线路工程地质条件复杂程度的划分，主要依据地形地貌、地层岩性、不良地质作用、地下水、地震烈度和线路通过的可能性等方面。条文中每一类别均平行给出了若干条件，使用中应结合各项条件综合判断后确定复杂程度类别。

3.3 水 文 勘 测

3.3.1 本条明确规定了特高压线路工程的水文要素设计标准。塔位冲刷计算时的洪水标准应为100年一遇。本条规定的防洪标准包括线路塔基冲刷分析计算时所采用的洪水标准。

3.3.2 为保证水文条件复杂路径段的水文要素的准确可靠，特制定本条款。

3.4 气 象 勘 测

3.4.1 气象条件是输电线路工程设计的基础资料，直接影响工程的经济合理性与运行安全性，必须真实、客观地反映，使之能经受输电线路工程长期运行的考验。

3.4.2 我国的气象观测站，除少数高山站外，均设立在各县（市）所在地，气象观测场一般位于平原或山间平坝，观测的气象资料与远离气象站的山区、特别是高山大岭的输电线路的差别较大。线路设计风速与冰厚，一般要经多个中间环节计算，且在计算中存在多种因素影响，存在一定的误差。因此，短缺资料地区设计风速与冰厚的分析确定应尽可能采用几种方法，通过对成果的综合比较，合理选用数据。

3.4.4 在现行行业标准《110kV～500kV架空送电线路设计技术规程》DL/T 5092—1999和《电力工程气象勘测技术规程》DL/T 5158—2002中，输电线路防御气象灾害的设计重现期标准，330kV及以下等级输电线路为15年一遇，500kV输电线路为30年一遇。已建的750kV输电线路也为30年一遇。根据我国已建输电线路的实际运行情况，特别是2008年我国南方发生的100年一遇的大雪冰冻灾害给该地区的电力系统造成严重破坏，不少杆塔倒塌、扭曲，导线断裂，后国家相关部门对电力工程的设防标准进行了调整，中国电力工程顾问集团系统多次组织专家对电力线路工程的设防标准进行了研讨，综合以上成果，本规范对1000kV架空输电线路设防气象灾害的标准规定为100年一遇。

3.4.6 大覆冰一般出现在山区，覆冰随地形变化复杂，一般缺乏实测资料，要准确定量线路设计覆冰参数，技术难度较大。覆冰对线路安全运行影响极大，覆冰量级的增加对线路造价增高影响十分显著。因

此，要求对重冰区线路的覆冰条件开展专题论证。

3.4.8 大量的冰害输电线路事故与测冰数据证明，导线覆冰受微地形、微气候的影响较大，覆冰量级分布复杂，一般线路冰害事故多发生在局部微地形、微气候点。这种微地形、微气候点主要分布在山区，一般气候恶劣，交通条件极差，输电线路经过类似地形段，运行维护困难，一旦出现冰害事故，难以及时抢修。当线路必须经过微地形、微气候重冰区时，为了提高线路运行抗冰安全性，应在分析计算值基础上增大10%以上安全修正值。覆冰受地形与气候影响非常复杂，目前总结的覆冰计算方法，仍需在进一步的实践应用中不断总结完善，因此，对微地形、微气候重冰区的冰厚取值，应十分慎重，宜考虑必要的安全裕度。

3.4.9 在缺乏实测资料的情况下，难以准确确定风速设计参数。大风对输电线路工程的安全运行和工程投资具有较大影响，因此对于缺乏资料的风灾频发地区，应开展专题研究。

4 可行性研究阶段测量

4.1 一 般 规 定

4.1.1 《中华人民共和国测绘成果管理条例》中界定的基础测绘成果有五类：为建立全国统一的测绘基准和测绘系统进行的天文测量、三角测量、水准测量、卫星大地测量、重力测量所获取的数据、图件；基础航空摄影所获取的数据、影像资料；遥感卫星和其他航天飞行器对地观测所获取的基础地理信息遥感资料；国家基本比例尺地图、影像图及其数字化产品；基础地理信息系统的数据、信息等。其中的基本比例尺地形图、影像图及数字高程模型等是输电线路可行性研究阶段较为常用的资料。

4.2 室 内 工 作

4.2.1 输电线路沿线基础测绘成果资料包括地形图、遥感卫星影像、数字高程模型等。

4.2.2 我国国家基本比例尺地形图共有七种：1：1000000、1：500000、1：250000、1：100000、1：50000、1：25000和1：10000。其中1：50000～1：250000地形图在本设计阶段最为常用。由于成图年代不同，地形图的内容以及其所采用的坐标系统、高程系统、图式等会有所不同，所以要求相同比例尺地图的坐标系统、高程系统、成图年代等尽量一致，以利于地形图的处理和使用。

4.2.3 要求多光谱波段数不少于3个，便于选取波段组合与较高地面分辨率的全色影像进行融合，生成尽量接近自然色彩的彩色影像平面图。遥感卫星影像地面分辨率不大于10m，可满足1：25000～1：100000

影像平面图成图需要。

4.2.6 目前，网格间距为25m的数字高程模型已覆盖我国大部分区域。此种数据按1:50000地形图图幅分幅，有着多种存储格式，使用时应根据需要进行格式转换。利用数字高程模型可进行断面分析，辅助线路杆塔规划。但由于数据为固定间隔，没有地形特征点，且数据生成时间可能已久，不能十分准确地反映实际的地形起伏状况。所以仅能获得概略断面数据，满足本阶段设计需要。表1为根据国家基础地理信息中心资料整理的数字高程模型精度情况。

表1 国家基础地理信息中心资料整理的数字高程模型精度情况

地形类别	基本等高距（m）	地面坡度（°）	高差（m）	格网点高程中误差（m）	内插点高程中误差（m）
平地	10 (5)	2以下	80以下	4	4×1.2
丘陵	10	2～6	80～300	7	7×1.2
山地	20	6～25	300～600	11	11×1.2
高山	20	25以上	600以上	19	19×1.2

5 初步设计阶段测量

5.1 一般规定

5.1.1 本条对初步设计阶段测量工作的主要内容进行了阐述。

5.1.2 像片控制点测量应以控制网为基准，但是可以与控制网测量同期进行。由于像片控制点测量精度普遍低于控制网测量精度，为了减少像片控制点测量误差对控制网测量精度的影响，应先进行控制网测量平差，然后以控制网为基准进行像片控制点测量平差。

5.1.3 本条规定了控制网测量应满足的测量精度要求。由于现行测量标准对同一等级测量的精度规定有所差异，因此本标准列举了输电线路测量宜执行的测量标准。

5.1.4 本条规定了像片控制点测量应满足的测量精度要求。

5.1.5 室内选择路径方案时，测量人员应了解可行性研究审查所确定的路径方案，基于对可行性研究阶段线路沿线情况的了解和掌握，通过补充搜集线路经过地区的地形图资料和线路沿线的已知坐标、高程控制点成果，为后续测量工作打好基础。

5.2 航空摄影

5.2.1 本条规定航空摄影应在路径确定后进行，可避免由于路径的更改而进行补飞的现象，一般在初步设计路径方案审查后进行。输电线路测量采用航空摄影测量技术，主要是为了提高工作效率和工作质量，优化路径和设计，降低工程造价。

5.2.2 航空摄影时，通常是对线路走廊进行单航带摄影，按转角段划分航带，并考虑到选线时路径调整的裕度。航带设计时应保证转角点离航带边缘至少大于500m，离航带两端至少大于一条像片基线的实地距离。当在路径选择困难、有比选方案或变电站、换流站线路密集区域，可采取多航带摄影或区域摄影。

5.2.3 航摄任务由委托单位提出，并和航摄执行单位共同商定有关具体事宜，制定航摄计划，签订航摄合同。航摄计划制订后，由航摄单位按国家规定向主管部门履行飞行申请手续，经批准后执行。

5.2.5 条文中只对23cm×23cm像幅的航摄仪作出规定。由于不同型号的航摄仪镜头，所摄像片具有的特性不同，并且能适用于作业的地形类别也有所不同。因此，必须根据测区地形类别来选择航摄仪镜头型号及其主距。

（1）常角或中角像片（即长主距像片）的特点是：由高差引起的像点投影差较小；对同样高差的两个像点，其左右视差较差要小。这两个特点，对具有大高差的山区或高山区及楼房高耸的城区非常有利，它可缩小投影差和使左右视差较差符合正常立体观察的要求。通常当左右视差较差超过15mm时，会使立体观察感到困难。

（2）宽角或特宽角像片（即短主距像片）的特点是投影差和左右视差较差都大。因此，它不利于山区而适合于平丘地区。

1）山区、高山区，若采用短主距像片，会使左右视差较差过于增大，造成立体观察感到困难，并可能存在着许多摄影"死角"而无法看成立体。另外过大的投影差，会给像片选线带来诸多不方便。所以，在山区、高山区及城建区，不宜采用宽角或特宽角摄影。

2）平丘地区，若采用短主距像片，由于增大了投影差、阴影和左右视差较差，则有利于像片的立体观察和判读调绘。所以，平丘地区应当采用宽角或特宽角摄影。

5.2.7 摄影比例尺与摄影航高。

（1）摄影比例尺（即像片比例尺）的选定。确定摄影比例尺主要是考虑航测的精度问题。由于航测的距离精度高于高差精度要求，所以，这里只考虑线路航测的高差精度问题。

一个像对内两点高差精度近似估算公式为：

$$m_h = \pm 1.22 \frac{H}{b} m_q \tag{1}$$

式中：H——摄影航高；

b——像片基线，分别取值为 90mm（平地）、80mm（丘陵）、74mm（山区）和 69mm（高山区）；

m_q——残余上下视差中误差，取值为 ± 0.015mm。

将 m_q 和 b 各种取值代入式（1），可得 m_h 估值如下：

$$m_h\,平地 = \pm H/4918 \approx \pm H/4900$$

$$m_h\,丘陵 = \pm H/4372 \approx \pm H/4400$$

$$m_h\,山区 = \pm H/4044 \approx \pm H/4000$$

$$m_h\,高山 = \pm H/3770 \approx \pm H/3800$$

平丘地区，通常采用宽角摄影，其 $f_k = 152$mm。当摄影比例尺分母 $M \leqslant 15000$ 时，$f_k = 152$mm 也适用于山区。山区、高山区，通常采用中角摄影，其 $f_k = 210$mm。

1）平地丘陵区，采用宽角摄影（$f_k = 152$mm），其比例尺范围为 1:8000～1:14000 是合适的。其相应的高差中误差 m_h 最大值为 ± 0.48m，满足平丘地区高差精度指标 ± 0.5m 的要求。

2）山区，当采用宽角摄影（$f_k = 152$mm）时，其摄影比例尺范围为 1:12000～1:15000，m_h 最大值为 ± 0.57m；当采用中角摄影（$f_k = 210$mm）时，其摄影比例尺范围为 1:10000～1:12000，相应航高为 2100m～2520m，m_h 最大值为 ± 0.63m。这两种情况，其航高均符合山区飞行航高的要求，其高差精度也均满足山区高差精度指标 ± 0.6m 的要求。

3）高山区，采用中角摄影（$f_k = 210$mm），其摄影比例尺范围为 1:10000～1:14000 是合适的。其相应的摄影航高为 2100m～2940m，符合高山区飞行航高的要求；其相应的高差中误差 m_h 的最大值为 ± 0.77m，满足高山区高差精度指标 ± 0.8m 的要求。

（2）摄影航高的选定。

我国飞机飞行的最低安全高度为离地面 600m，飞机航高在 1000m～4000m 时飞行稳定性较好。考虑到线路摄影的经济适用性和选线时的调整裕度，一般要求航带宽度不小于 2km。

由像片比例尺（1:M）计算公式：

$$\frac{1}{M} = \frac{f_k}{H} \tag{2}$$

可知，摄影主距 f_k 和摄影航高 H 决定了像片比例尺（1:M）。当选定了摄影仪主距，由像幅和带宽决定了像片比例尺，可计算出摄影航高。如 23cm×23cm 像幅的航摄仪，选择 152mm 主距，带宽 2.3km（像片比例尺 1:10000），可计算出航高为 1520m。

（3）当使用数码像机时，一般取地面分辨率 0.2m。当地面分辨率取 0.2m，带宽为 2.3km，国内主要使用的数码像机对应的航高和比例尺见表 2。

表 2 国内主要相机参数与对应的航高比例尺

航摄仪类型	DMC	UCX	UCD	SWC-4
焦距（mm）	120	100.5	101.4	35/50/80
像素	13824×7680	14430×9420	11500×7500	13000×11000
像素大小（μm）	12	7.2	9	6.8
物理像幅（mm×mm）	165.888×92.16	103.896×67.824	103.5×67.5	88.4×74.8
航高（m）	1668	2231	2261	2080
比例尺	1:13900	1:22200	1:22300	1:26000
备注				以 80mm 焦距为例

注：表中航高与比例尺按地面分辨率 0.2m、带宽 2.3km 设计。

5.2.10 航摄成果检查验收的方法有如下三种：

（1）数据测定法：就是采用人工量测和仪器测定，并以数据表示所测定的指标。如用解析法检查航摄底片的压平质量，就是一种数据测定的方法。它是应用解析空中三角测量的原理，将要检查的两个连续立体像对，在精密立体坐标量测仪上进行方位线定向后，测定每个像对的标准配置点及检查点的坐标和视差，并应用连续像对相对定向计算程序进行解算。如果在航摄过程中，底片没有得到严格压平，则地物点的构象就会产生移位，也就满足不了相对定向的几何条件。因此，可在解算相对定向元素的逐渐趋近过程中，检查模型定向点及多余检查点上的剩余上下视差 $\triangle q$ 是否为零或小于某一限定值作为评定底片压平质量的标准。

（2）样片比较法：就是在底片摄影质量检查抽样测定数据的基础上，根据有关航空摄影规范所规定的质量指标，制作出不同地区和不同景物特征的标准样片，如城市密集区、一般平地、丘陵地、山地、高山地等。在实际检查验收工作中，要通过对照同类样片进行比较的方法，鉴别摄影质量的优劣。

（3）目视检查法：该法是检查验收工作中经常采用的主要方法。对规范、合同条款的正确理解及应用摄影测量的实践经验，是目视检查者必须具备的基本条件。

5.2.11 对航摄底片、航摄像片和像片索引图的有关要求如下：

（1）底片编号应以反体字在乳剂面上注记，号码与航线前进方向一致，字大小为 4mm×6mm。片号应标注在像片左上角，片号应尽量靠近像幅边缘，但又不得压盖框标。同一摄区内不得出现重号。

（2）底片应进行装筒包装，每筒内装一卷或两卷底片。每卷底片应填写登记卡片一式两份，一份置于筒内，一份贴在筒外，卡片上注明项目名称、筒号、起止号码等。每卷底片的两端分别作出如下内容相同的注记：航摄日期、机组号、底片卷号、航摄仪类型及号码、主距、框标距、暗盒号、起止片号、总片数等。

(3) 由于数码摄影没有底片，应移交电子影像一份。资料移交后，航摄单位应保留航摄原始数据至少3个月。

(4) 像片应按航线段整理装盒，填写像片登记卡片一式两份，一份置于盒内，一份贴在盒上。卡片的内容应包括：项目名称、航线序号和每条航线的起止片号、片数及总片数。

(5) 像片索引图应标明航摄年月、航摄比例尺、制作者和检查者等有关内容。像片索引图应能如实反映所含范围内全部像片资料的情况。索引图的比例尺应尽量大些，要确保能够判读每条航线的像片号码。

5.3 控 制 测 量

5.3.1 控制测量包含控制网测量和像片控制点测量两部分工作，控制网是沿线路布设的基准网。采用卫星定位测量方法可以明显提高测量作业效率，并可保证测量精度要求，因此建议采用卫星定位测量进行控制测量工作。

5.3.2 控制点应选在靠近路径、交通方便、视野开阔、适合接收机工作的位置。在15°截止高度角以上空间不宜有障碍物。

控制点间距离不应大于10km，是综合考虑了GPS-RTK电台覆盖范围等因素而确定的。

5.3.3 GPS控制网相邻点间技术要求引自现行国家标准《全球定位系统（GPS）测量规范》GB/T 18314的相关规定，GPS测量大地高差的精度不应低于本规范表5.3.3规定的相邻点基线垂直分量的要求。对于线路控制网而言，E级GPS测量精度已经可以满足工程需要，但顾及相邻点间平均距离的要求，故将D、E级均列于表中。各级GPS控制网点位应均匀分布，相邻点间最大距离不宜超过该网平均点间距的2倍。

5.3.4 为了计算控制点在国家或地方坐标系中的坐标，应与国家或地方坐标系中的高等级坐标控制点进行联测，联测的点数不得少于2点。起算坐标成果应进行检验，检验合格后方可参与平差计算。

5.3.5 起算高程成果应进行检验，检验合格后方可参与平差计算。在水文测量精度要求较高的区域，当距离传递大于10km时，应采用GPS尽量多联测已知高程的控制点或水准点，逐段改正或建立高程异常数学模型，全线进行高程拟合改正。在线路较短且对高程测量精度要求较低的山区、丘陵区域，可采用高程拟合方法，但固定高程控制点的个数不得少于3个。

5.3.6 为了保证控制测量成果的可靠性，控制网应采用边联结形成闭合环或附和路线，而不应采用点联结。

5.3.8 像片控制点的选点条件的规定与国家标准的规定基本一致。像幅尺寸选择目前普遍使用的23cm×23cm像幅的像片和16cm×9cm像幅的数码像片。

5.3.9 单航线布点通常采用平高6点法，当航线段长度超过6个平高点要求的基线数范围时，则按每5条基线（23cm×23cm像幅）或每8条基线（16cm×9cm像幅）布设一对控制点的原则执行。

5.3.10 区域网内航线数的多少，应从工作量上考虑。航线数越多，将越增加航空摄影、外业控制和内业加密等方面的工作量。另外，区域网主要用于路径方案比选时的摄影，当主方案与比选方案相距较远时，应各自分别采用单航线摄影方式进行摄影；当主方案与比选方案相距小于10km时，才可考虑采用区域摄影方式一并进行摄影。

区域网平高点的布点，通常采用周边布点法进行。当区域网内的航线数不超过5条时，可按周边6点法或周边8点法布设平高点。

区域网航线方向每对高程点布点要求，与单航线布点相同。

5.3.11 有关选刺像片控制点和整饰控制片的要求，应与国家标准的规定相一致。

5.3.13 对卫星定位测量天线高量取的规定，主要是为了减少人为误差对测量精度的影响，确保高程测量成果的可靠性。本条仅提出了量取天线高的限差要求，由于接收机天线类型的多样化，天线高的量取部位各不相同，因此，作业前应熟悉所使用的接收机的操作说明，并严格按要求量取。

卫星定位测量是通过接收卫星发射信号来实现的，外界的其他无线电信号（如无线电通讯信号、微波信号等）会影响测量成果的精度，因此，在卫星定位测量过程中，接收机附近应避免使用无线电通讯工具。

由于卫星定位测量数据采集的高度自动化，其记录载体不同于常规测量，作业人员容易忽视数据采集过程的操作。如果不严格执行操作规定，如在同一观测时段内修改输入数据或配置文件，将造成测量成果超限而返工。

5.3.14 基线解算时，起算点在WGS-84坐标系中的坐标精度，将会影响基线解算结果的精度。单点定位是直接获取已知点在WGS-84坐标系中已知坐标的方法，实践表明，用30min单点定位结果的平均值作为起算数据，可以满足1×10^{-6}相对定位测量精度要求。

多基线解算模式顾及了同步环中独立基线间的误差相关性，而单基线解算模式则没有顾及这些。大多数商业化软件基线解算只提供单基线解算模式，在精度上也能满足工程测量的精度要求，因此，两种基线解算模式都是可以采用的。

5.3.15 由同步观测基线组成的闭合环为同步环。理论上同步环闭合差应为零，但由于观测时同步环基线间不能做到完全同步，以及基线解算模型的误差，从而引起同步环闭合差不为零。因此，应对同步环闭合差进行检验。

由独立基线组成的闭合环为异步环。异步环闭合差的检验是卫星定位测量质量检验的重要指标。其检验公式是按误差传播规律确定的，并取2倍测量中误差作为异步环闭合差的限差。

重复测量的基线称为复测基线。其长度较差是按误差传播规律确定的，并取2倍测量中误差作为复测基线的限差。

5.3.16 在异步环检核和复测基线比较检核中，允许舍弃超限基线而不予重测或补测。

5.3.17 无约束平差是为了提供平差后的 WGS－84 三维坐标，同时也是为了检验网内部精度及基线向量间有无明显的系统误差和粗差。

基线向量改正数的绝对值限差是为了对基线观测量进行粗差检验。因此要求基线向量各坐标分量改正数的绝对值，不应超过相应等级基线长度中误差的3倍，否则认为该基线或附近基线含有粗差，应采用软件提供的自动或人工方法剔除含有粗差的基线。

5.3.18 约束平差是为了获取卫星定位控制测量成果在国家或地方坐标系中的坐标成果。约束平差是以国家或地方坐标系的控制点坐标、边长和坐标方位角作为约束条件进行平差计算。

强制约束是指所有已知条件均作为固定值参与平差计算，不需要考虑起算数据的误差。此时要求起算数据应有很好的精度且精度比较均匀，否则，将引起卫星定位控制网发生扭曲变形，显著降低控制网的精度。

加权约束是指考虑所有或部分已知约束数据的起始误差，按其不同的精度加权约束，并在平差时进行适当修正。定权时，应使权的大小与约束值精度相匹配，否则，会引起卫星定位测量控制网的变形，从而失去约束的意义。

对已知条件的约束，有三维约束和二维约束两种模式。三维约束平差的约束条件是控制点的平面和高程三维坐标，而二维约束平差的约束条件是控制点的平面坐标、水平距离和坐标方位角。

5.4 路径走廊调绘

5.4.1 像片判读即在航摄像片上根据成像规律和影像特征（影像的形状、大小、色调、阴影、纹理、图案、相关位置和人类活动规律等），对地物地貌的内容、性质、特征及名称等进行辨认，并确定影像所代表的内容，识别出地表面上相应物体的性质和境界。依据像片判读技术，补充和完善航摄像片信息内容的工作称之为像片调绘。像片调绘主要是确定地物、地貌的类别和性质，可采用室内判绘、野外调绘和实测的方法进行。调绘范围为输电线路路径中心左右

各 300m。

5.4.2 像片调绘应以室内判绘为主，只将遗留的难点放到野外调绘去解决。野外调绘重点是交叉跨越、平行接近、新增地物、变化地形和微地物、微地貌等。

调绘内容主要归结为确定平面位置和高度两项。一般只采用简单工具（立体镜、刺点针、皮尺、小钢卷尺、花杆或带分划的长竹杆等），特别需要时才采用仪器实测（如处于临界值的交叉角、转角；较高的跨越高度；变化地形和新增地物的补测等）。

5.4.3 像片调绘主要是为了确定地物、地貌的类别和性质，因此，调绘时应对地物、地貌类别和性质判读准确，若能搜集到相关的图文资料，将更有利于像片判读的可靠性。

5.4.4 重要交叉跨越的高度，是指一、二级通讯线、10kV 及以上电力线的跨越点线高及杆高。对于 10kV 及以下电力线，等级通信线、架空光缆、架空索道等架空地物，一般其线高及杆高在 10m 以下，可以采用花杆或竹杆直接量取。对于 10kV 以上电力线，考虑到安全因素应采用仪器实测。一、二级通讯线及地下电缆与线路的交叉角接近临界值时，应采用仪器实测。当线路与交叉跨越物的交叉角较小时，其中线与边线的跨越点可能相距较远。因此，边线的跨越以及风偏影响可能会被疏忽。所以，调绘时要特别注意这些问题。

35kV 及以上电压等级的电力线的跨越位置，还需通过调绘将杆塔平面位置准确刺出。杆塔高度应采用仪器实测，如设计有要求时，尚需测量路径跨越电力线的弧垂点的高度。

5.4.5 在进行平面调绘时，经济作物种类要予以区分，如甘蔗、果树和茶树等；森林的调查调绘工作，应在像片上相应位置标出树木的种类和高度等。

5.4.6 调绘应实测工矿区、无线电发射塔、飞机导航台、地震监测站、规划设施等地物，建（构）筑物的用途要区分住人、仓库或是牲口圈；道路含公路和铁路，公路路面材料应区分水泥、沥青或砾石；水系含河流、湖泊和水库等。调绘像片上应有调绘者的签署和调绘日期，便于对信息的追溯和资料完整性的要求。

5.5 空中三角测量

5.5.1 空中三角测量应使用数字化摄影测量系统。空中三角测量所需的资料应包括：航空摄影资料、外业资料和搜集的资料三大部分。

（1）航摄资料包括航摄仪技术数据表及鉴定表和航摄质量鉴定表等文件，扫描的数据影像文件或数字影像等。

（2）外业资料包括外业控制成果和控制片。控制成果是空中三角测量的配准依据。控制观测及计算手

簿、控制片等,是供空中三角测量成果分析及差错处理的备查资料。

(3) 搜集资料包括地形图及测区已有的控制成果资料。

空中三角测量作业员在接受上述三方面资料之后,应检查资料项目与内容是否齐全,并分析这些资料是否能满足内业加密和测图的要求。

5.5.2 航片扫描首先按技术设计分析,确定扫描分辨率。扫描仪应定期检校,或在大型工程开始前进行检校。检校内容包括:辐射校准、平台校准、几何校准。扫描时应保证标志清晰,无漏扫框标现象。扫描时应保证同一航线或整个摄区的影像色调基本一致。可采用首、尾片及中间一片进行测试,如果结果相近,则取中数作为统一的扫描参数使用。否则应分区、分段甚至分片调整。

5.5.4 根据数字摄影测量系统的要求,按照本标准布置加密点的位置,不允许上、下排点的数量不均匀。外业控制点选刺目标为明显地物点,量测必须依据外业控制片上的说明、点位略图及刺孔进行综合判断,然后采用立体量测。

5.5.6 有关空中三角测量成果分析及处理的问题说明如下:

(1) 当内业方面的观测点,外业成果转抄与输入和摄影参数数值(如主距、框标值、摄影比例尺)等出错时,必须更正并重新用仪器量测和计算。

(2) 当外业控制点刺错,应根据点位说明与略图结合像片上目标影像进行重新量测计算。外业控制点计算错或成果转抄错的,应更正并重新计算。

(3) 错点改刺应在排除了内、外业观测和计算的错误之后进行。改刺时应按误差的方向、大小所提供的范围进行改刺;改刺后的点位应与外业刺孔略图及说明基本相符;经重新观测、计算以后,平面和高程的不符值应在限差以内。

5.7 室内选择路径方案

5.7.1 室内路径方案选择应由勘测、设计人员共同完成。应充分利用已建立的三维数字模型、勘测设计人员搜集和现场取得地形地貌资料、规划区、军事区、矿区、植被等情况,合理选择路径。三维可视环境除包括三维数字模型外,还应具备提取断面、电子模板排位、量算等选线工具。

5.7.5 选择路径后,应量测线路两侧房屋偏距和面积,根据设计要求统计房屋面积等情况,绘制房屋面积图。

5.8 现场工作和测量成果

5.8.1 在初步设计阶段,重点应放在对影响路径方案的规划区、协议区、拥挤地段、大档距、重要交叉跨越及地形、地质、水文、气象条件复杂地段的踏勘。对于关键塔位需实测塔位坐标。

由于特高压输电线路影响范围较大,因此,平断面图的测量范围扩大为线路中线两端各75m,对于局部大档距可根据设计需要适当扩大测量范围。

对于协议要求取得统一坐标的区域,需要进行坐标联系测量。

5.8.2 对于变电站或发电厂待建架构,应依据变电站或发电厂的控制点予以放样。但为了确保架构测量成果与线路坐标系统的一致性,还需要与输电线路坐标系统进行联测。

5.8.3 特高压输电线路对附近的低压线路和通讯线路会产生较大的影响,尤其是在与低压线路形成较小夹角的情况,影响更大,因此,需要测绘低压线路危险影响相对位置图。

5.8.4 在山区关键塔位,且地质条件十分复杂的情况下,应根据设计人员的要求,测量塔基断面图和塔位地形图。

5.8.7 由于各单位专业配合分工及各工程自身特点不尽相同,设计人员对测量专业要求提交的资料有所不同,但应以满足工程测量任务书要求为原则。条文中规定了提交资料的内容及要求,可作为初步设计阶段重要的输入性文件和资料。测量技术报告是对整个工程测量工作的全面阐述,重点是说明测量的方法、精度、工效以及尚待深化研究的问题。

6 施工图设计阶段测量

6.1 一般规定

6.1.1 工序的设置和优化应在满足成品资料精度和可靠性前提下进行。

6.1.3 输电线路本身要求的测距相对误差为1/200,目前全站仪的测距精度远超上述指标,本条规定的两测回测距较差的相对误差不大于1/1000,是为了控制全站仪测距的粗差,以提高可靠性。

6.1.4 本条规定了测量交叉跨越点、断面点、风偏点高程中误差。

6.1.5 本条第2款对采用RTK GPS进行各类测量的观测条件、测量精度和记录内容进行了统一规定。理论分析表明同步观测到4颗卫星就能满足RTK GPS的要求,实际上由于各种接收机性能不一样,RTK GPS受瞬间各种因素干扰的影响较大,往往精度指标难以达到要求。所以强调要起码同步接收到5颗卫星以上。

第4款RTK GPS放样直线桩、塔位桩宜在同一直线段内的采用同一基准站进行主要是为了减弱更换基准站时,不同的观测条件对不同基准站放样的两相邻直线桩或塔位桩带来的多种误差对其相对坐标精度影响。强调了更换基准站时的检测要求和精度指标。

第5款坐标较差应小于±0.07m，高程较差应小于±0.1m，上述指标考虑两方面因素确定：每个直线段的直线桩、塔位桩偏离直线小于0.05m，且桩间距为200m时相邻桩位角度偏差小于±1′；RTK GPS双差固定解精度指标一般小于0.05m，规定上述指标可以保证RTK GPS观测的可靠性。

第6款作为RTK GPS基准站的控制点应符合基准站的相应要求，如网点密度、覆盖范围、交通条件、接受卫星信号条件、发射信号条件、抗干扰条件等，主控网点多数不能满足作为基准站要求，应予以加密。

6.2 现场落实路径

6.2.2 现场落实路径，就是确认像片路径在实地是否成立。通常在像片上经过权衡比较、反复优选结果，像片路径基本上在实地是可以成立的。但是，有一些微地物、微地貌和不良地质现象等，在室内判读时被遗漏或者难于判读准确。另外，在摄影之后还可能新增一些建（构）筑物和人工地貌等。因此，在室内像片选线之后，还需到现场落实地面路径，确保路径既经济合理又安全可靠。

6.2.4 本条规定了选线测量时转角测量精度指标。转角放样精度主要是满足内业选线成果放到实地的精度、保证内业平断面图数据精度要求。不强调满足定线的精度要求，因定线时会重新测量转角坐标值。

6.2.5 设置方向桩的目的是为后续采用全站仪，利用这些点坐标值反算坐标方位角就可直接进行定线测量。要求桩间距离不宜小于200m，是为了控制反算的坐标方位角中误差小于1′。方向桩可不在直线上。

6.3 定线测量、桩间距离测量、高差测量

Ⅰ 全站仪测量

6.3.2 跳站观测是指架设一站，往前延伸两个以上直线桩，而在这些桩位上有不设测站的情况。特别要避免在很远处布设两个距离较短的直线桩。

6.3.3 直线桩是用来控制线路的直线方向、距离、高程的，是测量平断面图、交叉跨越、杆塔定位等工作的控制点，因此设置直线桩应坚持综合考虑、力求兼顾的原则。

6.3.7 本条规定的测量方法在植被茂密，通视条件差，GPS信号遮蔽严重的地区经常使用。间接定线可以是以直线桩为起算点的导线形式，也可以结合RTK-GPS在线路附近灵活布设。间接定线的桩位的精度指标应与直接定线一致，定线前后宜进行精度估算或评定。

Ⅱ 卫星定位测量

6.3.12 规定了直线桩间距离不宜过短，当距离较短

时，GPS测量的相邻桩位相对坐标中误差虽可满足精度要求。但依此延伸的直线桩或塔位桩难保证直线性要求。

6.4 联系测量

6.4.2 引用现行国家标准《工程测量规范》GB 50026中的主要地物点位置的中误差要求。

6.5 平面及断面测量

Ⅰ 一般要求

6.5.1 总体测量方法的规定，采用数字摄影测量系统测绘线路平断面图具有效率高、信息完整的优点，经现场测量补充、修正后均满足设计要求。现场测量工作主要是测量隐蔽地物、交叉跨越测量、调查地物属性。

6.5.5 规定平面图测量的范围和内容，线路中心线两侧各75m内为测量范围，是由电力行业电气设计专家根据1000kV导线的影响范围及500kV输电线路设计经验确定。

6.5.9~6.5.11 规定了断面测量内容，依据500kV输电线路勘测设计经验及1000kV输电线路设计需要，条文内容可以满足设计要求。考虑导线受最大风力作用产生风偏位移，对接近的山脊、斜坡、陡岩和建构筑物安全距离不够而构成危险影响。为保证电气对地有一定的安全距离，应施测风偏横断面或风偏危险点，其施测风偏距离可按下式估算：

$$S = d + (\lambda + f)\alpha\sin\eta \tag{3}$$

式中：S——风偏距离；

d——导线间距；

λ——绝缘子串长度；

f——设计最大风偏时风偏处的弧垂；

η——导线最大风偏角；

α——安全距离。

在等效档距导线弧垂最低点，风偏影响施测的参考最大宽度见表3。

表3 等效档距时风偏影响施测的最大宽度

档　距（m）	300	400	500	600	700
离线路中心线的水平距离（m）	24	28	32.5	38.5	46

对于悬岩峭壁，应考虑导线最大风偏，凡在危险风偏影响内，应在断面图上标注出危险点。标注方式如下：

　　　　　　　　　　测点高程(m)

$L(R)$测点垂直于线路中心线的水平距离(m)

其中：L——表示左边；

R——表示右边。

因考虑导线最大风偏和电场场强影响，应测示屋

顶，屋顶材料标注于断面图上，并标注出危险点，标注方式如下：

$$\frac{测点高程(m)}{L(R) \ 测点垂直于线路中心线的水平距离(m)}$$

在断面图下的平面图内，应相应给出示意图。对于房屋是尖顶或平顶应在纵断面图上加以区别。

风偏横断面各点连线应是垂直于输电线路的纵向，见图1。而在山区，输电线路的纵向多数与山脊呈斜交，见图2。

对于第一种情况应按本规程有关规定及图示测绘，对于第二种情况根据电气影响范围适当选测点位，以风偏点形式表示。

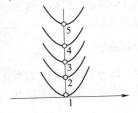 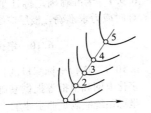

图1　线路纵向与　　图2　线路纵向与
　　　山脊垂直　　　　　　山脊斜交

Ⅱ　数字摄影测量系统测图

6.5.12～6.5.19 有关测绘平断面的作业步骤及内容说明如下：

(1) 输入的参数应包括转角点坐标。当采用自动扫描时，应根据地形情况，输入扫描步距、边线及边线数量等。扫描步距宜为实地距离5m～10m。边线位置离中线的距离应由设计人员确定。

(2) 平面数据采集时，地物及交叉跨越物的类别、数量应以调绘数据为准，位置、形状应以模型为准。

(3) 采集断面数据的方式，可采用自动扫描方式，也可采用手动方式。高程宜采用手动方式。

(4) 中线断面扫描时，应以输入的转角桩点坐标为扫描的起讫点。转角桩点坐标宜采用GPS测量的成果。

(5) 当进行断面编辑时，宜采用在线编辑，并应使提交的数据文件和图形文件达到一致。离线编辑，宜用于图面修饰、文字注记、图幅接边及拼装等。

(6) 在平断面图编辑时，应以现场实测的直线桩的桩间距离，转角桩、直线桩的桩位高程及交叉跨越测量成果资料修正编辑航测平断面图。

(7) 当需要对数据进行转换时，应保证信息不丢失。

Ⅲ　全站仪测量

6.5.21 平断面的测量，以后视方向为0，前视方向为180°。当需要对准前视时，仪器度盘和记录上应一为180°。当遇见转角设站测绘前视方向平断面、边线、风偏横断面、风偏点，必须注意以度盘180°对准前视桩位。

6.5.22 实测断面点主要用于对航测断面的修正，精度和可靠性要求较高，因此规定就近桩位观测。测距长度不宜超过500m。

Ⅴ　平断面图汇编

6.5.26 现场所测数据包括转角桩、直线桩、平断面、交叉跨越测量成果，属性信息包括植被（名称、高度、密度）、房屋（层数、材质等）、铁路公路（名称、通向、里程）、通信线（名称、杆号）、电力线（名称、杆号）等。

6.6　交叉跨越测量

6.6.3 10kV及以下电压等级电力线和弱电线路，一般杆塔间距较短，导线弧垂很小，现场容易判断高度及对本线路的影响，因此线路交叉跨越10kV及以下等级电力线和弱电线路，仅施测有影响一侧边线交叉点的线高及风偏点的线高。

6.6.4 35kV及以上电压等级的电力线杆塔间距较长，导线弧垂较大，现场难以准确判断与本线路的相互影响，因此需测量本工程线路两侧边线处被交叉地线的高度，及有影响一侧风偏点的线高。

6.7　定位测量

Ⅰ　一般要求

6.7.1 定位测量前必须向设计人员取得塔位明细表、具有导线对地安全线的平断面图、设计定位手册，依据上述资料判断危险点位置，判断塔基测量范围及复杂程度，以便合理安排定位测量作业计划。

6.7.2 巡视检查十分重要，对于平原地带主要查看重要地物和交叉跨越物是否遗漏。对于山区地形主要查看风偏点是否漏测。如发现遗漏或与实地不符应及时补测修改，同时通知设计专业人员以便现场排位检核。

6.7.4 为保证线路测量成果的可靠性，必须在定位阶段进行检查测量。

(1) 危险断面点的检查测定（包括边线、风偏横断面）：经设计专业在断面模型排位之后，从导线对地安全曲线中可以直观看出什么位置切地，何处裕度比较大。经现场巡视对照，从中可以发现实地是否有影响。我们把受控制的断面点视为危险断面点，而用仪器进行检测。在编制本规范时为给危险断面点一个定义，我们从断面点的测定误差、图纸上高程的概括误差的综合影响分析，认为图上定位地面安全曲线离断面点的距离（包括边线点、横断面点、风偏点等）在山区1m以内，平地0.5m以内，均属危险断面点范围。

（2）档距的检查测量：由于地形条件的不一样，对于档距的检查测量的检测方法也各不相同。在平地多数直接测定档距与直线桩闭合，山区则仍借助直线桩测定为多数，下面就检测距离的限差值进行分述。

检测档距的较差中误差 m：

$$m = \sqrt{m_{\mathrm{l}}^2 + m_{\mathrm{l}_1}^2 + m_{\mathrm{l}_2}^2 + m_{\mathrm{J}}^2} \quad (4)$$

式中：m_{l}——直线桩间距离中误差；

m_{l_1}、m_{l_2}——测定塔位桩距离中误差；

m_{J}——检查时距离中误差。

按照近桩观测时的情况，使用全站仪则检测档距为 1/1000，取两倍中误差为允许误差，则最大较差为 1/500。

同理，分析塔位的高差较差值，仍然以近桩观测为依据，按照误差传播定律求得，检测时的允许高差值为原视距测量每百米高差允许值的 $\sqrt{2}$ 倍，此数则为检核标准。

（3）检查测量中发现问题的处理：当通过实地的施测发现检测数与原成果数的差数出现超限时，应进行现场及时纠正，除图面进行修正外，还要同时通知设计人员在现场核实排位。所有发现的问题必须慎重对待，认真分析原因，确保工程质量。

6.8 塔基断面及塔位地形测量

6.8.1 塔基断面和塔位地形图的测量主要适用于山区线路的测量。为减少土石方开挖量，减低塔高，降低造价，保护环境，以便于确定施工基面、选择合适的接腿和基础型式，故自立塔塔位除平地外，应按结构设计人员现场要求的范围进行施测塔基断面或塔位地形图。

自立式铁塔塔基断面塔腿方向的确定主要有以下几种：

（1）方形直线塔：塔腿间夹角为 90°，A、B、C、D 腿与线路后退方向夹角依次为 45°、135°、225° 和 315°。见图 3。

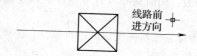

图 3　方形直线塔

（2）矩形直线塔：矩形塔的塔腿间夹角根据不同塔形在一定范围内变化，A、B、C、D 腿的方向通常由设计现场提供。见图 4。

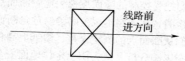

图 4　矩形直线塔

（3）方形转角塔：塔腿间夹角为 90°，转角塔转角度为 α，线路左转时 α 取正值，线路右转时 α 取负值，A、B、C、D 腿与后退方向夹角依次为 $45°-\alpha/2$、$135°-\alpha/2$、$225°-\alpha/2$ 和 $315°-\alpha/2$。见图 5。

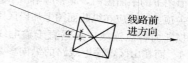

图 5　方形转角塔

6.9 房屋分布图测量

6.9.1 为准确确定拆迁量，减少纠纷，房屋面积统计时应力求准确，楼层应统计到 0.5 层。

6.10 塔位坐标测量

6.10.1 塔位坐标测量的目的，是为工程规划建设数字化电网和报批等提供基础地理信息，其测量要求和坐标系统应满足业主要求。

6.11 测量成果

6.11.1 由于各单位专业配合分工及各工程自身特点不尽相同，因此，这里只规定主要提交的资料。当采用卫星定位测量技术定位时，提交的成品应包括控制点之记及成果，以满足施工单位复测验收的需要。

6.11.2 工程测量技术报告是对整个工程测量工作的全面阐述，重点是说明测量的方法、精度和工效以及尚待深化研究的问题，总结经验，使线路工程测量水平不断提高。

7　可行性研究阶段岩土工程勘察

7.1　勘察技术要求

7.1.1、7.1.2 本节对可行性研究岩土工程勘察的目的、应搜集的资料及勘察方法作了规定。既有资料的搜集分析和现场的踏勘调查是可研工作的两个重要环节，规范中对常见并且有实用价值的资料搜集作了较为细致的交代，提倡采用地质遥感调查对全线做宏观的了解，同时对影响路径方案的主要地质条件和研究深度作了规定。

7.2　勘察成果

7.2.1 规定了可行性阶段岩土工程勘察报告的主要章节及内容。勘察报告应根据岩土工程条件，分析各路径的可行性及推荐意见，并对主要的岩土工程问题进行初步分析。

7.2.2 勘察成果除按本规定内容编写外，一般还应提供相应的综合工程地质图，反映地层岩性、地质构造、地震动参数、滑坡、采空塌陷区及矿产与输电线路路径方案的关系等。

8 初步设计阶段岩土工程勘察

8.1 勘察技术要求

8.1.1 目前在输电线路工程中，初步设计阶段勘察工作与项目的初步设计同步进行，以满足初步设计文件的编制和编制概算投资的需要。

本条所列几款内容主要针对初步设计阶段勘察所需调查、搜集的资料和工作内容、范围作出规定。其中地震地质资料指地震动参数资料，可直接查阅现行中国地震动参数区划图，如果线路所经区域已经经过地震安全性评价工作，则一般应按其结果执行。

8.1.2 初步设计阶段的勘察，一般通过调查和搜集资料大多可以满足要求，不需进行现场勘探工作。当线路沿线条件比较复杂，积累的资料较少，一般调查无法满足初步设计和编制概算需要时，布置适量的勘探工作是必要的。

8.1.3 遥感技术在线路勘察工程中应用越来越多，特别是山区线路工程中。厂址勘察中遥感技术多用来解决区域稳定性问题，在线路勘察中则主要用来查明不良地质作用和地质灾害的发育情况。遥感解译是一种间接的方法，因此，需要有一定的野外实地检验工作，提高遥感解译精度。

8.1.5 对不良地质作用、特殊性岩土进行评价是指充分利用地质灾害危险性评估的成果，必要时进行搜资和现场踏勘，据此对其发育状况、影响程度进行评价。当不能满足要求时，应提出进行专项勘察的建议。

8.2 勘 察 成 果

8.2.2 本条规定了初步设计阶段岩土工程勘察报告的基本内容。初步设计阶段岩土工程勘察报告要侧重于对影响拟建线路路径方案的稳定性问题和其他主要岩土工程问题做出具体的分析和评价。

9 施工图设计阶段岩土工程勘察

9.1 一 般 规 定

9.1.1 施工图勘察任务书和标有线路路径方案的地形图是开展勘察工作的基本依据，应事先取得。终勘定位手册中包含对勘察和设计的有关技术要求，通过它可以了解杆塔及其基础的型式等情况，是确定勘探工作量及勘探深度的主要依据。初步设计阶段勘察报告、地质灾害危险性评估报告、压覆矿产评估报告，对开展施工图设计阶段的勘察具有重要意义。

9.1.2 本条明确了施工图设计阶段勘察工作的重点，

提出了勘察应开展的工作以及要求提交的资料。

9.1.3 大地导电率测量一般应每 10km 布置一点，当相邻两点的大地导电率数据相差 3 倍以上时，中间应加密测量至不超过 3 倍；测量放线方向应沿线路路径或近距离平行（偏离距离不得超过 300m），放线长度 AB 为 1500m。

当塔位岩土含水状态存在极端干燥与极端潮湿的双向变化可能时，宜在不同时段分别测量土壤电阻率。

9.2 平原河谷地区勘察

9.2.1 平原与河谷地区的勘察一般均需动用勘探手段，必须逐基、逐腿勘探，这样才能掌握每基塔的基本条件。勘探方法的选择原则以轻便、快捷和满足设计要求为原则。

9.2.2 本条依据塔型和沿线工程地质条件的复杂程度对勘探点的布置作出规定。

转角塔、耐张塔、终端塔、跨越塔等往往塔型高大，或承受较大的水平荷载，是定位勘察中的重点内容，勘探工作应逐基、逐腿进行，在有成熟经验地区可以多采用静力触探试验。直线塔勘探点的规定，在实际应用时，要考虑地形地貌及地层岩性的变化情况，灵活采用。一般情况下，直线塔基下布置 1 个勘探点就可以满足要求，只有在地质条件特别复杂的情况下，才会出现各塔腿条件不一致的情形，此时，各塔腿的岩土工程特性必须分别鉴定。

另外，如果勘探点为钻探孔，还需考虑取土试样的要求，线路工程中勘探点的间距较大，每基塔下的勘探点也少，取样无法达到一般建筑场地的要求，因此，勘察中按地基岩土层的变化，合理安排勘探点，获得适量、可靠的土试样，一方面验证野外鉴定的准确性，另一方面为设计提供必要的参数。

9.2.3 本条对勘探深度作出了规定，适用于一般的现浇混凝土基础、钢筋混凝土基础、装配式基础、掏挖基础等。

这些深度要求是依据已完成的 1000kV 线路勘探点的情况，并结合塔基的类型、埋深、荷载大小、受力特点等因素综合确定。

在大多数情况下，一般杆塔地基只要在强度上满足承载力的要求，就可不进行地基的变形验算，只是对某些有特殊要求的重要杆塔地基才需要进行地基的变形验算。根据非均质地基中附加应力 Westergaard 解，$\sigma z = 0.2p$ 时的影响深度约为 $1.2b$，耐张塔、转角塔、一般跨越塔和终端塔等较为重要杆塔的勘探深度为基底下基础底面宽度的 1 倍～2 倍，且规定不小于 12m，而一般直线塔的勘探深度略为减小。

第 3 款的规定是指在软土区勘探深度一般应满足附加压力等于上覆土层有效自重压力 10% 的深度。而在高烈度区遇有饱和砂土、粉土层其勘探深度必须大于等于 15m 或 20m。

第 5 款采用桩基等深基础型式时，勘探深度应依据具体设计要求和桩基及地基基础设计规范来确定。

9.2.4 当塔基位于河谷、河床边缘时，从岩土工程方面主要考虑岸坡的稳定、塔基岩土特性等，一般都是与水文及设计等专业配合，并综合确定。

9.3 山地丘陵地区勘察

9.3.1 对于山地丘陵区，就目前运行的高压输电线路地基破坏形式最主要的是以基础整体失稳导致的，因此本条要求勘测重点围绕影响塔位稳定的因素进行。山地丘陵多为岩石裸露或埋藏较浅，勘测以地质调查、地质测绘为主，查明对塔基稳定性直接构成影响的岩体成因、产状、岩性、厚度、节理裂隙发育情况和风化程度等，以及冲沟、岩溶、滑坡、崩塌、泥石流等不良地质作用和地质灾害的发育、危害程度等。当调查与测绘不能满足要求时要求辅以适量的勘探工作。

9.3.2 当基岩出露较好和覆盖层厚度较薄时，均需对出露的基岩和下伏基岩进行鉴定，一方面是为了满足杆塔基础设计的需要，另一方面也是为了满足编制施工开挖工程量预算的需要。

对位于地质条件为中等复杂、复杂地段、特殊路段要求逐基或多腿进行勘探。对于岩溶发育、较大的岩体差异和风化差异等复杂条件下要求进行逐腿勘探。

当覆盖层厚度较厚时，宜按照平原区的勘察和评价方法执行，但当采用深基础时，例如嵌岩桩，也应对基岩进行鉴定和评价。

9.3.3 山地丘陵区不良地质作用和地质灾害发育，进行治理往往需要较大代价，而输电线路属于以点连线的线状工程，因此在选线及定位过程中均有条件进行合理避让，故本条要求以能避开尽量避开为原则。

9.4 戈壁沙漠地区勘察

9.4.1 戈壁、沙漠是北方干旱、半干旱地区（尤其是西北）与风力作用密切相关的区域性地质地貌形态，其地质环境的特殊性与变化性是岩土工程勘察必须重视的核心技术问题之一，地面调查和历史演变追踪是基础性工作，在此基础上再结合开展勘探测试工作才能具有针对性。

9.4.3 戈壁地貌一般都较开阔平坦，或有不规则的波状起伏，在遭遇难得一见的暴雨洪水冲积作用下或靠近山口地带会有一定的微地貌形态改变，物质结构多为粗粒土，受干旱气候影响，往往含有可溶盐，并随季节和雨洪发生动态变化，在新疆等一些地方还普遍分布有千百年来人工开掘的地下暗渠，这些都可能影响到输电线路的稳定性。

9.4.4 沙漠形态与流动性具有关联性。在我国，不同地域的沙漠具有不同的形态结构特点和流动性规律，也探索出了多种防风固沙经验，这是要认真加以调查了解的。沙漠对于输电线路的直接影响除了常规的地基稳定性外，还有动态的风力吹蚀和流动掩埋问题，而后者需要历史调查和长期观测资料结合才能得到较准确的预测评价意见，但条文中所要求的现状调查仍是最基本的工作，掌握了这些情况才可进行正确的评价建议。

9.4.6 条文中列出的几款不利地段在可选择的情况下应尽量绕避，但如确需立塔，往往需要进行深入勘察甚至是专门的研究论证，而且地基处理或环境整治的代价比较大，因而在选线排位初期要有定性的判断和权衡，避免后期出现大的返工，当然，不利地段不限于这几种情形，需要从地质环境与成因来类比考虑。

9.5 勘察成果

9.5.1 施工图设计阶段岩土工程勘察是针对具体塔基或具体的地质问题进行工作。因此，其勘察成果除岩土工程勘察报告外，还应附塔位岩土工程综合成果表。

9.5.2、9.5.3 该两条规定了施设阶段岩土工程勘察成果的主要内容。

岩土工程勘察报告一般放在勘察成果的前面，它是对沿线岩土工程条件的综合性评价和沿线重大岩土工程问题的分析成果。

塔位岩土工程条件综合成果表是每一杆塔中各塔腿的岩土工程条件的具体反映，其基本内容必须全面、准确，例如岩土类别、黏性土的状态、砂类土与碎石类土的密实度、岩体的风化等级与结构类型分类、地下水位、不良地质作用等，必要时，应辅以相应的图件、影像资料进行说明。

10 特殊性岩土

10.1 湿陷性土

10.1.1 黄土是我国北方大面积分布的一种特殊土，它在一定压力下受水浸湿其土体结构迅速破坏，并产生显著附加沉降从而危害建筑设施，通过几十年的建设实践和经验积累，我国黄土在工程属性上可划分为 7 个区块，在地质时代上可分为新近堆积黄土（Q_4^2）、一般湿陷性黄土（Q_3）、湿陷性老黄土（Q_2）3 种类别，不同区块不同时代的黄土在地貌分布、湿陷程度与敏感性、灾害类型、危害程度等方面都有自己的特点，在输电线路的宏观评价和决策上应有总体把握。

10.1.2 对黄土区地质调查内容和勘探测试布置提出了原则性的要求。

10.1.3 对黄土湿陷性技术评价内容作出了明确规定，其中梁坡地段往往塔位条件不够理想，需要认真比选论证。有效截防周边来水、汇水、过水，将在很大程度上降低湿陷几率，所以受水条件分析及其防治措施建议需要格外重视。

10.1.4 经过近几十年的工程建设，发现在西北（主要是新疆）地区的一些山前、戈壁地段，部分角砾、碎石土或砂土也具有相当程度的湿陷性，有的还同时具有溶陷性，本条文对勘测工作所应侧重关注的技术问题作出了要求，其变形计算评价目前还只能借鉴黄土或盐渍土的一些技术规定，随着更多工程经验的积累，将逐步完善湿陷性粗粒土的评价体系。

10.2 软 土

10.2.1 软土地区的勘察宜通过调查来了解沿线软土的成因、类别和分布等特征，充分了解当地的软土处理经验，地区经验是软土勘察的一个重点。

10.2.2 由于静力触探试验被证明在软土地区是行之有效的一种勘察手段，它不仅可以缩短工作周期，还可提高勘察工作质量，故本规范建议以静力触探试验为主要勘察方法，辅以钻探取样、室内土工试验等手段。

10.2.3 由于软土中压缩层厚度要达到附加应力等于上覆土自重应力的 10% 处，根据 Boussinesq 解，约为 2 倍基础宽度。故采用浅基础时，对转角塔、耐张塔、终端塔、跨越塔，勘察深度不宜小于地基压缩层深度，而一般直线塔可略为减少。

根据 Mindlin 解，$\sigma z/\sigma c = 0.2$ 时的影响深度约为 2 倍桩长，显然其影响深度较实际深度偏大，根据实际工程经验，当勘探深度在桩端平面以下 8m～10m 时可满足计算要求，故规定当采用桩基础时，对转角塔、耐张塔、终端塔、跨越塔的勘探深度亦可取桩端平面以下 8m～10m；一般直线塔可取桩端平面以下 3m～5m。

10.2.4 软土地基岩土工程分析和评价应重点考虑如下问题：

(1) 分析软土地基的均匀性，评价其可能对塔基设计、施工产生的影响，特别要注意边坡的稳定性。

(2) 软土地区一般塔基主要采用桩基，因此应提供所需的桩基设计参数和合适的桩基持力层。

10.3 膨 胀 土

10.3.1 膨胀土指含有大量亲水矿物，湿度变化时有较大体积变化，变形受约束时产生较大内应力的土，膨胀土的判定应符合现行国家标准《膨胀土地区建筑技术规范》GBJ 112 的规定。本条规定了膨胀土勘察的主要内容。

10.3.2 本条规定了膨胀土地区输电线路勘察的勘探深度。现行国家标准《膨胀土地区建筑技术规范》

GBJ 112 对工业与民用建筑的其总平面设计、基础埋深、建筑和结构措施、施工和维护作了具体规定，这些规定对建在膨胀土上的线路铁塔也是适用的，应遵照执行。此外对坡地、地基处理也作了具体规定，工程需要时应遵照执行。

10.3.3 在膨胀土地区，浅层滑坡及其他地表胀缩变形发育地带、易受地表径流影响及地下水位频繁变化地带、岩土体的后期改造作用比较强烈等地段，其地基易失稳及变形，对线路的安全运行有影响，因此在选定塔位应重点考虑避让或进行有效的工程处理。

10.4 红 黏 土

10.4.1 本条列出了红黏土区勘察应包括的主要内容。一般情况下，红黏土地段塔位的勘察可与岩溶勘察结合进行。

10.4.2 由于红黏土具有垂直方向状态变化大、水平方向厚度变化大的特点，而且底部常有软弱土层或土洞分布，基岩面的起伏也较大，应通过勘探予以查明。对于岩土组合的不均匀地基，勘探孔深度应进入稳定的基岩一定深度，以便进行地基的不均匀性和稳定性评价。

当地基不均匀、岩土体内有洞穴发育时，施工图设计阶段勘察难以查明地基各岩土层的分布和土洞的发育情况，为确保工程安全和经济合理，进行施工勘察是必要的。基岩面起伏不平、基岩面倾斜或有临空面时，嵌岩桩容易失稳，当采用嵌岩桩时进行施工勘察也是必要的。

10.4.3 确定红黏土承载力时，应特别注意的是红黏土中裂隙的影响，裂隙的存在可能使地基承载力明显降低；地表裂缝也是红黏土地区的一种特有现象，其规模不等，长度可达数百米，深度可延伸至地表下数米，所经之处地面建筑无一不受损坏，故评价时应建议塔基避免跨越地表裂缝密集带或伸长地段。红黏土地基中塔基埋置深度的确定可能面临矛盾，从充分利用硬层和减轻下伏软弱地层附加压力的角度而言，宜尽量浅埋。但从避免地面不利因素而言，又必须深于大气影响急剧层的深度，评价时应根据塔基的具体情况和当地的气象条件，提出合理的建议。如果不能满足承载力和变形要求，应建议进行地基处理或采用桩基础。

10.5 填 土

10.5.2 填土勘察中应特别注意调查填土的主要成分、回填方式及原始地表形态。在大多数情况下，未经压实或未进行回填质量控制的填土不宜作为建筑地基使用。因此，填土区（特别是原始地形变化较大的区域）应逐基勘察，必要时宜按塔腿位置逐腿进行钻探，并穿透填土层。

10.6 冻　土

10.6.1 根据东北地区及青藏高原输电线路工程经验，季节冻土主要是冻胀性对线路工程危害较大，具体表现为冻胀力产生的上拔作用将铁塔基础拔起，使基础埋深逐年减小，甚至将基础拔断/拉断，最终基础失稳而发生倒塔。对于多年冻土主要是融沉问题而导致基础变形，尤其丘陵山地地下冰层分布区应值得注意，并重点予以查明。

10.6.2 对于特高压输电线路来说，无论是高纬度还是高海拔地区均无实际工程勘测经验，其勘探工作量参照非冻土地区勘测经验，结合需要查明的冻土有关特性综合考虑。

10.6.3 岩土工程评价应重点围绕季节动土的冻胀性及多年冻土的融沉性进行，对于饱冰冻土、含土冰层地段和冰锥、冰丘、热融湖、厚层地下冰等地段，应采取避让原则。

10.7 风化岩与残积土

10.7.1 风化岩与残积土一般是较好的地基。风化岩与残积土地段岩土工程勘察应重点关注岩性差异、风化差异所引起的不均匀地基的分析与评价。

10.8 盐渍岩土

10.8.1 盐渍土在我国北方干旱半干旱地区往往因区域性气候因素而有片状连续分布，在其他地区因某些地域性因素（如采矿、盐场等）而有局部不连续分布，其易溶盐含量大于 0.3％时就容易因温度、湿度的变化而引起盐分形态、含量、位置等方面的变化，进而影响到工程的安全，盐分不均匀性、位置分异性、类型多样性、动态变化性是盐渍土场地经常出现的几个重要特性，如果勘测、设计、施工、运行某些环节认识不到位，则往往会带来无尽的后患，而一些内陆湖相沉积岩石因含有一定数量的可溶盐而被划为盐渍岩，也具有类似于盐渍土的不良性质，故该条文在总体上提出了勘察要求。

10.8.2、10.8.3 盐渍土主要有腐蚀、膨胀（盐胀）和溶陷三大危害，在具体工程中可能因盐分类型或环境变化而以某一种危害为主，也可能兼而有之。要进行正确评价就首先要查明盐渍土类型、盐分来源、分布和变化规律。西北干旱区某电厂灰水沟为素混凝土砌筑，勘测时专门进行了砂石材料和地下水调查测试，均满足要求，但施工时因运水困难，施工单位砌筑露天水塘蓄积雨洪，因长期蒸发而成高含盐水，用于混凝土拌和而导致盐胀和腐蚀破坏，给人教训深刻。

10.8.4 条文所列几种地段，属于盐分丰富、性质复杂、变化频繁的特殊地质部位，通常不是一次性勘测取样就能分析把握到位的，如无法轻易绕避，就需要

进行深入的、专门的或多次的测试研究方可避免失误。

10.9 混　合　土

10.9.1 混合土指由细粒土和粗粒土混杂且缺乏中间粒径的土。当碎石土中粒径小于 0.075mm 的细粒土质量超过总质量的 25％时，应定名为粗粒混合土；当粉土或黏性土中粒径大于 2mm 的粗粒土质量超过总质量的 25％时，应定名为细粒混合土。混合土的成因类型往往比较复杂，一般主要有坡积、洪积、冰水堆积、湖积及滑塌堆积等类型。

混合土是山区输电线路工程中常见的地基土，由于其颗粒粒径相差较大，根据粒径组成可进一步分为粗粒混合土和细粒混合土。

10.9.2 野外勘察时，往往可以利用冲沟、陡坎等天然剖面，观察混合土的类型、厚度及下伏基岩的性状，如需要较准确的定名和查明混合土厚度则需要采用钻探、井探、取样颗粒分析等手段。

10.9.3 混合土作为地基时，应考虑成因类型、均匀性、下伏岩土层性质和产状，分析判断地基的整体稳定性。混合土的地基承载力和边坡容许坡度值可按现场调查或当地经验确定，现场调查主要对象是当地已有建筑物和工程建设情况。

11　不良地质作用和地质灾害

11.1 岩　　溶

11.1.1 本条为强制性条文，必须严格执行。岩溶与洞穴是线路工程中最常见的不良地质作用，我国的超高压线路因为岩溶与洞穴问题造成地基处理费用过高、处理难度大甚至导致改线而影响工期、浪费资源的事例比较多。为了节约资源、节省投资、提高工程建设效率，保证工程建设和运行期间的安全，当线路经过对塔位安全有影响的岩溶强烈发育区时，进行岩溶专项勘察是必要的。

11.1.2 在岩溶发育区进行勘察，首先应重视工程地质条件的研究，在输电线路路径选择和方案优化阶段勘察主要是对已有资料的搜集和利用，对沿线岩溶发育程度作基本评价。施工图设计勘测阶段则要求逐基或逐腿查明岩土特性、岩溶洞穴的形态规模与发育特征，洞穴的充填及密实程度，岩土层的富水性及地下水的动态变化，评价其对立塔的影响。

11.1.3 在岩溶地区采用多种方法的综合勘探效果较好，各种方法可以互为补充。在岩溶洞穴发育地区或路段，必须逐腿布置勘察工作。查明岩溶性质钻探方法最为直接有效。但当山区立塔钻探设备无法到达塔位情况下，可选择使用物探、井探等方法逐腿探查。

11.1.4 本条列出几种不适合立塔的岩溶地质条件。

浅埋溶洞往往顶部岩体没有足够的支撑厚度，不足以承受塔基传递的荷重；土洞及塌陷密集区的地质条件短时间内很难查清，而且对塔基的危害往往是灾难性的，这些地段不宜设立塔位。

有些地段，勘察时可能没有明显的土洞和塌陷发育，但是，条件一旦变化，例如地下水位的波动等，也可能造成岩溶进一步发展或上覆土层侵蚀而产生塌陷，也属于不宜立塔的地段。

11.2 滑　坡

11.2.1 本条是强制性条文，必须严格执行。滑坡是山区输电线路工程中常见的地质灾害类型，对输电线路安全运行造成的危害较大，工程处理措施的费用高昂。滑坡勘察应在加强地质调查和分析研究的基础上进行，主要采取"避让、跨越"为主的处理原则。

大型滑坡对输电线路路径走向具有较大影响，由于路径方案及塔位选择限制而难以避让时，需要进一步查明滑坡的规模、性质及其物理力学参数，此时应进行滑坡专项勘察，提供滑坡的岩土工程勘察报告及有关滑坡治理的参数及岩土工程建议。

11.2.2 本条列出了滑坡勘察应重点了解和查明的内容。

11.2.3 本条根据输电线路勘察特点，确定了以工程地质调查测绘为主，并结合搜集地质资料、访问当地居民及遥感地质调查等多种滑坡勘察方法。由于滑坡类型的复杂性，特别是在进行路径方案和塔位选定时，只有加强宏观判断与微观调查，并预测滑坡最大可能的影响范围，才能确保线路和塔位安全。

地质灾害危险性评估报告、国土部门进行的地质灾害普查成果、航片等资料是搜集地质资料的重要内容。山区输电线路勘察经验表明，走访当地政府和居民是调查的重要手段，对了解和掌握路径方案上是否存在滑坡很有帮助。必要时应进行少量勘探工作对调查结果进行验证。

11.2.4 本条列出了对输电线路塔位安全有影响的典型滑坡情况，在这些地段选定塔位的安全性得不到保障，而滑坡的防治和处理往往花费巨大，因此选定塔位时应避开这些地段。

人类活动通常是指开挖边坡、弃土（渣）堆放、新修道路、水利设施及破坏植被等，这些工程活动发生在山区线路塔位附近时，往往随着时间的推移导致环境地质条件的变化，容易导致塔位地段稳定性变差，甚至发生大面积滑坡现象。

11.3 崩　塌

11.3.1 崩塌是斜坡岩土体的一种破坏形式，当线路经过崩塌易发区时，应对其通过的适宜性与对塔位的危害性进行评价。当遇到下列条件时，容易产生崩塌现象：

（1）陡峻的斜坡地段，一般坡度大于55°，高度大于30m，坡面不平整，上陡下缓。

（2）陡坡多由硬质岩石构成，节理裂隙发育，岩体中的结构裂隙面与坡面的空间组合对稳定不利，陡坡的坡脚常出现易风化的软质岩石。

（3）当地的昼夜与季节温差较大，物理风化作用强烈。

（4）不合理的爆破开挖等人为活动使岩体失稳。

11.3.2、11.3.3 这两条依据崩塌规模对勘察工作进行了原则性规定：由于大规模崩塌的处理费用高，应优先采取避让处理的方法；对于规模较小的小型崩塌，应通过工程地质调查测绘，查清崩塌特征与类型、崩塌规模与危石的分布、岩体结构面的发育特征与组合关系，以及崩塌的影响范围，提出适宜立塔的位置，并采取的必要工程措施。

11.3.4 倒石堆是崩塌等斜坡破坏的产物。倒石堆的勘察应查明其堆积方式、厚度、堆积物组成等特征，区别是新倒石堆还是老倒石堆，并应判定是否可以立塔。

新倒石堆一般具有下列特点：堆积体上无植被或植被稀少；堆积物结构松散，颗粒间无充填物或充填物稀少，常常为架空状态；堆积体上分布有新崩塌的块体，上方陡壁具有新近崩塌的痕迹。

老倒石堆一般具有下列特点：堆积体上植被覆盖较好，并有粗大的植物分布；堆积体结构致密，孔隙充填较好；崩塌堆积体的地形较平缓，堆积体及附近未见新近崩塌的岩块，上方陡壁未见新近崩塌的痕迹或发育的危石。

11.3.5 一般情况下，新倒石堆发育地段不宜选定塔位，如果受方案限制必须立塔且崩塌规模较小时，应对上方危岩采取清除、锚固及拦截等工程处理措施，消除其对塔位的安全威胁；塔基宜尽量放置在下部老土层上。

11.4 泥 石 流

11.4.1 本条为强制性条文，必须严格执行。泥石流是山区线路常见的不良地质作用，对工程建设具有强烈的破坏作用，可能造成财产重大损失，其对线路塔位安全影响很大，因此拟建线路路径上或其附近存在对线路塔位安全有影响的泥石流时，进行泥石流专项勘察是必需的。

11.4.2 在可行性研究或初步设计阶段进行泥石流勘察，更能为路径方案的确定提供合理的建议。泥石流的工程分类应按现行国家标准《岩土工程勘察规范》GB 50021 的规定执行。

11.4.3 本条规定了泥石流勘察的主要方法。通常情况下开展专门的泥石流工程地质调查结合遥感解译就能满足线路泥石流勘察的需要。例如，西南电力设计院和成都理工大学联合采用上述方法进行专题泥石流调查和勘察，有效解决了四川九龙—石棉 500kV 线路冕宁—拖乌山段泥石流群发育区线路路径方案和塔位选择问题。

11.4.4 本条规定了泥石流评价的重点内容。

11.4.5 本条列出的 3 类地段都是泥石流破坏作用最强烈的地段，因此在选择塔位时应避开。

11.5 采 空 区

11.5.1 采空区是矿产分布区常见的不良现象，对工程建设影响比较大，尤其是规模较大、尚未稳定的采空区，对线路塔位安全影响很大，当缺乏建设经验时应进行专门勘察。

11.5.2 本条规定了采空区勘察的勘察方法和主要工作内容。对大规模采空区，勘察手段主要是搜集调查有关资料。在施工图设计阶段定位勘察时，有些塔位通过搜资调查不能查明采空区情况，塔位位置又不能调整，这时可辅以工程地质测绘或适量的勘探工作，勘探手段可选择物探或钻探。本条列出的工作内容对分析地表变形特征及评价其对线路的影响很有意义。

地表变形特征是采空区调查的主要内容，它包括地表移动盆地、陷坑、台阶、裂缝的位置、形状、大小、深度、延伸方向等，及其与采空区、地质构造、开采边界、工作面推进方向等的关系。

采空区已有输电线路运行情况及相关问题的处理经验应重点调查。

11.5.3 本条规定了在线路路径选择时应考虑的几种情况，目的是最大限度地减少采空区对线路的影响。如：选择穿越采空区最短或采矿分布稀疏处通过的线路，可采用大档距跨越的方式避让或通过采空区；选择留设矿柱的地段、主巷道上有安全带的地带通过的线路，可大幅度减小或消除地表变形对输电线路的不利影响。

11.5.4 采空区勘察包括对现有采空区和规划采空区的勘察，规划采空区指在线路运行寿命内计划开采的矿区。

可行性研究阶段，应通过搜集资料资了解采空区的范围，提出避让建议。对必经的采空区，则应经过详细的搜集资料与调查，分析其对线路路径的影响，作出客观评价。

初步设计阶段勘测应在可行性研究基础上，进一步查清输电线路沿线采空区情况。对已确定的转角塔，勘察深度要满足施工图设计的要求。

施工图设计阶段定位勘察时，应逐基查明采空区情况，分析采空区对塔位的影响，提出对采空区、塔位地基、基础处理或变形监测的建议。

11.5.5 小窑采空区一般情况下资料缺乏，而且难于搜集，必要时辅以适量的勘探工作。根据情况可以选择钻探、物探等一种或者多种勘探方法。

由于小窑采空区开采范围小，且往往开采深度

浅，顶板自由垮落，造成地表变形强烈，多形成较宽的裂缝和局部塌陷。应根据现场勘察评价裂缝和塌陷可能的影响范围，将塔位立于影响范围之外，一般距裂缝和塌陷边缘的保护距离宜大于 20m。

11.6 活动断裂、场地和地基的地震效应

11.6.1 特高压输电线路作为长距离大容量输电的一种手段，沿线经过地震活动水平较高地区和活动断裂分布地段的可能性是很大的。大角度穿越断裂带的意图就是要使输电线路以尽量短的距离通过活动断裂分布区。活动断裂直接错动造成的破坏是不能通过工程措施来解决的，属于抗震危险地段，根据现行国家标准《建筑抗震设计规范》GB 50011 规定，不应在危险地段建造甲、乙、丙类建筑，因此活动断裂破碎带也不应立设输电线路塔位。

目前，输电线路工程勘察一般不进行专门的断裂勘察，活动断裂的资料应尽量利用地震和国土部门的现有资料。实际勘察中，可通过搜集资料，了解全新世活动断裂的分布。

11.6.2 本条规定了输电线路地震液化判别的要求。现行国家标准《电力设施抗震设计规范》GB 50260 中规定："大跨越杆塔、微波塔的基础或 8 度、9 度的 220kV 及以上耐张型转角塔和微波塔的基础，应对其地基进行液化鉴定"，该规范的适用范围为 110kV～500kV 输电线路杆塔及基础，目前该规范已经开始修订，其适用范围的调整情况尚不确定。本规范规定抗震设防烈度等于大于 7 度地区进行液化评价，与正在制订的《1000kV 架空输电线路设计规范》的要求是一致的，比目前超高压输电线路勘测中的地震液化的评定范围大许多。

11.6.3 现行国家标准《建筑抗震设计规范》GB 50011 中地震液化判别的方法广为人知，此外，静力触探判别法、剪切波速判别法也曾列入相关技术标准中，实际勘察中可根据所采用的勘察方法选择适宜的方法进行综合判别，提高液化评价的准确性。

11.6.4 目前对震陷的评价方法尚不成熟，难以进行准确可靠的计算。实际工作中可参考现行国家标准《岩土工程勘察规范》GB 50021 的有关规定执行。

11.6.5 输电线路经过地震活动强烈地区，并伴有滑坡、崩塌等地震地质灾害时，常规的勘察方法和工作深度已经难以满足要求，因此应开展相关专题研究。

12 地 下 水

12.0.1 输电线路岩土工程勘察常遭遇多种地形地貌和地质条件，水文地质条件变化也较大，要想准确地查明地下水的埋藏条件及其变化一般较困难，因此通常是采用调查和搜资的方法，结合现场勘探情况，提出勘探期间的地下水位埋深及可能的水位变动范围。

12.0.2 地下水对岩土体和基础的作用往往是一个缓慢和渐变的过程，开始可能不为人们所知，一旦危害明显就难以处理。由于环境，地下水位和水质还可能发生变化，所以在线路勘察中要注意调查研究，在充分了解地下水赋存环境和岩土条件的前提下给出合理的预测和评价。

在线路勘察中，往往可分段控制性地采取地下水样进行分析，当地下水对建筑材料存在腐蚀性时，应在勘察报告中明确其在输电线路沿线的影响范围。

对于地下水位以下开挖基坑需采取降低地下水位的措施时，需考虑疏干基坑内地下水的可能性，基坑壁和底部土体的稳定性和作业面的安全性等。

13 岩土工程勘察方法

13.1 工程地质调查与测绘

13.1.1～13.1.3 输电线路可行性研究阶段和初步设计阶段主要围绕路径的可行性、合理性进行，路径没有最终敲定，进行测绘工作无实际意义，因此要求调查、搜集资料为主。搜集沿线水文地质与工程地质普查报告、地质灾害普查报告、矿产分布与开采资料、当地特殊岩土与特殊地质条件方面的资料，当地工程勘察与建设方面的经验等；调查工作重点为与输电线路相关的矿产分布与开采区、地质灾害发育区，调查的宽度应满足线路路径比选和工程设计的需要。

13.1.4 施工图设计阶段，主要是针对塔位开展调查测绘工作，在实际工作中应根据场地的地质条件，有所侧重地进行调查测绘。

13.2 坑探和钻探

13.2.1 由于1000kV特高压输电线路工程往往跨越区域范围较大，勘察作业条件较差，因此选择勘探方法应遵循以轻便、适宜和快捷的原则。勘探方法的选择可根据地形地貌、岩土条件和塔位类型等确定，钻探和坑探在线路工程是一个主要的勘探手段。

13.2.2 钻探是线路勘察的重要手段，在平原河谷地区输电线路勘察中广泛采用。当山区丘陵地区覆盖层较厚、岩土性质复杂的重要塔位，也应采用钻探方法查明岩土性质。

钻孔的布置主要根据塔位性质、基础根开等确定，对于简单地段可布置在塔基的中心位置。根据目前已完成的1000kV晋东南—南阳—荆门特高压输变电试验示范工程等多条特高压输电线路野外勘察情况，钻孔一般布置在塔位的塔腿位置，每基塔按地基复杂程度和塔基性质布置1个～4个钻孔，其他塔腿一般可采用轻便钻探、钎探等勘探方法对每条塔腿的岩土分布进行勘探。

输电线路勘察中一般可按土层分段分区适当采取土样，主要针对野外判别存在困难或岩土性质复杂的岩土采集试样，送回试验室进行土工试验，以确定其岩土性质，复核野外鉴定结果。

提高岩土取芯率和拍摄岩土芯照片，主要是考虑到线路工程一般采用一次性定位终勘，每基塔位的勘探点数量有限制，因此需要每个钻孔以更高的精度对地层进行鉴别，取得更准确的资料，避免因现场疏漏而导致资料失准，影响设计和施工。

13.2.3 探坑若直接布置在塔腿位置，势必对地基岩土造成较大的扰动，降低岩体的强度，对塔基设计和施工造成隐患。因此在实际作业时探坑可选择在地形地貌与塔腿位置相似的附近位置，距离一般控制在5m～10m范围内。

探坑开挖形状可按当地经验确定，竖向开挖应保持垂直，可一坡到底，也可分级开挖，底宽不宜小于0.6m，坡面可有适当的坡度。坑探开挖作业应有安全措施。开挖宜连续、尽快完成。当存在坍塌危险时，应采取有效支护措施。坑探开挖弃土应堆放在坑壁边沿1.5m以外，堆土点外围应设置安全围护设施，并有安全警示标识。雨季开挖时应在探坑四周采取防水措施。

坑探可能造成对自然环境的破坏，因此在技术工作完成后应及时回填。大多数情况可采用原土回填，密实度一般不低于原土。如需作加固回填的，可掺和石灰、水泥等材料。

13.3 原位测试

13.3.1 在线路岩土工程勘察中，原位测试是十分重要的手段，在探测地层分布，测定岩土特性，确定地基承载力等方面，具有突出的优点。

我国地域辽阔，在选择原位测试项目和方法时，除应考虑勘察目的、岩土特性和工程要求等因素外，主要还应考虑地区经验的成熟程度，在有成熟地区经验的地区，可以原位测试为主。

13.3.2 由于线路工程中钻探取样较少，因此一般需在钻探过程中对重要土层进行标准贯入试验、动力触探试验等，评价岩土的工程特性。

静力触探试验的使用，同一地貌单元路段内可在不同塔基之间与钻探等交叉使用，重要的塔基，如耐张转角塔、跨越塔等，可以在同一塔位的不同塔腿与钻探配合布置，一方面可以提高资料的准确性，资料可以相互验证，另一方面可以提高工效。

13.3.3 各种原位测试所得的试验数据，造成误差的因素也是较为复杂的，分析原位测试成果资料，应注意仪器设备、试验条件、试验方法、操作技能、土层差异性对试验结果的影响，剔除异常数据，提高测试数据精度。静力触探和圆锥动力触探，在软硬地层的界面上有超前和滞后效应，应予以注意。

13.4 物　　探

13.4.1 近些年来工程物探技术取得了很大的进步，许多新的方法用于输电线路取得了比较理想的效果，物探在山区输电线路勘察中的优势更为突出，值得积极推广应用。

13.4.2、13.4.3 具体物探方法的采用，要考虑所要探查的地质条件的特性、环境条件以及与该方法的原理是否具有吻合性，同时要考虑场地作业条件、干扰条件和地形起伏的影响，鉴于物探是一种间接性的勘探方法，与井孔勘探资料的对比分析和自身的重复检查观测也是必需的，具体的作业要点和资料解释可按相关专业技术标准执行。

13.5 遥　　感

13.5.1 遥感技术在输电线路、铁路、高等级公路等线性工程中得到越来越多地采用，随着更多的商业卫星和高分辨率遥感数据进入民用领域，遥感技术更深入地服务于工程建设是势在必行，本条提出了采用遥感技术所应宏观控制的技术要点。

13.5.2 原始的遥感片可以是数据，也可以是影像，都需要先经过专门的图像处理和测绘信息加载处理，才可开展地质解译。直接用原始影像解译，将可能出现误判、失真问题，难于同工程图纸匹配。

13.5.3～13.5.5 对在工程勘测各阶段、各区段采用遥感技术所应解决的重点问题和分辨率选用、技术路径提出了规定和要求。在以往的工程中，采用卫片遥感相对较多，采用航片进行地质解译则不是太多，没有同步利用航片排位的现存条件，有待于今后加强。

13.5.6 遥感解译初步成果要进行现场验证是不言自明的规则，但实际工作中，可能因种种原因而严重轻视，本条专门作了强调并进行了重点提示。

14　原　位　试　验

14.0.1 条文中列举的原位试验是输电线路工程中常见的原位试验项目。由于岩土条件的复杂性，桩基、原状土基础、锚杆基础的承载力通过理论计算方法较难准确确定，需要进行现场原位试验确定相关设计和施工参数。试验的目的是检验拟采用的地基处理方案对场地岩土工程条件的适应性及效果，优化基础设计方案，为选择合适的施工机具、施工工艺及原材料，制订施工组织措施、施工管理、确定基础设计、施工、检测所需的参数等提供依据。

14.0.2 本条对进行原位试验的范围作了限定，主要考虑了杆塔重要性、经济性和可靠性三个因素。

14.0.3 原位试验是输电线路岩土工程的一项较重要的工作，是优化地基基础设计方案的重要手段，它不仅可以为岩土工程设计提供准确的参数，还可以发现

施工中的岩土工程问题，为制订基础施工和质量检测方案提供依据。

14.0.4 本条对原位试验的时间、位置作了界定，在试验场地确定后进行适量勘探与测试主要是对拟定的试验方案进行校对，确保试验方案在落实过程中的准确性。

14.0.5 基桩试验应为多试验项目的综合试验，因为输电线路塔基不仅承受竖向抗压荷载，而且还承受较大的上拔和水平荷载。试验桩的数量规定与国家现行标准《建筑地基基础设计规范》GB 50007、《建筑基桩检测技术规范》JGJ 106 基本一致，考虑到线路工程在同一个地质单元内有多种规格桩型，因此本条规定的试桩数量仅仅是下限，若实际中由于某些原因不足以为设计提供可靠的依据或设计另有要求时，可根据实际情况增加试桩数量。

14.0.6 锚杆基础、原状土基础试验必要时还进行竖向抗压静载试验或水平试验，主要是考虑线路基础承受的抗压及水平承载力较大，当按经验估算值难以满足塔基基础设计要求或缺乏经验时应进行这方面试验。

14.0.7 原位试验成果编制应按规定内容进行编写，除应提供试验有关参数外，应对原位试验与场地的适应性做出评价和说明，并提出建议。

15　现　场　检　验

15.0.1 特高压输电线路工程塔基基础施工时，岩土工程人员一般应参与基槽检验。目前完成的 1000kV 晋东南—南阳—荆门特高压变电试验示范工程、云广特高压输电线路工程、汉江大跨越工程等，岩土工程技术人员均参与了现场的基槽检验，取得了较好的效果。

基槽检验可以验证勘察资料的准确性，如果基坑开挖时所见的地质条件与原勘察资料有出入，可进行补充勘探与测试，并及时提出处理建议；另一方面基槽检验可以及时与施工配合，现场解决施工过程中发现的问题。因此输电线路工程塔基基础施工时，派驻岩土工程专业工地代表是很有必要的。

15.0.2 本条规定了输电线路工程基础施工中对岩土工程人员基槽检验的主要任务及要求。

15.0.3、15.0.4 这两条对输电线路工程中常用的基槽检验的方法作了一般规定，天然地基基槽检验时，岩土工程条件与勘察报告出入较大或设计有较大变动时，应有针对性地进行补充勘察。

16　可行性研究阶段水文勘测

16.0.1～16.0.3 在可研行研究阶段，水文专业应在搜资调查和必要的分析计算的基础上，初步掌握全线

水文条件，配合设计专业对线路路径选择、方案优化提出专业意见或必要的水文基础资料。

16.0.4～16.0.6 特高压工程安全要求相对较高，因此搜资范围应尽量广泛，调查内容应深入细致，以避免水文条件较复杂地段的路径方案在初步设计阶段出现原则性变化。

17 初步设计阶段水文勘测

17.0.1 在初步设计阶段，对较为特殊的河流跨越方案或特殊的路径段，一般选择两个以上方案进行比较，水文专业在该阶段应提供较为详细的水文资料，为路径方案比较提供依据。

在可行性研究阶段水文资料收集的基础上，通过实测跨越河段的水文数据，计算线路跨越河流所需要的水位、流速、冲刷、河道演变等数据。避免施工图阶段出现颠覆性的水文因素。

17.0.2 对于水文条件特别复杂且对线路工程影响较大的水体，应开展专题研究。

17.0.3 对于线路附近水利工程收资，除收集水利工程的设计特征值外，还应注意调查了解其建成后实际洪水调度运用情况、水利工程的运行管理情况，以及防洪规划的实施情况。

17.0.4 设计水位一般包括 100 年一遇洪水位、50 年一遇洪水位。最高通航水位可以采用 20 年一遇洪水推算，也可以通过向航道管理部门收资取得。在使用航道管理部门提供的最高通航水位时，应注意高程系统的转换，以及采用合适方法将水位推算至线路跨越断面。

17.0.5 河道跨越塔一般应避开河道未来可能的变迁范围内，如却不能有效避开时，则应通过分析岸滩稳定性，从塔位安全角度提出是否需要采取护岸等工程措施。

17.0.6 对于水中立塔，应提供塔位处的淹没水深、洪水最大流速和最大冲刷深度等塔位安全设计所需考虑的水文条件。本阶段应与河道和航道管理部门充分沟通，取得河道和航道管理部门对线路跨越和立塔的初步同意性意见，确保所推荐方案的成立，避免施工图阶段出现颠覆性的水文因素。

17.0.7 对于设计标准低于 100 年一遇洪水设计标准的水利工程，均应计算溃决洪水对基础安全的影响。

17.0.8 水文勘测报告各部分内容的编制应对如下方面予以关注：

　　1 这里所说的水文特性，是指按照线路走向，依次介绍线路路径沿途所跨越的河流，及其流域概况，对河流（水域）的历史洪水情况进行概述。河流跨越断面和拟设跨越塔基本情况描述。各河流设计洪水计算成果等。

　　2 包括线路沿线所经的堤防、水库、分蓄洪区、航道的建设时间、建设标准、历史洪水运用情况、设计洪水计算成果等。

　　3 包括各种设计水位的计算原始数据、计算方法和计算成果图表等。

　　4 应详细列出河（海）床演变分析所依据的原始图表，明确提出河（海）床演变对线路跨越河段及拟建塔位安全的影响情况。

　　5 既要分析河道防洪和通航对线路安全运行的影响，同时也应分析线路建成后对河道防洪和通航是否存在影响因素。

　　6 从水文专业角度说明各方案的优缺点，为设计路径的比较提供依据。

　　7 以水文成果表的形式详细列出各河流拟建跨越塔位处的水文特征，包括：设计洪水位、淹没水深、淹没历时、最大流速、最大冲刷深度、漂浮物种类和大小、是否通航以及最高通航水位、冬季冰面高程等数据。

18 施工图设计阶段水文勘测

18.0.1 本阶段水文勘测工作的重点是对初步设计阶段的水文勘测资料进行全面复核，并补充查勘初步设计中未勘测的小河、冲沟、小水库、局部内涝点等，对受水文条件影响的塔基进行详细水文勘测，提供定位所需的水文勘测成果。由于存在线路高程系统和水位高程系统不一致的可能，因此要求对水文分析计算的水位成果及其高程系统转换关系进行核算，提供与线路高程系统一致的水位计算成果。

18.0.3 本阶段水文勘测工作的重点是针对初步设计阶段勘测以来流域水文条件的变化或设计方案的变更、水文要素特大值的出现，以及其他遗留问题等进行补充调查、搜资与分析，提供塔位勘测设计的水文成果。

18.0.5 若线路工程塔位位于水库下游且地势较低时，应搜集水库设计资料，掌握水库竣工的验收意见，对坝体质量、结构性能、基础稳定性因素结合现场调查进行分析，如果水库遭遇 100 年一遇洪水时可能溃坝，则必须分析计算溃坝洪水对线路的影响。有些水库设计洪水标准达到或高于线路工程防洪设计标准（100 年一遇洪水），但实际上未达到原定设计标准，甚至是坝体质量差的险库，则该水库存在有溃坝可能，必须分析计算溃坝洪水对线路的影响。

18.0.6 堤防工程的级别及设计标准按现行国家标准《堤防工程设计规范》GB 50286 确定。堤防质量的判断除了参考其设计标准之外，还应考虑其实际达标与否，历史上是否存在因堤防质量问题产生过险情、堤防部门的意见并通过现场调查查勘等途径综合判断。当塔位对堤脚的距离大于防洪堤高度的 20 倍时，溃堤洪水一般对塔位无冲刷影响。

18.0.7 可根据设计要求提供相应频率的洪水位，如频率为1%、2%、3.3%、5%、10%、20%等，通航河流的最高通航水位洪水频率标准必须按照现行国家标准《内河通航标准》GB 50139相关规定执行。

18.0.10 在水中（或河滩）立塔时，一方面由于水流对河床（含岸滩）的作用，使得河床发生冲淤变化，产生天然冲刷，这是立塔之前就会发生的河床变化问题；另一方面，立塔后塔基周围的河床会因塔基对水流的阻力在其周围产生局部冲刷，必须认真分析天然冲刷及局部冲刷对塔基的安全稳定的影响。

18.0.13 本阶段工程水文勘测报告侧重于塔位水文条件分析计算成果的论述（可配合图、表、照片等）。本条规定了水文报告中应重点论述的几个方面，由于沿线水文条件的复杂性，宜根据具体水文问题具体分析，特别是对影响塔位安全的水文事件要充分论证，对影响塔位安全的水文问题可提出相应的工程治理措施的意见或建议。

19 水 文 调 查

19.1 一 般 规 定

19.1.2 强调水文调查资料应在现场整理，以便发现问题及时复核。根据水文调查规范，为减少水文勘测人员认知上的差异造成水文调查成果的主观误差，水文调查时应至少有2名水文技术人员参加。

19.2 人类活动影响调查

19.2.1 人类活动的方式多种多样，如兴修水库、堤防、涵闸等，其对流域环境改变的影响可能是长期的，这种改变的趋势可能是单一的，也有可能是复杂的，故其调查要针对具体问题（工程设施）的特性考察其影响特征，并分析其变化对塔基安全性的影响。

19.3 洪 水 调 查

19.3.1 洪水调查内容主要是河段选择、洪痕可靠程度评价、测量精度要求等。除掌握调查洪水资料外，还应当通过历史文献、文物资料的考证，进一步了解更长历史时期内大洪水发生的情况和次数，可以分析各次洪水的量级范围与大小序位，以便合理确定历史洪水的重现期。

19.3.3 本条对溃堤、溃坝、分蓄洪等异常洪水发生时的洪水调查内容与方法进行了说明。

19.3.4 内涝问题是线路工程水文勘测过程中经常要调查的内容之一。调查内容是根据线路杆塔基础设计的洪水标准要求来确定的。通常要调查历史（或100年一遇）最高内涝水位、常年（或5年一遇）内涝水位及持续时间。

19.4 河（海）床演变调查

19.4.1 河床演变调查应有一定的河道长度，其范围一般根据跨越河段的冲淤变化与人类活动影响的特点确定，一般可从塔位上下游相对稳定的控制点划分，太长增加太多工作量，太短不满足调查要求，调查的范围需恰当反映河段冲淤变化特点。

19.4.2、19.4.3 这两条是对河床演变调查的内容与方法的要求。河床演变调查是河床演变分析工作中最基本的途径，对于有资料地区应结合河床地形图与现场查勘成果综合分析。对流域开发与整治工程对河床演变的影响，应结合调查与模型试验或相关研究成果的手段，对河床的现阶段以及未来50年的影响趋势作出分析判断。

19.4.4 水文勘测工作河床质取样的目的是为塔基局部冲刷分析计算提供土壤岩性和颗粒等地质资料。

19.5 冰情及河道漂浮物调查

19.5.2 根据线路塔位基础设计的要求，除承受塔基荷载外，尚需考虑水动压力、流冰和漂浮物的撞击力、冰冻胀力和波浪冲击力等荷载，故此方面的调查对塔基稳定性分析有意义。

19.7 特殊地区调查

19.7.1 泥石流是在暴雨（融雪、冰川、水体溃决）激发下发生的。形成泥石流必须同时具备陡峻的地形、丰富松散的固体物质和足够的水源三个条件，而三者发生、发展、转换和组合，则是构成各种不同类型泥石流的重要因素。今后是否发生泥石流，应从泥石流形成的三个条件，结合历史上发生泥石流的情况与地质专业共同综合分析判断。

19.7.2 岩溶地区地表与地下流域面积不一致，伏流暗河区具有明显控泄、滞洪作用，重点查明最大积水高度。

用流量资料计算设计洪水时，应了解伏流暗河区无压、有压出流特征和不同量级洪水的滞洪总量，滞洪时间，峰现滞时和入流、出流差异及其对设计断面峰、量组成的影响。

20 设计洪水分析计算

20.2 天然河流设计洪水

20.2.1 所依据的洪水系列应包括各次历史大洪水的调查成果；当实测洪水系列较短且没有历史洪水调查数据时，不宜直接用来进行使用频率计算法推算设计洪水。所采用的洪水系列应包括丰、平、枯各种水平年的洪峰数据。对于受水利工程影响的系列，应进行还原改正，统一改正到工程前的系列。对于收集到的流域洪水参数，如河道比降、糙率等参数，应分析是否受到上下游水利工程的影响而发生了改变。宜采用多种途径计算工程断面设计洪水要素，相互验证，最终提出技术合理、安全可靠的洪水设计成果。将上、下游已有洪峰流量移用至跨越断面时，应对移用的条件进行分析判定，确保移用方法的适用性和移用成果的合理性。

20.2.2 线路跨越断面设计洪水可采取以下途径：

(1) 用实测资料（流量、水位、暴雨等），调查资料或结合地区综合资料作统计或推算确定。

(2) 直接通过调查多次历史洪水确定。

(3) 直接引用水利等有关部门的规划设计成果或统计基础资料并进行高程系统统一，结合本工程特点加以修正应用。

20.3 水库上、下游设计洪水

20.3.1 当工程点位于水库变动回水区时，可直接采用相应于 100 年一遇设计洪水标准的天然条件设计洪水流量；当位于北方结冰河流时，应考虑冰坝和冰塞可能造成水位抬高的影响。

20.3.3 本条中水库 100 年一遇设计标准，是指水库的设计标准，不应按校核标准考虑。溃坝洪水的计算一般采用经验公式法。一般情况下，线路跨越塔位应避开溃坝洪水淹没区内。如实在无法避开时，应尽可能地避开主行洪通道，并计算最大可能冲刷深度、洪水流速、洪深等资料，为基础防洪提供依据。

20.4 特殊地区洪水

20.4.5 冰对高压线塔基础的影响主要体现在冰体的膨胀变形对塔杆的破坏上。金属塔材易随冰变形，所以塔基础应高于最高冰面。同时，还应调查开冰期冰的最大壅高，流冰对塔材也具有破坏作用。

北方水文站一般都有冰的观测资料，包括冰期（初冰、终冰）、流冰尺寸、流冰速度等。

20.5 设计洪水要素

20.5.1 设计洪水位的计算方法，一般采用洪峰流量通过曼宁公式推算水位，应实测河道参数作为计算依据；对于上下游有可依据的设计洪水位资料时，可通过水面线推算至线路跨越点；对于无实测流量资料的河流，可用历史最高洪水位加 0.5m 作为 100 年一遇洪水位。

20.5.2 洪水期或流冰期漂浮物水面最大流速，可根据跨越河段长期水文观测资料或短期简易测验资料分析确定。无资料时，可根据断面平均流速结合断面形状特性比照分析确定。

20.6 人类活动对洪水的影响

20.6.1 在分析人类活动对设计洪水的影响时，应按其不同类型与作用，从工程实际出发，多做调查研究，充分了解各项工程措施影响特点，搜集各种资料（包括相似流域），结合基本分析，采用多种方法比较，作出分析估算或判断。

21 河（海）床演变分析

21.1 一般规定

21.1.1 线路跨越河段（海域）的河（海）床演变分析涉及塔基安全，是线路勘测中的重点。河（海）岸滩稳定性判定和塔基处最大冲刷深度计算应以未来 50 年为预测年限，主要考虑到线路工程使用寿命一般为 50 年。

21.1.2 冲刷防护复核即计算基底埋置深度应位于最大冲刷线以下。线路工程占用河道过水面积很小，可以不考虑一般冲刷。

21.2 河床演变

21.2.1 河岸上或河堤内侧立塔时应先根据河流动力地貌特性进行分析判断。塔位处于弯曲型河道凹岸时应注意河道崩岸危及塔位安全。存在冲刷影响时，应收集资料进行定量分析。本规范附录F"河流稳定性分类表"反映了河床演变基本规律。

21.2.2 滩地上立塔应排除滩地演变成主槽的可能性。对于游荡性河道尤其应注意分析主槽摆动范围是否可能影响到塔位。

21.2.4 局部冲刷深度有比较多的经验公式，主要是公路和铁路部门研究提出的，应注意经验公式的适用范围。由于跨越塔的基础型式比较复杂，有条件时可采用水工模型试验确定。

21.3 海床演变

21.3.1 判定塔位稳定性应首先进行海岸动力地貌调查，包括海滩、水下沙堤和海蚀崖等地貌类型的形态、组成物质和结构，近岸带波浪、潮流及余流方向，泥沙来源和泥沙运移途径等。

收集资料分析岸线变化除地形图、海图外，必要时可以收集海岸航卫片遥感解译资料帮助分析。

21.3.2 海湾水域中立塔应根据实测的水文测验资料或附近水文测验资料计算最大可能潮流，以此作为计算塔基局部冲刷深度。

21.4 人类活动对岸滩稳定性的影响

21.4.2 水流波浪泥沙数学模型，是定量分析人类活动影响的比较可靠的方法，近年来运用很多。早期则经验公式发展得比较多。一般水利、港航工程修建都会进行有关数学物理模型试验，可以在收集试验成果基础上结合线路工程开展进一步分析计算。

22 可行性研究阶段气象勘测

22.1 勘测内容深度与技术要求

22.1.1 可行性研究阶段气象勘测，主要针对线路区域自然环境特点，提出对各候选路径方案有较大影响的气象条件，为路径方案的经济技术比选提供依据。

22.1.2 可行性研究阶段应搜集规划路径区域有关气象资料，对所搜集资料，应视其来源、年代、精度及代表性合理选用。

22.1.4 线路工程中有无重冰区勘测工作量差异很大。因此，线路工程可行性研究气象勘测首先要确认其是否存在重冰区以及重冰区出现的区域，以便确定勘测手段与工作量。

22.1.6 山区重冰线路，设计冰厚对线路的技术经济指标有显著影响，要求可行性研究阶段的工程设计限额造价在后续设计阶段基本保持稳定。因此，要求存在重冰区的线路，应在可行性研究阶段开展设计冰厚与冰区分布的专项调查。

22.2 勘 测 成 果

22.2.1～22.2.3 可行性研究阶段的气象勘测成果，要着重体现对各路径方案有重大影响的气象条件，明确各路径方案气象条件分析比较结论，提出各路径方案存在的问题与进一步工作的建议。

23 初步设计阶段气象勘测

23.1 勘测内容深度与技术要求

23.1.1 本阶段的工程气象勘测是在可行性研究阶段勘测的基础上，全面、系统搜集路径区域的气象资料，对路径全线进行实地踏勘，通过多种方法分析计算，优化路径设计冰厚与冰区，优化路径设计风速与风区，全面提供线路设计所需的气象资料。

23.1.2、23.1.3 初步设计阶段需搜集线路推荐方案路径区域的有关气象资料，资料的搜集应全面、系统、准确，为线路设计气象参数的分析统计提供可靠依据。

23.1.4 风口、迎风坡、突出山脊（岭）地形是重冰易于形成的地方，在这些微地形点，应开展山脉（岭）走向及植被分布特点、水汽来源、覆冰气流路径、云雾高度、覆冰风速风向的实地踏勘调查，综合分析、合理确定同一微地形区域不同地段的覆冰分布。

23.2 勘 测 成 果

23.2.1～23.2.3 初步设计阶段的气象勘测成果报告

的编制应视线路工程的气候特点，重点论述对线路设计影响较大的气象项目，兼顾其他项目。

24 施工图设计阶段气象勘测

24.1 勘测内容深度与技术要求

24.1.1 施工图设计阶段对初步设计气象资料复核重点是设计冰厚与风速，落实不同量级的冰区和风区分界塔位。

24.1.2 对山区重冰地段塔位，应逐基踏勘，查明微地形微气候对覆冰的影响作用，提出逐基塔位的设计冰厚与抗冰措施建议。

24.1.3 对特殊大风地段的线路，应深入进行现场地形、风况复查，落实特殊大风段的分界塔，提出必要的抗风措施建议。

24.2 勘 测 成 果

24.2.1～24.2.3 施工图设计阶段的气象勘测报告的编制应重点论述沿线设计冰厚与大风的复查情况及其成果。

25 气 象 调 查

25.1 一 般 规 定

25.1.1 气象调查是对气象站资料的补充和完善，特别是线路距气象站较远，地形情况又与站址不一致时尤为重要。气象调查内容系根据线路工程任务确定，除大风调查和覆冰调查外，还有塔位主导风向调查、雷暴调查等。为使调查有序进行，要求先拟定调查提纲，根据提纲内容开展调查。

25.1.2 最新研究资料表明，大量风害、冰害事故发生在特殊大风区和轻、中、重冰区分界处，因此对其进行重点调查是必要的，可根据地形、海拔、植被、风向等特征与调查资料综合分析确定。另外还要求进行沿线附近地区的气象调查搜资工作，使之点、线、面结合。

25.1.3 为使调查资料真实可靠，要求当场记录，并进行录音、拍照、摄像。冰灾和风灾照片是判定覆冰和风力大小的重要依据，除结合工程拍摄照片外，还要搜集各种冰风灾害照片，用以判定冰风灾害范围、方向、大小等，供分析确定设计冰厚和风速使用。现场汇总整理调查资料是防止漏项的有力措施；现场评审和编写报告中若发现资料不足或存在疑问，还可以补充调查并进行合理性审定。气象调查多为定性资料，定量资料也大部分为目测数据，误差较大，因此要进行可靠性和合理性审查。要通过区域性气象资料和灾害情况审查其发生时间及其可能性与可靠性。

25.2　大风调查

25.2.1　大风调查要求的范围和调查点数是长期工程实践中积累的经验总结，一般情况下，在沿线附近3km～5km范围进行大风调查是可行的，资料也有代表性；对于特殊地区，如峡谷、海岸可适当增大调查范围，使调查资料更具代表性。

25.2.2　大风调查主要是搜集沿线附近的风灾资料，根据灾情定出风力，再换算成相应风速；其次是搜集当地气象、工程建设部门对风速、风压的研究成果和建（构）筑物的设计风速以及使用运行情况。这些资料可参与设计风速的取值分析。

25.3　覆冰调查

25.3.1　我国实测覆冰资料较少，故覆冰调查十分必要。调查可以提供当地覆冰的定性情况和定量资料，并通过沿线地形，气候特征与当地气象资料综合分析，以及与邻近地区的实测覆冰资料进行地形、气候条件的类比分析，从而估算沿线覆冰标准冰厚。送电线路覆冰调查一般在沿线附近村镇居民点、厂矿、高山电视台、微波站等进行，同时还要收集相关省、市、县的低温、冰凌、大雪等有关覆冰资料，做到点、线、面结合。调查范围是规划线路的整个冰区段。调查点应选择能代表沿线地形、特征的地点，如山间盆地、山脊、山腰、垭口等。此外，特别要注意布设不同高程的调查点，以了解不同高程的覆冰情况。

25.3.2　覆冰搜资的重点是搜集覆冰的定量资料，除了收集气象台站、长途通信线务站和电力观冰站的实测覆冰资料外，还要注意搜集一些有心人记录的覆冰资料。

25.3.5　对特殊地形点，如风口、分水岭、山顶、迎风坡等除进行覆冰调查外，还应作实地踏勘，绘制地形草图，辨明冬季主导风向，观察气候、植被情况，简测高程，初步估计该地的寒冷程度和降水量，以及覆冰的大小。实测资料表明，风口等微地形、微气候区对覆冰增大的影响比较显著。根据贵州贵水线、贵六线、水盘线、湖南柘乡线、欧盐线、四川南九线、灌映线、二自线、冷蓉线、三万线的覆冰资料和黄茅埂、二郎山等高山观冰站的覆冰资料分析，风口覆冰是风口两侧覆冰的1.5倍～2.5倍。

通常海拔越高，温度越低，风速越大，如果湿度条件适宜，过冷却水滴和冰晶数量多，覆冰就大，据云南一些资料表明，山顶覆冰比山腰覆冰大1倍～2倍。但在一些特定的地形、气候条件下，对于一次具体的覆冰过程，就不一定是覆冰随海拔高度增大，如滇东北河谷区和四川西南山区，海拔3000m以上，水汽条件稍差，云雾滞留时间较短，不易形成大覆冰。而海拔2500m～2800m的山腰地段，为云雾滞留地带，冰凌持续时间长，强度大，易形成较大覆冰，俗称"腰凌"。

迎风坡比背风坡覆冰大，根据安徽、云南、四川、贵州几条线路和黄茅埂观冰站的实测资料分析，迎风坡覆冰厚度比背风坡大1.2倍～2.2倍。

25.4　气象专用站观测

25.4.1、25.4.2　本规范所指的建立观冰站和测风站为临时短期型，其目的是实测工程地在建站期间的覆冰、大风和基本气象资料，并与邻近气象站资料进行对比分析和相关计算，将短期实测资料展延为长期系列资料。

若工程需要建立长期的、大型观冰站和测风站，除了参照执行中国气象局编订的现行行业规范《地面气象观测规范》外，还应根据工程特点、研究目的和内容，结合国内外建站经验制订一套完整的观测方法。

观冰站站址选择首先要有冰可观，即每年冬季覆冰期均有较大覆冰出现，覆冰极值及覆冰过程出现几率较多；其次站址代表性好，对覆冰天气成因及重冰区地形条件有代表性，如将站址选在四周空旷、地势开阔平坦处，或山顶、山口、迎风坡等特殊微地形对覆冰影响较突出的地点；再次要求观冰站附近具备基本交通与生活条件，有利于长期覆冰观测。

简易覆冰观测站应选在送电线路路径典型地形处，从国内已建过的观冰站看，大多数设在山顶和垭口，如四川的白龙山、鲁南山、黄茅埂、蓑衣岭垭口、娘子岭垭口观冰站，云南的太华山、大山包、海子头观冰站，江西梅岭、陕西秦岭的观冰站，贵州的八担山垭口观冰站等。有条件的地方还可在一个山岭的两侧分设几个观冰点，进行不同海拔、不同地形条件的对比观测。

测风站应选择在风口和沿线代表地形段。有条件的可在不同地形、不同高度处建站观测。

中华人民共和国国家标准

炼钢机械设备安装规范

Code for installation of mechanical equipment
for steel-making

GB 50742—2012

主编部门：中 国 冶 金 建 设 协 会
批准部门：中华人民共和国住房和城乡建设部
施行日期：2 0 1 2 年 8 月 1 日

中华人民共和国住房和城乡建设部
公　　告

第 1265 号

关于发布国家标准《炼钢机械设备安装规范》的公告

现批准《炼钢机械设备安装规范》为国家标准，编号为 GB 50742—2012，自 2012 年 8 月 1 日起实施。其中，第 2.0.2、2.0.9、2.0.12、5.3.12、6.2.4、8.1.3、9.5.5、9.7.5、10.3.4、10.4.5、11.3.3、12.2.5、14.1.2、18.1.4 条为强制性条文，必须严格执行。

本规范由我部标准定额研究所组织中国计划出版社出版发行。

中华人民共和国住房和城乡建设部
二〇一二年一月二十一日

前　　言

本规范是根据原建设部《关于印发〈2006 年工程建设标准规范制订、修订计划（第二批）〉的通知》（建标函〔2006〕136 号）的要求，由中国一冶集团有限公司会同有关单位共同编制完成的。

编制过程中，规范编制组进行了广泛深入的调查研究，总结了多年来炼钢机械设备工程安装的经验，并广泛征求了有关单位和专家的意见，经反复讨论，修改完善，最后经审查定稿。

本规范共 19 章，主要内容包括：总则，基本规定，设备基础、地脚螺栓及垫板，设备和材料进场，转炉设备安装，氧枪和副枪设备安装，烟罩设备安装，余热锅炉设备安装，电弧炉设备安装，钢包精炼炉设备安装，钢包真空精炼炉及真空吹氧脱碳炉设备安装，循环真空脱气精炼炉设备安装，浇注设备安装，连续铸钢设备安装，出坯和精整设备安装，混铁炉安装，铁水预处理设备安装，炼钢机械设备试运转，安全和环保等。

本规范中以黑体字标志的条文为强制性条文，必须严格执行。

本规范由住房和城乡建设部负责管理和对强制性条文的解释，由中国冶金建设协会负责日常管理，由中国一冶集团有限公司负责具体技术内容的解释。本规范在执行过程中，请各单位结合工程实践，认真总结经验，积累资料，请将有关意见和建议反馈给中国一冶集团有限责任公司（地址：湖北省武汉市青山区工业路 3 号；邮政编码：430081；E-mail：jisc @ ccfmcc.com 或 xiaolw@cfmcc.com；传真电话：027－86308221），以便今后修改和补充。

本规范主编单位、参编单位、主要起草人和主要审查人：

主 编 单 位：中国一冶集团有限公司
参 编 单 位：中冶天工集团有限公司
　　　　　　　中国二十冶集团有限公司
主要起草人：邹益昌　艾庆祝　刘一鸣　肖历文
　　　　　　　张　莉　罗　劲　蔡晓波　李少祥
　　　　　　　郑国强　金德伟　闵　莉
主要审查人：余华春　郭启蛟　张永新　李　鑫
　　　　　　　颜　钰　郑永恒　巫明富　李长良
　　　　　　　鲁福利　赵　聪　孙　庆

目　　次

Contents

1 总　则

1.0.1 为适应炼钢工业的发展，促进技术进步，保证炼钢机械设备工程安装的质量和安全，制定本规范。

1.0.2 本规范适用于转炉、电弧炉、炉外精炼、连续铸钢和炼钢辅助机械设备的安装。

1.0.3 炼钢机械设备的安装，除应符合本规范外，尚应符合国家现行有关标准的规定。

2 基 本 规 定

2.0.1 炼钢机械设备工程安装单位应具备相应的工程施工资质，安装人员应经培训合格，并应具有相应的操作技能，特殊工种应持证上岗。

2.0.2 炼钢机械设备工程安装中施焊的焊工必须经考试合格，并应取得合格证书，同时应在考试合格项目范围内施焊。

2.0.3 设计图纸修改应有设计单位的设计变更通知书或技术核定签证。

2.0.4 设备安装使用的计量器具应为经计量检定校准合格的计量器具，精度等级应符合相应设备安装质量控制的要求。

2.0.5 安装中不得损伤设备，应做好半成品及成品保护。

2.0.6 设备安装前，施工现场应有施工设计图纸，并应进行图纸自审和会审；应编制施工组织设计或施工方案，并应经项目技术负责人审批；应进行技术交底；施工现场应有相应的施工技术标准。

2.0.7 设备安装前，现场应有水源、电源，应有作业平面和作业空间，运输道路应畅通。

2.0.8 设备安装应按规定的程序进行，每道工序完成后，应进行自检、专检和监理检验，并应形成记录。上道工序未经检验合格，不得进行下道工序施工。与相关专业之间应进行交接检查，并应形成记录。

2.0.9 炼钢设备中通氧的零部件及管路严禁沾有油脂，安装前应严格检查，沾有油脂必须进行脱脂。

2.0.10 设备脱脂应按下列要求操作：

1 应除去零部件表面和管路内的污物。

2 宜采用脱脂剂灌注浸泡或擦洗方法脱脂。

3 脱脂件检查合格后，应及时采取避免再污染的保护措施。

4 脱脂剂在使用和储存时应符合产品说明书要求。

2.0.11 脱脂后检查应符合下列要求：

1 应无脱脂剂气味。

2 应用清洁干燥的白色滤纸擦抹，纸上应无油脂痕迹和污物。

3 应用紫外线灯照射无紫蓝色荧光。

2.0.12 氧枪必须按设计技术文件的规定进行水压试验。

2.0.13 炼钢设备各水冷系统水压试验应使用洁净水，环境温度不应低于5℃，低于5℃应采取防冻措施，水温应保持高于环境露点的温度。

2.0.14 水压试验应缓慢升压，试验用压力表应已校验，其精度等级不应低于1.5级，表的满度值应为试验压力的1.5倍～2倍，压力表不应少于2块。

2.0.15 吊装设备应根据设备重量、吊装高度和现场环境选择适合的起重机械和吊点。需特殊措施吊装时，应编制专项作业方案，内容应有吊装方法、载荷分配、自制辅助吊具的强度计算、操作程序、安全措施等。

2.0.16 设备的二次灌浆及其他隐蔽工程，应在检查合格后及时隐蔽并形成记录。二次灌浆应符合设计文件的规定，设计未注明时，应按现行国家标准《机械设备安装工程施工及验收通用规范》GB 50231的有关规定执行。

2.0.17 设备组对时与母材焊接的工装卡具材质宜与母材相同或同一类别号；拆除工装卡具不应损伤母材，拆除后应将残留焊疤打磨修整与母材齐平。

2.0.18 炼钢机械设备工程安装的分项工程、分部工程、单位工程的划分及验收，应按现行国家标准《炼钢机械设备工程安装验收规范》GB 50403的有关规定执行。

3 设备基础、地脚螺栓及垫板

3.1 设备基础交接验收

3.1.1 设备安装前基础应进行交接和验收，未经交接验收的设备基础，不得进行设备安装，设备基础交接与验收应符合下列要求：

1 检查交接资料应完整，应有工程质量检查部门和工程监理部门的签证。

2 应检查基础混凝土试块试验记录，基础强度应符合设计技术文件的规定。

3 检测基础坐标位置、标高和尺寸，检测地脚螺栓的平面位置和标高，检测预留孔的位置、大小、深度和垂直度，均应符合设计技术文件或现行国家标准《机械设备安装工程施工及验收通用规范》GB 50231的有关规定。

4 基础表面和地脚螺栓预留孔中的浮浆、油污、碎石、泥土、积水等，应已清除干净。

5 预埋地脚螺栓应无损伤，螺纹部分应清洁并已涂适当油脂。

3.1.2 设计技术文件或国家现行有关标准规定作沉

降观测的设备基础,应交接沉降观测记录和观测点,并应在设备安装过程中继续进行沉降观测。

3.2 设备安装基准线和基准点

3.2.1 设备就位前应设置设备安装的基准线和基准点,并应符合下列要求:

1 应依据设计施工图和测量控制网绘制基准线和基准点布置图,确定中心标板和基准点位置。

2 应按布置图设置中心标板和基准点。

3 应向测量人员下达测量任务书。

4 测量人员应提交测量成果报告书,并应在现场与安装施工人员交接基准线和基准点。

3.2.2 主体设备(转炉、电弧炉、精炼炉等)和连续生产线(连铸生产线等),应设立永久性基准线和基准点,中心标板和基准点宜采用铜材或不锈钢材。

3.3 地脚螺栓

3.3.1 预留孔地脚螺栓安装应符合下列要求:

1 预留孔应清理干净。

2 应清除地脚螺栓上的油污和氧化铁皮。

3 地脚螺栓安装应垂直,任何部分离孔壁应大于 15mm,且不应碰孔底。设备初步找正调平后,地脚螺栓与设备螺栓孔周围宜有间隙。

4 应按设计技术文件或现行国家标准《机械设备安装工程施工及验收通用规范》GB 50231 的有关规定浇灌预留孔。

5 应在预留孔灌浆料强度达到设计规定的 75% 后,设备再进行精密调整和紧固地脚螺栓。

3.3.2 锚板地脚螺栓安装应符合下列要求:

1 锚板地脚螺栓应按设计技术文件的规定配套使用。

2 预埋锚板应由土建施工,活动锚板安装时应处理锚板与基础的接触面,锚板与基础接触应均匀、紧密。

3 地脚螺栓光杆部分和锚板应按设计技术文件涂装,设计未规定时,应涂刷防锈漆。

4 地脚螺栓安装应垂直。双头螺纹型地脚螺栓,螺母与锚板接触应均匀紧密;T 形头地脚螺栓应依据标记将矩形头正确嵌入矩形槽内。

5 二次灌浆前应按设计文件规定,在套管内填塞填充物,并应封闭管口。

3.3.3 地脚螺栓紧固应根据紧固力和现场工作环境选择适合的方法,紧固力应符合设计技术文件的规定。地脚螺栓紧固后,螺栓应露出螺母或与螺母齐平。

3.4 垫　板

3.4.1 垫板组底面积总和应根据设备重量、生产时的荷载、地脚螺栓紧固力、基础混凝土抗压强度及安

全系数计算确定。

3.4.2 垫板应设置在设备底座主要受力部位,可设置在地脚螺栓近旁的两侧或一侧。设备底座有接缝时,两侧均应安放一组垫板,相邻两垫板组的距离不宜大于 1000mm,垫板伸入底座的长度应超过地脚螺栓的中心。

3.4.3 设备找正调平,地脚螺栓紧固后,每一组垫板均应压紧,可采用锤击,听声音判断检查;对高速运转或受冲击的设备,应采用 0.05mm 塞尺检查,在垫板同一断面处,两侧塞入的长度总和不得超过总长度的 1/3。每组垫板之间应采用定位焊相互焊牢。

3.4.4 研磨法安装垫板还应符合下列要求:

1 基础表面浮浆应清除,并应凿平、研磨安放垫板的部位。

2 垫板安放应平稳整齐,与基础接触点分布应均匀,垫板之间、垫板与设备底座接触应良好。

3 宜用平垫板和斜垫板组成垫板组,斜垫板应成对使用,斜垫板应放在平垫板之上。每组垫板不宜超过 5 块。

3.4.5 座浆法安装垫板的施工工艺应符合设计技术文件的规定,设计技术文件未规定时,应按现行国家标准《机械设备安装工程施工及验收通用规范》GB 50231 的有关规定执行。

3.4.6 垫板安装应按设计技术文件的规定执行。

4　设备和材料进场

4.1　设备进场

4.1.1 设备进场应编制设备进厂计划,并应有序的组织设备进场。

4.1.2 设备应开箱检验,并应符合下列要求:

1 开箱检验应有建设单位,工程监理、制造商(或供应商)、施工等单位参加。

2 开箱检验的场地应清洁,并应采取有防雨、防尘等措施。

3 应按装箱单清点设备数量,并应按设计技术文件核对设备的型号、规格。

4 检查设备表面质量应无缺损、无变形、无锈蚀。

5 设备应有质量证明文件,进口设备应有商检合格证。

6 应清点登记随箱文件、备品备件、专用工具。

7 开箱检验应形成记录,并应办理设备交接手续。

4.2　材料进场

4.2.1 材料进场应编制材料计划,并应按工程进度组织材料进场。

4.2.2 材料进场应进行检验，并应形成记录。

1 应检查原材料、标准件等的质量证明文件，其品种、规格、性能应符合设计技术文件及国家现行有关产品标准的规定。

2 应抽查原材料、标准件等的实物质量，每类应抽查 1%，且不少于 5 件。设计技术文件或国家现行有关标准有复验规定时，应按规定进行复验。

3 不合格的材料、标准件等应标识，并应及时清退出现场，不得使用。

4.2.3 原材料、标准件等进场后应妥善保管、分类存放，不得损伤。

5 转炉设备安装

5.1 耳轴轴承座及耳轴轴承

5.1.1 耳轴轴承座安装应符合下列要求：

1 应按设计图纸要求装配轴承座和轴承支座，轴承座、轴承支座斜楔之间的局部间隙应用塞尺检查，不应大于 0.05mm。

2 固定端轴承座安装应符合下列要求：

1）应调整纵、横向中心线，宜采用挂线尺量检查，允许偏差为 1.0mm；

2）应调整标高，宜采用水准仪检查，允许偏差为 ±5.0mm；

3）应调整纵向水平度，宜采用水平仪检查，允许偏差为 0.10/1000；

4）应调整横向水平度，宜采用水平仪检查，允许偏差为 0.20/1000，偏差方向宜靠炉体侧低。

3 移动端轴承座安装符合下列要求：

1）应调整纵、横向中心线，宜采用挂线尺量检查，允许偏差为 1.0mm，偏差方向应与固定端轴承座中心线偏差方向一致；

2）应调整与固定端轴承座高低差，宜采用水准仪检查，允许偏差为 1.0mm；

3）应调整两轴承座中心距，宜采用盘尺在定衡力状态下检查，允许偏差为 ±1.0mm；

4）应调整两轴承座对角线相对差，宜采用盘尺在定衡力状态下检查，允许偏差为 4.0mm；

5）应调整纵向水平度，宜采用水平仪检查，允许偏差为 0.10/1000；

6）应调整横向水平度，宜采用水平仪检查，非铰接式结构允许偏差为 0.20/1000，铰接式结构允许偏差为 0.10/1000，偏差方向宜靠炉体侧低。

5.1.2 耳轴轴承装配应符合下列要求：

1 托圈分体供货时，耳轴轴承应在托圈组装完成后装配。

2 宜采用温差法装配耳轴轴承，并应按下列程序进行：

1）轴承和耳轴清洗干净，检查轴承应无损伤、无锈蚀、转动灵活、无异常声响；检查耳轴表面应光滑，并涂抹润滑油；

2）测量耳轴与轴承的装配尺寸，宜在耳轴轴向内、中、外三处沿圆周按 8～12 等分用外径千分尺测量耳轴外径，在轴承两端和中部三处沿圆周按 8～12 等分用内径千分尺测量轴承内径，取平均值计算装配过盈值，并与设计比对应在公差范围内；

3）宜按实测过盈值加装配所需间隙计算轴承加热温度，轴承膨胀量应保证轴承与耳轴顺利装配；膨胀量宜同时采用两种方法控制，用温度监控仪测量加热温度，用样杆控制膨胀量；样杆长度为轴承内径实测平均值加所需膨胀量；

4）宜以电加热片包裹油槽加热机油和轴承，或以热空气加热轴承；达到加热温度后，应持续适当时间，保证轴承均匀受热；

5）轴承装配前，轴承内侧的零部件应已装入；

6）轴承加热符合要求后与耳轴装配，定位后应有防冷却过程中与轴肩产生间隙的措施；

7）轴承装配冷却后，应检查轴承转动灵活、无缺陷。

5.1.3 耳轴轴承与轴承座装配应符合设计技术文件的规定，设计技术文件未规定时，应符合现行国家标准《机械设备安装工程施工及验收通用规范》GB 50231 的有关规定。

5.2 托　圈

5.2.1 分体托圈现场组装应符合设计技术文件的规定或供货商现场代表的书面技术指导。无设计技术文件或供货商现场代表的书面技术指导时，应按本规范第 5.2.2 条～第 5.2.5 条的规定执行。

5.2.2 托圈组装应在平台上进行，组装平台应牢固，应能承受设备重量和组装中的冲击。托圈组装的最终调整和检测宜在平台沉降已稳定后进行。

5.2.3 对接焊接托圈组装应符合下列要求：

1 应调整两耳轴的同轴度，焊接前不宜大于 0.7mm，水平方向宜采用精密水准仪检测，垂直方向宜采用挂线、千分尺测量，并应按设计图检查有关尺寸。

2 组对检查合格后，对口宜用定位板刚性固定，同一对口处的定位板宜同时对称焊接。焊接过程应监控同轴度变化。

3 对口焊接前应有焊接工艺评定，并应根据焊接工艺评定报告制定焊接作业指导书，焊接过程应严格执行指导书的要求。

4 两对口焊缝应同时对称施焊，左右立板及上下盖板（箱形结构）的内外侧焊缝焊接顺序应合理排列，并应根据变形监测数据及时作适当调整。

5 焊接过程对焊接变形的跟踪监控除应采用本条第1款的规定外，还宜在长、短耳轴的端口和根部的0°部位（测垂直方向），90°部位（测水平方向）各装置一块百分表（共8块），随时测耳轴同轴度变化。

6 焊缝外观质量应符合现行国家标准《炼钢机械设备工程安装验收规范》GB 50403的有关规定。

7 焊缝内部质量应符合现行国家标准《炼钢机械设备工程安装验收规范》GB 50403的有关规定。

8 组对焊缝焊后热处理应按现行国家标准《炼钢机械设备工程安装验收规范》GB 50403的有关规定执行。

9 应检测两耳轴同轴度，允许偏差为1.5mm。

5.2.4 法兰连接托圈组装应符合下列要求：

1 应除去法兰结合面、键、键槽的毛刺、油漆及污物，并应清洗干净。

2 应组对托圈，应调整两耳轴同轴度，并应按设计图检查各有关尺寸。

3 应装配并应紧固法兰连接螺栓，紧固应对称、交叉、均匀有序进行，紧固力应符合设计技术文件的规定，紧固过程应对两耳轴同轴度进行监控。

4 应按设计技术文件的规定装配定位工形键。

5 应检测法兰结合面局部间隙不应大于0.05mm。

6 应检测两耳轴同轴度，允许偏差为1.5mm。

5.2.5 托圈水冷系统应做水压试验和通水试验，试验应符合设计技术文件的规定，设计技术文件未规定时，应符合下列要求：

1 试验压力应为工作压力的1.25倍，应在试验压力下稳压10min，再降至工作压力，停压30min，以压力不降，无渗漏为合格。

2 通水试验进出水应畅通无阻，连续通水时间不应少于24h，应无渗漏。

5.3 炉　体

5.3.1 炉壳现场组装应符合设计技术文件的规定或供货商现场代表的书面指导，无设计技术文件或供货商现场代表的书面指导时，应按本规范第5.3.2条～第5.3.13条的规定执行。

5.3.2 炉体组装和安装宜采用"台车法"或"滑移法"，并应制定方案。

5.3.3 "台车法"应在台车上组装炉壳和托圈，并应运送到安装位置进行安装，同时应符合下列要求：

1 台车上设置的组装台架应经强度验算，应能承受组装设备重量及组装时产生的冲击。

2 支承炉壳和托圈的千斤顶应检验合格，升降应同步平稳。

5.3.4 "滑移法"应在两根滑移梁上将托圈、炉壳和倾动装置组成整体，并应滑移到轴承支座上进行安装，同时应符合下列要求：

1 滑移梁应根据炉体重量和现场条件设计制作，应有足够的强度和刚度。

2 滑移梁应设置在加料跨炉前平台的主梁上，平台结构应核验，可作适当加固。滑移梁设置的坐标位置及标高应适合炉体滑移和安装要求。

3 组装过程应设置可靠的防托圈倾翻设施，并应严防托圈倾翻。

5.3.5 炉壳焊接，炉壳与托圈连接装置焊接应有焊接工艺评定，并应根据工艺评定报告制定焊接作业指导书，焊接过程应严格执行指导书的要求。

5.3.6 焊缝外观质量应符合现行国家标准《炼钢机械设备工程安装验收规范》GB 50403的有关规定。

5.3.7 焊缝内部质量应符合现行国家标准《炼钢机械设备工程安装验收规范》GB 50403的有关规定。

5.3.8 焊缝焊后热处理应按现行国家标准《炼钢机械设备工程安装验收规范》GB 50403的有关规定执行。

5.3.9 炉壳组装应符合下列要求：

1 直径允许偏差为±10.0mm，且最大直径与最小直径允许偏差为3D/1000，D为炉壳设计直径。

2 高度允许偏差为3H/1000，H为炉壳设计高度。

3 炉壳垂直度（炉口平面、炉底平面对炉壳轴线的垂直度）允许偏差为1.0/1000。

5.3.10 炉壳安装的允许偏差项目应在托圈处于"0"位时检测，并应符合下列要求：

1 应调整炉口纵、横向中心线，宜采用挂线尺量检查，允许偏差为2.0mm。

2 应调整炉口平面至耳轴轴线距离，宜采用水准仪检查，允许偏差为−2.0mm～1.0mm。

3 应调整炉壳轴线对托圈支承面的垂直度，宜采用吊线尺量检查，允许偏差为1.0/1000。

4 应调整炉口水冷装置中心与炉口中心应在同一垂直线上，宜采用吊线尺量检查，允许偏差为5.0mm。

5.3.11 炉体与托圈连接装置安装应符合设计技术文件的规定。

5.3.12 水冷炉口必须按设计技术文件的规定进行水压试验和通水试验，设计技术文件未规定时，应符合下列要求：

1 试验压力应为工作压力的1.5倍，应在试验压力下稳压10min；再降至工作压力，停压30min，以压力不降、无渗漏为合格。

2 通水试验进出水应畅通无阻，连续通水时间不应少于24h，应无渗漏。

5.4 倾动装置

5.4.1 二次减速机大齿轮装配宜采用冷装法，并应符合下列要求：

1 大齿轮、耳轴及键应清洗干净、无污物和毛刺。

2 大齿轮与耳轴装配，大齿轮轴孔和耳轴为圆柱形时，大齿轮端面与耳轴轴肩应紧密接触，应用塞尺检测，局部间隙不应大于 0.05mm；大齿轮轴孔和耳轴为圆锥形时，轴的定位挡圈与大齿轮端面及耳轴沟槽端面应紧密接触，局部间隙不应大于 0.05mm。

3 检测键槽和键的实际尺寸应符合设计技术文件的规定。

4 键的配合斜面及键与键槽工作面的接触面积应大于 70%，研磨接触面时不应改变键的形位公差和尺寸公差。

5 键的装配深度应根据键槽和键的实际测量尺寸，键的设计公盈值计算确定，并应在键上做好装配深度的标记。键应编号挂牌。

6 应再次清洗键槽和键。

7 键应放入冷冻槽内，冷却介质宜用液氮，应缓慢注入冷却介质，并应浸没键，保温冷却符合装配要求后，应同步装配两对键至标记深度。

8 键在恢复室温过程中，应采取防位移措施，且不应进行倾动装置的其他安装工作。恢复室温后，应检查键装配符合设计技术文件的规定。

9 操作人员应有防冻伤保护。

5.4.2 安装二次减速机小齿轮和机壳应符合下列要求：

1 小齿轮应以大齿轮为基准安装定位，调整齿轮啮合间隙及接触面应符合设计技术文件的规定，设计技术文件未规定时，应符合现行国家标准《机械设备安装工程施工及验收通用规范》GB 50231 的有关规定。

2 机壳安装应以耳轴为基准调整定位，在剖分面上检测水平度应符合设计技术文件的规定，剖分面应抹耐热耐油密封胶装配，不应允许泄漏。

5.4.3 一次减速机应以二次减速机为基准进行定位。与机壳间的轴封应符合设计技术文件的规定。

5.4.4 安装润滑装置时，管道及元件应清洗干净，并应按设计图装配。

5.4.5 安装扭力杆装置应符合下列要求：

1 扭力杆支座安装应符合下列要求：

　1）应调整扭力杆支座纵向中心线距耳轴轴线距离，宜采用挂线尺量检查，允许偏差为 ±1.0mm；

　2）应调整横向中心线距固定端轴承座中心线距离，宜采用挂线尺量检查，允许偏差为 ±0.5mm；

　3）应调整扭力杆支座轴孔中心距耳轴轴线距离，宜采用挂线尺量检查，允许偏差为 1.0mm；

　4）应调整扭力杆支座水平度，宜采用水平仪检查，允许偏差为 0.2/1000。

2 止动支座安装应符合下列要求：

　1）应调整止动支座纵向中心线距耳轴轴线距离，宜采用尺量检查，允许偏差为 ±2.0mm；

　2）应调整横向中心线距固定端轴承座中心线距离，宜采用尺量检查，允许偏差为 ±2.0mm；

　3）调整止动支座顶面距二次减速机壳底部间隙应符合设计文件规定，宜采用尺量或塞尺检查，允许偏差为 ±1.0mm；

　4）应调整止动支座水平度，宜采用水平仪检查，允许偏差为 0.2/1000。

3 应连接机壳、拉（压）杆、扭转臂和扭力杆，并应调整扭力杆水平度，宜采用水平仪检查，允许偏差为 1.0/1000。

5.5 活动挡板和固定挡板

5.5.1 活动挡板下部轨道和上部导轨安装应符合下列要求：

1 应调整纵、横向中心线，宜采用尺量检查，允许偏差为 10.0mm。

2 应调整标高，宜采用水准仪检查，允许偏差为 ±10.0mm。

5.5.2 吊装活动挡板时，应调整垂直度，宜采用吊线检查，允许偏差为 1.0/1000。

5.5.3 活动挡板驱动装置应按设计技术文件的规定安装。

5.5.4 安装固定挡板应符合下列要求：

1 应调整纵、横向中心线，宜采用尺量检查，允许偏差为 10.0mm。

2 应调整标高，宜采用水准仪检查，允许偏差为 ±10.0mm。

3 应调整垂直度，宜采用吊线检查，允许偏差为 1.0/1000；偏差方向宜与活动挡板相应项目偏差方向一致。

6 氧枪和副枪设备安装

6.1 氧　枪

6.1.1 换枪装置安装应符合下列要求：

1 横移小车轨道直接安装在钢结构梁上时，安装前应检查钢结构梁的水平度，并应符合轨道安装精度要求。

2 安装单轨式横移小车轨道应符合下列要求：

  1) 应调整纵向中心线，宜采用尺量检查，允许偏差为1.0mm；

  2) 应调整纵向水平度，宜采用水平仪检查，允许偏差为0.5/1000；

  3) 应调整标高，允许偏差为±1.0mm；应调整单轨与导轨垂直方向定位尺寸，宜采用水准仪检查，允许偏差为±2.0mm；

  4) 应调整单轨与导轨水平方向定位尺寸，宜采用吊线尺量检查，允许偏差为±1.0mm。

3 安装双轨式横移小车轨道应符合下列要求：

  1) 应调整纵向中心线，宜采用挂线尺量检查，允许偏差为2.0mm；

  2) 应调整纵向水平度，宜采用水平仪检查，允许偏差为0.5/1000；

  3) 应调整标高，宜采用水准仪检查，允许偏差为±1.0mm，同一截面两轨道高低允许偏差为2.0mm；

  4) 应调整轨距，宜采用尺量检查，允许偏差为2.0mm；

  5) 应调整接头间隙，宜采用尺量、塞尺检查，允许偏差为1.0mm；

  6) 应调整接头错位，宜采用尺量检查，允许偏差为0.5mm。

4 安装横移小车应检查其运行机构，并应符合设计技术文件的规定，不符合规定的项目应进行处理。

6.1.2 氧枪升降装置安装应符合下列要求。

1 固定导轨安装应符合下列要求：

  1) 安装前检查直线度应符合设计技术文件的规定；

  2) 固定导轨安装应以转炉中心为基准定位，纵、横向中心线宜采用挂线尺量检查，允许偏差为1.0mm；

  3) 应调整垂直度，宜采用吊线尺量检查，允许偏差为0.5/1000，且全长允许偏差为3.0mm；

  4) 应调整接头错位，宜采用平尺或塞尺检查，允许偏差为0.5mm；

  5) 应调整接头间隙，宜采用尺量或塞尺检查，允许偏差为1.0mm。

2 活动导轨安装应符合下列要求：

  1) 活动导轨安装应以固定导轨为基准，横移小车应处于工作位置，将活动导轨与固定导轨对齐，宜采用尺量检查，允许偏差为0.5mm；

  2) 应调整活动导轨与固定导轨间隙，宜采用塞尺检查，允许偏差为1.0mm；

  3) 应调整活动导轨垂直度，宜采用吊线尺量

检查，允许偏差为0.5/1000，且全长允许偏差为2.0mm。

3 检查升降小车卷扬机构应符合设计技术文件的规定，设计技术文件未规定时，应符合现行国家标准《机械设备安装工程施工及验收通用规范》GB 50231的有关规定，不符合规定的项目应进行调整处理。

4 升降小车安装应符合下列要求：

  1) 调整上、下夹持器轴应在同一垂直线上，宜采用吊线尺量检查，允许偏差为0.5mm；

  2) 应调整夹持器中心与转炉炉口对中，宜采用吊线尺量检查，允许偏差为3.0mm；

  3) 应调整导轮与导轨间隙，宜采用塞尺检查，允许偏差为1.0mm。

5 应调整升降小车断绳（松绳）安全装置的卡爪或摩擦楔块与导轨之间的间隙，并应符合设计技术文件的规定。

6.1.3 氧枪安装应符合下列要求：

1 检查氧枪的直线度应符合设计技术文件的规定，吊装时应防止弯曲变形。

2 应调整氧枪与烟罩上氧枪套口中心（热态位置）对中，允许偏差为4.0mm。

6.1.4 氧枪处于工作位置时安装横移小车锁定装置，并应按设计技术文件规定安装氧枪行程中的各特定位置的限位装置，各限位装置的最终位置应待设备试运转时调整确定。

6.1.5 与氧枪连接的各种介质管道应经检验确认符合要求后再连接。

6.2 副 枪

6.2.1 旋转装置安装应符合下列要求：

1 旋转架（旋转平台）组装应按制造厂预装配标记和设计技术文件的规定进行，连接螺栓紧固应使用扭矩扳手，紧固力应符合设计技术文件的规定。

2 旋转架安装应以旋转轴为基准，应调整纵、横向中心线，宜采用挂线尺量检查，允许偏差为1.0mm；应调整标高，宜采用水准仪检查，允许偏差为±2.0mm；应调整水平度或垂直度，宜采用水平仪检查，允许偏差为0.10/1000。

3 旋转传动机构应按设计技术文件或现行国家标准《机械设备安装工程施工及验收通用规范》GB 50231的有关规定进行清洗和装配。

6.2.2 副枪升降装置安装应符合下列要求：

1 安装时旋转架（旋转平台）宜处于副枪工作位置。

2 副枪小车升降导轨安装应符合下列要求：

  1) 应以转炉中心为基准定位，调整纵、横向中心线，宜采用挂线尺量检查，允许偏差

为 1.0mm；

2）应调整垂直度，宜采用吊线尺量检查或经纬仪检查，允许偏差为 0.5/1000，全长允许偏差为 3.0mm；

3）应调整接头间隙，宜采用尺量或塞尺检查，允许偏差为 1.0mm；

4）应调整接头错位，宜采用尺量检查，允许偏差为 0.5mm。

3 副枪小车升降传动机构的减速器、卷筒、滑轮安装应以小车导轨为基准定位，并应符合下列要求：

1）应调整纵、横向中心线，宜采用尺量检查，允许偏差为 2.0mm；

2）应调整标高，宜采用水准仪检查，允许偏差为 ±2.0mm；

3）应调整水平度，宜采用水平仪检查，允许偏差为 0.1/1000；

4）联轴器装配应符合现行国家标准《机械设备安装工程施工及验收通用规范》GB 50231 的有关规定。

4 副枪升降小车安装应符合下列要求：

1）应调整小车导轮与导轨间隙，宜采用塞尺检查，允许偏差为 1.0mm；

2）调整断绳止坠装置制动架摩擦板与导轨间隙应符合设计技术文件的规定；

3）安装钢绳松弛及过张力保护装置负荷压力传感器，安装时应加装导电短接线。

6.2.3 升降小车导轨下部锁定装置及旋转架锁定装置安装，坐标位置及标高允许偏差应符合设计技术文件的规定。

6.2.4 副枪必须按设计技术文件的规定进行水压试验。

6.2.5 副枪安装应符合下列要求：

1 检查副枪的直线度应符合设计技术文件的规定，吊装时应防止弯曲变形。

2 应调整副枪与烟罩上副枪套口中心（热态位置）对中，允许偏差为 4.0mm。

6.2.6 副枪各限位装置安装应符合设计技术文件的规定，各限位装置的最终位置应待试运行时调整确定。

6.3 氮 封 装 置

6.3.1 安装前应检查氮封圈喷孔，氮封圈喷孔应畅通。

6.3.2 安装氮封圈时，应调整纵、横向中心线，宜采用挂线尺量检查，允许偏差为 5.0mm。

6.4 副枪探头装头机和拔头机

6.4.1 检查设备，有下列情况时应拆卸、清洗、重

新装配：

1 已涂抹防锈油脂。

2 涂抹的润滑油脂已过期或变质或有污物。

3 转动不灵活，有卡阻现象。

6.4.2 拆卸前宜做好标记，清洗应干净，装配应符合设计技术文件的规定或现行国家标准《机械设备安装工程施工及验收通用规范》GB 50231 的有关规定。

6.4.3 安装时，应调整纵、横向中心线，宜采用挂线尺量检查，允许偏差为 1.0mm；应调整标高，宜采用水准仪检查，允许偏差为 ±1.0mm；应调整水平度，宜采用水平仪检查，允许偏差为 0.10/1000。

7 烟罩设备安装

7.1 裙 罩

7.1.1 裙罩宜在转炉安装前吊装就位。

7.1.2 安装裙罩升降装置应符合下列要求：

1 升降装置应以转炉中心为基准定位，调整纵、横向中心线，宜采用挂线尺量检查，允许偏差为 3.0mm。

2 液压式升降机构安装应调整 4 个液压缸相对标高差，宜采用水准仪或尺量检查上部铰轴中心部位，允许偏差为 3.0mm；应调整液压缸垂直度，宜采用吊线尺量上、下铰轴中心在同一垂直线上，允许偏差为 2.0mm。

3 机械卷扬式升降机构安装应调整卷筒传动轴水平度，宜采用水平仪检查，允许偏差为 0.15/1000；传动联轴器装配，宜采用百分表、塞尺、钢尺检查，允许偏差应按现行国家标准《机械设备安装工程施工及验收通用规范》GB 50231 的有关规定执行。

7.1.3 裙罩安装应符合下列要求：

1 应以转炉中心为基准定位，调整纵、横向中心线，宜采用挂线尺量检查，允许偏差为 3.0mm。

2 应调整标高，宜采用尺量或水准仪检查，允许偏差为 ±5.0mm。

3 应调整水平度，宜采用水平仪或水准仪在裙罩上沿检查，允许偏差为 1.0/1000。

4 应调整导轮与导柱间隙，宜采用塞尺检查，允许偏差为 2.0mm。

7.1.4 安装时，应检查并调整密封装置应符合设计技术文件的规定。

7.1.5 安装时，应检查水冷却系统，并应按设计技术文件的规定进行水压试验。

7.2 移 动 烟 罩

7.2.1 横移小车轨道安装应符合下列要求：

1 应调整纵向中心线，宜采用挂线尺量检查，允许偏差为 2.0mm。

2 应调整纵向水平度，宜采用水平仪或水准仪检查，允许偏差为 1.0/1000。

3 应调整标高，宜采用水准仪检查，允许偏差为±2.0mm。

4 应调整同一截面两轨面高低差，宜采用水准仪检查，允许偏差为 1.0mm。

5 应调整轨距，宜采用尺量检查，允许偏差为 2.0mm。

7.2.2 安装烟罩横移小车应符合下列要求：

1 应检查设备，油脂已过保质期或变质污染、转动不灵活有卡阻现象时，应拆卸清洗，拆卸前宜做好标记，清洗装配应符合设计技术文件的规定或现行国家标准《机械设备安装工程施工及验收通用规范》GB 50231 的有关规定。

2 应调整走行机构跨度，宜采用尺量检查，允许偏差为±2.0mm；应调整对角线，宜采用尺量检查，允许偏差为 5.0mm；应调整同一侧梁下车轮同位差，宜采用挂线尺量检查，允许偏差为 2.0mm。

7.2.3 移动烟罩安装应符合下列要求：

1 安装移动烟罩时，横移小车应在工作位置。

2 应调整纵、横向中心线，宜采用挂线尺量检查，允许偏差为 3.0mm；应调整标高，宜采用水准仪检查，允许偏差为±5.0mm；应调整下口段垂直度，宜采用吊线尺量检查，允许偏差为 1.0/1000。

3 检查与下烟罩间密封应符合设计要求。

4 应与上部烟道连接，调整接口法兰同心度和平行度，宜采用尺量、塞尺检查，同心度允许偏差为 2.0mm；平行度允许偏差为 1.5/1000，全长允许偏差为 3.0mm。

8 余热锅炉设备安装

8.1 一般规定

8.1.1 施工单位应具有相应等级的锅炉安装资质。

8.1.2 烟道、锅筒、蓄热器、除氧箱等设备吊装应制定方案。

8.1.3 锅炉安装完成后必须按设计技术文件的规定进行系统水压试验，设计技术文件未规定时，试验压力应按工作压力的 1.25 倍，在试验压力下稳压 20min，再降至工作压力进行检查，检查应无漏水或异常现象，压力应保持不变，水压试验后，应无残余变形。水压试验应在保温前进行。

8.2 烟道

8.2.1 烟道的中心基准线和标高基准点应在安装烟道的各层平台上测量投放，并应控制各分段及整体安装精度。

8.2.2 安装前检查烟道鳍片管应有制造厂通球合格证明文件，并检查联箱内应无杂物，管口应无堵塞，鳍片应无焊接裂纹。

8.2.3 烟道组对、接口焊接应符合下列要求：

1 检查每根水冷管应无杂物、无堵塞。

2 坡口及两侧表面不小于 10mm 范围内的油、漆、垢、锈、毛刺等应清除干净。

3 对正各水冷管口，内壁错边量宜小于壁厚的10%，间隙应符合焊接工艺要求。

4 接口应采用氩弧焊焊接。焊接前，应有焊接工艺评定，应根据焊接评定报告制定作业指导书，焊接过程应严格执行作业指导书的要求。

5 宜先焊接间隙小的对口，并应对称焊接。

6 焊缝质量和检查方法及检查数量应符合设计技术文件规定，设计技术文件未注明时，应按国家现行有关锅炉安装的规定执行。

8.2.4 烟道安装应符合下列要求：

1 宜先安装与移动烟罩相连接的下部烟道，然后自下而上逐段安装。

2 应调整纵、横向中心线，宜采用挂线尺量检查，允许偏差为 5.0mm。

3 应调整标高，宜采用水准仪检查，允许偏差为±5.0mm。

4 应调整垂直度，宜采用吊线尺量检查，允许偏差为1.0/1000。

5 应调整法兰接口同心度，宜采用尺量检查，允许偏差为2.0mm。

6 应调整法兰接口平行度，宜采用尺量或塞尺检查，允许偏差为 1.5/1000，且全长允许偏差为 3.0mm。

8.2.5 烟道的支吊架结构应符合设计技术文件的规定，支座和吊架宜在烟道吊装前就位，待烟道安装完成后应按设计位置调整定位。安装应牢固，应与烟道接触紧密；滑动支座及吊架应在设计规定的方向滑移无卡阻，弹簧支座及吊架应按设计要求预压。

8.3 锅筒

8.3.1 支座安装应符合下列要求：

1 应调整纵、横向中心线，宜采用挂线尺量检查，允许偏差 2.0mm。

2 应调整水平度，宜采用水平仪检查，允许偏差为 1.0/1000。

3 应调整标高，宜采用水准仪检查，允许偏差为±3.0mm。

8.3.2 锅筒与支座接触应均匀紧密，滑动端支座应按设计规定预留热膨胀移动量，并应检查滑动无障碍。

8.3.3 安装时，应调整锅筒纵、横向中心线，宜采用挂线尺量检查，允许偏差为5.0mm；应调整标高，宜采用水准仪检查，允许偏差为±5.0mm；应调整纵向水平度，宜采用水准仪检查，允许偏差全长不应大于2.0mm。

8.3.4 检查锅筒内部装置应齐全，并应清洁无杂物。

8.3.5 安装人孔门，法兰垫应涂黑铅粉类润滑剂，连接螺栓丝扣也应涂黑铅粉类润滑剂，螺栓应对称均匀紧固，密封应严密无漏泄。

8.4 汽、水系统管道

8.4.1 管道支吊架安装应符合下列要求：

　1　管道支吊架的结构和安装位置应符合设计技术文件的规定。

　2　支吊架安装应牢固，应与管子接触紧密。

　3　无热位移的管道，吊杆应垂直安装。

　4　有热位移的管道，吊点应在位移的相反方向，位移值应符合设计技术文件的规定。

　5　固定支架应在补偿器预拉伸前固定。

　6　导向支架或滑动支架的滑动面应清洁干净，不得有歪斜和卡阻现象，偏移量应符合设计技术文件的规定。

　7　弹簧支、吊架的弹簧应按设计技术文件的要求预压，弹簧高度应符合设计技术文件的要求。

8.4.2 管道安装应符合下列要求：

　1　应调整对接口平直度，应在距离接口中心200mm处尺量检查，管材公称直径大于或等于100mm时，允许偏差为2.0mm，公称直径小于100mm时，允许偏差为1.0mm。

　2　应调整管道对口内壁错边量，不宜大于壁厚的10%，且不宜大于2.0mm。

　3　检查管内应无杂物，对口两侧不小于20mm范围内应无油、漆等污物。

　4　管道对接焊缝与支吊架的边缘距离不应小于50mm。

　5　阀门安装位置、方向应正确，内部应清洁、连接牢固，与管道中心线垂直。

　6　补偿器安装方向应正确，按设计技术文件要求进行预拉伸或压缩，应与管道保持同轴，不应偏斜。

　7　应调整管道纵、横向中心线，宜采用尺量检查，允许偏差为15.0mm。

　8　应调整标高，宜采用水准仪检查，允许偏差为±15.0mm。

　9　应调整水平管道平直度，宜采用拉线尺量检查，公称直径小于或等于100mm时，允许偏差为有效长度的2.0/1000，且最大应为50.0mm，公称直径大于100mm时，允许偏差为有效长度的3.0/1000，且最大应为80.0mm。

　10　应调整立管垂直度，宜采用吊线尺量检查，允许偏差为有效长度的5.0/1000，且最大应

为30.0mm。

　11　应调整成排管道间距，宜采用尺量检查，允许偏差为15.0mm。

　12　应调整交叉管的外壁或绝热层间距，宜采用尺量检查，允许偏差为20.0mm。

8.4.3 管道焊接应有焊接工艺评定，应根据焊接评定报告制定作业指导书，焊接过程应严格执行作业指导书的要求。

8.4.4 焊缝质量和检查方法及数量应符合设计技术文件的规定，设计技术文件未注明时，应按国家现行有关锅炉安装的规定执行。

8.4.5 管道冲洗应符合下列要求：

　1　管道应按系统进行冲洗。

　2　冲洗用水应清洁，流速不得小于1.5m/s，排放管的截面积不得小于被冲洗管截面积的60%。

　3　冲洗应以排污口的水色和透明度与入口水目测一致为合格。

　4　冲洗完毕应及时排水，排水时不得形成负压。

8.5 蓄 热 器

8.5.1 安装支座时，应调整纵、横向中心线，宜采用挂线尺量检查，允许偏差为2.0mm；应调整标高，宜采用水准仪检查，允许偏差为±3.0mm；应调整水平度，宜采用水平仪检查，允许偏差为1.0/1000。

8.5.2 安装蓄热器，与支座接触应均匀紧密，滑动端应按设计技术文件的规定预留热膨胀移动量，并应检查滑动无障碍。

8.5.3 安装时，应调整蓄热器纵、横向中心线，宜采用挂线尺量检查，允许偏差为5.0mm；应调整标高，宜采用水准仪检查，允许偏差为±5.0mm；应调整水平度，宜采用水准仪检查，全长允许偏差为2.0mm。

8.5.4 安装时，应按设计技术文件的规定对蓄热器进行水压试验，升降压应缓慢。

8.6 除 氧 水 箱

8.6.1 安装除氧水箱时，应调整除氧水箱纵、横向中心线，宜采用挂线尺量检查，允许偏差为5.0mm；应调整标高，宜采用水准仪检查，允许偏差为±5.0mm；应调整水平度，全长应小于2.0mm。

8.6.2 安装时，应清除除氧水箱内的杂物，箱内应清洁。

8.6.3 安装时，应按设计技术文件的规定对除氧水箱进行水压试验，升降压应缓慢。

9 电弧炉设备安装

9.1 轨 座

9.1.1 电极侧轨座安装应符合下列要求：

1 应调整纵、横向中心线，宜采用挂线尺量检查，允许偏差为 2.0mm。

2 应调整标高，宜采用水准仪检查，允许偏差为±1.0mm。

3 应调整水平度，宜采用水平仪检查，允许偏差为 0.20/1000。

9.1.2 非电极侧轨座安装应符合下列要求：

1 应调整水平度，宜采用水平仪检查，允许偏差为 0.20/1000。

2 应调整与电极侧轨座中心距，宜采用尺量检查，允许偏差为－0.20mm～0。

3 应调整横向中心线，宜采用尺量检查，允许偏差为 2.0mm，且应与电极侧轨座偏差方向一致。

4 应调整与电极侧轨座同一截面上的标高差，宜采用水准仪检查，允许偏差为 1.0mm。

5 应调整两轨座对角线相对差，宜采用尺量检查，允许偏差为 3.0mm，偏差方向应与摇架弧形板端齿（或端柱）对角线偏差方向一致。

9.2 倾 动 装 置

9.2.1 底座安装应符合下列要求：

1 应调整纵、横向中心线，宜采用挂线尺量检查，允许偏差为 2.0mm。

2 应调整标高，宜采用水准仪检查，允许偏差为±2.0mm。

3 应调整水平度，宜采用水平仪检查，允许偏差为 0.20/1000。

9.2.2 倾动液压缸与底座及摇架的铰轴连接应符合设计技术文件的规定。

9.3 倾 动 锁 定 装 置

9.3.1 锁定装置安装应符合下列要求：

1 应调整纵、横向中心线，宜采用挂线尺量检查，允许偏差为 2.0mm。

2 应调整水平度，宜采用水平仪检查，允许偏差为 0.20/1000。

3 应调整标高，锁定装置的标高应为摇架处于"0"位被锁定时的实测值。

9.3.2 锁定液压缸与底座的铰轴连接应符合设计技术文件的规定。

9.4 摇 架

9.4.1 分体供货的摇架宜在平台上或轨座上进行组装。组装应符合设计技术文件的规定或供货商现场代表书面技术指导，无设计技术文件的规定时，供货商现场代表可书面技术指导，也可按本规范第 9.4.2 条～第 9.4.9 条的规定执行。

9.4.2 摇架组对置于冶炼时的"0"位状态进行组装，应支撑牢固。

9.4.3 摇架焊接应有焊接工艺评定，并应根据焊接评定报告制定焊接作业指导书，焊接过程应严格执行指导书的要求。

9.4.4 摇架应按设备图和制造厂标记组装，组装尺寸的允许偏差应符合下列要求：

1 两弧形板中心距允许偏差为±2.0mm，宜采用尺量检查。

2 两弧形板端齿、端柱或制造厂标记的对角线相对差允许偏差为 3.0mm，宜采用尺量检查。

3 弧形板垂直度允许偏差为 0.5/1000，上端宜向离开炉心的方向倾斜，宜采用吊线尺量检查。

4 两弧形板相对应的齿（柱）应在同一水平面上，高低允许偏差为 1.0mm，宜采用水准仪检查。

5 炉盖及电极旋转机构（门形架）安装在摇架上时，其中心与摇架中心间距的允许偏差为±2.0mm，宜采用尺量检查。

9.4.5 定位焊缝的长度、厚度和间距，应保证焊缝正式焊接过程中不致裂开。

9.4.6 焊接过程应对变形进行检查监视和控制。

9.4.7 焊缝的外观质量应符合现行国家标准《炼钢机械设备工程安装验收规范》GB 50403 的有关规定。

9.4.8 焊缝内部质量应符合现行国家标准《炼钢机械设备工程安装验收规范》GB 50403 的有关规定。

9.4.9 摇架安装应符合下列要求：

1 摇架应吊装到轨座上，应将摇架调至"0"位，应支撑牢固。

2 应调整纵、横向中心线，宜采用挂线尺量检查，允许偏差为 2.0mm。

3 应摇动摇架，检查弧形板齿（柱）与轨座齿（孔）的啮合应符合设计技术文件的规定。

4 炉盖及电极旋转机构安装在摇架上时，应检测炉盖及电极旋转机构支承面的水平度，宜采用水平仪检查，允许偏差为 0.20/1000，炉心方向宜高于外侧。

9.5 炉 体

9.5.1 炉壳组装应符合设计技术文件的规定或供货商现场代表的书面技术指导，无设计技术文件的规定时，供货商现场代表可书面技术指导，并应符合下列要求：

1 下炉壳宜在组装平台上进行组装，上炉壳宜在安装好的下炉壳上组装。

2 应按设备图和制造厂标记组装炉壳，检查组装尺寸的允许偏差应符合设计技术文件规定，设计技术文件未规定时，应符合下列要求：

1）炉体直径允许偏差为±10mm，宜采用尺量检查；

2）下炉壳上口应在同一水平面上，高低允许偏差为 10.0mm，宜采用水准仪检查；

3）上炉壳上口应在同一水平面上，高低允许偏差为 10.0mm，宜采用水准仪检查；

4）炉体垂直度允许偏差为 2.0/1000，宜采用吊线尺量检查。

3 定位焊缝的长度、厚度和间距应保证焊缝正式焊接过程中不裂开。

4 炉壳焊接应有工艺评定，应根据工艺评定报告制定焊接作业指导书，焊接过程应严格执行作业指导书的要求。

5 焊接过程应对变形进行检查监视和控制。

6 焊缝的外观质量应符合现行国家标准《炼钢机械设备工程安装验收规范》GB 50403 的有关规定。

7 焊缝内部质量应符合现行国家标准《炼钢机械设备工程安装验收规范》GB 50403 的有关规定。

8 焊缝焊后热处理的要求和程序应符合现行国家标准《炼钢机械设备工程安装验收规范》GB 50403 的有关规定。

9.5.2 下炉壳安装应符合下列要求：

1 应调整纵横向中心线，宜采用挂线尺量检查，允许偏差为 2.0mm。

2 应调整标高，宜采用水准仪检查，允许偏差为 ±5.0mm。

3 应调整上口平面度，宜采用水准仪检查，允许偏差为 10.0mm。

4 炉壳支腿、垫片、摇架之间应接触严密，宜采用塞尺检查，局部间隙不应大于 1.0mm。

5 下炉壳安装时，摇架应处于"0"位状态。

9.5.3 炉壳支腿与定位挡板间的膨胀间隙应符合设计技术文件的规定。

9.5.4 水冷壁的排列和装配应符合设计技术文件的规定，进出水金属软管应垂吊自然，不应扭曲，不应受损伤。

9.5.5 水冷系统必须按设计技术文件的规定进行水压试验和通水试验，设计技术文件未规定时，应符合下列要求：

1 水压试验和通水试验应在砌筑前进行。

2 试验压力应为工作压力的 1.5 倍，在试验压力下，应稳压 10min，再将试验压降至工作压力，停压 30min，应以压力不降、无渗漏为合格。

3 通水试验进出水应畅通无阻，连续通水时间不应少于 24h，应无渗漏。

9.6 炉盖、电极旋转及炉盖升降机构

9.6.1 底座安装应符合下列要求：

1 底座安装在混凝土基础上应符合下列要求：

1）应调整底座纵、横向中心线，宜采用挂线尺量检查，允许偏差为 2.0mm，偏差方向宜与摇架一致；

2）应调整底座标高，宜采用水准仪检查，允

许偏差为 ±2.0mm；

3）应调整底座水平度，宜采用水平仪检查，允许偏差为 0.10/1000。

2 底座安装在摇架上应符合下列要求：

1）摇架应处于水平位置；

2）应调整底座水平度，宜采用水平仪检查，允许偏差为 0.10/1000；

3）底座与摇架连接螺栓的紧固力应符合设计文件的规定。

9.6.2 旋转传动装置安装应符合设计技术文件的规定。

9.6.3 电极导向架安装应调整导向架垂直度，宜采用吊线尺量检查，允许偏差为 0.20/1000；导向架与旋转装置连接螺栓应用扭矩扳手紧固，紧固力应符合设计文件的规定。

9.6.4 炉盖升降机构安装应调整升降液压缸轴线与升降连杆轴线的重合度，宜采用挂线尺量检查，允许偏差为 1.0mm。

9.7 电极升降及电极夹持机构

9.7.1 电极导向立柱和电极臂托架安装应按电极序号就位，吊装时托架应处于水平状态，导向立柱吊入导向架后应与升降液压缸销轴连接。

9.7.2 电极立柱升降导向轮装置安装应符合下列要求：

1 应调整导轮与立柱间隙，对角两导轮与立柱间隙之和应小于 1.0mm，宜采用塞尺检查。

2 应调整电极立柱垂直度，宜采用吊线尺量检查，允许偏差为 0.1/1000，偏差方向电极侧宜向上仰。

9.7.3 安装时，应调整三个电极导向柱间距，宜采用尺量检查，允许偏差为 ±1.0mm。

9.7.4 电极臂安装应符合下列要求：

1 电极臂与电极臂托架装配的接合面之间应按设计技术文件规定垫绝缘垫，沟槽中应填充绝缘胶，绝缘垫应无油污、无破损，绝缘值应符合设计技术文件的规定。

2 电极臂与电极臂托架连接螺栓应对称紧固，紧固力应符合设计技术文件的规定，应用扭矩扳手检查。

3 电极臂吊装应水平，应按电极序号就位。

4 应调整三个电极夹持头中心，允许偏差为 ±3D/1000，三个夹持头偏差方向宜一致。

9.7.5 电极臂及电极夹持头水冷系统的水压试验和通水试验，应按本规范第 **9.5.5** 条的规定采用。

9.8 氧 枪

9.8.1 安装氧枪时，应调整氧枪纵、横向中心线，宜采用挂线尺量检查，允许偏差为 2.0mm；应调整

标高，宜采用水准仪检查，允许偏差为±1.0mm；应调整水平度，宜采用水平仪检查，允许偏差为0.10/1000。

9.8.2 氧枪与介质管道连接应符合本规范第6.1.5条的规定。

10 钢包精转炉设备安装

10.1 钢包车轨道

10.1.1 轨道安装应符合下列要求：

1 应调整纵向中心线，宜采用挂线尺量检查，允许偏差为2.0mm。

2 应调整标高，宜采用水准仪检查，允许偏差为±2.0mm。

3 应调整纵向水平度，宜采用水平仪或水准仪检查，允许偏差为1.0/1000。

4 应调整轨距，宜采用尺量检查，允许偏差为2.0mm。

5 应调整同一截面两轨道高低差，宜采用水准仪检查，允许偏差为1.0mm。

6 应调整接头错位，宜采用尺量检查，允许偏差为0.5mm。

7 应调整接头间隙，宜采用塞尺检查，允许偏差为1.0mm。

10.1.2 轨道对接焊宜采用铝热焊接或垫铜板焊接。

10.2 钢 包 车

10.2.1 整体交货的钢包车宜直接吊装到轨道上进行检查，油脂已过保质期或变质污染，且转动不灵活有卡阻现象时，应拆卸清洗，拆卸前宜做好标记，清洗装配应符合设计技术文件的规定或现行国家标准《机械设备安装工程施工及验收通用规范》GB 50231的有关规定。

10.2.3 分体交货的钢包车清洗后宜在轨道上进行组装。

10.2.4 钢包车安装应符合下列要求：

1 应按跨距和轮距在轨道上投放四点，并应形成矩形控制网，应检测钢包车跨距及对角线偏差。

2 应调整跨度，宜采用尺量检查，允许偏差为±2.0mm；应调整车轮对角线，宜采用尺量检查，允许偏差为5.0mm；应调整同一侧梁下车轮同位差，宜采用挂线尺量检查，允许偏差为2.0mm。

3 拖带式电缆装置应调整拖带滚筒中心线，宜采用挂线尺量检查，允许偏差为5.0mm；应调整水平度，宜采用水平仪检查，允许偏差为0.5/1000。

4 拖链式电缆装置应调整拖架中心线，宜采用挂线尺量检查，允许偏差为5.0mm；应调整标高，宜采用水准仪检查，允许偏差为±5.0mm；应调整水

平度，宜采用水平仪检查，允许偏差为1.0/1000。

10.3 炉盖吊架、炉盖及炉盖升降机构

10.3.1 炉盖吊架安装应符合下列要求：

1 应调整纵、横向中心线，宜采用挂线尺量检查，允许偏差为5.0mm。

2 应调整标高，宜采用水准仪检查，允许偏差为±5.0mm。

3 应调整立柱垂直度，宜采用吊线尺量检查，允许偏差为1.0/1000。

4 应调整炉盖悬挂梁及升降机构支承梁水平度，宜采用水平仪检查，允许偏差为1.0/1000。

5 炉盖吊架焊缝质量应符合设计技术文件的规定。

10.3.2 炉盖升降机构及炉盖安装应符合下列要求：

1 应调整传动装置链轮的位置，宜采用挂线尺量检查，允许偏差为2.0mm。

2 炉盖悬吊在链条上后应检查悬挂链垂直度，允许偏差为1.0。

3 应调整链条下悬长度，并应检查炉盖下缘高低差，允许偏差为$2D/1000$，D为炉盖直径。

10.3.3 应调整炉盖升降液压缸水平度，宜采用水平仪检查，允许偏差为0.10/1000；应调整升降液压缸轴线与链轮轮宽中心重合度，宜采用尺量检查，允许偏差为1.0mm。

10.3.4 炉盖水冷系统的水压试验和通水试验，应符合本规范第9.5.5条的规定。

10.4 电极升降及夹持机构

10.4.1 导向架安装应符合下列要求：

1 应调整纵、横向中心线，宜采用挂线尺量检查，允许偏差为2.0mm。

2 应调整标高，宜采用水准仪检查，允许偏差为±2.0mm。

3 应调整导向架垂直度，宜采用吊线尺量或经纬仪检查，允许偏差为0.10/1000。

10.4.2 电极导向立柱和电极臂托架安装应按电极序号就位，吊装时电极臂托架应处于水平状态。立柱托架吊入导向架就位后应与升降液压缸销轴连接。

10.4.3 电极立柱升降导向轮安装应符合下列要求：

1 应调整导向轮与立柱间隙，宜采用塞尺检查，对角两导轮与立柱间隙之和应小于1.0mm。

2 应调整立柱垂直度，宜采用吊线尺量检查，允许偏差为0.10/1000。

3 应调整三电极导向柱间距，宜采用尺量检查，允许偏差为±1.0mm。

10.4.4 电极臂安装应按本规范第9.7.4条的规定采用。

10.4.5 电极夹持头水冷系统水压试验及通水试验，

应符合本规范第 9.5.5 条的规定。

10.4.6 电极臂及电极夹持头水冷系统的水压试验和通水试验，还应符合本规范第 5.2.5 条第 2 款和第 3 款的规定。

11 钢包真空精炼炉及真空吹氧脱碳炉设备安装

11.1 一般规定

11.1.1 真空罐盖车轨道安装应按本规范第 10.1 节的规定采用。

11.1.2 真空罐盖车安装应按本规范第 10.2 节的规定采用。

11.2 真空罐

11.2.1 真空罐封头（下段）和中段宜在组装平台上组装，组装应按制造厂标记对正，并应符合设计技术文件的规定。

11.2.2 焊接前应有焊接工艺评定，并应根据焊接工艺评定报告制定焊接作业指导书，焊接过程应严格执行指导书的规定。

11.2.3 封头和中段组装完成后，吊入地坑基础安装应符合下列要求：

　　1 应调整纵、横向中心线，宜采用挂线尺量检查，允许偏差为 2.0mm。

　　2 应调整标高，宜采用水准仪检查，允许偏差为 ±2.0mm。

　　3 应调整垂直度，宜采用吊线尺量检查，允许偏差为 0.5/1000。

　　4 应安装定位挡铁并应焊接牢固。

11.2.4 真空罐上段应吊放在中段上进行组装，并应检测上段上口平面度，宜采用水准仪检查，允许偏差为 5.0mm。

11.2.5 组装焊缝外观质量，应符合现行国家标准《炼钢机械设备工程安装验收规范》GB 50403 的有关规定。

11.2.6 组装焊缝内部质量，应符合现行国家标准《炼钢机械设备工程安装验收规范》GB 50403 的有关规定。

11.3 真空罐盖及罐盖升降机构

11.3.1 罐盖安装应符合下列要求：

　　1 罐盖车宜在工作位置。

　　2 应调整炉盖的纵、横向中心线，宜采用挂线尺量检查，允许偏差为 2.0mm。

　　3 炉盖悬吊在链条上后，应检查悬挂链的垂直度，允许偏差为 1.0mm。

　　4 应调整链条下悬长度，检查炉盖下缘高低差，

允许偏差为 D/1000，D 为炉盖直径。

11.3.2 安装时，应调整罐盖升降液压缸水平度，宜采用水平仪检查，允许偏差为 0.10/1000；应调整升降液压缸轴线与链轮轮宽中心重合度，宜采用尺量检查，允许偏差为 1.0mm。

11.3.3 罐盖水冷系统水压试验和通水试验，应符合本规范第 9.5.5 条的规定。

11.4 真空装置

11.4.1 真空装置喷射泵、水环泵、冷凝器、气体冷却除尘器等设备安装，应符合下列要求：

　　1 应调整各设备纵、横向中心线，宜采用挂线尺量检查，允许偏差为 2.0mm。

　　2 应调整标高，宜采用水准仪检查，允许偏差为 ±3.0mm。

　　3 应调整水平度，宜采用水平仪检查，允许偏差为 0.5/1000，水环泵下面装有橡胶减振器时，应按设备使用说明书调整水平度，允许偏差为 1.0/1000。

11.4.2 抽气管线安装应符合下列要求：

　　1 抽气管线的焊缝应进行煤油渗透试验，并应全数检查。

　　2 应调整真空管活动接口法兰与真空罐法兰接口同心度，宜采用尺量检查，允许偏差为 1.0mm。

　　3 应调整法兰接口平行度，宜采用尺量或塞尺检查，允许偏差为 1.0mm。

11.4.3 真空系统的严密性试验和抽气能力测定，应符合设计技术文件的规定。

11.5 氧枪

11.5.1 安装氧枪时，应调整氧枪纵、横向中心线，宜采用挂线尺量检查，允许偏差为 2.0mm；应调整标高，宜采用水准仪检查，允许偏差为 ±1.0mm；应调整垂直度，宜采用吊线尺量或经纬仪检查，允许偏差为 0.5/1000。

11.5.2 氧枪与介质管道连接应符合本规范第 6.1.5 条的规定。

12 循环真空脱气精炼炉设备安装

12.1 一般规定

12.1.1 钢包车轨道安装应按本规范第 10.1 节的规定采用。

12.1.2 钢包车安装应按本规范第 10.2 节的规定采用。

12.1.3 真空脱气室车轨道应按本规范第 10.1 节的规定采用。

12.1.4 真空装置安装应按本规范第 11.4 节的规定采用。

12.2 真空脱气室车及脱气室

12.2.1 真空脱气室车安装应按本规范第10.2节的规定采用。

12.2.2 脱气室安装时脱气室车宜处于工作位置。

12.2.3 脱气室下部槽应与上部槽、上部槽应与热弯管的水冷法兰连接，O形密封圈填充以及连接螺栓紧固，应符合设计技术文件的规定。

12.2.4 脱气室与脱气室车的连接应符合设计技术文件的规定，应调整脱气室垂直度，宜采用吊线尺量检查，允许偏差为0.5/1000。

12.2.5 脱气室水冷系统的水压试验和通水试验，应符合本规范第9.5.5条的规定。

12.3 钢包顶升装置

12.3.1 升降导轨安装应符合下列要求：

　　1 应调整纵、横向中心线，宜采用挂线尺量检查，允许偏差为1.0mm。

　　2 应调整各导轨中心距离，宜采用千分尺测量检查，允许偏差为0.20mm。

　　3 应调整导轨标高，宜采用水准仪检查，允许偏差为±2.0mm。

　　4 应调整各导轨高低差，宜采用水准仪检查，允许偏差为1.0mm。

　　5 应调整导轨垂直度，宜采用挂线千分尺测量，允许偏差为全长0.2mm。

12.3.2 升降液压缸底座安装应符合下列要求：

　　1 应调整纵、横向中心线，宜采用挂线尺量检查，允许偏差为1.0mm。

　　2 应调整标高，宜采用水准仪检查，允许偏差为±2.0mm。

　　3 应调整水平度，宜采用水平仪检查，允许偏差为0.10/1000。

12.3.3 升降液压缸和升降框架安装应调整框架导轮与导轨间隙，应符合设计技术文件的规定，宜采用塞尺检查。

12.4 真空脱气室预热装置

12.4.1 预热装置安装应符合下列要求：

　　1 应调整纵、横向中心线，宜采用挂线尺量检查，允许偏差为3.0mm。

　　2 应调整标高，宜采用水准仪检查，允许偏差为±3.0mm。

　　3 应调整水平度，宜采用水平仪检查，允许偏差为0.20/1000。

12.4.2 加热枪体传动机构装置安装应符合设计技术文件的规定。

12.5 氧　　枪

12.5.1 升降小车导轨安装应符合下列要求：

　　1 应调整纵、横向中心线，宜采用挂线尺量检查，允许偏差为1.0mm。

　　2 应调整垂直度，宜采用吊线尺量或经纬仪检查，允许偏差为0.5/1000，且全长不应大于3.0mm。

　　3 应调整接头间隙，宜采用尺量或塞尺检查，允许偏差为1.0mm。

　　4 应调整接头错位，宜采用尺量检查，允许偏差为0.5mm。

12.5.2 升降小车传动机构安装应符合下列要求：

　　1 应调整减速器，卷筒及滑轮的纵、横向中心线，宜采用尺量检查，允许偏差为2.0mm。

　　2 应调整标高，宜采用水准仪检查，允许偏差为±2.0mm。

　　3 应调整水平度，宜采用水平仪检查，允许偏差为0.1/1000。

　　4 传动机构中联轴器装配，应符合现行国家标准《机械设备安装工程施工及验收通用规范》GB 50231的有关规定。

12.5.3 升降小车安装应调整小车导轮与导轨间隙，宜采用塞尺检查，允许偏差为1.0mm。

12.5.4 氧枪与介质管道连接应符合本规范第6.1.5条的规定。

13 浇注设备安装

13.1 钢包回转台

13.1.1 基础框架安装应与土建施工相协调，基础框架及地脚螺栓套筒的纵、横向中心线、标高及垂直度，应符合设计技术文件的规定。

13.1.2 底座安装应符合下列要求：

　　1 底座底面的油漆和污物应清除干净。

　　2 底座上安装标记的方位应符合设计技术文件的规定。

　　3 应调整纵、横向中心线，宜采用挂线尺量检查，允许偏差为2.0mm；应调整标高，宜采用水准仪检查，允许偏差为±1.0mm；应调整水平度，宜采用水平仪检查，允许偏差为0.05/1000。

　　4 地脚螺栓应对称均匀紧固，紧固力应符合设计技术文件的规定。

13.1.3 回转体安装应符合下列要求：

　　1 回转体上安装标记、轴承内圈上标记以及轴承外圈上标记，应与底座上安装标记重合。

　　2 回转装置各部件之间的高强连接螺栓应对称均匀紧固，紧固力应符合设计技术文件的规定。

　　3 紧固后应检查回转齿轮上平面水平度，允许偏差为0.05/1000。

　　4 推力轴承的轴向间隙和径向间隙应符合设计技术文件的规定。

13.1.4 回转驱动装置应以回转大齿轮为基准安装，开式传动齿轮与回转大齿轮的啮合，传动装置联轴器的装配应符合设计技术文件或现行国家标准《机械设备安装工程施工及验收通用规范》GB 50231 的有关规定。

13.1.5 托座部件宜在地面组装，并宜整体吊装。托座与回转台连接的高强螺栓应对称均匀紧固，紧固力应符合设计技术文件的规定，应检查回转臂各支承面高低差，允许偏差应小于 5.0mm。

13.2 中间罐车及轨道

13.2.1 中间罐车轨道安装应按本规范第 10.1 节的规定采用。

13.2.2 中间罐车安装应按本规范第 10.2 节的规定采用。

13.3 烘烤器

13.3.1 烘烤器安装应符合下列要求：

1 应调整纵、横向中心线，宜采用挂线尺量检查，允许偏差为 5.0mm。

2 应调整标高，宜采用水准仪检查，允许偏差为±5.0mm。

3 应调整回转立柱垂直度，宜采用吊线尺量检查，允许偏差为 1.5/1000。

13.3.2 检查燃气管回转接头应灵活，应密封良好，并应按设计技术文件的规定作燃气管道压力试验。

14 连续铸钢设备安装

14.1 结晶器和振动装置

14.1.1 结晶器安装前应在线外对中装置上与过渡段或足辊进行弧度和中心的调整。

14.1.2 结晶器必须按设计技术文件的规定进行水压试验和工作压力下的通水试验。

14.1.3 结晶器和振动装置安装宜在支撑框架安装完毕后进行。

14.1.4 振动台架安装应符合下列要求：

1 应调整纵向中心线，宜采用挂线尺量检查，允许偏差为 1.0mm。

2 应调整横向中心线，宜采用挂线尺量，允许偏差为 0.5mm。

3 应调整标高，宜采用水准仪检查，允许偏差为±0.5mm。

4 应调整水平度，宜采用水平仪检查，方（圆）坯振动台架允许偏差为 0.10/1000，板坯振动台架允许偏差为 0.20/1000。

14.1.5 结晶器安装应符合下列要求：

1 振动装置应调整到"振动 0 点"。

2 应调整纵、横向中心线，宜采用对中仪对中

或挂线尺量检查，方（圆）坯结晶器纵、横向中心线允许偏差为 0.5mm；板坯结晶器纵向中心线允许偏差为 1.0mm，横向中心线允许偏差为 0.5mm。

14.1.6 结晶器与振动台架面应接触紧密，局部间隙应小于 0.1mm；定位块安装应符合设计技术文件的规定。

14.1.7 结晶器、过渡段或足辊、弧形段应在线对弧调整，宜采用样板检查，板坯结晶器与过渡段对弧，允许偏差为 0.5mm；方圆坯结晶器与足辊对弧，允许偏差为 0.2mm，与上弧形段对弧，允许偏差为 0.3mm。

14.1.8 振动传动装置安装应符合下列要求：

1 应调整纵、横向中心线，宜采用挂线尺检查，板坯允许偏差为 1.5mm，方（圆）坯允许偏差为 0.5mm。

2 应调整标高，宜采用水准仪检查，板坯允许偏差为±1.0mm，方（圆）坯允许偏差为±0.5mm。

3 应调整水平度，宜采用水平仪检查，允许偏差为 0.10/1000。

14.2 二次冷却装置

14.2.1 支撑框架底座安装应符合下列要求：

1 应调整纵、横向中心线，宜采用挂线尺量检查，允许偏差为 1.0mm。

2 应调整标高，宜采用水准仪检查，允许偏差为±0.5mm。

3 应调整水平度，宜采用水平仪检查，允许偏差为 0.20/1000。

4 应调整左右两底座轴孔同心度，宜采用拉线和内径千分尺检查，允许偏差为 0.2mm。

5 带支承滑块的活动底座，热膨胀间隙应符合设计技术文件的规定，设计技术文件未规定时，宜将滑块置于滑槽中部稍偏于热膨胀反向的部位。

14.2.2 支撑框架安装应符合下列要求：

1 支撑框架吊装就位时，与底座连接的轴销应逐一穿好后再松钩。

2 应先安装切点辊框架，并应以切点辊框架为基准，向前调整弧形段支撑框架，向后调整水平段支撑框架。

3 各段支撑框架应根据设备图纸和制造标识的中心标记和检测部位找正调平，宜采用平尺、千分垫、塞尺、经纬仪、水准仪和水平仪配合检测。

4 板坯连铸机支撑框架纵、横向中心线允许偏差为 0.5mm，且左右两框架横向相对差允许偏差为 0.2mm；标高允许偏差为±0.5mm，且左右两框架相对差允许偏差为 0.2mm；水平度允许偏差为 0.20/1000。

5 方（圆）坯连铸机支撑框架纵、横向中心线允许偏差为 0.5mm；标高允许偏差为±0.5mm；水

平度偏差为 0.20/1000。

14.2.3 辊组安装应符合下列要求：

1 辊组安装应在线外对中装置上用专用样板调整弧度和中心。

2 辊组安装前，应先安装扇形段辊组更换导轨。

3 应首先安装切点辊，然后按顺序依次安装调整各段辊组。专用样板对弧，宜采用塞尺检查，板坯连铸机允许偏差为 0.3mm；方（圆）坯连铸机允许偏差为 0.5mm。

14.2.4 水冷系统应按设计文件的规定进行水压试验，水冷通道和快速接头应无泄漏，冷却水喷嘴应无堵塞。

14.3 扇形段更换装置

14.3.1 顶面更换式安装应符合下列要求：

1 钢结构架安装应符合下列要求：

1）应调整纵、横向中心线，宜采用挂线尺量检查，允许偏差为 3.0mm；

2）应调整标高，宜采用水准仪检查，允许偏差为±3.0mm；

3）应调整垂直度，宜采用吊线尺量检查，全长允许偏差为 3.0mm；

4）高强螺栓连接应符合设计技术文件或现行国家标准《钢结构工程施工质量验收规范》GB 50205 的有关规定。

2 导轨（导槽）安装应符合下列要求：

1）导轨与构架的连接应符合设计技术文件的规定；

2）应调整导轨横向中心线与相应扇形段导辊轴线应一致，宜采用挂线尺量检查，允许偏差为 1.0mm；

3）应调整左右导轨中心距，在导轨上、中、下三处尺量检查，允许偏差为±2.0mm；

4）应调整标高，宜采用水准仪检查，允许偏差为±2.0mm；

5）应调整导轨错位，宜采用尺量检查，允许偏差为 1.0mm。

14.3.2 侧面更换式安装应符合下列要求：

1 弧形轨道立柱安装应符合下列要求：

1）应调整纵、横向中心线，宜采用挂线尺量检查，允许偏差为 2.0mm；

2）应调整标高，宜采用水准仪检查，允许偏差为±1.0mm；

3）调整垂直度，经纬仪或吊线尺量检查，允许偏差 0.5/1000。

2 弧形轨道安装应符合下列要求：

1）应调整纵向中心线，宜采用挂线尺量检查，允许偏差为 1.5mm；

2）应调整同一截面高低差，宜采用水准仪检

查，允许偏差为 2.0mm；

3）应调整接头错位，宜采用平尺塞尺检查，允许偏差为 1.0mm。

3 提升卷扬机安装应符合下列要求：

1）应调整纵、横向中心线，宜采用挂线尺量检查，允许偏差为 3.0mm；

2）应调整标高，宜采用水准仪检查，允许偏差为±5.0mm；

3）应调整水平度，宜采用水平仪检查，允许偏差 0.30/1000。

14.3.3 调整导轨内耐磨衬板与扇形段导辊间隙应符合设计技术文件的规定。

14.3.4 扇形段更换机械手轨道安装应按本规范第10.1 节的规定采用，走行机构安装应按本规范第10.2 节的规定采用。

14.4 拉 矫 机

14.4.1 底座安装应符合下列要求：

1 应调整纵、横向中心线，宜采用挂线尺量检查，允许偏差为 0.5mm。

2 应调整标高，宜采用水准仪检查，允许偏差为±0.5mm。

3 应调整水平度，宜采用水平仪检查，允许偏差为 0.10/1000。

4 应在测量轴销上检测。

14.4.2 机架安装应符合下列要求：

1 应调整定位辊或切点辊及各下辊纵、横向中心线，宜采用挂线尺量检查，允许偏差为 0.5mm。

2 应调整标高，宜采用水准仪检查，允许偏差为±0.5mm；直线段的下辊轴承箱为液压缸支承时，应将液压缸升至顶点测量。

3 应调整水平度，宜采用水平仪检查，允许偏差为 0.15/1000。

14.4.3 调整拉矫机辊缝开口度应符合设计技术文件的规定。

14.4.4 辊组应在线对弧，宜采用专用样板和塞尺检查，允许偏差为 0.5mm。

14.4.5 辊组传动装置安装应符合下列要求：

1 应调整纵、横向中心线，宜采用挂线尺量检查，允许偏差为 1.5mm。

2 应调整标高，宜采用水准仪检查，允许偏差为±1.5mm。

3 应调整水平度，宜采用水平仪检查，允许偏差为 0.10/1000。

14.4.6 辊组传动装置联轴器装配应符合设计技术文件的规定或按现行国家标准《机械设备安装工程施工及验收通用规范》GB 50231 的有关规定执行。

14.5 引锭杆收送及脱引锭装置

14.5.1 引锭杆表面的油脂应清除干净，与引锭头连

接应符合设计技术文件的规定。

14.5.2 下插入式引锭收送及脱引锭装置安装应符合下列要求：

 1 存放台架安装应符合下列要求：

  1）应调整纵向中心线，宜采用挂线尺量检查，允许偏差为1.0mm；

  2）应调整标高，宜采用水准仪检查，允许偏差为±2.0mm；

  3）应调整垂直度，宜采用吊线尺量检查，允许偏差为0.5/1000。

 2 收送滑道安装应符合下列要求：

  1）应调整纵向中心线，宜采用挂线尺量检查，允许偏差为1.0mm；

  2）应调整标高，宜采用水准仪检查，允许偏差为±2.0mm；

  3）应调整水平度，宜采用水平仪检查，允许偏差为0.30/1000；应调整跨距，宜采用尺量检查，允许偏差为4.0mm。

 3 收送托辊安装应符合下列要求：

  1）应调整纵向中心线，宜采用挂线尺量检查，允许偏差为1.0mm；

  2）应调整标高，宜采用水准仪检查，允许偏差为±2.0mm；

  3）应调整水平度，宜采用水平仪检查，允许偏差为0.30/1000。

 4 收送卷扬机安装应符合下列要求：

  1）应调整纵、横向中心线，宜采用挂线尺量检查，允许偏差为3.0mm；

  2）应调整标高，宜采用水准仪检查，允许偏差为±2.0mm；

  3）应调整水平度，宜采用水平仪检查，允许偏差为0.30/1000。

 5 脱引锭装置安装应符合下列要求：

  1）应调整纵、横向中心线，宜采用挂线尺量检查，允许偏差为1.5mm；

  2）应调整标高，宜采用水准仪检查，允许偏差为±2.0mm；

  3）应调整水平度，宜采用水平仪检查，允许偏差为0.30/1000。

 6 存放装置辊动架安装应符合下列要求：

  1）应调整纵向中心线，宜采用挂线尺量检查，允许偏差为1.5mm；

  2）应调整标高，宜采用水准仪检查，允许偏差为-2.0mm。

14.5.3 上插入式引锭杆收送及脱引锭装置安装应符合下列要求：

 1 引锭杆小车轨道安装应符合下列要求：

  1）应调整纵向中心线，宜采用挂线尺量检查，允许偏差为1.0mm；

  2）应调整标高，宜采用水准仪检查，允许偏差为±2.0mm；

  3）应调整水平度，宜采用水平仪检查，允许偏差为0.7/1000；

  4）应调整同一截面高低差，宜采用水准仪检查，允许偏差为3.0mm；

  5）应调整接头错位，宜采用平尺、塞尺检查，允许偏差为0.5mm。

 2 引锭杆脱离装置安装应符合下列要求：

  1）应调整纵、横向中心线，宜采用挂线尺量检查，允许偏差为1.0mm；

  2）应调整标高，宜采用水准仪检查，允许偏差为±1.0mm；

  3）应调整水平度，宜采用水平仪检查，允许偏差为0.10/1000。

 3 引锭杆导向装置安装应符合下列要求：

  1）应调整纵、横向中心线，宜采用挂线尺量检查，允许偏差为1.0mm；

  2）应调整标高，宜采用水准仪检查，允许偏差为±0.5mm；

  3）应调整水平度，宜采用水平仪检查，允许偏差为0.10/1000。

 4 防引锭杆坠落装置安装应符合下列要求：

  1）应调整纵、横向中心线，宜采用挂线尺量检查，纵向中心线允许偏差为1.0mm，横向中心线允许偏差为2.0mm；

  2）应调整标高，宜采用水准仪检查，允许偏差为±2.0mm；

  3）应调整垂直度，宜采用挂线尺量检查，允许偏差为0.5/1000。

 5 卷扬机安装应符合下列要求：

  1）应调整纵、横向中心线，宜采用挂线尺量检查，允许偏差为3.0mm；

  2）应调整标高，宜采用水准仪检查，允许偏差为±3.0mm；

  3）应调整水平度，宜采用水平仪检查，允许偏差为0.30/1000。

14.6 火焰切割机

14.6.1 切割辊道安装应符合下列要求：

 1 支承滚轮安装应符合下列要求：

  1）应调整纵、横向中心线，宜采用挂线尺量检查，允许偏差为1.0mm；

  2）应调整标高，宜采用水准仪检查，允许偏差为±0.5mm；

  3）应调整水平度，宜采用水平仪检查，允许偏差为0.10/1000。

 2 平移框架安装宜在辊道上，应检查纵、横向中心线、标高和水平度，允许偏差应按支承滚轮采用。

3 框架平移驱动装置安装应检查调整液压缸轴线与框架纵向中心线平行度，允许偏差为1.0mm。

14.6.2 切割机安装应符合下列要求：

1 支承台架安装应符合下列要求：

  1）应调整台架纵、横向中心线，宜采用挂线尺量检查，允许偏差为2.0mm；

  2）应调整标高，宜采用水准仪检查，允许偏差为±2.0mm；

  3）应调整垂直度，宜采用吊线尺量检查，允许偏差为0.5/1000。

2 轨道安装应符合下列要求：

  1）应调整纵向中心线，宜采用挂线尺量检查，允许偏差为2.0mm；

  2）应调整标高，宜采用水准仪检查，允许偏差为±3.0mm；

  3）应调整纵向水平度，宜采用水平仪检查，允许偏差为0.7/1000；

  4）应调整两轨道同一截面高低差，宜采用水准仪检查，允许偏差为2.0mm；

  5）应调整轨距，宜采用尺量检查，允许偏差为2.0mm；

  6）应调整接头错位，宜采用尺量检查，允许偏差为0.5mm。

3 火焰切割机吊装就位后应调整切割面的垂直度，并应符合设计技术文件的规定。

4 定尺测量辊安装应调整纵、横向中心线，宜采用尺量检查，允许偏差为1.0mm；应调整标高，宜采用水准仪检查，允许偏差为±1.0mm。

14.7 摆 动 剪

14.7.1 摆动剪安装应符合下列要求：

1 应调整纵、横向中心线，宜采用挂线尺量检查，允许偏差为1.0mm。

2 应调整标高，宜采用水准仪检查，允许偏差为±0.5mm。

3 应调整水平度，宜采用水平仪检查，允许偏差为0.10/1000。

14.7.2 机体和底座接触应紧密，连接螺栓应用扭矩扳手紧固，紧固力应符合设计技术文件的规定。

14.8 切头收集装置

14.8.1 台车轨道安装应按本规范第10.1节的规定采用。

14.8.2 台车牵引卷扬机安装应符合下列要求：

1 应调整纵、横向中心线，宜采用挂线尺量检查，允许偏差为3.0mm。

2 应调整标高，宜采用水准仪检查，允许偏差为±5.0mm。

3 应调整水平度，宜采用水平仪检查，允许偏差为0.30/1000。

14.8.3 切头推出机构安装应符合下列要求：

1 应调整纵、横向中心线，宜采用挂线尺量检查，允许偏差为2.0mm。

2 应调整标高，宜采用水准仪检查，允许偏差为±3.0mm。

3 应调整水平度，宜采用水平仪检查，允许偏差为0.30/1000。

14.9 毛刺清理机

14.9.1 导轨底座及导轨安装应符合下列要求：

1 应调整纵、横向中心线，宜采用挂线尺量检查，纵向中心线允许偏差为0.2mm，横向中心线允许偏差为0.5mm。

2 应调整标高，宜采用水准仪检查，允许偏差为—0.5mm。

3 应调整水平度，宜采用水平仪检查，允许偏差为0.10/1000。

14.9.2 行走装置框架安装应符合下列要求：

1 应调整纵、横向中心线，宜采用挂线尺量检查，允许偏差为1.0mm。

2 应调整标高，宜采用水准仪检查，允许偏差为—0.5mm。

3 应调整减振装置与走行框架间隙，宜采用塞尺检查，允许偏差为±0.5mm；且间隙应均匀，相对差不应大于0.2mm。

14.9.3 铸坯压紧装置安装应符合下列要求：

1 应调整纵、横向中心线，宜采用挂线尺量检查，允许偏差为0.5mm。

2 应调整标高，宜采用水准仪检查，允许偏差为0.5mm。

3 应调整夹紧头至辊间距离，宜采用尺量检查，允许偏差为5.0mm。

14.9.4 检查压紧装置安全销孔与安全销配合应符合设计技术文件的规定。

15 出坯和精整设备安装

15.1 输 送 辊 道

15.1.1 辊道安装应符合下列要求：

1 应调整纵向中心线，宜采用挂线尺量检查，允许偏差为1.0mm。

2 应调整横向中心线，宜采用挂线尺量检查，允许偏差为3.0mm。

3 应调整标高，宜采用水准仪检查，允许偏差为±0.5mm。

4 应调整辊子轴向水平度，宜采用水平仪检查，允许偏差为 0.15/1000，相邻两辊水平度倾斜方向宜相反。

　　5　应调整辊子轴线与机组中心线垂直度，宜采用摇杆旋转法检查，允许偏差为 0.15/1000，相邻两辊偏斜方向宜相反。

15.1.2　单独传动的辊道应逐个调整中心线、标高、水平度以及辊子轴线与机组中心线的垂直度。

15.1.3　集中传动的辊道可以前后两个辊道为基准调整辊组的纵向中心线和标高，以前辊或后辊轴线为基准调整横向中心线，前后辊轴线与机组纵向中心线垂直度用摇杆检查调整找正后，中间辊可用测量或样板检测间距的方法控制，辊子水平度应逐个检查调整。

15.1.4　传动装置联轴器装配应符合设计文件的规定或按现行国家标准《机械设备安装工程施工及验收通用规范》GB 50231 的有关规定执行。

15.2　转　　盘

15.2.1　回转立轴座安装应符合下列要求：

　　1　应调整纵、横向中心线，宜采用挂线尺量检查，允许偏差为 1.0mm。

　　2　应调整标高，宜采用水准仪检查，允许偏差为 ±0.5mm。

　　3　应调整水平度，宜采用水平仪检查，允许偏差为 0.10/1000。

　　4　回转立轴与机座装配应符合设计技术文件的规定。

15.2.2　环形轨道安装应符合下列要求：

　　1　应调整轨面标高，宜采用水准仪检查，允许偏差±0.5mm。

　　2　应调整纵、横向中心线，宜采用挂线尺量检查，允许偏差为 2.0 mm。

　　3　应调整轨面半径，宜采用尺量检查，允许偏差为 ±1.5mm。

　　4　应调整接头错位，宜采用尺量检查，允许偏差 1.0mm。

15.2.3　限位挡板安装应符合下列要求：

　　1　应调整纵、横向中心线，宜采用挂线尺量检查，允许偏差为 2.0mm。

　　2　应调整标高，宜采用水准仪检查，允许偏差为 ±3.0mm。

15.2.4　辊道安装应按本规范第 15.1 节的有关规定采用，辊道框架与回转立轴装配应符合设计技术文件的规定。

15.2.5　传动装置联轴器装配及开式齿轮啮合应符合设计文件的规定，也可按现行国家标准《机械设备安装工程施工及验收通用规范》GB 50231 的有关规定执行。

15.3　推钢机、拉钢机、翻钢机

15.3.1　机体安装应符合下列要求：

　　1　应调整纵、横向中心线，宜采用挂线尺量检查，允许偏差为 1.5mm。

　　2　应调整标高，宜采用水准仪检查，允许偏差为 ±1.0mm。

　　3　应调整水平度，宜采用水平仪检查，允许偏差为 0.20/1000。

15.3.2　推（拉）钢滑动台架安装应符合下列要求：

　　1　应调整纵、横向中心线，宜采用挂线尺量检查，允许偏差为 3.0mm。

　　2　应调整标高，宜采用水准仪检查，允许偏差为 ±2.0mm。

　　3　应调整推（拉）钢机各爪面与辊道纵向中心线平行度，宜采用尺量检查，允许偏差为 4.0mm。

15.3.3　传动装置联轴器装配及齿轮啮合应符合设计文件的规定，也可按现行国家标准《机械设备安装工程施工及验收通用规范》GB 50231 的有关规定执行。

15.4　火焰清理机

15.4.1　支承台架立柱安装应符合下列要求：

　　1　应调整纵、横向中心线，宜采用挂线尺量检查，允许偏差为 2.0mm。

　　2　应调整标高，宜采用水准仪检查，允许偏差为 ±3.0mm。

　　3　应调整垂直度，宜采用吊线尺量检查，允许偏差为 0.5/1000。

15.4.2　软管塔安装应符合下列要求：

　　1　应调整纵、横向中心线，宜采用挂线尺量检查，允许偏差为 3.0mm。

　　2　应调整标高，宜采用水准仪检查，允许偏差为 ±3.0mm。

　　3　应调整垂直度，宜采用吊线尺量检查，允许偏差为 1.0/1000。

15.4.3　夹送辊安装应符合下列要求：

　　1　应调整纵、横向中心线，宜采用挂线尺量检查，允许偏差为 1.0mm。

　　2　应调整标高，宜采用水准仪检查，允许偏差为 ±0.5mm。

　　3　应调整水平度，宜采用水平仪检查，允许偏差为 0.15/1000。

15.4.4　轨道安装应符合下列要求：

　　1　应调整对辊道纵向中心线的垂直度，宜采用挂线尺量检查，允许偏差为 0.5/1000。

　　2　应调整标高，宜采用水准仪检查，允许偏差为 ±3.0mm。

　　3　应调整轨距，宜采用尺量检查，允许偏差为 ±2.0mm。

　　4　应调整轨道同一截面高低差，宜采用水准仪检查，允许偏差为 2.0mm。

　　5　应调整纵向水平度，宜采用水平仪检查，允许

偏差为 0.7/1000。

6 应调整接头错位，宜采用平尺、塞尺检查，允许偏差为 0.5mm。

15.4.5 冲渣喷嘴安装应符合下列要求：

1 应调整纵、横向中心线，宜采用挂线尺量检查，允许偏差为 3.0mm。

2 应调整标高，宜采用水准仪检查，允许偏差为 ±1.5mm。

15.5 升降挡板、打印机

15.5.1 升降挡板和打印机安装应符合下列要求：

1 应调整纵、横向中心线，宜采用挂线尺量检查，允许偏差为 1.5mm。

2 应调整标高，宜采用水准仪检查，允许偏差为 ±1.0mm。

3 应调整水平度，宜采用水平仪检查，允许偏差为 0.30/1000。

15.5.2 打印机喷淋管、冷却水管及压缩空气管安装及压力试验，应符合设计技术文件的规定。

15.6 横 移 小 车

15.6.1 横移小车轨道安装应按本规范第 10.1 节的规定采用。

15.6.2 横移小车上辊道安装应符合下列要求：

1 应调整标高，宜采用水准仪检查，允许偏差为 ±0.5mm。

2 应调整轴向水平度，宜采用水平仪检查，允许偏差为 0.15/1000，相邻两辊倾斜方向宜相反。

3 应调整辊轴与机组纵向中心线垂直度，宜采用摇臂旋转法检查，允许偏差为 0.15/1000，相邻两辊倾斜方向宜相反。

15.7 对 中 装 置

15.7.1 扇形段对中台安装应符合下列要求：

1 应调整对中台纵、横向中心线，宜采用挂线尺量检查，允许偏差为 0.5mm；应调整标高，宜采用水准仪检查，允许偏差为 ±0.5mm；应调整水平度，宜采用水平仪检查，允许偏差为 0.10/1000。

2 应调整扇形段支撑座各支撑坐标高差，宜采用水准仪检查，允许偏差为 0.10mm；应调整水平度，宜采用水平仪检查，允许偏差为 0.05/1000。

3 应调整对中样板支撑头中心距，宜采用尺量检查，允许偏差为 ±0.5mm；应调整各支撑头标高差，宜采用水准仪检查，允许偏差为 0.10mm。

4 应调整各支撑座表面与支撑头顶面间距，宜采用水准仪检查，允许偏差为 ±0.10mm。

15.7.2 结晶器对中台安装应符合下列要求：

1 应调整对中台纵、横向中心线，宜采用挂线

尺量检查，允许偏差为 2.0mm；应调整标高，宜采用水准仪检查，允许偏差为 ±3.0mm；应调整水平度，宜采用水平仪检查，允许偏差为 0.15/1000。

2 应调整各支撑标高差，宜采用水准仪检查，允许偏差为 0.20mm。

16 混铁炉安装

16.1 底座和滚道

16.1.1 底座安装应符合下列要求：

1 传动侧底座安装应符合下列要求：

　1） 应调整纵、横向中心线，宜采用挂线尺量检查，允许偏差为 1.0mm；

　2） 应调整标高，宜采用水准仪检查，允许偏差为 ±3.0mm；

　3） 应调整水平度，宜采用水平仪检查，允许偏差为 0.15/1000。

2 非传动侧底座安装应符合下列要求：

　1） 应调整纵向中心线，宜采用挂线尺量检查，允许偏差为 1.0mm，偏差方向宜与传动侧偏差方向一致；

　2） 应调整两底座中心距，宜采用尺量检查，允许偏差为 ±1.0mm；

　3） 应调整两底座对角线差，宜采用尺量检查，允许偏差为 3.0mm；

　4） 应调整两底座同一截面高低差，宜采用水准仪检查，允许偏差为 0.15L/1000，L 为两底座距离。

3 检查底座辊动表面应光滑，不应有擦伤、尖角、飞边、毛刺。

16.1.2 辊道安装应符合下列要求：

1 应调整辊道中线与底座横向中心线重合，宜采用尺量检查，允许偏差为 2.0mm。

2 调整辊道夹板的"0"位标记应与底座纵向中心线重合，宜采用尺量检查，允许偏差为 2.0mm。

3 调整辊子应平行，辊子的两端面与夹板内侧间距，宜采用尺量检查，允许偏差为 2.0mm。

4 应调整辊子与底座表面的接触长度，应大于辊子全长的 70%。

16.2 炉 壳

16.2.1 炉壳组装应符合下列要求：

1 焊接前应有焊接工艺评定，并应根据焊接评定报告制定焊接作业指导书，焊接过程应严格执行作业指导书的要求。

2 炉壳应在"0"位状态组装，并应检测下列项目：

　1） 直径，宜采用尺量检查，允许偏差为

± 10.0mm；

2）长度，宜采用尺量检查，公称容量等于或大于 1300t 时，允许偏差为 ± 20.0mm，公称容量小于 1300t 时，允许偏差为 ± 10.0mm；

3）炉壳法兰平面与炉壳轴线的垂直度，宜采用吊线尺量检查，允许偏差为 1.0/1000；

4）箍圈中心线至炉壳横向中心线的距离，宜采用尺量检查，允许偏差为 ± 1.0mm；

5）各箍圈"0"位标记应轴向对齐，相对位置允许偏差为 1.0mm；

6）箍圈与炉壳应接触良好，宜采用塞尺检查，局部间隙不应大于 2.0mm。

3 炉壳组对焊缝的质量应符合设计技术文件的规定，检查数量，应抽查 20%。

16.2.2 炉壳安装应符合下列要求：

1 应调整炉体处于"0"位，箍圈的"0"位标记应与底座纵向中心线重合，宜采用吊线尺量检查，允许偏差为 2.0mm。

2 应调整箍圈中心线与底座横向中心线重合，宜采用吊线尺量检查，允许偏差为 4.0mm。

3 检查辊道辊子与箍圈接触长度应大于全长的 70%。

16.3 倾动装置

16.3.1 倾动装置安装时炉体应处于"0"位。

16.3.2 回转齿轮座安装应符合下列要求：

1 应调整纵、横向中心线，宜采用挂线尺量检查，允许偏差为 1.0mm。

2 应调整标高，宜采用水准仪检查，允许偏差为 ± 2.0mm。

3 应调整水平度，宜采用水平仪检查，允许偏差为 0.10/1000。

16.3.3 齿条耳轴座安装应符合下列要求：

1 应调整横向中心线与回转齿轮座横向中心线重合，宜采用挂线尺量检查，允许偏差为 1.0mm。

2 应调整纵向中心线与炉壳水平中心线沿炉壳弧长，宜采用尺量检查，允许偏差为 ± 5.0mm。

3 应调整轴座轴线与回转齿轮座轴线平行度，宜采用尺量检查，允许偏差为 0.15/1000。

16.3.4 调整回转齿轮与齿条啮合的间隙和接触面应符合设计技术文件的规定，也可按现行国家标准《机械设备安装工程施工及验收通用规定》GB 50231 的有关规定执行。

16.3.5 传动装置为双齿条推杆转动结构的应调整两边推杆保持同步。

16.3.6 减速机安装应符合下列要求：

1 应调整纵、横向中心线，宜采用挂线尺量检查，允许偏差为 1.0mm。

2 应调整水平度，宜采用水平仪检查，允许偏差为 0.10/1000。

3 应调整输出轴线与回转齿轮轴线高低差，宜采用钢板尺、塞尺检查，允许偏差为 1.0mm。

16.4 揭盖机构

16.4.1 炉盖卷扬机安装应符合下列要求：

1 应调整纵、横向中心线，宜采用挂线尺量检查，允许偏差为 3.0mm。

2 应调整标高，宜采用水准仪检查，允许偏差为 ± 5.0mm。

3 应调整水平度，宜采用水平仪检查，允许偏差为 0.30/1000。

16.4.2 滑轮安装位置应符合设计技术文件的规定，钢绳在滑轮槽内应无偏斜，转动应灵活。

17 铁水预处理设备安装

17.1 脱硫（磷）剂输送设备

17.1.1 脱硫（磷）剂贮罐安装应符合下列要求：

1 脱硫（磷）剂贮罐支架安装应调整纵、横向中心线，宜采用挂线尺量检查，允许偏差为 5.0mm；应调整标高，宜采用水准仪检查，允许偏差为 ± 5.0mm；应调整垂直度，宜采用吊线尺量检查，允许偏差为 1.5/1000，且不应大于 5.0mm。

2 脱硫（磷）剂贮罐安装应调整纵、横向中心线，宜采用挂线尺量检查，允许偏差为 3.0mm；应调整垂直度，宜采用水准仪检查，允许偏差为 5.0mm。

17.1.2 脱硫（磷）剂称量罐安装应符合下列要求：

1 称量罐支架安装应调整纵、横向中心线，宜采用挂线尺量检查，允许偏差为 3.0mm；应调整标高，宜采用水准仪检查，允许偏差为 ± 5.0mm；应调整垂直度，宜采用吊线尺量检查，允许偏差不应大于 2.0mm。

2 荷重传感器安装应符合下列要求：

1）拉力式荷重传感器应调整上、下吊挂中心线在同一垂直线上，宜采用吊线尺量检查，允许偏差为 1.0mm；

2）压力式荷重传感器应调整支承面水平度，宜采用水平仪检查，允许偏差为 0.20/1000；应检查调整上、下支承面局部间隙，宜采用塞尺检查，允许偏差为 0.05mm；球面接触应大于 60%，着色检查。

3 称量罐安装应调整纵、横向中心线，宜采用挂线尺量检查，允许偏差为 1.0mm。

17.2 搅拌脱硫设备

17.2.1 钢结构框架安装应符合下列要求：

1 应调整纵、横向中心线，宜采用挂线尺量检查，允许偏差为 10.0mm。

2 应调整标高，宜采用水准仪检查，允许偏差为 ±5.0mm。

3 应调整立柱距离，宜采用尺量检查，允许偏差为 ±3.0mm。

4 应调整立柱顶高低差，宜采用水准仪检查，允许偏差为 2.0mm。

5 应调整立柱垂直度，宜采用吊线尺量检查，允许偏差为 1.5/1000。

6 应调整对角线相对差，宜采用尺量检查，允许偏差为 3.0mm。

17.2.2 钢结构框架焊缝质量应符合设计技术文件的规定，焊渣、飞溅物应清理干净。

17.2.3 搅拌浆车架导轨安装应符合下列要求：

1 应调整导轨工作面与搅拌中心的距离，宜采用尺量检查，允许偏差为 ±1.5mm。

2 应调整导轨垂直度，宜采用吊线尺量检查，允许偏差为 1.0/1000，且全长不应大于 5.0mm。

3 应调整各导轨之间平行度，宜采用尺量检查，允许偏差为 0.5/1000。

4 应调整导轨接口错位，宜采用尺量检查，不应大于 0.5mm。

17.2.4 导轨夹紧液压缸安装应符合下列要求：

1 应调整液压缸中心线，宜采用挂线尺量检查，允许偏差为 1.0mm。

2 应调整液压缸水平度，宜采用水平仪检查，允许偏差为 0.5/1000。

17.2.5 搅拌浆提升机构安装应符合下列要求：

1 应调整提升卷扬机纵、横向中心线，宜采用挂线尺量检查，允许偏差为 3.0mm。

2 应调整标高，宜采用水准仪检查，允许偏差为 ±5.0mm。

3 应调整水平度，宜采用水平仪检查，允许偏差为 0.30/1000。

4 调整滑轮位置应符合设计技术文件的规定，钢绳在滑轮槽内应无偏斜，转动应灵活。

17.2.6 搅拌浆更换小车活动轨道与固定轨道安装，应符合下列要求：

1 应调整轨道中心线，宜采用挂线尺量检查，允许偏差为 2.0mm。

2 应调整水平度，宜采用水平仪检查，允许偏差为 1.0/1000。

3 应调整轨距，宜采用尺量检查，允许偏差为 2.0mm。

4 应调整对接间隙，宜采用尺量检查，允许偏差为 1.0mm。

5 应调整对接错位，宜采用尺量检查，不应大于 0.5mm。

17.2.7 搅拌浆和搅拌浆更换小车安装应符合下列要求：

1 调整搅拌浆旋转驱动装置、更换小车驱动装置和更换小车活动轨道驱动装置，应符合设计技术文件的规定。

2 升降装置与导轨间隙应均匀，更换小车行走轮与轨道应接触均匀。

17.2.8 搅拌浆松绳安全装置安装应符合设计技术文件的规定。

17.2.9 烟罩安装应符合下列要求：

1 应调整烟罩纵、横向中心线，宜采用挂线尺量检查，允许偏差为 10.0mm。

2 应调整标高，宜采用水准仪检查，允许偏差为 ±5.0mm。

3 应调整烟罩下缘高低差，宜采用水准仪或尺量检查，允许偏差为 15.0mm。

17.3 喷吹脱磷设备

17.3.1 喷吹钢结构框架安装和焊接应按本规范第 17.2.1 条和第 17.2.2 条的规定采用。

17.3.2 喷粉枪的固定轨道、横移小车、移动轨道及升降装置安装，应按本规范第 6.2 节的有关规定采用。

17.3.3 喷吹系统的粉剂管道与气力输送的氮气管道安装，应符合设计技术文件的规定，管道焊接应采用氩弧焊焊接或氩弧焊打底电焊盖面的焊接方法，内壁不应有焊疤。

17.3.4 喷吹系统的粉剂管道和气力输送的氮气管道，应按设计技术文件的规定吹扫和试压。

17.3.5 氧枪升降小车轨道安装应符合下列要求：

1 应调整纵、横向中心线，允许偏差为 1.0mm。

2 应调整垂直度，允许偏差为 0.5/1000，且全长不应大于 3.0mm。

3 应调整接头错位，允许偏差为 0.5mm。

4 应调整接头间隙，允许偏差为 1.0mm。

17.3.6 氧枪升降小车及升降卷扬机构安装应符合下列要求：

1 升降小车与轨道间隙应均匀。

2 应调整卷扬机构纵、横向中心线，宜采用挂线尺量检查，允许偏差为 3.0mm。

3 应调整标高，宜采用水准仪检查，允许偏差为 ±5.0mm。

4 应调整水平度，宜采用水平仪检查，允许偏差为 0.30/1000。

17.4 铁水罐车及轨道

17.4.1 轨道安装应按本规范第 10.1 节的规定采用。

17.4.2 分体供货的铁水罐车在轨道上组装应符合

本规范第 10.2 节的规定。

17.4.3 调整铁水罐倾翻传动齿轮啮合间隙和齿面接触及联轴器装配应符合设计技术文件，也可按现行国家标准《机械设备安装工程施工及验收通用规范》GB 50231 的有关规定执行。

17.5 扒 渣 机

17.5.1 安装时，应调整纵、横向中心线，宜采用挂线尺量检查，允许偏差为 2.0mm；应调整标高，宜采用水准仪检查，允许偏差为 ±3.0mm；应调整水平度，宜采用水平仪检查，允许偏差为 0.20/1000。

17.5.2 检查并调整各传动机构的装配应符合设计技术文件，也可按现行国家标准《机械设备安装工程施工及验收通用规范》GB 50231 的有关规定执行。

18 炼钢机械设备试运转

18.1 一 般 规 定

18.1.1 本章适用于炼钢机械设备单体无负荷试运转和无负荷联动试运转。

18.1.2 试运转前应编写试运转方案，并应向参加试运转人员交底。参加试运转人员应明确职责、坚守岗位。

18.1.3 试运转前应检查机械设备及附属装置均已施工完毕，质量验收记录应齐全。

18.1.4 设备的安全保护装置必须按设计技术文件的规定安装完毕，在试运转中需调试的装置，应在试运转中完成调试，其功能必须符合设计技术文件的规定。

18.1.5 润滑、液压、水、气、汽、电、计控等均应按系统试运转要求达到合格，并应确保机械设备试运转的需要。

18.1.6 试运转需要的材料、工机具、检测仪器等，均应符合试运转要求。

18.1.7 试运转区应设置安全防护围栏和警示牌，并应清扫干净。

18.1.8 设备试运转宜先手动或机械转动设备，并应确认无卡阻后再电动运行，同时应按先点动、后连续，先低速、后中速和高速的原则进行。

18.1.9 机械设备试运前，应按电气试车规程要求空转电机。

18.1.10 轴承温升应符合设计技术文件的规定，设计技术文件未规定时，应符合现行国家标准《机械设备安装工程施工及验收通用规范》GB 50231 的有关规定。

18.1.11 设备单体无负荷试运转合格后，应进行无负荷联动试运转，应按设计规定的联动程序要求连续操作，运行不应少于 3 次，应无故障。

18.1.12 每次试运转结束后，应及时切断电源和其他动力源，并应进行必要的放气、排水、排污，设备内有余压时应卸压。

18.2 转炉设备试运转

18.2.1 倾动装置一次减速器正反向单独运转各不应少于 1h，运行应平稳，应无异常振动和噪声，轴承应温升正常。

18.2.2 炉体倾动试运转应符合下列要求：

　　1 砌炉衬前应按设计最大倾动角度，以低速、中速和高速各倾动 5 次～10 次，运行应平稳，应调整回"0"停位，允许偏差为 ±1°。

　　2 砌筑炉衬硬化后应以低速正、反向倾动不少于 5 次，倾动角度应为 ±90°，运行应平稳，回"0"停位应准确。

　　3 试运转后应检查炉壳、托圈及炉壳与托圈连接装置的焊缝，应无裂纹，螺栓连接应无松动。

18.2.3 活动挡板应全行程往返运行不少于 5 次，运行应平稳、无卡阻，调整开、闭位置应符合设计技术文件的规定。

18.3 氧枪和副枪设备试运转

18.3.1 氧枪试运转应符合下列要求：

　　1 横移小车在全行程往返运行不应少于 5 次，运行应平稳、无卡阻、无异常振动和噪声，应调整行程限位装置位置，活动导轨与固定导轨对位应准确。

　　2 升降小车在全行程升降运行不应少于 5 次，运行应平稳、不卡轨、无异常振动和噪声。调试过程中应根据设计功能图测出各功能控制点位置，应在导轨上作出明显标志，并应配合生产方完成各限位元件安装。

　　3 氧枪事故提升装置应以点动方式试验，运行不应少于 3 次。

　　4 升降小车断绳（松绳）安全装置应以松绳状态进行试验，运行不应少于 2 次，制动应可靠。

　　5 各种介质软管接头应无泄漏。

18.3.2 副枪试运转应符合下列要求：

　　1 旋转架应在全行程正反旋转不少于 5 次，运行应平稳，并应无异常振动和噪声。调整限位装置，各停止位置应准确。

　　2 升降小车应在全行程升降运行不少于 5 次，运行应平稳，并应无卡阻、无异常振动和噪声。调试过程中应完成各限位元件的准确定位。

　　3 副枪事故提升装置应以点动方式试验，运行不应少于 3 次。

　　4 升降小车断绳（松绳）安全装置应以松绳状态进行试验，运行不应少于 2 次，制动应可靠。

　　5 各介质软管接头应无泄漏。

　　6 探头装头机和拔头机在全行程往返运行不应少于 5 次，运行应平稳灵活，并应无异常振动和噪声。

18.4 烟罩设备试运转

18.4.1 液压升降式裙罩运行前液压缸应进行排气，全行程升降不应少于 5 次，升降应平稳，并应无卡阻，停位应准确。

18.4.2 机械卷扬升降式裙罩减速器，单独运转不应少于 30min，应无异常振动、温升和噪声。裙罩在全行程升降不应少于 5 次，运行应平稳，并应无卡阻，停位应准确。

18.4.3 移动烟罩横移小车在全行程上往返不应少于 5 次，运行应平稳，无卡阻，停位应准确。

18.5 余热锅炉系统试运转

18.5.1 余热锅炉试运行应按设计技术文件和现行国家标准《工业锅炉安装工程施工及验收规范》GB 50273 的有关规定，进行冲洗、吹洗、煮炉、蒸汽严密性试验及安全阀的最终调整。

18.5.2 进行蒸汽严密性试验过程中，在蒸汽压力为 0.3MPa～0.4MPa 的状态下，应检查法兰、人孔、手孔和其他连接部位的连接螺栓，并应在热状态下进行一次紧固，各连接处应无泄漏。

18.5.3 在试运转过程中应检查锅筒、集箱、管道、支吊架、支座及其他受热设备的热膨胀无异常。

18.6 电弧炉设备试运转

18.6.1 试运转前炉体和炉盖的炉衬砌筑应已完成，炉衬硬化前不得进行炉体倾动和炉盖旋转、升降的试运转。

18.6.2 液压缸运行前应进行排气。

18.6.3 试运转前，应检查设计规定部位的接地电阻值和绝缘部位的绝缘值检测是否符合设计技术文件的规定。

18.6.4 摇架倾动机构、摇架锁定机构、电极旋转机构、电极升降机构、炉盖升降机构、炉门开启机构、氧枪旋转及枪管前后运动机构，应在全行程内往返或回转运行不少于 5 次。

18.6.5 摇架倾动机构试运行时，摇架锁定机构应处于不锁定位置，其他机构试运转时，摇架锁定机构应将摇架可靠锁定在"0"位置。

18.6.6 试运转应符合下列要求：

　　1 各机构应运行平稳，应无异常振动和噪声。

　　2 限位装置位置应正确，应灵敏可靠。

　　3 各类软管、电缆在运转中应无阻碍，不应相互缠绕。

　　4 试运转后应检查炉壳、摇架焊缝无裂纹，螺栓连接应无松动。

　　5 水冷系统应无泄漏。

18.7 钢包精转炉设备试运转

18.7.1 试运转前炉盖衬砌筑应已完成，炉衬硬化前不得进行炉盖的升降试运转。

18.7.2 液压缸运行前应进行排气。

18.7.3 试运转前，应检查设计规定部位的接地电阻值和绝缘部位的绝缘值检测是否符合设计技术文件的规定。

18.7.4 钢包车走行机构、电极旋转机构、电极升降机构、炉盖升降机构、氩气搅拌器升降及旋转机构及测温取样装置升降及旋转机构，应在全行程内往返或回转不少于 5 次。

18.7.5 试运转应符合下列要求：

　　1 各机构运行应平稳，应无异常振动和噪声，钢包车走行应无卡轨。

　　2 限位装置位置应正确，应灵敏可靠。

　　3 各类软管、电缆在运转中应无阻碍，不应相互缠绕。

　　4 试运转后应检查螺栓连接无松动。

　　5 水冷系统应无泄露。

18.8 钢包真空精炼炉和真空吹氧脱碳炉设备试运转

18.8.1 各类水泵应连续运转不应少于 2h，运行应平稳，并应无异常振动、温升和噪声。

18.8.2 真空炉盖车应在全行程返往走行不少于 5 次，运行应平稳，并应无卡轨，停位应准确。

18.8.3 炉盖升降机构应在全行程升降不少于 5 次，运行应平稳。液压缸运行前应排气。

18.8.4 真空系统试运转和抽真空试验应配合生产方按设计技术文件的规定进行，检查系统应无泄漏。

18.8.5 真空系统运行前应做好下列准备：

　　1 汽、气、水、电等系统应工作正常。

　　2 系统中阀门的启闭位置应正确。

　　3 蒸汽工作压力、冷却水进水温度等性能参数应在正常工作范围内。

18.8.6 真空系统运行应先向各级冷凝器供应冷却水，冷却水排水应畅通。应向各级喷射器供应蒸汽，喷射器启动顺序应按工作压力由高向低的方向逐级启动，每当后级喷射器达到设计参数时，应立即启动前级喷射器。停止顺序正好相反时，应按工作压力由低向高逐级停止。

18.8.7 真空系统停机应先停蒸汽，后停冷却水，应将所有状态回复至开机前状态，并应最后停气、停电。

18.8.8 真空系统运行中应观察真空压力的变化，蒸汽管网中压力的变化，以及冷凝器进出水温度的变化，发现异常情况应检查分析原因，并应及时进行处理。

18.9 循环真空脱气精炼炉设备试运转

18.9.1 各类水泵应连续运转不少于 2h，运行应平稳，并应无异常振动、温升和噪声。

18.9.2 钢包车和真空脱气室车应在全行程往返走行不少于 5 次，运行应平稳，并应无卡轨，停位应准确。

18.9.3 钢包顶升装置在全行程内升降不应少于 5 次，运行应平稳，停位应准确。液压缸运行前应排气。

18.9.4 氧枪升降小车传动减速器单独运转不应少于 30min，并应无异常振动和噪声。氧枪在全行程升降不应少于 5 次，运行应平稳，停位应准确，不应卡轨。

18.9.5 真空系统试运转应按本规范第 18.8.4 条～第 18.8.8 条的规定采用。

18.10 浇注设备试运转

18.10.1 钢包回转台回转机构应在全行程回转不少于 5 次，运行应平稳，停位应准确，并应无异常振动和噪声。

18.10.2 回转臂应在全行程升降不少于 5 次，运行应平稳，停位应准确。液压缸运行前应排气。

18.10.3 回转臂应按设计技术文件的规定进行冷满负荷和冷超负荷试验。

18.10.4 中间罐车传动减速器应先单独运行不少于 30min，应无异常振动和噪声，轴承应温升正常，然后在全行程往返运行不应少于 5 次，运行应平稳，应无卡阻，停位应准确。

18.11 连续铸钢设备试运转

18.11.1 结晶器振动机构连续运转不应少于 2h，应无异常噪声，振动频率和振幅应符合设计技术文件的规定。

18.11.2 扇形段辊组应连续运转不少于 2h，运行应平稳，应无异常振动和噪声，轴承温升应正常。

18.11.3 扇形段更换装置传动机构减速器应单独运转不少于 30min，应无异常振动和噪声，轴承温升应正常，然后各机构在全行程内动作不应少于 5 次，动作应灵活，停位应准确。

18.11.4 拉矫机应连续运转不少于 2h，运行应平稳，应无异常振动和噪声，轴承温升应正常。

18.11.5 引锭杆收送及脱引锭传动机构减速器应单独运转不少于 30min，应无异常振动和噪声，轴承温升应正常，然后作引锭和脱引锭动作不应少于 5 次，动作应准确。

18.11.6 火焰切割机切割辊道应连续运转不少于 2h，切割机走行及压紧机构应在全行程往返运行不少于 5 次，应无异常振动和噪声，轴承温

升应正常，停位应准确。

18.11.7 摆动剪应连续运转不少于 2h，运行应平稳，应无异常振动和噪声，轴承温升应正常。

18.11.8 切头收集装置台车牵引卷扬机构应先单独连续运行不少于 30min，应无异常振动和噪声，轴承温升应正常，然后牵引台车全行程往返运行不应少于 5 次，应无卡阻。

18.11.9 毛刺清理机应连续运行不少于 2h，运行应平稳，应无异常振动和噪声。

18.11.10 连续铸钢设备应无负荷联动试运转将引锭杆送入结晶器，模拟运行 3 次应无故障。

18.12 出坯和精整设备试运转

18.12.1 输送辊道应连续运转不少于 2h，应无异常振动和噪声，轴承温升应正常。

18.12.2 转盘运输辊子应连续运转不少于 2h，回转机构减速器应先单独运行不少于 30min，运行应平稳，应无异常振动和噪声，轴承温升应正常。回转机构还应在全行程往返回转不少于 5 次，运行应平稳，应无卡阻，停位应准确。

18.12.3 推钢机、拉钢机、翻钢机的传动减速器应先单独运转不少于 30min，运行应平稳，应无异常振动和噪声，轴承温升应正常，然后各机构应在全行程内动作不少于 5 次，动作应灵活准确。

18.12.4 火焰清理机辊子应连续运转不少于 2h，运行应平稳，应无异常振动和噪声，轴承温升应正常。

18.12.5 升降挡板和打印机应在全行程内往返运行不少于 5 次，应动作灵活，应无卡阻，停位应准确。

18.12.6 横移小车辊道应连续运行不少于 2h，运行应平稳，应无异常振动和噪声。横移小车应在全行程往返运行不少于 5 次，运行应平稳，应无卡阻。

18.13 混铁炉试运转

18.13.1 混铁炉倾动减速器应先单独运转不少于 30min，然后在全行程倾动混铁炉不应少于 5 次，运行应平稳，应无异常振动和噪声，滚道应无卡阻，停位应准确。

18.13.2 揭盖机构往返运行不应少于 5 次，应动作灵活准确。

18.14 铁水预处理设备试运转

18.14.1 搅拌脱硫搅拌桨提升机构，搅拌桨更换小车，导轨夹紧机构应在全行程往返运行不少于 5 次，各机构运行应平稳，应无异常振动和噪声，不应卡阻，停位应准确。

18.14.2 搅拌桨松绳安全装置应试验运行不少于 3 次，应安全可靠。

18.14.3 喷吹脱磷喷枪横移小车和升降机构，氧枪升降机构应在全行程往返运行不少于 5 次，运行应平

稳，应无异常振动和噪声，停位应准确。

18.14.4 铁水罐车应在全行程往返运行不少于5次，运行应平稳，应无卡阻，停位应准确。

18.14.5 铁水罐倾翻机构的传动减速器应先单独运转不少于30min，运行应平稳，应无异常振动和噪声，然后作倾翻动作不应少于5次，应灵活可靠，停位应准确。

18.14.6 扒渣机应按扒渣动作在全行程往返运行不少于5次，运行应平稳，应无异常振动和噪声，停位应准确。

19 安全和环保

19.0.1 炼钢机械设备工程安装应建立健全的安全和环保管理体系，专职安全环保员应持证上岗。

19.0.2 项目开工前应制定应急预案及安全技术和环保方案。施工过程应切实落实各项安全技术和环保措施。

19.0.3 施工人员进入施工现场前应进行安全教育；施工人员应严格执行安全操作规程，并应建立安全会议和安全检查制度。

19.0.4 施工机具使用前应经检查合格。

19.0.5 现场用电应符合国家现行标准《建筑工程施工现场供用电安全规范》GB 50194 和《施工现场临时用电安全技术规范》JGJ 46 的有关规定。

19.0.6 使用有毒、有害物质时，操作人员应佩戴防护用品，作业区应通风，应有警示牌。有毒、有害物质储存应符合产品说明书规定。

19.0.7 施工中的废油、废脂、废清洗液等排放前应进行处理，不得污染环境。

19.0.8 射线检验作业应划定隔离区，应设警戒线，不得危及人身安全。

19.0.9 炼钢机械设备工程安装应有防火措施，应针对现场情况配置相应类别和适当数量的消防器材。

19.0.10 孔洞、坑槽及平台周边应设置防护设施及安全标志。

19.0.11 交叉作业时，上下不应同在一垂直方向操作，下层作业的位置应处于上层可能坠物的范围之外，也可设置安全防护层。

19.0.12 试运转、试压应严格按程序操作，操作人员应责任明确，不得擅自合闸送电和开闭阀门。

本规范用词说明

1 为便于在执行本规范条文时区别对待，对要求严格程度不同的用词说明如下：

　　1）表示很严格，非这样做不可的：
　　　　正面词采用"必须"，反面词采用"严禁"；
　　2）表示严格，在正常情况下均应这样做的：
　　　　正面词采用"应"，反面词采用"不应"或"不得"；
　　3）表示允许稍有选择，在条件许可时首先应这样做的：
　　　　正面词采用"宜"，反面词采用"不宜"；
　　4）表示有选择，在一定条件下可以这样做的，采用"可"。

2 条文中指明应按其他有关标准执行的写法为："应符合……的规定"或"应按……执行"。

引用标准名录

《建筑工程施工现场供用电安全规范》GB 50194
《钢结构工程施工质量验收规范》GB 50205
《机械设备安装工程施工及验收通用规范》GB 50231
《工业锅炉安装工程施工及验收规范》GB 50273
《炼钢机械设备工程安装验收规范》GB 50403
《施工现场临时用电安全技术规范》JGJ 46

中华人民共和国国家标准

炼钢机械设备安装规范

GB 50742—2012

条 文 说 明

制 定 说 明

《炼钢机械设备安装规范》（以下简称《安装规范》）编制组于 2006 年 3 月成立，编制组第一次会议上，全体成员学习了国家有关标准的法规和文件，明确了制定规范的原则和指导思想，制定了工作计划，确定了规范章节内容以及编制组成员的分工。

《安装规范》的制定原则和指导思想是：贯彻执行国家有关法律、法规和方针、政策，严格按照住房和城乡建设部《工程建设国家标准管理办法》和《工程建设标准编写规定》编制；以科学、技术和实践经验的综合成果为基础，具有前瞻性、科学性和可操作性；以安装工艺为核心，体现当今水平，淘汰落后工艺，促进新工艺、新技术的发展，以求获得最佳社会效益。

按照工作计划，编制组首先开展了收集相关设计、设备资料及相关规范的工作，并先后到全国各主要建设单位调研和交流，到全国多处具有代表性和典型性的在建炼钢工程项目进行考察，收集了大量的资料，为规范的编写打下了坚实的基础。

2007 年 10 月，《安装规范》初稿编写完成，并在中国一冶集团有限公司网上发布，广泛征求意见，同时印刷 40 本发送公司相关技师、工程技术人员和专家。之后，编制组召开了两次征求意见会和一次内部审查会。征求意见会提出意见 16 条，内部审查会提出修改意见和建议 52 条，经编制组逐条研讨修改后于 2009 年 2 月完成征求意见稿。

征求意见稿于 2009 年 6 月上旬在住房和城乡建设部标准网站发布，在全国范围内征求意见和建议。遵照中国冶金建设协会要求，2010 年 3 月又向 13 个冶金建设单位和冶金工程质量监督单位发出了征求意见函和征求意见稿，截至 2010 年 6 月，收到各单位专家意见和建议共 322 条。编制组对所提意见逐条归纳整理，分析研究，采纳 219 条。2010 年 7 月完成送审稿。

中国冶金建设协会于 2010 年 12 月 7 日至 12 月 8 日在武汉召开了《安装规范》送审稿审查会，住房和城乡建设部杨申武同志及 11 位专家参加会议。会议由中国冶金建设协会副秘书长郭启蛟主持，余华春任专家主持《安装规范》的技术审查，编制组代表汇报了规范的编制情况及征求意见的处理情况。

会上，专家们严肃认真地对《安装规范》逐章、逐节、逐条地进行了审查，在充分发表意见的基础上，原则通过《安装规范》送审稿，同时提出了 5 条修改意见。编制组修改完善后，于 2010 年 12 月 31 日完成报批稿。

《安装规范》没有设术语和符号章节。《安装规范》中所采用的术语和符号少，而且所采用的术语和符号大多在国家现行标准中已有统一规定，其定义和含义明确，个别术语（如台车法、滑移法）和符号在相关条文说明中说明，符合《工程建设标准编写规定》中关于术语和符号"当内容少时，可不设此章"的规定。

为了广大设计、施工、科研、学校等单位有关人员在使用本规范时能理解和执行条文规定，《安装规范》编制组按章、节、条顺序编制了本标准的条文说明，对条文规定的目的、依据以及执行中需注意的有关事项进行了说明，还着重对强制性条文的强制性理由做了解释。但是，本条文说明不具备与标准正文同等的法律效力，仅供使用者作为理解和把握标准规定的参考。

目　　次

1 总 则

1.0.1 本条文阐明了制定本规范的目的。

1.0.2 本条文明确了本规定适用的对象。

1.0.3 本条文反映了其他相关标准、规范的作用。炼钢机械设备工程安装中除专业设备外，还有液压、气动和润滑设备，起重设备，运输设备，通用设备、各类介质管道制作安装、工艺钢结构制作安装、防腐、绝热等，涉及的工程技术及安全环保方面很多，因此，炼钢机械设备安装除应执行本规范外，尚应符合国家现行有关标准的规定。

2 基 本 规 定

2.0.1 本条文对从事炼钢机械设备工程安装的企业资质提出要求，强调市场准入制度；对安装人员的操作技能及特殊工种持证上岗作出规定，是对工程质量和操作者本人、他人及工程安全的保证。

2.0.2 炼钢机械设备在高温和重载下工作，不仅要承受机械力（静载荷和动载荷），还要承受热负荷，工况荷载复杂多变。许多重大设备（如转炉炉壳、转炉托圈、电弧炉摇架、电弧炉炉壳、真空罐、混铁炉等）常在现场组装，安装中的焊接质量直接关系到设备的安全使用，由于焊缝质量造成的严重事故，可以使设备倾翻，钢水流淌，直接危及人民生命财产安全，而焊工的操作技能是保证焊缝质量的关键因素。因此，本条文对焊工资质作出严格规定，要求从事炼钢机械设备工程安装的焊工必须经考试合格，并取得合格证书，在其考试合格项目认可范围内施焊。考试必须符合现行国家有关焊工考试规范《现场设备、工业管道焊接工程施工规范》GB 50236、《冶金工程建设焊工考试规程》YB/T 9259 的规定。

2.0.3 本条文明确规定设计图纸修改权属设计单位，施工单位不能擅自修改图纸。当施工过程中发现设计有问题时，应及时向设计单位反映，施工单位可以提出处理意见，设计单位同意后，必须签发设计变更通知单或进行技术鉴定签证。

2.0.4 使用不合格的计量器具，会对工程造成严重后果。炼钢机械设备安装中使用的计量器具必须按国家计量法规定检验合格，并在检定有效期内。使用计量器具时不得破坏其准确度。

2.0.5 半成品及成品保护应贯穿在整个施工过程中，例如设备存放应垫设平稳，不挤压；设备吊装时与钢绳接触处要用橡皮、木材等隔离保护；设备裸露的加工面应涂适量油脂，并用油纸或塑料布覆盖，防止污染和生锈；要保持设备表面清洁，不踩踏；设备安装后要防止后续工序污染，如层面刷灰掉灰，上部构件刷漆掉漆；电焊作业时二次接地线应直接接到施焊点，不允许通过设备和管道引接，防止电火花损伤设备；设备不应任意转动等。

2.0.6 本条文明确了设备安装前主要的技术准备工作。

设计图是设备安装的基本依据，工程技术人员应认真看图、审图，掌握设备结构特点及安装技术要求，了解设计思想，做好自审记录。对图中的疑问和问题，图纸会审时与设计、建设及监理各方交流讨论，并载入会审记录；涉及设计修改的问题，应由设计单位发设计变更通知书。

施工组织设计（或施工方案）是指导施工的重要技术文件，应在充分熟悉图纸和规范，对现场深入调研后编写，内容包括工程概况与特点，施工组织与部署，施工进度计划，劳动力计划，设备、材料和机具计划，现场平面布置，重大设备（转炉、电弧炉、钢包回转台）的组装、吊装方法，质量技术保证措施，安全技术保证措施，环境保护措施，以及其他内容。

技术交底是设备安装中的重要环节，设备安装前应由项目技术负责人向施工操作人员进行技术交底。技术交底要有针对性，应将工程范围，施工方法，设备结构特点及关键部位，安装工艺及质量要点，技术、安全及环保措施等交待清楚。技术交底要形成记录。

2.0.7 本条文明确了设备安装前对厂房的要求，厂房屋面、外墙、门窗和内部粉刷应基本完工，当需要与设备安装配合作业时，应有有效措施，确保施工人员安全，不影响设备安装质量，不损坏设备，不污染设备。

2.0.8 与炼钢机械设备安装相关的专业很多，例如土建专业、工业炉专业、电气专业、工业管道专业等。各专业之间应按规定的程序进行交接，例如土建基础完工后交设备安装，设备安装完工后交工业炉砌筑或交电气安装电机或交工业管道接管，各专业之间交接时，应进行检验并形成记录。

2.0.9 氧气有遇油脂易爆的特性，爆炸直接危及人民生命财产安全。凡与氧气接触的设备、管道、零部件严禁沾有油脂是氧气安全技术操作必须遵守的法规。氧枪向转炉送氧，因此，本条文严格要求其与氧气接触的零、部件及管路严禁沾有油脂，沾有油脂必须脱脂。炼钢设备中通氧的设备有氧枪、火焰切割机、火焰清理机等。

2.0.12 氧枪由枪头、枪体和枪尾组成，在炉内高温下工作，在距金属熔池表面一定高度上将氧气喷向液体金属，以实现金属熔池的冶炼反应。氧枪采用循环水冷却，如果漏水，水在钢液中剧烈汽化，可以引发钢水爆炸，直接危及人民生命财产安全。氧枪依据转炉相关的技术参数设计配置，因此，本条文严格要求氧枪必须按设计技术文件的要求进行水压试验。

2.0.16 二次灌浆是对基础和设备底座间进行灌浆，设计文件规定了二次灌浆材料、工艺、厚度的，应按设计文件的规定执行，设计未注明时，按现行国家标准《机械设备安装工程施工及验收通用规范》GB 50231 的有关规定执行。隐蔽工程还有变速箱封闭、大型轴承座封闭等。

2.0.18 本条文明确了炼钢机械设备工程安装的质量标准和验收程序。

3 设备基础、地脚螺栓及垫板

3.1 设备基础交接验收

3.1.1 炼钢机械设备基础由土建单位施工，土建单位在基础验收后应向设备安装单位进行交接，本条文规定了交接时设备安装单位应检查的项目。交接资料包括交接单、混凝土试块试验记录，基础外形尺寸，地脚螺栓或预留孔、锚板孔、预埋件的中心线、标高的实测记录以及要求做沉降观测基础的沉降观测记录等。

3.2 设备安装基准线和基准点

3.2.1 基准线和基准点是设备安装的基准，设备的平面位置和标高依据基准线和基准点定位，基准线和基准点是不能出错的。本条文规定了设置基准线和基准点的程序。操作人员应认真负责，做好工作。

基准线和基准点有永久性基准线、基准点和一般性基准线、基准点之分，永久性的需长期保存，除用于安装外，还要交付生产单位使用，一般性的限于安装使用。

基准线（中心标板）和基准点的设置位置应方便使用，有可靠的保护设施。测量放线、投点应在埋设中心标板和基准点的混凝土强度达到要求后进行，投点标记应明显清晰。

3.3 地脚螺栓

3.3.1、3.3.2 炼钢机械设备常用的地脚螺栓有预埋地脚螺栓、预留孔地脚螺栓（属固定式地脚螺栓）和锚板地脚螺栓（属活动式地脚螺栓）。预埋地脚螺栓由土建单位在基础施工时安装，预留孔地脚螺栓在基础施工时预留地脚螺栓孔，由设备安装单位安装地脚螺栓。设备初步找正调平后，要求地脚螺栓与设备螺栓孔周围留有间隙，是设备精调的需要。预留孔混凝土强度是否达到设计规定的 75%，以收到土建单位的通知单为准。

锚板地脚螺栓安装在预埋的套管里，锚板有两种类型，一种中心为圆孔，螺栓为双头螺纹，螺栓穿过锚板与螺母连接；另一种锚板有一个矩形槽，地脚螺栓安装时依据标记将 T 形头正确地嵌入矩形槽内。设备二次灌浆前，应按设计要求在套管内填塞填充物，封闭管口。设计未规定时，一般采用干砂或干纸片填塞，采用沥青蔴绳封口。锚板有预埋的（土建施工）和活动的（设备安装时施工）。在基础验收时，应对预埋锚板按设计或规范要求进行验收。

3.3.3 地脚螺栓将机械设备牢固的固定在基础上，保证设备的正常运行，必须按设计或规范规定的紧固力拧紧。

对紧固力无测定要求的地脚螺栓，通常按螺栓直径及环境操作条件可选用普通扳手，风动或电动扳手紧固，大锤或游锤撞击扳手紧固。紧固力检查一般采用手捶敲击螺母的方法，根据响声和反弹力凭经验判断。

对紧固力有测定要求的地脚螺栓，采用定扭矩法或液压拉伸紧固法。定扭矩法是将规定的紧固力换算成紧固力矩，根据计算出的紧固力矩，选用扭矩扳手进行紧固。液压拉伸紧固法是用液压螺栓拉伸器将地脚螺栓拉伸，达到要求的伸长量后，螺母在无负荷的情况下拧紧。

3.4 垫 板

3.4.4 研磨法安装垫板是将垫板直接放置在研磨好的基础上。平垫板和斜垫板通常用普通碳素钢板切割而成。斜垫板的斜面和底面需铇削加工，斜度宜为 1/20～1/40。

采用平垫铁和一对斜垫铁组成一个垫板组，可提高安装工效。

3.4.6 有些设备设计技术文件规定了垫板的类型、规格、垫设位置，有的还随机提供垫板，设备安装时，应按设计技术文件的规定执行。

4 设备和材料进场

4.1 设备进场

4.1.2 设备开箱检验是一项重要的工作，开箱和搬运要细心操作，不要损伤设备。开箱检验的场地应清洁，有必要的防雨防尘设施。开箱检验后的设备宜及时安装，暂时不能安装的要妥善保管。

4.2 材料进场

4.2.2 原材料、标准件等进场应进行验收，形成质量记录。检验记录应包括原材料名称、规格、数量、质量情况、进场日期、用在何处、合格证编号等内容。

原材料、标准件等的出厂质量合格证宜为原件，为复印件时，应注明原件存放处，并有经办人签字、单位盖章。

5 转炉设备安装

5.1 耳轴轴承座及耳轴轴承

5.1.1 耳轴轴承座一般由轴承座和轴承支座组成。

5.1.2 轴承和耳轴一般为过渡配合，通常采用温差装配法。为保证装配顺利成功，操作人员应事先按程序进行演练，熟练掌握装配工艺和吊装方法。

5.2 托 圈

5.2.1 大型转炉托圈外形尺寸大，运输困难，常分体运至现场，由制造厂组装或委托安装单位组装，本条文明确了安装单位组装托圈的要求。

5.2.3 耳轴同轴度允许偏差为 1.5mm，本条文要求组装时焊接前不宜大于 0.7mm，是考虑焊接变形对同轴度的影响。本条文第 1 款和第 5 款中两耳轴同轴度的检测方法是通常采用的方法，也可采用其他先进的方法和工具测量。

5.3 炉 体

5.3.2 现代转炉炼钢车间工艺设计一般没有大型桥式起重机可将托圈、炉壳、倾动装置等设备直接吊装就位，通常根据现场条件，确定施工方法，目前常采用台车或滑移梁进行组装、运输和安装，也有采用移动式吊车或卷扬机与滑轮组相配合吊装的。

5.3.3 台车法是利用台车组装和安装炉体。有的炼钢厂备有专用安装台车，有的则利用钢包车，在上面设置临时台架和顶升装置。台架高度须保证千斤顶在行程内满足安装时的顶升高度要求。台车法应根据台车的承载能力制定炉体组装和安装的方法。

台车能承载整个转炉设备重量时，可在台车上完成托圈和整个炉壳的组装，整体运至轴承支座位置，对正轴承座与轴承支座的装配标记安装就位。图 1 为某厂采用台车法组装和安装 250t 转炉示意图。第一步，制安临时台架，在台架上投测纵、横向中心线；第二步，在炉底上焊 4 个临时支座；第三步，设置

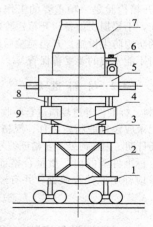

图 1 台车法示意图
1—钢包车；2—台架；3—320t 千斤顶；
4—炉底；5—托圈；6—托圈与炉壳连接装置；
7—上炉壳（炉身与炉帽）；8—100t 千斤顶；
9—临时支座

320t 千斤顶（4 台）支承炉体；第四步，吊装炉底；第五步，炉底上设 4 台 100t 千斤顶支承托圈；第六步，吊装托圈；第七步，吊装上炉壳（炉身与炉帽分体供货时，应预先组装好）；第八步，吊装托圈与炉壳的连接装置；第九步，拆除 4 台 100t 千斤顶；第十步，牵引台车至安装位置；第十一步，同步缓慢平稳回降 4 台 320t 千斤顶，轴承座与轴承支座装配连接。

台车承载能力不够时，可分段组装和安装炉壳。先将托圈和上炉壳组装并安装就位后，台车返回再将炉底运送到上炉壳下，与上炉壳对接。

5.3.4 本条文对滑移梁作了规定，滑移梁应依据炉壳、托圈和倾动装置的重量、组装时的冲击力以及现场条件设计，宜采用"工"形断面并加筋板，选用适当厚度的普通碳素钢板制作。滑移梁的长度宜按炉体组装位置至耳轴轴承支座距离确定，上翼板的宽度宜大于耳轴轴承座底面宽度，下翼板宜小于平台主梁宽度，滑移梁顶面安装标高（包括滑板厚度）宜高于轴承支座顶面 0.5mm～1.0mm。滑移梁与平台主梁宜采用 150/300 间断焊接固定。

滑板（滑鞍、滑靴）设置在滑移梁上耳轴轴承座安装的部位，滑板尺寸宜按轴承座的长度和宽度确定，滑板可用钢板或其他材料制作，厚度不宜小于 30mm，在滑移梁和滑板间可涂抹润滑脂。

组装和安装炉体通常按下列程序：第一步，在滑移梁上投设炉体组装的纵、横向中心线；第二步，吊放托圈（已装配好轴承座）到滑移梁上的滑板上，并用螺栓固定，按投放的纵、横向中心线找正，偏差方向应与轴承支座一致。吊车松钩前，应设置好托圈防倾翻措施；第三步，组装上炉壳，将上炉壳吊装到托圈上，调整找正后按设计要求装配与托圈的连接装置；第四步，采用倒装法组装下炉壳，将托圈翻转 180°，宜使用桥式起重机主、副钩协调动作进行翻转。托圈防倾翻设施应在主、副钩受力后方可拆除，并在翻转完成后立即恢复。此时上炉壳口朝下，对接口朝上，吊下炉壳与其对接；第五步，将倾动装置传动机构装入耳轴上，不装配切向键，设置临时端板，防止齿轮箱在滑移中脱落，待滑移到位后，传动机构按本规范第 5.5 节的要求安装；第六步，滑移炉体，两滑移梁上各设一台电动液压千斤顶推顶和一台手拉葫芦牵引轴承座，滑移过程应保证两轴承座同步平稳滑行；第七步，炉体滑移到位后，在两轴承支座两侧，各设二台电动液压千斤顶，同步顶升两轴承座，将整个炉体平稳升起，拆除滑板，将轴承座和支座结合面清洗干净，装入防滑键，再同步平稳回降千斤顶，对正轴承座与轴承支座的装配标记落位，检查安装质量，紧固连接螺栓，完成炉体安装。

5.3.12 转炉普遍采用循环水强制冷却的水冷炉口，

水冷炉口的优点是可以减少炉口的粘结物，并易于清除，可以加强炉口刚性减少炉口变形，可以延长炉帽的金属壳和炉衬的使用寿命。但是，水冷炉口位于炉体顶部，工作条件恶劣，一旦损坏漏水，水在钢液中剧烈汽化，可以引发爆炸，直接危及人民生命财产安全。水冷炉口有不同的结构型式和水压、水量要求，因此，本条文严格要求水冷炉口的水压试验和通水试验必须符合设计技术文件的规定，设计技术文件未作规定时，按本规范的规定执行。

5.4 倾 动 装 置

5.4.1 全悬挂式倾动装置由驱动电动机、一次减速机、二次减速机、扭力杆式扭矩平衡装置和润滑装置等组成。

一次减速机通常为四台，借其法兰凸缘固定在二次减速机的外壳上。在其输出轴端安装的小齿轮与安装在耳轴上的大齿轮相啮合，组成二次减速机。二次减速机的大齿轮用两对切向键固定在转炉耳轴上，切向键一般采用冷装法装配，冷却介质宜采用液氮。

6 氧枪和副枪设备安装

6.1 氧 枪

6.1.1 换枪装置由走行轨道和横移小车组成，又称横移装置。有的设计要求横移小车轨道直接安装在钢结构梁上，且不允许垫板调整，因此，应对钢结构梁安装精度提出相应要求，轨道安装前进行检测。横移小车通常在制造厂已组装好，整体吊装就位后，应对运行机构进行检查，不符合规定的项目应进行调整和处理。

6.1.2 氧枪升降小车卷扬机构通常在制造厂已组装在横移小车上，随横移小车吊装就位后应进行检查，不符合规定的项目应进行调整或处理。

活动导轨安装在横移小车上，活动导轨与固定导轨对正时，设计要求间隙一般为 1.0mm～3.0mm，本条文规定允许偏差为 1.0mm。设计要求的间隙值，宜理解为生产情况下，保证换枪时横移小车能顺利运行的所需值。但在安装时，一些荷载尚未加在横移小车与支承的结构上，例如氧枪和氧枪架的重量，冷却水管和冷却水的重量，吹炼过程中，氧枪挂渣也会增加重量，这些荷载会导致相关结构变形，间隙变小，可能影响横移小车的运行，因此，安装时预留间隙宜适当加大至 6.0mm～8.0mm。在调整间隙时，如需处理导轨，宜处理活动导轨，可采用手提砂轮机磨削。氧枪升降重锤提升式机构可参照本节相关条文安装。

6.2 副 枪

6.2.4 副枪用于检测转炉冶炼过程，主要测定熔池

温度和碳、氧含量，测定熔池液面高度，在熔池内取样进行化学分析，在转炉中高温下工作，采用循环水冷却，如果漏水，水在钢液中剧烈汽化，可以引发钢水爆炸，直接危及人民生命财产安全。副枪依据转炉相关的技术参数设计配置，因此，本条文严格要求副枪必须按设计技术文件的要求进行水压试验。

7 烟罩设备安装

7.2 移 动 烟 罩

7.2.2 烟罩横移小车通常整体供货，本条文规定安装前应进行检查，若不符合要求，应拆卸清洗，重新装配。

8 余热锅炉设备安装

8.1 一 般 规 定

8.1.3 锅炉的安全运行，直接涉及人民生命财产安全。锅炉水压试验是检验锅炉安装质量、保证锅炉安全运行的关键工序和必要的检验方法，是蒸汽锅炉安全技术监察规程的规定，是政府安全监察机构监察的重点，必须严格执行。

8.2 烟 道

8.2.3 为避免水冷管内壁产生焊瘤，本条文第 4 款要求采用氩弧焊接工艺。

9 电弧炉设备安装

9.1 轨 座

9.1.1、9.1.2 轨座安装是整个电弧炉安装的基础，炉体安装在摇架上，摇架安装在轨座上，轨座几乎承受全部电弧炉设备和砌筑材料以及冶炼时炉料的重量。电弧炉一般为 2 轨座，轨座安装宜以电极侧轨座为基准，并检查摇架两弧形板相关尺寸，使轨座安装尺寸的允许偏差方向与摇架弧形板偏差方向一致，避免误差积累，有利安装精度。电弧炉为 3 轨座时，宜先安装中间轨座，并以其为基准，安装两侧轨座。

9.3 倾动锁定装置

9.3.1 电弧炉冶炼时，摇架处于"0"位，即水平位置，在水平位置，摇架应被锁定。因此，本条文规定倾动锁定装置的安装标高为摇架在"0"位被锁定时的高度实测值。

9.4 摇 架

9.4.1 摇架外形尺寸大，由于运输条件限制，有的

需解体运至现场，在现场组装。组装平台宜用道木和型钢搭设，应具有承受设备重量和组装中冲击的强度，要有足够的稳定性，平台宜搭设在车间桥式起重机吊装方便的位置，轨座安装好后，也可在轨座上直接组装摇架，在轨座周围搭设安全操作平台。组装应按设计文件的规定或供货商现场代表的书面指导要求进行，若无上述文件，则应符合本规范本节相关条文的规定。

9.4.4 本条文第 3 款要求弧形板垂直度偏差方向上端向离开炉心的方向倾斜，是为了保证摇架安装时弧形板与轨座外侧没有间隙，内侧若有小于 2mm 的间隙，在摇架承受炉体和钢水的重量后会减小或消失。

9.4.9 一般使用车间桥式起重机摇动摇架。

9.5 炉　体

9.5.1 炉体由下炉壳和上炉壳组成，大型电弧炉上炉壳和下炉壳外形尺寸大，由于运输条件限制，一般各分成两半运至现场，在现场组装。下炉壳在组装平台上进行，组装平台的搭设要求与摇架组装平台相同。下炉壳安装好后，上炉壳在下炉壳上进行组装。组装应按设计文件的规定，或供货商现场代表的书面指导要求，若无上述文件，则应符合本节相关条文的规定。

下炉壳在组装平台上进行组装时，用支架、垫铁、楔铁、千斤顶等工卡具将其找正调平，处于冶炼时的"0"位，并应支撑牢固，防止倾翻。

9.5.5 电弧炉上炉壳一般为圆筒形钢结构，内侧挂满水冷壁，通水冷却以降低炉壳温度，减小炉壳变形，增长炉体寿命，水冷系统一旦漏水，水在钢液中剧烈汽化，可以引发钢水爆炸，直接危及人民生命财产安全。水冷壁有不同的结构形式，水压、水量要求，因此，本条文严格要求水冷系统的水压试验和通水试验必须符合设计技术文件的规定，设计技术文件未作规定时，按本规范的规定执行。要求水压试验在砌筑前完成是防止在水压试验过程中漏水损坏砌筑材料。

9.6 炉盖、电极旋转及炉盖升降机构

9.6.1 炉盖、电极旋转及炉盖升降机构有两种形式，一种安装在混凝土基础上，另一种安装在摇架上。本条文对两种形式的底座安装分别作出规定。

9.6.2 旋转传动装置装配在底座上，有的采用液压马达——齿轮传动，有的采用液压缸——连杆传动，传动装置中的平面止推轴承、齿轮一般在制造厂已装配好，若需现场清洗装配应符合设计文件的规定，设计若无注明，应符合现行国家标准《机械设备安装工程施工及验收通用规范》GB 50231 的相关规定。

9.7 电极升降及电极夹持机构

9.7.1 电极导向立柱和电极臂托架一般在制造厂已

组装焊接为一体。若在现场组装，应符合设计文件的规定。

9.7.5 电极装置在炉体上部高温区工作，受到强烈的热辐射，工作条件恶劣，电极臂和电极夹持头通水冷却。为保证电弧炉的安全运行，电极装置必须做水压试验和通水试验。

10　钢包精转炉设备安装

10.3 炉盖吊架、炉盖及炉盖升降机构

10.3.4 炉盖在高温恶劣的条件下工作，为保证钢包精炼炉的安全生产，炉盖水冷却系统必须做水压试验。

10.4 电极升降及夹持机构

10.4.5 电极装置在炉体上部高温区工作，受到强烈的热辐射，工作条件恶劣，电极臂和电极夹持头通水冷却。为保证电弧炉的安全运行，电极装置必须做水压试验和通水试验。

11　钢包真空精炼炉及真空吹氧脱碳炉设备安装

11.2 真　空　罐

11.2.1 真空罐体积大，一般分三段（封头、中段和上段）运至现场，本条文明确了现场组装的要求。

11.3 真空罐盖及罐盖升降机构

11.3.3 炉盖在高温恶劣的环境下工作，为保证真空精炼炉的安全运行，必须做炉盖水冷系统的水压试验。

11.5 氧　枪

11.5.1 钢包真空精炼炉（VD）与真空吹氧脱碳炉（VOD）同属钢液真空处理装置，结构形式基本相同。有的炼钢厂在冶炼不锈钢时，装置处于 VOD 工作状态，冶炼特种钢时，装置处于 VD 状态。VOD 比 VD 多一套氧枪装置。

12　循环真空脱气精炼炉设备安装

12.2 真空脱气室车及脱气室

12.2.5 脱气室为钢制壳体，内砌耐火砖，由上升管、下降管，下部槽、上部槽及热弯管组成，上升管和下降管焊接在下部槽上，下部槽与上部槽的连接，上部槽与热弯管的连接法兰均为水冷，O 形密封圈填充，螺栓（一般为卡钳式）连接。为实现真

空加料，焊于脱气室上的合金溜管也带水冷法兰。精炼时，脱气室在高温恶劣条件下工作，钢液被抽引从上升管通过脱气室经下降管返回钢包，产生循环运动，在脱气室脱除碳、氢等气体，以达到精炼钢液的目的。为保证运行安全，应做水冷系统的压力试验和通水试验。

12.4 真空脱气室预热装置

12.4.1、12.4.2 真空脱气室在待机位置须保持槽内耐材温度，耐材更换或修补后要进行烘烤，加热至所需要的温度，预热装置就是为满足上述要求而设置的。

两个待机位各设一套预热装置，预热装置由一根加热枪及枪体传动系统等组成。升降小车夹持枪体，传动机构驱动小车使预热枪上升或下降。

13 浇注设备安装

13.1 钢包回转台

13.1.2 钢包回转台底座上一般采用"S"点标记的安装位置，通常在垂直于铸流方向的回转台中心线上。地脚螺栓紧固力应符合设计技术文件的规定，地脚螺栓宜分两次使用螺栓液压拉伸器紧固，第一次紧固力宜为设计值的80%，第二次达到设计要求。

13.1.3、13.1.5 高强连接螺栓紧固应使用螺栓液压拉伸器或扭矩扳手，宜分两次对称均匀进行，第一次为设计值的80%，第二次达到设计要求。

14 连续铸钢设备安装

14.1 结晶器和振动装置

14.1.2 结晶器是连铸机组中的关键设备，由中间罐流出的钢液注入结晶器内，经强制冷却而初步凝固，形成一定厚度的均匀坯壳连续不断地被拉出。结晶器在被注入钢液及结晶的过程中，要求承受钢水的冲击和静压力、摩擦力，钢水热量导致的热负荷，还需不停地震动，工况复杂多变，工作条件恶劣，结晶器水冷系统一旦漏水，水在钢液中剧烈汽化，可以引发钢水爆炸，直接危及人民生命财产安全。结晶器有不同的结构型式和水压、水量要求，因此，本条文严格要求结晶器的水压试验和通水试验必须符合设计技术文件的规定。

14.1.4～14.1.6 结晶器也可与振动台架装配后整体安装。

14.2 二次冷却装置

14.2.1、14.2.2 二次冷却装置主要由底座、支撑框架、辊组和喷水装置组成扇形段，扇形段分为弧形段、矫直段和水平段，与此对应有弧形段支撑框架、矫直段支撑框架和水平段支撑框架，弧形段辊组、矫直段辊组和水平段辊组。框架标高和水平度调整，对弧调整均用增加或减少支座下垫板的方法，安装前，宜准备适量 0.1mm～1.0mm 的铜片或钢片。

14.4 拉 矫 机

14.4.1 各组拉矫机的矫直半径不同，有的拉矫机安装在弧形段，底座呈倾斜状，设计给出安装检测部位的标记，底座上的测量孔是测量标记，在配制的轴销上检测方便准确。

14.5 引锭杆收送及脱引锭装置

14.5.2、14.5.3 引锭收送及脱引锭装置结构形式很多，按插入结晶器方式分为下插入式和上插入式。下插入式通常由引锭杆、脱锭装置、引锭杆对中及存放装置等设备组成，上插入式通常由引锭杆、脱锭装置、引锭杆卷扬机提升装置、引锭杆运输装入车等设备组成，它们的结构也有不同形式，例如上插入式又有小车式和摆动台式，安装时应根据结构形式按规范规定的项目检测。

14.9 毛刺清理机

14.9.1 现行国家标准《炼钢机械设备工程安装验收规范》GB 50403 第15.10.4条规定导轨底座安装纵向中心线允许偏差0.20mm，横向中心线允许偏差0.50mm，导轨顶面标高允许偏差 0.20mm；行走装置框架安装纵、横向中心线允许偏差0.50mm，标高允许偏差—0.5mm，并在条文中说明是根据宝钢《日本日立造船引进的毛刺清理机安装精度的技术要求》制定的，这已是近二十年前的情况，经调研普遍认为应作适当修改，因此，本条文对部分检查项目的允许偏差值作了修改，并增补了水平度检测项目。

15 出坯和精整设备安装

15.6 横 移 小 车

15.6.2 横移小车通常已在制造厂组装，吊装上轨道后应对本条文规定的项目进行检查调整。

15.7 对 中 装 置

15.7.1、15.7.2 对中装置是离线设备，主要作用是将结晶器和扇形段在线外进行维修对中（对弧），提供合格的更换件，实现整体快速更换，提高连铸机的作业率。

16 混铁炉安装

16.1 底座和滚道

16.1.1、16.1.2 混铁炉的底座、滚圈、炉壳等通常在制造或制造厂组装时作有标记，安装时应依据标记进行调整。

16.2 炉　壳

16.2.2 现行国家标准《炼钢机械设备工程安装验收规范》GB 50403 第 17.3.3 条对受铁口和出铁口安装的允许偏差作了规定，经调研，混铁炉的受铁口和出铁口已在制造厂组装，因此，本规范没有再作要求。

17 铁水预处理设备安装

17.5 扒渣机

17.5.2 扒渣机的结构形式很多，有曲柄摆杆式、气动落地式、液压曲臂式等，不论何种结构形式，本条文规定应按设计技术文件或现行国家标准《机械设备安装工程施工及验收通用规范》GB 50231 的要求进行检查和调整。

18 炼钢机械设备试运转

18.1 一般规定

18.1.4 安全保护装置是保障人身安全和设备安全运行的设施，在没有安全保护的情况下运行设备，时刻潜伏着人身伤害和设备事故的隐患，例如，联轴器的保护罩或隔离栅栏没有安装而运转设备，人身就有被转入而造成伤亡的危险；限位装置失灵，设备在运行中就有可能被损坏，甚至导致人身安全事故。因此，本条文严格要求安全保护装置必须在设备试运转前安装完毕，在试运转中需要调试的必须在试运转中完成调试，其功能必须符合设计技术文件要求，防止发生安全事故。

18.3 氧枪和副枪设备试运转

18.3.1 本条文第 2 款要求氧枪升降小车在调试过程中应根据设计功能图示测出各功能控制点位置，在导轨上作出明显标志，氧枪功能位置很多，例如移动位置、试验位置、备用位置、同步位置、变速位置、连锁转炉位置、氧阀门开启和关闭位置、氧气流量监控位置、吹氧位置、炉底位置、炉底中气位置等。安装单位应配合生产方完成功能调试。

19 安全和环保

19.0.3 项目施工前，项目部应对施工人员进行安全教育，针对项目特点进行安全交底，并应形成记录。各种施工人员应严格执行安全检测规程。项目部应定期召开安全会议，施工班组应每个工作日召开班前安全会议。安全检查应定期和不定期进行。

19.0.4 施工中使用不合格的机具，往往会导致安全事故，危及人身和设备安全，特别是吊装作业使用的设备、绳索和吊具，各工种使用的冲击工具（如大锤、小锤、扁铲等）及小型手提电动机具等，使用前应认真检查，不符合安全规定的不得使用。

中华人民共和国国家标准

工程施工废弃物再生利用技术规范

Code for recycling of construction & demolition waste

GB/T 50743—2012

主编部门：江 苏 省 住 房 和 城 乡 建 设 厅
批准部门：中华人民共和国住房和城乡建设部
施行日期：２０１２ 年 １２ 月 １ 日

中华人民共和国住房和城乡建设部
公 告

第 1424 号

关于发布国家标准《工程施工废弃物再生利用技术规范》的公告

现批准《工程施工废弃物再生利用技术规范》为国家标准，编号为GB/T 50743—2012，自 2012 年 12 月 1 日起实施。

本规范由我部标准定额研究所组织中国计划出版社出版发行。

中华人民共和国住房和城乡建设部
二〇一二年五月二十八日

前 言

本规范是根据住房和城乡建设部《关于印发〈2008 年工程建设标准规范制订、修订计划（第一批）〉的通知》（建标〔2008〕102 号）的要求，由江苏南通二建集团有限公司和同济大学会同有关单位编制而成的。

本规范在编制过程中，编制组经广泛调查研究，认真总结实践经验，参考有关国外先进标准，并在广泛征求意见的基础上，最后经审查定稿。

本规范共分 9 章，主要技术内容包括：总则、术语和符号、基本规定、废混凝土再生利用、废模板再生利用、再生骨料砂浆、废砖瓦再生利用、其他工程施工废弃物再生利用、工程施工废弃物管理和减量措施。

本规范由住房和城乡建设部负责管理，由江苏省住房和城乡建设厅负责日常管理，由江苏南通二建集团有限公司负责具体技术内容的解释。

本规范在执行过程中，请各单位结合工程实践，注意总结经验，积累资料，随时将有关意见和建议反馈给江苏南通二建集团有限公司（地址：上海市黄浦区黄兴路 1599 号，新纪元国际广场 707 室，邮政编码：200433）。

本规范主编单位、参编单位、主要起草人和主要审查人：

主 编 单 位：江苏南通二建集团有限公司
            同济大学
参 编 单 位：上海仪通建设有限公司
            江苏启安建设集团有限公司
            上海通豪建设工程有限公司
            江苏南通二建集团中润建设有限公司
            上海同瑾土木工程有限公司
主要起草人：肖建庄　董雪平　王长青　宋声彬
            张庆贺　陈建国　高春泉　张盛东
            孙振平　姜 明　宋宏亮　何兴飞
            王守鹏　肖建修　刘爱民　朱彬荣
主要审查人：郭正兴　王武祥　刘立新　李秋义
            邓寿昌　王群依　王桂玲　孙亚兰
            殷正峰　薪肇栋　朱东敏　张卫忠
            李如燕

目　次

Contents

1 总　则

1.0.1 为了贯彻执行国家节约资源、保护环境的技术经济政策，促进工程施工废弃物的回收和再生利用，做到技术先进、安全适用、经济合理、确保质量，制定本规范。

1.0.2 本规范适用于建设工程施工过程中废弃物的管理、处理和再生利用；不适用于已被污染或腐蚀的工程施工废弃物的再生利用。

1.0.3 本规范规定了工程施工废弃物再生利用的基本技术要求。

1.0.4 工程施工废弃物的处理、回收和再生利用除应符合本规范外，尚应符合国家现行有关标准的规定。

2　术语和符号

2.1　术　语

2.1.1 工程施工废弃物　construction & demolition waste

工程施工废弃物为工程施工中，因开挖、旧建筑物拆除、建筑施工和建材生产而产生的直接利用价值不高的废混凝土、废竹木、废模板、废砂浆、砖瓦碎块、渣土、碎石块、沥青块、废塑料、废金属、废防水材料、废保温材料和各类玻璃碎块等。

2.1.2 废混凝土　waste concrete

由建筑物拆除、路面翻修、混凝土生产、工程施工或其他情况下产生的混凝土废料。

2.1.3 废模板　waste formwork

工程施工过程中由于损坏、周转次数太多以及完成其使用功能后不能直接再利用的模板。

2.1.4 废砂浆　waste mortar

在各类建筑物、构筑物、官网等进行建设、铺设、粉刷或拆除、修缮过程中所产生砂浆废料。

2.1.5 废砖瓦　waste brick and tiles

在各类建筑物、构筑物等进行建设、铺设或拆除、修缮过程中所产生砖瓦废料。

2.1.6 渣土　soil dregs

建设单位和施工单位在新建、改建、扩建和拆除各类建筑物、构筑物、管网等过程中所产生的弃土。

2.1.7 再生利用　recycling

工程施工废弃物经过回收后，通过环保的方式进行再造，成为可利用的再生资源。

2.1.8 再生粗骨料　recycled coarse aggregate

由建筑废物中的混凝土、石等加工而成，粒径大于 4.75mm 的颗粒。

2.1.9 再生细骨料　recycled fine aggregate

由建筑废物中的混凝土、砂浆、石、砖瓦等加工而成，粒径不大于 4.75mm 的颗粒。

2.1.10 再生粗骨料取代率　replacement ratio of recycled coarse aggregate

再生骨料混凝土中再生粗骨料用量占粗骨料总用量的质量百分比。

2.1.11 再生细骨料取代率　replacement ratio of recycled fine aggregate

再生骨料混凝土或再生骨料砂浆中再生细骨料用量占细骨料总用量的质量百分比。

2.1.12 再生骨料混凝土　recycled aggregate concrete

再生骨料部分或全部代替天然骨料配制而成的混凝土。

2.1.13 再生骨料砂浆　recycled aggregate mortar

再生细骨料部分或全部取代天然细骨料配制而成的砂浆。

2.1.14 再生木模板　recycled wood formwork

由废旧木模板、贴面材料和胶合剂等材料加工而成的模板。

2.1.15 再生骨料混凝土空心砌块　recycled aggregate concrete hollow block

掺用再生骨料，经搅拌、成型、养护等工艺过程制成的混凝土空心砌块。

2.1.16 再生骨料砖、砌块　recycled aggregate brick（block）

掺用再生骨料，经搅拌、成型、养护等工艺过程制成的砖、砌块。

2.1.17 再生骨料吸水率　water absorption of recycled aggregate

再生骨料饱和面干状态时所含水的质量占绝干状态质量的百分数。

2.2　符　号

2.2.1 材料性能

$f_{cu,0}$——再生骨料混凝土试配强度；

$f_{cu,k}$——再生骨料混凝土立方体抗压强度标准值；

σ——再生骨料混凝土强度标准差；

E_c——再生骨料混凝土的弹性模量；

f_{rk}——再生骨料混凝土的抗折强度标准值。

2.2.2 作用、作用效应及承载力

M——弯矩设计值；

N——轴向压力设计值；

V——剪力设计值；

M_u——受弯承载力设计值；

N_u——轴心受压承载力设计值；

V_u——受剪承载力设计值。

2.2.3 计算系数及其他

α_M——再生骨料混凝土构件正截面受弯承载力调整系数;

α_N——再生骨料混凝土构件正截面受压承载力调整系数;

α_V——再生骨料混凝土构件斜截面受剪承载力调整系数。

3 基本规定

3.0.1 工程施工废弃物的再生利用应符合国家现行有关安全和环保方面的标准和规定。工程施工废弃物处理应满足资源节约和环境环保的要求。

3.0.2 工程施工单位在施工组织管理中对废弃物处理应遵循减量化、资源化和再生利用原则。

3.0.3 工程施工废弃物应按分类回收,根据废弃物类型、使用环境、暴露条件以及老化程度等进行分选。

3.0.4 工程施工废弃物回收可划分为混凝土及其制品、模板、砂浆、砖瓦等分项工程,各分项回收工程应遵守与施工方式相一致且便于控制废弃物回收质量的原则。

3.0.5 由工程施工废弃物加工的再生骨料及其制品的放射性应符合现行国家标准《建筑材料放射性核素限量》GB 6566 的有关规定。

3.0.6 施工单位宜在施工现场回收利用工程施工废弃物。施工之前,施工单位应编制施工废弃物再生利用方案,并经监理单位审查批准。

3.0.7 建设单位、施工单位、监理单位应依据设计文件中的环境保护要求,在招投标文件和施工合同中明确各方在工程施工废弃物再生利用中的职责。

3.0.8 设计单位应优化设计,减少建筑材料的消耗和工程施工废弃物的产生。优先选用工程施工废弃物再生产品以及可以循环利用的建筑材料。

3.0.9 工程施工废弃物回收应有相应的废弃物处理技术预案、健全的施工废弃物回收管理体系、回收质量控制和质量检验制度。

3.0.10 再生粗骨料中金属、塑料、沥青、竹木材、玻璃等杂质含量以及砖瓦含量应符合现行国家标准《混凝土用再生粗骨料》GB/T 25177 的有关规定。

3.0.11 再生细骨料中有害物质的含量应符合现行国家标准《混凝土和砂浆用再生细骨料》GB/T 25176 的有关规定。

4 废混凝土再生利用

4.1 一般规定

4.1.1 再生骨料混凝土可用于一般的普通混凝土结构工程和混凝土制品制造。

4.1.2 再生骨料混凝土所用原材料应符合现行国家标准《混凝土用再生粗骨料》GB/T 25177 和《混凝土和砂浆用再生细骨料》GB/T 25176 的有关规定。

4.1.3 再生骨料按现行国家标准《混凝土用再生粗骨料》GB/T 25177 和《混凝土和砂浆用再生细骨料》GB/T 25176 的有关规定可分为Ⅰ类、Ⅱ类和Ⅲ类。

4.1.4 Ⅰ类再生粗骨料可用于配制各强度等级的混凝土;Ⅱ类再生粗骨料宜用于 C40 及以下强度等级的混凝土;Ⅲ类再生粗骨料可用于 C25 及以下强度等级的混凝土,但不得用于有抗冻性要求的混凝土。

4.1.5 Ⅰ类再生细骨料可用于 C40 及以下强度等级的混凝土;Ⅱ类再生细骨料宜用于 C25 及以下强度等级的混凝土;Ⅲ类再生细骨料不宜用于配制混凝土。

4.1.6 对不满足国家现行标准规定要求的Ⅰ类、Ⅱ类和Ⅲ类再生骨料,经试验试配合格后,可用于垫层混凝土等非承重结构以及道路基层三渣料中。

4.2 废混凝土回收与破碎加工

4.2.1 废混凝土按回收方式可分为现场分类回收和场外分类回收。

4.2.2 有害杂质含量不足以影响新拌再生骨料混凝土使用性能的废混凝土可回收。本规范不适用于下列情况下废混凝土的回收利用:

1 废混凝土来自于轻骨料混凝土;

2 废混凝土来自于沿海港口工程、核电站、医院放射间等有特殊使用要求的混凝土;

3 废混凝土受硫酸盐腐蚀严重;

4 废混凝土已受重金属污染;

5 废混凝土存在碱-骨料反应;

6 废混凝土中含有大量不易分离的木屑、污泥、沥青等杂质;

7 废混凝土受氯盐腐蚀严重;

8 废混凝土已受有机物污染;

9 废混凝土碳化严重,质地酥松。

4.2.3 再生骨料的破碎加工设备可分为固定式和移动式。

4.2.4 废混凝土破碎前宜分选,再生骨料生产过程中产生的噪声和粉尘应符合国家现行有关标准的规定。

4.2.5 再生粗骨料应由专门的加工单位生产。废混凝土破碎工艺流程包括一次破碎加工和二次破碎加工。废混凝土中的钢筋宜采用磁铁分离器加以去除。废混凝土中木屑、泥土、泥块应采用水洗加以去除。

4.3 再生骨料

4.3.1 再生粗骨料的颗粒级配、性能指标应符合现行国家标准《混凝土用再生粗骨料》GB/T 25177 的有关规定。

4.3.2 再生粗骨料的颗粒级配、性能指标应符合现行国家标准《混凝土和砂浆用再生细骨料》GB/T 25176 的有关规定。

4.3.3 再生骨料可用于生产相应强度等级的混凝土、砂浆或制备砌块、墙板、地砖等混凝土制品。再生骨料添加固化类材料后，也可用于公路路面基层。

4.3.4 再生骨料检验方法应按现行行业标准《普通混凝土用砂、石质量及检验方法标准》JGJ 52 有关规定执行。

4.3.5 再生骨料进场时，应按规定批次验收型式检验报告、出厂检验报告及合格证等质量证明文件。合格证内容应包括下列内容：

1 产品品种、规格、等级与批量编号；

2 生产厂名；

3 编号及日期；

4 供货数量；

5 性能检验结果；

6 检验人员与检验单位签字盖章。

4.3.6 再生骨料宜按类别、规格及日产量确定检验批次，日产量在 2000t 及 2000t 以下，每 600t 为一批，不足 600t 也为一批；日产量超过 2000t，每 1000t 为一批，不足 1000t 也为一批；日产量超过 5000t，每 2000t 为一批，不足 2000t 也为一批；对于工程施工废弃物来源相同，日产量不足 600t 的，可以以连续生产不超过 3 天且不大于 600t 为一检验批。

4.3.7 再生骨料的运输和堆放，应符合下列规定：

1 不同类别、不同粒径的再生骨料应分别运输和堆放；

2 再生骨料和天然骨料不得混合；

3 再生骨料的运输与堆放应防止混入泥土和其他可能改变其品质的杂质；

4 再生骨料的生产部门应做好废混凝土相关信息的采集与记录工作，主要应包括拆除结构的用途、服役时间和原始混凝土强度等级等。

4.4 再生骨料混凝土配合比设计

4.4.1 再生骨料混凝土所用各种水泥应符合本规范第 4.1.2 条的规定。为控制生产再生骨料混凝土所用水泥的质量，在使用前应复检其质量指标。

4.4.2 再生骨料混凝土所用再生粗骨料进场时应具有质量证明文件，并应符合现行国家标准《混凝土用再生粗骨料》GB/T 25177 的有关规定。

4.4.3 基于性能的再生骨料混凝土配合比设计应符合下列规定：

1 满足工作性能要求；

2 满足强度要求；

3 满足耐久性能要求；

4 满足经济性要求。

4.4.4 再生骨料混凝土所用天然骨料应具有质量证明文件，并应符合现行行业标准《普通混凝土用砂、石质量及检验方法标准》JGJ 52 的有关规定。

4.4.5 再生骨料混凝土拌和用水应符合现行行业标准《混凝土拌和用水标准》JGJ 63 的有关规定，不得使用海水拌制钢筋再生骨料混凝土。

4.4.6 再生骨料混凝土中宜掺入粉煤灰、矿渣粉、硅粉等矿物掺合料，其质量应符合国家现行有关标准的规定。

4.4.7 再生骨料混凝土所用外加剂应符合下列规定：

1 再生骨料混凝土所用的外加剂应符合国家现行有关标准的规定；

2 外加剂进场时应具有质量证明文件。对进场外加剂应按批进行复检，复检项目应符合现行国家标准《混凝土外加剂应用技术规范》GB 50119 的有关规定，复检合格后再使用。

4.4.8 再生骨料混凝土配合比设计中的设计参数应符合下列规定：

1 再生骨料混凝土宜采用绝对体积法进行配合比计算。在不使用引气型外加剂时，含气量可取 1%。

2 再生骨料混凝土的用水量可分为净用水量和附加用水量两部分。再生粗骨料采用预湿处理时，可不考虑附加用水量，再生骨料混凝土的用水量应按净用水量确定。

3 净用水量可根据现行行业标准《普通混凝土配合比设计规程》JGJ 55 的有关规定取值。

4 附加用水量应根据再生粗骨料吸水率加以确定。

5 水泥强度等级应按照现行行业标准《普通混凝土配合比设计规程》JGJ 55 的有关要求选用。

6 砂率可按现行行业标准《普通混凝土配合比设计规程》JGJ 55 的有关规定取值，然后再把砂率取值适当增大 1%～5%，其中再生粗骨料取代率为 30% 时增大 1%，再生粗骨料取代率为 100% 时增大 5%，中间采用线性内插取值。

4.4.9 再生骨料混凝土的配合比设计应按下列步骤进行：

1 计算试配强度，并求出相应的净水胶比；水胶比计算可按现行行业标准《普通混凝土配合比设计规程》JGJ 55 的有关规定执行。再生骨料混凝土的试配强度应按下式确定：

$$f_{cu,0} = f_{cu,k} + 1.645\sigma \qquad (4.4.9)$$

式中：$f_{cu,0}$——再生骨料混凝土试配强度（MPa）；

$f_{cu,k}$——再生骨料混凝土立方体抗压强度标准值（MPa）；

σ——再生骨料混凝土强度标准差（MPa）。

2 选取单位立方米混凝土的净用水量，并由用水量及水胶比计算出每立方米混凝土的水泥用量和矿物掺合料用量。

3 选取砂率，按绝对体积法计算粗骨料和细骨料的用量。

4 根据再生粗骨料的用量及其吸水率计算出附加水用量。

5 根据水泥用量和水的总用量以及粗细骨料用量得出试配用的计算配合比。

6 进行再生骨料混凝土配合比的试配与调整。

4.4.10 对于不掺用再生细骨料的混凝土，当仅掺Ⅰ类再生粗骨料或Ⅱ类、Ⅲ类再生粗骨料取代率小于30%时，再生骨料混凝土强度标准差可按现行行业标准《普通混凝土配合比设计规程》JGJ 55 的有规定取值；当Ⅱ类、Ⅲ类的再生粗骨料的取代率大于 30%时，再生骨料混凝土强度标准差应根据同品种、同强度等级再生骨料混凝土统计资料计算确定，并应符合下列规定：

1 当施工单位具有近期的同一品种再生骨料混凝土资料时，强度标准差可按公式（4.4.10）计算。强度等级不大于 C20 的再生骨料混凝土，当强度标准差计算值不小于 3.0MPa 时，应按计算结果取值，当计算值小于 3.0MPa 时，强度标准差取 3.0MPa；强度等级大于 C20 且不大于 C40 的再生骨料混凝土，当强度标准差计算值不小于 4.0MPa 时，应按计算结果取值，当计算值小于 4.0MPa 时，强度标准差取 4.0MPa。

$$\sigma = \sqrt{\dfrac{\sum\limits_{i=1}^{n} f_{cu,i}^2 - n \cdot m_{fcu}^2}{n-1}} \qquad (4.4.10)$$

式中：$f_{cu,i}$——第 i 组试件的立方体强度值（MPa）；

　　　m_{fcu}——n 组试件立方体强度的平均值（MPa）；

　　　n——再生骨料混凝土试件的组数，$n \geqslant 30$。

2 当施工单位无统计资料计算再生骨料混凝土强度标准差时，其值可按表 4.4.10 选取。

表 4.4.10 再生骨料混凝土强度标准差推荐值

强度等级	≤C20	C25、C30	C35、C40
σ（MPa）	4.0	5.0	6.0

注：当再生粗骨料的来源很复杂或来源不清楚，或者再生粗骨料取代率较大时，应适当增大强度标准差。

4.4.11 掺用再生细骨料的混凝土，再生骨料混凝土强度标准差可根据相同再生骨料掺量和同强度等级的同品种再生骨料混凝土统计资料计算确定，当计算值小于本规范表 4.4.10 中对应值时，应按本规范表 4.4.10 的规定取值；当无统计资料时，强度标准差宜按本规范表 4.4.10 的规定取值。

4.4.12 配合比的调整可按现行行业标准《普通混凝土配合比设计规程》JGJ 55 的有关规定执行。

4.4.13 再生粗骨料取代率和再生细骨料取代率应根据已有技术资料和再生骨料混凝土的性能要求确定。当缺乏技术资料时，再生粗骨料取代率和再生细骨料取代率不宜大于 50%，但Ⅰ类再生粗骨料取代率可

不受限制。当再生骨料混凝土中已掺用Ⅲ类再生粗骨料时，不宜再掺入再生细骨料。

4.5 再生骨料混凝土基本性能

4.5.1 再生骨料混凝土的拌合物性能、力学性能、强度尺寸效应换算系数及强度检验评定等，应符合现行国家标准《混凝土质量控制标准》GB 50164 的有关规定。

4.5.2 Ⅱ类再生粗骨料配制的混凝土，按抗压强度可分为 C15、C20、C25、C30、C35、C40 六个等级；Ⅲ类再生粗骨料配制的混凝土，按抗压强度可分为 C15、C20、C25 三个等级。当设计更高强度等级再生混凝土时，应通过试验对其结果做出可行性评定。各类再生骨料混凝土强度等级合理使用范围应符合表 4.5.2 的规定。

表 4.5.2 再生骨料混凝土强度等级合理使用范围

类别名称	强度等级	用　途
砌体用再生骨料混凝土	C20 C25 C30	主要用于再生骨料混凝土制品
道路用再生骨料混凝土	C30 C35 C40	主要用于道路路面
结构用再生骨料混凝土	C15 C20 C25 C30 C35 C40	主要用于承重构件

注：C15 只用于素再生骨料混凝土结构。

4.5.3 再生骨料混凝土的轴心抗压强度标准值、轴心抗压强度设计值、轴心抗拉强度标准值、轴心抗拉强度设计值、轴心抗压疲劳强度设计值和轴心抗拉疲劳强度设计值可按现行国家标准《混凝土结构设计规范》GB 50010 的有关规定取值。

4.5.4 再生骨料混凝土的抗折强度标准值 f_{rk} 应按下式计算：

$$f_{rk} = 0.75 \sqrt{f_{cu,k}} \qquad (4.5.4)$$

式中：$f_{cu,k}$——再生骨料混凝土立方体抗压强度标准值（即强度等级）（MPa）。

4.5.5 再生粗骨料混凝土的弹性模量 E_c 应通过试验确定。在缺乏试验资料时，可按表 4.5.5 采用。

表 4.5.5 再生粗骨料混凝土弹性模量（×10⁴MPa）

强度等级	C15	C20	C25	C30	C35	C40
弹性模量	1.8	2.0	2.2	2.4	2.5	2.6

4.5.6 再生粗骨料混凝土的导热系数和比热容应通

过试验确定，在缺乏试验资料时可按表4.5.6取值。

表 4.5.6　再生粗骨料混凝土的导热系数和比热容

再生粗骨料取代率（%）	30	50	70	100
导热系数［W/（m·℃）］	1.493	1.458	1.425	1.380
比热容［J/（kg·℃）］	905.5	914.2	922.5	935.0

4.5.7　再生骨料混凝土的耐久性设计应符合现行国家标准《混凝土结构设计规范》GB 50010 和《混凝土结构耐久性设计规范》GB/T 50476 的有关规定。当再生骨料混凝土用于设计使用年限为 50 年的混凝土结构时，宜符合表4.5.7的规定。

表 4.5.7　再生骨料混凝土耐久性基本要求

环境等级	最大水胶比	最低强度等级	最大氯离子含量（%）	最大碱含量（kg/m³）
一	0.55	C25	0.30	3.0
二 a	0.50	C30	0.20	3.0
二 b	0.45（0.50）	C35（C30）	0.15	3.0

注：1　素混凝土结构构件的水胶比及最低强度等级可适当放松；
　　2　有可靠工程经验时，一类和二类环境中的最低混凝土强度等级可降低一个等级。

4.5.8　再生骨料混凝土中氯离子、三氧化硫的含量应符合现行国家标准《混凝土结构设计规范》GB 50010 和《混凝土结构耐久性设计规范》GB/T 50476 的有关规定。

4.5.9　钢筋的再生骨料混凝土保护层最小厚度应符合表4.5.9的要求。

表 4.5.9　钢筋的再生骨料混凝土保护层最小厚度（mm）

环境等级	板、墙	梁、柱
一	20	25
二 a	25	30
二 b	30	40

4.5.10　再生骨料混凝土的抗渗透性能应满足工程设计抗渗等级和现行国家标准《混凝土结构设计规范》GB 50010 的有关规定。

4.5.11　再生骨料混凝土的收缩值可在普通混凝土的基础上加以修正，当只掺入再生粗骨料时修正系数取1.0～1.5。对Ⅰ类再生粗骨料可取1.0；对Ⅱ类、Ⅲ类再生粗骨料，当再生粗骨料取代率为30%时可取1.0，再生粗骨料取代率为100%时可取1.5，中间可采用线性内插取值。

4.5.12　再生骨料混凝土的徐变系数应通过试验确定，当缺乏试验条件或技术资料时，宜按普通混凝土的规定取值。

4.5.13　再生骨料混凝土的温度线膨胀系数应通过试验确定，当缺乏试验条件或技术资料时，宜按普通混凝土的规定取值。

4.5.14　再生骨料混凝土的剪切变形模量可按相应弹性模量值的 0.40 倍取值。再生骨料混凝土泊松比可取 0.20。

4.6　再生骨料混凝土构件

4.6.1　再生骨料混凝土构件应符合下列规定：

1　再生骨料为再生粗骨料。

2　再生骨料混凝土构件应包括再生骨料混凝土梁、板、柱、剪力墙。

3　再生骨料混凝土受弯构件设计计算应符合现行国家标准《混凝土结构设计规范》GB 50010 的有关规定。

4　受力钢筋的再生骨料混凝土保护层最小厚度应按本规范表 4.5.9 的规定取值，且不应小于受力钢筋的直径。板中分布钢筋的保护层厚度不应小于10mm，梁、柱中箍筋和构造筋的保护层厚度不应小于15mm。

5　再生骨料混凝土构件中纵向受力钢筋的锚固长度应符合现行国家标准《混凝土结构设计规范》GB 50010 的有关规定。

6　再生骨料混凝土构件中纵向受力钢筋的配筋率，不应小于现行国家标准《混凝土结构设计规范》GB 50010 规定的最小配筋率。

4.6.2　再生骨料混凝土构件正截面受弯承载力应符合下式的要求：

$$M \leqslant \alpha_M M_u \qquad (4.6.2)$$

式中：M——弯矩设计值；

α_M——再生骨料混凝土构件正截面受弯承载力调整系数，Ⅰ类再生粗骨料，取 1.0，Ⅱ类和Ⅲ类再生粗骨料取0.95；

M_u——受弯承载力设计值，按现行国家标准《混凝土结构设计规范》GB 50010 的有关规定计算。

4.6.3　再生骨料混凝土构件正截面轴心受压承载力应符合下式的要求：

$$N \leqslant \alpha_N N_u \qquad (4.6.3)$$

式中：N——轴向压力设计值；

α_N——再生骨料混凝土构件正截面受压承载力调整系数，Ⅰ类再生粗骨料，取 1.0，Ⅱ类和Ⅲ类再生粗骨料取0.90；

N_u——轴心受压承载力设计值，按现行国家标准《混凝土结构设计规范》GB 50010 的有关规定计算。

4.6.4　再生骨料混凝土构件斜截面受剪承载力应符合下式的要求：

$$V \leqslant \alpha_v V_u \qquad (4.6.4)$$

式中：V——剪力设计值；

α_v——再生骨料混凝土构件斜截面受剪承载力调整系数，Ⅰ类再生粗骨料，取 1.0，Ⅱ类和Ⅲ类再生粗骨料取 0.85；

V_u——受剪承载力设计值，按现行国家标准《混凝土结构设计规范》GB 50010 的有关规定计算。

4.6.5 再生骨料混凝土构件偏心受压，轴心受拉，偏心受拉、受扭、局部受压、受冲切可按现行国家标准《混凝土结构设计规范》GB 50010 的有关规定计算。

4.6.6 再生骨料混凝土抗裂验算应符合现行国家标准《混凝土结构设计规范》GB 50010 的有关规定。

4.6.7 再生骨料混凝土裂缝宽度验算应符合现行国家标准《混凝土结构设计规范》GB 50010 的有关规定。

4.6.8 再生骨料混凝土受弯构件的挠度可按现行国家标准《混凝土结构设计规范》GB 50010 的有关规定验算，当再生粗骨料取代率在 30% 以上时，考虑挠度放大系数 1.2。

4.7 再生骨料混凝土空心砌块

4.7.1 再生骨料混凝土空心砌块所用的原材料应符合下列规定：

1 再生骨料应符合现行国家标准《混凝土用再生粗骨料》GB/T 25177 和《混凝土和砂浆用再生细骨料》GB/T 25176 的有关规定。

2 再生骨料应满足表 4.7.1-1 和表 4.7.1-2 规定的要求。

表 4.7.1-1 再生粗骨料性能指标

项　目	指标要求
微粉含量（按质量计）（%）	<5.0
吸水率（按质量计）（%）	<10.0
杂物（按质量计）（%）	<2.0
泥块含量、有害物质含量、坚固性、压碎指标、碱骨料反应性能	应符合现行国家标准《混凝土用再生粗骨料》GB/T 25177 的有关规定

表 4.7.1-2 再生细骨料性能指标

项　目		指标要求
微粉含量（按质量计）（%）	MB 值<1.40 或合格	<12.0
	MB 值≥1.40 或不合格	<0.6
泥块含量、有害物质含量、坚固性、单级最大压碎指标、碱骨料反应性能		应符合现行国家标准《混凝土和砂浆用再生细骨料》GB/T 25176 的有关规定

3 当采用石屑作为细骨料时，小于 0.15mm 的细石粉含量不应大于 20%。

4 再生骨料砌块所用其他原材料应符合本规范第 4.1.2 条的规定。

4.7.2 再生骨料混凝土空心砌块砌体设计、施工可按国家现行标准《砌体结构设计规范》GB 50003 和《混凝土小型空心砌块建筑技术规程》JGJ/T 14 的有关规定执行。

4.7.3 再生骨料砌块按孔的排数可分为单排孔、双排孔、多排孔三类；再生骨料砌块的主规格尺寸为 390mm×190mm×190mm，其他规格尺寸可由供需方协商，应符合现行国家标准《普通混凝土小型空心砌块》GB 8239 的相关规定。

4.7.4 再生骨料混凝土空心砌块可分为 MU5、MU7.5、MU10、MU15、MU20 五个等级。

4.7.5 再生骨料混凝土空心砌块的性能及用途应符合现行国家标准《普通混凝土小型空心砌块》GB 8239 的相关规定。

4.7.6 再生骨料混凝土空心砌块各项性能的试验方法应按现行国家标准《混凝土小型空心砌块试验方法》GB/T 4111 的有关规定执行。

4.7.7 型式检验应包括放射性、尺寸允许偏差和外观质量、抗压强度、干燥收缩率、相对含水率、碳化系数和软化系数、抗冻性；出厂检验项目应包括尺寸偏差、外观质量和抗压强度。

4.7.8 再生骨料混凝土空心砌块的组批规则应符合现行行业标准《再生骨料应用技术规程》JGJ/T 240 的相关规定。

4.7.9 再生骨料混凝土空心砌块检验的抽样及判定应按现行行业标准《再生骨料应用技术规程》JGJ/T 240 的规定执行。

4.8 再生骨料混凝土道路

4.8.1 废旧道路混凝土块加工成再生骨料前，应清理粘附在水泥混凝土碎块上的基层材料和泥土。

4.8.2 废旧道路混凝土再生骨料可用于拌制路面混凝土，其性能应符合现行行业标准《公路水泥混凝土路面设计规范》JTG D40 和《公路水泥混凝土路面施工技术规范》JTG F30 的有关规定。

4.8.3 路面设计应符合下列基本规定：

1 再生骨料混凝土路面的设计安全等级及相应的设计基准期、目标可靠指数和目标可靠度，以及各安全等级路面的材料性能和结构尺寸参数的变异水平等级应符合现行行业标准《公路水泥混凝土路面设计规范》JTG D40 的有关规定。

2 再生骨料混凝土路面宜用于二级及二级以下等级的公路或次干路、支路以下的城市道路和小区道路。应采用强度高、收缩性小、耐磨性强、抗冻性好的水泥。

3 再生骨料混凝土路面层应具有足够的强度、耐久性、表面抗滑、耐磨、平整度。

4 道路垫层可采用再生粗骨料和再生细骨料。

5 道路基层可采用水泥稳定再生粗骨料和石灰粉煤灰稳定再生粗骨料，其性能指标应符合现行国家标准《混凝土用再生粗骨料》GB/T 25177 的有关规定。

4.8.4 再生骨料混凝土道路的施工可按现行行业标准《公路水泥混凝土路面施工技术规范》JTG F30 的有关规定执行。

4.8.5 再生骨料混凝土道路的质量检验可按现行行业标准《公路路基路面现场测试规程》JTJ 059 的有关规定执行。

5 废模板再生利用

5.1 一般规定

5.1.1 废模板按材料不同，可分为废木模板、废竹模板、废塑料模板、废钢模板、废铝合金模板、废复合模板。

5.1.2 以废模板为原料生产的木塑复合模板、水泥人造板和石膏人造板，其产品质量应满足国家现行有关标准的要求。

5.1.3 废弃木质材料应按类别、规格分别存放，并注意安全，防火、防水、防霉烂。

5.1.4 再生木模板的结构设计应符合现行行业标准《建筑施工模板安全技术规范》JGJ 162 的有关规定。

5.1.5 再生木模板的质量检验、运输和储存应符合现行国家标准《混凝土模板用胶合板》GB/T 17656 的有关规定。

5.2 再生利用方式

5.2.1 大型钢模板生产过程中产生的边角料，可直接回收利用；对无法直接回收利用的，可回炉重新冶炼。

5.2.2 工程施工中发生变形扭曲的钢模板，经过修复、整形后可重复使用。

5.2.3 塑料模板施工使用报废后可全部回收，经处理后可制成再生塑料模板或其他产品。

5.2.4 废木模板、废竹模板、废塑料模板等可加工成木塑复合材料、水泥人造板、石膏人造板的原料。

5.2.5 再生刨花板的生产应符合下列规定：

1 采用部分废木质模板、废包装材料和废包装箱等作为原料。

2 制造工艺和普通刨花板类似，但原料制备工艺有所不同。应减少废弃木材中铁钉、石块等对削片机、刨片机等的损坏。制备过程中先采用木材粉碎机将废木材粉碎，再利用磁选、水洗和气流分选对粗刨花进行一次或多次的筛选，除去铁钉、石块等杂物后，进行刨片等加工。

3 利用废木材制成的刨花宜作为芯层材料使用。

4 生产定向刨花板用废木材应切成长 20mm～40mm，宽 5mm～15mm，厚 1mm～5mm 的碎片，然后涂上粘结剂，再进行蒸汽热压。

5.2.6 废木竹模板经过修复、加工处理后可生成再生模板。

5.2.7 废木楞、废木方经过接长修复后可循环使用。

5.3 适用范围

5.3.1 再生模板可应用于工程建设，其质量应符合现行国家标准《混凝土模板用胶合板》GB/T 17656 的有关规定。

5.3.2 废模板可作为再生模板的原料直接回收利用；当不能作为再生模板的原料使用时，废模板可被加工成其他产品的原料。

6 再生骨料砂浆

6.1 一般规定

6.1.1 再生细骨料可配制砌筑砂浆、抹灰砂浆和地面砂浆，其中，再生骨料地面砂浆宜用于找平层，不宜用于面层。

6.1.2 再生骨料砂浆所用再生细骨料应符合现行国家标准《混凝土和砂浆用再生细骨料》GB/T 25176 的有关规定，其他原材料应符合国家现行标准《预拌砂浆》GB/T 25181 和《抹灰砂浆技术规程》JGJ/T 220 的有关规定。

6.1.3 Ⅰ类再生细骨料可用于配制各种强度等级的砂浆；Ⅱ类再生细骨料可用于配制强度等级不高于 M15 的砂浆，Ⅲ类再生细骨料宜用于配制强度等级不高于 M10 的砂浆。

6.1.4 再生骨料砂浆用于砌体结构时应符合现行国家标准《砌体结构设计规范》GB 50003 的有关规定。

6.2 再生骨料砂浆基本性能要求

6.2.1 采用再生骨料的预拌砂浆性能应符合现行国家标准《预拌砂浆》GB/T 25181 的有关规定。

6.2.2 现场拌制的再生骨料砂浆的性能应符合表 6.2.2 的规定。

表 6.2.2　现场拌制的再生骨料砂浆性能指标要求

砂浆品种	强度等级	稠度(mm)	保水率(%)	14d拉伸粘结强度(MPa)	抗冻性	
					强度损失率(%)	质量损失率(%)
再生骨料砌筑砂浆	M5、M7.5、M10、M15	50～90	≥82	—	≤25	≤5
再生骨料抹灰砂浆	M5、M10、M15	70～100	≥82	≥0.15	≤25	≤5

续表 6.2.2

砂浆品种	强度等级	稠度 (mm)	保水率 (%)	14d拉伸粘结强度 (MPa)	抗冻性	
					强度损失率 (%)	质量损失率 (%)
再生骨料地面砂浆	M15	30～50	≥82	—	≤25	≤5

注：有抗冻性要求时，应进行抗冻性试验。冻融循环次数按夏热冬暖地区 15 次、夏热冬冷地区 25 次、寒冷地区 35 次、严寒地区 50 次确定。

6.2.3 再生骨料砂浆性能试验方法应符合现行行业标准《建筑砂浆基本性能试验方法标准》JGJ/T 70 的有关规定。

6.3 再生骨料砂浆配合比设计

6.3.1 再生骨料砂浆的配制应满足和易性、强度和耐久性的要求。

6.3.2 再生骨料砂浆用水泥的强度等级应根据设计要求进行选择。配制同一品种、同一强度等级再生骨料砂浆时，宜采用同一水泥厂生产的同一品种、同一强度等级水泥。

6.3.3 再生骨料砂浆配合比设计可按下列步骤进行：

1 按现行行业标准《砌筑砂浆配合比设计规程》JGJ 98 和《抹灰砂浆技术规程》JGJ/T 220 的有关规定进行计算，求得基准砂浆配合比。

2 根据已有技术资料和砂浆性能要求确定再生细骨料取代率；当无技术资料作为依据时，再生细骨料取代率不宜大于 50%。

3 以基准砂浆配合比中的砂用量为基础，计算再生细骨料用量。

4 通过试验确定外加剂、添加剂和掺合料的品种和掺量。

5 通过试配和调整，选择符合性能要求且经济性好的配合比作为最终配合比。

6.4 再生骨料砂浆施工质量验收

6.4.1 再生骨料抹灰砂浆的施工质量验收应符合现行行业标准《抹灰砂浆技术规程》JGJ/T 220 的有关规定。

6.4.2 再生骨料砌筑砂浆和再生骨料地面砂浆的施工质量验收应符合现行行业标准《预拌砂浆应用技术规程》JGJ/T 223 的有关规定。

7 废砖瓦再生利用

7.1 废砖瓦用作基础回填材料

7.1.1 废砖瓦破碎后应进行筛分，按所需土石方级配要求混合均匀。废砖瓦可用作工程回填材料。

7.1.2 废砖瓦可用作桩基填料，加固软土地基，碎砖瓦粒径不应大于 120mm。

7.2 废砖瓦用于生产再生骨料砖

7.2.1 再生骨料砖所用再生粗骨料最大粒径不宜大于 8mm；

7.2.2 再生骨料砖基本生产工艺可按下列步骤进行：

1 废砖瓦分拣后，用破碎机进行破碎；

2 计算再生骨料砖所用配料；

3 搅拌机搅拌；

4 振压成型；

5 自然、蒸汽养护；

6 检验出厂。

7.2.3 再生骨料砖生产应符合下列规定：

1 原料处理时，废砖不得破碎得过细。

2 计量配料时，宜采用体积计量。

3 宜采用强制式混凝土搅拌机进行搅拌，以保证物料混合均匀。

4 再生骨料砖成品应先行检验，合格后按强度等级、质量等级分别堆放，并编号加以标明；堆放成品的库房或场地应保持干燥、通风、平整。

7.2.4 再生骨料砖包括多孔砖和实心砖，按抗压强度可分为 MU7.5、MU10 和 MU15 三个等级。

7.2.5 再生骨料实心砖主规格尺寸为 240mm×115mm×53mm；再生骨料多孔砖主规格尺寸为 240mm×115mm×90mm。再生骨料砖其他规格由供需双方协商确定。

7.2.6 再生骨料砖的性能及用途应符合现行国家标准《承重混凝土多孔砖》GB 25779、《非承重混凝土空心砖》GB/T 24492 和《混凝土实心砖》GB/T 2144 的相关规定。

7.2.7 再生骨料砖的尺寸允许偏差、外观质量、抗压强度、吸水率、干燥收缩率、相对含水率、抗冻性、碳化系数和软化系数的试验方法应按国家现行有关标准的规定执行。

7.2.8 再生骨料砖型式检验应包含放射性及本规范第 7.2.7 条规定的所有项目，出厂检验应包含尺寸允许偏差、外观质量和抗压强度。

7.2.9 再生骨料砖的组批规则应符合现行行业标准《再生骨料应用技术规程》JGJ/T 240 的相关规定。

7.2.10 再生骨料砖进场检验组批规则按本规范第 7.2.9 条执行。再生骨料砖检验的抽样及判定应按现行行业标准《再生骨料应用技术规程》JGJ/T 240 的规定执行。

7.2.11 再生骨料砖进场时，应按规定批次检查型式检验报告、出厂检验报告及合格证等质量证明文件。

7.2.12 再生骨料砖进场时，应对尺寸允许偏差、外观质量和抗压强度进行检验。

7.2.13 再生骨料砖砌体工程施工应按国家现行标准《砌体结构设计规范》GB 50003 和《多孔砖砌体结构

技术规范》JGJ 137 的有关规定执行。

7.2.14 再生骨料砌体工程质量验收应按现行国家标准《建筑工程施工质量验收统一标准》GB 50300、《砌体工程施工质量验收规范》GB 50203 的有关规定执行。

7.3 废砖瓦用于生产再生骨料砌块

7.3.1 再生骨料砌块所用再生粗骨料最大粒径不宜大于 10mm。

7.3.2 再生骨料砌块基本生产工艺可按下列步骤进行：

1 废砖瓦分拣后，用破碎机进行破碎；
2 计算再生骨料砌块所用配料；
3 搅拌机搅拌；
4 振压成型；
5 自然、蒸汽养护；
6 检验出厂。

7.3.3 再生骨料砌块的性能及用途应符合现行国家标准《普通混凝土小型空心砌块》GB 8239 等的有关规定。

7.3.4 再生骨料砌块生产应符合下列规定：

1 原料处理时，废砖不得破碎得过细。
2 计量配料时，宜采用体积计量。
3 宜采用强制式混凝土搅拌机进行搅拌，以保证物料混合均匀。
4 砌块成品应先行检验，合格后按强度等级、质量等级分别堆放，并编号加以标明；堆放成品的库房或场地应干燥、通风、平整，堆垛须码端正，防止倒塌；堆垛的高度不应超过 1.6m，堆垛之间应保持适当的通道，以便搬运；堆垛要落实防雨措施，防止砌块吸水，以免砌块上墙时因含水率过高而导致墙体开裂。

7.3.5 再生骨料砌块的主规格尺寸为 390mm×190mm×190mm，其他规格尺寸可由供需方协商。

7.3.6 再生骨料砌块可分为 MU5、MU7.5、MU10、MU15 四个等级。

7.3.7 再生骨料砌块的性能及用途应符合本规范表 4.7.5 的规定。

7.3.8 再生骨料砌块各项性能的试验方法应按现行国家标准《混凝土小型空心砌块试验方法》GB/T 4111 的有关规定执行。

7.3.9 型式检验应包括放射性、尺寸允许偏差和外观质量、抗压强度、干燥收缩率、相对含水率、碳化系数和软化系数、抗冻性；出厂检验项目应包括尺寸偏差、外观质量和抗压强度。

7.3.10 再生骨料砌块的组砌规则应符合现行行业标准《再生骨料应用技术规程》JGJ/T 240 的相关规定。

7.3.11 再生骨料砌块检验的抽样及判定应按现行行业标准《再生骨料应用技术规程》JGJ/T 240 的规定执行。

7.3.12 再生骨料砌块砌体设计、施工可按国家现行标准《砌体结构设计规范》GB 50003 和《混凝土小型空心砌块建筑技术规程》JGJ/T 14 的有关规定执行。

7.4 废砖瓦用于泥结碎砖路面

7.4.1 碎砖瓦作为泥结碎砖路面骨料时，粒径应控制在 40mm～60mm。

7.4.2 泥结碎砖层所用粘土，应具有较高的粘性，塑性指数宜在 12～15 之间。

7.4.3 粘土内不得含腐殖质或其他杂质。

7.4.4 粘土用量不宜超过混合料总重的 15%～18%。

7.4.5 土体固结剂固结废砖瓦可应用于道路路基和路面基层。

8 其他工程施工废弃物再生利用

8.1 废沥青混凝土再生利用

8.1.1 为保证再生沥青混凝土的稳定性，再生骨料用量宜小于骨料总量的 20%。

8.1.2 再生沥青混凝土产品应符合现行国家标准《重交通道路石油沥青》GB 15180 等的有关规定。

8.1.3 废路面沥青混合料可按适当比例直接用于再生沥青混凝土。

8.2 工程渣土再生利用

8.2.1 工程渣土按工作性能可分为工程产出土和工程垃圾土两类。

8.2.2 工程渣土应分类堆放。

8.2.3 工程产出土可堆放于采土场、采砂场的开采坑；可作为天然沟谷的填埋；可作为农地及住宅地的填高工程等。当具备条件时，工程产出土可直接作为土工材料进行使用。

8.2.4 工程垃圾土宜在垃圾填埋场或抛泥区进行废弃处理。工程垃圾土作为填方材料进行使用，必须改良其高含水量、低强度的性质。

8.3 废塑料、废金属再生利用

8.3.1 废塑料、废金属应按材质分类、储运。

8.3.2 被作为原料再生利用的废塑料、废金属，其有害物质的含量不得超过国家现行有关标准的规定。

8.3.3 废塑料可用于生产墙、天花板和防水卷材的原材料。

8.4 其他废木质材再生利用

8.4.1 工程建设过程中产生的废木质材应分类回收。

8.4.2 工程建设过程中产生的废木质包装物、废木脚手架和废竹脚手架宜再生利用。

8.4.3 废木质材再生利用前应分离附着的金属、玻璃、塑料等物质；防腐处理的木材，其防腐剂毒性及含量应按国家现行有关标准的规定进行妥善处理。

8.4.4 废木质材再生利用过程中产生的加工剩余物，可作为生产木陶瓷的原材料。

8.4.5 废木质材料中尺寸较大的原木、方木、板材等，回收后可作为生产细木工板的原料。

8.5 废瓷砖、废面砖再生利用

8.5.1 工程施工过程中产生的废瓷砖、废面砖宜再生利用。

8.5.2 废瓷砖、废面砖颗粒可作为瓷质地砖的耐磨防滑原料。

8.6 废保温材料再生利用

8.6.1 工程施工中产生的废保温材料宜再生利用。

8.6.2 废保温材料可作为复合隔热保温产品的原料。

9 工程施工废弃物管理和减量措施

9.1 工程施工过程中废弃物管理措施

9.1.1 工程施工废弃物管理应符合下列规定：

1 建立工程施工废弃物管理体系与台账，并制定相应的管理制度与目标。

2 制定环境管理计划及应急救援预案，采取有效措施，降低环境负荷，保护地下设施和文物等资源。

3 在保证工程安全与质量的前提下，应制定节材措施，进行施工方案的节材优化、工程施工废弃物减量化，尽量利用可循环材料等。

4 根据工程所在地的水资源状况，制定节水措施。

5 进行施工节能策划，确定目标，制定节能措施。

9.1.2 工程施工环境保护应符合下列规定：

1 扬尘控制应符合下列规定：

1）运输施工废弃物、建筑材料等，不污损场外道路；运输容易散落、飞扬、流漏物料的车辆，应采取措施封闭严密，保证车辆清洁。施工现场出口应设置洗车槽。

2）土方作业阶段，采取洒水、覆盖等措施，扬尘不得扩散到场区外。

3）结构施工、安装装饰装修阶段，对易产生扬尘的堆放材料，应采取覆盖措施；粉末状材料应封闭存放；对产生扬尘的施工废弃物搬运，应采取降尘措施。

4）施工现场非作业区达到目测无扬尘的要求。

5）工程机械拆除时应进行扬尘控制。

6）工程爆破拆除时应进行扬尘控制。

7）在场界四周隔挡高度位置测得的大气总悬浮颗粒物月平均浓度与城市背景值的差值不得大于 $0.08mg/m^3$。

2 噪声与振动控制应符合下列规定：

1）建设和施工单位应选用高性能、低噪声、少污染的设备；应采用机械化程度高的施工方式；应减少使用污染排放高的各类车辆。

2）在施工场界对噪声应进行实时监测与控制。

3）现场噪声排放不得超过现行国家标准《建筑施工场界噪声限值》GB 12523 的有关规定。

9.1.3 工程施工废弃物再生利用过程中施工环境保护和劳动卫生应符合国家现行有关标准的规定。

9.2 工程施工过程中废弃物减量措施

9.2.1 工程施工废弃物减量应符合下列规定：

1 制定工程施工废弃物减量化计划。

2 加强工程施工废弃物的回收再利用，工程施工废弃物的再生利用率应达到30%，建筑物拆除产生的废弃物的再生利用率应大于40%。对于碎石类、土石方类工程施工废弃物，可采用地基处理、铺路等方式提高再利用率，其再生利用率应大于50%。

3 施工现场应设密闭式废弃物中转站，施工废弃物应进行分类存放，集中运出。

4 危险性废弃物必须设置统一的标识进行分类存放，收集到一定量后统一处理。

9.2.2 工程施工废弃物减量宜采取下列措施：

1 避免图纸变更引起返工；

2 减少砌筑用砖在运输、砌筑过程中的报废；

3 减少砌筑过程中的砂浆落地灰；

4 避免施工过程中因混凝土质量问题引起返工；

5 避免抹灰工程因质量问题引起砂浆浪费；

6 泵送混凝土量计算准确。

本规范用词说明

1 为便于在执行本规范条文时区别对待，对要求严格程度不同的用词说明如下：

1）表示很严格，非这样做不可的：
   正面词采用"必须"，反面词采用"严禁"；

2）表示严格，在正常情况下均应这样做的：
   正面词采用"应"，反面词采用"不应"或"不得"；

3）表示允许稍有选择，在条件许可时首先应这样做的：

正面词采用"宜",反面词采用"不宜";

4)表示有选择,在一定条件下可以这样做的,采用"可"。

2 条文中指明应按其他有关标准执行的写法为:"应符合……的规定"或"应按……执行"。

引用标准名录

《砌体结构设计规范》GB 50003

《混凝土结构设计规范》GB 50010

《混凝土外加剂应用技术规范》GB 50119

《混凝土质量控制标准》GB 50164

《砌体工程施工质量验收规范》GB 50203

《建筑工程施工质量验收统一标准》GB 50300

《混凝土结构耐久性设计规范》GB/T 50476

《混凝土实心砖》GB/T 2144

《混凝土小型空心砌块试验方法》GB/T 4111

《建筑材料放射性核素限量》GB 6566

《普通混凝土小型空心砌块》GB 8239

《建筑施工场界噪声限值》GB 12523

《重交通道路石油沥青》GB 15180

《混凝土模板用胶合板》GB/T 17656

《非承重混凝土空心砖》GB/T 24492

《混凝土和砂浆用再生细骨料》GB/T 25176

《混凝土用再生粗骨料》GB/T 25177

《预拌砂浆》GB/T 25181

《承重混凝土多孔砖》GB 25779

《混凝土小型空心砌块建筑技术规程》JGJ/T 14

《普通混凝土用砂、石质量及检验方法标准》JGJ 52

《普通混凝土配合比设计规程》JGJ 55

《混凝土拌和用水标准》JGJ 63

《建筑砂浆基本性能试验方法标准》JGJ/T 70

《砌筑砂浆配合比设计规程》JGJ 98

《多孔砖砌体结构技术规范》JGJ 137

《建筑施工模板安全技术规范》JGJ 162

《抹灰砂浆技术规程》JGJ/T 220

《预拌砂浆应用技术规程》JGJ/T 223

《再生骨料应用技术规程》JGJ/T 240

《公路水泥混凝土路面设计规范》JTG D40

《公路水泥混凝土路面施工技术规范》JTG F30

《公路路基路面现场测试规程》JTJ 059

中华人民共和国国家标准

工程施工废弃物再生利用技术规范

GB/T 50743—2012

条 文 说 明

制 订 说 明

《工程施工废弃物再生利用技术规范》GB/T 50473—2012，经住房和城乡建设部 2012 年 5 月 28 日以第 1424 号公告批准发布。

本规范制订过程中，编制组进行了工程施工废弃物的调查研究，总结了我国工程施工废弃物回收利用的实践经验，同时参考了国外先进技术法规、技术标准，通过试验取得了工程施工废弃物再生利用的重要技术参数。

为便于广大设计、施工、科研、学校等单位有关人员在使用本规范时能正确理解和执行条文规定，《工程施工废弃物再生利用技术规范》编制组按章、节、条顺序编制了本规范的条文说明，对条文规定的目的、依据以及执行中需注意的有关事项进行了说明。但是，本条文说明不具备与规范正文同等的法律效力，仅供使用者作为理解和把握标准规定的参考。

目　次

1 总 则

1.0.1 工程施工废弃物回收利用，不但使有限的资源得以再生利用，而且解决了部分环保问题，满足世界环境组织提出的"绿色"的三大含义：节约资源、能源；不破坏环境，更有利于环境；可持续发展，既满足当代人的需求，又不危害后代人满足其需要的能力。

1.0.2 对本标准的适用范围作了界定。凡属于规定范围内的工程施工废弃物，应按本规范的要求进行处理。

3 基 本 规 定

3.0.1 工程施工废弃物经过回收、处理和再生利用后，其材料性能和结构性能都发生了变化，因此再生材料必须在满足安全、环保相关标准的规定后，才能用于结构设计。资源节约是指在社会生产、流通、消费的各个领域，通过采取综合性措施，提高资源利用效率，以最少的资源消耗获得最大的经济和社会收益，保障经济社会可持续发展的社会发展模式。环境保护是指社会的生产与生活以对生态环境无害的方式进行。

3.0.2 工程施工废弃物循环利用主要有 3 大原则，即"减量化、循环利用、再生利用"原则，即"3R"原则（Reduce，Reuse，Recycle）。

1 减量化原则（Reduce），要求用较少的原料和能源投入来达到既定的生产目的或消费目的，进而达到从经济活动的源头就注意节约资源和减少污染。

2 循环利用原则（Reuse），要求延长产品的使用周期。

3 再生利用原则（Recycle），要求生产出来的物品在完成其使用功能后能重新成为可以利用的资源，而不是不可恢复的废弃物。按照循环经济的思想，再循环有两种情况，一种是原级再循环，即废品被循环来产生同种类型的新产品；另一种是次级再循环，即将废弃物资源转化成其他产品的原料。原级再循环在减少原材料消耗上面达到的效率要比次级再循环高得多，是循环经济追求的思想境界。

3.0.7 目前可用作生产再生材料的废弃物众多，但我国再生材料产业还处于相当低的发展水平，大量的再生材料没有得到回收和很好的利用而白白浪费掉。为促进资源的循环利用，在招投标文件和施工合同中明确各方工程施工废弃物再生利用的各方责任。

3.0.10 明确规定了再生粗骨料中杂质含量的检测方法。

3.0.11 对再生细骨料中有害物质的含量作了规定。

4 废混凝土再生利用

4.1 一 般 规 定

4.1.1 再生骨料往往会增大混凝土的收缩和徐变，由此可能增大预应力损失，所以再生混凝土不宜用于预应力混凝土。

4.1.2 规定了再生骨料混凝土所用原料应符合的标准要求。为控制再生骨料混凝土的质量，其所用原材料必须符合国家现行有关标准，原材料在使用前应按国家现行有关标准复检其质量指标。再生骨料混凝土所用原材料应符合下列国家现行标准的规定：

1 再生粗骨料应符合现行国家标准《混凝土用再生粗骨料》GB/T 25177 的有关规定；再生细骨料应符合现行国家标准《混凝土和砂浆用再生细骨料》GB/T 25176 的有关规定。

2 天然粗骨料和天然细骨料应符合现行行业标准《普通混凝土用砂、石质量及检验方法标准》JGJ 52 的有关规定。

3 水泥应符合现行国家标准《通用硅酸盐水泥》GB 175 的有关规定；当采用其他品种水泥时，其性能应符合相应标准规定。不同水泥不得混合使用。

4 拌合水应符合现行行业标准《混凝土用水标准》JGJ 63 的有关规定。

5 矿物掺合料应分别符合现行国家标准或现行行业标准《用于水泥和混凝土中的粉煤灰》GB/T 1596、《用于水泥和混凝土中的粒化高炉矿渣粉》GB/T 18046、《混凝土和砂浆用天然沸石粉》JG/T 3048 或《高强高性能混凝土用矿物外加剂》GB/T 18736 的有关规定。

6 外加剂应分别符合现行国家标准或现行行业标准《混凝土外加剂》GB 8076、《砂浆、混凝土防水剂》JC 474、《混凝土防冻剂》JC 475 和《混凝土膨胀剂》GB 23439 的有关规定。

4.1.4 Ⅰ类再生粗骨料品质已经基本达到常用天然粗骨料的品质，其应用不受强度等级限制；为充分保证结构安全，规定Ⅱ类再生粗骨料用于配制强度等级不高于 C40 的再生骨料混凝土；Ⅲ类再生粗骨料由于品质相对较差，可能对结构混凝土或较高强度再生骨料混凝土性能带来不利影响，规定其用于配制强度等级不高于 C25 的再生骨料混凝土，由于Ⅲ类再生粗骨料吸水率等指标相对较高，因此不宜用于有抗冻要求的混凝土。国外相关标准对再生骨料混凝土强度应用范围也有类似限定，例如对于近似于我国Ⅱ类再生粗骨料配制的混凝土，比利时限定为不超过 C30，丹麦限定为不超过 40MPa，荷兰限定为不超过 C50（荷兰国家标准规定再生骨料取代天然骨料的质量比不能超过 20%）。

4.1.5 Ⅰ类再生细骨料主要技术性能已经基本达到常用天然砂的品质，但是由于再生细骨料中往往含有水泥石颗粒或粉末，而且目前采用再生细骨料配制混凝土的应用实践相对较少，因此对再生细骨料在混凝土中的应用比再生粗骨料限制严格一些。Ⅲ类再生细骨料由于品质较差，不宜用于混凝土。

4.1.6 由于工程施工废弃物来源的复杂性、各地技术及产业发达程度差异和加工处理的客观条件限制，生产出来的大量再生骨料会有一些指标不能满足现行国家标准《混凝土用再生粗骨料》GB/T 25177 或《混凝土和砂浆用再生细骨料》GB/T 25176 的有关要求，例如微粉含量、骨料级配等，这些再生骨料尽管不宜用来配制普通再生骨料混凝土，但是完全可以配制垫层等非结构混凝土。因此，为了扩大工程施工废弃物的消纳利用范围，提高利用率，此处作了较为宽松的规定。

4.2 废混凝土回收与破碎加工

4.2.1 现场分类回收是指在现场设置临时施工堆场区域，对废弃物进行人工分类，分别将已分类的废弃物进行处理，场外分类回收是指混合施工废弃物直接运输到场外的废弃物分拣中转站。

4.2.2 基于现有的研究和工程实践经验，以及对废混凝土回收利用经济性与再生粗骨料性能要求的考虑，本规范规定了暂时不适于回收利用的废混凝土。如轻骨料混凝土、有严重的碱-骨料反应的混凝土及产生冻融破坏的混凝土；有害物质含量超标的废混凝土不可回收；受到严重污染的混凝土不可回收，如沿海港口工程混凝土、核电站混凝土、医院放射间混凝土等。

4.2.3 再生骨料的固定式破碎设备有颚式破碎机、反击式破碎机、辊式破碎机、圆锥破碎机、可逆式破碎等。移动式破碎筛分成套设备是从固定式演变而来的，由各单机设备组合而成，并安装于可移动设备上，便于主机设备移动。移动式混凝土破碎及筛分设备可分为三种类型：大型牵引式移动破碎机，是集供料、破碎、筛分为一体的移动式生产机械。特点是虽是移动式，但却是集给料机、一级和二级破碎机、磁性分选机和筛分机为一体的破碎成套设备。中型履带式破碎机，是由给料系统、辊轧式破碎机和高效的筛分系统组成的，具有较强的破碎能力。小型移动式破碎机在拆除工地、建筑工地等现场具有良好的机动性和生产效率。

4.2.5 废混凝土来源广，杂质多，因此再生粗骨料的加工工艺较普通粗骨料的加工工艺复杂。根据同济大学和全国示范生产线工艺并参考国外有关标准，规定了再生粗骨料的加工工艺，主要工艺过程为破碎、筛分，必要时还要除去不纯物，调整粒度及水洗等。一次破碎的加工设备可采用颚式破碎机，二次破碎的加工设备可采用圆锥破碎机。再生粗骨料加工可采用下列工艺流程：

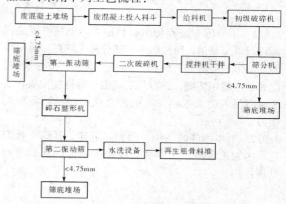

图1 再生粗骨料加工工艺流程

4.3 再 生 骨 料

4.3.1、4.3.2 规定了再生骨料的颗粒级配、性能指标应符合的标准要求。再生粗骨料的各项质量指标均劣于普通粗骨料，因此对再生粗骨料各项质量指标的要求，在普通粗骨料各项质量指标要求的基础上适当放宽。

4.3.3 明确了再生骨料的应用范围。

4.3.4 根据国外经验，为了便于使用和比较，再生粗骨料的试验方法与普通粗骨料或轻粗骨料基本上是统一的，因此，本标准规定的再生粗骨料取样、缩分、筛分、表观密度等检验方法全部按我国普通粗骨料的国家标准执行；氯盐含量检验方法按我国轻骨料的国家标准执行；金属、塑料、沥青等杂质含量和砖类含量的检验方法，则参照国外再生粗骨料通用的方法。再生粗骨料除颗粒级配、表观密度、含泥量、吸水率、压碎指标、泥块含量及针、片状含量外，微粉含量、孔隙率和砖类含量对再生骨料混凝土的物理力学性能有显著影响，这一点也是再生骨料混凝土与普通混凝土的区别之一。因此，除了必须检验普通粗骨料的必检项目，还需检验再生粗骨料的微粉含量、空隙率和砖类含量。

表1 再生粗骨料性能指标

项　　目	Ⅰ类	Ⅱ类	Ⅲ类
针片状颗粒（按质量计）（%）		<10	
微粉含量（按质量计）（%）	<1.0	<2.0	<3.0
泥块含量（按质量计）（%）	<0.5	<0.7	<1.0
压碎指标（%）	<12	<20	<30
表观密度（kg/m³）	>2450	>2350	>2250
吸水率（按质量计）（%）	<3.0	<5.0	<8.0
坚固性（质量损失）（%）	<5.0	<10.0	<15.0
空隙率（%）	<47	<50	<53

项　目		Ⅰ类	Ⅱ类	Ⅲ类
有害物质含量	硫化物及硫酸盐含量（%）		≤1.0	
	氯化物含量（%）		≤0.06	
	有机质含量（%）		≤0.50	
	金属、塑料、沥青、木头、玻璃等杂质含量（%）		≤1.0	

表2　再生细骨料的分级与质量要求

等级		品质指标				可用领域
		需水量比	强度比	坚固性指标（%）	单级最大压碎指标（%）	
Ⅰ	细	<1.35	>0.80	<8.0	<20	C40及以下强度等级的混凝土
	中	<1.30	>0.90			
	粗	<1.20	>1.00			
Ⅱ	细	<1.55	>0.70	<10.0	<25	C25及以下强度等级的混凝土
	中	<1.45	>0.85			
	粗	<1.35	>0.95			
Ⅲ	细	<1.80	>0.60	<12.0	<30	非承重砌块、砂浆
	中	<1.70	>0.75			
	粗	<1.50	>0.90			

4.3.5、4.3.6 由于再生骨料的来源较复杂，为了保证来货的技术性能、质量和进行质量追溯，再生骨料进场手续检验应更加严格，应验收质量证明文件，包括型式检验报告、出厂检验报告及合格证等，质量证明文件中还要体现生产厂信息，合格证编号，再生骨料类别、批号及出厂日期，再生骨料数量等内容。

4.3.7 再生粗骨料应按类别、规格分别运输和堆放，以便更好地控制再生骨料混凝土的质量及减少再生骨料混凝土强度的离散性。

4.4 再生骨料混凝土配合比设计

4.4.1 水泥是建筑工程中应用最广的一种胶凝材料。再生骨料混凝土应用的水泥品种主要是普通硅酸盐水泥、矿渣硅酸盐水泥、火山灰硅酸盐水泥和粉煤灰水泥。适用于普通混凝土的水泥品种，同样可用于再生骨料混凝土，但其性能必须符合相应的标准。

4.4.2 规定了再生骨料混凝土所用再生粗骨料应符合的标准。为控制生产再生骨料混凝土所用再生粗骨料的质量，在使用前应按现行国家标准《混凝土用再生粗骨料》GB/T 25177的有关规定复检其质量指标。

4.4.4 规定了配制再生骨料混凝土所用的天然粗、细骨料应分别符合国家现行有关标准。为控制生产再生骨料混凝土所用天然粗、细骨料的质量，在使用前应按现行行业标准《普通混凝土用砂、石质量及检验

方法标准》JGJ 52的规定按批进行复检。

4.4.5 拌制再生骨料混凝土的用水应符合现行行业标准《混凝土拌和用水标准》JGJ 63的有关规定。海水中的氯离了含量较高，我国大部分港区海水的Cl⁻含量高达14000～18500（mg/L），远超过有关规定的限量，故在本条规定不得使用海水拌制钢筋再生骨料混凝土，对有饰面要求的再生骨料混凝土不宜用海水拌制。

4.4.6 选用的掺合料，应使再生骨料混凝土达到预定改善性能的要求或在满足性能要求的前提下取代水泥。用于再生骨料混凝土中的矿物掺合料应符合国家现行标准《用于水泥和混凝土中的粉煤灰》GB 1596、《粉煤灰在混凝土和砂浆中应用技术规程》JGJ 28、《粉煤灰混凝土应用技术规范》GBJ 146和《用于水泥和混凝土中的粒化高炉矿渣粉》GB/T 18046的有关要求。其掺量应通过试验确定，其最大掺量应符合有关标准的规定。当采用其他品种的掺合料时，其烧失量及有害物质含量等质量指标应通过试验，确认符合再生骨料混凝土质量要求时，方可使用。

4.4.7 在再生骨料混凝土中掺用适当品种外加剂既可改善再生骨料混凝土性能，适应不同施工工艺的要求，又可节约水泥，降低生产成本；但如使用不当，或质量不佳，也将影响再生骨料混凝土质量，甚至造成质量事故。为了保证再生骨料混凝土所要求的性能，达到预期的效果，所用外加剂应是经有关部门鉴定、批准批量生产的产品，且其质量必须符合国家现行标准《混凝土外加剂》GB 8076、《混凝土泵送剂》JC 473、《砂浆、混凝土防水剂》JC 474、《混凝土防冻剂》JC 475、《混凝土膨胀剂》GB 23439和《混凝土外加剂应用技术规范》GBJ 50119的有关规定。

4.4.8 本条对再生骨料混凝土配合比设计参数的选择进行了说明。大量试验结果表明，再生骨料混凝土抗压强度与灰水比之间并不是线性关系，因此，不能直接使用鲍罗米公式进行再生骨料混凝土配合比设计。然而，鉴于现阶段还没有提出一个普遍公认的再生骨料混凝土配合比设计的计算公式，本规范中再生骨料混凝土配合比设计还是基于普通混凝土配合比设计方法之上，调整某些设计参数，最后经试验确定。

　1 再生骨料混凝土宜采用绝对体积法进行配合比计算，而不宜采用质量法，这主要是基于不同等级、不同取代率的再生粗骨料配制的再生骨料混凝土，其干表观密度可在较大范围内变动考虑的。

　2 再生粗骨料的吸水率较大，因此，在进行配合比设计时必须要加以考虑。

　3 再生骨料混凝土的用水量分为净用水量和附加用水量两部分。所谓净用水量系指不考虑再生骨料吸水率在内的混凝土用水量，相应的水胶比为净水胶比。附加用水量则是指再生粗骨料吸水至饱和面干状态所需的水量。再生粗骨料采用预湿处理时，可不

考虑附加用水量，再生骨料混凝土的用水量直接按净用水量确定。

4 大量试验研究表明，为达到与普通混凝土相同的工作性能及强度，在保持水胶比不变的条件下再生骨料混凝土须增大水泥浆体用量。为此，在确定净用水量时加以考虑。

5 水泥等级可按国家现行有关标准选用。

6 确定砂率的取值时，可根据粗骨料的最大粒径和净水胶比查阅现行行业标准《普通混凝土配合比设计规程》JGJ 55 的相应表格，并在由此得到的砂率的基础上适当增大 1%～5%。这是基于再生粗骨料表面较粗糙，为改善再生骨料混凝土的工作性能应适当增大砂率。

4.4.9 再生骨料混凝土的配合比设计步骤与普通混凝土的绝对体积法基本一致，可参考现行行业标准《普通混凝土配合比设计规程》JGJ 55。大量试验研究表明，为达到与普通混凝土相同的工作性能及强度，在保持水胶比不变的条件下再生骨料混凝土须增大水泥浆体用量。

4.5 再生骨料混凝土基本性能

4.5.1 再生骨料混凝土的拌合物性能试验方法按现行国家标准《普通混凝土拌合物性能试验方法标准》GB 50080 的规定执行，力学性能试验方法和强度尺寸效应换算系数按现行国家标准《普通混凝土力学性能试验方法标准》GB 50081 的规定执行，强度检验评定应按现行国家标准《混凝土强度检验评定标准》GB 50107 的规定执行。

4.5.2 根据国内同类标准和规程的经验，主要规定了再生骨料混凝土强度等级的定义及其划分原则。按用途将再生骨料混凝土划分为砌块、道路和结构用再生骨料混凝土三大类，分别规定了各类混凝土的强度等级和合理使用范围。砌体用再生骨料混凝土可用于墙用砌块、铺地砌块、装饰砌块、护坡砌块和筒仓砌块等；少量再生骨料混凝土可用于导墙、门窗和过梁等小型预制构件，要求强度等级大于C20；专业工厂生产的再生骨料混凝土可用于建筑工程的主体结构。再生骨料混凝土的单轴受压本构关系可按下列公式确定：

$$y = \begin{cases} ax + (3-2a)\,x^2 + (a-2)\,x^3 & (x \leqslant 1) \\ \dfrac{x}{b\,(x-1)^2 + x} & (x > 1) \end{cases} \quad (1)$$

$$y = \frac{\varepsilon_c}{\varepsilon_0} \quad (2)$$

$$x = \frac{\sigma_c}{f_c} \quad (3)$$

$$a = 2.2\,(0.748r^2 - 1.231r + 0.975) \quad (4)$$

$$b = 0.8\,(7.6438r + 1.142) \quad (5)$$

式中：f_c——再生骨料混凝土的抗压强度；

ε_0——再生骨料混凝土峰值应变；

r——再生粗骨料取代率。

4.5.3 本规范对用于混凝土的再生骨料主要性能指标要求与天然骨料产品标准要求差距不是很大。所以，再生骨料混凝土的轴心抗压强度标准值 f_{ck}、轴心抗拉强度标准值 f_{tk} 以及轴心抗压强度设计值 f_c、轴心抗拉强度设计值 f_t 等，都可按现行国家标准《混凝土结构设计规范》GB 50010 中相同强度等级混凝土的规定取值。

4.5.4 再生骨料混凝土的抗折强度（弯拉强度）与抗压强度之间的关系式，是基于国内外具有代表性的528组再生骨料混凝土试验数据的统计回归分析得出的。

4.5.5 再生骨料混凝土的弹性模量是基于国内外具有代表性的528组再生骨料混凝土试验数据的统计回归分析得出的公式 $E_c = \dfrac{10^5}{2.8 + \dfrac{40.1}{f_{cu,k}}}$ 标定而得到的。

4.5.6 再生骨料混凝土的导热系数和比热是通过再生骨料混凝土温度性能专题研究成果计算得到的。

4.5.7 《混凝土结构设计规范》GB 50010 中对设计使用寿命为50年的结构用混凝土耐久性进行了相关规定。由于来源的客观原因，再生骨料吸水率、有害物质含量等指标往往比天然骨料差一些，这些指标可能影响混凝土耐久性或长期性能，所以，为了偏于安全，本规范对最大水胶比和最低强度等级的要求相对于 GB 50010 中的相关规定均相应提高了一级要求。本规范目前仅就再生骨料混凝土用于设计使用年限为50年以内的工程作出规定，用于更长设计使用年限的情况，为慎重稳妥起见，还需要继续积累研究及工程应用数据及经验。鉴于缺乏相应的工程实践经验，在环境作用类别中，暂不考虑再生骨料混凝土冰盐环境和滨海室外环境中使用的情况。

4.5.8 由于来源的复杂性，再生骨料中氯离子含量、三氧化硫含量可能高于天然骨料。由于氯离子含量等对混凝土尤其是钢筋混凝土的耐久性影响较大，所以本规范并没有将掺用了再生骨料的混凝土中氯离子含量、三氧化硫含量要求降低，而是严格执行现行国家标准《混凝土结构设计规范》GB 50010 和《混凝土结构耐久性设计规范》GB/T 50476 的有关规定。

4.5.9 保护层厚度的规定是为了满足结构构件的耐久性要求和对受力钢筋有效锚固的要求。同济大学等高校的试验室试验研究表明，相同强度等级的再生骨料混凝土与普通混凝土相比，具有较好的抗碳化和粘结性能，国内外的其他专家学者的研究也有相似的结论。但考虑到现场测试数据不多，因此本条文再生骨料混凝土的保护层厚度，偏安全地在现行国家标准《混凝土结构设计规范》GB 50010 的有关规定取值上增加 5mm。

4.5.11 再生骨料混凝土的收缩值是借鉴国内外已有的再生骨料混凝土标准（表3）而确定的。Ⅰ类再生粗骨料品质较好，对于仅掺用Ⅰ类再生粗骨料的再生混凝土，可按普通混凝土来确定收缩值。对于同时掺用再生粗骨料和再生细骨料的混凝土，其收缩值影响因素较复杂，应通过试验确定。

表3 再生骨料混凝土的收缩值修正系数

国家或组织	再生粗骨料取代率	
	100%	30%
比利时	1.50	1.00
RILEM	1.50	1.00
荷兰	1.35～1.55	1.00

4.6 再生骨料混凝土构件

4.6.1 基于现有的研究和应用实践，本条首先明确了用于构件的再生骨料应为再生粗骨料，规定了再生骨料混凝土在结构工程中的应用范围，现阶段再生骨料混凝土在其他结构构件中应用的研究较少，故本规范尚未考虑在其他结构构件中使用再生骨料混凝土。再生骨料混凝土正截面承载力计算的基本假定与普通混凝土大致相同。再生骨料混凝土构件的计算应符合现行相应标准。

同济大学的试验研究表明，当再生粗骨料的取代率大于30%时，相同强度等级的再生骨料混凝土与普通混凝土相比，具有较高的粘结性能，并且随着时间的推移在一定范围有所增长。但考虑到安全储备，本条文对钢筋在再生骨料混凝土中的锚固长度沿用了现行国家标准《混凝土结构设计规范》GB 50010的有关规定。

4.6.2 国内对根据现行国家标准《混凝土结构设计规范》GB 50010设计的构件进行了试验，结果表明，相同强度等级的再生骨料混凝土与普通混凝土受弯构件有相似的受力阶段和破坏特征，因此根据已有数据和可靠度分析，Ⅰ类再生粗骨料 α_M 取为1.0；Ⅱ类和Ⅲ类再生粗骨料 α_M 取为0.95。

4.6.3 再生骨料混凝土轴心受压构件的计算公式也与现行国家标准《混凝土结构设计规范》GB 50010类似，但试验研究表明再生骨料混凝土轴心受压构件承载力略低于普通混凝土，因此根据已有数据和可靠度分析，Ⅰ类再生粗骨料 α_N 取为1.0；Ⅱ类和Ⅲ类再生粗骨料 α_N 取为0.90。

4.6.4 国内外实验研究结果表明，再生骨料混凝土斜截面受剪承载力略低于普通混凝土，因此根据已有数据和可靠度分析，Ⅰ类再生粗骨料 α_V 取为1.0；Ⅱ类和Ⅲ类再生粗骨料 α_V 取为0.85。

4.6.5 偏心受压、局部受压、轴心受拉、偏心受拉、受扭、受冲切等工况下可参照现行国家标准《混凝土结构设计规范》GB 50010的相关公式进行计算。

4.6.6 国内外研究结果表明，再生骨料混凝土的极限拉应变相比普通混凝土略大，粘结强度略高，因此可以偏安全的采用现行国家标准《混凝土结构设计规范》GB 50010的计算公式进行抗裂验算。

4.6.7 国内外研究结果表明，再生骨料混凝土构件的裂缝宽度与普通混凝土相当，但是再生骨料混凝土开裂后的耐久性与普通混凝土相比，优劣存在较大争议，原因是再生骨料混凝土骨料的来源复杂。在计算过程中，再生骨料混凝土构件的裂缝宽度按现行国家标准《混凝土结构设计规范》GB 50010的规定取值。

4.6.8 国内外试验研究结果表明，再生骨料混凝土构件的挠度比普通混凝土大，且随着时间的增长这种趋势愈加明显，因此为了满足实际工程要求，在再生粗骨料取代率在30%以上时，根据国内外有关试验结果取挠度放大系数1.2。

4.7 再生骨料混凝土空心砌块

4.7.1 规定了再生骨料混凝土空心砌块所用原材料应符合的标准要求。砌块生产中往往掺用石屑等破碎石材作为部分骨料。

4.7.3 单排孔和多排孔砌块一方面要考虑减小结构自重，另一方面还要考虑建筑节能要求。砌块尺寸可根据实际需要采用不同的规格。

4.7.4 小砌块的性能指标，根据产品标准，按毛截面计算。混凝土小型空心砌块作为工业产品，势必存在质量差异，将设计规范的可靠度与材料的质量等级挂钩是必要的，特别是对再生骨料混凝土小型空心砌块新型材料，更是应该在质量上作必要的定性规定，这样能给相对准确的设计带来便利。

4.7.5 对再生骨料混凝土空心砌块的各项技术要求作了规定。

4.7.6 再生骨料空心砌块的尺寸偏差和外观质量、抗压强度、相对含水率和抗冻性等各项性能的试验方法应按国家现行有关标准的规定执行。

4.7.7 由于目前尚无专门的再生骨料空心砌块产品国家标准或行业标准，根据产品的具体情况，再生骨料空心砌块的型式检验和出厂检验一般是依据企业标准或参考国家现行有关标准。所以，再生骨料空心砌块型式检验和出厂检验项目可以根据企业所依据标准情况而定，但型式检验应包含有放射性、尺寸允许偏差和外观质量、抗压强度、干燥收缩率、相对含水率、碳化系数和软化系数、抗冻性；出厂检验应包含有尺寸允许误差、外观质量和抗压强度等项目。放射性按现行国家标准《建筑材料放射性核素限量》GB 6566的规定执行。

4.7.9 再生骨料混凝土空心砌块型式检验时，每批应随机抽取64块进行尺寸偏差和外观质量检验，当尺寸允许偏差和外观质量的不合格数不超过8块时，应判定该批砌块尺寸偏差和外观质量合格；当尺寸允许偏差和外观质量的不合格数超过 8 块时，应判定该批砌块尺寸偏差和外观质量不合格。然后再从合格砌块中随机抽取 5 块进行抗压强度检验，3 块进行干燥收缩率检验，3 块进行相对含水率检验，10 块进行抗冻性检验，12 块进行碳化系数检验，10 块进行软化系数检验，5 块进行放射性检验。当所有检验项目的检验结果均符合本规范第 4.7.5 条的规定时，应判定该批产品合格；否则应判定该批产品不合格。再生骨料混凝土空心砌块出厂检验时，每批随机抽取 32 块进行尺寸偏差和外观质量检验，当尺寸允许偏差和外观质量的不合格数不超过 4 块时，应判定该批砌块尺寸偏差和外观质量合格；当尺寸允许偏差和外观质量的不合格数超过 4 块时，应判定该批砌块尺寸偏差和外观质量不合格。然后再从合格砌块中随机抽取 5 块进行抗压强度检验，当抗压强度符合本规范第 4.7.5 条的规定时，应判定该批产品合格；当抗压强度不符合本规范第 4.7.5 条的规定时，应判定该批产品不合格。

4.8　再生骨料混凝土道路

4.8.1　对废旧道路混凝土资源化前的有关要求作了技术规定。

4.8.2　通过上海市某道路改建工程实例，同济大学对再生粗骨料取代率为 50% 的水泥混凝土路面的性能进行了较为系统的应用研究，完成了水泥混凝土路面的施工，并对试验路段进行了全面的现场测试，结果证明再生粗骨料在水泥混凝土路面上的应用是安全可行的。

4.8.3　废旧道路混凝土具有良好的路用性能，采用无机结合料进行稳定的半刚性基层完全能够满足现行规范高等级公路基层的指标要求，是废弃混凝土再生利用的一个有效途径。

4.8.4、4.8.5　再生骨料混凝土路面的施工可按现行行业标准《公路水泥混凝土路面施工技术规范》JTG F30 的有关规定执行。再生骨料混凝土路面的质量检测可按现行行业标准《公路路基路面现场测试规程》JTJ 059 的有关规定执行。

5　废模板再生利用

5.1　一般规定

5.1.1　国内建筑模板主要是木（竹）胶合板模板（市场占有率 70%）。废木、竹模板在施工废模板中占有很大的比例。本条根据废木、竹模板产生的不同方式进行归类。塑料模板在施工应用整个过程中无环境污染，是一种绿色施工的生态模板。新型木塑复合刨花板模板的开发和应用将是解决废弃塑料膜、袋回

收利用的新途径，并具有很好的社会效益。

5.1.2　废木模板的再生利用以原级再循环为主。原级再循环在减少原材料消耗上面达到的效率要比次级再循环高得多，是循环经济追求的理想境界。

5.1.4　再生木模板的结构设计应符合现行行业标准《建筑施工模板安全技术规范》JGJ 162 的有关规定。

5.1.5　再生木模板的质量检验、运输和储存等应符合现行国家标准《混凝土模板用胶合板》GB/T 17656 的有关规定。

5.2　再生利用方式

5.2.5　本条例规定了利用废旧材料作原料生产刨花板时应注意的事项。废木材作为生产刨花的原材料，占整个板材原材料用量的 70%，利用率很高。

5.2.6　再生木模板的生产，不仅可以降低木模板的生产成本，节约木材资源，而且符合我国现在倡导的建设环保节能、可持续发展社会的要求。再生木模板生产工艺流程见图 2。

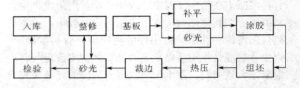

图 2　再生木模板生产工艺流程图

6　再生骨料砂浆

6.1　一般规定

6.1.1　再生骨料砂浆用于地面砂浆时，宜用于找平层而不宜用于面层，因为面层对耐磨性要求较高，再生骨料砂浆往往难以达到。

6.1.2　规定了再生骨料砂浆所用原料应符合的标准要求。为控制再生骨料砂浆的质量，其所用原材料必须符合国家现行有关标准，原材料在使用前应按国家现行有关标准复检其质量指标。

6.1.3　现行国家标准《混凝土和砂浆用再生细骨料》GB/T 25176 中规定的 Ⅰ 类再生细骨料技术性能指标已经类似于天然砂，所以其在砂浆中的强度等级应用范围不受限制。而 Ⅱ 类再生细骨料、Ⅲ 类再生细骨料由于综合品质逊色于天然骨料，尽管实际验证试验中也配制出了 M20 等较高强度等级的砂浆，但是为可靠起见，规定 Ⅱ 类再生细骨料一般只适用于配制 M15 及以下的砂浆，Ⅲ 类再生细骨料一般只适用于配制 M10 及以下的砂浆。

6.1.4　再生骨料砂浆可应用于建（构）筑物砌体结构。结构设计应符合现行国家标准《砌体结构设计规范》GB 50003 的有关规定。

6.2 再生骨料砂浆基本性能要求

6.2.2 确定了不同品种砂浆的强度等级、稠度、保水率、粘结强度和抗冻性能要求。

6.2.3 再生骨料砂浆性能试验方法应按现行行业标准《建筑砂浆基本性能试验方法标准》JGJ/T 70 的规定执行。

6.3 再生骨料砂浆配合比设计

6.3.2 再生骨料砂浆用水泥的强度等级应符合现行国家标准《通用硅酸盐水泥》GB 175 的有关规定。为合理利用资源、节约材料，在配制砂浆时要尽量选用低强度等级水泥和砌筑水泥。

6.3.3 本规范提出的再生骨料砂浆配合比设计方法适用于现场配制的砂浆和预拌砂浆中的湿拌砂浆。由于再生细骨料的吸水率较天然砂大，配制的砂浆抗裂性能相对较差，所以对于抗裂性能要求较高的抹灰砂浆或地面砂浆，再生细骨料取代率不宜过大，一般限制在 50% 以下为宜。对于砌筑砂浆，由于需要充分保证砌体强度，所以在没有技术资料可以借鉴的情况下，再生细骨料取代率一般也要限制在 50% 以下较为稳妥。再生骨料砂浆配制过程中一般应掺入外加剂、添加剂和掺合料，并需要试验调整外加剂、添加剂、掺合料掺量，以此来满足工作性要求。在设计用水量基础上，也可根据再生细骨料类别和取代率适当增加单位体积用水量，但增加量一般不宜超过 5%。

6.4 再生骨料砂浆施工质量验收

6.4.1、6.4.2 再生骨料砌筑砂浆、再生骨料地面砂浆和预拌再生骨料抹灰砂浆的施工质量验收应符合现行行业标准《预拌砂浆应用技术规程》JGJ/T 223 的有关规定；现场拌制再生骨料抹灰砂浆的施工质量验收需要检验试块抗压强度和拉伸粘结强度实体检测值，就不能直接按《预拌砂浆应用技术规程》JGJ/T 223 的有关规定执行，否则就会缺少砂浆试块抗压强度检验过程，所以对现场配制的再生骨料抹灰砂浆的施工质量验收单独作出了规定，即应按现行行业标准《抹灰砂浆技术规程》JGJ/T 220 的有关规定执行。

7 废砖瓦再生利用

7.1 废砖瓦用作基础回填材料

7.1.1 大型广场、城市道路、公路、铁路等建筑物、构筑物需要大量的土方、石方，废砖瓦可以作为回填材料，这是废砖瓦再生利用的途径之一。

7.1.2 废砖瓦具有足够的强度和耐久性，能够长久地起到骨料作用。土料可采用原槽土，但不应含有机杂质、淤泥及冻土块等。

7.2 废砖瓦用于生产再生骨料砖

7.2.1 明确了再生骨料砖所用原材料应满足的规范要求。

7.2.4 国家现行标准《砌体结构设计规范》GB 50003 和《多孔砖砌体结构技术规范》JGJ 137 中对砖的强度等级最低规定为 MU10，《混凝土实心砖》GB/T 21144 和《非烧结垃圾尾矿砖》JC/T 422 中砖的强度等级最低规定为 MU15，根据再生骨料的性能要求，本规范将再生骨料多孔砖和再生骨料实心砖的最低强度规定为 MU7.5。

7.2.5 再生骨料多孔砖其他规格尺寸还有 190mm×190mm×90mm 等。

7.2.6 明确了再生骨料砖的性能及用途所应满足的规范要求。

7.2.7 再生骨料砖的尺寸允许偏差、外观质量和抗压强度的试验方法应按现行国家标准《砌体墙砖试验方法》GB/T 2542 的规定执行；吸水率、干燥收缩率、相对含水率、抗冻性、碳化系数和软化系数的试验方法应按现行国家标准《混凝土小型空心砌块试验方法》GB/T 4111 的规定执行，测定干燥含水率的初始标距应设为 200mm。

7.2.8 由于目前尚无专门的再生骨料砖产品国家标准或行业标准，根据产品的具体情况，再生骨料砖的型式检验和出厂检验一般是依据企业标准或参考国家现行有关标准。所以，再生骨料砖型式检验和出厂检验项目可以根据企业所依据标准情况而定，但型式检验应包含有放射性及本规范第 7.2.7 条所规定的所有项目，出厂检验应包含有本规范第 7.2.7 条所规定的尺寸允许误差、外观质量和抗压强度等项目。放射性按现行国家标准《建筑材料放射性核素限量》GB 6566 的规定执行。

7.2.10 按照现行行业标准《再生骨料应用技术规程》JGJ/T 240 的相关规定，每批应随机抽取 50 块进行尺寸偏差和外观质量检验，当尺寸允许偏差和外观质量的不合格数不超过 7 块时，应判定该批砌块尺寸偏差和外观质量合格；当尺寸允许偏差和外观质量的不合格数超过 7 块时，应判定该批砌块尺寸偏差和外观质量不合格。然后再从合格砌块中随机抽取 10 块进行抗压强度检验，当抗压强度符合本规范第 7.2.6 条的规定时，应判定该批产品合格；当抗压强度不符合本规范第 7.2.6 条的规定时，应判定该批产品不合格。

7.2.11 再生骨料砖各项性能指标达到要求方能出厂。产品出厂时，应提供产品质量合格证，合格证一般应标明生产厂信息、产品名称、批量及编号、产品实测技术性能和生产日期等。为保证再生骨料砖的生产质量，需要重视养护和运输储存等环节。延长养护时间，能保证砌体强度并减少因砖收缩过多而引起的墙体裂缝。一般养护时间不少于 28d；当采用人工自然养护时，在养护的前 7d 应适量喷水养护，人工自然养护总时间不少于 28d。再生骨料砖在堆放、储存和运输时，应采取防水措施。再生骨料砖应按规格和强度等级分批堆放，不应混杂。堆放、储存时保持通风，底部宜用木制托盘或塑料托盘支垫，不宜直接贴地堆放。堆放场地必须平整，堆放高度一般不宜超过 1.6m。

7.2.12 再生骨料砖的进场检验项目应包含尺寸允许偏差、外观质量和抗压强度；如果用户根据工程需要提出更多进场检验项目要求，则供需双方可以协商增加其他检验项目（从本规范第 7.2.7 条规定的检验项目中选取）。

7.2.13 明确了再生骨料砖砌体工程施工应满足的规范要求。再生骨料砖砌体工程施工应按国家现行标准《砌体结构设计规范》GB 50003、《多孔砖砌体结构技术规范》JGJ 137。

7.2.14 明确了再生骨料砌体工程质量验收应符合的规范要求。

7.3 废砖瓦用于生产再生骨料砌块

7.3.1 明确了再生骨料砌块所用原材料应满足的规范要求。

7.3.2 明确了再生骨料砌块基本生产工艺步骤，计算配料时要考虑水泥、砂子和辅助材料。

7.3.3 明确了再生骨料砌块的性能及用途所应满足的规范要求。再生骨料砌块的性能及用途应符合国家现行标准《普通混凝土小型空心砌块》GB 8239、《轻集料混凝土小型空心砌块》GB/T 15229、《蒸压加气混凝土砌块》GB 11968、《装饰混凝土砌块》JC/T 641 等的有关规定。

7.3.4 明确了用废砖瓦加工生产砌块时应采取的措施。充分搅拌是关键，直接影响到制品的密度与质量。废砖宜用对辊式破碎机破碎，宜采用固定式砌块成型机生产。

7.3.5 对再生骨料砌块的尺寸规格作了规定。

7.3.6 明确了再生骨料砌块强度等级划分。

7.3.7 对再生骨料砌块的各项技术要求作了规定。

7.3.8 明确了再生骨料砌块各项性能试验采用的试验方法。

7.3.9 对再生骨料砌块的型式检验和出厂检验作了明确规定。

7.4 废砖瓦用于泥结碎砖路面

7.4.1 泥结碎砖路面的主骨料是"碎砖"，它需承受来自车辆荷载的碾压和磨耗。与碎石相比，碎砖瓦的抗压强度低，为保证使用，一般碎砖瓦颗粒较大，达 40～60（mm）。

7.4.2～7.4.4 对粘土的粘性和用量作了明确规定。

7.4.5 土体固结剂是一种无机水硬性胶凝材料，可用于固结一般粘性土、砂土、碎石与土的混合料，使之产生较高强度、水稳定性和耐久性。

8 其他工程施工废弃物再生利用

8.1 废沥青混凝土再生利用

8.1.1～8.1.3 对废沥青资源化再生作了技术规定。所谓沥青混凝土再生利用技术，是将需要翻修或废弃的旧沥青混合料或旧沥青路面，经过翻挖回收、破碎筛分，再与新骨料、新沥青材料等按适当配比重新拌合，形成具有一定利用性能的再生混凝土，用于铺筑路面面层或基层的整套工艺技术。通常再生的旧沥青路面厚度为 50～100（mm）。再生沥青混凝土产品应符合国家现行标准《重交通道路石油沥青》GB 15180、《道路石油沥青》SH 0522、《建筑石油沥青》GB/T 494 的有关规定。

8.2 工程渣土再生利用

8.2.1 工程废土可分为工程产出土和工程垃圾土。

　　1 工程产出土是指由各种工程产生的具有良好土工性能的土方。

　　2 工程垃圾土是指由各种工程所产生的土工性能差、难以直接作为材料使用的土方和泥土（浆）。

8.2.4 工程垃圾土施工性能差，无法进行碾压施工，同时工程垃圾土回填所形成的地基强度低、变形大、固结时间长，一般不能满足工程的要求。

8.3 废塑料、废金属再生利用

8.3.1 废管材可按材质分类处理，金属管材应送钢铁厂或有色金属冶炼厂；非金属管材和复合材料管材应送化工厂、塑料厂再生利用。钢架、钢梁、钢屋面、钢墙体宜按拆除后的板、型材分类。板类（去除可能混杂的保温夹层）可直接送钢厂再生利用。

8.4 其他废木质材再生利用

8.4.1～8.4.5 对废木材料的再生利用作了技术规定。回收经营单位或个人应就近、合理地设置废木质材料回收站，集中收集废木质材料，并与区域环卫部门联动规划实施，以不污染资源为原则。对尚未明显破坏的木材可直接再生利用；对破损严重的木质构件可作为木质再生板材的原材料或造纸等。在利用废木质材料时，应采取节约材料和综合利用的方式，优先选择对环境更有利的途径和方法。废木质材料的利用应按照复用、素材利用、原料利用、能源利用、特殊利用的顺序进行。

8.5 废瓷砖、废面砖再生利用

8.5.1、8.5.2 利用废瓷砖的颜色、耐磨、已烧结、一次碳酸盐已分解等特性，经过再破碎加工，可作为特殊原料回收利用。将废瓷砖加工成一定细度的粒子可作为釉用颗粒。废瓷砖颗粒可作为耐磨防滑原料，制作瓷质地砖粉料。废瓷砖颗粒可作为其他新产品的主要原材料，如透水砖等。

8.6　废保温材料再生利用

8.6.1、8.6.2　废保温材料可集中回收到保温材料厂，加工成生产保温材料的原料。废保温材料可加工成保温砂浆。废保温材料可用于生产新型的复合隔热保温产品。

9　工程施工废弃物管理和减量措施

9.1　工程施工过程中废弃物管理措施

9.1.1　为实现工程施工废弃物资源化利用，本条对工程施工废弃物减量管理、节材、节水、节能等方面作了规定。

9.1.2　本条对工程施工环境保护作了技术规定。现场噪声排放不得超过现行国家标准《建筑施工场界噪声限值》GB 12523 的有关规定；噪声监测与控制应按现行国家标准《建筑施工场界噪声测量方法》GB 12524 的有关规定执行。

9.2　工程施工过程中废弃物减量措施

9.2.1、9.2.2　明确了工程施工废弃物控制措施、减量管理措施。

施工废弃物统计数据主要包括以下几个方面：

1　砖混结构单位建筑面积产生施工废弃物的数量：50～60（kg/m²），其主要成分为：碎砖块、落地灰、混凝土块、砂浆等；框架结构单位建筑面积产生施工废弃物的数量 45～60（kg/m²）；框架-剪力墙结构单位建筑面积产生施工废弃物的数量：40～60（kg/m²），其主要成分为：混凝土块、砂浆、碎砌块等。

2　工程施工废弃物产生量与施工管理人员的管理水平、施工人员的素质、房屋的结构形式及特点、施工质量、施工技术等多方面因素有关，从 0.4～1.3（m³/100m²）不等（按建筑面积计，另外开挖余土的外运也计算在内）。

3　由于工程施工废弃物的组成特点和它产生于建设工程现场的实际情况，将其回收作为建筑材料，是工程施工废弃物回收利用的有效手段。工程施工废弃物主要由碎砖、混凝土、砂浆、包装材料等组成，约占工程施工废弃物总量的80%。混凝土和砂浆所占比例最大，占建筑总量的30%～50%。不同结构形式的建筑工地，施工废弃物的组成比例略有不同，而施工废弃物数量则因各工地施工及管理情况的不同差异很大。

中华人民共和国国家标准

核电厂常规岛设计防火规范

Code for design of fire protection for conventional
island in nuclear power plants

GB 50745—2012

主编部门：中 国 电 力 企 业 联 合 会
批准部门：中华人民共和国住房和城乡建设部
施行日期：２０１２ 年 １０ 月 １ 日

中华人民共和国住房和城乡建设部
公 告

第 1272 号

关于发布国家标准《核电厂常规岛设计
防火规范》的公告

现批准《核电厂常规岛设计防火规范》为国家标准，编号为 GB 50745—2012，自 2012 年 10 月 1 日起实施。其中，第 3.0.1、5.1.1、5.1.5、5.3.2、6.3.2、7.1.2、7.2.1、7.3.3、7.5.5、8.1.1、8.1.6、8.2.15、8.4.4 条为强制性条文，必须严格执行。

本规范由我部标准定额研究所组织中国计划出版社出版发行。

中华人民共和国住房和城乡建设部
二○一二年一月二十一日

前　言

本规范是根据原建设部《关于印发〈2007 年工程建设标准制订、修订计划（第二批）〉的通知》（建标〔2007〕126 号）的要求，由东北电力设计院会同有关单位编制完成的。

在编制过程中，规范编制组遵照国家有关方针政策，在总结我国核电工业防火设计实践经验，吸收消防科研成果，借鉴国内外有关标准的基础上，广泛征求了有关设计、科研、运行、消防产品制造等单位的意见，最后经专家审查由有关部门共同定稿。

本规范共分 9 章，主要技术内容是：总则，术语，建（构）筑物的火灾危险性分类及耐火等级，总平面布置，建（构）筑物的防火分区、安全疏散和建筑构造，工艺系统，消防给水、灭火设施及火灾自动报警，采暖、通风和空调，消防供电及照明。

本规范中以黑体字标志的条文为强制性条文，必须严格执行。

本规范由住房和城乡建设部负责管理和对强制性条文的解释，由中国电力企业联合会负责日常管理工作，由东北电力设计院负责具体技术内容的解释。在本规范执行中，希望各有关单位结合具体工程实践和科学技术研究，认真总结经验，注意积累资料，如发现有需要修改和补充之处，请将意见、建议和有关资料寄送东北电力设计院（地址：吉林省长春市人民大街 4368 号，邮政编码：130021），以便今后修订时参考。

本规范主编单位、参编单位、主要起草人和主要审查人：

主编单位：东北电力设计院

参编单位：广东省电力设计研究院
中广核工程设计有限公司
国核电力规划设计研究院
中国电力工程顾问集团公司
华东电力设计院
中国核电工程有限公司
上海核工程研究设计院
公安部天津消防研究所
广东省消防局
上海金盾消防安全设备有限公司
上海华魏光纤传感技术有限公司
武汉理工光科股份有限公司
喜利得（中国）商贸有限公司
首安工业消防有限公司

主要起草人：李向东　徐文明　龙　建　聂　君
刘志通　方　联　张立忠　王爱东
沈　纹　倪照鹏　徐海云　龙国庆
朱晓春　谢丽萍　郑培钢　侯燕鸿
傅玉祥　沈大钟　林宇清　张兆宪
沈春光　何　军　王小伟　刘　敏

主要审查人：李武全　王炯德　王　忠　徐　飙
李晓建　吴　健　张东文　綦建国
董爱英　吴德成　冯　雨　高玉忠
姚洪猛　肖　钧　杨　洁　王　丽
罗振宇　王小虎　王建军　李民政
丁宏军　吴建强　王凯平　王卫东
李　虎

目　次

Contents

1 总 则

1.0.1 为防止核电厂常规岛发生火灾，减少火灾危害，保障人身、财产及核电厂安全，制定本规范。

1.0.2 本规范适用于汽轮发电机组单机发电容量百万千瓦级及以下的压水堆核电厂常规岛的防火设计。

1.0.3 常规岛的防火设计应贯彻国家有关方针政策，做到统筹兼顾、安全可靠、技术先进、经济适用。

1.0.4 核电厂常规岛的防火设计除应符合本规范的规定外，尚应符合国家现行有关标准的规定。

2 术 语

2.0.1 常规岛 conventional island

汽轮发电机组及其配套设施、建（构）筑物的统称。

2.0.2 汽轮发电机厂房 turbine building

由汽机房、除氧间、凝结水精处理间、润滑油转运间等组成的综合性建筑物。

2.0.3 主开关站 main switchgear station

向电网输送电能并向机组提供正常启动电源的高压电气装置及建（构）筑物。

2.0.4 辅助开关站 auxiliary switchgear station

向厂用电系统提供正常备用和检修电源的高压电气装置及建（构）筑物。

2.0.5 网络继电器室 switchgear control building

对主开关站、辅助开关站的主要电气设备进行控制的建筑物。

2.0.6 辅助锅炉房 auxiliary boiler house

为汽轮发电机组启动或停机提供辅助蒸汽，以辅助锅炉间为主的综合性建筑。

3 建（构）筑物的火灾危险性分类及耐火等级

3.0.1 建（构）筑物的火灾危险性分类及耐火等级不应低于表3.0.1的规定。

表 3.0.1 建（构）筑物的火灾危险性分类及其耐火等级

类别	建（构）筑物名称	火灾危险性	耐火等级
汽轮发电机厂房	汽轮发电机厂房地上部分	丁	二级
	汽轮发电机厂房地下部分	丁	一级
常规岛配套设施	除盐水生产厂房	戊	二级
	海水淡化厂房	戊	二级
	非放射性检修厂房	丁	二级
	空压机房	丁	二级

类别	建（构）筑物名称	火灾危险性	耐火等级
常规岛配套设施	备品备件库	丁	二级
	工具库	戊	二级
	机电仪器仪表库	丁	一级
	橡胶制品库	丙	二级
	危险品库	甲	二级
	酸碱库	丁	二级
	油脂库	丙	二级
	油处理室	丙	二级
	网络继电器室（采取防止电缆着火后延燃的措施时）	丁	二级
	网络继电器室（未采取防止电缆着火后延燃的措施时）	丙	二级
	主开关站	丁	二级
	辅助开关站	丁	二级
	电缆隧道	丙	一级
	实验室	丁	二级
	供氢站	甲	二级
	化学加药间（含制氢站）	丁	二级
	辅助锅炉房	丁	二级
	油泵房	丙	二级
	循环水泵房	戊	二级
	取水构筑物	戊	二级
	非放射性污水处理构筑物	戊	二级
	冷却塔	戊	三级

3.0.2 汽轮发电机厂房的屋面承重构件的耐火极限不应低于0.50h。

3.0.3 当汽轮发电机厂房的非承重外墙采用不燃烧体时，其耐火极限不应低于0.25h；当非承重外墙采用难燃烧体的轻质复合墙体时，其表面材料应为不燃材料，内填充材料的燃烧性能不应低于现行国家标准《建筑内部装修设计防火规范》GB 50222中规定的B1级。

3.0.4 当汽轮发电机厂房的屋面板采用不燃烧体时，其屋面防水层和绝热层可采用可燃材料；当屋面材料采用难燃烧体的轻质复合屋面板时，其表面材料应为不燃烧体，内填充材料的燃烧性能不应低于B1级。

3.0.5 电缆夹层的隔墙应采用耐火极限不低于2.00h的不燃烧体。电缆夹层的承重构件，其耐火极限不应低于1.00h。

3.0.6 其他厂（库）房内的电缆竖井及管道竖井的围护墙及承重构件应采用耐火极限不低于2.00h的不燃烧体。

3.0.7 建（构）筑物构件的燃烧性能和耐火极限，除应符合本规范的规定外，尚应符合现行国家标准《建筑设计防火规范》GB 50016的有关规定。

4 总平面布置

4.0.1 总平面布置应结合工艺系统要求划分防火区域。防火区域宜相对独立布置，生产过程中有易燃或爆炸危险的建（构）筑物宜布置在厂区的边缘地带。

4.0.2 室外油浸变压器与厂房之间的距离应满足表4.0.5防火间距要求，当符合本规范5.3.6条时其间距可适当减小。

4.0.3 油罐区应单独布置，其四周应设置1.8m高的围栅。油罐区的其他防火设计应符合现行国家标准《建筑设计防火规范》GB 50016的有关规定。

4.0.4 供氢站应独立设置，周围宜设置不燃烧体的实体围墙，其高度不应小于2.5m。供氢站宜布置在厂区边缘且不窝风的地段，远离散发火花的地点或位于明火、散发火花地点最小频率风向的下风侧；泄压面不应面对人员集中的地方和主要交通道路。供氢站的其他防火设计应符合现行国家标准《氢气站设计规范》GB 50177的有关规定。

4.0.5 常规岛建（构）筑物之间的防火间距不应小于表4.0.5的规定。当不符合本表规定时，应采取可靠的防火隔离措施。

表4.0.5 常规岛建（构）筑物之间的防火间距（m）

序号	建筑物名称			危险品库	丙、丁类建（构）筑物 耐火等级 一、二级	丙、丁类建（构）筑物 耐火等级 三级	戊类建（构）筑物 耐火等级 一、二级	戊类建（构）筑物 耐火等级 三级	屋外开关站	供氢站	贮氢罐	厂内道路（路边）主要	厂内道路（路边）次要
1	危险品库			—	15	20	15	20	30	20	20	10	5
2	丙、丁类建（构）筑物	耐火等级	一、二级	15	10	12	10	12	10	12	12	无出口时1.5，有出口无引道时3，有引道时6	
3			三级	20	12	14	12	14	12	14	15		
4	戊类建（构）筑物	耐火等级	一、二级	15	10	12	10	12	10	12	12		
5			三级	20	12	14	10	12	12	14	15		
6	屋外开关站			30	10	12	10	12	—	25	25		
7	屋外变压器油量（t/台）		≤10		12	12	12	15					
8			10~50		15	15	15	20					
9			>50		20	25	20	25					
10	供氢站			20	12	14	12	14	25	—	12	10	5
11	贮氢罐			20	12	15	12	15	25	12	见注3	10	5
12	围墙			5	5	5	5	5	5	5	5	1	

注：1 防火间距应按相邻两建（构）筑物外墙的最近距离计算，当外墙有凸出的可燃构件时，则应从其凸出部分外缘算起。建（构）筑物与屋外开关站的最小间距应从构架上部的边缘算起；屋外油浸变压器之间的间距由工艺确定。
　　2 表中间距为变压器外轮廓与建（构）筑物外表面之间的防火间距。
　　3 贮氢罐的防火间距应为相邻较大贮氢罐的直径。当氢气罐总容量小于或等于1000m³时，贮氢罐与耐火等级为一、二级和三级的丙、丁类建（构）筑物及戊类建（构）筑物之间的距离分别为12m、15m。当贮氢罐总容量大于1000m³时，间距应按现行国家标准《氢气站设计规范》GB 50177的有关规定执行。
　　4 两座建筑物，如相邻较高的一侧外墙为防火墙时，其最小间距不限，但甲类建筑物之间不应小于4m。
　　5 两座丙、丁类建（构）筑物及戊类建（构）筑物相邻两面的外墙均为不燃烧体且无外露的燃烧体屋檐时，当每面外墙上的门窗洞口面积之和各不超过该外墙面积的5%且门窗洞口不正对开设时，其防火间距可减少25%。
　　6 两座一、二级耐火等级厂房，当相邻较低一面外墙为防火墙，且较低一座厂房的屋盖耐火极限不低于1h时，其防火间距可适当减少，但甲、乙类厂房不应小于6m，丙、丁及戊类厂房不应小于4m。
　　7 两座一、二级耐火等级厂房，当相邻较高一面外墙的门窗等开口部分设有防火门卷帘和水幕时，其防火间距可适当减少，但甲、乙类厂房不应小于6m；丙、丁及戊类厂房不应小于4m。
　　8 数座耐火等级不低于二级的厂房（本规范另有规定者除外），其火灾危险性为丙类，占地面积总和不超过8000m²（单层）或4000m²（多层），或丁、戊类不超过10000m²（单、多层）的建（构）筑物，可成组布置，组内建（构）筑物之间的距离：当建（构）筑物高度不超过7m时，其间距不应小于4m，建筑物高度超过7m时，其间距不应小于6m。
　　9 事故贮油池至火灾危险性为丙、丁及戊类生产建（构）筑物（一、二级耐火等级）的距离不应小于5m。
　　10 本表中未提到的建（构）筑物之间间距，按现行国家标准《建筑设计防火规范》GB 50016的有关规定执行。

4.0.6 汽轮发电机厂房（含核岛）、开关站、油罐区周围应设置环形消防车道，其他建（构）筑物周围宜设置环形消防车道。消防车道可利用厂内交通道路。

4.0.7 厂区消防道路设计除应满足总体规划的要求及现行国家标准《厂矿道路设计规范》GBJ 22 的有关规定外，尚应符合下列规定：

　　1 核电厂厂区应设置不少于两个不同方向的入口，其位置应便于消防车辆行驶；

　　2 道路转弯半径应符合消防车辆通行的需要，且不应小于 9m。

5 建（构）筑物的防火分区、安全疏散和建筑构造

5.1 建（构）筑物的防火分区

5.1.1 汽轮发电机厂房内的下列场所应进行防火分隔：

　　1 电缆竖井、电缆夹层；

　　2 电子设备间、配电间、蓄电池室；

　　3 通风设备间；

　　4 润滑油间、润滑油转运间；

　　5 疏散楼梯。

5.1.2 汽轮发电机厂房可不划分防火分区，非放射性检修厂房的不同火灾危险性的机械加工车间宜划分为不同的防火分区。

5.1.3 电缆沟道、电缆隧道以及含有油管道或电缆的综合廊道内每个防火分区的长度不应大于 200m，且每隔 50m 应采取防火分隔措施。

5.1.4 丙类库房宜单独布置。当丁、戊类厂（库）房内设置丙类库房时应符合下列规定：

　　1 丙类库房的建筑面积应小于一个防火分区的允许建筑面积；

　　2 丙类库房采用防火墙和耐火极限不低于 1.50h 的楼板与其他部分分隔开，防火墙上的门为甲级防火门；

　　3 应设置自动灭火系统。

5.1.5 甲、乙类库房应单独布置。当需与其他库房合并布置时，应符合下列规定：

　　1 库房应为单层建筑；

　　2 存放甲、乙类物品部分应采取防爆措施和设置泄压设施；

　　3 存放甲、乙类物品部分应采用抗爆防护墙与其他部分分隔，相互间的承重结构应各自独立。

5.2 厂房（库房）的安全疏散

5.2.1 厂房内地上部分最远工作地点到外部出口或疏散楼梯的距离不宜大于 75m；厂房内地下部分最远工作地点到疏散楼梯的距离不应大于 45m。

5.2.2 汽轮发电机厂房的疏散楼梯应采用封闭楼梯间或室外楼梯。

5.2.3 厂（库）房、电缆隧道等可利用通向相邻防火分区的防火墙上的甲级防火门作为第二安全出口。

5.2.4 主、辅开关站各层的安全出口不应少于两个，室内最远工作地点到最近安全出口的直线距离不应大于 30m。

5.2.5 厂房内配电间室内最远点到疏散出口的直线距离不应大于 15m；当其长度大于 7m 时疏散出口的数量不应少于 2 个。

5.3 建筑构造

5.3.1 丁、戊厂（库）房的封闭楼梯间应符合下列规定：

　　1 楼梯间宜天然采光和自然通风，并宜靠外墙设置；当不能天然采光和自然通风时，可不设置前室，但应设置防烟设施；

　　2 楼梯间内不应设置可燃材料储藏室、垃圾道；

　　3 楼梯间内不应有影响疏散的凸出物或其他障碍物；

　　4 楼梯间的首层可包括走道和门厅，形成扩大的封闭楼梯间，但应采用乙级防火门等措施将楼梯间与其他走道和房间隔开；

　　5 除楼梯间的门之外，楼梯间的内墙上不应开设其他门窗洞口。

5.3.2 疏散楼梯间内部不应穿越可燃气体管道、蒸汽管道、甲、乙、丙类液体管道。

5.3.3 防火分隔墙的耐火极限不应低于 2.00h，分隔楼板、梁的耐火极限不应低于 1.00h。防火分隔墙上设置的门、窗，应为甲级防火门、窗。

5.3.4 当油道采用沟道敷设时，在油罐至油泵房以及油泵房至辅助锅炉房之间的油管沟内，应有防止火灾蔓延的隔断措施。

5.3.5 地下电缆沟、电缆隧道以及综合管廊在进出厂房时，在建筑物外墙 1.0m 处应设置防火墙。防火墙上的门应采用甲级防火门。

5.3.6 当汽轮机发电机厂房墙外 5m 范围内布置有变压器时，不应在变压器外轮廓投影范围外侧各 3m 内的汽轮机发电厂房外墙上设置门、窗和通风孔，且该区域外墙应为防火墙；当汽轮机发电机厂房墙外 5m～10m 范围内布置有变压器时，汽轮发电机厂房的外墙可设置甲级防火门，变压器高度以上应设防火窗，其耐火极限不应低于 0.90h。

5.3.7 当管道或电缆穿过防火墙或防火分隔墙时所形成的孔洞或缝隙应采取防火封堵措施。

5.3.8 油系统的储油设施四周应设置可贮存全部油量的防火挡沿，其耐火极限不应低于 1.50h。

5.3.9 甲、乙、丙类厂房的墙面、地面、顶棚和隔断应采用 A 级装修材料；丁、戊类厂房的顶棚和墙

面应采用 A 级装修材料，其他部位应采用不低于 B1 级的装修材料。常规岛其他建筑物的内部装修设计应符合现行国家标准《建筑内部装修设计防火规范》GB 50222 的有关规定。

6 工艺系统

6.1 汽轮发电机组

6.1.1 氢气系统设计应符合下列规定：

　　1 发电机的排氢阀和气体控制站，应布置在能使氢气安全排至厂房外没有火源的地方。在氢气管道上适当位置应设置氢气放散管，放散管应引至厂房外没有火源的地方并高出周围建筑物 4m。放散管采用不锈钢管，其管口应设阻火器，排氢能力应与汽轮机破坏真空停机的惰走时间相配合。

　　2 氢气管道应采用带法兰的短管连接。氢气管道应有防静电的接地措施。布置氢气管道的区域应通风良好。

6.1.2 汽机润滑油箱、油净化装置及冷油器应布置在同一个房间，房间内应设置防火堤，高度应能储存最大储油设备的漏油量。

6.1.3 在汽轮发电机厂房外应设置事故油箱（坑），其布置标高和油管道的设计，应能满足事故时排油畅通的需要。事故油箱（坑）的有效容积不应小于最大一台机组油系统的全部油量。在油箱的事故排油管上，应设置两个钢制阀门，其操作手轮应设在距油箱外缘 5m 以外的地方，并有两条通道可以到达手轮位置。操作手轮应在明显位置设置清晰的警示标志。

6.1.4 汽轮机油系统的设计应符合下列规定：

　　1 不得将油管安装在蒸汽管附近；当必须安装在蒸汽管附近时，应在油管和蒸汽管之间设置保温隔热垫层，油管应布置在蒸汽管的下方。当不符合上述要求时，应在蒸汽管保温材料上设置金属密封保护套；

　　2 汽轮机润滑油管道应架空布置或管沟敷设；

　　3 严禁在距油管道外壁小于 1m 范围内布置电缆，与设备成一体化的电源和控制电缆除外；

　　4 在油管道与汽轮发电机组接口法兰适当处应设置防护槽及将漏油引至安全处的排油管道。对于设备接口应采用带槽法兰盘连接；

　　5 应采用钢制阀门。

6.1.5 液压调节系统应采用抗燃油。

6.1.6 汽动给水泵油箱宜布置在房间内，并应设置可容纳最大储油设备漏油量的防火堤。

6.1.7 给水泵汽轮机油系统应设置至汽轮机事故油箱（坑）的事故油管道。

6.2 油罐区和油泵房

6.2.1 油罐区和油泵房的油品火灾危险性分类应符合现行国家标准《石油库设计规范》GB 50074 的有关规定。

6.2.2 当油罐车的卸油系统从油罐车的下部接入时，应采用密闭式管道系统。

6.2.3 固定顶油罐应设置通气管。

6.2.4 油罐的出油管道，应在靠近防火堤外面设置隔离阀。

6.2.5 油罐的进口管道应在靠近油罐处设置隔离阀，并宜从油罐的下部进入，当工艺布置需要从油罐的顶部接入时，进油管宜延伸到油罐的下部。

6.2.6 油罐区的排水管应在防火堤外设置隔离阀。

6.2.7 管道不宜穿过防火堤。当必须穿过时，管道与防火堤间的缝隙应采用防火封堵材料紧密填塞，当管道周边有可燃物时，还应在防火堤两侧 1m 范围内的管道上采取防火保护措施；当直径大于或等于 32mm 的燃油管道穿过防火堤时，除填塞防火封堵材料外，还应设置阻火圈或阻火带。

6.2.8 容积式油泵安全阀的排出管应接至油罐与油泵之间的回油管道上，回油管道上不应设置阀门。

6.2.9 油管道宜架空敷设。当油管道与热力管道敷设在同一地沟时，油管道应布置在热力管道的下方，必要时应采取隔热措施。

6.2.10 油管道应采用无缝钢管，阀门应采用钢制阀门，压力等级应按高一级压力选用。除必须用法兰与设备和其他部件相连接外，油管道管段应采用焊接连接。

6.2.11 燃烧器油枪接口与固定油管道之间，宜采用带金属编织网套的波纹管连接。

6.2.12 在辅助锅炉的供油总管上，应设置快速自动关断阀和手动关断阀。

6.2.13 油系统的设备及管道的保温材料，应采用不燃烧材料。

6.2.14 油系统的卸油、贮油及输油的防雷、防静电设施，应符合现行国家标准《石油库设计规范》GB 50074 的有关规定。

6.2.15 在装设波纹管补偿器的燃油管道上应采取防超压的措施。

6.3 变压器

6.3.1 屋外油浸变压器与各建（构）筑物的最小间距应符合本规范第 4.0.5 条的规定。

6.3.2 油量为 2500kg 及以上屋外油浸变压器之间的最小间距应符合表 6.3.2 的规定。

表 6.3.2　屋外油浸变压器之间的最小间距（m）

电压等级	最小间距
35kV 及以下	5
66kV	6
110kV	8
220kV 及以上	10

6.3.3 当油量为 2500kg 及以上屋外油浸变压器之间的最小间距不满足表 6.3.2 中的规定时，变压器之间应设置防火墙，防火墙的长度不应小于变压器储油池两侧各 1m，高度不小于变压器油枕高度的 0.5m，防火墙的耐火极限不应低于 3.00h。

6.3.4 屋外单台油量大于 1000kg 的油浸变压器应设置贮油或挡油设施，挡油设施的容积宜按变压器油量的 20% 设计，并应设置将事故油排至安全处的设施。当设置有油水分离措施的总事故贮油池时，其容量可按最大一台变压器油箱容量的 60% 确定。

贮油或挡油设施应大于变压器外廓每边各 1m。

6.3.5 贮油设施内应铺设厚度大于或等于 250mm 的卵石层，卵石直径宜为 50mm～80mm。

6.3.6 低压厂用变压器（隔离变压器）、发电机励磁变压器及控制变压器应采用干式变压器。

6.4 电缆及电缆敷设

6.4.1 下列场所或回路的明敷电缆应为耐火电缆或采取防火防护措施，其他电缆可采用阻燃电缆：

　　1 消防、报警、应急照明和直流电源等重要回路；

　　2 计算机监控、应急电源、不停电电源等双回路合用同一电缆通道且未相互隔离时的其中一个回路；

　　3 油脂库、危险品库、供氢站、油泵房、气体储存区等易燃、易爆场所；

　　4 循环水泵房、除盐水生产厂房等重要电源的双回供电回路合用同一电缆通道未相互隔离的其中一个回路。

6.4.2 建（构）筑物中电缆引至电气盘、柜或控制屏、台的开孔部位，电缆贯穿隔墙、楼板的孔洞处均应采用防火封堵材料进行封堵，封堵组件的耐火极限不应低于被贯穿物的耐火极限且不应低于 1.00h。防火封堵材料不应含卤素，对电缆不得有腐蚀和损害。

6.4.3 在电缆竖井中，每间隔 6m 应进行防火封堵；每间隔 12m 应设置 1 个电缆竖井出入口，最上端的出入口应位于距电缆竖井顶部 6m 范围内。金属材料的电缆竖井外表面应涂敷防火涂料或防火漆，其耐火极限不应低于 2.00h。

6.4.4 汽轮发电机厂房到网络继电器室的每条电缆隧道或电缆沟所容纳的电缆回路不应超过 1 台机组的电缆，布置在同一房间或电缆通道内不同机组的电缆应进行空间隔离。

6.4.5 在电缆隧道或电缆沟的下列部位，应设置防火墙：

　　1 公用主隧道或电缆沟的分支处；

　　2 长距离电缆隧道或电缆沟每间隔 50m 处；

　　3 通向建筑物的入口处；

　　4 厂区围墙处。

6.4.6 可燃气、油管路以及其他可能引起火灾的管道严禁穿越电缆隧道和电缆沟道。

6.4.7 电缆架空敷设应符合下列规定：

　　1 正常运行系统相互备用的重要电缆宜敷设在不同的电缆通道内，当敷设在同一电缆通道内时，应符合本规定第 6.4.1 条的规定；

　　2 除通信、照明和信号电缆外，其余电缆均不得敷设在疏散通道内。敷设在疏散通道内的电缆应穿管敷设，穿越疏散通道的电缆贯穿件，其耐火极限应符合现行国家标准《建筑设计防火规范》GB 50016 的有关规定；

　　3 测量和控制电缆应敷设在封闭金属线槽内或穿管敷设；

　　4 电缆桥架分支处、直线段每间隔 50m 处应设置阻火措施。

6.4.8 临近汽轮机头部、汽轮机油系统等易受外部火灾影响部位的电缆区段，应采取阻火措施或采用耐火电缆。

6.4.9 架空敷设的电缆应与热力管路保持足够的距离，控制电缆、动力电缆与热力管道平行时，两者间的距离分别不应小于 0.5m 和 1.0m；控制电缆、动力电缆与热力管道交叉时，两者间的距离分别不应小于 0.25m 和 0.5m。当不能满足要求时，应采取有效的防火隔热措施。

7　消防给水、灭火设施及火灾自动报警

7.1　一般规定

7.1.1 常规岛的消防用水应与核电厂的全厂消防用水统一规划。**7.1.2** 消防给水系统应满足常规岛最大一次灭火用水量、流量及最大压力要求。

> 注：**1** 在计算水压时，应采用喷嘴口径 19mm 的水枪和直径 65mm、长度 25m 的有衬里消防水带，每支水枪的计算流量不应小于 5L/s。
>
> **2** 消火栓给水管道设计流速不宜大于 2.5m/s，消火栓与水喷雾灭火系统或自动喷水灭火系统合用管道的流速不宜超过 5m/s。

7.1.3 常规岛的最大一次灭火用水流量应为建筑物或设备需要同时开启的室外消火栓、室内消火栓、自动喷水、水喷雾及泡沫灭火系统等系统流量之和中的最大值。消防给水系统的火灾延续时间不应少于 2.00h。

7.1.4 常规岛应设置室内、外消火栓给水系统。

7.1.5 常规岛的火灾自动报警系统和固定灭火系统的设置要求，可按表 7.1.5 的规定确定。

7.1.6 消火栓给水系统可与自动喷水灭火系统及水喷雾灭火系统合并设置。

表 7.1.5　常规岛的火灾自动报警系统和固定
灭火系统的设置

建(构)筑物和设备		可选的火灾探测器类型	可选的灭火介质及系统形式
汽轮发电机厂房	控制设备间	(高灵敏型管路采样吸气式感烟+感温)/(感烟+感温)	气体
	电子设备间	(高灵敏型管路采样吸气式感烟+感温)/(感烟+感温)	气体
	计算机室	(高灵敏型管路采样吸气式感烟+感温)/(感烟+感温)	气体
	润滑油设备间	(感温+火焰)/(感烟+火焰)	水喷雾/自动喷水/泡沫-喷淋
	电液装置(抗燃油除外)	(感温+火焰)/(感烟+火焰)	水喷雾/自动喷水/泡沫-喷淋
	氢密封油装置	(感温+火焰)/(感烟+火焰)	水喷雾/自动喷水/泡沫-喷淋
	汽轮发电机组轴承	(感温+火焰)/(感烟+火焰)	水喷雾,参见注1
	运转层下各层	感烟/感温	自动喷水/泡沫-水喷淋/泡沫-水喷雾/泡沫
	给水泵油箱(抗燃油除外)	(感烟+火焰)/(感温+火焰)	水喷雾/自动喷水/泡沫-喷淋
	配电间	感烟+感温	干粉(灭火装置)或气体
	电缆夹层	(高灵敏型管路采样吸气式感烟+感温)/(缆式线型感温+点型感烟)/(光纤感烟+点型感烟)	自动喷水/水喷雾/气体
	电缆桥架	缆式线型感温/光纤感温	见第7.5.3条
	电缆竖井	感烟/缆式线型感温/光纤感温/接头温度监测	自动喷水/干粉(灭火装置)
	蓄电池间	防爆感烟/可燃气体探测	—
	通风设备间	感烟	—
	汽轮发电机厂房至电气厂房或网络继电器室电缆通道	缆式线型感温/光纤感温/感烟	—
	主蒸汽管道与油管道(在蒸汽管道上方)交叉处	感温/感烟	干粉
变压器	主变压器	(感温+火焰)/(感烟+感温)	水喷雾
	辅助变压器	(感温+火焰)/(感烟+感温)	水喷雾
	联络变压器	(感温+火焰)/(感烟+感温)	水喷雾
	高压厂用变压器	(感温+火焰)/(感烟+感温)	水喷雾

续表 7.1.5

建(构)筑物和设备		可选的火灾探测器类型	可选的灭火介质及系统形式
其他	屋内主开关站、辅助开关站	感烟/火焰	—
	空压机房	感烟	—
	油罐区	感温+火焰	泡沫
	化学加药间、制氢间	氢气探测	—
	海水淡化厂房的控制室、配电间	感烟	—
	供氢站	氢气探测	—
	燃油辅助锅炉燃烧器	(感烟+火焰)/(感温+火焰)	水喷雾/自动喷水/泡沫-喷淋
	非放射性高架仓库(戊类除外)	感烟	自动喷水
	机电仪表库	(高灵敏型管路采样吸气式感烟+感温)/(感烟+感温)	气体
	危险品库	感烟/可燃气体	见注3
	非放射性检修厂房	感烟	—
	网络继电器室	(高灵敏型管路采样吸气式感烟+感温)/(感烟+感温)	气体
	电缆隧道	缆式线型感温/光纤感温	水喷雾/干粉(灭火装置)

注:1　汽轮发电机组轴承采用水喷雾灭火系统时应为手动控制。
　　2　电子设备间、计算机室、网络继电器室、控制设备间的闷顶内如有可燃物且净高超过0.8m时,宜装设线型感温探测器。
　　3　危险品库的灭火介质及系统形式根据储存的物品种类结合现行国家标准《常用化学危险品贮存通则》GB 15603的要求综合确定。
　　4　开式自动水灭火系统宜设置同类型多回路或两种类型组合的火灾自动报警系统。
　　5　表中未列出的建筑物或设备,其火灾探测器的选择应符合现行国家标准《火灾自动报警系统设计规范》GB 50116的规定。
　　6　表中"—"表示无要求,"/"表示或的关系。

7.1.7　在常规岛范围内设置消防给水的稳压装置时,应符合下列规定:

　　1　稳压装置的调节水量不宜少于消防给水系统1min的最大流量;

　　2　稳压装置的供水压力不应低于消防给水系统所需的最高工作压力;

　　3　当有需要时,补水泵及补气泵均为1用1备。

7.2　室外消防给水

7.2.1　建(构)筑物室外消火栓设计流量的计算应符合表7.2.1的规定:

表 7.2.1　建（构）筑物室外消火栓设计流量（L/s）

耐火等级	建（构）筑物名称及类别		建（构）筑物体积（m³）					
			≤1500	1501~3000	3001~5000	5001~20000	20001~50000	>50000
一、二级	厂房	甲、乙类	10	15	20	25	30	35
		丙类						40
		丁、戊类	10				15	20
	仓库	甲、乙类	15	15	25	25	—	
		丙类	15	15	25	25	35	45
		丁、戊类	10				15	20
三级	厂房、仓库	乙、丙类	15	20	30	40	45	—
		丁、戊类	10	15	20	25	35	

注：1　消防设计流量应按消火栓设计流量最大的一座建筑物计算，成组布置的建筑物应按消火栓设计流量较大的相邻两座建筑物的体积之和计算。

2　室外油浸变压器的消火栓用水量不应小于10L/s。

7.2.2　消防用水系统不宜与生产用水或生活用水系统的管道相连接。

7.2.3　室外消防管道的布置应符合下列规定：

1　汽轮发电机厂房周围的消防给水管道应环状布置，环状管道的进水管不应少于2条；当其中1条故障时，其余进水管应能满足汽轮发电机厂房最大消防进水量的要求；

2　环状消防给水管道应用阀门分成若干独立管段，每段消火栓的数量不宜超过5个；

3　消防给水干管的管径应经计算确定且应满足服务区域最大消防流量的要求，管径不应小于DN100；

4　室外消防管道宜采用球墨铸铁管或加强防腐的钢管；

5　消防给水管道应保持充水状态，寒冷地区消火栓应有防冻措施，阀门井应采取防冻措施；

6　地下消防给水管道应埋设在冰冻线以下，管顶距冰冻线不应小于300mm。

7.2.4　室外消火栓的布置应符合下列规定：

1　宜采用具有调压功能的消火栓；地上式消火栓应有DN150或DN100吸水口和DN80或DN65的水龙带出口；当采用地下式消火栓时，应有明显标志，消火栓应有DN100和DN65栓口；

2　室外消火栓应沿道路设置；

3　消火栓距道路路边不宜大于2m；距建筑物外墙不宜小于5m；

4　汽轮发电机厂房周围的室外消火栓间距宜为75m；其他区域的室外消火栓间距不宜大于120m；

5　每个室外消火栓宜设置检修隔离阀；

6　当消火栓设置场所有可能受到车辆冲撞时，应在其周围设置防护设施。

7.3　室内消火栓设置场所与室内消防给水量

7.3.1　下列建（构）筑物或场所应设置室内消火栓：

1　汽轮发电机厂房（包括底层、运转层及除氧器层）；

2　屋内有充油设备的主开关站、辅助开关站，网络继电器室；

3　仓库类建筑（不适于用水灭火的除外）；

4　燃油辅助锅炉房；

5　循环水泵房。

7.3.2　下列建（构）筑物或场所可不设置室内消火栓：

1　屋内无油的主开关站、辅助开关站，电缆隧道；

2　给水泵房，进水、排水构筑物，净水构筑物，自然通风冷却塔，除盐水生产厂房，海水淡化厂房，排水泵房，污水泵房，非放射性污水处理构筑物；

3　辅助电锅炉房；

4　供氢站；无润滑油的空压机室；

5　非放射性检修厂房；

6　敞开式材料库棚。

7.3.3　室内消火栓的设计流量应根据同时使用水枪数量和充实水柱长度由计算确定，但不应小于表7.3.3的规定。

表 7.3.3　室内消火栓系统设计流量

建筑物名称	高度H、体积V	消火栓设计流量（L/s）	同时使用水枪数量（支）	每根竖管最小流量（L/s）
汽轮发电机厂房	H≤24m	10	2	10
	24m<H≤50m	25	5	15
	H>50m	30	6	15
其他工业建筑	H≤24m，V≤10000 m³	10	2	10
	H≤24m，V>10000 m³	15	3	
仓库	H≤24m	10	2	10
	24m<H≤50m	30	6	15
	H>50m	40	8	15

注：消防软管卷盘的消防用水量可不计入室内消防用水量。

7.4　室内消防给水管道与消火栓

7.4.1　室内消防给水管道设计应符合下列规定：

1　室内消火栓超过10个且室外消火栓设计流量大于15L/s时，室内消防给水管道至少应有两条进水管与室外管网连接，室内消防给水管道应连接成环状管网，每条与室外管网连接的进水管道应按满足全部设计流量设计；室内消防管道的管径应经计算确定且应满足室内最大消防流量的要求，干管的管径不应小于DN100；

2　汽轮发电机厂房内应设置消防给水水平环状管网；消防竖管宜引自水平环状管网成枝状布置；

3　室内消防给水水平干管宜按防火分区设置分段阀门；

4　室内消火栓给水管网与自动喷水灭火系统、水喷雾灭火系统的管网应在报警阀或雨淋阀前分开设置。

7.4.2 室内消火栓布置应符合下列规定：

1 汽轮发电机厂房内消火栓的布置应保证有两支水枪的充实水柱同时到达室内任何部位；

2 对于厂房、高架库房，充实水柱长度宜按13m计算；对于其他建筑，充实水柱长度宜按10m计算；

3 消防给水系统的静水压力不应超过1.2MPa，超过1.2MPa时，应采用分区给水系统；消火栓栓口处的出水压力不宜超过0.5MPa，超过时应采取减压措施；

4 室内消火栓应设在楼梯间或楼梯间休息平台、走道等明显易于取用及便于火灾扑救的地点，栓口距地面高度宜为1.1m，其出水方向宜与设置消火栓的墙面成90°角或向下；

5 室内消火栓的间距应由计算确定；汽轮发电机厂房及高架仓库内消火栓的间距不应超过30m；

6 应采用同一型号且配有自救式消防水喉的消火栓箱，消火栓水带直径宜为65mm，长度不应超过25m，水枪喷嘴口径不应小于19mm；消防软管卷盘宜配长为20m或25m、内径为19mm的消防软管及直流喷雾混合型水枪；

7 当室内消火栓设在寒冷地区非采暖的建筑物内时，可采用干式消火栓给水系统，但在进水管上应安装快速启闭装置，在室内消防给水管路最高处应设自动排气阀；

8 汽轮发电机厂房应配备具有喷雾功能的水枪，其他建（构）筑物内的带电设施附近的消火栓应配备喷雾水枪；

9 设有室内消火栓的建筑，宜在屋顶便于操作和防冻处设置具有压力显示装置的试验和检验用的消火栓。

7.5 水喷雾与自动喷水灭火系统

7.5.1 水喷雾灭火设施与高压电气设备带电（裸露）部分的最小安全净距应符合现行行业标准《高压配电装置设计技术规程》DL/T 5352的有关规定。

7.5.2 保护汽轮发电机厂房内的油箱、油设施的水雾喷头宜设置在油箱或油设施四周的上方，水雾必须直接喷向被保护对象并完全覆盖油箱的表面或包络保护对象。

7.5.3 符合下列条件的敞开式电缆桥架应设置水喷雾灭火系统：

1 单摞超过4层；

2 水平相邻的两摞，相互净距不足1.5m，每摞超过3层；

3 一摞超过3层，另一摞超过2层，两摞之间的净距不足1.0m。

7.5.4 用于变压器的水喷雾灭火系统，应在雨淋阀前设管道过滤器。

7.5.5 设有自动喷水灭火系统或水喷雾灭火系统的建（构）筑物、设备的灭火强度及作用面积不应低于表7.5.5的规定。

表7.5.5 建（构）筑物、设备的灭火强度及作用面积

火灾类别	建（构）筑物、设备	自动喷水强度（L/min·m²）/作用面积（m²）	水喷雾强度（L/min·m²）	闭式泡沫-水喷淋强度（L/min·m²）/作用面积（m²）
液体	汽轮发电机运转层下	12/260	液体闪点60℃~120℃：20 液体闪点>120℃：13	≥6.5/465
	润滑油设备间			
	给水泵油箱			
	汽轮机、发电机及励磁机轴承			
	电液装置（抗燃油除外）			
	氢密封油装置			
	燃油辅助锅炉房			≥6.5/465
固体与液体	危险品库	15/260	15	—
电气	电缆夹层	12/260	13	—
	油浸变压器	—	20	—
	油浸变压器的集油坑	—	6	—

注：仓库类的自动喷水灭火强度应符合现行国家标准《自动喷水灭火系统设计规范》GB 50084的有关规定。

7.5.6 自动喷水灭火系统、水喷雾灭火系统的设计应符合现行国家标准《自动喷水灭火系统设计规范》GB 50084或《水喷雾灭火系统设计规范》GB 50219的有关规定。

7.6 消防排水

7.6.1 设有消防给水系统的建（构）筑物应设置消防排水设施。

7.6.2 变压器的消防排水流量，不应小于消防水设计流量与在20min内排放60%变压器油的排油流量之和；汽轮发电机润滑油箱所在房间和设有消防给水设施的仓库应设地面排水设施，其排水能力不宜小于最大消防给水设计流量。

7.6.3 易燃或可燃液体区域的排水管道应设置水封等限制火灾向外蔓延的措施。

7.7 泡沫灭火系统

7.7.1 油罐区宜采用低倍数泡沫灭火系统。

7.7.2 单罐容量大于200m³的油罐应采用固定式泡沫灭火系统；单罐容量小于或等于200m³的油罐可采用半固定式泡沫灭火系统。

7.7.3 泡沫灭火系统的设计应符合现行国家标准《泡沫灭火系统设计规范》GB 50151 的有关规定。

7.8 气体灭火系统

7.8.1 气体灭火剂的类型与气体灭火系统形式应根据被保护对象的特点、重要性、环境要求并结合防护区的布置，经技术经济比较后确定。有条件时宜采用组合分配系统。

7.8.2 气体灭火剂的设计用量宜设置 100%备用。

7.8.3 固定式气体灭火系统的设计应符合现行国家标准《气体灭火系统设计规范》GB 50370、《二氧化碳灭火系统设计规范》GB 50193 的规定。

7.9 灭火器

7.9.1 建（构）筑物及设备应配置灭火器并宜按表7.9.1确定其火灾类别及危险等级。

表 7.9.1 建（构）筑物及设备的火灾类别及危险等级

配置场所	火灾类别	危险等级
电缆夹层	E	中
配电间	E	中
电子设备间、控制设备间	E	中
网络继电器室、继电器室	E	中
蓄电池室	C	中
润滑油设备间	B	严重
电液装置	B	中
氢密封油装置	B	中
汽轮发电机组轴承	B	中
汽机运转层下各层	B	中
给水泵及油箱	B	严重
汽轮发电机厂房内主蒸汽管道与油管道交叉处	B	严重
汽轮发电机厂房电缆桥架附近	E	中
汽机发电机运转层	A、B	中
主、辅开关站（屋内，有充油设备）	A、B、E	中
室外油浸变压器	B	中
除盐水生产厂房	A	轻
海水淡化厂房	A	轻
辅助锅炉房	B	中
供氢站	C	严重
空压机房（有润滑油）	B	中
实验室	A	中
非放射性检修厂房	A、B	轻
循环水泵房及其他给水、排水泵房	A	轻
油脂库	B	中
机电仪器仪表库	A	中
备品备件库	A	中
工具库	A	中
危险品库	A、B、C	严重

7.9.2 严重危险级的场所，宜设推车式灭火器。

7.9.3 露天设置的灭火器应设置在灭火器箱内或置于遮阳棚下。

7.9.4 控制设备间、电子设备间、继电器室及主、辅开关站可采用干粉灭火器。

7.9.5 灭火器应布置在便于人员接近的通道处，宜靠近消火栓。灭火器附近应设置便于人员识别的指示牌。

7.9.6 灭火器的配置设计，应符合现行国家标准《建筑灭火器配置设计规范》GB 50140 的有关规定。

7.10 火灾自动报警与消防设备控制

7.10.1 常规岛应设置火灾自动报警系统。常规岛的火灾自动报警系统应与核岛火灾自动报警系统联网。汽轮发电机厂房、油浸变压器、油罐区及网络继电器室的灭火系统应能在核岛主控室手动控制。

7.10.2 常规岛宜按建筑物性质划分成若干火灾报警区域。

7.10.3 火灾探测器的选择及设计，除宜执行本规范第7.1.5条的规定外，尚应符合现行国家标准《火灾自动报警系统设计规范》GB 50116 的有关规定。

7.10.4 火灾报警控制器的容量和每一总线回路所连接的火灾探测器、控制模块及信号模块的地址编码总数，宜留有一定余量。

7.10.5 设有固定自动灭火系统的场所，宜采用同类型或不同类型探测器的组合。

7.10.6 手动报警按钮处宜设置电话插孔。

7.10.7 可燃气体的报警信号应接入火灾自动报警系统。

7.10.8 消防设施的就地启动、停止控制设备应具有明显标志，并应有防误操作保护措施。

7.10.9 汽轮发电机厂房的火灾自动报警系统宜符合下列规定：

　　1 具有联动功能的火灾报警控制器应设置在安全且便于操作的位置；区域显示盘宜设置在汽轮发电机厂房内便于监控并易于操作的位置；

　　2 配电间、通风机房、灭火控制系统操作装置处宜设置带有隔音室的消防专用电话，其选型应与核岛统一；

　　3 声警报器的声压级应高于背景噪声 15dB 且应区别于全厂其他报警信号。

7.10.10 在电缆桥架上设置缆式线型感温火灾探测器时，宜接触式布置。

7.10.11 油罐的火灾探测器及相关连接件应选用防爆型，油罐区宜设置摄像监视装置。

7.10.12 汽轮发电机组及变压器区域宜设置摄像监视装置，图像应能传送至核岛主控室。

7.10.13 火灾自动报警系统的设计，应符合现行国家标准《火灾自动报警系统设计规范》GB 50116 的有关规定。

8 采暖、通风和空调

8.1 采 暖

8.1.1 供氢站、危险品库、橡胶制品库、油脂库、蓄电池室、油泵房等，室内严禁采用明火和易引发火灾的电热散热器采暖。

8.1.2 当危险品库储存易燃易爆化学品时，其房间内采暖热媒温度不应超过 95℃。

8.1.3 采暖管道与可燃物之间应保持一定距离。当热媒温度大于 100℃时，二者距离不应小于 100mm 或应采用不燃材料隔热；当热媒温度小于或等于 100℃时，二者距离不应小于 50mm。

8.1.4 变压器室、配电间等电气房间内不应布置采暖等压力汽、水管道。

8.1.5 蓄电池室的采暖散热器应采用钢制散热器，管道应采用焊接，室内不应设置法兰、丝扣接头和阀门。采暖管道不宜穿过蓄电池室楼板。

8.1.6 室内采暖系统的管道、管件及保温材料应采用不燃材料。

8.1.7 室内禁止采用任何沥青类材料作为采暖系统管道保温的保护层及防水防潮层。

8.1.8 危险品库、供氢站内设备的绝热材料应采用不燃材料。

8.2 通 风

8.2.1 氢冷式发电机组的汽轮发电机厂房屋面应设置连续排氢装置，排氢点应设在发电机所在区域厂房的最高点。采用电动或有电动执行器的排氢装置时，应采取防爆措施。

8.2.2 蓄电池室应设置机械通风，室内空气不应循环使用，室内应保持负压。通风机及其电机应为防爆型，并应采用直联联接。上部排风口应贴近顶棚，其上缘距顶棚不应大于 0.1m，排风口应接至室外。蓄电池室送风机和排风机不应布置在同一风机室内；当采用新风机组且送风机在箱体内时，送风机可与排风机布置在同一个房间。

8.2.3 免维护式蓄电池室应设置机械通风装置，其平时通风换气次数不应少于 3 次/h，当夏季通风不能满足设备对室内温度的要求时，应设置降温装置，并应避免送风口直吹蓄电池。

8.2.4 当润滑油间、润滑油传送间等室内有油气产生并存在爆炸可能性的房间采用机械通风时，室内空气不应再循环使用，室内应保持负压，通风设备应采用防爆型，风机与电机应采用直联联接。当送风机设置在单独隔开的通风机房内或室外时，且在送风风管上设置逆止阀时，送风机可采用普通型。

8.2.5 氨水及联氨储存间、化学加药间应设置排风装置。当采用机械排风时，排风设备应采用防爆型，风机与电机应采用直联联接。

8.2.6 配电间等电气房间应设置事故后排风机，其电源开关应设在发生火灾时能安全方便切断的位置。

8.2.7 供氢站的电解间、储氢间应设置排风装置。室内空气不应循环使用，机械排风的设备应采用防爆型，风机与电机应直联联接。

8.2.8 油脂库中储油房间通风系统的通风机及电机应为防爆型，并应采用直联联接。

8.2.9 辅助锅炉房中的油泵房、通行和半通行的油管沟通风，室内空气不应循环使用，当采用机械通风时，通风设备应采用防爆型。油泵房排风道不应设在墙体内，并不宜穿越防火墙；当必须穿越防火墙时，应在穿墙处设置防火阀。

8.2.10 油系统所在房间的通风系统的风管及其部件均应采用不燃材料并设置导除静电的接地装置。

8.2.11 通风系统所采用的材料，防火阀的设置应符合本规范第 8.4 节中的相关规定。

8.2.12 危险品库应根据储存危险品的性质确定通风方式及防火安全措施。当储存甲、乙类液体时，室内空气不应循环使用，送风机与排风机不应布置在同一通风机房内，排风机不应和其他房间的送、排风机布置在同一通风机房内。

8.2.13 排除含有比空气轻的可燃气体与空气的混合物时，其排风水平管全长应顺气流方向向上坡度敷设。

8.2.14 易燃易爆气体或液体管道不应穿过通风机房和通风风管，且不应紧贴通风风管的外壁敷设。

8.2.15 燃油辅助锅炉房应设置自然通风或机械通风设施。当设置机械通风设施时，应采用防爆型并设置导除静电的接地装置。燃油辅助锅炉房的正常通风量应按换气次数不少于 3 次/h 确定。

8.2.16 当制氯过程中有氢气产生时，制氯站通风系统设计应符合本规范第 8.2.7 条的规定。

8.2.17 产生易燃易爆气体的实验室应设置通风柜及机械排风装置。排风机和电机应防爆且直联联接。

8.2.18 非放射性污水处理构筑物中的含油废水处理站、污水处理站应设置机械通风装置。室内空气不允许再循环使用。通风机和电机应为防爆式，并应采用直联联接。

8.2.19 每个防火分区或防火分隔宜设独立的通风系统，当该防火分区或防火分隔设有火灾自动报警系统时，通风系统应与其连锁，发生火灾时，应能自动切断通风机的电源。

8.2.20 火灾危险性较大的房间或设置气体灭火的房间，当发生火灾时，其通风系统应能自动关闭，并应设置火灾后排风系统。

8.2.21 火灾后排风系统的设置应符合下列规定：

1 与空调系统宜分开设置；

2 机械通风系统在系统服务区以外方便处，应设控制开关；

3 宜采用专设固定排风系统，当布置困难时，可设移动式排风系统；

4 采用机械排风时，排风量可按房间换气次数不少于 6 次/h 计算；

5 排风口应远离通风、空调系统的新风口，离开的程度必须足以防止新风口吸入烟气或燃烧产物。排风口的风速不宜大于 10.0m/s；

6 排风机状态信号宜送至火灾自动报警系统；

7 排风机的全压应满足排风系统最不利环路的要求。其排风量应考虑 10%～20% 的漏风量；

8 排风风管内的风速应符合下列规定：采用金属风管时，不宜大于 20.0m/s；采用非金属风管时，不宜大于 15.0m/s；

9 设备、阀门、风管、风口等必须采用不燃材料制作。

8.2.22 事故通风的通风机，应分别在室内、外便于操作的地点设置电器开关。

8.2.23 排除、输送有燃烧或爆炸危险混合物的通风设备和风管，均应采取防静电接地措施（包括法兰跨接），不应采用容易积聚静电的绝缘材料制作。

8.3 防、排烟

8.3.1 采用自然排烟的封闭楼梯间，每 5 层内可开启排烟窗的总面积不应小于 2.0m²。

8.3.2 作为自然排烟的窗口宜设置在房间的外墙上方或屋顶上，顶部距室内地面不应小于 2m，并应有方便开启的装置。

8.3.3 不具备自然排烟条件的封闭楼梯间应设置机械加压送风防烟设施。

8.3.4 封闭楼梯间内机械加压送风防烟系统维持的正压值应为 40Pa～50Pa。加压送风口宜每隔 2 层～3 层设置 1 个。送风口的风速不宜大于 7.0m/s。防烟楼梯间应符合现行国家标准《建筑设计防火规范》GB 50016 有关防烟楼梯间的规定。

8.3.5 机械加压送风风管内的风速应符合下列规定：

1 采用金属风管时，不宜大于 20.0m/s；

2 采用非金属风管时，不宜大于 15.0m/s。

8.3.6 防烟系统设备、阀门、风管、风口等必须采用不燃材料制作。

8.3.7 经常有人操作的控制室应考虑排烟，当自然排烟的条件无法满足要求时，应设置机械排烟设施，机械排烟系统的排烟量可按房间换气次数不少于 6 次/h 计算，室内排烟口宜设置在能有效地排除有害气体的位置。

8.4 空 调

8.4.1 凡设有火灾自动报警系统的厂房，空调系统

的设备应与火灾自动报警系统连锁，并应具有火灾时能立即停运的功能。

8.4.2 空调系统的新风口应远离废气口和其他火灾危险区的排烟口和排风口。

8.4.3 当系统中设置电加热器时，电加热器的开关应与通风机的启停连锁控制，并应设置超温断电保护信号、欠流保护信号等，温控器设定值应在 90℃ 以下。电加热器前、后 800mm 范围内，风管及保温材料应采用不燃材料，不应设置消声器、过滤器等设备。

8.4.4 下列情况之一的通风、空调系统的风管上应设置防火阀：

1 穿越防火分隔、防火分区处；

2 穿越通风、空调机房的房间隔墙和楼板处；

3 穿越重要的设备房间或火灾危险性大的房间隔墙和楼板处；

4 穿越变形缝处的两侧；

5 每层水平干管同垂直总管交接处的水平管段上；

6 穿越管道竖井（防火）的水平管段上。

8.4.5 防火阀的设置应符合下列规定：

1 防火阀的易熔片和其他感温、感烟等控制设备一经作用，防火阀应能顺气流方向自行严密关闭，并应采取设置单独支吊架等防止风管变形影响关闭的措施；

2 防火阀宜靠近防火分隔处设置，并宜便于检修；

3 防火阀暗装时，应在安装部位设置检修口；

4 在防火阀两侧各 2.0m 范围内的风管应为加厚至 2mm 的钢板，风管的保温材料应采用不燃材料，穿越处的空隙应采用防火封堵材料封堵。

8.4.6 通风、空调系统的风管及其附件应采用不燃材料，接触腐蚀性介质的风管和柔性接头可采用难燃材料，设备和风管的绝热材料应采用不燃材料。

8.4.7 用于加湿器的加湿材料、消声材料及其粘结剂，宜采用不燃材料，当确有困难时，可采用燃烧产物毒性较小且烟密度等级小于或等于 50 的难燃材料。

8.4.8 冷水管的绝热材料应采用不燃材料或 B1 级难燃材料。

9 消防供电及照明

9.1 消 防 供 电

9.1.1 消防供电电源应能满足设计火灾持续时间内消防用电设备可靠供电的要求。

9.1.2 火灾自动报警系统的消防供电应符合下列规定：

1 应设有主电源和备用直流电源，保证在消防

系统处于最大负载状态下不影响火灾自动报警系统的正常工作及机组大修期间火灾自动报警系统的继续供电；

2 常规岛火灾自动报警系统正常运行方式下由 UPS 主电源 220V 交流供电；事故状态下由本身带有的蓄电池供电，其连续工作时间不应低于 8h。

9.1.3 常规岛内的消防稳压泵、排烟风机及加压风机应按 I 类负荷供电。

9.2 照 明

9.2.1 工作场所应按表 9.2.1 的规定设置备用照明或疏散照明。

表 9.2.1 需装设应急照明的场所

工作场所		应急照明	
		备用照明	疏散照明
汽轮发电机厂房	运转层	√	—
	凝汽器、凝结水泵、闭式冷却泵、电动给水泵、润滑油主油泵	√	—
	润滑油转运间	√	—
	通风厂房	√	—
	树脂再生间	√	—
	发电机出线小室	√	—
	除氧间除氧器层	√	—
	除氧间管道层	√	—
化学车间	除盐水生产厂房控制室	√	—
	化学加药间控制室	√	—
	供氢站	√	—
电气车间	配电间	√	—
	蓄电池室	√	—
	直流配电室	√	—
	主开关站	√	—
	辅助开关站	√	—
	网络继电器室	√	—
	不停电电源配电室	√	—
给排水系统	泵房控制室	√	—
	取水构筑物	√	—
	非放射性污水处理构筑物	√	—
通道楼梯及其他	地下室疏散通道	—	√
	主要楼梯间	—	√
	辅助锅炉房（含油泵房）	√	—

注："√"表示应设置。

9.2.2 汽轮发电机厂房内应设置备用照明系统和疏散照明系统，备用照明系统应由应急母线供电，疏散照明系统应采用蓄电池直流供电。

9.2.3 辅助建筑物技术类厂房内应设置备用照明系统和疏散照明系统，备用照明系统应由应急照明柜供电，疏散照明系统应采用蓄电池直流供电；非技术类厂房应设置自带电源的应急灯疏散照明系统。

9.2.4 表 9.2.1 中所列工作场所的通道出入口处应装设疏散照明。

9.2.5 疏散通道和安全出口应设置消防应急照明和疏散指示标志。

9.2.6 当备用照明或疏散照明采用直流供电时，应采用能瞬时可靠点燃的光源，当采用交流供电时，宜采用荧光灯。

9.2.7 应急灯的选择应根据不同环境的要求分别选用开启式、防水防尘式、隔爆式；其放电时间不应小于 1.0h。

9.2.8 备用照明工作面上的最低照度值不应低于正常照明照度值的 10%。在主要通道地面上的疏散照明的最低照度值不应低于 1 lx。

9.2.9 当照明灯具表面的高温部位靠近可燃物时，应采取隔热及散热等防火保护措施。配有卤钨灯光源的灯具，其引入线应采用瓷管、矿物棉等不燃材料作隔热保护。

9.2.10 超过 60W 的白炽灯、卤钨灯、高压钠灯、金属卤化物灯和荧光高压汞灯（包括电感镇流器），不应直接安装在可燃装饰材料上。可燃物品库房不应设置高温照明灯具。

9.2.11 建筑物内设置的应急照明灯具、安全出口标志灯及安全疏散安全标志，除应符合本规范的规定外，尚应满足现行国家标准《消防安全标志》GB 13495 和《消防应急照明和疏散指示系统》GB 17945 的有关规定。

本规范用词说明

1 为便于在执行本规范条文时区别对待，对要求严格程度不同的用词说明如下：
　　1） 表示很严格，非这样做不可的：
　　　　正面词采用"必须"，反面词采用"严禁"；
　　2） 表示严格，在正常情况下均应这样做的：
　　　　正面词采用"应"，反面词采用"不应"或"不得"；
　　3） 表示允许稍有选择，在条件许可时应首先这样做的：
　　　　正面词采用"宜"，反面词采用"不宜"；
　　4） 表示有选择，在一定条件下可以这样做的，采用"可"。

2 条文中指明应按其他有关标准执行的写法为：

"应符合……的规定"或"应按……执行"。

引用标准名录

《建筑设计防火规范》GB 50016

《石油库设计规范》GB 50074

《自动喷水灭火系统设计规范》GB 50084

《火灾自动报警系统设计规范》GB 50116

《建筑灭火器配置设计规范》GB 50140

《泡沫灭火系统设计规范》GB 50151

《氢气站设计规范》GB 50177

《二氧化碳灭火系统设计规范》GB 50193

《水喷雾灭火系统设计规范》GB 50219

《建筑内部装修设计防火规范》GB 50222

《气体灭火系统设计规范》GB 50370

《消防安全标志》GB 13495

《消防应急照明和疏散指示系统》GB 17945

《厂矿道路设计规范》GBJ 22

《高压配电装置设计技术规程》DL/T 5352

中华人民共和国国家标准

核电厂常规岛设计防火规范

GB 50745—2012

条 文 说 明

制 定 说 明

《核电厂常规岛设计防火规范》GB 50745—2012，经住房和城乡建设部 2012 年 1 月 21 日以第 1272 号公告批准发布。

本规范为首次制定。在制定过程中，编制组收集并研究了国内外火灾案例，深入国内三大核电基地开展实地调研，总结了我国核电厂常规岛消防设计的多年实践经验，征求各方的意见数百条，在遵循我国核电厂建设的方针、政策、标准，充分协调与我国消防标准之间的关系，借鉴国际相关标准的基础上规定了核电厂常规岛防火设计的主要原则、技术参数。

为便于设计、施工、监督、运行等单位的有关人员在使用本规范时能够正确理解和执行条文规定，编制组按章、节、条编写了本规范的条文说明，对条文规定的目的、依据以及执行中需要注意的事项进行了说明。本条文说明不具备与规范正文同等的法律效力，仅供使用者理解、把握本规范条文内容的参考。

目　次

1 总 则

1.0.1 核能已成为人类使用的重要能源，核电是电力工业的重要组成部分。由于核电不造成对大气的污染排放，在人们越来越重视地球温室效应、气候变化的形势下，积极推进核电建设，是我国能源建设的一项重要政策，对于满足经济和社会发展不断增长的能源需求，保障能源供应与安全，保护环境，实现电力工业结构优化和可持续发展，提升我国综合经济实力、工业技术水平和国际地位，都具有重要的意义。

自 20 世纪 50 年代中期第一座商业核电厂投产以来，核电发展已历经 50 年。根据国际原子能机构 2005 年 10 月发表的数据，全世界正在运行的核电机组共有 442 台，其中：压水堆占 60%，沸水堆占 21%，重水堆占 9%，石墨堆等其他堆型占 10%。这些核电机组已累计运行超过 1 万堆·年。全世界核电总装机容量为 3.69 亿 kW，分布在 31 个国家和地区；核电年发电量占世界发电总量的 17%。我国是世界上少数几个拥有比较完整核工业体系的国家之一。为推进核能的和平利用，20 世纪 90 年代国务院作出了发展核电的决定，经过三十多年的努力，我国核电从无到有，得到了很大的发展。自 1983 年确定压水堆核电技术路线以来，目前在压水堆核电厂设计、设备制造、工程建设和运行管理等方面已经初步形成了一定的能力，为实现规模化发展奠定了基础。根据保障能源供应安全，优化电源结构的需要，统筹考虑我国技术力量、建设周期、设备制造与自主化、核燃料供应等条件，到 2020 年，核电运行装机容量争取达到 4000 万 kW。

常规岛为汽轮发电机组及其配套设施的统称，其核心为汽轮发电机组，配套设施包括电力变压器、开关站、空气压缩机、循环水制备、凝结水处理、冷却设施、仓储等，其中的一些配套设施可以理解为 BOP，基本上为无放射性的非安全重要物项。常规岛建筑是核电厂中技术类厂房，是核电厂发电生产链中不可或缺的重要一环。它类似于燃煤发电厂，因处于特殊的核电环境之下，又有别于常规的燃煤电厂，尤其是在消防设施的配置上。据《核保险技术性风险评价手册》统计，核电厂火灾在保险事故中的比例为 24%。汽轮发电机厂房年度发生火灾概率 1.2×10^{-1}。资料表明，核电厂汽机房的火灾风险经常被低估或没有被认识到，根据对 1971～1993 年期间发生的 9 起重大汽机房火灾事件统计分析，"每两年半的时间发生一起严重的汽机房火灾"。运行经验已经表明，汽机房是火灾、爆炸和水淹的主要发生地点。由于核工业还处于起始发展阶段，汽轮机失效的危害比通常认为的要高得多。有文献指出"汽机房是美国核电厂火灾的主要发生地点"。

常规岛一旦发生火灾后，直接损失和间接损失都很大，直接危及社会安全和稳定。因此，为了确保核电厂的建设能够符合未来安全运行的需要，防止、减少火灾危害，保障生命财产的安全，制定核电厂常规岛防火规范、做好核电厂的防火设计是十分必要的。

1.0.2 本条规定了本规范的适用范围。世界核电几十年的发展史表明，核电厂种类多，系统复杂，远非常规燃煤火电厂可比。但是，无论怎样变化，多半是围绕核反应堆进行，常规岛的型式相对常规，变化不大。

目前，世界范围的核电厂机组容量都不是很大，运行中的单台机组发电容量多为 1000MW 左右，不超过 1100MW。第三代先进反应堆的 AP1000，发电容量预计在 1300MW 以内。我国核电厂从 300MW 至 1000MW 机组的范围较大，已掌握核心技术的 M310 机组，电功率最大约 1120MW，AP1000 机组和 EPR 机组出力较大，但尚未建成。根据这一现实情况，本规范将使用范围的上限界定为百万级，包括单机发电容量 1300MW。也就是说，现阶段本规范适用于新建、扩建的陆地机组单机发电容量 1300MW 及以下的核电厂常规岛。当汽轮发电机组单机发电容量超过 1300MW 时可参照执行或进行专题论证。

核电厂改建情况极少发生，不予考虑。

1.0.3 鉴于核电厂的特殊地位、重要性及核电一贯倡导的安全理念，本条强调在消防设计中要贯彻执行国家和核电建设的有关方针政策，其主要内容是"预防为主，防消结合"的方针和"纵深防御"的原则。前者是《中华人民共和国消防法》规定的大方针，后者是国内外核工业领域遵循的消防基本原则，本质上，二者是统一的，后者是针对核电工业的消防方针的细化，在核电厂核岛中，防消结合应该广义理解，二者是有机的结合，并非绝对的结合。核安全是核电厂设计、建造、营运和退役等各个阶段所采取的措施的总和，一直是核电建设重点强调的，其中包括消防安全方面的要求。

核安全的目的是：保护工作人员、社会和环境免遭放射性伤害；确保正常运行并限制厂内放射性照射在合理可行尽量低的水平并低于国家的限值；建立充分的信心，防止发生事故，确保发生带严重放射性后果的事故的概率极低。

核电工业倡导的纵深防御理念，凸显了核电安全的特征。为了贯彻纵深防御理念，要实现三个目标：

1 防止发生火灾；

2 快速探测并扑灭确已发生的火灾，从而限制火灾的损害；

3 防止尚未扑灭的火灾蔓延，从而将火灾对核电厂安全重要功能的影响降至最低。

纵深防御的理念与我国推行的消防方针目的是一致的，前者所要达到的目标也与消防方针相吻合。为了做好核电厂的消防设计，需要采用新技术、新工艺、新材料和新设备，以不断地提高核电厂消防安全的水平，但同时，又必须持谨慎的态度，务必注意采用的技术、产品是成熟、可靠并经过法定部门检验且经实践考验的，否则，不仅不能保证核电厂的安全，还可能形成安全隐患并造成更大的经济损失。在防火设计中，还要求设计、建设和消防监督部门的人员密切配合，从积极的方面预防火灾的发生和蔓延，做到防患于未然，这对减少火灾损失、保障人民生命财产的安全具有重大意义。

核电厂的安全固然重要，但是也要正视常规岛的设防程度，不能一味不加限制地提高标准，应从技术、经济两方面出发，正确处理好生产和安全、重点和一般的关系，积极采用行之有效的先进防火技术，切实做到既促进生产、保障安全，又方便使用、经济合理。

1.0.4 本规范属专业标准，针对性很强，本规范在制定和修订中已经与国家相关标准进行了协调，因而在使用中一旦发现同样问题本规范有规定但与其他标准有不一致处时，必须遵循本规范的规定。

考虑到消防技术的飞速发展，工程项目的多变因素，本规范还不能将各类建筑、设备的防火防爆等技术全部内容包括进来，在执行中难免会遇到本规范没有规定的问题，因此，凡本规范未作规定者，应该执行国家现行的有关消防标准的规定（如《建筑设计防火规范》GB 50016、《氢气站设计规范》GB 50177等），必要时还应由有关部门组织专题论证、试验等工作，并按照规定程序审批。

2 术 语

本章列出了常规岛等六个术语，它们对应了六种建筑。这些建筑均为核电厂中的技术类厂房，这些术语在常规岛的设计、建设、安装等过程中被经常使用，明确它们的内涵，是有效使用本规范的重要前提。

"常规岛"一词，区别于"核岛"，在核电厂建设中，经常被口语化地使用，它不是单一的建筑，而是核电厂最重要的建筑范畴，有着丰富的内涵。从功能上看，常规岛涵盖的建筑，与常规燃煤发电厂的某些建筑相类似，然而因为所处环境的不同，就具有了更为特殊的意义，不仅在功能方面要达到一定的要求，而且在安全设防方面也要给予高度的重视。

3 建（构）筑物的火灾危险性分类及耐火等级

3.0.1 核电厂常规岛及其配套设施的建（构）筑物的火灾危险性分类及耐火等级根据《建筑设计防火规范》GB 50016 及调查总结国内外运行的核电厂的生产及储存性质确定的。本条为强制性条文，必须严格执行。

汽轮发电机厂房一般由汽轮发电机及各层平台、通风间、配电间、各系统设备管路、电缆桥架等组成（个别核电站将冷却水厂房与汽轮发电机厂房合并布置）。电缆的火灾危险性属于丙类，但电厂的电缆均采用的是阻燃电缆或耐火电缆并且电缆部分所占面积较小；发电机的排氢有专用的管道排至室外安全处，且汽轮机厂房有机械通风设置或自然通风设施，屋面系统设有通风设施，故汽轮发电机厂房的火灾危险性可确定为丁类。

汽轮发电机厂房布置地下室的类型很多，并且近年来在建的项目（如参考法国目前在建的 FA3 的台山三代核电 EPR，浙江三门 AP1000），地下部分都是采用钢结构，但考虑到地下建筑一旦发生火灾，人员疏散和灭火难度较大，更主要的是对于汽轮发电机厂房的结构安全造成威胁，因此对于地下部分的耐火等级应该有所提高。

核电厂的非放射性检修类厂房的面积通常较大，类别也多，一般包括铆焊车间、金工车间、仪电检修车间。检修的对象一般是阀门、管道、仪表、盘柜等设备，绝大多数为不燃烧材料，车间内的可燃物也很少，虽然检修过程中有电焊产生的火花，但不易引起火灾。

目前国内外核电厂无论是 EPR、CPR、AP1000 均采用冗余、多样性、非能动的设计理念，加上核电厂的运行管理不同于常规火电厂，使得核电厂备品备件的储存量大，种类多，一般根据储存物品的性质及火灾危险性可分为：备品备件库、工具库、橡胶制品库、危险品库、精密仪器仪表库。

1 备品备件库储存的物品通常为：生铁、钢材、管道、阀门、泵类、机电设备、玻璃丝类保温材料等，火灾危险性相似，故确定为丁类。

2 工具库一般为检修用的常用工具和专用工具等，火灾危险性较低，确定为戊类。

3 橡胶制品库通常是工艺管道密封垫、密封圈，用于加工用的橡胶板材等，这些橡胶产品根据使用性质一般具有耐油、耐酸碱、耐磨、抗拉、抗撕裂、减振、阻燃、导电及耐高温等特点。考虑目前天然橡胶还是最好的通用橡胶，高端橡胶制品多数还是来源于天然橡胶，因此橡胶制品库的火灾危险性确定为丙类比较合适。

4 危险品库一般储存化学类产品：丙烷、氢气、六氟化硫、高锰酸钾、硝酸铵、溶剂、乙炔、氧气等，储存的数量少，但火灾危险性还是较大的，因此这部分的火灾危险性确定为甲类。

5 机电仪器仪表库储存了备用的仪表、仪器、各种盘柜等精密仪器，一旦发生火灾对系统的恢复产生的影响大，因此其火灾危险性为丁类，耐火极限应为一级。

油脂库储存的多为润滑油，而用于应急柴油发电机的火灾危险性较大的柴油罐区为单独布置，油脂库储存的油类，其火灾危险性多为丙类。

核电厂内除了核岛设置有全厂应急柴油发电机外，个别项目常规岛也设置有柴油发电机，以田湾核电站为例，此类柴油发电机仅为常规岛服务，其建筑物的耐火等级和火灾危险性等同于常规火电，考虑此非主流模式，未列入表中。

3.0.2 汽轮发电机厂房的屋面一般为钢屋架或钢梁结构，从常规火力发电站火灾情况调查中可以看出，汽轮机头部主油箱、油管路火灾发生的概率较大，在核电厂中，这些危险部位位于厂房空间的中部位置，如果发生火灾将对屋面结构造成影响。由于汽轮发电机厂房的内部贯彻核电站"纵深防御"的消防理念，火灾危险性较大的房间都划分了防火分隔，保证了该空间内部如果发生火灾不会蔓延到外部，如火灾危险性较大的汽机油箱、油泵及冷油器常常布置在同一个防火分隔内。因此对于汽轮发电机厂房（防火分隔以外）屋面外露的钢结构框架不采取防火保护是能满足消防要求的。

3.0.3 多年来，非承重的外围护构件和屋面采用金属板或金属复合板在电站中应用很普遍，复合板的芯板多为超细玻璃丝绵、岩棉、聚氨酯、聚苯乙烯板等，其中超细玻璃丝棉、岩棉耐火性能较好。聚氨酯、聚苯乙烯板作为芯材与其他有机高分子材料一样是一种可燃性较强的聚合物，硬质聚氨酯泡沫塑料的密度小，绝热性能好，暴露面比其他材料大，因此更容易燃烧，只有添加阻燃剂才能满足自熄型材料的要求，而阻燃剂的添加又影响到产品的造价。目前常用的卤系阻燃剂的毒性问题受到越来越多的关注，新型无卤阻燃剂价格偏高，因此目前这类板材检验合格，而到现场的产品大多不合格的现象很普遍，由于不慎引燃聚氨酯泡沫塑料而导致火灾的事件时有发生，而核电厂的任何火灾都会对社会产生强烈的影响，故本规范规定复合板的芯材不得低于B1级。

3.0.4 本条是关于汽轮发电机厂房屋面板材质的规定。

3.0.5 核电厂的火灾事故统计中，电缆火灾占的比例较大，电缆夹层又是电缆比较集中的地方，因此要求对电缆夹层的承重构件进行防火处理，以减少火灾造成的损失。

3.0.6 本条是关于其他厂房电缆竖井等围护结构的规定。

3.0.7 本条是关于建（构）筑物构件的燃烧性能和耐火极限的规定。

4 总平面布置

4.0.1 核电厂厂区的用地面积较大，常规岛建（构）筑物的数量较多，并且建（构）筑物的重要程度、生产方式、火灾危险性等方面的差别较大，因此，宜将常规岛划分为若干区域，突出防火重点，做到火灾时能有效地控制火灾范围，尤其能够有效地控制易燃、易爆建（构）筑物与外界的联系，保证核电厂的关键建（构）筑物、设备和工作人员的安全，避免发生连锁性损坏。常规岛总平面布置通常分为汽轮发电机厂房、变压器区、开关站、供氢站（含贮氢罐）、油罐区、冷却水区（含循环水泵房）、水处理区、仓库区等防火区域。

根据现行行业标准《火力发电厂总图运输设计技术规程》DL/T 5032—2005 中第 5.1.7 条，将易爆、易燃、可燃的建（构）筑物布置在厂区边缘地带，一旦发生事故，可保证人身和生产安全，使损害减少到最低程度。

4.0.2 油浸变压器同汽轮发电机厂房、屋内开关站、网络继电器室在工艺流程上有着紧密的联系。上述建筑同油浸变压器的间距，直接关系到投资、用地及电能损失多少。根据多年发电行业的设计实践经验，将油浸变压器与汽轮发电机厂房、开关站、开关控制楼的间距，区别于油浸变压器与其他的火灾危险性为丙、丁类及戊类建筑的间距。

4.0.3 油罐区域贮存的油品多为柴油，属可燃油品，该油品有流动性，容易扩大蔓延。围在油罐区围栅（或围墙）内的建（构）筑物包括卸油栈台、供卸油泵房、油罐、防火围堤，含油污水处理站可在其内，也可以在其外。布置在核电厂内的油罐区，应设置1.8m高的围栅；当布置在厂区边缘处时，其外侧应设置 2.5m 高的实体围墙。

4.0.4 供氢站和贮氢罐属散发可燃气体的甲类厂房和贮罐，如距离明火或散发火花地点过近，容易引起燃烧或爆炸事故。因此，应远离散发火焰、火花的地点，宜设在人流、车流较少的厂区边缘地带。建议有条件的核电厂购买成品氢。

4.0.5 根据核电厂常规岛建（构）筑物火灾危险性及耐火等级，并依据现行国家标准《建筑设计防火规范》GB 50016 编制此表。

4.0.6 常规岛防火区域之间的间距，指两区域建（构）筑物边缘之间的距离。区域之间一般设有消防车道，便于消防车通过或停靠，发生火灾时能够有效地控制火灾区域。对重点防火区域汽轮发电机厂房（含核岛）、开关站、油罐区周围应设置环形消防车道；其他建（构）筑物周围宜设置环形消防车道。消防车道可利用厂内交通道路。

4.0.7 从核电厂安全角度考虑，火灾发生时，为避免火灾时出现较多人员、车辆阻碍厂外救援消防车通行，必须设置两个不同方向的出入口。按照我国目前的消防车型，道路转弯半径为9m，基本可以满足消防车通行要求。

5 建（构）筑物的防火分区、安全疏散和建筑构造

5.1 建（构）筑物的防火分区

5.1.1 本条为强制性条文，必须严格执行。汽轮发电机厂房由于工艺的布置情况往往是一个大的3层～4层的厂房（个别项目局部5层或地下2层～3层），内部各层平台相通的，将厂房内一些电缆竖井、电缆夹层、电子设备间、配电间、蓄电池室、通风设备间、润滑油间、润滑油转运间形成单独防火分隔，可以将整个汽轮机发电厂房的火灾危险性降低。

5.1.2 非放射性机修车间主要以设备检修为主，也有和其他库房合并布置的情况。一般检修部分含有检修、机加、铆锻焊等车间，火灾危险性较小。通常大型设备检修间及机加工车间共用两台吊车，两车间之间仅以3m高左右的隔墙分隔，此性质相似且火灾危险性相同的可视为相同的一个机修车间，可根据布置情况划分一个防火分区。

5.1.3 电缆隧道以及综合管沟等的火灾危险性较大，因此控制每个防火分区的长度和每个防火间隔的长度可以满足安全疏散要求并对控制火灾起到很好的作用。

5.1.4 核电厂储存库房的建筑面积较大，其中，丙类库房由于火灾危险性较大，有条件时应该单独布置。

目前在实际工程中，往往根据生产运行管理的要求综合布置库房，综合库房的储存物品往往以火灾危险性较小的生铁、钢材、管道、阀门、泵类、机电设备、玻璃丝类保温材料为多数，机加类也多为铆焊车间、金工车间。这里还有一部分丙类物品库房，如火灾危险性为丙类的橡胶制品类和部分丙类的化学品类库房。以岭澳二期和红沿河项目为例，AB库（机加仓库）的建筑面积分别为13519m² 和16403m²，其中橡胶制品库的面积分别为1647m² 和1035m²，大亚湾和岭澳一、二期都是这种布置方式；并且这些丙类库房均采用单独的防火分区和气体灭火。

5.1.5 本条为强制性条文，必须严格执行。核电厂的甲、乙类库房多储存乙炔、丙烷库、氧气库、高锰酸钾、硝酸铵、溶剂等，但储存量都不大，以大亚湾核电厂为例，乙炔气瓶、氧气瓶的储存量一般分别不超过30瓶，氢气瓶的储存量不超过20瓶，而常用的硝酸铵等也只有几瓶的储存量，并且均以单独的房间布置；红沿河核电厂的氧气库的建筑面积30m²、乙炔库建筑面积35m²、氢气库的建筑面积47m²，因此可与其他丁、戊类库房毗邻布置，但是甲、乙类库房部分应该严格按照现行国家标准《建筑设计防火规范》GB 50016的要求采取防爆泄压设计。

5.2 厂房（库房）的安全疏散

5.2.1 汽轮发电机厂房常规布置一般分为0.00米层、夹层、运转层，也有的地下部分2层～3层布置了冷却水泵房，厂房的高度一般不超过40m。从人员疏散角度，核电厂的汽轮机发电厂房与常规火电不同的是：常规火电厂主厂房区域布置了集中控制室，而集中控制室的人员是比较集中的，而核电厂的集中控制室布置在核岛范围内，核电厂的汽轮机发电厂房平时只有检修巡视的少量人员，即使停机大修或检修时检修人员的数量也是有限的，和其他生产密集型的工业建筑不同，并且目前核电厂的布置特点是每台机一个汽轮机发电厂房，依据现有的百万级机组以及今后发展的趋势可以判断汽轮机发电厂房的规模能够满足疏散要求并且与现行国家标准《建筑设计防火规范》GB 50016—2006 第3.7.4条的要求是相协调的，故规定地上部分厂房内最远工作地点到外部出口或疏散楼梯的距离不宜大于75m，并且其安全出口应均匀布置；但地下部分的疏散距离不应大于45m。

5.2.2 根据法国电力标准《压水堆核电站设计和建造规则——防火部分》RCC-I-97（以下简称"法国标准RCC-I-97"）对于防火分区与疏散通道的要求："主疏散通道应隔离或为防火楼梯，并有隔墙进行保护，构成一个防火分区。"疏散楼梯是该汽轮发电机厂房消防救援和人员疏散的重要通道，必须符合防火分隔的设计要求，这也是和汽轮发电机厂房防火分隔的划分标准统一的。室外疏散楼梯按现行国家标准《建筑设计防火规范》GB 50016的规定是符合疏散要求的。

5.2.3 本条规定了其他厂（库）房以及电缆隧道安全出口布置的原则。建筑物内的防火分区中发生火灾时，相邻防火分区可作第二安全出口。

5.2.4 主、辅开关站的布置和常规火力发电厂的屋内配电装置（GIS）相似，由于这类电气建筑的工艺布置的特殊性，控制室内最远工作地点到最近安全出口的直线距离不应大于30m能满足疏散要求。

5.2.5 本条文规定了除主、辅开关站之外的其他厂房内配电装置室的疏散要求。配电装置室指的是动力配电部分，通常包括：高（低）压配电间、MCC配电间、MPC间、PC间、热控配电间等；近年来工程设计中，常将各个配电间互相嵌套，最里面的房间需要通过很多的房间才能疏散到安全区域，这样的布置形式无论在消防救援还是人员疏散方面都存在很大的安全隐患；另外规定了"长度大于7m时疏散出口的数量不应少于2个。"使得此类房间的布置更加合理。

5.3 建 筑 构 造

5.3.1 前室的作用是防烟和作为人群进入楼梯间的缓冲空间，丁、戊厂（库）房的疏散楼梯之所以可以

不设置前室，主要是根据这些厂房的人员较少、火灾危险性小的特点；采取了加压送风等防烟措施后，疏散楼梯是可以满足疏散要求的。

5.3.2 疏散楼梯是人员疏散和消防救援的重要通道，核电厂的工艺管道较多，工艺布置时有穿越疏散楼梯的方案，因此作此强制性规定，以确保疏散楼梯的消防功能，必须严格执行。

5.3.3 本条主要根据前苏联规范《核电厂设计防火标准》BCH 01-87 的规定、我国现行行业标准《核电厂防火准则》EJ/T 1082—2005 等标准为依据。目前已经运行的田湾核电站、大亚湾、岭澳等项目均按此规定执行。按照我国目前核电厂欧洲 EPR 的四列冗余的安全设计理念或西屋 AP1000 非能动设计理念，系统运行和管理上都比传统的压水堆核电站具有更好的安全性，基于这种理念形成防火分隔的概念。防火分隔是核电厂建造引入的特有的消防概念，将一些危险性高的房间划分为防火分隔并采取措施重点加以防护，可以更好地贯彻"纵深防御"的原则，将火灾的危险性降到最低，提升核电厂的运行安全性。目前国内核电厂对于防火分隔的构件耐火极限的设计要求都是基于法国标准 RCC-I 和前苏联《核电站防火设计标准》BCH 01-87 的相关规定执行的，通过火灾荷载的计算来确定该区域各个构件耐火极限，但往往执行的标准不一致，不同的项目有不同的设计要求，并且和我国的消防标准的体系也不协调，造成了工程设计中标准不统一。防火分区的防火墙的耐火极限是3.00h，参考现行国家标准《建筑设计防火规范》GB 50016—2006 第 3.2.1 条综合考虑，防火分隔墙的耐火极限不应低于 2.00h，分隔楼板、梁的耐火极限不应低于 1.50h。防火分隔墙上设置的门、窗，应为甲级防火门、窗。

5.3.4 本条系根据现行行业标准《火力发电厂总图运输设计技术规程》DL/T 5032—2005 第 7.2.3 条编制。

5.3.5 电厂的电缆火灾占火灾总数的大多数，因此规定综合管廊、电缆沟及电缆隧道在进出厂房时，在建筑物外墙处 1.0m 处应设置防火墙，并设置采用甲级防火门，防止火灾蔓延到厂（库）房。

5.3.6 国内外电厂变压器火灾案例较多，变压器本身又装有大量可燃油，有爆炸的可能，一旦发生火灾，火势会很大，所以，当变压器与汽轮发电机厂房较近时，汽机房外墙上不应设门窗，以免火灾蔓延到厂房内。当变压器距厂房较远时，火灾影响的可能性小些，可以设置防火门、防火窗，以减少火灾对主厂房的影响。

5.3.7 本条是关于防火封堵的规定。

5.3.8 油系统贮油设施一旦泄露并发生火灾，随着油的蔓延，火灾会越来越大，参照前苏联《核电厂防火设计标准》BCH 01-87 对此作了明确的规定。

5.3.9 许多火灾都是起因于装修材料的燃烧，积极使用不燃烧材料和难燃材料在核电厂的建设过程中更是重要。基于对法国标准 RCC-I-97 以及现行行业标准《核电厂防火准则》EJ/T 1082 等国内外标准的理解，核电厂的室内装修材料较其他工业建筑有所提高。本规范规定了一些核电厂建筑物的其他室内装修材料的耐火等级，对于其他的室内装修材料的选取还应结合现行国家标准《建筑内部装修设计防火规范》GB 50222 的相应规定执行。

6 工 艺 系 统

6.1 汽轮发电机组

6.1.1 本条是关于氢气系统设计的规定。

1 室内不准排放氢气是防止形成爆炸性气体混合物的重要措施之一。同时为了防止氢气爆炸，排氢管应远离明火作业点并高出附近地面、设备以及距屋顶有一定的距离。

2 与发电机氢气管接口处应加装法兰短管，以备发电机进行检修或进行电火焊时，用来隔绝氢气气源，防止发生氢气爆炸事故。

6.1.2 汽机润滑油箱、油净化装置及冷油器应布置在同一个房间，有利于防止火灾扩散。

6.1.3 事故排油阀的安装位置，直接关系到汽轮机油系统火灾发展的速度，从发生汽轮机油系统火灾事故的情况看，如果排油阀的位置设置不当，一旦油系统发生火灾，排油阀被火焰包围，运行人员无法靠近操作，会导致火灾蔓延。根据现行行业标准《火力发电厂油气管道设计规程》DL/T 5204 第 5.5.4 要求，本条对油箱事故排油管道阀门设置作了进一步明确。

6.1.4 本条是关于汽轮机系统设计的规定。

6.1.5 本条规定了液压调节系统的防火要求。为防止汽轮机油系统火灾发生，提高机组运行的安全性，早在多年前，国外大型汽轮机的调节油系统就广泛使用了抗燃油品，并积累了丰富的运行经验。抗燃油品与以往使用的普通矿物质透平油相比，其突出的优点是：油的闪点和自燃点高，闪点一般大于 235℃，自燃点大于 530℃（热板试验大于 700℃），而透平油的自燃点只有 300℃ 左右。同时，抗燃油的挥发性低，仅为同黏度透平油的 1/10～1/5，所以抗燃油的防火性能大大优于透平油，成为今后发展方向。

6.1.6 本条是关于汽动给水泵油箱布置的规定。

6.1.7 本条是关于给水泵汽轮机油系统的规定。

6.2 油罐区和油泵房

6.2.1 本条是关于油品火灾危险性的规定。

6.2.2 本条是关于油罐车卸油的规定。

6.2.3 油罐运行中罐内的气体空间压力是变化的，

若罐顶不设置通向大气的通气管，当供油泵向罐内注油或从油罐内抽油时，罐内的气体空间会被压缩或扩张，罐内压力也就随之变大或变小。如果罐内压力急骤下降，罐内形成真空，油罐壁就会被瘪瘪变形；若罐内压力急骤增大超过油罐结构所能承受的压力时，油罐就会爆裂，油品外泄易引发火灾。如果油罐的顶部设有与大气相通的通气管平衡罐内外的压力，就会避免上述事故的发生。

6.2.4 本条是关于油罐出油管道的规定。

6.2.5 为了辅助锅炉油品的安全和减少油品损耗，参照现行国家标准《石油库设计规范》GB 50074 的有关规定制定本条。这样，除会增加油品的呼吸损耗外，由于油流与空气的摩擦，会产生大量静电，当达到一定电位时就会放电而引起爆炸着火。1977 年和 1978 年上海和大连某厂从上部进油的柴油罐，都因油罐在低油位，高落差的情况下进油，先后发生爆炸起火事故，故制定本条规定。

6.2.6 油罐区排水有时带油，为彻底隔离可能出现的着火外延，故设置隔离阀门。

6.2.7 国家现行标准《建筑防火设计规范》GB 50016、《建筑防火封堵应用技术规程》CECS 154、《硬聚氯乙烯建筑排水管道阻火圈》GA 304 等相关标准中，都对管道贯穿物进行了分类，分为钢管、铁管等（熔点大于 1000℃ 的）不燃烧材质管道和 PE、PVC 等难燃烧或可燃烧材质管道。这两类管道在遇火后的性能完全不同，可燃或难燃管道在遇火后会软化甚至燃烧，普通防火堵料无法将墙体上的孔洞完全密闭，需要加设阻火圈或阻火带。加设绝热材料主要是满足耐火极限中的绝热性要求，防止引起背火面可燃物的自燃。对于可燃或难燃烧材质管道中管径 32mm 的划分是国际通用的。

6.2.8 根据美国国家标准《动力管道》ASME B 31.1 中第 122.6.2 条，要求溢流回油管不应带阀门，以防误操作。

6.2.9 沿地面敷设的油管道，容易被碰撞而损坏发生爆管，造成油品外泄事故，不但影响机组的安全运行，而且遇明火还易发生火灾。为此，要求厂区燃油管道宜架空敷设。本条对采用地沟内敷设油管道提出了附加条件。

6.2.10 本条规定的油管道及阀门包括储油罐的进、出口油管上工作压力较低的阀门。考虑到地处北方严寒地区的电厂储油罐的进、出口阀门，在周围空气温度较低时，如发生保温结构不合理或保温层脱落破损，阀门体外露，会使阀门冻坏，油罐出、入管上的阀门也应是钢质的。

6.2.11 本条是关于燃烧器油枪接口的规定。

6.2.12 在每台辅助锅炉的进油总管上装设快速切断阀的主要目的是，当该炉发生火灾事故时，可以迅速的切断油源，防止炉内发生爆炸事故。手动关断阀的

作用是，当快速切断阀失灵出现故障时，以手动关断阀来切断油源。

6.2.13 本条是关于油系统保温材料的规定。

6.2.14 本条是关于油系统卸油等设施遵循规范的规定。

6.2.15 在南方夏季烈日曝晒的情况下，管道中的油品有可能产生油气，使管道中的压力升高，导致波纹管补偿器破坏，造成事故。

6.3 变压器

6.3.1 关于屋外油浸变压器与各建（构）筑物的最小间距的规定。百万级核电厂高压厂用变压器的油重一般在 20t 左右，布置在汽轮发电机厂房 A 列柱外。美国消防协会标准《先进轻水反应堆发电厂防火标准》NFPA 804（以下简称"NFPA 804"）中规定，当变压器油体积大于 18.925L（重量约 15t 左右）时，其与建筑物的间距不应小于 15.2m，与本规范中规定的 15m 接近。考虑到节省母线投资、降低线损、缩小占地面积等因素，采用 15m 间距是合适的。

6.3.2 油浸变压器内部贮有大量绝缘油，其闪点在 135℃～150℃，与丙类液体贮罐相似，按照现行国家标准《建筑设计防火规范》GB 50016 的规定，丙类液体贮罐之间的防火间距不应小于 0.4D（D 为两相邻贮罐中较大罐的直径）。对变压器而言，可假定其长度为丙类液体贮罐的直径，通过对不同电压、不同容量的变压器之间的防火间距按 0.4D 计算得出，同时考虑到油浸变压器的火灾危险性比丙类液体贮罐要大得多，其在核电厂中的重要性也要高得多，所以其防火间距应大于计算值。另外，变压器着火后，考虑其四周对人的影响，当其着火后对地面最大辐射强度是在与地面大致成 45°夹角范围内，要避开最大辐射温度，其水平间距必须大于变压器的高度。因此将变压器间的防火间距按电压等级分为 5m、6m、8m 和 10m 是合适的。

美国 NFPA 804 中规定，相邻变压器间的防火间距不应小于 30ft（约 9.1m），与我们规定值中的最大值比较接近。

百万级核电厂主变压器多为单相变压器，考虑其重要性，为防止火灾蔓延，单相变压器间的防火间距宜与三相之间间距一致。

6.3.3 当屋外变压器防火间距不满足要求时，需设置防火墙，防火墙除具有一定的高度和一定的长度外，还应有一定的耐火极限。根据 2008 年国内某核电厂主变压器火灾事故情况看，变压器防火墙的耐火极限不宜低于 3.00h 是必要的，我国的现行国家标准《建筑设计防火规范》GB 50016 和《火力发电厂与变电站设计防火规范》GB 50229 中的相关部分也是这样规定的。

在变压器发生的火灾事故中，不少是由于高压侧

套管爆炸喷油燃烧，一般情况下火焰都是垂直上升，因此防火墙不宜太低。日本《变电站防火措施导则》规定，在单相变压器组之间及变压器之间设置的防火墙，以变压器最高部分的高度为准，对没有套管引出的变压器，防火墙比变压器的高度高出 0.4m；德国则规定防火墙的上缘需要高出变压器贮油容器。国内火电项目及变电项目 500kV 变压器防火墙高度一般均低于高压套管顶部，但略高于其油枕高度，为便于操作规定防火墙高度不应低于油枕顶端高度 0.5m。对电压较低、容量较小的油浸变压器，如辅助锅炉电源变压器，防火墙高度宜尽量与其套管顶部取齐。

为了防止贮油池中的热气流影响，防火墙长度应大于贮油池两侧各 1m，也就是比变压器外廓每侧大 2m，日本的防火规程也是这样规定的。

设置防火墙将影响变压器的通风与散热，考虑到变压器散热、运行维护方便及事故时灭火的需要，防火墙离变压器外廓的距离不宜小于 2m。

6.3.4 变压器的事故排油通常是集中排至总事故贮油池，考虑到事故时油能安全的全部排走以及当装有水喷雾灭火系统时水喷雾水量的因素，对总事故贮油池的容量规定为按最大一个油箱容量的 60% 确定。

6.3.5 贮油池内铺设鹅卵石层，可起到隔火降温作用，防止绝缘油燃烧扩散。若当地无鹅卵石，也可采用无孔碎石。

6.3.6 随着干式变压器制造技术的不断发展，为降低火灾发生的危险性，规定安装在防火区域内的低压厂用变压器（隔离变压器）、发电机励磁变压器、控制变压器应采用干式变压器，国内火力发电厂同类设备大多采用干式变压器，美国 NFPA 804 中也是如此规定的。

6.4 电缆及电缆敷设

6.4.1 当重要公用回路、应急电源等回路的电缆着火后，因断电造成的重大事故和损失已屡见不鲜，本条是针对事故教训所制定的对策。工业发达国家已有明确使用耐火电缆的强制性法令。如日本消防法、建筑基准法明确规定了对应急电源、消防设施、事故照明、电梯等供电要求采用耐火电缆电线；我国现行国家标准《电力工程电缆设计规范》GB 50127 中也有此方面的规定。

普通的阻燃电缆一般以 PVC 等含氯聚合物作绝缘和护套材料。PVC 电缆在发生火灾事故时会产生大量的烟雾，析出氯化氢等有毒气体，除对人的生命构成直接威胁外，还会溶解形成稀盐酸附着在各种电气设备及建筑物的钢结构上，严重降低设备的安全性及建筑物的使用寿命，特别是当烟气进入通信技术设备和数据技术设备后，将会使它们丧失正常功能，甚至引发"次生灾害"。因此电缆的绝缘材料常选用低烟、无卤阻燃材料，如热缩阻燃无卤素或交联阻燃无卤素材料。无卤电缆在发生火灾时，燃烧释放的烟雾量很低，不含毒性及腐蚀性，其阻燃成分会有效发挥阻燃作用，防止电缆成为火焰蔓延的通道。

6.4.2 采用电缆防火封堵材料对通向控制室、继电保护室和配电装置室的墙洞及楼板开孔进行严密封堵，可以隔离或限制燃烧的范围，防止火势蔓延，减少火灾损失。

电缆防火封堵材料包括有机堵料、无机堵料、防火板材、阻火包等。有机堵料一般有遇火膨胀、防火、防烟和隔热性能；无机堵料一般具有防火、防烟、防水、隔热和抗机械冲击的性能。所有防火封堵材料必须具有与贯穿物或被贯穿物年限相当的长效防火性能，且其燃烧释放的烟雾要低，不应含毒性及腐蚀性，同时要考虑其对电缆载流量的影响。

6.4.3 电缆火灾的发生，有电缆过热、短路、绝缘老化等内因，也有油泄露经高温引燃、电焊渣等可燃物波及下的外因。仅凭加强管理难于安全防范，在工程建设时期创造利于电缆防火、阻止延燃的条件，具有减免灾害的积极意义。

1975 年以来备受全球关注的几起核电厂重大火灾案例中包含有汽轮发电机厂房因氢系统泄露引起油大火、润滑油管路发生断裂引起重大火灾的事故。电缆竖井属电缆敷设密集区，一旦因受外部火势波及，即使少量局部电缆着火，也可能导致大范围断电或造成恶性事故，因此有必要对电缆竖井涂刷防火涂料或防火漆，以便与周围相邻区域进行防火分隔。基于此，制定本条规定。

6.4.4 制定本条规定的目的是为了限制电缆着火延燃范围，减少事故损失。空间隔离是指把两个设备（或向同一设备供电的两个供电电源回路）分别布置在不同的房间（电缆通道）内，或布置在同一房间距所有可燃物足够远的位置，以避免由于火灾导致它们在一次火灾中同时丧失其功能。

6.4.5 本条为防止火灾蔓延，减少事故损失的基本要求。

6.4.6 基于事故教训制定了本条规定。

6.4.7 根据现场实地调查，核电厂内常规岛及辅助附属建（构）筑物内电缆多为架空敷设，因此针对架空敷设的电缆作出此条规定。阻火措施包括施加防火涂料、安装电缆槽盒或采用耐火电缆。

6.4.8 核电厂临近汽轮机头部、汽轮机油系统等易受外部火灾影响部位与常规火电厂相同部分十分接近，根据火电厂的经验，应对该部分电缆采取防火措施。

6.4.9 电缆距离热力管道应保持足够的距离，否则将造成电缆绝缘过热老化而引发火灾事故。本条是基于以往的经验教训而制定的对策。

7 消防给水、灭火设施及火灾自动报警

7.1 一般规定

7.1.1 本条是关于核电厂常规岛消防给水的原则规定。

核电厂的灭火介质以水为主,常规岛亦不例外。一般而言,灭火剂有水、泡沫、气体和干粉等。水是工业领域应用最为广泛且作用明显的灭火剂。用水灭火,使用方便,器材简单,灭火效果好。

为了保障核电厂的安全生产和保护电厂工作人员的人身安全及财产免受损失或少受损失,在进行核电厂规划和设计时,必须同时设计消防给水系统。常规岛属于核电厂的重要组成部分,其消防用水,包括水源、升压设施等应与核电厂全厂统筹规划。

针对常规岛的消防给水系统,目前的做法以从核岛系统引接为多,更为可取。如果常规岛单独设置消防给水系统,需要经综合比较后确定。

7.1.2 本条是关于消防给水系统设计流量、压力的规定,是强制性条文,必须严格执行。消防给水系统应保证满足常规岛最大一次灭火用水流量及任何消防设备的最大可能压力要求。

常规岛范围内的建筑物或设备,具有布置分散、个别建筑空间较大的特点。火灾发生处水量可能需求很大,但水压要求不高;而有的建筑位置较远,消防水量不要求很大,但是水压要求可能较高。消防给水系统必须能满足任何建筑物或设备发生火灾时对于流量和压力的要求,这就需要对常规岛内的建筑和设备进行多点计算,按照各假设不利点计算结果的最大流量和最大压力选择消防水泵。同时,也要根据最大流量和对应的火灾延续时间计算一次最大火灾所需的用水量,以确定消防蓄水池的容积。

核电厂很少单独设置室外低压消防给水系统。实际工程中的消防给水系统压力很高,应该既能满足室外消防的需要,又能满足室内消防的需要。核电厂内的主体建筑物高度往往超过24m,因此,这类建筑的消防主要依赖室内消防设施,室外消防设施仅起辅助作用,不必按民用建筑将室外消火栓水枪置于建筑物屋顶考虑,也就是说,对室外消火栓的压力要求并不高,室内消防设备所需压力将起控制作用。如果计算室外消火栓的压力,一般按最不利点消火栓水枪喷嘴直径19mm、直径65mm长度6×20=120m的麻质水带考虑。事实上,室内不利点计算所得的消防设备所需水压通常大于按上述方法计算所得的室外消火栓压力。从室内外共用的消防给水系统直接接出水带灭火通常不会有问题,火场上,需要更高压力时,可借助消防车加压。

7.1.3 本条规定了常规岛及所属 BOP 消防水量的计算原则。一次灭火水量应为建筑物室外和室内用水量之和,系指建筑物而言,露天布置的设备,如室外变压器,其灭火无需计算室内消防水量。常规岛的最大建筑物为汽轮发电机厂房。其室内消防用水量除了消火栓系统需要水量之外,还要考虑厂房内自动水灭火系统最大一处用水量。由于国内目前较多核电厂是由两家设计单位设计,分别负责核岛和常规岛,全厂的消防水系统通常由核岛设计单位总体考虑。所以,常规岛的一次计算灭火用水量应提供给核岛设计单位。

火灾持续时间不应小于 2.00h 的时间规定,既符合核电消防的一贯原则,也切合灭火行动的实际。我国现行国家标准《自动喷水灭火系统设计规范》GB 50084 中规定,自动喷水系统的火灾持续时间为 1.00h。火灾发生时,如果自动喷水灭火系统不能短时扑灭火灾,存在延时喷水的可能,即使自动喷水难以发挥作用,在灭火过程中人工关闭报警阀的可能性也很小,保证 2.00h 的持续时间的同时,也就提高了灭火的可靠性。一些国际标准也对火灾延续时间作出了同样规定。

7.1.4 本条是关于常规岛消火栓系统的设置规定。消火栓系统是核电厂最基本的灭火设施,必须在核电厂范围内设置室内、外消火栓给水系统。此外,水系统也可以作为气体等灭火系统的备用手段(现行行业标准《核电厂防火》HAD 102/11)。

7.1.5 本条是关于常规岛火灾自动报警系统、固定灭火系统的设置规定。

本条表中对应某种设备或某种场所,给出了一种或多种固定灭火系统或火灾探测的形式,设计者可从中任选一种,排在前者宜优先选用。消火栓和灭火器是基本灭火手段,没有列在表中。表中的润滑油设备间系存放润滑油油箱、润滑油处理设施、洁净或脏污润滑油贮存装置的房间的统称。

核电厂的火灾探测形式与灭火措施的选择,是核电厂消防设计工作中极为重要的一环。根据我们掌握的国内外核电消防标准、国内各核电厂的实际配置及目前一些核电厂的设计,归纳总结了常规岛常用、可行的火灾自动报警形式与灭火系统并罗列于表中。总体而言,常规岛的建筑物规模、厂房内主要系统的构成与燃煤电厂相近,但前者的消防标准还是稍高于后者。突出的例子是,汽轮发电机厂房内,运转层下要求设置水的自动全保护系统。在我国,核电的建设发展过程有自身的特点,电厂的形式多样,采用的标准也不拘一格,俄罗斯、法国及美国的标准均有应用。随着核电建设的发展,我国核工业领域也制定了一些消防导则,这些导则,基本上是国外标准的翻版。各种标准对于保护对象提出的消防措施不尽相同,这也和各个国家的习惯做法相关,就某个对象而言,理论上都是可行的,针对某一防护对象的消防措施简单规定为一种而排斥其他显然也是不合适的。我国从秦山

核电开始至今，核电建设已经有了近二十年的历程。近十台机组的运行为我们积累了较多成熟丰富的经验。本着结合国情、成熟、适用的原则，制定了本条规定。主要参考的标准为现行行业标准《核电厂房防火准则》EJ/T 1082（基于《核保险技术性风险评价手册》）法国标准 RCC-I 及美国防火协会标准。国际上核电、火电消防标准对常规岛的灭火措施见下表1：

表1　国内外消防标准灭火措施的对比

场所或设备	现行行业标准《核电厂防火准则》EJ/T 1082	法国 RCC-I-97	美国 NFPA 804（L/s·m²）	俄罗斯《核动力厂设计标准》	《核保险技术性风险评价手册》	美国消防协会标准《发电厂和高压直流转换站的防火用推荐实施规程》NFPA 850（L/s·m²）	现行国家标准《火力发电厂与变电站设计防火规范》GB 50229
汽轮发电机厂房	—	—	—	—	—	—	—
汽机轴承及其油管路	1. 全自动水灭火；2. 两路远距离信号驱动的人工水灭火	—	1. 自动灭火系统；2. 闭式水喷雾	—	1. 全自动的水灭火系统；2. 手动水灭火（两路控制）	定向闭式水喷淋	轴承只设火灾探测，不设自动灭火装置，油管道为水喷雾或雨淋
轴封式发电机励磁机	1. 自动或人工喷水灭火系统；2. CO₂自动灭火系统，汽轮机外壳保持30%浓度；3. 手动CO₂，可多次喷	—	—	喷雾（用于空气冷却发电机）	1. 水，自动控制；2. 自动 CO_2，包壳内30%浓度；3. 手动 CO_2，可多次喷	—	—
汽轮发电机下部防火	1. 自动喷水；2. 固定式泡沫灭火系统；3. 泡沫－水雾系统；4. 泡沫－水喷洒系统	—	1. 自动喷淋 12.2/464 L/min·m²；2. 泡沫－水喷淋	—	1. 洒水系统；2. 固定泡沫；3. 泡沫－水喷雾；4. 泡沫－水喷雾	1. 自动喷淋 0.2/464 L/s·m²；2. 泡沫－水喷淋	水喷雾或雨淋
汽轮机油箱（含油泵）	1. 喷水灭火系统；2. 水雾系统；3. 全淹没 CO_2 系统；4. 泡沫－水喷洒系统	水喷雾	1. 自动喷淋；2. 泡沫－水喷淋	1. 水喷雾；2. 泡沫	1. 自动喷水；2. 水喷雾；3. 全淹没 CO_2	1. 非封闭布置；1)自动水喷淋；2)泡沫－喷淋；2. 封闭布置：全淹没 CO_2	水喷雾
洁净和脏污油罐（含油泵）	—	固定自动灭火系统	—	—	—	—	—
大型泵及电动机	（主给水泵凝结水泵）雨淋系统	自动喷水	—	—	大型泵和电动机（油容量200L以上）：自动喷水	—	—
氢密封油装置	专用自动喷水系统	—	水喷雾 12.2 L/min·m²	—	自动喷水	1. 喷淋；2. 泡沫－喷淋	水喷雾或细水雾
液压油控制系统（如采用润滑油）	1. 全自动水系统；2. 两路远距离信号驱动的人工水系统	—	建议抗燃油	汽轮机及泵调速系统如采用不燃油，则不设消防	当汽轮机油作为液压控制油：自动喷水	建议抗燃油	水喷雾或细水雾（抗燃油除外）

场所或设备	现行行业标准《核电厂防火准则》EJ/T 1082	法国RCC-I-97	美国NFPA 804（L/s·m²）	俄罗斯《核动力厂设计标准》	《核保险技术性风险评价手册》	美国消防协会标准《发电厂和高压直流转换站的防火用推荐实施规程》NFPA 850（L/s·m²）	现行国家标准《火力发电厂与变电站设计防火规范》GB 50229
配电室	无具体要求	—	—	—	—	—	—
蓄电池室	无具体要求	—	—	—	—	—	移动式灭火设施
变压器（包括主变压器、厂用变压器、备用变压器和辅助变压器）	水喷雾	添加AFFF的水喷雾20L/min·m²	水喷雾或泡沫—水喷雾				水喷雾或其他介质
电缆夹层	1. 自动喷淋；2. 预作用灭火系统	仅对电气厂房规定：湿式水喷淋	1. 水喷淋；2. 水喷雾	喷雾	合适的固定灭火系统	1. 水喷淋；2. 水喷雾；3. 气体	水喷雾、细水雾或气体
金属构件	—	—	—	运转层的水枪冷却	—		—
金属结构层面	—	水喷雾	—	—	—		—
电缆隧道			1. 水喷淋；2. 水喷雾			1. 水喷淋；2. 水喷雾；3. 气体	
厂区	—	—	—	—	—		—
油品贮存	—	水喷淋/感烟和感光	—	空气泡沫	—		—
实验（实验中心）	—	—	—	空气泡沫	—		—
应急柴油发电机			自动喷淋或水喷雾或泡沫—水喷淋				
柴油贮罐（为应急柴油发电机准备）			地上罐应有自动消防系统				
辅助锅炉房（燃油或油点火）	水喷淋和水喷雾或泡沫—水喷淋		水喷淋和水喷雾或泡沫-水喷淋		水喷淋和水喷雾或泡沫-水喷淋	1. 自动喷淋；2. 水喷雾；3 泡沫-喷淋	
计算机房和通信中心	固定灭火系统/烟感，不用多用途干粉；如用水，则为预作用型		—				—

注：对于敏感型电气设备，不宜用多用途的干粉灭火（《核保险技术性风险评价手册》1997）。

1 根据调查了解，有些核电厂的汽轮发电机厂房设有控制设备间、电子设备间或网络继电器室。这些场所都是核电厂中相对重要的场所。因而规定电子设备间、控制设备间及网络继电器室等处采用气体灭火设施，这些场所可以根据是否经常有人选择适用的气体。目前可选的主要是 IG541、七氟丙烷、二氧化碳、氩气、氮气等。一般采用固定管网组合分配式。

2 汽轮发电机组的轴承及周边油管路，是相对危险场所。国内几座核电厂均设有灭火措施，而且灭火介质为水。现行行业标准《核电厂防火准则》EJ/T 1082 及美国 NFPA 804 均建议设置水灭火系统。其中，现行行业标准《核电厂防火准则》EJ/T 1082 建议自动喷水或两路远距离信号驱动的人工水喷雾；美国 NFPA 804 则建议闭式水喷淋。汽机轴承是否设水灭火一直为人们所关注和争论，焦点是轴承一旦骤冷，可能引起轴的变形，后果将是严重的。结合工程实践，考虑到机组的安全性，建议采用手动控制灭火。现行行业标准《核电厂防火》HAD 102/11 也建议，在探测器误动作会使电厂受到不利影响的地方，应由多重设置的两个通道控制。

3 汽机运转层下，美国 NFPA 804 要求全保护。法国 RCC-I-97 虽没有明确规定，但是按照该标准设计的大亚湾核电厂，运转层下实际设置了大量水喷头，等同于全保护。针对燃煤电厂的美国 NFPA 850 也早就规定这样的场所应该全部用水保护。现行行业标准《核电厂防火准则》EJ/T 1082 针对汽轮发电机下部推荐了三种灭火方式，均与泡沫有关。综合起来，本规范规定汽机运转层下采用自动喷水等灭火方式。

4 汽轮发电机厂房内的配电间是危险场所。一些标准没有指出其灭火措施。秦山核电采用了气体消防。考虑我国国情，推荐灭火装置（火探、气溶胶等），亦可选择气体灭火系统。

5 电缆夹层是汽轮发电机厂房中的重中之重。这里布置了大量电缆，危险性很大。电缆一旦着火，会产生很多烟雾，火灾蔓延也较快。国内外的消防标准，主推水灭火。现行行业标准《核电厂防火》HAD 102/11 规定，在高火灾荷载电气绝缘材料深部燃烧需要冷却的地方，不应使用二氧化碳灭火系统，优先采用水。现行国家标准《火力发电厂与变电站设计防火规范》GB 50229 及美国 NFPA 850 还推荐了气体灭火，但都不是首选的措施。从灭火的效率、可靠性及防止火灾复燃角度，水介质被大家所普遍认同。因此，有条件时，宜优先选用水保护。当然，水灭火在电缆夹层的应用存在排水、系统布置困难等问题，需要在设计中加以注意。

6 我国现行行业标准《核电厂防火》HAD 102/11 规定，对于安全重要物项，必须持续具有早期探测火灾和有效灭火的能力。常规岛虽然不是安全重要

物项，但它是核电发电流程的下游，对于其中的一些重要场所，也应该注意实现探测的早期性，设计时应注意选择高灵敏度的产品，力求将火灾发现在萌芽状态，消灭在初期。管路空气采样感烟系统的抗电磁干扰能力强，可靠性好，在各个工业领域均有广泛采用。因此，本规范规定了在电子设备间等场所使用空气采样感烟系统。考虑到火焰探测器响应速度快，适合于火灾发展速度快、烟雾少的特点，汽轮发电机厂房内的一些 B 类火灾场所，建议感温与火焰组合的探测方式。

7 据统计，各个行业电缆火灾均占较大比重，各类发电厂厂房内外电缆密布，火灾频发，损失较大。电缆的结构型式多为塑料外层，火灾危险性大，具有火灾发展迅速、扑救困难的特点。针对电缆火灾危险区域应当选择适应性强的消防报警设施。火灾初期，有大量烟雾发生。因此，规定在电缆夹层应该优先选用感烟探测器。多年来，缆式线型感温探测器是电缆架设场所一种主要的探测报警系统。市场上，非空气管的缆式线型感温探测器有两种，数字式与模拟式。这两种在核电工程中均有应用，各有千秋。现行行业标准《核电厂防火》HAD 102 规定在电缆层、电缆沟中可考虑使用线型感温电缆探测报警系统，尤其适用于潮湿环境、不便于其他探测器应用的场所。

线型光纤感温火灾探测器是一种应用光纤（光缆）作为温度传感器和信号传输通道的线型感温火灾探测器，是近年来国际上出现的一种光、机、电、计算机一体化的高新技术产品，适用于易燃、易爆或有强电磁干扰的场所。其具有下列特点：

1）既是温度传感器，又是信号传输的通道。感温光纤纤芯材料为二氧化硅，具有耐高压、耐腐蚀、抗电磁干扰、防雷击等特点，属本质安全型。

2）本身轻柔纤细、体积小、重量轻，便于布设安装，可维护性强。

3）灵敏度高，可靠性好，使用寿命长。

近年来，线型光纤感温火灾探测器开始涉足电力行业，越来越多的光纤系统应用在电厂，一般认为，存在强电磁干扰的场所、需要设置线型感温火灾探测器的易燃易爆场所、需要监测环境温度的地下空间、电缆隧道等场所宜选择线型光纤感温火灾探测器，必要时设置具有实时温度监测功能的线型光纤感温火灾探测器。据国内某研究机构的资料，在石油化工企业的电缆敷设场所明确推荐缆式线型感温探测器和光纤感温探测器。考虑核电厂常规岛存在较强的电磁干扰和较多的易燃场所，在汽轮发电机厂房以及其他电缆密集场所增加光纤感温探测器的选项，设计中可根据场所酌情选择。

8 为将传统的点式烟感探测器区别于管道吸气的感烟探测装置，在表中将各种点型烟感探测器统称为"点型烟感"；此外表中不加限制条件的"感烟"

和"感温"是广义的探测形式，可酌选。

9 针对电缆竖井等处采用的"灭火装置"，系指各种可用的小型灭火装置，其中包括气溶胶灭火装置、悬挂式超细干粉灭火装置、"火探"灭火装置等。

10 核电厂拥有大量仓库，这一点有别于常规火电厂。大量的材料、仪器、备品备件等分门别类地设置在不同的仓库中。这些仓库的设置，往往不具有固定模式，或独立或整合。但共同的特点是空间大、物品多。工程设计中，要特别搞清仓库存贮物品的性质，物品存放的特点，有针对性地采取灭火手段。对于高架仓库，可能需要设置中间喷头。现行国家标准《常用化学危险品贮存通则》GB 15603 中规定，贮存化学危险品的建筑物内，如条件允许，应安装灭火喷淋系统（遇水燃烧化学危险品除外，不可用水扑救的除外）。

11 给水泵油箱，在现行行业标准《核电厂防火准则》EJ/T 1082 及美国 NFPA 804 中均没有规定具体形式及灭火强度，根据现行国家标准《火力发电厂与变电站设计防火规范》GB 50229，规定使用水喷雾。

12 电液装置，是由电信号控制的液动机构，多设在汽机旁路、主气门、调速气门等设备处。美国 NFPA 804 建议采用抗燃油。据了解，我国电液装置多为液动，而且采用非抗燃油，因此，对于这种采用非抗燃油的装置应该考虑消防措施。

13 变压器是核电厂火灾易发设备。为了及时、准确报警进而启动灭火系统，选择合适的报警方式尤为重要。在表中，给出的两种方式，"感温＋火焰"或者"感温＋感温"，均体现分阶段两级报警的原则，即前者为预警，后者为确认火灾。前者，可考虑采用感温型电气火灾探测器，易于安装，且适应性强。

7.1.6 根据调查，国内核电厂消火栓系统均与自动喷水灭火系统及水喷雾灭火系统合并设置。需要说明的是，本条如此规定，并不排斥二者分开设置，如果电厂条件允许，也可以将二者分开设置。

7.1.7 本条是关于稳压装置的设置规定。我国多数核电厂的消防给水稳压系统是设在汽轮发电机厂房内或厂房外附近的，该稳压装置是整个核电厂消防给水系统的重要组成部分，其作用不可低估。本条结合国内核电厂的实际情况及我国相关标准制定。

7.2 室外消防给水

7.2.1 本条是关于室外消防用水量的取值的规定，为强制性条文，必须严格执行。

7.2.2 本条规定了消防水系统与其他水系统之间的关系。消防水系统不宜与生产用水或生活用水系统的管系相连接，以保障消防时用水。

7.2.3 本条是关于室外消防管道布置的规定。

1 在常规岛中，汽轮发电机厂房是最为重要的建筑，其距离核岛近，自身的安全直接关系到核岛，所以，汽轮机厂房周围的消防给水管网应设为环状。当汽轮发电机厂房与核岛厂房毗邻时，其周围管网可与核岛周围的管网相接构成一个大环，以提高供水的可靠性。

4 消防管道材质对于核电厂消防系统的长期稳定安全运行意义重大，国内一些企业消防管道出现问题屡见不鲜。由于资金的原因，常规火电厂采用钢管居多。钢管确有很多优点，安装简便快捷，造价低，有一定的韧性，但耐腐蚀能力差，在沿海地区不宜使用。有现场反应，钢管道内水质不好，疑与钢管材质有直接关系。现行国家标准《核电厂防火设计规范》GB/T 22158 建议消防管道材质为球墨铸铁。球墨铸铁管是 20 世纪 50 年代发展起来的新型材料。离心球墨铸管具有高强度、高延伸率、抗腐蚀（比钢管提高 30 倍）及抗震的优异性能。当采用钢管时，必须采取有效的防腐措施。

7.2.4 本条是关于室外消火栓的布置规定。

1 室外消火栓的作用，既可直接用来实施灭火，也可提供消防车用水。当管网压力足够时，消防队员完全可能直接连接水龙带及水枪进行扑救，而不必通过消火栓将水灌入消防车。此时，消火栓的压力大小，关系到消防队员能否有效使用室外消火栓，压力过大，消防队员可能受伤。工业项目不同于民用建筑，厂区管网压力通常较高，核电厂消防水管网的压力至少达 0.8MPa，很显然当扑救一般多层建筑时，这个压力过高，消防队员难以承受，需要在室外消火栓处采取降压措施，否则不利于现场的灭火。目前，市场上已经研制出减压型地上式消火栓可供选择，可实现无级调压，适宜于稳高压消防给水系统，尚具有防冻或防撞功能，工程中可以选用。

5 室外消火栓宜从消防主管道上分接，设置栓前隔离阀，有助于消火栓检修时不至于影响面过大。现行行业标准《核电厂防火准则》EJ/T 1082 也要求，阀门的设置应允许室外消火栓与消防总管断开。美国 NFPA 850 规定，每一个消火栓应在其与供水总管网的管段上装设隔离阀；美国 NFPA 804 规定，安装隔离阀将消火栓从干管隔离开以便维修并且仍能保证系统供水。

6 在道路交叉或转弯处的地上式消火栓附近，宜设置防撞设施，如设立维护桩等。本款系根据工程实践制定。

7.3 室内消火栓设置场所与室内消防给水量

7.3.1 本条规定了应该设置室内消火栓的场所及建筑物。核电厂为工业建筑，为了便于操作，根据各建筑的功能及火灾危险性，明确了应该设置室内消火栓的建筑物和场所。

7.3.2 本条规定了可不设置室内消火栓的建筑物与

场所。

7.3.3 本条规定了室内消火栓的用水量的计算原则，为强制性条文，必须严格执行。

7.4 室内消防给水管道与消火栓

7.4.1 本条规定了室内消防给水管道设计的要求。核电厂主厂房属工业厂房，建筑高度不是很高，人员少，布置竖向环管必要性不大。为了保证消防供水的安全可靠，规定在厂房内应形成水平环状管网，通往各层平台的消防竖管可以从该环状管网上引接。本规定的要求符合现有的核电厂的实际。

4 本款系针对消火栓管网与自动喷水系统合并设置作出的规定。

7.4.2 本条是关于室内消火栓布置的要求。

3 消火栓是建筑物基本的室内灭火设备。因此，应考虑在任何情况下均可使用室内消火栓进行灭火。原则上，当相邻一个消火栓受到火灾威胁不能使用时，另一个消火栓仍能保护任何部位，为保证建筑物的安全，要求在布置消火栓时，保证相邻消火栓的水枪充实水柱同时到达室内任何部位。对于1000MW机组的核电厂，汽轮发电机厂房最危险点的高度，大约在40m左右。考虑消防设备的压力及各种损失，消防泵的出口压力可近1.0MPa。如果竖向分区，那么将使系统复杂化。美国消防协会标准《水管系统、私人消火栓和消防水带系统安装标准》NFPA 14规定，当每个消火栓出口安装了控制水枪压力的装置时，分区高度可以达到122m，根据我国消防器材、管件、阀门的额定压力情况，自喷报警阀、雨淋阀的工作压力一般为1.2MPa，而普通闸阀、蝶阀、球阀及室内消火栓均能承受1.6MPa的压力。国内的减压阀，也能承受1.6MPa的入口压力。现行国家标准《自动喷水灭火系统设计规范》GB 50084规定，配水管路的工作压力不超过1.2MPa。国内其他行业也有消防给水管网压力为1.2MPa的标准规定。综上所述，将压力分区提高到1.2MPa是可行的。这样既可简化系统，减少不安全因素，又可合理降低工程造价。当然，在消防管网上的适当位置需要采取减压措施，使得消火栓入口的动压小于0.5MPa。在低区的一定标高处设置减压阀，是国内一些工程普遍采取的手段。消火栓静水压力提高到1.2MPa后，系统设计的关键是防止标高较低处消火栓栓口压力过高，可采用减压孔板、减压阀或减压稳压消火栓。当采用减压阀减压时，应设备用阀，以备检修用。

6 主厂房内带电设备很多，直流水枪灭火将给消防人员人身安全带来威胁。美国NFPA 850规定，在带电设备附近的水龙带上应装设可关闭的且已注册用于电气设备上的水喷雾水枪。我们国内已有经国家权威部门检测过的喷雾水枪，这种水枪多为直流、喷雾两用，可自由切换，机械原理可分为离心式、机械

撞击式、簧片式，其工作压力在0.5MPa左右。

本款还根据现行国家标准《建筑设计防火规范》GB 50016增加了水枪充实水柱长度选择的规定。

核电厂消防实施多级救援。其中一、二级救援人员多为核电厂现场值班人员，而非专职消防队员，所以要求他们在现场使用标准消火栓不现实。考虑到火电厂多远离城市，运行人员对于消火栓的使用能力有限，而消防软管易于操作，本规范要求消火栓箱应配备消防软管卷盘，这对于控制核电厂初期火灾将会具有积极的意义。

7.5 水喷雾与自动喷水灭火系统

7.5.1 关于水喷雾灭火设施与高压电气设备带电（裸露）部分的最小安全净距的规定。变压器的水喷雾灭火系统的设计，要特别注意灭火系统的喷头、管道与变压器带电部分（包括防雷设施）的安全距离，以免发生人身伤亡事故。我国现行行业标准《高压配电装置设计技术规程》DL/T 5352对于水喷雾灭火设施与高压电气设备带电（裸露）部分的最小安全净距见表2：

表2 水喷雾灭火设施与高压电气设备带电（裸露）部分的最小安全净距

系统标称电压（kV）	最小距离（mm）
3~10	200
15~20	300
35	400
66	650
69	635
110J	900
110	1000
220J	1800
330J	2500
500J	3800
750	—

注：1 海拔超过1000m（3300 ft）的场所，海拔每增加100m，电气间距应增加1%。

2 在设计冲击电压不适用的地方，当以额定电压作为设计准则时，应使用表中所列最小间距的最大值。

7.5.2 本条是关于汽轮发电机厂房内水喷雾灭火喷头布置的规定。

7.5.3 本条是关于敞开式电缆桥架应设置水喷雾灭火系统的规定。

7.5.4 本条是关于为变压器设置的水喷雾喷头系统设置过滤装置的规定，是根据现行国家标准《水喷雾灭火系统设计规范》GB 50084和工程实践综合制定

的，旨在确保水喷雾灭火系统的可靠性。

7.5.5 本条是关于自动喷水灭火系统和水喷雾灭火系统的设计强度的规定，为强制性条文，必须严格执行。核电厂内，设置自动灭火系统的建筑或设备很多，也是整体的安全的需要。在应用自动喷水灭火系统时，需要确定建筑物或设备的火灾危险等级，这一问题涉及因素较多，如火灾荷载、空间条件、人员密集程度、灭火的难易、人员疏散及增援条件等。

核电厂常规岛范围内，具有火灾危险性的物质以电缆、润滑油等可燃液体为主，针对这些物质，国际上的一些消防标准对于自动喷水及水喷雾灭火强度的数值比较接近。

汽轮发电机厂房内的工艺系统使用的油品多为润滑油（又称"汽轮机油"或"透平油"）及绝缘油，后者应用于电气设备，前者因量大为消防的重点关注对象。闪点是表示油品蒸发性的一项指标。油品的馏分越轻，蒸发性越大，其闪点也越低。反之，油品的馏分越重，蒸发性越小，其闪点也越高。同时，闪点又是表示石油产品着火危险性的指标。在油品的储运过程中严禁将油品加热到它的闪点温度。在黏度相同的情况下，闪点越高越好。因此，用户在选用润滑油时应根据使用温度和润滑油的工作条件进行选择。一般认为，闪点比使用温度高 20℃～30℃，即可安全使用。根据现行国家标准《涡轮机油》GB/T 11120，汽轮机油的闪点（开口）均高于180℃，国外的标准汽轮机油的闪点甚至高于200℃。现行国家标准《石油库设计规范》GB 50084 中规定，闪点低于或等于45℃的油品为易燃油品，闪点高于 45℃ 的油品为可燃油品。即使按闭口闪点，汽轮机油的闪点也在150℃以上，故应判定汽轮机油为可燃液体。设计中应比照现行国家标准《自动喷水灭火系统设计规范》GB 50084 中"可燃液体制品"即严重危险级的 I 级计算。

针对油品，现行国家标准《自动喷水灭火系统设计规范》GB 50084 中，严重危险级 I 级的喷水强度为 $12L/min \cdot m^2$，作用面积为 $260m^2$。美国 NFPA 804 建议灭火强度为 $12L/min \cdot m^2$；法国 RCC-I-97 规定为 $15L/min \cdot m^2$；此外，俄罗斯的核电防火标准、法国 RCC-I-97 及美国 NFPA 804 对于各种场所的灭火强度规定并不细致，较多场所没有规定。基于此，本规范的自动喷水灭火系统的强度值，全部按我国标准制定。水喷雾灭火强度取值于现行国家标准《水喷雾灭火系统设计规范》GB 50219 的规定。

7.5.6 本条是关于自动喷水灭火系统、水喷雾灭火系统的设计应符合现行国家标准《自动喷水灭火系统设计规范》GB 50084 或《水喷雾灭火系统设计规范》GB 50219 的规定。泡沫—喷淋灭火系统尚应符合现行国家标准《泡沫灭火系统设计规范》GB 50151 的规定。

调查中发现，在汽轮发电机厂房内的中间层，常有格栅式走道，其下布置了带集热罩的闭式喷头。需要指出的是，国内、外的相似场所的火灾试验表明，在空间中部设置带集热罩喷头，主要起阻挡其他喷头向其喷水的作用，基本不具备集热功能，火灾时很难自行破碎喷水，现行国家标准《自动喷水灭火系统设计规范》GB 50084 中的有关规定也仅限于仓库中间层偶有孔隙处使用，需要设计人员注意。

7.6 消防排水

7.6.1 本条是关于消防排水设施的规定。以水为介质进行灭火，必然带来排水的问题，处理不好，会产生次生灾害，需要预防；消防设施在维护、试验过程中也会产生少量排水。这些均需采取适当排水措施。一般情况下，消防排水可以直接排入雨水管道。

7.6.2 本条是关于消防排水设施能力的规定。汽机主油箱及相关配套设施，按要求是布置在一个房间的。主油箱本身具有固定的排油管道，事故时排入厂房外的封闭事故油池，整体设施的泄漏量应该很少，而且房间内设有能够容纳系统全部漏油量的防火堤，因而，消防的排水，主要考虑的因素应该是灭火设施的最大流量，这部分排水因为可能含油，所以不能直接排入雨水系统，应该排入核电厂生产废水系统，统一贮存、处理。

7.6.3 本条是关于易燃或可燃液体区域的排水管道防止火灾向外蔓延的规定。美国 NFPA 804 规定，应限制含易燃或可燃液体的区域的地面排水，防止燃烧液体蔓出防火区域。这项规定的实质内涵是防止液体带着火焰向外排出蔓延，采取的措施可以是存水弯或水封井等。对于变压器而言，由于火灾时，变压器可能有油溢出，地面上形成流淌火焰，在变压器四周需要铺设卵石层以阻止燃烧。

7.7 泡沫灭火系统

7.7.1 本条是关于油罐泡沫灭火系统的选择规定。核电厂的油罐多为辅助锅炉房所设。燃油锅炉燃烧的通常是柴油。根据现行国家标准《泡沫灭火系统设计规范》GB 50151，柴油贮罐适用于低倍数泡沫灭火系统。国内无论常规火电还是核电厂的油罐，多用低倍数泡沫灭火系统。

7.7.2 本条是关于油罐泡沫灭火系统型式的规定。本条是根据现行国家标准《石油库设计规范》GB 50074 制定的。

7.7.3 本条是关于泡沫灭火系统设计的原则规定。

7.8 气体灭火系统

7.8.1 本条是关于气体灭火剂的类型、气体灭火系统型式的选择的规定。核电厂常规岛的灭火系统以水介质为主，但也有气体的应用。据了解，一些核电厂常规岛内设有电子设备间、控制设备间以及网络继电器室，这些场所和建筑宜采用气体保护。目前，相对成熟可用的气体灭火系统较多，如 IG-541、七氟丙烷、二氧化碳、氩气、氮气、气溶胶、三氟甲烷及其他惰性气体等，如何选用则应根据被保护对象的特点、重要性、环境要求并结合防护区的布置，经技术经济比较后确定。国内电力行业使用 IG-541、七氟丙烷及二氧化碳为最多。这些替代品，各有千秋。七氟丙烷不导电，不破坏臭氧层，灭火后无残留物，可以扑救 A（表面火）、B、C 类和电气火灾，可用于保护经常有人的场所，但其系统管路长度不宜太长。IG-541 为氩气、氮气、二氧化碳三种气体的混合物，不破坏臭氧层，不导电、灭火后不留痕迹，可以扑救 A（表面火）、B、C 类和电气火灾，可以用于保护经常有人的场所，为很多用户青睐，但该系统为高压系统，对制造、安装要求非常严格。二氧化碳分为高压、低压两种系统，近年来，低压系统应用相对普遍。二氧化碳灭火系统，可以扑救 A（表面火）、B、C 类和电气火灾，但不能用于经常有人的场所。低压系统的制冷及安全阀是关键部件，对其可靠性的要求极高。在二氧化碳的释放中，由于干冰的存在，会使防护区的温度急剧下降，可能对设备产生影响。对释放管路的计算和布置和喷嘴的选型也有严格要求，一旦出现设计施工不合理，会因干冰阻塞管道或喷嘴，造成事故。

气溶胶灭火后有残留物，可用于扑救 A（表面火）类、部分 B 类、电气火灾，但不能用于经常有人、易燃易爆的场所。使用中要特别注意残留物对于设备的影响。电子设备间火灾属于电气火灾，设备也是昂贵的，因此，灭火介质以气体为首选。各种哈龙替代物系统的灭火性能不同，造价也有较大差别，设计单位、使用单位应该结合工程的实际，经技术经济比较综合确定气体灭火系统的型式。考虑我国国情，经济适用原则，推荐采用组合分配系统。

7.8.2 本条是关于气体灭火剂用量的规定。核电厂设置气体灭火系统的场所多为电厂控制中枢，对核电厂整体运行颇为重要，不宜中断保护，考虑灭火气体的备用量具有重要意义，结合核电厂一贯倡导的多重性原则，建议设置百分之百的备用量，增强核电厂的安全保障性。

7.8.3 本条是关于固定式气体灭火系统设计的原则规定。

7.9 灭 火 器

7.9.1 本条是关于灭火器选型的原则规定。

现行国家标准《建筑灭火器配置设计规范》GB 50140 对于使用灭火器的场所，划分为 6 类，火灾危险程度划分为三种，分别为严重、中、轻。据此，工业建筑灭火器配置的场所的危险等级，应根据其生产、使用、贮存物品的火灾危险性、可燃物数量，火灾蔓延速度以及扑救难易程度，划分为三类，即严重危险级、中危险级、轻危险级。结合核电厂常规岛的特点，本规范将常规岛内大部分建筑及设备归为中危险级，也符合《建筑灭火器配置设计规范》GB 50140 的要求。

由于核电厂各建筑设备种类繁多，仍有一些场所，不能简单地定为中危险级，需要慎重对待。各类控制室是生产过程中的要害处，一旦发生火灾，将严重影响电厂的生产运行，故将其定为严重危险级。此外，《建筑灭火器配置设计规范》GB 50140 中明确定为严重危险级的还有供氢站。考虑到汽轮发电机厂房内的一些贮油装置一旦发生火灾，后果严重，将其定为严重危险级。

7.9.2 本条是关于严重危险级场所设置推车灭火器的规定。

7.9.3 鉴于灭火器有环境温度的限制条件，考虑地域差异，南方地区室外气温可能很高，油区等处露天设置的灭火器应考虑设置遮阳设施，保证灭火剂有效使用。

7.9.4 电厂的控制室、电子设备间、继电器室等不属于非必要场所，哈龙灭火器在现行国家标准《建筑灭火器配置设计规范》GB 50140 仍为有条件可以使用的灭火器。但考虑发展的趋势及市场上采购的困难，本规范不建议采用哈龙灭火器；事实上，二氧化碳灭火器无论对于 A 类火灾还是带电 A 类火灾均不适用。因此，在这些场所，有必要强调采用干粉灭火器，确保灭火效果。

7.9.5 本条是灭火器布置的规定。

7.9.6 本条是灭火器配置设计的规定。

7.10 火灾自动报警与消防设备控制

7.10.1 本条是关于常规岛火灾自动报警系统设置的原则规定。按照现行国家标准《火灾自动报警系统设计规范》GB 50116，火灾自动报警系统由火灾探测报警系统、消防联动控制系统、可燃气体探测报警系统和电气火灾监控系统等构成。常规岛及所属建筑物是核电厂的重要组成部分。核电厂核岛设有全厂火灾自动报警系统，常规岛的火灾自动报警系统系统乃至全厂系统中的分支部分，原则上应接入全厂报警系统，构成核电厂完整的火灾自动报警系统。此外，要求常规岛所设各种灭火系统应能在核岛控制室内远方人工手动控制。

7.10.2 本条是关于常规岛报警区域划分的规定。为了突出防护重点，便于监视管理，常规岛及附属建筑宜按建筑物性质划分成若干火灾报警区域。每个汽轮发电机厂房宜为一个火灾报警区域（包括汽轮发电机厂房以及主变压器、启动变压器、联络变压器、厂用变压器），这是常规岛的重点区域；各常规岛所属辅助、附属建筑（包括辅助锅炉房、主辅开关站、网络继电器室及各类库房，即所谓的常规岛BOP部分），宜整合为一个联合型的火灾报警区域。

7.10.3 本条是关于火灾探测器的选择规定。

7.10.4 本条是关于火灾报警控制器容量的规定。根据现行国家标准《火灾自动报警系统设计规范》GB 50116，每一总线回路所连接的火灾探测器和控制模块或信号模块的地址编码总数，宜留有一定余量。常规岛内一般设置区域报警控制器，其通过总线与集中报警控制器相连，应留有10%～20%余量。

7.10.5 设有固定自动灭火系统的场所，宜采用同类型或不同类型探测器的组合，使之有效确认火灾减少或避免系统误动作。

7.10.6 手动报警按钮处宜设置电话插孔。本条是依据现行国家标准《火灾自动报警系统设计规范》GB 50116制定。

7.10.7 本条是关于可燃气体报警信号接入主系统的规定。本条主要针对供氢站等具有可燃气体产生的设备和场所。

7.10.8 在常规岛内，将设有大量自动消防设施，其中的雨淋阀组、固定气体灭火系统，必须提供就地操作的手段，也就是说，这些消防设施应能就地启动、停止，其控制设备应具有明显标志，并应有防误操作的保护措施，这样才能在自动控制失灵时，仍能现场人工手动启停。

7.10.9 本条是关于汽轮发电机厂房内火灾自动报警系统的一些规定。汽轮发电机厂房是常规岛乃至核电厂消防防护的重点区域，多年的火灾案例证明，汽轮发电机厂房的火灾概率较高，有资料统计，每两年半会发生一次汽轮发电机厂房的火灾事故。按照"纵深防御"的原则，汽轮发电机厂房必然是火灾自动报警系统设计的主要关注对象。

 1 汽轮发电机厂房内平时经常没有人员值守。区域显示盘宜设置在汽轮发电机厂房内便于监控并易于操作的位置；根据火灾案例，具有联动功能的火灾报警控制器如果位置设置不当，可能因火灾而丧失功能，因此强调其应设在相对安全的位置。

 2 根据现行国家标准《火灾自动报警系统设计规范》GB 50116，配电间、通风机房、灭火控制系统操作装置处应设置消防专用电话分机。汽轮发电机厂房内的噪声很大，为实现有效电话联络，规定消防电话宜设在专门的隔音室。

7.10.10 本条规定了电缆桥架上设置缆式线性感温火灾探测器的布置原则。线型感温火灾探测器应采用接触式的敷设方式对隧道内的所有的动力电缆进行探测；缆式线型感温火灾探测器应采用"S"形布置在每层电缆的上表面，线型光栅光纤感温火灾探测器应采用一根感温光缆保护一根动力电缆的敷设方式。分布式线型光纤感温火灾探测器在电缆接头、端子等发热部

位敷设时，其感温光缆的延展长度不应少于1.5倍的探测单元长度；线型光栅光纤感温火灾探测器在电缆接头、端子等发热部位应设置感温光栅。

7.10.11 油罐的火灾探测器及相关连接件应为防爆型。根据国内石油企业的防火经验，油罐上设置的自动报警系统作用有限，需要直观的监测装置，以便及时发现、有效地确认火灾。

7.10.12 在经常无人的汽轮发电机厂房内设置摄像装置，能够作为火灾自动报警系统的辅助手段发挥作用，国内广东核电厂即有安装摄像装置的实例。在工程中采用单设消防电视或与工业电视合用，可根据具体情况酌定。

7.10.13 火灾自动报警系统的设计，应符合现行国家标准《火灾自动报警系统设计规范》GB 50116的有关规定。

火灾自动报警系统设计应充分汲取国内外核电厂火灾案例的教训，采取有针对性的措施，确保核电厂火灾自动报警系统的可用性。2008年，国内某厂变压器发生爆炸，火灾在初始瞬间即将探测器的有关电气回路摧毁，导致报警信号无法发送，水喷雾系统不能启动，事后，该厂的整改措施之一就是强化探测器的线路保护，而这一教训在《火灾自动报警系统设计规范》GB 50116中并无相应规定。

8 采暖、通风和空调

8.1 采　暖

8.1.1 本条是强制性条文，必须严格执行。供氢站、危险品库、橡胶制品库、油脂库、油泵房、蓄电池室等室内有大量的易燃、易爆物质，若遇明火就可能发生火灾爆炸事故。以前此类厂房（仓库）曾发生过严重的火灾事故，为吸取经验教训，规定以上厂房（仓库）内严禁采用明火和易引发火灾的电热散热器采暖。

本条中易引发火灾的电热散热器是指在使用过程中有明火产生的设备或电暖器表面温度超过85℃设备，例如远红外取暖器（石英管取暖器）等。

不产生明火的电暖器允许使用，例如电热汀暖器（充油式电暖器）等，此类型电暖器具有自动恒温、无耗氧、防水、倾倒自动断电等功能。当电暖器表面温度达到85℃或环境温度过高时，其温控元件（限温器）即自行断电。

8.1.2 根据有关资料，赛璐珞的自燃点为125℃、PS3的自燃点为100℃、松香的自燃点为130℃，还有部分物质粉尘积聚厚度超过5mm时，在上述温度范围会产生融化或焦化，如树脂、糊精粉等，因此需要规定采暖设备散热器的表面平均温度。

根据国家节水节能环保要求，核电厂常规岛及附

属建（构）筑物宜采用热水采暖，目前我国热水采暖的热媒温度范围一般采用：70℃～130℃、70℃～110℃和70℃～95℃，其采暖散热器表面平均温度分别为82.5℃、90℃和100℃。当散热器表面温度为82.5℃时，相当于供水温度95℃、回水温度70℃。这时散热器入口处的最高温度为95℃，与自燃点最低的100℃相差5℃。因此，本条规定的温度是安全、可行的。

当贮存易燃易爆化学品房间无70℃～95℃及以下热媒时，可通过加换热器等措施解决，当冬季易燃、易爆化学品无温度要求时可不采暖。

8.1.3 采暖管道长期与可燃物体接触，在特定条件下会引起可燃构件蓄热、分解或炭化进而起火，故应采取必要的防火措施，一般应使采暖管道与可燃物保持一定的距离，预防可燃物体因长期被烘烤而燃烧。本条强调采暖管道与可燃物体间应保持一定距离，该距离应在有条件时尽可能大。若保持一定距离有困难时，可采用不燃烧材料对采暖管道进行隔热处理，如外包覆导热性差的不燃烧材料等。

8.1.4 采暖管道不应穿过变压器室、配电间等电气房间。这些电气房间装有各种电气设备、仪器、仪表和各种电缆，所以在这些房间不允许管道漏水，也不允许采暖管道加热这些设备和电缆。

8.1.5 蓄电池室如果采用散热器采暖系统，从散热器的选型到系统安装，都必须考虑防漏水措施，不能采用承压能力差的铸铁散热器，管道与散热器的连接以及管道与管件间的连接必须采用焊接。

8.1.6 本条是强制性条文，必须严格执行，引自现行国家标准《火力发电厂与变电站设计防火规范》GB 50229—2006中第8.1.5条，防止火灾沿着管道的保温绝热材料迅速蔓延到相邻房间或整个房间。

8.1.7 本条引自现行国家标准《核电厂防火设计规范》GB/T 22158。

8.1.8 危险品库、供氢站的火灾发展迅速、热量大，设备的保温绝热材料应采用不燃烧材料。

8.2 通 风

8.2.1 氢冷式发电机组的汽轮发电机厂房，发电机组上方应设置连续排氢装置，以免泄露的氢气聚集在汽轮发电机厂房屋顶发生爆炸，因此制定本条文。排氢装置通常指自然通风帽，"连续"意味着排氢装置全年运行。当汽轮发电机厂房通风采用屋顶通风器或屋顶风机时，就不再设计专门的排氢装置，用部分屋顶通风器或屋顶风机替代，而屋顶通风器或屋顶风机常常采用电动驱动装置。如果氢冷发电机出现大量泄露或汽机房屋面下积聚一定浓度的氢气时，遇火花便可能发生爆炸，所以要求电动装置采用直联方式和防爆措施。屋顶通风器或屋顶风机风量可按排除余热余湿考虑。

8.2.2 本条引自现行国家标准《火力发电厂与变电站设计防火规范》GB 50229—2006中第8.3.4条。当送风管上设置逆止阀时，送风机可不防爆，但排风机必须防爆。平时蓄电池室通风换气量应按室内空气中的最大含氢量（按体积计算）不超过0.7%计算，室内换气次数不少于每小时6次。事故通风换气次数按不少于12次/h计算，事故风机可兼作通风用。

现行国家标准《建筑设计防火规范》GB 50016规定：甲、乙类厂房用的送风设备和排风设备不应布置在同一通风机房内，且排风设备不应和其他房间的送、排风设备布置在同一通风机房内。蓄电池室的火灾危险性属于甲级，所以送、排风机不应布置在同一通风机房内，参考现行国家标准《火力发电厂与变电站设计防火规范》GB 500229—2006中第8.3.5条，送风设备采用新风机组并设置在箱体内时，可以看作另外一个房间，其可与排风机布置在同一个房间内。

8.2.3 免维护式蓄电池为阀控式密封铅酸性蓄电池，这种蓄电池为密封结构，电解液不会泄漏，也不会排出酸雾，正常运行时不会排出任何气体。但在严重过充时，会将水电解成氢、氧气体使电池内部气压升高到一定值，为安全起见，蓄电池会打开单向安全阀，排出少量气体至室内空气中，因安全阀上装有滤酸装置，酸雾不会随排出气体而进入室内，进入室内只是氢气。

免维护式蓄电池的放电容量及寿命均与环境温度有密切的关系，该类型的蓄电池在浮充电压2.23V/个、环境温度25℃条件下，浮充预期寿命为10年～15年。但是当环境温度为35℃时，则其浮充预期寿命将降低一半左右。

免维护式蓄电池的标称放电容量是以25℃为基准的，其放电容量随着温度的升高而增大，但增幅不大，40℃时只增加6%左右，其放电容量随着温度的降低而减少，在0℃～25℃之间，温度每下降1℃，其放电容量大约下降1%。另外，该类型的蓄电池浮充电压的取值亦与蓄电池的工作温度有一定的关系，当蓄电池组各部位温差过大时就无法正确确定蓄电池浮充电压从而影响其放电容量。

综上所述，免维护式蓄电池室室内温度夏季应控制在30℃以内，故规定当夏季通风不能满足设备对室内温度的要求时，应设置降温装置。避免降温送风（或冬季送热风时）直吹蓄电池，防止各蓄电池组的工作温度差超过3℃。

免维护式蓄电池室宜设置直流通风降温系统，室内换气次数不得小于3次/h，并维持一定的负压。

当蓄电池室较小，布置确实困难时，可直接把防爆降温设施放在蓄电池室内，室内换气次数不得小于3次/h，但必须有安全保护措施。如：防爆降温设施与氢气检测装置及蓄电池严重过充报警信号连锁，当有氢气产生或蓄电池发出过充报警信号时，防爆降温设施停止运行，事故排风机立即运行，以排除产生氢气，防爆降温设施可选择空调机等设备。

事故排风换气次数按不少于 12 次/h 计算，事故排风机可兼作通风用。

防爆电气设备是根据设备使用的类别、爆炸性气体混合物的温度组别，防爆电气设备的防爆型式而划分的。通风空调设备防爆等级详见现行国家标准 GB 3836.1～GB 3836.9。

按上述标准，免维护式蓄电池室属于 2 区，即在正常情况下爆炸性气体混合物不可能出现，仅仅在不正常情况下，偶尔或短时间出现，每年事故状态下存在的危险性为 0.1h～10h。

通风空调设备具体采取什么防爆类型（防爆等级），应通过技术经济比较确定，具体防爆型式见表 3：

表 3　通风空调设备的防爆型式

序号	防爆型式	代号	国家标准	防爆措施	适用区域
1	隔爆型	d	GB 3836.2	隔离存在的点火源	Zone1、Zone2
2	增安型	e	GB 3836.3	设法防止产生点火源	Zone1、Zone2
3	本安型	ia	GB 3836.4	限制点火源的能量	Zone0、Zone1、Zone2
		ib		限制点火源的能量	Zone1、Zone2
4	正压型	p	GB 3836.5	危险物质与点火源隔开	Zone1、Zone2
5	充油型	o	GB 3836.6	危险物质与点火源隔开	Zone1、Zone2
6	充砂型	q	GB 3836.7	危险物质与点火源隔开	Zone1、Zone2
7	无火花型	n	GB 3836.8	设法防止产生点火源	Zone2
8	浇封型	m	GB 3836.9	设法防止产生点火源	Zone1、Zone2

隔爆型：一种保护类型，其外壳能够承受爆炸性的混合物在内部爆炸过程中产生的压力，防止爆炸向外壳周围的爆炸性大气环境转移，且能够在不会引起周围的爆炸性气体或蒸汽这样一个外部环境下工作。

增安型：一种保护类型，被用来减少在正常工况条件下超高温度以及电弧或火花在电气装置内外部件里出现的可能性。增安型可以与隔爆型保护技术一起使用。

本安型：一种保护类型，其中的电气设备在正常或非正常情况下无法释放足够的电能或热能以使得特定的危险性大气混合物在达到其易燃的浓度时点燃。

无火花型：一种保护类型，其中的设备在正常情况下不会由于电弧或者热效应而引起易燃气体或蒸汽形成空气混合物。

免维护式蓄电池室产生氢气爆炸性危险等级属于 ⅡC，气体温度组别为 T1。

8.2.4　在润滑油间、润滑油传送间等室内有油气产生并存在爆炸可能性的房间，为安全起见，室内空气不应循环使用，通风设备应采用防爆型。

8.2.5　本条引自现行国家标准《火力发电厂与变电站设计防火规范》GB 50229—2006 中第 8.6.2 条。条文内的通风设备不包含进风设备。

8.2.6　当配电间等电气房间发生火灾时，通风系统应立即停运，以免火灾蔓延，因此应考虑切断电源的安全性和可操作性，即火灾时应能保证自动或手动切断电源。这些电气房间包括励磁机室、变频器间、六氟化硫开关室等。事故后排风换气次数不宜少于 12次/h，一般选用普通轴流风机。

8.2.7　本条参考现行国家标准《火力发电厂与变电站设计防火规范》GB 50229—2006 中第 8.6.2 条。电解间、储氢间通风换气次数不少于每小时 3 次。自然排风口应设在顶棚的最高点。当顶棚被梁分隔时，每档均应有排氢措施。事故排风换气次数不应少于 12 次/h，一般选用普通防爆轴流风机。室内吸风口应设在房间上部，其上缘距顶棚不得大于 0.1m。

8.2.8　本条是关于油脂库通风机的规定。

8.2.9　本条引自现行国家标准《火力发电厂与变电站设计防火规范》GB 50229—2006 中第 8.4.2 条、第 8.4.3 条。

8.2.10　本条引自现行国家标准《火力发电站设计防火规范》GB 50229—2006 中第 8.4.5 条。

8.2.11　本条是关于通风系统采用的材料、阀门的选择及设置规定。

8.2.12　有的危险品库存在甲、乙类液体的挥发可燃蒸汽，在特定条件下易积聚而与空气混合形成有爆炸危险的混合气体云团。若空气循环使用，尽管可减少一定能耗，但火灾危险性增大。因此，危险品库应有良好的通风，室内空气应及时排出到室外，不应循环使用。

当危险品库需要送入新鲜空气时，其排风机在通风机房内存在泄漏可燃气体的可能。为防止空气中的可燃蒸汽或可燃气体再被送入室内，要求设计将送风机和排风机分别布置在不同通风机房内。此外，设计时还应防止将可燃气体或蒸汽送到其他建筑物内，以免引起火灾事故。故本条规定要求为危险品库服务的排风机不应与为其他用途房间服务的送、排风机布置在同一机房内。

8.2.13　为排除比空气轻的可燃气体混合物，防止在风管内局部积存而形成有爆炸危险的高浓度气体，要求在设计排风系统时将其排风水平风管顺气流方向向上坡度敷设。

8.2.14　易燃易爆气体管道，甲、乙、丙类液体管道若发生事故或火灾，易造成严重后果。在建筑中，风管易成为火灾蔓延的通道。因此，为避免这两类管道相互影响、防止火灾沿着通风风管蔓延，此类管道不应穿过通风风管、通风机房，也不应紧贴在通风管外壁敷设。

8.2.15　本条对燃油辅助锅炉房的通风设施和通风量作了规定，为强制性条文，必须严格执行。

燃油辅助锅炉房在使用过程中存在逸漏或挥发的可燃性气体，要在燃油辅助锅炉房内保持良好的通风条件，使逸漏或挥发的可燃性气体与空气混合气体的浓度能很快稀释到爆炸下限值的25%以下。一般采用自然通风或机械通风两种通风方式。

燃油锅炉所用油的闪点温度一般大于60℃，个别轻柴油的闪点为55℃～60℃，大都属丙类火灾危险性。一般辅助锅炉房中油泵房内温度不会超过60℃，因此，不会产生爆炸危险，机房的通风量可按泄露量计算（空气中油气的含量不超过350mg/m³及体积浓度不超过0.2%）或按3次/h换气次数计算。事故排风量应按换气次数不少于12次/h确定。

8.2.16 平时制氯站无氢气产生，通常是采用电解氯化钠工艺生产氯产品时，才有氢气产生。制氯站排风装置一般采用屋顶自然通风帽，但有时屋面上结构梁很多时，为防止风帽多漏雨，也有采用机械排风的案例。排氢与排氯的风机、风管应分开独立设计。

8.2.17 根据现行行业标准《火力发电厂职业卫生设计规程》DL/5454第7.3.5条规定易产生有毒有害气体的实验室，应设置通风柜及机械通风装置。通风换气次数不宜少于6次/h。

8.2.18 本条引自国家标准《火力发电厂与变电站设计防火规范》GB 50229—2006中第8.4.4条。通风换气次数不宜少于6次/h。

8.2.19 每个防火分区或防火分隔宜设独立的通风系统，便于平时运行维护调节。火灾时，可把损失降到最低限度，有利于核电厂安全稳定运行。举例说明：汽轮发电机厂房地上部分为1个防火区域，且采用机械送风，屋顶通风器排风的通风方案。通风设备间为1个防火分隔。当接到来自汽轮发电机厂房、辅助建筑、除氧间的火警信号时，所有通风设备间送风机断电停运。但当接收到来自各通风设备间的火警信号时，只有发出信号的通风设备间里的送风机断电停运。当该防火分区设有火灾探测系统时，通风系统应与其连锁，发生火灾时，应能自动切断通风机的电源，通风系统立即停运，以免火灾蔓延。

8.2.20 火灾危险性较大的房间有：危险品库、橡胶制品库、油脂库、辅助锅炉房中油泵房、汽轮发电机厂房中的润滑油间、润滑油转运间等，这些房间一般都设计消防系统，一旦发生火灾事故，灭火后需尽快进行排风，恢复生产，因此应设置火灾后机械排风装置。

设置气体灭火的房间有：汽轮发电机厂房中的电子设备间、电缆夹层、恒温恒湿库（存放精密仪电仪表）及网络继电器室等。当消防系统采用气体灭火时，要求整个房间必须密闭，通风或空调系统停止运行。为防止气体灭火剂从风道泄漏而对灭火不利，风道上有关阀门尽可能严密不漏气，灭火之后，要排出室内的空气与气体灭火剂的混合气体，故应设置火灾后机械排风装置。

8.2.21 火灾后排风系统应符合下列规定：

1 火灾后机械排风系统与空调系统宜分开设置。但某些工程中，因建筑条件限制，空间管道布置紧张，需将空调系统和排风系统合用一套风管。这时，必须采取可靠的防火安全措施，使之既满足火灾后机械排风风量的要求，也满足平时空调的送风要求。电气控制必须安全可靠，保证切换功能准确无误。需说明的是，需设火灾后机械排风系统的部位平时有通风系统，常常设计成一套风管，共用一套风机。

2 本款引自美国NFPA 804中第8.4.5条。

3 本款引自现行国家标准《核电厂防火设计规范》GB/T 22158。

4 火灾后机械排风系统是以恢复生产为目的，在确认火灾扑灭后启动，做到尽快彻底排除火灾后的烟气和毒气。排气时间短有利于工作人员及时进入室内检修，以便尽早恢复生产，但风机风量大，布置难度和投资较大。根据现行行业标准《火力发电厂与变电所设计防火规范》GB 50229有关规定，房间排风换气次数不少于6次/h。电子设备间、电气继电器室等重要空调房间，火灾后排风机可选用排烟风机（高温消防专用风机），以防止火灾时损坏。

5 本款引自现行行业标准《火力发电厂采暖通风与空调设计技术规程》DL/T 5035—2004中第5.3.11条。

当进风口与排风口垂直布置时，进风口宜低于排风口3.0m，距离太近会造成排出的烟气再次被吸入；水平布置时，其距离不应小于10.0m。

上述水平距离不应小于10.0m、垂直距离大于3.0m，是对新鲜空气的进风口和排风口在同一层或在隔层中的情况的规定。实际工程设计中，进风口与排风口因建筑立面和功能等条件的限制而可能出现多种组合。例如，地下室或首层排风，排风口设在距室外地面2.0m以上的高度，进风口却在屋顶，虽然水平距离不能满足要求，但可以通过进风口与排风口的进、排风的方向合理设置而满足进风的质量要求。

进风口和排风口设在室外时，应考虑防止雨水、虫鸟等异物侵入的措施。

排风口的布置位置应根据建筑物所处环境条件（如风向、风速、周围建筑物以及道路等情况）综合考虑确定，不应将排出的烟气直接排向其他火灾危险性较大的建筑物上。

排风口是室外排风口，通风、空调系统是送风系统。

排风口风速不宜大于10m/s，过大会过多地吸入周围空气，使排出的烟气中空气所占的比例增大，影响实际排风效果。

7 在选择风机时，除满足排风系统最不利环路的风压要求外，还必须在系统设计中考虑足够的漏风量。对于金属风道，其漏风量可选择 10% 或更大；对于混凝土等风道，则应向建筑提出风道的密封、平滑性能等要求，其漏风量要根据排风系统管路的长短和施工质量等选取，最小不宜小于 20%，排风管道长或施工质量难以保证时，则宜取 30%。

8　本条根据国外有关资料，规定了火灾后机械排风风管内的设计风速。

9　排风风管所排除的烟气温度较高，为保证火灾后排风系统安全可靠地运行，本款规定火灾后排风系统的设备、风管、风口及阀门等必须采用不燃材料制作。

8.2.22　事故排风系统（包括兼作事故排风用的基本排风系统）的通风机，其开关装置应装在室内、外便于操作的地点，以便一旦发生紧急事故时，使其立即投入运行。例如：供氢站、制氯站等事故通风的通风机，应分别在室内、外便于操作的地点设置电器开关。

8.2.23　根据事故分析，通风设备和管道如不设导除静电接地装置，易引起燃烧或爆炸事故。当静电积聚到一定程度时，就会产生放电，引起静电火花，使可燃或爆炸危险物质有引起燃烧或爆炸的可能。管内沉积不易导电的物质会妨碍静电导出接地，有在管内产生火花的可能，防止静电引起灾害的最好办法是防止其积聚，故应采用导电性能良好的材料接地。法兰跨接是指风道法兰连接时，两法兰之间用金属线搭接。

8.3　防、排烟

8.3.1　核电厂的运行维护值班人员大多数都在控制室工作，常规岛工作人员很少，且都是专业人员，常年在现场工作，对避难逃生路线非常熟悉。由于核电厂特别重视消防工作，制度齐全，加之常规岛空间较大，发生火灾时，人员能迅速撤离至安全地带。故本规范仅对重要的楼梯间及控制室防、排烟系统进行规定。

我国对防烟、排烟的试验研究尚不系统、深入，缺乏完整的相关技术资料。为了使烟气能顺利并有效地被排除，本规范参考国外有关资料，规定了有条件采用自然排烟方式的楼梯间应开启外窗的最小净面积。有条件时，应尽量加大相关开口面积。

现行国家标准《高层民用建筑设计防火规范》GB 50045 规定："靠外墙的防烟楼梯间每五层内可开启外窗总面积之和不应小于 2.00m²"。本规范采用了上述规定，当建筑层数超过 5 层时，总开口面积宜适当增加。5 层在高度上数值可理解为 18m 左右。

因火灾时产生的烟气和热气流向上浮升，顶层或上两层应有一定的开窗面积，除顶层外的各层之间可以灵活设置。

8.3.2　为便于排除烟气，排烟窗宜设置在屋顶上或靠近顶板的外墙上方。例如，一座需进行自然排烟的

5 层建筑，1～5 层的排烟窗可设在各层的顶板下，其中 5 层也可设在屋顶上。

有些建筑中用于自然排烟的开口正常使用时需处于关闭状态，需自然排烟时这些开口要能够应急打开。因此，本条规定排烟窗口应有方便开启的装置，包括手动和自动装置。

在设计时，为减少室外风压对自然排烟的影响，提高排烟的效果，排烟口处宜尽量设置与建筑型体一致的挡风措施，应尽量设置 2 个或 2 个以上且朝向不同的排烟窗。

8.3.3　建筑物内的封闭楼梯间在火灾时若无法采用自然排烟，应采用机械加压送风的防烟措施，使这些部位内的空气压力高于火灾区域的空气压力，以有利于人员正常疏散和逃生。地下、地上封闭楼梯间机械加压送风防烟设施宜分开布置。加压送风风管不宜穿过防火分区或其他火灾危险性较大的房间；确需穿过时，应在穿过房间隔墙或楼板处设置防火阀。加压送风管道上的防火阀的动作温度应为 70℃。当地下、半地下封闭楼梯间平时有正常通风或降温系统时，为节省投资，其送风系统可与机械加压送风防烟系统合并。

8.3.4　机械加压送风系统最不利环路阻力损失外的压头是加压送风系统设计中的一个重要技术指标。该数值是指加压部位相通的门窗关闭时，足以阻止着火层的烟气在热压、风压、浮力、膨胀力等联合作用下进入加压部位，而同时又不致过高造成通向疏散通道的门不易开启。

吸风风管和最不利环路的送风风管的摩擦阻力与局部阻力的总和以及需要维持的正压为加压送风机需要提供的全压。根据我国"高层建筑楼梯间正压送风机械排烟技术的研究"项目取得的成果，本规范规定封闭楼梯间正压值为 40Pa～50Pa；根据核电厂常规岛特点，当布置困难时，楼梯间可不设余压阀。

在工业建筑中，规定封闭楼梯间的加压送风口宜每隔 2 层～3 层设 1 个，既可方便整个封闭楼梯间压力值达到均衡，又可避免在需要一定正压送风量的前提下，不因正压送风口数量少而导致风口断面太大。2 层～3 层在高度上数值可理解为 7m～11m。

送风口的风速不宜大于 7.0m/s 是根据现行国家标准《高层民用建筑设计防火规范》GB 50045 和《人民防空工程设计防火规范》GB 50098 等有关规定确定的。

8.3.5　本条根据国外有关资料，规定了机械送风风管内的设计风速。

8.3.6　为保证火灾时送风系统安全可靠地运行，本条规定防烟系统的设备、风管、风口及阀门等必须采用不燃材料制作，且加压送风风管的耐火极限不宜低于 0.50h。

8.3.7　经常有人操作的控制室一般指化学精处理控

制室、控制设备间等，当化学精处理控制室、控制设备间满足自然排烟条件时，可不设机械排烟系统。火灾时，为保护人身安全，可利用外窗或风机排烟，以保证核电厂安全稳定运行。风机应选用排烟风机（高温消防专用风机），以防止火灾时损坏，风量应按房间换气次数不少于 6 次/h 计算。

8.4 空　调

8.4.1 当发生火灾时，空调系统风机应立即停运，以免火灾蔓延，因此，空调的自动控制应与消防系统连锁。

8.4.2 本条引自国家标准《火力发电厂与变电站设计防火规范》GB 50229—2006 中第 8.2.5 条。

8.4.3 要求电加热器开关与风机开关连锁，是一种保护控制措施。为了防止通风机已停而电加热器继续加热引起过热而起火，电加热器后应设流量控制器和温度控制器，做到欠风、超温时的断电保护，即风机一旦停止，电加热器的电源即应自动切断。近年来多次发生空调设备因电加热器过热而失火，主要原因是未设置保护控制。设置工作状态信号是从安全角度提出来的，如果由于控制失灵，风机未启动，先开了电加热器，会造成火灾危险。设显示信号，可以协助管理人员进行监督，以便采取必要的措施。同时，电加热器前后各 800mm 的风管应采用不燃材料进行绝热。本条也参考了现行国家标准《核电厂防火设计规范》GB/T 22158 的相关规定。

8.4.4 本条规定了应设置防火阀的部位。通风和空调系统的风管是建筑内部火灾蔓延的途径之一，要采取措施防止火灾穿过防火墙和不燃烧体防火分隔物等位置蔓延和扩大。当火灾烟气穿过时，所设防火阀应能立即关闭。本条为强制性条文，必须严格执行。

1　防火分隔处。主要防止防火分区或不同防火分隔之间的火灾蔓延和扩大。在某些情况下，必须穿越防火墙或耐火墙体时，应在穿越处设防烟防火阀，由感烟探测器控制其动作，通过电磁铁等装置关闭，同时它还应具有温度熔断器自动关闭以及手动关闭的功能。

2　风管穿越通风、空调机房或其他防火重点控制房间的隔墙和楼板处。主要防止机房的火灾通过风管蔓延到建筑物的其他房间，或者防止建筑内的火灾通过风管蔓延到机房内。此外，为防止火灾蔓延至性质重要的房间或有贵重物品、设备的房间，或防止火灾危险性大的房间中的火灾传播出去，规定风管穿越这些房间的隔墙和楼板处应设防火阀。

3　垂直风管与每层水平风管交接处的水平管段上应设置防火阀，防止火灾垂直蔓延和扩大。

4　为使防火阀在一定时间里达到耐火完整性和耐火稳定性要求，有效地起到隔烟阻火作用，在穿越变形缝的两侧风管上应各设一个防火阀。当变形缝处两侧无墙时，风管上可不设置防火阀。

5　当几个配电间共设一个送风系统时，为了防止一个房间发生火灾时，火灾蔓延到另外一个房间，应在每个房间的送风支管上设置防火阀。

8.4.5 为使防火阀能自行严密关闭，防火阀关闭的方向应与通风和空调的风管内气流方向相一致。采用感温元件控制的防火阀，易熔片及其他感温元件应装在容易感温的部位，其动作温度应较通风、空调系统在正常工作时的最高温度高 25℃，宜采用 70℃。

为使防火阀能及时关闭，控制防火阀关闭的易熔片或其他感温元件应设在容易感温的部位。设置防火阀的通风管应具备一定强度，设置防火阀处应设单独的支吊架防止管段变形。在暗装时，应在安装部位设置方便检修的检修口。

为保证防火阀能在火灾条件下发挥预期作用，穿越防火墙两侧各 2m 范围内的风管绝热材料应采用不燃烧材料且具备足够的刚性和抗变形能力，穿越处的空隙应用防火封堵材料严密填实。

防火阀宜为电磁型，应将阀位指示、关闭信号反馈到消防控制中心（或火灾自动报警系统）；当采用电动防火阀时，电压衰减小的可选用直流 24V，反之选用交流 220V。

8.4.6 本条规定通风、空调系统的风管应采用不燃材料制作是基于经验教训和市场条件制定的。国内外有不少因高温烟气通过通风、空调系统风管的蔓延使火灾造成重大的人员和财产损失的实例，教训使人们高度重视通风、空调系统的防火、防烟问题。近 10 年，国内外研发了不少新型风管材料并在一定条件下进行了应用。这些材料各方面的性能均较好，但其燃烧性能尚不能达到不燃材料的性能要求，并且不同材料之间的燃烧性能差别较大。为了更好地规范这些新产品的应用，保障建筑的消防安全和人身安全，经过认真研究国外有关标准作了本条规定。这些规定要控制材料的燃烧性能及其发烟性能和热解产物的毒性，在万一发生火灾时能将其蔓延范围严格控制在一个防火分隔或防火分区内。

材料燃烧性能分级：共分作四级，不燃材料（A 级），难燃材料（B1 级），可燃材料（B2 级），易燃材料（B3 级）。

目前，不燃绝热材料、消声材料有超细玻璃棉、玻璃纤维、岩棉、矿渣棉等。难燃烧材料有自熄性聚氨酯泡沫塑料、自熄性聚苯乙烯泡沫塑料等。

当海边核电厂存在盐雾，钢制风管腐蚀严重时，可采用防火材料即玻镁水泥风管替代。当采用玻璃钢风管时，应优先采用防火性能好的无机玻璃钢风管。为了防止火灾通过风管在不同区域间的传播，要求风管的绝热材料、设备的绝热材料均采用不燃材料。

8.4.7 目前市场上销售的加湿器的加湿材料常为可燃材料，这给类似设备留下了一定火灾隐患。因此，用于加湿器的加湿材料、消声材料及其粘结剂，应采用不燃材料。当采用不燃材料确有困难时，只有通过综合技术经济比较后认为采用难燃绝热材料更经济合理时，才允许有条件地采用难燃材料。

烟密度是指材料在规定的试验条件下发烟量的量度，它是用透过烟的光强度衰减量来描述的，烟密度越大的材料，对火灾时疏散人员和灭火越为不利，而材料的烟密度等级（SDR）是与烟密度成正比的。

一般来说，不燃材料（A 级）烟密度等级 SDR≤15；难燃材料（B1 级）烟密度等级 SDR≤75。

8.4.8 本条是关于冷水管绝缘材料的规定。

9 消防供电及照明

9.1 消防供电

9.1.1 本条系针对发生火灾事故时，对消防设备供电提出的基本要求，强调在火灾延续时间内不应当中断供电。

9.1.2 核电厂内部发生火灾时，必须依靠电厂内部的消防设施指示有关人员安全疏散、扑救火灾和进行事故排烟等。据调查，多数火灾会造成机组停机甚至厂用电消失。而消防控制装置、消防系统阀组、电梯等消防设备均不应停止供电。如无可靠供电电源，发生火灾时，上述消防设施由于断电将不能发挥作用，即不能及时报警、有效地排出烟气和扑灭火灾，势必造成重大设备损失和人身伤亡。由于火灾自动报警系统内部设有微机，对供电质量要求较高，且汽轮发电机厂房内、网络继电器室内设有 UPS，因此规定常规岛范围的汽轮发电机厂房、主、辅助开关站、网络继电器等建筑物室内的消防电源采用 UPS 母线供电；火灾自动报警系统本身携带备用电源（蓄电池），是为了提高供电的可靠性，供电时间不应低于 8h。

9.1.3 消防稳压泵、排烟风机及加压风机等设备属于消防灭火系统的一部分，因此应有较高的供电可靠性。调查结果表明，不同的机组类型，上述设备的供电方式是不尽相同的。如 M310 机组一般要求由常备母线供电，该母线分别由单元厂用变压器和高压辅助变压器采用双电源供电，由于两路电源相对独立，满足 I 类负荷供电要求。对俄罗斯 WWER1000 机组，由于设有单元机组柴油机，因此消防稳压泵等消防灭火系统设备由单元机组柴油机供电，相当于常规火电机组的保安负荷，同样满足 I 类负荷供电要求。具体工程可根据实际情况采用不同的供电方式，但不应低于按 I 类负荷供电的要求。

9.2 照 明

9.2.1 应急照明是指因正常照明的电源失效而启用的照明。应急照明包括疏散照明、安全照明和备用照明。本条规定了核电厂常规岛各类建筑应装设应急照明的场所。

9.2.2 国外许多规程规范强调采用蓄电池作为火灾应急照明的电源，根据我国目前火力发电厂的有关规定，并未要求一律采用蓄电池供电，其主要原因包括经济因素及机组的控制、保护和自动装置的可靠性要求。由于核电机组设有应急母线，因此根据汽轮发电机厂房的重要性、供电的经济合理性及可靠性要求，分别对备用照明和疏散照明提出了不同的供电要求。

9.2.3 根据本规范第 9.2.2 条的规定，结合辅助厂房的重要性对其应急照明提出了不同的供电要求，其中与电厂生产密切相关的辅助厂房称为技术类厂房，本规范第三章所列建（构）筑物均为技术类厂房。参照现行国家标准《火力发电厂与变电站设计防火规范》GB 50229，要求控制室应急照明系统采用直流蓄电池供电。

9.2.4 为保证事故状态下的人身安全，特作本条规定。

9.2.5 本条是根据实际调查情况作出的规定。

9.2.6 正常照明断电时为在短时间内使应急照明达到标准照度值，特作本条规定。

9.2.7 现行国家标准《建筑设计防火规范》GB 50016 有关条文规定应急照明备用电源的持续工作时间不应小于 30min。但对大型和高层工业厂房由于疏散距离较远，可能会出现疏散时间较长的情况，本条规定将放电时间规定为 1.0h，正是基于上述原因考虑的。

9.2.8 由于核电厂常规岛部分辅助建筑物与火力发电厂十分接近，本条引用了现行国家标准《火力发电厂与变电站设计防火规范》GB 50229 的有关规定。

9.2.9 本条规定了当照明灯具表面的高温部位靠近可燃物时，需采取防火保护措施，主要基于下列原因：

1 由于照明器具设计、安装位置不合理而引发火灾事故；

2 大功率的卤钨灯（如吸顶灯、槽灯及嵌入式灯）和白炽灯表面温度很高，当纸、干布或干木构件靠得很近时，很容易被烤燃而引起火灾。

9.2.10 超过 60W 的白炽灯、卤钨灯、高压钠灯、金属卤化物灯、荧光高压汞灯等灯具的表面温度较高，如安装在可燃装饰物（如木吊顶龙骨、木吊顶板、木墙裙等木构件）上时，将造成其起火。为避免安装不符合要求，防止和减少火灾事故，作出本条规定。

9.2.11 本条主要是强调建筑物内设置的安全出口标志灯和应急照明灯应遵循现有国家标准进行设计。

中华人民共和国国家标准

石油化工循环水场设计规范

Code for design of petrochemical recirculation
cooling water unit

GB/T 50746—2012

主编部门：中 国 石 油 化 工 集 团 公 司
批准部门：中华人民共和国住房和城乡建设部
施行日期：2 0 1 2 年 8 月 1 日

中华人民共和国住房和城乡建设部
公 告

第 1266 号

关于发布国家标准
《石油化工循环水场设计规范》的公告

现批准《石油化工循环水场设计规范》为国家标准，编号为 GB/T 50746—2012，自 2012 年 8 月 1 日起实施。

本规范由我部标准定额研究所组织中国计划出版社出版发行。

中华人民共和国住房和城乡建设部
二○一二年一月二十一日

前　　言

本规范是根据原建设部《关于印发〈2005 年工程建设标准规范制定、修订计划（第二批）〉的通知》（建标〔2005〕124 号）的要求，由中国石化工程建设公司会同有关单位共同编制完成的。

本规范在编制过程中，编制组经广泛调查研究，认真总结实践经验，参考国际标准和国外先进标准，并在广泛征求意见的基础上，最后经审查定稿。

本规范共分 10 章，主要技术内容是：总则、术语和符号、总体设计、冷却塔、循环冷却水输送、循环冷却水处理、仪表与控制、检测与化验、供电设施、辅助建（构）筑物。

本规范由住房和城乡建设部负责管理，由中国石油化工集团公司负责日常管理，由中国石化工程建设公司负责具体技术内容的解释。执行过程中如有意见和建议，请寄送中国石化工程建设公司（地址：北京市朝阳区安慧北里安园 21 号，邮政编码：100101），以供今后修订时参考。

本规范主编单位、参编单位、主要起草人和主要审查人：

主 编 单 位：中国石化工程建设公司

参 编 单 位：天津辰鑫石化工程设计有限公司
　　　　　　　中国石化洛阳石油化工工程公司

主要起草人：刘丽生　胡连江　滕宗礼　王　敬
　　　　　　　刘建立　苏志军

主要审查人：吴孟周　周家祥　杨丽坤　葛春玉
　　　　　　　陈　鑫　张　锐　李　刚　吴文革
　　　　　　　李家强　张　跃　韩红琪　陈宇奇
　　　　　　　邹　智　邱建忠　李本高　濮威贤

目　次

Contents

1 总 则

1.0.1 为使循环水场设计满足石油化工企业对循环冷却水的水量、水温、水压、水质和换热设备长周期安全稳定运行的要求，达到保护环境、安全生产、技术先进、经济合理、节约资源的目的，便于施工、维修和操作管理，制定本规范。

1.0.2 本规范适用于石油化工企业新建、改建和扩建间冷开式循环冷却水系统的循环水场的设计。

1.0.3 石油化工循环水场设计应吸取国内外先进的科研成果和生产实践经验，积极稳妥采用新技术、新工艺、新设备、新材料。

1.0.4 石油化工循环水场的设计，除应执行本规范外，尚应符合现行国家有关标准的规定。

2 术语和符号

2.1 术 语

2.1.1 循环水场 recirculation cooling water unit

由冷却设施、水质处理设施、水泵、管道及其他设施组成，用以提供循环冷却水的场所。

2.1.2 循环冷却水系统 recirculating cooling water system

以水作为冷却介质，并循环使用的给水系统。由换热设备、冷却设施、水处理设施、水泵、管道及其他有关设施组成。

2.1.3 逆流式冷却塔 counter-flow cooling tower

在冷却塔内水流自上而下，空气流自下而上，水与空气相向流动的冷却塔。

2.1.4 横流式冷却塔 cross-flow cooling tower

在冷却塔内水流自上而下，空气流水平流动，水与空气垂向流动的冷却塔。

2.1.5 淋水填料 filling

设置在冷却塔内，使水溅散成水滴或水膜，以增加水和空气的接触面积和时间的部件。

2.1.6 薄膜式淋水填料 film filling

能使水在填料表面形成连续的薄水膜的淋水填料。

2.1.7 淋水密度 water flow cross per unit area of filling

单位时间通过每平方米淋水填料断面的循环水量。

2.1.8 气水比 air/water ratio

进入冷却塔的干空气与循环水的质量流量之比，常以符号 λ 表示。

2.1.9 设计气象参数 design meteorological parameter

循环水场设计时采用的气象参数：大气压力、干球温度、湿球温度或相对湿度。

2.1.10 逼近度 approach

指冷却塔出水温度与进塔空气湿球温度之差值。

2.1.11 水温差 cooling rang

指冷却塔进水温度与出水温度之差值。

2.1.12 冷却数 characteristic of cooling tower's task

冷却塔冷却任务特性值。一定气象与工况条件下不同气水比时需要完成的热力任务的描述，与冷却塔的具体规格无关，以气水比 λ 为横坐标、冷却数为纵坐标构成的曲线为减函数曲线。

2.1.13 散热特性数 thermal performance curve of filling

冷却塔（填料）在气水比不同时所能提供的散热性能特性数。与冷却塔填料的规格、体积有关，以气水比 λ 为横坐标构成的曲线为增函数曲线。

2.1.14 浓缩倍数 concentration

循环冷却水含盐量与补充水含盐量之比。

2.1.15 补充水量 amount of makeup water

补充循环冷却水在运行中因蒸发、风吹、排污及泄漏而损失的水量。

2.1.16 排污水量 amount of blow down

为了使循环冷却水水质满足浓缩倍数和缓蚀阻垢剂的要求而排放的水量。

2.1.17 风吹损失率 wind loss ratio

风吹损失水量与循环水量之比。

2.1.18 系统容积 System capacity volume

循环水系统内换热器、循环水泵及泵前吸水池、冷却塔水池等容水设备及管道中水的容积之和。

2.2 符 号

N——浓缩倍数；

C_w——水的比热 $[kJ/(kg \cdot ℃)]$；

P''——饱和水蒸气压力（kPa）；

φ——空气相对湿度（%）；

θ——空气干球温度（℃）；

τ——空气湿球温度（℃）；

P_a——大气压力（kPa）；

x——空气含湿量 $[kg/kg (DA)]$；

h——湿空气比焓（kJ/kg）；

h''——饱和空气比焓（kJ/kg）；

λ——空气（以干空气计）和水的质量流量比，简称气水比；

ρ——湿空气密度（kg/m³）；

Ω——冷却数；

G——冷却塔工作风量（m³/h）；

H——冷却塔风机工作风压（全压）（Pa）；

Q——循环水流量（m³/h）；

K——蒸发水量带走热量系数；

r_{tz}——出口水温时水的汽化热（kJ/kg）；

t_1——冷却塔进水温度（℃）；

t_2——冷却塔出水温度（℃）。

3 总 体 设 计

3.1 一 般 规 定

3.1.1 循环水场工艺设计应包括循环冷却水冷却、循环冷却水水质处理、循环冷却水加压输送及辅助设施的设计。

3.1.2 循环水场应由下列设备、设施、建（构）筑物组成：

　　1 循环冷却水冷却部分，应包括冷却塔（含冷却塔水池）；

　　2 循环冷却水水质处理部分，宜包括旁滤设施、化学药剂的配制投加设备与储存设施；

　　3 循环冷却水加压输送部分，宜包括吸水池、循环水泵、真空引水设施、泵进出口阀门、管道及泵房等设施；

　　4 辅助设施部分，宜包括仪表自动控制、变配电、监测和检测化验设施及相应的建筑物。

3.1.3 循环水场的设置宜根据企业总平面及竖向布置、装置（单元）的组成，以及其对水量、水温、水压、水质要求的不同、开停工与检修周期的要求，通过技术经济比选确定。

3.1.4 生产过程中直接与工艺物料接触、污染严重的循环冷却水或对水质和水压有特殊要求的循环冷却水用户，宜设独立的循环水场。

3.2 设 计 规 模

3.2.1 循环水场的设计规模应按设计水量确定。

3.2.2 设计水量应按其所供给用户要求的最大连续小时用水量之和加上用户可能同时发生的最大间断小时用水量确定。

3.3 补 充 水 量

3.3.1 循环冷却水系统的补充水量应通过水量平衡计算确定。计算水量平衡时，水量损失应包括蒸发损失水量、风吹损失水量和排污水量。

3.3.2 循环冷却水补充水量可按下式计算：

$$Q_m = Q_e + Q_b + Q_w \qquad (3.3.2)$$

式中：Q_m——循环冷却水补充水量（m³/h）；

　　　Q_e——循环冷却水蒸发损失水量（m³/h）；

　　　Q_b——循环冷却水排污水量（m³/h）；

　　　Q_w——循环冷却水（冷却塔）风吹损失水量（m³/h）。

3.3.3 冷却塔蒸发损失水量应对进入和排出冷却塔气态进行计算确定。当不具备条件进行冷却塔进、出气态计算时，蒸发损失水量可按下式计算：

$$Q_e = K_{ZF}\Delta tQ \qquad (3.3.3)$$

式中：K_{ZF}——蒸发损失系数（1/℃），可按表 3.3.3 取值，气温为中间值时采用内插法计算；

　　　Δt——循环冷却水进、出冷却塔温差（℃）；

　　　Q——循环水流量（m³/h）。

表 3.3.3　蒸发损失系数 K_{ZF}

进塔空气温度℃	−10	0	10	20	30	40
K_{ZF}（1/℃）	0.0008	0.0010	0.0012	0.0014	0.0015	0.0016

注：表中气温指冷却塔周围的设计干球温度。

3.3.4 冷却塔风吹损失水量应采用同类冷却塔的实测数据。当无实测数据时，机械通风冷却塔可按0.1%计算，自然通风冷却塔可按0.05%计算。

3.3.5 循环水场的排污水量应根据循环冷却水水质和浓缩倍数的要求经计算确定。排污水量可按下列公式计算：

$$Q_b = \frac{Q_e}{N-1} - Q_w \qquad (3.3.5-1)$$

$$Q_{b1} = Q_b - Q_{b2} \qquad (3.3.5-2)$$

式中：N——浓缩倍数；

　　　Q_{b1}——集中排污水量（m³/h）；

　　　Q_{b2}——系统损失水量（m³/h）。

3.4 循环冷却水设计温度的确定

3.4.1 循环冷却水设计温度应按建厂地区设计气象参数和工艺的要求，经技术经济比较后确定。

3.4.2 循环冷却给水的设计温度宜按逼近度 4℃～5℃计算确定，当逼近度小于 4℃时，应通过技术经济比较确定。

3.4.3 冷却塔的设计气象参数的确定应符合下列规定：

　　1 应采用当地近期不少于 5 年的最热 3 个月的干球、湿球温度、大气压力等气象资料；

　　2 应按湿球温度频率统计法计算的出现频率为5%～10%的日平均值作为大气湿球温度，并应以对应的干球温度、大气压等值作为设计的气象条件。

3.4.4 设计进塔湿球温度，应根据周围的地形条件、通风条件、与热加工装置的距离等环境因素，并结合冷却塔塔型与湿空气回流的影响，对设计环境湿球温度进行综合修正后确定。当缺少环境影响因素数据时，在环境大气湿球温度的基础上，逆流冷却塔宜增加 0.2℃～0.3℃，横流冷却塔宜增加 0.3℃～0.5℃。

3.5 循环冷却水设计工作压力的确定

3.5.1 循环冷却给水设计工作压力应按用户的压力

要求，并通过对整个循环冷却水系统的水力计算后确定。对水压要求较高的用水设备宜采取局部升压措施。

3.5.2 循环冷却回水宜利用余压直接返回冷却塔。

3.6 循环冷却水的水质要求

3.6.1 循环冷却水的水质应满足用户对阻垢与缓蚀的要求，并应符合循环冷却水的水质指标。当采用新鲜水作为补充水时，循环冷却水的水质指标应按符合表3.6.1的规定，当采用污水回用水作为补充水时，循环冷却水的水质指标应通过实验确定。

表 3.6.1 循环冷却水的水质指标

项　目	单位	要求或使用条件	许用值
浊度	NTU	根据生产工艺要求确定	≤20
		换热设备为板式、翅片管式、螺旋板式	≤10
pH	—	—	6.8～9.5
钙硬度＋甲基橙碱度（以 $CaCO_3$ 计）	mg/L	碳酸钙稳定指数 RSI ≥3.3	≤1100
		传热面水侧壁温大于70℃	钙硬度小于200
总铁 Fe	mg/L	—	≤1.0
Cu^{2+}	mg/L	—	<0.1
Cl^-	mg/L	碳钢、不锈钢换热设备，水走管程	≤1000
		不锈钢换热设备，水走壳程，传热面水侧壁温小于或等于70℃，冷却水出水温度小于45℃	≤700
$SO_4^{2-}+Cl^-$	mg/L		≤2500
硅酸（以 SiO_2 计）	mg/L		≤175
$Mg^{2+}\times SiO_2$（Mg^{2+} 以 $CaCO_3$ 计）	mg/L	pH≤8.5	≤50000
游离氯	mg/L	循环回水总管处	0.2～1.0
NH_3-N	mg/L		≤10
石油类	mg/L	非炼油企业	≤5
		炼油企业	≤10
COD_{cr}	mg/L		≤100

3.6.2 循环冷却水处理方案应根据补充水水质、循环冷却水的水质指标和节水、环保等要求确定。

3.7 场 址 选 择

3.7.1 循环水场位置应按下列原则，综合分析比较后确定：

1 循环水场宜靠近主要用水装置（或单元）；

2 循环水场应远离热源，并应布置在加热炉、焦炭塔、露天堆煤场、储焦场等具有污染源等场所和化学药品堆场（散装库）及污水处理场的全年最大频率风向的上风侧，空压站吸入口的最大频率风向的下风侧；

3 在寒冷地区，冷却塔应布置在邻近主要建筑物及露天配电装置的冬季最大频率风向的下风侧；

4 应便于水、电、药剂的供应；

5 通风条件应良好；

6 应符合防火、防爆、安全与噪声防护的要求。

3.7.2 循环水场宜布置在爆炸危险区域以外，当电气、仪表设备安装在爆炸危险区域时，应按现行国家标准《爆炸和火灾危险环境电力装置设计规范》GB 50058 的有关规定执行。

3.8 场 内 布 置

3.8.1 循环水场内建（构）筑物，应根据各自的功能和流程要求，结合厂址地形、气候及冷却塔的通风条件合理布置。

3.8.2 循环水场吸水池可与冷却塔水池合建，但应满足吸水口安装的技术条件。

3.8.3 冷却塔同一塔组的长宽比不宜大于5∶1。

3.8.4 冷却塔组在同一列布置时，相邻塔组之间净距不宜小于4m。

3.8.5 平行并列布置的冷却塔组，其净距不应小于冷却塔进风口高度的4倍。

3.8.6 周边进风的冷却塔，塔间净距不应小于冷却塔进风口高度的4倍。

3.8.7 单侧进风的冷却塔的进风面宜垂直于夏季最大频率风向，双侧进风的冷却塔进风面宜平行于夏季最大频率风向。

3.8.8 冷却塔进风口与建筑物之间净距不应小于进风口高度与建筑物高度平均值的2倍。

3.8.9 循环水场内的循环水管道宜埋地敷设，蒸汽、压缩空气、化学药剂等管道应架空或管沟敷设，并应根据需要采取保温、伴热、吹扫、放空等措施。

3.8.10 循环水场的泵房和冷却塔的四周应铺砌，并应设检修通道。其余空地应种植草皮或铺石子，严禁在冷却塔进风口附近种植树木。

4 冷 却 塔

4.1 一 般 规 定

4.1.1 石油化工企业宜采用大、中型逆流式机械抽风冷却塔。对使用循环水量小并与其他循环水场距离较远或对水质、水温、水压有特殊要求的用户，可经技术经济比较单建小型冷却塔。当采用自然通风冷却塔时，应按现行国家标准《工业循环水冷却设计规范》GB/T 50102 的有关规定执行。

4.1.2 冷却塔淋水填料的热工性能和阻力性能、收水器的收水性能和阻力性能、风筒的动能回收与阻力性能、配水喷头的流量系数与喷溅性能、冷却塔总阻力系数等设计数据的采用，应以国家资质的检测单位出具的模拟塔、工业塔检测报告为依据。

4.1.3 冷却塔的冷却性能的确定应以有国家资质的检测单位出具的同塔实测报告为依据，当气象与工况条件或塔体参数发生变化时，应对冷却塔进行复核计算，应包括工作气水比、工作风量、冷却水量、配水压力及配水均匀性、风机全压、轴功率等计算。

4.1.4 冷却塔不宜设置备用。

4.1.5 冷却塔设置的数量不宜少于 2 间。

4.2 冷却塔的计算

4.2.1 主要热力参数应符合下列规定：

1 饱和水蒸气压力应按下式计算：

$$\lg P'' = 2.0057173 - 3.142305\left(\frac{10^3}{273.16+t} - \frac{10^3}{373.16}\right) +$$
$$8.2\lg\frac{373.16}{273.16+t} - 0.0024804(100-t)$$

$$(4.2.1\text{-}1)$$

式中：P''——饱和水蒸气压力（kPa）；
t——温度（℃）。

2 空气相对湿度，当采用阿斯曼温度计时，应按下式计算：

$$\varphi = \frac{P''_\tau - 0.000662 P_a(\theta - \tau)}{P''_\theta} \times 100\%$$

$$(4.2.1\text{-}2)$$

式中：φ——空气相对湿度（%）；
θ——空气干球温度（℃）；
τ——空气湿球温度（℃）；
P_a——大气压力（kPa）；
P''_θ——空气温度等于 θ℃时的饱和水蒸气压力（kPa）；
P''_τ——空气温度等于 τ℃时的饱和水蒸气压力（kPa）。

3 空气含湿量应按下式计算：

$$x = 0.622\frac{\varphi P''_\theta}{P_a - \varphi P''_\theta} \quad (4.2.1\text{-}3)$$

式中：x——空气含湿量 [kg/kg（DA）]。

4 湿空气比焓应按下式计算：

$$h = 1.005\theta + x(2500.8 + 1.846\theta)$$

$$(4.2.1\text{-}4)$$

式中：h——湿空气比焓 [kJ/kg（DA）]。

5 饱和空气比焓应按下式计算：

$$h'' = 1.005\theta + 0.622\frac{P''_\theta}{P_a - P''_\theta}(2500.8 + 1.846\theta)$$

$$(4.2.1\text{-}5)$$

式中：h''——当空气中水蒸气分压达到饱和状态的比焓 [kJ/kg（DA）]。

6 湿空气密度应按下式计算：

$$\rho = \rho_d + \rho_s \quad (4.2.1\text{-}6)$$

$$\rho_d = \frac{(P_a - \varphi P''_\theta) \times 10^3}{287.04(273.16 + \theta)} \quad (4.2.1\text{-}7)$$

$$\rho_s = \frac{\varphi P''_\theta \times 10^3}{461.53(273.16 + \theta)} \quad (4.2.1\text{-}8)$$

式中：ρ——湿空气密度（kg/m³）；
ρ_d——湿空气中干空气部分的密度（kg/m³）；
ρ_s——湿空气中水蒸气部分的密度（kg/m³）。

4.2.2 逆流式冷却塔冷却任务的热力特性计算，应符合下列规定：

1 逆流式冷却塔的冷却任务的热力特性计算，宜采用焓差法，可按下列公式计算：

$$\Omega = \frac{1}{K}\int_{t_2}^{t_1}\frac{C_w dt}{h'' - h} \quad (4.2.2\text{-}1)$$

$$K = 1 - \frac{t_2}{586 - 0.56(t_2 - 20)} \quad (4.2.2\text{-}2)$$

$$h_2 = h_1 + \frac{C_w \Delta t}{K\lambda} \quad (4.2.2\text{-}3)$$

式中：Ω——冷却数，代表逆流式冷却塔冷却任务的特性数；
K——蒸发水量带走热量系数，$K < 1.0$；
h_1——填料进气端（入口）的空气比焓 [kJ/kg（DA）]；
h_2——填料出气端（出口）的空气比焓 [kJ/kg（DA）]；
Δt——填料进水端与出水端的水温差（℃），$\Delta t = t_1 - t_2$；
λ——进填料（塔）的空气（以干空气计）与水的质量比 [kg（DA）/kg]；
C_w——水的比热 [kJ/（kg·℃）]，可取为 4.1868kJ/（kg·℃）；
t_1——填料进口水温（℃）；
t_2——填料出口水温（℃）；
r_{t2}——出口水温时水的汽化热（kJ/kg）。

2 冷却数 Ω 的积分公式的求解方法，可根据冷却水温差（Δt）的不同，采用下列解法：

1）$\Delta t < 5$℃时，可用简化辛普森积分法（二段），可按下式计算：

$$\int_{t_2}^{t_1}\frac{C_w dt}{h'' - h} \approx \frac{C_w \Delta t}{6}\left(\frac{1}{h''_1 - h_2} + \frac{4}{h''_m - h_m} + \frac{1}{h''_2 - h_1}\right)$$

$$(4.2.2\text{-}4)$$

式中：h''_1、h''_2、h''_m——与水温 t_1、t_2、t_m 对应的饱和空气比焓 [kJ/kg（DA）]；
h_m——填料进出口的平均空气比焓 [kJ/kg（DA）]。

2）$\Delta t \geqslant 5$℃时，宜采用复化的辛普森积分法，分段数 n 应根据计算的冷却数 Ω 与淋水填料散热特性数的允许误差确定，但当 $5℃\leqslant\Delta t<10℃$ 时 n 不宜小于 4，当 $\Delta t\geqslant10℃$ 时 n 不宜小于 8，宜通过计算机软件计算。复化的辛普森积分法可按下式计算：

$$\int_{t_2}^{t_1}\frac{C_w\mathrm{d}t}{h''-h}\approx\frac{C_w\Delta t}{3n}\left[\frac{1}{h''_1-h_2}+\frac{4}{h''_{(t_1-\delta t)}-(h_2-\delta h)}+\right.$$

$$\frac{2}{h''_{(t_1-2\delta t)}-(h_2-2\delta h)}+\frac{4}{h''_{(t_1-3\delta t)}-(h_2-3\delta h)}+\cdots+$$

$$\frac{2}{h''_{[t_1-(n-2)\delta t]}-[h_2-(n-2)\delta h]}+$$

$$\left.\frac{4}{h''_{[t_1-(n-1)\delta t]}-[h_2-(n-1)\delta h]}+\frac{1}{h''_2-h_1}\right]$$

$$(4.2.2-5)$$

式中：n——分段数，为偶数；

δt——$\delta t=\Delta t/n=(t_1-t_2)/n$（℃）；

δh——$\delta h=(h_1-h_2)/n$ [kJ/kg（DA）]；

$h''_{(t_1-i\delta t)}$——对应水温度为 $t_1-i\delta t$ 时的饱和空气焓 [kJ/kg（DA）]。

4.2.3 横流式机械抽风冷却塔冷却任务的热力特性——冷却数 Ω 的计算，宜采用焓差法，可按下列公式计算：

$$\Omega=\frac{1}{K}\int_0^{Z_d}\int_0^{X_d}\frac{-C_w\,\partial t/\partial z}{h''-h}\mathrm{d}x\mathrm{d}z\quad(4.2.3-1)$$

$$h_2=h_1+\frac{C_w\Delta t}{K\lambda}\quad(4.2.3-2)$$

$$K=1-\frac{C_wt_2}{r_{t_2}}=1-\frac{t_2}{586-0.56(t_2-20)}$$

$$(4.2.3-3)$$

式中：Z_d——从填料顶层向下算起的淋水填料高度（m）；

X_d——从进风口向塔内算起的淋水填料深度（进深）（m）；

γ_{t2}——出口水温时水的汽化热（kJ/kg）。

4.2.4 淋水填料散热性能的冷却数方程应符合下列规定：

1 宜采用工业塔实测数据，应根据测试条件与工程的使用条件的差异，对填料散热特性进行修正。

2 当无工业塔实测数据而采用模拟塔试验数据时，应对模拟塔试验数据进行修正。

3 循环水质对冷却效果有显著影响时，应进行修正。

4.2.5 空气动力计算应符合下列规定：

1 冷却塔空气动力计算应包括冷却塔各部阻力、风筒出口动压、工作风量、工作风压的确定。

2 冷却塔的空气阻力计算，宜采用原型塔的实测阻力数据，并应换算成以淋水断面风速和进塔空气密度计的冷却塔的总阻力系数，应按冷却塔总阻力系数法进行计算。

3 当缺乏原型塔的实测数据时，冷却塔的空气

阻力计算可按下列各部件阻力叠加法计算：

1）冷却塔内除淋水填料和收水器之外的阻力应包括进风口、雨区、填料支梁、配水系统及支梁、收水器及支梁、塔的收缩段、风筒集气段、风筒扩散段等部位的阻力，可采用阻力系数法按下式计算：

$$H_i=\zeta_i\rho_i\frac{v_i^2}{2}\quad(4.2.5-1)$$

式中：H_i——阻力损失（Pa）；

ρ_i——计算部位的湿空气密度（kg/m³）；

v_i——计算部位的风速（m/s）；

ζ_i——计算部位的阻力系数。

2）淋水填料的阻力计算可采用模拟塔实验给出的计算式按下式计算：

$$\frac{H_T}{\rho_1}=A_1v_T^{m_1}\quad(4.2.5-2)$$

式中：H_T——淋水填料的阻力损失（Pa）；

ρ_1——进塔湿空气密度（kg/m³）；

v_T——气流通过淋水填料断面处的风速（m/s）；

A_1、m_1——系数。

3）收水器的阻力计算可采用模拟塔实验给出的计算式按下式计算：

$$\frac{H_C}{\rho_C}=A_2v_C^{m_2}\quad(4.2.5-3)$$

式中：H_C——收水器的阻力损失（Pa）；

ρ_C——收水器内湿空气密度（kg/m³）；

v_C——气流通过收水器的风速（m/s）；

A_2、m_2——系数。

4）冷却塔风筒出口动压可按下式计算：

$$H_v=\rho_v\frac{v_v^2}{2}\quad(4.2.5-4)$$

式中：H_v——出口动压；

ρ_v——冷却塔风筒出口湿空气密度（kg/m³）；

v_v——风筒出口的风速（m/s）。

5）冷却塔的总阻力可按下式计算：

$$H=\sum_1^n\zeta_i\rho_i\frac{v_i^2}{2}+A_1v_T^{m_1}+A_2v_C^{m_2}+\rho_v\frac{v_v^2}{2}$$

$$(4.2.5-5)$$

式中：H——冷却塔全部通风阻力与风筒出口动压之和（Pa）；

n——冷却塔内除淋水填料、收水器外的阻力构件的数量。

4 冷却塔风机特性曲线的拟合宜采用拉格朗日插值法或最小二乘法。

5 使用条件的风机性能应进行密度差修正，可按下式计算：

$$P=\frac{\rho}{1.2}P_0\quad(4.2.5-6)$$

式中：P——使用条件的风机风压（Pa）；

P_0——风机在标准工况（空气密度 1.2kg/m³）状态下的风压（Pa）。

4.2.6 冷却塔的设计水量应按下式计算：

$$Q = \frac{G\rho_d}{1000\lambda} \qquad (4.2.6)$$

式中：ρ_d——进塔空气中干空气部分密度〔kg/m³〕；

G——冷却塔的工作风量（m³/h）；

λ——冷却塔的工作气水比（kg/kg）。

4.2.7 管式配水系统的水力计算应符合下列规定：

1 冷却塔的管式配水系统设计计算应包括配水喷头的选择与布置、配水管道的管径、配水管道设置高度、沿程阻力、局部阻力、配水压力及配水均匀性的计算。

2 管式配水系统各配水喷头水量的最大差值应控制在5%～8%。

3 喷溅装置（喷头）的流量宜按下式计算：

$$q_m = 3600 \times \frac{\pi}{4}\phi^2 \times \mu \sqrt{2gP_{0m}}$$
$$= 12521.4\phi^2\mu(P_{0m})^{0.5} \qquad (4.2.7)$$

式中：q_m——顺序号为 m 的配水喷头的出水量（m³/h）；

P_{0m}——顺序号为 m 的配水喷头的作用压力（m）；

ϕ——配水喷头的喷嘴出口的直径（m）；

μ——流量系数，由试验资料给出；

g——标准重力加速度，9.806m/s²。

4.3 塔体结构与部件设计

4.3.1 冷却塔框架宜采用钢筋混凝土结构，特殊条件下可采用钢结构，当框架采用钢结构时，应采取防腐措施。

4.3.2 机械通风冷却塔结构构件材质应符合下列规定：

1 风筒应采用玻璃钢。

2 壁板应采用钢筋混凝土或玻璃钢。

3 塔间隔板应采用钢筋混凝土或玻璃钢。

4 塔内隔板应采用钢筋混凝土或玻璃钢。

5 淋水填料支梁应采用钢筋混凝土或碳钢。

6 淋水填料支架应采用玻璃钢或碳钢。

7 塔内走道与检修平台应采用玻璃钢挤拉型材、碳钢、不锈钢。

8 塔内爬梯与栏杆应采用玻璃钢挤拉型材、不锈钢或碳钢。

9 构件采用碳钢材质时，应采取防腐措施，踏步和走道采用不锈钢材质时，应采取防滑措施。

4.3.3 冷却塔的荷载及内力计算，应符合国家现行标准《石油化工逆流式机械通风冷却塔结构设计规范》SH 3031 和《工业循环水冷却设计规范》GB 50102 的有关规定。

4.3.4 冷却塔应采用水工混凝土，并应符合现行行业标准《石油化工逆流式机械通风冷却塔结构设计规范》SH 3031 的有关规定。

4.3.5 冷却塔在保证结构安全的条件下应减小挡风面积和通风阻力，阻力构件的迎风面宜为流线型。

4.3.6 冷却塔应设有下列必要的安全与巡检设施：

1 通向塔顶平台的梯子；

2 相邻冷却塔组平台间的过桥；

3 向外开启的风筒检修门；

4 通向淋水填料的直梯或斜梯；

5 风机四周检修平台；

6 风筒检修门与风机检修平台间的通道；

7 防雷、接地等防静电保护和安全巡检的照明设施；

8 平台、过桥及通道的安全护栏。

4.3.7 冷却塔淋水填料应符合下列规定：

1 淋水填料的形式、材质应按下列因素综合确定：

1）根据循环水的水质确定淋水填料材质；

2）选择热工性能与气动性能相适宜的淋水填料；

3）逆流式冷却塔应采用薄膜式淋水填料。

2 淋水填料的材质宜为质量轻、耐腐蚀、易加工成型的塑料或玻璃钢等。

3 塑料淋水填料的强度、刚度、耐热性、耐低温性等物理力学性能，应符合现行行业标准《冷却塔塑料部件技术条件》DL/T 742 的有关规定。

4 淋水填料应为阻燃型，玻璃钢材质的氧指数不应低于30，聚氯乙烯材质的氧指数不应低于40。

5 淋水填料的安装方式宜为搁置式。

6 最低月平均气温低于−8℃的地区应选用耐寒型平片。

4.3.8 冷却塔配水系统应符合下列规定：

1 逆流式冷却塔宜采用管式配水装置，横流冷却塔宜采用池式配水装置。

2 逆流式冷却塔管式配水应符合下列规定：

1）管式配水的管道宜采用 PVC、FRP 等非金属管材，采用钢管时，应采取防腐措施；

2）配水喷头宜采用低压冲击式喷头，应具备流量系数大、配水不均匀系数及组合均布系数小、强度高等特性；

3）配水喷头宜为整体注塑成型的 ABS 或改性聚丙烯（PP）材质，与管道的连接方式应简单方便、牢固可靠；

4）配水喷头宜正三角形布置，配水喷头间距不宜大于喷洒半径的1.1倍；

5）采用的配水喷头应经过试验筛选，应具有可靠、完整的流量系数、喷洒角度、不均匀系数及不同喷头前作用压力下水量径向分布图或曲线等性能参数。

    3 横流塔的池式配水应符合下列规定：

      1）池内水流平稳，设计水深应大于配水喷头内径或配水孔内径的6倍；

      2）池壁超高不宜小于0.1m，且在1.3倍设计水量的工况下不应发生溢流；

      3）配水池的池顶宜设玻璃钢盖板；

      4）每个配水池宜设单独的进水管、调节阀、消能和溢流设施。

4.3.9 冷却塔风机应符合下列规定：

    1 应采用效率高、噪声低、耐腐蚀、运行安全可靠、安装维修方便的冷却塔用轴流风机。

    2 电机应为户外型，当处于防爆场所时应采用防爆电机。

4.3.10 冷却塔风筒应符合下列规定：

    1 风筒进口的线型应采用与冷却塔断面收缩比相适应的收缩曲线。

    2 风机桨叶应处于风筒喉部，组装后的风筒喉部与叶片尖端的间隙可按叶轮直径的0.3%～0.5%设计，且不应小于15mm，不宜大于40mm。

    3 风筒扩散段的动能回收率不宜低于25%，倒截锥型扩散筒中心扩散角宜为14°～18°，回转型扩散筒扩散段最大中心扩散角不宜超过29°。

    4 玻璃钢风筒板间连接形式应为法兰式，连接螺栓材质宜为不锈钢。

4.3.11 冷却塔收水器应符合下列规定：

    1 收水器应具有收水效率高、通风阻力小、整体刚度大、重量轻、抗老化、不易变形等特点。

    2 收水器材质应具有阻燃性，玻璃钢材质的氧指数不应低于30，聚氯乙烯材质的氧指数不应低于40。

    3 逆流式冷却塔收水器与风机旋转平面的距离不宜小于风机直径的0.5倍。

    4 横流式冷却塔的收水器应位于淋水填料的内侧，宜具有与淋水填料相同的倾斜角。收水器应与淋水填料保持适宜的距离，底端的最小间距不宜小于填料高度的0.1倍。

4.3.12 冷却塔塔体尺寸设计应符合下列规定：

    1 逆流式冷却塔应符合下列规定：

      1）逆流式冷却塔宜为正方形，为矩形时，进风口宜设置在矩形的长边，长边与短边比不宜大于4:3。

      2）填料顶面与风机旋转平面间气流收缩段的顶角不宜大于90°；当设有导流圈或设置与导流圈相同作用的气流收缩措施时，顶角不宜大于110°。

      3）进风口高度应结合进风口阻力、淋水填料阻力、塔内气流分布、塔的各部尺寸，通过技术经济比较确定。一般进风口面积与

塔的淋水面积之比宜为0.45～0.65。当比值小于0.4时，应在进风口上檐增设导风设施。

      4）淋水填料高度宜为1.0m～1.8m。

      5）淋水填料的支撑结构应在满足设计荷载要求的条件下，减小其断面，其投影面积不宜大于淋水断面的10%。

      6）冷却塔进风口不宜设置百叶窗式导风板。

      7）双面进风冷却塔的中间淋水填料支梁下应设塔内隔板并深入水面下，深入深度不应小于200mm。

    2 横流冷却塔应符合下列规定：

      1）横流冷却塔非进风口侧的塔壁应垂直，且应封住百叶窗的外部。

      2）淋水填料从塔顶至塔底应有向塔内收缩的倾角，薄膜式淋水填料的收缩倾角宜为5°～6°，点滴式淋水填料的收缩角宜为9°～11°。

      3）横流式冷却塔的进风口应设百叶窗式导风装置。百叶窗导风板与水平线的夹角不应大于40°；百叶窗导风板的垂直间距宜为0.6m～1.5m；百叶窗的宽度宜为0.5m～1.0m，百叶窗板应延伸至填料；百叶窗板宜选用质量轻、强度高、耐腐蚀、抗冻融、不渗漏的材料制作；有条件时百叶窗可增设能启闭和可调节角度的设施。

      4）淋水填料的进深，点滴式淋水填料不宜大于5.5m，薄膜式淋水填料不宜大于3.5m。

      5）淋水填料高度应通过模拟塔或原形塔测试确定，薄膜式淋水填料高度宜为进深的2.5倍～3.0倍。

      6）淋水填料顶部与导风筒底的垂直距离不宜小于风机直径的0.2倍。

4.3.13 冷却塔水池应符合下列规定：

    1 冷却塔水池有效水深宜为1.0m～1.5m，池壁超高不宜小于0.3m。

    2 冷却塔水池池顶宜高出地面0.5m以上。

    3 冷却塔水池平面布置宜满足在进风面每侧超出淋水区域1.2m～1.5m。当冷却塔水池设有回水檐时，回水檐内壁宜超出淋水区域1.2m～1.5m，回水檐超高不宜小于0.3m，回水檐内底应低于正常水位。

    4 冷却塔水池宜为钢筋混凝土结构。

    5 冷却塔水池应有溢流、排空或排泥和通向池内的爬梯等设施，池底宜有不小于0.3%的坡度坡向排水坑。

    6 服务于炼油装置的循环水场，冷却塔水池宜设溢流排污槽。

4.3.14 在寒冷及严寒地区，冷却塔应采取下列防冰冻措施：

1 宜选用逆流式冷却塔。

2 应采用高效收水器。

3 在冷却塔进风口上搽设置向塔内喷射热水的化冰管，喷射热水的总量宜为冬季进塔水总量的20%～40%。

4 冷却塔进水干管上应设旁路水管道与阀门。

5 冬季运行塔的淋水密度不应小于正常运行时淋水密度的40%，且不应低于$6m^3/m^2 \cdot h$。

6 进塔立管阀门前宜设防冻放水管或采取伴热保温措施，阀门后应设放空管。

7 应选用有倒转功能的风机、电机。

8 横流冷却塔配水系统宜采取分区配水。

9 寒冷及严寒地区的冷却塔应采取冬季减少进塔空气量的措施。

10 冷却塔进风口上搽宜采取下列措施：

　　1）进风口上搽梁的内侧做"滴水"，"滴水"高20mm～30mm。

　　2）进风口上搽梁底面宜做成内低外高的倾斜面，与水平面的夹角不应低于5°。

　　3）进风口上搽梁的内侧做导水板。

4.3.15 当冷却塔周围环境对噪声有限制要求时，可采取下列降低噪声的措施：

1 可选用低噪声型风机、电机。

2 可提高配水均匀性或降低淋水噪声。

3 可设置隔声与吸声设施。

5 循环冷却水输送

5.1 循环水泵的选择

5.1.1 循环水泵的设置应满足用户对水量和水压的需求；宜设同型号水泵，运行台数大于4台时应备用2台，不大于4台时应备用1台。当水泵流量不同时，备用泵宜按最大流量泵确定。

5.1.2 循环水泵效率不应低于80%。

5.1.3 循环水泵宜露天布置；在寒冷地区，可设在泵房内。

5.1.4 循环水泵宜自灌启动。当不具备自灌启动条件时，应采取真空引水措施，首次启动时抽真空引水时间不应超过5min。

5.1.5 卧式离心泵的安装高度，应使按设计工况运行时动水位计算的有效气蚀余量大于水泵的必需气蚀余量，并应留有不小于0.5m的安全裕量。

5.1.6 立式泵叶轮中心的安装高度，除应满足泵要求的最低淹没深度外，并应留有不小于叶轮直径的0.5倍的安全裕量。

5.1.7 多台水泵并联运行时的工作点应使每台水泵处于高效区。

5.1.8 循环水泵露天布置时，电机应为户外型，防护等级不应低于IP54；循环水泵布置在泵房内时，电机防护等级不宜低于IP44。

5.2 水泵附件

5.2.1 卧式离心泵的吸水管管底低于吸水池最高液位时，应设检修阀，高于吸水池最高液位时可不设。

5.2.2 循环水泵的出水管应同时设置控制阀和微阻缓闭止回阀，也可设置具有控制和止回双重功能的多功能水泵控制阀或分两段关闭的液控蝶阀。

5.2.3 水平安装的阀宜设置支墩或支架。

5.3 循环水泵房

5.3.1 循环水泵机组布置应符合下列规定：

1 轴功率大于200kW的循环水泵宜采用直线式单行或多行布置。

2 相邻两个机组及机组至墙壁间的净距，电机容量不大于55kW时不应小于0.8m，电机容量大于55kW时不应小于1.2m。

3 泵房的主要通道的宽度不宜小于1.5m。

5.3.2 循环水泵房应有通过最大设备的检修门，门宽应大于该设备宽0.3m～0.5m，泵房内宜设检修场地，半地下式泵房应在邻近检修门处设吊装平台，平台宽度宜大于最宽设备，并不应小于1.0m，平台处应设活动栏杆。

5.3.3 泵基础高出所在地面的高度，应在确保方便设备、管道安装的条件下降低，但不宜少于0.1m。泵房内周围应设排水沟，起点深度不应小于0.10m。

5.3.4 泵房内应设起吊设备，起重量小于2t时，可采用手动起重设备；起重量大于2t时，宜设置电动起重设备。

5.4 吸 水 池

5.4.1 循环水场宜设置独立的循环水泵吸水池。

5.4.2 吸水池应根据系统需要分成几个隔间，隔间可用壁板阀或管道、阀门连通。吸水池的进水渠道（管道）应设格栅、格网、起吊设施及防污物脱落设施。

5.4.3 吸水池与冷却塔水池间的连通管道（渠道）的运行水位差，不宜超过0.3m。

5.4.4 吸水喇叭口的设计、安装应符合下列规定：

1 最大流量时，喇叭口流速宜取1.0m/s～1.5m/s，喇叭口直径不宜小于吸水管直径的1.25倍。

2 吸水喇叭口距吸水池底距离，垂直布置时可取喇叭口直径的0.6倍～0.8倍；倾斜布置时可取喇叭口直径的0.8倍～1.0倍；水平布置时可取喇叭口直径的1.0倍～1.25倍。

3 吸水喇叭口的淹没深度，垂直布置时应大于喇叭口直径的1.0倍～1.25倍；水平布置时应大于喇叭口直径的1.8倍～2.0倍；倾斜布置时应大于喇叭口直径的 1.5 倍~1.8 倍。

    4 吸水喇叭口中心线与后墙距离应取喇叭口直径的 0.8 倍~1.0 倍。

    5 吸水喇叭口中心线与侧墙的距离可取喇叭口直径的 1.5 倍。

    6 吸水喇叭口中心线与进水口的距离应大于喇叭口直径的 4 倍。

6 循环冷却水处理

6.1 一 般 规 定

6.1.1 循环冷却水水质处理应包括下列内容：

    1 补充水处理；

    2 阻垢缓蚀处理；

    3 微生物控制；

    4 旁流水处理；

    5 排污水处理。

6.1.2 循环冷却水系统的补充水水质应有逐月水质全分析资料，并应以逐年水质分析的平均值作为设计依据。

6.1.3 间冷开式循环冷却水系统换热设备的控制条件和指标，除应符合现行国家标准《工业循环冷却水处理设计规范》GB 50050 的有关规定外，还应符合下列规定：

    1 循环冷却水管程流速不宜小于 0.9m/s。

    2 当循环冷却水壳程流速小于 0.3m/s 时，应采取防腐涂层、反向冲洗等措施。

    3 设备传热面水侧壁温不宜高于 70℃。

    4 设备传热面水侧的污垢热阻值应小于 $3.44×10^{-4}$ $m^2·K/W$。

    5 设备传热面水侧的黏附速率，化工企业应小于 $15mg/cm^2·$月；炼油企业应小于 $20mg/cm^2·$月。

    6 碳钢设备传热面水侧的腐蚀速率，化工企业（20#钢）应小于或等于 0.075mm/a，并应无明显腐蚀现象；炼油企业应小于 0.1mm/a，并应无明显腐蚀现象。

    7 铜合金和不锈钢设备传热面水侧的腐蚀速率应小于或等于 0.005mm/a，并应无明显腐蚀现象。

6.1.4 循环水水质指标应根据补充水水质及换热设备的结构型式、材质、工况条件、污垢热阻值、腐蚀速率，并结合水处理药剂配方等因素综合确定，并应符合表 3.6.1 的要求。

6.1.5 循环水补充水可采用石油化工污水的再生水，水质指标应满足循环冷却水系统的水质稳定的要求。

6.1.6 循环水的浓缩倍数可按下式计算：

$$N = \frac{Q_m}{Q_b + Q_w}$$ (6.1.6)

  式中：Q_m——循环冷却水补充水量（m^3/h）；

    Q_b——循环冷却水排污水量（m^3/h）；

    Q_w——循环冷却水（冷却塔）风吹损失水量（m^3/h）。

6.1.7 循环水的平均浓缩倍数 N 应根据企业的原料、产品、工艺流程和补充水水质确定，并应符合下列规定：

    1 以新鲜水作循环水补充水时，应符合下列规定：

      1）炼油企业不应小于 3.0；

      2）化工企业不应小于 4.0；

    2 以再生水作循环水补充水，回用水量大于或等于循环水补充水量 60% 时，应符合下列规定：

      1）炼油企业不应小于 2.5；

      2）化工企业不应小于 3.0。

6.1.8 循环水在系统内设计停留时间不应超过所用药剂的允许停留时间。循环水设计停留时间，可按下式计算：

$$t = \frac{V}{Q_b + Q_w}$$ (6.1.8)

  式中：t——设计药剂停留时间（h）；

    V——系统容积（m^3）。

6.1.9 循环冷却水系统容积宜控制在循环水小时流量的 $1/3 \sim 1/2$，且应小于药剂允许停留时间与排污量及风吹损失和的乘积，系统容积可按下式计算：

$$V = V_e + V_r + V_t$$ (6.1.9)

  式中：V_e——循环水泵、换热器、处理设施等设备中的水容积（m^3）；

    V_r——循环冷却水管道内水容积（m^3）；

    V_t——水池内水容积（m^3）。

6.1.10 循环冷却水不应作直流水使用，冷却塔水池不应兼作消防水池。

6.1.11 循环水排污水应集中排放，且宜设置在循环冷却回水管道上。

6.2 缓蚀和阻垢

6.2.1 循环水阻垢缓蚀处理药剂配方宜经动态模拟试验和技术经济比较确定，也可根据水质和工况条件相类似的企业实际运行经验确定。动态模拟试验应结合下列因素进行：

    1 补充水水质；

    2 污垢热阻值；

    3 腐蚀速率；

    4 黏附速率；

    5 浓缩倍数；

    6 换热设备材质、结构；

    7 换热设备传热面的水侧壁温；

    8 换热设备内水流速；

    9 循环冷却水给水、回水温度；

    10 药剂的稳定性及对环境的影响。

6.2.2 阻垢缓蚀药剂应选择高效、无毒、低磷或无磷、化学稳定性及复配性能良好的水处理药剂，当采用含锌盐药剂配方时，循环冷却水中的锌盐含量应小于 2.0mg/L（以 Zn^{2+} 计）。

6.2.3 循环冷却水系统阻垢缓蚀剂的投加量，宜按下列公式计算：

1 首次投加量，可按下式计算：

$$G_f = \frac{V \cdot g_f}{1000} \qquad (6.2.3-1)$$

式中：G_f——系统首次加药量（kg）；

g_f——加药浓度（mg/L）。

2 循环冷却水系统运行时的投加量，可按下式计算：

$$G_r = \frac{(Q_b + Q_w) \cdot g_r}{1000} \qquad (6.2.3-2)$$

式中：G_r——系统运行时加药量（kg/h）；

g_r——系统运行时加药浓度（mg/L）。

6.2.4 当循环水的钙硬度与碱度之和大于 1100mg/l，且稳定指数小于 3.3 时，宜加酸处理或软化处理。循环水的稳定指数应按下列公式计算：

$$RSI = 2pH_s - pH \qquad (6.2.4-1)$$

$$pH = 1.8\lg\frac{M_r}{100} + 7.70 \qquad (6.2.4-2)$$

式中：pH_s——循环冷却水碳酸钙饱和时的 pH 值；

pH——循环冷却水的实际运行时的 pH 值；

M_r——循环冷却水的碱度（mg/L，以 $CaCO_3$ 计）。

6.2.5 当循环冷却水系统采用加酸处理时，宜采用浓硫酸。硫酸投加量宜按下式计算：

$$A_c = \frac{(M_m - M_{cr}/N) \cdot Q_m}{1000} \qquad (6.2.5)$$

式中：A_c——硫酸投加量（kg/h，纯度为 98%）；

M_{cr}——循环冷却水运行控制的碱度（mg/L，以 $CaCO_3$ 计）；

M_m——循环冷却水补充水的碱度（mg/L，以 $CaCO_3$ 计）。

6.2.6 循环水场应根据清洗、预膜、排污、放空、置换等需要确定，并应符合下列规定：

1 循环冷却回水管道应设接至冷却塔水池的旁路管。

2 循环冷却水系统宜设模拟监测换热器和旁路挂片。

3 应以正常运行阻垢缓蚀剂 7 倍～8 倍的剂量作为预膜剂进行预膜处理，pH 值应为 6.0～7.0，持续时间应为 120h。

4 预膜剂成分应为六偏磷酸钠和一水硫酸锌，质量比应为4：1，浓度应为 200mg/L，pH 值应为 6.0～7.0，持续时间应为 48h。

6.3 微生物控制

6.3.1 循环冷却水系统应投加杀微生物剂对微生物进行控制。杀微生物剂的投加方案，应根据循环水水质、水温、微生物种类、阻垢缓蚀剂的性质、杀微生物剂的来源、副产物的性质、安全、环保要求等因素综合确定。

6.3.2 循环水的杀微生物剂宜以氧化型为主、非氧化型为辅，并应符合下列规定：

1 应高效，且与缓蚀阻垢剂不应产生明显的干扰作用。

2 应低毒，且毒性应易于降解、便于处理。

3 使用应安全，价格应低廉。

6.3.3 氧化型杀微生物剂宜采用次氯酸盐、液氯、二氧化氯、无机溴化物等。投加模式可采用连续式，并应符合下列规定：

1 次氯酸盐及液氯宜采用连续投加，投加量可按 0.5mg/L～1.0mg/L（按循环水量计）计算，余氯控制量宜为 0.1mg/L～0.5mg/L；当采用冲击投加时，应为 1 次/d～3 次/d，投加量应为 2mg/L～4mg/L，每次投加时间应保持 2h～3h，余氯控制量应为 0.5mg/L～1mg/L。

2 二氧化氯宜采用连续投加，并宜采用化学法现场制备，投加量应为 0.2mg/L～0.6mg/L，剩余总有效氯应控制在 0.2mg/L～0.4mg/L。

3 无机溴化物宜采用现场活化后连续投加，余溴控制量应为 0.2mg/L～0.5mg/L（以 Br_2 计）。

6.3.4 氧化型杀微生物剂连续投加时，投加设备的能力应满足冲击式投加量的要求，投加量可按下式计算：

$$G_o = \frac{Q \cdot g_o}{1000} \qquad (6.3.4)$$

式中：G_o——投加量（kg/h）；

g_o——单位循环水加药量（mg/L）。

6.3.5 非氧化型杀微生物剂，宜根据微生物监测数据不定期投加。每次加药量可按下式计算：

$$G_n = \frac{V \cdot g_n}{1000} \qquad (6.3.5)$$

式中：G_n——加药量（kg）；

g_n——循环水单位容积非氧化型杀微生物剂的投加量（mg/L）。

6.4 旁流水处理

6.4.1 循环冷却水水质处理设计应在下列情况下设置旁流水处理设施：

1 循环冷却水水质超过阻垢剂、缓蚀剂、杀生物剂允许使用范围时；

2 循环冷却水水质超过循环冷却水水质标准要求时；

3 提高循环冷却水的浓缩倍数，减少循环水排污水量与补充水量时。

6.4.2 当需采用旁流水处理去除碱度、硬度、某种离子或其他杂质时，其旁流水量应根据浓缩或污染后的水质成分、循环冷却水水质标准和旁流处理后的水质等要求，按下式计算确定：

$$Q_{si} = \frac{Q_m \cdot C_{mi} - (Q_b + Q_w)C_{ri}}{C_{ri} - C_{si}} \quad (6.4.2)$$

式中：Q_{si}——旁流处理水量（m^3/h）；
　　　C_{mi}——补充水某项成分含量（mg/L）；
　　　C_{ri}——循环冷却水某项成分含量（mg/L）；
　　　C_{si}——旁流处理后水的某项成分含量（mg/L）。

6.4.3 循环冷却水宜设旁流过滤设施，旁流过滤的水量应根据循环冷却水中悬浮物的含量、滤后悬浮物含量，以及循环冷却水系统运行悬浮物含量要求通过计算确定，也可结合相似条件的运行经验确定。当不具备计算条件或无相似条件运行经验时，旁流过滤的水量可按循环冷却水水量的 1%～5% 选取。当采用再生水及多沙尘地区或空气灰尘指数偏高的地区、厂区，旁流过滤的水量可适当提高。旁滤水量可按下式计算：

$$Q_{sf} = \frac{Q_m \cdot C_{ms} + K_s \cdot G \cdot C - (Q_b + Q_w) \cdot C_{rs}}{C_{rs} - C_{ss}} \quad (6.4.3)$$

式中：Q_{sf}——旁滤水量（m^3/h）；
　　　C_{ms}——补充水悬浮物含量（mg/L）；
　　　C_{rs}——循环冷却水悬浮物含量（mg/L）；
　　　C_{ss}——滤后水悬浮物含量（mg/L）；
　　　G——冷却塔空气流量（m^3/h）；
　　　C——空气含尘量（g/m^3）；
　　　K_s——悬浮物沉降系数，可通过实验确定，当无资料时可采用 0.2。

6.4.4 旁流过滤设施宜采用均质滤料的石英砂过滤器，也可结合循环水水质特点通过技术经济比较，采用纤维过滤器、多介质过滤器等过滤设备。当换热器内介质有可能泄漏到循环冷却水系统时，应采用泄漏介质对过滤器影响小的过滤方式。

6.4.5 旁流过滤的出水浊度宜小于 3NTU。

6.4.6 旁流处理宜采用循环冷却回水，并应具有处理循环冷却给水的切换设施。

6.5 药剂储存和投配

6.5.1 药剂储存应符合下列规定：

1 药剂的储存与投配应符合现行国家标准《工业循环水冷却处理设计规范》GB 50050 及国家现行有关危险化学品的规定；

2 水处理药剂应在全厂性药剂库和循环水场药剂间分别储存，杀微生物剂及其制备所需原料应设专用仓库和专用储存间；

3 药剂储存量应根据药剂消耗量、供应情况和运输条件等因素综合确定，可按下列储存时间，经计算确定：

1）全厂性仓库药剂储存时间宜按 16d～30d 的消耗量计算；

2）循环水场内药剂储存间药剂储存时间宜按 7d～15d 的消耗量计算；

3）酸储罐容积应按 7d～15d 的消耗量计算。

4 药剂在室内堆放高度宜符合下列规定：

1）袋装药剂为 1.6m～2.0m；

2）桶装药剂为 0.8m～1.2m。

6.5.2 硫酸的投加应符合下列规定：

1 浓硫酸装卸和输送应采取负压抽吸、泵输送或重力自流，不应采用压缩空气压送；

2 浓硫酸应封闭储存，酸储罐应设液位计，通气管上应设通气除湿设施；

3 酸储罐应设安全围堰或放置于事故池内，围堰或事故池的容积应能容纳一个最大酸储罐的容积，并应作内防腐处理和设集水坑，围堰的高度不宜高于 0.6m（以围堤内的地面计），围堰内的地面应用耐腐蚀材料铺砌；

4 酸储罐上的通气口不应设置阀门，酸罐出口应设置双道阀门；

5 浓硫酸储罐的材料宜采用碳钢或非金属材质；

6 加酸泵应采用耐酸计量泵，并应设备用泵；

7 加酸泵出口管道上应设带隔离包的压力表，电机开关应设置在离泵较远处，并应避开泵和阀门的泄漏点，加酸泵的吸入管道或排出管道上的高点排气管应引入排水沟；

8 加酸泵附近应设固定式扫线接头，扫线介质应为压缩空气或氮气，当输送介质为浓硫酸时，压缩空气应采用脱水后的压缩空气或仪表风；

9 加酸位置宜在冷却塔水池出水口或泵前吸水池内，应深入正常水位下 0.5m 处，且距池壁不宜小于 0.8m，并应设置均匀分配设施。

6.5.3 缓蚀阻垢剂的投加应符合下列规定：

1 宜直接投加复配原液。泵与溶配设备的设计能力应按 5 倍～10 倍复核。

2 宜采用计量泵计量、投加，并宜设备用泵，计量泵出口应设置安全阀。

3 宜投加在冷却塔集水池出口或吸水池中，且宜深入正常水位下 0.4m 处。

4 药液输送应采用耐腐蚀管道，室内管道宜沿墙或架空明设，室外管道宜架空或管沟敷设。

6.5.4 杀微生物剂的投加应符合下列规定：

1 液氯投加应符合下列规定：

1）投加液氯宜采用全真空自动投加设备，加氯机的容量应按最大小时加氯量确定，且工作台数不应少于 2 台，并应设备用，备用能力不应小于最大 1 台工作加氯机的加氯量；

2）氯瓶出氯量不足时应设置液氯蒸发器，严禁使用蒸汽、明火直接加热钢瓶；

3）氯源切换宜采用自动压力切换，氯瓶内应保持0.05MPa～0.1MPa的余压，真空调节器宜设置在氯瓶库内；

4）加氯管道及配件应采用耐腐蚀材料。

2 二氧化氯投加应符合下列规定：

1）二氧化氯的投加可采用重力投加和压力投加；

2）工作二氧化氯发生器不应少于2台，并应设备用，备用能力不应低于最大一台二氧化氯发生器的发生量；

3）二氧化氯发生器产生的二氧化氯（以有效氯计）不应低于总有效氯的95%，主要原料的转化率不应低于80%；

4）主要原料氯酸钠和盐酸等，宜采用定比投加，由精密计量泵按比例投加到特制的反应器中。

3 杀生物剂均宜投加在冷却塔集水池出口或吸水池内正常运行水位下2/3水深处。

6.5.5 氯系杀微生物剂储存间应设漏氯吸收系统；漏氯吸收系统的尾气排放应符合现行国家标准《大气污染物综合排放标准》GB 16297的有关规定；漏氯吸收系统的集气口应在地下，并宜为带塑料箅子的地沟；漏氯吸收系统应具有与漏氯报警系统联动的功能。

6.5.6 氯系杀微生物剂的储存间与投加间应设强制通风，换气次数不应小于8次/h。

6.5.7 氯系杀微生物剂的储存间与投加间附近，应设置空气呼吸器、防酸性气体口罩、抢救器材、急救箱。

6.6 补充水和排污水处理

6.6.1 补充水处理方案应根据循环冷却水系统要求的水质、设计浓缩倍数，以及补充水的水质等因素，经综合技术经济比较确定。

6.6.2 循环水旁滤反洗水宜设缓冲池。缓冲池容量应根据可能同时出现的过滤设备反洗的台数的1次反洗水量之和确定。

6.6.3 循环冷却水排污水的处理与排放，应按国家现行有关石油化工污水处理和排放的规定执行。

7 仪表与控制

7.0.1 循环冷却水系统应设仪表和监控系统。

7.0.2 循环冷却水系统仪表和监控系统的设置水平，宜与全厂的仪表和监控水平相一致。

7.0.3 循环冷却水系统仪表和监控系统信息宜集中至控制室。

7.0.4 循环冷却水系统应对下列运行参数进行监测与控制：

1 循环冷却水的补充水与吸水池液位应联锁控制。

2 循环冷却水的排污与在线电导率或其他监测浓缩倍数的在线仪表应联锁控制。

3 阻垢缓蚀剂的投加宜在线监测，并应联锁控制。

4 氧化型杀微生物剂投加宜与氧化还原电位（ORP）或余氯在线监测数据联锁控制。

7.0.5 循环冷却水系统监测仪表的设置应符合下列规定：

1 循环冷却给水总管、循环冷却回水总管应设置流量、温度、压力仪表。

2 旁滤水管道、补充水管道、排污水管道应设流量仪表。

3 蒸汽管道、压缩空气管道、仪表风管道宜设流量、压力仪表。

4 循环水泵的出口应设就地压力表；非自灌启动时，循环水泵的进口应设就地真空压力表。

5 风机减速机宜设置温度与振动监测和报警。

6 吸水池应设置液位计及高低液位报警。

7 宜设余氯、电导率等水质监测仪表。

8 在投加氯系氧化型杀微生物剂的场所，应设漏氯检测与报警仪表。

9 宜设pH检测仪表，采用加酸处理时，宜自动控制加酸量。

7.0.6 循环水泵及冷却塔风机应设置就地开停按钮，设有远程控制功能时，现场应设手、自动转换开关，并宜在控制室实现远程停止和运行状态显示。

7.0.7 高压电机，宜设置轴承、定子温度监测及报警仪表。

8 检测与化验

8.0.1 分析化验宜与全厂的分析化验设施统一设置。

8.0.2 补充水管道、循环冷却给水管道、循环冷却回水管道、旁滤水管道、排污水管道，宜设取样口。

8.0.3 循环冷却水的常规分析项目应根据补充水的水质和循环冷却水系统水质要求确定，宜按表8.0.3的规定确定。

表8.0.3 常规分析项目

序号	项目	间冷开式系统	间冷闭式系统	直冷开式系统
1	pH	每天1次	每天1次	每天1次
2	电导率	每天1次	每天1次	可抽查
3	SiO_2	每周1次	不检测	不检测
4	浊度	每周1次	不检测	每天1次

序号	项目	间冷开式系统	间冷闭式系统	直冷开式系统
5	悬浮物	每周1次	不检测	每天1次
6	总硬度	每天1次	每天1次或抽检	每天1次
7	钙、镁硬度	每天1次	每天1次或抽检	每天1次
8	总碱度	每天1次	每天1次或抽检	每天1次
9	氯离子	每天1次	每天1次或抽检	每天1次或抽检
10	总铁	每天1次	每天1次	不检测
11	Cu^{2+}	每周1次	每周1次	不检测
12	氨氮	每周1次	每周1次	不检测
13	CODcr	每天1次	不检测	不检测
14	异养菌总数	每周1次	每周1次	不检测
15	油含量	可抽查	不检测	每天3次
16	药剂浓度	每天1次	每天1次	不检测
17	总磷	每周1次	不检测	不检测
18	游离氯	每天1次	视药剂而定	可不测
19	生物黏泥量	每周1次	每周1次	可不测

注：1 对炼油装置的间冷开式系统，可根据具体情况确定。
　　2 总磷的分析适用于磷系配方系统。
　　3 Cu^{2+}、氨氮的分析仅用于铜材换热器系统。
　　4 CODcr的分析适用于以再生水作补充水的系统。

8.0.4 循环冷却水的定期分析项目宜按表8.0.4的规定确定。

表 8.0.4　定期分析项目

序号	分析项目	检测时间或频次	检测方法
1	腐蚀率	月、季、年或在线	挂片法
2	污垢沉积量	大检修	监测换热器法
3	垢层或腐蚀产物成分	大检修	重量法
4	生物黏泥量	每周1次	生物滤网法
5	水质全分析	每季1次	容量分析

9　供电设施

9.0.1 循环水场的负荷等级应等同于所服务的装置。

9.0.2 冷却塔、泵房应设置防雷、防静电、照明设施，并应设置接地设施。

10　辅助建（构）筑物

10.0.1 循环水场附属建（构）筑物设置，应满足全厂总体规划的要求。

10.0.2 循环水场的药剂储存间应采取防腐蚀措施和安全防护措施。

10.0.3 加药间与药剂储存间宜毗邻布置。

10.0.4 加氯间应与其他工作间隔开，并应设置直接通向外部并向外开启的门和固定观察窗。液氯储存间应设置单独外开的大门。大门上应设置向外开启人行安全门，并应能自行关闭。

10.0.5 加药间、药剂储存间、酸储罐等储存投加腐蚀性药剂的场所附近，应设置安全洗眼器等防护措施。

本规范用词说明

1　为便于在执行本规范条文时区别对待，对要求严格程度不同的用词说明如下：

1）表示很严格，非这样做不可的：
正面词采用"必须"，反面词采用"严禁"；

2）表示严格，在正常情况下均应这样做的：
正面词采用"应"，反面词采用"不应"或"不得"；

3）表示允许稍有选择，在条件许可时首先应这样做的：
正面词采用"宜"，反面词采用"不宜"；

4）表示有选择，在一定条件下可以这样做的，采用"可"。

2　条文中指明应按其他有关标准执行的写法为："应符合……的规定"或"应按……执行"。

引用标准名录

《工业循环水冷却处理设计规范》GB 50050

《爆炸和火灾危险环境电力装置设计规范》GB 50058

《工业循环水冷却设计规范》GB/T 50102

《大气污染物综合排放标准》GB 16297

《石油化工逆流式机械通风冷却塔结构设计规范》SH 3031

《冷却塔塑料部件技术条件》DL/T 742

中华人民共和国国家标准

石油化工循环水场设计规范

GB/T 50746—2012

条 文 说 明

制 定 说 明

《石油化工循环水场设计规范》GB/T 50746—2012，经住房和城乡建设部 2012 年 1 月 21 日以第 1266 号公告批准、发布。

本规范制定过程中，编制组进行了大量调查研究，总结了我国石油化工企业循环水场工程建设的实践经验，同时参考了国外先进的技术法规、技术标准。

为便于广大设计、施工和生产单位有关人员在使用本规范时能正确理解和执行条文规定，《石油化工循环水场设计规范》编制组按章、节、条顺序编制了本规范的条文说明，对条文规定的目的、依据以及执行中需注意的有关事项进行了说明，但是本条文说明不具备与标准正文同等的法律效力，仅供使用者作为理解和把握标准规定的参考。

目　　次

1 总　则

1.0.1 本条阐明了编制本规范的宗旨以及石油化工企业循环水场设计遵循的基本原则和要求。

我国是一个严重缺水的国家，伴随着我国经济的高速发展，人民物质生活的极大改善，水资源短缺和水体污染问题也日益突出，它已经成为制约国家可持续发展的重要因素。为了缓解这一矛盾，国家制定了一系列合理利用水资源的政策和法规，目的是为了节约用水、科学用水，减少污染，保护环境，并把节约用水、保护环境作为我国可持续发展的重要指导方针。

石油化工企业是用水大户，冷却水在企业用水中约占90%。因此，节约冷却水是企业节水的关键，而循环用水则是节约冷却水的最有效措施，促进和推动循环冷却水的有效利用，将大大减少企业的用水量。

循环冷却水系统是保证换热设备长周期安全稳定运行的重要环节，也是保证石油化工企业产品质量和节能增效的重要条件。因此，必须对循环冷却水系统提出全面的要求，即保护环境、安全生产、技术先进、经济合理、节约能源、节约用地、节约用水。同时，设计作为工程建设项目的先导，必须满足便于施工、运行管理和维修等方面的要求。

为达到以上目的和要求，提高石油化工企业循环冷却水系统的设计水平，制定本规范。

1.0.2 本条规定了本规范的适用范围。

1.0.3 本条提出在设计上采用新技术（包括新工艺、新设备、新材料等方面）的原则要求，体现了设计努力通过采用新技术达到节约资源，保护环境，降低投资和运行成本等的目的。

在循环冷却水系统的各个环节上，都还面临开发新技术、采用新工艺的重要课题，还需要不断地吸收符合我国具体情况的国外先进经验，不断吸收国内其他行业的实践经验。这些情况都应该落实在总结生产实践和科学试验的基础上。对新技术的采用，采取既积极又稳妥的态度，使我国工程技术得以稳步向前发展。

1.0.4 本条强调了石油化工企业循环水场设计时应同时执行国家颁布的有关标准、规范的规定。目前涉及循环水场设计的国家标准有《工业循环水冷却设计规范》GB/T 50102、《工业循环冷却水处理设计规范》GB 50050、《机械通风冷却塔工艺设计规范》GB/T 50392，还涉及《室外给水设计规范》GB 50013、《石油化工企业设计防火规范》GB 50160 等国家标准规范。因此，执行本规范的同时还应执行国家现行的标准规范。

3 总体设计

3.1 一般规定

3.1.1 本条阐明了循环水场工艺设计包含的三个主要内容：

1 循环水冷却工艺：将循环冷却回水（热水）经冷却塔或冷却设施处理后成为循环冷却给水（冷水）的工艺过程。主要设计内容为冷却塔或冷却设施的工艺设计。

2 循环冷却水处理工艺设计包括下列内容：

1）补充水的处理方案；

2）设计浓缩倍数、阻垢缓蚀处理方案及控制条件；

3）系统排污水处理方案；

4）旁流水处理方案；

5）微生物控制方案。

3 循环冷却水加压输送工艺：将处理后水温和水质达到工艺要求的循环冷却水按照工艺需要的水量和水压提升到各用水装置。主要设计内容为吸水池、循环水泵、真空引水设施、泵进出口阀门、管道及泵房、动力系统和控制系统等设施。

3.1.2 本条阐明了循环水场的基本组成元素，有些循环水场可能不完全具备所有元素，但能够提供满足工艺要求的循环冷却水的系统都可构成为循环水场。

3.1.3 本条阐明了循环水场设计时采用集中设置或分散设置的原则。当厂内用水装置区域较大，或各用水装置布置分散，或装置区域地形高差较大，经技术经济分析，确实不宜集中设置时可分区设置几个循环水场；当工厂考虑分期建设或各个装置区域开停车运行周期有不同考虑时，也可分期或分散设置。对于各装置（单元）对水量、水温、水压、水质有不同要求时，可通过比较优化，分别设置不同的循环水场或在同一个循环水场内采用多个独立的循环冷却水系统。

3.1.4 此条规定是为了避免由于个别用水装置的循环冷却水在水温、水压尤其是水质与其他多数用水装置有明显不同时，集中布置会影响全厂整个循环冷却水系统的安全、稳定、经济运行时采用独立的系统设置，可设独立的循环水场或独立的循环冷却水系统。

3.2 设计规模

3.2.2 装置用水设备大都需要连续供给循环冷却水，还有部分用水设备仅需要在某一时段或某一种运行工况下才需要供给循环冷却水，为间断供水。因此，在考虑一个循环水场为若干套装置统一提供循环冷却水的任务时，首先应保证各装置的连续用水，同时还必须考虑各装置的间断用水；但由于各装置的连续用水是同时发生的，而各装置的间断用水则不一定同时发生，这时应根据工艺总流程的安排来确定哪些间断用水设备可能同时发生，从而把这部分同时发生的间断用水加在一起，构成总的用水量。设计规模还要考虑满足各装置最大负荷时的用水需要。因此，循环水场的规模即循环冷却水设计水量应按其所供给的用户要求的最大连续用水量之和加上用户可能同时发生的最大间断用水量确定。

3.3 补充水量

3.3.1~3.3.3 循环冷却水系统的最大小时给水量即循环冷却水设计水量，是按照生产工艺的要求确定的；循环冷却水的供水最低温度是由气象条件和冷却工艺决定的，而循环冷却水设计温度还需要结合生产工艺要求通过经济技术比较最终确定。在循环水的运行过程中，还必须补充由于蒸发损失、风吹损失、排污损失带走的部分水量，以维持系统的水量平衡，保证系统的安全平稳运行。

系统的蒸发损失水量、风吹损失水量和排污水量应根据循环冷却水设计水量、设计温度、地区气象条件、冷却塔的形式、浓缩倍数等因素进行水量平衡计算，最终确定补充水量。

补水能力的设计还应考虑系统水量置换等其他因素，年补充水量可按年平均气温进行计算。

3.3.4 冷却塔的风吹损失，包括出塔空气带走的水滴和塔的进风口处被风吹到塔外的水滴。前者的损失水量与塔的通风方式、塔内风速、淋水填料型式、配水喷头型式、收水器型式以及冷却塔的冷却水量等因素有关；后者的损失水量与塔型、风速、风向及进风口的构造等因素有关，这部分损失一般较小。冷却塔的风吹损失主要是前者。

出塔空气带走的水滴的多少与收水器收水效率的高低有直接的关系。目前工程中使用的收水效果好的收水器很多，逸出水率（飘滴损失水量与进塔循环水量之比）可以达到 $0.01\%\sim0.001\%$。随着环保与节水意识的提高，进风口处的风吹损失也越来越受到人们的关注，一些防溅和阻风（阻止塔下穿堂风和旋风）的措施相继应用，被风吹到塔外的水滴损失量也大为减少，因此，实际工程设计中机械通风冷却塔的风吹损失水量按循环水量的 $0.05\%\sim0.1\%$ 计算已考虑了足够的裕度。

3.3.5 本条文给出了排污水量的两个计算公式，公式（3.3.5-1）是通过气象条件、运行参数计算的；公式（3.3.5-2）为强制排水量计算公式，为排污能力设计时要用到的计算，排污水量应包括在实际生产中的强制排污水量和系统在运行过程中管网和换热设备的漏失量，以及旁流水处理的反冲洗排出的水量。

3.4 循环冷却水设计温度的确定

3.4.1、3.4.2 循环冷却给水设计温度，是以生产工艺换热设备允许的最高给水温度为依据，结合当地夏季最热时期的气象条件（湿球温度、干球温度及大气压力）计算冷却设施可达到的最低冷却水温并通过经济技术比较后最终确定，以较为经济合理的方案满足生产工艺要求。

循环热水在冷却塔中通过热交换（传热、传质）被冷却，空气被加湿加热后把水中的废热带到大气中。冷却任务表达式为：$\Omega = \int_{t_2}^{t_1} \frac{C_w \mathrm{d}t}{h'' - h}$。在其他条件不变的情况下，冷水温度愈低，逼近度（$t_2 - \tau$）愈小，$\Delta h$ 愈小，其冷却任务数 Ω 愈大（冷却任务函数为减函数，Δh 趋小，函数减幅趋大，气水比就会在较小的范围变化，也就意味着处理同样水量需要更多的风量），冷却难度愈大，需要的冷却面积和风机愈大，冷却塔投资愈高。相反冷水温度高，冷却塔投资会小，但循环水在冷却工艺产品时若保持冷量不变则热水温度就高，"热水温度高"对填料材质的要求就越高，寿命也会受影响。且循环水按何种温度设计，不仅仅取决于冷却塔，还应满足循环水所服务装置的工艺和产品收率的要求，需结合工艺冷却设备的投资及运行费用等因素综合考虑。冷水温度的确定是对冷却塔设计影响较大的工况参数，牵扯的因素又较多，不是一两个简单的函数关系式能够解决的。需建立包含冷却塔投资、工艺装置的产品收率、装置换热面积等相关因素的年综合费用的优化模型来确定冷水温度。合理确定循环冷却水水温，需要各方面协调配合和大量数据处理。根据生产工艺的特点和冷却塔冷却的特性，在工艺装置的产品收率影响不大情况下适当提高冷水温度是更经济的，因为工艺换热器是间接热，循环水的冷量是与温度呈线性关系的，当冷量不足时只需线性地扩大换热面积就可解决。根据大量的工程应用经验，以冷却塔设计湿球温度加 $4℃\sim5℃$ 作为循环冷却水给水温度来设计是较为经济合理的，因此，将此经验值作为推荐参数。

3.5 循环冷却水设计工作压力的确定

3.5.1、3.5.2 循环水泵组的供水压力应根据各生产工艺装置进水压力的要求、管网系统阻力及冷却塔水压力（余压直接上塔的位能及满足均匀配水所需的压力）等因素确定。

间冷开式系统的回水应优先考虑用余压直接上塔，这样可以节省能耗和设备，同时系统水质不易受污染。

3.6 循环冷却水的水质要求

3.6.1 循环冷却水设计水质的确定应根据补充水水质及换热设备的结构型式、材质、运行工况条件、污垢热阻值、腐蚀速率并结合水处理药剂配方等因素综合确定，以满足换热设备对阻垢与缓蚀的要求，以保证装置的长周期安全稳定运行。本规范规定的循环冷却水水质指标与现行国家标准《工业循环水冷却处理设计规范》GB 50050 的规定是相同的，详见本规范第 6.1.4 条的说明。

3.7 场 址 选 择

3.7.1 本条阐明了循环水场在总平面布置时应考虑的主要因素。靠近最大的用水负荷，可以有效减少管道长度，降低能耗，节约建设和运行成本；循环水场位置的选择一方面需要考虑其他设施对冷却构筑物的气流流场与进塔的空气质量的影响，同时还应减少冷却构筑物产生的水雾、噪声对周围环境的影响。

3.7.2 循环水场布置在防爆区以外，可以减少设备材料选择时由于防爆和安全的要求而增加投资。

3.8 场 内 布 置

3.8.1 循环水场内的建筑物，如水泵房、控制室、配电间、水质处理和药剂储存间，以及构筑物，如冷却塔、吸水池，应按照工艺流程的顺序和联系紧密程度，合理设计相对位置和间距，以减少管线，节约用地，方便操作和维护管理，并可充分利用地形上的高低差异，优化水力条件，减少土建施工费用。

在考虑满足工艺条件的同时，还应在各建（构）筑物周围设置检修、运输以及消防通道。

3.8.2 循环水场宜设置独立的吸水池，若受占地等因素的影响也可在地形及地质允许的条件下，考虑冷却塔水池和吸水池合建，合建水池首先应满足泵吸水的要求，同时为了减少投资和系统容积，不应将塔下水池部分整体加深。

3.8.3 石油化工企业循环水场规模较大，冷却塔的数量也较多，这样就存在多台塔的布置问题，多台塔布置在一排简称为塔排，处于同一塔排内首尾的冷却塔易产生湿气回流干扰，因此各国的规范对此都有相应的规定：前苏联规定塔排长宽比宜为 3∶1，英国规定塔排长宽比宜为 5∶1，现行国家标准《工业循环冷却水设计规范》GB/T 50102 和《机械通风冷却塔工艺设计规范》GB/T 50392 分别规定为 5∶1 和 3∶1～5∶1，本规范考虑到石化企业的具体情况和使用的经验，推荐采用上限，即 5∶1。

3.8.4 冷却塔塔排间同样存在湿气回流影响，避免或将此影响降低到一定程度所要求的塔排间的距离，在石油化工企业循环水场中是很难实现的，因此本规范仅在设计湿球温度确定时考虑湿气回流的影响因素，而塔排间规定的最小距离只考虑土建施工时基坑的开挖和结构设计要求，并为使用、维护留有一定的通道。

3.8.5～3.8.8 冷却塔的进风条件和进风影响因素对冷却性能的影响至关重要（可参考本规范第 4.2.5 条的条文说明），因此本规范对可能影响进风的条件作

出具体的规定，其主旨就是将进风的影响因素降至最低。当遇到本规范未规定的情况时，应根据这一宗旨参照执行。

3.8.9 管道布置既要考虑本身的工艺合理性，同时还要考虑不同管道材质和输送介质在使用环境下的安全经济运行和维护检修方便性。本条是按此要求做出的规定。

3.8.10 本条规定是为了减少冷却塔进风口周围地面的落叶、杂草等污染物进入冷却塔内，从而影响循环冷却水水质和系统的正常运行。

4 冷 却 塔

4.1 一 般 规 定

4.1.1 石油化工企业循环水量较大，大型石化企业的循环水量一般在 $10 \times 10^4 \, m^3/h$ 以上，若采用小型冷却塔占地较大且不方便管理。

大、中、小型冷却塔的划分：单格冷却水量大于或等于 $3000 m^3/h$ 的为大型；单格冷却水量大于或等于 $1000 m^3/h$，且小于 $3000 m^3/h$ 的为中型；单格冷却水量小于 $1000 m^3/h$ 的为小型。

逆流塔与横流塔的优劣曾经争论了很长时间，就目前冷却塔技术的现状而言，由于薄膜填料的出现，使淋水填料高度降低到点滴填料高度的 $1/4～1/3$，降低了逆流塔的总体高度和配水高度，填料的比表面积成倍增加，使逆流塔在很多方面优于横流塔。主要体现在以下几个方面：

1）从热交换的角度看，由于水气流动的方向不同，逆流塔在热交换过程中能够获得稳定的焓差和水蒸气分压力差，热交换更合理、更充分。

2）横流塔内有一个很大的空气室（气流转弯必需的一个通道），框架体积比逆流塔多 30%～40% 左右，同时由于逆流塔热交换过程合理，效率高，若采用同比表面积的淋水填料，达到同样的冷却能力，横流塔所用的填料与收水器比逆流塔多 40%～50%。因此，逆流塔比横流塔更经济。

3）逆流塔比横流塔配水高度低，因而节能。

4）由于逆流塔与横流塔结构不同，对空气形成的自然抽力也不同，逆流塔在室外湿球温度 5℃ 以下可以全部停开风机，而横流塔则要在室外干球温度 −5℃ 以下方可以全部停开风机。

5）由于横流塔风筒出口离进风口较近，湿气回流量比逆流塔更大，所以横流塔设计进塔空气湿球温度比逆流塔高 0.2℃～0.3℃。

6）逆流塔比横流塔容易检修。

7）逆流塔配水系统不易堵塞。

8）逆流塔淋水填料片全部置于塔内，不受阳光直接照射，进塔空气先经过淋水填料下雨区洗涤，因

此逆流塔淋水填料片易保持清洁、不易老化。

9）逆流塔的防冻化冰问题比横流塔更容易解决。

基于上述分析本规范推荐采用逆流机力通风冷却塔。

4.1.2 淋水填料的热工性能和阻力性能、收水器的收水性能和阻力性能、风筒的动能回收与阻力性能、配水喷头的流量系数与喷溅性能、冷却塔总阻力系数等数据对冷却性能的确定影响较大，因此要求数据准确、可靠。应由具有国家资质的独立第三方检测单位正式出具检测报告。

4.1.3 冷却塔的冷却性能是循环水场的重要指标，其确定应以具有国家资质的独立第三方检测单位正式出具的同样塔型的测试报告为依据。由于使用工况、气象条件与测试塔的工况、气象条件往往不同，因此对冷却塔性能复核计算是循环水场设计的重要工作。当冷却塔由制造商成套供应时，应对其工作气水比、工作风量、处理水量、配水均匀性及配水压力、风机全压、轴功率等进行复核计算，复核计算采用计算机软件时，应采用经省部级或国家级认可的、成熟可靠的计算机软件。

4.1.4 石油化工企业循环水量较大，根据最大连续用水量之和加上可能同时发生的最大间断用水量的原则，确定的循环水规模相对正常生产运行循环水的需求量有一定的安全余量，冷却能力又是按满足最热3个月高温出现频率为5%～10%的日平均湿球温度确定的，因此冷却塔一般不需备用。设计时仅需考虑设置冷却塔检修时不影响生产的相关措施，如上塔立管的控制阀、旁路管及控制阀、水池分格、出水格栅及出水管控制阀等，即可满足企业正常生产运行的需求。

4.2　冷却塔的计算

4.2.2 热力计算的理论基础是能量守恒定律：热交换过程中水失去的能量与空气获得的能量相等。关于蒸发与散热的理论与公式很多，众说纷纭，麦克尔将焓的概念引入，将散热与散质两方面因素都统一到焓中，简化了算式的复杂性，减少了计算的参数，推导出的麦克尔公式被冷却塔界普遍采用。

水传给空气的总热量为 M，以水面饱和空气层的焓 h'' 和湿空气中的焓 h 之差，作为从水面向空气中散热的推动力，则在面积 dF 上的传热量为：

$$dM = C_w Q dt = \beta_x (h'' - h) dF \qquad (1)$$

由于塔的填料形状一般较复杂，其表面面积不易精确计算。所以，常用填料体积 V 代替其面积，则上式变为：

$$dM = C_w Q dt = \beta_x (h'' - h) dF = \beta_{xv} (h'' - h) dV \quad (2)$$

式（2）变化成 $\dfrac{\beta_{xv} dv}{C_w Q dt} = \dfrac{1}{h'' - h}$ 式，对其积分可得：

$$\frac{\beta_{xv}}{Q} = \int_{t_2}^{t_1} \frac{C_w dt}{h'' - h} = \Omega \qquad (3)$$

式中：dF——水与空气的接触面积（m²）；

　　　　β_{xv}——以焓差为动力的容积散质系数；

　　　　β_x——以焓差为动力的散质系数；

　　　　Q——水量（kg/h）。

此式即为由麦克尔方程演变来的冷却任务关系表达式。

麦克尔在推导热力计算公式时做了一些假设和近似处理：

1） 将热交换过程中水量近似地看做不变，忽略了蒸发水量，此"近似"在蒸发量最大的炎热季节（气温按40℃、温差按10℃计），会有1.6%的水量误差（$Q_e = Kt Q = 0.0016 \times 10 \times Q$）；

2） 在公式推导过程中为简化将式 $\dfrac{\chi}{\chi + 0.622}$ 约等于式 $1.6077\chi (1 - 1.6077\chi)$，此"近似"过程可能出现的最大误差为4‰；

3） 麦克尔认为刘易斯系数为1，即 $L_e = \dfrac{\alpha}{\beta_\chi C_w} = 1$。关于刘易斯系数值的争论很多，刘易斯本人认为 $L_e = 1.05$，严熙世、范瑾初主编的《给水工程》（第四版）也认为是1.05，而有一些文献认为 $L_e = 0.9$；

4） 在公式推导过程中将干球温度与湿球温度之间温度变化对应的汽化潜热看做是不变的，此项误差的级别一般是千分级的。

综合以上4项造成误差的因素，一些学者认为采用麦克尔公式是不精确的，是偏于不安全的，个别学者甚至认为最大误差会到10%。本规范认为麦克尔在公式推导中的这些假设和近似是可行的，这些偏差在正常工况下均不会很大，且有互相抵消的可能。同时，冷却塔热力计算忽略了梁柱的表面积，这部分面积占填料总热交换面积的1%～3%，而这部分接触面多为混凝土，其亲水性能远好于目前填料的材质——塑料和玻璃钢，因此对热交换的作用会不只1%～3%。综合这些分析及实际工程设计应用中计算与实测的验证，本规范认为采用麦克尔公式只需考虑5%的安全余量即能满足工程设计的精度。

4.2.4 淋水填料散热性能的冷却数方程：工程使用条件中进水温度（与测试时水温的不同）对淋水填料散热性能是有影响的，这是由于水的黏度与表面张力是随温度变化的，因此温度不同时散热性能也不同。测试性能用到比其温度高的循环水时，这个冷却数偏于冒进，往往达不到设计效果，反之若将实测的资料用于低温时，又偏于保守。实践证明，水温每升高5.5℃，冷却数下降2.5%～8%。因此，必须对其冷却数方程进行修正。在没有相应的实验资料时，可按日本学者手塚俊一等人的试验结果对逆流塔进行修正：

$$\Omega' = A\lambda^m \left(\frac{t_0}{t_1}\right)^{0.45} \qquad (4)$$

式中：A——填料的试验常数；

t_0——测试（试验）时进水温（℃）；

t_1——实际进水温度（℃）。

对横流塔填料可采用水科院冷却水所的试验结果进行修正：

$$\beta_{rv} = 0.57g^{0.35}q^{0.55}\left(\frac{t_0}{t_1}\right)^{0.54} \qquad (5)$$

式中：g——重量风速，10^3 kg/ （$m^2 \cdot$ h）；

q——淋水密度，10^3 kg/ （$m^2 \cdot$ h）。

4.2.5 冷却塔内气流在淋水填料和收水器之外的流态均处于阻力平方区，其阻力可采用阻力系数法计算。阻力系数的确定，多数文献均采用相似风道的经验公式或系数，并未考虑塔内气动构件的特殊性和形状系数，按照这样的阻力系数计算的结果与冷却塔的实际阻力往往会有很大出入。如进风口阻力系数，多数文献参照风道直角进口给出进风口阻力系数（0.5～0.55），显然是片面的，是有前提条件的，但各文献均未明确前提条件是什么。根据中国水利水电科学研究院 1981 年在《逆流机力通风冷却塔塔型试验研究报告》中给出试验结果（图1），在填料塔中进风口面积与淋水面积之比在 0.5 以上时可以采用此经验值，当进风口面积与淋水面积之比在 0.4 以下时进风口面积与淋水面积比值（h/L）的变小与阻力系数的增加显然已非线性关系。同时，此阻力系数还与进风口形状相关。国际水力研究协会（IAHR）1986 年发表了M. Vauzanges 和 G. Ribier 关于自然塔进口空气阻力的研究，给出的阻力系数公式与实测现象更吻合：

$$\zeta = C_D \frac{F_D}{F_1}\left(\frac{v_1}{v_0}\right)^2 \qquad (6)$$

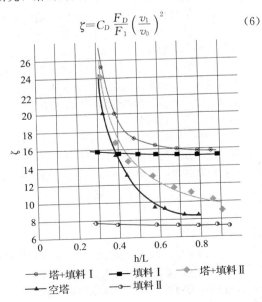

图1 不同填料时塔的总阻力系数

式中：C_D——框架柱形状系数，方柱取3，圆柱取2，椭圆柱 1.5；

F_D——进风口进风断面上柱的面积；

F_1——进风口面积；

F——淋水填料区的面积；

v_1——进风口处气流流速；

v_0——填料断面处流速。

冷却塔内空气阻力计算中被多数文献（包括现行的一些国家标准）忽略的且影响较大的是雨区阻力的计算。进入冷却塔的循环冷却回水通过配水装置溅洒成细小的水滴呈自由落体形态淋洒在淋水填料上，通过填料后又以自由落体形态淋入冷却塔集水池，因此将配水装置至淋水填料上、淋水填料下至集水池间的区域称为雨区。上部雨区的高度与喷头的喷溅性能有关，工程中变化不大，为使配水均匀基本在 0.8m～1m 间。下部雨区与进风口同高，因此大小塔差别较大。冷却塔中气流只有在收水器和填料中的流态不在阻力平方区，这两部分的阻力需有由其试验报告给出。填料的实验装置也存在上、下雨区，因此填料试验的阻力性能中也就包含了一部分雨区性能。

在下部雨区，新鲜空气从进风口水平进入这个区域，并转弯向上与水滴逆行后进入淋水填料。在这个运行过程中，水滴对气流应该产生水平阻力和垂直阻力。由于冷却塔内其他构件均可通过几何相似模拟代替，只有雨区是无法模拟的，因此这个阻力究竟有多大，如何求雨区阻力，一直是国内外没有很好解决的问题。

1）雨区阻力的影响：雨区对气流阻力是有影响的，这是众所周知的，但这个影响是否可以忽略是问题的关键。表1是部分冷却塔的实测结果相关参数的汇总表，认真分析这些冷却塔实测报告，就能得出明确的结论。

表1 部分冷却塔的实测结果

序号	测试项目名称	测试单位	水量 Q （m^3/h）	风量 G （$\times 10^4$ m^3）	风机下阻力 P （静压，Pa）	工况编号
1	安庆化肥厂引进 $\phi 9.14$ 风机冷却塔	化工部第三院	3854	147.4	152.81	工况1
			0	210.1	106.6	工况2
2	北京乙烯工程 $\phi 9.14$ 风机冷却塔	水科院冷却水所	3020	253.67	143.5	工况1
			3510	256.67	147.5	工况2
			4010	249.7	148.6	工况3
			0	286.1	141.4	工况4
3	宁夏化工厂 $\phi 9.14$ 风机冷却塔	西安建筑科技大学	4500	274	118.2	工况1
			0	301	106.3	工况2

以表中序号2为例，工况3风机下阻力是含雨区阻力的，工况4由于水量为0，因此是不含雨区阻力的。但由于填料阻力是与淋水密度有关，而且阻力变

化时风机运行的工况点也会发生变化，因此两工况不能直接求差，需分别扣除填料的阻力，并折算到同一风速下求差：$P_雨 = (148.6 - \rho A_3 V_3^{m_3}) - (141.4 - \rho A_4 V_4^{m_4})(\frac{G_3}{G_4})^2$ $[A_3 = (0.00133q_3^2 + 0.00713q_3 + 0.82502) \times 9.81$，$m_3 = -0.00461q_3^2 + 0.005654q_3 + 2.09412$，$A_4 = 0.82502 \times 9.81$，$m_4 = 2.09412]$

$P_雨 = (148.6 - 1.1 \times 11.5757 \times 2.4^{1.99}) - (141.4 - 1.1 \times 8.093 \times 2.7499^{2.094})(\frac{249.7}{286.1})^2 24.5Pa$（风速为工况3的风速2.4m/s时）。此阻力相当于全塔静压的16.5%，忽略该部分阻力显然会造成重大失误。

2）雨区对气流水平运行时阻力影响：在下部雨区，气流从进风口进入冷却塔，首先水平运行通过水滴密集的雨区，因此气流在水平运行时受到雨区阻力称为水平阻力。赵振国在《冷却塔》一书中介绍了1984年苏联学者苏霍夫在一个1：300的自然通风塔的模型中所做的模拟试验，用插在地板上的细木杆模拟雨区，木杆的布置多少代表不同的雨区的淋水密度。显然该模拟试验只考虑了气流在雨区遇到的水平阻力，此试验结果可看做雨区的水平阻力系数 ζ_H，试验结果与1990年国际水力研究协会发表的R. E. Gelfand 等试验结果基本一致：

$$\zeta_H = \frac{(0.1 + 0.025q)L}{9.72h/L - 0.77} + \frac{1}{0.332h/L + 0.02} \quad (7)$$

式中：q——淋水密度 $[m^3/(m^2 \cdot h)]$；

h——雨区（进风口）高度（m）；

L——空气水平方向流动的长度，双面进风时取塔进深的一半（m），单面进风时取塔进深的全长（m）。

多数文献将雨区阻力水平影响的作用 $[(0.1 + 0.0025q)L]$ 误认为是导风装置的阻力系数，此误解可能源于对全苏水利工程科学研究所对空气分配装置的阻力研究实验的翻译。由于翻译时使用的"导风装置"含义与后来冷却塔的实际导风装置不同。原文导风装置是填料下设置的有助于气流分配和转弯的装置，这样的装置在现在的冷却塔中已经见不到了。它的阻力就是气流水平运行时受到阻挡的阻力，与苏霍夫模拟试验细木杆对气流的阻挡作用相近，仍可理解为雨区水平影响的阻力。从文中给出的长度就是冷却塔的进深，也可以看出它并非我们现在意义上的导风装置。如按照现在意义的导风装置阻力去理解：公式中导风装置长度（L）越长阻力越大，导风装置长度（L）越短阻力越小，当L为0时阻力为0，也就是说没有导风装置时阻力最小，那又何必加设导风装置呢？这显然与实际不符，应对此误解予以纠正，并正确认识雨区阻力的影响。

3）雨区对气流垂直运行时阻力影响：赵振国在《冷却塔》一书中还介绍了英国学者 R. F. Rish 在英

国中央电力研究所的试验设备上做了垂直淋下的水滴对逆向运行的气流阻力的试验，给出的雨区阻力 $\zeta = 0.525 (H_f + h)(\lambda)^{-1.32}$（$H_f$ 为填料高度，λ 为空气与水的质量比，h 是雨区高度），可认为是雨区对气流垂直方向的影响，其中包含了填料内的雨区阻力。填料性能测试报告给出的阻力计算式均已包含了填料本身的雨区阻力，可令 $H_f = 0$，由于填料性能测试报告中还包括下部雨区部分高度的阻力（填料测试装置的雨区高度），因此对上式稍作调整，填料下雨区对气流垂直影响简化为下式：

$$\zeta_v = 0.525 (h - h_y)(\lambda)^{-1.32} \quad (8)$$

式中：h_y——填料测试装置的雨区高度（m）。

4）雨区阻力系数：雨区阻力系数应该是气流在雨区遇到的水平向阻力系数与垂直向阻力系数的和，即 $\zeta = \zeta_H + \zeta_v$：

$$\zeta = \frac{(0.1 + 0.025q)L}{9.72h/L - 0.77} + \frac{1}{0.332h/L + 0.02} + 0.525 (h - h_y)(\lambda)^{-1.32} \quad (9)$$

5）验证分析：仍以表1中序号2的工况3为例，风量为 $249.7 \times 10^4 m^3/h$，水量为 $4010m^3/h$，$q = 13.875m^3/m^2 \cdot h$，$L = 8.5m$，$h = 4.25m$，$h_y$ 取 1.75m，$\lambda = \frac{G\rho}{Q} = \frac{2497000 \times 1.1}{4010 \times 1000} = 0.685$ 代入式（9）；$\zeta_2 = 8.183$；$V = 2.4m/s$；$P = 8.183 \times 1.1 \frac{2.4^2}{2} = 25.92Pa$。

采用公式（9）计算的雨区阻力 25.92Pa 与实测雨区阻力24.5Pa相差1.4Pa，即5%的误差，说明公式（9）是可以采用的。

采用计算机编程进行冷却塔的空气动力计算的方法是以假定风量分别代入冷却阻力特性方程（式4.2.5-5）与风机特性方程（由风机特性曲线拟合方程或风机厂提供的特性方程），比较冷却塔总阻力与风机全压，差值足够小（满足精度要求）时的风量为工作风量；计算精度要求不高时也可用图解法，求以风量为横坐标、冷却塔总阻力（风机全压）为纵坐标的冷却阻力特性曲线与风机全压性能曲线的交点，交点处的风量即为工作风量。

4.2.6 冷却塔的热力计算是通过解冷却塔的冷却任务的热力特性方程与冷却塔淋水填料散热的热力特性方程的联立方程组，求解计算冷却塔的工作气水比：

$$\begin{cases} \Omega = \frac{1}{K} \int_{t_2}^{t_1} \frac{C_w dt}{h'' - h} \\ \Omega' = A\lambda^m (\frac{t_0}{t_1})^{0.45} \end{cases} \quad (10)$$

工作气水比的确定：联立方程组求解宜编制计算机程序试算，以假定气水比分别代入方程组，对计算出的冷却任务的热力特性冷却数与淋水填料散热的热力特性的冷却数进行比较，两种冷却数的差值控制在 $0.01 \sim 0.001$ 即可认为是满足工程精度要求的解，此时的气水比值即为所求的设计工作气水比 λ。上述计算应采用经过省部级或国家级认可的、成熟可靠的计算机运算程序。

4.3 塔体结构与部件设计

4.3.1 石油化工企业循环水场多为大、中型冷却塔，大、中型冷却塔的框架若采用钢结构，不仅用钢量大，且易腐蚀，因此建议采用钢筋混凝土结构。特殊条件指工期紧迫，需预制好钢构件短时间内现场组装投用，或现场不具备混凝土浇浇或养护条件等情况。

4.3.7 严寒地区与寒冷地区的划分参照现行国家标准《民用建筑设计通则》GB 50352 的规定，1 月份平均气温小于或等于- 10℃的地区为严寒地区，1 月份平均气温- 10℃～0℃的地区为寒冷地区。

4.3.8 组合均布系数计算参见现行行业标准《冷却塔塑料部件技术条件》DL/T 742 的附录 R。

4.3.10 早期冷却塔的风筒都是倒截锥型，从断面上看是一条斜直线，斜线的斜度是用中心扩散角定义的，赵振国著的《冷却塔》推荐的角度是 14°～18°，格拉特科夫等著的《机械通风冷却塔》推荐的角度是 18°～20°，现行国家标准《机械通风冷却塔工艺设计规范》GB/T 50392—2006 推荐的角度是 14°，李德兴著的《冷却塔》推荐的角度是 8°～16°。每个文献提出的角度均不尽相同，也未说明理论根据，但扩散角度太大会出现气流分离，扩散角再大还会出现涡流，涡流出现后能耗反而会增加，是以上文献的普遍共识。

同样的扩散角，扩散段越高出口面积越大，出口速度和动能也就应该越小，动能回收效果就应越明显，然而风筒越高所受的外界的风荷载就越大，自身的重量也会增加，稳定性也就会差，需要风筒的强度就越大，壁厚也要相应增加，成本会大于线性地增加。这就存在一个技术经济的问题了，需要综合分析确定。对于扩散筒高度取值各文献的观点几乎一致：一般推荐扩散段高度与风机直径的比为 0.5。

实际上，目前工程中出现的很多风筒都未达到 $\frac{h}{D}=0.5$（h 为扩散筒高，D 为风机直径），为了降低成本，$\frac{h}{D}$ 的比值越取越小。尤其是 20 世纪 90 年代从国外进口的一些冷却塔中，$\frac{h}{D}$ 已经低至 0.25～0.30，若此时动能回收率仍按行业习惯达到 30% 以上，则扩散角已超过 20°。水科院冷却水所于 1994 年对这种被称为"回转型"风筒（XF－85）进行了测试，测试的结果表明回转型风筒非但没出现气流分离，相反减小了轮毂上部的负压区 40%，扩散筒的高度降低了 30%，实测动能回收 13Pa。"回转型"风筒的扩散角已经突破了我们传统上的认识，由于技术保密问题并未找到国外冷却塔公司的相应的理论介绍。

分析风筒气流流态的特点，风筒扩散筒内气流属旋转紊流射流，根据流体力学的理论，普通射流的最大散射角为：$\theta=2\arctan(3.4a)$（a 为紊流系数，圆柱形管取 0.076），因此散射角 θ 可达 29°，旋转射流因旋转使射流获得向四周扩散的离心力，因此旋转射流的散射角会更大。根据这一理论依据，风筒的中心扩散角起码能达到 29°（普通射流）。因此本规范明确提出回转型扩散筒的中心扩散角不超过 29°是可行的。

这里还有一个问题需注意：处于旋转射流流态的气流，当 $\frac{x}{D}\geqslant 0.3$ 时，射流边界线会向中心收缩，见图 2。由于气流在风筒扩散段的流态属旋转射流，当气流离开风筒喉部运行到高度为 0.3D 时，射流边界也就会回拢收缩，传统的倒截锥型风筒扩散段线型为直线，在 $\frac{x}{D}\leqslant 0.3$ 段，角度小，起到约束气流的扩散的作用。超过 0.3D 的高度，气流边界回拢，与风筒壁分离。扩散角越大，分离越严重，因而出现涡流。

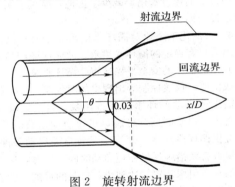

图 2　旋转射流边界

要避免 $h(x)\geqslant 0.3D$ 时气流与风筒分离，风筒扩散段就应在高度超过 0.3D 时向中心回拢收缩。"回转型"风筒的扩散段线形应是与空气旋转射流流态协调吻合的型线——曲线线型。因此，本条还着重强调了"回转型扩散筒的最大中心扩散角不超过 29°"，这里的"最大"不仅是规定了扩散角的上限，因型线为曲线，就存在最大扩散趋势段，最大扩散趋势段的扩散角度也不宜超过 29°，并非平均扩散角。

5　循环冷却水输送

5.1　循环水泵的选择

5.1.1 循环水泵的供水量应按循环水场的设计规模考虑，供水压力应使多台工作水泵并联后的泵出口压力满足用户对循环冷却给水设计工作压力的要求；在水泵的选择上，选择同型号水泵不仅可提高并联后的泵工作效率，而且，相互的可替换性和可备用性高。

我国水泵制造水平不断提高，为循环水泵的长周期安全稳定运行提供了有效保证。结合这些年我国建设投产的大型石油化工企业的运行操作经验，运行台数5台以上时备用泵的数量最多为2台即可满足装置的安全稳定运行。因此，规定运行台数大于4台时备用2台，不大于4台时备用1台。这种配置不仅能够满足安全生产的需要，而且降低了投资和维护费用。

5.1.2 循环水场的主要电力消耗在循环水提升上。以中国石化为例，每年用于循环水提升上的有效功的需求不低于30亿千瓦时，循环水泵效率70%与80%相差的电耗就是5.35亿千瓦时，推及全国是一个非常惊人的数字。因此，本规范规定循环水泵的效率不应低于80%。这只是一个较低要求，有条件时应做到85%~90%。

循环水节能问题不能局限于循环水场，更应关注大的系统。目前，循环水的系统效率偏低是普遍现象，很多能量消耗在系统的平衡上。因此，做好系统管网的优化计算有很大的节能空间。

5.1.3 在不受气候影响的地区，循环水泵露天布置可节约泵房的建设费用，减少了占地，缩短了循环水场的建设周期。

5.1.4 石油化工企业对循环水供水安全有很高的要求，因为只有稳定的循环水供水，才能保证产品的质量，并保证生产的安全平稳运行。循环水泵会在自身事故或供电、仪表控制等出现事故时停泵，当事故处理后需迅速启动循环水泵或备用泵，自灌启动条件下，省去了引水时间，可满足迅速启动水泵的要求，及时提供循环冷却水。而当不具备自灌启动条件时，也应采取有效措施尽量缩短启动时间。因此，应选择快速的真空引水装置，达到快速启泵的目的。随着科技的发展，新的真空引水技术不断涌现，如沈阳耐蚀合金泵股份有限公司生产的同步排吸泵可在几十秒内达到真空引水、快速启泵的目的。

5.1.5 有效气蚀余量（NPSHA）是指水流经吸入管路到达泵吸入口后所余的高出临界压力水头的那部分能量，与安装方式有关，是可利用的气蚀余量；必需的气蚀余量（NPSHR）是流体由泵吸入口至压力最低处的压力降低值，是临界的气蚀余量，与泵结构本身有关。有效气蚀余量需要根据建厂地区的大气压力、循环冷却水给水最高温度下的汽化压，再结合设计工况运行时的动水位确定的水泵安装高度，经计算获得。有效气蚀余量（NPSHA）要大于必需的气蚀余量（NPSHR），且有不小于0.5m的安全裕量。

5.1.7 在选择工作水泵组的台数时，应通过工作台数的水泵并联运行曲线逐台校核水泵的工作点是否偏离高效区，如果不在高效区，应考虑通过加大单泵流量减少工作水泵组的台数来提高并联运行的效率。

5.2 水泵附件

5.2.1 本条规定是为避免在泵的检修过程中吸水池的水通过吸水管路流到泵区。

5.2.2 循环水泵的出水管设置电动蝶阀可灵活有效地控制泵的开停，且阀体安装距离小；设置微阻缓闭止回阀，可有效避免泵的倒转和突然停泵造成的水锤。近些年，国内开发生产并已大量应用的多功能水泵控制阀或分段关闭的液控蝶阀具有与水泵联动控制、止回和防止水锤等多重功能，可以代替电动蝶阀和微阻缓闭止回阀的组合功能。

5.3 循环水泵房

5.3.1 本条是关于水泵机组布置的一般规定。机组布置直接影响到泵站的结构尺寸，还对水泵的安装、检修、运行、维护有很大影响。

5.3.3 在方便设备、管道安装的条件下，尽量降低泵基础高度可以减少土建安装成本，但考虑到地面有时有一定积水，因此，必须要有一定的高度。在地下和半地下泵房，还应在泵房内周围排水沟终点设置污水坑，并设排水设施，以保护水泵，避免被水淹渍。

5.4 吸 水 池

5.4.1 循环水场设置独立的循环水泵吸水池，是为了保证泵前具有良好的吸水条件，并有利于污物的拦截、清除及沙粒的沉积。为了布置紧凑、减少占地，冷却塔水池可与吸水池合建，合建水池要求参见本规范第3.8.2条说明。

5.4.2 如果一个循环水场分几个循环冷却给水系统，则吸水池可以合建但应分成与系统对应的隔间。每个隔间可以单独成为一个吸水池。为了方便操作，隔间可用壁板阀或管道、阀门连通。

冷却塔及塔下水池内，会随风带入各种杂物，而脱落的淋水填料碎片以及生物黏泥和藻类等会在水中形成漂浮污染物。因此，在进入吸水池的进水渠道上须设置截污格栅、格网，以避免这些杂物进入循环冷却给水系统，影响水泵运行，堵塞换热设备。配套起吊设施是为了方便清污、检修。

5.4.3 吸水池与冷却塔水池间运行水位差太大，说明连通管道（渠道）设计偏小或冷却塔水池出水条件不好，阻力将偏大，不利于循环水场的高程布局，且容易造成吸水池水流状态的分布不均，可能出现回流区及漩涡，直接影响泵吸水的水力条件甚至导致水泵气蚀。因此，为保证连通管道（渠道）内良好的水流状态，使吸水池进水均衡，规定不宜超过0.3m。

6 循环冷却水处理

6.1 一 般 规 定

6.1.1 随着水循环使用的增多和浓缩倍数的提高，间冷开式循环冷却水系统出现一些问题，如冷却设备的水侧污垢热阻增大、腐蚀，循环水中菌藻生长、生物黏泥增多，传热系数降低等现象，影响工艺装置的产品收率或稳定性。

解决这些问题需要企业与研究、设计部门共同关注循环冷却水处理工作，加强水质处理的研究与实践。循环冷却水处理涉及多种学科，互相交叉、渗透，既有化学（水化学、电化学、无机化学、有机化学等），又有物理学、水微生物学，虽然对此理论研究很多，但仍未达到可以直接指导实践的程度。因此，循环冷却水处理仍处在实验科学的阶段，成功的经验有很大的借鉴作用。本章所规定的数据，仅供设计阶段确定方案、选择设备、设置管道使用，运行时应加强监测，进一步摸索规律，确定运行数据。

6.1.3 本条在现行国家标准《工业循环水冷却处理设计规范》GB 50050 基础上，结合石油化工企业循环冷却水的运行实践，规定了两个内容，一是循环冷却水对换热设备内的水流速、壁温等要求；二是循环冷却水处理最终达到的特性指标，即对污垢热阻、腐蚀速率、黏附速率等，对炼油和化工企业循环水处理中按补充水质的不同和换热器材质的不同（铜合金、不锈钢等不同材质其不同的黏附速率和腐蚀速率）分别作出规定。

关于换热设备的规定是根据目前国内广泛采用的药剂种类（包括聚磷酸盐、磷酸盐、聚丙烯酸盐、聚马来酸等）的性能及其复合配方，参照国外经验，并结合国内一些工厂在生产运行中易于出现故障的换热器的工况条件而提出的。

对于水流经壳程换热器流速低于 0.3m/s 的换热器，普遍存在污垢和垢下腐蚀问题，流速越低问题越突出。根据目前药剂处理的效能与壳程换热器设计流速选用的常规范围，水壳程流速不宜低于 0.3m/s，当流速低于 0.3m/s 时，应采取本条给出的相应措施。由于石化工业水流经壳程的换热器很少，所以沿用了现行国家标准《工业循环水冷却处理设计规范》GB 50050 的规定。

对于管程换热器，水侧结垢与腐蚀问题实际是沉积与剥离问题，水流速大于 0.9m/s 沉积少、结垢少、热效果较好，因此将 0.9m/s 作为规定流速的下限，上限由设备设计考虑。

污垢热阻值为 1.72×10^{-4} $m^2 \cdot K/W \sim 3.44 \times 10^{-4}$ $m^2 \cdot K/W$，这一指标与国际水平相当，就是早期文献所说的 0.0002 $m^2 \cdot h \cdot ℃/kcal \sim 0.0004$ $m^2 \cdot h \cdot ℃/kcal$，$1m^2 \cdot h \cdot ℃/kcal = 0.86$ $m^2 \cdot K/W$。

关于腐蚀速率：随着循环冷却水处理技术的进步，结合目前石化企业现状，本规范规定：碳钢设备应小于或等于 0.075mm/a，铜、不锈钢设备修订为应小于或等于 0.005mm/a。

污垢热阻、腐蚀速率是换热器设计的重要参数，是换热器对循环冷却水水质的要求，也是对阻垢、缓蚀效果的检验标准，是在设计阶段作为确定阻垢缓蚀

剂配方的依据。

6.1.4 循环冷却水水质指标与换热设备的设计参数（结构型式、材质、工况条件、污垢热阻值、腐蚀速率）、循环冷却水药剂处理配方的性能密切相关，现行国家标准《工业循环水冷却处理设计规范》GB 50050 规定了循环冷却水水质指标的限值，是结合当前循环冷却水水质处理技术的发展水平作出的规定，与现行行业标准《石油化工给水排水水质标准》SH 3099 规定的循环水水质基本相符。表 2 列出了相关数据。

表 2 两个标准项目上总体差异不大，细节稍有出入。现行国家标准《工业循环水冷却处理设计规范》GB 50050—2007 比现行行业标准《石油化工给水排水水质标准》SH 3099—2000 晚 7 年，所以以《工业循

表 2 间冷开式系统循环冷却水水质指标

项目	单位	要求或使用条件	《工业循环水冷却处理设计规范》GB 50050 许用值	《石油化工给水排水水质标准》SH 3099 许用值
浊度	NTU	根据生产工艺要求确定	≤20	≤10
		换热设备为板式、翅片管式、螺旋板式	≤10	
pH 值	—		6.8～9.5	6～9.5
钙硬度＋甲基橙碱度（以 $CaCO_3$ 计）	mg/L	碳酸钙稳定指数 $RSI \geqslant 3.3$	≤1100	≤1000
		水侧壁温大于 70℃	钙硬度小于 200mg/L	
总 Fe	mg/L	—	≤1.0	≤0.5
Cu^{2+}	mg/L	—	≤0.1	
Cl^-	mg/L	碳钢、不锈钢换热设备，水走管程	≤1000	≤1000
		不锈钢壳程换热设备，水走壳程		
		水侧壁温小于或等于 70℃；冷却水出水温度小于 45℃	≤700	≤700
$SO_4^{2-}＋Cl^-$	mg/L		≤2500	≤1500
硅酸（SiO_2 计）	mg/L		≤175	
$Mg^{2+} \times SiO_2$（Mg^{2+} 以 $CaCO_3$ 计）	mg/L	pH≤8.5	≤50000	≤15000
游离氯	mg/L	循环回水总管处	0.2～1.0	0.5～1.0
NH_3-N	mg/L		≤10	≤10
石油类	mg/L	非炼油企业	≤5	≤5
		炼油企业	≤10	≤10
COD_{Cr}	mg/L		≤100	

环水冷却处理设计规范》GB 50050 更能反映循环水水质处理技术的发展水平。如提出了针对 NH_3-N 的要求。NH_3-N 的存在，促使硝化菌群的大量繁殖、系统 pH 值降低、腐蚀加剧，同时也消耗大量的液氯，系统中各类细菌数量和黏泥量增加，COD_{Cr} 及浊度增加。再如，《工业循环水冷却处理设计规范》GB 50050 增加了表示水中有机物多少的指标——COD_{Cr}。有机物是微生物的营养源，有机物含量增多将导致细菌大量繁殖，从而产生黏泥沉积，垢下腐蚀等一系列恶果。根据试验资料 $COD_{Cr}>100mg/L$ 时有腐蚀加剧的趋势，当补充再生水时，对 COD_{Cr} 的控制应予以足够的重视。

6.1.5 本条规定循环水补充水可采用石油化工污水的再生水，水质指标应满足循环冷却水系统的水质稳定的要求。作此规定是为贯彻节水减排政策，节约淡水资源，减少水污染，降低运行成本的具体措施。

多年来石油化工企业对污水再生回用进行了有益的尝试，1998 年东北某炼油厂采用"混凝沉淀——精密过滤——臭氧氧化——石英砂过滤——活性炭过滤——中空超滤"组合工艺建成处理能力 $200m^3/h$ 的深度处理装置，该工艺对 COD_{Cr}、浊度和悬浮物去除效果明显，但对氨氮处理效果不理想。2002 年天津石化由二级曝气出水采用"絮凝气浮——曝气生物滤池——超滤——反渗透——消毒"组合工艺，建设处理能力 $500m^3/h$ 的装置对化工化纤外排污水进行再处理，出水作为循环冷却水系统的补充水。该装置运行结果表明对 COD_{Cr}、氨氮、浊度和悬浮物去除效果较好。同年燕山石化采用"生物滤池——混凝沉淀——加氯——纤维素过滤——活性炭过滤"组合工艺，建成一套处理能力 $450m^3/h$ 的炼油厂外排污水再处理装置，出水主要回用于循环冷却水系统和膜脱盐装置，投产后运行基本正常，出水水质基本满足膜处理工艺对进水水质的要求。近几年又形成了以"BAF——混凝沉淀——加氯——过滤"组合工艺为主的工业外排污水再处理流程。近些年石化企业建成并投入使用的 10 余套类似处理装置，总体运行良好。

再生水作为循环冷却水的补充水，是一项新兴的水处理技术，时间短、技术尚不成熟，仍需要不断实践，不断总结经验。表 3 为 2007 年中国石化集团公司在下属各生产企业试行的《炼化企业节水减排与回用水质控制指标》Q/SH 0104—2007，供参考。

表 3　中国石化集团公司炼化企业节水减排与回用水质指标

序号	项目	单位	水质指标
1	pH 值	mg/L	6.5～9.0
2	COD_{Cr}	mg/L	≤60.0
3	BOD_5	mg/L	≤10.0

续表 3

序号	项目	单位	水质指标
4	氨氮	mg/L	≤10.0
5	悬浮物	mg/L	≤30.0
6	浊度	NTU	≤10.0
7	硫化物	mg/L	≤0.1
8	油含量	mg/L	≤2.0
9	挥发酚	mg/L	≤0.5
10	钙硬度	mg/L	50.0～300.0
11	总碱度	mg/L	50.0～300.0
12	氯离子	mg/L	≤200.0
13	硫酸根离子	mg/L	≤300.0
14	总铁	mg/L	≤0.5
15	电导率	$\mu S/cm$	≤1200.0

6.1.7 本条规定是为贯彻节水减排政策，按石油化工工业几个行业（炼油、化工）和补充水水质不同，参照中国石化集团公司《炼化企业节水减排考核指标与回用水质控制指标》Q/SH 0104—2007，对循环水场设计及运行的循环水浓缩倍数，分别提出具体要求。

提高循环冷却水的浓缩倍数是节水的重要措施，在浓缩倍数 1.5～10、气温 $40℃$、K 值选用 $0.0016/℃$、水温差 $10℃$ 的条件下，不同浓缩倍数系统的补充水量与排污水量占循环水量的百分比见表 4。

表 4　不同浓缩倍数系统的补充水量与排污水量占循环水量的百分比

浓缩倍数 N 计算项目	1.50	2.00	3.00	4.00	5.00	6.00	7.00	10.00
排污水量占循环冷却水量的百分比（%）	3.20	1.60	0.80	0.53	0.40	0.32	0.27	0.18
补充水量占循环冷却水量的百分比（%）	4.80	3.20	2.40	2.13	2.00	1.92	1.87	1.78

将浓缩倍数从 2 倍提高到 5 倍，节水效果能提高 1.2 个百分点，以石油化工企业循环水量 $300×10^4$ m^3/h、年运行按 8640h 计，全年节约补充水 3.11 亿 m^3，节水效果明显。

6.1.8 本条规定当采用阻垢缓蚀药剂处理时，应考虑药剂所允许的停留时间。这对于使用聚磷酸盐作为缓蚀剂主剂的配方尤为重要。聚磷酸盐转化成正磷酸盐除了水温、pH 值等因素以外，还与时间因素有关。对聚磷酸盐作为缓蚀剂主剂的配方设计停留时间不宜超过 48h。

设计停留时间（t）可用条文所列的公式计算，

该值应小于药剂允许的停留时间。当不能满足这一要求时，则需调整系统容积直至满足为止，或者更换药剂配方。

系统水容积越大，药剂在系统中停留的时间就越长，则药剂分解的比例越高，同时初始加药量增多，杀微生物剂的消耗量增大，易产生循环冷却水的二次污染。系统置换时，置换量即是系统容积，置换出来的水含有一定浓度的药剂，若处理排放，处理费用很高，不处理排放，又将对环境造成污染。所以系统容积在保证泵吸水安全的条件下应尽量减少。

6.1.9 根据石化企业工程设计资料统计，集中设置的循环水场，系统水容积一般大于循环冷却水小时流量的1/3；按装置（含几个相邻装置共用，并且循环水场处于负荷中心）设置的循环水场，系统水容积可以做到小于循环冷却水小时流量的1/3。在有条件时，对水系统容积应加以控制，以减少药剂消耗和置换水耗及处理费用。

6.1.10 循环冷却水作直流水使用，不仅会影响浓缩倍数的提高与控制，对节水、节药都不利。

由于石化企业消防储水量很大，冷却塔水池兼作消防水池时必然导致循环水系统容量的增加，因此本条规定冷却塔水池不应兼作消防水池。

6.1.11 规定循环冷却水排污水应集中排放是为了使循环冷却水排污处于可控状态，以利提高循环冷却水的浓缩倍数。一些企业将回收困难的循环回水，作为循环冷却水排污，直接排入污水系统，使循环冷却水浓缩倍数难以提高，故作此规定。

循环冷却水排污水除含盐量可能高于污水再生水外，其他指标一般优于污水再生水，所以若经技术经济比较，技术可行、经济合理则可回用。燕化公司某厂通过改造已成功将循环水排污水回收，该厂循环水总量是 6.5×10^4 m³/h，每小时排放的污水在三四百吨左右。现以电絮凝法为核心技术建立了一套循环冷却水排污水回用装置，去除了水中硬度和悬浮物后，经过脱盐处理后水质达到循环水补充水水质要求，回用率可达到85%以上。所以规定循环冷却水排污水可考虑再生回用。

目前，各企业循环水场排污排放口较多，有在塔底水池、吸水池排污的，有在冷却水回水管道上排污的，还有在冷却水给水管道上排污的，不便于管理，也不利于有效控制以实现节水、节药的目的，本条推荐宜集中循环冷却水回水管道上排污。

6.2 缓蚀和阻垢

6.2.1 循环冷却水的阻垢缓蚀处理配方一般要经过动态模拟试验确定。国内的运行经验表明，经试验确定的处理配方可以满足设计的预期要求。本条给出了做动态模拟试验应考虑的一些因素和应获得的必要数据，供企业进行缓蚀阻垢剂筛选试验和向药剂供货商

提出试验要求时参考。对于水量比较小且对循环冷却水质要求不太严格的系统，也可参照工况水质条件相似的工厂运行经验确定。

循环水结垢与腐蚀趋势的确定与判断，对循环水系统的设计与安全可靠运行是重要数据。根据相似条件的运行经验或模拟试验确定是最可靠、最有效的途径。当无上述条件时，用经验公式进行判断，也是行之有效的办法。换热器表面形成的水垢以碳酸钙为主，除非向水中投加磷酸盐，否则磷酸钙垢很少出现，由于硫酸钙的溶解度较大，一般硫酸钙垢很难出现。所以，一般用碳酸钙饱和法进行判断，如：饱和指数（朗格利指数 L.S.I）、稳定指数（雷兹纳 Ryznar）、结垢指数（帕科拉兹 Puckorius）等。实践证明，用稳定指数法判断既方便，又实用。

6.2.2 锌盐成膜迅速，与其他阻垢缓蚀剂复合使用时，能够起到很好的增效作用，但不宜单独使用。锌盐对水生物有一定毒性，排放受到限制，本条规定的锌盐指标是根据现行国家标准《污水综合排放标准》GB 8978—1996 中一级标准确定的。磷系配方具有价格便宜、效果稳定，曾被广泛采用，但却存在系统排污水磷含量超标的问题。目前我国水系污染严重，存在不同程度的富营养化问题，循环冷却水排污是造成这种污染的原因之一。因此，设计上应严格把关。

6.2.3 本条给出的阻垢缓蚀剂首次投加量计算的目的，是为确定系统初始运行时储备药剂量的计算；运行投加量计算是为满足设计人员确定溶配与投加设备、仓库储存等需要而规定的。在进行确定设备能力和储存量时，首次投加浓度 g_f 与系统正常运行时的投加浓度 g_r 均可按 30mg/L～60mg/L，预膜加药量可按系统正常运行时的投加浓度 g_r 的 7 倍计算。该计算数据也可供循环水场运行与管理人员参考。

6.2.4 本条规定是根据现行国家标准《工业循环水冷却处理设计规范》GB 50050 的加酸处理条件的规定而制定的，具体给出需要加酸处理的边界条件：钙硬度与碱度之和大于 1100mg/L，稳定指数小于 3.3。此时循环冷却水已属于严重结垢状态。稳定指数 $RSI = 2pH_s - pH$ 的含义见表5。

表5 稳定指数

稳定指数（RSI）	腐蚀与结垢趋势
<3.7	结垢严重
3.7～6.0	有轻微结垢
6.0	不腐蚀不结垢
6.0～6.5	轻微结垢或轻微腐蚀
6.5～7.5	开始有些腐蚀
>7.5	严重腐蚀

循环冷却水的 pH 值是影响其腐蚀或结垢的重要因素。加酸减少循环冷却水的碱度，降低其 pH 值，增大饱和 pH 值（pH_s），可增大稳定指数（RSI），减少结垢趋势。石化企业循环冷却水，补充水的硬度大于 150mg/L 时，限制了循环冷却水浓缩倍数的提高。加酸可以减少循环水的碱度，是简便而有效地提高循环水的浓缩倍数的一种方法。目前燕化、乌石化、齐鲁石化、扬巴等石化企业都采取了这一措施，取得了较好的效果。

就工程设计而言，这种计算仅仅是腐蚀与结垢趋势的判断，循环冷却水运行 pH 值多在 6～9 的范围内，[HO^-]、[H^+] 可忽略不计，碳酸在水中主要以 HCO^-、CO_3^{2-} 存在，循环冷却水因经冷却塔曝气游离二氧化碳的量很少。因此，循环冷却水的 pH 值计算可以采用与碱度相关的经验公式。如：

1）理论公式：

$pH = lgM_r + 5.60$（适用于机械通风冷却塔，pH $= 4.3～8.7$，CO_2 按 5mg/L 计）

2）经验公式：

日本铃木静夫：$pH = 0.69 (N-1) + pH_补$（适用于 $pH_补 = 7.5～8.3$，$N = 2～3$）

国内经验公式：$pH = 6.78 + 0.24pH_补 + 0.094N + 0.0022M_补$（适用于 $pH_补 = 6.3～8.3$，$N = 1.32～4.86$）

现行国家标准《工业循环水冷却处理设计规范》GB 50050 附录 C 给出的循环冷却水 pH 与 M_r 的关系曲线等。

鉴于上述公式在实际使用中不是很方便，现行国家标准《工业循环水冷却处理设计规范》GB 50050 查曲线的方法也不够直观，因此本规范给出简便公式（$pH = 1.8lg \frac{M_r}{100} + 7.70$）。此式对碱度在 50～900mg/L 范围内具有一定的精度。简便公式计算值与现行国家标准《工业循环水冷却处理设计规范》GB 50050 曲线值对比见表 6，同时将美国 BETZ 公司操作手册的数据值列入作为参考。

表 6 pH（曲线）与 pH，（公式）计算结果对比

碱度 M_r (mg/L)	10	20	50	100	200	300	400	500	600	700	800	900
pH（曲线） GB 50050	—	6.60	7.22	7.70	8.27	8.55	8.90	8.90	9.03	9.15	9.23	9.32
pH，（公式） 本规范	5.90	6.44	7.16	7.70	8.24	8.55	8.78	8.96	9.10	9.22	9.32	9.41
美国 BETZ 公司数据值	5.80	6.13	—	7.60	8.46	8.70						

循环冷却水饱和 pH 值（pH_s）可通过华东建筑设计研究院有限公司主编的《给水排水设计手册》第

4 册《工业给水处理》（第二版）给出的公式查表法（$pH_s = 9.7 + N_s + N_t - N_H - N_A$，$N_s$、$N_t$、$N_H$、$N_A$ 分别为总溶解固体常数、温度常数、钙硬度常数及碱度常数，需查表）计算，也可以采用雷兹纳（Ryznar）1944 年给出的计算式计算：

$$pH_s = 9.5954 + lg \frac{TDS^{0.10108}}{M_r \times Ar} + 1.84e^{(0.547-0.00637t+0.00000358t^2)}$$

(11)

式中：TDS——总溶解固体量（mg/L）；

Ar——硬度，以 $CaCO_3$ 计（mg/L）；

t——温度（°F），°F $= 1.8 \times ℃ + 32$。

当系统投加氧化性杀微生物剂 NaClO 或 Cl_2 时，由于 NaClO 和 Cl_2 的水解产生 NaOH 和 HCl，因此应对加酸量予以修正。经验数据：投加 1mg/L 的 NaClO（纯度 100%），增加 1mg/L 的硫酸量（纯度 98%）；投加 1mg/L 的 Cl_2，减少 0.7 mg/L 的硫酸量（纯度 98%）。

6.3 微生物控制

6.3.2 国内石化企业绝大多数循环冷却水装置的微生物控制都是按照以氧化型杀微生物剂为主、非氧化型杀微生物剂为辅的原则进行操作管理，其效果是成功的，虽然有的装置只用氧化型杀微生物剂也获得了不错的效果，但这只是个例。

6.3.3 常用氧化型杀微生物剂的效果和优缺点比较见表 7。

表 7 常用氧化型杀微生物剂的效果和优缺点

项 目	液 氯	二氧化氯	次氯酸钠 NaClO
需要处理时间	10min～30min	比液氯稍快	最小
对细菌的有效性	有	有	有
对病毒的有效性	有一些	有一些	有一些
设备投资	最低	比液氯高，比其他方法低许多	比液氯高
运行费用	最低	比液氯高，其他方法稍低	与液氯类似
优点	1. 价廉；2. 技术成熟；3. 有保护性余氯；4. 有持续杀菌的能力	1. 价廉；2. 可现场制造，技术成熟；3. 有持续杀菌能力	1. 有持续杀菌能力；2. 技术成熟；3. 商品为：10%～12%发生器自制的溶液：6mg/ml～11mg/ml
缺点	1. 对病毒无效；2. 其氧化性对人体有害；3. 有刺激性气味并损害人体皮肤；4. 储存与运输过程中有危险性	1. 对病毒无效；2. 气态的二氧化氯是剧毒的化合物，对人体有害，且与液氯一样有致癌的二次污染物的产生	药剂不宜久储，一般用次氯酸钠发生器边生产边使用，且采取避光储存要有安全防爆措施

项 目	液 氯	二氧化氯	次氯酸钠 NaOCl
适合类型	所有类型的污水处理或给水处理	1. 所有类型的污水处理； 2. 所有类型的给水处理	1. 所有类型的污水处理； 2. 所有类型的给水处理

注：次氯酸钠必须采取避光储存（气温低于 25℃时，每天损失有效氯 0.1mg/L～0.15mg/L；气温超过 30℃时，每天损失有效氯 0.3mg/L～0.7mg/L）。

1 液氯是国内最常用的氧化型杀微生物剂，它具备广谱高效、价格便宜等优点，受到用户的普遍欢迎。关于液氯投加方式和投加量，可连续投加或冲击式投加，投加量分别推荐 0.5mg/L～1.0mg/L 和 2.0mg/L～4.0mg/L。中国石化石油科学研究院的根据最新的调查与研究，提出"连续投加、以防为主"杀菌除藻的理念更利于循环水的稳定与经济运行。近些年连续投加在一些企业中取得了较好地处理效果，但连续加氯量运行模式都是用余氯量控制，这在设计阶段是无法操作的。故参照冲击式加氯量确定了连续加氯量。无论何种方式加氯，在微生物控制不住或对微生物进行剥离时，都要加大加氯量。所以，设计阶段应按冲击加氯设置加氯设备与管道，并设备用。

由于液氯是剧毒气体，国内在用于循环冷却水处理过程中，虽未发生过重大事故，但仍有潜在威胁。最近在液氯生产、运输各环节都有爆炸、泄漏事故发生，造成人员伤亡和财产损失。本着以人为本和安全生产的原则，对液氯使用将会提出更加严格的要求。

次氯酸钠在电力行业与上海赛科等企业使用效果良好，加氯量、余氯控制等均同液氯。

2 二氧化氯的投加制备与有效氯的确定：

1）二氧化氯杀菌除藻的有效性：近几年来，二氧化氯（ClO_2）由于其优良的杀微生物特性以及生产成本的降低，越来越引起各行业水处理厂家的重视，实际使用单位也越来越多。使用结果表明：用二氧化氯作工业循环冷却水处理的杀微生物剂，无论在效果、操作、安全及费用上都有取代液氯和非氧化性杀微生物剂的趋势。二氧化氯的杀菌效果受环境 pH 值的影响较小，它可在较宽的 pH 值范围内保持稳定的杀菌作用。二氧化氯不会与氨反应生成杀菌效力低的氯胺，也不易形成氯化有机物。另外，二氧化氯的杀菌速度快，在水中的衰败期长，药效持久，且二氧化氯不与有机磷等水质稳定剂发生沉淀反应，对水质稳定剂的缓蚀阻垢作用影响较小。

二氧化氯对金属设备腐蚀实验表明：80mg/L～120mg/L 的二氧化氯对不锈钢和铜基本无腐蚀，20mg/L～80mg/L 的二氧化氯对碳钢基本无腐蚀，由于二氧化氯在循环水中的杀菌浓度远低于 80mg/L，因此不会对设备造成腐蚀。由此可见，二氧化氯是一种可以推广的循环水杀菌除藻剂。

二氧化氯是气态的剧毒的化合物，运输和储存均具有一定危险性，故推荐采用化学法现场制备。但实践中很多石化企业，不是采用现场制备，而是采用工厂生产浓度 2%的稳定二氧化氯溶液，经活化后投加，如扬子石化、齐鲁石化等，天津石化则投加 0.2%浓度的二氧化氯溶液，杀菌除藻的效果也不错。

2）由于二氧化氯（ClO_2）杀菌果好、持续作用时间长，采用冲击式投加方式的企业居多，均取得了不错的使用效果。但同加氯一样，基于"以防为主"杀菌除藻的理念，本规范提出宜采用连续投加。

3）二氧化氯的投加量：二氧化氯的投加量也与诸多因素有关，如系统状况、投加周期、进入系统的还原性物质等。一般情况下，定期投加用于正常性杀菌处理时，二氧化氯的投加量约为 0.4mg/L～0.6mg/L，若折合成含 2%ClO_2 的稳定性二氧化氯溶液——简称"商品液"则为 20mg/L～30mg/L，投加周期长，投加量也相应提高。由于循环水中连续二氧化氯投加量上积累的资料不足以支持作为生产运行依据，因此本规范给出的连续二氧化氯投加量只能作为设计参数使用。

当辅以投加氯气时，二氧化氯投加量可视加氯量大小相应减少，中国工程水处理研究中心对二氧化氯在循环水中的杀菌灭藻效果统计见表 8。

表 8　二氧化氯在循环水中的杀菌效率

菌　种	二氧化氯浓度（mg/L）					
	0.3	1.0	1.5	2.0	2.5	3.0
	效果（%）					
铁细菌	77	97	99.9	99.99	100	100
异氧菌	74	95	99.9	99.99	100	100
硫酸盐还原菌	79	98	99.9	99.99	100	100

以氯酸钠作为原料生产的二氧化氯，投加（ClO_2＋ClO^-）达到 3ppm，即可达到很好的杀菌灭藻效果。当循环水中的（ClO_2＋ClO^-）降至 0.2ppm 时，仍可抑制水中菌藻的生长。

3 溴和溴化物具有杀微生物速度快，对金属腐蚀性小，衰变速率快、对环境污染小等优点，尤其适合碱性循环水，缺点是价格较高，不适宜大范围使用。

6.3.5 非氧化型杀微生物剂种类很多，各种非氧化型杀微生物剂特性见表 9。

表 9　常用非氧化型消毒剂性能

名称	主要的有效组分	剂量（mg/L）	使用效果	备注
洁尔灭 新洁尔灭	季铵盐类 季铵盐类	50～100 50～100	杀菌率 93.2% 杀菌率 80%～90%	低毒、缓蚀、污泥肃离，性质稳定，投加前要排除有机物污染，pH=7～9 为宜 水中加阴离子阻垢剂，效果受影响
抗菌剂 401	乙基大蒜素	100	2h 杀菌率 99.7% 以上	低毒，高效，但气味难闻易失效
抗菌剂 402	乙基大蒜素	25	8h 杀菌率 60% 以上	—
吐温 80		100	1h 杀菌率 73.2%	—
G₄	双氯酚	对藻类 20～25 细菌 50～100	8h 杀菌率 98% 对铁细菌有特效	高效、中等毒性，pH 以 7 为宜
7012	二硫氰基甲烷	50	24h 杀菌率 99%	在高温、高 pH 时，不稳定低毒，价廉
SQ₈	季铵盐＋二硫氰基甲烷	30	异养菌杀菌率 >99%	适用的 pH 范围较宽，易降解
洗必泰	双氯苯双胍己烷醋酸盐	30	杀菌率 99.7%	广谱性杀微生物剂，毒性小
西维因	α-甲胺基甲酸萘酯	50	杀菌率 65%	和氯酚配合，效果更好，价廉
硫酸铜 丙烯醛	CuSO₄·5H₂O	1～2	对除藻效果较好	
	CH₂=CH—CHO	10～15	杀菌效果好	有催泪性、易燃性
水杨醛	类似丙烯醛	50	对铁细菌，硫酸盐还原菌，杀菌效果好	不易挥发，无催泪性，易燃性
异噻唑啉酮		20～100，常用 60	杀菌效果好	低毒，适用的 pH 范围较宽

非氧化型杀微生物剂的投加频率，应根据季节和循环冷却水中微生物数量、冷却系统黏泥附着程度而定。一般气温高的季节每月投加 2 次，气温低的季节如冬季每月投加 1 次；当异养菌数量较高或黏泥附着程度较严重时，不论季节与气温高低，应适时投加。非氧化性杀微生物剂的投加方式：根据计算用量一次性投放在水池水流速度较大处。为避免微生物产生抗药性，各种非氧化型杀微生物剂宜交替使用。

6.4　旁流水处理

6.4.1　本条规定设置旁流水处理的条件如下：

1　循环冷却水处理的药剂配方（缓蚀阻垢剂、杀微生物剂）对水质有一定的要求，当超过其使用的边界条件时，对循环冷却水进行旁流处理是解决问题的方法之一。

2　循环冷却水在运行过程中由于受到污染（包括由空气带入循环冷却水中的悬浮固体物，工艺介质的渗漏等），使循环冷却水水质不断恶化而超出允许值。解决此问题一般采用从系统中分流出一部分水进行相应的处理，以维持循环冷却水的水质指标在允许范围之内。

3　为了节水，提高循环冷却水的浓缩倍数，对一项或几项指标超过允许值的循环冷却水进行分流处理。

采用旁流水处理工艺，应结合循环冷却水处理方案进行全面的分析，经过技术经济论证，确认合理，方可采用。

6.4.2　本条规定了旁流水处理的技术内涵，给出的旁流处理水量的计算式为理论计算公式，公式中"某项成分"的含义为需处理的物质。

6.4.3　本条规定了旁滤水处理的条件及旁滤处理水量。

（1）间冷开式循环冷却水在运行过程中浊度增加，加重了腐蚀与结垢的趋势。因此，需设置旁滤设施，以控制浊度。

（2）由于很多建厂地区缺乏空气含尘数据，不能按公式计算，本条文给出旁滤量按循环水量的 1%～5% 计取。

（3）石英砂过滤器是石化工业普遍采用的一种旁滤设备，尤其是无阀过滤器，自动化程度高，操作管理都十分简便，均质滤料含污能力高、过滤周期长，已在很多石化企业中应用。

6.4.4　旁流过滤设施为石英砂过滤器时，旁流滤后水宜通过冷却塔水池进入系统。如果滤后水直接回到泵前吸水池，吸水池中水的流速较高，此时如有过滤器跑砂现象发生，砂子容易被高流速的水流带走进入系统，造成水泵叶轮磨损、堵塞换热器；若是先回到冷却塔水池，冷却塔水池与吸水池间水流是重力自流，流速不高，水流平稳，一般无漩涡，砂子不易被带入吸水池，更不易被带入系统，且沉积在冷却塔水池中也易于清除。

6.4.5　循环冷却回水相对循环冷却供水水质差、温度高、压力低，处理能耗低、改善循环冷却水水质见效明显。故本条规定了旁流处理循环冷却回水。但整个系统来讲，会使循环给水水温略有提高，当水温成为影响运行的关键点时，要求系统具有切换处理循环冷却给水的措施。

6.5　药剂储存和投配

6.5.1　本条规定了循环冷却水处理药剂的贮存原则。循环冷却水处理药剂多属于危险品，要求应符合现行国家标准《工业循环冷却水处理设计规范》GB 50050及国家有关危险化学品的相关规定。

根据药剂消耗量、供应情况和运输条件等因素，参考现行国家标准《工业循环水冷却处理设计规范》GB 50050对全厂性仓库和药剂间的储存药品量作出规定。

6.5.2 本条是对硫酸的运输、卸车、储存、输送、投配等主要过程的安全措施作出的基本规定，在具体设计时尚应遵守国家对危险化学品的有关规定。

6.5.3 根据石油化工企业运行经验，本条对缓蚀阻垢剂宜直接投加复配原液、投加设备及设备备用、管道材质与敷设、投加方式与部位等作出了规定。

复配药剂是工厂批量生产、质量稳定，同时具有阻垢、缓蚀、分散的功能，可减少储存、溶配与投加设备，所以规定首选。

集中设置的循环水场服务的装置多，水质复杂，应考虑单剂投加的可能性并配置相应的设备。

石化工业循环水冷却水投加的缓蚀阻垢剂，绝大多数为液态，很少使用固态，如特殊需要采用固态缓蚀阻垢剂时，应按现行国家标准《工业循环水冷却处理设计规范》GB 50050的相关规定执行。

由于原液投加有时不适应所有情况，应考虑阻垢剂、缓蚀剂、分散剂有分别投加的可能，又要考虑由于水质变差增加加药量，所以泵与溶配设备能力按5倍～10倍复核。

6.5.4 本条是根据石油化工企业运行经验，对各种杀微生物剂的投加设备及备台、管道材质及其敷设、投加方式与部位等作出的规定。

6.6 补充水和排污水处理

6.6.1 本条规定是保证循环水的污垢系数、年腐蚀率的基本措施。

6.6.2 旁滤设备的反洗强度与瞬时流量大，特别是自动化运行的旁滤设备（如无阀过滤器）是根据过滤水位自动进行反洗的，有可能出现2个以上过滤设备同时反洗，则瞬时流量更大。为了减小对系统管道与污水处理厂的冲击，故规定设置旁滤反洗水的缓冲池。

6.6.3 循环冷却水在生产使用过程中存在工艺泄漏物（如油、硫、氨、氰、酚等）和投加的化学药剂，还含有菌藻、盐类、COD、BOD等，其排污水水质有可能达不到污水排放标准，所以本条规定按国家石油化工有关污水处理和排放的规定执行。

7 仪表与控制

7.0.1 循环冷却水系统在生产过程中，为了方便运行管理和装置考核，提高循环冷却水系统运行的技术指标的安全性、经济指标的先进性，改善劳动条件，提高管理水平，应当设置仪表和监测控制系统。

7.0.2 循环水场仪表和监控系统的设置水平宜与全厂的控制水平一致，可以有所区别，但彼此应该相互协调，应与装置的重要性相适应。

7.0.3 仪表与监控系统采集到的信息，一般情况下应汇集至控制室。对于一些小型企业，有时也会采用一些就地的仪表和监控设施，满足生产操作的要求；对于大、中型企业，仪表与监控系统采集到的信息，一般进入控制室。关于控制室的设置，取决于项目的统一规划和项目要求，有些项目循环水场单独或与其他单元合并设置控制室，有些项目则进入全厂集中的中心控制室。当采集到的信息集中至全厂集中的中心控制室时，循环水场现场可设机柜间。成套供应的水处理及监测系统，根据项目要求，部分或全部信息传输进入中心控制室。

7.0.4 关于监测与控制的有关规定：

2 根据企业调查，电导率是目前企业检测较多的运行参数，简单快捷。通过测定循环水电导率的方法，一般采用K^+、Na^+等离子作为参照离子，可以比较有效地连锁控制冷却水系统的补水和排污，达到控制浓缩倍数、减少排污和节约补充水的目的。

4 氧化还原电位（ORP）或余氯值，可以监测循环水中氧化型杀微生物剂存量，与投加连锁可以有效控制药剂的投加，实现菌藻的控制和节省药剂消耗的目的。

7.0.5 设置这些仪表的目的在于及时掌握生产运行情况，以利于操作管理，也便于系统的考核和事故分析。

当循环水场分几个系统向装置供水时，每个供水系统的主干管上均应设仪表。

7.0.6 企业从安全的角度出发，一般要求大型水泵及冷却塔风机的启动应在现场进行。随着企业装备水平的提高和管理水平的提高，考虑到操作管理方便，一些企业也要求循环水泵能够在控制室启动，此时现场应设手、自动转换开关。

8 检测与化验

8.0.1 循环水场运行过程中，宜设置一定数量的分析化验仪器或仪表，定期进行必要的水质分析与化验，为生产运行提供参考数据。

8.0.2 管道上设置取样口是为分析、检测提供方便。

8.0.3 常规检测项目是分析循环冷却水处理是否正常运行和处理效果好坏的必要手段，以及时发现循环水系统水质的异常变化，以便采取应对措施，控制循环水系统中腐蚀、结垢和微生物数量，确保生产运行的稳定高效。因此，每班或每天都需进行检测。这些项目和分析化验设施可设在循环冷却水装置区内。非常规检测项目的数据需较长时间才能有所变化，检测周期较长，有的一周，有的一月或更长。为了方便管理和节约化验室的投资，宜归口全厂中心化验室集中管理，分析化验仪表由循环水场按照要求提出清单。

化验室规模和设施因工厂的生产性质、规模，以及对循环冷却水处理的检测项目的不同而有差异。

8.0.4 通过循环冷却水非常规项目的检测可以直观准确地判定水质稳定的效果，并找出问题的症结，改进处理方法。

9 供 电 设 施

9.0.1 循环冷却水系统是保证换热设备长周期安全稳定运行的重要环节，一旦发生事故，不能正常供给循环冷却水，所服务的石油化工装置就会停产甚至爆炸，造成的经济损失是非常巨大的。循环水场事故的严重性与生产装置事故是同级别的。供电安全是影响循环水正常供给的关键因素，因此供电负荷等级应等

同于所服务的生产装置。循环水系统一般为一级供电负荷。

10 辅助建（构）筑物

10.0.1 循环水场附属建（构）筑物的设置，不同的项目会有不同，如办公楼、操作室、化验室、卫生间等，应根据项目的需要统一规划设置，满足生产与管理的要求。

10.0.2～10.0.5 石油化工企业一般设有化学品库，循环水水质稳定药剂具有一定的腐蚀性和挥发性，宜由全厂化学品库统一存放，循环水场的储药间储存的药剂供日常生产使用，由于药剂具有腐蚀性，地面和墙面应采取防腐蚀措施。

氯气储存间、加氯间、二氧化氯制备间等有毒有害气体释放的场所，应当采取必要的安全措施，确保生产和人身的安全。

中华人民共和国国家标准

石油化工污水处理设计规范

Code for design of wastewater treatment
in petrochemical industry

GB 50747—2012

主编部门：中国石油化工集团公司
批准部门：中华人民共和国住房和城乡建设部
施行日期：2 0 1 2 年 8 月 1 日

中华人民共和国住房和城乡建设部
公 告

第 1277 号

关于发布国家标准《石油化工污水
处理设计规范》的公告

现批准《石油化工污水处理设计规范》为国家标准，编号为 GB 50747—2012，自 2012 年 8 月 1 日起实施。其中，第 4.1.1、4.1.3、5.8.34、5.15.6、6.1.3、6.6.5 条为强制性条文，必须严格执行。

本规范由我部标准定额研究所组织中国计划出版社出版发行。

中华人民共和国住房和城乡建设部
二〇一二年一月二十一日

前 言

本规范是根据原建设部《关于印发〈2005 年工程建设标准规范制订、修订计划（第二批）〉的通知》（建标函〔2005〕124 号）的要求，由中国石化集团洛阳石油化工工程公司会同有关单位共同编制完成的。

本规范在编制过程中，编制组经广泛调查研究，认真总结实践经验，参考有关国际标准和国外先进标准，并在广泛征求意见的基础上，最后经审查定稿。

本规范共分 14 章，主要技术内容是：总则、术语、设计水量和设计水质、污水预处理和局部处理、污水处理设施、污泥处理和处置、污油回收、废气处理、事故排水处理、管道设计、场址选择和总体设计、检测和控制、化验分析、辅助生产设施。

本规范中以黑体字标志的条文为强制性条文，必须严格执行。

本规范由住房和城乡建设部负责管理和对强制性条文的解释，由中国石油化工集团公司负责日常管理，由中国石化集团洛阳石油化工工程公司负责具体技术内容的解释。本规范在执行过程中，如有意见或建议，请寄送中国石化集团洛阳石油化工工程公司（地址：河南省洛阳市中州西路 27 号；邮政编码：471003），以便今后修订时参考。

本规范主编单位、参编单位、主要起草人和主要审查人：

主 编 单 位：中国石化集团洛阳石油化工工程公司

参 编 单 位：中国石化工程建设公司
  中国石化集团宁波工程有限公司
  中国石化集团上海工程有限公司
  南京扬子石油化工设计工程有限责任公司

主要起草人：滕宗礼　谌汉华　薛　旭　杨学军
  高爱珠　韩艳萍　邢希运　孟至芳
  陈　鑫　安景辉　王小红　张玉国
  何小娟　陆文轩　夏兰生　陈应新
  雷　霆　胡建东

主要审查人：韩　玲　李家强　韩红琪　许　敏
  朱广汉　张钧正　邹　智

目　次

Contents

1 总 则

1.0.1 为使石油化工污水处理工程设计符合国家的有关法律、法规，达到防治水污染、改善和保护环境、保障人民健康和安全，制定本规范。

1.0.2 本规范适用于新建、扩建和改建的石油化工污水处理工程的设计。

1.0.3 石油化工污水处理工程设计，应体现节水减排、节能降耗、保护环境的原则，做到运行可靠、经济合理、技术先进。

1.0.4 石油化工污水处理工程的设计，除应符合本规范外，尚应符合国家现行有关标准的规定。

2 术 语

2.0.1 生产污水 polluted process wastewater
生产过程中被污染的工业废水。

2.0.2 含油污水 oily wastewater
石油化工装置及单元等排放的含有浮油、分散油、乳化油和溶解油的生产污水。

2.0.3 碱渣污水 spent caustic
汽油、柴油、液化石油气和乙烯裂解气等碱洗后的废碱液。

2.0.4 含硫污水 sour wastewater
产品分离切水或脱硫洗涤后排出的含有硫化物的生产污水。

2.0.5 事故排水 accidental drainage
事故发生时或事故处理过程中产生的物料泄漏和污水。

2.0.6 污染雨水 polluted rainwater
受物料污染且未满足排放标准的雨水。

2.0.7 再生水 reclaimed water
污水经适当处理后，达到一定的水质标准，满足某种使用要求的水。

2.0.8 污泥 sludge
油泥、浮渣、剩余活性污泥的统称。

2.0.9 油泥 oily sludge
隔油设施、气浮设施、调节设施等排出的含油底泥。

2.0.10 浮渣 scum
气浮设施、生物处理等设施排出的漂浮物。

2.0.11 浮油 floating oil
油珠粒径大于 $100\mu m$ 的油。

2.0.12 分散油 dispersed oil
油珠粒径为 $10\mu m \sim 100\mu m$ 的油。

2.0.13 乳化油 emulsified oil
油珠粒径小于 $10\mu m$ 的油。

2.0.14 预处理 pretreatment
为满足污水处理场进水水质的要求，在进入污水处理场前，针对某些特殊污染物进行的处理。

2.0.15 局部处理 local treatment
将部分污水就地单独进行处理而不进入污水处理场，使其可重复利用、循环使用或直接排放。

2.0.16 深度处理 advanced treatment
进一步处理生物处理出水中的污染物的净化过程。

3 设计水量和设计水质

3.1 设计水量

3.1.1 设计水量应包括生产污水量、生活污水量、污染雨水量和未预见污水量。各种污水量应按下列规定确定：

　　1 生产污水量应按各装置（单元）连续小时排水量与间断小时排水量综合确定；

　　2 生活污水量应按现行国家标准《室外排水设计规范》GB 50014 的有关规定执行；

　　3 污染雨水储存设施的容积宜按污染区面积与降雨深度的乘积计算，可按下式计算：

$$V = \frac{F \cdot h}{1000} \qquad (3.1.1\text{-}1)$$

式中：V——污染雨水储存容积（m^3）；

　　　　h——降雨深度，宜取 15mm～30mm；

　　　　F——污染区面积（m^2）；

　　4 污染雨水量应按一次降雨污染雨水储存容积和污染雨水折算成连续流量的时间计算确定，可按下式计算：

$$Q_r = \frac{V}{t} \qquad (3.1.1\text{-}2)$$

式中：Q_r——污染雨水量（m^3/h）；

　　　　t——污染雨水折算成连续流量的时间（h），可按48h～96h 选取。

　　5 未预见污水量应按各工艺装置（单元）连续小时排水量的 10%～20% 选取。

3.1.2 一级提升泵站设计水量应按流入提升泵站的连续小时污水量的 1.1 倍～1.2 倍与同时出现的最大间断小时污水量之和确定。

3.1.3 污水处理场的设计水量应按下式计算：

$$Q = a\sum Q_i + \frac{\sum (Q_j \cdot t_j)}{t} \qquad (3.1.3)$$

式中：Q——设计水量（m^3/h）；

　　　　Q_i——各装置（单元）连续污水量（m^3/h）；

　　　　Q_j——调节时间内间断污水量（m^3/h）；

　　　　t——间断水量的处理时间（h），可取调节时间的 2 倍～3 倍；

　　　　t_j——调节时间内出现的间断污水量的连续排水时间（h）；

a——不可预见系数，取 1.1～1.2。

3.1.4 石油化工企业的最高允许排水量，应符合现行国家标准《污水综合排放标准》GB 8978 的有关规定，并应符合清洁生产、项目环境影响评价的要求。

3.2 设 计 水 质

3.2.1 装置（单元）排出的污水水质和进入污水处理场的水质，应符合国家现行标准《石油化工给水排水水质标准》SH 3099 的有关规定，并应符合清洁生产的要求。

3.2.2 污水处理场的设计进水水质，应根据装置（单元）的小时排水量和水质采用小时加权平均的方法计算确定，也可按同类企业实际运行数据确定；炼油污水无水质资料时，其水质可按表 3.2.2 的规定取值。

表 3.2.2 炼油污水处理场进水水质

项目	pH	COD_{Cr} (mg/L)	BOD_5 (mg/L)	NH_3-N (mg/L)	石油类 (mg/L)	硫化物 (mg/L)	酚 (mg/L)	SS (mg/L)
炼油污水	6～9	600～800	240～320	50～80	≤500	≤20	≤40	≤200

3.2.3 污水处理场各处理构筑物的出水水质应按处理构筑物的去除率经计算确定。

3.2.4 装置（单元）的排水温度和进入污水处理场的污水温度，不应大于 40℃。

3.3 系 统 划 分

3.3.1 污水处理系统的划分应根据污染物的性质、浓度和处理后水质要求，经技术经济比较后确定。

3.3.2 污水处理系统划分应遵循清污分流、污污分治的原则。

4 污水预处理和局部处理

4.1 一 般 规 定

4.1.1 第一类污染物浓度超标的污水应在装置（单元）内进行达标处理。

4.1.2 直接进入污水处理场会影响运行的下列污水应进行预处理：
　　1 含有较高浓度不易生物降解有机物的污水；
　　2 含有较高浓度生物毒性物质的污水；
　　3 高温污水；
　　4 酸、碱污水。

4.1.3 含有易挥发的有毒、有害物质的污水应进行预处理。

4.1.4 影响管道输送的污水应进行预处理。

4.1.5 污水中可利用的物质在技术经济合理时应回收。

4.1.6 经简单物化处理可达到排放标准的污水宜局部处理。

4.1.7 预处理设施的平面位置应结合处理工艺和工厂统一规划要求确定，可设置在装置区，也可设置在污水处理场。当第一类污染物浓度超标时，应在装置区预处理；当预处理采用生物处理工艺时，宜设置在污水处理场内；当采用湿式氧化处理工艺时，宜设置在装置区。

4.1.8 预处理设施宜分区、分类集中设置。

4.1.9 预处理过程中应采取防止大气污染的措施。

4.2 炼 油 污 水

4.2.1 常减压装置的电脱盐污水宜进行破乳、除油、降温处理。

4.2.2 催化裂化、延迟焦化、加氢裂化等装置的氨型含硫污水，应采取汽提法处理，处理后水可回用，可作电脱盐注水、催化富气洗涤用水或其他工艺用水。

4.2.3 延迟焦化装置冷焦水可循环使用，切焦水应循环使用。

4.2.4 沥青成型机及石蜡成型机冷却水应经沉淀、冷却处理后循环使用。

4.2.5 洗罐站的槽车清洗水宜除油、过滤、加热处理后循环使用。

4.2.6 碱渣污水可采用湿式氧化等方法进行脱硫处理。

4.3 化 工 污 水

4.3.1 乙烯装置排出的碱渣污水可采用湿式氧化等方法进行脱硫处理。

4.3.2 裂解炉清焦污水宜进行降温、沉淀法处理。

4.3.3 聚乙烯装置产生的含铬污水宜进行还原、沉淀法处理。

4.3.4 裂解汽油加氢装置的生产污水宜在装置区内进行隔油处理。

4.3.5 采用异丙苯生产苯酚丙酮装置排放的高浓度 COD_{Cr} 生产污水，宜进行中和、生物法处理。

4.3.6 丁二烯装置排出的生产污水应进行溶剂回收处理，并应符合下列要求：
　　1 以二甲基甲酰胺为溶剂的丁二烯抽提装置排出的污水中二甲基甲酰胺浓度应小于 300mg/L；
　　2 以乙腈（ACN）为溶剂的丁二烯抽提装置排出的污水中乙腈浓度应小于 150mg/L。

4.3.7 采用共氧化法生产环氧丙烷联产苯乙烯装置中产生的碱渣污水，宜采用焚烧法处理。

4.3.8 采用全低压羰基合成工艺的丁辛醇装置中的生产污水，可进行下列处理：
　　1 高浓度污水可采取蒸汽汽提法处理；

2 丁醛缩合层析器排水可采用中和法处理。

4.3.9 采用平衡氧氯化工艺生产氯乙烯装置产生的生产污水，应进行沉淀、pH 值调节处理。

4.3.10 采用丙烯－氨氧化法生产丙烯腈装置的有机物汽提塔排水，宜采用四效蒸发法处理。

4.3.11 以异丁烯、异戊二烯为原料，用淤浆法生产丁基橡胶装置的排水，可采用沉淀、气浮等方法处理。

4.3.12 以溶液法生产丁苯橡胶装置的排水，可采用沉淀或气浮等方法处理。

4.3.13 采用乳液接枝掺合工艺生产工程塑料装置的排水，可采用气浮方法处理。

4.3.14 聚酯装置的生产污水宜采用中和方法处理。

4.3.15 涤纶、腈纶、丙纶、维纶等含油剂纺丝污水，应采用破乳、混凝、固液分离方法处理。

4.3.16 湿法纺丝腈纶污水宜降温后采用中和、生物方法处理。

4.3.17 干法纺丝腈纶污水宜降温后采用过滤分离、生物方法处理。

4.3.18 气化单元产生的含氰污水可采用沉淀－加压水解法或沉淀－生物滤塔法处理。

4.3.19 含硫污水及含氨污水宜采用汽提法处理。

4.3.20 炭黑污水可采用沉淀－加压水解法、汽提－凝聚沉淀法、膜过滤法处理。

4.3.21 尿素装置排放的工艺冷凝液，宜采用中压水解解析法处理。

4.3.22 精对苯二甲酸污水宜进行沉淀分离处理，并应回收对苯二甲酸沉渣。

4.4 油库污水

4.4.1 油库的污水应包括油罐切水、油罐清洗排水、油库污染雨水、油库生活污水、油轮压舱水等。

4.4.2 油库污水宜送污水处理场处理，无条件时可设置污水处理站。

4.4.3 污水处理站应设置污水调节储存设施，容积应根据逐次进水量、进水时间间隔、处理水量综合确定。

4.4.4 海水压舱水宜单独储存。

4.4.5 污水处理站宜采用物化处理工艺。

4.4.6 污水采用生物处理时，宜采用序批式活性污泥法、接触氧化法处理工艺。

5 污水处理设施

5.1 格　栅

5.1.1 石油化工企业的污水处理场应采用机械格栅。

5.1.2 格栅主体材质应耐油、耐腐蚀、耐老化，格栅栅条间隙宜为 5mm～20mm。

5.2 调节与均质

5.2.1 污水处理场应设置调节设施、均质设施及独立的应急储存设施。

5.2.2 调节设施容积宜根据污水水质、水量变化规律，采用图解法计算；特殊污水宜按实际需要确定；当无污水水质、水量变化资料时，炼油污水可按 16h～24h 的设计水量确定，化工污水可按 24h～48h 的设计水量确定。

均质设施的容积应根据正常情况下生产装置的污水排放规律和变化周期确定，当无实际运行数据时可按 8h～12h 的设计水量确定。

5.2.3 污水处理场应急储存设施的容积，炼油污水可按 8h～12h 的设计水量确定，化工污水可按实际需要确定。

5.2.4 调节和均质设施可合并设置，但其数量不宜少于 2 个（间）。

5.2.5 含油污水调节设施宜设置在隔油处理前，且宜设置收油、排泥、消防设施。

5.2.6 调节、均质设施应密闭。

5.3 中　和

5.3.1 酸碱污水应进行中和处理。

5.3.2 酸碱中和药剂的选择应满足污水后续处理的要求。

5.3.3 中和方式可采用间歇式或连续式，间歇式中和池容积可按污水中和操作周期计算；连续式中和池容积宜按污水停留时间 10min～30min 确定。

5.3.4 中和池应采取防腐措施，搅拌设备应采用防酸碱腐蚀的材料。

5.3.5 中和设施可采用机械搅拌或空气搅拌，含有易挥发性物质或经中和后可能产生有毒气体的污水不应采用空气搅拌。

5.4 隔　油

Ⅰ　一般规定

5.4.1 油水分离设施可采用平流隔油池、斜板隔油池、聚结油水分离器等。

5.4.2 隔油池应密闭，盖板应采用难燃材料。

5.4.3 隔油池、隔油罐、聚结油水分离器，宜设置蒸汽消防设施。

5.4.4 隔油池（罐）排水管与干管交汇处，应设置水封井，水封深度不应小于 250mm。

5.4.5 平流隔油池、隔油罐去除油珠最小粒径宜按 150μm 设计；斜板隔油池、油水分离器去除油珠最小粒径宜按 60μm 设计。

5.4.6 污水在进入隔油设施前需提升时，宜采用容积式泵或低转速离心泵。

5.4.7 隔油池不宜少于 2 间，且每间应能单独运行和检修。

5.4.8 隔油池的集油管所在油层内应设置加热设施。

5.4.9 隔油池分离段应设置集泥斗。集泥斗侧壁与水平面的倾角宜为 45°～50°，池底刮泥板刮送终点与集泥坑上缘的距离不应大于 0.3 m。

Ⅱ 平流隔油池

5.4.10 水力停留时间宜为 1.5h～2h。

5.4.11 水平流速宜采用 2mm/s～5mm/s。

5.4.12 单格池宽不应大于 6m，长宽比不应小于 4。

5.4.13 有效水深不应大于 2m，超高不应小于 0.4m。

5.4.14 池内宜设置链板式刮油刮泥机，刮板移动速度不应大于 1m/min。

5.4.15 排泥管应耐腐蚀，公称直径不应小于 DN200，管端应设置清通设施。

5.4.16 集油管公称直径宜为 DN200～DN300，其串联总长度不应超过 20m，串联管数不应超过 4 根。

Ⅲ 斜板隔油池

5.4.17 表面水力负荷宜为 0.6m³/（m²·h）～0.8m³/（m²·h）。

5.4.18 斜板板间净距宜采用 40mm，斜板与水平面的倾角不应小于 45°。

5.4.19 隔油池内应设置收油、清洗斜板等设施。

5.4.20 斜板板体应选用耐腐蚀、难燃型、表面光洁、亲水疏油、耐高温水或低压蒸汽清洗的材料。

5.4.21 斜板板体与池壁、板体与板体间不得产生水流短路。

Ⅳ 聚结油水分离器

5.4.22 聚结材料应采用耐油性能好、疏水亲油性材料，并应具有机械强度高、不易磨损、耐高温、不易板结、冲洗方便等特点。

5.4.23 聚结油水分离器表面水力负荷宜为 15m³/（m²·h）～35m³/（m²·h）。

5.4.24 聚结油水分离器水力停留时间不宜小于 20min。

5.4.25 聚结油水分离器应设置收油、排泥等设施。

5.4.26 聚结油水分离器应设置反冲洗设施，反冲洗强度应根据填料种类确定。

5.5 混 合

5.5.1 混合设施应使药剂与水充分接触，投加药剂品种、数量应根据实际水质筛选确定。

5.5.2 混合方式可采用管道混合、机械混合、空气混合或水泵混合等。混合时间应小于 2min。

5.6 絮 凝

5.6.1 絮凝宜采用机械絮凝。

5.6.2 机械絮凝设计应符合下列要求：

1 絮凝时间应根据试验数据或水质相似条件下的运行经验数据确定；当无数据时可采用 10min～20min；

2 机械絮凝可采用单级梯形或多级矩形框式搅拌机，搅拌机应采取防腐蚀措施；

3 絮凝设施宜为 2 级。第一级进水处桨板边缘线速度宜为 0.5m/s，第二级出水处桨板边缘线速度宜为 0.2m/s。

5.7 气 浮

Ⅰ 一般规定

5.7.1 气浮法宜用于去除分散油和乳化油。

5.7.2 气浮处理宜采用溶气气浮、散气气浮。

5.7.3 气浮池前应设置药剂混合和絮凝设施。

5.7.4 气浮池不宜少于 2 间，且每间应能单独运行和检修。

5.7.5 气浮池应设置难燃材料制成的盖板，并宜设置排气设施。

5.7.6 气浮池出水应设置调节水位的设施。

Ⅱ 溶气气浮

5.7.7 溶气气浮宜采用部分污水回流加压溶气气浮，其回流比宜采用 30%～50%。每间气浮池宜配置 1 台溶气罐。

5.7.8 溶气罐的设计应符合下列要求：

1 进入溶气罐的污水温度不应大于 40℃；

2 溶气罐的工作压力宜采用 0.3MPa～0.5MPa（表压）；

3 溶气量可按回流污水量 5%～10% 的体积比计算；

4 污水在溶气罐内的停留时间宜采用 1min～3min；

5 溶气罐内应设置水位控制设施；

6 溶气罐应设置放气阀、安全阀、放空阀、压力表。

5.7.9 气浮池应根据水质条件设置溶气释放器，其设计条件应符合下列要求：

1 释放器应耐腐蚀、不易堵塞；

2 释放器应安装在水面下不小于 1.5m 处。

5.7.10 气浮池可采用矩形或圆形。矩形气浮池设计应符合下列要求：

1 絮凝段出口流速宜控制在 0.2m/s；

2 单格池有效宽度不宜大于 4.5m，长宽比宜为 3～4；

3 有效水深宜为 1.5m～2.0m，超高不应小于 0.4m；

4 污水在气浮池分离段停留时间宜为 30min～45min；

5 污水在分离段水平流速不应大于 6mm/s；

6 池内应设置刮渣机，刮渣机宜选用链板式，刮板的移动速度宜为 1m/min～2m/min。

Ⅲ 散气气浮

5.7.11 散气气浮宜采用叶轮散气气浮。

5.7.12 叶轮散气气浮池停留时间不宜大于 20min，气体释放区停留时间宜为 1s～3s。

5.7.13 叶轮散气气浮池产生的气泡直径应小于 500μm。

5.7.14 叶轮散气气浮池有效水深不宜大于 2.0m，长宽比不宜小于 4。

5.8 活性污泥法

Ⅰ 一般规定

5.8.1 活性污泥法处理工艺应根据设计水量、污水进水水质、出水水质要求，经技术经济比较后确定。

5.8.2 生物反应池进水的石油类含量不应大于 30mg/L，硫化物含量不应大于 20mg/L。

5.8.3 生物反应缺氧池溶解氧不应大于 0.5mg/L，生物反应好氧池溶解氧不应小于 2.0mg/L。

5.8.4 生物反应池池宽宜为 5m～10m，超高不应小于 0.5m，有效水深宜为 4m～6m。廊道式生物反应池的池宽与有效水深之比宜为 1:1～2:1。

5.8.5 生物反应池的出水宜设置溢流堰。

5.8.6 生物反应池应选用耐油、耐化学腐蚀、氧转移率高的曝气设备。

Ⅱ 活性污泥法容积计算

5.8.7 生物反应池的主要设计参数应根据试验或相似污水的实际运行数据确定，当无数据时，炼油污水生物反应池主要设计参数可按表 5.8.7 取值。

表 5.8.7 炼油污水生物反应池主要设计参数

类别	BOD$_5$(NH$_3$-N)污泥负荷 L_s [kg/(kg·d)]	混合液悬浮固体浓度 X (g/L)	BOD$_5$(NH$_3$-N)容积负荷 L_v [kg/(m^3·d)]	污泥回流比 R (%)	总处理效率 η (%)
普通曝气	0.20～0.30	2.5～3.0	0.40～0.60	50～100	80～90
延时曝气（氧化沟）	0.08～0.10(0.02～0.04)	2.5～3.0	0.15～0.25(0.08～0.10)	50～100	85～95
A/O曝气	0.08～0.10(0.02～0.04)	2.5～3.0	0.15～0.25(0.08～0.10)	50～100	85～95
序批式活性污泥法	0.08～0.15(0.03～0.05)	2.5～5.0	0.20～0.60	—	85～95(60～85)

注：1 去除率高时设计污泥负荷应取低值。
　　2 括号内专指 NH$_3$-N 数据。

5.8.8 生物反应池容积可按下列规定确定：

1 按污泥负荷计算时，可按下式计算：

$$V = \frac{24Q(S_o - S_e)}{1000 L_s X} \qquad (5.8.8-1)$$

式中：V——生物反应池容积（m^3）；

　　S_o——生物反应池进水五日生化需氧量（mg/L）；

　　S_e——生物反应池出水五日生化需氧量（mg/L）；

　　Q——生物反应池的设计流量（m^3/h）；

　　L_s——生物反应池五日生化需氧量污泥负荷 [kgBOD$_5$/（kgMLSS·d）]；

　　X——生物反应池内混合液悬浮固体平均浓度（gMLVSS/L）。

2 按污泥龄计算时，可按下式计算：

$$V = \frac{24QY\theta_c(S_o - S_e)}{1000X_v(1 + K_d\theta_c)} \qquad (5.8.8-2)$$

式中：Y——污泥产率系数（kgVSS/kgBOD$_5$），宜根据试验资料确定，无试验资料时，可取 0.4～0.8；

　　X_v——生物反应池内混合液挥发性悬浮物固体平均浓度（gMLVSS/L）；

　　θ_c——污泥泥龄（d）；

　　K_d——衰减系数（d^{-1}），20℃ 的数值为 0.04～0.075。

3 衰减系数 K_d 值应以当地冬季和夏季的污水温度进行修正，并应按下式计算：

$$K_{dT} = K_{d20} \cdot (\theta_T)^{T-20} \qquad (5.8.8-3)$$

式中：K_{dT}——T℃ 时的衰减系数（d^{-1}）；

　　K_{d20}——20℃ 时的衰减系数（d^{-1}）；

　　T——设计水温（℃）；

　　θ_T——温度系数，采用 1.02～1.06。

5.8.9 剩余污泥量可按下列规定确定：

1 按污泥龄计算时，可按下式计算：

$$\Delta X = \frac{V \cdot X}{\theta_C} \qquad (5.8.9-1)$$

式中：ΔX——剩余污泥量（kgSS/d）。

2 按污泥产率系数、衰减系数及不可生物降解和惰性悬浮物计算时，可按下式计算：

$$\Delta X = YQ(S_o - S_e) - K_dVX_v + fQ(SS_o - SS_e)$$
$$\qquad (5.8.9-2)$$

式中：f——悬浮固体（SS）的污泥转化率，宜根据试验资料确定，无试验资料时可取 0.5～0.7（MLSS/gSS）；

　　SS_o——生物反应池进水悬浮物浓度（kg/m^3）；

　　SS_e——生物反应池出水悬浮物浓度（kg/m^3）。

Ⅲ A/O 工艺

5.8.10 生物反应池有效容积应等于好氧反应池与缺

氧反应池的有效容积之和。好氧反应池有效容积应按 BOD$_5$ 负荷和 NH$_3$-N 负荷分别计算，应取其大者作为好氧反应池的设计有效容积；缺氧反应池的有效容积应根据试验或同类厂实际运行数据确定，当无数据时可按好氧反应池有效容积的 1/3～1/4 选取。

5.8.11 去除氨氮时，好氧反应池内混合液的剩余碱度不宜小于 80mg/L（以 CaCO$_3$ 计）。

5.8.12 硝态液的回流比宜按 200%～300% 选取。

5.8.13 缺氧反应池池内宜设置液下搅拌或推流设施。

Ⅳ 氧化沟工艺

5.8.14 氧化沟曝气设备可采用曝气转碟、曝气转刷或表面曝气叶轮等。

5.8.15 当采用曝气转碟、转刷时，氧化沟的超高宜为 0.5m～1.0m；当采用叶轮表面曝气时，其设备平台宜高出设计水面 0.8m～1.2m。

5.8.16 氧化沟采用转刷曝气器时，其有效水深宜为 3m～4m，采用转碟曝气器时，其有效水深不宜大于 4.0m。

5.8.17 氧化沟沟内水平流速不宜小于 0.3m/s。

5.8.18 氧化沟出水应设置可调节水位的出水堰板。

5.8.19 氧化沟内宜设置导流设施。

Ⅴ 序批式活性污泥法工艺

5.8.20 序批式活性污泥法工艺生物反应池的间数不应少于 2 间。

5.8.21 序批式活性污泥法工艺生物反应池容积，可按下式计算：

$$V = \frac{24QS_o}{1000XL_s t_R} \qquad (5.8.21)$$

式中：V——序批式活性污泥法工艺反应池有效容积（m^3）；

Q——每周期的进水量（m^3）；

S_o——进水 BOD$_5$ 或 NH$_3$-N 浓度（mg/L）；

L_s——BOD$_5$（或 NH$_3$-N）污泥负荷〔kg/（kg·d）〕；

X——反应池内混合液悬浮固体平均浓度（gMLSS/L）；

t_R——每个周期反应时间（h）。

5.8.22 序批式活性污泥法工艺反应池用于脱碳、脱氮处理时，其有效容积应根据 BOD$_5$ 负荷和 NH$_3$-N 负荷分别计算，并应取其大者。

5.8.23 序批式活性污泥法工艺生物反应池主要设计参数，应根据试验或相似污水的实际运行数据确定，当无数据时可按表 5.8.7 的规定取值。

5.8.24 序批式活性污泥法工艺的运行周期及每个周期内各阶段的组合安排，应根据污水水质、处理水量和出水水质及操作要求等综合确定，并应符合下列

规定：

    1 序批式活性污泥法工艺生物反应池的进水，可采用间歇进水或连续进水。连续进水时，反应池的进水处应设置导流装置；

    2 反应时间可按下式计算：

$$t_R = \frac{24S_o m}{1000 L_s X} \qquad (5.8.24\text{-}1)$$

式中：m——充水比，需脱氮时宜为 0.15～0.30。

    3 一个运行周期需要的时间可按下式计算：

$$t = t_R + t_s + t_D + t_b \qquad (5.8.24\text{-}2)$$

式中：t——一个运行周期需要的时间（h），可采用 6h、8h、12h 等；

    t_b——闲置时间（h）；

    t_s——沉淀时间，宜为 1.0h；

    t_D——排水时间，宜为 1.0h～1.5h。

5.8.25 反应池宜采用矩形，水深宜为 4.0m～6.0m。间歇进水时反应池长度与宽度之比宜为 1：1～2：1，连续进水时宜为 2.5：1～4：1。

5.8.26 反应池排水设备宜采用滗水器，滗水器的排水能力应满足排水时间的要求。

5.8.27 反应池应设置固定式事故排放设施，并可设在排水结束时的水位处。

5.8.28 反应池宜设置防止浮渣流出设施。

5.8.29 序批式活性污泥法工艺系统运行宜采用自动控制。

Ⅵ 纯氧曝气

5.8.30 在有氧源可利用的条件下，可采用纯氧曝气工艺。

5.8.31 纯氧曝气的主要设计参数应符合下列要求：

    1 纯氧曝气污泥负荷应根据试验或相似污水的实际运行数据确定；

    2 氧气的转移率不宜小于 90%；

    3 污泥产率系数应根据试验资料确定，无试验资料时，20℃ 可取 0.3kgVSS/kgBOD$_5$～0.4kgVSS/kgBOD$_5$；

    4 尾气中氧浓度应为 40%～50%。

5.8.32 纯氧曝气生物反应池设计应符合下列要求：

    1 反应池平面宜为矩形，全池宜分为 3 段～4 段，应设置表面曝气机，每段宜为正方形，容积应相同；

    2 水深与池宽比宜为 0.3～0.4，水深宜为 3.5m～4.5m，气相部分高度宜为 1.0m～1.5m；

    3 池顶盖板应设置氧气进出口、吹扫空气进口、安全阀安装孔、检修用的人孔、监测孔、采样孔，压力宜为 300Pa～500Pa；

    4 各段之间应设置收集浮渣、泡沫的通道及通气孔；

    5 池底中央应设置垂直的十字导流板，出水口

应设置带水封的出水堰。

5.8.33 纯氧曝气管道设计应符合下列要求：

1 氧气管道应符合现行国家标准《氧气站设计规范》GB 50030 的有关规定；

2 排气立管伸出池顶的距离不宜小于 2m。

5.8.34 纯氧曝气设施应设置可燃气体在线监测、报警、联锁和事故吹扫风及双向安全阀等设施。

5.8.35 纯氧曝气设施防腐蚀应符合下列要求：

1 气相部分池壁和池顶应采取防腐蚀措施；

2 切断阀后的氧气管道、反应池末端的排气立管及吹扫用的空气管道，宜采用不锈钢管材及阀门；

3 搅拌器竖轴和叶片应采用耐腐蚀材料。

5.9 生物膜法

Ⅰ 一般规定

5.9.1 生物膜法可采用生物接触氧化法、曝气生物滤池、塔式生物滤池等。

5.9.2 生物膜法进水石油类含量不应大于 20mg/L。

5.9.3 生物膜反应池不宜少于 2 间，且每间应能单独运行和检修。

Ⅱ 生物膜法反应池容积计算

5.9.4 生物膜法反应池的主要设计参数应根据试验或相似污水的实际运行数据确定。当无数据时，炼油污水生物膜法反应池主要设计参数可按表 5.9.4 的规定取值。

表 5.9.4 炼油污水生物膜法反应池主要设计参数

类　别	COD_{Cr}容积负荷 N_v [kg/（m^3·d）]	NH_3-N容积负荷 N_v [kg/（m^3·d）]	处理效率 （%）
生物接触氧化池（脱碳并硝化）	0.40～0.60	0.05～0.12	85～95
生物接触氧化池（脱碳）	0.60～1.00	—	85～95
曝气生物滤池	1.00～2.00	0.20～0.80	70～80

注：去除率高时设计负荷应取低值。

5.9.5 生物膜法反应池有效容积，应按下式计算：

$$V=\frac{24Q\left(S_o-S_e\right)}{1000N_v} \tag{5.9.5}$$

式中：V——生物膜法反应池的有效容积（m^3）；

Q——设计污水量（m^3/h）；

S_o——进水 COD_{Cr} 或 NH_3-N 浓度（mg/L）；

S_e——出水 COD_{Cr} 或 NH_3-N 浓度（mg/L）；

N_v——COD_{Cr} 或 NH_3-N 容积负荷 [kg/（m^3·d）]。

Ⅲ 生物接触氧化池

5.9.6 生物接触氧化池用于脱碳和脱氮时，应按表5.9.4 的 COD_{Cr} 或 NH_3-N 容积负荷分别计算生物接触氧化池容积，并应取其大者作为设计生物接触氧化池容积。

5.9.7 生物接触氧化池的曝气强度应根据需氧量、生物膜的更新、混合和养护的要求确定。

5.9.8 生物接触氧化池固定式填料总高度不宜大于 6m。

5.9.9 生物接触氧化池应采用对微生物无危害、高强度、抗老化、耐腐蚀、易挂膜、不易堵塞、比表面积大和空隙率高的填料。

5.9.10 生物接触氧化池溶解氧浓度不宜小于 2.0mg/L。

Ⅳ 曝气生物滤池

5.9.11 曝气生物滤池的容积负荷宜根据试验资料确定。无试验资料时，曝气生物滤池的 COD_{Cr} 容积负荷可按表 5.9.4 的规定取值。

5.9.12 曝气生物滤池宜分别设置反冲洗供气系统和充氧供气系统。

5.9.13 曝气生物滤池的反冲洗宜采用气水联合反冲洗，反冲洗气强度宜为 10L/（m^2·s）～15L/（m^2·s），反冲洗水强度不宜大于 8L/（m^2·s）。

5.9.14 曝气生物滤池宜设置自动控制系统。

5.9.15 曝气生物滤池高度宜为 5m～7m，宜采用滤头或穿孔管布水布气系统，滤料层高度宜为 2.5m～4.5m。

5.9.16 曝气生物滤池宜选用机械强度大、不易磨损、孔隙率高、比表面积大、化学稳定性好、生物附着性强、轻质和不易堵塞的滤料。

5.9.17 曝气生物滤池宜选用机械强度高和化学稳定性好的材料作承托层。

Ⅴ 塔式生物滤池

5.9.18 塔式生物滤池的设计负荷应根据进水水质、出水水质和滤层总厚度，通过试验或按相似污水的实际运行资料确定。当无资料时，其表面水力负荷不宜小于 80m^3/（m^2·d）。

5.9.19 塔式生物滤池的填料应分层，每层填料的厚度应根据填料材料确定，且不宜大于 2.5m。相邻滤层间应设置检修孔。

5.9.20 塔式生物滤池的塔身高度与塔径之比，宜为 6:1～8:1。

5.9.21 塔式生物滤池的布水设备应使污水能均匀分布在整个滤塔的断面上。滤池池底宜采用 1% 的坡度坡向排水渠，并应设置冲洗底部的排泥设施。

5.9.22 塔式生物滤池宜采用自然通风，底部空间高度不应小于 0.6m。沿塔壁周边的下部应设置通风孔，其总面积宜为塔断面积的 7.5%～10%。

5.10 厌氧生物法

5.10.1 厌氧生物反应器内混合液的 pH 值宜为 6.5

~7.5，进水碱度（以 $CaCO_3$ 计）宜为 1500mg/L～3000mg/L，硫化物（以 S^{2-} 计）不得超过 150mg/L，氧化还原电位不宜大于 -350mV。设计参数可按同类企业的运行数据或通过模拟试验确定。

5.10.2 厌氧生物处理工艺选择及设计参数确定，应符合下列要求：

    1 处理工艺应根据污水特性、出水水质，进行技术经济比较后确定；

    2 反应器的数量不宜少于 2 间；

    3 反应器内部应进行防腐处理。

5.10.3 厌氧生物处理产生的沼气应妥善处置。

5.10.4 厌氧生物处理场所应按现行国家标准《爆炸和火灾危险环境电力装置设计规范》GB 50058 的有关规定划分防爆区，并应设置有毒有害气体及可燃气体探测报警仪。

5.11 沉 淀

5.11.1 沉淀池宜采用辐流沉淀池，也可采用斜板沉淀池。

5.11.2 辐流沉淀池的主要设计参数，应根据试验或实际运行数据确定，当无试验数据时，可按表 5.11.2 的规定取值。

表 5.11.2 沉淀池设计数据

沉淀池类型		沉淀时间 (h)	表面水力负荷 [m^3/($m^2 \cdot h$)]	污泥含水率 (%)
二次沉淀池	生物膜法后	2～4	0.50～1.00	96～98
	活性污泥法后	2～4	0.50～0.75	99.2～99.6
混凝沉淀池	生物膜法后	1～2	0.75～1.00	96～98
	活性污泥法后	1～2	0.50～1.00	99.2～99.6

5.12 监 控 池

5.12.1 污水处理场出水应设置监控池，当有稳定塘时可不设置监控池。

5.12.2 监控池的容积宜按 1h～2h 的设计水量确定。

5.12.3 监控池应设置不合格污水返回再处理的设施。

5.13 污水深度处理

Ⅰ 一般规定

5.13.1 污水深度处理工艺应根据原水水质和用户对水质的要求，通过技术经济比较后，选择技术可靠、经济适用的处理工艺。

5.13.2 污水深度处理应包括过滤、活性炭吸附、超滤、反渗透、化学氧化、生物滤池、膜生物反应器、消毒等工艺。

Ⅱ 过 滤

5.13.3 过滤设施的型式选择应根据处理水量、进水水质和出水水质等要求，通过技术经济比较确定。过滤设施不宜少于 2 台（间）。

5.13.4 过滤设施的滤料应具有足够的机械强度和抗腐蚀性。去除悬浮物时，滤料宜采用石英砂、无烟煤、纤维球（束）滤料等；去除石油类时，滤料宜采用核桃壳滤料等。

5.13.5 过滤设施应符合现行国家标准《室外给水设计规范》GB 50013 和《污水再生利用工程设计规范》GB 50335 的有关规定。

Ⅲ 活性炭吸附

5.13.6 当处理后的污水中有机物、色度和臭味仍不能达到标准时，可采用活性炭吸附工艺。

5.13.7 活性炭吸附工艺宜进行静态选炭及炭柱动态试验，应根据进出水质要求，确定活性炭的用量、接触时间、水力负荷和再生周期等。

5.13.8 活性炭吸附应选择吸附性能好、中孔发达、机械强度高、化学性能稳定的活性炭。

Ⅳ 超 滤

5.13.9 超滤可用于去除水中的悬浮物、胶体及细菌。

5.13.10 超滤可采用浸没式超滤和压力式超滤，进水水质应根据工艺要求确定。

5.13.11 超滤装置的操作压力应根据膜产品确定，跨膜压差宜小于 0.1MPa。

5.13.12 超滤应设置反冲洗、化学清洗、加药和自动控制系统。

5.13.13 超滤排水宜返回污水系统处理。

5.13.14 污水进压力式超滤前宜设置 100μm～150μm 的过滤器，超滤的进水水质宜符合表 5.13.14 的规定。

表 5.13.14 超滤的进水水质指标

水质项目	单位	超滤进水
温度	℃	15～35
石油类	mg/L	≤5
COD_{Cr}	mg/L	≤50
悬浮物	mg/L	≤20
pH 值	—	2～10

5.13.15 当采用浸没式超滤时，进水水质可适当放宽，但应根据具体试验数据确定。

5.13.16 压力式超滤的设计通量宜小于 60L/($m^2 \cdot h$)。

5.13.17 压力式超滤的进水泵宜设置变频装置，也可在进超滤前设置压力调节阀。超滤装置的进、出口均应设置浊度表、压力表和压力变送器，出口应设置流量计。

Ⅴ 反渗透

5.13.18 反渗透进水宜采用超滤作预处理，进水水质宜符合表 5.13.18 的规定。

表 5.13.18 反渗透进水水质指标

水质项目	单位	反渗透进水
温度	℃	5～35
pH	—	2～11
浊度	NTU	≤1.0
淤泥密度指数（SDI）	—	≤3
游离氯（以 Cl_2 计）	mg/L	≤0.1
总铁（Fe）	mg/L	≤0.05

5.13.19 反渗透前应设置保安过滤器。保安过滤器的孔径不宜大于 $5\mu m$。

5.13.20 反渗透膜元件的型号和数量应根据进水水质、水温、产水量、回收率等，通过优化计算确定。污水深度处理应选用操作压力低、抗污染的膜。

5.13.21 反渗透系统应设置加药、化学清洗和自动控制系统。

5.13.22 反渗透系统高压泵宜设置变频器，也可在泵出口设置调压阀，高压泵进口和出口应分别设置低压保护开关和高压保护开关。

5.13.23 反渗透系统进水、产水和浓水均应计量，进水应设置电导率、pH 值、温度、余氯或氧化还原电位等仪表，产水应设置电导率仪表。

5.13.24 反渗透系统宜布置在室内，当环境温度低于 4℃时，应采取防冻措施。装置两端应留有不小于膜元件长度 1.2 倍距离的空间。

Ⅵ 膜生物反应器

5.13.25 膜生物反应器进水水质应符合下列要求：
　1　应控制 pH 值在 6.5～8.0；
　2　颗粒物直径应小于 0.8mm；
　3　石油类含量应小于 5mg/L；
　4　应不易结垢。

5.13.26 膜生物反应器应设置污泥回流系统、供气系统、排水系统、清洗系统和控制系统等。

5.13.27 膜池宜与生物反应池分开设置，膜池的间数不宜少于 2 间。

5.13.28 膜组件应分成若干块，膜块的数量应通过技术经济比较后确定。

5.13.29 设计膜通量应通过对同类型污水的试验确定，计算总通量时，应扣除水反洗、在线化学反洗和在线化学清洗时不产水部分膜块的通量，并应留出

10%～20%的余量。

5.13.30 膜生物反应系统应采用自动控制。

5.14 消　毒

5.14.1 污水处理场再生水处理系统应设置消毒设施。

5.14.2 污水投加氯、二氧化氯后应进行混合和接触，接触时间不宜小于 30min。

5.14.3 药剂用量宜根据试验资料或类似运行经验确定，无资料时应符合下列要求：
　1　氯投加量宜为 5mg/L～10mg/L；
　2　二氧化氯投加量宜为 2mg/L～4mg/L；
　3　当污水出水口附近有鱼类养殖场时，余氯量不应大于 0.03mg/L。

5.15 污水再生利用

5.15.1 污水再生利用宜采用溶解固体含量低的处理后合格污水作为水源。

5.15.2 再生水可用于循环水补充水、绿化用水、地面冲洗水、施工用水、除盐水站用水等。

5.15.3 污水再生利用处理工艺应根据水源水质、回用水质选择，可采用混凝沉淀（气浮）、过滤、消毒等工艺，必要时可采用生物滤池、活性炭吸附、膜过滤、化学氧化等工艺，同时应满足经济、适用、运行稳定的要求。

5.15.4 有条件时，污水再生利用处理设施可布置在污水处理场。

5.15.5 再生水系统应设置回用水池（罐），宜设置 2 间（座）。有效容积应根据用水量变化确定，可采用日处理水量的 5%～10%。

5.15.6 再生水系统应独立设置，严禁与生活饮用水管道连接，并应设置明显的标志。

6 污泥处理和处置

6.1 一般规定

6.1.1 污泥处理和处置方法应遵循减量化、稳定化、无害化、资源化的原则，并应符合清洁生产的要求。

6.1.2 污水处理场的污泥应根据污泥性质和所在地区的条件采取不同的处理和处置措施。

6.1.3 属于危险废物的污泥与一般污泥应分别收集、输送、储存、处理和处置。

6.2 污泥量的确定

6.2.1 污泥量应包括油泥量、浮渣量、剩余活性污泥量等污水处理场产生的全部污泥。

6.2.2 污泥量宜按污水的年平均水质、年总水量，并结合污水处理工艺计算确定，也可根据同类企业、

同类污水处理工艺的经验确定。

6.2.3 污泥量可按下列规定确定：

1 油泥产生量可按下列公式计算：

$$W_1 = \frac{W_{ss} + W_{oil}}{1 - \eta_1} \quad (6.2.3\text{-}1)$$

$$W_{ss} = (SS_i - SS_e) Q \times 10^{-6} \quad (6.2.3\text{-}2)$$

$$W_{oil} = K_1 W_{ss} \quad (6.2.3\text{-}3)$$

式中：W_1——处理单元油泥产量（t/a）；

W_{ss}——处理单元截留的悬浮固体量（t/a）；

W_{oil}——截留悬浮固体上吸附的石油类（t/a）；

SS_i——处理单元进水中年平均悬浮固体浓度（mg/L）；

SS_e——处理单元出水中年平均悬浮固体浓度（mg/L）；

Q——处理单元年总进水量（m³/a）；

K_1——油泥中油量与悬浮固体量的比例系数，应根据污油性质及浓度、悬浮固体含量及性质等因素确定；

η_1——油泥含水率（%）。

2 浮渣产生量可按下列公式计算：

$$W_2 = \frac{W_{ss} + W_{oil} + W_{Al}}{1 - \eta_2} \quad (6.2.3\text{-}4)$$

$$W_{oil} = (O_i - O_e) Q \times 10^{-6} \quad (6.2.3\text{-}5)$$

$$W_{Al} = K_2 C_{Al} Q \times 10^{-6} \quad (6.2.3\text{-}6)$$

式中：W_2——处理单元浮渣产量（t/a）；

W_{ss}——处理单元截留的悬浮固体量（t/a），按公式（6.2.3-2）计算；

W_{oil}——截留悬浮固体上吸附的石油类（t/a）；

W_{Al}——加药产生的无机质沉淀（t/a）；

O_i——处理单元进水中年平均石油类浓度（mg/L）；

O_e——处理单元出水中年平均石油类浓度（mg/L）；

C_{Al}——处理单元絮凝剂投加浓度（mg/L），铝盐以 Al 计，铁盐以 Fe 计；

K_2——絮凝沉淀污泥产生的比例系数。铝盐混凝剂，取 2.89；铁盐混凝剂，取 1.91；

η_2——浮渣含水率（%）。

3 混凝沉淀污泥可按下式计算：

$$W_3 = \frac{W_{ss} + W_{Al}}{1 - \eta_3} \quad (6.2.3\text{-}7)$$

式中：W_3——混凝沉淀单元污泥产量（t/a）；

W_{ss}——沉淀的悬浮固体量（t/a），按公式（6.2.3-2）计算；

W_{Al}——加药产生的无机质沉淀（t/a），按公式（6.2.3-6）计算；

η_3——混凝沉淀污泥含水率（%）。

4 剩余活性污泥产生量可根据进出水水质、处理工艺、操作参数等，按本规范公式（5.8.9-1）和公式（5.8.9-2）计算确定。

6.2.4 根据经验确定污泥量时，炼油污水处理场的污泥产量可按表 6.2.4 的规定取值。

表 6.2.4 污泥产量

项　目	油泥	浮渣	剩余活性污泥
单位污水产泥量（m³/m³）	0.0005	0.0015～0.005	0.0036
污泥含水率（%）	99.0	99.0～99.5	99.0～99.5

6.3 污泥输送

6.3.1 浓缩后污泥宜采用螺杆泵、旋转叶型泵输送。

6.3.2 脱水后污泥宜采用螺旋输送机、皮带输送机输送；当必须采用管道输送时，可采用高压活塞泵、高压螺杆泵输送。

6.3.3 输送污泥的压力管道最小设计流速，可按表6.3.3 的规定取值。

表 6.3.3 压力管道最小设计流速

含水率（%）	90	91	92	93	94	95	96	97	98	>98
最小流速（m/s）	1.5	1.4	1.3	1.2	1.1	1.0	0.9	0.8	0.7	0.7

6.3.4 污泥管道输送的压力损失可根据表 6.3.4 的规定确定。

表 6.3.4 污泥管道输送压力损失

污泥含水率（%）	压力损失（相当于清水压力损失的倍数）
>99	1.3
98～99	1.3～1.6
97～98	1.6～1.9
96～97	1.9～2.5
95～96	2.5～3.4
94～95	3.4～4.4

6.3.5 压力管道输送污泥时管道公称直径不宜小于 DN100；重力管道输送污泥时管道公称直径不宜小于 DN200，坡度应大于 1%。

6.3.6 压力管道的适当位置应设置蒸汽、非净化风或压力水扫线。输送污泥的管道、管件材质应满足扫线介质对管材的要求。

6.3.7 脱水污泥压力输送管道敷设应避免高低转折，弯管的曲率半径不宜小于 5DN。

6.4 污泥浓缩

6.4.1 污泥浓缩可采用重力浓缩、浮选浓缩。

6.4.2 污泥浓缩的运行方式应根据排泥规律、污泥脱水运行方式确定。

6.4.3 辐流式浓缩池应设置刮泥机；竖流式浓缩池及浓缩罐的底部锥角不应小于 50°。

6.4.4 寒冷地区应采取防冻措施。

6.4.5 间断操作的浓缩池（罐）应在不同高度处设置上清液切水管，并宜在阀后设置水流观测设施；浓缩池（罐）不宜少于2间。

6.4.6 油泥、浮渣浓缩池（罐）宜设置蒸汽加热设施。

6.4.7 连续操作的浓缩池（罐）面积应按固体负荷或水力负荷计算确定，水力负荷可取 4m³/（m²·d）~8m³/（m²·d），固体负荷可取 20kg/（m²·d）~40kg/（m²·d）。

6.4.8 间断操作时，重力浓缩池（罐）容积应包括一次最大进泥量和留有一定的浓缩污泥容积，并应按污泥浓缩时间进行校核。污泥浓缩时间可按表6.4.8的规定取值。

表 6.4.8　污泥浓缩时间

污泥类型	浓缩时间（h）
油泥	12~16
浮渣	12~16
剩余活性污泥	8~16
油泥+浮渣	12~20

6.4.9 浓缩池宜设置浮渣收集设施。

6.5　污泥脱水

6.5.1 污泥脱水机类型应根据污泥性质和脱水要求，经技术经济比选后确定。污泥脱水可采用带式脱水机或离心脱水机，油泥、浮渣脱水宜采用离心脱水机。

6.5.2 进入脱水机的污泥含水率不宜大于98%，污泥脱水后含水率不宜大于85%。

6.5.3 污泥脱水前宜采取加药、蒸汽加热等调理措施。

6.5.4 脱水后的污泥应设置污泥堆场或料仓储存，污泥堆场或料仓的容积应根据污泥出路和输送条件确定。当采用车辆运输时，污泥堆场或料仓的容积不宜小于运输车辆一次的运输能力。

6.5.5 污泥脱水机房应设置通风设施，每小时换气次数不应小于6次。

6.6　污泥干化

6.6.1 污泥干化的设置应根据污泥处置要求确定。

6.6.2 油泥、浮渣不应进行热干化处理。

6.6.3 污泥热干化工艺应结合污泥性质、热源条件、干化污泥要求，并经技术经济比较后确定。

6.6.4 污泥热干化系统应设置安全事故监测和控制设施。干化循环气应进行惰性化处理。

6.6.5 热干化过程产生的尾气、排水应进行达标处理。

6.7　污泥焚烧

6.7.1 焚烧系统设计能力应根据年平均焚烧废物量

及年运行时间确定，并应留有一定的富裕量。

6.7.2 焚烧炉型式应根据物料性质、焚烧要求、焚烧规模、燃料消耗等因素综合确定。

6.7.3 焚烧污泥的热值、元素组成应实测确定或采用相似污泥的实测值。

6.7.4 危险废物焚烧应符合现行国家标准《危险废物焚烧污染控制标准》GB 18484 的有关规定，并应符合项目环境影响评价的要求。

6.8　污泥贮存和填埋

6.8.1 属于危险废物的污泥、污泥焚烧飞灰贮存、填埋，应分别符合现行国家标准《危险废物贮存污染控制标准》GB 18597 和《危险废物填埋污染控制标准》GB 18598 的有关规定。

6.8.2 填埋污泥的含水率不应大于85%。

7　污 油 回 收

7.1　一般规定

7.1.1 污水处理场内隔油设施、污水调节设施等收集的污油应回收。

7.1.2 污油脱水罐应设置加热设施。

7.2　污油脱水

7.2.1 污油脱水宜采用脱水罐重力脱水，脱水后的污油含水率不宜大于3%。

7.2.2 污油脱水罐加热温度宜为70℃~80℃，罐体应保温。

7.2.3 污油脱水罐不应少于2个。

7.2.4 污油脱水罐有效容积可按下式确定：

$$V=\frac{KTQ\left(O_i-O_e\right)}{1000a\left(1-\eta\right)\rho}\qquad(7.2.4)$$

式中：V——脱水罐容积（m³）；

T——轮换周期（d），宜为5d~7d；

a——储存系数，可采用0.80~0.85；

K——安全系数，可采用1.2~1.4；

η——进入脱水罐污油的含水率（%），可按40%~60%计；

Q——污水处理场进水量（m³/d）；

O_i——污水处理场进水中油浓度（mg/L）；

O_e——隔油单元出水中油浓度（mg/L）；

ρ——污油密度（kg/m³）。

7.3　污油输送

7.3.1 脱水后的污油宜采用管道输送到污油罐或原油罐。

7.3.2 污油输送泵不应少于2台，污油泵的连续工作时间宜为 2h～8h。

7.3.3 重力流的污油管道，公称直径不宜小于 DN200 。

7.3.4 污油输送管道宜伴热保温，并宜设置蒸汽吹扫设施。

8 废 气 处 理

8.1 一般规定

8.1.1 污水处理场隔油、气浮、调节及污油处理设施，宜设置废气处理设施；污水处理场生物处理设施，可根据项目环境影响评价的要求设置废气处理设施。

8.1.2 隔油设施、气浮设施、污泥池、污油池的废气量，可根据上方的气体空间与换气次数确定，换气次数宜为 1 次/h～4 次/h；生物反应池收集的废气量可根据鼓风量确定。调节罐、污泥储存罐、污油储存罐的废气量，可按国家现行标准《石油化工储运系统罐区设计规范》SH/T 3007 有关储罐呼吸通气量的规定执行。

8.2 废气收集及输送

8.2.1 废气收集管道应设置风阀、阻火器、排凝管道；收集罩宜设置呼吸阀、观察口等。

8.2.2 废气的收集罩应采用难燃、耐腐蚀材料。

8.2.3 收集管道主风管的风速不宜大于 10m/s，支管的风速不宜大于 5m/s；由支风管上引出的短管，其风速不应超过 4m/s。

8.2.4 废气应采用引风机输送，引风机、输送管道应耐腐蚀、防静电。

8.3 废气处理

8.3.1 隔油、浮选设施、储罐及生物处理单元产生的混合废气，可采用生物处理法处理。

8.3.2 隔油、浮选设施及储罐的废气非甲烷总烃含量不低于 3000mg/L 时，可采用催化燃烧法处理。

8.3.3 含有较高浓度硫化氢、有机硫等废气，可采用碱洗法处理。

8.3.4 低浓度的废气可采用活性炭吸附法处理。

9 事故排水处理

9.0.1 事故排水中的物料应回收。

9.0.2 事故排水宜送污水处理场处理，当不能进入污水处理场时，应妥善处置。

9.0.3 能进行生物处理的事故排水，应限流进入污水生物处理系统。

9.0.4 事故排水的监测项目应根据物料种类确定。

9.0.5 处理事故排水时，应根据物料挥发性、毒性等采取安全防护措施。

10 管 道 设 计

10.0.1 污水处理管道材料的选择应进行技术经济比较后确定。污水工艺管道应根据污水的性质确定，可采用碳钢管；空气管道宜采用碳钢管；药剂管道可采用不锈钢管、复合管、非金属管等耐腐蚀的管道；非满流管道可采用球墨铸铁管、非金属管、碳钢管等。

10.0.2 油泥、浮渣收集设施宜与隔油、气浮处理设施就近布置，管道转弯处应设置清通设施。

10.0.3 压力输送油泥、浮渣管道和污油管道应设置蒸汽扫线口。

10.0.4 污水处理场管道的防腐、保温、表面色，应与全厂管道的防腐、保温、表面色规定相一致。

11 场址选择和总体设计

11.1 场 址 选 择

11.1.1 污水处理场的场址选择，应符合国家现行标准《石油化工企业厂区总平面布置设计规范》SH 3053 和《石油化工企业设计防火规范》GB 50160 的有关规定，并应符合项目环境影响评价的要求。

11.1.2 污水处理场的场址应满足工厂总体规划，宜布置在工厂的低处和全年最小频率风向的上风侧，并宜远离办公等人员频繁活动的场所。

11.1.3 污水处理场防洪设计标准应与厂区统一。

11.2 总 体 设 计

11.2.1 污水处理流程应根据进水水质及处理后水质的要求，结合再生利用处理需要，经技术经济比较后确定。

11.2.2 污水处理场的平面布置应符合下列要求：

1 应根据处理流程的要求，结合地形、风向、地质条件、危险程度、防火安全距离等因素，按功能相对集中布置，并应满足施工、安装、操作检修和管理的要求；

2 污水处理场内各种管道应全面规划、有序布置，并应避免管道迂回相互干扰；

3 污水处理场内应设置通向各处理构筑物和附属建筑物必要的通道，并应符合下列要求：

1）车行道宽 4m，转弯半径不宜小于 7m；

2）人行道宽 1.5m～2m；

3）人行天桥宽不宜小于 1m；

4）各类道路距建、构筑物的净距应根据管带和绿化情况等综合确定，不宜小于 1.5m；

5）消防通道路面宽度不应小于 6m，路面内缘转弯半径不宜小于 12m，路面上净空高度不应低于 4.5m。

11.2.3 高程布置应符合下列规定：

1 污水处理场内处理构筑物的高程布置，应充分利用地形，并应做到水流通畅、降低能耗、平衡土方；

2 处理构筑物宜采用重力流布置，并应减少污水提升次数，各处理构筑物之间的水头损失应根据计算确定；

3 水头损失计算时应计算管道沿程损失、局部损失和构筑物的水头损失之和，并应留有安全系数，安全系数可按总水头损失计算值的 10%～15% 选取；

4 处理构筑物之间应设置超越管道。

11.2.4 污水处理场用电负荷等级不应低于二级。

12 检测和控制

12.0.1 污水处理场应根据工艺要求设置检测和控制仪表。

12.0.2 仪表选型应根据污水特性、工艺流程、管道敷设条件和运行管理等因素确定，并宜与全厂仪表控制水平一致。

12.0.3 进（出）界区的公用工程管道应设置流量、压力等测量仪表。污水进口应设置流量、温度测量仪表，污水出口应设置流量测量仪表。

12.0.4 集水池、调节池（罐）、集泥池、集油池和污油脱水罐等，应设置液位测量及高低液位报警仪表。

12.0.5 泵、鼓风机、压缩机的出口管道上应设置压力仪表。

12.0.6 中和设施应设置 pH 值分析仪表。

12.0.7 生物反应池应设置溶解氧、pH 值分析仪表。

12.0.8 污水总进口、监控池宜根据水质特征设置相应的在线分析仪表。

12.0.9 污水处理场仪表测量信号宜集中到控制室。

12.0.10 污水提升泵宜采取自动开停方式运行。

12.0.11 各级处理构筑物或泵出口处应根据需要设置采样口，总进口和总出口宜设置水样自动采集器。

12.0.12 污水处理场应根据污水特性和处理设施设置可燃、有毒气体监测和报警设施。

13 化验分析

13.0.1 化验分析项目及分析频次可按表 13.0.1 的规定取值。

表 13.0.1　化验分析项目及分析频次

序号	化验分析项目	取样点的位置			
		总进水	总出水	生物处理构筑物	污水回用出水
1	pH	1次/班	1次/班	1次/d	1次/d
2	石油类	1次/班	1次/班	—	1次/d
3	COD$_{cr}$	1次/班	1次/班	1次/d	1次/d
4	NH$_3$-N	1次/班	1次/班	1次/d	1次/d
5	TKN	—	—	1次/d	1次/d
6	TN	—	1次/d	1次/d	1次/d
7	BOD$_5$	1次/周	1次/周	—	—
8	碱度	—	—	1次/d	—
9	DO	—	—	1次/班	—
10	SVI	—	—	1次/d	—
11	MLSS	—	—	1次/d	—
12	总磷	1次/d	1次/d	—	—
13	其他特殊污染物	1次/班			

13.0.2 污油含水率、污泥含水率和溶解固体、氯离子、硫化氢、气态氨、非甲烷总烃、苯系物等项目的分析频次，应根据生产需要确定。

14 辅助生产设施

14.1 加 药 间

14.1.1 加药间宜设置药剂堆放场所，并宜设置起吊设备。

14.1.2 储药量可按 15d 用药量设计。

14.1.3 溶药箱的容积，宜按每天配药不超过 3 次计算。

14.1.4 加药间地面、墙面应采取防腐蚀措施。

14.1.5 加药间应设置通风设施。

14.1.6 加药间应设置洗眼器。

14.1.7 储存危险品、化学药剂储罐设施应设置围堰。

14.2 化 验 室

14.2.1 当污水处理场设置独立化验室时，化验室可设置水分析室、污泥分析室、气体分析室、生物室、天平室、仪器分析室、药品室和更衣室等。

14.2.2 化验设备的配置应根据污水处理场化验分析项目确定。

14.3 其 他

14.3.1 控制室不宜与泵房、鼓风机房、污泥脱水机房合建。

14.3.2 泵房、鼓风机房、压缩机房和污泥脱水机房，宜设置起吊设备。

14.3.3 污水处理场可设置更衣室、卫生间等辅助建筑物。

本规范用词说明

1 为便于在执行本规范条文时区别对待，对要求严格程度不同的用词说明如下：

1）表示很严格，非这样做不可的：

正面词采用"必须"，反面词采用"严禁"；

2）表示严格，在正常情况下均应这样做的：

正面词采用"应"，反面词采用"不应"或"不得"；

3）表示允许稍有选择，在条件许可时首先应这样做的：

正面词采用"宜"，反面词采用"不宜"；

4）表示有选择，在一定条件下可以这样做的：

采用"可"。

2 条文中指明应按其他有关标准执行的写法为："应符合……的规定"或"应按………执行"。

引用标准名录

《室外给水设计规范》GB 50013

《室外排水设计规范》GB 50014

《氧气站设计规范》GB 50030

《爆炸和火灾危险环境电力装置设计规范》GB 50058

《石油化工企业设计防火规范》GB 50160

《污水再生利用工程设计规范》GB 50335

《污水综合排放标准》GB 8978

《大气污染物综合排放标准》GB 16297

《危险废物焚烧污染控制标准》GB 18484

《危险废物贮存污染控制标准》GB 18597

《危险废物填埋污染控制标准》GB 18598

《一般工业固体废物储存、处置物污染控制标准》GB 18599

《石油化工储运系统罐区设计规范》SH/T 3007

《石油化工企业厂区总平面布置设计规范》SH 3053

《石油化工企业卫生防护距离》SH 3093

《石油化工给水排水水质标准》SH 3099

中华人民共和国国家标准

石油化工污水处理设计规范

GB 50747—2012

条 文 说 明

制 定 说 明

《石油化工污水处理设计规范》GB 50747—2012 经住房和城乡建设部 2012 年 1 月 21 日以第 1277 号公告批准发布。

本规范制定过程中，编制组进行了广泛的调查研究，总结了我国工程建设石油化工污水处理领域的实践经验，同时参考了国外先进技术法规、技术标准。

为便于广大设计、施工、科研、学校等单位有关人员在使用本规范时能正确理解和执行条文规定，《石油化工污水处理设计规范》编制组按章、节、条顺序编制了本规范的条文说明，对条文规定的目的、依据以及执行中需注意的有关事项进行了说明，还着重对强制性条文的强制性理由作了解释。但是，本条文说明不具备与规范正文同等的法律效力，仅供使用者作为理解和把握规范规定的参考。

目　　次

1 总　则

1.0.2 石油化工污水处理工程设计是指以石油、天然气为原料生产石油化工产品过程产生的污水处理工程设计。

1.0.4 本规范涉及的污水处理、设计防火和环境保护的标准有现行国家标准《室外排水设计规范》GB 50014、《石油化工企业设计防火规范》GB 50160 和《污水综合排放标准》GB 8978 等。

3　设计水量和设计水质

3.1　设　计　水　量

3.1.1 本条规定了设计水量的确定方法。

　　1 工厂生产污水量的设计值在以往的设计中，往往把连续量和各种不同时间出现的间断污水量直接相加，作为设计小时污水量，这种把连续量和不同时间出现的间断污水量互相叠加的做法，加大了设计小时污水量，显然不合理。为了正确地确定设计小时污水量，应对各装置的生产情况、排水方式及分布时间逐一统计分析，计算出连续污水量和调节时间内出现的最大间断污水量，将调节时间内出现的最大间断污水量折算成调节后的连续污水量。

　　3 降雨深度直接关系着储存设施的容积和提升设施的能力。为了做到既经济又能满足排水的环境要求，对全国几十个城市的暴雨强度进行分析，经5min初期雨水的冲洗，受污染的区域基本都已冲洗干净。5min 降雨深度大都在 15mm～30mm 之间，因此推荐设计选用 15mm～30mm 的降雨深度作为污染雨水。

　　4 降雨深度取大值时，折算时间取大值；降雨深度取小值时，折算时间取小值。

　　5 未预见污水量指实际上发生而设计时未考虑或不可能确定的实际污水量，包括事故跑水、渗漏水等，经统计分析其水量可按各种系统连续污水量的 10%～20%计。

3.1.3 间断水量是调节时间内进入调节设施最大间断污水量之和，间断水量的处理时间是将间断污水量折算成连续污水量的计算时间，一般为调节时间的 2 倍～3 倍。

3.2　设　计　水　质

3.2.1 根据国家关于建设项目环境保护管理的有关规定，要求建设项目必须认真执行污染物总量控制，从工艺设计、生产管理、综合防治、清洁生产等方面来控制和减少污染物的产生及排放。结合石化企业装置（单元）加工原料的不同及产品的不同，其排放水质差异较大，故本条规定了装置排出污水的水质和污水处理场总进水的水质标准的要求。

3.2.2 由于各装置（单元）产生的污水量和污染物浓度有差异，且污水处理场设有调节和均质设施，故污水处理场的进水水质需根据各装置（单元）水量和污染物浓度加权平均确定。有同类企业运行数据时，可参照同类企业运行数据选取。

3.2.4 根据对企业的调查，南方一些企业，特别是采取密封除臭设施以后，生物反应池内污水的温度超过 40℃，严重影响到污水处理场的运行和处理效果，有些企业甚至设换热器冷却，造成污水处理场能耗增加，环境变差，管理困难。因此，应控制装置的排水和进入污水处理场的污水的温度不超过 40℃。

3.3　系　统　划　分

3.3.1 污水处理系统的划分，是将不同种类的污水按污染物种类的不同、处理工艺的不同、处理目标的不同进行划分。

3.3.2 未受污染或轻微污染的清净废水和受污染的污水分开，清净废水可以直接排放或回用，降低投资和运行费用。

　　污水中污染物浓度高低差别较大，且采用不同处理工艺时，可分为高浓度处理系统、低浓度处理系统；污水中含盐量不同，影响到污水的回用，可以分为含盐污水处理系统和含油污水处理系统；当污水中含有较多难生物降解有机物时，可分为化学氧化处理系统，采用专门的化学氧化工艺进行处理，以达到降低投资和运行费用的目的；电脱盐污水乳化比较严重，单独除油后与其他类似的污水合并生物处理，可分为电脱盐污水破乳处理系统等。

4　污水预处理和局部处理

4.1　一　般　规　定

4.1.1 现行国家标准《污水综合排放标准》GB 8978 规定，第一类污染物不分行业和排放方式，也不分受纳水体的功能类别，一律在车间或车间排放口取样，必须在装置排放口达标。第一类污染物都是危害严重的物质，在环境中容易造成很大的破坏，因此必须严格控制。本条为强制性条文，必须严格执行。

4.1.2 石油化工污水处理通常采用生物处理的方法，较高浓度不易生物降解的污水，不能得到有效的处理；有毒性的物质、高温污水、酸性碱性污水会对生化系统产生破坏，使生化系统生物处理能力降低，影响处理效果，故作此条规定。

4.1.3 污水处理曝气过程会使挥发性有毒、有害物质逸出，对人体会造成伤害，故作此条规定。本条为强制性条文，必须严格执行。

4.1.6 一些污水如化水站酸碱排水，COD_{Cr} 浓度很低，pH 值不达标，经简单的中和处理后可以达标排放，同时减少了进入污水处理场的污水量，降低投资和运行费用。

4.1.9 当污水中含有易挥发的有毒、有害物质时，预处理过程会使空气受到污染，应采取必要的防止措施，以保护环境和人员的身体健康。

4.2 炼油污水

4.2.1 电脱盐污水水温高且乳化较严重，含油量一般高达 1000mg/L，甚至大于 10000mg/L，宜经破乳、除油和降温预处理后排入污水处理场。

4.2.6 碱渣污水主要来自石油产品碱洗，被洗产品的不同，加工原油中硫含量的不同，致使碱渣污水性质和数量也不同。各种碱渣污水的 COD_{Cr} 最高可达 300000mg/L，同时酚、游离碱含量亦高；碱渣污水中有大量表面活性剂，环烷酸钠，如果碱渣污水不经预处理而直接排入含油污水系统，将影响污水处理场的正常运行。目前石油化工企业碱渣污水预处理多采用湿式氧化工艺。

4.3 化工污水

4.3.2 裂解炉清焦污水排放量与裂解炉运行周期有关，主要是烧焦所用中压蒸汽凝液和水力清焦所用的水，此污水从清焦罐排出时温度可达 80℃～90℃，需经过冷却降温、沉淀处理方可排至污水处理场。

4.3.3 聚乙烯装置使用含铬催化剂，装填中可能遗洒，使污水中含有铬催化剂，属于第一类污染物，故需要在装置内预处理。采用还原和沉淀处理可将六价铬还原为毒性较低的三价铬，并形成氢氧化铬沉淀去除。

4.3.5 苯酚丙酮工段的丙酮汽提塔底物料、精丙酮塔釜分离槽分离出的水相、分解器的水相、酚水槽、中和槽、精丙酮塔釜油水分离槽、酚回收溶剂槽及放空洗涤器的物料均含有苯酚，用硫酸调节 pH 值 5～6 后送至萃取塔，用溶剂萃取苯酚后污水中仍含有少量酚，其 COD_{Cr} 浓度为 15000mg/L，不能满足污水处理场的进水水质要求，故需进行中和、生物处理法预处理。

4.3.6 使用各种溶剂的丁二烯抽提装置产生的污水均含有一定量的溶剂，这些溶剂是一种可利用的资源，进行预处理可以回收。各种溶剂可按下列方法回收：

    1 以 N-甲基吡咯烷酮（NMP）为溶剂的丁二烯抽提装置，装置中主洗涤塔回流罐、后洗涤塔回流罐、丙炔塔回流罐、丁二烯塔回流罐排除的工艺污水中含烃浓度较高，不应直排至污水处理场，可将上述污水收集后先经油水分离罐去除不溶于水的烃类物质，再将部分污水回流到炔烃洗涤塔，部分水经氮气

汽提塔去除溶于水中的烃类，汽提排出的气体送火炬燃烧，塔底水经简单隔油或直接排至污水处理场。

    2 以二甲基甲酰胺（DMF）为溶剂的丁二烯抽提装置，从装置溶剂精馏塔、蒸汽喷射泵、尾气冷凝液集液罐排除的污水及装置检修污水 DMF 含量较高，有时超过 1000mg/L，不应直排。回收措施可采用集中回流到溶剂精制塔进行再精制的方法。若溶剂精制塔处理能力有限，应单独设置 DMF 回收塔，DMF 小于 300mg/L 后与装置中其他污水一起送污水处理场。

    3 以乙腈（ACN）为溶剂的丁二烯抽提装置，装置中各精馏塔、水洗塔排出的含乙腈污水送回乙腈再生精馏塔回收乙腈，不直接排放。回收后污水中乙腈含量应控制在 150mg/L 以下，然后送污水处理场；乙腈再生精馏塔冲洗水乙腈含量约 55mg/L，COD_{Cr} 约 250mg/L 可直接送污水处理场。

4.3.7 共氧化法环氧丙烷装置碱洗塔排放的碱渣污水中有机物含量约为 8%～10%，有机钠盐含量约为 5.5%，NaOH 含量约为 1%～2%，对生物处理微生物有抑制作用，目前比较好的是采用焚烧处理。

4.3.8 全低压羰基合成生产丁辛醇装置由原料净化、丁醛生产、丁醇生产和辛醇生产四部分组成。其从辛醇精馏系统真空装置、丁醇预精馏塔层析器、辛醇预精馏塔层析器中分离出来的水分以及火炬冷凝液中均有丁醇、丁醛、异丁醇等多种有机物，此部分污水的 COD_{Cr} 浓度较高。将这些高浓度污水首先送入污水贮槽，然后由泵打入污水汽提塔，用低压蒸汽介质进行汽提，汽提出去的有机物回收，汽提后的污水经冷却后排至污水处理场。为保证污水汽提效果，除严格操作，保证塔底温度外，还应及时回收污水贮槽上部的有机物。

    在生产辛醇的过程中，正丁醛缩合反应产生水分，为保证反应系统催化剂—NaOH 浓度及系统液位的稳定，必须将这部分多余的水分排出。因此从丁醛缩合层析器排水水量虽小，但 COD_{Cr} 浓度高达 40000mg/L，且碱性较强，目前国内外尚未有切实可行、简单、经济有效的处理方法。为控制总污水 pH 值，除加强系统碱度控制外，还应在污水出口增加加酸中和设施。

4.3.9 平衡氧氯化是二氯乙烷法和氧氯化法的组合，装置排出的工艺污水呈酸性，污水中带入的二氯乙烷比重大于水，通过沉淀池时沉入沉淀池底部，分离后回收站；回收后的污水经 pH 值调节合格后，排入污水处理场。

4.3.10 示例：某生产能力 $6×10^4$ t/a 的丙烯腈装置有机物汽提塔排水量为 5m³/h，采用四效蒸发使污水清浊分流，蒸出的凝液除一部分送往水封罐作为补充水外，其余部分排到污水处理系统。汽提后 COD_{Cr} 浓度约为 1700mg/L、CN^- 约为 2.5mg/L、氨氮约为 20mg/L、丙烯腈约为 1mg/L，必要时投加一定量的

H_2O_2 降低排水 CN 浓度。

4.3.11、4.3.12 采用淤浆法生产的丁基橡胶和溶液法生产丁苯橡胶装置排出的污水含有较多的未完全聚合的乳胶颗粒、细胶颗粒等，易造成管道堵塞，可采用沉淀、气浮等预处理方法。

4.3.13 树脂装置排出的污水除酸性污水采用中和法预处理外，其余含有悬浮物的污水可采用均质-气浮法预处理。

4.3.14 聚酯装置污水主要成分为乙二醇和低聚物及三甘醇（组件清洗时产生）等，pH 值在 3.5～4.5，COD_{Cr} 约为 500mg/L，宜采用中和预处理以调节 pH 值。

4.3.15 含油剂纺丝污水中主要成分为油剂（阴离子和非离子型表面活性剂），污水在鼓风曝气条件下产生大量泡沫，故不宜直接采用好氧生物处理。根据对石化企业等大型化纤装置调查，纺丝污水多采用破乳、混凝、分离工艺处理，COD_{Cr} 和油的去除率可以达到 90%。

4.3.16 国内腈纶湿法纺丝工艺主要有溶液聚合一步法和水相悬浮二步法，采用的溶剂分别有硫氰酸钠和二甲苯乙酰胺，污水中含有丙烯腈（AN）、丙烯酸甲酯（MA）、低聚物和硫氰酸钠等，且浓度较高：一步法工艺污水中丙烯腈浓度约为 200mg/L，二步法工艺污水中硫氰酸钠浓度可达 500mg/L，pH 值为 4.5～5.5，COD_{Cr} 为 750mg/L～1900mg/L。采用中和及生物接触氧化法进行预处理，硫氰酸钠的去除率可达 80%～90%，丙烯腈的去除率可达 98%。

4.3.17 国内腈纶干法纺丝采用二甲基甲酰胺（DMF）干法工艺。干法纺丝腈纶污水含有丙烯腈、二甲基甲酰胺、亚硫酸钠、硝酸、低聚合物等，其中生产单体汽提塔和溶剂汽提塔污水 pH 值约为 7，COD_{Cr} 约为 1500mg/L；组件酸洗污水 pH 值为 1，COD_{Cr} 约为 20000mg/L。污水预处理需要先将低聚物和单体过滤分离出，然后进行厌氧—好氧生物处理。

4.3.18 气化单元产生的含氰污水经沉灰池除去煤灰和悬浮物，经加热器加热后进入水解塔，使氰化物分解成无毒的有机酸盐，处理后的污水闭路循环使用；另一种方法就是除去煤灰和悬浮物后的污水在生物滤塔空塔段降温再进行生物降解，使氰化物分解成无毒的无机盐，氰化物的去除率可达 98%，处理后的污水可闭路循环使用。

4.3.20 炭黑污水中含有污染物种类和数量与原料渣油中含有杂质的品种和数量以及生产用水的水质情况有关。以某石化总厂化肥为例，以渣油为原料的 $30 \times 10^4 m^3/h$ 合成氨装置炭黑回收单元排放污水约 15m^3/h～20m^3/h，此股水的水质为：氨氮约 600mg/L～800mg/L、COD_{Cr} 约 700mg/L～1000mg/L、BOD_5 30mg/L～50mg/L、SS 约 40mg/L～80mg/L、CN^- 约 10mg/L～12mg/L、Ca^{2+} 约 700mg/L、$Mg^{2+} < 700$mg/

L。为满足生物处理要求，采用沉淀—加压水解法、汽提—凝聚沉淀法、膜过滤法进行预处理，可改善水质。炭黑废水采用膜处理方法时，过滤后的废水可回用于装置。

4.3.21 尿素装置排放的工艺冷凝液由氨和二氧化碳反应生产尿素过程中生成水、真空系统喷射蒸汽及一些冲洗蒸汽凝液和洗涤水组成。实际生产 1t 尿素排放工艺冷凝液为 500kg～530kg 水，日产 1740t 尿素排放工艺冷凝液约 36t～38.5t，其中含有的污染物为：氨约 4%（wt）～6%（wt）、二氧化碳约 1.5%（wt）～3%（wt）、尿素约 1%（wt）～1.5%（wt）。采用中压水解析法预处理回收氨。

4.3.22 精对苯二甲酸（PTA）污水主要来自对苯二甲酸（TA）氧化工段溶剂回收脱水塔排水以及精制工段母液残渣回收部分的排水，主要含有苯甲酸（BA）（0.007%）。对甲基苯甲酸（p—TA）（0.076%）、邻苯二甲酸（OPA）（0.003%）、对苯二甲酸（TA）（0.251%）等化学物质。

PTA 装置排出的污水成分含有 TA 固体，COD_{Cr} 约为 5000mg/L～9000mg/L。采用沉淀预处理，沉淀后的 TA 沉渣脱水后回收。

4.4 油库污水

4.4.1 根据船运和生产过程，油库污水一般包括油罐切水、油罐清洗水、污染雨水、生活污水、压舱水等污水，水量计算时，根据项目的具体情况，将可能出现的污水统计出来。

4.4.2 油库污水的特点是水量小，水量、水质变化的幅度大，单独建设污水处理站会增加投资，增加污水处理运行、管理的难度。因此，当油库周围有可以依托的污水处理场时，宜送往污水处理场集中处理；不具备条件时，可以建独立的污水处理站，处理油库的污水。

4.4.3 油库污水水量变化很大，但总水量不大，大部分污水可能集中在一个时间段或几个时间段内排放，污水储存容积可以接纳这些污水，暂时储存起来，均衡处理。因此，增加调节容积，可以降低污水处理站的设计规模，尽量保证污水处理站的连续运行，既降低投资，又有利于污水处理站的运行管理。

4.4.4 压舱水含盐量较高，与其他污水水质有较大差异。压舱水为海水时，溶解固体含量很高，采用生物处理难度较大，当经过隔油、浮选、过滤等物化措施可以满足排放要求时，宜单独进行物化处理。如必须与其他污水混和进行生物处理，在高总溶解固体条件下，微生物对总溶解固体的浓度及其变化敏感，应控制压舱水比例，稳定混和污水的溶解固体浓度，为生物处理创造条件。

4.4.6 序批式活性污泥法（SBR）工艺可间歇运行，与油库污水的排放特征相吻合，平时可利用少量的生活污水维持微生物的生长，当有含油污水产生时可进入SBR池生物处理；另一方面，SBR曝气时间可灵活调整，适合于不同的 COD_{Cr} 进水浓度。

5 污水处理设施

5.1 格 栅

5.1.1 在污水处理前设置格栅，其作用是防止提升泵、处理构筑物或设备以及管道堵塞或磨损，保证后续处理顺利进行。根据调研，石油化工企业多采用机械格栅，有利于减轻劳动强度。

5.2 调节与均质

5.2.1 调节设施的主要功能是储存非连续排放、非周期性变化及突发性的超质、超量污水和检修期间排放的污水，调节、均质后污水限量进入处理系统中进行处理，目的是避免或最大程度地降低冲击负荷，稀释抑制生物处理过程的物质，提高系统操作稳定性。

应急储存设施用于储存突发性事故的污水，避免对污水处理场造成冲击。

5.2.2 本条是经过对部分石化企业污水处理场调节容量、调节时间（见表1）、均质时间（见表2）和调节效果的调查，并征求用户的意见，对调节设施容积和均质设施容积的确定提出的推荐意见。

表1 污水调节时间统计

石化企业	调节时间（h）
某石化企业污水处理场（一）	40
某石化企业污水处理场（二）	48
某石化企业污水处理场（三）	40
某石化企业预处理（四）	42
某石化企业污水处理场（五）	24

表2 污水均质时间统计

石化企业	均质时间（h）
某石化企业污水处理场（一）	11.4
某石化企业污水处理场（二）	12
某石化企业污水处理场（三）	12
某石化企业污水处理场（四）	12

石油化工企业生产装置多、工艺流程复杂、操作条件要求高，必然造成水质、水量的大范围波动。根据一组石油化工污水处理场进口 COD_{Cr} 的实测值，最大变化幅度可达2.96倍～3.8倍，污水处理场的处理设施，尤其是生物处理设施，难以适应如此变化幅度的污水水质，因而宜设置调节、均质设施以有效减

小变化幅度，达到均衡水质的目的。均质的方法有水泵强制循环搅拌、空气搅拌、射流搅拌、机械搅拌及流态搅拌等。

需在污水处理场预处理的特殊污水，如碱渣污水、电脱盐污水等，则应单独设置调节设施。

5.2.3 考虑处理事故的时间为8h，故应急储存时间按8h～12h设计。

5.2.4 调节设施和均质设施可以合并设置，其总容积为两者之和，数量不少于2个是为了检修方便。

5.2.5 调节设施既有设置在隔油之后，也有设置在隔油之前的。目前设计的调节设施一般有收油排泥设施，设置在隔油之前有利于排泥和收油，提高隔油池的处理效果。

调节设施的浮油和底泥，若不及时排出，将影响后续处理。由于污水表面存有一定厚度的浮油，存在火灾隐患。调节罐的消防设施可采用半固定式泡沫消防，泡沫供给强度按现行国家标准《石油化工企业设计防火规范》GB 50160关于拱顶罐的规定执行；不考虑固定喷淋冷却；调节池由于距离地面较近，蒸汽消防、半固定式泡沫消防都可以作为调节池的消防设施使用。

5.3 中 和

5.3.1 酸碱污水进行中和主要是避免对管道系统造成腐蚀，满足生物处理工艺对pH值的要求，减少污水处理场出水对受纳水体中水生生物的影响。

5.3.2 酸碱中和药剂的选择与后续处理工艺和污水的出路有关，例如污水回用工艺采用膜处理设备，酸碱中和后产生的难溶盐（如碳酸盐、硫酸盐）在超过其饱和极限时，会从浓水中沉淀出来，在膜面上形成结垢，影响膜设备的正常运行，例如用含 Cl^- 酸进行中和时，污水回用后会影响循环水的水质。

5.3.5 在石油化工污水处理场含硫污水加酸后产生的有毒气体硫化氢易挥发，空气搅拌易使硫化氢气体逸出，对人员造成伤害，故作此条规定。

5.4 隔 油

Ⅰ 一 般 规 定

5.4.8 为了改善隔油设施油层的流动性，有利于收油，提高收油效率，故作此条规定。

Ⅱ 平 流 隔 油 池

5.4.10、5.4.11 根据国内多年生产运行经验，并参照国外资料，当停留时间为1.5h～2.0h时，按照油珠浮升速度，粒径 $100\mu m$～$150\mu m$ 的油珠能上升至水面。因此，规定污水在平流隔油池的停留时间宜为1.5h～2.0h，水平流速采用 $2mm/s$～$5mm/s$。国内有关运行资料见表3。

表3　国内炼油厂平流隔油池运行资料

项目	资料来源	北京某厂	山东某厂	江苏某厂	本规范
含油量 （mg/L）	进口	100～1000	1781	300～1200	—
	出口	20～200	226	100	—
停留时间（h）		2	1.4～2.4	1.4～2.4	1.5～2
水平流速（mm/s）		3	2.3～3.9	2.3～3.9	2～5

5.4.12 为了满足设备的技术要求，规定了隔油池宽度；为了保证水的流态良好，规定了隔油池的长宽比。

5.4.13 隔油池的有效水深过大，会增加油珠浮升所需的时间，甚至影响除油效率。根据国内经验，隔油池有效水深一般都不大于2m。为了防止浮油溢出，故作出了超高的规定。

5.4.14 隔油池池底积泥严重，影响隔油池过水断面，设置刮油刮泥机的目的就是为了清除底泥和浮油。刮泥机移动速度会影响水流流态和收油效果。参照国外资料及国内运行经验，规定刮泥机移动速度不应大于1m/min。

5.4.16 考虑集油管要求水平安装，串联不宜过长，串联过长不利于油在集油管内流动。

Ⅲ　斜板隔油池

5.4.17 表面水力负荷是指设计流量除以全部斜板总水平投影面积。表面水力负荷的数据是参考国内外运行经验确定的。

5.4.18 试验资料表明，板净距20mm与40mm相比，除油效率提高8.1%，但前者易堵，并增加基建与维修费用，故推荐板净距为40mm。为了斜板板组安装方便，斜板板组按斜板与水平面的倾角不小于45°设计，有利于油滴的浮升和油泥的滑落。

5.4.20 斜板是斜板隔油池设计的关键，宜选择疏油性好、不沾油、光洁度好、刚度大和耐腐蚀、难燃型的材料，有利于提高除油效果。

Ⅳ　聚结油水分离器

5.4.22 聚结材料是聚结油水分离器油水分离效果好坏的关键，选择好的聚结材料有利于提高油水分离效果。目前国内选择的聚结材料有不锈钢丝、核桃壳和聚丙烯。

5.4.24 按空罐的容积计算出的水力停留时间。

5.5　混　合

5.5.1 药剂混合的好坏直接影响污水的处理效果，采用快速混合使药剂与污水快速均匀接触，使胶体充分脱稳。石油化工污水处理采用的药剂比较多，药剂的品种应根据水质筛选确定，否则对处理效果的影响

较大。根据对企业的调查，目前凝聚剂采用碱式氯化铝的较多，絮凝剂采用聚丙烯酰胺的较多，效果好。

5.5.2 目前石油化工企业应用较多的混合方式为管道混合器和机械混合，空气混合和水泵混合用得较少。

5.6　絮　凝

5.6.1 石油化工企业絮凝多采用机械絮凝方式，主要是因为机械絮凝易控制线速度，适应于水量的变化要求。

5.7　气　浮

Ⅰ　一般规定

5.7.1 石油化工企业油品经过炼制加工，从装置排放的含油污水大部分已被乳化，这些乳化油仅靠简单的隔油难以去除，一般采用破乳和气浮方法去除。

5.7.2 石油化工污水处理气浮工艺通常采用二级气浮，第一级气浮采用散气气浮，有利于去除大颗粒的油珠，停留时间短，能耗较低，占地面积小；第二级气浮采用溶气气浮，有利于去除较小粒径的油珠，提高除油效率，除油效果好。

5.7.6 调节气浮池的水位，便于浮渣的收集。液位过低时，容易将浮渣刮碎而沉入池底；液位过高时，刮渣易将污水带出，增加浮渣的含水率，故作此条规定。

Ⅱ　溶气气浮

5.7.7 根据对石油化工企业污水处理场调查，全溶气气浮由于受水量波动的影响，操作的难度大，因此已经很少采用；目前气浮设施大都采用部分回流溶气气浮，有利于节能和提高溶气效率，不受处理水量波动的影响，操作稳定，管理方便。溶气气浮有压缩空气法、多相溶气泵法、射流溶气法，其中多相溶气泵法由于使用方便，便于操作控制，逐步受到关注。

5.7.8　3 溶气量数据取决于气浮工艺回流污水量，通常按照回流污水量体积的5%～10%取值，取值的大小与悬浮物浓度有关，悬浮物浓度大时取大值；其中，空气需要量是指20℃、0.1MPa状态下的空气量。

Ⅲ　散气气浮

5.7.11 叶轮散气气浮由于不需要溶气罐、空压机和回流泵，设施简单，节能效果明显，近几年得到了广泛应用，效果好。

5.8　活性污泥法

Ⅰ　一般规定

5.8.2 根据国内石油化工企业生物处理调查，活性

污泥工艺生物反应池石油类含量一般为 20mg/L～30mg/L，硫化物含量一般为 20mg/L。当进水的石油类含量大于 30mg/L、硫化物含量大于 20mg/L 时，将对微生物产生抑制作用。

5.8.5 生物反应池溢流堰出水，有利于控制反应池的水位，使反应池内的漂浮物顺利排出，避免在反应池表面聚集。

Ⅱ 活性污泥法容积计算

5.8.7 化工污水由于种类多，很难给出参考值，设计参数可按相似污水的运行参数确定。表 5.8.7 的数据是根据近几年调查的 20 家炼油厂污水处理实测数据总结和归纳的平均值。

Ⅲ A/O 工艺

5.8.11 在好氧生物处理过程中，由于好氧硝化作用，每氧化 1mg 的 NH₃-N 约消耗碱度 7.2mg（以 CaCO₃ 计）；每去除 1mg 的 BOD₅ 可产生碱度 0.1mg（以 CaCO₃ 计）。由于缺氧反硝化作用，每还原 1mg 的 NOₓ-N 约生成碱度 3.0mg（以 CaCO₃ 计）。如果生物反应池内碱度不够，将抑制微生物的生长。生物反应池混合液的剩余碱度在 80mg/L 时，pH 值可维持在 7 左右。

剩余碱度计算公式如下：

$$W = W_1 - 7.2 \ (L_{Na} - L_{Nt}) + 0.1 \ (L_a - L_t) + 30\Delta N \tag{1}$$

式中：W——剩余碱度（mg/L）；

W_1——进水碱度（mg/L）；

L_{Na}——进水 NH₃-N 浓度（mg/L）；

L_{Nt}——出水 NH₃-N 浓度（mg/L）；

L_a——进水 BOD₅ 浓度（mg/L）；

L_t——出水 BOD₅ 浓度（mg/L）；

ΔN——还原的 NOₓ-N 浓度（mg/L）。

由于企业生产运行时一般化验 NH₃-N，很少化验凯氏氮，在计算 NH₃-N 浓度时，需要考虑有机物氧化过程产生的有机氮。

5.8.12 脱氮的效率与硝态液回流量有关，回流量越大，氮的去除率越高，但回流量过大能耗增加。

5.8.13 为了使活性污泥与污水充分接触，不使污泥沉淀，提高缺氧池污水处理效率，故作此条规定。

Ⅳ 氧化沟工艺

5.8.16 由于转刷、转碟的提升能力限制，故规定了池深的要求。

5.8.17 氧化沟沟内水流速度是为了保证活性污泥处于悬浮状态，国内外氧化沟内平均流速普遍采用 0.25m/s～0.35m/s，国内石化企业普遍不低于 0.3m/s。

5.8.18 设置调节堰板，是为了控制沟内水位，方便运行操作。

5.8.19 氧化沟内设置导流设施，是为了改善沟内水力条件，减小阻力，使沟内流速分布均匀。

Ⅴ 序批式活性污泥法工艺

5.8.25 反应池池型主要是考虑矩形反应池布置较紧凑，占地少；池深的规定主要是考虑反应池水深过大，排出水的深度相应增大，则固液分离所需时间就长。同时，受滗水器结构限制，滗水不能过多；如果反应池水深过小，由于受活性污泥界面以上最小水深（保护高度）限制，排出比小，不经济。池的长宽比主要是考虑连续进水时，如果长宽比过大，流速大，会带出污泥；长宽比过小，会因短流而造成出水水质下降。

5.8.27 事故排放设施主要是考虑滗水器故障时，可用于反应池应急排水。

Ⅵ 纯氧曝气

5.8.30 由于化工企业在生产氮气时，一般同时副产氧气。纯氧曝气工艺在我国的石化行业已有多个应用，该工艺具有负荷高、占地少、抗冲击、污泥浓度高、动力消耗较低、对周围环境影响小等优点。目前国内石油化工行业均采用密闭式。

5.8.31 表 4 为近几年石油化工污水处理采用纯氧曝气的工程实例汇总。

表 4　纯氧曝气工程实例设计参数

内容	单位	化工污水（一）	化工污水（二）	低含盐炼化一体化污水	高含盐炼化一体化污水
容积负荷	kgBOD₅/（m³·d）	2.02	1.79	1.58	1.8
污泥负荷	kgBOD₅/（kgMLSS·d）	0.34～0.4	0.36	0.27	0.3
污泥浓度	mg/L	5000～6000	5000	6000	6000
污泥回流比	R	0.6	0.71	0.67	0.67
污泥产率系数	kgVSS/kgBOD₅	0.4	0.3	0.4	0.4
氧气的转移率	%	90	90	92	92
尾气中氧浓度	%	40～50	40～50	40～55	40～55

5.8.32 本条是关于纯氧生物反应池设计的规定。

为了使活性污泥混合均匀，采用表面曝气机；为保证气体的空间高度和液面波动高度，对反应池的气相部分高度作出规定；表面曝气机的搅动会使水体产生旋流，设置垂直的十字导流板可消除过度的旋转流动，并使由顶到底的混合和循环处于良好状态；采用水封是为了确保氧气不会被水流大量带出，在设计水封高度时，需考虑池内气体空间的压力，并确保超过正常气压或在最小流量时氧气均不会流失。

5.8.33 纯氧曝气管道设计：

1 氧气具有助燃性，故其管道设计应符合国家现行标准的规定；

2 为使曝气池顶部排气充分扩散，减少对环境和操作人员的影响，故作此条规定。

5.8.34 设置双向安全阀可避免曝气池被抽真空和池内压力超压，避免发生事故，故作此条规定。本条为强制性条文，必须严格执行。

5.8.35 由于切断阀后的氧气管道、曝气池末端的排气立管、曝气机竖轴及叶片、吹扫用空气管道均与湿氧气接触，为了防止腐蚀，故作此条规定。

5.9 生物膜法

Ⅰ 一般规定

5.9.2 石油化工企业实际运行情况的调查指出，污水中的石油类含量不但影响填料挂膜及生物膜性能，还对微生物产生抑制作用，故对生物膜法的进水石油类含量作了规定。

Ⅱ 生物膜法反应池容积计算

5.9.4 生物膜法反应池的容积负荷与去除率紧密相关。化工污水由于种类多，很难给出参考值，设计参数可按相似污水的运行参数确定。表 5.9.4 为炼油污水采用不同处理方法时 COD_{Cr}、NH_3-N 容积负荷值。

按照容积负荷计算生物反应池的容积时，容积负荷是按照生物反应系统考核的，计算出来的反应池容积也应该是生物反应系统的容积。

Ⅲ 生物接触氧化池

5.9.8 填料高度的规定，是考虑到填料的承压、安装稳固、布置均匀和防堵塞等因素确定的。

Ⅴ 塔式生物滤池

5.9.19 国内塔式生物滤池采用的填料多数为塑料制品，由于这些制品承压强度受到一定限制，为确保强度，同时保证布水的均匀性和防止堵塞，填料分层放置。一般认为每层填料的厚度不大于 2.5m，可保证填料完好。

5.9.20 根据石油化工企业现有塔式生物滤池的高径比：上海某企业为 5.5：1，湖南某企业为 6.8：1，广东两企业分别为 4：1 和 5.3：1，湖北某企业为 3.375：1，本规范推荐高径比为 6：1～8：1。

5.10 厌氧生物法

5.10.1 厌氧微生物对 pH 值有一定要求，但不同的水质要求差别很大，污水中的 COD_{Cr} 浓度也有影响。产酸菌对 pH 值的适应范围较广，在 4.5～8 之间都能维持较高的活性，而甲烷菌对 pH 值较为敏感，适应范围较窄，在 6.4～7.8 之间较为适宜，最佳 6.5～7.5。硫化物（以 S^{2-} 计）超过 150mg/L，会造成甲烷菌中毒。为了维持厌氧微生物的活性，故作此条规定。

5.10.2 关于厌氧生物处理工艺选择及设计参数的规定：

1 厌氧生物处理工艺主要有活性污泥法、生物膜法。反应器的类型有：上流式厌氧污泥床反应器（UASB）、膨胀颗粒污泥床反应器（EGSB）、内循环厌氧反应器（IC）、厌氧过滤反应器（AF）、厌氧复合床反应器（UBF）、厌氧折流板反应器（ABR）。选择何种工艺应根据进水水质、处理要求，经技术经济比较后确定。

3 反应器内部的腐蚀现象很严重，既有电化学腐蚀也有生物腐蚀。电化学腐蚀主要是厌氧消化过程中产生的 H_2S 在液相形成氢硫酸导致的腐蚀，尤其是气液交界处的腐蚀最严重。生物腐蚀是因为用于提高气密性和水密性的防渗防水材料中的有机组分，在长期与厌氧微生物接触的过程中，被分解而失去防渗防水作用。为了使反应器长周期运行，故作此条规定。

5.11 沉 淀

5.11.1 根据调查，石油化工污水沉淀池大多数都采用辐流沉淀池，该池具有运行稳定、布水均匀、水力条件好的特点。斜板沉淀池也有采用的。

5.11.2 通过对多个石化企业沉淀池表面水力负荷的调查，北京某企业为 0.35m³/（m²·h），南京某企业为 0.55m³/（h²·h），上海某企业为 0.40m³/（m²·h），石油化工污水沉淀池表面水力负荷普遍小于市政污水沉淀池。石油化工污水沉淀池表面负荷可按表 5.11.2 选取。

5.12 监 控 池

5.12.1 为保证污水处理场处理后污水达标排放，防止不合格污水排放而导致环境污染，故作此条规定。

5.12.2 监控池的容积按 1h～2h 设计，主要是为了防止不合格污水外排，在 2h 内可采取必要的应急处理措施，防止不合格污水对环境的污染。

5.13 污水深度处理

Ⅰ 一般规定

5.13.1 根据调查，石油化工企业污水经过适度处理即可回用于循环水补充水。当电导率大于或等于 $1500\mu s/cm$ 时，需除盐时可选择除盐工艺；不除盐时，可选择化学氧化等工艺。

Ⅱ 过 滤

5.13.3 石油化工企业深度处理的过滤型式有纤维束过滤器、石英砂过滤器、核桃壳过滤器等，具体选择何种过滤器应根据进水水质和处理要求选择。

为了避免过滤设施在反冲洗时对其他滤池滤速增

加过大的影响和检修的方便，规定了过滤器的台数。

Ⅲ 活性炭吸附

5.13.6 活性炭具有很好的吸附作用，对难生物降解的 COD_{Cr} 以及色度和臭味有很好的去除效果。

5.13.7 因活性炭去除有机物有一定选择性，其适用范围有一定限制，故作此条规定。

Ⅳ 超 滤

5.13.12 超滤膜是采用表面过滤的原理，需进行反冲洗和化学冲洗，效果的好坏，是超滤池能否长周期运行的关键。为了防止微生物的污染，需定期杀菌。

化学稳定性决定了超滤膜在酸、碱、氧化剂、微生物等作用下的寿命，它直接关系膜受污染时可以采取的清洗方法；亲水性则决定膜材料对水中有机物、污染物的吸附程度及清洗效果。目前材质以聚偏氟乙烯（PVDF）和聚醚砜（PES）居多。

5.13.13 超滤排水是超滤浓缩后的水，排水污染物浓度相对较高，直接排放会造成环境污染。

Ⅴ 反 渗 透

5.13.18 判断反渗透进水胶体和颗粒污染程度的最直接指标是淤积指数（SDI），用在恒定压力（0.21MPa）下规定时间（15min）内滤膜面积堵塞的百分数表示。超滤预处理出水的 SDI 满足反渗透的进水指标，是保证反渗透膜正常工作的前提。淤积指数的测定方法在美国材料工程协会 ASTM 标准测试方法 D4189-82 中作了规定。SDI 值作为反渗透进水的限制指标，一般要求应小于 3。

5.13.19 保安过滤器的主要作用是保护膜和高压泵，防止可能存在的颗粒物的破坏，故规定了保安过滤器的孔径。

5.13.21 反渗透系统经过运行一段时间后，膜受污染，为了恢复膜的性能，故作此条规定。

5.13.22 当高压泵出口压力超过膜元件最大允许进水压力或压力上升较快时，可能使膜元件损坏，故作此条规定。

Ⅵ 膜生物反应器

5.13.25 目前应用于膜生物反应器的膜有中空纤维膜和平板膜，材料有聚偏氟乙烯（PVDF）、聚丙烯（PP）和聚乙烯（PE）等。膜的厚度小于 1mm，膜的孔径为 $0.08\mu m \sim 0.4\mu m$。大的颗粒物易引起膜的断裂；石油类对膜的污染和使用寿命影响很大，对膜通量存在不可逆转的影响。相对来说，溶解油可以通过膜，影响较小，浮油的影响较大，进水中油含量与出水的 COD_{Cr} 存在正的相关性。钙、镁、锰、钴、汞会引起膜表面结垢，应当控制，防止结垢，故作此条规定。

5.13.26 膜生物反应器设置污泥回流系统是为了促进污泥的新陈代谢；设置供气系统（风机和曝气器）可提供氧源和膜抖动所需的动力；设置膜清洗系统（水反洗、在线化学反洗和离线化学清洗）是为了恢复膜的性能。

5.13.27 膜池与生物反应池分开设置有利于膜组件的清洗和维修，离线清洗可在膜池内完成。为了检修规定了膜池的间数。

5.13.29 膜通量是膜生物反应器设计的关键，由于膜生物反应器近几年才开始采用，运行经验不多。而清水通量与污水通量相差甚大，无参考价值。所以，只能通过同类型污水试验确定，若有同类型污水的运行数据，则采用同类型污水的运行数据。根据近几年同类型污水的运行经验，考虑反冲洗和膜断丝等多种影响因素，留有一定的余量是合适的。

5.14 消 毒

5.14.1 为了避免再生水在水池、回用水管道中微生物繁殖，影响水质和管道的输送，故作此条规定。

5.14.3 消毒药剂的用量以满足出水的余氯量要求和细菌数要求为准，实际的药剂用量应该通过运行测定来确定。

5.15 污水再生利用

5.15.3 石油化工企业污水再生利用的用途包括循环水补充水、绿化用水、焦化补充水、除盐水站用水等，由于水质要求差别大，处理工艺和处理深度差别也大，应区别对待，以降低投资和运行成本。

5.15.5 污水再生利用处理设施按连续稳定运行，实际用水量与产水量之间不平衡，设置调节容积调节水量的变化。调节时间过长，会引起微生物繁殖，故规定了调节容积。

5.15.6 为了保证再生水不污染生活饮用水，保障饮水安全，故作此条规定。本条为强制性条文，必须严格执行。

6 污泥处理和处置

6.1 一 般 规 定

6.1.1 《危险废物污染防治技术政策》2.1 条，提出"应通过经济和其他政策措施促进企业清洁生产，防止和减少危险废物的产生"。石化行业也提出了一系列的清洁生产措施，如油泥进 CFB 锅炉处理、浮渣进延迟焦化装置处理，可实现危险固体废物减量化和资源合理利用。

6.1.2 石油化工企业污水处理场产生的污泥包括油泥、浮渣、剩余活性污泥、混凝沉淀污泥等多种类型，性质有较大不同。油泥中含油量较高，浮渣、混凝沉淀污泥无机成分较多，剩余活性污泥则多为微生物。根据新修订的《国家危险废物名录》，油泥属于危险废物，其他污泥根据其成分可能属于危险废物，也可能属于一般废物。因此，污泥的处理处置应根据污泥性质及类别确定，要充分利用项目所在地区可依托的条件，确定污泥处理和处置的方法。

6.1.3 一般固体废物与危险固体废物的管理程序和相关要求有很大差别，且对危险废物的收集、输送、储存、处理和处置有专门的要求；《中华人民共和国固体废物污染防治法（修订）》第58条规定"危险废物不得掺入一般废物储存"，将一般固体废物与危险固体废物分别收集、输送、储存、处理和处置，有利于降低危险废物处理处置成本。如果必须混合处理处置则应按危险废物对待。本条为强制性条文，必须严格执行。

6.2 污泥量的确定

6.2.2 污水处理场的设计水量和设计水质通常按不利情况考虑，以满足各种运行工况条件下的出水水质要求。实际运行中，大多数情况是水量、水质均低于设计值，因此产泥量亦应按平均水质、水量计算。考虑季节因素，可从1年的时间跨度计算污泥量。

油泥、浮渣、剩余活性污泥、混凝沉淀污泥等各类污泥量的影响因素不同。油泥受进水悬浮物、含油量的影响较大；浮渣和混凝沉淀污泥受加药量、药剂种类影响；剩余活性污泥受进水COD_{Cr}、生物处理工艺影响大。因此，采用经验法确定污泥量时应按类似水质、类似处理工艺的污水处理场实测产泥比例确定。

6.2.4 表6.2.4是在石油化工企业广泛调查的基础上产生的，可用于污水处理场的污泥量估算。由于调研企业生物处理单元后多没有进行混凝沉淀和气浮处理，污泥产量表中的污泥产量不包括污水深度处理产生的污泥量。

6.3 污泥输送

6.3.1 螺杆泵、旋转叶型泵属于容积式泵，转速低，污泥不易破碎。美国环保署（EPA）还推荐柱塞泵、隔膜泵输送浓缩污泥，但国内应用很少。

6.3.2 螺旋输送机、皮带输送机输送脱水污泥是最常采用的方式，螺旋输送机中又以无轴螺旋输送机为多。这两种输送方式的输送距离、输送高度有限，当需要输送较长距离或较大高度时采用高压螺杆泵等管道输送，国内均有成功实例。

6.3.3 污泥管道中规定最小流速为了防止在管道中沉积。

6.3.4 污泥压力损失计算复杂，且与污泥特性密切相关，数据很少。表6.3.4中数据摘自国家现行标准《石油化工污水处理设计规范》SH 3095—2000中浓缩污泥的数据，对活性污泥管道输送压力损失的计算

是安全的。

6.3.5 污泥管径过小时不易清理检修，因此提出管径要求。重力管道应满足最低流速要求，因此规定了管道坡度。

6.3.6 石油化工污水处理场污泥中含有石油类物质，易堵塞管道，因此规定了吹扫措施。

6.3.7 为减少管道阻塞而采取的措施。

6.4 污泥浓缩

6.4.1 重力浓缩最常用，适合各种污泥浓缩；浮选浓缩对活性污泥效果良好，在石油化工企业有成功应用。

6.4.5 本条规定是为排放浓缩池清液而采取的措施。排放浓缩池清液的过程中可观测控制，更好地实现泥水分离。为了方便操作，规定了浓缩池间数。

6.5 污泥脱水

6.5.1 石化企业污水处理场运行表明，采用离心脱水机对油泥、浮渣脱水效果较好，且避免了油泥中挥发性物质的挥发，有利于工作环境的改善。活性污泥采用带式脱水机或离心脱水机均有广泛使用。其他类型脱水机应用较少，本规范未作规定。

6.5.2 经过浓缩后的污泥含水率一般在98%以下，脱水机设计进料也有含水率要求。脱水后污泥含水率与污泥性质、药剂种类、操作水平等因素相关，一般为80%～87%。

6.5.3 污泥在进入脱水机前通过加药、蒸汽加热等调理措施，可以改善污泥脱水性能，故作此条规定。

6.5.5 脱水机运行过程中有臭气或挥发油气产生，为了改善操作环境，故作此条规定。

6.6 污泥干化

6.6.1 当脱水后污泥需要减量以便于后续处置或提高污泥热值利于后续焚烧时，可采用污泥干化。国内已有多个项目在应用污泥干化，可以作为污泥焚烧前的预处理，以提高污泥热值并减量化。

6.6.3 污泥直接热干化工艺有转鼓干化、流化床干化、带式干化等，污泥间接干化工艺有螺旋干化、圆盘干化、薄层干化、碟片干化等，各种工艺的适用条件和产品规格不同。干化产品根据含水率可分为全干化（含固率80%～90%）和半干化。因此，采用何种工艺应结合污泥性质、热源条件、干化污泥要求并经技术经济比较后确定。

6.6.4 参照英国 HSE《污泥干化设备安全控制导则》，运行中干化循环气进行惰性化保护有利于安全。

当粉尘浓度达到一定限值时（60g/m³），可能有爆炸风险；当污泥粉尘达到一定浓度而供氧量达不到爆炸极限时，可能发生污泥的自燃——闷燃，一般发生在干污泥料仓和停车的设备中。可采用干化设备

事故停车应急退料等措施预防。

为防止爆炸、闷燃等事故的发生，需设置监测和控制措施。

6.6.5 干化系统尾气中通常含有较高浓度的挥发性有机物，排水中也含有较高浓度的有机物，这些有机物直接排放会影响环境，故作此条规定。本条为强制性条文，必须严格执行。

6.7 污泥焚烧

6.7.1 石油化工企业污泥实际产生量与设计值相比可能有较大变化，与其他废物混烧时，由于其他废物排放的间断性，会导致焚烧物料量的变化和物料构成的变化，焚烧系统设计应有适应变化的弹性。

6.7.2 焚烧炉有多种型式，操作条件、适应条件各不相同，选用时应根据具体条件经技术经济比较后确定，多采用以旋转窑炉为基础的焚烧技术，也可根据危险废物种类和特征选用其他焚烧技术。

6.7.3 表6给出了污泥的热值和元素组成，供设计时选用。

表6　不同污泥的热值

污泥种类	C_g (%)	H_g (%)	O_g (%)	干基低位热值 (kJ/kg)
某炼油污水处理场混合污泥	43	7	17	23200
某乙烯污水处理场混合污泥	34	5	19	17100
活性污泥	—	—	—	13295～15215

注：表中符号 C_g、H_g、O_g 下标 g 的含义是固体。

7 污油回收

7.1 一般规定

7.1.1 污水处理场隔油设施、调节设施排出的污油应回收利用，故作此条规定。

7.2 污油脱水

7.2.2 为了降低污油的黏度，改善污油的流动性，故作此条规定。

7.3 污油输送

7.3.1 石油化工企业一般设置污油罐，通常的做法是将收集后的污油利用管线输送到污油罐储存。有些企业也利用管线输送到原油罐。

8 废气处理

8.1 一般规定

8.1.1 污水处理场隔油设施、气浮设施、污泥池、污油池、污泥储存罐、污油储存罐等设施产生的废气浓度较高，影响周边大气环境，影响操作人员的身体健康，新建项目大多已经处理。生物处理单元由于气量大，产生的废气浓度较低，对周边大气环境影响小，对操作人员的身体健康影响小，可根据项目环境影响评价的要求确定是否处理。

8.2 废气收集及输送

8.2.1～8.2.4 废气收集系统由引风机、送风管等组成，其作用是将密闭后的恶臭气体输送到后续工段处理。系统设计考虑了如下内容：

1 在控制恶臭影响的前提下尽可能减小引风量，降低建设成本和运行成本。

2 在风管分支处设置手动调节风阀（特殊情况下可用电动风阀，如阀门需要经常调节及阀门所处位置人员难以接近等），确保满足每一个密闭构筑物所需的引风量及系统阻力平衡；在收集罩的适当位置设置呼吸阀的目的是为了防止排放设施产生负压而导致收集罩的损坏。

3 主风管风速一般控制在 6m/s～8m/s，支风管一般控制在 4m/s～5m/s，由支风管上引出的短管风速一般控制在 3m/s～4m/s，以便控制运行噪声，减小阻力。

4 由于处理构筑物废气湿度较大，氧浓度高，腐蚀性强，管材应视现场和处理介质、管道安装方式、投资等情况，选用玻璃钢、内防腐钢管、不锈钢材质或其他非金属管。

8.3 废气处理

8.3.1～8.3.4 对不同废气的处理应采取不同的方法，尤其是在现阶段，治理废气的目的还只是为了减少恶臭对周围环境的影响。表7对几种废气处理方法进行了比较。

表7　废气处理方法比较

方法		原理	优点	缺点
燃烧法	直接燃烧	在 600℃～800℃高温氧化	除臭彻底；适用范围广	燃烧温度高，燃料消耗大，适合与垃圾焚烧等配套时采用
	催化燃烧法	利用催化剂在 200℃～400℃温度下氧化分解	可充分利用臭气中有机物质热值高的特点，解决高温燃烧带来的困难	适用于高浓度有机废气；催化剂技术要求高；运行费用高
碱洗法		利用吸收液的物理、化学特性去除废气中恶臭物质	对硫化氢、氨有效；可控性强	产生废液

续表7

方法	原理	优点	缺点
活性炭吸附法	用活性炭、硅胶、沸石等对气体具有强吸附能力的物质去除恶臭物质	负荷变化影响小	受废气中水分影响；费用高
生物处理法	利用微生物吸附降解功能达到脱臭目的	适用范围广；运行费用低；无二次污染	占地面积大；需要生物培养

9 事故排水处理

9.0.2 事故排水在污水处理场处理更为经济，但有些物料污水处理场处理工艺难以去除，或对污水处理场运行产生影响，可以委托有资质的单位处理。因此，采用何种方法处理事故排水应根据物料种类确定。

10 管 道 设 计

10.0.1 由于石油化工污水处理厂排放的污染物含有易燃易爆和腐蚀性较强的介质，故应考虑安全和耐腐蚀等方面的因素，选择经济实用的管道。

10.0.2 隔油池排出的油泥、气浮池排出的浮渣，在进入油泥、浮渣提升池之前，若长距离重力流输送，极易在管道内沉积，堵塞管道。

11 场址选择和总体设计

11.2 总 体 设 计

11.2.2 石油化工污水处理场排放的污水含有易燃易爆物质，故在平面布置时按处理功能和防爆、防火要求合理布置。

11.2.3 为了体现节能降耗，污水处理构筑物优先考虑重力流布置，可以减少提升次数，避免油的乳化，同时也降低能耗。

11.2.4 考虑到污水处理场停电可能对场区的生产、生活和周围环境等造成不良的影响，规定了污水处理场的供电负荷等级。

12 检测和控制

12.0.10 液位计与泵联锁，高液位开泵，低液位停泵，这样既管理方便，又保证了水泵运行安全。

13 化 验 分 析

13.0.1 污水处理场的分析项目及频次是根据在线仪表配置和生产需要确定的。对生产影响大，会对污水处理系统产生冲击的项目，要求每班进行化验，确保系统安全。

表13.0.1 分析项目和频次是在对企业调查的基础上提出的，企业可以根据自身特点和生产需要自行确定。

14 辅助生产设施

14.2 化 验 室

14.2.1 当污水处理场设置独立化验室时，设计执行本条规定；全厂设置中心化验室时，设计执行国家现行标准《石油化工中心化验室设计规范》SH/T 3103的相关规定。本条中所列的各种房间组成，可满足污水处理场化验需要，设计时可以有选择地设置。

14.3 其 他

14.3.1 由于控制室是污水处理场的控制中心，为了安全和避免噪声污染，故作此条规定。

中华人民共和国国家标准

冶金工业建设岩土工程勘察规范

Code for geotechnical engineering investigation of
metallurgical industry construction

GB 50749—2012

主编部门：中 国 冶 金 建 设 协 会
批准部门：中华人民共和国住房和城乡建设部
施行日期：２０１２ 年 ８ 月 １ 日

中华人民共和国住房和城乡建设部
公　告

第 1275 号

关于发布国家标准《冶金工业建设岩土工程勘察规范》的公告

现批准《冶金工业建设岩土工程勘察规范》为国家标准，编号为 GB 50749—2012，自 2012 年 8 月 1 日起实施。其中，第 1.0.3、5.1.7、5.1.8、5.1.14、5.1.15 条为强制性条文，必须严格执行。

本规范由我部标准定额研究所组织中国计划出版社出版发行。

中华人民共和国住房和城乡建设部
二○一二年一月二十一日

前　言

本规范是根据原建设部《关于印发〈2006 年工程建设标准规范制订、修订计划（第二批）〉的通知》（建标〔2006〕136 号）的要求，由中勘冶金勘察设计研究院有限责任公司会同有关单位共同编制完成的。

本规范在编制过程中，编制组广泛征求全国冶金工业建设有关单位意见，对重点修改的内容进行了多次讨论和反复修改，最后经审查定稿。

本规范共分 11 章和 6 个附录，主要内容包括：总则，术语和符号，基本规定，岩土分类，各类工程勘察基本要求，工程地质测绘，勘探取样与测试，地下水，水、土腐蚀性测试，资料整理与岩土工程分析，勘察报告的基本要求和主要内容等。

本规范中以黑体字标志的条文为强制性条文，必须严格执行。

本规范由住房和城乡建设部负责管理和对强制性条文的解释，由中勘冶金勘察设计研究院有限责任公司负责具体技术内容的解释。本规范在执行过程中，请各单位总结经验，积累资料，如发现需修改或补充的内容，请及时将意见和相关资料寄至中勘冶金勘察设计研究院有限责任公司（地址：河北省保定市东风中路 1285 号；邮政编码：071069），以供今后修订参考。

本规范主编单位、参编单位、主要起草人和主要审查人：

主 编 单 位：中勘冶金勘察设计研究院有限责任公司

参 编 单 位：中冶集团武汉勘察研究院有限公司
中冶沈勘工程技术有限公司
宁波冶金勘察设计研究股份有限公司
中国有色金属工业长沙勘察设计研究院
中国有色金属工业西安勘察设计研究院
中国有色金属工业昆明勘察设计研究院
北京爱地地质勘察基础工程公司
中基发展建设工程有限责任公司
四川省冶金地勘局蜀通岩土工程公司
山西冶金岩土工程勘察总公司
湖北中南勘察基础工程有限公司
包钢勘察测绘研究院

主要起草人：杨书涛　于行海　王秀丽　白文亮
刘文莲　何　平　李福申　李　丽
辛立武　张厚云　张俊杰　经　明
耿连昶　曾昭建　俞国安　董忠级

主要审查人：顾宝和　项　勃　沈小克　万凯军
王长科　王顺根　任宝珍　张怀庆
杨传德　林颂恩　郝素英

目　次

Contents

1 总　　则

1.0.1 为了在冶金工业建设岩土工程勘察中贯彻执行国家工程建设的有关政策，做到安全环保、技术先进、提高投资效益、确保勘察质量，制定本规范。

1.0.2 本规范适用于冶金工业建设岩土工程勘察。

1.0.3 冶金工业建设的各类项目在设计、施工前，必须进行岩土工程勘察。

1.0.4 冶金工业建设岩土工程勘察，应按各类建（构）筑物的技术要求进行，勘察成果应能全面、正确反映场地的岩土工程条件。

1.0.5 冶金工业建设岩土工程勘察，除应符合本规范外，尚应符合国家现行有关标准的规定。

2　术语和符号

2.1　术　　语

2.1.1 岩土工程勘察　geotechnical engineering investigation

根据建设工程的要求，查明、分析、评价建设场地的地质、环境特征和岩土工程条件，编制勘察文件的活动。

2.1.2 勘察阶段　investigation stage

根据工程各设计阶段的要求而进行相应阶段的工程勘察的总称。

2.1.3 工程地质测绘　engineering geological mapping

采用搜集资料、调查访问、地质测量、遥感解释等方法，查明场地的工程地质要素，并绘制相应的工程地质图件的活动。

2.1.4 原位测试　in-situ test

在岩土体所处的位置，基本保持岩土原来的结构、湿度和应力状态，对岩土体进行的测试。

2.1.5 工程物探　engineering geophysical prospecting

应用地球物理探测的技术方法，推断解译地下工程地质条件的勘探方法。

2.1.6 岩土工程勘察纲要　geotechnical investigation program

通过踏勘和资料的搜集，了解拟建场地的工程地质条件及施工条件，分析勘察任务书中的工程性质和技术要求，编制出因地制宜、重点突出、有明确工程针对性的文件，用于指导岩土工程勘察过程的文件。

2.1.7 岩土工程勘察报告　geotechnical investigation report

对所获得的原始资料进行整理、统计、归纳、分析、评价，提出工程建议，形成系统的、为工程建设服务的勘察技术文件。

2.1.8 现场监测　in-situ monitoring

在现场对岩土性状和地下水的变化，岩土体和结构物的应力、位移进行系统监视和观测。

2.1.9 尾矿　tailings

矿石加工生产中形成的细颗粒的、采用水力输送和排放的废渣，一种可用土的特征来描述的材料。

2.1.10 尾矿坝　tailings fill dam

挡尾矿和水的尾矿库外围构筑物，常泛指尾矿库初期坝和堆积坝的总体。

2.1.11 围岩　surrounding rock

井巷工程一定范围内，初始应力状态发生了变化的岩体。

2.1.12 竖井　vertical shaft

垂直的直接通到地面的矿井。

2.1.13 斜井　inclined shaft

地面通向地下的倾斜通道。

2.2　符　　号

2.2.1 岩土的物理指标：

e——孔隙比；

G_s——比重；

I_L——液性指数；

n——孔隙率；

S_r——饱和度；

W——含水量；

W_L——液限；

W_P——塑限；

ρ——岩土的天然密度。

2.2.2 岩土变形参数：

α——压缩系数；

C_c——压缩指数；

E——弹性模量；

E_s——压缩模量；

E_0——变形模量；

P_c——先期固结压力。

2.2.3 岩土强度参数：

c——黏聚力；

ϕ——内摩擦角；

f_r——岩石饱和单轴抗压强度。

2.2.4 原位测试：

N——标准贯入试验实测锤击数；

N_{10}——轻型圆锥动力触探锤击数；

$N_{63.5}$——重型圆锥动力触探锤击数；

N_{120}——超重型圆锥动力触探锤击数。

2.2.5 其他符号：

K_f——岩石风化系数；

K_d——岩石软化系数；

W_u——有机质含量；

δ——变异系数；

δ_s——湿陷系数；

δ_{zs}——自重湿陷系数；

σ_f——岩土参数标准差；

γ_s——统计修正系数；

Φ_m——岩土参数的平均值；

Φ_k——岩土参数的标准值。

3 基 本 规 定

3.1 建（构）筑物分级和场地复杂程度分类

3.1.1 岩土工程勘察可将建（构）筑物按下列要求分级：

1 大型工程应为一级；

2 介于一、三级之间的中等工程应为二级；

3 小型工程应为三级。

3.1.2 勘察场地应按下列要求分类：

1 符合下列全部条件的勘察场地应为简单场地：

1）场地平坦、地貌单一；

2）无影响场地稳定性的地质构造和不良地质作用；

3）地层岩性均匀、无软土、液化土以及需要处理的特殊岩土；

4）地下水位常年低于基础埋深。

2 介于简单场地与复杂场地之间的勘察场地应为中等复杂场地。

3 符合下列任何一项或数项条件的勘察场地应为复杂场地：

1）场地地形地貌复杂；

2）存在活动断裂；

3）分布有影响场地稳定性的滑坡、泥石流或岩溶、土洞、采空塌陷区；

4）主要持力层分布不稳定或岩性不均匀及厚层软土、液化土层；

5）有工程性质不稳定、层位起伏变化大的特殊岩土层；

6）水文地质条件复杂、基坑开挖降水困难。

3.2 岩土工程勘察阶段

3.2.1 岩土工程勘察阶段应与设计阶段相适应。新建大、中型冶金工业项目应分为可行性研究勘察、初步勘察、详细勘察三个阶段。

3.2.2 可行性研究勘察，应在搜集、调查、整理厂址和附近已有气象水文、地形地貌、地质构造与地震、地层岩性、不良地质作用等工程地质水文地质资料，以及可借鉴的建筑经验基础上，通过踏勘或工程地质测绘，辅以必要的物探、控制性钻探和试验、测试，对场地的稳定性和建厂的适宜性作出评价，并应为厂址方案选择提供依据。

3.2.3 初步勘察，应为初步设计对于不良地质作用的防治和地基基础设计方案的选择提供依据和工程建议，应包括下列主要内容：

1 基本查明场地不良地质作用发育状况和对建筑场地稳定性的影响程度，提供防治方案或调整建筑物平面布置的建议；

2 初步查明建筑场地的地层结构，评价地基岩土的工程性质和提供主要计算参数；

3 初步查明地下水的类型、埋藏深度，以及水、土对混凝土及钢结构的腐蚀性；

4 在分析评价地层结构、地基岩土工程性质的基础上，通过经济技术比较，提出合理的天然地基、复合地基和桩基选型及试桩建议。

3.2.4 详细勘察，应按建筑分区或工艺单元，提供详细的勘察资料和不良地质作用防治、地基基础设计所需要的计算参数，应包括下列主要内容：

1 详细查明场地不良地质作用现状、发育趋势，评价其危害程度，提供具体的防治工程建议和相应的设计计算参数；

2 详细查明各建筑单元和不同建筑地段的地层结构，各岩土层的物理力学指标，提供天然地基、桩基的承载力和变形计算参数；

3 查明地下水类型，水位埋深和变化幅度，水、土对混凝土和钢结构的腐蚀性等，为地基基础施工设计及基坑开挖降水、支护，提供详细的计算参数和工程建议。

3.2.5 工程地质及水文地质条件简单、厂址平面位置基本确定，且有建筑经验的场地，其勘察阶段可结合工程实际合并进行，但应同时满足相应各勘察阶段的技术要求。

3.2.6 当遇到下列情况时，应进行施工阶段勘察：

1 工程地质、水文地质条件复杂，仅靠详细勘察阶段工作难以彻底查明；

2 基础施工过程中，地质条件出现异常变化；

3 施工过程中，因设计变更，原勘察资料不能满足要求，需增加勘察工作量。

4 岩 土 分 类

4.1 岩石的分类

4.1.1 在进行岩土工程勘察时，应鉴定岩石的地质名称和风化程度，并应进行岩石坚硬程度、岩体完整程度和岩体基本质量等级的划分。

4.1.2 岩石坚硬程度、岩体完整程度和岩体基本质量等级的划分，应分别按表 4.1.2-1～表 4.1.2-3 执行。

表 4.1.2-1　岩石坚硬程度分类

岩块坚硬程度	坚硬岩	较硬岩	较软岩	软岩	极软岩
岩石饱和单轴抗压强度 f_r（MPa）	$f_r > 60$	$30 < f_r \leqslant 60$	$15 < f_r \leqslant 30$	$5 < f_r \leqslant 15$	$f_r \leqslant 5$

注：当无法取得岩石饱和单轴抗压强度数据时，可用点荷载试验强度换算，换算方法应按现行国家标准《工程岩体分级标准》GB 50218 的有关规定执行。

表 4.1.2-2　岩体完整程度分类

完整程度	完整	较完整	较破碎	破碎	极破碎
完整性指数 k_v	>0.75	$0.55 \sim 0.75$	$0.35 \sim 0.55$	$0.15 \sim 0.35$	<0.15

注：完整性指数为岩体压缩波速与岩块压缩波速之比的平方，所选定的测定岩体和岩块波速的试样，应具有代表性。

表 4.1.2-3　岩体基本质量等级分类

坚硬程度 ＼ 完整程度	完整	较完整	较破碎	破碎	极破碎
坚硬岩	I	II	III	IV	V
较硬岩	II	III	IV	IV	V
较软岩	III	IV	IV	V	V
软岩	IV	IV	V	V	V
极软岩	V	V	V	V	V

4.1.3 软化系数小于或等于 0.75 的岩石，应定为软化岩石；具有特殊成分、特殊结构和特殊性质的岩石，应定为特殊性岩石。

4.2　碎石土的分类

4.2.1 粒径大于 2mm 的颗粒质量超过总质量的 50% 的土，应定名为碎石土，并应按表 4.2.1 分类。

表 4.2.1　碎石土分类

土的名称	颗粒形状	颗 粒 级 配
漂石	圆形及亚圆形为主	粒径大于 200mm 的颗粒质量超过总质量的 50%
块石	棱角形为主	
卵石	圆形及亚圆形为主	粒径大于 20mm 的颗粒质量超过总质量的 50%
碎石	棱角形为主	
圆砾	圆形及亚圆形为主	粒径大于 2mm 的颗粒质量超过总质量的 50%
角砾	棱角形为主	

注：定名时，应根据颗粒级配由大到小以最先符合者确定。

4.2.2 碎石土的密实度，应根据圆锥动力触探击数，按表 4.2.2-1 和表 4.2.2-2 确定。

表 4.2.2-1　碎石土密实度按 $N_{63.5}$ 分类

重型动力触探锤击数 $N_{63.5}$	密实度	重型动力触探锤击数 $N_{63.5}$	密实度
$N_{63.5} \leqslant 5$	松散	$10 < N_{63.5} \leqslant 20$	中密
$5 < N_{63.5} \leqslant 10$	稍密	$N_{63.5} > 20$	密实

注：本表适用于平均粒径小于或等于 50mm，且最大粒径小于 100mm 的碎石土，对于平均粒径大于 50mm 或最大粒径大于 100mm 的碎石土，可用表 4.2.2-2 超重型动力触探或用野外观察鉴别。

表 4.2.2-2　碎石土密实度按 N_{120} 分类

超重型动力触探锤击数 N_{120}	密实度	超重型动力触探锤击数 N_{120}	密实度
$N_{120} \leqslant 3$	松散	$11 < N_{120} \leqslant 14$	密实
$3 < N_{120} \leqslant 6$	稍密	$N_{120} > 14$	很密
$6 < N_{120} \leqslant 11$	中密		

4.3　砂土的分类

4.3.1 粒径大于 2mm 的颗粒质量不超过总质量的 50%、粒径大于 0.075mm 的颗粒质量超过总质量的 50% 的土，应定名为砂土，并应按表 4.3.1 分类。

表 4.3.1　砂 土 分 类

土的名称	颗 粒 级 配
砾砂	粒径大于 2mm 的颗粒质量超过总质量的 25% ~ 50%
粗砂	粒径大于 0.5mm 的颗粒质量超过总质量的 50%
中砂	粒径大于 0.25mm 的颗粒质量超过总质量的 50%
细砂	粒径大于 0.075mm 的颗粒质量超过总质量的 85%
粉砂	粒径大于 0.075mm 的颗粒质量超过总质量的 50%

注：定名时应根据颗粒级配由大到小以最先符合者确定。

4.3.2 砂土的密实度应根据标准贯入试验锤击数实测值 N 按表 4.3.2 确定。

表 4.3.2　砂土密实度分类

标准贯入试验锤击数 N（击）	密实度	标准贯入试验锤击数 N（击）	密实度
$N \leqslant 10$	松散	$15 < N \leqslant 30$	中密
$10 < N \leqslant 15$	稍密	$N > 30$	密实

4.3.3 砂土的湿度可根据饱和度 S_r 按表 4.3.3 确定。

表 4.3.3　砂土的湿度

湿度	稍湿	湿	饱和
饱和度 S_r（％）	$S_r \leqslant 50$	$50 < S_r \leqslant 80$	$S_r > 80$

4.4　粉土的分类

4.4.1　粒径大于 0.075mm 的颗粒质量不超过总质量的 50％，且塑性指数小于或等于 10 的土，应定名为粉土。

塑性指数应由相应于 76g 圆锥仪沉入土 10mm 时测定的液限计算确定。

4.4.2　粉土的密实度应根据孔隙比按表 4.4.2 确定。

表 4.4.2　粉土密实度分类

密实度	密实	中密	稍密
孔隙比 e	$e < 0.75$	$0.75 \leqslant e \leqslant 0.90$	$e > 0.90$

4.4.3　粉土的湿度应根据含水量按表 4.4.3 确定。

表 4.4.3　粉土湿度分类

湿度	稍湿	湿	很湿
含水量 W（％）	$W < 20$	$20 \leqslant W \leqslant 30$	$W > 30$

注：地下水位以下的粉土应定为饱和粉土。

4.5　黏性土的分类

4.5.1　塑性指数大于 10 的土应定名为黏性土。

黏性土应根据塑性指数分为粉质黏土和黏土。塑性指数大于 10 且小于或等于 17 的土，应定名为粉质黏土；塑性指数大于 17 的土，应定名为黏土。

4.5.2　黏性土可按下列要求分类：

1　第四系全新统中近期沉积的黏性土，应定名为新近堆积黏性土；

2　第四系全新统沉积的黏性土，应定名为一般黏性土；

3　第四系上更新统及其以前沉积的黏性土，应定名为老黏性土。

4.5.3　黏性土的状态应根据液性指数按表 4.5.3 确定。

表 4.5.3　黏性土状态的分类

天然状态	坚硬	硬塑	可塑	软塑	流塑
液性指数	$I_L \leqslant 0$	$0 < I_L \leqslant 0.25$	$0.25 < I_L \leqslant 0.75$	$0.75 < I_L \leqslant 1$	$I_L > 1$

4.6　特殊性土的分类

4.6.1　特殊性土可按其性质及成因分为湿陷性土、红黏土、软土、膨胀土、盐渍土、污染土、冻土、混合土、人工填土等。

4.6.2　颜色为棕红或褐黄，覆盖于碳酸岩系之上，其液限大于或等于 50％ 的高塑性黏土，应判定为原生红黏土。原生红黏土经搬运、沉积后仍保留其基本特征，且其液限大于 45％ 的黏土，可判定为次生红黏土。

红黏土的状态除可按液性指数判定外，尚可根据含水比按表 4.6.2-1 判定，红黏土的结构、复浸水特性和地基均匀性分类可按表 4.6.2-2 确定。

表 4.6.2-1　红黏土的状态分类

状态	液性指数 I_L	含水比 α_w
坚硬	$I_L \leqslant 0$	$\alpha_w \leqslant 0.55$
硬塑	$0 < I_L \leqslant 0.25$	$0.55 < \alpha_w \leqslant 0.70$
可塑	$0.25 < I_L \leqslant 0.75$	$0.70 < \alpha_w \leqslant 0.85$
软塑	$0.75 < I_L \leqslant 1.00$	$0.85 < \alpha_w \leqslant 1.00$
流塑	$I_L > 1.00$	$\alpha_w > 1.00$

注：$\alpha_w = W/W_L$。

表 4.6.2-2　红黏土的结构、复浸水特性和地基均匀性分类

结构分类		复浸水特性分类			地基均匀性分类	
土体结构	裂隙发育特征	类别	I_r 与 I_r' 的关系	复浸水特性	地基均匀性	地基压缩层内岩土组成
致密状的	偶见裂隙（<1 条/m）	I	$I_r \geqslant I_r'$	收缩后复浸水膨胀，能恢复到原状	均匀地基	全部由红黏土组成
巨块状的	较多裂隙（1 条/m～5 条/m）	II	$I_r < I_r'$	收缩后复浸水膨胀，不能恢复到原状	不均匀地基	由红黏土和岩石组成
碎块状的	富裂隙（>5 条/m）	—	—	—	—	—

注：$I_r = W_L/W_P$，$I_r' = 1.4 + 0.0066 W_L$。

4.6.3　天然孔隙比大于或等于 1.0，且天然含水量大于液限的细粒土应判定为软土，应包括淤泥、淤泥质土、泥炭、泥炭质土等。淤泥和淤泥质土可按表 4.6.3-1 划分，有机质土、泥炭和泥炭质土可按表 4.6.3-2 划分。

表 4.6.3-1　淤泥和淤泥质土的划分

名称	物性指标	沉积环境	野外特征
淤泥质土	$W > W_L$，$1.0 \leqslant e < 1.5$	湖泊、沼泽相，河流阶地上牛轭湖相，山前冲蚀的沟坑、沼泽相，近海湖的三角洲相、滨海相、泻湖相及溺湖相	天然含水量大于液限，呈流塑状
淤泥	$W > W_L$，$e \geqslant 1.5$		

表 4.6.3-2　有机质土、泥炭和泥炭质土的划分

名称	有机质含量 W_u（%）	野外特征	备　注
无机土	$W_u < 5\%$	—	—
有机质土	$5\% \leqslant W_u \leqslant 10\%$	深灰色，有光泽，味臭，除腐殖质外尚含少量未完全分解的动植物体，浸水后水面出现气泡，干燥后体积收缩	现场能鉴别或有地区经验时，可不作有机质含量测定
泥炭质土	$10\% < W_u \leqslant 60\%$	深灰或黑色，有腥臭味，能看到未完全分解的植物结构，浸水体胀，易崩解，有植物残渣浮于水中，干缩现象明显	可根据地区特点和需要按 W_u 细分为：弱泥炭质土（$10\% < W_u \leqslant 25\%$）中泥炭质土（$25\% < W_u \leqslant 40\%$）强泥炭质土（$40\% < W_u \leqslant 60\%$）
泥炭	$W_u > 60\%$	除有泥炭质特征外，结构松散，土质很轻，暗无光泽，干缩现象极为明显	

注：有机质含量 W_u 按灼失量试验确定。

4.6.4　岩土中易溶盐含量大于 0.3%，且具有溶陷、盐胀、腐蚀等工程特性的土，应判定为盐渍岩土。

盐渍土可根据其含盐化学成分和含盐量，按表 4.6.4-1 和表 4.6.4-2 分类。

表 4.6.4-1　盐渍土按含盐化学成分分类

盐渍土名称	$\dfrac{C(Cl^-)}{2C(SO_4^{2-})}$	$\dfrac{2C(CO_3^{2-})+C(HCO_3^-)}{C(Cl^-)+2C(SO_4^{2-})}$
氯盐渍土	>2	—
亚氯盐渍土	2～1	—
亚硫酸盐渍土	1～0.3	—
硫酸盐渍土	<0.3	—
碱性盐渍土	—	>0.3

注：表中 $C(Cl^-)$ 为氯离子在 100g 土中所含毫摩数；$C(CO_3^{2-})$ 为碳酸根离子在 100g 土中所含毫摩数；$C(HCO_3^-)$ 为重碳酸根离子在 100g 土中所含毫摩数；$C(SO_4^{2-})$ 为硫酸离子在 100g 土中所含毫摩数。

表 4.6.4-2　盐渍土按含量分类

盐渍土名称	平均含盐量（%）		
	氯及亚氯盐	硫酸及亚硫酸盐	碱性盐
弱盐渍土	0.3～1.0	—	—
中盐渍土	1～5	0.3～2.0	0.3～1.0
强盐渍土	5～8	2～5	1～2
超盐渍土	>8	>5	>2

4.6.5　由细粒土和粗粒土混杂且缺乏中间粒径的土，应定名为混合土。

当碎石土中粒径小于 0.075mm 的细粒土质量超过总质量的 25% 时，应定名为粗粒混合土；当粉土或黏性土中粒径大于 2mm 的粗粒土质量超过总质量的 25% 时，应定名为细粒混合土。

4.6.6　人工填土可按其物质组成和成因分为素填土、杂填土、冲填土、压实填土，并应符合下列规定：

　　1　素填土应为由碎石土、砂土、粉土、黏性土等组成的填土；

　　2　杂填土应为含有建筑垃圾、工业废料、生活垃圾等杂物组成的填土；

　　3　冲填土应为由水力冲填泥砂形成的填土；

　　4　经过压实或夯实后密实度达到一定指标的素填土应为压实填土。

4.6.7　由于致污物质的侵入，使土的成分、结构和性质发生了显著变异的土，应定名为污染土，污染土的定名可在原土的分类名称前冠以"污染"二字。

5　各类工程勘察基本要求

5.1　冶金工业厂房及构筑物

Ⅰ　可行性研究勘察

5.1.1　可行性研究勘察应查明场地内和附近有无活动断裂，以及活动断裂的位置、走向、规模，并应进行全新世（约一万年）地震活动史调查，应根据可能引发的地震烈度和基岩隐伏断裂覆盖土层厚度，评价对工程建设的影响程度。

5.1.2　可行性研究勘察应初步查明有无影响厂址稳定性的不良地质条件，并应研究其危害程度；对选厂倾向于选取的场地，存在可能影响其取舍的不良地质作用时，应对该场地的稳定性及建筑适宜性作出初步评价。

5.1.3　可行性研究勘察应初步了解场地的主要地层结构和成因，土的物理力学性质及水文地质条件等，并应为建设工程场址选择进行技术经济方案的比选提供依据。

5.1.4　确定场址时，宜避开下列场地或地段：

　　1　可能发生地震烈度 8 度以上的全新活动断

裂带；

2　不良地质作用发育且对场地稳定性有严重影响的，或建筑物位于斜坡上在其施工及使用过程中斜坡将出现整体不稳定的；

3　对建筑抗震地段划分为危险地段的；

4　洪水或水流岸边冲蚀对场地有严重威胁的；

5　地下有可开采的矿藏，且开采对场地稳定性有较严重影响的，或存在对场地稳定性有影响的地下采空塌陷区。

Ⅱ　初步勘察

5.1.5　山区应结合场地情况进行工程地质测绘，比例尺不应小于1：2000。平原区应进行场地有无埋藏的古河道、沟、塘、墓、穴、洞室，以及地下管线等方面的探查，必要时可配合物探、槽探等勘探手段。

5.1.6　初步勘察的勘探线、点的布置应符合下列要求：

1　垂直地形等高线、地貌单元及地质构造线布置勘探线，平原区勘探线可按网状布置；

2　沿勘探线布置勘探点；

3　勘探线间距及勘探线上勘探点的间距，可按表5.1.6确定；

表5.1.6　初步勘察勘探线、点间距（m）

场地复杂程度	勘探线间距	勘探点间距
简单	150～250	75～200
中等复杂	75～150	40～100
复杂	50～100	30～50

注：表中勘探点包括钻孔、探井（坑探）、静探，但不包括工程物探点。

4　一个单独的场地，应有大于或等于2条垂直于地形等高线、地貌单元或地质构造线的勘探线；

5　每一地貌单元与其走向垂直和平行的地质剖面不应少于1条。在地貌单元交界处，微地貌、地层变化较大处，以及可能设置重大建筑物的地段，应有勘探点控制。勘探过程中，发现场地比预计的复杂时，应加密勘探点；

6　有影响建筑物平面布置的特殊性岩土时，应适当加密勘探点。

5.1.7　勘探点深度应根据建（构）筑物重要性等级，以及场地工程地质条件确定。控制性勘探点和一般性勘探点，深度应按表5.1.7确定。

控制性勘探点数量不应少于勘探点总数的1/3，且每个地貌单元不应少于1个。

在预定深度内遇基岩时，除控制性勘探孔仍应钻入基岩至中、微风化层外，其他勘探孔钻入基岩强风化层的深度不应小于2.0m。已有资料表明场地不深处埋藏有厚度大，且均匀分布的坚硬状态的黏性土，密实的粗砂、砾砂及碎石层等地层，其下又无软弱土

层时，除控制性勘探点应达到规定深度外，一般性勘探点钻入坚硬黏性土层，密实砂层的深度不应小于5.0m，钻入密实碎石层的深度不应小于2.0m。在勘探过程中遇有软弱土层时，勘探点应适当加深。

表5.1.7　初步勘察勘探点深度（m）

建（构）筑物重要性等级	控制性勘探点	一般性勘探点
一级	>50	>25
二级	25～50	15～25
三级	15～25	10～15

5.1.8　取样勘探点和原位测试的勘探点应在平面上均匀分布，其数量不应少于勘探点总数的1/2，且每个地貌单元不应少于3个，并应符合下列要求：

1　取样应根据地层的厚度、分布和岩土的均匀性确定。进行物理力学性质试验的土样，应在每一层土中选取，取样竖向间距不应大于2.0m。不能取原状土样时，应选取扰动土样，测定其天然含水量和可塑性。

2　用静力触探、动力触探试验测定黏性土、粉土、砂类土和碎石土的工程性质时，每一地貌单元不应少于2个试验孔；在进行测试的同时，应有一定数量的土工试验资料配合。

淤泥、淤泥质土及软、流塑状态的黏性土和粉土，应增加静力触探孔数，且在采取试样时，应用薄壁取土器，以静力连续压入法进行。

地震抗震设防烈度大于或等于7度的场地，饱和砂土和粉土，应进行标准贯入试验，并从贯入器内选取代表性试样测定其黏粒含量。

3　应选择大于或等于2个代表性的钻孔测定各土层的剪切波速。场地类别的判定应按现行国家标准《建筑抗震设计规范》GB 50011的有关规定执行。

5.1.9　初步勘查应调查地下水类型及埋藏、补给、排泄条件，并应实测水位深度，同时应初步判定水位变化幅度及最高水位。当地下水埋藏接近或高于基础埋置深度时，同一含水层选取不应少于2件水样，并应进行水对建筑材料的腐蚀性分析。

5.1.10　经调查难以确定水位变化幅度及最高水位，并存在下列情况之一时，应进行地下水位的长期观测工作。需要观测的每一含水层应至少设置3个～5个观测点，其深度应能测得最低水位，可利用已有勘探点作为观测孔。观测时间不应少于一个水文年：

1　水位变化幅度较大，并对基础及地下构筑物等防水、防潮、抗浮影响较大时；

2　地下水升降对地基土性质影响较大时；

3　上层滞水或间歇性浅层裂隙水对建筑物影响较大且变化规律不清时。

Ⅲ　详细勘察

5.1.11　详细勘察应搜集附有坐标和地形的建筑总平

面图，场区的地面整平标高，建（构）筑物的性质、规模、荷载、结构特点、基础形式、埋置深度、地基允许变形等资料。

5.1.12 冶炼厂及冶金其他厂房的勘探点应按沿建筑物周边或主要柱列线，结合地形、地貌条件布置。对无特殊要求的其他建筑物，可按建筑物或建筑物群的范围网格状布置；勘探点的间距可按表 5.1.12 确定。

表 5.1.12 详细勘察勘探点的间距（m）

场地复杂程度等级	勘探点间距
简单	24～36
中等复杂	12～24
复杂	9～12

5.1.13 重大设备基础应单独布置勘探点，且数量不应少于 3 个。

5.1.14 详细勘察勘探点深度自基础底面算起，应符合下列要求：

　　1 勘探孔深度应能控制地基主要受力层，基础底面宽度小于或等于 5m 时，勘探孔的深度对条形基础不应小于基础底面宽度的 3 倍，对独立基础不应小于基础底面宽度的 1.5 倍，且不应小于 5m；

　　2 对于应按地基变形验算进行设计的建筑物，控制性勘探点深度应大于地基压缩层深度，一般性勘探点应达到地基主要受力层深度；

　　3 地基压缩层深度内有很厚且埋藏稳定的坚实土层或基岩时，除控制性勘探点应穿过强风化带外，其余勘探点深度应进入稳定坚实土层内一定深度或至基岩顶面一定深度；

　　4 当场地（或地段）有生产堆料、工业设备地面堆载，以及天然地面上的大面积填土荷载等大面积地面堆载时，控制性勘探点应适当加深；

　　5 大型设备基础的勘探孔深度不应小于基础底面宽度的 2 倍；

　　6 当在勘探深度内遇到软弱土层时，勘探点应适当加深；

　　7 需采用复合地基或桩基时，一般勘探点深度应进入桩端持力层以下 3m～5m，控制性勘探点深度应按桩端下压缩层深度确定；

　　8 基坑工程的勘探点应按周边及开挖和降水的影响范围布置，深度应为开挖深度的 2 倍～2.5 倍。

5.1.15 详细勘察采取土试样和进行原位测试应符合下列要求：

　　1 取样或进行原位测试的勘察点数量，应根据地层结构、地基土的均匀性和设计要求确定；其数量应占勘探点总数的 1/2～2/3，对大型设备基础不应少于 2 个勘探点；

　　2 取试样和原位测试的竖向间距，在主要受力层应为 1m～2m，主要受力层以下不应大于 3.0m；

　　3 在主要受力层内，对厚度大于 0.5m 的软弱夹层或透镜体，应采取土试样或进行原位测试；

　　4 对含大量黏性土的碎石土，或含碎石、卵石的黏性土，不易采取原状试样时，应进行原位测试并采取适量扰动试样，并应测定其天然含水量和状态参数等；

　　5 对于淤泥、淤泥质土及软、流塑状态黏性土，应采用静力触探试验；在采取原状土样时，应用薄壁取土器，以静力连续压入方法进行；

　　6 在地震抗震设防烈度大于或等于 7 度的场地，对饱和砂土及粉土应进行标准贯入试验，并从贯入器内选取代表性试样测定其黏粒含量；

　　7 对大型建筑物地基及用一般方法难以测定其力学性质的特殊土，应采用载荷试验确定地基承载力和变形参数，同一试验层不应少于 3 组；

　　8 当设计需要提供地基土动力参数时，应做相应的动力测试试验，数量不应少于 2 处。

5.1.16 详细勘察应进行下列水文地质工作：

　　1 遇地下水时应量测水位，稳定水位应在初见水位稳定后量测，对多层含水层的水位量测，应采取止水措施，应将被测含水层与其他含水层隔开；

　　2 应查明地下水类型、埋藏条件及场地的最高水位；

　　3 地下水位接近或高于基础埋置深度时，每个场地同一含水层选取不少于 2 件的水样，对建筑群不宜少于 3 件的水样；有关水、土的腐蚀性评价应符合本规范第 9 章的有关规定；

　　4 当基础及其他地下建（构）筑物位于地下水位以下时，应进行现场水文地质试验，并应提供地下水控制所需的水文地质参数。

5.2 改建、扩建

5.2.1 改建、扩建工程勘察应首先搜集、分析下列资料：

　　1 已有建筑物的勘察资料，包括场地稳定性评价，地基土的均匀性、压缩性、承载力及有关物理力学性质指标，水文地质条件，场地整平前的老地形图，有无被淹埋的河、塘等；

　　2 已有建筑物的结构特点、基础形式、尺寸、荷载、埋深及对地基沉降的敏感程度；

　　3 已有建筑物基础施工方法、步骤与相邻已有建筑物基础的距离；基础施工对相邻已有基础的影响；

　　4 已有建筑物及改建、扩建建筑物有无大面积地面堆载，改建前与改建后堆载的变化情况。

5.2.2 已有厂房加长、加跨、加载勘察应符合下列要求：

　　1 已有基础勘探点宜紧靠建筑物基础周边布置，勘探方法除钻探外，宜结合原位测试，必要时应专门布探井或探槽；

2 通过对已有基础和地基的分析，应评价其可利用程度，并应提出处理建议；

3 应提供拟建建筑物基础与相邻已有建筑物基础的差异沉降计算结果及计算所需的参数；

4 当基坑开挖需进行稳定性计算，分析研究对邻近已有基础的影响时，应提供边坡土体的抗剪强度。

5.3 尾矿处理设施

5.3.1 尾矿处理设施场地宜选择在具备下列条件的场地：

1 无不良地质作用或影响较小；

2 地下不具备有开采价值的矿藏和采空塌陷区；

3 汇水面积小且库容大；

4 下游和最大频率风向的下方无大工业区、居民区、水源地、重点名胜古迹及风景区；

5 场地及其附近有足够的筑坝材料且便于运输；

6 筑坝对周边环境（特别是水资源）无污染或筑坝不至于破坏生态环境。

5.3.2 尾矿处理设施可行性研究勘察应以搜集资料、现场踏勘为主，当资料不足时，可补充进行调查和工程地质测绘及物探等勘探工作。

可行性研究勘察为场址的选择应提供下列资料：

1 区域地质构造、地震地质资料；

2 场地的地形地貌、地层、岩性等工程地质条件；

3 汇水面积、洪水流量、地表水及地下水等水文地质资料及气象资料；

4 滑坡、崩塌、泥石流、岩溶等不良地质作用；

5 库区周边自然环境、人文环境、生态环境等；特别应提供邻近的水源地保护带、水源开采状况和环境保护要求；

6 筑坝材料的储藏分布情况。

5.3.3 尾矿处理设施初步勘察符合下列要求：

1 应初步查明拟建场地坝址、坝肩、库区及库区岸边的工程地质和水文地质条件，并应评价其稳定性和渗漏性以及渗漏对周边环境产生的影响；

2 应初步查明场地不良地质作用，并应分析评价其对工程可能产生的影响及其防治措施建议；

3 当场地抗震设防烈度大于或等于6度时，应进行场地地震效应分析，并应提供抗震设计有关参数；

4 应查明筑坝材料的产地、质量、储量和开采条件。

5.3.4 尾矿处理设施初步勘察采取岩、土样和原位测试应符合下列要求：

1 采取岩、土样或进行原位测试时，应按坝址、库区的主要岩土层分别确定，原位测试应按工程需要

确定；

2 需要时对坝址和库区应进行抽水、压水或注水试验。

5.3.5 坝址区初步勘察的勘探工作应符合下列要求：

1 坝址区的勘探线应平行或沿坝轴线布置，数量不应少于3条；沟谷库型的坝基勘探点间距宜为30m～50m，平地库型的坝基勘探点间距宜为50m～70m，每条勘探线上的勘探点数量不宜少于3个；

2 控制性勘探点的数量宜为1/3～1/2，深度应满足查明坝基和坝肩的软弱地层和软弱结构面、潜在的滑动面和可能发生渗漏或管涌的地层的要求，且不应小于初期坝高的1倍；

3 一般性勘探点深度应满足查明坝基持力层的要求，且不应小于15m；

4 在预定深度内，遇有稳定岩层或软层时，勘探点深度应酌情调整。

5.3.6 库区初步勘察时的勘探工作应符合下列要求：

1 工程地质测绘比例尺宜选用1：2000～1：5000；

2 勘探线宜沿拟建排水管及排水井位置布置；

3 勘探点间距宜为40m～60m，当排水井井位已定时，应与井位的勘探点相结合；

4 勘探点深度宜为5m～8m，当与排水管、排水井勘探点相结合时，勘探点深度应满足其地基评价的要求；

5 当需要研究沟谷两侧坡体的稳定性和渗漏性时，应布置垂直沟谷的辅助勘探线。勘探点数量、间距和勘探点深度，可根据所研究的问题和地层条件确定。

5.3.7 库区详细勘察应符合下列要求：

1 应详细查明坝基、坝肩以及各拟建建（构）筑物所在位置的地层结构及特点，并应进行岩土的物理、水理和力学性质试验，同时应提供相应的岩土参数值和地基承载力特征值；

2 应分析评价库区潜在不良地质作用的危害程度，并应提出防治治理措施建议；

3 应分析坝基、坝肩、库岸的稳定性，并应提出相应工程建议；

4 应分析坝基、坝肩、库区的渗漏性，并应评价其危害程度以及对周边环境的影响，同时应提出防渗治理建议方案；

5 应分析和评价排水井、排水管地基的压缩变形和均匀性，对其不均匀性应提出地基处理建议；

6 当地质条件复杂时，应对坝肩区、需整治的不良地质作用区域进行大比例尺工程地质测绘工作，其成图比例尺不宜小于1：1000；

7 详细勘察时应对可能产生危害性渗漏地层进行抽水、压水或注水试验，应确定渗漏范围，并应估算渗漏量。

5.3.8 坝址区详细勘察时的勘探工作应符合下列要求：

1 坝址区的勘探线应沿坝轴线及其上下游平行坝轴线布置，并不应少于 3 条，勘探点间距宜为 25m～50m；

2 控制性勘探点宜布置在坝轴线上，其深度宜为初期坝高的 1 倍～2 倍；一般性勘探点深度宜为初期坝高的 0.6 倍～1.0 倍。在岩溶地区或有强渗漏性地层或抗滑稳定性差的地层时，应专门进行研究，并应确定勘探深度；在预定深度内遇到基岩或分布稳定的弱渗透性岩土层时，除部分控制性勘探点应钻入基岩中风化层一定深度，其余勘探点可达到基岩顶面或穿透强风化层；

3 控制性勘探点的数量宜为勘探点总数的 1/3～1/2，但每个地貌单元上应有控制性勘探点。

5.3.9 库区详细勘察时，下列情况应进行专项勘探和测试工作：

1 库区存在岩溶土洞时；

2 库区岩层破碎、构造裂隙发育或存在其他强渗漏性地层时；

3 库区存在滑坡、崩塌或其他不良地质作用，并可能影响尾矿处理设施正常运行时；

4 库区存在采空区时。

5.3.10 排水构筑物的勘探点宜结合排水井、槽和排水管布置，勘探点间距宜为 25m～50m，在排水井和排水管转角位置应布设勘探点。勘探点深度应根据排水井高度、排水管埋置深度、尾矿堆积坝最终高度和地基土特性等确定。

5.3.11 当采用溢洪道排洪时，宜沿溢洪道布置勘探和测试工作。

5.3.12 拦洪坝勘察可按坝址区的有关规定执行。

5.4 露天矿边坡

5.4.1 露天矿边坡的工程地质勘察应与矿山开采的设计阶段相适应，可分为可行性研究阶段勘察、设计阶段勘察、矿山开采阶段勘察。

5.4.2 可行性研究阶段的岩土工程勘察应符合下列要求：

1 应了解区域和矿区地质背景，并应初步掌握勘察场区的工程地质、水文地质条件；对采矿场各边帮的边坡角应提出初步推荐值；

2 可行性研究阶段勘察野外工作应以踏勘、专门路线的调查及详细测线测量为主。必要时可进行物探和槽探。

5.4.3 设计阶段的岩土工程勘察应符合下列要求：

1 应查明各类岩石的分布，并应划分工程地质岩组，同时应区分出软弱岩组和破碎带；

2 应查明勘察场区岩层产状、构造特征，并应确定断层、褶皱、密集节理带、岩脉的空间分布状况、组合规律及其工程地质特征，应着重研究影响边坡稳定的优势结构面；

3 应确定节理和其他成组不连续面优势产状及表征性质的统计参数；

4 应查明勘察场区的水文地质条件；

5 应确定可能被滑动面切穿的岩体的抗剪强度和可能成为滑动面的不连续面的抗剪强度；

6 应查明风化、侵蚀、滑坡、地表变形等不良地质作用的分布、成因、发展趋势，以及其对边坡稳定性的影响程度；

7 应调查了解区域地应力情况；

8 抗震设防烈度大于或等于 7 度的地震区，应搜集和分析区域历史地震和地震地质资料，并应确定设计地震加速度；

9 露天矿边坡应进行工程地质分区、边坡分区，应分析各边坡分区的破坏模式和边坡稳定性，并应给出边坡角的推荐值；

10 稳定程度较低的边坡区段应提出治理措施和位移监测的建议。

5.4.4 矿山开采阶段的工程地质勘察应符合下列要求：

1 应充分利用岩体已被揭露的条件和已有的工程地质资料，并应针对具体工程问题，补充适量的工程勘探和试验工作、完善以往的成果资料；

2 新圈入境界的地段或开挖后地质条件与设计所依据的资料有较大差别的地段，当其深部地质条件不清，以及为进行边坡加固需确定滑动面位置时，应进行相应的钻探或井、巷探；

3 开采阶段的现状调查应包括下列内容：

1）了解台阶边坡的变形与破坏情况及影响因素；

2）查明有无危石及潜在的崩塌体和滑体，分析已发生的滑坡的类型及其形成机制，量测稳定台阶与不稳定台阶形成的台阶坡面角等；

3）根据台阶边坡的稳定程度予以分级并在平面图上加以圈定；

4）调查露天采矿场附近与边坡地质条件相似的自然山坡，分析其稳定坡角与山坡高度的关系；

5）调查露天采矿及附近的滑坡；

6）搜集区域构造地质、当地历史地震和现今地震活动等资料，调查由地震造成的物理地质现象及其他震害；

7）对生产爆破方式、一段最大爆破药量及震动影响进行调查。对于较高的边坡需进行爆破测振。

5.4.5 工程钻探与地球物理勘探应符合下列要求：

1 工程钻探所设计的每一钻孔应确定所要探查

的关键问题，并应作一孔多用的安排；

    2 隐伏的大的不连续面空间位置和产状，宜布置三个不在一条直线上的钻孔进行定位，不连续面的倾向已知时，可按剖面线沿倾向布置钻孔；

    3 钻孔应布置在重要边帮部位或主要控制性计算剖面上，其方向宜垂直于坡面；钻孔应穿过待查的大的结构面或预计的最低可能滑动面，并应深入其下10m～20m；

    4 应使用双重岩芯管金刚石钻头钻进，并应进行岩芯定向；钻孔的孔径不宜小于76mm；

    5 物探应与工程地质测绘和钻探相互配合进行。

5.4.6 测试与试验应符合下列要求：

    1 应进行有针对性的岩石物理力学性质试验；完整岩石和不连续面的力学性质试验应主要在试验室进行；

    2 可能构成破坏面的软弱面和软弱夹层，可适量进行原位抗剪试验；

    3 岩体变形指标宜采用钻孔弹模试验、载荷试验、狭缝试验等原位试验方法直接测定，也可根据原位弹性波速测定结果或完整岩石室内变形试验的结果结合经验确定。

5.4.7 监测应符合下列要求：

    1 水压监测应采用钻孔埋设水压计的方法测定；

    2 位移监测网应在开采初期建立，应采用三等三角网和三等水准网进行控制；

    3 已发生显著变形的边坡，除应设置测桩观测点外，应布置深部钻孔多点伸长计、钻孔倾斜仪等，进行定期观测和分析。

5.4.8 边坡稳定性评价应符合下列要求：

    1 边坡稳定性分析应按边坡分区逐一进行；每一边坡分区应绘制计算剖面，应确定可能引起边坡破坏的优势不连续面和破坏模式，并应确定滑体的重力、水压力、地震力等荷载，以及岩体及不连续面的抗剪强度及其他计算所需的力学指标，宜根据数理统计并结合工程经验确定；

    2 边坡的稳定性计算应以极限平衡法为主，并应以安全系数作评价指标；当能获得较多的计算参数足以建立可靠的分布时，可同时作可靠性分析，应用破坏概率作参考性评价指标；

    3 高边坡，特别当其所在地为高地应力区时，应进行应力场及变形场分析；

    4 有条件时，边坡稳定性计算宜用多种方法进行。

5.5 井 巷 工 程

5.5.1 可行性研究勘察应符合下列要求：

    1 应搜集区域工程地质、水文地质和环境地质条件对建井适宜性作出评价，当地质条件简单或地质资料充分满足建井位置的确定所需时，可不进行可行性研究勘察；

    2 井巷工程场地宜避开下列地段：

        1）构造断裂、岩溶、滑坡和崩塌等不良地质作用发育，且对场址的稳定性有直接危害或有潜在的威胁的地段；

        2）场址在斜坡上时，宜避开施工和使用期间，由于地质环境的改变，有可能失稳的地段。

5.5.2 初步勘察应符合下列要求：

    1 初步勘察工作应在搜集和研究已有地质资料的基础上，以工程地质测绘、调查为主，并辅以钻探、测试和工程物探等手段；

    2 初步勘察应初步查明下列内容：

        1）场地地貌形态、地层岩性、产状、厚度、风化程度；

        2）井巷工程通过地段断裂和主要裂隙的性质、产状、充填、胶结及组合关系；

        3）场地不良地质作用的类型、分布、规模、发展趋势；

        4）井巷工程地段的水文地质条件。

5.5.3 初步勘察的勘探工作应符合下列要求：

    1 工程地质测绘的比例尺宜采用1：2000～1：5000，井口、洞口地段宜采用1：1000～1：2000；

    2 平巷、斜井、竖井宜布置控制性钻孔，钻孔深度应达到设计巷道底面标高以下大于或等于3m；

    3 宜采用物探方法探查隐伏断裂、构造破碎带的位置和规模；

    4 每一主要岩层和土层均应采样，当有地下水时应采取水样；当井巷区存在有害气体或地温异常时，应进行有害气体成分、含量或地温测定；高应力地区，应进行地应力测量；

    5 应测定围岩的单轴饱和抗压强度、抗剪强度、弹性模量等参数，并应结合岩体完整性初步进行围岩分级；

    6 应在钻孔中进行水文地质试验，并应提供围岩的渗透系数和巷道涌水量计算参数。

5.5.4 详细勘察应符合下列要求：

    1 应查明地层、地质构造及岩土的物理、力学性质，并应划分岩组和风化程度；

    2 应查明断裂构造和破碎带的位置、规模、产状和力学属性，并应划分岩体结构类型；

    3 应查明不良地质作用的类型、性质、分布，并应提出防治措施和建议；

    4 应查明含水层厚度、类型、埋藏条件、分布、层位、围岩的渗透性、地下水补给来源、与地表水的关系等水文地质条件，并应预测开挖期间出水状态、涌水量；

    5 应查明地下水对混凝土结构、钢筋混凝土结构中的钢筋和钢结构的腐蚀性；

    6 应评价围岩的稳定性，以及井口和洞口的稳定性，并应预测施工中可能出现的问题，对井巷工程的施工方法、支护和衬砌形式应提出建议；

7 应评价废石堆场对环境的影响，并应提出防治措施建议。

5.5.5 详细勘察勘探点布置应符合下列要求：

1 当拟建场址地质条件简单时，可在井筒中心点布置勘探钻孔，勘探深度应达到设计井底标高以下3m～5m；

2 当地质条件复杂、含水层涌水量大、井筒直径大时，应在井筒范围以外3m～5m布置勘探点，勘探点不应少于2个；

3 当地质条件简单，两个竖井中心距离小于或等于25m时，两个竖井可共用一个勘探孔；

4 平巷、斜井、尾矿排水隧洞的勘探点应在巷道中心线外侧6m～8m范围布设；地质条件简单时，勘探点间距宜为100m～200m，对于深埋长巷道可增大到300m～400m，地质条件复杂时，勘探点间距不应大于50m；对于短且地质条件复杂的井巷，勘探点不应少于2个；勘探钻孔深度应达到设计巷道底板标高以下3m～5m；遇不良地质作用或软弱地层时尚应加深；

5 勘探孔宜采用金刚石钻进，钻孔直径应满足抽水试验和选取岩、土试样；垂直孔在每100m孔深内孔深误差不得大于±0.2%，钻孔弯曲度的顶角不得大于1.5°，斜孔的顶角不得大于3°。岩芯采取率在基岩和黏性土中不应低于80%，在破碎带、软弱夹层和粗粒土层不应低于65%；

6 钻探工作结束后，除井巷施工需利用的钻孔外，所有钻孔均应使用强度等级不低于M10的水泥砂浆封堵，并应作出明显的、适宜长期保存的标志；

7 各勘探钻孔均应采取不扰动岩、土样。

5.5.6 详细勘察时水文地质工作应符合下列要求：

1 所有钻孔均应进行地下水位观测；

2 竖井、主溜井工程应在钻孔完成后进行抽水试验或压水试验，当有多层地下水时，应分段封堵进行试验。其他井巷工程应根据工程需要在工程通过地段进行抽水试验；

3 钻孔内宜配合水文地质试验进行电法测井；

4 工程需要时应进行地下水长期观测。

5.5.7 当斜井、平巷或隧洞的地质条件复杂，或详细勘察的勘探精度不能控制巷道的各段时，应进行施工勘察，施工勘察应配合导洞或毛洞进行，当发现与勘察资料有较大出入时，应提出修改设计和施工方案的建议。

5.6 管线工程

5.6.1 可行性研究勘察应符合下列要求：

1 勘察工作应以搜集地区地层、构造、地形、地貌和水文地质资料为主；

2 在下列情况下应布置勘探工作量：

1）高填深挖地段，地质条件复杂，并对管、线线路取舍有影响时；

2）不良地质作用发育，地质条件复杂，线路有通过的可能性时；

3）装矿站、卸矿站、转角支架和大跨越的高支架处地层复杂，并有局部不良地质作用时。

5.6.2 初步勘察应查明沿线的地层结构，以及岩、土的物理力学性质与地下水类型和对建筑材料的腐蚀性。勘探工作量的布置，应符合下列规定：

1 河（沟）谷地段，不应少于3个勘探点，且在河（沟）谷底处应至少有1个勘探点，勘探深度宜为12m～20m；

2 高填深挖地段，不应少于2个勘探点，勘探深度应根据地层条件确定；

3 在可能设置支架的范围内，当地质条件复杂时应布置勘探点，勘探深度应根据地层条件确定；

4 在不良地质作用和地质条件复杂的地段，勘探点间距和勘探深度应根据其类型、规模和复杂程度确定，并应以查明其危害程度和满足初步确定防治方案所需的资料为准；

5 勘探过程中，应选取岩、土、水样，进行物理、水理及力学性质试验和水对建筑材料的腐蚀性分析，需要时尚应测定水、土对金属管道的腐蚀性。

5.6.3 管线工程详细勘察应查明管道、路基沿线和支架区段的地层结构，地下水类型、埋藏深度及其对混凝土的腐蚀性。详细勘察的工作量布置应符合下列要求：

1 工程地质调查与测绘工作应根据工程需要在初勘资料基础上进行补充和修正；

2 在线路通过的各地貌单元或工程地质分区，均应布置勘探工作，勘探点的间距、数量和深度应符合表5.6.3的规定；

表 5.6.3 勘探点布置与深度

管、线工程类型	勘探点间距	勘探点深度
架空索道	每个塔基不应少于1个勘探点	根据荷载性质和基础形式确定，当地质条件复杂时，应增加勘探点，勘探深度为10m～12m
架空输电线路	直线塔每3个～4个塔或每个地貌单元布置1个勘探点，其他类型塔基和重要塔基，每个塔基至少布置1个勘探点	
管道（包括给排水、尾矿输送）	不应大于200m，各地貌单元及高填深挖地段应有勘探点	支墩基底或管沟底下不应小于5m

管、线工程类型	勘探点间距	勘探点深度
槽渠	跨越铁路、公路、河流、冲沟、陡坎、滑坡、泥石流及岩溶土洞的渡槽，应按渡槽支架布置勘探点，可按100m～200m进行	渠底下不应小于5m

3 应采取岩、土试样或进行原位测试，取样或测试的数量应满足岩土工程分析评价的要求；

4 应按不同地貌单元采取水、土试样和做腐蚀性试验；对埋入式管道工程，应做土对钢结构的腐蚀性试验；

5 对装矿站、卸矿站、转角站和锚站的勘察，应按单独建（构）筑物进行；

6 对河谷区管、线，尚应评价河流改道的可能性，并应确定洪水淹没的范围。

5.7 岸边取水设施

5.7.1 初步勘察应符合下列要求：

1 河床区应垂直岸边线布置2条～3条勘探线。勘探线间距应为50m～70m，勘探点间距应为30m～50m，但每条勘探线上应至少有2个勘探点。勘探深度应达到最大冲刷深度以下3m～5m。卵石层不应少于8m，砂层不应少于10m，基岩宜进入中风化层且不宜少于1m；

2 岸边区勘探线应以垂直岸边线为主、平行岸边线为辅。勘探线间距和勘探深度应以能查明岸坡稳定性确定；

3 净化场区勘察工作应按本规范第5.1节的规定执行。

5.7.2 详细勘察应符合下列要求：

1 河床区勘察应符合下列要求：

1）水泵房构筑物地基或桥墩式构筑物地基，勘探点间距不宜大于20m，每个主要构筑物不应少于2个勘探点。勘探深度应达到基础底面以下8m～10m。基底为基岩时，宜穿过强风化层达到中风化层；

2）水平集水管式取水构筑物地基，勘探点宜按浅而密的原则布置，勘探点间距不宜大于15m，或一个集水系统不宜少于3个勘探点。勘探深度应达到基（管）底以下6m～8m，并达到预估的最大冲刷深度以下大于或等于5m；

3）深基坑的勘察范围宜超出开挖边界，其距离相当于2倍～3倍的开挖深度；勘探深度应为开挖深度的2倍～3倍，遇坚硬地层

时，可根据支护设计要求减小勘探深度；在深厚软土区，勘察范围和深度应适当扩大；

4）深基坑或涌水量较大的基坑应进行现场渗透试验，确定渗透系数，计算基坑涌水量，并提出有效的降水建议。

2 岸边区勘察时，勘探工作量应根据场地整平标高和构筑物的布置情况确定。主要构筑物不应少于3个勘探点。勘探深度应达到岸边最低点以下3m～5m或至稳定基岩内2m～3m。

3 净化场区勘察应符合下列要求：

1）勘探点可按水池周围边线布置，当地质条件简单时，可按建筑群布置；勘探点间距宜为20m～40m；勘探深度，水池部分应达到池底以下10m～15m或至坚实地层，并满足抗浮设计要求，泵站等构筑物勘探深度应达到基础底下6m～8m；在水池底遇有透水性强的地层时，应查清其厚度和延伸范围，必要时应测定渗透性；

2）当建筑场地分布有黏性土层时，应测定土的不排水抗剪强度指标、渗透系数、最大干密度和最优含水量。

5.8 天然建筑材料场地

5.8.1 天然建筑材料场地宜选择在具备下列条件的场地：

1 距离建设工程场地较近，便于开采和运输；

2 开采不影响已建或拟建各建（构）筑物的稳定；

3 开采不影响河道的防洪及船只的正常运行；

4 料场为非基本农田或工程建设用地；

5 料场岩土未受到污染，对其他建筑材料不具有强腐蚀性。

5.8.2 选择料场调查阶段勘察应符合下列要求：

1 应通过调查访问和现场踏勘，搜集附近已有料场的资料，并应结合场地的地形、地貌特征，圈定料场范围，同时应初步估算天然建筑材料的储量和质量；

2 宜选择2个以上场地，进行分析评估，并应最终确定开采料场。

5.8.3 初步勘探阶段应以工程地质测绘为主，测绘比例尺宜选用1∶2000～1∶5000；当场地地质条件复杂时，可辅以适量勘察工作，并应符合下列要求：

1 应划分天然建筑材料场地的类型，类型的划分应符合下列原则：

1）地形地貌单一，有用层稳定，由单一成因的地层组成，有用层位于地下水位以上时，为简单场地；

2）地形地貌简单，有用层基本稳定，由两种

成因的地层组成，有用层部分位于地下水位以下时，为中等复杂场地；

　3）地形地貌复杂，有用层不稳定，由两种以上成因的地层组成，有用层部分或全部位于地下水位以下时，为复杂场地。

　2　应初步查明天然建筑材料的储量及分布情况。

　3　应初步评估天然建筑材料的质量。

5.8.4　详细勘探阶段应符合下列要求：

　1　详细勘探阶段应主要以钻探、井探、室内试验为主；当需要评价开采边坡稳定性时，应符合本规范第5.4节的有关规定。

　2　详细勘察阶段工作应包括下列内容：

　　1）查明有用层的厚度、产状以及覆盖层、无用层的厚度；

　　2）查明料场水文地质条件，评价地下水对开采的影响；

　　3）查明建筑材料的物理力学性质，对矿采废料还应查明矿物成分及含量；

　　4）查明粗颗粒材料、砂类土材料颗粒级配及含泥量；

　　5）评价建筑材料的质量，计算有用层的储量；

　　6）评价开采形成边坡的稳定性和运输条件。

　3　详细勘察阶段的勘探工作应符合下列要求：

　　1）山区或斜坡场地勘察线应垂直地貌单元、地质构造线和地层界线或岩层走向布置；

　　2）平原、丘陵区或河床场地勘探线可按网格布置；

　　3）每个地貌单元均应有勘探点；

　　4）勘探点间距可根据划分的天然建筑材料场地的类型确定，简单场地宜为100m～200m；中等复杂场地宜为50m～100m；复杂场地宜为25m～50m；勘探点深度应穿透最大开采深度或有用层底板。

6　工程地质测绘

6.0.1　工程地质测绘前，应搜集并研究下列资料：

　1　测区范围内及附近的地形图、地貌图、构造地质图、矿产分布图、地质剖面图及其文字说明；在可行性研究勘察阶段宜搜集航空相片、卫星相片的解译结果；

　2　区域内各种主要气象要素；

　3　水系分布图、水位、流速、流量、流域面积、径流系数与动态，洪水淹没范围等资料；

　4　地下水的主要类型、补给来源、埋藏深度、排泄条件、变化规律和岩土的透水性及水质分析资料；

　5　测区范围内及附近的工程地质勘察资料，研究各种土的工程性质及特征，了解不良地质作用的分布及发育程度；

　6　地球物理勘探及矿床资料；

　7　当测区的抗震设防烈度大于或等于7度时，应搜集了解断裂活动与地震的关系和在历史地震中造成的震害，研究地震的发生与地质构造的关系。

6.0.2　地层岩性的测绘应包括下列主要内容：

　1　基岩地层的测绘应包含岩石的类型、名称、形成年代、矿物成分、包含物、结构、构造、结构面产状；

　2　第四系地层的测绘，应研究成因类型、颗粒组成、均一性和递变情况；各层所处的地貌单元与地质结构和下伏基岩的关系；在建筑拟建区，应着重调查特殊性岩土的性质、分布、厚度及延展变化情况。

6.0.3　地貌的测绘应包括下列主要内容：

　1　查明地貌的成因类型和形态特征，划分地貌单元，分析各地貌单元的发生、发展和相互关系，并划分各地貌单元的分界线；

　2　测量或调查微地貌形态，描述其特征，调查其分布情况；查明其与岩性、地层、构造以及第四系堆积物的关系，分析确定地貌的成因类型；

　3　调查地形的形态及其变化情况。

6.0.4　地质构造的测绘应包括下列主要内容：

　1　测区内构造形迹，尤其是新构造活动的形态特征；

　2　构造结构面的发育特征、序次及组合关系；

　3　区域构造特征及其与测区地质构造的关系；

　4　断裂的活动性及地震强度评价。

6.0.5　不良地质作用的测绘应包括下列内容：

　1　岩溶场地的测绘，应调查岩溶的分布形态和发育规律；覆盖层厚度，地下水赋存条件、水位变化和运动规律，岩溶发育与地貌、构造、岩性、地下水的关系，土洞和塌陷的分布、形态和发育规律；

　2　滑坡场地的测绘，应调查确定滑坡的形态要素和演化过程，圈定滑坡周界；查明地表水、地下水、泉和湿地等的分布，滑坡体稳定性；

　3　危岩和崩塌场地的测绘，应调查崩塌类型、规模、范围、崩塌体的大小和崩落方向以及崩塌体的稳定性；

　4　泥石流场地的测绘，应调查泥石流形成区的地形地貌、地质构造、岩性、气象、汇水面积等情况，调查形成区冰雪融化和暴雨强度、一次最大降雨量、平均及最大流量，地下水活动以及形成区的水源类型、水量、汇水条件，固体来源区的山坡坡度、松散物厚度、水土流失情况，调查堆积区堆积扇的分布范围、表面形态及剖面结构，判定堆积区的形成历史、堆积速度，估算一次最大堆积量，调查泥石流沟谷的历史、历次泥石流的发生时间、规模、形成过程及其危害情况；调查开矿弃渣、修路切坡、砍伐森林、陡坡开荒和过度放牧等人类活动情况；

5 采空区场地的测绘，应调查地表移动盆地的特征、矿层分布、埋藏特征和上覆岩层的岩性、构造，调查矿层开采的范围、深度、厚度、时间、方法和顶板管理及矿层开采的远景规划，采空区的塌落体的密实程度；调查采空区附近的抽水和排水情况及其对采空区稳定的影响，搜集采空区变形观测资料。

6.0.6 水文地质测绘应包括下列内容：

1 地表水调查应包括水位流量、水质、用途与地下水的补排关系，最高洪水位及其发生时间，淹没范围；

2 地下水调查应包括含水层的岩性特征，埋藏条件，分布规律，含水性和渗透性，与地表水体的补排关系，流向和受污染程度等；

3 泉调查应包括位置、成因类型、补给源、水量、水质和沉淀物；

4 水井调查应包括位置、类型、结构、水位、水质、涌水量。

7 勘探取样与测试

7.1 勘探与原位测试

7.1.1 钻探应符合下列规定：

1 应准确选用钻探工艺；

2 钻探的回次进尺，应根据所选用的钻探方法和钻进地层及所用钻具综合确定；一般黏性土、砂类土回次进尺不宜大于 1.5m，碎石类和软土不宜大于 1.0m，滑动面和重要结构面不应大于 0.5m，较破碎、破碎和极破碎岩体不应大于 1.0m，较完整岩体不应大于 2.5m，完整岩体不宜大于 3.5m；

3 钻探的岩芯采取率，黏性土和粉土不应低于 90%，砂类土不应低于 70%，碎石类土不应低于 50%，完整和较完整岩体不应低于 80%，较破碎、破碎和极破碎岩体不应低于 65%，对需重点查明的滑动带、软弱夹层等部位，应根据具体要求专门确定；

4 对鉴别地层天然湿度的钻孔，在地下水位以上应进行干钻；当必须加水或使用循环液时，应采用双层岩芯管钻进；

5 当需确定岩石质量指标 RQD 时，应采用 75mm 口径（N 型）双层单动岩芯管和金刚石钻头；

6 定向钻进的钻孔应分段进行孔斜测量；倾角和方位的量测精度应满足设计要求；

7 对垂直孔，每 100m 允许偏差为 ±2.0°，应每 50m 测量一次；对斜孔，每 100m 允许偏差为 ±3.0°，应每 25m 测量一次；超过规定时，应及时采取纠斜措施；

8 钻进深度和岩土分层深度的量测精度不应低于 50mm。

7.1.2 井探应符合下列要求：

1 井探宜采用圆形或矩形断面，断面尺寸应便于操作和取样；

2 在探井中选取不扰动土样时，距取土深度 0.2m 处的上方土层严禁扰动；

3 槽探的长度方向应根据具体条件确定，宽度应满足操作和取样要求，深度不宜大于 3.0m。

7.1.3 记录和编录应符合下列规定：

1 钻孔编录应按钻进回次逐栏逐项填写；

2 钻探成果可用钻孔野外柱状图或分钻孔编录表示，描述的内容应符合本规范附录 F 的有关规定；

3 钻探岩芯应随时进行整理，实测岩芯长度应按回次进尺准确计算岩芯采取率；采取的岩芯应按上下顺序摆放，并应填写回次标签，在一个回次进尺内采得两种不同地层的岩芯时，应注明变层深度；当发现滑动面、软弱结构面或薄层时，应加填标签注明起始深度，并应放在岩芯相应位置上；需保存的岩芯应装入分格岩芯箱，应填写标签，并应写明层次编号、岩层名称和起始深度；

4 应根据岩芯进行分层，分层误差不得大于 ±0.3m。当层厚大于或等于 0.5m 时，应单独分层描述并取样或测试；小于 0.5m 的薄层可作为厚层中的夹层描述；层厚大于 0.2m 的软弱夹层应分层记录描述；层厚小于或等于 0.2m，且对岩土工程评价有重要影响时，应详细记录；

5 钻进中遇到地下水位时应停钻量测初见水位，终孔后应量测静止水位；有多层地下水，需要分层量测水位时，应采用套管隔水法逐层进行水位观测；

6 井探、槽探编录应及时、准确，除应文字记录外，尚应以剖面图、展示图反映井槽底部的岩性、地层分界、构造特征、取样和试验位置，并应辅以代表性部位彩色照片。

7.1.4 原位测试方法应根据岩土条件、设计对参数的需要、地区经验和测试方法的适用性等因素综合确定。

7.2 岩、土试样的采取、保存与运输

7.2.1 土试样的采取应符合下列规定：

1 土试样质量应根据试验目的按表 7.2.1-1 分级。

表 7.2.1-1 土试样质量等级

级别	扰动程度	试 验 内 容
I	未扰动	土类定名、含水量、密度、强度试验、固结试验
II	轻微扰动	土类定名、含水量、密度
III	显著扰动	土类定名、含水量
IV	完全扰动	土类定名

2 试样采取的工具和方法宜按表 7.2.1-2 选择。

表 7.2.1-2　不同等级土试样的取样工具和方法

土试样质量等级	取样工具和方法		适用土类											
			黏性土					粉土	砂土				砾砂碎石土、软岩
			流塑	软塑	可塑	硬塑	坚硬		粉砂	细砂	中砂	粗砂	
Ⅰ	薄壁取土器	固定活塞	+	+	+	+	+	+	+	+	+	—	—	—
		水压固定活塞	+	+	+	+	+	+	+	+	+	—	—	—
		自由活塞	—	+	+	+	+	+	—	—	—	—	—	—
		敞口	—	+	+	+	+	+	+	—	—	—	—	—
	回转取土器	单动三重管	—	+	+	+	+	+	+	+	+	—	—	—
		双动三重管	—	—	—	+	+	—	—	—	+	+	+	++
	探井（槽）中刻取块状土样		+	+	+	+	+	+	+	+	+	+	+	—
Ⅱ	薄壁取土器	水压固定活塞	+	+	+	+	+	+	+	+	+	—	—	—
		自由活塞												
		敞口	+	+	+	+	+	+	+	+	—	—	—	—
	回转取土器	单动三重管	—	+	+	+	+	+	+	+	+	+	+	—
		双动三重管	—	—	—	+	+	—	+	+	+	+	+	++
	厚壁敞口取土器		+	+	+	+	+	+	+	+	+	+	+	—
Ⅲ	厚壁敞口取土器		+	+	+	+	+	+	+	+	+	+	+	—
	标准贯入器		+	+	+	+	+	+	+	+	+	+	+	—
	螺纹钻头		+	+	+	+	+	+	+	+	+	+	+	—
	岩芯钻管												+	+
Ⅳ	标准贯入器		+	+	+	+	+	+	+	+	+	+	+	—
	螺纹钻头		+	+	+	+	+	+	+	+	+	+	+	—
	岩芯钻管		+	+	+	+	+	+	+	+	+	+	+	++

注：1　＋＋为适用；＋为部分适用；－为不适用。
　　2　采取砂土试样应有防止试样失落的补充措施。
　　3　有经验时，可用束节式取土器代替薄壁取土器。

3　在钻孔中采取Ⅰ、Ⅱ级砂样时，可采用原状取砂器。

4　在钻孔中采取Ⅰ、Ⅱ级土样时，应符合下列要求：

1）在软土、砂土中宜采用泥浆护壁；使用套管时，应保持管内水位等于或稍高于地下水位，取样位置应低于套管底 3 倍孔径的距离；

2）采用冲洗、冲击、振动等方式钻进时，应在预计取样位置 1m 以上改用回转钻进；

3）下放取土器前应仔细清孔，清除扰动土，孔底残留浮土厚度不应大于取土器废土段长度（活塞取土器除外）；

4）采取原状土样宜采用快速静力连续压入法，条件不允许时可采用重锤少击法；湿陷性黄土应用静压法快速压入取样；振动法不得用于易产生液化的砂层。

5　探井、探槽中采取的原状土试样宜用盒装。

7.2.2　岩石试样可利用钻探岩芯制作，宜采用单动双重管取芯，岩芯直径不得小于 75mm。在探井、探槽、竖井和平硐中刻取岩样时，采取的毛样尺寸应满足试块加工的要求。在特殊情况下，试样形状、尺寸和方向尚应根据岩体力学试验设计确定。

7.2.3　土样的保存与运输应符合下列规定：

1　取出的Ⅰ、Ⅱ、Ⅲ级土样应及时装入土样盒后及时密封，并应严防曝晒或冰冻。送样标签应填写清楚、注明上下，并应牢固地粘贴于容器外壁，上下不应放置颠倒；

2　在运输中应避免振动，并应确保原状土样的原状结构和天然含水量。土样采取之后至开土试验之间的贮存时间，不宜超过 7d；对易于振动液化和水分离析的土试样宜就近进行试验。

7.3　室 内 试 验

7.3.1　室内土工（岩石）试验项目及要求，应根据工程特点、岩土特性和工程分析计算的需要确定。

7.3.2　室内土工试验项目及提供的物理、力学性质指标，应符合表 7.3.2 的规定。

当进行地震反应分析和地基液化判别时，宜采用动三轴试验、动单剪试验和共振柱试验，并应测定地基土的动剪变（切）模量和阻尼比等参数。

土工试验方法应按现行国家标准《土工试验方法标准》GB/T 50123 的有关规定执行。

表 7.3.2　土工试验项目

物理性质试验		力学性质试验	
试验项目	物理指标	试验项目	力学指标
含水量	W（%）	固结试验	压缩系数 a（MPa^{-1}），压缩模量 E_s（MPa）
密度	ρ（g/cm^3）	高压固结试验	先期固结压力 Pc，压缩指数 C_C，回弹指数 C_S
比重	G_s	无侧限抗压试验	无侧限抗压强度 q_u（kPa）
界限含水量	W_P，W_L（%）	黄土湿陷性试验	湿陷系数 δ_s，自重湿陷系数 δ_{zs}，湿陷起始压力 P_{sh}（kPa）

（注：力学性质试验中"固结试验"至"黄土湿陷性试验"同属"土的变形试验"）

续表7.3.2

物理性质试验		力学性质试验	
试验项目	物理指标	试验项目	力学指标
颗粒分析	土各粒组的百分含量(%)	土的强度试验	三轴压缩试验	黏聚力 c(kPa)，内摩擦角 ϕ(°)
击实试验	最大干密度 ρ_{dmin}(g/cm³)，最优含水量 W_{opt}(%)	动力特性	动三轴试验	动弹性模量 E_d(kPa)，动剪变(切)模量 G_d(kPa)，阻尼比 λ，液化应力比 $\sigma_d/2\sigma'_0$
			共振柱试验	纵向振动波速 V_o(m/s)，阻尼比 λ

7.3.3 室内岩石试验项目及提供的物理、力学性质指标，应符合表7.3.3的规定。

表7.3.3 岩石试验项目

试验项目		提供参数
物理特性	密度	ρ (g/cm³)
	比重	G_s
	孔隙率	n(包括粒间孔隙率和裂隙孔隙率之和)
	吸水率与饱和吸水率	W_a、W_{sa} (%)
	饱水系数	K_ω (%)
强度特性	单轴抗压强度	f_r (kPa)
	抗拉强度	σ_t (kPa)
	劈裂强度	σ_{st} (MPa)
	结构面抗剪断强度	岩石抵抗剪切破坏的极限能力，常以黏聚力 c 和内摩擦角 ϕ 表示
	点载荷强度	$I_{s(50)}$ 点荷载强度指数
	软化系数	K_d=岩石饱和抗压强度/干燥岩石的抗压强度
变形特性	弹性模量	$E=\sigma$ 正应力 (MPa) $/\varepsilon_e$ 弹性正应变
	变形模量	$E_0=\sigma$ 正应力 (MPa) $/\varepsilon$ 总应变
	泊松比	$\nu=\varepsilon_x$ 横向应变 $/\varepsilon_y$ 纵向应变

7.3.4 试验项目和方法，应根据工程要求和岩土性质确定。试验条件应接近岩土的原位应力场和应力历史，工程活动引起的新应力场和新边界条件；并应注意岩土的非均质性、各向异性和不连续性，以及由此产生的岩土体与岩土试样在工程性状上的差别。

7.3.5 对特殊试验项目，应采用专门的试验方案。

7.4 工 程 物 探

7.4.1 岩土工程勘察中可在下列情况采用地球物理勘探：

　　1　作为钻探的先行手段，了解隐蔽的构造地质界线、界面及岩溶、土洞、采空区等时；

　　2　在钻孔之间增加地球物理勘探点，为钻探成果的内插、外推提供依据时；

　　3　测定岩土体的波速、电阻率、放射性辐射参数、土对金属的腐蚀性等时。

7.4.2 应用地球物理勘探方法时，应具备下列条件：

　　1　被探测对象与周围介质之间有明显的物理性质差异；

　　2　被探测对象具有一定的埋藏深度和规模，且地球物理异常有足够的强度；

　　3　能抑制干扰，区分有用信号和干扰信号；

　　4　在有代表性地段进行拟用方法的有效性试验。

7.4.3 地球物理勘探，应根据探测对象的埋深、规模及其与周围介质的物性差异，选择有效的方法。

7.4.4 物探成果判释时，应研究其多解性，需要时应采用多种方法探测，进行综合判释，并应有已知物探参数或一定数量的钻孔验证。

7.4.5 物探成果应提供专项报告。

8 地 下 水

8.1 一 般 规 定

8.1.1 地下水的勘察应随同场地勘察阶段进行，应通过搜集相关资料及现场勘察工作，查明建筑场地地下水的类型、埋藏、补给、排泄条件、主要含水层的分布、地下水性质、变化幅度及变化规律等，并应提供设计和工程评价所需的水文地质参数；对大型工程及尾矿库建设场地，尚应查明地表水与地下水的补排关系及其对地下水位的影响，以及地表水、地下水的污染源及其污染程度。

8.1.2 当地下水对地基评价、基坑开挖支护降水和基础抗浮有较大影响时，应进行专门的水文地质勘察，并应符合下列规定：

　　1　当场地有多层对工程有影响的地下水时，应查明含水层和隔水层的埋藏条件、地下水的类型、流向及其变化幅度，以及各层地下水互相之间的补给关系；

　　2　尾矿库应查明库区内、外地下水之间的联系，应预测尾矿库储矿后对库外地下水的影响并提出防治建议；

　　3　岩溶区应着重查明地下河和岩溶水的补给来源、连通情况等、地表水网的分布、变迁及其和地下水网的关系，以及各级夷平面的分布高程及其与岩溶发育的关系，并应对场地的稳定性与渗漏性作出评价。

8.1.3 地下水试样的采取应符合下列规定：

　　1　应能代表天然条件下的水质情况，应按规定采取防护措施；

2 采取的水样应及时试验，不得超过水样最大保存期限。清洁水不宜超过72h，轻微污染的水不宜超过48h，受污染的水不宜超过12h；

3 地下水取样数量，简分析应为500ml～1000ml，全分析应为2500ml以上；

4 对多层含水层的地下水应分层取水样进行试验。

8.2 水文地质参数的确定

8.2.1 地下水位的量测应符合下列规定：

1 钻探过程中遇地下水应量测记录初见水位；

2 地下水位量测精度不应低于±20mm；

3 遇多层含水层时，应采取隔水措施，并应分层量测水位；必要时宜分层埋设孔隙水压力计，观测孔隙水压力的变化。

8.2.2 地下水测试项目应根据工程需要进行。反映地下水变化的参数应提供其取得方法及测定时间的说明，地下水长期观测孔不宜少于3个，观测时间不宜少于一个水文年。

8.2.3 岩、土层渗透系数可根据工程需要及场地水文地质特征采用相应室内或现场试验，并应符合下列规定：

1 需要进行地下水控制的深基坑、巷道、隧洞、涵洞等，应通过抽水试验确定降水设计所需的水文地质参数；

2 当尾矿库库区场地具有构造破碎带或有强透水层，投入运行后对周围地下水可能造成污染，或建（构）筑物场地为岩溶地区时，宜采用示踪试验测定地下水的流速、流向；示踪试剂严禁使用有毒有害物质；

3 当区内发现有上升泉或下降泉、地下水沿隔水层溢出时，应测定其流量；

4 压水试验应在了解场地岩层渗透特性并合理划分试验段的基础上进行，试验起始压力和最大压力及压力分段应根据工程实际需要确定。

8.3 地下水作用的评价与监测

8.3.1 地下水作用的评价应根据工程需要确定，并应符合本规范第5章的有关规定。

8.3.2 地下水作用的评价应包括下列主要内容：

1 受地下水位及其变化影响的工程结构，应测试地下水对混凝土、金属材料的腐蚀性指标；

2 应评价因工程建设引起的地下水变化对岩土层产生的软化、崩解、湿陷、胀缩和潜蚀等有害作用；

3 在冻土地区，应评价地下水及其水位变化对土的冻胀和融陷的影响；

4 应评价地下水对建筑物基础、地下结构物，以及其他结构物可能产生的浮托作用；

5 当需要大量抽取地下水，在地下水位下降的影响范围内，应评价可能引起的土体变形或大面积地面沉降及其对周围建筑物的影响；

6 对尾矿库应根据其渗漏的方式和途径及渗漏量，评价渗漏对周围环境的影响，并应提出防治建议；

7 在岩溶地区应评价溶洞及溶洞之间的水力联系，预测地下工程揭露时引起突涌及地表塌陷的可能性；

8 当基础埋置在地下水位以下的粉砂、细砂或粉土层中时，应研究基槽开挖时产生流土、涌土或潜蚀管涌的可能性，并提出防治建议；

9 当基坑开挖在地下水位以下时，应根据岩土的渗透性、地下水补给条件，选用适当的降水或隔水措施，分析其对基坑稳定和邻近工程的影响。

8.3.3 当墙背填土为粉砂、粉土或黏性土，验算支挡结构物的稳定时，应根据不同排水条件分析评价静水压力、渗透力对支挡结构物的作用。

8.3.4 当建（构）筑物施工及运行期间出现下列情况时，应对地下水进行监测：

1 地下水位升降可能引起地基土物理力学性质变化，且影响到施工及建（构）筑物安全时；

2 地下水位上升对地下室或地下构筑物的防潮、防水或稳定性产生较大影响时；

3 施工降水对周边环境或相邻工程有较大影响时；

4 尾矿库蓄水可能对周围地下水造成污染时。

8.3.5 地下水监测应符合下列规定：

1 地下水位的监测，应设置专门的地下水位观测孔，也可利用水井、泉水进行；观测孔（点）应按三角形布置，孔数不得少于3个；

2 地下水位变化较大的地段、上层滞水赋存地段，均应布置观测孔；

3 在临近地表水体的地段，应观测地下水与地表水的水力联系；

4 需要进行地下水污染监测时，应定期进行水质变化的观测；

5 用化学分析法监测水质时，应根据可能引起水质变化因素的影响进行采样与分析，采样次数每年不应少于4次。

8.3.6 监测工作应根据工程需要、场地及水文地质条件确定，并应分析施工及建筑物运行期间地下水随时间的变化趋势及规律。

8.3.7 监测时间宜根据工程需要安排，系统的动态监测时间不应少于一个水文年；对影响工程安全的地下水变化的监测，在不利因素消逝或其不影响建（构）筑物安全时可停止监测。观测时间宜为每周一次，当影响地下水的因素发生显著变化时应增加监测频率。

9 水、土腐蚀性测试

9.0.1 当有足够经验和充分资料，认定工程场地的水或土对建筑材料不具腐蚀性时，可不取样进行腐蚀性评价，当资料不充分时，应取水试样或土试样进行试验，并应评定其对建筑材料的腐蚀性。

9.0.2 采取水试样和土试样时应符合下列要求：

1 混凝土或钢结构处于地下水位以下时，应采取地下水试样和地下水位以上的土试样，并应分别做腐蚀性试验；

2 混凝土或钢结构处于地下水位以上时，应采取土试样做土的腐蚀性试验；

3 混凝土或钢结构处于地表水中时，应采取地表水试样做水的腐蚀性试验；

4 水和土的取样数量每个场地不应少于各2件，对建筑群不宜少于各3件。

9.0.3 腐蚀性试验项目和试验方法应符合表9.0.3的规定。

表9.0.3 腐蚀性试验项目和试验方法

序号	试 验 项 目	试 验 方 法
1	pH 值	电位法或锥形玻璃电极法
2	Ca^{2+}	EDTA 容量法
3	Mg^{2+}	EDTA 容量法
4	Cl^-	摩尔法
5	SO_4^{2-}	EDTA 容量法或质量法
6	HCO_3^-	酸滴定法
7	CO_3^{2-}	酸滴定法
8	侵蚀性 CO_2	盖耶尔法
9	游离 CO_2	碱滴定法
10	NH_4^+	纳氏试剂比色法
11	OH^-	酸滴定法
12	总矿化度	计算法
13	氧化还原电位	铂电极法
14	极化电流密度	原位极化法
15	电阻率	四极法
16	质量损失	管罐法

注：1 序号1～12为判定水腐蚀性需试验的项目；序号1～7为判定土腐蚀性需试验的项目，作土的易溶盐分析，土水比为1：5。

2 序号13～16为判定土对钢结构腐蚀性试验项目。

3 序号1对水试样为电位法，对土试样为锥形玻璃电极法，为原位测试；序号2～12为室内试验项目；序号13～15为原位测试项目；序号16为室内扰动土的试验。

4 硫化矿等矿山地下水，坑道排水应做硫化物及铁、锰等重金属定性试验。定性试验含量较大时，应做定量试验。

10 资料整理与岩土工程分析

10.1 勘察资料的整理

10.1.1 原始资料的分析与整理应符合下列要求：

1 勘察资料的整理应从原始资料的检查验收开始；对出现的异常资料应进行分析和必要的检查验证，并应根据场地地质条件的变化情况及时修订和调整勘探和测试工作量；

2 应根据地形、地貌，岩土的成因年代，地层岩性，进行工程地质分区和岩土分层；

3 对各种勘探和试验、测试资料应进行分析对比，异常数据应进行合理取舍，并应根据试验资料调整岩土分层。

10.1.2 岩土技术参数的统计应符合下列规定：

1 岩土的物理力学指标，应按场地不同的工程地质单元分层统计；

2 平均值、标准差和变异系数应按下列公式计算：

$$\Phi_m = \frac{\sum_{i=1}^{n} \Phi_i}{n} \qquad (10.1.2-1)$$

$$\sigma_f = \sqrt{\frac{1}{n-1}\left[\sum_{i=1}^{n}\Phi_i^2 - \frac{\left(\sum_{i=1}^{n}\Phi_i\right)^2}{n}\right]}$$

$$(10.1.2-2)$$

$$\delta = \frac{\sigma_f}{\Phi_m} \qquad (10.1.2-3)$$

式中：Φ_m——岩土参数的平均值；

σ_f——岩土参数的标准差；

δ——岩土参数的变异系数。

10.1.3 岩土参数的标准值应按下列公式计算：

$$\Phi_k = \gamma_s \Phi_m \qquad (10.1.3-1)$$

$$\gamma_s = 1 \pm \left\{\frac{1.704}{\sqrt{n}} + \frac{4.678}{n^2}\right\}\delta \qquad (10.1.3-2)$$

式中：γ_s——统计修正系数。

10.2 岩土工程分析

10.2.1 场地稳定性和建厂适宜性分析应包括下列内容：

1 应根据场地条件划分建筑场地有利、不利和危险的地段，并应评价建筑场地类别；

2 应按现行国家标准《建筑抗震设计规范》GB 50011的有关规定判定场地土的液化、震陷等地震效应；对需要进行地震时程分析计算的建筑地基，应根据设计需要提供相应的岩土动力参数；

3 场地内分布有活动断裂时，应按现行国家标准《建筑抗震设计规范》GB 50011 的有关规定进行分析评价；大型冶金工业建设应避让全新活动断裂带的距离，可根据全新活动断裂的规模、地震烈度、覆盖层的厚度，以及建（构）筑物的重要性确定；

4 对影响建筑场地安全的大型滑坡、泥石流、岩溶土洞及采空塌陷区等，应在详细调查研究的基础上，通过经济技术比较，提供防治和避让方案，以及场地取舍建议；

5 场地分布有特殊岩土时，应根据分布范围、层位和厚度起伏情况，以及物理力学性质的差异，评价其工程性质的不稳定和不均匀性给工程建设带来的危害，并应根据勘察试验资料，结合当地建筑经验，通过综合分析研究，提出合理的治理措施和地基基础设计方案。

10.2.2 岩土工程分析和计算参数的选择应符合下列规定：

1 地基承载力特征值，应根据现场原位测试或室内试验，以及建筑经验综合分析确定；

2 对具备天然地基条件的一级工程，应进行现场载荷试验提供地基承载力特征值；

3 室内试验，宜选用三轴固结不排水剪试验指标，应按现行国家标准《建筑地基基础设计规范》GB 50007 规定的地基承载力公式进行计算；

4 地基变形计算参数，应根据基础埋深和附加应力，提供相应压力段的压缩模量，必要时应提供变形模量；

5 需采用桩基的建筑场地，应评价不同桩型的成桩条件，并应通过经济技术分析，提供合理的工程建议；单桩承载力的计算参数，应根据岩土试验测试指标和建筑经验综合确定；一级工程或缺少建筑经验的二级工程，应通过单桩静力载荷试验提供单桩承载力特征值和相应的桩基设计参数；

6 边坡稳定性分析计算应根据地层结构和可能发生的破坏模式，选择适宜的计算方法和试验指标，并应符合下列要求：

1）采用瑞典圆弧法分析自然边坡和人工开挖、堆积边坡的稳定性时，抗剪强度宜选用三轴试验或直接快剪试验指标；

2）基坑支护工程土压力计算所用抗剪强度指标采用三轴试验指标；

3）对于大于或等于 7°的抗震设防区，长期保留的自然边坡和人工开挖、堆积边坡的稳定性，可根据地震加速度设计值采用拟静力法进行计算评价；地下水位以下的砂土和粉土液化对边坡的稳定性影响，可根据标准贯入试验、动三轴试验进行液化判断，必要时可采用有限元法进行计算分析，综合评价地震作用下的边坡稳定性。

11 勘察报告的基本要求和主要内容

11.1 一般规定

11.1.1 工程勘察报告应保证原始资料可靠，数据准确无误，结论和建议依据充分，经济技术合理。报告书应文字简明，图表清晰、整洁，资料完整适用，并应便于长期保存。

11.1.2 勘察报告应根据任务要求、勘察阶段、工程特点和地质条件等具体情况编写。

11.1.3 勘察报告书应由文字和图表及与勘察报告有关的附件组成，文字报告应包括前言、场地自然地理、场地工程地质和水文地质条件、岩土物理力学指标和原位测试数据统计，以及工程性质评价、岩土工程分析、结论与建议。

11.2 冶金工业厂房及构筑物

11.2.1 可行性研究勘察报告应包括下列内容：

1 场地地质构造，地震史和地震烈度，是否有活动断裂及震害分析等；

2 影响场址稳定性的不良地质作用及其危害程度；

3 场地主要地层结构和成因、岩土性质及地下水情况；

4 对场址的选取提出合理的建议。

11.2.2 初步勘察报告应包括下列内容：

1 场地地质构造、地层岩性及分布、岩土工程特性；

2 不良地质作用及特殊性岩土的类型、分布范围，评价对工程的影响程度；

3 地下水类型及场地水文地质条件，评价其对工程的影响；

4 评价场地类别和地基土的地震效应；

5 判定场地水、土对建筑材料的腐蚀性；

6 推荐合理的地基基础设计方案，提供详勘前需进行的现场试验项目和技术要求。

11.2.3 详细勘察报告应包括下列内容：

1 地层结构、分布的均匀性和各岩土层的物理力学性质；

2 场地及周围的不良地质作用发育状况，评价其对工程的影响，提供防治方案及相关的岩土工程设计计算参数；

3 场地水文地质条件和工程所需各项水文地质参数，以及工程降水、排水、止水等工程建议；

4 地下工程，提供基坑开挖和边坡支护设计所需的相关岩土参数和工程建议；

5 提供建设场地类别，抗震设防烈度及场地地震效应；

6 提供场地水、土对建筑材料的腐蚀性判定测试指标；

7 根据各种试验测试数据或建筑经验，提供天然地基、桩基等地基基础设计需要的承载力和地基变形计算参数；

8 评价场地稳定性和建设的适宜性，以及工程建设可能导致的各种环境岩土工程问题，并提出防治建议；

9 对重大建筑物和特殊工程，提供施工及使用过程中的长期观测方案建议，预测可能发生的岩土工程问题。

11.2.4 勘察报告应提供下列图表：

1 勘探点主要数据一览表；

2 勘探点平面布置图；

3 工程地质柱状图；

4 工程地质剖面图；

5 原位测试成果图表；

6 室内试验成果图表。

11.2.5 勘察报告尚应根据工程的性质和要求提供下列图表：

1 综合工程地质图、水文地质图、构造地质图；

2 综合地质柱状图；

3 基岩面、地下水位或其他参数的平面或剖面等值线图；

4 工程测绘专门图表；

5 不连续面统计分析图表；

6 岩土工程计算分析图表；

7 工程要求的其他图表。

11.2.6 勘察报告可根据需要提供下列附件：

1 勘察任务委托书或勘察技术要求，重要技术函电；

2 搜集和借用的相关资料；

3 审查会纪要或审查报告；

4 必要的照片、素描；

5 各类专题研究和试验报告等。

11.2.7 岩土工程勘察报告的结论与建议应对各项勘察技术要求阐明结论性意见，在岩土工程分析与评价的基础上应对工程涉及的各种岩土工程问题提出明确的建议。

11.2.8 对简单场地小型工程的岩土工程勘察的成果报告内容，可适当简化，应采用以图表为主，并辅以必要的文字说明；复杂场地的大型工程岩土工程勘察的成果报告，除应符合本规范第11.2.1条～第11.2.7条的规定外，尚可对专门性的岩土工程问题提交专门的试验报告、研究报告或监测报告。

11.3 尾矿处理设施

11.3.1 尾矿处理设施的勘察报告除应符合本规范第11.1节、第11.2节的有关规定外，尚应符合本规范

第11.3.2条的规定。

11.3.2 库区与坝址的岩土工程勘察报告应包括下列主要内容：

1 库区与坝址及其附近的地质构造，特别是断裂构造对工程的影响；

2 库区与坝址可能产生渗漏的地层和软弱地层及其影响；

3 滑坡、岩溶等不良地质作用；

4 岩土的强度、变形、渗透性能；

5 气象资料与地表水的汇集、排泄条件；

6 地下水的运动规律、补给和排泄条件；

7 建设与使用期间库岸、坝肩、坝基的稳定性；

8 工程产生或引发的地质环境问题；

9 各种不利于工程的岩土工程问题的预防、治理措施的建议。

11.4 露天矿边坡

11.4.1 露天矿边坡的岩土工程勘察报告除应符合本规范第11.1节、第11.2节的有关规定外，尚应符合本规范第11.4.2条的规定。

11.4.2 露天矿边坡的岩土工程勘察报告应包括下列主要内容：

1 区域及勘察区构造地质特征及其对工程的影响；

2 采矿场工程地质条件，岩组的工程地质性质及其评价；

3 人工及自然边坡的破坏模式及稳定性分析与评价；

4 边坡分区及开采终了地质结构分析；

5 岩石物理力学性质，岩体及不连续面的抗剪强度；

6 稳定性计算的有关条件和参数评价；

7 高地应力区的地应力分析与评价；

8 边坡治理措施及位移监测建议。

11.5 井巷工程

11.5.1 各种竖井、斜井、平巷、排洪隧洞、地下洞室的勘察报告除应符合本规范第11.1节、第11.2节的有关规定外，尚应符合本规范第11.5.2条的规定。

11.5.2 井巷工程的岩土工程勘察报告应包括下列主要内容：

1 场地的地质构造及其与工程的空间关系，以及其对工程的影响；

2 围岩的岩性、完整性、风化程度、结构类型、水理性与抗风化特性，井巷围岩的分级和稳定性评价；

3 围岩中软弱带和不连续结构面的强度、产状；

4 水文地质条件，特别是围岩的渗透性和坑道涌水量预测；

5 对井巷掘进方法与支护衬砌类型的建议。

11.6 管线工程

11.6.1 架空索道、胶带输送设施、工业废渣排放输送管线和供排水管线等的勘察报告，除应符合本规范第11.1节、第11.2节的有关规定外，尚应符合本规范第11.6.2条、第11.6.3条的规定。

11.6.2 管线工程应按通过场地的不同地貌单元和工程地质分区分别描述场地工程地质条件、水文地质条件、岩土工程特征和进行岩土工程评价。

11.6.3 管线工程的岩土工程勘察报告应包括下列主要内容：

1 沿线挖方、填方地段的稳定性和支挡加固措施的建议；

2 不良地质作用地段的稳定性分析评价，以及避让、防治建议。

11.7 岸边取水设施

11.7.1 岸边取水设施的勘察报告除应符合本规范第11.1节、第11.2节的有关规定外，尚应符合本规范第11.7.2条的规定。

11.7.2 岸边取水设施的岩土工程勘察报告应包括下列主要内容：

1 地基的稳定性分析评价；

2 岸边自然斜坡与人工边坡的稳定性分析评价；

3 河流侧蚀对岸坡稳定性的影响；

4 河床冲淤对工程稳定性的影响；

5 岩土参数的取值和基坑开挖和支护方案的论证；

6 水文地质参数的取值和基坑涌水量估算、降排水方案的论证。

附录A 地质年代、地层单位划分表

A.0.1 地质时代划分单位、符号及色标，应按表 A.0.1确定。

表 A.0.1 地质时代划分单位、符号及色标

界（代）	系（纪）		统（世）		色标
新生界（代）K_z	第四系（纪）Q		全新统（世）Q_4		淡黄
		更新统（世）Q_P	上更新统（晚更新世）Q_3		
			中更新统（中更新世）Q_2		
			下更新统（早更新世）Q_1		
	第三系（纪）R	上第三系N（晚第三纪）	上新统（世）N_2		淡橙
			中新统（世）N_1		
		下第三系E（早第三纪）	渐新统（世）E_3		深橙
			始新统（世）E_2		
			古新统（世）E_1		
中生界（代）M_z	白垩系（纪）K		上白垩统（晚白垩世）K_2		绿
			下白垩统（早白垩世）K_1		
	侏罗系（纪）J		上侏罗统（晚侏罗世）J_3		蓝
			中侏罗统（中侏罗世）J_2		
			下侏罗统（早侏罗世）J_1		
	三叠系（纪）T		上三叠统（晚三叠世）T_3		淡紫
			中三叠统（中三叠世）T_2		
			下三叠统（早三叠世）T_1		

界（代）		系（纪）	统（世）		色标
古生界 （代）Pz		二叠系（纪）P	上二叠统（晚二叠世）P₂		红棕
			下二叠统（早二叠世）P₁		
		石炭系（纪）C	上石炭统（晚石炭世）C₃		灰
			中石炭统（中石炭世）C₂		
			下石炭统（早石炭世）C₁		
		泥盆系（纪）D	上泥盆统（晚泥盆世）D₃		暗棕
			中泥盆统（中泥盆世）D₂		
			下泥盆统（早泥盆世）D₁		
古生界（代）Pz	下古生界（早古生代）Pz₁	志留系（纪）S	上志留统（晚志留世）S₃		深绿
			中志留统（中志留世）S₂		
			下志留统（早志留世）S₁		
		奥陶系（纪）O	上奥陶统（晚奥陶世）O₃		暗绿
			中奥陶统（中奥陶世）O₂		
			下奥陶统（早奥陶世）O₁		
		寒武系（纪）∈	上寒武统（晚寒武世）∈₃		橄榄绿
			中寒武统（中寒武世）∈₂		
			下寒武统（早寒武世）∈₁		
元古界（代）Pt	上元古界（晚元古代）Pt₂	震旦系（纪）Z	上震旦统（晚震旦世）Z₃		橘红
			中震旦统（中震旦世）Z₂		
			下震旦统（早震旦世）Z₁		
	下元古界（早元古代）Pt₁	—	—		紫
太古界（代）Ar	上太古界（晚太古代）Ar₂	—	—		玫瑰
	下太古界（早太古代）Ar₁				

注：1 时代不明的变质岩为 M。
　　2 我国北方地区将震旦系归元古界或古生界划归上元古界。震旦系，北方地区宜分为三统（Z₁、Z₂、Z₃），如南方地区宜分为二统（Zₐ、Z_b）。

A.0.2 三大岩类主要岩石符号及岩浆岩色标应按表 A.0.2-1～表 A.0.2-3 确定。

表 A.0.2-1　沉积岩符号

岩石名称	符　号	岩石名称	符　号
页岩	S_h	砾岩	C_g
砂岩	S_s	石灰岩	L_s

表 A.0.2-2　变质岩符号

岩石名称	符　　号
千枚岩	P_h
石英岩	Q_u
片岩	S_c
片麻岩	G_n
大理岩	M
板岩	S_b

表 A.0.2-3　岩浆岩符号及色标

岩石名称	符号	色标
花岗岩	γ	浓红
闪长岩	δ	浓紫
辉长岩	ω	浓绿＋淡紫
二长岩	η	淡橙色
正长岩	ξ	浓红＋紫
斑岩	π	浓红＋淡紫
流纹岩	λ	浓橙
安山岩	α	褐＋紫
玄武岩	β	浓绿
辉绿岩	β_u	浓绿＋淡紫
粗面岩	τ	褐＋红
橄榄岩	σ	浓紫＋绿
玢岩	μ	浓紫＋淡橙
火山岩	V	洋红

注：同类岩浆岩时代不同时，可用数字区别。

A.0.3　第四系地层成因类型、符号及色标应按表 A.0.3 确定。

表 A.0.3　第四系地层成因类型、符号及色标

成因	符号	色标
人工填土（杂填土、素填土、冲填土）	Q^{ml}	淡黄
植物层	Q^{pd}	
冲积	Q^{al}	浅绿
洪积	Q^{pl}	浅橄榄
坡积	Q^{dl}	橘黄
崩积	Q^{col}	酱红
残积	Q^{el}	紫
泥石流堆积层	Q^{sef}	紫红
滑坡堆积层	Q^{del}	果绿
风积	Q^{eol}	黄
冰积	Q^{gl}	棕
冰水沉积	Q^{fgl}	深绿
湖泊相沉积	Q^{l}	绿
沼泽相沉积	Q^{h}	灰绿
海相沉积	Q^{m}	蓝
海陆交互相沉积	Q^{me}	天蓝
火山堆积层	Q^{b}	暗绿
化学堆积层	Q^{ch}	灰
生物堆积层	Q^{0}	褐黄
泥火山堆积层	Q^{v}	褐
成因不明的沉积层	Q^{pr}	橙

注：1　两种成因混合而成的沉积层，冲-洪积层可用 Q^{al+pl}。
　　2　成因分类符号应在时代符号右上角表示，近代冲积层可用 Q_4^{al}，马兰黄土可用 Q_3^{eol}。
　　3　详细分层时，可在"Q"字右上角用阿拉伯数字表示，Q_4 分上下两层时，可用 Q_4^1 代表下层、Q_4^2 代表上层。
　　4　一层尚可分为亚层时，则以 Q_{3-1}^{al}，Q_{3-2}^{al} 等表示。

附录 B　图例、符号

B.0.1　沉积岩图例见图 B.0.1。

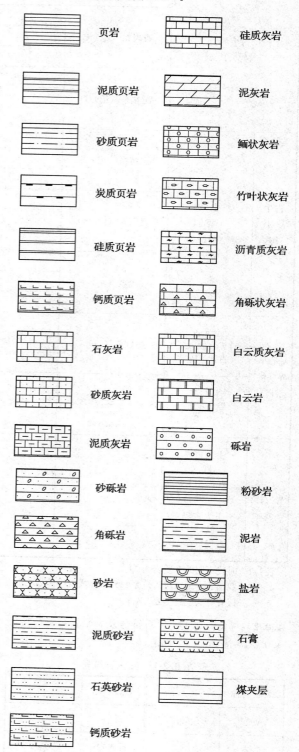

图 B.0.1　沉积岩图例

B.0.2 岩浆岩图例见图 B.0.2-1、图 B.0.2-2。

B.0.3 变质岩及构造岩图例见图 B.0.3-1、图 B.0.3-2。

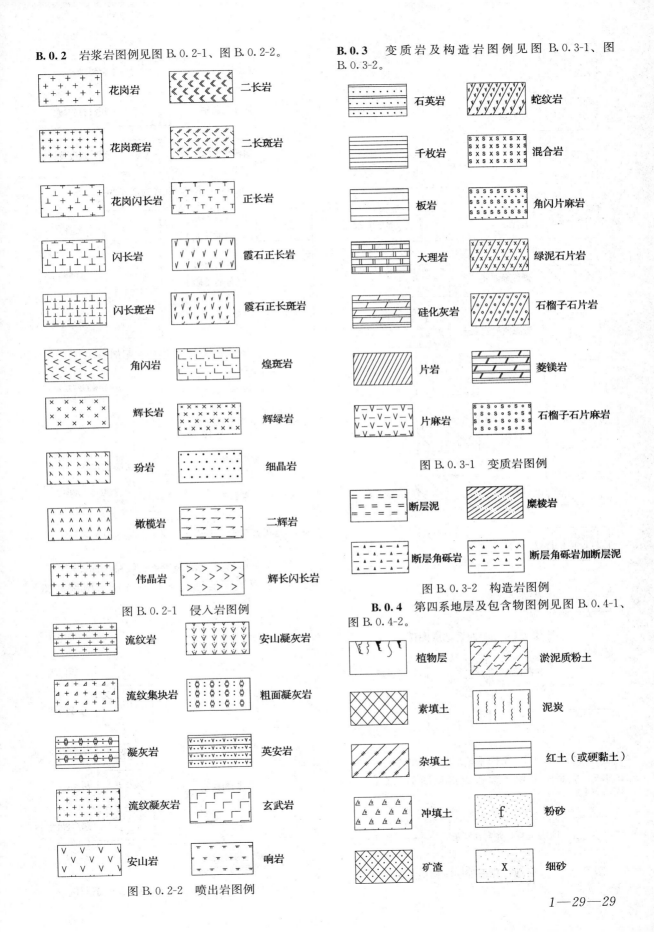

图 B.0.2-1 侵入岩图例

图 B.0.2-2 喷出岩图例

图 B.0.3-1 变质岩图例

图 B.0.3-2 构造岩图例

B.0.4 第四系地层及包含物图例见图 B.0.4-1、图 B.0.4-2。

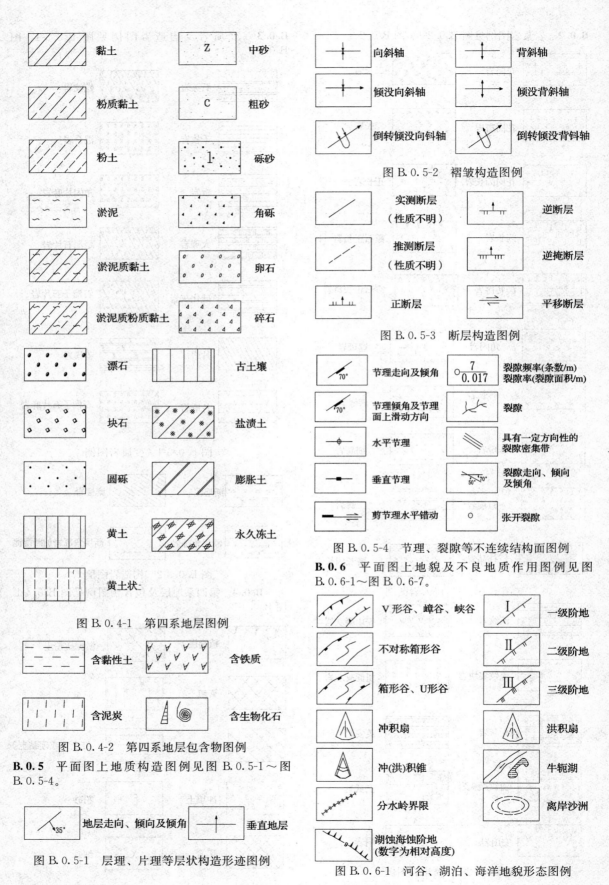

图 B.0.4-1 第四系地层图例

图 B.0.4-2 第四系地层包含物图例

B.0.5 平面图上地质构造图例见图 B.0.5-1～图 B.0.5-4。

图 B.0.5-1 层理、片理等层状构造形迹图例

图 B.0.5-2 褶皱构造图例

图 B.0.5-3 断层构造图例

图 B.0.5-4 节理、裂隙等不连续结构面图例

B.0.6 平面图上地貌及不良地质作用图例见图 B.0.6-1～图 B.0.6-7。

图 B.0.6-1 河谷、湖泊、海洋地貌形态图例

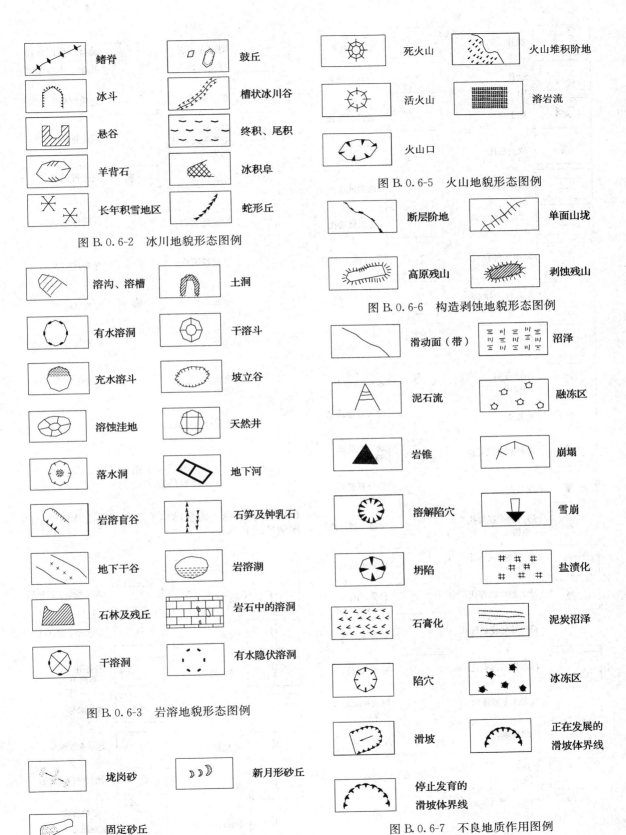

图 B.0.6-2　冰川地貌形态图例

图 B.0.6-3　岩溶地貌形态图例

图 B.0.6-4　风蚀地貌形态图例

图 B.0.6-5　火山地貌形态图例

图 B.0.6-6　构造剥蚀地貌形态图例

图 B.0.6-7　不良地质作用图例

B.0.7　平面图上表示勘察手段、位置及其他信息的图例见图 B.0.7。

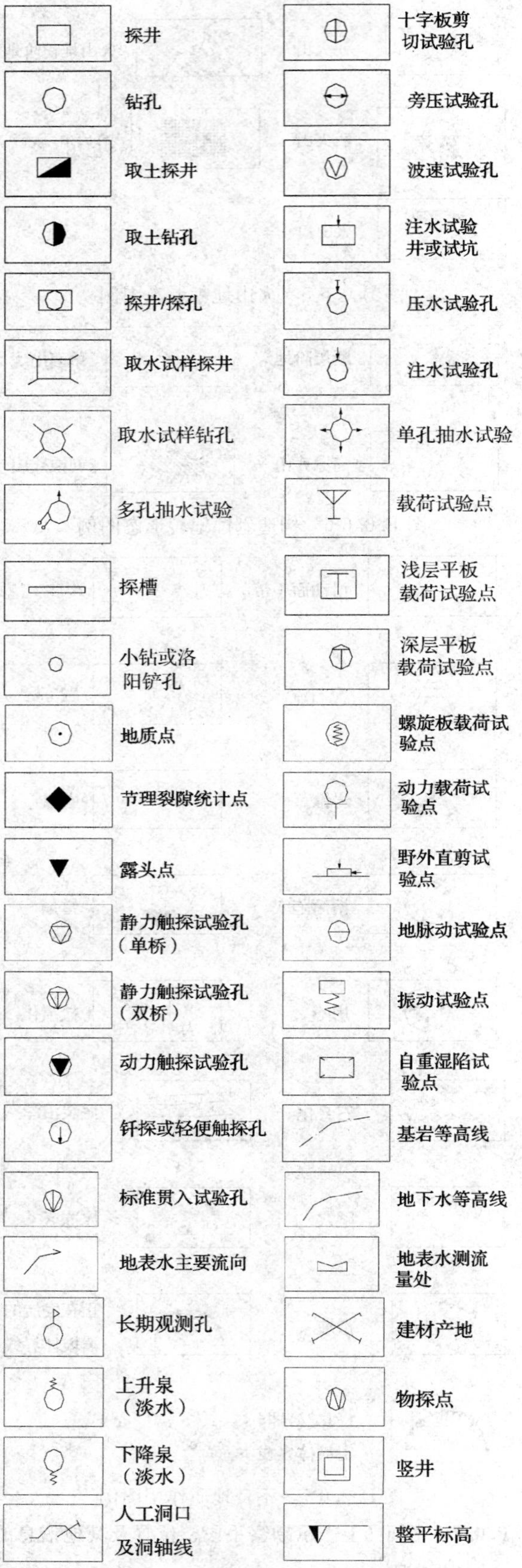

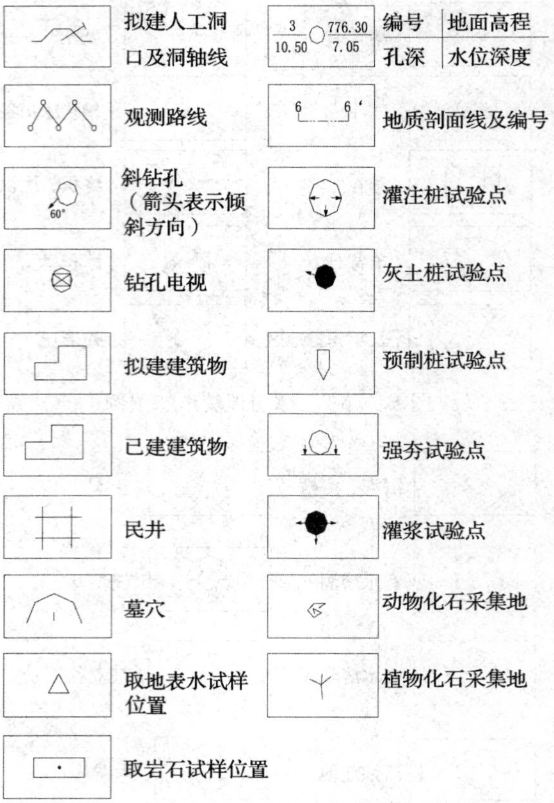

图例	名称	图例	名称
	探井		十字板剪切试验孔
	钻孔		旁压试验孔
	取土探井		波速试验孔
	取土钻孔		注水试验井或试坑
	探井/探孔		压水试验孔
	取水试样探井		注水试验孔
	取水试样钻孔		单孔抽水试验
	多孔抽水试验		载荷试验点
	探槽		浅层平板载荷试验点
	小钻或洛阳铲孔		深层平板载荷试验点
	地质点		螺旋板载荷试验点
	节理裂隙统计点		动力载荷试验点
	露头点		野外直剪试验点
	静力触探试验孔（单桥）		地脉动试验点
	静力触探试验孔（双桥）		振动试验点
	动力触探试验孔		自重湿陷试验点
	钎探或轻便触探孔		基岩等高线
	标准贯入试验孔		地下水等高线
	地表水主要流向		地表水测流量处
	长期观测孔		建材产地
	上升泉（淡水）		物探点
	下降泉（淡水）		竖井
	人工洞口及洞轴线		整平标高

图例	名称	图例	名称
	拟建人工洞口及洞轴线	3 776.30 / 10.50 7.05	编号 | 地面高程 / 孔深 | 水位深度
	观测路线	6 6'	地质剖面线及编号
	斜钻孔（箭头表示倾斜方向）		灌注桩试验点
	钻孔电视		灰土桩试验点
	拟建建筑物		预制桩试验点
	已建建筑物		强夯试验点
	民井		灌浆试验点
	墓穴		动物化石采集地
	取地表水试样位置		植物化石采集地
	取岩石试样位置		

图 B.0.7 平面图上表示勘察手段、位置及
其他信息的图例

B.0.8 剖面图上表示勘察手段、位置及其他信息的
图例见图 B.0.8。

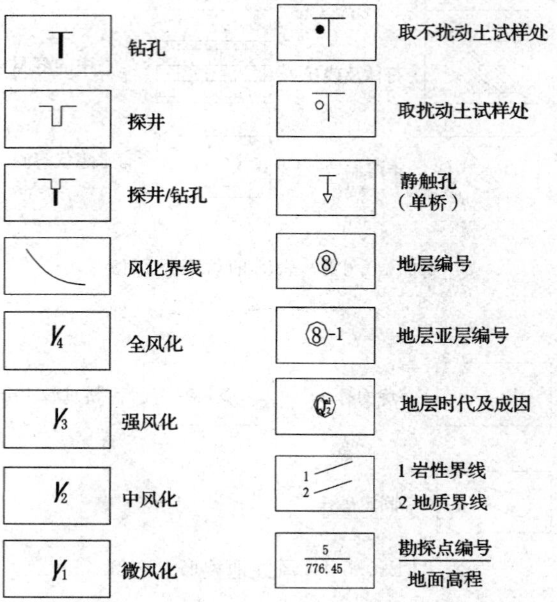

图例	名称	图例	名称
	钻孔		取不扰动土试样处
	探井		取扰动土试样处
	探井/钻孔		静触孔（单桥）
	风化界线		地层编号
V_4	全风化		地层亚层编号
V_3	强风化		地层时代及成因
V_2	中风化	1 / 2	1 岩性界线 2 地质界线
V_1	微风化	5 / 776.45	勘探点编号 / 地面高程

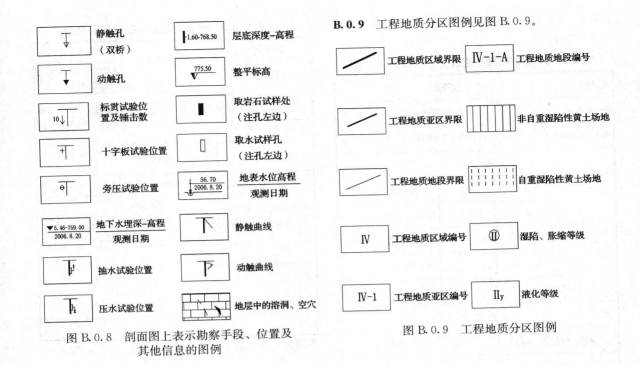

图 B.0.8　剖面图上表示勘察手段、位置及
其他信息的图例

B.0.9　工程地质分区图例见图 B.0.9。

图 B.0.9　工程地质分区图例

附录 C　冶金工业岩土工程勘察任务书

C.0.1　冶金工业厂房及建（构）筑物详细勘察阶段　岩土工程勘察任务书可按表 C.0.1 填写。

表 C.0.1　冶金工业厂房及建（构）筑物详细勘察阶段岩土工程勘察任务书

建设单位：　　　　设计单位：　　　　设计总负责人：　　　　提任务书人：　　　　地址：　　　　电话：
（盖章）　　　　　（盖章）　　　　　（签字）　　　　　　（签字）

建设单位：									工程名称：						
勘察技术要求			要求提交的勘察资料内容							提交任务书日期			年　　月　　日		
										要求提交资料的日期			年　　月　　日		
										要求提交资料的份数			份		
										随任务书附图			张		
顺序号	总图编号	建（构）筑物名称	设计地坪标高（m）	层数	高度（m）	地基基础设计等级	结构类型	对下沉的敏感程度	建（构）筑物等级				主要设备说明						地下室或地下设备情况
									性状	尺寸（m×m）	埋置深度（m）	基础底面平均压力（标准组合）	设备名称	形状	尺寸（m×m）	埋置深度	基础底面平均压力（标准组合）	对差异沉降敏感程度	使用期间荷载状况说明	

C.0.2 尾矿处理设施岩土工程勘察任务书可按表 C.0.2 填写。

表 C.0.2　尾矿处理设施岩土工程勘察任务书

建设单位		工程名称		
勘察阶段		要求提交资料的日期		年 月 日
要求提交资料的份数		份	随任务书附图	张
尾矿坝				
初期坝	坝高 (m)		结构类型	
	坝长 (m)		坝基埋置深度 (m)	
	顶宽 (m)		坝基底面标高 (m)	
	底宽 (m)		堆积速率 (m/a)	
最终坝高 (m)				
尾矿库				
最终堆积坝标高 (m)			库容 (m³)	
使用年限			最终水位 (m)	
回水率 (%)				
排水管				
结构类型		断面尺寸 (m)		管长 (m)
排水井				
结构类型		井径 (m)	井高 (m)	井荷重 (t)
隧洞				
断面尺寸 (m)		长度 (m)		进出口标高 (m)
筑坝材料				
勘察区位置及最大运距			筑坝材料用途	
筑坝材料及方量 (m³)				
对质量的要求				
要求提交资料的内容				
备　注				

提出任务单位：　　　（公章）　　　设计总负责人：　　　（签章）
　　　　　　　　　　　　　　　　　提出任务人：
　　　　　　　　　　　　　　　　　提出日期：　　年 月 日

C.0.3　线路工程岩土勘察任务书可按表 C.0.3 填写。

表 C.0.3　线路工程岩土勘察任务书

建设单位			勘察阶段			
工程名称			要求提交资料的份数			份
要求提交资料的日期		年 月 日	随任务书附图			张
线路及构筑物位置						
管道直径 (mm)			管道材料		线路总长 (m)	
输电线路、架空索道和管道支架及排水井						
编号	支架或排水井材料	结构	高度 (m)	基础情况		备注
				形状 / 尺寸 (m×m) / 埋置深度 (m) / 基底压力 (kN、kPa)		
技术要求						
备注						

建设单位：　　　　（盖章）　　　　设计单位：　　　　（盖章）
　　　　　　　　　　　　　　　　　设计总负责人：　　（签字）
联系人：　　　　　　　　　　　　　提任务书人：　　　（签字）
地　址：　　　　　　　　　　　　　地　址：
电　话：　　　　　　　　　　　　　电　话：
　　　　　　　　　　　　　　　　　提出任务日期：　　年 月 日

C.0.4　井巷岩土工程勘察任务书可按表 C.0.4 填写。

表 C.0.4　井巷岩土工程勘察任务书

	建设单位			
	工程名称			
	工程地点		省 县 (市) 区 (镇)	
设计概况	井口位置	坐标：x= y=		见附图
	井口标高 (m)		井底标高 (m)	
	井筒尺寸 (m)		井壁厚度 (m)	井壁材料
	拟采用的施工方法		矿区已有资料的情况及存放地点	
	井架高度 (m)		井架基础形式及尺寸	井架基础底面压力 (kN)
勘察技术要求				
要求提交勘察资料内容				
要求提交资料日期				
要求提交资料份数 (份)				
随任务附图 (张)				

建设单位：　　　　（盖章）　　　　设计单位：　　　　（盖章）
　　　　　　　　　　　　　　　　　设计总负责人：　　（盖章）
联系人：　　　　　　　　　　　　　提任务书人：　　　（签字）
地　址：　　　　　　　　　　　　　地　址：
电　话：　　　　　　　　　　　　　电　话：
　　　　　　　　　　　　　　　　　提出任务日期：　　年 月 日

附录 D 井巷工程围岩分级

D.0.1 井巷工程围岩分级应根据岩石的坚硬程度和岩体完整程度的定性特征和定量的岩体基本质量指标 BQ，综合进行初步分级。

岩体基本质量指标应按下式计算：

$$BQ = 90 + 3f_r + 250K_V \qquad (D.0.1)$$

式中：BQ——岩体基本质量指标；

f_r——岩石饱和单轴抗压强度值（MPa）；

K_V——岩体完整性指数值。

D.0.2 使用本规范公式（D.0.1）时应符合下列要求：

1 当 $f_r > 90K_V + 30$ 时，应以 $f_r = 90K_V + 30$ 和 K_V 代入计算 BQ 值；

2 当 $K_V > 0.04f_r + 0.4$ 时，应以 $K_Y = 0.04f_r + 0.4$ 和 f_r 代入计算 BQ 值。

D.0.3 围岩详细定级时，应在岩体基本质量分级基础上研判修正因素的影响，按修正后的岩体质量指标结合岩体的定性特征综合评判、确定围岩的详细分级。

修正后的岩体质量指标可按下式计算：

$$[BQ] = BQ - 100(K_1 + K_2 + K_3) \qquad (D.0.3)$$

式中：$[BQ]$——修正后的岩体质量指标；

K_1——地下水影响修正系数，可按表 D.0.3-1 确定；

K_2——主要软弱结构面产状影响修正系数，可按表 D.0.3-2 确定；

K_3——初始应力状态影响修正系数，可按表 D.0.3-3 确定。

表 D.0.3-1 地下水影响修正系数 K_1

地下水出水状态 \ BQ	>450	450～350	350～250	<250
潮湿或点滴状出水	0	0.1	0.2～0.3	0.4～0.6
淋雨状或涌流状出水，水压<0.1MPa 或单位出水量<10L/min·m	0.1	0.2～0.3	0.4～0.6	0.7～0.9
淋雨状或涌流状出水，水压>0.1MPa 或单位出水量>10L/min·m	0.2	0.4～0.6	0.7～0.9	1.0

表 D.0.3-2 主要软弱结构面产状影响修正系数 K_2

结构面产状及其与洞轴线的组合关系	结构面走向与洞轴线夹角<30°，结构面倾角30°～75°	结构面走向与洞轴线夹角>60°，结构面倾角>75°	其他组合
K_2	0.4～0.6	0～0.2	0.2～0.4

表 D.0.3-3 初始应力状态影响修正系数 K_3

初始应力状态 \ BQ	>550	550～451	450～351	350～251	<250
极高应力区	1.0	1.0	1.0～1.5	1.0～1.5	1.0
高应力区	0.5	0.5	0.5	0.5～1.0	0.5～1.0

D.0.4 井巷工程围岩的级别应按表 D.0.4 确定。

表 D.0.4 井巷工程围岩分级

围岩级别	岩体特征	土体特征	岩体基本质量指标 BQ 或修正后的岩体质量指标 $[BQ]$
I	坚硬岩，岩体完整，巨整体状或巨厚层状结构	—	>550
II	坚硬岩，岩体较完整，块状或厚层状结构；较坚硬岩，岩体完整，块状整体结构		550～451
III	坚硬岩，岩体较破碎，巨块（石）碎（石）状镶嵌结构；较坚硬岩或较软硬岩层，岩体较完整，块状体或中厚层结构		450～351
IV	坚硬岩，岩体破碎，碎裂结构；较坚硬岩，岩体较破碎—破碎，镶嵌碎裂结构；较软岩或软硬岩互层，且以软岩为主，岩体较完整—较破碎，中薄层状结构	压密或成岩作用的黏性土或砂类土；黄土（Q_1、Q_2）；一般钙质、铁质胶结的碎石土、卵石土、大块石土	351～250
V	较软岩，岩体破碎；软岩，岩体较破碎—破碎；极破碎各类岩体（包括受构造影响严重的破碎带），碎、裂状，松散结构	一般第四系的半干硬—硬塑的黏性土及稍湿至潮湿的碎石土、卵石土、圆砾、角砾土及黄土（Q_3、Q_4）。非黏性土呈松散结构，黏性土及黄土呈松软结构	≤250
VI	受构造影响很严重呈碎石角砾及粉末、泥土状的断层带	软塑状黏性土及潮湿、饱和粉细砂层、软土	—

附录 E 岩土工程勘察纲要编制要求

E.0.1 编制岩土工程勘察纲要前应进行下列工作：

1 应根据勘察阶段的不同搜集或了解下列资料：

1) 建（构）筑物的总平面图；

2) 建（构）筑物设备基础位置图；

3) 区域地质、场地地形地貌资料；

4) 建（构）筑物的荷载资料；

5) 设计单位提出的勘察技术要求；

6) 工程勘察合同；

7) 其他有关的文件、资料。

2 应在搜集和分析已有资料的基础上，组织有关人员进行现场踏勘，进一步了解场地的地层、构造、岩性、不良地质作用和地下水等工程地质条件，以及场地施工条件。

E.0.2 岩土工程勘察纲要的编制应包括下列主要内容：

1 任务的来源、要求、勘察目的和依据的标准；

2 拟建建（构）筑物的性质、规模、荷载、结构特点、设计整平标高、基础形式、埋置深度、地基允许变形等情况；

3 场地自然条件、地质条件；

4 岩土工程勘察场地复杂程度、勘察方法和勘察工作量的布置；

5 原位试验及室内试验项目及要求；

6 工程需解决的主要岩土工程问题；

7 完成勘察工作的技术装备；

8 质量的保证措施；

9 安全、环保文明生产和工期的保证措施；

10 拟定勘察报告书的章节内容；

11 勘探点平面布置图及勘探、测试工作量等相关图表。

E.0.3 岩土工程勘察纲要的编制应因地制宜、重点突出，并应有明确的工程针对性。

E.0.4 简单工程，岩土工程勘察纲要可简单化，应采用图表形式辅以必要的文字说明。

附录 F 岩土描述

F.0.1 岩石的描述应包括地质年代、地质名称、风化程度及完整程度、颜色、主要矿物、结构、构造、产状要素、岩脉特性、岩芯采取率，以及岩石质量指标 RQD。

岩土可根据岩石质量指标 RQD，分为好的（RQD＞90）、较好的（RQD=75～90）、较差的（RQD=50～75）、差的（RQD=25～50）和极差的（RQD＜25）。各项描述应主要包括下列内容：

1 描述岩石矿物成分时，可只描述主要矿物成分。

常见岩浆岩的主要矿物成分有石英、长石、云母、辉石、角闪石、橄榄石等；

常见沉积岩的主要矿物成分有石英、长石等；灰岩为方解石等；

常见变质岩的主要矿物成分有绿泥石、滑石、角闪石、石榴子石、绢云母、石墨、蓝晶石、蛇纹石等。

2 岩浆岩除应按上述规定描述外，尚应描述矿物的结晶程度及颗粒大小、形状和组合方式。结构划分应按表 F.0.1-1 确定。

表 F.0.1-1 岩浆岩结构划分

划分类型	结构分类	鉴别方法
按结晶程度	显晶质结构	矿物颗粒比较粗大，肉眼可辨别
	隐晶质结构	矿物颗粒在肉眼和放大镜下均看不见，只有在显微镜下能识别
	玻璃质结构	矿物没有结晶
按结晶颗粒相对大小	粗粒结构	晶粒直径大于 5mm
	中粒结构	晶粒直径 2mm～5mm
	细粒结构	晶粒直径 0.2mm～2mm
	微粒结构	晶粒直径小于 0.2mm
按结晶颗粒形态	等粒结构	岩石中矿物全部为结晶质，粒状，同种矿物颗粒大小近于相等
	不等粒结构	岩石中同种矿物颗粒大小不等
	斑状结构	岩石中比较粗大的晶粒散布于较细小的物质之中

3 构造划分标准应按表 F.0.1-2 确定。

表 F.0.1-2 岩浆岩构造划分

构造类型	鉴别特征
块状构造	组成岩石的矿物颗粒无定向排列而比较均匀地分布在岩石中
流纹状构造	岩石中不同颜色的条纹、拉长了的气孔以及条状矿物沿一定方向排列
气孔状构造和杏仁状构造	岩石中分布着大小不同的圆形或椭圆形的空洞为气孔状构造；气孔中有硅质、钙质等物质充填为杏仁状构造

4 沉积岩除应按上述规定描述外，尚应描述沉

积物的颗粒大小、形状、胶结物成分、胶结类型、结构类型和成层现象。

沉积岩的胶结物应有泥质、钙质、铁质、硅质；胶结类型应有充填胶结、孔隙胶结、接触胶结和基底胶结；胶结物应按沉积物颗粒的相对大小、形态和颗粒的相对含量分为碎屑结构和泥质结构。

碎屑结构可按颗粒大小分为砾状结构、砂砾状结构和粉砂状结构；可按颗粒相对大小分为等粒结构和不等粒结构。

泥质结构可按颗粒大小及相对含量分为砂泥质结构、粉砂泥质结构；可按组合形态分为豆状结构和鲕状结构。

沉积岩的构造应描述颗粒大小、成分、颜色和形状不同而显示的成层现象，可按单层厚度（h）分为巨厚层（h＞1000mm）、厚层（h＝1000mm～500mm）、中厚层状（h＝500mm～100mm）、薄层状（h＜100mm）。

5 变质岩除应按上述规定描述外，尚应描述结构和构造类型。

变质岩的结构可根据其变质作用和变质程度分为变晶结构、变余结构和压碎结构。

变质岩的构造分类应按表 F.0.1-3 确定。

表 F.0.1-3 变质岩构造分类

构造类型	鉴别特征
片状构造	岩石由细粒到粗粒片状或柱状矿物定向排列而成。沿平行面易劈成薄片
片麻状构造	岩石由结晶颗粒较粗大而颜色较浅的粒状矿物、片状矿物或柱状矿物大致相间成带状平行排列，形成不同颜色、不同宽窄的条带
千枚状构造	岩石中矿物颗粒细小，肉眼难以分辨，为隐晶质片状或柱状矿物，并具有定向排列，沿这些定向排列的矿物可劈成薄片
板状构造	岩石中矿物颗粒细小，常出现较为平整的破裂面
块状构造	岩石中结晶矿物无定向排列，也无定向开裂的性质
斑点状结构	岩石中的结晶集中成不同形状和大小的斑点，不均匀分布于基本未重结晶的致密状泥质基质中

6 岩体的描述应包括完整程度、厚度，节理裂隙的性质、产状、组合形态、发育程度、闭合程度、充填境况和充填物的性质、充水性质等。

节理裂隙的发育程度可按表 F.0.1-4 确定。

表 F.0.1-4 节理裂隙发育程度的等级划分

等级	节理裂隙发育特征
不发育	节理裂隙1组～2组，规则，多为原生性或构造性，多数间距在1.0m以上，多闭合延伸不长
较发育	节理裂隙2组～3组，呈X型，较规则，以构造型为主，多数间距大于0.4m，多闭合，部分张开（宽度大于2mm），少有充填
发育	节理裂隙3组以上，不规则，呈X型或米字型，以构造型或风化型为主，多数间距小于0.4m，大部分张开，部分为黏性土充填，少量剪切节理面上可见擦痕
很发育	节理裂隙3组以上，杂乱，以构造型或风化型为主，多数间距小于0.2m，多张开或被黏性土充填，剪切节理面上多见明显擦痕

7 当缺乏有关试验数据时，岩石的坚硬程度、完整程度、风化程度和岩体结构类型，可按表 F.0.1-5～表 F.0.1-8 确定。

表 F.0.1-5 岩石坚硬程度等级的定性分类

坚硬程度等级		定性鉴定	代表性岩石
硬质岩	坚硬岩	锤击声清脆，有回弹，振手，难击碎，基本无吸水现象	未风化—微风化的花岗岩、闪长岩、辉绿岩、玄武岩、安山岩、片麻岩、石英岩、石英砂岩、硅质砾岩、硅质石灰岩等
	较硬岩	锤击声较清脆，有轻微回弹，稍振手，较难击碎，有轻微吸水现象	1. 微风化的坚硬岩；2. 未风化—微风化的大理岩、板岩、石灰岩、白云岩、钙质砂岩等
软质岩	较软岩	锤击声不清脆，无回弹，较易击碎，浸水后指甲可刻画出印痕	1. 中等风化—强风化的硬质岩或较硬岩；2. 未风化—微风化的凝灰岩、千枚岩、泥灰岩、砂质泥岩等
	软岩	锤击声哑，无回弹，有凹痕，易击碎，浸水后手可掰开	1. 强风化的坚硬岩或较硬岩；2. 中等风化-强风化的较软岩；3. 未风化-微风化的页岩、泥岩、泥质砂岩等
极软岩		锤击声哑，无回弹，有较深凹痕，手可捏碎，浸水后可捏成团	1. 全风化的各种岩石；2. 各种半成岩

表 F.0.1-6 岩体完整程度的定性分类

完整程度	结构面发育程度		主要结构面的结合程度	主要结构面类型	相应结构类型
	组数	平均间距(m)			
完整	1~2	>1.0	结合好或结合一般	裂隙、层面	整体状或巨厚状结构
较完整	1~2	>1.0	结合差	裂隙、层面	块状或厚层状结构
	2~3	1.0~0.4	结合好或结合一般		块状结构
较破碎	2~3	1.0~0.4	结合差	裂隙、层面、小断层	裂隙块状或中厚层状结构
	≥3	0.4~0.2	结合好		镶嵌碎裂结构
			结合一般		中、薄层状结构
破碎	≥3	0.4~0.2	结合差	各种类型结构面	裂隙块状结构
	≥3	≤0.2	结合一般或结合差		碎裂状结构
极破碎	无序		结合很差		散体状结构

表 F.0.1-7 岩石按风化程度分类

风化程度	野外特征	风化程度参数指标	
		波速比 K_v	风化系数 K_f
未风化	岩质新鲜，偶见风化痕迹	0.9~1.0	0.9~1.0
微风化	结构基本未变，仅节理面有渲染或略有变色，有少量风化痕迹	0.8~0.9	0.8~0.9
中等风化	结构部分破坏，沿节理面有次生矿物，风化裂隙发育，岩体被切割成岩块；用镐难挖，岩芯钻方可钻进	0.6~0.8	0.4~0.8
强风化	结构大部分破坏，矿物成分大部分变化，风化裂隙很发育，岩体破碎，用镐可挖，干钻不易钻进	0.4~0.6	<0.4
全风化	结构面基本破坏，但尚可辨认，有残余结构强度，可用镐挖，干钻可钻进	0.2~0.4	—

续表 F.0.1-7

风化程度	野外特征	风化程度参数指标	
		波速比 K_v	风化系数 K_f
残积土	组织结构全部破坏，已风化成土状，锹镐易挖掘，干钻易钻进，具可塑性	<0.2	—

注：1 波速比 K_v 为风化岩石与新鲜岩石压缩波速度之比。
　　2 风化系数 K_f 为风化岩石与新鲜岩石饱和单轴抗压强度之比。
　　3 岩石风化程度，除按本表所列野外特征和定量指标划分外，也可根据当地经验划分。
　　4 花岗岩类岩石，可采用标准贯入试验划分，$N \geqslant 50$ 为强风化；$30 \leqslant N < 50$ 为全风化；$N < 30$ 为残积土。
　　5 泥岩和半成岩，可不进行风化程度的划分。

表 F.0.1-8 岩体结构类型划分

岩体结构类型	岩体地质类型	结构体形状	结构面发育情况	岩土工程特征	可能发生的岩土工程问题
整体状结构	巨块状岩浆岩和变质岩，巨厚层沉积岩	巨块状	以层面和原生、构造节理为主，多呈闭合型，间距大于1.5m，宜为1组~2组，无危险结构	岩体稳定，可视为均质弹性各向同性体	局部滑动或坍塌，深埋洞室的岩爆
块状结构	厚层状沉积岩，块状岩浆岩和变质岩	块状柱状	有少量贯穿性节理裂隙，结构面间距0.7m~1.5m，宜为2组~3组，有少量分离体	结构面互相牵制，岩体基本稳定，接近弹性各向同性体	
层状结构	多韵律薄层、中厚层状沉积岩，副变质岩	层状板状	有层理、片理、节理，常有层间错动	变形和强度受层面控制，可视为各向异性弹性体，稳定性较差	可沿结构面滑塌，软岩可产生塑性变形

续表 F.0.1-8

岩体结构类型	岩体地质类型	结构体形状	结构面发育情况	岩土工程特征	可能发生的岩土工程问题
碎裂状结构	构造影响严重的破碎岩层	碎块状	断层、节理、片理、层理发育，结构面间距0.25m～0.5m，宜为3组以上，有许多分离体	整体强度很低，并受软弱结构面控制，呈弹塑性体，稳定性很差	易发生规模较大的岩体失稳，地下水加剧失稳
散体状结构	断层破碎带，强风化及全风化带	碎屑状	构造和风化裂隙极密集，结构面错综复杂，多填黏性土，形成无序小块和碎屑	完整性遭极大破坏，稳定性极差，接近松散体介质	

F.0.2 碎石土应描述其名称、沉积年代、颜色、颗粒级配、颗粒形状、颗粒排列、母岩成分、风化程度、充填物的性质和充填程度、胶结性、密实度等。碎石土的野外鉴定可按表 F.0.2 进行。

表 F.0.2 碎石土密实度的现场鉴别方法

密实度	骨架颗粒及充填物	天然边坡和开挖情况	钻探情况
密实	骨架颗粒含量大于总重的70%，颗粒交错紧贴，充填物密实	天然陡坎较稳定，坎下堆积物较少；锹镐挖掘困难，用撬棍才能松动，井壁取出大颗粒较稳定，能保持凹面形状	钻进甚感困难，冲击钻探时，钻杆及吊锤跳动剧烈，孔壁较稳定
中密	骨架颗粒含量大于总重的60%～70%，呈交错排列，大部分接触，空隙填满，充填物中密	天然坡不易陡立，但大于粗颗粒休止角，或坎下堆积物较多；锹镐可挖掘，井壁有掉块现象，从井壁取出大颗粒处，砂、土不易保持凹面形状	钻进较困难，冲击钻探时，钻杆、吊锤跳动不剧烈，孔壁有坍塌现象
稍密	骨架颗粒含量小于总重的60%，排列混乱，多数骨架颗粒不接触，而被充填物所包裹，充填物稍密	不能形成陡坎，天然坡度接近颗粒的休止角，锹可挖掘，井壁易坍塌，从井壁取出大颗粒后，砂、土即坍落	钻进较容易，冲击钻探时，钻杆稍有跳动，孔壁易坍塌
松散	骨架颗粒含量小于总重的55%，排列十分混乱，绝大部分不接触	锹易挖掘，井壁极易坍塌	钻进很容易，冲击钻探时，钻杆无跳动，孔壁极易坍塌

F.0.3 砂土应描述其名称、沉积年代、颜色、矿物组成、颗粒级配、颗粒形状、黏粒含量、湿度、密实度等，按下列方法进行野外鉴别：

1 砂类土的野外鉴别方法可按表 F.0.3-1 进行。

表 F.0.3-1 砂土分类野外鉴别方法

砂土名称 / 野外鉴别方法	砾砂	粗砂	中砂	细砂	粉砂
颗粒粗细	约有1/4以上的颗粒接近或超过小高粱粒大小	约有一半以上的颗粒接近或超过细小米粒大小	约有一半以上的颗粒接近或超过鸡冠花籽粒大小	颗粒粗细程度较精制食盐稍粗，与粗玉米粉相当	颗粒粗细程度较精制食盐稍细，与小米粉相当
干燥状态	颗粒完全分散	颗粒完全分散，有个别胶结	颗粒基本分散，部分胶结，但一碰即散	颗粒大部分分散，少量黏结，但稍加碰撞即散	颗粒少部分分散，大部分黏结，但稍加压即能分散
湿润时用手拍击的状态	表面无变化	表面无变化	表面偶有水印	表面有水印（翻浆）	表面有显著的翻浆现象
黏着感	无黏着感	无黏着感	无黏着感	偶有轻微黏着感	有轻微黏着感

2 砂土的湿度野外鉴别方法可按表 F.0.3-2 进行。

表 F.0.3-2 砂土的湿度和野外鉴别方法

湿 度		野外鉴别方法
干	干	肉眼观察不显潮湿，用手挤压或按摩即散
稍湿	稍湿	用手握挤时有潮湿感，在手中摇动时能分成一些小块，放在纸上不即刻潮湿，加水时吸收很快
很湿	湿	放在手中有湿感，放在纸上浸湿较快，加水时吸收慢
	很湿	在手中摇动时可成饼状，放在纸上浸湿很快，加水时吸收慢
饱和	饱和	在手中摇动时即可液化，放在手上时水自然渗出，一般位于地下水位以下

F.0.4 粉土应描述其名称、沉积年代、颜色、包含物、密实度、湿度、摇振反应、光泽反应、干强度和韧性等。粉土具有包含物时应描述其质量的百分比。

F.0.5 黏性土应描述其名称、沉积年代、颜色、状态、包含物、光泽反应、摇振反应、干强度、韧性、土层结构等，并应符合下列要求：

1 黏性土的结构应描述孔隙、龟裂、节理、层理或带状构造以及虫孔、土洞等特征；黏性土的包含物，应描述其成分、分布特征及含量的百分比；

2 黏性土状态的野外鉴别方法应按表 F.0.5 执行。

表 F.0.5　黏性土状态的野外鉴别方法

天然状态		坚硬	硬塑	可塑	软塑	流塑
状态特征	黏土	干而坚硬，很难掰成块	手捏感觉硬，不易变形，用力捏先裂成块，后显柔性，手按无指印	手捏似橡皮，手按有指印	手捏很软，易变形，土块掰时似橡皮，用力不大就能按成坑	土柱不能直立，自行变形
	粉质黏土	干硬，能掰开成块，有棱角	手捏感觉硬，不易变形，土块用力掰时易散成碎块，后显柔性，手按无指印	手捏土易变形，有柔性，掰时似橡皮，手按有指印	手捏很软，易变形，土块掰时似橡皮，用力不大就能按成坑	土柱不能直立，自行变形

F.0.6 特殊性土除应描述相应土类规定的内容外，尚应按其特殊成分和特殊性质进行描述，并应符合下列要求：

1 湿陷性黄土应描述名称、颜色、状态、包含物、结构、构造、孔隙等；

2 红黏土应描述名称、颜色、状态、包含物、结构、构造、裂隙发育情况、母岩成分等；

3 软土应描述名称、颜色、状态、气味、包含物、有机质含量、光泽反应、摇振反应、干强度、韧性、土层结构等。

F.0.7 人工填土应描述其名称、组成成分、夹杂物成分及数量、均匀性、湿度、密实度（状态）等，并应符合下列要求：

1 对组成成分不均一的填土，应描述其含量的质量百分比；

2 由高炉炉渣及废渣等组成的矿渣，应重点描述其组成成分、胶结程度、钻探难易程度及均匀

性等；

3 压实填土应描述其压实时间。

F.0.8 混合土的描述应符合下列要求：

1 混合土应描述名称、组成成分、夹杂物成分及数量、均匀性、湿度、密实度（状态）等；

2 应描述粗粒混合土中细粒土含量的质量百分比或细粒混合土中粗粒土含量的质量百分比；

3 应描述混合土在水平和垂直方向上的变化规律等。

F.0.9 场地地下水的描述应包括下列主要内容：

1 地下水的类型、勘察时的地下水位，必要时提出历史最高水位、近 3 年～5 年最高地下水位；

2 地下水的补给、径流和排泄条件，地表水与地下水的补排关系；

3 水位变化趋势和主要影响因素；

4 是否存在对地下水和地表水的污染源、可能的污染程度。

本规范用词说明

1 为便于在执行本规范条文时区别对待，对要求严格程度不同的用词说明如下：

1）表示很严格，非这样做不可的：
正面词采用"必须"，反面词采用"严禁"；

2）表示严格，在正常情况下均应这样做的：
正面词采用"应"，反面词采用"不应"或"不得"；

3）表示允许稍有选择，在条件许可时首先应这样做的：
正面词采用"宜"，反面词采用"不宜"；

4）表示有选择，在一定条件下可以这样做的，采用"可"。

2 条文中指明应按其他有关标准执行的写法为："应符合……的规定"或"应按……执行"。

引用标准名录

《建筑地基基础设计规范》GB 50007
《建筑抗震设计规范》GB 50011
《土工试验方法标准》GB/T 50123
《工程岩体分级标准》GB 50218

中华人民共和国国家标准

冶金工业建设岩土工程勘察规范

GB 50749—2012

条 文 说 明

制 订 说 明

《冶金工业建设岩土工程勘察规范》GB 50749—2012，经住房和城乡建设部 2012 年 1 月 21 日以第 1275 号公告批准、发布。

为便于广大设计、施工和生产单位有关人员在使用本规范时能正确理解和执行条文规定，《冶金工业建设岩土工程勘察规范》编制组按章、节、条顺序编制了本规范的条文说明，对条文规定的目的、依据以及执行中需注意的有关事项进行了说明。但是本条文说明不具备与规范正文同等的法律效力，仅供使用者作为理解和把握标准规定的参考。

目　次

1 总　则

1.0.2～1.0.4　冶金工业建设项目，占地面积大，工程类型复杂，勘察成果能否全面、准确地反映建设场地的工程地质条件，不仅影响基础工程投资，对投产后的安全高效运营也至关重要。其中，第1.0.3条为强制性条文，必须严格执行，以减少工程中的盲目性，节约工程投资。

2 术语和符号

2.1 术　语

2.1.6　岩土工程勘察纲要是指导岩土工程勘察工作的纲领性文件，岩土工程勘察纲要的完整性、全面性和针对性，直接影响着岩土工程勘察的质量。

3 基本规定

3.1 建（构）筑物分级和场地复杂程度分类

3.1.1　从冶金工业建（构）筑物的规模、荷载、地基变形等影响勘探工作量和测试内容的主要因素出发，将冶金工业建（构）筑物分为三个等级。为便于具体执行，现列举部分代表性工程项目。一级：大型工程。如容积大于或等于2000m³的高炉及主要配套设施；炭化室高度大于或等于6m的焦炉；天车起吊能力大于或等于2000kN的冶炼和轧钢主厂房；单柱荷载大于或等于15000kN的框架结构；高度大于或等于100m的烟囱；开挖深度超过18m的沉淀池和厂房内开挖深度超过12m的冲渣沟及地下管廊工程；三级及以上级别的尾矿库；开采深度超过200m的露天采矿边坡或矿井等。三级：小型工程。如天车起吊能力小于或等于300kN的厂房，单层库房、泵房等辅助建筑；单柱荷载小于或等于2000kN的转运站和管廊支架；深度小于或等于7m的厂房外地下料仓、地下管廊等。其他工程可根据其规模、荷载等进行类比。对于条文未加明确的工程类型，可执行相关专业技术标准。

3.1.2　勘察场地复杂性分级，目的在于指导编制岩土工程勘察纲要，合理确定勘探点的密度、深度，选择适宜的试验内容和测试手段。因此，场地复杂性主要是依据场地的地形地貌、地质构造、地层岩性、不良地质作用及水文地质条件等因素，以及地层均匀性和特殊岩土分布等条件划分的。

3.2 岩土工程勘察阶段

3.2.1～3.2.4　勘察阶段的划分通常情况下应与设计阶段相适应。整个勘察过程是对场地工程地质条件认识不断深化的过程。不同的勘察阶段有不同的侧重点，应提高对新建场地可行性研究和初步勘察阶段工作的重视程度，因为场址的稳定性和各种不良地质作用的评价，以及地基基础方案比选，在详细勘察之前提出明确结论，有利于控制基础投资和缩短工程设计及施工周期。

3.2.5　合并勘察阶段，只是在时间上同步进行，其各阶段的工作内容不能缺少。

3.2.6　对于复杂场地，特别是遇岩溶、土洞、采空塌陷、人工洞穴等情况，施工过程中补充部分勘察工作量是必要的，也是保障工程质量的重要手段。

4 岩土分类

4.1 岩石的分类

4.1.3　软化岩石浸水后，其强度明显降低，应引起重视，软化系数以0.75为界，是借鉴国内外有关规范和工程经验规定的。

特殊性岩石，如易溶性岩石、膨胀性岩石、崩解性岩石、盐渍化岩石等对工程危害较大，不可以按普通岩石对待，应专门进行研究评价。

4.2 碎石土的分类

4.2.2　碎石土密实度的判定，地区经验很重要，也有多种方法。这里仅将常用的按圆锥动力触探划分密实度的标准列入。

4.3 砂土的分类

4.3.2　砂类土密实度的判定方法很多，这里仅将国内外最常用的采用标准贯入试验锤击数判定砂土密实度的方法列入。

4.6 特殊性土的分类

4.6.1　湿陷性土、膨胀性土、冻土、盐渍土等特殊性土应执行相应的现行国家标准《湿陷性黄土地区建筑规范》GB 50025，《膨胀土地区建筑技术规范》GBJ 112和《冻土工程地质勘察规范》GB 50324。

4.6.3　将淤泥、淤泥质土、泥炭、泥炭质土统一定为软土，将淤泥、淤泥质土和有机质土、泥炭、泥炭质土分别以表格的形式列出，便于对比使用。

4.6.4　根据近年来我国的工程经验及国外文献，国家现行标准《岩土工程勘察规范》GB 50021和《盐渍土地区建筑规范》SY/T 0317均将盐渍土的易溶盐含量由0.5%下调至0.3%，为保证工程安全，本规范也采用0.3%。

4.6.5　经验和专门研究表明，黏性土、粉土中的碎石组分的含量达到25%以上时才能起到改善土的工程性质的作用；而在碎石土中，黏粒组分的含量大于25％时，则对碎石土的工程性质有明显影响。因此混合土的定名以25％为界。

4.6.6 人工填土的成分复杂，工程性质迥异。应针对场地具体情况采用相应的勘探与试验方法。

4.6.7 污染土的分类与一般土没有区别，只在原土的名称前冠以"污染"二字即可。

5 各类工程勘察基本要求

5.1 冶金工业厂房及构筑物

I 可行性研究勘察

5.1.1～5.1.3 可行性勘察的工作方法应通过搜集已有资料、进行现场踏勘、调查和必要的勘探试验工作来完成。这里的勘探工作是指可以按每个地貌单元布置少量勘探孔，当地质条件复杂时可按垂直地貌布置物探线；试验工作主要是指取土样进行试验，以满足选场所需的岩土工程评价。工作重点是评价场地的稳定性和建厂的适宜性。

II 初 步 勘 察

5.1.5～5.1.10 根据冶金工业厂房及构筑物初步设计阶段对勘察工作基本要求，从勘探线、点的布置，勘探点深度，取土试样和原位测试，以及查明水文地质条件等方面作出了具体规定。取土试样要求在每一层土中进行，并规定了试样采取间距。考虑到冶金工业厂地较大，勘探点的数量较多，本规范没有必要再规定每层土的最少采样数量。

关于划分场地对建筑有利、不利和危险地段和判定场地类别，判定标准应按现行国家标准《建筑抗震设计规范》GB 50011 的要求进行。

其中第 5.1.7 条对初步勘探阶段勘探点的深度及控制性探勘点的数量作了规定，目的在于确保查明建（构）筑物影响范围内地层的分布，防止出现软弱下卧层的漏查漏判，以保证地基稳定性。因此将 5.1.7 条文作为本规范的强制性条文，必须严格执行。第5.1.8 条对初步勘探阶段勘探点进行取样和原位测试的钻孔数量作了规定，并对竖向取样的最小间距和每个地貌单元上应作原位测试孔的数量作了规定，目的是为了确保各类测试原始数据的代表性以对建设场地作出正确的评价。由于测试原始数据是进行场地评价的第一手资料，其真实性和代表性直接关系到对场地的评价，甚至关系到整个项目的成败。因此将第5.1.8 条作为强制性条文，必须严格执行。

III 详 细 勘 察

5.1.11～5.1.16 根据冶金工业厂房及构筑物施工图

设计阶段的基本要求，勘探点应按沿建筑物周边或主要柱列线布置，并按照冶金工厂的特点，勘探点间距宜按 9、12、18、24m 常用柱距布置。勘探孔深度自基础底面算起，一般钻孔深度应能控制地基主要受力层。对于需进行地基变形验算的建筑物，要求控制性勘探点深度应大于地基压缩层深度。地基压缩层深度的确定，现行国家标准《建筑地基基础设计规范》GB 50007 采用的是沉降比法，但由于在工程勘察前期缺乏建（构）筑物附加荷载和地层模量及地层竖向分布等地基变形计算所需的最基本的参数，使得该方法常常无法实施。本规范推荐采用现行国家标准《岩土工程勘察规范》GB 50021中规定的"应力比法"，即：对中、低压缩性土层取附加压力等于上覆土层有效自重应力20％的深度；对高压缩性土层取附加压力等于上覆土层有效自重应力 10％的深度。对已建的建（构）筑物沉降变形分析和实际观测结果表明"应力比法"完全可以满足地基变形计算的要求。

根据冶金工业厂房多为独立基础，详细勘察规定，取土试样钻孔及原位测试孔的数量均不少于钻孔总数的1/3。

结合工程实际规定在主要受力层内，对厚度大于0.5m 的软弱夹层或透镜体，采取土试样或进行原位测试很有必要，尤其是对支护及边坡工程软弱夹层的遗漏常会造成致命的后果；对于水文地质工作要求测定各含水层的稳定水位。

其中第 5.1.14 条对详细勘探阶段勘探点深度作了规定，与初步勘探阶段相比，本阶段是工程施工图设计和工程施工前，对地基调查的最后一道防线，因此将 5.1.14 条作为强制性条文，必须严格执行。第5.1.15 条对详细勘探阶段勘探采取土试样及进行原位测试的数量作了规定，本阶段所得原始数据及分析成果与结论将直接提供给设计单位作为建（构）筑物地基设计的依据，直接关系到地基方案的合理性、科学性，工程投资及工期。因此，将5.1.15条作为强制性条文，必须严格执行。

5.2 改建、扩建

5.2.1、5.2.2 改建、扩建项目岩土工程勘察的一项重要内容是认真收集和分析已有的勘察资料和工程经验，通过深入分析，为改建、扩建工程的勘察方案和地基评价进行论证和合理调整。

老地基的评价是改建工程中关键环节，准确评价老地基基础的可利用程度，直接影响工程造价和工期。因此，对已有地基基础的应力应变历史和现状的分析评定，是一项非常很重要的勘察工作。

5.3 尾矿处理设施

5.3.1 该条所述尾矿处理设施包括：初期坝、拦洪坝、库区及回水系统等。对尾矿堆积坝勘察应执行现行国家标准《尾矿堆积坝岩土工程技术规范》GB 50547。

5.3.2 环境污染问题是制约我国可持续发展的一个大问题，近年来一些尾矿库的泄露甚至垮塌事故，对人民群众的生命财产造成了不可弥补的损失，对他们的生产生活造成了很大的困难，有些污染了水资源，破坏了生态环境。因此，在可行性研究和初步勘察阶段，要对坝址和库区周边的生态环境和地质环境问题应进行重点研究和评价工作。

5.3.3～5.3.8 坝基的勘探点间距考虑了平地库型和沟谷库型两种地貌的坝基类型，由原行业标准《冶金工业建设岩土工程勘察技术规范》（YSJ 202—88；YBJ 1—88）的 40m～60m 调整为沟谷库型的坝基勘探点间距宜为 40m～60m，而平地库型的坝基勘探点间距宜为 60m～100m。对工程物探仅规定了适用场地条件，具体方法见本规范第 7.5 节的有关规定。

采取岩、土试样或进行原位测试时，应按坝址、库区的主要岩土层分别确定，分别实施是考虑了尾矿处理设施场地的特点。

渗漏和稳定性分析评价是详细勘察应解决的主要问题，渗漏对周边环境的污染所造成的影响以及垮坝对下游造成的灾难是难以弥补的，因此，在遇岩溶地区及强渗漏性地层，或抗滑稳定性差的地层时，应专门制订勘探和测试方案。

5.3.9 库区和库岸遇有影响运营安全的不良地质问题时应进行专门勘察评价。

5.4 露天矿边坡

5.4.1～5.4.4 露天矿山的设计工作一般分三个阶段进行，即可行性研究、矿山设计或改（扩）建设计，开采期间的局部设计。由于种种原因，我国目前需进行设计和建设的矿山，其设计阶段并不完全规范化，故对于拟建或生产矿山是否需要进行上述各阶段勘察，大都由生产单位根据实际条件和需要确定，对提出的勘察任务，勘察人员应该弄清它属于何种勘察阶段，以便合理安排勘察工作。

5.4.8 由于岩体本身的复杂性和勘察工作所能获取信息的局限性，很难根据某一种计算分析的结果作出可靠的评价。多种方法计算分析的结果可相互补充和印证。熟悉现场的实际情况和已具有的工程经验有助于作出适宜的工程判定。只有全面考虑这些结果，进行综合评价，才可能提出合理的边坡角和稳坡措施的建议。

5.5 井 巷 工 程

5.5.1 井巷工程的可行性研究阶段主要是通过了解拟选场地的地层岩性、地质构造、水文地质和环境地质条件，选择一个较稳定的、工程量较少且有利于生产的场址。

5.5.2 井巷工程的初步勘察主要通过工程地质测绘、调查，并辅以钻探、测试和工程物探手段。在矿区地质勘探已有较大范围和较详细的资料时，本阶段勘察可简化。

5.5.4 近年来发生过多起由于废弃堆石处理不当，在暴雨作用下而引发的环境地质灾害，因此井巷工程的废弃石场应防止此类问题的发生。

5.5.5 目前国内金刚石钻进已非常普及，为保证井巷工程的钻探质量，建议优先采用金刚石钻进。

5.5.7 斜井、平巷或隧洞地段地质条件复杂时，仅凭工程地质测绘、物探和少量的钻探工作难以满足施工要求，因此要依靠施工勘察加以补充和修正。

5.7 岸边取水设施

5.7.1、5.7.2 岸边取水设施场地的勘察工作范围包括，河床区、岸边区和净化场区。由于场地位于水陆交替地带，跨越地貌单元，地层复杂，河水冲淤、河岸变迁等不良地质作用发育。勘察的重点是岸边区的稳定性，条文明确了初步勘察时河床区应垂直岸边线布置 2 条～3 条勘探线。对勘探深度要求，应达到最大冲刷深度以下 3m～5m，以作为计算在最大冲刷深度时岸边及岸坡的稳定性之用。

5.8 天然建筑材料场地

5.8.1、5.8.2 天然建筑材料的勘探宜与建设工程场地的岩土工程勘察阶段同步进行。当场地地质条件简单，建筑材料质量、储量符合要求时，可进行一次性勘察。筑坝材料的试验除土的击实试验和渗透试验，岩块的强度试验外，还要根据需要进行岩块的软化试验和冻融试验等。

6 工程地质测绘

6.0.1 工程地质测绘前的资料搜集和研究是一项非常重要的工作，可以充分利用前人工作成果，明确测绘工作重点，简化测绘工作量，取得事半功倍的效果。搜集的成果包括区域地质资料、遥感资料、气象资料、水文资料、地震资料、地球物理勘探资料、水文地质与工程地质资料、建筑经验等。

6.0.2 工程地质测绘的分层和填图单位，与收集到的资料和测绘精度比例尺有关。需根据测绘精度比例尺的要求按地质时代、成因类型、岩性或岩组的工程地质特性确定。按地质时代分层时要按《中华地层指南》进行分层，当搜集资料的分层单位不能满足工程要求时，可在测区范围内按相对时代分层，但需在文字说明中予以说明。

6.0.3 研究地貌应采用下列方法：

1）地貌形态的描述，应首先描述大的地貌类型，然后描述次一级的地貌形态，最后描述微地貌；大的地貌变化一般可从地形图或航片上直接观察和研究；

2）地貌形态的测量数据（如阶地级数、高度、阶面宽度、倾斜度等），可用示意图的形式表示在记录本上；

3）对于成因不明的地貌，应进一步通过查明地貌与岩性、地层或构造的关系，以及地貌与第四系堆积物的关系来确定；

河谷是地貌工程地质测绘的重点内容之一，应着重调查河漫滩的位置及其特征，有无古河道、牛轭湖等分布及位置。

6.0.4 地质构造的工程地质测绘应在区域地质构造图的基础上进行，由宏观大的地质构造到微观小的地质构造。重点考虑其相互派生关系及其对工程建设的影响。

6.0.5 工程地质测绘是不良地质作用勘察工作中的不可或缺的重要手段。

1 工程地质测绘是岩溶区勘察的主要手段，测绘比例尺宜采用 1：500～1：1000。

2 滑坡区的工程地质测绘针对引起滑坡的条件进行，滑坡形成的条件包括岩性、地质构造、气候（主要大气降雨）、径流条件（地表水入渗及地下水的渗流）、地形地貌及地震、人为活动等其他因素。

4 泥石流工程地质测绘的范围应包括沟谷至分水岭的全部地段和可能受泥石流影响的地段。测绘比例尺，对全流域宜采用 1：50000，对中下游可采用1：2000～1：10000。

7 勘探取样与测试

7.1 勘探与原位测试

7.1.1 选择钻探方法应考虑的原则是：

1 地层特点及钻探方法的有效性；

2 能保证以一定的精度鉴别地层，了解地下水的情况；

3 尽量避免或减轻对取样段的扰动影响。

7.1.2 对探井、探槽除文字描述记录外，尚应以剖面图、展示图的形式表明岩性、地层分界、构造特征、取样和原位试验位置，并辅以代表性部位的彩色照片。

7.1.3 钻探野外记录是一项重要的基础工作，也是一项有相当难度的技术工作，因此应配备有足够专业知识和经验的人员来承担。野外描述一般以目测手触鉴别为主，剖开岩芯，手搓、摸、捻、刀切、刀刻画等方法观察定名，以技术人员核定的定名和描述为主。为实现岩土描述的标准化，制订一些标准化定量化的鉴别方法，将有助于提高钻探记录的客观性和可比性，这类方法包括：使用标准粒度区分砂土类别、色标比色法表示颜色、用微型贯入仪测定土的状态、

用点荷载仪判别岩石风化程度和强度等。

7.1.4 原位测试采用何种方法，应根据地层特性选择。具体操作可参照国家或行业现行相关标准。

7.2 岩、土试样的采取、保存与运输

7.2.1 本条改变了过去将土试样简单划分为"原状土样"和"扰动土样"的习惯，而按可供试验项目将土试样分为四个级别。在实际工作中并不一定要求一个试样做所有的试验。不同试验项目对土样扰动的敏感程度是不同的，因此可以针对不同的试验目的来划分土试样的质量等级。按本条规定可根据试验内容选定试样等级。

1 土试样扰动程度的鉴定有多种方法，大致可分以下几类：

1）现场外观检查观察土样是否完整，有无缺陷，取样管或衬管是否挤扁、弯曲、卷折等；

2）测定回收率，回收率为 L/H；H 为取样时取土器贯入孔底以下土层的深度，L 为土样长度，可取土试样毛长，而不必是净长，即可从土试样顶端算至取土器刃口，下部如有脱落可不扣除；回收率等于0.98左右是最理想的，大于 1.0 或小于 0.95 是土样受扰动的标志；取样回收率可在现场测定，但使用敞口式取土器时，测定有一定的困难；

3）X 射线检验可发现裂纹、空洞、粗粒包裹体等；

4）室内试验评价，由于土的力学参数对试样的扰动十分敏感，土样受扰动的程度可以通过力学性质试验结果反映出来。

2 正文表 7.2.1-2 中所列各种取土器大都是常见的取土器。按壁厚可分为薄壁和厚壁两类，按进入土层的方式可分为贯入和回转两类。薄壁取土器壁厚仅 1.25mm～2.00mm，取样扰动小，质量高，但因壁薄，不能在坚硬和密实的土层中使用。

厚壁敞口取土器中，大多使用镀锌铁皮衬管，其弊病甚多，对土样质量影响很大，应逐步予以淘汰，代之以塑料或酚醛层压纸管。目前仍允许使用镀锌铁皮衬管，但要特别注意保持其形状圆整，重复使用前应注意整形，清除内外壁黏附的蜡、土或锈斑。

考虑我国目前的实际情况，薄壁取土器尚需逐步普及，故允许以束节式取土器代替薄壁取土器。但取高质量软土试样，仍应采用标准薄壁取土器。

关于贯入取土器的方法，本条规定宜用快速静力连续压入法，特别对软土必须采用压入法。压入应连续而不间断，如用钻机给进机构施工，则应配备有足够压入行程和压入速度的钻机。

7.3 室内试验

7.3.2 本条规定了岩土试验项目和试验方法的选取

以及一些原则性问题，主要供岩土工程师所用。至于具体的操作和试验仪器规格，则应按有关的规范、标准执行。由于岩土试样和试验条件不可能完全代表现场的实际情况，故规定在岩土工程评价时，宜将试验结果与原位测试成果或原型观测反分析成果比较，并作必要的修正。

一般的岩土试验，可以按标准的、通用的方法进行。但是，岩土工程师必须注意到岩土性质和现场条件中存在的许多复杂情况，包括应力历史、应力场、边界条件、非均质性、非等向性、不连续性等，使岩土体与岩土试样的性状之间存在不同程度的差别。试验时应尽可能模拟实际，使用试验成果时不要忽视这些差别。

本条规定的都是最基本的试验项目，一般工程都应进行。

测定液限，我国通常用76g瓦氏圆锥仪，但在国际上更通用卡氏碟式仪，故目前在我国是两种方法并用。现行行业标准《土工试验规程》YBJ 42也同时规定这两种方法和液塑限联合测定法。由于测定方法的试验成果有差异，故应在试验报告上注明。

土的比重变化幅度不大，有经验的地区可根据经验判定。但在缺乏经验的地区，仍应直接测定。

为准确计算地基承载力，c、ϕ值数据的选用非常重要，而抗剪强度试验的方法对c、ϕ值影响很大。对于一级建筑物和荷载大、重要的建（构）筑物，采用三轴压缩试验。对饱和黏性土和深部的土样，为消除取土时应力释放和结构扰动的影响，在自重压力下固结后再进行剪切试验。

关于抗剪强度试验的方法，总的原则是应该与建筑物的实际受力状况以及施工工况相符合。对于施工加荷速率较快，地基土的排水条件较差的黏土、粉质黏土等，固结排水时间较长，如加荷速率较快，来不及达到完全固结，土已剪损，这种情况下宜采用不固结不排水剪（UU），对于施工加荷速率较慢，地基土的排水条件较好，如经过预压固结的地基，实际工程中有充分时间固结，这种情况下可根据其固结程度采用固结不排水剪（CU）。原状砂土取样困难时可考虑采用冷冻法等取土技术。

在验算边坡稳定性以及基坑工程中的支挡结构设计时，土的抗剪强度参数应慎重选取。三轴压缩试验受力明确，又可控制排水条件，因此本规程规定应采用三轴压缩试验方法。现对其中主要问题说明如下：

1 对于饱和黏性土，本规范推荐采用三轴固结不排水（CU）强度参数计算土压力，其主要依据：一是饱和黏性土渗透性弱、渗透系数较小，宜采用三轴压缩试验总应力法（CU）试验；二是根据试算证明是安全和合适的。

参考我国其他行业标准和地方标准，计算土压力

可采用固结不排水（CU）试验，提供C_{cu}、ϕ_{cu}参数。当有可靠经验时，也可采用直剪固快试验指标。由于饱和黏性土，尤其是软黏土，原始固结度不高，且受到取土扰动的影响，为了不使试验结果过低，故规定了应在有效自重压力下进行预固结后再剪的试验要求。

2 对于砂、砾、卵石土由于渗透性强，渗透系数大，可以很快排水固结，且这类土均应采用土水分算法，计算时其重度是采用有效重度，故其强度参数从理论上看，均应采用有效强度参数，即c'、ϕ'，其试验方法应是有效应力法，三轴固结不排水测孔隙水压力（$\overline{CU}$）试验，测求有效强度。在实际工程中，很难取得中、粗砂和砾、卵石的原状试样而进行室内试验，常采用砂土天然休止角试验和现场标准贯入试验可估算砂土的有效内摩擦角ϕ'，即按$\phi' = \sqrt{20N+15}$经验式估算，式中N为标准贯入实测击数。

3 对于抗隆起验算，一般都是基坑底部或支护结构底部有软黏土时才进行，应采用饱和软黏土的UU试验方法所得强度参数，或原位十字板剪切试验测得的不固结不排水强度参数。对于整体稳定性验算亦应采用不固结不排水强度参数。

压缩试验方法应与所选用计算沉降方法相适应，试验选用合适与否直接影响到计算沉降量的正确性：

1 采用分层总和法进行沉降计算时的压缩试验，应按土的自重压力至土自重压力与附加压力之和的压力段，取其相应压缩模量。在计算土的自重压力时应考虑地下水的浮力，地下水位以下的土应采用浮重度。试验方法和取值与工程实际受力情况相符合。

2 针对考虑应力历史的固结沉降计算所需参数的试验方法，这种沉降计算需用先期固结压力P_c、压缩指数C_c和回弹再压缩指数C_s等三个参数。为准确求得P_c值，最大压力应加至出现较长的直线段，必要时可加至3000kPa～5000kPa，否则难以在e—$\lg P$曲线上准确求得P_c和C_c值。P_c值可按卡式图解法确定。C_s值宜在预计的P_c值之后进行卸载回弹试验确定。卸荷回弹压力从何处开始过去不明确，本规程规定从所取土样处的上覆自重压力处开始，这是考虑取土后应力释放，在室内重新恢复其原始应力状态。对于超固结土应超过预估的先期固结压力，以不影响P_c值的选取。至于卸何处，本应根据基坑开挖深度确定，但恐开挖深度浅，卸荷压力小，即回弹点太少难以正确确定C_s值。为试验方便，在确定自重压力时可分深度取整。开挖深度10m以内，土自重压力一般不会超过200kPa，取最大压力为200kPa处分级卸荷，卸至12.5kPa；当深度为11m～20m

时，一般考虑有地下水，取最大有效自重压力为300kPa处分级卸荷，卸至25kPa；21m～30m时取400kPa处分级卸荷至50kPa。

试验方法应与现行国家标准《土工试验方法标准》GB/T 50123一致。

3 群桩深基础变形验算时，取对应不同压力段的压缩模量、压缩指数C_c、回弹再压缩指数C_s等进行计算。

4 回弹模量和回弹再压缩模量的测求，可按照上述第2款说明的方法。对有效自重压力分段取整，获得回弹和回弹再压缩曲线，利用回弹曲线的割线斜率计算回弹模量，利用回弹再压缩割线斜率计算回弹再压缩模量。在实际工程中，若两者相差不大，也可以前者代替后者。

5 无侧限抗压强度试验实际上是三轴试验的一个特例，适用于$\phi \approx 0$的软黏土，国际上用得较多，但对土试样的质量等级有严格规定。

关于土的动力性质试验：

1 动三轴、动单剪、共振柱是土的动力性质试验中目前比较常用的三种方法。其他方法或还不成熟，或仅做专门研究之用。故不在本规范中规定。土的动力参数值不单随动应变而变化，而且不同仪器或试验方法有其应变值的有效范围。故在提出试验要求时，应考虑动应变的范围和仪器的适用性。

2 用动三轴仪测定动弹性模量、动阻尼比及其与动应变的关系时，在施加动荷载前，宜在模拟原位应力条件下先使土样固结。动荷载的施加应从小应力开始，连续观测若干循环周数，然后逐渐加大动应力。测定既定的循环周数下轴向应力与应变关系，一般用于分析震陷和饱和砂土的液化。

7.3.3 本条规定了岩石试验的项目。

具体试验方法按现行国家标准《工程岩体试验方法标准》GB/T 50266执行。

点荷载试验和声波速度试验都是间接试验方法，利用试验关系确定岩石的强度参数，在工程上是很实用的方法。

7.4 工程物探

7.4.1、7.4.2 这两条规定仅涉及采用地球物理勘探方法的一般原则，目的在于指导非地球物理勘探专业的工程地质与岩土工程师结合工程特点选择地球物理勘探方法。强调工程地质、岩土工程与地球物理勘探工程师的密切配合，共同制订方案，分析判释成果。地球物理勘探方法具体方案的制订与实施，应执行现行工程地球物理勘探标准的有关规定。

地球物理勘探发展很快，不断有新的技术方法出现。如近年来发展起来的瞬态多道面波法、地震CT、电磁波CT法等，效果很好。当前常用的工程物探方法详见表1。

表1　地球物理勘探方法的适用范围

方法名称		适　用　范　围
电法	自然电场法	1. 探测隐伏断层、破碎带； 2. 测定地下水流速、流向
	充电法	1. 探测地下洞穴； 2. 测定地下水流速、流向； 3. 探测地下或水下隐埋物体； 4. 探测地下管线
	电阻率测深	1. 测定基岩埋深，划分松散沉积层序和基岩风化带； 2. 探测隐伏断层、破碎带； 3. 探测地下洞穴； 4. 测定潜水面深度和含水层分布； 5. 探测地下或水下隐埋物体
	电阻率剖面法	1. 测定基岩埋深； 2. 探测隐伏断层、破碎带； 3. 探测地下洞穴； 4. 探测地下或水下隐埋物体
	高密度电阻率法	1. 测定潜水面深度和含水层分布； 2. 探测地下或水下隐埋物体；
	激发极化法	1. 探测隐伏断层、破碎带； 2. 探测地下洞穴； 3. 划分松散沉积层序； 4. 测定潜水面深度和含水层分布； 5. 探测地下或水下隐埋物体
电磁法	甚低频	1. 探测隐伏断层、破碎带； 2. 探测地下或水下隐埋物体； 3. 探测地下管线
	频率测探	1. 测定基岩埋深，划分松散沉积层序和风化带； 2. 探测隐伏断层、破碎带； 3. 探测地下洞穴； 4. 探测河床水深及沉积泥沙和厚度； 5. 探测地下或水下隐埋物体； 6. 探测地下管线
	地磁感应法	1. 测定基岩埋深； 2. 探测隐伏断层、破碎带； 3. 探测地下洞穴； 4. 探测地下或水下隐埋物体； 5. 探测地下管线

方法名称		适 用 范 围
电磁法	地质雷达	1. 测定基岩埋深，划分松散沉积层序和基岩风化带； 2. 探测隐伏断层、破碎带； 3. 探测地下洞穴； 4. 测定潜水面深度和含水层分布； 5. 探测河床水深及沉积泥沙和厚度； 6. 探测地下或水下隐埋物体； 7. 探测地下管线
	地下电磁波法（无线电波透视法）	1. 探测隐伏断层、破碎带； 2. 探测地下洞穴； 3. 探测地下或水下隐埋物体； 4. 探测地下管线
地震波法和声波法	折射波法	1. 测定基岩埋深，划分松散沉积层序和基岩风化带； 2. 测定潜水面深度和含水层分布； 3. 探测河床水深及沉积泥沙和厚度
	反射波法	1. 测定基岩埋深，划分松散沉积层序和基岩风化带； 2. 探测隐伏断层、破碎带； 3. 探测地下洞穴； 4. 测定潜水面深度和含水层分布； 5. 探测河床水深及沉积泥沙和厚度； 6. 探测地下或水下隐埋物体； 7. 探测地下管线
	直达波法（单孔法和跨孔法）	划分松散沉积层序和基岩风化带
	瑞雷波法	1. 测定基岩埋深，划分松散沉积层序和基岩风化带； 2. 探测隐伏断层、破碎带； 3. 探测地下洞穴； 4. 探测地下或水下隐埋物体
	地磁感应法	1. 测定基岩埋深； 2. 探测隐伏断层、破碎带； 3. 探测地下洞穴； 4. 探测地下或水下隐埋物体； 5. 探测地下管线
	地质雷达	1. 测定基岩埋深，划分松散沉积层序和基岩风化带； 2. 探测隐伏断层、破碎带； 3. 探测地下洞穴； 4. 测定潜水面深度和含水层分布； 5. 探测河床水深及沉积泥沙和厚度； 6. 探测地下或水下隐埋物体； 7. 探测地下管线

方法名称		适 用 范 围
地震波法和声波法	地下电磁波法（无线电波透视法）	1. 探测隐伏断层、破碎带； 2. 探测地下洞穴； 3. 探测地下或水下隐埋物体； 4. 探测地下管线
	声波法	1. 测定基岩埋深，划分松散沉积层序和基岩风化带； 2. 探测隐伏断层、破碎带； 3. 探测含水层； 4. 探测洞穴和地下或水下隐埋物体； 5. 探测地下管线； 6. 探测滑坡体的滑动面
	声呐浅层剖面法	1. 探测河床水深及沉积泥沙和厚度； 2. 探测地下或水下隐埋物体
地球物理测井（放射性测井、电测井、电视测井）		1. 探测地下洞穴； 2. 划分松散沉积层序和基岩风化带； 3. 测定潜水面深度和含水层分布； 4. 探测地下或水下隐埋物体

8 地 下 水

8.1 一 般 规 定

8.1.1 地下水的作用是岩土工程勘察、设计、施工过程中常常遇到的重要问题，地下水勘察应根据工程具体情况，充分考虑到地下水对工程的影响，尤其是当地下水状态的改变可能引起场地岩土性质变化时更应特别重视。冶金岩土工程有其特殊性，场地范围大常建在不同的地形地貌单元上，需要进行专门水文地质工作，尤其是尾矿库及各类井巷工程，更是需要查明当地地表水、地下水及其相互关系。

水文地质勘察结果往往只是反映某个较小时间段的水文地质情况，当地长期资料或已有资料有利于我们了解当地水文地质条件的变化幅度及趋势，从而提出符合实际的较准确的水文地质参数，因此本条强调搜集长期调查、观测成果，这些成果是单纯通过现场勘察难以得到的。

狭长型基坑、涵洞等往往因不同地段工程及水文地质情况差别较大，地下水治理的方法也会有所变化，应根据具体情况提供适宜的地下水治理方案。

岩溶区地下水作用与岩溶发育程度和地质构造发育情况密切相关，水文地质勘察宜综合应用多种方法进行，编制专门的勘察纲要。

8.2 水文地质参数的确定

8.2.1 在现行国家标准《岩土工程勘察规范》GB 50021和各种手册中对地下水位、流向、流速、初见水位、稳定水位的量测、孔隙水压力、毛细水上升高度的量测等有较详细的规定，可借鉴使用。

8.2.2 地下水观测时间宜按水文年计算，实际工作中为方便操作按一年要求，具体可根据水文地质条件变化情况调整，但要求不宜少于一年。

8.2.3 除非所取得的岩土试样质量有保证（符合土样质量I级标准），否则应进行钻孔抽水试验、注水试验或压水试验。试坑单环法仅适用于要求不高、地层单一的工程。

需要进行降水的基坑、巷道、隧道、涵洞等应采用抽水试验确定渗透系数，以保障涌水量计算的准确性。

8.3 地下水作用的评价与监测

8.3.2 本条规定了对地下水作用评价的主要内容。

尾矿水渗漏评价应以渗漏可能影响到的水文地质单元为界。包括尾矿库汇水面积、水量、最高洪水位、场地地下水排泄与汇集等。因此，勘察时工作布置应考虑渗漏可能影响的范围；为了监测工程建成投入使用后渗漏对周边地下水环境造成的影响，必须提供受影响区域地下水当前水质现状指标。

9　水、土腐蚀性测试

9.0.2 场地水、土建筑材料的腐蚀性评价，应执行国家现行有关标准。本规范仅对取样和试验提出了具体要求。

10　资料整理与岩土工程分析

10.1　勘察资料的整理

10.1.1 岩土工程勘察工作的质量管理，重点是原始资料的质量控制。通过现场资料的整理检验，对发现的异常资料及时处理，以保证勘察成果的可靠性。

10.1.2 各种岩土参数的数理统计成果，是进行岩土工程定量分析计算的依据，需进行可靠性处理。对异常数据进行合理的取舍。勘察报告一般只提供岩土参数的平均值和标准值。各设计专业具体采用的计算值，应按有关设计规范要求的分项系数或安全系数进行换算。

10.2　岩土工程分析

10.2.1 场地的稳定性和建厂的适宜性分析，对工程建筑的长期安全和投资效益关系重大。场地稳定性分析和建厂的适应性评价，牵连面广，必要时可联合有关地震和自然地质灾害科研单位共同工作，提供专门的评价报告。

10.2.2 本条要求勘察报告提供的岩土计算参数和采用的试验、测试手段，应符合设计专业所采用的计算模式和实际的应力水平。

11　勘察报告的基本要求和主要内容

11.1　一　般　规　定

11.1.1 勘察成果要求原始资料可靠，分析和建议依据充分，便于设计和施工使用。

11.1.2 资料内容力求完整、全面、适用。

11.2　冶金工业厂房及构筑物

11.2.1 可行性研究勘察报告，重点是论证场地的稳定性和建厂的适宜性，为厂址的比选提供依据。

11.2.2 初步勘察主要是为岩土工程治理和地基基础设计方案进行岩土工程分析论证，并提出经济技术合理的工程建议。

11.2.3 详细勘察是为施工图设计，提供详细的地层岩性资料和设计计算需要的岩土物理力学指标，并对各种资料的可靠性进行分析。根据工程规模和场地复杂程度提出施工检验、监测方面的建议。

中华人民共和国国家标准

粘胶纤维设备工程安装与
质量验收规范

Code for engineering installment acceptance of
viscose fiber machinery

GB 50750—2012

主编部门：中 国 纺 织 工 业 联 合 会
批准部门：中华人民共和国住房和城乡建设部
施行日期：２０１２ 年 ８ 月 １ 日

中华人民共和国住房和城乡建设部

公 告

第 1271 号

关于发布国家标准《粘胶纤维设备
工程安装与质量验收规范》的公告

现批准《粘胶纤维设备工程安装与质量验收规范》为国家标准，编号为 GB 50750—2012，自 2012 年 8 月 1 日起实施。其中，第 2.4.1（3、4）条（款）为强制性条文，必须严格执行。

本规范由我部标准定额研究所组织中国计划出版社出版发行。

中华人民共和国住房和城乡建设部
二〇一二年一月二十一日

前 言

本规范是根据原建设部《关于印发〈2007 年工程建设标准规范制订、修订计划（第二批）〉的通知》（建标〔2007〕126 号）的要求，由中国纺织机械器材工业协会会同有关单位共同编制完成的。

本规范在编制过程中，编制组对粘胶纤维生产企业的现状和发展方向进行调研，总结了国内、外粘胶纤维生产企业的设备安装、生产运行经验，并广泛征求了纺织科研、设计、设备安装企业、生产企业、大专院校的专家、学者的意见，对规范的条文反复讨论、修改，最后经审查定稿。

本规范共分 8 章。主要技术内容包括：总则，基本规定，原液设备工程安装，短纤维纺练设备工程安装，长丝纺练设备工程安装，酸站设备工程安装，电气控制系统工程安装，设备试运转与安装工程验收。

本规范中以黑体字标志的条文为强制性条文，必须严格执行。

本规范由住房和城乡建设部负责管理和对强制性条文的解释，由中国纺织工业联合会负责日常管理，由中国纺织机械器材工业协会负责具体技术内容的解释。在执行过程中如发现需要修改和补充之处，请将意见或建议寄至中国纺织机械器材工业协会（地址：北京市朝阳区曙光西里甲 1 号东域大厦 A 座 601 室，邮政编码：100028，传真：010－58221076，电子邮箱：sactc215@163.com），以供今后修订时参考。

本规范主编单位、参编单位、主要起草人和主要审查人：

主 编 单 位：中国纺织机械器材工业协会

参 编 单 位：邯郸纺织机械有限公司
　　　　　　　恒天重工股份有限公司
　　　　　　　邵阳纺织机械有限责任公司
　　　　　　　宏大研究院有限公司

主要起草人：姜茂琪　王志兵　费丽雅　杨庆祥
　　　　　　　任重山　任增要　郭建忠　黄艳霞
　　　　　　　侯秋红　高春生　李建立　林科禹
　　　　　　　杨正锋　李平贵　鲍建新　肖坤后
　　　　　　　陈　曦

主要审查人：荣季民　刘福安　黄鸿康　张　健
　　　　　　　刘承彬　任建春　付春东　王成立
　　　　　　　任兰英　黄　美

目　次

Contents

1 总 则

1.0.1 为了加强对粘胶纤维设备工程安装的质量管理，统一设备工程安装要求与质量的验收标准，保证设备安装工程质量，做到技术先进、经济合理、安全适用，制定本规范。

1.0.2 本规范适用于新建、改建和扩建的粘胶纤维工厂设备工程安装与质量验收。

1.0.3 粘胶纤维设备工程安装与质量验收，除应执行本规范外，尚应符合国家现行有关标准的规定。

2 基 本 规 定

2.1 设备的开箱验收

2.1.1 设备的开箱验收工作应由使用单位负责组织制造单位与安装单位根据装箱清单、合同附件等文件共同进行，并应做好记录。

2.1.2 开箱时应先取出随机资料和装箱单。

2.1.3 开箱时应避免重力敲击或以铁器插入箱内。

2.1.4 开箱后应以装箱单为依据检查箱内零件是否齐全，有无缺损，成套设备是否完整。

2.2 设备混凝土基础

2.2.1 设备混凝土基础安装技术要求及检验方法应符合下列规定：

1 设备混凝土基础不应有露筋、蜂窝、空洞、裂纹、分层、沉陷或变形等缺陷；

2 设备混凝土基础强度应按现行国家标准《混凝土强度检验评定标准》GB 50107 的有关规定检测，设备就位前，混凝土基础强度应达到设计值；

3 有腐蚀性介质影响的设备混凝土基础，应做好防腐蚀处理；

4 设备混凝土基础允许偏差及检验方法应符合表 2.2.1 的规定，未经验收合格的不得进行安装。

表 2.2.1　设备混凝土基础允许偏差及检验方法

项　目	允许偏差	检验方法
基础中心线对柱网中心线的位置移偏	±20mm	拉线、用钢卷尺检测
基础各平面标高	0 −20mm	用水准仪检测
基础上平面外形尺寸	±20mm	用钢板尺检测
凸台基础平面外形尺寸	0 −20mm	
凹台基础平面外形尺寸	+20mm 0	

续表 2.2.1

项　目	允许偏差	检验方法
基础上平面的水平度	5/1000 且全长 ≤20mm	用水准仪检测
基础立面垂直度	5/1000 且全高 ≤20mm	用吊线法或经纬仪检测
预埋地脚螺栓标高	+20mm 0	用水准仪检测
预埋地脚螺栓中心距	±2mm	用钢板尺或钢卷尺检测
预留地脚螺栓孔中心距	±10mm	
预留地脚螺栓孔深度	+20mm 0	用钢板尺检测
预留地脚螺栓孔壁垂直度	10mm	用吊线法检测

2.2.2 设备基础面弹线应符合表 2.2.2 的规定。

表 2.2.2　设备基础面弹线的要求

项　目		允许偏差	检验方法
墨线直线度	线长小于或等于 3000mm	1mm	拉线、用钢板尺检测
	线长大于 3000mm	2mm	
两条垂直相交的定位线的垂直度		5mm	勾股弦法、用钢卷尺检测
定位线与基础柱网中心线距离		±5mm	用钢卷尺检测
相邻两机台定位线间的距离		±1mm	
不相邻两机台定位线间的距离		±3mm	
机台辅助线与定位线的平行距离		±1mm	用钢卷尺在辅助线两端检测

2.3 地脚螺栓、垫铁和灌浆

2.3.1 地脚螺栓安装应符合下列规定：

1 在预留孔中安设地脚螺栓应垂直，地脚螺栓任一部分离孔壁的距离应大于 15mm，且不应碰孔底；

2 地脚螺栓的杆部应无油污，螺纹处应涂油脂；

3 地脚螺栓应在混凝土强度达到设计规定强度的 75% 后拧紧螺母。螺栓应露出螺母 1.5 个~3 个螺距；

4 地脚螺栓拧紧力矩可按表 2.3.1 的要求确定。

表 2.3.1　地脚螺栓拧紧力矩

项目	规格							
地脚螺栓直径（mm）	10	12	16	20	24	30	36	42
拧紧力矩（N·m）	12	24	60	100	250	550	950	1500

2.3.2 平垫铁规格尺寸（图2.3.2）应符合表2.3.2的规定。

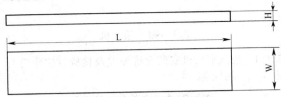

图2.3.2 平垫铁外形图

表2.3.2 平垫铁规格尺寸（mm）

代号	规格						
L	90	110	125	150	180	220	270
W	60	70	85	100	120	140	200
H	0.3、1、2、10、15、20、25、30、35、40、45、50						

2.3.3 斜垫铁规格尺寸（图2.3.3）可按表2.3.3的尺寸确定。

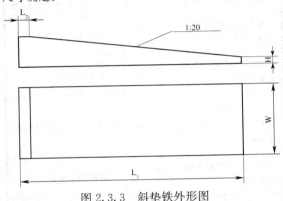

图2.3.3 斜垫铁外形图

表2.3.3 斜垫铁规格尺寸（mm）

代号	规格						
L₁	100	120	140	170	200	240	290
L₂	4	6	8	8	10	10	10
W	50	60	70	85	100	120	180
H	3、4、5						

2.3.4 承受设备负荷的垫铁组，安放位置和数量应符合下列规定：

　　1 每个地脚螺栓两旁至少有一组垫铁，垫铁组应放稳且在不影响灌浆的情况下，应靠近地脚螺栓；

　　2 相邻垫铁组之间的距离不应大于1000mm；

　　3 每一组垫铁内，斜垫铁应放在最上面；每组垫铁不宜超过3块，最厚的垫铁应放在下面，最薄的垫铁应放在中间；

　　4 每一组垫铁的面积应能承受设备负荷；

　　5 承受主要负荷且设备运行时产生较强振动的垫铁组，应采用平垫铁；

　　6 承受主要负荷的垫铁组应成对使用斜垫铁，

且两块斜垫铁的搭接尺寸应超过垫铁长度的2/3；

　　7 设备找平后，垫铁应露出设备底座外缘，平垫铁应露出25mm～30mm，斜垫铁应露出25mm～50mm，每一组垫铁应被压紧；

　　8 设备找平后，斜垫铁及平垫铁应成对相互焊牢。

2.3.5 灌浆应符合下列规定：

　　1 灌浆的混凝土标号应比基础混凝土标号高一级，灌浆时应捣固密实，地脚螺栓不应歪斜；

　　2 灌浆时现场温度应在5℃以上，且应连续灌浆，时间不应超过1.5h；

　　3 灌浆层不得有裂纹、蜂窝、孔洞、麻面等缺陷。

2.4 安装现场的安全卫生

2.4.1 安装作业的安全卫生应符合以下规定：

　　1 安装现场安全通道应畅通无阻，并应保持洁净；

　　2 安装现场进行焊接、切割操作，应执行现行国家标准《焊接与切割安全》GB 9448的有关规定；

　　3 安装人员在高处作业时，必须佩带安全带，进入工作现场的人员必须戴安全帽；

　　4 在设备安装前，楼板上预留的设备安装孔周围必须设置临时护栏及警示标志；

　　5 接触腐蚀性或有害介质时，应采取有效防护措施，清洗液要收集处理。

2.4.2 安装工程中应合理选择起重吊装工具和工作方法，索具的使用和起吊安全应按国家现行标准《起重机械安全规程 第1部分：总则》GB 6067.1和《厂区吊装作业安全规程》HG 23015的有关规定执行。

2.5 静设备安装

2.5.1 静设备安装允许偏差及检验方法应符合表2.5.1的规定：

表2.5.1 静设备安装允许偏差及检验方法

项　目	允许偏差	检验方法
设备定位基准线对安装基准线的偏移	±1mm	用吊线法、钢板尺检测
设备垂直度	1/1000	用吊线法或经纬仪检测
设备进、出口标高	±3mm	用钢板尺或水准仪检测
吊轨标高	±3mm	用水准仪检测
吊轨倾斜度	0.3/1000	用钢板尺或水准仪检测
吊轨接头处高低差	1mm	用刀口尺、塞尺检测
吊轨直线度	0.3/1000	用拉线法检测

2.5.2 管口方位应符合设计图纸要求。

2.5.3 多台槽、罐应排列整齐。

2.5.4 容器水压或气密性试验，应按国家现行有关固定式压力容器安全技术监察规程执行。

2.6 动设备安装

2.6.1 动设备的安装允许偏差及检验方法应符合表2.6.1的规定。

表2.6.1 动设备安装允许偏差及检验方法

项　目	允许偏差	检验方法
设备定位基准线对安装基准线的位置偏移	±1mm	用吊线法、钢板尺检测
设备进、出口标高	0 −2mm	用钢板尺或水准仪检测
机座水平度	0.1/1000	用水平仪检测
机座垂直度	0.1/1000	
设备上平面水平度	0.3/1000	
设备侧平面垂直度	0.5/1000	用吊线法或经纬仪检测
主轴水平度	0.2/1000	用水平仪检测
主轴垂直度	0.2/1000	
联轴器两轴同轴度	φ0.1mm	用刀口尺、塞尺配合检测
联轴器端面间隙	(2~4)mm	用塞尺检测
两传动链轮平面度	1mm	用钢板尺、塞尺检测

2.6.2 传动皮带或链条松紧应适度。

2.6.3 液压系统管路、阀门外表不得有油滴，连接处不得渗漏。

2.6.4 开式传动齿轮啮合接触面积应大于60%。

2.7 其　他

2.7.1 设备安装过程中，应先按基本规定的安装要求进行检验，再按单元主机的安装要求依安装工序逐项检验，安装质量及检测结果应记录。内容应包括安装日期，各质量项目检测数据，安装人员等。原始记录应保存。

2.7.2 设备中有封闭、罩盖和保温后隐蔽遮挡的检验项目，应在遮盖前检验合格，安装交工时应提供原始记录。

2.7.3 与设备有关的配管、电气、仪表、防腐、脱脂、保温等专业安装工程，应按国家相应的技术规范进行施工、安装及验收。

2.7.4 有特定要求的粘胶纤维专业设备，应按特定要求进行安装及验收。

3 原液设备工程安装

3.1 喂 粕 机

3.1.1 连续喂粕机安装允许偏差及检验方法应符合表3.1.1的规定。

表3.1.1 连续喂粕机安装允许偏差及检验方法

项　目	允许偏差	检验方法
左右墙板间中心线与纵向安装基准线偏移	±1mm	吊线、用钢板尺检测
主动轮轴线与横向安装基准线偏移	±1mm	
墙板顶面标高	±2mm	用水平仪检测
墙板纵横向水平度	0.15/1000	用平尺，水平仪检测
左右墙板间对角线长度	+1mm 0	用钢卷尺检测
分页刀托座纵横向水平度	0.15/1000	用水平仪检测
分页刀托座中心线与机架纵向中心线偏移	±1mm	用吊线、钢板尺检测
传动部件底板纵横向水平度	0.2/1000	用水平仪检测
导座中心线与机架中心线偏移	±2mm	吊线、用钢板尺检测
滑槽托架中心线与墙板中心线偏移	±2mm	
主、被动轮水平度	0.15/1000	用水平仪检测
传动轴的轴向水平度	0.2/1000	
托辊横向水平度	0.3/1000	用平尺，水平仪检测
各托辊顶面母线面度	0.5mm	用平尺，塞尺检测
分页刀导轨左右滑槽面与输送带轮轴平行度	1mm	用钢板尺检测

3.1.2 各托辊转动应平稳。

3.1.3 输送帘应平整，搭扣应整齐、松紧适当。

3.1.4 分页刀机构摆动应平稳、灵活，且应分页均匀。

3.1.5 弹簧弹力手感应适中。

3.2 浸 渍 桶

3.2.1 上搅拌式浸渍桶安装允许偏差及检验方法应符合表3.2.1的规定。

表3.2.1 上搅拌式浸渍桶安装允许偏差及检验方法

项 目	允许偏差	检验方法
桶体上十字线与纵横安装基准线偏移	±1mm	桶体上口纵向中心线通过进料口中心线确定方位,用吊线法、钢板尺检测
桶体上平面标高	±2mm	用水准仪检测
桶体法兰上平面纵横向水平度	0.2/1000	用平尺副、水平仪检测
桶体与导流圈中心线	+10mm 0	用钢板尺检测
搅拌轴垂直度	0.15/1000	在桶内用水平仪检测
搅拌器活动叶片与固定叶片端面间距	±1mm	用钢板尺检测

3.2.2 下搅拌式浸渍桶安装允许偏差及检验方法应符合表3.2.2的规定。

表3.2.2 下搅拌式浸渍桶安装允许偏差及检验方法

项 目	允许偏差	检验方法
四立柱上平面水平度	0.2/1000	用平尺、水平仪检测
电机轴与传动轴同轴度	ϕ0.1mm	用刀口尺、塞尺检测
两皮带轮端面水平度	0.15/1000	用水平仪检测
皮带松紧适度,皮带径向位移	(20~50) mm	用100N的力拉动皮带,用钢板尺检测

3.2.3 下搅拌式浸渍桶轴下端止动垫圈扳起后与螺母六方面应贴合。

3.2.4 下搅拌式浸渍桶搅拌轴端面止动垫圈扳起后与螺母六方面应贴合。

3.2.5 下搅拌式浸渍桶机械密封的冷却水进出水口应畅通。

3.2.6 下搅拌式浸渍桶搅拌头旋转方向应按设备标识旋转。

3.2.7 搅拌轴转动应平稳。

3.2.8 桶体盛水试验不得渗漏。

3.3 浆 粥 泵

3.3.1 浆粥泵安装允许偏差及检验方法应符合表3.3.1的规定。

表3.3.1 浆粥泵安装允许偏差及检验方法

项 目	允许偏差	检验方法
泵轴轴线与安装基准线偏移	±1mm	用吊线法、钢板尺检测
泵进出口、管中心与横向安装基准偏移	±1mm	
底板顶面标高	±2mm	用水准仪尺检测
底板纵、横向水平度	0.1/1000	用水平仪检测
电机轴与转子轴同轴度	ϕ0.1mm	用刀口尺、塞尺检测

3.3.2 转子的转动应灵活。

3.4 压力平衡桶

3.4.1 压力平衡桶桶体安装允许偏差及检验方法应符合表3.4.1的规定。

表3.4.1 压力平衡桶桶体安装允许偏差及检验方法

项 目	允许偏差	检验方法
桶体中心与安装基准线偏移	±1mm	在两管口法兰中心吊线,用钢板尺检测
桶体接口法兰平面标高	±2mm	用水准仪检测
桶体垂直度	5mm	桶体圆周四等分吊线,钢板尺检测

3.4.2 液面计安装不得渗漏。

3.5 压 榨 机

3.5.1 压榨机安装允许偏差及检验方法应符合表3.5.1的规定。

表3.5.1 压榨机安装允许偏差及检验方法

项 目	允许偏差	检验方法
中机架横跨水平度	0.1/1000	用水平仪检测,以安装轴承座的滑槽为基准
中机架纵向水平度	0.1/1000	
上机架水平度	0.3/1000	用水平仪检测
压榨辊水平度	0.2/1000	
两压榨辊平行度	0.2mm	用塞尺检测
各传动轴同轴度	ϕ0.15mm	用刀口尺、塞尺检测
后压榨辊两端面与浆槽内侧面间隙	(0.2~0.4) mm	用塞尺检测两端一致
前压榨辊法兰内侧面与后压榨辊端面间隙	(0.2~0.4) mm	

项　目	允许偏差	检验方法
刮刀与压榨辊表面间隙	(0.1～0.4)mm	用塞尺检测
预粉碎辊叶片与前刮刀间隙	(2～3)mm	

3.5.2　浆槽、墙板、机架连接面，安装后盛水 2h 不得渗漏。

3.5.3　刮刀刀口应平齐、灵活。

3.6 粉 碎 机

3.6.1　粉碎机安装允许偏差及检验方法应符合表 3.6.1 的规定。

表 3.6.1　粉碎机安装允许偏差及检验方法

项　目	允许偏差	检验方法
粉碎辊轴线与横向安装基准线偏移	±1mm	吊线、用钢板尺检测
粉碎辊幅面中心线与纵向安装基准线偏移	±1mm	
粉碎辊轴心线标高	±2mm	用水准仪检测
底座纵、横水平度	0.2/1000	用水平仪检测
刮浆刀与中间粉碎辊间距（标准值5mm）	±0.5mm	用塞尺检测

3.6.2　机壳与底座间应密封。

3.6.3　粉碎辊转动应平稳。

3.7 老 成 箱

3.7.1　老成箱安装允许偏差及检验方法应符合表 3.7.1 的规定。

表 3.7.1　老成箱安装允许偏差及检验方法

项　目	允许偏差	检验方法
机架十字线对机台十字线偏移	±1mm	机架首尾吊线、用钢板尺检测
机架垂直度	0.8/1000	吊线、用钢板尺检测
上导轨纵向和横跨水平度	0.3/1000	用水平仪检测
下导轨纵向和横跨水平度	0.4/1000	
上下导轨全长纵向水平度	1.5mm	用水平仪检测（链板运行下坡）

项　目	允许偏差	检验方法
导轨接头高低平齐度	0.3mm	用平尺、塞尺检测
上导轨轨距中心线对机台中心线横向偏移	+1.5mm 0	用平车轴中部吊线，钢板尺检测
上导轨轨距	±1.5mm	用平车轴检测
主传动轴横跨水平度	0.25/1000	用水平仪检测
主传动轴对机台十字线平行度	1mm	吊线、用钢板尺检测
被动轴对机台十字线平行度	1mm	
被动轴横跨水平度	0.25/1000	用水平仪检测
翻料斗与两侧板间隙（标准值14mm）	±1mm	用卡尺检测
螺旋分料装置均分轴横跨水平度	0.25/1000	用水平仪检测
螺旋分料装置均分轴与机台十字线的平行度	1mm	吊线、用钢板尺检测
螺旋输送器轴线与机台十字线的平行度	1mm	

3.7.2　机架两侧封板接缝应平整。

3.7.3　主传动轴链轮与被动轴链轮端面应平齐。

3.7.4　翻料斗与链板的间隙应一致。

3.8 老 成 鼓

3.8.1　老成鼓安装基础、托轮装置允许偏差及检验方法应符合表 3.8.1 的规定。

表 3.8.1　老成鼓安装基础、托轮装置允许偏差及检验方法

项　目	允许偏差	检测方法
预埋各基础板间的平面度	2mm	吊线、用水准仪检测
预埋各基础板中心距	+2mm 0	
托轮架纵向中心与安装基准线偏移	±1mm	吊线、用钢板尺检测
托轮底板倾斜度应一致	0.1/1000	用塞尺、水平仪检测

续表 3.8.1

项　目	允许偏差	检测方法
托轮轴线平行度	0.2mm	用千分尺检测
每组托轮横向水平度	0.1/1000	用塞尺、水平仪检测
托轮标高	+1mm / 0	用水准仪检测
每对托轮端面平齐度	0.5mm	用钢板尺、塞尺检测
托轮与滚圈接触面积85%	≤5%	目测

3.8.2 老成鼓鼓体及挡轮装置、主传动装置等安装允许偏差及检验方法应符合表3.8.2的规定。

表 3.8.2　老成鼓鼓体及挡轮装置、主传动装置等安装允许偏差及检验方法

项　目	允许偏差	检测方法
鼓体中心与安装基准线偏移	±1mm	用经纬仪检测
四节鼓体的同轴度	ϕ2mm	用经纬仪检测
滚圈与挡轮的间距	±1mm	钢板尺检测
挡轮中心与纵向安装基准线重合度	±1mm	吊线、用钢板尺检测
大链轮与主动链轮、张紧轮平齐度	1mm	用经纬仪检测
减速机与电动机同轴度	ϕ0.1mm	用百分表检测
螺旋输送器与鼓体中心线平行度	2mm	吊线、用钢板尺检测
密封扇形板与鼓体端面距离	±2mm	用钢板尺检测
密封扇形板与鼓体径向偏移	±2.5mm	
出料门轴与减速器的同轴度	ϕ0.1mm	用刀口尺、塞尺检测
出料门、出料收集器与鼓体的圆周间隙	0～3mm	用钢板尺检测

3.8.3 料门开度反馈装置主被动链轮应平齐。
3.8.4 料门开度反馈装置传动轴与角度传感器转动应灵活。

3.9　碱纤计量仓

3.9.1 碱纤计量仓安装允许偏差及检验方法应符合表3.9.1的规定。

表 3.9.1　碱纤计量仓安装允许偏差及检验方法

项　目	允许偏差	检验方法
料仓底座十字中心线与机台十字线偏移	±1.5mm	底座四周吊线、钢板尺检测
料仓底座上平面水平度	0.5/1000	用水平仪检测

3.9.2 螺旋推进器运转应平稳。
3.9.3 三通阀运转应灵活。

3.10　黄化机

3.10.1 黄化机安装允许偏差及检验方法应符合表3.10.1的规定。

表 3.10.1　黄化机安装允许偏差及检验方法

项　目	允许偏差	检验方法
筒体中心线对安装中心线纵向偏移	±1mm	从人孔中心到出料口吊线，用钢板尺检测
筒体轴线对安装中心线横向偏移	±1mm	从筒体端法兰中心吊线，钢板尺检测
减速器及电机底座纵横水平度	0.15/1000	用水平仪检测
电机轴与减速器轴同轴度	ϕ0.1mm	用百分表或塞尺、刀口尺检测
减速器轴与搅拌器轴同轴度	ϕ0.15mm	

3.10.2 出料阀芯与出料阀座接触面应密封，且用0.1MPa水压试压，不得渗漏。

3.10.3 筒体应抽真空试压，真空度−0.085MPa，保压1h后，真空度不应小于−0.0835MPa。

3.10.4 夹套及连通管道应进行水压试压，水压为0.2MPa，保压30min，不得渗漏。

3.11　黄酸酯粉碎机

3.11.1 黄酸酯粉碎机安装允许偏差及检验方法应符合表3.11.1的规定。

表 3.11.1　黄酸酯粉碎机安装允许偏差及检验方法

项　目	允许偏差	检验方法
箱体纵向水平度	0.2/1000	用水平仪检测
箱体横向水平度	0.2/1000	
电动机底座纵横水平度	0.2/1000	

3.11.2 两皮带轮端面应平齐。

3.11.3 粉碎辊运转应平稳。

3.11.4 粉碎室盛水 30min，各连接面不得渗漏。

3.12 后溶解机

3.12.1 后溶解机安装允许偏差及检验方法应符合表 3.12.1 的规定。

表 3.12.1 后溶解机安装允许偏差及检验方法

项 目	允许偏差	检验方法
筒体中央法兰水平度	0.2/1000	用水平仪检测
搅拌器轴垂直度	0.3/1000	
电动机底座水平度	0.2/1000	用平尺，水平仪检测
减速器安装平面水平度	0.2/1000	
联轴器连接两轴的同轴度	ϕ0.1mm	用百分表或塞尺、刀口尺检测

3.12.2 夹套及连通管道应进行水压试压，水压为 0.2MPa，保压 30min，不得渗漏。

3.12.3 搅拌头应按标识方向旋转。

3.12.4 出料阀芯与出料阀座接触面应密封，以 0.1MPa 水压试压，不得渗漏。

3.13 细研磨机

3.13.1 细研磨机安装允许偏差及检验方法应符合表 3.13.1 的规定。

表 3.13.1 细研磨机安装允许偏差及检验方法

项 目	允许偏差	检验方法
底板纵向水平度	0.2/1000	用水平仪检测
底板横向水平度	0.2/1000	
联轴器连接两轴的同轴度	ϕ0.1mm	用百分表或塞尺、刀口尺检测

3.13.2 研磨盘运转应平稳。

3.13.3 研磨盘间隙调整应灵活。

3.14 齿轮泵

3.14.1 齿轮泵安装允许偏差及检验方法应符合表 3.14.1 的规定。

表 3.14.1 齿轮泵安装允许偏差及检验方法

项 目	允许偏差	检验方法
齿轮泵轴线与纵向安装基准线偏移	±1mm	吊线、用钢板尺检测
进、出口中心线与横向安装基准线偏移	±1mm	

续表 3.14.1

项 目	允许偏差	检验方法
泵体底面标高	±2mm	用水准仪检测
底板纵、横向水平度	0.15/1000	
电机与转子轴同轴度	ϕ0.1mm	用塞尺、刀口尺检测

3.14.2 齿轮泵转动应平稳。

3.15 自动筛网滤机

3.15.1 自动筛网滤机安装允许偏差及检验方法应符合表 3.15.1 的规定：

表 3.15.1 自动筛网滤机安装允许偏差及检验方法

项 目	允许偏差	检验方法
桶体中心线与安装基准线偏移	±1mm	吊线、用钢板尺检测
机体桶口法兰上平面标高	±1mm	用水准仪检测
机体桶口法兰纵、横向水平度	0.1/1000	用平尺、水平仪检测

3.15.2 反洗臂吸嘴与滤鼓的间隙应一致。

3.16 板框过滤机

3.16.1 板框过滤机安装允许偏差及检验方法应符合表 3.16.1 的规定。

表 3.16.1 板框过滤机安装允许偏差及检验方法

项 目	允许偏差	检验方法
活塞中心线与纵向安装基准线偏移	±1mm	吊线、用钢板尺检测
进油管口中心线与横向安装基准线偏移	±1mm	
活塞中心线标高	±2mm	用水准仪检测
活塞纵向水平度	0.2/1000	用水平仪检测
两拉杆横跨水平度	0.2/1000	用平尺、水平仪检测
活塞中心线与固定压紧板中心线偏移	±1mm	用钢板尺检测

3.16.2 滤框和滤板结合面应紧密，不得有缝隙。

3.16.3 滤框和滤板凸耳孔边与周边应平齐。

3.16.4 液压系统试验，压力 27.14MPa，保压 5min，压降应小于 3MPa。

3.17 连续脱泡桶

3.17.1 连续脱泡桶安装允许偏差及检验方法应符合表 3.17.1 的规定。

表 3.17.1 连续脱泡桶安装允许偏差及检验方法

项　目	允许偏差	检验方法
桶体中心与安装基准中心偏移	±1mm	吊线，用钢板尺检测
桶体大法兰上平面标高	±2mm	用水准仪检测
桶体大法兰口上平面水平度	0.15/1000	用平尺、水平仪检测

3.17.2 桶体压力为 0.2MPa，水压试验不得渗漏。

3.17.3 脱泡桶应抽真空试验，真空度为 −0.099MPa，保压 1h，真空度不应低于−0.090MPa。

3.17.4 进、出口阀门启闭应灵活，不得渗漏。

3.18　蒸气喷射真空泵

3.18.1 蒸气喷射真空泵安装允许偏差及检验方法应符合表 3.18.1 的规定。

表 3.18.1 蒸气喷射真空泵安装允许偏差及检验方法

项　目	允许偏差	检验方法
冷凝器筒体中心线与安装基准线偏移	±1mm	吊线、用钢板尺检测
第一冷凝器中心与横向安装基准线偏移	±1mm	
第一、二冷凝器底部出口法兰面标高	±1mm	用水准仪检测
各冷凝器桶体垂直度	1/1000	桶体外圆吊线，用钢板尺检测

3.18.2 系统应试压，水压为 0.3MPa，保压 1h，不得渗漏。

3.18.3 各处进出口阀门启闭应灵活。

3.18.4 蒸气喷射真空泵第一级前真空度应为−0.099MPa。

4　短纤维纺练设备工程安装

4.1　粘胶短纤维纺丝机

4.1.1 粘胶短纤维纺丝机机架安装允许偏差及检验方法应符合表 4.1.1 的规定。

表 4.1.1 粘胶短纤纺丝机机架安装允许偏差及检验方法

项　目	允许偏差	检验方法
底座中心线与纵向安装基准线偏移	±1mm	拉线、用钢板尺检测
浴槽墙板中心线与横向安装基准线偏移	±1mm	

续表 4.1.1

项　目	允许偏差	检验方法
各底座上平面标高	±1mm	用水准仪检测
机架底座和龙筋上平面纵、横向水平度	0.5/1000	用水平仪检测
各段墙板中心距	±0.5mm	用钢卷尺检测

4.1.2 粘胶短纤维纺丝机传动轴安装允许偏差及检验方法应符合表 4.1.2 的规定。

表 4.1.2 粘胶短纤纺丝机传动轴安装允许偏差及检验方法

项　目	允许偏差	检验方法
泵轴轴承座托架纵向水平度	0.1/1000	用水平仪检测
泵轴轴承座托架横向水平度	0.5/1000	
泵轴全列水平度	1mm	用水准仪检测
泵轴全列直线度	1mm	用经纬仪检测
电机轴与泵轴同轴度	ϕ0.1mm	用百分表或塞尺、刀口尺检测

4.1.3 粘胶短纤维纺丝机纺丝盘安装允许偏差及检验方法应符合表 4.1.3 的规定。

表 4.1.3 粘胶短纤纺丝机纺丝盘安装允许偏差及检验方法

项　目	允许偏差	检验方法
纺丝盘传动轴纵向水平度	1mm	用水平仪检测
纺丝盘传动轴横向水平度	0.5/1000	
电机轴与纺丝盘传动轴同轴度	ϕ0.1mm	用刀口尺、塞尺检测
纺丝盘传动轴齿轮与纺丝盘传动齿轮啮合侧隙	(0.17～0.23)mm	用塞尺检测

4.1.4 酸浴槽和清水槽接触面应平齐。

4.1.5 浴槽体盛水试验不得渗漏。

4.1.6 防护窗启闭应灵活，且应能在任意位置停留。

4.2　牵　伸　机

4.2.1 牵伸机安装允许偏差及检验方法应符合表 4.2.1 的规定。

表 4.2.1　牵伸机安装允许偏差及检验方法

项　目	允许偏差	检验方法
全机丝束中心线与纵向安装基准线偏移	±1mm	拉线、用钢板尺检测
全机横向以第一牵伸箱中心线与横向安装基准线偏移	±1mm	吊线、用钢板尺检测
各集束牵伸箱底板上平面标高	±2mm	用水准仪检测
集束箱底板上平面纵、横向水平度	0.1/1000	用水平仪检测
各牵伸辊水平度	0.3/1000	

4.2.2　防护窗启闭应灵活，应能在任意位置停留。

4.3　塑化浴槽

4.3.1　塑化浴槽安装允许偏差及检验方法应符合表 4.3.1 的规定。

表 4.3.1　塑化浴槽安装允许偏差及检验方法

项　目	允许偏差	检验方法
浴槽中心线与丝束中心线偏移	±1mm	拉线、用钢板尺检测
浴槽标高	±2mm	用水准仪检测
浴槽纵向水平度	0.5/1000	用水平仪检测
浴槽横向水平度	1/1000	

4.3.2　槽体应盛水试验不得渗漏。

4.4　切　断　机

4.4.1　切断机安装允许偏差及检验方法应符合表 4.4.1 的规定。

表 4.4.1　切断机安装允许偏差及检验方法

项　目	允许偏差	检验方法
机台纵横向中心线与安装纵、横向基准线偏移	±1mm	吊线、用钢板尺检测
曳引辊轴线与横向基准线平行	±1mm	
曳引辊水平度	0.3/1000	用水平仪检测
曳引辊径向圆跳动	0.25mm	用百分表检测

4.4.2　防护窗启闭应灵活，且应能在任意位置停留。

4.5　长网精练联合机

4.5.1　长网精练联合机给纤槽安装允许偏差及检验方法应符合表 4.5.1 的规定。

表 4.5.1　长网精练联合机给纤槽安装允许偏差及检验方法

项　目	允许偏差	检验方法
给纤槽槽体底部水平度	5mm	槽内注水，用钢板尺检测水深
给纤槽传动轴垂直度	0.5/1000	用水平仪检测

4.5.2　长网精练联合机机架安装允许偏差及检验方法应符合表 4.5.2 的规定。

表 4.5.2　长网精练联合机机架安装允许偏差及检验方法

项　目	允许偏差	检验方法
机架中心与基础纵向中心基准线偏移	±1.5mm	吊线、用钢板尺检测
机架立柱安装垂直度	1/1000	
机架纵向水平度	0.5/1000	用水平仪检测
机架每跨对角线长度	1/1000	用钢卷尺检测
机架两侧上下纵梁横向水平度	0.3/1000	用水平仪检测

4.5.3　长网精练联合机轧辊安装允许偏差及检验方法应符合表 4.5.3 的规定。

表 4.5.3　长网精练联合机轧辊安装允许偏差及检验方法

项　目	允许偏差	检验方法
下轧辊轴线水平度	0.3/1000	用水平仪检测
下轧辊轴线与全机纵向中心基准线的垂直度	1mm	吊线、用平行线法检测

4.5.4　长网精练联合机上油网安装允许偏差及检验方法应符合表 4.5.4 的规定。

表 4.5.4　长网精练联合机上油网安装允许偏差及检验方法

项　目	允许偏差	检验方法
上油网主动辊、托网辊、转折辊、张紧辊、纠偏辊横向水平度	0.3/1000	用水平仪检测
上油网主动辊、托网辊、转折辊、张紧辊、纠偏辊轴线与全机纵向中心基准线垂直度	1mm	吊线、平行线法检测

4.5.5 长网精练联合机精练网安装允许偏差及检验方法应符合表 4.5.5 的规定。

表 4.5.5 长网精练联合机精练网安装允许偏差及检验方法

项　　目	允许偏差	检验方法
精练网主动辊、托网辊、转折辊、张紧辊、纠偏辊横向水平度	0.3/1000	用水平仪检测
精练网主动辊、托网辊、转折辊、张紧辊、纠偏辊中心轴线与全机纵向中心基准线的垂直度	1mm	用吊线、平行线法检测

4.5.6 长网精练联合机网架安装允许偏差及检验方法应符合表 4.5.6 的规定。

表 4.5.6 长网精练联合机网架安装允许偏差及检验方法

项　　目	允许偏差	检验方法
网架导轨条连接横向平面度	1mm	用平尺、塞尺检测
网架导轨条上平面应低于下轧辊上顶面（标准值 3mm）	+1mm　0	

4.5.7 长网精练联合机挡毛板安装允许偏差及检验方法应符合表 4.5.7 的规定：

表 4.5.7 长网精练联合机挡毛板安装允许偏差及检验方法

项　　目	允许偏差	检验方法
挡毛板距网平面间隙	（2～3）mm	用钢板尺检测
挡毛板侧面与上轧辊端面间隙	（0～3）mm	用塞尺检测

4.5.8 给纤槽构件转动应灵活。

4.5.9 给纤槽分配器摆动左右应对称。

4.5.10 上、下轧辊、主动辊、托网辊、转折辊、张紧辊、纠偏辊转动应灵活。

4.5.11 纠偏连杆机构转动应灵活。

4.5.12 纠偏检测装置、电机反应应灵敏。

4.5.13 挡毛板与挡毛板连接处应平齐。

4.5.14 罩壳顶盖启闭应平稳，不得碰撞。

4.6　湿 开 棉 机

4.6.1 湿开棉机导辊安装允许偏差及检验方法应符合表 4.6.1 的规定。

表 4.6.1 湿开棉机导辊安装允许偏差及检验方法

项　　目	允许偏差	检验方法
导辊的水平度	0.15/1000	用水平仪检测
导辊中心线对机台中心线横向偏移	±0.5mm	吊线、钢板尺检测
导辊中心线对机台十字线的平行度	1mm	

4.6.2 湿开棉机罗拉安装允许偏差及检验方法应符合表 4.6.2 的规定。

表 4.6.2 湿开棉机罗拉安装允许偏差及检验方法

项　　目	允许偏差	检验方法
罗拉水平度	0.15/1000	罗拉表面，用水平仪检测
罗拉中心线对机台中心线横向偏移	±0.5mm	罗拉中心吊线，用钢板检测
罗拉中心线对机台十字线的平行度	1mm	罗拉两端吊线，用钢板检测

4.6.3 湿开棉机开棉辊安装允许偏差及检验方法应符合表 4.6.3 的规定。

表 4.6.3 湿开棉机开棉辊安装允许偏差及检验方法

项　　目	允许偏差	检验方法
开棉辊轴承座水平度	0.15/1000	用水平仪检测
开棉辊中心对机台中心线横向偏移	±1mm	开棉辊中心吊线检测
开棉辊对机台十字线的平行度	1mm	开棉辊两端吊线检测
开棉辊两端到侧板距离相差	1mm	用钢板尺检测

4.6.4 开棉辊、导辊转动应灵活。

4.7　喂 给 机

4.7.1 喂给机机架、提升帘、输送帘安装允许偏差及检验方法应符合表 4.7.1 的规定。

表 4.7.1 喂给机机架、提升帘、输送帘安装允许偏差及检验方法

项　　目	允许偏差	检验方法
机架中心线对机台中心线偏移	±1mm	机顶横撑吊线，用钢板尺检测
左右机架垂直度	1/1000	四角吊线，用钢板尺检测
提升帘主动轴水平度	0.1/1000	用水平仪检测
输送帘主动轴水平度	0.1/1000	

项 目	允许偏差	检验方法
输送帘与提升帘隔距输送帘提升帘钉尖隔距	(5~10) mm	用塞尺检测
输送帘与提升帘隔距输送帘提升帘两端隔距相差	2mm	距两端 100mm 处用塞尺检测

4.7.2 喂给机剥纤辊、角钉辊安装允许偏差及检验方法应符合表 4.7.2 的规定。

表 4.7.2 喂给机剥纤辊、角钉辊安装允许偏差及检验方法

项 目	允许偏差	检验方法
剥纤辊传动轴水平度	0.1/1000	用水平仪检测
角钉辊传动轴水平度	0.1/1000	

4.8 烘 干 机

4.8.1 烘干机基础板、机架安装允许偏差及检验方法应符合表 4.8.1 的规定。

表 4.8.1 烘干机基础板、机架安装允许偏差及检验方法

项 目	允许偏差	检验方法
基础板横向水平度	0.3/1000	平车轴搁水平仪检测
基础板纵向水平度	0.3/1000	
机架中心线对机台中心线横向偏移	±1mm	机顶横撑档吊线,钢板尺检测
机架首尾端面对机台十字线的平行度	2mm	机架首尾端部顶横撑吊线,用钢板尺检测
机架安装垂直度	1/1000	机架内侧吊线,钢板尺检测

4.8.2 烘干机导轨安装允许偏差及检验方法应符合表 4.8.2 的规定。

表 4.8.2 烘干机导轨安装允许偏差及检验方法

项 目	允许偏差	检验方法
上导轨纵向水平度和横跨水平度	0.3/1000	上导轨接头处用平车轴搁水平仪检测
下导轨纵向水平度和横跨水平度	0.4/1000	下导轨接头处用平车轴搁水平仪检测

项 目	允许偏差	检验方法
上、下导轨全长,沿链板运行方向下倾斜 2mm	1mm	用水平仪检测
导轨接头高低平齐度	0.1mm	用塞尺、刀口钢板尺检测检测
上导轨轨距中心对机台中心线横向偏移	±1.5mm	用平车轴中部吊线,钢板尺检测

4.8.3 烘干机主传动安装允许偏差及检验方法应符合表 4.8.3 的规定。

表 4.8.3 烘干机主传动安装允许偏差及检验方法

项 目	允许偏差	检验方法
主传动轴水平度	0.25/1000	用水平仪检测
链板主传动轴与机台十字线的平行度	1mm	吊线、用钢板尺检测
链板主动轴横跨水平度	0.25/1000	用水平仪检测
链板被动轴横跨水平度	0.25/1000	
减速器输出轴和主传动轴同轴度	φ0.1mm	用刀口尺、塞尺检测

4.8.4 烘干机循环风机安装允许偏差及检验方法应符合表 4.8.4 的规定。

表 4.8.4 烘干机循环风机安装允许偏差及检验方法

项 目	允许偏差	检验方法
风机轴的垂直度	0.25/1000	用水平仪检测
进风喇叭圈插入风机叶轮前盘重合尺寸(标准值 6mm)	±2mm	用深度尺检测
风机前盘与喇叭口圈径向间隙	(1~3) mm	用塞尺检测
蝴蝶板应顺进行方向搭接,蝴蝶板与密封板间隙	1mm	用塞尺(烘房内抽检 9 点)检测

4.8.5 保温门密封应严密,不得有缝隙。

4.9 精开棉机

4.9.1 多齿滚筒式精开棉机安装允许偏差及检验方法应符合表 4.9.1 的规定。

表 4.9.1 多齿滚筒式精开棉机安装允许偏差及检验方法

项 目	允许偏差	检验方法
开棉箱中心线对机台中心线横向偏移	±1.5mm	开棉箱顶吊线,用钢板尺检测

续表 4.9.1

项　目	允许偏差	检验方法
开棉箱中心线对机台十字线平行度	1.5mm	沿开棉箱两侧吊线、钢板尺检测
开棉辊横向水平度	0.3/1000	用水平仪检测
开棉辊中心线与机台十字线的平行度	1mm	吊线测量
下握持罗拉中心线水平度	0.3/1000	用水平仪检测
下握持罗拉中心线与机台十字线的平行度	1mm	吊线、用钢板尺检测
风机轴水平度	0.25/1000	用水平仪检测

4.9.2 电机皮带轮与开棉罗拉皮带轮端面应平齐。

4.10 打 包 机

4.10.1 打包机安装允许偏差及检验方法应符合表 4.10.1 的规定。

表 4.10.1 打包机安装允许偏差及检验方法

项　目	允许偏差	检验方法
底座中心线与安装基准线偏移	±1mm	吊线、用钢板尺检测
底座顶面水平度	0.1/1000	用水平仪检测
主压立柱、预压立柱与底座安装刻线偏移	±1mm	吊线、用钢板尺检测
顶横梁中心线与底座中心线偏移	±1mm	
顶横梁主压侧底面水平度	0.25/1000	
转台中心立柱回转套筒垂直度	0.2/1000	
推料箱水平度（以导向轴测量）	0.5/1000	用水平仪检测
计量称架台上平面水平度	0.5/1000	
两提箱油缸同步差	2mm	
转台回转两传动齿轮啮合侧隙	(0.2~0.3)mm	用塞尺检测
推料板两侧面与推料箱内壁间距离	0 -1mm	用平尺、钢板尺检测

4.10.2 打包机液压管路在接到液压站、油缸前，应用液压冲洗油冲洗，冲洗油液固体污染物颗粒等级应

为 17/15，且应符合现行国家标准《液压传动　油液固体颗粒污染等级代号》GB/T 14039 的有关规定。

4.10.3 推料板运行应平稳，定位应准确。

4.10.4 推料板与推料箱前端面应平齐。

4.10.5 计量斗、进料斗的底门开关应平稳。

4.10.6 主压缸换向应平稳。

4.10.7 液压站、油缸、管路系统应密封，不得渗漏。

4.10.8 调节缓冲器使转箱运转应平稳，定位应准确。

4.10.9 主压缸在最大使用压力 25MPa 下，保压 5min，压力降低应小于 3.5MPa。

5 长丝纺练设备工程安装

5.1 粘胶长丝纺丝机

5.1.1 粘胶长丝纺丝机车头安装允许偏差及检验方法应符合表 5.1.1 的规定。

表 5.1.1 粘胶长丝纺丝机车头安装允许偏差及检验方法

项　目	允许偏差	检验方法
车头底板纵、横向水平度	0.15/1000	用水平仪检测
机头出轴水平度	0.15/1000	
升降出轴中心线投影与纵向安装基准线偏移	±1mm	吊线、用钢板尺检测
车头箱加工面与横向安装基准线距离（标准值825mm）	±0.5mm	用专用工具检测
各传动轴轴向窜动	0.5mm	用百分表检测
车头箱各对齿轮啮合侧隙	(0.15~0.4)mm	用塞尺检测

5.1.2 粘胶长丝纺丝机机座安装允许偏差及检验方法应符合表 5.1.2 的规定。

表 5.1.2 粘胶长丝纺丝机机座安装允许偏差及检验方法

项　目	允许偏差	检验方法
起始机座中心距机头加工面距离	±0.5mm	用专用工具检测
起始机座顶面与差微箱底座顶面高度	+0.1mm	
机座前端面加工面距机头侧加工面距离	±0.5mm	拉线、用专用工具检测
机座纵向水平度	0.2/1000	用水平仪检测
机座横向水平度	0.1/1000	

续表 5.1.2

项　目	允许偏差	检验方法
相邻两机座中心距	±0.5mm	用专用工具检测
相邻机座纵向跨测水平度	0.1/1000	用平尺副、水平仪检测
全列机座纵向高低差	0.2mm	用平尺、水平仪检测，累积计算

5.1.3 粘胶长丝纺丝机墙板安装允许偏差及检验方法应符合表 5.1.3 的规定。

表 5.1.3　粘胶长丝纺丝机墙板安装允许偏差及检验方法

项　目	允许偏差	检验方法
起始墙板中心线与机头加工面距离	±0.5mm	用专用工具检测
相邻墙板间距	±0.5mm	
墙板前部加工面距机座前加工面距离	±0.5mm	
中墙板底座顶面距差微箱轴中心距离	±0.5mm	用钢卷尺检测
中墙板底座前加工面距车头侧加工面距离	±0.5mm	
墙板侧面垂直度	0.2/1000	用水平仪检测
中墙板底座纵、横向水平度	0.05/1000	

5.1.4 粘胶长丝纺丝机凸轮箱、差微箱托架安装允许偏差及检验方法应符合表 5.1.4 的规定。

表 5.1.4　粘胶长丝纺丝机凸轮箱、差微箱托架安装允许偏差及检验方法

项　目	允许偏差	检验方法
第一中间凸轮箱，飞轮箱托脚纵横向水平度	0.05/1000	用水平仪检测
托脚全列纵向水平度	0.1mm	
第一中间凸轮箱，飞轮箱托脚顶面距差微箱轴中心距离	±0.5mm	用尺检测
差微箱出轴与机头升降出轴同轴度	ϕ0.1mm	用刀口尺、塞尺检测
差微箱出轴水平度	0.1/1000	用水平仪检测
凸轮箱托架顶面距差微箱出轴中心距离	0 −0.1mm	用专用工具检测
凸轮托架顶面纵、横向水平度	0.1/1000	用水平仪检测
凸轮箱托架全列纵向高低差	0.2mm	用平尺、水平仪检测，累积计算

5.1.5 粘胶长丝纺丝机电排箱安装允许偏差及检验方法应符合表 5.1.5 的规定。

表 5.1.5　粘胶长丝纺丝机电排箱安装允许偏差及检验方法

项　目	允许偏差	检验方法
电排箱托架加工面距底座顶面距离	±1mm	用专用工具检测
电排箱顶面与连接头同平面	0.5mm	用平尺、塞尺检测

5.1.6 粘胶长丝纺丝机去酸辊箱安装允许偏差及检验方法应符合表 5.1.6 的规定。

表 5.1.6　粘胶长丝纺丝机去酸辊箱安装允许偏差及检验方法

项　目	允许偏差	检验方法
相邻去酸辊箱出轴之间同轴度	ϕ0.1mm	用标准轴、假轴承、加长套、水平仪检测
去酸辊箱出轴与机头出轴同轴度	ϕ0.1mm	
上、下去酸辊箱传动轴纵向水平度	0.1/1000	用水平仪检测
上、下去酸辊箱传动轴全列直线度	0.2mm	拉线、用钢板尺检测
上去酸辊轴上翘	30′	托架横向水平0.10/1000 来保证，水平仪检测
上、下去酸辊轴中心线距离（标准值15mm）	±1mm	用专用工具检测
去酸辊外圆跳动	0.8mm	用百分表检测
对电锭支架6孔中心线与去酸辊外圆相切	±1mm	吊线、用钢板尺检测

5.1.7 粘胶长丝纺丝机凝固辊箱安装允许偏差及检验方法应符合表 5.1.7 的规定。

表 5.1.7　粘胶长丝纺丝机凝固辊箱安装允许偏差及检验方法

项　目	允许偏差	检验方法
相邻凝固辊箱出轴之间同轴度	ϕ0.1mm	用标准轴、假轴承、加长套、水平仪检测
上、下凝固辊箱传动轴与机头出轴同轴度	ϕ0.1mm	
上、下凝固辊箱传动轴纵向水平度	0.1/1000	

续表 5.1.7

项　目	允许偏差	检验方法
上、下凝固辊箱传动轴全列直线度	0.2mm	拉线、用钢板尺检测
上、下凝固辊外圆跳动	0.5mm	用百分表检测

5.1.8 粘胶长丝纺丝机升降部分安装允许偏差及检验方法应符合表5.1.8的规定。

表 5.1.8　粘胶长丝纺丝机升降部分安装允许偏差及检验方法

项　目	允许偏差	检验方法
各凸轮箱（飞轮箱）差微箱出轴全列直线度	0.2mm	四轴定位工具挂线检测
升降套筒中心距墙板中心距离	±0.3mm	用专用工具检测
凸轮箱内套筒垂直度	0.2/1000	用专用工具、水平仪检测
每相邻一挡的凸轮沿回转方向错开角度	±1°	用专用工具检测
下升降横梁上加工面距升降轴中心距	±0.5mm	在最底部位置，用专用工具检测

5.1.9 粘胶长丝纺丝机泵轴安装允许偏差及检验方法应符合表5.1.9的规定。

表 5.1.9　粘胶长丝纺丝机泵轴安装允许偏差及检验方法

项　目	允许偏差	检验方法
相邻泵轴间同轴度	ϕ0.1mm	用标准轴、假轴承、加长套、水平仪检测
泵轴与机头出轴间同轴度	ϕ0.1mm	
泵轴纵向水平度	0.1/1000	用水平仪检测
泵轴全列高低差	0.2mm	用标准轴、水平仪检测，累积计算
泵轴全列直线度	0.2mm	用四轴定位工具拉线检测

5.1.10 粘胶长丝纺丝机电锭支架安装允许偏差及检验方法应符合表5.1.10的规定。

表 5.1.10　粘胶长丝纺丝机电锭支架安装允许偏差及检验方法

项　目	允许偏差	检验方法
电锭支架顶面至凸轮箱托架顶面距离	±0.2mm	用专用工具检测
电锭支架6孔中心距升降轴中心距离	+0.5 0	吊线、用钢板尺检测
电锭支架6孔中心与漏斗中心偏移	±1mm	

续表 5.1.10

项　目	允许偏差	检验方法
电锭支架顶面纵、横向水平度	0.15/1000	用水平仪检测
电锭支架顶面距第一凸轮箱托脚顶面距离	±0.2mm	用卡尺检测
圆筒中心线与漏斗中心线偏移	±1mm	用专用工具检测

5.1.11 车头箱供油泵及油管应畅通。

5.1.12 机头底板四周环氧树脂封固应坚固。

5.1.13 机座与基础环氧树脂封固应坚固。

5.1.14 电排箱连接头伸出墙板尺寸应一致。

5.1.15 升降横梁上下运动应灵活、平稳。

5.1.16 升降套筒对中间凸轮箱应居中。

5.1.17 酸浴槽、清水槽焊接应牢固，盛40℃温水试验不得渗漏。

5.2　丝饼压洗机

5.2.1 丝饼压洗机压洗小车安装允许偏差及检验方法应符合表5.2.1的规定。

表 5.2.1　丝饼压洗机压洗小车安装允许偏差及检验方法

项　目	允许偏差	检验方法
压洗车左右轮距离	±1mm	用钢卷尺测量
前后两轮轴平行度	1mm	
前后两轮端面平齐	2mm	用平尺、塞尺检测
四轮高低差	2mm	
进液口密封面距小车轮工作面距离	±1mm	用尺测量
压洗车各托盘上丝饼定位圈同轴度	ϕ2mm	吊线、用钢板尺检测
两托盘间净空距	±1mm	用专用高度尺检测
前后轮中心距	±3mm	用钢卷尺检测
车身总长	±1mm	

5.2.2 丝饼压洗机压洗车轨道安装允许偏差及检验方法应符合表5.2.2的规定。

表 5.2.2　丝饼压洗机压洗车轨道安装允许偏差及检验方法

项　目	允许偏差	检验方法
轨道中心线与安装基准线偏移	±1mm	吊线、用钢板尺检测
轨道横向水平度	0.5/1000	用水平仪检测

续表 5.2.2

项　目	允许偏差	检验方法
轨道沿前进方向上倾斜，轨道倾斜度	1/1000	用正弦台、水平仪检测
游动车轨道与主轨道交接处上下	2mm	用专用工具检测
轨道距离	±1mm	

5.2.3 丝饼压洗机气动快速接头安装允许偏差及检验方法应符合表 5.2.3 的规定。

表 5.2.3　丝饼压洗机气动快速接头安装允许偏差及检验方法

项　目	允许偏差	检验方法
异径管中心线与安装基准线偏移	±1mm	吊线、用钢板尺检测
各工位异径管中心距	±1mm	用尺检测
各工位异径管中心距累计误差	2mm	
异径管法兰平面水平度	0.5/1000	用水平仪检测

5.2.4 丝饼压洗机推进装置安装允许偏差及检验方法应符合表 5.2.4 的规定。

表 5.2.4　丝饼压洗机推进装置安装允许偏差及检验方法

项　目	允许偏差	检验方法
液压油缸中心线与轨道中心线偏移	±1mm	吊线、用钢板尺检测

5.2.5 丝饼脱水机安装允许偏差及检验方法应符合表 5.2.5 的规定。

表 5.2.5　丝饼脱水机安装允许偏差及检验方法

项　目	允许偏差	检验方法
转台轨道水平度	0.5/1000	用专用平尺、水平仪检测
四立柱上平面水平度	0.2/1000	用平尺、水平仪检测
轴承座与底座之间间隙	5mm	用钢板尺检测
下转台水平度	1mm	用平尺、水平仪检测
升降杆轴线与脱水罐轴线的同轴度	ϕ2mm	吊线、用钢板尺检测
空气换向阀轨道的水平度	2/1000	用平尺、水平仪检测

5.2.6 压洗车行驶应平稳。

5.2.7 压洗车各密封面不得渗漏。

5.2.8 压洗车各托盘翻转应灵活。

5.2.9 轨道接头应平齐。

5.2.10 压缩空气管路不得泄漏，涂肥皂水检测。

5.2.11 液压油缸推进、返回运动应平稳。

5.2.12 丝饼脱水机车轮与轨道同时接触的数量不应少于 6 个。

5.2.13 丝饼脱水机升降杆在升降导轨上的升降运动应平稳、可靠。

5.2.14 电刷与滑环接触应均匀，不得产生电弧火花。

5.2.15 电锭行程开关与电锭启动停止应同步可靠。

5.3　丝饼烘干机

5.3.1 丝饼烘干机烘房轨道安装允许偏差及检验方法应符合表 5.3.1 的规定。

表 5.3.1　丝饼烘干机烘房轨道安装允许偏差及检验方法

项　目	允许偏差	检验方法
轨道中心线与安装基准线偏移	±1mm	吊线、用钢板尺检测
轨道横跨水平度	0.5/1000	用水平仪检测
轨道沿前进方向上倾斜，轨道坡度倾斜度	1/1000	用正弦台、水平仪检测
游动车轨道与主轨道交接处上下、左右	2mm	用专用工具检测

5.3.2 丝饼烘干机推动机构安装允许偏差及检验方法应符合表 5.3.2 的规定。

表 5.3.2　丝饼烘干机推动机构安装允许偏差及检验方法

项　目	允许偏差	检验方法
减速箱底板纵、横向水平度	0.15/1000	用水平仪检测
链轮主轴水平度	0.2/1000	

5.3.3 丝饼烘干机风机安装允许偏差及检验方法应符合表 5.3.3 的规定。

表 5.3.3　丝饼烘干机风机安装允许偏差及检验方法

项　目	允许偏差	检验方法
轴承座中心线与安装基准线偏移	±1mm	吊线、用钢板尺检测
轴承座纵、横向水平度	0.2/1000	用水平仪检测
风机纵向排列平齐	10mm	拉线、用钢板尺检测

5.3.4 丝饼烘干机烘干小车安装允许偏差及检验方法应符合表5.3.4的规定。

表5.3.4 丝饼烘干机烘干小车安装允许偏差及检验方法

项　目	允许偏差	检验方法
左右轮距	0 −2mm	用钢板尺检测
前后两轮轴平行度	1mm	
前后两轮平齐	2mm	拉线、用钢板尺检测
四轮高低差	2mm	用平板、塞尺检测

5.3.5 轨道接头应平齐。

5.3.6 烘房进出门及中间检查门应密封良好、开关灵便。

5.3.7 烘房送吸风隔板、网孔板表面应平整，安装应牢固。

5.3.8 风机叶轮与外壳的间隙应一致。

5.4 无边筒子络丝机

5.4.1 无边筒子络丝机机架安装允许偏差及检验方法应符合表5.4.1的规定。

表5.4.1 无边筒子络丝机机架安装允许偏差及检验方法

项　目	允许偏差	检验方法
起始墙板中心线与横向安装基准线偏移	±1mm	吊线、用钢板尺检测
墙板纵向中心线与纵向安装基准线偏移	±1mm	
墙板横向水平度	0.1/1000	用水平仪检测
墙板垂直度	0.1/1000	
墙板装车面距地脚木板顶面距离	±0.5mm	用钢板尺检测
相邻墙板间距	±0.2mm	用专用工具检测
相邻墙板横跨水平度	0.15/1000	用平尺、水平仪检测
前车面与墙板纵向中心线距离	±0.2mm	用专用工具检测
后车面与前车面间距	±0.5mm	
前、后车面纵、横向水平度	0.1/1000	用水平仪检测
丝饼帽下托板水平度	2/1000	

5.4.2 无边筒子络丝机传动部分安装允许偏差及检验方法应符合表5.4.2的规定。

表5.4.2 无边筒子络丝机传动部分安装允许偏差及检验方法

项　目	允许偏差	检验方法
两传动轴中心线与全机纵向中心线偏移	±0.5mm	用专用工具检测
相邻主轴同轴度	ϕ0.1mm	用标准轴、假轴承检测
两主轴中心距	±0.5mm	用专用工具检测

5.4.3 无边筒子络丝机锭箱部分安装允许偏差及检验方法应符合表5.4.3的规定。

表5.4.3 无边筒子络丝机锭箱部分安装允许偏差及检验方法

7项　目	允许偏差	检验方法
被动摩擦盘与主轴平行度	0.1mm	用专用工具检测
相邻锭箱间距	±1mm	用钢卷尺检测
凸轮槽中心与锭箱后外侧加工面间距	±0.5mm	用专用工具检测
导丝器与筒管表面平行度	0.8mm	用塞尺检测
导丝器窜动量	0.7mm	用百分表检测
成形摇架螺钉与定位槽定位头间距	1mm	用塞尺检测
筒管外圆径向圆跳动	0.5mm	用百分表检测
被动摩擦盘与主动摩擦片间隙	(2~3)mm	用塞尺检测
主动摩擦片边缘与被动摩擦盘边缘间隙	(2~4)mm	
拨臂大滚子端面与主动摩擦盘槽底间隙	(1~3)mm	
变速推动套端面与螺杆轴承端面间隙	(2~3)mm	用平尺、塞尺检测
110牙齿轮侧面与过桥齿轮侧面间隙	(1~3)mm	
导丝器行程：筒管前端露出长度	(10~15)mm	用钢板尺检测
导丝器行程：筒管后端露出长度	(5~10)mm	
被动摩擦盘制动端面与刹车带间隙	(2~3)mm	用塞尺检测

5.4.4 无边筒子络丝机张力装置安装允许偏差及检验方法应符合表5.4.4的规定。

表 5.4.4 无边筒子络丝机张力装置安装允许偏差及检验方法

项 目	允许偏差	检验方法
张力架轴与前车面间距	±1mm	用专用工具检测
清洁板角铁表面与前车面间距	±1mm	
清洁板间的间隙	(0.1～0.3) mm	用塞尺检测

5.4.5 墙板脚与木垫接触应均匀、不松动。

5.4.6 锭子轴、传动轴、凸轮轴的运转灵活，且轴向不得窜动。

5.4.7 往复滑座移动应灵活。

5.4.8 成形摇架轴向不得窜动。

5.4.9 成形摇架转动应灵活、轻便。

5.4.10 成形摇架自锁应可靠。

5.4.11 断头自停应灵活有效。

5.4.12 满管自停应灵活可靠。

5.4.13 制动装置应灵敏可靠。

5.4.14 扳动退管手柄，三个筒管弹簧应能同时自动收紧。

6 酸站设备工程安装

6.1 一般规定

6.1.1 酸站设备塑料管和管件施工用料应按现行行业标准《增强聚丙烯（FRPP）管和管件》HG 20539的有关规定执行。

6.1.2 衬胶层设备严禁使用电气焊。衬胶层设备施工应按现行行业标准《火电厂烟气脱硫工程施工质量验收及评定规程》DL/T 5417的有关规定执行。

6.2 酸浴蒸发装置

6.2.1 加热器、预加热器、预蒸发器、混合冷凝器设备中心线垂直度应为1/1000。

6.2.2 酸浴蒸发装置装配后，以0.15MPa水压进行试验，保压12h，压降不应超过5%。

6.2.3 酸浴蒸发装置装配后，抽真空试验，真空度应为−0.085MPa，且保压12h，压升不应超过5%。

6.3 酸浴过滤器

6.3.1 酸浴过滤器设备中心线垂直度应为1/1000。

6.3.2 酸浴过滤器气密性，以0.4MPa空气试验，保压30min不得渗漏。

6.4 酸浴加热器

6.4.1 酸浴加热器设备中心线垂直度应为1/1000。

6.4.2 酸浴加热器管程以0.38MPa、壳程以0.13MPa水压试验，保压12h，压降不应超过5%。

6.5 结晶装置

6.5.1 预冷却器、溶液冷凝器、混合冷凝器的辅助冷凝器中心线安装垂直度应为1/1000。

6.5.2 预冷却器、溶液冷凝器、混合冷凝器辅助冷凝器等衬胶设备壳体严禁使用电气焊。

6.5.3 结晶装置装配后，以0.1MPa的水压进行试验，保压12h，压降不应超过5%。

6.5.4 结晶装置装配后，抽真空试验，真空度应为−0.085MPa，且保压12h，压升不应超过5%。

7 电气控制系统工程安装

7.1 电气设备及线缆敷设

7.1.1 配电柜、控制柜的安装与质量验收应符合现行国家标准《建筑电气工程施工质量验收规范》GB 50303的有关规定。

7.1.2 电缆桥架安装应符合下列规定：

　　1 电缆桥架不宜平行敷设于热力管道正上方，且与热力管道平行布置时，净距离应大于1000mm，与热力管道交叉布置时，净距离应大于500mm，热力管道应采取绝热保护措施；

　　2 电缆桥架内同时布置动力线与信号线时，应用隔板分隔成动力线敷设区和信号线敷设区；

　　3 配线规格应符合设计要求，不得用普通线缆替代屏蔽线使用。

7.1.3 可能遭受油、油雾、纺丝油剂、单体污染的配线场所，应采用耐油绝缘导线或采取防护措施。

7.1.4 水平敷设的电缆，应在电缆首末两端、转弯处和电缆接头的两端进行固定。

7.1.5 电线、电缆敷设应排列整齐，对有抗干扰要求的线路，应采取抗干扰措施。

7.1.6 电缆桥架内的电缆总截面积应小于电缆桥架净横截面积的60%。

7.1.7 在电缆桥架或汇线槽弯曲处应垫绝缘衬垫。

7.1.8 电线电缆在桥架或汇线槽出线口无专门护口时，应对导线采取相应的保护措施。

7.1.9 电缆桥架内的电线电缆接头宜设置在电缆分支处。

7.1.10 在电线电缆管道、终端头和接头处应设置标志牌，标志牌的内容应符合下列规定：

　　1 标志牌应注明线路编号；

　　2 字迹应清晰、不脱落；

3 腐蚀性场所应采取防腐措施；

P4 标志牌规格宜统一，挂装应牢固。

7.1.11 每台控制设备主回路，控制回路与柜体之间的绝缘电阻不应小于1MΩ。用兆欧表测试时，对不能耐受兆欧表电压的元器件，应对地短接或拆除。

7.1.12 采用多股软导线应用冷压接头连接，压接点应牢固。

7.1.13 电气设备安装，除应执行本规范第7.1.1条～第7.1.12条要求外，尚应符合现行国家标准《机械电气安全 机械电气设备 第1部分：通用技术要求》GB 5226.1的有关规定。

7.2 电气设备引出端子的接线

7.2.1 电气设备引出端子的接线应符合下列规定：

1 接线应正确，固定应牢靠；

2 电线或电缆芯线端部应正确标明回路编号，每个编号的字母阅读方向应一致，字迹应清晰、不脱落；

3 电气柜、机台内的电缆或导线应排列整齐，且应避免交叉，连接端子不得施加机械应力；

4 电线电缆的绝缘护套层应与电线电缆一起引入电气柜或机台内。

7.2.2 可动部位两端的导线应用线卡固定。线缆与运动机件的距离应大于30mm。

7.2.3 冷压接线端头时，端头、压模的规格应与线芯的截面一致，端头与端子应匹配。

7.3 接地与接地线

7.3.1 电气设备的金属外壳均应接地（PE）或接零（PEN）。

7.3.2 与接地点相连接的保护导线应采用铜导线。

7.3.3 带电的金属零件与主接地点之间的接地电阻应小于0.1Ω。

7.3.4 电气设备安装在门、盖或面板时应采用保护接地导线。

7.3.5 接地线规格、接地电阻值应符合设计要求。

7.3.6 接地固定螺栓应配用防松垫圈。

7.3.7 接地方式除应符合现行国家标准《建筑电气工程施工质量验收规范》GB 50303的有关规定外，尚应符合下列规定：

1 每个接地端子应连接单独的接地线，并应以并联的方式与接地干线相连接，不得相互串联接地；

2 不得使用金属软管、保温管金属外皮或金属网作接地线。

7.3.8 防静电接地应符合下列规定：

1 防静电接地装置可与其他电气设备的接地装置共同设置；

2 设备、机组、管道等防静电接地线，应单独与接地体或接地干线相连，不得相互串联接地；

3 防静电接地线应连接在设备、机组等装置的接地螺栓上。

8 设备试运转与安装工程验收

8.1 一般规定

8.1.1 试运转应按先单机、后联机，先空载、后带负载，先附属系统、后主机的原则。负荷运转时应缓慢均匀加载，并应随时检查设备运转情况及电机电流波动情况。

8.1.2 根据设备的技术要求制订正常开车、停车程序，以及紧急停车的操作步骤和处理措施。

8.1.3 每台（套）机械设备安装质量验收合格后，应进行试运转，并制订试运转程序和所要达到的技术要求，做好检验项目的记录。试运转应先从部件开始，然后单台（套）设备。整体拖动的设备，需统一试运转的，上一工序未合格前，不得进行下一工序的试运转。

8.1.4 每台设备的电动机，在试运转前宜与被拖动设备分开，单独试运转，检查转向、电流、电压及绝缘性能等，合格后再与设备相连。

8.1.5 设备应按规定时间连续试运转，中途出现故障应另计起始时间。

8.1.6 试运转前应对所有参加试车人员进行安全教育。操作人员应对所试设备的工作原理、基本结构、安装及试车的各种知识有充分地了解；应熟知操作规程，掌握操作程序及各项技术规定和安全守则。

8.2 连续试运转时间及要求

8.2.1 原液设备连续试运转时间及要求应符合表8.2.1的规定。

表8.2.1 原液设备试运转时间及要求

设备名称	连续试运转时间	试运转要求
喂粕机	4h	—
浸渍桶	8h	加碱液模拟试车
浆粥泵	30min	
压力平衡桶	—	通压缩空气或其他介质，调节压力，功能正常
压榨机	运转不少于3h；其中高速运转不少于2h	空车运转期间浆槽内应有足够的碱液润滑压榨辊两端的密封；传动系统应先低速逐步调至高速
粉碎机	1h	—

设备名称	连续试运转时间	试运转要求
老成箱、老成鼓	低速运转 12h；高速运转 12h；螺杆输送器运转 2h；螺杆分料装置运转 2h	由低速到高速顺序调速
碱纤计量仓	4h	
黄化机	低速运转 30min；中速运转 2h；高速运转 30min	模拟试车；搅拌器低速运转时真空度－0.085MPa，经 30min 后真空度不低于－0.079MPa
黄酸酯粉碎机	1h	—
后溶解机	2h	模拟试车
齿轮泵	30min	加碱液模拟试车
细研磨泵	1h	
自动筛网滤机	1h	加碱液模拟试车，不装滤网，功能正常
连续脱泡桶	1h	真空度抽至－0.099MPa，保压 1h 后，真空度不低于－0.090MPa

8.2.2 短纤维纺练设备试运转时间及要求应符合表 8.2.2 的规定。

表 8.2.2 短纤维纺练设备连续试运转时间及要求

设备名称	连续试运转时间	试运转要求
粘胶短纤维纺丝机	24h	计量泵脱开，计量泵传动轴转速在 12h 内变速两种以上；纺丝盘传动变速两种，每种速度运转 12h
牵伸机	8h	变频调速
切断机	2h	通水后，不带刀试车
长网精练联合机	24h	—
湿开棉机	2h	
喂给机	低速运转 2h	输送帘、提升帘、角钉打手、剥纤打手分别运转后再全机运转
	高速运转 2h	

设备名称	连续试运转时间		试运转要求
烘干机	链板运转	低速 2h	链板运转由低速到高速顺序调速
		高速 24h	
	循环风机运转 1h		—
	排气风机运转 1h		—
	消防系统		检查机内消防系统是否可靠
精开棉机	输棉风机运转 1h		
	喂入罗拉、握持罗拉	低速运转 2h	由低速到高速顺序调速
		高速运转 2h	
	喂入打手开棉辊	各运转 4h	
打包机	空车运转不少于 10 次		按打包程序机械、电气、液压、气动联动试车
	投料打 10 包		检查机械、电气、液压、气动各动作及时序正常

8.2.3 长丝纺练设备连续试运转时间及要求应符合表 8.2.3 的规定。

8.2.3 长丝纺练设备连续试运转时间及要求

设备名称	连续试运转时间	试运转要求
粘胶长丝纺丝机	车头单独运转 2h，全机运转 24h	—
丝饼压洗机	24h	
丝饼烘干机	8h	
无边筒子络丝机	24h	打出合格筒子

8.2.4 酸站设备试连续运转时间及要求应符合表 8.2.4 的规定。

表 8.2.4 酸站设备试连续运转时间及要求

设备名称	连续试运转时间		试运转要求
结晶装置	减速箱运转 4h		模拟试车
	全机空运转 2h		

8.3 试运转前的检查项目

8.3.1 机台上下不得有杂物、周围环境应整洁。

8.3.2 齿轮箱、轴承等应清洁，并注入规定牌号的润滑油（脂），且油位应达到油标指示的 1/2 处～2/3 处。

8.3.3 传动带、链条张力松紧应适度。

8.3.4 离合器、刹车装置应灵敏、可靠。

8.3.5 润滑系统油路应畅通。

8.3.6 设备密封部位不得泄漏。

8.3.7 设备旋转方向应按技术文件规定方向确定。

8.3.8 手动盘车不得卡阻和碰擦。

8.3.9 安全阀、调速器应按技术文件规定确定。

8.3.10 加热或冷却系统应畅通、不得泄漏。

8.3.11 进、出口阀门开启应在负荷最小处。

8.3.12 物料通道应洁净、畅通。

8.3.13 电气仪表、安全指示照明等应准确可靠。

8.3.14 各回转部位回转应灵活。

8.4 试运转中的检查项目

8.4.1 设备运转声音应均匀、不得有异常声音。

8.4.2 润滑系统润滑应充分，且油位不应低于下限。

8.4.3 各密封部位、加热、冷却系统泄漏量应小于技术文件规定数值。

8.4.4 阀门及调速手柄转动调节应灵活，开关应自如。

8.4.5 滚动轴承温升不得超过 40℃。

8.4.6 滑动轴承温升不得超过 35℃。

8.4.7 查电机电流和温升，且应符合现行国家标准《旋转电机 定额和性能》GB 755 的有关规定。

8.4.8 设备不得有明显振动。

8.4.9 检查紧固件不得松动。

8.4.10 速度由低到高调节应自如、准确。负荷由小到大加载应均匀。

8.5 试运转后的检查项目

8.5.1 设备试运转后应切断与设备连接的电源、热源、水源等。各阀门应复位。

8.5.2 设备试运转后应卸压，且应卸负荷，排净水、汽或其他介质，同时还应擦净、吹干。

8.5.3 设备试运转后应检查各主要部件的配合和连接情况及精度是否变化，且应复查各紧固件是否松动，当有松动，应重新紧固。

8.5.4 设备试运转后应整理好设备试运行记录。

8.6 安装工程验收

8.6.1 设备试运转合格后，安装单位应与使用单位办理移交手续。

8.6.2 移交手续应包括下列内容：

　　1 设备安装质量检测记录；

　　2 安装过程中已被封闭或罩盖部分的原始安装质量检测记录；

　　3 单机试运转记录应包括附属系统及油、水、气、电的工作状态的检测记录；

　　4 按合同中备件明细表和专用工具明细表的规定，移交设备备件和专用工具。

本规范用词说明

　　1 为便于在执行本规范条文时区别对待，对要求严格程度不同的用词说明如下：

　　1）表示很严格，非这样做不可的：

　　　正面词采用"必须"，反面词采用"严禁"；

　　2）表示严格，在正常情况下均应这样做的：

　　　正面词采用"应"，反面词采用"不应"或"不得"；

　　3）表示允许稍有选择，在条件许可时首先应这样做的：

　　　正面词采用"宜"，反面词采用"不宜"；

　　4）表示有选择，在一定条件下可以这样做的，采用"可"。

　　2 条文中指明应按其他有关标准执行的写法为："应符合……的规定"或"应按……执行"。

引用标准名录

《混凝土强度检验评定标准》GB 50107

《建筑电气工程施工质量验收规范》GB 50303

《旋转电机 定额和性能》GB 755

《机械电气安全 机械电气设备 第1部分：通用技术要求》GB 5226.1

《起重机械安全规程 第1部分：总则》GB 6067.1

《焊接与切割安全》GB 9448

《液压传动 油液固体颗粒污染等级代号》GB/T 14039

《增强聚丙烯（FRPP）管和管件》HG 20539

《厂区吊装作业安全规程》HG 23015

《火电厂烟气脱硫工程施工质量验收及评定规程》DL/T 5417

中华人民共和国国家标准

粘胶纤维设备工程安装与
质量验收规范

GB 50750—2012

条　文　说　明

制 定 说 明

《粘胶纤维设备工程安装与质量验收规范》GB 50750—2012，经住房和城乡建设部 2012 年 1 月 21 日以 1271 号公告批准发布。

本规范制定过程中，编制组进行了认真细致的调查研究，总结了我国工程建设中粘胶纤维设备的设计和安装运行的实践经验，同时参考了国外的先进技术法规、技术标准，确定了本规范的各项技术参数。

为便于广大设计、施工、科研学校等单位有关人员在使用本规范时能正确理解和执行条文规定，《粘胶纤维设备工程安装与质量验收规范》编制组按章、节、条顺序编制了本规范的条文说明，对条文规定的目的、依据以及执行中需注意的有关事项进行了说明，还着重对强制性条文的强制性理由作了解释。但是，本条文说明不具备与规范正文同等的法律效力，仅供使用者作为理解和把握规范规定的参考。

目　　次

1 总 则

1.0.1 本条阐述了制定本规范的目的。

1.0.2 本条规定了本规范的使用范围。

1.0.3 本条说明了本规范与国家现行的有关标准的关系。

2 基 本 规 定

2.1 设备的开箱验收

2.1.1 本条规定了设备的开箱验收规范。设备的开箱验收国家标准、行业标准都没有严格的规范，通常情况由于工作场地有限，为了避免零件的丢失，由使用单位、安装单位、制造单位同时在场，根据安装程序要求，边开边装。本条开箱检验十分重要，用户、监理、施工及厂商等各方代表均应参加，并应形成检验记录。根据设备产品使用说明书的要求，对一些零件进行具体的清洗准备工作。

2.1.2 本条规定了使用单位收货程序。收货单由制造单位提供，一式两份。收货单上提供设备包装箱数量、包装箱的标识、编号。使用单位收货并验收后应在收货单签字，并由双方各保存一份。

2.1.4 随机资料包括产品合格证、产品说明书及电气调试说明书、随机供图、装箱单、外购重要配套装置和设备说明书。装箱单应一式两份，一份按箱号分别放在相应包装箱内，另一份和其余随机资料放在每台产品的第一箱内。

2.2 设备混凝土基础

2.2.1 本条规定了对设备基础的要求，设备基础对设备运转影响较大，尤其对日益发展的高速、高产设备具有更大的影响。设备基础的好坏影响到整台设备的安装；设备基础强度达不到要求时，造成开车过程中地脚处的地基被震裂，严重时会造成楼层地基塌方。

设备混凝土基础允许偏差及检验方法是根据建筑行业的要求确定的。中心线对中心线的允许偏差，只能是偏左或偏右，不能为负数。尺寸允许偏差为尺寸上和下组成。

2.2.2 勾股弦测量法是指勾长、股长分别为 3m、4m 测量弦长应为 5m。

2.3 地脚螺栓、垫铁和灌浆

2.3.2 平垫铁规格尺寸仅供粘胶纤维设备安装现场制作时参考，根据实际使用情况可自行设计。

2.3.3 斜垫铁规格尺寸仅供粘胶纤维设备安装现场制作时参考，根据实际使用情况可自行设计，但斜垫铁斜度宜为 1/10～1/20。

2.3.4 有地脚螺栓的地方必须至少有一组垫铁，没有地脚螺栓处也应加垫铁，保证相邻垫铁组之间的距离在 1000mm 之内。

2.4 安装现场的安全卫生

2.4.1 因粘胶纤维设备体积庞大，需要高处作业，现场有高空坠物的危险，对人身安全构成威胁，故本条中的第 3 款设定为强制性条文；又因粘胶纤维设备管道较多，结构复杂，需要在上层楼板预留设备安装孔，为防止高空坠物和人员坠落，本条中的第 4 款定为强制性条文，以确保人身安全。

2.5 静设备安装

2.5.1 静设备是指没有驱动机带动的非转动或移动的设备。静设备安装允许偏差及检验方法是在总结粘胶整条生产线基础上归纳出来的。对未列入本规范的粘胶静设备以及粘胶辅助静设备都可按本条要求执行。

2.6 动设备安装

2.6.1 动设备是指有驱动机带动的转动设备。动设备安装允许偏差及检验方法是在总结粘胶整条生产线基础上归纳出来的。对未列入本规范的粘胶动设备以及粘胶辅助动设备都可按本条要求执行。

3 原液设备工程安装

3.3 浆 粥 泵

3.3.2 由于浆粥黏稠度较高且含有大量纤维状物，转子与泵体之间的端面间隙是可调的，一般调整到 0.05mm～0.1mm。用手感觉转子转动应比较灵活。

4 短纤维纺练设备工程安装

4.4 切 断 机

4.4.1 对曳引辊偏差的要求能保证粘胶纤维均匀喂入，保证粘胶纤维切断质量。

4.5 长网精练联合机

4.5.5～4.5.7 这三条规定仅适用于摩擦传动型式的精练机。

4.10 打 包 机

4.10.2 本条颗粒等级 17/15 是根据现行行业标准《化纤打包机》FZ/T 96022—2001 确定的，符合现行国家标准《液压传动　油液固体颗粒污染等级代号》

GB/T 14039 的有关规定。

6 酸站设备工程安装

6.2 酸浴蒸发装置

6.2.3 本条的技术参数来自几家大型粘胶纤维厂的抽真空试验数据，并经过了专家的论证。

8 设备试运转与安装工程验收

8.1 一 般 规 定

8.1.1 本条是日常试运转的一般程序，试运转前按程序预先制订好计划，然后按部就班做好每一步，这样做可以避免工作中疏漏。

8.1.2 本条规定要求正常开车前应做好准备工作，防止意外事故发生。

8.1.4 本条规定可根据具体情况来执行，在确定不会发生意外事故的情况下，电动机可与被拖动设备一起试运转。

8.1.5 本条规定了设备连续试运转、连续运转时间概念，设备试运转时间为无故障连续运转时间，是设备空运转的最短时间。

8.1.6 参加试车人员进行必要的安全教育，上岗教育是试运转前必须要做的工作。

8.2 连续试运转时间及要求

8.2.1～8.2.4 试运转要求内容是多方面的，有的属于保护性的，如加碱液试车，因为这类设备正常工作时在液体内，运转部位没有润滑油，不加入碱液空运转会造成设备磨损；有的属于工艺要求必须达到的，如分别在不同的速度范围内运转，设备的真空度要求等，所以每一项都得严格执行。

8.3 试运转前的检查项目

8.3.1～8.3.14 试运转前的检查项目是针对传动部分、润滑系统、安全等方面，再度确认，主要是防止遗漏，对工作中失误进行弥补。

8.4 试运转中的检验项目

8.4.1～8.4.10 试运转中的检验项目是指在试验条件下各部动作的准确度、灵活度、振动、受力变形、噪声、轴承温升、密闭试验、渗漏油现象、电气传动自动控制要求、功率、安全防护装置的可靠等。这些都是动态检验项目，通过这些项目检验反映出设备安装水平。

8.5 试运转后的检查项目

8.5.1～8.5.4 这四条主要针对设备与公用工程衔接部分动作是否准确、可靠，程序运行是否达到生产工艺要求，进行复验。

8.6 安装工程验收

8.6.1、8.6.2 这两条规定了安装单位应与使用单位交接手续，以及交接手续的内容。不作为安装工作完成依据。安装单位必须根据合同要求执行，一般应有服务期。设备移交后投产初期，安装单位应协助使用单位维修人员处理设备故障。

中华人民共和国国家标准

医用气体工程技术规范

Technical code for medical gases engineering

GB 50751—2012

主编部门：中华人民共和国卫生部
批准部门：中华人民共和国住房和城乡建设部
施行日期：2012 年 8 月 1 日

中华人民共和国住房和城乡建设部
公 告

第 1357 号

关于发布国家标准
《医用气体工程技术规范》的公告

现批准《医用气体工程技术规范》为国家标准，编号为GB 50751—2012，自 2012 年 8 月 1 日起实施。其中，第 4.1.1（1）、4.1.2（1）、4.1.4（3）、4.1.7、4.1.8、4.1.9（1）、4.2.8、4.3.5、4.4.1（1、4）、4.4.7、4.5.2、4.6.4（3）、4.6.7、5.2.1、5.2.5（1）、5.2.9、10.1.4（3）、10.1.5、10.2.17

条（款）为强制性条文，必须严格执行。

本规范由我部标准定额研究所组织中国计划出版社出版发行。

中华人民共和国住房和城乡建设部
二〇一二年三月三十日

前　言

本规范是根据住房和城乡建设部《关于印发〈2008 年工程建设标准规范制订、修订计划（第一批）〉的通知》（建标〔2008〕102 号）的要求，由上海市建筑学会会同有关设计、研究、管理、使用单位共同编制完成的。

本规范在编制过程中，编制组对国内外医用气体工程的建设情况进行了广泛的调查研究，总结了国内医用气体工程建设中的设计、施工、验收和运行管理的先进经验，引用了设备与产品制造、质量检测单位的领先成果，吸纳了国际上通用的理论和流程，并充分考虑了国内工程的现状与水平，参考了国内外相关标准，并在广泛征求意见的基础上，通过反复讨论、修改和完善，最后经审查定稿。

本规范共分 11 章及 4 个附录，主要内容包括：总则、术语、基本规定、医用气体源与汇、医用气体管道与附件、医用气体供应末端设施、医用气体系统监测报警、医用氧舱气体供应、医用气体系统设计、医用气体工程施工、医用气体系统检验与验收等。

本规范中以黑体字标志的条文为强制性条文，必须严格执行。

本规范由住房和城乡建设部负责管理和对强制性条文的解释，上海市建筑学会负责具体技术内容的解释。为进一步完善本规范，请各单位和个人在执行本规范过程中，认真总结经验，积累资料，如发现需要修改或补充之处，请将意见和有关资料寄至上海市建筑学会《医用气体工程技术规范》编制工作组（地址：上海市静安区新闸路 831 号丽都新贵 24 楼 E），以供今后修订时参考。

本规范主编单位、参编单位、参加单位、主要起草人和主要审查人名单：

主 编 单 位：上海市建筑学会

参 编 单 位：中国医院协会医院建筑系统研究分会
重庆大学城市建设与环境工程学院
上海现代建筑设计（集团）有限公司
中国人民解放军总医院
上海德尔格医疗器械有限公司
上海必康美得医用气体工程咨询有限公司
上海申康医院发展中心
上海市卫生基建管理中心
国际铜业协会（中国）
上海捷锐净化工程有限公司
浙江华健医用工程有限公司
中国中元国际工程公司
公安部天津消防研究所

参 加 单 位：浙江海亮股份有限公司
林德集团上海金山石化比欧西气体有限公司
上海康普艾压缩机有限公司
上海普旭真空设备技术有限公司
上虞市金来铜业有限公司
北京航天雷特新技术实业公司
上海邦鑫实业有限公司

主要起草人：王宇虹　马琪伟　丁德平　卢　军　钱俏鹏　楼东堡　刘　强　谢思桃

主要审查人：于　冬　诸葛立荣　张建忠　陈霖新　倪照鹏　施振球　何晓平　黄　磊　王祥瑞　贾来全　明汝新　董益波　曹德森　刘光荣　何哈娜　岳相辉

目　　次

Contents

1 总　则

1.0.1 为规范我国医用气体工程建设，保证建设质量，实现安全可靠、技术先进、经济合理、运行与管理维护方便的目标，制定本规范。

1.0.2 本规范适用于医疗卫生机构中新建、改建或扩建的集中供应医用气体工程的设计、施工及验收。

1.0.3 医疗卫生机构应按医疗科目和流程选择所需的医用气体系统，系统的建设应统一完整。

1.0.4 医用气体工程所使用的设备、材料，应有生产许可证明并通过相关的检验或检测。

1.0.5 医用气体工程的设计、施工及验收，除应执行本规范外，尚应符合国家现行有关标准的规定。

2 术　语

2.0.1 医用气体　medical gas

由医用管道系统集中供应，用于病人治疗、诊断、预防，或驱动外科手术工具的单一或混合成分气体。在应用中也包括医用真空。

2.0.2 医用气体管道系统　medical gas pipeline system

包含气源系统、监测和报警系统，设置有阀门和终端组件等末端设施的完整管道系统，用于供应医用气体。

2.0.3 医用空气　medical purpose air

在医疗卫生机构中用于医疗用途的空气，包括医疗空气、器械空气、医用合成空气、牙科空气等。

2.0.4 医疗空气　medical air

经压缩、净化、限定了污染物浓度的空气，由医用管道系统供应作用于病人。

2.0.5 器械空气　instrument air

经压缩、净化、限定了污染物浓度的空气，由医用管道系统供应为外科工具提供动力。

2.0.6 医用合成空气　synthetic air

由医用氧气、医用氮气按氧含量为 21% 的比例混合而成。由医用管道系统集中供应，作为医用空气的一种使用。

2.0.7 牙科空气　dental air

经压缩、净化、限定了污染物浓度的空气，由医用管道系统供应为牙科工具提供动力。

2.0.8 医用真空　medical vacuum

为排除病人体液、污物和治疗用液体而设置的使用于医疗用途的真空，由管道系统集中提供。

2.0.9 医用氮气　medical nitrogen

主要成分是氮，作为外科工具的动力载体或与其他气体混合用于医疗用途的气体。

2.0.10 医用混合气体　medical mixture gases

由不少于两种医用气体按医疗卫生需求的比例混合而成，作用于病人或医疗器械的混合成分气体。

2.0.11 麻醉废气排放系统　waste anaesthetic gas disposal system（WAGD）

将麻醉废气接收系统呼出的多余麻醉废气排放到建筑物外安全处的系统，由动力提供、管道系统、终端组件和监测报警装置等部分组成。

2.0.12 单一故障状态　single-fault condition

设备内只有一个安全防护措施发生故障，或只出现一种外部异常情况的状态。

2.0.13 生命支持区域　life support area

病人进行创伤性手术或需要通过在线监护治疗的特定区域，该区域内的病人需要一定时间的病情稳定后才能离开。如手术室、复苏室、抢救室、重症监护室、产房等。

2.0.14 区域阀门　zone valve

将指定区域内的医用气体终端或医用气体使用设备与管路的其他部分隔离的阀门，主要用于紧急情况下的隔断、维护等。

2.0.15 终端组件　terminal unit

医用气体供应系统中的输出口或真空吸入口组件，需由操作者连接或断开，并具有特定气体的唯一专用性。

2.0.16 低压软管组件　low-pressure hose assembly

适用于压力为 1.4MPa 以下的医用气体系统，带有永久性输入和输出专用气体接头的软管组合体。

2.0.17 直径限位的安全制式接头（DISS 接头）　diameter-index safety system connector

具有气体专用特性，直径各不相同的、分别与各种气体设施匹配的专用内、外接头组件。

2.0.18 专用螺纹制式接头（NIST 接头）　non-interchangeable screw-threaded connector

具有气体专用特性，直径与旋向各不相同的、分别与各种气体设施匹配的专用内、外螺纹接头组件。

2.0.19 管接头限位的制式接头（SIS 接头）　sleeve-index system connector

具有气体专用特性，插孔各不相同的、分别与各种气体设施匹配的专用内、外管接头组件。

2.0.20 医用供应装置　medical supply unit

配备在医疗服务区域内，可提供医用气体、液体、麻醉或呼吸废气排放、电源、通信等的不可移动装置。

2.0.21 焊接绝热气瓶　welded insulated cylinder

在内胆与外壳之间置有绝热材料，并使其处于真空状态的气瓶。用于储存临界温度小于等于 −50℃ 的低温液化气体。

2.0.22 医用氧舱　medical hyperbaric chamber

在高于环境大气压力下利用医用氧进行治疗的一

种载人压力容器设备。

2.0.23 气体汇流排 gas manifold

将数个气体钢瓶分组汇合并减压，通过管道输送气体至使用末端的装置。

2.0.24 真空压力 effective vacuum pressure

指相对真空压力，当地绝对大气压与真空绝对压力的差值。

3 基 本 规 定

3.0.1 部分医用气体的品质应符合下列规定：

1 部分医用空气的品质要求应符合表 3.0.1 的规定；

表 3.0.1 部分医用空气的品质要求

气体种类	油 mg/Nm^3	水 mg/Nm^3	CO 10^{-6} (v/v)	CO_2 10^{-6} (v/v)	NO 和 NO_2 10^{-6} (v/v)	SO_2 10^{-6} (v/v)	颗粒物（GB 13277.1）*	气味
医疗空气	≤0.1	≤575	≤5	≤500	≤2	≤1	2级	无
器械空气	≤0.1	≤50	—	—	—	—	2级	无
牙科空气	≤0.1	≤780	≤5	≤500	≤2	≤1	3级	无

注：*《压缩空气 第1部分：污染物净化等级》GB 13277.1—2008。

2 用于外科工具驱动的医用氮气应符合现行国家标准《纯氮、高纯氮和超纯氮》GB/T 8979 中有关纯氮的品质要求。

3.0.2 医用气体终端组件处的参数应符合表 3.0.2 的规定。

表 3.0.2 医用气体终端组件处的参数

医用气体种类	使用场所	额定压力 (kPa)	典型使用流量 (L/min)	设计流量 (L/min)
医疗空气	手术室	400	20	40
	重症病房、新生儿、高护病房	400	60	80
	其他病房床位	400	10	20
器械空气、医用氮气	骨科、神经外科手术室	800	350	350
医用真空	大手术	40（真空压力）	15～80	80
	小手术、所有病房床位	40（真空压力）	15～40	40
医用氧气	手术室和用氧化亚氮进行麻醉的用点	400	6～10	100
	所有其他病房用点	400	6	10

续表 3.0.2

医用气体种类	使用场所	额定压力 (kPa)	典型使用流量 (L/min)	设计流量 (L/min)
医用氧化亚氮	手术、产科、所有病房用点	400	6～10	15
医用氧化亚氮/氧气混合气	待产、分娩、恢复、产后、家庭化产房（LDRP）用点	400（350）	10～20	275
	所有其他需要的病房床位	400（350）	6～15	20
医用二氧化碳	手术室、造影室、腹腔检查用点	400	6	20
医用二氧化碳/氧气混合气	重症病房、所有其他需要的床位	400（350）	6～15	20
医用氮/氧混合气	重症病房	400（350）	40	100
麻醉或呼吸废气排放	手术室、麻醉室、重症监护室（ICU）用点	15（真空压力）	50～80	50～80

注：1 350kPa 气体的压力允许最大偏差为 $350kPa^{+50}_{-40}$ kPa，400kPa 气体的压力允许最大偏差为 $400kPa^{+100}_{-80}$ kPa，800kPa 气体的压力允许最大偏差为 $800kPa^{+200}_{-160}$ kPa。

2 在医用气体使用处与医用氧气混合形成医用混合气体时，配比的医用气体压力应低于该处医用氧气压力 50kPa～80kPa，相应的额定压力也减小至 350kPa。

3.0.3 在牙椅处的牙科气体参数应符合表 3.0.3 的规定。

表 3.0.3 在牙椅处的牙科气体参数

医用气体种类	额定压力 (kPa)	典型使用流量 (L/min)	设计流量 (L/min)	备注
牙科空气	550	50	50	气体流量需求视牙椅具体型号的不同有差别
牙科专用真空	15（真空压力）	300	300	
医用氧化亚氮/氧气混合气	400（350）	6～15	20	在使用处混合提供气体时额定压力为 350kPa
医用氧气	400	5～10	10	—

3.0.4 医用气体终端组件的设置数量和方式应根据医疗工艺需求确定，宜符合本规范附录 A 的规定。

4 医用气体源与汇

4.1 医用空气供应源

Ⅰ 医疗空气供应源

4.1.1 医疗空气的供应应符合下列规定：

1 医疗空气严禁用于非医用用途；

2 医疗空气可由气瓶或空气压缩机组供应；

3 医疗空气与器械空气共用压缩机组时，其空气含水量应符合本规范表 3.0.1 有关器械空气的规定。

4.1.2 医疗空气供应源应由进气消音装置、压缩机、后冷却器、储气罐、空气干燥机、空气过滤系统、减压装置、止回阀等组成，并应符合下列规定：

1 医疗空气供应源在单一故障状态时，应能连续供气；

2 供应源应设置备用压缩机，当最大流量的单台压缩机故障时，其余压缩机应仍能满足设计流量；

3 供应源宜采用同一机型的空气压缩机，并宜选用无油润滑的类型；

4 供应源应设置防倒流装置；

5 供应源的后冷却器作为独立部件时应至少配置两台，当最大流量的单台后冷却器故障时，其余后冷却器应仍能满足设计流量；

6 供应源应设置备用空气干燥机，备用空气干燥机应能满足系统设计流量；

7 供应源的储气罐组应使用耐腐蚀材料或进行耐腐蚀处理。

4.1.3 空气压缩机进气装置应符合下列规定：

1 进气口应设置在远离医疗空气限定的污染物散发处的场所；

2 进气口设于室外时，进气口应高于地面 5m，且与建筑物的门、窗、进排气口或其他开口的距离不应小于 3m，进气口应使用耐腐蚀材料，并应采取进气防护措施；

3 进气口设于室内时，医疗空气供应源不得与医用真空汇、牙科专用真空汇，以及麻醉废气排放系统设置在同一房间内。压缩机进气口不应设置在电机风扇或传送皮带的附近，且室内空气质量应等同或优于室外，并应能连续供应；

4 进气管应采用耐腐蚀材料，并应配备进气过滤器；

5 多台压缩机合用进气管时，每台压缩机进气端应采取隔离措施。

4.1.4 医疗空气过滤系统应符合下列规定：

1 医疗空气过滤器应安装在减压装置的进气侧；

2 应设置不少于两级的空气过滤器，每级过滤器均应设置备用。系统的过滤精度不应低于 $1\mu m$，且过滤效率应大于 99.9%；

3 医疗空气压缩机不是全无油压缩机系统时，应设置活性炭过滤器；

4 过滤系统的末级可设置细菌过滤器，并应符合本规范第 5.2 节的有关规定；

5 医疗空气过滤器处应设置滤芯性能监视措施。

4.1.5 医疗空气的设备、管道、阀门及附件的设置与连接，应符合下列规定：

1 压缩机、后冷却器、储气罐、干燥机、过滤器等设备之间宜设置阀门。储气罐应设备用或安装旁通管；

2 压缩机进、排气管的连接宜采用柔性连接；

3 储气罐等设备的冷凝水排放应设置自动和手动排水阀门；

4 减压装置应符合本规范第 5.2.14 条的规定；

5 气源出口应设置气体取样口。

4.1.6 医疗空气供应源控制系统、监测与报警，应符合下列规定：

1 每台压缩机应设置独立的电源开关及控制回路；

2 机组中的每台压缩机应能自动逐台投入运行，断电恢复后压缩机应能自动启动；

3 机组的自动切换控制应使得每台压缩机均匀分配运行时间；

4 机组的控制面板应显示每台压缩机的运行状态，机组内应有每台压缩机运行时间指示；

5 监测与报警的要求应符合本规范第 7.1 节的规定。

4.1.7 医疗空气供应源应设置应急备用电源。

Ⅱ 器械空气供应源

4.1.8 非独立设置的器械空气系统，器械空气不得用于各类工具的维修或吹扫，以及非医疗气动工具或密封门等的驱动用途。

4.1.9 器械空气由空气压缩机系统供应时，应符合下列规定：

1 器械空气供应源在单一故障状态时，应能连续供气；

2 器械空气供应源的设置要求应符合本规范第 4.1.2 条第 2~7 款的规定；

3 器械空气同时用于牙科时，不得与医疗空气共用空气压缩机组。

4.1.10 器械空气的过滤系统应符合下列规定：

1 机组使用减压装置时，器械空气过滤系统应安装在减压装置的进气侧；

2 应设有不少于两级的过滤器，每级过滤均应设置备用。系统的过滤精度不应低于 0.01μm，且效率应大于 98%；

3 器械空气压缩机组不是全无油压缩机系统时，应设置末级活性炭过滤器；

4 器械空气过滤器处应设置滤芯性能监视措施。

4.1.11 器械空气供应源的设备、管道、阀门及附件的设置与连接，应符合本规范第4.1.5条的规定。

4.1.12 器械空气供应源的控制系统、监测与报警，应符合本规范第4.1.6条的规定。

4.1.13 独立设置的器械空气源应设置应急备用电源。

Ⅲ 牙科空气供应源

4.1.14 牙科空气供应源宜设置为独立的系统，且不得与医疗空气供应源共用空气压缩机。

4.1.15 牙科空气供应源应由进气消音装置、压缩机、后冷却器、储气罐、空气干燥机、空气过滤系统、减压装置、止回阀等组成。

4.1.16 牙科空气压缩机的排气压力不得小于0.6MPa。

4.1.17 当牙椅超过5台时，压缩机不宜少于2台，其控制系统、监测与报警应符合本规范第4.1.6条的规定。

4.1.18 牙科空气与器械空气共用系统时，牙科供气总管处应安装止回阀。

4.1.19 压缩机进气装置应符合本规范第4.1.3条第4和5款的规定。

4.1.20 储气罐应符合本规范第4.1.2条第7款的规定。

4.2 氧气供应源

Ⅰ 一般规定

4.2.1 医疗卫生机构应根据医疗需求及医用氧气供应情况，选择、设置医用的氧气供应源，并应供应满足国家规定的用于医疗用途的氧气。

4.2.2 医用氧气供应源应由医用氧气气源、止回阀、过滤器、减压装置，以及高、低压力监视报警装置组成。

4.2.3 医用氧气气源应由主气源、备用气源和应急备用气源组成。备用气源应能自动投入使用，应急备用气源应设置自动或手动切换装置。

4.2.4 医用氧主气源宜设置或储备能满足一周及以上用氧量，应至少不低于3d用氧量；备用气源应设置或储备24h以上用氧量；应急备用气源应保证生命支持区域4h以上的用氧量。

4.2.5 应急备用气源的医用氧气不得由医用分子筛制氧系统或医用液氧系统供应。

4.2.6 医用氧气供应源的减压装置、阀门等附件，应符合本规范第5.2节的规定，医用氧气供应源过滤器的精度应为100μm。

4.2.7 医用氧气汇流排应采用工厂制成品，并应符合下列规定：

1 医用气体汇流排高、中压段应使用铜或铜合金材料；

2 医用气体汇流排的高、中压段阀门不应采用快开阀门；

3 医用气体汇流排应使用安全低压电源。

4.2.8 医用氧气供应源、医用分子筛制氧机组供应源，必须设置应急备用电源。

4.2.9 医用氧气的排气放散管均应接至室外安全处。

Ⅱ 医用液氧贮罐供应源

4.2.10 医用液氧贮罐供应源应由医用液氧贮罐、汽化器、减压装置等组成。医用液氧贮罐供应源的贮罐不宜少于两个，并应能切换使用。

4.2.11 医用液氧贮罐应同时设置安全阀和防爆膜等安全措施；医用液氧贮罐气源的供应支路应设置防回流措施；当医用液氧输送和供应的管路上两个阀门之间的管段有可能积存液氧时，必须设置超压泄放装置。

4.2.12 汽化器应设置为两组且应能相互切换，每组均应能满足最大供氧流量。

4.2.13 医用液氧贮罐的充灌接口应设置防错接和保护设施，并应设置在安全、方便位置。

4.2.14 医用液氧贮罐、汽化器及减压装置应设置在空气流通场所。

Ⅲ 医用氧焊接绝热气瓶汇流排供应源

4.2.15 医用氧焊接绝热气瓶汇流排供应源的单个气瓶输氧量超过5m³/h时，每组气瓶均应设置汽化器。

4.2.16 医用氧焊接绝热气瓶汇流排供应源的气瓶宜设置为数量相同的两组，并应能自动切换使用。每组医用氧焊接绝热气瓶应满足最大用氧流量，且不得少于2只。

4.2.17 汇流排与医用氧焊接绝热气瓶的连接应采取防错接措施。

Ⅳ 医用氧气钢瓶汇流排供应源

4.2.18 医用氧气钢瓶汇流排气源的汇流排容量，应根据医疗卫生机构最大需氧量及操作人员班次确定。

4.2.19 医用氧气钢瓶汇流排供应源作为主气源时，医用氧气钢瓶宜设置为数量相同的两组，并应能自动切换使用。

4.2.20 汇流排与医用氧气钢瓶的连接应采取防错接措施。

Ⅴ 医用分子筛制氧机供应源

4.2.21 医用分子筛制氧机供应源及其产品气体的品质应满足国家有关管理部门的规定。

4.2.22 医用分子筛制氧机供应源应由医用分子筛制氧机机组、过滤器和调压器等组成，必要时应包括增压机组。医用分子筛制氧机机组宜由空气压缩机、空气储罐、干燥设备、分子筛吸附器、缓冲罐等组成，增压机组应由氧气压缩机、氧气储罐组成。

4.2.23 空气压缩机进气装置应符合本规范第4.1.3条的规定。分子筛吸附器的排气口应安装消声器。

4.2.24 医用分子筛制氧机供应源应设置氧浓度及水分、一氧化碳杂质含量实时在线检测设施，检测分析仪的最大测量误差为±0.1%。

4.2.25 医用分子筛制氧机机组应设置设备运行监控和氧浓度及水分、一氧化碳杂质含量监控和报警系统，并应符合本规范第7章的规定。

4.2.26 医用分子筛制氧机供应源的各供应支路应采取防回流措施，供应源出口应设置气体取样口。

4.2.27 医用分子筛制氧机供应源应设置备用机组或采用符合本规范第4.2.10条～第4.2.20条规定的备用气源。医用分子筛制氧机的主供应源、备用或备用组合气源均应能满足医疗卫生机构的用氧峰值量。

4.2.28 医用分子筛制氧机供应源应设置应急备用气源，并应符合本规范第4.2.18条～第4.2.20条的规定。

4.2.29 当机组氧浓度低于规定值或杂质含量超标，以及实时检测设施故障时，应能自动将医用分子筛制氧机隔离并切换到备用或应急备用氧气源。

4.2.30 医疗卫生机构不应设置将医用分子筛制氧机产出气体充入高压气瓶的系统。

4.3 医用氮气、医用二氧化碳、医用氧化亚氮、医用混合气体供应源

4.3.1 医疗卫生机构应根据医疗需求及医用氮气、医用二氧化碳、医用氧化亚氮、医用混合气体的供应情况设置气体的供应源，并宜设置满足一周及以上、且至少不低于3d的用气或储备量。

4.3.2 医用氮气、医用二氧化碳、医用氧化亚氮、医用混合气体的汇流排容量，应根据医疗卫生机构的最大用气量及操作人员班次确定。

4.3.3 医用氮气、医用二氧化碳、医用氧化亚氮、医用混合气体的供应源，应符合下列规定：

1 气体汇流排供应源的医用气瓶宜设置为数量相同的两组，并应能自动切换使用。每组气瓶均应满足最大用气流量；

2 气体供应源的减压装置、阀门和管道附件等，应符合本规范第5.2节的规定；

3 气体供应源过滤器应安装在减压装置之前，过滤精度应为100μm；

4 汇流排与医用气体钢瓶的连接应采取防错接措施。

4.3.4 医用气体汇流排应采用工厂制成品。输送氧气含量超过23.5%的汇流排，还应符合本规范第4.2.7条的规定。

4.3.5 各种医用气体汇流排在电力中断或控制电路故障时，应能持续供气。医用二氧化碳、医用氧化亚氮气体供应源汇流排，不得出现气体供应结冰情况。

4.3.6 医用氮气、医用二氧化碳、医用氧化亚氮、医用混合气体供应源，均应设置排气放散管，且应引出至室外安全处。

4.3.7 医用氮气、医用二氧化碳、医用氧化亚氮、医用混合气体供应源，应设置监测报警系统，并应符合本规范第7章的规定。

4.4 真 空 汇

Ⅰ 医用真空汇

4.4.1 医用真空汇应符合下列规定：

1 医用真空不得用于三级、四级生物安全实验室及放射性沾染场所；

2 独立传染病科医疗建筑物的医用真空系统宜独立设置；

3 实验室用真空汇与医用真空汇共用时，真空罐与实验室总汇集管之间应设置独立的阀门及真空除污罐；

4 医用真空汇在单一故障状态时，应能连续工作。

4.4.2 医用真空机组宜由真空泵、真空罐、止回阀等组成，并应符合下列规定：

1 真空泵宜为同一种类型；

2 医用真空汇应设置备用真空泵，当最大流量的单台真空泵故障时，其余真空泵应仍能满足设计流量；

3 真空机组应设置防倒流装置。

4.4.3 医用真空汇宜设置细菌过滤器或采取其他灭菌消毒措施。当采用细菌过滤器时，应符合本规范第5.2节的有关规定。

4.4.4 医用真空机组排气应符合下列规定：

1 多台真空泵合用排气管时，每台真空泵排气应采取隔离措施；

2 排气管口应使用耐腐蚀材料，并应采取排气防护措施，排气管道的最低部位应设置排污阀；

3 真空泵的排气应符合医院环境卫生标准要求。排气口应设置有害气体警示标识；

4 排气口应位于室外，不应与医用空气进气口位于同一高度，且与建筑物的门窗、其他开口的距离不应少于3m；

5 排气口气体的发散不应受季风、附近建筑、地形及其他因素的影响，排出的气体不应转移至其他人员工作或生活区域。

4.4.5 医用真空汇的设备、管道连接、阀门及附件

的设置，应符合下列规定：

1 每台真空泵、真空罐、过滤器间均应设置阀门或止回阀。真空罐应设置备用或安装旁通管；

2 真空罐应设置排污阀，其进气口之前宜设置真空除污罐，并应符合本规范第 5.2 节的有关规定；

3 真空泵与进气、排气管的连接宜采用柔性连接。

4.4.6 医用真空汇的控制系统、监测与报警应符合下列规定：

1 每台真空泵应设置独立的电源开关及控制回路；

2 每台真空泵应能自动逐台投入运行，断电恢复后真空泵应能自动启动；

3 自动切换控制应使得每台真空泵均匀分配运行时间；

4 医用真空汇控制面板应设置每台真空泵运行状态指示及运行时间显示；

5 监测与报警的要求应符合本规范第 7.1 节的规定。

4.4.7 医用真空汇应设置应急备用电源。

4.4.8 液环式真空泵的排水应经污水处理合格后排放，且应符合现行国家标准《医疗机构水污染物排放标准》GB 18466 的有关规定。

Ⅱ 牙科专用真空汇

4.4.9 牙科专用真空汇应独立设置，并应设置汞合金分离装置。

4.4.10 牙科专用真空汇应符合下列规定：

1 牙科专用真空汇应由真空泵、真空罐、止回阀等组成，也可采用粗真空风机机组型式；

2 牙科专用真空汇使用液环真空泵时，应设置水循环系统；

3 牙科专用真空系统不得对牙科设备的供水造成交叉污染。

4.4.11 牙科过滤系统应符合下列规定：

1 进气口应设置过滤网，应能滤除粒径大于1mm 的颗粒；

2 系统设置细菌过滤器时，应符合本规范第5.2 节的有关规定。湿式牙科专用真空系统的细菌过滤器应设置在真空泵的排气口。

4.4.12 牙科专用真空汇排气应符合本规范第 4.4.4条的规定。

4.4.13 牙科专用真空汇控制系统应符合本规范第4.4.6 条的规定。

4.5 麻醉或呼吸废气排放系统

4.5.1 麻醉或呼吸废气排放系统应保证每个末端的设计流量，以及终端组件应用端允许的真空压力损失符合表 4.5.1 的规定。

表 4.5.1 麻醉或呼吸废气排放系统每个末端
设计流量与应用端允许真空压力损失

麻醉或呼吸废气排放系统	设计流量（L/min）	允许真空压力损失（kPa）
高流量排放系统	≤80	1
	≥50	2
低流量排放系统	≤50	1
	≥25	2

4.5.2 麻醉废气排放系统及使用的润滑剂、密封剂，应采用与氧气、氧化亚氮、卤化麻醉剂不发生化学反应的材料。

4.5.3 麻醉或呼吸废气排放机组应符合下列规定：

1 机组在单一故障状态时，系统应能连续工作；

2 机组的真空泵或风机宜为同一种类型；

3 机组应设置备用真空泵或风机，当最大流量的单台真空泵或风机故障时，机组其余部分应仍能满足设计流量；

4 机组应设置防倒流装置。

4.5.4 麻醉或呼吸废气排放机组中设备、管道连接、阀门及附件的设置，应符合下列规定：

1 每台麻醉或呼吸废气排放真空泵应设置阀门或止回阀；

2 麻醉或呼吸废气排放机组的进气管及排气管宜采用柔性连接；

3 麻醉或呼吸废气排放机组进气口应设置阀门。

4.5.5 粗真空风机排放机组中风机的设计运行真空压力宜高于 17.3kPa，且机组不应再用作其他用途。

4.5.6 麻醉或呼吸废气真空机组排气应符合本规范第 4.4.4 条的规定。

4.5.7 大于 0.75kW 的麻醉或呼吸废气真空泵或风机，宜设置在独立的机房内。

4.5.8 引射式排放系统采用医疗空气驱动引射器时，其流量不得对本区域的其余设备正常使用医疗空气产生干扰。

4.5.9 用于引射式排放的独立压缩空气系统，应设置备用压缩机，当最大流量的单台压缩机故障时，其余压缩机应仍能满足设计流量。

4.5.10 用于引射式排放的独立压缩空气系统，在单一故障状态时应能连续工作。

4.6 建筑及构筑物

4.6.1 医用气体气源站房的布置应在医疗卫生机构总体设计中统一规划，其噪声和排放的废气、废水不应对医疗卫生机构及周边环境造成污染。

4.6.2 医用空气供应源站房、医用真空汇泵房、牙科专用真空汇泵房、麻醉废气排放泵房设计，应符合下列规定：

1 机组四周应留有不小于 1m 的维修通道；

2 每台压缩机、干燥机、真空泵、真空风机应根据设备或安装位置的要求采取隔震措施，机房及外部噪声应符合现行国家标准《声环境质量标准》GB 3096 以及医疗工艺对噪声与震动的规定；

3 站房内应采取通风或空调措施，站房内环境温度不应超过相关设备的允许温度。

4.6.3 医用液氧贮罐站的设计应符合下列规定：

1 贮罐站应设置防火围堰，围堰的有效容积不应小于围堰最大液氧贮罐的容积，且高度不应低于 0.9m；

2 医用液氧贮罐和输送设备的液体接口下方周围 5m 范围内地面应为不燃材料，在机动输送设备下方的不燃材料地面不应小于车辆的全长；

3 氧气储罐及医用液氧贮罐本体应设置标识和警示标志，周围应设置安全标识。

4.6.4 医用液氧贮罐与建筑物、构筑物的防火间距，应符合下列规定：

1 医用液氧贮罐与医疗卫生机构外建筑之间的防火间距，应符合现行国家标准《建筑设计防火规范》GB 50016 的有关规定；

2 医疗卫生机构液氧贮罐处的实体围墙高度不应低于 2.5m；当围墙外为道路或开阔地时，贮罐与实体围墙的间距不应小于 1m；围墙外为建筑物、构筑物时，贮罐与实体围墙的间距不应小于 5m；

3 医用液氧贮罐与医疗卫生机构内部建筑物、构筑物之间的防火间距，不应小于表 4.6.4 的规定。

表 4.6.4 医用液氧贮罐与医疗卫生机构内部建筑物、构筑物之间的防火间距（m）

建筑物、构筑物	防火间距
医院内道路	3.0
一、二级建筑物墙壁或突出部分	10.0
三、四级建筑物墙壁或突出部分	15.0
医院变电站	12.0
独立车库、地下车库出入口、排水沟	15.0
公共集会场所、生命支持区域	15.0
燃煤锅炉房	30.0
一般架空电力线	≥1.5 倍电杆高度

注：当面向液氧贮罐的建筑外墙为防火墙时，液氧贮罐与一、二级建筑物墙壁或突出部分的防火间距不应小于 5.0m，与三、四级建筑物墙壁或突出部分的防火间距不应小于 7.5m。

4.6.5 医用分子筛制氧站、医用气体储存库除本规范的规定外，尚应符合现行国家标准《建筑设计防火规范》GB 50016 的有关规定，应布置为独立单层建筑物，其耐火等级不应低于二级，建筑围护结构上的门窗应向外开启，并不得采用木质、塑钢等可燃材料

制作。与其他建筑毗连时，其毗连的墙应为耐火极限不低于 3.0h 且无门、窗、洞的防火墙，站房应至少设置一个直通室外的门。

4.6.6 医用气体汇流排间不应与医用空气压缩机、真空汇或医用分子筛制氧机设置在同一房间内。输送氧气含量超过 23.5% 的医用气体汇流排间，当供气量不超过 60m³/h 时，可设置在耐火等级不低于三级的建筑内，但应靠外墙布置，并采用耐火极限不低于 2.0h 的墙和甲级防火门与建筑物的其他部分隔开。

4.6.7 除医用空气供应源、医用真空汇外，医用气体供应源均不应设置在地下空间或半地下空间。

4.6.8 医用气体的储存应设置专用库房，并应符合下列规定：

1 医用气体储存库不应布置在地下空间或半地下空间，储存库内不得有地沟、暗道，库房内应设置良好的通风、干燥措施；

2 库内气瓶应按品种各自分实瓶区、空瓶区布置，并应设置明显的区域标记和防倾倒措施；

3 瓶库内应防止阳光直射，严禁明火。

4.6.9 医用空气供应源、医用真空汇、医用分子筛制氧源，应设置独立的配电柜与电网连接。

4.6.10 氧化性医用气体储存间的电气设计，应符合现行国家标准《爆炸和火灾危险环境电力装置设计规范》GB 50058 的有关规定。

4.6.11 医用气源站内管道应按现行行业标准《民用建筑电气设计规范》JGJ 16 的有关规定进行接地，接地电阻应小于 10Ω。

4.6.12 医用气源站、医用气体储存库的防雷，应符合现行国家标准《建筑物防雷设计规范》GB 50057 的有关规定。医用液氧贮罐站应设置防雷接地，冲击接地电阻值不应大于 30Ω。

4.6.13 输送氧气含量超过 23.5% 的医用气体供应源的给排水、采暖通风、照明、电气的要求，均应符合现行国家标准《氧气站设计规范》GB 50030 的有关规定，并应符合下列规定：

1 汇流排间内气体贮量不宜超过 24h 用气量；

2 汇流排间应防止阳光直射，地坪应平整、耐磨、防滑、受撞击不产生火花，并应有防止瓶倒的设施。

4.6.14 医用气体气源站、医用气体储存库的房间内宜设置相应气体浓度报警装置。房间换气次数不应少于 8 次/h，或平时换气次数不应少于 3 次/h，事故状况时不应少于 12 次/h。

5 医用气体管道与附件

5.1 一 般 规 定

5.1.1 敷设压缩医用气体管道的场所，其环境温度

应始终高于管道内气体的露点温度5℃以上，因寒冷气候可能使医用气体析出凝结水的管道部分应采取保温措施。医用真空管道坡度不得小于0.002。

5.1.2 医用氧气、氮气、二氧化碳、氧化亚氮及其混合气体管道的敷设处应通风良好，且管道不宜穿过医护人员的生活、办公区，必须穿越的部位，管道上不应设置法兰及阀门。

5.1.3 生命支持区域的医用气体管道宜从医用气源处单独接出。

5.1.4 建筑物内的医用气体管道宜敷设在专用管井内，且不应与可燃、腐蚀性的气体或液体、蒸汽、电气、空调风管等共用管井。

5.1.5 室内医用气体管道宜明敷，表面应有保护措施。局部需要暗敷时应设置在专用槽板或沟槽内，沟槽的底部应与医用供应装置或大气相通。

5.1.6 医用气体管道穿墙、楼板以及建筑物基础时，应设套管，穿楼板的套管应高出地板面至少50mm。且套管内医用气体管道不得有焊缝，套管与医用气体管道之间应采用不燃材料填实。

5.1.7 医疗房间内的医用气体管道应作等电位接地；医用气体的汇流排、切换装置、各减压出口、安全放散口和输送管道，均应作防静电接地；医用气体管道接地间距不应超过80m，且不应少于一处，室外埋地医用气体管道两端应有接地点，除采用等电位接地外宜为独立接地，其接地电阻不应大于10Ω。

5.1.8 医用气体输送管道的安装支架应采用不燃烧材料制作并经防腐处理，管道与支吊架的接触处应作绝缘处理。

5.1.9 架空敷设的医用气体管道，水平直管道支吊架的最大间距应符合表5.1.9的规定；垂直管道限位移支架的间距应为表5.1.9中数据的1.2倍～1.5倍，每层楼板处应设置一处。

表 5.1.9　医用气体水平直管道支吊架最大间距

公称直径 DN(mm)	10	15	20	25	32	40	50	65	80	100	125	≥150
铜管最大间距(m)	1.5	1.5	2.0	2.0	2.5	2.5	2.5	3.0	3.0	3.0	3.0	3.0
不锈钢管最大间距(m)	1.7	2.2	2.8	3.2	3.7	4.2	5.0	6.0	6.7	7.7	8.9	10.0

注：表中不锈钢管间距按表5.2.3的壁厚规定；DN8管道水平支架间距小于等于1.0m。

5.1.10 架空敷设的医用气体管道之间的距离应符合下列规定：

　　1 医用气体管道之间、管道与附件外缘之间的距离，不应小于25mm，且应满足维护要求；

　　2 医用气体管道与其他管道之间的最小间距应符合表5.1.10规定。无法满足时应采取适当隔离措施。

表 5.1.10　架空医用气体管道与其他管道之间的最小间距（m）

名　　称	与氧气管道净距		与其他医用气体管道净距	
	并行	交叉	并行	交叉
给水、排水管，不燃气体管	0.15	0.10	0.15	0.10
保温热力管	0.25	0.15	0.15	0.10
燃气管、燃油管	0.50	0.25	0.50	0.10
裸导线	1.50	1.00	1.50	1.00
绝缘导线或电缆	0.50	0.30	0.50	0.30
穿有导线的电缆管	0.50	0.10	0.50	0.10

5.1.11 埋地敷设的医用气体管道与建筑物、构筑物等及其地下管线之间的最小间距，均应符合现行国家标准《氧气站设计规范》GB 50030有关地下敷设氧气管道的间距规定。

5.1.12 埋地或地沟内的医用气体管道不得采用法兰或螺纹连接，并应加强绝缘防腐处理。

5.1.13 埋地敷设的医用气体管道深度不应小于当地冻土层厚度，且管顶距地面不宜小于0.7m。当埋地管道穿越道路或其他情况时，应加设防护套管。

5.1.14 医用气体阀门的设置应符合下列规定：

　　1 生命支持区域的每间手术室、麻醉诱导和复苏室，以及每个重症监护区域外的每种医用气体管道上，应设置区域阀门；

　　2 医用气体主干管道上不得采用电动或气动阀门，大于DN25的医用氧气管道阀门不得采用快开阀门；除区域阀门外的所有阀门，应设置在专门管理区域或采用带锁柄的阀门；

　　3 医用气体管道系统预留端应设置阀门并封堵管道末端。

5.1.15 医用气体区域阀门的设置应符合下列规定：

　　1 区域阀门与其控制的医用气体末端设施应在同一楼层，并应有防火墙或防火隔断隔离；

　　2 区域阀门使用侧宜设置压力表且安装在带保护的阀门箱内，并应能满足紧急情况下操作阀门需要。

5.1.16 医用氧气管道不应使用折皱弯头。

5.1.17 医用真空除污罐应设置在医用真空管段的最低点或缓冲罐入口侧，并应有旁路或备用。

5.1.18 除牙科的湿式系统外，医用气体细菌过滤器不应设置在真空泵排气端。

5.1.19 医用气体管道的设计使用年限不应小于30年。

5.2　管材与附件

5.2.1 除设计真空压力低于**27kPa**的真空管道外，医用气体的管材均应采用无缝铜管或无缝不锈钢管。

5.2.2 输送医用气体用无缝铜管材料与规格，应符合现行行业标准《医用气体和真空用无缝铜管》YS/T 650的有关规定。

5.2.3 输送医用气体用无缝不锈钢管除应符合现行国家标准《流体输送用不锈钢无缝钢管》GB/T 14976的有关规定，并应符合下列规定：

1 材质性能不应低于0Cr18Ni9奥氏体，管材规格应符合现行国家标准《无缝钢管尺寸、外形、重量及允许偏差》GB/T 17395的有关规定；

2 无缝不锈钢管壁厚应经强度与寿命计算确定，且最小壁厚宜符合表5.2.3的规定。

表5.2.3 医用气体用无缝不锈钢管的最小壁厚（mm）

公称直径 DN	8～10	15～25	32～50	65～125	150～200
管材最小壁厚	1.5	2.0	2.5	3.0	3.5

5.2.4 医用气体系统用铜管件应符合现行国家标准《铜管接头 第1部分：钎焊式管件》GB/T 11618.1的有关规定；不锈钢管件应符合现行国家标准《钢制对焊无缝管件》GB/T 12459的有关规定。

5.2.5 医用气体管材及附件的脱脂应符合下列规定：

1 所有压缩医用气体管材及附件均应严格进行脱脂；

2 无缝铜管、铜管件脱脂标准与方法，应符合现行行业标准《医用气体和真空用无缝铜管》YS/T 650的有关规定；

3 无缝不锈钢管、管件和医用气体低压软管洁净度应达到内表面碳的残留量不超过20mg/m²，并应无毒性残留；

4 管材应在交货前完成脱脂清洗及惰性气体吹扫后封堵的工序；

5 医用真空管材及附件宜进行脱脂处理。

5.2.6 医用气体管材应具有明确的标记，标记应至少包含制造商名称或注册商标、产品类型、规格，以及可溯源的批次号或生产日期。

5.2.7 医用气体管道成品弯头的半径不应小于管道外径，机械弯管或煨弯弯头的半径不应小于管道外径的3倍～5倍。

5.2.8 医用气体管道阀门应使用铜或不锈钢材质的等通径阀门，需要焊接连接的阀门两端应带有预制的连接用短管。

5.2.9 与医用气体接触的阀门、密封元件、过滤器等管道或附件，其材料与相应的气体不得产生有火灾危险、毒性或腐蚀性危害的物质。

5.2.10 医用气体管道法兰应与管道为同类材料。管道法兰垫片宜采用金属材质。

5.2.11 医用气体减压阀应采用经过脱脂处理的铜或不锈钢材质减压阀，并应符合现行国家标准《减压阀 一般要求》GB/T 12244的有关规定。

5.2.12 医用气体安全阀应采用经过脱脂处理的铜或不锈钢材质的密闭型全启式安全阀，并应符合现行行业标准《安全阀安全技术监察规程》TSG ZF001的有关规定。

5.2.13 医用气体压力表精度不宜低于1.5级，其最大量程宜为最高工作压力的1.5倍～2.0倍。

5.2.14 医用气体减压装置应为包含安全阀的双路型式，每一路均应满足最大流量及安全泄放需要。

5.2.15 医用真空除污罐的设计压力应取100kPa。除污罐应有液位指示，并应能通过简单操作排除内部积液。

5.2.16 医用气体细菌过滤器应符合下列规定：

1 过滤精度应为0.01μm～0.2μm，效率应达到99.995%；

2 应设置备用细菌过滤器，每组细菌过滤器均应能满足设计流量要求；

3 医用气体细菌过滤器处应采取滤芯性能监视措施。

5.2.17 压缩医用气体阀门、终端组件等管道附件应经过脱脂处理，医用气体通过的有效内表面洁净度应符合下列规定：

1 颗粒物的大小不应超过50μm；

2 工作压力不高于3MPa的管道附件碳氢化合物含量不应超过550mg/m²，工作压力高于3MPa的管道附件碳氢化合物含量不应超过220mg/m²。

5.3 颜色和标识

Ⅰ 一般规定

5.3.1 医用气体管道、终端组件、软管组件、压力指示仪表等附件，均应有耐久、清晰、易识别的标识。

5.3.2 医用气体管道及附件标识的方法应为金属标记、模版印刷、盖印或黏着性标志。

5.3.3 医用气体管道及附件的颜色和标识代号应符合表5.3.3的规定。

表5.3.3 医用气体管道及附件的颜色和标识代号

医用气体名称	代号		颜色规定	颜色编号
	中文	英文		
医疗空气	医疗空气	Med Air	黑色—白色	—
器械空气	器械空气	Air 800	黑色—白色	—
牙科空气	牙科空气	Dent Air	黑色—白色	—
医用合成空气	合成空气	Syn Air	黑色—白色	—
医用真空	医用真空	Vac	黄色	Y07
牙科专用真空	牙科真空	Dent Vac	黄色	Y07
医用氧气	医用氧气	O₂	白色	—
医用氮气	氮气	N₂	黑色	PB11

续表 5.3.3

医用气体名称	代号		颜色规定	颜色编号
	中文	英文		
医用二氧化碳	二氧化碳	CO_2	灰色	B03
医用氧化亚氮	氧化亚氮	N_2O	蓝色	PB06
医用氧气/氧化亚氮混合气体	氧/氧化亚氮	O_2/N_2O	白色－蓝色	－PB06
医用氧气/二氧化碳混合气体	氧/二氧化碳	O_2/CO_2	白色－灰色	－B03
医用氦气/氧气混合气体	氦气/氧气	He/O_2	棕色－白色	YR05
麻醉废气排放	麻醉废气	AGSS	朱紫色	R02
呼吸废气排放	呼吸废气	AGSS	朱紫色	R02

注：表中规定为两种颜色时，系在标识范围内以中部为分隔左右分布。

5.3.4 任何采用颜色标识的圈套、色带圈或夹箍，颜色均应覆盖到其全周长。

Ⅱ 颜色和标识的设置规定

5.3.5 医用气体管道标识应至少包含气体的中文名称或代号、气体的颜色标记、指示气流方向的箭头。压缩医用气体管道的运行压力不符合本规范表 3.0.2 和表 3.0.3 的规定时，管道上的标识还应包含气体的运行压力。

5.3.6 医用气体管道标识长度不应小于 40mm，标识的设置应符合下列规定：

1 标识应沿管道的纵向轴以间距不超过 10m 的间隔连续设置；

2 任一房间内的管道应至少设置一个标识，管道穿越的隔墙或隔断的两侧均应有标识，立管穿越的每一层应至少设置一个标识。

5.3.7 医用气体管道外表面除本规范规定的标识外，不应有其他涂覆层。

5.3.8 医用气体的输入、输出口处标识，应包含气体代号、压力及气流方向的箭头。

5.3.9 阀门的标识应符合下列规定：

1 应有气体的中文名称或代号、阀门所服务的区域或房间的名称，压缩医用气体管道的运行压力不符合本规范表 3.0.2 和表 3.0.3 的规定时，阀门上的标识还应包含气体运行压力；

2 应有明确的当前开、闭状态指示以及开关旋向指示；

3 应标明注意事项及警示语。

5.3.10 医用气体终端组件及气体插头的外表面，应按表 5.3.3 的规定设置耐久和清晰的颜色及中文名称或代号，终端组件上无中文名称或代号时，应在其安装位置附近另行设置中文名称或代号。

5.3.11 除医疗器械内的软管组件外，其他低压软管组件的标识应符合下列规定：

1 所有管接头/套管和夹箍上应至少标识气体的中文名称或代号；

2 软管的两端应贴有带颜色标记的条带，使用色带条时，色带应设置在靠近软管的连接处，且色带宽度不应小于 25mm；

3 软管的端口应盖有带颜色标记的封闭端盖。

5.3.12 医用气体报警装置应有明确的监测内容及监测区域的中文标识。

5.3.13 医用气体计量表应有明确的计量区域的中文标识。

5.3.14 医用气体终端组件外部有遮盖物时，应设置明确的文字指示标识。

5.3.15 医用气体标识的中文字高不应小于 3.5mm，英文字高不应小于 2.5mm。其中管道上的标识文字高度不应小于 6mm。

5.3.16 埋地医用气体管道上方 0.3m 处宜设置开挖警示色带。

6 医用气体供应末端设施

6.0.1 医用气体的终端组件、低压软管组件和供应装置的安全性能，应符合现行行业标准《医用气体管道系统终端 第 1 部分：用于压缩医用气体和真空的终端》YY 0801.1、《医用气体管道系统终端 第 2 部分：用于麻醉气体净化系统的终端》YY 0801.2、《医用气体低压软管组件》YY/T 0799，以及本规范附录 D 的规定，与医用气体接触或可能接触的部分应经脱脂处理，并应符合本规范第 5.2 节的有关规定。

6.0.2 医用气体的终端组件、低压软管组件和供应装置的颜色与标识，应符合本规范第 5.3 节的有关规定。

6.0.3 医疗建筑内宜采用同一制式规格的医用气体终端组件。

6.0.4 医用气体终端组件的安装高度距地面应为 900mm～1600mm，终端组件中心与侧墙或隔断的距离不应小于 200mm。横排布置的终端组件，宜按相邻的中心距为 80mm～150mm 等距离布置。

6.0.5 医用供应装置的安装应符合下列规定：

1 装置内不可活动的气体供应部件与医用气体管道的连接宜采用无缝铜管，且不得使用软管及低压软管组件；

2 装置的外部电气部件不应采用带开关的电源插座，也不应安装能触及的主控开关或熔断器；

3 装置上的等电位接地端子应通过导线单独连接到病房的辅助等电位接地端子上；

4 装置安装后不得存在可能造成人员伤害或设

备损伤的粗糙表面、尖角或锐边；

5 条带型式的医用供应装置中心线的安装高度距地面宜为 1350mm～1450mm，悬梁型式的医用供应装置底面的安装高度距地面宜为 1600mm～2000mm；

6 医用供应装置或其中的移动部件距地面高度最小时，安装在其中的终端组件高度应符合本规范第 6.0.4 条的规定；

7 医用供应装置安装后，应能在环境温度为 10℃～40℃、相对湿度为 30%～75%、大气压力为 70kPa～106kPa、额定电压为 220V±10% 的条件中正常运行。

6.0.6 横排布置真空终端组件邻近处的真空瓶支架，宜设置在真空终端组件离病人较远一侧。

7 医用气体系统监测报警

7.1 医用气体系统报警

7.1.1 医用气体系统报警应符合下列规定：

1 除设置在医用气源设备上的就地报警外，每一个监测采样点均应有独立的报警显示，并应持续直至故障解除；

2 声响报警应无条件启动，1m 处的声压级不应低于 55dBA，并应有暂时静音功能；

3 视觉报警应能在距离 4m、视角小于 30° 和 100 lx 的照度下清楚辨别；

4 报警器应具有报警指示灯故障测试功能及断电恢复自启动功能。报警传感器回路断路时应能报警；

5 每个报警器均应有标识，并应符合本规范第 5.3.12 条的规定；

6 气源报警及区域报警的供电电源应设置应急备用电源。

7.1.2 气源报警应具备下列功能：

1 医用液体储罐中气体供应量低时应启动报警；

2 汇流排钢瓶切换时应启动报警；

3 医用气体供应源或汇切换至应急备用气源时应启动报警；

4 应急备用气源储备量低时应启动报警；

5 压缩医用气体供气源压力超出允许压力上限和额定压力欠压 15% 时，应启动超、欠压报警；真空汇压力低于 48kPa 时，应启动欠压报警；

6 气源报警器应对每一个气源设备至少设置一个故障报警显示，任何一个就地报警启动时，气源报警器上应同时显示相应设备的故障指示。

7.1.3 气源报警的设置应符合下列规定：

1 应设置在可 24h 监控的区域，位于不同区域的气源设备应设置各自独立的气源报警器；

2 同一气源报警的多个报警器均应各自单独连接到监测采样点，其报警信号需要通过继电器连接时，继电器的控制电源不应与气源报警装置共用电源；

3 气源报警采用计算机系统时，系统应有信号接口部件的故障显示功能，计算机应能连续不间断工作，且不得用于其他用途。所有传感器信号均应直接连接至计算机系统。

7.1.4 区域报警用于监测某病人区域医用气体管路系统的压力，应符合下列规定：

1 应设置压缩医用气体工作压力超出额定压力 ±20% 时的超压、欠压报警以及真空系统压力低于 37kPa 时的欠压报警；

2 区域报警器宜设置医用气体压力显示，每间手术室宜设置视觉报警；

3 区域报警器应设置在护士站或有其他人员监视的区域。

7.1.5 就地报警应具备下列功能：

1 当医用空气供应源、医用真空汇、麻醉废气排放真空机组中的主供应压缩机、真空泵故障停机时，应启动故障报警；当备用压缩机、真空泵投入运行时，应启动备用运行报警；

2 医疗空气供应源应设置一氧化碳浓度报警，当一氧化碳浓度超标时应启动报警；

3 液环压缩机应具有内部水分离器高水位报警功能。采用液环式或水冷式压缩机的空气系统中，储气罐应设置内部液位高位置报警；

4 当医疗空气常压露点达到 −20℃、器械空气常压露点超过 −30℃，且牙科空气常压露点超过 −18.2℃ 时，应启动报警；

5 医用分子筛制氧机的空气压缩机、分子筛吸附塔，应分别设置故障停机报警；

6 医用分子筛制氧机应设置一氧化碳浓度超限报警，氧浓度低于规定值时，应启动氧气浓度低限报警及应急备用气源运行报警。

7.2 医用气体计量

7.2.1 医疗卫生机构应根据自身的需求，在必要时设置医用气体系统计量仪表。

7.2.2 医用气体计量仪表应根据医用气体的种类、工作压力、温度、流量和允许压力降等条件进行选择。

7.2.3 医用气体计量仪表应设置在不燃或难燃结构上，且便于巡视、检修的场所，严禁安装在易燃易爆、易腐蚀的位置，或有放射性危险、潮湿和环境温度高于 45℃ 以及可能泄漏并滞留医用气体的隐蔽部位。

7.2.4 医用氧气源计量仪表应具有实时、累计计量功能，并宜具有数据传输功能。

7.3 医用气体系统集中监测与报警

7.3.1 医用气体系统宜设置集中监测与报警系统。

7.3.2 医用气体系统集中监测与报警的内容，应包括并符合本规范第7.1.2条～第7.1.4条的规定。

7.3.3 监测系统的电路和接口设计应具有高可靠性、通用性、兼容性和可扩展性。关键部件或设备应有冗余。

7.3.4 监测系统软件应设置系统自身诊断及数据冗余功能。

7.3.5 中央监测管理系统应能与现场测量仪表以相同的精度同步记录各子系统连续运行的参数、设备状态等。

7.3.6 监测系统的应用软件宜配备实时瞬态模拟软件，可进行存量分析和用气量预测等。

7.3.7 集中监测管理系统应有参数超限报警、事故报警及报警记录功能，宜有系统或设备故障诊断功能。

7.3.8 集中监测管理系统应能以不同方式显示各子系统运行参数和设备状态的当前值与历史值，并应能连续记录储存不少于一年的运行参数。中央监测管理系统宜兼有信息管理（MIS）功能。

7.3.9 监测及数据采集系统的主机应设置不间断电源。

7.4 医用气体传感器

7.4.1 医用气体传感器的测量范围和精度应与二次仪表匹配，并应高于工艺要求的控制和测量精度。

7.4.2 医用气体露点传感器精度漂移应小于 $1℃$/年。一氧化碳传感器在浓度为 $10×10^{-6}$ 时，误差不应超过 $2×10^{-6}$。

7.4.3 压力或压差传感器的工作范围应大于监测采样点可能出现的最大压力或压差的1.5倍，量程宜为该点正常值变化范围的1.2倍～1.3倍。流量传感器的工作范围宜为系统最大工作流量的1.2倍～1.3倍。

7.4.4 气源报警压力传感器应安装在管路总阀门的使用侧。

7.4.5 区域报警传感器应设置维修阀门，区域报警传感器不宜使用电接点压力表。除手术室、麻醉室外，区域报警传感器应设置在区域阀门使用侧的管道上。

7.4.6 独立供电的传感器应设置应急备用电源。

8 医用氧舱气体供应

8.1 一般规定

8.1.1 医用氧舱舱内气体供应参数，应符合现行国家标准《医用氧气加压舱》GB/T 19284和《医用空气加压氧舱》GB/T 12130的有关规定。

8.1.2 医用氧舱气体供应系统的管道及其附件均应符合本规范第5章的有关规定。

8.2 医用空气供应

8.2.1 医用空气加压氧舱的医用空气品质应符合本规范表3.0.1有关医疗空气的规定。

8.2.2 医用空气加压氧舱的医用空气气源与管道系统，均应独立于医疗卫生机构集中供应的医用气体系统。

8.2.3 医用空气加压氧舱的医用空气气源应符合本规范第4.1.1条～第4.1.7条的规定，但可不设备用压缩机与备用后处理系统。

8.2.4 多人医用空气加压氧舱的空压机配置不应少于2台。

8.3 医用氧气供应

8.3.1 供应医用氧舱的氧气应符合医用氧气的品质要求。

8.3.2 医用氧舱与其他医疗用氧共用氧气源时，氧气源应能同时保证医用用氧的供应参数。

8.3.3 除液氧供应方式外，医用氧气加压舱的医用氧气源应为独立气源，医用空气加压氧舱氧气源宜为独立气源。

8.3.4 医用氧舱氧气源减压装置、供应管道，均应独立于医疗卫生机构集中供应的医用气体系统；医用氧气加压舱与其他医疗用氧共用液氧气源时，应设置专用的汽化器。

8.3.5 医用空气加压氧舱的供氧压力应高于工作舱压力 0.4MPa～0.7MPa，当舱内满员且同时吸氧时，供氧压降不应大于 0.1MPa。

8.3.6 医用氧舱供氧主管道的医用氧气阀门不应使用快开式阀门。

8.3.7 医用氧舱排氧管道应接至室外，排氧口应高于地面3m以上并远离明火或火花散发处。

9 医用气体系统设计

9.1 一般规定

9.1.1 医用气体系统的设计，包括末端设施的设置方案，应根据当地气源供应状况、医疗建筑的建设与规划以及医疗需求，经充分调研、论证后确定。

9.1.2 医用气体管道的设计压力，应符合现行国家标准《压力管道规范 工业管道 第3部分：设计和计算》GB/T 20801.3的有关规定。医用真空管道设计压力应为 0.1MPa。

9.1.3 医用气体管道的压力分级应符合表9.1.3的规定。

表 9.1.3　医用气体管道的压力分级

级别名称	压力 p（MPa）	使用场所
真空管道	0＜p＜0.1（绝对压力）	医用真空、麻醉或呼吸废气排放管道等
低压管道	0≤p≤1.6	压缩医用气体管道、医用焊接绝热气瓶汇流排管道等
中压管道	1.6＜p＜10	医用氧化亚氮汇流排、医用氧化亚氮/氧汇流排、医用二氧化碳汇流排管道等
高压管道	p≥10	医用氧气汇流排、医用氮气汇流排、医用氮/氧汇流排管道等

9.1.4 医用气体系统末端的设计流量应符合本规范第3.0.2条的规定，并应满足特殊部门及用气设备的峰值用气量需求。

9.1.5 医用气体管路系统在末端设计压力、流量下的压力损失，应符合表9.1.5的规定。

表 9.1.5　医用气体管路系统在末端设计压力、流量下的压力损失（kPa）

气体种类	设计流量下的末端压力	气源或中间压力控制装置出口压力	设计允许压力损失
医用氧气、医疗空气、氧化亚氮、二氧化碳	400～500	400～500	50
与医用氧在使用处混合的医用气体	310～390	360～450	50
器械空气、氮气	700～1000	750～1000	50～200
医用真空	40～87（真空压力）	60～87（真空压力）	13～20（真空压力）

注：医用真空汇内真空压力允许超过87kPa。

9.1.6 麻醉或呼吸废气排放系统每个末端的设计流量，以及终端组件应用端允许的真空压力损失，应符合表9.1.6的规定。

表 9.1.6　麻醉或呼吸废气排放系统每个末端设计流量与应用端允许真空压力损失

麻醉或呼吸废气排放系统	设计流量（L/min）	允许真空压力损失（kPa）
高流量排放系统	≤80	1
	≥50	2
低流量排放系统	≤50	1
	≥25	2

9.2　气体流量计算与规定

9.2.1 医用气体系统气源的计算流量可按下式计算：

$$Q = \sum [Q_a + Q_b(n-1)\eta] \qquad (9.2.1)$$

式中：Q——气源计算流量（L/min）；

　　Q_a——终端处额定流量（L/min），按本规范附录B取值；

　　Q_b——终端处计算平均流量（L/min），按本规范附录B取值；

　　n——床位或计算单元的数量；

　　η——同时使用系数，按本规范附录B取值。

9.2.2 医用空气气源设备、医用真空、麻醉废气排放系统设备选型时，应进行进气及海拔高度修正。

9.2.3 医用氧舱的耗氧量可按表9.2.3的规定计算。

表 9.2.3　医用氧舱的耗氧量

含氧空气与循环	完整治疗所需最长时间（h）	完整治疗时间耗氧量（L）	治疗时间外耗氧量（L/min）
开环系统	2	30000	250
循环系统	2	7250	40
通过呼吸面罩供氧	2	1200	10
通过内置呼吸罩供氧	2	7250	60

9.2.4 医用氧气加压舱的氧气供应系统，应能以30kPa/min的升压速率加压氧舱至最高工作压力连续至少两次。

9.2.5 医用空气加压氧舱的医疗空气供应系统，应满足氧舱各舱室10kPa/min的升压速率需求。

10　医用气体工程施工

10.1　一般规定

10.1.1 医用气体安装工程开工前应具备下列条件：

　　1 施工企业、施工人员应具备相关资质证明与执业证书；

　　2 已批准的施工图设计文件；

　　3 压力管道与设备已按有关要求报建；

　　4 施工材料及现场水、电、土建设施配合准备齐全。

10.1.2 医用气体器材设备安装前应开箱检查，产品合格证应与设备编号一致，配套附件文件应与装箱清单一致，设备应完整，应无机械损伤、碰伤，表面处理层应完好无锈蚀，保护盖应齐全。

10.1.3 医用气体管材及附件在使用前应按产品标准进行外观检查，并应符合下列规定：

　　1 所有管材端口密封包装应完好，阀门、附件包装应无破损；

2 管材应无外观制造缺陷，应保持圆滑、平直，不得有局部凹陷、碰伤、压扁等缺陷；高压气体、低温液体管材不应有划伤压痕；

3 阀门密封面应完整，无伤痕、毛刺等缺陷；法兰密封面应平整光洁，不得有毛刺及径向沟槽；

4 非金属垫片应保持质地柔韧，应无老化及分层现象，表面应无折损及皱纹；

5 管材及附件应无锈蚀现象。

10.1.4 焊接医用气体铜管及不锈钢管材时，均应在管材内部使用惰性气体保护，并应符合下列规定：

1 焊接保护气体可使用氮气或氩气，不应使用二氧化碳气体；

2 应在未焊接的管道端口内部供应惰性气体，未焊接的邻近管道不应被加热而氧化；

3 焊接施工现场应保持空气流通或单独供应呼吸气体；

4 现场应记录气瓶数量，并应采取防止与医用气体气瓶混淆的措施。

10.1.5 输送氧气含量超过23.5%的管道与设备施工时，严禁使用油膏。

10.1.6 医用气体报警装置在接入前应先进行报警自测试。

10.2 医用气体管道安装

10.2.1 所有压缩医用气体管材、组成件进入工地前均应已脱脂，不锈钢管材、组成件应经酸洗钝化、清洗干净并封装完毕，并应达到本规范第5.2节的规定。未脱脂的管材、附件及组成件应作明确的区分标记，并应采取防止与已脱脂管材混淆的措施。

10.2.2 医用气体管材切割加工应符合下列规定：

1 管材应使用机械方法或等离子切割下料，不应使用冲模扩孔，也不应使用高温火焰切割或打孔；

2 管材的切口应与管轴线垂直，端面倾斜偏差不得大于管道外径的1%，且不应超过1mm；切口表面应处理平整，并应无裂纹、毛刺、凸凹、缩口等缺陷；

3 管材的坡口加工宜采用机械方法。坡口及其内外表面应进行清理；

4 管材下料时严禁使用油脂或润滑剂。

10.2.3 医用气体管材现场弯曲加工应符合下列规定：

1 应在冷状态下采用机械方法加工，不应采用加热方式制作；

2 弯管不得有裂纹、折皱、分层等缺陷；弯管任一截面上的最大外径与最小外径差与管材名义外径相比较时，用于高压的弯管不应超过5%，用于中低压的弯管不应超过8%；

3 高压管材弯曲半径不应小于管外径5倍，其余管材弯曲半径不应小于管外径3倍。

10.2.4 管道组成件的预制应符合现行国家标准《工业金属管道工程施工规范》GB 50235的有关规定。

10.2.5 医用气体铜管道之间、管道与附件之间的焊接连接均应为硬钎焊，并应符合下列规定：

1 铜钎焊施工前应经过焊接质量工艺评定及人员培训；

2 直管段、分支管道焊接均应使用管件承插焊接；承插深度与间隙应符合现行国家标准《铜管接头 第1部分：钎焊式管件》GB 11618.1的有关规定；

3 铜管焊接使用的钎料应符合现行国家标准《铜基钎料》GB/T 6418和《银钎料》GB/T 10046的有关规定，并宜使用含银钎料；

4 现场焊接的铜阀门，其两端应已包含预制连接短管；

5 铜波纹膨胀节安装时，其直管长度不得小于100mm，允许偏差为±10mm。

10.2.6 不锈钢管道及附件的现场焊接应采用氩弧焊或等离子焊，并应符合下列规定：

1 不锈钢管道分支连接时应使用管件焊接。承插焊接时承插深度不应小于管壁厚的4倍；

2 管道对接焊口的组对内壁应齐平，错边量不得超过壁厚的20%。除设计要求的管道预拉伸或压缩焊口外不得强行组对；

3 焊接后的不锈钢管焊缝外表面应进行酸洗钝化。

10.2.7 不锈钢管道焊缝质量应符合下列规定：

1 不锈钢管焊缝不应有气孔、钨极杂质、夹渣、缩孔、咬边；凹陷不应超过0.2mm，凸出不应超过1mm；焊缝反面应允许有少量焊漏，但应保证管道流通面积；

2 不锈钢管对焊焊缝加强高度不应小于0.1mm，角焊焊缝的焊角尺寸应为3mm～6mm，承插接焊缝高度应与外管表面齐平或高出外管1mm；

3 直径大于20mm的管道对接焊缝应焊透，直径不超过20mm的管道对接焊缝和角焊缝未焊透深度不得大于材料厚度的40%。

10.2.8 医用气体管道焊缝位置应符合下列规定：

1 直管段上两条焊缝的中心距离不应小于管材外径的1.5倍；

2 焊缝与弯管起点的距离不得小于管材外径，且不宜小于100mm；

3 环焊缝距支、吊架净距不应小于50mm；

4 不应在管道焊缝及其边缘上开孔。

10.2.9 医用气体管道与经过防火或缓燃处理的木材接触时，应防止管道腐蚀；当采用非金属材料隔离时，应防止隔离物收缩时脱落。

10.2.10 医用气体管道支吊架的材料应有足够的强度与刚度，现场制作的支架应除锈并涂二道以上防锈漆。医用气体管道与支架间应有绝缘隔离措施。

10.2.11 医用气体阀门安装时应核对型号及介质流向标记。公称直径大于 80mm 的医用气体管道阀门宜设置专用支架。

10.2.12 医用气体管道的接地或跨接导线应有与管道相同材料的金属板与管道进行连接过渡。

10.2.13 医用气体管道焊接完成后应采取保护措施，防止脏物污染，并应保持到全系统调试完成。

10.2.14 医用气体管道现场焊接的洁净度检查应符合下列规定：

1 现场焊缝接头抽检率应为 0.5%，各系统焊缝抽检数量不应少于 10 条；

2 抽样焊缝应沿纵向切开检查，管道及焊缝内部应清洁，无氧化物、特殊化合物和其他杂质残留。

10.2.15 医用气体管道焊缝的无损检测应符合下列规定：

1 熔化焊焊缝射线照相的质量评定标准，应符合现行国家标准《金属熔化焊焊接接头射线照相》GB/T 3323 的有关规定；

2 高压医用气体管道、中压不锈钢材质氧气、氧化亚氮气体管道和−29℃以下低温管道的焊缝，应进行 100% 的射线照相检测，其质量不得低于Ⅱ级，角焊焊缝应为Ⅲ级；

3 中压医用气体管道和低压不锈钢材质医用氧气、医用氧化亚氮、医用二氧化碳、医用氮气管道，以及壁厚不超过 2.0mm 的不锈钢材质低压医用气体管道，应进行 10% 的射线照相检测，其质量不得低于Ⅲ级；

4 焊缝射线照相合格率应为 100%，每条焊缝补焊不应超过 2 次。当射线照相合格率低于 80% 时，除返修不合格焊缝外，还应按原射线照相比例增加检测。

10.2.16 医用气体减压装置应进行减压性能检查，应将减压装置出口压力设定为额定压力，在终端使用流量为零的状态下，应分别检查减压装置每一减压支路的静压特性 24h，其出口压力均不得超出设定压力 15%，且不得高于额定压力上限。

10.2.17 医用气体管道应分段、分区以及全系统作压力试验及泄漏性试验。

10.2.18 医用气体管道压力试验应符合下列规定：

1 高压、中压医用气体管道应做液压试验，试验压力应为管道设计压力的 1.5 倍，试验结束应立即吹除管道残余液体；

2 液压试验介质可采用洁净水，不锈钢管道或设备试验用水的氯离子含量不得超过 25×10^{-6}；

3 低压医用气体管道、医用真空管道应做气压试验，试验介质应采用洁净的空气或干燥、无油的氮气；

4 低压医用气体管道试验压力应为管道设计压力的 1.15 倍，医用真空管道试验压力应为 0.2MPa；

5 医用气体管道压力试验应维持试验压力至少 10min，管道应无泄漏、外观无变形为合格。

10.2.19 医用气体管道应进行 24h 泄漏性试验，并应符合下列规定：

1 压缩医用气体管道试验压力应为管道的设计压力，真空管道试验压力应为真空压力 70kPa；

2 小时泄漏率应按下式计算：

$$A = \left[1 - \frac{(273 + t_1)}{(273 + t_2)} \frac{P_2}{P_1} \right] \times \frac{100}{24} \quad (10.2.19)$$

式中：A——小时泄漏率（真空为增压率）（%）；

P_1——试验开始时的绝对压力（MPa）；

P_2——试验终了时的绝对压力（MPa）；

t_1——试验开始时的温度（℃）；

t_2——试验终了时的温度（℃）。

3 医用气体管道在未接入终端组件时的泄漏性试验，小时泄漏率不应超过 0.05%；

4 压缩医用气体管道接入供应末端设施后的泄漏性试验，小时泄漏率应符合下列规定：

1）不超过 200 床位的系统应小于 0.5%；

2）800 床位以上的系统应小于 0.2%；

3）200 床位～800 床位的系统不应超过按内插法计算得出的数值；

5 医用真空管道接入供应末端设施后的泄漏性试验，小时泄漏率应符合下列规定：

1）不超过 200 床位的系统应小于 1.8%；

2）800 床位以上的系统应小于 0.5%；

3）200 床位～800 床位的系统不应超过按内插法计算得出的数值。

10.2.20 医用气体管道在安装终端组件之前应使用干燥、无油的空气或氮气吹扫，在安装终端组件之后除真空管道外应进行颗粒物检测，并应符合下列规定：

1 吹扫或检测的压力不得超过设备和管道的设计压力，应从距离区域阀最近的终端插座开始直至该区域内最远的终端；

2 吹扫效果验证或颗粒物检测时，应在 150L/min 流量下至少进行 15s，并应使用含 $50\mu m$ 孔径滤布、直径 50mm 的开口容器进行检测，不应有残余物。

10.2.21 管道吹扫合格后应由施工单位会同监理、建设单位共同检查，并应进行"管道系统吹扫记录"和"隐蔽工程（封闭）记录"。

10.2.22 医用气体供应末端设施的安装应符合本规范第 6 章和附录 D 的规定。医用气体悬吊式供应装置应固定于预埋件上，当装置采用医用空气作动力时，应确认空气参数符合装置要求及本规范的规定。

10.2.23 医用气体供应装置内现场施工的管道，应按本规范第 10.2.18 条和第 10.2.19 条规定进行压力试验和泄漏性试验。

10.3 医用气源站安装及调试

10.3.1 空气压缩机、真空泵、氧气压缩机及其附属设备的安装、检验，应按设备说明书要求进行，并应符合现行国家标准《风机、压缩机、泵安装工程施工及验收规范》GB 50275 的有关规定。

10.3.2 压缩空气站、医用液氧贮罐站、医用分子筛制氧站、医用气体汇流排间内所有气体连接管道，应符合医用气体管材洁净度要求，各管段应分别吹扫干净后再接入各附属设备。

10.3.3 医用气源站内管道应按本规范第 10.2.18 条和第 10.2.19 条的规定分段进行压力试验和泄漏性试验。

10.3.4 空气压缩机、真空泵、氧气压缩机及附属设备，应按设备要求进行调试及联合试运转。

10.3.5 医用真空泵站的安装及调试应符合下列规定：

1 真空泵安装的纵向水平偏差不应大于 0.1/1000，横向水平偏差不应大于 0.2/1000。有联轴器的真空泵应进行手工盘车检查，电机和泵的转动应轻便灵活、无异常声音；

2 应检查真空管道及阀门等附件，并应保证管道等通畅。真空泵排气管道宜短直，管道口径应无局部减小。

10.3.6 医用液氧贮罐站安装及调试应符合下列规定：

1 医用液氧贮罐应使用地脚螺栓固定在基础上，不得采用焊接固定；立式医用液氧贮罐罐体倾斜度应小于 1/1000；

2 医用液氧贮罐、汽化器与医用液氧管道的法兰联接，应采用低温密封垫、铜或奥氏体不锈钢连接螺栓，应在常温预紧后在低温下再拧紧；

3 在医用液氧贮罐周围 7m 范围内的所有导线、电缆应设置金属套管，不应裸露；

4 首次加注医用液氧前，应确认已经过氮气吹扫并使用医用液氧进行置换和预冷。初次加注完毕应缓慢增压并在 48h 内监视贮罐压力的变化。

10.3.7 医用气体汇流排间应按设备说明书安装，并应进行汇流排减压、切换、报警等装置的调试。焊接绝热气瓶汇流排气源还应进行配套的汽化器性能测试。

11 医用气体系统检验与验收

11.1 一般规定

11.1.1 新建医用气体系统应进行各系统的全面检验与验收，系统改建、扩建或维修后应对相应部分进行检验与验收。

11.1.2 施工单位质检人员应按本规范的规定进行检验并记录，隐蔽工程应由相关方共同检验合格后再进行后续工作。

11.1.3 所有验收发现问题和处理结果均应详细记录并归档。验收方确认系统均符合本规范的规定后应签署验收合格证书。

11.1.4 检验与验收用气体应为干燥、无油的氮气或符合本规范规定的医疗空气。

11.2 施工方的检验

11.2.1 医用气体系统中的各个部分应分别检验合格后再接入系统，并应进行系统的整体检验。

11.2.2 医用气体管道施工中应按本规范的有关规定进行管道焊缝洁净度检验、封闭或暗装部分管道的外观和标识检验、管道系统初步吹扫、压力试验和泄漏性试验、管道颗粒物检验、医用气体减压装置性能检验、防止管道交叉错接的检验及标识检查、阀门标识与其控制区域正确性检验。

11.2.3 医用气体各系统应分别进行防止管道交叉错接的检验及标识检查，并应符合下列规定：

1 压缩医用气体管道检验压力应为 0.4MPa，真空应为 0.2MPa。除被检验的气体管道外，其余管道压力应为常压；

2 用各专用气体插头逐一检验终端组件，应是仅被检验的气体终端组件内有气体供应，同时应确认终端组件的标识与所检验气体管道介质一致。

11.2.4 医用气体终端组件在安装前应进行下列检验：

1 连接性能检验应符合现行行业标准《医用气体管道系统终端 第 1 部分：用于压缩医用气体和真空的终端》YY 0801.1 和《医用气体管道系统终端 第 2 部分：用于麻醉气体净化系统的终端》YY 0801.2 的有关规定；

2 气体终端底座与终端插座、终端插座与气体插头之间的专用性检验；

3 终端组件的标识检查，结果应符合本规范第 5.3 节的有关规定。

11.3 医用气体系统的验收

11.3.1 医用气体系统应进行独立验收。验收时应确认设计图纸与修改核定文件、竣工图、施工单位文件与检验记录、监理报告、气源设备与末端设施原理图、使用说明与维护手册、材料证明报告等记录，且所有压力容器、压力管道应已获准使用，压力表、安全阀等已按要求进行检验并取得合格证。

11.3.2 医用气体系统验收应进行泄漏性试验、防止管道交叉错接的检验及标识检查、所有设备及管道和附件标识的正确性检查、所有阀门标识与控制区域标识正确性检查、减压装置静态特性检查、气体专用性检查。

11.3.3 医用气体系统验收应进行监测与报警系统检验，并应符合下列规定：

1 每个医用气体子系统的气源报警、就地报警、区域报警，应按本规范第7.1节的规定对所有报警功能逐一进行检验，计算机系统作为气源报警时应进行相同的报警内容检验；

2 应确认不同医用气体的报警装置之间不存在交叉或错接。报警装置的标识应与检验气体、检验区域一致；

3 医用气体系统已设置集中监测与报警装置时，应确认其功能完好，报警标识应与检验气体、检验区域一致。

11.3.4 医用气体系统验收应按本规范第10.2.20条的规定进行气体管道颗粒物检验。压缩医用气体系统的每一主要管道支路，均应分别进行25%的终端处抽检，任何一个终端处检验不合格时应检修，并应检验该区域中的所有终端。

11.3.5 医用气体系统验收应对压缩医用气体系统的每一主要管道支路距气源最远的一个末端设施处进行管道洁净度检验。该处被测气体的含水量应达到本规范表3.0.1有关医疗空气的含水量规定；与气源处相比较的碳氢化合物、卤代烃含量差值不得超过$5×10^{-6}$。

11.3.6 医用气源应进行检验，并应符合下列规定：

1 压缩机以1/4额定流量连续运行满24h后，检验气源取样口的医疗空气、器械空气质量应符合本规范的规定；

2 应进行压缩机、真空泵、自动切换及自动投入运行功能检验；

3 应进行医用液氧贮罐切换、汇流排切换、备用气源、应急备用气源投入运行功能及报警检验；

4 应进行备用气源、应急备用气源储量或压力低于规定值的有关功能与报警检验；

5 应进行本规范与设备或系统集成商要求的其他功能及报警检验。

11.3.7 医用气体系统验收应在子系统功能连接完整、除医用氧气源外使用各气源设备供应气体时，进行气体管道运行压力与流量的检测，并应符合下列规定：

1 所有气体终端组件处输出气体流量为零时的压力应在额定压力允许范围内；

2 所有额定压力为350kPa～400kPa的气体终端组件处，在输出气体流量为100L/min时，压力损失不得超过35kPa；

3 器械空气或氮气终端组件处的流量为140L/min时，压力损失不得超过35kPa；

4 医用真空终端组件处的真空流量为85L/min时，相邻真空终端组件处的真空压力不得降至40kPa

以下；

5 生命支持区域的医用氧气、医疗空气终端组件处的3s内短暂流量，应能达到170L/min；

6 医疗空气、医用氧气系统的每一主要管道支路中，实现途泄流量为20%的终端组件处平均典型使用流量时，系统的压力应符合本规范第9.1.5条的规定。

11.3.8 每个医用气体系统的管道应进行专用气体置换，并应进行医用气体系统品质检验，同时应符合下列规定：

1 对于每一种压缩气体，应在气源及主要支路最远末端设施处分别对气体品质进行分析；

2 除器械空气或氮气、牙科空气外，终端组件处气体主要组分的浓度与气源出口处的差值不应超过1%。

附录 A 医用气体终端组件的设置要求

A.0.1 医用气体终端组件的设置应根据各类医疗卫生机构用途的不同经论证后确定，可按表A.0.1的规定设置。

表 A.0.1 医用气体终端组件的设置要求

部门	单元	氧气	真空	医疗空气	氧化亚氮/氧气混合气	氧化亚氮	麻醉或呼吸废气	氮气/器械空气	二氧化碳	氮/氧混合气
手术部	内窥镜/膀胱镜	1	3	1	—	1	1	1	1a	—
	主手术室	2	3	2	—	2	1	1	1a	—
	副手术室	2	2	1	—	1	1	1	1a	—
	骨科/神经科手术室	2	4	1	—	1	1	2	1a	—
	麻醉室	1	1	1	—	1	1	1	—	—
	恢复室	2	2	1	—	—	1	—	—	—
	门诊手术室	2	1	1	—	—	1	—	—	—
妇产科	待产室	1	1	1	1	—	—	—	—	—
	分娩室	2	2	1	1	—	—	—	—	—
	产后恢复	1	1	1	—	—	—	—	—	—
	婴儿室	1	1	1	—	—	—	—	—	—
儿科	新生儿重症监护	2	2	2	—	—	—	—	—	—
	儿科重症监护	2	2	2	—	—	—	—	—	—
	育婴室	1	1	1	—	—	—	—	—	—
	儿科病房	1	1	—	—	—	—	—	—	—

部门	单元	氧气	真空	医疗空气	氧化亚氮/氧气混合气	氧化亚氮	麻醉或呼吸废气	氮气/器械空气	二氧化碳	氮/氧混合气
诊断学	脑电图、心电图、肌电图	1	1	—	—	—	—	—	—	—
	数字减影血管造影室（DSA）	2	2	2	—	1a	1a	—	—	—
	MRI	1	1	1	—	1	—	—	—	—
	CAT室	1	1	1	—	1	—	—	—	—
	眼耳鼻喉科 EENT	—	1	1	—	1	—	—	—	—
	超声波	1	1	—	—	—	—	—	—	—
	内窥镜检查	1	1	1	—	1	—	—	—	—
	尿路造影	1	1	1	—	1	—	—	—	—
	直线加速器	1	1	1	—	1	—	—	—	—
病房及其他	病房	1	1a	1a	—	—	—	—	—	—
	精神病房	—	—	—	—	—	—	—	—	—
	烧伤病房	2	2	2	1a	1a	1a	—	—	—
	ICU	2	2	2	1a	1a	1a	—	—	1a
	CCU	2	2	2	—	—	—	—	—	—
	抢救室	2	2	2	—	—	—	—	—	—
	透析	1	1	1	—	—	—	—	—	—
	外伤治疗室	1	2	1	—	—	—	—	—	—
	检查/治疗/处置	—	—	—	—	—	—	—	—	—
	石膏室	1	1	1a	—	—	—	—	1a	—
	动物研究	1	1	1	—	1a	1a	—	—	—
	尸体解剖	1	1	—	—	—	—	—	1a	—
	心导管检查	2	2	2	—	—	—	—	—	—
	消毒室	1	1	×	—	—	—	—	—	—
	普通门诊	—	—	—	—	—	—	—	—	—

注：本表为常规的最少设置方案。其中 a 表示可能需要的设置，× 为禁止使用。

A.0.2 牙科、口腔外科的医用气体供应可按表 A.0.2 的规定设置。

表 A.0.2 牙科、口腔外科医用气体的设置要求

气体种类	牙科空气	牙科专用真空	医用氧气	医用氧化亚氮/氧气混合气
接口或终端组件的数量	1	1	1（视需求）	1（视需求）

附录 B 医用气体气源流量计算

B.0.1 医疗空气、医用真空、医用氧气系统气源的计算流量中的有关参数，可按表 B.0.1 取值。

表 B.0.1 医疗空气、医用真空与医用氧气流量计算参数

使用科室		医疗空气(L/min)			医用真空(L/min)			医用氧气(L/min)		
		Q_a	Q_b	η	Q_a	Q_b	η	Q_a	Q_b	η
手术室	麻醉诱导	40	40	10%	40	30	25%	100	6	25%
	重大手术室、整形、神经外科	40	20	100%	80	40	100%	100	10	75%
	小手术室	60	20	75%	80	40	50%	10	0	50%
	术后恢复、苏醒	60	25	50%	40	30	25%	10	6	100%
重症监护	ICU、CCU	60	20	75%	40	20	75%	10		100%
	新生儿 NICU	40	40	75%	40	20	25%	10	4	100%
妇产科	分娩	20	15	100%	40	50	50%	10		25%
	待产或（家化）产房	40	25	50%	40	40	50%	10		25%
	产后恢复	20	15	25%	40	25	50%	10		25%
其他	婴儿抢救室	80	20	80%	40	40	80%	100	8	80%
	普通病房	60	15	5%	40	10	10%	10	6	15%
	呼吸治疗室	40	25	50%	40	25	25%	—	—	—
	创伤室	20	15	25%	60	60	100%	—	—	—
	实验室	40	25	25%	40	25	25%	—	—	—
	增加的呼吸机	80	40	75%	—	—	—	—	—	—
	CPAP 呼吸机	—	—	—	—	—	—	75	75	75%
	门诊	20	15	10%	—	—	—	10	6	15%

注：1 本表按综合性医院应用资料编制。
　　2 表中普通病房、创伤科病房的医疗空气流量系按病人所吸氧气需与医疗空气按比例混合并安装医疗空气终端时的流量。
　　3 氧气不作呼吸机动力气体。
　　4 增加的呼吸机医疗空气流量应以实际数据为准。

B.0.2 氮气或器械空气系统气源的计算流量中的有关参数，可按表 B.0.2 取值。

表 B.0.2 氮气或器械空气流量计算参数

使用科室	Q_a (L/min)	Q_b (L/min)	η
手术室	350	350	50%（<4 间的部分）
			25%（≥4 间的部分）
石膏室、其他科室	350		
引射式麻醉废气排放（共用）	20	20	见表 B.0.7
气动门等非医用场所			按实际用量另计

B.0.3 牙科空气与真空系统气源的计算流量中的有关参数，可按表 B.0.3 取值。

表 B.0.3　牙科空气与真空计算参数

气体种类	Q_a(L/min)	Q_b(L/min)	η	η
牙科空气	50	50	80%（＜10 张牙椅的部分）	60%（≥10 张牙椅的部分）
牙科专用真空	300	300		

注：Q_a、Q_b 的数值与牙椅具体型号有关，数值有差别。

B.0.4　医用氧化亚氮系统气源的计算流量中的有关参数，可按表 B.0.4 取值。

表 B.0.4　医用氧化亚氮流量计算参数

使用科室	Q_a(L/min)	Q_b(L/min)	η
抢救室	10	6	25%
手术室	15	6	100%
妇产科	15	6	100%
放射诊断（麻醉室）	10	6	25%
重症监护	10	6	25%
口腔、骨科诊疗室	10	6	25%
其他部门	10	—	—

B.0.5　医用氧化亚氮与医用氧混合气体系统气源的计算流量中的有关参数，可按表 B.0.5 取值。

表 B.0.5　医用氧化亚氮与医用氧混合气体流量计算参数

使用科室	Q_a (L/min)	Q_b (L/min)	η
待产/分娩/恢复/产后（＜12 间）	275	6	50%
待产/分娩/恢复/产后（≥12 间）	550	6	50%
其他区域	10	6	25%

B.0.6　医用二氧化碳气体系统气源的计算流量中的有关参数，可按表 B.0.6 取值。

表 B.0.6　医用二氧化碳气体计算参数

使用科室	Q_a(L/min)	Q_b(L/min)	η
终端使用设备	20	6	100%
其他专用设备		另计	

B.0.7　麻醉或呼吸废气排放系统真空汇的计算流量中的有关参数，可按表 B.0.7 取值。

表 B.0.7　麻醉或呼吸废气排放流量计算参数

使用科室	η	Q_a 与 Q_b (L/min)
抢救室	25%	
手术室	100%	
妇产科	100%	80（高流量排放方式）
放射诊断（麻醉室）	25%	50（低流量排放方式）
口腔、骨科诊疗室	25%	
其他麻醉科室	15%	

附录 C　医用气体工程施工主要记录

C.0.1　医用气体施工中的隐蔽工程（封闭）记录可按表 C.0.1 的格式进行。

表 C.0.1　隐蔽工程（封闭）记录

项目：		区域：	工号：	记录编号：
隐蔽部位：封闭		图纸编号		记录日期：
隐蔽前的检查：封闭				
隐蔽方法：封闭				
简图说明：				
结论：				
建设单位：	监理单位：		设计单位：	施工单位：
年 月 日	年 月 日		年 月 日	年 月 日

C.0.2　医用气体施工中管道系统压力试验记录可按表 C.0.2 的格式进行。

C.0.3　医用气体施工中管道系统吹扫/颗粒物检验记录可按表 C.0.3 的格式进行。

表 C.0.2 管道系统压力试验记录

项目:		区域:				工号:				试验日期: 年 月 日				记录编号:

管段号	材质	设计参数		压力试验			泄漏性试验									要求
		压力 (MPa)	介质	试验压力 (MPa)	试验介质	鉴定结论	试验压力 (MPa)	试验介质	包含终端数量	计算泄漏率	维持时间	起始压力	终了压力	试验泄漏率	鉴定结论	

验收单位: 年 月 日	建设单位: 年 月 日	监理单位: 年 月 日	设计单位: 年 月 日	施工单位: 年 月 日

表 C.0.3 管道系统吹扫/颗粒物检验记录

项目:		区域:			工号:		日期: 年 月 日	记录编号:

管段号	长度（m）	材质	介质	吹扫/检验压力（MPa）	介质	吹扫时间/收集时间	鉴定结果	管线复位与检查（含垫片、盲板等）

验收单位: 年 月 日	建设单位: 年 月 日	监理单位: 年 月 日	设计单位: 年 月 日	施工单位: 年 月 日

附录 D 医用供应装置安全性要求

D.1 医用供应装置

D.1.1 医用供应装置所使用的医用气体终端组件、低压软管组件，应符合现行行业标准《医用气体管道系统终端 第 1 部分：用于压缩医用气体和真空的终端》YY 0801.1 和《医用气体管道系统终端 第 2 部分：用于麻醉气体净化系统的终端》YY 0801.2 和《医用气体低压软管组件》YY/T 0799 的有关规定，医用气体管道应符合本规范第 5.1 节和第 5.2 节的规定。

D.1.2 医用供应装置所使用液体终端应符合下列规定：

1 快速连接的插座和插头均应设置止回阀；

2 用于透析浓缩和透析通透的插头应安装在医用供应装置上；

3 终端所用材料应在按制造商规定的操作下与所使用液体相兼容；

4 透析浓缩的快速连接插头和插座的内径应为 4mm，透析通透的快速连接插头和插座的内径应为 6mm，用于透析浓缩排放的快速插头和插座尺寸应与其他用途的液体不同。

D.1.3 医用供应装置的通用实验要求应符合现行国家标准《医用电气设备 第 1 部分：安全通用要求》GB 9706.1—2007 第 4 章的规定。

D.1.4 医用供应装置及其部件的外部标记除应符合本规范和现行国家标准《医用电气设备 第 1 部分：安全通用要求》GB 9706.1—2007 第 6.1 条的有关规定外，还应符合下列规定：

1 由主供电源直接供电的设备及其可拆卸的带电部件，应在设备主要部件外面设置产地、型号或参考型号的标识；

2 所有电气和电子接线图应设置在医用供应装置内的连接处。电气接线图应标明电压、相数及电气回路数目，电子接线图应标有接线端子数量及电线的识别；

3 专用设备电源插座应设置电源类型、额定电压、额定电流及设备名称标识；

4 为重要供电电路提供电源的电源插座应符合国家现行有关的安装规定，无安装规定时，应单独标识；

5 医用供应装置应按Ⅰ类、B 型设备要求设计制造，设备及其内置的 BF 或 CF 类型部件和输出部件的相关标识符号，应符合现行国家标准《医用电气设备 第 1 部分：安全通用要求》GB 9706.1—2007 附录 D 中表 D2 的规定；

6 连接辅助等电位接地的设备应设置符合现行国家标准《医用电气设备 第 1 部分：安全通用要求》GB 9706.1—2007 附录 D 中表 D1 符号 9 规定的标识符号；

7 与用于肌电图、脑电图和心电图的病人监护仪相连接的医用供应装置，应设置肌电图机 EMG，脑电图机 EEG，心电图机 ECG 或 EKG 等特别应用标识。

D.1.5 医用供应装置及其部件的内部标记，除应符合现行国家标准《医用电气设备 第 1 部分：安全通用要求》GB 9706.1—2007 第 6.2 条的有关规定外，还应符合下列规定：

1 医用气体连接点及管道标识、色标应符合本规范 5.2 节的有关规定；

2 中性线接点应设置符合现行国家标准《医用电气设备 第 1 部分：安全通用要求》GB 9706.1—2007 附录 D 中表 D1 符号 8 规定的字母 N 及蓝色色标。

D.1.6 医用供应装置液体管道及终端标识应符合表 D.1.6 的规定。

表 D.1.6 液体管道及终端标识

液体 名称	
饮用水冷	Portable water, cold
饮用水热	Portable water, warm
冷却水	Cooling water
冷却水回水	Cooling water, feed-back
软化水	De-mineralized water
蒸馏水	Distilled water
透析浓缩	Dialysing concentrate
透析通透	Dialysing permeate

D.1.7 医用供应装置的输入功率应符合现行国家标准《医用电气设备 第 1 部分：安全通用要求》GB 9706.1—2007 第 7 章的规定。

D.1.8 医用供应装置的环境条件应符合现行国家标准《医用电气设备 第 1 部分：安全通用要求》GB 9706.1—2007 第 10 章的规定。

D.1.9 医用供应装置对电击危险的防护应符合下列规定：

1 在正常或单一故障下使用不得发生电击危险；

2 内置或安放于医用供应装置的照明设备，应符合现行国家标准《灯具 第 1 部分：一般要求与试验》GB 7000.1 的有关规定；

3 装置在切断电源后，通过调节孔盖即可触及的电容或电路上的剩余电压不应超过60V，且剩余能量不应超过2mJ；

4 外壳与防护罩除应符合现行国家标准《医用电气设备 第1部分：安全通用要求》GB 9706.1—2007第16章的规定，且在正常操作下所有外部表面直接接触的防护等级应至少为IP2X或IPXXB；在医用气体、麻醉废气排放或液体管道系统的维护过程中的带电部件的防护等级不应降低；

5 隔离应符合现行国家标准《医用电气设备 第1部分：安全通用要求》GB 9706.1—2007第17章的规定；

6 保护接地、功能接地和电位均衡应符合现行国家标准《医用电气设备 第1部分：安全通用要求》GB 9706.1—2007第18章的规定，医用气体终端不需接地；

7 连续漏电流及病人辅助电流应符合现行国家标准《医用电气设备 第1部分：安全通用要求》GB 9706.1—2007第19章的规定；

8 电介质强度应符合现行国家标准《医用电气设备 第1部分：安全通用要求》GB 9706.1—2007第20章的规定。

D.1.10 医用供应装置机械防护应符合下列规定：

1 机械强度应符合现行国家标准《医用电气设备 第1部分：安全通用要求》GB 9706.1—2007第21章的要求，还应符合下列规定：

　　1）医用供应装置在抗撞击试验后带电部分不应外露，且医用气体终端仍应符合现行行业标准《医用气体管道系统终端 第1部分：用于压缩医用气体和真空的终端》YY 0801.1、《医用气体管道系统终端 第2部分：用于麻醉气体净化系统的终端》YY 0801.2的要求；

　　2）医用供应装置及其载荷部件在静态载荷试验后不应产生永久性变形，相对于承重表面倾斜度不应超过10°。

2 运动部件要求应符合现行国家标准《医用电气设备 第1部分：安全通用要求》GB 9706.1—2007第22章的规定；

3 正常使用时的稳定性应符合现行国家标准《医用电气设备 第1部分：安全通用要求》GB 9706.1—2007第24章的规定；

4 应采取防飞溅物措施，并应符合现行国家标准《医用电气设备 第1部分：安全通用要求》GB 9706.1—2007第25章的规定；

5 医用供应装置悬挂物的支承有可能磨损、腐蚀或老化时，应采取备用安全措施；

6 医用供应装置每一音频的噪声峰值不应大于35dB（A）；除治疗、诊断或医用供应装置调节产生的噪声外，医用供应装置在额定频率下施加额定电压的1.1倍工作时所产生的噪声不应超过30dB（A）；

7 悬挂物的要求应符合现行国家标准《医用电气设备 第1部分：安全通用要求》GB 9706.1—2007第28章的规定。

D.1.11 医用供应装置对辐射危险的防护应符合下列规定：

1 对X射线辐射要求应符合现行国家标准《医用电气设备 第1部分：安全通用要求》GB 9706.1—2007第29章的规定；

2 对电磁兼容性的要求应符合现行国家标准《医用电气设备 第1部分：安全通用要求》GB 9706.1—2007第36章的规定，且医用供应装置在距离0.75m处产生的磁通量峰—峰值不应超过下列数值：

　　1）用于肌电图设备时，0.1×10^{-6} T；

　　2）用于脑电图设备时，0.2×10^{-6} T；

　　3）用于心电图设备时，0.4×10^{-6} T。

D.1.12 医用供应装置中存在可能泄漏的麻醉混合气体时，其点燃危险的防护应符合现行国家标准《医用电气设备 第1部分：安全通用要求》GB 9706.1—2007第39章～第41章的规定。

D.1.13 医用供应装置对超温和其他安全方面危险的防护，应符合下列规定：

1 超温要求除应符合现行国家标准《医用电气设备 第1部分：安全通用要求》GB 9706.1—2007第42章规定外，灯具及其暴露元件温度不应超过现行国家标准《灯具 第1部分：一般要求与试验》GB 7000.1规定的最高温度；

2 医用供应装置应具有足够的强度与刚度以防止失火危害，且在正常或单一故障状态下，可燃材料温度不得升至其燃点，也不得产生氧化剂；

3 泄漏、受潮、进液、清洗、消毒和灭菌要求，应符合现行国家标准《医用电气设备 第1部分：安全通用要求》GB 9706.1—2007第44章的规定；

4 生物相容性要求应符合现行国家标准《医用电气设备 第1部分：安全通用要求》GB 9706.1—2007第48章的规定；

5 供电电源的中断要求应符合现行国家标准《医用电气设备 第1部分：安全通用要求》GB 9706.1—2007第49章的规定。

D.1.14 医用供应装置对危险输出的防护要求应符合现行国家标准《医用电气设备 第1部分：安全通用要求》GB 9706.1—2007第51章的规定。

D.1.15 医用供应装置非正常运行和故障状态环境试验要求应符合现行国家标准《医用电气设备 第1部分：安全通用要求》GB 9706.1—2007第九篇的规定。

D.1.16 医用供应装置的结构设计应符合下列规定：

1 医用供应装置外壳的最低部位应设通风开口；

2 金属管道与终端组件连接应采用焊接连接；

3 安装后的医用供应装置中的控制阀门应只能使用专用工具操作；

4 元器件组件要求除应符合现行国家标准《医用电气设备 第 1 部分：安全通用要求》GB 9706.1—2007 第 56 章的规定外，其等电位接地连接导线连接器应固定。

D.1.17 元器件及布线应符合下列规定：

1 医用供应装置的外部不应安装可触及的主控开关或熔断器，不应使用带开关的电源插座；

2 主电源连接器及设备电源输入要求应符合现行国家标准《医用电气设备 第 1 部分：安全通用要求》GB 9706.1—2007 第 57.2 条的规定；

3 端子及连接部分的接地保护除应符合现行国家标准《医用电气设备 第 1 部分：安全通用要求》GB 9706.1—2007 第 58 章的规定外，还应符合下列规定：

1）固定电源导线的保护接地端子紧固件，不借助工具应不能放松；

2）保护接地导线的导电能力不应小于横截面 2.5mm² 铜导线的导电性能，且应各自连接到公共接地；

3）外部连接设备的等电位接地连接点的导线应采用横截面至少 4mm² 的铜线，且应能与等电位接地连接导线分离；

4）电源电路本身所有保护接地导线应连接至医用供应装置中的公共接地，公共接地的导电能力不应小于横截面 16mm² 铜线的导电性能，医用气体管道不得作为公共接地导体；

5）无等电位接地的医用供应装置内的公共保护接地本身应设置一个横截面不小于 16mm² 接地端子，并连接到建筑设施内的等电位接地；

6）生命支持区域内医用气体供应装置上应提供医疗专用接地，且连接导体的导电能力不应小于横截面 16mm² 铜的导电性能。

4 医用供应装置内部布线、绝缘除应符合现行国家标准《医用电气设备 第 1 部分：安全通用要求》GB 9706.1—2007 第 59.1 条的有关规定外，还应符合下列规定：

1）医用供应装置中电、气应分隔开，强电和弱电宜分隔开；

2）除普通病房外，每个床位应至少设 2 个各自从主电源直接供电的电源插座；

3）通讯线与电源电缆或电线管、气体软管设置在一起时，应满足单一故障下的电气安

全性能；

4）每种管道维护时不应接触到电气系统中的带电部分；

5）当水平安装时，液体分隔腔应安装在电分隔腔的下方；

6）过电流及过电压保护除应符合现行国家标准《医用电气设备 第 1 部分：安全通用要求》GB 9706.1—2007 第 59.3 条的规定外，医用供应装置中脉冲继电器还应符合现行国家标准《家用和类似用途固定式电气装置的开关 第 1 部分：通用要求》GB 16915.1 和现行国家标准《医用电气设备 第 1 部分：安全通用要求》GB 9706.1—2007 第 57.10 条的规定。

5 正常和单一故障状态下，可能产生火花的电器元件与氧化性医用气体和麻醉废气排放终端组件的距离应至少为 200mm。

D.1.18 医用供应装置内医用气体管道的环境温度不得超过 50℃，医用气体软管的环境温度不得超过 40℃。

D.1.19 医用供应装置管道泄漏应符合下列规定：

1 压缩医用气体管道内承压为额定压力，且真空管道承压 0.4MPa 时，泄漏率不得超过 0.296mL/min 或 0.03kPa·L/min 乘以连接到该管道的终端数量；

2 麻醉废气排放管道在最大和最小操作压力条件下，泄漏均不应超过 2.96mL/min（相当于 0.3kPa·L/min）乘以此管道的终端数量；

3 液体管道内承压为额定压力 1.5 倍的测试气体压力时，泄漏率不得超过 0.296mL/min 或 0.03kPa·L/min 乘以连接到该管道的终端数量。

D.1.20 医用气体悬吊供应装置应符合下列规定：

1 医用气体悬吊供应装置中的医用气体低压软管组件应符合现行行业标准《医用气体低压软管组件》YY/T 0799 的有关规定；

2 电缆和医用气体的软管安装在一起时，电缆应设置护套，并应采取绝缘措施或安装在电线软管内。

D.2 医用供应装置机械强度测试方法

D.2.1 抗撞击试验〔D.1.10 1 1）测试〕应符合下列规定：

1 应将一个大约装了一半沙、总重为 200N、0.5m 宽的袋子悬挂起来，并形成 1m 的摆长，在水平偏移量为 0.5m 的地方将其释放，撞击根据制造商的指导安装的医用供应装置（图 D.2.1）。抗撞击试验应在医用供应装置的多个部位重复进行。

2 仅出现模塑破裂的现象不应为试验失败，可继续进行。

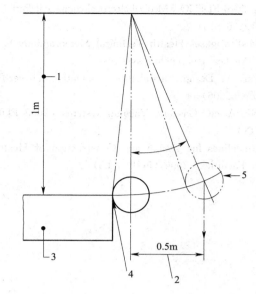

图 D.2.1　抗撞击试验

1—摆长；2—偏移距离；3—已安装的医用供应装置；
4—易损部位（范例）；5—重200N的沙包

D.2.2　静态载荷试验〔D.1.10　1　2）测试〕时，应根据制造商的参数说明，在医用供应装置上均衡地分配负载。

本规范用词说明

1　为便于在执行本规范条文时区别对待，对要求严格程度不同的用词说明如下：

　　1）表示很严格，非这样做不可的：
　　　正面词采用"必须"，反面词采用"严禁"；
　　2）表示严格，在正常情况下均应这样做的：
　　　正面词采用"应"，反面词采用"不应"或"不得"；
　　3）表示允许稍有选择，在条件许可时首先应这样做的：
　　　正面词采用"宜"，反面词采用"不宜"；
　　4）表示有选择，在一定条件下可以这样做的，采用"可"。

2　条文中指明应按其他有关标准执行的写法为："应符合……的规定"或"应按……执行"。

引用标准名录

《建筑设计防火规范》GB 50016
《氧气站设计规范》GB 50030
《建筑物防雷设计规范》GB 50057
《爆炸和火灾危险环境电力装置设计规范》GB 50058
《工业金属管道工程施工规范》GB 50235

《风机、压缩机、泵安装工程施工及验收规范》GB 50275
《钢制压力容器》GB 150
《声环境质量标准》GB 3096
《金属熔化焊焊接接头射线照相》GB/T 3323
《铜基钎料》GB/T 6418
《灯具　第1部分：一般要求与试验》GB 7000.1
《纯氮、高纯氮和超纯氮》GB/T 8979
《医用电气设备　第1部分：安全通用要求》GB 9706.1
《银钎料》GB/T 10046
《铜管接头　第1部分：钎焊式管件》GB/T 11618.1
《医用空气加压氧舱》GB/T 12130
《减压阀　一般要求》GB/T 12244
《钢制对焊无缝管件》GB/T 12459
《流体输送用不锈钢无缝钢管》GB/T 14976
《家用和类似用途固定式电气装置的开关　第1部分：通用要求》GB 16915.1
《无缝钢管尺寸、外形、重量及允许偏差》GB/T 17395
《医疗机构水污染物排放标准》GB 18466
《医用氧气加压舱》GB/T 19284
《压力管道规范　工业管道》GB/T 20801.1～GB/T 20801.6
《安全阀安全技术监察规程》TSG ZF001
《医用气体和真空用无缝铜管》YS/T 650
《民用建筑电气设计规范》JGJ 16
《医用气体管道系统终端　第1部分：用于压缩医用气体和真空的终端》YY 0801.1—2010
《医用气体管道系统终端　第2部分：用于麻醉气体净化系统的终端》YY 0801.2—2010
《医用气体低压软管组件》YY/T 0799—2010
Medical supply units ISO 11197：2004
Medical gas pipeline systems-Part 1：Pipeline systems for compressed medical gases and vacuum　ISO 7396－1：2007
Medical gas pipeline systems-Part 2：Anaesthetic gas scavenging disposal systems ISO 7396－2：2007
Inhalational anaesthesia systems-Part 3：Transfer and receiving systems of active anaesthetic gas scavenging systems ISO 8835－3：2007
Terminal units for medical gas pipeline systems-Part 1：Terminal units for use with compressed medical gases and vacuum ISO 9170－1：1999
Terminal units for medical gas pipeline systems-Part 2：Terminal units for anaesthetic gas scavenging systems ISO 9170－2：1999
Low-pressure hose assemblies for use with medical

gases ISO 5359：2008

Oxygen concentrator supply systems for use with medical gas pipeline systems ISO 10083：2006

Compressed air-Part 1：Contaminants and purity classes ISO 8573 - 1：2001

Cleanrooms and associated controlled environments-Part 1 Classification of air cleanliness ISO 14644 - 1：1999

Anaesthetic and respiratory equipment-Compatibility with oxygen ISO/FDIS 15001：2010

INTERNATIONAL STANDARD CEI/IEC 60601 - 1 - 8：2006 EDITION Medical electrical equipment-Part 1 - 8：（2006 - 10）

Medical gases Health Technical Memorandum 02 - 01：Medical gas pipeline systems

Part A：Design，installation，validation and verification（2006）

NFPA 99C Gas and Vacuum systems（2005 EDITION）

Guidelines for Design and Construction of Health Care Facilities 2006（FGI AIA）

中华人民共和国国家标准

医用气体工程技术规范

GB 50751—2012

条 文 说 明

制 定 说 明

《医用气体工程技术规范》GB 50751—2012 是经住房和城乡建设部 2012 年 3 月 30 日以第 1357 号公告批准、发布。

本规范是首次制定，由上海市建筑学会与有关单位共同编制。

在编写过程中，编写组按《工程建设国家标准管理办法》的有关规定，参照了大量的国内外相关标准规范，经过多次专题会议讨论与分析，以多种方式征求了国内外有关单位与部门的意见。许多单位和学者为本规范的制定提供了极有价值的意见和参考资料。

本规范以医用气体工程系统建设为纲领和出发点，重点规范了工程中的原则性技术指标和要求、设备或产品的主要技术参量，有针对性地澄清和明确了医用气体系统建设中的基本技术问题。

集中供应与管理的医用气体系统又称之为生命支持系统，用于维系危重病人的生命、减少病人痛苦、促进病人康复、改善医疗环境、驱动多种医疗器械工具等，具有非常重要的作用。因此，规范与标准化医用气体工程的建设，为病人提供安全可靠的医疗环境，具有显著的民生安全与社会意义。

为便于广大设计、施工、科研、学校等单位有关人员在使用本规范时能正确理解和执行条文规定，《医用气体工程技术规范》编写组按章、节、条的顺序编制了本规范的条文说明，对条文规定的目的、依据以及执行中需注意的有关事项进行了说明，还着重对强制性条文的强制性理由作了解释。但是条文说明不具备与标准正文同等的效力，仅供使用者作为理解和把握规范规定的参考。使用中如发现本条文说明有不妥之处，请将意见反馈给上海市建筑学会。

目　次

1 总 则

1.0.1 本条旨在说明制定本规范的目的。

当前，我国医院建设处于一个快速发展的时期。在国内医用气体建设中，长期以来对该部分重视程度不够，投资总体偏少，建设水平与国际通用做法相比有一定差距。为适应我国医院建设的需要，规范与提高医疗卫生机构集中供应医用气体工程的建设水平，本规范在考虑了现阶段国内实际状况与水平的情况下，以医用气体工程系统建设为出发点，重点规范了工程中的原则性技术指标和要求、设备或产品的主要技术参量，明确了系统建设中的基本技术问题，但不涉及具体的设备或产品的标准或结构。

医用气体工程的设计、施工、验收等环节应统筹考虑，合理选择、优化系统，其技术参数与要求均应满足本规范的规定。

1.0.3 本规范规定的医用气体种类与系统对于某一具体的医疗卫生机构并不一定都是必需的，应根据自身需求确定部分或者全部建设。在建设过程中，应注意保持系统的统一与完整。如在分期分段实施时应纳入全系统统一测试检验，系统内的终端组件、医用器具在具有医用气体专用特性的前提下能够通用等。

1.0.4 医用气体工程所使用的设备、材料应有相关的生产许可、检验、检测证明。若产品属于医疗器械或产品的，还应有医疗器械生产许可证和产品的注册证并在有效使用期内。

1.0.5 本条说明本规范与国家工程建设的其他规范、法律法规的关系。这种关系应遵守协调一致、互相补充的原则。由于医用气体工程涉及设备与产品制造、工程安装施工以及医疗卫生操作流程等多行业、多专业、多学科内容，因此除本规范外尚应遵守国家其他有关建设标准规范，以及医疗卫生行业有关的法律、法规、作业流程、要求等。

2 术 语

本章所列举的术语理论上只在本规范内有效，列出的目的主要是为了防止错误的理解。尽管在确定和解释术语时，尽可能地考虑了其通用性，但仍应注意在本规范以外使用这些术语时，其含义或范围可能与此处定义不同。

2.0.5 器械空气在有些国家的标准中也称之为外科手术用空气（Surgical air）。

2.0.7 按国际通用的对于生命支持系统的提法，牙科空气不属于生命支持系统的内容。

2.0.8 从用词含义角度来说，牙科使用的真空也包含在医用真空之内。但因其使用的特殊性，加之牙科真空不属于生命支持系统，故牙科使用的真空一般作为一个细分的内容另行建设。

2.0.10 常用的医用混合气体有医用二氧化碳/医用氧气、医用氧化亚氮/医用氧气、医用氦气/医用氧气等混合气体。

2.0.12 单一故障状态即是设备或机组中单个部件发生故障，或者单个支路中的设备与部件发生故障的情况。若一个单一故障状态会不可避免地导致另一个单一故障状态时，则两者被认为是一个单一故障状态。部件维修、系统停水、停电也被视为一个单一故障状态。

2.0.17~2.0.19 此处三种专用接头均有相关的专用标准。

2.0.20 医用供应装置是一个范围较大的统称。其中包含有医用气体供应的可称之为医用气体供应装置。

2.0.21 焊接绝热气瓶即俗称的杜瓦罐（钢瓶），符合现行国家标准《焊接绝热气瓶》GB 24159 的规定。

2.0.23 汇流排根据瓶组切换形式的不同可分为手动切换、气动（半自动）切换和自动切换形式，以及单侧供应的汇流模式。主要用于中小型气体供应站以及其他适用场所。

3 基 本 规 定

3.0.1 本规范规定的医用气体、医用混合气体组分的品质均应符合现行《中华人民共和国药典》的要求。

1 表 3.0.1 中，各杂质含量参数按照 ISO 7396、HTM 02-01 以及 NFPA 99C 标准采用相同的规定，其中医疗空气的露点系按照 NFPA 99C 的指标制定。

这里补充部分参考数据如下：水含量 575mg/Nm^3 相当于常压露点 -23.1℃，50mg/Nm^3 相当于常压露点 -46℃，780mg/Nm^3 相当于常压露点 -20℃。CO_2 含量 500×10^{-6} (v/v) 相当于 900mg/Nm^3。

医用空气颗粒物的含量系采纳 ISO 7396 的规定。为便于对照使用，这里将现行国家标准《压缩空气 第 1 部分：污染物净化等级》GB/T 13277.1—2008（等同于 ISO 8573-1：2001）中关于颗粒物的规定摘列如下。

7.1 固体颗粒等级

固体颗粒等级见表 2.0 级~5 级的测量方法按照 ISO 8573-4 进行，6 级~7 级的测量按照 ISO 8573-8 进行。

表 2 固体颗粒等级

等级	每立方米中最多颗粒数				颗粒尺寸/μm	浓度/(mg/m³)
	颗粒尺寸 d/μm					
	≤0.10	0.10<d≤0.5	0.5<d≤1.0	1.0<d≤5.0		
0	由设备使用者或制造商制定的比等级 1 更高的严格要求					
1	不规定	100	1	0	不适用	不适用
2	不规定	100000	1000	10		
3	不规定	不规定	10000	500		
4	不规定	不规定	不规定	1000		
5	不规定	不规定	不规定	20000		

等级	每立方米中最多颗粒数				颗粒尺寸/μm	浓度/(mg/m³)
	颗粒尺寸 d/μm					
	≤0.10	0.10<d≤0.5	0.5<d≤1.0	1.0<d≤5.0		
6	不适用				≤5	≤5
7	不适用				≤40	≤10

注 1：与固体颗粒等级有关的过滤系数（率）β是指过滤器前颗粒数与过滤器后颗粒数之比，它可以表示为 β=1/P，其中 P 为穿透率，表示过滤后与过滤前颗粒浓度之比，颗粒尺寸等级作为下标。如 $\beta_{10} = 75$，表示颗粒尺寸在 10μm 以上的颗粒数在过滤前比过滤后高 75 倍。

注 2：颗粒浓度是在表 1 状态下的值。

2 氮气除用于驱动医疗工具外，还可以作为混合成分与医用氧气构成医用合成空气，在 HTM 02-01 标准中有规定作为医疗空气的紧急备用气源。但该用途涉及对呼吸用氮气的医药规定，本规范仅进行器械驱动用途方面的规定，不涉及直接作用于病人的氮气成分规定。

3.0.2、3.0.3 表中参数按照 HTM 02-01 取值，并结合 ISO 7396 的规定修改。表中以及本规范所有医用气体压力均为表压，医用真空、麻醉废气排放的压力均为真空压力，特说明。

表 3.0.2 中将部分医用混合气体的压力参数定义得比 400kPa 气体压力低 50kPa 的原因，是考虑到在供应点混合的需求，当使用钢瓶装医用混合气体时，也可使用 400kPa 的额定压力。

3.0.4 每个医疗卫生机构中，医用气体终端组件的设置数量和方式均有可能不同，应根据医疗工艺需求与医疗专业人员共同确定。附录 A 中的两个表系依据 HTM 02-01 的设置要求数据，以及《Guidelines for Design and Construction of Health Care Facilities》2006（FGI AIA），按照国内医院的具体情况进行了修正，可供各科室设置终端组件时参考。

4 医用气体源与汇

4.1 医用空气供应源

Ⅰ 医疗空气供应源

4.1.1 本条规定的理由为：

1 非医用途的压缩空气如电机修理、喷漆、轮胎充气、液压箱、消毒系统、空调或门的气动控制，流量波动往往较大而且流量无法预计，如由医用空气供应会影响医疗空气的流量和压力，并增加医疗空气系统故障频率，缩短系统使用寿命，甚至把污染物带进系统中形成对病人的危险。所以无论医疗空气由瓶装或空压机系统供应，均禁止用于非医用的用途，本款为强制性条款。

3 医疗器械工具要求水含量更低，以免造成器械损坏或腐蚀。因此当医疗空气与器械空气共用机组时，应满足器械空气的含水量要求。

实际应用中，无油医疗空气系统也不宜与器械空气共用压缩机，因为一般无油压缩机出口压力达到 1.0MPa 时，压缩机的效率（包括流量）和寿命都会降低。

4.1.2 1 作为一种直接作用于病人的重要的医用气体，医疗空气的供应必须有可靠的保障。本规定使得医疗空气供应源在单台压缩机故障或机组任何单一支路上的元件或部件发生故障时，能连续供气并满足设计流量的需求。因此，医疗空气供应源包括控制系统在内的所有元件、部件均应有冗余，本款为强制性条款。

3 使用含油压缩机对医疗卫生机构管理提出了更为严格的要求，并带来管理维护费用提高，容易导致管道系统污损、末端设备损坏的各种事故。所以在可能的情况下，建议医疗卫生机构使用无油压缩机。

无油压缩机通常包含以下几种：

1）全无油压缩机：喷水螺杆压缩机及轴承永久性轴封无油压缩机，如无油涡旋压缩机、全无油活塞压缩机等；

2）非全无油活塞压缩机：油腔和压缩腔至少应有两道密封，并且开口与大气相通。开口应能直观的检查连接轴及密封件；

3）带油腔的旋转式压缩机：压缩腔和油腔应至少经过一道密封隔离，密封区两边应各有一个通风口，靠近油腔的通风口应能够自然排污到大气中。每个通风口应能直接目视检查密封件的状况；

4）液环压缩机：其水封用的水质应符合厂家规定。

NFPA99-2005 中 5.1.3.5.4.1（1）有规定，压缩腔中任何部位都应无油，HTM 02-01 第 7.17 中也说明了无油压缩机对空气的处理更有优势。

4 如机组未设置防倒流装置，则系统中的压缩空气会回流至不运行的压缩机中，易造成压缩机的损坏，且不运行的压缩机需要维护时，也会因无法与系统隔离而不能实现在线维修。

5 独立的后冷却器热交换效率高，除水效率也更高。但现在一般的螺杆式空压机每台机器会自己配备后冷却器。储气罐因其冷却功能弱、不稳定而不能作为后冷却器使用。

6 干燥机排气露点温度应保证系统任何季节、任何使用状况下满足医疗空气品质要求（其目的是在使用时不会产生冷凝水）。冷冻式干燥机在流量较低、尤其是在额定流量的 20% 以下时，干燥机水分离器中冷凝水积聚也变得缓慢而无法及时排除，这时水分离器中的空气仍可能含水量饱和，并被带入系统中造成空气压力露点温度快速上升。而吸附式干燥机是根据吸附粒子的范德华原理吸收空气中的水分，其露点温度不会随用气量变化而产生波动，因此是医院首选的干燥方式。

4.1.3 本条对医疗空气的进气进行规定，吸气的洁净是保证医疗空气洁净的前提条件。条文中的数据主要参考了NFPA99C的规定。

有设备厂家在医疗空气压缩机组中使用了一氧化碳转换为二氧化碳的装置，或安装独立的空气过滤系统，此时可视为对进气品质的提升，在能够保证医疗空气品质的前提下是可以适当放宽进气口位置要求的。

1 进气口位置的选择需考虑进气口周围的空气质量，特别是一氧化碳含量。不要将进气口安装在发动机排气口、燃油、燃气、储藏室通风口、医用真空系统及麻醉排气排放系统的排气口附近，空气中不应有颗粒或异味。

3 如果室内空气经过处理后等同于或优于室外空气质量要求，如经过滤的手术室通风系统的空气等，只要空气质量能够持续保证，则可以将医疗空气进气口安装在室内。

医疗空气供应源与医用真空汇、牙科专用真空汇及麻醉废气排放系统放在同一站房内时，若真空泵排气口泄漏或维护时，可能会导致医疗空气机组的进气受到污染，故应避免。

4 非金属材料如PVC，在高温或进气管附近发生火灾时，材料本身可能会产生有毒气体，未经防腐处理的金属管道如钢管可能会因为氧化锈蚀而产生金属碎屑。此类材料用于进气管时，有毒气体和金属碎屑可能进入压缩机及管道系统，从而影响医疗空气的品质或增加运行费用等。

医疗空气进气应防止鸟虫、碎片、雨雪及金属碎屑进入进气管道。国外曾有报道飞鸟进入医疗空气进气管道及压缩机系统后造成医疗空气中异味，达不到医疗空气品质标准的事例。

4.1.4 1 空气过滤器安装在减压阀之前系为了防止油污、粉尘等损坏减压阀。

2 本款数据依据NFPA 99中5.1.3.5.8（3）制定。

3 本款为强制性条款。设置活性炭过滤器的目的是为了过滤油蒸汽并消除油异味，可以有效减少对体弱病人的刺激与不利影响，具有非常重要的作用，在系统不使用全无油的压缩机时必须设置。

4 细菌过滤器可有效防止花粉、孢子等致敏源对体弱病人的影响，在有条件时宜考虑设置。

4.1.5 1 干燥机、过滤器、减压装置及储气罐维修时，通过阀门或止回阀隔断气体，防止回流至维修管道回路，不至于中断供气。是保证单一故障状态下能不间断供气的必要手段。

3 当储气罐的自动排水阀损坏时再采用手动排水阀排水，此为安全备用措施。

4.1.6 2 本款规定系为防止两台或两台以上压缩机同时启动时，启动瞬时电流过大可能会造成供电动力柜故障。

4.1.7 本条为强制性条文。本条规定系为防止主电源因故停止供电时，导致机组长时间停止运行影响供气。

医疗空气作为一种重要的医用气体，一般供应生命支持区域作为呼吸机等用途，其供应的间断有可能会导致严重的医疗事故。因此医疗空气供应源的动力供应必须有备用。

Ⅱ 器械空气供应源

4.1.8 本条为强制性条文。非独立设置的器械空气系统在用于工具维修、吹扫、非医疗气动工具、密封门等的驱动用途时，有些情况下流量波动往往较大而且无法预计，从而会影响器械空气的流量和压力，增加系统故障频率，缩短系统使用寿命，甚至把污染物带进系统中，从而影响医疗空气的正常供应。因医疗空气的供应对于病人生命直接相关，故非独立设置的器械空气系统不能用于非医用用途。而且气动医疗器械驱动时，往往对器械空气的流量与压力要求较高，所以非独立设置的器械空气系统也不能用于上述非医用用途。

一般地说来独立设置的器械空气系统允许用于医疗辅助用途，包括手术用气动工具、横梁式吊架、吊塔等设备的驱动压缩空气等。

4.1.9 1 器械空气作为医疗器械的动力用气体，往往用在手术室等重要的生命支持区域，其供应如有中断或不正常有可能会导致严重的医疗事故，因此器械空气的供应必须有可靠的保障。本规定使得器械空气供应源在单台压缩机故障，或机组任何单一支路上的元件或部件发生故障时均能连续供气。因此，器械空气供应源包括控制系统在内的所有元件、部件均应有冗余。

4.1.10 2 本款数据依据NFPA 99中5.1.3.8.7.2（3）制定。

Ⅲ 牙科空气供应源

4.1.14 牙科供气不属于生命支持系统的一部分，所以对压缩机的备用、故障情况的连续供气等要求都较低。而且牙科用气往往供应量较大，尤其带教学功能的牙科医院，因教学牙椅同时使用率高，宜单独配置压缩机组避免对医疗空气的影响。所以对于一般医院来说，建议牙科气体独立成系统。

4.2 氧气供应源

Ⅰ 一 般 规 定

4.2.5 医用氧气气源应根据供应与需求模式的不同

合理选择气源，进行组合。使用液氧类气源时，液氧会有蒸发损耗，若长时间不用可能造成储量不足。而医用分子筛供应源需要一定的启动时间，无法满足随时供应的要求，因此只能使用医用氧气钢瓶作为应急备用气源。

4.2.6 本条规定的数据源自 ISO 7396－1 中 5.3.4 条及 ISO 15001 规定。

4.2.7 由于高压氧气快速流过碳钢管材存在着火灾的危险性较大，根据现行国家标准《深度冷冻法生产氧气及相关气体安全技术规程》GB 16912—2008 中 8.3 款规定以及 NFPA99C 等国外有关标准而制定本条。

4.2.8 本条规定为强制性条文，系为防止主电源因故停止供电时无法连续供应氧气。

医用氧气作为一种重要的医用气体，其间断供应有可能会导致严重的医疗事故。因此医用氧气供应源、分子筛制氧机组的动力供应必须设置备用。

4.2.9 医用氧气为助燃性气体，设计时应考虑其排放对周围环境安全的影响。

Ⅱ 医用液氧贮罐供应源

4.2.11 医用液氧贮罐作为低温储存容器应确保其安全可靠，因此只具备一种安全泄放设施是不够的，一般应设有两种安全泄放方面的措施。

由于医用液氧会吸收环境中热量而迅速汽化，体积大量增加，从而使密闭的管路段中压力升高产生危险，因此两个阀门之间有凹槽、兜弯、上下翻高的地方，以及切断液氧管段的两个阀门间可能积存液氧，则该管段必须设置安全泄放装置。

4.2.13 由于目前的接口规格与液氮等液体一样，所以存在误接误装的危险，且国内曾出现过此类事故，因此提出此要求。保护设施可避免污物堵塞或污染充灌口。医用液氧贮罐的充装口应设置在安全、方便位置，以防被撞，同时方便槽罐车进行灌注。

4.2.14 由于医用液氧贮罐、汽化及调压装置的法兰等连接部位，有时会出现泄漏的情况，因此要求设在空气流通场所。建议都设置在室外。

Ⅲ 医用氧焊接绝热气瓶汇流排供应源

4.2.17 由于目前的接口规格与液氮等液体一样，存在误接误装的危险。且曾出现过此类事故，因此提出此要求。

Ⅳ 医用氧气钢瓶汇流排供应源

4.2.18 汇流排容量应是每组钢瓶容量均能满足计算流量和运行周期要求。由于医疗卫生机构规模不一样，每班操作人员的人数及更换气瓶的熟练程度也不一样而有所不同。

Ⅴ 医用分子筛制氧机供应源

4.2.21 作为医用气体系统建设方面的标准，本规范对医用分子筛（PSA）制氧在医疗卫生机构内通过医用管道系统集中供应时的安全措施作出了规定，不涉及 PSA 制氧设备作为医疗设备注册以及 PSA 产品气体在医疗用途等方面的要求。

本部分主要依据《Oxygen concentrator supply systems for use with medical gas pipeline systems》ISO 10083：2006 标准，结合国内医院具体情况制定。该标准定义 PSA 产出气体为"富氧空气"（oxygen-enriched air），氧浓度为 90%～96%，并说明其在医疗应用的范围及许可与否均由各国或地区自行确定。

我国药典目前尚未收录 PSA 法产生的氧气条目，现行的管理规定允许 PSA 制氧机在医院内部使用。医用 PSA 制氧及其产品在医院的应用应以其最新规定为准。

4.2.23 由于分子筛制氧机的产品气体与空压机进气品质相关，且分子筛有优先吸附水分、油分及麻醉排放废气的特性，吸附这些成分后会引起吸附性能逐渐降低，因此必须对其进气口作相应规定。

4.2.24 医用 PSA 制氧产品作为在医院现场生产的重要气体，其供应品质宜具有完善的实时监测。设置氧浓度及水分、一氧化碳杂质的在线分析装置，是为了能够及时发现分子筛吸附性能的变化，从而及时采取相应措施。

4.2.27～4.2.29 分子筛制氧机在实际运行中有可能因电源供应、内部故障而影响到气体供应，这几条的规定是保证 PSA 氧气源及其供氧品质稳定的必要保障措施。

4.2.30 医院工作现场一般不具备国家对于气瓶充装规定的安全要求及人员培训、定期检查等条件，为避免医院因气瓶充装带来的危险与危害，同时也减少富氧空气钢瓶与医用氧气钢瓶内残余气体混淆的可能，因此制定本条。

4.3 医用氮气、医用二氧化碳、医用氧化亚氮、医用混合气体供应源

4.3.1、4.3.2 由于医疗卫生机构的医用氮气、医用二氧化碳、医用氧化亚氮和医用混合气体一般用量不是很大，故一般是采用汇流排形式供应。医用混合气体一般有氮/氧、氮/氧、氧化亚氮/氮、氧/二氧化碳等。

汇流排容量应是每组钢瓶容量均能满足计算流量和运行周期的要求。汇流排容量因医疗卫生机构规模不一样，每班操作人员的人数及更换气瓶的熟练程度也不一样而有所不同。

4.3.3 3 本款规定源自 ISO 7396—1 中 5.3.4 条并依据 ISO 15001 规定。

4 国内现有气瓶的接口规格对于每一种气体不是唯一的,存在着错接的可能。因此应使用专用气瓶,只允许使用与钢印标记一致的介质,不得改装使用。在接口处也有防错接措施以避免事故的发生。

4.3.5 本条为强制性条文。医用气体汇流排所供应的气体对于病人的生命保障非常重要,如果中断可能会造成严重医疗事故直至危及病人生命。因此应该保证在断电或控制系统有问题的情况下,能够持续供应气体。本条是为了保障使用医用气体汇流排的气源能够在意外情况下可靠供气,因此汇流排的结构可能不同于一般用途的产品,在产品设计中应有特殊考虑。

医用二氧化碳、医用氧化亚氮气体供应源汇流排在供应量达到一定程度时会有气体结冰情况出现,如不采取措施会影响气体的正常供应,造成严重后果。所以应充分考虑气体供应量及环境温度的条件,一般应在汇流排机构上进行特殊设计,如安装加热装置等。

4.4 真 空 汇

Ⅰ 医用真空汇

4.4.1 1 本款为强制性条款。因真空汇内气体的流动是一个汇集的过程,随着管路系统内真空度的变化,气体的流动方向具有不确定性。三级、四级生物安全试验室、放射性沾染场所如共用真空汇极易产生交叉感染或污染,故应禁止这种用法。

3 非三级、四级生物安全试验室与医疗真空汇共用时,教学用真空与医用真空之间各自设独立的阀门及真空除污罐,可在试验教学真空管路出现故障需要停气时不影响医用真空管路的正常供应,反之亦然。

4 本款为强制性条款。医用真空在医疗卫生机构的作用非常重要,如手术中的真空中断有可能会造成严重的医疗事故,因此其应有可靠的供应保障。本规定使得系统在单台真空泵或机组任何单一支路上的元件或部件发生故障时,能连续供应并满足最高计算流量的要求。因此,包括控制系统在内的元件、部件均应有冗余。

4.4.2 3 真空机组设置防倒流装置是为了阻止真空系统内气体回流至不运行的真空泵。

4.4.4 2 为防止鸟虫、碎片、雨雪及金属碎屑可能经排气管道进入真空泵而损坏泵体,应采取保护措施。

4.4.5 每台真空泵设阀门或止回阀,与中央管道系统和其他真空泵隔离开,以便真空泵检修或维护时,机组能连续供应。真空罐应在进、出口侧安装阀门,在储气罐维护时不会影响真空供应。

4.4.7 本条为强制性条文。系为防止医用真空汇主电源因故停止供电时,导致机组长时间停止运行,影响供气。

医用真空在医疗卫生机构中起着重要的作用,尤其手术、ICU等生命支持区域都需要大流量不间断供应,供应的不善有可能会导致严重的医疗事故。因此医用真空汇的动力供应必须有备用。

4.4.8 目前国内医院使用液环泵较多。液环泵系统耗水量较大,一般需要安装水循环系统,由于部分液环泵的水循环系统易漏水,真空排气中细菌随着水漏出造成站房与环境污染。同时系统中的真空电磁阀、止回阀关闭不严造成密封液体回流等故障现象也较多,真空压力有时不能保证,实际应用中应加以注意。

Ⅱ 牙科专用真空汇

4.4.9 牙科专用真空汇与医用真空汇的要求与配置均不相同,故两者一般不应共用。牙科用汞合金含有50%汞,对水及环境会造成严重污染,因此应设置汞合金分离装置。

4.4.10 2 水循环系统既可节水并减少污水处理量,也可在外部供水短暂停止时通过内部水循环系统维持真空系统持续工作,保护水环泵。

4.4.11 1 本条规定数据源自于 HTM 2022 supplement 中图 4.1～图 4.3（Figure 4.1 - Figure 4.3）。

2 细菌过滤器的阻力有可能影响真空泵的流量及效率,如需安装细菌过滤器,应及时对细菌过滤器进行保养（更换滤芯）,以免细菌过滤器阻力过大。

4.5 麻醉或呼吸废气排放系统

4.5.1 麻醉或呼吸废气排放系统的设计有其特殊性,关于流量方面的要求见本规范 9.1.6 条,工程实际中应根据医疗卫生机构麻醉机的使用要求,咨询有经验的医务人员来选择系统的类型、数量、终端位置及安全要求等。

4.5.2 本条为强制性条文。由于麻醉废气中往往含醚类化合物以及助燃气体氧气,真空泵的润滑油与氧化亚氮及氧气在高温环境下会增加火灾的危险,排放系统的材料若与之发生化学反应会造成不可预料的严重后果。

本条未对一氧化氮废气排放的管材作出要求。一氧化氮性质不稳定,会与空气中的氧气、水发生化学反应后产生硝酸,因此系统应能耐受硝酸的腐蚀。但其用于治疗用途时浓度很低,因而对器材或管道的腐蚀问题不大。当然,使用不锈钢或含氟塑料的材料是更好的选择。

4.5.4 1 每台麻醉或呼吸废气排放真空泵设阀门或止回阀与管道系统和其他真空泵隔离开,是为了便于真空泵检修和维护。

4.5.8 引射式排放如与医疗空气气源共用,设计时应考虑到有可能对医疗空气供应产生的影响,否则应采用惰性压缩气体、器械空气或其他独立压缩空气系统驱动。

4.6 建筑及构筑物

4.6.3 第2款依据和综合以下标准制定：

1）现行国家标准《建筑设计防火规范》GB 50016中4.3.5规定："液氧贮罐周围5m范围内不应有可燃物和设置沥青路面"。

2）在美国消防标准《便携式和固定式容器装、瓶装及罐装压缩气及低温流体的储存、使用、输送标准》NFPA55中的有关规定：液氧贮存时，贮罐和供应设备的液体接口下方地面应为不燃材料表面，该不燃表面应在以液氧可能泄漏处为中心至少1.0m直径范围内；在机动供应设备下方的不燃表面至少等于车辆全长，并在竖轴方向至少2.5m的距离；以上区域若有坡度，应该考虑液氧可能溢流到相邻的燃料处；若地面有膨胀缝，填缝材料应采用不燃材料。

4.6.4 目前国内的医院液氧设置现状中，依照医院规模的大小不同，常用的液氧贮罐容积一般是 3m³、5m³、10m³ 等几种，总容量一般不超过 20m³。本条 1～3 条款规定了医疗卫生机构的液氧贮罐与区域外部及围墙直至内部的建筑物的安全间距。

2 本款规定了医疗卫生机构的液氧贮罐与区域围墙的安全间距，规定的外界条件与数值的不同，目的是为了与边界外的建筑物等有一个全局范围内的呼应，从而在总体上符合现行国家标准《建筑设计防火规范》GB 50016 的规定。

3 我国医院多数都设立在人员密集的市区，院内的地域范围往往很有限，而液氧贮罐气源在充罐和泄漏时会在附近区域形成一个富氧区，造成火灾或爆炸危险，因此应对其安全距离制定一个严格的要求。液氧贮罐气源按医疗工艺的需求在一般情况下是医院必备的基础设施。为液氧贮罐制定一个较为详细的安全间距，对于医疗卫生机构满足医疗工艺需求，合理规划医疗环境、高效使用土地有着重要的意义。

医疗卫生机构的用氧属于封闭的、相对安全的使用环境，有别于工厂制氧阶段的储存。本表制定的主要依据为：

1）美国消防标准 2005 年版《便携式和固定式容器装、瓶装及罐装压缩气体及低温流体的储存、使用、输送标准》（Standard for the storage use and handling of compressed gases and cryogenic fluids in portable and stationary containers, cylinders, and tanks）NFPA55 中有关大宗氧气系统的气态或液态氧气系统的最小间距规定。

2）英国压缩气体协会 BCGA 标准 CP19。

3）ISO 7396 - 1：2007。

考虑到国内的具体安装情况及安全管理条件，本表依据上述标准并严格规定了部分条件下安全距离的

数值。

4.6.5、4.6.6 本部分是参考现行国家标准《氧气站设计规范》GB 50030—91 中第 2.0.5 条、第 2.0.6 条，现行国家标准《深度冷冻法生产氧气及相关气体安全技术规程》GB 16912—2008 中 4.6.2、4.6.3 而制定的。其中 4.6.6 条是依据 ISO 7396 - 1 5.8 供应系统设置位置的要求，为压缩机或真空泵运行安全而作此规定。

4.6.7 本条为强制性条文。地下室内的通风不易保证，且氧气、医用氧化亚氮、医用二氧化碳、常用医用混合气体的部分组分均比空气重，安装在地下或半地下或医疗建筑内均易因泄漏形成积聚，造成火灾、窒息或毒性危险。医用分子筛制氧机组作为氧气生产设备，在建筑物中也容易因为氧气泄漏积聚而造成火灾危险，故不应与其他建筑功能合用。

4.6.8 由于医用气体储存库会储有不同种医用气体，因此必须按品种放置，并标以明显标志，以免混淆。对一种医用气体，也要分实瓶区、空瓶区放置，并标以明显标志以免给供气带来不利影响。

由于医用气体储存时存在泄漏可能，因此要求应具备良好的通风。气瓶的储存要求避免阳光直射。

4.6.11 国内医用气源站曾多次发生因接地不良引发的事故，尤其高压医用气体汇流排管道及安全放散管道、减压器前后的主管道是医用气体系统发生爆炸最多的地方。多起医用气体系统爆炸事故事后检查发现，通常是没有接地或因年久失修导致接地不良引起，因此医用气体系统应保证接地状况良好。

5 医用气体管道与附件

5.1 一般规定

5.1.3 本条增加了医疗卫生机构重要部门的供气可靠性。

鉴于国内综合性医院普遍床位数较多、规模较大，为了防止普通病房用气对重要部门的干扰，对于重要部门设专用管路可以提高用气安全性，此外从气源单独接管也便于事故状况下供气的应急管理。但当医院规模较小，整个系统的安全使用有良好的保障时，生命支持区域也可以不设单独供应管路。

5.1.10 管道间安全间距无法达到要求时，可用绝缘材料或套管将管道包覆等方法隔离。

5.1.13 这里的其他情况主要指管道埋深不足、地面上载荷较大等情况。

5.1.14 2 医用气体供应主干管道如采用电动或气动阀门，在电气控制或气动控制元件出现故障时可能会产生误动作或无法操作阀门，特别是因误动作关闭阀门时，将会造成停气的危险。

大于 $DN25$ 的阀门如采用快开阀门，由于氧气流

量流速较大易发生事故。

非区域阀门应安装在受控区域（如安装在带锁的房间内）或阀门带锁，便于安全管理。此规定是防止无关人员误操作阀门而影响阀门所控制区域的气体供应。

5.1.15 区域阀门主要用于发生火灾等紧急情况时的隔离及维护使用。关闭区域阀门可阻止或延缓火灾蔓延至附近区域，对需要一定时间处理后才能疏散的危重病人起到保护作用。一些特殊区域是否作为生命支持区域对待可根据医院自身情况确定，如有些医院可能认为膀胱镜或腹腔镜使用区域也需要安装区域阀门。如果一个重要生命支持区域的区域阀控制的病床数超过 10 个时，可根据具体情况考虑将该区域分成多个区域。

区域阀门应尽量安装在可控或易管理的区域，如医院员工经常出入的走廊中容易看见的位置，一旦控制区域内发生紧急情况时，医院员工被疏散走出通道的同时可经过区域阀并将其关闭。如果安装在不可控的公共区域，可能会发生人为地恶意或无意操作而引发事故。区域阀门不应安装在上锁区域如上锁的房间、壁橱内壁等；也不应安装在隐蔽的地方如门背后的墙上，否则会在开门或关门时会挡住区域阀门，发生紧急状况时不易找到这些阀门。

保护用的阀门箱应设有带可击碎玻璃或可移动的箱门或箱盖，且阀门箱大小应以方便操作箱内阀门为原则。在发生紧急情况需要关闭区域阀门时，可以直接击碎箱门上的玻璃或移动箱门或箱盖操作阀门。

5.2 管材与附件

5.2.1 本条为强制性条文。医用气体供应与病人的生命息息相关，出于管道寿命和卫生洁净度方面的严格要求，特对管材作此规定。

铜作为医用气体管材，是国际公认的安全优质材料，具有施工容易、焊接质量易于保证，焊接检验工作量小，材料抗腐蚀能力强特别是抗菌能力强的优点。因此目前国际上通用的医用气体标准中，包括医用真空在内的医用气体管道均采用铜管。

但在中国国内，业内也有多年使用不锈钢管的经验。不锈钢管与铜管相比强度、刚度性能更好，材料的抗腐蚀能力也较好。但是在使用中有害残留不易清除，尤其医用气体管道通常口径小壁厚薄，焊接难度大，总体质量不易保证，焊接检验工作量也较大。

目前有色金属行业标准《医用气体和真空用无缝铜管》YS/T 650—2007 规定了针对医用气体的专用铜管材要求，而国内没有针对医用气体使用的不锈钢管材专用标准。鉴于国内医用气体工程的现状，本规范将铜与不锈钢均作为医用气体允许使用的管道材料，但建议医院使用医用气体专用的成品无缝铜管。

镀锌钢管在国内医院的真空系统中曾大量使用，

并经长期运行证明了其易泄漏、寿命短、影响真空度等不可靠性，依据国际通用规范的要求本规范不再采纳。

一氧化氮呼吸废气排放因气体成分的原因宜使用不锈钢管道材料。

国内的医院一般为综合性多床位医院，非金属管材在材质质量、防火等方面的实际可控制性差，本规范依据国际通用标准未将非金属管材列为医用真空管路的允许用材料，但允许麻醉废气、牙科真空等设计真空压力低于 27kPa 的真空管路使用。在工程实际中这部分管材允许使用优质 PVC 材料等非金属材质。ISO 7396 标准在麻醉废气排放管路的材料中也提及了非金属管材，但没有进一步的详细要求。

5.2.5 1 本款为强制性条款。医用气体管道输送的气体可能直接作用于病人，对管材洁净度与毒性残留的要求很高，油脂和有害残留将会对病人产生严重危害，因此医用气体管材与附件应严格脱脂。

工程实际中一般可使用符合国家现行标准《医用气体和真空用无缝铜管》YS/T 650—2007 标准的专用成品无缝铜管。对于无缝不锈钢管，因其没有专用管材标准，本规范对清洗脱脂的要求系按照国家现行标准《医用气体和真空用无缝铜管》YS/T 650—2007 标准及 BS EN 13348 中规定的数值等同采用，实际中管材的清洗脱脂方法也可参照使用。

4 规定管材的清洗应在交付用户前完成，是因为在工厂集中进行脱脂可以保证脱脂质量并达到生产过程中的环保要求。其脱脂应在指定区域、指定设备、有生产能力及排放资质的企业或场所进行。

5 真空管道脱脂可以有效杜绝施工时与压缩医用气体脱脂管材混淆使用的情况出现。

5.2.8 由于阀门与管道可能采用不同材质（如黄铜材质阀门与紫铜管道），阀门与管道的焊接往往需要焊剂，焊接后的阀门需要进行清洗处理。而现场焊接无法满足清洗要求，故需在制造工厂或其他专业焊接厂家的特定场所进行，在阀门两端焊接与气体管道相同材质的连接短管，清洗完成后便于阀门现场焊接使用。

5.2.9 本条为强制性条文。医用气体中的化合物成分如麻醉废气中的醚类化合物、氧气等，如与医用气体管道、附件材料发生化学反应，可能会造成火灾、腐蚀、危害病人等不可预料的严重后果，应避免此类问题出现的可能。

5.2.14 医用气体减压装置上的安全阀按照国内现行有关规定，应定期进行校验，因此有必要将减压装置分为含安全放散的、功能完全相同的双路型式。

5.2.16 1 本条规定数据参考 HTM 2-01 中 7.45 条及 9.29 条制定。

5.2.17 本条数据参考 ISO 15001 参数规定及 ISO 7396-1 制定。真空阀门与附件可以不要求脱脂处理。

5.3 颜色和标识

Ⅰ 一 般 规 定

5.3.1 所有医用气体工程系统中必须有耐久、清晰、可识别的标识，所有标识的内容应保持完整，缺一不可。这些规定是安全、正确地输送、供应、使用、检测、维修医用气体的必要保证。设置后的标识肉眼易观察到，检查、维修不受影响，不易受损于环境和外力因素。

5.3.3 表5.3.3的规定等效于 ISO 5359—2008，稍有改动。

表中颜色编码系采用《漆膜颜色标准样卡》GSB 05—1426—2001 的规定。因颜色样卡中无黑色、白色的规定编号，使用中按常规黑色、白色作颜色标识。

关于医用分子筛制氧机组的产出气体，由于国内医药管理部门现在还没有明确规定，因此表中未列出。实际应用中，建议依据 ISO 10083—2006 的规定，标识如下：名称：医用富氧空气；中文代号：富氧空气；英文代号：93％O₂；颜色：白色。

标识和颜色规定的耐久性可按照下法试验：在环境温度下，用手不太用力地反复摩擦标识和颜色标记，首先用蒸馏水浸湿的抹布擦拭15s，然后用酒精浸湿后擦拭15s，再用异丙醇浸湿擦拭15s。标记仍应清晰可识别。

Ⅱ 颜色和标识的设置规定

5.3.9 在对阀门标识时，一般应标识在阀门主体部位较大或较平坦的面积体位上。应尽量把标识的内容集中在一个面上。第3款注意事项应标识在此标识内容区域中最明显之处或另设独立标识。

5.3.11 在执行本条过程中，应注意色带是连续的且不易脱落，并视实际情况适当增加色带的条数。

6 医用气体供应末端设施

6.0.4 一般情况下，当气体终端组件横排安装于墙面或带式医用气体供应装置上时，便于医用气体系统使用的气体终端组件最佳高度为1.4m左右。如果气体终端组件安装在带式医用气体供应装置上时，供应装置可能安装的照明灯或阅读灯的布置不应妨碍医用气体装置或器材的使用。

出于以人为本的考虑，有时把气体终端组件安装在带有装饰面板（壁画）的墙内，此时最边上的气体终端组件至少应该离两边墙体100mm，离顶部200mm，离墙体底部300mm，墙体内深度不宜小于150mm。墙面上有表明内有医用气体装置的明显标识。

为了使用方便，一些医疗卫生机构可能在医用气体供应装置或病床两侧同时布置气体终端组件。相同气体终端组件应对称布置。

6.0.5 2 当医用气体供应装置向其他医疗设备提供电源时，如果安装开关或保险，误操作时将危及到病人的安全。

6.0.6 真空瓶是用于阻止吸出的液体进入真空管道系统，真空瓶的支架在设计安装中却经常被忽视，由于真空瓶比较重，直接通过与终端二次接头接至终端易损坏气体终端内的阀门部件，极端情况下还可能导致终端插座从安装面板上脱落下来，因此独立支架的作用非常重要。支架布置以便于医护人员操作为原则，一般设在真空气体终端离病人较远一侧。真空瓶支架也可设置在医用供应装置以外的区域，如安装在病床附近、高度为450mm～600mm的墙上。图1、图2表示了这种常用的安装示例。

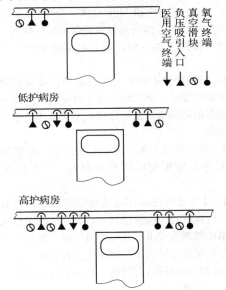

图1 真空瓶支架的常用安装位置示意（一）

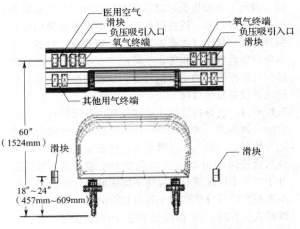

图2 真空瓶支架的常用安装位置示意（二）

7 医用气体系统监测报警

7.1 医用气体系统报警

7.1.1 安装医用气体系统监测和报警装置有四个不同的目的。四个目的所对应的分别是临床资料信号、操作警报、紧急操作警报和紧急临床警报。

临床资料信号的目的是显示正常状态；操作报警的目的是通知技术人员在一个供应系统中有一个或多个供应源不能继续使用，需采取必要行动；紧急操作警报显示在管道内有异常压力，并通知技术人员立即作出反应；紧急临床警报显示在管道内存在异常压力，通知技术人员和临床人员立即作出反应。

鉴于报警系统实现的多样性与复杂性以及国内的现状，本规范在参考了 ISO 7396—1 及 CEI/IEC 60601—1—8：2006 和 NFPA99C：2005 标准的情况下，未进一步对具体的报警声光颜色进行规定。实际实施中可按照上述目的进行监测报警系统的设计与建造。

1 就地报警中有些气源设备的故障报警允许共用一个故障显示，如压缩机发生故障时可只用一个表示压缩机故障的报警显示即可，不必具体显示发生故障的部位。

2 声响报警无条件启动是指当某一报警被静音而又发生其他报警等情况出现时，声响报警应能重启。

4 本款指传感器在连线故障或显示自身故障的时候，应该有相应的报警显示，不会造成医护或维修人员错误判断为管道中气体压力故障。在主电源断电后应急电源自动投入运行前往往会有短暂的停电，报警应该能在来电后自行启动，且不会有误报警，也不需要人工复位。

7.1.2 6 气源报警主要目的是在气源设备出现任何故障时，通过气源报警通知相关负责人至现场处理故障。因此，气源报警可以不要求显示每一个气源设备的具体报警内容。这样既可把每一个本地报警信号分别独立地连接至气源报警器每一个信号点，对每一个本地报警内容重复报警，也可把所有本地报警信号并接到气源报警器的一个信号点，只在气源报警器上显示气源设备发生故障。

7.1.3 1 气源报警用于监测气源设备运行情况及总管的气体压力，为了能 24 小时连续监控气源设备的运行状况，一般气源报警器可在值班室、电话交换室或其他任何 24 小时有人的地方安装。当气源设备处于以下不同区域时，应将不同区域的气源设备上的本地报警信号分别传送至各自独立的报警模块，便于维修人员判断：1）医院设有多个医疗空气气源、器械空气气源、医用真空汇、麻醉废气排放系统且每套系统位于不同区域；2）气源设备内压缩机或真空泵位于不同区域；3）其他气源设备如汇流排位于不同区域。

2 为了让维护人员也能及时了解气源设备的运行状况，及时处理故障，有时可在负责医用气体维护人员的办公室或机房办公区域设第二个气源报警器。这样也可在一个气源报警器发生故障时保证气源设备能持续被监控。两个气源报警器的信号线不应该通过某一个报警器或接线盒并线后连接至传感器，防止因并线处故障而造成两个报警器都不能正常工作。

有些报警信号可能无法直接连接至气源报警器而需要通过继电器转换后连接，若继电器控制电源与某一个气源报警器控制电源共用时，报警器电源发生故障会影响另一气源报警器的正常报警。

7.1.4 2 和 **3** 款对重要部门的区域报警设置进行规定。一般说来，重症监护及其他重要生命支持区域的区域报警安装位置可按如下原则选择：1）该区域确保 24 小时有员工值班，如护士站等地方；2）区域报警应安装在易观察，听得到报警信号的位置。不能安装在门后墙上或设备上、其他阻挡物的背后以及办公室内；3）如果不同区域的区域报警器的最佳安装位置在同一个地方，例如，不同科室共用了护士站，这些区域的报警信号可安装在同一报警面板上，并设有监测区域标识。

麻醉室的区域报警安装位置可按如下原则选择：1）区域报警器应靠近麻醉室并 24 小时有员工值班，例如，手术区域的护士站；2）区域报警器应安装在易观察，听得到报警信号的位置。不能安装在门后墙上或设备上、其他阻挡物的背后以及办公室内。

7.1.5 1 当系统所需流量大于正常运行时气源机组的流量，或因设备故障机组输出的流量无法满足系统正常所需流量时，此时备用压缩机、真空泵或麻醉废气泵投入运行，同时启动备用运行报警信号表示没有备用机可使用。真空泵的故障停机报警需要根据真空泵类型的不同区别设定。

3 液环压缩机的高水位报警是为满足压缩机运行要求由厂家设置的报警。对于液环或水冷式压缩机系统，储气罐易积聚液态水，如液态水不及时排除可能会进入后续处理设备（如过滤器、干燥机等），因此需设有液位报警以防止自动排污装置的故障。当液位高于可视玻璃窗口或液位计时，很难辨别储气罐中液位是低于窗口或液位计的最低位置，还是已超过窗口或液位计最高位置。因此可视玻璃窗口或液位计最高位置宜作为液位报警的报警液位。

4 本款规定医疗空气常压露点报警参数源自NFPA99C，器械空气常压露点报警参数源自 HTM 02－01。

7.2 医用气体计量

7.2.1 制定本条规定的目的，是医用气体系统作为医院生命支持系统，不鼓励以计费为目的在医院内设置气体多级计量装置。

7.3 医用气体系统集中监测与报警

7.3.1 医用气体系统集中监测与报警功能可由医疗卫生机构根据自身建设标准、功能需求等确定是否设置。

7.3.4 软件冗余指采取镜像等技术，将关键数据做备份等方法。

7.3.8 中央监控管理系统兼有 MIS 功能，可为所辖医用气体设备建立档案管理数据，供管理人员使用。

7.4 医用气体传感器

7.4.5 区域报警及其传感器安装位置可按以下情况设置：

因每个手术室、麻醉室都设有一个区域阀门，如果这些房间相对集中，且附近有护士站，则允许在相对集中的手术室或麻醉房间安装一个区域报警器，如脑外科手术室的区域，此时传感器应安装在任何一个区域阀门的气源侧，否则无法监测该区域阀门以外的其他麻醉场所。

如果每个手术室或麻醉室相对分散，每个房间有自己的专职人员且附近没有中心护士站，则每个手术室、麻醉室都需安装独立区域报警器，传感器应安装在每个区域阀门的使用端。

一般推荐每个手术室均安装独立的区域报警器，传感器应安装在每个区域阀门的病人使用侧。其他区域如重症监护室、普通病区等，只需在相对集中区域安装一个区域阀及区域报警即可。

8 医用氧舱气体供应

8.1 一般规定

8.1.1 本规范是为符合现行国家标准《医用氧气加压舱》GB/T 19284 和《医用空气加压氧舱》GB/T 12130 的医用氧舱供应气体进行规定，不包括飞行器、船舶、海洋上作业的载人压力容器等。

医用氧舱气体供应一般是一个独立的系统，且不属于生命支持系统的一部分。除医用空气加压氧舱的氧气供应源或液氧供应源在适当情况下可以与医疗卫生机构医用气体系统共用外，其余所有的部分均应独立于集中供应的医用气体系统之外自成体系。考虑到国内一般都把氧舱供气作为医用气体的一部分对待，且氧舱供气也有其独特要求，所以本规范针对目前国内医用氧舱的情况，规定了该类氧舱的气体供应要

求。但不涉及氧舱本体及其工艺对相关专业的要求。

9 医用气体系统设计

9.1 一般规定

9.1.6 关于麻醉废气排放流量的有关问题的说明：

按 BS 6834：1987 规定，对于粗真空方式的麻醉废气排放，医生控制使用压降允许 1kPa 时，最大设计流量应能达到 130L/min，压降允许 4kPa 时，最小设计流量应能达到 80L/min。按 ISO 7396—2 规定，对于引射式麻醉废气排放，所需的器械空气医生控制压降允许 1kPa 时，最大设计流量应能达到 80L/min，压降允许 2kPa 时，最小设计流量应能达到 50L/min。

鉴于国内麻醉废气排放系统有关标准均按照 ISO 系列标准规定，因此本规范也按照 ISO 8835—3：2007 进行规定，未采纳英美等国流量更大的数据。但实际使用中应注意到医疗卫生机构自身的麻醉设备对于废气排放的需求，如果尚有大流量的麻醉设备在使用，则在排放系统的设计中要相应加大设计流量。

9.2 气体流量计算与规定

9.2.1 本条公式系采用 HTM 02-01 的计算方法与形式修改而成。附录 B 的数值也是如此，并根据我国医院实际，对国内医院统计数值进行了部分数值的调整。

9.2.3 本表数值源自 HTM 02-01。

9.2.4、9.2.5 这两条规定的数值源自现行国家标准《医用氧气加压舱》GB/T 19284 和《医用空气加压氧舱》GB/T 12130 的规定。

10 医用气体工程施工

10.1 一般规定

10.1.1 医用气体系统是关系到病人生命安全的系统工程，为确保其质量和安全可靠运行，按国家有关部门要求，医用气体施工企业必须具备相关资质，与医疗器械生产经营有关者，还应具备医疗器械行业资质证明。

因为医用气体焊接要求的特殊性，故针对有关焊接能力有具体的要求。如焊工考试应按现行国家标准《现场设备、工业管道焊接工程施工及验收规范》GB 50236 第 5 章规定考试合格，取得有关部门专门证书。

射线照相的检验人员应按现行国家标准《无损检测人员资格鉴定与认证》GB/T 9445 或相关标准进行相应工业门类及级别的培训考核，并持有关考核机构颁发的资格证书。

医用气体工程安装应与土建及各相关专业的施工协调配合。如对有关设备的基础、预埋件、孔径较大的预留孔、沟槽及供水、供电等工程质量，应按设计和相关的施工规范进行检查验收。对与安装工程不协调之处提出修改意见，并通过建设单位与土建施工单位协调解决。

10.1.4 1 用惰性气体（氮气或氩气）保护，可有效消除管道氧化现象，形成清洁的焊缝，并防止管道内氧化颗粒物的生成，确保医用气体供应的安全与洁净。

3 本款为强制性条款。因氮气或氩气等惰性气体的聚集会造成空气含氧量减少，可能造成人员窒息等伤害事故，故现场应保持通风良好，或另行供应专用呼吸气体。

10.1.5 本条为强制性条文。医用氧或混合气体中的含氧量高时，与油膏反应极易造成火灾危险，故应防止此类事故的发生。

10.2 医用气体管道安装

10.2.3 1 以医用气体铜管加热制作弯管为例，加热温度为500℃～600℃，制作弯管在工厂进行。其加热温度是可控的，弯管时使用的润滑剂在弯管后能清洗洁净，也可经过热处理消除内应力、提高弯管的强度。而现场管材弯曲则无法控制温度和加热范围，容易造成过热过烧，采用填沙防瘪时又不能用惰性气体保护，容易产生氧化物或生成颗粒，影响医用气体输送的洁净度，使管道内壁粗糙，而且无法进行脱脂处理。所以，医用气体铜管不应在施工现场加热制作弯管。冷弯管材应该使用专用的弯管器弯曲。

不锈钢管工厂加热制作弯管应防止因退火造成晶格结构改变，奥氏体结构改变后会导致材料锈蚀。

10.2.5 采用比母材熔点低的金属材料作钎料，将焊件和钎料加热到高于钎料熔点但低于母材熔化温度，利用液态钎料毛细作用润湿母材，填充接头间隙并与母材相互扩散实现连接焊件的方法称为钎焊。使用熔点高于450℃的钎料进行的钎焊为硬钎焊，与熔点小于450℃的软钎焊相比，硬钎焊具有更高的接头强度。

管道深入管帽或法兰内，连接处形成角焊缝的焊接方式称之为承插焊接。主要用于小口径阀门和管道、管件和管道焊接或者高压管道、管件的焊接。

10.2.13 管段施工完成后，可采用充氮气或洁净空气保护等方法进行保护。

10.2.14 抽样焊缝应纵向切开检查。如果发现焊缝不能用，邻近的接头也要更换。焊接管道应完全插到另一管道或附件的孔肩里。管道及焊缝内部应清洁，无氧化物和特殊化合物，看到一些明显的热磨光痕迹是允许的。本条规定的数值采用了HTM 02-01的规定。

10.2.16 检查减压器静压特性的目的，是防止低压管路压力在零流量时压力缓慢升高过多，在使用氧气吸入器时，因超出吸入器强度导致湿化瓶爆裂或其他安全事故。医院曾多次发生过此类事件。

10.2.17 本条为强制性条文。分段、分区测试能确保每段和每个区域管道施工的可靠性，可以保证管道系统以及隐蔽工程的质量，降低了全系统试验的风险，本条对于医用气体管道施工质量非常重要。如不按此执行，则在使用中有可能会出现医用气体泄漏的情况，从而产生浪费、诱发火灾危险甚至中毒事故，故作此规定。

10.2.19 医用气体因使用的要求与气体成本都较高，管道的寿命要求长，氧化亚氮、二氧化氮、氮气等气体泄漏会对人体造成危害。因此在未接入终端状态下应该是不允许漏气的，即要求医用气体系统泄漏性试验平均每小时压降近似为零。

接入终端组件后，管路泄漏率与管路容积、终端组件数量有关。按ISO 9170-1要求，终端组件的泄漏不应超过0.296mL/min（相当于0.03kPa·L/min）。因此总装后系统泄漏率应为：

$$\Delta p = 1.8n \cdot t/V \qquad (1)$$

式中：Δp——允许压力降；

n——试验系统含终端组件数量；

t——切断气源保持压力时间（h）；

V——试验管路所含气体容积（kPa·L）。

本条系为简化规定，对于常见系统进行通用数值计算后得出，并根据当前国内的工程经验进行了调整。对于有条件的单位应该尽量减少泄漏。

10.2.20 原来行业标准推荐用白沙布条靶板检查，在5min内靶板上无污物为合格。多年实践证明该方法虽然简单易行，但当有焊渣、焊药等吹出时易伤人，且不易在白纱布条上留下痕迹，无法直接知晓颗粒物的大小。

ISO 7396-1检测污染物的方法和规定：所有压缩医用气体管路都要进行特殊污染物测试。测试应使用如图3的设备，在150L/min流量下至少进行15s。

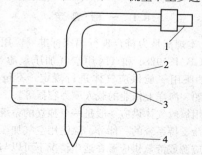

图3 管路内特殊污染物定性测试设备

1—能更换使用各种专用气体接头的部分；2—可承受1MPa压力的过滤网支架；3—直径50mm的滤网，滤网孔径为50μm；4—可调节或更换的喷嘴，在吹扫或测试压力下能通过150L/min流量的气流

10.3 医用气源站安装及调试

10.3.6 液氧罐装运、吊装、翻转、就位操作时，因重心高、偏心大易滚动，应合理搁置、有效牵动，采取有效的稳固措施防止液氧罐及附件（尤其是底部蒸发器）由于吊装而碰伤损坏。一般液氧罐应充氮气保护运输，在安装管道前放气。放气后应立即密封管口，防止潮湿气体进入罐中。

液氧罐吹扫时应注意各支路、表阀等处的吹扫。预冷中应监视其保温层和真空度，当表面出汗或结霜、真空度下降时，应及时处理，严重时应停止预冷。

11 医用气体系统检验与验收

11.1 一般规定

11.1.1 新建系统的检验与验收包括了系统中的所有设备及其部件，如压缩机组中的压缩机、干燥机、过滤系统、减压装置及管道、管道附件、报警装置等。对于系统的改扩建，相应部分限于拆除、更换、新增或被分离部分的区域，其检验与验收是变更点至使用端的气体供应区域。对未影响管道系统的气源设备或气体报警器更换时，只需要对这些设备或报警器进行功能检验即可。但是当改扩建部分影响到原有系统的整体性能时，还应该对与改扩建相关的部分进行流量、压力方面的测试。

除报警器外，管道上任何连接件的拆除、更新、增加都视为系统改、扩建或维修。气源设备或气体报警器内零配件的拆除、更换或增加视为气源设备或报警器的更换。

11.2 施工方的检验

11.2.3 本检验用于确认不同医用气体管道之间不存在交叉连接或未接通现象，以及终端组件无接错气体的问题存在。交叉错接测试在系统连接终端组件后进行，也可以在连接气源设备后，与气源设备测试同时进行，并测试系统每一个分支管道上连接的终端组件。

11.3 医用气体系统的验收

11.3.3 报警系统的检验可以在管道防交叉错接的检验、标识检测之后进行，在气源设备验证、管道颗粒物检验、运行压力检验、管道流量检验、管道洁净度检验、医用气体浓度检验之前进行。

11.3.7 本条规定的验收参数主要依据 NFPA 99C、HTM 02-01 制定。其中终端的输出流量可以是末端相邻的两个终端组件的数据。

6 医用氧气系统作本测试时，为防止危险应使用医疗空气或氮气进行。本款规定系针对国内医院普遍床位多、同时使用量大而制定，以保证管路系统能够满足实际的需求。

实际测试中可以在系统的每一主要管道支路中，选择管道长度上相对均布的 20% 的终端组件，每一终端均释放表 3.0.2 的平均典型使用流量来实现本测试条件。

11.3.8 检验设备应使用专用分析仪器，如气相色谱分析仪等。

附录 B 医用气体气源流量计算

B.0.1 本附录是供公式 9.2.1 参考使用的数据，系采用 HTM 02-01 的计算方法与型式制作，并按国内医院的特殊情况，根据国内医院统计数值进行了部分数值的调整。有关气体使用量的说明如下：

表 B.0.1 关于氧气流量的有关说明：

1 普通病房氧气流量一般在 5L/min～6L/min。但是如果使用喷雾器或者其他呼吸设备，每台终端设备在 400kPa 条件下应能够提供 10L/min 的流量。

2 手术室流量基于供氧流量 100L/min 的要求。由此手术室和麻醉室每台氧气终端设备应能通过 100L/min 的流量，但一般不可能几个手术室同时均供氧，流量的增加基于第一个手术室流量 100L/min，另一个手术室流量 10L/min。为得到至每个手术套间的流量，可将手术和麻醉室流量加起来即 110L/min。

3 在恢复中，有可能所有床位被同时占用，因而同时使用系数应为 100%。

4 气动呼吸机：如果能用医疗空气为动力气体，氧气不得被用作其驱动气体。如果必须用氧气作为呼吸机动力气体且呼吸机在 CPAP 模式下运行，设计管线和确定气罐尺寸时要考虑到可能遇到的高流量情况。这些呼吸机要用到更多的氧气，尤其是当调节不当时。如果设置不当可能会超出 120L/min，但是在较低流量下治疗效果更好。为了有一定的灵活性并增加容量，本条考虑了针对 75% 床位采用的变化流量 75L/min。如果 CPAP 通气治疗患者需要大量的床位，应考虑从气源引一条单独的管路。若设计计算有大量 CPAP 机器同时运行，而室内通风故障等原因会导致环境氧气浓度升高的病房应注意，系统安装应考虑氧气浓度高于 23.5% 的报警及处理。

B.0.2 表 B.0.2 关于氮气或器械空气的有关说明：

对于医疗气动工具，如不能知道确切使用量，可以根据每个工具 300L/min～350L/min 的使用量来大约估算，一个工具的使用时间可估算为每周 45min～60min。

B.0.5 表 B.0.5 关于氧化亚氮/氧气混合气的有关说明：

1 所有终端设备应能在很短时间内（正常情况下持续时间为5s）通过275L/min的流量，以提供患者喘息时的吸气，以及20L/min的连续流量，正常情况下实际流量不会超过20L/min。

2 分娩室流量的增加基于第一个床位流量275L/min，而其余每个床位流量6L/min，其中50%的时间里仅一半产妇在用气（喘息峰值吸气量为275L/min，而每分钟可呼吸量对应6L/min流量，而且，分娩妇女不会连续呼吸止痛混合气）。对于有12个或12个以上LDRP室的较大产科，应考虑两个喘息峰值吸气量。

3 氧化亚氮/氧气混合气可用于其他病区作止痛之用。流量的增加基于第一个治疗处10L/min流量，而其余治疗处的1/4有25%的时间是6L/min流量。

附录 D 医用供应装置安全性要求

D.1 医用供应装置

D.1.1 本部分规定涉及对产品与设备的有关要求。按有关部门规定，部分医用气体末端设施在国内并不属于医疗设备监管的范畴。鉴于目前国内尚无本部分产品或设备的具体标准，其与建筑设备的界限划定不够明朗，而且需要在施工时再安装，医用气体工程相关的产品标准也尚未形成系统性的支撑体系，因此本规范从建设角度出发，给出工程中该类装置应满足的安全性要求。

本附录的规定不是对医用气体供应装置或器材的产品生产许可证明方面的要求。

本附录等效采用 ISO 11197—2004 的有关规定。个别条款有变动，与医用气体安全性无关的规定请详见 ISO 1197。

医用供应设施的典型例子有：医用供应装置、吊塔、吊梁、吊杆（booms）、动力柱、终端组件等。

医用供应装置包括安装在墙上的横式或竖式，或安装在地面或天花板上的非伸缩柱式供应设备带，其供应装置内所有气体管道应为非低压软管组件，不可伸缩。

图4～图6是医用供应装置的构造示意图。医用供应装置并没有规定型式，其产品的功能和模块可按实际的需求而增减。

D.1.2 液体终端可由一个带止回阀的节流阀组成，且在阀门输出口插有一个软管，用于饮用水（包括冷水、热水）、冷却水（包括循环冷却水）、软化水、蒸馏水，也可由快速连接插座、插头组成，用于透析浓缩或透析通透。

D.1.4 3 用于专用区域的独立电源回路的多个主电源插座可采相同的数字标识。

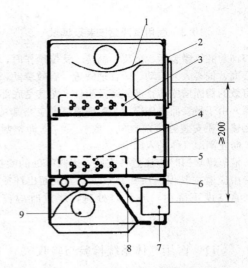

图4 典型普通病房医用供应装置截面示意
1—照明灯；2—电源插座；3—电源线区域；
4—通信、低压电区域；5—嵌入式设备；6—隔断；
7—气体终端组件；8—气体管道安装区域；9—阅读灯

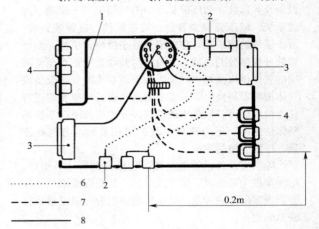

图5 典型重症监护病房及手术室医用供应
装置的截面示意
1—电源插座；2—电源线区域；3—通信、低压电区域；
4—嵌入式设备；5—隔断；6—气体终端组件终端；
7—管道安装区域

4 指对于同一位置但由不同电源提供的各个电源插座应分别有电源的标识。

5 此条文中的"B型（BF、CF）设备"等同于现行国家标准《医用电气设备 第1部分：安全通用要求》GB 9706.1—2007中的"B型（BF、CF）应用部分"。

6 此条文中的"等电位接地"等同于现行国家标准《医用电气设备 第1部分：安全通用要求》GB 9706.1—2007中的术语"电位均衡导线"。

D.1.9 6 为了保护医疗器械，其电源接地与等电位接地均应保证可靠。

D.1.11 2 电磁兼容性部件包括医用供应装置的外

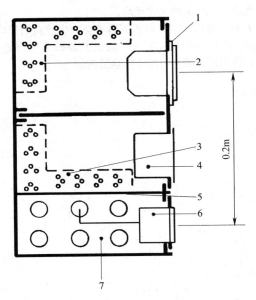

图 6　典型的医用悬吊供应装置的截面示意

1—隔断；2—气体终端组件；3—嵌入式设备、
弱电电子设备、通信及低电压区域；4—电源
插座；5—表面测量的中心到中心的安全距离；
6—软管；7—电源线区域

围电气部件如护士呼叫器、计算机等。磁通量的测试
方法见图 7。

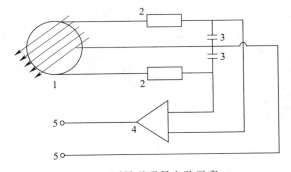

图 7　测量磁通量电路示意

1—测试线圈：线圈绕线数=2×159，线圈有效区域=
0.01 m²，线圈平均直径 = 113 mm，电线直径 =
0.28mm，在 1μT 磁通量及 50Hz 频率下输出电压=1
mV；2—电阻 $R=10k\Omega$；3—电容器 $C=3.2\mu$；4—放
大器（放大系数=1000）；5—输出电压（0.1 V 相当
于 1μT）

D.1.13　2　最低燃点可按现行国家标准《可燃
液体和气体引燃温度试验方法》GB/T 5332 规定，根
据正常或单点故障状态下的氧化情况来测定：1）在
正常或单一故障状态下，通过对材料的升温来检验是
否符合要求。2）如果在正常或单一故障状态下有火
花产生，火花能量在材料中分散，此时材料在氧化条
件下不应燃烧。根据单一故障最差状态下观察是否发
生燃烧来检验是否符合要求。

D.1.16　1　医用供应装置下部的通风用开口，系为
防止氧化性医用气体在医用供应装置中积聚。

D.1.17　1　当医用供应装置向其他医疗设备提供电
源时，误操作开关或拔去熔断器，都将危及到患者安
全，故应禁止。

3　等电位和保护接地设施的防松、防腐措施典型
示意图见图 8。

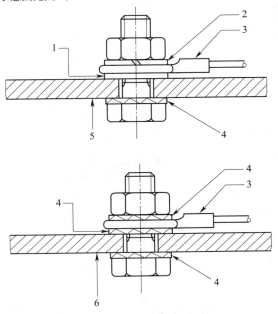

图 8　等电位和接地保护设施防松、防腐措施典型示意

1—铜铝垫圈（上表面为铜）；2—弹簧垫圈；3—导线夹头；
4—锁定垫圈；5—医用供应设备截面（铝材）；
6—医用供应设备截面（铁材）

4）　具有等效导电性能的医用供应装置的金属材
料可作为公共接地。

5）　医用供应装置内保护接地接线方法见图 9。

4　通信线与电源电缆布置要求见图 4～图 6。

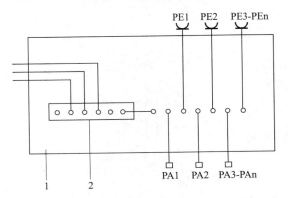

图 9　医用供应设备接线典型示意

1—医用供应设备；2—公共接地端子；
PE—主电源插座、插头连接；PA—等电位插座
注：不得有其余的可拆卸式的等电位电桥。

5 本规定不适用于无负载电压且短路电流 RMS 值不超过 10kA 的元器件，如内部通信、声响、数据、视频元器件。测试距离应从终端中心至电气元器件最近的暴露部分。

4、5 对于医疗器械，应防止因电磁感应干扰和

由电路火花引起的火灾风险。

D. 1. 18 照明光设备和变压器等会产生较高的温度，因此，在医用供应装置中，发热元器件不能靠近管道，否则需要采用隔断或隔热措施。

中华人民共和国国家标准

电子辐射工程技术规范

Technical code for electronic
radiation engineering

GB 50752—2012

主编部门：山 东 省 住 房 和 城 乡 建 设 厅
批准部门：中华人民共和国住房和城乡建设部
施行日期：２ ０ １ ２ 年 ８ 月 １ 日

中华人民共和国住房和城乡建设部
公　告

第 1274 号

关于发布国家标准《电子辐射
工程技术规范》的公告

现批准《电子辐射工程技术规范》为国家标准，编号为 GB 50752—2012，自 2012 年 8 月 1 日起实施。其中，第 3.3.1、3.3.3、4.3.6 条为强制性条文，必须严格执行。

本规范由我部标准定额研究所组织中国计划出版社出版发行。

中华人民共和国住房和城乡建设部
二○一二年一月二十一日

前　言

本规范是根据住房和城乡建设部《关于印发〈2008 年工程建设标准规范制订、修订计划（第二批）〉的通知》（建标〔2008〕105 号）的要求，由山东高阳建设有限公司会同有关单位共同编制完成。

本规范编制过程中，编写组根据各类电子辐射工程的规划、设计、建造和运行的实际情况，进行了大量调查研究，对国外的相应规范进行了深入解读，并广泛征求了各方面意见，最后经审查定稿。

本规范共分 7 章和 3 个附录，主要内容包括总则、术语与符号、工程规划、工程设计、土建施工、设备安装与调试、检测与验收等。

本规范中以黑体字标志的条文为强制性条文，必须严格执行。

本规范由住房和城乡建设部负责管理和对强制性条文的解释，山东省住房和城乡建设厅负责日常管理，山东高阳建设有限公司负责具体技术内容的解释。在执行本规范过程中，如有意见和建议，请寄至山东高阳建设有限公司（地址：山东省淄博市临淄区管仲路 174 号，邮政编码：255400，传真：0533-7110395，E-mail：gyjs@gyjs.cc），以便今后修订时参考。

本规范主编单位、参编单位、主要起草人和主要审查人：

主 编 单 位：山东高阳建设有限公司
　　　　　　　山东蓝孚电子加速器技术有限公司

参 编 单 位：上海核工程研究设计院
　　　　　　　中国科学院高能物理研究所
　　　　　　　北京机械工业自动化研究所
　　　　　　　中国联合工程公司
　　　　　　　五洲工程设计研究院
　　　　　　　清华大学
　　　　　　　山东建筑大学

主要起草人：孙裕国　郭彦斌　王明胜　梅其良
　　　　　　　赵红兵　王春光　王庆斌　张在春
　　　　　　　郑曙昕　林　彦　侯志强　张秀艳
　　　　　　　丁　璐　黄　昕　赵　杰　李　朋
　　　　　　　杨　波　李庆标　路尚修

主要审查人：赵文彦　陈殿华　关　洁　吴靖民
　　　　　　　黄正新　张化一　周学军　叶元伟
　　　　　　　张同波　焦安亮

目　　次

Contents

1 总　则

1.0.1 为了在电子辐射工程建设中贯彻国家有关方针政策，保护环境，确保人身和财产安全，统一工程建设的技术要求，制定本规范。

1.0.2 本规范适用于 0.15MeV～100MeV 新建、改建和扩建的电子辐射工程的规划、设计、施工和验收。

1.0.3 电子辐射工程的建设应立足工程整体，统筹兼顾，技术先进，经济合理，安全适用。

1.0.4 电子辐射工程的建设除应符合本规范外，尚应符合国家现行有关标准的规定。

2　术语与符号

2.1　术　语

2.1.1 电子辐射　electronic radiation

由电子束流引起的电离辐射。

2.1.2 束流设备　beam facilities

产生、加速、引出电子、射线束流的设备。

2.1.3 束流应用设备　beam application equipments

实施电子、射线束流应用的设备。

2.1.4 屏蔽　shielding

用能减弱辐射的材料来降低某一区域的辐射水平的实践。

2.1.5 结构屏蔽体　structural shield

纳入建筑结构并由能衰减辐射的材料构成的屏蔽体。

2.1.6 控制区　controlled area

需要或可能需要专门防护手段或安全措施的区域。如主机室、辐射室及其迷道。

2.1.7 监督区　supervised area

不需要采取专门措施，但需要定时检查和评价驻留人员职业受辐射状况的区域。如控制室、周围辅助用房以及操作区域。

2.1.8 居留因子　occupancy factor

表示工作人员或公众人员在对应场所停留情况的因子，用以校正有关区域的居留程度和类型的因数。

2.1.9 辐射检测　radiation protection

为了评价和控制辐射或放射性物质照射而进行的辐射测量或放射性测量，以及对测量结果的分析和解释。

2.1.10 剂量限值　dose limit

受控实践使个人所受到的有效剂量或当量剂量不得超过的值。

2.1.11 屏蔽混凝土　shielding concrete

对 γ 射线、X 射线、中子射线或其组合具有较强衰减能力，用于屏蔽各类射线的混凝土，又称防辐射混凝土。

2.2　符　号

A_1——第一次散射的散射面积；

A_m——迷道的截面积；

B_{xt}——X 射线的透射率；

C_0——辐照停止时，室内臭氧浓度；

C_{03}——单位体积中臭氧的产生率；

$C(t)$——臭氧浓度；

$C'(t)$——辐照停止后通风 t 分钟时室内臭氧平衡浓度；

D——计算剂量率；

D_0——离靶 1m 处 X 射线的出射剂量率或距源 1m 处的参考剂量率；

d_m——第 m 次散射的（射程）距离；

D_{mt}——剂量限值；

d——源到参考剂量点的距离或靶与参考点之间的距离；

d_0——1m；

d_i——源至离屋顶外表面 2m 高处的垂直距离；

d_s——源至剂量点的最小水平距离；

f——安全系数或通风量；

H_0——第一次反射面上的入射剂量率；

H_m——X 射线在参考剂量点处的剂量率；

H_{mt}——有效剂量限值；

I——加速器的电子束流强度；

n——减弱中子所需的 1/10 值层的数目；

Q——X 射线品质因子；

R_n——屏蔽透射比或中子在混凝土中的屏蔽透射比；

S——屏蔽厚度或所需要的屏蔽层厚度；

S_{col}——标准状态下，电子在空气中的碰撞阻止本领；

T——居留因子；

T_c——屋顶的厚度；

T_e——第一个 1/10 值层之后的 1/10 值层厚度；

T_1——屏蔽层中第一个 1/10 值层厚度；

t——通风时间；

V——辐照室自由容积；

X——器外电子束在辐照室空气中的穿行距离；

α_1——X 射线第一次的反射系数；

α_2——X 射线第二次的反射系数；

α_m——X 射线第 m 次的反射系数；

Ω——用球面度度量的立体角；

ϕ_0——距靶 1m 处的中子注量率。

3 工程规划

3.1 基本要求

3.1.1 工程规划应研究和掌握拟建工程相关的技术资料，包括工程运行的内容及其运行扩展的内容，拟选用主机设备及其配套和辅助设备的相关技术资料，以及工程拟选用的主要材料的性能及其使用性技术资料。

3.1.2 工程规划应掌握国家辐射防护安全的法规和规定，以及拟建工程地方法规相关安全、卫生、环保等领域的规定。

3.1.3 工程规划应掌握拟建工程地区的气象资料和地质地貌资料，并应对工程建设的影响及其技术应对措施进行充分论证。

3.1.4 工程规划宜对工程建设地点的区域环境作出详尽调研，并应编制对应的资料，拟定应对的技术措施。

3.2 选　址

3.2.1 电子辐射工程的选址应统筹兼顾，地址条件应满足运行内容和运行目标的需求。加工项目应具备基本的物流条件，科研用途应有利于相关活动的开展。

3.2.2 电子辐射工程不得建设在存在地表或地下沉陷、隆起，且可能发生地质不稳定的区域。

3.2.3 电子辐射工程的选址应有利于排放气体的扩散，并应设置在居住区的下风向。

3.3 环境和安全规划

3.3.1 电子辐射工程的建设，必须对环境保护进行规划，并应拟定对环境保护的技术措施，技术措施应保证排放物指标控制在国家允许的范围内。

3.3.2 电子辐射工程的建设，应对安全进行全面规划，并应对人身安全、设备运行安全，以及突发事件和渐变的有害影响提供相应的措施。

3.3.3 电子辐射工程的建设，必须对卫生防疫进行规划，并应满足国家卫生防疫的规定和要求。

3.4 工艺规划和构成

3.4.1 工程的工艺规划应首先确定工艺路线，应选择适当的束流参数，应确立辐射防护的基本目标。

3.4.2 工程应具备完善的配套设施。

3.4.3 工程的组成应包括下列内容：

　1　束流设备；

　2　束流应用设备；

　3　控制系统；

　4　建（构）筑物；

　5　公用设施和附属设施。

3.5 规划文件和技术经济评价

3.5.1 规划文件的格式和内容应符合审批机关的具体规定。

3.5.2 规划文件应满足工程设计的需求。

3.5.3 规划文件的技术经济评价内容应包含节能减排的专题分析内容。

4 工程设计

4.1 一般规定

4.1.1 设计应根据业主的委托、工程规划、项目可行性报告、环境影响评价文件、安全分析评价、职业卫生评价、水文地质勘察资料、国家监管部门审批（含厂址等）文件进行。设计应满足各种工况下运行的要求，并应满足安全和环境保护的要求。

4.1.2 设计应由具有相应设计资质的单位和人员完成。

4.1.3 电子辐射工程设计宜分初步设计和施工图设计阶段，并应符合下列规定：

　1　初步设计应满足编制施工图设计文件、项目报建和相关部门审查的需要。

　2　施工图设计应满足设备材料采购、施工和非标准设备设计的需要。

4.2 工艺设计

4.2.1 工艺设计应根据使用要求，确定辐射作业的内容、方式、工序和工序衔接，以及束流设备、束流应用设备及其附属和配套设施的具体内容，并应完成工艺设定。

4.2.2 工程的平面布局和竖向布置应根据工艺流程完成，并应符合下列规定：

　1　总平面布置在满足工艺流程的基础上，应结合场地地形、工程地质、风向等因素因地制宜进行设计。

　2　总平面布置应紧凑合理，并应有效利用平面和空间。

　3　辐射室宜设在多层厂房的底层。

4.2.3 总平面布置的防火间距应符合现行国家标准《建筑设计防火规范》GB 50016 的有关规定。

4.3 辐射防护设计

4.3.1 辐射防护设计应符合下列规定：

　1　辐射防护设计应符合现行国家标准《电离辐射防护与辐射源安全基本标准》GB 18871 的有关规定。

　2　辐射防护设计应遵循最优化原则，其内容应具备纵深防御性、冗余性、多样性、独立性。

3 防护应按最大辐射发生条件，含用户指定的扩展条件设计。

4.3.2 辐射防护设计的剂量限值应按下列数据确定：

1 职业照射个人年剂量限值为 5mSv。

2 公众成员个人年有效剂量限值为 0.1mSv。

4.3.3 辐射的各项属性分析判定及其他设计条件的选定应符合下列规定：

1 应对工程运行中产生的各种辐射进行分析。对束流的能量、功率、束流形态，靶的物质和形态，次级 X 射线、中子等射线的相关属性，应根据工艺过程和总平面布置，作出分析和量度判定。对杂散 X 射线应作出合适分析。

2 应按工艺设计的竖向和平面布局，并根据辐射水平对工程进行辐射分区；应根据现行国家标准《电离辐射防护与辐射源安全基本标准》GB 18871 的有关规定将工程分为控制区和监督区。

3 应框定和选取工作负荷因子、射线束的定向因子，以及人员在防护计算点处的居留因子。

4 控制区的建筑应为设备的后期进入预留孔洞。

5 应初步确定屏蔽材料及其组合形式。

4.3.4 屏蔽计算宜符合本规范附录 A 的规定。屏蔽设计应给出屏蔽区域各方向屏蔽体的材料及其几何要素，并应符合下列规定：

1 屏蔽区域的六个方位屏蔽体的几何要素、预留孔洞的位置坐标尺寸、封堵的方法和施工技术要求应满足屏蔽设计要求。

2 屏蔽材料的控制数据应符合下列规定：

　　1）标明材料的材质和性能指标；

　　2）屏蔽材料选用混凝土墙体时，混凝土的强度等级不低于 C20。密度指标可为 2350kg/$m^3 \sim 5500kg/m^3$，宜给出骨料的名称和成分、某些元素含量指标、骨料不均匀度指标等。

4.3.5 屏蔽设计应符合下列规定：

1 多种射线并存时，应分别计算各种射线的屏蔽厚度，并应采用最大的屏蔽厚度；当最大的两个所需屏蔽厚度差别小于或等于一个半值层厚度时，应在计算的最大屏蔽厚度上附加一个半值层厚度。

2 预留孔洞、门、通道应选取在辐射最弱的方位。

3 微波辐射不可忽视的区域，应对微波防护作出设计。

4 感生放射性分析估算应符合下列规定：

　　1）对控制区的物品应作出感生放射性的评估，并应提出防护意见。

　　2）对气载放射性应作评估，指导完成通风设计。

　　3）对工艺用水的放射性应作评估，指导完成排水设计。

5 对检测内容、检测点应作规定。临近多层建筑的工程，采用天空散射脱离计算模型时，应补充指定检测点。

6 对检测仪器的选取应做选择和指定。

4.3.6 辐射安全系统设计应符合下列规定：

1 必须具备纵深防御的性质，事件发生的最关键环节必须设置防范措施，同时，应选择事件发生的其他重要环节设置防范措施；涉及人身安全的纵深防御不应少于三道，涉及设备安全的纵深防御不应少于两道。

2 防范某一事件的某一个产生条件，所选取的技术措施必须有并行且各自独立的冗余备份。涉及人身安全的备份不应少于两项。

4.3.7 辐射安全系统的设计应包含下列内容：

1 决定出束、产生辐射的主要控制点应采用开关钥匙，当钥匙为实体时，应锁好辐射控制区的门厅后，再拔出并用于主要控制点的开启。采用电子开关开启电源的电子钥匙，门厅的关闭信号应为开机出束的必要条件。

2 辐射作业容易到达的地点，应设置紧急停束开关，开关应有醒目的标志。

3 辐射控制区内人员容易看到的地方应安装闪光式或红色警告灯、音响警告装置，应告知束流设备即将开机出束，预警时间的设置应能满足滞留人员的撤离。

4 在通往辐射控制区的走廊、出入口和控制台上应安装工作状态指示灯。

5 应设计遥测辐射监视系统。监视系统应能全方位观察厅内人员滞留情况、物流状况。必要时，系统宜具备能有效地检测辐照过程的状况和参数，超出设定应发出报警信号。

6 应选定列出能完成监管部门要求的计量检测科目的仪器、仪表内容。

7 设计选用的安全系统的整件、部件、零件、仪器、仪表，应有合理的质量可靠性。用于辐射控制区内时，应耐辐射变性和耐锈蚀。

8 应对警告表示和标志图形的悬挂内容进行设计。

4.3.8 对于射线能量大于 5MeV 的电子辐射工程，下列设计内容可作为补充设计供选取：

1 束流应用装置的任何运转故障发生时，应能自动关闭电子束的控制。

2 所有出入辐射作业区的门均应进行各自独立的联锁安全设计。应设置带报警功能的固定式监测仪。

3 应设置带报警功能的固定式监测仪。

4 装置检修时，应能联锁关闭电子束流。

5 控制台上应设有紧急制动开关或急停开关。

6 宜具备加速器实际运行参数的监测和记录。

7 宜具有远距离加速器诊断控制的设计。

4.4 建 筑 设 计

4.4.1 辐射室应与中央控制室及其他辅助室分开设置。辐射室与外界宜设置迷宫式人行通道。

4.4.2 辐射室的出入口应设置在次要辐射屏蔽墙体上。

4.4.3 辐射室设置进风口时，其距离地面不应小于1.0m，进、出风口均应进行防止射线泄漏的设计。

4.4.4 辐射室的门应符合下列规定：

　　1 辐射室的防护门应与所在防护墙具有同等的防护效能。

　　2 防护门应根据通过的物流的大小和方式确定，门的材料、结构尺寸、搭接方式应按屏蔽计算的数据确定。门与墙的间隙应合理，门与墙的搭接宽度和门与墙间隙的比不宜小于 20∶1，并不宜小于 100mm。对开门的搭接缝应满足屏蔽计算要求。

4.4.5 辐射室的窗应符合下列规定：

　　1 辐射室不宜设置窗；应设置观察窗的区域，观察窗应采用特种铅玻璃，并应满足屏蔽计算的安全要求。

　　2 必须设置窗时，应保证对观察目标区有良好的视野。

4.4.6 地面应符合下列规定：

　　1 中央控制室宜采用防静电架空活动地板，活动地板宜重量轻、强度大，表面应平整，应尺寸稳定、互换灵便，装饰性及质感应良好，并应具备防潮、阻燃、防腐等性能。

　　2 辐射室的地面应不起尘、易清洗，宜采用耐辐射地坪，在工艺需要时应选用耐磨地坪材料。

4.4.7 辐射室墙体可采用特种砂浆做防护砂浆面层，也可采用铅板或铅复合板敷面。墙面应平整，不积灰尘。

4.4.8 屏蔽体的通风管道、电缆管道、物品的传输管道等各类管道的取向应避开有用辐射及辐射峰值的方向。管道出入口应有防止射线泄漏的设计。管道不宜采取直通形式。通风管道无法避开峰值方向时，可采取局部加强防护（图 4.4.8-1），也可采用折弯形式（图 4.4.8-2）；难以规避、采用直通形式时，风管外壁局部区段应包覆强衰减材料，并应采用长筒形辐射衰减模式（图 4.4.8-3）。

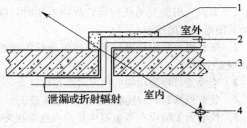

图 4.4.8-1　局部加强防护
1—额外的屏蔽；2—风管；3—顶板；4—辐射源

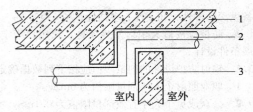

图 4.4.8-2　折弯形式
1—顶板；2—风管；3—墙

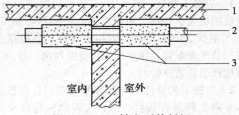

图 4.4.8-3　轴向延伸封闭
1—顶板；2—风管；3—附加屏蔽层

4.5 结 构 设 计

4.5.1 土建结构使用年限应按现行国家标准《建筑结构可靠度设计统一标准》GB 50068 的有关规定执行；抗震设防应符合现行国家标准《建筑工程抗震设防分类标准》GB 50223 的有关规定。

4.5.2 结构构件设计应根据承载能力极限状态和正常使用极限状态的要求，分别对其承载能力、变形、温度应力、抗裂性进行计算和验算，其方法应符合现行国家标准《混凝土结构设计规范》GB 50010 等的有关规定。对不均匀沉降有特殊要求的工程，应对基础和荷载分布作出相应设计，并应满足装置轴线保持高精度的需求。

4.5.3 对于有抗震设防要求的混凝土屏蔽体，应按现行国家标准《建筑抗震设计规范》GB 50011 的有关规定进行结构构件的抗震设计，其抗震构造措施应提高一度。已按其他规范要求提高抗震烈度设防时不宜重复提高。

4.5.4 辐射室的防护墙体宜采用中、低水化热水泥的混凝土，强度等级不应低于 C20。混凝土的配合比设计应规定混凝土的密度、含水率、高密度骨料的均匀性等要求。

4.5.5 对屏蔽体混凝土，设计应提出一次连续浇筑完成的要求，以及防止墙体裂缝、贯通裂缝的要求。

4.6 公用工程设计

4.6.1 辐射室通风设计应符合下列规定：

　　1 通风设计应保证室内空气必要的换气次数；束流输出停止后通风系统应继续运行，室内臭氧浓度应降低到国家规定的允许值后再停止通风。

　　2 排风系统设计宜按本规范附录 B 进行臭氧浓度计算，应根据臭氧浓度计算通风量。设置双排风口时，排风分配宜为上方排风口排出所需风量的 1/3，下方排风口排出所需风量的 2/3。

3 补风系统设计，室外新风应经过滤处理后由补风机从房间上部送入室内，且应避免补风与排风短路，补风量宜按排风量的 80% 设定。

4 通风设备和风管材质宜选用铝合金或不锈钢等耐辐照材料。

5 通风系统与束流装置应可靠联锁，当束流装置开启时，排风机应自动开启，稍后补风机应开启；束流停止，排风机和补风机的运行应符合本条第 1 款的要求，且不应少于 10min。

6 室内排出的废气宜经烟囱高空排放，烟囱的高度应由计算确定。

7 当辐射作业时间的占空比较小，且臭氧、氮氧化物、感生放射性物质等废气有害物产额不高时，可相应简化通风设计内容；当辐射作业强度较低且产生的有害物可忽略时，可不设置通风。

4.6.2 采暖和空调系统设计应满足工艺设备对环境温、湿度的要求，同时应满足国家规定的工作环境条件。

4.6.3 给水系统设计应符合下列规定：

1 用水量和水压的确定应按现行国家标准《建筑给水排水设计规范》GB 50015 的有关规定执行。

2 应根据工艺和运行设备的需求，完成相关用水的设计。各路供水，其水质、水温及热交换能力应满足需求。

3 一次水的水质应达到现行国家标准《生活饮用水卫生标准》GB 5749 规定的生活饮用水指标。

4.6.4 排水系统设计应符合下列规定：

1 生活排水应按现行国家标准《建筑给水排水设计规范》GB 50015 的有关规定执行；

2 辐射作业区域排水应单独收集，经处理后的水质应符合国家相关排放标准后再排放或再利用。

4.6.5 消防系统设计应符合下列规定：

1 消防给水系统应符合现行国家标准《建筑设计防火规范》GB 50016 的有关规定。

2 灭火器配置应按现行国家标准《建筑灭火器配置设计规范》GB 50140 的有关规定执行。

4.6.6 供电应符合下列规定：

1 应按电子辐射工程提出的供电要求设计，当电网电压不符合其供电要求时，应设置电压自动调整装置。

2 提供的交流电源应满足束流设备和束流应用设备的供电需求。

3 应设置备用照明系统。

4.6.7 仪表控制设计应满足辐射防护系统内容的需求。

4.6.8 工程内容涵盖的其他设计应按设计任务书的范围，并根据用户需求完成。

5 土 建 施 工

5.1 一 般 规 定

5.1.1 地基、基础、砌体、地面、装饰等工程的施工应符合现行有关房屋建筑标准的规定。

5.1.2 防辐射的门、窗施工应符合设计文件要求。

5.1.3 屏蔽混凝土骨料品种、密度、氢元素含量、硼元素含量、骨料均匀度等应满足设计要求，所用材料应符合产品技术条件的规定。

5.2 屏蔽混凝土材料

5.2.1 骨料的选择宜符合下列规定：

1 密度小于或等于 $2300kg/m^3$、屏蔽中子射线的混凝土，主选骨料宜选用蛇纹石。

2 密度为 $2300kg/m^3 \sim 3600kg/m^3$（含 $3600kg/m^3$）、屏蔽 X 或 γ 射线的混凝土，主选骨料宜选磁铁矿石（砂）或重晶石（砂），应用普通砂石调整混凝土密度。

3 密度为 $3600kg/m^3 \sim 5700kg/m^3$、屏蔽 γ 射线的混凝土，主选骨料宜选不同粒度的铸铁块（丸）、钢棒（丸）等铁质骨料，应用磁铁矿石调整混凝土密度，应加入褐铁矿粉或铬矿粉。

4 密度大于或等于 $5700kg/m^3$、屏蔽 γ 射线的混凝土，主选骨料宜选用铅丸、铅块、铸铁块等骨料，应增加褐铁矿粉的用量。

5 混凝土设计中有含硼量的要求时，可首先加入足够的硼镁（铁）矿石和含硼矿粉，也可掺入人造含硼材料。

6 对氢元素或含结合水和结晶水总量有要求时，宜选用富含结晶水的矿石骨料和选用水合物中结合水多的水泥。

5.2.2 骨料的级配应符合下列规定：

1 屏蔽体混凝土骨料应选用连续级配，骨料间的密度宜接近。

2 选用混合粗骨料和混合细骨料配制屏蔽混凝土，混合粗、细骨料密度之差宜缩小。

3 用铁质骨料调整混凝土密度时，宜优选在细骨料中掺加钢丸或铁矿粉等铁质骨料。铁质骨料宜为多粒径或不同规格的混合物，且表面不应粘混有油污和其他妨碍其与水泥砂浆粘结的杂质，铁质骨料最大规格不宜大于 25mm。

5.2.3 屏蔽混凝土宜掺加一定量的 0.3mm 以下的粉料，宜优选掺褐铁矿粉。屏蔽体混凝土较普通混凝土砂率应适当增大。

5.2.4 屏蔽混凝土中宜掺入减水剂，以及粉煤灰、铬矿粉等掺和料。

5.3 屏蔽混凝土配合比

5.3.1 按配合比产出的拌和物，其表观密度、成分应满足设计指标要求；拌和物的坍落度、和易性、初凝时间等应满足施工工艺的要求。

5.3.2 屏蔽混凝土的配合比应根据设计规定的指标、原材料等因素设计，并应兼顾施工过程的质量控制、施工工艺性，可按现行行业标准《普通混凝土配合比设计规程》JGJ 55 的有关规定，并结合对密度、氢元素含量、硼含量、骨料均匀度的要求进行。

5.3.3 交叉采用体积法和重量法完成配合比计算时，其主要参数应按下列要求确定：

   1 应按体积法计算采用骨料的密度范围；应按重量法，以满足设计规定的成分元素含量为依据，确定骨料的品种；应结合选用的级配方式确定骨料的粒度。

   2 应按现行行业标准《普通混凝土配合比设计规程》JGJ 55 的有关规定，以设计要求的强度指标计算出水灰比，宜以掌握的试配经验数据对计算公式中的回归系数进行修正。

   3 应按现行行业标准《普通混凝土配合比设计规程》JGJ 55 的有关规定，并以掌握的试配经验数据做调整，计算用水量。

   4 为满足设计要求的成分元素含量，选用特种水泥时，除应核算成分元素含量外，还应对工作性、水化热的控制进行设定。

   5 应按现行行业标准《普通混凝土配合比设计规程》JGJ 55 的有关规定确定砂率，并应根据掌握的试配经验数据进行调整。

   6 应按现行行业标准《普通混凝土配和比设计规程》JGJ 55 的有关规定，并根据施工工艺需求确定掺和料和外加剂。其中，以满足设计要求的成分元素含量为依据，补充添加的掺和物应按重量法予以计算。

   7 在满足设计成分要求的前提下，应符合现行行业标准《普通混凝土配合比设计规程》JGJ 55 中有关大体积混凝土配合比的规定。

   8 校核影响屏蔽体耐久性的相关因素，应符合现行国家标准《建筑结构可靠度设计统一标准》GB 50068 的有关规定。

5.3.4 试配应符合下列规定：

   1 应以计算的配合比进行试验拌和，并应检测拌和物的性能。

   2 当试验拌和得出的拌和物表观密度、成分含量实测值低于设计指标时，应调整粗、细骨料各组分的用量，并应直至符合要求。

   3 黏聚性和保水性达不到要求时，应在保证水灰比基本不变的条件下相应调整砂率、用水量和掺和料用量，并应直至符合要求。

5.4 屏蔽混凝土施工

5.4.1 模板工程的设计、制作、安装应符合现行行业标准《建筑施工模板安全技术规范》JGJ 162 的有关规定。混凝土应按实际的表观密度取值。

5.4.2 钢筋工程的原材料、加工、连接、安装及验收应符合现行国家标准《混凝土结构工程施工质量验收规范》GB 50204 的有关规定。

5.4.3 拌和物制备应符合下列规定：

   1 屏蔽混凝土的粗、细骨料，水，水泥，掺和料均应按重量配料，其成分、质量的允许偏差除应符合结构强度要求外，并应符合防辐射的要求。

   2 装料操作应符合下列规定：

      1) 应采用强制性搅拌方法，装料率应按表观密度做减少性调整和修正。

      2) 应采用顺序上料方法，先骨料，次水泥和砂料，搅拌几秒后，再加拌和水，后加掺和料，全部物料加完后，搅拌至浸润均匀。

      3) 以重晶石为骨料的屏蔽混凝土宜采用砂浆裹石法搅拌工艺，先投入水、砂粒、水泥、粉煤灰，搅拌制成浆料，再投入重晶石、重晶砂、外加剂，全部物料加完后，搅拌至浸润均匀。

5.4.4 拌和物的转运与输送应符合下列规定：

   1 从搅拌机卸出到浇注完毕的延续时间，其坍落度的经时损失不应影响浇筑施工。

   2 输送应按实际情况确定，应保证连续施工。

5.4.5 拌和物的浇注施工应符合下列规定：

   1 拌和物的下落高度应控制在 1000mm 范围内，出料口应接水平方向软性延长管。

   2 混凝土的浇注厚度，底板每层厚度宜为250mm～300mm，墙体浇注高度宜为300mm。

   3 混凝土布料宜采用人工辅助布料，分层布料时，不应使用振捣棒振动引流摊平。

   4 振捣点的振捣延续时间应使混凝土表面初现浮浆、拌和料整体性收缩停止为限，提出振捣器后，混凝土应能自然填满振捣器拔出留下的空洞为宜。

   5 振捣器宜采用小直径、小距离、多布点、快插慢拔方式；振捣器宜插入下层混凝土 50mm，并应实施二次振捣。

5.4.6 养护应符合下列规定：

   1 浇筑后 7d 内应保证混凝土养护温度不低于10℃，相对湿度不低于 90%，28d 内不能受冻害，相对湿度不低于 80%。浇筑完毕，应及时覆盖并定时喷水，应根据环境气候覆盖薄膜、织物、保温覆层等。一般养护不应少于 7d；掺有缓凝型外加剂或屏蔽中子辐射时，养护时间不应少于 14d。

   2 应严格控制混凝土内外温差值、表面与环境温差值，并应采用避免有害裂缝发生的调温措施。

5.4.7 特殊气候环境的浇筑应符合下列规定：

1 炎热气候条件下屏蔽混凝土施工应合理控制拌和物的出机温度和入模温度，宜对粗、细骨料设置遮阳、采用冰水或冷却水搅拌，宜适当减少浇注层厚度，并宜调整作业时间，宜加强防止水分蒸发的覆盖措施。

2 寒冷气候的施工，对拌和物原料加热时，应慎重拟定加热方式和控制温度。冬季施工应注重减少各环节的热量散发，应对养护中的混凝土加强保温或改善局部条件。

3 雨期施工应注重天气预测，并应采取防雨措施。露天施工，遇大雨浇筑不能继续进行时，应做好善后工作。

5.5 预埋件与施工缝

5.5.1 预埋件的位置和形态应符合设计要求，在混凝土浇注前应核对其位置、尺寸。

5.5.2 预埋件应采取有效的加固措施。

5.5.3 屏蔽混凝土结构的预留孔洞、穿墙管线和施工缝的留设除应符合设计要求外，还应符合下列规定：

1 混凝土的浇筑应连续进行，不得不留时，应留凹凸型的施工缝。

2 施工缝处的后续浇筑，应去除浮浆、凿毛、清理干净，应用水充分湿润，在浇筑前应先浇筑一层相近配合比的砂浆，然后再浇筑屏蔽混凝土。

6 设备安装与调试

6.1 一般规定

6.1.1 电子辐射工程设备安装应以设计文件为依据，需要更改时，应征得原设计单位的同意。

6.1.2 建设单位应组织工程设计交底和设计文件会审，安装单位应向施工人员进行技术交底。

6.1.3 设备、部件应在建设单位、监理单位、供应商和施工单位共同参与下进行开箱检查，并应填写开箱检查记录。

6.1.4 设备安装人员应参与土建预埋支撑件，预埋管道，预留孔、洞、沟、槽的施工。

6.1.5 隐蔽项目应在隐蔽前会同建设、监理及设计单位进行检查，并应填写隐蔽工程检查记录。

6.1.6 安装与调试采用的各量具、器具、仪器、仪表，应经检定合格，并在检定周期内。

6.2 设 备 安 装

6.2.1 束流设备、束流应用设备安装应按设计文件、设备技术条件要求进行。

6.2.2 水冷管道的安装应符合设计文件和现行国家标准《工业金属管道工程施工规范》GB 50235 的有关规定。

6.2.3 供电设施的安装应符合现行国家标准《电气装置安装工程盘、柜及二次回路结线施工验收规范》GB 50171 的有关规定。

6.2.4 通风工程施工应符合设计文件和现行国家标准《通风与空调工程施工规范》GB 50738 的有关规定。

6.2.5 给水排水工程安装应符合设计文件和现行国家标准《建筑给水排水及采暖工程施工质量验收规范》GB 50242 的有关规定。

6.2.6 火灾自动报警系统安装应符合设计文件和现行国家标准《火灾自动报警系统施工及验收规范》GB 50166 的有关规定。

6.2.7 自动喷水灭火系统安装应符合设计文件和现行国家标准《自动喷水灭火系统施工及验收规范》GB 50261 的有关规定。

6.3 安全联锁与控制

6.3.1 安装前应对照设计文件核对设备的名称、型号、性能、数量及系统的组成，安装方法及内容应符合设计要求。

6.3.2 固定式辐射检测设备安装位置应符合设计要求，当设计未具体明确时，应安装在便于观察的位置，距地坪高度宜为 1.2m～1.5m。

6.3.3 探测器安装应符合下列规定：

1 各类探测器应根据所选产品的特性、警戒范围和环境要求等，按设计要求的地点、方位安装。

2 接线完毕后，应将导线全部抽出探测器机壳外。

3 壁挂式和吸顶式探测器应避免探测器直接指向门窗，运动的机械，冷、热源等。

6.3.4 摄像机安装应符合下列规定：

1 摄像机安装位置应满足设计要求的监视目标视场范围的要求，室内安装高度离地不宜低于 2.5m，室外安装高度离地不宜低于 3.5m。

2 在强电磁干扰的环境下，摄像机应与地绝缘隔离。

3 信号线与电源线外露部分应用软管保护，从摄像机引出的电缆线应留出 1m 的余量，并不得影响摄像机的正常转动；电缆线和电源线不得用插头承受电缆的自重。

6.3.5 解码器安装应符合下列规定：

1 解码器应安装在云台附近且便于固定和维修处。

2 解码器的安装顺序应为画出解码器云台、解码器、转码器接线图，确定解码器的工作电压，正确设置解码器的地址，设定好解码器功能中的波特率；应使解码器与控制设备的传输速度相同。

6.3.6 出入口控制设备安装应符合下列规定：

1 屏蔽门与屏蔽墙体的间隙、搭接宽度应符合设计要求。

2 各类读识装置的安装高度距地坪不宜高于1.5m。

3 感应式读卡机安装时应设定可感应范围，不得靠近强磁场、高频源。

6.3.7 （可视）对讲机安装应符合下列规定：

1 （可视）对讲机主机操作面板安装高度距地坪不宜高于1.5m，操作面板应面向访客，并应便于操作。

2 （可视）对讲机主机内置摄像机的方位和视角应调整到最佳位置，对不具备逆光补偿的摄像机，应做环境亮度处理。

6.3.8 在线巡查或离线巡查的信息采集点（巡查点）设备安装高度与地坪的距离宜为1.3m～1.5m，并应采取防意外损坏措施。

6.3.9 控制设备安装应符合下列规定：

1 控制台、机（柜）架、箱安装应便于操作与维护，背面离墙净距离不应小于0.8m。

2 台、机（柜）架、箱需要固定时，不得采用焊接方法，宜采用不锈钢螺栓。

3 监视器（屏幕）应避免外来光线的直接照射，当不可避免时，应采取避光措施。

4 控制台、机（柜）、箱单独或成列安装时，其垂直度、水平偏差以及平面度偏差和接缝允许偏差应符合表6.3.9的规定。

表6.3.9 控制台、机（柜）、箱安装的允许偏差

项 目		允许偏差（mm）
垂直度（每米）		<1.5
水平度（每米）		<1.0
水平偏差	同一系列规格相邻两台、机（柜）、箱顶部	<2
	同一系列规格成列台、机（柜）、箱顶部	<5
平面度偏差	相邻两台、机（柜）、箱正面	<1
	成列台、机（柜）、箱正面	<5
相邻两台、机（柜）、箱间接缝		<2

注：侧面有通风要求的台、机（柜）、箱间接缝应按产品技术文件要求安装。

5 控制台、机（柜）、箱在安装及维修过程中不得使用火焰切割。

6.4 调 试

6.4.1 安全联锁与控制各系统调试前，应整理技术文件，并应编制实际系统的设备布置图、走线图，以及其他必要的技术文件。

6.4.2 安全联锁与控制各系统调试前，应编制调试大纲和分系统调试细则。

6.4.3 调试前的检查应符合下列规定：

1 应检查防护安全各系统工程的施工质量，对施工中出现的问题应进行处理与解决，并应有文字记录。

2 应依据设计和变更文件要求，检查已安装设备的位置、型号、规格、数量及要求等。

3 系统在供电前，应检查供电设备的电压、极性、相位等。

4 系统调试前，应先对有源设备逐台进行通电检查，并应在工作正常后再进行系统调试。

6.4.4 束流设备和束流应用设备的调试应按设备供应商提供的技术文件进行。

6.4.5 开关钥匙的调试，其联锁逻辑关系应符合设计要求。

6.4.6 固定式辐射检测仪的调试，射线检测和联锁逻辑应符合下列规定：

1 位于辐射室通道门口的固定式辐射检测仪应能进行自检，每次开门前应对该辐射检测仪进行检查，该辐射检测仪与门的联锁功能应能防止在辐射水平异常情况下门被打开后，声光警示功能启动，警示响应时间应符合设计要求。

2 位于控制室内的固定式辐射检测仪应达到设计要求。辐射水平超过规定值时，声光警示装置应启动报警功能，相关设备应自动停机。

6.4.7 装置警示功能的调试应符合下列规定：

1 在准备开机状态下，控制台的监视画面上应有该状态的指示，开机警示装置应启动报警。

2 设备运行正常后，开机警示应停止，运行警示装置应启动。

6.4.8 辐射室内的紧急开门按钮的调试，在准备开机或开机状态下，应实现按动紧急开门按钮后，防护门立即开启。

6.4.9 辐射室防人误入安全联锁装置系统的调试，在准备开机或开机状态下，应实现有人误入时，安全联锁装置应发出声光报警，且同时取消开机准备或停机。

6.4.10 辐射室内的安全检查拉线开关的调试，在准备开机状态下，应实现误留在辐射区的人员拉动安全检查拉线开关时，应能终止其准备状态。

6.4.11 控制台上的紧急停机按钮的调试，在准备开机或工作状态下，应实现按动控制台上的紧急停机按钮时，切换至停机状态。

6.4.12 辐射室门的控制系统的调试，其控制逻辑关系应符合设计要求。

6.4.13 通风控制系统的调试应符合下列规定：

1 应满足产品使用说明书要求，补风机与排风机工作应正常，补风量与排风量应达到设计指标。

2 通风系统与控制台联锁逻辑关系、通风系统的停机延迟时间应符合设计要求。

6.4.14 开机前辐射区内的安全检查按钮的调试，其逻辑关系应符合设计要求。

6.4.15 火灾自动报警系统和自动喷水灭火系统的调试应分别符合现行国家标准《火灾自动报警系统施工及验收规范》GB 50166 和《自动喷水灭火系统施工及验收规范》GB 50261 的有关规定。火灾自动报警系统应与相关控制联锁，调试在火灾报警条件下，发出声光报警的同时，束流设备应自动停机，通风系统应关闭。

6.4.16 调试视频监控系统的监视范围、遥控功能、视频切换功能、监视图像与回放图像的质量等，应符合设计要求。

6.4.17 调试出入口控制系统的开门、关门、提示、记忆、统计、打印、报警、电子巡查等判别与处理能力等，应符合设计要求。

6.4.18 调试访客（可视）对讲系统的门口机、用户机、管理机、选呼、通话、电控开锁、图像质量，应符合设计要求。

6.4.19 调试电子巡查系统的在线式信息采集点读值的可靠性、实时巡查与预置巡查的一致性，应符合设计要求。

6.4.20 防雷与接地测试，其电阻值应符合设计要求。

6.4.21 系统调试结束后，应填写防护安全调试报告，并应经建设单位认可后再进行试运行。

7 检测与验收

7.1 一般规定

7.1.1 检测使用的仪器仪表应经检定合格，并在检定周期内。

7.1.2 检测剂量率选用的仪器、仪表应符合相应环保检测的要求。

7.2 屏蔽混凝土

7.2.1 屏蔽混凝土工程质量验收除应符合本规范的规定外，其他检测验收项目应符合现行国家标准《混凝土结构工程施工质量验收规范》GB 50204 的有关规定。

7.2.2 强度检验评定应符合现行国家标准《混凝土强度检验评定标准》GB/T 50107 的有关规定。

7.2.3 材料的检验应检查原材料实验报告和相应的计算书，其材质和性能指标应符合工程设计和配合比设计的要求。

7.2.4 拌和物的配合比、坍落度、表观密度、初凝时间、和易性、保水性、含气量检验应符合现行国家标准《普通混凝土拌合物性能试验方法标准》GB/T 50080 的有关规定。

7.2.5 屏蔽混凝土的密度不应低于设计要求的数值，应在每次配合比或拌和物材料发生变化、拌和工艺调整时，采取控制拌和物的表观密度的措施，并应留出检测试件。

检验方法：宜借用强度检验试件完成密度检验评定，应在试件未做强度检验评定前测量试件，应为每组三件；质量计量应为误差小于 50g 的台称，测量后应计算，有效数字应取三位，并应计算三件密度的平均值。

7.2.6 工程设计对氢元素、硼元素等含量提出要求的屏蔽混凝土，应根据配合比和原材料的实验报告计算，求出对应的含量百分比。其中混凝土中水泥石含有的湿存水、结晶水，应按矿物湿存水、结晶水检验办法检查测量计算。

7.2.7 工程设计对粗骨料分布提出均匀性要求时，应检验骨料分布状态。

检查数量：每浇注层。

检验方法：观察浇注现场、检查浇注记录并作出判断。

7.2.8 原材料及配合比设计检验批和施工检验批应分别按本规范表 C.0.1 和表 C.0.2 的内容检验验收。质量检验验收应按本规范表 C.0.3 的内容检验验收。

7.3 束流设备和束流应用设备

7.3.1 束流设备和束流应用设备的主机应按其技术条件进行检测和验收。

7.3.2 束流设备和束流应用设备的辅助设备应按相应的设计文件检查和验收。

7.4 安全联锁与控制

7.4.1 检查安全联锁的逻辑功能的控制应符合下列规定：

1 控制宜由计算机完成。

2 计算机防火墙和操作权限的设定应符合设计要求。

检验方法：检查设计文件和计算机的控制内容。

7.4.2 安全联锁逻辑关系应按束流设备和束流控制设备的技术条件与电器仪表工程设计的内容逐一检测，并应符合下列规定：

1 各项逻辑关系应符合设计要求。

2 在连续五次检测中，不应有误动作。

检验方法：模拟各种状态，必要时在回路上输入模拟量进行。

7.4.3 检查各紧急停机开关时，应符合下列规定：

1 开关型号（式）、位置、数量应符合设计要求。

2 操作应便捷。

3 在连续五次检测中，不应有误动作。

检验方法：实地操作。

7.4.4 检查设置的警示设施应符合下列规定：

1 位置和数量应符合设计要求。

2 各警示标志应醒目，安放端正稳固。

3 各警示灯的灯光颜色、开启和关闭条件应符合设计要求。

4 开机准备警示铃，其声音（语音）应与其他警示声音有显著区别，延续时间应符合设计要求。

检验方法：直观检查法。

7.4.5 检查剂量检测仪器、仪表，其数量、型号、规格及装放时，应符合下列规定：

1 其数量、型号、规格及装放应符合设计要求。

2 质量、精度等证明文件应齐全。

检验方法：直观检查法。

7.4.6 检查控制室内的遥测遥感回路系统时，应符合下列规定：

1 应检查控制室内的监视系统，其视频、音频信号的采集、传输、存储应符合设计要求。

2 应检查红外、火灾自动报警系统，其报警阀值应符合设计要求。检查自动喷水灭火系统，其响应参数应符合设计要求。

3 其他信号采集的范围、精度、报警阀值和控制逻辑关系应符合设计要求，检查远程诊断控制系统应符合设计要求。

检验方法：模拟检查。

7.5 环 境 影 响

7.5.1 监测点应按环保相关的规定设定，应分别在开机最常用的运行工况下、最大输出能量和最大输出功率下，检测剂量率，并应判断屏蔽设施的屏蔽实际效果，应分别计算周、月、年剂量，并应作出评估。

7.5.2 废气排放的检测应符合下列规定：

1 应在开机最大负荷运行工况下、最大输出能量和最大输出功率下进行检测；应检测排出气体的臭氧、氮氧化物含量，检测排出气体存在的剂量率，并应对检测结果进行评估。

2 检测排风、补风系统的开、停与主机运行工况的逻辑关系及延续时间，应符合设计要求。

7.5.3 对辐射区排出的废水、废液，应检测其放射性，并应作出评估。

7.5.4 对运行中产生的固体废弃物的放射性应进行检测，并应作出评估。

7.6 工 程 验 收

7.6.1 工程达到验收条件和要求时，应及时组织工程验收。

7.6.2 环境保护验收应符合下列规定：

1 检测验收应由有资质的单位承担。

2 应按现行行业标准《辐射环境保护管理导则 核技术应用项目环境影响报告书（表）的内容和格式》HJ/T 10.1 的有关规定，对环境影响的内容作出检测和验收，并应形成文件。

附 录 A 屏 蔽 计 算

A.0.1 一次 X 射线屏蔽厚度可按下式计算：

$$B_{xt} \geqslant \left(\frac{D_0 \cdot Q \cdot f \cdot T}{(d/d_0)^2 \cdot D_{mt}} \right)^{-1} \quad (A.0.1)$$

式中：B_{xt}——X 射线的透射率；

D_0——离靶 1m 处 X 射线的出射剂量率（$\mu Gy/h$）；

Q——X 射线品质因子，1.0Sv/Gy；

D_{mt}——剂量限值（$\mu Sv/h$）；

d——源到参考剂量点的距离（m）；

d_0——1m；

f——安全系数；

T——居留因子。

A.0.2 屏蔽厚度可按下列公式计算：

$$S = T_1 + (n-1)T_e \quad (A.0.2-1)$$
$$n = \log_{10}(1/B_{xt}) \quad (A.0.2-2)$$

式中：S——屏蔽厚度（m）；

T_1——屏蔽层中第一个 1/10 值层厚度（m）；

T_e——第一个 1/10 值层之后的 1/10 值层厚度（m）；

n——1/10 值层的数目。

A.0.3 迷道散射 X 射线屏蔽厚度可按下式计算：

$$H_m = H_0 \cdot \frac{(\alpha_1 \cdot A_1)(\alpha_2 \cdot A_2) \cdots (\alpha_m \cdot A_m)}{(d_1 \cdot d_2 \cdots d_m)^2}$$

$$(A.0.3)$$

式中：H_m——X 射线在参考剂量点处的剂量率（$\mu Sv/h$）；

H_0——第一次反射面上的入射剂量率（$\mu Sv/h$）；

α_1——X 射线第一次的反射系数；

α_2——X 射线第二次的反射系数；

α_m——X 射线第 m 次的反射系数；

A_1——第一次散射的散射面积（m²）；

A_m——迷道的截面积（m²）；

d_1——第一次散射的（射程）距离（m）；

d_2——第二次散射的（射程）距离（m）；

d_m——第 m 次散射的（射程）距离（m）。

A.0.4 天空散射导致的剂量可按下式计算：

$$D = [2.5 \times 10^{-2} D_0 \Omega^{1.3} / (d_s^2 d_i^2)]$$
$$\times 10^{-[(T_e - T_1)/T_e + 1]} \quad (A.0.4)$$

式中：D——计算剂量率（$\mu Sv/h$）；

D_0——距源 1m 处的参考剂量率（μSv/h）；

Ω——用球面度量度的立体角；

d_i——源至离屋顶外表面 2m 高处的垂直距离（m）；

d_s——源至剂量点的最小水平距离（m）；

T_c——屋顶的厚度（m）；

T_1——屏蔽层中第一个 1/10 值层厚度（m）；

T_e——第一个 1/10 值层之后的 1/10 值层厚度（m）。

A.0.5 中子的屏蔽可按下式计算：

$$R_n = \frac{H_{mt} \cdot d^2}{\phi_0 \cdot T} \qquad (A.0.5)$$

式中：R_n——屏蔽透射比（μSv·m²）；

ϕ_0——距靶 1m 处的中子注量率 $[1/(m^2 \cdot h)]$；

H_{mt}——有效剂量限值（μSv/h）；

d——靶与参考点之间的距离（m）；

T——居留因子。

A.0.6 减弱中子所需的 1/10 值层的数目以及所需要的屏蔽层厚度 S，可按下列公式计算：

$$n = \log_{10}\left(\frac{1}{R_n}\right) \qquad (A.0.6-1)$$

$$S = T_1 + (n-1)T_e \qquad (A.0.6-2)$$

式中：n——减弱中子所需的 1/10 值层的数目；

R_n——中子在混凝土中的屏蔽透射比（μSv·m²）；

S——所需要的屏蔽层厚度（m）；

T_1——屏蔽层中第一个 1/10 值层厚度（m）；

T_e——第一个 1/10 值层之后的 1/10 值层厚度（m）。

附录 B 通风设计计算

B.0.1 臭氧产生率可按下式估算：

$$C_{03} = 3.25 \times 10^{-3} \left[\frac{S_{col} \cdot I \cdot X}{V}\right] \qquad (B.0.1)$$

式中：C_{03}——单位体积中臭氧的产生率（ppm/s）；

S_{col}——标准状态下，电子在空气中的碰撞阻止本领（keV/m）；

I——加速器的电子束流强度（mA）；

X——器外电子束在辐照室空气中的穿行距离（m）；

V——辐照室自由容积（m³）。

B.0.2 辐照过程中，臭氧浓度可按下式计算：

$$C(t) = C_{03} \cdot V \cdot (1 - e^{-f \cdot t/V})/f \qquad (B.0.2)$$

式中：$C(t)$——臭氧浓度（mg/m³）；

f——通风量（m³/h）；

t——通风时间（h）；

V——辐照室自由容积（m³）。

B.0.3 辐照停止后，辐照室以相同的通风量通风时，

辐照室内臭氧浓度的降低可按下式计算：

$$C'(t) = C_0 \cdot e^{-f \cdot t/V} \qquad (B.0.3)$$

式中：$C'(t)$——辐照停止后通风 t 分钟时室内臭氧平衡浓度（mg/m³）；

f——通风量（m³/min）；

t——通风持续时间（min）；

C_0——辐照停止时室内臭氧浓度（mg/m³）；

V——照射室自由容积（m³）。

附录 C 检测表格

C.0.1 屏蔽混凝土原材料及配合比设计检验批质量验收记录的格式，宜符合表 C.0.1 的规定。

表 C.0.1 屏蔽混凝土原材料及配合比设计检验批质量验收记录

单位(子单位)工程名称				
分部(子分部)工程名称			验收部位	
施工单位			项目经理	
施工执行标准名称及编号				
施工质量验收规范的规定			施工单位检查评定记录	监理(建设)单位验收记录
主控项目	1	骨料质量选用要求	本规范第 5.2.1 条	
	2	水泥进场检验	《混凝土结构工程施工质量验收规范》GB 50204	
	3	外加剂质量及应用		
	4	矿物掺和料质量及掺量		
	5	配合比设计		
	6	氯化物、碱的总含量控制		
一般项目	1	开盘鉴定		
	2	依砂、石含水率调整配合比		
施工单位检查评定结果		专业工长(施工员)		施工班组长
		项目专业质量检查员： 年 月 日		
监理(建设)单位验收结论		专业监理工程师： (建设单位项目专业技术负责人)： 年 月 日		

C.0.2 屏蔽混凝土施工检验批质量验收记录的格式，宜符合表 C.0.2 的规定。

表 C.0.2　屏蔽混凝土施工检验批质量验收记录

单位(子单位)工程名称				
分部(子分部)工程名称			验收部位	
施工单位			项目经理	
施工执行标准名称及编号				
施工质量验收规范的规定			施工单位检查评定记录	监理(建设)单位验收记录
主控项目	1	混凝土密度	本规范第7.2.5条		
	2	混凝土粗骨料均匀度、强度等级及试件的取样和留置	《混凝土结构工程施工质量验收规范》GB 50204		
	3	坍落度、和易性、保水性			
	4	原材料每盘称量的偏差			
	5	初凝时间控制			
	6	混凝土养护	本规范第5.4.6条		
	7	预留孔洞、施工缝	本规范第5.5.3条		
一般项目	1	后浇带的位置和浇筑	《混凝土结构工程施工质量验收规范》GB 50204		
	2	工作性检查	本规范第5.4.3条~第5.4.5条		
		专业工长(施工员)		施工班组长	
施工单位检查评定结果		项目专业质量检查员：　　　　　　　年　月　日			
监理(建设)单位验收结论		专业监理工程师：(建设单位项目专业技术负责人)：　　　　年　月　日			

表 C.0.3　屏蔽混凝土质量检验验收记录

单位(子单位)工程名称				
分部(子分部)工程名称			验收部位	
施工单位			项目经理	
施工执行标准名称及编号				
施工质量验收规范的规定			施工单位检查评定记录	监理(建设)单位验收记录
主控项目	1	密度指标	本规范第7.2.5条		
	2	骨料及主要材料	检查施工记录		
	3	氢元素(或含水量)	本规范第7.2.6条		
	4	硼元素含量			
	5	粗骨料分布均匀性	本规范第7.2.7条		
	6	强度指标	本规范第7.2.2条		
一般项目	7	裂纹检查	《混凝土结构工程施工质量验收规范》GB 50204		
	1	外观检查			
	2	实体检查			
		专业工长(施工员)		施工班组长	
施工单位检查评定结果		项目专业质量检查员：　　　　　　　年　月　日			
监理(建设)单位验收结论		专业监理工程师：(建设单位项目专业技术负责人)：　　　　年　月　日			

C.0.3　屏蔽混凝土质量检验验收记录的格式,宜符合表 C.0.3 的规定。

本规范用词说明

1　为便于在执行本规范条文时区别对待,对要求严格程度不同的用词说明如下:

1)　表示很严格,非这样做不可的:

正面词采用"必须",反面词采用"严禁";

2)　表示严格,在正常情况下均应这样做的:

正面词采用"应",反面词采用"不应"或"不得";

3)　表示允许稍有选择,在条件许可时首先应这样做的:

正面词采用"宜",反面词采用"不宜";

4)　表示有选择,在一定条件下可以这样做的,采用"可"。

2　条文中指明应按其他有关标准执行的写法为:"应符合……的规定"或"应按……执行"。

引用标准名录

《混凝土结构设计规范》GB 50010

《建筑抗震设计规范》GB 50011

《建筑给水排水设计规范》GB 50015

《建筑设计防火规范》GB 50016

《建筑结构可靠度设计统一标准》GB 50068

《普通混凝土拌合物性能试验方法标准》GB/T 50080

《混凝土强度检验评定标准》GB/T 50107

《建筑灭火器配置设计规范》GB 50140

《火灾自动报警系统施工及验收规范》GB 50166

《电气装置安装工程盘、柜及二次回路结线施工及验收规范》GB 50171

《混凝土结构工程施工质量验收规范》GB 50204

《建筑工程抗震设防分类标准》GB 50223

《工业金属管道工程施工规范》GB 50235

《建筑给水排水及采暖工程施工质量验收规范》GB 50242

《通风与空调工程施工规范》GB 50738

《自动喷水灭火系统施工及验收规范》GB 50261

《生活饮用水卫生标准》GB 5749

《电离辐射防护与辐射源安全基本标准》GB 18871

《普通混凝土配合比设计规程》JGJ 55

《建筑施工模板安全技术规范》JGJ 162

《辐射环境保护管理导则 核技术应用项目环境影响报告书（表）的内容和格式》HJ/T 10.1

中华人民共和国国家标准

电子辐射工程技术规范

GB 50752—2012

条 文 说 明

制 定 说 明

《电子辐射工程技术规范》GB 50752—2012，经住房和城乡建设部 2012 年 1 月 21 日以第 1274 号公告批准发布。

一、制定原则

本规范的制定立足于促进我国电子辐射技术相关产业的健康可持续发展，规范我国电子辐射工程建设，提高我国电子辐射工程技术水平，增强国际竞争力。

本规范的制定认真贯彻执行了国家的有关法律、法规和方针政策；规范的编写坚持科学性、先进性和实用性原则，做到技术先进、经济合理、安全适用。本规范的内容以系统有效的实践经验和可靠的研究成果为依据，与现行国家、行业标准相协调，避免产生矛盾和重叠，并积极采纳符合我国国情的国际标准的相关内容。

二、制定过程

制定过程吸纳、整合了国内部分权威研究、设计、建设等单位的成果，集中部分精尖技术力量，以保证标准编制的技术水平和权威性。广泛调查、借鉴业内和国内外先进的设计方案和建设技术，兼顾标准的先进性、实用性。经过准备、征求意见、审查和批准四个阶段程序完成了编制工作。

三、主要技术内容的说明

1. 关于屏蔽体的设计技术数据。

屏蔽体材料的控制数据宜给出骨料的名称和成分、某些元素含量指标、骨料不均匀度指标等。屏蔽混凝土是密度、元素含量、骨料均匀性有特定要求的混凝土，配合比要满足这些要求。屏蔽混凝土的工作性参数是质量控制的基础条件，规范中对此作了规定。

2. 配合比计算。

主要参数的计算，现有的某些经验算式多而杂，不尽相同，但均包括在现行行业标准《普通混凝土配合比设计规程》JGJ 55 计算原理的范围内，并对计算公式的参数作了各种调整。经验算式在行业内取得共识，需要较长的过程。本规范暂不统一规定计算方法，在试配中可以借鉴相关的经验算式，或在经过工程验证的配比基础上做某些调整，完成计算。参考这些经验数据可以完成拌和物的配比计算和试配。

四、本规范尚需研究的有关问题

1. 剂量检测点的布设内容，由于不同工程布局差异太大，统一测点布设的条件尚未成熟，本规范未作具体规定。

2. 屏蔽混凝土指标检测对骨料分布均匀性规定和检测、H（或 H_2O）、B 元素含量检测仅作了方法性、原则性的规定，待技术进步和实践积累更成熟时予以完善。

3. 工程退役事项的规范：

退役的装置、建（构）筑物的无限制使用，是在对人无害影响的前提下，资源的再利用。电子辐射工程，射线能量超过一定限度就存在器具、建（构）筑物的活化可能，对其通过检测，作出评估，采取无害化处理是必要的。截至目前，国内外该类工程拆除实例不多，待进一步实践积累，规范修编时再对工程退役内容作规定。

为便于广大设计、施工、科研、学校等单位有关人员在使用本规范时能正确理解和执行条文规定，《电子辐射工程技术规范》编制组按章、节、条顺序编制了本规范的条文说明，对条文规定的目的、依据以及执行中需注意的有关事项进行了说明。但是，本条文说明不具备与规范正文同等的法律效力，仅供使用者作为理解和把握规范规定的参考。

目　次

1 总 则

1.0.1 束流设备能提供具有特定品质的电子束,或将电子束转化为其他射线,如 X 射线。可控电子束、X 射线等能够产生预期辐射效应,这些效应以实用工程(电子辐射工程)为载体,在工业、农业、医疗、检测及科研等领域有着广泛的应用。

电子辐射工程与一般工业项目有所不同,电子辐射工程建设的各环节(勘察、规划、设计、施工、安装、验收、鉴定、使用、维护、加固、拆除以及管理等多个环节)显著有别于其他工业工程,如辐射的防护、防护的设计和施工等。作为 0.15MeV～100MeV 能量段的电子辐射工程,目前,就工程建设(不含主要设备)的技术层面制定规范,解决了这一领域标准缺少或标准内容深度不够的问题,而且作为独立的标准,为 0.15MeV～100MeV 电子辐射工程的规划、设计、施工和检测等提供执行和评价依据,对促进该领域的技术进步具有重要的现实意义。

1.0.2 本规范解决的是建设过程中各环节的技术课题,也就更容易且更应该以该类工程最基本的属性"防护的程度"——辐射强度来划分适用范围,因而应当采用国际、国内以能量为标志的划分方法,选择"低能段",不超过 100MeV 为范围。

电子束的应用类设施,工程建设必须按照电子束应用的工艺需求和主装置的需要作配置。从配属内容上,工程内容特定的属性是对射线屏蔽的有效性、合理性做有效应对;安全防护的属性是包括合理的、足够高的可靠性和选择上的合理性。上述两类课题作为规范的重点内容,对辐射加工类装置(不含自屏蔽式)、无损检测类装置(不含移动式)等具有客观的积极意义。规范中某些技术内容,其他射线应用类工程认为可取的,不限制采用。

1.0.3、1.0.4 从标准实施的纵向来看,工程建设的科技进步是永恒的,国家的相关政策、法规等有可能发生微调和变动,技术规范具有阶段性稳定的属性。这一属性不应限制,注重技术进步和技术经济指标提升的努力,不应造成与国家最新颁布的政策、法规的偏离。

从标准实施的横向来看,一项技术规范只能解决特定建设实践的技术所需,不可能涵盖工程建设的全部内容;在标准体系构架上,也不允许重复和繁杂。因而,规范未指明的实践活动按照现行的有效标准执行,是可行的、必需的。

3 工程规划

3.1 基 本 要 求

3.1.1 本条的要求是工程规划中技术资料搜集的常规做法,其中,"工程运行的内容及其运行扩展的内容"是指电子束应用内容的变化和伴随着应用变化而需求的工程内容的适配性改变。如电子束能量、功率和其他品质的变化,被照射或被轰击物品的预测变化,工程内容的适配应当作出相应的设定。工程拟选用的主要材料是指屏蔽体工程内容的材料,如对 X 射线表现优良衰减性能的含铁类、含钡类的矿物骨料,对中子辐射有良好衰减性能的富含氢、硼等元素的矿物或合成材料。材料的牌号相同,成分接近,但对不同产地的材料,有用成分含量的差别、施工工艺性的优劣都需要有基本的了解和掌握。

3.1.2～3.1.4 这几条的规定,为工程符合国家和地方法规提供保证,为工程外部条件完备提供保证;地质条件为工程规避安全、长久运行的潜在风险提供保证;气象条件、人居分布等资料的掌握,为工程对人居环境的有害影响降到国家允许、居民可以承受的程度提供帮助。

3.2 选 址

3.2.1 选址的统筹兼顾中对配套条件作了充分性要求,如供水、供电、通讯、交通和物流。这些提示性要求不含有对具备可靠改进前景的某些暂缺项条件的否定性限制。

3.2.3 在满足国家环保、卫生等法规要求,且不利影响不会引起居民反对的情况下,选取地址。

电子辐射工程射线的能量不是选址的唯一因素,某些工程,工作负荷(workload)不高、功率较小,对环境的不利影响可以忽略,因而环境对该类工程的限制较小。

10MeV 以上、5MeV 且 30kW 以上生产型工程,应考虑环境质量要求提高带来的预期性反对风险,与居民区留有足够的距离。

3.3 环境和安全规划

3.3.1～3.3.3 环境、安全、卫生防疫三项,在核工程项目建设中,是政府掌控的三项基础性课题。尽管通常的电子辐射工程在核工程领域是环境相对友好、安全威胁相对较小、卫生防疫任务相对较轻的核技术应用项目,但是电子辐射工程射线的能量达到一定程度,生物体(如人体)接受过量剂量,会造成伤害,甚至死亡;空气的部分氧气会转化为臭氧,部分氮气转化为氮氧化物;气体分子、尘埃、生产线的废水、物品可能被激活而带有放射性,对环境造成不利影响,对相关人员会造成放射性危害。因而,对环境的影响、对放射性卫生防疫要作出特别关注和防范。这些关注和防范涉及工程的主要内容和主要技术专业,在规划中必须统筹安排。因此,本规范确定第 3.3.1 条、第 3.3.3 条为强制性条文。

3.4 工艺规划和构成

3.4.1 工艺是指装置运行的主要过程和方式，不涵盖出束方式、辐射化学和辐射效应等工程外的工艺内容。规划中对束流参数和可靠性作出充分性选择是必需的。同时要在节能、运行保障条件等方面作出更有利的选择。

3.4.3 电子辐射工程种类繁多，即使同类工程，往往内容差异显著，只有最常用的某些工程带有基本的重复性，因而对其详细界定和约束是不妥当的。本规范继承了现行国家标准《辐射加工用电子加速器工程通用规范》GB/T 25306 标准的成果，按照工程构成的使用性，对内容提了要求。原则是"成套性充分完整"、"不局限于这些内容"，以便更加符合国家产业结构调整和科技进步的要求精神，以便促进行业科技水平的提高。

需要进一步说明的是，在规划和工程内容的搭设、匹配中，要考虑可靠性成本因子的等价性原则。某一工程，以失效率对故障源成本的比作为"可靠性成本因子"的度量。工程的技术选择方案采用了可靠性成本因子的等价性原则，就可以避免核心设备优良，因配套内容较弱而不能良好运行的缺憾和通病。

3.5 规划文件和技术经济评价

3.5.1 规划文件的格式和内容，不同行业、不同地区审批机关的要求存在一定差异，因而本条作了条文中的规定。

3.5.3 节能减排是国家的一项基本政策，工程建设在节能减排中的地位十分重要，工程的建设水平决定了运行能量的消耗水平和废弃物的排放水平，因此，工程建设从规划阶段就要注重节能减排，规划文件的技术经济评价内容应包含节能减排的专题内容。

4 工 程 设 计

4.1 一 般 规 定

4.1.1 工程设计根据委托书和项目可行性报告进行，满足使用性要求。国家监管机构的意见，设计必须遵循；安全预评价、卫生防疫预评价和环境保护预评价结论所依赖的基本条件，设计必须满足。

4.1.2 电子辐射工程具有一定的特殊性，其设计单位必须有工程设计乙级或以上资质，设计人员必须具有对应专业的工程师或以上职称，工程设计项目负责人必须具有高级工程师或以上职称，且具备必要的业绩和经历。

4.1.3 中华人民共和国住房和城乡建设部《建筑工程设计文件编制深度规定》（2008 年版）明确了方案设计或初步设计文件的深度要求，同时强调需满足审

管机构对文件内容的要求；明确了施工设计文件的深度要求，电子辐射工程的设计应当遵循。建议结合具体工程的审管机构的审管要求和工程具体情况，确定设计阶段，但必须包括施工图设计阶段，且不少于两个阶段。某些工程设计可以用总体设计代替初步设计，总体设计的内容基本满足编制施工图设计文件的需要，满足报建和审查部门的要求。

4.2 工 艺 设 计

4.2.1 一般情况下，工艺设计先根据使用要求确定辐射设备规格；根据工艺需求，如工件（或被辐射的物品）及其运转方式来确定作业室的大小和关联设施的空间布设。为射线的属性分析、辐射防护计算确立基础。

4.2.2 先确定工艺流程，是为了保证使用要求。然后根据场地地形确定工艺需求和工艺辅助用房的位置、人流线路、物流路线，根据辅助设备和辅助设施等确定空间尺寸，从而完成其平面布局和竖向布置。

2 电子辐射工程作为整个生产（或其他实践活动）流程中一道"工序"时，尽量和其他工序的建筑贴建，或建造在整体建筑的内部，可以缩短整个物流线路，优化整个生产（或其他实践活动）的过程。

3 对于能量 0.15keV～300keV 的辐射区，其防护成本不高，容易通过防护措施实现防护规划目标，可以设置在整体建筑的内部，当整体建筑为多层建筑时，宜设置在底层。对于能量大于 300keV 的作业室，或防护成本太高时，可以与总体建筑贴连或脱开布置。

4.2.3 不论何种布置，防火设计都应符合现行国家标准《建筑设计防火规范》GB 50016 的规定。

4.3 辐射防护设计

4.3.1 束流设备在运行过程中会产生电离辐射，应按照《电离辐射防护与辐射源安全基本准则》GB 18871 的规定完成设计。充分考虑工作人员和公众人员的辐射安全，并留有足够的安全裕度。从辐射屏蔽设定、辐射安全系统的设置等环节，确保人员获得合理的有效防护。辐射防护设施必须与主体工程同步设计、各专业有机衔接和融合。纵深防御性、冗余性的设计是防护效能具有高可靠性的需求，防护措施的独立完整，防护方法多样和多元都是对防护效能获得高可靠性的有效保证。最优化原则体现了对防护、经济、社会等诸因素的兼顾，其目标带有剂量限值尽可能低和投资合理化两个互相影响的因子，以及两个关系取舍的合理性。

4.3.2 现行国家标准《电离辐射防护与辐射源安全基本标准》GB 18871 中规定的职业照射和公众照射的剂量限值为 20mSv/a 和 1mSv/a，但是这个剂量限值包括了除天然本底和医疗照射以外的所有放射源的

剂量接受因素。从电子辐射工程接受的辐射剂量仅为可能接受剂量限值的一部分，照搬现行国家标准《电离辐射防护与辐射源安全基本标准》GB 18871 的剂量限值作为辐射屏蔽设计目标值是不合理的，本规范的剂量限值设计目标值是参照了现行国家标准《γ辐照装置的辐射防护与安全规范》GB 10252、《γ辐照装置设计建造和使用规范》GB 17568、和《辐射加工用电子加速器工程通用规范》GB/T 25306 的相关规定和国外标准，并结合国内工程设计的大多数样本而提出的。

4.3.3 本条规定了辐射的各项属性及其他因素的判定。

1 辐射是一个较为复杂的核物理过程。电子辐射以电子为带电粒子。初级辐射为电子束流，束流在空气中射程较长，辐射强度高。电子束流行进中产生次级辐射，除产生特征 X 射线外，轰击阻挡物产生次级 X 射线或产生中子射线。这几类射线，在束流产生装置运行中产生，停机后消失，统称为瞬时辐射。被轰击物质可能产生感生放射性，停机后继续存在。感生放射性随停机时间的延续而减弱，随被轰击时间的积累而增强。这些内容是辐射防护计算的基础和依据。因而，对辐射源的属性进行"工程计算准确度所要求的"的分析是可取的，尤其在无相似工程成功实践借鉴时，是必须进行的。

2 控制区：要求或可能要求采取专门防护措施或安全手段的区域，在正常工作条件下控制正常照射或防止辐射污染扩展、防止潜在辐射或限制其程度。如辐射加工的作业区，工件无损检测的扫描作业区等。某些装置的布置设计，控制区又分为"辐射区"和"控制区"，"辐射区"的防护重于"控制区"，采取了更严格的辐射防护措施，从防护属性上，可以统称为控制区。

监督区：未被确定为控制区，通常不需要采取专门防护措施和安全手段的，但要不断检测其职业照射条件的区域。这些区域不应有无关联的停留，更不得驻留。

3 框定和选取工作负荷因子，射线束流的定向因子，人员在防护计算点处的居留因子。计算取值为辐射发生最大条件下，为获得更合理的防护设计，取得更经济合理的设计方案，对开机率不高、射线束流非主阻挡方向、人员停留较少的区域，进行防护的数据修正是必要的。

4 某些工程因各种原因，屏蔽区域需要在建筑施工主要阶段完成后，从预先留出的孔洞运入或安装设备，这些孔洞的设置在总设计师的平衡意见指导下，辐射防护、工艺、建筑、结构专业设计相融合，在各因素兼顾下确定设计方案。

5 屏蔽材料种类多样，对射线的衰减能力选择性较强。应根据辐射的属性，结合屏蔽材料对需要防护的射线的衰减能力作选择确定，选择时要考虑空间的利用率和投资控制额度。

4.3.4 对于屏蔽计算，本规范的附录 A 给出了基本的计算方法。更准确、更周密的计算可参照辐射防护专业专著进行，本规范推荐采用 NCRP Report No. 144（2003）——Radiation Protection for particle Accelerator Facilities；NCRP Report No. 151（2005）——Structural Shielding Design and Evaluation for Megavoltage X and Gamma Ray Radiotherapy Facilities 的计算方法。

2 屏蔽体材料的控制数据中：

1）材料的材质和性能指标是计算的依据，也是施工的备料依据。

2）屏蔽材料选用混凝土墙体时，混凝土墙的截面大，荷载下的应力小，强度可选择不低于 C20，除考虑经济指标外，主要是低强度混凝土的水合热较低，有利于控制屏蔽体内部和外表的温度差别，有利于控制屏蔽体养护早期的温升，减少裂纹发生的概率；尤其是有利于成型混凝土屏蔽层内含有较多的结合水，从而保持对中子射线的衰减能力。

混凝土屏蔽层的密度主要取决于骨料的选取。重晶石（硫酸钡矿）骨料、铁矿石骨料、含硼矿石骨料、铁质或铅质骨料等可以根据屏蔽体的设计所需选取。含水率、骨料不均匀性对强辐射是有必要关注和控制的，对于多数辐射不强的工程，有成熟的对比设计实践佐证的，可以从简，不做含水率、骨料不均匀度的具体要求。

4.3.5 对屏蔽设计提出的要求如下：

1 多种射线并存且某两种射线计算的屏蔽厚度差别等于或不到一个半值层厚度值时，应在计算的较大厚度值上附加一个半值层厚度，是偏重安全且实践验证可行的简化算法。

2 预留孔洞、门、通道应选取在辐射最弱的方位是从防护的角度考虑的，同时要兼顾物流的可能等因素，其决定基点是经济性指标。

3 某些区域微波辐射不可忽视时，对微波防护作出设计。主要指微波源泄露超标的条件下。

4 对感生放射性进行分析估算。

1）控制区的物品、如靶材、加速管可能产生感生放射性，作出评估并设定应对性防护意见是必需的，如缓时进入维修，快速更换备品等。

2）对气载放射性作出评估，某些超过 10MeV 的连续运行的工程，次级辐射与空气相互作用，空气和尘埃会产生感生放射性，尽管放射性产物半衰期较短，但是可知性是必要的。

3）某些工程的工艺用水可能产生感生放射性，尽管水量不大，半衰期不长，局部存放，延时衰减，因累积增加，其可知性是必需的，可在运行阶段结合检测提高评估的准确性。

5 对检测内容、检测点作出规定。计算基点和检测点要合理设置，便于运行管理，便于校核设计计算，积累数据，因而必要。某些脱离计算模型的点，如临近多层建筑的工程，天空散射测点的确定等，也有必要。

6 电子辐射工程的辐射场，具有混合辐射场、辐射水平的量程特别宽、辐射场或带脉冲性及可能受到高频电磁场的干扰的特性。当探测一种射线时，必须考虑仪器对另一种射线的甄别能力；无法选定一台仪器完成所有监测点，就必须组配多台仪器。防护设计对检测仪器的配置设定是很有必要的。

4.3.6 本条为强制性条文。现行国家标准《电离辐射防护与辐射源安全基本标准》GB 18871 是国内普遍使用的基础性标准，对纵深防御、冗余性作了原则规定。国际原子能机构安全标准丛书 No. SSG—8《γ射线、电子束、X射线辐照装置的辐射安全——安全导则》（Radiation Safety of Gamma, Electron and X Ray Irradiation Facilities Specific Safety Guide IAEA Safety Standards Series SSG—8）对安全系统的纵深防御和冗余性作了要求。

调查了国内外 29 项符合现行国家标准《电离辐射防护与辐射源安全基本标准》GB 18871、安全标准丛书 No. SSG—8《γ射线、电子束、X射线辐照装置的辐射安全——安全导则》（Radiation Safety of Gamma, Electron and X Ray Irradiation Facilities Specific Safety Guide IAEA Safety Standards Series SSG—8）要求的工程设计实例，为杜绝控制区开机状态下人员存留的恶性事件，具有如下设计内容：

防止人员"误进"（为最主要的步骤）：警示性图形标志、开机运行灯光指示、人员出入门关闭上锁。在这一关键阶段，上锁、图形、灯光是"多样性的"，计算具有的备份是三项，冗余备份为两项。

防止人员"误留"控制区（为最关键的步骤）：顺序报警点查看系统、摄像机监测系统、控制区紧急停机拉线（横向布设，距离地面 1.2m～1.5m）开关等。检测查看有两项，误留控制区内的人员停机自救为两项（拉线开关、报警点按钮）。

对于防止在辐射室内发生辐射伤害事故，在事件发生的过程中，选取"进入"、"辐射开机前的停留人员检查"、"误留人员的自救"三个阶段，分别设计应对措施。具有"纵深防御"的性质，其防御的层次有三道。

4.3.7 开机联系锁门，是业内通用的必须做法，也是在国际、国内相关规定、标准中共同强调的条款，对安全起到基础性的保障作用。本条内容由防护专业提出大纲，由相关专业，尤其是电气仪表专业设计完成，在公用工程设计章节不再重复。

4.3.8 对于大于 5MeV 束流设备的辐射安全系统，该条提供了可供选择的、可以提高防护和安全可靠性

的做法。本条内容由防护专业提出大纲，由相关专业，尤其是电气仪表专业设计完成。

4.4 建筑设计

4.4.1 考虑到电子辐射控制区辐射水平特别高，中央控制室及其他辅助室基本不存在电离辐射，而且人员居留时间较长，分隔设置利于防护安全，利于降低投资。

4.4.4 本条规定在电子辐射用房设计中，辐射控制区出入口作为一个辐射防护的薄弱环节需要特别关注。在根据被照射物件大小和人员使用要求确定出入口大小后，门与墙、门扇与门扇的搭接要达到射线泄漏处于可以接受的范围内。

4.4.5 本条规定了窗应满足的要求。

1 本款规定辐射控制区不宜设置窗，如确实需要设置且能确保防护安全时，观察窗应考虑采用诸如特种铅玻璃等，或为铅玻璃夹水复合窗，并作为屏蔽防护薄弱环节加以重点关注。

2 本款结合某些辐射作业及特种铅玻璃观察窗可以满足防护安全的前提下，中央控制室对作业区域的视线监控。

4.4.6 本条规定了地面应满足的要求。

1 本款对中央控制室地面采用防静电架空活动地板作了必要的阐述，中央控制室内有较多控制设备，设计时需要考虑地坪具有良好的防潮、阻燃、防腐等要求。如中央控制室采用电缆沟和盖板设计，地坪采用其他设计也是可以的。

2 本款规定了辐射室内地坪面层材料的选择，应不起尘，清洁因素的考虑是次要的，主要考虑尘埃微粒对气载放射性有助强效应，应当减少尘埃。

4.4.7 本条规定了辐射区内墙面材料的选择。墙面平整，不积灰尘是内墙的主要设计条件，当屏蔽体防护能力的冗余度不足时，可以考虑本条的技术选择。

4.4.8 在屏蔽防护措施中，为了尽可能地减小射线的溢出，应在穿墙管线等薄弱环节采取必要的措施，如轴线的折线、弯曲，截面的台阶形态，封堵，补强等。

4.5 结构设计

4.5.1 按现行国家标准《建筑结构可靠度设计统一标准》GB 50068 的规定，电子辐射工程混凝土结构设计使用年限根据其特性和重要性，普通房屋建筑和构筑物设计使用年限为 50 年，特别重要的建筑结构为 100 年。

4.5.2 对结构构件承载能力极限状态的计算规定和正常使用极限状态的验算规定均应符合现行国家标准《混凝土结构设计规范》GB 50010 的相关规定。某些类型的束流产生装置，如直线电子加速器、回旋电子加速器，电子加速部分不均匀沉降会造成运行设备安

装轴线的变动，继而造成束流的故障，需要按照束流产生装置的要求，在基础设计、荷载分布，安装基础设计诸方面予以满足。

4.5.3 对于有抗震设防要求的防辐射混凝土结构，应按照现行国家标准《建筑抗震设计规范》GB 50011的规定进行结构构件的抗震设计，考虑到电子辐射工程的混凝土主要起辐射防护作用，地震破坏产生的后果较严重，且恢复难度较大，按照抗震设计的基本原则，建议抗震构造措施应提高一度抗震设防。地震烈度为9度的应不再提高，在其他规范中已经对抗震烈度作出提高一度规定的也不应再提高。

4.5.5 由于沿屏蔽体厚度方向的贯通裂缝对辐射防护非常不利，因而沿屏蔽体厚度方向不得出现贯通裂缝。

4.6 公用工程设计

4.6.1 本条规定了辐射室通风设计应满足的要求。

1 某些辐射作业，束流能量较高、功率较大，且连续作业，室内空间有臭氧（O_3）、氮氧化物、感生放射性气体或尘埃产生，因而设置机械通风系统，保证室内有足够的换气次数，保持室内为负压。在停机后通风系统继续运行10min，臭氧通过换气和分解，浓度降低到0.1mg/m³以下，空气中残存的感生放射物质大体度过了一个半衰期，人员进入可以认为是安全的。

2 排风系统：由于辐射作业时产生的臭氧密度大，下部浓度高，在房间上部地带设置的排风口排出所需风量的1/3，下部地带设置的排风口排出2/3的风量是基本合理的。

3 补风系统：室外新风经过过滤处理后由补风机从房间上部送入室内，补风量按照排风量的80%确定，保持室内负压。过滤的目的是减少空气中的尘埃，对于空气中感生放射性物质的控制是有利的。

4 设备和风管材质：通风设备和风管材质宜选用铝合金或不锈钢等材料，使通风系统具备耐辐射变性和耐锈蚀的能力。

7 通风系统的能力设计要根据辐射作业水平决定，一切取决于有害物质的产额，不宜硬性规定。

4.6.3 本条规定了给水系统设计应满足的要求。

某些束流装置运行的除盐恒温水是配套出现的，供水设计到供水设备开口即可；某些辐射加工类装置，加工区的冷却水系统由工程设计完成时，需要根据进出口水温、压力、流量和水流线路完成设计。

4.6.4 本条规定了排水系统设计应满足的要求。

辐射区域排水或可具有感生放射性，尽管其半衰期较短，尽管可以通过延时衰减、隔离使危害降到容许的水平，但处理方法应有防护专业的设计认定，且得到当地环保部门的认可。

4.6.6 本条规定了供电应满足的要求。

2 束流装置对电网电压的要求高于一般工业工程，单独回路供电有利于装置的运行。某项特别需求的工程为保证装置运行的特殊需要，也有双回路供电的设计。

3 监督区、控制区等区域设置备用照明设施，外部供电停止后，可以进行观察、纠正、补救类工作。

4.6.7 仪表控制设计包括防护专业提出设计各项课题，某项课题设备或者已经自带，某些课题建设方可能独立另行分包，仪表设计或可仅完成部分课题的设计。各项控制设计应集合在计算机主机上，各控制间的协议文件应正确无误。

设计的组织安排方式不能影响辐射防护内容的完整。

4.6.8 工程内容涵盖的其他设计允许非总体设计院承担完成，但为了满足工程设计整体性、完整性的需要，本条予以规定。

5 土建施工

5.1 一般规定

5.1.1、5.1.2 电子辐射工程的土建施工，包括地基处理、基础施工、门窗施工、地面、装饰等施工内容，现行的工程建设标准能够满足施工需求，因而本规范不再重复规定。辐射室的门、窗等非标准设计，设计文件都给出了设计说明，按照设计文件可以完成相应的施工作业。

5.1.3 屏蔽混凝土满足建筑结构的一般功能外，最重要的是具备足够的屏蔽辐射的能力。屏蔽混凝土的指标除强度值外，还有涉及射线衰减能力的指标，包括混凝土的密度与其衰减射线的能力的近似比例关系，氢元素、硼元素含量的高低影响到对中子射线防护能力的高低。骨料分布是否均匀将决定屏蔽体衰减射线能力是否均等。因而本条提出"骨料品种、密度、氢元素含量、硼元素含量、骨料均匀度等应满足设计要求"。屏蔽体混凝土可使用的材料，尤其是骨料、沙粒料，种类多、性能差异大。某些材料（如重晶石）已经制定了国家标准，某些材料的技术指标尚停留在产品技术条件的层面上，只要正常执行，能满足工程使用的需求，是可行的。

5.2 屏蔽混凝土材料

5.2.1 骨料选择的理由如下：

1 蛇纹石含有较多的结晶水，对快中子有较强的衰减能力。

2 重晶石或磁铁矿石密度约为4500kg/m³，与普通砂石调整可以达到要求，且技术经济指标较高。

3 一般天然矿石密度不高，要配置3600kg/m³

以上密度的屏蔽混凝土要掺杂 7800kg/m³ 的铁质骨料，用密度较高的铁矿粉，以减弱拌和物骨料下沉的趋势。

 4 铅块密度较大，对射线衰减能力较强，因而选用。

 5 对于屏蔽中子射线，原子量低的轻元素物质更为有利，因而对含氢（或湿存水、结晶水的总和）、含锂、含硼矿物或材料从混凝土原料上优选是合理的。

5.2.2 骨料的级配合理是获得合格屏蔽混凝土的基础条件。连续级配是首选，粗、细骨料密度接近有利于缓解骨料下沉。铁质骨料的规格超过 25mm，骨料下沉趋势大，不易获得骨料均匀的屏蔽混凝土。

5.2.3 掺加 0.3mm 以下的粉料，对于解决骨料下沉效果较好。**5.2.4** 加入掺和料，是在基本保证屏蔽混凝土性能要求的前提下，改善工作性的通用做法。

5.3 屏蔽混凝土配合比

5.3.1 拌和物密度和成分决定了混凝土成品的密度和成分，因而应按防护要求设定拌和物的密度和成分；拌和物的工作性要求过于苛刻，不仅会增加施工难度，更重要的是质量控制困难，难以稳定地获得合乎设计需求的屏蔽体。因而，对配合比设计提出了应包括施工过程的工艺数据，兼顾施工的工作性的规范要求。

5.3.2 屏蔽混凝土配合比的主要参数的计算，现有的某些经验算式不尽相同，均包括在现行行业标准《普通混凝土配合比设计规程》JGJ 55 计算原理的范围内，对计算公式的参数作出了各种调整，经验算式在行业内取得共识，但尚需论证时段。本规范暂不统一规定计算方法，在试配中可以借鉴相关的经验算式，或在经过工程验证的配方基础上做某些调整，完成计算。

5.3.3 配合比的主要参数计算交叉采用体积法和重量法计算是可行的。

 1 屏蔽混凝土密度的主要影响因素是骨料的密度和用水量。

 2 影响屏蔽混凝土抗压强度的主要影响因素为水灰比，屏蔽混凝土抗压强度随水灰比的增大而减小。

 3 影响屏蔽混凝土坍落度的因素为用水量、水灰比和砂率等，屏蔽混凝土坍落度随用水量、水灰比和砂率的增加而增大。一般情况下，用水量每增加 $5kg/m^3 \sim 10kg/m^3$，坍落度增大 5mm～20mm；而砂率每增加 2%，坍落度增大 5mm～20mm。

 4 特种水泥含有较多的某种元素，有利于提高屏蔽混凝土的屏蔽能力，要兼顾工作性，如水合反应激烈，放热集中的要制定控制措施，以免造成裂纹质量事故。

 7 屏蔽混凝土一般均为大体积混凝土，其裂纹控制比一般大体积混凝土严格，执行大体积混凝土配合比的有关规定是必要的。

 8 电子辐射工程服役寿命较长，屏蔽混凝土同时充当结构构件，对耐久性校核是必要的。

5.4 屏蔽混凝土施工

5.4.1 屏蔽混凝土采用高密度骨料时，表观密度显著高于普通混凝土；屏蔽混凝土的截面远大于普通混凝土构造的截面，尤其浇注后的养护条件苛刻。其模板及其支架更为复杂。模板、模板支架系统的自重及防辐射混凝土自重均应按照实际情况取值；支护跨度大，应具有足够的承载能力、刚度和稳定性，能可靠地承受混凝土的重量、侧压力以及施工荷载。屏蔽混凝土的模板及其支架根据工程结构形式、屏蔽混凝土浇筑工艺、荷载大小、施工设备和经济合理性等条件进行设计；按模架设计施工和验收，合格后方可接受拌和物。

5.4.3 该条给出了拌和物制备的相关规定。

 1 本款规定了原材料的计量方法及允许偏差。特别情况下，水和液体外加剂的计量也可按体积计量，但换算成重量后的允许偏差不应降低。

 2 装料率减少性调整和修正，不超出搅拌设备的负荷能力，保证搅拌设备安全运行；适时加水，可以减少扬尘；后加减水剂，能提高和易性；重晶石骨料性脆易碎、产生粉料，影响级配，砂浆裹石法可保持骨料级配，改善拌和物的工作性。

 搅拌时间，顺序上料方法，其目的是混合、成浆，便于拌和物均匀浸润，避免添加物的不利影响，应按照这些目的调整时间分配。最后的搅拌以充分浸润为目标，不宜太长，以免坍落度的损失太多，明显影响工作性。

 拌和物的制备采用何种方式不做具体限定。电子辐射工程与核电工程相比工程量不大，无条件就近建立专门搅拌站；选用专业搅拌站，其运距和运输时间应重点考虑，不宜牺牲配合比的合理性，如需延长从搅拌机卸出到浇注完毕的延续时间，宜采取现场制备拌和物，制备的各项要求不得降低。

5.4.4 与普通混凝土相比，屏蔽混凝土的骨料密度大，水灰比小，有的水化放热速率较高，温升产生的应力较显著，收缩率较大，要防止混凝土裂缝缺陷；拌和物组分中，骨料与其他组成成分密度差别较大，要解决运输和浇注过程中的离析、骨料下沉，保证混凝土的均质性。这些从浇注的全过程，划分阶段，采用该条的措施是可行的。

 1 在运输过程中常以最少的转载次数和最短的时间从搅拌地点运至浇筑地点，可避免材料的组分离析、坍落度的损失不至影响混凝土的输送和浇注。屏蔽混凝土从搅拌机卸出到浇筑完毕的延续时间，与现行国家标准《混凝土质量控制标准》GB 50164、《预拌混凝土》GB/T 14902 中规定相比，有所减少。主要是针对高密度混凝土所建议的，不排除拌和物的提供条件无法满足混凝土的工作性要求时，采用掺加缓凝剂，延长混凝土凝结时间的技术措施，其从搅拌机卸出到浇注完毕可以相应延长。

  2 混凝土的浇筑方法通常采用泵送施工方法和常规施工方法。常规施工方法是采用翻斗车运输、塔吊吊运混凝土到浇注地点并卸在木板上，一边人工拌和，一边人工布料。

  泵送的可行性是存在的，拌和料与泵管的摩擦系数、混凝土密度、管道形态尽管各异，只要输送泵额定输出压力大于输送阻力，能提供足够的拌和物流动，即可采用。与普通混凝土相比，屏蔽混凝土的原材料与管壁材料的摩擦系数无显著差异，材料级配属于连续级配，细骨料属中砂范围，富含细粉料，改善了和易性、保水性；拌和物坍落度在可泵范围时，数值偏小，在泵活塞的推压下，干硬性的骨料被挤压，浆液挤到泵管内表层，可形成润滑膜，在成膜压力范围所对应的泵送距离内，泵送效果良好，不会堵塞泵管。密度超过 3600kg/m³，泵送的实践数据不足，选用常规浇筑方法也能顺利完成施工。

5.4.5 本条提出的施工要求对防止密度大的骨料超控制范围的下沉是有效的。出料口下料高度超过 1000mm，可能有轻微的离析产生；振捣棒振动引流摊平引起骨料显著下沉；振捣时间过长也会造成骨料明显下沉；总之，其目的是在骨料均匀性基本保证的情况下振捣密实。

5.4.6 本条对屏蔽体混凝土的养护作了规定。

  1 养护一般是指保持一定的湿度，维持一定温度的措施。在充分潮湿养护的情况下，水泥可以充分地完成水合反应（相对湿度小于 80％时，水泥的水化作用将停止）。保温、保湿养护措施除定期合理喷水外，带模养护、覆盖塑料薄膜、麻袋、保温被等织物会起到很好的效果。

  2 屏蔽混凝土一般都属于大体积混凝土范围，防裂纹按现行国家标准《大体积混凝土施工规范》GB 50496 执行效果良好。根据气候条件采取控温措施，对养护中的混凝土进行测温监控，依据环境温度、混凝土表面温度和内部温度的差别情况，及时采取有效方法控制混凝土内外温差，将混凝土内外温差控制在设计要求的范围内，对保证施工质量会产生良好效果。

5.4.7 本条给出了特殊气候环境的浇筑可采取的技术措施。

  1 降低拌和物原料入机温度，以降低用量较多的骨料、水等的入机温度，效果显著。合理减少浇层厚度，利于散热，但同时要保湿。各种措施都是为了减少激烈水合热积聚和减少环境热量吸收，综合取

舍，效果更好。

  2 因为某些富含结晶水的骨料，温度到 100℃就开始失去部分结晶水，对中子防护能力有所降低，因而原料加热采用非激烈的方式。所谓改善局部条件是指蒸汽局部加热，局部缓释喷散入覆盖物层以下，加湿加温，有类似施工的实例可以借鉴。

  3 善后工作是指覆盖已经浇筑的半成品、施工缝处理等。

5.5 预埋件与施工缝

5.5.1、5.5.2 这两条对预埋和预留的内容提出了原则性要求。穿过屏蔽体的空洞，各种预埋件要符合设计要求。需要特别注意的是，屏蔽体内的预留和预埋不同于一般混凝土结构，骨料密度大，硬度也较一般骨料高，如果出现质量问题，修补是极其困难的。

5.5.3 屏蔽混凝土的预留孔洞、穿墙管线和施工缝是防辐射薄弱环节，施工缝采用凹凸接缝可缓解防护薄弱的影响程度。相近配合比的砂浆是指按选用的配合比除去粗骨料后制作的砂浆。

6 设备安装与调试

6.1 一般规定

6.1.1 设计文件是设备安装施工的基本依据之一，未经确认的设计文件或设计文件不齐全，会给工程质量带来隐患；设计文件修改是一个十分重要的事情，应按程序进行。

6.1.2 工程设计交底和设计文件会审是使有关人员了解设计意图、熟悉图纸、完善设计文件的有效途径，技术交底是使施工人员了解和掌握工程概况和工程特点，施工中执行的标准、规范、规程，施工工艺与方法，施工技术措施，工程进度计划，施工质量计划，安全措施等。

6.1.3 分清设备、部件及材料的质量责任，这有利于对检查出的问题尽快协商解决，有利于施工顺利进行。

6.1.4 预埋件、预留孔一旦造成返工，会对混凝土的完整性、致密性造成破坏。安装人员参与相应施工，能有效避免返工事故的发生。

6.1.5 隐蔽工程关系到到整个工程的质量，若存在问题，一旦隐蔽很难发现，会造成工程质量隐患。

6.1.6 设备安装工程所使用的计量器具应在周检期内，否则不能保证安装工程的质量。

  本章对电子辐射工程设备安装和调试的常规内容作了规定，不表示每一项该类工程都应具备这些内容。某项工程的设备安装与调试内容由该工程的工程规划和工程设计给出。

6.2 设备安装

6.2.1 束流设备和束流应用设备种类繁多，安装方法与要求各异，安装方法、要求与质量应符合设备供应商提供的技术条件的相关要求。

6.2.2～6.2.7 管道、供电、通风、给水排水、火灾自动报警和自动喷水灭火工程等均有现行的国家标准可依，施工及验收均按现行的国家标准执行是可行的。

6.3 安全联锁与控制

6.3.1 设计根据防护安全要求、设备性能、工作环境等条件选定了防护安全设备，对照设计文件核对设备，并按照设计要素完成安装，以符合设计要求。

6.3.2 需要辐射检测的位置、覆盖区域由设计确定，不得随意更改。

6.3.3 本条规定了探测器安装应满足的要求。

1 探测器的类型繁多，根据探测器的类型、所需要的环境及探测特点，按《安装手册》安装探测器。

3 门窗，运动的机械，冷、热源等易造成探测器误报，壁挂式探测器应朝向室内，避免正对门窗安装，吸顶式探测器安装时应尽量远离门窗，防止探测视区跑到室外。

6.3.4 本条规定了摄像机安装应满足的要求。

1 当设计技术文件对安装高度无要求时，方可按本规范限制的高度安装。

2 在强电磁场干扰的环境中，会影响拍摄图像的质量，所以对摄像机应采取绝缘隔离措施。

3 信号线与电源线应分别引入，因为电源线会产生磁场，影响信号线的传输质量；摄像机引出线应有足够长度，以免影响摄像机转动与摆动而损坏线路或损坏摄像机部件。

6.3.5 本条规定了解码器安装应满足的要求。

1 解码器安装在云台附近，接线距离最短，可减少控制信号的衰减，便于维护与维修，并应遵从《安装手册》的要求。

2 解码器种类繁多，形式各异，内置、外置各不相同，应按产品技术文件要求确定解码器的电压、设置地址、波特率、工作协议，安装前画出与其他设备的连线图，正确接线；避免反复拆卸、安装，减少设备损坏的概率。

6.3.6～6.3.8 对防护安全的出入口控制设备、访客对讲设备、巡查设备安装提出了要求，以便实现设计意图。保证各类出入口的防范功能、访客接待功能、电子巡查功能的实现。

6.3.9 本条规定了控制台、机（柜）架、箱安装应满足的要求。

1 控制台、机（柜）架、箱的安装位置应由设计确定，但距离既不要太近，又不要太远，太近不方便进线与维护，同时影响通风；太远不美观，还会形成人行通道，干扰传输线的正常工作。

2 改造、维修可能要移动台、机（柜）架、箱等，因此，不应用焊接的方法固定，用普通螺栓固定容易生锈，拆卸时宜造成部件的破坏或损伤。

3 监视器（屏幕）在直射阳光下操作，不仅影响操作人员的视力，使操作人员疲劳，而且容易造成误读、误判，使操作出现错误，影响装置的正常运行。

4 为了保证台、机（柜）、箱安装质量和美观，防止安装过程中的变形，成排的台、机（柜）、箱是指同一制造厂、同一规格的台、机（柜）、箱，不是同一制造厂或同一规格的台、机（柜）、箱，虽安装在一起，按单独台、机（柜）、箱安装质量要求处理。

5 在台、机（柜）、箱上进行火焰切割或焊接会造成变形和油漆破坏，同时也会对部件或线路造成破坏，因修理、改造等原因必须在台、机（柜）、箱上加工时，可采用手工或其他轻便机械加工。

6.4 调 试

6.4.1 经验证明，系统在安装施工过程中难免发生设计变更，变更资料也可能发生丢失，造成实际工程与文件资料不符，给系统调试带来困难，延长了调试时间，因此本条明确规定了系统在调试前，应先收集、整理安装施工过程形成的交工技术文件和施工技术文件，按设备安装和布线的实际状况，整理出设备平面布置图、走线图，以利于防护安全系统的调试。

6.4.2 系统调试是一项专业技术性很强的工作，需要进行多方面的协调和处理，因此本条规定，调试前应编制系统调试大纲和分系统调试细则，其调试责任人由项目责任人或相当工程师资格的专业技术人员担任，以保证调试工作的顺利进行。

6.4.3 本条规定了调试前的检查应满足的要求。

1 根据质量管理与质量控制的要求，下道工序应对上道工序实施互检，最后进行专检，通过逐项检查安装施工质量，发现安装施工中存在的问题，并予以解决，可以避免事故，保证调试工作的顺利进行。

2 调试前对系统的设备进行检查，逐一核对设备的位置、规格、型号、数量及要求等，纠正设备安装、接线等错误，防止调试事故的发生。

3 由于接线错误造成严重事故的事例很多，设备通电前进行一次设备电压、极性、相位的检查是很有必要的，可避免调试事故。

4 为避免单机工作不正常而影响系统调试工作的顺利进行，所有的设备应按产品说明书要求，单机通电正常后，方可接入系统。

6.4.4 按束流设备、束流应用设备的产品标准、安装/使用说明书、工程设计文件和相关标准要求，对各项功能和技术指标及控制系统进行调试，应满足设计要求。

6.4.6 按标准和设计要求，控制区内和货物出口处安装的固定式辐射监测仪与出入口门或束流应用设备有联锁功能，保证在辐射水平异常的情况下，保护工作人员及公众的安全。

6.4.7 告知工作人员及周围公众束流装置处于何种状态，开机前通过声光警示，告知工作人员及周围公众应及时撤离，束流装置和束流应用装置正常工作后，警示过往人员束流装置在工作，防止人员误入而造成辐射事故。

6.4.8 按相关标准的规定和设计要求，束流装置在准备开机或开机状态下，误留在辐射区的人员可以随时通过安装在辐射区内的紧急开门按钮，打开辐射区通道门，实施自救，防止辐射事故的发生或减少辐射事故的严重程度。

6.4.9 按相关标准的规定和设计要求，束流装置在准备开机或开机下，有人误入时，声光报警装置应启动报警，警示误入人员束流装置所处的状态，为防止辐射事故的进一步发展，束流装置应停机。

6.4.10 按相关标准和设计要求，束流装置在准备开机状态下，误留在辐射区的人员察觉到准备开机的声光警示后，可迅速拉动紧急止动的拉线开关，束流装置应不能开机，如果束流装置已处于开机状态或工作状态，则束流装置将自动停机，防止或终止电子辐射事故的发生和发展。

6.4.11 按相关标准和设计要求，处于工作状态的束流装置，当按动控制台上的紧急止动按钮后，束流装置应停机，实现在任何突发情况下，都能终止束流装置的工作，以便保护装置及人员。

6.4.12 为防止人员经被辐射物通道误入辐射区而制定本条规定。

6.4.13 按相关标准的规定，为了防止工作场所臭氧及氮氧化物气体超标，在束流装置工作期间及停机后规定的时间内，通风系统应正常工作，达到设计要求的补风量与排风量，保证工作场所有害气体浓度不超标。

6.4.14 按相关的规定，束流装置开机前，操作人员必须进入辐射区内完整检查一周以确认无人滞留，在检查的过程中，依次按动安全检查按钮后，束流装置方能开机。在依次按动安全检查按钮的过程中，如防护安全设施被触动，证明有不安全的情况发生，应确认与排除不安全情况。

6.4.15 在火灾情况下，除能实现火灾自动报警和灭火装置自动启动外，控制台应有声光报警警示，束流装置和通风系统应停止工作，以利于控制火势，调动人力、物力进入火灾现场灭火。

6.4.16 按相关标准的规定和设计要求，调试和检查各路视频监控系统，使摄像机监视范围、图像清晰度、切换与控制、字符叠加、现实与记录回放及联动功能等正常，符合设计要求。

6.4.17 按相关标准要求、设计技术文件和产品使用说明书的规定，检查与调试出入口控制系统识别装置及执行机构工作的有效性和可靠性，检查与调试系统的开门、关门、提示、记忆、统计、打印等处理功能，应准确无误。

6.4.18 按相关标准及设计技术文件要求，检查与调试选呼、通话、电控开锁、紧急呼叫等功能，应符合设计文件要求。

对具有报警功能的复合型对讲系统，还应检查与调试安装的探测器、各种前端设备的警戒功能，并检查布防、撤防及报警信号畅通等功能，使其符合设计技术文件要求。

6.4.19 按预先设定的巡查路线，检查与调试正确记录操作人员巡查活动（时间、路线、班次）等状态，对在线式电子巡查系统，检查与调试当发生意外情况时的即时报警功能。

6.4.20 保护接地检查是防护安全设施的一个重要组成部分，由于我国幅员辽阔，各地气候环境、雷电环境、地质土壤环境等因素差异较大，因此防雷与接地施工的难度也各不相同，但必须保证有可能带危险电压的用电设备的外壳及系统可靠接地，并保证接地系统的电阻值符合设计要求，达不到规定值时应采取措施。

7 检测与验收

7.1 一般规定

7.1.1 根据检测的一般规定，检测仪器仪表、量具的精度等级应当高于被检参数误差精度等级，且在精度检定期内，未经检定或超过检定期限的，检测仪器仪表、量具其精度等级无法保证，采用这些检测仪器仪表、量具难以保证检测结论的正确性。

7.1.2 剂量率的检测是环境影响检测的主要内容，按照环保相关规定，仪器仪表的选用，其型号、规格和精度要求要得到相关部门的认可。

7.2 屏蔽混凝土

7.2.1 电子辐射工程的建设（施工）内容，除涵盖一般工业项目共有的专业内容外，具有与其他项目不同的特性内容，对这些内容本规范已经作了规定。与现行标准已经规范的施工，如建筑物、构筑物、公用工程等，设计文件一般指定了相应的检验验收标准，按照工程设计文件指明的标准进行检验验收是可行的。

7.2.3 屏蔽混凝土选用的材料种类较多，根据材料的实验报告和计算书认定该材料的材质和性能指标可以满足工程需要。特别重要或对实验报告和计算有疑问时，可以补做检测，其检测根据材料技术条件的规定进行。

7.2.5 当材料、配合比发生变化时，混凝土的密度指标随之改变。预计能引起密度指标不合格的改变，应做检测。检测采用强度检测试块，能够满足检测需求。

7.2.6 原子量小的元素对中子衰减能力较强，屏蔽中子的混凝土要求氢元素（或含水量）、硼元素、锂元素含量达到某一数值。这些检测不属于精密检测，根据配合比计算相关材料的百分比含量，再根据材料实验报告中某元素的含量，就可以获得精度上满足工程质量判定的数值。

氢元素（或含水量）的检测，计入粗骨料的含水量再计入水泥石的含水量是合理的。水泥石中含有水泥的水合反应物、细骨料、掺和料、湿存水等。合理选取不同代表点凿取试样，按照矿物含水量的检测方法，一般实验室都可以完成。有多项建材、矿物检测标准可以采用，本规范不作限定。

7.2.7 骨料分布均匀性目前尚无检测标准，本规范考虑到工程实际，结合施工实际中发生的实例，提出了定性检测方法。射线检测方法适用于整体工程，考虑到可操作性，在屏蔽混凝土施工阶段本规范不予以采纳。

7.2.8 当工程设计对屏蔽混凝土有其他特殊指标要求时，可在相应表格中对检测项目做加减。

7.3 束流设备和束流应用设备

7.3.1 现行国家标准《辐射加工用电子加速器工程通用规范》GB/T 25306 规定的检测原理和方法适用于绝大多数电子加速器。按现行国家标准《辐射加工用电子加速器工程通用规范》GB/T 25306 规定的检测原理和方法完成检测，根据检测结果，判定设备是否符合该设备技术条件的规定，做出验收结论是合理和可行的。

7.3.2 束流设备和束流应用设备的辅助设备种类繁多，按照相应的设计文件和辅助设备的技术条件检查和验收是可行的，也是合理的。

7.4 安全联锁与控制

7.4.1 安全联锁的逻辑功能由计算机控制，是工程设计的一般做法。协议文件可靠，各控制协调是一般做法，这些可通过技术文件和现场的检查作出判断。计算机防火墙和操作权限的检查，也可以通过技术文件和现场检查作出判断。

7.4.2 电子辐射工程安全联锁逻辑关系及其控制，不同工程存在较大差异，按照束流设备和束流控制设备的技术条件与电气仪表工程设计的内容，逐一检测是通用做法。模拟各种状态，必要时在控制回路上输入模拟量，在连续五次检测中，动作正常，可以认为控制正常。

7.4.3 不同工程紧急停机开关的设计各不相同，但是紧急停机开关操作便捷、可靠是共性要求的，因而检测规定：开关型号（式）、位置、数量要符合设计要求，操作应便捷；在连续五次检测中，停机动作无误，可以认为达到了验收条件。

7.4.4 设置的警示设施，位置和数量是否符合设计要求；各警示标志是否醒目、安放是否端正稳固，各警示灯开启和关闭条件是否正确、对应的灯光颜色是否符合设计要求；开机准备警示铃，其声音（语音）、延续时间是否符合设计要求，这些用直观检查法完全可以作出质量和验收判断。

7.4.5 设计配置的剂量检测仪器、仪表，其数量、型号、规格及装放等内容是安全保障的基础，这些用直观检查法可以作出判断。

7.4.6 检查控制室内的各遥测遥感回路系统，采用模拟各种条件的方法是合理和现实的。某些检查适宜结合试车完成。不宜硬性作出规定。

7.5 环 境 影 响

7.5.1 环境辐射检测，监测点的确定应当由防护专业的技术人员确认，按照国家和行业部门的规定进行，由于工程差异较大，应结合具体情况设定。重要的不仅是数据是否超标，而且是对测试数据的分析计算，预先计算工作人员或相关公众常规状态接受剂量的数值，指导工作人员和公众与电子辐射工程无害化相处。

7.5.2 电子辐射工程废气排放主要是排出气体中含有臭氧和氮氧化物。大功率、连续运行的装置，废气排放量较大，对局部环境有显著影响。某些间断性工作的工程，废气排放量较小，也可不做重点关注。某些辐射能量较高的装置，排出的气体中可能含有放射性气体或尘埃，需要按照国家规定的检测方法检测排除气流放射性的剂量率，并作出环境评估。低气压的极端情况，废气不易扩散稀释，局部影响恶化。因而，在低气象条件（或结合一般气象条件利用比对、差分计算）检测可以获得工程对环境的极端影响，指导相关人员做适合性应对。

7.5.3 某些电子辐射工程因工艺需求配置冷却水系统，对冷却水的可能性活化要作出检测和判断。有少许洗涤废水或带有活化可能的，在界区内定点汇集渗入地下排放时，局部对环境的不利影响应当作出评估。废液指设备更换的润滑油，应作放射性评估。造成人员放射性剂量不当增加的要予以解决。

7.5.4 运行中产生的固体废弃物主要指装置更换下来的某些部件、零件和水处理装置中更换下来的离子交换树脂等，对这些有可能带有放射性的固体废弃物做检测，有利于无害化存放和处置。

7.6 工 程 验 收

7.6.1 本条规定了电子辐射工程达到验收条件和要求时，应及时组织验收，其含义包括了工程的专项验收和整体工程的验收。专项验收包括房屋建筑工程的专项验收、建筑工程的消防验收等，这些验收的组织按照监管部门的规定和要求完成。

7.6.2 在工程验收中，环境影响的专业验收占据重要的地位，其内容在现行行业标准《辐射环境保护管理导则 核技术应用项目环境影响报告书（表）的内容和格式》HJ/T 10.1中有详细的规定，按照这些规定完成验收是核技术应用项目必须要进行的专项验收，因而单独列条规定。

中华人民共和国国家标准

有色金属冶炼厂收尘设计规范

Code for dust collection design of
non‐ferrous metals plant

GB 50753—2012

主编部门：中 国 有 色 金 属 工 业 协 会
批准部门：中华人民共和国住房和城乡建设部
施行日期：２０１２年８月１日

中华人民共和国住房和城乡建设部
公　告

第 1267 号

关于发布国家标准
《有色金属冶炼厂收尘设计规范》的公告

现批准《有色金属冶炼厂收尘设计规范》为国家标准，编号为 GB 50753—2012，自 2012 年 8 月 1 日起实施。其中，第 3.1.4 条为强制性条文，必须严格执行。

本规范由我部标准定额研究所组织中国计划出版社出版发行。

中华人民共和国住房和城乡建设部
二○一二年一月二十一日

前　言

本规范是根据原建设部《关于印发〈2006 年工程建设标准规范制订、修订计划（第二批）〉的通知》（建标〔2006〕136 号）的要求，由中国恩菲工程技术有限公司会同有关单位共同编制而成。

本规范在编制过程中，编制组进行了深入调查研究，在认真总结近年来有色金属冶炼厂收尘的设计经验和技术进步的基础上，通过反复讨论，并广泛征求了有关设计、科研、生产等单位的意见，最后经审查定稿。

本规范共分 7 章及 3 个附录，主要内容包括：总则、术语和符号、工艺流程、收尘工艺设计及设备选择、设备配置、烟尘输送、管道与烟囱等。

本规范中以黑体字标志的条文为强制性条文，必须严格执行。

本规范由住房和城乡建设部负责管理和对强制性条文的解释，由中国有色金属工业工程建设标准规范管理处负责日常管理，由中国恩菲工程技术有限公司负责具体技术内容的解释。执行过程中如有意见和建议，请将意见和建议寄给中国恩菲工程技术有限公司（地址：北京市复兴路 12 号，邮政编码：100038），以便供今后修订时参考。

本规范主编单位、参编单位、主要起草人和主要审查人：

主编单位：中国恩菲工程技术有限公司（原中国有色工程设计研究总院）

参编单位：沈阳铝镁设计研究院有限公司
中国瑞林工程技术有限公司
泰兴市电除尘设备厂
大连碧海环保设备有限公司

主要起草人：王金华　闵焕新　李恒石　赵科松
曲　正　陈　生　张青慧　韩安玲
章颂泰　武乔章　吴永玉

主要审查人：王忠实　李允斌　刘　迅　万　沐
黄春官　张志凌　康吉成　杨海峰

目　次

Contents

1 总 则

1.0.1 为统一有色金属冶炼厂收尘工艺设计技术要求，促进技术进步，保证设计质量，提高经济效益，保护环境，节能减排，制定本规范。

1.0.2 本规范适用于新建、改建和扩建的有色金属冶炼厂收尘设计。

1.0.3 有色金属冶炼厂分期建设时，收尘设计应全面考虑，合理安排，既要满足前期生产的需要，又应考虑总体建设的合理性。

1.0.4 在有色金属冶炼厂收尘设计中，应采用先进的设计方法和手段，提高设计质量和控制工程造价。选择收尘工艺流程时应进行多方案比较，宜采用经过验证的新技术、新工艺、新设备，密切结合工程具体情况，做到安全可靠、经济适用、先进合理。

1.0.5 收尘工艺设计中应充分利用余热、回收物料。

1.0.6 收尘系统收下的烟尘，应防止造成二次污染。有利用价值的烟尘应采取回收或综合利用的措施，没有利用价值的烟尘应采取妥善处理措施。

1.0.7 收尘系统在设计、施工、运行过程中，应按照国家有关规定，采取各种防护措施保护人身安全和健康。

1.0.8 有色金属冶炼厂收尘设计除应符合本规范外，尚应符合国家现行有关标准的规定。

2 术语和符号

2.1 术 语

2.1.1 烟气 flue gas

火法冶炼过程中产生的含有烟尘等污染物的气体。

2.1.2 烟尘比电阻 dust resistivity

单位面积的粉尘在单位厚度时的电阻值。

2.1.3 收尘 dust collection

将烟气中的粉尘与气体分离的工艺过程。

2.1.4 含尘浓度 dust concentration

单位体积气体中所含有的粉尘质量。

2.1.5 收尘效率 collection efficiency

单位时间内，收尘器捕集到的粉尘质量占进入收尘器的粉尘质量的百分比。

2.1.6 气力输送 pneumatic conveying

利用气流通过管道输送物料的方式。

2.1.7 袋式收尘器 bag filter

利用由过滤介质制成的袋状或筒状过滤元件来捕集含尘气体中粉尘的收尘器。

2.1.8 电收尘器 electrostatic precipitator

利用高压电场对荷电粉尘的吸附作用，把粉尘从气体中分离出来的收尘器。

2.1.9 干式收尘 dry - type collection

不使用液体捕集含尘气体中粉尘的工艺过程。

2.1.10 湿式收尘 wet separation

利用液体的洗涤作用使粉尘从含尘气体中分离出来的工艺过程。

2.1.11 电场风速 precipitator gas velocity

电收尘器单位时间内处理的烟气量和电场流通面积的比值。

2.1.12 驱进速度 dust drift velocity

荷电粉尘在电场力作用下向阳极板表面运动的速度。

2.1.13 过滤风速 filtration velocity

含尘气流通过滤料有效面积的表观速度。

2.1.14 喷雾冷却器 spray cooler

向烟气中喷入经气体雾化或机械雾化的液体，利用液体的汽化潜热降低烟气温度的装置。

2.1.15 反电晕 back corona

沉积在集尘极表面的高比电阻粉尘层内部的局部放电现象。

2.1.16 电晕闭塞 corona block

当电场中的烟尘浓度达到某一极值时，在静电屏蔽作用下使电晕电流几乎降到零的现象。

2.1.17 露点温度 dew point temperature

在大气压力一定某含湿量下的未饱和空气因冷却达到饱和状态时的温度。

2.1.18 传热系数 heat transfer coefficient

在稳态条件和物体两侧的冷热流体之间单位温差作用下，单位面积通过的热流量。

2.2 符 号

Q_G——工况下的烟气量（m^3/h）；

Q_0——标况下的烟气量（Nm^3/h）；

T——烟气温度（℃）；

T_k——空气温度（℃）；

C——烟气含尘浓度（g/Nm^3）；

G——捕集到的烟尘量（kg/h）；

P——系统压力（Pa）；

ΔP——系统阻力（Pa）；

K——漏风率（%）；

q——烟气降温设施散热量（kJ/h）；

F——收尘器或冷却器的面积（m^2）；

A——电收尘器收尘极板面积（m^2）；

V——烟气流速［m/s（m/min）］；

η——所选用的收尘设备效率（%）；

N——电动机功率（kW）；

n——电动机每分钟转速（r/min）；

D——管道或管件内径（mm）；

DN——管道或管件的公称直径（mm）；

ϕ——管道或管件外径（mm）；

W——单位时间内耗水量（t/h）；

ω——烟尘在电收尘器内的驱进速度（m/s）；

T_m——平均温度（℃）；

T_d——烟气露点温度（℃）；

ΔT——烟气和冷却介质的温度差（℃）；

c——烟气比热容［kJ/（Nm³·℃）］；

k——传热系数［W/（m²·℃）］；

ρ_G——工况下烟气密度（kg/m³）；

ρ_0——标况下烟气密度（kg/Nm³）；

m_s——混合比（kg 物料/kg 气体）。

3 工艺流程

3.1 一般规定

3.1.1 收尘流程宜选用干式收尘。在不适于选用干式收尘的情况下，可选用湿式收尘。湿式收尘后的废水应循环使用，必须排放时，应经过废水处理达到排放标准。在北方寒冷地区不宜选用湿式收尘。

3.1.2 收尘系统宜设风机，风机宜设在收尘设备的后面。当处理含砷烟气时，收砷设备应在负压下操作，收下的砷烟尘不得采用正压气力输送的方法。

3.1.3 收尘系统需保温的设备和管道，其保温设计应按现行国家标准《工业设备及管道绝热工程设计规范》GB 50264 的有关规定执行。输送二氧化硫气体的管道，可采取内衬防腐措施。

3.1.4 进入电收尘器的烟气中含有一氧化碳气体时，必须在电收尘器的入口管道上装设一氧化碳检测装置。当一氧化碳含量超过 2% 时，电收尘器必须报警；当一氧化碳含量超过 4% 时，电收尘器必须联锁停止供电。

3.1.5 收尘设备的进出口应设置温度、压力检测装置和烟尘检测装置。送制酸的烟气，宜在风机出口处设烟气流量和二氧化硫检测装置。

3.1.6 干式收尘系统的操作温度宜在烟气露点30℃以上。当收尘系统必须在烟气露点温度以下工作时，收尘系统的管道和设备应采取严格的防腐措施。

3.1.7 收尘工艺流程的选择应依据具体冶炼工艺要求、烟气烟尘性质和建设条件确定。

3.2 物料干燥

3.2.1 各类有色金属干燥烟气收尘流程及技术指标应符合表 3.2.1 的规定。

表 3.2.1 干燥烟气收尘流程及技术指标

流　　程	系统总收尘效率（%）	系统总漏风率（%）
干燥窑（机）→袋式收尘器→风机→放空（脱硫处理）	≥99.0	≤10
干燥窑（机）→电收尘器→风机→放空（脱硫处理）	≥99.0	≤10
干燥窑（机）→湿式收尘器→风机→放空	≥99.0	≤10
干燥窑（机）→沉尘室→一级旋风收尘器→二级旋风收尘器→风机→电收尘器→放空（脱硫处理）	≥99.9	≤20

3.3 铜　冶　炼

3.3.1 铜熔炼炉烟气收尘流程及技术指标应符合表 3.3.1 的规定。

表 3.3.1 铜熔炼炉烟气收尘流程及技术指标

熔炼炉名称	流　程	系统总收尘效率（%）	系统总漏风率（%）	电收尘器操作温度（℃）
顶吹熔炼炉	余热锅炉→电收尘器→风机→制酸	≥99.0	≤15 不含锅炉	≤380 及露点以上 30
贫化电炉	旋风收尘器→电收尘器→风机→制酸	≥99.5	≤15	
底吹熔炼炉	余热锅炉→电收尘器→风机→制酸	≥99.5	≤15 不含锅炉	
闪速熔炼炉	余热锅炉→电收尘器→风机→制酸	≥99.5	≤15 不含锅炉	

3.3.2 铜吹炼烟气收尘流程及技术指标应符合表 3.3.2 的规定。

表 3.3.2 铜吹炼烟气收尘流程及技术指标

流　　程	系统总收尘效率（%）	系统总漏风率（%）	电收尘器操作温度（℃）
余热锅炉→电收尘器→风机→制酸	≥98	≤15 不含锅炉	≤380 及露点以上 30

3.3.3 铜冶炼含砷烟气收尘流程及技术指标应符合表 3.3.3 的规定。

表 3.3.3　铜冶炼含砷烟气收尘流程及技术指标

流　　程	系统总收尘效率（%）	系统总漏风率（%）	电收尘器·操作温度（℃）
余热锅炉→电收尘器→骤冷塔→袋式收尘器→风机→制酸	≥99.9 ≥95.0（收砷效率）	≤15（不含锅炉漏风及喷入的水量）	≤380及露点以上30

3.4　镍　冶　炼

3.4.1　镍焙烧烟气收尘流程及技术指标应符合表3.4.1的规定。

表 3.4.1　镍焙烧烟气收尘流程及技术指标

熔炼炉名称	流　程	系统总收尘效率（%）	系统总漏风率（%）	电收尘器操作温度（℃）
回转窑	旋风收尘器→电收尘器→风机→脱硫处理	≥99.5	≤15	≤380及露点以上30
流化态焙烧炉	余热锅炉→旋风收尘器→风机→电收尘器→制酸	≥99.9	≤20不含锅炉	

3.4.2　镍熔炼烟气收尘流程及技术指标应符合表3.4.2的规定。

表 3.4.2　镍熔炼烟气收尘流程及技术指标

熔炼炉名称	流　程	系统总收尘效率（%）	系统总漏风率（%）	电收尘器操作温度（℃）
顶吹熔炼炉	余热锅炉→电收尘器→风机→制酸	≥99.0	≤15不含锅炉	≤380及露点以上30
电炉	水冷烟道→电收尘器→风机→制酸	≥99.5	≤15	
闪速炉	余热锅炉→电收尘器→风机→制酸	≥99.5	≤15不含锅炉	

3.4.3　镍冶炼其他烟气收尘流程及技术指标应符合表3.4.3的规定。

表 3.4.3　镍冶炼其他烟气收尘流程及技术指标

熔炼炉名称	流　程	系统总收尘效率（%）	系统总漏风率（%）	电收尘器操作温度（℃）
吹炼炉	余热锅炉→电收尘器→风机→制酸	≥99.0	≤15不含锅炉	≤380及露点以上30
贫化电炉	水冷烟道→电收尘器→风机→制酸（脱硫）	≥99.0	≤15	

3.5　铅　冶　炼

3.5.1　铅熔炼烟气收尘流程及技术指标应符合表3.5.1的规定。

表 3.5.1　铅熔炼烟气收尘流程及技术指标

熔炼炉名称	流　程	系统总收尘效率（%）	系统总漏风率（%）	收尘设备操作温度（℃）
底吹熔炼炉	余热锅炉→电收尘器→风机→制酸（脱硫）	≥99.5	≤10（不含锅炉）	≤380及露点以上30
顶吹熔炼炉	余热锅炉→电收尘器→风机→制酸（脱硫）	≥99.5	≤10（不含锅炉）	≥350

3.5.2　铅冶炼其他烟气收尘流程及技术指标应符合表3.5.2的规定。

表 3.5.2　铅冶炼其他烟气收尘流程及技术指标

炉窑名称	流　程	系统总收尘效率（%）	系统总漏风率（%）	收尘设备操作温度（℃）
烟化炉	余热锅炉→烟气冷却器→袋式收尘器→风机→脱硫	≥99.5	≤15不含锅炉	低于滤料允许温度及露点以上30
浮渣反射炉	烟气冷却器→袋式收尘器→风机→脱硫	≥99.0	≤20	
鼓风炉	烟气冷却器→袋式收尘器→风机→脱硫	≥99.0	≤15	

3.6　锌　冶　炼

3.6.1　锌焙烧烟气收尘流程及技术指标应符合表3.6.1的规定。

表 3.6.1 锌焙烧烟气收尘流程及技术指标

焙烧炉名称	流程	系统总收尘效率（%）	系统总漏风率（%）	收尘设备操作温度（℃）
焙烧炉	余热锅炉→旋风收尘器→电收尘器→（风机）→制酸	≥99	≤20 不含锅炉	≤380 露点以上 30℃

3.6.2 锌冶炼过程其他烟气收尘流程及技术指标应符合表 3.6.2 的规定。

表 3.6.2 锌冶炼过程其他烟气收尘流程及技术指标

炉窑名称	流程	系统总收尘效率（%）	系统总漏风率（%）	收尘设备操作温度（℃）
挥发窑	余热锅炉→沉尘室→电收尘器→风机→脱硫	≥99.5	≤15	≤380 及露点以上 30
	余热锅炉→烟气冷却器→袋式收尘器→风机→脱硫			低于滤料允许温度及露点以上 30
多膛炉	烟气冷却器→袋式收尘器→风机→放空（脱硫）	≥99.5	≤15	
渣干燥窑	干燥窑→湿式收尘器（袋式收尘器）→风机→放空	≥99.0	≤10	≤150

3.6.3 锌冶炼含砷烟气收尘流程及技术指标应符合表 3.6.3 的规定。

表 3.6.3 锌冶炼含砷烟气收尘流程及技术指标

流程	系统总收尘效率（%）	系统总漏风率（%）	电收尘器操作温度（℃）
余热锅炉→旋风收尘器→电收尘器→骤冷塔→袋式收尘器→风机→制酸	≥99.9 ≥99.0 （收砷效率）	≤15 不含锅炉漏风及喷入的水量	≤380 露点以上 30℃

3.7 锡 冶 炼

3.7.1 锡冶炼各类烟气收尘流程及技术指标应符合表 3.7.1 的规定。

表 3.7.1 锡冶炼各类烟气收尘流程及技术指标

炉窑名称	流程	系统总收尘效率（%）	系统总漏风率（%）	收尘设备操作温度（℃）
焙烧炉	余热锅炉→旋风收尘器→电收尘器→骤冷塔→袋式收尘器→风机→脱硫	≥99.9 ≥95.0 （收砷效率）	≤25 不含锅炉漏风及喷入的水量	①电收尘器≤380℃ ②袋式收尘器低于滤料允许温度及露点以上 30
顶吹熔炼炉	余热锅炉→烟气冷却器→袋式收尘器→风机→脱硫	≥99.5	≤15 不含锅炉	
熔炼电炉	冷却设备→袋式收尘器→风机→脱硫	≥99.5	≤15	低于滤料允许温度及露点以上 30
烟化炉	余热锅炉→烟气冷却器→袋式收尘器→风机→脱硫	≥99.5	≤15 不含锅炉	

3.8 铝 冶 炼

3.8.1 氧化铝厂各类烟气收尘流程及技术指标应符合表 3.8.1 的规定。

表 3.8.1 氧化铝厂各类烟气收尘流程及技术指标

炉窑名称	流程	系统总收尘效率（%）	系统总漏风率（%）	电收尘器操作温度（℃）	备注
熟料回转窑	窑尾烟道→旋风收尘器→电收尘器→排风机→放空	≥99.95	≤20	≤380 及露点以上 30	总漏风率不包括窑尾
氧化铝焙烧炉	焙烧炉系统→电收尘器→排风机→放空	≥99.97	≤15		—
石灰炉	洗涤塔→湿式电收尘器→二氧化碳压缩机	≥99.50	≤10	80～150	—

3.8.2 铝电解槽烟气收尘流程及技术指标应符合表 3.8.2 的规定。

表 3.8.2 铝电解槽烟气收尘流程及技术指标

电解槽名称	流程	系统总收尘效率（%）	系统总氟净化效率（%）	系统总漏风率（%）	收尘设备操作温度（℃）	备注
预焙电解槽	反应器→袋式收尘器→风机→放空	≥99.8	≥99	≤10	低于滤料允许温度及露点以上 30	漏风率是指出电解槽以后

3.8.3 碳素厂烟气收尘流程及技术指标应符合表 3.8.3 的规定。

表 3.8.3　碳素厂烟气收尘流程及技术指标

炉窑名称	流程	系统总收尘效率(%)	系统脱硫效率(%)	系统总氟或沥青烟净化效率(%)	系统总漏风率(%)	收尘设备操作温度(℃)	备注
煅烧炉	余热锅炉→电收尘器→脱硫设施→风机→放空	≥95	≥80	—	≤15 不含锅炉	≤380及露点以上30	—
焙烧炉	全蒸发冷却塔→反应器→袋式收尘器→风机→放空	≥98	—	≥98(氟) ≥95(沥青烟)	≤10	低于滤料允许温度及露点以上30	总漏风率是指出炉以后
	增湿塔→电收尘器→风机→放空	≥95	—	≥86(沥青烟)	≤10	≤380及露点以上30	
	沉降室→洗涤塔→湿式电收尘器→风机→放空	≥95	—	≥98(氟) ≥86(沥青烟)	≤15	80~150	

3.9 镁钛冶炼

3.9.1 镁钛冶炼厂烟气收尘流程及技术指标应符合表 3.9.1 的规定。

表 3.9.1　镁钛冶炼厂烟气收尘流程及技术指标

炉窑名称	流程	系统总收尘效率(%)	系统脱硫效率(%)	系统净化效率(%)	系统总漏风率(%)	收尘设备操作温度(℃)
高钛渣电炉(半密闭)	冷却设备→袋式收尘器→风机→放空	>99.5	—	—	<15(出炉后)	低于滤料允许温度及露点以上30℃
高钛渣电炉(密闭)	煤气湿式洗涤器→风机→煤气利用	>99.5	—	—	<1(出炉后)	30~60
镁电解槽	石灰乳洗涤塔→风机→放空	>95	—	>95	<10(出炉后)	≤60
硅热法炼镁煅烧窑	热能回收设备→袋式收尘器→风机→放空	>99.5	—	—	<15(出炉后)	低于滤料允许温度及露点以上30℃

续表 3.9.1

炉窑名称	流程	系统总收尘效率(%)	系统脱硫效率(%)	系统净化效率(%)	系统总漏风率(%)	收尘设备操作温度(℃)
硅热法炼镁制球球磨机、压球机	袋式收尘器→风机→放空	>99.5	—	—	<15(出炉后)	同上
硅热法炼镁还原炉	热能回收设备→脱硫设施→袋式收尘器→风机→放空	>99.5	>80	—	<15(出炉后)	同上
硅热法炼镁精炼炉、铸造机	热能回收设备→脱硫设施→袋式收尘器→风机→放空	>99.5	>80	—	<15(出炉后)	同上
工业硅电炉	冷却设备→袋式收尘器→风机→放空	>99.5	—	—	<15(出炉后)	90~110
	冷却设备→粗分离器→风机→袋式收尘器→放空	>99.5	—	—	<15(出炉后)	120~220

3.10 铜再生冶炼

3.10.1 铜再生冶炼厂烟气收尘流程及技术指标应符合表 3.10.1 的规定。

表 3.10.1　铜再生冶炼厂烟气收尘流程及技术指标

炉窑名称	流程	系统总收尘效率(%)	系统二噁英净化效率(%)	系统漏风率(%)	收尘设备操作温度(℃)	备注
杂铜阳极炉	余热锅炉→烟气冷却器→袋式收尘器→风机→放空	≥99.5	—	≤15	低于滤料允许操作温度及露点以上30	总漏风率是指出炉以后
处理有机物杂铜阳极炉	余热锅炉→骤冷器→袋式收尘器→风机→尾气处理	≥99.5	≥95	≤15		

3.11 冶炼渣中砷的回收

3.11.1 冶炼渣中砷的回收烟气收尘流程及技术指标应符合表3.11.1的规定。

表 3.11.1 冶炼渣中砷的回收收尘流程及技术指标

炉窑名称	流 程	系统总收尘效率（%）	系统总漏风率（%）	收尘设备操作温度（℃）	备注
砷挥发窑	骤冷器→袋式收尘器→风机→尾气处理→放空	≥99.5	≤15	120	总漏风率是指出炉以后

4 收尘工艺设计及设备选择

4.1 一般规定

4.1.1 收尘设计基础资料应包括以下内容：

1 各类冶金炉窑的名称、规格、操作台数和总台数、操作制度；

2 炉、窑腔压力；

3 每台冶金炉窑的出炉窑烟气条件，包括烟气量、烟气温度、烟气成分、含尘浓度及其波动范围；

4 烟尘条件，包括烟尘成分、粒度分布、密度和堆积密度、比电阻、安息角、烟尘输送要求；

5 当地气象条件；

6 当地执行的大气污染物排放标准。

4.1.2 收尘系统的计算宜包括以下内容：

1 设备选择计算；

2 系统漏风计算；

3 设备和管道阻力计算；

4 系统用水量计算；

5 收尘量计算；

6 收尘效率计算；

7 排出收尘系统烟气参数计算。

4.1.3 间接冷却设备的传热系数按表4.1.3选取。热量的计算应包括冷却设备漏风所带入的热量，环境计算温度应取累年最热月平均最高温度。

4.1.4 设备漏风率的选取不宜大于表4.1.4的规定。

表 4.1.3 间接冷却传热系数

冷却方式	进口温度（℃）	出口温度（℃）	K 值 [W/（m²·℃）]
冷却烟道	300～600	150～300	6～8
水套冷却	600～900	300～500	28～37
风套冷却	600～900	300～500	19～23
汽化冷却	600～900	300～500	23～29
表面淋水	600～900	300～500	26～30
机力风冷器	300～600	150～350	10～14

表 4.1.4 设备漏风率

设备名称	漏风率（%）
沉尘室、旋风收尘器、湿式收尘器	≤5
电收尘器、袋式收尘器	≤5
各种冷却设备	≤5
风机	≤5

4.1.5 收尘设备、冷却设备、烟管、排灰装置和烟尘输送系统应密闭。

4.1.6 收尘设备收尘效率的选取应符合表4.1.6的规定。

表 4.1.6 设备收尘效率表

设备名称	收尘效率（%）
沉尘室	≤50
普通型旋风收尘器	70～80
高效型旋风收尘器	80～90
袋式收尘器	≥99
电收尘器	≥98
旋风水膜收尘器	≥80
文丘里收尘器	≥90
泡沫收尘器和冲击式收尘器	≥85

4.2 收尘设备

4.2.1 旋风收尘器计算参数的选择应符合表4.2.1的规定。

表 4.2.1 旋风收尘器计算参数

参数名称	参数指标
烟尘粒径	>10μm
入口烟气流速	12m/s～30m/s
筒体断面风速	3m/s～5m/s
阻力	600Pa～1500Pa

4.2.2 袋式收尘器应符合现行行业标准《分室反吹类袋式除尘器》HJ/T 330 及《脉冲喷吹类袋式除尘器》HJ/T 328 的有关规定。袋式收尘器计算参数的选择应符合表4.2.2的规定。

表 4.2.2 袋式收尘器计算参数

参数名称	参数指标
烟尘粒径	>0.1μm
烟气过滤速度	0.2m/min～1.2m/min
阻力	1200Pa～2000Pa
操作温度	低于滤料最高操作温度
入口烟气含尘浓度	200g/Nm³

4.2.3 袋式收尘器应根据烟气的性质选择滤料。各种滤料允许操作温度应符合表4.2.3的规定。

表 4.2.3 滤料允许操作温度

滤料名称	允许操作温度（℃）
毛呢、柞蚕丝	100
涤纶 208	120
诺梅克斯和美塔斯（MATAMEX）	200
玻璃纤维	260
聚四氟乙烯（PTFE）	260
聚苯硫醚（PPS）	190
聚酰亚胺（P84）	260
氟美斯（FMS）	250

4.2.4 电收尘器应符合现行行业标准《电除尘器》HJ/T 322 及《电除尘器设计、调试、运行、维护安全技术规范》JB/T 6407 的有关规定。电收尘器计算参数的选择应符合表4.2.4的规定。

表 4.2.4 电收尘器计算参数

参数名称	参数指标
烟尘粒径	$>0.1\mu m$
电场风速	0.2m/s～1.0m/s
阻力	<400Pa
允许操作温度	<380℃（高于露点温度 30）
入口烟气含尘浓度	130g/Nm³
烟尘比电阻	$10^4\Omega\cdot cm$～$10^{10}\Omega\cdot cm$
驱进速度	2cm/s～10cm/s

4.2.5 湿式收尘设备计算参数的选择应符合表4.2.5的规定。

表 4.2.5 湿式收尘设备选型参数

设备名称	收尘效率（%）	烟气流速（m/s）	阻力（kPa）	耗水量（l/m³）	捕集烟尘粒经（μm）
水膜收尘器	≥80	4～6	0.6～0.9	0.1～0.4	≥5
冲击式收尘器	≥85	10～80	1.0～4.0	0.2～0.5	≥1
文丘里收尘器	≥90	30～80	2.0～6.0	0.3～1.0	≥1

4.3 冷却设备

4.3.1 间接冷却设备的选择应符合下列规定：

1 烟气的冷却方式宜采用余热回收的方式；

2 水套冷却器冷却水出口温度高于 50℃ 时，应采用软化水；

3 冷却设备应设有清灰装置；

4 间接冷却设备的选择应分别计算散热量、温度差、散热面积。

4.3.2 直接冷却设备的选择计算应符合下列规定：

1 喷雾冷却器宜采用干式排灰运行方式。当冷却后的烟气温度低于露点时，冷却设备应采取防腐措施；

2 吸风冷却仅适用于要求降温较少，且烟气量不大的情况。对于增加氧气量易引起燃烧爆炸的气体严禁使用。

4.4 风　机

4.4.1 风机选用应符合国家现行标准《通风机基本形式、尺寸参数及性能曲线》GB/T 3235 及《高温离心通风机技术条件》JB/T 8822的有关规定。

4.4.2 烟气温度不高于 80℃ 时，可选用普通离心通风机；烟气温度为 80℃～250℃ 时，可选用锅炉引风机；烟气温度大于或等于 250℃ 时，应选用高温风机。

4.4.3 当风机不在风机产品设计的标准状态下运行时，其风量、风压和轴功率应进行换算。

4.4.4 风机选择应符合下列规定：

1 风机的风量和风压应有 1.1～1.4 的富裕系数；

2 烟气含尘浓度大于 10g/Nm³ 或烟尘硬度较大时，应采取措施防止风机叶轮的磨损、机壳内部的积灰和粘结；

3 风机在含有腐蚀性气体的状况下运行时，其叶轮与外壳宜选用防腐材料；

4 多台风机并联使用时，应选择同型号、同性能的风机联合工作，并考虑风机的并联系数；

5 当冶金炉烟气参数有波动时，风机应设置风量、风压调节装置；

6 风机应避免在哮喘点附近运行；

7 风机安装在楼面上时，应采取防振措施。

5 设备配置

5.1 一般规定

5.1.1 收尘设备应靠近炉窑配置。

5.1.2 烟气收尘和冷却设备配置必须留有施工安装和检修场地、消防通道，必须保证人员操作的安全性和设备维护的便利性。

5.1.3 多台同类收尘设备宜集中对称或相同布置。

5.1.4 处理含砷高的烟气时,其骤冷塔进口处应设旁通烟道。

5.1.5 各类收尘设备收下的烟尘采用正压气力输送或采用粉料包装机包装时,其烟尘上方应设中间料仓。

5.1.6 收尘系统应在适当位置设置放散阀或开炉风机,烟气应达标排放。

5.1.7 对可能造成人体伤害的设备及管道,应采取安全防护措施。

5.2 收 尘 设 备

5.2.1 旋风收尘器的配置应符合下列规定:

1 多级旋风收尘器串联配置时,设备之间应尽量靠近。两级不同效率的旋风收尘器串联配置时,效率高的旋风收尘器应配置在第二级;

2 旋风收尘器应设灰斗,并设置排灰装置,根据需要设置多层操作台和清灰门;

3 卸灰阀应密闭性良好。

5.2.2 湿式收尘设备的配置应符合下列规定:

1 带喷嘴的湿式收尘设备的配置应便于快速更换和清理喷嘴,方便冲洗和清理沉积的泥浆,应设置操作平台;

2 泥浆排出口应设水封装置,泥浆排出装置应防止泥浆的堵塞;

3 在烟气量波动范围较大的场合应采用可调径的文丘里收尘器,其喷嘴宜采用内喷顺流布置;

4 湿式收尘设备出口宜设置脱水装置。

5.2.3 袋式收尘器的配置应符合下列规定:

1 大型分室袋式收尘器布置在室内时,其顶部应为滤袋和滤袋骨架的检查和更换留出足够的空间。在雨水较多地区室外布置时,顶部应设防雨棚;

2 袋式收尘器用于含有较高浓度一氧化碳气体净化时,应符合现行国家标准《工业企业煤气安全规程》GB 6222 的有关规定,外壳宜采用圆柱形结构,滤袋应选用防静电的材质。其顶部应合理设置防爆阀,防爆膜外宜设保护罩。喷吹气体应采用氮气或其他惰性气体;

3 当烟气温度低且含水分较高时,袋式收尘器应采用防水滤料并采取保温措施;

4 袋式收尘器入口处宜设置放冷风阀,但在与空气混合产生燃烧或爆炸的场合严禁使用。

5.2.4 电收尘器的配置应符合下列规定:

1 电收尘器宜露天配置;

2 电收尘器宜配置在风机前;

3 两台单室多电场电收尘器并列配置时,侧传动部分应共用操作维修平台,顶部操作台应连在一起;

4 传动电机、人孔门、输灰和排灰装置处均应设操作平台;

5 电收尘器的高压供电装置宜一台供一个电场;

6 电收尘器的户外变压整流部分宜在电收尘器顶部露天配置;

7 高压供电装置应有安全操作装置,壳体和人孔门等应有良好的接地设施;

8 控制部分和仪表指示部分应布置在控制室内,并宜靠近电收尘器本体;

9 电收尘器的排灰系统应有足够的富裕能力,使排灰通畅。电收尘器灰斗上应设置疏松破拱装置;

10 多室并联或有旁通烟道的电收尘器进出口管段上宜设置阀门;

11 电收尘器的进出口管段上应设置测尘孔和操作平台;

12 电收尘器的进出口烟管应设置膨胀节。

5.3 冷 却 设 备

5.3.1 冷却设备的配置应符合下列规定:

1 冷却设备应靠近炉窑配置,应防止高温烟尘粘结或堵塞烟道;在寒冷地区,供排水管应采取保温和防冻措施;

2 间接冷却设备的冷却面积,直接冷却设备的喷水量或放冷风量,均应有自动调节或手动调节装置;

3 间接冷却设备应设清灰装置。

5.3.2 冷却设备排放的烟尘温度较高时,宜采用埋刮板输送机,不宜采用螺旋输送机。当采用气力输送设备时,下料阀应采用耐高温材料。

5.4 风 机

5.4.1 风机多台配置时,风机之间的距离应满足操作空间和检修场地的需要。相邻两台风机之间的净距应符合下列规定:

1 大型风机不小于 2m;

2 中型风机不小于 1.5m;

3 小型风机不小于 1m。

5.4.2 当风机配置在室内时应设检修用起重设备,并留有检修场地。

5.4.3 当风机基础超过 1m 时,其周围应设置操作平台及防护栏杆。

5.4.4 风机的进出口烟管应设置膨胀节,宜选用非金属膨胀节。风机进出口管的荷载不应作用在风机外壳上,应另设支架。

5.4.5 当设置备用风机时,每台风机的进出口管上均应设置阀门。

5.5 排 灰 装 置

5.5.1 排灰装置应保证排灰通畅、密封良好。当所排物料含湿量大、具有粘结性时，排灰设备不宜采用叶轮出灰器。

5.5.2 排灰装置用于排放高温粉尘时，设备应采用耐高温材料或水冷装置。

5.5.3 排灰装置之间排灰能力应相互匹配。

5.5.4 排灰装置的配置应便于操作和检修。

6 烟尘输送

6.1 气力输送

6.1.1 烟尘输送宜优先选择气力输送。但当烟尘水分高、粘结性大、吸水性强时，不宜采用气力输送。

6.1.2 烟尘气力输送应符合下列规定：

1 输送物料的温度小于 250℃，物料粒度最大不超过 25mm，且粒度大于 5mm 的比例不得超过 25%；

2 正压气力输送的压缩空气宜由专用空气压缩机提供，并采取严格的除油除水措施，到使用点的压力应大于 500kPa；

3 低压压送式气力输送应防止进料口返风；

4 空气槽式气力输送包括斜槽输送和水平超浓相输送，宜采用高压离心风机提供高压气体；

5 气力输送时，应根据混合比的不同，将气体速度控制在合理范围内；

6 两台气力输送泵同时输送时，每台气力输送泵应各配一根输送管，交替输送时可共用一根输送管；

7 烟尘输送管应内壁光滑，直管段壁厚不应小于 5mm，输灰弯管部分应采用耐磨材质。输灰弯管的曲率半径不应小于输送管直径的 10 倍，输料管内径不应小于 80mm；

8 真空吸送式气力输送系统给料应均匀。吸风口应设置在不易受外界干扰并便于操作检修的位置，并能调节吸风量，抽吸设备宜设置在烟尘接收装置的后端；

9 压送式气力输送系统的接收装置，宜在袋式收尘器的后端另设风机；

10 气力输送泵应布置在地面，不宜采用地坑式布置方式。当必须采用地坑式布置时，地坑内应留出足够的操作和检修空间，并满足防水和照明要求。气力输送泵的适当高度上应设操作平台；

11 压送式气力输送泵上部应设置中间进料仓，进料仓容积应保证在连续出料时排灰设备的不间断运行；中间进料仓应设排堵装置；输送泵的排空管应引至收尘器进口处或单独设净化装置；

12 输送易燃、易爆粉尘时，应符合现行国家标准《粉尘防爆安全规程》GB 15577 的有关规定。

6.1.3 烟尘气力输送的适用范围及技术指标应符合表 6.1.3 的规定。

表 6.1.3　烟尘气力输送的适用范围及技术指标

气力输送方式	操作压力 （kPa）	输送距离 （m）	提升高度 （m）	料气比 （kg/kg）
低真空吸送式	≤-10	≤80	≤10	0.5～1
高真空吸送式	≥-10	≤300	≤50	1～5
低压压送式	≤300	≤200	≤30	1～5
高压压送式	≥500	≤2000	≤60	5～25
空气槽输送	≤20	≤1000	≤0	0.5～1

6.1.4 弯头、阀门、垂直管道应根据表 6.1.4 进行当量长度的换算。

表 6.1.4　烟尘输送管道当量长度换算表

名　　称	30°弯头 （个）	60°弯头 （个）	90°弯头 （个）	阀门 （个）	垂直管 （1m）
当量长度（m）	4	8	10	20	10

6.1.5 高压压送式气力输送应符合现行行业标准《正压浓相飞灰气力输送系统》JB/T 8470 的有关规定。

6.1.6 气力输送接收装置应采用接收仓，并在仓顶设袋式收尘器，袋式收尘器的过滤风速应小于 0.5m/min。

6.1.7 接收装置后应设排风机及尾气排放管。

6.1.8 烟尘输送管应以水平方向进入烟尘接收仓内，且位于烟尘接收仓的上部。

6.1.9 当输送易燃、易爆粉尘时，接收装置应设置泄爆阀、温度检测及抑爆装置。

6.1.10 烟尘接收仓顶部应有不小于 1.5m 的气体缓冲空间。

6.1.11 烟尘接收仓宜设料位检测或称重检测。

6.2 机 械 输 送

6.2.1 烟尘输送不宜采用人力和敞开式容器。

6.2.2 应根据排灰点的多少、输灰量、输送距离和烟尘性质配置烟尘输送装置。

6.2.3 螺旋输送机应符合现行行业标准《螺旋输送机》JB/T 7679 的有关规定。螺旋输送机的选择应符合下列规定：

1 输送的物料温度应小于 150℃，当输送的物料温度超过 150℃时，应选用高温材质或水冷式螺旋输送机。输送物料的最大粒度不得大于 25mm；

2 螺旋片直径不应小于 300mm，有效输送长度不应大于 25m，转速不应高于 60r/min；

3 螺旋输送机的安装倾角不应大于 20°，当螺旋输送机的安装倾角大于 0°时，其输送能力应按表

6.2.3 进行修正。

表 6.2.3　螺旋输送机输送能力修正系数

倾角	0°	5°	10°	15°	20°
修正系数	1.0	0.8	0.7	0.6	0.5

6.2.4　埋刮板输送机应符合现行国家标准《埋刮板输送机技术条件》GB 10596.2 的有关规定。埋刮板输送机的选择应符合下列规定：

　　1　输送的物料温度应小于 400℃，当输送的物料温度超过 400℃时，应选用高温材质或水冷式的埋刮板输送机。输送物料的最大粒度不得大于 40mm；

　　2　机槽宽度不宜小于 250mm，有效输送长度不宜大于 50m，刮板链条速度应小于或等于 0.1m/s；

　　3　埋刮板输送机的安装倾角不宜大于 25°，当埋刮板输送机的安装倾角大于 0°时，其输送能力应按表 6.2.4 进行修正。

表 6.2.4　埋刮板输送机输送能力修正系数

倾角	≤5°	≤10°	≤15°	≤20°	≤25°
修正系数	0.95	0.85	0.75	0.65	0.55

7　管道与烟囱

7.0.1　管道设计布置应按现行国家标准《工业金属管道设计规范》GB 50316 的有关规定执行。

7.0.2　管道布置应保证冶金炉正常排烟、管道内不积或少积灰、磨损小、易于检修和操作。

7.0.3　管道的配置应合理布置膨胀节和管道支架，并选用新型的管道托座，将管道支架受力控制在最小的范围内。高温烟气管道应设补偿器，补偿器两端应设置支架。补偿器安装完毕后应将原带的防护螺杆全部放松，放松距离应大于该补偿器的设计最大补偿量。

7.0.4　含尘烟气水平管道应设检修人孔，应保证每隔 50m 之内设一个。

7.0.5　应减少水平长度并设集尘斗及清扫门。烟气在管道内流速应为 13m/s～18m/s；烟气含尘浓度大于 5g/Nm³ 时，水平管道烟气流速应为 23m/s～26m/s。

7.0.6　管道应架空敷设。管道跨越公路时，管道距路面净空高度不应小于 5m，跨越铁路时不应小于 6.5m。

7.0.7　当输送易燃、易爆粉尘时，管道应静电接地，其接地电阻不大于 100Ω。

7.0.8　收尘后经烟囱排放的烟气，应按现行国家标准《铝工业污染物排放标准》GB 25465、《铅、锌工业污染物排放标准》GB 25466、《铜、镍、钴工业污染物排放标准》GB 25467、《镁、钛工业污染物排放标准》

GB 25468 的有关规定执行。

7.0.9　自然排风烟囱出口烟气流速应为 2m/s～8m/s，并不低于该高度平均风速的 1.5 倍；机械排风烟囱出口烟气流速应小于 30m/s。

7.0.10　烟囱的高度，应根据有害物质的绝对排放量及污染源所在的环境空气质量功能区类别，按现行国家标准《大气污染物综合排放标准》GB 16297 的有关要求确定，并应高出周围 200m 半径范围的最高建筑物 3m 以上。

7.0.11　烟囱的设计应按现行国家标准《烟囱设计规范》GB 50051 的有关规定执行。

7.0.12　排放有害气体的烟囱应布置在厂区和生活区全年最小频率风向的上风侧。同类烟囱宜合并。烟囱有两个以上入口时，其入口应设置隔墙，隔墙应高出入口管上端 2m。

7.0.13　烟囱宜建在空旷地区。

附录 A　烟气露点温度的相关计算

A.0.1　当烟气中同时含有水蒸气和三氧化硫时，烟气露点温度应按下式进行计算：

$$T_d = 186 + 20\lg H_2O + 26\lg SO_3 \qquad (A.0.1)$$

式中：T_d——烟气露点温度（℃）；

　　　H_2O——烟气中 H_2O 的含量（%）；

　　　SO_3——烟气中 SO_3 的含量（%）。

A.0.2　当烟气中只含有水蒸气，且水蒸气的含量小于或等于 15% 时，烟气露点温度应按下式进行计算：

$$T_d = 9.25\ln P_{H_2O} - 37 \qquad (A.0.2)$$

式中：P_{H_2O}——水蒸气的分压力（Pa）。

A.0.3　当烟气中只含有水蒸气，且水蒸气的含量大于 15% 时，烟气露点温度应按下式计算：

$$T_d = 12.43\ln P_{H_2O} - 57 \qquad (A.0.3)$$

A.0.4　烟气结露时冷凝酸的浓度可按下式进行计算：

$$C_{H_2SO_4} = 97.83 - 0.49\ln P_{H_2O} + 0.105\ln P_{SO_3}$$

$$(A.0.4)$$

式中：$C_{H_2SO_4}$——露点时液相中硫酸的浓度（重量%）；

　　　P_{SO_3}——三氧化硫的分压力（Pa）。

A.0.5　当已知空气相对湿度时，可按下式计算空气中的含水量：

$$C_{H_2O} = 0.12 \times T_k \times \varphi \times 101325/P \quad (A.0.5)$$

式中：C_{H_2O}——空气中的含水量（%）；

　　　T_k——空气温度（℃）；

　　　φ——空气的相对湿度（以小数表示）；

　　　P——当地大气压力（Pa）。

附录 B 收尘系统阻力相关计算

B.0.1 收尘烟气管道的阻力应符合表 B.0.1 的规定。

表 B.0.1 收尘烟气管道阻力（Pa/m）

烟气流速 (m/s)	管道直径 (mm)										
	500	600	700	800	900	1000	1200	1400	1600	1800	2000
10	6	5	4	3	3	3	2	2	2	1	1
13	10	8	6	5	4	4	3	3	2	2	2
15	12	9	7	6	5	5	4	3	3	2	2
18	16	13	10	8	7	6	5	4	3	3	3
20	20	15	12	10	9	7	6	5	4	4	4
22	26	21	17	14	12	10	7	6	5	5	4
24	29	24	18	15	13	12	9	7	6	6	6
26	39	31	25	21	18	15	12	10	7	6	6
28	46	36	29	24	21	18	14	11	9	8	7
30	52	41	33	28	24	20	16	13	11	9	8

B.0.2 收尘系统局部阻力应符合表 B.0.2 的规定。

表 B.0.2 收尘系统局部阻力（Pa）

90°弯头	变径管	90°急转	蝶阀全开	蝶阀开60°	蝶阀开30°
25	100～150	200	70	350	8000

B.0.3 工况下的烟气密度应按下式进行计算：

$$\rho_G = \rho_0 \times 273 \times P / [(273+T) \times 101325]$$

(B.0.3)

式中：ρ_G——工况下烟气密度（kg/m³）；

ρ_0——标况下烟气密度（kg/Nm³）；

P——当地大气压力（Pa）；

T——烟气温度（℃）。

B.0.4 标况下的气体密度应符合表 B.0.4 的规定。

表 B.0.4 标况下的气体密度（kg/Nm³）

N_2	O_2	CO	CO_2	SO_2	SO_3	H_2O	空气	H_2	H_2S	CH_4	C_2H_6
1.251	1.429	1.250	1.977	2.926	3.575	0.804	1.293	0.090	1.539	0.717	1.342

B.0.5 工况下的烟气量应按下式进行计算：

$$Q_G = Q_0 \times (1+K) \times (273+T) \times 101325/(273 \times P)$$

(B.0.5)

式中：Q_G——工况下的烟气量（m³/h）；

Q_0——标况下的烟气量（Nm³/h）；

K——漏风率（用小数表示）；

T——烟气温度（℃）；

P——当地大气压力（Pa）。

B.0.6 已知当地海拔高度，可按下式计算当地大气压力：

$$P = 101325/e^{0.12H}$$

(B.0.6)

式中：P——当地大气压力（Pa）；

H——当地海拔高度（km）。

附录 C 烟气冷却相关计算

C.0.1 烟气的散热量应按下式进行计算：

$$q = Q_0 \times [c_1 T_1 - (1+K) \times c_2 T_2] + K \times Q_0 \times c_k \times T_K$$

(C.0.1)

式中：q——烟气需散去的热量（kJ/h）；

Q_0——进入冷却设备的标况烟气量（Nm³/h）；

c_1——冷却前烟气热容 [kJ/（Nm³·℃）]；

T_1——冷却前烟气温度（℃）；

K——冷却设备漏风率（以小数表示）；

c_2——冷却后烟气热容 [kJ/（Nm³·℃）]；

T_2——冷却后烟气温度（℃）；

c_k——空气热容 [kJ/（Nm³·℃）]；

T_K——空气温度（℃）。

C.0.2 烟气和冷却介质的温度差应按下式计算：

$$\Delta T = [(T_1-T_{11}) - (T_2-T_{22})]/2.3 \lg [(T_1-T_{11})/(T_2-T_{22})]$$

(C.0.2)

式中：ΔT——烟气和冷却介质的温度差（℃）；

T_{11}——冷却介质在烟气进口处的温度（℃）；

T_{22}——冷却介质在烟气出口处的温度（℃）。

C.0.3 所需冷却设备的传热面积应按下式计算：

$$F = q/(3.6 \times \Delta T \times k)$$

(C.0.3)

式中：F——所需冷却设备的传热面积（m²）；

k——传热系数 [W/（m²·℃）]。

C.0.4 常用烟气热容应符合表 C.0.4 的规定。

表 C.0.4 常用烟气热容 [kJ/（Nm³·℃）]

温度（℃）	N_2	O_2	CO	CO_2	H_2O	SO_2	SO_3	湿空气
0	1.298	1.306	1.302	1.608	1.490	1.733	2.156	1.323
50	1.298	1.315	1.302	1.662	1.499	1.775	2.253	1.323
100	1.302	1.319	1.302	1.717	1.503	1.813	2.353	1.327
150	1.302	1.327	1.306	1.758	1.507	1.851	2.441	1.331
200	1.302	1.336	1.310	1.800	1.516	1.888	2.529	1.336
250	1.302	1.348	1.315	1.834	1.524	1.922	2.604	1.340
300	1.306	1.356	1.319	1.872	1.537	1.955	2.680	1.344
350	1.315	1.369	1.323	1.905	1.549	1.985	2.738	1.348
400	1.319	1.382	1.331	1.938	1.558	2.018	2.801	1.356
450	1.323	1.390	1.340	1.968	1.570	2.043	2.864	1.365
500	1.331	1.398	1.344	1.997	1.583	2.068	2.922	1.369
550	1.336	1.407	1.352	2.026	1.595	2.094	2.973	1.373

续表 C.0.4

温度（℃）	N_2	O_2	CO	CO_2	H_2O	SO_2	SO_3	湿空气
600	1.340	1.419	1.361	2.052	1.608	2.114	3.019	1.382
650	1.348	1.428	1.365	2.077	1.620	2.135	3.065	1.390
700	1.356	1.436	1.373	2.098	1.633	2.152	3.107	1.398
750	1.365	1.444	1.382	2.119	1.645	2.169	3.140	1.407
800	1.369	1.453	1.390	2.144	1.658	2.181	3.178	1.411
850	1.373	1.457	1.398	2.160	1.675	2.198	3.211	1.419
900	1.382	1.466	1.403	2.191	1.686	2.215	3.241	1.426
950	1.388	1.473	1.409	2.208	1.700	2.226	3.273	1.432
1000	1.394	1.480	1.415	2.226	1.713	2.236	3.305	1.439
1050	1.400	1.486	1.422	2.242	1.726	2.248	3.337	1.445
1100	1.406	1.492	1.428	2.259	1.740	2.261	3.369	1.451
1150	1.411	1.497	1.434	2.274	1.753	2.270	3.401	1.457

本规范用词说明

1 为便于在执行本规范条文时区别对待，对要求严格程度不同的用词说明如下：

　　1）表示很严格，非这样做不可的：
　　　　正面词采用"必须"，反面词采用"严禁"；
　　2）表示严格，在正常情况下均应这样做的：
　　　　正面词采用"应"，反面词采用"不应"或"不得"；
　　3）表示允许稍有选择，在条件许可时首先应这样做的：
　　　　正面词采用"宜"，反面词采用"不宜"；
　　4）表示有选择，在一定条件下可以这样做的，采用"可"。

2 条文中指明应按其他有关标准执行的写法为："应符合……的规定"或"应按……执行"。

引用标准名录

《烟囱设计规范》GB 50051
《工业设备及管道绝热工程设计规范》GB 50264
《工业金属管道设计规范》GB 50316
《通风机基本形式、尺寸参数及性能曲线》GB/T 3235
《工业企业煤气安全规程》GB 6222
《埋刮板输送机技术条件》GB 10596.2
《粉尘防爆安全规程》GB 15577
《大气污染物综合排放标准》GB 16297
《铝工业污染物排放标准》GB 25465
《铅、锌工业污染物排放标准》GB 25466
《铜、镍、钴工业污染物排放标准》GB 25467
《镁、钛工业污染物排放标准》GB 25468
《电除尘器》HJ/T 322
《脉冲喷吹类袋式除尘器》HJ/T 328
《分室反吹类袋式除尘器》HJ/T 330
《电除尘器设计、调试、运行、维护安全技术规范》JB/T 6407
《螺旋输送机》JB/T 7679
《正压浓相飞灰气力输送系统》JB/T 8470
《高温离心通风机技术条件》JB/T 8822

中华人民共和国国家标准

有色金属冶炼厂收尘设计规范

GB 50753—2012

条 文 说 明

制　定　说　明

《有色金属冶炼厂收尘设计规范》GB 50753—2012，经住房和城乡建设部 2012 年 1 月 21 日以第 1267 号公告批准发布。

在制定过程中，编制组进行了详细认真的调查研究，总结了我国有色冶炼厂的实践经验，同时参考了国内外先进技术法规、技术标准，通过征求意见和收集相关资料，取得了有色冶炼厂的重要技术参数。

本规范在行业标准《有色金属冶炼厂收尘设计技术规定》YSJ 015—92 的基础上进行了以下修改和补充：①增加了第 2 章术语和符号；②剔除了已淘汰的工艺技术内容，并补充进了新的工艺技术内容；③按照新的排放标准，修正了相关技术参数；④增加了附录部分。

本规范颁布实施后，行业标准《有色金属冶炼厂收尘设计技术规定》YSJ 015—92 同时废止。

为便于广大设计、施工、科研、学校等单位有关人员在使用本规范时能正确理解和执行条文规定，本规范编制组按章、节、条顺序编制了本规范条文说明，对条文规定的目的、依据以及执行中需注意的有关事项进行了说明，还着重对强制性条文的强制性理由作了解释。但是，本条文说明不具备与规范正文同等的法律效力，仅供使用者作为理解和把握规范的参考。

目　次

1 总　　则

1.0.1 有色金属冶金收尘系统（通常包括烟气冷却设备、收尘设备、风机、烟尘输送设备、管道和烟囱等），是冶炼过程中不可缺少的重要组成部分。随着环境保护要求日益严格，烟气收尘在有色行业中受到越来越广泛的重视。制定有色金属冶炼厂收尘设计的技术标准，对于提高收尘工艺设计质量与效率，推动技术进步，无疑将发挥积极作用。

1.0.2 此规范是对《有色金属冶炼厂收尘设计技术规定》YSJ 015—92进行全面修订，补充了新的技术内容，淘汰了落后的工艺。有色金属冶炼厂的收尘主要是指工业炉窑的收尘，对于放散性烟尘的收尘则属于通风除尘的范畴。

1.0.3 根据项目的要求，有些有色金属冶炼厂因原料、资金等原因需要分期建设。此时，既要考虑总体建设的合理性、节约总投资，又要满足前期生产的需要，减少前期投资，并为前后期工程建设的衔接，以及生产与施工的配合创造条件。应明确哪些收尘设备需一步到位，哪些收尘设备需预留场地，分阶段实施。

1.0.4 有色金属冶炼厂收尘工艺流程较多，各有其特点和适应性，主要根据冶金炉窑烟气、烟尘特性而定。选择收尘流程应力求所选流程技术先进、成熟可靠、经济合理、最大限度地提高收尘效率和设备利用率，减少维护工作量，消除环境污染，节约能源，降低投资和生产成本。由于各工程项目具体条件不同，涉及的因素较多，为了求得最佳方案，应进行多方案比较和详细论证。

1.0.5 回收利用余热和节约能源是国家政策、法规的要求，收尘工艺设计是认真贯彻执行这些要求的重要环节，故作了本条规定。在确定烟气冷却方案时，应优先考虑余热回收方案。当烟气条件变化较大时，风机应考虑采用液力偶合器或变频调速器调速。

1.0.8 收尘后直接排放的烟气，其烟气含尘浓度必须满足相关排放标准。铝工业企业满足现行国家标准《铝工业污染物排放标准》GB 25465；铅锌工业企业满足现行国家标准《铅、锌工业污染物排放标准》GB 25466；铜镍钴工业企业满足现行国家标准《铜、镍、钴工业污染物排放标准》GB 25467；镁钛工业企业满足现行国家标准《镁、钛工业污染物排放标准》GB 25468；其他有色金属满足现行国家标准《大气污染物综合排放标准》GB 16297的要求。送酸厂的烟气，其烟气含尘浓度应控制在 500mg/Nm³ 以内。

2　术语和符号

2.1　术　　语

2.1.3 有色冶炼烟气中的烟尘，都是有色金属矿物

及其中间产物在火法冶炼过程中的副产品。大多数烟尘应返回冶炼过程，回收其中的有色金属、稀有金属及其他组分。因此，对有色冶金工业来说，处理冶炼烟气回收其中的烟尘已成为冶炼工艺的一个组成部分，所以有色冶金界一直称作"收尘"而不是"除尘"。为体现有色金属冶炼的专业性，本规范中仍采用"收尘"这一术语。

2.2　符　　号

标况下的烟气量用 Nm³ 表示，以便和工况下的烟气量 m³ 相区别。

3　工 艺 流 程

本章根据各冶金炉窑烟气及烟尘的特点和性质，确定了主要收尘工艺流程。有些流程中有几种方案，而且都有实践经验并各有适用的范围，设计时可根据实际情况选定。选定了收尘工艺流程后，就应按各流程的主要技术指标进行设计。这些主要技术指标的规定依据是：

1 收尘系统的总收尘效率是根据冶金炉窑的出炉最大烟气含尘浓度和经收尘后的允许排放量或进入酸厂的允许烟气含尘浓度确定的，并根据各段收尘设备可能达到的收尘效率进行了校核。

2 收尘系统的总漏风率是根据各设备和管道的漏风率叠加而成的。漏风率的大小与设备的制造、安装质量以及操作管理水平等有着密切的关系。为减少收尘设备的处理风量，应在设备的结构形式和排灰系统方面采取必要的密封措施，以减少漏风量。一般来说，电收尘器、袋式收尘器等安装完毕后应进行气密性试验，其目的就是检查漏风情况。系统漏风率是根据有关规范和生产实际经验确定的，但未考虑非正常生产和由于操作管理不善所带来的系统漏风的增加。

3 在收尘系统中，主要收尘设备操作温度的控制是极为重要的。湿式收尘器的入口烟气温度应接近烟气露点温度，故在湿式收尘器前段应设置喷雾冷却塔。如果湿式收尘器入口烟气温度过高，该设备不仅要承担收尘的作用，而且还要冷却烟气，这将产生大量水蒸气而影响收尘效率。收尘器的操作温度一般根据下列条件确定：烟气露点温度。含三氧化硫和水蒸气烟气的露点温度高达 250℃，故电收尘器的操作温度应高于烟气露点温度 20℃～30℃，即操作温度大于 280℃。

4 烟尘比电阻值。烟尘比电阻值随烟气温度的变化而变化，一般烟尘比电阻的最高温度在 150℃～200℃。对高比电阻烟尘，提高烟气温度和通过调质的方法可改善烟尘比电阻。

5 烟气特性的需要。如含砷高的烟气为富集三氧化二砷，第一级电收尘器控制温度高于 350℃，是

将砷以外的固体烟尘全部除尽。第二级采用袋式收尘器控制烟气温度低于130℃，使三氧化二砷全部变成固态形式，以便高纯度的三氧化二砷被捕集下来达到富集的目的。

3.1 一般规定

3.1.1 由于湿式收尘收下的烟尘是泥浆状，固液分离比较复杂，有毒烟尘溶解于水中，给污水的处理、排放带来困难，极易造成二次污染，所以湿式收尘流程近年来使用得越来越少。近年来，国内外精矿干燥收尘流程倾向于采用电收尘器或袋式收尘器。由于干燥烟气温度低、含湿量高，采用干式收尘设备时应防止水蒸气冷凝，需要加强设备保温，可采用蒸汽加热或加厚保温层措施。当采用袋式收尘器时，应采用抗结露滤料。

3.1.2 由于袋式收尘器和电收尘器都采用钢外壳，设备整体密闭性能较好。为了改善风机的操作条件、减少叶轮的磨损，并保证收尘设备在负压下操作，现在设计的收尘系统除极少数情况外，大多数把风机配置在电收尘器或袋式收尘器的后面。由于工艺条件的差别和操作习惯的不同，风机的配置位置可根据具体情况而定。

3.1.3 收尘系统的设备和管道之所以要采取保温措施，一是为了隔热，防止高温烟气对操作人员造成伤害，二是为了保温，防止烟气温度低于露点温度，造成对管道及设备的腐蚀。

3.1.4 本条为强制性条文，必须严格执行。烟气中含有粉煤或一氧化碳气体，且烟气温度较高时，遇有明火极易燃烧爆炸。这时若使用电收尘器（有时袋式收尘器也有类似的情况）就应考虑防爆问题。一般的做法是在收尘器的入口管道上安装一氧化碳检测装置，一旦可燃性气体超过警戒指示，应立即停止向电收尘器供电，避免火花产生。电收尘器每个电场的顶部应加防爆孔，其卸压面积应通过计算确定。若采用袋式收尘器，滤料应采用防爆、抗静电滤料。

3.1.5 在收尘设备的进出口安装烟气检测装置主要有两个目的：一是考核收尘设备的性能，二是对出炉窑的烟气波动情况进行记录，以便适当调整收尘设备的处理能力和指标。有条件的大、中型冶炼厂还应对烟气中二氧化硫浓度及烟气量进行在线检测。

3.2 物料干燥

3.2.1 实际设计中的收尘效率，应根据要求的排放烟尘含量和实际进口烟尘含量确定，本规范中给出的收尘效率是根据一般情况下的进口烟尘含量确定的。

物料干燥是脱水过程，烟气含水量较大、温度不高，其中主要是机械尘，收尘比较容易，目前国内大多数冶炼厂采用的是前两个收尘流程。收尘系统进口含尘量由于各种原因可能会有所不同，但收尘系统出口含尘量必须满足相关排放标准的要求，收尘系统总收尘效率也由此而确定。当烟气中二氧化硫超标或对二氧化硫总量控制时，收尘后的烟气应送脱硫系统进行脱硫处理。

风机放在电收尘器之前或电收尘器后，主要取决于收尘工艺技术的可靠性、合理性、建设费用和维护费用的合理优化等技术经济因素。当风机配置在电收尘之前时，电收尘器处于正压下操作，易造成石英套管的污染和短路，故应采取热风清扫方式。风机配置在收尘器前，烟气中含尘量较高，风机叶轮应采取耐磨措施。当烟气中二氧化硫超标或对二氧化硫总量控制时，收尘后的烟气应送脱硫系统进行脱硫处理。

3.3 铜冶炼

3.3.1 闪速炉烟气中含尘量较高，进电收尘器的烟气含尘浓度可高达100g/Nm³，可根据具体情况在电收尘器前设旋风收尘器、沉尘室、球型烟道等。

3.3.2 吹炼炉吹炼过程中，排出的烟气含铅锌氧化物的烟尘较多，比电阻高，电收尘器的收尘效率一般取97%～98%。故送制酸烟气的含尘量可放宽至400mg/Nm³。

3.3.3 电收尘器的操作温度，在设备允许的条件下尽量控制在较高的温度下，以便于有价金属和砷的有效分离和回收。

3.4 镍冶炼

3.4.1 回转窑烟气中的二氧化硫浓度不能满足排放要求，需做脱硫处理或送制酸。

3.4.2 闪速炉烟气含尘量较高，进电收尘器的烟气含尘浓度可高达100g/Nm³，可根据具体情况在电收尘器前设旋风收尘器、沉尘室、球型烟道等。

3.4.3 贫化电炉烟气中的二氧化硫浓度不能满足排放要求，需送制酸或做脱硫处理。

3.5 铅冶炼

3.5.1 炼铅熔炼炉较多，但大体上可分为氧气顶吹熔炼炉和氧气底吹熔炼炉两大炉型，其他炉型的烟气收尘可参照执行。由于铅烟尘比电阻高，烟气中含尘浓度高，电收尘器应选用五个电场。

3.5.2 浮渣反射炉的烟气冷却为多段冷却，冷却设备也不尽相同。

3.6 锌冶炼

3.6.1 旋风收尘器可根据需要设一级或两级，但总的技术指标应保证。

3.6.2 浸出渣中含有残留的硫酸盐，其干燥烟气采用湿式收尘时，收尘系统的腐蚀严重，故收尘设备常用不锈钢或其他防腐材料制造。

3.7 锡 冶 炼

3.7.1 锡冶炼过程中，当含硫和砷较高时，需采用焙烧炉脱除硫和砷，故收尘流程中考虑了砷的回收。

3.8 铝 冶 炼

3.8.1 熟料回转窑收尘流程中，一般应将风机配置在电收尘器后。石灰炉的收尘流程中，风机作为石灰炉的供风设备配置在洗涤塔和湿式电收尘器前。

3.8.2 国内铝电解企业都采用预焙阳极电解槽进行生产。电解槽型散发的烟气，采用氧化铝为吸附剂的干法净化工艺进行处理。干法净化工艺具有净化效率高、综合利用合理、无二次污染等特点。用袋式收尘器收下的载氟氧化铝，可直接返回电解槽内作为铝电解生产原料使用。

3.8.3 碳素厂焙烧炉有三种收尘流程，虽然目前国内这三种流程都在使用，但使用较多、效果较好的是前两种收尘流程。第一种流程多用于敞开式焙烧炉（一般用于铝用阳极碳块焙烧），第二种流程多用于带盖式焙烧炉（一般用于铝用阴极碳块焙烧）。

3.9 镁 钛 冶 炼

3.9.1 高钛渣电炉，现国内大部分企业采用的是小型半密闭电炉，采用干式收尘流程。现攀钢集团、云南冶金集团从国外引进大型密闭电炉，其收尘采用煤气湿式洗涤后用于工艺系统，故增加了密闭电炉的收尘流程。

工业硅电炉烟气国内原设计是采用负压袋式收尘器，现随着与国外交流及国外技术的引进，将收尘烟尘作为副产品的发展，现国内大部分工业硅电炉是采用正压袋式收尘器，故增加了正压袋式收尘器流程。

3.10 铜 再 生 冶 炼

3.10.1 当阳极炉处理含有有机物的再生铜物料时，烟气经收尘后需送尾气处理，进一步除去烟气中的二噁英、二氧化硫等有害物质。

4 收尘工艺设计及设备选择

4.1 一 般 规 定

4.1.1 在收尘设备选型以前，先要进行收尘工艺计算，而收尘工艺计算的依据是冶炼工艺提供的烟气条件。设计计算的基础资料是计算的依据，应力求准确。气象资料中最为重要的是当地大气压力，特别是海拔较高的地区。烟气量、含尘量应取最大值，烟气温度应取最高值。

4.1.2 冶炼工艺提供的烟气、烟尘基础资料和数据往往有波动，一般情况下应选取其最不利的条件进行

计算。烟气含尘浓度因涉及烟尘排放标准，所以计算时应选最大值。

4.1.3 表中的 K 值给出了一定的范围，当处于炎热地区或温差较小时可取低值，反之取高值。传热系数 K 值随管壁烟尘粘结量的增厚而降低。条文中规定的传热系数 K 值已考虑了烟尘的粘结并留有一定富余量。

4.1.4 计算工况烟气量时，标况烟气量应选取进入收尘系统的标况烟气量，漏风率应选取收尘设备前（含该收尘设备）的累计漏风率。

设备的漏风率不包括强制送入收尘系统的水量和空气量。收尘系统的总漏风率实际上大于收尘系统所有收尘设备漏风率的相加值，此时应将多余的漏风率列入"其他"项。

4.2 收 尘 设 备

4.2.1 旋风收尘器同时给出了进口烟气流速和筒体断面风速两个参数，以便于设备的选型计算。旋风收尘器的筒体直径原则上不小于 400mm。

4.2.2 袋式收尘器的操作温度应满足表中的要求。当操作温度在露点以下时（如收砷时），袋式收尘器应采取防腐措施。现在已有新型的袋式收尘器，其入口含尘量可高达 $1000g/Nm^3$。但为稳妥起见，有色行业仍规定了入口含尘不大于 $200g/Nm^3$。当入口含尘高于 $200g/Nm^3$ 时，建议设粗收尘设备。

4.2.3 为稳妥起见，表中所列"最高操作温度"是指滤料在长期操作条件下所能承受的最高温度。

4.2.4 当捕集比电阻值过高或过低的烟尘时，应采用袋式收尘器或对烟气进行调质处理。当电收尘器入口含尘超过 $130g/Nm^3$ 时，应设预收尘设备或采用五电场电收尘器。

4.2.5 有色冶炼厂目前很少使用湿式收尘器，此处只列出了 3 类有代表性的湿式收尘设备。耗水量是指蒸发进入烟气中的水量，不包括循环使用的水量，故称为耗水量而不是用水量。

4.3 冷 却 设 备

4.3.1 冷却烟道或机力风冷器是间接冷却设备，适用于袋式收尘器前，使烟气冷却至滤袋材质所能适应的温度。由于冶金炉窑或余热锅炉出口烟气温度一般都高于 350℃，而滤袋允许的操作温度最高不超过 250℃，所以在较低烟气温度下冷却，选用冷却烟道或机力风冷器较为理想。

4.3.2 吸风冷却装置适用于烟气量小的袋式收尘器的入口端，以保护袋式收尘器不因温度波动而烧坏滤袋，吸入的冷风量应计入设备计算的烟气量，设计时应考虑在冷风吸入口的管道上设置电动调节阀。

4.4 风 机

4.4.4 风机的风量和风压的选择要考虑最大烟气量

和系统阻力，并应留有一定的富裕系数。把握性大的可选小值；把握性不大，或炉窑有扩大生产的潜力时可选大值。

当系统风量很大需采用两台或多台风机并联使用时，其进出口烟管应设置导流板，使气流不相互串气干扰。并联配置的风机，应尽可能采用相同的型号，其风量叠加计算应乘以0.80～0.95的并联系数，管道布局合理的选大值，布局差的选小值。在同一管路系统中，风机也可以串联工作，串联的风机其风量应尽量相同或接近。

5 设 备 配 置

5.1 一 般 规 定

5.1.1 为防止烟尘堵塞管道，粗收尘设备应尽量靠近冶金炉窑。当出炉烟气含尘浓度大于50g/Nm³时，炉口至收尘设备这段管道很可能成为烟尘流动的致命点，应在这段管道上设置集尘斗和清灰孔。粗收尘后的烟道也应尽量避免水平烟管，如条件所限必须采用水平烟道时，烟道下部宜设集尘斗，并要有排灰装置定期排灰。

5.1.2 设备露天配置可节省不少投资，且便于检修。国外工厂大部分设备都是露天配置的，国内近年来新设计的收尘系统大部分也是采用露天配置。配置在室外的设备应在设备订货时加以说明，如采用户外电机等。在气候寒冷、降雨量较多的地区或有其他特殊要求的情况下，也可在室内布置。

5.1.3 收尘设备对称布置的目的是为了使气流分布均匀。而且电收尘器、袋式收尘器等收尘设备集中布置，便于维修管理，并可节省操作人员。

5.1.4 处理高砷矿的烟气正常情况下经骤冷塔和布袋收尘器再进入风机，然后送制酸。而当处理低砷矿的烟气时，通过阀门的切换使烟气不经骤冷塔和布袋收尘器，而是通过旁通烟道直接进入风机。这样骤冷塔不需要喷水降温，可节省能耗，并可利用此机会对骤冷塔和布袋收尘器进行检修。风机和后续的硫酸厂净化工段应能适应操作条件的变化。

5.1.5 收尘设备收下的烟尘需要集中输送时，一般应设中间料仓，其一是保证输送设备或包装机在一定时间内供料的连续性，其二是有利于在输送设备或包装机检修时利用中间料仓内储存的烟尘进行调试。

5.2 收 尘 设 备

5.2.1 旋风收尘器是一种粗收尘设备，常配置于收尘系统前段。入口烟气含尘浓度高时要防止烟尘堵塞，易堵塞的部位主要为入口端、排灰口和多级旋风收尘器的连接管等处。防止烟尘堵塞的方法有：连接管采用倾斜管、设置清灰门、设烟尘松动装置等。效率高的旋风收尘器配置在第二级对捕集粒径较细的粉尘更为有效。

5.2.2 湿式收尘的关键问题是泥浆的处理。泥浆的固液分离最好能利用选矿专业或湿法专业的固液分离设备。当自设固液分离设备时，上清液在条件允许的情况下应循环使用。为防止泥浆排出口和泥浆管堵塞，应设置冲水管便于堵塞时冲洗。

5.2.3 当烟气温度过高时，可在袋式收尘器前设烟气冷却器，使烟气温度降到合理的范围。同时在袋式收尘器前设自动放冷风装置，以保证袋式收尘器不被烧坏。为防止烟气温度过低，可采取外保温和蒸气保温的措施。

5.3 冷 却 设 备

5.3.1 冷却烟道的灰斗间装有阀门，可以调节冷却面积，从而达到调节出口烟气温度的目的。机力风冷器则是通过控制冷却风机的转速和开停数量来调节出口烟气温度。

5.3.2 冷却设备捕集的烟尘一般温度较高（>200℃），易粘结或结块，不宜采用常规的输送设备，而应当采用密封罐车或刮板输送机。结块的烟尘经破碎后返回配料系统。喷雾降温的冷却设备要避免捕集的烟尘出现泥浆状，如果出现这种情况，要及时调节喷水量、供水压力或更换喷嘴。

5.4 风 机

5.4.2 安装在室内的大型风机（300kW以上），起吊设备宜采用电动单梁起重机；中小型风机（300kW以下），起吊设备宜采用电动葫芦。

5.5 排 灰 装 置

5.5.1 收尘器的排灰装置是收尘系统的一个重要组成部分，设备选型是否正确，配置是否合理将是决定收尘器效率的因素之一。目前国内有色冶炼厂所使用的能做到既不漏气、故障率低、对粉尘性质适应性强的排灰装置还不多。设计者在选择排灰装置时一定要根据烟尘性质来决定。

6 烟 尘 输 送

6.1 气 力 输 送

6.1.2 吸送式气力输送的动力一般采用真空泵、罗茨风机和离心风机。压送式气力输送的动力主要是空气压缩机和离心风机等。

气力输送的布置要便于操作、维修和故障的排除。以往为降低电收尘器配置的高度，不少仓式泵布置在地坑里，操作十分不便，地坑又容易渗水和积水。鉴于这种情况，本规定要求气力输送装置应尽量布置在地面上。

在输送泵进料口设置中间仓，是为了实现烟尘连续稳定的输送。

6.1.3 常用气力输送形式有吸送式和压送式两大类，吸送式又分为低真空和高真空两类，压送式又分为低压和高压两类。本规定中列举的各类气力输送系统的输送距离、提升高度和料气比是根据有色冶金行业的特点和实践经验确定的。

6.1.6 建议不设座仓式袋式除尘器，因为座仓式袋式除尘器易将布袋掉入料仓中，使料仓排料设备出故障。

6.1.7 室内布置的烟尘接收装置，其尾气排放管应伸出厂房外；室外布置的烟尘接收装置，尾气排放管不低于3m。

6.1.8 烟尘输送管水平进入烟尘接收仓，是为了使压缩空气尽快卸压，使烟尘扩散后尽快沉降下来，同时可避免压缩空气将已经沉降下来的烟尘搅动起来。

6.2 机械输送

6.2.3 选择螺旋输送机时，不能单从输送能力来考虑。如按输送能力计算，选用直径为100mm或150mm的螺旋输送机就足够了，而实践上很少采用这两种规格的螺旋，主要是为了避免烟尘在中间吊轴承处堵塞，所以常选用螺旋送风机的直径大于300mm，故本条明确规定了螺旋片直径不应小于300mm。

6.2.4 当刮板链条的宽度小于或等于400mm时，宜采用单排模锻链；当刮板链条的宽度大于400mm时，宜采用双排模锻链。刮板材质可采用20CrMo，厚度为16mm，链条材质可采用20CrMnTi。埋刮板输送机所用材料的材质和规格可根据物料性质和工程的具体情况进行适当调整。埋刮板输送机应有断链保护机构。

7 管道与烟囱

7.0.3 采用新型的管道托座，摩擦系数可由0.3降至0.1以下，可减少管架的受力，从而减少土建投资。管道的跨距应能同时满足管道强度和刚度的要求，一般取二者中较小者作为最大管架间距。

7.0.4 人孔门的设置应根据具体情况而定，在水平配置的烟气汇总管上均应设置人孔门。

7.0.12 烟囱布置在厂区和生活区的下风向，主要是防止收尘系统操作不正常时有害气体和烟尘对环境的污染。高烟囱使用年限较长后，其顶部混凝土易风化和腐蚀，碎块可能因风吹雨淋从顶部掉落下来造成建筑物和人员的伤亡。为防止意外事故的发生，规定烟囱15m内最好不设建筑物。烟囱有两个以上入口时，为防止烟气流之间的相互干扰，影响烟气的正常排放，故应在烟囱下部的烟气入口处设置隔墙，待气流垂直上升一段距离后再汇合。

中华人民共和国国家标准

挤压钢管工程设计规范

Code for design of steel pipe extrusion engineering

GB 50754—2012

主编部门：中 国 冶 金 建 设 协 会
批准部门：中华人民共和国住房和城乡建设部
施行日期：２０１２ 年 ８ 月 １ 日

中华人民共和国住房和城乡建设部
公 告

第 1264 号

关于发布国家标准《挤压钢管
工程设计规范》的公告

现批准《挤压钢管工程设计规范》为国家标准，编号为GB 50754—2012，自2012年8月1日起实施。其中，第 6.1.14、6.1.21（2、3、4）、12.2.5、12.2.6条（款）为强制性条文，必须严格执行。

本规范由我部标准定额研究所组织中国计划出版社出版发行。

中华人民共和国住房和城乡建设部
二〇一二年一月二十一日

前　　言

本规范是根据住房和城乡建设部《关于印发〈2009年工程建设标准规范制订、修订计划〉的通知》（建标〔2009〕88号）的要求，由中冶京诚工程技术有限公司会同有关单位共同编制完成的。

本规范在编制过程中，编制组深入进行调查研究，在总结我国挤压钢管工程设计经验的基础上，广泛征求了国内挤压钢管生产厂家、设计单位、原料供应厂家、挤压钢管用户、设备制造单位、主管单位和行业协会等单位和业内专家意见，研究和吸收了国内外多年的成熟经验，结合我国现阶段工程实际，经反复讨论和认真修改，最后经审查定稿。

本规范共分12章，主要内容包括：总则、术语、基本规定、原料、生产工艺、设备、生产能力计算、平面布置和车间设计、电气自动化、公辅系统、主要技术经济指标、安全与环保。

本规范中以黑体字标志的条文为强制性条文，必须严格执行。

本规范由住房和城乡建设部负责管理和对强制性条文的解释，中国冶金建设协会负责日常管理，中冶京诚工程技术有限公司负责具体技术内容的解释。在执行过程中，请各单位结合工程实践，认真总结经验，如发现需要修改和补充之处，请将意见和建议寄至中冶京诚工程技术有限公司《挤压钢管工程设计规范》管理组（地址：北京市经济技术开发区建安街7号；邮政编码：100176），以供今后修订时参考。

本规范主编单位、参编单位、主要起草人和主要审查人：

主 编 单 位： 中冶京诚工程技术有限公司

参 编 单 位： 攀钢集团江油长城特殊钢有限公司
浙江久立特材科技股份有限公司
宝钢集团特钢事业部
山西太钢不锈钢股份有限公司
内蒙古北方重工业集团有限公司
天津钢管集团股份有限公司

主要起草人： 谭雪峰　兰兴昌　邵　羽　白　箴
钟锡弟　张增全　安洪生　张海军
龚张耀　李利盛　刘焕亮　丁步文
李贞子

主要审查人： 杨秀琴　李晓红　吴任东　王长城
王宗宝　苏承龙　许连文　郭玉玺
彭熙鹏

目　次

Contents

1 总　　则

1.0.1 为了规范挤压钢管工程项目设计，促进我国挤压钢管工艺技术和装备水平的提高，保证工程质量，制定本规范。

1.0.2 本规范适用于新建、改建和扩建的挤压钢管工程设计。

1.0.3 新建、改建和扩建的挤压钢管工程，应全面贯彻国家产业发展政策，贯彻优质、高效、节能和环保的方针。

1.0.4 挤压钢管工程设计，除应符合本规范外，尚应符合国家现行有关标准的规定。

2 术　　语

2.0.1 扩孔　expanding

利用工具将钢管坯已有的较小内孔扩大到挤压生产所需要的内孔的过程。

2.0.2 穿孔　piercing

将实心坯料放入穿孔筒中用镦粗杆镦粗使坯料充满穿孔筒，然后再利用工具在实心坯料中心穿出一个挤压所需内径通孔的加工过程。

2.0.3 挤压　extruding

将钢管坯置于由挤压筒、挤压模、芯棒和挤压垫组成的容器中，由挤压杆施加挤压力迫使金属沿挤压模和芯棒组成的间隙流出，从而挤出钢管的一种生产方法。

2.0.4 机组　mill set

为完成产品大纲规定的产品所需要的，从原料准备到成品全过程的全部工艺设备。

2.0.5 机组的年实际工作时间　annual necessary production time of mill set

完成产品大纲规定的年产量所需要的实际生产时间。

2.0.6 负荷率　duty ratio of mill set

机组的年实际工作时间占机组的年有效工作时间的百分比。

2.0.7 在线　on line

相对于连续运行挤压生产线的某一工序，无需借助起重运输设备和人力运输，工件就能从该挤压生产线到达该工序或从该工序到达该挤压生产线的运行方式。

2.0.8 人工检查　visual examination

用肉眼或借助低倍放大镜、内窥镜等简易工具观察钢管内外表面以发现钢管内外表面缺陷的方法。

2.0.9 无损探伤　nondestructive inspection

不损坏被检查材料或成品的性能和完整性而检测其缺陷方法的总称。

2.0.10 超声波探伤　ultrasonic inspection

利用超声波探测材料内部和表面缺陷的无损检验方法。

2.0.11 涡流探伤　eddy current inspection

使导电的试件内产生涡电流，通过检测涡流的变化量来检查缺陷的探伤方法。

2.0.12 在线固溶处理　on line solution treatment

利用挤压钢管余热快速冷却以获得过饱和固溶体的一种热处理方法。

3 基 本 规 定

3.0.1 挤压机组的名称应表示为"×××MN 挤压机组"。其中"×××"应表示挤压机的公称挤压力。

3.0.2 挤压机宜选择表 3.0.2 中的规格。

表 3.0.2 挤压机规格系列

序号	挤压机规格系列
1	25MN 挤压机
2	31.5MN 挤压机
3	40MN 挤压机
4	50MN 挤压机
5	63MN 挤压机
6	80MN 挤压机
7	125MN 挤压机
8	250MN 挤压机
9	360MN 挤压机

3.0.3 挤压机组的工作制度应按连续工作制设计。

3.0.4 挤压机组年有效工作时间不应低于5000h，年实际工作时间不应低于4000h。

3.0.5 挤压机组的负荷率不应低于80%。

3.0.6 挤压钢管工程宜配套建设玻璃垫加工设施，其设施应满足挤压机组各种规格玻璃垫的加工需要。

3.0.7 挤压钢管工程应配套理化检验设施，其设施应能满足产品标准的检验要求。

3.0.8 设计时应明确生产工模具的来源、修复和装配。

3.0.9 专用生产工模具的加工或修复设备应在设计中进行能力核算，专用生产工模具加工设备的加工能力应能满足机组的需要。

4 原　　料

4.1 卧 式 挤 压

4.1.1 卧式挤压用原料可采用铸坯、轧坯、锻坯，坯料断面应为圆形。

4.1.2 原料的化学成分、高低倍组织等应符合国家现行有关钢管产品标准的规定。

4.1.3 原料表面和内部不应有折叠、耳子、裂纹、缩孔等缺陷。

4.1.4 外形尺寸应符合挤压工艺要求。

4.2 立式挤压

4.2.1 立式挤压用原料可选用实心圆钢锭、多角钢锭或空心坯。

4.2.2 原料化学成分等技术要求应符合国家现行有关钢管产品标准的规定。

4.2.3 下列情况宜选用空心坯：

1 挤压难变形金属。

2 挤压薄壁管材。

3 挤压极易粘接穿孔针的稀有金属管材。

4 使用无独立穿孔装置的挤压机。

4.2.4 原料表面和内部不应有重皮、结疤、裂纹、缩孔等缺陷。

4.2.5 原料的外径规格应与制坯筒内径相匹配。

5 生 产 工 艺

5.1 卧式挤压

5.1.1 卧式挤压生产工艺应包括原料准备、挤压成形、钢管精整、钢管热处理和产品检验。

5.1.2 原料准备应包括矫直、剥皮、分段、钻孔、端面加工和人工检查修磨工序，可根据产品品种要求增设其他工序。

5.1.3 挤压成形应包括坯料清洗、坯料加热、除鳞、扩孔润滑、穿孔或扩孔、除鳞、二次加热、挤压润滑、挤压、冷却和收集工序，可根据产品品种增设其他工序。

5.1.4 钢管精整应包括矫直、定尺锯切、管端处理、钢管内外表面处理、称重、喷标、打印和包装工序，可根据产品品种增设其他工序。

5.1.5 热处理可采用在线固溶处理、离线固溶处理、正火加回火处理、退火处理等热处理方式。

5.1.6 产品检验应包括无损探伤、内外表面检验、外形尺寸检验，可根据产品品种增设其他工序。

5.2 立式挤压

5.2.1 立式挤压生产工艺应包括原料准备、挤压成形、钢管精整、钢管热处理和产品检验。

5.2.2 原料宜采用热送热装工艺。

5.2.3 原料准备应包括清理表面、切冒口工序。

5.2.4 挤压成形应包括加热、除鳞、穿孔前润滑、镦粗穿孔、除鳞、挤压前润滑、挤压、冷却工序，可根据产品品种增设其他工序。

5.2.5 钢管精整应包括外表面抛丸、内表面抛丸（喷丸）、矫直、端面加工、内外表面加工、称重、喷标、打印和包装工序，可根据产品品种增设其他工序。

5.2.6 热处理可采用退火、正火、正火加回火、固溶处理等热处理方式。

5.2.7 产品检验应包括无损探伤、内外表面检验、外形尺寸检验，可根据产品品种增设其他工序。

6 设 备

6.1 卧式挤压机组

6.1.1 钢管卧式挤压机组应具备全线基础自动化控制。

6.1.2 长坯矫直工序可选择液压式矫直设备或机械式矫直设备，矫直设备应配备坯料回转装置。

6.1.3 剥皮工序可选择长尺剥皮机，也可选择短尺剥皮车床。剥皮机的选择应符合下列规定：

1 加工尺寸应覆盖所有原料直径和长度。

2 加工后直径公差、表面粗糙度应满足挤压要求。

3 加工后表面应无影响挤压产品的缺陷。

6.1.4 原料锯切工序宜选择带锯机，也可选择圆盘锯。

6.1.5 钻孔工序应设置可钻削、镗削通孔的专用机床。

6.1.6 端面加工工序宜选择数控车床。

6.1.7 钢坯表面清洗宜选择连续式清洗机，清洗后应配置管坯干燥设备。

6.1.8 坯料加热工序宜选择环形加热炉加感应加热炉设备，也可选择单独的感应加热炉设备，设备应符合下列规定：

1 环形加热炉应满足生产工艺中挤压坯料预热的温度要求。

2 感应加热炉可选择工频感应加热炉，也可选择变频感应加热炉。

3 感应加热炉应保证坯料的加热温度满足扩孔和挤压的要求。

4 感应加热炉尺寸规格应符合扩孔和挤压尺寸规格的要求。

6.1.9 扩孔工序应选择立式扩孔机，设备的选择应符合下列规定：

1 扩孔机应具有扩孔功能，也可具有穿孔功能。

2 最大扩孔力（穿孔力）应能满足产品生产的需要。

3 扩孔筒内径应与坯料直径相对应。

4 扩孔后管坯表面不得有裂纹、压坑。

5 扩孔工序应设置电热炉预热工模具。

6.1.10　坯料表面除鳞应选择水压除鳞机，除鳞压力不应低于12MPa。

6.1.11　扩孔前和挤压前应设置坯料内外表面涂玻璃粉润滑装置。坯料内外表面润滑装置应符合下列规定：

　　1　坯料外表面涂玻璃粉润滑宜选择平台滚涂设备。

　　2　扩孔前坯料内孔表面润滑宜设置自动机械手加玻璃润滑剂方式，也可选择人工方式。

　　3　挤压前坯料内表面润滑宜选择机械手加玻璃粉设备。

6.1.12　挤压机设备的选择应符合下列规定：

　　1　挤压机传动介质宜使用油，也可使用水。

　　2　最大挤压力应满足产品挤压的要求。

　　3　挤压筒内径应与坯料直径相对应。

　　4　挤压工具应具备快速更换功能。

　　5　挤压筒内壁宜配备自动清理装置。

　　6　芯棒应配备冷却装置。

　　7　挤压筒应配置预热装置和冷却装置。

　　8　工模具应设置预热装置。

6.1.13　钢管挤压机组可配备具有挤异型材和异型管功能的设备。

6.1.14　出料辊道必须配置安全防护罩，安全保护罩的强度必须保证钢管挤压机在发生事故时芯棒和钢管不冲出安全保护罩。

6.1.15　钢管冷却工序应设置淬水槽和收集装置，也可设置冷床或在线喷淋装置。

6.1.16　挤压车间热处理炉宜选择辊底式热处理炉，也可增设车底式炉和室式炉。

6.1.17　矫直工序应设置辊式矫直机，也可增设压力矫直机，生产异型材时应配置拉伸矫直机。

6.1.18　锯切工序设备的选择应符合下列规定：

　　1　锯切设备应具有定尺锯切功能。

　　2　锯切设备宜配置去毛刺设备。

6.1.19　钢管外表面修磨宜选择砂带修磨机，外修磨宜采用湿式修磨。

6.1.20　钢管内表面修磨设备应符合下列规定：

　　1　应具备对钢管的内表面全长进行修磨的功能，修磨后钢管内表面应无划伤、凹坑等缺陷。

　　2　砂轮修磨机应配置除尘设备。修磨时产生的尘埃严禁直接排放。

6.1.21　清除钢管内外表面的氧化铁皮应配置酸洗设备，也可同时配置喷丸和酸洗设备。设备应符合下列规定：

　　1　配置喷丸设备时，应配置除尘设备。

　　2　酸洗设备必须配备酸雾收集和处理装置。

　　3　酸洗设备必须配置含酸废水收集和处理设施。

　　4　酸洗设备必须配置废酸收集系统。

6.1.22　无损探伤工序应配置超声波探伤和涡流探伤

装置，也可增设其他无损检验设备。

6.1.23　超声波探伤设备应具有测厚功能，探伤设备应具有缺陷标记和记录功能。

6.2　立式挤压机组

6.2.1　铸锭切冒口设备可选择火焰切割机，也可选择锯机。

6.2.2　原料修磨宜配备钢锭修磨机，修磨机应符合下列规定：

　　1　可对冷钢锭和热钢锭进行修磨。

　　2　可修磨钢锭的火焰切割表面。

　　3　可对空心坯的上表面和侧表面进行修磨。

　　4　砂轮修磨机应配置除尘设备，修磨时产生的尘埃严禁直接排放。

6.2.3　加热设备可选择车底式炉，也可选择室式炉或环形炉。

6.2.4　高压水除鳞装置应选择水压除鳞机，除鳞水压力不应低于18MPa。

6.2.5　穿孔前润滑和挤压前润滑设备，可选择具备同时对内外表面喷玻璃粉功能的装置。

6.2.6　扩孔（穿孔）工序应选择立式穿孔机，并应符合下列规定：

　　1　穿孔机应具有镦粗和穿孔功能。

　　2　最大镦粗力应能满足产品生产的需要。

　　3　穿孔筒内径应与钢锭规格相匹配。

　　4　穿孔后内外表面不得有严重裂纹、压坑。

　　5　设备应配置相匹配的操作机。

　　6　设备应配备工模具冷却清理装置。

　　7　扩孔（穿孔）工序宜配置工模具预热设备和模具更换装置。

6.2.7　立式挤压机设备的选择应符合下列规定：

　　1　挤压机传动介质宜使用油，也可使用水。

　　2　最大挤压力应满足产品挤压的要求。

　　3　挤压筒内径应与坯料直径相对应。

　　4　挤压机应配置相匹配的操作机、管坯翻倒装置。

　　5　工模具应配备冷却清理装置和预热设备。

　　6　工模具宜配置专用更换装置和专用吊运设备。

6.2.8　热处理炉可选择车底式炉。

6.2.9　内外表面抛丸（喷丸）机应配置除尘设备，喷丸时产生的尘埃不得直接排放。

6.2.10　矫直工序可选择压力矫直机。

6.2.11　钢管内表面加工可选择镗床，钢管外表面加工可选择外圆车床、干式砂轮外圆磨床或湿式砂轮外圆磨床。选择干式砂轮外圆磨床时应符合下列规定：

　　1　应具备对钢管外表面全长进行修磨的功能，修磨后钢管表面应无划伤、凹坑等缺陷。

　　2　当外圆磨床选择砂轮磨削时，应配置除尘设备，磨削时产生的尘埃严禁直接排放。

6.2.12 车间应配置超声波探伤和表面探伤装置，可增设其他无损检验设备。

6.2.13 探伤设备应具有缺陷标记和记录功能。

6.2.14 检验工序宜配置测量钢管壁厚、内径外径、弯曲度、重量等功能的综合测量装置。

7 生产能力计算

7.0.1 主要工艺设备的生产能力应进行计算。机组生产能力的计算应包括机组的小时生产能力计算和机组的年实际工作时间计算。

7.0.2 机组和机组内各主要工艺设备的生产能力计算应符合下列规定：

1 应根据机组的产品大纲，选择有代表性的品种规格编制成代表品种规格表进行计算。

2 机组的小时生产能力应为机组内在线的各主要工艺设备小时生产能力的最小值，并应按下式计算：

$$A_n = q_n \cdot P_n \cdot K_n \qquad (7.0.2-1)$$

式中：A_n——按品种规格计算的小时产量（t/h）；

q_n——按品种规格计算单支定尺坯料重量（t/支）；

P_n——按品种规格确定的机组内在线设备的瓶颈根数（支/h）；

K_n——按品种规格的成材率（%）；

n——阿拉伯数字序号，表示不同的品种规格。

3 机组的年实际工作时间应按下式计算：

$$T_Y = \frac{W_1}{A_1} + \frac{W_2}{A_2} + \cdots + \frac{W_i}{A_i} \qquad (7.0.2-2)$$

式中：T_Y——机组的年实际工作时间（h）；

W——按品种规格分配的产品大纲中的年产量（t）；

i——品种规格总数。

8 平面布置和车间设计

8.1 厂址选择

8.1.1 车间位置宜布置在总厂内受污染影响最小的区域。

8.1.2 车间位置应与原料进厂方向和成品外运的方向相适应，应避免与总厂内的车流相交叉。

8.1.3 立式挤压车间位置宜靠近炼钢车间的脱模间。

8.1.4 车间位置宜与主导风向垂直布置。

8.1.5 车间位置应考察工程地质条件，挤压机主机宜布置在土质均匀且土壤耐压力高的地段上。

8.1.6 车间位置应考察水文条件，车间不宜布置在受山洪威胁的地带；不可避免时，应采取排洪防洪措施。

8.2 车间内布置

8.2.1 车间设备布置应紧凑、合理、顺畅，应为工艺设备、其他设施及管路系统的安全操作和维护留有合适空间，并应符合本规范第12.1.1条的规定。

8.2.2 车间内应设置运输备品备件、工模具、生产消耗材料的运输通道和供生产、操作人员通行的人行通道。车间内的运输、人行通道应安全畅通。在生产和检修需要跨越设备的地方，应设置人行安全桥。人行通道和人行安全桥的设计应符合本规范第12.1.1条的规定。

8.2.3 车间设计应留有合适的工具堆放场地、设备检修场地、废次品处理或堆放场地。

8.2.4 车间内原料仓库和成品仓库的大小，宜按机组生产15d～30d所需原料量和成品的堆放，可在车间外设置原料和成品堆场，堆场内应配置起重运输设备。

8.2.5 车间内应设置操作室。操作室的设计应符合现行国家标准《生产设备安全卫生设计总则》GB 5083的有关规定。

8.2.6 车间厂房内每一跨均应配置电动桥式起重机。起重机的吊运能力应满足生产、检修和故障处理时对原料、成品、废次品、切头、切尾和设备检修件的吊运。

8.2.7 除特殊情况外，生产线设备均应布置在车间起重机能吊运的范围内。其他辅助设备及系统可布置在车间起重机吊钩极限外，但应配置吊装设施。

8.2.8 酸洗设备应布置在单独的酸洗间内。酸洗间宜布置在厂区内常年主导风向的下风侧，宜独立于主厂房布置。

8.3 运 输 方 式

8.3.1 原料运入宜采用汽车或电动平车运输，也可采用火车运输。

8.3.2 成品运出宜采用汽车运输，也可采用火车运输。

8.3.3 备品备件和回收品的运输宜采用汽车运输方式。

9 电气自动化

9.1 电 气 系 统

9.1.1 挤压钢管车间应设主电室，主电室宜设计两路高压电源供电，当一路电源出现故障时，另一路电源可带动全部负荷。

9.1.2 基础自动化、过程控制自动化的可编程控制器(PLC)、分布式控制系统(DCS)、人机接口操作站

（HMI）、服务器、通信网络设备，应由不间断电源（UPS）供电。不间断电源（UPS）宜采用共用方式。

9.1.3 设备供电应按不同的电压等级配置，电压等级应符合下列规定：

1 穿/扩孔机和挤压机液压站或水泵站的主电机、感应加热炉等单台功率大于 200kW 的设备，宜选择 10kV 的电压等级供电。

2 车间内单台功率小于 200kW 的传动设备，可按 380V 的电压等级供电。

3 电动机控制中心（MCC）和变频传动装置的控制电源，宜选用交流 220V（AC220V），并应通过隔离变压器，从电动机控制中心（MCC）的低压母线引出。

4 电磁阀、可编程控制器（PLC）输入输出接口及检测元件的控制电源，宜选择直流 24V（DC24V）供电。

9.1.4 热挤压生产线的电气传动宜选择全交流电动机传动方式。辊道宜选择交流变频调速方式。

9.2 自动化仪表

9.2.1 生产线温度检测装置的设置应符合下列规定：

1 加热炉应设置温度测量装置，温度测量数据可传到加热炉操作室（仪表室）内显示，还可传到穿/扩孔机操作室或挤压机操作室显示。

2 穿/扩孔机前和挤压机前应设置坯料温度测量装置，温度测量数据可传到挤压操作室内显示。

3 挤压后输出辊道处宜设置钢管温度测量装置，温度测量数据可传到挤压操作室内显示。

4 热处理炉应设置温度测量装置，温度测量数据可传到炉子操作室（仪表室）内显示。

9.2.2 车间能源介质消耗应设计计量仪表，计量仪表宜与公司总计量联网。

9.2.3 水处理检测仪表的设置应符合下列规定：

1 净环及浊环供水供水泵组出口处应设置压力、温度、流量检测仪表。

2 吸水井应设置液位检测仪表。

3 净环及浊环水池宜设置电导率检测仪表。

9.2.4 车间应设置人员安全防护检测仪表，人员安全防护检测仪表的设置点应符合下列规定：

1 燃气加热炉周围应设置燃气浓度检测仪表，检测仪表应配置报警装置。

2 挤压机液压站等地下室内应设置含氧量检测仪表，检测仪表应配置报警装置。

9.3 电信系统

9.3.1 挤压车间电信系统设计应符合下列规定：

1 生产管理、检修等部门应设置行政管理电话，并应接入公司电话系统。

2 生产计划等业务需通过调度员组织实施时，应设置调度电话系统，其系统应选用程控数字调度电话总机。

3 在穿/扩孔机、挤压机出口、液压站内宜设置工业电视监视系统，也可在其他部位增设工业电视监视系统。

4 移动操作岗位之间或移动操作岗位与固定操作岗位之间的生产联系，宜设置无线电话系统。

5 电气室、过程计算机室、电缆隧道以及油压泵房及须防火的地下室等场所，应设置火灾自动报警系统。系统设计应符合现行国家标准《钢铁冶金企业设计防火规范》GB 50414 的有关规定。

9.3.2 电信系统供电应符合下列规定：

1 火灾自动报警系统供电，应符合现行国家标准《火灾自动报警系统设计规范》GB 50116 和《钢铁冶金企业设计防火规范》GB 50414 的有关规定。

2 其他电信系统供电宜按二级负荷供电。限于条件按三级负荷供电或不允许中断通信的系统，应配置备用直流电源。

3 交流电源电压波动超过系统设备正常工作范围时，应设置具有净化功能的稳压电源。

10 公辅系统

10.1 给排水

10.1.1 车间用水水质应满足挤压工艺设备对水质的要求。并宜符合表 10.1.1 的规定。

表 10.1.1 挤压机组用水水质指标

指标名称	单位	用水户名称		
		挤压机传动介质水	设备间接冷却水	设备直接冷却水
碳酸盐硬度（CaCO$_3$）	mg/L	≤140	≤300	<450
pH	—	7～9	7～9	7～9
悬浮物	mg/L	≤20	≤30	≤50
悬浮物中最大粒径	mm	0.2		
总含盐量	mg/L	<500		<1000
硫酸盐（SO$_4^{2-}$计）	mg/L	<150	<200	<600
氯化物（CL$^-$计）	mg/L	<100	<150	<400
硅酸盐（SiO$_2$计）	mg/L	<40		<150
总铁	mg/L	0.5～3		1～4
油	mg/L	<2		<15

10.1.2 给排水应设置给水系统、浊循环水系统、净循环水系统和废水处理系统，也可增设软水处理系统。

10.1.3 浊循环水系统和净循环水系统供水压力可设置为 0.3 MPa～0.6MPa，供水温度不应高于 35℃。净循环水系统的设计，可利用剩余压力回水。

10.1.4 排水应符合下列规定：

1 净循环水系统排水可用于浊循环系统补水。

2 浊循环水和净循环水必须排放时，排水水质应符合国家和地方的排放标准。

10.2 热 力

10.2.1 车间用压缩空气品质要求可按表 10.2.1 的规定设计。

表 10.2.1 压缩空气品质

指标名称	单位	普通压缩空气	净压缩空气
压力	MPa	0.4～0.7	0.4～0.7
温度	℃	≤40	≤40
油含量	mg/Nm³	≤1	≤1
压力露点	℃	常温	−20
粉尘含量	mg/Nm³	≤5	≤1
粉尘直径	μm	≤5	≤1

10.2.2 压缩空气的供给可由总厂的压缩空气管道供给，也可自建空气压缩站。

10.2.3 车间用蒸汽宜由总厂管道供给，不宜自建蒸汽锅炉，宜使用饱和蒸汽。

10.3 燃 气

10.3.1 车间燃气宜使用天然气，也可使用煤气。

10.3.2 燃气应使用管道输送，燃气管道应架空敷设，在进入车间的主管道处应设置调压装置，调压后的压力应满足用户点的要求。

10.3.3 燃气管道应设氮气吹扫装置，氮气管道可沿燃气主管道敷设。

11 主要技术经济指标

11.0.1 设计中应包括下列主要技术经济指标：

1 机组成品年产量，按吨（t）计。

2 机组完成年产量所需的原料量和相应的金属消耗系数。

3 工艺设备总重量，按吨（t）计。

4 车间主厂房面积，按平方米（m²）计。

5 工艺设备总装机容量，按千瓦（kW）计。

6 年人均劳动生产率，按吨管/人·年计。

7 生产每吨成品所需要的电耗量，按千瓦时（kW·h）计。

8 生产每吨成品所需要的新水耗量，按立方米（m³）计。

9 生产每吨成品所需要的循环水耗量，按立方米（m³）计。

10 生产每吨成品所需要的生产工具消耗量，按千克（kg）计。

11 生产每吨成品所需要的其他公辅介质、材料、辅料指标。

11.0.2 钢管挤压机组的技术经济指标宜符合表 11.0.2 的规定。

表 11.0.2 钢管挤压机组的技术经济指标

序号	技术经济指标	单位	机 组	
			卧式挤压机组	立式挤压机组
1	金属消耗系数	—	≤1.35	≤1.55
2	每吨成品管的电耗量	kW·h/t	≤850	≤850
3	每吨成品管的新水耗量	m³/t	≤20	≤15
4	每吨成品管的工具耗量	kg/t	≤50	≤50
5	每吨成品管的玻璃粉耗量	kg/t	≤30	≤30

12 安全与环保

12.1 安 全

12.1.1 挤压钢管工程的劳动安全和工业卫生设计应符合现行行业标准《轧钢安全规程》AQ 2003 和国家有关工业企业设计卫生标准的规定。

12.1.2 挤压钢管工程的消防应符合现行国家标准《钢铁冶金企业设计防火规范》GB 50414 的有关规定。

12.2 环 保

12.2.1 挤压钢管工程的环境保护设计应符合现行国家标准《钢铁工业环境保护设计规范》GB 50406 的有关规定。

12.2.2 挤压钢管工程感应加热装置所产生的电磁辐射设计，应符合现行国家标准《电离辐射防护与辐射源安全基本标准》GB 18871 的有关规定。

12.2.3 设备产生的噪声应符合现行国家标准《工业企业厂界环境噪声排放标准》GB 12348 的有关规定。

12.2.4 挤压车间配置的钢管内表面和外表面喷丸设备，应配置除尘设备，喷丸时产生的尘埃严禁直接排放。

12.2.5 挤压车间设计有酸洗工序时，酸洗时产生的酸雾、含酸废水、废酸严禁直接排放。

12.2.6 挤压车间配置坯料清洗设备时，含碱废水严禁直接排放。

本规范用词说明

1 为便于在执行本规范条文时区别对待，对要求严格程度不同的用词说明如下：

1）表示很严格，非这样做不可的：

正面词采用"必须"，反面词采用"严禁"；

2）表示严格，在正常情况下均应这样做的：

正面词采用"应"，反面词采用"不应"或"不得"；

3）表示允许稍有选择，在条件许可时首先应这样做的：

正面词采用"宜"，反面采用"不宜"；

4）表示有选择，在一定条件下可以这样做的，采用"可"。

2 条文中指明应按其他有关标准执行的写法为："应符合……的规定"或"应按……执行"。

引用标准名录

《火灾自动报警系统设计规范》GB 50116

《钢铁工业环境保护设计规范》GB 50406

《钢铁冶金企业设计防火规范》GB 50414

《生产设备安全卫生设计总则》GB 5083

《工业企业厂界环境噪声排放标准》GB 12348

《电离辐射防护与辐射源安全基本标准》GB 18871

《轧钢安全规程》AQ 2003

中华人民共和国国家标准

挤压钢管工程设计规范

GB 50754—2012

条 文 说 明

制 定 说 明

本规范是根据中华人民共和国住房和城乡建设部《关于印发〈2009 年工程建设标准规范制订、修订计划〉的通知》（建标〔2009〕88 号）的要求，由中冶京诚工程技术有限公司会同有关单位共同编制完成的。

本规范编制过程中严格遵循以下编制原则：必须严格贯彻执行国家钢铁产业发展政策的有关规定以及相关的法律、法规及方针政策；认真研究国内外已有的先进技术、科技成果和先进标准；深入了解生产单位的实际情况，广泛收集生产单位的意见和建议；积极采用行之有效的新工艺、新技术、新材料，体现高效、低耗、节能、环保的原则，做到技术先进、经济合理、安全实用。

本规范编制工作从 2009 年 9 月启动，历经两年多时间完成。期间主要完成工作包括筹建编制组、编制工作大纲、征求意见稿、送审稿、报批稿等。

本规范是我国第一部挤压钢管工程设计的国家标准。本规范的出台，将对促进我国挤压钢管工艺技术和装备水平的提高，限制低水平挤压钢管机组的建设具有重要意义。由于挤压钢管产品用于核电、军工等特殊领域，本规范的出台，在统一、规范设计人员工艺设备设计水平的同时，也使设计人员设计有章可循，摆脱建设单位不合理的要求，这对于特殊领域设备的稳定运行具有重要意义，也必将产生巨大的社会效益。

由于目前国内具有多年生产经验的挤压钢管车间少，立式挤压钢管车间更是只有内蒙古北方重工业集团有限公司一家，并且 2009 年 9 月才投产，所以积累经验较少，加之挤压钢管产品种类多，加工工序不同，产品的工序消耗指标也不同，给编制组确定车间设计的消耗指标带来一定的困难。本规范只对金属消耗、电耗、新水消耗、工具消耗和玻璃粉消耗设置了一个门槛，其他指标需要在今后的修订中进一步补充。

为了在使用本规范时能正确理解和执行条文规定，编制组编写了《挤压钢管工程设计规范》条文说明。本条文说明不具备与规范正文同等的法律效力，仅供使用者作为理解和把握规范规定的参考。

目　次

1 总　则

1.0.1 制定本规范的目的。

随着我国从钢管大国向钢管强国的迈进，挤压钢管工艺技术和装备得到了大力的发展。采用挤压的方法可以生产高端无缝钢管，代替进口产品。由于采用挤压方法生产的无缝钢管产品绝大多数用于国民经济重要领域的关键部位，其产品质量要求高，因此必须规范挤压钢管工程的设计，保证挤压钢管产品的高质量、高稳定性。

1.0.2 规定了本规范适用的挤压钢管工程项目类型。

1.0.3 规定了新建、改建和扩建的挤压钢管工程项目应当坚持的基本方针。规范的编制充分贯彻执行国家产业发展政策，体现国家钢管生产技术政策的新导向，推动产业结构的优化。同时增强生态意识，倡导绿色环保，积极采用有利于节能减排的新技术、新装备。

1.0.4 本条规定了与相关标准的关系。

3　基本规定

3.0.1 统一挤压钢管机组的名称。挤压机的挤压力一般可以分成几个等级，根据挤压钢管产品的不同品种规格采用不同的挤压力，此条规定采用挤压机的最大挤压力作为挤压机组名称的依据。

3.0.2 本规定有利于挤压钢管机组，包括设备和工具的系列化，提高挤压钢管设备和工具的专业化、系列化生产，降低生产设备和工具的生产成本。

3.0.3 规定了挤压机组的工作制度。在设计时，挤压机组都应按连续工作制设计。全年除必要的检修、换工具、故障等停车时间外，都应考虑作业。

3.0.4 规定了机组的年有效工作时间和年实际工作时间指标。这些指标在一定程度上可以反映机组的复杂程度和装备水平。

3.0.5 规定了机组的负荷率。机组的负荷率是根据年工作时间计算的，因此该指标也在一定程度上反映了机组的装备水平。

3.0.6 钢管热挤压必须采用玻璃润滑剂，扩孔（穿孔）过程中还需要将玻璃润滑剂做成玻璃垫，以增强润滑效果。玻璃润滑垫易损坏，适合于就近制作，因此推荐在工程建设时配套建设玻璃垫制作加工装置。

3.0.7 理化检验设施是挤压钢管工程不可缺少的部分，本条强调应该配有理化检验设施，可以随工程一同建设，也可以综合利用公司已有的理化检验设施。

3.0.8 生产工具的来源和修复是保证机组建成后能否正常生产的重要环节，因此在设计时就应当重视。

3.0.9 本条规定的目的是确保机组不会因专用生产工具的加工而影响生产。

4　原　料

4.1　卧式挤压

4.1.1 根据钢种的不同，卧式挤压机原料可采用铸坯、轧坯、锻坯，并应优先选用连铸坯，以达到节能减排的目的。对于一些特殊钢种，如超临界高压锅炉管、镍基合金管等连铸坯还不能满足坯料技术要求的，可以选用轧坯或锻坯为原料。原料可以是实心或空心坯，并按挤压坯工艺要求进行形状尺寸机械加工。

4.1.2 卧式挤压机用的原料，其化学成分和内部组织要与所生产的产品相对应，生产高压锅炉管和高压化肥设备用无缝钢管所用原料要满足现行行业标准《高压用热轧和锻制无缝钢管圆管坯》YB/T 5137 的要求，生产热交换器用不锈钢无缝管的原料要满足现行国家标准《锅炉、热交换器用不锈钢无缝钢管》GB 13296 对原料化学成分及组织的要求。

4.1.3、4.1.4 规定了卧式挤压钢管用原材料的一般要求。

4.2　立式挤压

4.2.1 新建立式挤压钢管机组用于生产直径 325mm 以上的大规格钢管，钢管最大直径达到 1200mm，所需原料单重达到 24t 以上，因此需要采用钢锭或空心坯作为原料。

4.2.2 挤压钢管原料的化学成分与钢管产品的化学成分相同，不同产品原料的化学成分可以根据产品标准中钢管的化学成分来检验。

4.2.3 为解决穿孔难的问题，对于一些特殊合金，需要采用空心坯为原料。

4.2.4 规定了原料的基本质量要求。

4.2.5 由于挤压机所用工具系列多，为减少工具总量，需要将原料规格系列化，采用几种规格的原料来生产产品大纲规定的所有产品规格。原料外径应与制坯筒内径一一对应。

5　生产工艺

5.1　卧式挤压

5.1.1 规定了卧式挤压生产工艺应包括的几个部分，以保证产品质量。卧式挤压机对坯料的表面要求更严格，坯料的表面质量直接影响到挤压产品的表面质量，因而挤压前要设置坯料表面加工的各种工序。

5.1.2～5.1.5 规定了卧式挤压生产的基本工序，以保证机组的整体水平。根据产品大纲的不同，还可以增加其他一些工序，如原料准备可以增加磁粉探伤、修磨等工序；挤压成形可以增加尾垫加热、在线分段工序；精整可以增加喷丸、喷砂、修磨等工序。

5.2 立式挤压

5.2.1 规定了立式挤压生产工艺应包括的几个部分，以保证产品质量。

5.2.2 立式挤压生产线根据具体条件采用热送热装工序，以节约能源。

5.2.3～5.2.5 规定了立式挤压生产基本工序，以保证机组整体水平。根据产品大纲的不同，还可以增加其他一些工序。立式挤压的原料多为铸锭，一般不对铸锭进行表面机加工，而采用表面清理的方式对表面进行处理。

6 设 备

6.1 卧式挤压机组

6.1.1 规定了钢管卧式挤压生产线应具备的自动化水平，限制以人工单机操作的机组建设和发展。

6.1.2 坯料矫直需设置在定尺锯切之前，因此是长料矫直，长料矫直可以选择液压式压力矫直机，也可以选择机械式矫直机，一般不选择辊式矫直机，矫直后管坯的弯曲度要小于或等于 2mm/m；为减少吊运，压力矫直机应配备坯料回转装置。

6.1.3 坯料剥皮有长尺剥皮机和短尺剥皮机两种。长尺剥皮机在坯料定尺切割前对坯料进行剥皮加工，即先剥皮再切定尺；短尺剥皮机则是在坯料进行定尺切割以后进行剥皮，即先切定尺后剥皮。两种方式各有特点，不管选择哪一种设备，坯料剥皮机应保证剥皮后坯料的表面质量满足挤压的要求。

6.1.4 由于卧式挤压机组产品大纲中以不锈钢产品为主，选择镶硬质合金锯齿的圆盘锯时，会产生粘锯齿的现象，同时圆盘锯片厚度大，锯切时金属消耗就大，因此推荐使用带锯机锯切定尺原料。

6.1.5 随着离心浇铸技术的发展，在挤压原料中可以使用空心的铸坯，有利于提高金属收得率，但空心坯的内表面也要进行加工，因而深孔钻床不仅可以对实心坯钻孔，还要对空心坯镗孔。同时保证内孔表面的加工质量。

6.1.6 为保证坯料端面加工质量要求，端面加工设备宜选用数控车床。

6.1.7 为清除加工过程中坯料表面的油脂，需要对坯料的内外表面进行清洗，为减轻劳动强度，宜选择连续式清洗机，清洗后再进行干燥，保证进加热炉的坯料表面干燥。

6.1.8 坯料加热工序要实现两个功能，一是要将坯料加热到扩孔和挤压所需要的温度，二是要减少氧化。环形炉将坯料预热到 750℃～900℃，使坯料内

外温度均匀，在此温度段坯料的氧化不严重。然后利用感应炉快速提温，使坯料到达扩孔所需的温度，这样可以减少坯料的氧化。此外，对于挤压前的补热，加热时间也要求短，采用感应炉是最好的选择。

6.1.9 规定了扩孔机的形式和基本要求。

6.1.10 坯料加热后表面会产生氧化铁皮，氧化铁皮对挤压产品质量产生不良影响，高压水除鳞可以清除坯料表面的氧化铁皮。

6.1.11 扩孔前和挤压前应对管坯表面添加玻璃润滑剂。玻璃润滑剂在管坯表面要均匀，以保证挤压产品质量。

6.1.12 规定了挤压机设备的基本要求。

6.1.13 生产异型材是挤压机的功能之一。如果产品大纲中有异型材产品，则还要配置用于异型材生产的牵引机、拉伸矫直机等设备。

6.1.14 由于挤压时挤压力很大、速度高，挤压出口出现故障时，芯棒、钢管可能直接飞出，将对车间内人员造成直接伤害。因此挤压机出口必须采用带保护罩的辊道，挤压时保护罩关闭，完成挤压后，锯切压余，再把保护罩打开运出钢管，运出钢管后再关闭保护罩等待下一次挤压。本条是强制性条文，必须严格执行。

6.1.15 挤压产品中，奥氏体不锈钢产品是必不可少的，为节约能源，充分利用挤压的余热对奥氏体不锈钢进行在线固溶处理。选择水冷槽进行快速冷却是目前固溶处理经济有效的最佳方式，因此挤压生产线应设置在线水冷槽和收集装置。如果还需要生产马氏体不锈钢或其他不需要固溶处理的品种，则必须设置冷床，生产轴承钢管时可以设置喷淋装置。

6.1.16 规定了热处理炉的形式。生产实践表明，辊底式炉是不锈钢管进行连续热处理加热的有效炉型，生产效率高、产品质量均匀性好、劳动强度小是其优点，但辊底炉的热处理温度不宜高于 1100℃，对于有些特殊产品，固溶温度要求在 1200℃，甚至更高，此种情况下采用室式炉更合理。

6.1.17 根据挤压后钢管主要选择辊式矫直机矫直，对于极少部分弯曲度大的钢管则需要选择压力矫直机进行矫直。当生产异型材时，应选择拉伸矫直机对产品进行矫直。

6.1.18 规定了锯切设备的基本要求。

6.1.19 规定了钢管外修磨设备的形式。选择湿式修磨是为了保证修磨质量和减少粉尘污染。

6.1.20 钢管内表面修磨设备可以选择长臂镗床，也可以选择砂轮修磨机。使用长臂镗床金属消耗大，对钢管的直度要求高，因此在卧式挤压车间使用较少。由于砂轮修磨机具有较好的灵活性，对钢管的直度要求不高，因此更适合于对钢管内表面进行修磨。但是，砂轮修磨会产生带有氧化铁皮的废气，这些废气直接排放到车间会严重影响工人的健康，如果通

过排气管排到厂房外影响面更大，将对周边环境产生恶劣的影响，因此本条要求选择砂轮修磨钢管内表面必须配备除尘设施，不能为了节约投资而破坏环境。

6.1.21 酸洗设备是清除钢管内外表面氧化铁皮最有效的设备，为了减少酸洗时间，可以设置喷丸设备，对钢管先喷丸处理，再进行酸洗。对这两种设备均有环保要求：

1 喷丸设备在作业过程中会产生大量的粉尘，这些粉尘直接排放在车间会严重影响工人的健康，通过排气管排放到厂房外则会严重污染环境，因此喷丸设备必须配置除尘设备。

2 酸洗过程中会产生酸雾、含酸废水和废酸，如果不对酸雾进行收集和处理而直接排放，不仅会将厂房及周围设备腐蚀掉，而且直接损害工人的健康，并且会对大气环境造成严重污染；含酸废水和废酸如果不进行收集和处理而直接排放，则将对周围的土质、地下水造成严重污染。为了避免损害工人的健康和污染环境，酸洗设备必须配套相应的环保设备，严禁使用无环保设施的简易酸洗设备。

本条第2款～第4款为强制性条文，必须严格执行。

6.1.22、6.1.23 为了保证钢管的质量，车间应配置超声波检测或涡流探伤装置，也可以两种都设置，满足产品检验的要求。由于需要连续生产，探伤出的缺陷不能立即被清除，因此探伤机对所探测到的缺陷进行标记和记录就很重要。

6.2 立式挤压机组

6.2.1 规定了切铸锭冒口设备的形式。

6.2.2 立式挤压使用的原料为铸锭，铸锭会出现表面缺陷，这些缺陷带到下道工序将对产品质量产生不良影响，为解决此问题，应配备钢锭修磨机。

6.2.3 铸锭加热可选择车底式加热炉或室式加热炉，设备投资少，质量满足要求，生产灵活。由于坯料的单重大、体积大，因此不适合采用辊底式加热炉、步进式加热炉、环形炉或感应炉。根据车间的实际情况，也可以设置均热坑，对钢锭进行均热和加热，但一般不单独设置均热坑。

6.2.4 见本规范第6.1.10条说明。

6.2.5 立式挤压机组的玻璃润滑剂添加设备采用一台设备对穿孔和挤压前坯料进行喷玻璃粉，因此应具有内外喷涂玻璃粉的功能。

6.2.6 规定了穿孔机的型式、功能和基本要求。

6.2.7 规定了挤压机的传动介质和基本要求。

6.2.8 立式挤压车间生产钢管的最大单支重量较大，热处理炉选择车底式炉是合适的，如果选择辊底式炉或步进炉则设备造价高，生产灵活性不好。

6.2.9 规定了内外表面抛丸机的配置要完善，不能

为减少投资而不配备除尘设备，污染环境。

6.2.10 立式挤压车间生产钢管的外径大，小时产品支数不多，矫直设备选择压力矫直机是合适的，如采用特大型辊式矫直机，则设备费用昂贵，能力不能发挥，造成浪费。

6.2.11 对钢管外表面的加工，可以选择车床或外圆磨床。采用车床加工外表面车削量较大。外圆磨床有干式和湿式两种，采用干式砂轮外圆磨时，会产生含有大量氧化铁皮的废气。这些废气直接排放到车间会严重影响工人的健康，如果通过排气管排到厂房外影响面更大，将对周边环境产生恶劣的影响。因此本条要求采用砂轮外圆磨钢管外表面应配备除尘设施，不能为了节约投资而破坏环境。

6.2.12、6.2.13 规定了钢管检测设备的选择要求。探伤设备应配备超声波探伤设备，还应配置漏磁探伤或磁粉探伤设备，用于对钢管表面进行探伤。有些产品还需要进行水压试验，因此根据产品大纲的要求还可配置水压试验机。

6.2.14 对于钢管的测量称重，推荐采用测量称重联合装置，这样可以减少钢管的吊运和人工劳动。

7 生产能力计算

7.0.1 在设计中对生产能力进行计算，验证设备配置的合理性，是设计的主要内容之一，这样可以避免工程中出现重大的不合理问题。

7.0.2 规定了机组生产能力详细计算的方法和要求，以统一算法。

8 平面布置和车间设计

8.1 厂址选择

8.1.1～8.1.6 规定了厂址选择需要遵循的原则。

8.2 车间内布置

8.2.1 规定了工艺布置需要遵循的原则。

8.2.2 规定了车间设计需要考虑的安全因素。

8.2.3 规定了车间设计考虑工具堆放场地、设备检修场地、废次品处理或堆放场地原则。

8.2.4 对原料仓库和成品仓库的大小进行了规定，目的是在满足生产要求的前提下限制车间内原料仓库和成品仓库的面积，减少不必要的厂房或土地占用，节约土地资源。

8.2.5 本条规定的目的是改善工人的生产操作环境。

8.2.6 对车间起重机设置的规定。车间起重机的设置，包括起重量、起升高度和起重机的负荷率，均要满足生产的需要，也要考虑改善工人的劳动强度。

8.2.7 本条规定的目的是保证设备检修和维护时的

吊运，也可以在一定程度上减轻工人的劳动强度。

8.2.8 本条规定的目的是减少酸洗车间对其他车间的影响，保障车间生产环境。同时，酸洗厂房基础、地坪和地面上方所有物件和装置均应有对所使用酸的特性的有效防护措施。

8.3 运 输 方 式

8.3.1～8.3.3 规定了原料、成品和辅料的运输方式。

9 电气自动化

9.1 电 气 系 统

9.1.1 根据负荷性质，车间的供电系统宜采用不同母线的两回路电源，其中一路电源为备用，备用电源可保证生产的正常进行。

9.1.2 规定采用共用的 UPS 电源，以便于在停电状态下保证控制数据的保存。

9.1.3 规定了几种不同供电电压等级，以便统一供电电压等级。

9.1.4 采用交流变频调速方式是为了节约能源。

9.2 自动化仪表

9.2.1 规定钢管挤压生产线坯料温度的位置点，以便于控制坯料温度，保证产品质量。

9.2.2 规定了车间设计能源介质计量仪表，并要求与公司总计量联网，以便于能源介质的统一管理。

9.2.3 规定了水处理仪表的配置。

9.2.4 规定了车间内应设置保证人员安全的仪表的配置。

9.3 电 信 系 统

9.3.1 规定了挤压车间电信系统设计的原则。

9.3.2 规定了电信系统的供电原则。

10 公 辅 系 统

10.1 给 排 水

10.1.1 规定了车间水质的基本要求。

10.1.2 规定了车间需要设置的几种水系统，确保水的循环利用。

10.1.3 循环水系统利用剩余压力可以节约能源。

10.1.4 规定了排水的原则，以保证水资源的综合利用，并符合国家的环保政策。

10.2 热 力

10.2.1 规定了车间用压缩空气的基本品质要求。

10.3 燃 气

10.3.1 根据外部条件不同使用不同燃气，有条件的优先使用天然气作为燃气。

10.3.2 燃气管道应架空敷设，以保证安全。

10.3.3 停炉检修需要使用氮气吹扫燃气管道，因此沿燃气主管道需要敷设氮气管道。

11 主要技术经济指标

11.0.1 规定了设计中应包括的主要技术经济指标。

11.0.2 规定了部分车间技术经济指标数值，这些数值是以生产成品为前提条件的，包括原料准备、挤压、精整、热处理、酸洗等各部分所有工序的消耗值。指标值与产品品种、机组（吨位）大小有密切关系。

12 安全与环保

12.1 安 全

12.1.1、12.1.2 规定的目的是要求项目建设必须要符合国家的安全、防火规定，并保证工作人员的安全和健康。

12.2 环 保

12.2.1～12.2.3 规定的目的是要求项目建设应符合国家的环保、辐射、噪声的规定。

12.2.4 喷丸设备在作业过程中会产生大量的粉尘，这些粉尘直接排放在车间会严重影响工人的健康，通过排气管排放到厂房外则会严重污染环境，因此喷丸设备应配置除尘设备。

12.2.5 酸洗过程中会产生酸雾、含酸废水和废酸，如果不对酸雾进行收集和处理而直接排放，不仅会腐蚀厂房及周围设备，而且直接损害工人的健康，还会对大气环境造成严重污染。含酸废水和废酸如果不进行收集和处理而直接排放，则将对周围的土质、地下水均会造成严重污染。因此，酸雾、含酸废水和废酸都是严禁排放物。本条是强制性条文，必须严格执行。

12.2.6 挤压生产采用碱洗方法对原料进行表面除油，必然要产生废碱液和含碱废水，如果不对其进行收集和处理而直接排放，对周围环境的土质、地下水均会造成严重污染。因此，严禁直接排放碱液和含碱废水。本条是强制性条文，必须严格执行。